# Bioquímica

# Bioquímica

4.ª edición

Christopher K. Mathews
*Oregon State University*

K. E. Van Holde
*Oregon State University*

Dean R. Appling
*The University of Texas at Austin*

Spencer J. Anthony-Cahill
*Western Washington University*

Revisión técnica

José Manuel González de Buitrago
Catedrático de Bioquímica de Escuela Universitaria
Departamento de Bioquímica y Biología Molecular
*Universidad de Salamanca*

Jefe de Servicio de Bioquímica Clínica
Servicio de Bioquímica
*Hospital Universitario de Salamanca*

PEARSON

Datos de catalogación bibliográfica

**Bioquímica**, 4.ª edición
*C. K. Mathews, K. E. Van Holde, Dean R. Appling, Spencer J. Anthony-Cahill*

PEARSON EDUCACIÓN, S.A., Madrid, 2013

ISBN: 9788490353110

Materia: 577, Bioquímica

Formato: 215 × 270 mm Páginas: 1376


C/ Ribera del Loira, 28
28042 Madrid (España)
www.pearson.es



C. K. Mathews, K. E. Van Holde, Dean R. Appling, Spencer J. Anthony-Cahill
ISBN: 9788490353110
Depósito Legal: M-11655-2013

Equipo editorial:
Editor: Miguel Martín-Romo
Técnico editorial: María Vázquez

Diseñadora Senior: Elena Jaramillo
Técnico de diseño: Pablo Hoces

Equipo de producción:
Directora: Marta Illescas
Coordinadora: Tini Cardoso

Diseño de cubierta:
Composición: Copibook, S.L.
Impreso por:

IMPRESO EN ESLOVENIA - PRINTED IN SLOVENIA



Este libro ha sido impreso con papel y tintas ecológicos

# ACERCA DE LOS AUTORES

**Christopher K. Mathews** es Catedrático Emérito Distinguido de Bioquímica de la Universidad del Estado de Oregón. Obtuvo su B.A. en Química en el Reed College (1958) y un Ph.D. en Bioquímica en la Universidad de Washington (1962). Ha trabajado en las Facultades de la Universidad de Yale y de la Universidad de Arizona desde 1963 hasta 1978, cuando se trasladó a la Universidad del Estado de Oregón como Director del Departamento de Bioquímica y Biofísica, un puesto que mantuvo hasta 2002. Su principal campo de interés en investigación es la enzimología y la regulación del metabolismo de los precursores del DNA y la coordinación intracelular entre la síntesis de los desoxirribonucleótidos y la replicación del DNA. El Dr. Mathews fue becario Eleanor Roosevelt International Cancer en el Instituto Karolinska de Estocolmo de 1984 a 1985, y Catedrático Invitado Tage Erlander en la Universidad de Estocolmo en 1994-1995. Ha publicado más de 175 artículos científicos sobre virología molecular, regulación metabólica, enzimología de nucleótidos y genética bioquímica. Es autor de *Bacteriophage Biochemistry* (1971) y codirector de *Bacteriphage T4* (1983) y de *Structural and Organizational Aspects of Metabolic Regulation* (1990). Fue coautor de las tres ediciones previas de *Bioquímica.* Su experiencia docente comprende cursos de Bioquímica de pregrado y postgrado en la Facultad de Medicina.

Ha recorrido y navegado las montañas y ríos de Oregón y el Noroeste. Como entusiasta observador de aves, ha sido Presidente de la Audubon Society of Corvallis y es Presidente de la Great Basin Society, que gobierna la Malheur Field Station.

**K. E. van Holde** es Catedrático Emérito Distinguido de Biofísica y Bioquímica, en la Universidad del Estado de Oregón. Obtuvo su B.A. (1949) y Ph.D. (1952) en la Universidad de Winsconsin. Durante muchos años, el interés investigador principal del Dr. Van Holde ha sido la estructura de la cromatina y este trabajo le valió, en 1977, la concesión de una Cátedra de Investigación de la Sociedad Americana del Cáncer. Ha trabajado en la Universidad del Estado de Oregón desde 1967 y en 1988 fue nombrado Catedrático Distinguido. Es miembro de la Academia Nacional de Ciencias y de la Academia Americana de Artes y Ciencias y ha recibido las becas Guggenheim, NSF y EMBO. Es autor de más de 200 artículos científicos y de cuatro libros, además de este: *Physical Biochemistry* (1971,1985), *Chromatin* (1988), *Principles of Physical Biochemistry* (1998) y *Oxygen and the Evolution of Life* (2011). Ha sido también codirector de *The Origins of Life and Evolution* (1981). Su experiencia docente comprende cursos de Química, Bioquímica y Biofísica de pregrado y de postgrado, así como el Curso de Fisiología y Biología Molecular en el Laboratorio de Biología Marina de Woods Hole.

**Dean R. Appling** es Catedrático Lester J. Reed de Bioquímica y Decano Asociado de Investigación y Equipamiento de la Facultad de Ciencias Naturales de la Universidad de Texas, en Austin, donde ha enseñado e investigado durante los últimos 26 años. Dean obtuvo su B.S. en Biología en la Universidad Texas A&M y su Ph.D. en Bioquímica en la Universidad Vanderbilt. El laboratorio de Appling estudia la organización y regulación de las rutas metabólicas de los eucariotas, centrándose en el metabolismo de un carbono intermediado por el folato. El laboratorio está especialmente interesado en conocer la organización del metabolismo de un carbono en las mitocondrias, ya que estos orgánulos son actores principales en muchas enfermedades humanas. Además de ser coautor de este libro, Dean ha publicado más de 60 artículos científicos y capítulos de libros.

Aunque escribir un libro puede ser entretenido, Dean prefiere el aire libre. Es un ávido pescador y excursionista. Recientemente, Dean y su esposa, Maureen, han quedado fascinados por las aves de la costa de Texas. Se interesaron por la observación de las aves a través del coautor Chris Mathews y su esposa, Kate, una consecuencia no intencionada del trabajo en este libro.

**Spencer J. Anthony-Cahill** es Profesor Asociado del Departamento de Química de la Universidad Western Washington (WWU), Bellingham, WA. Spencer obtuvo su B.A. en Química en la Facultad Whitman y su Ph.D. en Química Bioorgánica en la Universidad de California, Berkeley. Su trabajo de graduación en el laboratorio de Peter Schultz se centró en la incorporación biosintética de aminoácidos no naturales a las proteínas. Spencer fue un becario postdoctoral en el laboratorio de Bill DeGrado (entonces en DuPont Central Research), donde trabajó en el diseño *de novo* de péptidos y la predicción de la estructura terciaria del motivo HLH de unión al DNA. Posteriormente trabajó durante cinco años como científico en la industria biotecnológica desarrollando hemoglobina recombinante para el tratamiento de la anemia aguda. En 1997, Spencer decidió seguir su permanente interés por la docencia y se trasladó a la WWU, donde se encuentra en la actualidad.

La investigación en el laboratorio de Anthony-Cahill está dirigida hacia la ingeniería de hemoproteínas. El enfoque principal es la permutación circular de la globina $\beta$ humana como medio de desarrollar una hemoglobina de una sola cadena con propiedades terapéuticas deseables. El laboratorio persigue también el diseño de nanocables proteicos que se autoensamblan.

Fuera de la docencia y el laboratorio, Spencer es un gran aficionado de los espacios abiertos, especialmente de la North Cascades y el sureste de Utah, donde con frecuencia ha acampado, subido a montañas y recorrido en bicicleta. Spencer posee también el tercer dam de Aikido y enseña a jóvenes y adultos en la Kulshan Aikikai Dojo en Bellingham, WA.

# PREFACIO

## UNA NUEVA EDICIÓN

¿Qué factores pueden explicar la reaparición de un libro de texto de Bioquímica bien recibido (*Biochemistry*, 3.ª edición, por C. K. Mathews, K. E. van Holde y K. G. Ahern), unos 12 años después de la publicación de la edición anterior? En un campo que evoluciona rápidamente como la Bioquímica, los libros de texto se revisan habitualmente cada cuatro o cinco años para retener su valor educativo.

Con todo, los profesores de bioquímica y los estudiantes han continuado preguntando cuándo y cómo puede aparecer una cuarta edición. Mientras Chris Mathews estaba interesado en revisar y actualizar el libro, los otros coautores no podían acometer un proyecto de esta magnitud, por lo que comenzó la búsqueda de un nuevo equipo de autores. Tras un proceso largo y cuidadoso de selección, dos nuevos coautores se unieron a Chris Mathews: el Dr. Dean R. Appling, Catedrático Lester J. Reed de Bioquímica y Decano Asociado de Investigación y Equipamiento de la Facultad de Ciencias Naturales de la Universidad de Texas en Austin y el Dr. Spencer J. Anthony-Cahill, Profesor Asociado de Química en la Universidad de Western Washington, Bellingham.

Dean Appling es un enzimólogo con interés en la regulación y organización de las rutas metabólicas, con un énfasis especial en los cofactores de folato y el metabolismo de las unidades de un carbono. Gran parte de su trabajo utiliza RMN y genética molecular para investigar la compartimentación y el control metabólicos. El principal interés de Spencer Anthony-Cahill es el plegado y el diseño proteicos, con un énfasis en los patrones de plegado de las variantes proteicas que tienen secuencias con permutación circular. Antes de asumir su posición actual en la docencia, Spencer trabajó durante cinco años en la industria biotecnológica, una experiencia que le proporciona una perspectiva valiosa en la enseñanza de la Bioquímica. Tanto Dean como Spencer han empleado las ediciones anteriores de *Biochemistry* en su propia enseñanza, de forma que conocían bien las fortalezas de este libro y las áreas que necesitaban refrescarse.

Los intereses investigadores del nuevo equipo de autores ha creado una división natural de las responsabilidades de escritura. Spencer se ha centrado en la estructura y los mecanismos biomoleculares, Dean con el metabolismo y su control y Chris ha puesto su principal esfuerzo en la Bioquímica genética. Sin embargo, el proyecto fue un verdadero esfuerzo de equipo. Cada borrador de capítulo ha sido examinado por los tres autores con las revisiones hechas por el autor principal del borrador antes de enviarlo a nuestros editores y a los revisores externos. Hemos encontrado a nuestros compañeros autores nuestros críticos más severos. Y, aunque Ken van Holde no ha participado activamente en esta edición, él revisó algunos borradores y gran parte de su estilo elegante permanece en esta nueva edición. Estamos orgullosos de incluirle como coautor en esta nueva edición.

## EVOLUCIÓN DEL TEXTO

### Cambios principales

Además de considerar la ingente cantidad de información nueva aparecida desde la publicación de la tercera edición en 2000, esta nueva edición presenta tres cambios significativos. En primer lugar, se ha puesto mayor énfasis en los mecanismos de las reacciones bioquímicas en las enzimas y en los capítulos del metabolismo. En segundo lugar, hay una reorganización significativa de los capítulos que tratan el metabolismo intermedio. Se ha unificado la cobertura del metabolismo de los hidratos de carbono, de forma que ahora se presenta la glucólisis, la gluconeogénesis, el metabolismo del glucógeno y la ruta de las pentosas fosfato en un capítulo (Capítulo 13). Para realizar esto sin una expansión excesiva del capítulo, hemos llevado la sección del metabolismo de los hidratos de carbono complejos al Capítulo 9; si lo prefieren, los profesores pueden presentar este material formando parte de la sección del metabolismo del curso. La termodinámica redox se ha trasladado del Capítulo 15 (Oxidaciones Biológicas) al Capítulo 3 (Bioenergética), al que pertenece más adecuadamente. El material de la coordinación entre los órganos del metabolismo de los mamíferos se ha dividido en dos capítulos: Capítulo 18 (Coordinación entre los órganos e intercelular del metabolismo energético de los vertebrados) y Capítulo 23 (Transducción de señal).

El tercer cambio importante es la reorganización de la Bioquímica genética en la última sección principal del libro. Como en las ediciones anteriores, presentamos los procesos de la transferencia de la información biológica pronto, en el Capítulo 4, y los detalles se dan más adelante. Además, hemos integrado el metabolismo de la información procariota y eucariota, en lugar de presentarlos en capítulos separados, como en las ediciones anteriores. Los cuatro capítulos de genética bioquímica de las ediciones anteriores son ahora seis: Capítulos 24 (Organización del Genoma), 25 (Replicación del DNA), 26 (Reestructuración de la Información), 27 (La Transcripción y su Control), 28 (Síntesis y Procesamiento de las Proteínas) y 29 (Control de la expresión de los genes).

## Nuevos temas

Un reto especial cuando se escribe una nueva edición tras un intervalo de tantos años era la incorporación de los más importantes de los nuevos desarrollos espectaculares de las ciencias de la vida moleculares. Una lista parcial de los temas nuevos o renovados es la siguiente:

- Enlaces fosforotioato del DNA (Capítulo 4).
- Análisis de la secuencia génica, análisis filogenético, análisis proteómico y secuenciación de aminoácidos mediante espectrometría de masas (Capítulo 5).
- Nuevos enfoques para clasificar la estructura secundaria de las proteínas, la predicción de la estructura proteica, y los panoramas energéticos del plegado proteico (Capítulo 6).
- Dinámica de la hemoglobina, papel de las hemoproteínas en la fisiología del óxido nítrico y conjugados anticuerpo-fármaco como agentes anticancerosos (Capítulo 7).
- Imagen biológica de las glucoproteínas complejas (Capítulo 9).
- Balsas lipídicas (Capítulo 10).
- Mecanismos químico-orgánicos de las clases de reacciones bioquímicas habituales (Capítulo 12).
- Coordinación de la homeostasis energética, incluyendo mTOR, AMPK, sirtuínas y acetilación proteica (Capítulo 18).
- Evolución de las rutas metabólicas (varios capítulos); regulación del metabolismo del colesterol (Capítulo 19).
- Ubiquitina y recambio proteico regulado (Capítulo 20).
- Metabolismo del grupo metilo (Capítulo 21).
- Farmacogenética (Capítulo 22).
- Proteínas de anclaje a la quinasa A (Capítulo 23).
- Polimorfismos de longitud de los fragmentos de restricción, polimorfismos de un solo nucleótido y mapeo genómico, estructura de la cromatina y el centrómero (Capítulo 24).
- Reparación de la rotura de doble cadena del DNA (Capítulo 26).
- Estructura y función de las RNA polimerasas (Capítulo 27) y de los ribosomas (Capítulo 28).
- Apoptosis (Capítulo 28).
- Papel de mediador en los complejos de la transcripción, metilación del DNA y epigenética, significado funcional de la metilación de histonas, RNA de interferencia, y riboconectores (Capítulo 29).

## Aplicaciones bioquímicas

Una característica solicitada por los estudiantes y también por los profesores es la de las aplicaciones prácticas del conocimiento bioquímico, especialmente las aplicaciones a las ciencias de la salud. A diferencia de otros textos, hemos preferido integrar las aplicaciones con el texto principal, en lugar de situarlas aparte en recuadros. Creemos que esto hace que el texto fluya con más facilidad.

Entre las nuevas aplicaciones que se consideran en esta edición están:

- Neuraminidasa del virus de la gripe y acción del Tamiflu (Capítulo 9).
- Biocombustibles (Capítulo 13).
- Enfermedades mitocondriales (Capítulo 15).
- Fotosíntesis artificial (Capítulo 16).
- Diabetes y obesidad (Capítulo 18).
- Restricción calórica y alargamiento de la vida (Capítulo 18).
- Variantes de la metilentetrahidrofolato reductasa y susceptibilidad a la enfermedad (Capítulo 21).
- Translocaciones cromosómicas y fármacos contra el cáncer (Capítulo 23); mapeo de los genes de enfermedad (Capítulo 24).
- Patrones de mutaciones de los oncogenes y cáncer (Capítulo 23).

## Mantener lo que funciona bien

No todo es nuevo en esta edición. Hemos trabajado duro para mantener y mejorar las características más queridas de las ediciones anteriores, como el énfasis en los conceptos físicoquímicos en los que se basan los procesos y mecanismos bioquímicos, y el énfasis en la naturaleza experimental de la Bioquímica. Este último énfasis se ha conseguido con el uso continuado de la característica popular Herramientas de la Bioquímica.

# HERRAMIENTAS DE LA BIOQUÍMICA

Como en las ediciones anteriores, hemos resaltado la importancia de las técnicas experimentales incisivas como máquina que impulsa la mejora del conocimiento de la naturaleza molecular de los procesos vivos. Esto se consigue mediante descripciones al final del capítulo de las técnicas más importantes de investigación en Bioquímica y Biología molecular. La mayor parte de la sección de Herramientas en esta edición se ha actualizado o presentado por vez primera. Entre las Herramientas nuevas o modificadas de forma significativa se encuentran:

- Introducción a la Proteómica; Espectrometría de masas en tándem (Capítulo 5).
- Espectroscopia de resonancia magnética nuclear (Capítulo 6).
- Modificación *in vitro* de la función proteica (Capítulo 11).
- Metabolómica (Capítulo 12).
- Direccionamiento génico mediante recombinación homóloga; bioquímica de las moléculas individuales (Capítulo 26).
- Micromatrices; inmunoprecipitación de la cromatina (Capítulo 27).

Se han combinado varias secciones de Herramientas y desplazado antes en el libro, al Capítulo 4. La sección de Herramientas de radioisótopos del Capítulo 12 se ha reducido de forma considerable. Se ha fortalecido en la sección de Herramientas del Capítulo 11 el material sobre métodos cinéticos isotópicos en el análisis de los mecanismos enzimáticos.

# PROBLEMAS AL FINAL DE LOS CAPÍTULOS

Cuando ha sido posible hemos eliminado los problemas que resaltan el aprendizaje de memoria y añadido problemas que requieren para su resolución razonamiento analítico o cuantitativo. Se han añadido problemas nuevos a cada capítulo. Es importante señalar que se han incluido las soluciones completas a cada problema, así como las respuestas, al final del libro.

## AGRADECIMIENTOS

Aunque nuestros nombres aparecen como autores en la cubierta de este libro, y esperamos recibir la mayor parte de la consideración o la crítica por ello, el libro en realidad ha sido creado por un gran equipo, con muchos participantes cuyas contribuciones rivalizan con las nuestras. Para empezar, este libro nunca habría existido si no hubiera sido por la participación de Michelle Sartor, que actualmente trabaja como Editora-Jefa de Humanidades y Ciencias Sociales de Pearson Canadá. En su puesto anterior, se dio cuenta del interés continuo por nuestro libro, especialmente en Canadá. Aunque se había frustrado un intento anterior de una cuarta edición, Michelle ejerció una persistencia tranquila, aunque eficaz, hasta que el equipo de autores actual se conjuntó. Tras el cambio de Michelle, Cathleen Sullivan, Editor Ejecutivo de Ingeniería, Ciencia y Matemáticas, se hizo cargo y ella ha tenido una mano firme sobre el timón a través de mares en calma que ocasional, aunque solo brevemente, se agitó.

Nuestro contacto diario a través de la escritura y la fase de desarrollo fue John Polanszky, Editor Senior de Desarrollo. Apreciamos que nos dio mucha independencia y en general, fue una influencia tranquilizadora y una fuente de consejos útiles. Nos proporcionó algunos revisores muy útiles cuyos nombres se dan posteriormente.

Cuando se completaron la escritura, la revisión y las modificaciones mantuvimos nuestros contactos valiosos con Cathleen y John, pero comenzamos a relacionarnos con un equipo más grande de profesionales dedicados y capacitados, especialmente Marisa Lok, directora local de proyectos y Tracy Duff, directora de proyectos de PreMedia-Global. Intercambiamos correos electrónicos y llamadas telefónicas con ellas casi diariamente y las consideramos amigas, incluso aunque no nos hayamos encontrado con ellas personalmente. Durante esta fase, Kelly Birch, editora de copias, nos proporcionó contribuciones señaladas y Greg Miller, Scott Napper, Mark Jonklaas, Masoud Jelokhani-Niaraki, revisores técnicos. Katy Mehrtens, Director de Publicidad, supervisó los esfuerzos en PreMediaGlobal.

Les debemos mucho a los amigos y colegas científicos por los consejos, la información actualizada y las figuras. Aun a riesgo de descuidar el reconocimiento a todos los que nos han ayudado, debemos mencionar a los siguientes.

Gary Carlton (Arcsine Graphics) realizó muchas de las figuras nuevas de los Capítulos 6-11. La atención de Gary por los detalles y la calidad ha dado lugar a resultados espectaculares. Gracias a los investigadores que han proporcionado figuras nuevas para esta edición del texto: Shing Ho (Universidad del Estado de Colorado), Figuras 4A.6 y 26.24; Jack Benner (Nwe England Biolabs), Figura 5D.1; Andy Karplus (Universidad del Estado de Oregón), Figuras 6.12 y 6.13, Scott Delbecq y Rachel Klevit (Universidad de Washington), Figura 6A.10b; Serge Smirnov (Universidad de Western Washington), Figura 6A.12; Vlado Gelev (FBReagents Inc.), Figura 6A.13b; Stephan Grzesiek (Universidad de Basilea), Figura 6A.13a; Richard Harris, Figura 6A.14; John Olson (Universidad Rice), Figura 7.6; Marjorie Longo (Universidad de California, Davis), Figura 10.27; Vamsi Mootha (MIT), Figura 12B.3; Adrian Keating-Clay (Universidad de Texas en Austin), Figura 17.37B; Rowena Matthews (Universidad de Michigan), Figura 21.12; John Tesmer (Universidad de Michigan), Figura 23.10; Lawrence Loeb (Universidad de Washington), Figura 23.22; Mike O´Donnell (Universidad Rockefeller), Figuras 25.25 y 25.34; Whitney Yin (Universidad de Texas en Austin), Figura 25.35; David Josephy (Universidad de Guelph), Figura 26.7; D. G. Vassylyev (Universidad de Alabama en Birmingham), Figura 27.11; Robin Gutell (Universidad de Texas en Austin), Figura 28.19.

P. Clint Spiegel (Universidad de Western Washington) hizo la estructura del ribosoma eucariota que aparece en la cubierta.

Un agradecimiento especial a varios colegas que generosamente nos proporcionaron comentarios al borrador y de esta forma, mejoraron la calidad del texto final. Rachel Klevit (Universidad de Washington), Andrew Baldwin (Universidad de Toronto) y Serge Smirnov (Universidad de Western Washingron) revisaron el material que describe la espectroscopia óptica y de RMN en el Capítulo 6. Tom Brittain (Universidad de Auckland), John Olson (Universidad Rice) y Antony Mathews (Pfizer, Inc.) revisaron el material del Capítulo 7, que describe la estructura y función de las proteínas globinas. Heather Van Epps (Seattle Genetics) proporcionaron comentarios esenciales sobre los apartados del Capítulo 10, que describen las membranas excitables. Jack Benner (New England Biolabs) revisaron el material del Capítulo 5 que describe la proteómica. Andrew Hanson (universidad de Florida) proporcionó comentarios útiles sobre el apartado del Capítulo 16 que describe la fotorrespiración. John Denu (Universidad de Winsconsin) compartió datos no publicados y proporcionó comentarios útiles sobre el apartado del Capítulo 18 que describe la acetilación de las proteínas y las sirtuínas. Jon Huibregtse (Universidad de Texas en Austin) proporcionó comentarios útiles sobre el apartado del Capítulo 20 que describe la función de la ubiquitina. Ralph Green (Universidad de California, Davis) proporcionó comentarios útiles sobre el apartado del Capítulo 20 que describe la vitamina B12 y la anemia perniciosa. JoAnne Stubbe (MIT) proporcionó comentarios útiles sobre la presentación de la ribonucleótido reductasa del Capítulo 22. John Tesmer (Universidad de Michigan) proporcionó comentarios útiles sobre el apartado del Capítulo 23 que describe la estructura y función de las proteínas G. Michael Freitag (Universidad del Estado de Oregón) proporcionó una información valiosa sobre los centrómeros, los cinetocoros y la epigenética (Capítulos 24 y 29).

Como siempre, nuestros críticos más eficaces fueron nuestras esposas, Kate Mathews, Maureen Appling e Yvonne Anthony-Cahill. Se echa mucho de menos a Barbara van Holde. Pero Kate, Maureen e Yvonne fueron fuentes constantes de cariño y apoyo, con agudos consejos y críticas ocasionales. Su paciencia y apoyo continuo fueron los elementos más importantes para ver este proyecto concluido de forma oportuna y satisfactoria.

# CONTENIDO BREVE

# CONTENIDO DETALLADO

## PARTE 1
## El campo de la bioquímica

## CAPÍTULO 7

## Función y evolución de las proteínas 234



## CAPÍTULO 8

## Proteínas contráctiles y motores moleculares 286

## CAPÍTULO 14

## Ciclo del ácido cítrico y ciclo del glioxilato 591

## CAPÍTULO 15

### Transporte electrónico, fosforilación oxidativa y metabolismo del oxígeno 625



## CAPÍTULO 16

### Fotosíntesis 672



## CAPÍTULO 17

### Metabolismo lipídico I: ácidos grasos, triacilgliceroles y lipoproteínas 708

## CAPÍTULO 18



## CAPÍTULO 19



## CAPÍTULO 20



## CAPÍTULO 21

## CAPÍTULO 22

## Metabolismo de los nucleótidos 917



## CAPÍTULO 23

## Mecanismos de transducción de señal 958

## PARTE 5
## Información

## CAPÍTULO 24
## Genes, genomas y cromosomas 1002



## CAPÍTULO 25
## Replicación del DNA 1036

## CAPÍTULO 26

### Reestructuración del DNA: reparación, recombinación, reordenamiento, amplificación 1079



## CAPÍTULO 27

### Lectura de la información: transcripción y procesamiento posterior a la transcripción 1125



## CAPÍTULO 28

### Descodificación de la información: traducción y procesamiento de las proteínas posterior a la traducción 1173

# HERRAMIENTAS DE LA BIOQUÍMICA

# PARTE 1

## EL CAMPO DE LA BIOQUÍMICA

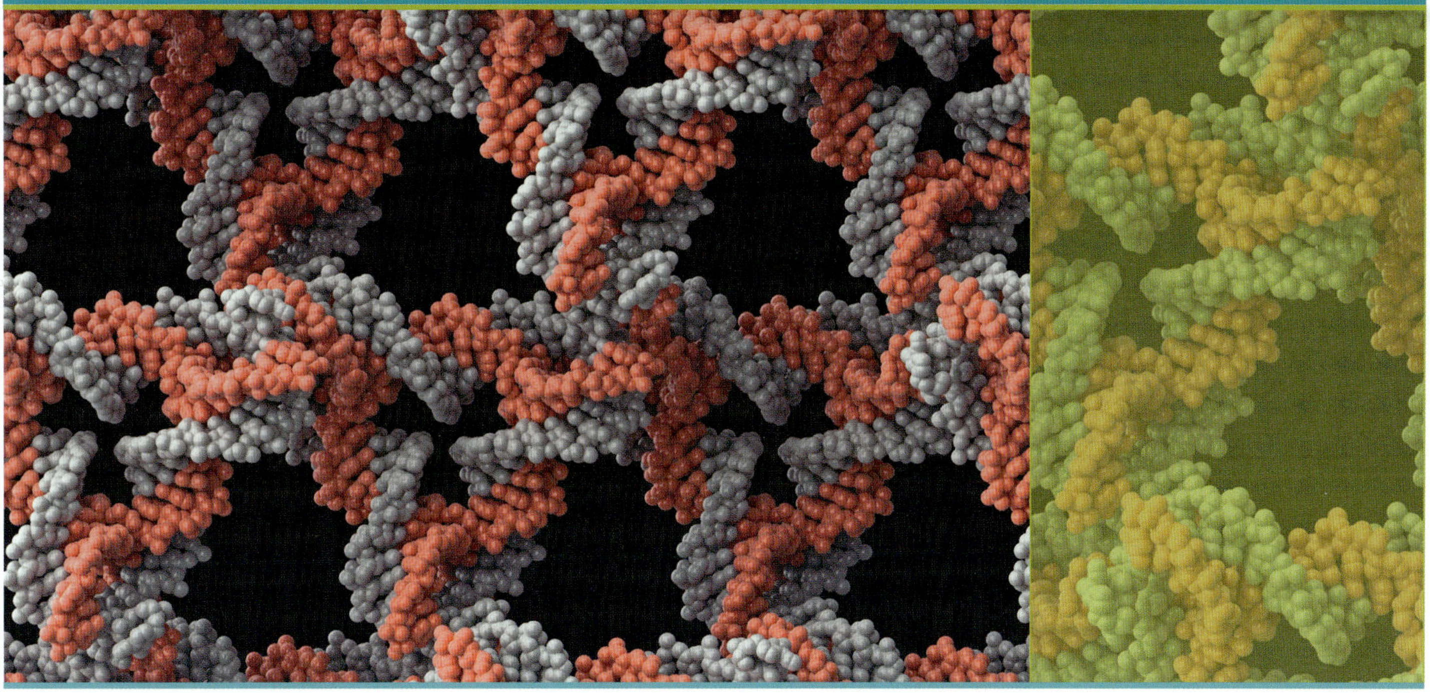

Cristal tridimensional regular de DNA formado a partir de fragmentos que se han sintetizado de forma química.
*Fuente:* Visual Science/Science Photo Library.

- **CAPÍTULO 1.** El alcance de la bioquímica
- **CAPÍTULO 2.** La matriz de la vida: interacciones débiles en un medio acuoso
- **CAPÍTULO 3.** Energética de la vida

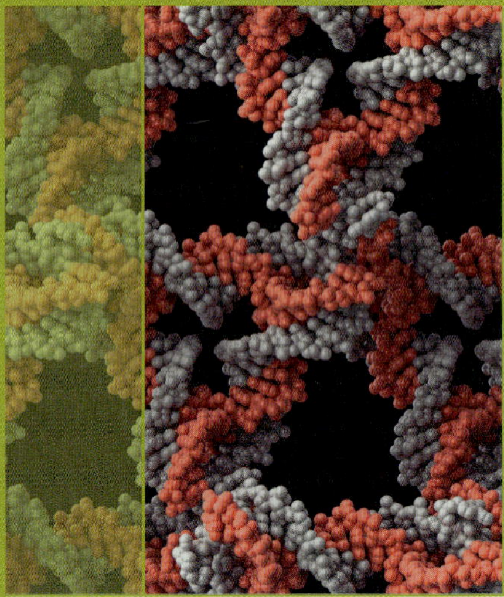

# CAPÍTULO 1

## El alcance de la bioquímica

**Bienvenido al estudio de la Bioquímica,** una rama de la ciencia que busca describir la estructura, la organización y la función de la materia viva en términos moleculares. ¿Pero cuáles son las estructuras químicas de los componentes de la materia viva? ¿Cómo dan lugar las interacciones entre estos componentes a las estructuras supramoleculares organizadas, las células, los tejidos multicelulares y los organismos? ¿Cómo extrae la materia viva la energía de su entorno para permanecer viva? ¿Cómo almacena y transmite un organismo la información que necesita para crecer y reproducirse? ¿Qué transformaciones químicas acompañan a la reproducción, al envejecimiento y a la muerte de las células y los organismos? Esta es la clase de preguntas que se hacen los bioquímicos y cuyas repuestas nos revelan la naturaleza química de la vida.

La Bioquímica puede dividirse en tres áreas principales y así es como está organizado este texto: (1) la **química estructural** de los componentes de la materia viva y las relaciones de la función biológica con la estructura química (Capítulos 1-11); (2) el **metabolismo**, la totalidad de las reacciones químicas que se producen en la materia viva (Capítulos 12-23); y (3) la **bioquímica genética**, la química de los procesos y las sustancias que almacenan y transmiten la información biológica (Capítulos 24-29). Esta tercera área también es la esfera de la **genética molecular**, un campo que busca conocer la herencia y la expresión de la información genética en términos moleculares.

### La Bioquímica y la revolución biológica

La Biología se transformó en 1953 cuando Watson y Crick propusieron el modelo de doble hélice para la estructura del DNA.

Las ciencias biológicas están experimentando una revolución y la Bioquímica se encuentra en el corazón de esa revolución. La revolución comenzó a mediados del siglo XX y recibió un gran impulso en 1953 cuando Watson y Crick propusieron la ya familiar estructura de doble hélice del DNA. La revolución continúa en la actualidad sin tregua con la velocidad a la que se va revelando el conocimiento fundamental sobre la física y la química de los procesos de la vida.

Los años transcurridos desde el descubrimiento de Watson y Crick han visto hitos a intervalos de aproximadamente una década, hitos que nos ayudan a apreciar cómo el paso de los descubrimientos se ha mantenido y acelerado. Diez años después del artículo fundamental de Watson-Crick, vimos al comienzo de los años 1960 la elucidación del código genético y el descubrimiento del RNA mensajero, claves para entender cómo se expresa la información genética. Diez años después se crearon las primeras moléculas de DNA recombinante, abriendo la puerta, como no lo ha hecho otro descubrimiento, a las aplicaciones prácticas de la información biológica en la salud, la agricultura, la medicina forense y la ciencia ambiental. Una década después los científicos habían aprendido a sintetizar químicamente cualquier fragmento de ácido nucleico y habían descubierto cómo amplificar cantidades mínimas de DNA mediante la reacción en cadena de la polimerasa, de forma que podía clonarse cualquier gen y someterlo a mutagénesis, permitiendo realizar cualquier cambio que se deseara de la estructura de ese gen. Tras otra década, a comienzo de los años 1990, los científicos aprendieron no solo a introducir nuevos genes en la línea germinal de vegetales y animales sino también, a romper o eliminar cualquier gen existente, permitiendo el análisis de la función metabólica de cualquier producto génico. Una década después se anunció la casi completa secuencia de nucleótidos del genoma humano, $2.9 \times 10^9$ pares de bases de DNA, que representan más de 20 000 genes diferentes. Muy pronto después la comunidad científica fue sacudida por el descubrimiento de la regulación genética por los pequeños RNA de interferencia. La gran cantidad de información a partir del análisis de la secuencia genómica y de la regulación por el RNA continúa transformando el panorama bioquímico hasta bien entrado el siglo XXI.

Durante el medio siglo transcurrido entre el descubrimiento de la doble hélice y la terminación de la secuencia del genoma humano, han alimentado la revolución biológica poderosas técnicas nuevas de investigación en bioquímica y biofísica, como la cristalografía de rayos X, la espectrometría de masas, la resonancia magnética nuclear, las técnicas de separación de alta resolución, la determinación automatizada de la secuencia de proteínas y ácidos nucleicos y las técnicas de visualización de moléculas individuales. La Figura 1.1 proporciona una línea del tiempo de la introducción de estas tecnologías, la mayoría de las cuales se van a encontrar en este libro.

Nuestra línea del tiempo comienza con la introducción de los radioisótopos como reactivos de investigación al final de la Segunda Guerra Mundial. En el proceso, se han transformado las ciencias biológicas. Actualmente está claro que la Bioquímica es la base de todas las ciencias de la vida y que la comprensión de cualquier proceso biológico, como la percepción sensorial, la selección evolutiva, los mecanismos inmunes y las transformaciones energéticas exigen conocer las bases químicas y físicas subyacentes. También está claro que la Biología del siglo XXI implica la acumulación, la integración y el análisis de cantidades enormes de datos, comenzando con los miles de millones de pares de bases de DNA de los genomas de la mayoría de los animales y vegetales. Un objetivo de este libro es exponer cómo hemos alcanzado este punto, para entender los conceptos y los principios de la Bioquímica en términos de los enfoques experimentales y las tecnologías de investigación sobre las que descansan esos conceptos y para considerar cómo han aparecido las cantidades enormes de datos y son analizados con la nueva ciencia denominada Bioinformática mediante el análisis cuantitativo y computacional de los datos biológicos.

## Las raíces de la Bioquímica

La Bioquímica es una ciencia joven, aunque comenzó mucho antes del trabajo de Watson y Crick. No obstante, mucho o la mayoría de lo que aprenderá leyendo este texto se ha descubierto en el siglo pasado, ya que los primeros disparos, por hablar de alguna manera, se realizaron en la revolución biológica. Pero permítasenos explorar brevemente los primeros orígenes del campo.

La Bioquímica tuvo su origen como campo científico diferenciado a comienzos del siglo XIX, con los trabajos pioneros de Friedrich Wöhler. Antes de la época de Wöhler, se creía que las sustancias existentes en la materia viva eran, de alguna manera, cualitativamente diferentes de aquellas de la materia muerta y no se comportaban según las leyes conocidas de la Física y la Química. En 1928, Wöhler demostró que la urea, una sustancia de origen biológico, podía sintetizarse en el laboratorio a partir del compuesto inorgánico cianato amónico. Como decía Wöhler en una carta a un colega, «*debo decirte que puedo preparar urea sin necesidad de un riñón ni de un animal, sea un hombre o un perro*». Esta afirmación era muy sorprendente en su época, puesto que rompía la barrera que se suponía que existía entre lo vivo y lo que no tiene vida.

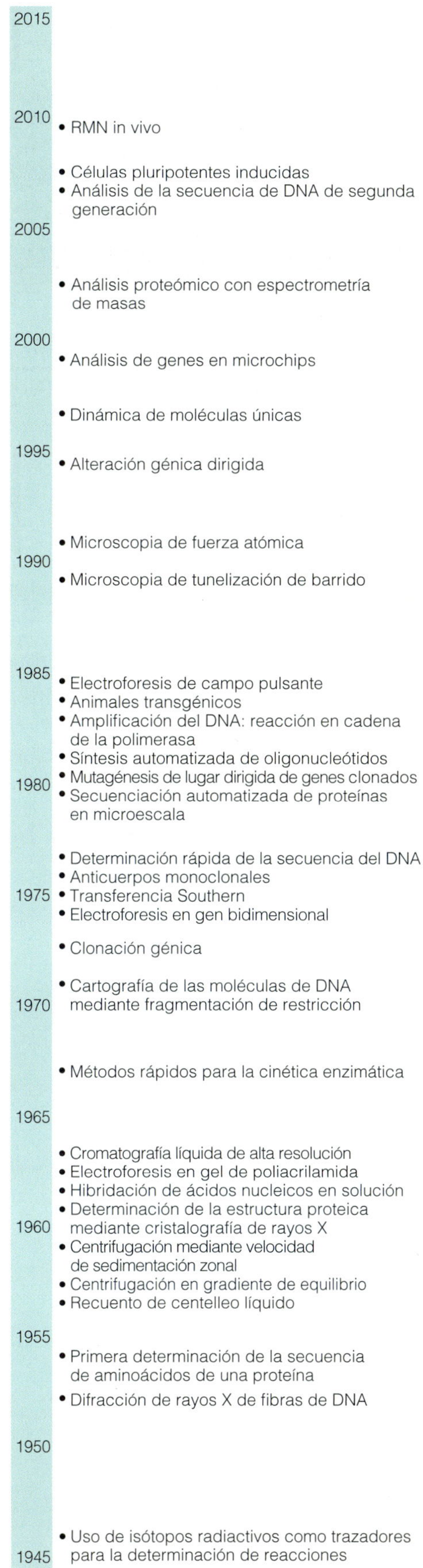


**FIGURA 1.1**

**Historia reciente de la bioquímica de acuerdo con la introducción de nuevas técnicas de investigación.** La línea temporal comienza con la introducción de los isótopos radiactivos como reactivos bioquímicos, inmediatamente después de la Segunda Guerra Mundial.

Las nuevas técnicas químicas y físicas muy potentes han acelerado el ritmo de comprensión de los procesos biológicos en términos moleculares.

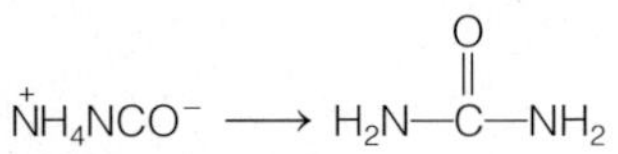

**Cianato amónico** **Urea**

Aún después de la demostración de Wöhler, una corriente de opinión convincente, denominada vitalismo, sostenía que, si no los compuestos, al menos las reacciones de la materia viva solo podían darse en las células vivas. Según este punto de vista, las reacciones biológicas se producían por la acción de una «fuerza vital» misteriosa en vez de mediante procesos físicos y químicos. El dogma vitalista quedó destruido en 1897, cuando dos hermanos alemanes, Eduard y Hans Buchner, observaron que los extractos de células de levadura destruidas (y completamente muertas) podían llevar a cabo todo el proceso de la fermentación del azúcar hasta el etanol. Este descubrimiento abrió las puertas al análisis de las reacciones y los procesos bioquímicos *in vitro* (del latín, «en el vidrio»), es decir, en un tubo de ensayo en vez de *in vivo* (en la materia viva). En las décadas siguientes, se reprodujeron *in vitro* otras muchas reacciones metabólicas y rutas de reacciones, lo cual permitió la identificación de reactantes y productos y de las enzimas, o catalizadores biológicos, que aceleraban cada una de las reacciones bioquímicas.

Los primeros bioquímicos tuvieron que superar la idea de que la materia viva y la carente de vida eran fundamentalmente diferentes.

La naturaleza de la catálisis biológica fue el último refugio de los vitalistas, que sostenían que las estructuras de las enzimas (o *fermentos*) eran demasiado complejas para poder describirse en términos químicos. Sin embargo, en 1926, J. B. Sumner demostró que la proteína ureasa, una enzima de las judías, podía cristalizarse como cualquier otro compuesto orgánico. Aunque las proteínas tienen unas estructuras grandes y complejas, solo son compuestos orgánicos, y sus estructuras pueden determinarse con métodos químicos y físicos. Este descubrimiento hizo que acabara de derrumbarse el vitalismo.

Paralelamente a los avances de la Bioquímica, los biólogos celulares han ido perfeccionando continuamente el conocimiento de la estructura celular. A partir de la primera observación de las células, realizada por Robert Hooke en el siglo XVII, las mejoras continuas de las técnicas microscópicas permitieron averiguar que la célula era una estructura compartimentada y compleja (*véase* la Figura 1.2). Walter Flemming descubrió los *cromosomas* en 1875, y en 1902 se realizó su identificación como elementos genéticos. La construcción del microscopio electrónico, entre los años 1930 y 1950, aportó todo un nuevo nivel de perspectiva dentro de la estructura celular. Desde este momento podían estudiarse los orgánulos subcelulares como las *mitocondrias* y los *cloroplastos*, lo cual llevó a descubrir que los distintos procesos bioquímicos estaban localizados en estas partículas subcelulares. La Figura 1.3 ilustra los avances paralelos que han conducido a la moderna bioquímica y biología celular y su entrecruzamiento con la nueva ciencia de la genética.

Aunque los avances realizados en la primera mitad del siglo XX descubrieron, a grandes rasgos, las estructuras químicas de las sustancias biológicas, identificaron las reacciones de muchas rutas metabólicas y localizaron estas reacciones en el interior de la célula, la Bioquímica continuaba siendo una ciencia incompleta. Sabíamos que la singularidad de un organismo está definida por la totalidad de sus reacciones químicas. Sin embargo, conocíamos poco sobre el control de estas reacciones en el tejido vivo o la manera de almacenar toda información que regula estas reacciones, su transmisión cuando la célula se divide y su procesamiento cuando las células se diferencian.

La idea de **gen** como unidad de información hereditaria fue propuesta por primera vez a mediados del siglo XIX por Gregor Mendel. Alrededor del año 1900, los biólogos celulares se dieron cuenta de que los genes deben encontrase en los cromosomas, que están formados por proteínas y ácidos nucleicos. Después, la nueva ciencia de la genética aportó un conocimiento cada vez más detallado de los patrones de herencia y de desarrollo. Sin embargo, hasta mediados del siglo XX nadie había aislado un gen, ni había determinado su composición química. Friedrich Miescher había aislado los ácidos nucleicos en 1869, pero sus estructuras químicas se conocían mal y a comienzos de siglo se pensaba que eran sustancias sencillas que cumplían tan solo funciones estructurales en la célula. La mayor parte de los bioquímicos pensaban que tan solo las proteínas eran lo suficientemente complejas como para ser portadoras de la información genética.

Esta creencia era errónea. Los experimentos realizados en los años 1940 y comienzos de los años 1950 demostraron de manera concluyente que el **ácido desoxirribonucleico** (**DNA**) es el portador de la información genética (Capítulo 4). Como se ha señalado antes, 1953 fue un año destacado, cuando James Watson y Francis Crick describieron la estructura de doble hélice del DNA. Este concepto sugirió inmediatamente las formas en las que podía codificarse la información en la estructura de las moléculas y transmitirse inalterada de una generación a la siguiente.

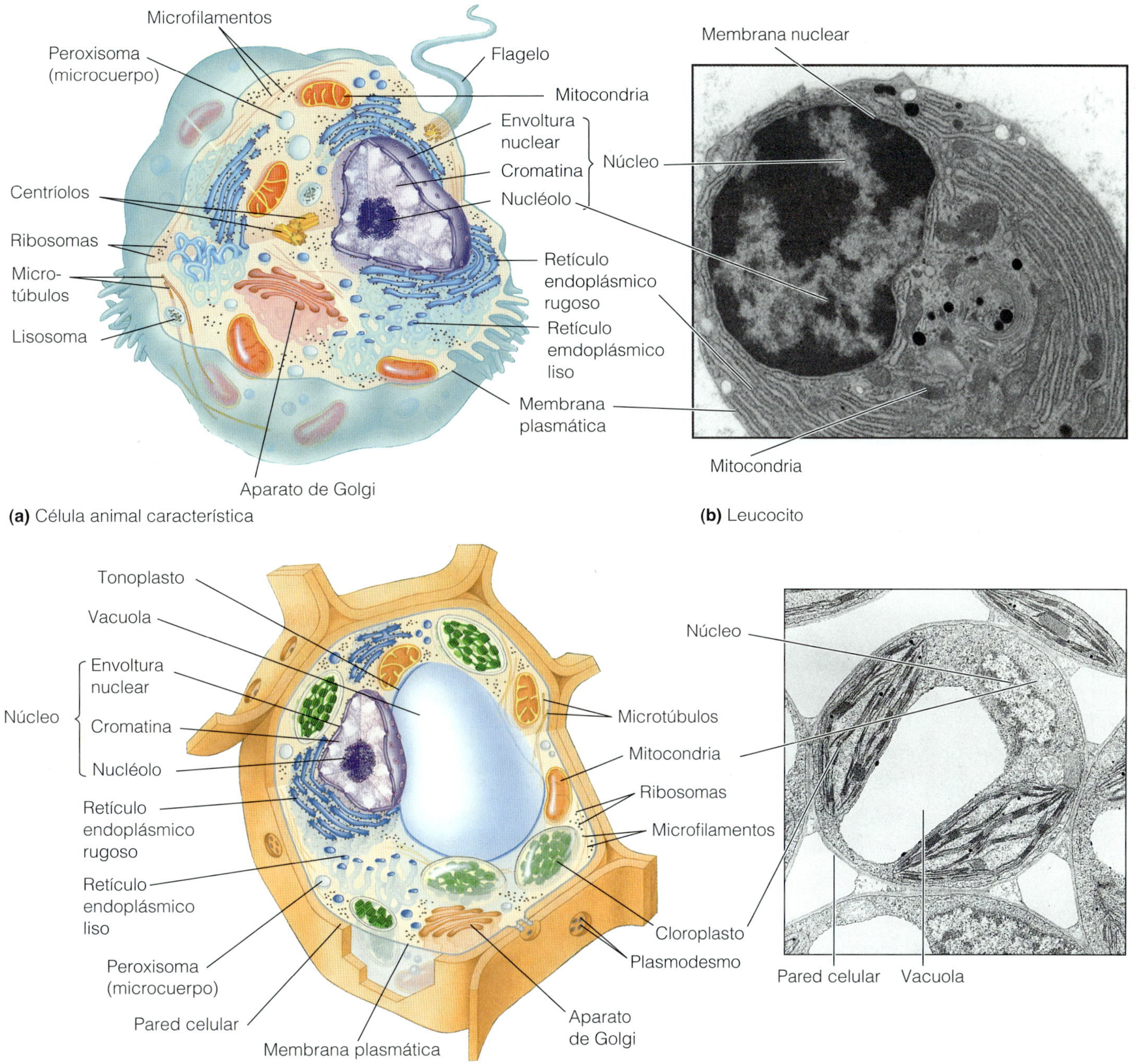


**(a)** Célula animal característica

**(b)** Leucocito

**(c)** Célula vegetal característica

**(d)** Célula de una hoja de *Coleus*

**FIGURA 1.2**

**Complejidad de las células.** En **(a)** y **(c)** se muestran imágenes esquemáticas de una célula animal y una célula vegetal representativas. **(b)** Fotografía de microscopia electrónica de una célula animal representativa, un glóbulo blanco de la sangre. **(d)** Fotografía de microscopia electrónica de una célula vegetal representativa, un corte fino de una célula de una hoja de *Coleus*.

(a, c) Tomado de Neil Campbell, Jane Reece, y Larry Mitchell, Biology, 5/E (Menlo Park, CA: Addison Wesley Longman, 1999) © Addison Wesley Longman, Inc.; (b) Courtesy of R. Rodewald, University of Virginia/BPS; (d) W. P. Wergin; courtesy of E. H. Newcomb, University of Wisconsin-Madison.

En este punto, las hebras del desarrollo científico que se muestran en la Figura 1.3. Bioquímica, Biología celular y Genética, pasaron a entrelazarse, y emergió la nueva ciencia de la Biología molecular. La distinción entre Biología molecular y Bioquímica no siempre está clara, puesto que ambas disciplinas toman como campo de actuación la definición completa de la vida en términos moleculares. El término *Biología molecular* se suele utilizar en un sentido más limitado, para indicar el estudio de la estructura y función de los ácidos nucleicos y los aspectos genéticos de la bioquímica, un campo al que podríamos

La Biología molecular es una fusión de la Bioquímica, la Biología celular y la Genética.

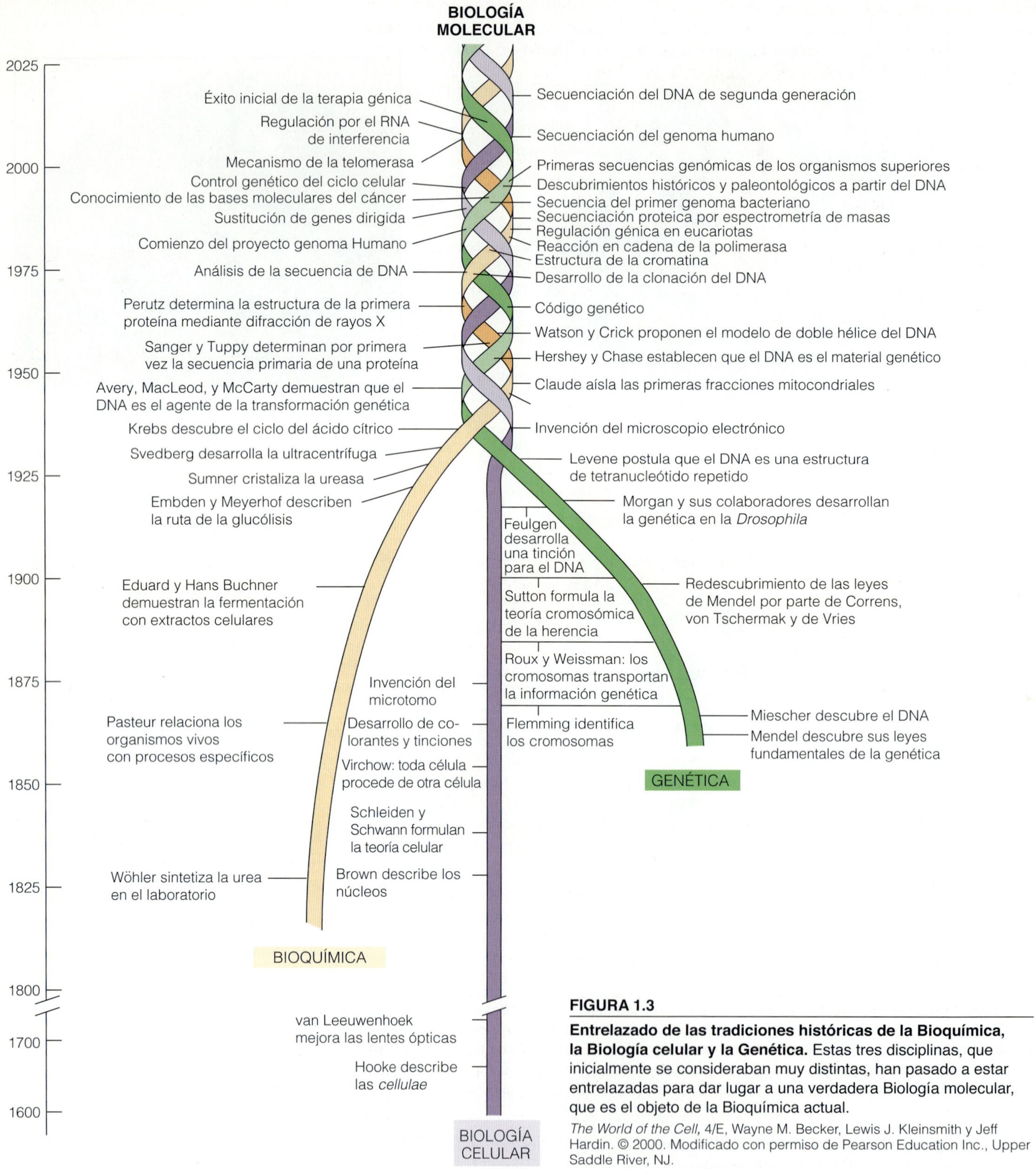


**FIGURA 1.3**

**Entrelazado de las tradiciones históricas de la Bioquímica, la Biología celular y la Genética.** Estas tres disciplinas, que inicialmente se consideraban muy distintas, han pasado a estar entrelazadas para dar lugar a una verdadera Biología molecular, que es el objeto de la Bioquímica actual.

*The World of the Cell,* 4/E, Wayne M. Becker, Lewis J. Kleinsmith y Jeff Hardin. © 2000. Modificado con permiso de Pearson Education Inc., Upper Saddle River, NJ.

denominar con mayor exactitud *Genética molecular.* Sin embargo, a comienzo del siglo XXI la distinción entre bioquímica y biología molecular se ha hecho algo más artificial debido a que los científicos de éxito de ambos campos deben utilizar métodos de todas las disciplinas pertinentes, como la Química, la Biología y la Física. De hecho, tres de las técnicas de investigación más potentes que utilizan los bioquímicos las han desarrollado los físicos: la **microscopia electrónica**, que ha descubierto características notables de la estructura celular (*véase* Herramientas de la Bioquímica 1A), la **difracción de rayos X** y la **resonancia magnética nuclear**, que han descubierto la estructura tridimensional exacta de las enormes moléculas biológicas (*véase* Herramientas de la Bioquímica 4A y 6A).

## La Bioquímica como una disciplina y una ciencia interdisciplinar

La Bioquímica extrae sus principales temas de muchas disciplinas: de la Química orgánica, que describe las propiedades de las biomoléculas; de la Químicafísica, que describe la Termodinámica, las propiedades del agua y los parámetros eléctricos de las reacciones de oxidación-reducción; de la Biofísica, que aplica las técnicas de la Física al estudio de las estructuras y las funciones de las biomoléculas; de la ciencia médica, que intenta cada vez más comprender los estados patológicos en términos moleculares; de la Nutrición, que ha aclarado el metabolismo mediante la descripción de las necesidades alimentarias para el mantenimiento de la salud; de la Microbiología, que ha demostrado que los organismos unicelulares y los virus son especialmente adecuados para la determinación de muchas rutas metabólicas y mecanismos de regulación; de la Fisiología, que investiga los procesos vitales a nivel tisular y del organismo; de la Biología celular, que describe la división bioquímica y mecánica del trabajo en el interior de una célula; y de la Genética, que describe el mecanismo que proporciona a una determinada célula u organismo su identidad bioquímica. La Bioquímica adquiere su fuerza de todas estas disciplinas y, a cambio, también las nutre; se trata de una ciencia realmente interdisciplinar.

La Bioquímica es también una disciplina diferenciada, con su propia identidad. Se distingue por su énfasis en las estructuras y las reacciones de las biomoléculas, en especial las enzimas y la catálisis biológica; por la explicación de las rutas metabólicas y su control; y por el principio de que los procesos vitales pueden comprenderse mediante las leyes de la Física y la Química. Cuando lea este libro, tenga en cuenta tanto el carácter propio de la Bioquímica como disciplina diferenciada, como la absoluta interdependencia de la Bioquímica con otras ciencias físicas y naturales.

## La Bioquímica como ciencia química

Aunque solemos describir la Bioquímica como una ciencia de la vida y relacionamos sus avances con la historia de la biología, sigue siendo en primer lugar y ante todo una ciencia química. Para comprender la influencia de la Bioquímica sobre la Biología, es preciso conocer los elementos químicos de la materia viva y las estructuras completas de muchos compuestos biológicos (aminoácidos, azúcares, lípidos, nucleótidos, vitaminas y hormonas) y su comportamiento durante las reacciones metabólicas. Será preciso conocer la estequiometría y los mecanismos de un gran número de reacciones. Además, el conocimiento de los principios básicos de la termodinámica es esencial para entender de qué manera obtienen las plantas la energía de la luz del sol y cómo obtienen los animales la energía de los alimentos y cómo las biomoléculas se auto-ensamblan para formar las estructuras complejas.

> Para comprender la Bioquímica, es preciso estudiar antes la Química básica.

Todas las formas de vida, desde la célula bacteriana más pequeña hasta el ser humano, están formadas por los mismos elementos químicos que, a su vez, constituyen los mismos tipos de moléculas. La química de la materia viva es similar en todo el mundo biológico. Indudablemente, esta continuidad de los procesos bioquímicos refleja el origen evolutivo común de todas las células y organismos. Empecemos por un examen preliminar de la composición de la materia viva, partiendo de los elementos químicos.

### Los elementos químicos de la materia viva

La vida es un fenómeno de la segunda generación de estrellas. Esta afirmación, que parece bastante extraña, se basa en el hecho de que la vida, tal como la concebimos, solo pudo aparecer cuando eran abundantes determinados elementos como el carbono, el hidrógeno, el oxígeno, el nitrógeno y el fósforo (C, H, O, N y P). El universo más primitivo estaba formado casi por completo por hidrógeno y helio, puesto que tan solo se produjeron estos elementos más sencillos en la condensación de la materia tras la explosión inicial o *Big Bang*. La primera generación de estrellas no contenía elementos más pesados con los que pudieran formarse los planetas. Cuando estas primeras estrellas maduraron, en los siguientes siete a ocho mil millones de años quemaron su hidrógeno y helio en reacciones termonucleares. Estas reacciones produjeron elementos más pesados, primero carbono, nitrógeno y oxígeno, y más tarde, todos los demás elementos de la tabla periódica. Al madurar las estrellas grandes, se hicieron inestables y explotaron en forma de novas y supernovas, diseminando los elementos más pesados por todo el entorno cósmico. Esta materia se condensó de nuevo para formar las estrellas de segunda generación, con sistemas planetarios con abundancia de elementos pesados. Nuestro universo, que ahora contiene una abundante cantidad de estrellas de segunda generación, tiene una composición de elementos compatible con la vida, tal como la conocemos.

La vida depende fundamentalmente de unos pocos elementos (C, H, O, N), aunque hay muchos otros que también desempeñan funciones esenciales.

¿Por qué son esenciales para la vida los elementos más pesados que el H y el He? La respuesta es que la vida, tal como podemos concebirla, requiere estructuras moleculares grandes y complejas. Estas tan solo pueden formarse a partir de determinados elementos y solo pueden ser estables en unas condiciones ambientales limitadas. Un universo de hidrógeno y helio no tiene química. Tampoco es posible la química en el calor de las estrellas, donde no existen compuestos químicos, sino solo elementos. En medios tan fríos como la luna o el espacio, puede producirse una química sencilla y lenta, pero no podemos pensar en la formación de moléculas tan complejas como las proteínas o los ácidos nucleicos. Tan solo puede aparecer la vida en un medio ambiente templado de un planeta adecuado, con una cantidad abundante de elementos capaces de formar compuestos complicados.

Pocos elementos participan en la creación de la materia viva. Las criaturas vivas de la Tierra están formadas fundamentalmente por cuatro: carbono, hidrógeno, oxígeno y nitrógeno. Estos elementos, con la adición del helio y el neón, son también los más abundantes del universo. El helio y el neón son gases inertes que no tienen las propiedades necesarias para desempeñar alguna función en los procesos vitales; no forman compuestos estables y se pierden fácilmente de las atmósferas de los planetas.

La abundancia de oxígeno e hidrógeno en los organismos se explica, en parte, por el importante cometido que desempeña el agua en la vida sobre la Tierra. Vivimos en un mundo muy acuoso y, como veremos en el Capítulo 2, las propiedades disolventes del agua son indispensables en los procesos bioquímicos. De hecho, el cuerpo humano está formado en un 70 %, aproximadamente, por agua. Los elementos C, H, O y N son importantes para la vida, debido a su fuerte tendencia a formar enlaces covalentes. En concreto, la estabilidad de los enlaces carbono-carbono y la posibilidad de formar enlaces simples, dobles o triples dan al carbono la versatilidad necesaria para formar parte de una enorme diversidad de compuestos químicos.

**TABLA 1.1. Elementos que se encuentran en los organismos**

| Elemento | Comentario |
|---|---|
| **Primer nivel** | |
| Carbono (C)<br>Hidrógeno (H)<br>Nitrógeno (N)<br>Oxígeno (O) | Los más abundantes en *todos los organismos* |
| **Segundo nivel** | |
| Calcio (Ca)<br>Cloro (Cl)<br>Magnesio (Mg)<br>Fósforo (P)<br>Potasio (K)<br>Sodio (Na)<br>Azufre (S) | Mucho menos abundantes, pero se encuentran en *todos los organismos* |
| **Tercer nivel** | |
| Cobalto (Co)<br>Cobre (Cu)<br>Hierro (Fe)<br>Manganeso (Mn)<br>Zinc (Zn) | Metales presentes en pequeñas cantidades en *todos los organismos*, pero son esenciales para la vida |
| **Cuarto nivel** | |
| Aluminio (Al)<br>Arsénico (As)<br>Boro (B)<br>Bromo (Br)<br>Cromo (Cr)<br>Flúor (F)<br>Galio (Ga)<br>Yodo (I)<br>Molibdeno (Mo)<br>Níquel (Ni)<br>Selenio (Se)<br>Silicio (Si)<br>Wolframio (W)<br>Vanadio (V) | Se encuentran o son necesarios en *algunos organismos* en cantidades mínimas |

Pero la vida no está formada solamente por estos cuatro elementos. Otros muchos son necesarios en los organismos terrestres, como puede observarse en la Tabla 1.1. Un «segundo nivel» de elementos esenciales es el formado por el azufre y el fósforo, que forman enlaces covalentes, y los iones $Na^+$, $K^+$, $Mg^{2+}$, $Ca^{2+}$ y $Cl^-$. El azufre es un componente de casi todas las proteínas, y el fósforo desempeña funciones esenciales en el metabolismo energético y en la estructura de los ácidos nucleicos. Más allá de los dos primeros niveles de elementos, que corresponden aproximadamente a los elementos más abundantes de las dos primeras filas de la tabla periódica, llegamos a los que desempeñan cometidos cuantitativamente menores aunque, a menudo indispensables. Como muestra la Tabla 1.1, la mayor parte de estos elementos de tercer y cuarto nivel son metales, y algunos de ellos actúan como colaboradores de la catálisis de las reacciones bioquímicas. En los capítulos sucesivos encontraremos muchos ejemplos de la importancia de estos oligoelementos para la vida.

## Moléculas biológicas

La complejidad de los procesos vivos requiere que muchas de las moléculas que participan en estos procesos sean enormes. Consideremos, por ejemplo, las moléculas de DNA liberadas de un cromosoma humano, como se muestra en la Figura 1.4. La cadena larga y plegada que se observa corresponde a tan solo dos moléculas enormes, cada una

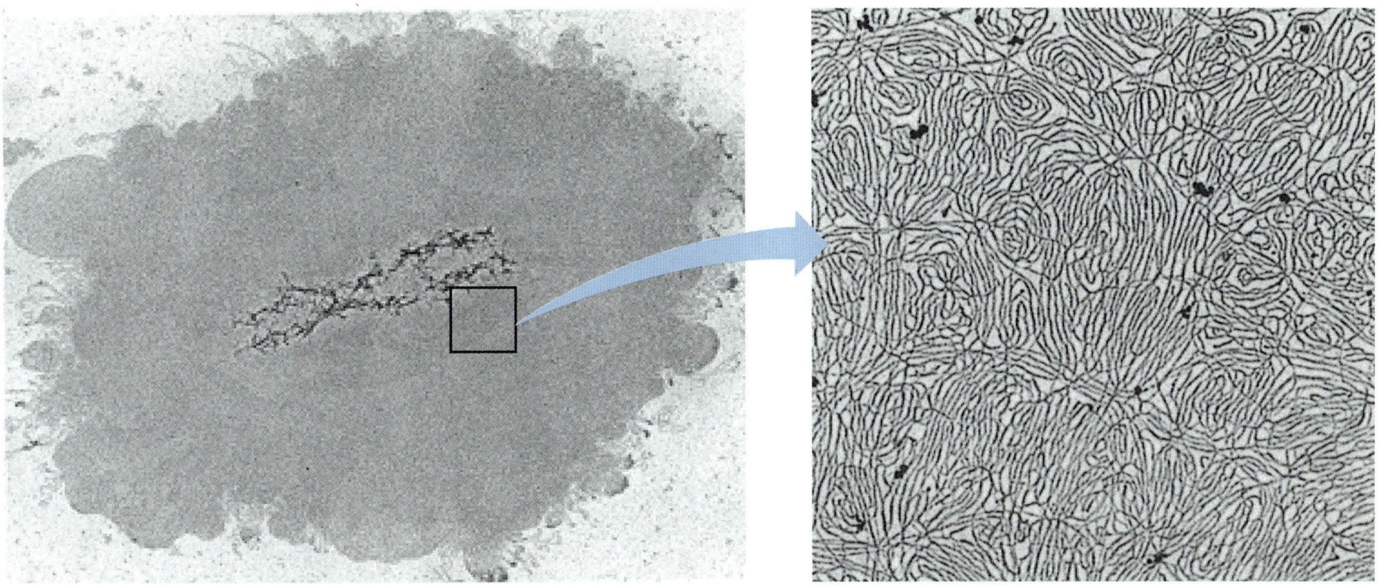

**FIGURA 1.4**

**DNA de un solo cromosoma humano.** La mayor parte de las proteínas cromosómicas se han extraído, dejando sólo un «esqueleto» proteico del que surgen enormes lazos de DNA. En este cromosoma solo hay dos moléculas de DNA. La amplificación de la derecha muestra la fibra larga de DNA con mayor detalle. La fibra tiene unos 2 nm de ancho.

Reproducido de *Cell* 12:817-828, J. Paulson y U. K. Laemmli. The estructure of histone-depleted metaphase chromosomes. © 1997 con permiso de Elsevier.

con una masa molecular de, aproximadamente, 20 000 millones de dalton (un dalton [Da] es 1/12 la masa de un átomo de $^{12}C$, $1.66 \times 10^{-24}$ g). Incluso un organismo sencillo como la bacteria unicelular *Escherichia coli* contiene una molécula de DNA con una masa molecular de alrededor de 2.000 millones de Da. Las moléculas proteicas son generalmente mucho menores, con masas moleculares que van desde 10 000 a 1 millón de Da. La complejidad de estas moléculas puede verse a partir de la estructura tridimensional de, incluso, una proteína bastante pequeña. La Figura 1.5 presenta la estructura de la mioglobina, una proteína muscular de almacenamiento de oxígeno, que tiene un peso molecular de aproximadamente 16 000 Da.

Estas moléculas gigantes o **macromoléculas**, constituyen una parte importante de la masa de cualquier célula. Como veremos con mayor detalle en los capítulos posteriores, existen buenas razones para que algunos materiales biológicos sean tan grandes. Así, por ejemplo, las moléculas de DNA pueden considerarse como «cintas» o ficheros de ordenador, de los que se extrae linealmente la información genética. Como la cantidad de información necesaria para especificar la estructura de un organismo multicelular es muy grande, estas cintas deben ser extraordinariamente largas. De hecho, las moléculas de DNA de una sola célula humana, si se extendieran de extremo a extremo, alcanzarían una longitud de unos 2 metros. Como puso de manifiesto a comienzo del siglo XXI el Proyecto Genoma Humano, la información contenida en el DNA humano puede codificar unas 100 000 proteínas, aunque el número real de genes funcionales es bastante menor.

Muchas de las moléculas importantes de las células son enormes. Los principales biopolímeros son los ácidos nucleicos, las proteínas y los polisacáridos. Todos ellos son polímeros, formados por una o varias clases de unidades monoméricas.

La síntesis de estas moléculas tan grandes plantea un reto interesante a la célula. Si esta funcionara como un químico orgánico que realizara una síntesis de laboratorio compleja, fragmento a fragmento, se producirían millones de tipos diferentes de reacciones y se acumularían miles de intermediarios. En su lugar, las células utilizan un planteamiento modular para elaborar las moléculas grandes. Todas estas estructuras son **polímeros** formados por la unión de unidades prefabricadas o **monómeros**. Los monómeros de un determinado tipo de macromolécula son de una diversidad limitada y se unen entre ellos o **polimerizan**, mediante mecanismos idénticos, cada uno de ellos con **condensación** o eliminación de una molécula de agua en la reacción de unión. Un ejemplo sencillo es el hidrato de carbono **celulosa** (Figura 1.6a), un componente fundamental de las paredes celulares de las plantas. La celulosa es un polímero formado por la unión de miles de moléculas de glucosa, un azúcar simple; en este polímero, son idénticos todos los enlaces químicos entre los monómeros. Se forman enlaces covalentes entre las unidades de glucosa mediante la eliminación de los elementos de una molécula de agua entre dos moléculas adyacentes de glucosa; la parte de una molécula de glucosa que queda en la cadena se denomina **residuo** de glucosa. Mientras que todos los residuos en una cadena de celulosa son idénticos, las secuencias de nucleótidos, en los ácidos nucleicos, y de aminoácidos en las proteínas son mucho más complejas.

Las células emplean un enfoque modular para formar grandes moléculas.

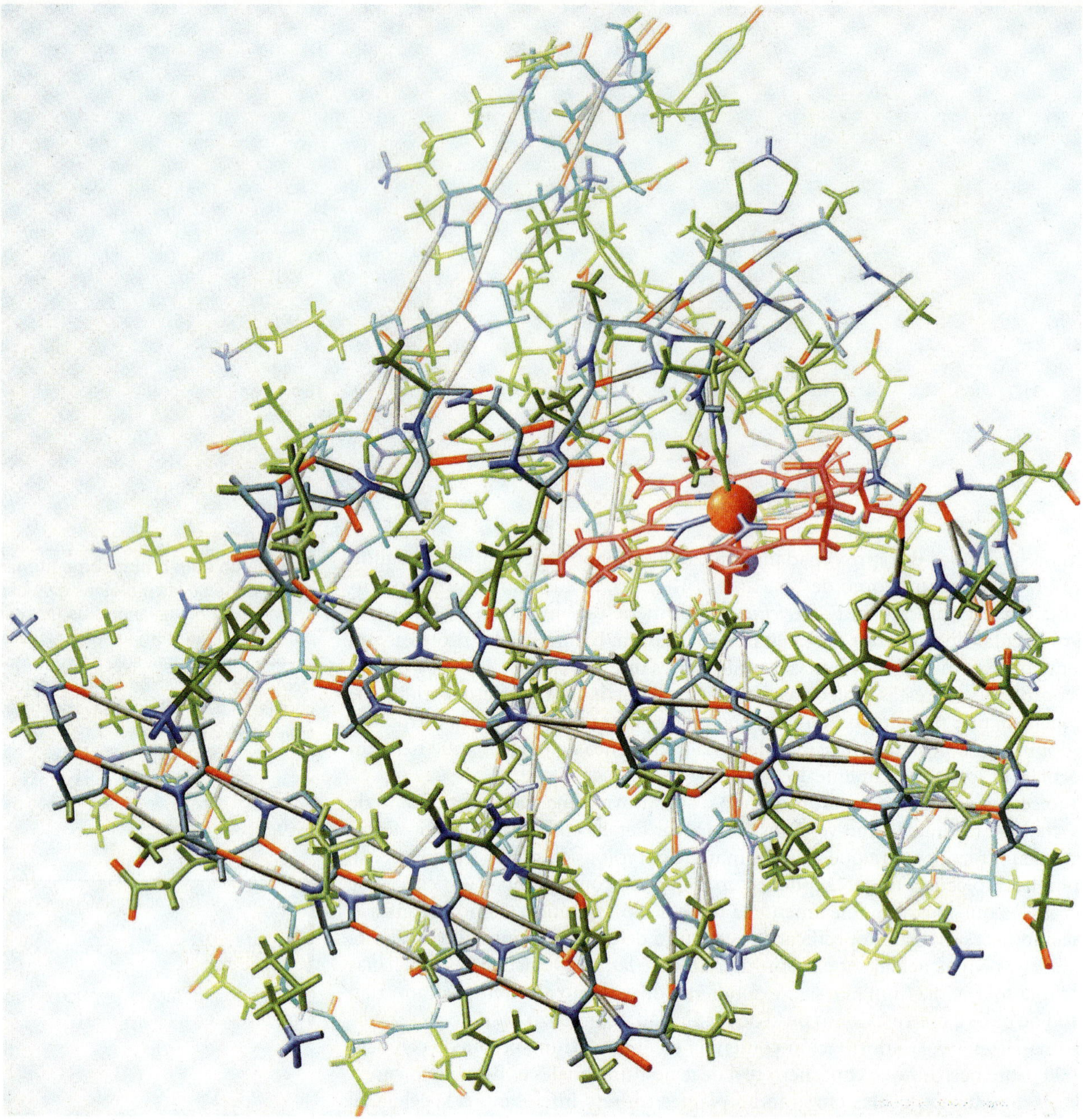

**FIGURA 1.5**

**Estructura tridimensional de la mioglobina.** Este dibujo histórico de Irving Geis en colaboración con John Kendrew, presenta con un modelo de varillas la primera proteína cuya estructura se dedujo mediante difracción de rayos X, la mioglobina de cachalote. Representa, por tanto, la primera indicación de la complejidad y especificidad de la estructura tridimensional de las proteínas. Estas estructuras en la actualidad se representan de forma rutinaria por medio de gráficos de ordenador.

Ilustración de Irving Geis. Imagen de la Colección de Irving Geis del Howard Hughes Medical Institute. Los derechos pertenecen a HHMI. No puede reproducirse sin permiso.

Las células usan un enfoque modular para generar moléculas muy grandes.

Dado que la celulosa es un polímero de un azúcar simple, o **sacárido**, se llama **polisacárido**. Este polímero concreto se elabora a partir de unidades monoméricas idénticas, por lo que se denomina **homopolímero**. En cambio, otros muchos polisacáridos y todos los ácidos nucleicos y las proteínas son **heteropolímeros**, es decir, polímeros formados a partir de diversos tipos de unidades monoméricas. Los ácidos nucleicos (Figura 1.6b) son polímeros de cuatro **nucleótidos**, y por este motivo a los ácidos nucleicos se les denomina también **polinucleótidos**. De igual modo, las proteínas (Figura 1.6c) se forman mediante las combinaciones de veinte **aminoácidos** diferentes. Las cadenas proteicas se denominan **polipéptidos**, término que procede del **enlace peptídico** que une a dos aminoácidos.

Los polímeros forman la mayor parte de la maquinaria estructural y funcional de la célula. Los polisacáridos actúan como componentes estructurales, como la celulosa, y como reservas de energía biológica, como el **almidón**, otro tipo de polímero de glucosa presente en las plantas. Los ácidos nucleicos, DNA y RNA, participan en el almace-

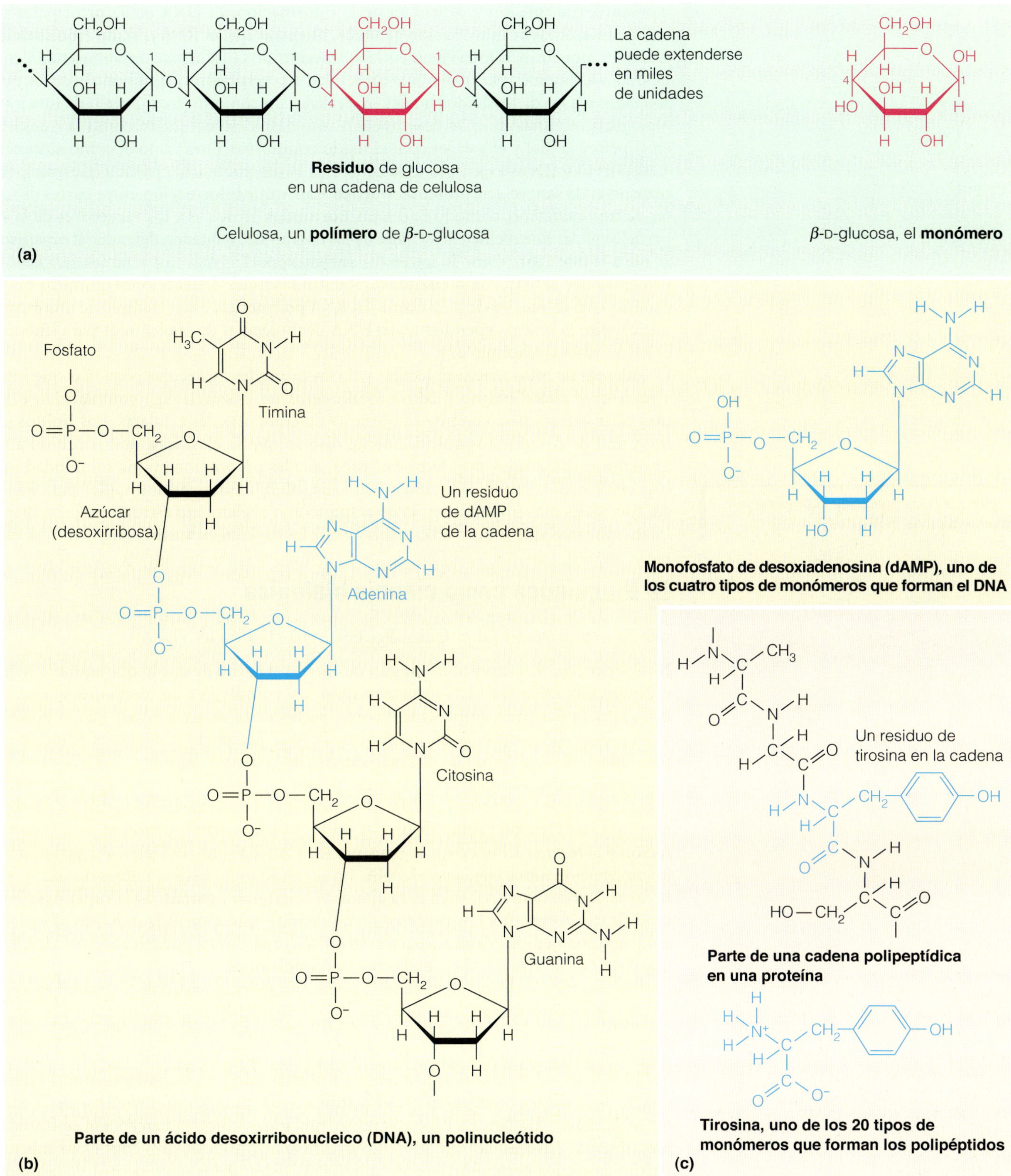


**FIGURA 1.6**

**Ejemplos de polímeros biológicos o biopolímeros. (a)** Un hidrato de carbono. El hidrato de carbono celulosa es un polímero de monómeros de $\beta$-D-glucosa, con una molécula de agua que sale de cada reacción de unión. **(b)** Un ácido nucleico. Los ácidos nucleicos, DNA y RNA, son polímeros de nucleótidos. Se muestra una parte de la molécula de DNA, junto con uno de sus monómeros, el monofosfato de desoxiadenosina. **(c)** Un polipéptido. Las cadenas proteicas, o polipéptidos, son polímeros de aminoácidos, formados a partir de veinte aminoácidos distintos. Se muestra una parte de un polipéptido, junto con uno de sus monómeros, la tirosina.

namiento, transmisión y expresión de la información. El **DNA** actúa principalmente como almacén de la información genética, mientras que el **RNA** o **ácido ribonucleico**, de estructura similar, interviene en la extracción de la información almacenada en el DNA. Las proteínas, que tienen una diversidad estructural muy superior a la de los polisacáridos o a las de los ácidos nucleicos, realizan un conjunto más diverso de funciones biológicas. Algunas de ellas desempeñan cometidos estructurales, como la queratina en el pelo y la piel y el colágeno en el tejido conjuntivo. Otras actúan como sustancias transportadoras, cuyo ejemplo destacado es la hemoglobina, la proteína que transporta oxígeno en la sangre. Las proteínas pueden transmitir información entre partes distantes de un organismo, como lo hacen las **hormonas** proteicas y los **receptores** de la superficie celular que reciben las señales de las hormonas, o pueden defender al organismo frente a la infección, como lo hacen los **anticuerpos**. Las más importantes de todas, las proteínas que actúan como **enzimas**, catalizan las miles de reacciones químicas que se producen en el interior de cada célula. La **RNA polimerasa** es un ejemplo de una enzima que cataliza la unión dependiente del DNA de moléculas de nucleótidos para sintetizar el RNA (*véase* el Capítulo 27).

Además de estas macromoléculas y de las múltiples moléculas pequeñas que intervienen en el metabolismo y como monómeros en la síntesis macromolecular, existe otra clase extraordinariamente importante de componentes celulares. Los **lípidos** son un grupo de compuestos químicamente diverso que se clasifican juntos debido a sus estructuras con abundantes hidrocarburos, que les proporcionan una solubilidad muy baja en el medio acuoso de la célula. Esta baja solubilidad dota a los lípidos para una de sus funciones más importantes, la de actuar como el elemento estructural principal de las **membranas** que rodean a las células y que las dividen en varios compartimientos.

Los lípidos son los principales componentes de las membranas biológicas.

## La Bioquímica como ciencia biológica

### Características que distinguen a la materia viva

No debemos perder de vista en ningún momento el hecho de que lo que aquí nos ocupa es la Química de la *vida*. Las sustancias químicas complejas y las reacciones que se han mencionado tienen su importancia como partes de la materia viva y de los procesos vitales. Para contemplar la Bioquímica desde esta perspectiva, debemos empezar por preguntarnos: ¿qué distingue a la materia viva de la materia inerte?

Daniel Koshland (*véase* la bibliografía al final del capítulo) ha descrito siete atributos característicos, o «pilares de la vida», que son los principios esenciales sobre los que opera un sistema vivo. En primer lugar, hay un *programa*, o plan organizado para la constitución y la regeneración de un organismo. Para la vida sobre la Tierra, ese programa es la información almacenada en el DNA. En segundo lugar, está la *improvisación*, que es la capacidad de la materia viva para alterar el programa y garantizar la supervivencia al modificarse el entorno. Los procesos de mutación y selección aseguran que, al variar el entorno (por ejemplo, de acuoso a terrestre), los organismos pueden ajustarse de forma que continúe la supervivencia en las nuevas condiciones.

El tercer pilar es la *compartimentalización*, que es la capacidad de un organismo para separarse del entorno (por ejemplo, con membranas) de forma que pueda realizarse, en condiciones favorables de temperatura, pH y concentración de reactivos y productos, la química necesaria para llevar a cabo el programa, como las reacciones catalizadas por enzimas. Los organismos más pequeños contienen solo un compartimiento, el interior de una única célula, mientras que los organismos más grandes contienen muchas células especializadas, para llevar a cabo diferentes funciones, como la percepción sensorial de movimiento. Además, las células de los organismos multicelulares contienen subcompartimientos, los orgánulos, que permiten la división del trabajo dentro de la unidad funcional básica, que es la propia célula. El cuarto pilar es la *energía*. La Termodinámica nos dice que los procesos espontáneos tienen lugar en la dirección de simplicidad y aleatoriedad, aunque la materia viva debe crear complejidad para mantener el programa y los demás pilares de la vida. Para realizar esto, las células y los organismos llevan a cabo reacciones que proporcionan energía, como la oxidación de los nutrientes, y acoplan parte de esa energía a las reacciones que necesitan energía que crean complejidad, como la síntesis de los ácidos nucleicos y las proteínas o la transmisión de los impulsos nerviosos. La fuente final de esa energía es el Sol, que se utiliza bien directamente por las plantas y las bacterias fotosintetizadoras para impulsar la síntesis de biomoléculas, o indirectamente por los organismos que consumen otros organismos y obtienen su energía de la degradación de los nutrientes del alimento.

La vida se basa en la creación y duplicación de orden en un medio caótico. Esta ordenación utiliza energía.

El quinto es la *regeneración*, que es la capacidad para compensar el desgaste inevitable que lleva el mantenimiento del estado físico lejos del equilibrio. Por ejemplo, todas las proteínas de una célula están sujetas a una degradación continua, bien debido al daño ambiental o, como las enzimas digestivas, que sufren la degradación como parte de su función normal. La capacidad de sustituir de forma continua las moléculas dañadas de esta forma es una característica distintiva de la vida. El sexto pilar es la *adaptabilidad*, la capacidad de un organismo para responder a las variaciones ambientales. Por ejemplo, cuando se agotan los nutrientes almacenados en un animal, este se siente hambriento y busca comida. La adaptabilidad, una propiedad de los organismos individuales, se diferencia de la improvisación, la capacidad de las poblaciones de organismos para responder a las alteraciones ambientales en una escala de tiempo de muchas generaciones.

El último pilar es el *aislamiento*, que significa que los procesos y rutas metabólicas deben operar de forma aislada unas de otras, incluso aunque tengan lugar dentro del mismo compartimiento de una célula. Cuando digerimos un hidrato de carbono, una consecuencia es una elevación de la glucosa intracelular. En el hígado o el músculo, esa glucosa puede ser consumida para proporcionar energía o polimerizada para formar glucógeno, un polímero de glucosa, comparable al almidón, que se almacena para su liberación posterior cuando haya una demanda energética. La polimerización de la glucosa y los pasos iniciales de la degradación tienen lugar dentro del mismo compartimiento, pero los procesos de control intracelular y las especificidades de la catálisis enzimática aseguran que una de las rutas está favorecida y la otra, inhibida, como respuesta a las necesidades celulares.

Interconectada con los siete pilares de la vida se encuentra la función de las membranas semipermeables, que rodean las células y los **orgánulos** intracelulares, como las mitocondrias, manteniendo la **homeostasis**, una condición en la que se mantiene constante la composición química de un sistema biológico. A los largo de este libro consideraremos la diferencia entre equilibrio y homeostasis, un estado estacionario de no equilibrio. Las células y los organismos mantienen la constancia de su ambiente químico, lo cual puede sugerir que estos sistemas se encuentran en equilibrio. Sin embargo, las características del estado estacionario de los sistemas vivos solo pueden mantenerse por la infusión continua de energía. Una molécula proteica en equilibrio habrá sido fraccionada en aminoácidos. Sin embargo, las proteínas en las células se sintetizan y se mantienen en su estado polimérico solo a través del mantenimiento de un estado estacionario de no equilibrio dependiente de energía. Como otro ejemplo, las membranas son responsables del mantenimiento de los gradientes de concentración iónica. La mayoría de las células transportan potasio de forma activa hacia adentro en contra de un gradiente de concentración. En equilibrio, las concentraciones intracelular y extracelular de potasio serán equivalentes.

¿Cómo surgió este notable proceso que llamamos vida? No lo sabemos, pero sí sabemos que es verdaderamente antiguo, casi tan viejo como la misma Tierra. La Tierra se condensó del polvo cósmico hace unos 4.5 miles de millones de años, aunque los trazos reconocibles de microbios vivos tienen 3.8 miles de millones de años, solo 700 millones de años más tarde. Es posible que algunos de estos organismos primitivos (o protoorganismos) utilizaran bloques de construcción químicos ya formados. Por ejemplo, se han encontrado trazas de aminoácidos en los meteoritos, una prueba sólida que demuestra que estas sustancias pueden generarse de forma **abiótica**, sin la participación de un sistema viviente.

Cualquiera que sea su origen, sabemos que los primeros organismos debieron vivir una existencia anaerobia, ya que la Tierra carecía de oxígeno libre. De hecho, se piensa que todo el oxígeno presente en la actualidad en la atmósfera de la Tierra es el producto de la fotosíntesis de algas y plantas. Probablemente se requirieron 3-4 miles de millones de años para que se acumulara la cantidad de oxígeno actual. La vida no solo ocupó este planeta, sino que lo construyó de nuevo.

## La unidad de la organización biológica: la célula

Todas las criaturas vivas están formadas por células. La mayoría de las células son de tamaño semejante.

Uno de los primeros descubrimientos principales de la biología fue la observación de Robert Hooke (1665) de que los tejidos vegetales (en este caso, el corcho) estaban divididos en minúsculos compartimientos, a los que denominó *cellulae* o **células.** En 1840, el perfeccionamiento en la observación de muchos tejidos llevó a Theodor Schwann a proponer que todos los organismos existen, bien como células únicas o bien como agregados de células. Esta hipótesis, en la actualidad, está establecida firmemente.

Además, las células de cualquier organismo son de un tamaño bastante similar. La mayor parte de las células bacterianas tienen 1-2 $\mu$m de diámetro, y la mayoría de las células de los organismos superiores solo son unas 10-20 veces mayores, mientras que las células vegetales son algo más grandes que las animales. Existen, en realidad, excepciones: hay bacterias muy pequeñas (0.2 $\mu$m) y existen células poco comunes, como las del sistema nervioso de los vertebrados, que pueden llegar a tener una longitud de más de 1 m. Pero, en comparación con la gama de tamaños existentes en los organismos naturales, la mayoría de los tamaños celulares son muy parecidos.

El tamaño de las células no guarda relación con el tamaño del organismo, tanto en los vegetales como en los animales. Un elefante y una pulga tienen células de un tamaño aproximadamente igual; lo único que ocurre es que el elefante tiene un mayor número de células. ¿Por qué se mantiene esa uniformidad en el tamaño celular? Podemos encontrar una pista en el hecho de que la proporción superficie/volumen de un objeto de una forma determinada depende de su tamaño. Por ejemplo, un cubo de 20 $\mu$m de lado tiene una proporción superficie/volumen de 0.3, mientras que 100 cubos, cada uno de ellos de 2 $\mu$m de lado, tienen el mismo volumen total, pero una proporción superficie/volumen de 3.0, esto es, 10 veces mayor. La capacidad para intercambiar sustancias con su entorno es crucial para los procesos químicos que tienen lugar dentro de una célula,

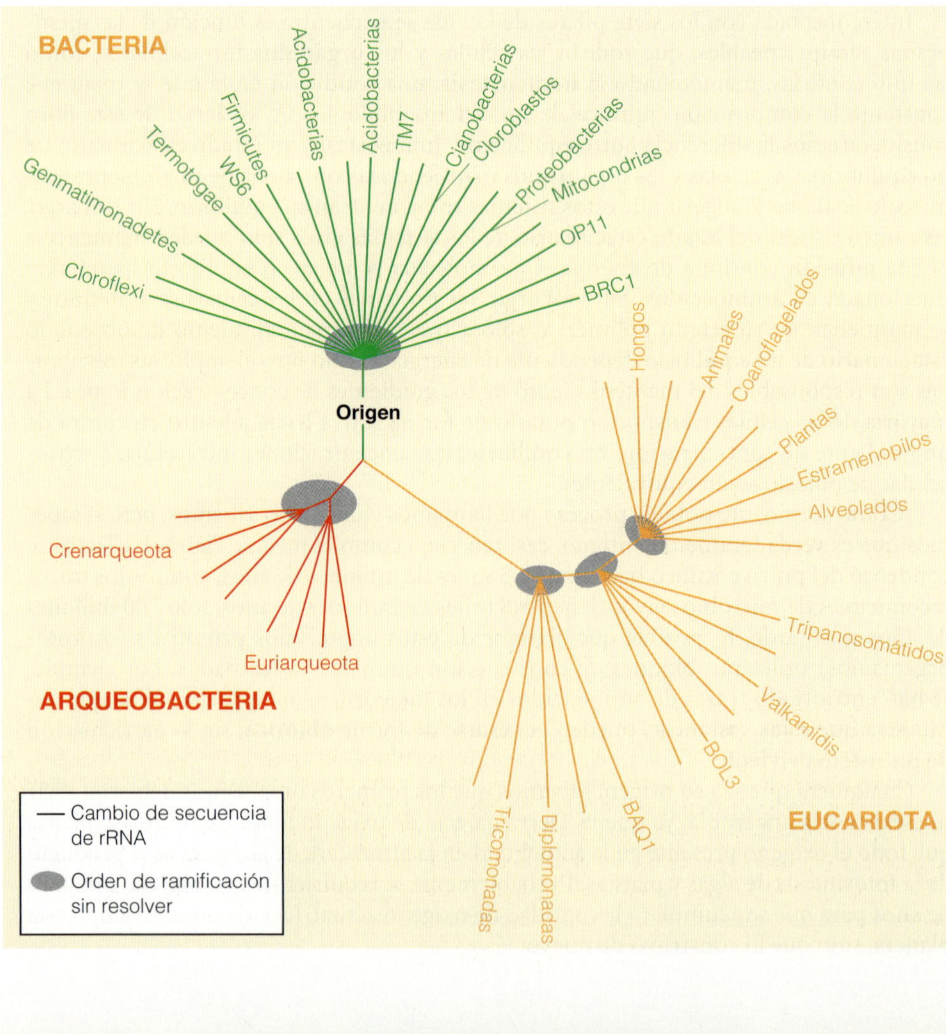


**FIGURA 1.7**

**Árbol molecular de la vida, basado en las comparaciones de las secuencias de RNA ribosómico**. No se muestran todas las líneas de descendencia. Los puntos de ramificación representan orígenes evolutivos comunes, y la distancia entre dos ramas son las relaciones genéticas. Algunos linajes representan «secuencias ambientales», esto es, secuencias detectadas en el ambiente a partir de las cuales los organismos relevantes aún no se han aislado en cultivo.

Reproducido con permiso de *Microbe* 3:15-20, N. R. Pace. The molecular tree of life changes how we see, teach microbial diversity. © 2008 American Society for Microbiology.

lo que significa que debe mantenerse una proporción superficie/volumen crítica. Por ejemplo, es evidente que la función celular es suficientemente semejante entre elefantes y pulgas, lo que prueba que la evolución ha seleccionado las células que exhiben proporciones superficie/volumen semejantes.

Dado que las células son las unidades universales de la vida, las analizaremos con más detalle. Las principales diferencias entre las estructuras celulares definen las dos grandes clases de organismos: procariotas y eucariotas. Los **procariotas**, que son siempre unicelulares, comprenden las **bacterias** verdaderas (eubacterias) y una clase antigua denominada **arqueobacterias.** Aunque los organismos se clasificaron originalmente en términos de criterios morfológicos o estructurales, la clasificación actual se basa en el análisis bioquímico, fundamentalmente la determinación de la secuencia de nucleótidos. La Figura 1.7 muestra las tres grandes ramas de la vida como un «árbol» evolutivo, con las relaciones fundamentadas en las semejanzas de las secuencias de RNA ribosómico. Cuanto más cercanas estén las dos ramas, mas relacionados están los organismos en esas dos ramas.

Las dos grandes clases de organismos existentes tienen tipos celulares diferentes. Las células procariotas no están compartimentadas; las células eucariotas poseen orgánulos limitados por membranas.

En la Figura 1.8 se muestra esquemáticamente un organismo procariota característico. Las células procariotas están rodeadas por una membrana plasmática y, generalmente, también por una pared celular rígida. Dentro de la membrana se encuentra el **citoplasma**, que contiene el **citosol**, una solución o suspensión semilíquida concentrada o gel, y las estructuras que están suspendidas en el mismo. En los procariotas, el citoplasma no está dividido en compartimientos y la información genética se encuentra en forma de una o varias moléculas de DNA que están libres en el citosol. También los **ribosomas** están suspendidos en el citosol, que constituyen la maquinaria molecular para la síntesis de proteínas. La superficie de las células procariotas puede poseer **pili** o vellosidades, que facilitan la fijación del organismo a otras células o superficies, y **flagelos**, que le permiten nadar.

El resto de los organismos se denominan **eucariotas**, y comprenden los vegetales y los animales multicelulares, así como los organismos unicelulares y multicelulares sim-

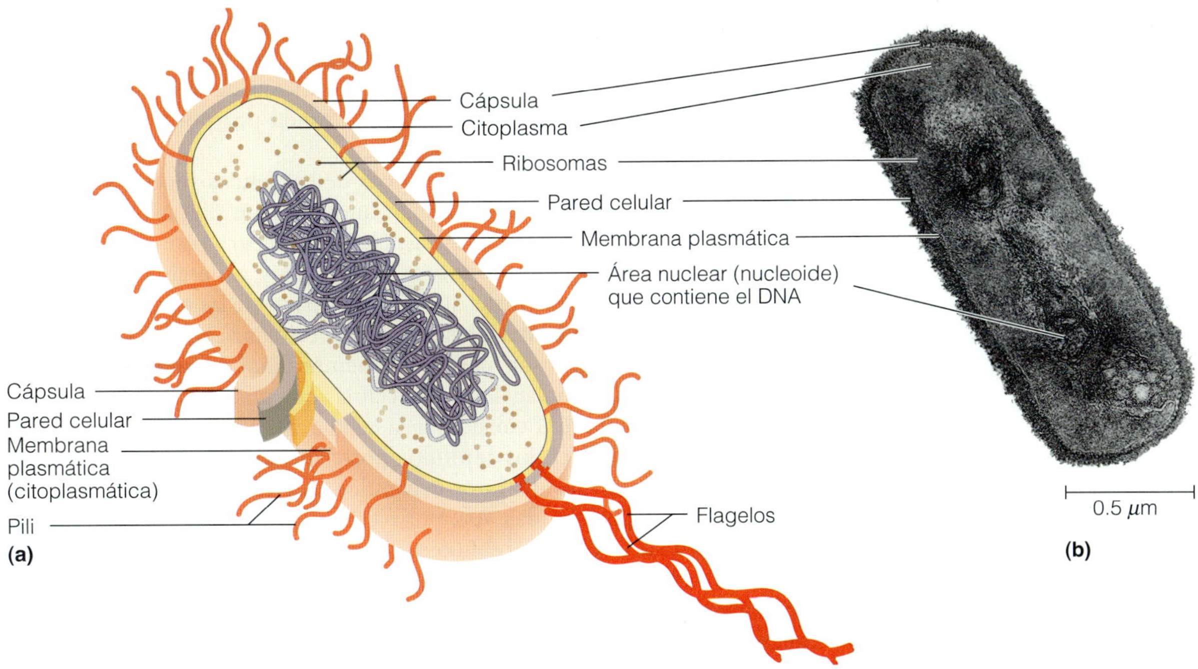


**FIGURA 1.8**

**Células procariotas. (a)** Imagen esquemática de una célula bacteriana representativa. La molécula de DNA, que constituye la mayor parte del material genético, está enrollada en una región denominada nucleoide, que comparte el líquido del interior de la célula (el citoplasma) con los ribosomas (que sintetizan las proteínas), otras partículas y una amplia variedad de moléculas disueltas. La célula está limitada por una membrana plasmática, por fuera de la cual suele haber una pared celular bastante rígida. Muchas bacterias tienen también una cápsula externa gelatinosa. A partir de la superficie salen vellosidades o pili, que fijan la célula a otras células o superficies, y uno o varios flagelos, que permiten a la célula nadar en un medio líquido. **(b)** Fotografía de microscopia electrónica de una célula bacteriana. Esta imagen se obtuvo mediante un corte fino de una célula de la bacteria *Bacillus coagulans* en fase de división. Las áreas claras corresponden a los dos nucleoides, y los gránulos oscuros corresponden a los ribosomas.

(b) Cortesía de S. C. Holt, University of Texas Health Center/BPS.

TABLA 1.2. Comparación de algunas propiedades de las células procariotas y eucariotas

| | Células procariotas | Células eucariotas |
|---|---|---|
| Tamaño | 0.2-5 $\mu$m de diámetro | La mayoría tiene 10-50 $\mu$m de diámetro |
| Compartimentación interna | No | Sí, con varios tipos de orgánulos |
| Localización del DNA | Libre en el citoplasma como nucleoide | En el núcleo, condensado con proteínas formando múltiples cromosomas |
| Ploidía[a] | Generalmente haploide | Casi siempre diploide o poliploide |
| Mecanismo de replicación celular | División simple tras la replicación del DNA | Mitosis en las células somáticas, meiosis en los gametos[b] |

[a] El término *ploidía* representa el número de copias de la información genética que lleva cada célula. Las células haploides poseen una sola copia, las células diploides dos y las células poliploides, más de dos.
[b] En la mitosis, el estado diploide se mantiene mediante la duplicación cromosómica, lo cual se produce en la mayoría de las células *somáticas* o «corporales» de los organismos. En las células que producen los gametos (espermatozoides u óvulos) se produce un proceso algo diferente, denominado meiosis, que da lugar a un estado haploide.

ples denominados protozoos, hongos y algas. En la Tabla 1.2 se indican algunas de las muchas diferencias existentes entre los eucariotas y los procariotas. La mayor parte de las células eucariotas son de mayor tamaño (unas 10 a 20 veces) que las células procariotas, pero compensan este mayor tamaño mediante una *compartimentación*. Sus funciones especializadas se llevan a cabo en **orgánulos**, que son estructuras rodeadas por una membrana que están inmersas en el citoplasma circundante.

La célula puede considerarse como una fábrica, con orgánulos y compartimientos especializados para realizar funciones distintas.

En la Figura 1.2 se han presentado imágenes esquemáticas de células idealizadas de animales y vegetales. Los orgánulos más importantes, que son comunes a la mayor parte de las células eucariotas, son las **mitocondrias**, que se especializan en el metabolismo oxidativo; el **retículo endoplásmico**, que es una estructura de membranas plegadas, con abundantes ribosomas y donde tiene lugar gran parte de la síntesis de proteínas; el **complejo de Golgi**, que son cámaras unidas a membranas que intervienen en la secreción y el transporte de las proteínas recién sintetizadas hacia sus destinos; y el **núcleo**. El núcleo de una célula eucariota contiene la información genética esta, codificada en el DNA, que está empaquetado en los **cromosomas**. Una parte de este DNA está subempaquetado en una región densa del interior del núcleo, denominada **nucléolo**. Alrededor del núcleo hay una **envoltura nuclear**, perforada por poros a través de los cuales se comunican el núcleo y el citoplasma.

También existen orgánulos específicos de las células vegetales o animales. Así, por ejemplo, las células animales contienen unos cuerpos digestivos denominados **lisosomas**, de los que carecen las células vegetales. Por su parte, estas tienen **cloroplastos**, que son los lugares en los que se produce la fotosíntesis y, generalmente, una **vacuola** grande llena de agua. Además, mientras que la mayor parte de las células animales está rodeada tan solo por una **membrana plasmática**, las células vegetales suelen tener una **pared celular** dura de celulosa por fuera de la membrana. Los **cuerpos basales** actúan como anclajes para los cilios o flagelos en las células que poseen estos apéndices.

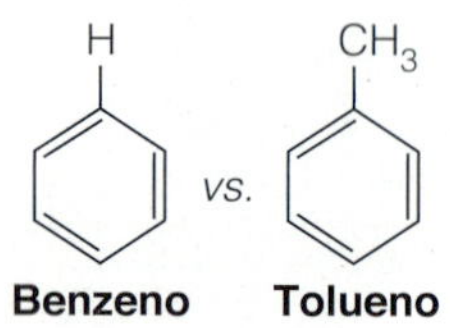


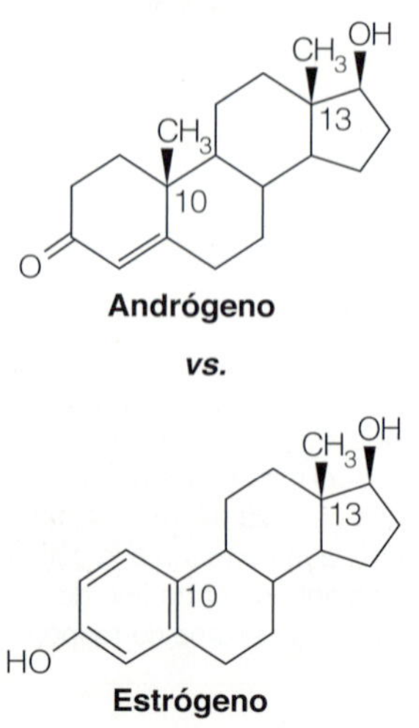


A menudo resulta útil considerar la célula como una fábrica, analogía que utilizaremos con frecuencia en los capítulos posteriores. Las membranas envuelven toda la estructura y separan los distintos orgánulos, que pueden considerarse departamentos con funciones especializadas. Así, por ejemplo, el núcleo es la administración central. Contiene, en su DNA, una biblioteca de información para las estructuras y procesos celulares, y emite instrucciones para la regulación adecuada de los negocios de la célula. Los cloroplastos y las mitocondrias son los generadores de energía (siendo los primeros solares, y los segundos, quemadores de combustible). El citoplasma es el área de trabajo general, en donde la maquinaria proteica lleva a cabo la formación de moléculas nuevas a partir de las materias primas importadas. Los canales moleculares especiales en las membranas entre los compartimientos y entre la célula y su entorno regulan el flujo de moléculas en las direcciones adecuadas. Al igual que las fábricas, las células tienden a especializarse en su función. Así, por ejemplo, muchas de las células de los organismos superiores están dedicadas en gran parte a la producción y exportación de uno o unos pocos productos moleculares. Entre los ejemplos se encuentran las células pancreáticas beta, que segregan enzimas digestivas, y los glóbulos blancos, cada uno de los cuales está especializado en la síntesis de uno de los varios millones de moléculas diferentes de anticuerpos que pueden sintetizar los seres humanos como parte de la respuesta inmune.

## La bioquímica como ciencia biológica: forma y función

La función y la evolución descansan en el corazón de la Biología. La evolución tiene lugar a partir de la selección de la función. Dado que la Bioquímica trata, en parte, con la evolución de las proteínas y los genes, la Bioquímica es, como hemos señalado, una ciencia biológica. No obstante, la cuestión de la función no surge en las ciencias físicas. La función y el propósito son conceptos irrelevantes en el mundo inerte. Un químico, por ejemplo, explora la relación entre la estructura y la reactividad de las moléculas mediante el examen de los efectos de las sustituciones sobre las velocidades de reacción y la estructura electrónica. Él o ella pueden preguntarse por qué el tolueno es más reactivo que el benceno con los iones nitronio ($NO_2^+$). Sin embargo, el químico no puede preguntarse, «¿Cuál es la función del grupo metilo en el tolueno?», ni un geógrafo preguntarse, «¿Cuál es la función de la península de Florida?». Sin embargo, un biólogo sí puede preguntarse por qué hay diferencias en la coloración y el patrón de las alas de las especies de mariposas. De forma semejante, el bioquímico puede, y lo hace, intentar explicar los papeles funcionales de los grupos metilo; por ejemplo, él o ella pueden investigar por qué se introducen en el DNA grupos metilo tras la replicación, o por qué hay diferencia en los patrones de metilación del DNA entre las células normales y las células cancerosas.

O, el bioquímico puede constatar que en las rutas de biosíntesis de las hormonas sexuales se elimina un grupo metilo del sistema de anillo esteroideo y un andrógeno (hormona sexual masculina) se convierte en un estrógeno (hormona sexual femenina). Dado que las hormonas sexuales transmiten señales diferentes en machos y hembras, el grupo metilo claramente está realizando una función.

Por tanto, dado que los bioquímicos estudian cosas vivas y ellos o ellas tratan con moléculas funcionales, en contraste con el químico, que estudia cosas no vivientes y no está relacionado con la función, los bioquímicos han tenido que dar forma a su propio enfoque. Utilizan las técnicas de investigación de la Química, pero las preguntas que buscan respuesta son únicas.

El funcionamiento de cada molécula en un organismo no puede entenderse adecuadamente de forma aislada. Consideremos una enzima. Las enzimas y las moléculas proteicas están funcionalmente diseñadas. Aquí «diseño» implica la relación íntima de estructura y función. Las proteínas no son secuencias aleatorias de aminoácidos. La secuencia de aminoácidos dicta el plegado de los polipéptidos en una conformación funcional determinada. Sin embargo, durante la evolución, la estructura tridimensional se conserva, aunque no necesariamente la secuencia lineal de aminoácidos (unidimensional).

La cristalografía de rayos X nos permite «ver» la estructura tridimensional exquisita de una enzima. Sin embargo, solo el análisis de rayos X no puede mostrar todos los acontecimientos que tienen lugar durante la catálisis. De hecho, sin un conocimiento previo de que la molécula que se estudia es realmente un catalizador, el operador de cristalografía solo puede apreciar la belleza de la estructura plegada. Él o ella no pueden identificar qué hendidura acoge el sustrato o qué adaptaciones de la enzima reflejan su lugar en una ruta metabólica en las distintas clases celulares con diferentes necesidades metabólicas. De forma breve, la estructura de la enzima solo asume su significado pleno en relación con su actividad, no simplemente como un catalizador sino también, como un dispositivo de control dentro del funcionamiento de un organismo.

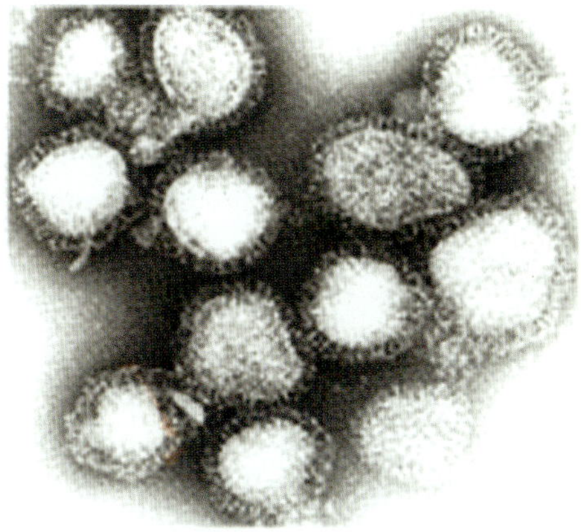

**(a)** Virus de la gripe

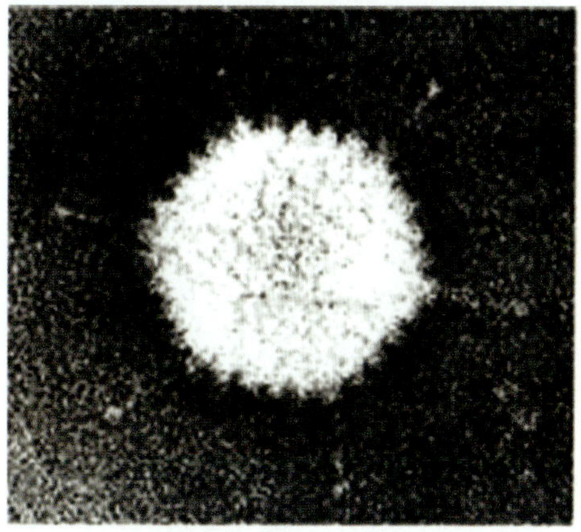

**(b)** Adenovirus

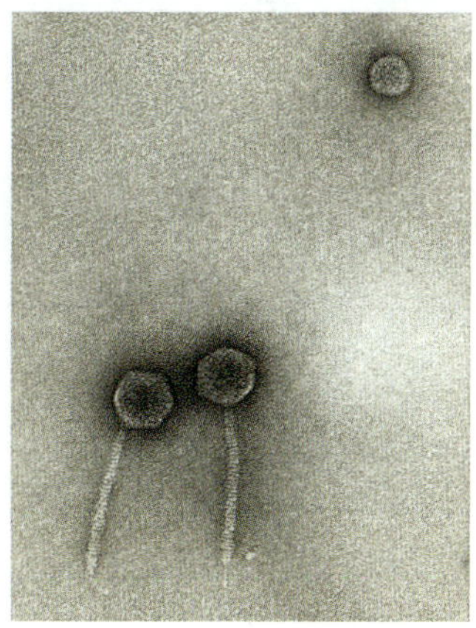

**(c)** Bacteriófago lambda

**FIGURA 1.9**

**Ejemplos de virus.**

(a, b) Cortesía de Frederick A. Murphy, Centers for Disease Control and Prevention; (c) Dr. M. Wurtz/ Biozentrum, University of Basel/Science Photo Library.

## Ventanas sobre la función celular: los virus

Para analizar el metabolismo y el procesamiento de la información genética, los bioquímicos han contado con la inestimable ayuda de los **virus**. Los virus no son celulares, y se describen, por tanto, como «entidades biológicas» en lugar de como organismos; son parásitos intracelulares que tan solo pueden crecer invadiendo células. Los virus están formados generalmente por una molécula de ácido nucleico (ya sea DNA, ya sea RNA) recubierta por una envoltura que está formada, en su mayor parte o completamente por proteínas. La envoltura está especializada en permitir que la partícula vírica entre en determinadas células vegetales, animales o bacterianas. En la Figura 1.9 se muestran las estructuras de varios virus representativos.

Los virus son parásitos intracelulares que utilizan la maquinaria y las fuentes de energía de la célula para replicarse.

Dado que los virus no contienen una maquinaria metabólica propia, deben utilizar la de la célula hospedadora para reproducirse. Al estudiar las condiciones necesarias para la replicación del virus, podemos obtener pruebas sencillas sobre la manera en que actúa la maquinaria celular. Los virus nos proporcionan, pues, ventanas útiles sobre las funciones celulares que ellos cooptan durante la infección. Así, por ejemplo, los virus más pequeños que contienen DNA replican este utilizando únicamente las enzimas de la célula hospedadora. Dado su pequeño tamaño, estas moléculas de DNA vírico pueden aislarse y caracterizarse con mucha mayor facilidad que las moléculas de DNA gigantes de los cromosomas celulares. Los virus de mayor tamaño estimulan la formación de nuevas enzimas tras la infección, y los genes del virus especifican las estructuras de estas enzimas. Los estudios de estas enzimas han aclarado los mecanismos de regulación genética y han identificado objetivos para el tratamiento de las enfermedades víricas, como el SIDA, la gripe y las infecciones por el *herpes virus.*

## La bioquímica y la explosión de la información

Gran parte de la bioquímica actual mira a la célula de forma global, tratando de comprender sus funciones en términos de la expresión de todos los genes del genoma.

Al leer este libro descubrirá que nuestro conocimiento de la Bioquímica se ha obtenido mediante un proceso con moléculas únicas y reacciones individuales. Para entender una ruta metabólica, como el ciclo del ácido cítrico, que es responsable de la oxidación de todos los nutrientes, debemos identificar todas las moléculas intermediarias de la ruta, aislar cada una de las enzimas que catalizan una reacción en la ruta (hay ocho) y caracterizar cada reacción en términos de identificar los sustratos, los productos, la estequiometría y la regulación. En última instancia, queremos saber cómo funciona cada enzima, mediante la determinación de la estructura atómica de la enzima y conocer el mecanismo molecular de la catálisis.

Al mismo tiempo, debemos comprender que todas las rutas metabólicas que se describen en este libro representan solo una fracción del potencial total de una célula u organismo para llevar a cabo reacciones químicas en apoyo de su existencia y función. La cantidad de DNA de los 23 pares de cromosomas es suficiente para codificar 100 000 proteínas diferentes, aunque los análisis de secuencias indican que realmente están codificadas muchas menos proteínas. La capacidad de los científicos para llevar a cabo análisis de secuencias de DNA a ultraescala ha generado datos biológicos a una escala que excede con mucho nuestra capacidad para integrarlas a través del análisis de reacciones y rutas individuales. Esto ha dado lugar a campos nuevos de la ciencia que pueden considerarse como áreas dentro de la Bioquímica o la Biología molecular: **Bioinformática, Genómica, Proteómica y Metabolómica.**

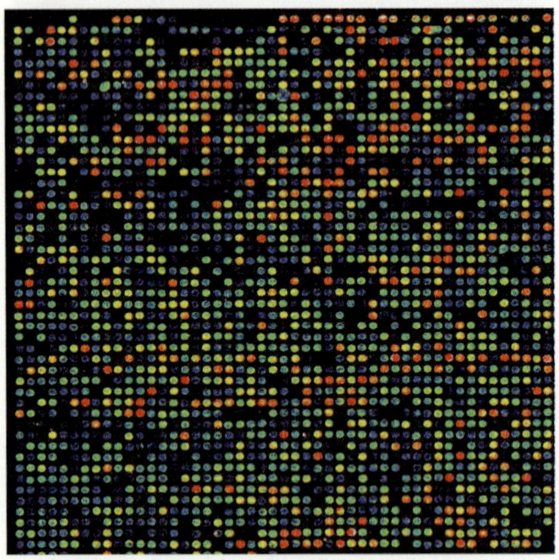

**FIGURA 1.10**

**Un microchip de DNA**. En este experimento, que utiliza el sistema de detección MICROMAX se colocan 2 $\mu$g de RNA mensajero humano sobre cDNA inmovilizados que representan 2400 genes humanos. Los cDNA (DNA complementarios) son copias de DNA de moléculas individuales de RNA mensajero. Las intensidades y colores de las manchas indican la abundancia de los mRNA específicos de un gen determinado (en la página 1166, Herramientas de la Bioquímica 27A se porporciona más información).

Cortesía de InCyte Pharmaceuticals, Inc, Palo Alto, CA.

La Bioinformática puede considerarse como una ciencia de la información aplicada a la Biología. La Bioinformática puede incluir el análisis matemático de los datos de secuencia de DNA, la simulación por ordenador de las rutas metabólicas o el análisis de dianas potenciales (enzimas o receptores) de fármacos para el diseño de nuevos fármacos, de acuerdo con la estructura. Mientras que la Genética está relacionada *per se* con la localización, la expresión y la función de genes individuales o pequeños grupos de genes, la genómica está relacionada con el genoma completo o la totalidad de la información Genética de un organismo. Esto incluye, no solo la determinación de la secuencia de nucleótidos del genoma completo sino también, determinar la expresión y la función de cada gen, así como las relaciones evolutivas entre los genes del mismo genoma y con los genomas de diferentes organismos. La utilización de «chips de genes» o micromatrices permite la recogida de cantidades enormes de datos relacionados con los genes que se expresan en una célula o tejido dado. Para este análisis, los fragmentos de DNA que representan muchos o la mayoría de los genes de un organismo se inmovilizan sobre un porta de vidrio. Muchos miles de fragmentos de DNA, cada uno de ellos en cantidades mínimas, se colocan de forma individual en este porta. A continuación, se incuba el porta con una preparación de RNA total de una célula en condiciones en las que una determinada molécula de RNA pueda unirse al DNA que contiene secuencias del gen que especifica ese RNA (*véanse* los detalles en Herramientas de la Bioquímica 27C). La utilización de reactivos fluorescentes para el seguimiento de la unión (*véase* la Figura 1.10) permite generar una instantánea del patrón global o de amplio genoma,

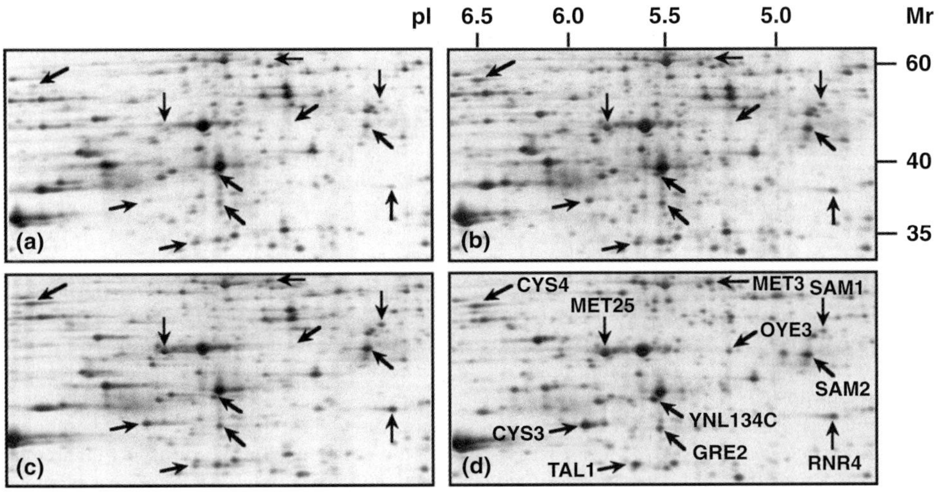


**FIGURA 1.11**

**Una representación del proteoma obtenido mediante electroforesis bidimensional en gel.** Se aplica un extracto que contiene todas las proteínas de una célula o tejido en una esquina de un gel y se separan las proteínas a lo largo de un lado del gel mediante enfoque isoeléctrico (Herramientas de la Bioquímica 2A) que separa las proteínas de acuerdo con su acidez relativa (en la figura, horizontalmente). Se gira el gel 90 grados y la resolución se lleva a cabo mediante electroforesis en gel de poliacrilamida desnaturalizante (Herramientas de la Bioquímica 5D) que separa las proteínas de acuerdo con su peso molecular. El ejemplo que se presenta aquí es parte de un estudio de toxicidad del cadmio en levaduras. Las proteínas se marcaron haciendo crecer las levaduras en un medio que contenía $^{35}S$, un isótopo radiactivo del azufre. Tras la electroforesis el gel se colocó en contacto con una película fotosensible. Cada proteína oscurece la película donde estaba depositada sobre el gel. Las flechas señalan proteínas cuya concentración, determinada por la intensidad de la mancha, se modificó como consecuencia del tratamiento con cadmio. **(a)** sin tratar; **(b)**, **(c)** y **(d)** con diversos protocolos con cadmio.

*The Journal of Biological Chemistry*, 276:8469-8474, K. Vido, D. Spector, G. Lagniel, S. Lopez, M. B. Toledano y J. Labarre. A proteome analysis of the cadmium response in *Saccharomices cerevisiae*. Reproducido con permiso. 

de la expresión de los genes dentro de una célula, de forma que uno puede preguntarse, por ejemplo, cómo se modifica el patrón de expresión de los genes como resultado de la estimulación hormonal de esa célula o en la transformación de una célula normal a una célula cancerosa.

Los productos de la mayoría de los genes son proteínas, que llevan a cabo casi todas las reacciones químicas de las células, como la catálisis de las reacciones, la señalización entre las células y el movimiento de materia hacia dentro y hacia fuera de las células. Un objetivo de la Proteómica es identificar todas las proteínas presentes en una determinada célula y la cantidad y función de cada proteína. El **proteoma**, o complemento completo de proteínas de una célula, puede ponerse de manifiesto mediante electroforesis en gel bidimensional, como se describe en Herramientas de la Bioquímica 5D. En esta técnica, las proteínas de una célula se resuelven mediante técnicas que las separan de acuerdo con su peso molecular y su carga eléctrica. En la Figura 1.11 cada mancha representa una proteína, donde el tamaño y la intensidad de cada mancha está determinado por la cantidad de esa proteína en la célula. El reto de la Proteómica es analizar los datos como los de este patrón electroforético, de forma que pueda identificarse y cuantificarse cada proteína. Luego, como en el análisis de micromatrices, se puede determinar cómo varía el proteoma, por ejemplo, en la transformación de una célula normal a una célula cancerosa, y así contribuir a entender la química del cáncer.

Finalmente, muchas de las proteínas de una célula son enzimas, y las velocidades intracelulares de las reacciones catalizadas por enzimas pueden estimarse mediante el análisis de las concentraciones intracelulares de los sustratos y los productos de cada reacción. Un objetivo de la Metabolómica es la determinación de la concentración intracelular de todas las moléculas pequeñas que actúan como intermediarios de las rutas metabólicas (*véase* Herramientas de la Bioquímica 12B). Realmente, el análisis del *pool* metabólico es el centro de la mayoría del diagnóstico clínico. Un ejemplo principal es la utilización de la concentración de colesterol para valorar el riesgo de enfermedad cardiovascular. Actualmente, no existe una sola técnica que permita el análisis del metaboloma, o complemento completo de los metabolitos de bajo peso molecular, pero representa un objetivo importante en la mayoría de la Bioquímica contemporánea. La espectrometría de masas es un enfoque que tiene el potencial de describir el metaboloma completo, pero aún hay formidables retos.

La Bioinformática y los campos relacionados tienen el potencial de proporcionar cantidades enormes de información sobre la función de células y organismos. Sin embargo, el uso eficaz de esa información requiere el conocimiento de los miles de reacciones químicas individuales que tienen lugar en el metabolismo, las funciones biológicas de cada reacción y los procesos que regulan la expresión de la información genética, tanto como secuencias de DNA que se leen como RNA y como secuencias de RNA que se traducen a proteínas. Estos últimos temas son el foco de este libro, pero debe tenerse en cuenta que la mayor parte de la Bioquímica actual y de la del mañana integrarán esta información en un contexto mucho más amplio.

## RESUMEN

El objetivo de la ciencia de la Bioquímica es explicar la vida en términos moleculares, puesto que actualmente sabemos que la materia viviente y la materia inerte obedecen a las mismas leyes fundamentales de la Física y la Química. La Bioquímica moderna extrae sus conocimientos de la Química, la Biología celular y la Genética, y utiliza técnicas adaptadas de la Física. Los descubrimientos que se han realizado en todas estas ciencias han contribuido a impulsar una verdadera biología molecular.

Aunque la Bioquímica estudia organismos, células y componentes celulares, se trata fundamentalmente de una ciencia química. La Química básica es la correspondiente al carbono, hidrógeno, oxígeno y nitrógeno, pero los organismos utilizan otros muchos elementos en cantidades menores. Muchas de las sustancias biológicas importantes son moléculas gigantes, polímeros de unidades monoméricas más sencillas. Estos biopolímeros son los polisacáridos, las proteínas y los ácidos nucleicos. Los lípidos constituyen el cuarto grupo fundamental de sustancias de importancia biológica.

La característica distintiva de la materia viva es el empleo de la energía para crear y duplicar una estructura ordenada. Todos los organismos vivos están formados por una o más células, y estas células son de un tamaño bastante similar. Sin embargo, los dos grandes tipos de organismos, procariotas y eucariotas, presentan unas estructuras celulares básicamente diferentes. Así, las células procariotas no están compartimentadas y carecen de los orgánulos con membranas que son característicos de las células eucariotas. Los virus son parásitos intracelulares, básicamente portadores de ácido nucleico y para duplicarse a sí mismos utilizan la maquinaria de reproducción y las fuentes de energía de la célula hospedadora.

La Bioquímica es una ciencia experimental, y los notables avances que se han producido en la misma se deben, en gran parte, a la aparición de técnicas de laboratorio nuevas, de gran capacidad. Algunas de estas técnicas están generando una información significativa mucho más rápidamente de lo que puede integrarse y entenderse sin nuevos planteamientos de la tecnología de la información.

## BIBLIOGRAFÍA

**Aebersold, R.,** y **Cravatt, B. F.** (eds.) (2002) A TRENDS Guide to Proteomics. Un componente de una serie de suplementos anuales de *Trends in Biotechnology*.

**Jasry, B. R.** y **Kennedy, D.** (eds.) (2001) The human genome. *Science* 291:1148-1432. Un número especial de *Science*, que comunica y analiza la casi completa secuencia del DNA humano.

**Jasry, B. R.** y **Roberts, L.** (eds.) (2003) Building on the DNA revolution. *Science* 300:277-296. Una serie de artículos de un número especial de *Science* de conmemoración del 50 aniversario del descubrimiento de Watson-Crick.

**Koshland, D .E.** (2002) The seven pillars of life. *Science* 295:2215-2216. Un ensayo de dos páginas que bosqueja siete atributos que distinguen a la materia viva.

**Lander, E. S.** (2011) Initial impact of the sequencing of the human genome. *Nature* 470:187-197. Una revisión de las diversas formas en las que el conocimiento del genoma humano ha impactado sobre la Biomedicina humana y el impacto prospectivo de la Genómica sobre la Medicina.

## HERRAMIENTAS DE LA BIOQUÍMICA 1A

### La microscopia a varios niveles

#### El microscopio óptico y sus limitaciones

Todos los estudiantes de ciencias están familiarizados con el microscopio óptico (Figura 1A.1), el instrumento que hizo posible la biología celular, comenzando con los estudios microscópicos pioneros realizados por Hooke. Generaciones de biólogos han seguido los pasos de Hooke con instrumentos cada vez mejores. Pero cuando la biología ha profundizado más en los detalles de la vida, la microscopia óptica ha alcanzado sus límites.

Para comprender por qué existen estos límites, debemos considerar una magnitud denominada **resolución** de un microscopio. La resolución ($r$) se define cuantitativamente como la distancia mínima entre dos objetos para que estos puedan distinguirse como objetos separados. Viene dada por la siguiente ecuación

$$r = \frac{0.61\lambda}{n \operatorname{sen} \alpha} \qquad (1A.1)$$

donde $\lambda$ es la longitud de onda de la radiación utilizada, $n$ es el índice de refracción del medio existente entre la muestra y la lente objetivo, y $\alpha$ es la **apertura angular** de la lente del objetivo. La cantidad sen $\alpha$ es básicamente una medida del poder de concentración de la radiación que posee el sistema de lentes. La resolución depende básicamente de la longitud de onda, puesto que los objetos deben ser de un tamaño comparable a la longitud de onda para alterar las ondas lo suficiente como para proporcionar información.

Las aperturas angulares de los mejores microscopios ópticos son de, aproximadamente 70°, por lo que, aunque se utilice una luz azul oscura de una longitud de onda de 450 nm y el medio existente entre la muestra y el objetivo sea el aire ($n = 1$), obtenemos

$$r = \frac{0.61 \times 450}{1.0 \operatorname{sen} 70^\circ} \backsim 300\,\text{nm} = 0.3\,\mu\text{m} \qquad (1A.2)$$

Este valor corresponde al límite práctico de resolución del microscopio óptico. Puede conseguirse algo más de resolución mediante el empleo de una luz próxima al ultravioleta, pero la absorción de dicha luz por los materiales celulares limita su utilidad. Las imágenes fotográficas pueden ampliarse, pero no tiene sentido ampliar una imagen más allá del punto en el que su resolución sea la que el ojo humano puede discernir. Dado que nuestros ojos pueden distinguir imágenes

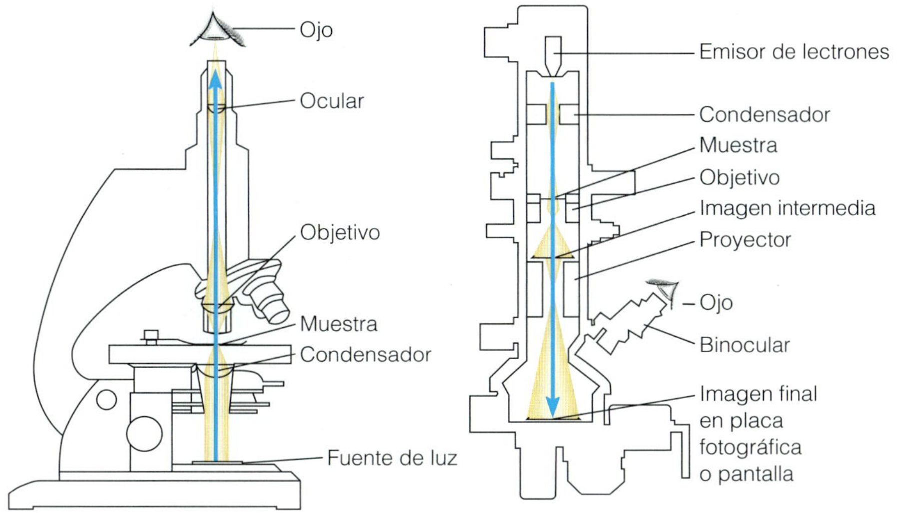


**(a)** Microscopio óptico **(b)** Microscopio electrónico de transmisión

**FIGURA 1A.1**

**Estructura del microscopio óptico y del microscopio electrónico de transmisión.** Las dos imágenes no están a la misma escala, ya que el microscopio electrónico es mucho mayor que un microscopio óptico convencional.

con una separación de 0.3-0.6 mm, los mejores microscopios ópticos poseen una capacidad de aumento máxima de alrededor de 1000-2000 (ampliando 0.3 $\mu$m 2000 veces se obtienen 0.6 mm). Una mayor ampliación de la imagen carece de utilidad, puesto que solo se consigue que aumente la difuminación. Para mejorar estos resultados de manera importante, fue necesario utilizar una radiación de longitud de onda mucho más corta, una radiación que no podemos ver, pero que nos permite producir una imagen fotográfica. De esta forma nació, en los años 1930, el **microscopio electrónico.**

## Microscopia electrónica de transmisión

Existen varios tipos de microscopios electrónicos. El primer tipo que se utilizó fue el **microscopio electrónico de transmisión** (**MET**), que recibe este nombre porque detecta los electrones que se transmiten a través de una muestra. En la Figura 1A.1 se compara el microscopio electrónico de transmisión con el microscopio óptico. Un filamento de wolframio emite un haz de electrones, que se acelera mediante un campo eléctrico. Las lentes magnéticas enfocan el haz, de la misma forma que las lentes de vidrio enfocan un haz de luz en el microscopio convencional. La clave para la obtención de una mayor resolución es que los electrones, al igual que los fotones de la luz, tienen una naturaleza de tipo partícula y de tipo onda. Un fotón o un electrón que se mueve con una energía $E$ está caracterizado por una longitud de onda

$$\lambda = \frac{hc}{E} \tag{1A.3}$$

donde $h$ es la constante de Planck ($6.626 \times 10^{34}$ J · s) y $c$ es la velocidad de la luz ($3 \times 10^8$ m/s). Cuando los electrones se aceleran mediante 50 000-100 000 voltios entre el cátodo y el ánodo, sus longitudes de onda son mucho más cortas que las de la luz visible; en realidad, inferiores a 1 nm. Esta longitud de onda predeciría una resolución mejor que 1 nm para un microscopio electrónico de transmisión. Algunas consideraciones prácticas hacen que el límite operativo se sitúe alrededor de 2 nm para la mayor parte de los instrumentos. No obstante, esta resolución es unas 100 veces mejor que la que puede conseguirse con el mejor microscopio óptico: un buen microscopio electrónico de transmisión puede proporcionar, generalmente, una ampliación de más de 100 000 veces.

Por muy clara que sea esta ventaja, la microscopia electrónica de transmisión tiene ciertos inconvenientes. El haz de electrones requiere el mantenimiento de un vacío elevado en todo el instrumento, incluyendo la cámara en la que se coloca la muestra. Ello implica, a su vez, que tan solo pueden examinarse muestras completamente desecadas. Aunque se han diseñado muchos métodos para la fijación y el secado, siempre existe la posibilidad de inducir cambios en las muestras como resultado de su desecación. Naturalmente, no es posible examinar estructuras vivas.

En la Figura 1A.2 se muestran algunos de los métodos utilizados para la preparación de muestras para la microscopia electrónica de transmisión. Las energías de los electrones en la mayor parte de los microscopios de transmisión no les permiten penetrar en las muestras gruesas (>100 nm). En consecuencia, las muestras celulares deben fijarse, teñirse y cortarse de manera muy fina con un **ultramicrotomo** (Figura 1A.2a). Las partículas como los virus y las moléculas grandes pueden depositarse directamente sobre una fina película sostenida por una rejilla de cobre. Pero el contraste entre esta partícula y el fondo no es suficiente, por lo que generalmente la muestra se **tiñe negativamente** (Figura 1A.2b) o se **ensombrece** (Figura 1A.2c). Otras técnicas, como la *fractura por congelación* y el *grabado por congelación* se comentarán en capítulos posteriores.

## Microscopia electrónica de barrido

Un tipo de técnica muy distinta es la denominada **microscopia electrónica de barrido** (**MEB**). En la Figura 1A.3 se presenta un esquema de un microscopio electrónico de barrido. En este caso, el haz de electrones se desplaza en uno y otro sentido a través de la muestra, siguiendo un patrón originado por el generador de barrido y el deflector del haz, y los electrones secundarios emitidos por el punto en el que el haz choca sobre la superficie de la muestra son captados por un detector. La imagen se presenta entonces en una pantalla de vídeo, cuya superficie se rastrea en correspondencia con el barrido de la muestra. El método de la

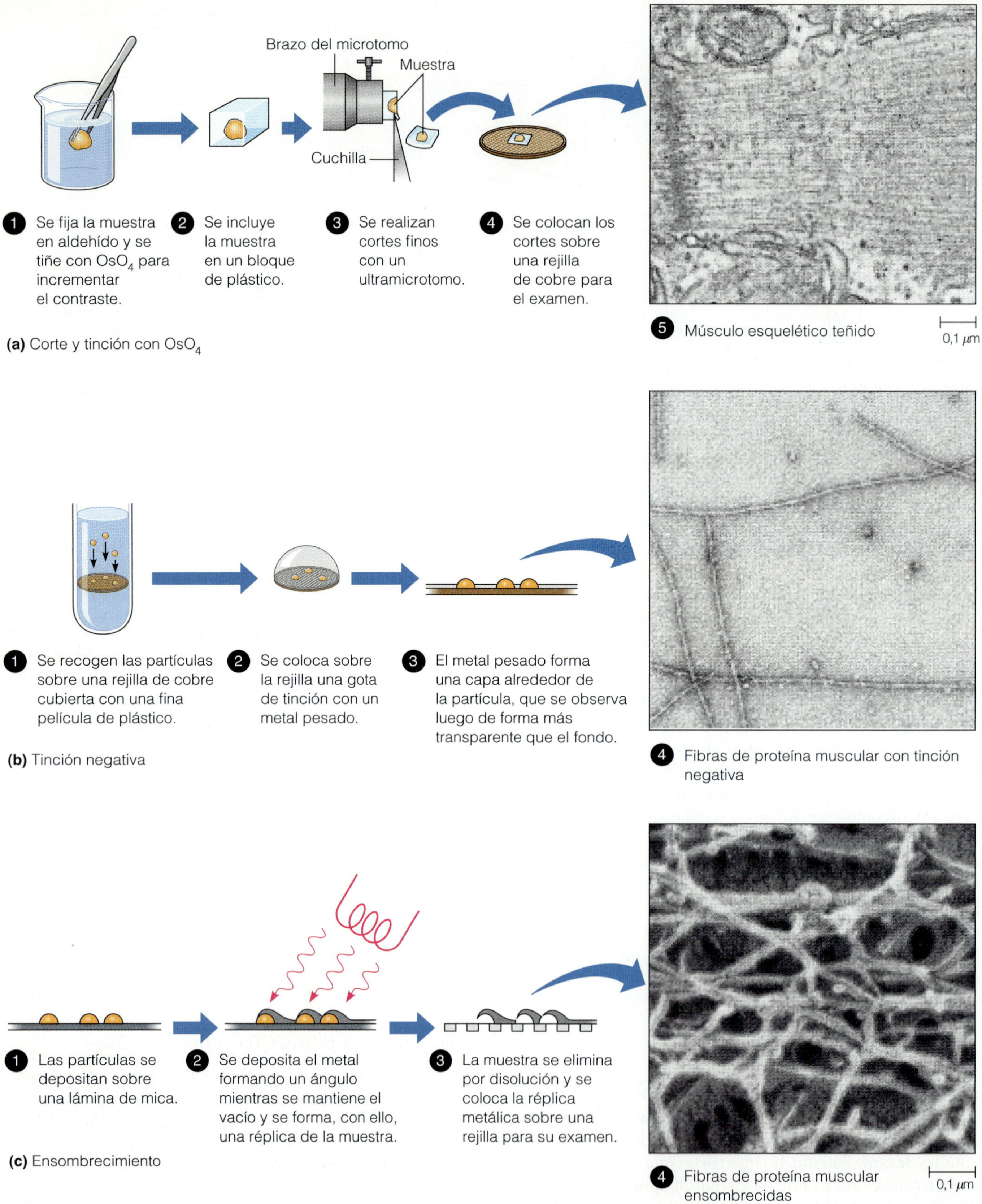


**FIGURA 1A.2**

**Tres métodos de preparación de muestras para la microscopia electrónica de transmisión.**

*Electron Microscopy in Biology,* Vol. II T. Pollard y P. Maupin, J. D. Griffith, ed.; © 1982 John Wiley and Sons, Inc. Reproducido con permiso de John Wiley & Sons, Inc.

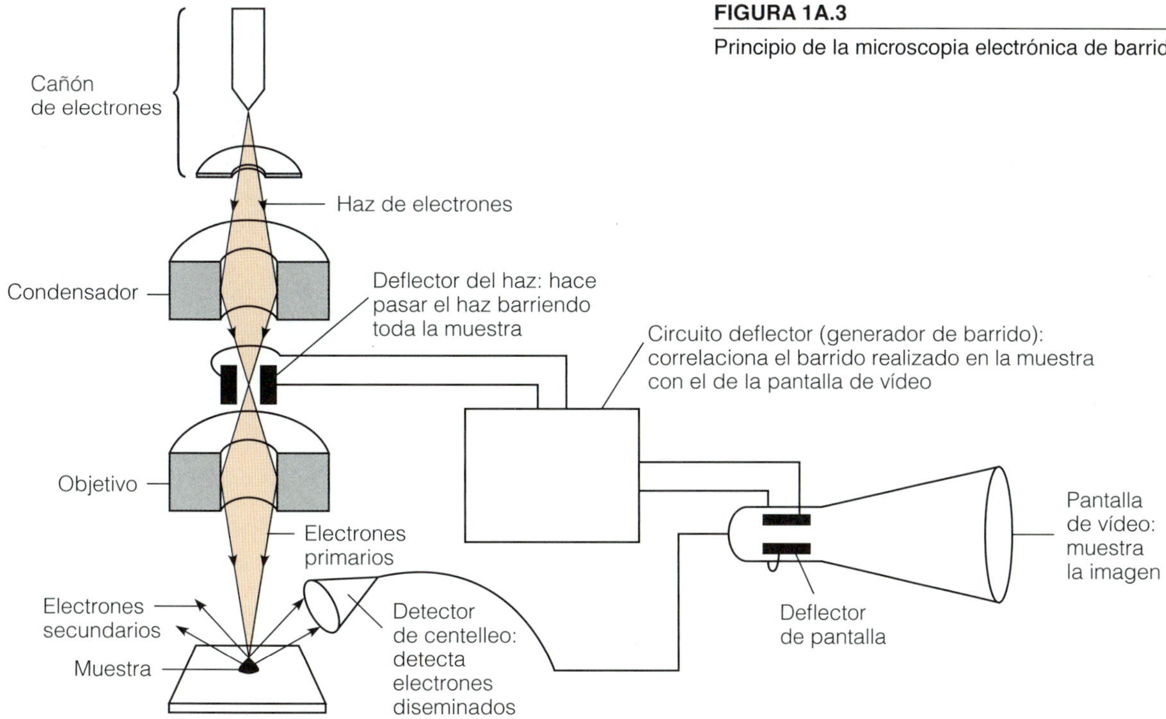


**FIGURA 1A.3**

Principio de la microscopia electrónica de barrido.

MEB no alcanza la resolución de la MET, pero es excelente para obtener imágenes extraordinariamente claras de las superficies de objetos minúsculos, como puede observarse en la Figura 1A.4. La preparación para los estudios de MEB no requiere realizar cortes, aunque la muestra debe fijarse y secarse para que se mantenga estable en el vacío elevado y suele recubrirse con una capa fina de oro para facilitar la emisión de los electrones secundarios.

Existe otra técnica que debe mencionarse: la **microscopia electrónica de transmisión con barrido** (**METB**). En este método, el haz de electrones se desplaza por toda la muestra, como en la MEB, pero se detecta en transmisión. El método tiene la ventaja de que, a veces, permite utilizar muestras sin fijar ni teñir. Además, la absorción de electrones de diferentes energías proporciona información acerca de la composición de distintas partes de la muestra.

## Microscopia confocal de barrido láser

Aparte de los problemas de resolución mencionados en la página 21, existe otra limitación fundamental en el uso de la microscopia óptica convencional para el estudio de la estructura interna de las células y otras muestras biológicas. A resolución elevada (~0.3 $\mu$m) la profundidad de enfoque de un microscopio óptico será de unos 3 $\mu$m, con lo que la superposición de imágenes de material en este corte grueso oscurecerá los detalles. Para solventar este problema se diseñó el microscopio confocal. Como se presenta en la Figura 1A.5, un rayo de luz, preferentemente un láser, se enfoca sobre un volumen muy pequeño al nivel que se desee dentro de la muestra. La luz fluorescente o reflejada por este punto se envía de vuelta a un detector a través de un poro que excluye la luz dispersada por otras regiones. Se realiza un barrido hacia atrás y hacia delante de la posición del lugar iluminado a través de la muestra, siempre al mismo nivel. La imagen que se construye electrónicamente de esta manera representa un «corte» muy fino de elevada resolución a través de la muestra y puede también repetirse a diferentes niveles para construir una imagen tridimensional.

El método es más potente cuando se emplea una detección fluorescente, ya que pueden localizarse de forma precisa estructuras o sustancias marcadas de manera específica en el interior de la célula. Como el método es relativamente poco destructor, puede emplearse para el seguimiento de procesos dinámicos en las células vivas. Por ejemplo, se ha empleado para señalar los lugares dentro

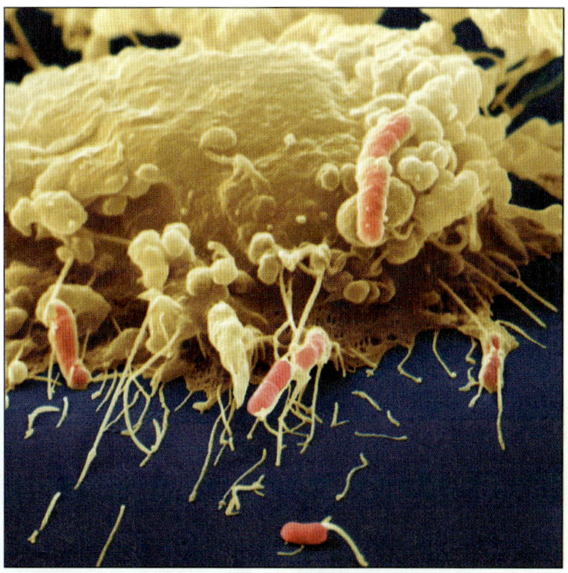

**FIGURA 1A.4**

**Micrografía electrónica de barrido en la que se observa la fagocitosis.** En esta imagen de 4300 aumentos, un macrófago está engullendo varias células de *E. coli* en forma de salchichas.

Eye of Science/Science Photo Library.

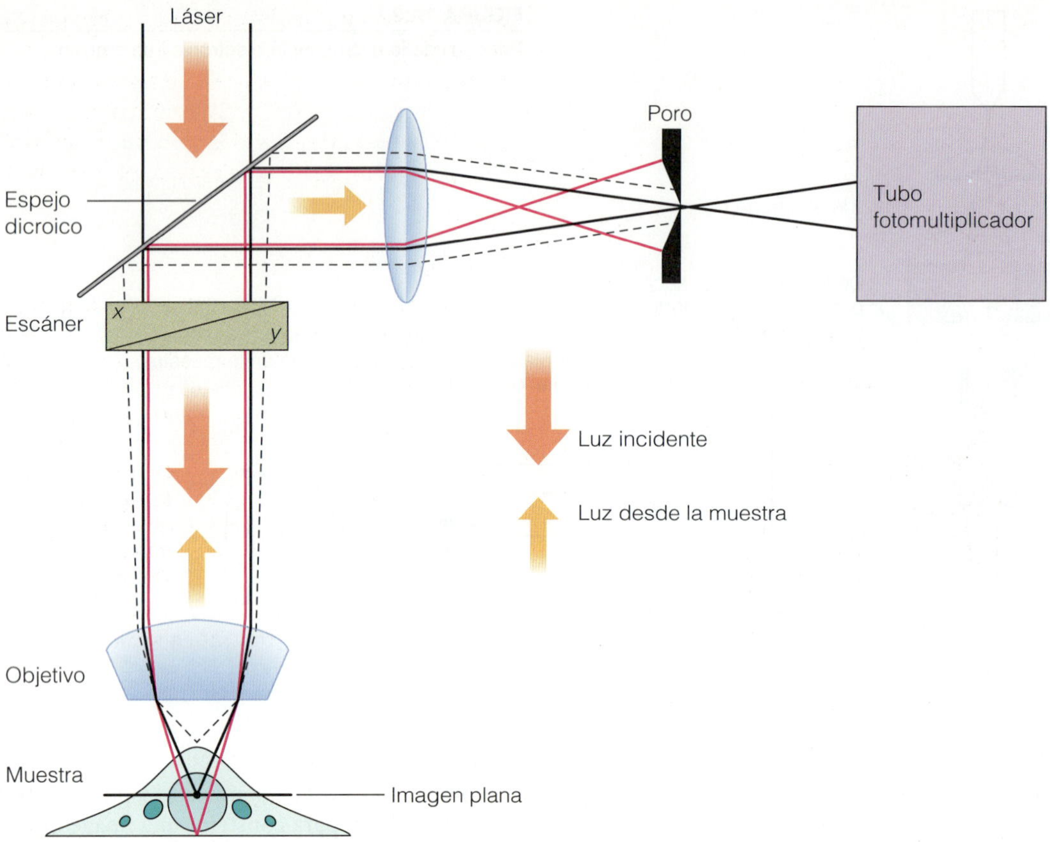


**FIGURA 1A.5**

**Diagrama que explica el principio de la microscopia confocal de barrido láser.** Se pasa un rayo láser a través de un escáner *x-y*, colimado a un pequeño punto por las lentes del objetivo. La luz que fluoresce se recoge en el objetivo y se dirige mediante un espejo dicroico (un espejo que refleja la luz fluorescente pero no la luz del láser, de longitud de onda más corta) hacia un agujero de apertura localizado en el plano de la imagen conjugada. La luz que surge del plano del espécimen del foco pasa a través del agujero a un detector fotomultiplicador. La luz por encima o por debajo del plano focal del espécimen golpea las paredes de la apertura y no se transmite.

Reproducido de *Optical Microscopy: Emerging Methods and Applications,* editado por Brian Herman y John J. Lemasters, pp. 339-354. © 1993, con permiso de Elsevier.

de un núcleo celular donde está teniendo lugar la replicación activa del DNA. El rápido diseño de sondas fluorescentes más versátiles y discriminadoras está haciendo de la microscopia confocal una técnica fundamental de la bioquímica celular (*véase* la Figura 1A.6).

## Microscopia de tunelización de barrido y microscopia de fuerza atómica

Recientemente, se ha construido un nuevo tipo de microscopio muy notable. La **microscopia de tunelización de barrido** utiliza una punta de metal muy fina, cargada eléctricamente, que se desplaza por la muestra. Cuando los electrones se escapan (tunelizan) entre la punta y la superficie de apoyo de la muestra, la resistencia que encuentran varía según la altura de los objetos microscópicos situados sobre su superficie. Las fluctuaciones resultantes de la corriente producen una imagen en vídeo de la superficie, con una resolución comparable a la de un microscopio electrónico. En la **microscopia de fuerza atómica** (Figura 1A.7), se arrastra o se golpea con una punta extremadamente cortante hacia atrás y hacia delante a lo largo de la muestra y se detecta un movimiento

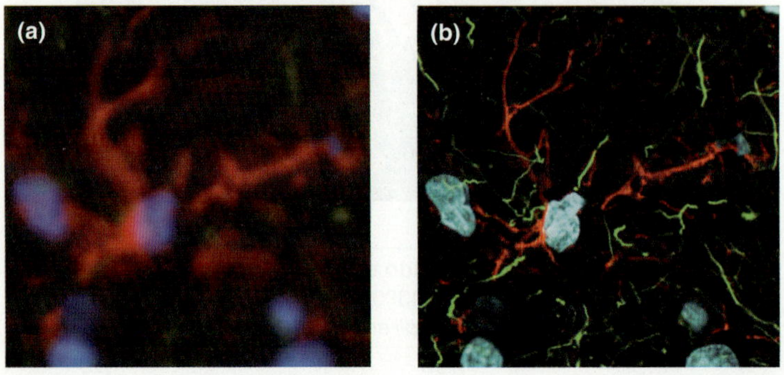


**FIGURA 1A.6**

**Imagen de un corte fino del hipocampo de cerebro de ratón visto con microscopía óptica convencional (a) o mediante microscopía confocal de barrido láser (b).** La preparación se trató con anticuerpos marcados con fluorescencia frente a la proteína acídica fibrilar (rojo) y neurofilamentos H (verde) y con un colorante fluorescente de unión al DNA, Hoechst 33342, para marcar los núcleos (azul).

Michael Davidson, The Florida State University/Molecular Expressions™.

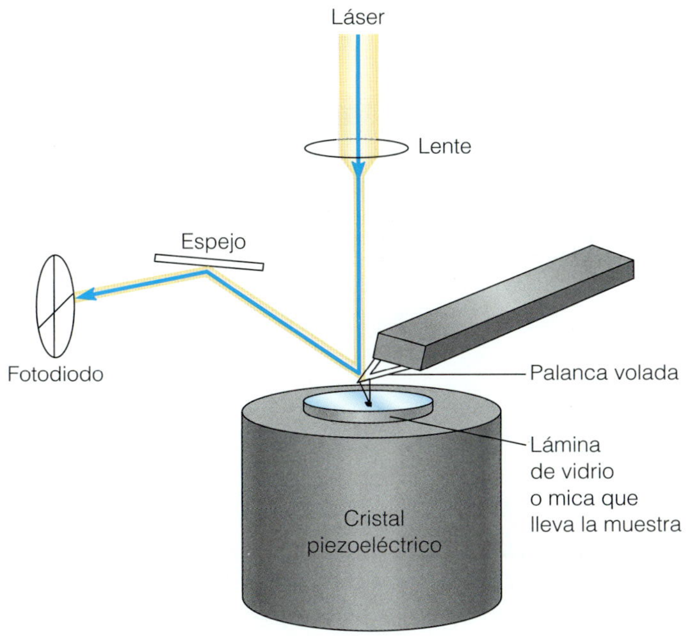


**FIGURA 1A.7**

**Principio de la microscopia de fuerza atómica.** La potencia del cristal piezoeléctrico se regula para mover la muestra en sentido ascendente y descendente y mantener la punta a una altura constante mientras se examina la muestra.

arriba y abajo por la deflexión de un haz láser reflejado fuera del voladizo que sostiene la punta. Este movimiento se amplifica de manera muy notable para dar un mapa del contorno del objeto. Ambas técnicas tienen la enorme ventaja respecto a la microscopia electrónica, de que pueden estudiarse muestras húmedas, e incluso, en inmersión, y la resolución permite la visualización de macromoléculas únicas.

## Bibliografía

**Claxton, N. S., Fellers, T. J.** y **Davidson, M. W.** (2006) Laser Scanning Confocal Microscopy. http://www.olympusfluoview.com/theory/LSCMIntro.pdf. Un archivo web de 37 páginas que describe la teoría y las aplicaciones de esta técnica.

**Corle, T. R.** y **Kino, G. S.**, eds. (1998) *Confocal Scanning Optical Microscopy and Related Imaging Systems.* Academic Press, San Diego.

**Egerton, R. F.** *Physical principles of electron microscopy. An introduction to TEM, SEM, and AEM.* Springer, Nueva York.

Engel, A. (1991) Biological application of scanning probe microscopy. *Annu. Rev. Biophys. & Biophys. Chem.* 20:79-108.

**Herman, B.** y **Lemasters, J. J.**, eds. (1996) *Optical Microscopy: Emerging Methods and Applications.* Academic Press, San Diego. Un conjunto de trabajos cortos sobre una amplia variedad de métodos microscópicos nuevos.

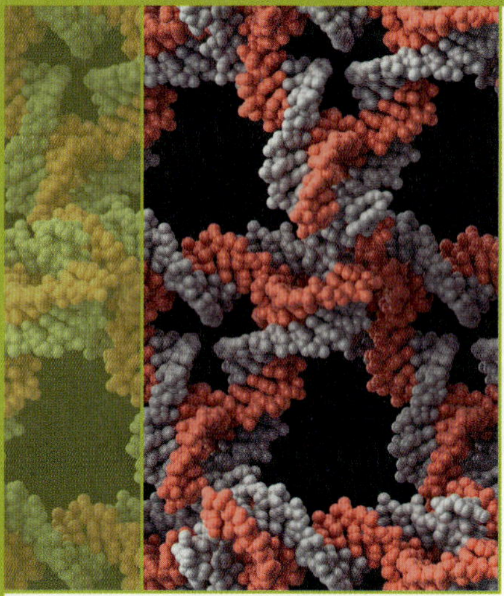

# CAPÍTULO 2

## La matriz de la vida: interacciones débiles en un medio acuoso

**Las macromoléculas que participan** en la matriz estructural y funcional de la vida son estructuras inmensas que se mantienen unidas mediante enlaces covalentes fuertes. Con todo, el enlace covalente por sí solo no puede describir la complejidad de la estructura molecular en biología. Las interacciones mucho más débiles son responsables de la mayor parte de la arquitectura celular tan elegante que se ve en las fotografías de microscopia electrónica del Capítulo 1. Se trata de las **interacciones no covalentes**, también denominadas *fuerzas no covalentes* o *enlaces no covalentes*, que se producen entre iones, moléculas y partes de las moléculas.

Considérense las macromoléculas presentadas en el Capítulo 1. La secuencia lineal de residuos de nucleótidos en una cadena de DNA se mantiene por enlaces covalentes. Pero, el DNA tiene también una estructura tridimensional muy específica, que está estabilizada por interacciones no covalentes entre diferentes partes de la molécula. De modo parecido, cada clase de proteína está formada por aminoácidos unidos por **enlaces peptídicos** covalentes, pero también está plegada en una conformación molecular específica que está estabilizada mediante fuerzas no covalentes. Las proteínas interactúan con macromoléculas, como otras proteínas o ácidos nucleicos o lípidos, para formar niveles de organización aún mayores, que en última instancia conducen a las células, los tejidos y los organismos completos. Toda esta complejidad se explica por innumerables interacciones no covalentes que se producen dentro de las macromoléculas y entre las macromoléculas.

Las interacciones no covalentes son determinantes fundamentales de la estructura, la estabilidad y la función biomolecular.

¿Qué es lo que hace que las interacciones no covalentes sean tan importantes en Biología y en Bioquímica? La respuesta se encuentra en la Figura 2.1, que compara las energías de enlace no covalente y covalente. Los enlaces *covalentes* más importantes en biología (como los C—C y C—H) tienen energías de enlace que oscilan entre 300 y 400 kJ/mol. Los enlaces *no covalentes* relevantes en biología son de 10 a 100 veces más débiles. Son esenciales precisamente porque sus enlaces son débiles, y esto les permite romperse y volver a formarse continuamente en la interacción molecular dinámica que es la vida. Esta interacción depende de los rápidos intercambios de parejas moleculares, que podrían no producirse si las fuerzas intermoleculares fueran tan fuertes que bloquearan las moléculas en una conformación y en una localización.

Por tanto, si queremos entender la vida, debemos conocer algo sobre las interacciones no covalentes. Además, debemos saber cómo se comportan estas interacciones en un medio acuoso, puesto que todas las células de todos los organismos de la Tierra están bañadas e impregnadas de agua. Esto sucede, tanto en los organismos que se encuentran en los desiertos áridos, como en los que se encuentran en las profundidades marinas. El agua es el componente principal de los organismos: en la mayoría de los casos representa el 70 % o más de su peso total.

Este capítulo describe, en primer lugar, las interacciones no covalentes y luego muestra el notable efecto de las propiedades del agua sobre dichas interacciones.

# Naturaleza de las interacciones no covalentes

Las moléculas y los iones pueden interactuar de forma no covalente de varios modos, tal como se describe en este apartado y se resume en la Figura 2.2. Todas estas interacciones no covalentes son fundamentalmente de naturaleza electrostática, es decir, dependen de las fuerzas que las cargas eléctricas ejercen entre ellas. La Tabla 2.1 da una relación de los intervalos de energía de algunas interacciones no covalentes que prevalecen en las biomoléculas.

## Interacciones carga-carga

La interacción no covalente más sencilla es la interacción electrostática entre un par de partículas cargadas. Estas interacciones carga-carga también se denominan *enlaces iónicos* o *puentes salinos.* Muchas de las moléculas que se encuentran en las células, entre ellas las macromoléculas como el DNA y las proteínas, tienen una carga eléctrica neta. Además de estas moléculas, la célula contiene abundantes iones pequeños, tanto cationes como $Na^+$, $K^+$ y $Mg^{2+}$, como aniones como $Cl^-$ y $HPO_4^{2-}$. Todas estas entidades con carga ejercen fuerzas sobre las demás (*véase* la Figura 2.2a). La fuerza entre un par de cargas $q_1$ y $q_2$, separadas *en el vacío* por una distancia *r*, viene determinada por la **ley de Coulomb**:

$$F = k\frac{q_1 q_2}{r^2} \tag{2.1}$$

donde *k* es una constante cuyo valor depende de las unidades utilizadas*. Si $q_1$ y $q_2$ tienen el mismo signo, *F* es positiva, de modo que un valor positivo significa repulsión. Si una carga es + y la otra −, *F* es negativa, lo que representa atracción. Son estas interacciones carga-carga las que estabilizan un cristal de una sal, como el que se muestra en la Figura 2.3.

El entorno biológico, obviamente, no es el vacío. En una célula, las cargas siempre están separadas por agua o por otras moléculas o partes de moléculas. La existencia de este **medio dieléctrico** entre las cargas tiene el efecto de apantallarlas de las otras, de modo que la fuerza real es siempre inferior a la que nos da la Ecuación 2.1. Este efecto apantallador se expresa añadiendo a la Ecuación 2.1 un número sin dimensión: la **constante dieléctrica** ($\varepsilon$):

$$F = k\frac{q_1 q_2}{\varepsilon r^2} \tag{2.2}$$

Toda sustancia que actúe como un medio dieléctrico tiene un valor característico de ε. Cuanto más elevado es este valor, más débil es la fuerza entre las cargas separadas. La constante dieléctrica del agua es elevada, aproximadamente 80, mientras que los líquidos orgánicos, generalmente, tienen valores muy inferiores, entre 1 y 10. A continuación, consideraremos la razón de este elevado valor de ε en el agua, cuya principal consecuencia es que las partículas cargadas interaccionan bastante débilmente entre ellas en un medio acuoso, a menos que estén muy cerca (esto es, entre 0.4 a 1.0 nm).

La ley de Coulomb expresa una *fuerza*; es decir, es una descripción cuantitativa de una interacción. Sin embargo, cada interacción implica un cambio de *energía*, y como nos ocupamos de los cambios de energía en los procesos biológicos, estamos especialmente interesados en la **energía de interacción** (***E***). Se trata de la energía necesaria para separar dos partículas cargadas desde una distancia *r* a una distancia infinita; es decir, separarlas superando la fuerza electrostática. La energía de interacción viene dada por la Ecuación 2.3, que es parecida a la Ecuación 2.2:

$$E = k\frac{q_1 q_2}{\varepsilon r} \tag{2.3}$$

Al igual que con la fuerza, la energía de una pareja $q_1$ y $q_2$ con carga opuesta siempre es negativa; es decir, existe atracción, pero *E* tiende a cero cuando *r* tiene un valor muy grande. Para las interacciones carga-carga, la energía de interacción es inversamente

* En el sistema c.g.s. (centímetro-gramo-segundo), con las cargas en unidades electrostáticas, *k* es la unidad. En este libro utilizamos el SI, o Sistema Internacional de Unidades. En este caso, $q_1$ y $q_2$ están en culombios (C), *r* en metros (m), y $k = 1/(4\pi\varepsilon_0)$. La cantidad $\varepsilon_0$ es la *permisividad de un vacío* y tiene el valor de $8.85 \times 10^{-12}\ J^{-1}C^2m^{-1}$, donde J es la unidad de energía en julios. *F* está en newtons (N).

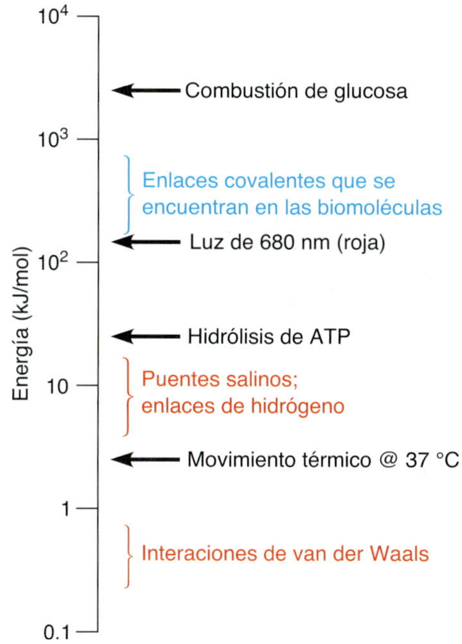


**FIGURA 2.1**

**Energías de los enlaces covalentes y no covalentes.** Las energías características de los enlaces no covalentes (0.5-20 kJ/mol; texto rojo) son de uno a dos órdenes de magnitud más débiles que las energías de los enlaces covalentes que aparecen con más frecuencia en los compuestos bioquímicos (150-600 kJ/mol; texto azul). Se muestran también como puntos de referencia las energías del movimiento térmico, la hidrólisis de ATP, la luz roja y el metabolismo aerobio de la glucosa (se consideran con más detalle en capítulos posteriores). Obsérvese que los valores están representados en una escala logarítmica.

En las interacciones no covalentes siempre están implicadas cargas eléctricas.

**TABLA 2.1. Energías de las interacciones no covalentes de las biomoléculas**

| Tipo de interacción | Energía aproximada (kJ/mol) |
|---|---|
| Carga-carga | −13 a −17 |
| Carga-dipolo (enlace de H) | −13 a −21 |
| Dipolo-dipolo (enlace de H) | −2 a −8 |
| Van der Waals | −0.4 a −0.8 |

Valores tomados de *Advances in Protein Chemistry* 39:125-189, S. K. Burley y G. A. Pestko, Weakly polar interactions in proteins. © 1988, con permiso de Elsevier.

| Tipo de interacción | Modelo | Ejemplo | Dependencia de la energía con la distancia |
|---|---|---|---|
| **(a) Carga-carga**<br>Fuerza con el intervalo más largo; no direccional | 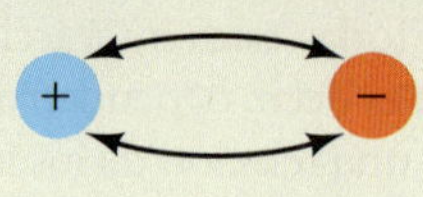 | 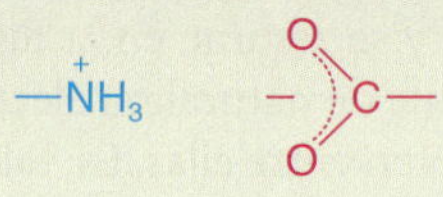 | $1/r$ |
| **(b) Carga-dipolo**<br>Depende de la orientación del dipolo | 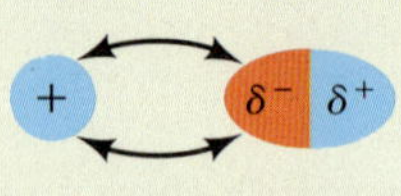 | 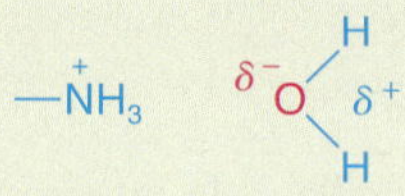 | $1/r^2$ |
| **(c) Dipolo-dipolo**<br>Depende de la orientación mutua de los dipolos | 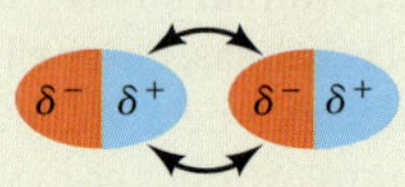 | 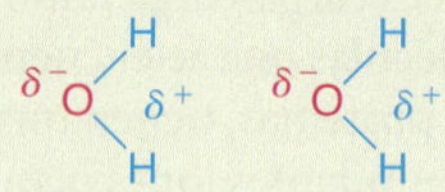 | $1/r^3$ |
| **(d) Carga-dipolo inducido**<br>Depende de la polarizabilidad de la molécula en la que se ha inducido el dipolo | 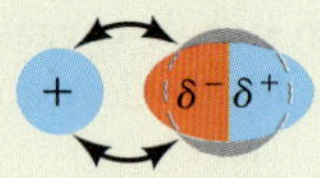 | 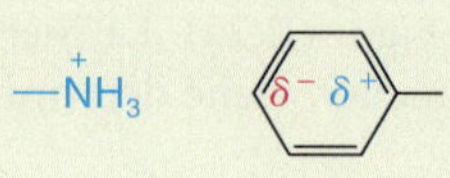 | $1/r^4$ |
| **(e) Dipolo-dipolo inducido**<br>Depende de la polarizabilidad de la molécula en la que se ha inducido el dipolo | 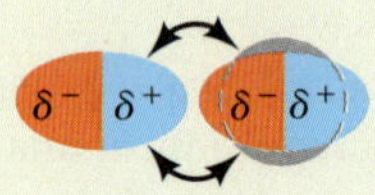 | 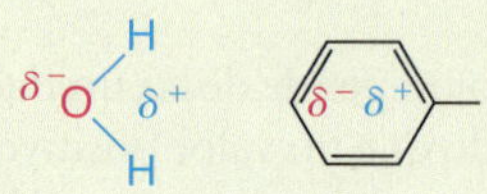 | $1/r^5$ |
| **(f) Dispersión (van der Waals)**<br>Implica la sincronización mutua de las cargas fluctuantes | 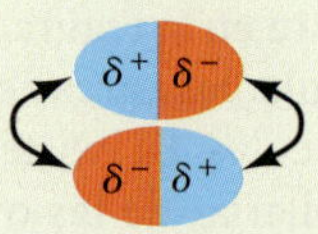 | 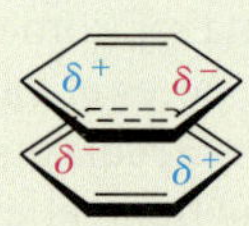 | $1/r^6$ |
| **(g) Enlace de hidrógeno**<br>Atracción de las cargas + enlace covalente parcial | 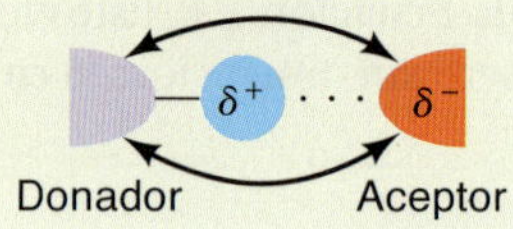 | 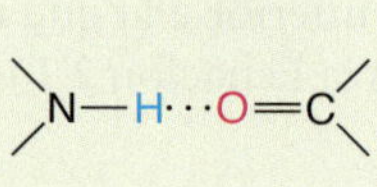 | Longitud del enlace fijo |

**FIGURA 2.2**

**Clases de interacciones no covalentes.** El dipolo inducido **(d, e)** y las fuerzas de dispersión **(f)** dependen de una distorsión de la distribución electrónica de un átomo o molécula no polar. Los símbolos $\delta^-$ y $\delta^+$ indican una fracción de la carga de un electrón o un protón.

proporcional a la primera potencia de $r$; de esta forma, estas interacciones son relativamente fuertes en distancias mayores, en comparación con las otras interacciones no covalentes de la lista de la Figura 2.2. Las interacciones carga-carga suelen tener lugar dentro de o entre las biomoléculas; por ejemplo, en la atracción entre los grupos amino y carboxilo, como se muestra la Figura 2.2a. Como se señalará en el Capítulo 5, las interacciones carga-carga pueden desempeñar un papel importante en la purificación de una proteína en una mezcla compleja de componentes celulares.

## Interacciones de dipolos permanentes e inducidos

Las moléculas que no tienen carga *neta* pueden, no obstante, tener una distribución interna asimétrica de la carga. Por ejemplo, la distribución electrónica de la molécula de monóxido de carbono sin carga es tal, que el extremo del oxígeno es ligeramente más negativo que el extremo del carbono (Figura 2.4a). Una molécula así se denomina *polar*, o **dipolo permanente**, y se dice que tiene un **momento dipolar permanente** ($\mu$). El momento dipolar expresa la magnitud de la polaridad de una molécula. Si una molécula lineal como el CO tiene cargas fraccionarias $\delta^+$ y $\delta^-$, separadas por una distancia $x$, el momento dipolar es un vector orientado hacia $\delta^+$, cuya magnitud es

$$\mu = qx \tag{2.4}$$

donde $q$ es la magnitud de la carga (o carga fraccionaria). En las moléculas con una forma más compleja, como el agua, el momento dipolar es una suma de vectores de los momentos a lo largo de cada enlace polar (Figura 2.4b). El agua tiene un $\mu$ significativo, ya que los electrones se extraen desde los átomos de hidrógeno hacia el átomo de oxígeno, como consecuencia de la mayor electronegatividad del átomo de oxígeno.

En la Tabla 2.2 aparecen algunos valores de momentos dipolares. Obsérvense los valores grandes de la glicina y de la glicilglicina. A pH neutro, el aminoácido glicina existe como ion $^+NH_3CH_2COO^-$, que tiene un grupo amonio positivo y un grupo carboxilo negativo. De este modo, las cargas electrónicas totales están separadas por la longitud de la molécula, lo cual explica el valor elevado de $\mu$. En el caso de la glicilglicina, formada por dos moléculas de glicina unidas covalentemente, el momento dipolar es casi el doble de grande, puesto que la separación entre las cargas es aproximadamente el doble de grande. Las moléculas con unos momentos dipolares grandes se denominan *muy polares.*

Obsérvese también en la Tabla 2.2 que las moléculas deben poseer una geometría adecuada para tener momentos dipolares: compárese el C≡O con el O=C=O, o bien el *o*-diclorobenceno con el *p*-diclorobenceno. En el caso del dióxido de carbono y del *p*-diclorobenceno, los vectores dipolares tienen la misma magnitud, pero están orientados en sentidos opuestos, de modo que el efecto de uno contrarresta al del otro, lo que no deja momento dipolar neto.

En el entorno acuoso de una célula, un dipolo permanente puede ser atraído por un ion cercano (*interacción carga-dipolo*) o por otro dipolo permanente (*interacción dipolo-dipolo*). Estas **interacciones de dipolos permanentes** aparecen descritas en las Figuras 2.2b y c. A diferencia de las interacciones simples carga-carga descritas anteriormente, las interacciones dipolares dependen de la orientación de los dipolos. Además, son interacciones con un alcance inferior. La energía de una interacción carga-dipolo es proporcional a $1/r^2$ y la de una interacción dipolo-dipolo es proporcional a $1/r^3$. De este modo, para que la interacción sea fuerte, un par de dipolos permanentes deben estar bastante cerca.

Las moléculas que no tienen momentos dipolares permanentes pueden transformarse en dipolares si se encuentran en un campo eléctrico. Se las puede someter a este campo externamente, como en el caso de un instrumento de laboratorio, o también pueden transformarse al entrar en contacto con una partícula cercana con carga o dipolar. Una molécula se dice que es **polarizable** cuando se le puede inducir un dipolo del modo descrito. Por ejemplo, los anillos aromáticos son muy polarizables, porque los

**FIGURA 2.3**

**Interacciones carga-carga en un cristal iónico.** Los cristales iónicos se mantienen unidos mediante interacciones carga-carga entre iones positivos y negativos. En un cristal de cloruro sódico, cada ion sodio está rodeado por seis iones cloro, y cada ion cloro está rodeado por seis iones sodio.

Marcel Clemens/Shutterstock.

Algunas moléculas interactúan porque poseen momentos dipolares.

**TABLA 2.2. Momentos dipolares de algunas moléculas**

| Molécula | Fórmula | Momento dipolar (D)[a] |
|---|---|---|
| Monóxido de carbono | C≡O | 0.12 |
| Dióxido de carbono | O=C=O | 0 |
| Agua | 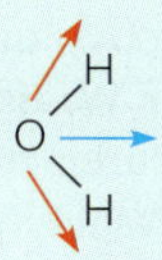 | 1.83 |
| *orto*-Diclorobenceno | 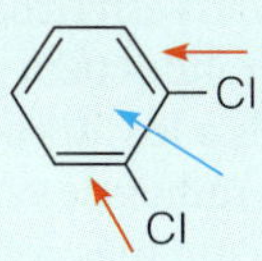 | 2.59 |
| *para*-Diclorobenceno | 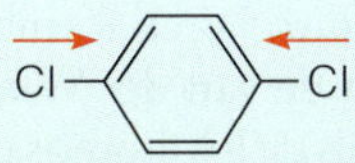 | 0 |
| Glicina | $H_3\overset{+}{N}-CH_2-COO^-$ | 16.7 |
| Glicilglicina | $H_3\overset{+}{N}-CH_2-C(=O)-N(H)-CH_2COO^-$ | 28.6 |

[a] La unidad más habitual para el momento dipolar es el *debye*; 1 debye (D) es igual a $3.34 \times 10^{-30}$ C m.

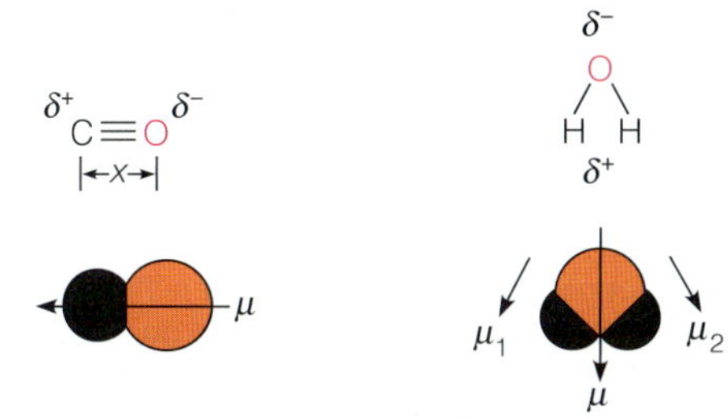


**(a)** Monóxido de carbono **(b)** Agua

**FIGURA 2.4**

**Moléculas dipolares. (a)** Monóxido de carbono: la carga parcial negativa ($\delta^-$) sobre el oxígeno, junto con la correspondiente carga parcial positiva ($\delta^+$) sobre el carbono, crea un momento dipolar orientado a lo largo del eje O — C. **(b)** Agua: la carga parcial negativa sobre el O, junto con la carga parcial positiva sobre cada H, crea dos momentos $\mu_1$ y $\mu_2$, orientados a lo largo de los enlaces O — H. Su suma vectorial ($\mu$) representa el momento dipolar neto de la molécula.

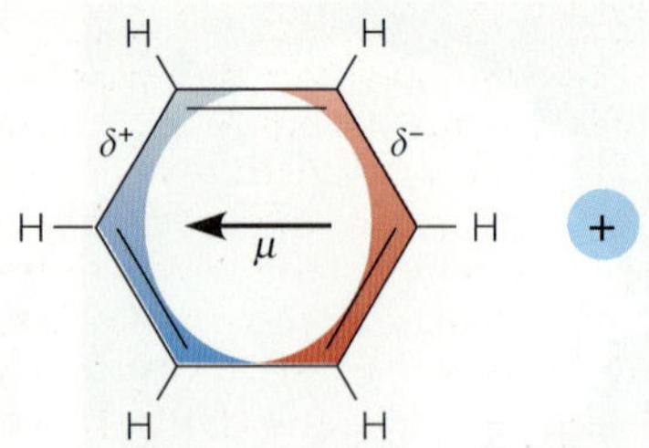


**(a)** Inducción de un dipolo en una molécula de benceno por un ion cargado positivamente

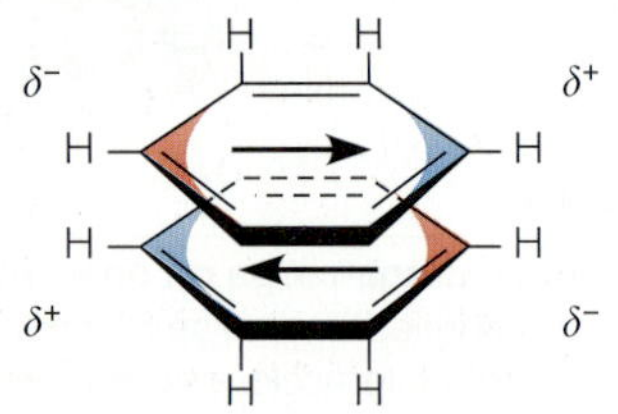


**(b)** Fuerzas de dispersión entre dos moléculas de benceno

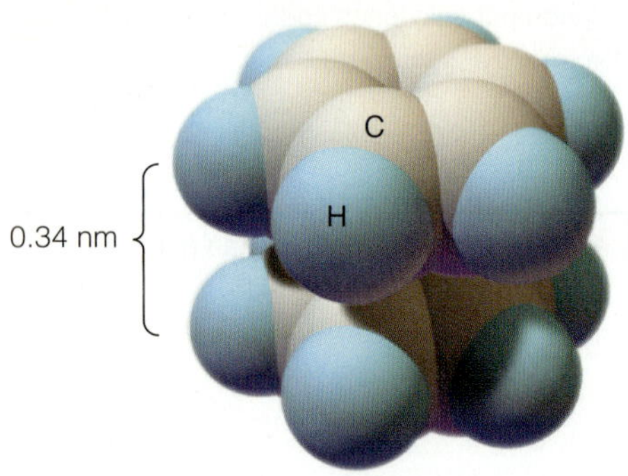


**(c)** Modelo de relleno espacial de las moléculas de (b)

**FIGURA 2.5**

**Dipolos inducidos y fuerzas de dispersión.** **(a)** El benceno no tiene carga neta ni momento dipolar permanente, pero una carga cercana puede inducir una redistribución de los electrones dentro del anillo de benceno, produciendo un momento dipolar inducido ($\mu$). **(b)** Las moléculas planas como el benceno tienen una fuerte tendencia a apilarse, porque las fluctuaciones de las nubes electrónicas de los anillos apilados interactúan entre ellas, produciendo una fuerza de dispersión. **(c)** Aunque las moléculas se aproximen mucho, no entran unas dentro de las otras.

Las moléculas pueden atraerse entre ellas por fuerzas no covalentes, pero no pueden penetrar las unas en las otras: Los radios de van der Waals determinan las superficies moleculares.

electrones pueden desplazarse fácilmente en el plano del anillo, como se muestra en la Figura 2.5a. Las interacciones de las moléculas polarizables se denominan **interacciones de dipolos inducidos**. Un anión o un catión pueden inducir un dipolo en una molécula polarizable y, de este modo, ser atraídos hacia ella (*interacción carga-dipolo inducido*, Figura 2.2d), o un dipolo permanente puede hacer lo mismo (*interacción dipolo-dipolo inducido*, Figura 2.2e). Estas interacciones dipolares inducidas tienen un alcance aún menor al de las interacciones dipolares permanentes, con unas energías de interacción proporcionales a $1/r^4$ y $1/r^5$, respectivamente.

Incluso dos moléculas sin carga neta ni momento dipolar permanente pueden atraerse mutuamente si están lo bastante cerca (Figura 2.2f). La distribución de la carga electrónica en una molécula nunca es estática, sino que fluctúa. Cuando dos moléculas se acercan mucho, sincronizan las fluctuaciones de sus cargas para dar una fuerza de atracción neta. Estas fuerzas intermoleculares, que pueden considerarse una inducción dipolar mutua, se denominan **fuerzas de van der Waals** o **fuerzas de dispersión**. Su energía de atracción varía con la inversa de la sexta potencia de la distancia, de modo que las fuerzas de dispersión solo son significativas a muy corto alcance. Pueden llegar a ser especialmente fuertes cuando dos moléculas planas pueden apilarse la una sobre la otra, como se muestra en la Figura 2.5b y c. Encontraremos numerosos ejemplos de dichas interacciones en el empaquetamiento interno de moléculas como las proteínas y los ácidos nucleicos. Como se considera en el Capítulo 6, las fuerzas de van der Waals son individualmente débiles, pero de forma colectiva aportan contribuciones significativas a la estabilidad de las biomoléculas.

## Repulsión molecular en distancias muy reducidas: radio de Van der Waals

Cuando las moléculas o los átomos que no tienen enlaces covalentes entre ellos se acercan tanto que sus orbitales electrónicos más externos empiezan a solaparse, existe una repulsión mutua. Esta repulsión aumenta muy rápidamente a medida que la distancia entre sus centros ($r$) disminuye; es aproximadamente proporcional a $r^{-12}$. Si combinamos esta energía de repulsión con una o más de las clases de energía de atracción descritas anteriormente, vemos que la energía total de la interacción no covalente ($E$) de una pareja de átomos, moléculas o iones cambiará según la distancia que los separa ($r$) del modo descrito en la Figura 2.6. Deben destacarse dos puntos del gráfico. En primer lugar, en la posición $r_0$ existe un mínimo en la curva de energía. Este mínimo corresponde a la distancia más estable entre los centros de las dos partículas. Si dejamos que se aproximen, esta es la distancia mínima que les separará. En segundo lugar, el potencial de repulsión aumenta tan pronunciadamente en distancias más cortas que actúa como una «barrera», impidiendo de modo efectivo que se aproximen más de la distancia $r_v$. Esta distancia define el **radio de van der Waals, *R***, el radio eficaz para el empaquetamiento molecular más cercano. Para una pareja de moléculas esféricas idénticas, $r_v = 2R$; para moléculas con radios de van der Waals $R_1$ y $R_2$, $r_v = R_1 + R_2$.

Las moléculas reales, por supuesto, no son objetos esféricos como los representados en la Figura 2.6. Puesto que las moléculas biológicas grandes tienen todas formas complejas, es útil extender el concepto de radio de van der Waals a los átomos o a los grupos de átomos que hay dentro de una molécula. Los valores de los radios de van der Waals que aparecen en la Tabla 2.3 representan las distancias de aproximación más cercanas a otro átomo o grupo. Cuando intentamos representar moléculas complejas en forma de «relleno espacial», cada átomo aparece como una esfera, con su radio de van der Waals adecuado (*véase* la Figura 2.5c). En este caso, los radios de van der Waals de los átomos de carbono (0.17 nm) hacen que los planos de los dos anillos apilados no puedan estar más cerca de 0.34 nm.

## Enlaces de hidrógeno

Un tipo específico de interacción no covalente, el **enlace de hidrógeno**, tiene una gran importancia en bioquímica. La estructura y las propiedades de muchas moléculas biológicas, así como las del agua, el disolvente biológico universal, están determinadas en gran medida por este tipo de enlace. Un enlace de hidrógeno es una interacción entre un átomo de hidrógeno unido covalentemente a un *grupo donador* (como —O—H o >N—H) y

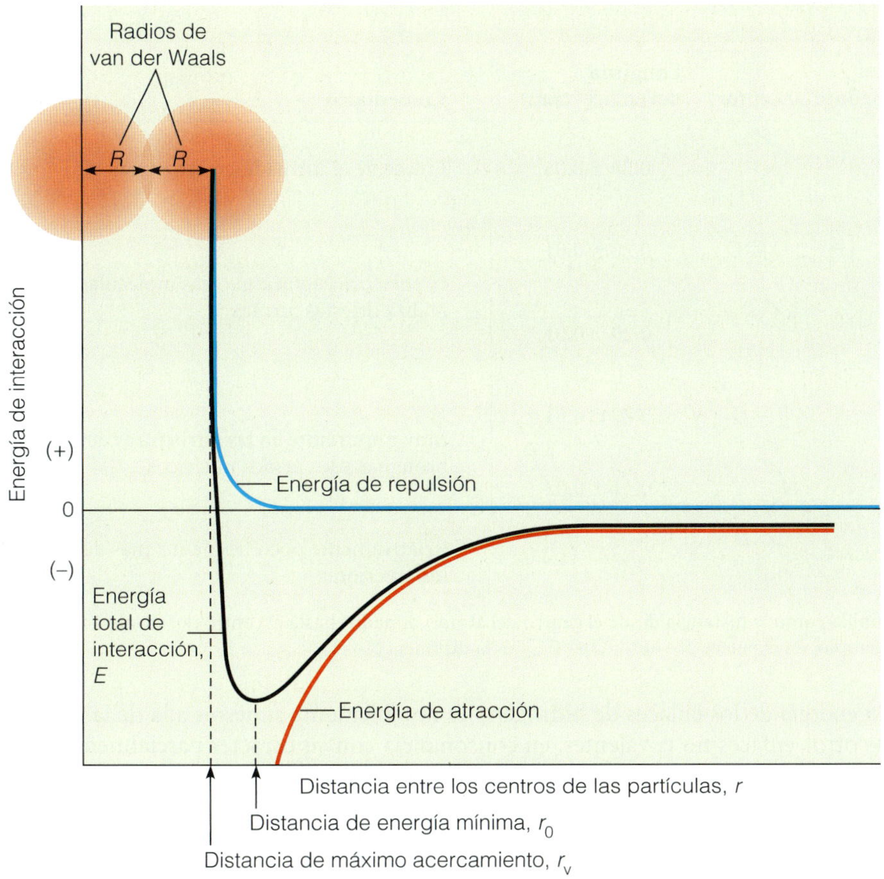


**FIGURA 2.6**

**Energía de interacción no covalente de dos partículas que se aproximan.** Se representa gráficamente la energía de interacción de dos átomos, moléculas o iones frente a la distancia entre sus centros, *r*. La energía total de interacción (*E*) a cualquier distancia es la suma de la energía de atracción y de la energía de repulsión. A medida que disminuye la distancia entre las partículas (de *derecha a izquierda* a lo largo del eje *x*), aumenta, tanto la energía de atracción (<0) como la de repulsión (>0), pero a velocidades diferentes. En un principio predomina la atracción de largo alcance, pero luego la energía de repulsión aumenta tan rápidamente que actúa como una barrera, definiendo la distancia de máximo acercamiento ($r_v$) y los radios de van der Waals (*R*, descritos por las esferas naranja). La posición de energía mínima ($r_0$) normalmente está muy cercana a $r_v$.

**TABLA 2.3. Radios de van der Waals de algunos átomos y grupos de átomos**

| | R (nm) |
|---|---|
| **Átomos** | |
| H | 0.12 |
| O | 0.14 |
| N | 0.15 |
| C | 0.17 |
| S | 0.18 |
| P | 0.19 |
| **Grupos** | |
| —OH | 0.14 |
| $—NH_2$ | 0.15 |
| $—CH_2—$ | 0.20 |
| $—CH_3$ | 0.20 |
| Mitad de grosor del anillo aromático | 0.17 |

un par de electrones libres perteneciente a un *grupo aceptor* (como O═C o N⋜), como muestran la Figura 2.2g y la Figura 2.7. El átomo al que está unido covalentemente el hidrógeno se denomina *donador de enlace de hidrógeno*, y el átomo con el par de electrones libres se denomina *aceptor de enlace de hidrógeno*. La interacción entre el donador y el aceptor se representa con una línea de puntos entre el átomo aceptor y, H compartido.

La capacidad de un átomo para actuar como donador de enlace de hidrógeno depende, en gran medida, de su electronegatividad. Cuanto más electronegativo es el átomo donador, más carga negativa extrae del hidrógeno al cual está enlazado. De este modo, el hidrógeno se vuelve más positivo y es atraído con más fuerza hacia el par de electrones del aceptor. Entre los átomos que se encuentran en los compuestos biológicos, solo el O y el N tienen las electronegatividades adecuadas para comportarse como donadores fuertes. De este modo, los grupos ⋝C—H no forman enlaces de hidrógeno fuertes y sí los forman los grupos —O—H.

El enlace de hidrógeno comparte algunas propiedades, tanto con las interacciones covalentes como con las no covalentes. En parte, es como una interacción carga-carga entre la carga positiva parcial del H y la carga negativa del par de electrones. Pero, al mismo tiempo, también se comparten electrones (igual que en un enlace covalente) entre el H y el aceptor. Este doble carácter se refleja en la longitud del enlace de Hidrógeno. La distancia entre el átomo de hidrógeno y el átomo aceptor en un enlace de hidrógeno es bastante más reducida que la que cabría esperar de sus radios de van der Waals. Por ejemplo, la distancia entre el H y el O en el enlace >N—H···O—C< es aproximadamente de solo 0.19 nm, mientras que, según la suma de los radios de van der Waals que aparecen en la Tabla 2.2, se podría predecir una distancia de 0.26 nm. Por otro lado, un enlace *covalente* H—O tiene una longitud de solo 0.10 nm. La distancia entre el donador del enlace de hidrógeno y el aceptor es de, aproximadamente, 0.29 nm. Las distancias donador-aceptor de algunos enlaces de hidrógeno especialmente fuertes aparecen enumeradas en la Tabla 2.4. Obsérvese que estas distancias son fijas, del mismo modo que en los enlaces covalentes (pero no lo son en otros enlaces no covalentes).

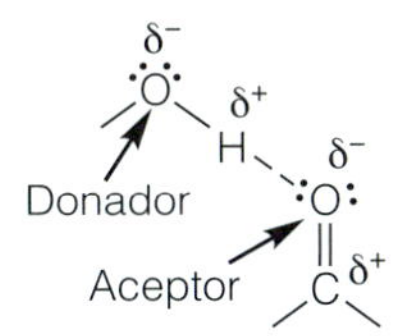


**FIGURA 2.7**

**El enlace de hidrógeno.** La figura muestra un enlace de hidrógeno ideal que podría existir, por ejemplo, entre un alcohol (donador) y un compuesto cetónico (aceptor). El enlace de Hidrógeno está representado por una línea de puntos entre el H y el átomo aceptor, y una línea sólida entre el H y el átomo donador.

Los enlaces de hidrógeno están entre las interacciones no covalentes más fuertes y más específicas.

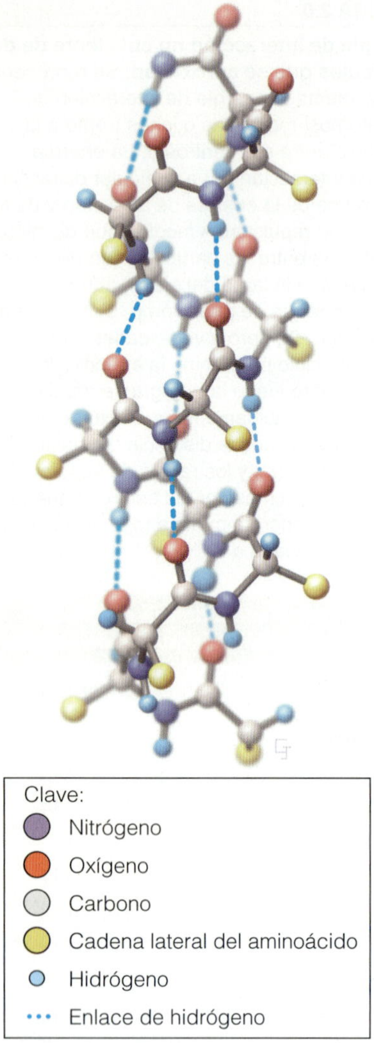


**FIGURA 2.8**

**Los enlaces de hidrógeno en la estructura biológica.** Este ejemplo es una parte de una proteína con una conformación de hélice α. La hélice α, un elemento estructural corriente en las proteínas, se mantiene mediante enlaces de hidrógeno N—H···O=C entre grupos en la cadena de proteica. En el Capítulo 6 se dan muchos más detalles de la estructura de la hélice α.

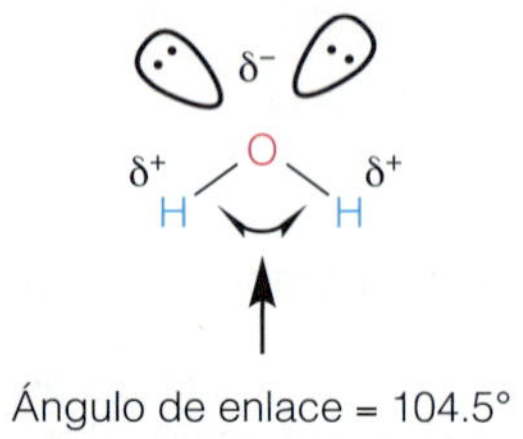


**FIGURA 2.9**

**Donadores y aceptores de enlaces de hidrógeno en el agua.** Los dos pares de electrones no unidos sobre el O actúan como aceptores de enlaces de H y los dos enlaces O—H actúan como donadores de enlaces de H. El ángulo entre los dos enlaces O—H es de 104.5°; así, el agua tiene un momento dipolar neto.

**TABLA 2.4. Principales tipos de enlaces de hidrógeno en las interacciones biomoleculares**

| Donador ... Aceptor | Longitud del enlace[a] (nm) | Comentario |
|---|---|---|
| —O—H ··· O(—)(—H) | 0.28 ± 0.01 | Enlace de H formado en el agua |
| —O—H ··· O=C< | 0.28 ± 0.01 | El enlace del agua con otras moléculas se realiza de estas formas |
| >N—H ··· O(—)(—H) | 0.29 ± 0.01 | |
| >N—H ··· O=C< | 0.29 ± 0.01 | Muy importante en las estructuras de las proteínas y los ácidos nucleicos |
| >N—H ··· N(=)(—) | 0.31 ± 0.02 | |
| >N—H ··· S< | 0.37 | Relativamente poco frecuente; más débil que los anteriores |

[a] Definida como la distancia desde el centro del átomo donador hasta el centro del átomo aceptor. Por ejemplo, en el enlace N—H···O=C< es la distancia N—O.

La energía de los enlaces de hidrógeno es notablemente superior a la de la mayoría de los otros enlaces no covalentes, en consonancia con su carácter parcialmente covalente (*véase* la Figura 2.1). Los enlaces de hidrógeno, al igual que los enlaces covalentes, son altamente direccionales. Los estudios con ordenador predicen que los enlaces de hidrógeno son más fuertes cuando el ángulo definido por el átomo donador, el átomo de H compartido y el átomo aceptor es de 180° (esto es, los tres átomos son colineales). La mayoría de los ángulos de los enlaces de hidrógeno de las proteínas se encuentran entre 30° y 180°. La importancia de esta direccionalidad se ve en el papel que desempeñan los enlaces de hidrógeno en la organización de la estructura bioquímica regular como la hélice a de las proteínas (Figura 2.8; tratado con más detalle en el Capítulo 6). Este es solo un ejemplo de los muchos que encontraremos en los que los enlaces de hidrógeno estabilizan la estructura organizada en las moléculas grandes.

Finalizamos esta sección reiterando el punto importante: que las diversas interacciones no covalentes que se han descrito son débiles de forma individual, pero cuando se encuentran presentes muchas de ellas en una determinada macromolécula, o entre macromoléculas, sus energías pueden dar una suma total impresionante, a menudo de varios cientos de kilojulios. De esta forma, estas interacciones pueden explicar la estabilidad de las estructuras macromoleculares. Al mismo tiempo, la facilidad con la que pueden romperse y volver a formarse los enlaces no covalentes individuales proporciona a estas estructuras la flexibilidad dinámica necesaria para su función.

## Misión del agua en los procesos biológicos

Los procesos químicos y físicos de la vida requieren que las moléculas puedan desplazarse, encontrarse e intercambiar parejas continuamente en los procesos complicados del metabolismo y de la síntesis. Un entorno líquido permite una movilidad molecular, y el agua no es solo el líquido más abundante de la Tierra, sino que, además, está admirablemente adecuado para esta finalidad. Para ver por qué esto es así, debemos examinar detalladamente las propiedades del agua.

### Estructura y propiedades del agua

Aunque se tienda a dar por supuestas las propiedades del agua, en realidad se trata de una sustancia muy particular. La Tabla 2.5, que compara el $H_2O$ con otros compuestos de peso molecular similar, muestra un hecho destacable. La mayoría de esos compues-

**TABLA 2.5. Propiedades del agua en comparación con otros compuestos de bajo peso molecular**

| Compuesto | Peso molecular | Punto de fusión (°C) | Punto de ebullición (°C) | Calor de evaporación (kJ/mol) |
|---|---|---|---|---|
| $CH_4$ | 16.04 | −182 | −164 | 8.16 |
| $NH_3$ | 17.03 | −78 | −33 | 23.26 |
| $H_2O$ | 18.02 | 0 | +100 | 40.71 |
| $H_2S$ | 34.08 | −86 | −61 | 18.66 |

tos de peso molecular bajo son gases a temperatura ambiente y tienen unos puntos de ebullición muy inferiores al del agua. ¿Por qué es el agua una sustancia poco corriente? La respuesta la encontramos principalmente en la fuerte tendencia de las moléculas de agua a formar enlaces de hidrógeno con otras moléculas de agua.

La disposición electrónica de una única molécula de agua aparece en la Figura 2.9. Dos de los seis electrones de los orbitales más externos del átomo de oxígeno intervienen en los enlaces covalentes con los hidrógenos. Los cuatro electrones restantes están en pares no enlazados, que son excelentes aceptores de enlaces de hidrógeno. En el agua, los grupos —OH son fuertes donadores de enlaces de hidrógeno. De este modo, cada molécula de agua es, al mismo tiempo, un donador de enlace de hidrógeno y un aceptor de enlace de hidrógeno, capaz de formar simultáneamente hasta *cuatro* enlaces de hidrógeno. Una muestra de agua es una red dinámica de moléculas unidas por enlaces de hidrógeno (Figura 2.10c). La fuerza de esta extensa red de enlaces de hidrógeno proporciona al agua una capacidad calorífica inusualmente elevada, y la evaporación del agua requiere una cantidad de energía excepcional para una molécula de su tamaño. Por consiguiente, tanto el calor de evaporación como el punto de ebullición del agua son excepcionalmente elevados (Tabla 2.5), y el agua permanece en estado líquido a las temperaturas propias de gran parte de la superficie terrestre.

Cuando el agua se congela a hielo, los enlaces de hidrógeno entre sus moléculas pasan a ser más regulares y mejor definidos, creando una red molecular tetraédrica rígida en la que cada molécula está enlazada a otras cuatro mediante enlace de hidrógeno (Figura 2.10a, b). Esta estructura de red se desmantela solo parcialmente cuando el hielo se funde y persiste un cierto orden de largo alcance, incluso a temperaturas más elevadas. De media, hay un 15 % menos enlaces de hidrógeno en el agua líquida que en el hielo (esto es, 3.4 enlaces de hidrógeno por molécula de agua frente a 4 por molécula de hielo). Se ha descrito la estructura del agua líquida como «agrupaciones parpadeantes» de enlaces de hidrógeno, con restos de la red del hielo que continuamente se escinde y se vuelve a formar a medida que las moléculas se desplazan (Figura 2.10c). La estructura relativamente abierta de la red del hielo explica otra de las propiedades poco corrientes del agua: el agua en estado líquido tiene mayor densidad que en estado sólido, ya que cuando la red se rompe, las moléculas pueden acercarse más. Este hecho, aparentemente, banal es de suma importancia para la vida terrestre. Si el agua se comportara como la mayoría de las sustancias, cuya densidad aumenta cuando se congelan, el hielo que se forma cada invierno en las superficies de los lagos y de los océanos se hundiría hasta el fondo. Una vez allí, aislado por las capas que lo recubren, se iría acumulando con los años, y actualmente la mayor parte del agua de la tierra estaría retenida en forma de hielo, quedando poca agua líquida para mantener la vida. Si el agua líquida a 0 °C fuera un 9 % menos densa de lo que es, la vida difícilmente hubiera podido evolucionar, puesto que, en este caso, el hielo se hundiría. Otra consecuencia de esta notable propiedad del agua es que, a presiones elevadas, está favorecido el estado líquido más denso sobre el estado sólido menos denso. De esta forma, incluso a las presiones elevadas de las profundidades del océano, el agua permanece líquida.

La mayor parte de las propiedades singulares del agua se deben a su potencial para formar enlaces de hidrógeno y a su naturaleza polar.

En la Tabla 2.6 aparecen enumeradas otras propiedades poco corrientes del agua que se explican fácilmente en términos de su estructura molecular. En comparación con la mayoría de los líquidos orgánicos, el agua tiene una elevada *viscosidad*, que es una consecuencia de la estructura trabada de enlaces de hidrógeno. Esta cohesión explica también la elevada *tensión superficial* del agua. La constante dieléctrica elevada del agua, que ya se ha mencio-

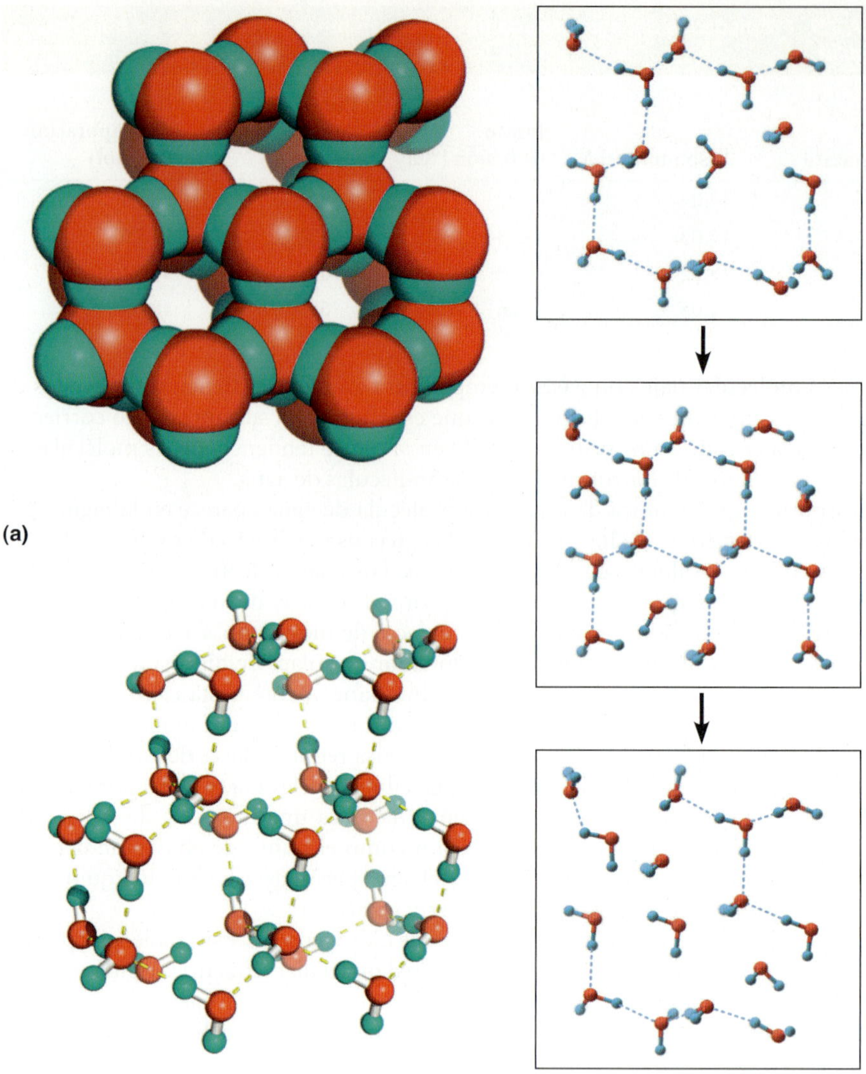

(a) (b) (c)

FIGURA 2.10

**El agua como una red molecular. (a)** Un modelo de relleno espacial de la estructura del hielo, en el que los átomos de O son rojos y los átomos de H, azules. El hielo es una red molecular formada por una repetición indefinida de un patrón tetraédrico de enlaces de hidrógeno. Cada molécula actúa a la vez como donador de enlace de hidrógeno a otras dos y como aceptor de otras dos. La estructura es relativamente abierta, dada la longitud de los enlaces de hidrógeno, y ello explica la baja densidad del hielo. **(b)** Un modelo en esqueleto de la red de hielo. **(c)** Estructura del agua líquida. Cuando el hielo se funde, la red tetraédrica regular se rompe, pero siguen conservándose partes considerables de la misma, especialmente a temperaturas bajas. En el agua líquida, agrupaciones parpadeantes de moléculas están unidas mediante enlaces de hidrógeno que continuamente se escinden y se forman de nuevo. En esta «película en movimiento» esquemática, las imágenes sucesivas representan cambios que tienen lugar en picosegundos ($10^{-12}$ s).

(a, b) Cortesía de Gary Carlton.

nado, es consecuencia de su carácter dipolar. Un campo eléctrico generado entre dos iones produce una orientación considerable de los dipolos de agua situados en él, así como una cantidad significativa de polarización inducida. Estos dipolos orientados contribuyen a un contracampo, reduciendo la fuerza electrostática efectiva entre los dos iones.

## El agua como disolvente

El agua es un disolvente excelente por su potencial para formar enlaces de hidrógeno y su naturaleza polar.

Los procesos vitales requieren que una gran variedad de iones y moléculas se muevan en proximidad, es decir, que sean solubles en un medio común. El agua funciona como disolvente universal en los medios intracelular y extracelular gracias, principalmente, a las dos propiedades del agua descritas anteriormente: su tendencia a formar enlaces de hidrógeno y su carácter dipolar. Las sustancias que pueden beneficiarse de estas propiedades, de modo que se disuelven fácilmente en agua, se denominan **hidrófilas** o «amantes del agua».

### Las moléculas hidrófilas en una disolución acuosa

Las moléculas con grupos capaces de formar enlaces de hidrógeno tienden a unirse con el agua con este tipo de enlace. De este modo, el agua disuelve moléculas como las proteínas y los ácidos nucleicos que presentan en sus superficies accesibles al disolvente grupos que pueden formar enlaces de hidrógeno. Entre ellos se encuentran, por ejemplo, grupos hidroxilo, carbonilo y éster que no tienen carga, pero son polares, así como los grupos

**TABLA 2.6. Propiedades importantes del agua líquida en comparación con las del *n*-pentano, un líquido no polar y sin enlaces de hidrógeno[a]**

| Propiedad | Agua | *n*-Pentano |
|---|---|---|
| Peso molecular (g/mol) | 18.02 | 72.15 |
| Densidad (g/cm$^3$) | 0.997 | 0.626 |
| Punto de ebullición (°C) | 100 | 36.1 |
| Constante dieléctrica | 78.54 | 1.84 |
| Viscosidad (g/cm · s) | $0.890 \times 10^{-2}$ | $0.228 \times 10^{-2}$ |
| Tensión superficial (dina/cm) | 71.97 | 17 |

[a] Todos los datos corresponden a 25 °C.

cargados como las aminas, los ácidos carboxílicos y los ésteres fosfato. Además, cuando las moléculas que contienen enlaces de hidrógeno internos (como la hélice a de la Figura 2.8) se disuelven en agua, algunos de estos enlaces de hidrógeno internos o todos ellos pueden intercambiarse de forma dinámica por enlaces de hidrógeno con el $H_2O$ (Figura 2.11).

A diferencia de la mayoría de los líquidos orgánicos, el agua es un disolvente excelente para los compuestos iónicos. Las sustancias como el cloruro sódico, que se encuentran en estado sólido en forma de redes estables de iones, se disuelven con facilidad en agua. La explicación de este hecho reside en la naturaleza dipolar de la molécula de agua. Las interacciones de los extremos negativos de los dipolos del agua con los cationes (como er el ejemplo de la, Figura 2.12) y los extremos positivos con los aniones en una disolución acuosa hacen que los iones se **hidraten**, es decir, se rodeen de capas de moléculas de agua denominadas **capas de hidratación** (Figura 2.12). La tendencia de muchos compuestos iónicos como el NaCl para disolverse en agua puede explicarse, en gran parte, por dos factores. En primer lugar, la formación de las capas de hidratación es energéticamente favorable. En segundo lugar, la constante dieléctrica elevada del agua apantalla y disminuye la fuerza electrostática entre los iones con cargas opuestas que, de otro modo, volverían a unirse.

La naturaleza dipolar de la molécula de agua favorece también la capacidad del agua para disolver las moléculas orgánicas no iónicas, aunque polares, como los fenoles, los ésteres y las amidas. A menudo, estas moléculas tienen momentos dipolares elevados y la interacción con el dipolo de agua favorece su solubilidad en la misma.

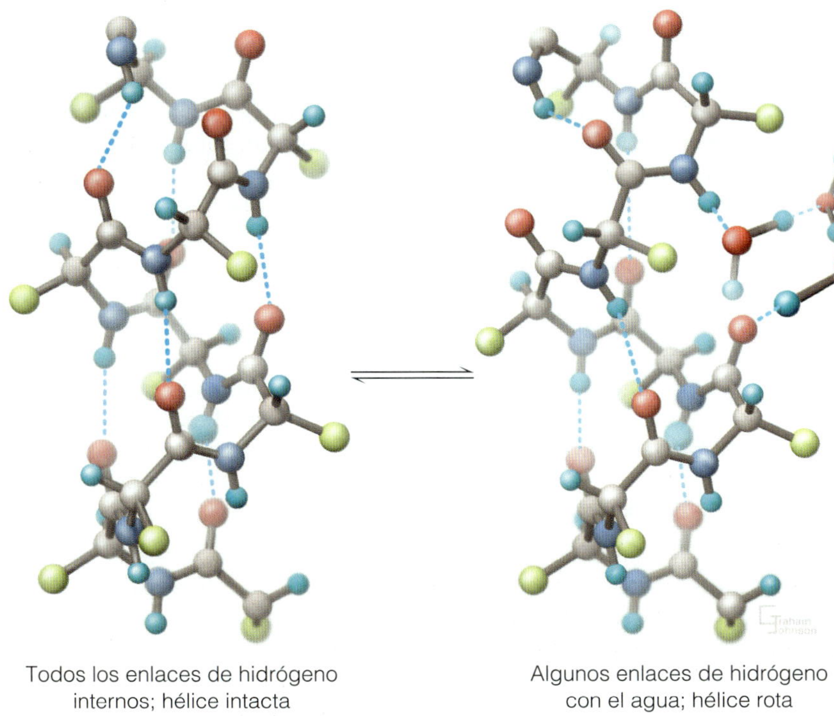


**FIGURA 2.11**

**Intercambio de enlaces de hidrógeno internos por enlaces de hidrógeno del agua.** Se muestra una sección de una molécula proteica como la de la Figura 2.8 en la que se ha sustituido algunos de sus enlaces de hidrógeno intramoleculares por enlaces de hidrógeno con el disolvente (agua). Este intercambio dinámico (transitorio) de los enlaces de hidrógeno suele observarse en los extremos y no en el centro de la hélice.

FIGURA 2.12

**Hidratación de los iones en disolución**. La figura muestra un cristal salino disolviéndose en agua. A medida que los iones sodio y cloro dejan el cristal, la interacción no covalente entre estos iones y las moléculas dipolares de agua forma una capa de hidratación alrededor de cada ion. La energía que se desprende en esta interacción ayuda a superar las interacciones carga-carga, que estabilizan el cristal.

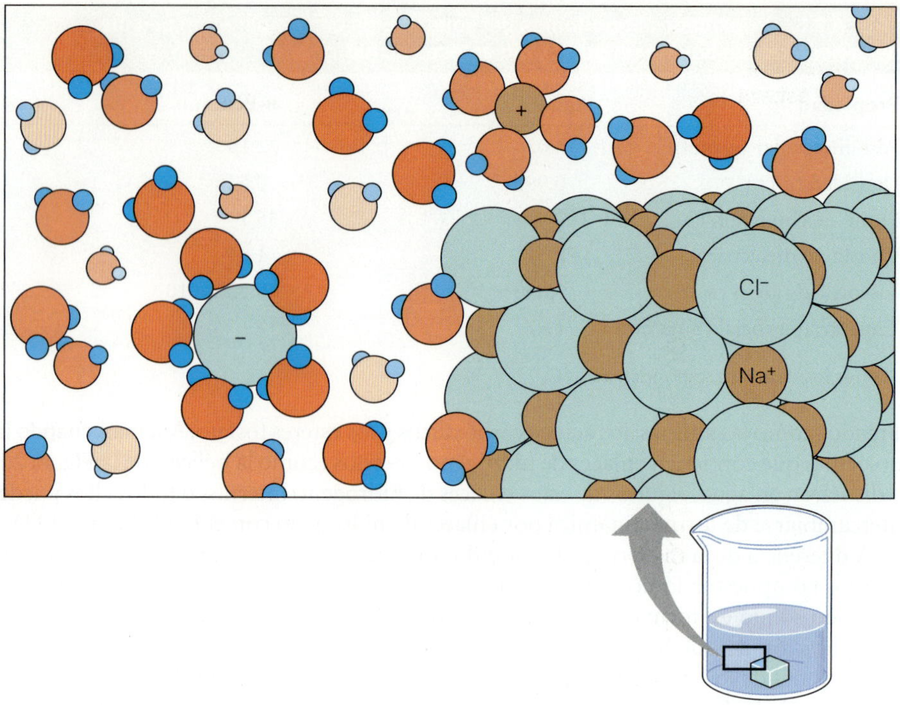


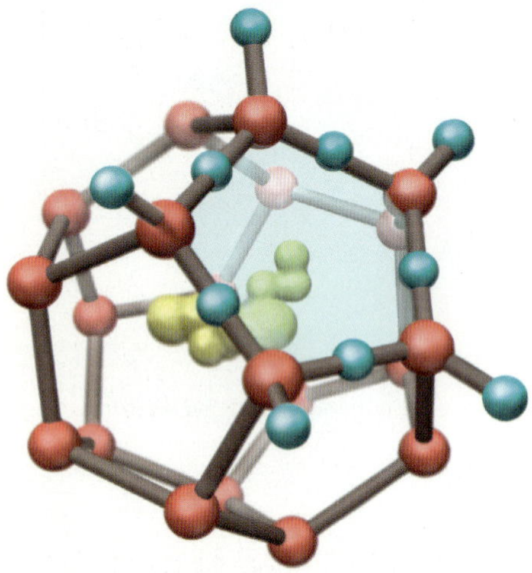

FIGURA 2.13

**Una unidad de la estructura de clatrato que rodea a una molécula hidrófoba (en amarillo).** Los átomos de oxígeno se presentan en rojo. Los hidrógenos se muestran en un pentágono de oxígenos. La estructura ordenada puede ampliarse considerablemente más dentro del agua que la rodea.

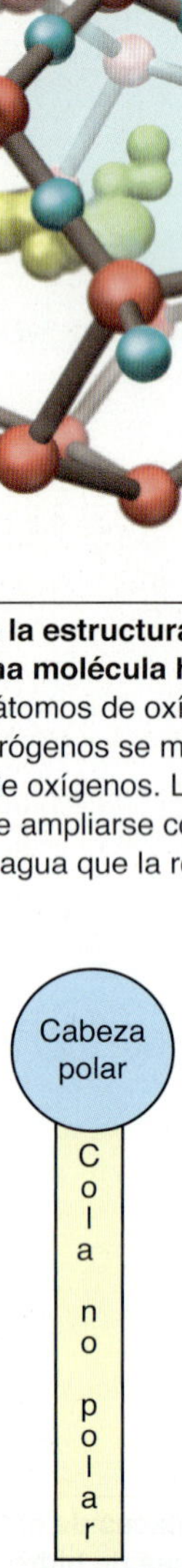


**Representación simplificada de una molécula lipídica anfipática**

Una molécula es «anfipática» cuando algunas partes significativas de su superficie molecular son hidrófilas y otras partes de su superficie son significativamente hidrófobas.

## Las moléculas hidrófobas en una disolución acuosa

La solubilidad de las sustancias hidrófilas depende de su interacción energéticamente favorable con las moléculas de agua. Por tanto, no es extraño que las sustancias como los hidrocarburos, que son no polares y no iónicos y que no pueden formar enlaces de hidrógeno, muestren solo una limitada solubilidad en el agua. Las moléculas que se comportan de esta manera se denominan **hidrófobas** o «con aversión al agua». Sin embargo, la energía no es el único factor que limita su solubilidad. Cuando las moléculas hidrófobas se disuelven, no están rodeadas por capas de hidratación, como las que forman alrededor de las sustancias hidrófilas. En lugar de esto, la red regular del agua forma estructuras de **clatrato** similares a las del hielo, o «jaulas», alrededor de las moléculas no polares (Figura 2.13). Esta disposición ordenada de las moléculas de agua, que va más allá de la jaula, se produce por una disminución de la *entropía*, o aleatoriedad, de la mezcla (*véase* el Capítulo 3). La disminución de la entropía favorece la baja solubilidad de las sustancias hidrófobas en agua. Como se trata con mayor detalle en el Capítulo 3, el descenso de entropía es termodinámicamente desfavorable, por lo que la disolución de una sustancia hidrófoba en agua es entrópicamente desfavorable. Esto explica la tendencia bien conocida de las sustancias hidrófobas para autoasociarse, en lugar de disolverse, en agua; todos hemos visto que el aceite forma gotitas cuando lo agitamos con vinagre. Se necesita más ordenación del agua en los clatratos para rodear dos moléculas hidrófobas con dos jaulas *separadas* que para rodearlas a ambas con *una* única jaula, de modo que las moléculas hidrófobas tienden a agruparse, porque al hacer esto liberan algunas moléculas de agua de los clatratos, aumentando, de esta forma, la entropía del sistema. Este fenómeno, que recibe el nombre de **efecto hidrófobo**, desempeña un papel importante en el plegamiento de las moléculas proteicas (*véase* el Capítulo 6), así como en el autoensamblado de las bicapas lipídicas (*véanse* la Figura 2.15a y el Capítulo 10).

## Las moléculas anfipáticas en una disolución acuosa

Existe una clase de moléculas muy interesantes e importantes que muestran propiedades hidrófilas e hidrófobas al mismo tiempo. Dichas sustancias **anfipáticas** comprenden ácidos grasos, lípidos y detergentes (Figura 2.14). Esta clase de moléculas anfipáticas tienen un grupo de «cabeza» muy hidrófilo, acoplado a una «cola» hidrófoba, generalmente un hidrocarburo. Cuando se intenta disolverlas en agua, las sustancias anfipáticas forman una o varias de las estructuras de la Figura 2.15a. Por ejemplo, pueden formar

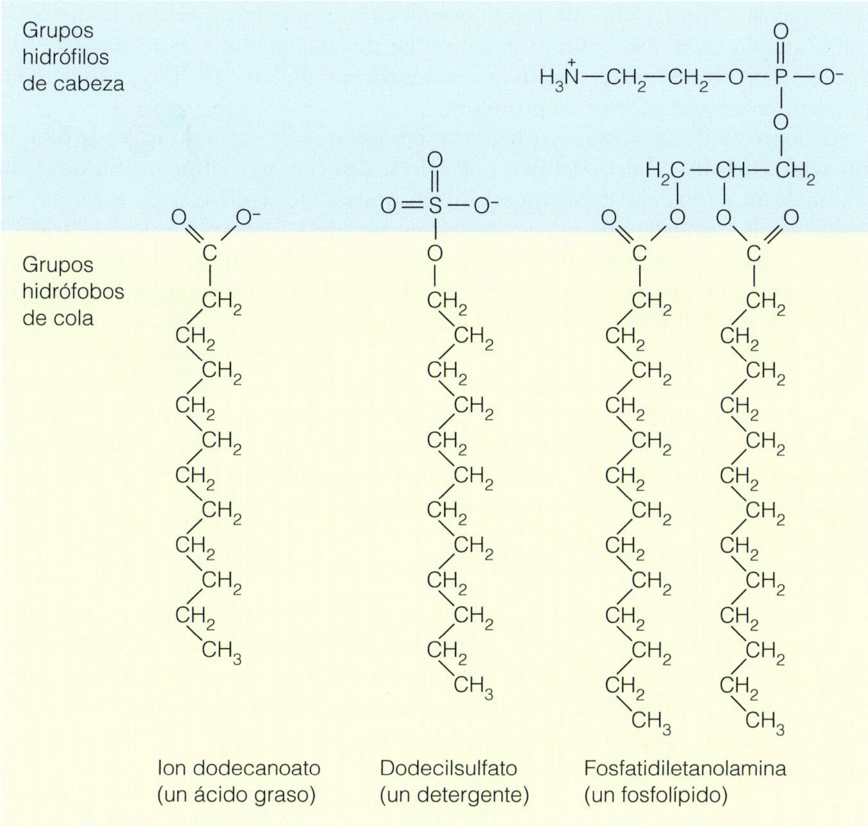


**FIGURA 2.14**

**Moléculas anfipáticas.** Estos tres ejemplos ilustran la naturaleza dual de las moléculas anfipáticas, que tienen un grupo de cabeza hidrófilo unido a una cola hidrófoba.

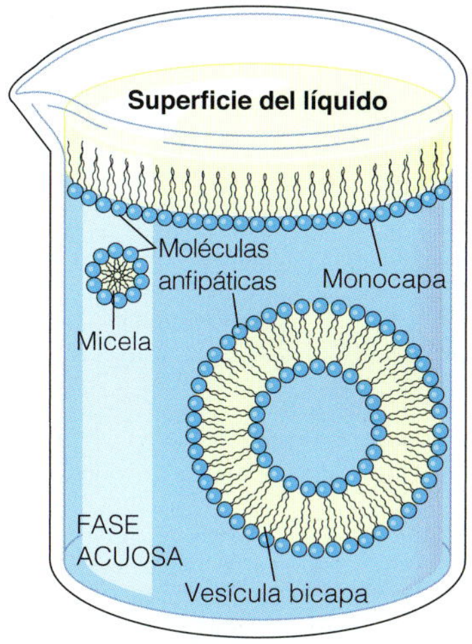


**(a)** Estructuras formadas en el agua

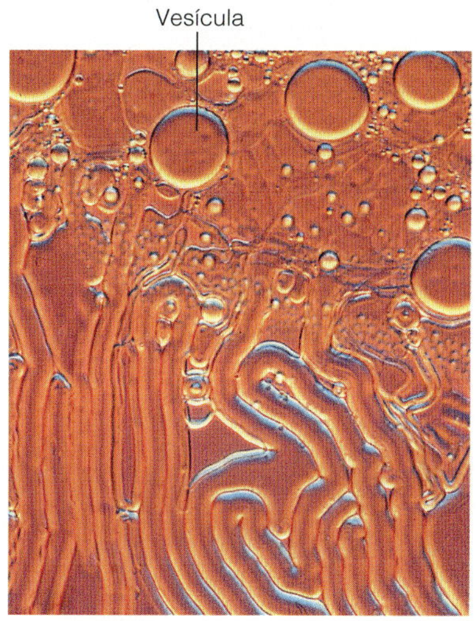


**(b)** Formación de vesículas

**FIGURA 2.15**

**Interacciones de las moléculas anfipáticas con el agua. (a)** Las estructuras que pueden formarse cuando las sustancias anfipáticas se mezclan con el agua son una monocapa en la superficie del agua, una micela y una vesícula bicapa, una esfera hueca que contiene y está rodeada de agua. En cada uno de estos casos, los grupos de cabeza hidrófilos están en contacto con la fase acuosa, mientras que las colas hidrófobas se asocian entre ellas. **(b)** Cuando los fosfolípidos se mezclan con agua, las moléculas anfipáticas se agregan para formar películas parecidas a las membranas biológicas. La agitación hace que la película se rompa en vesículas.

(b) Por cortesía de D. W. Deamer y P. B. Armstrong, Universidad de California, Davis.

una **monocapa** en la superficie del agua donde solo los grupos de cabeza están sumergidos. Por otro lado, si la mezcla se agita enérgicamente, se pueden formar **micelas** (estructuras esféricas formadas por una única capa de moléculas) o **vesículas bicapa**. En estos casos, las colas de hidrocarburo de las moléculas tienden a disponerse de modo más o menos paralelo, lo cual les permite interactuar mediante fuerzas de van der Waals. Los grupos de cabeza polares o iónicos están fuertemente hidratados por el agua que les rodea. En bioquímica es muy importante el hecho de que las moléculas anfipáticas constituyen la base de las **membranas bicapa** biológicas que rodean las células y que forman las separaciones entre los compartimientos celulares. Estas bicapas están formadas fundamentalmente por fosfolípidos, como el que aparece en la Figura 2.14. La Figura 2.15b muestra la formación de membranas sintéticas a partir de los fosfolípidos. En el Capítulo 10 hablaremos más detalladamente sobre los fosfolípidos y las membranas.

## Equilibrios iónicos

La mayoría de las reacciones bioquímicas tienen lugar en un medio acuoso; las excepciones son las pocas que tienen lugar en los interiores hidrófobos de las membranas. Las numerosas sustancias disueltas en el citosol acuoso y en los líquidos extracelulares corporales incluyen iones libres como $K^+$, $Cl^-$ y $Mg^{2+}$, así como moléculas y macromoléculas con grupos ionizables. El comportamiento de todas estas moléculas en los procesos bioquímicos depende, en gran medida, de su estado de ionización. Por eso es importante que revisemos brevemente algunos aspectos del equilibrio iónico, especialmente el equilibrio ácido-base y la ionización del agua.

### Ácidos y bases: donadores y aceptores de protones

Una definición útil de ácidos y bases en los sistemas acuosos es la de Brønsted-Lowry: los ácidos son donadores de protones y las bases son aceptoras de protones. Un **ácido fuerte** se disocia casi totalmente en un protón y una base conjugada débil. Por ejemplo, el HCl se disocia casi totalmente en agua para dar $H^+$ (realmente, ion hidronio $H_3{}^+$;

*véase* más adelante) y $Cl^-$, de modo que la concentración de $H^+$ en la disolución es prácticamente igual a la concentración molar de HCl añadido. Asimismo, el NaOH se considera una **base fuerte**, puesto que se ioniza completamente liberando el ion $OH^-$, que es un poderoso aceptor de protones.

La mayoría de las sustancias ácidas y básicas que se encuentran en la bioquímica son **ácidos débiles** o **bases débiles**, que solo se disocian parcialmente. En una solución acuosa de un ácido débil existe un equilibrio, que puede medirse, entre el ácido y su *base conjugada*, la sustancia que puede aceptar un protón y formar de nuevo el ácido. En la Tabla 2.7 aparecen ejemplos de ácidos débiles y sus bases conjugadas. Obsérvese que estas bases no contienen necesariamente grupos —OH, pero aumentan la concentración de $OH^-$ de una solución extrayendo un protón del agua.

Los ácidos débiles enumerados en la Tabla 2.7 varían, en gran medida, en su fuerza, esto es, en su tendencia a donar protones. Esta variación de la fuerza ácida está indicada por la gama de valores de $K_a$ y de p$K_a$ que consideraremos a continuación. Cuanto más fuerte es el ácido, más débil es su base conjugada; en otras palabras, cuanto más fuerte es la tendencia de un ácido a donar un protón, más débil es la tendencia de su base conjugada a aceptar un protón y a volver a formar el ácido.

## Ionización del agua y producto iónico

A pesar de que el agua es fundamentalmente una molécula neutra, tiene una ligera tendencia a ionizarse; en realidad, puede actuar como ácido muy débil y como base muy débil. El mejor modo de entender esta reacción de ionización es observar que una molécula de agua puede transferir un protón a otra molécula para dar un ion hidronio ($H_3O^+$) y un ion hidroxilo ($OH^-$), de modo que el agua es el donador del protón y el aceptor del protón al mismo tiempo:

$$H_2O + H_2O \rightleftharpoons H_3O^+ + OH^-$$

Muchas moléculas biológicas son ácidos débiles o bases débiles.

En realidad, esto es una simplificación, puesto que el protón transferido puede estar asociado a varios grupos de moléculas de agua para producir especies como $H_5O_2^+$ y

**TABLA 2.7. Algunos ácidos débiles y sus bases conjugadas**

| Ácido (donador de protón) | | Base Conjugada (aceptor de protón) | | p$K_a$ | $K_a$ (M) |
|---|---|---|---|---|---|
| HCOOH<br>Ácido fórmico | $\rightleftharpoons$ | $HCOO^-$<br>Ion formiato | $+H^+$ | 3.75 | $1.78 \times 10^{-4}$ |
| $CH_3COOH$<br>Ácido acético | $\rightleftharpoons$ | $CH_3COO^-$<br>Ion acetato | $+H^+$ | 4.76 | $1.74 \times 10^{-5}$ |
| $CH_3CH(OH)—COOH$<br>Ácido láctico | $\rightleftharpoons$ | $CH_3CH(OH)—COO^-$<br>Ion lactato | $+H^+$ | 3.86 | $1.38 \times 10^{-4}$ |
| $H_3PO_4$<br>Ácido fosfórico | $\rightleftharpoons$ | $H_2PO_4^-$<br>Ion dihidrógeno fosfato | $+H^+$ | 2.14 | $7.24 \times 10^{-3}$ |
| $H_2PO_4^-$<br>Ion dihidrógeno fosfato | $\rightleftharpoons$ | $HPO_4^{-2}$<br>Ion monohidrógeno fosfato | $+H^+$ | 6.86 | $1.38 \times 10^{-7}$ |
| $HPO_4^{-2}$<br>Ion monohidrógeno fosfato | $\rightleftharpoons$ | $PO_4^{3-}$<br>Ion fosfato | $+H^+$ | 12.4 | $3.98 \times 10^{-13}$ |
| $H_2CO_3$<br>Ácido carbónico | $\rightleftharpoons$ | $HCO_3^-$<br>Ion bicarbonato | $+H^+$ | 6.37 | $4.27 \times 10^{-7}$ |
| $HCO_3^-$<br>Ion bicarbonato | $\rightleftharpoons$ | $CO_3^{2-}$<br>Ion carbonato | $+H^+$ | 10.25 | $5.62 \times 10^{-11}$ |
| $C_6H_5OH$<br>Fenol | $\rightleftharpoons$ | $C_6H_5O^-$<br>Ion fenolato | $+H^+$ | 9.89 | $1.29 \times 10^{-10}$ |
| $\overset{+}{N}H_4$<br>Ion amonio | $\rightleftharpoons$ | $NH_3$<br>Amoníaco | $+H^+$ | 9.25 | $5.62 \times 10^{-10}$ |

Serie del ácido fosfórico ■ Serie del ácido carbónico

$H_7O_3^+$. En una disolución acuosa, los protones tienen mucha movilidad, y la carga salta de una molécula de agua a otra en una fracción de tiempo de aproximadamente $10^{-15}$ segundos.

A los efectos de las consideraciones siguientes, casi siempre es suficiente describir el proceso de ionización de una forma mucho más sencilla,

$$H_2O \rightleftharpoons H^+ + OH^- \qquad (2.5)$$

siempre que recordemos que un protón *nunca* se encuentra en una solución acuosa como un ion libre, sino que siempre está asociado a una o más moléculas de agua. Cuando escribimos una reacción en la que interviene $H^+$, en realidad nos estamos refiriendo a un protón *hidratado.*

El equilibrio descrito en la ecuación anterior puede expresarse en términos de $K_w$, el **producto iónico** del agua, que a 25 °C es de $10^{-14}$:

$$K_W = \frac{(a_{H^+})(a_{OH^-})}{(a_{H_2O})} = 10^{-14} \qquad (2.6a)$$

Como se considera con mayor detalle en el Capítulo 3, los términos adecuados que han de emplearse en una expresión de acción de masas como $K_w$ son números sin unidades, denominados «*actividades*» (indicados por *a*), igual a las concentraciones efectivas de las especies químicas. En la práctica, en bioquímica la distinción entre *concentración molar* (esto es, moles de soluto por litro de disolución o M) y *actividad*, casi siempre no se tiene en cuenta. Este planteamiento es adecuado en la mayoría de los experimentos bioquímicos, que normalmente se realizan en disoluciones diluidas, donde la actividad y la concentración molar son casi iguales. Las actividades de los líquidos puros y de los sólidos tienen un valor de uno, y en las reacciones bioquímicas a la actividad del disolvente agua suele dársele un valor de uno. De esta forma, una expresión alternativa al equilibrio de la Ecuación 2.5 es

$$K_W \cong \frac{[H^+][OH^-]}{1} = 10^{-14} \qquad (2.6b)$$

Para evaluar de forma correcta la Ecuación 2.6b debemos utilizar valores de $[H^+]$ y $[OH^-]$ sin unidades, que son equivalentes a sus concentraciones expresadas en unidades de *molaridad* (moles por litro). A lo largo de este texto adoptaremos el convenio de indicar la concentración molar de un soluto con corchetes para el símbolo de ese soluto.

Como $K_w$ es una constante, $[H^+]$ y $[OH^-]$ no pueden variar independientemente. Si modificamos $[H^+]$ o bien $[OH^-]$ añadiendo sustancias ácidas o básicas al agua, la otra concentración cambia en función de ello. Una disolución con una $[H^+]$ alta tiene una $[OH^-]$ baja, y viceversa. Si tomamos agua pura a la que no se han añadido sustancias ácidas ni básicas, todos los iones $H^+$ y $OH^-$ deben proceder de la disociación de la propia agua. En estas condiciones, las concentraciones de $H^+$ y $OH^-$ son iguales, de modo que, a 25 °C

$$[H^+] = [HO^-] = 1 \times 10^{-7}\ \text{M} \qquad (2.7)$$

y se dice que la disolución es *neutra*, es decir, ni ácida ni básica. Sin embargo, el producto iónico depende de la temperatura, de modo que una disolución neutra no siempre tiene $[H^+]$ y $[OH^-]$ de exactamente $10^{-7}$ M. Por ejemplo, a la temperatura del cuerpo humano (37 °C) las concentraciones de los iones $H^+$ y $OH^-$ en una disolución neutra son ambas de $1.6 \times 10^{-7}$ M.

La mayoría de las reacciones biológicas se producen entre pH 6.5 y pH 8.0.

## La escala de pH y el intervalo fisiológico de pH

Para no tener que trabajar con las potencias negativas de 10, casi siempre expresamos la concentración del ion hidrógeno como pH, definido como

$$\text{pH} = -\log(a_{H^+}) \cong -\log[H^+] \qquad (2.8)$$

Cuanto más alta sea la $[H^+]$ en una disolución, menor será el pH, de modo que un pH bajo corresponde a una disolución ácida. Por otro lado, una $[H^+]$ baja debe ir acompañada de una $[OH^-]$ alta, como indica la Ecuación 2.6b, de modo que un pH alto corresponde a una disolución básica.

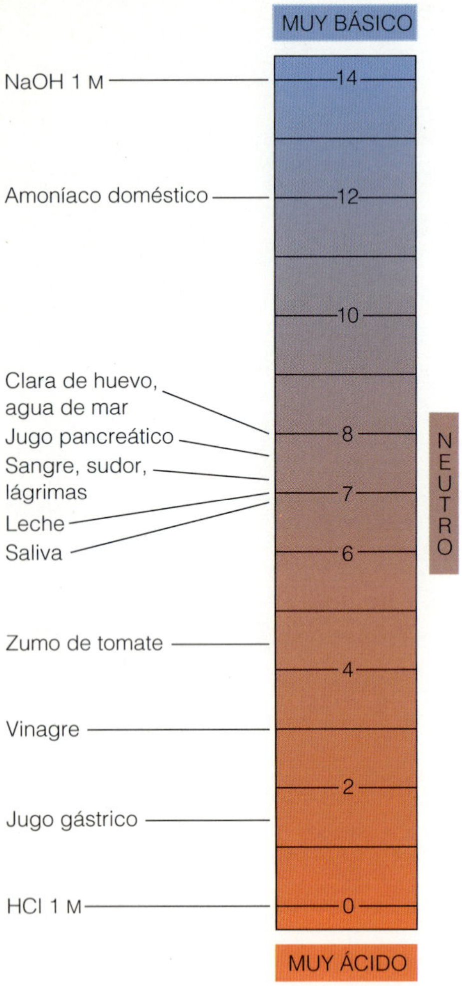


**FIGURA 2.16**

**La escala de pH y el intervalo de pH fisiológico**. Esta figura muestra los valores de pH de algunas sustancias muy corrientes y de algunos líquidos orgánicos, con el NaOH en el extremo más básico y el HCl en el extremo más ácido del intervalo que se muestra. El pH de la mayoría de los líquidos corporales está situado en el intervalo neutro, entre 6.5 y 8.0, donde tienen lugar la mayoría de los procesos fisiológicos. Existen algunas pocas excepciones, como el jugo gástrico, que tiene un pH entre 1 y 2.

Una forma adecuada de expresar la fuerza de un ácido es mediante su p$K_a$; cuanto menor es el p$K_a$, más fuerte es el ácido.

La Figura 2.16 muestra una escala esquemática de valores de pH, con los valores de algunas disoluciones bien conocidas. Obsérvese que la mayoría de los líquidos corporales tienen unos valores de pH que se sitúan en un intervalo de 6.5 a 8.0, que se denomina **intervalo fisiológico de pH**. La mayoría de los procesos bioquímicos tienen lugar en esta zona de la escala.

A causa de la sensibilidad de los procesos bioquímicos a los más pequeños cambios de pH, el control y el seguimiento del pH son esenciales en la mayoría de los experimentos bioquímicos. El control del pH se lleva a cabo empleando soluciones que están «amortiguadas». Más adelante en este capítulo se describe la composición de las soluciones amortiguadas. El pH de una solución se mide con un electrodo de vidrio en un pHmetro. El electrodo genera un potencial eléctrico que depende de la concentración de $H^+$, y que el instrumento convierte en una lectura de pH.

## Equilibrios de ácidos y bases débiles

Muchos compuestos importantes en Biología contienen grupos débilmente ácidos y básicos. Por ejemplo, algunas moléculas proteicas muy grandes tienen grupos ácidos (como los carboxilatos) y básicos (como los amino) en sus superficies. La respuesta de estos grupos a los cambios de pH en el margen fisiológico o cerca de este, a menudo tiene una importancia considerable para su función. Por ejemplo, la eficacia catalítica de muchas enzimas depende de forma crucial del estado de ionización de algunos grupos, de modo que estos catalizadores solo son eficaces dentro de unos márgenes determinados de pH (*véase* el Capítulo 11). Veremos que la carga total de una proteína varía en función del pH; de esta forma, también son sensibles al pH los acontecimientos de reconocimiento intermolecular basados en las interacciones complementarias carga-carga (por ejemplo, unión del sustrato a un receptor). Pueden utilizarse para describir las bases moleculares de esos efectos los equilibrios de disociación de los ácidos y las bases débiles. Comenzamos este tratamiento considerando unos pocos ejemplos que aparecen en la Tabla 2.7.

### $K_a$ y p$K_a$

Todas las reacciones de la Tabla 2.7 pueden escribirse como la disociación de un ácido. Esta disociación puede adoptar varias formas, dependiendo de la sustancia implicada:

$$HA^+ \rightleftharpoons H^+ + A$$
$$HA \rightleftharpoons H^+ + A^-$$
$$HA^- \rightleftharpoons H^+ + A^{2-}$$

Obsérvese que en algunos casos, la base conjugada tiene carga negativa y en otros casos no es así, pero en *todos* ellos tiene una carga positiva menor que el ácido. A efectos prácticos, escribiremos siempre estas reacciones como $HA \rightleftharpoons H^+ + A^-$. La constante de equilibrio de la disociación de un ácido débil (a menudo denominada **constante de disociación**) se define como

$$K_a = \frac{[H^+][A^-]}{[HA]} \tag{2.9}$$

Cuanto más grande sea $K_a$, mayor es la tendencia del ácido a disociarse. Así, cuanto mayor es $K_a$, más fuerte es el ácido.

La fuerza de los ácidos generalmente se expresa en función del valor de p$K_a$:

$$pK_a = -\log K_a \tag{2.10}$$

Dado que el p$K_a$ es el logaritmo negativo de $K_a$, un valor numéricamente pequeño de p$K_a$ corresponde a un ácido fuerte y un valor numéricamente grande corresponde a un ácido débil. En la Tabla 2.7 aparecen los valores de $K_a$ y de p$K_a$ de los ácidos enumerados.

Algunos ácidos, como los ácidos fosfórico y carbónico, de la Tabla 2.7 pueden perder más de un protón. Estos ácidos se denominan **ácidos polipróticos**. Las disociaciones sucesivas implican distintos pasos, con distintos valores de p$K_a$; de ahí que estas sustancias puedan existir en varios estados de ionización diferentes.

## Un examen más detallado de los valores de p$K_a$: factores que afectan a la disociación de los ácidos

La tendencia a la disociación de algunos ácidos es el resultado de un equilibrio específico entre los factores que favorecen y que impiden la disociación. Podemos entender algunos de los factores que afectan al p$K_a$ a la luz de la explicación anterior sobre las propiedades del agua como disolvente.

La disociación de un ácido da como resultado la hidratación del protón y, en la mayoría de los casos, también de la base conjugada. Puesto que la hidratación es energéticamente favorable y reduce la atracción entre los iones, favorece la disociación de la mayoría de los ácidos. Las excepciones son los ácidos cargados positivamente, como el $NH_4^+$, que se disocia para dar lugar a una base conjugada sin carga. En estos casos, es el ácido el que se hidrata y, por tanto, se estabiliza; esta es una de las razones por las que el $NH_4^+$ es un ácido tan débil.

La atracción electrostática entre el protón y una base conjugada cargada negativamente se opone a la disociación de un ácido. Este efecto puede observarse comparando los valores sucesivos de p$K_a$ en la disociación del ácido fosfórico en la Tabla 2.7. A medida que la carga de la base conjugada aumenta al pasar de $H_2PO_4^-$ a $PO_4^{3-}$, el p$K_a$ también aumenta; el $HPO_4^{2-}$ es un ácido muy débil.

Estos ejemplos son importantes, puesto que muestran cómo pueden influir sobre los valores de p$K_a$ los efectos del medio. Cuando estudiemos las proteínas, observaremos que los valores de p$K_a$ en grupos supuestamente idénticos pueden ser muy diversos, dependiendo del entorno molecular local.

## Titración de los ácidos débiles: ecuación de Henderson-Hasselbalch

Como se expondrá a lo largo de este texto, las estructuras y funciones de muchas biomoléculas muestran una fuerte dependencia con el pH. Al variar el pH, cambia el nivel de protonación de los grupos ácidos y básicos dispuestos sobre la superficie de una biomolécula. La consecuencia importante de variar el pH es que *varía la carga global sobre la molécula.* ¿Cómo se altera la carga de una molécula al variar el pH de la disolución? Se puede responder a esta pregunta considerando la *ecuación de Henderson-Hasselbalch* (Ecuación 2.12), que se obtiene tomando el logaritmo negativo a ambos lados de la Ecuación 2.9 y reagrupándola:

$$-\log [H^+] = -\log K_a + \log \frac{[A^-]}{[HA]} \qquad (2.11)$$

Sustituyendo el $-\log [H^+]$ por pH y el $-\log K_a$ por p$K_a$ tenemos:

$$pH = pK_a + \log \frac{[A^-]}{[HA]} \qquad (2.12)$$

La ecuación de Henderson-Hasselbalch demuestra la relación directa entre el pH de una disolución y el cociente entre la concentración de la forma *desprotonada* $[A^-]$ y la forma *protonada* [HA] de un grupo ionizable. En el caso de un ácido carboxílico $[A^-] = [RCOO^-]$ y $[HA] = [RCOOH]$, y en el caso de una base amina primaria $[A^-] = [RNH_2]$ y $[HA] = [RNH_3^+]$. Por ejemplo, si tenemos una solución amortiguada de ácido fórmico (donde el grupo R = H), la Ecuación 2.12 se transforma en:

$$pH = pK_a + \log \frac{[HCOO^-]}{[HCOOH]} \qquad (2.13)$$

La ecuación de Henderson-Hasselbach proporciona la base teórica para entender (1) cómo la carga de una molécula a un pH dada viene determinada por el cociente $[A^-]/[HA]$ (*véase* el Problema 16b) y (2) cómo puede utilizarse el cociente $[A^-]/[HA]$ para calcular el pH de una disolución amortiguada formada por una pequeña cantidad de ácido HA y su base conjugada $A^-$ (*véase* los Problemas 9 y 10).

La ecuación de Henderson-Hasselbalch describe el cambio de pH durante la titración de un ácido débil o de una base débil.

La ecuación de Henderson-Hasselbalch muestra también las variaciones de pH durante una titración. Supongamos que queremos titrar una disolución 1 M de ácido

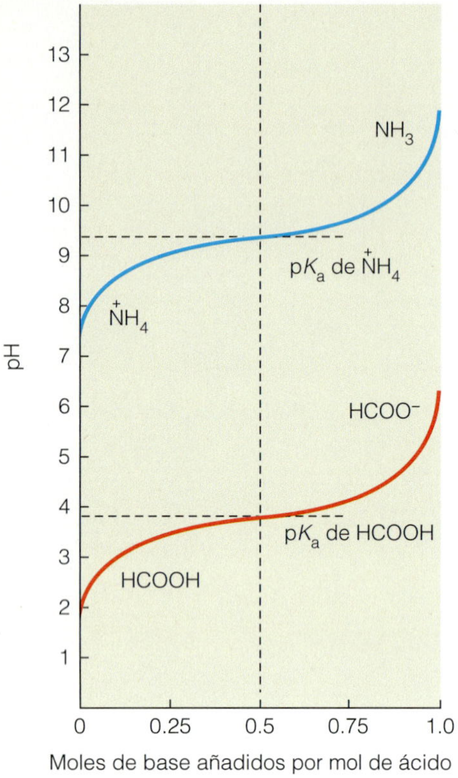


**FIGURA 2.17**

**Curvas de titración de los ácidos débiles.** Las curvas de titración del ácido fórmico (HCOOH) y del ion amonio ($\overset{+}{N}H_4$) muestran el cambio del pH cuando se añaden moles de una base. Obsérvese que en el punto medio de titración de cada sustancia pH = p$K_a$. La mayor parte de la titración tiene lugar dentro de un margen de aproximadamente una unidad de pH por encima o por debajo de este valor. Dentro de este margen, el cambio del pH con los moles de base añadidos es mínimo; de ahí que este sea el mejor margen de amortiguación.

fórmico con hidróxido sódico. Primero debemos preguntarnos: ¿cuál es el pH de la disolución formada al disolver 1 mol de ácido fórmico en agua suficiente para hacer 1 L de disolución? Esto puede calcularse a partir de la Ecuación 2.9, si tenemos en cuenta que virtualmente todo el $H^+$ de esa disolución procede del ácido fórmico, más que del agua, y que la disociación de una molécula de ácido fórmico da un ion $H^+$ y un ion $HCOO^-$. Si sus concentraciones molares son *x*, la Ecuación 2.9 se convierte en:

$$K_a = 1.78 \times 10^{-4} = \frac{[H^+][HCOO^-]}{[HCOOH]} = \frac{x^2}{1-x} \tag{2.14}$$

Para obtener una respuesta exacta, debemos resolver esta ecuación cuadrática (*véase* el Problema 4). Sin embargo, para los ácidos débiles la cantidad *x* suele ser mucho menor que la concentración total de ácido añadido (en este caso, 1 M). Como consecuencia, en esos casos podemos despreciar *x* en el denominador, obteniendo como una buena aproximación

$$K_a \approx x^2 \tag{2.15}$$

En este ejemplo, esto da

$$x = [H^+] = [HCOO^-] = 1.33 \times 10^{-2}\ \text{M} \tag{2.16}$$

Obsérvese que solo se ha disociado alrededor del 1 % del ácido, de forma que nuestra aproximación es bastante razonable. No lo sería si el ácido fuera más diluido, ya que se disociaría una fracción mayor.

Los cálculos precedentes nos dicen que el pH inicial es aproximadamente 1.9. ¿Qué pasa cuando comenzamos a añadir una disolución de NaOH a la solución de ácido fórmico? A medida que se añade el NaOH, se disocia totalmente en $Na^+$ y $OH^-$; sin embargo, los iones hidroxilo se encuentran en equilibrio con los protones, de acuerdo con la relación $K_w = [H^+]\,[OH^-]$, de forma que cuando se añaden $OH^-$ se reduce la concentración de protones de la disolución. De acuerdo con el principio de Le Chatelier, al descender $[H^+]$, debe disociarse más ácido fórmico para satisfacer la relación de equilibrio dada por la Ecuación 2.14. Esto significa que el cociente $[HCOO^-]/[HCOOH]$ aumenta al añadir NaOH. Aplicando la ecuación de Henderson-Hasselbalch (2.13), vemos que el pH también debe aumentar continuamente al tener lugar la titración. En el punto medio de la titración, la mitad del ácido fórmico original ha sido neutralizado. Esto significa que la mitad está aún presente en la forma ácida y la mitad está presente como base conjugada, de forma que $[A^-]/[HA] = 1$. Entonces, la ecuación de Henderson-Hasselbalch se convierte en:

$$\text{pH} = \text{p}K_a + \log 1 = \text{p}K_a \tag{2.17}$$

Por tanto, el pH de un ácido débil en el punto medio de su curva de titración tiene el mismo valor que su p$K_a$, lo cual puede confirmarse experimentalmente, como muestran las curvas de titración de dos ácidos, el ácido fórmico y el ion amonio, en la Figura 2.17. Las curvas de titración de la Figura 2.17 representan el pH medido frente a los *moles de base añadidos por mol de ácido inicialmente presente.* Obsérvese que en la mayor parte de la curva de titración el pH se encuentra una unidad por encima o por debajo del p$K_a$.

Debe resaltarse que las curvas de titración son reversibles. Si tomáramos la solución final, a un pH alto, y empezásemos a añadir un ácido fuerte como el HCl, podríamos volver a trazar la misma curva en sentido opuesto.

## Soluciones amortiguadoras

Las soluciones amortiguadoras funcionan porque el pH de una disolución ácido-base débil es menos sensible a la adición de un ácido o de una base cerca del p$K_a$, donde el ácido conjugado y la base conjugada del amortiguador se encuentran ambos presentes en concentraciones casi equimolares.

Si observamos la Figura 2.17 desde otro punto de vista, se aprecia otro hecho importante. En la gama de pH cercana al p$K_a$, el pH cambia solo ligeramente con cada incremento de base o de ácido añadido. En realidad, el punto en el que el pH cambia menos con cada incremento de ácido o de base es precisamente el p$K_a$. Este es el principio sobre el que se basa el **amortiguamiento** de soluciones con el empleo de mezclas de ácidos y bases débiles, técnica que se utiliza en prácticamente todos los experimentos bioquímicos.

Las soluciones amortiguadas son capaces de hacer mínimos los cambios de pH tras la adición de $H^+$ u $OH^-$ debido a que el ácido conjugado (HA) y la base conjugada

($OH^-$) del compuesto amortiguador (que se denomina **amortiguador** o **sal amortiguadora**) están presentes con una concentración suficiente para combinarse con los $H^+$ u $OH^-$ añadidos y neutralizarlos:

$$\text{La neutralización de OH}^- \text{ por ácido conjugado: HA} + \text{OH}^- \rightleftharpoons \text{A}^- + \text{H}_2\text{O}$$
$$\text{La neutralización de H}^+ \text{ por base conjugada: A}^- + \text{H}^+ \rightleftharpoons \text{HA}$$

Supóngase que un bioquímico desea estudiar una reacción a pH 4.00. Puede tratarse de una reacción que genere o que consuma protones. Para evitar que el pH se modifique demasiado durante la reacción, el investigador debe utilizar una solución amortiguadora consistente en una mezcla aproximadamente igual de un ácido débil y su base conjugada. Recuérdese que la ecuación de Henderson-Hasselbalch predice que se obtiene un cociente equimolar de $A^-$ y HA cuando el pH de la disolución es igual al p$K_a$ del amortiguador. En este ejemplo, una elección acertada sería utilizar un amortiguador ácido fórmico-formiato, puesto que el p$K_a$ del ácido fórmico (3.75) está cerca del valor de pH requerido para el experimento. Una mezcla ácido acético-acetato no sería tan adecuada porque el p$K_a$ del ácido acético (4.76) es casi una unidad de pH mayor. La proporción ion formiato-ácido fórmico necesaria para hacer una disolución amortiguada con un pH de 4.00 puede calcularse a partir de la ecuación de Henderson-Hasselbalch:

$$4.00 = 3.75 + \log \frac{[\text{HCOO}^-]}{[\text{HCOOH}]} \tag{2.18}$$

Para calcular la proporción base/ácido, restamos 3.75 de 4.00, y tomamos el antilogaritmo de ambos lados de la Ecuación 2.18:

$$\frac{[\text{HCOO}^-]}{[\text{HCOOH}]} = 10^{(4.00-3.75)} = 10^{0.25} = 1.78 \tag{2.19}$$

Este resultado muestra que a pH = 4.00 habrá un cociente de 1.78 mol de $HCOO^-$ en disolución por cada 1.00 mol de HCOOH en disolución. Este amortiguador puede obtenerse, por ejemplo, mezclando volúmenes iguales de ácido fórmico 0.1 M y formiato sódico 0.178 M. También se puede preparar una solución amortiguadora titrando una solución de ácido fórmico hasta pH 4.00 con hidróxido sódico.

Como deben estudiarse muchas reacciones bioquímicas cerca del pH fisiológico, existe una especial necesidad de mezclas que amortigüen el pH en el margen de pH de 6.5 a 8.0. De los pares ácido-base que aparecen enumerados en la Tabla 2.7, únicamente las mezclas de ion dihidrógeno fosfato ($H_2PO_4^-$) e ion monohidrógeno fosfato ($HPO_4^{2-}$), o posiblemente de ácido carbónico ($H_2CO_3$) e ion bicarbonato ($HCO_3^-$), serían satisfactorias. Los amortiguadores de fosfato se utilizan con frecuencia en experimentos, pero no sirven en todos los casos, puesto que en algunas reacciones bioquímicas se consume o se produce fosfato. Además, tanto las soluciones que contienen fosfato, como las que contienen carbonato, precipitan algunos iones (como por ejemplo el $Ca^{2+}$) que pueden ser necesarios en la reacción. De ahí que se empleen otros compuestos naturales o sintéticos como amortiguadores en este margen de valores. En la Tabla 2.8 aparecen algunos ejemplos.

Los organismos deben mantener el pH dentro de las células y en la mayoría de los líquidos corporales dentro del estrecho margen de pH de entre 6.5 y 8.0. Por ejemplo, el pH normal de la sangre humana es 7.4, que es también el pH del interior de la mayoría de las células humanas. Anteriormente hemos mencionado ya dos sistemas amortiguadores de gran relevancia para el control del pH biológico. El sistema dihidrógeno fosfato-monohidrógeno fosfato, con un p$K_a$ de 6.86, desempeña un cometido muy importante en el control del pH intracelular, pues el fosfato abunda en las células. En la sangre, que contiene $CO_2$ disuelto como sustancia de desecho del metabolismo, el sistema ácido carbónico-bicarbonato proporciona una capacidad de amortiguamiento considerable. El ácido carbónico tiene un p$K_a$ de 3.8, pero como se descompone fácilmente en agua y $CO_2$ disuelto, la concentración de $H_2CO_3$ en disolución es muy baja. Como consecuencia de ello, el p$K_a$ aparente (que se indica como p$K_a'$) del ácido carbónico es 6.3 (este es el valor que se da en la Tabla 2.7). La relación entre el $CO_2$ disuelto y

Los organismos utilizan los sistemas amortiguadores para mantener el pH de las células y de los líquidos corporales en el intervalo adecuado.

**TABLA 2.8. Algunos amortiguadores utilizados normalmente en los estudios bioquímicos**

| Sustancia amortiguadora (forma ácida) | Nombre común | p$K_a$ |
|---|---|---|
| Ácido cacodílico | — | 6.2 |
| 2.2-Bis(hidroximetil)2,2′,2″ nitrilotrietanol | BISTRIS | 6.5 |
| Piperazina-N,N′-bis(ácido 2-etanosulfónico) | PIPES | 6.8 |
| Imidazol | — | 7.0 |
| N′-2-Hidroxietilpiperazina-N′, ácido 2-etanosulfónico | HEPES | 7.6 |
| Tris(hidroximetil)aminometano | Tris | 8.3 |

la concentración de protones (esto es, el pH) puede apreciarse si se tienen en cuenta las ecuaciones químicas siguientes:

$$CO_2 + H_2O \rightleftharpoons H_2CO_3 \quad \text{(reacción para formar ácido carbónico a partir de } CO_2\text{)}$$
$$H_2CO_3 \rightleftharpoons HCO_3^- + H^+ \quad \text{(primera disociación de protones de ácido carbónico)}$$
$$CO_2 + H_2O \rightleftharpoons HCO_3^- + H^+ \quad \text{(suma de las dos ecuaciones)} \qquad (2.20)$$

El principio de Le Chatelier y la Ecuación 2.20 predicen que al aumentar la concentración de $CO_2$ disuelto, el pH descenderá como consecuencia del aumento de la concentración de $H^+$. En el Capítulo 7 veremos que una caída del pH en los tejidos con una respiración activa da lugar a un incremento de la entrega de oxígeno a estos tejidos por la proteína transportadora de oxígeno: la hemoglobina.

A partir de la Ecuación 2.20 podemos escribir una expresión que describe la disociación aparente del ácido carbónico a ion bicarbonato y un protón:

$$K_a' = \frac{[H^+][HCO_3^-]}{[CO_2][H_2O]} \qquad (2.21)$$

El valor de la p$K_a$ del ácido carbónico puede obtenerse a partir de la combinación de las dos expresiones de equilibrio importantes para las ecuaciones químicas que se han utilizado para obtener la Ecuación 2.20. La primera de ellas es para el equilibrio entre el $CO_2$ disuelto, el agua y el $H_2CO_3$:

$$CO_2 + H_2O \rightleftharpoons H_2CO_3 \qquad K_{eq} \cong 3 + 10^{-3} = \frac{[H_2CO_3]}{[CO_2][H_2O]} \qquad (2.22)$$

La segunda es para la disociación del $H_2CO_3$:

$$H_2CO_3 \rightleftharpoons HCO_3^- + H^+ \qquad K_a \cong 1.7 \times 10^{-4} = \frac{[H^+][HCO_3^-]}{[H_2CO_3]} \qquad (2.23)$$

Cuando estas dos expresiones de acción de masas se multiplican se obtiene la Ecuación 2.21:

$$\frac{[H_2CO_3]}{[CO_2][H_2O]} \times \frac{[H^+][HCO_3^-]}{[H_2CO_3]} = \frac{[H^+][HCO_3^-]}{[CO_2][H_2O]} = K_a'$$

$$K_a' = K_{eq} \times K_a = 5.1 \times 10^{-7} \quad \text{y} \quad pK_a' = -\log(5.1 \times 10^{-7}) = 6.3$$

Además de los amortiguadores fosfato y bicarbonato, las proteínas desempeñan una función muy importante en el control del pH en los organismos. Como veremos en el Capítulo 5, las proteínas contienen muchos grupos débilmente ácidos o básicos, y algunos de ellos poseen unos valores de p$K_a$ próximos a 7.0. La abundancia de las proteínas, tanto en las células como en los líquidos corporales como la sangre y la linfa, contribuye a la capacidad de amortiguamiento de estas soluciones biológicas.

## Moléculas con grupos ionizables múltiples: anfólitos, polianfólitos y polielectrólitos

Hasta ahora hemos considerado las moléculas que contienen solo uno o unos pocos grupos débilmente ácidos o básicos, pero muchas moléculas contienen varios grupos ionizables y muestran un comportamiento mucho más complejo durante la titración.

Se denomina **anfólito** a una molécula que contiene grupos con valores de p$K_a$ ácidos y básicos. Considérese, por ejemplo, la molécula de glicina: $H_2N—CH_2—COOH$. La glicina es un α-aminoácido, que pertenece a un grupo importante de aminoácidos que encontraremos en el Capítulo 5 como constituyentes de las proteínas. Los valores de p$K_a$ de los grupos α-carboxilato y α-amino de la glicina son 2.3 y 9.6, respectivamente. Si disolvemos glicina en una disolución muy ácida (por ejemplo, con un pH de 1.0), tanto el grupo α-amino como el grupo α-carboxilato se protonarán, y la molécula tendrá una carga neta de +1. Si aumentamos el pH (añadiendo NaOH, por ejemplo), la disociación de protones tendrá lugar en la secuencia que sigue:

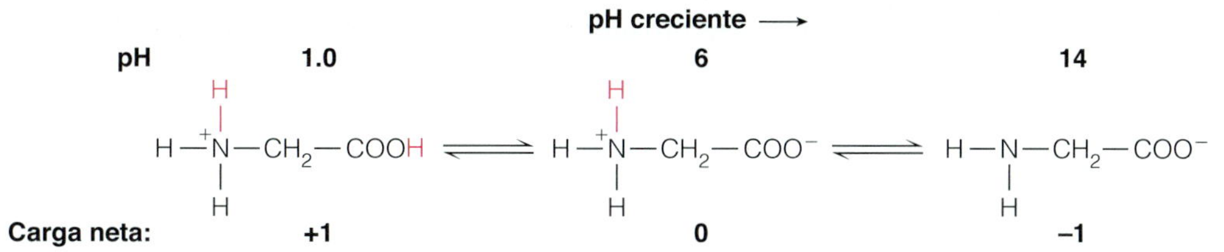


Así pues, la titración de la glicina tiene lugar en dos pasos, a medida que los grupos α-carboxilato, más ácidos, y los α-amino, menos ácidos, pierden sus protones sucesivamente. Por tanto, la glicina puede actuar como un buen amortiguador en dos intervalos bastante diferentes de pH, como muestra la Figura 2.18. En cada intervalo podemos describir la curva de titración aplicando la ecuación de Henderson-Hasselbalch al grupo ionizable adecuado. A pH bajo, la forma predominante de glicina tiene una carga neta de +1; a pH alto, la forma predominante tiene una carga neta de −1. Las concentraciones relativas de las tres formas se presentan en la Figura 2.19, que ilustra las relaciones importantes entre el pH y la carga global sobre una molécula: *a medida que cae el pH, una molécula adquiere carga positiva, y al aumentar el pH, la molécula se encontrará con mayor carga negativa* (*véase* el Problema 15).

La zona cercana al pH neutro es interesante. En esta zona, la mayor parte de la glicina está en la forma $H_3\overset{+}{N}—CH_2—COO^-$, que tiene una carga neta de cero. Un anfólito que se encuentre en este estado, con igual número de cargas positivas y negativas, se denomina *zwitterion*. Sin embargo, solo existe un punto dentro de esta zona de pH donde la carga *promedio* de la glicina es cero. A este pH, denominado **punto isoeléctrico (pI)**, la mayoría de las moléculas de glicina están en forma de zwitterion, con muy pequeñas cantidades de moléculas $H_3\overset{+}{N}—CH_2—COOH$ y $H_2N—CH_2—COO^-$, aun-

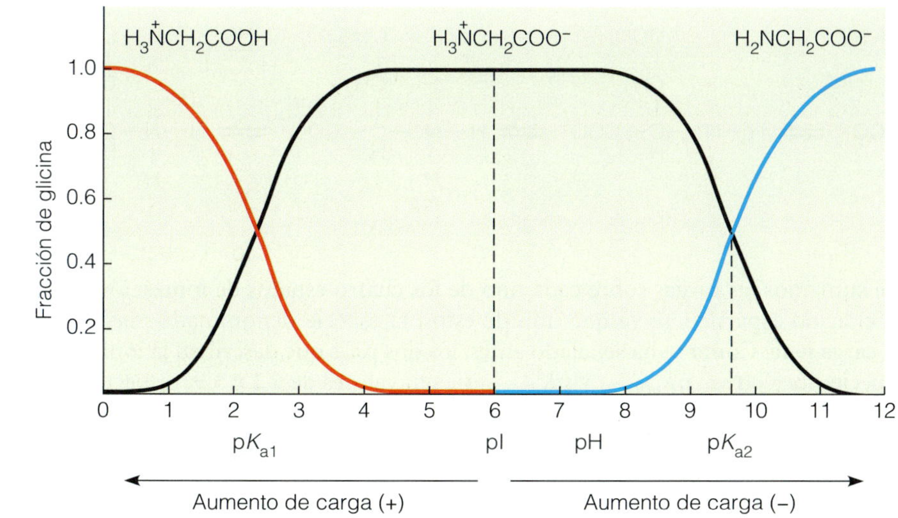


**FIGURA 2.19**

**Concentraciones relativas de las tres formas de glicina en función del pH.** Las tres formas son $H_3N{+}CH_2COOH$, en rojo; $H_3N{+}CH_2COO^-$, en negro; y $H_2NCH_2COO^-$, en azul. Se indican los dos valores de p$K_a$ y el punto isoeléctrico (pI). Al aumentar el pH, la molécula se carga más negativamente y al descender el pH, la molécula se carga más positivamente.

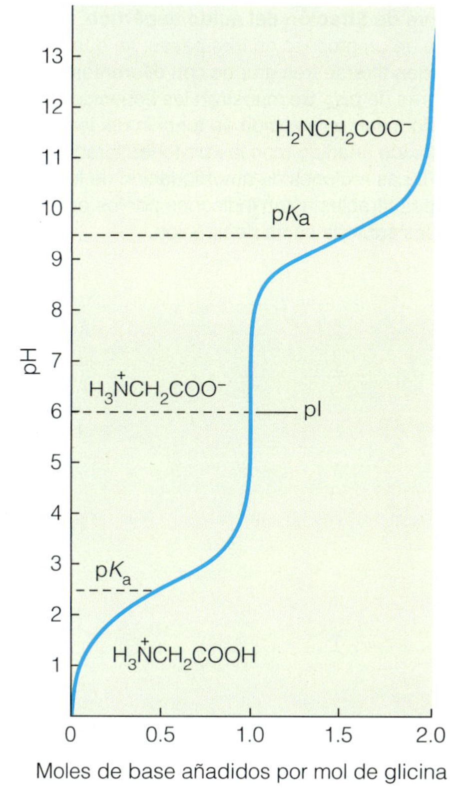


**FIGURA 2.18**

**Titración del anfólito glicina**. Puesto que se pueden titrar dos grupos con valores de p$K_a$ bastante diferentes, esta es una curva de titración de dos fases. También se muestra el punto isoeléctrico calculado, pI.

El punto isoeléctrico de un anfolito, pI, es el pH al cual la carga promedio para todas las formas de la molécula es cero. A pH $<$ pI, la molécula estará cargada positivamente, y a pH $>$ pI, la molécula estará cargada negativamente.

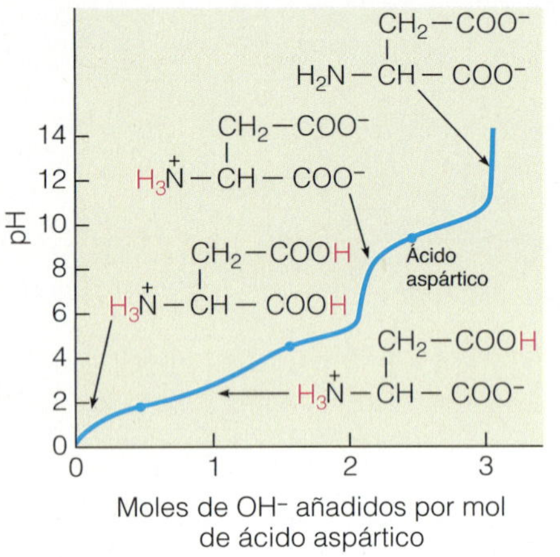


**FIGURA 2.20**

**Curva de titración del ácido aspártico.** Se trata de un proceso en tres pasos, ya que pueden titrarse tres grupos con diferentes valores de p$K_a$. Se muestran las especies que predominan en solución en función del ion hidróxido añadido (con los protones titrables en rojo). Las regiones de amortiguación de los tres grupos titrables están indicadas por los puntos azules sobre la curva de titración.

que exactamente iguales. Podemos calcular el punto isoeléctrico aplicando la ecuación de Henderson-Hasselbalch a ambos grupos ionizables. Si denominamos pI al pH en el punto isoeléctrico, tenemos

$$\mathrm{pI} = \mathrm{p}K_{\mathrm{COOH}} + \log \frac{[\mathrm{H_3\overset{+}{N}CH_2COO^-}]}{[\mathrm{H_3\overset{+}{N}CH_2COOH}]} \tag{2.24}$$

y

$$\mathrm{pI} = \mathrm{p}K_{\mathrm{\overset{+}{N}H_3}} + \log \frac{[\mathrm{H_2NCH_2COO^-}]}{[\mathrm{H_3\overset{+}{N}CH_2COO^-}]} \tag{2.25}$$

Sumando estas ecuaciones (recordando que la suma de los logaritmos de dos magnitudes es el logaritmo de sus productos) obtenemos

$$2\,\mathrm{pI} = \mathrm{p}K_{\mathrm{COOH}} + \mathrm{p}K_{\mathrm{\overset{+}{N}H_3}} + \log \frac{[\mathrm{H_3NCH_2COO^-}]}{[\mathrm{H_3\overset{+}{N}CH_2COOH}]} \tag{2.26}$$

Pero como la definición de pI requiera que $[\mathrm{H_2NCH_2COO^-}] = [\mathrm{H_3\overset{+}{N}CH_2COOH}]$, el término más a la derecha es igual a log 1, es decir, cero. De ahí,

$$\mathrm{pI} = \frac{\mathrm{p}K_{\mathrm{COOH}} + \mathrm{p}K_{\mathrm{\overset{+}{N}H_3}}}{2} \tag{2.27}$$

En este caso el resultado es sencillo: en una molécula con solo dos grupos ionizables, el pI es simplemente el promedio de los dos p$K_a$. Si introducimos los valores de p$K_a$ dados previamente, obtenemos para la glicina un pI = 5.95. Realmente, como muestra la Figura 2.19, la glicina estará casi totalmente en la forma zwitterion, con carga cero, desde alrededor de pH 4 hasta alrededor de pH 8; de esta forma, la carga promedio sobre la glicina es muy cercana a cero a lo largo de este intervalo de pH.

En las moléculas que tienen tres o más grupos ionizables, el pI puede calcularse haciendo el promedio de los dos p$K_a$ que describen la ionización de las especies «isoeléctricas». Por ejemplo, el aminoácido ácido aspártico tiene tres grupos ionizables con p$K_a$s de 2.1 ($\alpha$-COOH, se muestra en negro más adelante), 3.9 ($\beta$-COOH, se muestra en azul más adelante), y 9.8 ($\alpha$-$NH_3^+$). La titración del ácido aspártico completamente protonado con NaOH tiene lugar en tres pasos (Figura 2.20), que se puede escribir en orden de *aumento* de valores de p$K_a$ para los grupos ionizables:

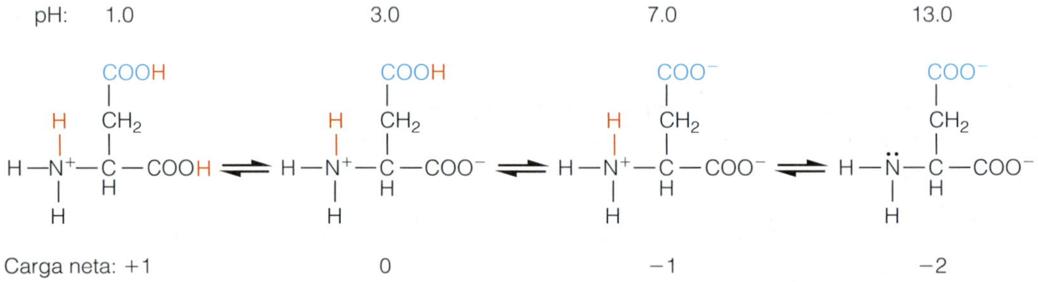


Si sumamos las cargas sobre cada uno de los cuatro estados de ionización posibles para el ácido aspártico, se ve que uno de estos, la especie denominada *isoeléctrica* no lleva carga neta. Como se ha señalado antes, los dos p$K_a$s que describen la ionización de la especie isoeléctrica, p$K_{\alpha\mathrm{COOH}}$ y p$K_{\beta\mathrm{COOH}}$ tienen valores de 2.1 y 3.9, respectivamente. De esta forma, el pI del ácido aspártico es

$$\mathrm{pI} = \frac{\mathrm{p}K_{\alpha\mathrm{COOH}} + \mathrm{p}K_{\beta\mathrm{COOH}}}{2} = \frac{(2.1 + 3.9)}{2} = 3.0 \tag{2.28}$$

Un análisis detallado de la ionización de cada grupo funcional a pH = 3.0 mostraría que el grupo $\alpha$-amino está totalmente protonado y por tanto, lleva una carga completa (+1), mientras que los dos ácidos carboxílicos están *parcialmente* desprotonados; de esta forma, cada uno de ellos lleva una carga (−) parcial. La suma de estas cargas (−) parciales = −1, que equilibra la carga +1 sobre el grupo $\alpha$-amino; así, la carga neta en la molécula a pH = 3 es cero. Un ejemplo de un análisis de este tipo se da en el Problema 16 al final de este capítulo.

Las moléculas grandes como las proteínas pueden tener *muchos* grupos ácidos o básicos. Estas moléculas se denominan **polianfólitos**. Con algo desde decenas a centenas de grupos cargados presentes, el cálculo del pI se hace más complicado. Sin embargo, mientras que la molécula tenga, tanto grupos positivos como negativos cargados, siempre tiene un punto isoeléctrico, en el cual la carga neta promedio es cero. Por ejemplo, la hemoglobina humana tiene 148 grupos ionizables en su superficie y su pI es 6.85. Si predominan los grupos ácidos, el pI será bajo, mientras que si predominan los grupos básicos, el pI será alto. En el Capítulo 5 encontramos que esta consideración es importante cuando se trabaja con disoluciones de proteínas.

De esta presentación sobre el pI pueden extraerse tres conclusiones importantes. En primer lugar, cuando el pH de una disolución proteica se hace igual al pI de la proteína no hay carga neta sobre la proteína porque la suma de todas las cargas negativas, $\Sigma(-)$ se compensa exactamente con la suma de todas las cargas positivas, $\Sigma(+)$, o

$$\text{de} \quad \text{pH} = \text{pI} \qquad |\Sigma(-)| = |\Sigma(+)| \tag{2.29}$$

de esta forma, la carga neta de la molécula = 0. En segundo lugar, cuando el pH es mayor que el pI, la molécula lleva una carga neta negativa, ya que la suma de las cargas negativas domina sobre la suma de las cargas positivas:

$$\text{de} \quad \text{pH} > \text{pI} \qquad |\Sigma(-)| > |\Sigma(+)| \tag{2.30}$$

por lo que la carga neta de la molécula es $(-)$. En tercer lugar, cuando el pH se encuentra por debajo del pI, la molécula lleva una carga neta positiva ya que la suma de las cargas negativas está dominada por la suma de las cargas positivas

$$\text{de} \quad \text{pH} < \text{pI} \qquad |\Sigma(-)| < |\Sigma(+)| \tag{2.31}$$

así, la carga neta de la molécula es $(+)$.

Este comportamiento puede entenderse considerando la química implicada. La ionización por la transferencia de $H^+$ es un proceso *dinámico*, en donde los grupos ionizables están constantemente ganando o perdiendo un protón. Utilizando la ecuación de Henderson-Hasselbalch se puede predecir, en promedio, la fracción de estos grupos ionizables que está protonada. Al variar el pH, esta fracción también variará. Por ejemplo, las moléculas proteicas en disolución acuosa se protonan cada vez más al descender el pH. Como consecuencia, la proteína se carga más positivamente debido a los ácidos carboxílicos, que son los grupos principales responsables de la densidad de carga negativa sobre las superficies de las proteínas, se *cargan menos negativamente* en respuesta a la caída del pH, mientras que las bases nitrogenadas (las aminas), que son las responsables de la densidad de carga positiva sobre las superficies de las proteínas, se *cargan más positivamente.* Una lógica semejante explica la observación de que las proteínas se cargan más negativamente al aumentar el pH. En condiciones de aumento del pH, los grupos ionizables se desprotonan más. Así, los grupos ácidos se cargan más negativamente mientras que los grupos básicos se cargan menos positivamente. En la Tabla 2.9 se resumen los efectos del pH sobre las cargas de los ácidos carboxílicos y las bases amina.

Las fluctuaciones significativas de las cargas de las proteínas darán lugar a una pérdida de función; de esta forma, los conceptos resumidos en la Tabla 2.9 y las Ecuaciones 2.29-2.31 no solo explican la base del reconocimiento celular a través de la complementariedad de carga, sino también, la necesidad extrema de mantener el pH intracelular dentro de un estrecho margen, de forma que las cargas sobre las moléculas permanezcan relativamente constantes.

Aunque puede utilizarse la teoría descrita anteriormente para predecir un valor de pI a partir de la composición de aminoácidos de una proteína, hay muchas advertencias asociadas con esa predicción. En la práctica, el pI se determina experimentalmente utilizando el sencillo método de la *electroforesis.* Cuando se aplica un campo eléctrico a una disolución de anfólitos cargados, las moléculas cargadas positivamente se desplazan hacia el cátodo y las que tienen carga negativa lo hacen hacia el ánodo. Un anfólito no se mueve en *ningún* sentido cuando está en su punto isoeléctrico, puesto que tiene una carga neta igual a cero. Con el método denominado **enfoque isoeléctrico**, los anfólitos

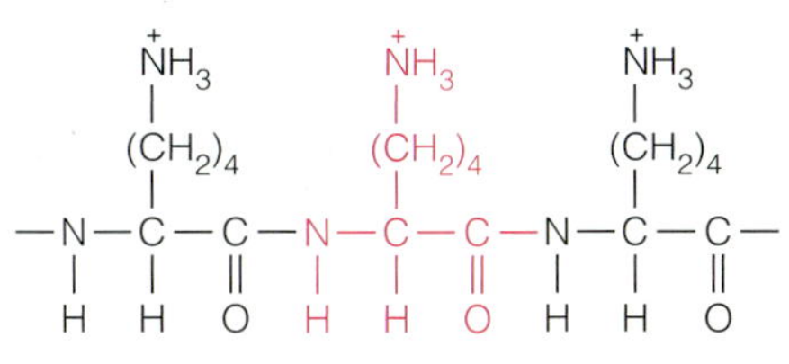

**Polilisina**

TABLA 2.9. Efectos del pH sobre la ionización y las cargas de aminas y ácidos carboxílicos

| pH relativo a la p$K_a$ | Proporción de $[A^-]$ a [HA] | Efecto sobre la transferencia de $H^+$ | Carga neta sobre el grupo como consecuencia de la ionización |
|---|---|---|---|
| pH = p$K_a$ | $[A^-] = [HA]$ | $A^-$ está protonado el 50 % del tiempo | |
| Grupo ácido | $[-COO]^- = [-COOH]$ | $-COO^-$ está protonado el 50 % del tiempo | carga neta = –0.5 |
| Grupo básico | $[-NH_2] = [-NH_3]^+$ | $-NH_2$ está protonado 50 % del tiempo | carga neta = +0.5 |
| pH < p$K_a$ | $[A^-] < [HA]$ | $A^-$ está protonado > 50 % del tiempo | |
| Grupo ácido | $[-COO]^- < [-COOH]$ | $-COO^-$está protonado > 50 % del tiempo | $0 \geq$ carga neta > –0.5 |
| Grupo básico | $[-NH_2] < [-NH_3]^+$ | $-NH_2$ está protonado > 50 % del tiempo | $+1 \geq$ carga neta > +0.5 |
| pH > p$K_a$ | $[A^-] > [HA]$ | $A^-$ está protonado < 50 % del tiempo | |
| Grupo ácido | $[-COO]^- > [-COOH]$ | $-COO^-$ está protonado < 50 % del tiempo | –1 < carga neta < –0.5 |
| Grupo básico | $[-NH_2] > [-NH_3]^+$ | $-NH_2$ está protonado < 50 % del tiempo | $0 \leq$ carga neta < +0.5 |

se mueven a través de un gradiente de pH y se quedan quietos en su punto isoeléctrico. De este modo, se separan los anfólitos y se determinan sus puntos isoeléctricos (*véase* Herramientas de la Bioquímica 2A).

Algunas macromoléculas, denominadas **polielectrólitos**, tienen múltiplos de carga solo positiva o solo negativa. Los polielectrólitos fuertes, como los ácidos nucleicos cargados negativamente (*véase* el Capítulo 4), están ionizados dentro de un amplio intervalo de pH. Además, existen polielectrólitos débiles como la polilisina, un polímero del aminoácido lisina.

Cuando en la misma molécula existen una serie de grupos ionizables débiles, el p$K_a$ de cada grupo está influido por el estado de ionización de los demás. En una molécula como la polilisina, los primeros protones se eliminan más fácilmente que los últimos, puesto que la fuerte carga positiva sobre la molécula completamente protonada hace más favorables las desprotonación y la reducción asociada de las interacciones repulsivas carga-carga. A la inversa, una molécula que alcanza una fuerte carga negativa cuando pierde los protones entrega los últimos menos fácilmente, como refleja el incremento de los valores de p$K_a$ de las desprotonaciones sucesivas (*véanse* en la Tabla 2.7 los valores de $H_3PO_4$ y $H_2CO_3$).

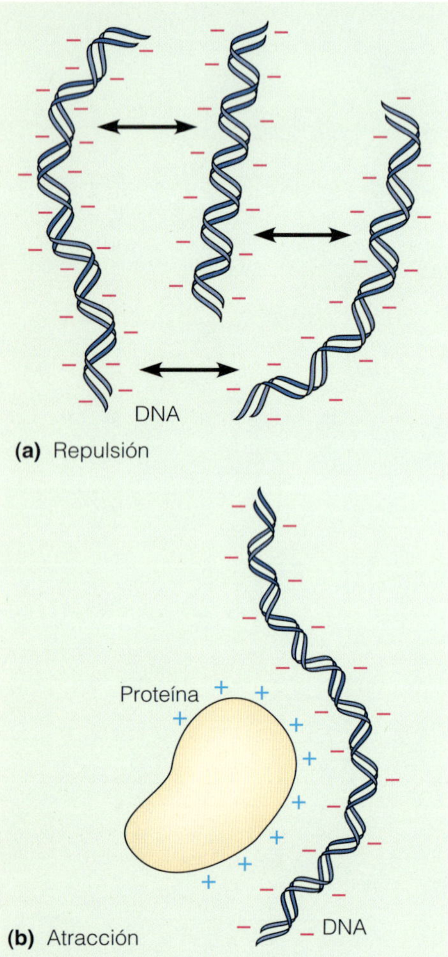


**FIGURA 2.21**

**Interacciones electrostáticas entre macroiones. (a)** Repulsión. Las moléculas de DNA, con muchas cargas negativas, se repelen mutuamente con gran fuerza en disolución. **(b)** Atracción. Si se mezcla el DNA con una proteína cargada positivamente, estas moléculas tienen una fuerte tendencia a asociarse.

## Interacciones entre macroiones en disolución

Los polielectrólitos grandes, como los ácidos nucleicos, y los polianfólitos, como las proteínas, se clasifican juntos como **macroiones**. Dependiendo del pH de la disolución, pueden tener una carga neta considerable. Las fuerzas electrostáticas de atracción o de repulsión entre dichas partículas cargadas son muy importantes en la determinación de su comportamiento en disolución.

### Solubilidad de los macroiones y pH

Puesto que los macroiones con una carga neta similar se repelen mutuamente, las moléculas de ácidos nucleicos tienden a mantenerse separadas en disolución (Figura 2.21a). Por la misma razón, las proteínas tienden a ser solubles cuando tienen una carga neta, es decir, a valores de pH por encima y por debajo de sus puntos isoeléctricos. En cambio, si se mezclan macromoléculas cargadas positiva y negativamente, la atracción electrostática hace que tiendan a asociarse unas con otras (Figura 2.21b). Muchas proteínas interaccionan fuertemente con el DNA; la mayor parte de ellas están cargadas positivamente. Un magnífico ejemplo de esto se encuentra en los cromosomas de los organismos superiores, en los que el DNA cargado negativamente está fuertemente asociado con proteínas cargadas positivamente, denominadas *histonas*, para formar el complejo denominado cromatina (*véase* el Capítulo 24).

Una clase más sutil de interacción electrostática puede provocar que las moléculas de una proteína determinada se autoasocien al pH isoeléctrico (Figura 2.22). Por ejemplo, la proteína común de la leche, la $\beta$-lactoglobulina, es un polianfólito con un punto isoeléctrico de aproximadamente 5.3. Por encima o por debajo de este pH, todas las

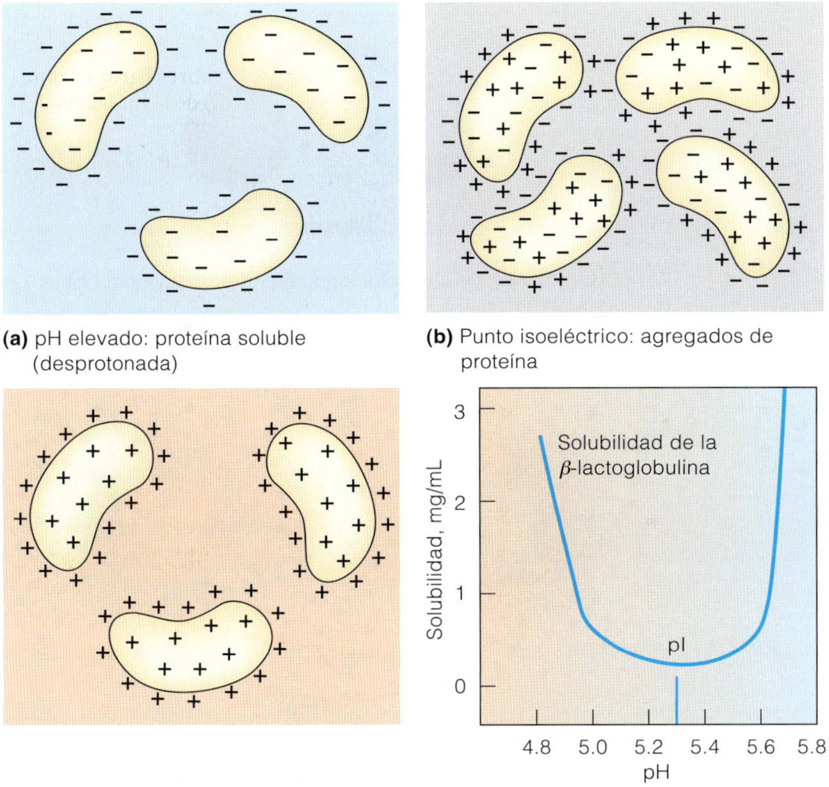


(a) pH elevado: proteína soluble (desprotonada)

(b) Punto isoeléctrico: agregados de proteína

(c) pH bajo: proteína soluble (protonada)

(d) Solubilidad de la β-lactoglobulina

**FIGURA 2.22**

**Dependencia de la solubilidad proteica con el pH. (a)** La mayoría de las proteínas son muy solubles a pH elevado, donde todas sus moléculas están cargadas negativamente. **(b)** En el punto isoeléctrico, donde una proteína no tiene carga *neta*, sus moléculas retienen áreas de carga positiva y negativa en sus superficies, dando lugar a la formación de agregados y a precipitación. **(c)** A pH bajo, las proteínas son solubles debido a su carga positiva. **(d)** Solubilidad de la β-lactoglobulina a distintos valores de pH; la solubilidad mínima tiene lugar en el punto isoeléctrico.

moléculas tienen cargas positivas o negativas y se repelen mutuamente. Por tanto, esta proteína es muy soluble a un pH ácido o básico. En el punto isoeléctrico la carga neta es cero, pero cada una de las moléculas todavía tiene zonas en la superficie con carga positiva y negativa. Las interacciones carga-carga, junto con otras clases de interacciones intermoleculares como las fuerzas de van der Waals, hacen que las moléculas tiendan a aglutinarse y precipitar. Por tanto, la β-lactoglobulina, al igual que otras muchas proteínas, tiene la mínima solubilidad en su punto isoeléctrico (Figura 2.22d).

## Influencia de los iones pequeños: fuerza iónica

Las interacciones de los macroiones se modifican enormemente por la presencia en la misma disolución de iones pequeños, como los de las sales disueltas. Cada macroión recoge sobre él una **atmósfera contraiónica**, con abundantes iones pequeños con carga opuesta, y esta nube de iones tiende a apantallar las moléculas unas de otras (Figura 2.23a). Obviamente, cuanto más elevada sea la concentración de iones pequeños, más eficaz será este apantallamiento electrostático. Sin embargo, la relación precisa del apantallamiento con la concentración es bastante compleja. Una expresión cuantitativa de este efecto para los macroiones esféricos, propuesta por P. Debye y E. Hückel, se plantea en función de un radio efectivo ($r$) de la atmósfera contraiónica. Este radio puede tomarse como medida de la distancia a la que dos macroiones «sienten» la presencia mutua. Según la teoría de Debye-Hückel,

Las interacciones entre macroiones dependen en gran medida del pH y de los iones pequeños que se encuentran en la disolución.

$$r = \frac{K}{I^{1/2}} \quad (2.32)$$

donde $K$ es una constante que depende de la constante dieléctrica del medio y de la temperatura, e $I$ es una función de la concentración, denominada **fuerza iónica**. La fuerza iónica se define:

$$I = \tfrac{1}{2}\sum_i \mathrm{M}_i Z_i^2 \quad (2.33)$$

donde la suma incluye todos los iones pequeños de la solución. Para cada clase de ion, $\mathrm{M}_i$, es su molaridad y $Z_i$ es su carga. Para un electrólito 1:1 como el NaCl, tenemos $Z_{Na+} = +1$ y $Z_{Cl-} = -1$; y puesto que $\mathrm{M}_{Na+} = \mathrm{M}_{Cl-} = \mathrm{M}_{NaCl}$, entonces $I_{NaCl} = \mathrm{M}_{NaCl}$. De ahí que la

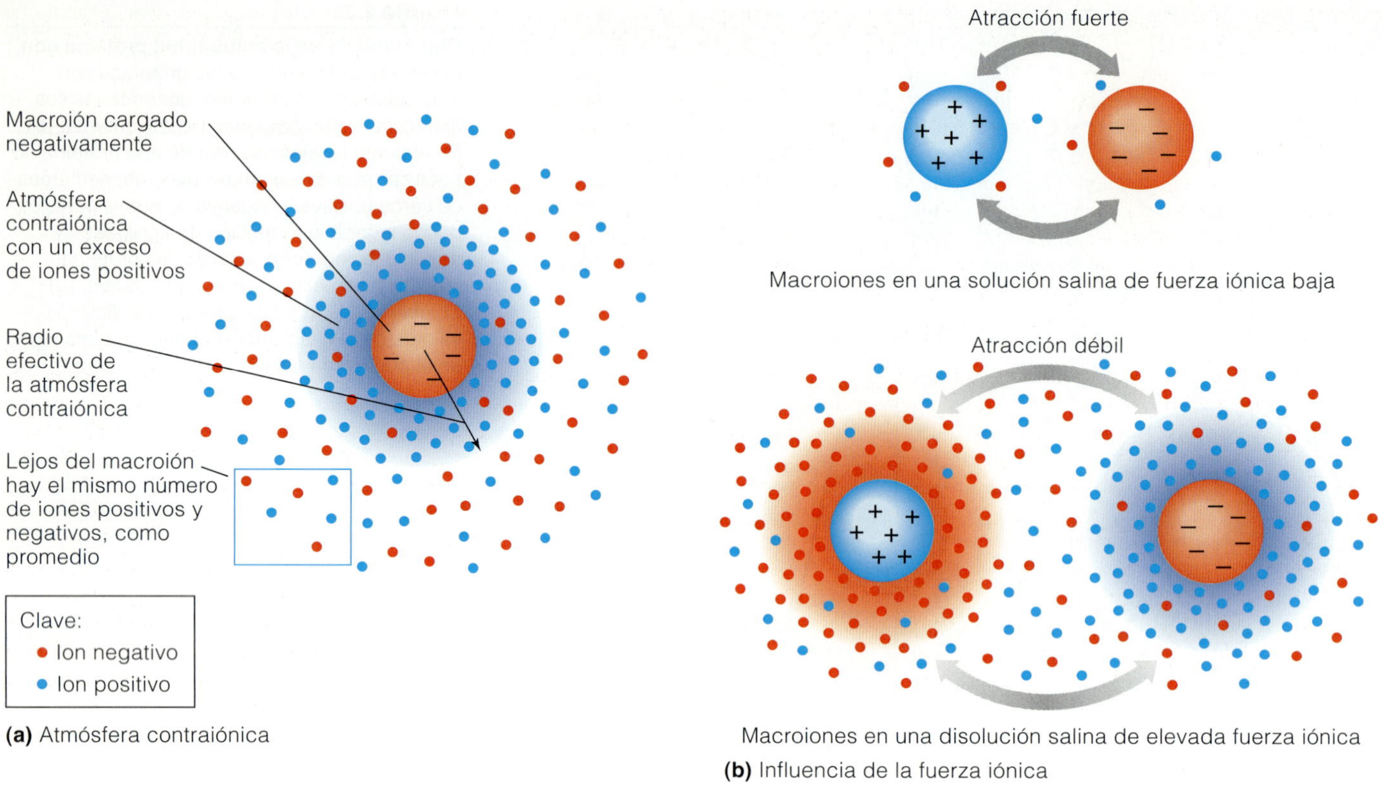


**FIGURA 2.23**

**Influencia de los iones pequeños sobre las interacciones entre los macroiones. (a)** Cuando se coloca un macroión (en este ejemplo, cargado negativamente) en una disolución salina acuosa, los iones pequeños con signo opuesto tienden a agruparse a su alrededor, formando una atmósfera contraiónica. Hay más cationes que aniones cerca del macroión que se muestra aquí; lejos del macroión, las concentraciones promedio de cationes y aniones son iguales. **(b)** Cuando la fuerza iónica es baja, la atmósfera contraiónica es difusa e interfiere poco con las interacciones de los macroiones. Cuando la fuerza iónica es elevada, la atmósfera contraiónica se concentra alrededor de los macroiones y reduce, en gran medida, sus interacciones.

fuerza iónica sea igual a la molaridad de la sal para los electrólitos 1:1, pero esto no es cierto si intervienen iones multivalentes (como $Mg^{2+}$ o $SO_4^{\ 2-}$). Los iones multivalentes tienen una contribución individual mayor a la atmósfera iónica que los iones monovalentes, como refleja el hecho que se incluya el *cuadrado* de la carga del ion al calcular la fuerza iónica. En estos electrólitos, $I > \text{M}$.

Los efectos de la fuerza iónica del medio sobre la interacción entre los macroiones cargados se pueden resumir como muestra la Figura 2.23b. Cuando la fuerza iónica es muy baja, la atmósfera contraiónica es muy extensa y difusa, y el apantallamiento es ineficaz. En dicha solución, los macroiones se atraen o se repelen con fuerza. Si la fuerza iónica aumenta, la atmósfera contraiónica se contrae y se concentra alrededor del macroión, y las interacciones de atracción entre los grupos positivos y negativos se apantallan con eficacia.

El efecto de apantallamiento de la atmósfera contraiónica ayuda a explicar una observación general relacionada con la solubilidad de las proteínas: el aumento de la fuerza iónica (hasta un determinado punto) aumenta la solubilidad, incluso en el punto isoeléctrico. Este efecto de disolver las proteínas incrementando la concentración salina se denomina *salting in*.

El aumento de la concentración salina hasta niveles muy elevados (por ejemplo, superior a varias unidades molares) causa el efecto opuesto. En soluciones salinas muy concentradas, gran parte del agua que normalmente solvataría y ayudaría a solubilizar la molécula de proteína, está enlazada en las capas de hidratación de numerosos iones salinos, impidiendo una hidratación suficiente de la proteína. Así, con concentraciones salinas muy altas, la solubilidad de una proteína disminuye de nuevo, mediante un efecto denominado *salting out*. Puesto que las diferentes proteínas responden de modo diferente a estos dos efectos, con frecuencia se utilizan el *salting in* y el *salting out* para purificar las proteínas en una mezcla compleja.

Los efectos de las interacciones iónicas sobre el comportamiento de las macromoléculas biológicas hacen que el bioquímico deba prestar mucha atención, tanto a la fuerza iónica como al pH. Además de emplear un amortiguador para controlar el pH, los investigadores añadirán habitualmente una sal neutra (como NaCl o KCl) para controlar la fuerza iónica de una disolución. Para determinar la cantidad de sal que se debe añadir, con frecuencia intentan imitar las fuerzas iónicas de la célula y de los líquidos corporales. Aunque las fuerzas iónicas varían de una clase de célula a otra o de un líquido a otro, un valor de 0.1 a 0.2 M suele ser adecuado en los experimentos bioquímicos.

## RESUMEN

Dos ecuaciones resumen los conceptos principales tratados en este capítulo: la ley de Coulomb (Ecuación 2.1) y la ecuación de Henderson-Hasselbalch (Ecuación 2.12).

La ley de Coulomb proporciona el fundamento teórico que describe la diversidad de interacciones no covalentes débiles que se producen entre iones, moléculas y partes de moléculas en una célula. Entre estas interacciones, que son de 10 a 100 veces más débiles que la mayoría de las interacciones covalentes, figuran las interacciones carga-carga y las interacciones de dipolos permanentes e inducidos. Las moléculas nunca entran unas dentro de las otras, puesto que la atracción que existe entre ellas se contrarresta por la repulsión cuando sus orbitales electrónicos empiezan a solaparse. El radio de van der Waals de una molécula es la mitad de su distancia de acercamiento más próximo a otra molécula. El enlace de hidrógeno es la interacción no covalente más fuerte, y comparte algunas características (direccionalidad o especificidad) con los enlaces covalentes.

El agua es el medio esencial para la vida. Gran parte de las propiedades únicas del agua como sustancia se producen gracias a su polaridad y a su capacidad para formar enlaces de hidrógeno, propiedades que también le hacen ser un excelente disolvente. Las sustancias polares, las unidas por enlaces de hidrógeno y las iónicas se disuelven con facilidad en el agua y se denominan hidrófilas, mientras que otros compuestos se disuelven en agua solo en cantidad limitada y se denominan hidrófobos. Las moléculas anfipáticas, que tienen partes polares y partes no polares, forman estructuras peculiares como monocapas, vesículas y micelas cuando están en contacto con el agua. Estas moléculas forman las membranas bicapa que rodean las células y los compartimientos celulares.

La ionización de los ácidos y bases débiles es de una importancia crucial en bioquímica ya que estabilizan las cargas sobre las biomoléculas. La mayoría de los procesos relevantes tienen lugar en el intervalo de pH situado entre 6.5 y 8.0, el denominado margen fisiológico. La ecuación de Henderson-Hasselbalch, que relaciona la proporción base conjugada/ácido no disociado con el pH y el p$K_a$ define el comportamiento de los ácidos débiles y de sus bases conjugadas. Las curvas de titración muestran que el cambio del pH con la adición de un ácido o de una base es más gradual en el margen cercano al p$K_a$ del ácido; este es el fundamento para la preparación de las soluciones amortiguadoras.

Un anfólito tiene grupos ionizables ácidos y básicos; las moléculas pueden tener una carga neta positiva, cero o negativa, dependiendo del pH de la solución. Un polianfólito tiene muchos grupos ácidos y básicos. El punto isoeléctrico de un anfólito o un polianfólito es el pH en el cual la carga neta promedio de las moléculas es cero. Los polielectrólitos tienen múltiples grupos ionizables con una sola clase de carga. El comportamiento de los macroiones (polianfólitos y polielectrólitos) en solución depende del pH y de la presencia de iones pequeños, que apantallan los macroiones de las otras cargas. La magnitud del apantallamiento depende de la fuerza iónica de la solución y está definida cuantitativamente por la teoría de Debye-Hückel.

## BIBLIOGRAFÍA


### Interacciones no covalentes

**Burley, S. K.** y **Petsko, G. A.** (1988) Weakly polar interactions in proteins. *Adv. Protein Chem.* 39:125-189. Contiene un tratamiento excelente, aunque bastante complejo, de las interacciones débiles en general.

**Creighton, T. E.** (2010) *The Physical and Chemical Basis of Molecular Biology.* Helvetian Press, United Kingdom. *Véanse* los Capítulos 2 y 3.

**Eisenberg, D.** y **Crothers, D.** (1979) *Physical Chemistry with Applications to the Life Sciences.* Benjamin/Cummings, Redwood City, Calif. Aparte de contener una completa descripción del enlace covalente, el Capítulo 11 incluye un excelente tratamiento de los momentos dipolares, de la polarizabilidad y de las interacciones no covalentes. El Capítulo 8 contiene información útil sobre las disoluciones de electrólitos a un nivel superior al de este libro.

**Leckband, D.** y **Israelachvili, J.** (2001). Intermolecular forces in biology. *Quart. Rev. Biophys.* 34:105-267. Una revision extensa de la teoría de las fuerzas de predicción y la práctica de las fuerzas de medida de los sistemas biológicos.

**van Holde, K. E., Johnson, W. C.** y **Ho, P. S.** (2006) *Principles of Physical Biochemistry* (2.ª ed.). Prentice Hall, Upper Saddle River, N.J. Cubre la mayor parte de los temas de este capítulo con una mayor profundidad.

### Agua

**Eigen, M.** y **DeMaeyer, L.** (1959) Hydrogen bond structure, proton hydration, and proton transfer in aqueous solutions. En: *The Structure of Electrolyte Solutions*, dirigido por Hamer, W. J. pp. 64-85. Wiley, Nueva York. A pesar de no ser reciente, sigue siendo una revisión excelente e interesante.

**Hagler, A. T.** y **Moult, J.** (1978) Computer simulation of solvent structure around biological macromolecules. *Nature* 272:222.

**Kamb, B.** (1968) Ice polymorphism and the structure of water. En: *Structural Chemistry and Molecular Biology*, dirigido por Rich A. y Davidson, N., pp. 507-542. Freeman, San Francisco. Revisión de las teorías de la estructura del agua.

**Moore, F. G.** y **Richmond, G. L.** (2008) Integration or segregation: How do molecules behave at oil/water interfaces *Accts. Of Chem. Res.* 41:739-748. Un studio detallado de las regiones interfaciales entre el agua y los líquidos apolares.

Tanford, C. (1980) *The Hydrophobic Effect. Formation of Micelles and Biological Membranes.*Wiley, Nueva York. Un estudio clásico de la hidrofobicidad.

### Equilibrios iónicos

**Edsall, J. T.** y **Wyman, J.** (1958) *Biophysical Chemistry*, Vol. 1. Academic Press, Nueva York. Tratamiento excelente en profundidad. En esta obra encontrará amplias exposiciones sobre la disociación poliprótica, los puntos isoeléctricos de los polianfólitos, etc.

**Phillips, R., Kondev, J.** y **Theriot, J.** (2009) *Physical Biology of the Cell.* Garland Science, Nueva York. El Capítulo 9 es un buen tratamiento del agua y la electrostática en las soluciones iónicas.

**Tossell, J. A.** (2006) $H_2CO_3$ and its oligomers: Structures, stabilities, vibrational and NMR spectra, and acidities. *Inorganic Chemistry* 45:5061-5970. Análisis de ordenador de la estabilidad y el p$K_a$ del «ácido carbónico».

## PROBLEMAS

*En este capítulo y en los sucesivos, el asterisco señala los problemas más difíciles.*

1. Un ion cloruro y un ion sodio están separados por una distancia centro-centro de 0.5 nm. Calcular la energía de interacción (la energía necesaria para separarlos completamente) si el medio entre ellos es: (a) agua y (b) *n*-pentano (*véase* la Tabla 2.6). Expresar la energía en julios por mol de pares de iones. [Nota: La carga de un electrón es $6.02 \times 10^{-19}$ C, y el número de Avogadro es $6.02 \times 10^{23}$ moléculas/mol.]

2. Ordenar las siguientes sustancias en función del momento dipolar esperado y argumentar la elección:

$H_2S$, $CCl_4$, $H_3N^+—CH_2—COO^-$, $H_3N^+—CH_2—CH_2—CH_2—COO^-$

3. El gráfico siguiente muestra la energía de interacción entre dos moléculas de agua situadas de modo que sus momentos dipolares son paralelos y apuntan en la misma dirección. Trace una curva aproximada para la interacción entre dos moléculas de agua orientadas con momentos dipolares *antiparalelos.*

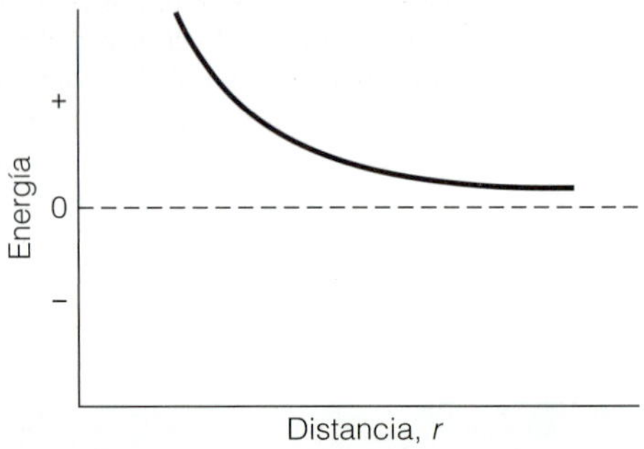


*4. (a) Resuelva la ecuación cuadrática (señalada en la Ecuación 2.14) para el caso más general en el que la concentración de ácido ($A_0$ = [HA] + [$A^-$]) posea cualquier valor de $A_0$.
(b) Se puede evitar el resolver una ecuación cuadrática utilizando un método de aproximaciones sucesivas, comenzando con $x^2 \approx A_0K_a$. Explique cómo puede hacerse.

5. ¿Cuál es el pH de cada una de las siguientes soluciones?
(a) Ácido clorhídrico 0.35 M.
(b) Ácido acético 0.35 M.
(c) Ácido acético 0.035 M.
[Obsérvese que el método aproximado empleado en la Ecuación 2.145 no da una respuesta adecuada para $A_0$ bajo.]

6. El ácido débil HA está ionizado (disociado) un 2 % en una disolución 0.20 M.
(a) ¿Cuál es la $K_a$ de este ácido?
(b) ¿Cuál es el pH de esta solución?

*7. Calcule los valores del pH y trace la curva de titración de 500 mL de ácido acético 0.010 M (p$K_a$ 4.76) con KOH 0.010 M.

8. ¿Cuál es el pH de las siguientes mezclas de amortiguadores?
(a) 100 mL de ácido acético 1 M más 100 mL de acetato sódico 0.5 M
(b) 250 mL de ácido fosfórico 0.3 M más 250 mL de $KH_2PO_4$ 0.8 M

*9. (a) Suponga que quiere conseguir un amortiguador de un pH exactamente 7.00 utilizando $KH_2PO_4$ y $Na_2HPO_4$. Si la solución final es de $KH_2PO_4$ 0.1 M, ¿qué concentración de $Na_2HPO_4$ necesitaría?
(b) Imagine ahora que quiere conseguir un amortiguador del mismo pH, empleando las mismas sustancias, pero quiere que la molaridad de fosfato total ([$HPO_4^{2-}$] + [$H_2PO_4^-$]) sea igual a 0.3. ¿Qué concentraciones de $KH_2PO_4$ y de $Na_2HPO_4$ utilizaría?

10. Una muestra de 500 mL de un amortiguador formiato 0.100 M, pH 3.75, se trata con 5 mL de KOH 1.00 M. ¿Qué pH se obtiene tras dicha adición?

11. Necesita hacer un amortiguador con un pH 7.0 y puede elegir entre los ácidos débiles que aparecen en la Tabla 2.7. Comente brevemente su elección.

12. Describa la preparación de 2.00 L de amortiguador glicina 0.100 M, pH 9.0, a partir de glicina y NaOH 1.00 M. ¿Qué masa de glicina se necesita y qué volumen de NaOH 1.00 M se necesita? El p$K_a$ adecuado de la glicina es 9.6.

13. El dióxido de carbono se encuentra disuelto en la sangre (pH 7.4) para formar una mezcla de ácido carbónico y bicarbonato. Despreciando el $CO_2$ libre, ¿qué fracción de ácido carbónico se encontrará presente? ¿Esperaría encontrar una cantidad significativa de carbonato ($CO_3^{2-}$)?

*14. La eficacia de un amortiguador para resistir cambios de pH tras la adición de un ácido o de una base se denomina *capacidad amortiguadora.* Una forma de definir esta magnitud, que llamaremos $B$, es $B = dx/d\text{pH}$, donde $x$ es el número de moles de ácido o base débil añadidos. Obsérvese que la ecuación de Henderson-Hasselbalch puede escribirse de la forma:

$$\text{pH} = \text{p}K_a + \log \frac{x}{A_0 - x}$$

donde $A_0$ es la concentración total de ácido.
(a) Obtener una expresión de $B$ en términos de $A_0$ y de la fracción de ácido titrado $f$, donde $f = x/A_0$. [**Pista:** Es más fácil determinar $d\text{pH}/dx$ y tomar la inversa.]
(b) ¿A qué valor de $f$ es máxima la capacidad amortiguadora? (La forma más sencilla de determinarlo es representar $B$ frente a $f$.)
(c) ¿Cuál es el valor máximo de $B$?
(d) ¿Cuál es el efecto de $A_0$ sobre $B$?

15. ¿Cuál es la base molecular para la observación de que la carga global de una proteína se hace cada vez más positiva al caer el pH y más negativa al aumentar el pH?

*16. El aminoácido *arginina* se ioniza según el esquema de abajo:

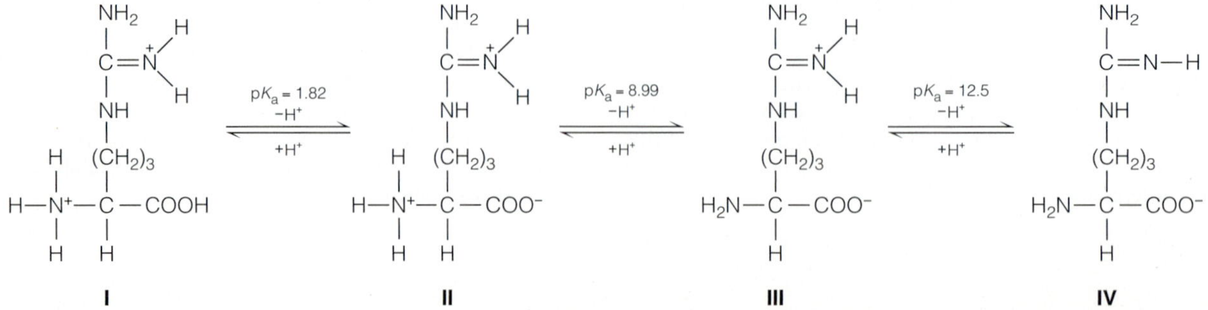

(a) Calcule el punto isoeléctrico de la arginina. Puede desdeñar la contribución de la forma I. ¿Por qué?
(b) Calcule la carga promedio de la arginina cuando pH = 9.20 (**Pista:** encuentre la carga promedio para cada grupo ionizable y súmelas; *véase* la Tabla 2.8 para obtener ayuda).
(c) ¿Es el valor de la carga promedio que ha obtenido en la parte (b) razonable, dado el pI que ha calculado en la parte (a)? Explique la respuesta.

17. Es posible hacer un amortiguador que sea eficaz a un pH próximo a 7, utilizando ácido cítrico, que solo contiene grupos carboxilato. Explíquelo.

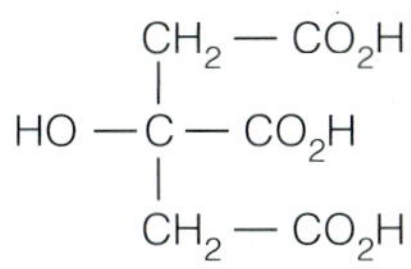


**Ácido cítrico**

18. Un estudiante está realizando una preparación biológica que necesita NaCl 1 M para mantener una fuerza iónica de 1.0. En su lugar, el estudiante decide emplear sulfato de amonio 1.0 M. ¿Por qué ha cometido un grave error?

*Los Problemas 19 y 20 hacen referencia al material presentado en Herramientas de la Bioquímica 2A.*

*19. ¿Cuál es el pH óptimo para separar una mezcla de lisina, arginina y cisteína mediante electroforesis? Dibuje las estructuras de los tres aminoácidos *en el estado de protonación que predominaría al pH que ha elegido. Véase* la Tabla 5.1 en la página 138. Indique la carga neta al pH elegido para cada aminoácido, así como la dirección en que se desplazará y la movilidad relativa en el campo eléctrico.

20. Suponga que tiene dos variantes genéticas de una proteína grande que difieren únicamente en que una contiene una histidina (p$K_a$ de la cadena lateral 6.4) cuando la otra tiene una valina (cadena lateral sin carga).
(a) ¿Qué sería mejor para la separación, la electroforesis en gel o el enfoque isoeléctrico? ¿Por qué?
(b) ¿Qué pH elegiría para la separación?

# HERRAMIENTAS DE LA BIOQUÍMICA 2A

## Electroforesis y enfoque isoeléctrico

### Principios generales

Cuando se aplica un campo eléctrico a una solución, las moléculas de soluto con carga neta positiva se desplazan hacia el cátodo y las moléculas con carga neta negativa se desplazan hacia el ánodo. Este desplazamiento se denomina **electroforesis**. La velocidad de las moléculas depende de dos factores. Conduciendo el movimiento está la fuerza $q\mathscr{E}$ ejercida por el campo eléctrico sobre la partícula, donde $q$ es la carga de la molécula (en culombios) y $\mathscr{E}$ es la fuerza del campo eléctrico (en voltios por metro). Resistiendo el movimiento está la fuerza de rozamiento $fv$, que ejerce el entorno sobre la partícula, siendo $v$ la velocidad de la partícula y $f$ su **coeficiente de rozamiento**, que depende del tamaño y de la forma de las moléculas. Las moléculas grandes o asimétricas encuentran más resistencia al rozamiento que las moléculas pequeñas o compactas, y, por tanto, tienen unos coeficientes de rozamiento mayores.

Cuando se activa el campo eléctrico, la molécula se acelera rápidamente hasta alcanzar una velocidad en la que estas fuerzas se equilibran y luego se mueve constantemente a esa velocidad. La velocidad constante viene determinada por el equilibrio de las fuerzas:

$$fv = q\mathscr{E} \tag{2A.1}$$

Podemos escribir de nuevo esta ecuación como $v/\mathscr{E} = q/f$ para expresar la velocidad del movimiento por unidad de fuerza del campo, $v/\mathscr{E}$. Este cociente se denomina **movilidad electroforética** ($\mu$) de la molécula:

$$\mu = \frac{v}{\mathscr{E}} = \frac{q}{f} = \frac{Ze}{f} \tag{2A.2}$$

En el lado derecho de esta ecuación, hemos expresado la carga sobre la molécula como el producto de la unidad de carga del electrón (o protón) ($e$) por el número de unidades de carga, $Z$ (un número entero positivo o negativo). Puesto que $f$ depende del tamaño y de la forma de la molécula, la Ecuación 2A.1 nos indica que la movilidad de una molécula depende de su carga y de las dimensiones moleculares*. Como los iones y los macroiones difieren en ambos aspectos, su comportamiento en un campo eléctrico proporciona una buena manera de separarlos. La separación electroforética es uno de los métodos más utilizados en bioquímica.

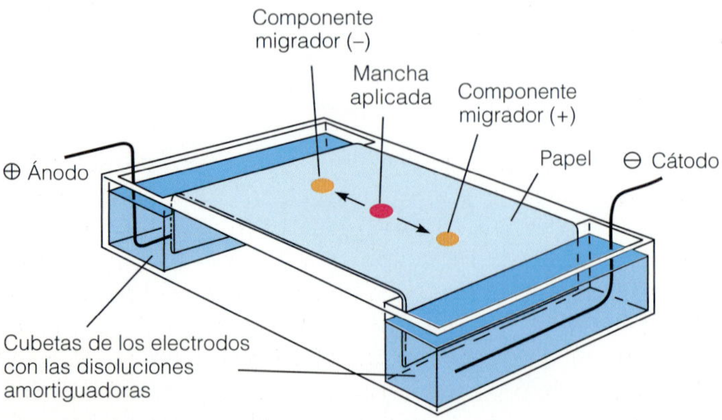


**FIGURA 2A.1**

**Electroforesis en papel.**

### Electroforesis en papel y electroforesis en gel

Aunque la electroforesis pueda llevarse a cabo de modo libre en una disolución, es más conveniente utilizar alguna clase de *medio de soporte*. Los dos medios de soporte más utilizados, el papel y el gel, se muestran en las Figuras 2A.1 y 2A.2. La **electroforesis en papel** (Figura 2A.1) suele emplearse para separar mezclas de moléculas pequeñas cargadas. Se extiende un trozo de papel de filtro humedecido con una solución amortiguadora para controlar el pH, entre dos cubetas que contienen electrodos. Se coloca en el papel una gota de la mezcla que se va a analizar y se aplica la corriente eléctrica. Cuando las moléculas se han desplazado durante un período de tiempo suficiente, generalmente varias horas, se retira el papel, se seca y se tiñe con un colorante que da color a las sustancias que se van a examinar. Cada clase de molécula cargada de la mezcla se habrá desplazado una distancia determinada hacia el ánodo o hacia el cátodo, dependiendo de su carga y dimensiones, y aparecerá como una mancha coloreada en el papel en la nueva posición. Normalmente las manchas suelen identificarse comparándolas con una serie de patrones que han corrido en el mismo papel. Si las sustancias desconocidas son radiactivas, se pueden recortar las manchas y medir su radiactividad mediante recuento de centelleo (*véase* Herramientas de la Bioquímica 12A).

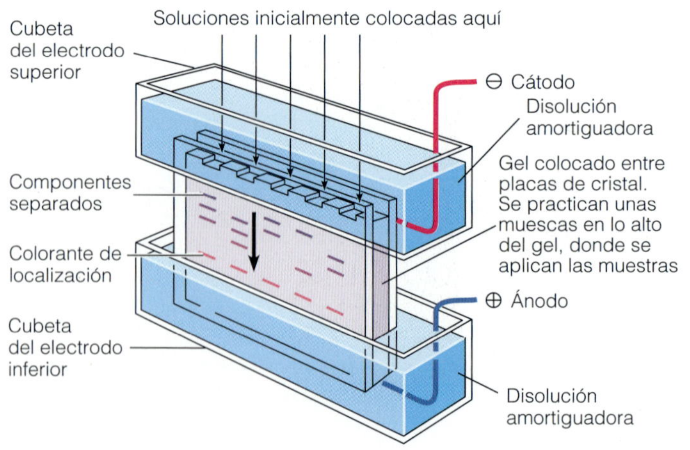


**FIGURA 2A.2**

**Electroforesis en gel.**

* La Ecuación (2A.2) es, en realidad, una aproximación, puesto que no tiene en cuenta los efectos de la atmósfera iónica. *Véase* van Holde, Johnson y Ho (Bibliografía) para más detalles.

La **electroforesis en gel** (Figura 2A.2) es una técnica muy utilizada con las proteínas y los ácidos nucleicos. Se coloca un gel que contenga la solución amortiguadora adecuada a modo de lámina entre dos placas de cristal. Los materiales más corrientes son la poliacrilamida, un polímero entrecruzado soluble en agua, y la agarosa, un polisacárido. La lámina se coloca entre los compartimientos de los electrodos, seleccionando la parte inferior como ánodo o cátodo, dependiendo de si se van a separar aniones o cationes. Con una pipeta, se coloca cuidadosamente una pequeña cantidad de una solución de cada muestra en cada una de las muescas practicadas previamente, denominadas *pocillos*, en la parte superior del gel. Generalmente, se añade a la muestra glicerol y un colorante de localización catiónico o aniónico, soluble en agua (azul de bromofenol). El glicerol hace que la solución de la muestra sea densa, de modo que no se mezcle con la solución amortiguadora de la cámara del electrodo superior. El colorante se desplaza más rápidamente que la mayoría de los macroiones, de modo que el investigador puede seguir la evolución del experimento con facilidad. La corriente se mantiene conectada hasta que la banda de colorante de localización esté cerca de la parte inferior de la lámina. Entonces se retira el gel de entre las placas de cristal y generalmente se tiñe con un colorante que se une a las proteínas o a los ácidos nucleicos. En este momento, se toma una fotografía del gel para poder guardar la información obtenida. Dado que la mezcla de proteínas o de ácidos nucleicos se ha aplicado en forma de banda estrecha en la parte superior del gel, los componentes que se desplazan con movilidades diferentes aparecen como bandas estrechas en el gel, aunque las bandas puedan ensancharse en cierta medida por difusión. Algunas técnicas (*véase* la Bibliografía de las Herramientas de la Bioquímica) permiten estrechar todavía más las bandas, de modo que cada clase de macroiones aparecen como líneas estrechas en el gel. La Figura 2A.3 muestra un ejemplo de separación de fragmentos de DNA con este método. La *movilidad relativa* de cada componente se calcula a partir de la distancia que se ha desplazado con relación al colorante de localización.

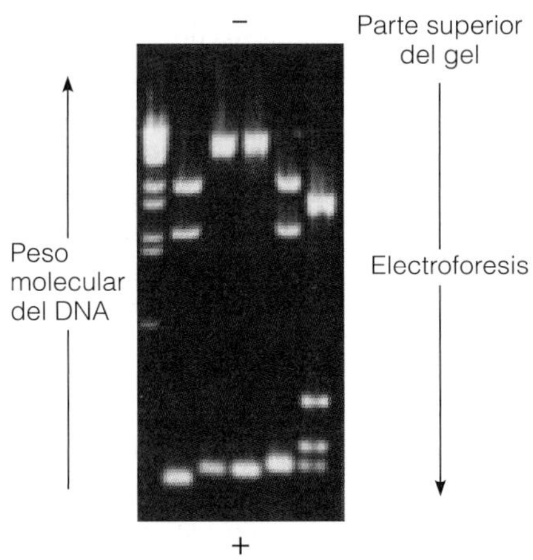


**FIGURA 2A.3**

**Gel que muestra la separación de fragmentos de DNA.** Tras la separación electroforética de las moléculas de DNA de distinta longitud, se mezcla el gel con bromuro de etidio, un colorante fluorescente que se une al DNA (página 1078). El colorante no unido se elimina lavando y las moléculas de DNA teñidas se hacen visible bajo luz ultravioleta. Cortesía de David Helfman.

## Principios de separación en la electroforesis en gel

Cuando la electroforesis se realiza en un gel o en otro medio de soporte, la movilidad es inferior a la que cabría esperar según la Ecuación 2A.1 debido a que el gel u otra matriz muestra un efecto de tamizado molecular. Esto puede verse representando gráficamente la movilidad frente a la concentración del material que forma el gel (Figura 2A.4a). Generalmente, una gráfica de log $\mu$ frente al porcentaje del gel es lineal; esto se denomina **representación de Ferguson**. La movilidad límite que se alcanza cuando el porcentaje de gel se acerca a cero se denomina **movilidad libre**; se puede determinar, aproximadamente, mediante la Ecuación 2A.1. La inclinación de la representación de Ferguson depende del tamaño y de la forma del macroión, puesto que refleja la dificultad que experimenta el macroión cuando pasa a través del entramado molecular del gel.

Como resultado de estos diversos factores, diferentes clases de moléculas pueden mostrar comportamientos muy diferentes en la electroforesis en gel (Figura 2A.4b). Sin embargo, algunos casos simples tienen gran importancia. Los polielectrólitos como el DNA o la molécula de polilisina tienen una unidad de carga en cada residuo, de modo que cada molécula tiene una carga ($Ze$) proporcional a su longitud molecular. Pero el coeficiente de fricción ($f$) también aumenta con la longitud molecular, de modo que en una primera aproximación, un macroión cuya carga es proporcional a su longitud tiene una movilidad *libre* casi independiente de su tamaño. En una mezcla de esta clase de moléculas, el efecto de tamizado molecular determina las movilidades relativas en cualquier concentración de gel dada (Figura 2A.4c) y el efecto de tamizado es proporcional a la longitud molecular o al peso molecular. Esto significa que, mediante la electroforesis en gel, podemos separar perfectamente dichas moléculas basándose *solo en su tamaño*, como muestra la Figura 2A.3. Para las moléculas alargadas, como los ácidos nucleicos la movilidad relativa suele ser, aproximadamente, una función lineal del logaritmo del peso molecular (Figura 2A.4d). Normalmente, en una o más calles del gel se colocan patrones de peso molecular conocido. Entonces se puede leer el peso molecular en una gráfica como la de la Figura 2A.4d obtenida a partir de estos patrones de referencia. Para las proteínas, se consigue un efecto de cribado semejante recubriendo la molécula desnaturalizada antes de la electroforesis con el detergente aniónico dodecilsulfato sódico (SDS). Esta importante técnica se considera con más detalle en Herramientas de la Bioquímica 6B.

## Enfoque isoeléctrico

Existe otra técnica de electroforesis en gel que permite separar las moléculas únicamente según sus características de carga. Un polianfólito se desplazará en un campo eléctrico como otros iones, si tiene una carga neta positiva o negativa. Sin embargo, en su punto isoeléctrico, su carga neta es cero y no es atraído ni hacia el ánodo ni hacia el cátodo. Si empleamos un gel con un gradiente de pH estable que cubra un amplio intervalo de pH, cada molécula de polianfólito se desplaza hacia la posición de su punto isoeléctrico y se acumula en ese lugar. Podemos establecer un gradiente así, utilizando como amortiguador del gel una mezcla de anfólitos de bajo peso molecular. Este método de separación, denominado

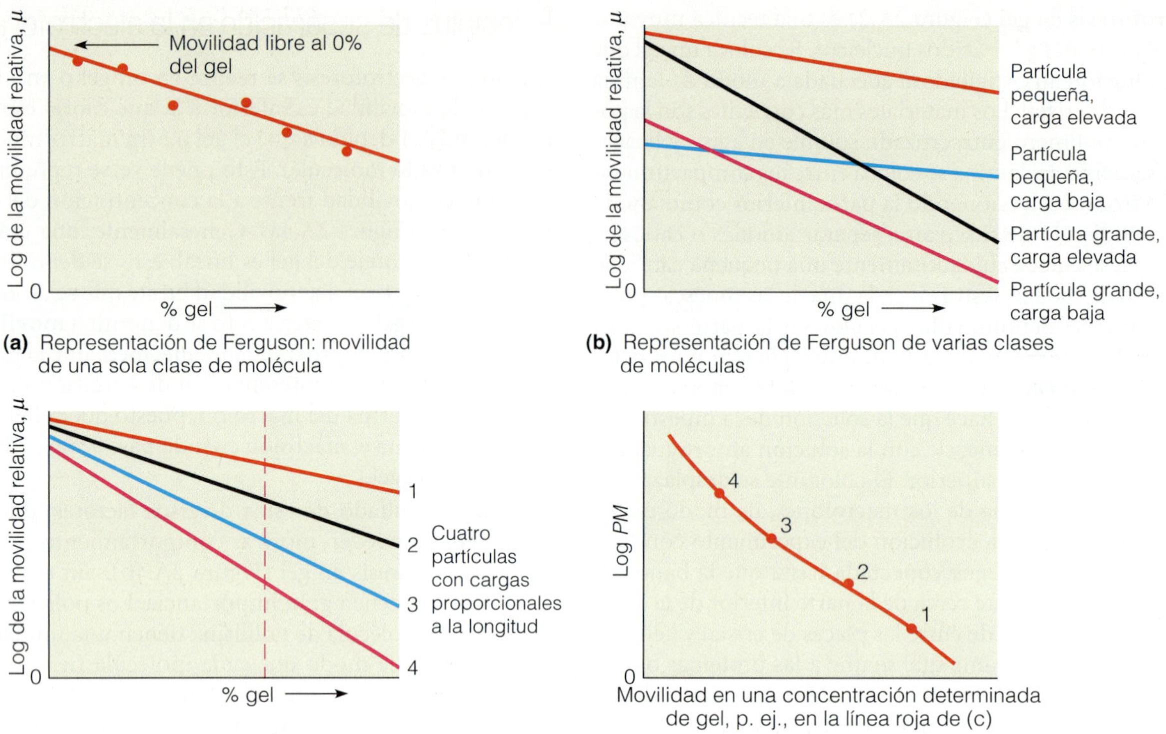


**(a)** Representación de Ferguson: movilidad de una sola clase de molécula

**(b)** Representación de Ferguson de varias clases de moléculas

**(c)** Representación de Ferguson que se observa cuando la carga es proporcional a la longitud

**(d)** Relación entre el peso molecular (*PM*) y la movilidad en una concentración determinada del gel para moléculas como las que se muestran en (c)

**FIGURA 2A.4**

**Movilidad de las partículas en la electroforesis en gel**. La movilidad de las partículas toma valores diferentes en función de la concentración del gel. La representación de Ferguson dispone el log de la movilidad relativa ($\mu$) frente al porcentaje de gel en la matriz. **(a)** Representación de Ferguson para una sola clase de molécula. Si se lleva la representación hasta el 0 % de gel, se obtiene la movilidad libre teórica de la molécula. **(b)** Representación de Ferguson para cuatro moléculas con tamaño y carga diferentes. Obsérvese que las movilidades libres dependen más de la carga que del tamaño, mientras que la pendiente depende principalmente del tamaño. **(c)** Representación de Ferguson para moléculas con carga proporcional a sus longitudes. Las moléculas están numeradas en orden de longitud y carga crecientes. Las movilidades libres de dichas moléculas son casi iguales, pero cuanto más larga es la molécula, más se enlentece al aumentar la concentración del gel. **(d)** Representación de la relación entre el peso molecular y la movilidad. El log del peso molecular (*PM*) de las cuatro moléculas que aparecen en (c) está representado frente a sus movilidades a una única concentración de gel. Cuando se prepara esta clase de gráfico a partir de patrones de referencia, puede utilizarse para determinar los pesos moleculares de las moléculas separadas.

**enfoque isoeléctrico**, da lugar a bandas bien diferenciadas de polianfólitos acumulados y puede separar moléculas con diferencias muy pequeñas de punto isoeléctrico (Figura 2A.5). Puesto que se conoce el pH de cada porción del gel, el enfoque isoeléctrico también puede utilizarse para determinar el punto isoeléctrico de un polianfólito concreto.

Lo que se ha presentado aquí solo es una breve visión general de una técnica muy utilizada. Para obtener más información sobre la electroforesis en gel debe consultarse la bibliografía.

## Electroforesis capilar

El término **electroforesis capilar** (EC) define de forma amplia varias técnicas relacionadas que consiguen separaciones de gran eficacia de iones, incluyendo macroiones. Todas las técnicas utilizan capilares estrechos (con un diámetro de 20-200 $\mu$m) en los que se separan los iones de acuerdo con su desplazamiento desde una cámara con un amortiguador, su paso por el detector hasta la cámara de destino con un amortiguador (*véase* la Figura 2A.6). El equipamiento necesario para realizar una EC es más caro, y por tanto, no tan accesible que el que se requiere para la electroforesis en gel. A pesar de esto, para el análisis de biomoléculas, la EC ofrece muchas ventajas sobre la electroforesis tradicional. La necesidad de emplear potenciales bajos (como 25 V/cm) para evitar el daño por el calor a la muestra es la principal limitación para conseguir separaciones eficaces mediante los métodos de electroforesis en gel descritos anteriormente. Dado que en la EC, los capilares tienen un gran cociente superficie/volumen, el calor se disipa de forma eficaz y pueden utilizarse potenciales mucho mayores (como 500 V/cm). De esta forma aumenta espectacularmente la eficacia de las separaciones. Los tiempos de análisis (generalmente 5-30 minutos) son cortos; solo son necesarios 10-100 nL de muestra y la detección es inmediata y fácilmente automatizable. Por estas razones, se ha empleado la EC como técnica analítica en los estudios genómicos para obtener análisis de secuencia rápidos de grandes moléculas de DNA (se considera con más detalle en el Capítulo 4).

Los experimentos de EC más simples utilizan capilares de sílice fundida con un amortiguador adecuado y el cátodo como electrodo de destino (*véase* la Figura 2A.6). Los capilares con distintos recubrimientos, así como los rellenos de gel, permiten experimentos más sofisticados, como el enfoque isoeléctrico y la electroforesis en gel de poliacrilamida con SDS.

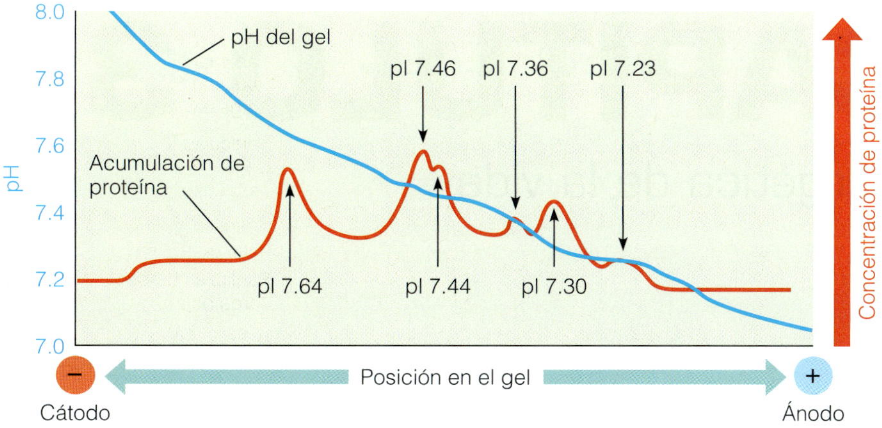


**FIGURA 2A.5**

**Enfoque isoeléctrico de los polianfólitos.** En un gel con un gradiente de pH se coloca una mezcla de variantes del polianfólito hemoglobina. Cuando se aplica un campo eléctrico, cada variante proteica se desplaza hasta su propio punto isoeléctrico.

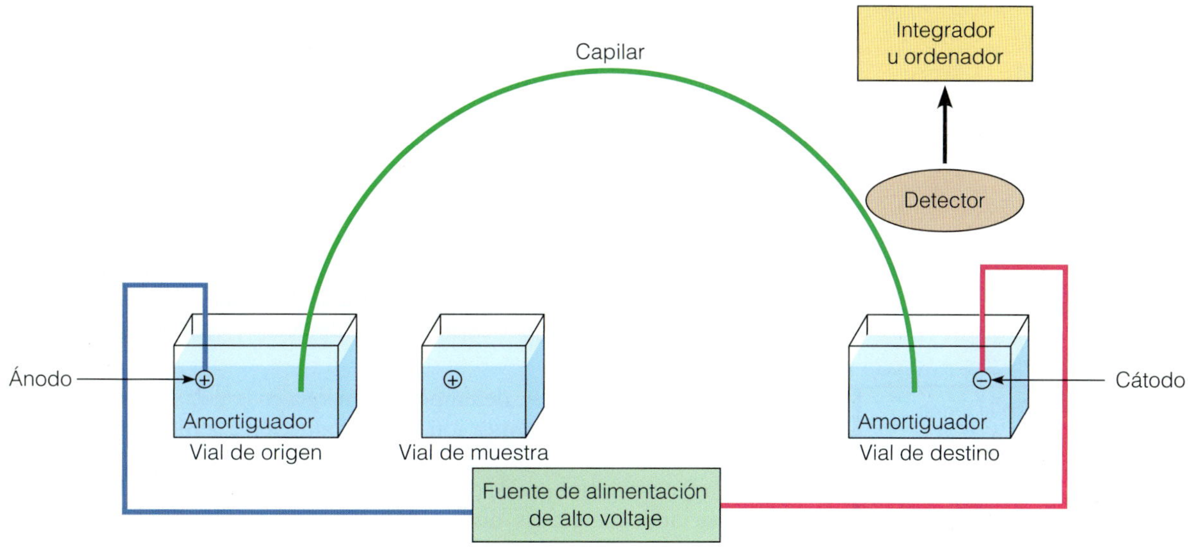


**FIGURA 2A.6**

**Experimento sencillo de electroforesis capilar.** Se introduce la muestra en el capilar desde el vial de la muestra. El extremo del capilar con la muestra se coloca luego en el vial de la fuente y se aplica alto voltaje. Los componentes de la muestra se separarán según vayan desplazándose hacia el vial de destino.

## Bibliografía

**Hames, B. D.** y **Rickwood, D.,** eds. (1981) *Gel Electrophoresis of Proteins.* IRL Press, Oxford, Washington, D.C., y Rickwood, D. y B. D. Hames, eds. (1982) *Gel Electrophoresis of Nucleic Acids.* IRL Press, Oxford, Washington, D.C. Estos dos volúmenes son manuales de laboratorio muy útiles para las técnicas de electroforesis en gel.

**Osterman, L. A.** (1984) *Methods of Protein and Nucleic Acids Research,* Vol. 1, Partes 1 y 2. Springer-Verlag, Nueva York. Completo resumen de la electroforesis y del enfoque isoeléctrico.

**Schmitt-Kopplin, P.,** ed. (2008) *Capillary Electrophoresis: Methods and Protocols.* Humana Press, Totowa, N. J. Una introducción a muchos métodos de análisis con EC, dirigido a los recién llegados a este campo.

**van Holde, K. E., Johnson, W. C.** y **Ho, P. S.** (1998) *Principles of Physical Biochemistry.* Prentice Hall, Upper Saddle River, N.J. El Capítulo 5 contiene una exposición más detallada que la que se da aquí.

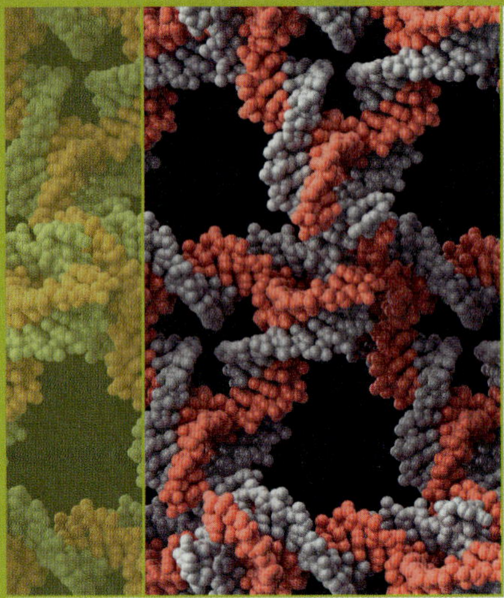

# CAPÍTULO 3

## Energética de la vida

**Una célula viva es una estructura dinámica.** Crece, se mueve, sintetiza macromoléculas complejas y traslada selectivamente sustancias dentro y fuera de la célula o entre compartimientos. Toda esta actividad requiere energía, por lo que cada célula y cada organismo deben obtenerla de sus alrededores y gastarla de la manera más eficaz posible. Las plantas obtienen la energía de la luz solar; los animales utilizan la energía almacenada en las plantas o en otros animales de los que se alimentan. El procesamiento de esta energía, aprovechándola lo más posible para realizar las funciones que una célula u organismo deben llevar a cabo para mantenerse vivos es una gran parte del tema en el que se centra la bioquímica. En cada célula, la mayor parte de la exquisita maquinaria molecular existente está dedicada a esta tarea.

La bioenergética describe la forma en la que los organismos captan, transforman, almacenan y utilizan la energía.

Dado al papel central que desempeña la energía en la vida, resulta adecuado que empecemos el estudio de la Bioquímica con una introducción a la **Bioenergética**, el análisis cuantitativo de la forma en que los organismos adquieren, transforman, almacenan y utilizan la energía. La Bioenergética puede considerarse una parte especial de la ciencia general de las transformaciones energéticas, denominada **Termodinámica**. En este capítulo revisaremos tan solo una pequeña parte de ese campo, eligiendo únicamente los conceptos, como la entalpía, la entropía y la energía libre, que son importantes para el bioquímico o el biólogo.

En este capítulo se presentarán los enfoques básicos para determinar las variaciones de la energía libre en los sistemas biológicos. En los capítulos siguientes estos enfoques básicos se considerarán más profundamente en el contexto de los procesos como el plegado proteico, el transporte de iones a través de las membranas y la extracción de la energía química de los nutrientes para formar ATP.

### Energía, calor y trabajo

Una palabra que utilizaremos con frecuencia en nuestra exposición es la de **sistema**. En este contexto, un sistema es la parte del universo que elegimos para el estudio. Puede tratarse de una única célula bacteriana, de una placa de Petri que contenga nutrientes y millones de células, de todo el laboratorio en el que se encuentra la placa, de la Tierra o del universo entero. Un sistema debe tener unos límites definidos, pero por lo demás, hay pocas restricciones. Cualquier cosa que no se defina como parte del sistema se considera que es el **entorno**. El sistema puede ser *aislado*, y en consecuencia incapaz de intercambiar energía y materia con sus alrededores; puede ser *cerrado*, capaz de intercambiar energía, aunque no materia; o puede ser *abierto*, de forma que la energía y la materia puedan pasar ambas entre el sistema y su entorno. Por ejemplo, nuestro planeta presenta las características esenciales de un sistema cerrado: la Tierra puede intercambiar energía (por ejemplo, en forma de radiación electromagnética) con su entorno, pero con la excepción de unos pocos trozos metálicos (naves espaciales y satélites) y algunas muestras geológicas (meteoritos y rocas lunares), no se intercambia materia entre el planeta y su entorno.

## Energía interna y estado de un sistema

Todo sistema contiene una determinada cantidad de **energía interna**, que indicamos con el símbolo ***U***. Es importante para entendernos especificar lo que incluye esta energía interna. Los átomos y moléculas del sistema poseen una energía cinética de movimiento y una energía de vibración y rotación. Incluimos, además, toda la energía almacenada en los enlaces químicos existentes entre los átomos y la energía de las interacciones no covalentes entre las moléculas. En realidad, debemos incluir todo tipo de energía que pueda modificarse por procesos químicos o físicos no nucleares. No es necesario incluir la energía almacenada en el núcleo atómico, puesto que esta no se altera en las reacciones químicas o bioquímicas. La energía interna es una función del **estado** de un sistema. El estado termodinámico se define mediante la indicación de las cantidades de todas las sustancias presentes y dos cualquiera de las tres variables siguientes: la temperatura ($T$), la presión sobre el sistema ($P$) o el volumen del sistema ($V$). Se trata básicamente de una receta para expresar el sistema de una forma definida. Así, por ejemplo, un sistema compuesto por 1 mol de $O_2$ en estado gaseoso en 1 litro a 273 K, tiene un estado definido y, por tanto, un valor de energía interna definido. Este valor es independiente de cualquier antecedente previo del sistema.

La energía interna de un sistema incluye todas las formas de energía que pueden intercambiarse mediante procesos físicos simples (extranucleares) o reacciones químicas.

Salvo que un sistema esté aislado, puede intercambiar energía con su entorno y modificar, por tanto, su energía interna; definimos este cambio como $\Delta U$. Para un sistema cerrado este intercambio solo puede producirse de dos formas. En primer lugar, puede transferirse **calor** a un sistema o desde él. En segundo lugar, el sistema puede realizar un **trabajo** sobre su entorno o hacer que se realice un trabajo sobre él. El trabajo puede adoptar muchas formas. Puede incluir la expansión del sistema contra una presión externa, como la expansión de los pulmones, el trabajo eléctrico como el que realiza una batería o el que es necesario para bombear iones a través de una membrana, la expansión de una superficie contra la tensión superficial, la flexión de un flagelo para impulsar a un protozoo, o el levantamiento de un peso mediante la contracción de un músculo. En todos estos ejemplos se ejerce una fuerza contra una resistencia para producir un desplazamiento; así se realiza trabajo.

Obsérvese que el calor y el trabajo no son *propiedades* del sistema. Pueden considerarse como una «energía en tránsito» entre el sistema y su entorno. Se han adoptado determinados convenios para describir estas formas de intercambio de energía:

1. Designamos el calor mediante el símbolo $q$. Un valor positivo de $q$ indica que el sistema absorbe calor de su entorno. Un valor negativo significa que el calor fluye desde el sistema hacia su entorno.
2. Designamos el trabajo con el símbolo $w$. Un valor positivo de $w$ indica que el sistema realiza trabajo sobre su entorno. Un valor negativo significa que el entorno realiza trabajo sobre el sistema.

Todo esto puede parecer excesivamente abstracto, pero tiene una relación muy directa con el funcionamiento diario de nuestros cuerpos. Cuando ingerimos un alimento como la glucosa, lo metabolizamos y finalmente lo oxidamos hasta $CO_2$ y agua. La oxidación de un gramo de glucosa se asocia con un cambio de energía definido ($\Delta U$), y parte de la energía liberada está disponible para nuestro uso. Una parte significativa de esta energía la gastamos como calor (un subproducto del metabolismo mitocondrial que permite a las aves y los mamíferos aislados mantener sus temperaturas corporales normales) y el resto, en realizar diversas clases de trabajo. Estas últimas clases de trabajo incluyen no solo las que son obvias, como caminar y respirar, sino también, otras clases más sutiles, como el envío de impulsos a lo largo de los nervios, el bombeo de iones a través de las membranas, etc.

## Primera ley de la termodinámica

La energía interna de un sistema solo puede modificarse mediante intercambios de calor o de trabajo con el entorno, por lo que el *cambio de energía interna* viene dado por

$$\Delta U = q - w \tag{3.1}$$

Esta ecuación, que es válida para todos los procesos, expresa la **primera ley de la termodinámica**. Esta primera ley es simplemente una regla de contabilidad, una afirmación

La energía se conserva. De acuerdo con la primera ley de la termodinámica, en un sistema cerrado, la energía interna ($U$) solo puede cambiar por el intercambio de calor y trabajo con el entorno; no obstante, la energía puede convertirse de una forma a otra.

de la conservación de la energía. Cuando se ha producido un proceso físico o una reacción química, podemos sumar los ingresos y los gastos de energía y cuadrar el balance. La energía puede obtenerse y gastarse de distintas formas pero, al menos, en los procesos químicos, no puede crearse ni destruirse. Consideremos, por ejemplo, un proceso en el que el sistema absorbe una determinada cantidad de calor, al tiempo que realiza una cantidad exactamente equivalente de trabajo sobre su entorno. En este caso, tanto $q$ como $w$ son positivos, y $q = w$, por lo que $\Delta U = 0$. Esto concuerda con lo que nos indica el sentido común: si ha entrado una determinada cantidad de energía en forma de calor y ha salido una cantidad igual en forma de trabajo, la energía en el interior del sistema no ha cambiado.

Los cambios de energía interna, como los de cualquier función de estado, dependen únicamente del estado inicial y final del sistema, y son independientes del camino seguido. Sin embargo, las cantidades de calor y de trabajo intercambiados en cualquier proceso dependen, en gran medida, del camino entre los estados inicial y final. Para concretar esta idea, consideremos una reacción química determinada, la oxidación completa de 1 mol de un ácido graso como el ácido palmítico:

$$CH_3(CH_2)_{14}COOH \text{ (sólido)} + 23O_2 \text{ (gas) } 16CO_2 \text{ (gas)} + 16H_2O \text{ (líquido)}$$

La oxidación del ácido palmítico es realmente una reacción bioquímica importante que se produce de una manera mucho más indirecta en nuestro cuerpo, cuando metabolizamos las grasas. Consideraremos la realización de esta reacción de dos formas diferentes, como se muestra en la Figura 3.1. En la Figura 3.1a, la reacción se lleva a cabo mediante la ignición de la mezcla en un recipiente sellado (una «bomba» calorimétrica) sumergido en un baño de agua. La reacción en estas condiciones tiene lugar a volumen constante. Podemos medir el calor que pasa desde el recipiente de reacción

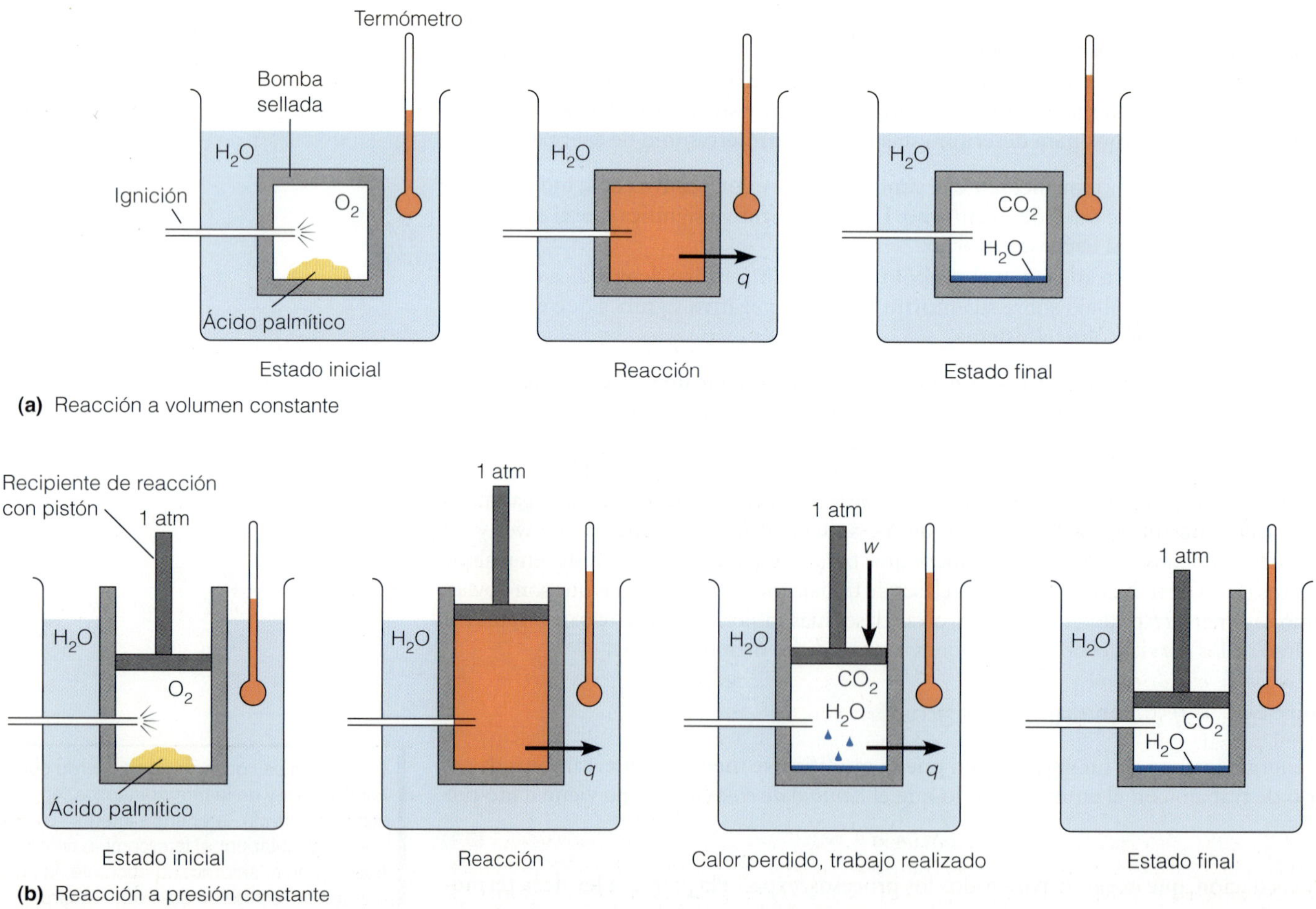


**FIGURA 3.1**

**Intercambio de calor y trabajo en reacciones a volumen constante y a presión constante.** Una misma reacción, la oxidación de 1 mol de un ácido graso, se realiza en dos tipos de condiciones. **(a)** La reacción se produce en un recipiente sellado o «bomba». El calor ($q$) se transfiere al baño acuoso circundante y se mide por el pequeño aumento de temperatura del agua. No se realiza trabajo alguno, puesto que el sistema tiene un volumen constante. **(b)** El recipiente de reacción lleva acoplado un pistón que se mantiene a una presión de 1 atm. Durante la reacción, el calentamiento del gas en el recipiente empuja el pistón. Sin embargo, la reacción da lugar a una disminución del número de moles de gas, por lo que una vez enfriado el recipiente y el gas a la temperatura del agua, el volumen de gas es inferior al volumen inicial. Así pues, se realiza un trabajo neto *sobre* el sistema, y la cantidad total de calor comunicada al baño es ligeramente superior a la que se produce en (a).

(el sistema) al baño de agua (el entorno) por el cambio de temperatura que se produce en el baño, conociendo la masa de agua y la capacidad de calor (por gramo) del agua. Dado que el recipiente de reacción tiene un volumen fijo, no se ha realizado trabajo alguno contra el entorno, ni este lo ha realizado sobre el sistema. Por tanto, $w = 0$ y de la Ecuación (3.1):

$$\Delta U = q \tag{3.2}$$

El calor total que se transfiere desde el recipiente de reacción al entorno es exactamente igual al cambio de energía interna, y ese cambio de energía se debe principalmente a las modificaciones de los enlaces químicos que se han producido durante la reacción. La unidad aceptada actualmente para el calor, el trabajo y la energía es el **julio (J)***. Para la reacción anterior, el valor observado de $\Delta U$ es de $-9941.4$ kJ/mol. El signo negativo corresponde al hecho de que la reacción *libera* la energía almacenada en los enlaces químicos. La energía contenida en el sistema ha *disminuido* al transferirse esta energía de los enlaces al entorno en forma de calor.

El calor que se desarrolla en una reacción a volumen constante es igual a $\Delta U$.

Supongamos ahora que la misma reacción se lleva a cabo a una presión constante de 1 atmósfera, como se indica en la Figura 3.1b. En este caso, el sistema puede expandirse o contraerse libremente, y finalmente se contrae en una cantidad proporcional a la disminución del número de moles de gas, que pasan de 23 a 16 moles durante la reacción. (Despreciamos el volumen relativamente pequeño de sólidos y líquidos). La reducción del volumen de gas significa que el entorno ha realizado una determinada cantidad de trabajo sobre el sistema. Esto puede calcularse de la forma siguiente.

Cuando el volumen ($V$) se modifica a una presión constante ($P$),

$$w = P\Delta V \tag{3.3}$$

Para calcular $w$, podemos hacer una aproximación. Supongamos que las temperaturas inicial y final del sistema son prácticamente iguales (digamos 25 °C, o 298 K) y que se trata de gases «ideales». Podemos utilizar entonces la ecuación de los gases ideales, $PV = nRT$. Esto nos da

$$\Delta V = \Delta n \frac{RT}{P} \tag{3.4}$$

donde $R$ es la constante de los gases, $T$ la temperatura absoluta en Kelvin, e $\Delta n$ la variación del número de moles de gases por mol de ácido palmítico oxidado. Sustituyendo en la Ecuación (3.3) el valor indicado en (3.4), obtenemos

$$w = \Delta n\, RT \tag{3.5}$$

Puesto que deseamos obtener $w$ en julios por mol, utilizamos $R = 8.314$ J/K · mol en la Ecuación 3.5, con lo que se obtiene $w = -17.3$ kJ/mol de palmitato.

El calor generado en esta combustión a presión constante será

$$\begin{aligned} q &= \Delta U + w = \Delta U + P\Delta V = \Delta U + \Delta n\, RT \\ &= (-9941.4 \text{ kJ/mol}) + w = (-17.3 \text{ kJ/mol}) = -9958.7 \text{ kJ/mol} \end{aligned} \tag{3.6}$$

La cantidad de calor liberada al entorno es ligeramente superior en estas condiciones de *presión constante* que en las condiciones de *volumen constante* de la Figura 3.1a. En condiciones de presión constante, el entorno puede realizar trabajo sobre el sistema, y este trabajo (denominado trabajo *PV*) reaparece en forma de calor adicional liberado desde el sistema al entorno (que es necesario para mantener la temperatura del sistema en un valor constante de 298 K).

Aunque el calor y el trabajo intercambiados con el entorno dependen del camino, es importante recordar que $\Delta U$ no depende del camino, sino únicamente de los estados inicial y final.

* En el pasado, los bioquímicos tendían a expresar la energía, el calor y el trabajo en *calorías* o *kilocalorías*. Sin embargo, las unidades del Sistema Internacional de Unidades (SI) *julio* y *kilojulio* las están sustituyendo actualmente. La conversión es fácil: 1 cal = 4.184 J. De igual modo, 1 kcal (kilocaloría, es decir, $10^3$ calorías) = 4.184 kJ (kilojulios). Surge una complicación del hecho de que la «caloría» a la que se refieren los especialistas en nutrición es, en realidad, una kilocaloría.

## Entalpía

El calor que se desarrolla en una reacción a presión constante es igual al cambio de entalpía, $\Delta H$.

La mayor parte de las reacciones químicas que se realizan en el laboratorio y prácticamente todos los procesos bioquímicos se producen en unas condiciones que se aproximan mucho más a las de presión constante que a las de volumen constante. Si estamos interesados en el calor que puede obtenerse mediante la oxidación del ácido palmítico en un animal, lo que deseamos saber es el calor generado a presión constante. Como hemos indicado en la Ecuación 3.6, este calor no es exactamente igual a $U$ debido al trabajo $PV$ realizado. Por tanto, para expresar el cambio de calor en una reacción a presión constante, necesitamos otra función de estado. Definimos una nueva magnitud, la **entalpía**, cuyo símbolo es $\boldsymbol{H}$:

$$H = U + PV \tag{3.7}$$

Dado que $U$ y $PV$ son funciones de estado, $H$ también es una función de estado. El cambio $\Delta H$ depende tan solo de los estados inicial y final del proceso para el que se calcula. Para las reacciones a presión constante, $\Delta H$ se define de la siguiente forma:

$$\Delta H = \Delta U + P\Delta V \tag{3.8}$$

El valor $\Delta H$ es el mismo que la cantidad de calor ($q$) calculada en la Ecuación 3.6. En otras palabras, *cuando el calor de una reacción se mide a presión constante, lo que se determina es* $\Delta H$.

Los cambios de energía que encontrará tabulados a lo largo de éste y de otros libros de bioquímica estarán casi siempre en forma de valores de $\Delta H$. Esto es lo más adecuado puesto que *in vivo* estas reacciones se producen en unas condiciones de presión casi constante. Así, por ejemplo, si un especialista en nutrición desea conocer la energía que puede obtenerse con la oxidación del ácido palmítico en el organismo, la cantidad adecuada es $\Delta H$.

La variación de entalpía de una reacción es para los bioquímicos la variación de energía de mayor interés.

La medida de los cambios de energía como $\Delta U$ y $\Delta H$ es práctica para los bioquímicos y los especialistas en nutrición, aun cuando la oxidación de una sustancia como el ácido palmítico se produce de forma muy diferente en el cuerpo humano que en un recipiente de reacción como el de la Figura 3.1. Sin embargo, los valores de $\Delta U$ y $\Delta H$ para la oxidación del ácido palmítico son *exactamente* los mismos en ambos caminos, ya que una magnitud como $\Delta U$ o $\Delta H$ depende solo de los estados inicial y final. De esta forma, el calorímetro proporciona una medida exacta de la energía disponible para el ser humano de cada gramo de ácido palmítico oxidado completamente a $CO_2$ y $H_2O$.

Un ser humano promedio requiere un gasto de alrededor de 6000 kJ al día (aproximadamente 1500 Kcal o 1500 de las «calorías grandes» que usan los especialistas en nutrición) para mantener las tasas metabólicas basales. Con un ejercicio moderado, estas necesidades de energía metabólica pueden duplicarse fácilmente.

Aunque hemos señalado la distinción entre $\Delta U$ y $\Delta H$, debemos resaltar que para la mayor parte de las reacciones bioquímicas, la diferencia cuantitativa entre ellos tiene poca relevancia. La mayor parte de estas reacciones se producen en disolución y no comportan el consumo o la formación de gases. Los cambios de volumen son pues extremadamente pequeños, y el valor de $P\Delta V$ es muy bajo en comparación con $\Delta U$ o $\Delta H$. Incluso en el ejemplo indicado, la oxidación del ácido palmítico, la diferencia entre $\Delta H$ e $\Delta U$ es de solo un 0.2 %. Así pues, en la mayoría de los casos está justificado considerar el valor de $\Delta H$ como medida directa del cambio de energía en un proceso, y nos referiremos a menudo a $\Delta H$ como *cambio de energía*.

# La entropía y la segunda ley de la termodinámica

## Dirección de los procesos

Por muy útil que pueda ser la primera ley de la termodinámica para seguir la pista a los cambios de energía de los procesos, no nos proporciona un elemento de información importante: ¿cuál es la *dirección favorecida* de un proceso? La primera ley no permite responder a preguntas como las siguientes:

Colocamos un cubito de hielo en un vaso de agua a temperatura ambiente. Se funde. ¿Por qué, en su lugar, no se congela el resto del agua?

Colocamos un cubito de hielo en un recipiente con agua superenfriada. Se congela toda el agua. ¿Por qué?

Acercamos una cerilla a un pedazo de papel. Este se quema formando dióxido de carbono y agua. ¿Por qué no podemos formar papel mezclando dióxido de carbono y agua?

Una característica de los procesos de este tipo es su *irreversibilidad* en las condiciones descritas anteriormente. Un cubito de hielo en un vaso de agua a temperatura ambiente continuará fundiéndose, ya que no hay forma alguna de invertir ese proceso sin que se produzcan cambios importantes en las condiciones utilizadas. Pero *sí* existe una forma *reversible* de fundir el hielo: ponerlo en contacto con agua a 0 °C y 1 atm. En estas condiciones, la adición de un poco de calor al vidrio producirá un poco de fusión del hielo y la extracción de un poco de calor hará que se congele un poco de agua. Un proceso **reversible** como la fusión del hielo a 0 °C está casi siempre cerca de un estado de **equilibrio**. La característica que define el estado de equilibrio es que es el estado de energía más bajo de un sistema. Como se considera más adelante, los estados de menor energía están favorecidos sobre aquellos de mayor energía; así, los sistemas tienden a adoptar los estados de menor energía. Los procesos **irreversibles** que acabamos de describir se producen cuando los sistemas se sitúan muy lejos del estado de equilibrio. Posteriormente se dirigen *hacia* el estado de equilibrio.

Los procesos reversibles se producen siempre cerca de un estado de equilibrio; los procesos irreversibles se dirigen hacia el equilibrio.

En la jerga de la termodinámica, un proceso irreversible se denomina frecuentemente proceso «espontáneo», aunque nosotros preferimos el término *favorable*. La palabra *espontáneo* tiende a implicar, tal vez erróneamente, que el proceso es rápido. La termodinámica no tiene nada que decir sobre la rapidez de los procesos (esto lo describe la «cinética», *véase* el Capítulo 11), pero sí indica la dirección favorecida. A 25 °C y 1 atm de presión está favorecida la *fusión* del hielo y no la *congelación*. En este caso, el resultado concuerda con la intuición; nadie esperaría que se formara un cubito de hielo, ni que permaneciera sin fundirse al colocarlo en agua a 25 °C.

Es esencial para la bioenergética conocer si un proceso es reversible, favorable o desfavorable. Esta información puede expresarse de manera muy sucinta con la *segunda ley de la termodinámica*, que nos dice los procesos que son favorables termodinámicamente. Para presentar la segunda ley debemos considerar un nuevo concepto, la entropía.

## Entropía

¿Por qué tienen los procesos químicos y físicos una dirección favorecida termodinámicamente? Una primera aproximación a la explicación podría ser que los sistemas simplemente van hacia el estado de menor energía. El agua desciende por la colina, perdiendo energía al caer de manera espontánea en el campo gravitatorio de la Tierra; la oxidación del ácido palmítico, como la combustión del papel, liberan energía en forma de calor. Ciertamente, la reducción al mínimo de la energía es la clave de la dirección favorecida de *algunos* procesos; pero esto no explica la fusión del hielo a 25 °C; en realidad, en ese proceso se *absorbe* energía. Debe actuar otro factor muy diferente, y un experimento sencillo aporta un indicio claro respecto a cuál puede ser ese factor. Si colocamos cuidadosamente una capa de agua pura sobre una solución de sacarosa, observaremos que, a medida que transcurre el tiempo, la solución se hace cada vez más uniforme (Figura 3.2). Finalmente, las moléculas de sacarosa acaban estando distribuidas de manera uniforme en toda la solución. Aunque no se produce prácticamente un cambio de energía, en términos de calor y trabajo, el proceso es claramente favorable. Sabemos por la experiencia que el proceso opuesto (la autosegregación de las moléculas de sacarosa en una parte del volumen de la solución) no se produce nunca. Lo que tiene, en este caso, una importancia clara es que *los sistemas de moléculas tienen una tendencia natural a la aleatoriedad.*

El grado de aleatoriedad o desorden de un sistema se mide con una función de estado denominada **entropía ($S$)**. Existen diversas formas de definir la entropía, pero la más útil para nuestras aplicaciones se basa en el hecho de que un determinado estado

La entropía es una medida de la aleatoriedad o desorden que existen en un sistema

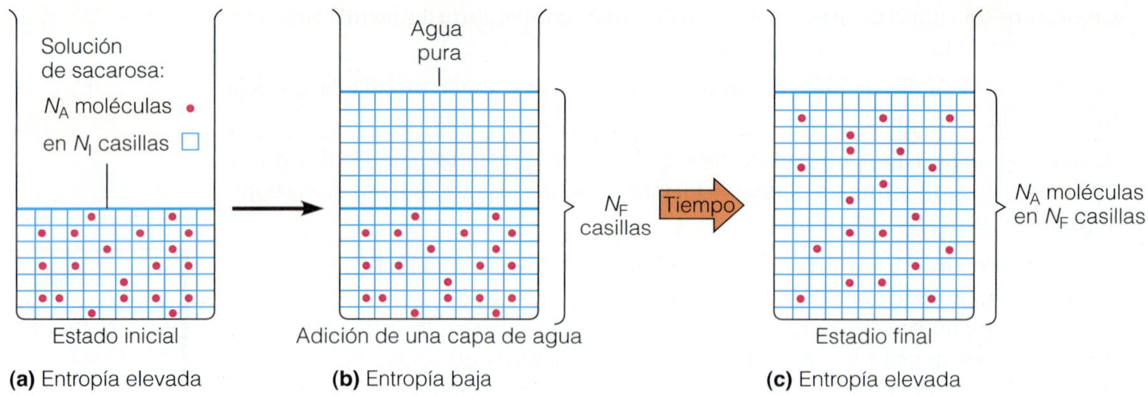


**FIGURA 3.2**

**La difusión como un proceso impulsado por la entropía.** La mezcla gradual de una solución de sacarosa diluida y agua pura es el resultado de un movimiento aleatorio de sus moléculas. Podemos ver el aumento de la entropía si imaginamos el volumen de los dos líquidos formado por casillas, cada una de ellas lo bastante grande como para alojar una molécula de sacarosa. **(a)** Inicialmente, la solución de sacarosa está en equilibrio, ya que sus $N_A$ moléculas se distribuyen aleatoriamente en sus $N_I$ casillas. **(b)** Cuando se añade una capa de agua pura sin mezclar, el sistema deja de estar en equilibrio. Ha pasado a estar más ordenado, con todas las casillas ocupadas situadas en la mitad de la solución. **(c)** A medida que las moléculas de sacarosa y de agua continúan moviéndose al azar, su disposición va siendo menos ordenada, ya que cada casilla tiene la misma probabilidad de ser ocupada. Finalmente, la solución alcanza un nuevo equilibrio, con las moléculas de sacarosa distribuidas aleatoriamente en toda ella. El impulso hacia el equilibrio es consecuencia de la tendencia de la entropía a aumentar. Un sistema nunca evolucionará espontáneamente del estado (c) al estado (b).

termodinámico puede tener muchos *subestados* de la misma energía. Esos subestados corresponden, por ejemplo, a las distintas formas de disponerse o distribuirse las moléculas en el sistema (*véase* la Figura 3.2). Si el estado termodinámico tiene un número ($W$) de subestados de la misma energía, la entropía ($S$) se define como

$$S = k_B \ln W \tag{3.9}$$

donde $k_B$ es la **constante de Boltzmann**, la constante de los gases $R$ dividida por el número de Avogadro. Una consecuencia de esta definición es que la entropía se considera una medida del desorden, puesto que habrá siempre muchas más formas de colocar un número elevado de moléculas de una forma desordenada que de una forma ordenada. En consecuencia, la entropía de un estado ordenado es inferior a la de un estado desordenado del mismo sistema. De hecho, el valor mínimo de la entropía (cero) se da *únicamente* para un cristal perfecto en el cero absoluto de temperatura (0 K o −273 °C). El proceso de difusión iguala las concentraciones en nuestra solución de sacarosa simplemente porque existen más formas de distribuir las moléculas en un volumen elevado que en un volumen pequeño. En la Figura 3.2 el estado del panel (c) tiene más sustancias de igual energía (esto es, diferentes disposiciones aleatorias de las moléculas de sacarosa en las células) que las del estado del panel (b). También podemos decir que el estado (c) tiene más **grados de libertad** que el estado (b); de esta forma, el valor de $W$ es mayor para el estado (c). Las rotaciones alrededor de los enlaces aumentan los grados de libertad de que dispone una molécula. Consideraremos la entropía asociada con las rotaciones de enlace cuando examinemos el plegamiento de las proteínas (Capítulo 6). En la Tabla 3.1 se presentan algunos ejemplos que nos permitirán familiarizarnos algo más con el concepto de entropía.

**TABLA 3.1. Ejemplos de estados de entropía baja y de entropía elevada**

| Entropía baja | Entropía elevada |
|---|---|
| Hielo, a 0 °C | Agua, a 0 °C |
| Un diamante, a 0 K | Vapor de carbón a 1.000.000 K |
| Una molécula proteica, en su estructura nativa regular | La misma molécula proteica en un estado de ovillo aleatorio deplegado |
| Un soneto de Shakespeare | Una serie aleatoria de letras |
| La mesa de un director de banco | La mesa de un profesor |

## Segunda ley de la termodinámica

En el ejemplo anterior se observa que la fuerza que impulsa a la solución de sacarosa hacia el equilibrio en la Figura 3.2 es simplemente el aumento de la entropía. Esta observación puede generalizarse como la **segunda ley de la termodinámica**: *la entropía de un sistema aislado tenderá a aumentar hacia un valor máximo.* La entropía de un sistema de este tipo no se reducirá (la sacarosa no «desdifundirá» nunca para situarse en un rincón de la solución). Esto refleja simplemente nuestra concepción de sentido común de que cuando se dejan solas las cosas no se colocan de una forma más ordenada.

La segunda ley de la termodinámica establece que la entropía de un sistema aislado tenderá a aumentar hasta un valor máximo.

## Energía libre: la segunda ley en sistemas abiertos

La forma de enunciar la segunda ley de la termodinámica del apartado anterior no es muy útil para los biólogos y los bioquímicos, puesto que nunca estudiamos sistemas aislados. Todos los sistemas biológicos (por ejemplo células, organismos o poblaciones) pueden intercambiar energía y materia con su entorno. Dado que los sistemas vivos son capaces de intercambiar energía con su entorno, en muchas reacciones se producirán cambios, tanto de energía *como* de entropía, y ambos deben ser importantes para determinar la dirección de los procesos termodinámicamente favorables. Para estos sistemas, necesitamos *una función de estado que incluya, tanto la energía como la entropía.* Existen varias funciones de este tipo, pero la de mayor importancia en bioquímica es la **energía libre de Gibbs** (*G*) o, como la denominaremos nosotros, la **energía libre.** Esta función de estado combina un término de entalpía, que mide el cambio de energía a presión constante, y un término de entropía, que tiene en cuenta la importancia de la aleatoriedad. La energía libre de Gibbs se define como

> El cambio de energía libre de un proceso a temperatura y presión constantes es $\Delta G = \Delta H - T\Delta S$.

$$G = H - TS \quad (3.10)$$

donde $T$ es la temperatura absoluta medida en Kelvin. Para un cambio de energía libre $\Delta G$ en un sistema a temperatura y presión constantes, podemos escribir

$$\Delta G = \Delta H - T\Delta S \quad (3.11)$$

¿Por qué se llama energía *libre* a la cantidad $\Delta G$? La razón es que $\Delta G$ representa la porción de un cambio energético ($\Delta H$) que está *disponible* o *libre* para realizar un **trabajo útil** (esto es, el trabajo además del trabajo $P\Delta V$ de expansión). Podemos comprender parte del significado de la energía libre si consideramos los factores que hacen a un proceso favorable. Hemos dicho que una disminución de la energía ($\Delta H$ es negativo), o un aumento de la entropía ($\Delta S$ es positivo), o ambos, son característicos de los procesos favorables. Cualquiera de estas condiciones tenderá a hacer que $\Delta G$ sea negativo. En realidad, otra forma de enunciar la segunda ley de la termodinámica, que es la más importante para nuestros fines, es la siguiente: *el criterio para que un proceso sea favorable en un sistema sin aislar, a temperatura y presión constantes, es que $\Delta G$ sea negativo.* Y a la inversa, un $\Delta G$ positivo indica que un proceso *no* es favorable, mientras que el *inverso* del mismo *sí* es favorable.

> Un proceso favorecido termodinámicamente tiende hacia la dirección que hace mínima la energía libre (dando lugar a un $\Delta G$ negativo); esta es una forma de enunciar la segunda ley de la termodinámica.

La importancia de la cuantificación de la energía libre descansa en este poder *predictivo* de $\Delta G$. Dado un conjunto de condiciones de un proceso (esto es, temperatura, concentraciones de reactantes y productos, pH, etc), se puede calcular el valor de $\Delta G$ y así determinar si el proceso es o no favorable. Los procesos que se acompañan de cambios de energía libre negativos se denominan **exergónicos**, y los que cursan con $\Delta G$ positivo son **endergónicos**.

Supongamos ahora que los términos $\Delta H$ y $T\Delta S$ de la ecuación de la energía libre se equilibran entre sí. En este caso $\Delta G = 0$, y el proceso no tiene una dirección favorable en uno ni en otro sentido. En realidad, el sistema está en equilibrio. En estas condiciones, el proceso es reversible; es decir, puede desplazarse en cualquiera de las dos direcciones con un impulso infinitesimal en un sentido u otro. En la Tabla 3.2 se resumen estas reglas sencillas pero importantes con respecto a los cambios de energía libre.

**TABLA 3.2. Reglas de la energía libre**

| Si $\Delta G$ es ... | El proceso es ... |
|---|---|
| Negativo | Favorecido termodinámicamente |
| Cero | Reversible; en equilibrio |
| Positivo | Desfavorecido termodinámicamente; el proceso inverso está favorecido |

### Un ejemplo de la interrelación de la entalpía y la entropía: la transición entre el agua líquida y el hielo

Para concretar más estas ideas consideremos con detalle un proceso que hemos mencionado antes; la transición entre el agua líquida y el hielo. Este ejemplo familiar pone de manifiesto la relación entre la entalpía y la entropía para determinar el estado de un sistema. En un cristal de hielo existe un número máximo de enlaces de hidrógeno entre las moléculas de agua (*véase* la Figura 2.10b en el Capítulo 2). Cuando el hielo se funde, parte de estos enlaces debe romperse. La diferencia de entalpía entre el hielo y el agua corresponde casi por completo a la energía que debe introducirse en el sistema para romper estos enlaces de hidrógeno. Como se indica en la Figura 3.3, el cambio de entalpía para la transición hielo $\longrightarrow$ agua es positivo, como sería de prever según el argumento precedente.

El cambio de entropía de la fusión se debe fundamentalmente a que el agua líquida es una estructura más desordenada que el hielo. En un cristal de hielo, cada molécula de agua tiene un lugar fijo dentro de la red y se une a su vecina de la misma forma que las demás moléculas de agua. En cambio, las moléculas del agua líquida están en continuo movimiento, intercambiándose las moléculas con las que se establecen los enlaces de hidrógeno a medida que se desplazan (*compárense* las Figuras 2.10b y 2.10c). En la Figura 3.3 se muestra cómo el cambio de entropía de la fusión del hielo a agua es una cantidad positiva, que corresponde al aumento de la aleatoriedad. Si calculamos el cambio de energía libre ($\Delta G = \Delta H - T\Delta S$) para la transición hielo ⟶ agua, encontramos lo siguiente: a temperaturas bajas, $\Delta H$ domina y $\Delta G$ es positivo. Así, por ejemplo, a 263 K (−10 °C) obtenemos un valor de $\Delta G = +213$ J/mol. Esto significa que la transición hielo ⟶ agua *no* es favorable en estas condiciones. La transición inversa (agua ⟶ hielo) *sí* es favorable y, por tanto, irreversible, como podemos observar del comportamiento del agua superenfriada. Si alteramos el agua superenfriada o añadimos un cristal de hielo minúsculo para iniciar el proceso de congelación, se congelará la totalidad de la muestra. Este proceso no podrá invertirse por ningún cambio infinitesimal que podamos hacer.

En el punto de fusión de cualquier sustancia, las contribuciones de la entalpía y la entropía a $\Delta G$ están equilibradas, y $\Delta G = 0$.

A una temperatura por encima del punto de fusión del hielo, digamos 283 K (+10 °C), un cubito de hielo se fundirá irreversiblemente. De nuevo, este resultado podría predecirse a partir de los datos, puesto que si calculamos el valor de $\Delta G$ a 283 K, obtenemos $\Delta G = -225$ J/mol. El signo de $\Delta G$ es ahora negativo, ya que el término $T\Delta S$ domina cuando $T$ es suficientemente grande. A 283 K el proceso (hielo ⟶ agua) es favorable e irreversible.

A la temperatura de fusión, 273 K, los términos $\Delta H$ y $T\Delta S$ se equilibran exactamente, y $\Delta G = 0$. Un valor de cero para $\Delta G$ es la condición de equilibrio, y sabemos que el hielo y el agua están en equilibrio a 273 K (0 °C). El cambio es ahora reversible; cuando el hielo y el agua líquida están juntos a 273 K, podemos fundir algo más de hielo añadiendo una cantidad infinitesimal de calor. Alternativamente, podemos extraer una cantidad minúscula de calor del sistema y congelar un poco más de agua. El punto de fusión de una sustancia es simplemente la temperatura a la que se cruzan las curvas de $\Delta H$ y $T\Delta S$; a esta temperatura el proceso de congelación favorecido energéticamente está en equilibrio con el proceso de fusión favorecido entrópicamente. Ni $\Delta H$ ni $\Delta S$ por sí solos nos pueden indicar lo que ocurrirá, pero su combinación, $\Delta H - T\Delta S$, indica exactamente la forma del agua que es estable a una temperatura determinada.

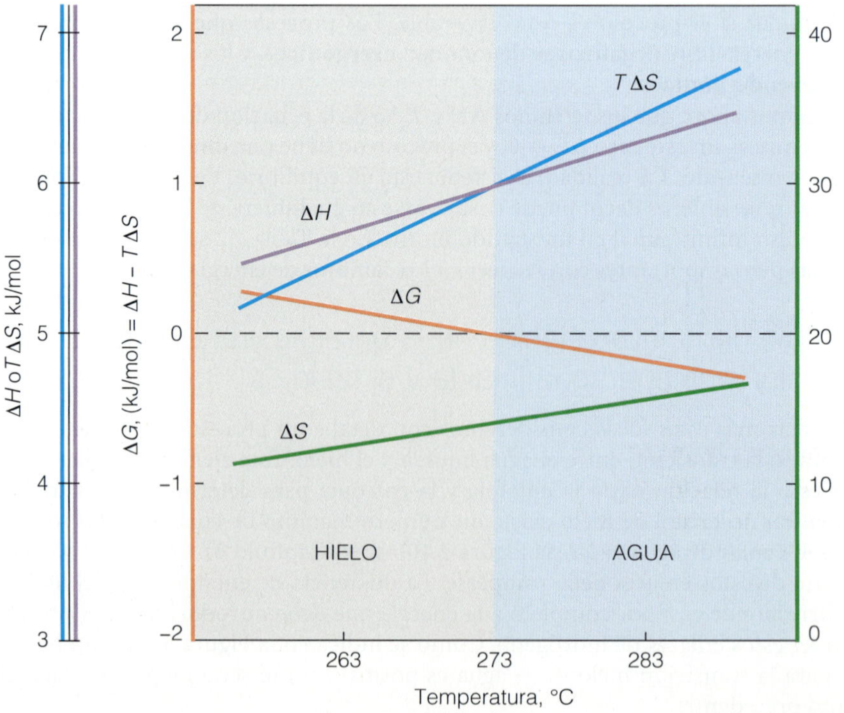


**FIGURA 3.3**

**Interrelación de la entalpía y la entropía en la transición de hielo a agua.** Para la transición de hielo a agua, $\Delta H$ y $\Delta S$ son ambos positivos y aproximadamente constantes a lo largo de un amplio margen de temperaturas. El aumento de $T\Delta S$ al aumentar la temperatura hace que $\Delta G$ se reduzca, pasando de un valor positivo a un valor negativo. A 0 °C, las curvas de $\Delta H$ y de $T\Delta S$ se cruzan y $\Delta G$ es cero.

## Interrelación de la entalpía y la entropía: resumen

En todos los procesos químicos y físicos, es la competencia entre los términos entalpía y entropía la que determina la dirección favorable. Como indica la Figura 3.4, en algunos procesos domina el cambio de entalpía; en otros es más importante el cambio de entropía. Además, dado que $\Delta S$ se multiplica por $T$ en la Ecuación 3.11, la dirección favorable dependerá de la temperatura. Hemos visto un ejemplo, la fusión del hielo, pero son posibles otras situaciones bastante diferentes según los signos de $\Delta H$ y $\Delta S$. En la Tabla 3.3 se indican las posibilidades. Obsérvese que cuando $\Delta H$ es negativo y $\Delta S$ es positivo, $\Delta G$ debe ser siempre negativo, por lo que la reacción está favorecida a todas las temperaturas. Ocurre lo contrario cuando el valor de $\Delta H$ es positivo y el de $\Delta S$ es negativo; $\Delta G$ es siempre positivo y la reacción no está favorecida a ninguna temperatura.

Llegados a este punto, es preciso aclarar dos cuestiones que con frecuencia producen confusión. En primer lugar, debemos resaltar un punto ya mencionado: el que un proceso sea favorable o desfavorable no tiene nada que ver con su velocidad. Los estudiantes suponen con frecuencia que los procesos favorables son rápidos, pero esto no tiene por qué ser así. Una reacción puede tener un cambio de energía libre negativo elevado, pero puede producirse a una velocidad muy lenta (por razones que se consideran en el Capítulo 11). Un ejemplo sorprendente de esta situación es la reacción sencilla C (diamante) $\longrightarrow$ C (grafito). El cambio de energía libre de esta transformación, a temperatura ambiente, es de $-2.88$ kJ/mol. Así pues, con relación al grafito, el diamante es inestable. Sin embargo, la reacción es imperceptiblemente lenta, ya que a la red cristalina rígida le resulta muy difícil cambiar de forma. Los diamantes *no* son para siempre, sino tan solo para casi siempre. Un **catalizador** puede aumentar la velocidad de algunas reacciones, pero la dirección favorecida viene dictada siempre por el valor de $\Delta G$ y es independiente de si la reacción está catalizada o no. Veremos en el Capítulo 11 que los catalizadores proteicos denominados **enzimas** aumentan de forma selectiva las velocidades de reacciones específicas *termodinámicamente favorables.*

En segundo lugar, la entropía de un sistema abierto puede *disminuir.* Acabamos de ver que esto ocurre cuando el agua se congela. Lo más importante para los bioquímicos es que en los organismos vivos se producen continuamente disminuciones de entropía. Un organismo consume alimentos, a menudo en forma de moléculas pequeñas desorganizadas, y a partir de ellas construye macromoléculas enormes, complejas y muy ordenadas, como las proteínas y los ácidos nucleicos. A partir de estas macromoléculas, construye células, tejidos y órganos elegantemente estructurados. Toda esta actividad comporta una enorme disminución de entropía. La Ecuación 3.11 implica que la entropía puede disminuir en un proceso favorecido, pero únicamente si este cambio se acompaña de una gran disminución de la entalpía. *Es preciso gastar energía para pagar*

Los procesos favorables no tienen por qué ser rápidos.

**FIGURA 3.4**

**Contribución de la entalpía y la entropía en varios procesos.** Cada uno de estos procesos tiene un cambio de energía libre negativo, pero el cambio se realiza de diversas formas. (Obsérvese que las flechas de los diagramas no están representadas a escala.) **(a)** $\Delta H$ negativo, $\Delta T \Delta S$ negativo. Cuando se fermenta la glucosa a etanol, la entalpía disminuye y la entropía aumenta, con lo que tanto el cambio de la entalpía como el de la entropía favorecen esta reacción. **(b)** $\Delta H$ negativo, $\Delta T \Delta S$ positivo. Cuando se produce la combustión del etanol, tanto la entalpía como la entropía disminuyen. El valor de $\Delta H$ negativo favorece esta reacción, pero el valor de $\Delta T \Delta S$ positivo se opone a ella, por lo que podríamos llamar a esta una reacción impulsada por la entalpía. Si el producto fuera *vapor* de agua, un aumento de entropía iría a favor de la reacción, ya que el vapor de agua tiene una entropía superior. **(c)** $\Delta H$ positivo, $\Delta T \Delta S$ negativo. Cuando se descompone el pentóxido de nitrógeno, aumentan tanto la entalpía como la entropía. Esta reacción química es poco habitual, en cuanto está impulsada por la entropía. Aunque la reacción absorbe calor, está favorecida gracias al gran aumento de entropía que se produce por la formación de productos gaseosos.

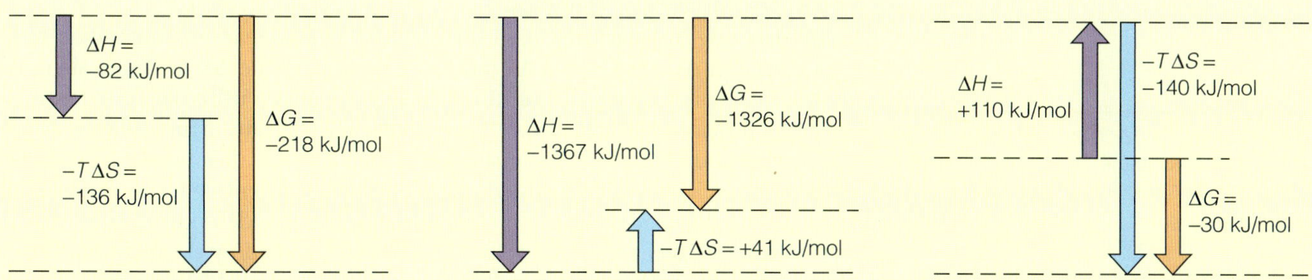


**(a) Fermentación de la glucosa a etanol**

$C_6H_{12}O_6(s) \rightarrow 2C_2H_5OH(l) + 2CO_2(g)$

Los cambios, tanto de la entalpía como de la entropía, favorecen la reacción.

**(b) Combustión del etanol**

$C_2H_5OH(l) + 3O_2(g) \rightarrow 2CO_2(g) + 3H_2O(l)$

La entalpía favorece la reacción, pero la entropía se opone a ella. Podríamos denominar a esta reacción «impulsada por la entropía». Si el producto fuera *vapor* de agua, un aumento de la entropía favorecería también la reacción.

**(c) Decomposición del pentóxido de nitrógeno**

$N_2O_5(s) \longrightarrow 2NO_2(g) + 1/2O_2(g)$

Esta reacción química es poco habitual por cuanto está «impulsada por la entropía». La reacción absorbe generalmente calor, pero se ve favorecida por el gran aumento de entropía que se produce por la formación de productos gaseosos.

TABLA 3.3. El efecto de la temperatura sobre $\Delta G$ para un proceso o reacción depende de los signos de $\Delta H$ y $\Delta S$.

| $\Delta H$ | $\Delta S$ | *T* baja | *T* Elevada |
|---|---|---|---|
| + | + | $\Delta G$ positivo; no favorecido | $\Delta G$ negativo; favorecido |
| + | – | $\Delta G$ positivo; no favorecido | $\Delta G$ positivo; no favorecido |
| – | + | $\Delta G$ negativo; favorecido | $\Delta G$ negativo; favorecido |
| – | – | $\Delta G$ negativo; favorecido | $\Delta G$ positivo; no favorecido |

La vida comporta una reducción temporal de la entropía, que se compensa con el gasto de energía.

*el precio de la organización*. De hecho, la vida consiste fundamentalmente en este intercambio. Los organismos vivos gastan energía para superar la entropía. Para que estos procesos vitales continúen, los cambios de la energía libre *global* en el organismo deben ser negativos. La vida es un proceso irreversible. Un organismo que llega al equilibrio con su entorno está muerto.

La Bioenergética tiene una implicación filosófica aún más profunda. El universo, en su conjunto, es un sistema aislado. *La entropía del universo entero debe estar aumentando.* De ello se deduce que cada uno de nosotros, como organismos vivos que de manera local y temporal reducimos la entropía, debemos producir un aumento de la entropía en algún lugar del mundo que nos rodea. Así, por ejemplo, cuando metabolizamos el alimento, emitimos calor y aumentamos el movimiento molecular aleatorio a nuestro alrededor. En cierto sentido, mantenemos nuestras vidas mediante la muerte entrópica del universo.

En el Capítulo 6 volveremos a ver la interdependencia entre la entalpía y la entropía, cuando consideremos el plegamiento y la estabilidad de las proteínas. La forma activa de las biomoléculas, especialmente de las proteínas y los RNA, están asociadas generalmente con una estructura bien definida y muy ordenada. El proceso por el que una proteína pasa desde un estado desestructurado («desplegado») inactivo a su estado estructurado («plegado») activo tiene una importancia fundamental en bioquímica y en la industria biotecnológica. El plegamiento y la estabilidad de las proteínas están relacionados y ambos están bien descritos por la Ecuación 3.11, donde $\Delta H$ es una medida del cambio de las interacciones de los enlaces y $\Delta S$ es una medida del cambio del orden del sistema cuando va de un estado a otro.

El plegamiento de las proteínas lo describe bien $\Delta G = \Delta H - T\Delta S$, donde $\Delta H$ es una medida de la variación de las interacciones de enlace y $\Delta S$ mide la variación del orden del sistema que va desde el estado desplegado al estado plegado.

### Energía libre y trabajo útil

Es de gran importancia en bioquímica el conocimiento de que $\Delta G$ mide la cantidad máxima de trabajo *útil* que puede obtenerse de un proceso químico, puesto que el trabajo útil comprende el trabajo de la contracción muscular y la motilidad celular, el del transporte de iones y moléculas, el de la transmisión de señales y el del crecimiento de los tejidos, por dar algunos ejemplos.

Recuérdese que $\Delta H$ es el cambio de energía total de una reacción, incluido el trabajo $P\Delta V$. La ecuación $\Delta G = \Delta H - T\Delta S$ indica que una parte de $\Delta H$ se disipa siempre en forma de calor, como expresa el término $T\Delta S$, y no puede utilizarse, por tanto, para realizar otras funciones. Sea cual sea el proceso del que se trate, al menos la cantidad de energía correspondiente a $T\Delta S$ no puede utilizarse. El resto, $\Delta G$, puede utilizarse para otras necesidades, aunque la cantidad que se utiliza realmente para la realización de trabajo depende del camino que siga el proceso. La **eficacia** de un proceso bioquímico se define como el cociente entre el trabajo realmente realizado y el trabajo máximo esperado a partir del cambio de energía libre.

El cambio de energía libre, $\Delta G$, es una medida del máximo trabajo útil que puede obtenerse de cualquier reacción.

## Energía libre y concentración

El signo de $\Delta G$ de un proceso nos indica si éste o su inverso son favorables termodinámicamente. La magnitud de $\Delta G$ nos indica hasta qué punto el proceso está alejado del equilibrio, y la cantidad de trabajo útil que puede obtenerse de él. Evidentemente, $\Delta G$ es una cantidad de importancia fundamental para determinar los procesos que se producirán o no en una célula, y para qué pueden utilizarse.

Para expresar estas ideas cuantitativamente, es necesario contestar a esta pregunta: ¿Cómo depende la energía libre de un sistema de la concentración de varios componentes de una mezcla? En las dos secciones siguientes de este capítulo se obtiene una expresión alternativa de $\Delta G$ que nos permite contestar a esa pregunta:

$$\Delta G = \Delta G^\circ + RT \ln Q \tag{3.12}$$

Donde $\Delta G^\circ$ es la **variación de energía libre estándar** de una reacción (que se define en la sección siguiente), $R$ es la constante de los gases, $T$ es la temperatura absoluta en Kelvin, y $Q$ es la **expresión de acción de masas** para la reacción que interesa. En esencia, $Q$ describe las concentraciones relativas de reactantes y productos. La Ecuación 3.12 nos permite cuantificar la energía de que se dispone en una reacción bioquímica para realizar trabajo, y la utilizaremos frecuentemente en los capítulos que describen la química metabólica.

## Potencial químico

La relación entre la energía libre y las concentraciones de los componentes de una mezcla puede expresarse de una forma muy sencilla. Si tenemos una mezcla que contiene $a$ moles del componente A, $b$ moles del componente B, etcétera, podemos escribir

$$G = a\overline{G}_A + b\overline{G}_B + c\overline{G}_C + \ldots \tag{3.13}$$

Las magnitudes $\overline{G}_A$, $\overline{G}_B$, etc. se denominan **energías libres molares parciales** o **potenciales químicos** de los diversos componentes. Cada una de ellas representa la contribución, por mol, de un componente concreto a la energía libre total del sistema (en algunos textos, al potencial químico se le asigna el símbolo $\mu$). Utilizaremos la aproximación, que suele ser válida para las disoluciones diluidas, de que cada uno de los potenciales químicos depende tan solo de la concentración de la sustancia en cuestión. Para las disoluciones diluidas, $\overline{G}_A$, $\overline{G}_B$, etc., resultan ser funciones logarítmicas simples de las *actividades* de las correspondientes sustancias. Como se describe en el Capítulo 2 (*véase* la Ecuación 2.6A), la **actividad** (***a***) es una magnitud adimensional que mide la concentración eficaz de una sustancia, que describe su contribución a la energía libre del sistema. Encontramos

El potencial químico de una sustancia mide la contribución de esa sustancia a la energía libre del sistema.

$$\begin{aligned} \overline{G}_A &= G_A^\circ + RT \ln a_A \\ \overline{G}_B &= G_B^\circ + RT \ln a_B \\ &\ldots \textit{etc.} \end{aligned} \tag{3.14a}$$

Para disoluciones diluidas la actividad de cada componente soluto puede considerarse aproximadamente igual a la *concentración molar* de ese componente. A concentraciones muy bajas, *actividad* y *concentración molar* son numéricamente iguales. Esta aproximación es adecuada para la mayor parte de las aplicaciones bioquímicas. Podemos pues volver a escribir la Ecuación 3.14a en términos de concentraciones:

$$\begin{aligned} \overline{G}_A &= G_A^\circ + RT \ln [A] \\ \overline{G}_B &= G_B^\circ + RT \ln [B] \\ &\ldots \textit{etc.} \end{aligned} \tag{3.14b}$$

donde $[A]$, $[B]$, etc., tienen valores (dimensionales) iguales a las concentraciones molares de los componentes. Obsérvese lo que ocurre cuando la concentración es igual a 1 M. El término logarítmico se anula, (ya que $\ln 1 = 0$) y, por ejemplo, $\overline{G}_A = G_A^\circ$. Esto nos indica el significado de $G_A^\circ$, $G_B^\circ$, etc., que son los valores de referencia o de estado estándar del potencial químico. Siempre expresamos los potenciales químicos en relación con un **estado estándar**. En solución, el estado estándar de cada componente *soluto* es una concentración 1 M; el estado estándar del disolvente es el disolvente puro. En cada caso, en el estado estándar $a = 1$. En los ejemplos de cálculos termodinámicos descritos a continuación convertiremos los términos de concentración en actividades utilizando las **concentraciones del estado estándar** de cada componente del sistema.

La importancia de las Ecuaciones 3.14a.b radica en que nos permiten aplicar los principios generales de la termodinámica a los problemas prácticos. En concreto, nos permiten predecir las direcciones favorecidas de los procesos reales en unas condiciones definidas. Los valores calculados de $\Delta G$ que predicen la dirección favorecida de un proceso bioquímico son una medida de la diferencia de energía libre entre los estados inicial y final para ese proceso. Para calcular el cambio de cualquier función de estado (por ejemplo, $\Delta T$, $\Delta H$, $\Delta S$, $\Delta G$, etc.) restamos el valor inicial al valor final para esa función de estado; así, definimos $\Delta G$ como sigue.

$$\Delta G = G_{\text{Final}} - G_{\text{Inicial}} \tag{3.15}$$

Un proceso bioquímico en el que son especialmente relevantes estos principios es la difusión a través de membranas, un proceso que utilizaremos aquí como ejemplo, y que comentaremos con mayor detalle en los Capítulos 10 y 15.

## Un ejemplo de cómo se utiliza el potencial químico: examen detallado de la difusión a través de una membrana

La experiencia nos indica que si una sustancia puede difundir a través de una membrana, lo hará en la dirección que iguale las concentraciones existentes a ambos lados de la misma. Veremos ahora si nuestros argumentos termodinámicos pueden justificar este hecho.

Supongamos que tenemos dos disoluciones de la sustancia A separadas por una membrana a través de la cual puede pasar A (Figura 3.5). Supongamos que en la zona 1 la concentración es inicialmente $[A]_1$ y en la zona 2 la concentración es $[A]_2$. Para evaluar $\Delta G$ debemos definir la dirección de la transferencia del proceso. Consideremos la transferencia de una cantidad de A desde la zona 1 (el estado «inicial» de A) a la zona 2 (el estado «final» de A). De acuerdo con la definición de $\Delta G$ que se da en la Ecuación 3.15, el cambio global de energía libre viene determinado por la diferencia de las energías libres molares (o potenciales químicos) de A en las zonas 1 y 2, o

$$\Delta G = G_{A_2} - G_{A_1} \tag{3.16}$$

Esperamos que estas energías libres molares sean diferentes, ya que el potencial químico de un soluto depende de la concentración de ese soluto (Ecuación 3.14b). Se puede calcular el cambio de energía libre para el movimiento de A desde la zona 1 a la zona 2, aplicando las Ecuaciones 3.14b y 3.16:

$$G_{A_1} = G_A^\circ + RT\ln[A]_1 \tag{3.17a}$$

$$G_{A_2} = G_A^\circ + RT\ln[A]_2 \tag{3.17b}$$

$$\Delta G = G_{A_2} - G_{A_1} = (G_A^\circ + RT\ln[A]_2) - (G_A^\circ + RT\ln[A]_1) \tag{3.18}$$

**FIGURA 3.5**

**Equilibrio a través de una membrana.** Dos disoluciones de A, de concentraciones $[A_1]$ y $[A_2]$, están separadas por una membrana a través de la cual puede pasar A en cualquier dirección. Si la concentración inicial es superior en la zona 1, el potencial químico de A será también superior en esa zona, y se producirá un transporte neto desde la zona 1 a la zona 2 hasta que se alcancen unas concentraciones (y potenciales químicos) iguales.

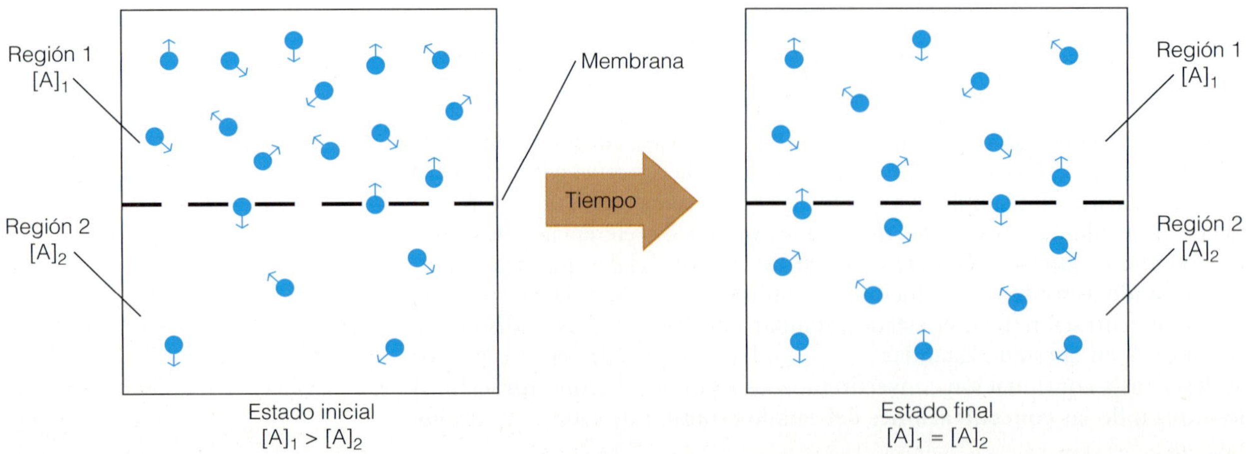

Tras anular los términos $G^\circ_A$, la Ecuación 3.18 queda simplificada a

$$\Delta G = RT \ln \frac{[A]_2}{[A]_1} \tag{3.19}$$

La Ecuación 3.19 predice lo siguiente:

1. Si $[A]_2 < [A]_1$, $\Delta G$ es negativo y la transferencia de la zona 1 a la zona 2 es favorable (esta es la situación descrita en el «estado inicial» en la Figura 3.5).
2. A la inversa, para un sistema donde $[A]_2 > [A]_1$, $\Delta G$ es positivo y la transferencia de la zona 1 a la zona 2 no es favorable (mientras que sí lo es la transferencia en la dirección contraria).
3. Si $[A]_2 = [A]_1$, $\Delta G$ es cero y no hay fuerza impulsora neta en cualquiera de las direcciones para la transferencia de A. El sistema se encuentra en equilibrio (esta es la situación descrita como «estado final» en la Figura 3.5).

Con este análisis llegamos a la siguiente conclusión: si una sustancia puede pasar a través de una membrana, la dirección de transferencia favorable será siempre de la zona de concentración elevada a la zona de concentración baja. De manera más general, podemos afirmar que una sustancia difundirá espontáneamente desde una zona en la que su potencial químico sea alto a otra en la que sea bajo. Así pues, el potencial químico desempeña, para las sustancias químicas, un cometido muy similar al que tiene el potencial eléctrico para los electrones: es la fuerza impulsora. Esta fuerza impulsora mueve el sistema a través de la membrana desde cualquier distribución de [A] inicial hacia el estado de equilibrio de igual concentración donde ya no hay más fuerza impulsora, ya que $\Delta G = 0$.

Existen casos en los que las sustancias pasan fácilmente desde zonas de menor concentración a zonas de mayor concentración; pero, en estas circunstancias se paga el precio necesario de energía libre *acoplando* el proceso de transporte a una o varias reacciones químicas favorables desde el punto de vista termodinámico. Dos (o más) reacciones están «acopladas» cuando una reacción no puede tener lugar sin que se produzca la(s) otra(s) reacción(es). Encontraremos a lo largo de este texto que el acoplamiento de reacciones bioquímicas se realiza principalmente a través de las enzimas. Sin embargo, hay que demostrar cómo los efectos del potencial químico afectan a los $\Delta G$ de las reacciones bioquímicas antes de que exploremos con mayor profundidad el concepto de acoplamiento de reacciones.

## Energía libre y reacciones químicas: equilibrio químico

### Cambio de energía libre y constante de equilibrio

Quizá la utilidad más importante del potencial químico es describir cuantitativamente los cambios de energía libre que acompañan a las reacciones químicas en diversas condiciones. Somos capaces de predecir, pues, la dirección favorable de las reacciones. Supongamos que tenemos una reacción como la siguiente

$$aA + bB \rightleftharpoons cC + dD$$

A pesar de que la reacción puede producirse en ambas direcciones, la hemos escrito con C y D en el lado derecho, por lo que denominamos a estas sustancias *productos* y a las sustancias A y B, *reactantes*. Queremos calcular el cambio de energía libre que se produce cuando *a* moles de A y *b* moles de B forman *c* moles de C y *d* moles de D, cada uno de ellos a una determinada concentración*.

*¿Cómo hacemos que se produzca una reacción al tiempo que se mantienen constantes las concentraciones, tanto de los reactantes como de los productos? Podemos imaginar dos formas. En primer lugar, las cantidades totales de reactantes y productos podrían ser tan grandes que la reacción de una cantidad finita de A y B para dar C y D no modificara de manera apreciable las concentraciones de estas especies. De otra forma, podríamos imaginar procesos hipotéticos que eliminaran productos y añadieran reactantes, de manera que las concentraciones se mantuvieran inalteradas, lo cual ocurre frecuentemente en las células vivas, donde las concentraciones de los metabolitos permanecen dentro de un margen de concentración estrecho, casi constante, *muy lejos de los valores de equilibrio* (esta característica del estado vivo se denomina «homeostasis» y no debe confundirse con el equilibrio termodinámico).

Para cualquier reacción química podemos igualar el estado de los reactantes como «estado inicial» y el estado de los productos como «estado final». De acuerdo con la Ecuación 3.15, el cambio de energía libre de la reacción debe ser la energía libre de los productos menos la de los reactantes.

$$\Delta G = G\,(\text{productos}) - G\,(\text{reactantes}) \tag{3.20}$$

Según la Ecuación 3.13, podemos escribir estas energías libres en términos de los potenciales químicos de las sustancias, multiplicando cada uno de ellos por el número de moles. En nuestro ejemplo,

$$\Delta G = c\overline{G}_C + d\overline{G}_D - a\overline{G}_A - b\overline{G}_B \tag{3.21}$$

Aquí afirmamos simplemente que la fuerza impulsora de la reacción es la energía libre total de los productos menos la de los reactantes.

Ahora, utilizando la Ecuación 3.14b, introducimos las expresiones adecuadas para $G_C$ y las demás, en términos de concentraciones y obtenemos

$$\Delta G = cG_C^\circ + cRT\ln[C] + dG_D^\circ + dRT\ln[D] - aG_A^\circ - aRT\ln[A] - bG_B^\circ - bRT\ln[B] \tag{3.22a}$$

o

$$\Delta G = cG_C^\circ + dG_D^\circ - aG_A^\circ - bG_B^\circ + RT\ln[C]^c + RT\ln[D]^d - RT\ln[A]^a - RT\ln[B]^b \tag{3.22b}$$

o

$$\Delta G = \Delta G^\circ + RT\ln\left(\frac{[C]^c[D]^d}{[A]^a[B]^b}\right) \tag{3.23}$$

El cambio de energía libre de una reacción química depende del cambio de energía libre del estado estándar ($\Delta G^\circ$) y de las actividades de los reactantes y los productos (descritas por $RT\ln Q$).

Al pasar de la Ecuación 3.22a a la 3.23 hemos hecho dos cosas: agrupar los términos $G^\circ$ en $\Delta G^\circ$ y utilizar reordenamientos como $aRT\ln[A] = RT\ln[A]^a$. El grupo de términos $G^\circ$ ($\Delta G^\circ$) tiene un significado sencillo; dado que $G^\circ$ es la energía libre por mol de sustancia en el estado estándar (1 M), $\Delta G^\circ$ corresponde al **cambio de energía libre del estado estándar** de la reacción. Es el cambio de energía libre que se observaría si *a* moles de A y *b* moles de B, ambos a concentración 1 M, formaran *c* moles de C y *d* moles de D, ambos a 1 M.

El cociente entre productos y reactivos dado entre paréntesis en la Ecuación 3.23 es una *expresión de acción de masas*, que también puede representarse por el símbolo *Q*:

$$\frac{[C]^c[D]^d}{[A]^a[B]^b} = Q \tag{3.24}$$

Si combinamos las Ecuaciones 3.23 y 3.24 obtenemos la Ecuación 3.12: $\Delta G = \Delta G^\circ + RT\ln Q$.

La cantidad $\Delta G$ es el cambio de energía libre cuando *a* moles de A (a concentración [A]) y *b* moles de B (a [B]) reaccionan para dar *c* moles de C (a [C]) y *d* moles de D (a [D]). Estas concentraciones pueden ser las que queramos. Cuando todas son 1 M, la Ecuación 3.23 se convierte en $\Delta G = \Delta G^\circ$. La Ecuación 3.23 es importante, ya que permite calcular $\Delta G$ en las condiciones que deseemos.

Supongamos ahora que la reacción ha llegado al equilibrio. En ese caso, deben ser ciertas dos cosas. En primer lugar, las concentraciones en la expresión de acción de masas (Ecuación 3.24) deben ser concentraciones de equilibrio. En el equilibrio, el factor *Q* tiene un valor idéntico a la *constante de equilibrio K* para la reacción

$$K = \left(\frac{[C]^c[D]^d}{[A]^a[B]^b}\right)_{eq} \tag{3.25}$$

En segundo lugar, si el sistema está en equilibrio, $\Delta G$ debe ser igual a cero. En este caso, la Ecuación 3.23 se reduce a

$$0 = \Delta G^\circ + RT\ln\left(\frac{[C]^c[D]^d}{[A]^a[B]^b}\right)_{eq} = \Delta G^\circ + RT\ln K \tag{3.26}$$

o

La constante de equilibrio *K* puede calcularse a partir del cambio de energía libre del estado estándar $\Delta G^0$, y viceversa.

$$-\Delta G^\circ = RT\ln K \tag{3.27}$$

Esta expresión puede reordenarse de la forma siguiente

$$K = e^{-\Delta G^\circ/RT} \tag{3.28}$$

Las Ecuaciones 3.27 y 3.28 expresan una relación importante entre el cambio de energía libre estándar $\Delta G°$ y la constante de equilibrio, $K$, que utilizaremos muchas veces. Estas ecuaciones hacen posible, por ejemplo, utilizar los datos de las tablas de energía libre de estado estándar, para predecir las constantes de equilibrio de las reacciones.

Es preferible considerar la Ecuación 3.23 de la siguiente forma: $\Delta G°$ representa un valor de referencia para el cambio de energía libre, mediante el cual pueden compararse los cambios de energía libre intrínsecos de distintas reacciones en circunstancias equivalentes (concentraciones 1 M). La magnitud de este término nos indica la constante de equilibrio. El término $RT \ln Q$ (que depende de la concentración) de la Ecuación 3.23 representa el cambio de energía libre adicional (+ o −) que comporta la realización de la reacción en otras condiciones de concentración de no equilibrio. Son frecuentes las tabulaciones de los valores de $\Delta G°$ para distintas reacciones, pero debemos tener siempre en cuenta, al aplicar estos datos a los problemas bioquímicos, que es el valor de $\Delta G$, determinado mediante las concentraciones reales de la célula, y no el valor de $\Delta G°$ el que determina que una reacción esté o no favorecida in vivo.

Es $\Delta G$, tal como determinan las concentraciones reales de reactantes y productos en la célula, y no $\Delta G°$ quien señala si una reacción es favorable o no *in vivo*.

## Cálculos de energía libre: un ejemplo bioquímico

Para aclarar un poco más la aplicación de estas ideas algo abstractas, consideremos un ejemplo, que es una reacción bioquímica muy sencilla, pero importante: la isomerización de la glucosa-6-fosfato (G6P) en fructosa-6-fosfato (F6P) que se muestra en la Figura 3.6

$$\text{Glucosa-6-fosfato} \rightleftharpoons \text{Fructosa-6-fosfato} \qquad \Delta G° = +1.7 \text{ kJ/mol}$$

que puede escribirse de forma más compacta como

$$\text{G6P} \rightleftharpoons \text{F6P} \qquad \Delta G° = +1.7 \text{ kJ/mol}$$

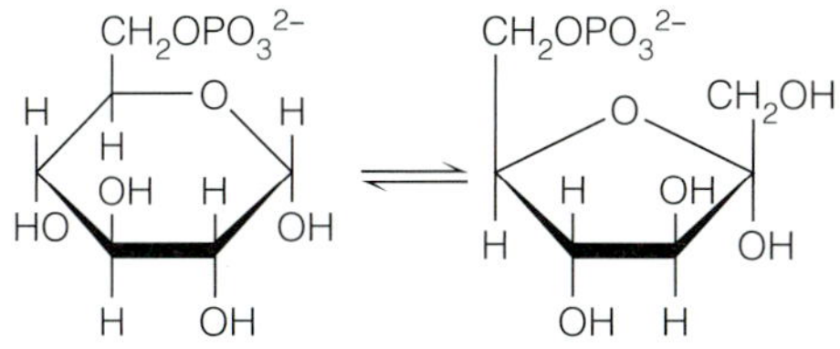


**FIGURA 3.6**
Isomerización de la glucosa-6-fosfato (G6P) a fructosa-6-fosfato (F6P).

Este es el segundo paso de la **ruta glucolítica**, que se considera en el Capítulo 13. La reacción es claramente endergónica en condiciones estándar. En otras palabras, el sistema no está en equilibrio cuando la G6P y la F6P están ambas a una concentración 1 M debido a que $\Delta G°$ es positivo (+1.7 kJ/mol) y la reacción inversa está favorecida en condiciones estándar. En consecuencia, el equilibrio desde desplazarse hacia la izquierda, con una concentración de G6P superior a la de F6P. Podemos expresar este hecho cuantitativamente mediante el cálculo de la constante de equilibrio a partir de la Ecuación 3.28. Utilizando el valor indicado más arriba para $\Delta G°$, y suponiendo una temperatura de 25 °C (298 K), obtenemos:

$$K = e^{\left(\frac{-\Delta G°}{RT}\right)} = e^{\left(\frac{-\left(1700 \frac{\text{J}}{\text{mol}}\right)}{\left(8.315 \frac{\text{J}}{\text{mol}\cdot\text{K}}\right)(298\text{ K})}\right)} = 0.504 = \left(\frac{[\text{F6P}]}{[\text{G6P}]}\right)_{\text{eq}} \tag{3.29}$$

donde $([\text{F6P}]/[\text{G6P}])_{\text{eq}}$ es el cociente de equilibrio de la concentración de fructosa-6-fosfato respecto a la de glucosa-6-fosfato. El hecho de que $K < 1$ es otra forma de decir que el equilibrio se encuentra desplazado hacia la izquierda, o a favor de los reactantes (en este caso, G6P).

## Las células vivas no se encuentran en equilibrio

Las concentraciones de metabolitos de cualquier proceso en las células *vivas* no son las concentraciones de equilibrio definidas por $\Delta G°$ para ese proceso. El estado de equilibrio químico es característico de las células muertas, no de las vivas. Como se señaló al comienzo de este capítulo, las características del estado vivo incluyen la captura, la transformación, el almacenamiento y la utilización de la energía (todos ellos se consideran con gran detalle en los capítulos siguientes de este texto). Esos procesos solo pueden tener lugar cuando $\Delta G < 0$. En otras palabras, un organismo vivo no se encuentra en el equilibrio.

La vida tiene lugar dentro de intervalos relativamente estrechos de temperatura, pH y concentraciones de iones y metabolitos. Este conjunto de condiciones se denominan **homeostasis** o **condiciones homeostáticas**. Debido a que las concentraciones de determina-

La condición homeostática, que es característica de las células vivas, no debe confundirse con el verdadero equilibrio termodinámico.

dos solutos en el interior de las células permanecen relativamente constantes, la homeostasis se confunde con frecuencia con el equilibrio, termodinámico verdadero; sin embargo, la *homeostasis no debe confundirse con el equilibrio.* La distinción fundamental entre los dos es que, en condiciones de homeostasis, el $\Delta G$ de numerosos procesos vitales es $<0$, mientras que en el equilibrio, el $\Delta G$ de cualquier proceso $= 0$. Además, se requiere energía para mantener la homeostasis; de aquí, la necesidad de captar, transformar y almacenar energía.

Sabemos, de acuerdo con el principio de Le Chatelier, que cualquier sistema que no se encuentra en equilibrio tiene una fuerza impulsora ($\Delta G < 0$) para ir en la dirección que restablece el estado de equilibrio. Podemos entender la magnitud de estas fuerzas impulsoras comparando los sistemas de equilibrio y no equilibrio. Para la reacción

$$aA + bB \rightleftharpoons cC + dD$$

en el equilibrio, el principio de Le Chatelier predice que una perturbación del equilibrio por aumento de la concentración de *cualquier* reactante, [A] o [B], producirá un aumento de la concentración de *ambos* productos, [C] y [D], ya que el sistema retrocede hacia el estado de equilibrio. Asimismo, si el equilibrio se modifica por un aumento de [C] o de [D], el sistema responderá aumentando [A] y [B]. Podemos apreciar la base del principio de Le Chatelier utilizando los argumentos termodinámicos expuestos anteriormente. Consideremos de nuevo la Ecuación 3.12:

$$\Delta G = \Delta G° + RT \ln Q$$

y sustituyamos $\Delta G°$ por $-RT \ln K$ (Ecuación 3.27) para dar:

$$\Delta G = -RT \ln K + RT \ln Q \tag{3.30}$$

Para un sistema en equilibrio $Q = K$, y así

$$\Delta G = -RT \ln K + RT \ln K = 0 \tag{3.31}$$

Como $\Delta G = 0$, no hay fuerza impulsora en ninguna dirección. Por otra parte, para un sistema que no se encuentra en equilibrio $Q \neq K$, y así

$$\Delta G = -RT \ln K + RT \ln Q \neq 0 \tag{3.32}$$

En este caso, $\Delta G \neq 0$, o, hay una fuerza impulsora de la reacción, que según predice el principio de Le Chatelier, favorecerá la dirección que restablece el equilibrio. Se puede predecir la dirección, hacia los reactantes o hacia los productos, que será favorecida si consideramos los valores relativos de $K$ y $Q$. Esto se ve de forma más simple si reagrupamos la Ecuación 3.30:

$$\Delta G = RT(\ln Q - \ln K) = RT \ln\left(\frac{Q}{K}\right) \tag{3.33}$$

La Ecuación 3.33 predice que una reacción tendrá lugar según está escrita, siempre que el cociente $Q/K < 1$ (*véase* la Tabla 3.4). Se pueden imaginar dos formas por medio de las cuales las células vivas pueden mantener $Q/K < 1$. La primera es consumiendo los productos según se van formando, de forma que las concentraciones homeostáticas de los productos sean relativamente bajas comparadas con las concentraciones de los reactantes. Esta es una estrategia habitual que se emplea en las rutas metabólicas con muchos pasos. Por ejemplo, para la ruta hipotética

$$A \rightarrow B \rightarrow C \rightarrow D \rightarrow E$$

B es el «producto» del primer paso, pero es también el «reactante» del segundo paso. La concentración de B en la célula será baja si B se convierte rápidamente en C. Por el principio de Le Chatelier, la reacción A ⟶ B será impulsada hacia la derecha, como consecuencia de la eliminación de B del sistema. La segunda forma de mantener $Q/K < 1$ es manteniendo las concentraciones de las especies «reactantes» relativamente elevadas. El principio de Le Chatelier predice que al aumentar [A] hay una mayor tendencia a impulsar la reacción A⟶ B hacia la derecha. La magnitud y el signo de esa fuerza impulsora se expresan de forma sucinta como $\Delta G$ y puede calcularse fácilmente utilizando la Ecuación 3.23.

En resumen, hemos descrito cómo están relacionados con el equilibrio los procesos favorecidos termodinámicamente (irreversibles). Siempre que un sistema se desplace

**TABLA 3.4. Relaciones entre $K$, $Q$ y $\Delta G$ de una reacción**

| Valor de Q | Valor de $\Delta G$ | Dirección favorecida |
|---|---|---|
| $< K$ | $< 0$ | Reacción hacia adelante (formación de los productos) |
| $= K$ | $= 0$ | Ninguna (sistema en equilibrio) |
| $> K$ | $> 0$ | Reacción inversa (formación de los reactantes) |

del equilibrio, irá en la dirección del equilibrio debido a que esta tendrá un $\Delta G < 0$. Dado que las células vivas no están en equilibrio, la mayoría de las reacciones celulares se impulsan para que vayan en la dirección a favor o la inversa.

Ahora nos encontramos preparados para responder a una pregunta de importancia fundamental en bioenergética: «¿Cómo se impulsan hacia adelante en las células vivas las reacciones desfavorables?». Las reacciones termodinámicamente desfavorables pueden impulsarse por alguna o por ambas de las estrategias siguientes:

1. Manteniendo $Q < K$.
2. Acoplando una reacción desfavorable con una reacción muy favorable.

Las reacciones desfavorecidas termodinámicamente pueden pasar a ser favorecidas cuando $Q < K$, y/o cuando se acoplan con reacciones muy favorecidas (esto es, muy exergónicas).

La base teórica de la primera estrategia se ha descrito anteriormente. En las secciones siguientes se describirá la base de la segunda. En capítulos posteriores se explicará la mejora de estas estrategias en numerosas reacciones bioquímicas. Veremos que los procesos muy favorables como el transporte de iones a través de las membranas y la hidrólisis del **adenosina trifosfato (ATP)** se utilizan habitualmente para impulsar las reacciones desfavorables. Los procesos de consumo de ATP y de producción de ATP ocupan un lugar destacado en bioquímica, por lo que presentaremos aquí las características del ATP (y de los compuestos semejantes) que le hacen adecuado como molécula central de transducción de energía en las células.

## Compuestos de fosfato de energía elevada: fuentes de energía de los sistemas biológicos

Es de gran importancia en bioquímica el cometido fundamental que desempeñan los cambios de energía libre para determinar las direcciones favorables de las reacciones químicas, puesto que globalmente, toda ruta metabólica (por ejemplo, el plegamiento proteico, reacciones metabólicas, replicación del DNA, contracción muscular) debe ser un proceso favorable termodinámicamente. Con frecuencia, una reacción o proceso determinado necesario para la vida es en sí mismo endergónico. Como se ha señalado antes, estos procesos intrínsecamente desfavorables pueden hacerse favorables termodinámicamente, acoplándolos a reacciones muy favorecidas. Supongamos, por ejemplo, que tenemos una reacción que forma parte de una ruta esencial, pero que es endergónica:

$$\mathrm{A} \rightleftharpoons \mathrm{B} \qquad \Delta G^\circ = +10 \text{ kJ/mol}$$

Al mismo tiempo, supongamos otro proceso que es muy exergónico:

$$\mathrm{C} \rightleftharpoons \mathrm{D} \qquad \Delta G^\circ = -30 \text{ kJ/mol}$$

Si la célula es capaz de *acoplar* estas dos reacciones, el valor de $\Delta G^\circ$ para el proceso global será la suma algebraica de los valores individuales:

$$\begin{array}{rl} \mathrm{A} \rightleftharpoons \mathrm{B} & \Delta G^\circ = +10 \text{ kJ/ mol} \\ \mathrm{C} \rightleftharpoons \mathrm{D} & \underline{\Delta G^\circ = -30 \text{ kJ/ mol}} \\ \hline \text{Global: } \mathrm{A} + \mathrm{C} \rightleftharpoons \mathrm{B} + \mathrm{D} & \Delta G^\circ = -20 \text{ kJ/ mol} \end{array}$$

El equilibrio para el proceso global está ahora muy desplazado hacia la derecha; la consecuencia es que se produce B de manera eficaz a partir de A.

El acoplamiento de reacciones o procesos endergónicos con reacciones exergónicas se utiliza, no solo para impulsar innumerables reacciones, sino también, para transportar sustancias a través de membranas, transmitir impulsos nerviosos, contraer los músculos, y llevar a cabo otras transformaciones físicas.

### Compuestos de fosfato de energía elevada como transductores de energía

Los compuestos de fosfato de «energía elevada» tienen una energía libre negativa de hidrólisis muy grande.

El impulso de un proceso desfavorable mediante el acoplamiento con uno favorecido necesita la disponibilidad en las células de compuestos (como el compuesto hipotético C del ejemplo previo) que pueden experimentar reacciones con cambios de energía

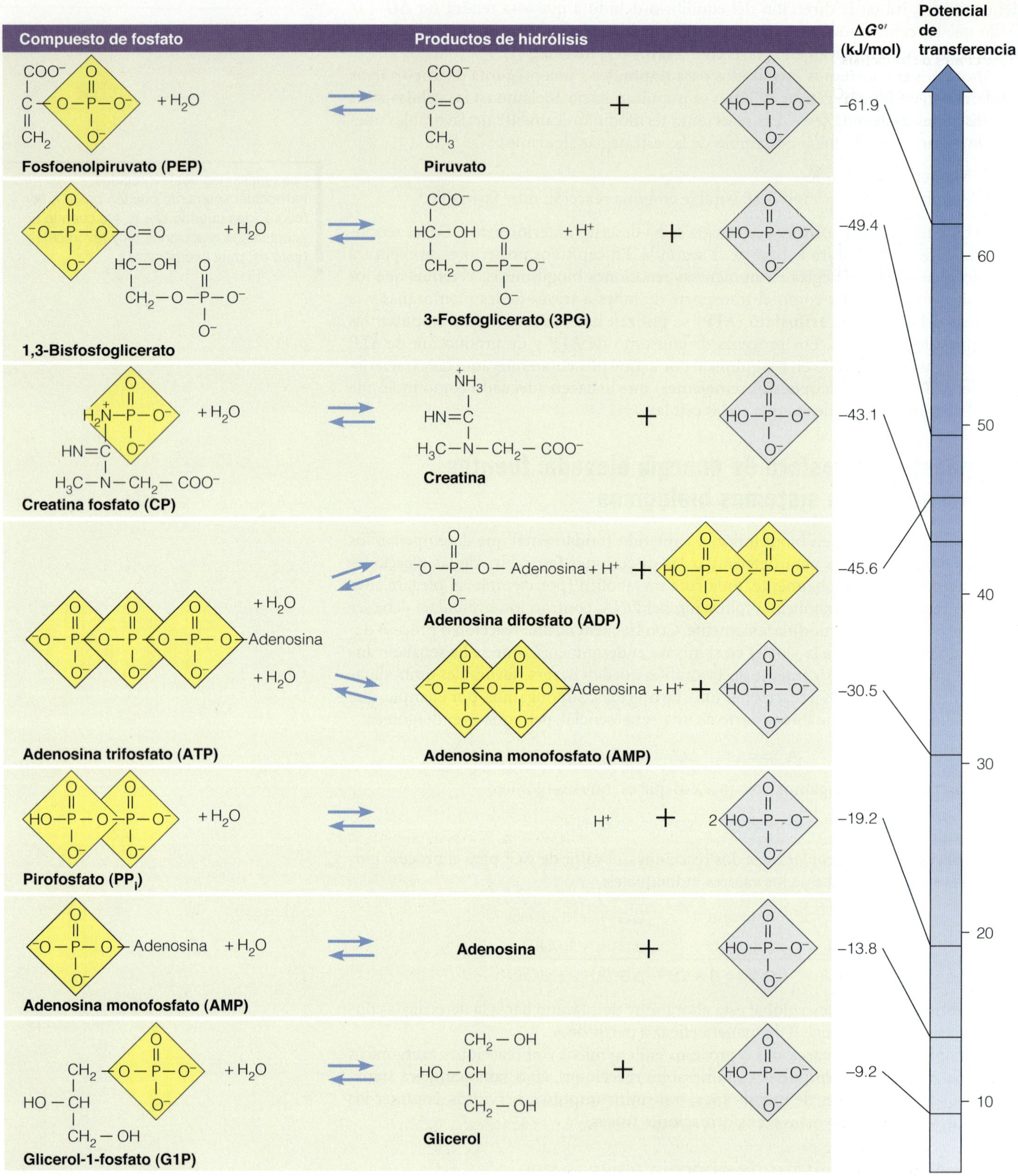


**FIGURA 3.7**

**Reacciones de hidrólisis de algunos compuestos de fosfato bioquímicamente importantes.** El grupo fosfato lábil de cada compuesto se muestra en amarillo. El producto de reacción más estable, $P_i$, está en gris. A la derecha se muestra una escala de potenciales de transferencia de fosfato.

TABLA 3.5. $\Delta G^{\circ\prime}$ de la hidrólisis de algunos compuestos fosfato

| Reacciones de hidrólisis | $\Delta G^{\circ\prime}$ (kj/mol) | pH | $[Mg^{2+}]$ |
|---|---|---|---|
| Fosfoenolpiruvato + $H_2O \longrightarrow$ piruvato + $P_i$ | −61.9 | 7 | NS |
| 1,3-Bisfosfoglicerato + $H_2O \longrightarrow$ 3-Fosfoglicerato + $P_i$ + $H^+$ | −49.4 | 7 | NS |
| Acetil fosfato + $H_2O \longrightarrow$ acetato + $P_i$ + $H^+$ | −43.1 | 7 | NS |
| Creatina fofato + $H_2O \longrightarrow$ creatina + $P_i$ | −43.1 | 7 | NS |
| ATP + $H_2O \longrightarrow$ AMP + $PP_i$ + $H^+$ | −45.6 | 7 | NS |
| ATP + $H_2O \longrightarrow$ ADP + $P_i$ + $H^+$ | −30.5 | 7 | excess |
| $PP_i$ + $H_2O \longrightarrow 2P_i$ + $H^+$ | −33.5 | NS | NS |
| $PP_i$ + $H_2O \longrightarrow 2P_i$ + $H^+$ | −18.8 | NS | 0.005 |
| $PP_i$ + $H_2O \longrightarrow 2P_i$ + $H^+$ | −19.2 | 7 | 0.001 |
| Glucosa-1-fosfato + $H_2O \longrightarrow$ glucosa + $P_i$ | −20.9 | NS | NS |
| Glucosa-6-fosfato + $H_2O \longrightarrow$ glucosa + $P_i$ | −13.8 | NS | NS |

NE = No especificado

Jencks, W. P. (1976) Free energies of hydrolysis and decarboxylation en *Handbook of Biochemistry and Molecular Biology*, 3/E, G. Fasman ed. CRC Press, Boca Raton, FL.

Frey, P. y Arabshai, A. (1995) Standard free energy change for the hydrolysis of the $\alpha$, $\beta$-fosfoanhydride bridge in ATP. Biochemistry 34:11307-11310.

libre negativos grandes. Estas sustancias pueden contemplarse como transductores de energía de las células. Los más importantes de estos compuestos de energía elevada son determinados fosfatos, que pueden experimentar una liberación hidrolítica de sus grupos fosfato en disolución acuosa. En la Figura 3.7 y la Tabla 3.5 se muestran diversos compuestos de este tipo y sus reacciones de hidrólisis. Encontrará todas estas sustancias importantes en los capítulos posteriores sobre el metabolismo. Algunas de ellas, como el ATP, el **fosfoenolpiruvato (PEP)**, la **creatina fosfato (CP)** y el **1,3-bisfosfoglicerato (1,3-BPG)**, tienen unas energías libres de hidrólisis en estado estándar muy negativas. El ATP es, tal vez, el más importante de estos compuestos y el que encontrará con más frecuencia en este libro. En la Figura 3.8 se presentan la estructura y las reacciones de hidrólisis del ATP. La hidrólisis del ATP a ADP es muy exergónica, con un valor de $\Delta G^{\circ\prime} = -30.5$ kJ/mol (*véase* la página 00 para una definición exacta de $\Delta G^{\circ\prime}$). Este valor corresponde a una constante de equilibrio superior a $10^5$ y está tan desplazado hacia la derecha que la hidrólisis del ATP puede considerarse prácticamente irreversible.

En la Figura 3.7 se observa también que, aunque algunas de estas reacciones de hidrólisis de fosfato son realmente procesos de energía elevada, otras no lo son. Por ejemplo, la hidrólisis de un enlace fosfoanhídrido (como en el ATP, el ADP y el pirofosfato) y anhídrido mixto (1,3-BPG) es mucho más exergónica que la hidrólisis de los ésteres fosfato (AMP, glicerol-1-fosfato). Estas diferencias pueden explicarse por diversos factores. A continuación, se describen los que parecen ser más importantes.

## Estabilización por resonancia de los productos de fosfato

El ion **ortofosfato** ($HPO_4^{2-}$), que frecuentemente se abrevia con la expresión $\mathbf{P_i}$ (fosfato inorgánico), es capaz de adoptar una extensa gama de formas de resonancia. Tanto el protón ligado como el oxígeno que lo fija han de considerarse deslocalizados, por lo que es más adecuada la forma de escribir la estructura que se muestra en la Figura 3.9. Estas formas múltiples, que son de una energía igual, contribuyen a la entropía elevada de una estructura de resonancia de este tipo (*véase* la Ecuación 3.9). No todas estas formas son posibles cuando el fosfato está unido en un éster. Por consiguiente, la liberación del ortofosfato da lugar a un aumento de la entropía en el sistema, y está, por tanto, favorecida. La estabilización por resonancia se da en *todas* las reacciones de hidrólisis de fosfato que se describen en la Figura 3.7.

**FIGURA 3.8**

**La molécula de ATP y sus reacciones de hidrólisis.** A lo largo de todo este libro, el símbolo ⟨P⟩ representa el grupo ortofosfato tetraédrico. La hidrólisis del ATP o del ADP rompe un enlace fosfoanhidrido, mientras que la hidrólisis de AMP rompe un enlace éster fosfato.

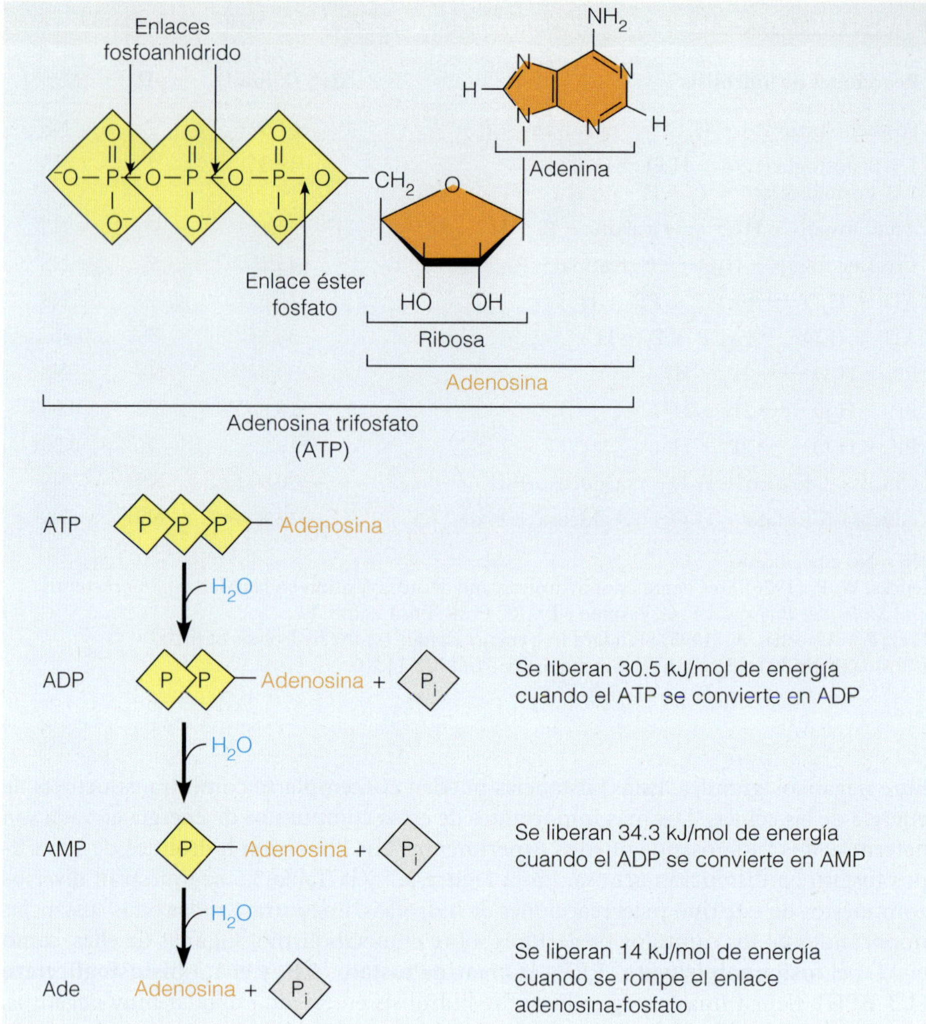


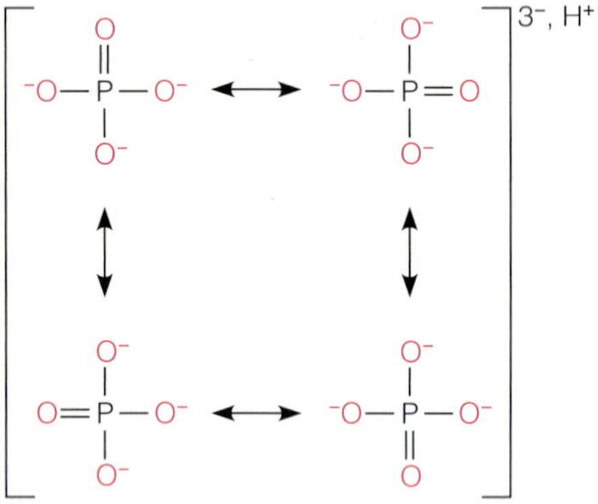


**(a)** Estructuras del ion fosfato que contribuyen a la estabilización de resonancia

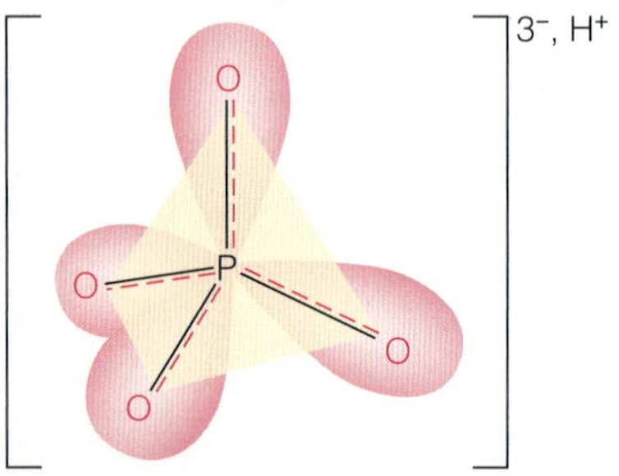


**(b)** Orbitales atómicos híbridos del ion fosfato tetrahédrico

**FIGURA 3.9**

**Estabilización de resonancia del ortofosfato, $HPO_4^{2-}$ ($P_i$).** La deslocalización de la carga del ion ortofosfato se representa aquí de dos formas: (a) En esta representación se muestran las cuatro formas de resonancia del ion fosfato con el $H^+$ no asignado de forma permanente a ninguno de los cuatro átomos de oxígeno. (b) Esta representación muestra el significado físico del doble enlace deslocalizado P═O; el ion fosfato es una estructura tetraédrica con cuatro enlaces equivalentes fósforo-oxígeno.

## Hidratación adicional de los productos de hidrólisis

La liberación del residuo de fosfato de su estado unido permite que existan mayores oportunidades de hidratación, especialmente cuando ambos productos están cargados. Recuérdese lo indicado en el Capítulo 2 respecto a que los iones están muy hidratados en una solución acuosa y que esa hidratación es un estado energéticamente favorecido.

## Repulsión electrostática entre los productos cargados

En la hidrólisis del fosfoenolpiruvato, el 1,3-bisfosfoglicerato, el adenosina trifosfato y del pirofosfato, los dos productos de la hidrólisis llevan una carga negativa. La repulsión entre estos productos iónicos favorece intensamente la reacción de hidrólisis.

## Tautomerización de las moléculas de producto

El $\Delta G°'$ de la hidrólisis del fosfoenolpiruvato, −61.9 kJ/mol, es significativamente más favorable que el que predice la hidrólisis de un éster fosfato simple (ej., compárese con $\Delta G°'_{\text{hidrólisis}} = -13.8$ kJ/mol para el AMP). La explicación de esta reactividad no esperada del PEP se encuentra en la isomerización estructural, en este caso denominada *tautomerización* del producto piruvato que se produce tras la liberación del $P_i$ del PEP. El producto directo de la hidrólisis del fosfato del PEP es la forma *enol* del piruvato, que rápidamente se tautomeriza a la forma *ceto* favorecida termodinámicamente:

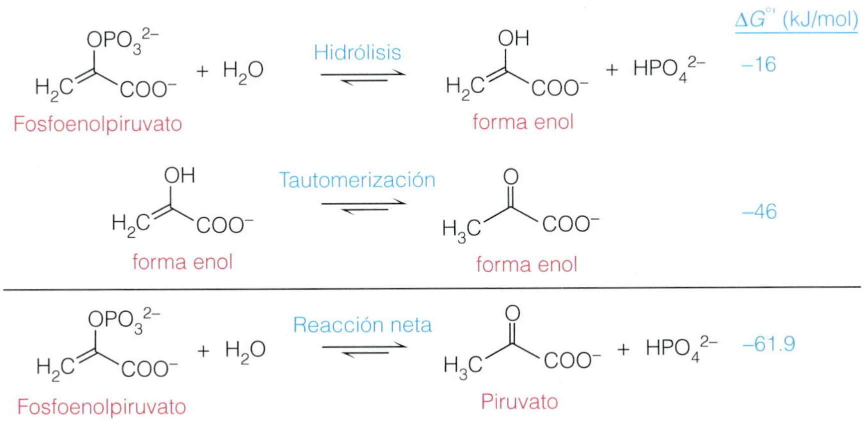


El equilibrio de esta tautomerización está muy alejado de la forma ceto ($K_{eq} \approx 6 \times 10^7$), de forma que es esta reacción de isomerización esencialmente irreversible la que proporciona la mayor parte de la fuerza impulsora de la hidrólisis global del PEP a piruvato y $P_i$.

## Agua, protones en soluciones amortiguadas, y «estado estándar bioquímico»

En algunas de las reacciones que se indican en la Figura 3.7 se libera un protón. En consecuencia, la concentración de ion hidrógeno (es decir, el pH) influirá en el $\Delta G$ de la reacción. Para la hidrólisis del ATP a ADP:

$$\text{ATP} + \text{H}_2\text{O} \rightleftharpoons \text{ADP} + \text{P}_i + \text{H}^+$$

Podemos calcular el $\Delta G$ para la reacción utilizando la Ecuación 3.23:

$$\Delta G = \Delta G° + RT \ln\left(\frac{[\text{ADP}][\text{P}_i][\text{H}^+]}{[\text{ATP}][\text{H}_2\text{O}]}\right) \tag{3.34}$$

Dado que las reacciones bioquímicas normalmente tienen lugar en soluciones acuosas relativamente diluidas, amortiguadas cerca de pH 7, es adecuado considerar los potenciales químicos del $H_2O$ y el $H^+$ de forma diferente a lo que se hace para los cálculos termodinámicos basados en las condiciones de estado estándar descritas previamente. En una disolución diluida, la actividad del disolvente (agua) no cambia significativamente por las reacciones que consumen o producen $H_2O$, de forma que para el **estado estándar bioquímico** la *actividad* del agua se define como la «unidad». Para las reacciones químicas el estado estándar para los solutos es 1 M; sin embargo, en las células vivas la concentración de $H^+$ es alrededor de $10^{-7}$, mucho menor que el valor estándar de 1 M. Es, por consiguiente, adecuado definir el potencial químico del $H^+$ en las reacciones bioquímicas con relación a la concentración de $H^+$ que se encuentra en el estado vivo (esto es, $10^{-7}$ M), en lugar del valor 1 M definido por el estado estándar químico. Recuerde que cuando un soluto en una disolución diluida tiene una concentración de 1 M, la actividad de ese soluto es la unidad. Para el *estado estándar bioquímico* definimos la actividad de $H^+$ como la unidad cuando $[H^+] = 10^{-7}$ M. Diferenciamos los valores de $\Delta G°$ que se refieren al estado estándar químico de los del estado estándar bioquímico por una *prima superíndice*: $\Delta G°'$. Si se supone que la actividad del $H_2O = 1$ y calculamos las actividades de los otros solutos† con relación a

> Los cambios de energía libre estándar de las reacciones bioquímicas están definidos por $\Delta G°'$, donde la concentración de agua se supone constante (y así, la actividad del agua se define como la unidad) y la actividad de $H^+$ es la unidad cuando el pH = 7.0.

† Recuérdese que para la obtención de la Ecuación 3.14a se hizo la suposición, para simplificar, de que las actividades de los solutos en las disoluciones diluidas no son significativamente diferentes de los valores de concentración molar de cada soluto. Esto, en rigor, no es cierto; pero es la suposición más habitual en bioquímica, donde las concentraciones de los solutos se encuentran muy por debajo de 1 M. En muchas de las reacciones que se describen en este texto se va a mantener la suposición de que actividad ≅ concentración molar, pero los estudiantes deben ser conscientes de que un cálculo riguroso del potencial químico requiere la utilización de una definición más sofisticada de actividad.

sus concentraciones de estado estándar bioquímico, la Ecuación 3.34 puede escribirse de nuevo como sigue:

$$\Delta G = \Delta G^{\circ\prime} + RT \ln \left( \frac{\frac{[\text{ADP}]}{(1\ \text{M})} \frac{[\text{P}_i]}{(1\ \text{M})} \frac{[\text{H}^+]}{(10^{-7}\ \text{M})}}{\frac{[\text{ATP}]}{(1\ \text{M})}(1)} \right) \tag{3.35}$$

En este ejemplo, la Ecuación 3.35 no incluye otros factores, como la concentración de $Mg^{2+}$ y la fuerza iónica, que pueden afectar de forma significativa el valor de $\Delta G$ de la hidrólisis de ATP (así como otras muchas reacciones bioquímicas; *véase* la Tabla 3.5). En principio, la temperatura, la concentración de $Mg^{2+}$ y la fuerza iónica («$I$») deben también especificarse para un valor dado de $\Delta G^{\circ\prime}$. Para nuestros propósitos será suficiente definir el estado estándar bioquímico de forma más sencilla (esto es, pH = 7 y la actividad del $H_2O$ = 1); sin embargo, la Unión Internacional de Química Pura y Aplicada ha recomendado el conjunto siguiente de condiciones como estándar para el estudio de las reacciones bioquímicas en «condiciones fisiológicas» aproximadas: Temperatura = 37 °C (310.15 K), pH = 7.0, $[Mg^{2+}] = 0.001$ M, y $I = 0.25$ M.

La Ecuación 3.35 demuestra dos puntos clave sobre el cálculo de $\Delta G$ de las reacciones que encontrará a lo largo de este texto:

1. Se emplea $\Delta G^{\circ\prime}$, lo que señala el estado estándar bioquímico.
2. La expresión de acción de masas $Q$ no tiene unidades. Se pueden quitar las unidades de cada término de concentración en $Q$ dividiendo cada término por su concentración estándar adecuada (esto es, 1 M para todos los solutos excepto $H^+$; $10^{-7}$ para $H^+$, 1 bar para los gases, etc).

El significado de estos dos puntos se explica en el ejemplo siguiente. Calculemos el $\Delta G$ para la hidrólisis de ATP a pH 7.4, 25 °C, donde la concentración de ATP, ADP y $P_i$ son, respectivamente, 5 mM, 0.1 mM y 35 mM. En estas condiciones, la Ecuación 3.34 es

$$\Delta G = -30.5 \frac{\text{kJ}}{\text{mol}} + \left(0.008315 \frac{\text{kJ}}{\text{mol} \cdot \text{K}}\right)(298\ \text{K}) \ln \left( \frac{\frac{(0.0001\ \text{M})}{(1\ \text{M})} \frac{(0.0035\ \text{M})}{(1\ \text{M})} \frac{(10^{-7.4}\ \text{M})}{(10^{-7}\ \text{M})}}{\frac{(0.005\ \text{M})}{(1\ \text{M})}(1\ \text{M})} \right) \tag{3.36a}$$

o

$$\Delta G = -30.5 \frac{\text{kJ}}{\text{mol}} + \left(2.478 \frac{\text{kJ}}{\text{mol}}\right) \ln \left( \frac{(0.0001)(0.035)(0.398)}{(0.005)} \right) \tag{3.36b}$$

$$\Delta G = -30.5 \frac{\text{kJ}}{\text{mol}} + -20.3 \frac{\text{kJ}}{\text{mol}} = -50.8 \frac{\text{kJ}}{\text{mol}} \tag{3.36c}$$

Téngase en cuenta que en la Ecuación 3.36b, el término $Q$ no tiene unidades. Además, el valor calculado de $\Delta G$ es mucho más negativo (esto es, más favorable) que el cambio de energía libre estándar $\Delta G^{\circ\prime}$. Este último punto subraya el hecho de que solo $\Delta G^{\circ\prime}$ no siempre es un indicador fiable de la favorabilidad in vivo.

En última instancia es $\Delta G$ y no $\Delta G^{\circ\prime}$ el que determina la fuerza impulsora de una reacción; sin embargo, para calcular $\Delta G$ utilizando la Ecuación 3.23 debemos dar o ser capaces de calcular $\Delta G^{\circ\prime}$ para la reacción. Recuérdese que $\Delta G^{\circ\prime}$ se calcula fácilmente a partir de la $K_{eq}$ empleando la Ecuación 3.27. En las páginas que restan de este capítulo utilizaremos ejemplos relevantes en bioquímica para demostrar dos métodos alternativos para calcular $\Delta G^{\circ\prime}$.

## Potencial de transferencia de fosfato

El potencial de transferencia de fosfato muestra los compuestos que pueden fosforilar a otros en condiciones estándar.

Existe otra forma útil de entender los valores de $\Delta G^{\circ\prime}$ para la hidrólisis de los compuestos fosfato. Como se observa en la Figura 3.7, estos valores forman una escala de **potenciales de transferencia de fosfato**. El potencial se define simplemente como el valor de $-\Delta G^{\circ\prime}$ de la hidrólisis; así, de los compuestos que se dan en la Tabla 3.5, el PEP tiene el potencial de transferencia de fosfato más elevado (61,9 kJ/mol) y el glicerol-1-fosfato, el más bajo (9.2 kJ/mol). Cada compuesto impulsa la fosforilación de los compuestos situados en un lugar más bajo de la escala, siempre que se disponga de un mecanismo de acoplamiento adecuado. Consideremos, por ejemplo, las reacciones siguientes:

| | | |
|---|---|---|
| (1) Hidrólisis del fosfoenolpiruvato | $PEP + H_2O \rightleftharpoons \text{piruvato} + P_i$ | $\Delta G^{\circ\prime} = -61.9$ kJ/mol |
| (2) Fosforilación de adenosina difosfato | $ADP + P_i + H^+ \rightleftharpoons ATP + H_2O$ | $\Delta G^{\circ\prime} = +30.5$ kJ/mol |
| (1) + (2) Fosforilación acoplada del ADP por el PEP | $PEP + ADP + H^+ \rightleftharpoons ATP + \text{piruvato}$ | $\Delta G^{\circ\prime} = -31.4$ kJ/mol |

Así pues, el fosfoenolpiruvato, que posee un potencial de transferencia de fosfato mayor que el ATP, es capaz de añadir un grupo fosfato al ADP en un proceso favorecido termodinámicamente. El ATP, a su vez, puede fosforilar a la glucosa, ya que el potencial de transferencia de fosfato de la glucosa-6-fosfato (G-6-P) está todavía mucho más abajo en la escala:

| | | |
|---|---|---|
| (1) Hidrólisis del ATP | $ATP + H_2O \rightleftharpoons ADP + P_i + H^+$ | $\Delta G^{\circ\prime} = -30.5$ kJ/mol |
| (2) Fosforilación de la glucosa | $\text{glucosa} + P_i \rightleftharpoons \text{G-6-P} + H_2O$ | $\Delta G^{\circ\prime} = +13.8$ kJ/mol |
| (1) + (2) Fosforilación acoplada de la glucosa por el ATP | $\text{glucosa} + ATP \rightleftharpoons ADP + \text{G-6-P} + H^+$ | $\Delta G^{\circ\prime} = -16.7$ kJ/mol |

Estos ejemplos resaltan la forma en la que el ATP puede actuar como un agente versátil de transferencia de fosfato mediante reacciones acopladas. En cada caso, el acoplamiento se realiza haciendo que las reacciones se produzcan en la superficie de una molécula proteica grande (esto es, una *enzima*). Estudiaremos en el Capítulo 11 cómo facilitan las enzimas estos acoplamientos y aceleran las reacciones.

Los ejemplos anteriores muestran también cómo puede calcularse $\Delta G^{\circ\prime}$ de una reacción sumando los valores de $\Delta G^{\circ\prime}$ de dos (o más) reacciones que, cuando se suman, dan una ecuación química global, que es *idéntica* a la reacción que interesa. Téngase en cuenta que cuando la ecuación química de una reacción se invierte, el signo de $\Delta G^{\circ\prime}$ también se invierte. Para obtener mayor práctica en el cálculo de $\Delta G^{\circ\prime}$ mediante este método, *véase* el Problema 17b al final del capítulo. En último lugar, consideremos el cálculo de $\Delta G^{\circ\prime}$ para una clase importante de reacciones las de oxidación/reducción.

## $\Delta G^{\circ\prime}$ de las reacciones de oxidación/reducción

La oxidación de nutrientes como los hidratos de carbono o las grasas proporciona a las células una energía libre sustancial para la síntesis de ATP. Como se verá en el Capítulo 15, en las mitocondrias la transferencia de electrones desde los nutrientes hasta el $O_2$ libera energía, que se almacena como gradiente de protones a través de la membrana que, a su vez, proporciona la fuerza impulsora para la síntesis de ATP. La transferencia de electrones tiene lugar a través de un conjunto de oxidaciones y reducciones ligadas o reacciones redox. Para entender los procesos mediante los que se extrae la energía metabólica de los nutrientes, debe conocerse la forma de calcular la energía libre disponible en una reacción redox.

### Cuantificación del poder reductor: potencial de reducción estándar

La química redox es comparable en muchos sentidos a la química ácido-base, que consideramos en el Capítulo 2. En un equilibrio ácido-base, tenemos un ácido (HA) y su base conjugada ($A^-$), que corresponden a un donador de protones y a un aceptor de protones, respectivamente.

$$HA \rightleftharpoons H^+ + A^-$$

ejemplo: $$CH_3COOH_{(aq)} \rightleftharpoons H^+_{(aq)} + CH_3COO^-_{(aq)}$$

De forma análoga, en una reacción redox tenemos un donador y un aceptor de *electrones*.

$$\text{Compuesto reducido (donador de } e^-) \rightleftharpoons \text{compuesto oxidado (aceptor de } e^-) + e^-$$

ejemplo: $$Fe^{2+} \rightleftharpoons Fe^{3+} + e^-$$

Los protones libres y los electrones libres se encuentran a unas concentraciones desdeñables en los medios acuosos, por lo que estas expresiones de equilibrio son simplemente semirreacciones de un esquema de reacción global ácido-base o redox. Una reacción redox completa debe mostrar un reactante como aceptor electrónico, que se reduce al ganar electrones y otro reactante como donador electrónico, que se oxida al perder electrones. De los dos reactantes de una reacción redox, el donador electrónico es el **reductor**, que se oxida mediante la transferencia de electrones al otro reactante, el **oxidante**. La forma general de una reacción redox es:

$$\text{reductor} + \text{oxidante} \rightleftharpoons \text{reductor oxidado} + \text{oxidante reducido}$$

$$\text{o:}\quad A_{(red)} + B_{(ox)} \rightleftharpoons A_{(ox)} + B_{(red)}$$

$$\text{ejemplo:}\quad Cu^{1+} + Fe^{3+} \rightleftharpoons Cu^{2+} + Fe^{2+}$$

El $Cu^{1+}$ es el reductor en esta reacción, ya que es el donador de electrones. El reductor es comparable, pues, al ácido en un equilibrio ácido-base.

Para comprender la química ácido-base es crucial el concepto de p$K_a$, que representa una medida cuantitativa de la tendencia de un ácido a perder un protón. En el mismo sentido, nuestro conocimiento de las oxidaciones biológicas requiere una medida comparable de la tendencia de un reductor a perder electrones (o de un oxidante a ganar electrones). Este índice lo proporciona el **potencial de reducción estándar**, o $\boldsymbol{E^0}$. En el equilibrio ácido-base, definimos arbitrariamente el agua, con un p$K_a$ de 7.0, como neutra. La química redox utiliza también un estándar de referencia: el *electrodo de hidrógeno estándar* en una célula electroquímica.

$E^0$ es la tendencia de un reductor a perder un electrón, con el mismo sentido que p$K_a$ es la tendencia de un ácido a perder un protón.

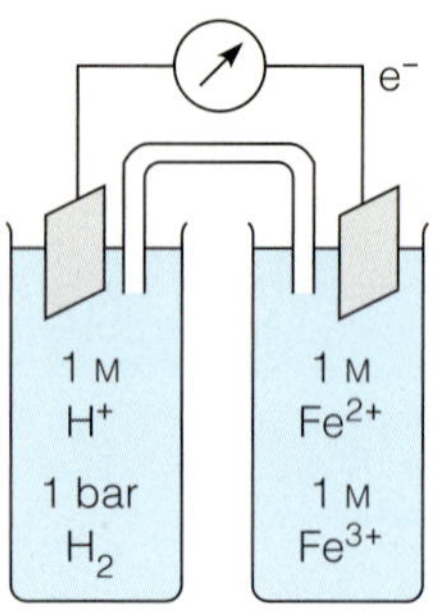


Una célula electroquímica está formada por dos **semicélulas**, cada una de las cuales contiene un donador electrónico y su aceptor conjugado (*véase* el margen). En el diagrama, el recipiente de la izquierda constituye la semicélula de referencia, un electrodo de hidrógeno estándar con $H^+$ 1 M y $H_2$ 1 bar (la unidad de presión estándar, que es igual a 100 kPa, o ~750 torr). El recipiente de la derecha contiene la semicélula de estudio, con la solución que contiene el donador de electrones en estudio y su aceptor conjugado, ambos a una concentración 1 M. En este ejemplo, la solución contiene $Fe^{2+}$ y $Fe^{3+}$, ambos 1 M. Las semicélulas están conectadas con un puente salino en agar, que mantiene la neutralidad de carga, permitiendo el flujo de iones entre las células al moverse los electrones a través del circuito completo. Un galvanómetro que conecta las dos semicélulas mide la **fuerza electromotriz**, o **fem**, en voltios. La fuerza electromotriz es una medida del potencial o de la «presión» que hace que los electrones fluyan desde una semicélula a la otra. Los electrones pueden desplazarse hacia la semicélula de referencia o en sentido contrario, en función de que sea el $H_2$ o el donador de electrones en estudio el que tenga una mayor tendencia a la pérdida de electrones. Dado que el $H_2$ pierde los electrones con más facilidad que el $Fe^{2+}$, los electrones en nuestro ejemplo irán de la semicélula de referencia a la semicélula de estudio, oxidando el $H_2$, reduciendo el $Fe^{3+}$ y haciendo que el galvanómetro registre una fem positiva. Sin embargo, si el donador de electrones en estudio pierde electrones con más facilidad que el $H_2$, los electrones se desplazarán en la dirección contraria, reduciendo el $H^+$ a $H_2$ en la semicélula de referencia y causando el registro de una fem negativa. El oxidante más potente, tanto si se trata del $H^+$ como si se trata del aceptor de electrones en estudio, atraerá los electrones alejándolos de la otra semicélula y quedando reducido.

Cuanto mayor es el potencial de reducción estándar, mayor es la tendencia de la forma oxidada de una pareja redox a atraer electrones.

Por convenio, el valor de $E^0$ para el electrodo de hidrógeno estándar se ajusta a 0.00 voltios. Cualquier pareja redox que tienda a donar electrones al electrodo de hidrógeno estándar tiene un valor de $E^0$ negativo. Un valor de $E^0$ positivo significa que los electrones del $H_2$ fluyen hacia la célula en estudio y reducen al aceptor electrónico o, dicho con otras palabras, el aceptor en estudio oxida al $H_2$. *Cuanto mayor es el valor de $E^0$ para una pareja redox, más fuerte es como oxidante el aceptor electrónico de esa pareja.*

Como se ha señalado antes, las condiciones estándar para los bioquímicos incluyen un valor de pH de 7.0, una condición alejada de la del electrodo de hidrógeno estándar, que contiene $H^+$ a 1.0 M. En consecuencia, los bioquímicos utilizan un término modificado, $E^{0\prime}$, que es el potencial de reducción estándar para una semirreacción medido a un $H^+$ $10^{-7}$ M. Estos son los valores que se utilizan en este libro y en la mayoría de la bibliografía bioquímica. En la Tabla 3.6 se presentan los valores de $E^{0\prime}$ para unos cuantos pares redox de importancia biológica (en el Capítulo 15 se da una tabla más completa de valores de $E^{0\prime}$, pág. 629). Esta tabla está organizada con los agentes oxidantes más fuertes en la parte inferior de la columna «Oxidante», y los agentes reductores más fuertes en la parte superior de la columna «Reductor». De esta forma, el $O_2$ en la pareja $O_2/H_2O$ es el oxidante más fuerte, y el $H_2$ en la pareja $H^+/H_2$ es el agente reductor más fuerte. Otra forma de expresar esta relación es decir que el $H_2O$ en la pareja $O_2/H_2O$ es el agente reductor más débil (igual que el ácido más fuerte tiene la base conjugada más débil). El agua tiene muy poca tendencia a ceder electrones y quedar oxidada a $O_2$ ya que ninguno de los oxidantes biológicos habituales tiene un $E^{0\prime}$ mayor que $O_2/H_2O$. La fotosíntesis, que oxida el $H_2O$ a $O_2$, necesita una energía considerable en forma de luz solar para realizar esta proeza (en el Capítulo 16 se amplía esto). La información de la Tabla 3.6 es útil, ya que la dirección favorable del flujo electrónico en una reacción redox va, desde el reductor de una pareja redox al oxidante en otra pareja más abajo en la tabla.

En la sección siguiente se describe cómo se utiliza la información de la Tabla 3.6 para calcular $\Delta G^{0\prime}$ y $\Delta G$ con ejemplos del importante transportador electrónico biológico **dinucleótido de nicotinamida y adenina**, que es estable en ambas formas oxidada (**NAD$^+$**) y reducida (**NADH**). Trataremos la estructura y función de $NAD^+$/NADH con mayor detalle en capítulos posteriores.

## Cambios de energía libre en las reacciones de oxidación-reducción

Recapitulando, cuanto más alto es el valor de $E^{0\prime}$ de una pareja redox, mayor es la tendencia de esa pareja a participar en la oxidación de otro sustrato. Podemos describir esta tendencia en términos cuantitativos, ya que los cambios de energía libre están directamente relacionados con las diferencias entre los potenciales de reducción de la Tabla 3.6:

$$\Delta G^{\circ\prime} = -nF\Delta E^{0\prime} = -nF[E^{0\prime}(\text{receptor}) - E^{0\prime}(\text{donante})] \tag{3.37}$$

donde $n$ es el número de electrones transferido en las semirreacciones, $F$ es la constante de Faraday (96.5 kJ mol$^{-1}$ V$^{-1}$) y $\Delta E^{0\prime}$ es la diferencia de los potenciales de reducción estándar de las dos parejas redox. Obsérvese que $\Delta E^{0\prime}$ es a $\Delta E^0$ igual que $\Delta G^{\circ\prime}$ es a $\Delta G^\circ$; la «prima» tiene el mismo significado en ambos casos: cada reactante y producto (excepto $H^+$) a 1 M y la reacción se realiza a un pH de 7.0.

**TABLA 3.6. Unos pocos potenciales de reducción estándar ($E^0$) de interés en bioquímica**

| Oxidante | Reductor | $n$ | $E^{0\prime}$ (V) |
|---|---|---|---|
| $H^+ + e^-$ | ½ $H_2$ | 1 | −0.421 |
| $NAD^+ + H^+ + 2e^-$ | NADH | 2 | −0.315 |
| 1,3-Bisfosfoglicerato + $2H^+ + 2e^-$ | Gliceraldehído-3-fosfato + $P_i$ | 2 | −0.290 |
| FAD + $2H^+ + 2e^-$ | $FADH_2$ | 2 | −0.219 |
| Acetaldehído + $2H^+ + 2e^-$ | Etanol | 2 | −0.197 |
| Piruvato + $2H^+ + 2e^-$ | Lactato | 2 | −0.185 |
| $Fe^{3+} + e^-$ | $Fe^{2+}$ | 1 | +0.769 |
| ½$O_2 + 2H^+ + 2e^-$ | $H_2O$ | 2 | +0.815 |

Nota: $E^{0\prime}$ es el potencial de reducción estándar a pH 7 y 25 °C, $n$ es el número de electrones que se transfieren, y cada potencial es, para la reacción parcial escrita tal como sigue:

$$\text{Oxidante} + ne^- \longrightarrow \text{reductor}$$

La entrada del par $H^+/H_2$ (E0′ = −0.421 V) no es cero debido a que se mide con $[H^+]$ = 1 M en la célula de referencia (esto es, el electrodo de hidrógeno estándar) y $[H^+] = 10^{+7}$ M en la célula problema.

## Cambios de energía libre en condiciones estándar

Consideremos, como ejemplo, la oxidación del etanol catalizada por la alcohol deshidrogenasa:

$$\text{Etanol} + \text{NAD}^+ \rightleftharpoons \text{acetaldehído} + \text{NADH} + \text{H}^+$$

Las dos semirreacciones de la Tabla 3.6 están escritas en la dirección de reducción (esto es, como semirreacciones para aceptores de electrones):

$$\text{(a)}\quad \text{NAD}^+ + \text{H}^+ + 2e^- \rightleftharpoons \text{NADH} \qquad E^{0\prime} = -0.320\ \text{V}$$

$$\text{(b)}\quad \text{Acetaldehído} + 2\text{H}^+ + 2\text{e} \rightleftharpoons \text{etanol} \qquad E^{0\prime} = -0.197\ \text{V}$$

Pero, puesto que el etanol se oxida en la reacción, invertimos la segunda semirreacción para dar la semirreacción deseada para el donador electrónico:

$$\text{(c) Etanol} \rightleftharpoons \text{acetaldehído} + 2\text{H}^+ + 2e^-$$

Ahora, la reacción global es la suma de las semirreacciones (a) y (c), en donde el $NAD^+$ es el aceptor electrónico, el etanol es el donador electrónico y $\Delta E^{0\prime}$ se calcula según la Ecuación 3.37:

$$\Delta E^{0\prime} = E^{0\prime}{}_{\text{(aceptor)}} + E^{0\prime}{}_{\text{(donador)}} = (-0.315\ \text{V}) - (-0.197\ \text{V}) = -0.118\ \text{V}$$

y el cambio de energía libre estándar es:

$$\Delta G^{\circ\prime} = -nF\Delta E^{0\prime} = -(2)\left(96\,485 \frac{\text{J}}{\text{mol} \cdot \text{V}}\right)(-0.118\ \text{V}) = +22.8 \frac{\text{kJ}}{\text{mol}}$$

Obsérvese en este ejemplo que un valor negativo de $\Delta E^{0\prime}$ proporciona un valor positivo de $\Delta G^{\circ\prime}$ y corresponde, por tanto, a una reacción que en condiciones estándar *no* está favorecida en la dirección en que está escrita. Obsérvese también que si se calculara $\Delta G^{\circ\prime}$ para la reacción inversa (reducción del acetaldehído por el NADH), $\Delta E^{0\prime}$ sería $+0.118$ V, y $\Delta G^{\circ\prime}$ sería $-22.8$ kJ/mol.

## Cálculo de los cambios de energía libre de las oxidaciones biológicas en condiciones de no equilibrio

Los valores que se indican en la Tabla 3.6 (y también en la Tabla 15.1, pág. 629) permiten el cálculo de los cambios de energía libre estándar bioquímicos. Para calcular el $\Delta G$ de una reacción redox en condiciones no estándar, se debe utilizar la Ecuación 3.23. Considérese el cambio de energía libre de la transferencia de electrones desde el NADH al $O_2$, que es una de las reacciones productoras de energía más significativas de las mitocondrias. El proceso de transporte electrónico global, que realmente se produce en varios pasos, viene dado por la ecuación siguiente:

$$\text{O}_2 + 2\text{NADH} + 2\text{H}^+ \rightleftharpoons 2\text{H}_2\text{O} + 2\text{NAD}^+$$

De acuerdo con la Ecuación 3.23, el $\Delta G$ de la reacción viene proporcionado por

$$\Delta G = \Delta G^{\circ\prime} + RT \ln\left(\frac{[\text{H}_2\text{O}]^2\,[\text{NAD}^+]^2}{[\text{O}_2]\,[\text{NADH}]^2\,[\text{H}^+]^2}\right) \tag{3.38a}$$

Asumamos que dentro de las mitocondrias la temperatura es de 37 °C, el pH = 8.4, la presión parcial de oxígeno es 2 torr, y las concentraciones de $NAD^+$ y NADH son 10 mM y 100 $\mu$M, respectivamente. El valor del término $RT \ln Q$ puede calcularse como se ha descrito antes; sin embargo, en este ejemplo introduciremos el término de concentración del oxígeno con relación a la concentración estándar de un gas, que es 1 bar (o 750 torr), en lugar de cómo concentración molar:

$$\Delta G = \Delta G^{\circ\prime} + \left(8.315 \frac{\text{J}}{\text{mol} \cdot \text{K}}\right)(310\ \text{K}) \ln\left(\frac{(1)^2 \left(\dfrac{0.010\ \text{M}}{1\ \text{M}}\right)^2}{\left(\dfrac{2\ \text{torr}}{750\ \text{torr}}\right)\left(\dfrac{0.00010\ \text{M}}{1\ \text{M}}\right)^2\left(\dfrac{10^{-8.4}\ \text{M}}{10^{-7.0}\ \text{M}}\right)^2}\right) \tag{3.38b}$$

o

$$\Delta G = \Delta G^{\circ\prime} + \left(2.58 \frac{\text{kJ}}{\text{mol}}\right) \ln\left(\frac{(1)(10^{-4})}{(2.66 \times 10^{-3})(10^{-8})(1.58 \times 10^{-3})}\right) \quad (3.38c)$$

$$\Delta G = \Delta G^{\circ\prime} + \left(2.58 \frac{\text{kJ}}{\text{mol}}\right) \ln(2.37 \times 10^{9}) = \Delta G^{\circ\prime} + \left(55.6 \frac{\text{kJ}}{\text{mol}}\right) \quad (3.38d)$$

Dirigimos ahora nuestra atención hacia el cálculo de $\Delta G^{\circ\prime}$. Dado que es una reacción redox bioquímica podemos emplear la información de la Tabla 3.6 y la Ecuación 3.7. ¿Qué valores de $E^{0\prime}$ deben utilizarse para calcular $\Delta E^{0\prime}$ (y a partir de aquí, $\Delta G^{\circ\prime}$)? Para responder a esta pregunta, en primer lugar, deben identificarse las «semirreacciones» significativas. En este caso, el aceptor es el $O_2$, de forma que seleccionamos la semirreacción de reducción del oxígeno a agua

$$\frac{1}{2}O_2 + 2H^+ + 2e^- \rightleftharpoons H_2O \qquad E^{0\prime} = +0.815\text{ V}$$

El donador es el NADH, de forma que elegimos la semirreacción de la oxidación del NADH a $NAD^+$

$$NAD^+ + H^+ + 2e^- \rightleftharpoons NADH \qquad E0' = -0.315\text{ V}$$

Luego invertimos esta semirreacción para señalar que el NADH pierde electrones hacia el $O_2$:

$$NADH \rightleftharpoons NAD^+ + H^+ + 2e^-$$

Las semirreacciones están ajustadas estequiométricamente (de forma que los términos $e^-$ se cancelen) y luego se suman para dar la reacción global que interesa:

$$O_2 + 4H^+ + 4e^- \rightleftharpoons 2H_2O$$

$$2NADH \rightleftharpoons 2NAD^+ + 2H^+ + 4e^-$$

$$\text{neto: } O_2 + 2H^+ + 2NADH \rightleftharpoons 2NAD^+ + 2H_2O$$

Obsérvese que cuando se ajusta la estequiometría (esto es, multiplicando cada semirreacción por 2), no se hace ningún ajuste del valor de $E^{0\prime}$. El ajuste de los cambios estequiométricos está contenido en el valor de *n* que se utiliza en la Ecuación 3.37. Cuando se multiplica cada semirreacción por 2, se duplica también el número de electrones que se transfieren, de forma que el valor de *n* se duplica y

$$\Delta G^{\circ\prime} = -nF\Delta E^{0\prime} = -(4)\left(96\,485 \frac{\text{J}}{\text{mol}\cdot\text{V}}\right)(+1130\text{ V}) = -436.2 \frac{\text{kJ}}{\text{mol}} \quad (3.39)$$

Ahora se puede utilizar este valor de $\Delta G^{\circ\prime}$ en la Ecuación 3.38d para calcular el $\Delta G$ de la reacción

$$\Delta G = \left(-436.2 \frac{\text{kJ}}{\text{mol}}\right) + \left(+55.6 \frac{\text{kJ}}{\text{mol}}\right) = -380.6 \frac{\text{kJ}}{\text{mol}} \quad (3.40)$$

Este cálculo muestra que en las condiciones especificadas, la oxidación del NADH por el $O_2$ está muy favorecida. Como se describe con mayor detalle en el Capítulo 15, una parte significativa de esta energía se almacena como gradiente de concentración de protones a través de la membrana mitocondrial interna. La energía libre disponible en el gradiente de protones (*véase* la Ecuación 3.19) es suficiente para impulsar en las mitocondrias la síntesis de ATP a partir de ADP. Volveremos a considerar estos conceptos en el Capítulo 10, cuando se presente el transporte de membranas.

## RESUMEN

La Bioenergética es la rama de la Termodinámica que trata sobre la adquisición, el intercambio y la utilización de la energía en los organismos. La energía interna ($U$) de un sistema incluye toda la energía que puede intercambiarse mediante procesos extranucleares: la energía del movimiento de los átomos y las moléculas, y la energía de los enlaces químicos y las interacciones no covalentes. $U$ viene dada por el estado del sistema, y únicamente puede modificarse mediante un intercambio de calor o de trabajo con el entorno ($\Delta U = q - w$). Esta es la primera ley de la termodinámica. En condiciones de volumen constante, $q = \Delta U$. En condiciones de presión constante, $q = \Delta U + P\Delta V = \Delta H$, donde $H$ indica la entalpía ($H = U + PV$). En bioquímica, $\Delta H$ es más importante que $\Delta U$.

Los procesos pueden ser reversibles (próximos al equilibrio) o irreversibles (alejados del equilibrio). La dirección de una reacción favorecida termodinámicamente (la dirección que conduce al equilibrio) viene dada por los cambios de la entalpía ($H$) y la entropía ($S$, una medida de la aleatoriedad). La energía libre, $G = H - TS$, tiene en cuenta ambos parámetros. El criterio para determinar si un proceso es favorable es que el cambio de energía libre, $\Delta G = \Delta H - T\Delta S$, sea negativo («exergónico»), en vez de positivo («endergónico»); ello constituye una forma de enunciar la segunda ley de la termodinámica. La transición de hielo a agua pone de manifiesto la importancia de la temperatura ($T$) para determinar la dirección de la reacción. En el punto de fusión, el sólido y el líquido están en equilibrio ($\Delta G = 0$). La entropía de un sistema abierto puede disminuir, como ocurre en la congelación del agua, pero solo si disminuye la entalpía. Así pues, los organismos deben gastar constantemente energía para mantener la organización. En cada transferencia de energía, se pierde parte de la energía ($\Delta H$) en forma de calor ($T\Delta S$), por lo que $\Delta G$ es una medida de la energía de la que potencialmente puede disponerse para un trabajo útil.

Para aplicar las relaciones termodinámicas a los problemas bioquímicos, utilizamos el potencial químico, que relaciona la concentración de cada sustancia con su contribución a la energía libre total del sistema. A partir del potencial químico, obtenemos las ecuaciones que gobiernan los cambios de energía libre de las reacciones químicas:

$$\Delta G = \Delta G^{\circ\prime} + RT \ln Q$$

Para evaluar el término $Q$ de acción de masas, los bioquímicos utilizan habitualmente las concentraciones molares para los solutos acuosos diluidos, que se aproximan a las *actividades* de los solutos en la reacción y se expresan con relación a las concentraciones estándar «bioquímicas» que se dan en el texto.

Existen tres métodos habituales para evaluar $\Delta G^{\circ\prime}$:

1. $\Delta G^{\circ\prime}$ puede calcularse a partir de la constante de equilibrio $K$ utilizando $\Delta G^{\circ\prime} = -RT \ln K$.
2. $\Delta G^{\circ\prime}$ puede calcularse con las tablas de potenciales de reducción estándar $E^{0\prime}$ utilizando $\Delta G^{\circ\prime} = -nF\Delta E^{0\prime}$.
3. $\Delta G^{\circ\prime}$, para una reacción que interese, puede calcularse a partir de los valores de $\Delta G^{\circ\prime}$ de dos o más reacciones cuya suma proporcione la ecuación química que interesa.

Las reacciones que no están favorecidas termodinámicamente pueden estimularse a pesar de ello, si se acoplan a reacciones que tengan valores de $\Delta G$ muy negativos. En los sistemas vivos, se utiliza con frecuencia para este fin la hidrólisis de determinados compuestos de fosfato. El potencial de transferencia de fosfato ordena estos compuestos según su capacidad para fosforilar otros compuestos en condiciones estándar. El ATP, que es el más importante de estos compuestos, se genera en las rutas metabólicas de producción de energía y se utiliza para impulsar muchas reacciones.

## BIBLIOGRAFÍA

*En este capítulo se ha presentado un tratamiento muy abreviado de la termodinámica. Para el estudiante que desee disponer de una mayor base en este campo y de mayor información acerca de sus aplicaciones en bioquímica, recomendamos los libros siguientes:*

**Dill, K. A.** y **Bromberg, S.** (2010) *Molecular Driving Forces* (2.ª ed.). Garland Science, Nueva York. Una fuente excelente para los que desean una presentación clara y completa de los principios de la termodinámica.

**Eisenberg, D.** y **Crothers, D.** (1979) *Physical Chemistry with Applications to the Life Sciences.* Benjamin/Cummings, Redwood City, Calif. Un texto de Química física muy detallado, escrito por dos bioquímicos físicos. Muy recomendado, ya que contiene muchas aplicaciones bioquímicas de los principios fisicoquímicos que no se encuentran en la mayor parte de los textos de química física.

**Klotz, I.** (1986) *Introduction to Biomolecular Energetics.* Academic Press, Nueva York. Una introducción breve de la Termodinámica para bioquímicos. Contiene algunos ejemplos y explicaciones excelentes.

**Philips, R., Kondev, J.** y **Theriot, J.** (2009) *Physical Biology of the Cell.* Garland Science, N.Y. Los Capítulos 5 y 6 proporcionan un gran detalle sobre muchos de los temas que se han tratado aquí.

**Tinoco, I., Sauer, K., Wang, J. C.** y **Puglisi, J. D.** (2002) *Physical Chemistry: Principles and Applications in Biological Sciences* (4.ª ed.). Prentice Hall, Upper Saddle River, N. J. Muchas aplicaciones explícitas de físico química para el estudio de los sistemas biológicos, con muchos problemas prácticos excelentes.

**van Holde, K. E., Johnson, W. C.** y **Ho, P. S.** (2006) *Principles of Physical Biochemistry* (2.ª ed.). Prentice Hall, Upper Saddle River, N.J. Los Capítulos 2-4 amplían las aplicaciones de la termodinámica a la bioquímica.

*Véase el siguiente artículo para una explicación detallada del efecto de las condiciones iónicas sobre los cambios de energía libre en la hidrólisis de los ésteres de fosfato:*

**Alberty, R. A.** (1992) Equilibrium calculations on systems of biochemical reactions at specified pH and pMg. *Biophys. Chem.* 42:117-131.

*Véanse las siguientes referencias para profundizar en el estado estándar bioquímico y las energías libres estándar:*

**Alberty, R. A.** (1994) Recommendations for nomenclature and tables in biochemical thermodynamics. *Pure Appl. Chem.* 66:1641-1666.

**Frey, P.** y **Arabshahi, A.** (1995) Standard free energy change for the hydrolysis of the α,β-phosphoanhydride bridge in ATP. *Biochemistry* 34:11307-11310.

**Lundblad, R. L.** y **MacDonald, F. M.** (eds) (2010) *Handbook of Biochemistry and Molecular Biology* (4.ª ed.). CRC Press, Boca Raton, FL.

**Méndez, E.** (2008) Biochemical thermodynamics under near physiological conditions. *Biochem. Mol. Biol. Educ.* 36:116-119.

# PROBLEMAS

1. El cambio de entalpía (calor de fusión, $\Delta H_f$) para la transición hielo ⟶ agua a 0 °C y a 1 atm de presión es de +6.01 kJ/mol. El cambio de volumen cuando se funde 1 mol de hielo es de $-1.625\ cm^3/mol = -1.625 \times 10^{-6}\ m^3/mol$. Calcular la diferencia entre $\Delta H_f$ y $\Delta U_f$ para este proceso, y expresarlo como porcentaje de $\Delta U_f$. [Nota: 1 atm = $1.013 \times 10^5\ N/m^2$ en unidades SI, donde N = newton.]

*2. Dadas las siguientes reacciones y sus entalpías:

| | $\Delta H$ (kJ/mol) |
|---|---|
| $H_2(g) \rightarrow 2H(g)$ | +436 |
| $O_2(g) \rightarrow 2O(g)$ | +495 |
| $H_2(g) + \frac{1}{2}O_2(g) \rightarrow H_2O(g)$ | −242 |

(a) Diseñar una forma de calcular $\Delta H$ para la reacción

$$H_2O(g) \rightarrow 2H(g) + O(g)$$

(b) A partir de ello, calcular la energía del enlace H—O.

3. La descomposición del $N_2O_5$ cristalino

$$N_2O_5(s) \rightarrow 2NO_2(g) + \frac{1}{2}O_2(g)$$

es un ejemplo de una reacción favorecida termodinámicamente, a pesar de que absorba calor. A 25 °C, tenemos los siguientes valores de los cambios de energía libre y de entalpía de estado estándar de la reacción:

$$\Delta H^\circ = +109.6\ \text{kJ/mol}$$

$$\Delta G^\circ = -30.5\ \text{kJ/mol}$$

(a) Calcular $\Delta S^\circ$ a 25 °C.
(b) ¿Por qué es tan favorable el cambio de entropía de esta reacción?
(c) Calcular $\Delta U^\circ$ para esta reacción a 25 °C.
(d) ¿Por qué $\Delta H^\circ$ es superior a $\Delta E^\circ$?

4. La oxidación de glucosa a $CO_2$ y agua es una fuente importante de energía en los organismos aerobios. Es una reacción favorecida gracias, fundamentalmente, a un cambio de entalpía muy negativo.

$$C_6H_{12}O_6(s) + 6O_2(g) \rightarrow 6CO_2(g) + 6H_2O(l)$$

$$\Delta H^\circ = -2816\ \text{kJ/mol} \qquad \Delta S^\circ = +181\ \text{J/mol}\cdot\text{K}$$

(a) A 37 °C, ¿cuál es el valor de $\Delta G^\circ$?
(b) En la reacción global del metabolismo aerobio de la glucosa se producen 32 moles de ATP a partir de ADP, por cada mol de glucosa oxidada. Calcular el cambio de energía libre del estado estándar para la reacción *global* cuando la oxidación de la glucosa se acopla a la formación de ATP a 37 °C.
(c) ¿Cuál es la *eficacia* del proceso en términos del porcentaje de cambio de energía libre disponible capturada en el ATP?

*5. La primera reacción de la glucólisis es la fosforilación de la glucosa:

$$\text{Pi + glucosa} \rightarrow \text{glucosa-6-fosfato} + H_2O$$

Este proceso es desfavorable termodinámicamente, con $\Delta G^\circ = +13.8$ kJ/mol.
(a) En una célula hepática, a 37 °C, las concentraciones de fosfato y de glucosa se mantienen normalmente en un valor de aproximadamente, 5 mM cada una. ¿Cuál sería la concentración de *equilibrio* de la glucosa-6-fosfato, según los datos anteriores?
(b) Esta concentración muy baja del producto deseado sería muy desfavorable para la glucólisis. De hecho, la reacción se acopla a la hidrólisis del ATP para dar lugar a la reacción global siguiente:

$$\text{ATP + glucosa} \rightarrow \text{glucosa-6-fosfato + ADP}$$

¿Cuál es ahora el valor de $\Delta G^{\circ\prime}$ para la reacción?
(c) Si, además de las restricciones relativas a la concentración de glucosa que se han indicado antes, tenemos en la célula hepática una concentración de ATP = 3 mM y una concentración de ADP = 1 mM, ¿cuál es la concentración de equilibrio de la glucosa-6-fosfato a pH =7.4 y 37°C? La respuesta que se obtendrá es un valor absurdo, muy elevado para la célula, y en realidad, nunca se llega a valores próximos al mismo. Explicar por qué.

6. En otra reacción clave de la glucólisis, la dihidroxiacetona fosfato (DHAP) se isomeriza a gliceraldehído-3-fosfato (G3P):

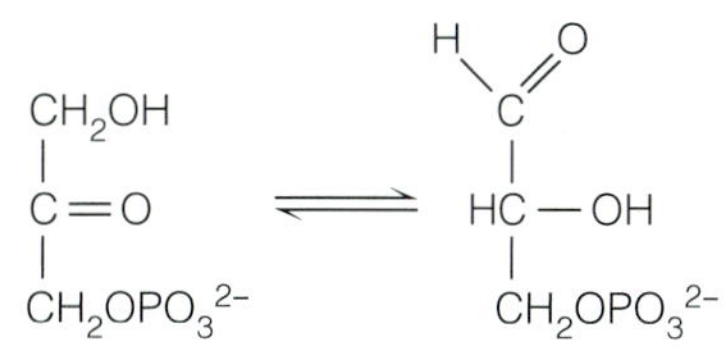

DHAP GAP

$\Delta G^{\circ\prime} = +7.5$ kJ/mol

Como $\Delta G^{\circ\prime}$ es positivo, el equilibrio se desplaza hacia la izquierda.
(a) Calcular la constante de equilibrio y la fracción de equilibrio del G3P a partir de lo anterior, a 37 °C.
(b) En la célula, el agotamiento de G3P hace que se produzca la reacción. ¿Cuál será el valor de $\Delta G$ si la concentración de G3P se mantiene siempre en 1/100 de la concentración de DHAP?

7. Asuma que una molécula proteica, en su estado nativo plegado, tiene *una* conformación favorecida. Pero cuando se desnaturaliza, se convierte en un ovillo aleatorio, con muchas conformaciones posibles.
(a) ¿Cuál debe ser el signo de $\Delta S$ para el cambio nativa ⟶ desnaturalizada?
(b) ¿Cómo afectará favorablemente la contribución de $\Delta S$ al cambio del proceso nativa ⟶ desnaturalizada? ¿Qué exigencia *aparente* impone esto a la $\Delta H$ si las proteínas han de ser estructuras estables?

8. Cuando una sustancia hidrófoba, como un hidrocarburo, se disuelve en agua, se forma una jaula de clarato de moléculas de agua ordenadas a su alrededor (*véase* Figura 2.13 en el Capítulo 2). ¿Qué signo es de prever que tenga $\Delta S$ para este proceso? Explicar la respuesta.

*9. Se observa que la mayor parte de las moléculas de proteínas cuando aumenta la temperatura pasan de su estado plegado definido a un estado desnaturalizado formando un ovillo aleatorio que expone más superficie hidrófoba que la expuesta en el estado plegado.
(a) Teniendo en cuenta lo que sabe de $\Delta H$ y $\Delta S$, explique por qué este hecho es razonable. [**Pista:** Considere el Problema 7.]
(b) Sin embargo, a veces, las proteínas se desnaturalizan cuando su temperatura *disminuye*. ¿Cómo podría explicarse este hecho? [**Pista:** Considere el Problema 8.]

*10. Suponga que una reacción tiene unos valores de $\Delta H^\circ$ y $\Delta S^\circ$ independientes de la temperatura. Demuestre a partir de ello y de las ecuaciones dadas en este capítulo, que

$$\ln K = \frac{-\Delta H^\circ}{RT} + \frac{\Delta S^\circ}{R}$$

donde $K$ es la constante de equilibrio. ¿Cómo podría utilizar los valores de $K$ determinados a distintas temperaturas para obtener el valor de $\Delta H°$ para la reacción?

11. Los siguientes datos proporcionan el producto iónico ($Kw$, *véase* la Ecuación (2.5) de la página 46) del agua a varias temperaturas:

| $T$ (°C) | $K_w$ (M$^2$) |
|---|---|
| 0 | $1.14 \times 10^{-15}$ |
| 45 | $1.00 \times 10^{-14}$ |
| 30 | $1.47 \times 10^{-14}$ |
| 37 | $2.56 \times 10^{-14}$ |

(a) Utilizando los resultados del Problema 10, calcular $\Delta H°$ para la ionización del agua.
(b) Utilizar estos datos, y el producto iónico a 25 °C para calcular $\Delta S°$ para la ionización del agua (**Pista:** utilice es estado estándar químico para la actividad del agua en lugar del estado estándar bioquímico para la actividad del agua).

12. Los potenciales de transferencia de fosfato para la glucosa-1-fosfato y la glucosa-6-fosfato son 20.9 kJ/mol y 13.8 kJ/mol, respectivamente.
(a) ¿Cuál es la constante de equilibrio para esta reacción a 25 °C?

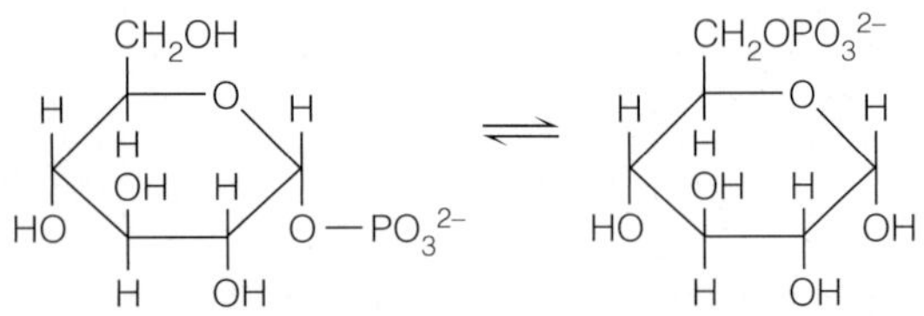


Glucosa-1-fosfato Glucosa-6-fosfato

(b) Si se preparara una mezcla con un contenido de glucosa-6- fosfato 1 M y glucosa-1-fosfato $1 \times 10^{-3}$ M, ¿cuál sería la dirección de la reacción favorecida termodinámicamente?

13. Al realizar cada respiración, se espiran alrededor de 0.5 L contra una presión de 1 atm.
(a) Si se respira alrededor de 30 veces por minuto, ¿cuánto trabajo se realiza de esta forma cada día? (Despreciar cualquier trabajo realizado en la inhalación.)
(b) Utilizando el valor de $\Delta G°$ para la hidrólisis del ATP, ¿cuál es el número mínimo de moles de ATP que se utilizarán diariamente para respirar?

14. Cuando realiza una actividad moderada, una persona de tipo medio generará alrededor de 350 kJ de calor a la hora. Utilizando el calor de combustión del ácido palmítico (Ecuación 3.6) como valor aproximado para las sustancias grasas, calcular los gramos de grasa que se requerirían diariamente para mantener este nivel, si todos se quemaran para generar calor.

*15. La diferencia principal entre una molécula proteica en su estado nativo y en su estado desnaturalizado está en el número de conformaciones disponibles. En una primera aproximación, puede suponerse que el estado nativo plegado tiene una conformación. El estado desplegado puede estimarse que tiene tres orientaciones posibles sobre cada enlace entre residuos.
(a) Para una proteína de 100 residuos, estimar la variación de entropía por mol en la desnaturalización.
(b) ¿Cuál deberá ser la variación de entalpía que acompañe a la desnaturalización que permita desnaturalizarse a la mitad de la proteína a 50 °C?
(c) ¿Aumentará o disminuirá la fracción desnaturalizada al aumentar la temperatura?

16. Suponga que la concentración de glucosa en el interior de una célula es 0.1 M y la célula está suspendida en una solución de glucosa 0.01 M.
(a) ¿Cuál sería la variación de energía libre para el transporte de $10^{-6}$ moles de glucosa desde el medio al interior de la célula? Suponer $T = 37$ °C.
(b) ¿Cuál sería la variación de energía libre para el transporte de $10^{-6}$ moles de glucosa desde el medio al interior de la célula si las concentraciones intracelular y extracelular fueran 1 mM y 10 mM, respectivamente?
(c) Si el proceso descrito en las partes (a) y (b) estuviera acoplado a la hidrólisis del ATP, ¿cuántos moles de ATP deberían hidrolizarse para hacer *cada* proceso favorable? (Utilice el cambio de energía libre estándar para la hidrólisis de ATP).

17. Para las partes (a) y (b) de este problema, utilice los siguientes potenciales de reducción estándar, energía libre y concentraciones de no equilibrio de reactantes y productos:

ATP = 3.10 mM  $P_i$ = 5.90 mM  ADP = 220 $\mu$M

Glucosa = 5.10 mM  Piruvato = 62.0 $\mu$M

$NAD^+$ = 350 $\mu$M  NADH = 15.0 $\mu$M  $CO_2$ = 15.0 torr

| Semirreacción | $E°'$ (V) |
|---|---|
| $NAD^+ + H^+ + 2e^- \rightarrow NADH$ | −0.315 |
| 2 Piruvato + $6H^+ + 4e^- \rightarrow$ glucosa | −0.590 |

Piruvato + NADH + $2H^+ \rightarrow$ etanol + $NAD^+ + CO_2$

$\Delta G°' = -64.4$ kJ/mol

$ATP + H_2O \rightarrow ADP + P_i + H^+$  $\Delta G°' = -30.5$ kJ/mol

(a) Considerar los dos últimos pasos en la fermentación alcohólica de la glucosa por las levaduras de cerveza:

piruvato + NADH + $2H^+ \rightarrow$ etanol + $NAD^+ + CO_2$

Calcular la concentración de no equilibrio del etanol en las levaduras si $\Delta G = -38.3$ kJ/mol para esta reacción a pH 7 y 37 °C cuando los reactantes y productos están en las concentraciones dadas antes.
(b) Considerar la degradación de la glucosa a piruvato por la ruta glucolítica:

glucosa + 2ADP + 2 $P_i$ + $2NAD^+ \rightarrow$ 2 piruvato + 2ATP + $2H_2O$ + 2NADH + $2H^+$

Calcular el $\Delta G$ de esta reacción a pH = 7.4 y 37 °C.

# PARTE 2

# ARQUITECTURA MOLECULAR DE LA MATERIA VIVA

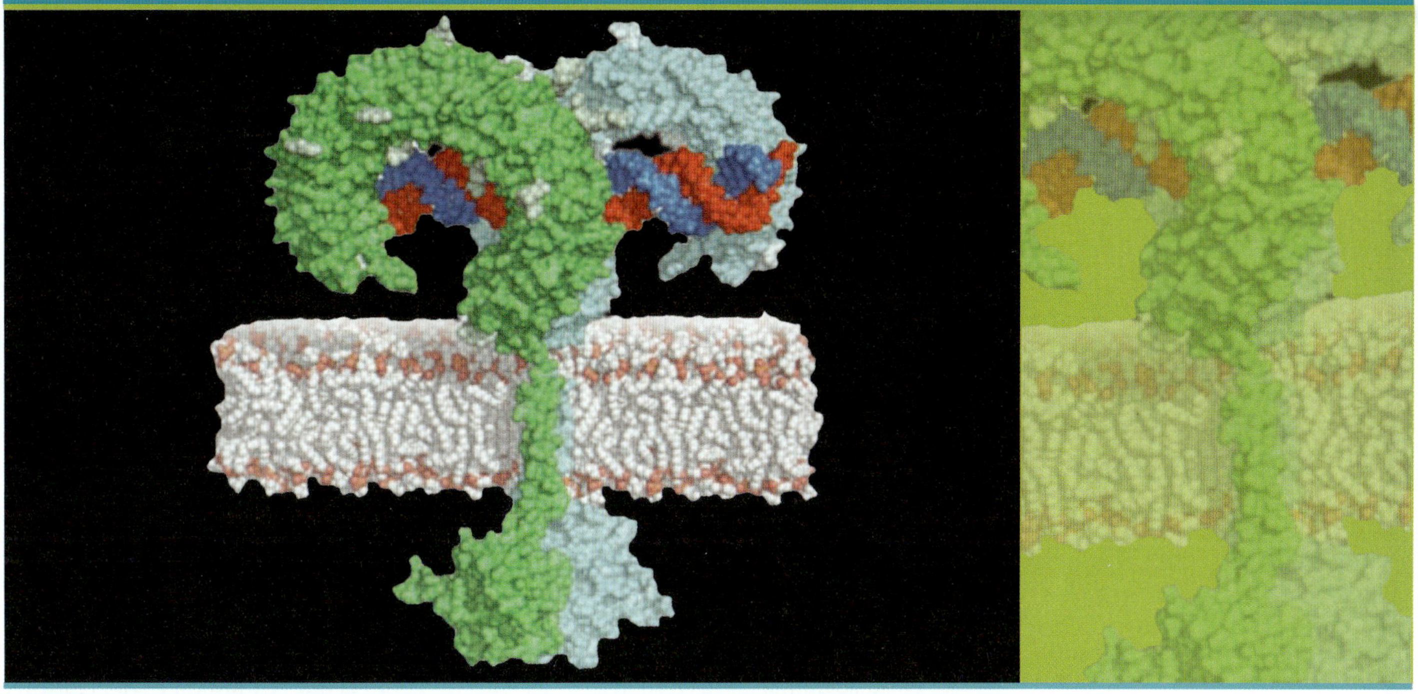

Una proteína receptora de peaje (verde y azul claro) unida a un RNA de doble cadena (rojo y azul), una firma de muchos virus, desencadenando una respuesta inflamatoria que ayuda a limitar la diseminación de la infección del virus. *Fuente: De Science* ..320:379-381

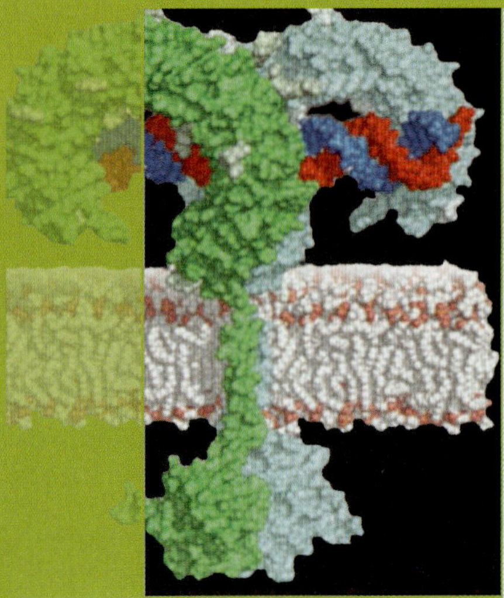

# CAPÍTULO 4

# Ácidos nucleicos

**Recordará del Capítulo 1** los nombres de los principales constituyentes orgánicos de las células: proteínas, ácidos nucleicos, hidratos de carbono y lípidos. Estas sustancias, en conjunto, constituyen una gran parte de la materia viva. Aunque estructuralmente son muy diferentes, poseen determinadas características de diseño comunes. Las proteínas, los ácidos nucleicos y los polisacáridos son todos ellos polímeros de constituyentes monoméricos que se mantienen linealmente mediante enlaces químicos hidrolizables. Aunque las moléculas lipídicas individuales se diferencian en que no son poliméricas, los lípidos habitualmente son componentes de complejos gigantes, las membranas y las lipoproteínas.

## Naturaleza de los ácidos nucleicos

Comenzamos el estudio de la arquitectura biomolecular con los ácidos nucleicos, ya que con su función en el almacenamiento y la transmisión de la información biológica pueden considerarse como las más fundamentales de las moléculas biológicas. Parece probable que la vida en sí empezara su evolución con los ácidos nucleicos, puesto que estas son las únicas sustancias biológicas que poseen la notable propiedad de la autoduplicación. Los planos para la construcción de un organismo están codificados en su ácido nucleico, en moléculas gigantescas como la que se muestra en la Figura 1.4 (página 9). Gran parte del desarrollo físico de un organismo a lo largo de su vida está programado en estas moléculas. Las proteínas que elaborarán sus células y las funciones que realizarán están todas registradas en esta «cinta» molecular.

En este capítulo, y en los siguientes, describimos primero los ácidos nucleicos estructuralmente y luego proporcionamos una breve introducción a las formas en las que estos mantienen y transmiten la información genética. Revisamos los acontecimientos de la replicación del DNA, la transcripción, y la traducción, procesos que pueden haber estudiado previamente y que se cubren con mayor detalle posteriormente en este libro. También, y debido al tremendo impacto de las técnicas de DNA recombinante sobre la ciencia y la tecnología biomolecular, se presentan brevemente al final de este capítulo, en Herramientas de la Bioquímica 4B, algunas de las técnicas más fundamentales e informativas.

### Dos tipos de ácido nucleico: DNA y RNA

El DNA fue descubierto en 1869 por Friedrich Miescher, un cirujano militar durante la guerra Franco-Prusiana. Miescher encontró cantidades de una sustancia ácida en el pus de las vendas quirúrgicas de desecho. Debido a que este material se encontraba predominantemente en los núcleos de los glóbulos blancos de la sangre que constituían la mayor parte de este material, él y un estudiante suyo lo denominaron (en alemán) *nukleinsäure* o ácido nucleico. Químicamente, se encontró que el ácido nucleico consta de bases orgánicas nitrogenadas, un azúcar pentosa y fosfato. Posteriormente, se reco-

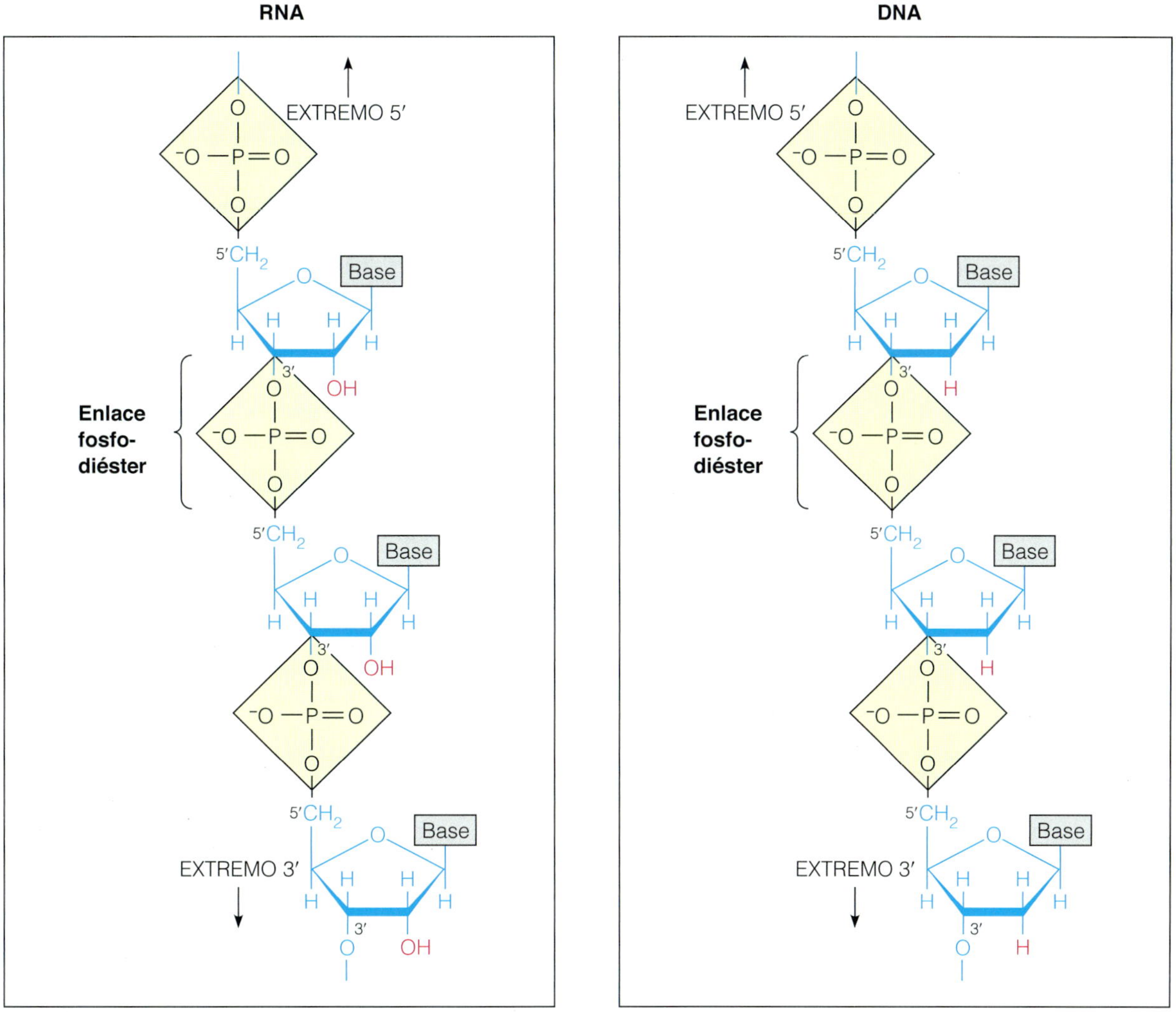


**FIGURA 4.1**

**Estructuras químicas del ácido ribonucleico (RNA) y del ácido desoxirribonucleico (DNA).** Se presentan detalladamente el armazón de ribosa-fosfato o de desoxirribosa-fosfato de cada cadena. Las bases que se indican aquí esquemáticamente se muestran con detalle en la Figura 4.2.

noció que hay dos especies químicas de ácido nucleico, que se diferencian por la naturaleza del azúcar componente. Miescher descubrió el **DNA**, **ácido desoxirribonucleico**, y la otra forma principal es el **RNA**, **ácido ribonucleico**. Como se indica en la Figura 4.1, cada uno de ellos es una cadena polimérica, en la que las unidades monoméricas están conectadas por enlaces covalentes. Las estructuras de las unidades monoméricas del RNA y DNA son las siguientes:

En cada caso, la unidad monomérica contiene un azúcar de cinco carbonos: la **ribosa**, en el RNA y la **2-desoxirribosa**, en el DNA (que se indican en azul en las estructuras). Los átomos de carbono se designan con primas (1′, 2′, etc.) para diferenciarlos

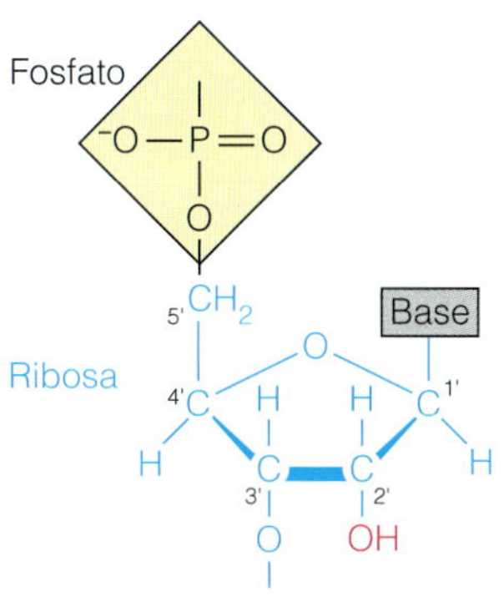


**Unidad que se repite en el ácido ribonucleico (RNA)**

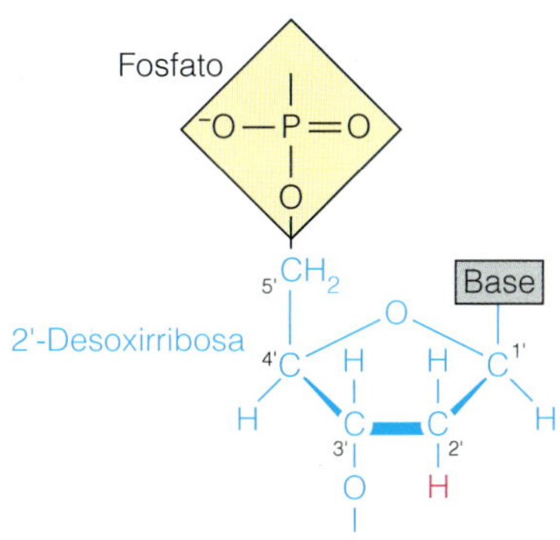


**Unidad que se repite en el ácido desoxirribonucleico (DNA)**

de los átomos de las bases. La diferencia entre los dos azúcares radica únicamente en el grupo hidroxilo 2′ de la ribosa en el RNA, que está sustituido por el hidrógeno en el DNA. La conexión entre las sucesivas unidades monoméricas en los ácidos nucleicos se realiza mediante un grupo fosfato unido al hidroxilo del carbono 5′ de una unidad y al hidroxilo 3′ de la siguiente. Esto forma un **enlace fosfodiéster** entre dos residuos de azúcar (Figura 4.1). El nombre señala el hecho de que la hidrólisis de este enlace diester fosfato proporciona un ácido (ácido fosfórico) y dos hidroxilos alcohol del azúcar. De esta forma, se construyen cadenas largas de ácido nucleico que, a veces, contienen centenares de millones de unidades. El grupo fosfato es un ácido fuerte, con un valor de p$K_a$ de aproximadamente 1, y esta es la razón por la que al DNA y al RNA se les denomina *ácidos* nucleicos. A pH fisiológico cada **residuo**, o unidad monomérica polimerizada, de una molécula de DNA o RNA lleva una carga negativa.

Tanto el DNA como el RNA son polinucleótidos. El RNA contiene el azúcar ribosa y el DNA desoxirribosa.

Los residuos de azúcar unidos mediante enlace fosfodiéster constituyen el armazón de la molécula de ácido nucleico. En sí, el armazón es una estructura repetitiva, incapaz de codificar información. La importancia de los ácidos nucleicos en el almacenamiento y la transmisión de la información deriva de que son **heteropolímeros**. Cada monómero de la cadena contiene una base heterocíclica, que siempre va unida al carbono 1′ del azúcar (*véase* la Figura 4.1). En la Figura 4.2 se muestran las estructuras de las principales bases existentes en los ácidos nucleicos. Existen dos tipos de bases heterocíclicas, que se denominan **púricas** y **pirimidínicas**.

Las bases de los ácidos nucleicos son de dos clases: las purinas, adenina y guanina; y las pirimidinas, citosina, timina y uracilo. El RNA y el DNA emplean las mismas bases, excepto que el RNA utiliza uracilo donde el DNA utiliza timina.

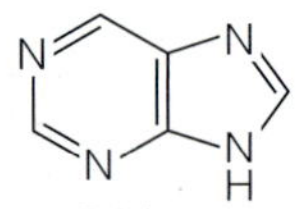

Púricas

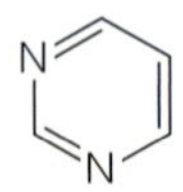

Pirimidínicas

El DNA tiene dos bases púricas, **adenina** (**A**) y **guanina** (**G**); y dos pirimidínicas, **citosina** (**C**) y **timina** (**T**). El RNA posee tres de las mismas bases, y la cuarta, el **uracilo**

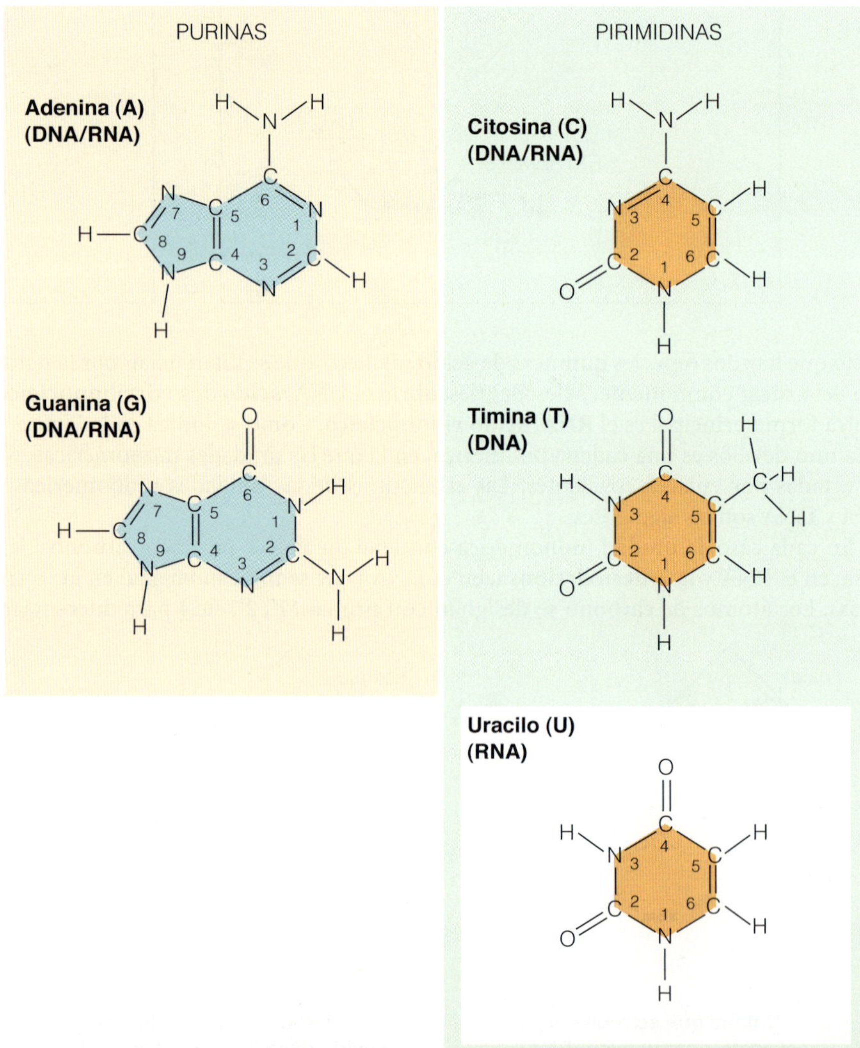


**FIGURA 4.2**

**Bases púricas y pirimidínicas que se encuentran en el DNA y el RNA.** El DNA contiene siempre las bases A, G, C, T mientras que el RNA tiene siempre A, G, C, U. La timina simplemente es el 5-metiluracilo.

(**U**), sustituye a la timina. El RNA, especialmente la especie denominada **RNA de transferencia** (página 109), contiene varias bases con modificaciones químicas, que sirven en parte para estabilizar la molécula, como se indica en el Capítulo 28. La mayoría de los DNA eucariotas contiene una pequeña proporción de citosinas metiladas en el carbono 5. En el Capítulo 26 se presenta el significado biológico de la metilación del DNA. Recientemente se ha encontrado en algunos DNA eucariotas 5-hidroximetilcitosina, con un —$CH_3$ en lugar de —$CH_2OH$ (Capítulo 22, página 950).

El DNA y el RNA pueden considerarse, cada uno de ellos, como un polímero formado con cuatro clases de monómeros. Los monómeros son moléculas de ribosa o desoxirribosa fosforiladas, con bases púricas o pirimidínicas unidas a sus carbonos 1′. En las purinas, la unión se realiza con el nitrógeno 9 y en las pirimidinas, con el nitrógeno 1. El enlace entre el carbono 1′ del azúcar y el nitrógeno de la base se denomina **enlace glucosídico**. Estos monómeros se denominan **nucleótidos**. Cada nucleótido puede considerarse el derivado 5′-monofosforilado de un aducto azúcar-base denominado **nucleósido** (Figura 4.3). Así, estos nucleótidos pueden también denominarse *nucleósidos 5′-monofosfato*. Hemos encontrado ya una de estas moléculas en el Capítulo 3: la adenosina a 5′-monofosfato o AMP.

Dado que todos los ácidos nucleicos pueden considerarse polímeros de nucleótidos, se les suele asignar la denominación genérica de **polinucleótidos**. Los polímeros pequeños, que contienen tan solo algunos residuos, se denominan, **oligonucleótidos**.

**FIGURA 4.3**

**Nucleósidos y nucleótidos.** Se representan los ribonucleósidos y ribonucleótidos; los desoxirribonucleósidos y desoxirribonucleótidos son idénticos, excepto que carecen del grupo 2′OH y excepto que la T del DNA está sustituida por una U en el RNA. Cada nucleósido se forma por el acoplamiento de ribosa o desoxirribosa a una base. Los nucleótidos, que pueden considerarse las unidades monoméricas de los ácidos nucleicos, son los 5′-monofosfato de los nucleósidos. Existen nucleósidos fosfato con fosforilación en otros grupos hidroxilo, pero no se encuentran en los ácidos nucleicos. Se muestra para la adenosina el ligamiento por enlace glucosídico de la adenina y la ribosa.

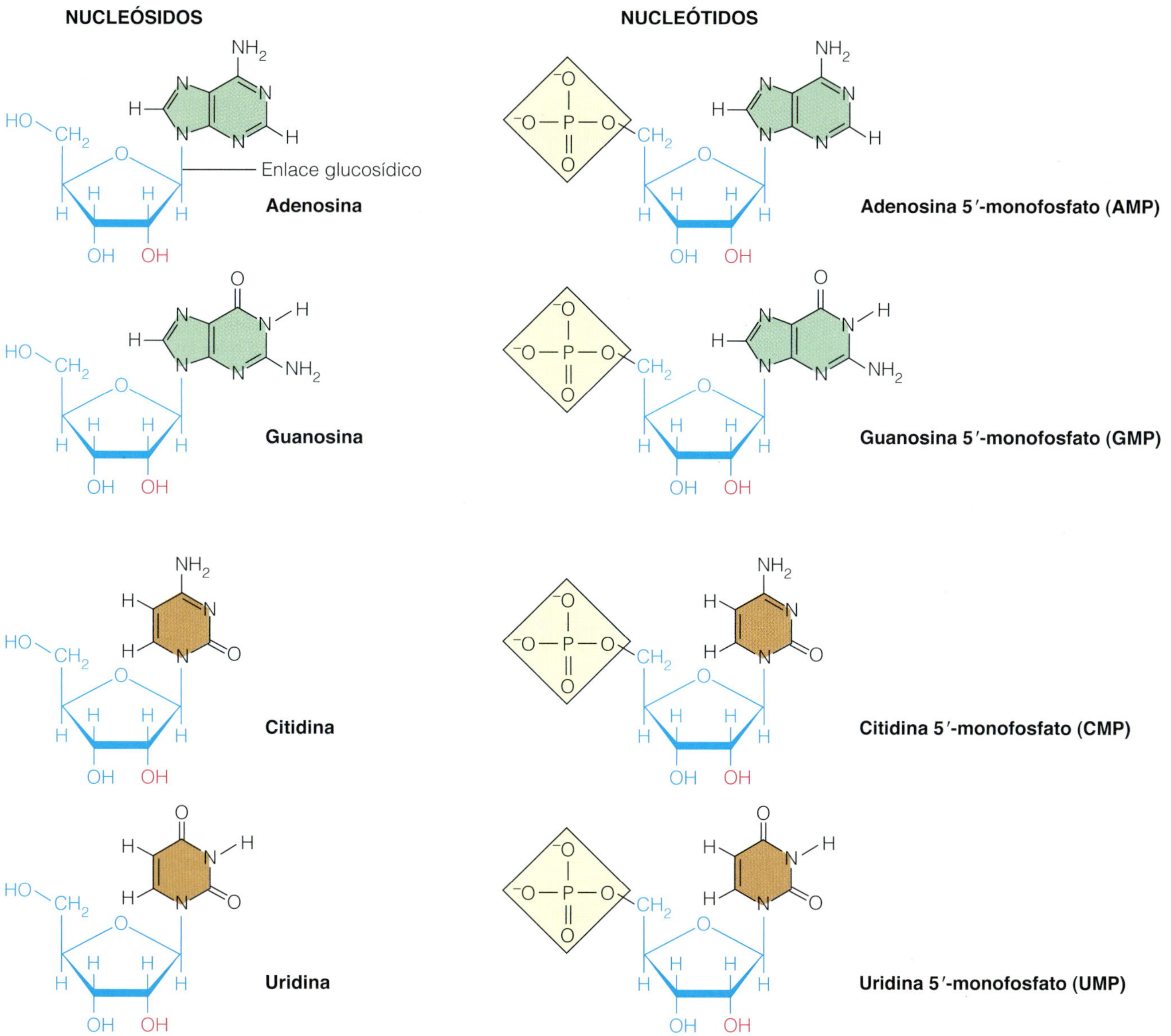

**TABLA 4.1. Constantes de ionización de los ribonucleótidos expresadas en forma de valores de p$K_a$**

| | Fosfato | | Base | |
|---|---|---|---|---|
| | Ionización primaria 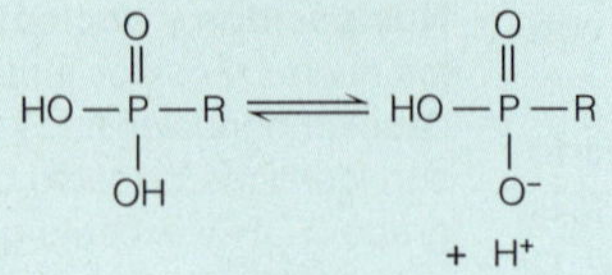 | Ionización secundaria 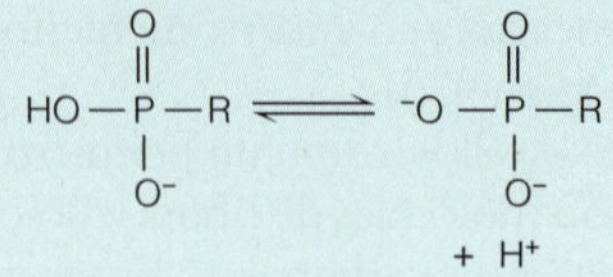 | | |
| | p$K_{a1}$ | p$K_{a2}$ | p$K_a$ | Reacción (en forma de pérdida de la forma protonada) |
| 5′ AMP | 0.9 | 6.1 | 3.8 | N-1 |
| 5′ GMP | 0.7 | 6.1 | 2.4 | N-7 |
| | | | 9.4 | N-1 |
| 5′ UMP | 1.0 | 6.4 | 9.5 | N-3 |
| 5′ CMP | 0.8 | 6.3 | 4.5 | N-3 |

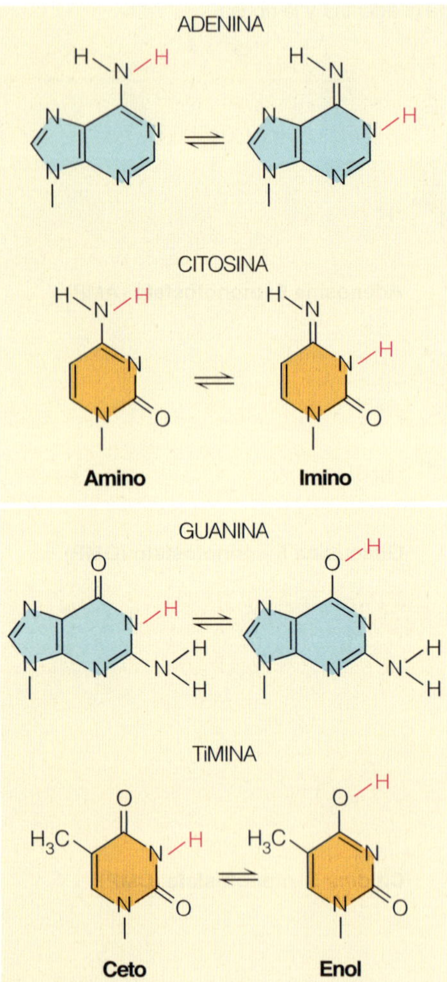


**FIGURA 4.4**

**Tautomerización de las bases.** Se muestran en el lado izquierdo las formas más estables (y, por tanto, frecuentes). Las formas menos frecuentes, imino y enol, que se muestran en el lado derecho, se encuentran en algunas interacciones de bases especiales. También son posibles algunos otros tautómeros (que no se muestran aquí).

La presencia de los grupos 2′hidroxilo tiene mucho más que un interés académico, ya que proporciona al RNA una funcionalidad de la que carece el DNA. Como se considera en el Capítulo 11, Thomas Cech y Sidney Altman, que trabajaban de forma independiente, descubrieron las **ribozimas** o moléculas de RNA capaces de catalizar reacciones químicas. Los grupos 2′hidroxilo participan de forma esencial en los mecanismos catalíticos. De aquí que las moléculas de RNA tengan, tanto la capacidad de almacenar la información como la de catálisis. Sea o no esta es la razón, muchos bioquímicos creen que el RNA existió antes que el DNA en el ambiente primordial en el que se supone los primeros organismos vivos han evolucionado. Los estudios de química prebiótica sugieren que la ribosa se encontraba entre los primeros compuestos que se formaron. El DNA es químicamente más estable que el RNA, lo que permite la generación y el mantenimiento de genomas más largos. Por estas razones, los bioquímicos postulan un **mundo de RNA** inicial, que dio paso a los organismos con DNA una vez aparecido un mecanismo, permitiendo la conversión de compuestos con ribosa a sus homólogos con desoxirribosa. Debe tenerse en cuenta que también existe la catálisis con base en el DNA, pero hasta el momento son construcciones de laboratorio. Aún no se han encontrado en la naturaleza «DNAzimas». (*Véase* en el Capítulo 11 un tratamiento más extenso de este tema).

## Propiedades de los nucleótidos

Los nucleótidos son ácidos bastante fuertes, en los que la ionización primaria del fosfato se produce con un valor de p$K_a$ de aproximadamente 1.0. Tanto la ionización secundaria del fosfato como la protonación o desprotonación de los grupos amino de las bases de los nucleótidos pueden observarse a valores de pH bastante próximos a la neutralidad (Tabla 4.1). Las bases son capaces también de experimentar una conversión entre formas **tautómeras**. Las formas tautómeras, o **tautómeros**, son isómeros estructurales que se diferencian en la disposición de sus átomos de hidrógeno y los dobles enlaces. Las formas principales son las que se muestran en la Figura 4.2, pero la G, la T y el U pueden isomerizarse parcialmente a formas enol, y la A y la C a formas imino, como se muestra en la Figura 4.4.

Como consecuencia de los sistemas de dobles enlaces conjugados de los anillos de purina y pirimidina, las bases y todos sus derivados (nucleósidos, nucleótidos y ácidos nucleicos) absorben intensamente la luz en la región ultravioleta del espectro. Esta absorción depende, en parte, del pH, debido a las reacciones de ionización de las bases. En la Figura 4.5 se presentan espectros representativos de los ribonucleótidos a pH neutro. Esta intensa absorbancia se utiliza para la determinación cuantitativa de los ácidos nucleicos, ya que permite medir las concentraciones de ácido nucleico a nivel de microgramos/mL mediante la medida de la absorción de luz a 260 nm en un espectrofotómetro (*véase* Herramientas de la Bioquímica 6A). La luz ultravioleta puede tener también efectos dañinos químicos sobre el DNA que producen, por ejemplo, al cáncer de piel.

## Estabilidad y formación del enlace fosfodiéster

Si comparamos las estructuras de los nucleótidos que se muestran en la Figura 4.3 con las cadenas polinucleotídicas de la Figura 4.1, vemos que, en principio, un polinucleótido podría generarse a partir de sus monómeros nucleótidos mediante la eliminación de una molécula de agua entre cada par de monómeros. Es decir, podríamos imaginar la adición de otro residuo de nucleótido a una cadena polinucleotídica mediante la reacción de deshidratación que se muestra en la Figura 4.6. Sin embargo, el cambio de energía libre de esta reacción hipotética es bastante positivo, de aproximadamente +25 kJ/mol y, en consecuencia, el equilibrio está muy desplazado hacia el lado de la hidrólisis del enlace fosfodiester en el medio acuoso de la célula. La hidrólisis de los polinucleótidos a nucleótidos es el proceso favorecido termodinámicamente.

Encontramos aquí el primero de los múltiples ejemplos de **metaestabilidad** de los polímeros con importancia biológica. Los compuestos metaestables tienen favorecida termodinámicamente su ruptura, pero esta se produce solo muy lentamente, salvo que la reacción esté catalizada. De acuerdo con la variación de energía libre implicada, los polinucleótidos deberían hidrolizarse en las condiciones de las células vivas, pero su hidrólisis es extremadamente lenta, salvo que esté catalizada. Esta característica es de la máxima importancia, puesto que garantiza que el DNA en las células sea suficientemente estable como para cumplir una función útil de depósito de la información genética. En condiciones de deshidratación, el DNA es tan estable que ha sido posible, incluso, recuperar fragmentos de moléculas de DNA de algunos fósiles antiguos. Sin embargo, cuando *hay* catalizadores, la hidrólisis puede ser extraordinariamente rápida en disolución acuosa. La catálisis ácida da lugar a la hidrólisis de los enlaces fosfodiéster en el RNA, produciendo una mezcla de nucleótidos. En ambos, RNA y DNA, el enlace glucosídico entre la base y el azúcar se hidroliza también, dando una mezcla de bases, ácido fosfórico y ribosa (o desoxirribosa). El RNA, pero no el DNA, es también lábil en soluciones alcalinas y el tratamiento con álcali 0.1 M produce una mezcla de 2′ y 3′ nucleósidos monofosfato. Por último, y lo más importante desde el punto de vista biológico, las enzimas denominadas **nucleasas** catalizan la hidrólisis de los enlaces fosfodiéster, tanto en el RNA como en el DNA. El organismo es capaz de degradar y utilizar los polinucleótidos de los alimentos consumidos gracias a que el aparato digestivo contiene nucleasas. En el Capítulo 22 se describen ejemplos de enzimas de este tipo.

La termodinámica desfavorable de la hipotética reacción de deshidratación que se muestra en la Figura 4.6 nos lleva a plantear la siguiente pregunta: si no pueden sintetizarse *in vivo* los polinucleótidos por la eliminación directa de agua, ¿cómo se forman realmente? La respuesta es que su síntesis implica a los nucleósidos o desoxinucleósidos *trifosfato*, de energía elevada. Aunque el proceso que tiene lugar en las células es bastante complejo, la reacción básica es sencilla. En vez de la reacción de deshidratación de la Figura 4.6, lo que sucede en las células vivas es la reacción que se muestra en la Figura 4.7. El nucleósido monofosfato que se añade a la cadena en crecimiento se presenta en forma de *nucleósido trifosfato*, como el ATP o el desoxi ATP (dATP), y en la reacción se libera pirofosfato. Podemos calcular el cambio de energía libre de esta reacción señalando que puede considerarse la suma de dos reacciones: la hidrólisis de un nucleósido trifosfato y la formación de un enlace fosfodiéster por la eliminación de agua:

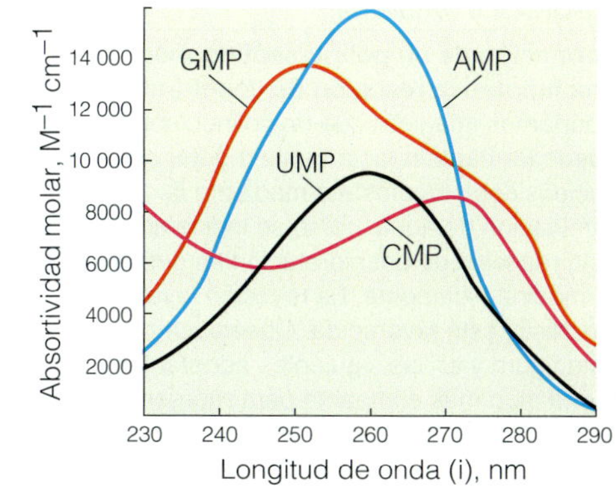


**FIGURA 4.5**

**Espectros ultravioleta de los ribonucleótidos.** Las dimensiones de los coeficientes de absorción son $M^{-1}$ $cm^{-1}$. Por consiguiente, una solución $10^{-4}$ M de UMP tendría una absorbancia de 0.95 a 260 nm en una cubeta de un grosor de 1 cm. (Absorbancia = absortividad molar × paso de luz en cm × concentración molar; *véase* Herramientas de la Bioquímica 6A.)

Datos tomados de *Principles of Biochemistry*, 2.ª ed., Lehninger, A. L., Nelson, D. L. y Cox, M. M. © 1993, 1982 Worth Publishers, Inc., Nueva York.

| | | | $\Delta G^{o\prime}$ |
|---|---|---|---|
| Nucleósido trifosfato + $H_2O$ | $\rightleftharpoons$ | nucleósido monofosfato + pirofosfato ($PP_i$) | −31 kJ/mol |
| (Cadena polinucleótida)$_N$ + nucleósido monofosfato | $\rightleftharpoons$ | (Cadena polinucleótida)$_{N+1}$ + $H_2O$ | +25 kJ/mol |
| Suma: (Cadena polinucleótida)$_N$ + nucleósido trifosfato | $\rightleftharpoons$ | (Cadena polinucleótida)$_{N+1}$ + pirofosfato | −6 kJ/mol |

La reacción acoplada es favorable porque el valor *neto* de $\Delta G^{o\prime}$ es negativo. La reacción se ve favorecida también porque la hidrólisis del producto pirofosfato ($PP_i$) a ortofosfato ($P_i$) tiene un valor de $\Delta G^{o\prime} = -19$ kJ/mol. Así pues, el pirofosfato se elimina con facilidad, impulsando aún más la reacción de síntesis hacia la derecha y proporcionando un $\Delta G^{o\prime}$ global de −25 kJ/mol. La síntesis de polinucleótidos es un ejemplo de un principio recalcado en el Capítulo 3: el empleo de reacciones favorables para impulsar reacciones que son termodinámicamente desfavorables.

**FIGURA 4.6** (*izquierda*)

**Formación de un polinucleótido mediante una hipotética reacción de deshidratación.** Podríamos imaginar que un polinucleótido puede formarse directamente a partir de nucleósidos monofosfato mediante la eliminación de agua, como se indica aquí, pero esta reacción de deshidratación es desfavorable termodinámicamente. La reacción inversa, la hidrólisis, está favorecida. Obsérvese que en esta figura y en las siguientes adoptamos una forma algo más compacta para representar el armazón azúcar-fosfato.

**FIGURA 4.7** (*derecha*)

**Cómo se forman realmente los polinucleótidos.** En esta reacción, cada monómero se presenta en forma de nucleósido trifosfato que se añade a la cadena. La ruptura del nucleósido trifosfato proporciona la energía libre que hace que la reacción sea favorable termodinámicamente. Las enzimas que catalizan estas reacciones se denominan **polimerasas.**

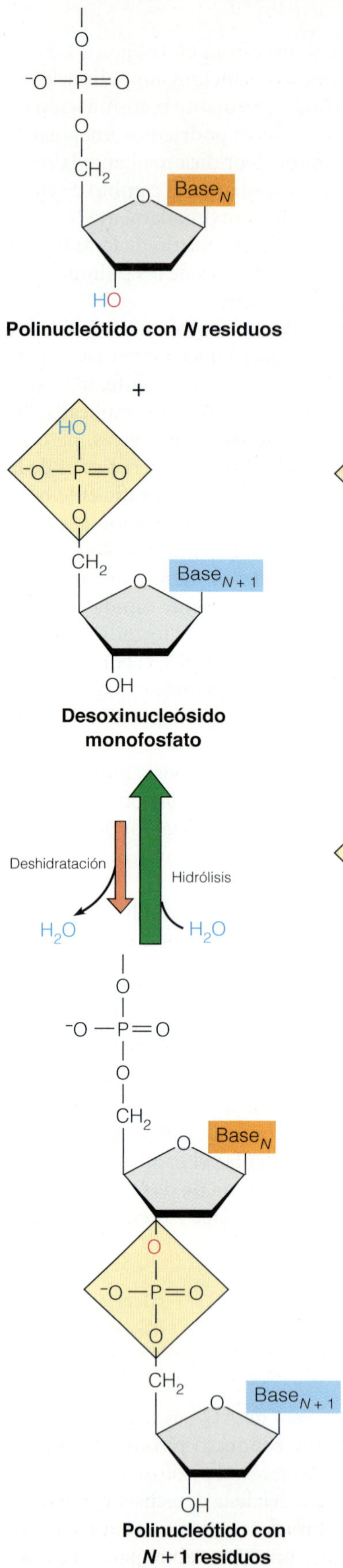


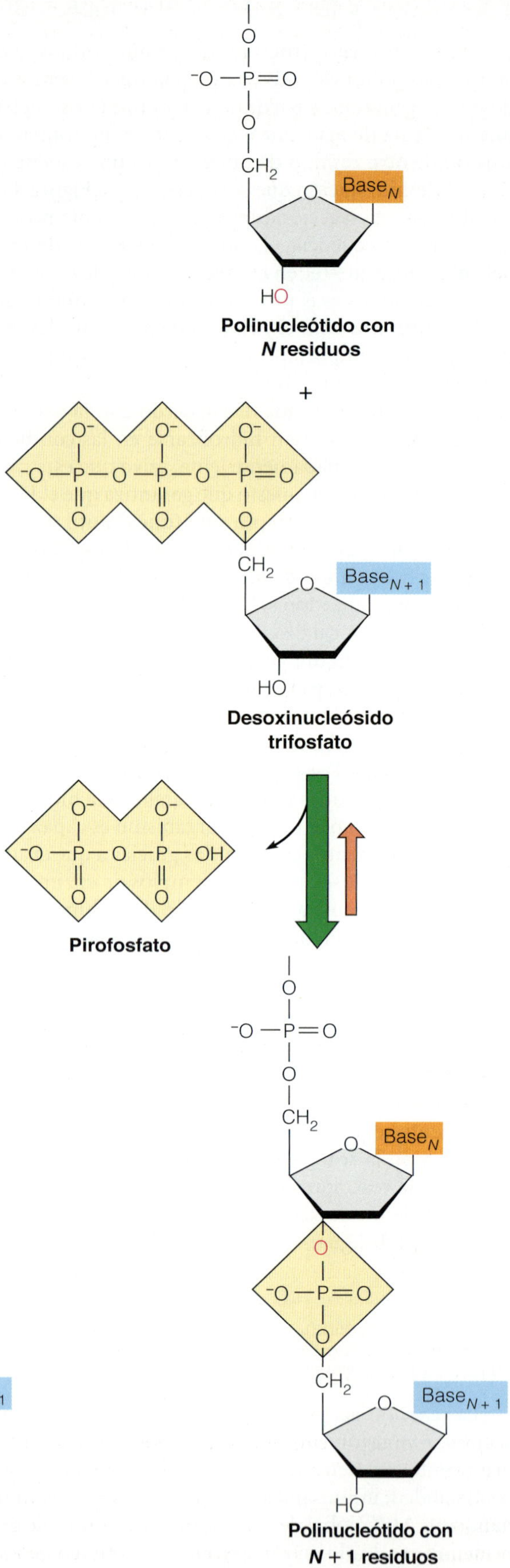

Es importante tener en cuenta la forma en que las características energéticas de estos procesos encajan en el esquema general de la vida. Un organismo obtiene energía, de la fotosíntesis si se trata de una planta, o de los compuestos inorgánicos si es un quimiolitótrofo o en todos los casos del metabolismo de los nutrientes, y almacena parte de esta energía mediante la generación de ATP, GTP, dATP, dGTP y otros compuestos semejantes de energía elevada. A su vez, utiliza estos compuestos como fuentes de energía para impulsar la síntesis de macromoléculas como el DNA, el RNA y las proteínas. Este empleo de trifosfatos como moneda de cambio energético de la célula es un tema que se irá repitiendo una y otra vez a lo largo de este libro.

# Estructura primaria de los ácidos nucleicos

## Naturaleza y trascendencia de la estructura primaria

Un examen más detenido de la Figura 4.1 pone de manifiesto dos características importantes de todos los polinucleótidos:

1. Una cadena polinucleotídica posee un *sentido* o *direccionalidad*. El enlace fosfodiéster entre las unidades monoméricas se produce entre el carbono 3′ de un monómero y el carbono 5′ del siguiente. Así pues, los dos extremos de una cadena polinucleotídica lineal son diferenciables. Un extremo lleva normalmente un fosfato 5′ sin reaccionar, y el otro extremo, un grupo hidroxilo 3′ sin reaccionar.
2. Una cadena polinucleotídica posee *individualidad*, determinada por la secuencia de sus bases, es decir, la *secuencia de nucleótidos*. Esta secuencia se denomina **estructura primaria** de ese ácido nucleico concreto.

Si queremos describir una secuencia polinucleotídica determinada (tanto si se trata de DNA como si es RNA), resulta extremadamente difícil y totalmente innecesario dibujar la molécula en su totalidad, como en la Figura 4.1. Ello ha hecho que se diseñaran algunas nomenclaturas más compactas. Si indicamos que estamos describiendo una molécula de DNA o una molécula de RNA, se sobreentiende ya la mayor parte de la estructura. Podemos abreviar una molécula pequeña de DNA de la forma siguiente:

Todos los polinucleótidos existentes en la naturaleza tienen una secuencia definida, su estructura primaria.

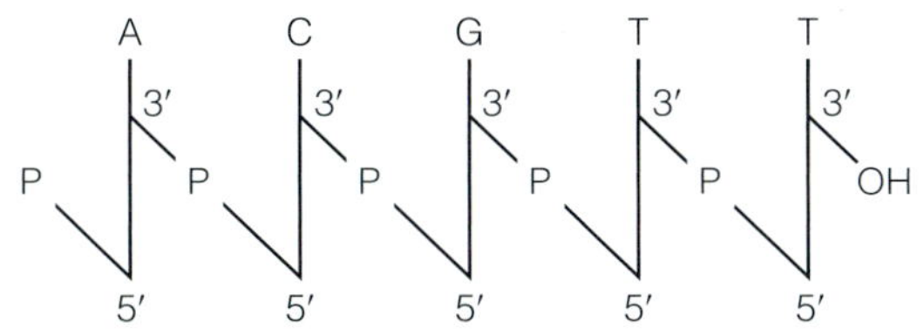


Esta notación indica: (1) la secuencia de nucleótidos, mediante sus abreviaturas de una letra (A, C, G, T); (2) que todos los enlaces fosfodiéster son entre hidroxilos 3′ y fosfatos 5′; y (3) que esta molécula concreta tiene un grupo fosfato en su extremo 5′ y un hidroxilo 3′ sin reaccionar en su extremo 3′. También nos dice que es una secuencia de DNA y no RNA, porque tiene T y no U.

Si se supone que todos los enlaces fosfodiéster unen un hidroxilo 3′ a un fosfato 5′ (como suele ocurrir), puede utilizarse una notación más compacta de la misma molécula:

pApCpGpTpT

Se sobrentiende la presencia del grupo 3′—OH sin reaccionar. Si hubiera un fosfato en el extremo 3′ y un hidroxilo sin reaccionar en el extremo 5′, escribiríamos

ApCpGpTpTp

Por último, si nos interesa *solamente* la secuencia de bases de la molécula, como sucede en muchas ocasiones, podemos utilizar una notación aún más compacta

ACGTT

Obsérvese que, por convenio, la secuencia de una cadena polinucleotídica suele escribirse con el extremo 5′ a la izquierda y el extremo 3′, a la derecha.

La importancia principal de la estructura primaria o secuencia, es que *la información genética se almacena en la estructura primaria del DNA*. Un *gen* no es más que una secuencia concreta de DNA, que codifica la información mediante un lenguaje de cuatro letras, en el que cada «letra» es una de las bases.

La estructura primaria del DNA codifica la información genética.

### El DNA como sustancia genética: indicios iniciales

La búsqueda de la sustancia de la que están formados los genes tiene una historia larga. A finales de los años 1800, poco después de que el bioquímico alemán Friedrich Miescher hubiera aislado por primera vez el DNA de los glóbulos blancos, algunos científicos sospecharon que el DNA podía ser el material genético. Pero los estudios posteriores que indicaron que el DNA contenía tan solo cuatro clases de monómeros parecieron descartar que pudiera desempeñar este complicado papel. Los primeros investigadores pensaron que era más probable que los genes estuvieran formados por proteínas, ya que estas estaban empezando a reconocerse como moléculas extremadamente complejas. Durante la mayor parte de la primera mitad del siglo xx, los ácidos nucleicos se consideraban simplemente como una clase de sustancia estructural del núcleo celular.

Entre 1944 y 1952, una serie de experimentos cruciales apuntaron claramente al DNA como material genético. En 1944 Oswald Avery, Colin MacLeod y Maclyn McCarty descubrieron que el DNA de cepas patógenas de la bacteria *Pneumococcus* podía transferirse a cepas no patógenas, haciéndolas patógenas (Figura 4.8a). Esta **transformación** era genéticamente estable y las generaciones sucesivas de las bacterias retenían las nuevas características. Sin embargo, fue un elegante experimento realizado por Alfred Hershey y Martha Chase el que convenció finalmente a la mayoría de los científicos. Hershey y Chase estudiaron la infección de la bacteria *Escherichia coli* por un virus bacteriano, el bacteriófago T2. Aprovechando el hecho de que las proteínas del bacteriófago contienen azufre y poco fósforo y que el DNA del bacteriófago contiene fósforo pero no azufre, estos investigadores marcaron el bacteriófago T2 con los isótopos radiactivos $^{35}S$ y $^{32}P$ (Figura 4.8b). A continuación, comprobaron que cuando el bacteriófago se unía a *E. coli*, era principalmente el $^{32}P$ (y, por tanto, el DNA del bacteriófago) el que se transfería a la bacteria. Aunque la parte proteica residual del bacteriófago se eliminaba de la bacteria, solo el DNA insertado era suficiente para dirigir la formación de nuevos bacteriófagos.

Mediante estos experimentos y otros similares, en 1952 se había aceptado ya, en general, que el DNA debía ser la sustancia genética. Pero, ¿cómo podía transportar la enorme cantidad de información que una célula necesitaba? ¿Cómo podía transmitir esa información a la célula? y, sobre todo, ¿cómo podía replicarse de manera exacta en la división celular? Las respuestas a estas preguntas vinieron solo tras uno de los descubrimientos más notables de la historia de la ciencia. En 1953, James Watson y Francis Crick propusieron una estructura para el DNA que abrió todo un mundo nuevo de la Biología molecular.

## Estructuras secundaria y terciaria de los ácidos nucleicos

### La doble hélice

Watson y Crick buscaron las respuestas a las preguntas planteadas anteriormente en la estructura tridimensional del DNA. Durante un cierto tiempo, los investigadores habían estado estudiando las fibras obtenidas a partir de soluciones de DNA concentradas, utilizando la técnica de la **difracción de rayos X** (*véase* Herramientas de la Bioquímica 4A). Watson y Crick, que trabajaban en la Universidad de Cambridge en Inglaterra, tuvieron acceso a los patrones de difracción de DNA fotografiados por Rosalind Franklin, una investigadora del laboratorio de Maurice Wilkins en el King's College de Londres. Las fotografías cruciales mostraban claramente que el DNA en las fibras debía tener algún tipo de estructura tridimensional repetitiva regular. Nos referiremos a este plegado regular de los polímeros como *estructura secundaria*, para diferenciarla de la estructura primaria que, como se ha indicado antes, es simplemente la secuencia de residuos de nucleótidos individuales. Watson y Crick conocían también los datos de Erwin Chargarff que mostraban regularidades en la composición de bases del DNA (*véase* la página 101).

Watson y Crick percibieron rápidamente que la difracción de la fibra de DNA mostraba un patrón cruzado característico de una estructura secundaria helicoidal (Figura 4.9). Observaron que, como el espaciamiento de la línea de capa era de una décima parte de la repetición del patrón, debía haber 10 residuos por vuelta (*véase* Herramientas de la Bioquímica 4A). Los datos relativos a la densidad de las fibras sugirieron que debía haber *dos* cadenas de DNA en cada molécula helicoidal. Hasta entonces, tan solo se habían realiza-

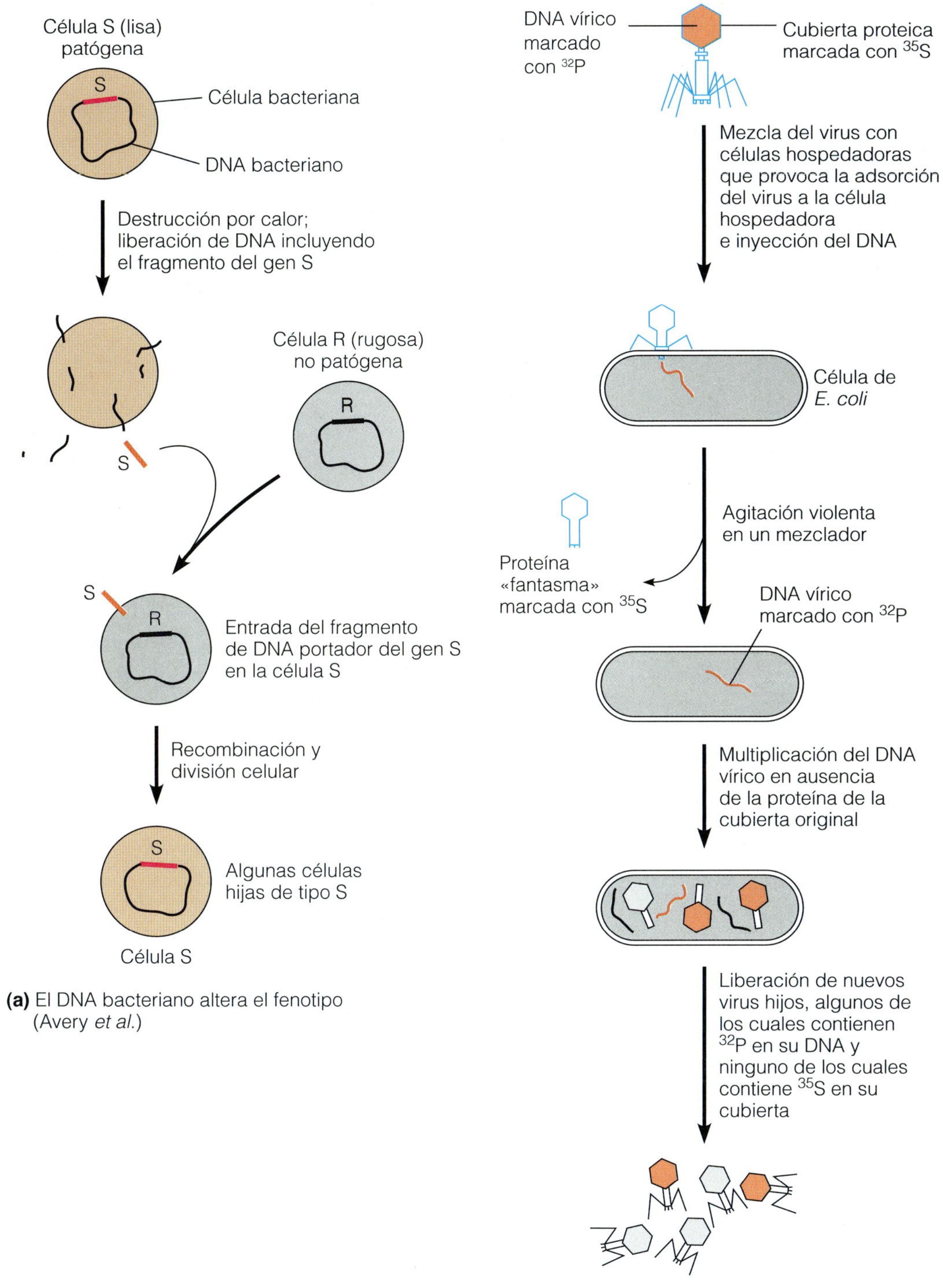


**(a)** El DNA bacteriano altera el fenotipo (Avery *et al.*)

**(b)** El DNA del fago da origen a fagos marcados con $^{32}P$ (Hershey y Chase)

**FIGURA 4.8**

**Experimentos que demostraron que el DNA es la sustancia genética. (a)** Avery *et al.* demostraron que los neumococos no patógenos podían hacerse patógenos mediante la transferencia de DNA procedente de una cepa patógena. **(b)** Hershey y Chase demostraron que era la transferencia de DNA vírico de un virus a una bacteria lo que daba origen a nuevos virus.

do deducciones científicas a partir de los datos. El gran golpe intuitivo de Watson y Crick fue el de darse cuenta de que una hélice de doble cadena podía estabilizarse mediante enlaces de hidrógeno entre las bases de las cadenas opuestas, si las bases se apareaban de *una* manera concreta: los pares A-T y G-C que se muestran en la Figura 4.10. Con este apareamiento, se forman enlaces de hidrógeno fuertes entre las bases. Además, las distancias entre los carbonos 1′ de las porciones de desoxirribosa de A-T y G-C son las mismas: aproximadamente 1.1 nm en cada caso (Figura 4.10a). Esta disposición de apareamiento

El modelo de Watson y Crick para el DNA es una doble hélice antiparalela de dos cadenas, con 10 pares de bases por vuelta. El apareamiento es A-T y G-C.

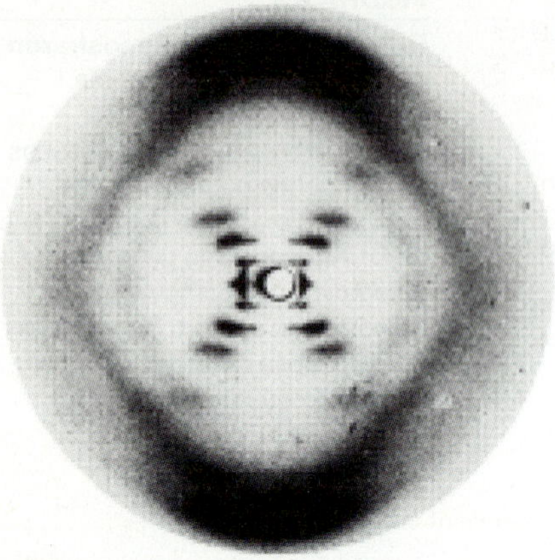

FIGURA 4.9

**Pruebas sobre la estructura del DNA.** Esta fotografía, obtenida por Rosalind Franklin, muestra el patrón de difracción de rayos X producido por las fibras de DNA húmedas. Esta imagen desempeñó un papel clave en la elucidación de la estructura del DNA. El patrón en forma de aspa indica una estructura helicoidal, y las manchas intensas en la parte superior e inferior corresponden a una elevación de la hélice de 0.34 nm. El espaciado de las líneas de capa es una décima parte de la distancia existente desde el centro hasta cualquiera de estas manchas, lo cual indica que existen 10 pares de bases por repetición.

Reproducido con permiso de Macmillan Publishers Ltd. *Nature* 171:740-741, Franklin, R. E. y Gosling, R., Molecular configuration in sodium thymonucleate. © 1953.

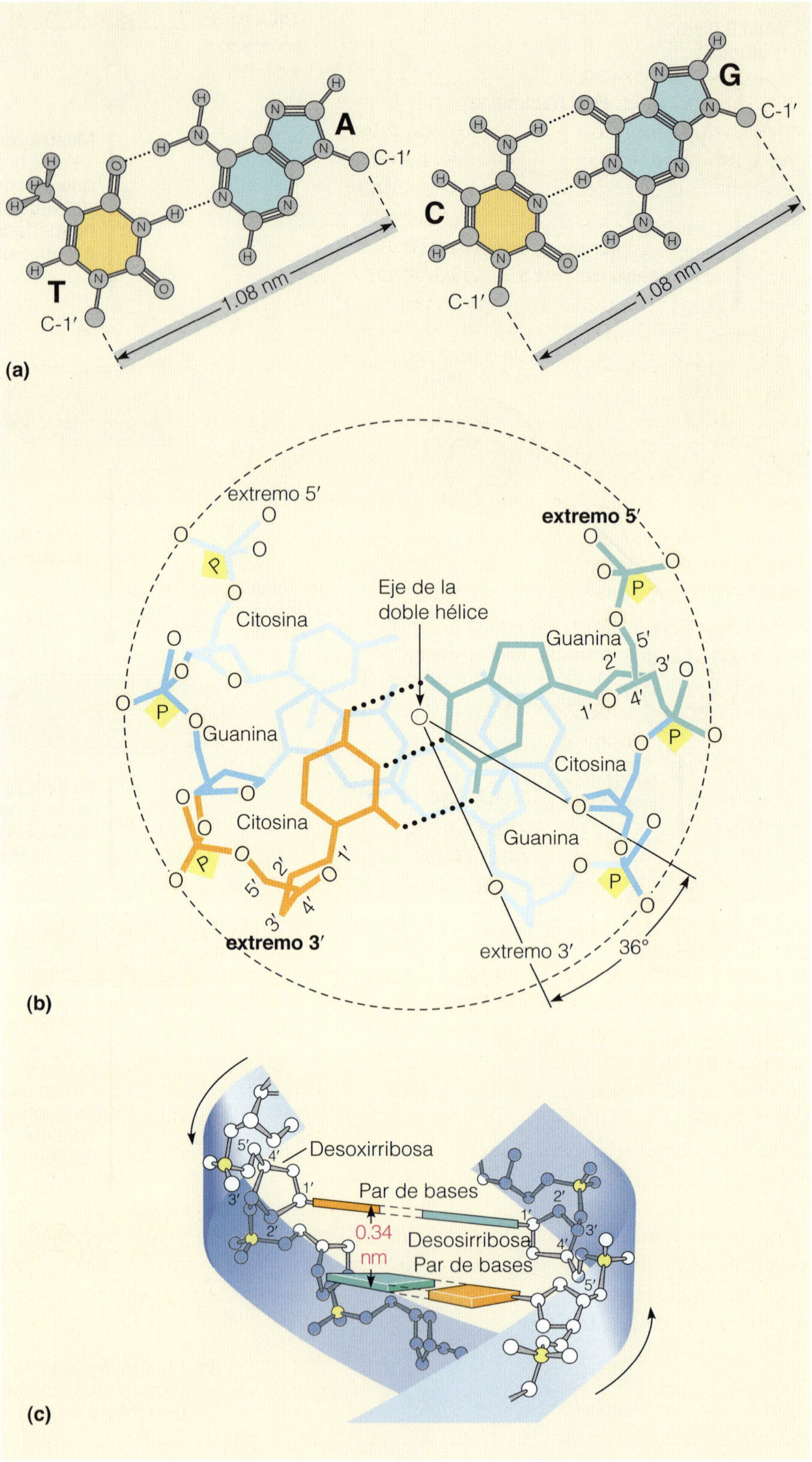


FIGURA 4.10

**Elementos fundamentales de la estructura de la doble hélice del DNA. (a)** Apareamiento de bases. A-T y G-C son los pares de bases del modelo del DNA de Watson y Crick. Este apareamiento permite que los carbonos C1′ de las dos cadenas estén exactamente a la misma distancia en ambos pares de bases. **(b)** Apilamiento de los pares de bases. Esta imagen del eje de la hélice desde arriba muestra cómo están apilados los pares de bases uno sobre otro, de modo que cada par presenta una rotación de 36° respecto al siguiente. **(c)** Distancia entre los pares de bases. Una imagen lateral de los pares de bases muestra la distancia de 0.34 nm entre ellas. Esta distancia se denomina elevación de la hélice.

(a, c) Ilustración, Irving Geis. Imagen de la Colección Irving Geis/Howard Hughes Medical Institute. Los derechos pertenecen a HHMI. No puede reproducirse sin permiso.

implicaba que la doble hélice podía tener un diámetro regular, hecho que era imposible si las purinas se apareaban con purinas o las pirimidinas con pirimidinas.

En el modelo de Watson y Crick, los armazones hidrófilos de fosfato-desoxirribosa de la hélice se situaban en el exterior, en contacto con el medio acuoso, y los pares de bases se apilaban unos sobre otros con sus planos perpendiculares al eje de la hélice. En las Figuras 4.10b y c se presentan dos proyecciones de una estructura de este tipo. (La figura muestra un modelo reciente perfeccionado, que se basa en datos mejores que los que tuvieron a su alcance Watson y Crick: las bases no están exactamente perpendiculares al eje de la hélice, y la conformación del azúcar es ligeramente diferente de la propuesta por Watson y Crick.) El apilamiento de las bases, como se muestra en la Figura 4.10b, permite que se produzcan fuertes interacciones entre ellas, probablemente del tipo de van der Waals, lo que a menudo se denomina «interacción de apilamiento» (*véase* también la Figura 2.2, página 28). Cada par de bases presenta una rotación de 36°, esto es, 1/10 de una rotación de 360°, respecto a la siguiente, de manera que se acomodan 10 pares de bases en cada vuelta de la hélice (estudios estructurales posteriores mostraron que el número está más cerca de 10.5, *véase* la página 106). El patrón de difracción mostraba que la distancia de repetición era de aproximadamente 3.4 nm, por lo que la *elevación* de la hélice, es decir, la distancia entre los pares de bases, debía ser aproximadamente 0.34 nm (Figura 4.10c). Esta distancia es exactamente el doble del grosor de van der Waals de un anillo plano (*véase* la Tabla 2.2 de la página 29), por lo que las bases están estrechamente apiladas dentro de la hélice, como se muestra en un modelo de relleno espacial (Figura 4.11).

> La estructura complementaria de doble cadena del DNA explica la forma en que puede replicarse el material genético.

El modelo indica también que, aunque las bases están en el interior, pueden abordarse a través de dos surcos espirales profundos, denominados surcos *principal* y *menor*. El surco principal proporciona un acceso más directo a las bases, mientras que el surco menor está frente al armazón de azúcar. La construcción de modelos moleculares de estructuras de DNA de doble cadena pronto convenció a Watson y Crick de que las cadenas de DNA debían ir en direcciones opuestas. En otras palabras, las dos cadenas son antiparalelas, como se observa en la Figura 4.10c. El modelo que presentaron Watson y Crick era el de una hélice a derechas, aunque en ese momento, los datos indicativos del sentido (dirección de la vuelta) de la hélice eran débiles. Sus suposiciones fueron correctas.

Como suele ocurrir con una buena teoría o modelo, la estructura de Watson y Crick explicaba también otros datos que hasta entonces no se comprendían. El bioquímico Erwin Chargaff, que había determinado las cantidades relativas de A, T, G y C en los DNA de muchos organismos, había observado el hecho sorprendente de que A y T estaban presentes casi siempre en cantidades aproximadamente iguales, y que lo mismo sucedía con G y C (Tabla 4.2). Si la mayor parte del DNA de las células era de doble cadena, con el apareamiento de bases de Watson y Crick, la *regla de Chargaff* era una consecuencia natural de ello.

El modelo de Watson y Crick no solo explicaba la estructura del DNA y la regla de Chargaff, sino que tenía también implicaciones que llegaban al corazón mismo de la biología. Dado que A se aparea siempre con T, y G se aparea siempre con C, las dos cadenas son *complementarias*. Si las cadenas pudieran separarse y se pudiera sintetizar un nuevo DNA a lo largo de cada una de ellas, siguiendo el mismo principio de apareamiento de bases, podrían obtenerse dos moléculas de DNA de doble cadena, cada una de las cuales sería una copia *exacta* del original (Figura 4.12). Esta **autorreplicación** es precisamente la propiedad que el material genético debe poseer: cuando una célula se divide, deben producirse dos copias completas de la información genética que lleva la célula original. En su artículo de 1953 en el que anunciaban el modelo (*véase* la Bibliografía), Watson y Crick expresaban esta idea en lo que puede haber sido la predicción científica más comedida que nunca se haya hecho: «*No ha escapado a nuestra apreciación que el apareamiento específico que proponemos sugiere inmediatamente un posible mecanismo para copiar el material genético*».

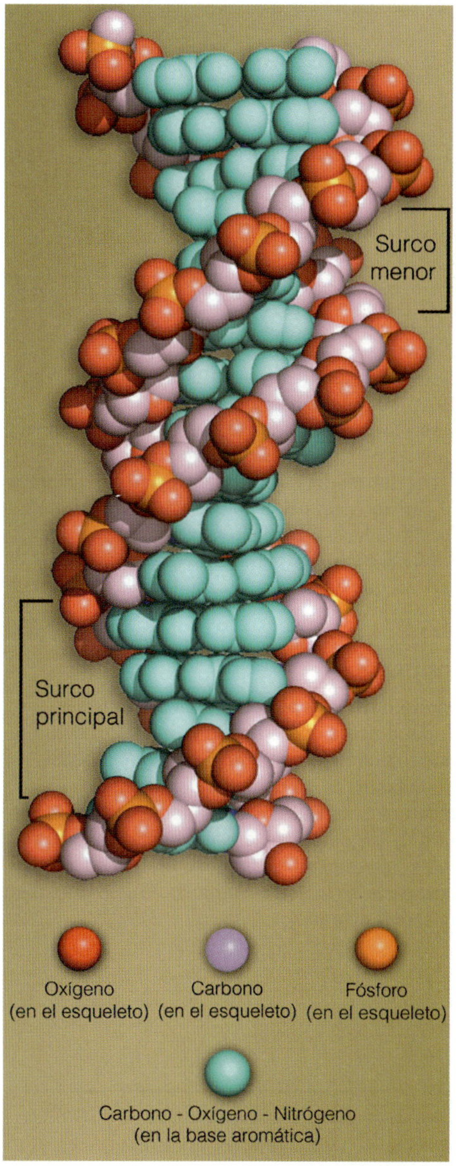


**FIGURA 4.11**

**Modelo de relleno espacial del DNA.** Se muestra la molécula de DNA, según el modelo de Watson y Crick, con cada átomo indicado mediante su radio de van der Waals. En este modelo se aprecia más claramente que en la Figura 4.10, lo densamente empaquetadas que están las bases dentro de la hélice. Se indican asimismo los surcos principal y menor.

Cortesía de Gary Carlton.

## Naturaleza semiconservativa de la replicación del DNA

El mecanismo para copiar el DNA que hemos mencionado comporta el desenrollamiento de las dos cadenas del DNA progenitor, de manera que cada cadena sirva de molde para la síntesis de una cadena nueva, complementaria y enrollada sobre la cadena progenitora. La replicación completa de una molécula de DNA producirá dos dobles cadenas «hijas», cada una consistente en una mitad de DNA del progenitor (una cadena de la estructura de

**TABLA 4.2. Composición de bases de los DNA de varios organismos**

| | % Molar de bases | | | | | Proporciones | |
|---|---|---|---|---|---|---|---|
| **Origen** | **Adenina (A)** | **Guanina (G)** | **Citosina[a] (C)** | **Timina (T)** | **(G + C)** | **A/T** | **G/C** |
| Bacteriófago $\phi$X174 | 24.0 | 23.3 | 21.5 | 31.2 | 44.8 | 0.77[b] | 1.08[b] |
| Bacteriófago T7 | 26.0 | 23.8 | 23.6 | 26.6 | 47.4 | 0.98 | 1.01 |
| *Escherichia coli* B | 23.8 | 26.8 | 26.3 | 23.1 | 53.2 | 1.03 | 1.02 |
| *Neurospora* | 23.0 | 27.1 | 26.6 | 23.3 | 53.8 | 0.99 | 1.02 |
| Maíz | 26.8 | 22.8 | 23.2 | 27.2 | 46.1 | 0.99 | 0.98 |
| *Tetrahymena* | 35.4 | 14.5 | 14.7 | 35.4 | 29.2 | 1.00 | 0.99 |
| Pulpo | 33.2 | 17.6 | 17.6 | 31.6 | 35.2 | 1.05 | 1.00 |
| *Drosophila* | 30.7 | 19.6 | 20.2 | 29.5 | 39.8 | 1.03 | 0.97 |
| Estrella de mar | 29.8 | 20.7 | 20.7 | 28.8 | 41.3 | 1.03 | 1.00 |
| Salmón | 28.0 | 22.0 | 21.8 | 27.8 | 44.1 | 1.01 | 1.01 |
| Rana | 26.3 | 23.5 | 23.8 | 26.8 | 47.4 | 1.00 | 0.99 |
| Pollo | 28.0 | 22.0 | 21.6 | 28.4 | 43.7 | 0.99 | 1.02 |
| Rata | 28.6 | 21.4 | 21.6 | 28.4 | 42.9 | 1.01 | 1.00 |
| Ternera | 27.3 | 22.5 | 22.5 | 27.7 | 45.0 | 0.99 | 1.00 |
| Ser humano | 29.3 | 20.7 | 20.0 | 30.0 | 40.7 | 0.98 | 1.04 |

Datos tomados de Sober, H. E. (ed.), *Handbook of Biochemistry*, 2/E (Chemical Rubber Publishing Co., 1970). Los valores para los organismos superiores varían ligeramente de un tejido a otro, probablemente como consecuencia del error experimental.

[a] Las cantidades indicadas incluyen, para algunos organismos, un pequeño porcentaje de una base modificada, la 5-metilcitosina.

[b] Este bacteriófago tiene un DNA de una sola cadena, que no tiene que seguir la regla de Chargaff.

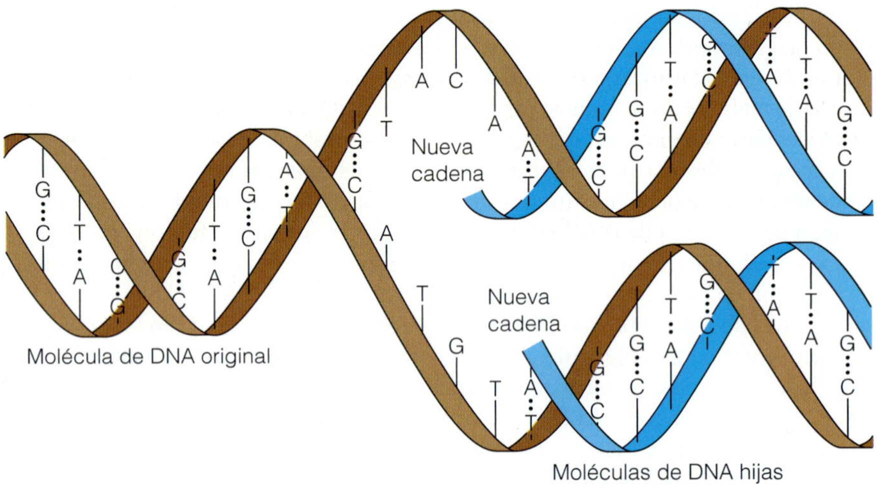


**FIGURA 4.12**

**Modelo de la replicación del DNA.** Cada cadena actúa como molde para una nueva cadena complementaria. Cuando el proceso de copiado se ha completado, habrá dos moléculas de DNA hijas de doble cadena, cada una de las cuales es de secuencia idéntica a la molécula original. El proceso real es bastante complicado (*véase* el Capítulo 25), pero aquí se presenta el principio básico.

doble cadena original) y otra mitad de material nuevo. Esta forma de replicación se denomina **semiconservativa**, ya que se conserva la mitad del material original en cada una de las dos copias (Figura 4.13). Se diferencia de otros dos modos posibles, el **conservativo**, en el que una de las dos estructuras de doble cadena hijas es la doble cadena conservada del progenitor, mientras que la otra se sintetiza *de novo*, y el **dispersivo**, en el que el material del progenitor se dispersa por las estructuras de las dobles cadenas hijas.

Meselson y Stahl demostraron que el DNA se replica de forma semiconservativa.

La primera prueba experimental de este modelo se obtuvo en 1958, cuando Matthew Meselson y Franklin Stahl verificaron que las moléculas cuya densidad difiere en cantidades muy pequeñas podían separarse unas de otras mediante centrifugación en gradientes de densidad. En este método, se crea un gradiente de densidad mediante la centrifugación hasta el equilibrio de una solución concentrada de una sal de un metal pesado, como el cloruro de cesio (CsCl). Si se suspenden moléculas de ácidos nucleicos de distintas densidades en un gradiente de este tipo, cada una migrará hasta el punto en el que la densidad de la solución sea igual a la suya. Esta técnica permitió a Meselson y Stahl rastrear el camino de un DNA marcado por densidad a través de varias tandas de replicación, con los resultados que se presentan en la Figura 4.14. Se aplicó el marcaje de densidad mediante el cultivo de la bacteria *E. coli* en un medio que contenía el isótopo pesado del nitrógeno, $^{15}$N, durante muchas generaciones, de manera que el DNA alcanzaba una densidad más alta mediante una sustitución amplia del $^{14}$N por $^{15}$N en sus bases púricas y pirimidínicas. Al aislarlo y centrifugarlo hasta el equilibro a pH 7.0, este DNA formaba una banda única en una región del gradiente, que correspondía a una densidad de 1.724 g/mL (Figura 4.14a, primer gráfico). En cambio, cuando se analizaba de forma similar el DNA de las bacterias que proliferaban en un medio ligero (que contenía $^{14}$N), la banda producida tenía una densidad de 1.710 g/mL (Figura 4.14a, segundo gráfico). Cuando se transferían las bacterias con marcaje de densidad que proliferaban en el medio pesado al medio ligero, el DNA aislado después de una generación de crecimiento producía una banda exclusiva en una densidad intermedia de 1.717 g/mL (Figura 4.14a, tercer gráfico). Este resultado es el esperado si el nuevo DNA replicado es una especie molecular *híbrida*, formada de una mitad de material del progenitor y una mitad de nuevo DNA (sintetizado en el medio ligero). Si estas bacterias se cultivaban durante una generación más en el medio ligero, se observaban dos bandas del mismo tamaño, una ligera y una de densidad híbrida (Figura 4.14a, cuarto gráfico), como era de prever si el DNA de densidad híbrida sufría un segundo ciclo de replicación semiconservativa.

Estos resultados concordaban con la idea de que cada cromosoma replicado contiene una cadena procedente del progenitor y una cadena hija, pero los datos no excluían otras formas alternativas de replicación semiconservativa que implicaran la ruptura de las cadenas de DNA. Estos modelos se descartaron mediante análisis de centrifugación de los DNA marcados por densidad a pH 12, en el que se separan las cadenas de DNA (Figura 4.14b). Cuando se centrifugaba hasta el equilibrio después de la proliferación bacteriana en el medio pesado, seguido de una generación en el medio ligero, el DNA formaba dos bandas: una ligera (igual a la observada en el análisis de las bacterias que proliferaban en $^{14}$N) y una pesada (Figura 4.14b, tercer gráfico). El DNA analizado después de un segundo ciclo de replicación en el medio ligero presentaba tres cuartas partes de material ligero y una cuarta parte de material pesado (Figura 4.14b, cuarto gráfico). La conclusión inevitable era que el híbrido obtenido por replicación contenía una cadena completa de DNA del progenitor y una cadena completa de DNA de nueva síntesis.

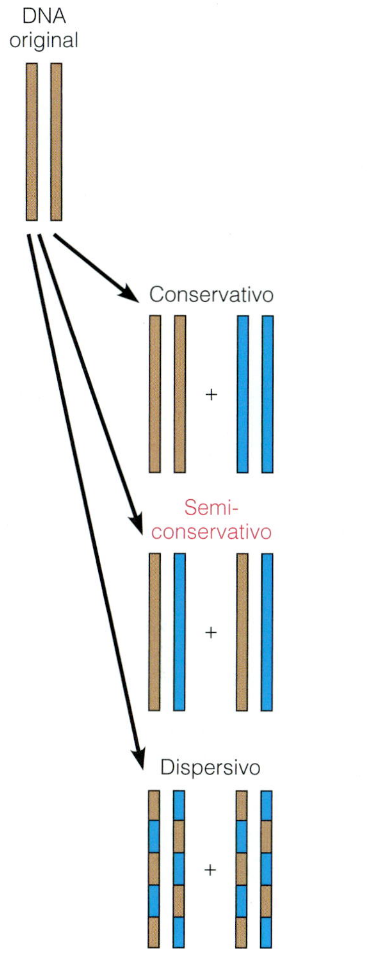


**FIGURA 4.13**

**Tres modelos de replicación del DNA.** Las pruebas experimentales respaldan el modelo semiconservativo. Marrón = DNA parental; azul = nuevo DNA.

## Estructuras alternativas de los ácidos nucleicos: hélices B y A

En el momento en el que Watson y Crick propusieron su modelo, se habían obtenido ya para el DNA dos patrones de difracción de rayos X bastante distintos, lo que indicaba que la molécula existe en más de una forma. La **forma B**, que se observa en las fibras de DNA preparadas en condiciones de humedad elevada, se muestra en las Figuras 4.10, 4.11, 4.15a y 4.15b. Watson y Crick optaron por estudiar la forma B, ya que correctamente preveían que sería la forma hallada en el medio acuoso de la célula. Las fibras de DNA preparadas en condiciones de humedad baja tienen una estructura diferente, la denominada **forma A** (Figura 4.15c y d). Aunque la hélice B es, de hecho, la forma de DNA que se halla en las células, la hélice A tiene también importancia biológica. Las moléculas de RNA de doble cadena forman siempre la estructura A, y lo mismo ocurre con las **moléculas híbridas DNA-RNA**, que se forman mediante el apareamiento de una cadena de DNA con una de RNA. Así pues, existen dos tipos principales de estructuras secundarias en los polinucleótidos. Como veremos más adelante en este capítulo, son posibles otras clases de estructuras secundarias en circunstancias especiales, como la forma Z, a izquierdas, que se menciona en la Tabla 4.3.

Las dos formas principales de estructura secundaria de los polinucleótidos se denominan A y B. La mayor parte del DNA se encuentra en la forma B; el RNA de doble cadena y los híbridos DNA-RNA están en la forma A.

Como se presenta en la Figura 4.15 y en la Tabla 4.3, las formas A y B son muy distintas, aunque ambas son hélices a derechas. En la hélice B, las bases están próximas al eje de

**TABLA 4.3. Parámetros de las hélices polinucleotídicas**

| | Forma A | Forma B | Forma Z |
|---|---|---|---|
| Dirección de rotación de la hélice | Derecha | Derecha | Izquierda |
| Número de residuos por vuelta ($n$) | 11 | 10 | 12 (6 dímeros) |
| Rotación por residuo (= 360°/$n$) | 33° | 36° | –60° por dímero; ~–30° por residuo |
| Elevación[a] en la hélice por residuo($h$) | 0255 nm | 034 nm | 037 nm |
| Paso[a] de la hélice (= $nh$) | 2.8 nm | 3.4 nm | 4.5 nm |

[a] Para las definiciones de *elevación* y *paso* de una hélice, *véase* Herramientas de la Bioquímica 4A.

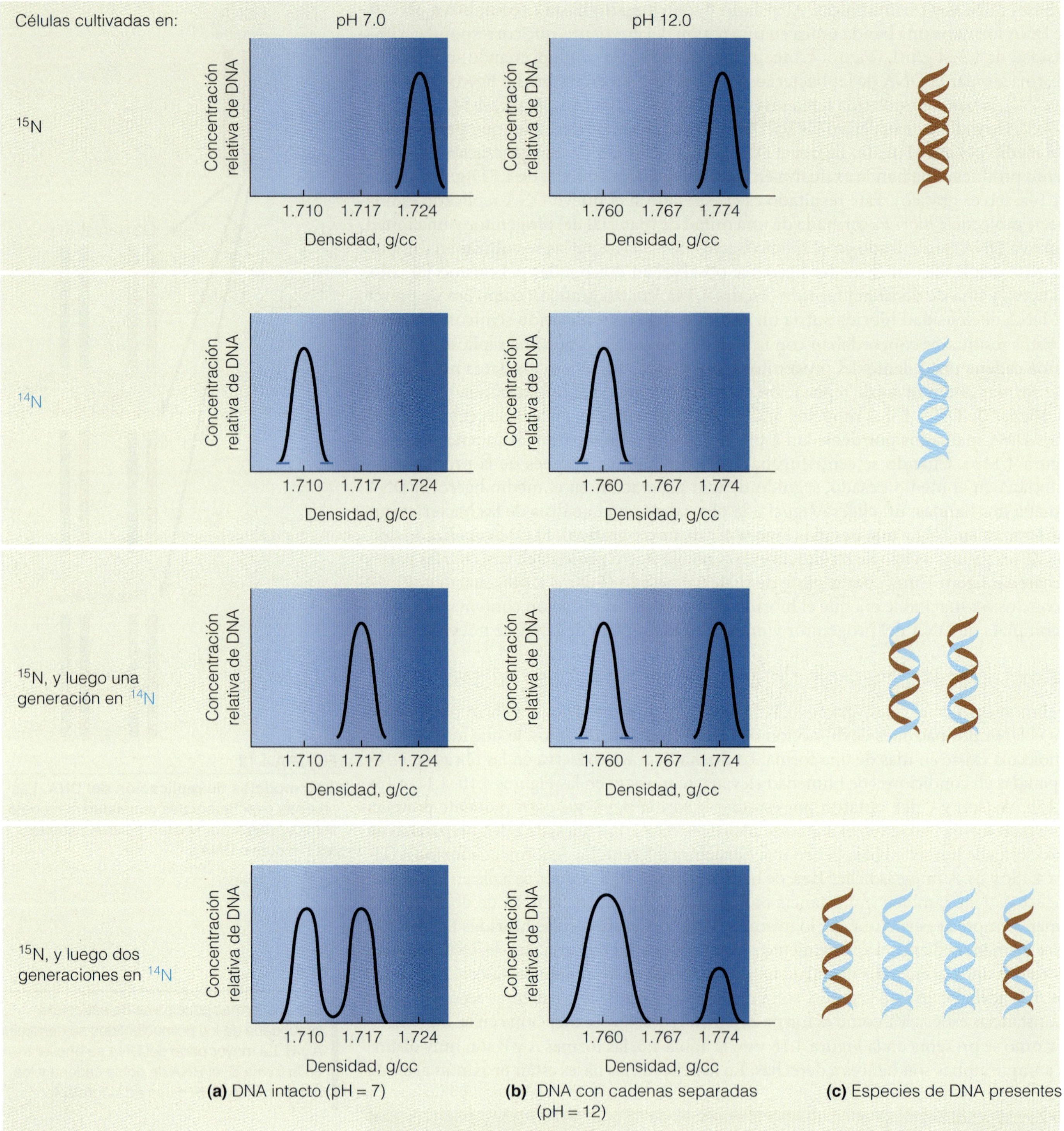


**FIGURA 4.14**

**El experimento de Meselson-Stahl demuestra que el DNA se replica de forma semiconservativa.** Los patrones de bandas que se presentan se obtuvieron en gradientes de densidad en dos condiciones de pH diferentes. A pH 7, el DNA es de doble cadena; a pH 12, las cadenas están separadas y el DNA se encuentra en la configuración de ovillo aleatorio.

la hélice, que pasa entre los enlaces de hidrógeno (obsérvense las proyecciones desde el extremo de las hélices en la Figura 4.15a y c). En la hélice A, las bases están situadas más externamente y están muy inclinadas con respecto al eje de la hélice. Las superficies de las hélices son también diferentes. En la hélice B, los surcos principal y menor se diferencian claramente, mientras que en la hélice A los dos surcos tienen una anchura casi igual.

Todos los estudios de difracción de las fibras, incluyendo los que aportaron la información que se ha descrito, tienen una importante limitación. Al analizar los patrones de las fibras, los investigadores no determinan directamente los detalles de la estructura secundaria del ácido nucleico. En su lugar, proponen los modelos que mejor expliquen las posiciones

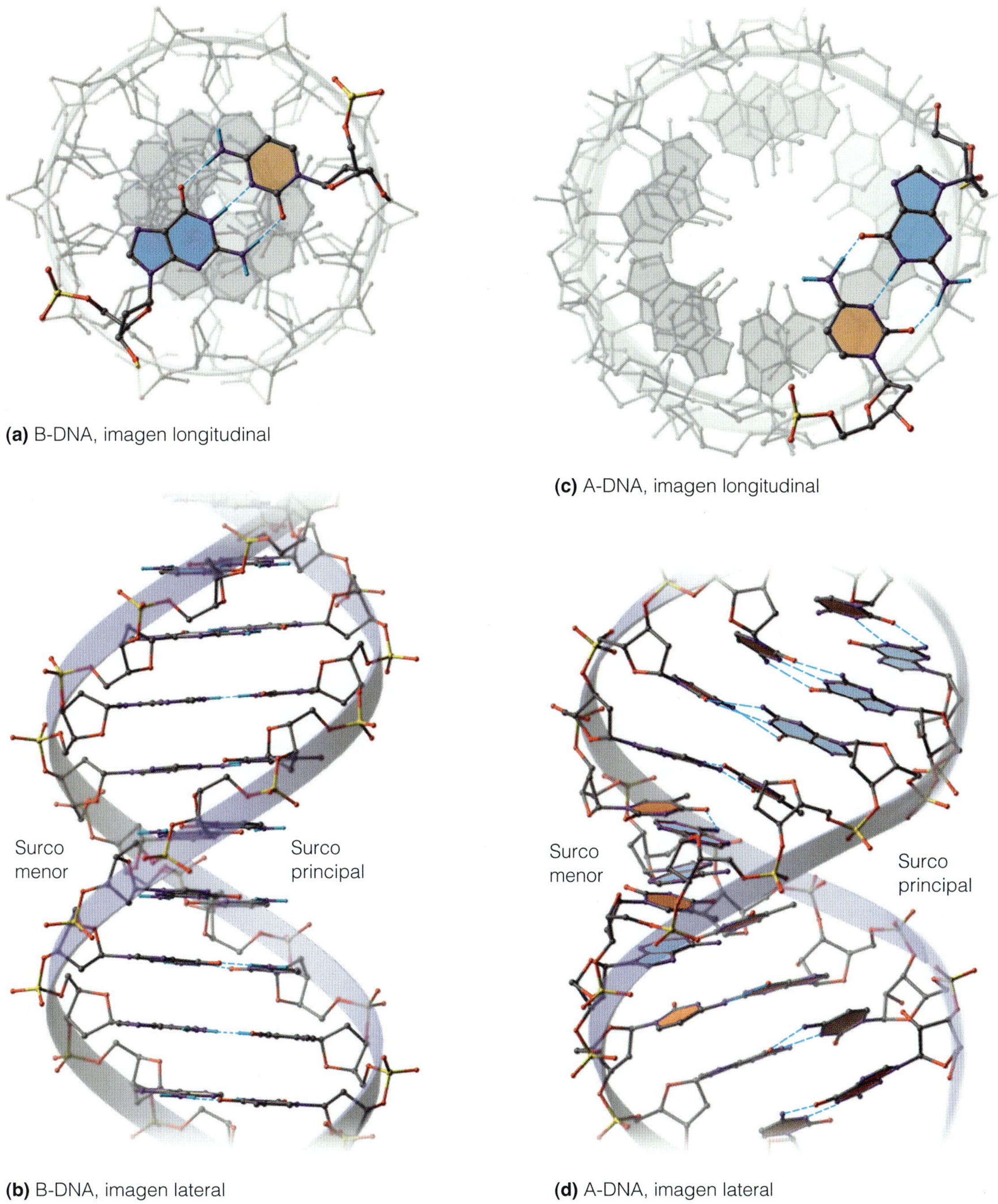


**FIGURA 4.15**

**Comparación de las dos formas principales de DNA.** Estructuras del B-DNA y del A-DNA deducidas a partir de estudios recientes de difracción de fibras, en proyecciones longitudinales y laterales.

y las intensidades de las manchas del patrón de difracción (*véase* Herramientas de la Bioquímica 4A). Este enfoque es necesario porque las fibras no son nunca cristales perfectos y siempre existe una cierta ambigüedad en la interpretación de sus patrones de difracción. Por tanto, se produjo un importante avance cuando R. E. Dickerson y sus colaboradores lograron *cristalizar* un pequeño fragmento de DNA de doble cadena, que tenía la secuencia

$$^{5'}\text{CGCGAATTCGCG}^{3'}$$
$$^{3'}\text{GCGCTTAAGCGC}^{5'}$$

La cristalografía molecular de este fragmento y de otros pequeños fragmentos de DNA nos ha proporcionado una información muy detallada de la estructura secundaria de los polinucleótidos. En la Figura 4.16 se presentan los resultados de un estudio de este tipo para el B-DNA. Debido a que el tamaño menor de este par de oligonucleótidos, con relación al DNA polimérico, le da más uniformidad estructural, podemos observar las moléculas de DNA con la posición de cada átomo especificada de forma clara.

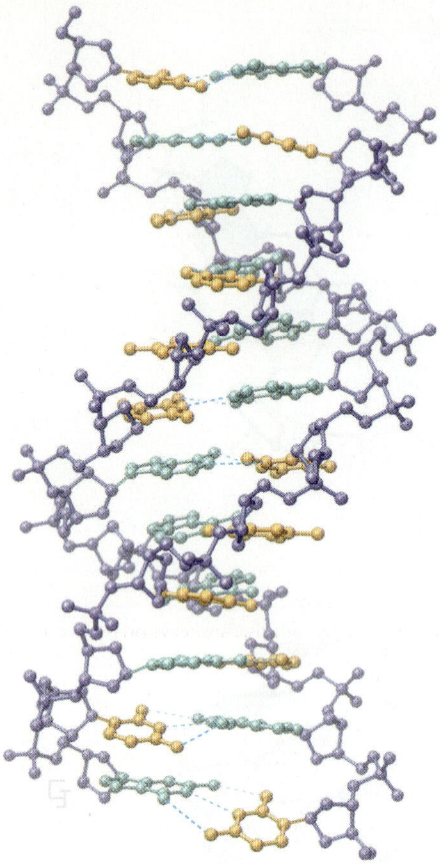


**FIGURA 4.16**

**Estructura del B-DNA según los estudios de cristales moleculares.** Obsérvense las distorsiones locales de la estructura idealizada que se muestra en las Figuras 4.11 y 4.15a y b.

Ilustración de Irving Geis. Adaptado por R. E. Dickenson. Imagen de la Colección Irving Geis/Howard Hughes Medical Institute. Los derechos pertenecen a HHMI. No puede reproducirse sin permiso.

Un primer punto importante que surge de los estudios de los cristales moleculares es que los modelos elaborados a partir de los patrones de fibras constituyen simplificaciones excesivas de las estructuras. La estructura real del B-DNA implica variaciones locales del ángulo de rotación entre los pares de bases, la conformación del azúcar, la inclinación de las bases e incluso, la distancia de elevación. Si se examina cuidadosamente la Figura 4.16, pueden observarse muchas distorsiones respecto a las estructuras idealizadas. La estructura secundaria del ácido nucleico no es homogénea. Varía en respuesta a la secuencia local y puede modificarse mediante la interacción con otras moléculas. Los parámetros de las diversas formas del DNA de la Tabla 4.3 deben considerarse, pues, como valores *promedio*, respecto a los cuales es posible una considerable desviación local.

Si se observan con detalle las estructuras como la de la Figura 4.16, se aprecia otra diferencia con el modelo original de Watson-Crick. Muchas moléculas de DNA están ligeramente *dobladas*; esto es, el eje de la hélice no sigue una línea recta. El grado y las direcciones del doblado dependen, de una forma complicada, de la secuencia de DNA. También pueden estar muy influenciadas por la interacción del DNA con varias moléculas proteicas. Veremos ejemplos de esto en capítulos posteriores.

Los estudios de cristalografía molecular proporcionan también una posible explicación de por qué la forma B-DNA está favorecida en un medio acuoso. La forma B del DNA, pero no la forma A-DNA, puede acomodar una columna de moléculas de agua situadas en el surco menor. Los enlaces de hidrógeno entre estas moléculas de agua y el DNA pueden conferir estabilidad a la forma B. Según esta hipótesis, cuando se elimina esta agua (como ocurre en las fibras con humedad baja), la forma B se hace menos estable que la forma A.

¿Por qué, pues, adoptan siempre el RNA de doble cadena y las moléculas híbridas DNA-RNA la forma A? La respuesta radica probablemente en el grupo hidroxilo adicional de la ribosa del RNA. Este hidroxilo interfiere estéricamente en la forma B al situarse demasiado cerca del fosfato y del carbono 8 de la base adyacente. En consecuencia, el RNA *no puede* adoptar la forma B, ni siquiera en unas condiciones en las que la hidratación podría favorecerla. En el DNA, el hidroxilo está sustituido por hidrógeno, y no se produce un impedimento estérico de este tipo.

## Moléculas de DNA y RNA en vivo

La mayoría de las moléculas de DNA *in vivo* son de doble cadena; muchas son círculos cerrados. La mayoría de las moléculas de DNA circulares de doble cadena están superenrolladas.

Hemos descrito algunas de las características principales del DNA y el RNA. Pero, ¿en qué formas se encuentran estas moléculas en la célula viva? La mayor parte del DNA en la mayoría de los organismos es de doble cadena, con las dos cadenas complementarias, si bien algunos virus DNA tienen moléculas de DNA de una sola cadena (Tabla 4.4). Las proporciones de las formas B y A de los polinucleótidos *in vivo* son las que cabría esperar en función de las condiciones en las que son estables estas conformaciones. Dado que las células contienen gran cantidad de agua, cabe prever que la mayor parte del DNA de doble cadena se encuentre en la forma B o alguna muy parecida a ella. Existen pruebas de que el B-DNA disuelto en solución tiene una conformación solo un poco diferente de la forma B que se observa en las preparaciones de las fibras, con aproximadamente 10.5 pares de bases por vuelta en vez de los 10.0 esperados. El RNA de doble cadena, como se ha indicado antes, se encuentra siempre en la forma A.

Las moléculas de DNA que se encuentran en los diferentes organismos varían con un margen enorme de tamaños. El DNA de doble cadena de las mitocondrias humanas tiene solo 16569 pares de bases, mientras que algunos *plásmidos* bacterianos, o pequeñas moléculas de DNA extracromosómicas son mucho menores. En el otro extremo, algunos DNA, como los de los cromosomas eucariotas son moléculas inmensas. El DNA de un cromosoma de *Drosophila* (mosca de la fruta) tiene un peso molecular de aproximadamente $4 \times 10^{10}$ g/mol y tendría una longitud de 2 cm si se extendiera completamente.

### DNA circular y superenrollamiento

Otro dato importante respecto a las moléculas de DNA naturales es el que se ilustra en las Figuras 4.17a y b: muchas de estas moléculas son *circulares*, lo cual significa que no tienen extremos 5′ o 3′ libres. Los círculos pueden ser pequeños, como ocurre en el DNA del bacteriófago $\phi$X174 (Figura 4.17a), o inmensos, como en el caso del DNA de *E. coli* (Figura 4.17b), y pueden estar formados por una sola cadena o por dos cadenas entre-

**TABLA 4.4. Propiedades de algunas moléculas de DNA existentes en la naturaleza**

| Origen | Cadena única (SS) o doble cadena (DS) | Circular o lineal | Número de pares de bases (pb) o bases (b) | Masa molecular (Da) | Longitud[b] | % (G + C) |
|---|---|---|---|---|---|---|
| Virus 40 del mono (genoma)[a] | DS | Circular | 5243 pb | 3.293 × 106 | 1.78 $\mu$m | 40.80 |
| Bacteriófago $\phi$X174 (genoma) | SS | Circular | 5386 b | $1.664 \times 10^6$ | —[d] | 44.76 |
| Bacteriófago M13 (genoma) | SS | Circular | 6407 b | $1.977 \times 10^6$ | —[d] | 40.75 |
| Virus del mosaico de la coliflor (genoma) | DS | Circular | 8031 pb | $4.962 \times 10^6$ | 2.73 $\mu$m | 40.19 |
| Adenovirus AD-2 (genoma) | DS | Lineal | 35 937 pb | $2.221 \times 10^7$ | 12.2 $\mu$m | 55.20 |
| Virus de Epstein–Barr (genoma) | DS | Circular | 172 282 pb | $1.065 \times 10^8$ | 58.6 $\mu$m | 59.94 |
| Bacteriófago T4 (genoma) | DS | Lineal | 168 899 pb | $1.062 \times 10^8$ | 57.4 $\mu$m | 35.30 |
| Bacteria *E. coli* (genoma) | DS | Circular | 4 639 221 pb | $2.869 \times 10^9$ | 1.57 $\mu$m | 50.80 |
| Mosca de la fruta (*Drosophila melanogaster*) (un cromosoma)[c] | DS | Lineal | ~$6.5 \times 10^7$ pb | ~$4.3 \times 10^{10}$ | ~2 cm | ~40 |

[a] El término *genoma* indica el DNA total que especifica la información genética de un organismo.
[b] Calculada para el DNA de doble cadena de secuencia conocida: 0.34 nm × el número de pares de bases (suponiendo la forma B).
[c] Estas moléculas no se han secuenciado por completo, por lo que el número de pares de bases, la masa molecular y el % (G + C), no pueden indicarse con exactitud.
[d] Las longitudes de los DNA de cadena única no están bien definidas; dependen mucho de las condiciones del disolvente.

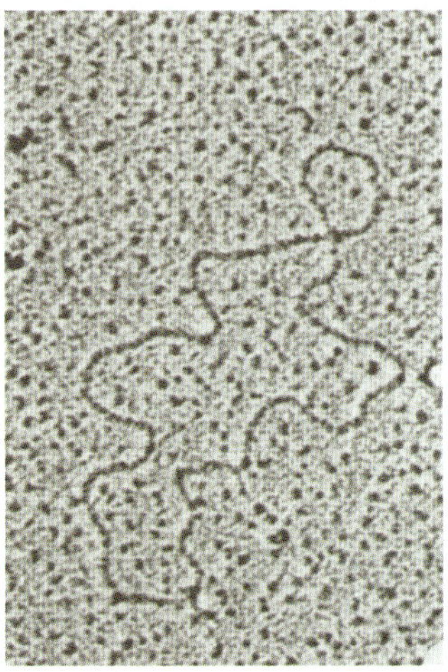

**(a)** DNA vírico de una sola cadena (circular)

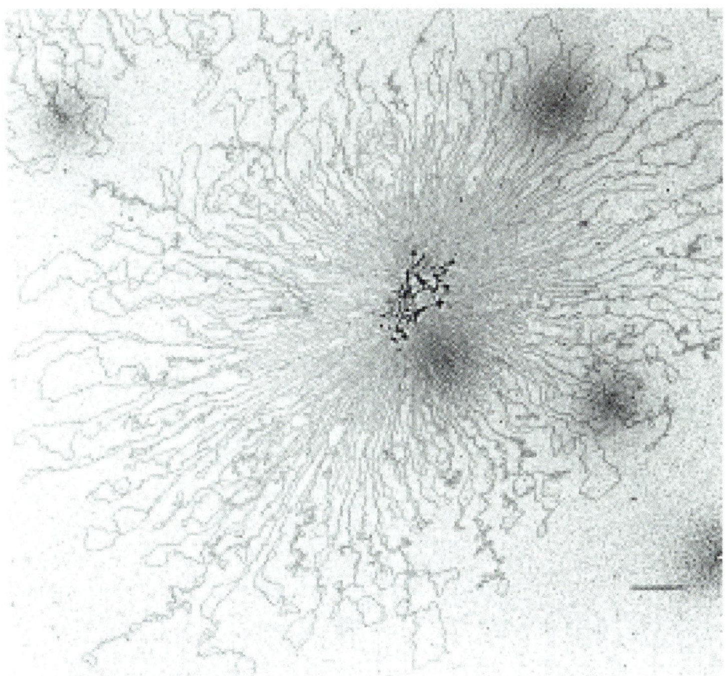

**(b)** DNA bacteriano de doble cadena (circular)

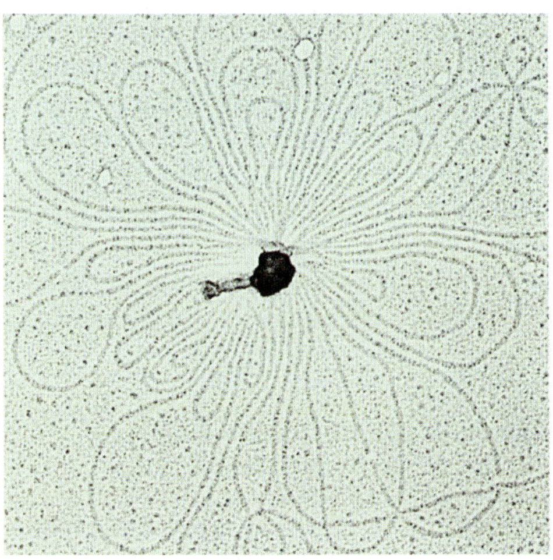

**(c)** DNA de bacteriófago de doble cadena (lineal)

**FIGURA 4.17**

**Moléculas circulares y lineales de ácido nucleico, tal como se observan con el microscopio electrónico. (a)** DNA circular de cadena única del pequeño bacteriófago $\phi$X174. **(b)** DNA circular grande de doble cadena de *E. coli.* Esta molécula se encuentra en forma de varios bucles superenrollados unidos a una matriz proteica. **(c)** Molécula única de DNA lineal de doble cadena del bacteriófago T2. En el bacteriófago se ha provocado su lisis y su DNA se ha dispersado. Uno de sus dos extremos está fuera de la imagen en la parte inferior derecha. El otro está presumiblemente enterrado en la cabeza del fago.

(a) Drs. K. Koths y D. Dressler (1978); (b) *Chromosoma* 59:89-101, Ruth Kavenoff y Brian C. Bowen, Electron microscopy of membrane-free folded chromosomes from *Escherichia coli.* © 1976, con permiso de Srpinger Science + Business media B.V.; (c) © Biology Media/Photo Researchers.

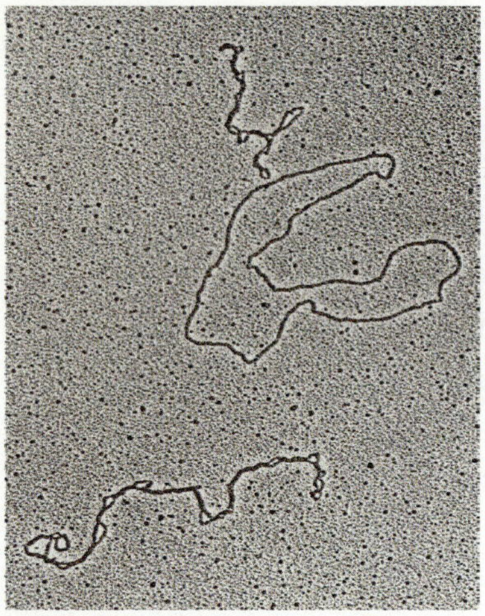

**FIGURA 4.18**

**Moléculas de DNA relajadas y superenrolladas.** Fotografía de microscopia electrónica, donde se observan tres moléculas de DNA mitocondrial. Todas ellas son de secuencia idéntica y contienen alrededor de 16 500 pb cada una. Sin embargo, la molécula del centro está relajada, mientras que las de la parte superior e inferior están fuertemente superenrolladas.

Cortesía del Dr. D. A. Clayton.

lazadas en una doble hélice en su forma B. Sin embargo, no todas las moléculas de DNA son circulares. En la Figura 4.17c se muestra el DNA lineal de un virus, el bacteriófago T2. Los cromosomas humanos también contienen moléculas de DNA lineal gigantes.

Hay un aspecto especial en las moléculas de DNA circular en el que tal vez no haya pensado: la mayoría de ellas están **superenrolladas**, cuyo significado puede comprenderse considerando el grupo de moléculas que se muestran en la Figura 4.18. La figura presenta, tanto formas relajadas como superenrolladas de moléculas de DNA mitocondrial. Un círculo relajado puede estar aplastado sobre una superficie plana, mientras que una molécula superenrollada no puede estarlo. Además de la torsión de las cadenas de DNA, una alrededor de la otra, una molécula superenrollada tiene otras torsiones adicionales en el propio eje de la hélice (el eje de la hélice se cruza sobre sí mismo una o varias veces). La estructura tridimensional, como el superenrollamiento, que comporta un plegado de orden superior de los elementos de una estructura secundaria regular, se denomina estructura **terciaria** de un polímero.

El superenrollamiento no es, en modo alguno, un fenómeno raro. Se trata más bien del estado habitual de las moléculas cerradas de DNA circular. La mayor parte de las moléculas de DNA circular que se encuentran en la naturaleza tienen torsiones superhelicoidales a izquierdas, aunque es posible formar moléculas de DNA con superhélices a derechas. Por convenio, denominamos superenrollamiento **positivo** al que va a derechas y **negativo**, al que va a izquierdas.

Las moléculas de DNA que se muestran en la Figura 4.18 difieren tan solo en su topología, lo que significa que solo pueden superponerse rompiendo enlaces; por tanto, se les denomina **topoisómeros**. Los topoisómeros pueden interconvertirse *únicamente* mediante el corte y la nueva unión del DNA. Las células poseen enzimas que pueden realizar este proceso. Estas enzimas, que se denominan **topoisomerasas**, regulan la superhelicoidalidad de las moléculas de DNA naturales.

Cuando se introducen vueltas superhelicoidales (hacia la izquierda o hacia la derecha) en una molécula de DNA que anteriormente estaba relajada, esta molécula pasa a estar en tensión. En consecuencia, debe gastarse energía para formar una molécula de DNA superenrollada. Las células procariotas como *E. coli* tienen una topoisomerasa especial denominada **DNA girasa**. Esta enzima introduce giros superhelicoidales a izquierdas mediante una reacción impulsada por la hidrólisis del ATP. Algunas topoisomerasas, que solo pueden relajar el DNA superenrollado, no requieren ATP. Abordaremos con mayor detalle las topoisomerasas en el Capítulo 25. La energía almacenada en los DNA circulares al torsionarlos en superenrollamientos puede tener efectos importantes sobre la conformación del DNA; describiremos estos efectos más adelante en este mismo capítulo, después de presentar una teoría cuantitativa del superenrollamiento.

## Estructura de los polinucleótidos monocatenarios

Las moléculas de polinucleótidos monocatenarios pueden adoptar diversas estructuras que dependen de sus secuencias y de las condiciones de la disolución. A temperatura elevada o en presencia de sustancias desnaturalizantes, la mayoría se encontrarán en forma de ovillo aleatorio, como se muestra en la Figura 4.19a. Esta estructura se caracteriza por flexibilidad y libertad de rotación alrededor de los enlaces del armazón, lo cual lleva a una forma flexible que cambia constantemente. Sin embargo, en condiciones más cercanas a las que se encuentran *in vivo*, las interacciones de apilamiento tenderán a formar regiones de hélices de una cadena de bases apiladas (Figura 4.19b). Además, la mayoría de las secuencias de los ácidos nucleicos naturales contienen regiones de autocomplementariedad entre las que son posibles apareamientos de bases. Aquí la molécula puede enlazarse sobre sí misma para formar una estructura de doble cadena, como se indica en la Figura 4.19c. En la Figura 4.20

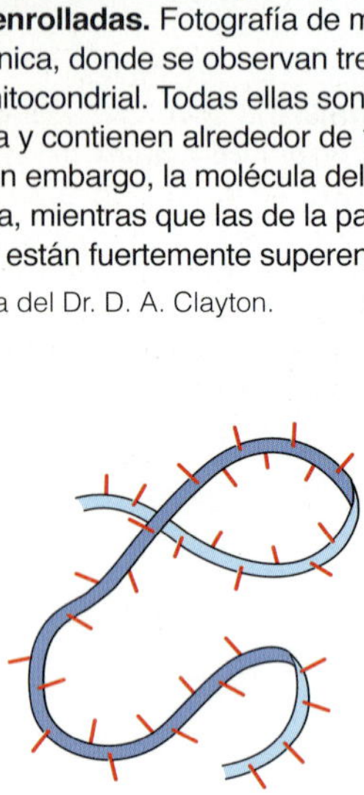

**(a)** Ovillo aleatorio

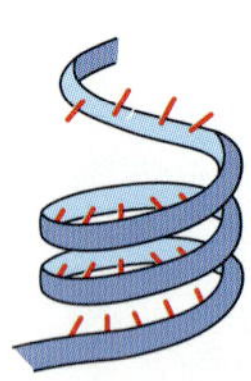

**(b)** Estructura de bases apiladas (hélices de una sola cadena)

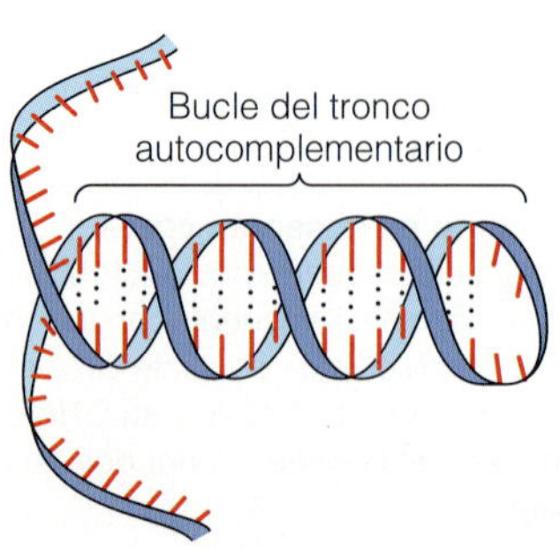


**(c)** Formación de la horquilla en la región autocomplementaria (doble hélice)

**FIGURA 4.19**

**Conformaciones de los ácidos nucleicos de cadena única. (a)** Estructura de ovillo aleatorio de las cadenas simples desnaturalizadas. Existe flexibilidad de rotación de los residuos y una estructura inespecífica. **(b)** Estructura de bases apiladas adoptada por las cadenas sencillas no autocomplementarias en condiciones «nativas». Las bases se apilan para llevar la cadena a una hélice, pero no hay enlaces de H. **(c)** Estructuras de horquilla formadas por secuencias autocomplementarias; la cadena se dobla sobre sí misma para formar una estructura de lazo en vástago.

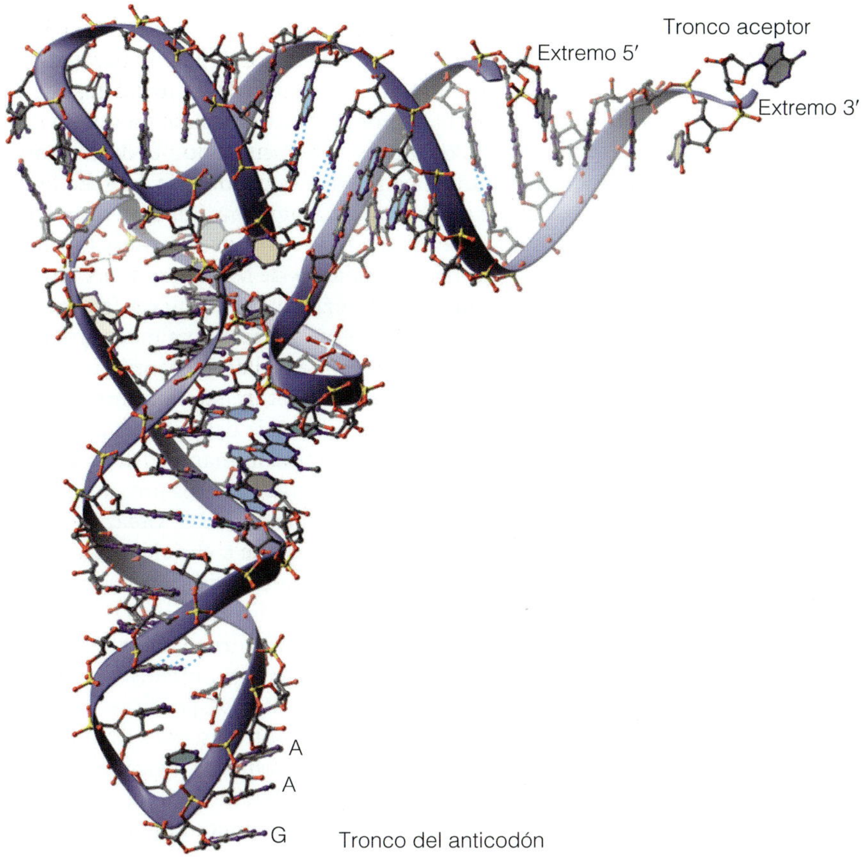


El plegado de orden superior de la estructura secundaria de un biopolímero se denomina estructura terciaria.

La mayoría de las moléculas de DNA que se encuentran *in vivo* son superhélices a izquierdas.

La mayor parte de las moléculas de RNA son de una sola cadena, pero muchas de ellas tienen regiones autocomplementarias que forman estructuras en horquilla y algunas poseen estructuras terciarias bien definidas.

**FIGURA 4.20**

**Estructura terciaria de una RNA de transferencia según lo determinado mediante difracción de rayos X.** Esta molécula es el tRNA, que transfiere el aminoácido fenilalanina a las proteínas sintetizadas en las células de levadura. La ruta del armazón de fosfato-ribosa está trazada por la cinta morada. Obsérvese que existen algunas regiones de unión por enlace de hidrógeno de tres bases y no dos bases.

se presenta un ejemplo más complejo, que corresponde a la estructura del **RNA de transferencia (tRNA)**, una clase de RNA que interviene en la síntesis de las proteínas (*véase* el apartado siguiente). En este caso observamos, no solo una estructura secundaria de tipo A debida al plegado de la cadena sobre sí misma, sino también un plegado más complejo de esas hélices juntas. Así pues, la molécula de tRNA posee una estructura *terciaria* definida, un plegado de orden superior que le proporciona una forma definida y una disposición interna, que es necesaria para su función. Las moléculas de RNA más grandes de los ribosomas tienen características semejantes de la estructura secundaria, aunque tienen estructuras terciarias mucho más complejas, como veremos en el Capítulo 28.

## Funciones biológicas de los ácidos nucleicos: una visión preliminar de la biología molecular

Hemos resaltado que el cometido fundamental de los ácidos nucleicos es el almacenamiento y la transmisión de la información genética, y continuaremos avanzando en esta idea a lo largo del libro. En la Parte V se describe con detalle cómo los ácidos nucleicos pasan de la célula progenitora a la célula hija (o de un organismo a sus descendientes), y la forma en que dirigen los procesos bioquímicos, específicamente, la síntesis de proteínas. En este capítulo y en el siguiente, presentamos una visión general preliminar de estas funciones de los ácidos nucleicos. Aunque este puede que no sea su primer contacto con estos temas, debe adquirir un mayor conocimiento de las relaciones entre las estructuras de los ácidos nucleicos y las proteínas, de la evolución a nivel molecular, y de nuestra capacidad para modificar los microbios, las plantas y los animales mediante la ingeniería genética.

### Almacenamiento de la información genética: el genoma

Cada organismo lleva en cada una de sus células, al menos, una copia de toda la información genética que necesita ese organismo, que se denomina *genoma*. Normalmente, la información genómica está codificada en la secuencia del DNA de doble cadena, aunque algunos virus utilizan DNA de una cadena e incluso, RNA (*véase* la Tabla 4.4). Los genomas varían enormemente de tamaño; los virus más pequeños necesitan solo unos pocos miles de bases (b) o pares de bases (pb), mientras que el genoma humano consta de alrededor de $3 \times 10^9$ pb de DNA, distribuidos en 23 cromosomas. Otros organismos tienen bastante más (Capítulo 24).

Los últimos años han visto avanzar notablemente nuestra capacidad para determinar las secuencias de DNA o RNA. En 1976 Maxam y Gilbert (*véase* la Bibliografía) diseñaron un método de secuenciación química en el que se produce la ruptura selectiva en los residuos A, T, G y C, tras lo que se separan los fragmentos de acuerdo con su longitud por electroforesis en gel. Esta técnica ingeniosa permitió a los investigadores comenzar a explorar la información genómica. El método de Maxam-Gilbert ha sido sustituido en gran parte por una técnica que utiliza enzimas para generar fragmentos de oligonucleótidos que comienzan y acaban en bases específicas. Este método, puesto a punto por Fred Sanger, se describe con detalle en Herramientas de la Bioquímica 4B. La automatización de esta técnica y la puesta a punto de métodos de alto rendimiento mucho más rápidos ha llevado al análisis completo de la secuencia del genoma de cientos de especies, incluyendo la secuencia casi completa del genoma humano en 2001 y las secuencias completas del genoma de muchos individuos humanos en los próximos años.

En cada organismo, una fracción sustancial del DNA genómico es capaz de transcribirse o «leerse» para permitir la expresión de su información y dirigir la síntesis de moléculas de RNA y de proteínas. Cada segmento de DNA que codifica una proteína o una molécula de RNA es un gen. El DNA de cada célula de cada organismo contiene, al menos, una copia (y algunas veces varias) del gen que lleva la información para fabricar cada proteína que requiere el organismo. Además, existen genes (a menudo reiterados muchas veces) para las numerosas moléculas funcionales de RNA específicas, como los RNA de transferencia (tRNA) de la Figura 4.20. Igual que las proteínas, estos RNA desempeñan funciones específicas formando parte de la maquinaria celular (*véase* la Tabla 4.5). En este capítulo se mencionan brevemente las funciones del RNA mensajero, del RNA ribosómico, y del RNA de transferencia y en el Capítulo 29, de los micro RNA descubiertos más recientemente y su papel en la *interferencia de RNA*.

## Replicación: DNA a DNA

La replicación transmite la información genética de célula a célula y de generación a generación. En la Figura 4.12 se esquematiza el fundamento del proceso: se construye una copia complementaria de cada una de las dos cadenas del DNA, lo que normalmente da lugar a

**TABLA 4.5. Propiedades de algunas moléculas de RNA existentes en la naturaleza**

| Origen (organismo) | Designación | Función | Tamaño (b o pb) |
|---|---|---|---|
| **tRNA (RNA de transferencia)** | | | |
| *E. coli* | $tRNA^{Leu}$ | Transfiere leucina en la síntesis de proteínas | 87 b |
| Levadura | $tRNA^{Phe}$ | Transfiere fenilalanina en la síntesis de proteínas | 76 b |
| Rata | $tRNA^{Ser}$ | Transfiere serina en la síntesis de proteínas | 85 b |
| **rRNA (RNA ribosómico)** | | | |
| *E. coli* | 5S RNA | Parte de la estructura del ribosoma | 120 b |
| | 16S RNA | Parte de la estructura del ribosoma | 1542 b |
| | 23S RNA | Parte de la estructura del ribosoma | 2904 b |
| **mRNA (RNA mensajero)** | | | |
| Pollo | $mRNA_{LYS}$ | RNA mensajero para la proteína lisozima | 584 b |
| Rata | $mRNA_{SA}$ | RNA mensajero para la proteína albúmina sérica | ~2030 b |
| **vRNA (RNA vírico)** | | | |
| Virus de la polio | RNA de la polio | Genoma del virus | 7440 b |
| Virus de polihedrosis citoplasmática de la mariposa Orgyia | RNA del VPC | Genoma del virus | Diez moléculas de doble cadena, ~890 a ~5150 pb |
| **miRNA (micro RNA) siRNA (RNA pequeño de interferencia)** | | | |
| Todos o la mayoría de eucariotas | miRNA, siRNA | Control de la expresión genética | 21-24 b |

dos copias idénticas de la original. El proceso es muy exacto, cometiéndose menos de 1 error por cada $10^8$ bases, aunque en ocasiones se producen equivocaciones, que contribuyen a las mutaciones que han permitido la evolución de la vida hacia formas cada vez más complejas.

La replicación es el copiado de las dos cadenas de un DNA de doble cadena para dar dos DNA de doble cadena idénticos.

La replicación del DNA se produce mediante un complejo de enzimas, que actúan de forma concertada como una máquina bien afinada. Estas enzimas se describen con detalle en el Capítulo 25. Cada complejo enzimático, o **replisoma**, centrado sobre una proteína denominada *DNA polimerasa*, posee múltiples funciones. Tras desenrollarse las cadenas del DNA parental, se forma una *horquilla de replicación* (*véase* la Figura 4.12) y la DNA polimerasa guía el apareamiento de cada desoxirribonucleósido trifosfato que se incorpora con su pareja complementaria sobre la cadena que va a copiarse. A continuación, cataliza la formación del enlace fosfodiéster para ligar este residuo a la nueva cadena que crece. De esta forma, cada una de las cadenas del DNA parental sirve como **molde**, que especifica la secuencia de una cadena hija. La DNA polimerasa adiciona nucleótidos de uno en uno a la cadena hija en crecimiento, que puede considerarse como un **cebador** al que se añaden los nucleótidos, al ir creciendo la cadena hija desde el extremo 5′ hacia el extremo 3′, como muestra la Figura 4.21. En la mayoría de los casos, el complejo enzimático también comprueba, o «lee las pruebas» de la adición antes de proceder a añadir el siguiente residuo, lo cual contribuye a la elevada exactitud global de la replicación. Dado que las dos cadenas de DNA van en direcciones opuestas, una cadena hija se alarga en la misma dirección que la horquilla de replicación, mientras que la otra se forma en la dirección opuesta. Este y otros aspectos de la replicación del DNA se consideran con más detalle en el Capítulo 25.

## Transcripción: del DNA al RNA

La transcripción es el copiado de una cadena de DNA en una molécula de RNA complementaria.

La expresión de la información genética comporta siempre un primer paso de **transcripción** de los genes en moléculas de RNA de secuencias de nucleótidos complementarias. Es fácil comprender esta producción de moléculas de RNA específicas. De la misma forma que una cadena de DNA puede dirigir la replicación, también puede dirigir la transcripción, que es la formación de una cadena de RNA complementaria (Figura 4.22). Naturalmente, los monómeros necesarios para la transcripción son diferentes de los que se emplean para la replicación. En lugar de desoxirribonucleósidos trifosfato (dNTP), son necesarios los ribonucleósidos trifosfato, ATP, GTP, CTP y UTP, para formar el RNA. (Obsérvese que U en el RNA nuevo se aparea con A en el DNA molde.) Otra diferencia de la replicación del DNA es que solo se copia una de las dos cadenas del DNA, la **cadena molde**. La otra cadena se denomina **cadena con sentido, o cadena codificadora**. La transcripción del DNA, igual que la replicación del DNA, requiere un conjunto especial de enzimas catalizadoras que se denominan *RNA polimerasas*. En el Capítulo 27 se presenta con detalle la transcripción.

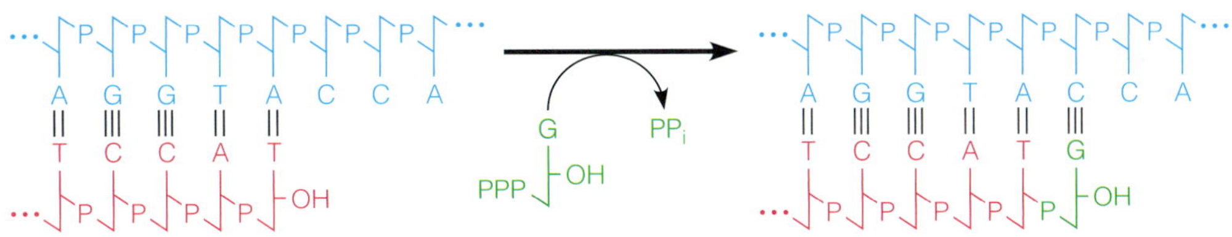


**FIGURA 4.21**

**Reacción de la DNA polimerasa**. La DNA polimerasa ajusta una molécula de desoxirribonucleósido trifosfato con su nucleótido complementario en la cadena molde (azul) y cataliza la formación de un enlace fosfodiéester entre el nucleótido entrante y el 3′-hidroxilo del nucleótido 3′-terminal en la cadena hija en crecimiento (rojo), con rotura del pirofosfato.

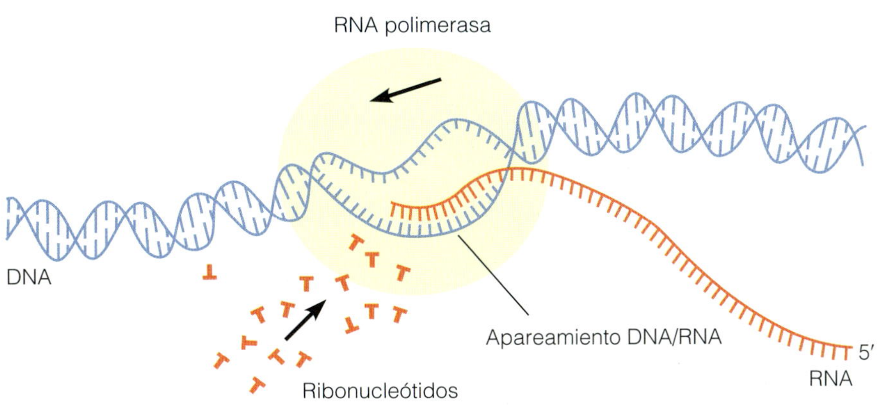


**FIGURA 4.22**

**Principio básico de la transcripción.** Una enzima (RNA polimerasa) se desplaza a lo largo de una molécula de DNA, abriendo la doble cadena y elaborando un transcrito de RNA mediante la adición de un ribonucleótido cada vez. La enzima copia la secuencia oligonucleotídica de tan solo una de las dos cadenas de DNA. Tras el paso de la enzima, el DNA vuelve a enrollarse.

## Traducción: del RNA a la proteína

La transcripción es el proceso central de producción de las múltiples moléculas de RNA funcionales de las células, como los RNA de transferencia y los RNA ribosómicos que se indican en la Tabla 4.5. La síntesis de proteínas específicas, bajo la dirección de genes específicos, es una cuestión más compleja. El problema, como vemos en el Capítulo 5, es que las proteínas son polímeros formados por 20 clases distintas de monómeros de aminoácidos. Dado que solo existen cuatro tipos distintos de monómeros de nucleótidos en el DNA, no puede establecerse una relación de uno a uno entre la secuencia de nucleótidos de una molécula de DNA y la secuencia de aminoácidos de una proteína. En vez de ello, la secuencia lineal de bases que constituye la información que codifica la proteína se «lee» por la célula en bloques de tres residuos de nucleótidos, o **codones**, cada uno de los cuales especifica un aminoácido diferente. Se denomina **código genético** al conjunto de reglas que especifican los codones de los ácidos nucleicos que corresponden a cada aminoácido. En el Capítulo 5 se describe este código tras haber presentado los aminoácidos y la estructura de las proteínas.

Aunque la información de todas las secuencias proteicas está codificada en el DNA, la elaboración de las proteínas no tiene lugar directamente desde el DNA. La conversión de la información de las secuencias de DNA de los genes en las secuencias de aminoácidos de las proteínas utiliza como intermediarias unas moléculas de RNA especiales. A partir del DNA se transcriben copias complementarias de los genes que se van a expresar en forma de moléculas de **RNA mensajero** (**mRNA**) (*véase* la Tabla 4.5), a las que se da este nombre porque transportan la información desde el DNA a la maquinaria de síntesis de proteínas de la célula. La maquinaria incluye moléculas de tRNA, enzimas especiales y **ribosomas**, que son complejos de RNA y proteínas, en los que se produce el ensamblaje de las nuevas proteínas. Esta **traducción** de la información del RNA se esquematiza en la Figura 4.23. (En el Capítulo 5 se presentan las principales características de la traducción y en el Capítulo 28 se describe detalladamente.) El esquema sencillo de la Figura 4.24 resume el flujo de información genética en la célula.

En la traducción, una secuencia de nucleótidos de RNA dicta una secuencia de aminoácidos de una proteína.

Como se describe en los capítulos siguientes, las proteínas son las principales moléculas estructurales y funcionales en la mayoría de las células. La apariencia de una célula y lo que es capaz de hacer dependen, en gran parte, de las proteínas que contiene. Estas vienen dadas, a su vez, por la información almacenada en el DNA de la célula, que se transcribe al mRNA y se expresa mediante la maquinaria de síntesis de proteínas. Si utilizamos la analogía de la célula como una fábrica, las proteínas constituyen la maquinaria de trabajo. Los planos maestros de esta maquinaria están almacenados en un depósito central (el DNA del núcleo celular). De vez en cuando y a medida que se necesita una maquinaria nueva o la sustitución de la existente se van enviando copias de determinados planos (mRNA). Esos planos van a los ribosomas donde estas partículas que contienen RNA y proteínas, junto con las moléculas de RNA de transferencia, catalizan el ensamblaje de las proteínas de acuerdo con el molde. Por encima de estos procesos están las pequeñas moléculas de RNA descritas recientemente, de apenas 20 nucleótidos, que regulan el proceso. En el Capítulo 29 se consideran estos **micro RNA**.

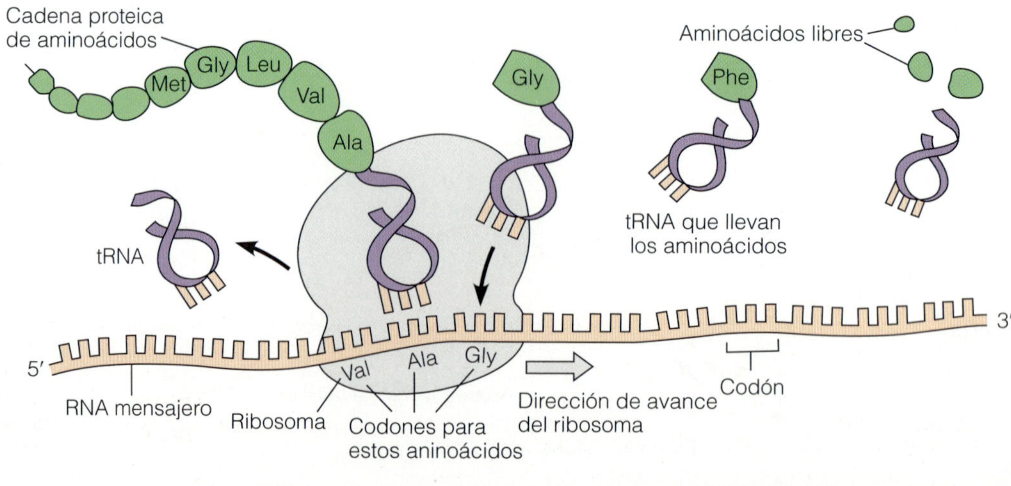


**FIGURA 4.23**

**Principio básico de la traducción.** Una molécula de RNA mensajero se une a un ribosoma y las moléculas de RNA de transferencia llevan los aminoácidos al ribosoma de uno en uno. Cada tRNA identifica el codón apropiado en el mRNA y añade este aminoácido a la cadena proteica en crecimiento. El ribosoma se desplaza a lo largo del mRNA, con lo que el mensaje genético puede leerse y traducirse en una proteína.

# Plasticidad de la estructura secundaria y terciaria del DNA

En los apartados anteriores hemos descrito las formas B y A del DNA, y hemos mencionado brevemente el superenrollamiento del DNA circular. Actualmente se acepta que existen diversas estructuras secundarias y terciarias especiales. Algunas de ellas, especialmente el superenrollamiento, participan en el empaquetamiento de las moléculas gigantes de DNA en las células. Algunas dependen de la presencia de estructuras primarias especiales, y en algunos casos, pueden estabilizarse por la presencia de superenrollamiento. Así pues, de entrada, debemos examinar con mayor detalle la naturaleza del DNA superenrollado.

## Cambios de la estructura terciaria: un examen más detenido del superenrollamiento

Para obtener una impresión cuantitativa de lo que significa el superenrollamiento, examinemos el «experimento imaginario» que se describe en la Figura 4.25. Consideremos la molécula de DNA lineal de la Figura 4.25a. Como contiene un número de pares de bases suficiente para realizar 10 vueltas completas de la hélice, decimos que tiene una **torsión** ($T$) = 10.0. Supongamos que tomamos esta molécula de DNA, la colocamos plana sobre una superficie, y juntamos los extremos 5′ y 3′ de cada cadena (Figura 4.25a). Como la molécula de DNA contiene un número de pares de bases suficiente para dar 10 vueltas completas de la hélice, los extremos 5′ y 3′ de cada cadena estarían en posición de encontrarse y podríamos unirlos de forma covalente. (Determinadas enzimas denominadas *ligasas* pueden realizar esta unión en las células). Esta conexión crearía un círculo relajado que podría estar aún aplastado sobre la superficie (Figura 4.25b). La molécula cerrada de forma covalente tiene ahora otra propiedad: las cadenas están entrelazadas 10 veces. Decimos que tiene un **número de ligazón** ($L$) de 10.

Supongamos ahora que, antes de que se unan los extremos de esta doble hélice a derechas, realizamos una vuelta a la izquierda, desenrollando una vuelta, reduciendo así el número de ligazón a 9. Este cambio impondría una tensión sobre el DNA circular, que podría responder de dos maneras:

1. La molécula podría continuar plana sobre la superficie, con una reducción de su torsión a 9 ($T = 9$, como se muestra en la Figura 4.25c). El valor normal de 10.5

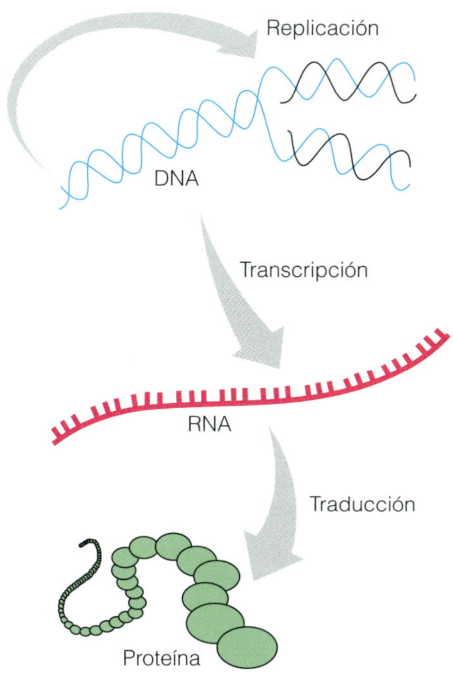


**FIGURA 4.24**

**Flujo de información genética en una célula característica.** El DNA puede replicarse o transcribirse en RNA. Los RNA mensajeros se traducen en secuencias proteicas de aminoácidos.

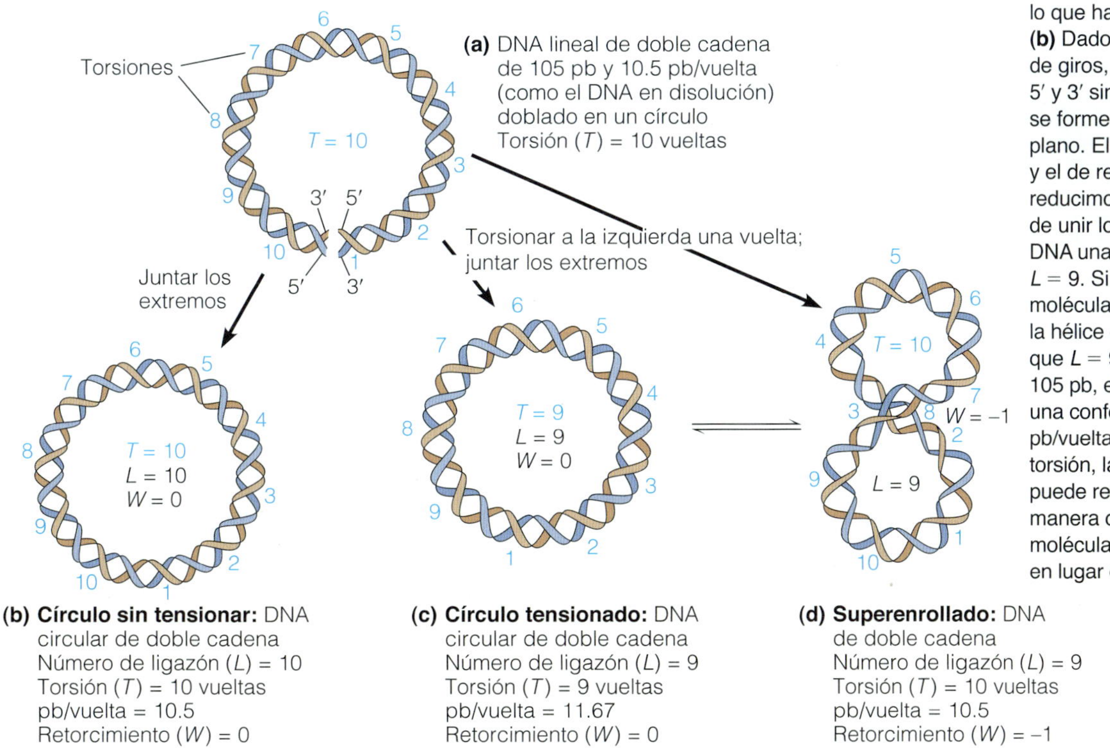


**FIGURA 4.25**

**Formación de un DNA superenrollado.** Podemos imaginar la construcción de un DNA circular lineal de diversas formas. **(a)** Se coloca un DNA lineal plano. Tiene 105 pares de bases y 10.5 pb/vuelta, por lo que hay 10 vueltas; la torsión $T = 10$. **(b)** Dado que hay un número entero de giros, podemos unir los extremos 5′ y 3′ sin torsionarlos, de manera que se forme un círculo relajado colocado plano. El número de ligazón es $L = 10$ y el de retorcimiento es $W = 0$. **(c)** Si reducimos el número de vueltas antes de unir los extremos, desenrollando el DNA una vuelta, el círculo cerrado tendrá $L = 9$. Si continuamos exigiendo que la molécula de DNA esté plana, la torsión de la hélice debe cambiar. Tenemos ahora que $L = 9$, $T = 9$ y $W = 0$. Con $T = 9$ en 105 pb, el DNA se ve forzado a adquirir una conformación con 105/9 = 11.67 pb/vuelta. **(d)** En vez de cambiar su torsión, la molécula de DNA tensada puede retorcerse o superenrollarse, de manera que $L = 9$, $T = 10$ y $W = -1$. Las moléculas tensadas suelen superenrollarse en lugar de cambiar su torsión.

pares de bases por vuelta de la hélice aumentaría hasta 11.67. La tensión sobre esta molécula de DNA se expresa en su torsión «no natural»; se dice que está *infraenrollada*. (Si hubiéramos añadido una vuelta adicional a la derecha en vez de a la izquierda, el círculo estaría también tensado, pero estaría *sobreenrollado*, con 11 torsiones y 9.54 pares de bases/vuelta).

2. La molécula podría recuperar su torsión original ($T = 10$) envolviéndose sobre sí misma en una vuelta superhelicoidal negativa (a izquierdas), como se muestra en la Figura 4.25d. El número de vueltas superhelicoidales de este tipo se denomina **retorcimiento** (***W***, *writhe*); en este caso, $W = -1$. (Si hubiéramos añadido una vuelta a la derecha, la molécula podría formar un retorcimiento positivo, o a derechas, con $W = +1$; en la primera respuesta, sin superenrollamiento, $W = 0$).

El número de ligazón es siempre la suma algebraica de la torsión y el retorcimiento.

Cuando desenrollamos una vuelta y luego juntamos, producimos una molécula en la que las dos cadenas están entrelazadas solo 9 veces; $L = 9$. La magnitud $L$ permanecerá inalterada, aunque podemos distribuir la tensión de infraenrollamiento entre la torsión y el retorcimiento. De esta manera, las dos formas de la Figura 4.25c y 4.25d tienen ambas un $L = 9$. Obsérvese que, en cada caso, el número de ligazón es la suma algebraica de $T$ y $W$:

$$L = T + W \tag{4.1}$$

La densidad superhelicoidal, $\sigma$, es una medida cuantitativa de la intensidad del superenrollamiento.

La única manera de cambiar $L$ es cortando, retorciendo y volviendo a unir la molécula circular, por ejemplo, mediante topoisomerasas. Cuando añadimos el giro adicional hacia la izquierda al inicio de nuestro experimento, cambiamos el valor de $L$ en $-1$ ($\Delta L = -1$). La tensión impuesta al añadir $L$ vueltas adicionales en la hélice del DNA se distribuye a sí misma entre un cambio de la torsión y un cambio del retorcimiento: donde $L$ es positivo o negativo en función de que las torsiones adicionales ($T$) y las vueltas superhelicoidales adicionales ($W$) sean a derechas (positivas) o a izquierdas (negativas).

$$\Delta L = \Delta T + \Delta W \tag{4.2}$$

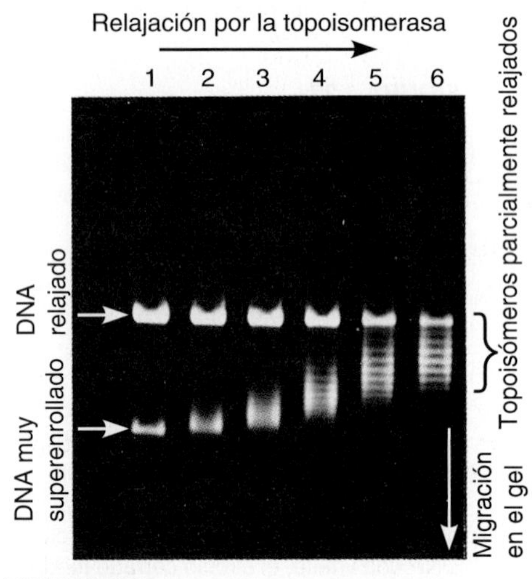


**FIGURA 4.26**

**Electroforesis en gel en la que se demuestra el superenrollamiento del DNA.** Calle 1: una mezcla de DNA relajado y muy superenrollado. Calles 2 a 6: progresión de la relajación catalizada por la enzima topoisomerasa. Se han tomado las muestras a tiempos sucesivos tras añadir la enzima. Los topoisómeros individuales se separan en bandas individuales en el gel. El material muy superenrollado, que forma una serie densa de bandas solapadas en la parte inferior, desaparece gradualmente. Las especies de DNA se separan mediante electroforesis en un gel de agarosa y luego se hacen visibles por la adición al gel del colorante bromuro de etidio (página 1078), un tratamiento que hace fluorescentes a cada una de las especies de DNA.

Cortesía de J. C. Wang.

La superhelicoidalidad de las moléculas de DNA se expresa a menudo mediante la **densidad superhelicoidal,** $\sigma = L/L_0$, donde $L_0$ es el número de ligazón para el DNA en estado relajado. Muchas de las moléculas de DNA naturales tienen densidades superhelicoidales de aproximadamente 0.06. Para hacernos una idea de lo que esto significa, consideremos una molécula de DNA hipotética de 10 500 pb, que se encuentre en la forma B en solución, con 10.5 pb/vuelta. En este caso $L_0$ es 10.500 pb/(10.5 pb/vuelta), es decir, 1000 vueltas. Las dos cadenas de DNA se entrecruzan 1000 veces en el círculo relajado. Si la topoisomerasa DNA girasa (*véase* la página 1055) torsionara la molécula hasta una densidad superhelicoidal de $-0.06$, entonces $L = -0.06\ L_0$, es decir, $L = -60$. Este cambio podría acomodarse, por ejemplo, mediante un retorcimiento del eje de la hélice sobre sí mismo 60 veces hacia la izquierda, lo cual correspondería a $\Delta W = -60$, $T = 0$; la molécula tendría 60 vueltas superhelicoidales a izquierdas. De otra forma, la torsión de la molécula podría cambiar de manera que tuviera 940 vueltas en 10.000 pb ($T = 940$), o 10 500/940 = 11.2 pb/vuelta. Esto correspondería a $\Delta W = 0$, $\Delta T = -60$. Aunque podría producirse cualquier combinación de $\Delta T$ y $\Delta W$ que sumara $-60$, las moléculas reales liberan la tensión principalmente mediante el retorcimiento en vueltas superhelicoidales, ya que es más fácil doblar un DNA largo que desenrollarlo. Esto explica las estructuras contorneadas de las moléculas de DNA circulares de doble cadena de las Figuras 4.17b y 4.18.

Las diferencias de superenrollamiento pueden detectarse mediante electroforesis en gel. Como se describe en Herramientas de la Bioquímica 2A, la velocidad con la que se desplaza una molécula mediante electroforesis en una matriz de gel en un campo eléctrico depende de sus dimensiones, por lo que las formas superhelicoidales más compactas se desplazarán con mayor rapidez que las formas relajadas. En la Figura 4.26 se muestran los patrones electroforéticos de las moléculas de DNA superenrolladas que se van relajando progresivamente mediante la acción de la enzima topoisomerasa. Así pues, la electroforesis en gel nos permite separar los topoisómeros de un determinado DNA.

## Estructuras secundarias del DNA poco habituales

La mayor parte del DNA y del RNA de las células puede describirse con una de las tres estructuras secundarias siguientes: ovillo aleatorio (que, en realidad, es una carencia de estructura secundaria), forma B y forma A. Pero estas tres formas no agotan las posibilidades de conformación de estas moléculas extraordinarias. En el resto de este capítulo consideraremos algunas de las estructuras alternativas que se han identificado en los últimos años, y examinaremos las condiciones en las que se producen las transiciones de conformación entre ellas. Veremos que el superenrollamiento desempeña, a menudo, un papel dominante en estas transiciones.

> El Z-DNA es una hélice a izquierdas con las bases purina/pirimidina alternadas en una conformación sin/anti alternada.

### DNA a Izquierdas (Z-DNA)

Dado que las hélices polinucleotídicas de las formas A y B son a derechas (*véase* la Figura 4.15), el descubrimiento en 1979 de una forma a izquierdas produjo una sorpresa considerable. Alexander Rich y sus colaboradores realizaron estudios de difracción de rayos X de cristales del pequeño desoxioligonucleótido

$$^{5'}\mathrm{CGCGCG}^{3'}$$
$$^{3'}\mathrm{GCGCGC}^{5'}$$

y determinaron que se trataba de una hélice de doble cadena con un apareamiento de bases G-C, tal como esperaban. Sin embargo, los datos solo eran compatibles con una estructura peculiar de hélice *a izquierdas* a la que denominaron Z-DNA. En la Figura 4.27 se presenta un modelo para una molécula de DNA larga en la conformación Z.

Además del sentido inverso de la hélice, el Z-DNA presenta otras peculiaridades estructurales. En los polinucleótidos hay dos orientaciones más estables de las bases respecto a sus anillos de desoxirribosa. Se denominan *sin* y *anti.*

En los polinucleótidos de las formas A y B, todas las bases se encuentran en la orientación *anti.* Sin embargo, en la Z-DNA, las *pirimidinas* están siempre en *anti* y las *purinas* están siempre en *sin.* Dado que la Z-DNA se encuentra, la mayor parte de las veces, en los polinucleótidos con purinas y pirimidinas alternadas en cada cadena (como el que se ha indicado antes), se alternarán las orientaciones de las bases. Los parámetros de la Z-DNA (*véase* la Tabla 4.3, página 107) reflejan esta característica, en cuanto la unidad de repetición no es un par de bases sino dos pares de bases. Además, esta alternancia proporciona a los fosfatos un patrón de zigzag; de ahí la denominación de Z-DNA (*véase* la Figura 4.27).

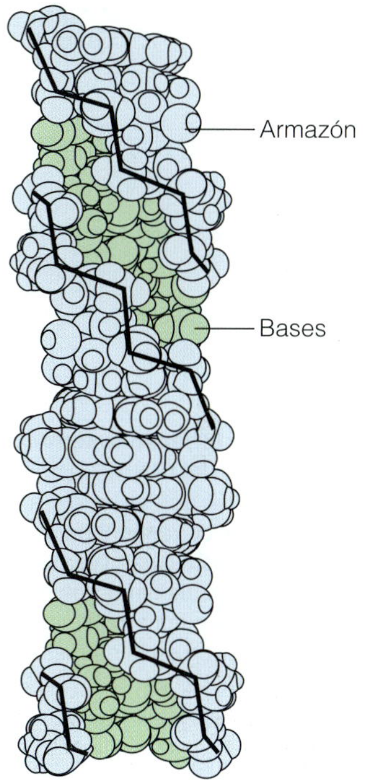


**FIGURA 4.27**

**Z-DNA.** Estructura del Z-DNA determinada mediante estudios de difracción de rayos X de un solo cristal. Compárese esta forma a izquierdas del DNA con el modelo de relleno espacial similar del B-DNA de la Figura 4.11. El único surco del Z-DNA se indica en verde. La línea negra sigue el armazón de fosfato en zigzag.

*Cold Spring Harbor Symposia on Quantitative Biology* 47:41. Dr. A.H..-J Wang, Right-handed and left-handed double-helical DNA: Structural studies. 

Existen pruebas abundantes de que el Z-DNA existe en las células vivas. Sin embargo, la función exacta del Z-DNA *in vivo* es aún una cuestión abierta, en parte debido a la dificultad de cuantificar el Z-DNA en las células vivas. Tal vez sea significativo el hecho de que la metilación de las citosinas en el carbono 5, una modificación bastante frecuente *in vivo*, favorece la formación del Z-DNA.

### Horquillas y cruces

Hemos encontrado ya ejemplos de estructuras de «horquilla», primero en la Figura 4.19c y luego en el RNA de transferencia que se muestra en la Figura 4.20. En cada

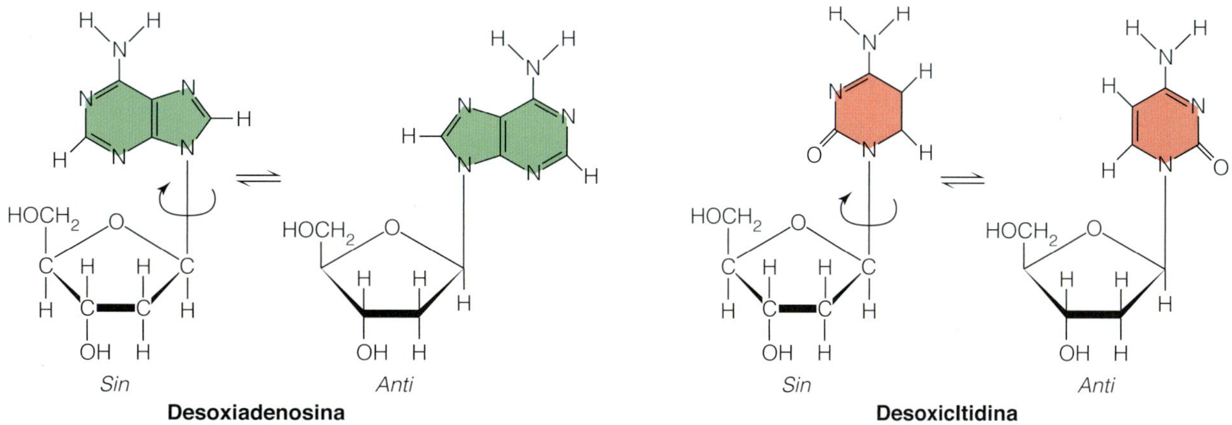

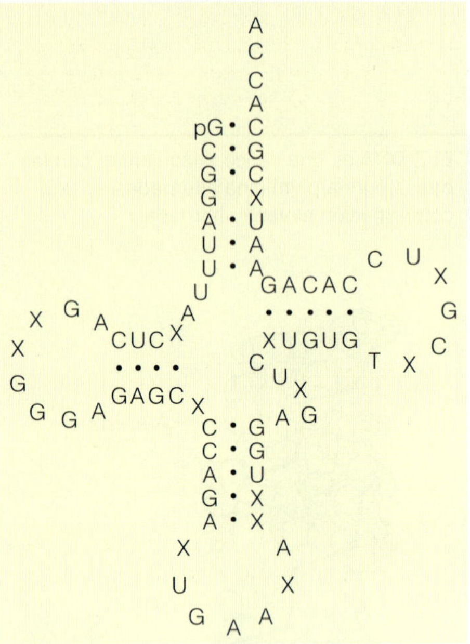

**FIGURA 4.28**

**La autocomplementariedad determina la estructura terciaria del tRNA.** Representación esquemática del tRNA que se muestra en la Figura 4.20. Las X corresponden a bases poco habituales o modificadas (*véase* el Capítulo 28). La molécula tiene tres brazos en horquilla debidos a la autocomplementariedad. Estos brazos se pliegan en la estructura terciaria de la Figura 4.20.

una de estas moléculas de una sola cadena, la autocomplementariedad de la secuencia de bases permite que la cadena se pliegue sobre sí misma y forme una hélice antiparalela de bases apareadas. La estructura esquemática de un tRNA que se muestra en la Figura 4.28 indica cómo se realiza este plegado con una secuencia de bases concreta.

En algunas secuencias de DNA pueden formarse horquillas dobles, a las que se denomina estructuras **cruciformes**, para lo cual es necesario un tipo especial de secuencia llamada secuencia **palindrómica**. Como también se menciona en la página 129 la palabra palíndromo es de origen literario e indica una frase que se lee igual hacia delante que hacia atrás. Tal como se emplea en las descripciones del DNA, el término señala segmentos de cadenas complementarias, que son el inverso exacto (o casi exacto) uno de otro. En la Figura 4.29 se muestra una secuencia de DNA de este tipo, junto con las dos conformaciones que puede adquirir. En la mayor parte de los casos, la formación de la estructura cruciforme deja algunas bases sin aparear en los extremos de las horquillas, lo cual significa que, en circunstancias normales, la estructura cruciforme será menos estable que la estructura extendida. Como veremos más adelante en este capítulo, un efecto de la tensión superhelicoidal es la estabilización de las estructuras cruciformes.

## Triples hélices y H-DNA

Se sabe desde hace bastante tiempo que determinados homopolímeros pueden formar ***triples*** hélices. La primera que se descubrió fue la estructura del ácido ribonucleico

Poli(U) · poli(A) · poli(U)

Posteriormente se observó que podían formarse tripletes desoxi, como T · A · T y $C^+$ · G · C (en donde $C^+$ es una citosina protonada). En estas estructuras, además del apareamiento normal de Watson-Crick, se produce el apareamiento de bases de *tipo Hoogsteen* que se muestra en la Figura 4.30. Actualmente se acepta que muchas cadenas polinucleotídicas, incluyendo parte de la secuencia que no se repite, pueden adoptar estas formas de triple hélice. En la Figura 4.31 se muestra una estructura poco común que puede incorporar una triple hélice. Se denomina H-DNA y requiere una molécula que posea una cadena solo con pirimidinas (Pi) y la otra solo con purinas (Pu). En el ejemplo mostrado, la estructura

···TCTCTCTCTCTC···
···AGAGAGAGAGAG···

puede existir en la forma normal de doble cadena, o bien con una cadena doblada hacia atrás para formar una triple hélice (con los tripletes $C^+$ · G · $C^+$ y G · A · G), con lo que queda la otra cadena (Pu) desapareada. De nuevo, la pérdida del apareamiento de bases debe hacer que esta estructura sea inestable, excepto en las situaciones en las que la tensión en la molécula de DNA la favorezca.

## Cuádruplex G

Ya en 1962, David R. Davies se dio cuenta de que cuatro moléculas de guanina podrían encajar en una estructura plana con enlaces de hidrógeno y propuso que esas estruc-

**FIGURA 4.29**

**Secuencia palindrómica de DNA.** Una estructura palindrómica es una tira simétrica respecto a un centro de simetría. Obsérvese que en las partes marrón y azul, los dos segmentos azules dan la misma lectura 5′ ⟶ 3′, que los dos segmentos marrones. La secuencia se presenta en sus conformaciones extendida y cruciforme. A dos bases que se aparean entre sí en la conformación cruciforme se les asigna el mismo número.

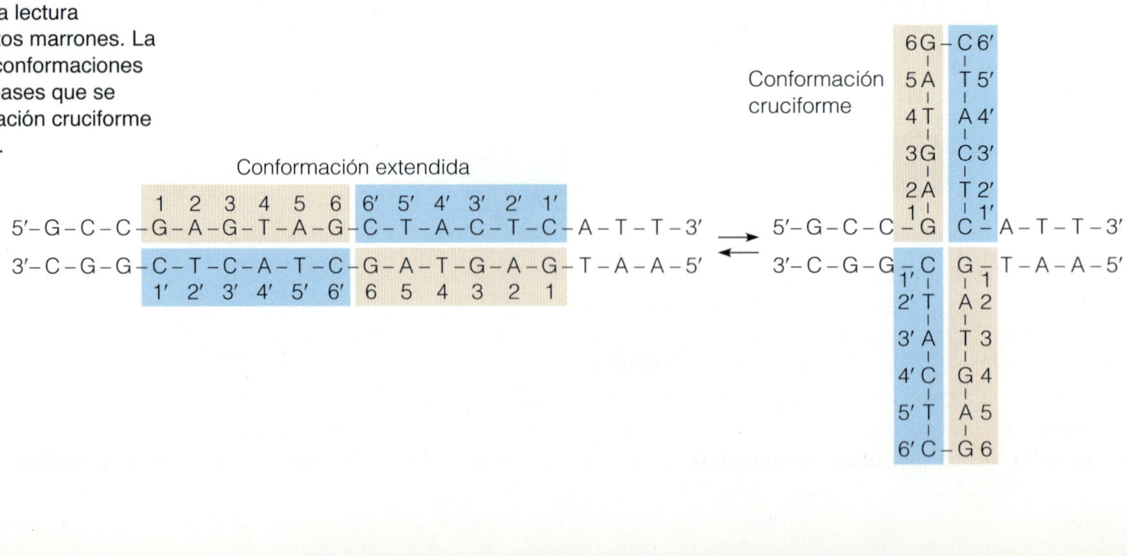

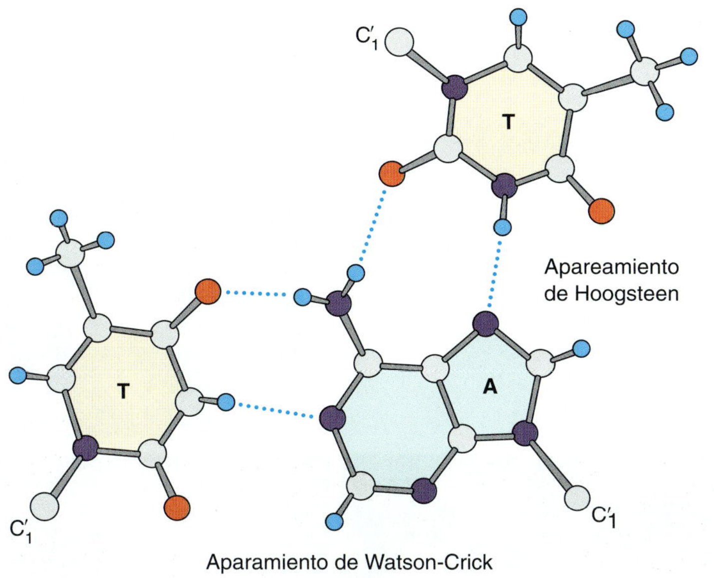


**FIGURA 4.30**

**Apareamiento de bases en un tipo de triple hélice de DNA.** En el mismo residuo A se produce un apareamiento de Watson-Crick normal y el apareamiento poco frecuente de Hoogsteen.

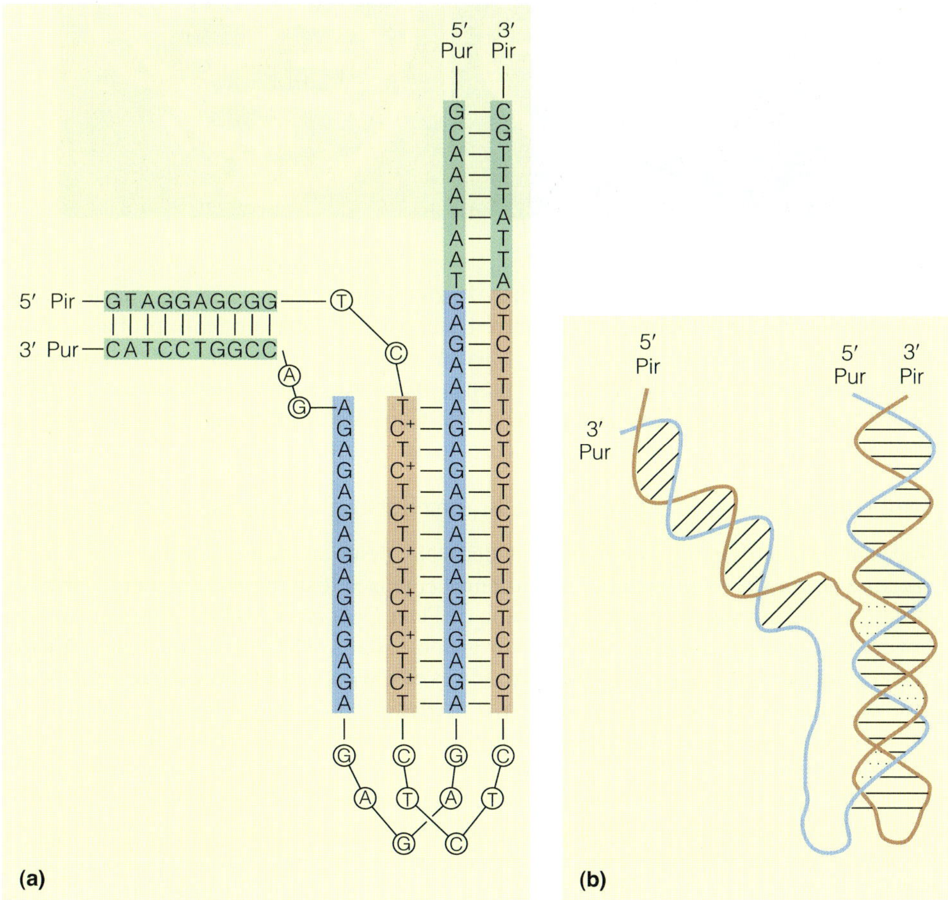


**FIGURA 4.31**

**H-DNA.** Una región de H-DNA tiene una cadena con solo purinas (azul) y una cadena con solo pirimidinas (marrón), lo cual le permite formar una hélice de triple cadena al doblarse hacia atrás. Algunos segmentos contienen purinas y pirimidinas (verde). **(a)** La secuencia de nucleótidos que se muestra aquí podría dar origen al H-DNA. Se muestra un segmento de la cadena de purinas unido a dos segmentos diferentes de la cadena de pirimidinas. **(b)** La unión que se muestra en (a) da origen a una hélice de triple cadena, que se muestra aquí de manera esquemática.

turas se podrían formar naturalmente en secciones de DNA con abundante guanina. La Figura 4.32 presenta, de forma esquemática, cómo se pueden unir cuatro guaninas para formar un **cuarteto G** (panel A), y cómo una sola cadena de DNA con abundante guanina puede plegarse para formar un **cuádruplex G** (panel B), en el ejemplo que se muestra formado por tres cuartetos G. Una estructura cuádruplex G puede formarse en una cadena de DNA, como se muestra, o hasta con cuatro cadenas. Las estructuras cuádruplex G, realmente se forman en las células vivas y existen en los **telómeros**, que

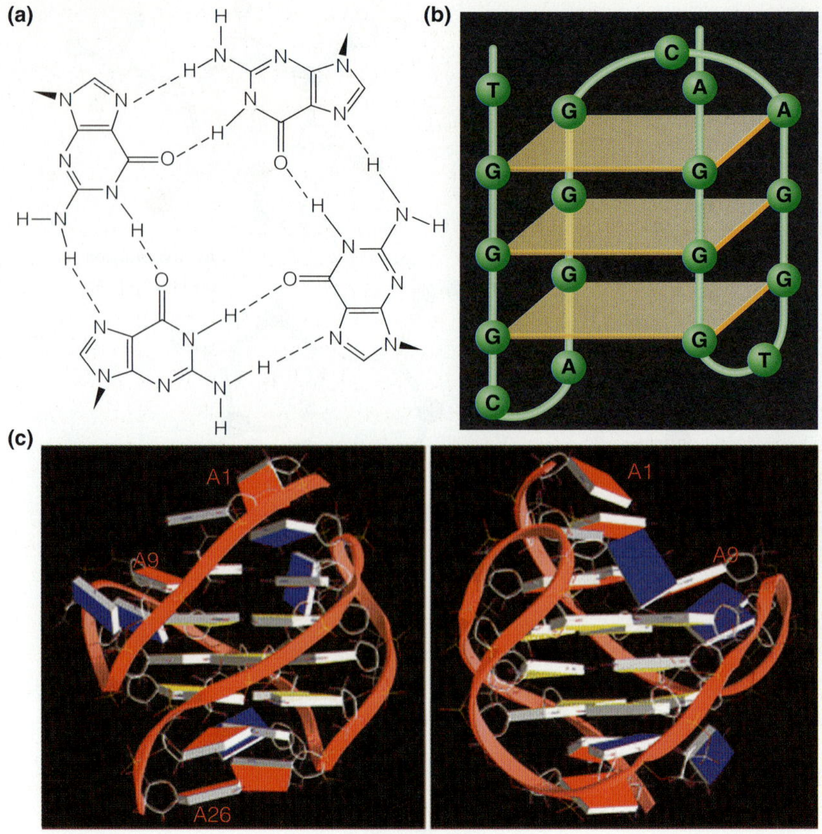


**FIGURA 4.32**

**Cuartetos G y cuádruplex. (a)** Disposición de las bases en un cuarteto G, con cuatro guaninas unidas por enlaces de Hoogsteen rodeando a un ion metálico central (no se muestra), **(b)** Plegado de una sola cadena de DNA para dar un cuádruplex G, que, en este ejemplo, consta de tres cuartetos G en el plano. **(c)** Dos vistas del cuádruplex G formado por la secuencia de DNA en los telómeros humanos. Amarillo, guanina; rojo, adenina; azul, timina.

(c) J. Dai, C. Punchihewa, A. Ambrus, D. Chen, R. A. Jones y D. Yang. Structure of intramolecular human telomeric G-quadruplex in potassium solution: A novel adenine triple formation, *Nucleic Acids research* 35:2440-2450, © 2007, con permiso de Oxford University Press.

son secuencias especiales de los extremos de los cromosomas eucariotas lineales (*véase* el Capítulo 25). En la Figura 4.32c se muestra el patrón de plegamiento probable de un telómero humano. Los estudios más recientes demuestran que existen cuádruplex G en los lugares de control de la transcripción o **promotores** de diversos genes de importancia biológica, entre ellos el **oncogen** cMYC (Capítulo 23). Los esfuerzos actuales van dirigidos a neutralizar esas estructuras con fármacos anticancerosos.

### Una modificación inesperada de la estructura primaria: fosforotiación

Todas las estructuras no convencionales del DNA descritas hasta ahora afectan a la estructura secundaria y/o terciaria, no variando el enlace fosfodiéster. En consecuencia se produjo una gran sorpresa cuando el grupo de Peter Dedon del MIT describió un sistema enzimático de bacterias que convierte un grupo fosfato del DNA en un **fosforotioato**, como se muestra en la Figura 4.33. La reacción es estereoespecífica (nótese que la introducción de un azufre crea un centro asimétrico alrededor del átomo de fósforo). Hasta ahora se desconoce la función biológica de esta modificación, pero podría conferir resistencia frente a algunos invasores externos, como los bacteriófagos, que podrían degradar el DNA no modificado. Los análisis de secuencia recientes muestran que los nucleótidos de fosforotioato están agrupados en muchas bacterias, lo que es consistente con la idea de que la fosforotiación podría ser parte de un sistema de restricción-modificación (Capítulo 26).

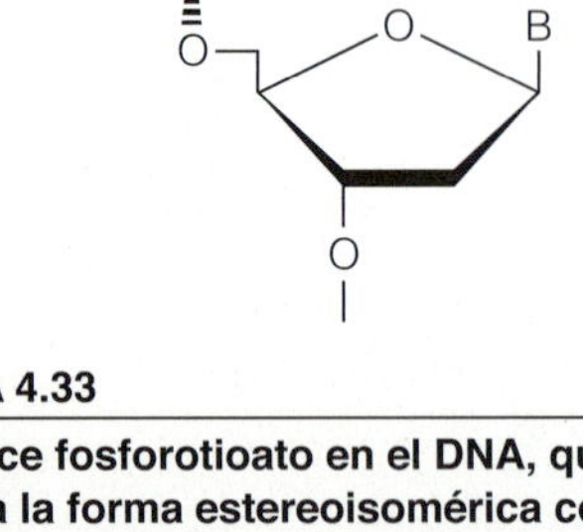

**FIGURA 4.33**

**Un enlace fosforotioato en el DNA, que muestra la forma estereoisomérica correcta.** La fuente de azufre es el aminoácido cisteína. La modificación del nucleótido se produce tras la polimerización del nucleótido.

## Estabilidad de las estructuras secundaria y terciaria

### Transición hélice-ovillo aleatorio: desnaturalización de los ácidos nucleicos

Las estructuras secundarias principales de los polinucleótidos (las formas A y B) son relativamente estables en condiciones fisiológicas para el RNA y el DNA, respectivamente. Sin embargo, no deben ser *demasiado* estables, ya que algunos procesos bioquímicos muy importantes, como, por ejemplo, la replicación y la transcripción del DNA, requieren que se abra la estructura de doble hélice. Esta pérdida de la estructura secundaria cuando se produce en regiones grandes se denomina **desnaturalización** (Figura 4.34). Existen diversos factores que compiten entre sí y crean un equilibrio entre las formas estructurada y no estructurada de los ácidos nucleicos.

Hay dos factores importantes que favorecen la disociación de las dobles hélices en cadenas simples enrolladas de forma aleatoria. El primero es la repulsión electrostática entre las cadenas. A pH fisiológico, cada residuo de una molécula de DNA o de RNA es portador de una carga negativa en el grupo fosfato. Aunque esta carga está neutralizada en parte por contraiones pequeños (como $K^+$, $Na^+$ y $Mg^{2+}$) presentes en el medio, continúa existiendo una carga negativa neta considerable en cada cadena de la hélice, que tiende a apartar una cadena de la otra. Por tanto, la fuerza iónica elevada tiende a estabilizar la doble hélice.

Un factor más sutil que favorece la desnaturalización es que la estructura de ovillo aleatorio posee una entropía más alta, como consecuencia del mayor grado de aleatoriedad de la forma desnaturalizada, con sus múltiples configuraciones posibles. Consideremos la Ecuación 3.9 de la página 64 ($S = k \ln W$). Si una doble hélice rígida se separa en dos ovillos aleatorios flexibles, el número de configuraciones a las que la molécula puede acceder aumenta enormemente (Figura 4.34a); en consecuencia, la entropía aumenta. El cambio de energía libre que se produce al pasar de una estructura secundaria polinucleotídica de doble cadena (como la forma B del DNA) a cadenas individuales con ovillo aleatorio viene dado por la fórmula habitual:

$$\Delta G = \Delta H - T\Delta S \text{ (hélice} \rightleftharpoons \text{ovillo aleatório)} \quad (4.3)$$

Dado que $\Delta S$ es positivo, el término ($T\Delta S$) proporciona una contribución negativa al cambio de energía libre, favoreciendo la desnaturalización.

Así pues, hay dos factores que favorecen la transición hélice $\longrightarrow$ ovillo: la mayor aleatoriedad del ovillo aleatorio ($\Delta S > 0$) y la repulsión electrostática entre las cadenas

**FIGURA 4.34**

**Desnaturalización del DNA. (a)** Cuando el DNA nativo (de doble cadena) se calienta por encima de su temperatura de fusión, se desnaturaliza (se separa en cadenas simples). Las dos cadenas en ovillo aleatorio tienen una entropía superior a la de la doble hélice. **(b)** A un valor bajo de $T$, $\Delta G$ es positivo y la desnaturalización del DNA no está favorecida. A medida que aumenta $T$, $-T\Delta S$ supera a $\Delta H$, con lo que $\Delta G$ pasa a ser negativo y la desnaturalización es favorable. El punto medio de la curva señala la temperatura de «fusión», $T_f$, del DNA. **(c)** Los espectros de absorbancia del DNA nativo y desnaturalizado indican que el DNA nativo absorbe menos luz que el DNA desnaturalizado, con una diferencia máxima que se produce a una longitud de onda de 260 nm. Esta **hipocromicidad** del DNA de doble cadena puede utilizarse para diferenciar las formas nativa y desnaturalizada. **(d)** El cambio de absorbancia puede utilizarse para seguir la desnaturalización del DNA a medida que aumenta la temperatura. A $T_f$ se produce un aumento brusco de la absorbancia correspondiente a la fusión brusca del DNA.

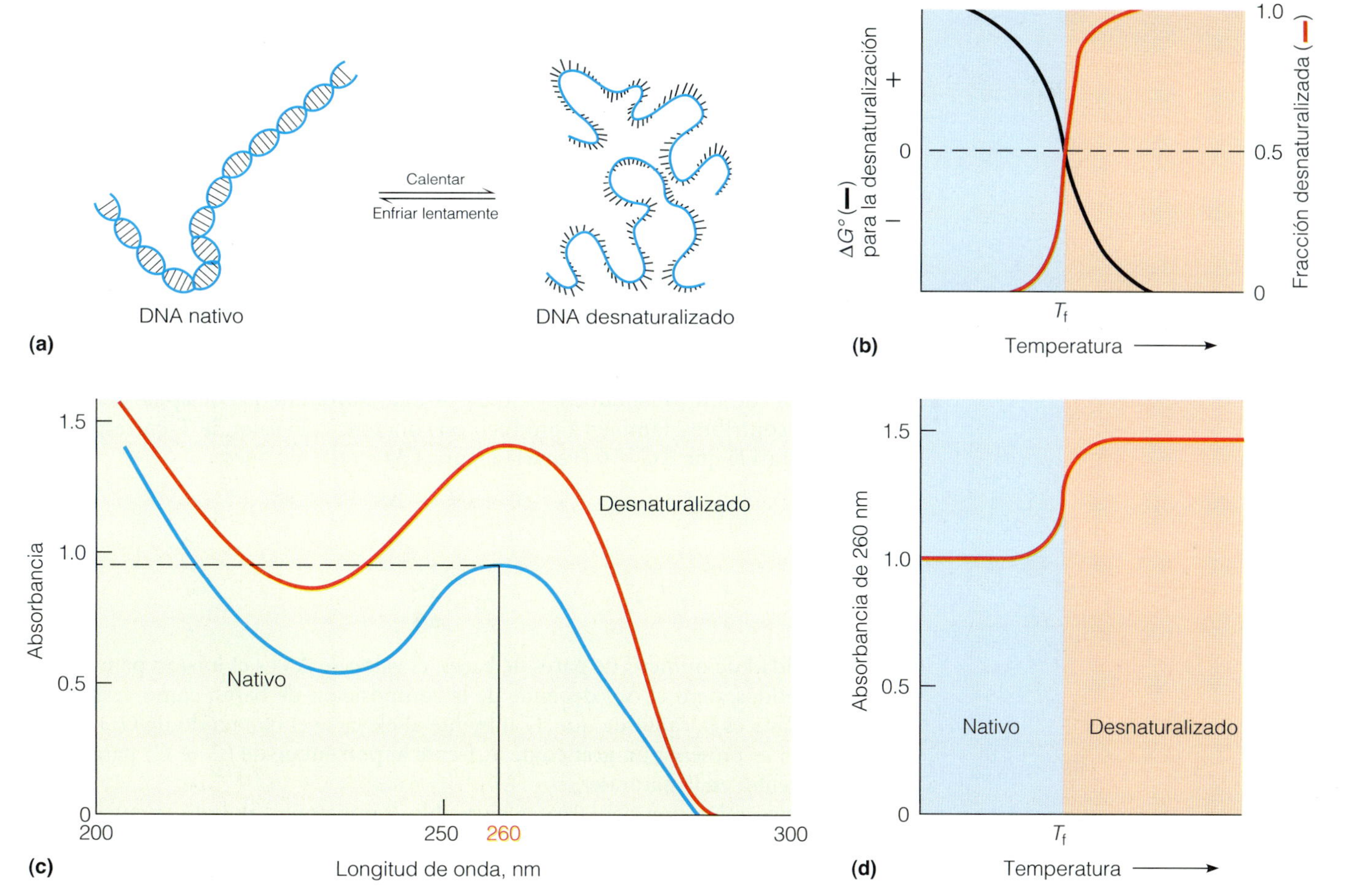

($\Delta H_{el} < 0$). Si la estructura helicoidal de doble cadena ha de mantenerse estable en cualquier situación, el valor de $\Delta G$ para la reacción de desplegado debe ser positivo. Por tanto, deberemos buscar una contribución positiva grande de $\Delta H$ para compensar los factores que acabamos de mencionar. Las fuentes de este $\Delta H$ positivo son los enlaces de hidrógeno entre los pares de bases y las interacciones de van der Waals entre las bases apiladas. De hecho, las bases planas se apilan una sobre otra mediante fuerza de van der Waals. Debe emplearse gran cantidad de energía para romper estos enlaces e interacciones y, por tanto, el $\Delta H$ total es positivo.

Dado que los valores de $\Delta H$ y $\Delta S$ de la Ecuación 4.3 son ambos positivos, el signo de $\Delta G$ cambiará al aumentar $T$. A baja temperatura, el término $T\Delta S$ será menor que el $\Delta H$; el valor de $\Delta G$ será > 0, y la hélice será estable. Pero al aumentar la temperatura, $T\Delta S$ pasará a ser mayor que $\Delta H$, y $\Delta G$ pasará a ser negativo. Así pues, a temperaturas elevadas, la estructura de doble cadena se hace inestable y se separará (Figura 4.34b).

Es posible seguir este proceso de desnaturalización observando la absorbancia de la luz ultravioleta de una longitud de onda de aproximadamente 260 nm en una disolución de DNA. Como se ha indicado en la página 94, todos los nucleótidos y los ácidos nucleicos absorben luz intensamente en esta región del espectro. Cuando los nucleótidos están polimerizados en un polinucleótido, y las bases empaquetadas en una estructura helicoidal, hay poca absorción de luz (Figura 4.34c). Este fenómeno, denominado *hipocromismo*, se debe a la interacción estrecha de los anillos de purina y pirimidina que absorben luz. Si se pierde la estructura secundaria, la absorbancia aumenta y se aproxima más a la de una mezcla de los nucleótidos libres. En consecuencia, el aumento de la temperatura de una solución de DNA, con la consiguiente pérdida de la estructura secundaria, dará lugar a un cambio de la absorbancia como el que se muestra en la Figura 4.34d.

El hecho destacable de esta transición de hélice a ovillo aleatorio es que sea tan brusca. Se produce en un margen de temperatura muy pequeño, casi similar a la fusión del hielo para producir agua, que se describió en el Capítulo 3. Por este motivo, a la desnaturalización de los ácidos nucleicos se la denomina, a veces, *fusión* de la doble hélice polinucleotídica, a pesar de que este término no sea técnicamente correcto. En el Capítulo 6 encontraremos cambios de configuración bruscos de este tipo en las proteínas. Son siempre característicos de las **transiciones cooperativas**. El significado de este término en el caso del DNA o del RNA es que una doble hélice no puede fusionarse trozo a trozo. Si se examinan las estructuras que se muestran en las Figuras 4.11 y 4.20, puede observarse que sería muy difícil que una sola base se apartara de la estructura apilada unida con enlaces de hidrógeno. Lo que ocurre es que toda la estructura se mantiene unida hasta llegar al límite de la inestabilidad y se desnaturaliza entonces en un margen de temperatura muy estrecho.

Las regiones con AT abundante se funden con mayor facilidad que las regiones con GC abundante.

La «temperatura de fusión» ($T_f$) de un polinucleótido depende de su proporción de (G + C)/(A + T). Debido a que cada par de bases G-C forma tres enlaces de hidrógeno y cada par A-T forma tan solo dos, el valor de $\Delta H$ es mayor para la fusión de los polinucleótidos con un contenido elevado de GC. La mayor energía de apilamiento de los pares G-C contribuye también a producir esta diferencia. El valor de $T_f$ corresponde a la temperatura a la que $\Delta G = 0$ (*véase* la Figura 4.34b y d). Así pues,

$$0 = \Delta H - T_f \Delta S \tag{4.4}$$

es decir,

$$T_f = \frac{\Delta H}{\Delta S} \tag{4.5}$$

A igualdad de número de pares de bases, el valor de $\Delta S$ es el mismo para todos los polinucleótidos, pero el $\Delta H$ depende de la composición de bases, como acabamos de describir. Esta es la causa de que $T_f$ aumente al elevarse el contenido de G + C. En la Figura 4.35 se presenta un gráfico de $T_f$ frente al porcentaje de (G + C) para diversos DNA existentes en la naturaleza.

La desnaturalización del DNA es reversible. Por ejemplo, cuando se enfría el DNA desnaturalizado por el calor, la doble cadena puede volver a formarse. La velocidad de enfriamiento debe ser lenta, para dar tiempo a que las cadenas complementarias se en-

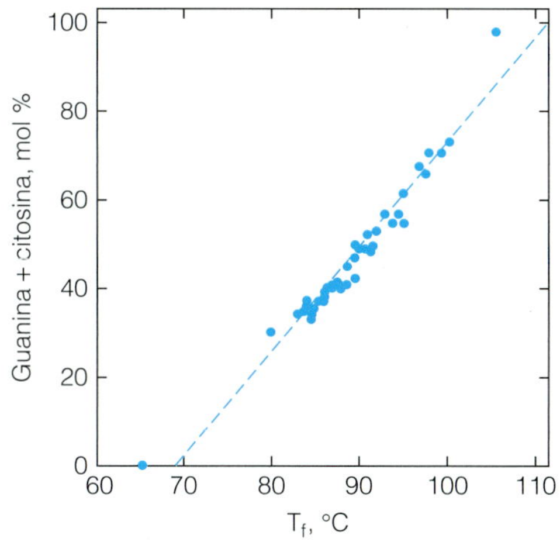


**FIGURA 4.35**

**Efecto de la composición de pares de bases sobre la temperatura de desnaturalización del DNA.** En el gráfico se muestra el aumento de la temperatura de fusión del DNA a medida que aumenta su porcentaje de (G + C).

Datos tomados de *Journal of Molecular Biology* (1962) 5:120, J. Marmur and P. Doty.

cuentren entre ellas y se apareen o **renaturalicen** (también se llama **alineamiento**). De forma semejante, una molécula de RNA puede formar un dúplex con un DNA de secuencia de bases complementarias, lo que crea un híbrido DNA-RNA, que consta de una cadena de DNA y otra de RNA. La renaturalización DNA-DNA y la hibridación DNA-RNA están en las raíces de varias técnicas importantes de investigación, como veremos más adelante en este libro.

## Energía superhelicoidal y cambios de la conformación del DNA

El almacenamiento de energía en el superenrollamiento del DNA es análogo a la energía que se requiere para enrollar (superenrollar) bandas de goma elástica. Esto es, las primeras vueltas resultan fáciles, pero la energía necesaria para cada vuelta aumenta a medida que el enrollamiento va siendo más tenso. De hecho, para el DNA, la cantidad de energía libre almacenada en el superenrollamiento ($\Delta G_{SE}$) es proporcional al *cuadrado* de la densidad superhelicoidal $\sigma$:

$$\Delta G_{SE} = K\sigma^2 \tag{4.6}$$

donde $K$ es una constante. Obsérvese que $\Delta G_{SE}$ es cero cuando el DNA está relajado ($\sigma = 0$) y aumenta con un superenrollamiento positivo o negativo. Además, como participa el cuadrado de $\sigma$, la energía necesaria para añadir una vuelta adicional aumenta con cada vuelta que se añade, y llega a ser aproximadamente igual a la energía que puede proporcionar un ATP cuando $\sigma = \pm 0.06$. Esta es, al menos, una de las causas por las que la densidad superhelicoidal está limitada *in vivo* a alrededor de este valor. El DNA muy superenrollado tiene una gran cantidad de energía almacenada, que puede reducirse mediante *cualquier* proceso que disminuya la densidad superhelicoidal. Por ejemplo, supongamos que tenemos una molécula de DNA circular con vueltas superhelicoidales negativas. Si se quisiera desenrollar y fundir localmente una repetición de la hélice de DNA (10 pares de bases), este cambio equivaldría a un $\Delta T$ de $-1$. Por tanto, para compensarlo, tendrá que eliminarse una vuelta superhelicoidal negativa ($\Delta W = +1$): esto es, parte del retorcimiento quedaría compensado por el desenrollamiento local. La conversión de un segmento de B-DNA en Z-DNA sería aún más eficaz y requeriría menos energía. Cada 10 pares de bases de DNA que pasan de la forma B a la Z van desde una torsión de $+1$ (una torsión a la derecha) a aproximadamente $-1$ (una torsión a la izquierda). Este cambio simple asciende a $T = -2$, lo cual permitiría una relajación de 2 vueltas superhelicoidales negativas ($\Delta W = +2$).

La formación de estructuras cruciformes relaja también el DNA superhelicoidal, porque cada par de bases colocado en una horquilla cruciforme se elimina prácticamente de la tensión superhelicoidal. De igual modo, la formación de H-DNA, que deja parte de una cadena sin aparear, tiene el mismo efecto.

La energía almacenada en el DNA superenrollado puede utilizarse para impulsar una transformación estructural.

En otras palabras, la imposición de un alto grado de torsión superhelicoidal a una molécula de DNA puede fomentar cualquiera de los siguientes cambios: fusión local, formación de Z-DNA, extensión cruciforme, formación de regiones de H-DNA y formación muy probable de algunas otras conformaciones especiales que no se han descubierto aún. Se producirá uno u otro fenómeno en función de las secuencias especiales existentes en el círculo de DNA en tensión. Así por ejemplo:

- La presencia de regiones con abundancia de AT, que funden con mayor facilidad que las zonas con abundancia de GC, puede favorecer la fusión local.
- Las zonas con alternancia purina/pirimidina (como ···CGCGCG···) favorecen la formación de Z-DNA, especialmente si las C están metiladas en el carbono 5.
- Las estructuras palindrómicas permitirán la extensión cruciforme.
- Un segmento compuesto fundamentalmente por purinas en una cadena y pirimidinas en la otra puede permitir la formación de H-DNA.

La tensión superhelicoidal está muy extendida y controlada en las moléculas de DNA que se encuentran en las células. Como veremos en capítulos posteriores, las estructuras especiales descritas aquí desempeñan diversos cometidos en la regulación de la expresión de los genes. Resulta atrayente la idea de que los genes puedan activarse y desactivarse mediante cambios del superenrollamiento.

## RESUMEN

Existen dos clases de ácidos nucleicos, el DNA y el RNA. Cada uno de ellos es un polinucleótido, un polímero de cuatro tipos de nucleósidos 5′-fosfato, conectados mediante enlaces entre hidroxilos 3′ y fosfatos 5′. El RNA tiene el azúcar ribosa, mientras que el DNA posee desoxirribosa. La unión fosfodiéster es intrínsecamente inestable, pero solo se hidroliza lentamente en ausencia de catalizadores. Todos los ácidos nucleicos existentes en la naturaleza tienen una secuencia definida o estructura primaria. Los datos iniciales indicaban que el DNA podría ser el material genético, pero hasta que Watson y Crick determinaron en 1953 su estructura secundaria de doble cadena, no se puso claramente de manifiesto la manera en la que el DNA podría dirigir su propia replicación. La estructura propuesta por estos autores se basaba en un apareamiento específico entre A y T y entre G y C. La hélice es a derechas, con 10.5 pares de bases (pb) por vuelta en la forma B. Una estructura de este tipo puede replicarse de una forma semiconservativa, como demostraron en 1958 Meselson y Stahl. Existen otras formas de estructuras polinucleotídicas, la más importante de las cuales es la forma A, que se encuentra en dobles hélices RNA-RNA y DNA-RNA. *In vivo*, la mayor parte del DNA es de doble cadena; algunas moléculas son circulares. La mayor parte de las moléculas de DNA circular que se encuentran en la naturaleza están superenrolladas. La mayor parte del RNA es de una sola cadena, pero puede plegarse sobre sí mismo para formar horquillas y otras estructuras terciarias bien definidas.

Las funciones biológicas de los ácidos nucleicos pueden resumirse brevemente de la siguiente forma: el DNA contiene la información genética, que se transcribe al RNA. Algunas de estas moléculas de RNA actúan como mensajeros dirigiendo la síntesis de proteínas. El RNA mensajero se traduce en una partícula denominada ribosoma, utilizando el código genético, para producir proteínas. Las técnicas modernas de Biología molecular nos permiten manipular el DNA para fabricar nuevas proteínas y modificar las existentes.

El superenrollamiento del DNA puede expresarse mediante la torsión ($T$) y el retorcimiento ($W$). Estos términos están relacionados con el número de ligazón ($L$) mediante la expresión $L = T + W$. Para formar un enrollamiento superhelicoidal se requiere un gasto de energía del ATP, utilizando una enzima denominada girasa. Esta enzima forma parte de una clase de topoisomerasas; otras enzimas relajan el DNA superenrollado.

Los polinucleótidos pueden formar diversas estructuras poco comunes, como el DNA a izquierdas (Z-DNA), las estructuras cruciformes y, en algunos casos, las hélices triples y los cuádruplex G. Las estructuras secundarias de los polinucleótidos pueden modificarse de diversas formas. La hélice puede «fundirse», lo cual implica una separación de las cadenas. Este cambio resulta más fácil en las regiones con abundantes pares A-T. La energía almacenada en el DNA superhelicoidal puede fomentar la fusión local del DNA o el cambio a diversas estructuras alternativas, como el Z-DNA, las estructuras cruciformes o un tipo especial de estructura de triple hélice denominada H-DNA.

## BIBLIOGRAFÍA

### General

**Bates, A. D.** y **Maxwell, A.** (1993) *DNA Topology.* Oxford University Press, Nueva York. Un libro pequeño claro y útil.

**Saenger, W.** (1984) *Principles of Nucleic Acid Structure.* Springer-Verlag, Nueva York. En esta referencia se incluye una información más detallada respecto a la estructura de los ácidos nucleicos que la que se presenta en este libro.

**van Holde, K. E., Johnson, W. C. y Ho, P. S.** (2006) *Principles of Physical Biochemistry* (2ª ed.). Pearson/Prentice Hall, Upper Saddle River, N.J. Tiene mucho más sobre la estabilidad de los ácidos nucleicos y las transiciones estructurales.

**Histórica**

**Avery, O. T., MacLeod, C. M.** y **McCarty, M.** (1944) Studies on the chemical transformation of pneumococcal types. *J. Exp. Med.* 79:137-158. El estudio pionero que dio credibilidad a la idea de que el DNA es la sustancia genética.

**Hershey, A. D.** y **Chase, M.** (1952) Independent function of viral protein and nucleic acid on growth of bacteriophage. *J. Gen. Physiol.* 36:39-56. La prueba convincente de que el DNA es el material genético.

**Judson, H.** (1979) *The Eighth Day of Creation.* Simon & Schuster, Nueva York. Una presentación detallada y fascinante del desarrollo de las ideas modernas acerca de los ácidos nucleicos.

**Manchester, K. L.** (2007) Historical opinion: Erwin Chargaff and his «rules» for the base composition of DNA: Why did he fail to see the possibility of complementarity? *Trends Biochem. Science* 33:65-70. Una visión renovada de los aspectos históricos de la estructura del DNA.

**Meselson, M.** y **Stahl, F.** (1958) The replication of DNA in *Escherichia coli. Proc. Natl. Acad. Sci. USA* 44:671-682. Un ejemplo de un experimento diseñado y ejecutado con elegancia.

Sayre, A. (1978) *Rosalind Franklin and DNA.* W. W. Norton, Nueva York. Una descripción de las aportaciones realizadas por esta notable investigadora.

**Watson, J. D.** (1968) *The Double Helix.* Atheneum, Nueva York (trade and paperback editions); New American Library, Nueva York (paperback). Una narración deliciosa y esclarecedora de la manera en que se determinó la estructura del DNA.

**Watson, J. D.** y **Crick, F. H. C.** (1953) Molecular structure of nucleic acids. A structure for deoxyribose nucleic acid. *Nature* 171:737- 738. Dos páginas que revolucionaron al mundo.

**Artículos especializados importantes**

**Bacolla, A.** y **Wells, R. D.** (2004) Non-B DNA conformations, genomic rearrangements, and human diseases. *J. Biol. Chem.* 279:47411-47414. Una minirevisión que analiza las estructuras no convencionales del DNA.

**Burge, S., Parkinson, G. N., Hazel, P., Todd, A. K.** y **Neidle, S.** (2006) Quadruplex DNA: Sequence, topology, and structure. *Nucleic Acids Research* 34:5402-5415. La química y la biología de esta estructura poco habitual del DNA.

**Castro, C. E., Kilchherr, F., Kim, D-N,Shiao, E. L., Wauer, J., Wortmann, P., Bathe, M.** y **Dietz, H.** (2011) A primer to scaffolded DNA origami. *Nature Methods* 8:221-229. Un manual de instrucciones reciente para generar ensamblajes tridimensionales del DNA.

**Deweese, J. E., Osheroff, M. A.** y **Osheroff, N.** (2009) DNA topology and topoisomerases. Teaching a «knotty» subject. *Biochem. Mol. Biol. Education* 37:2-10. Una revisión corta excepcionalmente escrita con un tratamiento de las topoisomerasas como dianas de fármacos.

**Dietz, H., Douglas, S. M.** y **Shih, W. H.,** (2009) Folding DNA into twisted and curved nanoscale shapes. *Science* 325:725-730. Un diseño y alineamiento cuidadosos de los oligonucleótidos permite al DNA plegarse en formas precisas, como una rueda de engranaje en miniatura.

**Han, D., Pai, S., Nangreave, J., Liu, Y.** y **Yan, H.** (2011) DNA origami with complex curvatures in three-dimensional space. *Science* 332:342-346. Un artículo reciente que describe la utilización de DNA sintético para hacer formas tridimensionales curvas, incluyendo un matraz de una altura de 70 nm.

**Joyce, G. E.** (2002) The antiquity of RNA-based evolution. *Nature* 418:214-221. Reflexiones sobre un mundo primordial de RNA.

**Khuu, P., M. Sandor, J. DeYoungt y P. S. Ho** (2007) Phylogenomic analysis of the emergence of GC-rich transcription elements. *Proc. Natl. Acad. Sci. USA* 104:16528-16533. Análisis comparativo de secuencias de DNA que señalan que las secuencias que forman Z-DNA surgen en fases específicas de la evolución.

**Mardis, E. R.** (2008) The impact of next-generation sequencing technology on genetics. *Trends Genet.* 24:133-141. Consideraciones sobre tres tecnologías nuevas de secuenciación masiva y algunas de sus posibles aplicaciones.

**Sharma, J., Chhabra, R., Cheng, A., Brownell, J., Liu, Y.** y **Yan, H.** (2009) Control of self-assembly of DNA tubules through integration of gold nanoparticles. *Science* 323:112-116. Más sobre el uso de las moléculas de DNA en nanotecnología.

**Vologodskii, A. V.** y **Cozzarelli, N. R.** (1994) Conformational and thermodynamic properties of supercoiled DNA. *Annu. Rev. Biophys. Biomol. Struct.* 23:609-643.

**Wang, L., Chen, S., Xu, T., Taghizadeh, K., Wishnok, J. S., Zhou, X., You, D., Deng, Z,** y **Dedon, P. C.** (2007) Phosphorothioation of DNA in bacteria by *dnd* genes. *Nature Chem. Biol.* 3:709-710. Noticias sorprendentes sobre un enlace internucleótido Nuevo en el DNA.

**Wing, R. M., Drew, H. R., Takano, T., Brodka, C., Tanaka, S., Itakura, K.** y **Dickerson, R. E.** (1980) Crystal structure analysis of a complete turn of B-DNA. *Nature* 287:755-758. Primer estudio cristalográfico de una estructura B-DNA.

**Wong, L.,** y **14 coautores** (2011) DNA phophotothionation is widespread and quantized in bacterial genomes. *Proc. Natl. Acad. Sci. USA* 108:2963-2968. Utilización de una técnica de espectrometría de masas para el análisis de secuencia de la modificación fosforotioato.

## PROBLEMAS

1. Se analiza un DNA vírico y se observa que tiene la siguiente composición de bases, en porcentaje molar: A = 32, G = 16, T = 40, C = 12.
   (a) Qué conclusión puede extraerse de inmediato acerca de este DNA?
   (b) ¿Qué tipo de estructura secundaria cree que tendrá?

2. Dada la siguiente secuencia correspondiente a una cadena de un oligonucleótido de doble cadena:

   $^{5'}$ACCGTAAGGCTTTAG$^{3'}$

   (a) Escriba la secuencia de la cadena de DNA complementaria.
   (b) Suponga que sabe que la cadena de arriba tiene fosfato en ambos extremos. Escriba la secuencia para indicar este hecho utilizando una nomenclatura aceptada.
   (c) Escriba la secuencia del RNA complementario de la cadena mostrada.

*3. Algunas secuencias polinucleotídicas existentes en la naturaleza son *palindrómicas*, es decir, son autocomplementarias respecto a un eje de simetría. Un ejemplo de secuencia de este tipo es la siguiente:

   TCAAGTCCATGGACT TGG
   AGT TCAGGTACCTGAACC

   Indique de qué manera podría formar esta estructura una conformación de doble horquilla, o cruciforme. Indique el centro de simetría de la secuencia y las uniones cruciformes.

4. El genoma de *E. coli* tiene una densidad superhelicoidal *in vivo* de alrededor de 0.06. Suponiendo que el DNA tiene 10.5 pb/vuelta, ¿cuál es el número de retorcimiento esperado del genoma de *E. coli*?

*5. Dada la siguiente secuencia de una molécula de RNA, encuentre una estructura secundaria que tenga la máxima estabilidad.

GUCCAGCCAUUGCGUUCGCAAUGGC

6. La mayor de las moléculas de RNA de doble cadena del virus de polihedrosis citoplasmática contiene 5150 pares de bases (*véase* la Tabla 4.5). ¿Qué longitud cabría prever que tuviera esta molécula si se colocara extendida?

7. Un DNA circular de doble cadena contiene 2100 pares de bases. Las condiciones de la disolución son tales que el DNA tiene 10.5 pares de bases por vuelta.
(a) ¿Cuál es el $L_0$ de este DNA?
(b) Se observa que el DNA tiene 12 vueltas superhelicoidales a la izquierda. ¿Cuál es la densidad superhelicoidal $\sigma$?

*8. En un DNA superenrollado, un segmento de unos 20 pares de bases pasa de la forma B a la forma Z. ¿Cuál es el cambio de (a) $T$, (b) $L$ y (c) $W$?

9. De las moléculas de DNA que se indican en la Tabla 4.4, ¿cuál cabría prever que tuviera el valor máximo y el valor mínimo de $T_f$?

10. Una investigadora aísla el genoma de DNA de un virus. Intenta realizar un análisis de fusión, pero obtiene tan solo un 10 % de hipocromicidad.
(a) Sugiera una explicación para este valor bajo.
(b) ¿Por qué cree que obtiene *esta* cantidad?

11. Un determinado DNA de doble cadena tiene un punto de fusión de 94 °C en las condiciones utilizadas en la Figura 4.32. Estime la composición de bases (en porcentaje molar) de este DNA.

*12. Se ha descrito la existencia de una variante de la forma B del DNA en presencia de iones $Li^+$. Mediante difracción de rayos X, se observa que esta forma, denominada C-DNA, tiene 9 1/3, pares de bases por vuelta.
(a) ¿Cuántos pares de bases hay en una repetición de esta estructura? ¿Cuántas vueltas hay en una repetición?
(b) ¿Se encuentra el C-DNA torsionado, más o menos estrechamente, que el B-DNA?
(c) ¿Favorecería o no una densidad superhelicoidal elevada al C-DNA respecto al B-DNA?

*13. Un DNA circular cerrado superenrollado se relaja mediante el tratamiento con una topoisomerasa. Sea cual sea la cantidad de enzima utilizada o el tiempo de realización del experimento, el investigador encuentra siempre un patrón de electroforesis en gel que indica algo de DNA con una, dos y tres vueltas de superhélice, además del círculo relajado (mellado) (*véase* la figura). Sugiera una explicación para esta observación.

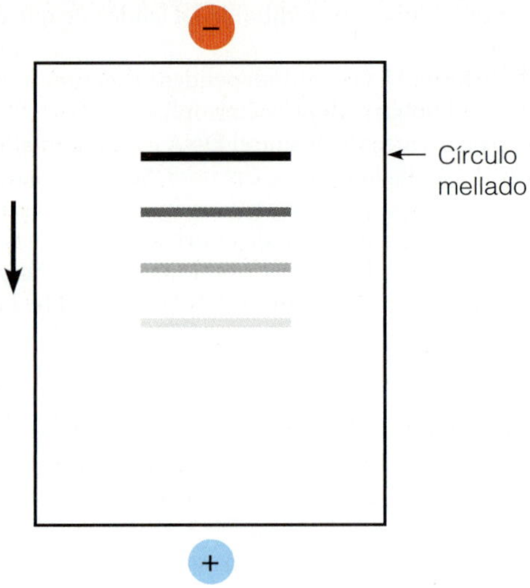


*14. El colorante etidio es una molécula plana que puede *intercalarse* en los DNA de doble cadena. Esto significa que se desliza entre los pares de bases apilados adyacentes y al hacerlo, desenrolla la hélice de DNA alrededor de 26° por cada etidio unido.
(a) Si se añade etidio a un DNA circular cerrado relajado, ¿sería negativo o positivo el retorcimiento? Explíquelo.
(b) ¿Cuál sería el efecto del retorcimiento si el DNA estuviera mellado en una cadena?
(c) Se ha observado que la adición progresiva de etidio a un DNA superenrollado de forma negativa tiene un efecto peculiar: primero desciende la movilidad electroforética, pero al añadir más etidio, de nuevo aumenta. Explíquelo.

*15. Explique por qué el DNA es estable en presencia de álcali (KOH, 0.3 M), mientras que en estas condiciones el RNA se degrada de forma cuantitativa a 2′y 3′-nucleósidos monofosfato.

*16. Observar, en la Tabla 4.1, los valores de $pK_a$ de la ionización de los cuatro ribonucleósidos 5′-mnonofosfato. Seleccionar un valor de pH al que cada uno de los cuatro nucleótidos tenga una carga diferente en la molécula, y predecir la dirección y la velocidad relativa de migración de cada nucleótido en un campo electroforético.

# HERRAMIENTAS DE LA BIOQUÍMICA 4A

## Introducción a la difracción de rayos X

Hace tan solo unas décadas, no se conocía prácticamente nada de las estructuras tridimensionales de los ácidos nucleicos, las proteínas y los polisacáridos. En la actualidad, y en gran parte, como resultado de la técnica de difracción de rayos X, muchas de estas moléculas se conocen con un grado de detalle que habría dejado atónitos a los bioquímicos de 1950. El método es complicado y solo puede presentarse aquí una breve introducción al mismo, describiendo lo que mide y lo que puede obtenerse con él.

Cuando una radiación de cualquier tipo pasa a través de una estructura repetitiva regular, se observa *difracción*. Esto significa que la radiación dispersada por los elementos repetitivos de la estructura presenta un refuerzo de las ondas dispersadas en determinadas direcciones específicas y un debilitamiento de las ondas que van en otras direcciones. En la Figura 4A.1 se presenta un ejemplo sencillo, en el que se indica la radiación dispersada por una hilera de átomos espaciados de manera uniforme. Tan solo en determinadas direcciones estarán las ondas dispersadas en fase y se interferirán, por tanto, de manera constructiva (se reforzarán) entre sí. En todas las demás direcciones las ondas estarán fuera de fase y se interferirán de manera destructiva entre sí. Se genera, pues, un **patrón de difracción**. Para que el patrón de difracción esté bien delimitado, es esencial que la longitud de onda de la radiación utilizada sea algo inferior al espaciamiento regular que existe entre los elementos de la estructura. Esta es la causa de que se utilicen rayos X en el estudio de las moléculas, puesto que los rayos X se caracterizan por tener una longitud de onda de, tan solo, décimas de nanómetro. Si el espaciamiento regular existente en el objeto que se estudia es grande (como en una persiana de una ventana), podemos observar exactamente el mismo fenómeno con la luz visible, que tiene una longitud de onda miles de veces superior a la de los rayos X. Observaremos que un motivo puntual, visto a través de la persiana de la ventana, produce un patrón de difracción rectangular de manchas.

La regla que relaciona los espaciamientos periódicos de un objeto con el patrón de difracción es sencilla: a los espaciamientos cortos en la estructura periódica les corresponden espaciamientos grandes en el patrón de difracción, y viceversa. Además, mediante la determinación de las intensidades relativas de las diferentes manchas, podemos determinar cómo se distribuye la materia dentro de cada repetición de la estructura.

### Difracción de fibras

Consideraremos, en primer lugar, la difracción producida por moléculas helicoidales, alineadas de manera aproximadamente paralela al eje de una fibra tensada. Una molécula helicoidal, como la que se representa esquemáticamente en la Figura 4A.2, se caracteriza por determinados parámetros:

La *repetición* ($c$) de la hélice es la distancia paralela al eje en la que la estructura se repite exactamente. La repetición contiene un número entero ($m$) de residuos del polímero. En la Figura 4A.2, $m = 4$.

*El paso* ($p$) de la hélice es la distancia paralela al eje de la hélice en la que esta realiza una vuelta completa. Si hay un número entero de residuos por vuelta (como en este caso), el paso y la repetición serán iguales.

La *elevación* ($h$) de la hélice es la distancia paralela al eje, que va desde el nivel de un residuo hasta el siguiente, es decir, $h = c/m$. Si pensamos en una escalera de caracol como ejemplo de una hélice, la elevación es la altura de cada peldaño y el paso es la distancia desde el lugar en el que uno se encuentra hasta el lugar correspondiente situado directamente encima.

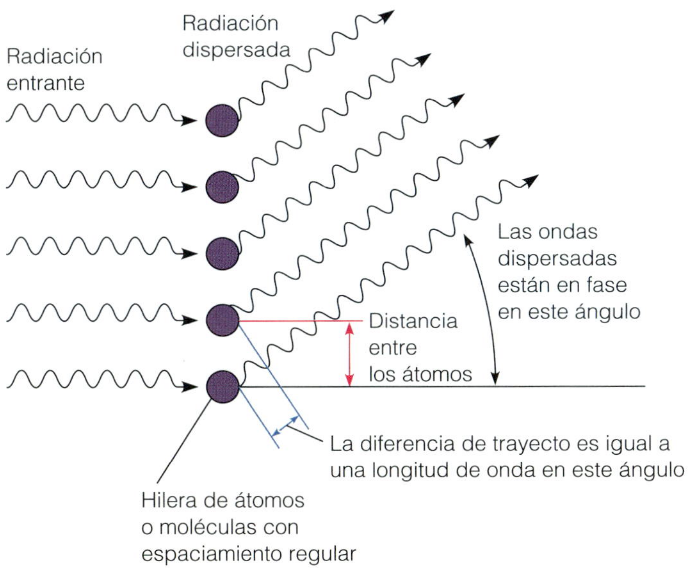


**FIGURA 4A.1**

Difracción de una estructura muy sencilla, una hilera de átomos o moléculas.

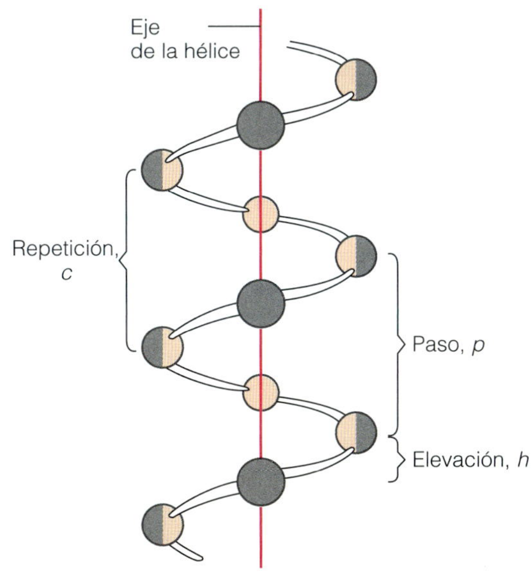


**FIGURA 4A.2**

Molécula helicoidal simple.

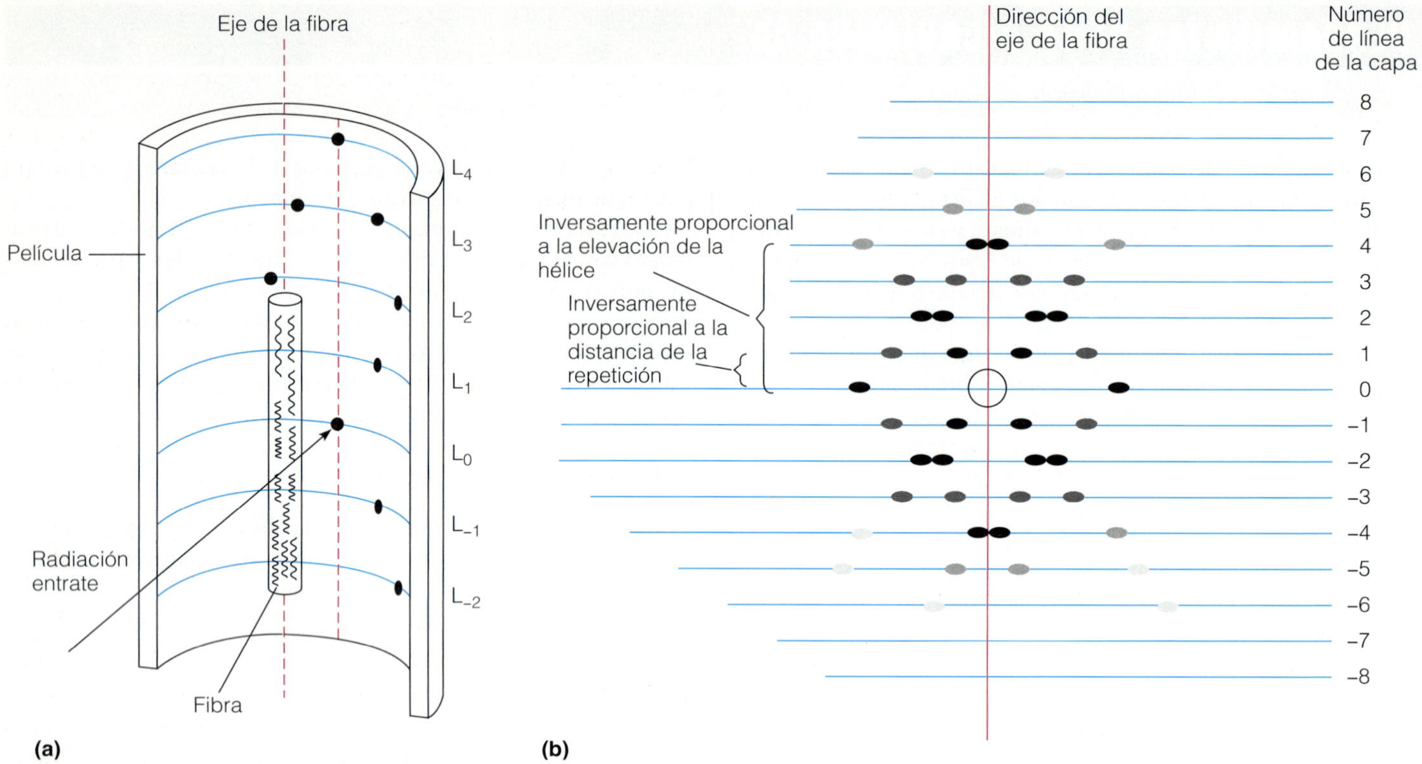


**FIGURA 4A.3**

**Difracción de fibras. (a)** Una fibra en un haz de rayos X. **(b)** Patrón de difracción.

Supongamos que deseamos investigar un polímero con la estructura helicoidal que se muestra en la Figura 4A.2. Se extrae una fibra de una disolución concentrada del polímero. El estiramiento adicional de la fibra producirá un alineamiento aproximado de las moléculas helicoidales largas con el eje de la fibra. A continuación, se coloca la fibra en un haz de rayos X y se sitúa una película fotográfica por detrás de la misma, como se indica en la Figura 4A.3a. El patrón de difracción, que está formado por manchas puntuales o pequeños arcos, tendrá el aspecto de la Figura 4A.3b. Puede leerse de la forma siguiente: según la teoría de la difracción, una hélice produce siempre un patrón de este tipo en forma de cruz. Por tanto, sabemos que nos encontramos ante una estructura helicoidal. Todas las manchas se encuentran en líneas perpendiculares al eje de la fibra; estas líneas se denominan **líneas de capa**. El espaciado entre estas líneas es inversamente proporcional a la repetición de la hélice, *c* que, en este caso, es igual al paso. Obsérvese que el patrón cruzado se repite cada cuatro líneas de capa. Este patrón de repetición nos indica que hay exactamente 4.0 residuos por vuelta de la hélice. Así pues, la elevación de la hélice es de *c*/4. Este es el tipo de prueba que llevó a Watson y Crick a deducir que el B-DNA era una hélice, con 10 residuos por vuelta.

La información indicada la proporciona directamente el patrón. Para averiguar la forma exacta en la que están dispuestos los átomos de cada residuo en cada repetición, es necesario un análisis más detallado. Generalmente, se establece un modelo utilizando la repetición, el paso y la elevación correctos. El establecimiento del modelo se simplifica porque conocemos las longitudes de enlace aproximadas y los ángulos existentes en muchos enlaces químicos. El modelo ha de inspeccionarse también para comprobar que no hay dos átomos que se aproximen más de lo que permiten sus radios de van der Waals. A partir de un modelo de este tipo, es posible predecir las intensidades de las diversas manchas. Estas predicciones se comparan con las intensidades observadas, y se reajusta el modelo hasta obtener el mejor ajuste posible. La determinación inicial de la estructura del DNA se realizó exactamente así. Como puede observar en la Figura 4.9, los patrones

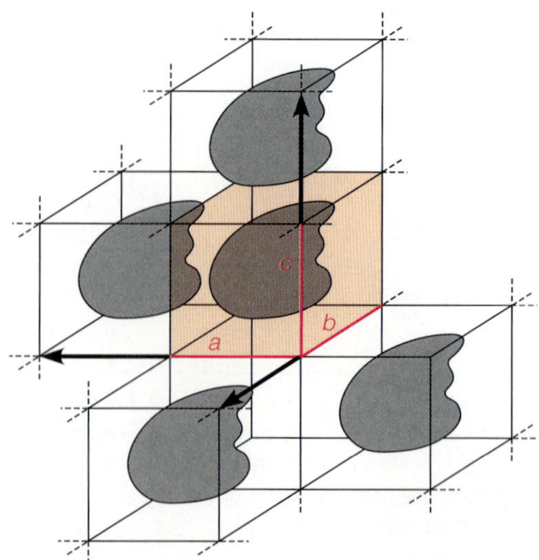


**FIGURA 4A.4**

Representación esquemática de un cristal molecular.

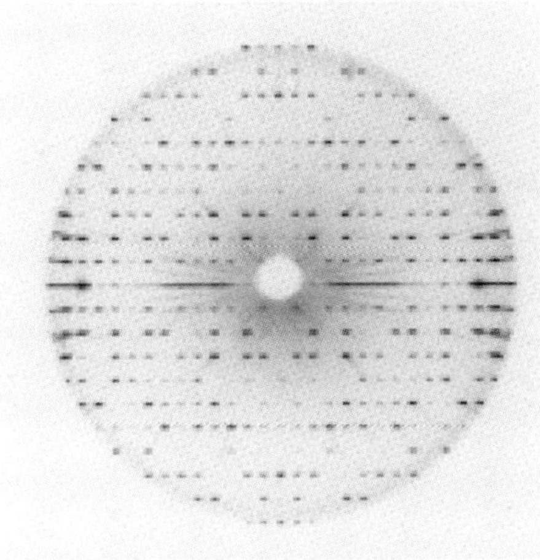

**FIGURA 4A.5**

**Patrón de difracción producido por un cristal molecular de un DNA pequeño.**

P. S. Ho, Colorado State University.

de difracción real de las fibras no están tan bien definidos como los del ejemplo ideal presentado debido, principalmente, a una alineación incompleta de las moléculas.

## Difracción de cristales

En el estudio de los cristales moleculares, como los formados por pequeños oligonucleótidos, moléculas del tipo del tRNA y proteínas globulares, el investigador se enfrenta con un problema distinto al del estudio de las fibras helicoidales y actúa de una forma bastante diferente. En la Figura 4A.4 se presenta un esquema de un cristal de este tipo. La unidad que se repite es ahora la **celda unitaria**, que puede contener una, dos o más moléculas. La celda unitaria puede considerarse la unidad de construcción básica del cristal. La repetición de la celda unitaria en tres dimensiones (que se indican en la figura mediante flechas), crea el cristal completo. Un análogo bidimensional sencillo de la celda unitaria del cristal es el patrón de repetición del papel de pared. Por muy aleatorio que pueda parecer el patrón de un papel de pared, si uno se fija lo suficiente, siempre puede encontrar una unidad que, por repetición, llena toda la pared.

Al igual que en la difracción de fibras, el paso de un haz de rayos X a través de un cristal molecular produce un patrón de difracción. El patrón que se observa en la Figura 4A.5 se obtuvo a partir de un cristal de un DNA pequeño. De nuevo, el espaciado de las manchas nos permite determinar las distancias que se repiten en la estructura periódica: en este caso, las dimensiones $x$, $y$, $z$ de la celda unitaria, que se indican en la Figura 4A.4 con $a$, $b$, $c$. Pero la información importante en los estudios de difracción de cristales es cómo están colocados los átomos *dentro* de cada celda unitaria, ya que esa disposición describe la molécula. De nuevo, esta información está contenida en las intensidades relativas de las manchas de difracción existentes en un patrón como el que se muestra en la Figura 4A.5. Sin embargo, de la difracción de cristales puede extraerse una información más exacta que la del patrón de difracción de una fibra, debido a que las moléculas correspondientes de cada celda unitaria del cristal tienen la misma forma y están orientadas de la misma manera. En la difracción de fibras, las moléculas helicoidales pueden tener los ejes apuntando en la misma dirección, pero tienen rotaciones aleatorias alrededor de estos ejes. Esta diferencia en la exactitud de la disposición puede apreciarse comparando la nitidez del patrón de difracción de un cristal, que se muestra en la Figura 4A.5, con el patrón de una fibra, que se muestra en la Figura 4.9.

Después de obtener el patrón de difracción de un cristal molecular, el investigador mide las intensidades de un gran número de manchas. Si la molécula que se está estudiando es pequeña, es posible proceder de una manera muy similar a la utilizada para los patrones de fibras. Se propone una posible estructura y se calculan las intensidades esperadas, que se comparan con las intensidades observadas. Se perfecciona la estructura hasta que se predicen de manera correcta las intensidades relativas de todas las manchas. Sin embargo, un método de ese tipo no da resultado con una molécula tan compleja como el tRNA que se muestra en la Figura 4.20, puesto que, simplemente, no es posible imaginar un modelo para una estructura de este tipo.

¿Por qué no pasar directamente de las intensidades de las manchas a la estructura? La dificultad radica en que parte de la información contenida en las intensidades de las manchas está oculta. Simplificando enormemente un problema complejo, podríamos decir que es como si las cantidades que el investigador necesitara para deducir la estructura (que se denominan **factores de estructura**) fueran las raíces cuadradas de las intensidades*. Si la intensidad tiene un valor de, por ejemplo, 25, el investigador sabe que el número que necesita es $+5$ o $-5$, pero, ¿cuál de los dos? Este tipo de dilema es el fundamento del *problema de la fase*, que impidió durante muchos años el avance de la cristalografía de moléculas grandes. A comienzos de los años 1950 se descubrió una forma de solucionar este problema. Supongamos que puede introducirse un átomo de un metal pesado, como el mercurio, en algún punto de la molécula, de forma que no se alteren la molécula y el cristal. Este proceso se denomina **sustitución isomorfa**. Supongamos ahora que el metal pesado contribuye, con un valor de $+2$, al factor de estructura de la mancha que estábamos comentando. Si el valor original era de $+5$, el nuevo valor será $+7$ y el cuadrado será 49. Si el valor original era $-5$, el valor actual será $-3$ y el cuadrado será 9. El investigador obtiene una fotografía de difracción del cristal con el metal pesado introducido en el mismo. Si el cristal nuevo tiene una intensidad de 9 para esta mancha, el factor de estructura original debía ser $-5$, y no $+5$. Aunque se trata de una simplificación excesiva, este ejemplo nos proporciona el fundamento del método. Generalmente son necesarias muchas sustituciones isomorfas para determinar las fases de los factores de estructura.

Una vez conocidos los factores de estructura de todas las manchas, el investigador puede calcular las posiciones de todos los átomos de la celda unitaria. Lo que se calcula realmente es una distribución de **densidad electrónica** (Figura 4A.6), pero esto representa lo mismo, ya que las regiones de densidad electrónica elevada están donde se encuentran los átomos. En la imagen con-

* Para el lector con una mayor base matemática, señalaremos que los factores de estructura son generalmente números complejos y pueden representarse, por tanto, por vectores en el plano complejo. Lo que determinan las intensidades son sus *amplitudes*, pero no se conocen sus *fases*.

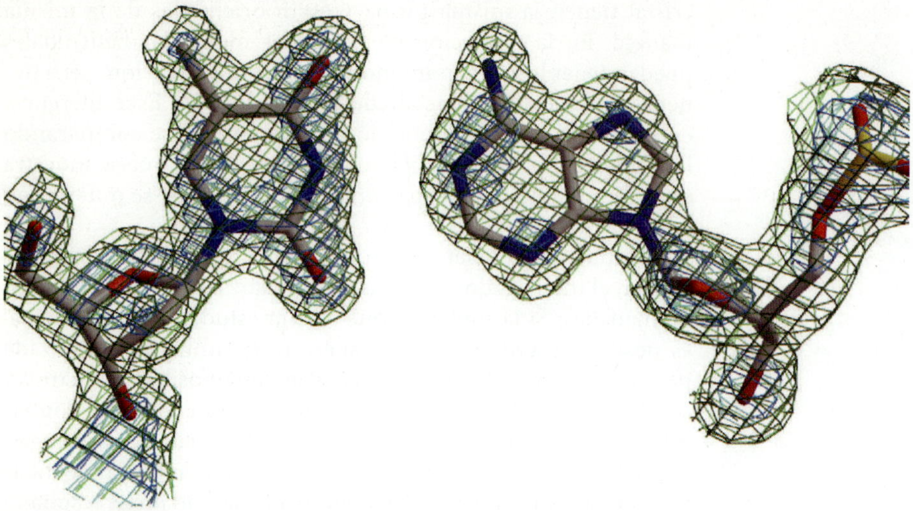

**FIGURA 4A.6**

**Parte de un mapa de densidad electrónica obtenido a partir del patrón de difracción del cristal de DNA de la Figura 4A.5.**

P. S. Ho, Colorado State University.

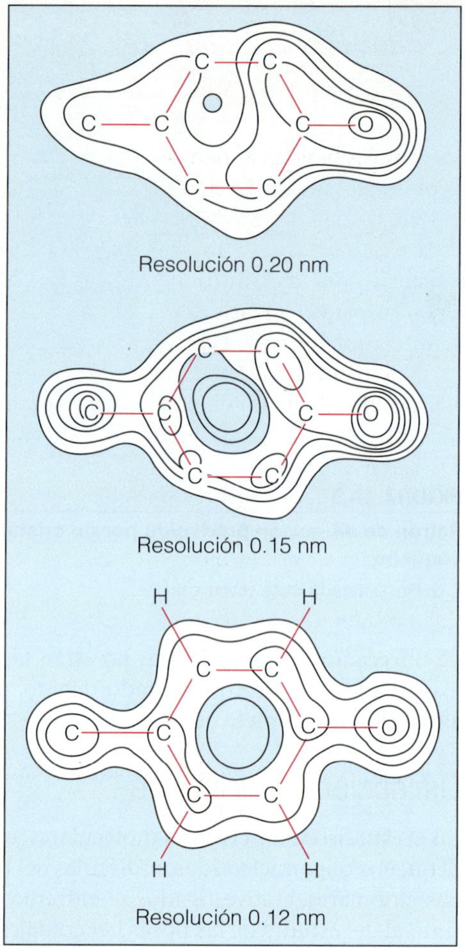


**FIGURA 4A.7**

**Efecto del aumento de la resolución sobre el detalle molecular observado mediante difracción de rayos X.** El aminoácido que se muestra en esta ilustración es tirosina.

Reproducido de *Journal of Molecular Biology* 138:615-633, K. D. Watenpaugh, L. K. Sieker y L. H. Jensen, Crystallographic refinement of rubredoxin at 1.2 Å resolution. © 1980, con permiso de Elsevier.

creta que se muestra en la Figura 4A.6, estamos viendo un «corte» bidimensional a través de la distribución de densidad electrónica tridimensional.

Conviene revisar ahora los pasos que deben seguirse para determinar la estructura tridimensional de una macromolécula a partir de los estudios de difracción de cristales:

1. Obtener cristales satisfactorios. Este paso es, con frecuencia la parte más difícil del procedimiento, ya que los cristales deben ser de buena calidad y han de tener, al menos, unas décimas de milímetro en su dimensión mínima. Los cristales demasiado pequeños no producen unos patrones de difracción nítidos. Conseguir que las macromoléculas cristalicen bien continúa siendo un arte, más que una ciencia.
2. Registrar el patrón de difracción del cristal, y medir las intensidades de muchas de las manchas.
3. Encontrar alguna forma de realizar sustituciones isomorfas en la molécula. Generalmente, son necesarias dos o más sustituciones.
4. Repetir los pasos 1 y 2 para cada derivado isomorfo.
5. Calcular los factores de estructura y, a partir de ellos, la distribución de densidad electrónica. Estos cálculos suelen hacerse en un gran ordenador.

En la mayor parte de los casos, el investigador realizará primero este análisis con un número relativamente reducido de manchas, lo que le proporcionará una estructura de *baja resolución*. Si todo va bien, se miden luego otras manchas y se perfeccionan los cálculos para obtener una resolución mayor. Con los mejores cristales, actualmente es posible obtener resoluciones de alrededor de 1 A. Esta resolución es suficiente para identificar grupos concretos e incluso, algunos átomos y para mostrar cómo interactúan unos con otros. En la Figura 4A.7 se muestra detalladamente el anillo fenólico de una cadena lateral de una proteína observada a distintas resoluciones.

La mayor parte de las estructuras tridimensionales detalladas de las macromoléculas biológicas que se muestran en este libro se han determinado mediante estudios de difracción de rayos X de cristales. En la actualidad se conocen centenares de estructuras de este tipo. Este conocimiento representa una enorme cantidad de trabajo de muchos laboratorios, pero los resultados nos permiten comprender la función macromolecular a un nivel que hubiera resultado increíble hace bien poco tiempo.

## Bibliografía

**van Holde, K. E., Johnson, W. C. y Ho, P. S.** (2006) *Principles of Physical Biochemistry* (2ª ed, Capítulo 6). Pearson/Prentice Hall, Upper Saddle River, N.J. Un tratamiento más detallado de la difracción de rayos X de los biopolímeros.

# HERRAMIENTAS DE LA BIOQUÍMICA 4B

## Manipulación del DNA

Las ciencias biológicas han sido revolucionadas por las técnicas de laboratorio que permiten al investigador aislar cualquier gen que se desee, amplificar el gen para determinar su secuencia de nucleótidos, expresar el gen a un nivel elevado para producir y analizar su producto proteico e introducir cualquier mutación deseada en el gen, bien para el análisis de las relaciones estructura-función dentro de la proteína o para crear alguna propiedad que se desee, como un incremento de la estabilidad. Además, puede introducirse un gen modificado en el genoma de un organismo vivo para determinar su función metabólica. Los descubrimientos clave, realizados en los años 1970 y primeros 1980, dieron lugar a una gran industria biotecnológica, que ha creado cientos de nuevos fármacos y organismos modificados genéticamente, como las plantas de maíz resistentes a la sequía. Debido a que estos métodos nos han enseñado mucho sobre la estructura y función de las proteínas y las enzimas que consideraremos en los siguientes capítulos, presentamos aquí algunas de las técnicas de referencia, a pesar de que la mayor parte de la Bioquímica genética en las que se basan se presenta posteriormente en este texto. Dentro de esta familia de técnicas de **DNA recombinante** presentamos aquí algunos esbozos de (1) clonación de genes, (2) síntesis química de oligonucleótidos para su uso como cebadores, (3) análisis de secuencia de DNA, y (4) mutagénesis dirigida. Una quinta técnica, la **reacción en cadena de la polimerasa** (PCR), que permite la amplificación de cualquier secuencia de DNA a partir de cantidades mínimas de material, se presenta en el Capítulo 24 (Herramientas de la Bioquímica 24A).

## Clonación de genes

En 1973, Stanley Cohen y Herbert Boyer comprobaron que dos desarrollos recientes habían sentado las bases para que se **clonara** o aislara un único gen. En Biología clásica, un clon es una población de organismos que son genéticamente homogéneos, ya que proceden de un único predecesor. Así por ejemplo, todas las células bacterianas de una colonia constituyen un clon, ya que proceden de una sola célula, que se ha depositado en ese lugar de una placa de Petri.

El primer avance que condujo a la clonación de genes únicos fue la caracterización de **plásmidos** como pequeñas moléculas de DNA circular capaces de la replicación independiente dentro de las células bacterianas. La resistencia clínica a los antibióticos suele estar producida por mutaciones de los genes que llevan los plásmidos de DNA. Por ejemplo, la resistencia de la penicilina es consecuencia de una enzima llamada $\beta$-lactamasa y codificada por un plásmido (página 353), que fracciona la penicilina en un derivado inactivo. El segundo avance fue el descubrimiento de una clase de enzimas bacterianas denominadas **endonucleasas de restricción** y, más importante, el hecho de que muchas de estas enzimas catalizan la fragmentación del DNA en lugares específicos (Capítulo 26). Por ejemplo, la enzima ***Eco*RI** fracciona el DNA siempre que reconozca la secuencia

5′···GAATTC···3′
3′···CTTAAG···5′

Una secuencia de este tipo es un *palíndromo* (*véase* la página 116), un mensaje que se lee igual en ambas direcciones. Esta secuencia es simétrica, lo que significa que las dos cadenas poseen secuencias idénticas en direcciones opuestas. La enzima corta entre G y A en ambas cadenas. De esta forma, cada uno de los productos de la fragmentación tiene un extremo de cadena única corto (cuatro bases), 3′···TTAA 5′ (*véase* la Figura 4B.1). Lo que significa esto es que dos moléculas cualesquiera de DNA que hayan sido cortadas por *Eco*RI pueden volver a juntarse extremo con extremo cuando se **alinean** o someten a condiciones de renaturalización de DNA, mediante apareamiento de bases entre las dos secuencias 5′ acabadas en AATT, también llamadas «extremos cohesivos» o «extremos pegajosos». Una vez producido el emparejamiento, una enzima denominada **DNA ligasa** (Figura 4B.1 y página 1047) puede formar un enlace covalente en las aberturas entre la G 3′-terminal y la A 5′-terminal. Si las dos secuencias de

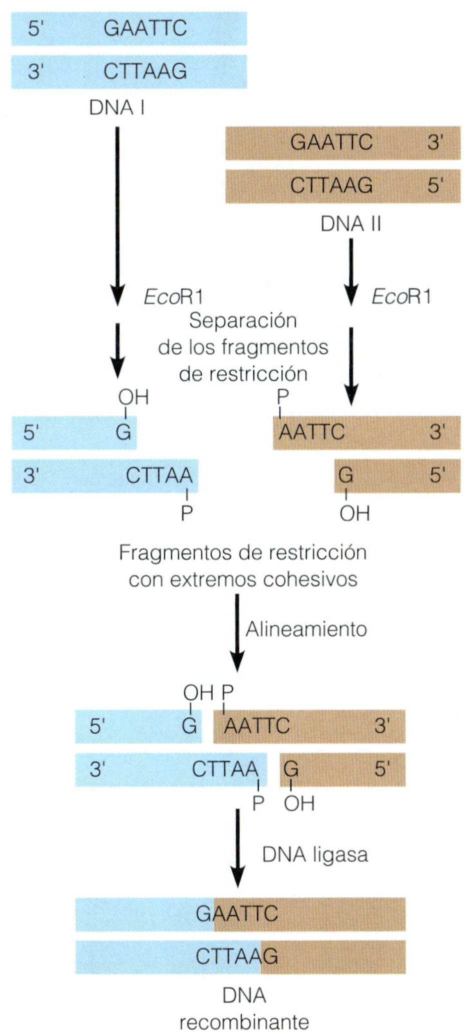


**FIGURA 4B.1**

**Creación de una molécula de DNA recombinante *in vitro*.**

DNA que van a volver a unirse proceden de orígenes diferentes, el producto se denomina una molécula de DNA recombinante, por el hecho de que la recombinación genética *in vivo* implica cortar y volver a unir el DNA de cromosomas diferentes (Capítulo 26).

Cohen y Boyer también diseñaron una técnica para la *transformación* muy frecuente, de forma que las moléculas de DNA recombinante puedan introducirse en las células bacterianas vivas. Esto implicaba originalmente tratar a las bacterias con cloruro cálcico y luego con un choque térmico, aunque esto se ha sustituido por métodos más eficaces, principalmente por la *electroporación* (aplicación de una carga eléctrica). El **vector** es una molécula de DNA en la que se inserta el gen que va a clonarse. Como se esquematiza en la Figura 4B.2, el vector es un plásmido (pequeño DNA circular) que contiene un gen que especifica resistencia a un antibiótico determinado como la ampicilina. El plásmido contiene solo un lugar de rotura de la enzima endonucleasa de restricción que va a utilizarse. Tanto el plásmido como una molécula de DNA o cromosoma que contiene el gen de interés se rompen con la misma enzima de restricción, como *Eco*RI. El alineamiento o la renaturalización, seguido de la unión enzimática, proporciona moléculas de DNA recombinante en las que el gen de interés se ha integrado en el vector. Nótese que no es necesario que el vector sea un plásmido. Puede servir como vector cualquier DNA capaz de una replicación independiente dentro de una célula, como el genoma de un virus.

Tras el alineamiento y la unión, el DNA que contiene una mezcla de DNA recombinante y no recombinante, se introduce en la bacteria receptora para la transformación. Cualquier bacteria transformada puede identificarse cultivándola en presencia de ampicilina. Solo aquellas bacterias que han sido transformadas crecerán, debido a que ahora contienen el gen de resistencia al antibiótico. El investigador debe realizar experimentos adicionales para establecer que una determinada célula transformada contie-

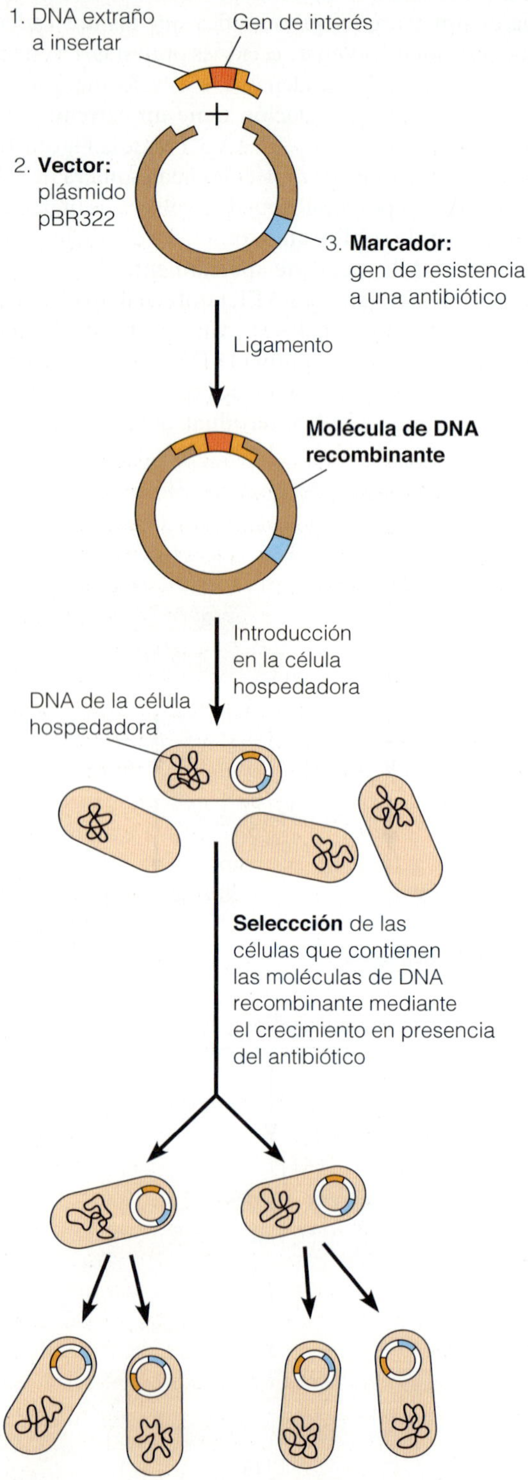


**FIGURA 4B.2**

**Clonación de un fragmento de DNA en un vector plásmido e introducción de la molécula recombinante en las bacterias.**

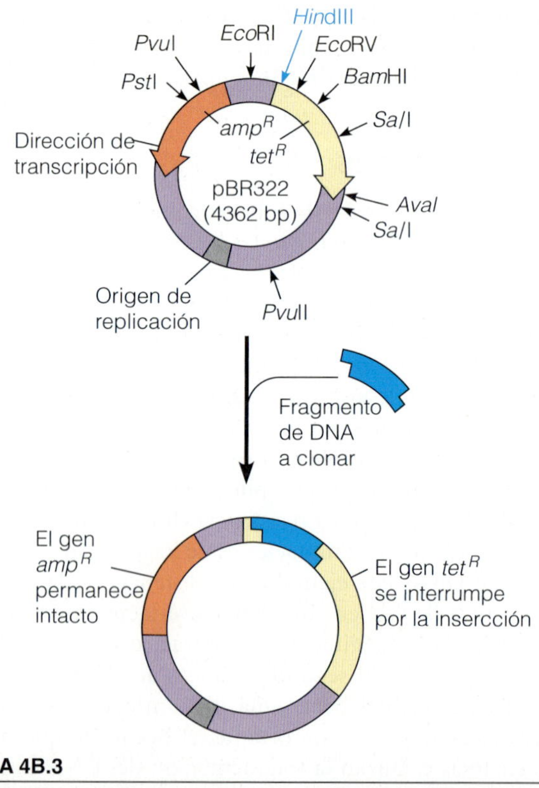


**FIGURA 4B.3**

**pBR322, uno de los primeros vectores de clonación.** Se muestran algunos de los lugares de restricción, así como la dirección de la transcripción de los genes de resistencia a ampicilina y tetraciclina. El diagrama inferior muestra el efecto de la clonación de una secuencia nueva en el lugar *Hin*dIII.

ne el gen que se está clonando. Se dispone de diversos métodos, incluyendo la comprobación adicional de resistencia al antibiótico, las reacciones de renaturalización DNA-DNA o el análisis de la expresión del gen clonado con un anticuerpo o un análisis de actividad.

La Figura 4B.3 muestra la estructura de pBR322, un plásmido diseñado en 1977 para la clonación de genes y que en la actualidad aún se utiliza ocasionalmente. Esta pequeña molécula de DNA recombinante de 4632 pares de bases contiene dos genes de resistencia a antibióticos, uno de resistencia a la ampicilina ($amp^R$) y otro de resistencia a la tetraciclina ($tet^R$). Téngase en cuenta que cada uno de estos genes contiene lugares de roturas de restricción dentro de su secuencia. Un lugar para la enzima de restricción *Hind*III se encuentra dentro de la secuencia $tet^R$. Por consiguiente, si se emplea este lugar para la clonación, el gen $tet^R$ se fragmenta y, consecuentemente, se inactiva. Debido a que el gen $amp^R$ está intacto, todas las bacterias que han adquirido un plásmido, ya sea recombinante o no, pueden seleccionarse de acuerdo con su resistencia a la ampicilina. Pero ahora, pueden identificarse los plásmidos recombinantes, ya que estas bacterias son sensibles a la tetraciclina, al tiempo que resistentes a la ampicilina, mientras que las bacterias que han adquirido el plásmido original, sin un inserto, son resistentes a ambos fármacos.

Se han diseñado muchas variaciones sobre este enfoque original. Ahora pueden clonarse las moléculas de DNA de extremos romos, que no contienen extremos pegajosos. Se han diseñado muchos vectores de clonación, normalmente como moléculas de DNA recombinante ellas mismas. Un vector de este tipo, el bacteriófago MI3, es especialmente útil debido a que el DNA recombinante puede aislarse como una molécula de una sola cadena, fácilmente susceptible al análisis de la secuencia de DNA (página 1039). Son muy utilizados los vectores de expresión, en los que las señales para regular y activar la expresión elevada del gen clonado se introducen dentro del vector. Otras modificaciones incluyen las secuencias que ayudan en la purificación de la proteína recombinante (*véase* la Figura 5A.1). En la industria biotecnológica, las técnicas como estas condujeron a la introducción, ya en 1982, de la insulina humana como producto de un gen recombinante, utilizada para el tratamiento de la diabetes. Otras proteínas recombinantes aprobadas posteriormente para su uso clínico son los factores de la coagulación, las enzimas para la disolución de los coágulos empleadas para el tratamiento de las víctimas de infartos, la hormona de crecimiento hipofisaria y los interferones.

## Síntesis automática de oligonucleótidos

En 1976 el bioquímico británico Fred Sanger presentó la **secuenciación de DNA didesoxi**, el análisis rápido de la secuencia de DNA que llevó a completar en 2001 la secuencia del genoma humano de 3 mil millones de pares de bases. En 1978, el bioquímico canadiense Michael Smith diseñó un método para la mutagénesis de lugar dirigida, que permite a un investigador introducir cualquier mutación deseada en un gen clonado. Ambos investigadores recibieron el Premio Nobel por sus contribuciones.

Ambos métodos, la secuenciación de DNA didesoxi y la mutagénesis dirigida dependen de la disponibilidad de moléculas de oligodesoxirribonucleótidos de secuencia conocida con precisión para actuar como cebadores de las reacciones catalizadas por la DNA polimerasa. El proceso de síntesis de oligonucleótidos que más se utiliza es el método de la **fosforamidita**. Este método es popular debido a que puede realizarse de forma automática, con el oligonucleótido ligado a un soporte sólido, según se van añadiendo los nucleótidos uno detrás de otro.

El método se muestra en la Figura 4B.4. Los intermediarios de esta síntesis química son nucleósidos 3′fosforamiditas, con fósforo trivalente reactivo. El proceso comienza con el enganche del hidroxilo 3′ del primer nucleótido a una matriz de sílice. El grupo hidroxilo 5′ está protegido con un grupo bloqueante dimetiltritilo (DMT). También están protegidos los grupos amino de la base púrica o pirimidínica. El nucleótido siguiente se introduce igual que el derivado bloqueado, con un grupo fosforamidita en la posición 3′. Se encuentra presente tetrazol, lo que conduce a la protonación de la parte diisopropilamina del nucleótido que entra, facilitando su pérdida tras la reacción con el 5′-hidroxilo no protegido. La oxidación con yodo convierte el fósforo trivalente en un fosfotriéster. Este proceso se repite paso a paso hasta que se han añadido unos 150 nucleótidos con una secuencia determinada. Finalmente, se eliminan los grupos de bloqueo y se separa del soporte sólido la cadena finalizada y luego, si es necesario, la purificación cromatográfica. Cada paso se produce con aproximadamente un 98 % de eficacia, lo que significa que puede obtenerse un oligómero de 20 residuos de nucleótido con un rendimiento final de un 80 %. Téngase en cuenta que el método de síntesis de fosforamidita se produce desde el extremo 3′ del polímero hacia el extremo 5′, mientras que la síntesis enzimática de DNA por la DNA polimerasa tiene lugar en la dirección opuesta.

Debido a la facilidad con la que pueden sintetizarse los oligonucleótidos de secuencia definida y debido a la regularidad de la estructura secundaria del DNA, los científicos han diseñado numerosos métodos para crear nanoestructuras de DNA definidas. La Figura 4B.5 muestra un ejemplo. En él, los oligonucleótidos sintéticos se diseñaron para plegarse en forma de un perfecto tetraedro. Por medios como estos, se han utilizado DNA sintéticos para formar estructuras con aplicaciones posibles en nanotecnología, como engranajes, tubos e incluso, dispositivos mecánicos.

## Análisis de secuencia de didesoxinucleótidos

En la página 110 se ha mencionado el método de Maxam-Gilbert para el análisis de la secuencia de DNA, que implica el tratamiento del DNA con reactivos que fragmentan en nucleótidos específicos y dan una población de moléculas que pueden separarse por electroforesis en gel, de acuerdo con el peso molecular. El método enzimático presentado por Sanger, de forma semejante, implica el análisis electroforético de los fragmentos de DNA terminados en nucleótidos específicos, pero el método de Sanger permite el análisis de trozos de DNA más largos y es más rápido y puede automatizarse. El método, como se realizó originalmente, utiliza el bacteriófago M13 como vector de clonación para la secuencia de DNA que se analiza. El DNA de M13, según se aísla de las partículas víricas es circular y de una sola cadena. Sin embargo, la molécula se replica a través de una forma intermedia de doble cadena, denominada *forma replicativa* (FR). Con la introducción de lugares de restricción útiles, el M13 se convierte en un vector de clonación comparable al pBR322. Como se muestra en

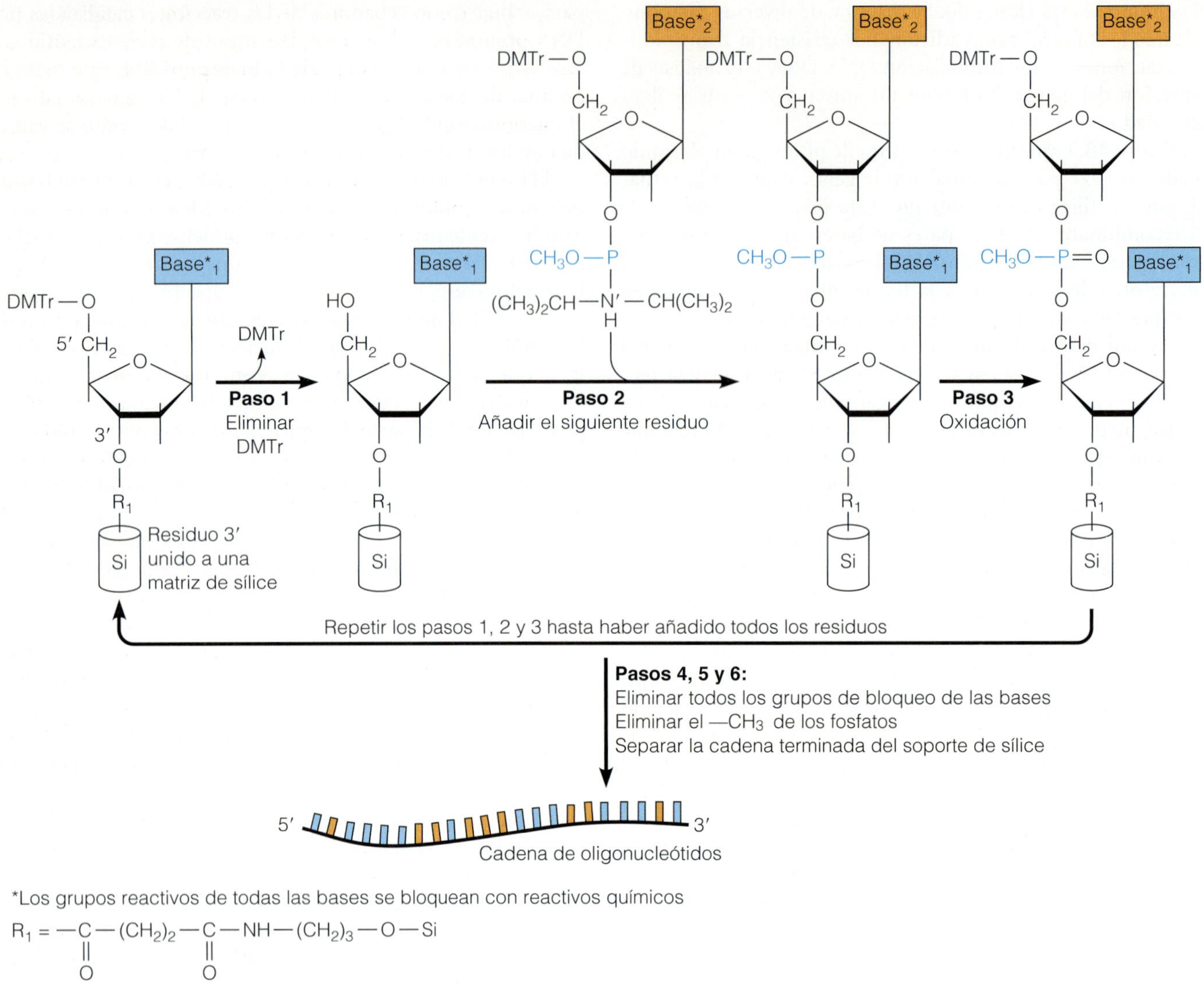


**FIGURA 4B.4**

**Síntesis en fase sólida de oligonucleótidos por el método de la fosforamidita.**

la Figura 4B.6, el fragmento de DNA que va a analizarse se clona en la FR de M13. Tras la ligazón, el DNA recombinante se introduce en *E. coli* mediante transformación y las células infectadas se incuban y se permite que produzcan partículas del fago. Estas partículas del fago se purifican y se aísla el DNA de cada célula en forma de DNA de una sola cadena, que contiene la secuencia de análisis.

El DNA circular de una sola cadena aislado de los genomas de los fagos que llevan el inserto deseado pasa a ser el molde de cuatro reacciones catalizadas por DNA polimerasas. El cebador es un oligonucleótido complementario de una secuencia del M13 situada en el lado 3′ del inserto. La extensión de este cebador por la DNA polimerasa copia el inserto. Las reacciones de la polimerasa se realizan en presencia de análogos de desoxirribonucleósidos trifosfato, los 2′,3′-**didesoxirribonucleósidos trifosfato** (ddNTP), que actúan como inhibidores de la extensión de la cadena, puesto que carecen de terminaciones 3′ hidroxilo. Se muestra aquí el análogo didesoxi del desoxiadenosina trifosfato (ddATP).

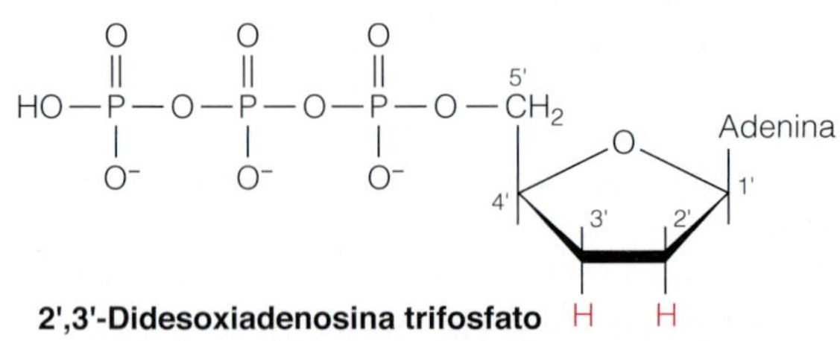


**2′,3′-Didesoxiadenosina trifosfato**

Para generar una serie de fragmentos con terminación A, se efectúan las reacciones de la DNA polimerasa en presencia de concentraciones equivalentes de dATP, dCTP, dGTP y dUTP, junto con un décimo de equivalente de ddATP. Cuando se encuentra T en la cadena molde, la DNA polimerasa inserta ocasionalmente ddAMP en vez de dAMP. Cuando esto ocurre, se detiene la replicación y el fragmento se libera de la enzima. Así pues, se acumulan una serie de fragmentos de diversas longitudes, con un extremo 5′ común (el cebador) y extremos 3′ variables, en donde cada extremo 3′ identifica un residuo T en la secuencia del inserto que se está analizando. De igual modo, se identifican los lugares

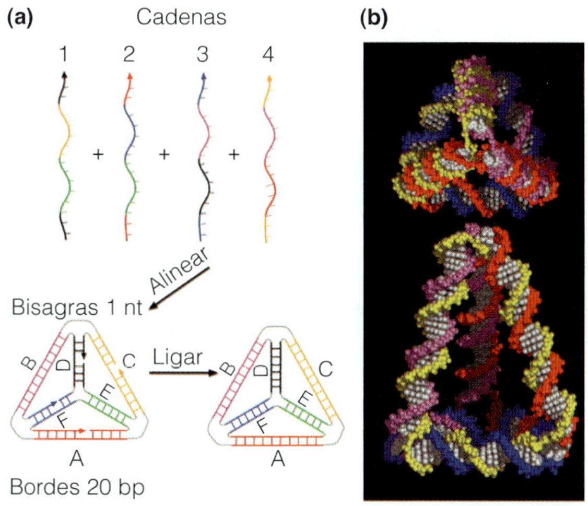


**FIGURA 4B.5**

**Dibujo y síntesis de una nanoestructura tridimensional de DNA, en este caso, un tetraedro de DNA**. **(a)** Dibujo de cuatro oligonucleótidos sintéticos con secuencias de bases complementarias indicadas por los colores coincidentes. Los cuatro oligonucleótidos se complementaron mediante calentamiento y enfriamiento lento, y luego un tratamiento de ligamiento con una enzima (Capítulo 25) que crea enlaces covalentes entre los extremos de DNA. **(b)** Dos imágenes de una representación de relleno espacial con tres lados de 30 nucleótidos (A, B y C) y tres lados de 20 nucleótidos (D, E y F).

(a) De *Science* 310:1661-1665, Goodman, R. P., Schaap, I. A. T., Tardin,C. F., Erben, C. M., Berry, R. M., Schmidt, C. F. y Tuberfield, A. J., Rapid chiral assembly of rigid DNA building blocks for molecular nanofabrication. © 2005. Reproducido con permiso de la AAAS.

que terminan en C, G o T, simplemente mediante la realización de reacciones de la polimerasa con los otros tres análogos didesoxi, una cada vez. La inclusión de un nucleótido radiactivo en la mezcla de polimerización y la electroforesis en gel seguida de autorradiografía genera cuatro «escaleras de secuenciación», como se muestra en la Figura 4B.6. Cada banda en la imagen autorradiográfica del gel electroforético identifica una de las cuatro bases en ese lugar. Como se ha indicado antes, los vectores M13 se emplearon originalmente debido a que permitían la síntesis de DNA en moldes de una sola cadena. Las modificaciones de la reacción en cadena de la polimerasa (Herramientas de la Bioquímica 24A) permiten en la actualidad la preparación de moléculas de DNA de una sola cadena para la secuenciación sin necesidad de vectores de M13.

La secuenciación de Sanger se realiza actualmente de forma automática. Cada ddNTP se derivatiza con un compuesto fluorescente, cada uno con un color diferente. De esta forma, cada fragmento tiene un color distinto de acuerdo con la identidad del ddNTP que ha terminado la reacción de secuenciación. Esto permite que las cuatro mezclas de reacción se resuelvan en una sola calle de un gel de secuenciación, lo que permite el análisis de mucho más DNA en una operación de secuenciación. El gel se escanea fluorométricamente y un ordenador lee la secuencia de DNA directamente a partir del patrón resultante de los picos con diferente color (Figura 4B.7).

Otros refinamientos de este método han incrementado en gran medida su «rendimiento», o la cantidad de información de secuencia obtenida con una operación. Estos métodos proporcionaron, mediados los años 1990 las secuencias genómicas completas de varias bacterias, y en 2001, la secuencia casi completa genómica humana. Desde entonces, otras modificaciones han dado varias estrategias que han expandido en gran medida la velocidad y la exactitud de las operaciones de secuenciación del DNA. Varias de las tecnologías de secuenciación más preeminentes de esta «segunda generación» se describen en artículos citados al final de esta sección. Como se detalla más adelante en este texto, se ha obtenido a partir de estos avances una cantidad enorme de información sobre la salud y la enfermedad, la individualidad biológica y las relaciones evolutivas.

## Mutagénesis de lugar dirigida

El análisis de la función de una proteína comporta alterar la estructura de la proteína y luego determinar si se modifican o no las funciones biológicas de la proteína y de qué manera. Clásicamente se han utilizado dos métodos para generar proteínas modificadas. Uno de ellos consiste en modificar químicamente determinados residuos mediante un tratamiento con reactivos modificadores de proteínas. Esta técnica carece de especificidad, ya que pueden modificarse todos los residuos de un determinado aminoácido, y no solo aquel o aquellos dos que son de especial interés. Otro método consiste en producir una mutagénesis en un organismo con luz ultravioleta, radiación ionizante o mutágenos químicos y seleccionar luego a los organismos supervivientes que contienen la mutación que interesa, tras lo que se aísla la proteína mutante. El problema de este enfoque es la imposibilidad de dirigir la acción del mutágeno a una región específica del gen que interesa, habitualmente el lugar catalítico de una enzima o una región implicada en las interacciones reguladoras con el DNA o con otras proteínas.

Cuando se hizo posible clonar el gen que codifica una proteína de interés, se pudo modificar sistemáticamente el gen en lugares específicos para generar prácticamente cualquier mutación deseada, con una técnica denominada **mutagénesis de lugar dirigida**. La introducción del gen mutante clonado en una célula hospedadora, seguida de su expresión, podía producir la proteína mutante para el estudio de su función alterada.

El método más potente y más empleado para la mutagénesis de lugar dirigida, concebido por Michael Smith, permite la introducción de prácticamente cualquier mutación en cualquier lugar, incluyendo sustituciones de una sola base, eliminaciones cortas o inserciones. El método que se presenta en la Figura 4B.8 requiere que primero se clone el gen en un vector de una sola cadena, como el fago M13, tal cual se ha presentado para el análisis de la secuencia de DNA. A continuación, la sintetiza un desoxinucleótido de unos 20 nucleótidos cuya secuencia sea complementaria a del gen clonado en el lugar de la mutación deseada, *excepto en el centro de la secuencia.*

Aquí, la secuencia del oligonucleótido contiene uno o dos errores deliberados, nucleótidos únicos que no están apareados con el molde o inserciones o huecos de unos pocos nucleótidos. Al alinearse con el gen clonado, estas alteraciones generan pares de bases que no son los de Watson y Crick o bien bases que no tienen pareja y crean, por tanto, un «bucle externo». Las bases correctamente apareadas que se encuentran a ambos lados del mal apareamiento hacen que la estructura se mantenga alineada, a pesar del mal apareamiento. Se utilizan entonces DNA polimerasas para

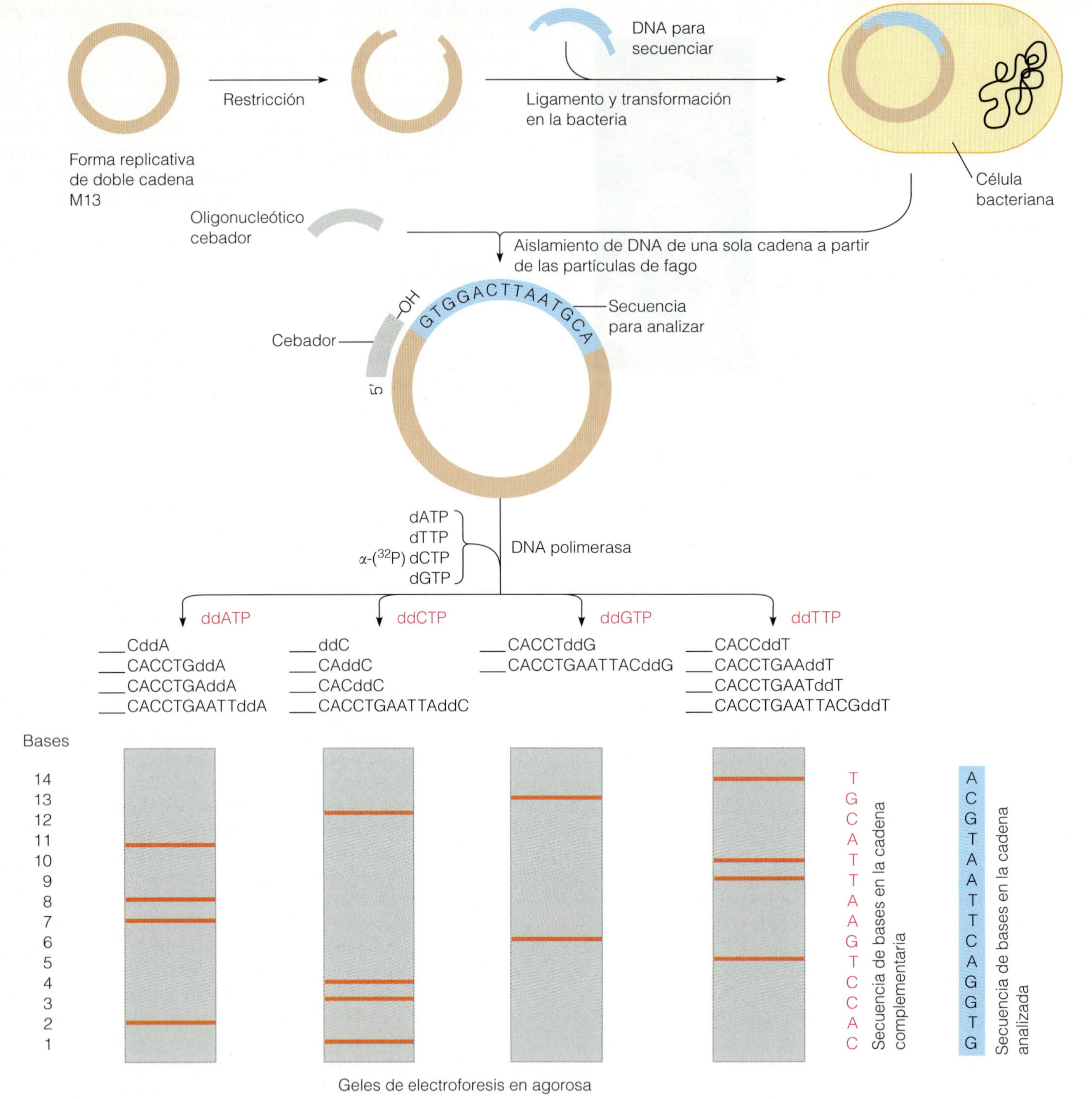


**FIGURA 4B.6**

**Colación en M13 y secuenciación por el método de Sanger.**

sintetizar alrededor del vector circular a partir de este cebador, seguido de una ligazón para crear una doble cadena circular cerrada. Tras la introducción de esta doble cadena en las bacterias mediante transformación, las dos cadenas se replican y producen el fago. En principio, el 50 % de los fagos debe contener la mutación deseada dentro de la secuencia insertada. En la práctica, ese porcentaje es considerablemente menor, aunque puede aumentarse con diversas técnicas (*véase* el artículo de Kunkel *et al.*) En cualquier caso, el gen mutante se saca del genoma del fago modificado mediante el tratamiento con una nucleasa de restricción y puede volver a clonarse en un vector de expresión para su preparación en gran escala y el posterior aislamiento de la proteína mutante.

Aunque los fagos con una sola cadena, como el M13, se utilizaron originalmente para preparar los moldes para la mutagé-

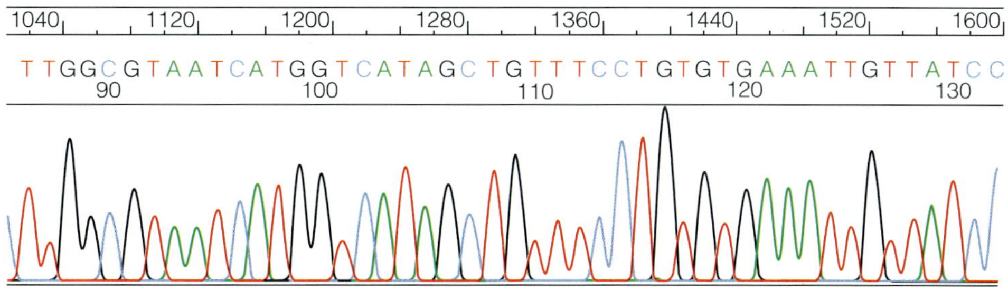


**FIGURA 4B.7**

**Datos de un gel de secuenciación**

Cortesía del Dr. Robert H. Lyons, Unidad de Secuenciación de DNA de la Universidad de Michigan.

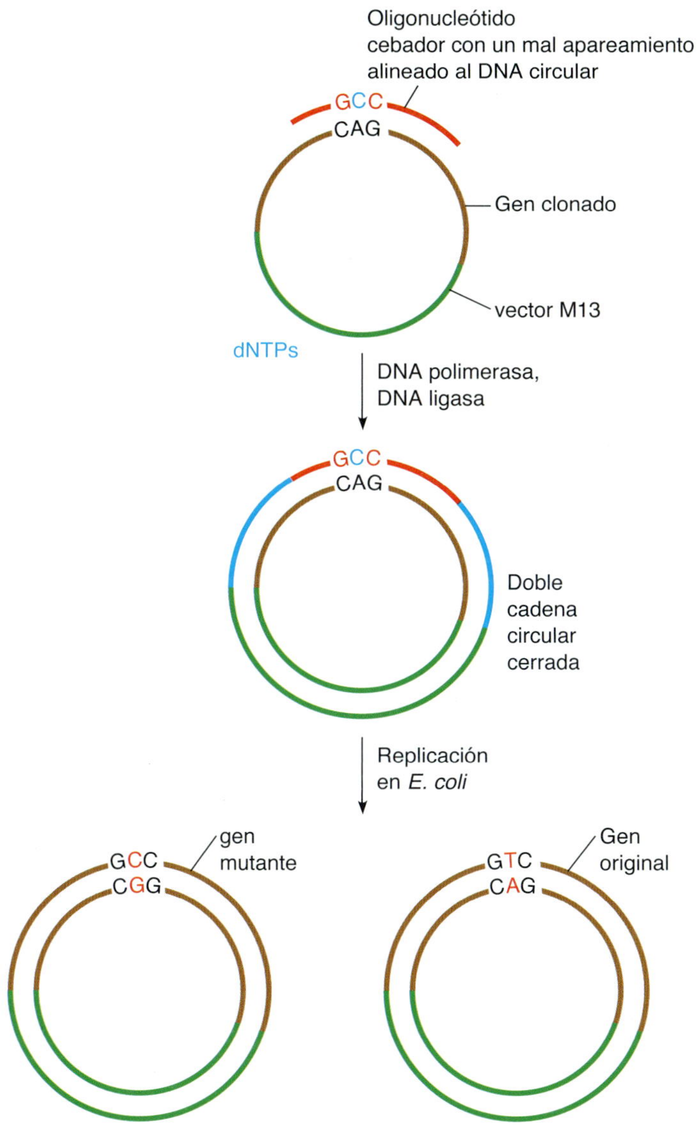


**FIGURA 4B.8**

**Utilización de un oligonucleótido sintético cebador desparejado para introducir mutaciones en un gen clonado en un vector de una sola cadena.**

nesis de lugar dirigida, estas moléculas se preparan en la actualidad fácilmente mediante la reacción en cadena de la polimerasa (PCR; Herramientas de la Bioquímica 24A), y esto ha hecho una técnica ya relativamente simple incluso más simple.

## Bibliografía

**Ding, B.** y **Seaman, N. C.** (2006) Operation of a DNA robot arm inserted into a 2D DNA crystalline substrate. *Science* 314:1583-1585. Una aplicación temprana de la nanotecnología del DNA.

**Douglas, S. M., Dietz, H., Liedl, T., Högberg, B., Graf, F.** y **Shih, W. M.** (2009) Self-assembly of DNA into nanoscale three-dimensional shapes. *Nature* 459:414-418. Pueden diseñarse para el DNA ambas formas bidimensionales y tridimensionales.

**Drmanac, R.** y **66 coautores** (2010) Human genome sequencing using unchained base reads on self-assembling DNA nanoarrays. *Science* 327:78-81. Empleando tecnología de segunda y tercera generación, estos investigadores secuenciaron tres genomas humanos con un coste de 4000 $ por genoma y con una exactitud de un error por 100 kb.

**Endo, M.** y **Sugiyama, H.,** (2009) Chemical approaches to DNA nanotechnology. *ChemBioChem* 10:2420-2443. Una revisión detallada e informativa.

**Kunkel, T. A., Roberts, J. D.** y **Zakour, R. A.** (1989) Rapid and efficient site-specific mutagenesis without phenotypic selection. En: *Recombinant DNA Methodology*, editado por R.Wu, L. Grossman y K. Moldave, pp. 587-601. Academic Press, San Diego, Calif. Instrucciones de laboratorio para el método más utilizado de mutagénesis de lugar dirigida.

**Mardis, E. R.** (2011) A decade's perspective on DNA sequencing technology. *Nature* 470:198-203. Una revisión reciente de los métodos de secuenciación que han aparecido desde la técnica de Sanger.

**Mattencci, M. D.** y **Caruthers, M. H.** (1981) Synthesis of deoxyoligonucleotides on a polymer support. *J. Am. Chem. Soc.* 103:3185-3191. Una descripción más detallada de la técnica implicada.

**Metzker, M. L.** (2010) Sequencing technologies- the next generation. *Nature Reviews Genetics* 11:31-46. Este artículo de revisión considera los principios y aplicaciones de seis tecnologías de secuenciación del DNA de alto rendimiento de «segunda generación».

**Sambrook, P. J.** y **Russell, D. W.** (2001) *Molecular Cloning, A Laboratory Manual, Volumes 1-3*, 3ª ed. Cold Spring Harbor Laboratory, Cold Spring Harbor, N. Y. El manual de laboratorio definitivo de los métodos de biología molecular.

**Zheng, J.** y **ocho coautores** (2009) From molecular to macroscopic via the rational desing of a self-assembled 3D DNA crystal. *Nature* 461:74-77. Una estructura triangular del DNA formada a partir de oligodesoxirribonucleótidos sintéticos forma grandes cristales, mucho más allá de la nanoescala.

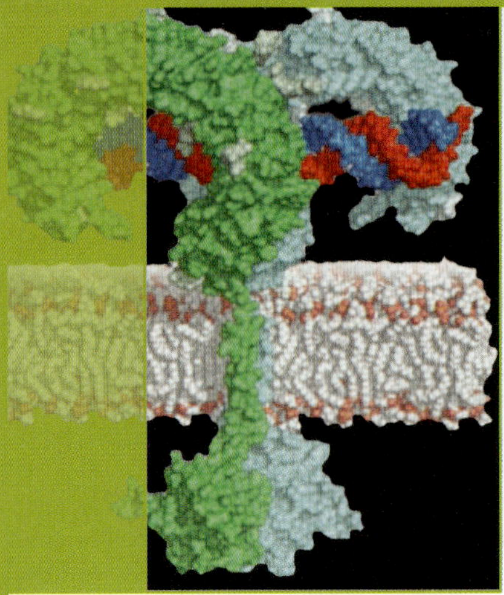

# CAPÍTULO 5

## Introducción a las proteínas: nivel primario de la estructura proteica

**Hemos visto que una clase de biopolímeros,** los ácidos nucleicos, almacena y transmite la información genética de la célula. Gran parte de esa información se expresa en otra clase de biopolímeros, las **proteínas**. Las proteínas desempeñan una enorme variedad de funciones: unas transportan y almacenan moléculas pequeñas; otras constituyen gran parte de la organización estructural de las células y los tejidos. La contracción muscular, la respuesta inmunitaria y la coagulación de la sangre se producen todas ellas mediante proteínas. Una clase importante de proteínas son las **enzimas**, los catalizadores que facilitan la enorme variedad de reacciones que se necesitan para mantener el estado vivo. Cada tipo de célula en cada organismo tiene varios miles de proteínas que realizan estas múltiples funciones.

De acuerdo con la multiplicidad de sus funciones, las proteínas son moléculas extremadamente complejas. Esta complejidad puede observarse en la Figura 5.1, que representa la estructura de la mioglobina, una proteína relativamente pequeña que actúa principalmente en la unión y el almacenamiento de oxígeno en los tejidos animales. En este capítulo y en los tres siguientes analizamos con detalle las estructuras y funciones de un puñado de proteínas, entre ellas, la mioglobina. Veremos que aunque hay características generales de la estructura proteica que comparten la mayoría de las proteínas, cada proteína tiene una estructura propia que está adecuada de forma óptima a su función. Las estructuras proteicas pueden parecer, a primera vista, excesivamente complejas; sin embargo, hay una lógica elegante y fácilmente comprensible en la estructura proteica que describiremos aquí y en el Capítulo 6. Empezamos con una descripción de los sencillos «bloques de construcción» comunes a todas las proteínas, los aminoácidos.

## Aminoácidos

### Estructura de los α-aminoácidos

Todas las proteínas son polímeros, y los **α-aminoácidos** son los monómeros que se combinan para formarlas. En la Figura 5.2a se muestra una representación general de un α-aminoácido. El grupo amino está unido al carbono α, el carbono contiguo al grupo ácido carboxílico; de aquí proviene el nombre de α-aminoácido. Al carbono α de cada aminoácido también están unidos un *átomo de hidrógeno* y una *cadena lateral* (grupo «R»). Los diferentes α-aminoácidos se distinguen por sus cadenas laterales diferentes. La estructura general de un α-aminoácido puede escribirse de la forma que se muestra en la Figura 5.2b. No obstante, esta representación, a pesar de que es químicamente correcta, no tiene en cuenta las condiciones *in vivo*. Tal como se señaló en el Capítulo 2, la mayor parte de la bioquímica se produce en el margen del pH fisiológico próximo a la neutralidad. El $pK_a$ de los grupos ácido carboxílico y amino de los α-aminoácidos es aproximadamente 2 y 10, respectivamente. Por consiguiente, en la proximidad del pH

La función proteica viene determinada por la estructura proteica, la cual, a su vez, viene determinada por las estructuras y propiedades de los diversos aminoácidos que constituyen la proteína.

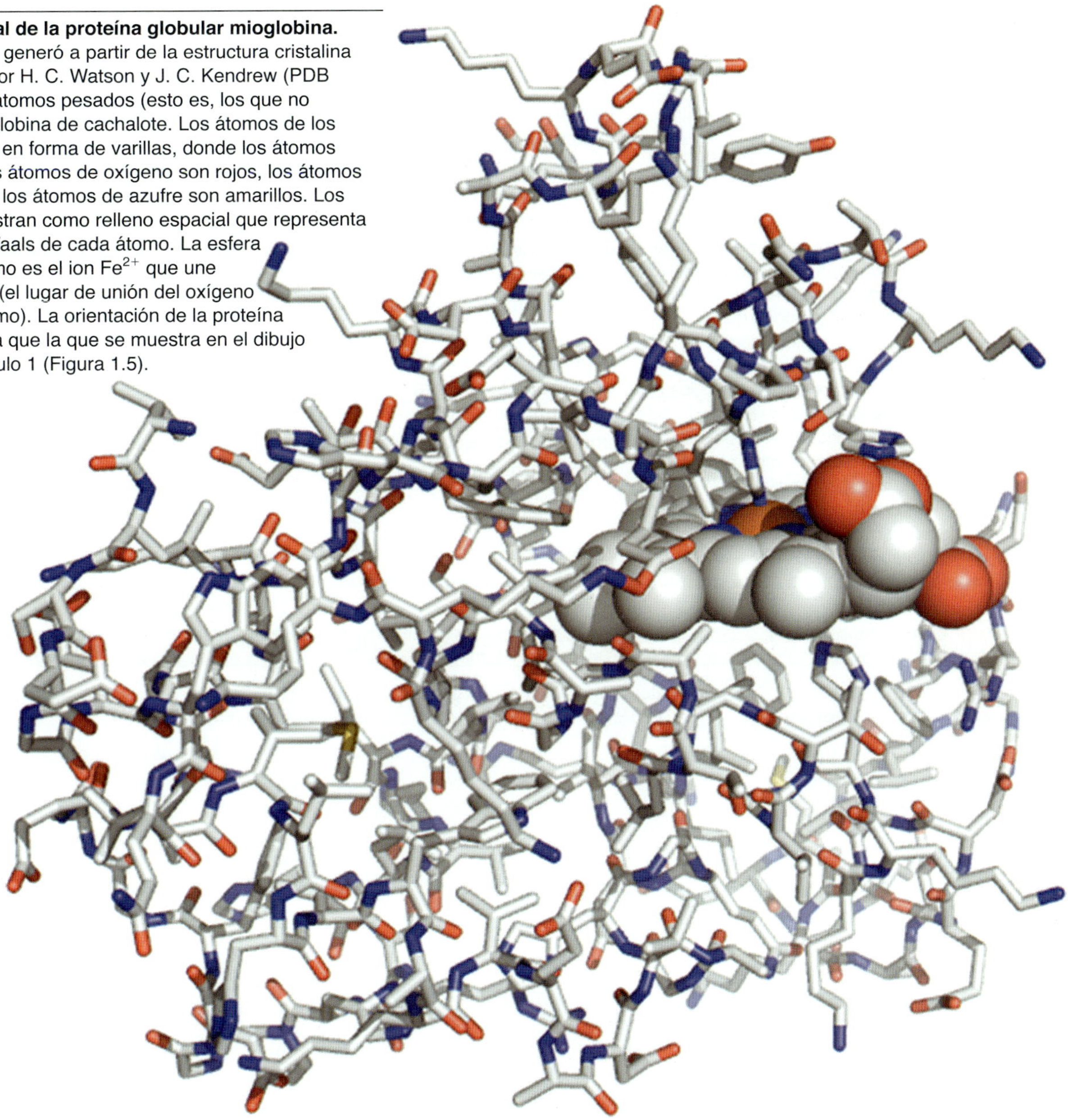

**FIGURA 5.1**

**Estructura tridimensional de la proteína globular mioglobina.** Este modelo molecular se generó a partir de la estructura cristalina de rayos X determinada por H. C. Watson y J. C. Kendrew (PDB ID: 1MBN) y muestra los átomos pesados (esto es, los que no son hidrógeno) en la mioglobina de cachalote. Los átomos de los aminoácidos se muestran en forma de varillas, donde los átomos de carbono son grises, los átomos de oxígeno son rojos, los átomos de nitrógeno son azules y los átomos de azufre son amarillos. Los átomos del *hemo* se muestran como relleno espacial que representa la superficie de van der Waals de cada átomo. La esfera naranja del centro del hemo es el ion $Fe^{2+}$ que une una molécula de oxígeno (el lugar de unión del oxígeno esta oscurecida por el hemo). La orientación de la proteína en esta figura es la misma que la que se muestra en el dibujo de Irving Geis en el Capítulo 1 (Figura 1.5).

neutro, el grupo ácido carboxílico habrá perdido un protón y el grupo amino habrá captado un protón, para dar la forma ***zwitterion*** que se presenta en la Figura 5.2b. Se trata de la forma en que, por regla general, escribiremos las estructuras de los aminoácidos.

Durante el proceso de traducción se incorporan veinte clases diferentes de aminoácidos en las proteínas (*véase* la Figura 4.23 página 112). En la Figura 5.3 se presentan las estructuras completas de estos aminoácidos y en la Tabla 5.1 se dan otros datos importantes. Al menos, dos aminoácidos adicionales, selenocisteína y pirrolisina, están codificados genéticamente y se incorporan a las proteínas; sin embargo, se encuentran en un número relativamente pequeño de proteínas. Para los fines de esta introducción centraremos nuestra atención en los veinte aminoácidos habituales que se muestran en la Figura 5.3.

## Estereoquímica de los $\alpha$-aminoácidos

La asimetría de las biomoléculas desempeña una función crucial en la determinación de sus estructuras y funciones; de esta forma, es necesario familiarizarse con la estereoquímica básica de los aminoácidos para comprender la bioquímica de las proteínas.

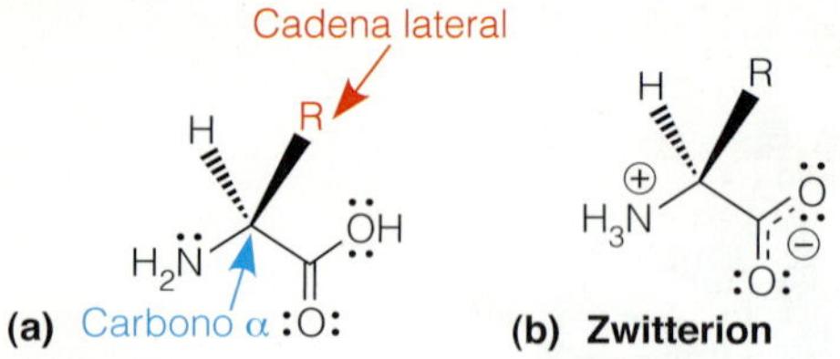


**FIGURA 5.2**

**Estructura de un α-aminoácido.** **(a)** Representación general de un α-aminoácido no ionizado que muestra el grupo ácido carboxílico, el grupo α-amino y un hidrógeno unido al carbono α, así como la cadena lateral (grupo R) que proporciona al aminoácido sus propiedades distintivas. **(b)** Un aminoácido en forma de zwitterion a pH neutro. En condiciones fisiológicas, los aminoácidos se encuentran como formas zwitterion en las que el grupoácido α-carboxílico ha perdido un protón y el grupo α-amino ha ganado uno. Obsérvese que la carga negativa en el α-carboxilato se encuentra deslocalizada entre los dos átomos de oxígeno. La estereoquímica que se muestra en esta figura es la de los α-aminoácidos que se encuentran en las proteínas de biosíntesis.

Los cuatro grupos que se muestran en la Figura 5.2a están enlazados al carbono α central con una disposición tetraédrica, como predice un átomo de carbono con hibridación $sp^3$. En la Figura 5.2 la proyección de estos grupos alrededor del carbono α ($C_\alpha$) se representa de la forma siguiente: las líneas indican enlaces en el plano de la página: las cuñas sólidas enlaces que se proyectan hacia fuera de la página; y las cuñas rayadas enlaces que se proyectan detrás de la página. Cuando un átomo de carbono tiene cuatro sustituyentes distintos fijados a él, se dice que es **quiral** o un **estereocentro**, o, preferiblemente, un **carbono asimétrico**. En la Figura 5.3, se muestra la estereoquímica de los aminoácidos por un convenio conocido como **proyección de Fischer**. En esta, los enlaces están todos representados por líneas sólidas, en donde los enlaces horizontales se proyectan hacia delante de la página y los enlaces verticales se proyectan hacia atrás de la página. Para ayudar a ver la proyección de Fischer, se ha dibujado en la Figura 5.4 la estructura general de un aminoácido en forma de bolas y bastones, que es análoga a la proyección de Fischer con las cuñas sólidas y de trazos. Obsérvese que la orientación espacial de los cuatro grupos unidos al $C_\alpha$ es la misma en las Figuras 5.2, 5.3 y 5.4.

Si una molécula contiene un carbono asimétrico, existen dos **estereoisómeros** distinguibles; se trata de imágenes especulares que no se pueden superponer una a la otra, o **enantiómeros**, como se muestra en la Figura 5.5. Los esteroisómeros de la alanina que se muestran en la Figura 5.5 se denominan enantiómeros L y D*. Los enantiómeros L y D pueden distinguirse entre sí experimentalmente debido a que sus soluciones rotan el plano de la luz polarizada en direcciones opuestas. Por esta razón, los enantiómeros se llaman, a veces, **isómeros ópticos**. Todos los aminoácidos, excepto la glicina, pueden

**TABLA 5.1. Propiedades de los aminoácidos de las proteínas**

| Nombre | Abreviaturas | $pK_a$ del grupo α-COOH | $pK_a$ del grupo $\alpha\text{-}NH_3^+$ | $pK_a$ de la cadena lateral[a] ionizable | Masa del residuo[b] (dalton) | Aparición[c] en las proteínas (% mol) |
|---|---|---|---|---|---|---|
| Alanina | A, Ala | 2.3 | 9.7 | — | 71.08 | 9.0 |
| Arginina | R, Arg | 2.2 | 9.0 | 12.5 | 156.20 | 4.7 |
| Asparagina | N, Asn | 2.0 | 8.8 | — | 114.11 | 4.4 |
| Ácido aspártico | D, Asp | 2.1 | 9.8 | 3.9 | 115.09 | 5.5 |
| Cisteína | C, Cys | 1.8 | 10.8 | 8.3 | 103.14 | 2.8 |
| Glutamina | Q, Gln | 2.2 | 9.1 | — | 128.14 | 3.9 |
| Ácido glutámico | E, Glu | 2.2 | 9.7 | 4.2 | 129.12 | 6.2 |
| Glicina | G, Gly | 2.3 | 9.6 | — | 57.06 | 7.5 |
| Histidina | H, His | 1.8 | 9.2 | 6.0 | 137.15 | 2.1 |
| Isoleucina | I, Ile | 2.4 | 9.7 | — | 113.17 | 4.6 |
| Leucina | L, Leu | 2.4 | 9.6 | — | 113.17 | 7.5 |
| Lisina | K, Lys | 2.2 | 9.0 | 10.0 | 128.18 | 7.0 |
| Metionina | M, Met | 2.3 | 9.2 | — | 131.21 | 1.7 |
| Fenilalanina | F, Phe | 1.8 | 9.1 | — | 147.18 | 3.5 |
| Prolina | P, Pro | 2.0 | 10.6 | — | 97.12 | 4.6 |
| Serina | S, Ser | 2.2 | 9.2 | — | 87.08 | 7.1 |
| Treonina | T, Thr | 2.6 | 10.4 | — | 101.11 | 6.0 |
| Triptófano | W, Trp | 2.4 | 9.4 | — | 186.21 | 1.1 |
| Tirosina | Y, Tyr | 2.2 | 9.1 | 10.1 | 163.18 | 3.5 |
| Valina | V, Val | 2.3 | 9.6 | — | 99.14 | 6.9 |

[a] Valores aproximados observados para las cadenas laterales de los aminoácidos libres.
[b] Para obtener la masa del aminoácido en sí, añadir la masa de un mol de agua, 18.02 g. Los valores que se dan son los de las cadenas laterales neutras; para valores de pH en los que se han ganado o perdido protones de las cadenas laterales, se aplican valores ligeramente diferentes.
[c] Promedio para un gran número de proteínas. Las proteínas individuales pueden presentar variaciones importantes respecto a estos valores. Datos de Journal of Chemical information and Modeling 50:690-700, J.M. Otaki, M. Tsutsumi, T. Gotoh y H. Yamamoto. Secondary structure characterization base on amino acid composition and availability in proteins. © 2010 American Chemical Society.
W. P. Jencks y J. Regenstein (1976) Ionization constants of acid and bases en Handbook of Biochemistry and Molecular biology, 3ª ed., G. Fasman (ed.), CRC Press, Boca Raton, FL.

* Quienes estén familiarizados con la Química orgánica moderna sabrán que existen dos sistemas para distinguir los estereoisómeros: el anterior sistema D-L y el sistema R-S, más reciente y de mayor alcance. En el Capítulo 9 se comentarán los dos con más detalle.

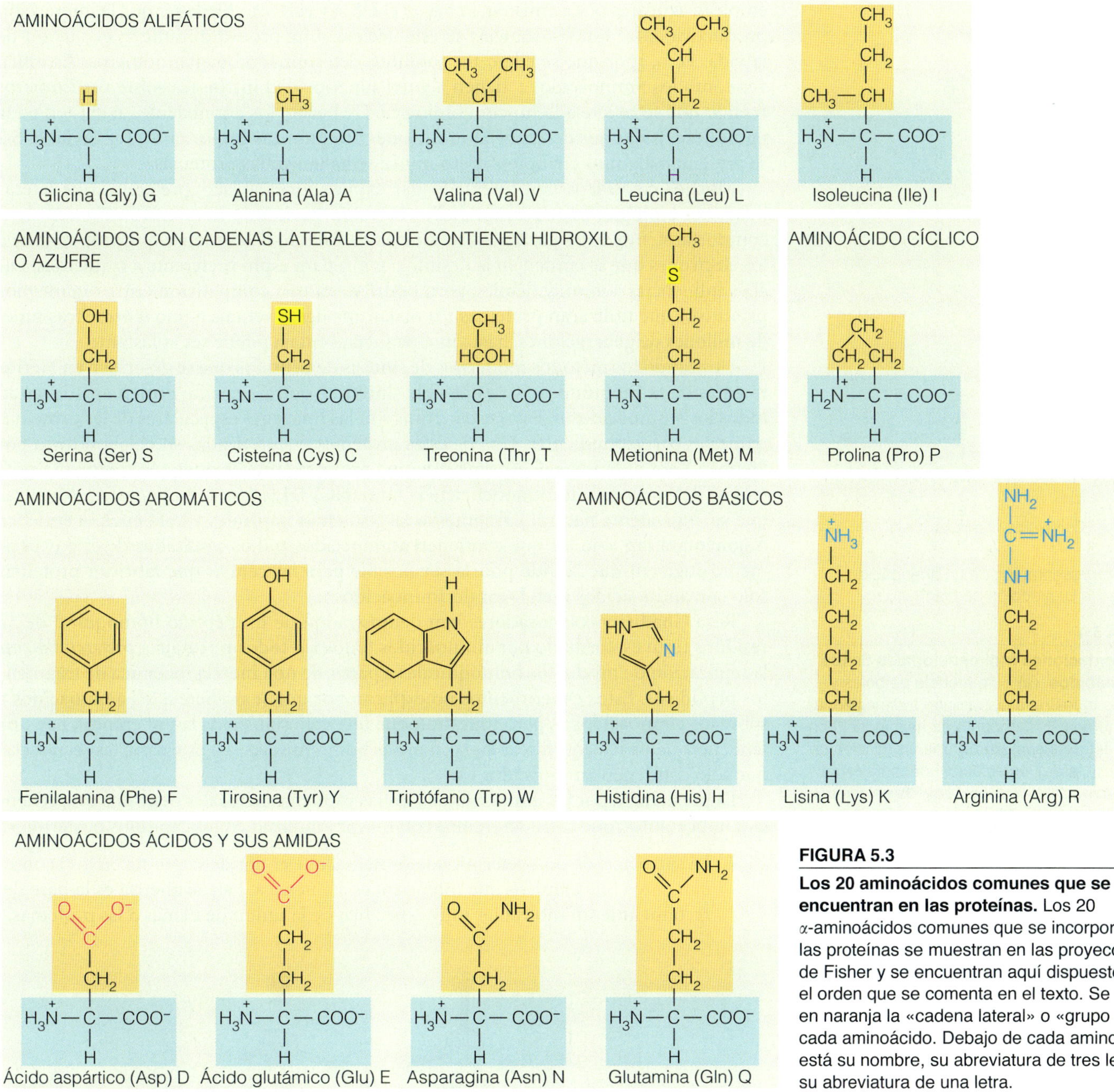


**FIGURA 5.3**

**Los 20 aminoácidos comunes que se encuentran en las proteínas.** Los 20 $\alpha$-aminoácidos comunes que se incorporan a las proteínas se muestran en las proyecciones de Fisher y se encuentran aquí dispuestos en el orden que se comenta en el texto. Se resalta en naranja la «cadena lateral» o «grupo R» de cada aminoácido. Debajo de cada aminoácido está su nombre, su abreviatura de tres letras y su abreviatura de una letra.

existir en las formas D y L, ya que en todos los casos el carbono $\alpha$ es asimétrico. La única excepción es la glicina, dado que dos de los cuatro grupos unidos al carbono $\alpha$ son los mismos (esto es, hay dos átomos de H), con lo que se elimina la asimetría.

Los análisis químicos de las proteínas naturales muestran que *casi todos los aminoácidos que se encuentran en las proteínas son de la forma* L. Las mezclas aleatorias de los aminoácidos D y L no pueden formar estructuras proteicas tan bien definidas como la estructura de la mioglobina de la Figura 5.1. La viabilidad celular depende de la función proteica, y esta depende de la capacidad de una proteína para adoptar una estructura *activa* bien definida; de ahí, la necesidad absoluta de las células de producir muchas copias de estructura idéntica de una proteína dada. Por esta razón, la naturaleza utiliza únicamente aminoácidos L en la biosíntesis de proteínas. Es sorprendente cómo evolucionó la preferencia absoluta del isómero L sobre el isómero D. De hecho, veremos que cada una de las tres clases principales de macromoléculas biológicas tiene una fuerte preferencia por una u otra clase de estereoisómero. La mayor parte de los polisacáridos naturales

Las proteínas son polímeros de 20 $\alpha$-aminoácidos distintos.

Todos los $\alpha$-aminoácidos menos la glicina contienen un carbono $\alpha$ asimétrico y en consecuencia, tienen enantiómeros L y D. En las proteínas solo se encuentran los enantiómeros L.

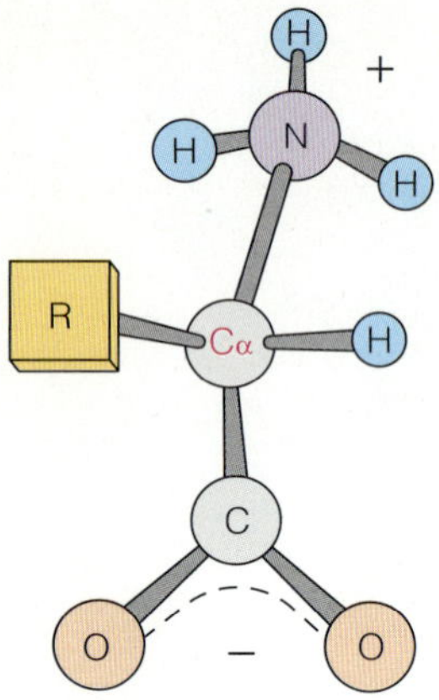

**(a)** α-aminoácido

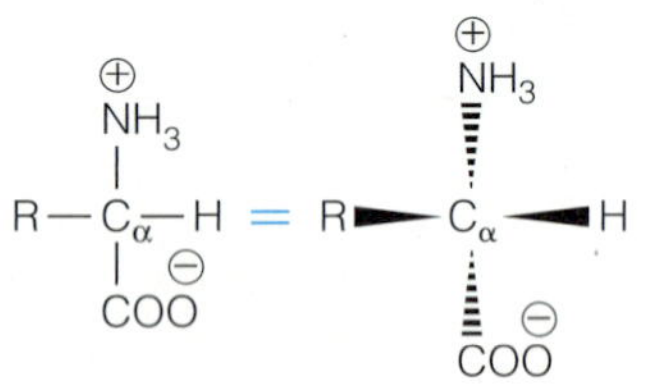

**(b)** Representación de un aminoácido en la proyección de Fischer

**FIGURA 5.4**

**Representaciones tridimensionales de los α-aminoácidos. (a)** Este modelo de bolas y bastones muestra la disposición tridimensional de los átomos. El carbono $\alpha$ es asimétrico, con enlaces tetraédricos. **(b)** En una proyección de Fisher (izquierda) los enlaces horizontales se proyectan hacia el observador y los enlaces verticales se alejan del observador. Esta orientación de los enlaces en la proyección de Fisher se representa a la derecha por cuñas sólidas y punteadas.

emplean azúcares D, y asimismo, lo hacen el DNA y el RNA. Puede ser que la interacción productiva entre estas sustancias se estableciera muy pronto durante la evolución de la vida. Pero, ¿por qué se eligió un conjunto determinado de enantiómeros? Es difícil ver cómo los aminoácidos L tienen alguna superioridad intrínseca sobre sus isómeros D en lo que se refiere a la función biológica. De hecho, los aminoácidos D existen en la naturaleza, y algunos desempeñan funciones bioquímicas importantes (en la Tabla 5.2 se presentan algunos ejemplos), pero nunca se hallan en las proteínas.

Muchos científicos han intentado dar explicaciones a esta «preferencia de lateralidad» en biología. La mayoría de ellos apuntan hacia una asimetría intrínseca en el comportamiento de las partículas subnucleares, un tipo de asimetría que proporciona a los electrones que se emiten en la desintegración $\beta$ un espín preferente a izquierdas. Dichas influencias son muy débiles, pero podrían, en una competición entre organismos primitivos que utilizaran proteínas L o D, dar una ligera ventaja a uno u otro. Tras miles de millones de generaciones, hasta una pequeña ventaja puede ser aplastante.

Utilizando los métodos modernos de síntesis de péptidos que se describen en Herramientas de la Bioquímica 5C, es posible sintetizar químicamente proteínas utilizando todos los aminoácidos D. Estas estructuras son las imágenes especulares de las proteínas naturales correspondientes. Una de estas proteínas D sintetizadas en el laboratorio por Stephen Kent es la imagen especular de una proteasa (una enzima que fragmenta proteínas) del virus de la inmunodeficiencia humana, VIH (*véase* la Bibliografía). Mientras que su equivalente natural L fragmenta las proteínas naturales L, esta enzima sintética fragmentará tan solo las que contienen aminoácidos D. Los resultados de este experimento sugieren que la vida podría ser posible para las células que fabrican proteínas solo con aminoácidos D en lugar de aminoácidos L.

Reza Ghadiri y colaboradores han demostrado que un péptido homoquiral de 32 residuos (esto es, formado por aminoácidos todos L o todos D) cataliza *preferentemente* la replicación de productos homoquirales a partir de una mezcla racémica de fragmentos peptídicos. Estos experimentos no explican por qué se prefiere a los aminoácidos L sobre los aminoácidos D, pero muestran que una vez establecida la preferencia, hay una tendencia natural a amplificar las secuencias homoquirales (en este caso, las secuencias que solo contienen aminoácidos L).

La preferencia por los aminoácidos L en las proteínas naturales tiene dos consecuencias importantes, que consideraremos con mayor amplitud en los capítulos posteriores:

1. La superficie de una determinada proteína, que es donde se producen los acontecimientos bioquímicos que interesan, es asimétrica. Esta asimetría es la base del reconocimiento molecular muy específico de la unión de dianas a las proteínas.

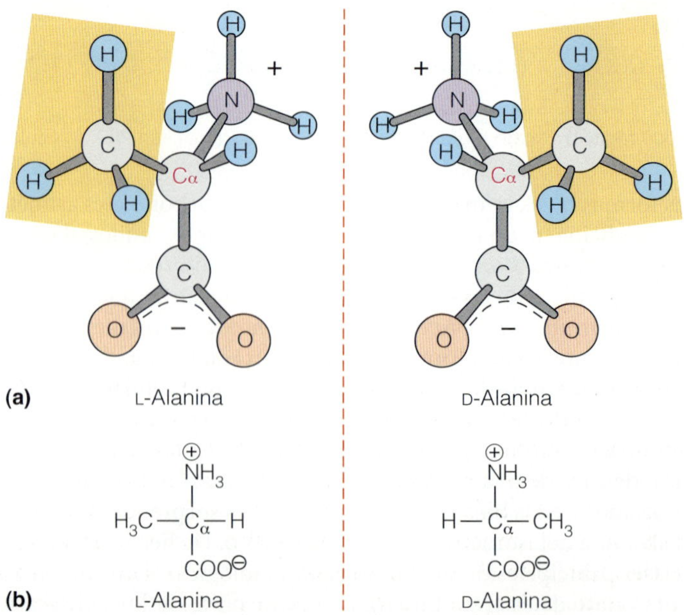


**FIGURA 5.5**

**Estereoisómeros de los α-aminoácidos. (a)** La L-alanina y su enantiómero, la D-alanina, se presentan en modelos de bolas y bastones. La cadena lateral de la alanina es $-CH_3$. Los dos modelos son imágenes especulares, que no pueden superponerse. El plano de simetría especular está representado por la línea vertical punteada (roja). **(b)** Los mismos dos enantiómeros en una representación de Fisher.

**TABLA 5.2. Algunos aminoácidos con importancia biológica que no se hallan en las proteínas**

| Nombre | Fórmula | Origen bioquímico, función |
|---|---|---|
| β-Alanina | $H_3\overset{+}{N}-CH_2-CH_2-COO^-$ | Se encuentra en la vitamina ácido pantoténico y en algunos péptidos naturales |
| D-Alanina | 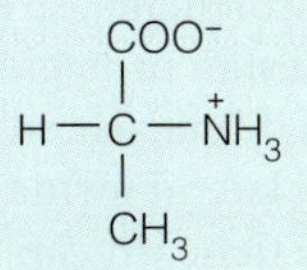 | En polipéptidos de algunas paredes celulares bacterianas |
| Ácido γ-aminobutírico | $H_3\overset{+}{N}-CH_2-CH_2-CH_2-COO^-$ | Cerebro, otros tejidos animales; actúa como neurotransmisor |
| Ácido D-glutámico | 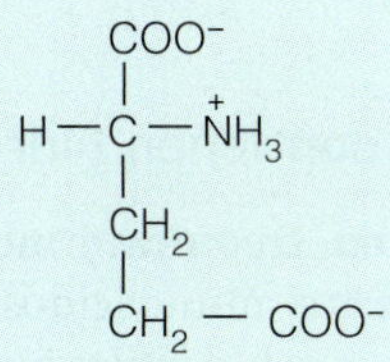 | En polipéptidos de algunas paredes celulares bacterianas |
| L-Homocisteína | 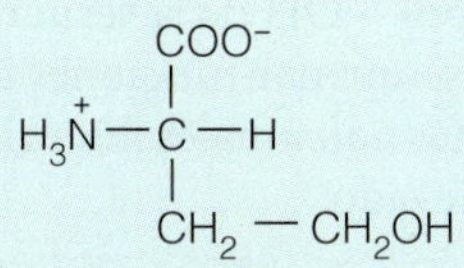 | Muchos tejidos; precursor de la síntesis de metionina |
| L-Ornitina | 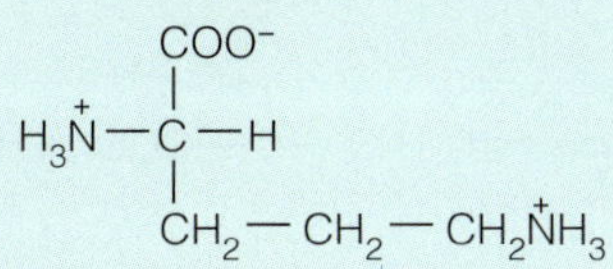 | Muchos tejidos; un intermediario de la síntesis de arginina |
| Sarcosina | 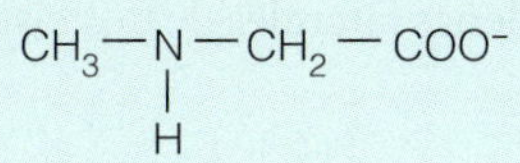 | Muchos tejidos; un intermediario de la síntesis de los aminoácidos |
| L-Tirosina | 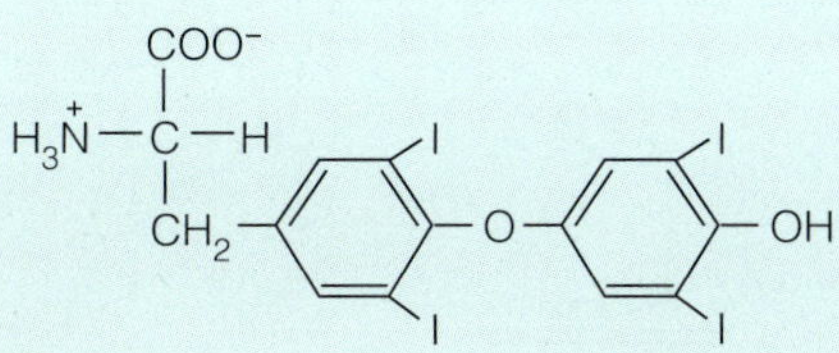 | Glándula tiroides; es la hormona tiroidea (I = yodo) |

2. La estereoquímica de los aminoácidos desempeña un papel importante en la formación de la denominada «estructura secundaria» (esto es, las hélices $\alpha$ y las cadenas $\beta$) y así de la estructura global de las proteínas.

La estereoquímica de los aminoácidos desempeña un papel importante en la formación de la estructura de las proteínas.

## Propiedades de las cadenas laterales de los aminoácidos: clases de $\alpha$-aminoácidos

Los 20 aminoácidos habituales contienen, en sus 20 cadenas laterales diferentes, una notable colección de grupos químicos. Es esta diversidad de los monómeros la que permite a las proteínas exhibir una variedad tan grande de estructuras y propiedades. Si examinamos la Figura 5.3, resulta evidente que existen varias clases diferentes de cadenas laterales, que se distinguen por sus características químicas dominantes. Estas características incluyen el carácter hidrófobo o hidrófilo, la naturaleza polar o no polar, y la presencia o ausencia de grupos ionizables. Se han propuesto muchas formas de clasificar los aminoácidos, pero ninguna de ellas resulta totalmente satisfactoria. Comentaremos los aminoácidos en el orden que se muestra en la Figura 5.3, que va desde el más simple al más complejo.

La variedad de cadenas laterales de los aminoácidos permite que las proteínas gocen de una gran versatilidad estructural.

### Aminoácidos con cadenas laterales alifáticas

**Glicina, alanina, valina, leucina** e **isoleucina** poseen cadenas laterales alifáticas. A medida que vamos de izquierda a derecha a lo largo de la fila superior de la Figura 5.3, el grupo R se extiende más y se hace más hidrófobo. La isoleucina, por ejemplo, tiene una tendencia mucho mayor que la alanina a pasar desde el agua a un disolvente de hidrocarburos. Los aminoácidos más hidrófobos, como la isoleucina, se encuentran normalmente *en el interior* de las moléculas proteicas, donde están protegidos del agua. La **prolina**, que tiene un grupo α-amino secundario es difícil de encajar en alguna categoría. Es el único aminoácido de este grupo en el que la cadena lateral forma un enlace covalente con el grupo α-amino. La cadena lateral de la prolina tiene un carácter principalmente alifático; sin embargo, se encuentra con frecuencia en las *superficies* de las proteínas debido a sus limitaciones estructurales propias. El anillo rígido de la prolina está bien adecuado para aquellos lugares de la estructura proteica donde la proteína debe plegarse sobre sí misma (las denominadas «vueltas»).

### Aminoácidos con cadenas laterales que contienen hidroxilo o azufre

En esta categoría podemos situar a **serina, cisteína, treonina** y **metionina**. Aunque la metionina y la tirosina son bastante hidrófobos, estos aminoácidos, debido a sus cadenas laterales más polares, muestran características más hidrófilas que sus análogos alifáticos. Como veremos en el Capítulo 11, el grupo —OH de la serina y el grupo —SH de la cisteína son buenos nucleófilos y suelen desempeñar funciones clave en la actividad enzimática. La cisteína es notoria en dos aspectos adicionales. En primer lugar, la cadena lateral puede ionizarse a un pH ligeramente elevado:

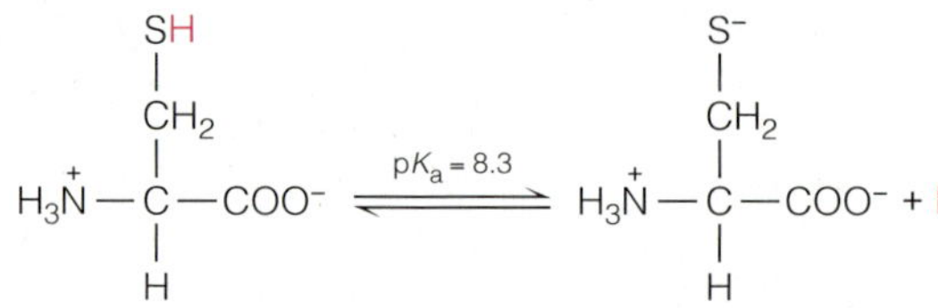


En segundo lugar, la oxidación de las cadenas laterales de dos cisteínas dan un **enlace disulfuro**:

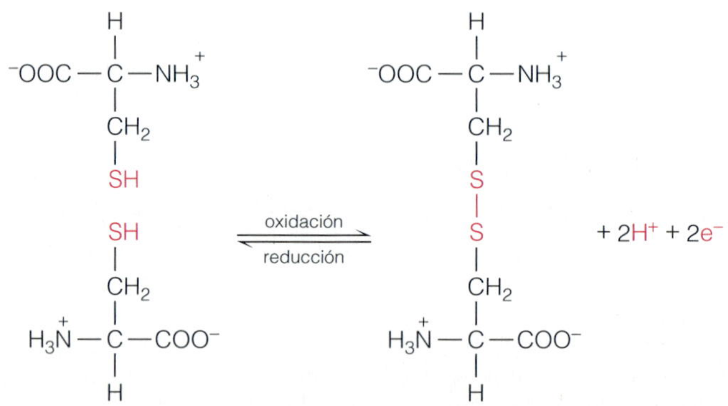


**Cisteína** **Cistina**

El producto de esta oxidación recibe el nombre de **cistina**. No la hemos incluido entre los 20 aminoácidos porque la cistina se forma siempre por oxidación de dos cadenas laterales de cisteína y no está codificada por el DNA. Estos enlaces disulfuro suelen desempeñar un papel importante en la estabilización de la estructura de una proteína.

### Aminoácidos aromáticos

Existen tres aminoácidos, **fenilalanina, tirosina** y **triptófano**, que presentan cadenas laterales aromáticas. La fenilalanina, junto con los aminoácidos alifáticos valina, leucina e isoleucina, es uno de los aminoácidos más hidrófobos. La tirosina y el triptófano también presentan un carácter ligeramente hidrófobo, aunque atenuado por los grupos polares de sus cadenas laterales. Además, la tirosina puede ionizarse a pH elevado:

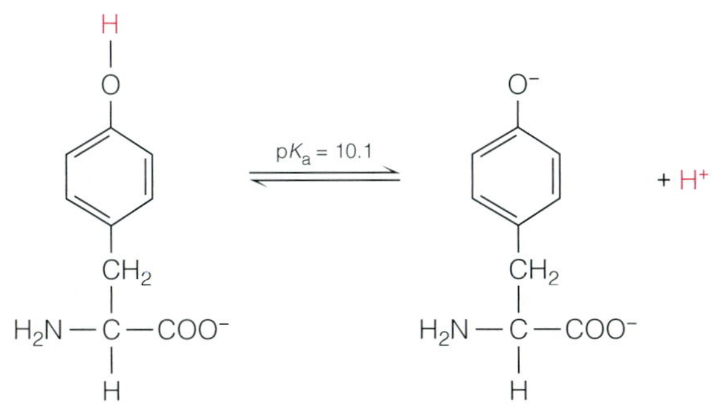


Los aminoácidos aromáticos, como la mayoría de los compuestos que llevan anillos conjugados, absorben luz con fuerza en la región del espectro ultravioleta cercano (Figura 5.6). Esta característica se usa con frecuencia para la detección analítica de las proteínas, midiendo la absorción a 280 nm.

## Aminoácidos básicos

**Histidina, lisina** y **arginina** llevan grupos básicos en sus cadenas laterales. Están representados en la Figura 5.3 en la forma que predomina a pH 7. La histidina es el menos básico de los tres y, como muestra su curva de titulación (Figura 5.7), el anillo imidazol de la cadena lateral del aminoácido libre pierde su protón a un pH de aproximadamente 6. (En la Tabla 5.1 se presentan los valores de p$K_a$ de las cadenas laterales de los aminoácidos libres). Cuando la histidina se incorpora a las proteínas, el p$K_a$ se encuentra entre 6.5 y 7.4 (Tabla 5.3). El valor de p$K_a$ de una cadena lateral ionizable es sensible a la proximidad de otros grupos cargados. En la estructura plegada de las proteínas el ambiente electrostático local puede perturbar el p$K_a$ de una cadena ionizable en $\pm$ tres unidades de pH. Dado que la cadena lateral de la histidina tiene un p$K_a$ cercano al pH fisiológico, con frecuencia participa en la catálisis enzimática que comporta la transferencia de protones. La lisina y la arginina son aminoácidos más básicos y, como indican sus valores de p$K_a$ (Tablas 5.1 y 5.3), sus cadenas laterales están siempre cargadas positivamente en condiciones fisiológicas. El grupo guanidino de la arginina es una base especialmente fuerte debido a la estabilización de resonancia de la cadena lateral protonada.

Los aminoácidos básicos son muy polares y en consecuencia, suelen hallarse normalmente en las superficies exteriores de las proteínas, donde pueden hidratarse por el entorno acuoso que les rodea.

## Aminoácidos ácidos y sus amidas

El **ácido aspártico** y el **ácido glutámico** son los únicos aminoácidos que llevan cargas negativas a pH 7; en la Figura 5.3 están representados en las formas aniónicas. La curva de titulación del ácido aspártico se presenta en la Figura 2.20 (página 46). Los valores de p$K_a$ de los aminoácidos ácidos son tan bajos (*véase* la Tabla 5.3) que incluso, cuando los aminoácidos se incorporan a las proteínas, la carga negativa de la cadena lateral se conserva en condiciones fisiológicas. Por tanto, se suele denominar a estos residuos de aminoácidos **aspartato** y **glutamato** (esto es, sus bases conjugadas en lugar de los ácidos).

Los ácidos aspártico y glutámico están acompañados por sus amidas, la **asparagina** y la **glutamina**. A diferencia de sus análogos ácidos, la asparagina y la glutamina tienen cadenas laterales *sin carga*, aunque son claramente polares. Como los aminoácidos básicos y los ácidos, también son claramente hidrófilos y tienden a encontrarse en la superficie de las moléculas de proteína, en contacto con el agua que los rodea.

# Aminoácidos raros codificados genéticamente

Hemos considerado los 20 aminoácidos habituales que están codificados en el DNA y que se incorporan directamente a las proteínas en la síntesis ribosómica. Existen otros dos aminoácidos codificados en secuencias génicas: selenocisteína, muy extendida, pero se encuentra en pocas proteínas, y la pirrolisina, restringida a unas pocas arqueas

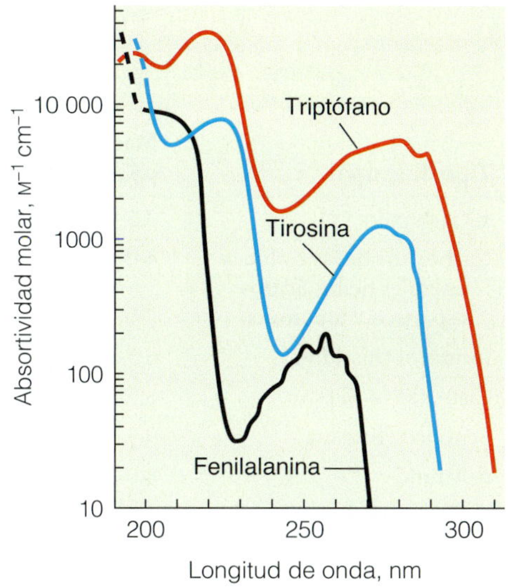


**FIGURA 5.6**

**Espectros de absorción de los aminoácidos aromáticos en la región del ultravioleta cercano.** El triptófano (rojo; $\lambda_{máx}$ = 278 nm) y la tirosina (azul; $\lambda_{máx}$ = 274 nm) dan cuenta de la mayoría de la absorbancia UV de las proteínas a alrededor de 280 nm. La fenilalanina (negro; $\lambda_{máx}$ = 258 nm) no absorbe a 280 nm. Obsérvese que la escala de absortividad es logarítmica. Comparados con los ácidos nucleicos, los aminoácidos solo absorben débilmente en el UV; *véase* la Figura 4.5 para la comparación.



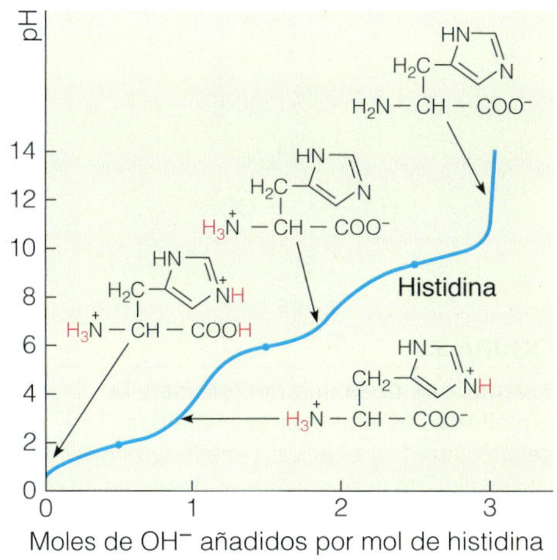


**FIGURA 5.7**

**Curva de titulación de la histidina.** Los puntos corresponden a valores de p$K_a$ y se presentan las formas predominantes a distintos valores de pH. Los hidrógenos ionizables aparecen en rojo. Se supone que la solución de partida se ajustó a pH $<$ 2 añadiendo $H^+$ al aminoácido disuelto. Véase también en la Figura 2.20 (página 46) la curva de titulación del ácido aspártico.

**TABLA 5.3. Márgenes habituales observados para los valores de p$K_a$ de los grupos existentes en las proteínas**

| Tipo de grupo | Margen de p$K_a$ habitual[a] |
|---|---|
| α-Carboxilo | 3.5-4.0 |
| Carboxilos de las cadenas laterales de los ácidos aspártico y glutámico | 4.0-4.8 |
| Imidazol (histidina) | 6.5-7.4 |
| Cisteína (—SH) | 8.5-9.0 |
| Fenólico (tirosina) | 9.5-10.5 |
| α-Amino | 8.0-9.0 |
| Cadena lateral amino (lisina) | 9.8-10.4 |
| Guanidinilo (arginina) | ~12 |

[a] Se observan valores que se encuentran fuera de estos márgenes. Por ejemplo, se han descrito carboxilos de cadena lateral con valores de p$K_a$ de hasta 7.3.

Los aminoácidos no polares normalmente se encuentran en los interiores de las proteínas solubles, mientras que los aminoácidos polares y cargados normalmente se encuentran en las superficies proteicas.

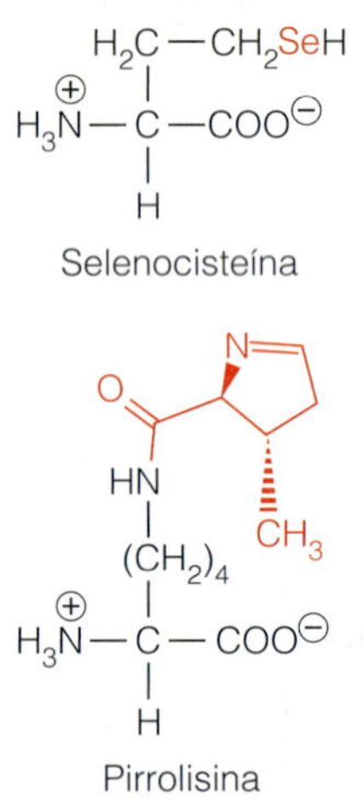


**FIGURA 5.8**

**Estructuras de la selenocisteína y la pirrolisina.** El átomo de selenio en la selenocisteína y el ácido 4-metil-pirrolín-5-carboxílico de la pirrolisina se destacan en rojo.

En ocasiones, las cadenas laterales de los aminoácidos se modifican tras su incorporación a una proteína.

Los oligopéptidos y los polipéptidos se forman por polimerización de los aminoácidos. Todas las proteínas son polipéptidos.

y eubacterias. La selenocisteína («Sec») y la pirrolisina («Pyl») suelen denominarse como los aminoácidos 21 y 22 (Figura 5.8). La selenocisteína es un análogo estructural de la cisteína en la que el átomo de azufre está sustituido por un átomo de selenio. En los procariotas las selenoproteínas participan en los procesos catabólicos, mientras que en los eucariotas, las aproximadamente 25 proteínas caracterizadas hasta la fecha parecen ser catalizadores anabólicos y/o antioxidantes. La pirrolisina es un derivado de la lisina en donde un ácido 4-metil-pirrolín-5-carboxílico forma un enlace amida con el grupo ε-amino de la cadena lateral de la lisina. La pirrolisina se encuentra en los lugares activos de varias enzimas de arqueas implicadas en el catabolismo de la metilamina.

## Aminoácidos modificados

El repertorio de grupos de las cadenas laterales en las proteínas resulta adornado por la capacidad de algunos aminoácidos de modificarse químicamente una vez se han ensamblado en las proteínas. A continuación, se dan las representaciones de algunos de estos *aminoácidos modificados*, con el grupo modificador en rojo.

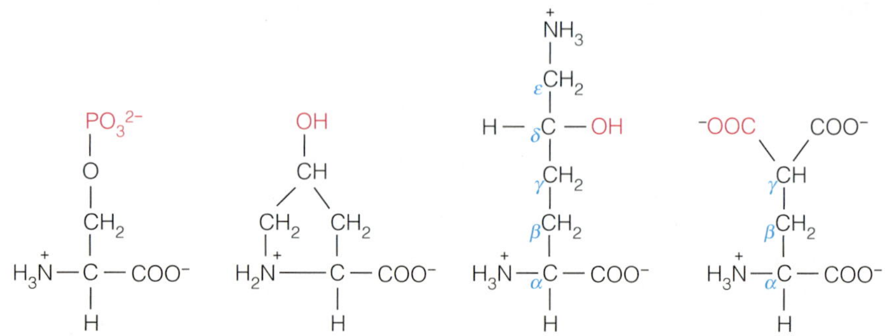

**Fosfoserina** **4-Hidroxiprolina** **δ-Hidroxilisina** **Ácido γ-carboxiglutámico**

Volveremos a considerarlos de nuevo cuando nos encontremos con proteínas específicas en las que se haya producido esta modificación.

Los aminoácidos de las proteínas no son, en modo alguno, los únicos que se encuentran en los organismos vivos. Muchos otros aminoácidos desempeñan cometidos importantes en el metabolismo. En la Tabla 5.2 se ha presentado una lista parcial. Obsérvese que no todos son α-aminoácidos, y que no todos los α-aminoácidos son enantiómeros L. En capítulos posteriores nos encontraremos de nuevo con todos los aminoácidos de esta tabla.

# Péptidos y enlace peptídico

## Péptidos

Los aminoácidos pueden unirse entre ellos de modo covalente por formación de un **enlace amida** entre el grupo α-carboxilo de un aminoácido y el grupo α-amino de otro. Este enlace se denomina **enlace peptídico**, y los productos que se forman a partir de esta unión se llaman **péptidos**. En las Figuras 5.9 y 5.10 se presenta la formación de un enlace peptídico entre la glicina y la alanina. En este caso, el producto se llama **dipéptido**, porque se han combinado dos aminoácidos. Como se muestra en la Figura 5.10, la reacción puede considerarse una simple eliminación de una molécula de agua entre el ácido carboxílico de un aminoácido y el grupo amino del otro. Obsérvese que la formación del enlace amida deja un grupo $H_3N^+$— disponible en un extremo del dipéptido y un grupo —$COO^-$ en el otro. En consecuencia, en principio la reacción puede continuarse añadiendo, por ejemplo, un ácido glutámico a un extremo y una lisina al otro para producir el **tetrapéptido** que aparece en la Figura 5.9. Cada vez que se añade un aminoácido a la cadena, debe eliminarse otra molécula de agua. La porción de cada aminoácido que permanece en la cadena se denomina **residuo de aminoácido**. Cuando se especifica un residuo de aminoácido en un péptido puede utilizarse el sufijo **–il** para

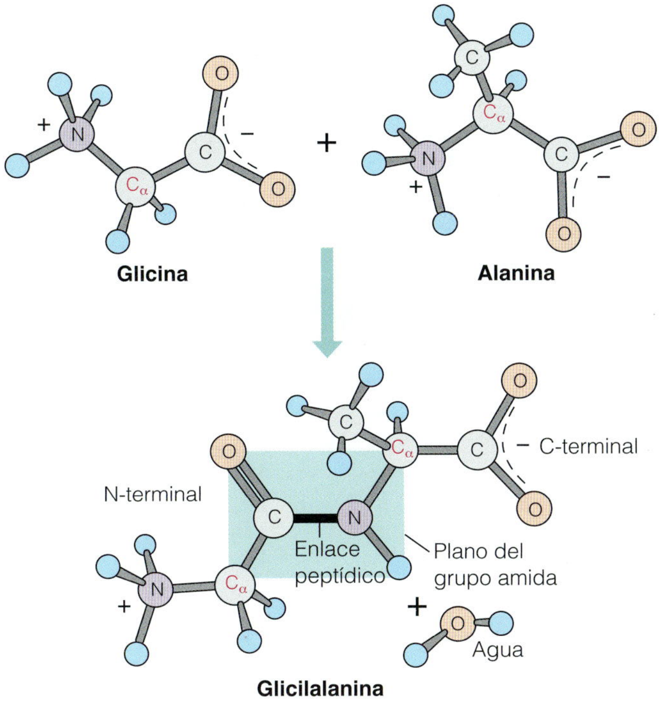


**FIGURA 5.9**

**Formación de un dipéptido.** Aquí se representa el dipéptido glicil-alanina (Gly-Ala) que se forma cuando la glicina se une a la alanina con la eliminación de una molécula de agua (*véase* la Figura 5.10).

reemplazar –ina o –ato en el nombre del aminoácido (ejemplo, glicil por glicina, aspartil por aspartato; son excepciones a esta regla general triptofanil y cisteinil). Así, el *residuo alanil* en el tetrapéptido de la Figura 5.11 es

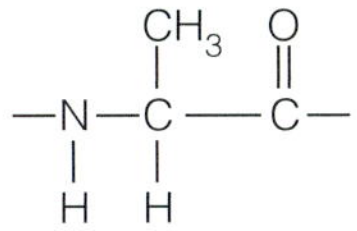

En la estructura de un péptido se diferencian las cadenas laterales (esto es, los grupos R de la Figura 5.3) de la **cadena principal** (o **esqueleto peptídico**), que está formado por los átomos que forman los enlaces peptídicos: los grupos $\alpha$-NH, $C_\alpha$, y $\alpha$-C=O de cada residuo de aminoácido en el péptido. El grupo amino N-terminal y el carboxilato C-terminal son parte también de la cadena principal.

En conjunto, las cadenas que solo contienen unos pocos residuos de aminoácidos (como un tetrapéptido) se denominan **oligopéptidos.** Si la cadena es más larga ($> \sim$15-20 residuos), se llama **polipéptido.** Los polipéptidos mayores de $\sim$50 residuos se denominan **proteínas** (obsérvese que la mayoría de las proteínas globulares contienen 250-600 residuos de aminoácido). Como se muestra en la Figura 5.11, la mayoría de los oligopéptidos y los polipéptidos conservan un grupo amino que no ha reaccionado en un extremo (que se llama **amino terminal** o **N-terminal**) y un grupo ácido carboxílico sin reaccionar en el otro extremo (el **carboxilo terminal** o **C-terminal**). Las excepciones son algunos oligopéptidos cíclicos pequeños, en los que se han unido covalentemente los N-terminales y los C-terminales. Además, muchas proteínas tienen los N-terminales bloqueados por grupos *N*-formilo o *N*-acetilo, y unos pocos poseen carboxilatos C-terminales que se han modificado a amidas (Figura 5.12).

Al escribir la secuencia de un oligopéptido o polipéptido, resultaría problemático deletrear todos los nombres de los residuos de aminoácidos. Por este motivo, los bioquímicos suelen escribir estas secuencias mediante las abreviaturas de tres letras o las de una letra que se dan en la Figura 5.3. Por ejemplo, el oligopéptido que aparece en la Figura 5.9 podría escribirse como

Glu–Gly–Ala–Lys

o

EGAK

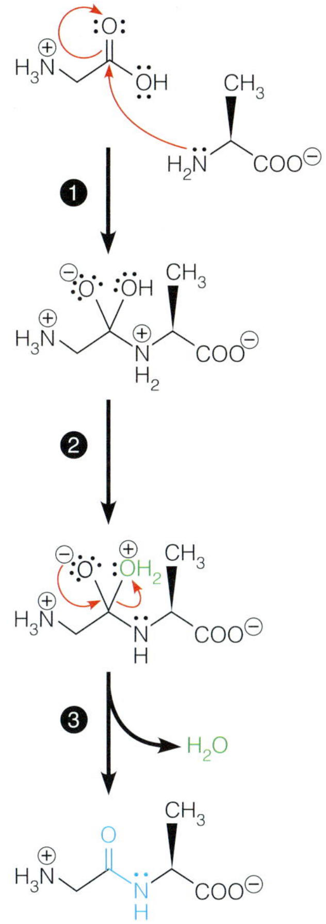


**FIGURA 5.10**

**Eliminación de agua durante la formación de un enlace peptídico.** Se muestra la formación de un enlace peptídico entre glicina y alanina. El paso 1 es el ataque del grupo amino desprotonado sobre el ácido carboxílico para formar un intermediario tetraédrico. El paso 2 es la transferencia del protón al grupo de salida ($H_2O$, en verde). El paso 3 es el colapso del intermediario tetraédrico y la eliminación de agua para dar el enlace amida plano. El enlace peptídico recién formado está resaltado en azul.

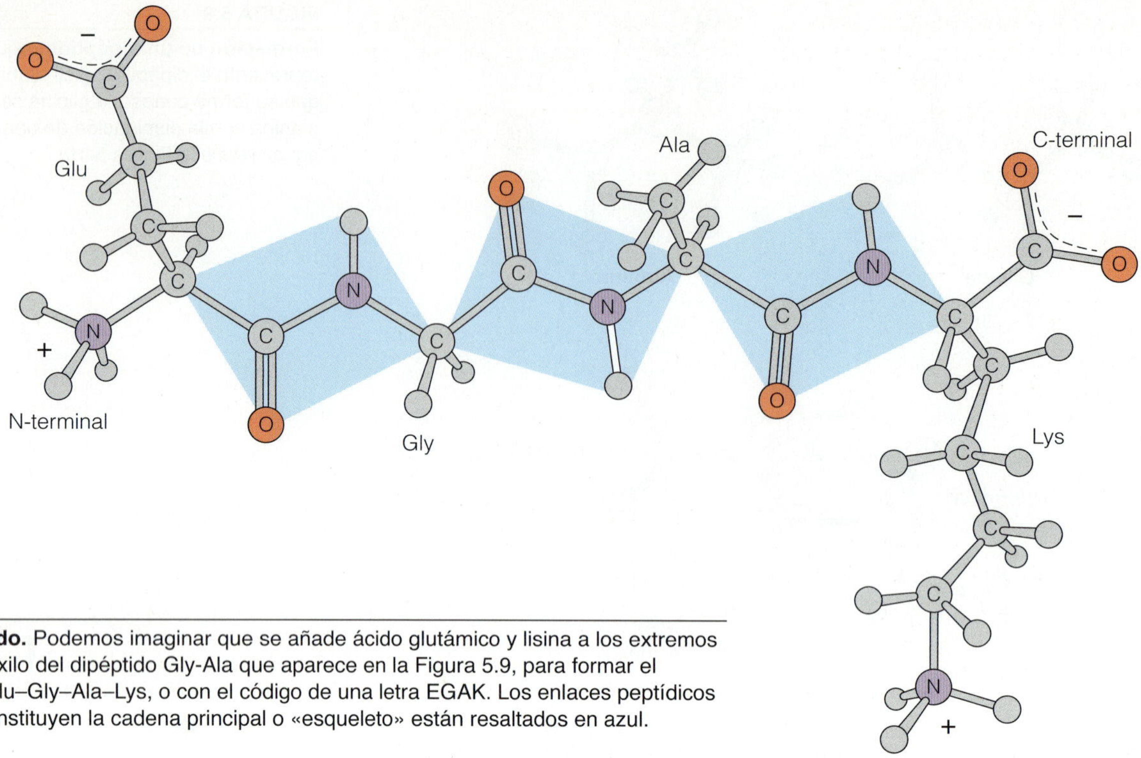


**FIGURA 5.11**

**Un tetrapéptido.** Podemos imaginar que se añade ácido glutámico y lisina a los extremos amino y carboxilo del dipéptido Gly-Ala que aparece en la Figura 5.9, para formar el tetrapéptido Glu–Gly–Ala–Lys, o con el código de una letra EGAK. Los enlaces peptídicos planos que constituyen la cadena principal o «esqueleto» están resaltados en azul.

Obsérvese que el convenio consiste en escribir *siempre* el residuo N-terminal a la izquierda y el residuo C-terminal a la derecha. Debido a que los aminoácidos son asimétricos y solo hay un grupo amino N-terminal libre (y un carboxilato C-terminal libre) la secuencia EGAK ≠ KAGE.

## Los polipéptidos como polianfólitos

Además del grupo amino libre en el N-terminal y del grupo carboxilato libre en el C-terminal, los polipéptidos suelen contener algunos aminoácidos que tienen grupos ionizables en sus cadenas laterales. Estos distintos grupos poseen una amplia gama de valores de p$K_a$, como se observa en la Tabla 5.3, pero son todos grupos débilmente ácidos o básicos. Por esto, los polipéptidos son ejemplos excelentes de los polianfólitos descritos en el Capítulo 2. Como se señaló anteriormente, las cadenas laterales de los aminoácidos presentan un intervalo de valores de p$K_a$ en las distintas proteínas debido a las diferencias del entorno electrostático local alrededor de un aminoácido dado. Por ejemplo, una cadena lateral de ácido aspártico cerca de otro grupo con carga negativa (esto es, Glu u otro Asp) probablemente tendrá un valor de p$K_a$ más alto que un ácido aspártico cerca de un grupo cargado positivamente (esto es, Lys, His, o Arg). Este tema será explorado con más detalle en los Capítulos 7, 11 y 15.

El tipo de comportamiento que se observa durante la titulación de un oligopéptido o un polipéptido está ejemplificado por el tetrapéptido (Glu-Gly-Ala-Lys) de la Figura 5.11. Podemos imaginar que empezamos con el tetrapéptido en una disolución muy ácida con pH = 0. A este pH, que se encuentra por debajo del p$K_a$ de cualquiera de los grupos presentes, todos los residuos ionizables estarán en sus formas protonadas:

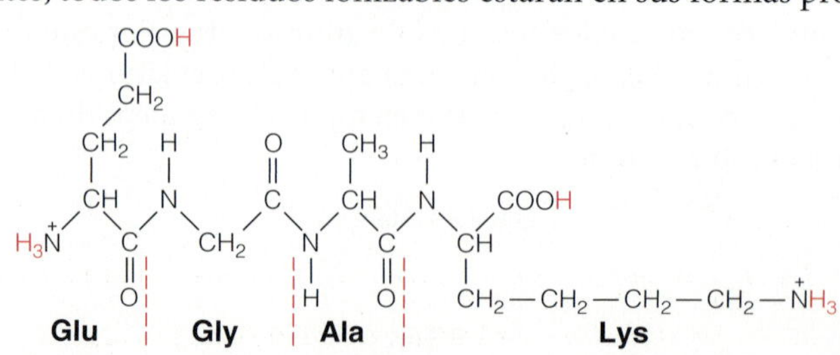


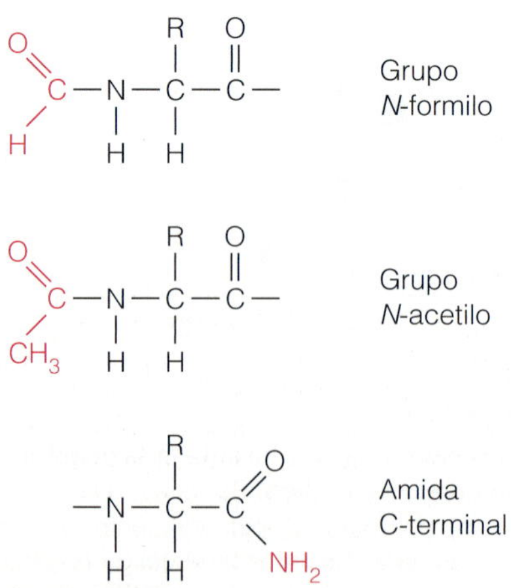


**FIGURA 5.12**

**Grupos que pueden bloquear los N- o C-terminales en las proteínas.** El bloqueo del N-terminal por parte de un grupo formilo o acetilo es más común que la modificación del C-terminal para dar lugar a una amida.

Como predice la información de la Tabla 2.9 (página 248), todos los grupos amino estarán cargados positivamente y cada carboxilo tendrá carga cero; así, a este pH el tetrapéptido tiene una carga global de +2.

Si ahora imaginamos que se eleva el pH de la disolución (por ejemplo, titulando con NaOH), los diversos grupos ionizables perderán los protones a valores de pH cercanos a sus valores de p$K_a$. En la Figura 5.13 se representa la evolución de esta titulación. A medida que aumenta el pH de la disolución, más grupos quedan desprotonados; por tanto, desciende la carga positiva y pasa por cero en el punto isoeléctrico (*véase* la Figura 2.19, página 45). Al añadirse más base, la molécula pasa a tener carga negativa, llegando finalmente a una carga neta de –2 a un pH muy elevado.

Los aminoácidos, los péptidos y las proteínas son anfólitos; cada uno de ellos tiene un punto isoeléctrico.

Veremos que los efectos del cambio de pH sobre la carga global de una proteína son de considerable importancia en bioquímica. Por ejemplo, incluso una pequeña desviación del pH puede alterar la constelación de cargas que presenta la superficie o el lugar activo de una proteína y así afectará significativamente su estabilidad y/o sus propiedades funcionales. También, la solubilidad de muchas proteínas es mínima en el punto isoeléctrico, puesto que las moléculas ya no se repelen unas a otras cuando su carga neta es igual a cero (*véase* la Figura 2.22, página 49). Finalmente, el hecho de que las distintas proteínas y oligopéptidos tengan distintas cargas netas a un pH determinado suele aprovecharse para su separación, bien por electroforesis (*véase* Herramientas de la Bioquímica 2A), o por cromatografía de intercambio iónico (*véase* Herramientas de la Bioquímica 5A).

## Estructura del enlace peptídico

A continuación, pasamos a examinar la naturaleza del enlace peptídico que se ha formado uniendo de forma covalente aminoácidos. En el dipéptido de la Figura 5.9 (Gly-Ala), la porción sombreada de azul contiene el enlace peptídico. Este enlace amida sustituido, que se halla entre todos los pares de residuos de una proteína, tiene algunas propiedades muy importantes para definir la estructura de las proteínas. Por ejemplo, casi invariablemente los enlaces amida carbonilo (C═O) y amida N—H son aproximadamente paralelos; de hecho, los seis átomos que están en el rectángulo azul en la Figura 5.14 son habitualmente coplanares. Hay poca posibilidad de giro alrededor del enlace peptídico porque el enlace C—N tiene una parte importante de carácter de doble enlace. El enlace peptídico puede considerarse un híbrido de resonancia de dos formas:

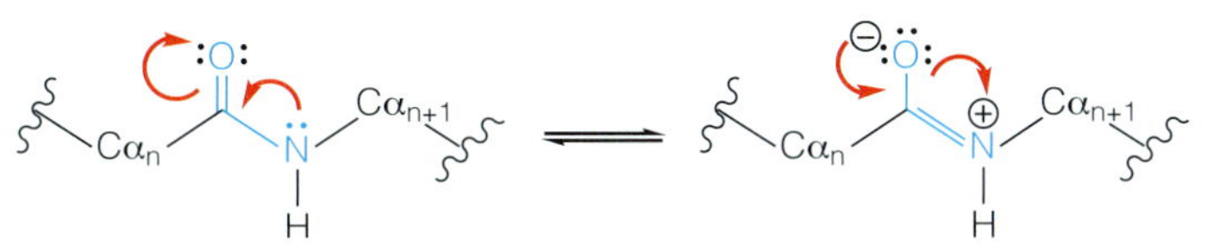


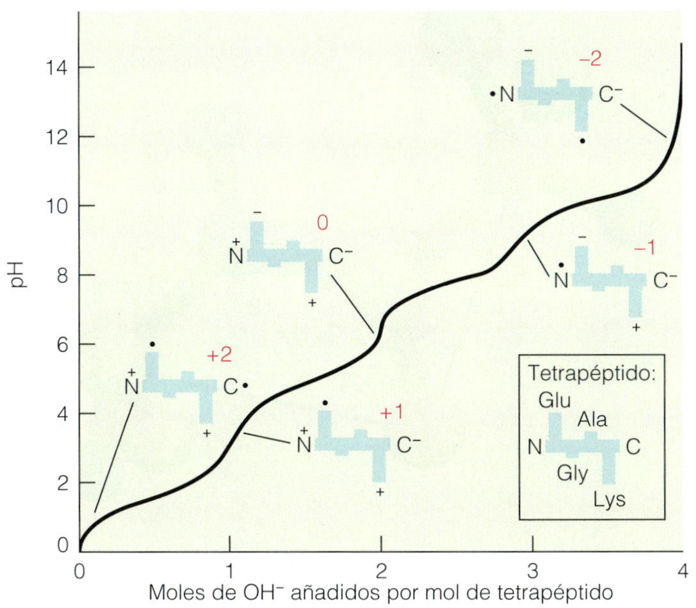


**FIGURA 5.13**

**Comportamiento polianfolítico de un tetrapéptido.** Esta curva de titulación para el tetrapéptido Glu–Gly–Ala–Lys (Figura 5.11) muestra las formas principales presentes a varios valores de pH. El tetrapéptido se muestra aquí de forma esquemática en azul (*véase* el recuadro, que indica las localizaciones de los N y C terminales, así como las localizaciones de las cadenas laterales) y los grupos ionizables que pueden cargarse están indicados por +, − , o ·, según lleven una carga positiva, negativa o cero a un pH determinado. Las cargas netas de los distintos estados de ionización del tetrapéptido aparecen en rojo.

En la Figura 5.14a aparece una representación esquemática de la densidad electrónica alrededor del enlace peptídico, y en la Figura 5.14b se presentan las longitudes y los ángulos de enlace.

Los datos de cristalografía de rayos X de las proteínas muestran que el grupo de átomos alrededor del enlace peptídico puede adquirir dos configuraciones posibles, *trans* y *cis*, que están relacionadas por rotación alrededor del enlace $C_{CO}$—N (azul):

El enlace peptídico es casi plano y está favorecida la forma *trans*.

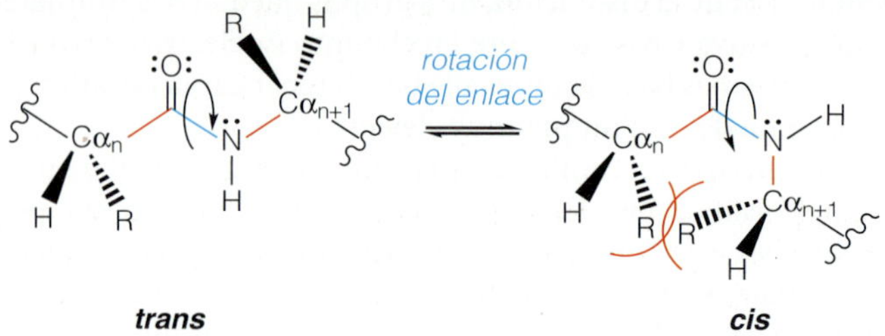


En realidad, suele estar favorecida la forma *trans*, dado que en la configuración *cis* pueden interferir estéricamente los grupos R sobre los carbonos α adyacentes. La excepción más importante es el enlace en la secuencia X—Pro, donde X es cualquier otro aminoácido. En este enlace, en ocasiones se permite la configuración *cis*, a pesar de que la configuración *trans* aún resulta favorecida en una proporción de 4:1.

## Estabilidad y formación del enlace peptídico

La Figura 5.10 supone que un enlace peptídico puede formarse por eliminación de una molécula de agua entre dos aminoácidos. En realidad, en un entorno acuoso este proceso no está favorecido termodinámicamente. El cambio de energía libre de esta reacción a temperatura ambiente en solución acuosa es de aproximadamente +10 kJ/mol. Por consiguiente, la reacción favorecida en estas condiciones es la *hidrólisis* del enlace peptídico:

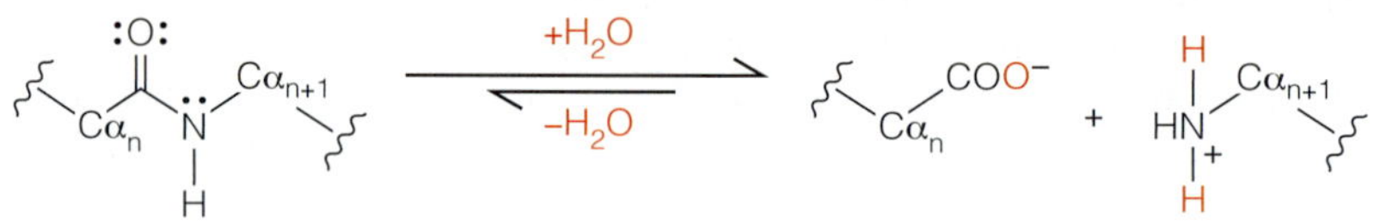


y el equilibrio se encuentra muy desplazado hacia la derecha. No obstante, la reacción sin catalizar es sumamente lenta a pH y temperatura fisiológicos. Como los polinucleótidos, los polipéptidos son metaestables, y solo se hidrolizan rápidamente en condiciones extremas o cuando están presentes catalizadores.

**FIGURA 5.14**

**Estructura del enlace peptídico. (a)** La deslocalización de los orbitales electrónicos π sobre los tres átomos O — C — N explica el carácter parcial de doble enlace del enlace C — N. **(b)** Aquí se presentan los valores aceptados actualmente para las longitudes y ángulos de enlace. Las longitudes de enlace están en nanómetros (nm). Los seis átomos que se muestran en (a) y los del rectángulo en azul en (b) son casi coplanares.

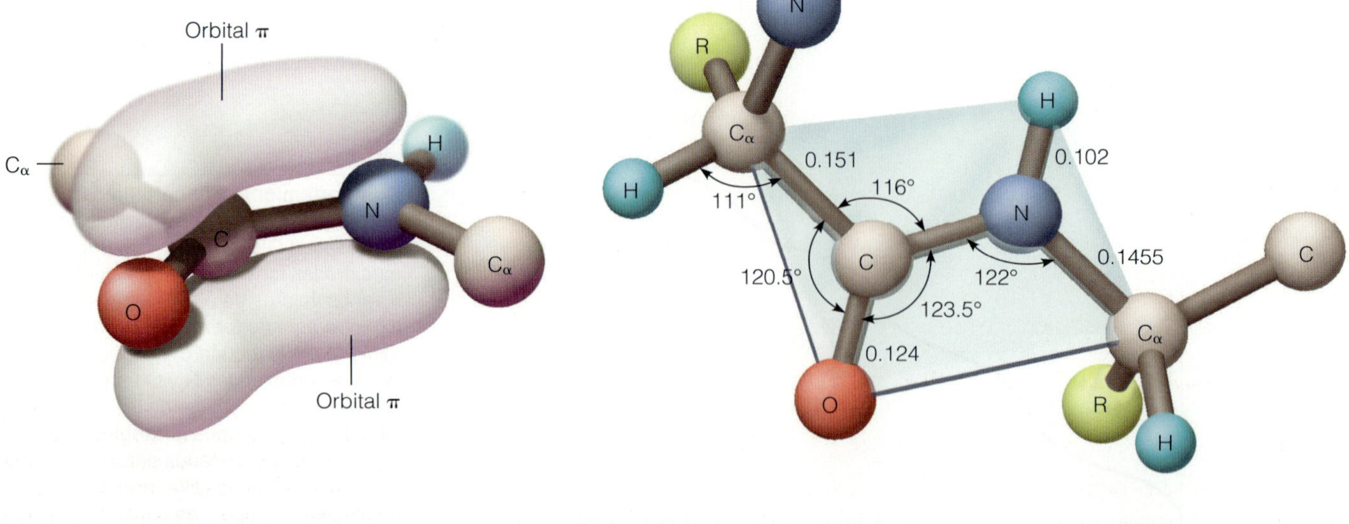


**(a)** Carácter parcial de doble enlace de un enlace peptídico

**(b)** Longitudes y ángulos de enlace

La hidrólisis peptídica puede catalizarse de distintas maneras. Un método general, que fragmenta todos los enlaces peptídicos, consiste en calentarlos en un ácido mineral fuerte (normalmente, HCl 6 M). Se logra una catálisis más específica mediante **enzimas proteolíticas** o **proteasas**. Muchas de estas enzimas son específicas en relación a los enlaces que fragmentan; varias de ellas se muestran en la Tabla 5.4. Algunas de estas enzimas se secretan al tubo digestivo de los animales, donde catalizan la rotura inicial de las proteínas a péptidos más pequeños, que son posteriormente digeridos a los aminoácidos por otras enzimas. Otras, como la papaína, se encuentran en algunos tejidos vegetales. La existencia de varias enzimas proteolíticas con diferentes especificidades de secuencia es muy útil para el bioquímico, ya que permiten la fragmentación de los polipéptidos de un modo bien definido. Una reacción no enzimática que rompe un enlace peptídico específico utiliza el reactivo bromuro de cianógeno (BrC≡N). Este rompe específicamente el enlace peptídico por el lado del carboxilo de los residuos de metionina (Figura 5.15). Más tarde veremos la forma en que estas reacciones específicas de rotura pueden ayudar en la determinación de la secuencia de residuos de una proteína.

El enlace peptídico es metaestable. Las proteínas se hidrolizan en disolución acuosa cuando está presente un catalizador.

Los péptidos pueden romperse en lugares específicos mediante enzimas proteolíticas o por tratamiento con agentes químicos como el bromuro de cianógeno.

Como en el caso de los polinucleótidos, la inestabilidad termodinámica de los polipéptidos plantea la cuestión de cómo pueden sintetizarse en el medio acuoso de la célula. Puede que ya hayan adivinado la respuesta: se precisa el acoplamiento de la reacción de síntesis desfavorable con la hidrólisis de compuestos de fosfato de energía elevada. De hecho, todos los aminoácidos deben activarse por una reacción dirigida por el ATP antes de que puedan incorporarse a las proteínas. Más adelante, en este capítulo, presentaremos un breve esbozo del proceso.

## Proteínas: polipéptidos de secuencia definida

Las proteínas son polipéptidos de secuencia definida. Cada proteína tiene un número y un orden definido de residuos de aminoácidos. Como en el caso de los ácidos nucleicos, esta secuencia se denomina *estructura primaria* de la proteína. En capítulos posteriores veremos que este es el nivel fundamental de estructura sobre el que se basan los niveles de organización más elevados.

La Figura 5.16 presenta la estructura primaria de la *mioglobina* de cachalote, la proteína cuya estructura tridimensional se muestra en la Figura 5.1. También se indica la estructura primaria de la mioglobina humana, la proteína que realiza la misma unión

**TABLE 5.4. Especificidades de secuencia de algunas enzimas proteolíticas**

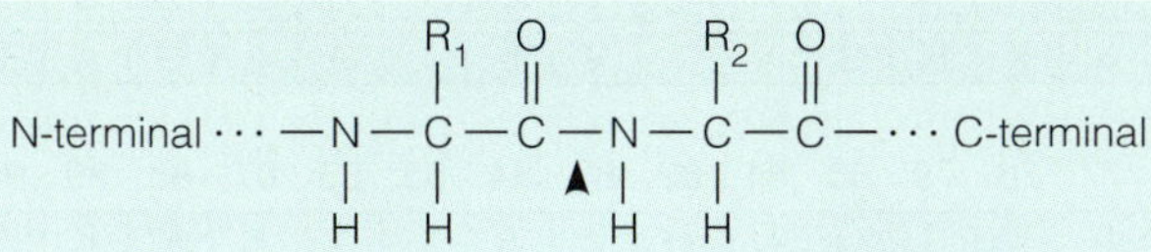


| Enzima | Lugar preferido[a] | Origen |
|---|---|---|
| Tripsina | $R_1$ = Lys, Arg | De los sistemas digestivos de los animales, muchos otros orígenes |
| Quimotripsina | $R_1$ = Tyr, Trp, Phe, Leu | Igual que la tripsina |
| Trombina | $R_1$ = Arg | De la sangre; toma parte en la coagulación |
| Proteasa V-8 | $R_1$ = Asp, Glu | De *Staphylococcus aureus* |
| Prolilendopeptidasa | $R_1$ = Pro | Riñón de cordero, otros tejidos |
| Subtilisina | Muy poca especificidad | De varios bacilos |
| Carboxipeptidasa A | $R_2$ = C-terminal aminoácido | De los sistemas digestivos de los animales |
| Termolisina | $R_2$ = Leu, Val, Ile, Met | De *Bacillus thermoproteolyticus* |

[a] Los residuos indicados son los próximos, donde la rotura es más probable. Obsérvese que, en algunos casos, la preferencia está determinada por el residuo del lado N-terminal del enlace roto ($R_1$) y, algunas veces, por el residuo del lado C-terminal ($R_2$). Generalmente, las proteasas no rompen donde la prolina está al otro lado del enlace. Ni aun la prolilendopentidasa rompe si $R_2$ = Pro.

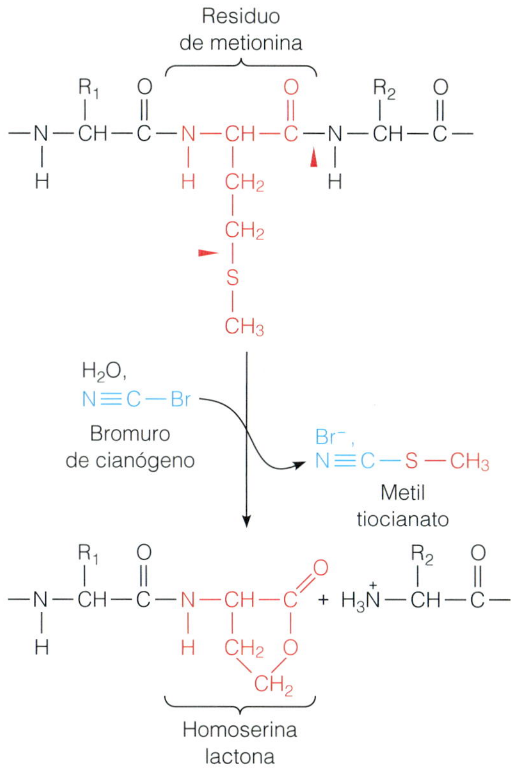


**FIGURA 5.15**

**Reacción del bromuro de cianógeno.** Esta reacción rompe específicamente el enlace peptídico en el lado del carboxilo de la metionina de cualquier polipéptido y convierte la Met en homoserina lactona. Los lugares de ruptura están indicados por un ▲.

Cada proteína tiene una secuencia de aminoácidos única y definida, su estructura primaria.

de $O_2$ en el ser humano. Las dos secuencias están alineadas para mostrar la máxima similitud de aminoácidos entre ellas. Del examen de estas secuencias, dos cosas son evidentes de inmediato. En primer lugar, las proteínas son polipéptidos *largos*. La mioglobina de cachalote contiene 153 aminoácidos, igual que la mioglobina humana; no obstante, se encuentran entre las proteínas más pequeñas. Algunas proteínas tienen secuencias que incluyen muchos cientos o incluso miles de residuos de aminoácidos. En segundo lugar, a pesar de que las dos secuencias de mioglobina son similares, no son idénticas. Su similitud es suficiente para que cada una de ellas realice la misma función bioquímica; por tanto, las llamamos a cada una *mioglobina*. Pero no son totalmente iguales, puesto que han pasado muchos millones de años desde que los cachalotes y los seres humanos tuvieron un antepasado común. Las proteínas evolucionan, y lo hacen mediante cambios de sus secuencias de aminoácidos. Algunos de estos cambios se llaman **conservadores**: conservan las propiedades químicas y/o el tamaño de la cadena lateral (por ejemplo, Asp por Glu). Otros, los cambios **no conservadores** (por ejemplo, Asp por Ala) pueden tener consecuencias más graves. Debe tenerse en cuenta que el contexto estructural es de gran importancia en la determinación de los efectos del cambio de la identidad de un aminoácido en una determinada posición de la secuencia

| Número | 1 | 2 | 3 | 4 | 5 | 6 | 7 | 8 | 9 | 10 | 11 | 12 | 13 | 14 | 15 |
|---|---|---|---|---|---|---|---|---|---|---|---|---|---|---|---|
| Humano | G | L | S | D | G | E | W | Q | L | V | L | N | V | W | G |
| Cachalote | V | L | S | E | G | E | W | Q | L | V | L | H | V | W | A |

| Número | 16 | 17 | 18 | 19 | 20 | 21 | 22 | 23 | 24 | 25 | 26 | 27 | 28 | 29 | 30 |
|---|---|---|---|---|---|---|---|---|---|---|---|---|---|---|---|
| Humano | K | V | E | A | D | I | P | G | H | G | Q | E | V | L | I |
| Cachalote | K | V | E | A | D | V | A | G | H | G | Q | D | I | L | I |

| Número | 31 | 32 | 33 | 34 | 35 | 36 | 37 | 38 | 39 | 40 | 41 | 42 | 43 | 44 | 45 |
|---|---|---|---|---|---|---|---|---|---|---|---|---|---|---|---|
| Humano | R | L | F | K | G | H | P | E | T | L | E | K | F | D | K |
| Cachalote | R | L | F | K | S | H | P | E | T | L | E | K | F | D | R |

| Número | 46 | 47 | 48 | 49 | 50 | 51 | 52 | 53 | 54 | 55 | 56 | 57 | 58 | 59 | 60 |
|---|---|---|---|---|---|---|---|---|---|---|---|---|---|---|---|
| Humano | F | K | H | L | K | S | E | D | E | M | K | A | S | E | D |
| Cachalote | F | K | H | L | K | T | E | A | E | M | K | A | S | E | D |

| Número | 61 | 62 | 63 | 64 | 65 | 66 | 67 | 68 | 69 | 70 | 71 | 72 | 73 | 74 | 75 |
|---|---|---|---|---|---|---|---|---|---|---|---|---|---|---|---|
| Humano | L | K | K | H | G | A | T | V | L | T | A | L | G | G | I |
| Cachalote | L | K | K | H | G | V | T | V | L | T | A | L | G | A | I |

| Número | 76 | 77 | 78 | 79 | 80 | 81 | 82 | 83 | 84 | 85 | 86 | 87 | 88 | 89 | 90 |
|---|---|---|---|---|---|---|---|---|---|---|---|---|---|---|---|
| Humano | L | K | K | K | G | H | H | E | A | E | I | K | P | L | A |
| Cachalote | L | K | K | K | G | H | H | E | A | E | L | K | P | L | A |

| Número | 91 | 92 | 93 | 94 | 95 | 96 | 97 | 98 | 99 | 100 | 101 | 102 | 103 | 104 | 105 |
|---|---|---|---|---|---|---|---|---|---|---|---|---|---|---|---|
| Humano | Q | S | H | A | T | K | H | K | I | P | V | K | Y | L | E |
| Cachalote | Q | S | H | A | T | K | H | K | I | P | I | K | Y | L | E |

| Número | 106 | 107 | 108 | 109 | 110 | 111 | 112 | 113 | 114 | 115 | 116 | 117 | 118 | 119 | 120 |
|---|---|---|---|---|---|---|---|---|---|---|---|---|---|---|---|
| Humano | F | I | S | E | C | I | I | Q | V | L | Q | S | K | H | P |
| Cachalote | F | I | S | E | A | I | I | H | V | L | H | S | R | H | P |

| Número | 121 | 122 | 123 | 124 | 125 | 126 | 127 | 128 | 129 | 130 | 131 | 132 | 133 | 134 | 135 |
|---|---|---|---|---|---|---|---|---|---|---|---|---|---|---|---|
| Humano | G | D | F | G | A | D | A | Q | G | A | M | N | K | A | L |
| Cachalote | G | N | F | G | A | D | A | Q | G | A | M | N | K | A | L |

| Número | 136 | 137 | 138 | 139 | 140 | 141 | 142 | 143 | 144 | 145 | 146 | 147 | 148 | 149 | 150 | 151 | 152 | 153 |
|---|---|---|---|---|---|---|---|---|---|---|---|---|---|---|---|---|---|---|
| Humano | E | L | F | R | K | D | M | A | S | N | Y | K | E | L | G | F | Q | G |
| Cachalote | E | L | F | R | K | D | I | A | A | K | Y | K | E | L | G | Y | Q | G |

Clave:

- Aminoácidos idénticos
- Sustituciones conservadoras
- Sustituciones no conservadoras

**FIGURA 5.16**

**Secuencias de aminoácidos de la mioglobina de cachalote y de la mioglobina humana.** Se utilizan las abreviaturas de una letra de los aminoácidos; la numeración de los aminoácidos se inicia en el N-terminal. De los 153 residuos de aminoácidos, 128 (84 %) son idénticos en los seres humanos y las ballenas. Si incluimos las 13 sustituciones conservadoras (por ejemplo, isoleucina por leucina) las dos proteínas son semejantes en un 92 %.

de una proteína. Si la cadena lateral del aminoácido está en el interior de la proteína, incluso una sustitución «conservadora» puede tener consecuencias dramáticas para la estabilidad y/o función de la proteína. Un lugar de la proteína expuesto al disolvente puede tolerar muchas sustituciones de cadena lateral con un efecto pequeño sobre la estructura o función de la proteína.

También es preciso resaltar la singularidad de una proteína determinada en una especie concreta de organismo. Todas las muestras de mioglobina de cachalote, obtenidas de cualquier cachalote, tienen la misma secuencia de aminoácidos (a no ser que, por una rara coincidencia, se obtenga una muestra de un cachalote que tenga un gen de mioglobina mutado).

Algunas proteínas contienen dos o más cadenas polipeptídicas que se mantienen juntas mediante fuerzas no covalentes o covalentes.

Los bioquímicos han llegado a conocer poco a poco una estructura tan compleja como la molécula de mioglobina, analizando los niveles sucesivos de complejidad cada vez más elevados de la estructura proteica. Para iniciar cualquier estudio de este tipo de una proteína, es preciso preparar la proteína de forma pura, sin contaminación por otras proteínas u otras sustancias celulares. Los métodos para conseguirlo se describen en Herramientas de la Bioquímica 5A. Tradicionalmente, el paso siguiente tras purificar una proteína sería determinar su composición de aminoácidos, esto es, las cantidades relativas de los distintos aminoácidos que se encuentran en la proteína y luego la secuencia de los aminoácidos en la cadena polipeptídica. Estos pasos han sido sustituidos por la determinación rutinaria de la masa de proteínas purificadas mediante espectrometría de masas. Los modernos espectrómetros de masas también pueden utilizarse para determinar la secuencia de aminoácidos de una proteína purificada. Estos procedimientos se describen en Herramientas de la Bioquímica 5B al final del capítulo.

En la determinación de la secuencia surge una complicación cuando la proteína que se estudia contiene más de una cadena polipeptídica. Estas cadenas pueden mantenerse unidas mediante interacciones no covalentes, como en la proteína *hemoglobina*, que está formada por cuatro cadenas semejantes a la mioglobina (*véase* el Capítulo 7). Otra posibilidad es que la conexión de las cadenas pueda producirse mediante enlaces covalentes, como los enlaces disulfuro. Un ejemplo de una proteína así es la hormona **insulina** (Figura 5.17). En Herramientas de la Bioquímica 6B se describirán métodos para detectar estas proteínas con varias cadenas y cómo separarlas.

Aunque la secuenciación directa de las proteínas purificadas proporcionó la mayoría de la información inicial sobre las secuencias proteicas, los bioquímicos utilizan para esta información, cada vez más, la secuenciación de los genes. Tal como se explicó en el Capítulo 4, la estructura primaria de cada proteína está determinada por un gen concreto. Como conocemos el código que relaciona la secuencia del DNA con la secuencia de la proteína, la determinación de la secuencia de nucleótidos de un gen (o con mayor frecuencia, la secuencia del RNA mensajero transcrito a partir de ese gen), nos permite traducir la secuencia del ácido nucleico en la correspondiente secuencia de la proteína. Sin embargo, debe tenerse en cuenta que la secuenciación del gen solo nos indica la secuencia *tal como se sintetiza*. Como veremos, con frecuencia se producen modificaciones de la cadena polipeptídica posteriores a la traducción que no aparecen de esta forma y que solo pueden encontrarse mediante el análisis de la proteína purificada.

En la Parte V de este libro se comentarán las técnicas para identificar las secuencias que codifican las proteínas en el genoma, y las utilizadas para recuperar, clonar y secuenciar los genes.

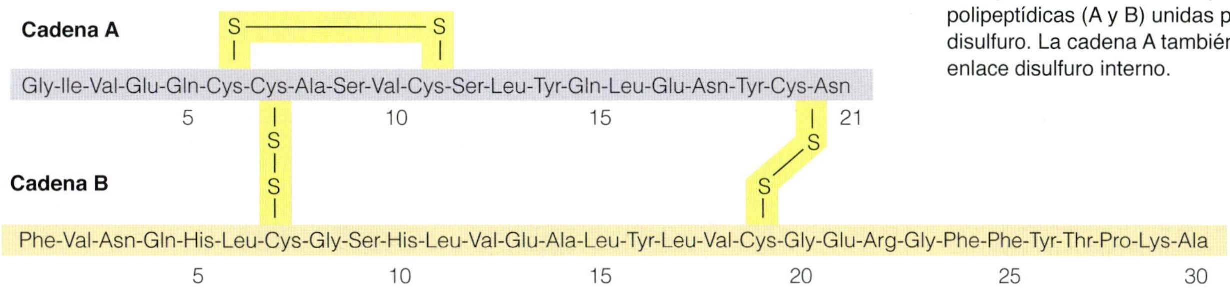


**FIGURA 5.17**

**Estructura primaria de la insulina bovina.** Esta proteína está formada por dos cadenas polipeptídicas (A y B) unidas por enlaces disulfuro. La cadena A también contiene un enlace disulfuro interno.

# Del gen a la proteína

## Código genético

En el Capítulo 4 hemos expuesto que las secuencias de DNA de los genes se transcriben a moléculas de RNA mensajero, que a su vez, se traducen a proteínas. Pero solo existen cuatro clases de nucleótidos en el DNA, cada uno de los cuales se transcribe en un nucleótido concreto en el RNA, y existen 20 clases de aminoácidos. Obviamente, resulta imposible una correspondencia 1:1 entre nucleótidos y aminoácidos. En realidad, se utilizan tripletes de nucleótidos (**codones**) para codificar cada aminoácido, lo cual permite $4^3$, o sea, 64, combinaciones distintas. Este número es más que suficiente para codificar 20 aminoácidos, por lo que la mayoría de los aminoácidos tienen múltiples codones. Podemos considerar la información de la Figura 5.18 como el código genético «estándar» ya que casi todos los organismos terrestres utilizan los mismos codones para traducir sus genomas a proteínas. Las pocas excepciones están dispersas a lo largo de los reinos biológicos. Consideraremos estos y otros detalles del código genético en el Capítulo 28.

La Figura 5.18 representa el código genético en términos de los tripletes de mRNA que corresponden a los distintos residuos de aminoácidos. Tres tripletes, UAA, UAG y UGA, no codifican ningún aminoácido, sino que funcionan como señales de «parada» para finalizar la traducción en el C-terminal de la cadena. En algunos casos raros, el codón UGA codifica selenocisteína y el UAG codifica pirrolisina. El codón AUG, que normalmente codifica metionina, también funciona como señal de «comienzo» que dirige la colocación de *N*-formilmetionina (en los procariotas y los orgánulos de los eucariotas, *véase* la Figura 5.19) o metionina (en los eucariotas) en la posición N-terminal. La consecuencia es que todas las proteínas procariotas deberían empezar con *N*-formilmetionina («fMet») y la mayoría de las proteínas eucariotas, con metionina. Esto suele ser así, aunque en muchos casos se separa el residuo N-terminal o incluso, varios residuos en la célula, por acción de proteasas específicas durante la traducción

El código genético especifica los tripletes de RNA que corresponden a cada residuo de aminoácido.

| Primera posición | Segunda posición: U | C | A | G | Tercera posición |
|---|---|---|---|---|---|
| U | UUU Phe | UCU Ser | UAU Tyr | UGU Cys | U |
| | UUC | UCC | UAC | UGC | C |
| | UUA Leu | UCA | UAA Parada | UGA Parada | A |
| | UUG | UCG | UAG Parada | UGG Trp | G |
| C | CUU Leu | CCU Pro | CAU His | CGU Arg | U |
| | CUC | CCC | CAC | CGC | C |
| | CUA | CCA | CAA Gln | CGA | A |
| | CUG | CCG | CAG | CGG | G |
| A | AUU Ile | ACU Thr | AAU Asn | AGU Ser | U |
| | AUC | ACC | AAC | AGC | C |
| | AUA | ACA | AAA Lys | AGA Arg | A |
| | AUG Met/inicio | ACG | AAG | AGG | G |
| G | GUU Val | GCU Ala | GAU Asp | GGU Gly | U |
| | GUC | GCC | GAC | GGC | C |
| | GUA | GCA | GAA Glu | GGA | A |
| | GUG | GCG | GAG | GGG | G |

**FIGURA 5.18**

**Código genético.** La tabla está dispuesta de modo que los lectores puedan encontrar rápidamente cualquier aminoácido a partir de las tres bases del codón del mRNA (escrito en la dirección 5′ → 3′). Por ejemplo, para hallar el aminoácido correspondiente al codón 5′ AUC 3′, primero lo buscamos en la fila A, después en la columna U, y a continuación, en el espacio C, y encontramos que el aminoácido es Ile.

o inmediatamente después. La Figura 5.20 muestra la relación entre las secuencias de DNA, mRNA y polipéptido para la porción N-terminal de la mioglobina humana. En este caso, se ha eliminado la metionina N-terminal.

> La traducción del mRNA a secuencias proteicas comienza con un codón AUG, que codifica Met en los eucariotas y fMet en los procariotas y los orgánulos de los eucariotas.

## Procesamiento posterior a la traducción de las proteínas

Cuando se libera una cadena polipeptídica desde un ribosoma tras la traducción, su síntesis no ha terminado necesariamente. Debe plegarse en su estructura tridimensional correcta y, en algunos casos, es preciso que se formen enlaces disulfuro. Las enzimas de la célula pueden actuar sobre algunos residuos de aminoácidos para producir, por ejemplo, las clases de modificaciones que se muestran en la página 144.

Muchas proteínas se modifican posteriormente mediante una rotura proteolítica específica que acorta la longitud de la cadena. En la síntesis de la insulina hallamos un ejemplo notable (Figura 5.21). Hemos visto que la insulina es una proteína con dos cadenas que se mantienen juntas mediante enlaces disulfuro (Figura 5.17). La insulina realmente se sintetiza en forma de cadena polipeptídica única mucho más larga, llamada **preproinsulina** (Figura 5.21, paso 1). Los residuos del N-terminal de la molécula (el número exacto varía según la especie) sirven como un «péptido señal» (también denominado **secuencia líder**) para facilitar el transporte de la molécula de preproinsulina a través de las membranas celulares hidrófobas. Este transporte es esencial, dado que la insulina pertenece a una clase de proteínas que actúan fuera de las células en las que son sintetizadas. La secuencia líder se separa posteriormente por una proteasa específica, produciendo **proinsulina** (paso 2). La proinsulina se pliega formando una estructura tridimensional específica, que facilita la formación de los enlaces disulfuro correctos (paso 3). A continuación, se corta la secuencia de conexión entre la cadena A y la cadena B mediante una nueva acción de la proteasa, dando lugar a la molécula de insulina acabada (paso 4). Esto proporciona una ventaja fisiológica importante. Como la proinsulina no es una hormona activa, puede producirse y almacenarse en el tejido en concentraciones elevadas, donde esas concentraciones altas de insulina activa serían tóxicas. La proinsulina puede convertirse en insulina rápidamente mediante proteólisis, lo que permite la secreción rápida de la insulina activa cuando lo necesite el organismo.

La estructura primaria de una molécula proteica es una secuencia de *información*. Las cadenas laterales de los aminoácidos pueden considerarse como palabras de una larga frase. Estas palabras se han traducido de otra lengua, la lengua de las secuencias de ácido nucleico almacenadas en los genes y copiadas en el RNA mensajero. Después de la traducción, la frase se corrige, modificando algunas palabras y borrando otras en el procesamiento tras la traducción. En el próximo capítulo veremos que la información que contiene la «frase» de una secuencia proteica dicta el modo en que la proteína se pliega formando una estructura en tres dimensiones. A su vez, este plegado dicta la función de la proteína, el modo en que interactúa con las moléculas pequeñas y los iones, con otras

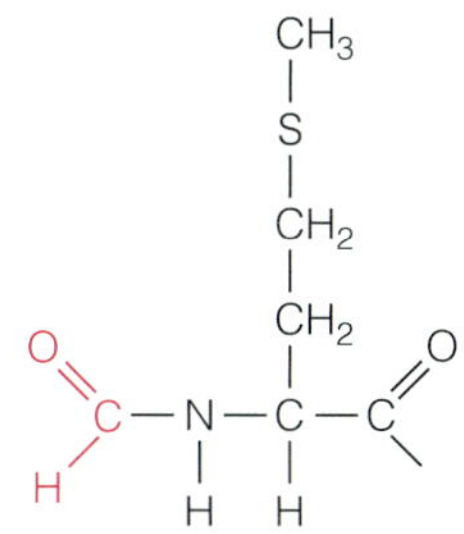

**FIGURA 5.19**

***N*-Formilmetionina.** Este residuo de aminoácido inicia la traducción procariota y la de los orgánulos eucariotas. Está codificado por AUG cuando este triplete aparece al comienzo de un gen que codifica una proteína.

> Después de la traducción a partir del mRNA, una proteína puede modificarse de muchas maneras, como la ruptura de enlaces peptídicos específicos.

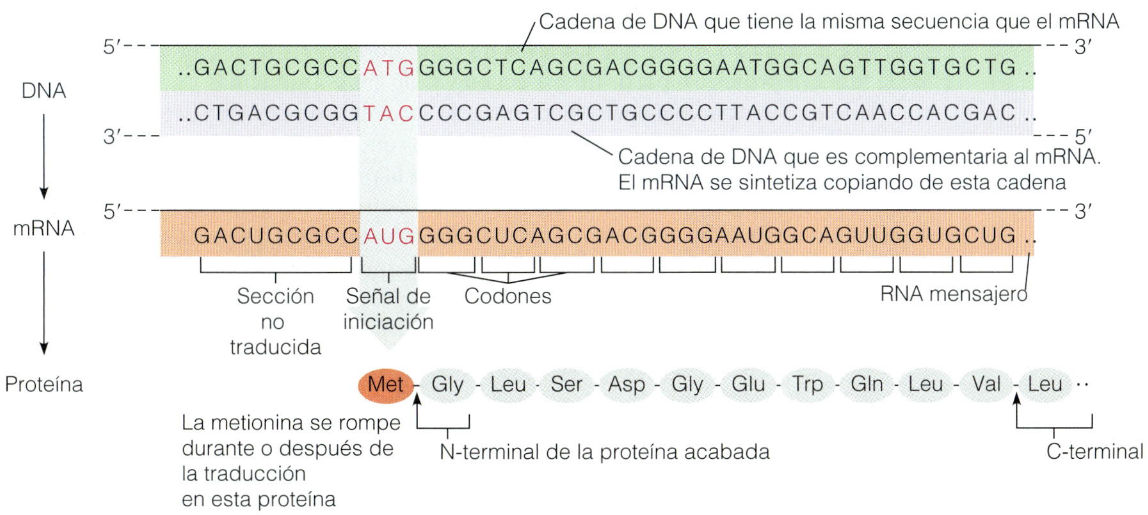


**FIGURA 5.20**

**Relaciones del DNA con el mRNA y con la cadena polipeptídica.** Se presentan estas relaciones para los primeros doce residuos de la mioglobina humana. Obsérvese que la cadena de DNA que se transcribe es complementaria con el mensaje del mRNA final.

De Blanchetot, Nature (1983) 301:732–734. © 1983 Macmillan Magazines Ltd.

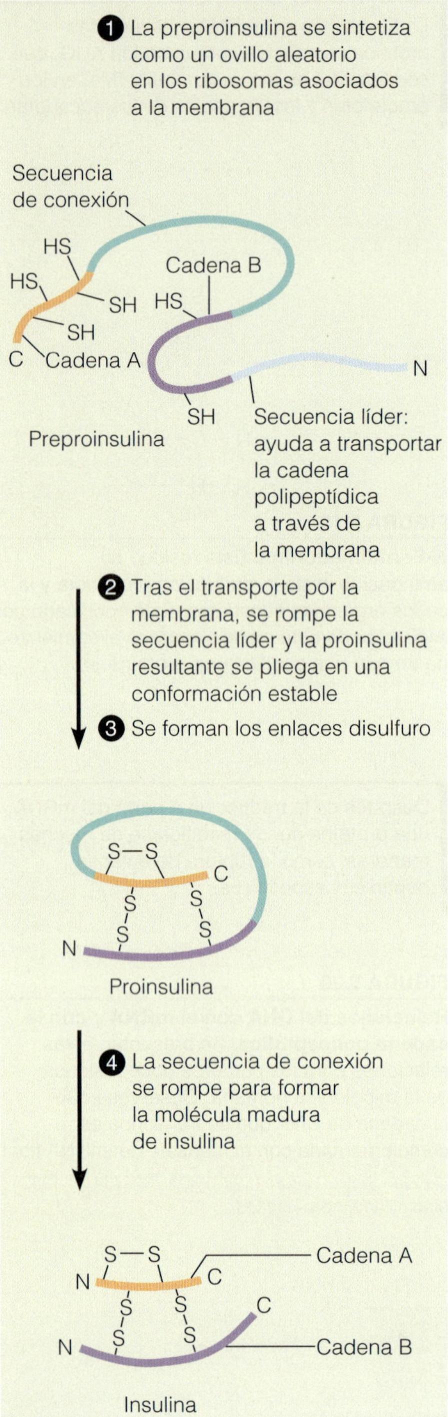


**FIGURA 5.21**

**Estructura de la preproinsulina y su conversión en insulina.**

proteínas y con las sustancias como los ácidos nucleicos, los hidratos de carbono y los lípidos. La información expresada en las secuencias proteicas desempeña un cometido básico que determina el funcionamiento de las células y los organismos.

## De la secuencia de genes a la función proteica

La aparición de la **biología de sistema** ha dado lugar a una revolución en las biociencias moleculares. El impacto de la Biología de sistemas sobre la Bioquímica será descrito con mucho más detalle en los capítulos posteriores de este texto; sin embargo, presentaremos de forma breve este tema aquí, ya que se han generado enormes cantidades de información de estructuras primarias de proteínas como resultado de los proyectos genómicos que han estimulado el rápido crecimiento de la Biología de sistemas.

Históricamente, la Bioquímica ha sido una disciplina en la que se han estudiado de forma aislada las funciones y/o las estructuras de macromoléculas muy purificadas. La Biología de sistemas va dirigida al conocimiento de las funciones de las biomoléculas en el contexto de las células intactas donde, por ejemplo, varios miles de diferentes proteínas, ácidos nucleicos y moléculas pequeñas pueden potencialmente interactuar y, por tanto, afectar los procesos celulares. La biología de sistemas es una disciplina relativamente nueva que ha crecido a partir del avance de las últimas tecnologías. El cartografiado de las redes de interacciones celulares es una tarea compleja que se basa en recursos computacionales a gran escala para el manejo de la información, así como en instrumentos y técnicas de laboratorio que generan grandes cantidades de datos.

Para asignar posibles interacciones entre biomoléculas en una célula es necesario conocer las moléculas que se encuentran presentes en la célula. Por esta razón, uno de los primeros objetivos de la Biología de sistemas fue la secuenciación del genoma completo de un organismo. En 1995 un equipo liderado por J. Craig Venter, en el Instituto de Investigación Genómica, secuenció el primer genoma de un organismo de vida libre, *Haemophilus influenzae* (1.8 millones de pares de bases) y en 2001, dos grandes equipos, uno liderado por Venter (entonces en una compañía privada) y el otro por Francis Collins (en los Institutos Nacionales de la Salud) anunciaron de forma conjunta el borrador de la secuencia del genoma humano (3 mil millones de pares de bases). La secuenciación del genoma humano se considera uno de los logros más significativos de la ciencia. Desde entonces, se ha producido el crecimiento exponencial de la secuenciación de genomas. En diciembre de 2011, se habían comunicado las secuencias completas de 3334 genomas de microorganismos y 320 genomas eucariotas.

Casi todas las secuencias de DNA están depositadas en las bases de datos públicas como GenBank y se dispone de varias herramientas en la red que pueden emplear los investigadores para buscar en estas bases de datos (algunas de ellas se citan en la Bibliografía al final de este capítulo). Además, el *Protein Data Bank (PDB)* es un almacén de estructuras de proteínas y ácidos nucleicos*. A lo largo de este texto observará representaciones de estructuras biomoleculares que se han generado a partir de los datos del PDB. El crecimiento exponencial de la información de la secuencia de genes ha tenido un profundo efecto sobre muchas áreas de la Bioquímica. Una de ellas es la predicción de la función proteica a partir de las secuencias de genes traducidas.

Dado que la tecnología para determinar la secuencia de DNA ha llegado a un punto donde pueden determinarse genomas completos en periodos de tiempo relativamente cortos, existe un tremendo interés por identificar la parte de un genoma dado, que codifica propiedades funcionales. Por ejemplo, ¿qué cantidad del genoma humano codifica funciones metabólicas, o diferenciación tisular y crecimiento o señalización celular?

Para intentar responder a estas preguntas los investigadores pueden traducir posibles secuencias de genes en secuencias proteicas, y luego buscar en las bases de datos de secuencias proteicas secuencias semejantes. En la mayoría de los casos, las proteínas con secuencias de aminoácidos semejantes poseen propiedades estructurales y funcionales

* En diciembre de 2011, había más de 77 000 estructuras de biomoléculas depositadas en el PDB y por encima de 132 miles de millones de bases de nucleótidos de más de 144 millones de secuencias individuales (obtenidas de más de 300 000 organismos diferentes) depositadas en GenBank (alrededor de 11 millones de las secuencias de GenBank son de origen humano.

semejantes (por ejemplo, las dos mioglobinas de la Figura 5.16); de esta forma, es razonable utilizar la semejanza de secuencia para proponer propiedades funcionales de una proteína sin caracterizar.

¿Qué significa que dos proteínas tengan una secuencia de aminoácidos «semejante»? En primer lugar debemos diferenciar entre **identidad de secuencia** y **semejanza de secuencia**. En este contexto «identidad» se refiere a aquellas partes de la secuencia de aminoácidos con una coincidencia exacta (por ejemplo, los aminoácidos destacados en azul en la Figura 5.16). La definición de «semejanza» es menos clara, aunque como se ha señalado antes en este capítulo, se basa en la clasificación de las propiedades químicas de las cadenas laterales como su hidrofobicidad, polaridad y carga. La clasificación de algunos aminoácidos es ambigua debido a que poseen más de una de estas propiedades. Considérese la lisina, que tiene un grupo amino cargado en el extremo de cuatro grupos metileno hidrófobos; por un lado, la lisina podría considerarse como hidrófoba, aunque por otro podría considerarse cargada.

El grado de semejanza entre las secuencias proteicas puede obtenerse mediante un procedimiento denominado «alineamiento».

Una vez adoptada una definición de «semejanza», ¿cómo se evalúa esta? La semejanza de secuencia se basa en encontrar la mejor **alineación** de las secuencias que se comparan. Por ejemplo, se puede imaginar un proceso en el que se alinean dos (o más) secuencias y se calcula una puntuación de semejanza de los aminoácidos del alineamiento de acuerdo con algún criterio de clasificación (por ejemplo, una puntuación «alta» para una coincidencia de aminoácido perfecta; una puntuación «media» para un aminoácido químicamente semejante y una puntuación «baja» para un aminoácido químicamente diferente). El registro del alineamiento se cambia a continuación y se calcula de nuevo la puntuación de semejanza. Este proceso iterativo se continúa hasta que se obtiene un alineamiento que proporcione la mayor puntuación de semejanza. Por ejemplo, el alineamiento de las dos secuencias de mioglobina de la Figura 5.16 muestra el valor máximo de semejanza de secuencia. Este ejemplo es bastante sencillo, dado el elevado grado de semejanza entre estas dos secuencias. En muchos casos, es necesario introducir huecos en el alineamiento para conseguir la mejor puntuación global de alineamiento.

El análisis de la secuencia primaria puede emplearse para predecir la función proteica, ya que las semejanzas de las secuencias alineadas están correlacionadas con semejanzas de la función y la estructura proteicas.

El proceso de optimización del alineamiento se realiza muchas veces durante la búsqueda en una base de datos, proteica. El resultado de dicha búsqueda es una lista con varias proteínas de la base de datos que son las que más coinciden en un análisis estadístico de semejanza de secuencia. Un protocolo muy empleado para llevar a cabo las búsquedas en las bases de datos es la Herramienta de Búsqueda de Alineamiento Básico Local (*Basic Local Alingment Search Tool*, BLAST). Puede emplearse el conjunto de programas BLAST para encontrar el mejor alineamiento entre las secuencias de dos proteínas cualesquiera, o más corrientemente, entre la secuencia de una proteína «nueva» y las secuencias de proteínas de varias bases de datos públicas. Los resultados de una búsqueda BLAST pueden utilizarse para inferir la posible función de una secuencia proteica sin caracterizar; no obstante, hay que validar experimentalmente cualquier función que se proponga.

En resumen, dada una secuencia de un gen recién descubierta es posible realizar la mejor estimación de la función del producto del gen de acuerdo con la búsqueda en las bases de datos de secuencias proteicas utilizando BLAST. La búsqueda BLAST genera alineamientos de secuencia y devuelve esos alineamientos con la puntuación de semejanza de secuencia estadísticamente significativa. Las semejanzas de secuencia parecen estar correlacionadas con semejanzas de función y estructura. Como regla general, si dos secuencias proteicas alineadas comparten, al menos, un 25 % de identidad de la secuencia de aminoácidos tendrán una estructura semejante y muy probablemente, una función semejante. En la Figura 5.22 se muestra un ejemplo de un alineamiento BLAST entre la mioglobina humana y la globina. En Herramientas de la Bioquímica 5D: Introducción a la Proteómica, se describe más sobre el uso de la información de secuencia obtenida a partir de la secuenciación de genes (Herramientas de la Bioquímica 4B) o de la secuenciación directa de las proteínas (Herramientas de la Bioquímica 5B) para identificar una proteína.

## Homología de secuencia proteica

La semejanza de la secuencia proteica también se emplea para asignar relaciones evolutivas entre organismos. Dos organismos que tengan un antepasado evolutivo común es muy probable que tengan secuencias génicas y, por tanto, secuencias proteicas rela-

Puntuación = 30.8 bits (68), **Esperado = 6e-06**, Método: Ajuste de matriz de composición.
Identidades = 32/133 (25%), Positivos = 48/133 (37%), Huecos = 40/133 (30%)

```
Mb humana    2    LSDGEWQLVLNVWGKVEADIPGHGQEVLI RLFKGHPETLEKFDKFKHLKSEDEMKASEDL  61
                  LS   +    V    WGKV A     +G  E L  R+F     P T    F   F
α humana     2    LSPADKTNVKAAWGKVGAHAGEYGAEALERMFLSFPTTKTYFPHF --------------------------  46


Mb humana   62    KKHGATVLTALGG ILKKKGHHEAEIKPLAQSHATKHKI–PVKYLEFISECI IQVLQSKHP  120
                            L+AL    I                         HA  K ++ PV + + +S  C++  L +   P
α humana    47    ---------- ALSALSDI-------------------------------- HAHKLRVDPVNF–KLLSHCLLVTLAAHLP  82


Mb humana  121   GDFGADAQGAMNK  133
                   +F          +++K
α humana    83   AEFTPAVHASLDK  95
```

**FIGURA 5.22**

**Alineamiento BLAST entre las secuencias de mioglobina y de α-globina humanas.** La secuencia de la mioglobina se encuentra encima de la de α-globina y entre ellas se muestran los aminoácidos idénticos (azul) y los que se consideran semejantes (verde «+»). Los huecos en el alineamiento se muestran mediante un texto en rojo y líneas discontinuas. En este alineamiento hay un 25 % de identidad de secuencia, lo que sugiere un grado elevado de semejanza estructural entre las proteínas. El significado del alineamiento viene dado por el valor «Esperado», que es una medida de la probabilidad de que el alineamiento sea casual. Cuanto menor es este valor, más significativo es el alineamiento.

El análisis de la secuencia proteica puede emplearse para hacer propuestas de relaciones evolutivas entre los organismos.

cionadas. Las secuencias proteicas son «homólogas» cuando cualquier semejanza de secuencia se deba a un antepasado evolutivo común. Téngase en cuenta que la semejanza de secuencia puede también originarse sin un antepasado común a través de una evolución convergente (por ejemplo, dos proteínas pueden haber evolucionado de forma independiente para unirse a la misma secuencia peptídica de un determinado factor de transcripción). Dos secuencias proteicas así serían *semejantes*, pero no *homólogas*; por tanto, la «semejanza de secuencia» que se basa en el alineamiento de secuencia, es diferente de «homología de secuencia», que solo se utiliza para señalar una relación evolutiva entre dos secuencias.

En los organismos que tienen un antecedente común, un mayor grado de homología de secuencia proteica indica una mayor relación evolutiva, mientras que un menor grado de homología señala una mayor divergencia. La Figura 5.23a muestra un alineamiento de secuencia de los citocromos *c* de diferentes organismos. En esta figura se señalan los aminoácidos hidrófobos (gris), cargados positivamente (azul), cargados negativamente (rojo) y no cargados polares (verde y fucsia) para mostrar el agrupamiento de estas propiedades semejantes de los aminoácidos en este alineamiento. La Figura 5.23b muestra un árbol filogenético de las secuencias, donde las ramas muestran los puntos de divergencia evolutiva de acuerdo con las diferencias de las secuencias de aminoácidos de las proteínas alineadas. La construcción de esta clase de árboles comporta análisis complejos de las tasas de mutación génica y de polimorfismos en la población, temas que van más allá del alcance de esta introducción al análisis de la secuencia proteica. El punto importante de este tratamiento es que al análisis de la secuencia proteica puede emplearse para proponer relaciones evolutivas entre los organismos, como la que se muestra en la Figura 5.23b.

Finalmente, cuando se alinean varias secuencias proteicas homólogas, se puede determinar la denominada **secuencia de consenso**. La representación habitual de la secuencia de consenso proporciona un listado de los aminoácidos que se encuentran con mayor frecuencia en una determinada posición en la secuencia; sin embargo, esta representación puede ser una simplificación. Si un determinado aminoácido se encuentra en una posición específica en el 80 % de las secuencias alineadas, esto significa que el 20 % de las secuencias, que es un porcentaje significativo, no tienen ese aminoácido en esa posición. Una representación con mayor información es el **logotipo de secuencia** en el que se correlaciona el tamaño relativo del código de una letra con la frecuencia relativa de un aminoácido en una determinada posición. La Figura 5.24 presenta un logotipo de secuencia de un alineamiento de 412 secuencias de proteínas de la familia del citocromo *c*, en el que se muestra en la parte superior de cada columna el aminoácido que se encuentra con mayor frecuencia en una posición.

El logotipo de secuencia muestra mejor el grado de **conservación del aminoácido** dentro de las secuencias alineadas. Si solo se encuentra un aminoácido en una posición dada dentro de un alineamiento de proteínas homólogas, se dice que ese aminoácido está «conservado» absolutamente (por ejemplo, la cisteína de la posición

(a)

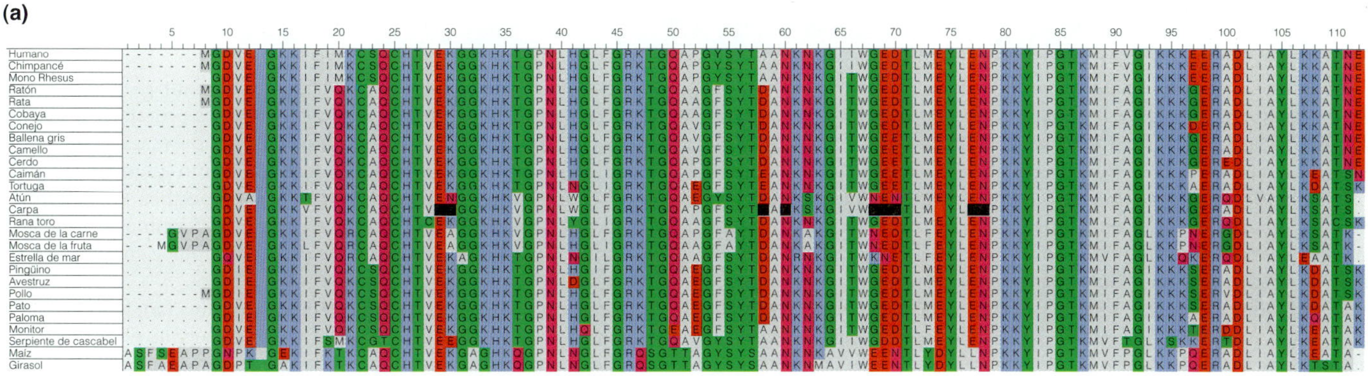

(b)

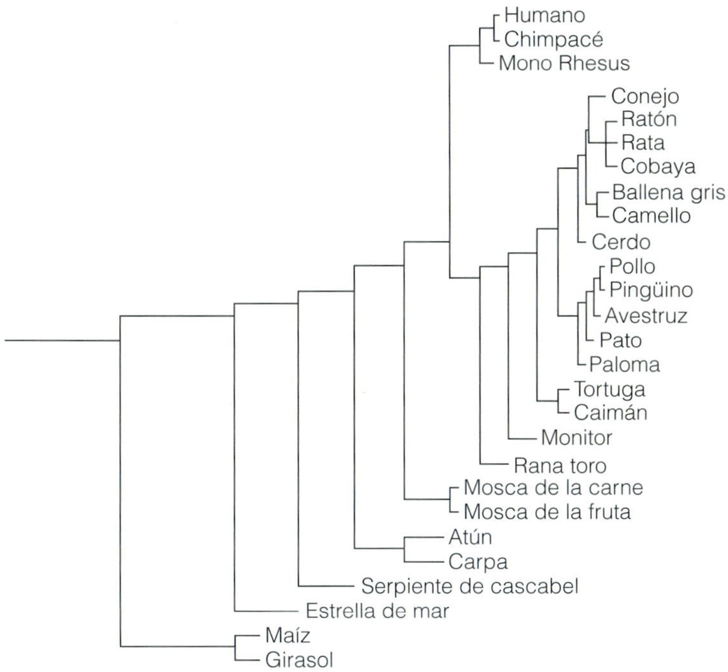


**FIGURA 5.23**

**Alineamiento de secuencia y árbol filogenético de los citocromos c de diversos organismos. (a)** Alineamiento de las secuencias de citocromo *c* de 27 organismos, en donde los aminoácidos hidrófobos se resaltan en gris, los aminoácidos básicos en azul, los aminoácidos ácidos en rojo y los aminoácidos polares sin carga en verde (excepto Asn y Gln, que aparecen en fucsia). **(b)** Árbol filogenético de los secuencias mostradas en (a). Las ramas señalan los puntos de divergencia evolutiva de acuerdo con las diferencias de aminoácidos de las proteínas alineadas. Tanto el alineamiento como el árbol filogenético han sido creados empleando CLUSTALW2 y CIMEMA (ambos disponibles en el sitio Web ExPASY; *véase* la Bibliografía).

17 y la histidina de la posición 18 de la Figura 5.24). Una clase de aminoácido también puede estar conservado en una determinada posición. Por ejemplo, en la posición 80 de las 412 secuencias alineadas del citocromo *c* solo se encuentran leucina, valina, isoleucina y metionina; así, los aminoácidos hidrófobos están conservados en esta posición. Como consideraremos más ampliamente en el Capítulo 6, los aminoácidos más conservados suelen ser aquellos con cometidos estructurales y/o funcionales críticos en la proteína.

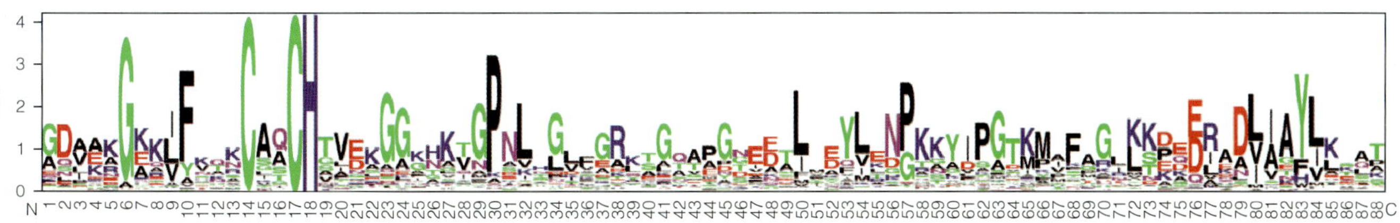

**FIGURA 5.24**

**Logo de secuencia del alineamiento de 412 secuencias de la familia del citocromo *c*.** En la parte superior se muestra el aminoácido que se encuentra con mayor frecuencia en una determinada posición y se correlaciona el tamaño relativo del código de una letra con la frecuencia relativa de ese aminoácido en esa posición. El logo de secuencia se generó utilizando el programa WEBLOGO con datos de la base de datos Prosite (matriz de alineamiento #51007; *véase* el sitio Web ExPASY).

## RESUMEN

Las proteínas son polímeros de L-α-aminoácidos. En los genes están codificados veinte aminoácidos habituales y dos aminoácidos raros que se incorporan a las proteínas por el proceso de traducción. En la naturaleza se encuentran también otras estructuras de aminoácidos menos habituales (por ejemplo, en las paredes de las células bacterianas, antibióticos y venenos). La variedad de cadenas laterales (hidrófilas, hidrófobas, ácidas, básicas o neutras) permite una gran complejidad funcional en las proteínas. Es posible realizar variaciones adicionales modificando algunos aminoácidos después que se han incorporado a las proteínas. La presencia de cargas positivas y negativas en las cadenas laterales hace que las proteínas sean polianfólitos.

Los oligopéptidos y los polipéptidos se forman por la polimerización de los aminoácidos mediante enlaces peptídicos. El enlace peptídico se encuentra en un plano, y la forma *trans* es la favorecida. Este enlace es metaestable y puede hidrolizarse fácilmente en presencia de catalizadores. La secuencia definida y única de los aminoácidos en cada proteína constituye su estructura primaria, dictada por su gen. Algunas proteínas contienen varias cadenas polipeptídicas, que se mantienen juntas por enlaces covalentes (disulfuro) o no covalentes. Las proteínas se sintetizan en la célula por un proceso denominado *traducción,* que requiere ATP. El código genético está formado por un conjunto estándar de codones de tres nucleótidos, cada uno de los cuales especifica un determinado aminoácido. La longitud de la cadena de una determinada proteína está especificada por tripletes específicos de «iniciación» y «parada» en el código genético.

Incluso cuando ya se ha completado la traducción, la molécula proteica puede seguir modificándose de modo covalente, por la fragmentación de porciones concretas o por la modificación de algunas cadenas laterales de los aminoácidos.

La secuenciación del genoma ha generado ingentes cantidades de información de secuencias génicas. Se desconoce la función de la mayoría de estos genes; sin embargo, puede utilizarse el análisis de semejanza de secuencias para predecir la función y, en algunos casos, la estructura de un producto génico.

## BIBLIOGRAFÍA


### General

*Hay varios libros excelentes que proporcionan información más detallada o complementaria sobre la estructura y la función de las proteínas. Recomendamos particularmente los siguientes para completar nuestros Capítulos 5, 6 y 7.*

**Brändén, C.** y **Tooze, J.** (1991) *Introduction to Protein Structure.* Garland, Nueva York, Londres. Gran cantidad de información en todos los niveles de estructura. Ilustraciones excelentes.

**Creighton, T. E.** (1993) *Proteins: Structure and Molecular Properties,* 2ª ed. Freeman, San Francisco. Exposición elegante, completa y actual, de todos los aspectos de la química proteica. Muy buenas referencias a lo largo del texto.

**Fersht. A.** (1999) *Structure and Mechanisms in protein Science: A Guide to Enzyme Catalysis and Protein Folding.* Freeman, Nueva York. Una introducción excelente y de fácil lectura a los principios teóricos fundamentales del plegamiento proteico y la catálisis.

**Kyte, J.** (1995) *Structure in Protein Chemistry.* Garland, Nueva York. Un tratado excelente sobre la estructura proteica.

**Liljas, A., Liljas, L., Piskur, J., Lindblo, G., Nissen, P.** y **Kjeldgaard, M.** (2009) *Textbook of Structural Biology.* World Scientific Publishing, Singapur. Un breve tratamiento sobre la base de la estructura proteica; pero proporciona un visión general amplia y razonablemente detallada de las estructuras y funciones proteicas.

**Petsko, G. A.** y **Ringe, D.** (2004) *Protein Structure and Function,* New Science Press, Londres. Conciso y escrito con claridad. Las ilustraciones excelentes se completan con códigos de identificación de Bases de Datos de proteínas.

### Revisiones y trabajos sobre propiedades de los aminoácidos

**Greenstein, J. P.** y **Winitz, M.** (1961) *Chemistry of the Amino Acids.* Wiley, Nueva York.

**Hegstrom, R. A.** y **Kondepudi, D. K.** (1990) The handedness of the universe. *Sci. Am.* Enero:98-105. Un claro planteamiento de las teorías de la preferencia espacial.

**Rose, G. D., Geselowitz, A. R., Lesser, G. J., Lee, R. H.** y **Zehfus, M. H.** (1985) Hydrophobicity of amino acid residues in globular proteins. *Science* 229:834-838.

**Saghatelian, A., Yokobayashi, Y., Soltani, K.** y **Ghadiri, M. R.** (2001) A chiroselective peptide replicator. *Nature* 409: 797-801. Un artículo que sugiere que hay una tendencia natural que favorece los productos homoquirales en los procesos de autorreplicación (*véase* también el artículo de *News and views.* Siegel, J. S. (2001) *Nature* 409:777-778.

**Wilbur, P. J.** y **Allerhand, A.** (1977) Titration behavior and tautomeric states of individual histidine residues of myoglobin. *J. Biol. Chem.* 252:4968-4975.

### Aminoácidos poco habituales en las proteínas

**Blight, S. K., R. Larue, R. C., Mahapatra, A., Longstaff, D. G., Chang, E., Zhao, G., Kang, P. T., Green-Church, K. B.,Chan, M. K.** y **Krzycki, J. A.** (2004) Direct charging of $tRNA_{cuA}$ with pyrrolysin e in vitro and in vivo. *Nature* 431:333-335. *Véase* también el artículo de *News and Views* Schimmel, P., y Beebe, K. (2004) Genetic code seizes pyrrolysine. *Nature* 431:257-258.

**Diwadkar-Navsariwala, V.,** y **Diamond, A. M.** (2004) The link between selenium and chemoprevention: A case for selenoproteins. *J. Nutr.* 134:2899-2902. Una revisión sobre los posibles efectos anticancerígenos de las selenoproteínas en los seres humano.

**Hatfield, D. L.** y **Gladyshev, V. N.** (2002) How selenium has altered our understanding of the genetic code *Mol. Cell. Biol.* 22:3565-3576. Describe el mecanismo de inserción de selenocisteína en las proteínas.

**Milton, R. C. del., Milton, S. C. F.** y **S. B. H. Kent, S. B. H.** (1992) Total chemical synthesis of a D-enzyme: The enantiomers of HIV-l protease show demonstration of reciprocal chiral substrate specificity. *Science* 256:1445-1448.

**Pisarewicz, K., Mora, D., Pflueger, E. C. Fields, G. B.** y **Mari, F.** (2005) Polypeptide chains containing D-7-hydroxyvaline. *J. Am. Chem. Soc.* 127:6207-6215.

**Sandman, K. E., Tardiff, D. E., Neely, L. A.** y **Noren, C. J.** (2003) Revised E*scherichia coli* selenocysteine insertion requirements determined by in vivo screening of combinatorial libraries of SECIS variants. *Nucleic Acids Res.* 31:2234-2241. Una descripción más detallada de los requerimientos de las secuencias génicas por debajo para la inserción de la selenocisteína en las proteínas.

**Srinivasan, G., James, C. M.** y **Krzycki, J. A.** (2002) Pyrrolysine encoded by UAG in Archaea: Charging of a UAG-decoding specialized IRNA. *Science* 296:1459-1462. *Véase* también el artículo de Perspectivas: Atkins, I. F., y R. Gesteland (2002) The 22nd amino acid. *Science* 296:7409-7470.

**Stadtman, T. C.** (1987) Specific occurrence of selenium in enzymes and amino acid tRNAs. *FASEB J.* 1:375-379.

**Stadtman, T. C.** (2002) A gold mine of fascinating enzymes: Those remarkable, strictly anaerobic bacteria, *Methanococcus vannielii* and *Clostridium sticklandii*. *J. Biol. Chem.* 277: 49 091-49 100. Una reflexión histórica sobre el selenio en las proteínas con mucha bibliografía.

**Turanov, A. A., Lobanov, A. V., Fomenko, D. E., Morrison, H. G., Sogin, M. L., Klobutcher, L. A., Hatfiled, D. L.** y **Gladyshev, V. M.** (2009) Genetic code supports targeted insertion of two amino acids. *Science* 323:259-261.

**Wolosker H., Dumin, E., Balan, L.** y **Foltyn, V. N.** (2008) D-Amino acids in the brain: D-Serine in neurotransmission and neurodegeneration. *FEBS J.* 275:3514-3526.

**Zhang, Y.,** y **Gladyshev, V. N.** (2007) High content of proteins containing 21st and 22nd amino acids, selenocysteine and pyrrolysine, in a symbiotic deltaproteobacterlum of gutless worm *Olavius algarvensis*. *Nucleic Acids Res.* 35:4952-4963. *Véase* también: Atkins, J. F. y Baranov, P. V. (2007) Duality in the genetic code. *Nature* 448:1004-1005.

**Zinoni, F., Bi¡kmann, W., Leinfelder, W.** y **Böck, A.** (1987) Cotranslational insertion of selenocysteine into formate dehydrogenase from *Escherichia coli* directed by a UGA codon. *Proc. Natl. Acad. Sci. USA* 84:3156-3160.

**Secuenciación de genomas**

**Fleischmann, R. D.,** *et al.* (1995) Whole-genome random sequencing and assembiy of *Haemophilus influenzae* Rd. *Science* 269:496-512. Describe la primera secuencia completa del genoma de un organismo de vida libre.

**Lander, E. S.,** *et al.* (2001) Initial sequencing and analysis of the human genome. *Nature* 409:860-92I. Una de las dos comunicaciones simultáneas del Consorcio Internacional de Secuenciación del Genoma Humano. Este número de *Nature* contiene varios artículos interesantes sobre el significado e interpretación de los resultados de este proyecto.

**Roberts, L.** (2001) Controversial from the start. *Science* 291:1182-1188. Una revisión interesante de algunas de las controversias alrededor del proyecto de secuenciación del genoma humano.

Venter J. C., et al. (2001) The sequence of the human genome. *Science* 291:1304-1351. Uno de las dos comunicaciones simultáneas, esta de una compañía privada.

**URL para el acceso a las bases de datos públicas de secuencias, herramientas de alineamiento de secuencias y otras herramientas de análisis proteico (por ejemplo, cálculos de masas y/o pI, traducción de secuencias de DNA, etc.)**

GenBank: www. ncbi.nlm.nih. gov/Genbank/index.htrnl

Secuencias de genomas completos: www. ncbi. nlm.nih. gov/Genomes/ index.html

Alineamiento de secuencias (BLAST): blast.ncbi.nlm.nih.gov/Blast.cgi

Varias herramientas proteómicas: wwwexpasy.ch

**Búsquedas en bases de datos, alineamiento de secuencias y puntuación de semejanza**

**Altschul, S. F., Gish, W., Miller, W., Myers, E. W.** y **Lipman, D. J.** (1990) Basic local alignment search tool. *J. Mol. Biol.*, 215:403-410.

**Altschul, S. E, Boguski, M. S., Gish, W.** y **Wooten, I. C.** (1994) Issues in searching molecular sequence databases. *Nature Genet.* 6:119-129.

**Altschul, S. F., Madden, T. L., Schaffer, A. A., Zhang, I., Zhang, Z., Miller, W.** y **Lipman, D. I.** (1997) Gapped BLAST and pSI-BLAST: A new generation of protein database search programs. *Nucleic Acids Res.* 25:3389-3402.

**Benson, D. A., Karsch-Mizrachi, I., Lipman, D. J., Ostell, J.** y **Sayers, E. W.** (2009) GenBank. *Nucleic Acids Res.* 37:D26 D3l. Cada enero, *Nucleic Acids Research* publica una revisión de las bases de datos de secuencia molecular. Este artículo describe las fuentes y la calidad de las secuencias depositadas en GenBank.

**Crooks, D. E., Hon, G., Chandonia, J. M.** y **Brenner, S. E.** (2004) Weblogo: A sequence logo generator. *Genome Res.* 14:1188-1190. (*véase*: **weblogo.berkeley.edu**)

**Gonnet, G. H., Cohen, M. A.** y **Benner, S. A.** (1992) Exhaustive matching of the entire protein sequence database. *Science* 256:1443-1445.

**Henikoff, S.,** y **Henikoff, J. G.** (1992) Amino acid substitution matrices from protein blocks. *Proc. Natl. Acad. Sci. USA* 89:10 915-10 919.

**Sayers, E.W.,** *et al*, (2009) Database resources of the National Center for Biotechnology Information. *Nucleic Acids Res.* 37:D5-D15. Este artículo describe las diversas bases de datos de NCBI (que es la sede de BLAST).

**Schneider, T. D.,** y **Stephens, R. M.** (1990) Sequence logos: A new way to display consensus sequences. *Nucleic Acids Res.* 18:6097-6100.

**Ye, I., McGinnis, S.** y **Madden, T. L.** (2006) BLAST: Improvements for better sequence analysis. *Nucleic Acids Res.* 34:6-9.

## PROBLEMAS

*Tenga en cuenta que alguno de estos problemas utiliza información que se presenta en Herramientas de la Bioquímica 5A-D.*

1. Utilizando los datos de la Tabla 5.1, calcular el peso *promedio* de los residuos de aminoácidos de una proteína de composición característica. Es útil conocer este número para unos cálculos aproximados.

2. La hormona peptídica estimulante de los melanocitos, *α-melanotropina*, tiene la siguiente secuencia:

   Ser–Tyr–Ser–Met–Glu–His–Phe–Arg–Trp–Gly–Lys–Pro–Val

   (a) Escribir la secuencia utilizando las abreviaturas de una letra.
   (b) Calcular el peso molecular de la α-melanotropina utilizando los datos de la Tabla 5.1.

*3. (a) Esbozar la curva de titulación que sería de prever para la α-melanotropina (Problema 2). Suponga que los valores de $pK_a$ del N-terminal y el C-terminal son, respectivamente, 7.9 y 3.8. Para las cadenas laterales, asuma los valores de $pK_a$ dados en la Tabla 5.1.)
   (b) Calcular con tres decimales la carga de la α-melanotropina a valores de pH de 11, 5 y 1.
   (c) Calcular el punto isoeléctrico de la α-melanotropina.

   Para las partes (b) y (c) de este problema emplear la lógica utilizada para resolver el Problema 2.16. Una hoja de cálculo puede ser útil para resolver la parte (c).

4. ¿Qué péptidos cabe prever que se produzcan cuando la α-melanotropina (Problema 2) se fragmenta por (a) tripsina, (b) bromuro de cianógeno y (c) termolisina? (*Véase* la Tabla 5.4.)

5. Existe otra hormona estimulante de los melanocitos denominada *α-melanotropina*. La fragmentación de la α-melanotropina

con tripsina produce los siguientes péptidos y ácido aspártico libre.

WGSPPK DSGPYK MEHFR

Si se supone una homología de secuencia máxima entre la α-melanotropina y la α-melanotropina, ¿cuál debe ser la secuencia de esta última?

6. Dado el péptido siguiente:

Ser–Glu–Pro–Ile–Met–Ala–Pro–Val–Glu–Tyr–Pro–Lys

(a) Calcular la carga neta a pH 7 y a pH 12. Asuma los valores de p$K_a$ de la Tabla 5.1
(b) ¿Cuántos péptidos se producirían si este péptido se tratase con: (1) bromuro de cianógeno, (2) tripsina y (3) quimotripsina?
(c) Sugerir un método para separar los péptidos producidos por el tratamiento con quimotripsina.

*7. Una forma mutante de la hormona polipeptídica angiotensina II tiene la *composición* de aminoácidos siguiente

(Asp, Arg, Ile, Met, Phe, Pro, Tyr, Val)

Se realizan las siguientes observaciones:

- La tripsina produce un dipéptido que contiene Asp y Arg, y un hexapéptido que contiene todo el resto.
- La fragmentación con bromuro de cianógeno produce un dipéptido que contiene Phe y Pro, y un hexapéptido que contiene todo lo demás.
- La quimotripsina fragmenta la hormona en dos tetrapéptidoscon la siguiente composición

(Asp, Arg, Tyr, Val) y (Ile, Met, Phe, Pro)

- El dipéptido de composición (Pro, Phe) no puede fragmentarse por la quimotripsina ni por la carboxipeptidasa.

¿Cuál es la secuencia de la angiotensina II?

8. Se ha secuenciado una proteína tras la destrucción de los enlaces disulfuro. Se sabe que contiene 3 residuos de Cys, situados del modo que se muestra a continuación. Sin embargo, solo uno de ellos es un HS libre; dos de ellos forman parte de un enlace —S—S—.

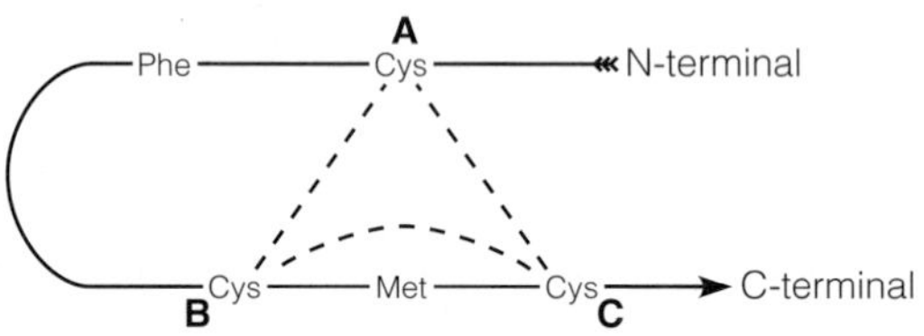


La única metionina y el único aminoácido aromático (Phe) de esta proteína se encuentran en las posiciones indicadas. La fragmentación de la proteína *intacta* (esto es, con el enlace disulfuro intacto) con bromuro de cianógeno o quimotripsina *no* divide la proteína en dos péptidos. ¿Dónde está el enlace —S—S— (AB,BC o AC)?

9. La *apamina* es una pequeña toxina proteica presente en el veneno de las abejas. Su secuencia es la siguiente

CNCKAPETALCARRCQQH

(a) Se sabe que la apamina no reacciona con yodoacetato (*véase* la página 169). ¿Cuántos enlaces disulfuro están presentes?
(b) Suponga que la fragmentación con tripsina produce dos péptidos. ¿Dónde está (o están) el enlace o los enlaces —S—S—?

10. (a) Escriba una secuencia posible para un segmento de mRNA que codifique la apamina. (b) ¿Cree que la apamina se ha sintetizado de la forma presentada en el Problema 9, o que es más probable que sea un producto de fragmentación proteolítica de un péptido mayor? Explíquelo.

11. Supongamos la siguiente porción de un mRNA. Halle una señal de iniciación y escriba la secuencia de aminoácidos que codifica

5′···GCCAUGUUUCCGAGUUAUCCCAAAGAUAAAAAAGAG···3′

12. Un investigador ha aislado un oligopéptido de secuencia y composición de aminoácidos desconocidas. Todos los intentos para secuenciarlo por la degradación de Edman han fracasado; la reacción no funciona.
(a) Sugerir dos explicaciones posibles bastante diferentes del problema.
(b) Sugerir un experimento que finalmente diferenciara entre estas dos.

*13. Suponga que ha separado las cadenas A y B de la insulina por reducción de disulfuros. ¿Qué método cromatográfico permitiría el aislamiento de las cadenas puras A y B? Explique su elección del método de separación.

14. La enfermedad falciforme está producida por una denominada «mutación puntual» del gen de la $\beta$-globina humana. Una mutación puntual es el resultado de la sustitución de una sola base en el DNA que codifica un gen. La mutación falciforme da lugar a la sustitución de Glu por Val en la posición 6 de la proteína $\beta$-globina.
(a) Utilizando la información de la Figura 5.18 explique cómo una mutación puntual puede cambiar un codón de Val por un codón de Glu.
(b) ¿Cree que el pI de la $\beta$-globina falciforme será mayor o menor que el pI de la $\beta$-globina natural? Explíquelo.

*15. Ha descubierto una proteína nueva que tiene un pI = 5.5. Para estudiar las propiedades funcionales de esta proteína nueva, su grupo de investigación ha generado un mutante que contiene dos cambios de aminoácido: Un residuo de fenilalanina de la superficie en la proteína normal ha sido sustituido por histidina (p$K_a$ cadena lateral = 6.1) y una glutamina de la superficie ha sido sustituida por ácido glutámico (p$K_a$ cadena lateral = 6.0). ¿Es el pI de la proteína mutante *mayor, menor o el mismo* que el pI de la proteína normal? Apoye su respuesta con el cálculo adecuado.

# HERRAMIENTAS DE LA BIOQUÍMICA 5A

## Expresión y purificación de las proteínas

La mayoría de la información que se presenta en este texto se ha obtenido con el estudio de moléculas proteicas muy puras. Para determinar la estructura y/o las propiedades funcionales de una proteína específica es necesario separar esa proteína de las demás biomoléculas de la célula (lípidos, ácidos nucleicos, sacáridos) y, obviamente, las demás proteínas. En una célula típica, la proteína que interesa normalmente es un componente minoritario, por lo que el aislamiento de esa proteína de una mezcla tan compleja presenta un reto. Los métodos modernos de expresión de los genes y purificación de las proteínas han simplificado el problema incrementando la concentración de la proteína deseada dentro de la célula y explotando las interacciones específicas entre la proteína y los materiales utilizados en el proceso de purificación.

### Expresión proteica recombinante

Para comenzar, consideremos el problema de la concentración de proteína. Una enzima típica puede constituir solo el 0.01 % de la proteína soluble en la célula. De esta forma, es necesario un enriquecimiento de 10.000 veces para purificar esa proteína hasta homogeneidad. Si la tecnología del DNA recombinante (*véase* Herramientas de la Bioquímica 4B) puede aumentar la abundancia intracelular de esa proteína hasta el 1 %, solo será necesario un enriquecimiento de 100 veces; si es hasta el 10 %, será suficiente un enriquecimiento de un 10 %. Históricamente, las proteínas se han purificado a partir de fuentes naturales, como los tejidos animales o vegetales. Las primeras proteínas que se estudiaron con detalle fueron las más abundantes en un determinado tejido (por ejemplo, la hemoglobina en los glóbulos rojos). Para las proteínas presentes en baja concentración en sus tejidos naturales, es necesario recoger grandes cantidades del tejido para aislar una cantidad útil de la proteína deseada. Este escenario desafortunado fue un hecho habitual para los bioquímicos durante muchos años hasta que se pusieron a punto y se adoptaron ampliamente, al final de 1970 y comienzo de 1980, las herramientas de «expresión recombinante de proteínas». La expresión recombinante de proteínas permite a los investigadores producir proteínas de interés con concentraciones relativamente elevadas en las células; también permite la producción de las denominadas **mutantes de lugar**, que son variantes proteicas con alteraciones de la secuencia de aminoácidos diseñadas (*véase* Herramientas de la Bioquímica 4B). Frecuentemente, la proteína mutante exhibe variaciones de la estructura, la función y/o la estabilidad con relación a la proteína de «tipo silvestre» (esto es, la natural); de esta forma, los mutantes son de gran interés científico. Otra característica importante de la tecnología recombinante es la capacidad para expresar una amplia variedad de proteínas ajenas en células huésped. Por ejemplo, muchas proteínas de origen animal o vegetal se han expresado con éxito en *Escherichia coli*. Debido a que *E. coli* puede programarse fácilmente para que produzca proteínas ajenas y a que crece rápidamente en comparación con la mayoría de vegetales y animales, las células de *E. coli* son «fábricas» convenientes para la producción de proteínas; sin embargo, las células de *E. coli* están limitadas en los tipos de modificaciones posteriores a la traducción que llevan a cabo. Normalmente, es necesario expresar proteínas en sistemas eucariotas cuando se necesitan para la actividad modificaciones posteriores a la traducción como la glucosilación.

La tecnología de expresión proteica recombinante se basa en la observación de que la secuencia de aminoácidos de una proteína está determinada por la secuencia del DNA del gen que codifica esa proteína, como se describe en los Capítulos 4 y 5 (*véanse* la Figuras 4.23, página 112 y 5.18, página 152). En teoría, cualquier secuencia proteica puede expresarse en una célula que contenga una copia del gen que codifica esa proteína. *E. coli* puede captar moléculas pequeñas de DNA circular, denominadas «vectores de expresión» con una longitud del orden de 2-10 kilobases. Un vector de expresión es una forma modificada de un DNA natural extracromosómico, como un plásmido, que es capaz de una replicación autónoma en una célula bacteriana. La tecnología del DNA recombinante permite a un investigador cortar y abrir el plásmido en un determinado lugar y pegar un gen que codifica la proteína que interesa. Como se muestra en la Figura 5A.1, el gen que codifica el tipo silvestre o la proteína mutante que se va a expresar está dentro de cada vector, junto con un gen que codifica un determinado **marcador de selección**. El marcador de selección normalmente es una proteína que confiere resistencia a un antibiótico que se incluye en el medio de crecimiento de la célula; de esta forma, solo aquellas

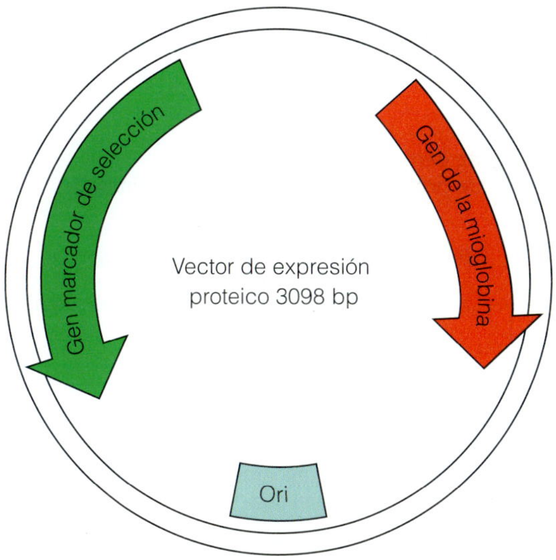


**FIGURA 5A.1**

**Representación esquemática de un vector de expresión de una proteína genérica**. El círculo representa la secuencia de DNA de doble cadena del vector completo. La caja marcada «ori» es el «origen de replicación», que determina el número de copias del vector que fabricará la célula. Las flechas representan lugares de los genes de las proteínas en la secuencia de DNA del vector. Este vector expresará dos proteínas: la proteína recombinante que interesa (flecha roja, en este caso, mioglobina) y un denominado marcador de selección (flecha verde).

células que han captado el vector y son, por tanto, capaces de expresar la proteína deseada, sobrevivirán en el medio de crecimiento. Con muchas decenas a centenas de copias del vector en cada célula se maximiza la producción de la proteína deseada. Utilizando esta estrategia, incluso aquellas proteínas con concentraciones intracelulares muy bajas pueden producirse en cantidades suficientes para permitir la caracterización bioquímica y/o la producción comercial.

## El proceso de purificación

Aunque la tecnología recombinante puede aumentar la concentración de una proteína específica dentro de la célula, aún queda el problema de separar la proteína deseada de los demás componentes celulares. La secuencia de pasos para purificar una proteína determinada será exclusiva de esa proteína, ya que las proteínas difieren en cuanto a sus propiedades químicas; sin embargo, son comunes muchas características del proceso de purificación. Por ejemplo, la mayoría de los pasos de purificación comienzan con la lisis o ruptura de las células. La lisis celular puede conseguirse mediante ruptura sónica («sonicación»), ruptura mecánica empleando un homogeneizador o digestión enzimática de la pared celular. A continuación, se centrifuga para eliminar las células que no se han roto y las partes celulares insolubles, como las membranas, y conseguir un extracto denominado «lisado celular» que contiene las proteínas solubles y otras biomoléculas de la célula. La proteína deseada se purifica de las demás proteínas de la lisis por alguno de los siguientes pasos comunes: (1) cromatografía de afinidad, (2) cromatografía de intercambio iónico, o (3) cromatografía de exclusión de tamaño. Como se muestra en la Figura 5A.2, la purificación de la proteína deseada mediante cromatografía es el resultado de las interacciones diferenciales entre las diversas proteínas de la mezcla depositada en la columna cromatográfica y la matriz situada dentro de la columna. En general, cuanto más fuertemente interaccione la proteína con la matriz, mas tarde eluirá de la columna. Las proteínas, generalmente, se detectan mediante la absorbancia UV a 280 nm, o 220 nm, según eluyen de la columna.

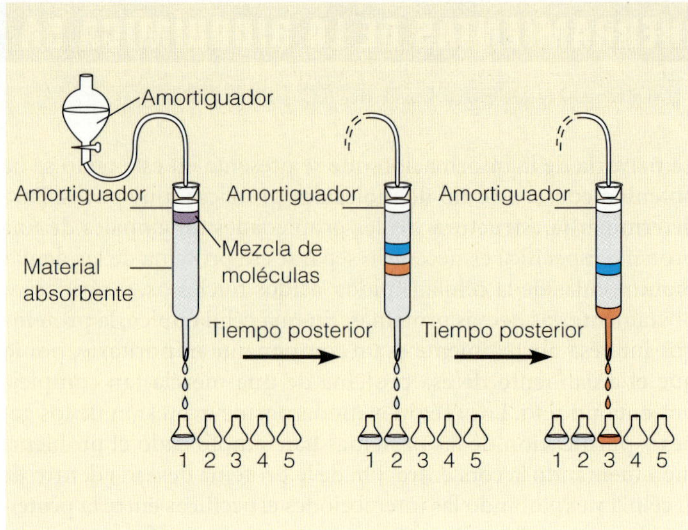


**FIGURA 5A.2**

**Principio de la cromatografía en columna.**

### Cromatografía de afinidad

La cromatografía de afinidad se fundamenta en la adsorción selectiva de una proteína a un ligando natural o sintético, típicamente un sustrato o inhibidor, que se inmoviliza mediante unión covalente a un soporte sólido inerte. El soporte que lleva el ligando unido se denomina *matriz de afinidad*. Las interacciones entre la proteína deseada y la matriz de afinidad son muy específicas, de forma que la mayoría de los contaminantes de la mezcla no interaccionarán con la matriz de afinidad, mientras que la pro-

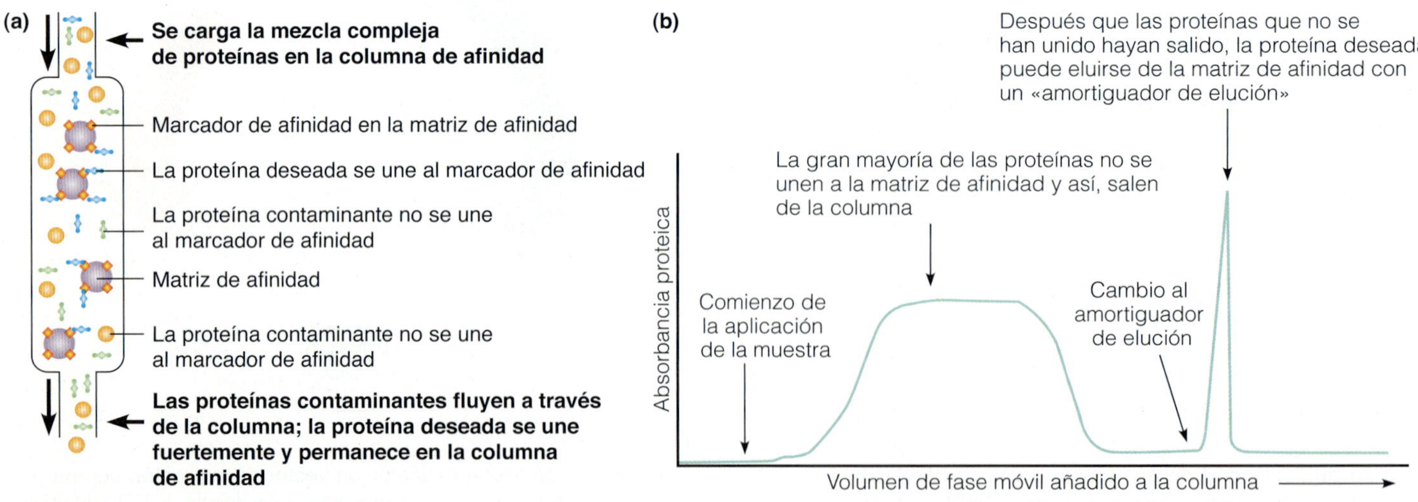


**FIGURA 5A.3**

**(a)** Representación simplificada de la cromatografía de afinidad. Se muestra la unión específica de la proteína que se desea (formas azules) a la matriz de afinidad. Las proteínas contaminantes (formas verdes, círculos beige) pasan por la columna sin unirse, lo cual da lugar a una purificación significativa de la proteína que se desea. La proteína unida puede eluirse a continuación mediante alguno de los métodos que se presentan en el texto.
**(b)** Representación esquemática de un cromatograma de afinidad. Las proteínas que no se unen a la matriz de afinidad pasan y eluyen pronto, dando una gran absorbancia proteica. Una vez que han pasado los contaminantes, se eluye la proteína deseada, dando una absorbancia proteica mucho menor.

teína deseada se unirá fuertemente. Como se muestra en la Figura 5A.3, cuando una mezcla compleja fluye a través de la matriz de afinidad, la proteína deseada se unirá fuertemente y permanecerá unidad hasta que la mayoría de los contaminantes pasen a través de la columna. La proteína unida puede eluirse a continuación empleando diversos métodos que preserven la estructura y la actividad de la proteína. En algunos casos excepcionales, los métodos de elución requieren condiciones extremas para romper los enlaces entre la proteína y la matriz, incluyendo la desnaturalización de la proteína.

Las interacciones no covalentes, específicas y complementarias son la base de la mayoría de la Química biológica de interés, como la unión de los anticuerpos, el reconocimiento enzima-sustrato, la catálisis enzimática, la regulación de los genes, la señalización celular y la contracción muscular, por nombrar algunos ejemplos. Al comienzo de la aplicación de los métodos de purificación mediante afinidad, muchos investigadores inmovilizaban las dianas naturales de unión («ligandos») de una proteína a un soporte cromatográfico sólido para aprovechar esas interacciones de unión específicas. Una técnica relacionada, denominada cromatografía de *inmunoafinidad*, aprovecha la elevada especificidad de unión de los anticuerpos a sus ligandos. Los anticuerpos dirigidos frente a una proteína determinada pueden unirse de forma covalente a un soporte sólido para formar una matriz de afinidad que se una, de forma selectiva y reversible, a esa proteína. Aunque las columnas de inmunoafinidad son eficaces, los costes y el tiempo necesario para producir los anticuerpos son significativos, de forma que este método se ha sustituido por técnicas más rápidas y menos caras.

Uno de los métodos de afinidad más empleados es la cromatografía de afinidad con metales inmovilizados (CAMI), que aprovecha las interacciones fuertes entre los iones $Ni^{2+}$, $Zn^{2+}$ o $Co^{2+}$ y una hilera de seis residuos secuenciales de histidina. La secuencia de aminoácidos $(His)_6$ se denomina *marcaje de hexahistidina*

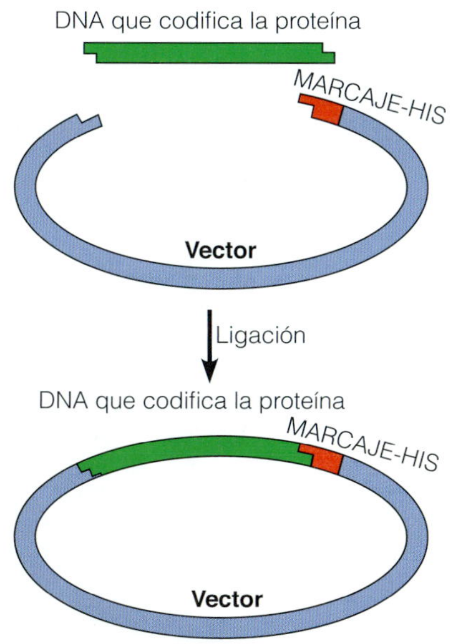


**FIGURA 5A.4**

La inserción del gen de una proteína en uno de los diversos vectores de expresión comerciales da lugar a la adición del «marcaje-His» de afinidad (esto es, una secuencia de seis residuos de His) a la secuencia proteica.

(o *marcaje-His*) y es muy raro en la naturaleza, de forma que pocas proteínas naturales se unirán a la matriz CAMI. Empleando la tecnología del DNA recombinante, el marcaje-His puede añadirse al gen que codifica la proteína deseada, como se muestra en la Figura 5A.4. Cuando se expresa esta proteína incluirá la secuencia marcaje-His y, por tanto, se unirá fuertemente a la matriz CAMI. La proteína unida puede eluirse de la columna CAMI con un amortiguador que contiene imidazol (un análogo de la cadena lateral de His), o un amortiguador con un pH bajo (que protona las cadenas laterales de His y reduce la unión del ion metálico), o con un amortiguador que contenga el quelante de metales EDTA. El EDTA elimina eficazmente el ion metálico de la columna y como consecuencia, rompe las interacciones enlazantes entre la proteína y la matriz de afinidad.

El método de afinidad marcaje-His descrito más arriba se utiliza ampliamente para producir proteínas purificadas para la caracterización bioquímica. Este ejemplo ilustra la potencia de la tecnología recombinante, no solo para aumentar la concentración de proteína en las células, sino también para mejorar el proceso de purificación proteica. Una posible limitación de este método es que la secuencia proteica resultante lleva alguna identificación en comparación con el tipo silvestre, en este caso, seis aminoácidos histidina extra.

La cromatografía de afinidad es tan eficaz que en muchos casos no se requieren otros pasos de purificación; sin embargo, pueden necesitarse más pasos para conseguir la separación de la proteína deseada de aquellos contaminantes muy relacionados (ejemplo, proteínas que difieren en las modificaciones posteriores a la traducción).

## Cromatografía de intercambio iónico (CII)

La cromatografía de intercambio iónico se emplea para separar las moléculas de acuerdo con su carga eléctrica. La fuerza de la interacción entre una molécula proteica y una matriz de intercambio iónico depende de (1) la densidad de carga sobre la proteína y (2) la fuerza iónica de la fase móvil, que siempre es una solución amortiguada. La densidad de carga sobre la proteína se modula alterando el pH de la solución (*véase* el Capítulo 2). Téngase en cuenta que la carga global sobre una proteína es cero cuando el pH de una solución proteica es igual al punto isoeléctrico (pI) de la proteína y que al aumentar el pH de una solución proteica, la carga sobre las moléculas proteicas se hace cada vez más negativa. Al contrario, al descender el pH de la solución, la carga sobre las moléculas proteicas se hace cada vez más positiva. El comportamiento es consecuencia del hecho de que los grupos ionizables sobre la superficie de una proteína son ácidos carboxílicos o aminas (*véase* el Problema 15 del Capítulo 2).

Hay dos tipos principales de matrices de intercambio iónico: (1) intercambiadores *aniónicos* como la dietilaminoetil (DEAE) celulosa y las resinas de amonio cuaternario («Q»), que llevan carga positiva y, por tanto, se unen a proteínas con carga negativa y (2) intercambiadores *catiónicos* como la carboximetil (CM) celulosa y las resinas de ácido sulfónico («S»), que llevan una carga negativa y se unen a proteínas con carga positiva. Los intercambiadores DEAE y CM se consideran «débiles» debido a que llevan grupos funcionales que pueden perder sus cargas a pH $> \sim 10$ (DEAE) o pH $< \sim 4$ (CM). Las resinas «Q» y «S» están siempre eficazmente cargadas en amortiguadores acuosos, de forma que se consideran intercambiadores «fuertes». Es crítico equiparar la resina CII y el amortiguador al pI de la proteína de interés. Por ejemplo, una proteína se unirá a una columna DEAE-celulosa cuando el pH de la fase móvil está por encima del pI de esa proteína, pero no se unirá a la columna si el pH del amortiguador es menor del pI.

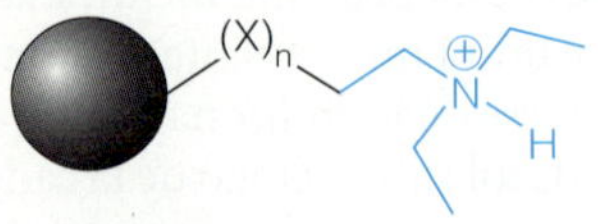

Intercambiador aniónico débil (DEAE)

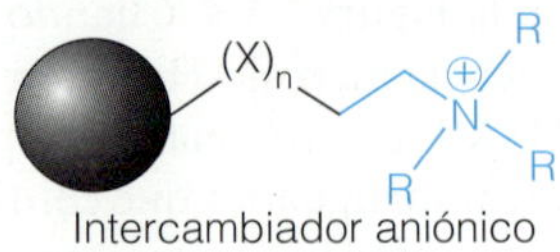

Intercambiador aniónico fuerte («Q»)

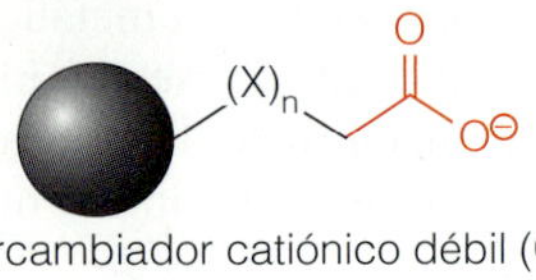

Intercambiador catiónico débil (CM)

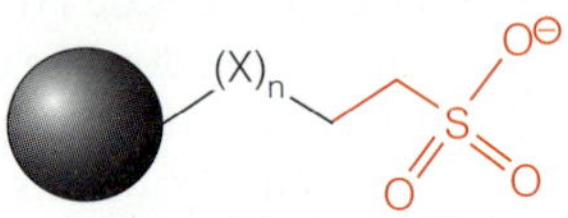

Intercambiador catiónico fuerte («S»)

La elución de una proteína unida a una matriz CII puede conseguirse variando el pH de la fase móvil, de forma que se reduzca la carga sobre la proteína, debilitando, de esta forma, su unión al soporte y/o aumentando la fuerza iónica de la fase móvil (por ejemplo, mediante la adición de alguna sal al amortiguador de elución). Los iones solubles compiten por la unión a los grupos funcionales cargados sobre la matriz. Al aumentar la concentración de los iones solubles, los iones no competirán y, por tanto, desplazan la proteína de la matriz.

En resumen, la CII permite la separación de las proteínas de acuerdo con las diferencias de densidad de carga. Las bases teóricas de esta técnica de separación se han presentado en el Capítulo 2 e incluyen los conceptos siguientes: (1) las fuerzas relativas de las interacciones electrostáticas, como describe la Ley de Coulomb; (2) el punto isoeléctrico o pI de una proteína dada; y (3) la modulación de la densidad de carga sobre una proteína como función del pH, como describe la ecuación de Henderson-Hasselbalch.

## Cromatografía de exclusión de tamaño (CET)

La cromatografía de exclusión de tamaño, que también se conoce como **cromatografía de filtración en gel** se diferencia de los dos métodos anteriores en que las interacciones no covalentes entre la proteína y el soporte son insignificantes. Como se muestra en el Figura 5A.5, la CET separa las proteínas de acuerdo con su tamaño aparente o su «radio hidrodinámico». El tamaño aparente de una molécula proteica está correlacionado, de forma aproximada, con la longitud de aminoácidos de la proteína. Esta regla práctica supone, en una primera aproximación, que las proteínas solubles plegadas se comportan como esferas. La característica distintiva de la fase estacionaria de la CET es la estructura porosa de la matriz (Figura 5A.5b). Estas matrices son, generalmente, cuentas esféricas con poros en la superficie de la esfera con un tamaño cercano al de las moléculas proteicas. Diferentes matrices CET poseen poros mayores o menores en las esferas.

Los principios de la CET son la difusión por movimiento Browniano y el «volumen excluido». El volumen total de una columna de CET incluye el volumen de las esferas porosas y el volumen de la fase móvil, que se encuentra en el espacio entre las esferas y también, dentro de las esferas. El volumen de la solución amortiguadora necesario para eluir una proteína de la columna depende de la fracción de la columna que puede ocupar esa proteína: cuanto más volumen pueda ocupar la proteína, se necesitará más amortiguador para eluir la proteína y esta eluirá más tarde de la columna. El tamaño de los poros de las esferas determina las proteínas que pueden ocupar volumen dentro de la esfera y las que no. Dado que es más probable que las proteínas más pequeñas difundan al interior de una esfera, ocuparán más del volumen total de la columna que una proteína grande, que solo puede ocupar el volumen entre las esferas, pero no en el interior de ellas. En otras palabras, las proteínas más grandes son «excluidas» del volumen del interior de las esferas y, consecuentemente, las proteínas más grandes eluyen de una columna CET antes que las proteínas más pequeñas. Téngase en cuenta que este orden de elución por tamaño es el inverso que el orden de migración en un experimento PAGE-SDS (*véase* Herramientas de la Bioquímica 2A).

La CET funciona mejor como técnica de purificación cuando las diferencias de tamaño entre la proteína deseada y los contaminantes tienen un factor de dos o mayor, de forma que para que la CET sea eficaz, la complejidad de la mezcla proteica debe ser relativamente baja. Por esta razón, la CET suele ser el último paso de un proceso de purificación. Además, la CET es una forma conveniente de «desalar» o cambiar la composición del amortiguador

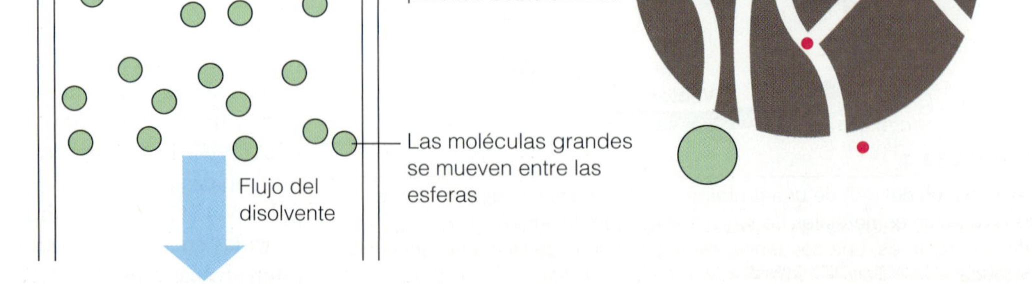


**FIGURA 5A.5**

**Principio de la cromatografía de exclusión por tamaño.** **(a)** Cuando se pasa una mezcla de proteínas por la columna, las proteínas más pequeñas se retrasan y, de esta forma, las proteínas más grandes eluyen primero. **(b)** Un primer plano de un lecho SEC (gris). Las proteínas más grandes (verdes) que los poros del lecho fluyen alrededor de las esferas, mientras que las proteínas (rojo) más pequeñas penetran en los poros de las esferas, lo que da lugar al retraso de su movilidad a través de la columna.

de una solución proteica debido a que las sales que constituyen el amortiguador tienen un peso molecular bajo y eluyen mucho después que la proteína deseada. Por ejemplo, es conveniente utilizar columnas de afinidad y columnas CCI con amortiguadores no volátiles como salino tamponado con fosfato (PBS); sin embargo, los amortiguadores no volátiles no son compatibles con la liofilización (congelación-secado) y con muchas técnicas de espectrometría de masas. La espectrometría de masas es una técnica potente para el análisis proteico y suele emplearse para confirmar la identidad de una proteína purificada (*véase* Herramientas de la Bioquímica 5B). Para preparar una proteína para liofilización o espectrometría de masas, se equilibra una columna CET con una fase móvil que utiliza un amortiguador volátil, como acetato amónico. Según se mueve la proteína, que se deposita en la columna CET en PBS, a través de la columna se van separando las sales del amortiguador fosfato y en su lugar, se rodea por la solución del amortiguador acetato amónico. De esta forma se produce un «intercambio de amortiguador» de PBS a acetato amónico y la proteína está dispuesta para la liofilización y/o el análisis por espectrometría de masas.

## Ejemplo: purificación de un mutante de mioglobina recombinante

La Figura 5A.6 ilustra un esquema de la purificación de una forma mutante de la proteína muscular eucariota mioglobina expresada en la bacteria *E. coli.* Este mutante particular incluye una inserción en la secuencia proteica de 16 aminoácidos. Tras el período de producción proteica en las células bacterianas, se lisan las células, de forma que se libera el contenido del citoplasma a una solución amortiguada. El material soluble puede separarse del material insoluble (membranas, agregados proteicos precipitados) mediante centrifugación. El sobrenadante resultante es

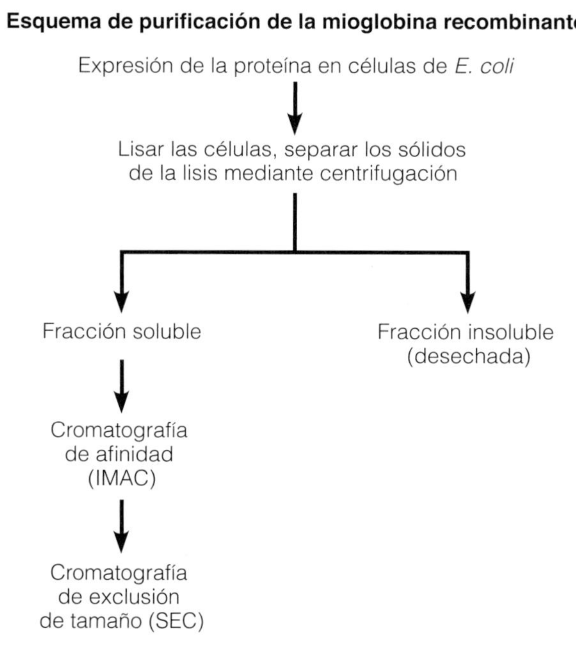


**FIGURA 5A.6**

**Diagrama de flujo de la purificación de la mioglobina recombinante.**

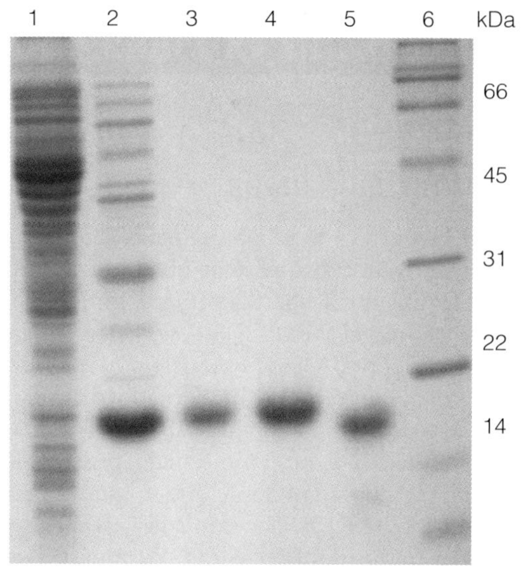


**FIGURA 5A.7**

La mioglobina mutante se purifica hasta más de un 95 % de homogeneidad mediante un procedimiento con dos columnas. Se muestra un gel con un 15 % PAGE-SDS teñido con Coomassie. Calle 1: Lisado de *E. coli* (tras centrifugación. Calle 2: proteínas purificadas por IMAC; la banda preeminente es la mioglobina mutante deseada. Calle 3: 2 μg de la mioglobina mutante tras SEC. Calle 4: 10 μg de mioglobina mutante tras SEC. Calle 5: Mioglobina natural purificada por SEC. Calle 6: Marcadores proteicos de peso molecular.

Reproducido con permiso de *Biochemistry* 41:13 318-13 327, A. L. Fishburn, J. R. Keeffe, A. V. Lissounov, D. H. Peyton y S. J. Anthony Cahill, A circularly permuted myoglobin possesses a folded structure and ligand binding similar to those of the wild-type protein but with a reduced thermodynamic stability. © 2002 Ameeican Chemical Society.

una mezcla compleja de ácidos nucleicos y proteínas, como se muestra en la Calle 1 de la Figura 5A.7. Un esquema de purificación eficaz reducirá de forma significativa la complejidad de la mezcla en los primeros pasos del proceso, luego la cromatografía de afinidad es una buena elección para el primer paso cromatográfico. En este caso, un paso de purificación CAMI consigue una purificación significativa de la mioglobina mutanrte, como muestra la calle 2 de la Figura 5A.7. Tras la CAMI, todos los contaminantes que quedan parecen ser de peso molecular más alto que la mioglobina mutante, de forma que puede utilizarse la SEC para separar la forma mutante de los contaminantes, como muestran las calles 3 y 4 de la Figura 5A.7. Este es un esquema de purificación eficaz, ya que solo son necesarios dos pasos cromatográficos para conseguir una homogeneidad superior al 95 % de la proteína deseada.

### Bibliografía

**Janson, J.-C.,** y **Rydén, L.** (1998) *Protein Purification: Principles, High Resolution Methods and Applications* (2ª ed.). Wiley-VCH, Nueva York.

**Roe, S.** (ed.) (2001) *Protein Purification Techniques: A Practical Approach* (2ª ed.) Oxford University Press, Oxford.

**Rosenberg, I. M.** (2005) *Protein Analysis and Purification: Benchtop Techniques,* 2/E. Birkhauser, Boston.

**Scopes, R. K.** (1994) *Protein Purification: Principles and practice* (3ª ed.). Springer Nueva York.

# HERRAMIENTAS DE LA BIOQUÍMICA 5B

## Masa, secuencia y análisis de aminoácidos de las proteínas purificadas

### Determinación de la masa

Una vez que se ha purificado una proteína, ¿cómo se convence a sí mismo un investigador de que se ha obtenido la proteína diana correcta de forma purificada? La primera indicación generalmente procede de un gel PAGE-SDS (*véase* Herramientas de la Bioquímica 2A y Figura 5A.7), que muestra (1) la pureza de la proteína; y (2) un peso molecular aproximado obtenido mediante la comparación de la migración de la proteína diana en el gel con estándares proteicos de peso molecular. Por ejemplo, el peso molecular de la mioglobina mutante que se muestra en la Figura 5A.7 debe ser 18.232 Da de acuerdo con la secuencia de aminoácidos del gen traducido. La Figura 5A.7 muestra que, como es de esperar, la proteína mutante migra entre 14 y 22 kDa. La proteína purificada parece tener la masa correcta mediante PAGE-SDS; sin embargo, esta no es una técnica de alta resolución. La masa real puede diferir de la masa esperada en varios centenares de Dalton y aún parecer razonablemente cercana a la masa esperada mediante PAGE-SDS. La espectrometría de masas (EM) proporciona las medidas de masa más exactas de las biomoléculas grandes. Por esta razón, es deseable obtener datos de masa de alta resolución a través de EM para confirmar que la proteína no tiene modificaciones posteriores a la traducción inesperadas (por ejemplo, rotura proteolítica y/o modificaciones covalentes).

La EM de proteínas se ha hecho una herramienta analítica indispensable desde que se pusieron a punto las técnicas de ionización compatibles con el análisis proteico a finales de 1980. La aplicación de la EM a problemas significativos de la Bioquímica continúa creciendo al mejorar la tecnología. En capítulos posteriores presentaremos técnicas de EM más avanzadas y aquí, nos centraremos en la aplicación de la EM para la determinación exacta de las masas proteicas y la secuenciación de péptidos.

La Figura 5B.1 muestra un diagrama simplificado de un espectrómetro de masas que contiene un único analizador de masa, suficiente para la determinación rutinaria de masas proteicas exactas utilizando las técnicas de **ionización por pulverización eléctrica** (ESI) o **desorción/ionización láser asistida por una matriz** (MALDI). En ESI, un vapor fino de solución proteica se acelera hacia el analizador de masa. Cuando el vapor alcanza el analizador, se ha evaporado la mayoría del disolvente, dejando las moléculas proteicas con un número variable de cargas que se separan en el analizador de masa. El detector registra el cociente masa/carga ($m/z$, donde $m$ = masa y $z$ = carga). El espectro de masa EM-ESI es una colección de picos con distintos cocientes $m/z$, donde $m$ es constante y $z$ varía (Figura 5B.1 arriba). En la técnica MALDI, la proteína se embebe en un gran exceso (~ 10.000 veces) de una matriz que absorbe luz UV. Cuando un pulso láser golpea la matriz, absorbe la energía de la luz láser y se vaporiza. La matriz vapori-

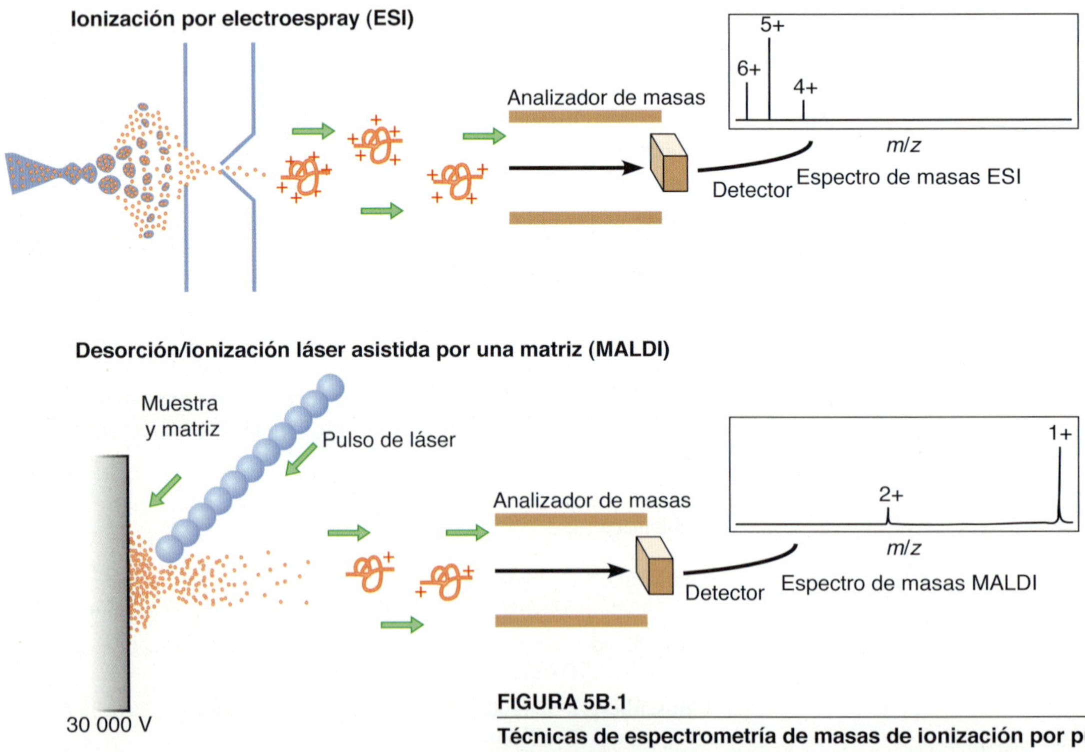


**FIGURA 5B.1**

**Técnicas de espectrometría de masas de ionización por pulverización eléctrica (ESI) y desorción/ionización asistida por una matriz (MALDI).** *Véase* en el texto la descripción de estas técnicas.

Reproducido con permiso de *Accounts of Chemical Research* 33:179-187, Thomas, J. J., Bakhtiar, R. y Suizdak, G. Mass spectrometry in viral proteomics. © 2000 American Chemical Society.

zada lleva moléculas proteicas intactas en la fase gaseosa y hacia el analizador de masa. El espectro EM-MALDI muestra *m/z* para el ion original predominante (Figura 5B.1, abajo).

## Determinación de la secuencia

Una masa proteica exacta es normalmente suficiente para confirmar la identidad de una proteína conocida; sin embargo, si la diana es una proteína desconocida de algún esquema de purificación, normalmente la masa sola no es suficiente para identificar la proteína. En este caso, es deseable también la información de la secuencia. Si también se desconoce la función de la proteína, la secuencia permitirá la potencial identificación de la función mediante una búsqueda semejante.

Hay varias formas mediante las cuales puede determinarse la secuencia de aminoácidos. Como se mencionó en la página 154, la determinación de la secuencia del gen es uno de los métodos más fáciles. Como se ha determinado el genoma completo de muchos organismos tenemos la información de la secuencia de aminoácidos de cientos de miles de proteínas, muchas de ellas de función aún desconocida. Las secuencias proteicas traducidas a partir de genes clonados no nos proporcionan información sobre las modificaciones de los aminoácidos o sobre la existencia de entrecruzamientos intramoleculares como los enlaces disulfuro. Para encontrarlos, debemos secuenciar la propia proteína. Aquí presentamos dos métodos para obtener las secuencias peptídicas: la EM tándem, que fue desarrollada a mediados de los años 1980 y en la actualidad, es el método de elección en la mayoría de los laboratorios y la secuenciación de Edman, que se desarrolló 20 años antes por Pehr Edman y aún se emplea.

Primero, presentaremos el procedimiento de secuenciación de Edman, ya que implica mucha química proteica útil y la lógica de la reconstrucción de la secuencia proteica completa es la misma para ambos métodos, Edman y EM tándem.

El método de Edman se basa en la eliminación paso a paso de aminoácidos desde el N-terminal de un péptido mediante una serie de reacciones químicas denominadas «degradación de Edman» (Figura 5B.2). El compuesto fenilisotiocianato (PTH) reacciona en medio alcalino con el grupo amino terminal para dar un derivado de feniltiocarbamilo (PTC) del péptido (Figura 5B.2, paso 1). Este derivado se trata, a continuación, con un ácido anhidro fuerte que produce la rotura del enlace peptídico entre los residuos 1 y 2 (paso 2). El derivado del residuo N-terminal se reagrupa a continuación para dar un derivado de feniltiohidantoína (PTH) del aminoácido (paso 3). Se han logrado dos cosas importantes. (1) el residuo N-terminal se ha marcado con una etiqueta identificable y (2) no se ha destruido el resto del polipéptido; sencillamente se ha acortado en un residuo. A continuación, puede repetirse toda la secuencia de reacciones y determinarse el segundo residuo. Por repetición continuada, un polipéptido largo puede «leerse» empezando desde el extremo N-terminal. El procedimiento puede realizarse automáticamente con un instrumento conocido como *secuenciador*, que es capaz de realizar todas las reacciones que se presentan en la Figura 5B.2 una y otra vez. El secuenciador acumulará, en un tubo aparte, el derivado PTH de cada residuo de aminoácido del polipéptido, comenzando con el residuo N-terminal y realizando tantos ciclos como desee el operador o lo permita la precisión. Los derivados de PTH

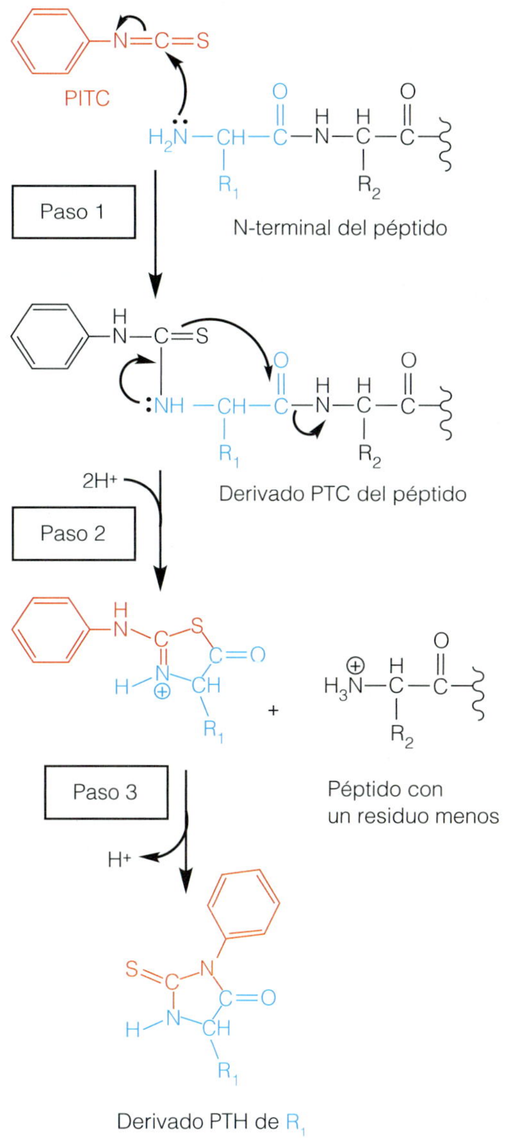


**FIGURA 5B.2**

Degradación de Edman.

se identifican posteriormente mediante cromatografía líquida de alta resolución (HPLC) y/o EM.

En la práctica, pueden leerse con fiabilidad 30-40 residuos mediante la secuenciación de Edman, por lo que es necesario fragmentar las proteínas más largas y luego secuenciar los péptidos más pequeños obtenidos de la reacción de fragmentación. La fragmentación se consigue empleando proteasas como las de la lista de la Tabla 5.4 y/o bromuro de cianógeno. Una vez secuenciado el primer conjunto de fragmentos, se lleva a cabo una segunda fragmentación empleando una proteasa con una especificidad diferente, con lo que se obtiene un segundo conjunto de péptidos que se solapa con el conjunto obtenido en la primera fragmentación. Utilizaremos la secuenciación de la insulina de bovino como ejemplo para ilustrar este proceso. Esta elección es adecuada, ya que fue la primera proteína secuenciada por Frederick Sanger y sus colaboradores a principios de los años 1950 (por este trabajo, Sanger ganó su *primer* Premio Nobel). El ejem-

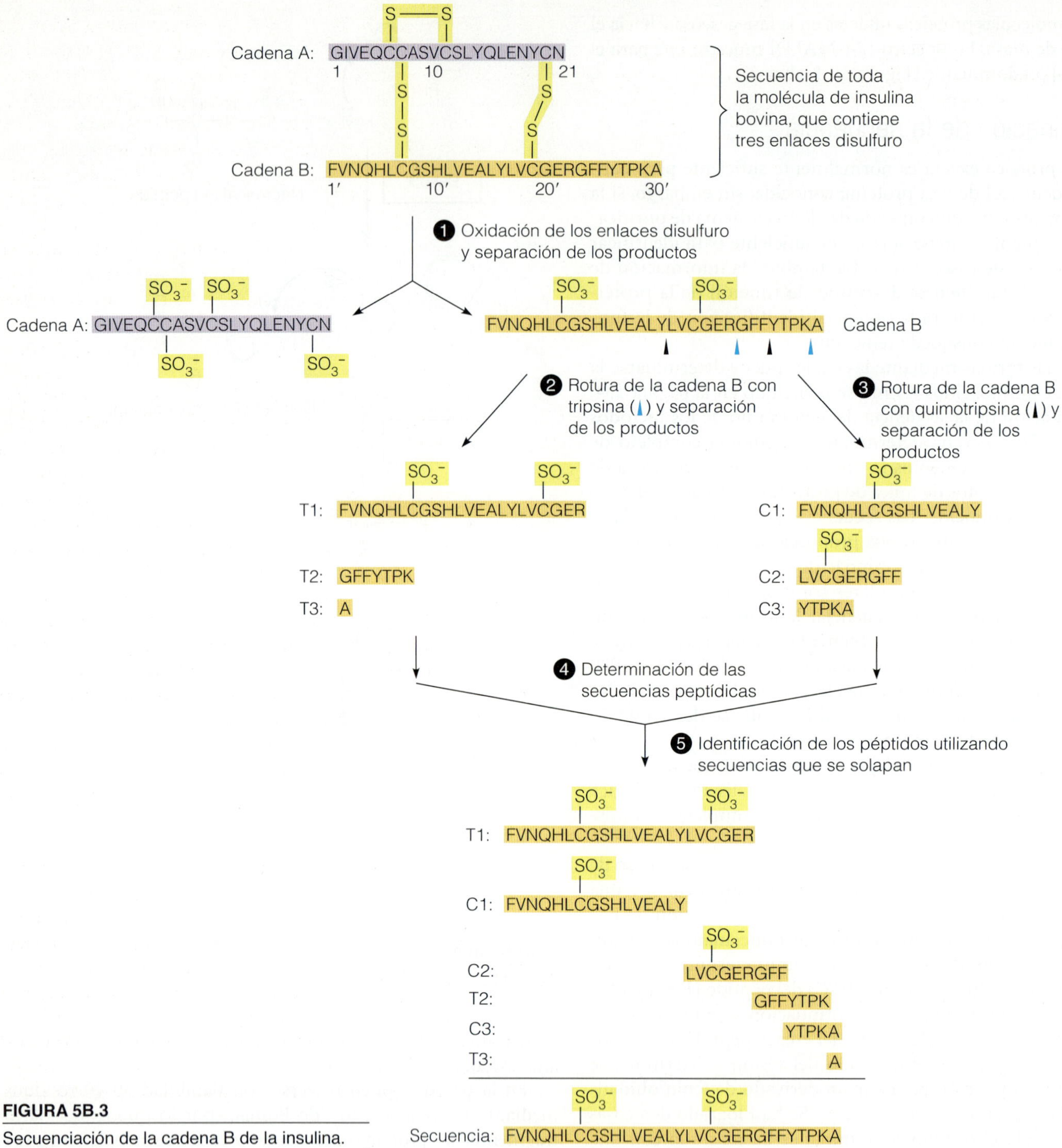


**FIGURA 5B.3**

Secuenciación de la cadena B de la insulina.

plo es también más complicado que la mayoría, ya que hay dos cadenas conectadas de forma covalente y hay que localizar los enlaces disulfuro. Los pasos del procedimiento se presentan en la Figura 5B.3.

El investigador que desee secuenciar una proteína por la degradación de Edman, debe asegurarse primero de que el material es puro. La proteína puede separarse de las demás proteínas por alguna combinación de los métodos descritos en Herramientas de la Bioquímica 5A y comprobar su pureza mediante electroforesis, enfoque isoeléctrico o los dos métodos a la vez. A continuación, debe determinarse si el material contiene más de una cadena polipeptídica, ya que en algunos casos los puentes disulfuro enlazan cadenas de modo covalente. La PAGE-SDS en presencia y ausencia de agentes reductores puede responder a esta pregunta (*véase* Herramientas de la Bioquímica 6B). En el ejemplo de la insulina, hay dos cadenas, A y B, como muestra la Figura 5B.3. Estas cadenas deben separarse y secuenciarse individualmente porque la degradación de Edman liberaría dos conjuntos de derivados de PTH simultáneamente si no se separaran los péptidos. Existen distintas reacciones para romper los enlaces disulfuro y así separar las cadenas. A continuación, se describen las dos reacciones de este tipo más habituales.

La *oxidación con ácido perfórmico* es la técnica que se utiliza en la Figura 5B.3. El agente oxidante fuerte ácido perfórmico reaccionará *irreversiblemente* con cisteína para dar un residuo de ácido cisteico:

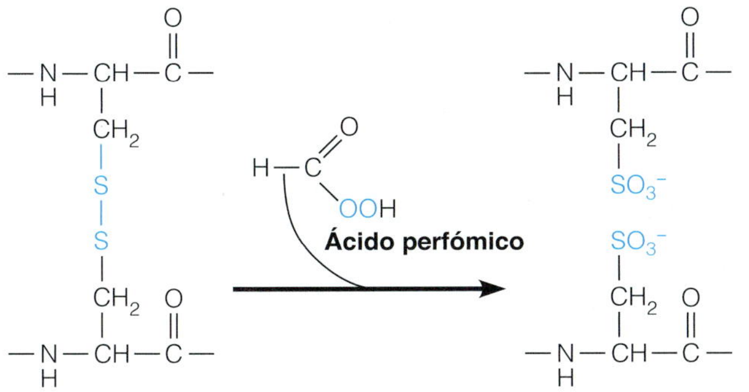


La *reducción con β-mercaptoetanol* es una técnica más suave y *reversible.*

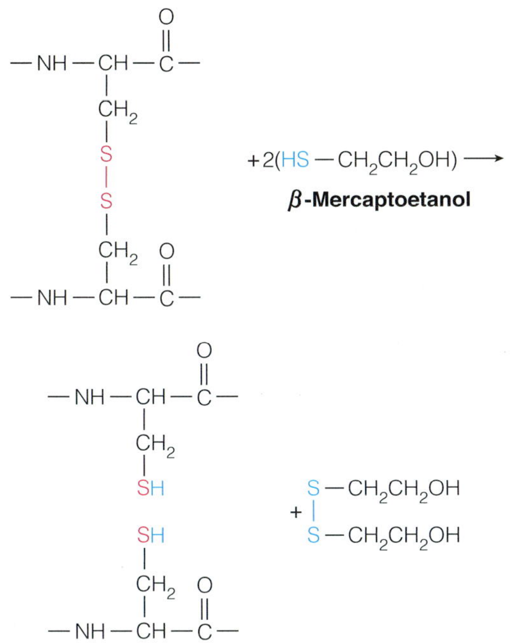


La reducción deja grupos sulfhidrilo libres, que suelen estar colocados, de modo que es probable la reoxidación para formar de nuevo el enlace disulfuro. En consecuencia, para impedirlo suelen bloquearse los sulfhidrilos. Un agente bloqueante común es el yodoacetato:

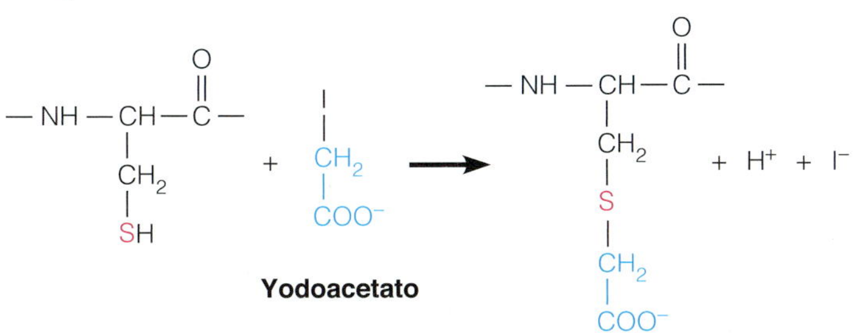


**Residuo de cisteína** **Residuo de δ-carboximetilcesteína**

Si se lleva a cabo alguno de estos dos métodos con la insulina, la proteína completa se fragmenta en cadenas A y B. A continuación, estas cadenas pueden separarse por métodos cromatográficos.

Antes de comenzar la secuencia de las cadenas individuales suele determinarse su composición de aminoácidos (*véase* más abajo). Esta determinación puede señalar composiciones poco habituales y, de este modo, alertar al operador ante problemas potenciales. Además, los datos de la composición servirán para comprobar los resultados de la secuenciación, ya que la secuencia determinada debe concordar con la composición de aminoácidos.

En el caso de la insulina bovina, las cadenas A y B son tan cortas que la instrumentación moderna podría secuenciar cualquiera de ellas en una sola operación del secuenciador; sin embargo, para demostrar los métodos necesarios para proteínas más grandes, suponemos que el investigador debe fragmentar las cadenas de insulina en polipéptidos más cortos (en realidad, este fue el caso de los estudios iniciales de secuenciación de Sanger sobre la insulina). Supongamos que debe secuenciarse la cadena B de la insulina. El primer paso sería fragmentar partes alícuotas de la cadena con dos o más de los reactivos de fragmentación específicos descritos en la Tabla 5.4. Por ejemplo, la tripsina y la quimotripsina producirían los péptidos que aparecen en los pasos 2 y 3, respectivamente, de la Figura 5B.3. A continuación, se aislarían los péptidos individuales de cada una de las dos mezclas utilizando, por ejemplo, cromatografía de intercambio iónico, y podrían determinarse sus secuencias (Figura 5B.3, paso 4).

Suponga que cada péptido de la Figura 5B.3 ha sido secuenciado (paso 4). A pesar de que con solo los péptidos trípticos se cubre toda la secuencia, no son suficientes para permitirnos escribir la secuencia de la cadena B de la insulina, ya que no conocemos el orden en el que aparecen en la cadena intacta. Para evitar este problema tenemos también los péptidos quimotrípticos, que solapan con los péptidos trípticos y en consecuencia, se elimina toda ambigüedad. Solo una disposición de la cadena completa concuerda con las secuencias de estos dos conjuntos de péptidos, como puede verse comparando las secuencias que se solapan (paso 5).

Finalmente, la caracterización completa de la estructura covalente de una proteína requiere localizar las posiciones de todos los enlaces disulfuro. En la preparación para la secuenciación, estos enlaces se habrán destruido, pero se habrán determinado las posiciones de todas las cisteínas, algunas de las cuales *pueden* participar en el enlace. ¿Cómo podemos determinar las cisteínas que están ligadas mediante enlaces disulfuro en la proteína nativa?

Para determinar la disposición de los enlaces disulfuro, el investigador empieza de nuevo con la proteína nativa, la insulina en el ejemplo que aparece en la Figura 5C.4. La reacción con yodoacetato marcado radiactivamente señala los residuos de cisteína libres, y la fragmentación de la proteína en los mismos péptidos de la secuenciación permite que se identifiquen las posiciones de estas cisteínas no enlazadas (paso 1). A continuación se fragmentan muestras de la proteína intacta con varios agentes de fragmetación, pero en esta ocasión, sin romper primero los enlaces disulfuro (pasos 2 y 3). Algunos péptidos, que están conectados por estos enlaces, están unidos entre sí. A continuación, pueden aislarse y romperse sus enlaces disulfuro para averiguar la localización de cada cisteína unida por disulfuros de la proteína.

La espectrometría de masas también puede emplearse para obtener información de la secuencia peptídica. Para hacer esto, el espectrómetro de masas debe tener una celda de colisión y dos analizadores de masa en lugar del único analizador de masa de la

**FIGURA 5B.4**

Localización de los enlaces disulfuro en la insulina.

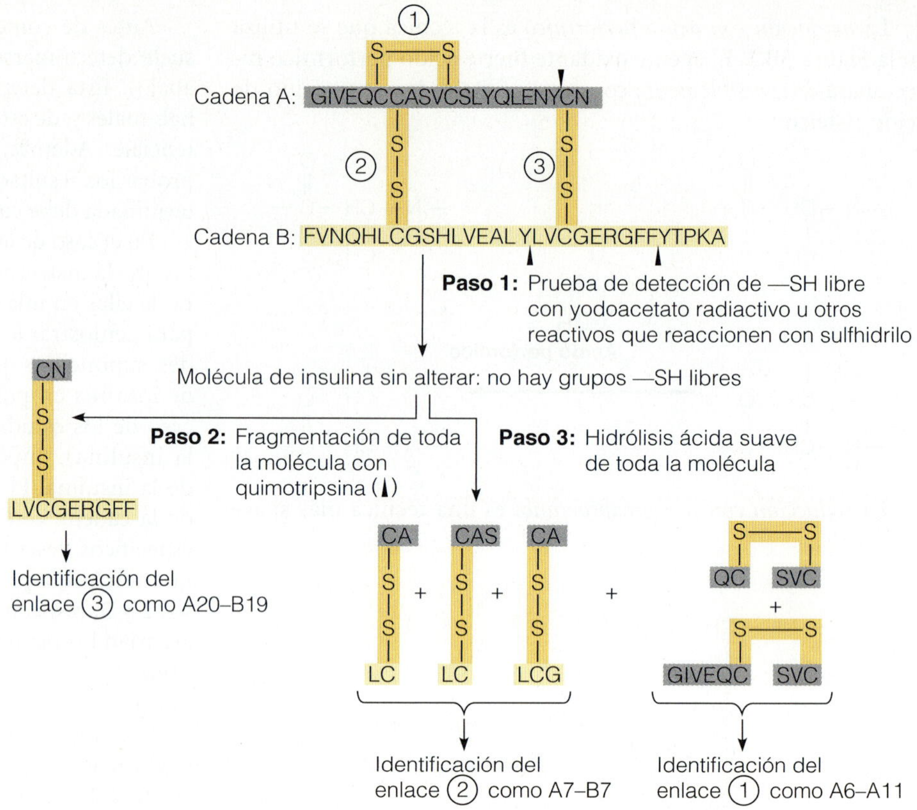


**FIGURA 5B.5**

Secuenciación de péptidos mediante EM-EM.

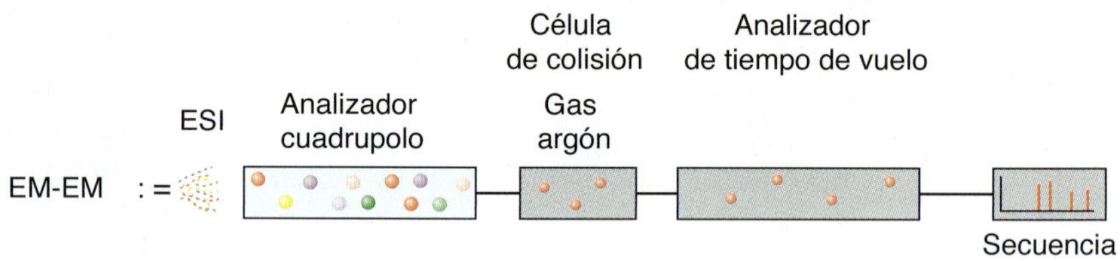


Figura 5B.1. La Figura 5B.5 muestra un diagrama esquemático de un espectrómetro de masas tándem (EM-EM) capaz de secuenciar péptidos, donde los dos analizadores de masa están marcados como «analizador cuadrupolo» y «analizador de tiempo de vuelo». El papel de cada analizador de masa se describirá más adelante.

Como en la secuenciación de Edman, la secuenciación EM-EM funciona mejor con fragmentos peptídicos más pequeños. Los fragmentos pueden generarse utilizando proteasas, o en el propio espectrómetro. Consideremos el caso en el que los fragmentos se generan empleando una proteasa y luego se introducen en el instrumento EM-EM utilizando pulverización eléctrica. Este es ventajoso para la secuenciación, ya que los fragmentos tienen varias cargas distribuidas a lo largo de la molécula. Señalar que el detector de masas registra $m/z$ y así, sin una carga el fragmento no es detectable. Como se representa en la Figura 5B.5, la mezcla de fragmentos peptídicos se introduce mediante pulverización eléctrica en el primer analizador de masa (el analizador cuadrupolo). El analizador cuadrupolo puede ajustarse para seleccionar un fragmento específico (esto es, un intervalo $m/z$ específico) para su introducción en la célula de colisión. Durante el análisis cada fragmento a su vez será dirigido desde el analizador cuadrupolo a la célula de colisión.

En la célula de colisión, el fragmento seleccionado se fragmenta aún más por colisones con átomos de argón. En gran medida la fragmentación en la célula de colisión da lugar a la rotura del esqueleto peptídico, como se muestra en la Figura 5B.6, donde la rotura del primer enlace peptídico da dos subfragmentos: el subfragmento N-terminal, que incluye el residuo $R_1$; y el subfragmento C-terminal, que incluye los residuos $R_2$-$R_4$. Por convenio, los subfragmentos N-terminal se denominan «iones *b*» y los subfragmentos C-terminal se denominan «iones *y*».

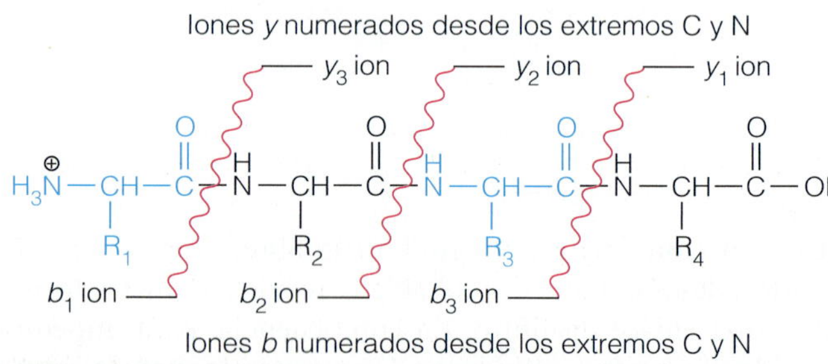


**FIGURA 5B.6**

**Iones principales generados por la disociación de baja energía inducida por colisión.** Las líneas rojas ondulantes indican lugares de rotura del enlace peptídico en la célula de colisión (*véase* la Figura 5B.5).

En la célula de colisión se generan de forma simultánea dos series de subfragmentos: una serie de iones *b* y el conjunto correspondiente de iones *y*. Dentro de cada serie, las masas de los iones se diferencian por la masa de un único residuo de aminoácido (por ejemplo, en la Figura 5B.6 las masas de $b_2$ y $b_3$ se diferencia por la masa del residuo $R_3$). El cociente *m/z* de cada ion está determinado por el tiempo de vuelo del analizador y se registra para generar un espectro complejo con picos de cada ion. Como se conocen las masas de los residuos de aminoácidos (*véase* la Tabla 5.1), pueden identificarse con fiabilidad los aminoácidos presentes en cada fragmento. Los instrumentos EM-EM modernos incluyen programas que pueden identificar fácilmente los patrones de fragmentación consistentes con una secuencia de aminoácidos específica. Este proceso se repite hasta que se secuencie cada fragmento que penetra en el analizador cuadrupolo (en unos pocos minutos), generando, de esta forma, un conjunto de secuencias peptídicas de la proteína. Para encontrar el orden de los péptidos se realiza un segundo análisis EM-EM sobre una serie de fragmentos diferentes generados por una proteasa diferente (o CNBr, etc).

Tanto la secuenciación EM-EM como la de Edman se emplean para determinar secuencias peptídicas, y cada una de ellas tiene sus fortalezas y debilidades. La secuenciación de Edman necesita unos pocos microgramos ($10^{-6}$ g) de la proteína purificada. Proporciona la cobertura casi completa de la secuencia, pero si está modificado el N-terminal de la proteína intacta, la degradación de Edman se bloquea. Este problema se resuelve, en parte, por los métodos de fragmentación que generan para cada fragmento N-terminales sin modificar. Los métodos EM-EM son muy sensibles y solo se necesitan picogramos ($10^{-12}$ g) de la proteína. Además, no es necesaria la preparación de las cadenas o los fragmentos debido a que el método EM-EM realiza la separación de los fragmentos en el espectrómetro de masas, por lo que el método EM-EM es muy rápido. El EM-EM, normalmente, no da una cobertura completa de la secuencia, ya que algunas secuencias de aminoácidos se ionizan con dificultad; sin embargo, es característica una cobertura de un 70-80 % (recuérdese que solo pueden detectarse iones en el instrumento EM por lo que, si un péptido no lleva carga, no será detectado).

Hemos descrito cómo puede determinarse la secuencia de aminoácidos completa o la estructura primaria de una proteína. Estos análisis se han llevado a cabo en varios miles de proteínas diferentes durante los años desde que Sanger determinó por vez primera la secuencia de la insulina. En la actualidad, es raro que se determine la secuencia completa de una proteína utilizando estos métodos ya que la secuenciación de genes es mucho más rápida (y con frecuencia, precede al aislamiento de la proteína de interés); sin embargo, el EM-EM suele utilizarse para determinar una parte de la secuencia de una proteína desconocida. Con una secuencia de solo 6-10 aminoácidos suele ser posible identificar una proteína mediante búsquedas en las bases de datos de secuencias proteicas. Esta utilización de la información de las secuencias proteicas es la base del campo de la **proteómica**, que consideraremos brevemente en Herramientas de la Bioquímica 5D.

## Análisis de aminoácidos

Finalmente, dirigimos nuestra atención a la determinación de la composición de aminoácidos (o «análisis de aminoácidos») de una proteína purificada. Dados los avances recientes en la secuenciación de genes y en la espectrometría de masas de las proteínas, la determinación de la composición de aminoácidos de una proteína ya no es un procedimiento analítico común; sin embargo, permanece como un método estándar para la cuantificación exacta de proteína en una muestra analítica.

El análisis de aminoácidos (AAA) comporta tres pasos básicos:

1. *Hidrólisis* de la proteína a sus aminoácidos constituyentes.
2. *Separación* de los aminoácidos de la mezcla.
3. *Cuantificación* de los aminoácidos individuales.

Primero, se purifica una pequeña muestra de la proteína, quizá mediante alguna combinación de los métodos descritos en Herramientas de la Bioquímica 5A. La proteína purificada se disuelve en HCl 6 M y se sella la solución en una ampolla al vacío. A continuación, se calienta a 105-110 °C durante, aproximadamente, 24 horas. En estas condiciones, los enlaces peptídicos metaestables entre los residuos se hidrolizan totalmente.

A continuación, la muestra hidrolizada se separa en los aminoácidos constituyentes en una columna de intercambio catiónico. Las resinas que se utilizan normalmente son las de poliestireno sulfonado:

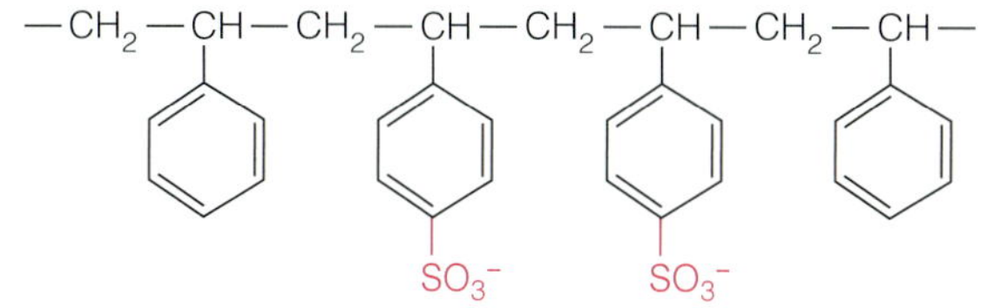


Esta clase de resina separa los aminoácidos de dos modos. En primer lugar, al estar cargada negativamente, tiende a hacer pasar primero los aminoácidos ácidos y retener los básicos. El pH del amortiguador eluyente se aumenta durante la elución para facilitar esta separación. En segundo lugar, la naturaleza hidrófoba del propio poliestireno tiende a retener los aminoácidos más hidrófobos, como leucina y fenilalanina. En la Figura 5B.7 se presenta un ejemplo de este tipo de análisis. Obsérvese el orden de aparición de los aminoácidos, que va del más ácido al más básico. Los analizadores de aminoácidos modernos están completamente automatizados y llevan a cabo, tanto la separación cromatográfica de los aminoácidos como su cuantificación.

Existen muchos métodos para detectar y cuantificar los aminoácidos que eluyen de la columna, pero la fluorescencia es la que se utiliza habitualmente debido a su sensibilidad. Por ejemplo, los aminoácidos pueden hacerse reaccionar con *o*-ftalaldehído para producir un complejo fluorescente:

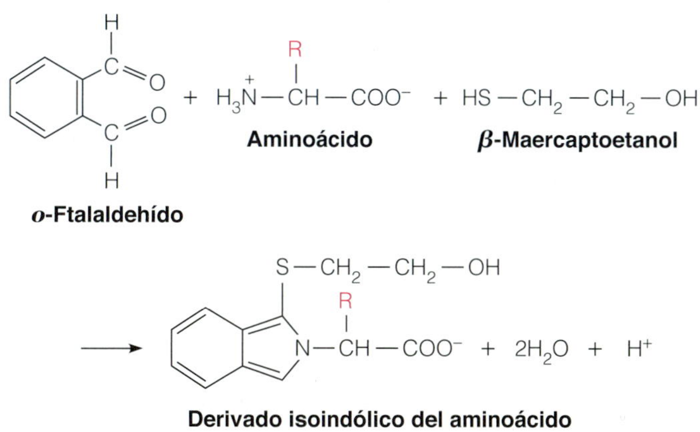


Tales técnicas de detección proporcionan fácilmente una sensibilidad del orden de picomoles (pmol, o $10^{-12}$ mol). Los siste-

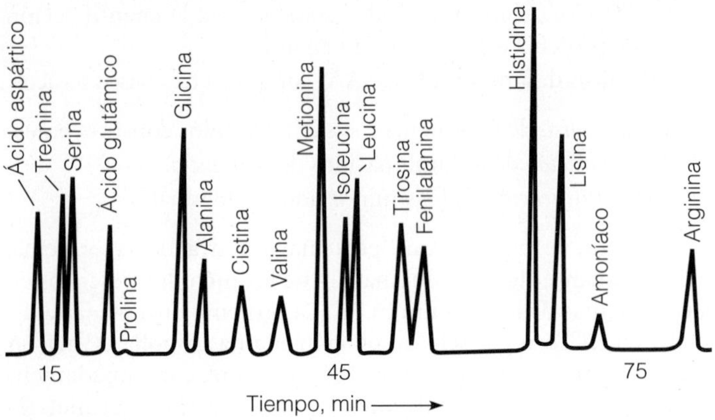


**FIGURA 5B.7**

**Análisis de un hidrolizado proteico en un analizador de aminoácidos de una sola columna.** El cromatograma muestra el orden de elución de los aminoácidos hidrolizados en una columna de poliestireno. Los aminoácidos libres se detectan por la absorbancia a 220 nm.

mas de microelectroforesis y detección fluorescente han ampliado esta sensibilidad al orden de *atomoles* (amol, o $10^{-18}$ mol). Esta cantidad corresponde solo a unos pocos miles de moléculas. De hecho, las técnicas de análisis de aminoácidos han llegado hasta el punto de que puede analizarse con facilidad la cantidad de proteína que contiene una mancha en una electroforesis en gel bidimensional (*véase* la Figura 1.11, página 19).

Por supuesto, estos procedimientos no son tan sencillos ni presentan tan pocos problemas como podría deducirse a partir del comentario anterior. Algunos aminoácidos presentan problemas en la reacción con los compuestos utilizados para la detección; en particular, la prolina, dado que es un aminoácido secundario, suele reaccionar de modo diferente o no reacciona en absoluto. Además, algunos aminoácidos tienden a quedar parcialmente destruidos durante la hidrólisis intensa. En este aspecto el triptófano presenta problemas y debe determinarse mediante hidrólisis con base y detección mediante absorbancia ultravioleta (*véase* la Figura 5.6). La serina, la treonina y la tirosina también tienden a degradarse durante una hidrólisis larga. Estas dificultades pueden evitarse, en gran medida, realizando reacciones protectoras previas o midiendo el contenido aparente del aminoácido en momentos distintos de la hidrólisis y extrapolándolos al momento cero de la hidrólisis. La asparagina y la glutamina se hidrolizan invariablemente para dar los ácidos aspártico y glutámico, de modo que el contenido total observado de estos ácidos incluye las amidas. Esta reacción, como las demás reacciones de degradación mencionadas antes, puede evitarse utilizando una hidrólisis enzimática, con una mezcla de enzimas proteolíticas, en lugar de la hidrólisis ácida. Sin embargo, este método también presenta inconvenientes, porque, a veces, es difícil lograr una hidrólisis completa y las mismas enzimas deben eliminarse antes del análisis. A pesar de estas complicaciones, el análisis de aminoácidos mediante analizadores automatizados se ha convertido en una operación habitual en la caracterización proteica.

## Bibliografía

**Cañas, B., López-Ferrer, D., Ramos-Fernández, A.,Camafeita, E.** y **Calvo, E.** (2006) Mass spectrometry technologies for proteomics. *Brief. Funct. Genom. Proteom.* 4:295-320.

**Cheng, Y.-F.** y **Dovichi, N.** (1988) Subattomole amino acid analysis by capillary zone electrophoresis and laser-induced fluorescence. *Science* 242:562-564.

**Edman, P.** y **Begg, G.** (1967) A protein sequenator. *Eur. J. Biochem.* 1:80-91. El primer método automático.

**Liu, T.-Y.** (1972) Determination of tryptophan. *Methods Enzymol.* 25:44-55.

Thomas, J. J., R. Bakhtiar y G. Suizdak (2000) Mass Spectrometry in Viral Proteomics. *Acc. Chem. Res.* 33:179-187.

**Walsh, K. A., Ericsson, L. H., Parmelee, D. C.** y **Titani, K.** (1981) Advances in protein sequencing. *Annu. Rev. Biochem.* 50:261-284.

*Véase* también este sitio web, mantenido por A. E. Ashcroft, que describe la espectrometría de masas: www.astbury.leeds.ac.uk/facil/MStut/mstutorial.htm

## HERRAMIENTAS DE LA BIOQUÍMICA 5C

### Cómo se sintetiza un polipéptido

La síntesis química de péptidos de secuencia definida es de gran importancia en medicina y biología molecular. Pueden fabricarse algunas hormonas sintéticas con aminoácidos no naturales que las hagan más estables *in vivo* y, por tanto, mejores para el tratamiento. Pueden utilizarse péptidos sintéticos para producir eficazmente anticuerpos contra porciones de proteínas específicas; estos anticuerpos son útiles para estudiar la interacción de las proteínas con otras moléculas.

Para sintetizar un péptido de secuencia definida deben cumplirse varios criterios:

1. Debe ser posible añadir aminoácidos de uno en uno, preferiblemente en un reactor automatizado.
2. Debido a la metaestabilidad del enlace peptídico, los aminoácidos deben activarse de forma que la formación de ese enlace peptídico sea favorable y eficiente (>98 % por ciclo).
3. Para evitar las reacciones secundarias, deben bloquearse todos los grupos reactivos (en este caso, buenos nucleófilos) —esto es, bloquear su reacción— distintos de los grupos amino y carboxilo, que están destinados a formar el enlace peptídico deseado.
4. Los grupos protectores empleados para los grupos de la cadena lateral deben ser estables para la síntesis completa pero, el grupo protector del grupo α-amino debe eliminarse selectivamente para cada ciclo de formación del enlace peptídico.

Existen dos esquemas sintéticos habituales que se utilizan para farbricar péptidos. La síntesis peptídica en fase sólida (SPFS) diseñada por Bruce Merrifield (y reconocida con el Premio Nobel) utiliza el grupo *t*-butiloxicarbonil (Boc) para proteger el grupo a-amino. Un segundo esquema popular utiliza el grupo 9-fluorenilmetoxicarbonil (Fmoc) para proteger el grupo $\alpha$-amino. Ambos esquemas pueden automatizar la síntesis en fase sólida y aún se emplean mucho. En algunos casos, un esquema proporcionará un mejor rendimiento para una secuencia dada que el otro, de forma que la mayoría de los laboratorios que sintetizan péptidos tienen máquinas para ambos métodos Boc y Fmoc.

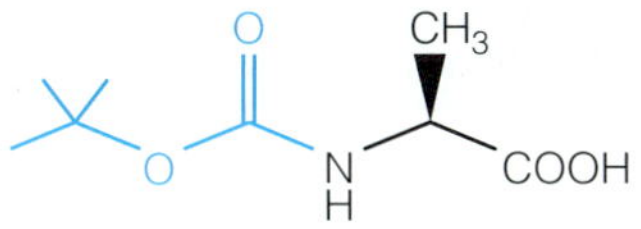


N-α-*t*Boc-alanina

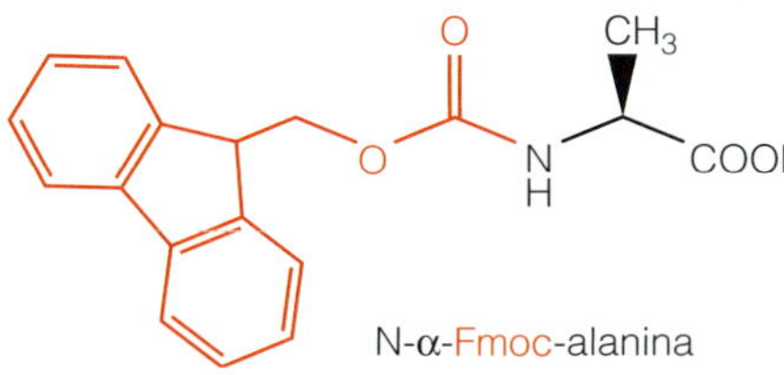


N-α-Fmoc-alanina

En la Figura 5C.1 se muestra un esquema simplificado basado en la química en fase sólida de Merrifield. La ventaja del método en fase sólida es que la cadena peptídica creciente permanece unida a la matriz sólida (denominada «resina SPPS») hasta el último paso de la síntesis; de esta forma, durante cada paso, se eliminan mediante lavado los reactantes y contaminantes en exceso. Para comenzar la síntesis, el aminoácido C-terminal de la secuencia peptídica deseada se une, de modo covalente, a un lecho de una resina SPPS, con su grupo $H_3N^+$ expuesto. A continuación, se llevan a cabo una serie de tres pasos hasta completar un ciclo de formación de enlace peptídico. Estos pasos incluyen: (1) desprotonación del grupo $\alpha$-amino para hacerlo mejor nucleófilo; (2) activación del grupo ácido carboxílico del siguiente aminoácido de la secuencia deseada, seguido de la adición covalente del aminoácido activado a la cadena peptídica creciente; y (3) desprotección del α-amino N-terminal nuevo. El enlace peptídico nuevo se forma en el paso 2. Se repiten los pasos 1-3 hasta que se haya sintetizado la secuencia deseada. Finalmente, se desprotegen el grupo $\alpha$-amino N-terminal y todas las cadenas laterales protegidas y el péptido se separa de la resina.

A continuación, se da una breve descripción de cada paso en la síntesis de un enlace peptídico. El aminoácido que va a añadirse al péptido creciente unido a la resina tiene un grupo ácido carboxílico libre, un grupo α-amino protegido con Boc y, si es necesario, un grupo cadena lateral protegido. El ácido carboxílico se convierte *in situ* en un éster carboxílico más reactivo mediante la reacción con un reactivo de carbodiimida (paso 2). La reacción de acoplamiento produce un nuevo enlace peptídico y un péptido con un aminoácido más largo, que tiene el grupo α-amino protegido con Boc. El grupo protector Boc se elimina selectivamente utilizando ácido trifluoroacético (paso 3), y se añade, a continuación, el residuo activado siguiente (repetición de los pasos 1-3). Obsérvese que el último residuo añadido es el residuo N-terminal. Todas las reacciones se llevan a cabo automáticamente, con las cadenas en crecimiento fijadas a la resina. En el último paso, se añade HF para eliminar cualquier grupo protector de las cadenas laterales y simultáneamente, romper el enlace peptídico de la resina.

Utilizando estos métodos pueden sintetizarse de forma rutinaria péptidos con una longitud de alrededor de 50 residuos, con un buen rendimiento. Los laboratorios más expertos pueden fabricar cadenas de unos 150 aminoácidos. Merrifield, por ejemplo, sintetizó una enzima activa (ribonucleasa) de 124 residuos y Stephen Kent y colaboradores han fabricado proteínas pequeñas de 140-160 aminoácidos. Existen también métodos para condensar un péptido sintético con una secuencia procedente de una proteína biosintética intacta. De esta manera, pueden incorporarse aminoácidos no naturales a proteínas más largas. La descripción de estos métodos, que se denominan *ligamiento químico nativo* y *ligamiento proteico expresado* va más allá del alcance de este tratamiento. El lector interesado puede encontrar más detalles en las citas que se dan al final de esta sección.

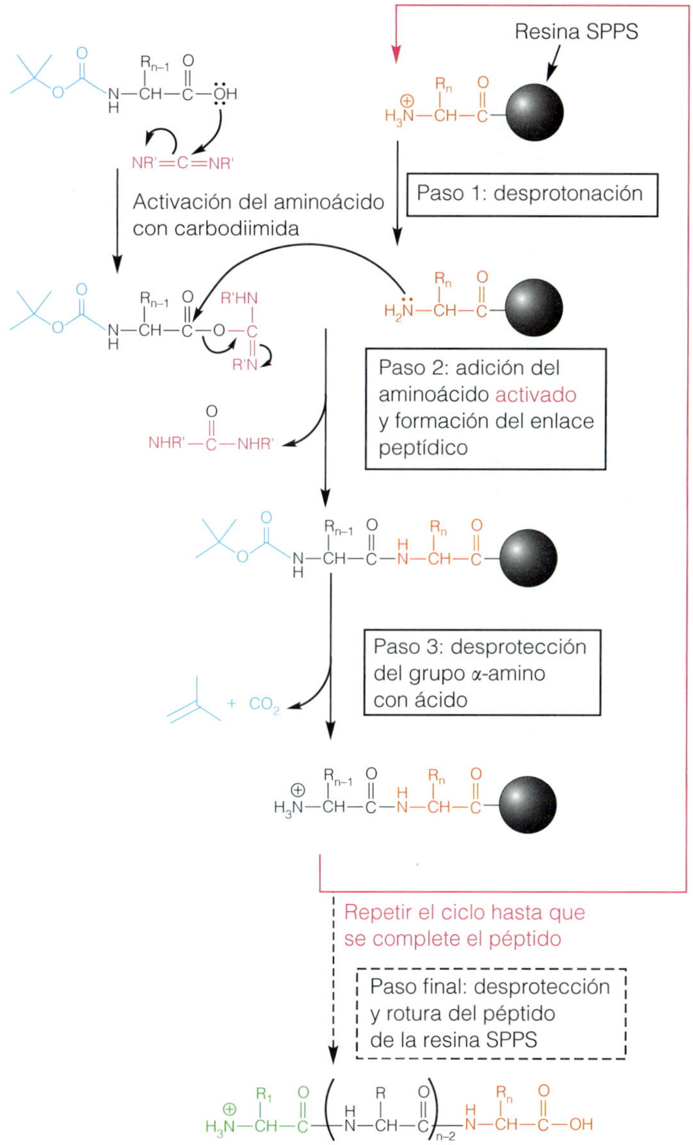


**FIGURA 5C.1**

**Reacciones de la síntesis peptídica en fase sólida.** Los pasos individuales se describen en el texto.

## Dispositivos combinatorios de péptidos organizados espacialmente y dirigidos por la luz

Con frecuencia es necesario analizar simultáneamente un gran número de péptidos diferentes para algún tipo de actividad biológica. Por ejemplo, puede quererse conocer qué miembro de una gran familia de oligopéptidos similares es el antígeno que reacciona con un anticuerpo específico. Inicialmente, este era un proceso muy laborioso que requería hasta centenares de síntesis diferentes.

En la actualidad, es posible preparar dispositivos bidimensionales microscópicos que contienen muchas combinaciones de péptidos crecidos sobre una superficie sólida, utilizando técnicas prestadas de la fotolitografía y de la impresión por chorro de tinta. En la Figura 5C.2 se ilustra la técnica fotolitográfica. Los aminoácidos que se van a emplear tienen bloqueado el N-terminal con un grupo protector fotolábil y llevan grupos carboxilo activados. En primer lugar, reacciona una clase de aminoácidos (en este caso, Leu) con una superficie cubierta con grupos amino. A continuación, se ilumina toda la superficie, con lo que se eliminan los grupos protectores. Luego puede añadirse a cada cadena un segundo aminoácido activado. En este ejemplo, el péptido GGFL ha crecido en cada lugar. Para generar la diversidad de secuencia se coloca una máscara rectangular sobre la superficie, de forma que solo se ilumine la mitad de los cuadrados del patrón de tablero de damas. Esto permite el acoplamiento de residuos de Tyr en la porción iluminada. A continuación, se ilumina la otra porción y se acopla con Pro. De esta forma, en este ejemplo se obtiene un patrón simple de tablero de damas con PGGFL y YGGFL alternantes. La Figura 5C.3 presenta la reacción de un anticuerpo fluorescente que reacciona con YGGFL en una superficie así. El ejemplo que se presenta es simple: pueden generarse fácilmente patrones mucho más complejos utilizando máscaras solapantes, lo cual permite generar, sobre una superficie, miles de péptidos diferentes, con un patrón determinado.

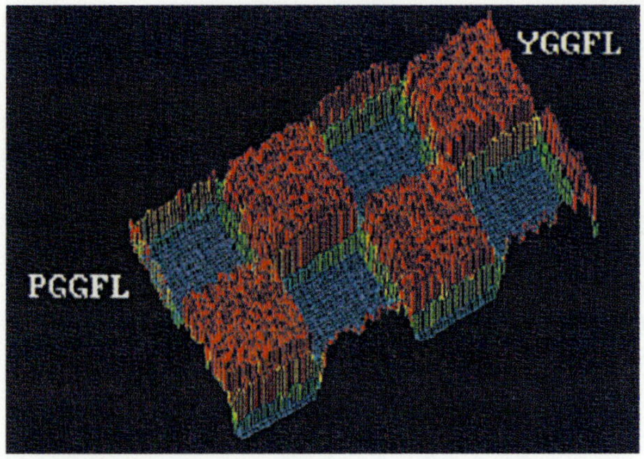


**FIGURA 5C.3**

**Representación tridimensional de la matriz tablero de damas de YGGL y PGGFL.** Los datos de intensidad de fluorescencia se convierten en alturas de picos proporcionales al número de cuentas detectadas en los pixeles cuadrados de 2,5 mm. Los picos también están coloreados.

De *Science* 251:767-773, Fodor, S. P., Read, J. L., Pirrung, M. C., Stryer, L., Lu, A. T. y Solas,D., Light-directed, spatially addressable parallel chemical synthesis. © 1991, Reproducido con permiso de AAAS y Stephen P. A. Fodor.

Empleando una estrategia sintética diferente, se han creado micromatrices con más de 10.000 proteínas inmovilizadas sobre un único portaobjetos de vidrio para la detección rápida de interacciones proteína-proteína y la determinación de los niveles de expresión proteica intracelular. Estos «chips proteicos» se crean depositando unos pocos nanolitros de una disolución proteica en un lugar preciso de un portaobjetos. Cada mancha en el portaobjetos puede ser una proteína diferente. En estas micromatrices las proteínas son capaces de interactuar con otras proteínas y moléculas más pequeñas como fármacos candidatos y sustratos enzimáticos; de esta forma, esta tecnología hace posible la medida directa de las interacciones proteína-proteína y proteína-ligando.

### Bibliografía

**Clark-Lewis, I., Aebersold, R., Ziltener, H., Schrader, J. W., Hood, L. E.** y **Kent, S. B. H.** (1986) Automated chemical synthesis of a protein growth factor for hemopoietic cells, interleukin-3. *Science* 231:134-139.

**Dawson, P. E., Muir, T. W., Clark-Lewis, I.** y **Kent, S. B. H.** (1994) Synthesis of proteins by native chemical ligation. *Science* 266:776-779.

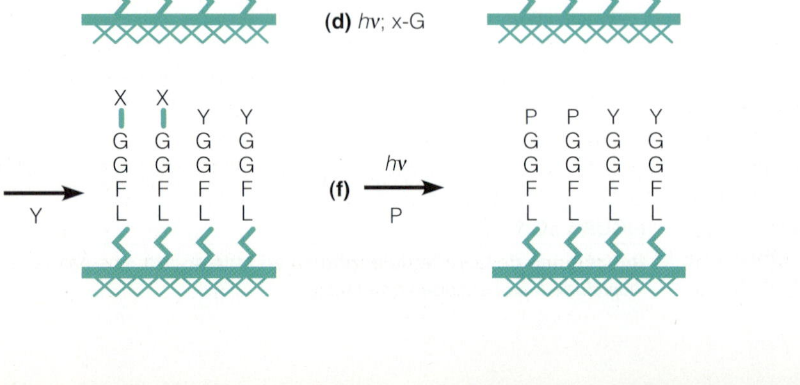


**FIGURA 5C.2**

**Ejemplo de la síntesis de oligopéptidos dirigida por la luz y con un patrón espacial.** X señala un grupo de bloqueo fotolábil unido a cada residuo de aminoácido que se añade. En los pasos a-d, el tetrapéptido GGFL se forma sobre la superficie. Se usa entonces una máscara para iluminar y romper los grupos de bloqueo en áreas definidas, para permitir la adición de tirosina (paso e). Se utiliza un ciclo adicional de fotodesprotección y acoplamiento para añadir prolina en las áreas restantes.

De *Science* 251:767-773, Fodor, S. P., Read, J. L., Pirrung, M. C., Stryer, L., Lu, A. T. y Solas,D., Light-directed, spatially addressable parallel chemical synthesis. © 1991, Reproducido con permiso de AAAS y Stephen P. A. Fodor.

**Flavell, R. R. y T. W. Muir** (2009) Expressed protein ligation (EPL) in the study of signal transduction, ion conduction, and chromatin biology. *Accts Chem. Res.* 42:107-116.

**Fodor, S. P. A., Reed, J. L., Pirrung, M. C., Stryer, L., Lu, A. T. y D. Solas** (1991) Light-directed spatially addressable parallel chemical synthesis. *Science* 251:767-773.

**Kochendoerfer G. G.,** *et al.* (2003) Design and chemical synthesis of a homogeneous polymer-modified erythropoiesis protein. *Science* 299:884-887.

**MacBeath, G.** y **Schreiber, S. L.** (2000) Printing proteins as microarrays for high-throughput function determination. *Science* 289:1760-1763.

**Merrifield, B.** (1986) Solid phase synthesis. *Science* 232:341-347.

**Schnolzer, M.** y **S. B. Kent, S. B.** (1992) Constructing proteins by dovetailing unprotected synthetic peptides: Backbone-engineered HIV protease. *Science* 256:221-225.

**Vila-Perelló, M.** y **T. W. Muir, T. W.** (2010) Biological applications of protein splicing. *Cell* 143:191-200.

**Zhu, H., Bilgin, M., Bangham, R., Hall, D., Casamayor, A., Bertone, P., Lan, N., Jansen, R., Bidlingmaier, S., Houfek, T., Mitchell, T., Miller, P., Dean, R. A., Gerstein, M.** y **Snyder, M.** (2001) Global analysis of protein activities using proteome chips. *Science* 293:2101-2105.

## HERRAMIENTAS DE LA BIOQUÍMICA 5D

### Una breve introducción a la proteómica

El complemento de proteínas presente en una célula dada constituye el **proteoma** de esa célula. Como se mencionó en el Capítulo 1, la **Proteómica** es el campo de estudio que trata de entender las relaciones complejas entre las proteínas y la función celular a través del análisis global del proteoma, en lugar de investigar las propiedades de las proteínas purificadas, una vez aisladas. La proteómica incluye, entre otras cosas, los esfuerzos para conocer la expresión proteica y/o las variaciones del nivel de las modificaciones posteriores a la traducción en las células, y las consecuencias de estas variaciones. Por ejemplo, ¿cuál es la diferencia entre el proteoma de una célula pancreática normal y el proteoma de una célula pancreática cancerosa? ¿Cómo puede un investigador comenzar a investigar este tema, si cada célula puede expresar muchos miles de proteínas diferentes en un momento dado? Los chips proteicos descritos en Herramientas de la Bioquímica 5C ofrecen un método para obtener esta información, pero hay otros métodos que se utilizan más habitualmente.

Un experimento proteómico puede, por ejemplo, identificar de forma rápida las diferencias de los niveles de expresión celular o la modificación posterior a la traducción (por ejemplo, fosforilación) entre los proteomas de células normales y enfermas. La clave es identificar correctamente las proteínas afectadas. La mejor técnica para conseguirlo es la espectrometría de masas (*véase* Herramientas de la Bioquímica 5B). Una vez identificadas las proteínas afectadas, puede investigarse sobre el probable papel de la proteína.

Un experimento proteómico típico incluye los pasos siguientes: (1) separación y aislamiento de la proteína o fragmentos proteicos de las células o un organismo; (2) identificación mediante secuenciación EM-EM (Figuras 5B.5 y 5B.6) de una determinada proteína de la mezcla compleja; y (3) búsqueda en las bases de datos para identificar la proteína diana y su posible función. En la práctica, puede utilizarse la electroforesis 2-D para separar los péptidos (*véase* la Figura 1.11, página 19) así como para identificar dianas proteicas potenciales para el análisis proteómico. Sin embargo, la extracción de péptidos de los geles 2-D es laboriosa, y se prefiere el análisis directo de las mezclas peptídicas complejas utilizando espectrometría de masas tándem para los estudios proteómicos a gran escala.

En la Figura 5D.1 se ilustra un experimento proteómico básico. Se digiere una mezcla compleja de proteínas, en este caso, con la proteasa tripsina. Esta mezcla da lugar a una mezcla compleja de péptidos que pueden separarse, por ejemplo, mediante HPLC (*véase* Herramientas de la Bioquímica 5B). Lo que sale del HPLC se inyecta directamente en un espectrómetro de masas. La complejidad de esta mezcla de péptidos está representada por los numerosos picos generados en el espectro de masas de la corriente iónica total (CIT) [Panel (a)]. Si el material de partida de este experimento es una mezcla muy compleja (por ejemplo, extracto celular), es probable que cada uno de los picos del espectro de masas CIT contenga varios péptidos; sin embargo, estos péptidos pueden separarse dentro del espectrómetro de masas de acuerdo con las diferencias de cociente masa/carga de los péptidos. Los péptidos separados se muestran en un espectro de masas «ion principal» mucho menos complejo [Panel (b)]. Cada ion principal puede analizarse mediante EM-EM para dar la secuencia de aminoácidos (*véanse* las Figuras 5B.3 y 5B.6). El Panel (c) de la Figura 5D.1 muestra el espectro EM-EM de uno de los iones principales del espectro de masas del panel (b). La secuencia de aminoácidos determinada experimentalmente se utiliza posteriormente como entrada para buscar una secuencia proteica en la base de datos. En el ejemplo expuesto aquí, la secuencia del péptido es un fragmento de la albúmina de suero bovino.

La EM-EM es compatible con el análisis de mezclas peptídicas complejas, ya que solo se selecciona un fragmento peptídico de la mezcla para su secuenciación por el analizador de masas. De esta forma, es posible aún realizar una identificación positiva de una proteína en mezclas complejas con muchas proteínas. En teoría, todas las proteínas de la mezcla pueden identificarse, suponiendo que las secuencias se encuentren en alguna base de datos.

La espectrometría de masas es especialmente adecuada para la detección de modificaciones posteriores a la traducción. Una modificación habitual es la *fosforilación proteica*, que confiere variaciones de la masa y de la carga en la proteína fosforilada. También puede detectarse la presencia de alguna actividad enzimática mediante análisis de masas, añadiendo un reactivo químico de marcaje que esté unido covalentemente a algún sustrato

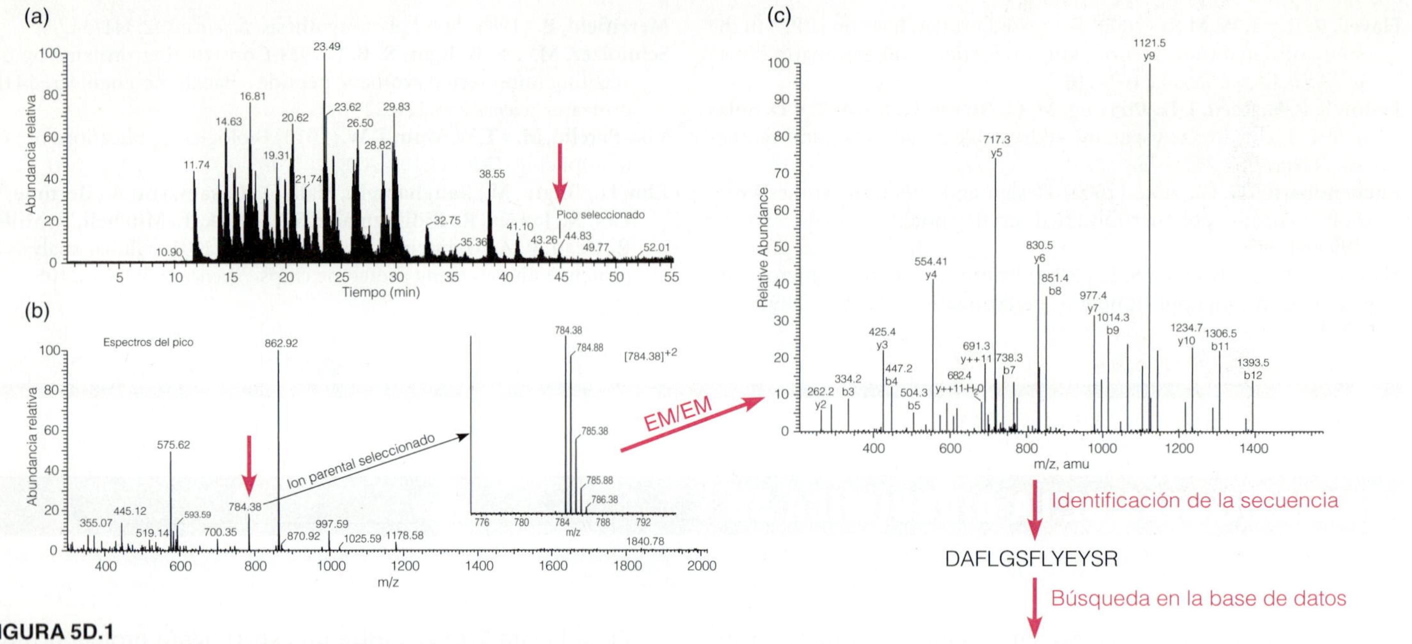


**P02769 Precursor de la albúmina sérica (Alergeno Bos d 6) (BSA)**
MKWVTFISLLLLFSSAYSRGVFRRDTHKSEIAHRFKDLGEEHFKGL
VLIAFSQYLQQCPFDEHVKLVNELTEFAKTCVADESHAGCEKSLHT
LFGDELCKVASLRETYGDMADCCEKQEPERNECFLSHKDDSPDL
PKLKPDPNTLCDEFKADEKKFWGKYLYEIARRHPYFYAPELLYYAN
KYNGVFQECCQAEDKGACLLPKIETMREKVLASSARQRLRCASIQ
KFGERALKAWSVARLSQKFPKAEFVEVTKLVTDLTKVHKECCHGD
LLECADDRADLAKYICDNQDTISSKLKECCDKPLLEKSHCIAEVEK
DAIPENLPPLTADFAEDKDVCKNYQEAK**DAFLGSFLYEYSR**RHPEY
AVSVLLRLAKEYEATLEECCAKDDPHACYSTVFDKLKHLVDEPQNL
IKQNCDQFEKLGEYGFQNALIVRYTRKVPQVSTPTLVEVSRSLGKV
GTRCCTKPESERMPCTEDYLSLILNRLCVLHEKTPVSEKVTKCCTE
SLVNRRPCFSALTPDETYVPKAFDEKLFTFHADICTLPDTEKQIKKQ
TALVELLKHKPKATEEQLKTVMENFVAFVDKCCAADDKEACFAVEG
PKLVVSTQTALA

**FIGURA 5D.1**

**Identificación de una proteína de interés utilizando métodos proteómicos.** Panel **(a)** Un espectro de masas de corriente iónica total (CIT) de una mezcla compleja de péptidos separados por HPLC. Los iones peptídicos de cualquier parte del espectro de masas CIT pueden seleccionarse dentro del espectrómetro de masas y someterse a un análisis posterior mediante espectroscopía de masas tándem (por ejemplo, el pico bajo la flecha roja). Panel **(b)** La fragmentación del ion seleccionado en el panel (a) da un conjunto de iones que pueden separarse posteriormente mediante el cociente masa/carga en el espectrómetro de masas. Panel **(c)**: Un espectro EM-EM de uno de los iones parental del panel (b) [Flecha roja del panel (b)]. Se utiliza la secuencia de 13 aminoácidos obtenida en el análisis EM-EM para la búsqueda en la base de datos.

Los paneles (a-c) son cortesía de Jack Benner. El panel (d) es cortesía de SIB Swiss Institute of Bioinformatics.

por la enzima diana o que se convierta en un producto de menor peso molecular. Estas clases de experimentos proteómicos se han utilizado para detectar trastornos metabólicos en recién nacidos (*véanse* las citas).

Existen muchos retos en el análisis proteómico. Por ejemplo, las proteínas presentes en bajas concentraciones en una lisis celular pueden ser difíciles de detectar. En algunas células eucariotas, las diferencias de concentración entre las proteínas más abundantes y las menos abundantes puede ser de $10^6$ veces, y muchas proteínas, que son dianas interesantes (por ejemplo, para el desarrollo de fármacos), son proteínas poco abundantes. Por estas razones, puede incluirse un paso de fraccionamiento antes del análisis de masas, bien para eliminar las proteínas que se expresan mucho y/o aumentar las concentraciones de las proteínas poco abundantes.

## Bibliografía

**Dunn, M. J.** (2000) Studying heart disease using the proteomic approach. *Drug Discov. Today* 5:76-84.

**Gavin, A.-C.,** *et al.* (2001) Functional organization of the yeast proteome by systematic analysis of protein complexes. *Nature* 415:14-147.

**Goh, W W. B., Lee, Y. H., Zubaidah, R. M., Jin, J., Dong, D., Lin, Q., Chung, M. C. M.,** y **Wong, L.** (2011) Network based pipeline for analyzing MS data: An application toward liver cancer. *J. Proteome Res.* 10:2261-2272.

**Graves, P R.** y **Haystead, T. A.** (2002) Molecular biologist's guide to proteomics. *Microbiol. Mol. Biol. Rev.* 66:39-63.

**Nagaraj, S. H., Gasser, R. B.** y **Ranganathan, S.** (2006) A hitchhiker's guide to expressed sequence tag (EST) analysis. *Brief. Bioinform.* 8:6-21.

**Ning, Z., Zhou, H., Wang, F., Abu-Farha, M.** y **Figeys, D.** (2011) Analytical aspects of proteomics: 2009-2010. *Anal. Chem.* 83:4407-4426.

**Rain, J. C., L. Selig, Reuse, H. de, Battaglia, V., Reverdy, C., Simon, S., Lenzen, G., Petel, F., Wojcik, J., Schachter, V., Chemama, Y., Labigne, A.** y **Legrain, P.** (2001) The protein-protein interaction map of *Helicobacter pylori. Nature* 409:211-215.

**Spacil, Z., Elliott, S., Reeber, L., Gelb, M. H., Scott, C. R.** y **Turecek, F.** (2011) Comparative triplex tandem mass spectrometry assays of lysosomal enzyme activities in dried blood spots using fast liquid chromatography: Application to newborn screening of Pompe, Fabry and Hurler diseases. *Anal. Chem.* 83:4822-4828.

**Sutton, C. W., Rustogi, N., Gurkan, C., Scally, A., Loizidou, M. A., Hadjisavvas, A.** y **Kyriacou, K.** (2010) Quantitative proteomic profiling of matched normal and tumor breast tissues. *J. Proteome Res.* 9:3891-3902.

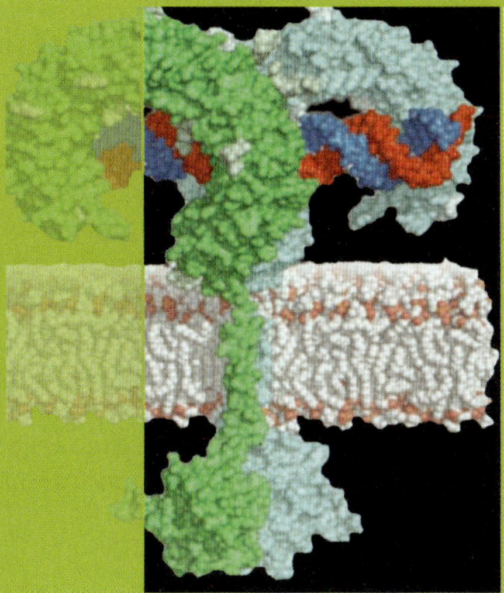

# CAPÍTULO 6

## Estructura tridimensional de las proteínas

**En el Capítulo 5 presentamos** el concepto de estructura primaria de las proteínas. Destacamos que este primer nivel de organización, la secuencia de aminoácidos, viene dado por la secuencia de DNA del gen para cada proteína. Sin embargo, la mayoría de las proteínas presentan también niveles superiores de organización estructural. Es la estructura tridimensional de cada proteína la que especifica su función en un proceso biológico determinado.

Las moléculas proteicas poseen cuatro niveles de organización estructural: primaria (secuencia), secundaria (plegado local), terciaria (plegado global) y cuaternaria (asociación de subunidades).

En la Figura 5.1 (página 137) se muestra la localización espacial bien definida de cada átomo pesado de la proteína mioglobina de cachalote. La Figura 6.1 presenta otra representación de la conformación tridimensional de la molécula de mioglobina, e ilustra que existen dos niveles distinguibles del plegado tridimensional de la cadena polipeptídica. En primer lugar, la cadena parece encontrarse parcialmente enrollada en regiones de estructura helicoidal. Este plegado *regular* local se denomina **estructura secundaria** de la molécula. Las regiones enrolladas de modo helicoidal se pliegan, a su vez, formando una estructura compacta específica de toda la cadena polipeptídica. A este nivel superior de plegado lo denominamos **estructura terciaria** de la molécula. Más adelante, en este mismo capítulo, encontraremos que algunas proteínas constan de varias cadenas polipeptídicas plegadas, dispuestas de modo regular. Esta disposición se denomina nivel de organización **cuaternario**.

Este capítulo está dedicado a examinar los distintos niveles de estructura proteica, cómo se estabilizan las proteínas plegadas, los mecanismos mediante los cuales se supone tiene lugar el plegamiento proteico y los métodos de computación emergentes para predecir la estructura terciaria a partir de la secuencia primaria.

## Estructura secundaria: formas regulares de plegar la cadena polipeptídica

### Descripciones teóricas de las estructuras polipeptídicas regulares

Nuestro conocimiento sobre la estructura secundaria proteica tiene su origen en la notable obra de Linus Pauling, uno de los químicos más importante del siglo XX. Ya en los años 1930 habían empezado los estudios de difracción de rayos X de aminoácidos y péptidos pequeños, a fin de poder analizar finalmente la estructura proteica. A principios de los años 1950, Pauling y sus colaboradores se sirvieron de estos datos, junto con una intuición científica poco habitual, para empezar un análisis sistemático de las posibles conformaciones regulares de la cadena polipeptídica. Postularon varios principios que debía cumplir cualquier estructura de este tipo:

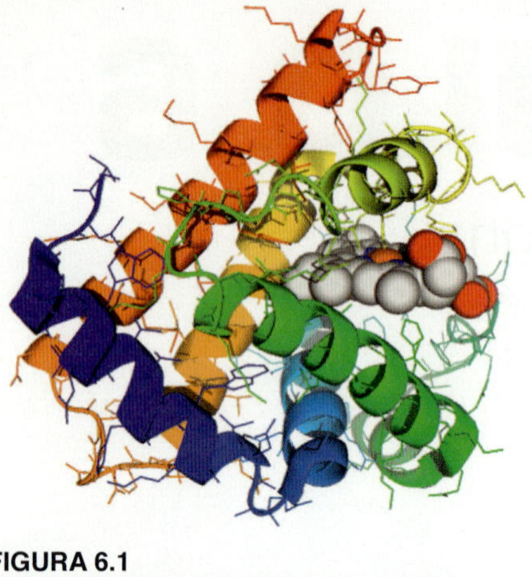

**FIGURA 6.1**

**Plagado tridimensional de la proteína mioglobina.** Esta representación se generó a partir de la estructura cristalina de rayos X determinada por H. C. Watson y J. C. Kendrew (PDB ID: 1MBN) y muestra la cadena polipeptídica principal en forma de hélices conectadas por líneas gruesas. Las cadenas laterales se presentan con líneas finas. Las regiones helicoidales individuales tienen un código de colores, de forma que el azul es el péptido N-terminal y el rojo, el C-terminal. Esta proteína une un grupo hemo (que se muestra en forma de relleno espacial). La orientación de la proteína en esta figura es la misma que la de la Figura 5.1.

De entre las diversas estructuras secundarias posibles de los polipéptidos, las que se encuentran con mayor frecuencia son la hélice $\alpha$, la lámina $\beta$ y la hélice $3_{10}$.

1. Las longitudes de enlace y los ángulos de enlace deberían desviarse lo menos posible de los hallados en los estudios de difracción de rayos X de los aminoácidos y los péptidos, tal como aparece en la Figura 5.14b (página 148).
2. Dos átomos no pueden acercarse el uno al otro a una distancia menor de la que les permiten sus radios de van der Waals.
3. El grupo amida debe permanecer en un plano y en la configuración *trans*, como se muestra en la Figura 5.14b. (Esta característica se había reconocido en los primeros estudios de difracción de rayos X de péptidos pequeños.) En consecuencia, solo es posible la rotación alrededor de los dos enlaces adyacentes al carbono $\alpha$ de cada residuo de aminoácido, tal como se muestra en la Figura 6.2.
4. Es preciso algún tipo de enlace no covalente para estabilizar un plegado regular. La posibilidad más evidente es el enlace de hidrógeno entre los protones amida y los oxígenos carbonilo:

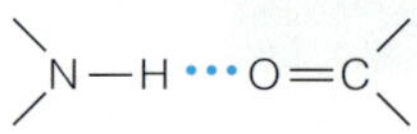


Este concepto resultaba familiar para Pauling, que había tenido mucho que ver con el desarrollo de la idea de los enlaces de hidrógeno. En resumen, las conformaciones preferidas deben ser aquellas que permitan una cantidad máxima de enlaces de hidrógeno, pero que al mismo tiempo cumplan los criterios 1-3.

## Hélices α y láminas β

Trabajando principalmente con modelos moleculares, Pauling y sus colaboradores pudieron llegar a un pequeño número de conformaciones regulares que cumplían todos estos criterios. Algunas de ellas eran estructuras helicoidales formadas por una única cadena polipeptídica y otras eran estructuras en forma de lámina formadas por cadenas adyacentes. En las Figuras 6.3a y b se presentan las dos estructuras que propusieron como las más probables: la *hélice* $\alpha$ a derechas y la *lámina* $\beta$. De hecho, estas dos estructuras resultaron ser las estructuras secundarias más comunes de las proteínas. En la Figura 6.3c se muestra la **hélice $3_{10}$**, que se observa en algunas proteínas, pero que no es tan común como la hélice $\alpha$. Todas las estructuras secundarias que aparecen en la Figura 6.3 cumplen los criterios antes mencionados. En concreto, en todas las estructuras el grupo peptídico está en un plano, y cada uno de los protones amida y cada uno de los oxígenos carbonilo (exceptuando algunos próximos a los extremos de las hélices) participan en los enlaces de hidrógeno. La disposición de la cadena principal de enlaces de hidrógeno en la hélice $\alpha$, a lo largo del eje de la hélice orienta la N—H amida y el C=O de forma que se alinean los momentos dipolares de cada uno de estos enlaces polares y da lugar a un **momento dipolar helicoidal** (llamado también «macrodipolo»). En efecto, el N-terminal de la hélice tiene un carácter de carga (+) parcial y el C-terminal tiene un carácter de carga (−) parcial, como muestra la flecha roja de la Figura 6.3.

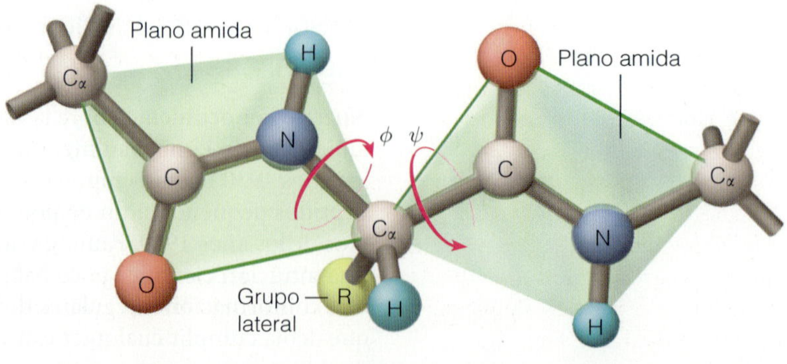


**FIGURA 6.2**

**Rotación alrededor de los enlaces en un esqueleto polipeptídico.** Se muestran dos planos amida adyacentes en verde claro. Sólo está permitida la rotación alrededor de los enlaces $N_{amida} - C_\alpha$ y $C_\alpha - C_{carbonilo}$. Los ángulos de rotación alrededor de estos enlaces se definen respectivamente como $\phi$ (fi) y $\psi$ (psi), con direcciones definidas como rotación positiva, tal como señalan las flechas; la rotación positiva es en el sentido de las agujas del reloj, como se ve en el carbono $\alpha$. La conformación extendida de la cadena que se muestra aquí corresponde a $\varphi = +180°$, $\psi = +180°$.

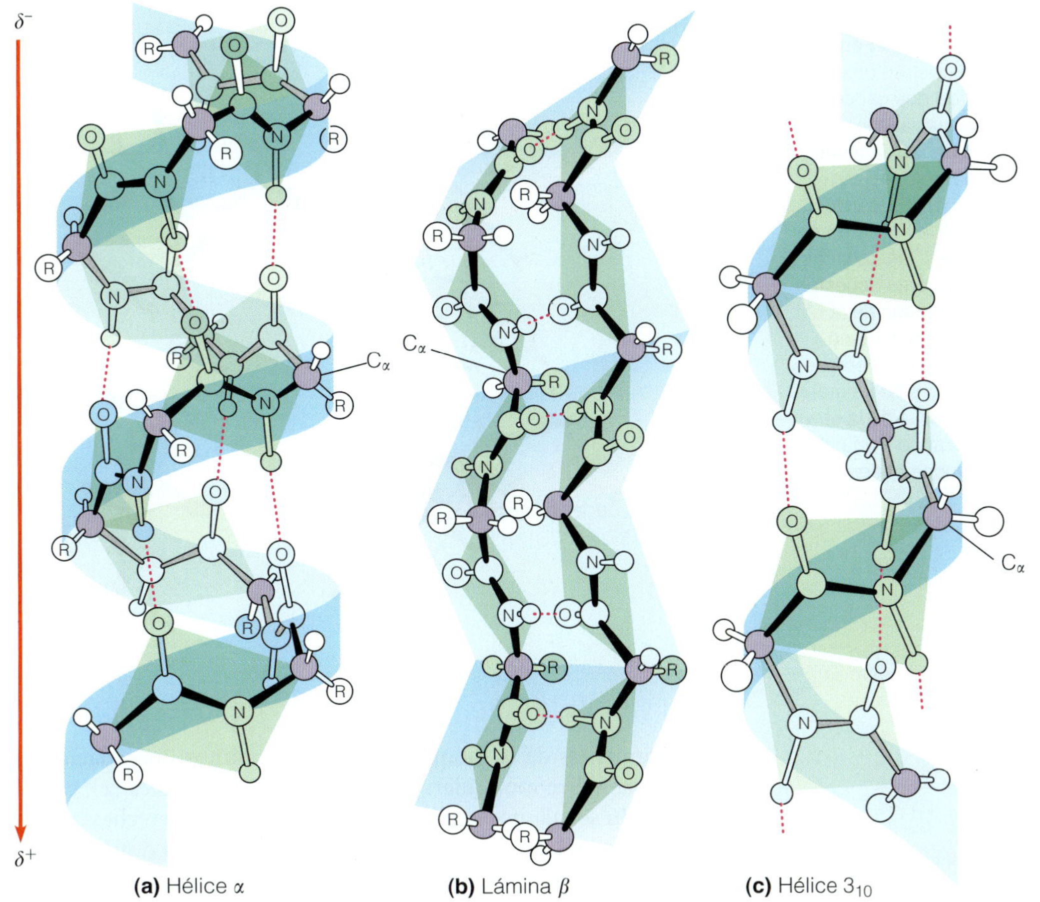


**FIGURA 6.3**

**Hélice $\alpha$ a derechas, lámina $\beta$ y hélice $3_{10}$.** La hélice $\alpha$ a derechas y la lámina $\beta$ son las dos estructuras secundarias regulares que se observan con más frecuencia en los polipéptidos. **(a)** En la hélice $\alpha$ los enlaces de hidrógeno (líneas rojas de rayas) se forman dentro de una única cadena polipeptídica y son casi paralelos al eje de la hélice. El alineamiento de los enlaces amida en la hélice da lugar a un momento macrodipolar helicoidal que se muestra por la flecha roja (*véase* la Figura 2.4, página 29) El extremo N-terminal de la hélice tiene una carga de carácter (+) parcial y el C-terminal tiene una carga de carácter (−) parcial. **(b)** En la lámina $\beta$, los enlaces de hidrógeno se forman entre cadenas adyacentes, de las cuales aquí sólo aparecen dos. En esta estructura, los enlaces de hidrógeno son casi perpendiculares a las cadenas. **(c)** La hélice $3_{10}$ se encuentra en las proteínas, pero es menos habitual que la hélice $\alpha$.



## Hélices y láminas anfifílicas

En una hélice $\alpha$ las cadenas laterales apuntan hacia fuera del centro de la hélice (Figura 6.4). En una lámina $\beta$, una red de enlaces de hidrógeno de la cadena principal conecta las cadenas $\beta$. Si consideramos que las cadenas principales unidas por enlaces de hidrógeno son una «lámina», las cadenas laterales se encuentran en las caras opuestas de esta lámina, como se observa en los paneles de la derecha de la Figura 6.4. Las cadenas laterales de polaridad semejante están agrupadas, con frecuencia, juntas para formar superficies extendidas hidrófilas e hidrófobas o «caras» a un lado de una hélice o lámina. Las estructuras secundarias que muestran una cara predominantemente hidrófoba opuesta a una cara predominantemente hidrófila se dice que son **anfifílicas** (o **anfipáticas**). Muchas hélices $\alpha$ y láminas $\beta$ tienen esta característica, ya que permite dos o más estructuras secundarias para asociarse a través de los contactos entre las superficies hidrófobas, al tiempo que se proyectan las superficies hidrófilas hacia el disolvente acuoso. Una hélice $\beta$ anfifílica tendrá cadenas laterales de polaridad semejante cada 3-4 residuos, mientras que una cadena $\beta$ en una lámina $\beta$ anfifílica tendrá cadenas laterales alternantes polares y apolares. Estos patrones diferentes de polaridad de la cadena lateral son la base de muchos algoritmos de predicción de la estructura secundaria (se considera más adelante).

Una hélice a tendrá cadenas laterales de polaridad semejante cada 3-4 residuos, mientras que una cadena $\beta$ en una lámina $\beta$ anfifílica tendrá cadenas laterales polares y apolares alternantes.

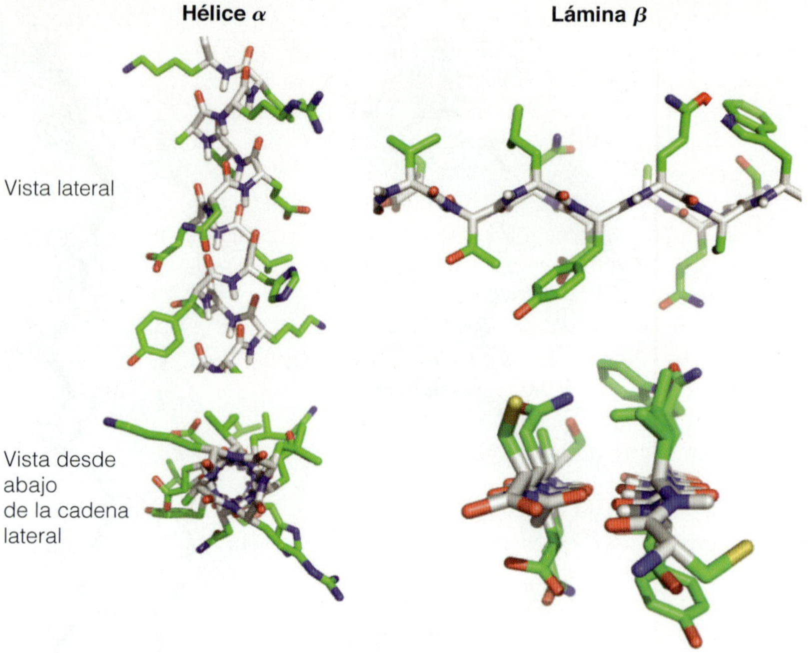


**FIGURA 6.4**

**Posiciones de las cadenas laterales en la hélice $\alpha$ y la lámina $\beta$.** Se muestran una hélice $\alpha$ a derechas y una lámina $\beta$ de dos cadenas con los átomos de la cadena lateral con colores gris, rojo y azul y los átomos de las cadenas laterales coloreados en verde, rojo, azul y amarillo. En la hélice $\alpha$ las cadenas laterales salen hacia fuera del centro de la hélice (panel inferior izquierda). En la lámina $\beta$ las cadenas laterales están situadas en las caras opuestas de la lámina definidas por las amidas de la cadena principal con enlaces de hidrógeno. Esto se muestra en el panel superior derecho, mirando a las cadenas principales lateralmente (una cadena está escondida detrás de la otra) y el panel inferior derecho, mirando hacia abajo las cadenas principales de ambas cadenas.

## Descripción de las estructuras: hélices y láminas

En Herramientas de la Bioquímica 4A presentamos una relación de las distancias que definen una hélice molecular: la repetición cristalográfica ($c$), el paso ($p$) y la elevación ($h$). También señalamos que las hélices pueden ser a derechas o a izquierdas, y que pueden contener un número entero de residuos por vuelta o bien, un número no entero. Al número de residuos por vuelta lo denominamos $n$. En la Figura 6.5 se presentan esquemáticamente algunas hélices idealizadas de este tipo con valores enteros de $n$. Obsérvese que, a medida que desciende el número de residuos por vuelta, la estructura cambia progresivamente desde una hélice ancha hasta una cinta plana ($n = 2$). No todas estas estructuras helicoidales propuestas se encuentran en los polipéptidos. Por ejemplo, la estructura de una sola cadena con $n = 2$ que se muestra en la Figura 6.5 no se ha observado en las proteínas.

Una de las intuiciones más importantes de Pauling fue reconocer que las hélices polipeptídicas no tienen por qué tener un número entero de residuos por vuelta. Por ejemplo, la hélice $\alpha$ se repite tras exactamente 18 residuos, que representan 5 vueltas. En consecuencia, tiene 3.6 residuos por vuelta. Dado que el paso de una hélice viene dado por $p = nh$, tenemos para la hélice $\alpha$, con una elevación de 0.15 nm/residuo, $p = 3.6$ (res/vuelta) $\times$ 0.15 (nm/res) $=$ 0.54 nm/vuelta. Los parámetros para las otras hélices que aparecen en las Figuras 6.3 y 6.4 se indican en la Tabla 6.1.

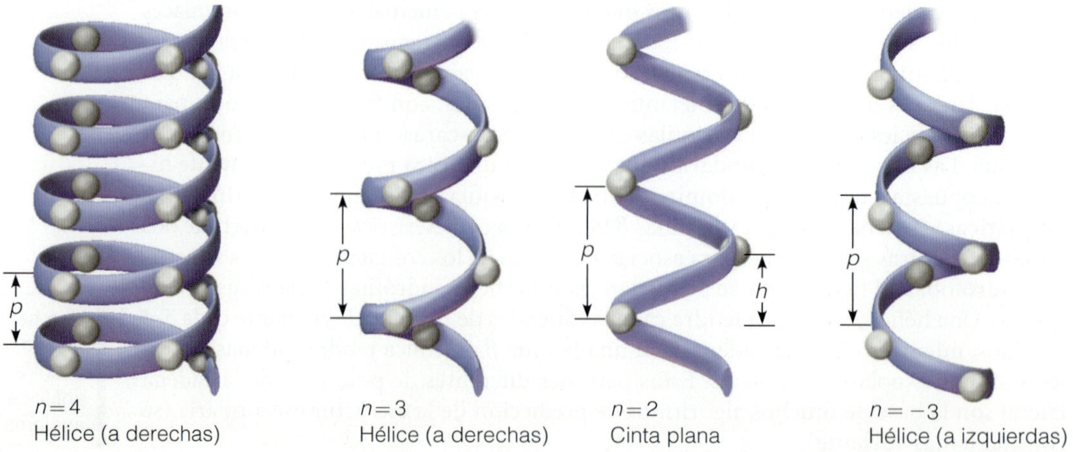


**FIGURA 6.5**

**Hélices idealizadas.** Estas estructuras hipotéticas demuestran el efecto producido al variar el número ($n$) de residuos polipeptídicos por vuelta de una hélice. En cada caso, está indicado el paso ($p$), y en el caso de $n = 2$ también se presenta la elevación ($h$). Las hélices $n = 4$ y $n = 3$ son a derechas, la hélice $n = -3$ es a izquierdas y la $n = 2$ (una cinta plana) no presenta lateralidad. La hélice $\alpha$ a derechas (que no se muestra aquí), con $n = 3.6$, es un intermedio entre las estructuras $n = 3$ y $n = 4$.

Si se examina el modelo de hélice α (Figura 6.3a), se observará que un oxígeno carbonílico dado en el residuo *i*, está unido por enlace de hidrógeno al protón de la amida del *cuarto* residuo más adelante, en la dirección C-terminal (esto es, en el residuo $i + 4$). Por consiguiente, si incluimos el enlace de hidrógeno, se forma un bucle de 13 átomos. La Figura 6.6 muestra esto de forma esquemática para las hélices α y $3_{10}$. Cada tipo de hélice tiene un número distinto de átomos en este bucle de enlaces de hidrógeno. A este número le llamaremos *N*. En lugar de utilizar los parámetros *n*, *h* y *p*, otra forma de describir la hélice de un polipéptido es combinar *n* y *N* en la abreviatura $n_N$. La hélice $3_{10}$ encaja en esta descripción. Presenta exactamente 3.0 residuos por vuelta y un bucle de enlaces de hidrógeno de 10 elementos. La hélice α también podría llamarse hélice $3.6_{13}$.

Dado que los enlaces de hidrógeno tienden a ser lineales, los átomos N—H···O en las hélices polipeptídicas deben estar en una línea recta. La Figura 6.3 muestra que este requisito se satisface de forma aproximada para las hélices $3_{10}$ y α. No obstante, es muy difícil formar hélices con solo dos residuos por vuelta *y* enlaces de hidrógeno lineales entre los residuos de la misma cadena. Por consiguiente, la única estructura $n = 2$ que se halla en las proteínas *no* es la cinta plana que aparece en la Figura 6.5, sino la estructura de *lámina β* de la Figura 6.3b.

Una lámina β está formada por dos o más **cadenas β**. Cada residuo de la cadena presenta una rotación de 180° respecto al precedente, con lo que cada cadena β se convierte en una «hélice» $n = 2$. Si las cadenas también están plegadas en la forma plisada de la Figura 6.3b, pueden producirse enlaces de hidrógeno lineales *entre* cadenas β adyacentes. La formación de enlaces entre cadenas permite corregir los ángulos de enlace con una tensión mínima cuando $n = 2$. Las láminas β pueden orientarse de dos maneras. La lámina β de la Figura 6.3b tiene dos cadenas β colocadas de forma que las orientaciones del N-terminal al C-terminal de las dos cadenas tengan direcciones opuestas. Una disposición así de las cadenas se denomina *antiparalela*, mientras que la colocación de las dos cadenas orientas en la misma dirección se denomina *paralela* (*véase* la Figura 6.7). Los enlaces de hidrógeno entre las cadenas antiparalelas son lineales, mientras que no lo son los de las cadenas paralelas.

Además de las hélices y de las láminas descritas anteriormente, existe una conformación más que se repite regularmente y que se observa habitualmente en las estructuras proteicas: es la llamada **hélice poliprolina II**. Esta conformación particular no se predice de forma teórica, ya que no satisface los requerimientos de Pauling para los enlaces de hidrógeno. No obstante, es un motivo habitual en las estructuras proteicas. A diferencia de las hélices α y $3_{10}$, esta estructura no tiene enlaces de hidrógeno estabilizantes entre los grupos de la cadena principal y es a izquierdas. De forma aproximada, un tercio de los residuos de aminoácido de esta conformación son prolinas, por lo que se llama **hélice poliprolina II**; sin embargo, suele encontrarse glicina en esta conformación, como también, aunque en mucha menor cantidad, varios otros aminoácidos. Dado que esta conformación no está restringida a los residuos de prolina, denominaremos a esta estructura secundaria con el término más general de **hélice polipeptídica II** (Figura 6.8).

**TABLA 6.1. Parámetros del algunas estructuras secundarias polipeptídicas**

| Tipo de estructura | Residuos/ Vuelta | Elevación (*h*) por residuo | Paso (*p*) |
|---|---|---|---|
| Cadena β (antiparalela) | 2.0 | 0.34 nm | 0.68 nm |
| Cadena β (paralela) | 2.0 | 0.32 nm | 0.64 nm |
| Hélice α | 3.6 | 0.15 nm | 0.54 nm |
| Hélice $3_{10}$ | 3.0 | 0.20 nm | 0.60 nm |
| Hélice polipeptídica II («hélice poliprolina II») | 3.0 | 0.47 nm | 0.94 nm |

**FIGURA 6.6**

**Patrones de enlaces de hidrógeno para las hélices α y $3_{10}$.** Las estructuras se representan de modo esquemático a fin de simplificar el recuento de átomos en cada bucle con enlace de H. Por ejemplo, hay 13 átomos en el bucle H correspondiente a la hélice α (3.613). En este capítulo se considera posteriormente el significado de la hélice π.



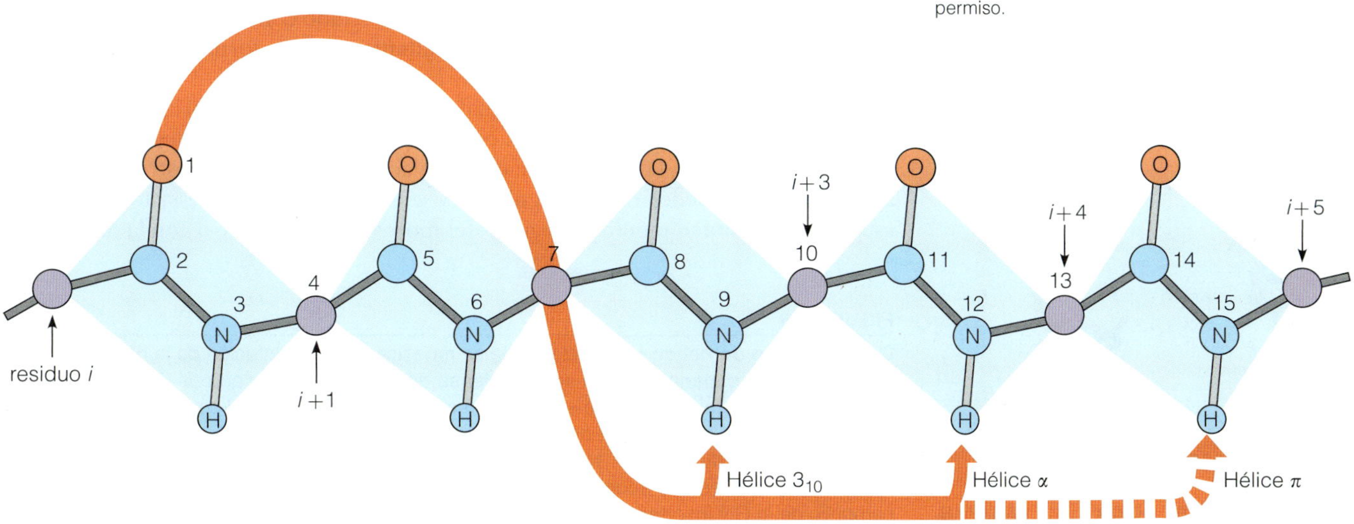

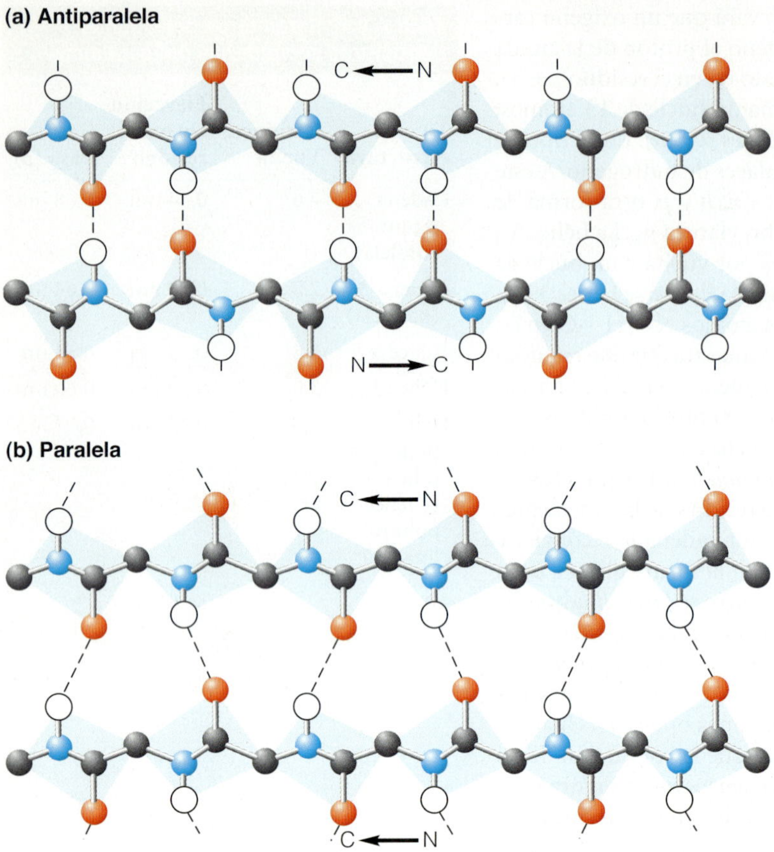


FIGURA 6.7

**Láminas *β*. (a)** Disposición antiparalela de cadenas *β*. **(b)** Disposición paralela de cadenas *β*. Solo se muestran los átomos de la cadena principal (por claridad se omiten los átomos de las cadenas laterales); los enlaces de hidrógeno entre las cadenas se representan con líneas punteadas.

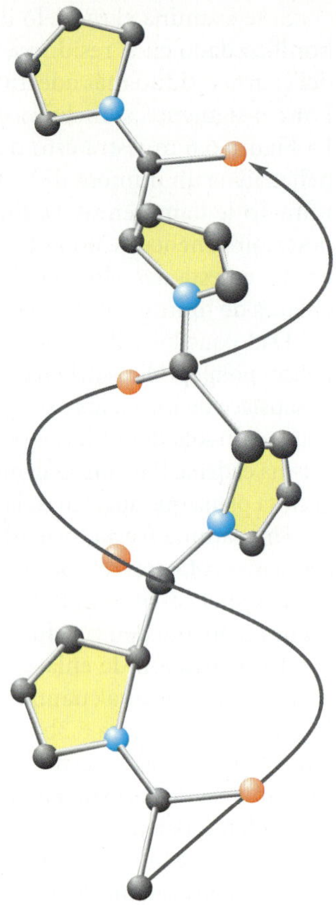

FIGURA 6.8

**Hélice polipeptídica II.** Se muestra una secuencia polipeptídica; sin embargo, la poliglicina adopta también esta conformación. Los giros helicoidales a izquierdas se indican mediante la flecha gris curvada.

Para cerrar esta sección, describiremos una conformación denominada **hélice *π***. Esta hélice también se conoce como *bulto* α o *aneurisma* α o *bulto* π. Está muy extendida, y se encuentra en ~15 % de las secuencias proteicas del Banco de Datos Proteicos, aunque es infrecuente, ya que normalmente aparece solo una vez en una secuencia dada. La mayoría (~85 %) de conformaciones de hélice π parecen ser consecuencia de una mutación que da lugar a la inserción de un aminoácido en una hélice α (Figura 6.9), lo que interrumpe los enlaces de hidrógeno normales de la hélice α, y dos o más residuos forman enlaces de hidrógeno con el residuo $i + 5$, en lugar del residuo $i + 4$ (*véase* la Figura 6.6) y esto crea un bulto en la estructura helicolidal. El tramo corto de hélice π de la Figura 6.9 es típico de las hélices π de la mayoría de las proteínas. En estas solo hay una vuelta y no se observan en las proteínas las hélices π ampliadas de más de dos vueltas. Por esta razón, no consideraremos la hélice π como una conformación regular de repetición. No obstante, la hélice π es notable debido a que el aminoácido insertado confiere frecuentemente alguna propiedad funcional nueva a la proteína resultante y de esta forma, es un posible marcador para el seguimiento de la evolución de la función proteica.

Hemos descrito los motivos habituales de estructura secundaria de las proteínas y algunas de las razones que debemos esperar para ver estas estructuras de acuerdo con la consideración de (1) la planaridad del enlace amida y (2) las restricciones estéricas a la rotación alrededor de los ángulos $\phi$ y $\psi$. También hemos descrito dos formas de especificar la unidad repetitiva regular del motivo: mediante $n_N$ o con la lista de los pa-

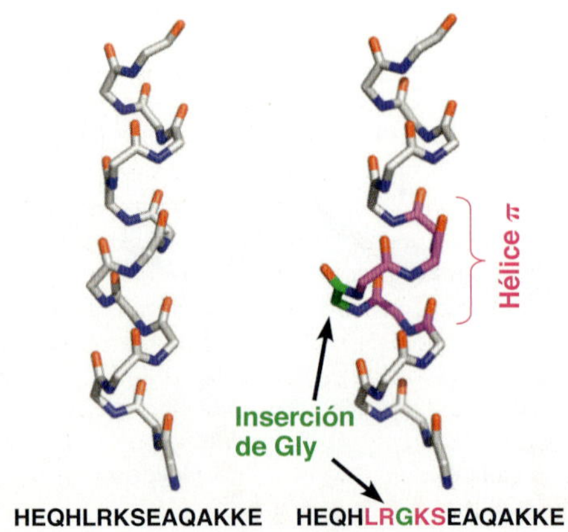


FIGURA 6.9

**Conformación de hélice *π*.** A la izquierda se muestra una presentación de la hélice α del C-terminal de la cadena principal de la nucleasa de *Staphylococcus* aureus (PDB ID: 1EYD). La secuencia de aminoácidos de esta hélice se muestra debajo con el código de una letra. Está subrayado el lugar de inserción de Gly. A la derecha, se muestra la hélice análoga de un mutante con inserción de Gly (PDB ID: 1STY). Se resalta en verde la Gly insertada y en fucsia los cuatro residuos adyacentes que adoptan la conformación de hélice π. Téngase en cuenta que el carbonilo de la Gly insertada no forma un enlace de hidrógeno intrahelicoidal.

rámetros de la Tabla 6.1. Otra forma más de describir la repetición regular de un motivo estructural secundario es especificar los valores de los ángulos $\phi$ y $\psi$. Como se ve en la Figura 6.10a, no están permitidas algunas combinaciones de $\phi$ y $\psi$ (por ejemplo, $\phi = 0°$ y $\psi = 0°$) debido al hacinamiento estérico. Estas restricciones estéricas sobre la conformación peptídica pueden apreciarse con los modelos de relleno espacial de hélices y láminas. Por ejemplo, en la Figura 6.10b se ve que los átomos principales de la cadena de la hélice $\alpha$ están muy empaquetados, proyectándose los grupos R fuera del eje de la hélice. Las combinaciones más favorables (o «permitidas»), debido a que alivian el hacinamiento estérico, de los ángulos $\phi$ y $\psi$ se muestran en una descripción sistemática de la conformación del armazón polipeptídico denominada **representación de Ramachandran**.

## Representaciones de Ramachandran

Tal como se muestra en la Figura 6.2, cada uno de los residuos de una cadena polipeptídica tiene dos enlaces del armazón alrededor de los cuales está permitida la rotación. Los ángulos de rotación alrededor de estos enlaces, definidos como $\phi$ (phi) y $\psi$ (psi), describen la conformación del armazón de cualquier residuo concreto de cualquier proteína. Para hacer que la definición tenga sentido, debemos especificar lo que queremos decir con una dirección positiva de la rotación y la conformación de ángulo cero de cada uno de ellos. Los convenios elegidos para las direcciones de rotación positiva alrededor de $\phi$ y $\psi$ se dan mediante las flechas de la Figura 6.2, esto es, en el sentido de las agujas del reloj cuando se mira en cualquier dirección desde el carbono $\alpha$. La conformación que aparece en esa figura corresponde a $\phi = +180°$ y $\psi = +180°$, la forma totalmente extendida de la cadena polipeptídica.

Con estos convenios, la conformación del armazón de cualquier residuo concreto de una proteína puede describirse por un punto en un mapa (Figura 6.8) con coordenadas $\phi$ y $\psi$. Estos mapas se denominan representaciones de Ramachandran, por el bioquímico G. N. Ramachandran, que los utilizó por primera vez de forma amplia. Para cualquier estructura secundaria repetitiva regular (por ejemplo, la hélice $\alpha$, la lámina $\beta$, etc.) todos los residuos que son parte de la estructura se encuentran en conformaciones casi equivalentes

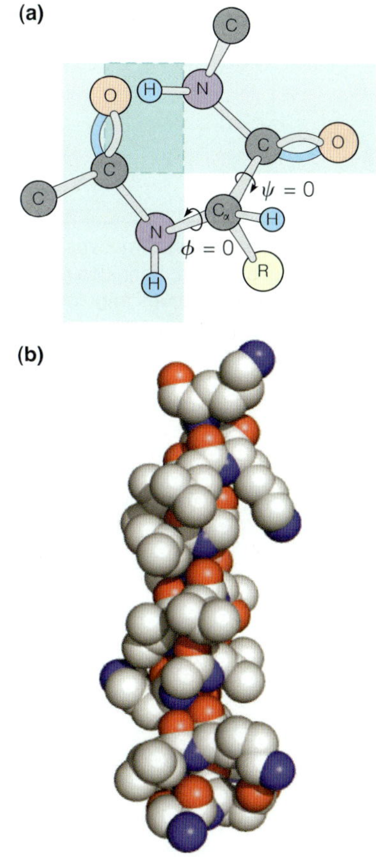


**FIGURA 6.10**

**Las interacciones estéricas determinan la conformación del péptido. (a)** Una conformación no permitida estéricamente. La conformación $\phi = 0°$, $\psi = 0°$ no está permitida en ninguna cadena polipeptídica debido al hacinamiento estérico entre el oxígeno carbonilo y el protón amido. **(b)** Los átomos de una hélice se encuentran muy empaquetados. Aquí, se muestra con un modelo de relleno espacial un segmento de una hélice α de la mioglobina de cachalote (la hélice en verde más larga de la Figura 6.1; PDB ID: 1MBN).

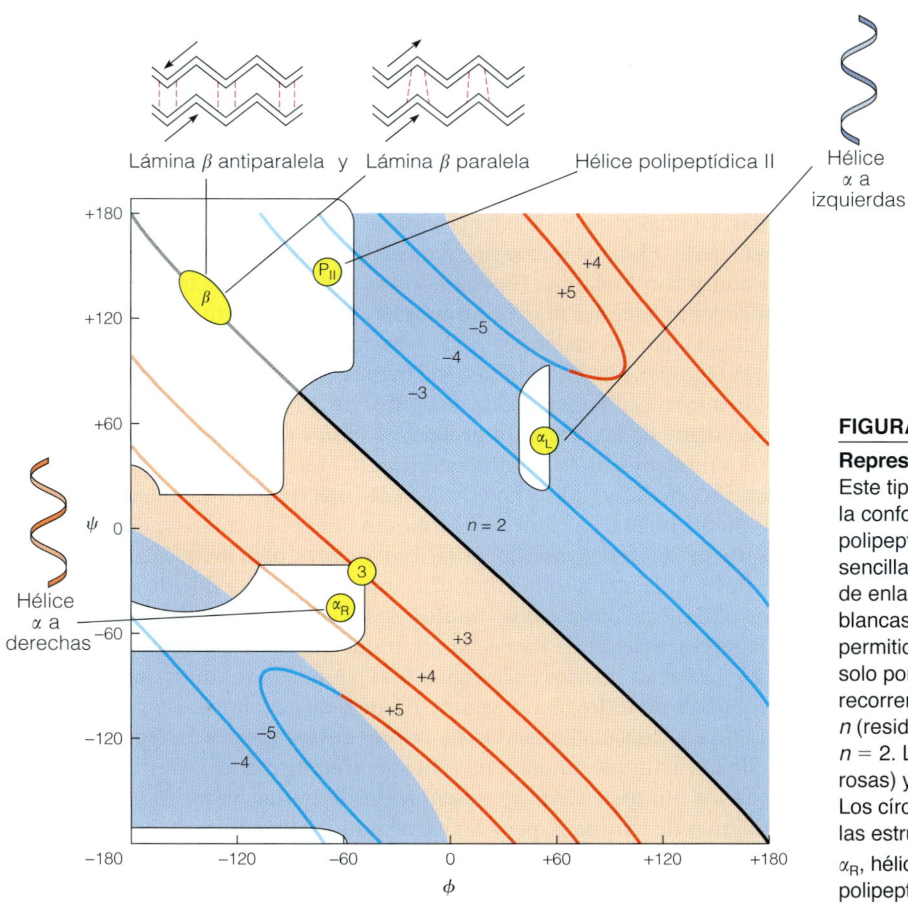


**FIGURA 6.11**

**Representación de Ramachandran de la poli-L-alanina.** Este tipo de mapa puede utilizarse para describir la conformación del armazón de cualquier residuo polipeptídico, así como de algunas estructuras secundarias sencillas de las proteínas. Las coordenadas son los ángulos de enlace $\phi$ y $\psi$, definidos como en la Figura 6.2. Las áreas blancas corresponden a las conformaciones estéricamente permitidas de la poli-L-alanina (esto es, un péptido formado solo por residuos de L-alanina). Las líneas coloreadas que recorren el gráfico corresponden a diversos valores de $n$ (residuos por vuelta); la bisectriz del gráfico corresponde a $n = 2$. La hélice es a derechas cuando $n$ es positiva (regiones rosas) y a izquierdas cuando $n$ es negativa (regiones azules). Los círculos con los símbolos siguientes corresponden a las estructuras secundarias que se presentan en el texto; $\alpha_R$, hélice $\alpha$ a derechas; 3, hélice $3_{10}$; $\beta$, lámina $\beta$; PII, hélice polipeptídica II; $\alpha_L$, hélice $\alpha$ a izquierdas.

TABLA 6.2. Intervalos de los ángulos $\phi$ y $\psi$ permitidos en algunas estructuras secundarias polipeptídicas

| Tipo de estructura | $\phi$ | $\psi$ |
|---|---|---|
| Cadena $\beta$ | −150° a −100° | +120° a +160° |
| Hélice $\alpha$ | −70° a −60° | −50° a −40° |
| Hélice $3_{10}$ | −70° a −60° | −30° a −10° |
| Hélice polipeptídica II (hélice poliprolina II) | −80° a −60° | +130° a +160° |

Pueden imaginarse muchos motivos de estructura secundaria, definidos por repeticiones regulares de los ángulos $\phi$ y $\psi$, pero solo están permitidos estéricamente unos pocos. La representación de Ramachandran señala las conformaciones de los ángulos $\phi$ y $\psi$ permitidas.

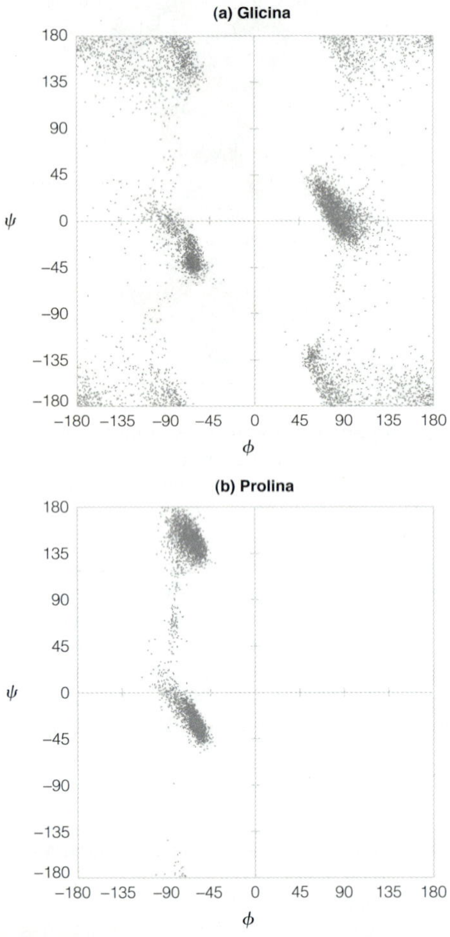


**FIGURA 6.12**

**Representaciones de Ramachandran de glicina y prolina.** Los datos que se muestran son para los residuos de glicina y prolina que se encuentran en las estructuras cristalinas de rayos X de alta resolución de las proteínas. En las regiones más oscuras se muestran las combinaciones favorables de los ángulos de enlace $\phi$ y $\psi$. La glicina tiene el número mayor de combinaciones permitidas de los ángulos $\phi$ y $\psi$, mientras que la prolina tiene el número menor.

Representaciones cortesía de S. A. Hollingsworth y P. A. Karplus, Oregon State University.

y tienen ángulos $\phi$ y $\psi$ casi equivalentes; de esta forma, los puntos sobre una representación de Ramachandran que corresponden a esos residuos se agruparán dentro de un intervalo estrecho de ángulos $\phi$ y $\psi$ permitidos estéricamente. La Tabla 6.2 da una relación de ángulos $\phi$ y $\psi$ que corresponden a las diversas hélices y láminas $\beta$ descritas anteriormente.

Una de las características más útiles de las representaciones de Ramachandran es que nos permiten describir de forma muy simple las estructuras que son posibles estéricamente y las que no lo son. Para muchas de las combinaciones concebibles de valores de $\phi$ y $\psi$, algunos átomos de la cadena se acercarían más de lo que les permiten sus radios de van der Waals (en la Figura 6.10 se muestra un ejemplo). Tales conformaciones son desfavorables, ya que están estéricamente hacinadas. Ramachandran y otros investigadores han examinado toda la superficie del mapa, utilizando modelos y ordenadores para determinar las conformaciones que son realmente posibles. Las combinaciones $\phi,\psi$ permitidas a la poli-L-alanina se encuentran en las áreas blancas de la Figura 6.11. Queda claro que solo una pequeña fracción de las conformaciones concebibles es realmente favorable. Todas las estructuras secundarias regulares que hemos comentado se encuentran en estas áreas o están muy próximas a ellas.

A pesar de que la Figura 6.11presenta la hélice $\alpha$ a izquierdas en el límite de una región permitida, en realidad no está tan favorecida como la forma a derechas. Esta diferencia se debe a que todos los aminoácidos de las proteínas son de la forma L. Con los aminoácidos L, el impedimento estérico entre las cadenas laterales y el armazón de la hélice es menor con una hélice a derechas que con una a izquierdas. Este principio puede comprenderse a partir de una inspección cuidadosa de la Figura 6.3a. Obsérvese que cada grupo R es aproximadamente *trans* respecto al oxígeno del carbonilo adyacente. Si el aminoácido fuese D en lugar de L, la orientación sería *cis*, con mayor probabilidad de hacinamiento estérico. Recuérdese del Capítulo 5 que los químicos han sintetizado recientemente proteínas con todos los aminoácidos D. Tal como se esperaba, estas proteínas presentan hélices $\alpha$ a izquierdas. La importancia de tales efectos de la cadena lateral depende del volumen de la cadena lateral. El mapa que se presenta en la Figura 6.11 se dibujó suponiendo que todos los residuos son L-alanina (es decir, todos tienen cadenas laterales con $CH_3$). Si se consideran cadenas laterales más voluminosas, la región «permitida» se contraería. Al contrario, la glicina, con su cadena lateral —H permite más conformaciones de las que aparecen en la Figura 6.12a. La prolina tiene menos combinaciones de ángulos $\phi$ y $\psi$ permitidos debido a la rotación restringida alrededor de $\phi$ (Figura 6.12b).

El análisis precedente de la estructura proteica se basa en una consideración relativamente simple de las probables interacciones estéricas. ¿Cómo se ajusta con las observaciones de las estructuras proteicas reales? En este caso, la correspondencia entre la teoría y la observación es bastante buena. La Figura 6.13 muestra una representación de parejas $\phi$, $\psi$ para 30 692 residuos de 209 cadenas polipeptídicas diferentes, para los que existen datos de cristalografía de rayos X de alta resolución ($\leq$0.12 nm). Como es evidente en esta figura, la mayoría de los pares $\phi$, $\psi$ observados (puntos grises en la Figura 6.13) se agrupan en las regiones de la representación de Ramachandran que predicen las combinaciones más favorables de $\phi$ y $\psi$ (espacios blancos en la Figura 6.11). Aquellos residuos que se clasifican con patrones de enlaces de hidrógeno y geometría de hélice o lámina se identifican con color en la Figura 6.13 y señalan el intervalo de valores de $\phi$ y $\psi$, que corresponden a cada uno de los tipos de estructura secundaria presentadas anteriormente (*véase* la Tabla 6.2).

La mayoría de los puntos en esta representación de Ramachandran se encuentran cerca de las posiciones de lámina $\beta$, pero no corresponden exactamente a estos puntos, lo que da testimonio de la existencia de distorsión de estas estructuras en las proteína plegadas y a la existencia de regiones de estructura diferente de la lámina $\beta$ o la hélice $\alpha$.

A pesar de que la mayoría de los puntos se encuentran en las áreas «permitidas», algunos se encuentran en las regiones «no permitidas». Se trata principalmente de glicinas, para las que se permite una gama más amplia de ángulos $\phi$ y $\psi$ debido a que su cadena lateral es muy pequeña (Figura 6.12a).

Históricamente, se han dado relaciones distintas de los valores de los ángulos $\phi$ y $\psi$ ideales y observados para las láminas $\beta$ paralelas y antiparalelas. Esa distinción ya no es así con los datos de resolución elevada de la Figura 6.13. Debido a que los valores observados de $\phi$ y $\psi$ para estos dos tipos de estructura $\beta$ se superponen de forma significativa (debido a la distorsión de los ángulos ideales en las estructuras proteicas reales), hemos elegido para la Tabla 6.2 los valores que describen las conformaciones de lámina $\beta$ paralela y antiparalela.

Hasta el momento, nuestra exposición proporciona una base para comprender los fundamentos de la estructura proteica. Ahora es el momento de considerar algunos casos específicos. Empezaremos observando que existen dos clases principales de proteínas. Se denominan proteínas *fibrosas* y *globulares*, y se distinguen por diferencias estructurales importantes. En primer lugar estudiaremos las proteínas fibrosas.

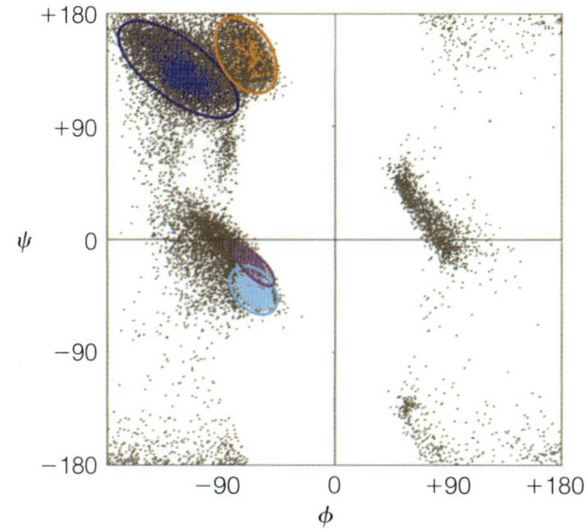


**FIGURA 6.13**

**Valores observados de $\phi$ y de los datos estructurales proteicos.** Se muestran los pares $\phi$ y $\psi$ de 30 692 residuos observados en estructuras cristalinas de alta resolución ($\leq$0.12 nm) (puntos grises). Los distintos colores resaltan los residuos, que son: hélice $\alpha$ a derechas (cian), hélice $3_{10}$ a derechas (morado), y hélice polipeptídica II a izquierda (naranja). Los valores medios de $\phi$ y $\psi$ para cada tipo de estructura secundaria son ($\phi$, $\psi$): hélice $\alpha$ (−63, −43), hélice $3_{10}$ (−62, −22), lámina $\beta$ (−116, +129) y hélice polipeptídica II (−65, +145). *Véase también* la Tabla 6.2.

Cortesía de P. A. Karplus, Oregon State University

## Proteínas fibrosas: materiales estructurales de las células y los tejidos

Las **proteínas fibrosas** se diferencian de las proteínas globulares por su forma filamentosa, o alargada. La mayoría de ellas desempeña funciones estructurales en las células y los tejidos animales: mantienen las *cosas* juntas. Las proteínas fibrosas comprenden las principales proteínas de la piel, del tejido conjuntivo y de las fibras animales como el pelo y la seda. La secuencia de aminoácidos de cada una de estas proteínas favorece un tipo concreto de estructura secundaria, que a su vez, confiere un conjunto concreto de propiedades mecánicas adecuadas a la sustancia. La Tabla 6.3 indica la composición de aminoácidos de cuatro ejemplos de proteínas fibrosas; α-queratina, fibroína, colágeno y elastina. En comparación con las distribuciones características de los 20 aminoácidos de las proteínas globulares (*véase* la columna **Todas las proteínas** de la Tabla 6.3), cada una de estas pro-

**TABLA 6.3. Composiciones de aminoácidos de algunas proteínas fibrosas**

| Aminoácido | α-queratina (lana) | Fibroína (seda) | Colágeno (tendón bovino) | Elastina (aorta porcina) | Todas las proteínas[f] |
|---|---|---|---|---|---|
| Gly | 8.1 | 44.6 | 32.7 | 32.3 | 7.9 |
| Ala | 5.0 | 29.4 | 12.0 | 23.0 | 8.7 |
| Ser | 10.2 | 12.2 | 3.4 | 1.3 | 5.8 |
| Glu + Gln | 12.1 | 1.0 | 7.7 | 2.1 | 6.6 (3.7) |
| Cys | 11.2 | 0 | 0 | —[e] | 1.3 |
| Pro | 7.5 | 0.3 | 22.1[a] | 10.7[c] | 4.7 |
| Arg | 7.2 | 0.5 | 5.0 | 0.6 | 5.0 |
| Leu | 6.9 | 0.5 | 2.1 | 5.1 | 8.9 |
| Thr | 6.5 | 0.9 | 1.6 | 1.6 | 5.6 |
| Asp + Asn | 6.0 | 1.3 | 4.5 | 0.9 | 5.9 (4.2) |
| Val | 5.1 | 2.2 | 1.8 | 12.1 | 7.2 |
| Tyr | 4.2 | 5.2 | 0.4 | 1.7 | 3.5 |
| Ile | 2.8 | 0.7 | 0.9 | 1.9 | 5.5 |
| Phe | 2.5 | 0.5 | 1.2 | 3.2 | 4.0 |
| Lys | 2.3 | 0.3 | 3.7[b] | 3.6[d] | 5.5 |
| Trp | 1.2 | 0.2 | 0 | —[e] | 1.5 |
| His | 0.7 | 0.2 | 0.3 | —[e] | 2.4 |
| Met | 0.5 | 0 | 0.7 | —[e] | 2.0 |

**Nota:** Los tres aminoácidos más abundantes en cada proteína se indican en rojo. Los valores que se presentan están en porcentaje molar.

[a] Aproximadamente el 39 % es hidroxiprolina.

[b] Aproximadamente el 14 % es hidroxilisina.

[c] Aproximadamente el 13 % es hidroxiprolina.

[d] La mayor parte (aproximadamente el 80 %) está implicada en enlaces cruzados.

[e] Prácticamente ausente.

[f] Reproducido de *Journal of Chemical Information and Modeling* 50:690-700, J. M. Otaki, M. Tsutsumi, T. Gotoh y H. Yamamoto, Secondary structure characterization based on amino acid composition and availability in proteins. © 2010 American Chemical Society.

Las proteínas fibrosas son moléculas alargadas con estructuras secundarias bien definidas. Suelen desempeñar funciones estructurales en las células.

teínas fibrosas está enriquecida de forma significativa con 3-4 aminoácidos determinados, que estabilizan las estructuras secundarias extendidas de las proteínas fibrosas.

## Queratinas

Dos clases importantes de proteínas que tienen secuencias de aminoácidos y funciones biológicas similares son las $\alpha$- y $\beta$-queratinas. Las **$\alpha$-queratinas** son las proteínas más importantes del pelo y las uñas y forman una parte importante de la piel animal. Las $\alpha$-queratinas son miembros de un gran grupo de **proteínas filamentosas intermedias**, que desempeñan funciones estructurales importantes en los núcleos, los citoplasmas y las superficies de muchas células. Todas las proteínas filamentosas intermedias tienen predominantemente una estructura de hélice $\alpha$; en realidad, fue el patrón característico de difracción de rayos X de la $\alpha$-queratina el que Pauling y sus colaboradores buscaron para explicar su modelo de hélice $\alpha$.

La $\alpha$-queratina se construye sobre una estructura de hélice a de ovillo enrollado.

La estructura de una $\alpha$-queratina característica, como la del pelo, se representa en la Figura 6.14. Las moléculas individuales contienen secuencias largas (de más de 300 residuos de longitud) que son totalmente $\alpha$-helicoidales. Pares de estas hélices se enroscan en una estructura de **ovillo enrollado** a izquierdas. Este apareamiento de hélices $\alpha$ parece ser consecuencia de una peculiaridad de la secuencia de aminoácidos de la $\alpha$-queratina. Cada cuatro aminoácidos, aproximadamente, hay uno con una cadena lateral hidrófoba no polar. Debido a que la hélice $\alpha$ tiene 3.6 residuos/vuelta, esto significa que hay una tira de superficie hidrófoba contigua a lo largo de una cara de cada cadena helicoidal (la superficie hidrófoba forma una espiral de poca profundidad alrededor de la hélice, ya que 4.0 no es exactamente igual a 3.6). Como hemos señalado en el Capítulo 2, las superficies hidrófobas tienden a asociarse en un medio acuoso, de forma que se unen dos hélices de $\alpha$-queratina de forma no covalente mediante interacciones hidrófobas entre las hélices entrelazadas.

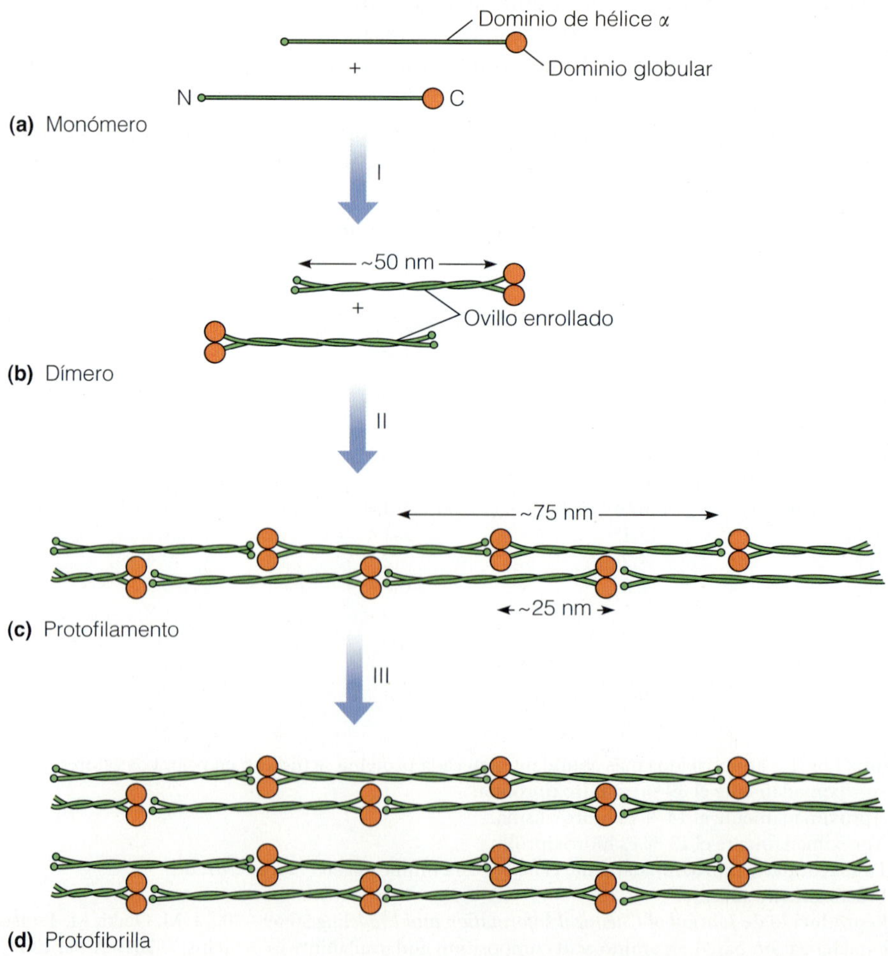


**FIGURA 6.14**

**Estructura propuesta para los filamentos intermedios del tipo de la queratina.** Dos monómeros **(a)** se aparean a través de ovillos enrollados paralelos para formar el dímero de 50 nm de longitud **(b).** Estos, a continuación, se asocian para formar, primero, un protofilamento de 4 cadenas **(c)** y luego, una protofibrilla de 8 cadenas **(d).** El solapamiento es responsable del espaciado regular de 25 nm a lo largo de las fibras.

En los filamentos intermedios, los pares de ovillos enrollados tienden a asociarse entre ellos en un protofilamento de cuatro cadenas (Figura 6.14c), y dos de estas, a su vez, se juntan para formar una protofibrilla (Figura 6.14d). Todavía no están claros los detalles de estos niveles superiores de asociación. Estos cables enrollados son muy elásticos y flexibles, pero en los distintos tejidos la $\alpha$-queratina se endurece, en mayor o menor medida, mediante la introducción de enlaces cruzados disulfuro dentro de los diferentes niveles de estructura de la fibra. (Obsérvese que la $\alpha$-queratina presenta un contenido de cisteína excepcionalmente alto; *véase* la Tabla 6.3.) Se dan muchos enlaces cruzados en las $\alpha$-queratinas de las uñas, mientras que el pelo presenta relativamente pocos. El proceso de introducción de una «onda permanente» en el pelo del ser humano comporta la reducción de estos enlaces disulfuro, el reordenamiento de las fibras y la reoxidación para «colocar» las ondas introducidas de este modo.

Las $\beta$-queratinas, como indica su nombre, contienen mucha más estructura de lámina $\beta$. De hecho, constituyeron la segunda clase estructural más importante descrita por Pauling y sus colaboradores. Las $\beta$-queratinas se encuentran principalmente en las aves y en los reptiles, en estructuras como las plumas y las escamas.

## Fibroína

La estructura de lámina $\beta$ se utiliza de manera muy elegante en las fibras tejidas por los gusanos de seda y las arañas. La fibroína de los gusanos de seda (Figura 6.15) contiene regiones largas de lámina $\beta$ antiparalela, con las cadenas polipeptídicas paralelas al eje de la fibra. Las regiones de lámina $\beta$ contienen casi exclusivamente repeticiones múltiples de la secuencia

La fibroína es una proteína con lámina $\beta$. Casi la mitad de sus residuos son glicina.

[Gly–Ala–Gly–Ala–Gly–Ser–Gly–Ala–Ala–Gly–(Ser–Gly–Ala–Gly–Ala–Gly)$_8$]

Al examinar esta secuencia, se observará que casi un residuo sí y otro no es Gly, y que entre ellos se encuentran residuos de Ala o Ser. Esta alternancia permite que las láminas encajen juntas y se empaqueten una sobre otra del modo que se ve en la Figura 6.12. Esta disposición produce una fibra, que es fuerte y relativamente inextensible, debido a que las cadenas unidas de modo covalente están extendidas hasta casi su longitud máxima posible. Sin embargo, las fibras son muy flexibles porque los enlaces entre las láminas implican solo las interacciones débiles de van der Waals entre las cadenas laterales, que proporcionan poca resistencia al doblado.

No toda la proteína de fibroína está en láminas $\beta$. Como muestra la composición de aminoácidos de la Tabla 6.2, la fibroína contiene pequeñas cantidades de otros aminoácidos voluminosos, como valina y tirosina, que no encajan en la estructura presentada. Estos se encuentran en zonas plegadas compactas que interrumpen periódicamente los segmentos de lámina $\beta$ y, probablemente, explican la capacidad de extenderse que poseen las fibras de

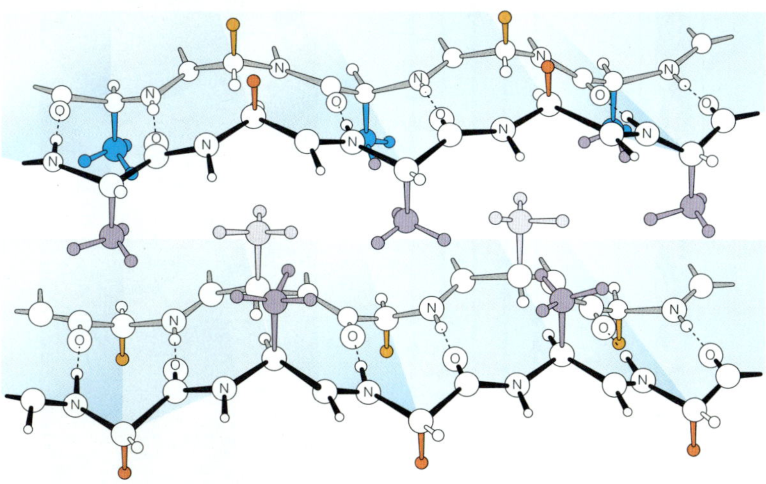


(a)

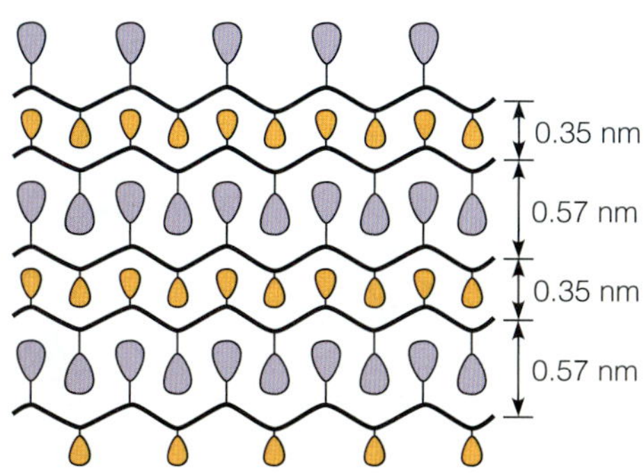


(b)

**FIGURA 6.15**

**Estructura de la fibroína de la seda.** **(a)** Perspectiva tridimensional de las láminas $\beta$ apiladas, con las cadenas laterales en color. La región que se presenta solo contiene residuos de alanina y glicina. **(b)** Interdigitación de las cadenas laterales de alanina o serina y las cadenas laterales de glicina en la fibroína. El plano de corte es perpendicular a las láminas plegadas.

Ilustración, Irving Geis. Imagen de Irving Geis Collection/ Howard Hughes Medical Institute. Derechos de HHMI. No puede reproducirse sin permiso.

seda. De hecho, distintas especies de gusanos de seda producen fibroínas con distintos grados de tales estructuras diferentes a la lámina $\beta$ y a las que corresponden diferencias de elasticidad. La estructura completa de la fibroína es un ejemplo notable de molécula proteica que ha evolucionado para realizar una función determinada: para proporcionar una fibra resistente, aunque flexible, para el capullo del gusano de seda o para la tela de la araña.

## Colágeno

Las fibras de colágeno están formadas por hélices triples de polipéptidos con abundante glicina y prolina.

Dado que realiza una variedad de funciones tan amplia, el **colágeno** es la proteína más abundante en la mayoría de los vertebrados. En los animales grandes, puede llegar a un tercio de la masa total de proteínas. Las fibras de colágeno forman la *matriz* de los huesos, sobre la que precipitan los constituyentes minerales; estas fibras constituyen la mayor parte de los tendones, y una red de fibras de colágeno es un constituyente importante de la piel. Básicamente, el colágeno mantiene *unidos* a la mayoría de los animales.

### Estructura del colágeno

La unidad básica de la fibra de colágeno es la molécula de **tropocolágeno**, una *triple hélice* de tres cadenas polipeptídicas, cada una de ellas con aproximadamente 1000 residuos. Esta estructura helicoidal triple, que se presenta en las Figuras 6.16a y b, es característica del colágeno. Las cadenas individuales son hélices $\alpha$ a *izquierdas*, con aproximadamente 3.3 residuos/vuelta. Tres de estas cadenas se enrollan unas alrededor de las otras a derechas, con enlaces de hidrógeno que se extienden entre ellas. El examen del modelo revela que cada tercer residuo, que debe encontrarse cerca del centro de la triple hélice, *solo* puede ser glicina (*véase* la Figura 6.16a, y la Tabla 6.3). Cualquier cadena lateral distinta de -H sería demasiado voluminosa. La formación de las hélices individuales del tipo colágeno también está favorecida por la presencia de prolina o hidroxiprolina en la molécula de tropocolágeno. Un conjunto que se repite en la secuencia es la forma Gly—X—Y, donde X suele ser prolina e Y, prolina o hidroxiprolina (*véase* la Tabla 6.3). Sin embargo, en ocasiones se toleran otros residuos en estas posiciones. Como la fibroína de la seda, el

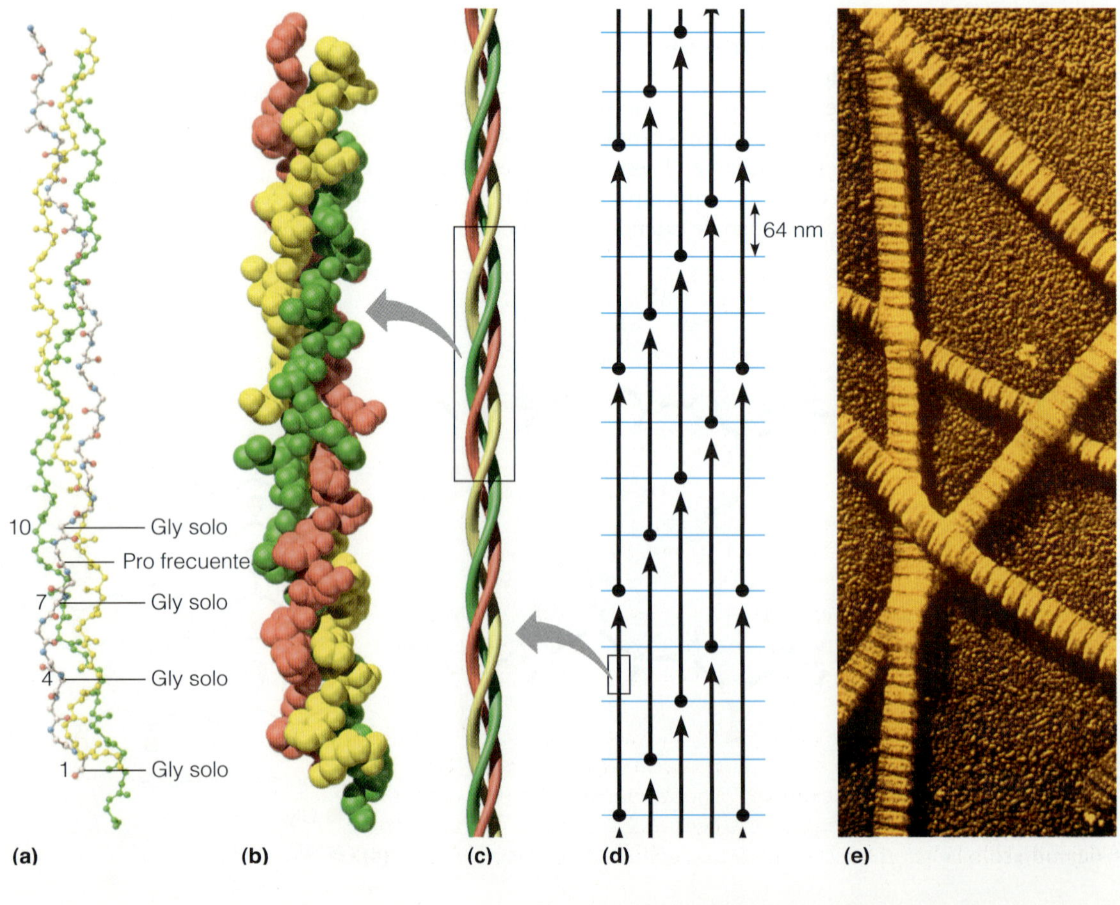


**FIGURA 6.16**

**Estructura de las fibras de colágeno.** La proteína colágeno está formada por moléculas de tropocolágeno empaquetadas juntas para formar las fibras. La molécula de tropocolágeno es una triple hélice. **(a)** y **(b)** Representaciones de bastones y de relleno espacial de la triple hélice de tropocolágeno. **(c)** Con pocos aumentos destaca la estructura secundaria entretejida de triple hélice. **(d)** Las triples hélices de tropocolágeno se alinean una al lado de otra de modo escalonado para formar la fibra de colágeno. Esta disposición regular proporciona un patrón periódico de bandas separadas por 64 nm (líneas azules). **(e)** Una micrografía electrónica del colágeno muestra el entrecruzamiento de las fibras con el patrón periódico de 64 nm visible claramente en cada una de ellas.

(e) J. Gross, Biozentrum/Science Photo Library.

colágeno es un buen ejemplo de cómo un tipo concreto de secuencia repetitiva determina una estructura específica. Para realizar adecuadamente sus muchas funciones, el colágeno se presenta en un gran número de variantes genéticas en los organismos superiores.

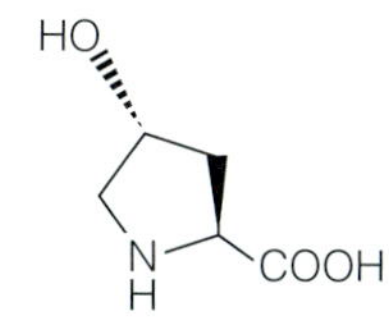

(2S,4R)-4-hidroxiprolina

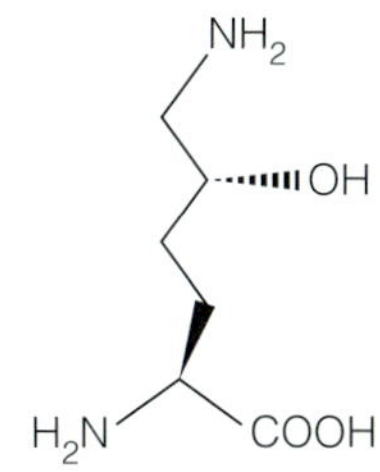

(2S,5R)-5-hidroxilisina

El colágeno también es excepcional en su extensa modificación de prolina a hidroxiprolina. La mayoría de los enlaces de hidrógeno entre las cadenas en la triple hélice se establecen entre protones amidas y oxígenos carbonilo, aunque los grupos —OH de la hidroxiprolina también parecen participar en la estabilización de la estructura. También se produce la hidroxilación de los residuos de lisina en el colágeno, pero es mucho menos frecuente. Desempeña una función distinta, ya que sirve para formar lugares de unión para los polisacáridos.

Las enzimas que catalizan la hidroxilación de los residuos de prolina y lisina necesitan **vitamina C**, ácido ascórbico (*véase* la Figura 21.33, pág. 906). Un síntoma de carencia grave de vitamina C, que se denomina **escorbuto**, consiste en el debilitamiento de las fibras de colágeno producido por el fallo de la hidroxilación de estas cadenas laterales, que ocasiona una reducción de los enlaces de hidrógeno entre las cadenas. Las consecuencias son las que podrían esperarse: aparecen lesiones en la piel y las encías, y se debilitan los vasos sanguíneos. El trastorno mejora rápidamente al administrar vitamina C.

El escorbuto lo produce la falta de hidroxilación de prolinas y lisinas en el colágeno.

Las moléculas individuales de tropocolágeno se empaquetan juntas formando una fibra de colágeno de una manera específica (Figura 6.16c). Cada molécula tiene una longitud de aproximadamente 300 nm y se solapa con su vecina en, aproximadamente, 64 nm, produciendo el aspecto característico de bandas de las fibras que aparecen en las Figuras 6.16d y e. Esta estructura proporciona una resistencia notable: las fibras de colágeno de los tendones tienen una resistencia comparable a la del cable de cobre de alta resistencia.

Parte de la dureza del colágeno se debe al entrecruzamiento de las moléculas de tropocolágeno mediante una reacción que utiliza las cadenas laterales de la lisina. Algunas de las cadenas laterales de la lisina se oxidan para dar lugar a derivados aldehídicos, que, a continuación, pueden reaccionar con un residuo de lisina o bien, unos con otros mediante una condensación aldólica y deshidratación, para dar lugar a un entrecruzamiento:

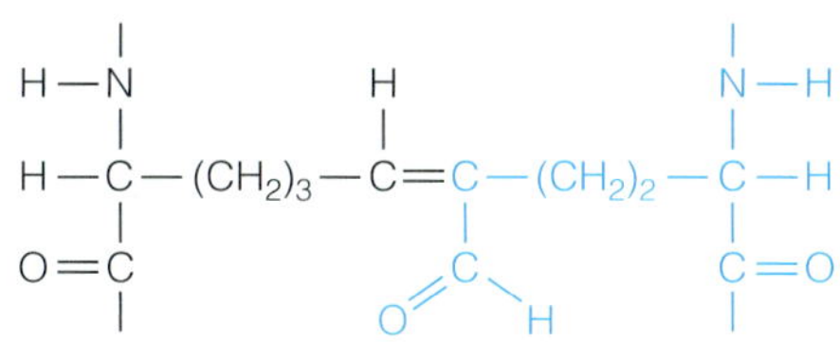

Este proceso sigue a lo largo de la vida, y los entrecruzamientos que se acumulan hacen que el colágeno sea cada vez menos elástico y más quebradizo. Como consecuencia, los huesos y los tendones de las personas mayores pueden romperse con mayor facilidad y la piel pierde gran parte de su elasticidad. Muchos signos que asociamos con el envejecimiento son consecuencias de este sencillo proceso de entrecruzamiento.

## Síntesis de colágeno

El colágeno experimenta una amplia modificación posterior a la traducción.

Como ya habrá deducido en estos momentos, el colágeno es una proteína que experimenta una modificación importante. De hecho, puede considerarse un ejemplo casi completo de las rutas de modificación posteriores a la traducción que consideramos al final del Capítulo 5. La triple hélice de tropocolágeno, que acaba entrecruzada en una fibra de colágeno extracelular, es muy diferente de la que se sintetiza inicialmente en un ribosoma. En la Figura 6.17 se presentan los pasos de esta transformación, que empieza con la traducción (paso 1). El polipéptido recién traducido se hidroxila (paso 2) y, a continuación, se unen los azúcares a algunas de las cadenas laterales de lisina hidroxilada (paso 3) para dar **procolágeno** (paso 4). El procolágeno contiene alrededor de 1500 residuos, de los cuales aproximadamente 500 están en las regiones N-terminal y C-terminal, que no tienen la secuencia característica de la fibra de colágeno descrita previamente. Tres moléculas de procolágeno enrollan sus regiones centrales formando una triple hélice, mientras que las regiones N-terminal y C-terminal se pliegan formando estructuras proteicas globulares. Las triples hélices de procolágeno se exportan, a continuación, al espacio extracelular (paso 5); en este punto las regiones N-terminal y C-terminal se separan mediante proteasas específicas, dejando solo la hélice triple de tropocolágeno, con aproximadamente 1000

**FIGURA 6.17**

**Biosíntesis y ensamblaje del colágeno.** El proceso puede dividirse en varios pasos. Los pasos 1-4 se producen en el retículo endoplásmico y el citosol de las células que sintetizan colágeno; los pasos 6 y 7 se producen en la región extracelular. Gal = galactosa, Glc = glucosa.

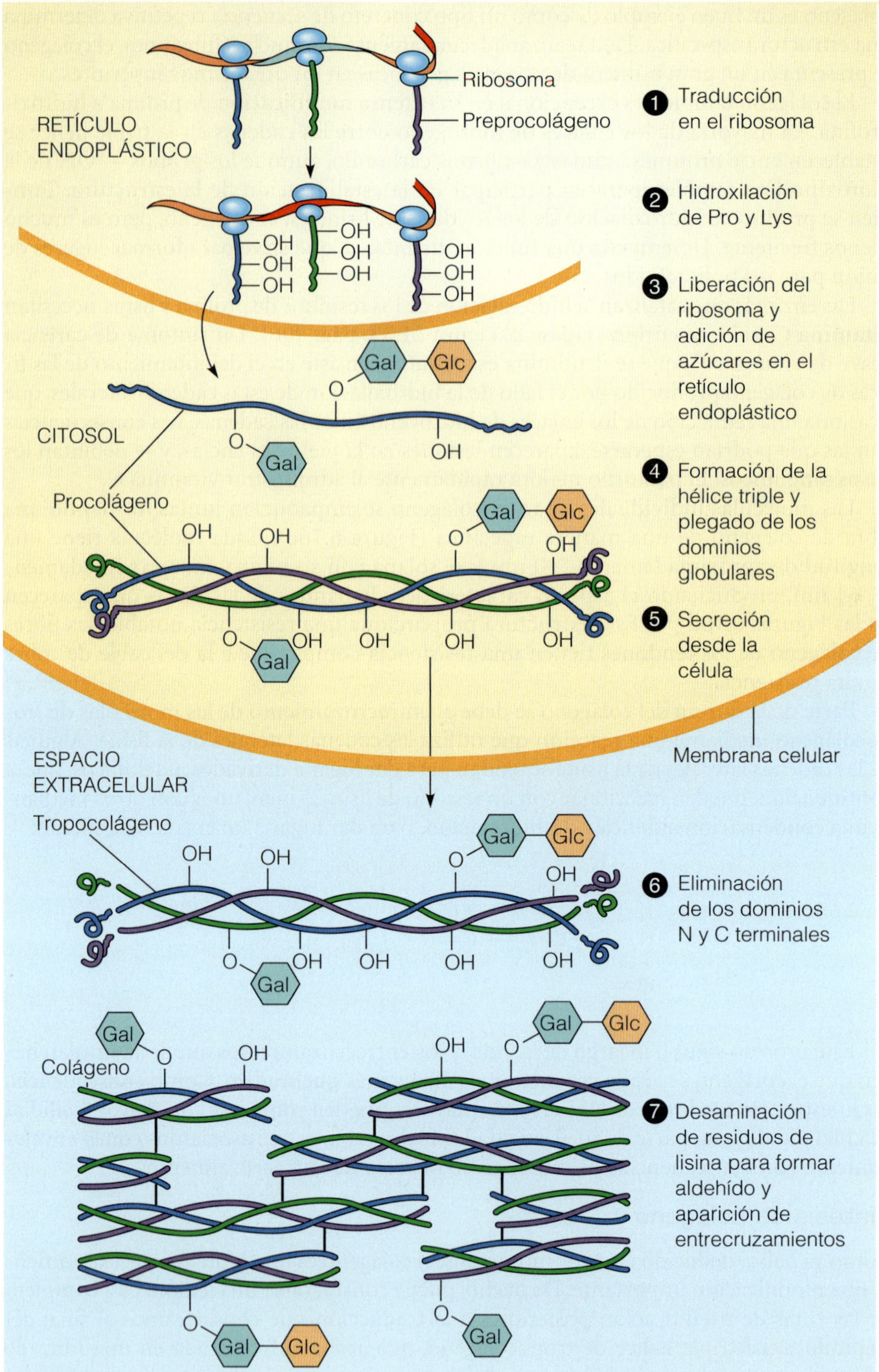


residuos (paso 6). A continuación, estas moléculas se ensamblan dando lugar a las formaciones escalonadas que se muestran en la Figura 6.16d. Finalmente, los entrecruzamientos pegan juntas las moléculas formando una fibra dura de colágeno.

## Elastina

La proteína elastina forma fibras elásticas que se hallan en los ligamentos y en los vasos sanguíneos.

El colágeno se encuentra en los tejidos en los que se precisa resistencia o dureza, pero otros tejidos, como los ligamentos y los vasos sanguíneos arteriales, necesitan fibras muy elásticas. Estos tejidos contienen grandes cantidades de la proteína fibrosa **elastina**.

La cadena polipeptídica de la elastina contiene abundante glicina, alanina y valina, y es muy flexible y puede extenderse fácilmente. De hecho, su conformación probablemente se parece a la de un **ovillo aleatorio**, que carece casi totalmente de estructura secundaria. No obstante, la secuencia también contiene numerosas cadenas laterales de lisina, que pueden participar en entrecruzamientos. Estos entrecruzamientos impiden que las fibras de elastina se extiendan indefinidamente, haciendo que las fibras vuelvan de golpe a su situación habitual cuando se elimina la tensión. El mismo principio explica exactamente la elasticidad de la goma vulcanizada, cuyas cadenas flexibles están también sostenidas por entrecruzamientos. Los entrecruzamientos de la elastina son bastante distintos de los del colágeno, puesto que están diseñados para mantener unidas varias cadenas. Pueden combinarse cuatro cadenas laterales de lisina para producir un entrecruzamiento de **desmosina**, como se muestra en el margen. Dado que están conectadas cuatro cadenas, solo se precisa una pequeña cantidad de este entrecruzamiento para convertir las fibras de elastina en una red gomosa muy interconectada.

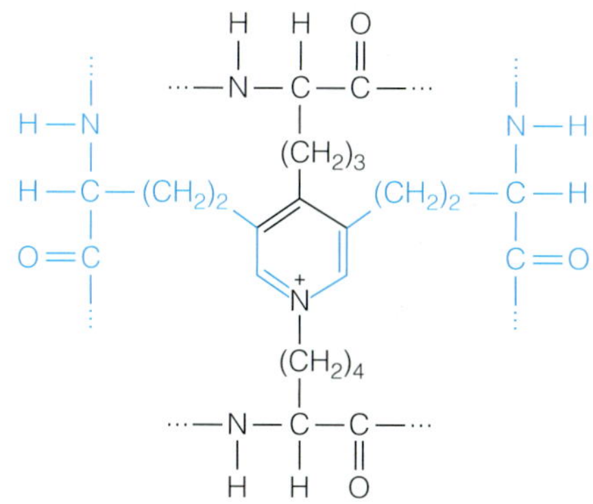

## Resumen

Esta breve visión general de unas cuantas proteínas estructurales pone de manifiesto varios puntos. En primer lugar, las proteínas pueden evolucionar para realizar una diversidad de funciones casi infinita. En segundo lugar, las proteínas fibrosas estructurales hacen esto aprovechando la propensión de las secuencias repetitivas concretas de residuos de aminoácidos para favorecer un tipo u otro de estructura secundaria. Finalmente, la modificación posterior a la traducción de las proteínas, incluyendo los entrecruzamientos, es un elemento accesorio importante para ajustar una proteína a su función. En el Capítulo 28 hablaremos más sobre los lugares celulares de estas modificaciones, cuando se considere detalladamente el proceso completo de la síntesis de proteínas.

Estos pocos ejemplos no agotan la lista de proteínas estructurales. Existen otras importantes, como la actina y la miosina del músculo y la tubulina de los microtúbulos. Pero estas proteínas se forman de un modo muy distinto y se describen en el Capítulo 8.

# Proteínas globulares: estructura terciaria y diversidad funcional

## Plegados distintos para funciones diferentes

Las proteínas estructurales, aun siendo tan abundantes y esenciales en cualquier organismo, solo constituyen una pequeña parte de las *clases* de proteínas que poseen. La mayor parte del trabajo químico de la célula (de síntesis, de transporte y metabólico) se lleva a cabo con la ayuda de una clase enorme de **proteínas globulares**. Estas proteínas reciben este nombre debido a que sus cadenas polipeptídicas se pliegan en estructuras compactas muy distintas de las formas filamentosas y extendidas de las proteínas fibrosas. La mioglobina (*véase* la Figura 6.1) es una proteína globular característica. Con solo una ojeada a su estructura tridimensional, comparándola con la de, por ejemplo, el colágeno, se ve inmediatamente esta diferencia cualitativa.

En la actualidad ya sabemos mucho sobre los detalles estructurales de muchas proteínas globulares, en gran medida gracias al uso de métodos de difracción de rayos X (*véase* Herramientas de la Bioquímica 4A) y la **espectroscopía de resonancia magnética nuclear** (RMN, *Véase* Herramientas de la Bioquímica 6A). Ambos métodos proporcionan información estructural con detalles a nivel del átomo.

Dentro de la molécula proteica, la cadena polipeptídica está plegada localmente, formando alguna de las estructuras secundarias (hélice $\alpha$, lámina $\beta$, y otras), que ya hemos explicado. Pero para que la estructura sea globular y compacta, estas regiones también deben plegarse unas sobre otras. Este plegado se denomina **estructura terciaria** de la proteína; es este plegado el que da a la molécula su forma tridimensional total. La distinción entre las estructuras secundaria y terciaria puede apreciarse claramente, por ejemplo, en la estructura de la mioglobina, tal como aparece en la Figura 6.1. Aproximadamente, el 70 % de la mioglobina es una hélice $\alpha$, y las ocho hélices de la mioglobina se juntan unas con otras para formar una molécula compacta. Un hueco dentro de esta estructura contiene un **grupo prostético**, el hemo. Muchas proteínas globulares llevan grupos prostéticos, moléculas pequeñas que pueden estar enlazadas de modo covalente o no covalente a la proteína y capacitarla para

Las proteínas globulares no solo poseen estructuras secundarias sino que, además, también se pliegan formando estructuras terciarias compactas.

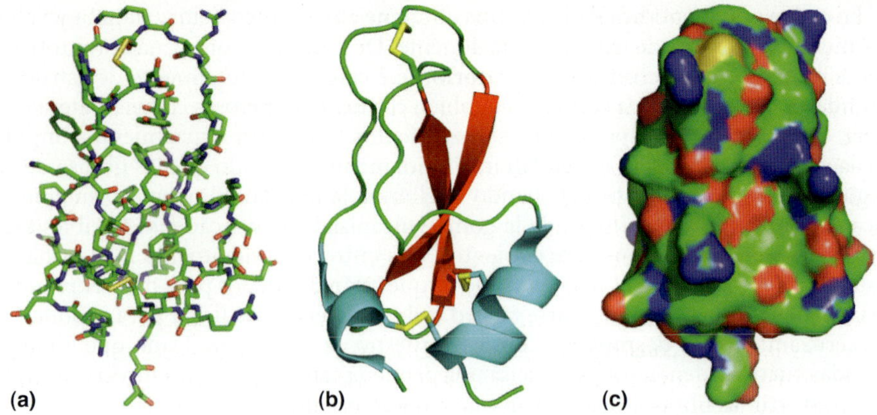


**FIGURA 6.18**

**Estructura terciaria del BPTI.** El inhibidor de la tripsina pancreática bovina, o BPTI, se une a la tripsina y le impide que catalice la hidrólisis peptídica. El BPTI solo contiene 58 residuos de aminoácidos y es una de las proteínas más estudiadas. **(a)** Modelo de «bastones» que muestra las posiciones de los átomos (excluyendo los átomos de H) obtenido por difracción de rayos X (PDB ID: 4PTI) Los átomos de C se han señalado en verde, los átomos de N, en azul, los átomos de O, en rojo y los átomos de S, en amarillo. **(b)** Modelo del armazón. Hay hélices $\alpha$ cortas (cian) cerca de los terminales de la molécula, así como dos láminas $\beta$ antiparalelas (rojo). Las posiciones de los tres disulfuros se muestran mediante bastones amarillos. **(c)** Modelo de «superficie», que muestra la superficie de la molécula accesible al disolvente. El color de los átomos es el mismo que en el panel (a).

que cumpla funciones especiales. En este caso, el grupo hemo unido de modo no covalente contiene el lugar de unión del oxígeno de la mioglobina (*véase* el Capítulo 7).

Para mostrar la gran variación estructural entre las diversas proteínas globulares, consideremos otro ejemplo. La Figura 6.15 representa una de las proteínas globulares más pequeñas y sencillas: el inhibidor de la tripsina pancreática bovina (BPTI). Esta proteína, que se sintetiza en el páncreas de la vaca, es una de las proteínas cuya única función consiste en unir e inhibir enzimas proteolíticas como la tripsina. Es importante para la salud, ya que impide el daño del páncreas cuando se activa la tripsina de forma prematura. La utilizaremos repetidamente como ejemplo de una proteína globular debido a que es relativamente sencilla y, como consecuencia de ello, se ha estudiado con mucho detalle.

En la Figura 6.18, el BPTI se representa de tres modos. En la Figura 6.18a se muestra un modelo de varillas que representa las posiciones de todos los átomos (excepto los hidrógenos), que se han medido con gran precisión mediante difracción de rayos X. En la Figura 6.18b se presenta un modelo de cinta del armazón de la cadena principal. En este modelo se puede trazar con facilidad el camino de la cadena polipeptídica, y pueden verse claramente las estructuras de hélice $\alpha$ y de lámina $\beta$ presentes en esta molécula; también se muestran las posiciones de los tres enlaces disulfuro del BPTI. Por último, la Figura 6.18c representa la superficie de la molécula, que ilustra el punto importante de que las proteínas globulares son estructuras empaquetadas densamente y, de hecho, suelen ser, como indica su nombre, de forma globular.

Al comparar la Figura 6.18 con la Figura 6.1 puede observarse que la estructura del BPTI es completamente distinta de la de la mioglobina. Mientras que la mioglobina es básicamente una hélice $\alpha$, el BPTI presenta regiones helicoidales y laminares conectadas mediante dobleces de la cadena. El punto que deseamos destacar es el siguiente: cada proteína globular posee una estructura terciaria singular, formada por elementos de estructura secundaria (hélices, láminas $\beta$ y regiones irregulares) plegados de una manera específica. A medida que se estudian proteínas, se descubre que cada conformación de este tipo es adecuada para el cometido funcional concreto que desempeña la proteína.

## Variedades de la estructura de las proteínas globulares: patrones de plegado

A primera vista, puede parecer que existe un número casi infinito de maneras en las que pueden doblarse las proteínas globulares. Si examinamos todos los detalles posibles de plegado, esto es cierto. Sin embargo, cuando se analiza un gran número de las estructuras conocidas, se encuentran determinados motivos y principios comunes. El primer principio es que la mayoría de las proteínas están formadas por más de un dominio. Un **dominio** es una región compacta, plegada localmente, de la estructura terciaria. Los dominios están conectados entre sí mediante la cadena polipeptídica que transcurre a lo largo de toda la molécula. Los dominios múltiples son especialmente comunes en las proteínas globulares más grandes, mientras que las en proteínas muy pequeñas, como el BPTI, tienden a ser dominios plegados únicos. Como veremos en apartados posteriores, los distintos dominios suelen realizar funciones diferentes y en ocasiones, un tipo determinado de dominio puede reconocerse en varias proteínas diferentes.

El **dominio** de una proteína es una región de estructura terciaria compacta, plegada localmente. Las proteínas más pequeñas, generalmente, contienen un único dominio, mientras que las más grandes contienen varios dominios.

Entre las variedades de dominio, se han clasificado y organizado en bases de datos donde pueden consultarse *online* varios cientos de motivos estructurales diferentes (*véase* la Bibliografía). Estas bases de datos permiten la identificación de posibles relaciones funcionales y evolutivas entre las proteínas que comparten dominios estructurales semejantes.

Para ilustrar la variación estructural inmensa de las proteínas globulares, podemos considerar las ~1300 estructuras de dominio diferentes, que se emplean para clasificar las ~130 000 entradas de dominios proteicos en la base de datos CATH (**C**lase, **A**rquitectura, **T**opología y «Superfamilia **H**omóloga»). La Figura 6.19 muestra siete dominios de plegado diferentes, y hay otros 1200 catalogados en CATH. Sin embargo, esta variación inmensa puede concentrarse en cuatro patrones básicos de plegado en las proteínas globulares: los que se construyen alrededor de un empaquetamiento de hélices $\alpha$, los que se construyen sobre un entramado de láminas $\beta$, los que incluyen hélices y láminas y los que contienen poca estructura de hélice o lámina.

Las mayoría de las estructuras de las proteínas globulares puede clasificarse en general como: «principalmente $\alpha$», «principalmente $\beta$» y «$\alpha + \beta$». Un número pequeño de proteínas globulares tiene poca estructura secundaria $\alpha$ o $\beta$.

En el sistema de clasificación CATH, «clase» indica una de las cuatro categorías de acuerdo con la estructura secundaria prevalente en el plegado del dominio (fila superior de la Figura 6.19). Si observamos con más detenimiento la clase «$\alpha + \beta$», encontramos 15

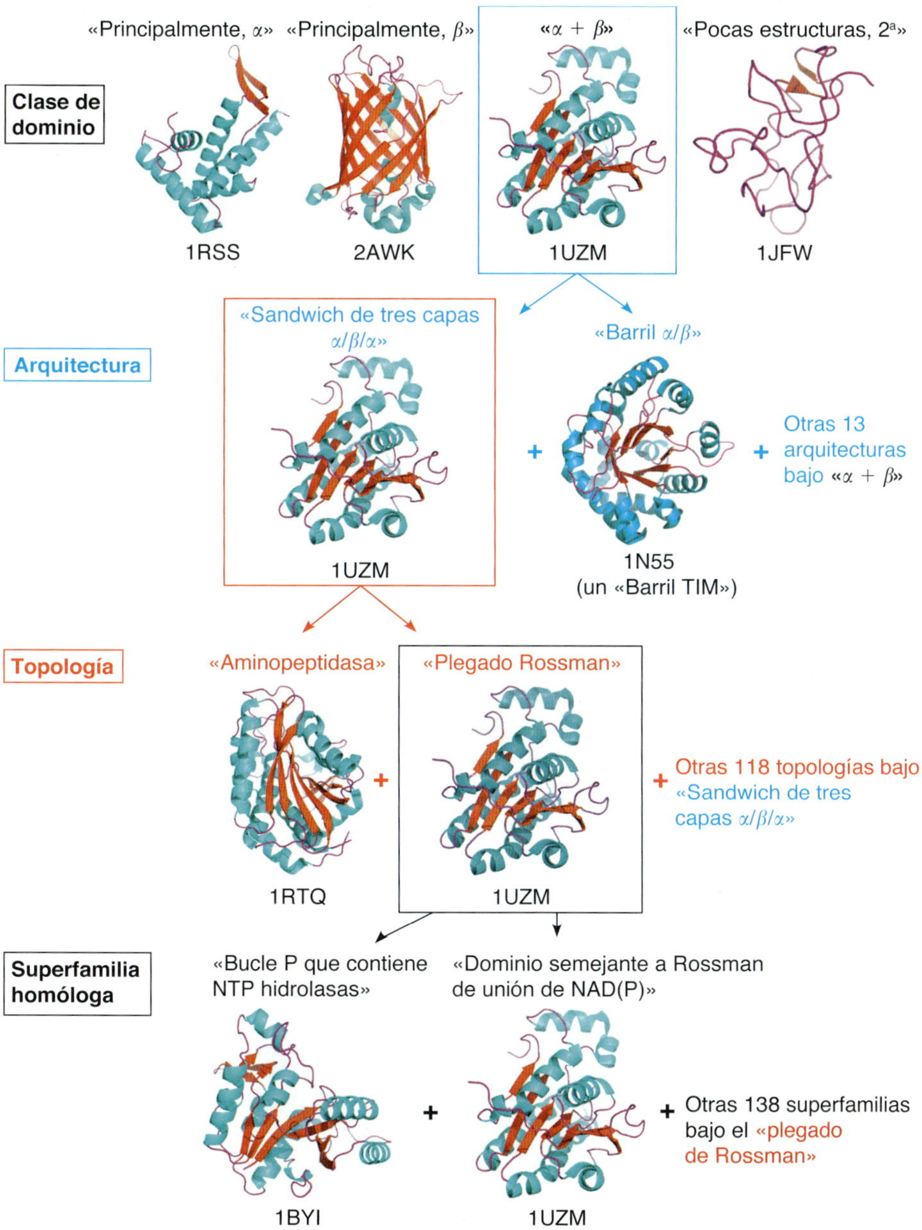


**FIGURA 6.19**

**Diversidad estructural de los dominios de las proteínas globulares.** *Véase* en el texto una descripción más detallada de esta figura. Fila superior: representantes de las cuatro clases principales de estructuras de dominios donde se muestran en cian las hélices $\alpha$, en rojo, las cadenas $\beta$ y en morado, los bucles de conexión. Segunda fila: dos representantes de las 15 arquitecturas dentro de la clase «$\alpha + \beta$». Tercera fila: dos representantes de las 120 topologías que se encuentran en la arquitectura «sándwich de 3 capas $\alpha/\beta/\alpha$». Cuarta fila: dos representantes de las 140 superfamilias homólogas que se encuentran en la topología de «plegado de Rossman». PDB ID: proteína ribosómica S7 (1RSS); proteína fluorescente verde (2AWK); $\beta$-cetoacil ACP reductasa (1UZM); proteína transactivadora de VIH1 (1JFW); triosafosfato isomerasa (1N55); leucil aminopeptidasa (1RTQ); detiobiotina sintasa (1BYI).

formas generales diferentes o «arquitecturas» para el plegado del dominio que incluyen estructura de hélice $\alpha$ y lámina $\beta$. En la segunda línea de la Figura 6.19 se muestran dos de estas arquitecturas, «sándwich de tres capas $\alpha/\beta/\alpha$» y «barril $\alpha/\beta$». En el contexto de estructura proteica, **topología** indica el orden en el que están conectadas las características de estructura secundaria en la secuencia de aminoácidos de la proteína. Por ejemplo, en distintas proteínas, dos hélices $\alpha$ y una cadena $\beta$ pueden estar ligadas mediante «hélice-hélice-cadena», «hélice-cadena-hélice» o «cadena-hélice-hélice». Cada una de ellas representa una topología diferente para estos tres elementos de estructura secundaria. La línea tres de la Figura 6.19 presenta dos ejemplos de las 120 topologías diferentes de la arquitectura «sándwich de tres capas $\alpha/\beta/\alpha$»: «aminopeptidasa» y «plegado Rossman». El **plegado Rossman** es un dominio de estructura común en una clase importante de enzimas que unen el cofactor **dinucleótido de nicotinamida y adenina** (NAD) (*véase* la página 446). Existen 140 «superfamilias» diferentes de proteínas con la topología plegado Rossman. Las proteínas de esta superfamilia son homólogas (esto es, tienen un antepasado evolutivo común). Existen 3078 entradas de dominio diferentes dentro de la superfamilia de «dominio de unión de NAD(P) semejante al dominio Rossman» (~2 % de las entradas totales en la base de datos CATH); en la Figura 6.19 se muestra una de estas estructuras (1UZM). En resumen, la denominación CATH de este dominio es ««$\alpha + \beta$» $\longrightarrow$ «sándwich de tres capas $\alpha/\beta/\alpha$» $\longrightarrow$ «plegado Rossman» $\longrightarrow$ «dominio unión de NAD(P), semejante al dominio Rossman».

El estudio de los detalles de la variación estructural de los dominios puede ser abrumador; sin embargo, es en estos detalles estructurales donde se encuentra un conocimiento más profundo de la función proteica. Afortunadamente, para los estudiantes de Bioquímica, el análisis de las estructuras de miles de proteínas globulares ha conducido a formular algunas reglas generales que rigen el plegado terciario:

- *Todas las proteínas globulares poseen un interior y un exterior definidos.* Si se analizan las secuencias de aminoácidos de las proteínas globulares, no se observa un patrón de distribución concreto de los residuos hidrófobos o hidrófilos (Figura 6.20a). Pero cuando observamos las posiciones de los aminoácidos en la estructura tridimensional, invariablemente se encuentra que la estructura terciaria hace que los residuos hidrófobos se sitúen principalmente en el interior (Figura 6.20b), mientras que los residuos hidrófilos están en la superficie, en contacto con el agua (Figura 6.20c).
- *Las láminas $\beta$ están generalmente enrolladas,* o *envueltas en estructuras cilíndricas.* Pueden observarse ejemplos en la Figura 6.19 (por ejemplo, 1RTQ). Es probable que la estructura de la fibroína de la seda no sea exactamente plana, como se representa en la Figura 6.15, sino ligeramente enrollada.
- *La cadena polipeptídica puede doblar las esquinas de diversas maneras,* para ir desde un segmento $\beta$ o una hélice $\alpha$ al siguiente. Una clase de giro compacto se denomina giro $\beta$ (Figura 6.21). Existen distintas variedades de giro $\beta$, y cada una de ellas

(a)

VLSEGEWQLV LHVWAKVEAD VAGHGQDILI RLFKSHPETL EKFDRFKHLK
TEAEMKASED LKKHGVTVLT ALGAILKKKG HHEAELKPLA QSHATKHKIP
IKYLEFISEA IIHVLHSRHP GDFGADAQGA MNKALELFRK DIAAKYKELG
YQG

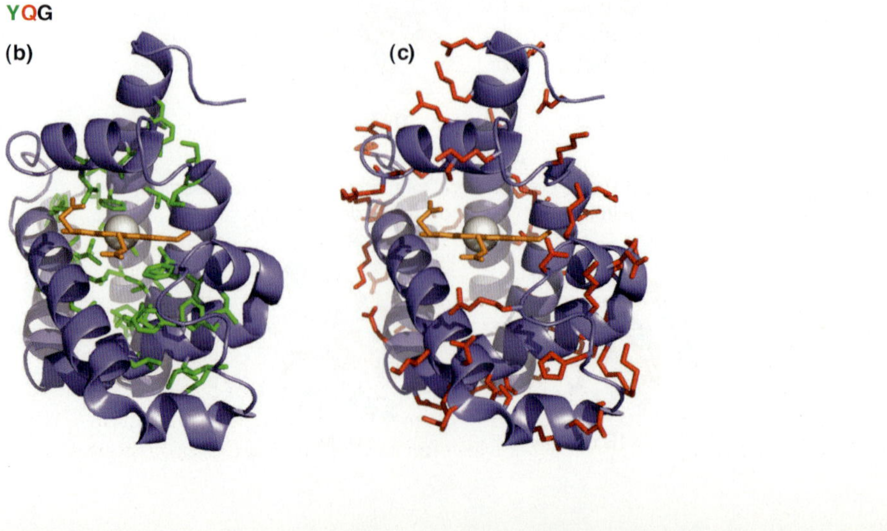


**FIGURA 6.20**

**Distribución de los residuos hidrófilos e hidrófobos en las proteínas globulares.** **(a)** Secuencia de aminoácidos de la mioglobina de cachalote. Los residuos hidrófobos (verde), hidrófilos (rojos) y ambivalentes (negros) parecen estar dispersos a lo largo de la secuencia. Los dos residuos de His en azul desempeñan una función especial en la unión del hemo y el oxígeno (*véase* el Capítulo 7). **(b)** Estructura tridimensional de la misma proteína. Obsérvese cómo las cadenas laterales hidrófobas (se muestran en verde) se agrupan sobre el cofactor hemo hidrófobo (naranja, con el ion hierro en gris) y en el interior de la molécula. **(c)** En esta vista de la estructura de la mioglobina las cadenas laterales hidrófilas se muestran en rojo. Obsérvese cómo tienden a ubicarse en la superficie de la proteína expuesta al disolvente.

puede lograr una inversión completa de la dirección de la cadena polipeptídica en solo cuatro residuos; en cada caso, el carbonilo del residuo $i$ está unido por enlace de hidrógeno al hidrógeno amida del residuo $i + 3$. En el giro $\gamma$, que es incluso más estrecho, el enlace es con el residuo $i + 2$ (Figura 6.22). La prolina suele participar en los giros, como en la Figura 6.22, y también como fragmentador de hélices $\alpha$, dado que este residuo no puede acomodarse en la hélice. Las vueltas y los giros se producen con mayor frecuencia en la superficie de las proteínas.

- *No todas las partes de las proteínas globulares pueden clasificarse convenientemente como hélice, lámina $\beta$ o giros.* Por ejemplo, el examen de la Figura 6.19 revela, en las cadenas, muchos pliegues y bucles de contorno extraño (las regiones que aparecen de color fucsia). En ocasiones se las ha denominado regiones de «ovillo aleatorio», aunque este término es inadecuado, puesto que tales secciones de la cadena no son flexibles, del mismo modo que lo es un verdadero ovillo aleatorio (*véase* la página 108). Más bien, los datos de difracción de rayos X y la RMN indican que esas regiones, en realidad, tienen un plegado bien definido. Podríamos denominarlas *regiones estructuradas irregularmente.* Algunas proteínas también presentan regiones intrínsecamente desestructuradas, una característica que es especialmente importante en una clase de proteínas de señalización que se unen a distintas dianas.

En algunas proteínas el plegado está dominado por la necesidad de unir un grupo prostético. La mioglobina es un ejemplo de ello (Figura 6.20). A pesar de que la mioglobina puede describirse aproximadamente como un manojo de hélice $\alpha$, la estructura terciaria de esta proteína se ha distorsionado para formar un hueco hidrófobo alrededor del grupo hemo.

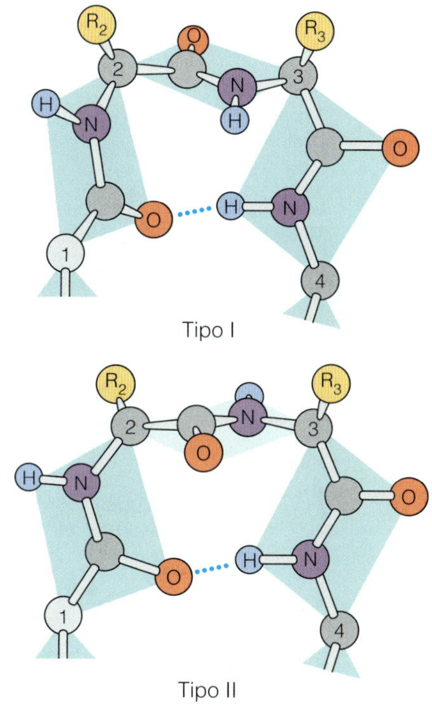


**FIGURA 6.21**

**Ejemplos de giros $\beta$.** Cada uno de estos tipos de giro permite un cambio brusco de la dirección de la cadena polipeptídica. En el giro tipo II, el residuo 3 suele ser la glicina, presumiblemente porque un grupo R voluminoso presentaría conflictos con el oxígeno carbonilo del residuo 2.

## Factores que determinan las estructuras secundaria y terciaria

### Información para el plegado proteico

¿Qué es lo que en último término determina la compleja mezcla de plegado secundario y terciario que caracteriza a cada proteína globular? Muchos indicios señalan que la *mayoría de la información que determina la estructura tridimensional de una proteína la lleva la secuencia de aminoácidos de esa proteína.* Esto puede demostrarse mediante experimentos en los que la estructura tridimensional *nativa,* o natural, se rompe al cambiar las condiciones ambientales. Si elevamos lo suficiente la temperatura, o hacemos que el pH sea fuertemente ácido o alcalino, o bien añadimos al disolvente algunos tipos de moléculas orgánicas, como alcoholes o urea, se despliega la estructura de la proteína (Figura 6.23). Como en los ácidos nucleicos, este proceso se llama **desnaturalización**, porque se ha perdido la estructura natural de la proteína, junto con la mayoría de sus propiedades funcionales específicas. En los diagramas como el de la Figura 6.23a, la cadena desplegada suele dibujarse como un *ovillo aleatorio,* con libertad de rotación alrededor de los enlaces, tanto en el armazón polipeptídico como en las cadenas laterales. Muchas de las pruebas recientes sugieren que esta es una simplificación excesiva. En muchos casos, el estado desplegado de una proteína es un conjunto dinámico de conformaciones extendidas y en gran medida, desestructuradas; sin embargo, incluso en el estado «desplegado», pueden persistir regiones con estructura.

La secuencia de aminoácidos (estructura primaria) determina las estructuras secundaria y terciaria.

En el experimento clásico de Chris Anfinsen, que se representa en la Figura 6.23a, y reconocido con el premio Nobel en 1972, la enzima ribonucleasa A (RNasa A) se desnaturalizó al añadir urea y los cuatro enlaces disulfuro nativos se redujeron al añadir $\beta$-mercaptoetanol (BME). La RNasa A cataliza la hidrólisis de los ácidos ribonucleicos. Cuando la ribonucleasa A se desnaturaliza, se pierden sus estructuras terciaria y secundaria, y ya no puede catalizar la rotura del RNA. El proceso de desnaturalización puede seguirse mediante varias medidas físicas, tal como aparece en la Figura 6.23b. Notablemente, Anfinsen comprobó que la desorganización total de la estructura de la ribonucleasa A es completamente reversible. Si se elimina la urea mediante diálisis, la RNasa reducida espontáneamente se repliega a su estructura nativa. La oxidación de la proteína replegada en el aire restablece los enlaces disulfuro nativos y la completa actividad enzimática. La oxidación de la RNasa A desnaturalizada por la urea, seguida de la eliminación de la urea proporciona una mezcla de moléculas proteicas con enlaces disulfuro formados al azar. Esta mezcla tiene $\sim$1 % de la actividad enzimática original, lo que sugiere que las moléculas con los enlaces disulfuro nativos representan $\sim$1 % de la mezcla. La formación aleatoria de cuatro disulfuros a partir de las ocho cisteínas predice 105 combinaciones diferentes posibles, una de las cuales es la correspondiente a los enlaces disulfuro nativos (1/105 $\approx$ 1 %).

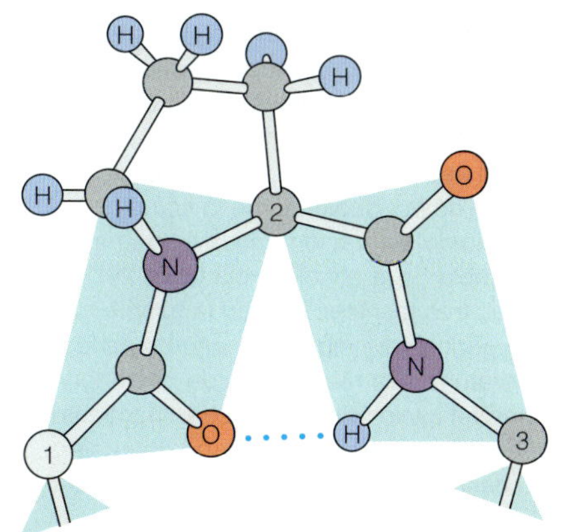

**FIGURA 6.22**

**Giro $\gamma$.** Solo un residuo se encuentra fuera de la secuencia del enlace de hidrógeno. En este caso, es una prolina, que en ningún caso puede actuar como donador de enlace de hidrógeno. Obsérvese que ningún átomo de H está unido al grupo α-amino de la prolina (el H que parece estar unido al átomo $\alpha$-N está, de hecho, unido al carbono $\delta$ de la cadena lateral de la prolina.

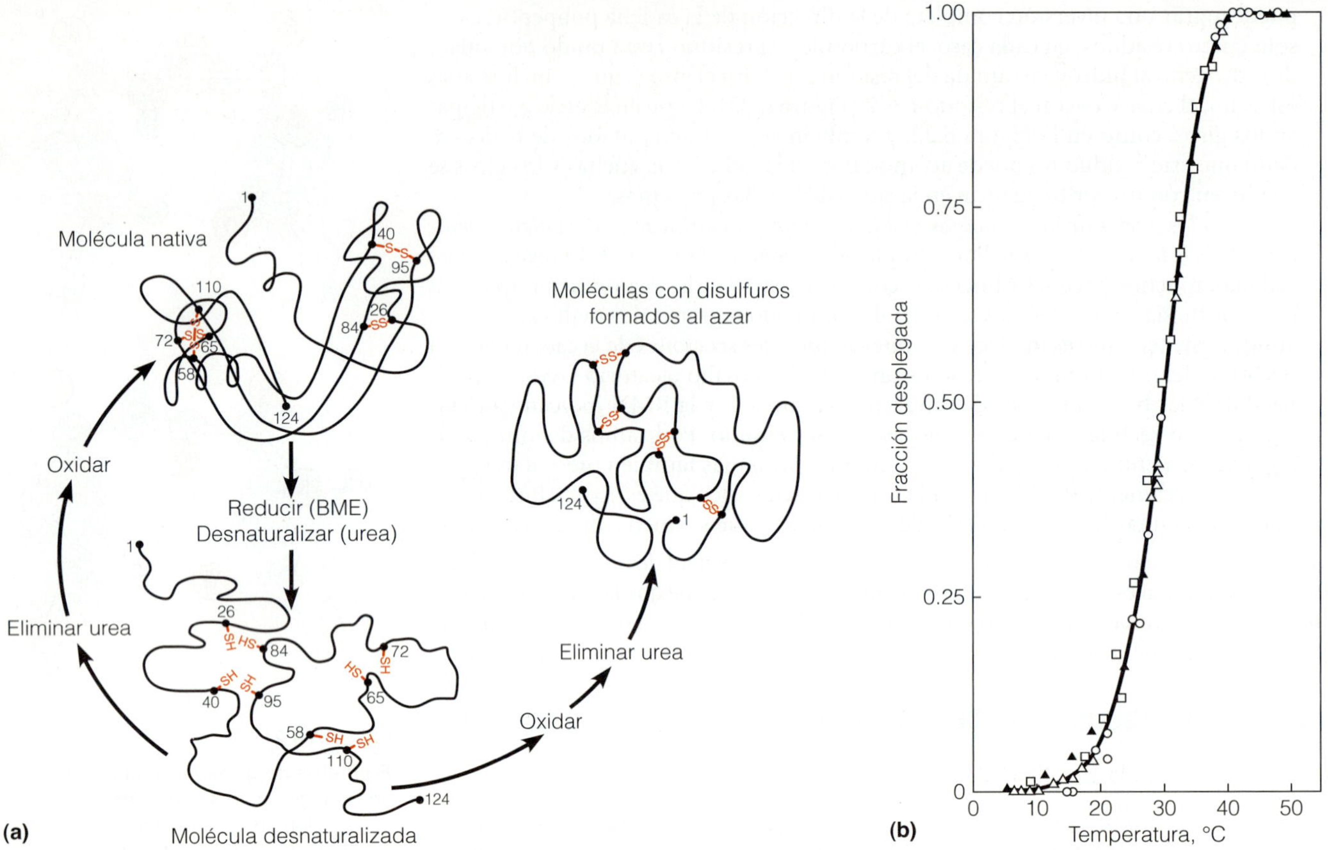


**FIGURA 6.23**

**Desnaturalización y replegado de la ribonucleasa A. (a)** Este dibujo esquemático representa el experimento clásico de replegado de Anfinsen. *Véanse* en el texto los detalles. **(b)** Desnaturalización térmica de la RNasa A seguida por varios métodos físicos. Las diferencias entre las conformaciones nativa y desnaturalizada pueden detectarse mediante varios de los métodos espectroscópicos considerados en Herramientas de la Bioquímica 6A. Esta gráfica muestra la fracción de la proteína desnaturalizada, medida por el aumento de la viscosidad de la solución (□), el cambio de la rotación óptica a 365 nm (○) o el cambio de la absorbancia UV a 287 nm (△). Las tres técnicas indican la misma fracción desplegada en función del aumento de la temperatura. Las mediciones de una segunda desnaturalización después del enfriamiento (▲) producen la misma curva, lo que demuestra que el proceso es reversible con una temperatura ($T_f$; véase Herramientas de la Bioquímica 5C) de 29.0 °C. Los experimentos se llevaron a cabo a un pH de 2.1, y una fuerza iónica de 0.019 M. En condiciones fisiológicas, la RNasa A es mucho más estable, y no se desnaturaliza hasta aproximadamente 70-80 °C.

(a) Cortesía de Gary Carlton; (b) Datos tomados de A. Ginsburg y W. R. Carroll, *Biochemistry* (1965) 4:2159-2174. Algunos efectos iónicos específicos sobre la conformación y la estabilidad térmica de la ribonucleasa.

El trabajo de Anfinsen mostró que una proteína puede autoensamblarse a su conformación funcional y no es necesaria información para guiarla distinta a la que contiene su secuencia. Experimentalmente se ha observado el mismo fenómeno en muchas otras proteínas; por consiguiente, puede esperarse que un polipéptido recién sintetizado en una célula se pliegue espontáneamente a su conformación adecuada. Como veremos más adelante en este capítulo, el proceso real *in vivo* es más complicado. Para evitar un mal plegamiento o la agregación, algunas proteínas interaccionan con la maquinaria celular que guía el proceso de plegado. No obstante, el principio básico de autoensamblaje de las estructuras secundaria y terciaria parece ser la norma general.

## Termodinámica del plegado

En condiciones fisiológicas el plegado de una proteína globular es un proceso claramente favorecido termodinámicamente. En otras palabras, el cambio de energía libre global que se produce con el plegado debe ser negativo. Este cambio de energía libre negativo se consigue mediante el equilibrio de varios factores termodinámicos, que se describirán a continuación.

### Entropía de conformación

El proceso de plegado, que comporta el paso desde una multitud de conformaciones de «ovillo aleatorio» a una *única* estructura plegada[†], implica una disminución de la aleatoriedad y en consecuencia, una disminución de la entropía. Este cambio se denomina **entropía de conformación** del plegado.

ovillo aleatorio (entropía mayor) ⟶ proteína plegada (entropía menor)

[†] En aras de la simplicidad, presentaremos un caso ideal para el que hay una conformación bien definida del estado nativo. Debido a que la mayoría de las proteínas necesitan alguna flexibilidad de conformación para realizar su función, es más adecuado reconocer que el estado nativo comprende un número limitado de conformaciones bien definidas con valores similares de energía libre. En cualquier caso, la entropía del conjunto de conformaciones del estado nativo es mucho menor que la del conjunto del estado desnaturalizado.

La ecuación de la energía libre, $\Delta G = \Delta H - T\Delta S$, demuestra que este $\Delta S$ negativo realiza una contribución *positiva* a $\Delta G$. En otras palabras, el cambio de entropía de conformación trabaja *contra* el plegado. Para buscar la explicación de un $\Delta G$ global negativo, debemos buscar las características del plegado proteico que producen, o bien un $\Delta H$ negativo grande o bien, algún otro *aumento* de la entropía con el plegado. Pueden hallarse ambas cosas.

La disminución de la entropía de conformación cuando se pliega una proteína desfavorece el plegado, que se compensa, en parte, por la estabilización energética a través de los enlaces internos no covalentes.

La fuente principal de un $\Delta H$ negativo son las interacciones energéticamente favorables entre grupos en el interior de la molécula plegada, entre las que se encuentran muchas de las interacciones no covalentes descritas en el Capítulo 2.

### Interacciones carga-carga

Las interacciones carga-carga pueden producirse entre grupos de las cadenas laterales cargados positiva y negativamente. Por ejemplo, un grupo $\varepsilon$-amino de la cadena lateral de la lisina puede situarse cerca del grupo $\gamma$-carboxilo de algún residuo de ácido glutámico. A pH neutro, un grupo se cargará positivamente y el otro, negativamente, de modo que existe una fuerza electrostática de atracción entre ellos. Podemos decir que un par de estas características forma un tipo de sal en el interior de la molécula proteica; consecuentemente, estas interacciones se denominan algunas veces **puentes salinos**. Estos enlaces iónicos se rompen cuando la proteína se lleva a valores de pH lo suficientemente bajos o elevados para que una u otra de las cadenas laterales pierda su carga. Esta pérdida de puentes salinos explica, en parte, la desnaturalización ácida o básica de las proteínas. La repulsión mutua entre pares de los numerosos grupos de carga similar, que se encuentran en las proteínas en disoluciones muy ácidas o básicas, también contribuye a la inestabilidad de la estructura plegada en estas condiciones.

### Enlaces de hidrógeno internos

Muchas de las cadenas laterales de los aminoácidos llevan grupos que son buenos donadores de enlaces de hidrógeno o buenos aceptores, como por ejemplo, los grupos hidroxilos de la serina o de la treonina, los grupos amino y los oxígenos carbonilo de la asparagina o la glutamina, y los nitrógenos del anillo de la histidina. Además, si los protones amida o los carbonilos del armazón polipeptídico no toman parte en la formación de la estructura secundaria, son posibles candidatos para interactuar con los grupos de las cadenas laterales. En la porción de la molécula de la enzima lisozima que aparece en la Figura 6.24, se ve una red de varios tipos de enlaces de hidrógeno internos. Como hemos visto antes, los enlaces de hidrógeno son relativamente débiles en disolución acuosa, pero su gran número puede añadir una contribución considerable a la estabilidad.

### Interacciones de van der Waals

Como se consideró en el Capítulo 3, las interacciones débiles dipolo inducido-dipolo inducido entre los grupos no polares también pueden aportar contribuciones importantes a la estabilidad de la proteína ya que en la proteína plegada estos grupos están densamente empaquetados y establecen una gran número de contactos de van der Waals. El análisis detallado de las estructuras proteicas nativas demuestra que el interior apolar de una proteína globular está realmente muy apretado, permitiendo el contacto máximo entre los átomos de las cadenas laterales.

La contribución de cualquiera de estas interacciones a la entalpía negativa del plegado disminuye por el hecho de que, cuando una molécula proteica se pliega desde un ovillo aleatorio muy solvatado y expandido, tiene que abandonar algunas interacciones favorables con el agua. Como señalamos en el Capítulo 2, una hélice $\alpha$ desplegada forma enlaces de hidrógeno con el agua en lugar de formar enlaces internos. No está claro en qué medida este cambio modifica el valor global de $\Delta H$; sin embargo, sabemos que si *no* se forman los enlaces de hidrógeno internos cuando quedan enterrados por el plegado los donadores o aceptores de enlaces de hidrógeno, se produce una diferencia de energía sustancial en favor del estado desplegado.

El cambio de entalpía del plegado, $\Delta H_{D\rightarrow P}$, está dominado por las diferencias de las interacciones por enlaces no covalentes entre los estados desplegado y plegado:

$$\Delta H_{D\longrightarrow P} = H_{\text{plegado}} - H_{\text{desplegado}} \qquad (6.1)$$

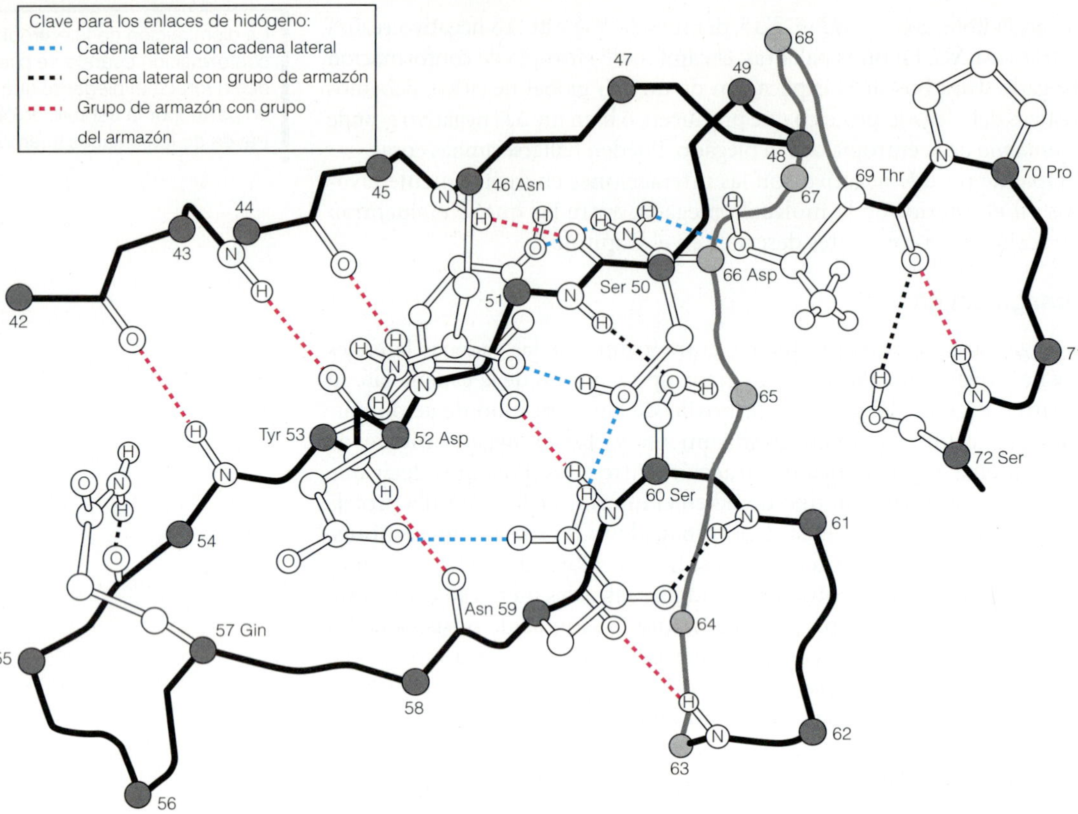


**FIGURA 6.24**

**Detalles de los enlaces de hidrógeno en una proteína característica.** Se ilustra una red de enlaces de hidrógeno dentro de la enzima lisozima. Se distinguen tres tipos de enlaces de hidrógeno: enlaces entre grupos de las cadenas laterales; enlaces entre grupos del armazón; y enlaces entre un grupo de la cadena lateral y un hidrógeno amida o un oxígeno carbonilo del armazón.



**TABLA 6.4. Parámetros termodinámicos del plegado de algunas proteínas globulares a 25° C en disolucions acuosas**

| Proteína | $\Delta G$ (kJ/mol) | $\Delta H$ (kJ/mol) | $\Delta S$ (kJ/ K·mol) |
|---|---|---|---|
| Ribonucleasa | −46 | −280 | −0.79 |
| Quimitripsina | −55 | −270 | −0.72 |
| Lisozima | −62 | −220 | −0.53 |
| Citocromo *c* | −44 | −52 | −0.027 |
| Mioglobina | −50 | 0 | +0.17 |

**Nota:** Datos adaptados de P. L. rivalov y N. N. Khechinashvili, *J. Mol. Biol.* (1974) 86:665-684. Cada conjunto de datos se ha tomado en el valor de pH en el que la proteína presenta una estabilidad máxima; todos están cerca del pH fisiológico. Los datos son para la reacción de plegado: desnaturalizada $\rightleftharpoons$ natural.

donde el estado desplegado está caracterizado por las interacciones no covalentes entre la cadena proteica extendida y las moléculas del disolvente agua y el estado plegado incluye en su lugar muchas menos interacciones con el disolvente y muchas más interacciones intramoleculares. Típicamente los únicos enlaces *covalentes* nuevos que se forman tras el plegado son los enlaces disulfuro (sin embargo, obsérvese que la mayoría de las proteínas no contienen enlaces disulfuro). La formación de disulfuros contribuirá al $\Delta H$; sin embargo, como se considera más adelante, los efectos entrópicos de los disulfuros sobre la estabilidad proteica son, probablemente, más significativos que sus efectos entálpicos.

Cada interacción individual solo puede contribuir en una pequeña cantidad (como máximo, solo unos pocos kilojulios) a la entalpía de interacción negativa global. Pero la suma de las contribuciones de muchas interacciones puede dar una poderosa estabilización a la estructura plegada. En la Tabla 6.4 se presentan ejemplos de los cambios de entalpía total del plegado de algunas proteínas representativas. En muchos casos, una contribución energética favorable a partir de la suma de las interacciones intramoleculares compensa de modo más que suficiente la entropía desfavorable del plegado.

## Efecto hidrófobo

Hay otro factor que realiza una contribución importante a la estabilidad termodinámica de muchas proteínas globulares. Recuérdese del Capítulo 2 que las sustancias hidrófobas en contacto con el disolvente agua hacen que las moléculas de agua formen estructuras parecidas a jaulas o clatratos alrededor de ellas. Esta ordenación corresponde a una pérdida de aleatoriedad en el sistema; así, disminuye la entropía del disolvente. Supongamos que una proteína contiene, en su secuencia de aminoácidos, un número sustancial de residuos con cadenas laterales hidrófobas (por ejemplo, leucina, isoleucina y fenilalanina). Cuando la cadena polipeptídica se encuentra desplegada, estos residuos están en contacto con el agua y producen la ordenación de la estructura del agua circundante en clatratos. Pero, cuando se pliega la cadena formando una estructura globular, los residuos hidrófobos quedan enterrados dentro de la molécula (*véase* la Figura 6.20b), y las moléculas de agua que se ordenaron alrededor de las superficies hidrófobas del estado desnaturalizado de la proteína expuestas al disolvente, están ahora liberadas, ganando libertad de movimiento. En consecuencia, la internalización de los grupos hidrófobos a través del plegado aumenta la aleatoriedad del disolvente.

Recuérdese que el cambio *global* de entropía es la suma del cambio de entropía del sistema (en este caso, la cadena polipeptídica) *y* el cambio de entropía del entorno (en este caso, las moléculas del disolvente agua):

$$\Delta S_{\text{universo}} = \Delta S_{\text{sistema}} - \Delta S_{\text{entorno}} \quad (6.2A)$$
$$\Delta H_{D \longrightarrow P} = H_{\text{proteína}} - H_{\text{disolvente}} \quad (6.2B)$$

En la ecuación 6.2b, $\Delta S_{\text{proteína}}$ es el cambio de entropía conformacional para el plegado, que es *negativa*; sin embargo, este cambio desfavorable de entropía se compensa por el aumento favorable de entropía del disolvente ($\Delta S_{\text{disolvente}}$). En resumen, el enterramiento de la superficie hidrófoba en el interior inaccesible al disolvente de la proteína actúa para estabilizar el estado plegado haciendo el valor $\Delta H_{D \longrightarrow P}$ más positivo.

El término *enlace hidrófobo* se ha utilizado a veces para describir la estabilización resultante del enterramiento de los grupos hidrófobos, pero este término, en realidad, es inadecuado. La estabilización no es principalmente el resultado de los enlaces que se forman entre grupos hidrófobos, a pesar de que, con seguridad, las interacciones de van der Waals proporcionan interacciones entálpicas favorables tras el plegado. Más bien, la proteína plegada se estabiliza por un efecto entrópico del disolvente. El término más adecuado para describir esta fuente de estabilización proteica es el **efecto hidrófobo**. En la Tabla 6.4 pueden verse ejemplos de la importancia del efecto hidrófobo. El $\Delta S$ negativo muy pequeño del citocromo *c* y el valor positivo de la mioglobina son consecuencia del efecto hidrófobo en estas proteínas. De hecho, la estabilidad de la mioglobina se debe, principalmente, al efecto hidrófobo.

El enterramiento de los grupos hidrófobos dentro de una molécula proteica plegada produce un aumento de la entropía de estabilización conocido como efecto hidrófobo.

Los diferentes residuos de aminoácidos contribuyen de forma muy diferente al efecto hidrófobo. Los estudios sobre la transferencia de aminoácidos desde el agua a los disolventes orgánicos, así como algunas consideraciones teóricas, han conducido al diseño de distintas **escalas de hidrofobicidad**. En la Tabla 6.5 se presentan dos ejemplos. Las dos escalas, basadas en premisas distintas, son semejantes, pero no idénticas. No obstante, este tipo de escalas puede utilizarse para predecir la importancia del efecto hidrófobo en la estabilización de cualquier proteína concreta. En el Capítulo 10 veremos cómo también pueden utilizarse para predecir las porciones de una proteína que se insertarán en una membrana lipídica.

En resumen, la estabilidad de la estructura plegada de una proteína globular depende de la interacción de tres factores:

1. El cambio de entropía de conformación desfavorable, que favorece el estado desplegado.
2. La contribución de entalpía favorable de las interacciones intramoleculares.
3. El cambio de entropía favorable del enterramiento de los grupos hidrófobos en el interior de la molécula.

Así, el factor 1 va en contra del plegado, mientras que el 2 y el 3 favorecen el plegado. En la Figura 6.25 se presenta un dibujo esquemático del modo en que estos componentes pueden contribuir a la energía libre del plegado de algunas proteínas. En distintas proteínas, difieren los aportes a la estabilidad de la proteína plegada de las de las interacciones entálpicas y del efecto hidrófobo (*véase* la Tabla 6.4), pero la consecuencia general es la misma: alguna estructura plegada concreta corresponde a un mínimo de energía libre del polipéptido en condiciones fisiológicas. Este es el motivo por el que las cadenas se pliegan espontáneamente. En Herramientas de la Bioquímica 6C se describen los métodos para determinar los parámetros termodinámicos de la estabilidad proteica.

El examen de los datos de la Tabla 6.4 revela otro aspecto importante de la estabilización proteica. Las proteínas son moléculas relativamente inestables. La diferencia de energía libre entre los estados nativo y desnaturalizado es modesta, habitualmente 20-60 kJ/mol. El $\Delta G$ relativamente pequeño correspondiente a la reacción de plegado suele ser la diferencia entre términos $\Delta H$ y $T\Delta S$ grandes. Estos valores grandes surgen porque una proteína (o dominio proteico) del orden de 150-200 residuos tiende a plegarse predominantemente de modo *cooperativo* con pocas estructuras intermedias; así, muchas interacciones de plegado en una molécula forman o rompen de manera concertada. Una consecuencia de esta cooperatividad es que la desnaturalización térmica de una proteína habitualmente se produce en un estrecho margen de temperaturas, como se muestra en la Figura 6.23b.

**TABLA 6.5. Dos ejemplos de escalas de hidrofobicidad**

| Aminoácido | Escala de Engelman, Seitz, y Goldman[a] | Escala de Kyte y Doolittle[b] |
|---|---|---|
| Phe | 3.7 | 2.8 |
| Met | 3.4 | 1.9 |
| Ile | 3.1 | 4.5 |
| Leu | 2.8 | 3.8 |
| Val | 2.6 | 4.2 |
| Cys | 2.0 | 2.5 |
| Trp | 1.9 | -0.9 |
| Ala | 1.6 | 1.8 |
| Thr | 1.2 | -0.7 |
| Gly | 1.0 | -0.4 |
| Ser | 0.6 | -0.8 |
| Pro | -0.2 | -1.6 |
| Tyr | -0.7 | -1.3 |
| His | -3.0 | -3.2 |
| Gln | -4.1 | -3.5 |
| Asn | -4.8 | -3.5 |
| Glu | -8.2 | -3.5 |
| Lys | -8.8 | -3.9 |
| Asp | -9.2 | -3.5 |
| Arg | -12.3 | -4.5 |

[a] Datos tomados de Engelman, D. M., T. A. Steitz y A. Goldman, *Annu. Rev. Biophys. & Biophys. Chem.* (1986) 15:321-353.
[b] Datos tomados de Kyte, J., y R. F. Doolittle, *J. Mol. Biol.* (1982) 157:105-112.

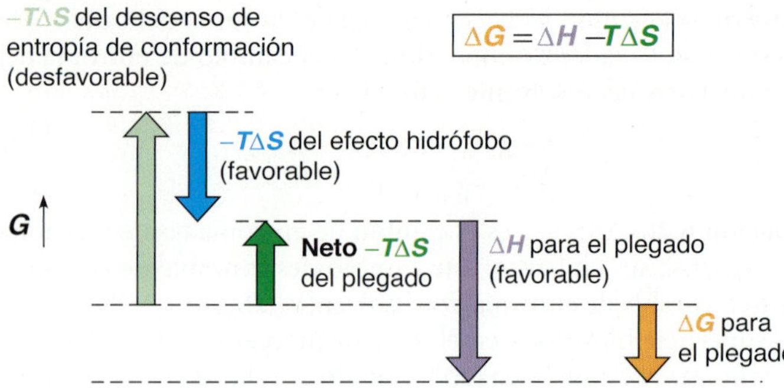


**FIGURA 6.25**

**Contribuciones a la energía libre del plegado de las proteínas globulares.** El cambio de entropía de conformación actúa contra el plegado, pero la entalpía de las interacciones internas y el cambio de entropía del efecto hidrófobo favorecen el plegado. La suma de estas tres cantidades puede hacer que la energía libre total del plegado sea negativa (favorable), de modo que la estructura plegada sea estable.

## Función de los enlaces disulfuro

Algunas proteínas plegadas se estabilizan mediante enlaces disulfuro internos, además de las fuerza no covalentes.

Una vez que se ha producido el plegado, la estructura tridimensional se estabiliza más en algunos casos por la formación de enlaces disulfuro entre residuos de cisteína. Un ejemplo extremo de este enlace se encuentra en la proteína inhibidora de la tripsina pancreática bovina (BPTI), representada en la Figura 6.18. Con tres puentes —S—S— en 58 residuos, esta molécula es una de las proteínas más estables que se conocen. Los primeros estudios sobre la función de la formación del enlace disulfuro en el plegado de una proteína se llevaron a cabo en el laboratorio de Thomas Creighton. El BPTI es bastante inerte frente a los reactivos desplegantes, como la urea, y presenta una desnaturalización térmica por debajo de los 100 °C solo en disoluciones muy ácidas; el punto medio de la desnaturalización reversible es de, aproximadamente, 80 °C a pH 2.1 (Figura 6.26). Pero si solo *uno* de los enlaces disulfuro (el que está entre los residuos de cisteína 14 y 38, el enlace disulfuro más alto de la Figura 6.18b) se reduce y carboximetila, el punto medio disminuye hasta 59 °C. Cuando todos los enlaces disulfuro del BPTI se reducen, la proteína se despliega a temperatura ambiente. Pero con la reoxidación de los sulfhidrilos, se forma eficazmente la proteína nativa con los tres apareamientos disulfuro correctos. Esta nueva formación no es la que se esperaría por azar. Supongamos que se ha reducido una molécula de BPTI, produciendo 6 residuos de cisteína y, a continuación, reoxidamos aleatoriamente los grupos —SH. El primer grupo —SH que capte un compañero tendrá 5 posibilidades, el segundo grupo, 3 y el último, solo 1, de modo que existen $5 \times 3 \times 1$, es decir, 15 combinaciones igualmente probables. En consecuencia, solo esperaríamos que, aproximadamente el 7 % del BPTI reducido, se volviera a plegar con éxito *por azar*. Pero muchos estudios de esta y de otras proteínas (por ejemplo, RNasa A) que contienen enlaces disulfuro indican que se consiguen apareamientos correctos en casi el 100 % de las moléculas si se da el tiempo suficiente. Este hallazgo debe significar que es el plegado preferido de la proteína el que coloca los grupos —SH en posición adecuada para el apareamiento correcto. El corolario de esta afirmación es que los enlaces disulfuro no son esenciales en sí mismos para que la proteína se vuelva a plegar correctamente. Sin embargo, contribuyen a la estabilidad de la estructura una vez está plegada.

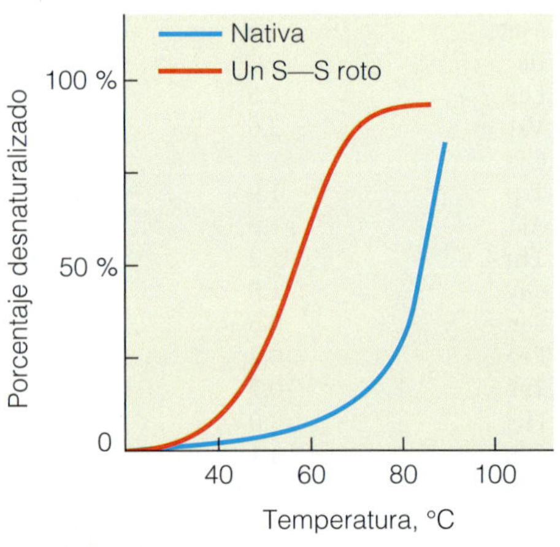


**FIGURA 6.26**

**Desnaturalización térmica del BPTI.** Se indica el porcentaje de desnaturalización en función de la temperatura a pH 2.1 para la proteína nativa y para la proteína en la que el enlace disulfuro Cys 14-Cys 38 se ha reducido y carboximetilado.

Datos tomados de J. P. Vincent, R. Chicheportiche y M. Lazdunski, *Eur. J. Biochem.* (1971) 23:401-411. The conformational properties of the basic pancreatic trypsin-inhibitor.

Una molécula que contenga enlaces disulfuro tiene un menor número de conformaciones disponibles en la forma desplegada que los que tiene una proteína comparable sin los enlaces. Esta reducción dramática de la entropía de conformación del estado desplegado da lugar a un aumento de la energía libre del estado desplegado unido por disulfuros, con relación al estado desplegado en ausencia de los enlaces disulfuro (Figura 6.27). En contraste, la entropía de conformación del estado plegado no se altera de forma significativa por la presencia o ausencia de enlaces disulfuro, debido a que el estado plegado tiene una entropía de conformación mucho menor que el estado desplegado. Estos efectos diferentes sobre la entropía de conformación dan lugar a mayores diferencias de las energías libres de los estados plegado y desplegado para la proteína unida por enlaces disulfuro. El resultado neto es hacer $\Delta H_{D \longrightarrow P}$ más *desfavorable* para una proteína que contiene enlaces disulfuro que lo que sería en ausencia de los enlaces disulfuro.

La Figura 6.27 ilustra el concepto de que una diferencia de energía libre mayor entre los estados plegado y desplegado corresponde a una proteína más estable. De esta forma, uno puede imaginar dos formas de aumentar la estabilidad proteica: (1) estabilizar el estado plegado (esto es, hacer más negativa $G_P$) o (2) desestabilizar el estado desplegado (esto es, hacer más positiva $G_D$). El efecto mayor de la formación del enlace disulfuro es reducir de forma notable la entropía de conformación del estado desplegado, que desestabiliza el estado desplegado con relación al estado plegado.

La ventaja aparente de la formación del enlace disulfuro plantea una pregunta: ¿por qué la *mayoría* de las proteínas no tienen enlaces disulfuro? En realidad, estos enlaces son relativamente infrecuentes y se encuentran principalmente en las proteínas que se exportan desde las células, como la ribonucleasa, el BPTI y la insulina. Una explicación es que el ambiente en el interior de la mayoría de las células es reductor y tiende a mantener a los grupos sulfhidrilo en estado reducido. Los ambientes externos, la mayor parte de las veces, son oxidantes y estabilizan los puentes —S-S—.

Un método nuevo potente para estudiar las fuentes de estabilización estructural de las proteínas ha surgido a partir de las técnicas de DNA recombinante. Actualmente, al poderse clonar los genes correspondientes a las proteínas y expresarlos en portadores bacterianos (*véase* Herramientas de la Bioquímica 5A), es posible efectuar cambios específicos en las posiciones deseadas. Este método de **mutagénesis de lugar dirigida** (*véase* Herramientas de la Bioquímica 4B) nos permite probar el efecto producido por el cambio de uno o más residuos de aminoácido sobre el plegado y la estabilidad proteica. El método ya se ha utilizado, por ejemplo, para eliminar enlaces disulfuro específicos en el BPTI, reemplazando cisteínas con serinas o alaninas y luego medir el efecto de eliminar un enlace disulfuro sobre la estabilidad de la proteína mutante. Al revés, se ha empelado la mutagénesis de lugar dirigida para introducir en las proteínas residuos de cisteína colocados adecuadamente para promover la formación de uno (o más) enlaces disulfuro nuevos en la estructura plegada. Por ejemplo, en trabajos realizados en el laboratorio de Brian Matthews, se utilizó la estructura cristalina de rayos X de la enzima **lisozima** del bacteriófago T4 para guiar la selección de tres lugares en esa proteína donde introducir disulfuros nuevos. La introducción de un disulfuro nuevo aumentó la estabilidad térmica de la lisozima de T4 en 11 °C y cuando se introdujeron los tres disulfuros, la estabilidad térmica aumentó 23 °C en comparación con la enzima sin enlaces disulfuro.

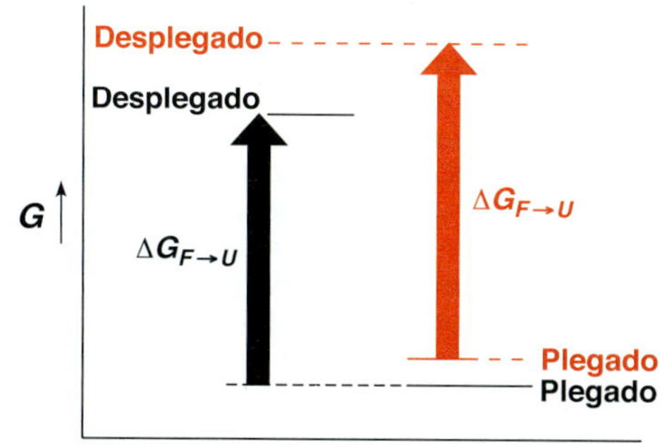


**FIGURA 6.27**

**Efecto de los enlaces disulfuro sobre la estabilidad proteica.** Se muestran, de forma esquemática, las energías libres de los estados plegado y desplegado de una proteína para el caso de una proteína con (líneas rojas rayadas) o sin (líneas negras continuas) enlaces disulfuro. La presencia de enlaces disulfuro desestabiliza (esto es, aumenta la energía libre) del estado desplegado más que el estado plegado, debido a la mayor restricción de la entropía de conformación en el estado desplegado. Esto da lugar a una mayor diferencia de las energías libres de los estados plegado y desplegado para la proteína con enlaces disulfuro; así, la presencia de enlaces disulfuro hace el desplegado menos favorable ($\Delta G_{P \to D}$ se hace más positivo, o más «hacia arriba»).

# Dinámica de la estructura de las proteínas globulares

Las descripciones estructurales y termodinámicas que hemos realizado hasta el momento tienden a presentar un cuadro demasiado estático de las proteínas globulares. Los modelos de proteínas plegadas obtenidos mediante los estudios estructurales suelen dar la impresión de una estructura rígida. Del mismo modo, el análisis termodinámico del plegado se centra en los estados inicial (desplegado) y final (plegado); pero, actualmente se acepta que las proteínas globulares se pliegan mediante rutas *cinéticas* complejas y que incluso, la estructura plegada, una vez conseguida, sea una estructura dinámica. El apartado siguiente explora alguno de estos aspectos dinámicos de las proteínas globulares.

## Cinética del plegado de las proteínas

El plegado de las proteínas globulares a partir de sus conformaciones desnaturalizadas es un proceso notablemente rápido, que se completa en menos de un segundo. Esta observación ha sido una fuente continua de sorpresas y de interés para los bioquímicos, ya que a primera vista, parece que es muy difícil la consecución de la estructura muy precisa característica de las proteínas globulares. Este punto de vista quedó expresado de forma sorprendente en la «paradoja de Levinthal» enunciada por primera vez por Cyrus Levinthal en 1968: un cálculo aproximado indica que para una cadena polipeptídica como la RNasa A (124 residuos), son posibles unas $10^{50}$ conformaciones. Aunque la molécula pudiera intentar una nueva conformación cada $10^{-13}$ segundos, ¡se necesitarían unos $10^{30}$ años para obtener un número significativo de ellas! Sin embargo, se ha comprobado experimentalmente que la RNasa A se pliega *in vitro*, aproximadamente, en un minuto. Parece claro que hay algo erróneo en estos cálculos.

La paradoja de Levinthal supone que el plegado es un proceso aleatorio, por lo que una proteína debe probar un altísimo número de conformaciones *posibles* para encontrar la conformación nativa deseada. Años de estudios experimentales y teóricos han demostrado que el plegado proteico no es estrictamente una búsqueda aleatoria a través de un espacio enorme de conformaciones. Los estudios cinéticos rápidos utilizado diversas técnicas físicas para el seguimiento de los diferentes aspectos de la estructura proteica muestran

**FIGURA 6.28**

**Representación simplificada de la ruta de plegado para una proteína.** «D» indica el estado desplegado o desnaturalizado, «P» el estado plegado o nativo, e «I» los estados intermedios «en ruta». Los estados fuera de ruta incluyen agregados y otros estados no nativos, que pueden ser «callejones sin salida» cinéticos o termodinámicos; así, las rutas hacia estos estados generalmente suelen mostrarse como irreversibles, aunque no todos estos estados son irreversibles.

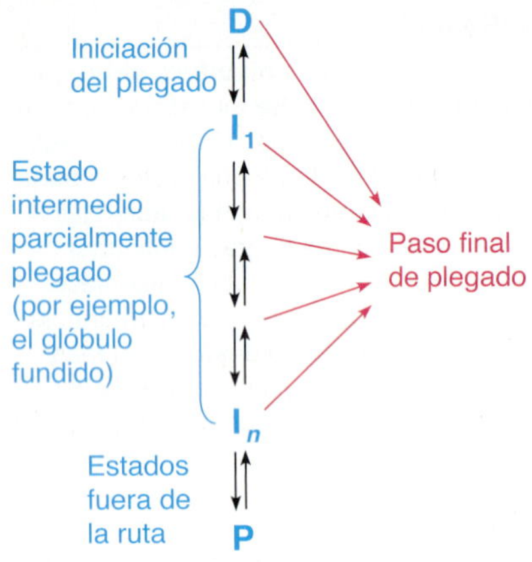


que el plegado se produce a través de diversos estados intermedios. Un intermedio especialmente muy estudiado es el denominado **glóbulo fundido**, que es un estado intermedio compacto y parcialmente plegado, que tiene una estructura secundaria como la nativa y una topología de plegado del armazón, aunque carece de las interacciones de estructura terciaria definida del estado nativo. Estas observaciones condujeron inicialmente al modelo de plegado «de la ruta», que se presenta de forma simplificada en la Figura 6.28.

## Modelo de plegado proteico de «Panorama Energético»

Se sabe que diversas proteínas se pliegan a través de estados intermedios bien caracterizados como se muestra en la Figura 6.28, aunque este modelo sencillo de plegado proteico no es suficiente para resolver la paradoja de Levinthal. Eso solo puede conseguirse cuando el número de conformaciones que la proteína prueba durante el plegado se restringe de forma significativa. El denominado modelo de **panorama energético** o de **embudo de plegado** descrito por José Onuchic y Peter Wolynes explica cómo puede conseguirse la restricción de conformaciones durante el plegado. Imagine que se describe la energética del plegado mediante un panorama con forma de embudo (Figura 6.29) en el que la anchura del embudo corresponde al número de conformaciones y la profundidad del embudo corresponde a la energía libre. Al seguir una molécula proteica una trayectoria «hacia abajo» (esto es, termodinámicamente favorable) en el panorama energético, el embudo se hace más estrecho y desciende el número de conformaciones accesibles para la proteína. De acuerdo con este modelo, cualquier molécula necesita probar una fracción infinitesimal del número total de conformaciones posibles, y así se evita la paradoja de Levinthal.

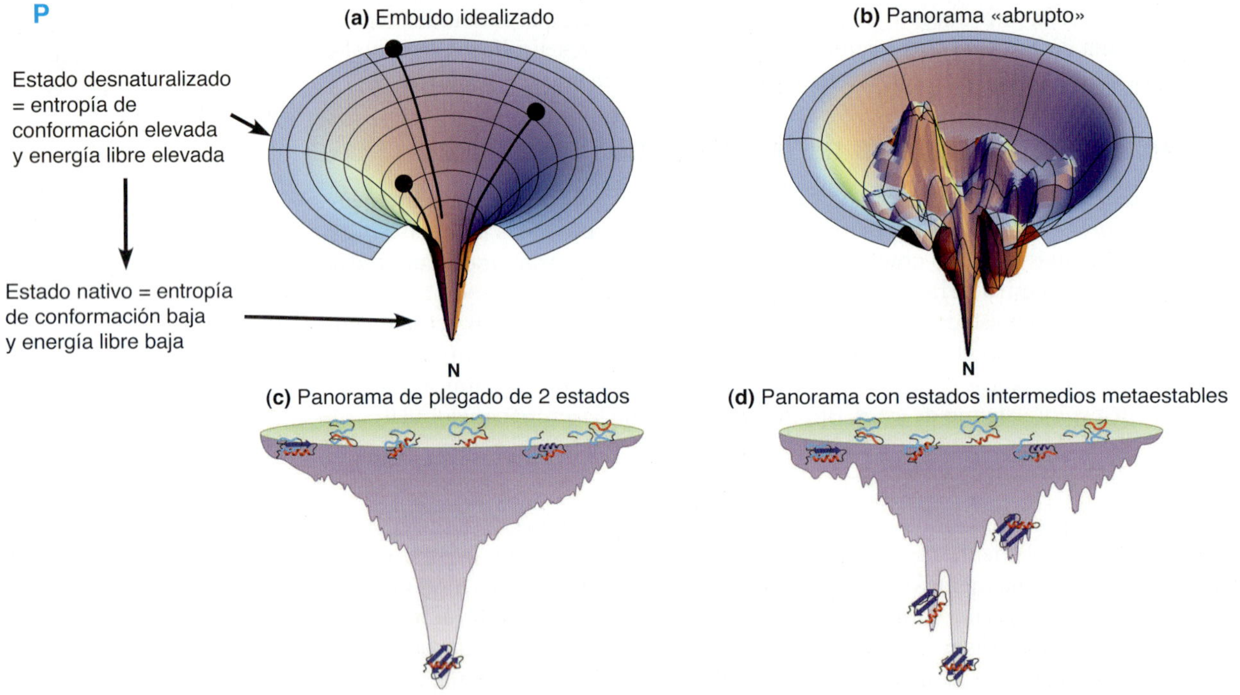


**FIGURA 6.29**

**Panoramas energéticos del plegado proteico.** Para todos los embudos de plegado que se muestran, la parte más ancha del embudo corresponde al estado desnaturalizado y la parte más profunda y estrecha del embudo corresponde al estado nativo. **(a)** Panorama energético muy idealizado para el que todas las trayectorias conducen al plegado productivo hacia el estado nativo. **(b)** Un panorama energético mas «abrupto». Aquí son posibles muchas rutas diferentes, alguna de las cuales conducen «hacia abajo» sin un mínimo de energía local y dan un plegado rápido. Otros pueden conducir a conformaciones que corresponden a mínimos de energía local, que pueden hacer más lento el plegado. Estas conformaciones representan estados intermedios estables a lo largo de la ruta de plegado. **(c)** Un panorama energético relativamente suave, sin barreras energéticas significativas entre los estados desnaturalizado y nativo. Este panorama describe el plegado de dos estados debido a que los únicos estados significativamente poblados son los estados desnaturalizado y nativo. **(d)** Un panorama energético más abrupto, que muestra mínimos locales para los estados intermediarios metaestables. Este panorama describe un proceso de plegado de múltiples estados.

Adaptado con permiso de Macmillan Publishers Ltd. Nature *Structural and Molecular Biology* 4:10-19, K. Dill y H. S. Chan, From Levinthal to pathways to funnels. © 1997; *Nature Structural and Molecular Biology* 16:582-588, A. I. Bartlett y S. E. Radford, An expanding arsenal of experimental methods yields an explosion of insights into protein folding mechanisms. © 2009.

El modelo clásico de la ruta y el embudo de plegado son compatibles si consideramos que los estados D e I de la Figura 6.28 están formados por conjuntos de conformaciones, en lugar de por conformaciones únicas. Los estudios recientes han demostrado que, en algunos casos, el estado P también es un conjunto de conformaciones muy relacionadas.

El plegado proteico puede ser rápido, pero parece comportar unos estados intermedios bien definidos.

Se ha estudiado con gran detalle el plegado de diversas proteínas pequeñas y gran parte de las pruebas experimentales sugieren que el modelo de panorama energético es robusto. Algunos de los primeros acontecimientos en el plegado proteico son la «nucleación» de la estructura secundaria (característicamente hélice $\alpha$; *véase* el Problema 6.18) y el «colapso hidrófobo». Los acontecimientos de nucleación son críticos, ya que es mucho más difícil, por ejemplo, comenzar una hélice $\alpha$, que extenderla (obsérvese que deben doblarse adecuadamente, al menos, cuatro residuos para formar el primer enlace de hidrógeno estabilizador). El colapso hidrófobo está impulsado por el efecto hidrófobo y de forma característica implica a varias cadenas laterales muy hidrófobas (*véase* la Tabla 6.5), que se asocian rápidamente para generar un centro hidrófobo desolvatado. Ya sea la nucleación de la estructura secundaria o el colapso hidrófobo (o ambos), el primer acontecimiento en el plegado proteico, la formación de *cualquier* estructura plegada parcialmente impone limitaciones significativas sobre la entropía de conformación de la cadena peptídica, como indica el modelo de panorama. Este modelo propone que no hay solo una, sino *muchas* rutas posibles desde el estado desnaturalizado hasta el estado plegado, y cada ruta conduce a un descenso de energía. Se acepta en la actualidad que la nucleación puede comenzar en diversos puntos y que estas estructuras parcialmente plegadas serán «canalizadas» hacia el estado final siguiendo trayectorias que hacen mínima la energía del péptido.

El glóbulo fundido es un estado intermedio compacto, parcialmente plegado, que posee una estructura secundaria semejante a la nativa y una topología de plegado del armazón, pero que carece de las interacciones definidas de la estructura terciaria del estado nativo.

En el modelo de «panorama energético», la trayectoria del plegado proteico es «hacia abajo» y se produce con un descenso de la energía libre.

## Estados intermedios y fuera de ruta en el plegado proteico

En la trayectoria de plegado hacia el mínimo de energía libre «global», pueden existir mínimos de energía «local» correspondiente a intermedios metaestables, igual que el modelo clásico de la ruta. Existen también pruebas de estados «fuera de la ruta», que son aquellos en los que algunos de los elementos clave están plegados de forma incorrecta. Estos estados corresponden también a mínimos locales de energía libre en el embudo y pueden temporal o permanentemente, atrapar a la proteína. Como se describe más adelante, las células contienen proteínas especializadas y complejos proteicos que ayudan a las proteínas plegadas de forma incorrecta a encontrar sus conformaciones adecuadas.

El plegado puede retrasarse si se atrapan moléculas en los estados «fuera de la ruta».

Uno de los errores de plegado proteico más corrientes se produce en la isomerización *cis-trans* incorrecta del enlace amida adyacente a un residuo de prolina:

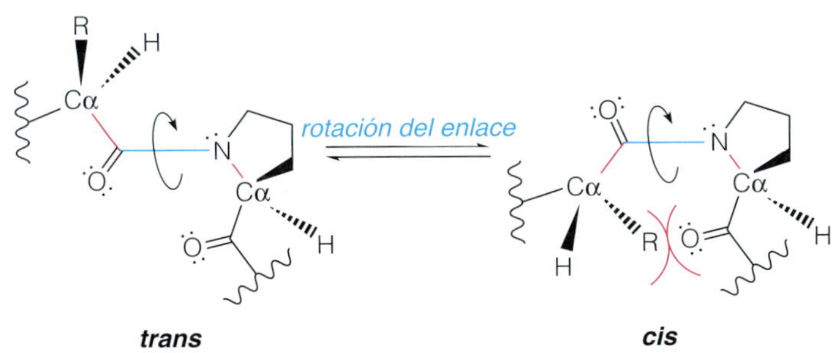


A diferencia de otros enlaces peptídicos de las proteínas, para los que el isómero *trans* está muy favorecido (por un factor de, aproximadamente, 1000), los residuos de prolina favorecen la forma *trans* del enlace peptídico precedente por un factor de solo, aproximadamente, 4. En consecuencia, hay una posibilidad significativa de que se forme primero el isómero *cis* con una conformación incorrecta. La conversión a la configuración *trans* puede comportar un reordenamiento significativo de la cadena y, por tanto, puede ser lenta *in vitro*. Las células tienen una enzima denominada **prolil isomerasa** (peptidil isomerasa, o PPIasa), para catalizar la isomerización *cis-trans* y de esta manera, acelerar el plegado *in vivo*.

De forma similar, en las proteínas que contienen enlaces disulfuro pueden formarse algunos de ellos que no se encuentran, en la estructura nativa, en etapas intermedias del proceso de plegado. La proteína puede utilizar diversas rutas alternativas para plegarse, pero finalmente encuentra su estructura terciaria adecuada y el conjunto correcto de enlaces disulfuro. *In vivo* este proceso es impulsado por la catálisis del reagrupamiento del enlace —S—S— por la enzima **disulfuro proteico isomerasa** (o PDI). Si se forma un disulfuro no nativo durante el plegado en el retículo endoplásmico de los eucariotas (o el espacio periplásmico en los procariotas), la PDI reducirá el disulfuro incorrecto y permite así a la proteína continuar el plegado hacia su estructura nativa.

### Topología del armazón y orden de contacto

Dos factores parecen desempeñar cometidos dominantes en la determinación de la velocidad del plegado proteico. El primero es el tamaño. En general, las proteínas más pequeñas se pliegan más rápidamente que las más grandes, aunque la presencia de varios enlaces disulfuro (por ejemplo, como en BPTI) puede hacer significativamente más lento el plegado. El segundo factor es la topología del armazón o el reordenamiento de la cadena peptídica principal en el espacio 3-D. La Figura 6.30 muestra dos topologías diferentes de la cadena principal, una para dos proteínas, principalmente $\beta$ (6.30a y b) y la otra, para dos proteínas $\alpha + \beta$ (6.30c y d). Cualquier topología dada definirá un conjunto de interacciones locales (esto es, aquellas que se producen entre residuos cercanos de la secuencia) e interacciones no locales (esto es, aquellas que se producen entre residuos separados en la secuencia primaria). El porcentaje relativo de interacciones no locales queda reflejado en el **orden de contacto** de una proteína. El orden de contacto es la separación promedio entre residuos de la secuencia que contactan físicamente en el estado nativo, dividido por el número total de residuos de la secuencia. Esta idea algo abstracta se presenta de forma gráfica en la Figura 6.30c. Una proteína en la que los N y C terminales están en contacto, tendrá un orden de contacto relativamente alto debido a que los terminales representan la máxima separación posible de la secuencia. De interés para el tratamiento actual es la observación de la notable correlación entre el orden de contacto y la velocidad de plegado ($k_p$ en la Figura 6.30f). Al *aumentar* el orden de contacto o el número de interacciones locales, *desciende* la velocidad de plegado. Obsérvese que los valores de las velocidades de plegado de la Figura 6.30f cubren un intervalo de un millón. Otra tendencia general de los datos como los de la Figura 6.30f es que las proteínas totalmente helicoidales tienden a plegarse más rápidamente que las que están formadas solo por lámina $\beta$.

Las proteínas con orden de contacto menor tienden a plegarse más rápidamente que aquellas con un orden de contacto mayor.

## Chaperonas

El plegado y ensamblaje de las proteínas *in vivo* en ocasiones recibe la ayuda de proteínas chaperonas.

El hecho de que una proteína pueda, por sí misma, encontrar su estado de plegado natural *in vitro*, no significa necesariamente que se produzcan los mismos acontecimientos *in vivo*. Ya hemos señalado dos de las ayudas catalíticas al plegado que se producen en las células, las enzimas que aceleran la isomerización *cis-trans* en los residuos de prolina, y aquellas que catalizan el reagrupamiento de los enlaces disulfuro. Sin embargo, algunas proteínas necesitan la acción de proteínas especializadas denominadas **chaperonas moleculares** para conseguir el plegado adecuado. Como su nombre implica, la función de estas chaperonas es mantener sin problemas a la proteína recién formada. Los pro-

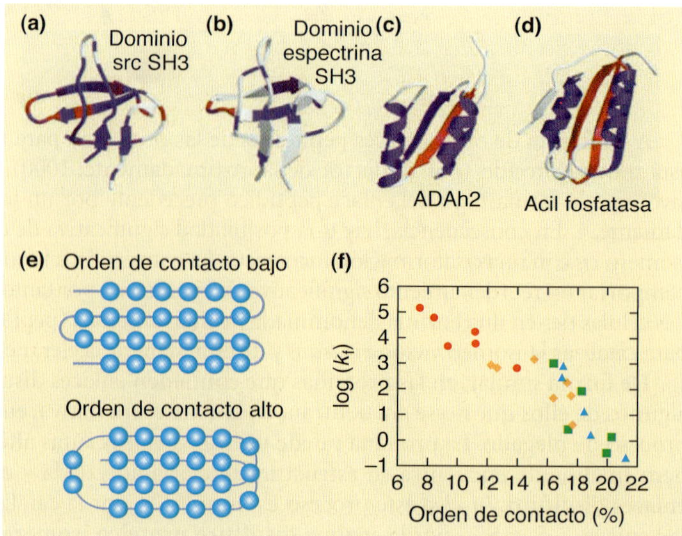


**FIGURA 6.30**

**Topología proteica y velocidades de plegado**. Los paneles **(a)** y **(b)** muestran dos proteínas con secuencias primarias muy diferentes, aunque con topologías semejantes. Asimismo en los paneles **(c)** y **(d)**. Los dos dominios SH3 se pliegan con velocidades semejantes, igual que ADAh2 y acil fosfatasa, lo cual sugiere que la topología proteica es un factor importante en la determinación de la velocidad del plegado proteico. **(e)** Ejemplos de orden de contacto bajo y alto (*véase* el texto). **(f)** Correlación de la velocidad de plegado con el orden de contacto. Las proteínas con órdenes de contacto mayores tienden a plegarse con velocidades más lentas. Se muestran los datos para todas las proteínas helicoidales (círculos rojos), todas las proteínas laminares (cuadrados verdes), y las proteínas que contienen hélice y lámina (rombos naranjas y triángulos azules). Los triángulos azules corresponden a las proteínas estructuralmente semejantes a la acil fosfatasa (Panel (d)).

Adaptado con permiso de Macmillan Publisherd Ltd. *Nature* 405:39-42, D. Baker, A surprising simplicity to protein folding. © 2000.

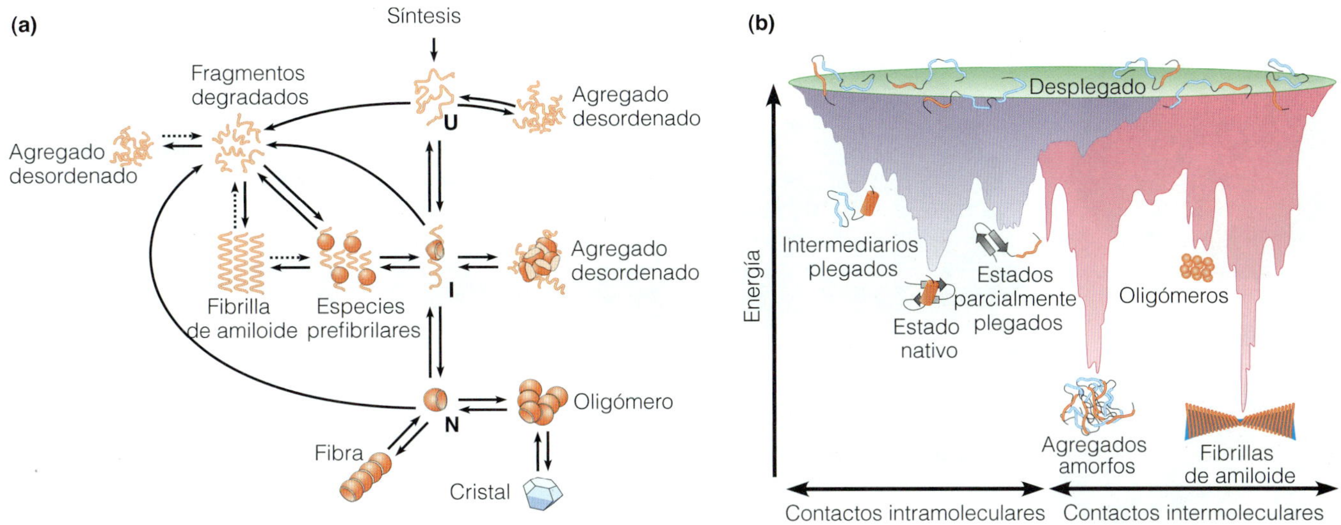


**FIGURA 6.31**

**Plegado proteico y agregación.**
**(a)** Un modelo de ruta que muestra varias conformaciones proteicas y sus interconversiones. **(b)** La misma información mostrada en un modelo de panorama energético. La parte morada del embudo de plegado muestra trayectorias que conducen a la conformación nativa. La parte rosa del embudo muestra trayectorias que conducen a agregados amorfos y ordenados.

Adaptado con permiso de Macmillan Publishers Ltd, *Nature Reviews Drug Discovery* 2:154-160, C. M. Dobson, protein folding and disease: A view from the first Horizon Symposium. © 2003. *Nature Structural and Molecular Biology* 16:574-581, F. U. Hartl y M Hayer-Hartl, Converging concepts in protein folding in vitro and in vivo. © 2009.

blemas significan, en este caso, un plegado o una agregación inadecuados. El plegado inadecuado puede corresponder a un atrapamiento en un mínimo local profundo en el panorama energético (*véase* la Figura 6.31). Con frecuencia, la agregación es un peligro ya que la proteína, liberada del ribosoma en un estado desplegado, tendrá grupos hidrófobos expuestos. Estos pueden formar contactos hidrófobos *intermoleculares* con otras cadenas polipeptídicas y, como consecuencia, agregarse.

Una chaperona molecular es una proteína accesoria que se une y estabiliza una proteína no nativa frente a la agregación y/o la ayuda a plegarse en su estructura nativa, aunque no es parte de la estructura funcional final de la proteína plegada correctamente. Se han descubierto varios sistemas de chaperonas cuya variedad se considerará en el Capítulo 28, donde se describe con detalle el procesamiento que reciben las proteínas en los diferentes tipos de células. Por ahora, consideremos, como ejemplo, la chaperona mejor estudiada de todas, que es el complejo GroEL-ES de *E. coli.* La estructura de este complejo enorme y singular (*véase* la Figura 6.32) consta de dos porciones básicas: GroEL y GroES. GroEL está formado por dos anillos, cada uno de los cuales tiene siete moléculas proteicas o «subunidades». El centro de cada anillo es una cavidad abierta accesible al disolvente en los extremos. Cada cavidad puede «taparse» con GroES, un anillo de siete miembros de subunidades proteicas más pequeñas. Estos complejos de chaperona de dos anillos se denominan **chaperoninas**.

Las cavidades del complejo GroEL-GroES proporcionan un entorno favorable, en donde las cadenas proteicas no nativas de hasta ~60 kDa pueden plegarse adecuadamente. La chaperonina no dicta el patrón de plegado, que viene determinado por la secuencia proteica. Sin embargo, el aislamiento del medio impide la agregación o el plegado inadecuado. En la Figura 6.32e se presenta, de forma esquemática, el ciclo que sufre una molécula proteica. La proteína desplegada penetra en una forma abierta del anillo GroEL alineada con los residuos hidrófobos, tras lo cual la cavidad cambia su conformación y presenta un alineamiento hidrófilo con una superficie cargada negativamente. Esto libera a la proteína de las paredes de la cavidad y después, se pliega y a continuación, se libera de la chaperonina. Obsérvese que se requiere ATP, presumiblemente para conducir el proceso en una dirección.

¿Por qué necesitan las células las chaperonas? En primer lugar, el medio intracelular está muy apiñado. La concentración total de proteínas y otras macromoléculas dentro de las células es del orden de 300-400 gramos por litro o, aproximadamente, 1000 veces más concentrado que lo habitual en los estudios de plegado *in vitro*. Es más probable que las interacciones intermoleculares tengan lugar en ese «caldo» intracelular tan concentrado, por lo que es problemática, *in vivo*, la agregación o el plegado inadecuado de las proteínas plegadas de forma incompleta. En segundo lugar, las chaperonas desempeñan una función crítica en la protección de las proteínas celulares durante los momentos de agresión. De hecho, muchas chaperonas fueron descubiertas durante los estudios de la respuesta de choque térmico. Cuando se eleva la temperatura unos pocos grados

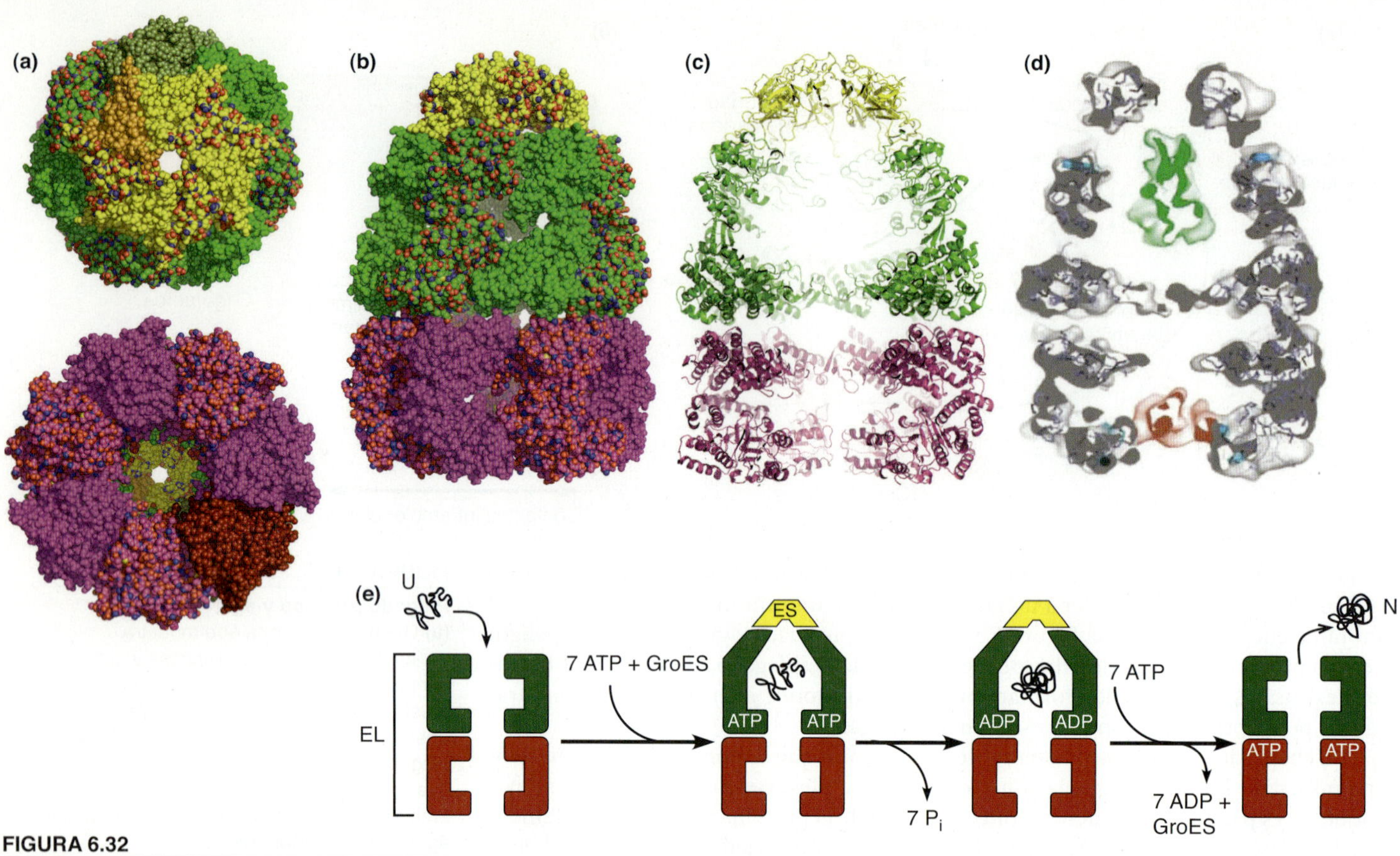


**FIGURA 6.32**

**Chaperonina GroEL-GroES. (a)** Vista desde arriba y desde debajo de relleno espacial de la estructura de difracción de rayos X del complejo GroEL · ES(ADP)7 (PDB ID: 1AON). Las subunidades GroES están resaltadas en oro o naranja, las subunidades del anillo *trans* de GroEL (esto es, el anillo opuesto a la caperuza GroES) están resaltadas en fucsia y rojo, y las del anillo GroEL *cis* (unido por GroES) están resaltadas en verde. **(b)** Vista lateral de relleno espacial de la chaperonina, coloreada como en (a). **(c)** Vista que muestra la cavidad encerrada formada por el anillo *cis* de GrpEL y GroES (superior), así como la compactación del anillo *trans* comparado con el anillo *cis* (inferior). **(d)** Mapa de densidad electrónica obtenido mediante microscopia crioelectrónica de una chaperonina acomplejada con la proteína de cubierta gp23 del bacteriófago T4. La gp23 unida al anillo *trans* de GroEL se muestra en rojo y parece estar desnaturalizada. En verde se muestra la gp23 unida al anillo *cis* y parece tener una conformación semejante a la nativa. **(e)** Esquema de la función de la chaperonina: D = proteína desplegada, N = proteína nativa. Los colores son como en el panel (c).

Panel (d) adaptado con permiso de Macmillan Publishers Ltd. *Nature* 457:107-110, D. K. Clare, P. J. Bakkes, H. van Heerikhuizen, S. M. van der Vies, H. R. Saibil, Chaperonin complex with a newly folded protein encapsulated in the folding chamber. © 2009; Panel (e) adaptado de Trends in *Biochemical Science* 23:68-73, W. S. Netzer y F. U. Hartl, Protein folding in the cytosol: Chaperonin-dependent and –independent mechanisms. © 1998, con permiso de Elsevier.

en el interior de las células, se producen las denominadas **proteínas de choque térmico** (proteínas Hsp). Por ejemplo, GroEL también se denomina Hsp60. Ahora sabemos que las proteínas Hsp evitan la desnaturalización irreversible de las proteínas celulares. Una vez que la temperatura vuelve al valor normal, puede volver a plegarse cualquier proteína sensible a la temperatura, con lo que se conserva la viabilidad de la célula a través de la acción de las chaperonas moleculares. Finalmente, se ha sugerido que las chaperonas proporcionan a las células un mecanismo decisivo para sobrevivir a las mutaciones que pudieran hacer a la proteína menos estable y/o más susceptible al plegado inadecuado.

Conocer los mecanismos del plegado proteico y cómo transcurre el plegado en las células tiene una gran importancia dado el número de enfermedades con un plegado inadecuado de las proteínas. Además, es un reto importante de la biología molecular y la biofísica la predicción de la estructura terciaria a partir de la secuencia empleando la enorme cantidad de información sobre las secuencias proteicas con la que se cuenta a partir de los estudios genómicos.

## Plegado proteico inadecuado y enfermedad

Un gran número de enfermedades se encuentran relacionadas con un plegado proteico inadecuado. Unas pocas enfermedades de plegado inadecuado, como la fibrosis quística, son consecuencia de mutaciones que reducen la estabilidad de una proteína importante, lo que conduce a su plegado inadecuado y a la consiguiente eliminación por los procesos celulares de control de la calidad (por ejemplo, a través del **proteasoma**, que se considera en el Capítulo 20). Sin embargo, la mayor parte de las enfermedades humanas por plegado inadecuado están asociadas con la formación de agregados proteicos muy ordenados denominados **fibrillas amiloides** o **placas amiloides**. Las proteínas que se pliegan mal y forman estructuras amiloides se denominan «amiloidogénicas». En la Tabla 6.6 se dan unos pocos ejemplos de proteínas amiloidogénicas asociadas con enfermedades humanas.

El plegado inadecuado es el origen de varias enfermedades, como la enfermedad de Alzheimer y la enfermedad de Parkinson.

**TABLA 6.6. Ejemplos de enfermedades humanas con amiloides**

| Enfermedad | Proteínas asociada |
|---|---|
| Enfermedad de Alzheimer | Péptido amiloide $\beta$ o «A$\beta$» |
| Enfermedad de Parkinson | $\alpha$-Sinucleína |
| Encefalopatías espongiformes (ej., enfermedad de Creutzfeld-Jakok; kuru; etc.) | proteína prión |
| Esclerosis lateral amiotrófica (enfermedad de Lou Gehring) | Superóxido dismutasa I |
| Enfermedad de Hungtinton | Hungtintina con tractos de poliQ |
| Cataratas | $\gamma$-Cristallinas |
| Diabetes tipo II | Polipéptido amiloide de los islotes (IAPP) |
| Amiloidosis localizada por inyección | Insulina |

Aunque algunas proteínas, o fragmentos de las mismas, están predispuestas a formar fibrillas amiloides en condiciones fisiológicas, otras muchas proteínas pueden ser inducidas a formar estructuras amiloides en condiciones extremas (por ejemplo, pH alto o bajo, temperatura elevada, etc.). Esta observación llevó a Chris Dobson a proponer la hipótesis de que la estructura amiloide es una conformación genérica de baja energía accesible a todos los péptidos. Un corolario de esta hipótesis es que las rutas de plegado de las proteínas solubles han evolucionado para evitar la formación de amiloide, aunque el amiloide pueda ser la conformación termodinámicamente más estable de las proteínas (*véase* la Figura 6.31b).

Las fibras de amiloide se caracterizan por una disposición muy ordenada de estructura $\beta$. La Figura 6.33a muestra dos imágenes de microscopia electrónica de las fibrillas de amiloide de la insulina. Estas fibrillas se forman a partir de una hélice a derechas de cuatro «protofibrillas» (Figura 6.33b). A su vez, cada protofibrilla se forma a partir de una disposición muy ordenada de láminas $\beta$ paralelas separadas por alrededor de 1.0 nm (Figura 6.33c). Esta estructura, denominada **cruz** $\beta$ es característica de la amiloidosis. Los estudios de los péptidos amiloidogénicos indican que en condiciones fisiológicas la formación de amiloide es lenta; sin embargo, las protofibrillas y las fibrillas se forman rápidamente una vez que se ha nucleado la estructura de cruz $\beta$.

La estructura del amiloide y su mecanismo de formación se han estudiado extensamente con la esperanza de encontrar intervenciones terapéuticas para las enfermedades produ-

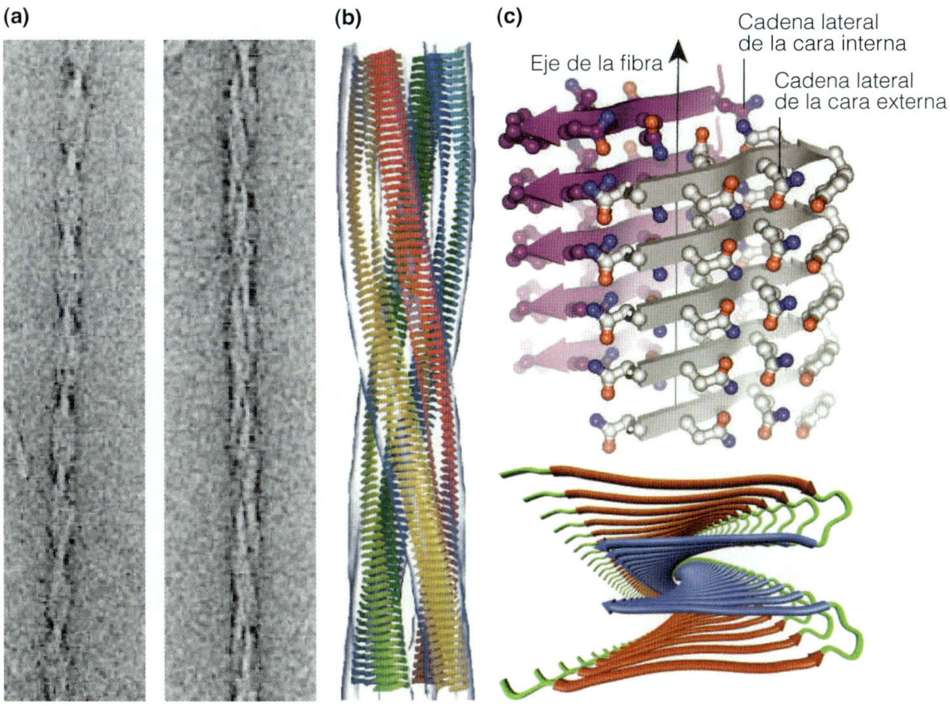


**FIGURA 6.33**

**Estructura de la fibrilla amiloide.** **(a)** Micrografías electrónicas de las fibrilla amiloide de la insulina. **(b)** Un modelo de las fibrillas amiloides de la insulina ajustadas a los datos de densidad electrónica a partir de microscopia crioelectrónica. Cuatro protofibrillas se enrollan para formar una hélice a derechas. **(c)** Estructura $\beta$ cruzada de la protofibrilla. La figura superior muestra la estructura cristalina de rayos X de las protofibrillas formada a partir del péptido GNNQQY de la proteína prión de levaduras Sup35. La figura inferior muestra un modelo de la protofibrilla formada a partir de los residuos 1-40 del péptido A$\beta$. Los datos de RMN de estado sólido se utilizaron para obtener este modelo.

(a, b) Adaptado de *Procedings of the National Academy of sciences of the United States of America* 99:9196-9201, J. L. Jiménez, E. J. Nettleton, M. Bouchard, C. V. Robinson, C. M. Dobson y H. R. Saibil, The protofilament structure of insulin amyloid fibrils. © 2002 National Academy of Sciences, U.S.A.; (c, superior) Adaptado con permiso de Macmillan Publishers Ltd, *Nature* 435:773-778, R. nelson, M. R. Sawaya, M. Balbirnie, A. Ø Madsen, C. Riekel, R. Grothe y D. Eisenberg, Structure of the cross-$\beta$ spine of amyloid-like fibrils. © 2005; (c, inferior) Robert Tycko, National Institutes of Health, Bethesda, MD.

cidas por un plegado inadecuado. La formación de las fibrillas de amiloide (Figura 6.33a) parece ocurrir a partir de las conformaciones no nativas de las proteínas, como los intermedios del plegado o los estados agregados desordenados (Figura 6.31a). Los experimentos más recientes sugieren que las fibrillas de amiloide *per se* no son responsables de la enfermedad, sino que las especies tóxicas pueden ser los agregados prefibrilares o desordenados, que son precursores a la formación de amiloide. En algunos casos, el aumento de la concentración intracelular de chaperonas reduce la formación de estos agregados prefibilares y reduce la toxicidad del plegado inadecuado. Se han observado efectos semejantes en los compuestos de bajo pero molecular que pueden unirse a las estructuras nativas de las proteínas amiloidogénicas y las estabilizan (*véase* Herramientas de la Bioquímica 6C).

Entre las proteínas amiloidogénicas, son notables los **priones**. Hasta hace muy poco tiempo, la mayor parte de los investigadores creían que las únicas vías por las que podían transmitirse las enfermedades de un organismo a otro eran a través de los virus o de los microorganismos. Sin embargo, en la actualidad hay pruebas de la existencia de una clase de enfermedades que se transmiten por una proteína y nada más. Entre estas enfermedades, la más conocida es la *encefalopatía espongiforme bovina* o «enfermedad de las vacas locas», aunque también están incluidas la *tembladera* de las ovejas y determinadas neuropatologías en el ser humano (*véanse* las entradas de la Tabla 6.6). El agente infeccioso se ha denominado *prión*, y la proteína que se cree responsable se denomina *proteína relacionada con el prión*, o *PrP*. La PrP se encuentra presente, normalmente, en muchos animales (incluidos los seres humanos) en una forma no patológica denominada $PrP^{c}$ (*proteína celular relacionada con el prión*). En determinadas circunstancias, el $PrP^{c}$ puede cambiar de conformación a una estructura diferente, denominada $PrP^{sc}$, o *proteína de la tembladera relacionada con el prión*. En esta forma en la que aparece plegada, al menos parcialmente, en una lámina $\beta$, la porción N-terminal desordenada de PrP, destruye el sistema nervioso. Aún más extraordinario es el hecho de que la ingestión de $PrP^{sc}$ puede inducir la conversión de $PrP^{c}$ en $PrP^{sc}$ en el receptor, transmitiendo, de esta forma, la enfermedad. Se desconoce cómo se cataliza esta conversión, pero parece ser que $PrP^{c}$ representa una forma de plegado fuera de la ruta especialmente estable del tipo señalado en el apartado anterior. Todas las enfermedades por priones conocidas son intratables y mortales. Stanley Prusiner ganó en 1997 el Premio Nobel de Fisiología o Medicina por su trabajo en la definición de la relación de la PrP con estas enfermedades.

Las proteínas globulares no son estáticas sino que experimentan continuamente una gran variedad de movimientos internos.

## Movimientos dentro de las moléculas proteicas globulares

Muchos indicios, especialmente los de los estudios de RMN, apuntan a que se producen continuamente diversos tipos de movimientos en el interior de las moléculas proteicas plegadas. Una molécula proteica sufre fluctuaciones rápidas y continuadas de su energía, como consecuencia de las interacciones con su entorno. Los movimientos resultantes pueden agruparse de forma general en varias clases, como aparecen en la Tabla 6.7. Los movimientos de clase 1 se producen incluso en el interior de las moléculas proteicas en los cristales, y explican, en parte, los límites de resolución que se obtienen en los estudios de difracción de rayos X. Los movimientos mayores y más lentos de las clases 2 y 3 se producen principalmente en disolución. Algunos de ellos, como la apertura y el cierre de hendiduras en las moléculas, se cree que participan en las funciones catalíticas de las enzimas. Como veremos en capítulos posteriores, el tiempo que precisa una proteína

**TABLA 6.7. Movimientos en las moléculas proteicas**

| | | Intervalo aproximado | |
|---|---|---|---|
| **Clase** | **Tipo de movimiento** | **Amplitud (nm)** | **Tiempo (s)** |
| 1 | Vibraciones y oscilaciones de los átomos individuales y los grupos | 0.2 | $10^{-15}$-$10^{-12}$ |
| 2 | Movimientos concertados de los elementos estructurales, como las α-helices y los grupos de residuos | 0.2-1 | $10^{-12}$-$10^{-8}$ |
| 3 | Movimientos de los dominios completos; apertura y cerrado de las hendiduras | 1-10 | $\geq$-$10^{-8}$ |

para captar o liberar una molécula pequeña puede depender del tiempo que precisa la proteína para abrir o cerrar una hendidura. De modo similar, los canales proteicos por los que las moléculas e iones pasan a través de las membranas cambian rápidamente de estados abiertos a cerrados. Parece probable que el comportamiento dinámico de las proteínas es, al menos, tan importante en su función como son los detalles estáticos de su estructura. De hecho, un campo emergente de la investigación proteica es la caracterización de las **proteínas intrínsecamente desestructuradas**. Esta clase de proteínas poseen regiones significativas de secuencia muy dinámicas y se mantienen desestructuradas hasta que se encuentra alguna de las posibles proteínas asociadas.

## Predicción de las estructuras proteicas secundaria y terciaria

¿Puede predecirse la estructura proteica? En cierto sentido, la respuesta a esta pregunta debe ser ciertamente afirmativa. Sabemos que la información molecular necesaria para determinar las estructuras secundaria y terciaria está incluida en la propia secuencia de aminoácidos; en consecuencia, el gen «predice» la estructura. Lo que implica este hecho es que si comprendiéramos totalmente las reglas del plegado, podríamos describir la conformación tridimensional completa de cualquier proteína, partiendo únicamente del conocimiento de su secuencia. Este tipo de predicción aún no puede hacerse totalmente. Podemos predecir bastante bien la estructura secundaria, pero la predicción del plegado terciario es un problema mucho más complicado y solo se ha progresado algo recientemente.

Actualmente, la estructura secundaria de una proteína puede predecirse con una buena exactitud. La predicción de la estructura terciaria, más compleja, aún no es muy exacta.

### Predicción de la estructura secundaria

Aunque son varios los enfoques utilizados para abordar el problema de predecir la estructura secundaria, el método más satisfactorio es totalmente empírico. A partir del análisis de las estructuras *conocidas* de algunas proteínas se han recopilado tablas que indican la frecuencia relativa ($P_\alpha$, $P_\beta$, $P_t$) con la que un tipo concreto de residuo de aminoácido se encuentra en hélices $\alpha$, láminas $\beta$ o giros. En la Tabla 6.8 se da un ejemplo de una recopilación de este tipo. A partir de estos datos, pueden realizarse algunas distinciones claras. Por

**TABLA 6.8. Correspondencia de residuos de aminoácido con estructura proteica secundaria**

**Probabilidades relativas de la presencia de residuos de aminoácidos en diferentes estructuras secundarias de proteínas globulares**[a]

| Aminoácido | Hélice α ($P_\alpha$) | Lámina β ($P_\beta$) | Giro ($P_t$) | |
|---|---|---|---|---|
| Ala | 1.29 | 0.90 | 0.78 | Favorecen hélices α |
| Cys | 1.11 | 0.74 | 0.80 | |
| Leu | 1.30 | 1.02 | 0.59 | |
| Met | 1.47 | 0.97 | 0.39 | |
| Glu | 1.44 | 0.75 | 1.00 | |
| Gln | 1.27 | 0.80 | 0.97 | |
| His | 1.22 | 1.08 | 0.69 | |
| Lys | 1.23 | 0.77 | 0.96 | |
| Val | 0.91 | 1.49 | 0.47 | Favorecen láminas β |
| Ile | 0.97 | 1.45 | 0.51 | |
| Phe | 1.07 | 1.32 | 0.58 | |
| Tyr | 0.72 | 1.25 | 1.05 | |
| Trp | 0.99 | 1.14 | 0.75 | |
| Thr | 0.82 | 1.21 | 1.03 | |
| Gly | 0.56 | 0.92 | 1.64 | Favorecen giros |
| Ser | 0.82 | 0.95 | 1.33 | |
| Asp | 1.04 | 0.72 | 1.41 | |
| Asn | 0.90 | 0.76 | 1.23 | |
| Pro | 0.52 | 0.64 | 1.91 | |
| Arg | 0.96 | 0.99 | 0.88 | |

[a] Datos adaptados de *Biochemistry* 17:4277-4285,M. Leavitt, Conformational preferences of amino acids in globular proteins. © 1978 American Chemical Society

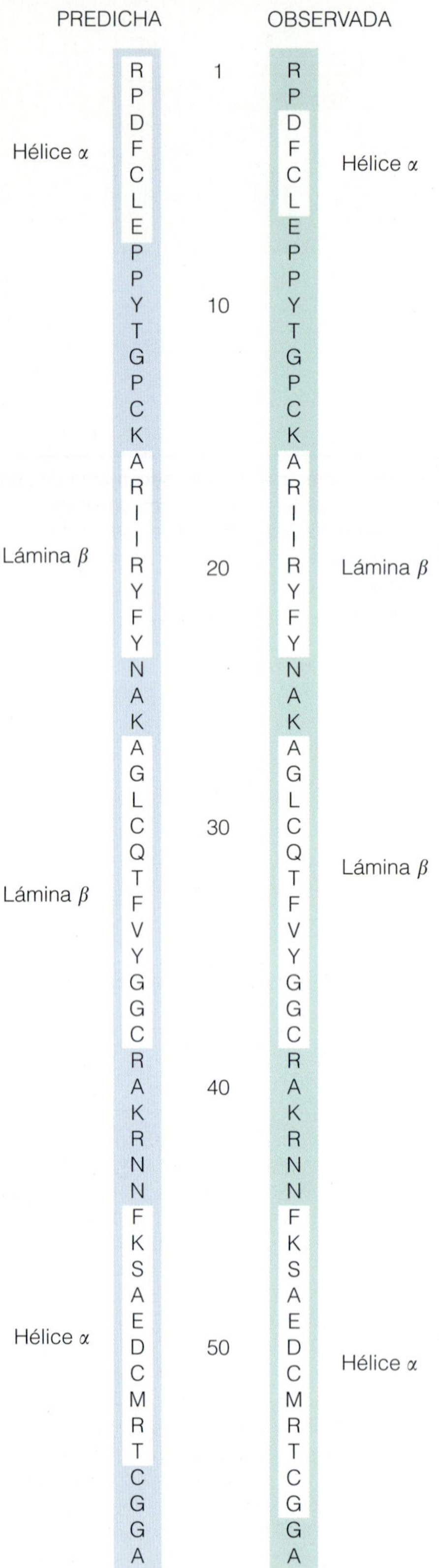


**FIGURA 6.34**

**Predicción de la estructura secundaria del BPTI.** La secuencia de la izquierda muestra los elementos estructurales secundarios predichos por P. Y. Chou y G. D. Fasman para el inhibidor de la tripsina pancreática bovina. La secuencia de la derecha muestra los resultados de los estudios de difracción de rayos X de la misma proteína. La coincidencia excepcionalmente buena entre la estructura predicha y la observada es ligeramente mejor para el BPTI que para la mayoría de las proteínas.

ejemplo, Leu, Met y Glu son todos potentes formadores de hélices; Gly y Pro no favorecen las hélices. De modo similar, Ile, Val y Phe son potentes formadores de láminas $\beta$, mientras que Pro no encaja bien en ellas. Gly se halla con frecuencia en los giros $\beta$, mientras que no sucede así con Val. Ya hemos mencionado que Pro tiende a encontrarse en los giros. No está tan claro el motivo de que los otros residuos se encuentren, en general, en una u otra estructura. Se han propuesto distintas reglas que usan los valores de *P* para predecir estructuras; las desarrolladas en los años 1970 por P. Y. Chou y G. D. Fasman se utilizaron para predecir la estructura secundaria de BPTI a partir de su secuencia (Figura 6.34).

Además de los valores de *P*, para predecir la estructura secundaria se emplean los patrones de polaridad de las cadenas laterales. Un tramo de residuos polares y apolares alternantes establece una cadena $\beta$, que es parte de una lámina $\beta$ anfifílica. De manera semejante, un patrón de cadenas laterales de polaridad similar cada 3-4 residuos señala una hélice $\alpha$ anfifílica.

Las estructuras pronosticadas al aplicar estas reglas suelen concordar bastante bien, aunque nunca exactamente, con las estructuras secundarias determinadas experimentalmente mediante difracción de rayos X (Figura 6.34). Las diferencias más frecuentes se hallan en la definición de la localización precisa de los extremos de las regiones $\alpha$ y $\beta$.

Al crecer la cantidad de datos estructurales almacenados en las bases de datos públicas, lo hace también la sofisticación de los métodos de computación que se utilizan para realizar predicciones estructurales a partir de los datos de secuencia. En 2007, la exactitud de las mejores predicciones era del ~80 % (desde el ~70 % unos pocos años antes). En la actualidad, existen *online* muchos algoritmos diferentes para hacer predicciones rápidas de estructura secundaria a partir de la información de las secuencias de aminoácidos o de los genes (*véase* la Bibliografía al final del capítulo).

## Predicción de la estructura terciaria: simulación por ordenador del plegado

La predicción de la estructura terciaria se han revelado mucho más difícil, debido probablemente a que el plegado de orden superior depende, de manera crucial, de las interacciones de las cadenas laterales específicas, a menudo entre residuos muy apartados unos de otros en la secuencia. A pesar de la dificultad del problema, los esfuerzos recientes en la predicción de la estructura han obtenido éxitos espectaculares. En la Figura 6.35 se presentan los resultados de dos predicciones recientes que se obtuvieron con una elevada resolución *antes* de que se hicieran públicas las estructuras cristalinas obtenidas por rayos X de las secuencias proteicas. Es notable la estrecha concordancia entre las estructuras pronosticadas y las estructuras cristalinas, y es un buen augurio para el futuro de la predicción de la estructura a partir de la secuencia de aminoácidos.

La predicción de la estructura terciaria a partir de la secuencia de aminoácidos es fundamentalmente un problema de minimización de energía que necesita de una computación sofisticada. El supuesto subyacente es que la conformación funcional nativa de un polipéptido es la conformación con el valor menor de energía libre*. Así, durante el plegado, las proteínas buscan un mínimo de energía libre global. Para entender el proceso, consideremos el caso simplificado de una simulación por ordenador en la que se permite a una cadena de anillo aleatorio experimentar un número muy elevado de pequeñas permutaciones de su conformación, a través de la rotación alrededor de los enlaces individuales. Para cada conformación generada por el ordenador se calcula la energía total de todas las interacciones no covalentes utilizando una tabla de parámetros denominada «campo de fuerza» o «función potencial». Se comparan luego los valores de la energía

* Para la mayoría de las proteínas esta es una suposición razonable, aunque hay algunas excepciones notables (por ejemplo, *véase*: D. Baker, J. L. Sohl y D. Agard, *Nature* (1992) 356:263-265, y probablemente se descubrirán más en el futuro.

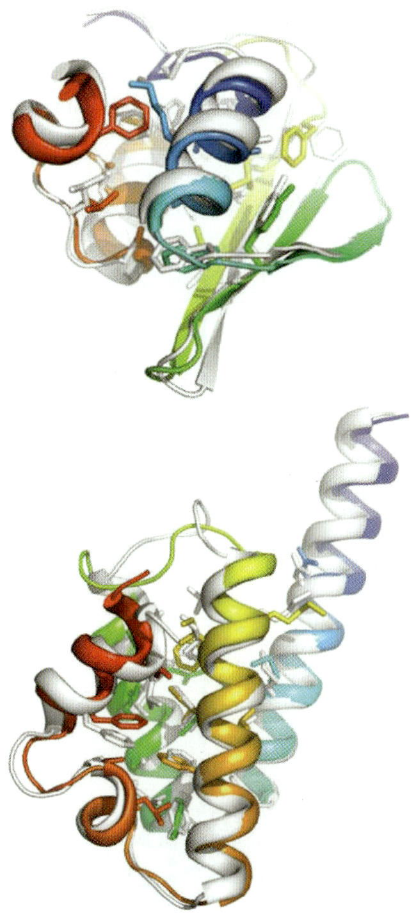

**FIGURA 6.35**

**Comparación de las predicciones de novo de las estructuras cristalinas de rayos X**. Panel superior: predicción Rosetta (se muestra en gris claro) para el Critical Assessment of Techniques for Protein Structure Prediction (CASP) diana 6, T0281, superpuesta sobre la estructura cristalina comunicada *posteriormente* (PDB ID: 1whz; se muestra con los colores del arcoíris desde el N-terminal [azul] al C-terminal [rojo]. La concordancia entre los esqueletos de las dos estructuras está dentro de 0.16 nm en 70 residuos. Panel inferior: la predicción Rosetta para la diana CASP7, T0283, (gris claro) concuerda con la estructura cristalina comunicada posteriormente (PDB ID: 2hh6; se muestra con colores del arco iris) con una exactitud del esqueleto de 0.14 nm en 90 residuos.

De *Annual Review of Biochemistry* 77:363-382, R. Das y D. Baker, Macromolecular modeling with Rosetta. © 2008 Annual Reviews.

total de cada conformación y se considera la conformación con la menor energía como la mejor candidata de la estructura nativa. Este proceso puede repetirse hasta con un millón de conformaciones antes de que se llegue a la conformación con la menor energía.

Estos métodos tienen dos requisitos básicos. El primero es una función potencial que calcule las energías con gran exactitud. La mayoría de las funciones potenciales actuales se basan en la mecánica cuántica y suponen determinadas simplificaciones sobre las interacciones del disolvente. El segundo requisito es un método manejable para el muestreo de la gran cantidad de conformaciones posibles que garanticen el mínimo global verdadero que se encuentra finalmente, en lugar de algún mínimo local en el panorama energético. Si se intenta buscar simplemente al azar entre las conformaciones posibles, la tarea es imposible, ya que, en esencia, nos enfrentamos con el problema de Levinthal con un ordenador. Simplemente no existe la potencia de computación masiva necesaria para una búsqueda aleatoria de este tipo. De alguna forma, la búsqueda del verdadero mínimo de energía debe ser más directa.

Muchos investigadores han diseñado soluciones elegantes a este problema. Para nuestro fin nos centraremos en solo dos de estas. La primera es la utilización de «fragmentos» de plegado obtenidos de forma empírica o motivos estructurales cortos que emplean el conjunto de algoritmos Rosetta desarrollado en el laboratorio de David Baker. Rosetta no solo se ha utilizado con éxito para predecir estructuras sino también, se ha aplicado a los problemas de diseño de proteínas. En primer lugar, Rosetta hace coincidir las regiones locales de la secuencia de aminoácidos con una biblioteca de fragmentos estructurales obtenida a partir de estructuras cristalinas de elevada resolución (*véase* la Figura 6.36a). En esencia, Rosetta asigna la estructura secundaria local más probable de acuerdo con la homología de secuencia de proteínas de estructura conocida (*véase* Herramientas de la Bioquímica 5D). Estos fragmentos estructurales ensamblados se juntan de forma que den conformaciones de baja energía. Para esta parte del cálculo, Rosetta no considera el detalle atómico de las cadenas laterales, sino que emplea una clasificación más simple en términos de polaridad y carga (Figura 6.36b). Finalmente, se añaden las cadenas laterales

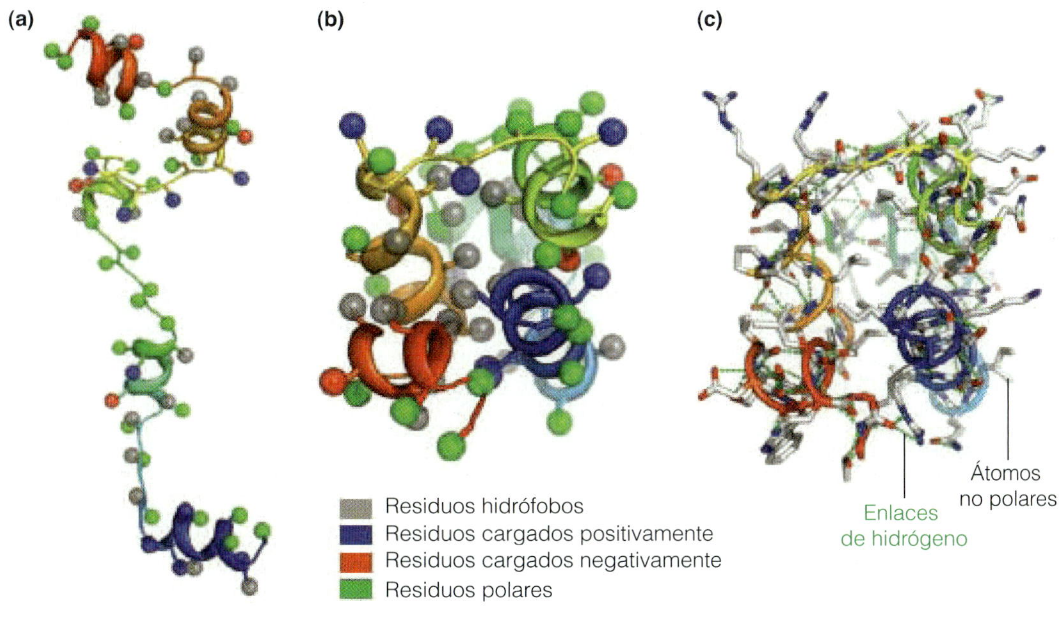


**FIGURA 6.36**

**Esquema de la predicción de la estructura de novo utilizando Rosetta.** Se muestran como una cinta (colores del arcoíris) todos los «átomos pesados» del esqueleto (esto es, todos los átomos distintos de los átomos de H). Las cadenas laterales se representan inicialmente a baja resolución como esferas. Las conformaciones se evalúan con una función energética que favorece el enterramiento de los residuos hidrófobos (gris) y la exposición de los residuos, unos cargados positivamente (azul oscuro), o cargados negativamente (rojo) u otros polares (verde). **(a)** Ensamblaje de fragmentos de estructura secundaria local. **(b)** Conformación final de baja energía producida por empaquetamiento de fragmentos. **(c)** Modelo de todos los átomos producido tras un refinamiento de alta resolución. No se muestran los átomos de hidrógeno para mayor claridad.

De *Annual Review of Biochemistry* 77:363-382, R. das y D. Baker, Macromolecular modeling with Rosetta. © 2008 Annual Reviews.

Los datos experimentales de RMN y de microscopia crioelectrónica pueden utilizarse para mejorar la predicción de la estructura terciaria de una proteína mediante métodos de computación.

...TPPVQAAYQKVVAGVANA...

**(a)** Estructura primaria

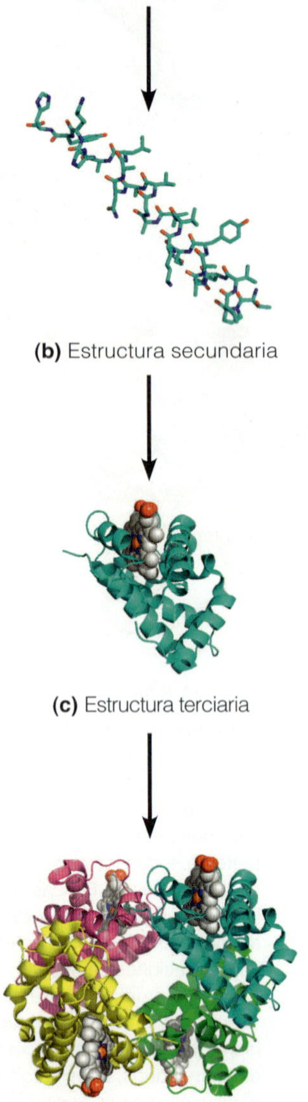


**(d)** Estructura cuaternaria

**FIGURA 6.37**

**Los cuatro niveles de estructura proteica.** Este resumen de los niveles estructurales de las proteínas utiliza como ejemplo la molécula de hemoglobina (PDB ID: 2HHB), un tetrámero de cadenas parecidas a la mioglobina.

La asociación de cadenas polipeptídicas para formar estructuras específicas de múltiples subunidades es el nivel cuaternario de organización proteica.

a la simulación y se busca la conformación con la menor energía calculada, tal como se describe en los párrafos precedentes (Figura 6.36c). Se repite el proceso completo, comenzando con muchos cientos de fragmentos de estructura secundaria ensamblados hasta que Rosetta llega a una conformación de baja energía, que se calcula utilizando una función potencial con las energías del efecto hidrófobo (esto es, el entierro de las cadenas laterales hidrófobas), el empaquetamiento de los grupos interiores en la estructura final (esto es, hacer máximos los contactos de van der Waals) y la formación de enlaces de H intramoleculares (esto es, enlaces de H no satisfechos de donadores o aceptores de los grupos enterrados). En resumen, Rosetta resuelve el problema de la búsqueda de la conformación haciendo conjeturas sobre la estructura local y así restringiendo de forma dramática el número de posibles conformaciones que deben probarse.

Un segundo enfoque, con grandes promesas, es la utilización de datos experimentales para restringir la búsqueda de conformaciones. Se han utilizado los datos de desplazamiento químico de RMN (que proporcionan la conformación local de aminoácidos y el entorno químico de un átomo; *véase* Herramientas de la Bioquímica 6A), la información de los estudios de modificación química que pueden emplearse para identificar las cadenas laterales accesibles al disolvente) y los datos de microscopia crioelectrónica (que proporcionan las restricciones de la topología del armazón) para incrementar la predicción de la estructura computacional. Estos enfoques, probablemente, mejoraran el éxito de la predicción. Es tremenda la necesidad de métodos fiables de predicción de la estructura, dado que solo se conocen las estructuras del 1 % de todas las secuencias proteicas conocidas.

## Estructura cuaternaria de las proteínas

En el Capítulo 5 y en este capítulo hemos explorado niveles cada vez más complejos de la estructura proteica, desde la primaria hasta la terciaria, pasando por la secundaria (Figura 6.37a-c). La organización proteica funcional puede alcanzar, como mínimo, un nivel más: la **estructura cuaternaria** (Figura 6.37d). Existen muchas proteínas dentro de la célula (y en disolución, en condiciones fisiológicas), que forman complejos específicos de dos o más cadenas polipeptídicas plegadas, o *subunidades.* Los métodos para determinar si una proteína está compuesta o no de subunidades múltiples se describen en Herramientas de la Bioquímica 6B. Esta organización cuaternaria puede ser de dos tipos: asociación entre cadenas polipeptídicas idénticas o casi idénticas (**homotípicas**), o interacciones entre subunidades con estructuras muy distintas (**heterotípicas**). En ambos casos, se forman *proteínas con subunidades múltiples.*

### Proteínas con subunidades múltiples: interacciones homotípicas proteína-proteína

Las interacciones entre las cadenas polipeptídicas plegadas en las proteínas con subunidades múltiples son de los mismos tipos que las que estabilizan la estructura terciaria: puentes salinos, enlaces de hidrógeno, fuerzas de van der Waals, efecto hidrófobo y, en ocasiones, enlaces disulfuro. Estas interacciones proporcionan la energía necesaria para estabilizar la estructura de subunidades múltiples.

Cada cadena polipeptídica es una unidad asimétrica en el complejo, pero la estructura cuaternaria global puede exhibir una amplia variedad de simetrías, en función de la geometría de las interacciones. Con fines ilustrativos, utilizaremos un objeto asimétrico familiar para todo el mundo: un zapato del pie derecho. Pensemos en este zapato como una cadena polipeptídica plegada en una forma tridimensional compacta. Podemos juntar zapatos de muchas maneras. Si las superficies que interactúan (A y B) fuesen las del talón y los dedos, podría formarse un agregado lineal:

Dado que los dos grupos que interactúan se encuentran en zonas totalmente distintas de la subunidad, a esta interacción la denominaremos **heteróloga**. Las interacciones heterólogas deben estar especialmente orientadas para dar un complejo realmente lineal. Con ma-

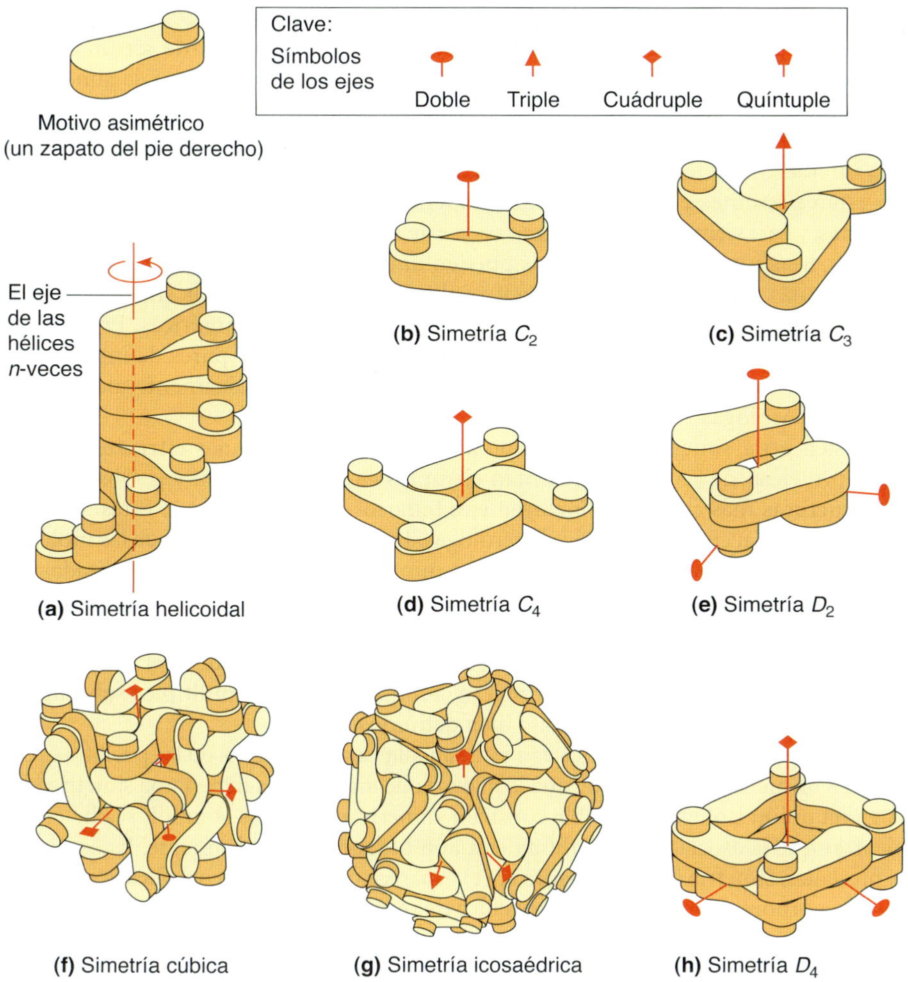


**FIGURA 6.38**

**Simetrías de las estructuras cuaternarias de las proteínas.** Aunque se componen de polipéptidos asimétricos, las proteínas adoptan muchos patrones simétricos al formar las estructuras cuaternarias. En esta figura, un zapato del pie derecho representa la unidad estructural asimétrica. **(a)** Hélice formada por la rotación de cada unidad 360/*n* grados respecto a la precedente. Esta rotación produce una hélice de *n* unidades por vuelta de longitud indefinida. **(b)** Dímero con simetría $C_2$: un eje binario. **(c)** Trímero con simetría $C_3$: un eje ternario. **(d)** Tetrámero con simetría $C_4$: un eje cuaternario. **(e)** Tetrámero con simetría $D_2$: tres ejes binarios. **(f)** 24-mero con simetría cubica. Esta estructura tiene ejes binarios, ternarios y cuaternarios. **(g)** 60-mero icosaédrico, tipo de estructura que se halla en la cubierta proteica de algunos virus. Esta estructura tiene ejes quíntuples, ternarios y binarios. **(h)** Un octámero con simetría $D_4$: un eje cuaternario y dos ejes binarios.

yor frecuencia, la interacción es tal que cada unidad está torcida con algún ángulo respecto a la precedente. Esta torcedura da lugar a una estructura helicoidal. La Figura 6.38a presenta una disposición de zapatos que forman una hélice a derechas con *n* unidades por vuelta. La parte superior de los dedos de cada zapato está fijada a la suela de los dedos del siguiente, con una rotación de 360/*n* grados. En la Figura 6.39 se presentan dos ejemplos biológicos, ambos de **simetría helicoidal**: la hélice de la proteína muscular actina y la cubierta helicoidal del virus del mosaico del tabaco. Obsérvese que, tanto las disposiciones lineales como las helicoidales, pueden tener un crecimiento indefinido mediante la adición de más subunidades. Los filamentos de actina pueden tener millares de unidades de longitud.

Dos clases generales de simetría caracterizan la mayoría de las estructuras cuaternarias: helicoidal y punto-grupo.

La mayoría de los ensamblajes de las subunidades proteicas no se basan en la simetría helicoidal, sino en una de las clases de **simetría punto-grupo** (Figura 6.38b-g). Las clases de simetría punto-grupo tienen un número definido de subunidades dispuestas alrededor de uno o varios **ejes de simetría**. Un eje de simetría *n*-ario corresponde a la rotación de cada subunidad 360/*n* grados respecto a su vecina; en consecuencia, un eje binario corresponde a una rotación de 180°. Los tipos más simples de simetría punto-grupo son las simetrías cíclicas $C_n$, que aparecen en la Figura 6.38b-d. Estos anillos de subunidades comportan interacciones heterólogas, donde $n = 3$ o superior.

Una situación especial de gran importancia surge cuando dos subunidades se relacionan una con la otra mediante un eje binario (también llamado eje **diado**) para dar una simetría $C_2$. Es decir, cada subunidad está rotada 180° alrededor de este eje con respecto a la otra:

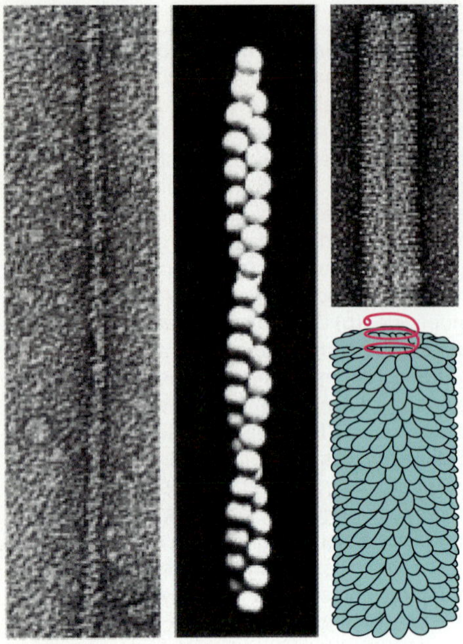

(a) Actina

(b) Virus del mosaico del tabaco

**FIGURA 6.39**

**Dos proteínas helicoidales.** Al lado de cada micrografía electrónica se muestra una representación esquemática de la estructura agregada helicoidal. **(a)** Actina. **(b)** Virus del mosaico del tabaco. En el virus, las subunidades proteicas forman una disposición helicoidal alrededor de un RNA enrollado helicoidalmente (rojo).

(a)The Rockefeller University Press. *The Journal of Cell Biology* 1981, 91:156s-165s, T. Pollard, Cytoplasmic contractile proteins; (b) Dr. Timothy Baker/Visual Unlimited, Inc.

En la Figura 6.38b se presenta esta disposición en tres dimensiones. Imaginemos que existen grupos que interactúan en A y B. Por ejemplo, A podría ser un donador de enlaces de hidrógeno y B, un aceptor. Obsérvese que, en este caso, la simetría binaria significa que se producen *dos* interacciones idénticas, colocadas simétricamente alrededor del eje diado. Esta interacción simétrica se denomina **isóloga**, a diferencia de la interacción heteróloga asimétrica. Las interacciones isólogas se hallarán siempre que estén presentes ejes binarios. Los dímeros son las estructuras cuaternarias más comunes, y casi siempre están enlazadas de este modo. En la Figura 6.40 se presenta un ejemplo. Más interacciones isólogas pueden dar lugar, fácilmente, a estructuras cuaternarias más complejas, de simetría más elevada. Un ejemplo es la simetría **diédrica** (Figura 6.38e), la estructura más común de las proteínas tetraméricas. Presenta tres ejes binarios perpendiculares y, por consiguiente, implica tres pares de interacciones isólogas. De hecho, cualquier simetría $D_n$ puede generarse únicamente mediante interacciones isólogas.

Existen otras simetrías punto-grupo más complejas en algunas estructuras cuaternarias proteicas, de las que se presentan ejemplos en la Figura 6.38f y g. Obsérvese que las estructuras más complejas incluyen ejes binarios y ejes con $n > 2$. Estas moléculas presentan interacciones isólogas y heterólogas. Lo más importante es que las moléculas que presentan cualquiera de estas simetrías punto-grupo siempre están limitadas a un número definido de subunidades. La mayoría de las proteínas con múltiples subunidades presentan este tipo de geometría de asociación, en vez de la agregación lineal o helicoidal, que puede conducir a un crecimiento indefinido. Este es el motivo por el que la mayoría de las moléculas proteicas, aunque contengan múltiples subunidades, presentan una forma, tamaño y masa bien definidos.

Deben señalarse dos excepciones a esta sencilla caracterización de las posibles estructuras. La primera, que a pesar de que la mayoría de los dímeros tienen una simetría binaria y una unión isóloga, es posible construir dímeros en los que la unión sea heteróloga mientras que la asociación indefinida está aún bloqueada estéricamente. Estos dímeros no presentan simetría binaria (Figura 6.41). Aparece una segunda complicación, siempre que se incorpore a una estructura específica de múltiples subunidades más de un tipo de cadena polipeptídica. En estos casos, la simetría se reduce del nivel que cabría esperar del número total de cadenas polipeptídicas, porque dos o más cadenas distintas formarán ahora una unidad asimétrica. En el Capítulo 7 analizaremos un ejemplo de este tipo, la *hemoglobina*.

Todos los niveles superiores de estructura de una proteína están dictados por sus genes.

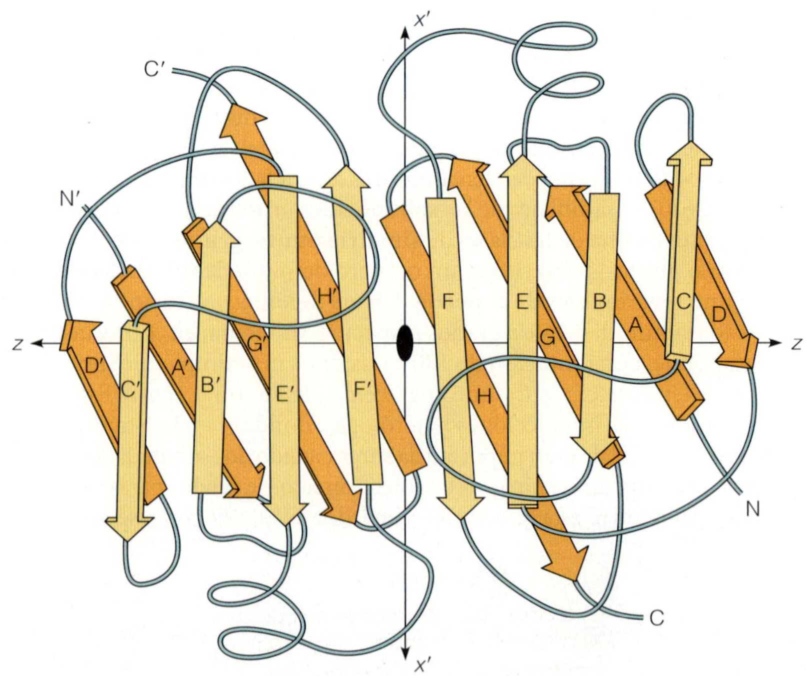


**FIGURA 6.40**

**Dímero de prealbúmina.** En el dímero de prealbúmina los dos monómeros se combinan para formar un sándwich $\beta$ completo o un cilindro $\beta$ aplastado. El dímero presenta una simetría binaria alrededor de un eje perpendicular al papel. Las interacciones isólogas son, principalmente, enlaces de hidrógeno entre cadenas de láminas $\beta$ específicas: de F a F′ y de H a H′. La prealbúmina también puede formar un tetrámero a partir de dos de estos dímeros mediante un segundo conjunto de interacciones isólogas.

Reproducido de *Journal of Molecular Biology* 88:1-12, C. C. F. Blake, M. J. Geisow, I. D. A. Swan, C. Rerat y B. Rerat, Structure of human plasma prealbumin at 2.5 A resolution: A preliminary reporto n the polypeptide chain conformation, quaternary structure and thyroxine binding. © 1974, con permiso de Elsevier.

Obsérvese que cada nivel de estructura proteica se construye sobre los niveles inferiores, tal como se resume en la Figura 6.37. La estructura terciaria puede considerarse como un plegado de elementos de estructura secundaria, y la estructura cuaternaria se establece combinando subunidades plegadas. *Toda* esta estructuración de alto nivel está dictada por la estructura primaria y en último término por el gen. El conocimiento de la relación entre la estructura proteica y la secuencia del gen es una de las ideas más importantes de la biología molecular.

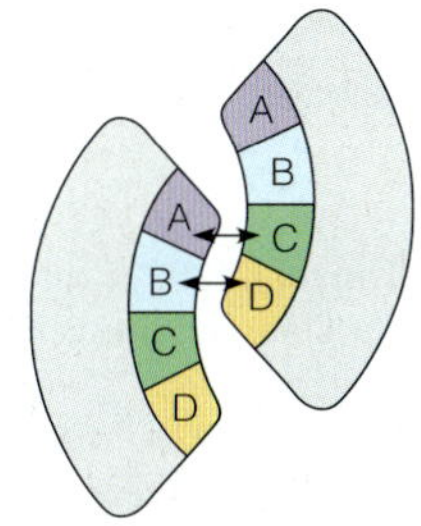


**FIGURA 6.41**

**Dímero sin simetría.** Este dibujo esquemático presenta cómo pueden asociarse dos subunidades mediante interacciones heterólogas y, sin embargo, no producir una cadena indefinida. Los lugares de interacción (A, B, C, D) están bloqueados para reaccionar con más monómeros por el encaje ajustado de las superficies.

## Interacciones heterotípicas proteína-proteína

La sección anterior se ha centrado en la asociación de subunidades proteicas idénticas o casi idénticas. Sin embargo, la gama de interacciones proteína-proteína es mucho más amplia, pues son comunes las asociaciones específicas entre moléculas proteicas totalmente distintas. En ocasiones, estas asociaciones conducen a estructuras organizadas que contienen una docena o más de subunidades distintas. Las interacciones que forman estos ensamblajes son del mismo tipo que las que describimos previamente, es decir, fuerzas no covalentes en las superficies proteicas complementarias.

Las interacciones complementarias determinan también las interacciones específicas entre una proteína, o un complejo proteico y su diana. Un ejemplo sencillo es el de una proteína que hemos descrito detalladamente en este capítulo, el BPTI. El inhibidor de la tripsina pancreática bovina recibe este nombre porque forma un complejo fuerte y específico con la enzima tripsina inhibiendo, de este modo, la actividad proteolítica de la tripsina en el páncreas. La Figura 6.42, muestra que las dos superficies proteicas encajan perfectamente una con otra.

Los métodos de ordenador como los que se han descrito previamente en este capítulo pueden predecir con gran éxito las interacciones complementarias proteína-proteína. Por ejemplo, el «acoplamiento» obtenido mediante ordenador del BPI con la tripsina se ajusta perfectamente con la estructura real del complejo determinada mediante difracción de rayos X. La exactitud de la predicción sugiere que puede ser más fácil predecir las interacciones proteína-proteína (incluyendo las interacciones de la estructura cuaternaria de la proteína), que predecir la estructura terciaria.

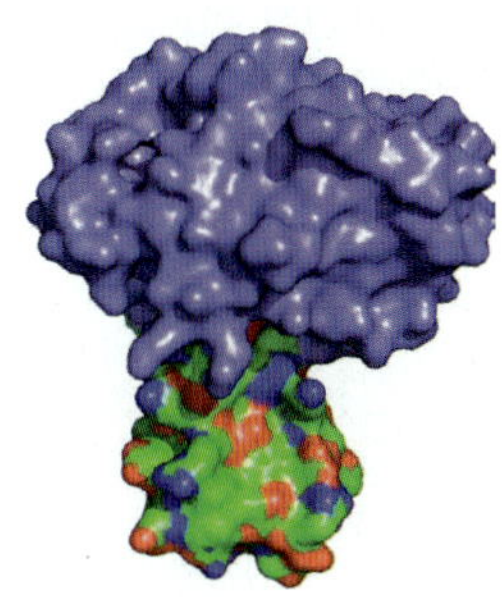

**FIGURA 6.42**

**Interacción del BPTI con la tripsina.** La molécula de BPTI (verde, rojo, azul) se ajusta perfectamente a la superficie de la molécula de tripsina (azul pizarra), bloqueando el lugar activo de la tripsina. La orientación del BPTI es la misma que en la Figura 6.18. PBD ID:2RA3.

## RESUMEN

Las moléculas proteicas se organizan de manera característica en distintos niveles. El primer nivel, o nivel primario, es la secuencia de aminoácidos, dictada por el gen. Esta secuencia, a su vez, determina el plegado local (estructura secundaria), el plegado global (estructura terciaria) y la organización en estructuras de subunidades múltiples (estructura cuaternaria).

De las muchas estructuras secundarias concebibles, solo son posibles estéricamente y pueden estabilizarse mediante enlaces de hidrógeno un pequeño número. Entre ellas se encuentran la hélice $\alpha$, la lámina $\beta$ y la hélice $3_{10}$. También existen estructuras específicas que permiten que una cadena polipeptídica realice giros bruscos. Los diagramas de Ramachandran proporcionan un medio para visualizar las posibilidades y describen diversas estructuras secundarias de acuerdo con los ángulos $\phi$ y $\psi$ permitidos.

Las proteínas pueden agruparse en dos grandes categorías: fibrosas y globulares. Las proteínas fibrosas son alargadas, habitualmente de estructura secundaria regular, y desempeñan funciones estructurales en la célula y el organismo. Son ejemplos importantes las queratinas (hélice $\alpha$), las fibroínas (lámina $\beta$), el colágeno (triple hélice) y la elastina (ovillos aleatorios con enlaces cruzados). Las proteínas globulares presentan estructuras terciarias más complejas y se pliegan en formas compactas que suelen contener dominios definidos. Se han identificado diversas clases de plegados terciarios, como los haces de hélices $\alpha$, las láminas $\beta$ enrolladas y los cilindros $\beta$.

Diversos factores determinan la estabilidad de las proteínas globulares: la entropía de conformación, la entalpía debida a los enlaces no covalentes internos, el efecto hidrófobo y los enlaces disulfuro. El plegado de muchas proteínas globulares se produce espontánea y rápidamente en condiciones «nativas». En la célula, las proteínas denominadas chaperonas ayudan a impedir la formación de estructuras plegadas de forma incorrecta o interacciones intermoleculares no deseadas que producen agregación. Incluso cuando están plegadas, las proteínas globulares son estructuras dinámicas que experimentan diversos tipos de movimientos internos. Actualmente se puede predecir la estructura secundaria proteica con un cierto grado de exactitud, pero la predicción de la estructura terciaria, aunque ha mejorado, es mucho más compleja.

Muchas proteínas globulares (tal vez la mayoría) existen y actúan como ensamblajes de múltiples subunidades que forman un nivel de estructura cuaternario. Algunas de estas proteínas son estructuras alargadas con simetría helicoidal; la mayoría tienen un pequeño número de subunidades (frecuentemente 2, 4 o 6) y presentan simetría punto-grupo. Todos estos niveles de estructura proteica están determinados por la secuencia del gen.

## BIBLIOGRAFÍA


### General

**Brändén, C.** y **Tooze, J.** (1991) *Introduction to Protein Structure.* Garland, Nueva York. Una introducción sobre los principios estructurales muy bien ilustrada.

**Creighton, T. E.,** ed. (1992) *Protein Folding.* Freeman, San Francisco.

**Creighton, T. E.** (2010) *The Biophysical Chemitry of Nucleic Acids and Proteins.* Helvetian Press, GB.

**Liljas, A., Liljas, L., Piskur, J., Lindblom, G., Nissen, P.** y **Kjeldgaard, M.** (2009) *Textbook of Structural Biology.* World Scientific publishing, Singapur.

**Petsko, G. A.,** y **Ringe, D.** (2004) *Protein Structure and Function.* New Science Press, Londres.

**Shirley B.,** ed. (1995) *Protein Stability and Folding.* Humana Press, Totowa, NJ.

### Histórica

**Anfinsen, C. B.** (1973) Principles that govern the folding of protein chains. *Science* 181:223-230.

**Kauzmann, W.** (1959) Some factors in the interpretation of protein denaturation. *Adv. Protein Chem.* 14:1-63. Consideraciones sobre el efecto hidrofóbico.

**Pauling, L., Corey, R. B.** y **Branson, H. R.** (1951) The structure of proteins: Two hydrogen bonded helical conformations of the polypeptide chain. *Proc. Natl. Acad. Sci. USA* 37:205-211.

**Ramachandran, G. N.** y **Sassiekharan, V.** (1968) Conformation of polypeptides and proteins. *Adv. Protein Chem.* 28:283-437. Introducción a las representaciones de Ramachandran.

### Proteínas fibrosas

**Kaplan, D., Adams, W. W., Farmer, B. y Viney, C.** (1994) *Silk Polypeptides.* American Chemical Society Press, Nueva York.

**Van der Rest, M. y P. Bruckner, P.** (1993) Collagens: Diversity at the molecular and supramolecular levels. *Curr. Opin. Struct. Biol.* 3:430-436.

### Proteínas globulares: estructura secundaria y terciaria

**Cooley R. B., Arp, D. J.** y **Karplus, P. A.** (2010) Evolurionary origin of a secondary structure: $\pi$-Helices as cryptic but widespread insertional variations of $\alpha$-helices that enhance protein functionality. *J. Mol. Biol.* 404:232-246.

**Hollingsworth, S. A., Berkholz, D. S.** y **Karplus, P. A.** (2009) On the occurrence of linear groups in proteins. *Protein Sci.* 18:1321-1325.

Richardson, J. S. (1981) The anatomy and taxonomy of protein structure. *Adv. Protein Chem.* 34:167-339.

### Bases de datos de estructura y clasificación de dominios

Clase Arquitectura Topología Superfamila Homóloga (CATH):
http ://ltww.cathdb.info/
Familias de proteínas de estructura semejante (FSSp):
ftp://ft p.ebi.ac.uki pub/databasesifssp/
Clasificación Estructural de Proteínas (SCOP):
http://scop.mrcJmb.cam.ac.uk/scop/

### Plegado de las proteínas y estabilidad

**Baase, W. A., Liu, L., Tronrud, D. E. y Matthews, B. W.** (2010) Lessons from the lysozyme of phage T 4. *Prot. Sci.* 19:631-641.

Baker, D. (2000) A surprising simplicity to protein folding. *Nature* 405:39-42.

**Bartlett, A. I.** y **Radford, S. E.** (2009) An expanding arsenal of experimental methods yields an explosion of insights into protein folding mechanisms. *Nature Struct. Mol. Biol.* 16:582-588.

**Brooks III, C. L., Gruebele, M., Onuchic, J. N.** y **Wolynes, P. G.** (1998) Chemical physics of protein folding. *Proc. Natl. Acad. Sci. USA* 95:11037-11038. Una introducción clara sobre la teoría del panorama energético del plegado proteico.

**De Sancho, D., Doshi, U.,** y **Muñoz, V.** (2009) Protein folding rates and stability: How much is there beyond size? *J. Amer. Chem. Soc.* 13I:2074-2075.

**Dill, K. A.** (1990) Dominant forces in protein folding. *Biochemistry* 29:7133-7155.

**Dill, K. A.** y **Chan, H. S.** (1997) From Levinthal to pathways to funnels. *Nature Struct. Biol.* 4:10-19.

**Onuchic, J. N.** y **Wolynes, P. G.** (2004) Theory of protein folding. *Curr. Opin. Struct. Biol.* 74:70-7 5.

**Plaxco, K. W., Simons, K. T.** y **Baker, D.** (1998) Contact order, transition state placement and the refolding rates of single domain proteins. *J. MoI. Biol.* 277:985-994.

**Rose, G. D., Fleming, P. J., Banavar, J. R.** y **Maritan, A.** (2006) A back, bone-based theory of protein folding. *Proc. Natl. Acad. Sci. USA* 103:16623-16633. Una revisión de la teoría del plegado proteico que invita a la reflexión y que propone también que las interacciones de la cadena principal y no las de las cadenas laterales son los factores dominantes en el plegado.

### Chaperonas

Clare, D. K., P. J. Bakkes, H. van Heerikhuizen, S. M. van der Vies y H. R. Saibil (2009) Chaperonin complex with a newly folded protein encapsulated in the folding chamber. *Nature* 457:107-110.

Hartl, F. U. y M. Hayer-Hartl (2009) Converging concepts of protein folding in vitro and in vivo. *Nature Struct. Mol. BioI.* 16:574-581. Una revisión concisa de la acción de las chaperonas en las células.

Xu, Z., A. L. Horwich y P. B. Sigler (1997) The crystal structure of the asymmetric GroEL-GroES-$(ADP)_7$ chaperonin complex. *Nature* 388:741-750.

### Predicción de la estructura proteica

*Predicción de la estructura secundaria:*

**Chou, P. Y.** y **Fasman, G. D.** (1973) Empirical predictions of protein structure. *Annu. Rev. Biochem.* 47:251-276.

**Rost, B.** (2009) Prediction of protein structure in lD-Secondary structure, membrane regions and solvent accessibility. In J. Gu and p. E. Bourne, eds., *Structural Bioinfomatics* (2ª ed.). Wiley-Blackwell, Hoboken, NJ.

*Acceso a varios programas de predicción de la estructura secundaria disponible en:*

wlwv.expasy.ch

*Predicción de la estructura terciaria:*

**Bradley, P., Misura, K. M. S. y Baker, D.** (2005) Toward high-resolution de novo structure prediction for small proteins. *Science* 309:1868-1971.

**Das, R.** y **Baker, D.** (2008) Macromolecular modeling with Rosetta. *Annu. Rev. Biochem.* 77:363-382.

**Kaufmann, K. W, Lemmon, G. H., Deluca, S. L., Sheehan, J. H.** y **Meiler, J.** (2010) Practically useful: What the Rosetta protein modelling suite can do for you. *Biochemistry* 49:2987-2998.

### Dinámica de las proteínas

**Boehr, D. D., Nussinov, R.** y **P. E. Wright, P. E.** (2009) The role of dynamic conformational ensembles in biomolecular recognition. *Nature Chem. Biol.* 5:789-796.

**Gsponer J.** y **Babu, M.** (2009) The rules of disorder or why disorder rules. *Prog. Biophys. Mol. Biol.* 99:94-103. Revisión de las proteínas desestructuradas intrínsecamente.

**Painter, A.J., Jaya, N., Basha, E., Vierling, E., Robinson, C. V.** y **Benesch, J. L. P.** (2008) Real-time monitoring of protein complexes reveals their quaternary organization and dynamics. *Chem. and Biol.* 15:246-253.

**Russel, D., Lasker, K., Phillips, J., Schneidman-Duhovny, D., Velázquez-Muriel, J. A.** y **Sali, A.** (2009) The structural dynamics of macromolecular processes. *Curr. Op. Cell Biol.* 27:1-12.

**Priones y enfermedades por plegado inadecuado**

**Chiti, F.** y **Dobson, C. M.** (2006) Protein misfolding, functional amyloid, and human disease. *Annu. Rev. Biochem.* 75:333-366.

**Cohen, F. E.** y **Kelly, J. W.** (2003) Therapeutic approaches to protein, misfoldlng diseases. *Nature* 426:905-909.

**Prusiner, S. B.** (1997) Prion diseases and the BSE crisis. *Science* 278:245-251.

**Silviera, J. R.,** *et al.* (2005) The most infectious prion protein particles. *Nature* 437:257-261.

**Uversky V. N.** y **Fink, A. L.** (2006) *Protein Misfolding, Aggregation and Conformational Diseases,* Part A: Protein Aggregation and Conformational Disease. Springer, Nueva York.

**Estructura cuaternaria**

**Klotz, I. M., Langerman, N. R.** y **Darnall, D. W.** (1970) Quaternary structure of proteins. *Annu. Rev. Biochem.* 39:25-62.

**Matthews, B.W.** y **Bernhard, S. A.** (1973) Structure and symmetry of oligomeric enzymes. *Annu. Rev. Biophys. Bioeng.* 2:257-317.

## PROBLEMAS

1. La poliglicina, un polipéptido simple, puede formar una hélice con $\phi = -80°$, $\psi = +150°$. A partir de la representación de Ramachandran (*véase* la Figura 6.11), describa esta hélice en cuanto a (a) su lateralidad y (b) su número de residuos por vuelta.

2. Algunas secuencias polipeptídicas que muestran una tendencia pronunciada a dimerizar en una estructura de ovillo enrollado antiparalela, presentan una repetición exacta de leucina cada 7 residuos. Si también se sabe que la hélice $\alpha$ está ligeramente distorsionada respecto a sus habituales 3.6 residuos/vuelta en los ovillos enrollados, proponga un mecanismo para la dimerización. ¿Qué valor sugiere que podría tener la cifra de residuos/vuelta en un ovillo enrollado?

3. Se presenta, a continuación, una estructura esquemática de la subunidad de la hemeritrina (una proteína que une el oxígeno presente en los animales invertebrados).
(a) Se ha observado que en algunas de las áreas de hélice $\alpha$ de la hemeritrina, aproximadamente cada tres o cuatro residuos de aminoácido hay uno hidrófobo. Sugiera un motivo estructural para esta observación.
(b) ¿Cuál sería el efecto de una mutación que colocase un residuo de prolina en el punto A de la estructura?

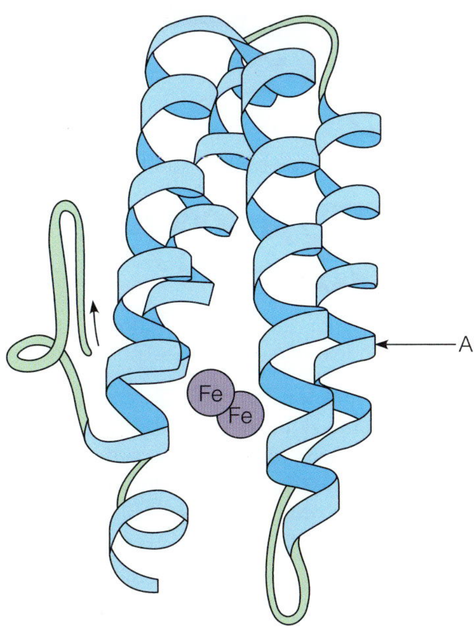


4. En la proteína *adenilato quinasa*, la región C-terminal es una hélice $\alpha$ con la secuencia

**Val**–Asp–Asp–**Val**–**Phe**–Ser–Gln–**Val**–Cys–Thr–His–**Leu**–Asp–Thr–**Leu**–Lys–

Los residuos hidrófobos de esta secuencia se presentan en negrita. Sugerir un posible motivo para la periodicidad de su espaciamiento.

5. A pesar de que la energía de enlace para el enlace de hidrógeno en el vacío es de, aproximadamente, 20 kJ/mol, observamos que cada uno de los enlaces de hidrógeno de una proteína plegada contribuye mucho menos, probablemente menos de 5 kJ/mol, a la entalpía de estabilización de la proteína. Sugiera una explicación de esta diferencia.

6. Considere una pequeña proteína que contiene 101 residuos de aminoácidos. La proteína tendrá unos 200 enlaces alrededor de los cuales puede producirse rotación. Suponga que son posibles tres orientaciones alrededor de cada uno de estos enlaces.
(a) Sobre la base de estos supuestos, aproximadamente, ¿cuántas conformaciones de *ovillo aleatorio* serán posibles para esta proteína?
(b) El cálculo obtenido en (a) seguramente es demasiado grande. Dé una razón que lo explique.

*7. (a) Basándose en una respuesta más conservadora al Problema 6 ($2.7 \times 10^{92}$ conformaciones), calcule el cambio de entropía de conformación del plegado de un mol de esta proteína para dar una estructura con una sola conformación.
(b) Si la proteína se pliega *por completo* formando una hélice $\alpha$ con enlaces de hidrógeno como único origen de entalpía de estabilización, y cada mol de enlaces de hidrógeno contribuye con –5 kJ/mol a la entalpía, calcule el $\Delta H_{\text{plegado}}$. Obsérvese que no se pueden formar 4 enlaces de hidrógeno en un extremo.
(c) A partir de sus respuestas a las preguntas (a) y (b), calcule el $\Delta G_{\text{plegado}}$ para esta proteína a 25 °C. ¿Es estable la forma plegada de la proteína a 25°C?

*8. La secuencia siguiente es parte de una proteína globular. Utilizando la Tabla 6.8 y las reglas de Chou-Fasman, predecir la estructura secundaria de esta región.

···RRPVVLMAACLRPVVFITYGDGGTYYHWYH···

9. (a) Se comprueba que una proteína es un tetrámero de subunidades idénticas. Indique dos simetrías posibles para una molécula de este tipo. ¿Qué clases de interacciones (isólogas o heterólogas) estabilizarían a cada una de ellas?
(b) Suponga que un tetrámero, como la hemoglobina, está formado por dos pares de dos tipos de cadenas, $\alpha$ y $\beta$. ¿Cuál es, en este caso, la simetría más elevada posible?

*10. En condiciones fisiológicas, la proteína hemeritrina existe como un octámero de ocho cadenas del tipo que aparece en el Problema 3.
(a) Indique dos simetrías posibles para esta molécula.
(b) ¿Cuál cree que es la más probable? Explíquelo.
(c) Para la simetría más probable, ¿qué tipo de interacciones (isólogas, heterólogas o ambas) esperaría? ¿Por qué?

*11. Una investigadora estudia la desnaturalización térmica de la hemeritrina mediante dos métodos: (1) utilizando dicroísmo circular, que mide el contenido de hélice $\alpha$, (*véase* Herramientas de la Bioquímica 6A) y (2) utilizando calorimetría de barrido diferencial (*véase* Herramientas de la Bioquímica 6C). Observa un $\Delta H$ considerablemente mayor por calorimetría del que registra con dicroísmo circular. Sugiera un motivo para esta diferencia.

12. La hormona peptídica *vasopresina* se utiliza en la regulación del equilibrio hidrosalino en muchos vertebrados. La vasopresina porcina tiene la siguiente secuencia:

Asp–Tyr–Phe–Glu–Asn–Cys–Pro–Lys–Gly

(a) Utilizando los datos de la Figura 5.6 y la Tabla 5.1, calcule el coeficiente de extinción ε (en unidades de $cm^2/mg$) para la vasopresina, utilizando radiación con $\lambda = 280$ nm.
(b) Una disolución de vasopresina se coloca en una cubeta de 0.5 cm de grosor. Se observa que su absorbancia a 280 nm es de 1.3. ¿Cuál es la concentración de vasopresina, en $mg/cm^3$? (*Véase* herramientas de l bioquímica 6ª)
(c) ¿Qué fracción de luz incidente pasa a través de la cubeta en (b)? (*Véase* Herramientas de la Bioquímica 6A.)

*13. Una proteína, en condiciones de composición de amortiguador, pH y temperaturas próximas a las condiciones fisiológicas, presenta un peso molecular, mediante medidas de equilibrio de sedimentación, de 140 000 g/mol. Cuando la misma proteína se estudia por electroforesis en gel con SDS en ausencia o presencia del agente reductor $\beta$-mercaptoetanol (BME), se observan los patrones de las calles A y B, respectivamente. La calle C contiene estándares del peso molecular indicado. A partir de estos datos, describa la proteína nativa, en lo relativo a tipos de subunidades presentes, estequiometría de las subunidades y tipos de enlace (covalente, no covalente) que existen entre las subunidades. (*Véase* Herramientas de la Bioquímica 6B.)

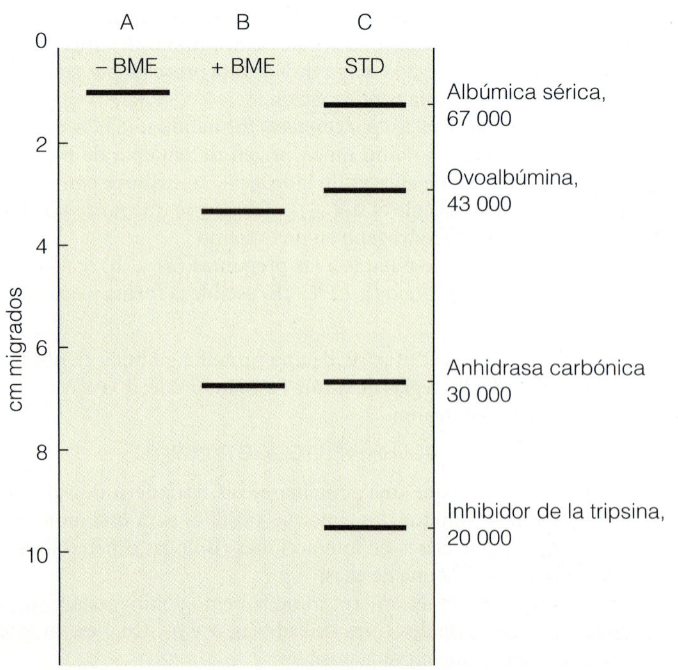


*14. Una proteína da una única banda en la electroforesis con SDS, como se observa en las calles 1 y 2 más abajo. Existe poco efecto, si es que lo hay, con la adición de $\beta$–mercaptoetanol (BME) en el gel; si hay algo, la proteína corre un poquito más lenta. Cuando se trata con la enzima proteolítica trombina (*véase* el Capítulo 5) y se somete a electroforesis en ausencia de BME, la proteína migra un poco más rápidamente (calle 3), mientras que cuando está presente el BME, se encuentran dos bandas que migran mucho más rápidamente (calle 4). Explique estos resultados en términos de un modelo para la proteína.

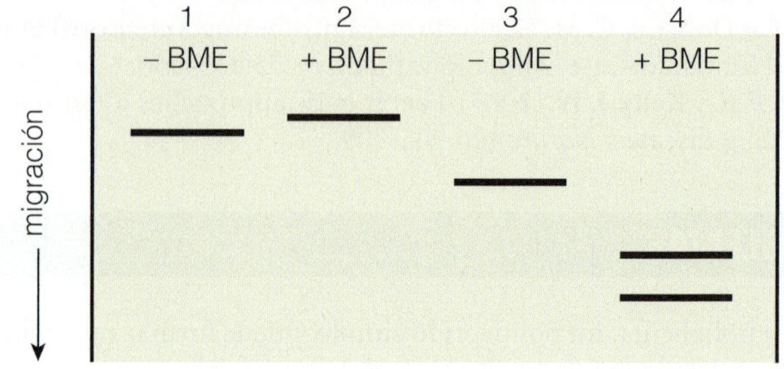


15. Se ha postulado que la forma normal (no infecciosa) del prión se diferencia de la forma infecciosa únicamente en la estructura secundaria/terciaria.
(a) ¿Cómo podría demostrar que se producen cambios de la estructura secundaria?
(b) Si este modelo es correcto, ¿qué implicaciones tiene sobre los esquemas de predicción de estructura?

16. Más abajo se muestran dos vistas de la representación del armazón del complejo Myc-Max de unión al DNA (PDB ID: 1NPK). Myc y Max son miembros de la clase básica hélice-bucle-hélice (bHLH) de proteínas de unión al DNA (*véase* el Capítulo 29). Myc (rojo) y Max (azul) se asocian a través de una interacción de ovillo enrollado y se unen al DNA como un dímero.
(a) ¿Son las hélices unidas al DNA probablemente anfifílicas? Explíquelo.
(b) ¿Dónde predice que se sitúen los N- y C-terminal en Max?

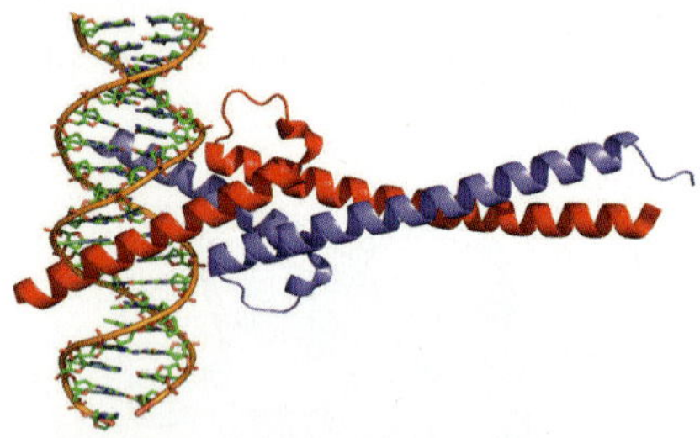

Vista lateral de Myc Max unido al DNA

Vista superior de Myc Max unido al DNA
(observando hacia abajo del eje helicoidal del DNA)

17. ¿Espera que una mutación Pro $\longrightarrow$ Gly en una región superficie-bucle de una proteína globular sea estabilizante o desestabilizante? Asuma que el mutante se pliega en una conformación semejante a la nativa. Explique su respuesta en términos de los efectos de *entalpía* y *entropía* de la mutación sobre $\Delta G$ del plegado proteico en comparación con el $\Delta G$ del plegado de la proteína natural.

18. Ordene en términos de velocidades previstas: la nucleación de una hélice $\alpha$, la nucleación de una lámina $\beta$ paralela; y la nucleación de una lámina $\beta$ antiparalela. Justifique sus predicciones.

# HERRAMIENTAS DE LA BIOQUÍMICA 6A

## Métodos espectroscópicos para el estudio de la conformación macromolecular en disolución

La difracción de rayos X (*véase* Herramientas de la Bioquímica 4A) es un método muy potente para determinar los detalles de la estructura tridimensional de las proteínas globulares y otros biopolímeros. Sin embargo, esta técnica presenta la limitación fundamental de que solo puede utilizarse cuando las moléculas han cristalizado, y la cristalización no siempre es fácil o siquiera posible. Por ejemplo, es notorio que las proteínas que contienen regiones significativas de secuencia que están intrínsecamente desestructuradas son difícilmente cristalizables. Además, la difracción de rayos X no puede utilizarse con facilidad para estudiar los cambios de conformación que se producen en respuesta a los cambios del entorno de las moléculas. Sin embargo, existen otros métodos que nos permiten estudiar las moléculas en disolución. Varios de estos métodos pueden agruparse en la categoría de **técnicas espectroscópicas**.

### Espectroscopia de absorción

Las proteínas, los hidratos de carbono y los ácidos nucleicos son moléculas complejas que pueden absorber radiación a lo largo de un amplio intervalo del espectro. No obstante, los principios básicos de su absorción pueden explicarse en términos del tipo más sencillo de molécula, una molécula diatómica.

Cuando interactúan dos átomos para formar una molécula, la curva de energía potencial para el estado electrónico de energía más baja (**estado basal**) se parecerá a la curva inferior de la Figura 6A.1a. Los **estados electrónicos excitados** presentarán curvas similares para la energía frente a la distancia interatómica, pero a energías más elevadas. Para cada estado electrónico de la molécula habrá una serie de **estados de vibración** permitidos, con niveles de energía indicados por las líneas horizontales en la figura. La base de la espectroscopia molecular puede comprenderse con dos reglas sencillas: (1) solo son posibles las transiciones entre estados de energía permitidos de la molécula (los niveles de energía están **cuantizados**), y (2) la energía ($\Delta E$) que se absorbe o emite en cualquier transición entre los estados permitidos determina la longitud de onda ($\lambda$) de la radiación que se absorbe o libera para lograr esa transición. La energía de un **cuanto de radiación** es inversamente proporcional a $\lambda$:

$$E_{\text{estado final}} - E_{\text{estado inicial}} = \Delta E = \frac{hc}{\lambda} \qquad (6A.1)$$

en donde $h$ es la constante de Planck ($6.626 \times 10^{-34}$ J s) y $c$ es la velocidad de la luz ($3 \times 10^8$ m/s). Según la ecuación 6A.1, las transiciones con las diferencias de energía menores entre los estados corresponden a la absorción (o liberación) de radiación de longitud de onda más grande, y las transiciones con diferencias de energía más grandes, a la absorción (o liberación) de radiación de longitud de onda más corta. Esta relación concuerda con la Figura 6A.1b, que indica que las transiciones de energía elevada entre estados electrónicos de una molécula conducen a la absorción en la región visible o ultravioleta del espectro, mientras que las transiciones de energía baja entre distintos niveles de energía de vibración corresponden a la absorción de energía infrarroja.

Los biopolímeros complejos como las proteínas y los ácidos nucleicos pueden experimentar multitud de tipos de vibraciones

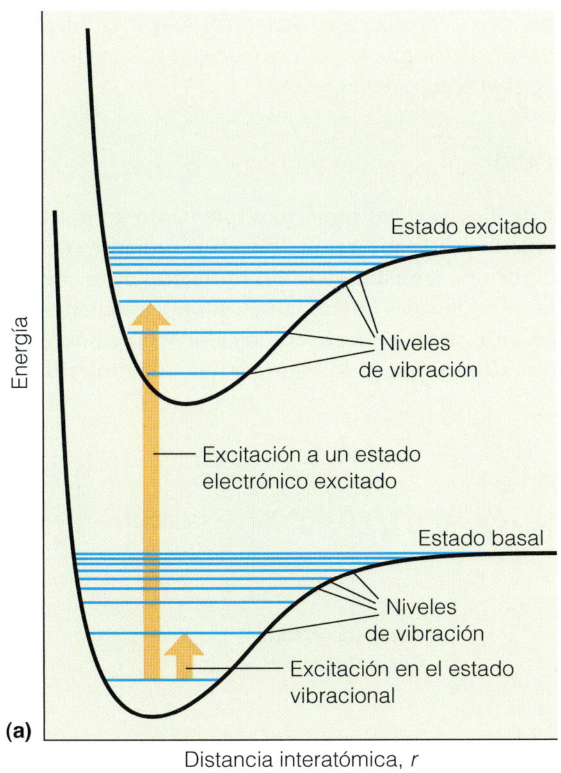


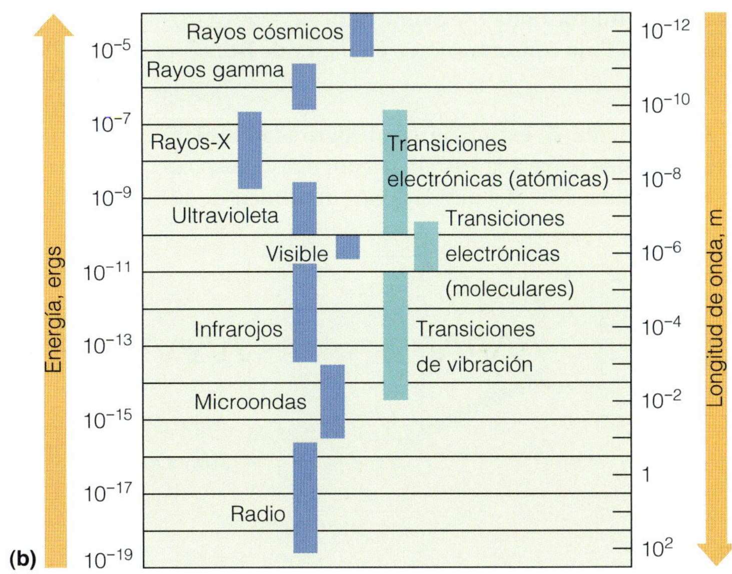


**FIGURA 6A.1**

**Principios de la espectroscopia de absorción. (a)** Transiciones electrónicas y de vibración de una molécula diatómica. **(b)** Espectro electromagnético.

y oscilaciones moleculares. En consecuencia, la **espectroscopia infrarroja** puede proporcionar información directa relativa a la estructura macromolecular. Por ejemplo, las posiciones exactas de las bandas infrarrojas correspondientes a las vibraciones del armazón polipeptídico son sensibles al estado de conformación (hélice $\alpha$, lámina $\beta$, etc.) de la cadena. Por tanto, los estudios en esta región del espectro suelen utilizarse para investigar las características de la estructura secundaria de las moléculas proteicas.

La mayoría de los biopolímeros no absorben luz visible en cantidades significativas. Algunas proteínas son coloreadas, pero invariablemente contienen grupos prostéticos (como el hemo en la mioglobina) o iones metálicos (como el cobre) que les confieren la absorción visible. La sangre y la carne roja deben su color a los grupos hemo transportados por la hemoglobina, la mioglobina y otras hemoproteínas. Esta absorción, a menudo, puede aprovecharse para investigar cambios del entorno molecular del grupo prostético. Un ejemplo de ello es el uso de la espectroscopia de absorción en el espectro visible para seguir la oxigenación de la mioglobina o la hemoglobina (*véase* la página 238 en el Capítulo 7). Los usos más comunes en bioquímica de las técnicas espectroscópicas son los de la **espectroscopia ultravioleta.** En la región ultravioleta, tanto las proteínas como los ácidos nucleicos absorben intensamente (Figura 6A.2). La absorción proteica más fuerte se encuentra en dos intervalos de longitud de onda dentro de las regiones ultravioleta, en la proximidad de 280 y 220 nm. En el intervalo de 270-290 nm, vemos la absorción por las cadenas laterales aromáticas de fenilalanina, tirosina y triptófano. Dado que esta región del espectro es fácil de estudiar, la absorción a 280 nm se utiliza de modo sistemático para medir las concentraciones proteicas. La segunda región de fuerte absorbancia del espectro proteico es el intervalo 180-220 nm. La absorbancia a estas longitudes de onda surge de las transiciones electrónicas del propio armazón polipeptídico y es, por tanto, sensible a la conformación del armazón.

Las medidas espectroscópicas de concentración proteica utilizan un **espectrofotómetro**, en el que una cubeta con un paso de luz, de longitud $l$, que contiene una solución de la proteína, se coloca en un haz de radiación monocromática de intensidad $I_0$ (Figura 6A.3). La intensidad del haz emergente disminuirá hasta un valor de $I$ porque la disolución absorbe parte de la radiación. La **absorbancia** a la longitud de onda $\lambda$ se define como $A_\lambda = \log (I_0/I)$ y está relacionada con $l$ y la concentración $c$ por la **ley de Beer:**

$$A = \varepsilon_\lambda l c \qquad (6A.2)$$

donde $\varepsilon_\lambda$ es el **coeficiente de extinción** (o **absortividad molar**) a una longitud de onda $\lambda$ para la sustancia concreta que se estudia (*véase* el Problema 12). Sus dimensiones dependen de las

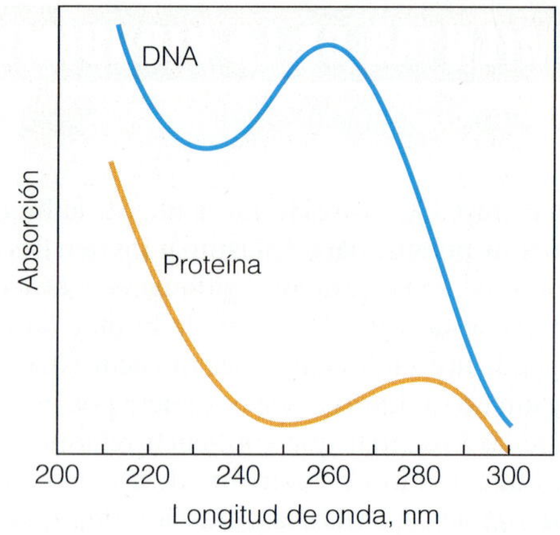


**FIGURA 6A.2**

**Espectros de absorción en el ultravioleta cercano de una proteína característica y del DNA.** La absorbancia a 280 nm se utiliza habitualmente para medir concentraciones de proteínas, mientras que la absorbancia a 260 nm es más sensible para los ácidos nucleicos.

unidades de concentración empleadas. Si la concentración de proteína se mide en molaridad (M) y $l$ en cm, entonces $\varepsilon_\lambda$ tiene las dimensiones $M^{-1}$ $cm^{-1}$, ya que $A$ es una magnitud sin deimensiones. Obsérvese que las absortividades molares de los aminoácidos aromáticos se diferencian en el orden Trp > Tyr >> Phe (*véase* la Figura 5.6, página 143. Obsérvese que Cys absorbe también a 280 nm, aunque 10 veces menos que Tyr).

Una vez determinada la absortividad molar de una proteína concreta (por ejemplo, midiendo la absorbancia de una solución que contenga una masa conocida de la proteína), puede calcularse la concentración de cualquier otra solución de esa proteína a partir de una simple medida de absorbancia, utilizando la ecuación 6A.2. Se emplea habitualmente el mismo método para los ácidos nucleicos pero, en este caso, suele utilizarse una longitud de onda de 260 nm, dado que los ácidos nucleicos absorben más intensamente en esa región del espectro.

## Fluorescencia

En la mayoría de los casos, las moléculas que pasan a un estado electrónico excitado por la absorción de energía radiante vuelven al estado basal por una **transferencia sin radiación** de la energía de excitación a las moléculas circundantes. En pocas palabras, la energía de relajación suele aparecer como calor y no como emisión de un fotón. Como se ve en la Figura 6A.4a una molécula en

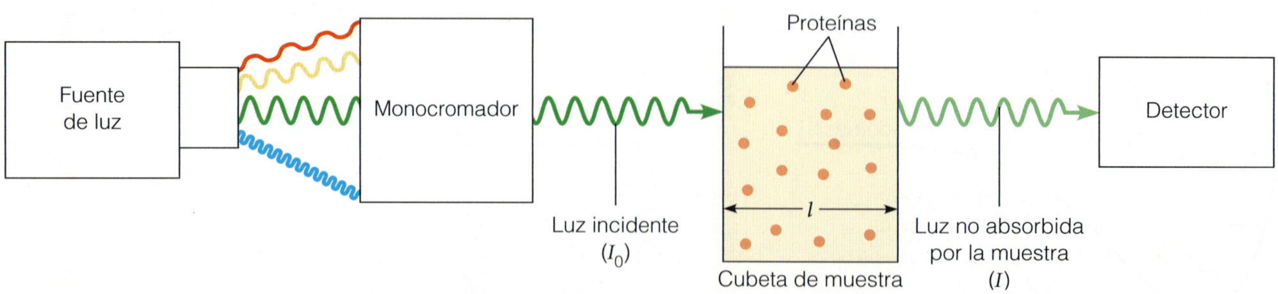


**FIGURA 6A.3**

**Medida de la absorción de luz con un espectrofotómetro.**

el estado excitado puede perder una pequeña parte de su energía de excitación mediante una transferencia sin radiación (flecha amarilla) y perderá la mayor parte en forma de la emisión de un fotón (flecha roja). Con ello surge el fenómeno denominado **fluorescencia**. Dado que, como se aprecia en la Figura 6A.4a, el cuanto de energía reemitida como fluorescencia siempre es de menor energía que el cuanto que se absorbió inicialmente (flecha azul), la longitud de onda de la luz fluorescente será más larga que la longitud de onda de la luz de excitación. En la Figura 6A.4b se contrasta el **espectro de emisión de fluorescencia** de la tirosina con su espectro de absorbancia (o **excitación**). En las proteínas, la tirosina y el triptófano son los grupos fluorescentes más importantes. El entorno local de estos residuos puede modificar, en gran medida, la intensidad y la longitud de onda del máximo de fluorescencia (la denominada $\lambda_{máx}$). por ejemplo, la $\lambda_{máx}$ de fluorescencia se desplaza a una longitud de onda menor (una «desviación al azul») y la intensidad de la señal de fluorescencia aumenta al disminuir la polaridad del disolvente que rodea a un residuo de triptófano. Los residuos de triptófano enterrados en los interiores hidrófobos de las proteínas pueden tener valores de $\lambda_{máx}$ desviados al azul entre 10 y 20 nm, en comparación con los triptófanos en lugares accesibles al disolvente. De esta forma, puede utilizarse la espectroscopia de fluorescencia del triptófano para seguir los cambios de conformación de la proteína, como la transición de un estado plegado a uno desnaturalizado.

Además, la excitación de la fluorescencia por luz polarizada en el plano (*véase* el apartado siguiente) proporciona un modo de estudiar la dinámica de la estructura proteica. Si los residuos excitados pueden moverse o rotar de modo apreciable antes de que se reemita la luz fluorescente, la fluorescencia se despolarizará en alguna cantidad. La medida de la cuantía de esta despolarización proporciona una medida de la movilidad rotacional del grupo o la molécula.

Dado que la espectroscopia de fluorescencia es una técnica que puede detectar un número pequeño de moléculas fluorescentes, se ha empleado mucho como herramienta para localizar con precisión las proteínas en las células o los orgánulos subcelulares. La microscopia confocal (*véase* Herramientas de la Bioquímica 1A) permite esta localización, cuando la proteína se puede marcar de forma específica. Algunas veces, esto puede conseguirse uniendo de forma covalente colorantes fluorescentes, pero es difícil de hacer *in vivo*. Una técnica nueva potente emplea una proteína muy fluorescente que se encuentra en algunas medusas, denominada **proteína fluorescente verde** (PFV, Figura 6A.5). La fluorescencia intensa se

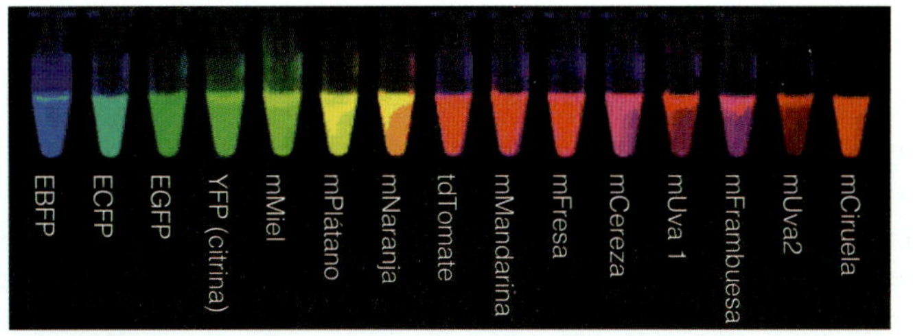


**FIGURA 6A.5**

**Se muestran quince proteínas fluorescentes diferentes, cada una de ellas con un espectro de fluorescencia distinto.** Los espectros de emisión de estas proteínas se muestran en la Figura 6A.6.

Roger Tsien Lab/Composite by Paul Steinbach.

debe a un cromóforo poco corriente, que se genera por oxidación de la secuencia de aminoácidos Ser-Tyr-Gly. La PFV se emplea con mayor efectividad como una **proteína de fusión**, de forma que el gen de la PFV se fusiona con el de la proteína que quiere estudiarse, y el producto fusionado se expresa en el organismo que interesa. En muchos casos, la proteína fusionada actúa y se sitúa igual que la proteína natural y proporciona un marcador brillante en la microscopia. Se han diseñado diversas variantes de PFV que absorben y producen fluorescencia a lo largo del espectro visible (Figuras 6A.5 y 6A.6). El impacto de la tecnología de fluorescencia de fusión proteica en nuestro conocimiento del tiempo y la localización dentro de las células de la expresión de los genes, el movimiento de proteínas y los cambios de pH y/o concentraciones de $Ca^{2+}$, han sido reconocidos con el Premio Nobel de Química de 2008 compartido por Osamu Shimomura, Martin Chalfie y Roger Tsien.

## Transferencia de energía de resonancia Förster

Es posible detectar las interacciones proteína-proteína con el empleo de las proteínas de fusión fluorescentes o el cambio de conformación mediante la **transferencia de energía de resonancia Förster (TERF)**. En TERF, un «donador» de fluorescencia excitado transfiere la energía a un «aceptor» cercano en el estado basal en un proceso no radiactivo. El donador vuelve a su estado basal sin fluorescencia, pero el receptor excitado puede emitir el exceso de energía recibido del donador mediante fluorescencia. En efecto, la excitación del *donador* da lugar a emisión de fluorescencia por el *aceptor* a una longitud de onda que es mayor que la $\lambda_{máx}$ de emi-

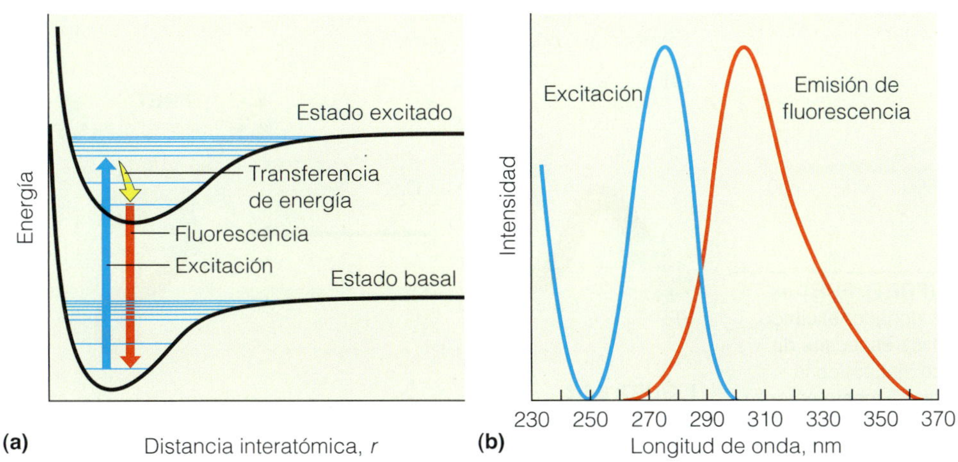


**FIGURA 6A.4**

**Fluorescencia. (a)** Principio de la fluorescencia. **(b)** Espectros de absorción y de emisión de fluorescencia de la tirosina (**nota:** los ejes y de excitación y emisión son diferentes).

sión del donador (Figura 6A.7). En TERF, la transferencia de energía se consigue a través de las interacciones dipolo-dipolo de largo alcance entre el donador y el aceptor y así, la eficacia de la TERF depende de la distancia entre el donador y el aceptor, así como de la superposición entre los espectros de emisión y excitación, respectivamente, del donador y del aceptor. La eficacia de la TERF depende de $1/r^6$, donde $r$ es la distancia entre el donador y el aceptor, que debe ser menor de 10 nm. Un par donador/aceptor muy empleado es la proteína con fluorescencia cian (PFC; donador) y la proteína con fluorescencia amarilla (PFA; el aceptor). La TERF puede utilizarse para detectar las interacciones en células completas entre las proteínas fusionadas con PFC o PFA (Figura 6A.8a).

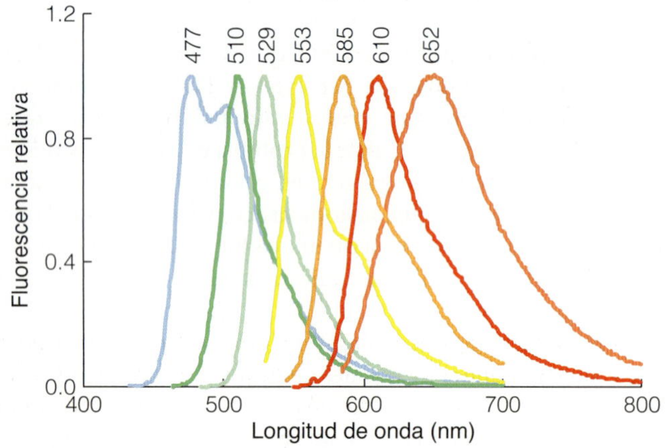


**FIGURA 6A.6**

**Espectros de emisión de fluorescencia de varias proteínas fluorescentes. El** $\lambda_{máx}$ de emisión (nm) se da encima de cada pico. Los espectros se generaron a partir de los datos disponibles en http://www.tsienlab.ucsd.edu/Documents/REF-FluorophoreSpectra.xls.

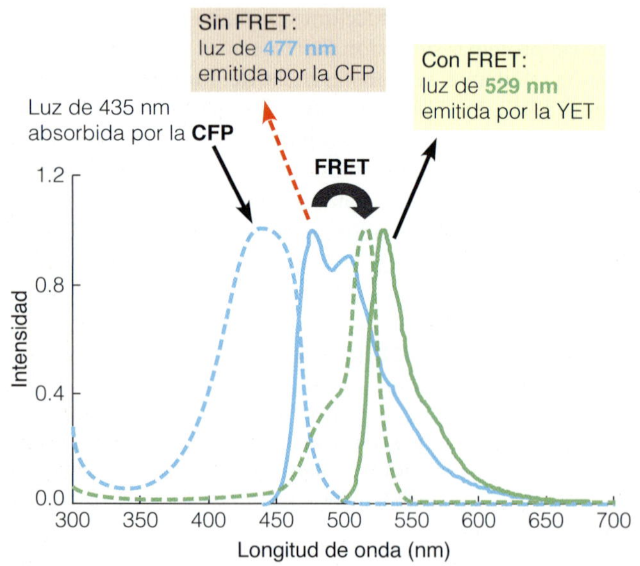


**FIGURA 6A.7**

**Transferencia de energía de resonancia Förster (FRET).** FRET es una transferencia de energía no radiactiva desde un donador excitado a un aceptor cercano en estado basal. Se muestran los espectros de excitación (líneas punteadas) y de emisión (líneas continuas) de la proteína fluorescente azul cian (CFP) y la proteína fluorescente amarilla (YFP). Obsérvese el gran solapamiento del espectro de emisión de CFP y el espectro de excitación de YPF.

Con una proteína «sensora» marcada en su extremo con un par adecuado donador/aceptor, la TERF también puede seguir *in vivo* los cambios de concentración de los iones $Ca^{2+}$ o $H^+$ o la presencia de algún ligando proteico. En ausencia del ligando o ion no hay TERF entre el donador y el aceptor. Tras la unión del ligando, el sensor proteico cambia de conformación, acerca al donador y al aceptor y se observa TERF (Figura 6A.8b)

## Dicroísmo circular

A pesar de que la espectroscopia de absorción en el visible y la fluorescencia son útiles para el seguimiento de los cambios significativos de la conformación terciaria de la proteína, debido al desplegado local o global, estas medidas son difíciles de interpretar directamente en términos de cambios de la estructura secundaria. Para este objetivo, son más informativas la espectroscopia infrarroja (*véase* más arriba) y las técnicas que utilizan luz polarizada.

La luz puede polarizarse de varias maneras. La más conocida es la **polarización plana** (Figura 6A.9a, parte superior), en la que el campo eléctrico oscilante de la radiación tiene una orientación fija en un único plano, mientras que la luz *no polarizada* consta de ondas que vibran en *todos* los planos perpendiculares a la dirección del desplazamiento. Menos conocida, pero igualmente importante, es la **polarización circular**, en la que la dirección de polarización *rota* con la frecuencia de la radiación (Figura 6A.9a, parte inferior). Si se observa un haz polarizado circularmente que se le acerca, el campo eléctrico puede estar rotando, tanto en sentido de las agujas del reloj como en sentido contrario. De esta forma, al moverse la luz hacia nosotros, las oscilaciones del campo eléctrico describen una hélice a derechas o a izquierdas. La primera se denomina *luz polarizada circularmente hacia la derecha*, y la segunda, *luz polarizada circularmente hacia la izquierda.*

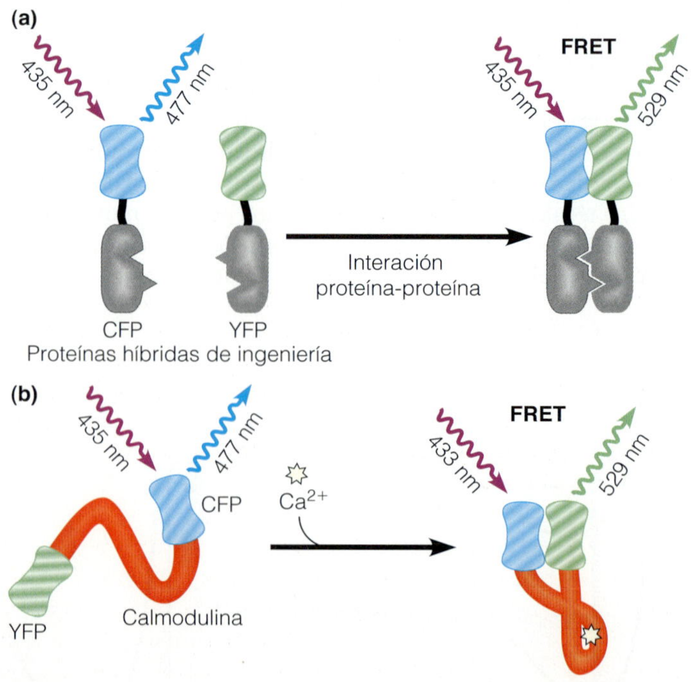


**FIGURA 6A.8**

Uso de FRET para medir las interacciones proteína-proteína o el cambio de conformación de una proteína.

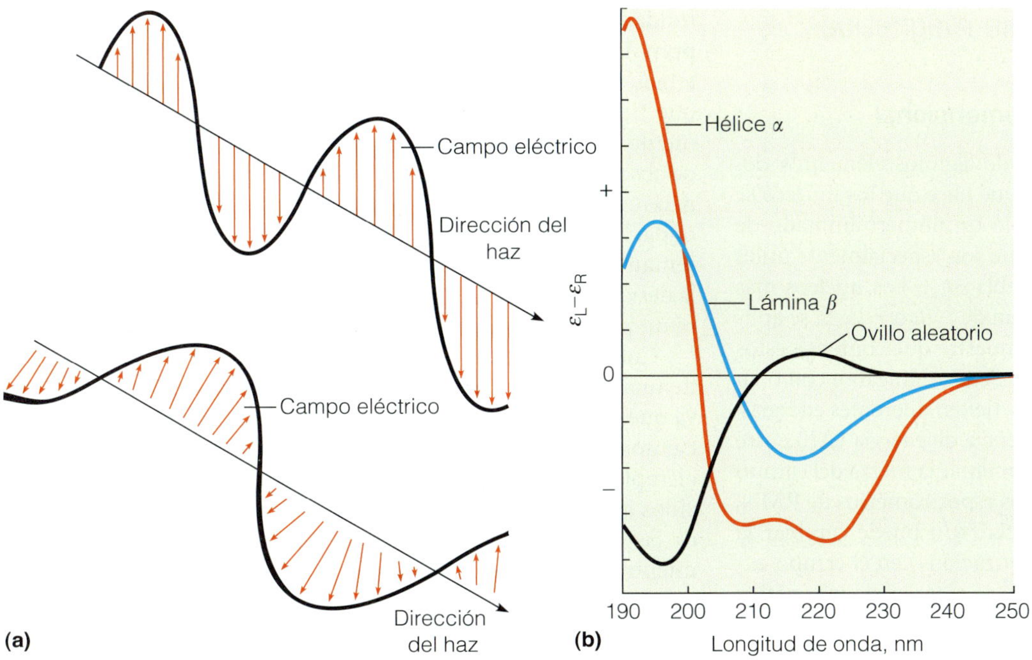


**FIGURA 6A.9**

**Dicroísmo circular. (a)** Polarización de la luz. Arriba: luz polarizada plana, en la que la amplitud del campo eléctrico oscila en un único plano. Abajo: luz polarizada circularmente, donde la oscilación del campo eléctrico sigue una ruta helicoidal alrededor del eje que describe la dirección del haz. **(b)** Espectros de dicroísmo circular de polipéptidos con diversas conformaciones. Aquí el eje *Y* registra las diferencias de absortividad molar ($\varepsilon$) entre la luz polarizada circularmente a izquierdas y a derechas.

La mayoría de las moléculas que estudian los bioquímicos son asimétricas, por ejemplo, los aminoácidos L y D, las hélices proteicas a derechas y a izquierdas, y las hélices de ácidos nucleicos a derechas y a izquierdas. Estas moléculas presentan una preferencia por la absorción de luz polarizada circularmente hacia la izquierda o hacia la derecha. Así, por ejemplo, un haz polarizado circularmente hacia la derecha interactúa de modo distinto frente a una hélice α a derechas que un haz polarizado circularmente hacia la izquierda. Esta diferencia de absorción, denominada **dicroísmo circular**, se define como

$$\Delta A = \frac{A_L - A_R}{A} \qquad (6A.3)$$

donde $A_L$ es la absorbancia de la luz polarizada circularmente hacia la izquierda, $A_R$ es la cantidad correspondiente a la polarización circular hacia la derecha y $A$ es la absorbancia de la luz no polarizada. Dado que $\Delta A$ puede ser positivo o negativo, un **espectro de dicroísmo circular** (o **espectro DC**) es distinto de un espectro de absorción normal en el que se permiten valores (+) y (−).

La Figura 6A.9b presenta espectros DC de polipéptidos con conformaciones de hélice α, lámina β y ovillo aleatorio. Los tres espectros de la figura son muy diferentes, de forma que el dicroísmo circular puede ser una potente herramienta para el seguimiento de los cambios de conformación de las proteínas en disolución. Así, por ejemplo, si se desnaturaliza una proteína de modo que su estructura nativa, que contiene regiones de hélice α y de lámina β, se transforma en una estructura desplegada de ovillo aleatorio, esta transformación se reflejará en un cambio muy notable de su espectro DC.

El dicroísmo circular puede utilizarse también para calcular el contenido de hélices α y de láminas β en proteínas nativas. Se conocen las contribuciones de estas estructuras secundarias distintas al dicroísmo circular a diferentes longitudes de onda, de modo que podemos intentar hacer corresponder un espectro observado de una proteína con una combinación de estas contribuciones. Este tipo de análisis coincide frecuentemente con la composición de estructura secundaria determinada por los estudios de cristalografía de rayos X y RMN, y ha apoyado la idea de que las estructuras de las proteínas globulares observadas en cristales se conservan cuando los cristales se disuelven en disoluciones amortiguadoras a pH fisiológico.

A pesar de que el dicroísmo circular es una técnica extraordinariamente útil para el seguimiento de los cambios globales de la proteína o el ácido nucleico, no resulta muy discriminadora. Esto es, no permite entrar en la estructura biomolecular a nivel de detalle atómico.

Los dos métodos que pueden proporcionar los detalles de la estructura a nivel atómico son la cristalografía de rayos X (introducida en Herramientas de la Bioquímica 4A) y la **espectroscopía de resonancia magnética nuclear** (RMN, que se describe en el apartado siguiente). La influencia de estos dos métodos de determinación de la estructura en el campo de la bioquímica es profunda. Nuestro conocimiento detallado de las funciones de las biomoléculas está potenciado por, y en algunos casos, fundamentado en el conocimiento de las estructuras de alta resolución obtenidas por estos métodos. La primera comunicación de la estructura cristalina de rayos X de una proteína (mioglobina), publicada en 1958 por el Premio Nobel John Kendrew y colaboradores, estableció la cristalografía como la técnica estándar para la determinación de estructuras de elevada resolución. A fecha de 2011, más de 12 cristalógrafos de rayos X habían recibido premios Nobel por sus logros en la determinación de las estructuras de proteínas y ácido nucleicos. La primera estructura de una proteína determinada por métodos de RMN (inhibidor de la proteinasa IIa) la publicaron en 1985 Kurt Wüthrich y colaboradores. Se tardó un tiempo para que la RMN se aceptara como un método fiable para la determinación de estructuras con una resolución elevada. Sin embargo, ya no está en duda y en 2002 Wüthrich recibió el Premio Nobel por sus contribuciones a la puesta a punto de métodos de RMN para la determinación de estructuras proteicas en disolución. El desarrollo reciente de métodos potentes para el análisis de la estructura proteica, la dinámica y la función mediante RMN justifica una breve introducción a algunos de los experimentos básicos en este campo importante.

## Espectroscopia de resonancia magnética nuclear (RMN)

### Principios generales: RMN unidimensional

Los núcleos de determinados isótopos de algunos elementos tienen una propiedad denominada **espín**, que hace que los núcleos se comporten como imanes diminutos. Solo un número limitado de isótopos tiene esta propiedad; algunos que son especialmente útiles para los bioquímicos se indican en la Tabla 6A.1. Los núcleos más útiles para la RMN tienen estados de espín de −½ o +½. Si se aplica un campo magnético externo a una muestra que contenga estos núcleos, los distintos estados de espín nuclear se alinearán con o en contra del campo magnético y, por tanto, tienen diferentes energías. Como muestra la Figura 6A.10a la diferencia de energía ($\Delta E$) entre estos dos estados de espín aumenta al aumentar la fuerza del campo magnético externo. Para la mayoría de los espectrómetros de RMN, un pulso de radiación de radiofrecuencia (RF) puede cambiar la orientación del espín nuclear (o «magnetización») en el campo externo, un fenómeno que recibe el nombre de **resonancia magnética nuclear**. Esa reorientación de la magnetización nuclear es análoga a los estados electrónicos «excitados» descritos más arriba. Mientras que las técnicas de espectroscopia de absorción descritas antes registran las longitudes de onda absorbidas durante las transiciones *electrónicas* «permitidas», la RMN registra las frecuencias de la radiación RF que son absorbidas cuando los estados de espín de diferentes núcleos de una molécula se reorientan en el campo externo.

La energía de un espín nuclear en un campo magnético es muy sensible al entorno que rodea al átomo en cuestión. El entorno químico de un núcleo está definido por factores como la polaridad, la hidrofobicidad y el estado de carga de entorno. Por ejemplo, debido a las diferencias de entornos químicos, los distintos núcleos de hidrógeno de un compuesto alcanzarán la resonancia a distintas intensidades de campo. Estas diferencias se registran en el **espectro de RMN** y se expresan en términos de **desviaciones químicas** (**δ**) definidas respecto a un material de referencia:

$$\delta = \frac{B_{\text{ref}} - B}{B_{\text{ref}}} \qquad (6A.4)$$

donde $B$ es la intensidad del campo para la resonancia del núcleo en cuestión, y $B_{\text{ref}}$ es la de un núcleo de referencia. Las diferencias entre $B_{\text{ref}}$ y $B$ son bastante pequeñas y este hecho se refleja en las unidades de la desviación química, que son *partes por millón* o ppm. Un compuesto de referencia habitual para la RMN de proteínas es el ácido 4,4-dimetil-4-silapentano-1-sulfónico (DSS), que tiene una fuerte resonancia de $^1$H para sus nueve protones metilo. A esta resonancia se le da el valor de 0 ppm. Los espectros de absorción electrónica descritos antes en este apartado se obtienen representando la intensidad de la señal frente a la longitud de onda. De forma semejante, un espectro de RMN se obtiene representando la intensidad de la señal (para cada resonancia) frente a la desviación química. Por ejemplo, un espectro RMN $^1$H registrará un pico (o «línea») para cada núcleo $^1$H de la molécula.

Como se muestra en la Figura 6A.10b, el espectro RMN $^1$H de una proteína es muy complejo, y que contiene muchos picos ya que incluso las proteínas relativamente pequeñas tienen varios cientos de protones con muchas resonancias superpuestas (por ejemplo, la ubiquitina humana con solo 76 residuos de aminoácidos contiene > 600 protones). La mayoría de la resonancia $^1$H de las cadenas laterales alifáticas se produce entre 0.5 y 5 ppm, mientras que las resonancias del protón amida del armazón generalmente se producen entre 6.5-10 ppm, y las resonancias de las cadenas laterales aromáticas se producen entre 6-8 ppm. En los casos en los que puedan identificarse las resonancias $^1$H específicas de una proteína, será posible seguir los cambios del entorno químico de un residuo de aminoácido específico. En la Figura 6A.11 se proporciona un ejemplo de un experimento así, que utiliza la RMN para generar curvas de titulación de los residuos individuales de histidina de la proteína ribonucleasa A. La figura ilustra también gráficamente un principio descrito en el Capítulo 5: las cadenas laterales individuales de una clase de aminoácido dado pueden presentar valores de p$K_a$ muy distintos debido a sus entornos químicos diferentes dentro de la molécula proteica.

Los cambios de la desviación química también están correlacionados con los cambios de conformación de la estructura proteica; así, la RMN puede utilizarse para el seguimiento de los movimientos dinámicos de las proteínas, como los que se producen tras el despliegue local o global del polipéptido.

Con los modernos instrumentos de RMN, es posible resolver las resonancias de muchos de los núcleos $^1$H de las proteínas con hasta 30 kDa utilizando las **técnicas multidimensionales** (se presentan más abajo). Es un reto la determinación de la estructura mediante RMN de resolución de fase de las proteínas mayores de 50 kDa. Esta es la principal limitación de la determinación de la

**TABLA 6A.1. Núcleos utilizados con mayor frecuencia en los experimentos bioquímicos de rmn**

| Isótopo | Espín | Abundancia natural[a] (%) | Sensibilidad relativa[b] | Aplicaciones |
|---|---|---|---|---|
| $^1$H | ½ | 99.98 | (1.000) | Casi cualquier tipo de estudio bioquímico |
| $^2$H | 1 | 0.02 | 0.0096 | Estudios de compuestos deuterados selectivamente; determinación de la estructura de proteínas >20 kDa |
| $^{13}$C | ½ | 1.11 | 0.0159 | RMN multidimensional; asignación de residuos |
| $^{15}$N | ½ | 0.37 | 0.0104 | RMN multidimensional; asignación de residuos; dinámica del esqueleto proteico |
| $^{19}$F | ½ | 100.00 | 0.834 | Sustituido por H (p. ej., $^{19}$F-Tyr) como «sonda» de estructura local |
| $^{31}$P | ½ | 100.00 | 0.0664 | Estudios de ácidos nucleicos y compuestos fosforilados |

[a] El número representa el porcentaje de este isótopo en la mezcla de isótopos de cada elemento que se produce naturalmente. Los isótopos con cifras próximas al 100 % pueden estudiarse directamente en los biopolímeros que se producen naturalmente. Los isótopos raros, como $^2$H (deuterio) y $^{13}$C, suele ser preciso que se enriquezcan artificialmente en las sustancias a estudiar.

[b] Indica la sensibilidad (en comparación con $^1$H) de los instrumentos de RMN convencionales para cada isótopo. Los valores bajos significan que el experimento será más difícil o que requerirá más tiempo.

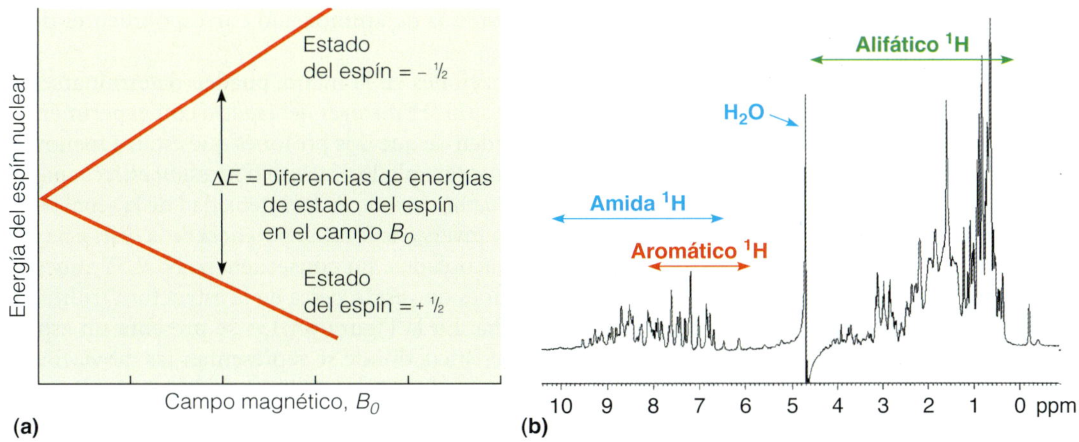


**FIGURA 6A.10**

**Espectroscopia de resonancia magnética nuclear (RMN).** **(a)** Efecto de la fuerza del campo magnético sobre las energías de los estados de espín nuclear (por ejemplo, $^1H$, $^{13}C$). **(b)** Espectro de RMN de $^1H$ de 500 Mhz de la ubiquitina humana (ubiquitina 1 mM en fosfato sódico 25 mM, NaCl 150 mM, pH 7.0). Esta proteína tiene 76 residuos, que originan ~600 picos en el espectro de RMN de $^1H$. El eje *x* es la desviación química, $\delta$, en partes por millón (ppm). a grupos específicos de átomos.

Cortesía de S. Delbecq y R. Klevit, University of Washington.

estructura mediante RMN en comparación con la cristalografía de rayos X; sin embargo, la RMN es la técnica más potente para estudiar los procesos dinámicos en disolución.

## RMN multidimensional

El espectro de la Figura 6A.10b también se conoce como espectro de RMN *monodimensional* o 1-D. Estos datos 1-D nos pueden decir mucho sobre el comportamiento de los átomos individuales de una proteína; sin embargo, la verdadera potencia de la RMN está en los experimentos *multidimensionales* más sofisticados. El tratamiento de los detalles de la RMN multidimensional está más allá del alcance de esta introducción básica. El lector interesado puede encontrar más sobre la teoría de la RMN en la Bibliografía, al final de este apartado. Aquí presentamos una visión general de la aplicación de la RMN multidimensional a la determinación de la estructura proteica.

Las técnicas de RMN multidimensional explotan el hecho de que los espines de los distintos núcleos interaccionan o «acoplan» uno con otro, bien *a través de enlaces* o *a través del espacio*. Utilizando pulsos múltiples de energía RF para reorientar los espines nucleares y transferir la magnetización de un núcleo a su socio acoplado, es posible perturbar los estados de espín de un núcleo y detectar su efecto sobre los estados de espín de otros núcleos. De forma importante, estos experimentos correlacionan las desviaciones químicas de los núcleos acoplados, de forma que puede trazarse un entramado detallado de interacciones espín-espín. Es esta información la que conduce a la solución de la estructura 3-D de la molécula que se investiga. Son necesarios dos conjuntos críticos de datos para resolver la estructura 3-D de una proteína empleando métodos de RMN: (1) un conjunto de asignaciones de desviación química que se correlacionan las amidas $^1H$ específicas del armazón y las resonancias $^1H$ de la cadena lateral hasta, al menos, el 85 % de la secuencia de aminoácidos de la proteína; y (2) varios cientos o miles de medidas de distancia entre núcleos $^1H$ acoplados para los que se han hecho asignaciones de la desviación química. Las asignaciones de la desviación química se obtienen mediante experimentos de **espectroscopia de correlación multidimensional** (COSY), que determinan los acoplamientos a través de enlaces y las medidas de distancia se obtienen a partir de la determinación de acoplamientos a través del espacio mediante **espectroscopia de efecto Overhauser nuclear** (NOESY).

Los métodos que se utilizan para hacer asignaciones de desviaciones químicas necesitan proteínas que se han enriquecido

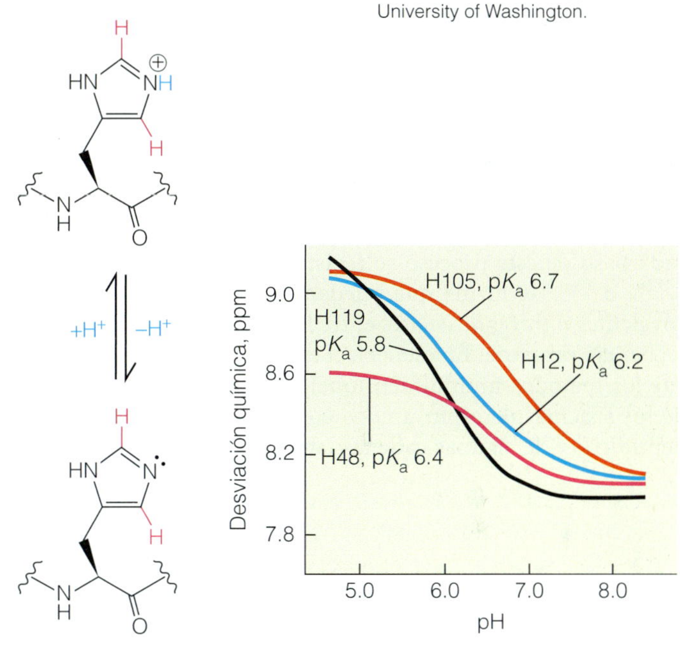


**FIGURA 6A.11**

**Titulación de los cuatro residuos de histidina de la ribonucleasa A mediante RMN.** El eje x es la desviación química $^1H$ y cada curva sigue la titulación de un grupo individual de histidina, según se detecta por la desviación química de RMN de un $^1H$ unido cualquiera de los dos átomos de C del anillo de imidazol (átomos de H en rojo del anillo). Las marcas como H12 y H48 indican las posiciones de las histidinas de la secuencia primaria. Las dos histidinas con los p$K_a$ más bajos (H12 y H119) participan directamente en el proceso catalítico.

en los núcleos activos en RMN $^{15}N$ y $^{13}C$, que están presentes con poca abundancia natural (*véase* la Tabla 6A.1). Estas proteínas marcadas isotópicamente se obtienen expresando proteínas recombinantes en bacterias crecidas en un medio que contiene, por ejemplo, [$^{15}N$]-$NH_4Cl$ y [$^{13}C$]-glucosa, de forma que están marcados todos los átomos de N y C de una proteína. Este marcaje es necesario para resolver las resonancias que se superponen en una dimensión proyectándolas en una segunda (o tercera) dimensión mediante la cual se reduzca la superposición.

Con la proteína marcada con $^{15}N$ puede utilizarse un experimento de RMN 2-D denominado **coherencia de quantum úni-**

**co heteronuclear** $^1H/^{15}N$ (o **HSQC**) para resolver las resonancias de cada grupo N-H amida del armazón de una proteína (Figura 6A.12). En este experimento, la magnetización se transfiere desde el núcleo $^1H$ al núcleo $^{15}N$ y de vuelta a su núcleo original $^1H$. Cada paso de transferencia de magnetización registra la desviación química del núcleo receptor y así se establece una «dimensión» en la que pueden representarse estos datos (en este caso, hay dos dimensiones, una que corresponde a la desviación química del $^1H$ de la amida N-H, y la otra, que corresponde a la desviación química del $^{15}N$ del mismo grupo N-H). Igual que la electroforesis 2-D de las proteínas consigue una mayor resolución de las proteínas individuales en una mezcla grande de proteínas (*véase* la Figura 1.12), este espectro de RMN 2-D proporciona una mayor resolución de la gran cantidad de resonancia amida de la proteína debido a que cada mancha individual o pico 2-D corresponde al grupo amida de un residuo de aminoácido individual de la proteína. Los espectros $^1H/^{15}N$-HSQC muestran una «huella» útil de desviaciones químicas de una proteína; sin embargo, es necesaria una mayor información para asignar completamente las resonancias $^1H$ de la proteína. Esta información se obtiene utilizando alguna combinación de experimentos 3-D estándar (o incluso, hasta 6-D) en los que la magnetización se transfiere a través de enlaces desde una amida $^1H$ y de ahí, a la amida $^{15}H$ a un armazón adyacente $^{13}C$ y así sucesivamente. En cada paso de este proceso se registra la desviación química $^1H$ o $^{15}N$ o $^{13}C$, de forma que puedan establecerse las conexiones covalentes *a través de enlaces* entre los átomos del armazón de la secuencia primaria. En esencia, el espectroscopista de RMN utiliza los métodos multidimensionales para «caminar» a lo largo de los sistemas de espín unidos covalentemente en el armazón peptídico (y de algunas cadenas laterales) y asignar resonancias específicas a los residuos de aminoácido correspondientes de la secuencia proteica.

Con estas asignaciones en la mano, pueden determinarse los acoplamientos de espín $^1H$ *a través del espacio* con experimentos NOESY, que dependen de que dos protones que están a menos de 0.5 nm tengan espines acoplados *incluso si no están estrechamente enlazados en la estructura primaria.* La intensidad de la señal NOE es proporcional a la inversa de la sexta potencia de la distancia entre los núcleos $^1H$ acoplados. En consecuencia, NOESY muestra solo aquellos protones que están cerca en la estructura tridimensional de la proteína. En la Figura 6A.13a se presenta un espectro NOESY característico, donde se representan las desviaciones químicas $^1H$ a lo largo de cada eje y las manchas en la diagonal (desde la parte superior derecha a la inferior izquierda) corresponden a los picos del espectro de RMN $^1H$ 1-D. Las manchas fuera de esta diagonal se denominan **picos cruzados** y representan las interacciones a través del espacio entre dos protones que tienen desviaciones químicas diferentes. Cuando se combinan con las asignaciones de desviación química y las restricciones de enlace (esto es, los ángulos $\phi$ y $\psi$ «permitidos»), estos picos cruzados NOESY proporcionan una información fundamental que permite el cálculo de modelos exactos de estructuras 3-D de las proteínas en disolución.

Para ilustrar este proceso, consideremos la Figura 6A.13b, donde cada esfera amarilla es un protón de la ubiquitina. La líneas rojas de la Figura 6A.13c representan las interacciones NOE predichas entre todos los protones que están a manos de 0.5 nm unos de otros. Este conjunto de líneas rojas, que son las restricciones de distancia entre los protones, pueden emplearse para localizar cada protón en el espacio 3-D. Los picos cruzados del espectro NOESY dan los datos experimentales que se utilizan para definir

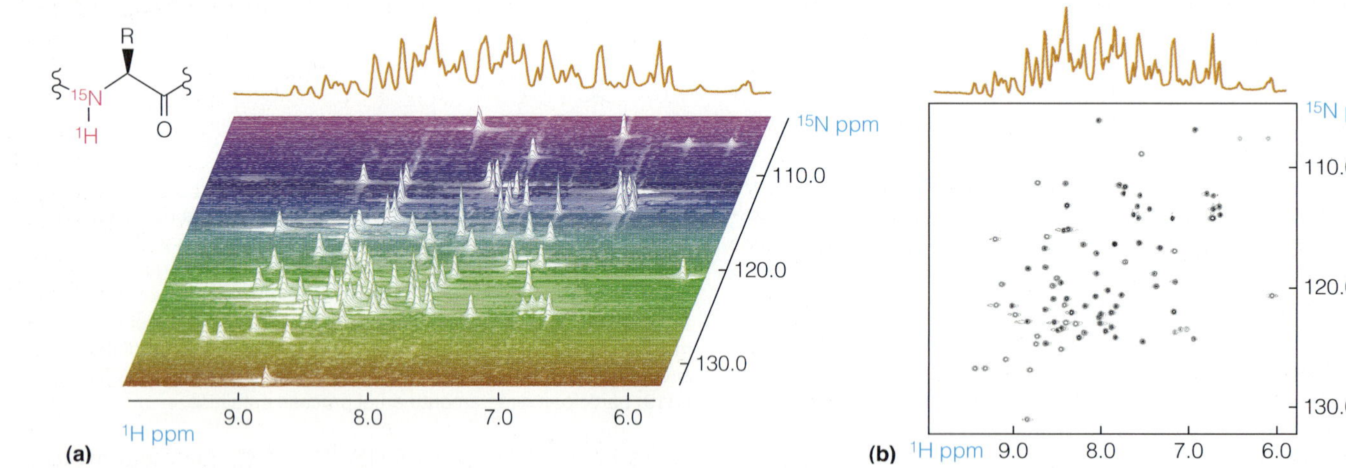


**FIGURA 6A.12**

**Espectro de HSQC $^1H/^{15}N$ de la ubiquitina humana**. Los picos que se muestran son para los núcleos $^1H$ unidos a núcleos $^{15}N$ (esquina izquierda superior). **(a)** Se muestran a lo largo de los ejes *x* el espectro 1-D de $^1H$ de la ubiquitina (marrón) y las desviaciones químicas (inferior) para la región del protón amida. Las desviaciones químicas $^{15}N$ para la región del nitrógeno amida se muestran a lo largo del eje *y* más a la derecha. Cada trazado muestra un espectro $^1H$ tomado a una resonancia $^{15}N$ específica. La suma de todos los trazados es el espectro 1-D, que se muestra en marrón en la parte superior del panel. Esta imagen se preparó con el programa MestRe Nova. **(b)** Espectro de HSQC $^1H/^{15}N$ de la ubiquitina. Es la forma más habitual de representar estos espectros. Cada punto del espectro HSQC corresponde a un único grupo amida N-H con una combinación característica de desviaciones químicas $^1H$ y $^{15}N$ (esto es, coordenadas únicas *x* e *y* en el espectro). El espectro HSQC resuelve las resonancias solapantes del espectro 1-D de $^1H$ al representarlas en una segunda dimensión (en este caso, la segunda dimensión es la desviación química $^{15}N$ para cada grupo amida N-H). Las representaciones se generaron a partir de los datos disponibles en http://www.biochem.ucl.ac.uk/bsm/nmr/ubq/ (*véase* R. Harris y P. C. Driscoll [2007] The ubiquitin NMR resource, en *Modern NMR Spectroscopy in Education*, D. Rovnyak y R. A. Stockland eds., ACS Symposium Series vol 969, pp 114-127).

Cortesía de Serge Smirnov, Western Washington University.

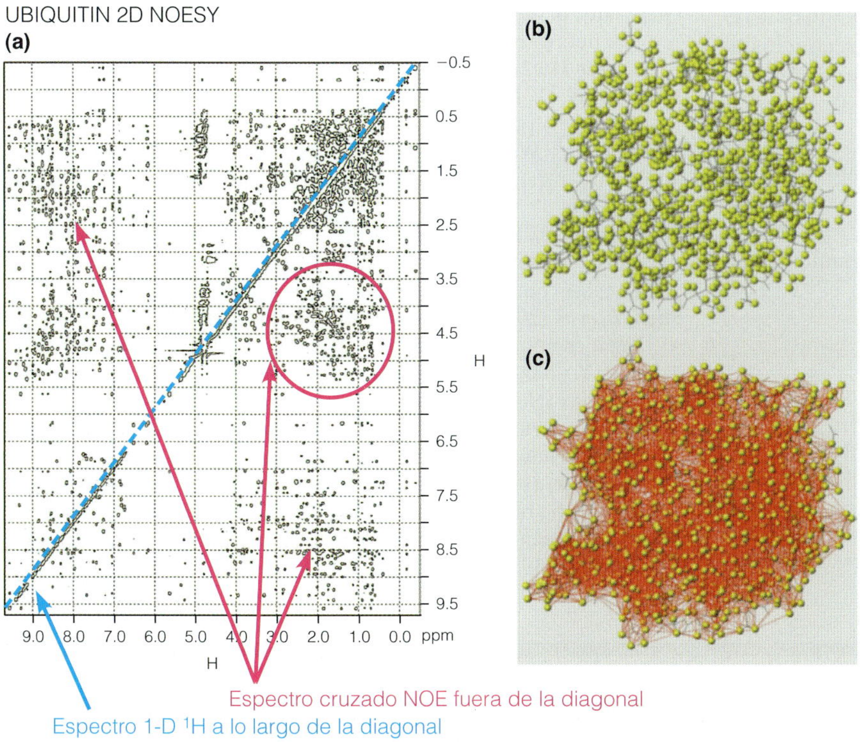


**FIGURA 6A.13**

**Detección del acoplamiento espín-espín a través del espacio mediante NOESY**. **(a)** Espectro NOESY de la ubiquitina humana que muestra el espectro 1-D $^1$H a lo largo de la diagonal y los picos cruzados fuera de la diagonal. **(b)** Modelo que muestra las localizaciones de los núcleos $^1$H (esferas amarillas) en la ubiquitina. **(c)** El mismo modelo de (b) con todas las interacciones NOE predichas para los núcleos más cercanos de ~0.5 nm indicadas por líneas rojas. En teoría, el espectro NOESY mostraría un pico cruzado por cada línea roja y la intensidad de cada pico cruzado estaría correlacionada con la distancia entre los núcleos.

Panel (a) cortesía de Stephan Grzeisiek, University of Basel, Paneles (b) y (c) cortesía de Vlado Gelev, fbreagents.com, Cambridge MA.

este entramado de restricciones de distancia. En otras palabras, cada pico cruzado de NOE de la Figura 6A.13a es una de las líneas rojas de la Figura 6A.13c. En la práctica, no todas las líneas rojas de la Figura 6A.13c son necesarias para fijar las localizaciones de los protones en nuestro modelo proteico, pero son necesarios ~10 picos cruzados NOE de *cada residuo* para obtener la estructura de alta resolución.

Los datos de RMN se utilizan para realizar una simulación dinámica por ordenador (*véanse* las Figuras 6.35 y 6.36) que proporciona muchos modelos estructurales, cada uno de los cuales debe satisfacer las restricciones de distancia obtenidas con los experimentos NOESY, así como otras pruebas de «tolerancia». Por ejemplo, un modelo estructural razonable no puede tener varios ángulos $\phi$ y $\psi$ muy desfavorables, o exponer al disolvente grandes superficies hidrófobas.

Los trabajos más recientes han demostrado que es posible determinar de forma exacta los ángulos $\phi$ y $\psi$ a partir, solo, de los datos de desviación química de RMN. De esta forma, los ángulos $\phi$ y $\psi$ pueden adjudicarse a residuos específicos, lo cual permite resolver la estructura del armazón de una proteína a baja resolución sin los datos NOESY. Una estructura de alta resolución requiere los datos NOESY, aunque la combinación de las asignaciones de desviación química y los datos de $\phi$ y $\psi$ correlacionados permiten una determinación rápida de la estructura del armazón proteico.

Mientras que un modelo estructural de cristalografía de rayos X muestra un único ajuste a los datos de rayos X, los datos de RMN típicamente proporcionan estructuras muy similares, que se ajustan a los datos igual de bien. En la Figura 6A.14 se muestra un conjunto de estructuras de RMN de la ubiquitina humana. Los datos de RMN resaltan la naturaleza dinámica de las estructuras proteicas en disolución, debido a que las regiones de las proteínas que se mueven más están menos constreñidas en estos modelos (esto es, se detectan menos picos cruzados NOESY para los protones que más se mueven). En una primera aproximación, esto significa que el grupo de estructuras razonables procedentes de la simulación de dinámica molecular se superpondrá más en las regiones de la estructura proteica me-

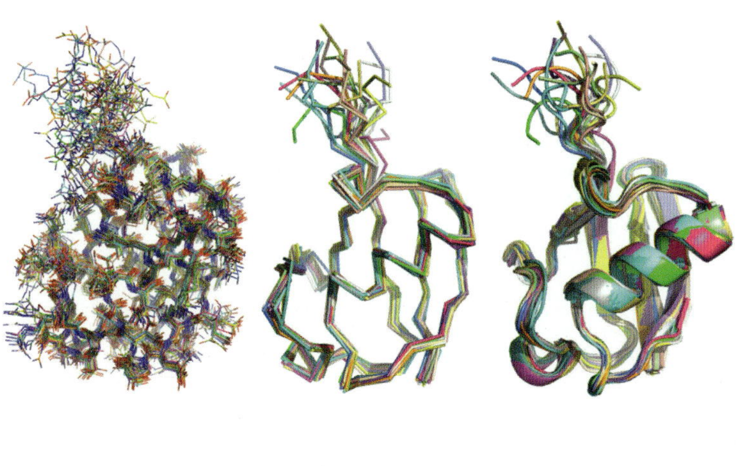

**FIGURA 6A.14**

**Estructura en solución de RMN de la ubiquitina humana**. En cada panel se superponen 20 modelos estructurales obtenidos con datos de RMN. Izquierda: Se muestran todos los átomos excepto el H. Centro: esqueleto que muestra el excelente solapamiento de la cadena peptídica en las regiones helicoidal y laminar. El C-terminal (arriba) es más dinámico. Derecha: Otra representación.

Los datos de esta figura los ha proporcionado R. Harris. Véase R. Harris y P. C. Driscoll (2007) The ubiquitin NMR resource, en *Modern NMR Spectroscopy in Education,* D. Rovnyak y R. A. Stockland, eds., ACS Symposium Series vol. 696, pp. 114-127.

nos dinámicas y muestra una mayor divergencia en aquellas regiones que probablemente son más dinámicas. Estas conclusiones deberían verificarse mediante otros experimentos de RMN que no se describen aquí y que pueden medir *directamente* la dinámica proteica.

Esta introducción a los métodos de determinación de la estructura mediante RMN solo ha raspado la superficie de la descripción de las aplicaciones de esta herramienta versátil para el estudio de la estructura, la dinámica y la unión a ligandos de las proteínas. En la Bibliografía se dan más detalles.

### Bibliografía

**Campbell, I. D.** y **Dwek, R. A.** (1984) *Biological Spectroscopy.* Benjamin/ Cummings,Menlo Park, Calif.

**Cavalli, A., Salvatella, X., Dobson, C. M.** y **Vendruscolo, M.** (2007) Protein structrure determination from NMR chemical shifts. *Proc. Natl. Acad. Sci. USA* 104:9615-9620.

**Cavanagh, J., Fairbrother, W. J., Palmer, A. G., Rance, M.** y **Skelton, N. J.** (2007) Protein NMR Spectroscopy: Principles and Practice. Academic Press, San Diego, CA.

**Giepmans, B. N. G., Adams, S. R., Ellisman, M. H.** y **Tsien, R. Y.** (2006) The fluorescent toolbox for assessing protein location and function. *Science* 312:217-224.

**Johnson, W. C.,** Jr. (1990) Protein secondary structure and circular dichroism: A practical guide. *Profeins Struct. Funct. Genet.* 7:205-214.

**Neuhaus, D.** y **Williamson, M. P.** (2000) The Nuclear Oyerhauser Effect in Structural and Conformational Analysis. Wylley and Sons, New York, Ny

**Sapsford, K. E., Berti, L.** y **Medintz, I. L.** (2006) Materials for fluorescence resonance energy transfer analysis: Beyond traditional donor-acceptor combinations. *Angew. Chem. Int. Ed.* 45:4562-4588.

**Shen, Y.,** *et al.* (2008) Consistent blind protein structure generation from NMR chemical shift data. *Proc. Natl. Acad. Sci. USA* 105:4685-4690.

**Tsien, R. Y.** (2009) Constructing and exploiting the fluorescent protein paintbox (Nobel Lecture). *Angew. Chem. lnt. Ed.* 48:5612-5626.

**Wagner, G., Braun, W., Havel, T. H., Schaumann, T., Nobuhiro, G.,** y **Wüthrich, K.** (1987) Protein structures in solution by nuclear magnetic resonance and distance geometry. The polypeptide fold of the bovine pancreatic trypsin inhibitor determined using two different algorithms, DISGEO and DISMAN. *J. Mol. Biol.* 196:611-639.

## HERRAMIENTAS DE LA BIOQUÍMICA 6B

### Determinación de pesos moleculares y del número de subunidades de una molécula de proteína

Cuando se ha identificado y purificado una nueva proteína, surgen inmediatamente tres preguntas:

1. ¿Existe la proteína en condiciones fisiológicas como una cadena polipeptídica única o está formada por múltiples subunidades?
2. Si la proteína funcional tiene más de una subunidad, ¿son las subunidades idénticas o las hay de varios tipos?
3. Si la proteína funcional tiene más de una subunidad, ¿están las subunidades unidas covalentemente mediante enlaces disulfuro?

Las respuestas a estas preguntas habitualmente pueden obtenerse primero determinando la **masa molecular** (denominada, a veces, «peso molecular»), $M_W$ de la proteína en condiciones nativas (esto es, en un amortiguador que se aproxime al pH y a la fuerza iónica fisiológicos) y, a continuación, sometiéndola a unas condiciones en las que se produzca la disociación en subunidades. Si las subunidades se mantienen juntas por interacciones no covalentes, el cambio del entorno disolvente afectará frecuentemente a la disociación. Por ejemplo, podría elevarse o rebajarse el pH hasta situarlo fuera del margen fisiológico. Como alternativa, podrían utilizarse disolventes no nativos (esto es, desnaturalizantes) como las disoluciones concentradas de urea o de clorhidrato de guanidina (GnHCl). Estos compuestos, que son excelentes enlazadores de hidrógeno, destruyen la estructura regular del agua, y por este motivo, a veces se denominan agentes **caotrópicos** («creadores de caos»). La destrucción de la estructura regular del agua disminuye el efecto hidrófobo y en consecuencia, fomenta el desplegado y la disociación de las moléculas proteicas. Otros detergentes, como el dodecilsulfato sódico (SDS), que forma estructuras micelares (*véase* la Figura 2.15) sobre las cadenas polipeptídicas individuales, son incluso más eficaces para desplegar las proteínas. Si se determinan las masas moleculares de las subunidades disociadas en condiciones de disolvente no nativo y se comparan con el $M_W$ nativo, se puede averiguar el número de subunidades de la proteína nativa.

### Determinación de la masa molecular de la estructura nativa

Se dispone de varias técnicas para determinar las masas moleculares de las proteínas en sus estados fisiológicos. Recordemos de Herramientas de la Bioquímica 5A que la cromatografía de exclusión de tamaño (CET) separa las proteínas de una mezcla de acuerdo con su radio hidrodinámico. Este está relacionado con el $M_W$, por lo que la CET puede utilizarse para obtener la $M_W$ de una proteína. La forma de la proteína (esto es, alargada frente a esférica) presenta un impacto significativo sobre el radio hidrodinámico por lo que puede sesgar los datos CET. No obstante, la CET proporciona

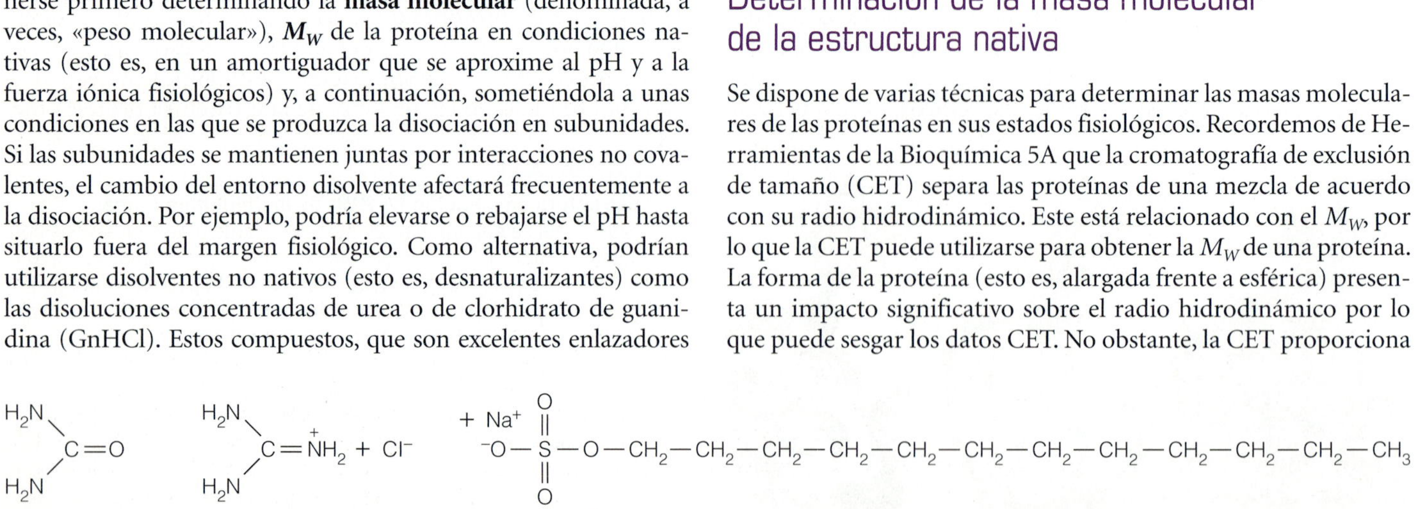

**Urea** **Clorhidrato de guanidina (cloruro de guanidinio)** **Dodecilsulfato sódico (SDS)**

un medio sencillo de estimar con una exactitud razonable la $M_W$ de una proteína en condiciones nativas. Esto se obtiene con una curva de calibración de log $M_W$ frente al tiempo de retención para una serie de estándares proteicos de $M_W$ conocida.

Un método más exacto, aunque menos accesible, de medir la $M_W$ utiliza la técnica de **equilibrio de sedimentación**. Si una solución proteica sedimenta durante muchas horas a una velocidad del rotor baja en una ultracentrífuga analítica, se establecerá un equilibrio entre la tendencia de las moléculas a sedimentar y su tendencia a difundir de nuevo a la disolución. En van Holde *et al.* (Bibliografía) se dan los detalles del equilibrio de sedimentación y otras técnicas físicas que pueden utilizarse para determinar las masas moleculares de proteínas nativas.

La espectrometría de masas (*véase* Herramientas de la Bioquímica 5B) se utiliza de forma rutinaria para determinar las masas de las subunidades proteicas con gran exactitud. En la mayoría de los casos es posible obtener las masas de cada subunidad de un complejo de varis subunidades tras el aislamiento del complejo nativo mediante CET. Más recientemente, se ha comunicado que las características de la estructura cuaternaria de grandes complejos proteicos (por ejemplo, chaperoninas) puede mantenerse en la fase gaseosa y, por tanto, puede someterse al análisis mediante espectrometría de masas. El trabajo en el laboratorio de Carol Robinson ha demostrado recientemente que es posible utilizar estas técnicas para identificar las proteínas asociadas en complejos de $> 1$ MDa (1 MDa $= 10^6$ g/mol), así como controlar los procesos dinámicos como la asociación de subunidades en tiempo real.

## Determinación del número y peso aproximado de las subunidades: electroforesis en gel con SDS

Una vez determinada la $M_W$ nativa, la manera más fácil de averiguar las masas moleculares de las subunidades consiste en utilizar la electroforesis en gel en presencia de SDS. En estas condiciones, las estructuras secundaria, terciaria y cuaternaria de las proteínas se descomponen totalmente. La cadena se despliega y se rodea de moléculas de SDS. Las numerosas cargas negativas transportadas por las muchas moléculas de SDS unidas de forma no covalente a la proteína hacen que la carga intrínseca que esta transporta sea insignificante. La cadena polipeptídica plegada se transforma en un objeto alargado, cuya carga y longitud son proporcionales al número de residuos de aminoácido de la cadena (y, por tanto, a la $M_W$). Tal como se señala en Herramientas de la Bioquímica 2A, estas partículas migrarán en la electroforesis en gel con movilidades relativas, que dependen únicamente de sus longitudes. Este fenómeno se demuestra en el gráfico que aparece en la Figura 6B.1. Si la electroforesis de una cadena proteica desconocida se lleva a cabo en el mismo gel que un conjunto de estándares de referencia, la $M_W$ de la desconocida puede medirse por interpolación en un gráfico como el de la Figura 6B.1.

Cuando se investigan las subunidades de una proteína mediante esta técnica, es aconsejable realizar dos experimentos: uno en presencia de un agente reductor de enlaces disulfuro como el $\beta$-mercaptoetanol ($HSCH_2CH_2OH$) y otro, en su ausencia. De este modo, se distinguirá entre las subunidades que se mantienen unidas mediante puentes —S—S— y las que se mantienen unidas solo mediante fuerzas no covalentes. Si se encuentra una sola banda en cada uno de estos geles con SDS, correspondiente a la $M_W$ de la proteína nativa, podemos concluir que la proteína existe en condiciones fisiológicas como una única cadena polipeptídica. Si la banda o bandas observadas son de una masa molecular muy inferior, está indicada una estructura de múltiples subunidades. Aunque los valores de $M_W$ obtenidos a partir de la electroforesis en gel pueden ser aproximados, deberán ser lo suficientemente exactos para una buena estimación del número de subunidades (*véase* el Problema 13).

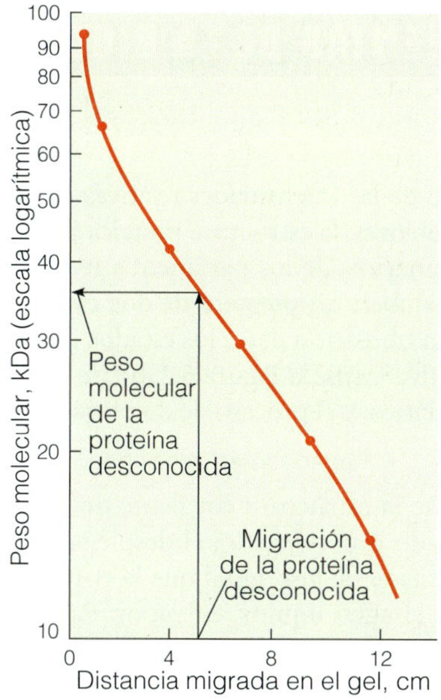


**FIGURA 6B.1**

**Electroforesis en gel con SDS.** El gráfico representa el log $M_W$ frente a la movilidad electroforética relativa para una serie de proteínas disueltas en una solución que contiene el detergente SDS. La curva resultante se utiliza para interpolar los datos de una proteína desconocida.

Suponiendo que el examen indique que hay múltiples subunidades, ¿hay solo un tipo o hay varios? La presencia de más de una banda en el gel con SDS es una indicación clara de que se trata de múltiples tipos de subunidades. Pero hallar solo una banda no demuestra que las subunidades sean idénticas. De hecho, puede haber varios tipos de subunidades con distintas secuencias de aminoácidos, pero masas moleculares casi idénticas; estas subunidades distintas no pueden diferenciarse en geles con SDS. Para dejar claro que solo está presente un tipo de cadena, el investigador debe recurrir a otros métodos. De nuevo, la espectrometría de masas es el mejor método para esas determinaciones.

### Bibliografía

**Benesch, J. L. P., Ruotolo, B. T., Simmons, D. A.** y **Robinson, C. V.** (2007) protein complexes in the gas phase: technology for structural genomics and proteomics. *Chem. Rev.* 107:3544-3567.

**Chait, B. T.** y **Kent, S. B. H.** (1992) Weighing naked proteins: Practical, high-accuracy mass measurement of peptides and proteins. *Science* 257:1885-1893.

**Hames, B. D.** y **Rickwood, D.**, eds. (1990) *Gel Electrophoresis of Proteins*, 2a ed. IRL Press, Oxford,Washington, D.C.

**Heck, A. J. R.** y **Heuvel, R. H. H. van der** (2004) Investigation of intact protein complexes by mass spectrometry. *Mass Spectrom. Rev.* 23:368-389.

**van Holde, K. E., Johnson, W. C.** y **Ho, P. S.** (2006) *Principles of Physical Biochemistry*, 2ª ed. Prentice Hall, Upper Saddle River, N.J.

# HERRAMIENTAS DE LA BIOQUÍMICA 6C

## Determinación de la estabilidad de las proteínas

El conocimiento de las intensidades relativas de las fuerzas no covalentes que estabilizan la estructura proteica procede, en gran parte, de la determinación de los parámetros termodinámicos de las proteínas que exhiben un **plegado de dos estados** aparente. Para estas proteínas la transición entre los estados plegado y desplegado es muy cooperativa (*véase* la Figura 6.23b); de esta forma, no se detectan intermediarios, y el proceso de desplegado se describe como

$$\text{Plegado} \rightleftharpoons \text{Desplegado} \qquad (6C.1)$$

Debido a que la estructura covalente de la proteína no cambia tras el plegado o desplegado, el desplegado proteico se trata como una *transición de fase*, igual que la conversión del hielo en agua líquida, o el agua líquida en vapor. Para estos procesos la identidad química de la molécula en cuestión no cambia, sino que se forman o se rompen interacciones no covalentes durante la transición de una fase (por ejemplo, «estado plegado») a otra (por ejemplo, «estado desplegado»).

Aquí presentamos las introducciones básicas a las teorías de estos dos métodos habituales para medir las estabilidades termodinámicas de las proteínas: la calorimetría de escaneo diferencial y la desnaturalización química. En ambos casos, supondremos que puede emplearse el modelo de los dos estados.

### Calorimetría de escaneo diferencial

Para extraer los valores de $\Delta H$ y $\Delta S$, como los que se dan en la Tabla 6.4, debe medirse de forma exacta la cantidad de calor que se requiere para desplegar una proteína. Tales medidas pueden hacerse en un **calorímetro de escaneo diferencial** (CED) que opera a presión constante. Recuérdese del Capítulo 3 (página 62) que el calor transferido a presión constante corresponde a $\Delta H$ y así, un CED permite la determinación directa de $\Delta H$ para el despliegue proteico.

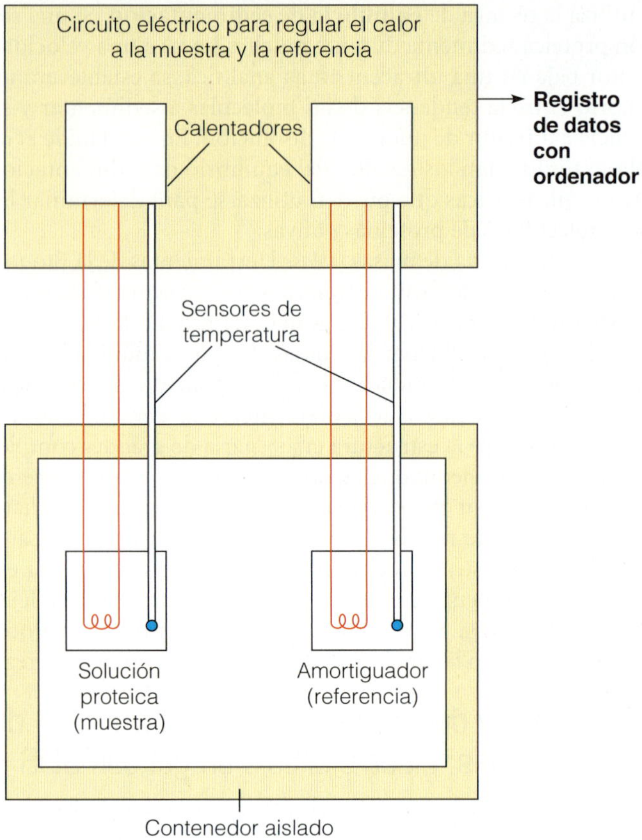


**FIGURA 6C.1**

**Diagrama esquemático de un calorímetro de escaneo diferencial.**

La Figura 6C.1 muestra las características básicas de un CED. Se coloca una disolución amortiguada en la celda «muestra» y el amortiguador solo en la celda «referencia». La temperatura inicial de las células está por debajo de la temperatura de desnaturalización de la proteína (denominada también **temperatura de transición** o **temperatura de fusión,** $T_f$). Se eleva de forma controlada la temperatura de ambas celdas, generalmente con una velocidad de 0.5 a 2.0 °C por minuto, hasta que la temperatura final esté por encima de la $T_f$ de la proteína. Al desplegarse la proteína absorberá el calor requerido para completar la transición de fase desde el estado nativo al desnaturalizado (Ecuación 6C.1). La absorción de un exceso de calor por la proteína al desnaturalizarse requerirá que se añada más calor a la celda de la muestra para mantenerla a la misma temperatura que la celda de referencia. El CED registra la diferencia de calor absorbido por la disolución proteica amortiguada frente al amortiguador solo. Este exceso de calor absorbido se manifiesta como un cambio de la *capacidad calorífica a presión constante,* $C_p$, en función de la temperatura. La Figura 6C.2 muestra una representación idealizada de $C_p$ frente a la temperatura de la desnaturalización proteica lo que se denomina un «termograma».

El termograma proporciona varios fragmentos clave de información. Aquí nos centramos en tres. La primera información es el valor del pico $C_p$, que corresponde a la $T_f$ de la proteína. Para una proteína que se despliega en dos estados $T_f$ es la temperatura a la que son iguales las energías libres de los estados nativo y desnaturalizado; así, a $T_f$

$$\Delta G_{P \longrightarrow D} = G_D - G_P = 0 \qquad (6C.2)$$

y

$$\Delta G_{P \longrightarrow D} = \Delta H_{P \longrightarrow D} - T_f \Delta S_{P \longrightarrow D} = 0 \qquad (6C.3)$$

o

$$\Delta H_{P \longrightarrow D} = T_f \Delta S_{P \longrightarrow D} \qquad (6C.4)$$

El segundo fragmento de información clave es el valor $\Delta H_{P \longrightarrow D}$, que corresponde al área bajo la curva de $C_p$ frente a la temperatura en la región de transición. Para determinar el cambio de entalpía de la transición del desplegado solo, debemos restar las contribuciones a $C_p$ de las capacidades caloríficas de los estados nativo ($C_{p,f}$) y desnaturalizado ($C_{p,u}$) en la región de transición. En la práctica, esta corrección la hace el programa de análisis de datos proporcionado con el CED; sin embargo, es necesario que se registren suficientes datos para las líneas de base previas y posteriores a la transición, de forma que estas líneas de base puedan evaluarse adecuadamente en la región de transición. Con el valor de $\Delta H_{P \longrightarrow D}$ se calcula $\Delta S_{P \longrightarrow D}$ con la ecuación 6C.4 y la $T_f$.

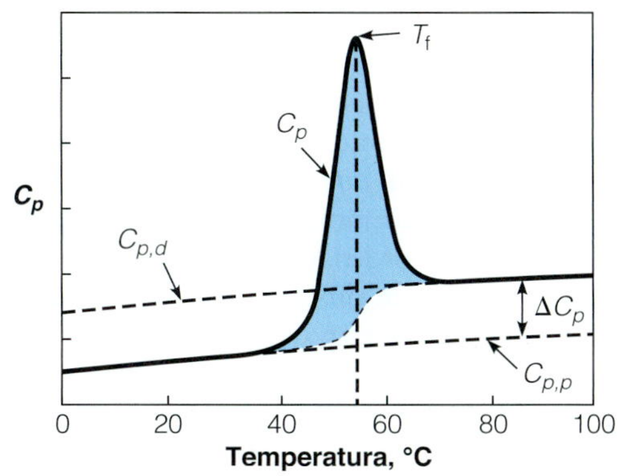


**FIGURA 6C.2**

**Termograma DSC idealizado de la desnaturalización proteica.** Se representa $C_p$ por una línea continua negra. La línea base pre-transición, $C_{p,p}$, es la capacidad calorífica a presión constante del estado nativo (plegado); la línea base post-transición, $C_{p,d}$, es la capacidad calorífica a presión constante del estado desnaturalizado (desplegado); $\Delta C_p = C_{p,d} - C_{p,p}$; *Tm* es la temperatura de transición; $\Delta H_{P \to D}$, *que se muestra en sombreado azul, es el área bajo la curva en la región de trans*ición corregida para las diferencias de $C_{p,p}$ y $C_{p,d}$.

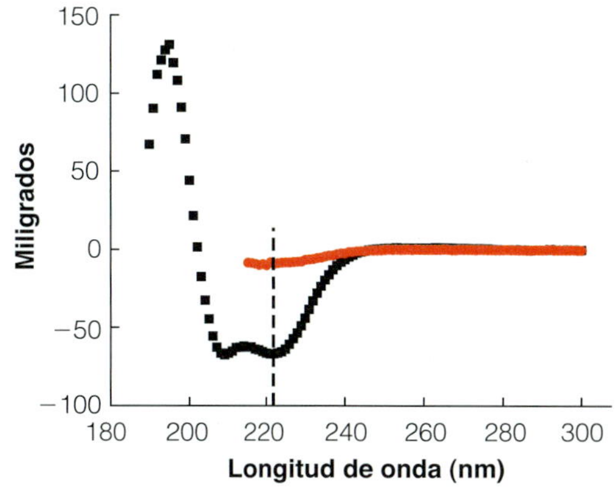


**FIGURA 6C.3**

**Espectro de dicroísmo circular (DC) de la mioglobina nativa y desnaturalizada químicamente.** Se muestra por cuadrados negros el espectro de DC del estado nativo de la mioglobina de cachalote (sw Mb) en amortiguador a pH 7.0. Los datos rojos muestran el espectro de DCde la sw Mb desnaturalizada en urea 8 M amortiguada (nota: la urea absorbe fuertemente por debajo de 210 nm). Las líneas punteadas verticales muestran la diferencia de la señal de DC a 222 nm, que puede utilizarse para diferenciar entre los estados plegado y desplegado.

Se habrá dado cuenta que los datos de la Tabla 6.4 proporcionan valores de $\Delta G$, $\Delta H$ y $\Delta S$ para el plegado a la temperatura de referencia de 25 °C. Debido a que la mayoría de las proteínas intracelulares están plegadas de manera estable a 37 °C, ¿cómo pueden determinarse los parámetros a 25 °C? Esto se hace teniendo en cuenta la dependencia de la temperatura de $\Delta H$ y $\Delta S$. Recordar de la termodinámica de los cambios de fase:

$$\Delta H_T = \Delta H_{T_f} + \Delta C_p(T - T_f) \qquad (6C.5)$$

$$\Delta S_T = \Delta S_{T_f} + \Delta C_p \ln\left(\frac{T}{T_f}\right) \qquad (6C.6)$$

$$\Delta G_T = \Delta H_T - T\Delta S_T \qquad (6C.7)$$

donde $\Delta H_{T_f}$ y $\Delta S_{T_f}$ son, respectivamente el cambio de entalpía y el cambio de entropía a $T_f$ y $T$ es cualquier valor deseado de temperatura, como 298 K (25 °C). De esta forma, se calculan los valores de $\Delta G$, $\Delta H$ y $\Delta S$ a cualquier temperatura si tenemos $\Delta H_{T_f}$ (que es lo mismo que $\Delta H_{P \longrightarrow D}$), $T_f$ y $\Delta C_p$.

Como se presenta en la Figura 6C.2, $\Delta C_p$ es el tercer fragmento de información esencial que proporcionan los experimentos con CED. Así, el CED da toda la información necesaria para obtener los parámetros termodinámicos que permitan la comparación de la estabilidad proteica.

El tratamiento precedente supone un comportamiento del desplegado de dos estados *y* **reversibilidad**. En otras palabras, ¿puede recuperarse el estado plegado original tras enfriar la proteína desplegada térmicamente y a la que se ha permitido volver a plegarse? Para un proceso de desplegado de dos estados verdaderos se debería obtener el mismo termograma para un segundo (o tercer) intento CED tras el enfriamiento de la celda de muestra. Este es un control importante en CED, ya que una proteína puede modificarse químicamente de forma irreversible (por ejemplo, desamidación térmica de las cadenas laterales de Asn o Gln) o agregarse a temperaturas superiores a las necesarias para obtener una buena línea de base post-transición. Las pruebas de cualquiera de estos acontecimientos se oponen a la aplicación del modelo simple de dos estados descrito anteriormente.

Es posible emplear CED para obtener los parámetros termodinámicos de las proteínas que tienen un comportamiento del desplegado más complejo; sin embargo, la consideración de estos métodos va más allá del alcance de esta introducción (*véase* la Bibliografía citada más adelante).

## Métodos de desnaturalización química

Otro método para comparar las estabilidades relativas de diferentes proteínas es el método de extrapolación lineal empleando los datos de desnaturalización química. Este método se utiliza mucho, ya que usa reactivos y equipos que están disponibles en la mayoría de los laboratorios de química de proteínas. Se emplea para calcular $\Delta G°_{P \longrightarrow D}$ (nota: es para el proceso de *desplegado*); sin embargo, no proporciona información sobre los cambios de entalpía y entropía, como lo hace el CED.

El método se basa en la observación de que las concentraciones crecientes de caótropos (es decir, desnaturalizantes químicos), tales como la urea y el clorhidrato de guanidina (GnHCl) alteran el equilibrio de la ecuación 6C.1 hacia el estado desplegado. Dados cualquiera de los métodos espectroscópicos descritos en Herramientas de la Bioquímica 6A que pueden distinguir el estado plegado del desplegado (por ejemplo, *véase* la Figura 6C.3), es posible determinar la constante de equilibrio para el desplegado de la proteína como una función de la concentración desnaturalizante.

Suponiendo el desplegado de dos estados, la constante de equilibrio, $K_{eq}$ del desplegado proteico es

$$K_{eq} = \left(\frac{[U]}{[F]}\right) \qquad (6C.8)$$

y puede demostrarse que

$$K_{eq} = \left(\frac{A_P - A_{obs}}{A_{obs} - A_D}\right) \qquad (6C.9)$$

donde $A_P$ es la señal espectroscópica del estado nativo; $A_D$ es la señal espectroscópica del estado desnaturalizado; y $A_{obs}$ es la señal espectroscópica de la muestra proteica (la derivación de la ecuación 6C.9 se da en la Bibliografía que se cita al final de esta sección). Estos valores de $K_{eq}$ se pueden utilizar posteriormente para calcular los valores de $\Delta G°_{P \longrightarrow D}$ para cada muestra de solución proteica que contenga desnaturalizante:

$$\Delta G°_{P \longrightarrow D} = -R_T \ln K_{eq} \qquad (6C.10)$$

En la práctica, se necesitan de 15 a 20 soluciones de proteínas en las que cada muestra contenga la misma concentración de proteína, pero una concentración diferente de desnaturalizante. Se registra la señal espectroscópica de cada muestra y se representa como una función de la concentración de desnaturalizante (triángulos

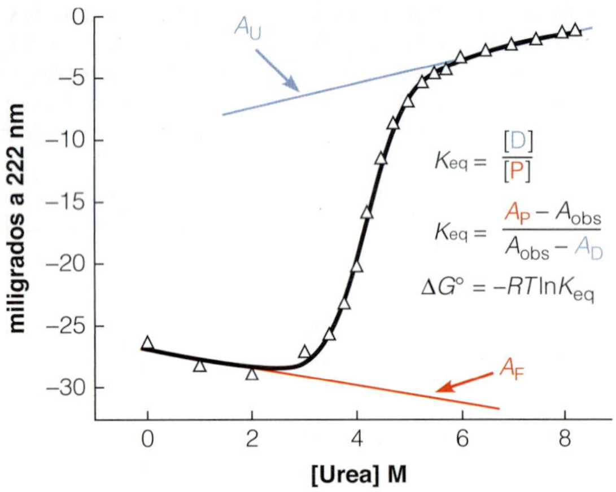


**FIGURA 6C.4**

**Dicroísmo circular a 222 nm de muestras de mioglobina de cachalote mutantes en disoluciones de urea amortiguadas.** Los triángulos muestran la señal de DC a 222 nm. La línea roja muestra la pendiente de la línea base pretransición, que corresponde a la señal de DC para el mutante en el estado nativo. La línea azul muestra la pendiente de la línea base postransición, que corresponde a la señal de DC del mutante en el estado desnaturalizado. La línea negra es una curva no lineal que se ajusta a un modelo desplegado de dos estados de los datos. A partir del ajuste de la curva se obtiene un valor de $\Delta G°_{H_2O}$.

Reproducido con permiso de *Biochemistry* 41:13318-13327, A. I. Fishburn, J. R. Keeffe, A. V. Lissounov, D. H. Peyton y S. J. Anthony-Cahill, A circularly permuted myoglobin possesses a folded structure and ligand binding similar to those of the wild-type protein but with a reduced thermodynamic stability. © 2002 American Chemical Society.

abiertos en la Figura 6C.4). En el pasado, los puntos de los datos en la región de transición se convertían en valores de $\Delta G°_{P \longrightarrow D}$ y luego se empleaban para *extrapolar* el valor de $\Delta G°_{F \longrightarrow U}$ a concentración cero del desnaturalizante. Este paso es el origen del nombre del método (extrapolación lineal). El valor de $\Delta G°_{P \longrightarrow D}$ a desnaturalizante cero se suele denominar $\Delta G°_{H_2O}$. Al disponerse de paquetes de programas de ordenador que realizan ajustes de curvas no lineales, ahora se puede ajustar directamente una ecuación de desplegado de dos fases con los datos espectroscópicos (línea negra continua de la Figura 6C.4). Estos procedimientos de ajuste de curvas dan el valor de $\Delta G°_{H_2O}$ sin necesidad de cálculos tediosos y extrapolación; no obstante, es importante tener suficientes datos de pre y postransición para restringir adecuadamente el ajuste de la curva con valores fiables de $A_P$ y $A_D$.

Empleando este procedimiento es relativamente fácil comparar las estabilidades de dos o más proteínas. La concentración de desnaturalizante en el punto medio de la transición ($C_f$) es un indicador grosero aunque bastante útil de las estabilidades relativas. El ajuste de la curva que proporciona $\Delta G°_{H2O}$ también da $C_m$. Las proteínas más estables tienen valores más positivos de $\Delta G°_{H2O}$ y suelen tener también valores mayores de $C_f$. En otras palabras, son necesarias concentraciones mayores del desnaturalizante para desplegar las proteínas más estables (Figura 6C.5).

Igual que con la DEC, es importante llevar a cabo los controles que respalden la utilización del modelo de dos estados. Un control común en los estudios de desnaturalización química es llevar a cabo varios análisis utilizando diferentes técnicas espectroscópicas. Frecuentemente, se emplean técnicas complementarias, tales como el DC (que mide la estructura secundaria) y la fluorescencia (que mide la estructura terciaria, es decir, el empaquetamiento de los residuos de Trp y Tyr). Si el plegado es cooperativo y de dos estados, las estructuras secundaria y terciaria deben desnaturalizarse de forma concertada, y se superpondrán las curvas de desnaturalización obtenidas mediante diferentes técnicas espectroscópicas. Un ejemplo de esto se muestra en la Figura 6C.5 para el desplegado de la mioglobina nativa, controlado mediante DC a 222 nm (controla el contenido de hélice α) y la absorbancia del grupo hemo a 409 nm (controla el plegado terciario alrededor del grupo hemo). La superposición de los dos conjuntos de datos es coherente con el comportamiento de dos estados, aunque no lo prueba. Si los datos no se superponen, estaría implicada la existencia de estados intermedios y no se justificaría la aplicación del modelo de dos estados.

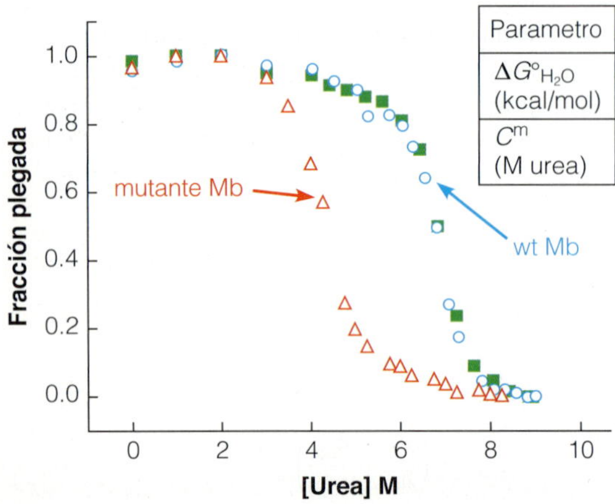


| Parametro | mutante Mb | wt Mb |
|---|---|---|
| $\Delta G°_{H_2O}$ (kcal/mol) | 7.2 ± 0.5 | 12.4 ± 1.6 |
| $C^m$ (M urea) | 4.19 ± 0.05 | 6.90 ± 0.06 |

**FIGURA 6C.5**

**Comparación de las curvas de desnaturalización química de la mioglobina natural y una mutante desestabilizada.** Los datos se representan en forma de fracción proteica plegada frente a la concentración desnaturalizada. Los datos de la mutante (triángulos rojos) son los mismos que los que se muestran en la Figura 6C.4. Los círculos azules son los datos de DC a 222 nm para la mioglobina natural y los cuadrados verdes son los datos de absorbancia del hemo para la mioglobina natural. El recuadro proporciona los valores de $\Delta G°_{H_2O}$ y $C_f$ obtenidos a partir de un ajuste de curva no lineal de los datos de DC.

Reproducido con permiso de *Biochemistry* 41:13318-13327, A. I. Fishburn, J. R. Keeffe, A. V. Lissounov, D. H. Peyton y S. J. Anthony-Cahill, A circularly permuted myoglobin possesses a folded structure and ligand binding similar to those of the wild-type protein but with a reduced thermodynamic stability. © 2002 American Chemical Society.

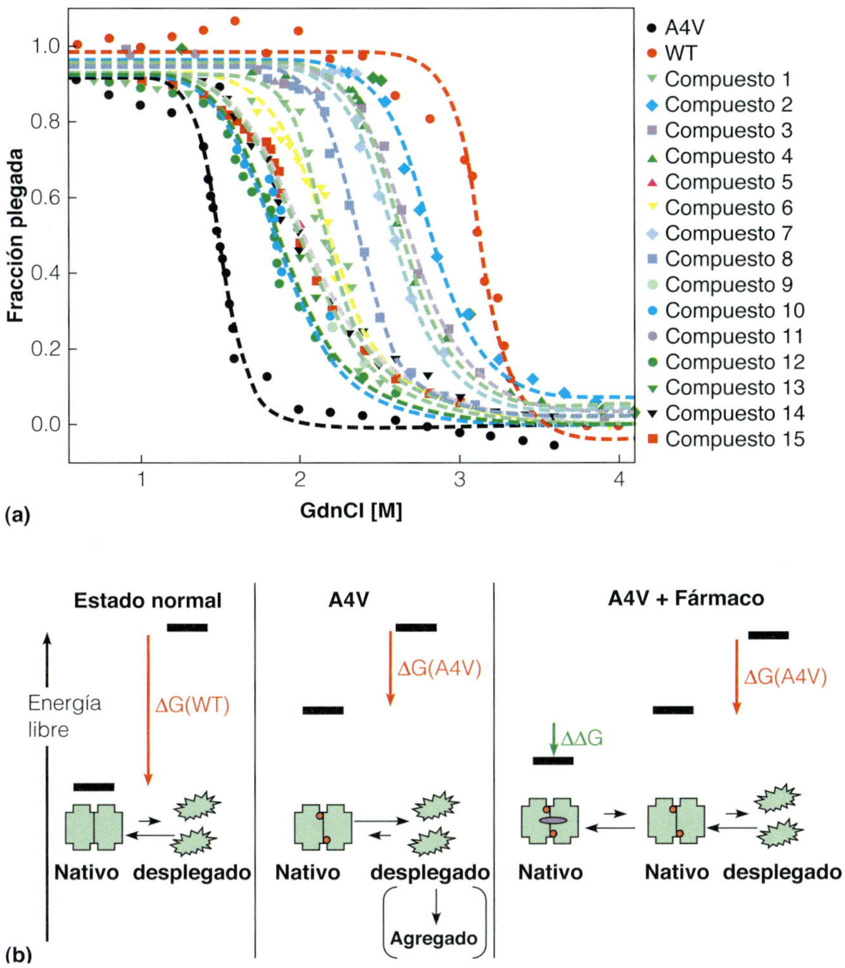


**FIGURA 6C.6**

**Uso de la desnaturalización química para detectar potenciales fármacos. (a)** La mutación A4V de SOD1 (círculos negros) es mucho menos estable a la desnaturalización química que la SOD1 de tipo natural (círculos rojos). La adición de varios compuestos que son moléculas pequeñas aumenta la estabilidad del mutante A4V. **(b)** Se cree que las moléculas pequeñas se unen y estabilizan el dímero SOD1 de forma que se altera el equilibrio de desplegado en la dirección del estado nativo. Se muestra con una flecha verde la estabilización que proporciona el fármaco potencial en el panel más a la derecha.

Reproducido de *Proceedings of the National Academy of Sciences of the United States of America* 102:3639-3644, S. S. Ray, R. J. Nowak, R. H. Brown, Jr y P. T. Lansbury, Jr, Small.molecula-mediated stabilization of familial amyotrophic lateral sclerosis-linked superoxide dismutase mutants against unfolding and aggregation. © 2005 national Academy of sciences, U.S.A.

La desnaturalización química también se ha utilizado para la detección de compuestos que estabilizan la estructura de las proteínas nativas. El mutante Ala 4 a Val (A4V) de la superóxido dismutasa (SOD1) está vinculado con la esclerosis lateral amiotrófica (ELA, *véase* la Tabla 6.6), y predispone a la formación de fibrillas amiloides por la SOD1. Se seleccionaron varios fármacos como candidatos potenciales, por su capacidad para estabilizar el mutante A4V de la SOD1 empleando la desnaturalización química (Figura 6C.6). Se encontró que 15 compuestos estabilizan el dímero del estado nativo y reducen la agregación *in vitro*. Estos compuestos, por consiguiente, servirán como estructuras conductoras en la búsqueda de fármacos que puedan tener valor terapéutico para el tratamiento de la ELA. Otro enfoque se basa en el hallazgo de que las SOD1 mutante y nativa pueden hibridar para formar una enzima tóxica. El objetivo del tratamiento sería desestabilizar la enzima mutante, de forma que pueda ser degradada y eliminada de la célula.

## Bibliografía

**Cooper, A.** (2010) Protein heat capacity: An anomaly that maybe never was. *J. Phys. Chem. Lett.* 1:3298-3304. Un tratamiento muy claro de la capacidad calorífica de las proteínas.

**Creighton, T. E.** (2010) *The Biophysical Chemistry of Nucleic Acids and Proteins.* Helvetian Press, UK. *Véase* el Capítulo 11.

**Friere, E.** (1995) Differential Scanning Calorimetry. In *Protein Stabiliy and Folding* (B.A. Shirley ed.). Humana Press, Totowa, NJ.

**Ibarra-Molero, B.** y **Sánchez-Ruiz, J. M.** (2006) Differential scanning calorimetry of proteins: An overview and some recent advances. In *Advanced Techniques in Biophysics* (J. L. R. Arrondo y A. Alonso, eds). Elsevier, Amsterdam.

**Pace, C. N.** (1986) Determination and analysis of urea and guanidine hydrochloride denaturation curves. *Methods Enzymol.* 131:266-280.

**Privalov, P. L.** y **Dragan, A. I.** (2007) Microcalorimetry of biological macromolecules. *Biophysical Chemistry* 126:16-24.

**Ray S. S., Nowak, R. J., Brown, R. H. Jr.** y **Lansbury, P. T.,** Jr. (2005) Small- molecule-mediated stabilization of familial amyotrophic lateral sclerosis-linked superoxide dismutase mutants against unfolding and aggregation. *Proc. Natl Acad. Scl. USA* 102:3639-3644.

**Sahawneh, M. A., Rickart, K. C., Roberts, B. R., Bomben, V. C., Basso, M., Ye, Y., Sahawneh, J., Franco, M. C., Beckman, J. S.** y **Estevez, A. G.** (2010) Cu, Zn-Superoxide dismutase increases toxicity of mutant and zinc-deficient superoxide dismutase by enhancing protein stability. *J. Biol. Chem.* 285:33885- 33897.

**Santoro, M. M.** y **Bolen, D. W.** (1988) Unfolding free energy changes determined by the linear extrapolation method. 1. Unfolding of phenylmethylsulfonyl alpha chymotrypsin using different denaturants. *Biochemistry* 27:8063-8068.

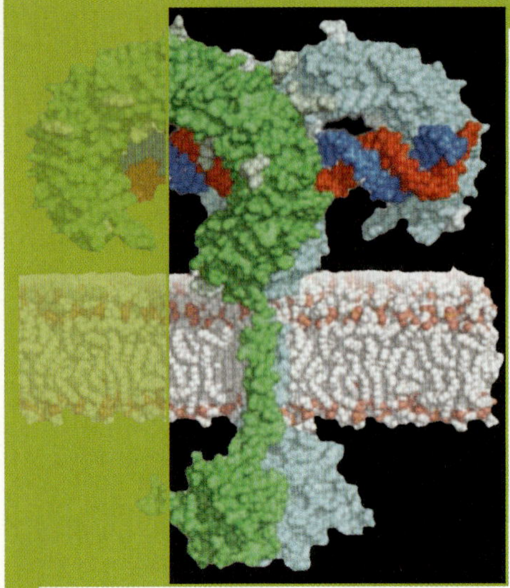

# CAPÍTULO 7

## Función y evolución de las proteínas

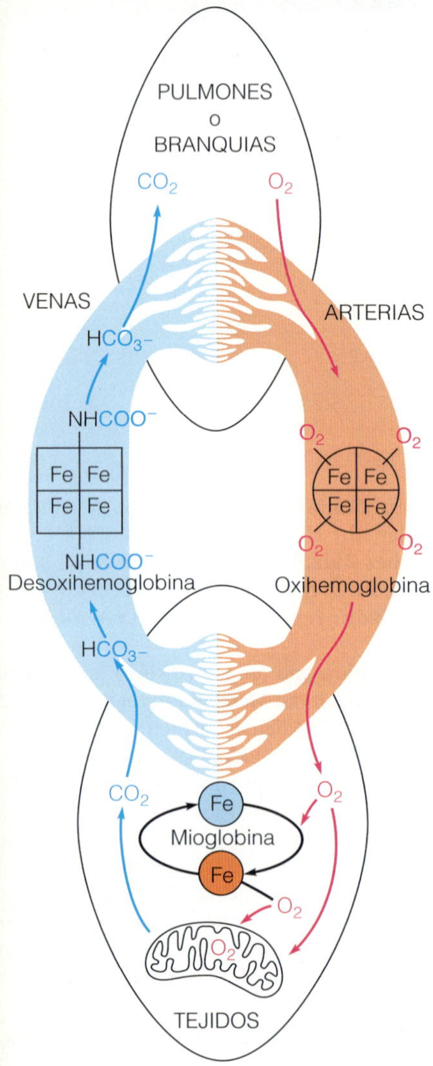


**FIGURA 7.1**

**Papel de las globinas en el transporte y almacenamiento del oxígeno.** Los animales vertebrados utilizan la hemoglobina y la mioglobina para proporcionar un suministro continuo de $O_2$ a sus tejidos. La hemoglobina transporta el $O_2$ desde los pulmones o las branquias a los tejidos que respiran, en donde se utiliza para el metabolismo en las mitocondrias. En el interior de las células, el $O_2$ disuelto difunde libremente o se une a la mioglobina, que transporta el $O_2$ a las mitocondrias. La mioglobina también puede almacenar $O_2$ para su uso posterior (como en los mamíferos de aguas profundas). El $CO_2$ producido por los procesos oxidativos en los tejidos se transporta hacia los pulmones o las branquias por la hemoglobina, y se libera.

**Una vez alcanzado el conocimiento de las complejas** estructuras plegadas de las proteínas globulares, estamos en disposición de examinar con mayor detalle cómo están relacionadas estas estructuras con las funciones de las moléculas y cómo pueden haber evolucionado para cumplir esas funciones. Utilizaremos como ejemplos en este capítulo dos grupos de proteínas, las globinas y las inmunoglobulinas, cuyas funciones principales son la unión a otras moléculas.

Comenzaremos con la **mioglobina** (abreviada como **Mb**) y su análogo molecular, la **hemoglobina (Hb)**, miembros de una familia de proteínas denominadas colectivamente **globinas.** Hemos elegido estos ejemplos por diversas razones. En primer lugar, las hemoglobinas y las mioglobinas desempeñan funciones esenciales en uno de los aspectos más importantes del metabolismo animal: la adquisición y utilización del oxígeno molecular ($O_2$). Como se describe con detalle en el Capítulo 15, los mecanismos más eficaces de generación de energía en las células animales necesitan $O_2$ para la oxidación de los nutrientes; por consiguiente, las proteínas que transportan $O_2$ a las células que respiran son esenciales para cualquier organismo. La mioglobina es una proteína que se une al $O_2$ que se encuentra principalmente dentro del tejido muscular de las especies animales; la hemoglobina se utiliza para el transporte de oxígeno en todos los vertebrados y algunos invertebrados. En segundo lugar, la hemoglobina desempeña una función en la eliminación de $CO_2$ de los tejidos. El $CO_2$ es el producto principal de la oxidación de metabolitos, y debe eliminarse y exhalarse de forma continua. La función de la hemoglobina en el transporte de $O_2$ y $CO_2$ se ilustra esquemáticamente en la Figura 7.1. Dado que la unión del $O_2$ y la eliminación del $CO_2$ deben regularse de forma cuidadosa para satisfacer las necesidades de los tejidos, estos ejemplos pueden enseñarnos mucho acerca de la regulación de la función proteica. En tercer lugar, la estrecha relación estructural entre la hemoglobina y la mioglobina aporta algunas perspectivas importantes sobre la evolución de la función de las proteínas. Por último, se han estudiado más la estructura, la función y la evolución de la familia de las globinas que la de cualquier otro grupo de proteínas. El estudio de la hemoglobina ha desempeñado un papel significativo en la definición de los primeros pasos de la Bioquímica y la Biología molecular. De hecho, las propiedades de la hemoglobina se han investigado en profundidad debido a que la proteína se cristalizó con éxito en la primera mitad del siglo XIX.

Mientras que las hemoglobinas y las mioglobinas se unen reversiblemente a unas pocas moléculas específicas (se describe más adelante), las **inmunoglobulinas** (o moléculas de **anticuerpo**) son estructuras proteicas que pueden producirse en multitud de variantes y cada variante se une con una especificidad exquisita y, esencialmente, de forma irreversible con una única diana. Nuestras defensas primarias frente a las enfermedades infecciosas dependen de la capacidad de las inmunoglobulinas para reconocer y unir moléculas «extrañas» (esto es, de origen «no propio») como parte de la respuesta inmune.

En el Capítulo 11 se presentarán las relaciones estructura-función de otro grupo diverso e importante de proteínas, que son las **enzimas**.

## Transporte de oxígeno: funciones de la hemoglobina y la mioglobina

La hemoglobina y la mioglobina son proteínas que han evolucionado para realizar las funciones especializadas del transporte y almacenamiento de $O_2$ en los animales. Cualquier animal que tenga más de unos milímetros de diámetro se enfrenta a un grave problema al realizar el metabolismo **aerobio** (que requiere oxígeno). Debe asegurar un aporte constante de $O_2$ a sus células de todo el cuerpo y una eliminación de los productos de desecho metabólico como el $CO_2$. Estos gases difundirán a través de los tejidos, pero el transporte mediante difusión se hace muy lento si ha de recorrer distancias apreciables. Los insectos resuelven el problema mediante **tráqueas**, redes tubulares que van desde la superficie del cuerpo al interior de los tejidos. Efectivamente, su área superficial corporal está aumentada hasta el punto en el que es posible la difusión. Este mecanismo funciona porque los insectos son pequeños. (Por otra parte, podríamos decir que los insectos son pequeños porque se basan en este mecanismo para la obtención de $O_2$*.)

Casi todos los demás animales captan el $O_2$ en los pulmones o las branquias, y lo bombean en la sangre a través de las arterias hasta los tejidos (*véase* la Figura 7.1). El dióxido de carbono vuelve a la sangre venosa y se libera en los pulmones o las branquias. En algunos organismos primitivos, los gases se disuelven simplemente en la sangre, pero este mecanismo es muy poco eficaz, ya que el $O_2$ tiene una solubilidad baja en el plasma (el plasma es la parte líquida de la sangre). Es preciso bombear una cantidad elevada de plasma, con un gran gasto metabólico, para aportar siquiera una pequeña cantidad de $O_2$ de esta forma. La evolución de todos los organismos superiores se ha acompañado del desarrollo de **proteínas transportadoras de oxígeno**, que permiten a la sangre transportar una concentración de $O_2$ cien veces superior de la que sería posible, únicamente, por solubilidad del gas. Las proteínas transportadoras de oxígeno pueden estar disueltas en la sangre (como ocurre en algunos invertebrados) o concentradas en células especializadas, como los **eritrocitos** (glóbulos rojos) humanos que se muestran en la Figura 7.2. En todos los vertebrados, la proteína transportadora de $O_2$ es la hemoglobina, una proteína que puede recoger $O_2$ en los pulmones o las branquias y repartirlo a otros tejidos.

Todos los animales, excepto los más pequeños, necesitan una proteína, la hemoglobina en los vertebrados, para transportar el $O_2$ desde las branquias o los pulmones a los tejidos.

Una vez transportado el $O_2$ a los tejidos, es preciso liberarlo para que sea utilizado. Algunos tejidos, como el músculo esquelético y el músculo cardíaco, tienen demandas energéticas elevadas y necesitan un transporte de $O_2$ rápido desde la hemoglobina de la circulación hasta las mitocondrias (donde se produce el ATP) en el interior de las células que respiran. La concentración relativamente elevada ($\sim$2 mg/g de tejido muscular humano) de mioglobina en todos los músculos esqueléticos humanos se supone que facilita la difusión de $O_2$ en las células de forma que alcanza las mitocondrias eficazmente. En los mamíferos que viven en las profundidades, la concentración de mioglobina del músculo esquelético es 10-30 veces mayor que la de los mamíferos terrestres. Así, la mioglobina actúa también como una molécula de almacenamiento de $O_2$, que proporciona una reserva sustancial de $O_2$ para sostener la demanda de producción de ATP mientras que el animal está sumergido. En las ballenas grandes ¡esto puede tardar 30 minutos¡ Como se describe posteriormente en este capítulo, los estudios más recientes

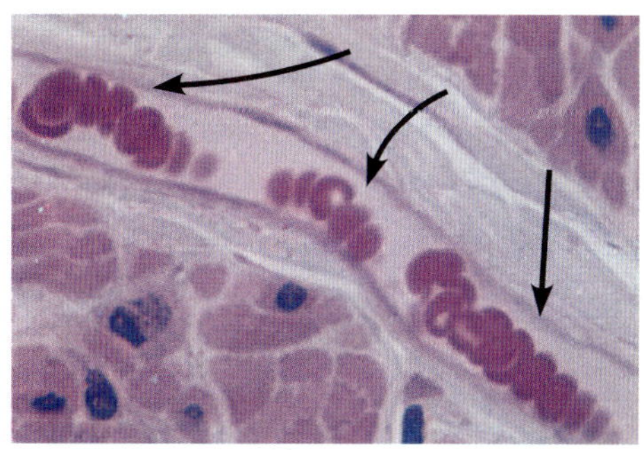

**FIGURA 7.2**

**Eritrocitos humanos.** La flecha señala a los glóbulos rojos o eritrocitos, que se muestran moviéndose en un capilar. Cada eritrocito contiene unos 300 millones de moléculas de hemoglobina.



* Esta hipótesis plantea un problema atractivo: ¿cómo se explica la existencia de las moscas dragón gigantes del periodo Carbonífero que tenían una envergadura de 60 cm? ¿Era entonces (hace alrededor de 300 millones de años) el contenido de oxígeno de la atmósfera más alto o utilizaban algún otro mecanismo para la captación de $O_2$? Las pruebas actuales sugieren que puede ser correcta la primera explicación.

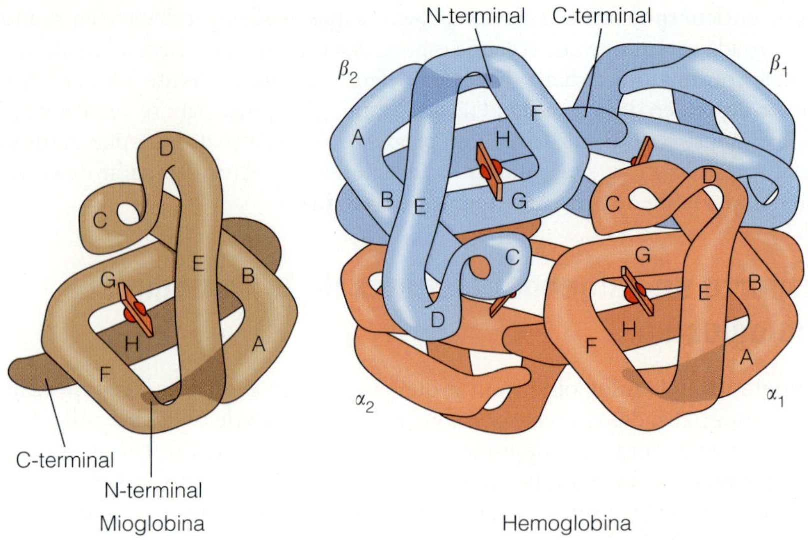


**FIGURA 7.3**

**Comparación de la mioglobina y la hemoglobina.** Estos dibujos muestran las estructuras de las dos moléculas de unión de oxígeno, tal como señala la cristalografía de rayos X. Cada una de las cuatro cadenas de la hemoglobina tiene una estructura plegada similar a la de la mioglobina, y cada una incluye un hemo (en rojo). La hemoglobina contiene dos cadenas $\alpha$ idénticas y dos cadenas $\beta$ idénticas. Las cadenas $\alpha$ y $\beta$ son muy similares pero pueden diferenciarse en su estructura primaria y en su forma de plegado. Las letras A-H señalan regiones de hélice $\alpha$. Las cadenas $\alpha$ y $\beta$ son muy semejantes, pero tienen estructuras primarias y un plegado diferentes (obsérvese que la cadena $\alpha$ no tiene una hélice «D»).



**(a)** Protoporfirina IX

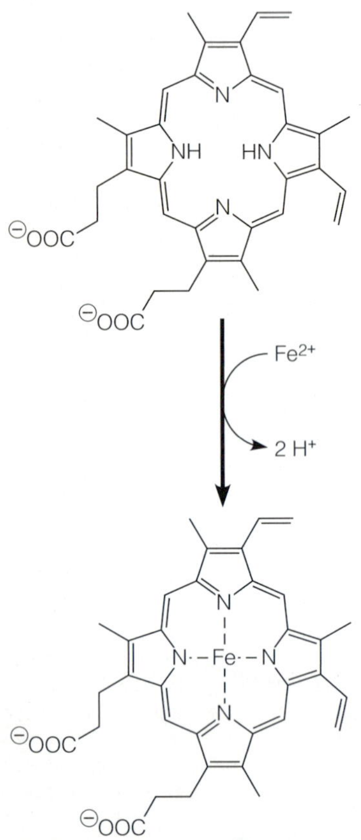


**(b)** Ferroprotoporfirina (hemo)

**FIGURA 7.4**

**Estructura de la protoporfirina IX y el hemo. (a)** La protoporfirina IX es la porción tetrapirrólica de la molécula de hemo. **(b)** El hemo, que es la protoporfirina IX formando complejo con Fe(II), es el grupo prostético de la hemoglobina y la mioglobina. Debido a la deslocalización de resonancia de los electrones del anillo de porfirina, todos los enlaces N–Fe dentro del hemo son equivalentes.

han demostrado que la mioglobina y la hemoglobina desempeñan otras funciones fisiológicas importantes más allá del transporte y almacenamiento de $O_2$.

La mioglobina y la hemoglobina están formadas sobre un motivo estructural común, como se muestra en la Figura 7.3. En la mioglobina, una sola cadena polipeptídica se pliega sobre un grupo prostético, el **hemo** (Figura 7.4), que contiene el lugar de unión del $O_2$. La hemoglobina es una proteína tetramérica, constituida por cuatro cadenas polipeptídicas, cada una de las cuales une un grupo hemo y se parece mucho estructuralmente a la mioglobina. Comenzamos el análisis de cómo desempeñan estas estructuras la función de transporte de $O_2$ desde los pulmones a las mitocondrias, con una descripción de la unión del $O_2$ a la mioglobina.

## Mecanismo de unión del oxígeno por las hemoproteínas

Una molécula de almacenamiento o de transporte debe ser capaz de unir $O_2$ de forma reversible y protegerlo de la reacción con cualquier otra sustancia que pueda reducir al $O_2$, haciéndolo así inservible para la producción de ATP en las mitocondrias. ¿Cómo consiguen esto las globinas? Para responder a esta pregunta debemos considerar cómo interaccionan el péptido y el grupo prostético. La porción peptídica de cualquier proteína sin su grupo prostético unido se denomina **apoproteína**, mientras que con su grupo prostético unido se denomina **holoproteína***. Las apoglobinas son incapaces de unir $O_2$ por sí mismas; sin embargo, determinados metales de transición en sus estados de oxidación más bajos, en especial, el Fe(II) y el Cu(I), tienen una fuerte tendencia a unir $O_2$. Las globinas han evolucionado de forma que el Fe(II) está unido a las proteínas para proporcionar un lugar al que se une el $O_2$ de forma reversible.

### Lugar de unión del oxígeno

Diversas proteínas que contienen hierro pueden albergar el Fe(II) de varias formas posibles. En toda la familia mioglobina-hemoglobina, el hierro está quelado por un sistema de anillo tetrapirrólico denominado **protoporfirina IX** (Figura 7.4a), que forma parte de una extensa clase de compuestos **porfirínicos**. Encontraremos otras profirinas en la clorofila (Capítulo 16), en las proteínas citocrómicas (Capítulo 15) y en algunos pigmentos naturales. Igual que la mayor parte de los compuestos con sistemas de anillos conjugados grandes, las porfirinas son intensamente coloreadas. El hierro porfirínico de la globina es el que explica el color rojo de la sangre y la carne, y el magnesio porfirínico de la clorofila es el responsable del color verde de las plantas.

* Para las enzimas, los términos correspondientes son «apoenzima» (sin el grupo prostético) y «holoenzima» (con el grupo prostético presente).

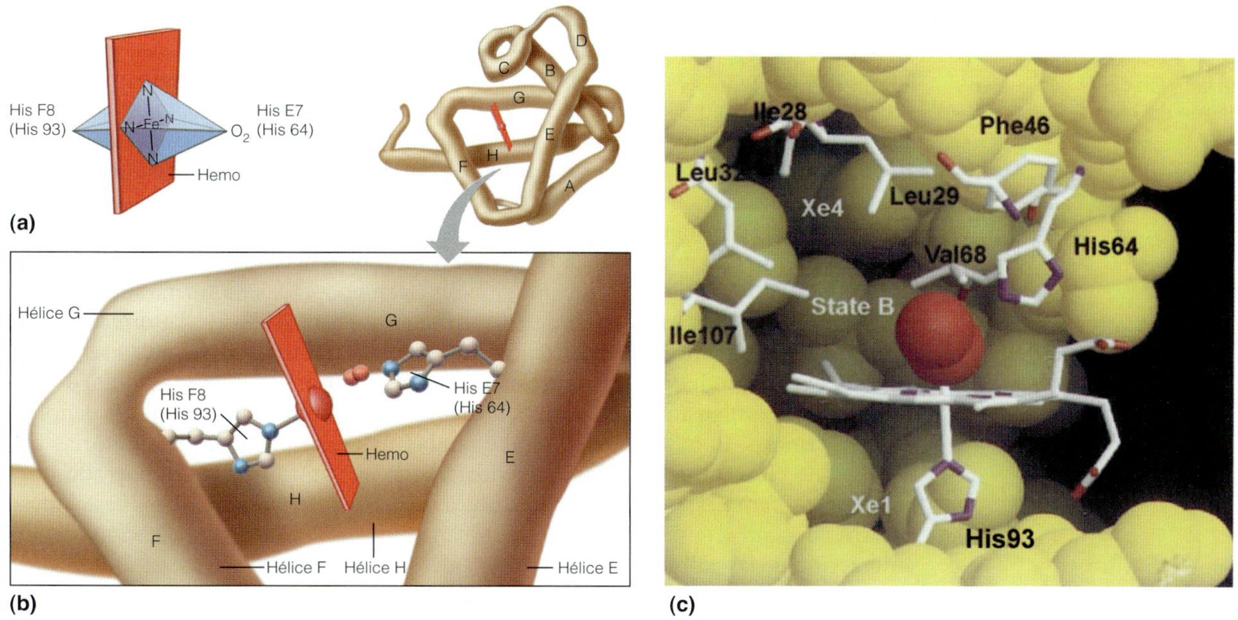


**FIGURA 7.5**

**Geometría de la coordinación del hierro en la oxihemoglobina. (a)** Coordinación octaédrica del ion hierro. El hierro y los cuatro nitrógenos de la protoporfirina IX se encuentran próximos en un plano. Una histidina (F8 o His 93) ocupa una de las posiciones axiales, y el $O_2$ la otra. **(b)** Dibujo esquemático del bolsillo del hemo, que muestra las cadenas laterales de la histidina proximal (F8; His93) y distal (E7; His64). **(c)** Estructura cristalina del lugar de unión del ligando en la oxihemoglobina de cachalote (PDB ID: 2MGM). Se muestran los aminoácidos del bolsillo de unión del $O_2$ como modelo de bastones marcados. El grupo hemo y la histidina proximal (his93) se encuentran también como modelo de bastones, con el $O_2$ señalado en rojo (modelo de relleno espacial). El resto de la proteína se dibuja en amarillo como modelo de relleno espacial. Aquí, la hélice D y la esquina CD se han suprimido para mostrar el lugar de unión del ligando. Los residuos Phe46 (o CD1) y Val68 (o E11) están muy conservados (Phe 46 no varía) y ambos aportan contribuciones críticas para la afinidad de unión entre el hemo y el bolsillo del hemo. Los lugares marcados como Xe1 y Xe4 indican cavidades hidrófobas que pueden ser ocupadas por xenón a presión y aparentemente definen canales para que el ligando entre y salga (*véase* la Figura 7.8).

(c) Cortesía del Dr. Jeffry Nichols.

El complejo formado por la protoporfirina IX con el Fe(II) se denomina hemo (Figura 7.4c). Este grupo prostético está unido de forma no covalente en una hendidura hidrófoba en la molécula de mioglobina o de hemoglobina (*véase* la Figura 7.3). La unión del oxígeno al hemo se ilustra en la Figura 7.5, que muestra la forma oxigenada de la mioglobina. El hierro ferroso ($Fe^{2+}$) tiene normalmente una coordinación octaédrica, lo cual significa que debe tener seis **ligandos**, o grupos de unión, fijados a él. Como se observa en la Figura 7.5a, los átomos de nitrógeno del anillo de porfirina solo incluyen cuatro de estos ligandos. Quedan dos lugares de coordinación, que se encuentran a lo largo de un eje perpendicular al plano del hemo. Tanto en la forma desoxigenada de la mioglobina como en la oxigenada, uno de estos lugares de coordinación que quedan, está ocupado por el nitrógeno ε del residuo de histidina número 93 (*véase* el margen). Los ocho segmentos helicoidales de las globinas se denominan con las letras A a H (como se indica en la Figura 7.3) y el residuo 93 está situado en la hélice F (Figura 7.5b). Empleando la nomenclatura que permite las comparaciones significativas entre las secuencias homólogas de diferentes globinas, este residuo se denomina histidina F8 (es la octava histidina de la hélice F). Dado que está en contacto directo con el $Fe^{2+}$, también se denomina **histidina proximal**. En la **desoximioglobina**, el lugar de coordinación restante, en el otro lado del hierro, no está ocupado. Cuando se une al oxígeno, formando **oximioglobina**, la molécula de $O_2$ ocupa este lugar.

El enlace Fe-$O_2$ es muy polar debido a la buena superposición orbital entre los orbitales *d* del $Fe^{2+}$ y el orbital molecular $\pi^*$ del $O_2$ electronegativo. Este nuevo enlace aumenta la densidad electrónica sobre el $O_2$ y da al complejo formal Fe(II)—$O_2$ algo de carácter Fe(III)—$O^{\cdot}_2$. La estabilización de esta estructura semejante a Fe(III)—$O^{\cdot}_2$ se consigue mediante un enlace de hidrógeno entre el $O_2$ unido y otro residuo de His importante situado en el hueco de unión del $O_2$, la denominada **histidina distal** (His 64, o E7; *véase* la Figura 7.5c). El enlace de H entre la His E7 y el $O_2$ aumenta de forma selectiva la afinidad de la Mb por el $O_2$ frente al CO, que no establece un enlace semejante con la His E7. Incluso así, el CO se une ~200 veces más fuertemente al Mb que lo que lo hace el $O_2$; sin embargo, sin el enlace de H E7, esa relación sería ~6000:1 a favor del CO. Así, la histidina distal desempeña una función crítica en la promoción de la unión del $O_2$ sobre otros ligandos.

En cada subunidad de la hemoglobina se encuentra una forma semejante de unión del oxígeno, con histidinas en las posiciones homólogas F8 y E7.

Normalmente, una molécula de $O_2$ tan cercana a un ion ferroso oxidaría a este último al estado férrico [Fe(III)]. El hemo solo no protege al hierro debido a que el hemo disuelto libre en disolución se oxida fácilmente por el $O_2$. Sin embargo, en el ambiente hidrófobo (y anhidro) que proporciona la hendidura de unión del hemo de la molécula de mioglobina o hemoglobina, el hierro no se oxida fácilmente; así, cuando se libera el $O_2$, el hierro per-

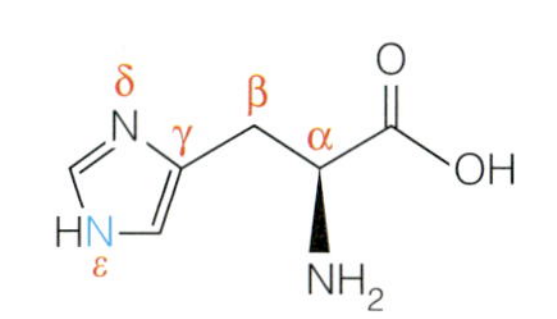

Tautómero ε de la histidina

La coordinación del Fe(II) en una porfirina (hemo) dentro de un bolsillo de globina hidrófobo permite la unión del $O_2$ sin que se produzca la oxidación del hierro.

manece en el estado ferroso, capaz de unirse a otro $O_2$. La histidina distal también participa en la inhibición de esta reacción de auto-oxidación catalizada por ácido. Las globinas proporcionan ambientes para el hemo ferroso en el que está permitido el primer paso de una reacción de oxidación (la unión del oxígeno) y está bloqueado el paso final (oxidación).

De hecho, el hemo ferroso de la mioglobina y la hemoglobina puede oxidarse al estado férrico ($Fe^{3+}$), para formar **metamioglobina** o, respectivamente, **metahemoglobina**. Las metaglobinas no unen el $O_2$ y en su lugar, una molécula de agua ocupa el lugar de unión del $O_2$. Por esta razón, los glóbulos rojos contienen enzimas que pueden reducir el $Fe^{3+}$ en la metahemoglobina a $Fe^{2+}$ y así restaurar su actividad de unión del $O_2$.

Aunque la mioglobina y la hemoglobina están adaptadas de forma ideal para unir de forma reversible la molécula de $O_2$, también unen otros gases diatómicos como el monóxido de carbono (CO) y el óxido nítrico (NO). La toxicidad del CO se debe a su capacidad para bloquear la respiración mediante su unión fuerte a los hemos-$Fe^{2+}$ en las globinas, así como a aquellos de otras proteínas respiratorias fundamentales denominadas **citocromos**. El óxido nítrico inhibe también algunas proteínas respiratorias (principalmente **citocromo-*c* oxidasa**; considerada en el Capítulo 15) y es liberado por los macrófagos para destruir a los organismos invasores como parte de la respuesta inmunitaria. A concentraciones bajas, el NO también es una molécula de señalización celular. La interacción de las globinas y el NO se consideran más adelante en este capítulo.

## Análisis de la unión del oxígeno por la mioglobina

La unión del $O_2$ por la mioglobina debe cumplir determinados requisitos fisiológicos. Como muestra la Figura 7.1, la mioglobina, en el interior de las células musculares, une $O_2$, que difunde a las células desde la hemoglobina que circula en los capilares, y posteriormente lo cede a las mitocondrias. Para comprender estas funciones desde un punto de vista cuantitativo, debemos observar la forma en la que la unión de un ligando como el $O_2$ depende de su concentración en los alrededores.

En primer lugar, debemos disponer de una forma de medir la concentración de $O_2$ disuelto. De acuerdo con la ley de Henry, la concentración de cualquier gas disuelto en un líquido es proporcional a la *presión parcial* de ese gas sobre el líquido. Por tanto, podemos regular (y medir) cómodamente la concentración de $O_2$ disuelto regulando la presión parcial de $O_2$ sobre la disolución de mioglobina que se estudia. De hecho, expresaremos la concentración de oxígeno en forma de su presión parcial: $P_{O2}$.

Para estudiar la unión del ligando, debemos disponer de una forma de medir la fracción de las moléculas de mioglobina que transportan $O_2$. Cuando se oxigenan la mioglobina o la hemoglobina cambian de color (el espectro de absorción cambia debido a la alteración de la estructura electrónica del hierro del hemo, *véase* Herramientas de la Bioquímica 6A). Esto permite una determinación espectrofotométrica de la fracción de lugares de unión que están oxigenados (Figura 7.6). Los resultados de estos análisis, utilizando mioglobina en disolución a pH neutro, se exponen en la

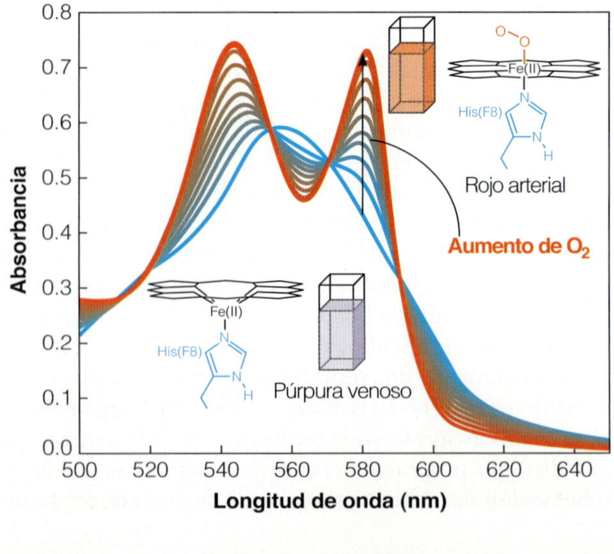


**FIGURA 7.6**

**Cambios del espectro visible de la hemoglobina**. Se muestran los espectros de la hemoglobina en el estado desoxigenado (trazo azul) y el estado con $O_2$ unido (trazo rojo). La hemoglobina en el estado desoxigenado es morada, mientras que la oxi-Hb completa es roja brillante. Al unirse más $O_2$ a la Hb, el espectro visible cambia desde el trazo azul al rojo (se muestran varios espectros de la Hb unida parcialmente). Así, el comportamiento de unión de ligandos de las globinas se controla fácilmente mediante espectroscopia visible (*véase* Herramientas de la Bioquímica 6A) debido a las diferencias espectrales distintivas entre las diversas formas de las globinas.

Cortesía de John S. Olson, Rice University.

Figura 7.7. Una gráfica de este tipo se denomina *curva de unión*, pues describe la dependencia de la fracción de los lugares de la mioglobina que tienen $O_2$ unido a ellos ($Y_{O_2}$) respecto a la concentración de $O_2$ libre ($P_{O_2}$).

Se puede describir la unión de un ligando (en este caso: $O_2$) a la mioglobina por la reacción siguiente

$$\mathrm{Mb} + \mathrm{O_2} \xrightarrow{k_{on}} \mathrm{MbO_2} \qquad (7.1)$$

y la disociación del ligando por

$$\mathrm{MbO_2} \xrightarrow{k_{off}} \mathrm{Mb} + \mathrm{O_2} \qquad (7.2)$$

donde $k_{on}$ y $k_{off}$ son las constantes de velocidad de la unión y de la disociación, respectivamente. De esta forma, la unión reversible del ligando viene descrita por el equilibrio siguiente

$$\mathrm{MbO_2} \underset{k_{on}}{\overset{k_{off}}{\rightleftharpoons}} \mathrm{Mb} + \mathrm{O_2}$$

y

$$K_d = \frac{[\mathrm{Mb}][\mathrm{O_2}]}{[\mathrm{MbO_2}]} \qquad (7.3)$$

donde la constante de equilibrio $K_d$ se denomina **constante de disociación**. Las magnitudes entre corchetes indican las *actividades* (*véase* el Capítulo 3) de la oximioglobina $[MbO_2]$, la desoximioglobina [Mb] y el oxígeno libre $[O_2]$. La fracción de lugares de la mioglobina ocupados se define de la forma siguiente:

$$Y_{O_2} = \frac{\text{lugares ocupados}}{\text{lugares disponibles totales}}$$

Cada molécula de mioglobina tiene solo un lugar, por lo que el número total de lugares potencialmente disponibles es proporcional a la concentración total de especies de mioglobina, $[MbO^2]$ + [Mb]. En consecuencia

$$Y_{O_2} = \frac{[\mathrm{MbO_2}]}{[\mathrm{Mb}] + [\mathrm{MbO_2}]} = \frac{\dfrac{[\mathrm{Mb}][\mathrm{O_2}]}{K_d}}{[\mathrm{Mb}] + \dfrac{[\mathrm{Mb}][\mathrm{O_2}]}{K_d}} \qquad (7.4)$$

donde hemos utilizado $[MbO_2] = [Mb][O_2]/K_d$ de la ecuación (7.3) para obtener la expresión de la derecha. La concentración de desoximioglobina, [Mb], puede tomarse como factor común en el numerador y el denominador, y eliminarse, con lo que se obtiene

$$Y_{O_2} = \frac{\dfrac{[\mathrm{O_2}]}{K_d}}{1 + \dfrac{[\mathrm{O_2}]}{K_d}} = \frac{[\mathrm{O_2}]}{K_d + [\mathrm{O_2}]} \qquad (7.5)$$

La ecuación 7.5 muestra que $K_d$ describe la concentración de oxígeno a la que la mitad de las moléculas de Mb llevan unido $O_2$. Se puede comprobar esta relación estableciendo $Y_{O_2} = 1/2$ en la ecuación 7.5. Dado que la concentración de oxígeno es proporcional a la presión parcial de oxígeno, la ecuación 7.5 puede formularse también de la forma siguiente

$$Y_{O_2} = \frac{P_{O_2}}{P_{50} + P_{O_2}} \qquad (7.6)$$

donde $P_{50}$ es la presión parcial de oxígeno requerida para el 50 % de saturación de $O_2$. El valor de $P_{50}$ es un indicador de la afinidad relativa de unión por un ligando. En el caso de la mioglobina, cuando $P_{O_2} = P_{50}$, $[Mb] = [MbO_2]$. Para una mioglobina con una elevada afinidad por el $O_2$, la mitad de saturación tiene lugar a $P_{O_2}$ *bajo*, y el valor de $P_{50}$ es *bajo*. Para una miglobina con una baja afinidad por el $O_2$, la mitad de saturación se producirá a $P_{O_2}$ *elevado* y el valor de $P_{50}$ será *elevado*.

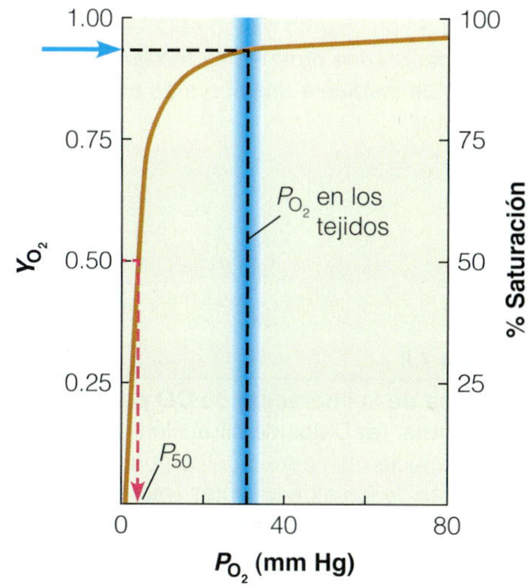


**FIGURA 7.7**

**Curva de unión del oxígeno a la mioglobina.** La concentración de oxígeno libre se expresa como $P_{O_2}$, la presión parcial de oxígeno. La proporción de lugares de unión de la mioglobina que están ocupados se expresa mediante una fracción ($Y_{O_2}$, a la izquierda) o como porcentaje de saturación (a la derecha). Cuando la $P_{O_2}$ se hace grande, la saturación se aproxima de manera asintótica, como describe la ecuación 7.6. El valor de $P_{50}$, la presión parcial de oxígeno a una saturación del 50 %, se indica en el gráfico (flecha fucsia). Las líneas azules punteadas muestran que a una $P_{O_2}$ de 30 mm Hg, la Mb estaría >90 % saturada con $O_2$ (flecha azul en el eje *y*).

La $P_{50}$ es un indicador de la afinidad de unión relativa de una globina por un ligando: Para una globina con una afinidad de unión por el $O_2$ mayor, el valor de $P_{50}$ es menor. Para una globina con una afinidad de unión por el $O_2$ menor, el valor de $P_{50}$ es mayor.

La unión de un ligando (como el $O_2$) a un único lugar en una proteína (como la Mb) se describe mediante una curva de unión hiperbólica.

Podemos comprobar que la ecuación 7.6 describe la curva de unión *hiperbólica* que se presenta en la Figura 7.7; $Y_{O_2}$ comienza en cero a $P_{O_2} = 0$ y se aproxima a uno cuando $P_{O_2}$ se hace muy grande. La $P_{50}$ de la mioglobina es muy baja (3-4 mm Hg), lo cual implica que la mioglobina tiene una afinidad elevada por el $O_2$. Esta característica es adecuada para una proteína que debe extraer $O_2$ de la sangre en los capilares. A la $P_{O2}$ que existe en los capilares arteriales (aproximadamente, 30 mm Hg), la mioglobina de los tejidos adyacentes está casi saturada (flecha azul de la Figura 7.7). Cuando las células están metabólicamente activas, su $P_{O_2}$ interna disminuye hasta valores mucho más bajos (3-18 mm Hg). En estas condiciones, la mioglobina descargará su $O_2$.

Así pues, la molécula de mioglobina no solo debe proporcionar al hemo un entorno proteico adecuado para la unión reversible del $O_2$, sino que debe garantizar también que la afinidad de la unión del oxígeno (que indica el valor de $P_{50}$) tenga exactamente la magnitud adecuada para equilibrar las necesidades de la captación y liberación de $O_2$. Podemos obtener una cierta perspectiva de la forma en que se consigue esta afinidad de unión ideal si recordamos que la constante de disociación del $O_2$, $K_d$, es una constante de equilibrio y, por tanto, debe ser el cociente de dos constantes de velocidad, $k_{on}$ para la *reacción de asociación* y $k_{off}$ para la *reacción de disociación*. Recuérdese que en el equilibrio, donde las velocidades de unión y liberación del ligando son iguales $k_{on}$ [Mb] [$O_2$] = $k_{off}$ [$MbO_2$] y

$$K_d = \frac{[\mathrm{Mb}][\mathrm{O_2}]}{[\mathrm{MbO_2}]} = \frac{k_{off}}{k_{on}} \qquad (7.7)$$

De esta forma, la afinidad del oxígeno puede controlarse a nivel molecular regulando las velocidades de unión y de liberación.

Los estudios de cinética rápida de varios mutantes de mioglobina, realizados en el laboratorio de John Olson, han demostrado que la unión del $O_2$ se produce, en gran parte, a través de la histidina distal. La cadena lateral de imidazol actúa tanto como una puerta entre el ambiente del disolvente y el hierro del hemo, como un discriminador de enlaces de hidrógeno para determinados ligandos. Como se ha descrito antes, el tautómero ε-NH de la histidina distal puede unirse por enlace de hidrógeno a un $O_2$ unido al hemo en la mioglobina (y las subunidades $\alpha$ y $\beta$ de la hemoglobina). Los datos cinéticos recientes y los estudios estructurales de alta resolución han mostrado que en la Mb, este enlace de hidrógeno tiene una fuerza de ~15 kJ/mol, mientras que en las subunidades de la hemoglobina es algo más débil, ~8 kJ/mol. Para investigar más el papel de la His distal en la unión y liberación del ligando, se ha estudiado la CO-mioglobina. Los datos de cristalografía de rayos X recogidos tras la rotura proteolítica del enlace Fe-CO en la CO-mioglobina revelan que la histidina distal realiza movimientos relativamente grandes en 100 ps (1 ps = $10^{-12}$ segundos) tras la proteólisis del ligando (Figura 7.8a). Este hallazgo concuerda con su papel como «puerta». Las simulaciones por ordenador sugieren también que la ruta principal de la disociación del ligando de la proteína es a través de un túnel estrecho, cerrado por la histidina distal. Sin embargo, como muestra la Figura 7.8c, también pueden salir ligandos de la proteína en otros lugares, algunos de

**FIGURA 7.8**

**Dinámica de la liberación de CO por la mioglobina. (a)** Datos de difracción de rayos X de resolución temporal que comparan las posiciones de los átomos antes (morado) y 100 ps después (verde) de la fotolisis del mutante L29F de Mb-CO (PDB ID: 2GOV). Los solapamientos de las densidades electrónicas se muestran en blanco. 100 ps después de la fotólisis el CO parece estar a unos 0.2 nm del hierro del hemo (densidad verde dentro del círculo amarillo numerado como 1). Los desplazamientos más largos (flechas amarillas) en la Mb son de las cadenas laterales del bolsillo distal: His64 y Phe29. **(b)** Igual que en (a), pero 3.16 $\mu$s tras la fotolisis (PDB ID: 2G14). En este punto puede detectarse el CO en el lado proximal del hemo (dentro de los círculos amarillos marcados como 4 y 5), y las cadenas laterales del bolsillo distal han adoptado posiciones similares a las del estado desoxi. **(c)** En azul se muestra un modelo de ordenador de la ruta de migración del ligando en la Mb. Las rutas principales están cerca del hemo (marcado como 1-5) y las rutas menores están en el lado opuesto de la proteína (marcado como 6-9). Se necesitan movimientos internos significativos de la proteína para que un ligando unido se disocie a través de las rutas menores.

(a, b) De Science 300:1944-1947, F. Schotte, M. Lim, T. A. Jackson, A. V. Smirnov, J. Soman, J. S. Olson, G. N. Phillips Jr., M. Wulff y P. A. Anfinrud, Watching a protein as it functions with 150-ps timeresolved x-ray crystallography. © 2003. Reproducido con permiso de AAAS; (c) Reprinted from *Proceedings of the National Academy of Sciences of the United States of America* 105:9204-9209, J. Z. Ruscio, D. Kumar, M. Shukla, M. G. Prisant, T. M. Murali y A. V. Onufriev, Atomic level computational identification of ligand migration pathways between solvent and binding site in myoglobin. © 2008 National Academy of Sciences, USA.

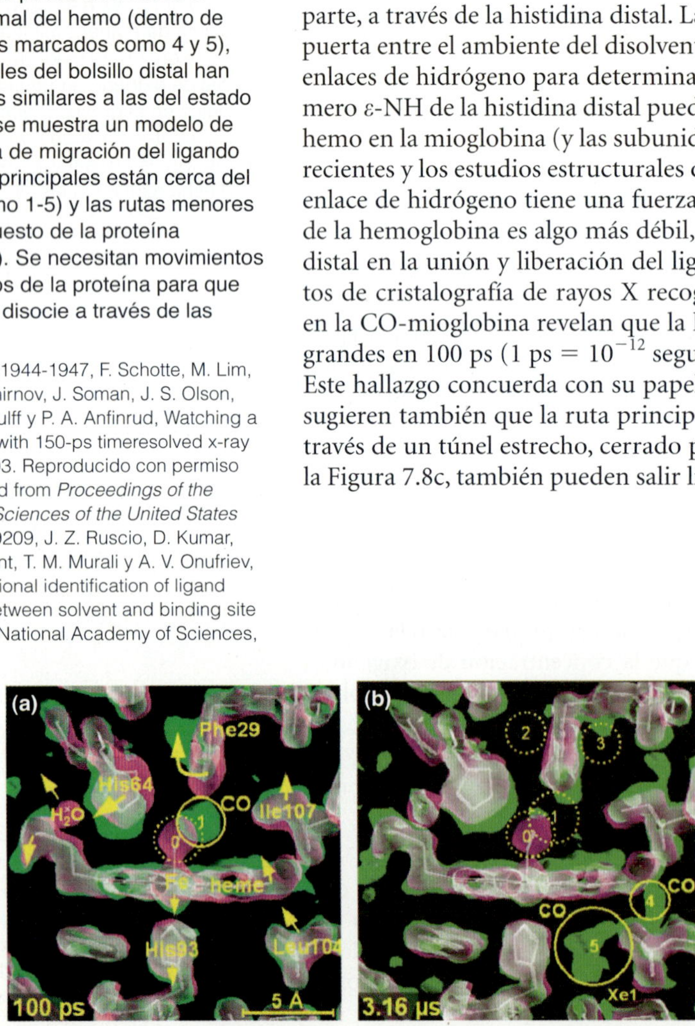


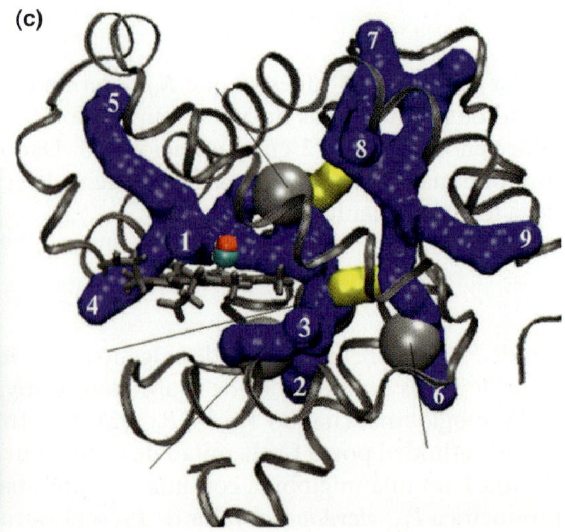

ellos bastante distantes del bolsillo de unión del hemo¡. De hecho, el ligando puede permanecer algún tiempo «traqueteando» en esta jaula de la proteína y quizás volviéndose a unir al hierro del hemo antes de escapar hacia el disolvente. Este proceso es un ejemplo explícito de un principio establecido en el capítulo precedente: los movimientos dinámicos internos de las moléculas proteicas globulares desempeñan papeles importantes en las funciones de las proteínas.

Los movimientos dinámicos de la mioglobina facilitan la unión y liberación del ligando.

Resumiendo, lo que observamos en la mioglobina es una estructura molecular complicada que se ha seleccionado a lo largo de la evolución hasta conseguir exactamente el entorno adecuado para permitir la unión *y* la liberación de oxígeno en condiciones fisiológicas de $P_{O_2}$ relativamente baja. Las pruebas más recientes sugieren que la mioglobina desempeña otra función esencial en la fisiología animal, esto es, la protección de las concentraciones tóxicas de NO (óxido nítrico) en las células. Volveremos a este tema más adelante en este capítulo tras completar la discusión del transporte de $O_2$.

La mioglobina ha evolucionado para unir y liberar $O_2$ en condiciones de concentración de oxígeno relativamente bajas.

## Transporte de oxígeno: hemoglobina

Todos los animales superiores contienen algún tipo de proteína transportadora de oxígeno. En los vertebrados y en algunos invertebrados, esta proteína es la hemoglobina. Casi todas las hemoglobinas son proteínas formadas por múltiples subunidades, a diferencia de las mioglobinas que contienen una única subunidad. ¿Cuál es el motivo? El estudio de esta cuestión descubre aspectos nuevos de la función proteica.

Los animales superiores utilizan proteínas de unión de $O_2$ para transportar oxígeno desde los pulmones o las branquias a los tejidos que respiran, donde se necesita para mantener el metabolismo.

La hemoglobina no es la única proteína que une oxígeno que utilizan los mamíferos. La mayoría de los moluscos y algunos artrópodos tienen una proteína algo diferente, la hemocianina, que contiene cobre en el lugar de unión del $O_2$. Aún otros invertebrados utilizan una proteína no relacionada que contiene hierro denomina hemeritrina. Incluso las hemoglobinas en los invertebrados tienen distintas estructuras, cuyo tamaño va de dímeros a complejos con 180 subunidades (Figura 7.9). Esta diversidad muestra que se puede llegar a la misma función por diferentes rutas evolutivas independientes. En las consideraciones siguientes nos centraremos en la hemoglobina tetramérica $\alpha_2\beta_2$ de los vertebrados superiores que se muestra en la Figura 7.3.

### Unión cooperativa y alosterismo

Consideremos las exigencias singulares que se plantean a una proteína transportadora de $O_2$. Para que resulte útil, debe aceptar $O_2$ de manera eficaz a la presión parcial que existe en los pulmones o las branquias (aproximadamente, 100 mm Hg) y luego ceder

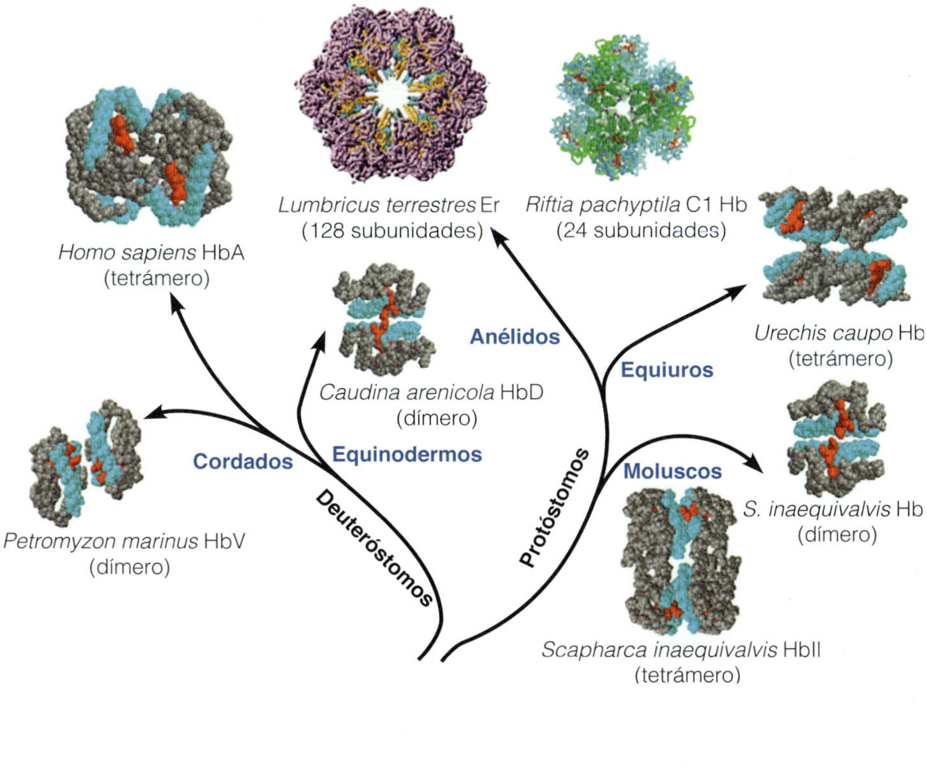


**FIGURA 7.9**

**Diversidad de las estructuras de la hemoglobina**. Se presentan modelos de relleno espacial de los dímeros y los tetrámeros de Hb con los grupos hemo, en rojo, las hélices E y F, en fucsia y el resto de la cadena principal en gris. Se muestran en verde y azul las cadenas principales de las 24 subunidades de la hemoglobina *Riftia* C1, de acuerdo con el tipo de subunidad, con los hemos en rojo. Las subunidades de Hb de la eritrocuorina de 180 subunidades de *Lumbricus* se dan en fucsia a partir de un mapa de densidad electrónica de 5.5 A, con las cadenas de unión que no son globina en azul y oro. IDs PDB: HbA humana (2hhb), HbV desoxi de lamprea (3lhb), HbD *Caudina* (1hlm), Hb *Riftia* C1 (1yhu), Hb *Urechis* (1ith), HbI *Scapharca* (3sdh) y HbII *Scapharca* (1sct).

*Journal of Biological Chemistry* 280:27477-27480, We. J. R. Royer, H. Zhu, T. A. Gorr, J. F. Flores y J. E. Knapp, Allosteric hemoglobin assembly: Diversity and similarity. Reprinted with permission. 

una fracción apreciable del $O_2$ a los tejidos. En reposo, la $P_{O_2}$ en los capilares es de unos 30 mm Hg y la diferencia de saturación entre los pulmones y los capilares, $\Delta Y_{O_2}$ es de, aproximadamente, 0.4. En condiciones de demanda metabólica extrema de $O_2$ (como la caza de una presa o el vuelo de los depredadores), la $P_{O_2}$ puede caer hasta 10 mm Hg y la $\Delta Y_{O_2}$ es, aproximadamente, 0.85. En otras palabras, para conseguir una suministro óptimo de $O_2$ a los tejidos, una proteína transportadora de oxígeno ideal debería estar casi saturada a 100 mm Hg, ceder suficiente $O_2$ a los tejidos en reposo y aún mantener una reserva significativa de $O_2$ para los periodos de intensa demanda. Si la proteína transportadora tuviera una curva de unión hiperbólica como la de la mioglobina, este comportamiento sería imposible de alcanzar. Con una curva de unión de este tipo, la proteína sería poco eficaz para mantener un metabolismo, tanto basal como extremo. Las ventajas de una capacidad aerobia potenciada se traducen en una mayor supervivencia para los depredadores y las presas y proporciona la presión selectiva para la evolución de los mejores transportadores de $O_2$.

Se consigue la eficacia del transporte de $O_2$ mediante la unión cooperativa en las proteínas con múltiples lugares, descrita por una curva de unión sigmoidea.

Este problema se ha resuelto mediante la evolución de las proteínas transportadoras de $O_2$, como la hemoglobina, que tienen la curva de unión *sigmoidea*, que se muestra en la Figura 7.10c. Una curva sigmoidea es muy eficaz, ya que permite una saturación casi completa de la proteína en los pulmones o las branquias, y una liberación máxima en los capilares. Podrá entender cómo es posible una curva de este tipo examinando la Figura 7.10d. A presiones de oxígeno bajas, la proteína actúa como si estuviera uniendo

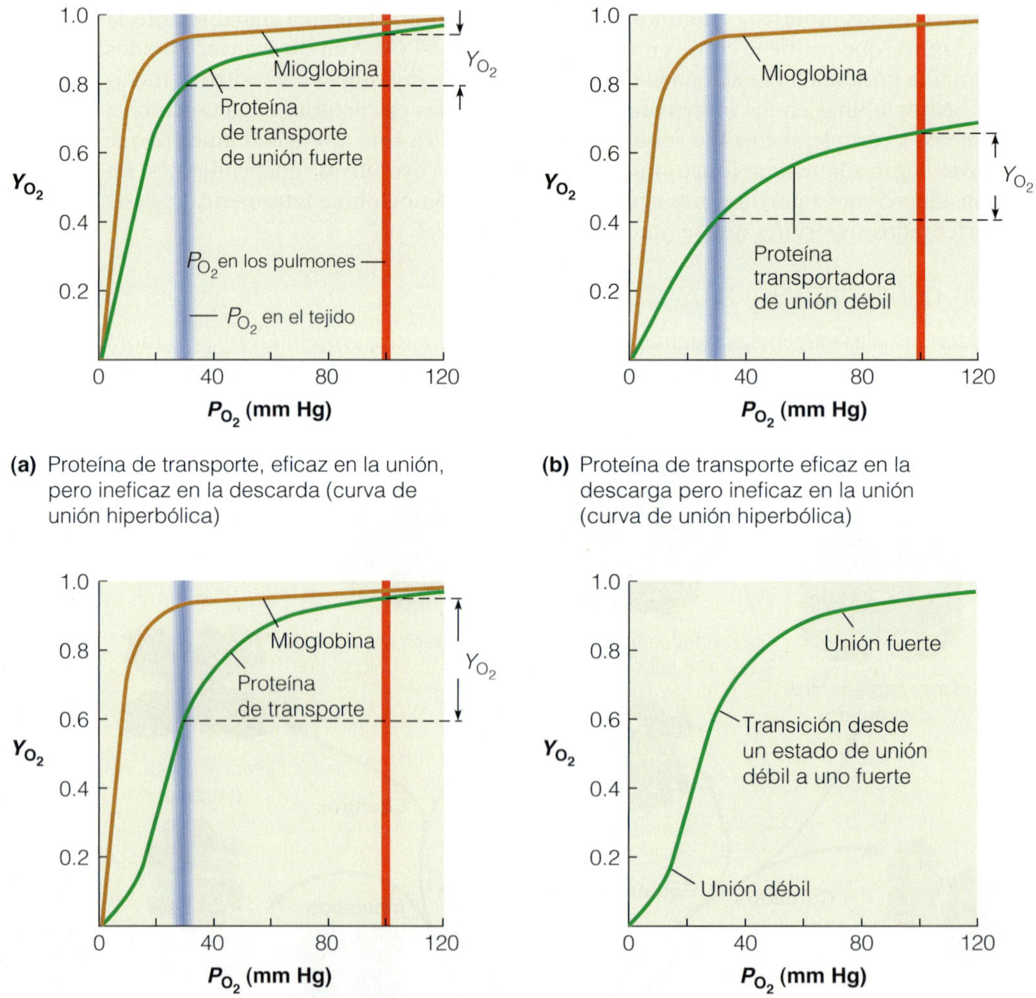


**(a)** Proteína de transporte, eficaz en la unión, pero ineficaz en la descarda (curva de unión hiperbólica)

**(b)** Proteína de transporte eficaz en la descarga pero ineficaz en la unión (curva de unión hiperbólica)

**(c)** Proteína de transporte eficaz en la unión y la descarga, ya que puede desplazarse entre estados de afinidad mayores y menores (curva de unión sigmoidea)

**(d)** El paso de un estado de unión débil a uno de unión fuerte explica la curva sigmoidea

**FIGURA 7.10**

**Curvas de unión del $O_2$, cooperativas y no cooperativas.** Estos gráficos muestran por qué una proteína transportadora de $O_2$, como la hemoglobina, es más eficaz si se mueve de forma cooperativa entre estados de menor y mayor afinidad. Las barras verticales azules y rojas representan la $P_{O_2}$ en capilares y pulmones, respectivamente. La diferencia de saturación de $O_2$ de la Hb en pulmones y capilares ($\Delta Y_{O_2}$) está representada por el hueco entre las líneas punteadas horizontales. **(a)** Si la proteína transportadora fuera no cooperativa y tuviera una afinidad elevada por el $O_2$, que asegurara una saturación en los pulmones, la transferencia de $O_2$ a la mioglobina en los tejidos sería poco eficaz. En este caso $\Delta Y_{O_2}$ es muy pequeña. **(b)** Si la proteína transportadora no cooperativa tuviera una afinidad por el oxígeno menor, transportaría de forma eficaz el $O_2$ a la mioglobina en los tejidos, pero no podría saturarse en los pulmones. En este caso $\Delta Y_{O_2}$ es algo mayor que lo es para la Hb no cooperativa de alta afinidad. **(c)** Una proteína transportadora, que una de manera eficaz en los pulmones y descargue de manera eficaz en los tejidos, requiere una curva de unión sigmoidea, y descarga la mayor fracción de su $O_2$ unido (esto es, tiene el mayor valor de $\Delta Y_{O_2}$). **(d)** La curva de unión sigmoidea representa el cambio de la proteína transportadora de un estado de menor afinidad a presiones bajas de oxígeno a un estado de mayor afinidad, a presiones de oxígeno elevadas.

el $O_2$ muy débilmente, pero a medida que se une más oxígeno, la afinidad por este gas se hace mayor. Este comportamiento implica la existencia de una *interacción cooperativa* entre los lugares de unión del $O_2$ de la molécula proteica. La unión del ligando al primer lugar vacio incrementa, de algún modo, la afinidad de los demás lugares por el $O_2$, promoviendo así la saturación completa de la proteína con el $O_2$. También podemos expresar esta idea de otra forma equivalente, diciendo que la disociación de un $O_2$ de la proteína facilita la disociación de los $O_2$ restantes, promoviendo así el estado completamente desoxigenado. Este comportamiento requiere alguna clase de comunicación intramolecular entre los lugares de unión. Una proteína con una única subunidad, como la mioglobina, no puede conseguir esta clase de modulación de la afinidad de unión del ligando; en cambio, esta comunicación *sí* es posible entre las subunidades de una proteína con múltiples subunidades, como la hemoglobina. De esta forma, la respuesta a la pregunta «¿Por qué son las hemoglobinas proteínas con varias subunidades?» se encuentra en las ventajas evolutivas que confiere el cambio cooperativo entre los estados de alta y baja afinidad.

La cooperatividad de la unión necesita de la comunicación entre los lugares de unión.

La hemoglobina de los vertebrados ha evolucionado a partir de la estructura *monomérica* de la mioglobina que se muestra en la Figura 7.3. La hemoglobina puede unir cuatro moléculas de $O_2$, una en cada una de las cuatro subunidades. Aunque cada una de las subunidades tiene estructuras primaria, secundaria y terciaria similares a la de la mioglobina, las cadenas laterales de aminoácidos de la hemoglobina proporcionan también otras interacciones necesarias (puentes salinos, enlaces de hidrógeno e interacciones hidrófobas) para estabilizar una determinada estructura cuaternaria.

La diferencia funcional entre la hemoglobina y la mioglobina radica en la cooperatividad exhibida por los lugares de unión del ligando de la hoemoglobina. Esta cooperatividad es posible porque el estado de oxigenación (lleno o vacío) de un lugar puede comunicarse a otro.

Como se describe posteriormente en este capítulo, existe una base estructural para la unión cooperativa del ligando en la hemoglobina: el estado de menor afinidad tiene una conformación proteica diferente de la del estado de mayor afinidad. Cuando se representan las curvas de unión como las de las Figuras 7.10c o 7.10d, no son evidentes los parámetros importantes que describen la unión del ligando (esto es, la diferencia de las afinidades de unión de los estados de conformación y el grado de interacción entre los lugares). Un reordenamiento de la ecuación 7.6 proporciona un método sencillo para obtener alguno de estos parámetros a partir de los datos de unión del ligando. Si calculamos la cantidad $Y_{O_2}/(1\text{-}Y_{O_2})$ obtenemos

$$\frac{Y_{O_2}}{1 - Y_{O_2}} = \frac{P_{O_2}}{P_{50}} \tag{7.8}$$

O bien, tomando logaritmos a ambos lados de la ecuación,

$$\log\left(\frac{Y_{O_2}}{1 - Y_{O_2}}\right) = \log P_{O_2} - \log P_{50} \tag{7.9}$$

La representación gráfica de $\log [Y_{O_2}/(1 - Y_{O_2})]$ frente a $\log P_{O_2}$ produce la denominada **representación de Hill** (Figura 7.1), en honor de Archibald Hill, que propuso en 1910 que la unión del $O_2$ por la hemoglobina puede describirse de forma empírica por la función

$$Y_{O_2} = \frac{P_{O_2}^h}{P_{50}^h + P_{O_2}^h} \tag{7.10}$$

Esto da la forma general de la **ecuación de Hill**:

$$\log\left(\frac{Y_{O_2}}{1 - Y_{O_2}}\right) = h \log P_{O_2} - h \log P_{50} \tag{7.11}$$

En el análisis original que hizo Hill (Ecuaciones 7.10 y 7.11), no dio un significado físico especial al parámetro ***h***, que se denomina **coeficiente de Hill**. Ahora sabemos que, en realidad, $h$ está relacionado con el número de lugares de unión del ligando ($n$) y la energía de su interacción, de forma que el valor de $h$ se acerca al valor de $n$ al aumentar

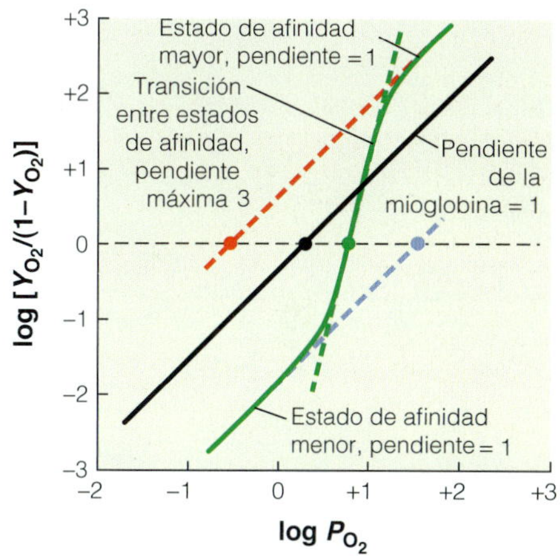


**FIGURA 7.11**

**Representaciones de Hill de la unión del oxígeno a la mioglobina y la hemoglobina en condiciones fisiológicas.** Los círculos indican la $P_{50}$ de cada proteína y el estado de unión. La representación de la mioglobina, que se une al oxígeno de manera no cooperativa, se indica mediante una línea negra continua, con una pendiente de 1. La representación de la hemoglobina (en verde), que se une al oxígeno de manera cooperativa, muestra el cambio de un estado de afinidad menor ($P_{50}$ mayor; círculo azul) a un estado de afinidad mayor ($P_{50}$ menor; círculo rojo) y tiene un coeficiente de Hill de, aproximadamente, 3. Los valores de las afinidades de unión del ligando se obtienen de la extrapolación de los brazos superior e inferior de la curva de unión hasta el eje $x$ a $\log [Y_{O_2}/(1 - Y_{O_2})] = 0$. El coeficiente de Hill $h$ viene determinado por la pendiente a semisaturación (circulo verde en la figura).

la interacción entre los lugares. Obsérvese que en el caso de la mioglobina, $h = 1$, y la representación de Hill (Figura 7.11, curva negra) proporciona una línea recta, tal como predice la ecuación 7.11. La representación de Hill para la hemoglobina no proporciona una línea recta, como predice la ecuación 7.11, de modo que el modelo no se ajusta a los datos. En 1925 Gilbert Adair publicó un tratamiento más riguroso de la unión cooperativa de ligandos a la hemoglobina, que permite la unión *secuencial* del ligando con afinidades para cada lugar que no son iguales y que, generalmente, aumentan al unirse más lugares.

A pesar de sus limitaciones, la ecuación de Hill aún se utiliza mucho para analizar la unión de ligandos a la hemoglobina, ya que se ajusta bien a los datos en la región de transición, y proporciona valores de los parámetros que pueden emplearse para comparar los comportamientos de unión de ligandos de diferentes hemoglobinas (por ejemplo, comparar la hemoglobina normal con una mutante). Como muestra la Figura 7.11 estos parámetros se obtienen a partir de la representación de Hill y son el valor de $P_{50}$, estimaciones de $P_{50}$ para los estados de menor y mayor afinidad, y una descripción cualitativa del grado de cooperatividad en términos del coeficiente de Hill.

La representación de Hill puede diferenciar la unión cooperativa del ligando de la unión no cooperativa. Para la unión cooperativa, el valor del coeficiente de Hill es mayor que uno. Para la unión no cooperativa, el coeficiente de Hill es igual a uno.

En una representación de Hill, está clara la distinción entre sistemas cooperativos y no cooperativos. Como predice la ecuación de Hill, la representación de Hill para una unión no cooperativa proporciona una línea recta con una pendiente = 1. Consideremos ahora la representación de Hill para una proteína con una unión de ligando cooperativa, como la hemoglobina. En este caso, la curva de unión es de tipo sigmoideo y no lineal. Cuando la desoxihemoglobina une la primera molécula de $O_2$ (a $P_{O_2}$ baja), su representación de Hill tiene una pendiente $\cong 1$ y describe la unión al estado de menor afinidad (que se caracteriza por un valor de $P_{50}$ más grande). Al unirse progresivamente más $O_2$, la curva se desplaza para aproximarse a otra línea recta paralela que describe la unión al estado de mayor afinidad (que tiene un valor menor de $P_{50}$). Para ambos sistemas, cooperativo y no cooperativo, la representación de Hill da el valor de $h$, como la pendiente, a $\log [Y_{O_2}/(1 - Y_{O_2})] = 0$. Pueden considerarse cuatro casos para una molécula con $n$ lugares de unión:

1. $h = 1$: no hay interacción entre los lugares y así, la molécula une los ligandos de forma no cooperativa (por ejemplo, como la mioglobina en la Figura 7.11). Esta situación también puede observarse en una proteína con muchos lugares si los lugares de unión no interaccionan entre ellos.
2. $1 < h < n$: hay interacción entre los lugares. Esta situación es la habitual en una proteína que une los ligandos mediante cooperatividad positiva, como se representa para la hemoglobina en la Figura 7.11. El coeficiente de Hill debe ser superior a la unidad para que la curva se desplace de la línea de menor afinidad a la línea de mayor afinidad.
3. $h = n$: la energía de la interacción entre los lugares se acerca al infinito. En esta situación hipotética, la molécula es *totalmente* cooperativa o *infinitamente* cooperativa. En un caso así, solo las moléculas totalmente sin ligar y totalmente ligadas estarían presentes en cualquier punto del proceso de unión, lo que representa el límite superior de cooperatividad y no se observa en las proteínas reales. Por ejemplo, el coeficiente de Hill medido en condiciones fisiológicas para la hemoglobina ($n = 4$) es $\sim 3$.
4. $h < 1$: en este caso, la unión del ligando a un lugar *reduce* la afinidad de unión a los otros lugares y se denomina «cooperatividad negativa». Esta situación también se predice cuando una proteína contiene lugares que no interaccionan con diferentes afinidades de unión; así, son raros los ejemplos bien documentados de verdadera cooperatividad negativa.

La unión cooperativa del oxígeno por la hemoglobina es un ejemplo de lo que se denominan efectos **alostéricos**. En la unión alostérica, la captación de un ligando por una proteína influye sobre las afinidades de los lugares de unión restantes sin ocupar. Los ligandos pueden ser de la misma clase, como en el caso de la unión del $O_2$ a la hemoglobina, o pueden ser diferentes. Como se presenta en el Capítulo 11, el alosterismo es también un mecanismo importante de regulación de la actividad de las enzimas.

## Modelos del cambio alostérico de la hemoglobina

¿Cómo se producen las transiciones alostéricas desde los estados de menor afinidad de unión a los estados de mayor afinidad de unión? Se han elaborado varias teorías para describir las transiciones alostéricas, que pueden agruparse en cuatro clases.

1. *Modelos secuenciales*: el prototipo de estos modelos es el propuesto por Gilbert Adair en 1925 y desarrollado posteriormente, en 1966, por Koshland, Nemethy y Filmer (KNF; Figura 7.12a). El modelo Adair-KNF supone que las subunidades pueden cambiar su conformación terciaria, una cada vez, en respuesta a la unión del oxígeno. La cooperatividad positiva se produce porque la unión de $O_2$ a una subunidad favorece el estado de conformación de mayor afinidad en las subunidades adyacentes cuyos lugares no están ocupados aún. Así, a medida que avanza la oxigenación, casi todos los lugares adoptan la conformación de mayor afinidad. Estos modelos se caracterizan por la existencia de moléculas que contienen subunidades en ambos estados de conformación de alta y de baja afinidad.
2. *Modelos concertados o simétricos*: en el extremo opuesto se encuentra la teoría de Monod, Wyman y Changeux, publicada en 1965 (MWC; Figura 7.12b). Según el modelo MWC, el tetrámero de hemoglobina se encuentra en un equilibrio entre dos conformaciones cuaternarias diferentes. En el estado desoxi, todas las subunidades de cada molécula se encuentran en la conformación de menor afinidad (denominada también estado T), y en el estado oxi, todas se encuentran en la conformación de mayor afinidad (denominada también estado R). Los símbolos T y R corresponden a «tenso» y «relajado», cuyo significado se verá en el apartado siguiente. Se supone que existe un equilibrio entre estos estados, y la unión del

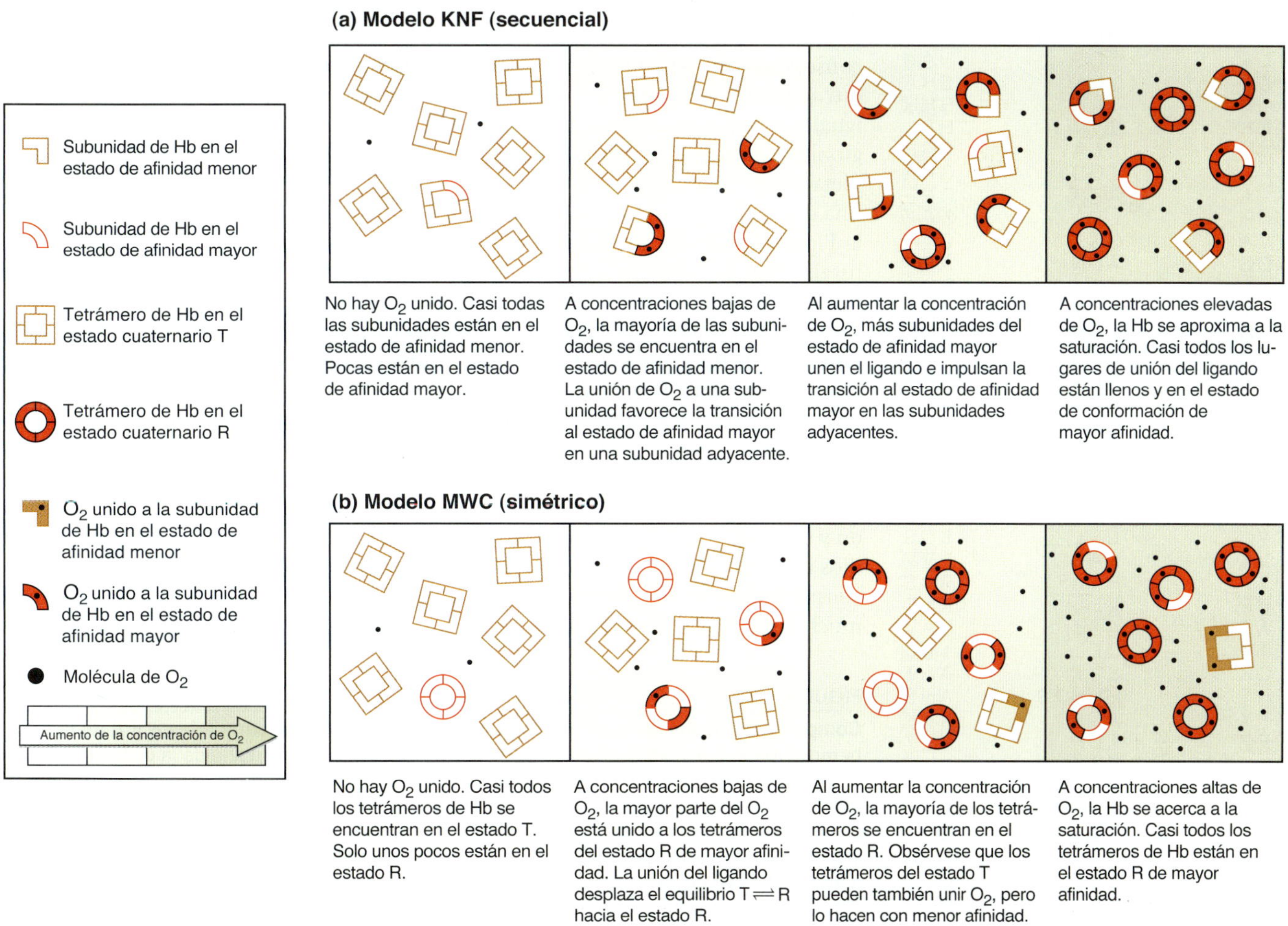


**FIGURA 7.12**

**Dos modelos clásicos de la unión cooperativa del ligando por la hemoglobina.** **(a)** Modelo de Koshland, Nemethy y Filmer (KNF). A medida que cada subunidad une un ligando, se fomenta un cambio de conformación en la subunidad adyacente, que pasa a ser entonces de mayor afinidad. **(b)** Modelo de Monod, Wyman y Changeux (MWC). Toda la molécula tiene dos estados cuaternarios diferentes: tenso (T) y relajado (R), que están en equilibrio. La unión de ligandos desplaza el equilibrio hacia el estado de mayor afinidad (R).

La hemoglobina cambia entre estados de conformación con menor y mayor afinidad de unión por el oxígeno. En el ambiente con abundante $O_2$ de los pulmones o las branquias, el estado de mayor afinidad está favorecido y el oxígeno se une a la hemoglobina. En el ambiente con poco $O_2$ de los tejidos que respiran, el estado con menor afinidad está favorecido y se libera oxígeno desde la hemoglobina.

Las hemoglobinas de los vertebrados son tetrámeros ($\alpha_2\beta_2$) formados por dos tipos de cadenas similares a la mioglobina.

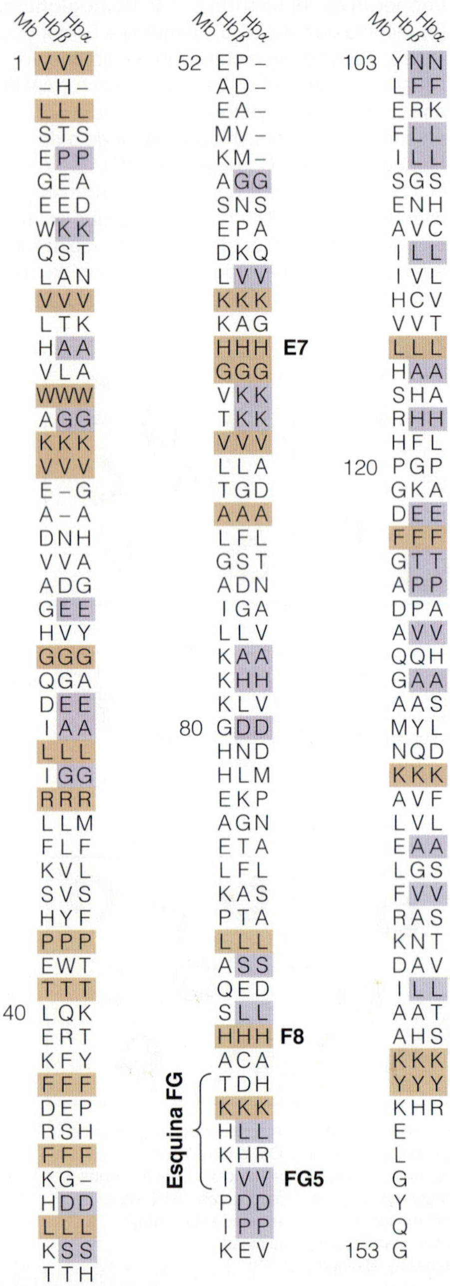


ligando desplaza ese equilibrio hacia el estado R. El cambio es de tipo *concertado*, con lo que específicamente se excluyen algunas subunidades en el estado T y algunas en el estado R. Históricamente, este ha sido el modelo más aceptado para el alosterismo de la hemoglobina.

3. *Modelos de estados múltiples*: desde comienzos de los años 1990 se ha puesto claramente de manifiesto que ni el modelo KNF ni el modelo MWC pueden explicar completamente el comportamiento alostérico de las proteínas, incluyendo la hemoglobina. Por consiguiente, se han diseñado modelos más complejos, aunque la mayor parte de ellos conservan algunos elementos de los modelos KNF y/o MWC.
4. *Modelos dinámicos*: una proposición totalmente diferente de alosterismo atribuye los cambios de las propiedades funcionales a los cambios del comportamiento dinámico de las proteínas, en lugar de a los cambios de conformación *per se*.

Los modelos de estados múltiples y dinámico para el alosterismo de la hemoglobina se consideran con mayor profundidad en el Apéndice al final de este capítulo.

## Cambios de la estructura de la hemoglobina que acompañan a la unión del oxígeno

Para comprender los diferentes modelos del comportamiento alostérico de la hemoglobina, es necesario examinar la estructura proteica con mayor detalle. La hemoglobina de los vertebrados superiores está formada por dos tipos de cadenas, denominadas $\alpha$ y $\beta$. En la Figura 7.13 se comparan las estructuras primarias correspondientes de las hemoglobinas humanas con las de la mioglobina de cachalote. Como puede observarse, las secuencias $\alpha$ y $\beta$ humanas tienen en común el 44 % de aminoácidos entre ellas y el 18 % con la secuencia de la mioglobina de cachalote. Los residuos esenciales, como las histidinas proximal y distal (F8 y E7, respectivamente), están estrictamente conservados, y parece que los que son cruciales para la estructura terciaria están también conservados, puesto que las subunidades de la hemoglobina y la mioglobina tienen una estructura terciaria muy similar. Como regla de oro, las secuencias con más del 30 % de igualdad de aminoácidos tienen la misma estructura terciaria. La molécula de hemoglobina contiene dos copias de cada tipo de subunidad, con lo que la molécula completa puede describirse como un tetrámero $\alpha_2\beta_2$. Las subunidades están colocadas en una disposición aproximadamente tetraédrica, como se muestra esquemáticamente en la Figura 7.3. Cuando la hemoglobina se disuelve en disoluciones ligeramente desnaturalizantes se disocia en dímeros $\alpha\beta$, lo cual sugiere que los contactos más próximos y fuertes son los que existen entre las cadenas $\alpha$ y $\beta$, y no los $\alpha$-$\alpha$ o $\beta$-$\beta$. En otras palabras, la molécula podría considerarse un dímero de dímeros $\alpha\beta$. En la Figura 7.3 se muestra también que los grupos hemo, con sus lugares de unión de $O_2$, están todos próximos a la superficie, pero *no* próximos entre sí. Por tanto, no podemos buscar el origen de la unión cooperativa en algo tan poco sutil como una interacción directa hemo-hemo.

En la Figura 7.14 pueden verse las características generales de los cambios de conformación de la proteína que tienen lugar tras la unión/liberación del ligando, lo que ilustra dos puntos de vista de las diferencias estructurales cristalinas entre en estado desoxigenado y el estado totalmente oxigenado de la molécula de hemoglobina. Los primeros estudios de difracción de rayos X sugerían que estas diferencias surgen principalmente como consecuencia de los cambios de la estructura cuaternaria, acompañados por cambios mucho menores de la estructura terciaria. Un dímero $\alpha\beta$ rota 15 grados y se desliza con

**FIGURA 7.13**

**Comparación de las secuencias de la mioglobina y de las subunidades $\alpha$ y $\beta$ de la hemoglobina.** Las secuencias alineadas corresponden a la mioglobina de la ballena y a las dos cadenas de la hemoglobina humana. Se han insertado huecos (indicados mediante guiones) donde era necesario, para establecer la alineación máxima de las secuencias; los números de los residuos, que se indican a la izquierda de las cadenas, corresponden a la secuencia de la mioglobina. Cuando un residuo es crucial para la función de estas proteínas, se indica a la derecha de las cadenas; F8 y E7 son las histidinas proximal y distal, respectivamente (véase la Figura 7.5). El color marrón indica los residuos que son comunes a las tres cadenas, y el color púrpura los residuos que son comunes a ambas cadenas de hemoglobina.

respecto al otro, como se ve en la Figura 7.14a. Tras la unión del $O_2$, este movimiento hace que las subunidades $\beta$ se aproximen y se estreche una cavidad central de la molécula, como puede verse en la Figura 7.14b. Así pues, en una primera aproximación, podemos considerar la molécula de hemoglobina como poseedora de dos estados de estructura cuaternaria, uno característico de la conformación desoxi de menor afinidad (estado T) y el otro favorecido por la conformación oxi de mayor afinidad (estado R).

La hemoglobina en el estado R tiene una afinidad de unión del $O_2$ mayor (menor $P_{50}$) y en estado T tiene una afinidad de unión del $O_2$ menor (mayor $P_{50}$).

La visión MWC del alosterismo de la hemoglobina interpreta la representación de Hill, que se muestra en la Figura 7.11, en términos de cambio *concertado* entre estas dos conformaciones cuaternarias de la proteína. Las moléculas de hemoglobina totalmente desoxigenadas son las que predominan en la conformación de estado T, de forma que la unión de $O_2$ tiene lugar inicialmente a lo largo de la línea que corresponde al estado de menor afinidad. La característica clave del modelo MWC es que el cambio entre los estados T y R tiene lugar dentro de un estrecho margen de concentración de $O_2$, donde la oxigenación favorece la transición al estado R de mayor afinidad. Los lugares restantes sin unión están en las moléculas de hemoglobina que tienen, predominantemente, conformaciones en el estado R; de esta forma, la curva de unión cambia a la línea del estado de mayor afinidad. Sin embargo, esto deja sin contestar muchas cuestiones importantes. ¿Qué desencadena el cambio? ¿Qué modelo, si hay alguno, es suficiente para explicar los resultados?

## Un examen más detallado del cambio alostérico de la hemoglobina

En 1970, M. F. Perutz, fundador del Laboratorio de Biología Molecular de la Universidad de Cambridge, pionero en el campo de la cristalografía de rayos X y premio Nobel propuso un mecanismo estereoquímico no cuantitativo para explicar la cooperatividad de la unión del oxígeno. Perutz y sus colegas resolvieron estructuras cristalinas de los estados desoxi y oxi de la hemoglobina y posteriormente emplearon estas estructuras como base de un modelo de alosterismo de la hemoglobina. Dada la simetría de las estructuras de la desoxihemoglobina y de la oxihemoglobina, era razonable para Perutz describir su modelo estereoquímico de alosterismo de la hemoglobina en términos del modelo simétrico de MWC. En este modelo, la conformación más reactiva se denomina estado *relajado* (R) y la conformación cuaternaria menos reactiva (menor afinidad) es el estado *tenso* (T). Antes de presentar el modelo de Perutz de alosterismo, consideremos algunas de las diferencias importantes entre las estructuras cristalinas T y R.

La transición desde la conformación desoxi a la oxi comporta cambios significativos de las interacciones subunidad-subunidad. Puede obtenerse algún conocimiento de este proceso mediante un estudio más detenido de la Figura 7.14b. Obsérvese la región situada en el extremo inferior izquierdo, donde la subunidad $\beta_2$ interacciona con la cadena $\alpha_1$. En la forma desoxi, el C-terminal de $\beta_2$ (residuo 146) se encuentra sobre la hélice C de $\alpha_1$ (residuos 36-42) y se mantiene en esta posición mediante una red de enlaces de hidrógeno y puentes salinos. La His 97 de la esquina FG de la $\beta_2$ es empujada contra la esquina CD de la $\alpha_1$ entre Thr 41 y Pro 44. En la forma oxi, la rotación y deslizamiento de las subunidades han empujado los C-terminales de las cadenas $\beta$, apartándolos de los contactos $\alpha$ (Figura 7.14b). Los puentes salinos y los enlaces de hidrógeno que sostienen el C-terminal en el estado desoxi (*véase* la Figura 7.15) se han roto, y la His 97 de la $\beta_2$ se encuentra ahora entre Thr 38 y Thr 41 de $\alpha_1$. Dada la simetría de la estructura, se produce una serie de cambios exactamente equivalentes en la interfase $\alpha_2\beta_1$. La molécula «cambia» a un nuevo conjunto de interacciones en el estado oxi en el que deben romperse diversas interacciones fuertes del estado desoxi.

La oxigenación hace que cambie la estructura cuaternaria de la hemoglobina: Un dímero $\alpha\beta$ rota y se desliza con respecto al otro.

La Figura 7.15 muestra más detalles de las interacciones por puentes salinos clave que se rompen al pasar de la conformación de estado T a la de estado R. En el estado T, cada uno de los C-terminales de $\beta$-globina (His 146) establece dos puentes salinos: una interacción inter-subunidades entre el $—COO^-$ de la His 146 C-terminal y el $—NH_3^+$ de la cadena lateral de Lys40 de una $\alpha$-globina cercana, y una interacción intrasubunidad entre la cadena lateral *protonada* de la His146 y el $—COO^-$ del Asp94. La última interacción desempeña un papel principal en la estabilización del estado T en condiciones de pH bajo, donde está favorecida la protonación de la cadena lateral de la His146 (*véase* el *Efecto Bohr* más adelante). En el estado T cada C-terminal de la $\alpha$-globina (Arg 141) participa en cuatro interacciones críticas intersubunidad. El $—COO^-$ C-terminal de Arg 141 de

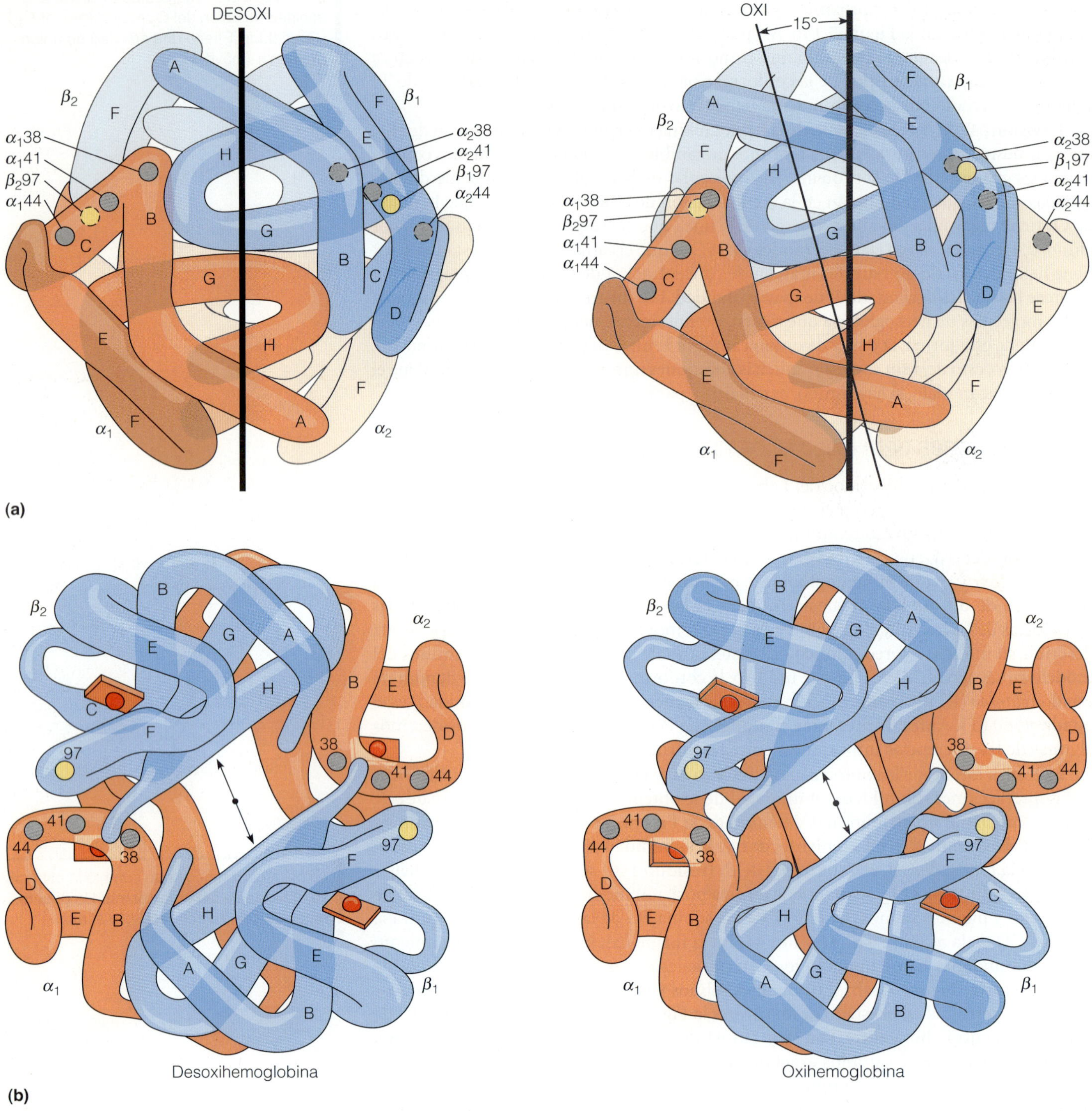


**FIGURA 7.14**

**Cambio de la estructura cuaternaria de la hemoglobina durante la oxigenación. (a)** Se muestra la transición a lo largo de un eje perpendicular al eje binario, con el dímero $\alpha_1\beta_1$ (áreas de color azul y rojo oscuro) enfrente del dímero $\alpha_2\beta_2$. La desoxihemoglobina se muestra en el lado izquierdo, y la oxihemoglobina, en el derecho. Obsérvese la rotación de $\alpha_1\beta_1$ con respecto a $\alpha_2\beta_2$, y el desplazamiento de $\beta$97 con respecto a $\alpha$41 y $\alpha$44. La rotación de, aproximadamente, 15° se acompaña de un deslizamiento, puesto que el centro de rotación no tiene una localización central. **(b)** Imágenes de la hemoglobina desde arriba, mirando hacia abajo del eje binario (punto en el centro). Las dos subunidades $\beta$ están en primer plano; las subunidades $\alpha$ se encuentran en un segundo plano. Obsérvese que en la desoxihemoglobina, la cavidad central es amplia, y que el residuo 97 de una cadena $\beta$ se encuentra entre los residuos 41 y 44 de la cadena $\alpha$ adyacente. El cambio del estado desoxi al estado oxi es evidente por la reducción de tamaño de la cavidad central y el desplazamiento del contacto del residuo $\beta$97 con la cadena $\alpha$.

una globina $\alpha$ interacciona con el $-NH_4^+$ de Lys127 de la otra cadena de globina $\alpha$. La cadena lateral guanidina de la Arg 141 forma un puente salino con el $-COO^-$ de Asp 126 y un enlace de hidrógeno con el grupo carbonilo amida de Val 34 en una globina $\beta$ cercana. Finalmente, la cadena lateral de Arg 141 establece una interacción intersubunidad puente con un ion cloruro y el $-NH_3$ de Val 11. Como se describe en el apartado siguiente, el aumento de $[Cl^-]$ estabiliza también el estado T, promoviendo esta interacción puente.

Todas las interacciones que se muestran en la parte inferior izquierda de la Figura 7.15 se rompen cuando la hemoglobina cambia desde el estado T al R (*véase* la parte inferior derecha de la Figura 7.15). Estas interacciones son entálpicamente estabilizantes; así, en ausencia de un ligando unido, se favorece termodinámicamente el estado T sobre el estado R (Figura 7.16). El precio termodinámico para cambiar al estado R (que necesita la rotura de las interacciones enlazantes del estado T) se paga con la energía que proporciona la unión del $O_2$ al ion hierro hemo unido a la proteína. Cuando se libera el $O_2$, la hemoglobina vuelve a la conformación desoxi, de menor energía.

El coste energético de la ruptura de las interacciones estabilizantes en el estado desoxi se paga mediante la formación de enlaces Fe—$O_2$ en el estado oxi.

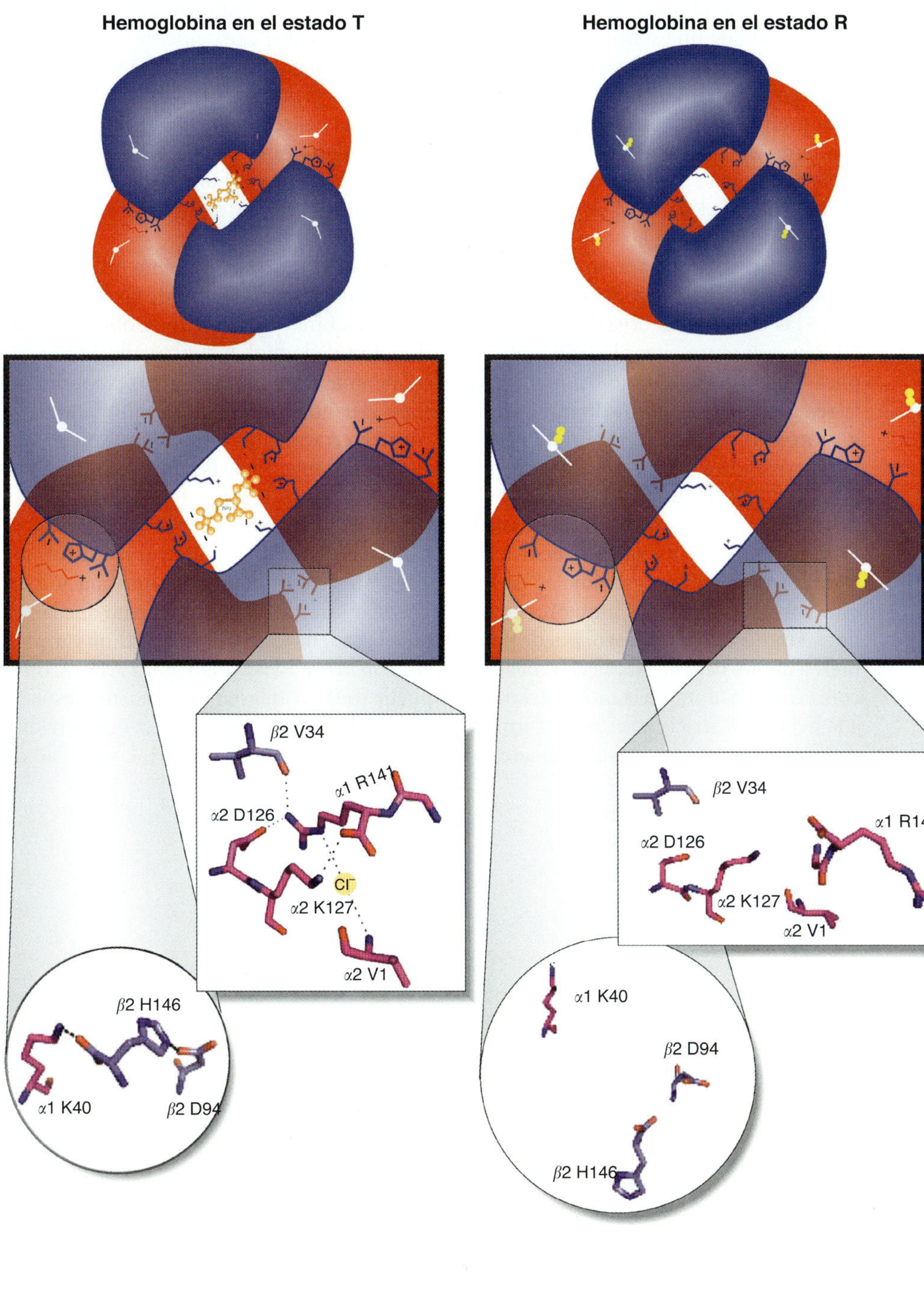


**FIGURA 7.15**

**Interacciones de puentes salinos clave que se rompen durante el cambio de las estructuras cuaternarias de la hemoglobina en los estados T y R.** Arriba: dibujo esquemático de las cuatro subunidades de la hemoglobina. En azul, las globinas $\beta$; en rojo, las globinas $\alpha$; cada hemo, en blanco; el 2,3-BPG (*véase* el apartado siguiente) es amarillo y se muestra en forma de «bolas y bastones». Centro: enfoque que muestra un dibujo muy esquemático de los puentes salinos clave que se rompen al moverse entre las estructuras cristalinas de los estados T y R. Aquí, las globinas $\beta$ (azul) son transparentes, de forma que pueden verse las interacciones en el N-terminal de las globinas $\alpha$ (rojo). Abajo: enfoque que muestra los datos de la estructura cristalina de las interacciones clave en $\beta$-terminal (círculos) y $\alpha$-terminal (cajas). En el texto se da una descripción detallada de los residuos que intervienen. Las interacciones de puentes salinos en el estado T están indicadas por líneas punteadas negras. Todas estas interacciones se rompen durante la transición al estado R. Se resaltan en azul las cadenas laterales de las globinas $\beta$ y las de las globinas $\alpha$, en fucsia. En azul se muestra el ion cloruro que hace puente entre el C-terminal de una globina $\alpha$ ($\alpha_1$ R141) y el N-terminal de la otra globina $\alpha$ ($\alpha_2$ V1). Obsérvese que se producen conjuntos idénticos de interacciones relacionadas con la simetría en los otros terminales de globina $\alpha$ y globina $\beta$. PDB Ids: estado T, 1HGA; estado R, 1BBB.

Cortesía de Gary Carlton.

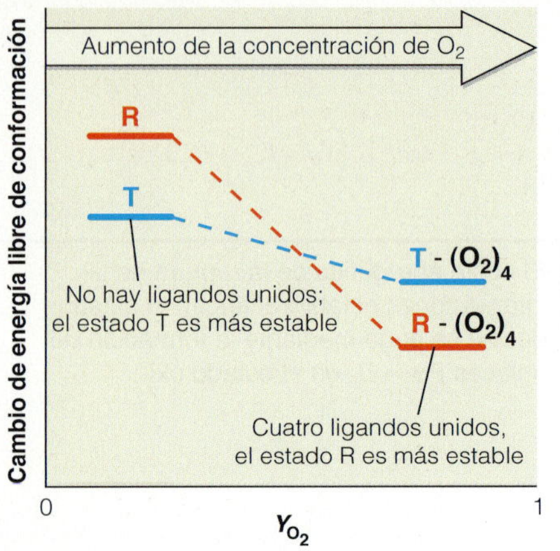


**FIGURA 7.16**

**Imagen simplificada de la unión de un ligando y de las energías de conformación en la hemoglobina.** La conformación desoxi (T) está favorecida cuando no hay ligandos unidos, debido al mayor número de interacciones no covalentes del estado T (*véase* la Figura 7.15). Al aumentar $Y_{O_2}$ (esto es, se unen más ligandos) la energía que proporciona la formación del enlace Fe—$O_2$ estabiliza la conformación R en relación a la conformación T.

**FIGURA 7.17**

**Características esenciales del «mecanismo de Perutz» de la transición T ⟶ R en la hemoglobina.** La unión del oxígeno a la desoxihemoglobina produce cambios de conformación en el hemo. **(a)** En el estado desoxi, el hemo tiene forma de cúpula, que se ha exagerado en esta figura. **(b)** La unión del ligando $O_2$ tira del hierro hacia el plano del hemo, aplanando el hemo y produciendo tensión. **(c)** Un cambio de la orientación de la His F8 alivia la tensión debido, en parte, a que la Val FG5 es empujada hacia la derecha. De esta forma, el cambio terciario del hemo se comunica a la esquina FG.

¿De qué forma se comunica exactamente la energía de la unión del $O_2$ para inducir este cambio conformacional? Las características esenciales del modelo propuesto por Perutz se muestran en la Figura 7.17, donde se ve la relación de la His F8 y la Val adyacente (FG5) con el hemo de la oxihemoglobina y de la desoxihemoglobina. La figura incluye un hecho importante que no se ha mencionado antes: no solo se encuentra el átomo de hierro de la conformación desoxi un poco por encima del plano del hemo, sino que el propio hemo no es del todo plano, sino que está distorsionado y adopta una forma de cúpula. Además, tanto en la desoximioglobina como en la desoxihemoglobina, el eje de His F8 no es exactamente perpendicular al hemo, sino que presenta una inclinación de unos 8°. Cuando el oxígeno se une al otro lado, tira del átomo de hierro una corta distancia hacia abajo dentro del hemo y lo aplana (Figura 7.17b y c). Este cambio no puede producirse sin un reordenamiento molecular, puesto que un movimiento de este tipo acercaría demasiado al hemo el hidrógeno ε de His F8 y a la cadena lateral de Val FG5. Lo que sucede es que la histidina cambia su orientación hacia la perpendicular, desplazando con ello la hélice F y la esquina FG. A su vez, este movimiento distorsiona y debilita todo el complejo de enlaces de hidrógeno y puentes salinos que conectan las esquinas FG de una subunidad con las hélices C de otra. Por consiguiente, se producen los reordenamientos de conformación que se muestran en las Figuras 7.14 y 7.15.

Expresado en términos más simples, la unión del $O_2$ tira del $Fe^{2+}$ una fracción de nanómetro hacia dentro del hemo, lo que apalanca la hélice F y así, produce un desplazamiento mucho mayor de la estructura proteica circundante, y en particular, de las interfases cruciales $\alpha$-$\beta$ (que están a una distancia de 1.7-2.3 nanómetros del hemo). Este remodelado de las interfases $\alpha$-$\beta$ proporciona la unión física entre los lugares de unión del ligando, y explica la cooperatividad que se observa.

Este mecanismo para explicar la cooperatividad de la unión del oxígeno fue propuesto por Perutz con los conocimientos que obtuvo con la identificación de las diferencias entre las estructuras cristalinas de la desoxihemoglobina y la oxihemoglobina. Como tal, representa un ejemplo brillante de la aplicación de la biología estructural para explicar el comportamiento fisiológico relevante de una proteína. Pero, ¿corresponde con la realidad? Los estudios de mutagénesis (*véase* Herramientas de la Bioquímica 4B) y los estudios rápidos de unión de ligandos (*véase* Herramientas de la Bioquímica 11A) han permitido analizar muchas características del mecanismo de Perutz y aunque no es totalmente correcto, muchos datos experimentales apoyan las características generales del modelo y permanece ampliamente aceptado. Por ejemplo, Barrick *et al.* (*véase* la Bibliografía) han utilizado la técnica de mutagénesis de lugar dirigida para sustituir los residuos de histidina proximales de las cadenas $\alpha$ y $\beta$ por glicinas. A continuación, se estudiaron las proteínas mutantes en presencia de imidazol 10 mM, de forma que la pequeña molécula de imidazol puede reemplazar a la cadena lateral de la histidina y unir el hierro hemo, *pero no está ligado covalentemente a la hélice F* (*véase* la Figura 7.18). Como consecuencia, aunque la unión del oxígeno puede todavía aplastar al hemo, no desplaza a la hélice F. Barrick, *et al.* observaron que, en gran medida, se pierde la cooperatividad de la unión y aunque las subunidades parecen permanecer en el estado T, la afinidad de

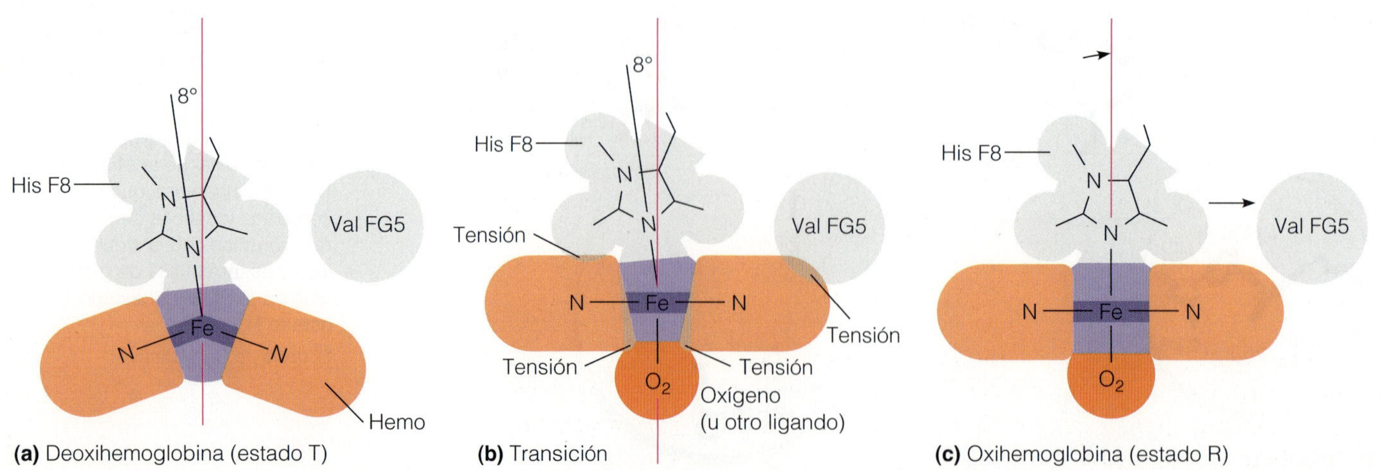

unión del ligando del mutante *aumenta* en comparación con la hemoglobina nativa. Estos hallazgos apoyan las principales características del modelo de Perutz y demuestran que la histidina proximal desempeña una función significativa en la cooperatividad de la hemoglobina. La observación de que la cooperatividad no se elimina completamente en estos mutantes de hemoglobina sugiere que contribuyen también a la unión cooperativa del ligando otras características de la estructura de la hemoglobina, quizás los residuos del bolsillo del hemo distal.

En el mecanismo de Perutz, un pequeño movimiento del hierro del hemo tras la unión del $O_2$ se traduce en un movimiento más grande de la hélice F por la conexión covalente entre la hélice F y la histidina proximal.

Los mecanismos del alosterismo de la hemoglobina siguen siendo tema de debate (*véase* el Apéndice). Sin embargo, para tratar los efectos de los efectores alostéricos específicos sobre la función de la hemoglobina, continuaremos empleando las ideas centrales de los modelos de Perutz y de MWC presentados anteriormente. Hacemos esto por dos razones. En primer lugar, las características generales de estos modelos explican una gran parte del comportamiento alostérico de la hemoglobina. En segundo lugar, estos son los modelos con los que se comparan todos los demás y así, cualquier intento de seguir las críticas/refinamientos de estos modelos necesita la familiaridad con las propuestas originales.

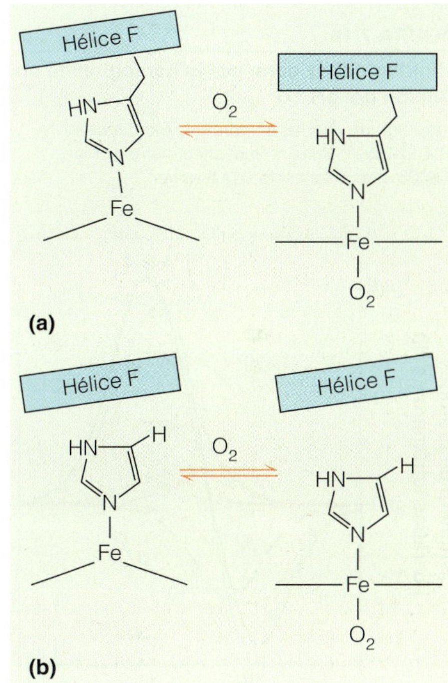


**FIGURA 7.18**

**Efecto de la sustitución de la histidina proximal de la hemoglobina por un residuo de glicina y la adición de un imidazol unido de forma no covalente. (a)** Efecto de la unión del $O_2$ de acuerdo con el modelo de Perutz: la hélice F está dibujada hacia el hemo. **(b)** Ahora, con la carencia de una conexión con el hemo, la hélice F no se altera por la unión del $O_2$ y se reduce de forma significativa la cooperatividad.

## Efectores alostéricos de la hemoglobina

La unión cooperativa y el transporte de oxígeno tan solo son una parte del comportamiento alostérico de la hemoglobina. Las realidades de la fisiología animal imponen otras exigencias. Por ejemplo, según se utiliza el oxígeno en los tejidos, se produce dióxido de carbono, que debe transportarse de vuelta a los pulmones o a las branquias. Como se describe en el Capítulo 2 (página 44), la acumulación de $CO_2$ reduce también el pH en los eritrocitos mediante la *reacción del bicarbonato*,

$$CO_2 + H_2O \rightleftharpoons HCO_3^- + H^+ \quad (7.12)$$

Esta reacción de los eritrocitos la cataliza la enzima *anhidrasa carbónica*. Al mismo tiempo, la demanda elevada de oxígeno, especialmente en el músculo que está realizando una actividad enérgica, puede dar lugar a un déficit de oxígeno o **hipoxia**. Como se indicará en el Capítulo 13, una consecuencia de este déficit es la producción de ácido láctico, el cual reduce también el pH. La disminución del pH en los tejidos y en la sangre venosa señala la exigencia de un mayor aporte de oxígeno. La hemoglobina funciona de manera eficaz para satisfacer estas necesidades, utilizando para ello su transición alostérica entre los estados oxi (R), de afinidad alta y desoxi (T), de afinidad baja.

Como veremos a lo largo de este texto, el alosterismo es un mecanismo general de regulación de muchas proteínas importantes, por lo que damos algunas definiciones generales de los términos relacionados con el alosterismo. Una proteína determinada puede unirse específicamente a varias moléculas diferentes en más de un lugar sobre la superficie de la molécula. El **lugar activo** de una proteína es donde la proteína debe unir una o más moléculas de **sustrato** para llevar a cabo su función primaria. Podemos ver el bolsillo hemo como el «lugar activo» de la hemoglobina, ya que es aquí donde se une el ligando $O_2$. Además del lugar activo, puede haber otros lugares, denominados **lugares reguladores** que unen específicamente moléculas que regulan la función de la proteína. Las moléculas que regulan la función proteica de esta forma se denominan **efectores** y ejercen sus efectos a través de mecanismos alostéricos.

Existen muchas formas de caracterizar los efectores alostéricos. Aquellos que aumentan la actividad proteica se denominan **efectores positivos** y los que disminuyen la actividad son **efectores negativos**. Los efectores también pueden diferenciarse por su lugar de unión en la proteína. Hemos visto que la unión del $O_2$ *al hemo* tiene un efecto cooperativo positivo sobre los acontecimientos de unión posteriores. Dado que el $O_2$ afecta a su propia unión al unirse al lugar activo de la proteína, se denomina efector **homotrópico**. Los efectores que se unen a lugares reguladores (que habitualmente se encuentran distantes del lugar activo) se denominan efectores **heterotrópicos**.

Consideramos ahora los efectos de cuatro efectores heterotrópicos negativos de la hemoglobina: $H^+$, $CO_2$, $Cl^-$ y 2,3-BPG.

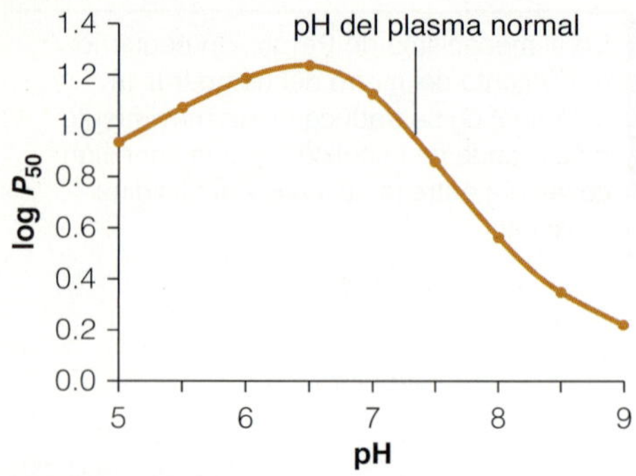


**FIGURA 7.19**

**Afinidad del oxígeno por la hemoglobina en función del pH.**

Adaptado de *Journal of Inorganic Biochemistry* 99:120-130, T. Brittain, Root effect hemoglobins. © 2005, con autorización de Elsevier.

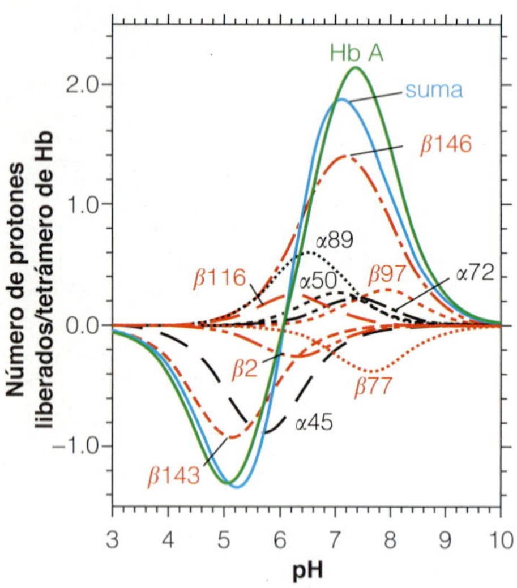


**FIGURA 7.20**

**Contribuciones de varios residuos de His al efecto Bohr en la hemoglobina.** Se muestra el efecto Bohr neto de la Hb con la curva verde. La parte positiva de la curva corresponde al efecto Bohr alcalino y tiene una gran relevancia fisiológica. Las contribuciones de algunos residuos individuales de His se muestran en rojo (residuos de globina $\beta$) o en negro (residuos de globina $\alpha$) y se calculan utilizando los valores de p$K_a$ medidos por medio de técnicas de titulación con RMN (*véase* la Figura 6A.11). La curva azul es la suma de las contribuciones de los 26 residuos de His de la superficie. La suma no incluye las contribuciones del N-terminal.

Reproducido con autorización de *Chemical Reviews*, 104:1219-1230, J. A. Lukin y C. Ho, The structure-function relationship of hemoglobin in solution at atomic resolution. © 2004 American Chemical Society.

La hemoglobina transporta también $CO_2$ desde los tejidos a los pulmones o las branquias. El $CO_2$ actúa como efector alostérico negativo de la unión del $O_2$.

## Respuesta a los cambios de pH: efecto Bohr

El plasma sanguíneo tiene un pH que, normalmente, es 7.4. Como se muestra en la Figura 7.19, una caída del pH inicialmente tiene el efecto de elevar la $P_{50}$ de la hemoglobina (esto es, disminuir la afinidad del $O_2$), facilitando así una mayor liberación de $O_2$. Esta respuesta de la hemoglobina al cambio de pH se denomina **efecto Bohr***, por Christian Bohr (padre del físico Niels Bohr), que lo publicó en 1904. La reacción completa puede escribirse

$$\text{Hb}\cdot 4\text{O}_2 + n\text{H}^+ \rightleftharpoons \text{Hb}\cdot n\text{H}^+ + 4\text{O}_2$$

en donde $n$ tiene un valor algo superior a 2. Esta reacción tiene dos consecuencias fisiológicas. En primer lugar, en los capilares, los iones $H^+$ activan la liberación del $O_2$ al llevar la reacción hacia la derecha. Posteriormente, cuando la sangre venosa vuelve a circular hacia los pulmones o las branquias, la oxigenación tiene como efecto la liberación de $H^+$ mediante un desplazamiento del equilibrio hacia la izquierda. Esto tiende, a su vez, a liberar $CO_2$ del bicarbonato disuelto en el plasma sanguíneo mediante la inversión de la reacción del bicarbonato (Ecuación 7.12). El $CO_2$ libre ya puede espirarse.

Perutz y colaboradores propusieron en 1970 un mecanismo estereoquímico para explicar el efecto Bohr. Perutz argumentó que determinados lugares de unión del protón en la hemoglobina son de mayor afinidad en la forma desoxi que en la forma oxi y predijo que el residuo de histidina 146 en el C-terminal de cada cadena $\beta$ tiene una contribución principal. Un cambio de la afinidad del protón por algunos grupos ionizables se manifiesta en forma de un cambio de p$K_a$. ¿Cómo puede alterarse el p$K_a$ de una cadena lateral de un aminoácido? Puede conseguirse alterando el entorno químico de la cadena lateral ionizable. La histidina $\beta$146 del tetrámero en el estado R tiene un p$K_a$ de alrededor de 6.4 y está, por tanto, predominantemente desprotonado al pH normal de la sangre, 7.4. Como se muestra en la Figura 7.15, cuando la hemoglobina se encuentra en el estado T, la cadena lateral de $\beta$ Asp 94 se acerca lo suficiente a la $\beta$ His 146 hasta hacer un puente salino *si la histidina está protonada*. Dado que este puente salino estabiliza al protón frente a la disociación, aumenta el p$K_a$ de la $\beta$ His 146. Este cambio de p$K_a$ ha sido confirmado de forma experimental mediante estudios de RMN en el laboratorio de Chen Ho. Ho y colaboradores han medido el p$K_a$ de la $\beta$ His 146 en el estado desoxi que es de 7.93, aunque es de 6.42 cuando está unido a CO (que mimetiza el estado oxi). Así, al aumentar la concentración del protón, se favorece la protonación de la $\beta$ His 146 que, a su vez, favorece la conformación *desoxi* y estimula, por tanto, la liberación de oxígeno.

Aunque la $\beta$ His 146 realiza la principal contribución al efecto Bohr alcalino (Figura 7.20), también participan otros residuos, entre ellos, los grupos amino N-terminal de las cadenas $\alpha$. La unión del protón a estos residuos favorece la conformación desoxi de forma análoga a la de la $\beta$ His 146. En la Figura 7.21 se presenta el efecto global del descenso del pH sobre la afinidad de la unión del $O_2$. Obsérvese que una disminución del pH de tan solo 0.8 unidades desplaza la $P_{50}$ desde menos de 20 mm Hg a más de 40 mm Hg, aumentando, en gran manera, la cantidad de oxígeno descargada a los tejidos respiratorios.

## Transporte del dióxido de carbono

La liberación del dióxido de carbono por parte de los tejidos que respiran reduce la afinidad de la hemoglobina por el oxígeno de dos formas. En primer lugar, como se ha mencionado antes, parte del $CO_2$ se convierte en bicarbonato en los eritrocitos, liberando protones que contribuyen al efecto Bohr. La mayor parte de este bicarbonato se transporta fuera de los eritrocitos y se lleva disuelto en el plasma sanguíneo. Una pequeña parte del $CO_2$ (que es del orden de 5-13 %) reacciona directamente con la hemoglobina, uniéndose a los grupos amino N-terminales de las cadenas para formar **carbamatos:**

$$-\overset{+}{\text{N}}\text{H}_3 + \text{HCO}_3^- \rightleftharpoons -\underset{}{\overset{\text{H}}{\overset{|}{\text{N}}}}-\text{COO}^- + \text{H}^+ + \text{H}_2\text{O}$$

* El efecto que se observa por encima de pH ~6.5 se denomina más adecuadamente «efecto Bohr alcalino», para diferenciarlo del «efecto Bohr ácido», que describe un *incremento* de la afinidad del $O_2$ al caer el pH por debajo de un valor de 6. No está clara (al menos, en los mamíferos) la relevancia fisiológica del efecto Bohr ácido.

Esta *reacción de carbamación* permite a la hemoglobina facilitar el transporte del $CO_2$ desde los tejidos a los pulmones o a las branquias; los protones liberados con la formación de carbamato contribuyen al efecto Bohr.

Podemos resumir los efectos del $H^+$ y del $CO_2$ mediante el ciclo respiratorio que se muestra en la Figura 7.1. En los pulmones o las branquias de un animal, el $O_2$ es abundante. La oxigenación favorece la conformación oxi de la hemoglobina, que estimula la liberación de $CO_2$. Cuando la sangre se desplaza por las arterias hacia los capilares de los tejidos, el pH menor y el contenido elevado de $CO_2$ favorecen la forma desoxi, con lo que se facilita la liberación de $O_2$ y la unión de $CO_2$. El dióxido de carbono, tanto al formar bicarbonato como al reaccionar con la hemoglobina, contribuye al descenso del pH, estimulado aún más por la liberación de $O_2$.

En la hiperventilación se observa la función del aumento de $CO_2$ sobre la estimulación de la liberación de $O_2$. Si una persona respira con demasiada rapidez, se reduce de forma significativa la concentración plasmática de $CO_2$ y consecuentemente, se deteriora la liberación de oxígeno a los tejidos. Esta situación produce mareo y, en casos extremos, la pérdida del conocimiento. La hiperventilación puede corregirse fácilmente respirando dentro de una bolsa de papel, lo cual hace que el $CO_2$ espirado vuelva de nuevo a la sangre, aumentando así su concentración.

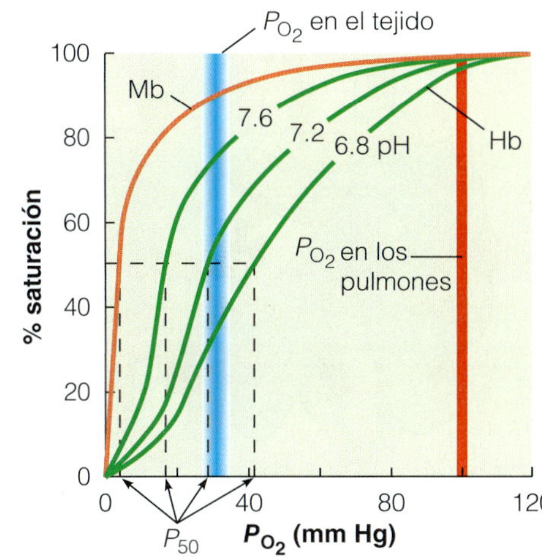


**FIGURA 7.21**

**Efecto Bohr en la hemoglobina.** Se muestran las curvas de unión del oxígeno para la hemoglobina (verde) a pH 7.6, 7.2 y 6.8. Obsérvese que la eficacia de la descarga del oxígeno, medida por las diferencias en las curvas a $P_{O_2}$ = 30 mm Hg (línea azul vertical), aumenta en gran manera a medida que cae el pH. Cuando la hemoglobina va de los pulmones a los tejidos, el pH inferior favorece la conformación de menor afinidad (esto también se refleja en el aumento de los valores de $P_{50}$ al caer el pH). La mioglobina muestra poco efecto Bohr, por lo que su curva de unión del oxígeno (naranja) es aproximadamente la misma a los tres valores de pH.

## Respuesta del ion cloruro en el N-terminal de la $\alpha$-globina

Los iones bicarbonato que se forman en el interior de los eritrocitos se transportan a través de la membrana del eritrocito al plasma que los rodea. Para mantener la neutralidad de carga dentro del glóbulo rojo, los iones $Cl^-$ se intercambian por los iones $HCO_3^-$ (en el Capítulo 10 se considera con detalle el transporte iónico). Los iones cloruro se unen a la desoxihemoglobina, entre los residuos terminales de cada globina $\alpha$, formando un puente entre el amino terminal de Val 1 cargado positivamente y la cadena lateral de Arg 141. Esto, posiblemente, se debe a la proximidad de estos grupos en la conformación desoxi (*véase* la Figura 7.15). La unión del ion cloruro favorece la protonación del grupo amino N-terminal de Val 1, aumentando así su p$K_a$. Val1 y Arg 141 no interactúan en la conformación oxi y así se libera el $Cl^-$ unido y el $H^+$. De esta forma, la unión del ion cloruro aumenta el efecto Bohr.

## 2,3- Bisfosfoglicerato

El $H^+$ y el $CO_2$ son los efectores que actúan rápidamente para facilitar el intercambio de $O_2$ y $CO_2$ en el ciclo respiratorio. Otro efector importante actúa en períodos de tiempo más largos para permitir a los organismos, como el ser humano, adaptarse a los cambios graduales en la disponibilidad de oxígeno. Es frecuente observar que las personas que se desplazan a zonas de gran altitud experimentan inicialmente cierta angustia, pero luego se aclimatan de manera gradual a la presión menor de oxígeno. A corto plazo (1-2 días), esta aclimatación es consecuencia del aumento de la concentración de glóbulos rojos en el plasma debido a la reducción del volumen del plasma sanguíneo; pero, un efecto adaptativo más significativo a corto plazo se debe a los cambios de la concentración del efector alostérico **2,3-bisfosfoglicerato** (o **2,3-BPG**; Figura 7.22a) en los glóbulos rojos. A los 2 días de desplazarse a gran altitud, la concentración de 2,3-BPG de los glóbulos rojos casi se duplica (de 4.5 mM a ~7.6 mM), lo que da lugar a un aumento de la unión de este efector a la Hb. La adaptación a largo plazo a la altitud elevada, que requiere 2-3 meses, es un aumento de la producción de glóbulos rojos.

Al igual que los efectos producidos por el $H^+$ y el $CO_2$, la unión del 2,3-BPG actúa reduciendo la afinidad de la hemoglobina por el oxígeno. A primera vista puede parecer una forma bastante extraña de adaptarse a una presión de $O_2$ más baja pero, de hecho, la descarga más eficaz del oxígeno en los tejidos compensa de manera sobrada la ligera reducción de la eficacia de carga en los pulmones (*véase* el Problema 12). La acción del 2,3-BPG se presenta en la Figura 7.23. El 2,3-BPG se une mediante interacciones iónicas a los grupos con carga positiva que recubren la cavidad entre las cadenas $\beta$ en el estado desoxi. En la Figura 7.14b se muestra una comparación de las dos conformaciones de la hemoglobina, y en ella se observa que esta abertura es mucho más estrecha en la oxihemoglobina que en la desoxihemoglobina. De hecho, el BPG no puede acomodarse en la forma oxi. Cuanto mayor es el contenido de BPG de los eritrocitos, más estable es la

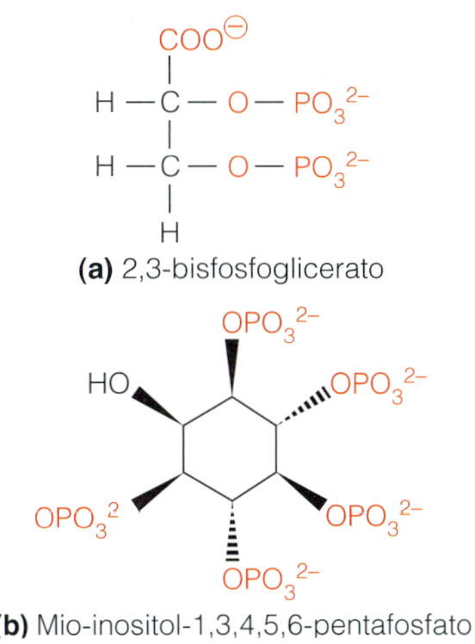


**FIGURA 7.22**

**Dos compuestos aniónicos que se unen a la desoxihemoglobina. (a)** 2,3-bisfosfoglicerato (BPG), que se encuentra en los mamíferos. El 2,3-BPG se denominaba antes difosfoglicerato (DPG). **(b)** Mio-inositol-1,3,4,5,6-pentafosfato (IPP), que se encuentra en las aves.

El 2,3-bisfosfoglicerato (2,3-BPG) se encuentra en el interior de los glóbulos rojos y es un potente efector alostérico que disminuye la afinidad de la hemoglobina por el $O_2$.

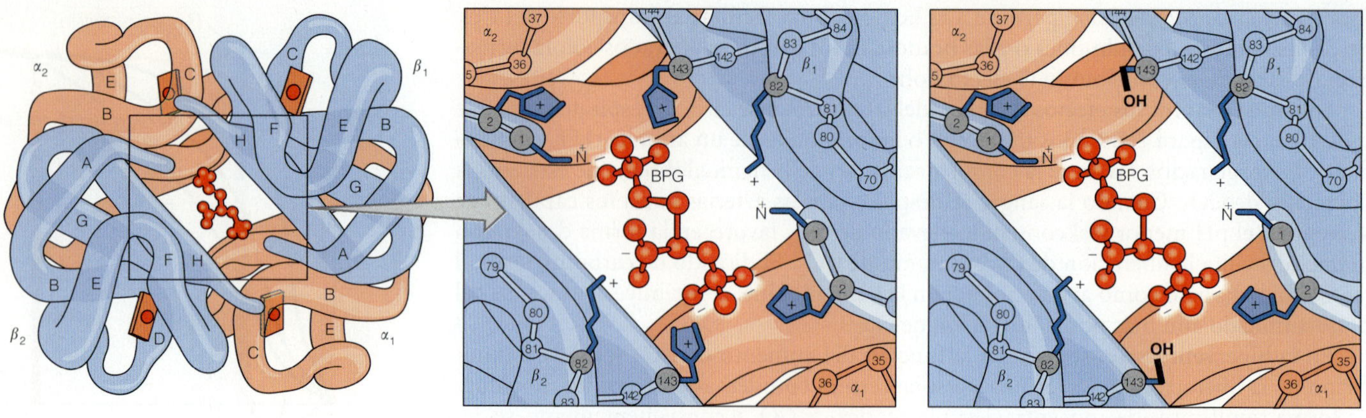


**Unión del 2.3-BPG en la Hb del adulto** **Unión del 2.3-BPG en la Hb del feto**

**FIGURA 7.23**

**Unión del 2,3-bisfosfoglicerato a la desoxihemoglobina.** El lugar de unión, en la cavidad central del tetrámero de la hemoglobina del adulto (HbA) (*véanse* las Figuras 7.14 y 7.15), está recubierto con ocho grupos de carga positiva que facilitan la unión de la molécula de 2,3-BPG, de carga negativa (panel central). Obsérvese que los residuos de histidina ($\beta$143) están sustituidos por serina en la hemoglobina fetal (HbF; panel más a la derecha).

Ilustración Irving Geiss. Imagen de la Irving Geiss Collection/Howard Hughes Medical Institute. Los derechos pertenecen a HMM. No puede reproducirse sin autorización.

estructura desoxi. Así, el 2,3-BPG no se puede unir a la forma oxi. Cuanto mayor es el contenido de 2,3-BPG de los glóbulos rojos, más estará favorecida la estructura desoxi. De nuevo, una disminución de la afinidad por el $O_2$ se explica por la estabilización preferente de la estructura desoxi. También se observan aumentos de las concentraciones de 2,3-BPG en la sangre de los fumadores, ya que estos, como consecuencia del monóxido de carbono existente en el humo, sufren también una limitación del aporte de $O_2$.

El 2,3-BPG desempeña otro papel sutil, pero importante, en la respiración del ser humano y de otros mamíferos. Consideremos el problema con el que se enfrenta el feto, que debe obtener $O_2$ de la sangre de la madre mediante el intercambio a través de la placenta. Para que este intercambio funcione bien, la sangre fetal debe tener una afinidad por el $O_2$ superior a la de la sangre de la madre. En realidad, el feto humano tiene una hemoglobina diferente de la del adulto. Mientras que la hemoglobina del adulto (HbA) tiene dos cadenas $\alpha$ y dos cadenas $\beta$ ($\alpha_2\beta_2$), en el feto, las cadenas $\beta$ están sustituidas por unos polipéptidos similares, pero que presentan claras diferencias. Estos polipéptidos se denominan cadenas $\gamma$, por lo que la estructura de la hemoglobina fetal (HbF) es $\alpha_2\gamma_2$. La afinidad intrínseca de la HbF por el oxígeno es muy similar a la de la HbA, pero la HbF tiene una afinidad por el 2,3-BPG muy inferior a la que posee la HbA. Esta diferencia se debe, en gran parte, a la sustitución de la His 143 de la cadena $\beta$ del adulto por una Ser en la cadena $\gamma$ fetal. Como se muestra en la Figura 7.23, la pérdida de la His 143 con carga positiva en la HbF reduce la afinidad de unión del 2,3-BPG. La concentración de 2,3-BPG es aproximadamente la misma en los sistemas circulatorios de la madre y del feto. En estas condiciones, la HbF tendrá menos 2,3-BPG unido que la HbA y, por tanto, tiende a favorecer el estado R; así, la HbF tendrá una afinidad por el oxígeno superior y extrae $O_2$ de la HbA materna con menor afinidad.

El empleo de efectores que facilitan la liberación del oxígeno no se limita a los mamíferos. La sangre de los pájaros contiene **inositol pentafosfato** (*véase* la Figura 7.22b), y los peces utilizan ATP con una finalidad similar. Todas estas moléculas tienen una carga negativa fuerte y se unen en la hendidura central de la desoxihemoglobina. Todos estos efectores alostéricos, como $H^+$, $CO_2$, y 2,3-BPG, actúan de la misma forma general, es decir, inclinando el equilibrio de conformación de la hemoglobina hacia la forma desoxi. Sin embargo, interaccionan en lugares claramente distintos, y por tanto sus efectos pueden ser aditivos, como se ilustra en la Figura 7.24, para el $CO_2$ y el 2,3-BPG.

## Otras funciones de las hemoglobinas: reacciones con el óxido nítrico

Francis Crick tiene fama de haber dicho la ocurrencia «*la hemoglobina tiene un efecto pesado* (*bore* en inglés)», que refleja la opinión generalizada de que no hay descubrimientos más profundos que los que se hacen en el estudio continuado de la proteína más estudiada de la Tierra. Dado el debate actual sobre el alosterismo de la hemoglobina (*véase* el Apéndice), está claro que no se entiende todo sobre la función de la hemoglobina. Asimismo, la visión mantenida durante mucho tiempo de la mioglobina como una proteína de transporte de $O_2$ esencial, fue cuestionada por el resultado sorprendente de que los ratones que carecen del gen de la mioglobina parecen ser normales, incluso en condiciones de estrés inducido por el ejercicio. Una investigación cuidadosa mostró que en estos ratones han aparecido muchos mecanismos compensatorios para facilitar la oxigenación de sus tejidos (por ejemplo, aumentando la densidad de los capilares del músculo cardíaco). En la década pasada, se ha visto que tanto la mioglobina como la hemoglobina poseen funciones esenciales más allá de las asociadas con la unión reversible del $O_2$ y permanecen muchas preguntas abiertas sobre los mecanismos por los que se llevan a cabo estas otras funciones. Las áreas más activas de investigación son aquellas centradas en los papeles de la mioglobina y la hemoglobina en los efectos fisiológicos del gas óxido nítrico (NO) que es, tanto una molécula de señalización importante como un mediador de citotoxicidad durante la fagocitosis. En los Capítulos 21 y 23 se presentan más detalles de la biosíntesis y acción del NO.

A las bajas concentraciones que se encuentran normalmente en las células endoteliales ($\sim 10^{-7}$ M), el NO señaliza la relajación de las células de músculo liso. Antes de ser identificado como NO, el agente que producía esta relajación era conocido como FRPE o factor de relajación procedente del endotelio. La oxihemoglobina es un basurero eficaz de NO debido a que reacciona muy rápidamente ($\sim 7 \times 10^7$ $M^{-1}$ $s^{-1}$) con el NO y lo oxida a nitrato en una reacción de *dioxigenación*

$$\mathrm{Hb(Fe^{2+}\!\!-\!O_2) + NO \longrightarrow Hb(Fe^{3+}) + NO_3^-} \qquad (7.13)$$

El trabajo de Paul Gardner y colaboradores ha demostrado que ambos átomos en el $O_2$ se añaden al NO cuando esta reacción se lleva a cabo en presencia de oximioglobina u oxihemoglobina, pero no cuando la reacción se lleva a cabo en ausencia de mioglobina o hemoglobina. Esto llevó a Gardner a proponer una actividad *óxido nítrico dioxigenasa* para la familia de proteínas globina; incluyendo las **flavohemoglobinas**, que son antecesores de la mioglobina y la hemoglobina (*véase* más adelante). Las flavohemoglobinas contienen, además de un dominio de unión hemo, dominios que unen los cofactores redox **dinucleótido de flavina y adenina** ($FAD/FADH_2$) y **dinucleótido de nicotinamida y adenina** ($NAD^+$/NADH). Las reacciones químicas en que intervienen estos cofactores se describen con mayor detalle en los capítulos siguientes, que cubren las reacciones metabólicas. En la flavohemoglobina actúan como agentes reductores para convertir el hemo férrico ($Fe^{3+}$), generado en la ecuación 7.13, en ferroso ($Fe^{2+}$). ¿Por qué tienen las globinas esta actividad de dioxigenación de NO y por qué los microbios poseen globinas cuando son lo suficientemente pequeños para recibir $O_2$ suficiente por difusión (en condiciones aerobias)?

Las pistas sobre las posibles respuestas a estas preguntas han venido de la observación de que en las diferentes bacterias que se han analizado, aquellas que carecen de los genes de flavohemoglobina son destruidas por la exposición al NO a una concentración $\sim 10$ $\mu$M. Además, algunas bacterias que expresan cantidades superiores a las normales de flavohemoglobina son resistentes a la destrucción por los macrófagos (que producen NO como parte de su acción citotóxica). De esta forma, parece ser que en estos microbios, la flavohemoglobina participa en la resistencia a los efectos citotóxicos del NO. Pero, ¿qué sucede con los organismos superiores? En comparación con los ratones nativos, los que carecen de los genes de mioglobina muestran un fenotipo con un aumento del daño al tejido cardíaco tras los periodos de exposición al NO. Entre sus diversos modos de citotoxicidad, el NO inhibe la respiración aerobia. Estas observaciones hicieron que Maurizio Brunori propusiera en 2001 que la mioglobina, como potente NO dioxigenasa, desempeña una función esencial en la protección de las células frente a la inhibición a través del NO de la producción celular de energía.

La actividad dioxigenasa de la mioglobina puede explicar otra observación, que es que la mioglobina se expresa con concentraciones bajas en muchos tipos de tejidos no músculares. Además, otras dos adiciones a la familia de globinas hemo, la **citoglobina** y la **neuroglobina**, pueden desempeñar funciones importantes en el barrido de NO. La citoglobina parece expresarse en la mayoría de los tipos tisulares, mientras que la neuroglobina se encuentra en el tejido neuronal. Aunque no se conocen las funciones definitivas de la citoglobina y la neuroglobina, pueden actuar como enzimas dioxigenasas para evitar el daño tisular tras las situaciones de hipoxia (por ejemplo, accidente cerebrovascular o ataque cardíaco). Otras funciones que se han propuesto para estas globinas son la reducción en la hipertensión y la prevención de **apoptosis** (muerte celular programada, que se describe con más detalle en el Capítulo 28).

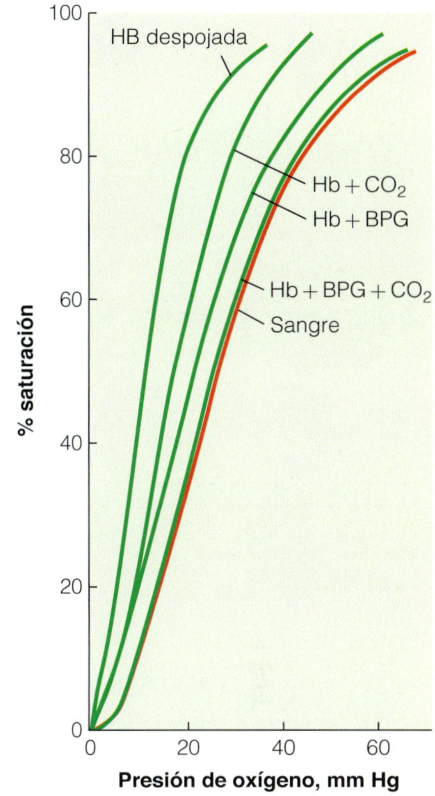


**FIGURA 7.24**

**Efectos combinados del $CO_2$ y del BPG sobre la unión del oxígeno por la hemoglobina.** La hemoglobina desprovista de $CO_2$ y de BPG tiene una afinidad elevada por el oxígeno. Cuando se añaden ambas sustancias a la hemoglobina a las concentraciones que se dan en la sangre que sale de los capilares, la hemoglobina presenta casi exactamente la misma curva de unión que se observa para la sangre total.

*British Medical Bulletin* 32:209-212, J. V. Kilmartin, Interaction of hemoglobin with protons, $CO_2$ y 2,3-disphosphoglycerate. © 1976, Con autorización de Oxford University Press.

La citoglobina y la neuroglobina ayudan a evitar el daño en los tejidos tras un accidente cerebrovascular o un ataque cardíaco.

En resumen, la mioglobina y la hemoglobina son máquinas moleculares sofisticadas, cada una de ellas afinada para llevar a cabo sus funciones. En el apartado siguiente exploramos cómo han evolucionado estas estructuras. Nos centraremos en las funciones de transporte de $O_2$ de la mioglobina y la hemoglobina de los vertebrados; sin embargo, debe tenerse en cuenta que las globinas son proteínas antiguas que se encuentran con grandes variaciones estructurales y funcionales en las bacterias y las arqueas, donde la actividad NO dioxigenasa parece tener una gran importancia. Así, el transporte de $O_2$ parece ser una adaptación funcional reciente de la globina ancestral que ha estado presente en la Tierra desde que la concentración atmosférica de $O_2$ fuera mucho menor que la que hay en la actualidad.

## Evolución proteica: los ejemplos de la mioglobina y la hemoglobina

Cada secuencia polipeptídica que un organismo produce, está codificada por un gen. La secuencia de nucleótidos de ese gen dicta la secuencia de aminoácidos de la proteína, la cual define, a su vez, las estructuras secundaria, terciaria y cuaternaria de la proteína. La evolución de las proteínas se produce mediante la acumulación de cambios en las secuencias de nucleótidos de los genes. Para explorar este proceso utilizaremos como ejemplo, el desarrollo evolutivo de la familia de proteínas mioglobina-hemoglobina. Sin embargo, en primer lugar, debemos examinar con algo más de detalle la estructura de los genes eucariotas y los mecanismos mediante los que puede producirse una mutación.

### Estructura de los genes eucariotas: exones e intrones

Los genes eucariotas son discontinuos y contienen tanto secuencias reguladoras o codificadoras de proteínas (exones) como secuencias interpuestas (intrones).

En capítulos anteriores hemos dado a entender que existe una correspondencia directa entre la secuencia de nucleótidos de un gen y (a través del mRNA) la secuencia de aminoácidos de la cadena polipeptídica que codifica. Para la mayor parte de los genes de los organismos procariotas, este concepto es cierto; pero el estudio de los genomas de los organismos superiores ha dado un resultado sorprendente: dentro de la mayoría de los genes eucariotas existen secuencias de DNA que no se expresan nunca en la cadena polipeptídica. Estas regiones no codificantes, denominadas **intrones**, se alternan con regiones denominadas **exones**, que incluyen el DNA que codifica la secuencia polipeptídica traducida y las regiones no traducidas en los extremos 3´y 5´, que son importantes para la regulación de la transcripción y la traducción. La Figura 7.25 muestra cómo está relacionada la estructura exón-intrón del gen de la $\beta$ globina con la estructura de la $\beta$ globina.

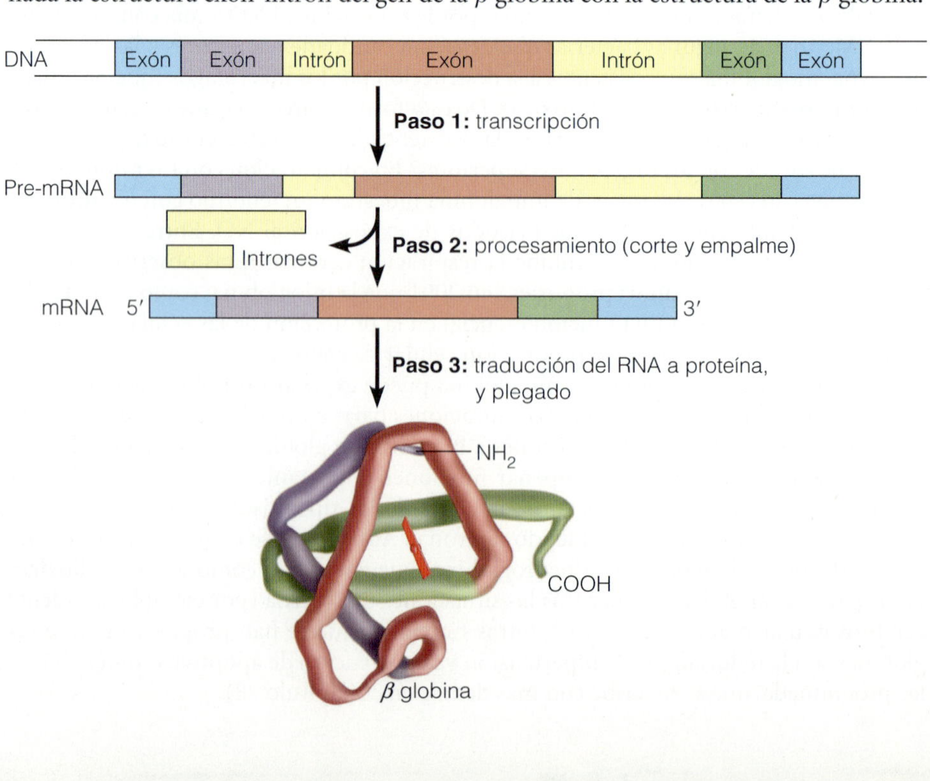


**FIGURA 7.25**

**Regiones codificantes y no codificantes del gen de la hemoglobina $\beta$.** El gen de la cadena $\beta$ de la hemoglobina posee regiones reguladoras (cajas azules) y regiones codificantes (cajas púrpura, rojas y verdes), o exones, alternadas con regiones no codificantes, o intrones (cajas amarillas). En esta figura se muestra el proceso de transcripción y traducción del gen para producir la cadena $\beta$ de hemoglobina final. **Paso 1, transcripción:** se produce un transcrito primario (pre-mRNA), que contiene copias complementarias de los exones y los intrones, a partir del gen. **Paso 2, corte y empalme:** se eliminan las secuencias intrónicas y los exones se empalman juntos para producir el mRNA final. **Nota:** en el Capítulo 27 se da el mecanismo de corte y empalme del mRNA. **Paso 3, traducción:** las regiones codificantes del mRNA unidas producen una cadena $\beta$, que adopta su estructura tridimensional favorecida e incorpora un grupo hemo. Obsérvese que toda la región de unión del hemo (rojo) está codificada por un exón.

Evidentemente, esta situación notable da a entender que la producción de mRNA en los eucariotas debe ser un proceso mucho más complejo de lo que inicialmente se había supuesto. Como indica la Figura 7.25, lo que realmente ocurre es que la transcripción produce inicialmente un transcrito primario, o **pre-mRNA**, que corresponde a todo el gen (exones, intrones y porciones de las regiones de flanqueo). El pre-mRNA, cuando todavía se encuentra en el núcleo de la célula, se corta y empalma para eliminar las regiones que corresponden a los intrones, con lo que se produce un mRNA que codifica correctamente la expresión de la cadena polipeptídica. En el Capítulo 27 se describen los detalles de este proceso. Por el momento, tengamos presente que la mayor parte de los genes eucariotas son estructuras «parcheadas» que contienen regiones amplias que no corresponden a ninguna parte de la secuencia proteica.

## Mecanismos de la mutación proteica

Cuando los organismos se reproducen, copian su DNA, y algunas veces se cometen errores. Estos errores pueden ser de tipo aleatorio, que tienen lugar durante el copiado, o pueden ser el resultado de un daño sufrido por el DNA como consecuencia de la radiación o de productos químicos **mutágenos**, es decir, sustancias que producen mutaciones (se consideran con detalle en el Capítulo 26). En cualquier caso, estas alteraciones se manifiestan en forma de **mutaciones** en el DNA de la siguiente generación y las posteriores. Existen dos tipos básicos de cambios de la secuencia del DNA que pueden dar lugar a mutaciones en las proteínas: (1) sustituciones de unas bases del DNA por otras y (2) eliminaciones o inserciones de bases en el gen.

> Las mutaciones se deben a cambios de la secuencia del DNA de los genes, que consisten en sustituciones, pérdidas o adiciones de bases.

### Sustitución de bases del DNA

La sustitución de bases puede tener varias consecuencias. En primer lugar, el cambio de base puede no afectar en absoluto a la secuencia de la proteína. El cambio puede producirse, por ejemplo, en un intrón; pero incluso si es en un exón que codifica la proteína, esta **mutación silente** o **sinónima** (Figura 7.26a) puede no establecer diferencias con la secuencia proteica si el nuevo codón codifica el mismo aminoácido que el original. La redundancia del código genético (*véase* la Figura 5.18, página 152) es tal, que con mucha frecuencia un cambio de base no altera el producto proteico. Por otra parte, un residuo de aminoácido de la proteína original puede sustituirse por otro diferente en la proteína mutada. Este tipo de sustitución se denomina **mutación de sentido equivocado** o **no sinónima** (Figura 7.26a). A veces, el codón correspondiente a un residuo de aminoácido en la proteína original pasa a ser un codón de *parada*. A esto lo llamamos una **mutación sin sentido**, puesto que la proteína se terminará prematuramente y generalmente no será funcional (Figura 7.26b). En ocasiones ocurre lo contrario, es decir, un codón de parada se transforma en un codón correspondiente a un residuo de aminoácido. En este caso, la traducción continúa, con lo que se alarga la cadena.

### Eliminaciones o inserciones de nucleótidos

Las eliminaciones o inserciones en el gen pueden ser grandes o pequeñas. Estas mutaciones fuera de las regiones codificantes, en general, no tendrán efecto, a no ser que modifiquen lugares de control de la transcripción (por ejemplo, las regiones no traducidas del mRNA

**FIGURA 7.26**

**Tipos de mutación.** Se muestran en esta figura algunas de las formas en que pueden producirse mutaciones en la cadena $\beta$ de la hemoglobina. Se indican arriba los 10 primeros residuos de la cadena $\beta$ humana normal, junto con sus codones del DNA. **(a)** Se ha producido una mutación silente o sinónima en el codón del residuo 2 (CAC a CAT). **(b)** Se ha producido una mutación de sentido equivocado o no sinónima en el codón del residuo 6 (GAG a GTG). Esta es la mutación drepanocítica. **(c)** Se ha producido una mutación sin sentido que ha introducido una señal de parada tras el residuo 7 (AAG a TAG), con lo que se finaliza la cadena prematuramente. **(d)** Se ha producido una mutación de desplazamiento de marco como consecuencia de la eliminación de un único residuo T. El resto de la cadena, con una secuencia completamente alterada, continuará produciéndose hasta que se encuentre una señal de parada en el nuevo marco. Tanto (c) como (d) darán lugar a una $\beta$-talasemia (*véase* la página 266).

| Número de residuo | | 1 | 2 | 3 | 4 | 5 | 6 | 7 | 8 | 9 | 10 |
|---|---|---|---|---|---|---|---|---|---|---|---|
| Gen $\beta$ normal | ...A T G | G T G<br>Val | C A **C**<br>His | C T G<br>Leu | A C **T**<br>Thr | C C T<br>Pro | G **A** G<br>Glu | G A G<br>Glu | **A** A G<br>Lys | T C T<br>Ser | G C C...<br>Ala |
| **(a)** Mutación silente o sinónima | | G T G<br>Val | C A T<br>His | C T G<br>Leu | A C T<br>Thr | C C T<br>Pro | G A G<br>Glu | G A G<br>Glu | A A G<br>Lys | T C T<br>Ser | G C C...<br>Ala |
| **(b)** Mutación de sentido equivocado o no sinónima | | G T G<br>Val | C A C<br>His | C T G<br>Leu | A C T<br>Thr | C C T<br>Pro | G T G<br>Val | G A G<br>Glu | A A G<br>Lys | T C T<br>Ser | G C C...<br>Ala |
| **(c)** Mutación sin sentido | | G T G<br>Val | C A C<br>His | C T G<br>Leu | A C T<br>Thr | C C T<br>Pro | G A G<br>Glu | G A G<br>Glu | T A G<br>Stop | T C T | G C C... |
| **(d)** Mutación de desplazamiento de marco por pérdida | | G T G<br>Val | C A C<br>His | C T G<br>Leu | A C □ C<br>Thr | C T G<br>Leu | A G G<br>Arg | A G A<br>Arg | A G T<br>Ser | C T G<br>Leu | C C... |

cortado y empalmado). Las inserciones o eliminaciones grandes en regiones codificantes impiden casi invariablemente la producción de una proteína útil; en ocasiones, pueden suprimirse incluso genes completos. El efecto de las eliminaciones o inserciones cortas depende de si afectan a múltiplos de tres bases. Si se eliminan o se añaden uno, dos o más *codones completos*, la consecuencia es la pérdida o adición de un número correspondiente de residuos de aminoácidos. Sin embargo, una eliminación o inserción en una región codificante de un número de bases que no sea múltiplo de tres tiene un efecto mucho más profundo, puesto que causa un desplazamiento del marco de lectura durante la traducción. Estas **mutaciones de desplazamiento de marco** dan lugar a un cambio completo de la secuencia de aminoácidos en dirección C-terminal desde el punto de la mutación (Figura 7.26c).

Los efectos de estos tipos de mutaciones sobre la funcionalidad del producto proteico, y, por tanto, sobre el propio organismo, pueden ser muy diversos. En algunos casos, las sustituciones de bases pueden tener un efecto neutro, sin modificar el aminoácido codificado o cambiándolo por otro que funciona igualmente bien en esa posición de la proteína. Frecuentemente, el resultado es nocivo. En ocasiones, estas mutaciones proporcionan una ventaja funcional a la proteína, y los organismos mutados pueden seleccionarse en generaciones futuras. En cambio, las mutaciones sin sentido y las mutaciones de desplazamiento de marco dan lugar, casi siempre, a la pérdida de la función de la proteína. Si la función de la proteína es esencial para la vida del organismo, estas mutaciones sufren una intensa selección contraria en el curso de la evolución, ya que los que las heredan mueren antes de poder reproducirse.

### Duplicaciones y reordenamiento génicos

Con la acumulación de muchos cambios pequeños por mutaciones a lo largo de millones de años, las proteínas han evolucionado de manera gradual. La diversidad de funciones que pueden realizar colectivamente se incrementa mediante otros dos fenómenos: la **duplicación génica** y la **recombinación de exón**.

> Los genomas también pueden modificarse mediante duplicación de genes, fusión de genes o recombinaciones de exones.

De manera muy ocasional, se produce una replicación del genoma, de manera que parte de la secuencia del DNA, que contiene un gen concreto, se copia dos veces. Inicialmente, la única consecuencia de esta duplicación es que los descendientes del organismo poseen dos copias del mismo gen. Esta mutación puede ser ventajosa si la proteína es necesaria en cantidades elevadas, puesto que se incrementará la capacidad de su producción. En estos casos, existirán presiones selectivas para mantener dos o incluso, más copias del mismo gen. Otra posibilidad es que las dos copias evolucionen de manera independiente. Una copia puede continuar expresando la proteína que cumple la función original, mientras que la otra puede evolucionar mediante mutaciones, hasta dar lugar a una proteína totalmente diferente, con una nueva función. Recuérdese del Capítulo 5 que las proteínas relacionadas por un origen evolutivo común se denominan **homólogas**. Los genes homólogos de un organismo que aparecen por duplicación génica se denominan **parálogos**. Esto contrasta con los **ortólogos**, que son genes homólogos de especies diferentes que se originaron a partir de un antecesor común.

Otra forma por la que puede aumentarse la diversidad de las proteínas es mediante la *fusión* de dos o más genes inicialmente independientes. Esta fusión puede dar lugar a la producción de proteínas con múltiples dominios que presentan nuevas combinaciones de funciones.

Las secuencias interpuestas en los genes eucariotas (intrones) ofrecen otra posibilidad de diversificación de la estructura y la función proteica. Como estas regiones no se utilizan para la codificación, representan posiciones en las que los genes pueden cortarse y recombinarse sin peligro en el proceso de **recombinación genética**. Los mecanismos de la recombinación se describen en el Capítulo 26. En este punto nos ocupamos tan solo de sus consecuencias. Supongamos que un exón de un gen, que codifica una región proteica con la función fisiológica B, se inserta en una región intrónica de un gen que codifica una proteína responsable de la función A. La nueva proteína híbrida es capaz ahora de realizar ambas funciones, A y B, y puede desempeñar una nueva función fisiológica.

Mediante los efectos combinados de las mutaciones, la duplicación génica y el reordenamiento genético, los organismos pueden obtener nuevas capacidades, adaptarse a nuevos ambientes y dar lugar a nuevas especies. El proceso de la evolución de los organismos, que observamos en los registros fósiles y en la increíble variedad de plantas, animales y microorganismos que existen es, en gran parte, una consecuencia de esta evolución molecular de las proteínas.

## Evolución de la función proteica a nivel de detalle molecular

Con el ejemplo de las bacterias que muestran rápidamente la resistencia a los antibióticos, la función proteica evoluciona como respuesta a los retos que analizan la «aptitud» de un organismo a su entorno. ¿Cómo sucede esto a nivel de la estructura proteica? La mutación genética puede dar lugar a la variación de la secuencia de aminoácidos, que puede afectar a la estructura y la función proteica. Pero, podemos preguntar, ¿cuántas mutaciones son necesarias para establecer una nueva función proteica que confiera una ventaja selectiva?

Combinando las herramientas de la biología evolutiva y molecular ha sido posible predecir las secuencias de genes ancestrales y posteriormente analizar las rutas evolutivas posibles que llevan, desde las secuencias génicas ancestrales a las secuencias génicas modernas de una proteína. Para ilustrar este enfoque, consideremos un ejemplo hipotético de un gen ancestral y un homólogo moderno, que se diferencien en cuatro mutaciones de aminoácido. En este caso, pueden sintetizarse y expresarse los 16 genes que codifican las combinaciones posibles ($2^4 = 16$) de las secuencias de aminoácidos ancestral y moderna. La caracterización estructural y funcional de los 16 mutantes individuales permite identificar rutas evolutivas factibles a nivel de detalle atómico. Como se muestra en la Figura 7.27, lo que surge de esos análisis es un dibujo del *orden* en que pueden producirse las mutaciones para evitar especies intermedias no funcionales (por ejemplo, inestables), así como aquellas rutas que recapitulan con mayor probabilidad las mutaciones actuales en la evolución de la proteína moderna desde su antecesor.

Se han realizado numerosos estudios de la evolución proteica que indican que la mayoría de las mutaciones que confieren propiedades funcionales nuevas tienden a desestabilizar a la proteína parental. Por tanto, hay un número limitado de estas mutaciones que puede tolerarse a lo largo de la ruta evolutiva. No todas las mutaciones son desestabilizantes; las denominadas **mutaciones permisivas** confieren una estabilidad termodinámica mayor a una proteína, característicamente sin efecto sobre las propiedades funcionales. Otra conclusión que se extrae de los estudios *in vitro* de la evolución es que existe una estabilidad umbral que debe poseer una proteína para que pueda «evolucionar». En otras palabras, una estabilidad termodinámica mayor está correlacionada con una mayor tolerancia a una mutación que, a su vez, lleva a la evolución de una nueva función. La estabilidad necesaria puede conseguirse durante la evolución mediante la incorporación de mutantes estabilizantes (permisivos).

Un enfoque emergente de la evolución proteica se centra en la naturaleza dinámica de las proteínas y sugiere que la mayor variabilidad de conformaciones que se asocia con una estructura más dinámica permitiría a una proteína evolucionar más rápidamente que si tuviera una conformación rígida. Es probable que una proteína con bucles flexibles que componen su lugar activo sea promiscua en términos de especificidad de unión de su sustrato, una situación que predispone de forma inherente a las proteínas a desarrollar múltiples funciones nuevas. Los paneles (a) y (b) de la Figura 7.28 muestran ejemplos de proteínas con una conformación flexible. ¿Qué pruebas hay de estructuras dinámicas como estas en las proteínas? El número de proteínas «desestructuradas nativas» o «intrínsecamente desordenadas» ha crecido de forma significativa entre las proteínas de señalización. Entonces, ¿cómo una proteína dinámica así ha desarrollado una función nueva? Una hipótesis sugiere que la población relativa de un confórmero menor que une un ligando no nativo podría incrementarse por una mutación que estabilizara ese confórmero sobre el confórmero principal, que normalmente une el ligando nativo. Este proceso se presenta en la Figura 7.28c, donde se muestra que son suficientes dos mutaciones para desviar el conjunto de conformaciones de una proteína dinámica hacia un confórmero sobre otro.

Con independencia de la ruta real que siga la evolución de una nueva función, las mutaciones desempeñan un papel clave, ya que la tasa de mutación de un genoma es un parámetro importante que determina la tasa de evolución de una nueva función proteica. En los genomas de los mamíferos se ha calculado una frecuencia de mutación de $1.1\text{-}12.4 \times 10^{-9}$ por par de bases por año. En el ser humano la tasa baja de evolución proteica de mejora de la función puede entenderse dado (1) el tamaño del genoma humano ($\sim 3 \times 10^9$ pares de bases), (2) que menos del 2 % del genoma codifica genes proteicos, (3) que la mayoría de estas mutaciones no tienen lugar en la línea germinal (así, no pasan a la progenie), y (4) la necesidad aparente de un orden temporal definido

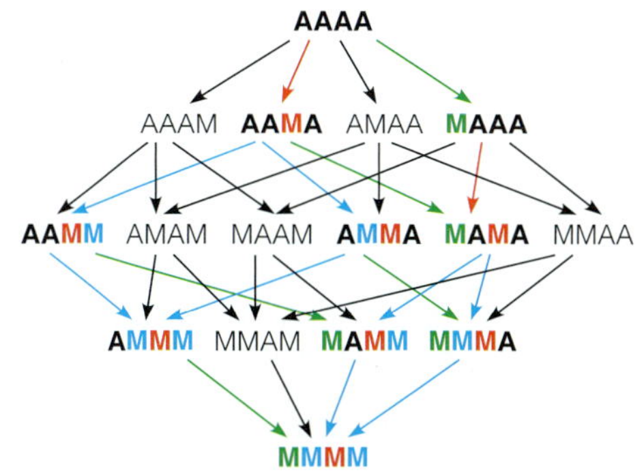


**FIGURA 7.27**

**Mapeado de las posibles rutas evolutivas entre una secuencia proteica ancestral y una homóloga moderna**. En este escenario hipotético, existen 16 combinaciones posibles de mutantes de una proteína ancestral (AAAA) y una homóloga moderna (MMMM), que se diferencian por 4 mutaciones y 24 rutas (mostradas por flechas) que unen AAAA con MMMM. Las proteínas que son estables se muestran en negrilla. En rojo se señala una mutación permisiva que aumenta la estabilidad proteica y, por tanto, impulsa la evolución; en verde se indica una mutación que ni estabiliza ni desestabiliza; y en azul se señala una mutación desestabilizante. En este ejemplo la mutación roja (estabilizante) debe producirse antes de las mutaciones azules (desestabilizantes). Este requerimiento de un orden específico de las mutaciones limita el número de rutas probables hacia las ocho posibilidades que se muestran mediante combinaciones diferentes de las flechas coloreadas.

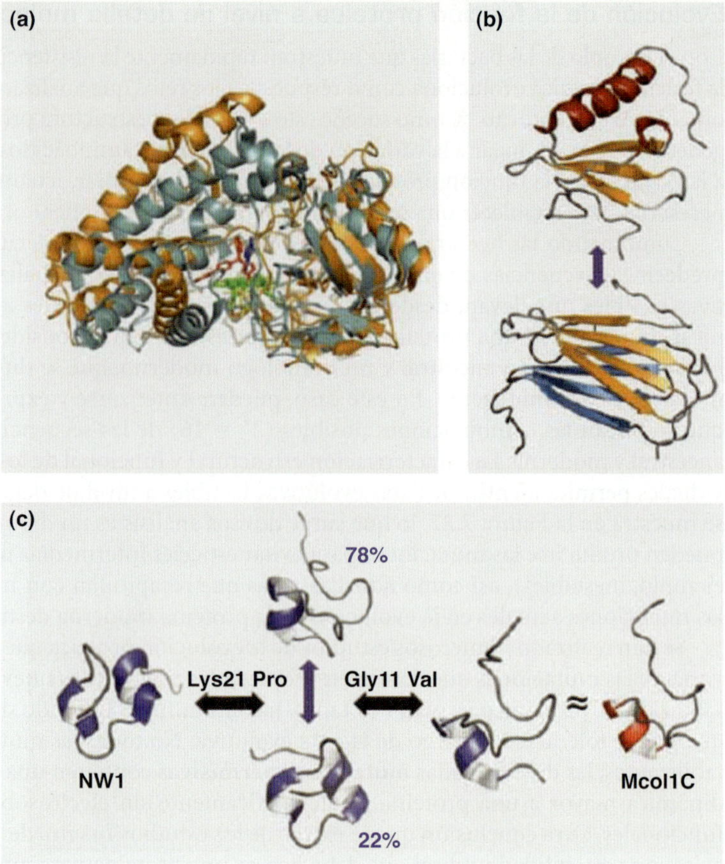


**FIGURA 7.28**

**Ejemplos de la flexibilidad de conformación que puede conferir una mejor evolución. (a)** Los cambios locales de conformación permiten la unión promiscua del sustrato a una enzima. La conformación abierta de P450-CYP2B4, una proteína de desintoxicación que se encuentra en el hígado (cinta naranja), permite la unión a un sustrato grande (se ilustra en rojo), y la cerrada (cinta azul claro), se une al sustrato más pequeño (azul oscuro). **(b)** La linfotactina, una proteína pequeña que es parte de la respuesta inmunitaria, es una proteína denominada metamórfica, que se encuentra en equilibrio entre dos conformaciones nativas: un monómero $\beta$-$\alpha$ (arriba) y un dímero todo $\beta$ (abajo). **(c)** Se encuentran dos topologías diferentes (mediadas por tres enlaces disulfuro diferentes) en dos dominios naturales con abundante cisteína (CRD) en las proteínas de las células venenosas de las medusas y las anémonas marinas (NW1 y Mcol1C). Estos CRD casi no muestran identidad de secuencia, más allá de las cisteínas conservadas. La conversión entre estas topologías se consigue por una sola mutación Lys 21 ⟶ Pro 21 (K21P) en NW1 que proporciona un intermediario dinámico que existe en ambas conformaciones. Una segunda mutación Gly 11 ⟶ Val 11 (G11V) completa la transición desde la topología NW1 a la Mcol1C.

De *Science* 324:203-207, N. Tokuriki y D. S. Taefik, Protein dynamism and avolvability. © 2009. Reproducido con autorización de AAAS.

de las muchas mutaciones necesarias para conferir la nueva función (como se muestra en la Figura 7.27). Es mucho más frecuente la observación de mutaciones patológicas perjudiciales que pueden necesitar solo el cambio de un nucleótido. Más adelante en este capítulo consideramos unas cuantas de estas en la homoglobina humana.

## Evolución de la familia de proteínas Mioglobina-hemoglobina

Hemos visto ya un ejemplo del proceso de evolución proteica. Si comparamos las secuencias de las mioglobinas de cachalote y del ser humano (*véase* la Figura 5.16), encontramos 25 cambios de aminoácidos. Dado que la información que nos proporcionan los fósiles indica que las líneas evolutivas que conducen al cachalote y al ser humano se separaron a partir de un mamífero común antecesor hace unos 100 millones de años, podemos estimar, en cierta medida, la velocidad con la que se produce este proceso. Si esta velocidad fuera uniforme, se produciría un promedio de una sustitución cada 4 millones de años.

Si comparamos la mioglobina del ser humano con la del tiburón, encontramos alrededor de 88 diferencias. Dado que estas líneas evolutivas se separaron hace unos 400 millones de años, las diferencias acumuladas son aproximadamente las que cabría esperar con los datos del ejemplo anterior. En otras palabras, el número de sustituciones de aminoácidos en dos proteínas relacionadas es aproximadamente proporcional al tiempo de evolución que ha transcurrido desde que las proteínas (y las especies) tuvieron un antecesor común. Utilizando este principio, podemos comparar las secuencias de las hemoglobinas y las mioglobinas e intentar construir un «árbol genealógico» de las proteínas globínicas. La construcción de este árbol se ve dificultada por el hecho de que los eucariotas superiores, incluyendo el ser humano, contienen genes tanto para la mioglobina como para *diferentes* cadenas de hemoglobina. Estos genes diferentes se expresan en momentos distintos del desarrollo humano (Figura 7.29). Las cadenas $\alpha$ y $\beta$, como se mencionó antes, están normalmente presentes en los adultos; pero en el embrión en su fase inicial, los genes de la hemoglobina que se expresan son los correspondientes a las cadenas embrionarias $\zeta$ (zeta) y $\varepsilon$. A medida que se desarrolla el feto, estas cadenas son reemplazadas por cadenas $\alpha$ y $\gamma$,

La mioglobina y la hemoglobina han evolucionado a partir de una proteína ancestral semejante a la mioglobina.

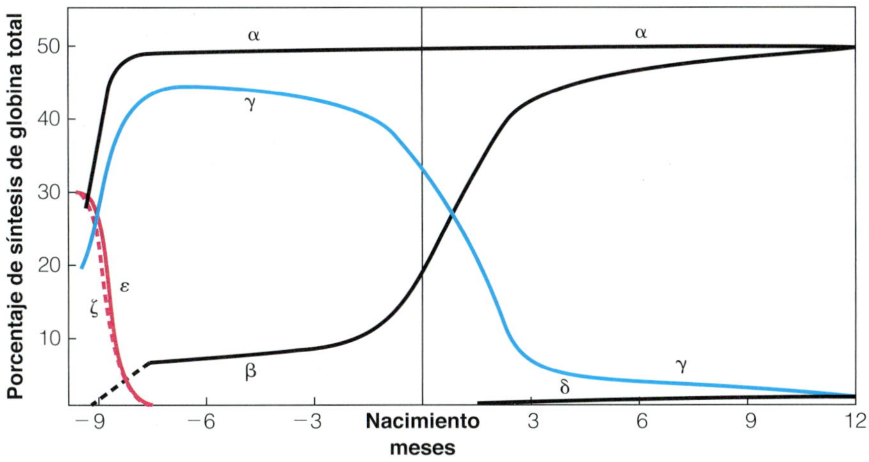


**FIGURA 7.29**

**Expresión de los genes de las globinas humanas en diferentes fases del desarrollo.** Los genes humanos $\zeta$ y $\varepsilon$ dan lugar a la hemoglobina $\zeta_2\varepsilon_2$, que se encuentra en la fase embrionaria más temprana. Esta hemoglobina se sustituye pronto por la hemoglobina $\alpha_2\gamma_2$ del feto. Cerca del nacimiento, cesa la transcripción del gen $\gamma$ y empieza a transcribirse el gen $\beta$. Al llegar a los seis meses de edad, el niño tendrá una hemoglobina que será $\alpha_2\beta_2$ (adulto) en su casi totalidad. El gen $\delta$ no se transcribe nunca a tasas elevadas. Existen dos copias del gen $\alpha$: $\alpha_1$ y $\alpha_2$. Ambas contribuyen a la producción de las cadenas $\alpha$.

*British Medical Bulletin* 32:282-287, W. G. Wood, Haemoglobin synthesis during human fetal development. © 1976, con autorización de Oxford University Press.

asegurando la transferencia eficaz del oxígeno de la madre al feto. Finalmente, al acercarse al momento del nacimiento, las cadenas $\gamma$ son sustituidas por cadenas $\beta$. Además, después del nacimiento se produce una pequeña cantidad de una cadena $\delta$. Estos tipos de cadenas de hemoglobina que se dan durante el desarrollo presentan ligeras diferencias y cada una de ellas está codificada por un gen distinto en el genoma humano.

En la Figura 7.30 se presenta el árbol evolutivo obtenido mediante la comparación de las secuencias de muchas globinas procedentes de muchas especies distintas. Según estos resultados, los animales muy primitivos tenían, tan solo, una globina ancestral de cadena única similar a la mioglobina, para el almacenamiento del oxígeno. La mayor parte de estos animales, como los protozoos y los platelmintos, eran tan pequeños que no necesitaban una proteína transportadora. Hace aproximadamente 500 millones de años se produjo un acontecimiento importante: el gen de la mioglobina ancestral se duplicó. Una de las copias pasó a ser el antecesor de los genes de la mioglobina de todos los organismos superiores; el otro evolucionó para dar lugar al gen de una proteína transportadora de oxígeno y dio origen a las hemoglobinas.

En la línea evolutiva que conduce a los vertebrados y a los mamíferos, los animales más primitivos que poseen hemoglobina son las lampreas. La hemoglobina de la lamprea puede formar dímeros, pero no tetrámeros, y solo es débilmente cooperativa; constituye un primer paso hacia la unión alostérica, pero posteriormente se produjo una *segunda* duplicación génica, dando lugar a los antecesores de las familias de las cadenas de hemoglobina $\alpha$ y $\beta$ existentes en la actualidad. La reconstrucción a partir de la comparación de secuencias, indica que esto debió ocurrir hace unos 400 millones de años, aproximadamente en el momento de la divergencia de los tiburones y los peces óseos.

**FIGURA 7.30**

**Evolución de los genes de la globina.** En la parte superior se muestra la disposición de los genes humanos de la globina. Obsérvese que se encuentran en tres cromosomas diferentes. Se indican en color los genes funcionales, mientras que los pseudogenes, que son variantes no transcritas de un gen, se indican en gris. El esquema inferior muestra la probable evolución de la familia de genes de la globina, en función de las diferencias de secuencia existentes entre los diversos genes de la globina del ser humano y de otros animales. Las épocas en las que se produjeron las duplicaciones de los genes se infieren mediante una combinación de la secuencia y los datos procedentes de los fósiles, y son solo aproximadas. Los dos genes $\alpha$ y los dos genes $\gamma$ son demasiado similares en su secuencia para que pueda valorarse la época de su divergencia. Tan solo sabemos que debe haberse producido en un periodo bastante reciente.

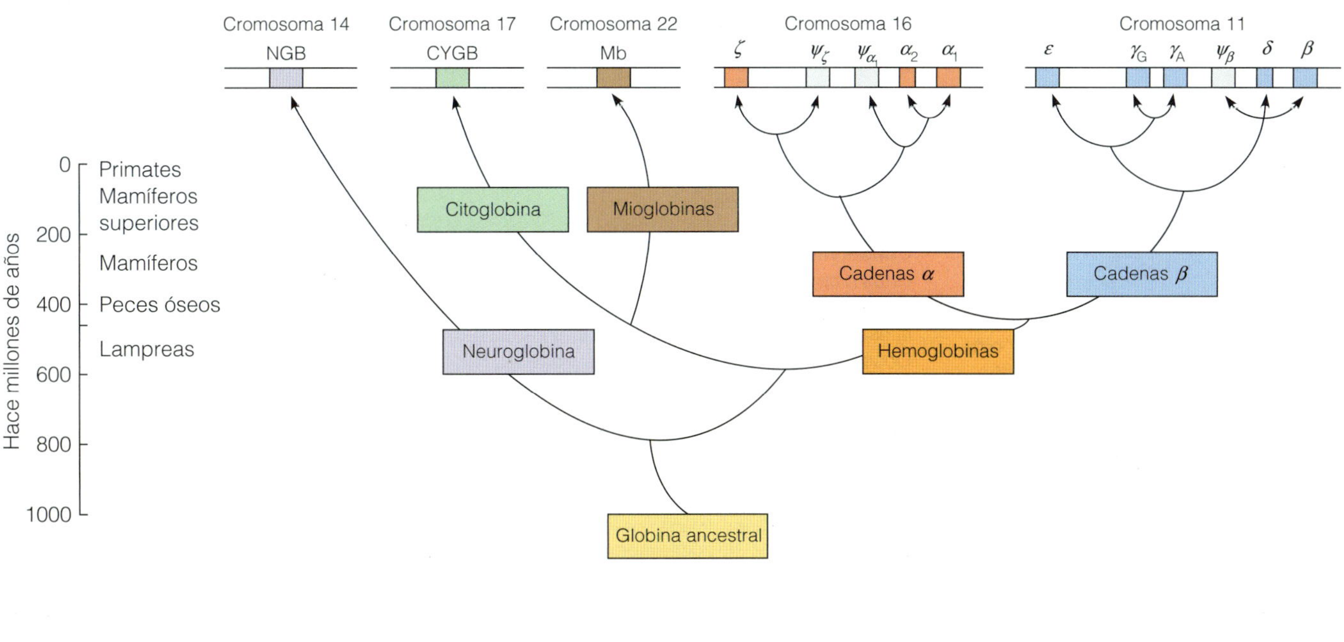

La evolución de las globinas ha conservado el «pliegue de globina» común que mantiene al hemo. La prueba que indica una evolución continuada se encuentra en las muchas proteínas variantes que se dan en las especies existentes.

La línea evolutiva de estos últimos condujo a los reptiles y finalmente, a los mamíferos; todos ellos poseen genes, tanto para la globina $\alpha$ como para la $\beta$, y son capaces de formar hemoglobinas tetraméricas $\alpha_2\beta_2$. Se han producido otras duplicaciones de los genes en la línea de la hemoglobina, que han dado origen a las formas embrionarias $\zeta$ y $\varepsilon$, y a la forma fetal $\gamma$. Como indica la Figura 7.30, las duplicaciones que dieron origen a una distinción entre los subtipos adulto y embrionario coinciden bastante bien con la aparición de los mamíferos placentarios, hace unos 200 millones de años. Esta coincidencia es funcionalmente adecuada, puesto que en estos mamíferos, las fases más adelantadas del desarrollo embrionario se producen en el interior de la madre, y es esencial disponer, para ello, de una hemoglobina especial, adaptada para facilitar el paso del oxígeno de la madre al feto, a través de la placenta (*véase* la página 254).

Durante la larga evolución de la familia de proteínas mioglobina-hemoglobina, tan solo unos pocos aminoácidos se han mantenido sin variación. Estos *residuos conservados* pueden indicar las características estructurales esenciales de la molécula. Como muestra la Figura 7.13, se trata de las histidinas proximal y distal al hierro del hemo (F8 y E7; *véase* la Figura 7.5b). Es interesante señalar que el aminoácido Val FG5, al que se ha involucrado recientemente en el cambio de conformación desoxi-oxi de la hemoglobina, que se ha descrito antes, se mantiene sin variación en las hemoglobinas, y sustituye a la isoleucina que se encuentra en esta posición en la mayor parte de las mioglobinas. Otras regiones muy conservadas de las hemoglobinas son las que están próximas a los contactos $\alpha_1 - \beta_2$ y $\alpha_2 - \beta_1$. Estos contactos son los que participan más directamente en el cambio de conformación alostérico.

A pesar de los cambios importantes que se han producido en la estructura primaria de la familia mioglobina-hemoglobina a lo largo de centenares de millones de años, las estructuras secundaria y terciaria de estas proteínas se han mantenido sorprendentemente inalteradas. En la Figura 7.31 se indica la estructura básica de los miembros de esta familia, desde un insecto hasta el caballo. En todas ellas se puede identificar el mismo plegado básico y la semejanza es especialmente intensa en la región que une el hemo. A primera vista, esta semejanza parece incongruente con nuestras afirmaciones anteriores respecto a que la estructura primaria determina la estructura secundaria y terciaria. Sin embargo, un examen cuidadoso de muchas secuencias pone de manifiesto que muchas de las sustituciones han sido *conservadoras*, es decir, un aminoácido se ha sustituido por otro de su misma clase general (por ejemplo, polar frente a no polar, etc.). Evidentemente, la evolución de estas proteínas no se ha producido de manera aleatoria, sino sometida a las limitaciones que imponía el mantenimiento de una estructura fisiológica funcional. La supervivencia de las proteínas mutantes en la familia de la globina ha quedado limitada a aquellas que mantenían el «plegado de la globina» básico.

## Variantes de la hemoglobina: la evolución en curso

### Las variantes y su herencia

Pueden observarse los signos de la evolución continuada de los genes de la hemoglobina en la existencia de variantes de hemoglobina o, como se les suele denominar, hemoglobinas anormales. En la actualidad se han identificado varios centenares de hemoglobinas mutantes en la población humana. En la Figura 7.32, se presentan algunas de las posicio-

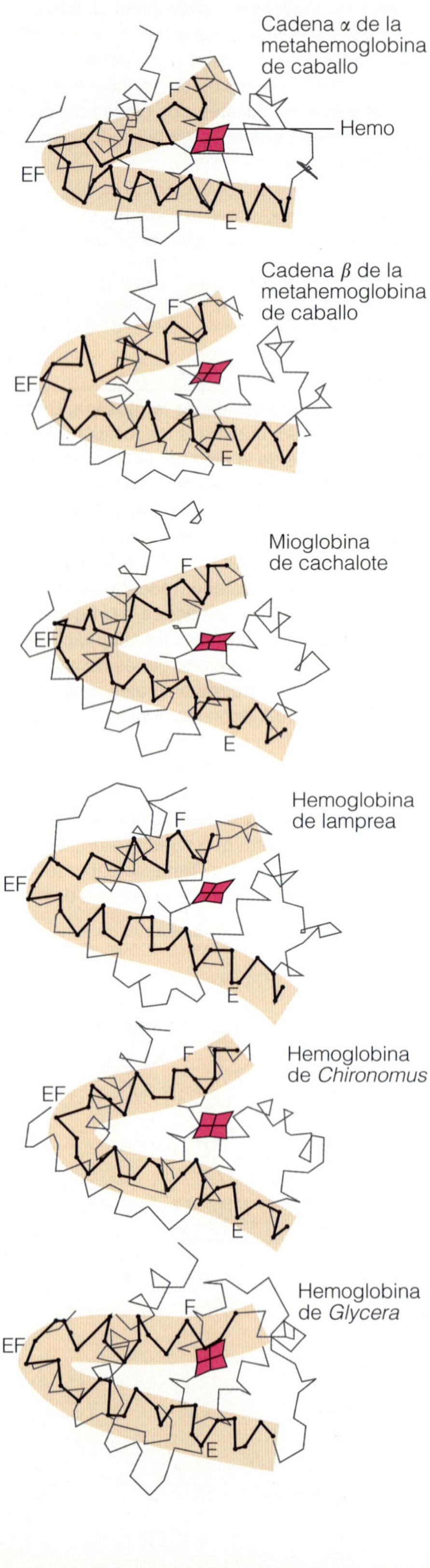


**FIGURA 7.31**

**Conservación del patrón de plegado de la globina a lo largo de la evolución.** Como resaltan estos dibujos, la estructura terciaria global de la mioglobina y de las cadenas de la hemoglobina se ha mantenido casi constante, a pesar de los importantes cambios que se han producido en la estructura primaria. Las zonas sombreadas delinean las hélices E y F, que rodean al hemo. Obsérvese que son casi invariables y que los cambios tienden a concentrarse cerca de los extremos de las cadenas. Las proteínas más primitivas que se indican son las de las hemoglobinas de una sola cadena del gusano marino *Glycera* y de la mosca *Chironomus*. La lamprea es la criatura más primitiva que posee mioglobina y hemoglobina diferenciadas. La hemoglobina de la lamprea forma dímeros y presenta una cierta cooperatividad de unión. Las cadenas $\alpha$ y $\beta$ de la hemoglobina de caballo son casi idénticas a las de todos los demás mamíferos.

nes de las mutaciones en el tetrámero. La mayor parte de las proteínas de los vegetales y los animales existentes presentan, probablemente, una diversidad comparable, pero son pocas las que se han estudiado con tanto detalle como las hemoglobinas humanas. Cada una de las formas mutantes de la hemoglobina existe tan solo en una pequeña fracción de la población humana global; algunas formas se han identificado en unas pocas personas. Algunas de estas formas mutantes son nocivas y que dan lugar a patologías conocidas; en las condiciones de la selección natural, con el tiempo acabarían por desaparecer. La mayor parte son, hasta donde sabemos, inocuas, y a menudo se las denomina mutaciones neutras. Un número muy reducido de ellas podría tener, sin embargo, ventajas no identificadas y, con el tiempo, podría llegar a dominar en la población.

Consideraremos tan solo algunas de estas hemoglobinas anormales. En primer lugar, es necesario revisar algunos conceptos de genética. Todas las células humanas, excepto las células germinales (espermatozoides y óvulos) son **diploides**, es decir, contienen dos copias de cada cromosoma. En consecuencia, contienen dos copias de cada gen, uno en cada miembro de la pareja de cromosomas. Consideremos un gen como el de la globina $\beta$ del adulto, que puede existir en dos formas: el tipo «normal», $\beta$, y el tipo variante (mutante) $\beta^*$. Una persona puede tener tres combinaciones posibles de estos genes en sus cromosomas apareados:

**A.** $\beta + \beta$: **homocigoto** (mismos genes), en el tipo normal.

**B.** $\beta + \beta^*$: **heterocigoto** (genes mixtos).

**C.** $\beta^* + \beta^*$: **homocigoto**, en el tipo variante.

Dado que solo posee genes para la globina $\beta$ normal, la persona A producirá tan solo cadenas de globina $\beta$ normales. La persona C, que solo tiene genes para el tipo variante, producirá únicamente cadenas de globina $\beta^*$ variante. La persona B, que posee genes para ambos tipos, producirá las dos cadenas. Si la mutación es nociva, la persona C manifestará síntomas graves de la enfermedad. En cambio, la persona B puede ser asintomática, o mostrar síntomas menos graves, puesto que elaborará cadenas de proteínas normales junto con las de la variante.

Cuando dos personas tienen hijos, cada progenitor dona a cada hijo una copia del gen de la globina $\beta$, cuya selección será aleatoria. Si los dos progenitores portan solo el gen normal, el hijo debe recibir dos copias del mismo. Si ambos portan solo el gen variante, el hijo debe ser también homocigoto para ese gen. Si ambos progenitores son heterocigotos para el gen, la Figura 7.33 muestra que el hijo tiene una probabilidad de uno sobre cuatro de ser homocigoto normal, uno sobre cuatro de ser homocigoto para el gen variante, y dos sobre cuatro de ser heterocigoto. Debido a que los genes de la mayor parte de las hemoglobinas variantes son raros en la población humana, tan solo ocasionalmente encontramos una persona homocigota para el tipo variante.

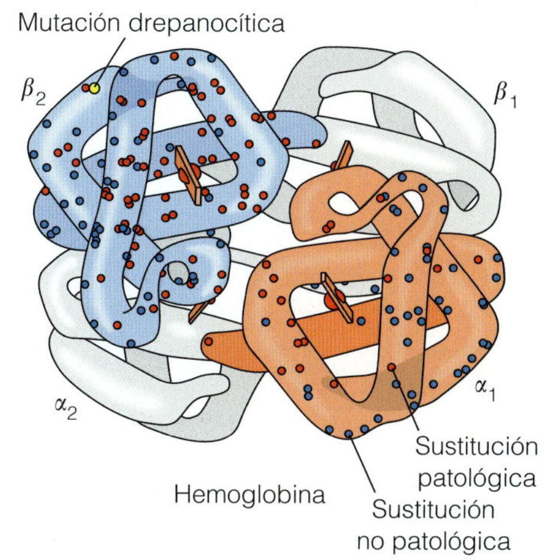


**FIGURA 7.32**

**Distribución de las mutaciones en las hemoglobinas humanas.** Los puntos azules y rojos indican todas las posiciones en las que se han encontrado sustituciones de aminoácidos en las cadenas $\alpha$ y $\beta$ (para mayor claridad, solo se muestra un par). Aquellas sustituciones que tienen efectos patológicos conocidos se indican en rojo. En muchas de estas posiciones se ha observado más de una sustitución. La posición 6 en la cadena $\beta$, en la que se produce la mutación drepanocítica, se indica en amarillo.

Ilustración Irving Geiss. Imagen de la Irving Geiss Collection/Howard Hughes Medical Institute. Los derechos pertenecen a HMM. No puede reproducirse sin autorización.

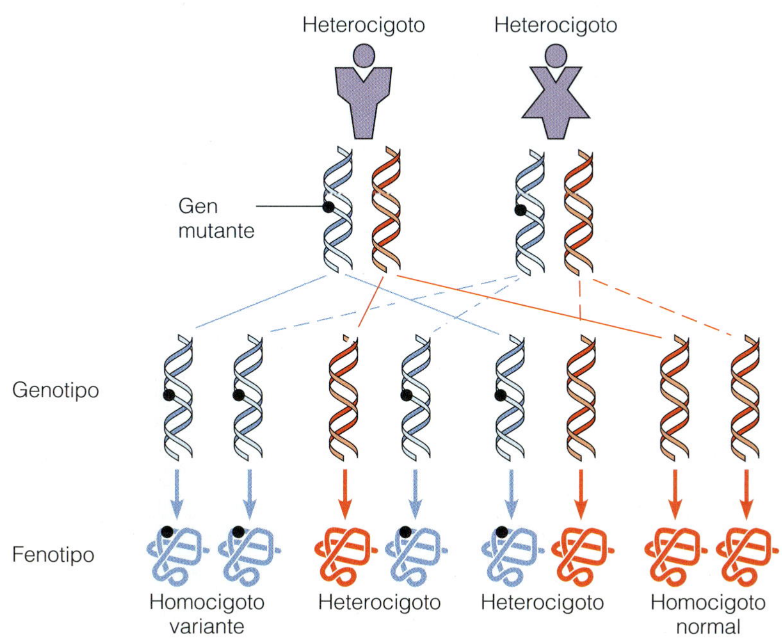


**FIGURA 7.33**

**Transmisión hereditaria de proteínas normales y variantes en un cruce heterocigoto.** Los organismos diploides pueden existir en tres posibles tipos respecto a cualquier gen: homocigoto normal, homocigoto variante o heterocigoto. Los hijos de una pareja heterocigota pueden ser de cualquiera de los tres tipos, como se muestra aquí: homocigoto normal, heterocigoto u homocigoto variante, con una proporción de probabilidad de 1:2:1. Dejaremos como ejercicio el averiguar otras posibilidades, por ejemplo, los hijos de un progenitor homocigoto normal y un progenitor homocigoto variante. Este patrón se denomina herencia mendeliana clásica.

## Efectos patológicos de las hemoglobinas variantes

Del elevado número de mutaciones de la hemoglobina, una parte significativa tiene efectos nocivos. Como se indica en la Figura 7.32, las mutaciones nocivas conocidas se agrupan principalmente alrededor de los bolsillos del hemo y en la proximidad de la región de contacto $\alpha$-$\beta$, que tanta importancia tiene para la transición alostérica. En la Tabla 7.1 se indican algunas de las mutaciones patológicas de sentido equivocado que se han estudiado bien. Así por ejemplo, una clase de variantes denominadas *hemoglobinas M* tiende a oxidarse con facilidad para dar metahemoglobina, que no puede unir el $O_2$. Muchas de estas mutaciones comportan una sustitución de la histidina proximal o distal, por otros residuos. Las personas que portan estas mutaciones presentan dificultades para el transporte de $O_2$ suficiente a los tejidos. Otras variantes que comportan cambios en las superficies de contacto de las subunidades pueden tener diversos tipos de efectos. Algunas, como la *hemoglobina St. Lukes*, desestabilizan el tetrámero de hemoglobina, mientras que otras (por ejemplo, la *hemoglobina Suresnes*) tienden a estabilizar la conformación oxi o la desoxi, con lo que inhiben el cambio alostérico. Por último, las hay como la *hemoglobina Hammersmith*, en las que la estructura terciaria de la molécula es inestable.

Aunque la mayor parte de las mutaciones de la hemoglobina parecen ser neutras, algunas de ellas son nocivas.

La tristemente más conocida de las variantes de la hemoglobina es la *hemoglobina drepanocítica* (HbS), que es una causa de sufrimiento y muerte prematura de muchas personas. La variante recibe este nombre porque hace que los eritrocitos adopten, a concentraciones bajas de oxígeno, una forma alargada, como una hoz (Figura 7.34a). Esta «drepanocitosis» es consecuencia de la tendencia de la hemoglobina mutante, en su estado desoxigenado, para agregarse en estructuras largas como bastones (Figura 7.35). Las células alargadas tienden a obstruir los capilares, causando una inflamación y un dolor considerable. Más grave aún es el hecho de que las células drepanocíticas son frágiles (Figura 7.34b). Su ruptura produce una anemia que hace que la víctima del trastorno sea vulnerable a las infecciones y a las enfermedades. Es frecuente que las personas homocigotas para la mutación drepanocítica no sobrevivan hasta la edad adulta, y quienes llegan a esta edad, presentan un grave debilitamiento. Las personas heterocigotas, que pueden producir aún una cierta cantidad de hemoglobina normal, presentan

**TABLA 7.1. Relación de algunas de las mutaciones de sentido equivocado de las hemoglobinas humanas**

| Efecto | Aminoácido cambiado | Cambio | Nombre | Consecuencias de la mutación | Explicación |
|---|---|---|---|---|---|
| Drepanocitosis | $\beta$6 (A3) | Glu ⟶ Val | S | Drepanocitosis | La Val encaja en el bolsillo EF de la cadena de otra molécula de hemoglobina. |
| | $\beta$6 (A3) | Glu ⟶ Ala | G Makassar | No significativas | Probablemente la Ala no encaja tan bien en el bolsillo. |
| | $\beta$121 (GH4) | Glu ⟶ Lys | O Arabia, Egipto | Aumenta la deformación drepanocitica en los heterocigotos S/O | El $\beta$121 está próximo al residuo $\beta$6; la Lys aumenta la interacción entre las moléculas. |
| Cambio de la afinidad por el $O_2$ | $\alpha$87 (F8) | His ⟶ Tyr | M Iwate | Forma metahemoglobina, afinidad reducida por el $O_2$ | La His que normalmente está ligada al Fe ha sido sustituida por Tyr. |
| | $\alpha$141 (HC3) | Arg ⟶ His | Suresnes | Aumenta la afinidad por el $O_2$, favoreciendo el estado R | La sustitución elimina el enlace entre la Arg 141 y la Asn 126 en el estado desoxi. |
| | $\beta$74 (E18) | Gly ⟶ Asp | Shepherds Bush | Aumenta la afinidad por el $O_2$, reduciendo la unión del BGP | La carga negativa en este punto reduce la unión del BPG. |
| | $\beta$146 (HC3) | His ⟶ Asp | Hiroshima | Aumenta la afinidad por $O_2$; reducido efecto Bohr | Se altera el puente salino en el estado desoxi y se elimina una His, que une un protón por efecto Bohr. |
| | $\beta$92 (F8) | His ⟶ Gln | St. Etienne | Pérdida del hemo | El enlace normal desde F8 al Fe se pierde, y la glutamina polar tiende a abrir el bolsillo del hemo. |
| Pérdida del hemo | $\beta$42 (CD1) | Phe ⟶ Ser | Hammersmith | Inestable, pierde el hemo | La sustitución de la Phe hidrófoba por Ser atrae agua hacia el bolsillo del hemo. |
| Disociación del tetrámero | $\alpha$95 (G2) | Pro ⟶ Arg | St. Lukes | Disociación | Se altera la geometría de la cadena en la región de contacto de la subunidad. |
| | $\alpha$136 (H19) | Leu ⟶ Pro | Bibba | Disociación | La Pro interrumpe la hélice H. |

generalmente trastornos tan solo en condiciones de privación grave de oxígeno. Por ejemplo, volar puede ser peligroso para los heterocigotos HbS debido al bajo nivel de oxígeno presente en la cabina del avión.

Linus Pauling sugirió ya, en 1949, que la drepanocitosis era una «enfermedad molecular» debida a una mutación en la molécula de hemoglobina. Es de destacar que la drepanocitosis deriva de lo que cabría prever que fuera una mutación inocua en una parte de la molécula muy alejada de las zonas críticas que se han mencionado antes. El residuo de ácido glutámico, que normalmente se encuentra en la posición 6 de las cadenas $\beta$, está reemplazado por una valina (*véase* la Figura 7.26b). Esta valina hidrófoba puede ajustarse en un bolsillo de la esquina EF de una cadena $\beta$ de otra molécula de hemoglobina, y con ello, tal como se muestra en la Figura 7.35c, las moléculas de hemoglobina adyacentes pueden acoplarse unas a otras formando una fibra helicoidal alargada en forma de bastón. La explicación de por qué se produce la drepanocitosis con la desoxihemoglobina y, en cambio, no con la forma oxigenada, es sencilla: en la forma oxi, el reordenamiento de las subunidades hace inaccesible el bolsillo EF a la Val 6.

La drepanocitosis está limitada, en gran parte, a las poblaciones originarias de zonas tropicales del mundo. A primera vista, esta distribución parece inesperada. ¿Por qué debe tener una enfermedad *genética* una relación con el clima? La respuesta nos informa, en cierta medida, sobre la persistencia de lo que parecen ser rasgos desfavorables. La incidencia elevada de la drepanocitosis en una población coincide generalmente con una incidencia elevada de paludismo, una enfermedad parasitaria que transmite un mosquito tropical. Las personas *heterocigotas* para la hemoglobina drepanocítica tienen una resistencia al paludismo superior a la de las que no son portadoras de la mutación drepanocítica. El parásito del paludismo pasa una parte de su ciclo vital en los eritrocitos humanos, y la mayor fragilidad de las células drepanocíticas, incluso en las personas heterocigotas, tiende a interrumpir este ciclo. Además, la distorsión de la membrana celular de las células drepanocíticas intactas conduce a una pérdida de iones potasio de estas células, lo cual crea un entorno menos favorable para el parásito. Las personas heterocigotas presentan una tasa de supervivencia más elevada (y, por tanto, mayores probabilidades de transmitir sus genes) en las regiones con infestación de paludismo. Sin embargo, la elevada incidencia de estos genes en la población hace que nazcan muchas personas que son homocigotas para el rasgo mutante.

Muchos científicos esperan que la drepanocitosis finalmente sea tratable mediante terapia génica. La introducción de genes funcionales de globina $\beta$ en una persona homocigota para la mutación drepanocítica la haría efectivamente heterocigota, con grandes probabilidades de supervivencia. Sin embargo, es importante tener en cuenta que la terapia génica aún no ha sido establecida para el tratamiento de ninguna enfermedad y se ha asociado con un riesgo considerable para los pacientes. En 1998, la FDA estadounidense aprobó la hidroxiurea para el tratamiento de la drepanocitosis. La hidroxiurea parece inducir la expresión del tetrámero HbF $\alpha_2\gamma_2$ hasta un 10-15 % de la hemoglobina total, lo que es suficiente para reducir alguno de los síntomas de la enfermedad. Desafortunadamente, no todos los pacientes responden a la hidroxiurea, y no se conoce su seguridad a largo plazo.

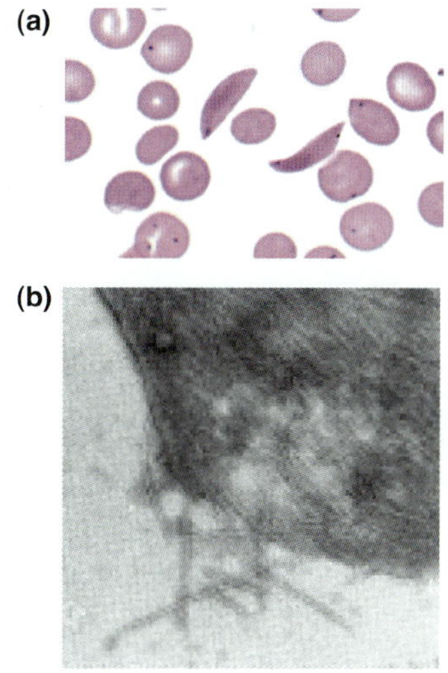

**FIGURA 7.34**

**Eritrocitos en la drepanocitosis. (a)** Células drepanocíticas características junto con algunos eritrocitos redondos normales. **(b)** Imagen de microscopia electrónica de barrido de una célula drepanocítica que ha sufrido una ruptura, con vertido de las fibras de hemoglobina.

(a) Dr. Gladden Willis/Visuals Unlimited, Inc; (b) Cortesía de T. Wellems y R. Josephs.

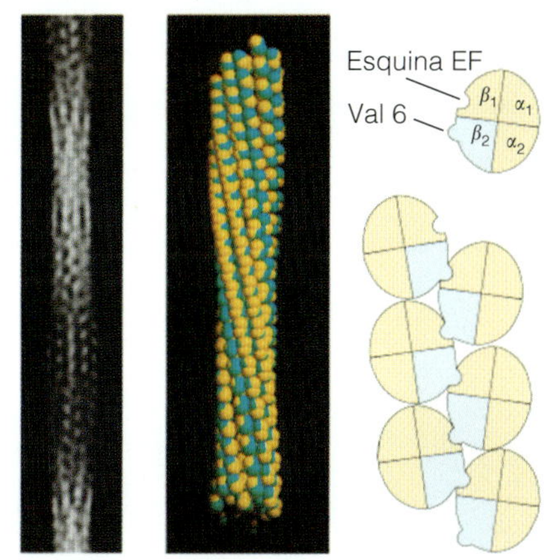


**(a)** Fibra de Hb de la drepanocitosis **(b)** Modelo de fibra **(c)** Formación de la fibra

**FIGURA 7.35**

**Hemoglobina drepanocítica.** Las moléculas de hemoglobina drepanocítica tienden a agregarse formando largas fibras. **(a)** Imagen de microscopia electrónica de una fibra drepanocítica. **(b)** Imagen gráfica generada por ordenador de una fibra. **(c)** Modelo esquemático de la formación de las fibras. Las moléculas de desoxihemoglobina S se unen formando una agrupación de doble hebra, ya que la Val 6 de la cadena $\beta$ de una molécula de hemoglobina se ajusta en un bolsillo de una molécula adyacente. La interacción de estas estructuras de doble cadena entre sí produce las fibras de múltiples cadenas que se muestran en (a) y (b).

Cortesía de B. Carragher, D. Bluemke, M. Potell, y R. Josephs.

## Talasemias: efectos de la disfunción de los genes de la globina

Las variantes de la hemoglobina humana que hemos mencionado hasta ahora son consecuencia de mutaciones de sentido equivocado o no sinónimas. A causa de la sustitución de una base en un gen que codifica una de las cadenas, un aminoácido está reemplazado por otro. Sin embargo, existen otros defectos genéticos que afectan a la hemoglobina, en los que una o varias de las cadenas simplemente no se producen, o se producen en una cantidad insuficiente. El trastorno patológico que aparece entonces se denomina **talasemia**. La talasemia puede originarse de varias formas:

1. Uno o varios de los genes que codifican las cadenas de la hemoglobina pueden haberse perdido.
2. Pueden estar presentes todos los genes, pero uno o varios de ellos pueden haber sufrido una mutación sin sentido que dé lugar a una cadena acortada o a una mutación de desplazamiento de marco, que produzca una cadena no funcional (*véase* la Figura 7.26c y d).

Las talasemias son mutaciones de la hemoglobina en las que uno o más genes son total o parcialmente disfuncionales.

3. Pueden estar presentes todos los genes, pero haberse producido una mutación fuera de las regiones codificantes, que dé lugar a un bloqueo de la transcripción o a un procesamiento inadecuado del pre-mRNA, de manera que no se produzca la proteína o que esta no sea funcional.

En los casos 1 o 2, el gen produce una proteína que no es funcional. En el caso 3, puede producirse una transcripción y traducción limitada de la secuencia polipeptídica correcta.

El genoma humano contiene varios genes de globina, que corresponden a las cadenas proteicas utilizadas en distintas fases del desarrollo, y ello hace que existan muchas variedades de talasemia. Aquí describimos solo las dos clases principales, las que comportan una pérdida o una mala función de los genes correspondientes a las cadenas $\beta$ y $\alpha$ del adulto.

### $\beta$ Talasemia

Si se ha perdido o no puede expresarse el gen de la $\beta$ globina, se produce un trastorno muy grave en las personas homocigotas para este defecto. Estas personas *no* pueden elaborar las cadenas $\beta$ y deben utilizar una producción continuada de las cadenas fetales $\gamma$ para formar una hemoglobina funcional $\alpha_2\gamma_2$ (*véase* la Figura 7.29). Estas personas pueden producir cadenas $\gamma$ hasta una fase avanzada de la infancia, pero generalmente fallecen antes de alcanzar la madurez. El estado heterocigoto, en el que aún continúa funcionando un gen $\beta$, es mucho menos grave. También existen talasemias más leves (denominadas $\beta^+$) en las que la transcripción o el procesamiento de los genes $\beta$ se inhibe parcialmente, de forma que está limitada la producción de globina $\beta$, aunque no enteramente bloqueada.

### $\alpha$ Talasemias

Las talasemias que afectan a la cadena $\alpha$ presentan una situación más complicada. Hay dos copias del gen ($\alpha_1$ y $\alpha_2$), una junto a otra, en el cromosoma humano 16 (Figura 7.30). Sus cadenas $\alpha_1$ y $\alpha_2$ difieren tan solo en un aminoácido, y una cadena puede sustituir a la otra en el tetrámero de hemoglobina ensamblado. Una persona puede tener 4, 3, 2, 1 o 0 copias de un gen $\alpha$. Solo si tres o más genes no son funcionales se observan unos efectos graves. Las personas con un solo gen $\alpha$ son anémicas, debido a que su producción total de hemoglobina es baja. La baja concentración de hemoglobina $\alpha$ se compensa, en parte, por la formación de tetrámeros $\beta_4$ (*hemoglobina H*) y tetrámeros $\gamma_4$ (*hemoglobina de Bart*). Estos tetrámeros pueden unir y transportar oxígeno, pero no presentan la transición alostérica (permanecen siempre en el estado R), ni muestran efecto Bohr. Ello hace que la descarga de oxígeno a los tejidos sea poco eficaz. En el trastorno denominado *hidropesía fetal*, faltan las cuatro copias del gen $\alpha$ y los afectados por este trastorno nacen inevitablemente muertos. Tan solo pueden formar una hemoglobina $\gamma_4$, y puesto que la producción de estas cadenas disminuye al aproximarse el momento del nacimiento, no disponen de la hemoglobina suficiente para mantener la vida del feto próximo a término.

Dado que hay dos copias del gen $\alpha$ y solo una del gen $\beta$, la mayor parte de las mutaciones nocivas de las hemoglobinas de los mamíferos se produce en las cadenas $\beta$ (*véase* la Figura 7.32). Este fenómeno puede sugerir un papel funcional para la duplicación génica. Así, si existen dos o más copias de un gen, la especie está en cierto modo protegida frente a los efectos nocivos de las mutaciones.

Hemos centrado nuestro análisis sobre la mutación proteica en la hemoglobina, pero debe tenerse en cuenta que estos mismos principios son aplicables a todas las demás proteínas. Aunque nuestro conocimiento de las mutaciones de la hemoglobina es el más completo, se encuentran mutaciones de sentido equivocado y pérdidas en otras muchas proteínas, y las que son nocivas dan lugar a la amplia gama de *enfermedades genéticas*, de las que las hemoglobinopatías no son más que una subclase. En los capítulos dedicados al metabolismo encontraremos otros muchos ejemplos.

## Inmunoglobulinas: la variabilidad de la estructura produce la versatilidad de la unión

En el resto de este capítulo, volvemos a las proteínas **inmunoglobulinas**, cuya función principal es la unión específica y esencialmente *irreversible* de sustancias que parecen ser de origen no propio, como los patógenos bacterianos o víricos.

## Respuesta inmunitaria adaptativa

Cuando una sustancia extraña, un virus, una bacteria o incluso una proteína extraña, invade los tejidos de un vertebrado superior (como el ser humano), el organismo se defiende a sí mismo mediante la **respuesta inmunitaria**. Las respuestas inmunitarias innata y adaptativa son de varias capas y complejas, y actúan a través de varios mecanismos diferentes que pueden tener lugar independientemente o de forma concertada. Incluso una descripción superficial de los diversos modelos de autodefensa celular necesitaría varios capítulos en un libro de texto, por eso restringimos nuestra atención a solo un número pequeño de temas de esta área tan grande y fascinante.

La respuesta inmunitaria se encarga de la defensa del cuerpo frente a las sustancias extrañas o los patógenos y actúa por medio de diversos mecanismos celulares diferentes.

Comenzamos con una breve descripción de la **respuesta inmunitaria adaptativa**, que incluye componentes humorales y celulares. En la **respuesta inmunitaria humoral**, las células linfáticas denominadas **linfocitos B** sintetizan moléculas de inmunoglobulina específicas, que son segregadas desde la célula y se unen a la sustancia invasora. Esta unión agrega la sustancia extraña y la marca para que sea destruida por las células denominadas **macrófagos**. En la **respuesta inmunitaria celular**, las células linfáticas, llamadas **linfocitos T**, que llevan moléculas similares a las inmunoglobulinas en sus superficies, identifican y destruyen a las células extrañas o aberrantes. En este apartado examinaremos fundamentalmente la respuesta inmunitaria humoral.

En la respuesta inmunitaria humoral, los linfocitos B secretan anticuerpos (inmunoglobulinas) que reaccionan con antígenos específicos.

La sustancia que desencadena una respuesta inmunitaria se denomina **antígeno**, y una inmunoglobulina específica que se une a esta sustancia se denomina **anticuerpo**. Si la partícula invasora es grande, como una célula, un virus o una proteína, puede provocar la formación de muchos anticuerpos diferentes, cada uno de los cuales se une específicamente a un **determinante antigénico** (o **epítopo**) dado en la superficie de la partícula (Figura 7.36a). Estos determinantes antigénicos pueden ser, por ejemplo, grupos de aminoácidos de la superficie de una proteína, grupos de residuos de azúcares de un hidrato de carbono o grupos de aminoácidos de una superficie proteica, como se muestra en el ejemplo de la Figura 7.36b.

La respuesta inmunitaria, en todas sus diversas formas, constituye nuestra primera línea de defensa frente a la infección, y también frente a las células cancerosas. Es la inhabilitación del sistema inmunitario producida por el virus de la inmunodeficiencia humana (VIH) la que hace que el **SIDA** (**síndrome de inmunodeficiencia adquirida**) sea una enfermedad que ha resultado tan devastadora. Las víctimas de SIDA no fallecen por los efectos directos del virus, sino que mueren a causa de enfermedades infecciosas o cánceres, de los que su sistema inmunitario no es capaz ya de defenderles.

La respuesta inmunitaria tiene algunas características destacables. En primer lugar, es increíblemente versátil, y puede responder frente a un enorme número de sustancias extrañas diferentes. Estas sustancias extrañas van, desde las células de otra persona de la misma especie (la base del rechazo de los trasplantes de órganos o tejidos), hasta las moléculas sintéticas que nunca podría haber encontrado en la naturaleza. En segundo lugar, la respuesta inmunitaria adaptativa tiene *memoria*. Así, después de una exposición inicial a un determinado antígeno, una segunda exposición en una fecha posterior dará lugar a una producción rápida y mucho más masiva de los anticuerpos específicos.

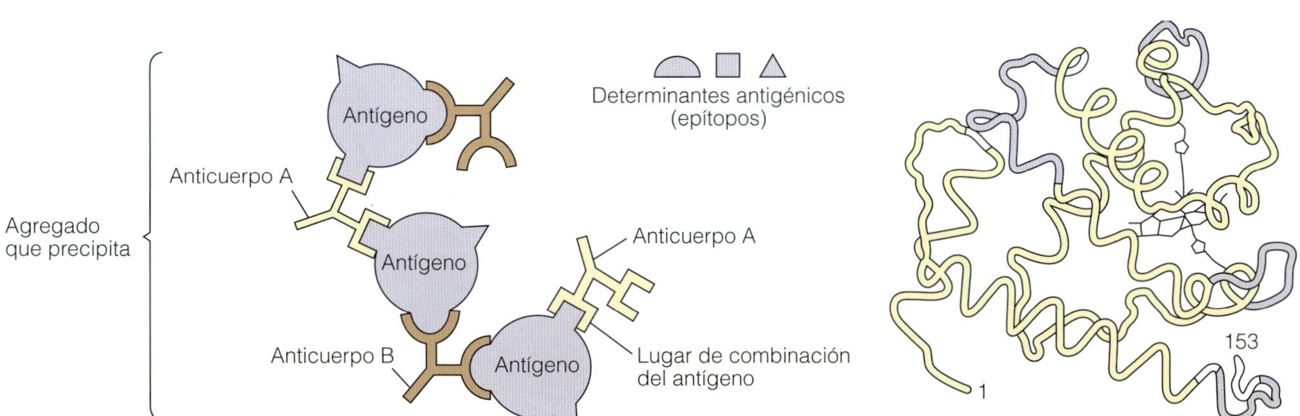


**(a)** Precipitación

**(b)** Determinantes antigénicos de la mioglobina de cachalote

**FIGURA 7.36**

**Determinantes antigénicos. (a)** Un objeto extraño, o antígeno (como un virus, una célula bacteriana o una molécula proteica extraña), puede desencadenar la producción de anticuerpos frente a varios determinantes antigénicos distintos de su superficie. Cuando el antígeno se mezcla con su colección de anticuerpos, se produce la precipitación, ya que cada molécula de anticuerpo posee dos lugares de unión para su determinante, de manera que se forma una red. **(b)** Determinantes antigénicos de la mioglobina de cachalote. Las porciones púrpuras corresponden a segmentos de la cadena polipeptídica que actúan como antígenos. Algunos determinantes antigénicos incluyen porciones de la cadena que están muy alejadas en la secuencia primaria, pero que se encuentran próximas en la estructura terciaria, lo que se conoce como epítopo discontinuo.

(b) Reproducido de *Immunochemistry* 12:435, M. Z. Atassi, Antigenic structure of myoglobin: The complete immunochemical anatomy of a protein and conclusions relating to antigenic structures of proteins. © 1975 con permiso de Elsevier.

Las explicaciones modernas de la respuesta inmunitaria adaptativa se basan en la teoría de la selección clonal.

Como describe la denominada **teoría de la selección clonal**, el organismo tiene una capacidad inherente para producir una diversidad inmensa de anticuerpos con diferentes secuencias de aminoácidos que son capaces de unir una cantidad enorme de antígenos. Los postulados básicos de la teoría de la selección clonal, que se ilustra en la Figura 7.37, son los siguientes:

1. Las **células madre B** de la médula ósea se diferencian para hacerse linfocitos B, cada uno de los cuales produce un único tipo de molécula de inmunoglobulina; cada tipo tiene un lugar de unión que reconocerá una forma molecular específica. Estas inmunoglobulinas o anticuerpos están unidas a la membrana celular y expuestas en las superficies externas de los linfocitos B.
2. La unión de un antígeno a uno de estos anticuerpos estimula a la célula portadora para que se replique, generando un **clon** (un conjunto de células con una información genética idéntica). Esta *respuesta primaria* se facilita por una clase especial de células T denominadas **células T colaboradoras.** Si una célula T colaboradora identifica un antígeno ligado, se une al linfocito B adecuado y le transmite una proteína señal (**interleuquina-2**) que estimula la reproducción de la célula B. Así pues, solo aquellos clones de células B que identifican a los antígenos se estimulan a una división celular continuada.
3. Como se muestra en las Figuras 7.37 y 7.38, se producen dos clases de células B clonadas. Las **células B efectoras** o **células plasmáticas**, producen ahora anticuerpos *solubles*, que se segregan al sistema circulatorio. Estos anticuerpos tienen los mismos lugares de unión del antígeno que los anticuerpos de superficie del linfocito B a partir del cual han surgido las células efectoras, pero carecen de la cola hidrófoba que une los anticuerpos de superficie a la membrana del linfocito. La otra clase de células del clon, las **células de memoria**, persistirá durante un cierto tiempo, aun después de que el antígeno haya desaparecido. Esta persistencia constituye la memoria inmunitaria, que permite que se produzca una *respuesta secundaria* rápida ante una segunda estimulación por parte del mismo antígeno, como se muestra en la Figura 7.38.

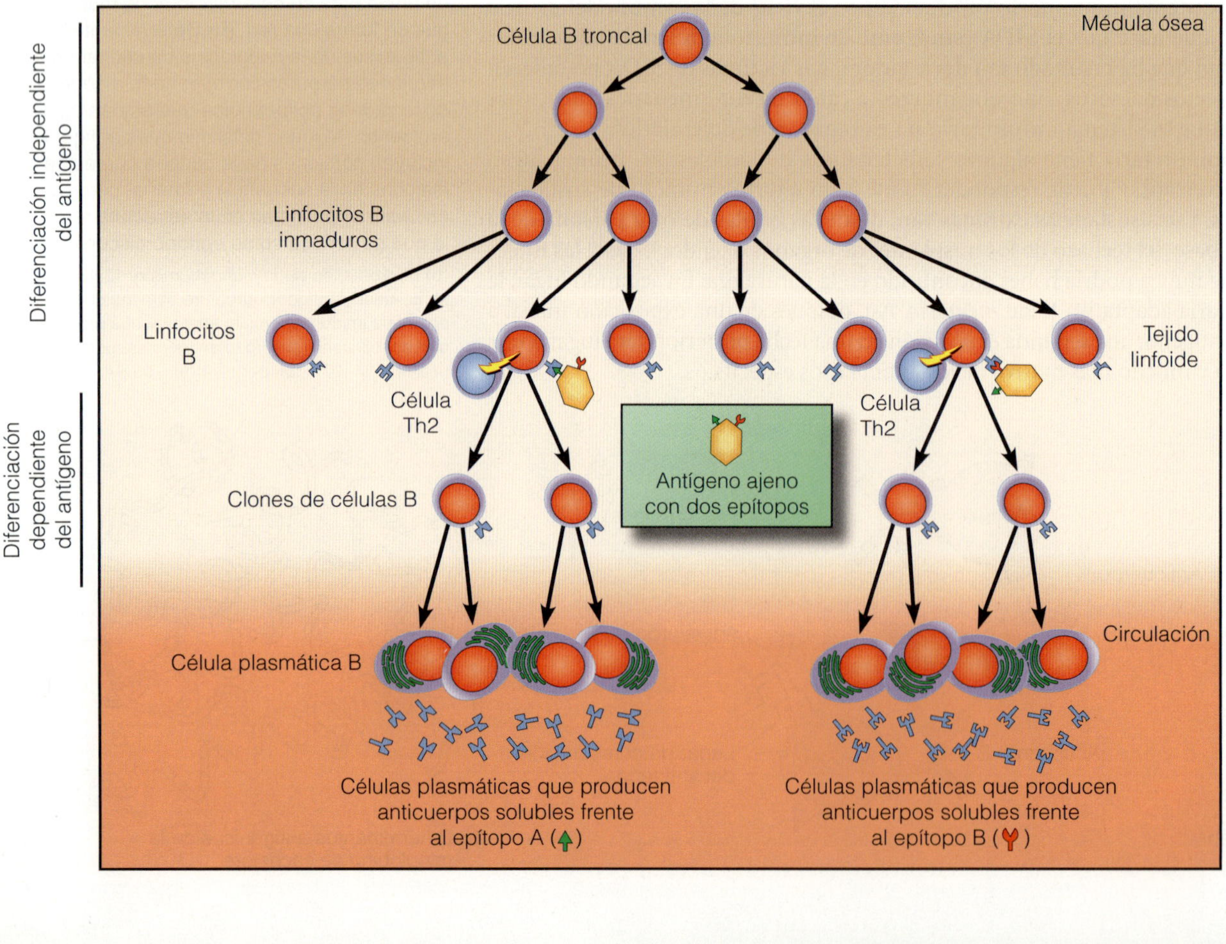


**FIGURA 7.37**

**Teoría de la selección clonal de la respuesta inmunitaria adaptativa.** Las células madre de la médula ósea (células madre B, arriba) se diferencian y emigran hacia el tejido linfoide. Cada una de las células diferenciadas (linfocitos B) sintetiza una clase particular de anticuerpo, que lleva en su superficie. Cuando los linfocitos B encuentran a los antígenos (que se muestran como un hexágono naranja; centro), las células B que llevan los anticuerpos correspondientes a los determinantes antigénicos son estimuladas por las células T colaboradoras (células «Th2») para que se multipliquen, formando clones de células B. En este caso, las células estimuladas para formar clones son las unidas al epítopo «rojo» o «verde» del antígeno extraño. Las células Th2 estimulan a los linfocitos B mediante la secreción de interleuquina-2 (símbolo rayo). Algunas de las células B clonadas, denominadas células plasmáticas, producen anticuerpos solubles, de manera que cada clon produce un anticuerpo contra un único determinante (epítopo). Otras células B clonadas se denominan células de memoria; su función se ilustra en la Figura 7.38.

Cortesía de Gary Carlton.

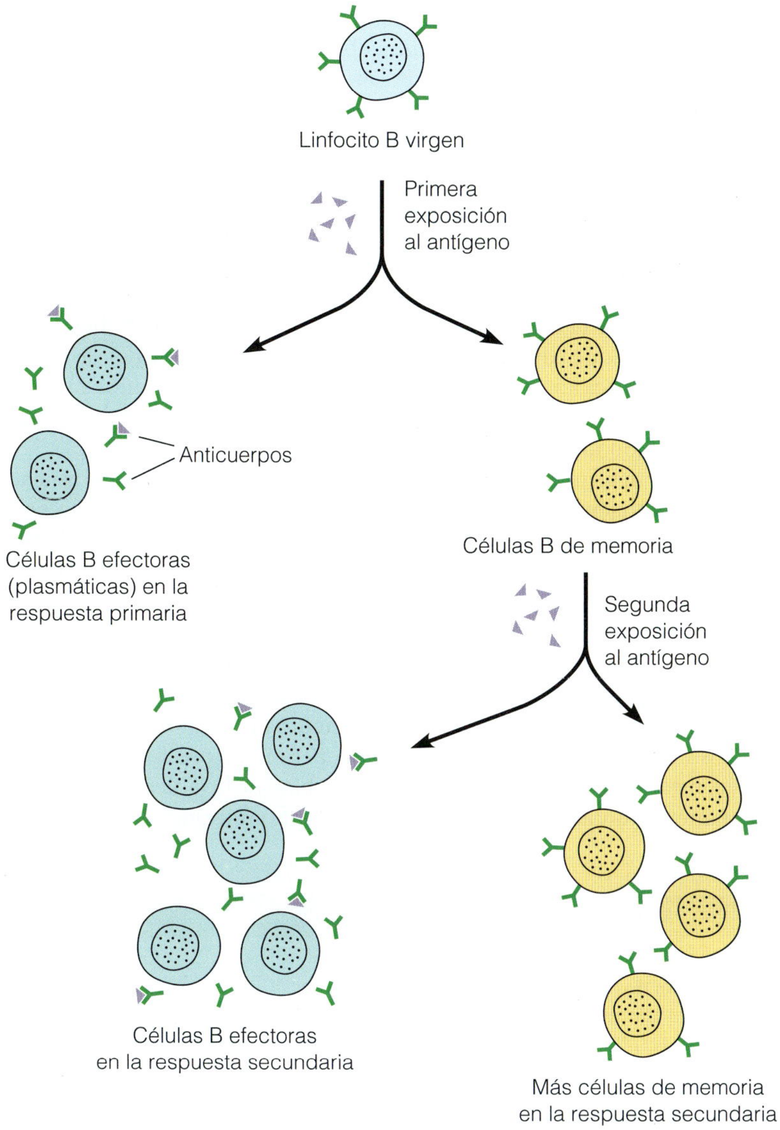


**FIGURA 7.38**

**Dos vías de desarrollo para los linfocitos B estimulados.** La exposición al antígeno hace que se desarrollen dos tipos de células a partir de los linfocitos B. Las de un tipo (células B efectoras o células plasmáticas) sintetizan el anticuerpo soluble (*véase* la Figura 7.37). Las células del segundo tipo (células de memoria) llevan el anticuerpo ligado a la membrana para permitir una respuesta rápida ante una segunda exposición al mismo antígeno.

La teoría de la selección clonal explica muchas de las características de la respuesta inmunitaria adaptativa, pero tal vez se le haya ocurrido una pregunta crucial: ¿por qué no encontramos clones que producen anticuerpos contra *nuestras propias* proteínas y tejidos? La respuesta es fascinante y nos explica mucho sobre la forma en que se establece cuál es el contenido bioquímico «propio». Cuando las células B inmaduras del feto se encuentran con sustancias que se unen a sus anticuerpos de superficie, *no* se estimulan para replicarse. En vez de ello, estas células B fetales son destruidas. Ello hace que las células B que producen anticuerpos contra todos los posibles antígenos «propios» con los que podrían reaccionar se eliminen antes del nacimiento. Las únicas células B que maduran son las que producen anticuerpos contra las sustancias «no propias».

A veces, el sistema inmunitario se altera y produce anticuerpos contra los tejidos normales de un adulto. Las causas de esta **autoinmunidad** no se conocen del todo, pero las enfermedades producidas pueden ser devastadoras. Por ejemplo, en el *lupus eritematoso* son los propios ácidos nucleicos de la persona los que son objeto del ataque. Otras enfermedades autoinmunes son la artritis reumatoide, la esclerosis múltiple, la diabetes mellitus tipo 1 y la psoriasis.

En las enfermedades autoinmunes, el sistema inmunitario ataca al tejido normal.

## Estructura de los anticuerpos

Para ver cómo actúa realmente la selección clonal a nivel molecular, debemos explorar la estructura de las moléculas de inmunoglobulina que constituyen el arsenal de anticuerpos. Existen cinco clases de moléculas de inmunoglobulina, que desempeñan diversas funciones en el sistema inmunitario (Tabla 7.2). Sin embargo, todas ellas se construyen a partir de la misma estructura de inmunoglobulina básica, que se presenta esquemáticamente en la Figura 7.39. Las distintas clases de anticuerpos pueden contener de una a cinco moléculas de inmunoglobulina; cuando hay más de una, los monómeros están unidos por un segundo tipo de polipéptido denominado cadena J (*véase* la Tabla 7.2).

Las moléculas de inmunoglobulina contienen regiones constantes y regiones variables. Estas últimas son los lugares de unión del antígeno.

Cada monómero de inmunoglobulina está formado por cuatro cadenas, dos **cadenas pesadas** idénticas ($M_W$ = 53 000 Da cada una) y dos **cadenas ligeras** idénticas ($M_W$ = 23 000 Da cada una), que se mantienen unidas mediante enlaces disulfuro. En cada cadena existen **dominios constantes** (idénticos en todos los anticuerpos de una clase determinada) y un **dominio variable**. Son las variaciones de la secuencia de aminoácidos (y, por tanto, de la estructura terciaria) de los dominios variables de las cadenas ligeras y pesadas, lo que confiere las muy numerosas especificidades de los anticuerpos frente a los diferentes antígenos. Obsérvese que los cuatro dominios variables se encuentran en los extremos de la horquilla en forma de Y de la molécula, en donde forman dos lugares de unión idénticos para los antígenos.

Una proteína grande, un virus o una célula bacteriana tienen en su superficie muchos posibles determinantes antigénicos potenciales. Pueden generarse anticuerpos frente a varios de estos determinantes, uniendo muchas moléculas de antígeno, y de esta manera, agregar el antígeno (*véase* la Figura 7.36a). Si el antígeno es tan pequeño que solo posee un determinante, se producirá la unión, pero no habrá agregación. La agregación mediada por el anticuerpo, denominada también **inmunoprecipitación**, requiere que el anticuerpo sea *bivalente* (es decir, que tenga dos lugares de unión). En el laboratorio es posible romper los anticuerpos por la región *bisagra* (*véase* la Figura 7.39) con enzimas específicas que rompen proteínas para producir **fragmentos $F_{ab}$** con un solo lugar de unión cada uno. Los fragmentos $F_{ab}$ unirán el antígeno, pero no lo precipitarán.

Los dominios constantes de las cadenas pesadas en la base de la molécula con forma de Y sirven para mantener juntas las cadenas. Más importante aún, estas regiones actúan

**TABLA 7.2. Las cinco clases de inmunoglobulinas**

La IgM se produce durante la respuesta inicial contra un microorganismo invasor. Es la inmunoglobulina más grande y contiene cinco unidades en forma de Y con dos cadenas ligeras y dos cadenas pesadas cada una. Las unidades se mantienen juntas mediante un componente denominado cadena J. El tamaño relativamente grande de la IgM limita su presencia al torrente sanguíneo. Es también eficaz en desencadenar un mecanismo importante para la destrucción de las células extrañas, que se denomina sistema del complemento.

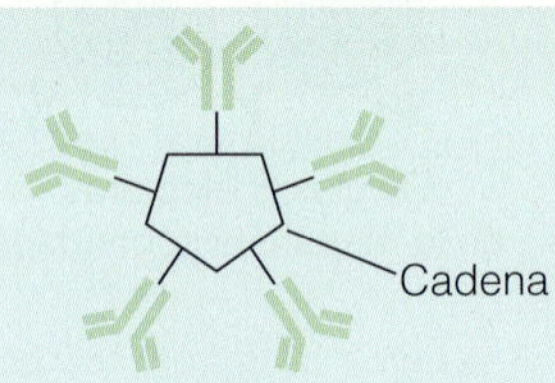


**IgM**
(pentámero)

Las moléculas de IgG, también denominadas *γ-globulinas*, son los anticuerpos circulantes más abundantes. Una variante de ellas se fija a las superficies de las células B. Las moléculas de IgG están formadas por una sola unidad en forma de Y y pueden atravesar con bastante facilidad las paredes de los vasos sanguíneos; también atraviesan la placenta y llevan parte de la protección inmunitaria materna al feto en desarrollo. Este paso está permitido por receptores específicos. La IgG desencadena también el sistema del complemento.

**IgG**
(monómero)

La IgA se encuentra en las secreciones corporales, como la saliva, el sudor y las lágrimas, y a lo largo de las paredes del intestino. Es el principal anticuerpo del calostro, la secreción inicial mamaria de la madre tras el parto, y de la leche. La IgA se encuentra en forma de monómero o de agregados de dos unidades de la molécula proteica en forma de Y. Las moléculas de IgA tienden a disponerse a lo largo de la superficie de las células corporales y a combinarse allí con los antígenos, como los situados en la superficie de una bacteria, con lo que impiden que la sustancia extraña se fije directamente a la célula corporal. La sustancia invasora puede eliminarse entonces del organismo, junto con la molécula de IgA.

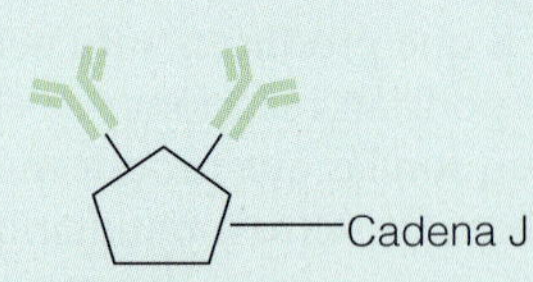


**IgA**
(monómero
o dímero)

Se sabe menos sobre las inmunoglobulinas IgD e IgE. Las moléculas de IgD se encuentran en la superficie de las células B, pero no se sabe mucho sobre su función. La IgE se asocia con algunas de las respuestas alérgicas del cuerpo, y sus concentraciones están elevadas en las personas que sufren alergias. Las regiones constantes de las moléculas de IgE pueden unirse fuertemente a los mastocitos, un tipo de células del tejido epitelial y conjuntivo que libera histaminas como parte de la respuesta alérgica. Tanto las IgD como las IgE están formadas por unidades sencillas en forma de Y.

**IgD**
(monómero)

**IgE**
(monómero)

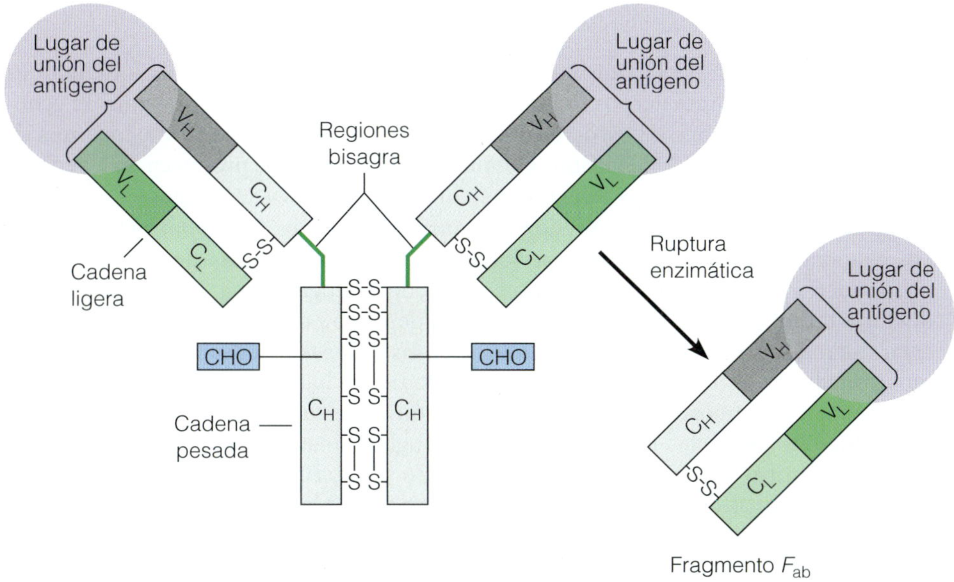


**FIGURA 7.39**

**Modelos esquemáticos de una molécula de anticuerpo IgG y un fragmento $F_{ab}$.** La IgG se construye con dos cadenas pesadas y dos cadenas ligeras, que se mantienen juntas mediante enlaces disulfuro. Cada cadena contiene dominios *constantes* (C) y dominios *variables* (V). Los dominios constantes son los mismos en todas las moléculas de anticuerpo de una determinada clase (*véase* la Tabla 7.2), mientras que los dominios variables confieren especificidad frente a un determinante antigénico concreto. La rotura mediante determinadas enzimas proteolíticas, como la papaína, en la *región bisagra* permite la producción de fragmentos $F_{ab}$ monovalentes (*véase* la Figura 7.40). El hidrato de carbono (CHO) unido a las cadenas pesadas facilita la determinación de los destinos de los anticuerpos en los tejidos y la estimulación de las respuestas secundarias como la fagocitosis. En la Figura 7.40 se muestra la estructura cristalina de una molécula de inmunoglobulina.

también como efectores para señalar a otras células de la respuesta inmunitaria, como las células T matadoras o los macrófagos, el ataque a las partículas o células que han sido marcadas para su destrucción por la unión del anticuerpo. Los macrófagos son grandes glóbulos blancos especialmente adaptados para engullir y digerir las partículas extrañas. Además, las diferencias de las cadenas laterales identifican los tipos de inmunoglobulinas para su entrega a los distintos tejidos o para su secreción (*véase* la Tabla 7.2).

Los lugares de unión del antígeno se encuentran en el final del extremo de los dominios variables (Figuras 7.39 y 7.40) y en él participan residuos de aminoácidos de las regiones variables de las cadenas pesadas y ligeras. Diferentes secuencias de estas regiones variables originan distintas estructuras secundarias y terciarias locales y pueden definir, de esta manera, lugares de unión adaptados a distintos antígenos con una especificidad exquisita.

La diversidad y la especificidad exquisita de los lugares de unión del antígeno vienen determinadas por las regiones determinantes complementarias hipervariables de ambas cadenas, ligera y pesada.

Los dominios de las inmunoglobulinas y otros miembros de la **superfamilia de las inmunoglobulinas** se construyen sobre un motivo común, *el pliegue de inmunoglobulina*, en el que dos láminas $\beta$ plegadas están cara con cara (Figura 7.41). Esta estructura representa probablemente el elemento estructural primitivo en la evolución de la respuesta inmunitaria adaptativa. En realidad, el pliegue de inmunoglobulina también se encuentra en otras proteínas que participan en el reconocimiento celular. El pliegue de inmunoglobulina es un armazón estable sobre el que se colocan los bucles hipervariables que determinan la forma y la carga complementarias del lugar de unión del antígeno (Figura 7.42). Estos bucles hipervariables se conocen como **regiones determinantes complementarias** o **RDC**. La Figura 7.42 muestra los resultados de los estudios de difracción de rayos X de la interacción de un fragmento $F_{ab}$ con un antígeno proteico vírico, la neuraminidasa, una enzima que facilita la infección vírica (se considera en el Capítulo 9). Obsérvese que las superficies del antígeno y el anticuerpo se ajustan de una forma complementaria.

**FIGURA 7.40**

**Estructura cristalina de una molécula de IgG de ratón.** Las cadenas pesadas idénticas están coloreadas de amarillo y verde, y las cadenas ligeras idénticas, en fucsia y verde. A la izquierda se muestra un modelo que ilustra el alto grado de estructura secundaria $\beta$. A la derecha hay una representación de superficie que muestra el contacto íntimo entre las cadenas. Los hidratos de carbono unidos a la cadena pesada están indicados en la figura más a la izquierda. PDB ID: 1IGT.

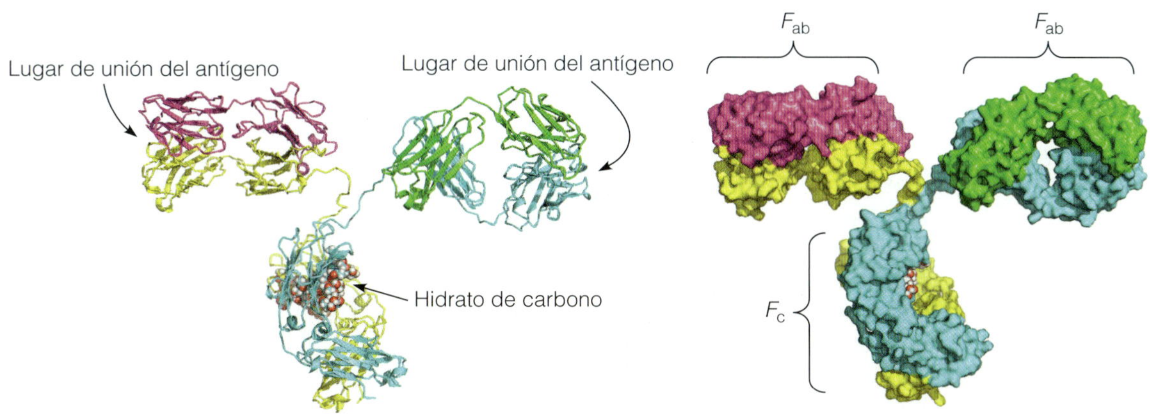

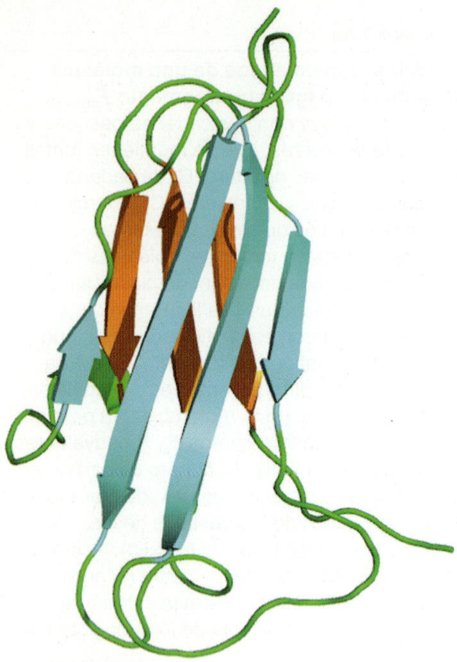

**FIGURA 7.41**

**Pliegue de inmunoglobulina.** El pliegue de inmunoglobulina es una estructura común en los dominios de muchas proteínas de la superfamilia de las inmunoglobulinas (*véase* el texto). Hay dos capas (verde y naranja) de láminas $\beta$ antiparalelas apiladas una frente a la otra y unidas covalentemente mediante enlaces disulfuro (no se muestran). Este motivo de plegado se encuentra 12 veces en la molécula de IgG (*véase* el panel más a la izquierda de la Figura 7.40) y 4 veces dentro de un $F_{ab}$ PDB ID: 1IGT.

## Generación de la diversidad de anticuerpos

¿Cómo puede generarse la enorme diversidad de moléculas de inmunoglobulina que hace que se formen anticuerpos frente a una gama casi ilimitada de antígenos? El genoma humano no dispone de espacio suficiente para codificar un gen para cada una de los millones de moléculas de inmunoglobulina diferentes que se producen en las células madre B. En su lugar, en estas células tienen lugar dos procesos especiales.

El principal origen de la diversidad de anticuerpos es la *recombinación de exones.* Los genomas de los vertebrados superiores contienen «bibliotecas» de exones que corresponden a distintas partes de la molécula de inmunoglobulina. En las células productoras de anticuerpos, estos exones están reordenados y cortados y empalmados para crear diferentes combinaciones de secuencia en las cadenas pesadas y ligeras. Ya hemos mencionado que estos reordenamientos, cuando tienen lugar en las células germinales, desempeñan un importante papel en la evolución proteica. El mismo proceso, cuando se produce en las células B, crea nuevas inmunoglobulinas en las células individuales. Las características y el mecanismo de este proceso se describen en el Capítulo 26, como el origen adicional de la diversidad de anticuerpos: la hipermutación *somática.* Estas mutaciones no se heredan, ya que se producen en las células somáticas (células que no son de la línea germinal). En las células que generan los anticuerpos, las porciones de las regiones variables correspondientes a los bucles RDC de los genes de las inmunoglobulinas sufren mutaciones con una frecuencia excepcionalmente elevada. Este proceso, junto con la recombinación de fragmentos génicos, puede explicar la generación de una inmensa diversidad de moléculas de inmunoglobulina. Se ha calculado que pueden formarse alrededor de 10 mil millones de combinaciones a partir de la biblioteca de los fragmentos génicos de las inmunoglobulinas existentes en el genoma humano.

Mediante la recombinación somática y la mutación rápida, un ser humano es capaz de generar más de 10 mil millones de anticuerpos diferentes.

## Células T y respuesta celular

Mientras que la respuesta inmunitaria humoral se basa en la agregación producida por los anticuerpos, seguida normalmente por la digestión por los macrófagos, la respuesta inmunitaria celular se basa en un mecanismo muy diferente para destruir las células extrañas. La respuesta celular desempeña un papel importante en el rechazo de los tejidos y en la destrucción de las células infectadas por los virus. También puede destruir posibles células cancerosas antes de que estas hayan tenido la posibilidad de propagarse. Aunque el mecanismo de los procesos humoral y celular es muy diferente, en ambos casos intervienen moléculas de inmunoglobulina similares (de la superfamilia de las inmunoglobulinas), lo cual apunta a un origen evolutivo común para las respuestas humoral y celular.

La respuesta inmunitaria celular utiliza las células T destructoras para eliminar las células extrañas o infectadas.

Los principales participantes en la respuesta inmunitaria celular son las **células T citotóxicas**, también denominadas **células T destructoras.** Estas células llevan en su superficie moléculas receptoras, que son muy similares a los fragmentos $F_{ab}$ de las moléculas de anticuerpos (Figura 7.43c). Al igual que los anticuerpos, estos fragmentos poseen una amplia gama de especificidades de unión, en su mayor parte dirigidas hacia secuencias oligopeptídicas cortas. Estos oligopéptidos podrían producirse, por ejemplo, por una célula infectada por un virus cuando se produce una digestión parcial de las partículas víricas en su interior. El receptor de las células T no reconoce los oligopéptidos libres, sino que estos deben presentarse sobre la superficie de las células infectadas y unidos a otra clase de moléculas similares a las inmunoglobulinas, las proteínas del **complejo principal de histocompatibilidad** o **MHC** (*véase* la Figura 7.35). Cuando una célula T destructora identifica (mediante su receptor) un antígeno adecuado transportado en la superficie de otra célula por una proteína MHC, libera una proteína denominada **perforina.** Esta proteína forma poros en la membrana plasmática de la célula que está siendo atacada, lo cual permite la difusión hacia el exterior de iones esenciales y, de esta manera, se destruye la célula.

Resulta instructivo comparar la familia de proteínas de las inmunoglobulinas con la familia mioglobina-hemoglobina. En ambos casos la función primaria de las proteínas es la unión. En la familia mioglobina-hemoglobina observamos indicios de la evolución progresiva de métodos cada vez más sofisticados para regular la unión de una molécula concreta, el oxígeno, y para acoplar la unión del oxígeno con la eliminación de $CO_2$. En la familia de las inmunoglobulinas, la evolución a partir de un motivo sencillo ha

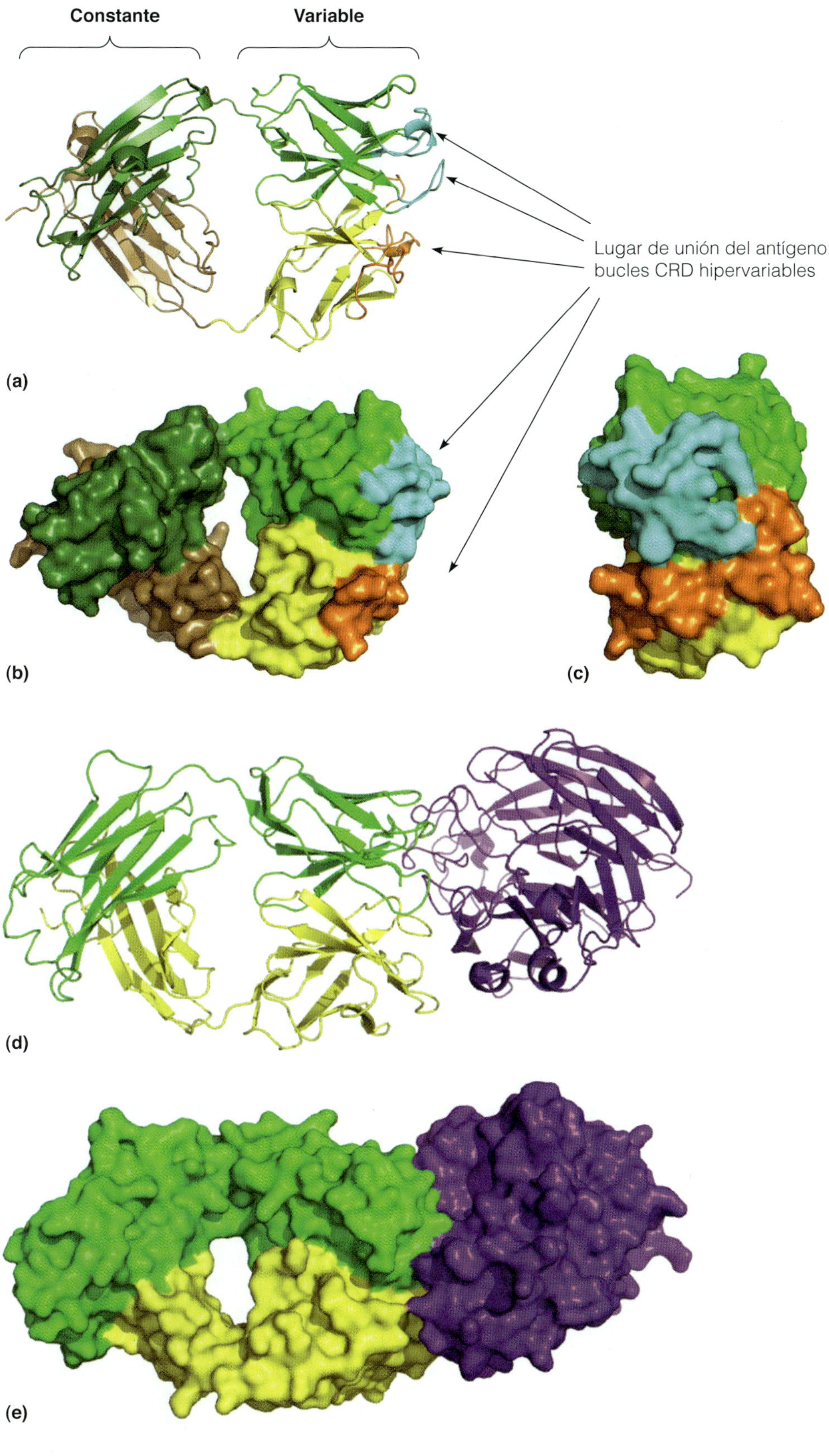


**FIGURA 7.42**

**Unión del antígeno por un fragmento $F_{ab}$.** Panel **(a)**: estructura de esqueleto de un fragmento $F_{ab}$ que contiene cuatro dominios de pliegue de inmunoglobulina: dos en la cadena ligera (verdes oscuro y claro) y dos en la cadena pesada (marrón y amarillo). Los dominios constantes en cada cadena están a la izquierda y los dominios variables, a la derecha. Se muestran en azul claro (cadena ligera) y naranja (cadena pesada) los CRD. Los CRD de las cadenas pesadas y ligeras son de secuencia hipervariable y determinan la forma y especificidad del lugar de unión del antígeno. PDB ID: 1AQK. Panel **(b)**: representación de la superficie del fragmento $F_{ab}$ que se muestra en (a). Panel **(c)**: lo mismo que en (b), pero girado 90° para ver la superficie del lugar de unión del antígeno formado por los bucles CRD. Paneles **(d)** y **(e)**: se muestra el gran contacto que se produce entre las superficies del antígeno y el anticuerpo en las representaciones del esqueleto y superficial de un fragmento $F_{ab}$ de ratón, unido a la proteína vírica neuraminidasa (PBD ID: 1NCA). La cadena ligera del anticuerpo se marca en verde, el fragmento de cadena pesada, en amarillo y la molécula de neuraminidasa, en morado. Las superficies del lugar de unión del antígeno y el anticuerpo encajan con un alto grado de complementariedad de forma y carga.

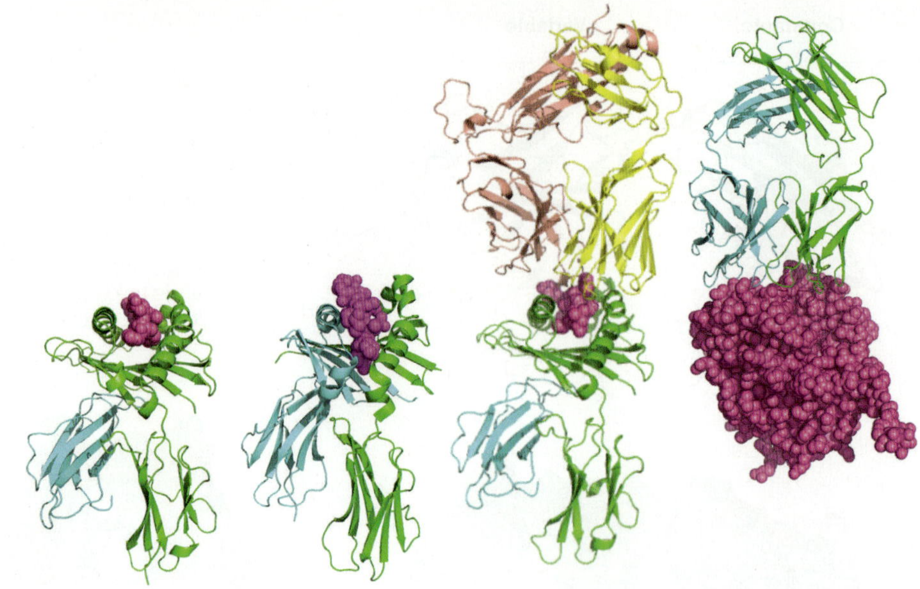


**FIGURA 7.43**

**Semejanza estructural de las proteínas de la familia de las inmunoglobulinas.** En esta figura se muestran las estructuras cristalinas de algunos miembros de la superfamilia de proteínas de las inmunoglobulinas, que incluye, no solo la familia de inmunoglobulinas sino también, muchas proteínas de las superficies celulares y solubles que participan en el reconocimiento celular y la unión. Compruébese la presencia de varios dominios de inmunoglobulina en todas estas proteínas. **(a)** Proteína de clase I del complejo principal de histocompatibilidad (MHC) (azul y verde) unida a un fragmento de una proteína del VIH (fucsia). PDB ID: 1A1M. **(b)** Proteína de clase II del MHC (azul y verde) unida a un péptido del virus de la gripe (fucsia). **(c)** Receptor de la célula T humana (rosa y amarillo) unido a una molécula MHC de clase I (azul y verde) con un péptido vírico (fucsia) PDB ID: 1BD2. **(d)** Fragmento $F_{ab}$ (azul y verde) de IgG de ratón unida a la neuraminidasa (fucsia; *véase* la Figura 7.42, PDB ID: 1NCA).

conducido a una enorme diversificación de la función de unión. La evolución ha dado lugar a un mecanismo que permite la producción de una inmensa gama de moléculas con capacidades de unión específicas.

## La respuesta inmunitaria innata

En 1989, Charles A. Janeway, Jr. propuso la hipótesis de que las células de la denominada **respuesta inmunitaria innata**, diferentes de las células B y T descritas antes, detectan la infección bacteriana mediante el reconocimiento de metabolitos específicos de los patógenos microbianos. Una investigación amplia desde entonces ha validado la hipótesis de Janeway y conducido a la identificación de una miríada de proteínas y efectores que reconocen invasores bacterianos, víricos, fúngicos y protozoarios y montan una respuesta inmunitaria. Entre las muchas proteínas importantes en la respuesta inmunitaria innata están las llamadas **receptores de peaje** (*toll-like* receptor, TLR) que reconocen un conjunto diverso de moléculas extrañas, entre las que se encuentran RNA de doble cadena (típicas de muchos virus) y moléculas orgánicas, como el **lipopolisacáridos**, (LPS), que se encuentra en las membranas de las bacterias gram-negativas. La Figura 7.44 muestra las estructuras cristalinas de dos TLR diferentes unidos a sus dianas. Obsérvese que las estructuras TLR y los modos de reconocimiento de la diana son muy distintos de los descritos antes para la superfamilia de inmunoglobulinas. Aunque la respuesta inmunitaria innata puede actuar de forma independiente, también puede estimular la respuesta inmunitaria adaptativa.

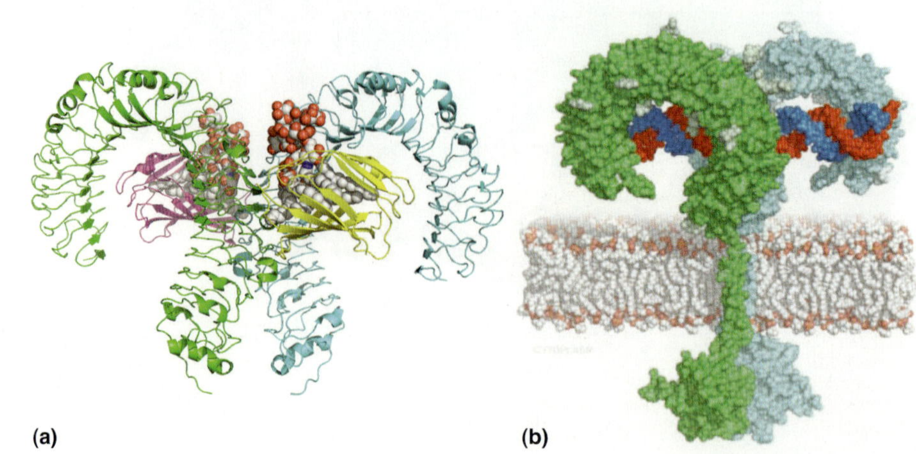


**FIGURA 7.44**

**Estructura de dos receptores de peaje (TLR) unidos a moléculas extrañas. (a)** El dominio extracelular del TLR-4 humano (azul y verde) se combina con el factor-2 de diferenciación mieloide (morado y amarillo) para unir el lipopolisacárido de *E. coli* (relleno espacial) PDB ID: 3FXI. **(b)** Modelo del LTR completo. El modelo está formado por el dominio extracelular del TLR3 de ratón (azul y verde) que está conectado a través de una hélice transmembrana con el dominio intracelular de un TLR humano. PDB ID: 3CIY y 2J67.

Panel (b) de Science 320:379-381, L. Liu, I. Botos, Y. Wang, J. N. Leonard, J. Shiloach, D. M. Segal and D. R. Davies, Structural basis of toll-like receptor 3 signaling with double-stranded RNA. © 2008. Reproducido con permiso de AAAS.

## SIDA y respuesta inmunitaria

En el SIDA, el virus causal ataca a las células T colaboradoras, destruyendo el sistema de defensa inmunológico del cuerpo.

El SIDA (síndrome de inmunodeficiencia adquirida) es una enfermedad del sistema inmunitario. La produce el **virus de la inmunodeficiencia humana** o VIH (Figura 7.45), que ataca a numerosos tipos de células, pero es especialmente virulento frente a una clase de células T colaboradoras. El virus libra una prolongada batalla con las células T de replicación rápida pero, finalmente, la velocidad de destrucción celular supera el ritmo de replicación. La consecuencia es un deterioro de toda la respuesta inmunitaria, en especial, de la capacidad de las células B de proliferar en respuesta a la estimulación antigénica. Además, se produce un fallo general de la activación de las células T. La mayor parte de los pacientes con SIDA sucumben ante enfermedades a las que podrían haber resistido con facilidad antes de contraer el SIDA, o ante determinados tipos de cáncer. El SIDA tiene unos efectos tan mortíferos porque afecta a nuestras defensas más fundamentales frente a toda enfermedad.

Desde 1983, más de 60 millones de personas, predominantemente en el mundo en desarrollo, han sido infectadas con el VIH y casi la mitad de ellas han fallecido. Dado que el SIDA plantea una amenaza tan grave para la salud mundial, se está trabajando intensamente en la búsqueda de una vacuna. Estas investigaciones comportan problemas poco habituales, puesto que el virus del SIDA tiene una capacidad sin igual de mutar y desarrollar, por tanto, cepas resistentes frente a cualquier vacuna. Las mutaciones se producen en el genoma del VIH a un ritmo muy superior al que se da en el genoma humano. La variación genética se ve incrementada por los numerosos ciclos de replicación del virus (considerado en el Capítulo 25) dando un nivel elevado de mutación de aminoácidos en las proteínas de la cubierta vírica, que serían las dianas inmunológicas típicas en la estrategia del desarrollo de las vacunas. La magnitud del problema puede apreciarse teniendo en cuenta nuestra experiencia con el virus de la gripe. Nunca hemos sido capaces de producir una vacuna «antigripal» de por vida, dada la gran variabilidad del virus de la gripe. El VIH sufre mutaciones con una rapidez unas 60 veces superior a la del virus de la gripe.

Desafortunadamente, aún no se ha producido una vacuna eficaz para el VIH. Se han generado fármacos antivirales que se dirigen contra enzimas específicas del virus implicadas en la replicación del genoma vírico o el procesamiento de los productos génicos. Estos tratamientos pueden hacer más lenta la progresión del SIDA, pero no constituyen una cura de la enfermedad. Se puede esperar que la mejora de los tratamientos y una vacuna final detengan la pandemia del SIDA.

## Anticuerpos e inmunoconjugados como posibles tratamientos del cáncer

Los tratamientos actuales del cáncer incluyen con frecuencia la radiación y/o la quimioterapia con fármacos muy tóxicos. La quimioterapia produce muchos efectos secundarios indeseables, en gran parte debido a la amplia citotoxicidad de los fármacos. La eficacia de la quimioterapia podría aumentarse si se pudiera llevar específicamente

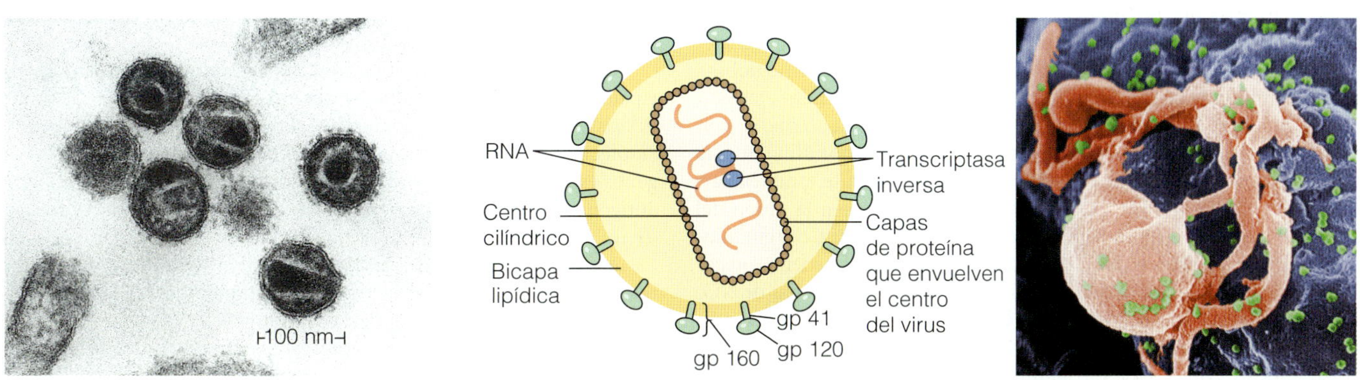

(a) (b) (c)

**FIGURA 7.45**

**(a)** Micrografía electrónica del virus de la inmunodeficiencia humana (VIH) que es el responsable del SIDA. **(b)** Modelo esquemático del VIH. La proteína de superficie gp160 está formada por dos fragmentos, gp41 y gp120. El genoma de RNA se transcribe a DNA mediante una transcriptasa inversa propensa a errores. Este DNA se integra en el genoma de la célula hospedadora y posteriormente se transcribe para dar RNA vírico nuevo. **(c)** Micrografía electrónica de barrido con color falso del brote de las partículas de VIH-1 (esferas verdes) en la superficie de un linfocito humano (rojo).

(a) Cortesía de Hans Gelderblom; (b) Tomado de *Hospital Practice* 27(9):145., Hoth Jr., Myers, y Stein, con autorización de JTE Multimedia. Ilustración © Alan D. Iselin. (c) Centers for Disease Control/C. Goldsmith, P. Feorino, E. L. Palmer y W. R. McManus.

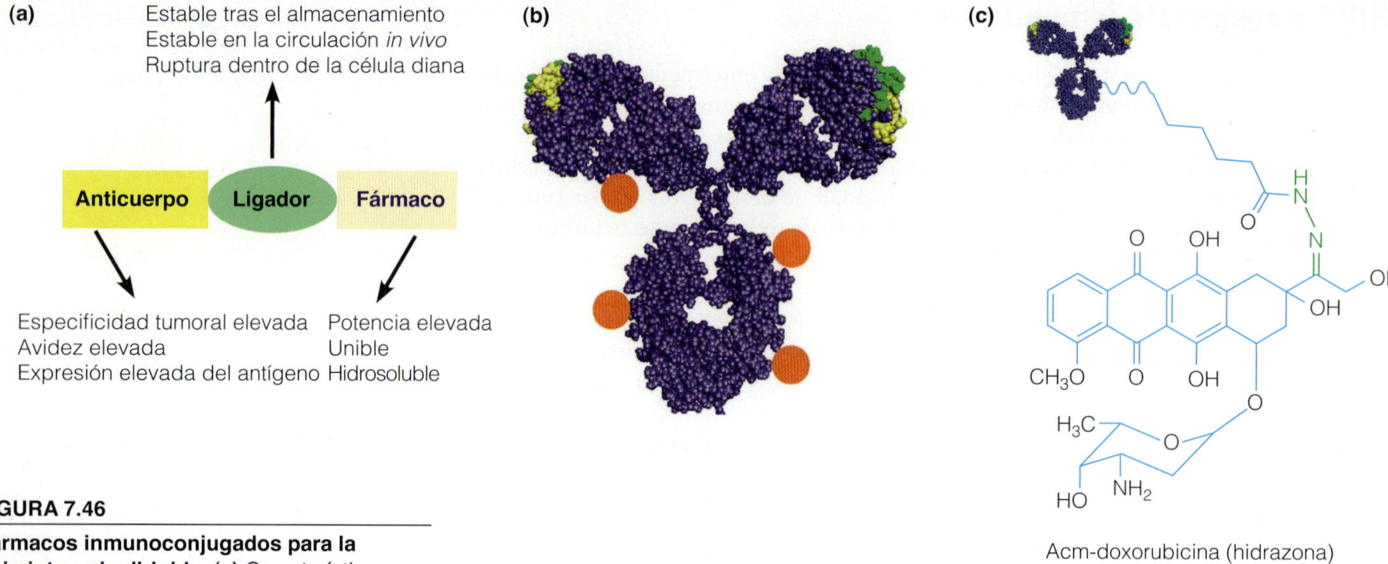


**FIGURA 7.46**

**Fármacos inmunoconjugados para la quimioterapia dirigida. (a)** Características deseables de cada componente del inmunoconjugado: anticuerpo diana, ligador y fármaco citotóxico. **(b)** Se muestran como esferas naranja los lugares comunes de unión de los fármacos a las regiones constantes del anticuerpo. Los lugares de unión del antígeno específicos del tumor se muestran en verde y amarillo. **(c)** Esquema (no a escala) del inmunoconjugado. Se resalta en verde el ligador hidrazona ácido lábil. El ligador es estable en la circulación sanguínea (pH 7.4) pero se fragmenta en el entorno ácido del endosoma tras la endocitosis en la célula tumoral.

(a) Reproducido con autorización de *Accounts of Chemical Research* 41:98–107, R. V. Chari, Targeted cancer therapy: Conferring specificity to cytotoxic drugs. © 2008 American Chemical Society.

hasta las células cancerosas y no sistémicamente. Con ese fin se han diseñado fármacos híbridos, denominados **inmunoconjugados**, que ligan un agente citotóxico a un anticuerpo generado frente a un antígeno específico del tumor (Figura 7.46). En principio, el anticuerpo específicamente lleva al fármaco a la célula tumoral, donde es captado por la célula. Una vez dentro de la célula, se rompe el enlace covalente entre el anticuerpo y el fármaco, liberándose el fármaco para que ejerza su efecto destructor sobre la célula. Además de los fármacos citotóxicos, como el taxol, también se han conjugado con los anticuerpos los isótopos radiactivos. Se ha aprobado el uso clínico de unos pocos inmunoconjugados y hay más en ensayos clínicos.

Debido a que la unión del anticuerpo es el primer paso en el reclutamiento de una respuesta citotóxica, se han generado activamente anticuerpos que reconocen específicamente los antígenos tumorales como fármacos antitumorales, que pueden, de forma selectiva, dirigirse a los tumores para su destrucción. Hasta 2010 se habían aprobado alrededor de 25 anticuerpos o derivados de inmunoglobulinas para su uso en terapia humana, principalmente como antitumorales y antiinflamatorios.

## RESUMEN

La mayor parte de los organismos necesitan oxígeno. Los vertebrados utilizan la hemoglobina para el transporte de oxígeno entre los pulmones o las branquias y los tejidos respiratorios. En las hemoglobinas, el $O_2$ está unido a una Fe(II)-porfirina (hemo); el hemo se transporta en un bolsillo hidrófobo, que inhibe la oxidación del hierro. La mioglobina lleva un único lugar de unión de oxígeno y, por consiguiente, presenta una curva de unión hiperbólica no cooperativa. La hemoglobina une el $O_2$ de manera cooperativa, con una curva de unión sigmoidea que da lugar a una entrega de $O_2$ más eficaz. La unión del $O_2$ a la los lugares de la hemoglobina produce cambios de la estructura terciaria. Cuando se acumula la tensión de estos cambios, se produce una transición ($T \longrightarrow R$) cuaternaria, con un desplazamiento de la molécula de una forma de menor afinidad a la forma de mayor afinidad. La transición alostérica permite también que los efectores alostéricos ($H^+$, $CO_2$ y 2,3-BPG) modifiquen la unión del oxígeno, dando lugar a un transporte de $O_2$ y $CO_2$ más eficaz. Las globinas también son óxido nítrico (NO) dioxigenasas potentes y pueden proteger a las células de los efectos tóxicos de las concentraciones elevadas de NO.

La mioglobina y la hemoglobina, al igual que otras proteínas, evolucionan mediante mutaciones, duplicaciones y recombinaciones de sus genes. Ambos tipos de globinas han evolucionado a partir de una proteína ancestral similar a la mioglobina, de manera que la aparición de una hemoglobina verdadera coincide aproximadamente con la aparición de los vertebrados. La evolución de estas proteínas continúa, tal como indica la existencia de una multitud de hemoglobinas variantes en la población humana. La mayor parte de las mutaciones por sustitución de bases (sentido equivocado) son neutras, pero algunas, como la mutación de la hemoglobina drepanocítica, son nocivas. Las talasemias son hemoglobinopatías que se deben a la eliminación o a la expresión defectuosa de genes completos o de conjuntos de genes.

Las respuestas inmunitarias innata y adaptativa están entre las principales defensas del cuerpo frente a la infección. En la respuesta humoral del sistema inmunitario adaptativo se generan y secretan anticuerpos (moléculas de inmunoglobulinas específicas) que se unirán a los antígenos específicos. Este proceso se produce porque el reconocimiento del antígeno por parte de unas pocas células da lugar a la selección clonal de un gran número de células que producen el anticuerpo adecuado. La inmensa diversidad de anticuerpos se consigue mediante múltiples recombinaciones somáticas y mutaciones rápidas en las células productoras de anticuerpos. La respuesta inmunitaria celular implica células T destructoras portadoras de receptores. El SIDA es una enfermedad del sistema inmunitario, en la que el VIH ataca a las células T, que son esenciales para la proliferación de los clones de células B.

# APÉNDICE

## Una breve mirada a los modelos dinámicos de muchos estados del alosterismo de la hemoglobina

Los cambios de conformación descritos en el modelo de Perutz del alosterismo de la hemoglobina constituyen una reordenación de la estructura *terciaria* de cada subunidad tras la unión del oxígeno, que se presume dispara los cambios que se observan de la estructura *cuaternaria* entre los estados totalmente desoxi (T) y totalmente oxi (R) del tetrámero de hemoglobina (*véase* la Figura 7.14). En las consideraciones que siguen utilizaremos las letras mayúsculas T y R para indicar las estructuras cuaternarias y las letras minúsculas *t* y *r* para indicar las estructuras terciarias, asociadas con las conformaciones desoxi y oxi. El modelo de Perutz se basa en las dos conformaciones de la hemoglobina que se cristalizaron en ese momento, pero los datos más recientes han puesto en duda muchas de las suposiciones de los modelos de MWC y Perutz. Por ejemplo, el principio central del modelo asimétrico, que es que la conformación *t* no se tolera en la estructura cuaternaria del estado T, ha sido refutado en el caso de la hemoglobina por los cristales de rayos X y las estructuras en disolución por RMN de la hemoglobina que están en el estado cuaternario T, aunque tienen subunidades en el estado terciario *t*. Los estudios de cinética ultrarrápida de unión del ligando a la hemoglobina encapsulada en geles, realizados en escalas de tiempo donde puede tener lugar el cambio de la conformación terciaria, pero no el de la estructura cuaternaria, han demostrado también que puede existir el estado *r* en los tetrámeros T. ¿Cómo, entonces, están correlacionados los cambios terciario y cuaternario? No es de extrañar que haya varias teorías competitivas. Aquí resumimos brevemente tres, que se han elegido para demostrar la amplitud del vigoroso debate actual sobre las bases estructurales de la unión cooperativa del ligando en la hemoglobina. En la Bibliografía, el lector interesado encontrará citas para tener una descripción más completa de estos modelos.

El modelo de *regla simétrica* propuesto en 1992 por Gary Ackers y colaboradores sugiere que los cambios de la estructura terciaria que acompañan a la unión del oxígeno pueden tolerarse hasta un determinado punto antes de que se produzca el cambio T $\longrightarrow$ R. Específicamente, siempre que un lugar esté ocupado en *cada uno* de los dos dímeros $\alpha\beta$, la molécula en su conjunto adopta la estructura cuaternaria R. El modelo propone que la hemoglobina actúa como un dímero, de forma acorde con el modelo de KNF, pero no con el modelo de MWC que se muestra en la Figura 7.12.

El modelo *terciario de dos estados*, propuesto en 2002 por William Eaton y colaboradores, supone que los estados cuaternarios T y R de la hemoglobina pueden llenarse por ambos estados terciarios *t* y *r*. Como se muestra esquemáticamente en la Figura 7.47, las poblaciones relativas de los estados *t* y *r* dentro de un tetrámero están influidas por la estructura cuaternaria, la unión del ligando y la unión de los efectores alostéricos. En este modelo, la afinidad de unión del ligando de una subunidad la determina su estructura terciaria y es independiente de la estructura cuaternaria de la hemoglobina. En otras palabras, la afinidad de unión del ligando del estado *r* es la misma, ya resida en un tetrámero T o R. Este modelo explica la cinética *bifásica* de la unión del ligando a la hemoglobina atrapada en el estado T dentro de los geles. La fase más rápida se atribuye a la unión a las subunidades en estado *r* en el tetrámero, y la fase más lenta se debe a la unión a las subunidades en el estado *t*.

El modelo de *alosterismo dinámico*, propuesto en 2008 por Takashi Yonetani y colaboradores, en parte se desarrolló para explicar sus observaciones que indicaban que (1) la unión de algunos efectores alostéricos reducen drásticamente las afinidades de unión del ligando de ambos estados T y R de la hemoglobina y (2) en casos extremos, las afinidades de unión del ligando de los estados T y R tienen los *mismos* valores bajos, incluso si tienen conformaciones cuaternarias y terciarias *diferentes*. ¿Cómo es posible esto, dada la discusión anterior del mecanismo de Perutz, que correlaciona las diferencias estructurales con las diferencias de afinidad de unión? Yonetani y sus colaboradores arguyen que las diferencias de afinidad de unión de ligando están determinadas por diferencias de la dinámica de la proteína, donde el aumento de los movimientos dinámicos de la molécula de hemoglobina son la base de la reducción de la afinidad de unión. Recuérdese de nuestro tratamiento anterior que la dinámica del bolsillo del hemo parece desempeñar un papel importante en la unión y la liberación de los ligandos en la mioglobina (*véase* la Figura 7.8). En particular, el modelo de alosterismo dinámico se centra en los cambios de comportamiento dinámico de las hélices E y F, que incluyen los residuos de His proximal y distal. Las simulaciones de dinámica molecular de las hemoglobinas oxi y desoxi proporcionan el resultado contrario a la intuición de la Figura 7.48, que es que la unión del 2,3-BPG *aumenta* los movimientos dinámicos de las hélices E y F en ambos estados, oxi (R) y desoxi (T). Esto es sorprendente, ya que el 2,3-BPG se une a la hemoglobina en una hendidura *entre* las subunidades $\beta_1$ y $\beta_2$ (*véase* la Figura 7.23) y, por tanto, podría esperarse que se *redujeran* los movimientos dinámicos de la molécula de hemoglobina.

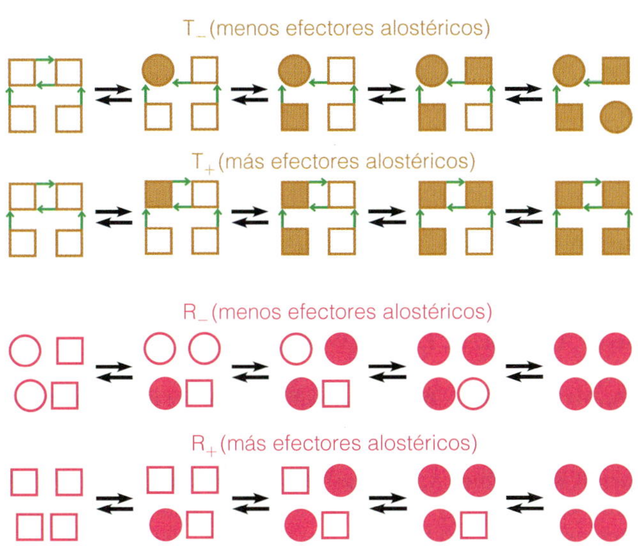


**FIGURA 7.47**

**Modelo terciario de dos estados de la transición cooperativa de la hemoglobina.** Las subunidades se indican como dímeros $\alpha_1\beta_1$ a la izquierda y $\alpha_2\beta_2$ a la derecha. Los tetrámeros en estado R están marcados en fucsia y en estado T, en marrón. Las interacciones de puente salino que caracterizan el estado T (*véase* la Figura 7.15) se muestran como flechas verdes. Las subunidades con el ligando unido se muestran con formas sólidas. En este modelo, las estructuras terciarias *r* (círculos) y *t* (cuadrados) se encuentran dentro de las estructuras cuaternarias T y R. En presencia de efectores alostéricos (2,3-BPG, $H^+$, $CO_2$, etc.), el equilibrio $t \rightleftarrows r$ está alterado en la dirección del estado *t*.

*IUBMB* Life 59:586-599, W. A. Eaton, E. R. Henry, J. Hofrichter, S. Bettat, C. Viappiani y A. Mozzarelli, Evolution of allosteric models for hemoglobin. 

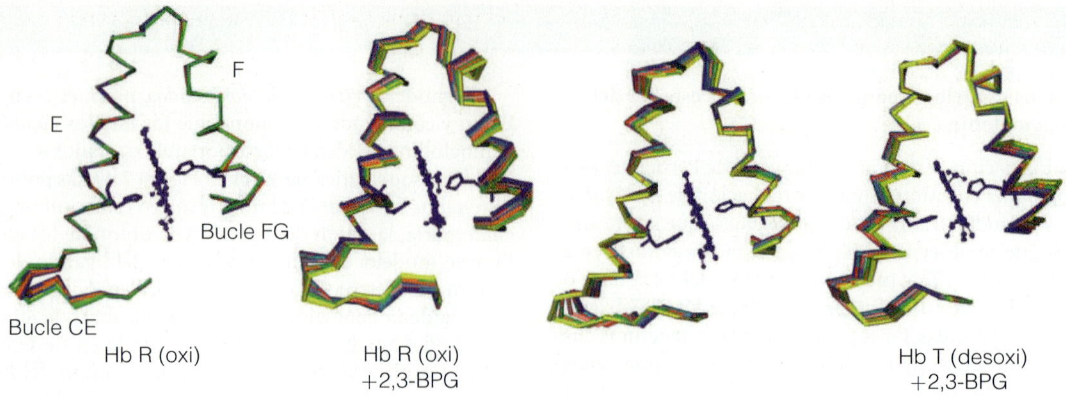


**FIGURA 7.48**

**Dinámica molecular de las hemoglobinas oxi y desoxi**. En cada panel se muestran los resultados de la estimulación 2-ns de todos los átomos. Por claridad, solo se muestran las hélices E y F de una subunidad $\alpha$. La estructura de partida ($t = 0$), en cada caso, se muestra en azul y la última estructura ($t = 2$ ns) aparece en rojo. Se muestran ocho estructuras intermedias en el orden: azul → verde → amarillo → rojo. La oxiHb (R) es menos dinámica que la desoxiHb (T). La adición de 2,3-BPG a las simulaciones da lugar a un aumento de los movimientos en ambas moléculas, oxi y desoxi.

Reproducido de *Biophysical Journal* 94:2737-2751, M. Laberge y T. Yonetani, Molecular dynamics simulations of hemoglobin A in different states and bound to DPG: Effector-linked perturbation of tertiary conformations and HbA concerted dynamics. 

## BIBLIOGRAFÍA


### General

**Bunn, H. F.** y **Forget, B. G.** (1986) *Hemoglobin: Molecular, Genetic abd Clinical Aspects.* WB Saunders, Filadelfia, PA.

**Dickerson, R. E.** y **Geis, I.** (1983) *Hemoglobin: Structure, Function, Evolution, and Pathology.* Benjamin/Cummings, Redwood City, Calif.

**Ordaway, G. A.** y **Garry, D. J.** (2004) Myoglobin: An essential hemoprotein in striated muscle. *J. Exp. Biol.* 207:3441-3446.

**van Holde, K. E., Johnson, W. C.** y **Ho, P.-S.** (2006) *Principles of Physical Biochemistry.* 2ª ed. Prentice Hall, Upper Saddle River, N.J. El Capítulo 15 contiene un tratamiento más detallado del equilibrio de unión del que se presenta aquí.

### Modelos alostéricos

**Ackers, G. K.** y **Holt, J. M.** (2006) Asymmetric cooperativity in a symmetric tetramer: Human hemoglobin. *J. Biol. Chem.* 281:11441-11443.

**Adair, G. S.** (1925) The hemoglobin system. VI: The oxygen dissociation curve of hemoglobin. *J. Biol. Chem.* 63:529-545.

**Barrick, D., Ho, N. T., Simplaceanu, V., Dahlquist, F.** y **Ho, C.** (1997) A test of the role of the proximal histidines in the Perutz model for cooperativlty in haemoglobin. *Nature Struct. Biol.* 4:78-83.

**Eaton, W. A., Henry, E. R., Hofrichter, J., Bettati, S., Viappiani, C.** y **Mozzarelli, A.** (2007) Evolution of allosteric models for haemoglobin. *IUBMB Life* 59:586-599.

**Koshland, D. E., Nemethy, G.** y **Filmer, D.** (1966) Comparison of experimental binding data and theoretical models in proteins containing subunits. *Biochemistry* 5:365-385.

**Monod, J., Wyman, J.** y **Changeux, J. P.** (1965) On the nature of allosteric transitions: A plausible model. *J. Mol. Biol.* 12:88-118.

**Perutz, M. F., Wilkinson, A. J., Paoli, M.,** y **Dodson, G. G.** (199S) The steroechemical mechanism of cooperative effects in haemoglobin revisited. *Annu. Rev. Biophys. Biomol. Struct.* 27:1-34.

**Tsai, C. J., del Sol, A.** y **Nussinov, R.** (2009) Protein allostery signal transmission and dynamics: A classification scheme of allosteric mechanisms. *Mol. BioSyst.* 5:207-216.

**Yonetani, T.** y **Laberge, M.** (2008) Protein dynamics explain the allosteric behaviors of haemoglobin. *Biochem. Biophys. Acta* 1784:1146-1158.

### Mecanismo de unión y liberación de oxígeno y estructura y dinámica proteica

**Birukou, I., Schweers, R. L.** y **Olson, J. S.** (2010) The distal histidine stabilizes bound O, and acts as a gate for ligand entry in both subunits of human HbA. *J. Biol. Chem.* 285:8840-8854.

**Jensen, F. B.** (2004) Red blood cell pH, the Bohr effect, and other oxygenation- linked phenomena in blood O, and CO2 transport. *Acta Physiol. Scand.* 182:215-227.

**Lukin, J. A.** y **Ho, C.** (200a) The structure-function relationship of hemoglobin in solution at atomic resolution. *Chem. Rev.* 104:1219-1230.

**Ruscio, J. Z., Kumar, D., Shukla, M., Prisant, M. G., Murali, T. M.** y **Onufriev, A. V.** (2008) Atomic level computational identification of ligand migration pathways between solvent and binding site in myoglobin. *Proc. Natl. Acad. Sci. USA.*105:9204-9209.

**Schotte, F., Lim, M., Jackson, T. A., Smirnov, A. V., Soman, J., Olson, J. S., Phillips Jr., G. N., Wulff, M.,** y **Anfinrud, P. A.** (2003) Watching a protein as it functions with 150-ps time-resolved x-ray crystallography *Science* 300:1944-1947.

**Song, X. J., Yuan, Y., Simplaceanu, V., Sahu, S. C., Ho, N. T.,** y **Ho, C.** (2007) A comparative NMR study of the polypeptide backbone dynamics of hemoglobin in the deoxy and carbonmonoxy forms. *Biochemistry* 46:6795-6803.

### NO dioxigenación y otras funciones propuestas para las globinas hemo

**Brunori, M.** (2001) Nitric oxide moves myoglobin centre stage. *Trends Biochem. Sci.* 26:209-210.

**Burmester, T.** y **Hankeln, T.** (2009) What is the function of neuroglobin? *J. Exptl. Biol.* 212:1423-1428.

**Fago, A., Mathews, A. J.** y **Brittain, T.** (2008) A role for neuroglobin: Resetting the trigger level for apoptosis in neuronal and retinal cells. *lUBMB Life* 60:398-401.

**Gardner, P. R., Gardner, A. M., Brashear, W. T., Suzuki, T., Hvitved, A. N., Setchell, K. D. R.** y **Olson, J. S.** (2006) Hemoglobins deoxygenate nitric oxide with high fidelity. *J. Inorg. Biochem.* 100:542-550.

**Gardner, P. R., Gardner, A. M., Martin, L. A.** y **Salzman, A. L.** (1998) Nitric oxide dioxygenase: An enzymatic function for flavohemoglobin. *Proc. Natl. Acad. Scl. USA* 95:10378-10383.

**Kim-Shapiro, D. B., Schechter, A. N.** y **Gladwin, M. T.** (2006) Unraveling the reactions of nitric oxide, nitrite, and haemoglobin in physiology and therapeutics. *Arterioscler. Thromb. Vasc. Biol.* 26:697-705.

**Olson, l. S., Foley, E., W., Rogge, C., Tsai, A. L., Doyle, M. P.** y **Lemon, D. D.** (2004) NO scavenging and the hypertensive effect of haemoglobin based blood substitutes. *Free Radical Biol. Med.* 36:685-697.

**Poole, R. K.** y **Hughes, M. N,** (2000) New functions for the ancient globin family: Bacterial responses to nitric oxide and nitrosative stress. *Mol. Microbiol.* 36:775-783.

**Wittenberg, l. B.** y **Wittenberg, B. A.** (2003) Myoglobin function revisited. *J. Exptl. Biol.* 206:2011-2020.

### Evolución de las proteínas globinas y teorías de la evolución proteica

**Arnheim, N.** y **Calabrese, P.** (2009) Understanding what determines the frequency and pattern of human germline mutations. *Nature Rev. Genet.* 10:478-488.

**Bloom, J. D., Labthavikul, S. T., Otey, C. R.** y **Arnold, F. H.** (2006) Protein stability promotes evolvability. *Proc. Natl. Acad. Sci. USA* 103:5869-5874.

**Dean, A. M.** y **Thornton, J. W.** (2007) Mechanistic approaches to the study of evolution: The functional synthesis. *Nalure Rev. Genet.* 8:675-688.

**Kumar, S.** y **Subramanian, S.** (2002) Mutation rates in mammalian genomes. *Proc. Natl Acad. Sci. USA* 99:803-808.

**LeComte, J. T. J., Vuletich, D. A.** y **Lesk, A. M.** (2005) Structural divergence and distant relationships in proteins: Evolution of the globins. *Curr. Op. Struct. Biol.* 15:290-301.

**Meier, S., Jensen, P. R., David, C. N., Chapman, F., Holstein, T. W., Grzesiek, S.** y **Ózbek, S.** (2007) Continuous molecular evolution of protein-domain structures by single amino acid changes. *Curr. Biology* 17:173-178.

**Royer Jr., W. E., Zhu, H., Gorr, T. A., Flores, J. F.** y **Knapp, J. E.** (2005) Allosteric haemoglobin assembly: Diversity and similarity. *J. Blol. Chem.* 280:27477-27480.

**Tokuriki, N.** y **Tawfik, D. S.** (2009) Protein dynamism and evolvability. *Science* 324:203-207.

**Vinogradov, S. N.** y **Moens , L.**(2008) Diversity of globin function: Enzymatic, transport, storage, and sensing. *J. Biol Chem.* 283:8773-8777.

### Hemoglobinas variantes y hemoglobinopatías

**Embury, S. H.** (1986) The clinical pathophysiology of sickle cell disease. *Annu. Rev. Med.* 37:361-376.

**Honig, G. R.** y **Adams, J. G.** (1986) *Human Hemoglobin Genetics.* Springer-Verlag, Berlín, Nueva York.

**Ingram, V. M.** (1957) Gene mutation in human haemoglobin: The chemical difference between normal and sickle cell haemoglobin. *Nature* 180:326-328.

**Pauling, L., Itano, H. A., Singer, S. J.** y **Wells, I. C.** (1949) Sickle cell anemia: A molecular disease. *Science* 110:543-548.

**Schechter, A. N.** (2008) Hemoglobin research and the origins of molecular medicine. *Blood* 112:3927-3938.

*Véase* también la base de datos HbVar para las variantes de hemoglobina humana y las talasemias: htto://globin.bx.psu.edu/hbvar/menú.html

### Respuesta inmunitaria

**Barouch, D. H.** (2008) Challenges in the development of an HIV-1 vaccine. *Nature* 455:613-61 9.

**Chaplin, D. D.** (2010) Overview of the immune response. *J. Allergy Clin. Immunol.* 125:53-23.

**Dömer, T.** y **Radbruch, A.** (2007) Antibodies and B cell memory in viral immunity. *Immunity* 27:384-392.

**Medzhitov, R.** y **Janeway Jr., C. A.** (2002) Decoding the patterns of self and nonself by the innate immune system. *Science* 296:298-3O0.

**Pichlmair, A.,** y **Reis e Sousa , C.** (2007) Innate recognition of viruses. *Immunity* 27:370-383.

### Terapia con anticuerpos

**Chan A. C.** y **Carter, P. J.** (2010) Therapeutic antibodies for autoimmunity and inflammation. *Nature Rev. Immun.* 10:301-316.

**Chari, R. V. J.** (2008) Targeted cancer therapy: Conferring specificity to cytotoxic drugs. *Acct. Chem. Res* 41:98-107.

**Weiner, L. M., Surana, R.** y **Wang, S.** (2010) Monoclonal antibodies: versatile platforms for cancer immunotherapy. *Nature Rev. Immun.* 10:377-327.

**Wu, A. M.** y **Senter, P. D.** (2005) Arming antibodies: Prospects and challenges for immunoconjugates. *Nature Biotech.* 23:1137-1146.


## PROBLEMAS

1. Los datos que se presentan a continuación describen la unión del oxígeno a la mioglobina humana a 37 °C.

| $P_{O_2}$ (mm Hg) | $Y_{O_2}$ | $P_{O_2}$ (mm Hg) | $Y_{O_2}$ |
|---|---|---|---|
| 0.5 | 0.161 | 6 | 0.697 |
| 1 | 0.277 | 8 | 0.754 |
| 2 | 0.434 | 12 | 0.821 |
| 3 | 0.535 | 20 | 0.885 |
| 4 | 0.605 | | |

A partir de estos datos, calcular: (a) El valor de la $P_{50}$. (b) El porcentaje de saturación de la mioglobina a 30 mm de Hg, la presión parcial de $O_2$ en la sangre venosa.

2. ¿Qué efecto cualitativo cabría prever que tuviera cada una de las siguientes modificaciones sobre la $P_{50}$ de la hemoglobina?
   (a) Aumento del pH desde 7.2 a 7.4.
   (b) Aumento de la $P_{CO2}$ desde 20 a 40 mm Hg.
   (c) Disociación en cadenas polipeptídicas monoméricas.

*3. Las medidas de la unión del oxígeno por la sangre humana total, a 37 °C, pH 7.4, en presencia de 40 mm de $CO_2$, y con unas concentraciones fisiológicas normales de BPG (5 mmol/L de células), dan los siguientes resultados:

| $P_{O_2}$ (mm Hg) | % de saturación ($=100 \times Y_{O_2}$) |
|---|---|
| 10.6 | 10 |
| 19.5 | 30 |
| 27.4 | 50 |
| 37.5 | 70 |
| 50.4 | 85 |
| 77.3 | 96 |
| 92.3 | 98 |

(a) A partir de estos datos, dibuje la curva de unión y calcule el porcentaje de saturación de oxígeno de la sangre a: (1) 100 mm Hg, la presión parcial aproximada de $O_2$ en los pulmones. (2) 30 mm Hg, la presión parcial aproximada de $O_2$ en la sangre venosa.
(b) En estas condiciones, ¿qué porcentaje del oxígeno unido en los pulmones se descarga en los tejidos?
(c) Con el empleo de los datos de la Figura 7.16 (página 250), repetir el cálculo de la parte (b) si el pH disminuye a 6.8 en los capilares, pero vuelve a 7.4 cuando se descarga el $CO_2$ en los pulmones.

4. La hemoglobina del cocodrilo no une 2,3-BPG y en su lugar, une el ion bicarbonato, que es un efector alostérico negativo fuerte. ¿Por qué los cocodrilos pueden tener una hemoglobina que responde al $HCO_3^-$ en lugar de al 2,3-BPG? Recuerde que los cocodrilos mantienen a sus presas bajo el agua para matarlas.

5. Se han obtenido datos precisos para la unión del oxígeno a la hemoglobina humana aislada a 25 °C:

| $P_{O_2}$ (mm Hg) | % de saturación (= 100 × $Y_{O_2}$) | $P_{O_2}$ (mm Hg) | % de saturación (= 100 × $Y_{O_2}$) |
|---|---|---|---|
| 0.10 | 0.315 | 5.75 | 76.0 |
| 0.350 | 0.990 | 7.94 | 90.9 |
| 0.794 | 3.06 | 12.88 | 96.9 |
| 1.748 | 9.09 | 29.51 | 99.0 |
| 2.884 | 24.0 | 67.60 | 99.7 |
| 4.467 | 50.0 | | |

Utilizar una representación de Hill para determinar: (a) La $P_{50}$. (b) $h$ (pendiente máxima). (c) Los valores de $P_{50}$ correspondientes a los estados T y R.

*6. G. Ackers, M. L. Johnson, F. C. Mills et al., en *Biochemistry* (1975) 14:5128-5134, han observado que la $P_{50}$ de la hemoglobina purificada disminuye a medida que se reduce la concentración de hemoglobina en la disolución. Sugerir una explicación.

7. Se ha medido la unión del oxígeno por la hemocianina de la gamba *Callianassa*. Con el empleo de los siguientes datos, preparar una representación de Hill y determinar: (a) La $P_{50}$. (b) El $n$H (el coeficiente de Hill). (c) El número *mínimo* de lugares de unión de oxígeno en la molécula proteica.

| $P_{O_2}$ (mm Hg) | $Y_{O_2}$ | $P_{O_2}$ (mm Hg) | $Y_{O_2}$ |
|---|---|---|---|
| 1.1 | 0.003 | 136.7 | 0.557 |
| 7.7 | 0.019 | 166.8 | 0.673 |
| 10.7 | 0.035 | 203.2 | 0.734 |
| 31.7 | 0.084 | 262.2 | 0.794 |
| 71.9 | 0.190 | 327.0 | 0.834 |
| 100.5 | 0.329 | 452.0 | 0.875 |
| 123.3 | 0.487 | 736.7 | 0.913 |

8. Sugerir las consecuencias probables de las siguientes mutaciones reales o posibles de la hemoglobina. [**Nota**: consulte las Figuras 7.15 (página 249) y 7.17 (página 250).]
(a) En $\beta$ 146 (HC3) His → Asp.
(b) En $\beta$ 92 (F8) His → Leu.
(c) En $\beta$ 2 (NA2) His → Asp.

Indicar, en cada caso, si el cambio de una sola base es suficiente para la mutación.

9. Supóngase que cada uno de los mutantes indicados en el Problema 8 se estudiara mediante electroforesis en comparación con la hemoglobina nativa (pI = 7.0) a pH 8.0. ¿Cuál se desplazaría hacia el ánodo con mayor rapidez que la proteína nativa, y cuál se desplazaría de forma más lenta?

*10. En principio, una molécula alostérica podría presentar una cooperatividad *negativa*, es decir, la unión de los primeros ligandos podría reducir la afinidad por otros adicionales.
(a) ¿Qué aspecto tendría una representación de Hill para la cooperatividad negativa?
(b) Se ha observado que la teoría KNF permite una cooperatividad negativa, mientras que la teoría MHC no la permite. Explíquelo.

11. En el experimento de Barrick *et al.* (*véase* la Figura 7.18, página 251) se observó que la sustitución de histidina por un imidazol no unido de forma covalente, no solo redujo la cooperatividad, sino que también aumentó la afinidad de la hemoglobina por el oxígeno. Sugerir una explicación.

12. Suponga que visita al Dalai Lama en Dharamsala, India (elevación 1460 m) y comienza a reflexionar sobre las «preguntas profundas», como ¿cuál es la fracción de saturación de la hemoglobina del Dalai Lama? (**a**) Suponiendo que la hemoglobina del Dalai Lama tiene un coeficiente de Hill = 3.2 y una $P_{50}$ = 31 torr, calcular el cambio de la fracción de saturación del $O_2$ de su hemoglobina que va, desde los pulmones (donde $P_{50}$ = 85 torr) a sus capilares (donde $P_{50}$ = 25 torr). (**b**) ¿Por qué supone que la hemoglobina del Dalai Lama tiene una $P_{50}$ superior a la normal (donde «normal» = 27 torr)?

13. Suponga que se ha descubierto una nueva proteína de transporte de oxígeno en determinados animales invertebrados. La difracción de rayos X de la proteína desoxi ha demostrado que tiene la estructura dimérica que se presenta en la parte (a), con un puente salino entre los residuos histidina 13 y ácido aspártico 85. Los dos monómeros interactúan mediante puentes salinos entre el C- y el N-terminal. El lugar del $O_2$ se encuentra *entre* los dos átomos de hierro que se ven, que están ligados de forma rígida a las hélices a A y C (*véase* la parte (b)). En la forma desoxi, el espacio entre los átomos de hierro es demasiado pequeño para ubicar al $O_2$, por lo que los átomos de Fe deben apartarse cuando se une el $O_2$.
Contestar a las preguntas siguientes, explicando la respuesta, en cada caso, en términos de la estructura.
(a) ¿Mostrará esta molécula unión cooperativa del oxígeno?
(b) ¿Exhibirá esta molécula efecto Bohr?
(c) ¿Cuál sería el efecto de una mutación que sustituyera el ácido aspártico 85 por un residuo de lisina?

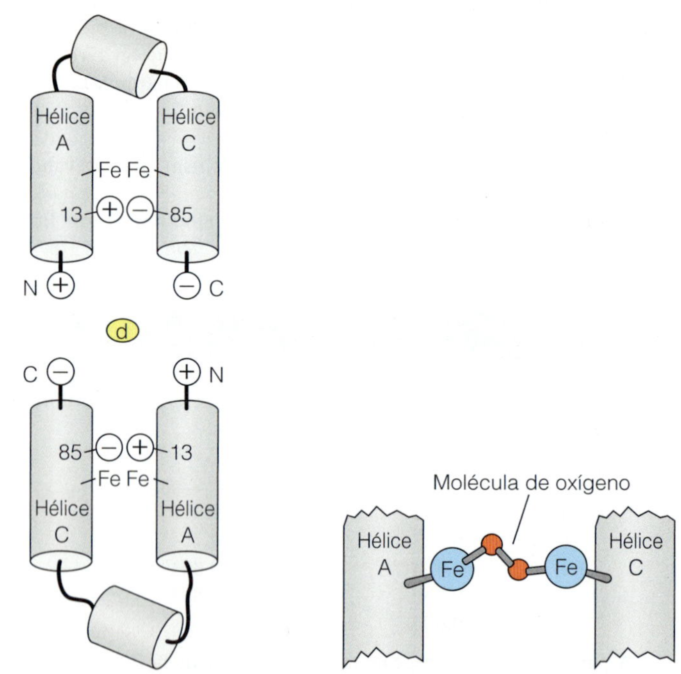


**(a)** Estructura de la proteína desoxi. N y C indican los N-terminales y C-terminales. El eje diádico (d) es perpendicular a esta página.

**(b)** Detalle del lugar de unión del oxígeno en la forma oxi.

*14. La unión de los antígenos a los anticuerpos puede contemplarse de una forma similar a la que se ha utilizado para analizar la unión del oxígeno. Suponiendo que tenemos antígenos monovalentes y anticuerpos $n$-valentes, podemos escribir la siguiente ecuación para el número ($r$) de moléculas de antígeno unidas a un anticuerpo a una concentración ($c$) de antígeno libre:

$$r = \frac{nKc}{1 + Kc}$$

donde $K$ es la constante de equilibrio de la unión (la constante de afinidad).

(a) Demuestre que esta ecuación puede reordenarse de la siguiente forma:

$$\frac{r}{c} = Kn - Kr$$

Esta se denomina *ecuación de Scatchard*, y predice que un gráfico de $r/c$ frente a $r$ será una línea recta.

(b) Utilice los datos siguientes y un gráfico según la ecuación de Scatchard para obtener $n$ y $K$ para una reacción antígeno-anticuerpo.

| c (M) | r |
|---|---|
| $1.43 \times 10^{-5}$ | 0.50 |
| $2.57 \times 10^{-5}$ | 0.77 |
| $6.00 \times 10^{-5}$ | 1.20 |
| $1.68 \times 10^{-4}$ | 1.68 |
| $3.70 \times 10^{-4}$ | 1.85 |

15. ¿Qué efecto fisiológico puede predecir de una mutación que sustituya por serina la cisteína de la parte constante de la cadena ligera de inmunoglobulina, que participa en la formación del enlace disulfuro con la cadena pesada? (*Véase* la Figura 7.32, página 263.)

# HERRAMIENTAS DE LA BIOQUÍMICA 7A

## Métodos inmunológicos

Dada la facilidad con la que pueden prepararse en el laboratorio los anticuerpos contra las sustancias biológicas, y dada su gran especificidad, los anticuerpos constituyen el núcleo central de muchos procedimientos bioquímicos importantes, analíticos y preparativos. Presentaremos aquí algunos de los métodos que tienen mayor importancia para los bioquímicos.

Los experimentos en los que se inyecta un antígeno en un conejo indican que un antígeno puede provocar la formación de varios anticuerpos diferentes. Cada uno de estos anticuerpos reconoce una parte concreta de la molécula de antígeno, denominada *determinante antigénico* o *epítopo*. En la Figura 7.36b se mostraron los epítopos que se han identificado en la mioglobina de cachalote. Cada epítopo es una región que engloba cinco o seis aminoácidos de la secuencia de la mioglobina. Así pues, un **antisuero** para la mioglobina (es decir, el suero procedente de un animal inmunizado contra la mioglobina) contiene, al menos, cinco anticuerpos diferentes contra la mioglobina, cada uno de los cuales va dirigido contra uno de los cinco epítopos que se muestran en la figura. La mayor parte de los anticuerpos que resultan útiles en bioquímica son de tipo IgG (*véase* la Tabla 7.2 y la Figura 7.40). Cada uno de estos monómeros con forma de Y tiene dos lugares de combinación del antígeno. En una reacción antígeno-anticuerpo, cada lugar suele unirse a una molécula de antígeno diferente si existe una cantidad suficiente de antígeno.

En términos generales, las sustancias inmunógenas (sustancias que provocan una reacción inmunitaria, como la síntesis de anticuerpos) son macromoléculas. Sin embargo, algunos de los reactivos inmunológicos más útiles son los anticuerpos dirigidos contra sustancias de bajo peso molecular. Estos compuestos, de por sí, no son típicamente inmunógenos, pero cuando se acoplan de forma covalente a una proteína portadora antigénica, como la albúmina de suero bovino (BSA) o la hemocianina de lapa (KLH), el conjugado resultante es inmunógeno. Algunos de los anticuerpos producidos en respuesta al conjugado van dirigidos contra el componente no proteico de bajo peso molecular, que se denomina **hapteno**. Los anticuerpos que se unen específicamente al hapteno pueden aislarse mediante cromatografía de afinidad (*véase* Herramientas de la Bioquímica 5A) utilizando un soporte sólido al que se ha unido de forma covalente el hapteno.

Uno de los primeros usos de las inmunoglobulinas como herramientas analíticas es el **radioinmunoanálisis**, en el que se usa una IgG soluble para analizar la concentración de hormonas esteroideas o fármacos en líquidos biológicos complejos como el plasma sanguíneo. Esta es una prueba de competencia entre el antígeno marcado radiactivamente y sin marcar por la IgG. Se incuba una cantidad conocida de antígeno radiactivo (normalmente marcado con $^{125}I$ o $^{131}I$) con el anticuerpo, en presencia del antígeno sin marcar de la muestra. Al aumentar la concentración del antígeno sin marcar competirá más efectivamente por su unión con el anticuerpo y desplazará al antígeno radiactivo de la IgG. Una vez establecido el equilibrio de la unión, se precipita el anticuerpo de la solución, lo que pude conseguirse añadiendo una bolita sintética recubierta con **proteína A** o un segundo anticuerpo anti-IgG (un «anticuerpo secundario»). El anticuerpo secundario y la proteína A actúan juntos de la misma manera: se unen específicamente a la región $F_c$ de la primera IgG (o anticuerpo «primario») y así, la precipitan de la disolución. El cociente de la radiactividad del sobrenadante y del precipitado se compara con una curva estándar para determinar la concentración del antígeno sin marcar en la muestra biológica. Esta técnica fue desarrollada por Rosalyn Yalow y Salomon Berson en los años 1950 en el Bronx Veteran´s Administration Hospital y revolucionó el estudio de muchos procesos hormonales (incluida la diabetes tipo I). En 1977, Yalow recibió el premio Nobel en Medicina en reconocimiento del impacto del RIA en la medicina diagnóstica (Berson había fallecido en 1972).

Una técnica muy utilizada para cuantificar las reacciones antígeno-anticuerpo es el **análisis inmunosorbente con la enzima ligada** (**ELISA**). Este ha sustituido, en gran medida, al RIA debido a su conveniencia (se realiza fácilmente en placas de 96 pocillos para su aplicación a gran escala) y el hecho de que no utiliza radiactividad. En la Figura 7A.1 se presenta el **ELISA indirecto**, muy utilizado. En el primer paso, se recubre una placa de 96 pocillos con una solución que contiene la muestra. Las proteínas se pegan inespecíficamente a las superficies de poliestireno del pocillo a través de fuerzas de van der Waals. A continuación se añade una proteína bloqueante para unir cualquier superficie de poliestireno sin recubrir, lo que impide la unión inespecífica del anticuerpo al pocillo. Se añade luego un anticuerpo primario, que se une específicamente al antígeno diana (paso 3). Esta es la parte «inmunosorbente» del análisis en la que tiene lugar la detección de la interacción específica antígeno-anticuerpo. La detección de esta interacción se consigue empleando un anticuerpo secundario, que reconoce la región $F_c$ del anticuerpo primario (pasos 4-6). Si, por ejemplo, se utiliza un anticuerpo de ratón como anticuerpo primario, puede emplearse un anticuerpo de cabra o de conejo generado frente a los anticuerpos de ratón como anticuerpo secundario. Este se entrecruza con una enzima (generalmente, peroxidasa de rábano) cuya actividad pueda analizarse fácilmente mediante espectrofotometría con un sustrato cromogénico (esta es la parte del análisis «con la enzima ligada»). La aparición de color en los pocillos de la placa indica la presencia del antígeno diana (paso 6). Debido a que la lectura se basa en la actividad de la enzima, es una detección *indirecta*; sin embargo, también es *general*, ya que el anticuerpo secundario reaccionará con *cualquier* anticuerpo primario de ratón (de forma que puede emplearse el mismo equipo para realizar análisis de distintos antígenos diana cambiando el anticuerpo primario en el paso 3, en la Figura 7A.1). Aunque este método tiene muchas variaciones, el principio es analizar el anticuerpo unido midiendo la actividad de la enzima conjugada. Esta técnica constituye la base de muchas pruebas clínicas diagnósticas, como el análisis más utilizado en la actualidad para la infección por VIH. Se emplea un anticuerpo ligado a una enzima contra una de las proteínas de superficie del virus de la inmunodeficiencia humana, para detectar la presencia del antígeno vírico en las muestras

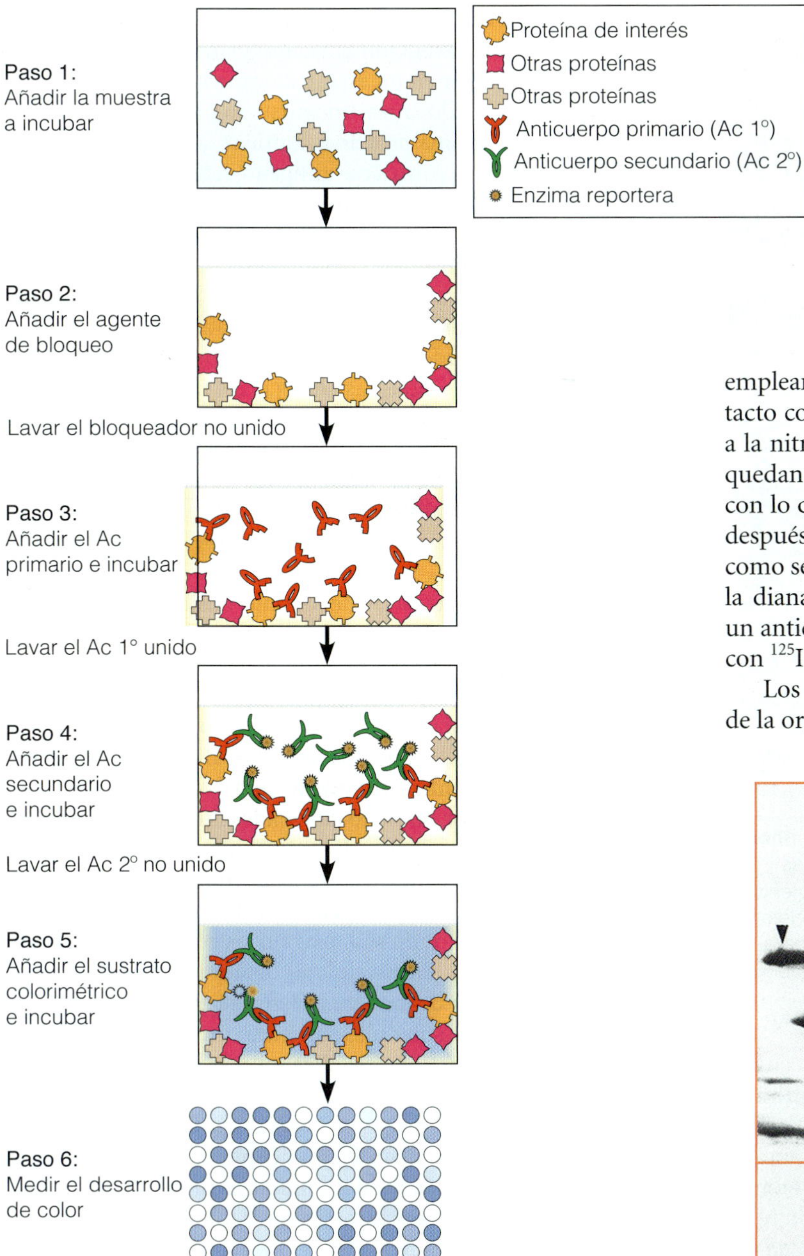


**FIGURA 7A.1**

**ELISA indirecto.** Se muestra la detección de una proteína en una muestra compleja. La prueba se lleva a cabo en una placa de 96 pocillos. Los pasos 1-5 muestran una vista de cerca de un pocillo. En el paso 5 se produce el color en el pocillo debido a la acción de la enzima ligada al segundo anticuerpo. La enzima hace que el sustrato cromogénico cambie de color. En el paso 6, se analiza toda la placa de 96 pocillos (cada círculo es uno de los 96 pocillos). Estos pocillos se supone contienen el antígeno diana, donde un color más oscuro señala una mayor concentración del antígeno en el pocillo de muestra.

de sangre humana. La presencia de la actividad enzimática en los complejos antígeno-anticuerpo puede detectarse con gran sensibilidad.

Otra técnica analítica útil para caracterizar proteínas es la **transferencia Western**, denominada así por su semejanza superficial con una técnica analítica para ácidos nucleicos a la que se llama **transferencia Southern** (*véase* la Figura 24.14, página 1016). La transferencia Western (denominada también **inmunotransferencia**) se emplea para detectar, en una mezcla de proteínas o fragmentos de proteínas, las que reaccionan con el mismo anticuerpo. Puede utilizarse, por ejemplo, para el estudio de la fragmentación posterior a la traducción de las proteínas que, a menudo, se produce como parte del proceso de maduración proteica. En esta técnica se analizan las proteínas que reaccionan con el anticuerpo en una mezcla separando, primero las proteínas de dicha mezcla mediante una electroforesis en gel desnaturalizante; con frecuencia, se emplean geles 2-D. Tras la electroforesis, el gel se pone en contacto con una hoja de nitrocelulosa, y las proteínas se transfieren a la nitrocelulosa mediante una corriente eléctrica. Las proteínas quedan unidas, de manera irreversible a la hoja de nitrocelulosa, con lo que las reacciones antígeno-anticuerpo pueden observarse después de tratar la hoja con anticuerpos primarios o secundarios, como se ha descrito antes, para el ELISA indirecto. De otra forma, la diana puede detectarse mediante autorradiografía, utilizando un anticuerpo primario (o secundario) marcado radiactivamente con $^{125}$I. En la Figura 7A.2 se muestra un ejemplo.

Los bioquímicos, al igual que los biólogos celulares, se ocupan de la organización intracelular y de la localización de las enzimas

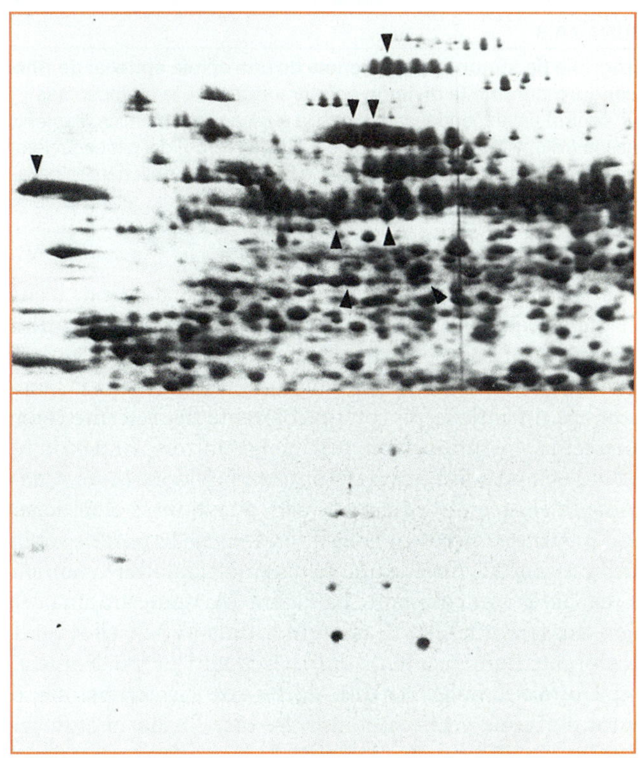

**FIGURA 7A.2**

**Transferencia Western.** En la parte superior hay un gel bidimensional de las proteínas totales de la hoja de tabaco. En la parte inferior aparece el mismo gel transferido frente a anticuerpos para las proteínas que contienen residuos de fosfotreonina.

*The Plant Journal* 2:723-732, J. A. Traas, A. F. Bevan, J. H. Doonan, J. Cordewener y P. J. Shaw, Cell-cycle-dependent changes in labelling of specific phosphoproteins by the monoclonal antibody MPM-2 in plant cells. © 1992 John Wiley & Sons, Inc. Reproducido con permiso de John Wiley & Sons, Inc.

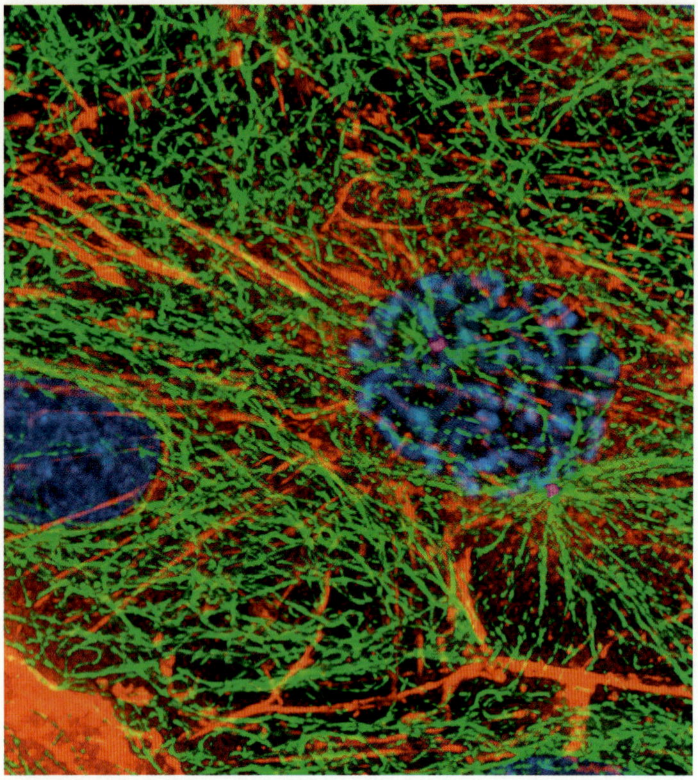

**FIGURA 7A.3**

**Micrografía de inmunofluorescencia de una célula epitelial de riñon de canguro durante la división celular mitótica.** Los cromosomas (azul, centro) están condensados tras la replicación. Los microfilamentos de actina (rojo) y los microtúbulos de tubulina (verde) del citoesqueleto mantienen la estructura de la célula. Se han utilizado anticuerpos para unir los distintos colorantes fluorescentes a la cromatina, actina y tubulina.

R. Alexey Khodjakov/Science Photo Library.

que catalizan las reacciones de interés. Existe una serie de técnicas a las que se aplica el término genérico de **inmunocitoquímica**, que utilizan anticuerpos para facilitar la localización de antígenos concretos en preparaciones citológicas. En su forma más sencilla, se conjuga un anticuerpo con un colorante fluorescente como la fluoresceína. A continuación, se sumerge un corte fino de la célula o tejido en una disolución del anticuerpo fluorescente. Una vez eliminado el exceso mediante lavado, puede verse el anticuerpo unido mediante microscopia de fluorescencia. Es posible ver diferentes antígenos dentro de una célula empleando varios anticuerpos marcados con colorante. La Figura 7A.3 muestra una célula teñida con tres anticuerpos diferentes, cada uno de ellos unido a un colorante fluorescente distinto. Cada anticuerpo se une a un complejo macromolecular distinto, en este caso cromatina, filamentos de actina y microtúbulos. De otra forma, el anticuerpo puede ligarse a la proteína de unión de hierro ferritina y el hierro unido puede observarse por su alta densidad electrónica en el microscopio electrónico.

Debido a la elevada especificidad de la unión proteica, los anticuerpos también pueden emplearse para purificar proteínas. En esta técnica, denominada cromatografía de inmunoafinidad (*véase* Herramientas de la Bioquímica 5A), el anticuerpo está acoplado a un soporte cromatográfico y se emplea una columna de este material para absorber de forma selectiva la proteína que se quiere purificar. La proteína se separa a continuación, normalmente por un ajuste de pH en la solución eluyente (generalmente a un bajo pH de 2.5 o alto 11.5) y en un estado cercano a la homogeneidad.

Como se ha indicado antes, un antisuero preparado contra un antígeno puro, como una proteína, contiene generalmente varios anticuerpos diferentes contra ese antígeno. Además, el suero contiene también todos los demás anticuerpos que el animal tenía en su torrente circulatorio en el momento en que fue inmunizado frente a la proteína de interés. Evidentemente, la especificidad, la sensibilidad y la reproducibilidad de todas las técnicas citadas aumentaría, en gran medida, si pudieran realizarse con anticuerpos puros que tengan idéntica secuencia y, por tanto, idéntica especificidad de unión. Dadas las semejanzas químicas existentes entre las distintas IgG, su purificación mediante técnicas estándar de fraccionamiento de proteínas es prácticamente imposible. Por fortuna, el empleo de los **anticuerpos** monoclonales (mAbs) constituye una forma alternativa de alcanzar anticuerpos muy puros con una única especificidad de unión y en cantidades ilimitadas.

Cada linfocito B formador de anticuerpos está especializado en la síntesis y secreción de un anticuerpo y solo de uno. Si estas células pudieran proliferar en un cultivo de tejidos, sería posible, en principio, aislar un clon, es decir, una población derivada de una célula que sintetiza un anticuerpo dirigido contra un lugar de la proteína de interés. Aunque los linfocitos B en sí no proliferan en cultivo, Georges Kohler y Cesar Milstein descubrieron en 1975 una forma de propagar linfocitos formadores de anticuerpos con células cultivadas procedentes de un ratón con mieloma múltiple, una proliferación cancerosa de leucocitos (Figura 7A.4). Se inmuniza a un ratón con el antígeno de interés y, a continuación, se fusionan los linfocitos de su bazo con las células del mieloma. Esta fusión da origen a líneas celulares denominadas **hibridomas** (células que proliferan de manera indefinida en cultivo, como las células cancerosas, pero que solo sintetizan un anticuerpo) (*véase* el Capítulo 22 para tener más detalles sobre el cultivo de hibridomas). Mediante el examen sistemático de un gran número de clones de hibridoma, pueden aislarse generalmente varios que sintetizan anticuerpos contra el antígeno de interés, elaborando cada uno un anticuerpo contra un determinante antigénico diferente. Los anticuerpos pueden purificarse con facilidad a partir de cultivos de los hibridomas adecuados, y pueden tener muchos usos, además de las técnicas ya descritas. Obsérvese que este método no requiere un antígeno homogéneo. Un investigador que tenga la paciencia de examinar muchos hibridomas puede inmunizar al animal, al principio, con un preparado bruto del antígeno de interés. Luego, después de haber obtenido el anticuerpo monoclonal deseado, puede utilizarlo como base de una purificación de inmunoafinidad del antígeno.

La capacidad para aislar mAbs ha tenido un impacto profundo en Bioquímica, Biología molecular y desarrollo biofarmacéutico. En 1984, el trabajo de Milstein y Köhler fue galardonado con el Premio Nobel de Fisiología y Medicina.

Una aplicación especialmente útil de los mAbs es la identificación de proteínas en un complejo multiptroteico, empleando **co-inmunoprecipitación** (**co-IP**) o «**tirar hacia abajo**». En esta técnica se utiliza un anticuerpo específico frente a una proteína, que se supone es parte de un complejo multiproteico para precipitar el complejo completo. El anticuerpo precipitante, general-

**FIGURA 7A.4**

**Producción de anticuerpos monoclonales.**

*Microbiology: Introduction,* 5th ed., Gerard J. Tortora. © 1995. Reproducido con permiso de Pearson Education Inc., Upper Saddle River, NJ.

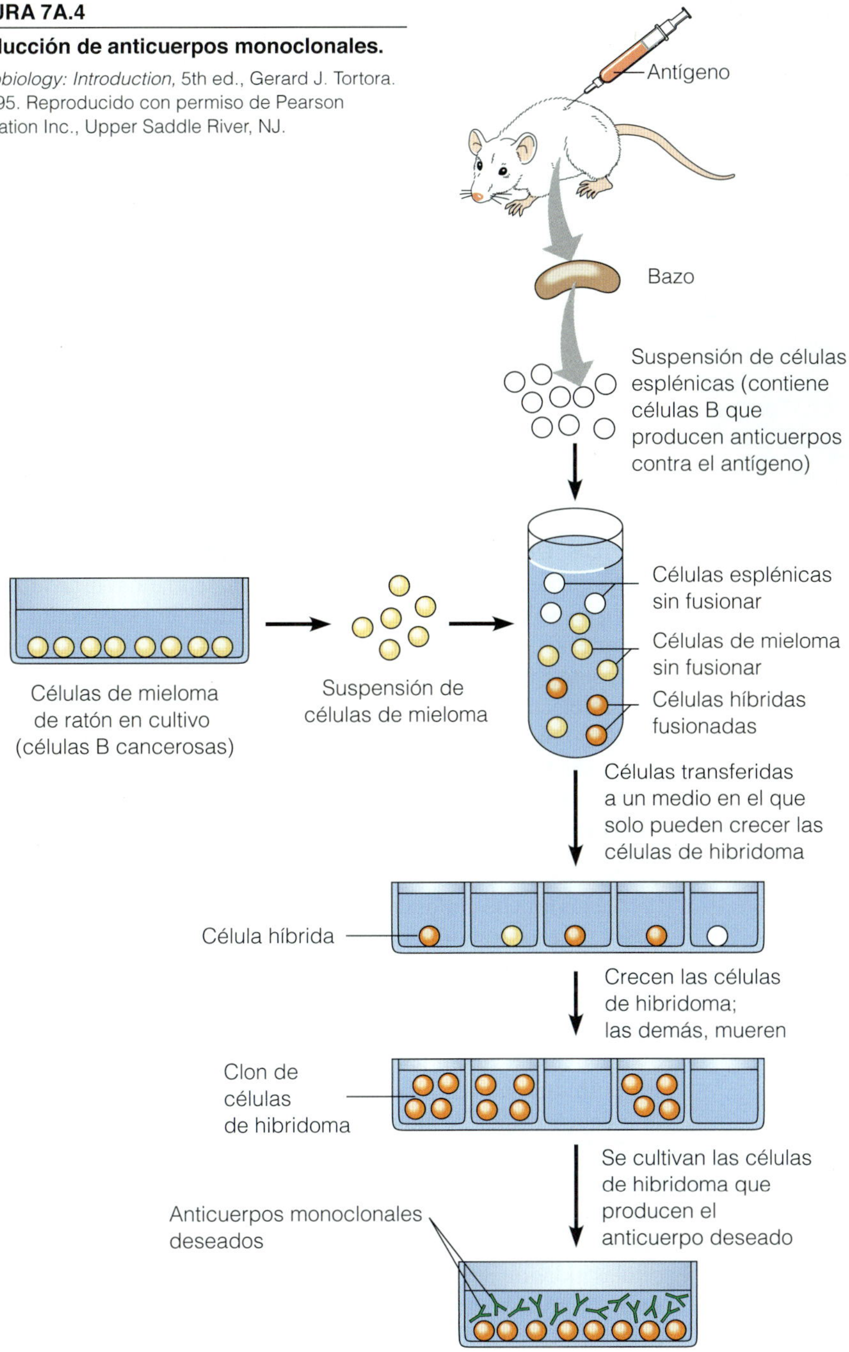


mente está unido a una partícula magnética, un lecho de agarosa o una bola cubierta de proteína A. Las diversas proteínas son «tiradas hacia abajo» mediante este procedimiento. Pueden identificarse mediante PAGE-SDS y espectrometría de masas (*véase* Herramientas de la Bioquímica 5A, 5B y 5D). Para comprobar los resultados de una co-IP, deben utilizarse varios anticuerpos diferentes frente a las diferentes proteínas del complejo. De esta forma, es posible identificar las proteínas con las que reacciona alguna que interese.

Dado que es complicado conseguir anticuerpos adecuados para los experimentos IP, suele utilizarse una variante de la técnica. En este caso, se «marca» una proteína con un epítopo peptídico corto, como $(His)_6$ (*véase* la Figura 5A.4) o la secuencia «FLAG» (DYKDDDK), y se usa un anticuerpo que se une el marcaje en el tirar hacia abajo. Es importante mostrar que la presencia del marcaje no altera las propiedades de la proteína marcada.

## Bibliografía

**Harlow, E.** y **Lane, D.** (1988) *Antibodies: A Laboratory Manual.* Cold Spring Harbor Laboratory, Cold Spring Harbor, Nueva York.

**Weir, D. M.**, ed. (1986) *Handbook of Experimental Immunology.* Oxford University Press, Londres, Nueva York.

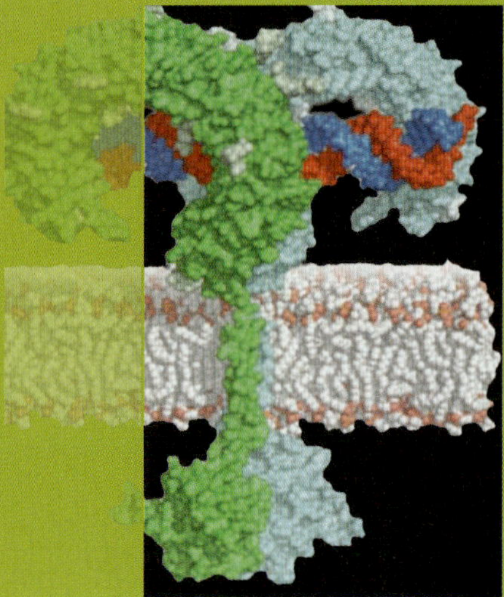

# CAPÍTULO 8

## Proteínas contráctiles y motores moleculares

**En los dos capítulos anteriores** hemos visto cómo llevan a cabo las moléculas proteicas diversas funciones, ya sea de manera individual, ya sea en estructuras de múltiples subunidades definidas. Para continuar explorando esta idea, pasamos ahora a ejemplos en los que las moléculas proteicas se organizan formando estructuras grandes y complejas en las que intervienen muchos tipos de cadenas polipeptídicas. Estas estructuras supramoleculares realizan muchas funciones celulares, de las cuales aquí consideraremos el trabajo mecánico de movimiento que realizan las **proteínas motoras**. Este movimiento puede afectar a todo el organismo, a partes del mismo, a células o a elementos subcelulares. Veremos que el cambio de conformación de la proteína por medio de la unión, la hidrólisis y la liberación de ATP, es un rasgo clave de la función de las proteínas motoras.

De los muchos tipos de movimiento que realizan los sistemas vivos, el que conocemos mejor es la contracción muscular necesaria para el movimiento corporal. Sin embargo, la contracción muscular lleva a cabo también una amplia gama de otras acciones. Incluso la emisión de un sonido es una acción muscular, como lo es la inyección de veneno que realiza un insecto o una serpiente. Otros movimientos musculares de igual importancia mantienen el medio interno de un animal, como el latido de su corazón, la respiración de sus pulmones o branquias y los movimientos peristálticos de su sistema digestivo. Cada uno de estos tipos de movimiento lo produce un tejido muscular específico.

Todos los músculos, al igual que algunos otros sistemas contráctiles que encontraremos, se basan en la interacción de dos proteínas principales, la **actina** y la **miosina**. A menudo denominamos a estos sistemas **sistemas contráctiles de actina-miosina**. Sin embargo, existen algunos tipos de movimientos dirigidos, como los movimientos de las células individuales y de partes de las células, que no dependen del sistema actina-miosina, sino que utilizan otros mecanismos proteicos. Por ejemplo, el batimiento de los cilios y los flagelos, y el movimiento de los cromosomas y de los orgánulos en el interior de las células se realizan mediante interacciones internas de diversas proteínas con los **microtúbulos**, estructuras filamentosas formadas por una proteína denominada **tubulina**. Aún más notable es la diversidad de «motores moleculares» que se han descrito en los últimos años con un gran detalle. Algunos de ellos se emplean para trasladar moléculas y vesículas a lo largo de los microtúbulos y otros filamentos; otros producen la rotación de los flagelos y son verdaderos motores microscópicos. Asimismo, algunos complejos proteicos bien conocidos se consideran actualmente como motores moleculares. Entre ellos, la **ATP sintasa** (Capítulo 15), que utiliza un gradiente de protones para impulsar la síntesis de ATP en las mitocondrias y la **RNA polimerasa** (Capítulos 26 y 28), que utiliza la hidrólisis de los nucleósidos trifosfato para desplazarse a lo largo del molde de DNA y desenrrollarlo.

Determinadas proteínas actúan como transductores de energía y utilizan la energía libre procedente de la hidrólisis del ATP o la energía libre almacenada en los gradientes iónicos para realizar el trabajo mecánico de movimiento.

Los sistemas biológicos que producen movimiento tienen una característica en común, que es que hidrolizan ATP. La energía liberada por la hidrólisis del ATP se convierte en trabajo mediante la producción de movimientos en partes de moléculas proteicas. Así pues, las proteínas pueden actuar como **transductores de energía**. Esto es, algunas proteínas pueden convertir la energía química de la hidrólisis del ATP en trabajo mecánico. Cuando los movimientos de las proteínas están coordinados adecuadamente, se produce un movimiento macroscópico dirigido.

## Los músculos y otros sistemas contráctiles de actina-miosina

Las principales proteínas del tejido muscular son la actina y la miosina; sin embargo, la actina y la miosina se encuentran también en muchos otros tipos de células y participan en diversas clases de movimientos celulares e intracelulares. Para comprender cómo actúan los músculos y otros sistemas de actina-miosina, debemos considerar las propiedades de estas dos proteínas.

### Actina y miosina

#### Actina

En condiciones fisiológicas, la actina se encuentra en forma de polímero helicoidal alargado (actina filamentosa o **actina F**) de un monómero proteico globular (**actina G**). El monómero de actina G que se muestra en la Figura 8.1, es una molécula de cuatro dominios, con una masa molecular ($M_W$) de 42 kDa. La unión de ATP por un monómero de actina G conduce a la polimerización; a continuación, se hidroliza el ATP pero el ADP se mantiene en el filamento de actina. En los filamentos de actina F, los monómeros de actina G están dispuestos en una hélice de doble cadena (Figura 8.2; *véase* también la Figura 6.39a, página 214). Como consecuencia de la asimetría de las subunidades, el filamento de actina F tiene una direccionalidad definida, y a sus dos extremos se les denomina **extremo «con púas»** o **«más»** y **extremo «puntiagudo»** o **«menos»**. La reacción de polimerización presenta una dirección de preferencia, de manera que el extremo más es el que crece con mucha mayor rapidez en condiciones fisiológicas. Los lugares en el filamento de actina F que se unen a la miosina se encuentran en el dominio 1 de cada subunidad de actina.

#### Miosina

En la Tabla 8.1 se da una relación de seis de las aproximadamente veinte formas de miosina que se encuentran en las células y sus diversas funciones. La molécula de miosina más estudiada es la miosina II del músculo estriado. En la presentación que veremos a continuación nos referiremos a la misoina II, de forma simple, como «miosina». La molécula funcional de miosina (Figura 8.3) está formada por seis cadenas polipeptídicas: dos cadenas pesadas idénticas ($M_W$ = 230 kDa) y dos de cada una de las dos clases de cadenas ligeras ($M_W$ = 20 kDa). Juntas forman un complejo de peso molecular 540 kDa. Las cadenas pesadas poseen colas largas de hélice α, que están entrelazadas en un ovillo enrollado de doble cadena, y unos dominios de cabeza globulares a los que están unidas

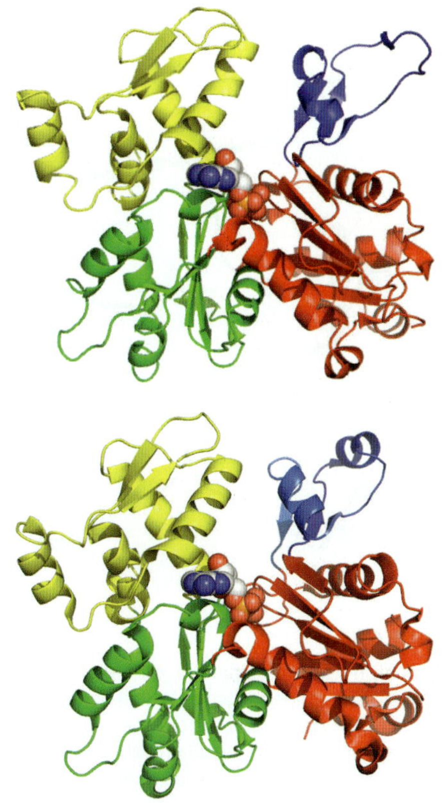

**FIGURA 8.1**

**Actina G**. Se muestra una representación animada de las estructuras cristalinas de rayos X del monómero de actina G. **Arriba**: con ATP unido (PDB ID: 1ATN); **abajo**: con ADP unido (PDB ID: 1J6Z). El dominio 1 está en rojo, el dominio 2, en azul, el dominio 3, en verde y el dominio 4, en amarillo. Los nucleótidos se muestran como esferas. El extremo «más» está debajo de cada panel.

**TABLA 8.1. Tipos de miosina y sus funciones**

| Tipo de miosina | Funciones primarias |
|---|---|
| I | Transporte de vesículas |
| II | Contracción muscular; citocinesis; motilidad celular |
| V | Transporte de vesículas y localización en la periferia celular |
| VI | Transporte de vesículas endocíticas al centro de la célula |
| VIII | División celular en las plantas |
| XV | Parte del sensor acústico en el oído interno |

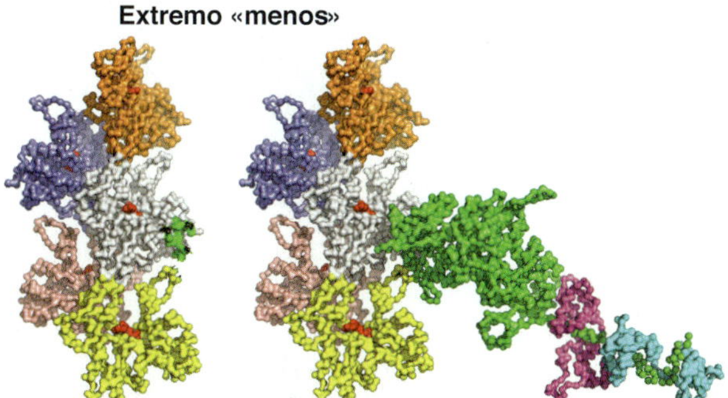


**FIGURA 8.2**

**Modelo de los filamentos de actina F. Izquierda**: se muestran los esqueletos de carbono *α* de cinco monómeros de actina G. Los monómeros individuales se diferencias por colores, con el ATP unido en rojo. Los residuos verdes del dominio 1 del monómero de actina gris muestran el lugar de unión de la miosina. **Derecha**: modelo del fragmento de miosina S1 (*véase* el texto) unido a la actina F. El dominio motor de la miosina se muestra en verde y las cadenas ligeras reguladora y esencial están, respectivamente, señalados en fucsia y azul (PDB ID: 1ALM).

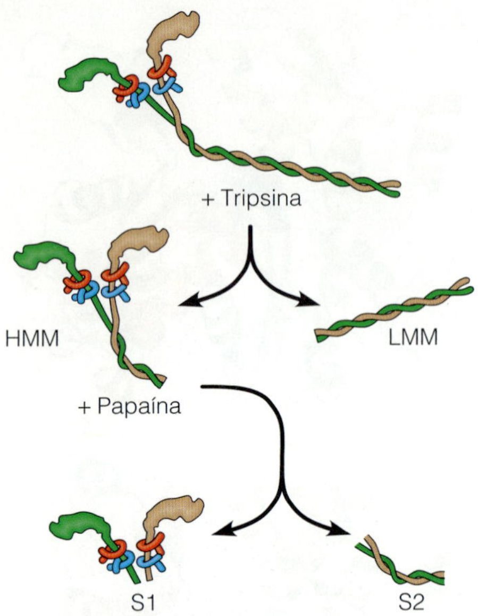


**FIGURA 8.4**

**Disección de la miosina II mediante proteasas.** La tripsina rompe la cola de la miosina para dar lugar a meromiosina ligera (LMM) y meromiosina pesada (HMM). El tratamiento de la meromiosina pesada con la proteasa papaína digiere parte de la estructura del tallo, permitiendo la separación de los dos fragmentos S1 del fragmento S2 (*véase* el texto).

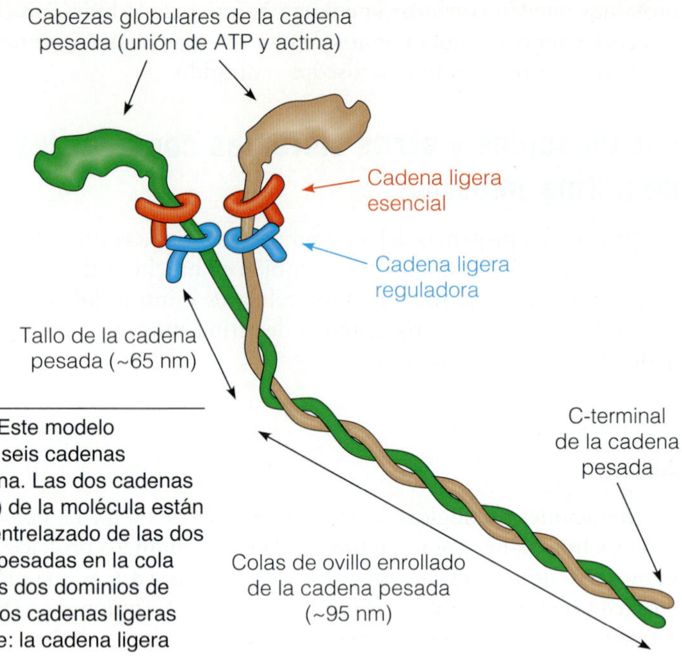


**FIGURA 8.3**

**Molécula de miosina II.** Este modelo esquemático muestra las seis cadenas polipeptídicas de la miosina. Las dos cadenas pesadas (verde y marrón) de la molécula están conectadas mediante el entrelazado de las dos hélices $\alpha$ de las cadenas pesadas en la cola alargada. Cada uno de los dos dominios de cabeza globulares lleva dos cadenas ligeras unidas no covalentemente: la cadena ligera esencial (rojo) y la cadena ligera reguladora (azul).

Los principales sistemas musculares de los animales se basan en las proteínas actina y miosina.

Las miosinas son proteínas motoras que se mueven hacia el extremo (+) del filamento de actina.

las cadenas ligeras. Entre cada dominio de cabeza y dominio de cola, la cadena pesada actúa como un tallo flexible. La estructura de ovillo enrollado de las colas recuerda la estructura de la $\alpha$-queratina (*véase* la Figura 6.14).

La molécula de miosina puede fraccionarse por proteasas, como se indica en la Figura 8.4. El dominio de cola puede fraccionarse por la tripsina, en un punto específico, para dar fragmentos denominados **meromiosina ligera** y **meromiosina pesada**. La ulterior ruptura de la meromiosina pesada por la papaína corta los tallos para dar **fragmentos S1**, cada uno de los cuales está formado por dominios de cabeza que llevan las cadenas ligeras. El tallo separado por la papaína se denomina fragmento S2. La capacidad de fragmentar la molécula de miosina de estas formas específicas ha ayudado a los investigadores a comprender las funciones de sus diversas partes. La miosina tiene aspectos de las proteínas fibrosas y de las globulares, y sus dominios funcionales desempeñan papeles muy diferentes. Los dominios de cola tienen una pronunciada tendencia a la agregación, que hace que las moléculas de miosina formen el tipo de filamentos bipolares gruesos que se muestran en la Figura 8.5. El fragmento S1, o **cabecera**, incluye

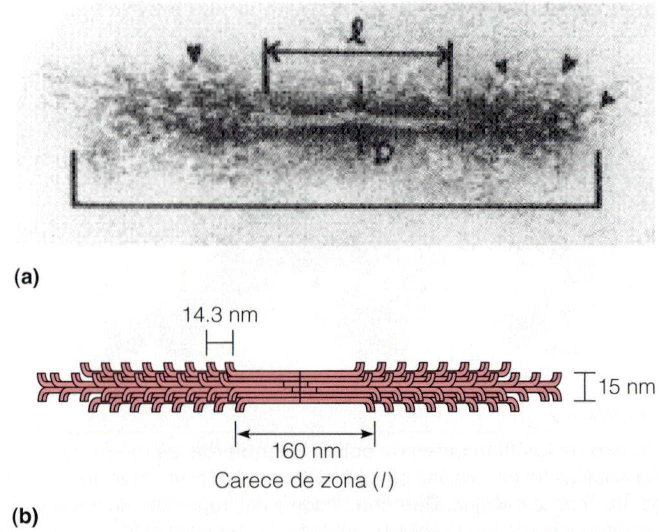


**FIGURA 8.4**

**Un filamento grueso de las moléculas de miosina II. (a)** Micrografía electrónica. La zona que carece de cabeceras se indica con una $\ell$; se indican con puntas de flecha algunas de las cabeceras de miosina. **(b)** Dibujo de la estructura del filamento, en el que se indican las dimensiones en nanómetros. Las proyecciones son los pares de cabeceras sobre cada molécula de miosina.

Cortesía de Thomas D. Pollard, Yale University.

el **dominio motor** globular, que une ATP y actina y dos cadenas ligeras, la **esencial** y la **reguladora**. En la Figura 8.6 se muestra la estructura cristalina de un fragmento S1.

### Reacción de la miosina y la actina

Si se deja que un filamento de actina reaccione con fragmentos S1 aislados, el filamento quedará decorado con estas cabeceras de miosina, dando lugar a un patrón asimétrico de punta de flecha, que pone de manifiesto la polaridad del filamento de actina (Figuras 8.7 y 8.2). La mayoría de los tipos de miosina son proteínas motoras que se mueven hacia el extremo (+) del filamento de actina. Como veremos, la **actividad ATPasa** de la miosina (esto es, la unión e hidrólisis del ATP), así como su capacidad para unir y liberar actina F, son partes esenciales del mecanismo de varios pasos de la contracción muscular.

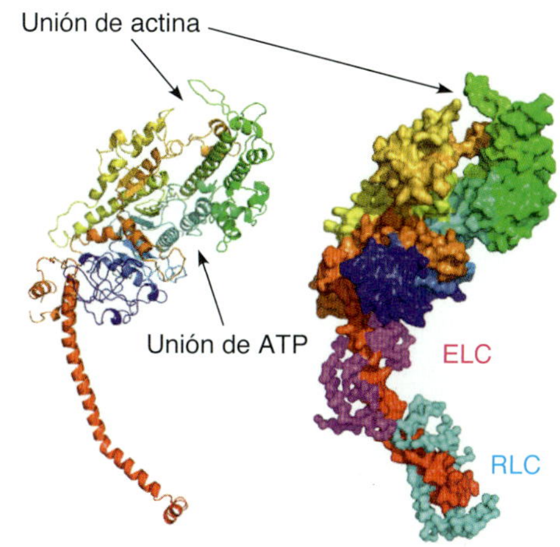


**FIGURA 8.6**

**Estructura cristalina de rayos X de un fragmento S1 de la miosina II. Izquierda**: Una representación animada de la cadena pesada con colores del arco iris. El «cuello» del fragmento S1 se muestra mediante la hélice roja alargada. **Derecha**: Cadena pesada en una representación de superficie con el esqueleto de carbonos $\alpha$ de las cadenas ligeras esencial (ELC, fucsia) y reguladora (RLC, azul). Se señala la posición de unión del ATP, así como el punto de contacto con la actina. PDB IS: 2MYS.

## Estructura del músculo

En el tejido muscular, los filamentos de actina y miosina interactúan para producir la estructura contráctil. Los vertebrados poseen tres tipos de músculo, que tienen morfologías diferentes. El *músculo estriado* es el tipo que asociamos con más frecuencia al término *músculo*, ya que son los músculos estriados de los brazos, las piernas, los párpados, etcétera, los que hacen posible los movimientos voluntarios. El *músculo liso* rodea los órganos internos como los vasos sanguíneos, el intestino y la vesícula biliar, que son capaces de realizar unas contracciones lentas y mantenidas, que no están bajo un control voluntario. El *músculo cardíaco* puede considerarse una forma especializada de músculo estriado, adaptado para realizar los latidos involuntarios repetidos del corazón. En esta exposición analizaremos solo la estructura del músculo estriado.

En la Figura 8.8 se muestran los niveles sucesivos de organización de un músculo estriado característico de un vertebrado. Las fibras musculares individuales, o **miofibras**, son células multinucleadas muy largas (1-40 mm) formadas por la fusión de células precursoras musculares. Cada miofibra contiene un haz de estructuras proteicas denominadas **miofibrillas**. Una miofibrilla presenta una estructura periódica cuando se observa al microscopio óptico. Las **bandas A** oscuras se alternan con **bandas I** claras. Estas últimas están divididas por unas líneas finas denominadas **discos Z** (o, a veces, **líneas Z**). En el centro de la banda A se encuentra una región más clara, denominada **zona H**. Puede considerarse que la unidad de la estructura muscular que se repite es la que va de un disco Z al siguiente. Se denomina **sarcómero** y tiene una longitud de, aproximadamente, 2.3 $\mu$m en el músculo relajado.

La base molecular de esta estructura periódica de la miofibrilla puede observarse mediante estudios de microscopia electrónica de cortes finos de músculo, como se observa en la Figura 8.9. Los **filamentos finos** de actina se proyectan en ambas direcciones desde los discos Z, interdigitados con los **filamentos gruesos** de miosina. Las regiones en las que se solapan los filamentos gruesos y finos forman las áreas oscuras de la banda A. Las bandas I contienen solo filamentos finos que se prolongan hasta los bordes de las zonas H. Dentro de las zonas H solo se encuentran filamentos gruesos. Se cree que la línea oscura del centro de la zona H (denominada, a veces, banda M) señala posiciones en las que se asocian los filamentos gruesos unos con otros.

La composición de los filamentos gruesos y finos se ha puesto de relieve mediante la extracción de las miofibrillas con las disoluciones salinas o los detergentes adecuados para eliminar prácticamente toda la miosina. Dado que con este proceso desaparecen las bandas A, los filamentos gruesos de la banda A deben estar formados por miosina. Los filamentos gruesos de miosina son estructuras bipolares del tipo que se muestra en la Figura 8.5, en los que las colas helicoidales de las moléculas de miosina se sitúan juntas, con las cabeceras proyectadas con un espaciamiento regular de 14.3 nm en cada extremo. Este espaciamiento parece generarse por una periodicidad de 14.3 nm en la secuencia de aminoácidos de las colas de miosina.

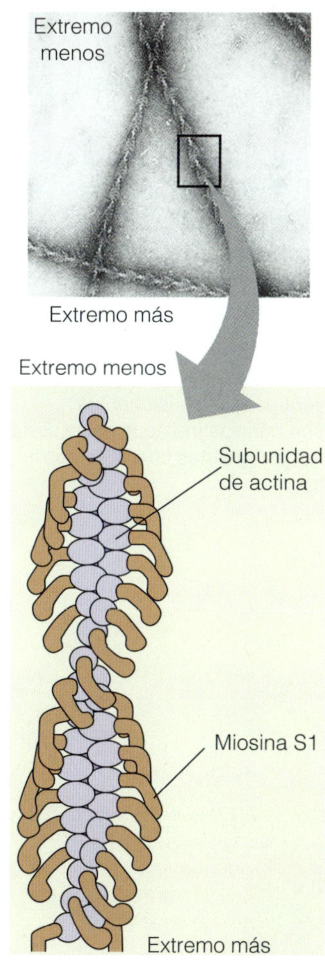


**FIGURA 8.7**

**Filamento de actina decorado con cabeceras de miosina. Arriba**: micrografía electrónica.**Abajo**: Esquema a mayor aumento. Las cabeceras S1, señaladas en el esquema, producen el patrón de eunta de flecha visible en la micrografía.

Fotografía cortesía de Roger Craig.

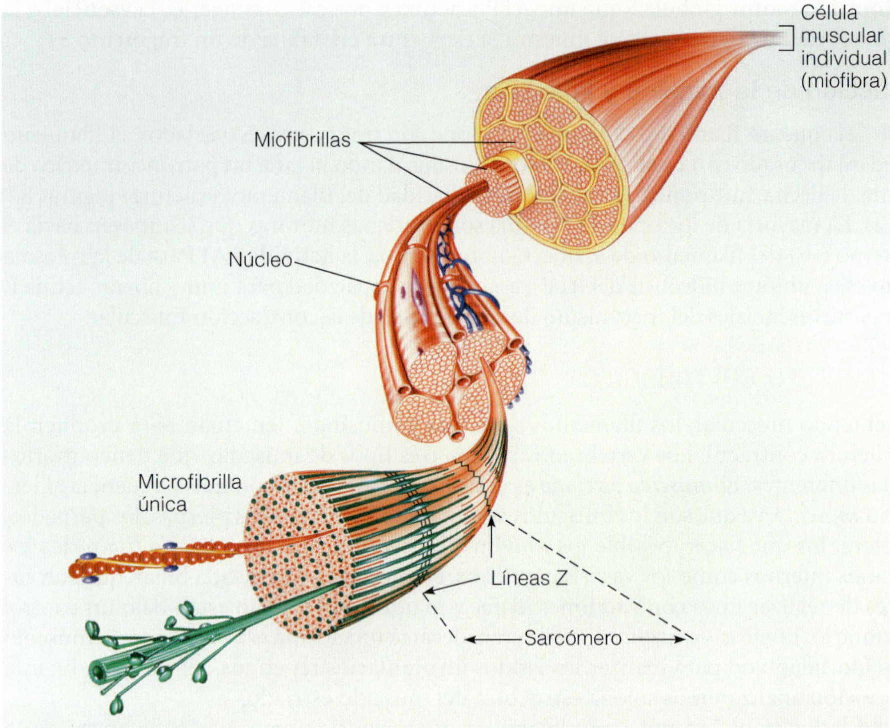


**FIGURA 8.8**

**Niveles de organización en el músculo estriado.**

John Bavosi/Science Photo Library.

Si las miofibrillas de las que se ha extraído la miosina se perfunden con una solución de fragmentos S1, los filamentos finos quedan decorados según el patrón de punta de flecha (Figura 8.7), con lo que los filamentos finos contienen actina. Además, los patrones de punta de flecha apuntan siempre hacia fuera a partir de los discos Z, lo que demuestra la polaridad de estos filamentos finos (esto es, el extremo «más» de cada filamento de actina F está anclado al disco Z). Sin embargo, los filamentos finos no están formados únicamente por actina F. Como veremos más adelante en este capítulo, contienen también otras proteínas importantes.

El sarcómero es la unidad básica que se repite en la miofibrilla muscular.

Si observamos con más detalle las fotografías de microscopia electrónica de las miofibrillas (*véase* la Figura 8.9d), podemos ver pequeñas proyecciones que se extienden desde los filamentos gruesos (miosina) y que, a menudo, entran en contacto con los filamentos finos (actina). Las proyecciones corresponden a las cabeceras de las moléculas de miosina. Estos *puentes cruzados* entre los filamentos de miosina y actina son la clave de la contracción muscular.

Los filamentos finos son principalmente actina, mientras que los filamentos gruesos son principalmente miosina. Están conectados por puentes cruzados no covalentes.

La organización de la actina, la miosina y otras proteínas musculares para dar lugar a esta estructura compleja, a la vez que específica, que se encuentra en el sarcómero, es un ejemplo notable de cómo pueden combinarse de forma específica varias clases de proteínas para constituir una estructura funcional. Analizaremos ahora cómo opera esta estructura.

## Mecanismo de la contracción: modelo del filamento deslizante

El conocimiento del mecanismo de la contracción muscular procede de la observación de los detalles finos de la estructura muscular y de los cambios del patrón de bandas del sarcómero durante la contracción. Los cortes musculares que se presentan en las Figuras 8.8 y 8.9 y en la parte superior de la Figura 8.10 corresponden al estado relajado o extendido. En una contracción completa del músculo, cada sarcómero se acorta desde una longitud de unos 2.3 $\mu$m, hasta 1.0 $\mu$m. Durante este proceso, desaparecen las bandas I y las zonas H, y los discos Z se desplazan directamente contra las bandas A (parte inferior de la Figura 8.10). Estas observaciones llevaron a dos investigadores independientes (y no emparentados), Hugh Huxley y Andrew Huxley, a proponer en los años 1950 el **modelo de filamento deslizante** para la contracción muscular, que se muestra en la Figura 8.10. Según este modelo, las cabeceras de miosina «caminan» a lo largo de los filamentos de actina interdigitados, traccionando de ellos y acortando, por tanto, el sarcómero.

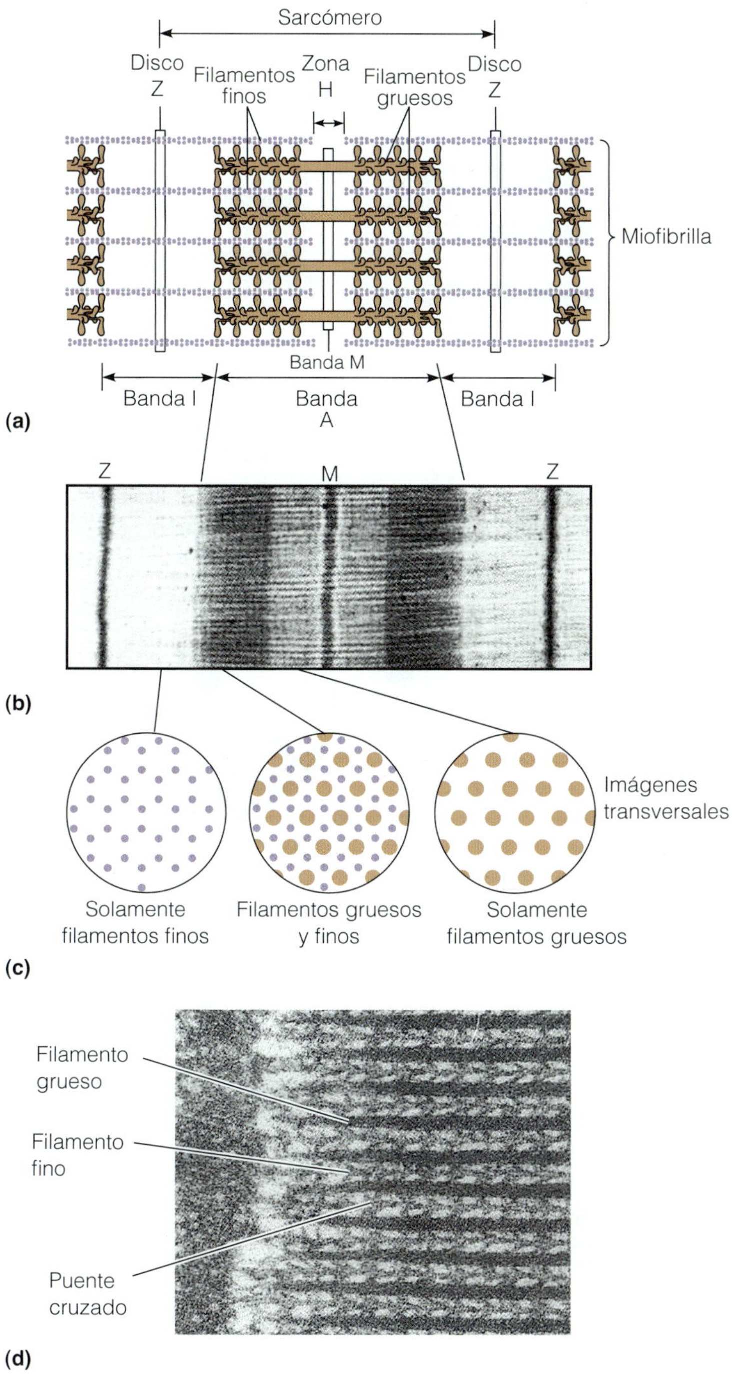


**FIGURA 8.9**

**Estructura muscular vista a nivel de ME. (a)** Modelo del sarcómero, la unidad de repetición del músculo estriado. Se identifican las bandas I, las bandas A y los discos Z que se observan en la Figura 8.8, y se indican los elementos estructurales del sarcómero. **(b)** Micrografía electrónica en la que se aprecian las mismas características. **(c)** Representación esquemática de cortes transversales de un sarcómero en las diversas regiones que se muestran en (a) y (b). Los filamentos gruesos se indican mediante puntos de color marrón intenso y los filamentos finos, mediante puntos pequeños de color púrpura. **(d)** Imagen a mayor aumento en una banda A que presenta puentes cruzados entre los filamentos de actina y miosina.

**(b)** Cortesía de H. E. Huxley; **(d)** cortesía de Mary Reedy.

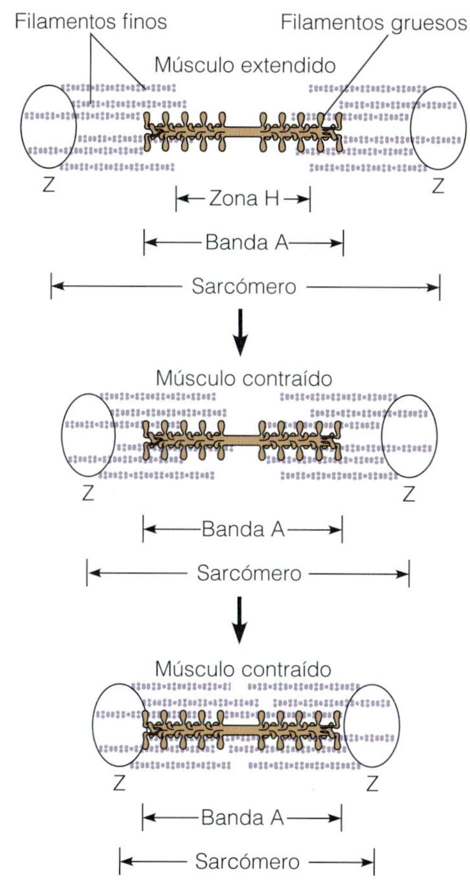


**FIGURA 8.10**

**Modelo del filamento deslizante de la contracción muscular.** La contracción del músculo estriado se produce cuando las cabeceras de miosina traccionan de los filamentos de actina hacia el centro del sarcómero.

Para producir este tipo de movimiento dirigido en contra de una fuerza que se opone en el músculo, es preciso un gasto de energía. Cabe prever que la energía proceda, de algún modo, de la hidrólisis del ATP. Nuestra mención previa de la actividad ATPasa del complejo actina-miosina señala la forma en que podría obtenerse esta energía. De acuerdo con un refinamiento del modelo del filamento deslizante, denominado **modelo del puente cruzado oscilante**, cada cabecera de miosina participa en un ciclo repetitivo de creación y ruptura de puentes cruzados con un filamento fino adyacente. Podemos imaginar que el ciclo comienza con la miosina unida a la actina, como se muestra en la parte superior de la Figura 8.11. La unión del ATP conduce a la liberación del puente cruzado de miosina (paso 1). La hidrólisis del ATP produce entonces un cambio de conformación, que «carga» la cabecera (paso 2). La miosina, como está ahora cargada, se une al filamento fino en un lugar cercano al disco Z, donde está anclado el extremo (+)

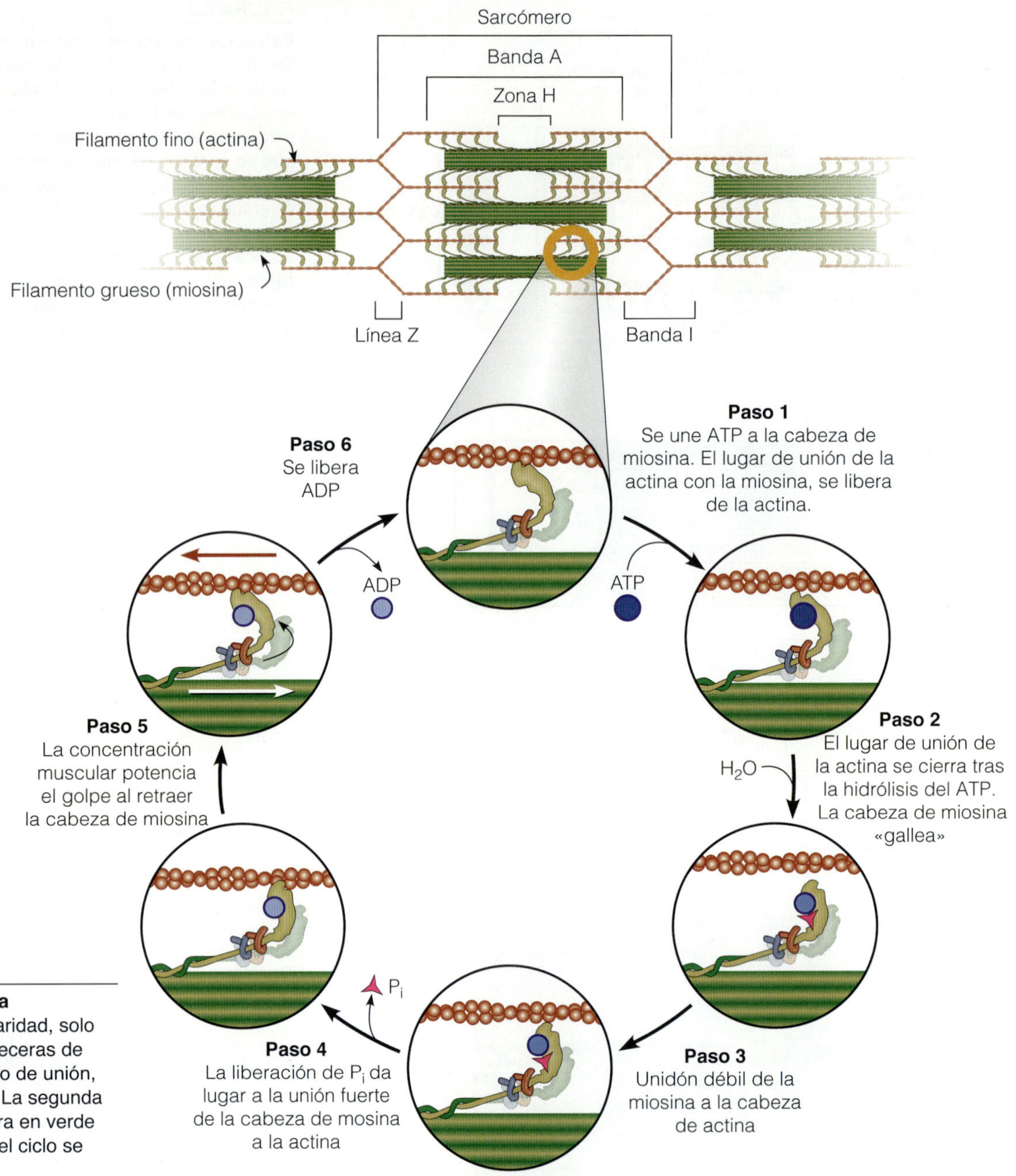


**FIGURA 8.11**

**Modelo del ciclo del ATP en la contracción muscular.** Por claridad, solo se muestra una de las dos cabeceras de miosina que avanza por un ciclo de unión, golpe de potencia y liberación. La segunda cabecera de miosina se muestra en verde claro. Los pasos individuales del ciclo se describen en el texto.

En el modelo de puentes cruzados oscilantes, la fijación y la liberación periódicas de los puentes cruzados, con un cambio de conformación del puente cruzado, desliza los filamentos finos y gruesos uno sobre otro.

del filamento de actina (paso 3). Esta unión inicial es débil. La liberación de fosfato (paso 4) ocasiona una unión fuerte al filamento fino antes del golpe de fuerza (paso 5) que tracciona del filamento fino hacia el centro del sarcómero. La liberación de ATP (paso 6) y la unión de un nuevo ATP reiniciarán el ciclo.

En la «región de cabeza» del fragmento S1 (Figura 8.6), donde están unidas las cadenas ligeras, es donde se produce el cambio de conformación mayor durante el golpe de fuerza. En base a la comparación de las estructuras cristalinas de rayos X de la miosina en los estados con ATP unido y sin el nucleótido, se supone que la parte C-terminal del cuello de miosina se mueve unos 10 nm durante el golpe de fuerza (Figura 8.12).

Al final de cada ciclo, el filamento de actina se ha desplazado con respecto a la miosina, de forma que cada cabecera da pasos sucesivos a lo largo del filamento fino. El «caminar» es bastante similar al de un ciempiés: siempre hay contacto entre algunas «patas» del filamento grueso (esto es, las muchas cabeceras S1) y el filamento fino. De esta forma, el filamento grueso no puede retroceder durante la contracción muscular. Un filamento grueso exhibe varios centenares de fragmentos S1 y cada uno contacta con el filamento fino 5 veces por segundo durante la contracción muscular.

Experimentalmente, se ha medido la fuerza desarrollada y la distancia desplazada en cada golpe de fuerza. La fuerza depende de la carga colocada sobre el complejo miosina-filamento de actina y con una carga elevada tiene, en promedio, alrededor de 5 pN (piconewton), lo cual corresponde a un gasto energético de unos $10^{-20}$ J por golpe de fuerza, aproximadamente una quinta parte de la energía liberada cuando se hidroliza una molécula de ATP. A cargas menores, hay datos que señalan que pueden realizarse varios golpes de fuerza con cada ciclo de ATP. La distancia que se desplaza el filamento de actina con cada golpe de fuerza es de unos 10-20 nm, que es lo que puede conseguirse con cada ciclo de ATP a cargas elevadas. Cuando se trabaja contra una resistencia más débil, los múltiples golpes de fuerza pueden impulsar a la actina hasta 100 nm por ATP.

## Regulación de la contracción: papel del calcio

La sustancia crucial que estimula la contracción no es el ATP, que generalmente está disponible en la miofibrilla, sino el incremento repentino de la concentración de $Ca^{2+}$. Para comprender cómo regula el calcio la contracción muscular, debemos examinar la estructura molecular del filamento fino con un poco más de detalle.

Un filamento fino, como el que se encuentra en el músculo estriado, es algo más que un simple polímero de actina F. Hay otras cuatro proteínas, que se muestran en la Figura 8.13, que son esenciales para la función contráctil de los filamentos finos. Una de estas proteínas es la **tropomiosina**, una proteína fibrosa de ovillo enrollado que se superpone al lugar de unión de la miosina en la hélice de actina F. Hay tres proteínas pequeñas denominadas **troponinas I**, **C** y **T** unidas a cada molécula de tropomiosina. La troponina C (TnC) es homóloga de la **calmodulina**, una proteína que une $Ca^{2+}$ y

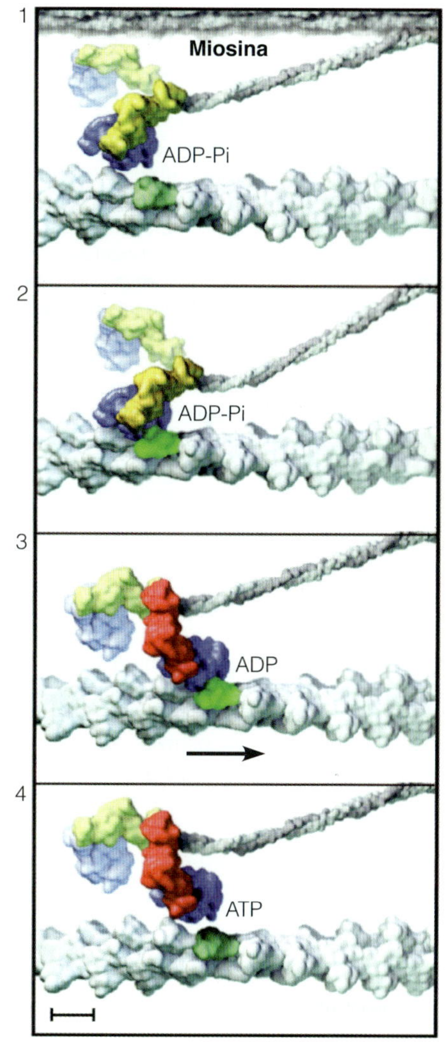


**FIGURA 8.12**

**Modelo del ciclo de motilidad de la miosina II**. El ovillo enrollado (gris) se alarga desde un filamento de miosina. Cuadro 1: se muestran las dos cabeceras idénticas S1 de un solo dímero de miosina II, con los dominios motores en azul; los brazos de palanca (incluyendo las cadenas ligeras) en el estado previo al golpe, se muestran en amarillo. Con ADP y $P_i$ unidos, el dominio motor se une débilmente a la actina (*véase* la Figura 8.11, paso 3). Cuadro 2: un dominio motor forma un complejo fuerte con un lugar de unión de actina (verde). Cuadro 3: Tras la liberación del fosfato, se produce el golpe de potencia y el filamento de actina se mueve ~10 nm (*véase* la Figura 8.11, pasos 4 y 5). El brazo de palanca en el estado posterior al golpe está coloreado en rojo. Cuadro 4: tras el golpe de potencia, se disocia el ADP y se une ATP al dominio motor, liberándolo de la actina. Tras la hidrólisis del ATP a ADP·Pi, el brazo de palanca vuelve al estado previo al golpe (esto es, Cuadro 1). Barra de escala 6 nm. El extremo (+) del filamento fino está a la izquierda.

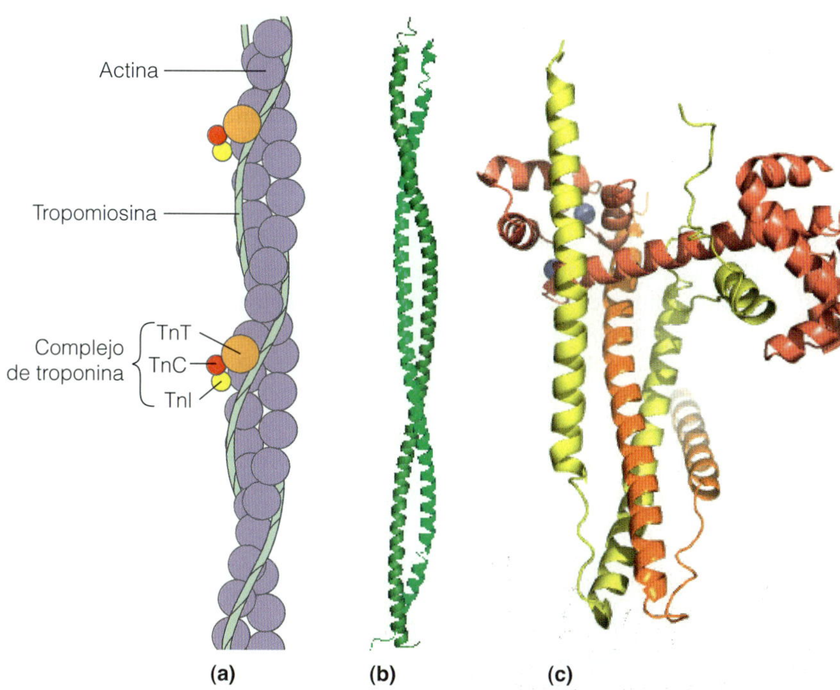


**FIGURA 8.13**

**Actina F y sus proteínas asociadas.** Panel **(a)**: en este dibujo esquemático se muestran las proteínas presentes en los filamentos finos del músculo estriado: actina F, tropomiosina y troponinas (Tn) I, C y T. Panel **(b)**: estructura cristalina de un fragmento de tropomiosina esquelética de rata que muestra el ovillo enrollado (PDB ID: 2B9C). Panel **(c)**: complejo de troponina del músculo esquelético de pollo (PDB ID: 1YTZ). La TnI se muestra en amarillo, la TnT, en naranja y la TnC, en rojo, con cuatro iones $Ca^{2+}$ unidos en esferas azules. Los paneles (b) y (c) no están dibujados a escala.

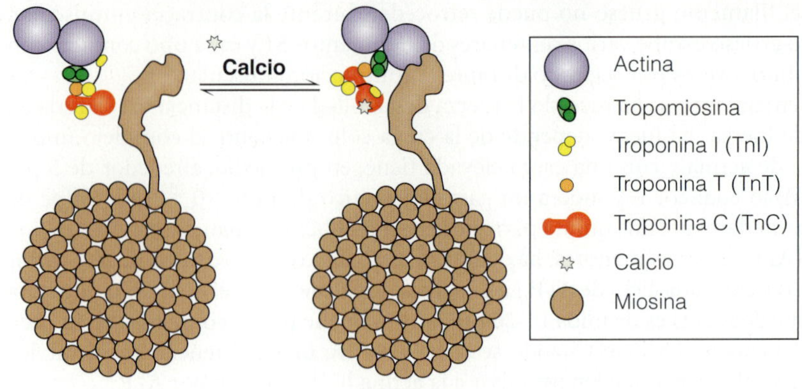


**FIGURA 8.14**

**Regulación de la contracción muscular por el calcio.** Se muestra una única cabecera de miosina junto a un filamento fino, en una imagen transversal. **Izquierda**: músculo relajado. A concentraciones de $Ca^{2+}$ bajas, la configuración de la actina, la tropomiosina y el complejo de troponina en el filamento fino impiden el contacto de la mayor parte de las cabeceras de miosina con el filamento fino. **Derecha**: la unión de $Ca^{2+}$ a la TnC abre un lugar de unión en la TnC para el dominio inhibidor de la TnI, que une también actina (*véase* el panel izquierdo). La liberación de la TnI de la actina permite al complejo tropomiosina-troponina deslizarse cerca del surco central de la actina F, exponiendo, de esta forma, el lugar de unión de la miosina. Puede producirse entonces la formación de puentes cruzados (paso 3 de la Figura 8.11) y el músculo se contrae.

Cortesía de Gary Carlton.

La contracción muscular se estimula por la entrada de $Ca^{2+}$ en el sarcómero. La unión de $Ca^{2+}$ por la troponina C produce un reordenamiento del complejo troponina-tropomiosina-actina, que permite que se formen los puentes cruzados de actina-miosina.

como esta, sufre cambios de conformación tras la unión de $Ca^{2+}$. La estructura y función de la calmodulina se presentan con mayor detalle en el Capítulo 13 (*véase* la Figura 13.33, página 570). La presencia de la tropomiosina y de las troponinas inhibe la unión de las cabezas de miosina a la actina, *a menos que haya calcio* en una concentración de, aproximadamente, $10^{-5}$ M. En el músculo en reposo, las concentraciones de $Ca^{2+}$ están próximas a $10^{-7}$ M, por lo que no pueden formarse nuevos puentes cruzados. Una entrada de $Ca^{2+}$ estimula la contracción, porque el ion se une a la troponina C, lo que da lugar a un reordenamiento del complejo troponina-tropomiosina, que desplaza la tropomiosina ~1.0 nm cerca del surco central de la hélice de actina F. Este desplazamiento descubre los lugares sobre la actina a los que se pueden unir las cabeceras de miosina. El mecanismo propuesto, que se muestra en la Figura 8.14, permite que se produzcan el paso 3 y los pasos siguientes en el ciclo de la Figura 8.11.

Hemos delineado la activación de la contracción muscular hasta la entrada de calcio a las miofibrillas. Pero, ¿por qué se produce esta entrada? Y, en concreto, ¿cómo puede producirse esta entrada por los impulsos nerviosos que excitan los músculos para que se contraigan? La respuesta puede hallarse con una observación más detallada de la miofibra, o célula muscular (Figura 8.15). En el interior de la célula, cada miofibrilla está rodeada por una estructura denominada **retículo sarcoplásmico**, formada por túbulos membranosos. En los músculos en reposo, la concentración de $Ca^{2+}$ en las miofibrillas se mantiene aproximadamente en $10^{-7}$ M, mientras que la concentración de $Ca^{2+}$ en la luz del retículo sarcoplásmico puede ser 10 000 veces mayor. Los impulsos de los nervios motores despolarizan la membrana del retículo sarcoplásmico, con lo que se abren los canales de $Ca^{2+}$ (*véase* el Capítulo 10) y se vierte el $Ca^{2+}$ fuera de la luz en las miofibrillas, estimulando la contracción. La señal se transmite rápidamente a todo el retículo sarcoplásmico de una miofibra a través de los **túbulos transversales**, invaginaciones de la membrana plasmática a intervalos periódicos con el retículo. Tras la contracción, una proteína de transporte específica del $Ca^{2+}$ bombea los iones $Ca^{2+}$ fuera del sarcómero,

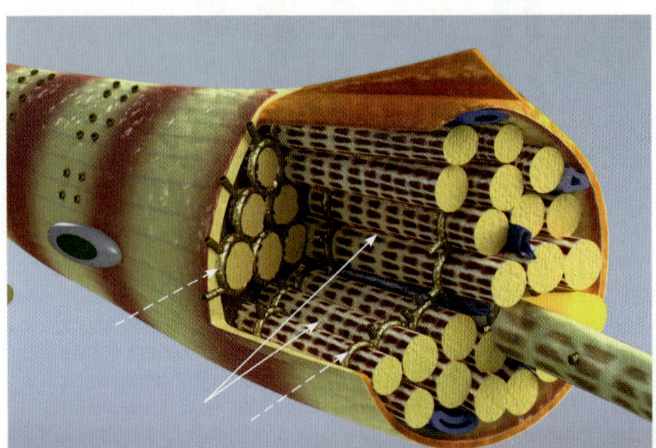

**FIGURA 8.15**

**Estructura de una miofibra (célula muscular).** El retículo sarcoplásmico (RS, blanco, *véanse* las flechas sólidas) es una red de túbulos del retículo endoplásmico especializados que envuelven a las miofibrillas en el interior de la miofibra. En el músculo en reposo, el RS acumula $Ca^{2+}$, que se libera luego hacia las miofibrillas cuando llega a la membrana plasmática una señal nerviosa. Los túbulos transversales (sistema T, *véanse* las flechas punteadas) son invaginaciones de la membrana plasmática que están en contacto con el RS en muchos puntos y garantizan que se produzca una respuesta uniforme a la señal.

MedicalRF.com/Visuals Unlimited, Inc.

para establecer la [$Ca^{2+}$] de resposo en $10^{-7}$ M. En el Capítulo 10 se describen las actividades de estos transportadores.

Aunque un cambio brusco de la concentración de $Ca^{2+}$ es la *señal* universal para la contracción muscular, evidentemente no puede proporcionar de por sí la energía necesaria. ¿De dónde viene la energía necesaria para el trabajo muscular?

## Energética y aportes de energía en el músculo

Básicamente, el músculo es un mecanismo para convertir la energía libre química, liberada en la hidrólisis del ATP, en trabajo mecánico. La conversión puede ser muy eficaz, aproximándose a cifras del 80 % en circunstancias óptimas.

¿Cómo se genera el ATP para la contracción muscular? Incluso en el músculo estriado, la respuesta puede variar en función de la *clase* concreta de músculo de que se trate y de su función. Los músculos estriados pueden dividirse en dos categorías: el *músculo rojo*, concebido para un uso relativamente continuado, y el *músculo blanco*, que se utiliza para movimientos ocasionales frecuentemente rápidos. El músculo rojo debe su color oscuro a sus abundantes hemoproteínas: está bien abastecido de vasos sanguíneos y, por tanto, de hemoglobina, tiene muchas mitocondrias con citocromos y posee depósitos importantes de mioglobina. El músculo rojo depende, en gran medida, del metabolismo aerobio de las mitocondrias, de forma que la fuente de energía principal del músculo rojo es la oxidación de las grasas. En cambio, el músculo blanco utiliza el glucógeno como fuente principal de energía. El glucógeno es excelente para una producción rápida de energía, pero no puede mantener la actividad durante periodos de tiempo prolongados. (*Véanse* la Tabla 8.2, donde se comparan de forma más detallada el músculo rojo y el músculo blanco, y los Capítulos 13 y 18, para un tratamiento más detallado del metabolismo del glucógeno).

Las diferencias funcionales entre los dos tipos de músculo estriado se ponen claramente de manifiesto en las aves. En los pollos domésticos, los músculos del vuelo de la pechuga, que se utilizan solo para un aleteo breve o para vuelos cortos, son blancos, mientras que los músculos de las piernas, que se utilizan intensamente, son rojos. Los pájaros silvestres que vuelan en libertad y realizan vuelos largos, pero que rara vez caminan, tienen una distribución exactamente opuesta de la carne clara y oscura.

Una observación cuidadosa de las concentraciones de ATP en el músculo estriado rojo ha puesto de manifiesto que el aporte de energía es más complicado de lo que podría parecer a primera vista. La cantidad de ATP necesaria para una única contracción puede ser superior a todo el ATP disponible de manera inmediata para un sarcómero. Sin embargo, aun después de un ejercicio relativamente prolongado, las concentraciones de ATP de los sarcómeros se mantienen básicamente constantes. Esta observación sugiere que el ATP es un intermediario y no el compuesto de *almacenamiento* de energía en los músculos. De hecho, el tejido muscular aerobio resintetiza de forma continua ATP a partir de ADP y $P_i$ para mantener la actividad muscular prolongada. Esto requiere una importación continuada de moléculas de combustible, que son oxidadas por el $O_2$ en las mitocondrias para impulsar la síntesis desfavorable de ATP (*véase* el Capítulo 15). Los estallidos de actividad intensa pueden superar la capacidad del metabolismo aerobio para aportar el ATP necesario. Para unir el corto intervalo entre la demanda moderada de ATP, que satisface el metabolismo aerobio y la demanda elevada, que satisface la producción anaerobia de ATP, los músculos tienen una pequeña reserva del compuesto de energía elevada *creatina fosfato*. Como sugiere su elevado potencial de transferencia

**TABLA 8.2. Comparación del músculo estriado rojo y blanco**

| | Rojo | Blanco |
|---|---|---|
| Tamaño relativo de la fibra | Pequeño | Grande |
| Modo de contracción | Lenta | Rápida (unas 5 veces más rápida) |
| Vascularización | Intensa | Más ligera |
| Mitocondrias | Muchas | Pocas |
| Mioglobina | Mucha | Poca |
| Principal combustible almacenado | — | Glucógeno del músculo |
| Principal fuente de ATP | Oxidación de los ácidos grasos | Glucólisis |

de fosfato (*véase* la Figura 3.7), este compuesto es capaz de fosforilar el ADP de manera muy eficaz. La reacción la cataliza la enzima *creatina quinasa.*

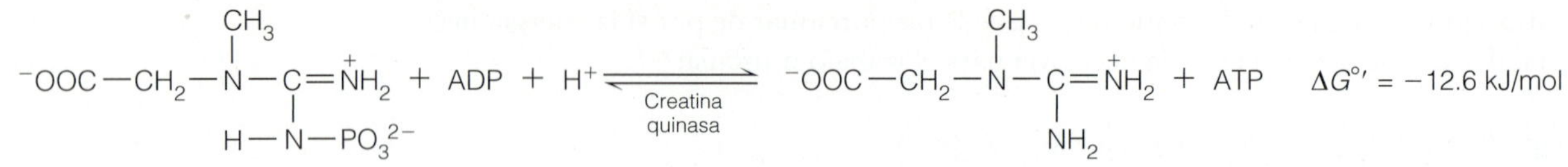


**Creatina fosfato** **Creatina**

> Otra fuente de energía en el músculo rojo es la creatina fosfato, que regenera continuamente ATP cuando este se consume por la contracción muscular.

Dado que el equilibro está muy desplazado hacia el lado derecho, prácticamente todo el adenilato muscular se mantiene en forma de ATP, en vez de ADP o AMP, en tanto en cuanto haya creatina fosfato disponible. El consumo de creatina fosfato durante el ejercicio, mientras se mantiene una concentración casi constante de ATP, se pone claramente de manifiesto en los estudios de RMN del músculo humano que se muestran en la Figura 12.13 (página 503).

## Actina y miosina no muscular

Las funciones de la actina y la miosina no se limitan a la contracción muscular. En realidad, se han encontrado miembros de las familias de la actina y la miosina en la mayor parte de las células eucariotas, incluso en aquellas que no tienen relación alguna con los tejidos musculares (*véase* la Tabla 8.1). La actina y la miosina parecen desempeñar funciones importantes en la motilidad celular y en los cambios de forma de la célula. La actina es el componente principal de los **microfilamentos** del **citoesqueleto**: la estructura fibrosa que existe en casi todos los tipos de células y que les confiere una forma específica (Figura 8.16a). La tinción con anticuerpos fluorescentes muestra que una isoforma de la miosina II (**miosina II no muscular**; Figura 8.16b) y otras clases de miosina están también asociadas con esta red. La miosina II no muscular (MN II) de estas redes intracelulares tiene una secuencia distinta a la de la miosina II muscular, y su ensamblaje en filamentos está regulado por la fosforilación de las cadenas ligeras reguladoras asociadas. Los filamentos bipolares formados por la MN II contienen unas 14-20 moléculas de miosina, haciéndolos significativamente menores que los filamentos gruesos de las miofibrillas. Diversas proteínas celulares participan en el anclaje de los microfilamentos a la membrana celular y no los mencionaremos aquí. En su lugar señalaremos que la contracción y la relajación organizadas de estos filamentos anclados y las redes de MN II (Figura 8.16c) pueden dar lugar a una amplia variedad de distorsiones celulares y movimientos, que incluyen el desplazamiento ameboide.

> El movimiento y los cambios de forma de muchos tipos de células se producen mediante un sistema de actina-miosina no muscular.

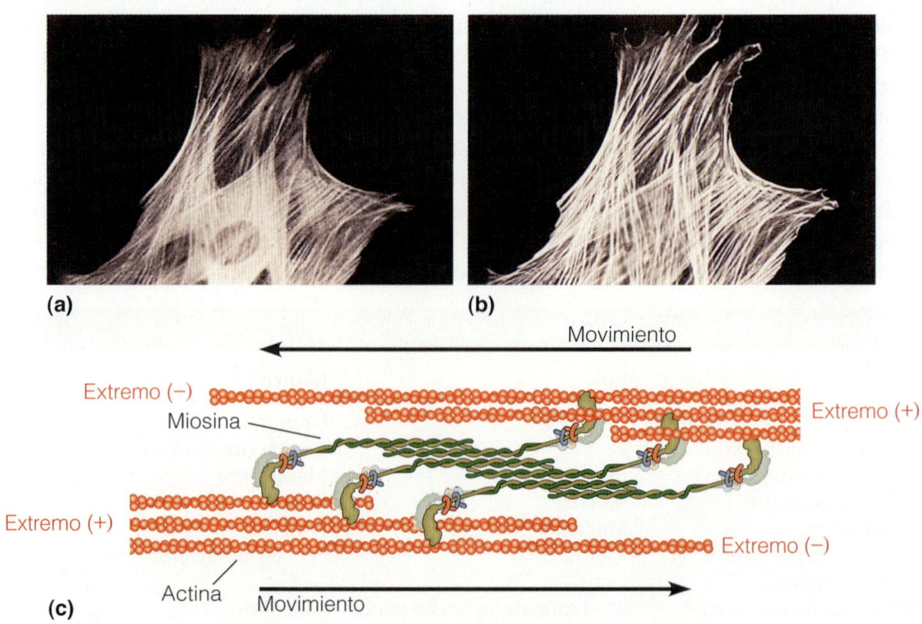


**FIGURA 8.16**

**Actina del citoesqueleto y miosina II no muscular en los fibroblastos. (a)** Fibras de actina detectadas mediante faloidina fluorescente, que se une de manera específica a la actina. **(b)** Miosina en la misma célula, detectada mediante la inyección de un anticuerpo fluorescente. **(c)** Un mecanismo de la contractilidad del citoesqueleto. Un filamento NM II (verde y oliva) unirá dos microfilamentos de actina anclados (rojo). NM II se mueve hacia el extremo «+» del microfilamento. Las flechas muestran la dirección del movimiento de los microfilamentos de actina.

(a, b) Tomado de *Journal of Cell Science,* Suppl. (1991) 14:41-47. M. Jockusch *et al.,* editado por R. A. Cross y J. Kendrick-Jones. The Company of Biologists, Ltd., Cambridge. (c) Cortesía de Gary Carlton.

Otro proceso intracelular en el que parece participar un complejo contráctil de actina-miosina intracelular es la **citocinesis**, la división de las células en las fases finales de la mitosis (Capítulo 24). El proceso puede observarse claramente en el óvulo del erizo de mar, que es un modelo muy utilizado para estos estudios (Figura 8.17). Hacia el final de la mitosis, cuando los núcleos destinados a las células hijas están claramente separados en los dos polos de la célula, se observa la aparición de un anillo de indentación en la superficie celular, que define un plano perpendicular al huso mitótico. Este anillo se contrae, como se propone en la Figura 8.16c, formando el **pliegue de ruptura**, que finalmente divide a la célula en dos. La microscopia electrónica pone de relieve que el anillo está formado por fibras y la tinción con anticuerpos fluorescentes indica que las fibras contienen actina y miosina.

La participación de la miosina en la citocinesis se ha puesto de manifiesto de manera muy elegante por S. Inoué y sus colaboradores en el experimento que se muestra en la Figura 8.18. Tras experimentar una división del óvulo del erizo de mar, se inyectaron a la célula hija de la derecha anticuerpos antimiosina, que deben hacer que la miosina no sea funcional. Al cabo de 10 horas, la célula de control (izquierda) había sufrido muchas divisiones hasta elaborar medio embrión. En la célula tratada, la mitosis continuó, como demuestran los muchos núcleos presentes, pero la *citocinesis había quedado completamente bloqueada*. En consecuencia, la miosina es esencial para la citocinesis.

El experimento demuestra otro hecho importante. Dado que la mitosis continuó aún en la célula tratada con anticuerpos antimiosina, el proceso contráctil que se produce en el huso mitótico *no* parece requerir la participación de la miosina. Se han publicado muchos estudios sobre la presencia de actina y miosina en el huso, y durante mucho tiempo se pensó que eran esenciales para la separación de los cromosomas. Sin embargo, estos y otros experimentos indican que debe participar algún otro sistema contráctil. Nos ocuparemos ahora de esta segunda clase general de sistemas generadores de motilidad.

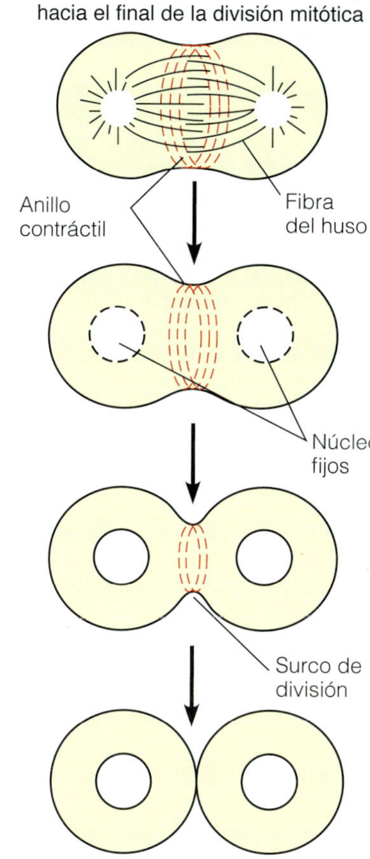


**FIGURA 8.17**

**Actina y miosina II no muscular en la citocinesis.** En este dibujo se muestra la citocinesis en un óvulo de erizo de mar fertilizado. El anillo contráctil que divide la célula en dos es un complejo de actina-miosina, situado inmediatamente por debajo de la membrana plasmática.

## Sistemas de microtúbulos para la motilidad

Se utiliza una clase de sistemas de motilidad completamente diferente y no relacionada con los sistemas contráctiles de actina-miosina en lugares tan diversos como el huso mitótico, los flagelos de los protozoos y los espermatozoides, y los axones nerviosos, por citar tan solo algunos. Estos sistemas están formados por **microtúbulos**, estructuras tubulares muy largas construidas a partir de una envoltura helicoidal de la proteína **tubulina** (Figura 8.19). Existen dos clases de subunidades de tubulina, $\alpha$ y $\beta$, con un peso molecular de 55 kDa cada una. Están presentes en cantidades equimolares en el microtúbulo, que puede considerarse una disposición helicoidal de dímeros $\alpha\beta$. Otra posibilidad es considerar el microtúbulo formado por 13 filas o **protofilamentos** de unidades $\alpha$ y $\beta$ alternadas. Dado que las unidades $\alpha$ y $\beta$ son proteínas asimétricas, con una orientación definida y reproducible en la fibra, el microtúbulo tiene la direccionalidad que indican los extremos (+) y (−) de la Figura 8.19.

El ensamblaje de los microtúbulos tiene ciertas semejanzas con el de la actina, pero requiere GTP en vez de ATP. Cada una de las subunidades $\alpha$ y $\beta$ unen GTP y luego se asocian para formar dímeros $\alpha\beta$ y oligómeros. Estos oligómeros forman lugares de nu-

Los microtúbulos son polímeros tubulares helicoidales formados a partir de los heterodímeros de tubulina $\alpha$ y $\beta$.

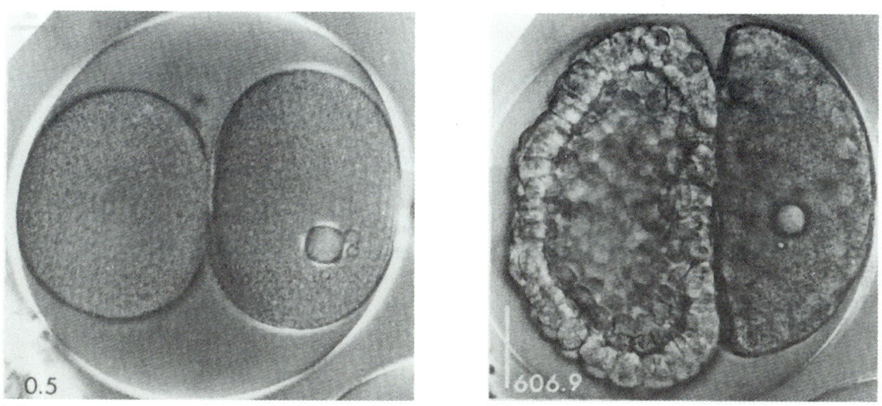


(a) (b)

**FIGURA 8.18**

**La miosina es esencial para la citocinesis, pero no para la mitosis. (a)** Embrión de erizo de mar en la fase de dos células. A la célula de la derecha se le han inyectado anticuerpos antimiosina; la gota de aceite indica el lugar de inyección. **(b)** Al cabo de 10 horas, la célula de la izquierda ha tenido muchas divisiones, y ha formado la mitad de un embrión normal. En la célula de la derecha, la citocinesis ha quedado completamente bloqueada, pero la presencia de muchos núcleos nuevos indica que el proceso de la mitosis ha continuado.

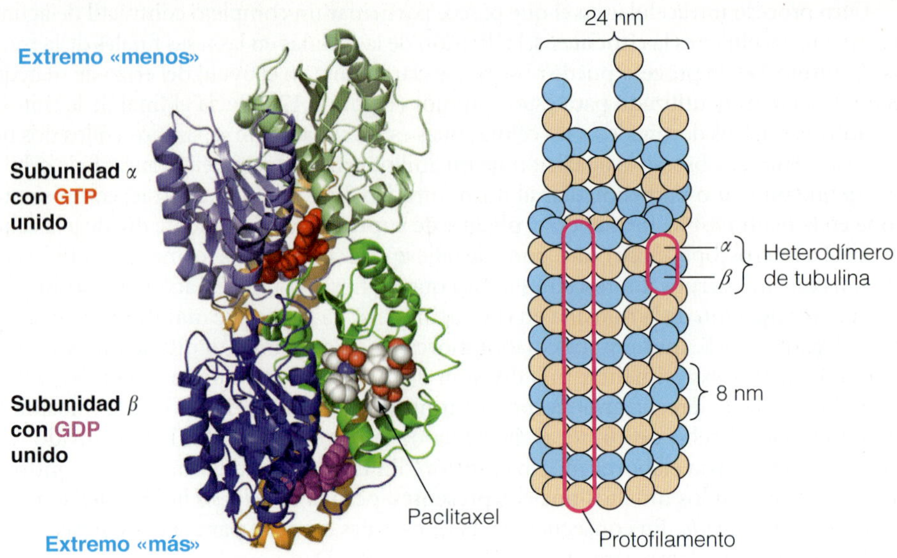


**FIGURA 8.19**

**Una disposición helicoidal de formas $\alpha$ y $\beta$ de tubulina forman un microtúbulo. Izquierda**: Se muestra la estructura cristalina de un dímero $\alpha\beta$. En cada subunidad están coloreados los tres dominios (azul, verde y naranja). La subunidad $\alpha$ está en la parte superior y tiene GTP (esferas rojas) unido. La subunidad $\beta$ tiene unidos GDP (púrpura) y el fármaco anticanceroso paclitaxel (esferas blancas, azules y rojas). Con las subunidades con esta orientación, el extremo (-) está arriba y el (+) debajo. **Derecha**: Modelo esquemático de un microtúbulo. Se muestran las subunidades $\alpha$ y $\beta$ de la tubulina en canela y azul, respectivamente. El microtúbulo puede considerarse una disposición helicoidal de dímeros $\alpha\beta$ o bien una estructura de 13 hileras paralelas de dímeros $\alpha\beta$. Estas hileras se denominan protofilamentos.

cleación para el crecimiento de los microtúbulos (Figura 8.20). Un extremo, denominado extremo más, crece con mayor rapidez que el otro, el extremo menos. La subunidad $\beta$ tiene actividad GTPasa y al igual que en la polimerización de la actina, el nucleótido se hidroliza, pero se mantiene en el filamento. Ambos microfilamentos y microtúbulos son estructuras dinámicas que pueden desensamblarse y ensamblarse desde cualquier extremo. En realidad, esta es una característica fundamental del citoesqueleto y los compuestos que interfieren con la dinámica del citoesqueleto son tóxicos para las células.

Dado que las células cancerosas se dividen muy rápidamente, la rotura del ensamblaje de los microtúbulos durante la mitosis es la diana de varios tratamientos anti-

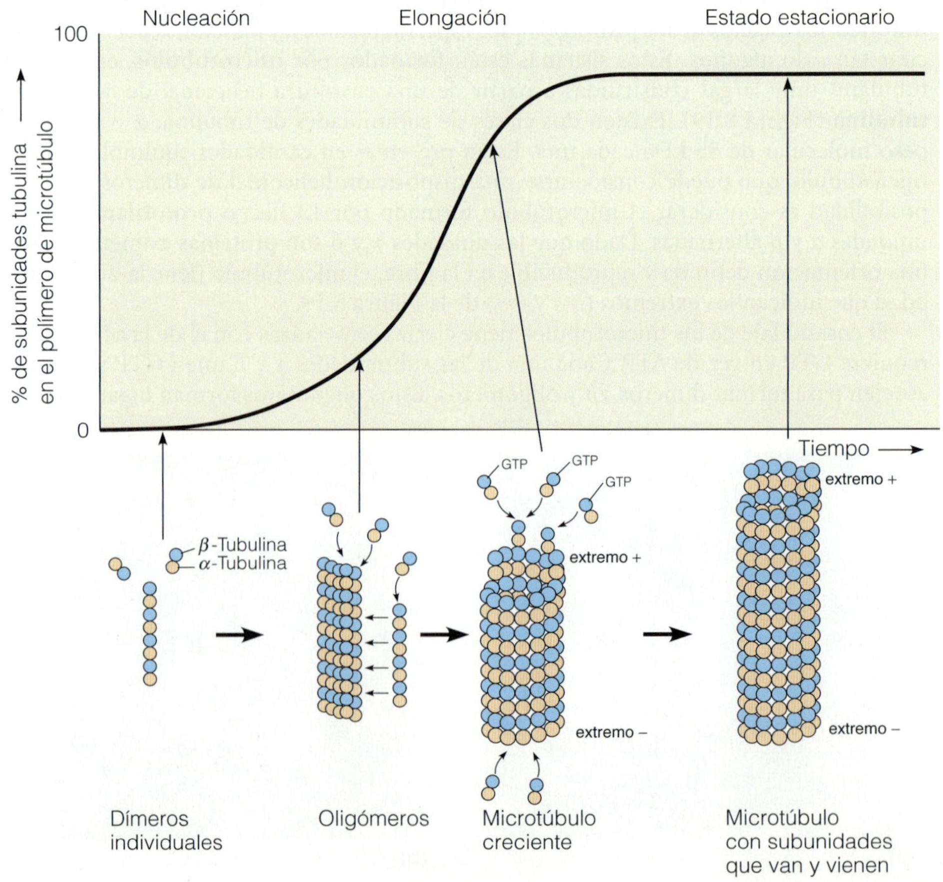


**FIGURA 8.20**

**Ensamblaje de los microtúbulos.** Durante un periodo inicial, los dímeros $\alpha\beta$ forman oligómeros lo suficientemente grandes como para nuclear la formación de la fibra. A continuación, los microtúbulos van creciendo hasta emplear la mayor parte de los dímeros libres y se alcanza un equilibrio entre el crecimiento y la disociación. Para mayor simplicidad, mostramos el crecimiento tan solo en uno de los extremos, ya que el crecimiento es más rápido en el extremo más.

cancerosos. Por ejemplo, la colchicina y el paclitaxel (taxol) afectan ambos la dinámica de los microtúbulos y así interfiere con la división celular. La colchicina se une a las subunidades de tubulina e impide así la polimerización de los microtúbulos. El paclitaxel se une a la subunidad $\beta$ de la tubulina (Figura 8.19) y estabiliza la estructura de los microtúbulos hasta el punto de inhibir la rotura y reciclado de los microtúbulos, lo que, en última instancia, mata a la célula. Las células no malignas también se afectan por este tratamiento de quimioterapia, pero las células cancerosas que se dividen rápidamente son más susceptibles a la muerte celular por estos fármacos.

La colchicina y el paclitaxel actúan como agentes anticancerígenos, destruyendo la dinámica de los microtúbulos.

Los microtúbulos son más grandes y parecen ser más estables desde el punto de vista mecánico que los microfilamentos de actina, por lo que los microtúbulos son más adecuados para las funciones de tensión elevada. El ensamblaje final de un microtúbulo funcional comporta, generalmente, la unión de otras proteínas a su superficie. Algunas de estas **proteínas asociadas a los microtúbulos** (**MAP**) desempeñan, como veremos, funciones importantes. Otras MAP estabilizan la estructura de los microtúbulos y/o estimulan la asociación de los microtúbulos en haces. La MAP tau ($\tau$), que se encuentra en el tejido neuronal, es un miembro de esta familia que ha acaparado bastante interés. La fosforilación de tau da lugar a su disociación de los microtúbulos y a su desestabilización de la estructura del microtúbulo. La hiperfosforilación tiene un efecto mucho más grave, ya que da lugar a la formación de ovillos de filamentos $\tau$ en los axones nerviosos, uno de los principales síntomas celulares de la enfermedad de Alzheimer. A su vez, esto puede implicar que la síntesis o la activación de las enzimas (quinasas) inadecuadas implicadas en la fosforilación de tau pueden desencadenar el inicio de la enfermedad. Consideremos ahora algunas de las cosas que hacen los microtúbulos.

## Movimientos de cilios y flagelos

Muchas células eucariotas se impulsan por el batir de cilios y flagelos. Los cilios son más cortos que los flagelos y producen un movimiento de remo coordinado para mover un microorganismo a través de la disolución (Figura 8.21a). Los flagelos eucariotas, como las colas de los espermatozoides, son más largos e impulsan a la célula mediante un movimiento ondulante (Figura 8.21b). Las estructuras de los dos tipos de apéndices móviles tienen muchos elementos en común (Figura 8.22). Todos ellos contienen un haz de microtúbulos muy organizado al que se denomina **axonema**, que está envuelto por una prolongación de la membrana plasmática y conectado a un **cuerpo basal**, una estructura de anclaje en el interior de la célula.

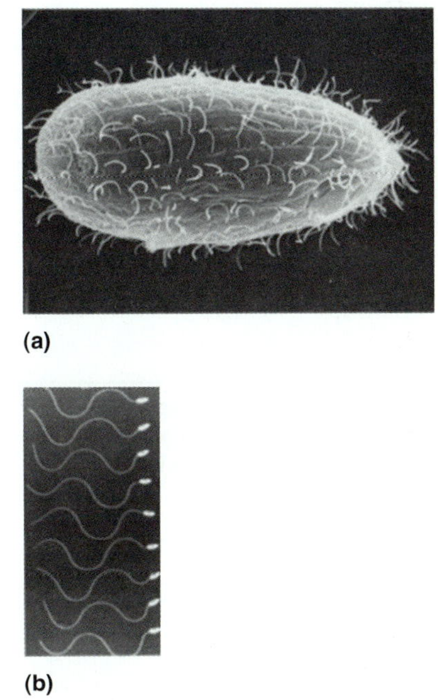


**FIGURA 8.21**

**Cilios y flagelos. (a)** El protozoo *Tetrahymena* está cubierto por hileras de cilios. **(b)** Un espermatozoide del tunicado *Ciona*. En una serie de fotografías realizadas a intervalos regulares se observa la manera en la que las ondulaciones del flagelo impulsan al espermatozoide.

(a) © The Rockefeller University Press. *The Journal of Cell Biology*, 1983, 96:1610, U. W. Goodenough, Motile detergent-extracted cells of *Tetrahymena and Chlamydomonas*; (b) Cortesía de C. J. Brokaw, California Institute of Technology.

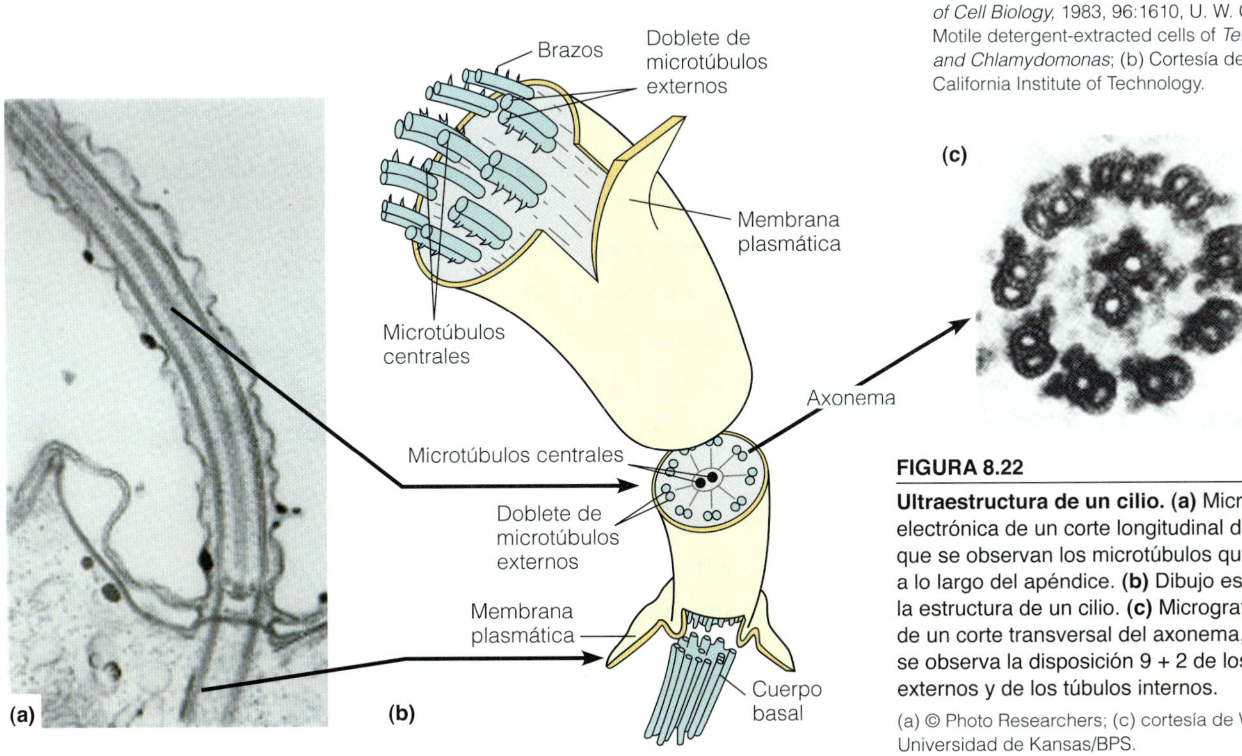


**FIGURA 8.22**

**Ultraestructura de un cilio. (a)** Micrografía electrónica de un corte longitudinal de un cilio, en la que se observan los microtúbulos que transcurren a lo largo del apéndice. **(b)** Dibujo esquemático de la estructura de un cilio. **(c)** Micrografía electrónica de un corte transversal del axonema, en la que se observa la disposición 9 + 2 de los dobletes externos y de los túbulos internos.

(a) © Photo Researchers; (c) cortesía de W. L. Dentler, Universidad de Kansas/BPS.

La estructura interna del axonema es realmente notable. Como se observa en el corte transversal de la Figura 8.22c, la característica más evidente es la disposición de los microtúbulos, que se denomina formación 9 + 2: dos microtúbulos centrales rodeados por nueve dobletes de microtúbulos. Los microtúbulos individuales del centro están completos, y cada uno posee 13 protofilamentos de dímeros de tubulina $\alpha\beta$. En cambio, cada uno de los nueve dobletes circundantes está formado por un microtúbulo completo (**fibra A**), al que se fusiona un microtúbulo incompleto, que solo contiene 10 u 11 protofilamentos (**fibra B**). Una observación más detallada de las fotografías de microscopia electrónica descubre una complejidad aún mayor, como se muestra en la Figura 8.23. Los dobletes exteriores están interconectados de manera periódica por una proteína denominada *nexina* y tienen, a intervalos regulares, unos *brazos* laterales formados por la proteína motora **dineína**. Además, existen unos *radios*, formados por una cabeza y un brazo, que se proyectan desde los dobletes externos para conectarlos con el par de túbulos centrales.

Muchos tipos de células son impulsadas por cilios o flagelos que contienen microtúbulos.

La complejidad total de la estructura del axonema solo se observa mediante estudios de electroforesis en gel de axonemas aislados. En ellos pueden separarse unos 200 polipéptidos. El análisis indica que hay, como mínimo, 6 proteínas en las cabezas de los radios y otras 11 en los brazos de los radios. Gran parte de este aparato parece intervenir directamente en los movimientos de batido de cilios y flagelos. Si se añade ATP a los axonemas aislados, puede verse cómo los dobletes adyacentes se deslizan uno respecto al otro. El mejor modelo que actualmente disponemos sostiene que este deslizamiento se produce mediante el «caminar» de los brazos laterales de dineína a lo largo del doblete adyacente (Figura 8.24a). Los dobletes se deslizan cruzándose primero en un lado del axonema y luego en el otro, de manera que la longitud del deslizamiento está limitada por los radios centrales y los conectores de nexina. De esta forma, el deslizamiento de los dobletes se transforma en un cimbreo hacia atrás y hacia delante de todo el cilio o el flagelo (Figura 8.24b). Si se eliminan las conexiones dentro del axonema mediante una proteólisis cuidadosa, el ATP hace, simplemente, que los axonemas se alarguen y adelgacen, ya que los dobletes exteriores se deslizan cruzándose, sin que exista ningún punto de detención.

La flexión de cilios y flagelos se realiza mediante el deslizamiento de microtúbulos que se cruzan impulsados por la dineína.

Se ha demostrado que la dineína tiene actividad ATPasa, con la unión del ATP asociada a la *ruptura* de los puentes cruzados de dineína. Existe una semejanza evidente entre los mecanismos de batido de cilios y flagelos y el caminar de las cabezas de miosina impulsado por el ATP a lo largo de la fibra de actina.

## Transporte intracelular

En un tiempo se pensó que todo el transporte de sustancias dentro del citoplasma de las células se produce mediante difusión simple. Actualmente se sabe que algunas proteínas y orgánulos se transportan rápidamente a grandes distancias a lo largo de los microtúbulos, que actúan como pistas que dirigen y facilitan el movimiento.

Los datos más claros que existen al respecto proceden de los estudios del transporte en los **axones**, las proyecciones largas que permiten a una célula nerviosa entrar en contacto con otra (*véase* la Figura 10.45, página 397). Dado que los axones nerviosos pueden

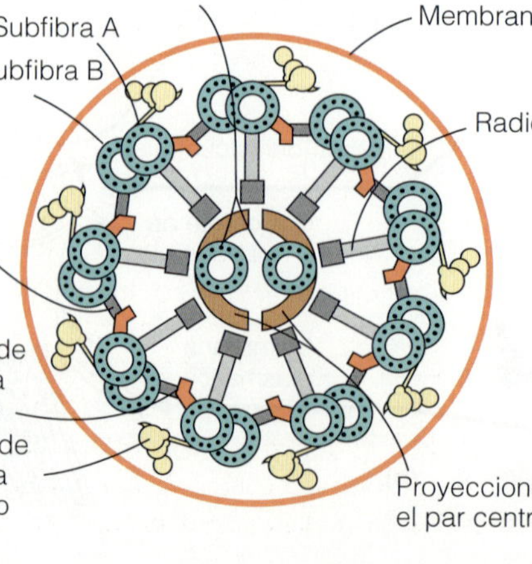


**FIGURA 8.23**

**Diagrama de la sección transversal de un axonema.** Los brazos de dineína poseen actividad ATPasa y pueden hacer que los dobletes adyacentes se deslicen unos respecto a otros. Las conexiones de nexina entre los dobletes y el sistema radial dan estabilidad al conjunto completo.

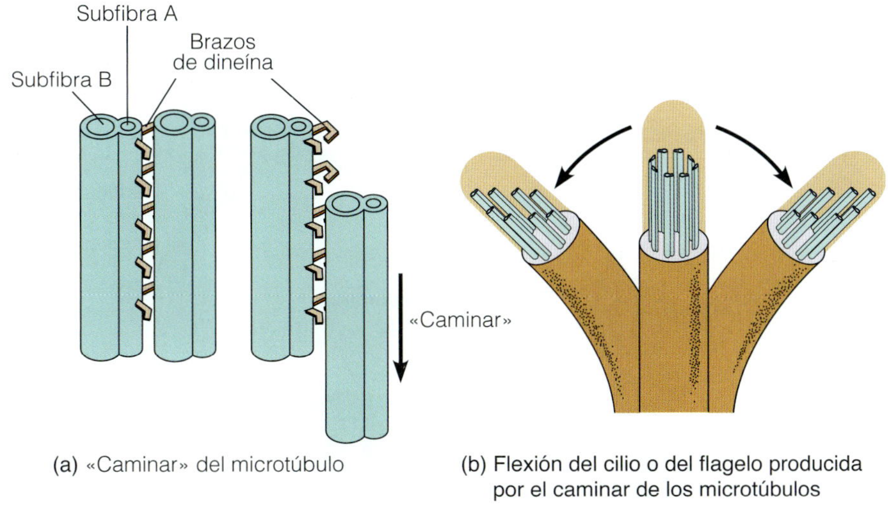


**FIGURA 8.24**

**Modelo de la flexión de los cilios y flagelos.** **(a)** Los dobletes de los microtúbulos aislados pueden «caminar», unos sobre otros formando y rompiendo los contactos del brazo de dineína, si hay ATP. **(b)** La flexión hacia uno y otro lado de un cilio o un flagelo se produce mediante «desplazamientos», cortos de los microtúbulos en los lados opuestos del apéndice. Los desplazamientos largos se evitan mediante las conexiones cruzadas entre los microtúbulos.

Los orgánulos y las moléculas individuales se transportan mediante proteínas motoras en el interior de las células siguiendo «pistas» moleculares de microtúbulos o microfilamentos de actina.

tener muchos centímetros de longitud, no es posible que se produzca un movimiento suficientemente rápido de sustancias entre el cuerpo celular y el extremo del axón mediante difusión. El problema puede estudiarse directamente con el empleo del nervio ciático de mamífero, que tiene unos axones muy largos que parten del cuerpo celular en la médula espinal. Si se inyectan aminoácidos marcados radiactivamente en el cuerpo celular, estos se incorporan a las proteínas por los ribosomas de las células. Al cabo de un cierto tiempo, puede seccionarse el axón y determinarse la posición de las proteínas de nueva formación, marcadas radiactivamente. Este método pone de manifiesto que, aunque la rapidez del transporte presenta grandes variaciones, algunas proteínas, especialmente aquellas asociadas con las vesículas lipídicas, se desplazan con una rapidez de hasta 40 cm/día, mucho más deprisa de lo que cabría esperar que sucediera mediante difusión.

Como se observa en la Figura 8.25, realmente pueden verse pequeñas vesículas u orgánulos completos que se desplazan a lo largo de los haces de microtúbulos en un axón. El transporte a lo largo de los microtúbulos se produce en ambas direcciones, y siempre mediante el enganche de «motores moleculares» a los objetos que se van a transportar. Estos motores son de dos tipos. Uno de ellos, denominado **dineína citoplasmática**, se parece a la dineína que participa en el movimiento de cilios y flagelos (*véase* el apartado anterior) y se encarga del transporte desde el extremo más del microtúbulo hacia el extremo menos. El otro, denominado **cinesina**, se utiliza para transportar objetos en sentido contrario. La cinesina y la dineína citoplasmática representan familias de proteínas motoras con funciones de transporte semejantes, aunque diferentes, en una amplia variedad de tipos celulares. Las dos proteínas tienen estructuras diferentes (Figura 8.26); sin embargo, la cinesia se asemeja a la familia de la miosina, tanto en la estructura como en la función. La cola helicoidal de cada molécula la conecta con la «carga» que llevan la dineína o la cinesina, probablemente a través de proteínas asociadas (se muestra en verde en la Figura 8.26).

Las semejanzas funcionales entre la miosina y la cinesina pueden verse comparando el ciclo de hidrólisis de ATP de cada proteína, como se expone en las Figuras 8.12 y 8.27. Ambas proteínas tienen un dominio globular motor que se une a su filamento correspondiente y al ATP. Una diferencia significativa entre la miosina y la cinesina se observa en sus «cocientes de tareas» respectivos o el tiempo que pasa cada dominio motor unido a su diana. Dado que en cada momento solo estarán unidas al microfilamento de actina unas pocas cabeceras de miosina de un filamento de miosina, un dominio motor de miosina individual pasa la mayor parte del tiempo en estado no unido (*véase* la Figura 8.12, paneles 1 y 4). La cinesina no forma filamentos oligoméricos, por lo que siempre debe tener uno de sus dominios motores unido de forma segura con el microtúbulo mientras lleva su carga. Una vez unido al microtúbulo, la cinesina hidroliza unos 100 ATP antes de disociarse. De esta forma, los dominios motores de cinesina trabajan de forma concertada, mientras que los dominios motores de la miosina trabajan de forma independiente.

El mecanismo del movimiento de la dineína no se comprende bien aún; sin embargo, la unión y la hidrólisis del ATP en el dominio motor da lugar a cambios de conformación grandes entre el dominio motor y el enlace con el dominio de carga.

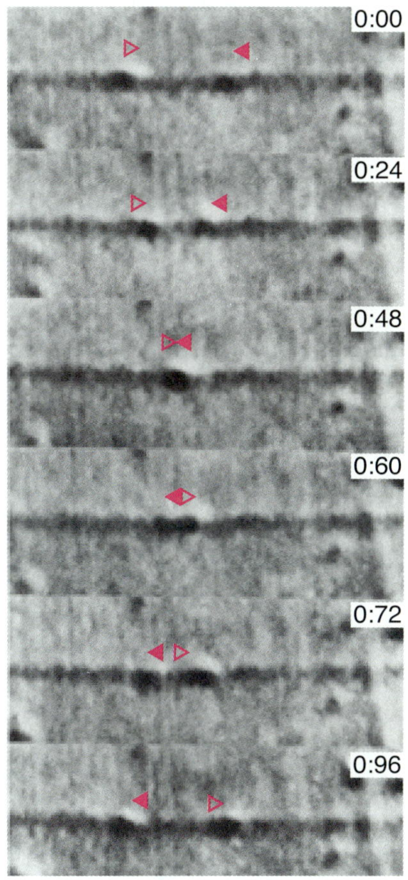


**FIGURA 8.25**

**Movimiento en las pistas de los microtúbulos.** Una serie de micrografías de vídeo obtenidas a intervalos regulares pone de manifiesto el movimiento bidireccional de las vesículas de orgánulos en un único filamento de microtúbulo del axón gigante del calamar. Los dos orgánulos (señalados con los triángulos rojos abiertos y sólidos) se desplazan en direcciones contrarias y se cruzan. El tiempo transcurrido (s) se indica en el ángulo superior derecho de cada imagen.

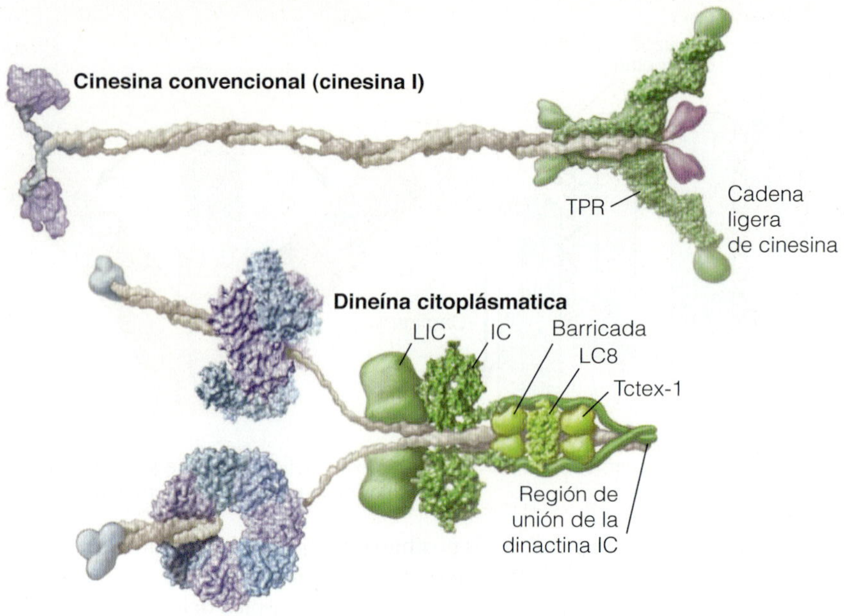


**FIGURA 8.26**

**Modelos estructurales de cinesina I y dineína citoplásmica**. Los modelos de la cinesina y dineína se construyeron a partir de las estructuras cristalinas de varios dominios aislados. Los dominios motores se muestran en azul/púrpura. Las partes de unión a microtúbulos están a la izquierda y las partes de unión de la carga están a la derecha. El dominio motor de la cinesina se parece a la cabecera S1 de la miosina muscular. El dominio motor de la dineína une ATP y contiene seis subunidades diferentes dispuestas en un círculo. El tallo de unión de los microtúbulos y el ligador del dominio de la carga están unidos covalentemente al dominio hexamérico motor.

Adaptado de *Cell* 112:467-480, R. D. Vale, The molecular motor toolbox for intracelular transport. © 2003, con autorización de Elsevier.

La cinesina es una proteína motora que transporta su carga hacia el extremo (+) de un microtúbulo. La dineína es una proteína motora que transporta su carga hacia el extremo (−) de un microtúbulo.

Los estudios detallados del movimiento de la cinesina y la dineína en los microtúbulos indican que se mueven a pasos a lo largo de la pista de microtúbulos, con un tamaño de paso de unos 8 nm, que es exactamente la distancia desde un dímero de tubulina al siguiente. Esto significa que la cinesina puede transportar su carga durante ~100 pasos o alrededor de 1 micra antes de que caiga del microtúbulo. Este comportamiento se define como **procesivo** y es una característica esencial de varias proteínas que viajan a lo largo de biopolímeros lineales grandes, como parte de su función (por ejemplo, las proteínas de transporte celular y los polímeros que copian el DNA genómico). En el modelo actual del ciclo de motilidad de la cinesina (Figura 8.27), se supone que la molécula se pivota, uniendo un grupo de cabeza y luego el otro a los monómeros de tubulina, de una forma «puño sobre puño».

Hay también pruebas claras de otro mecanismo de transporte más del citoplasma. La observación atenta de los movimientos de los orgánulos celulares ha demostrado que algunos orgánulos realizan periódicamente movimientos lineales cortos, con cambios bruscos de dirección, en regiones donde *no pueden observarse microtúbulos.* Esta investigación ha llegado a la conclusión de que el transporte celular puede producirse también en algunos o en todos los microfilamentos de actina de las células. Los estudios más detallados han demostrado que, en este caso, los motores son miosinas diferentes de la miosina II (por ejemplo, las miosinas I, V, VI, etc; *véase* la Tabla 8.1).

La miosina V es la mejor estudiada de estas, y se diferencia de la miosina II en tres cosas importantes: (1) la miosina V es un dímero con una cola de ovillo enrollado más corta que

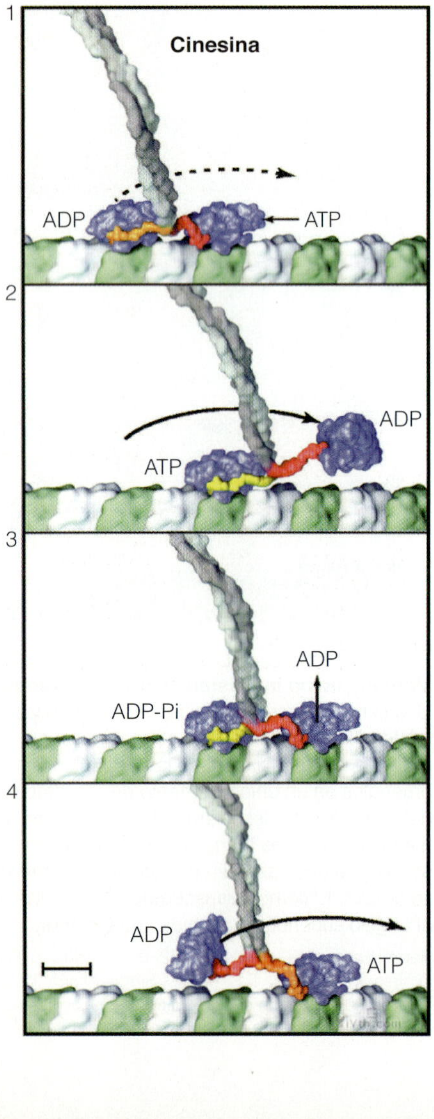


**FIGURA 8.27**

**Modelo del ciclo de motilidad de la cinesina I**. La cinesina I está modelada en un único protofilamento de tubulina. El ovillo enrollado (gris) se alarga hacia la carga de la cinesina. Los dominios motores están unidos al ovillo enrollado mediante «ligadores de cuello». Cuadro 1: cada dominio motor (azul) está unido a la tubulina (verde = subunidad $\beta$; blanco = subunidad $\alpha$) a lo largo del microtúbulo. En este estado, el ligador de cuello (naranja) apunta *hacia adelante* (derecha) en la cabeza que se arrastra y *hacia atrás* en la cabeza conductora (rojo). La unión de ATP a la cabeza conductora inicia un cambio de conformación del ligador del cuello conductor, y debilita la unión del microtúbulo por la cabeza que se arrastra. Cuadro 2: el cambio de conformación en el ligador de cuello de la cabeza conductora (amarillo) lanza la cabeza que se arrastra no unida hacia adelante 16 nm (flecha) hacia el lugar siguiente de unión de la tubulina. Cuadro 3: la nueva cabeza conductora atraca fuertemente en el microtúbulo, moviendo la carga unida 8 nm más cerca del extremo «más». Durante este tiempo, la cabeza que se arrastra hidroliza el ATP a ADP-Pi, y luego el ADP se disocia del dominio motor conductor. Cuadro 4: el ATP se une a la cabeza conductora y el ciclo comienza de nuevo. Barra de escala 4 nm.

Tomado de *Science* 288:88-95, R. D. Vale y R. A. Milligan, The way things move: Looking under the Hood of molecular motor proteins. © 2000. Reproducido con autorización de la AAAS.

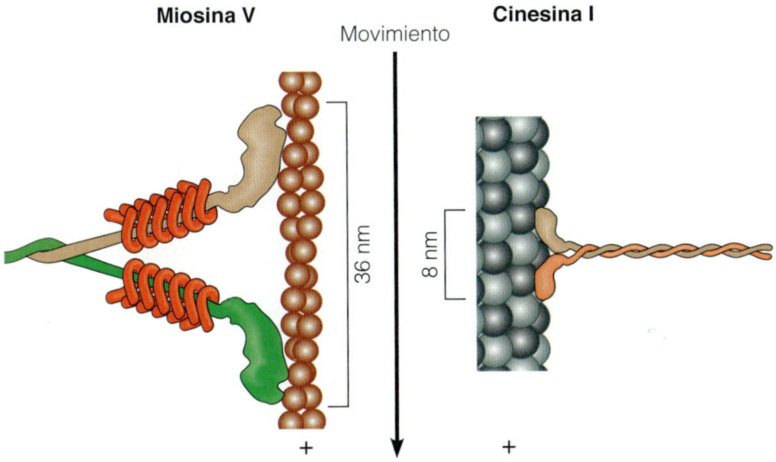


**FIGURA 8.28**

**Miosina V y cinesina I**. Como la cinesina, la miosina V es un motor procesativo. Se muestran los dominios motores de cada proteína unidos a su entramado respectivo: el filamento de actina (rojo ladrillo) o el microtúbulo (azul acero). La dirección del movimiento es hacia el extremo (+) de cada tipo de filamento y el tamaño de los pasos está indicado por los corchetes. Se muestran en rojo ladrillo las seis cadenas ligeras semejantes a la calmodulina unidas a la región del cuello de la miosina V.

Cortesía de Gary Carlton.

une la carga en lugar de formar filamentos; (2) el brazo de palanca de la miosina V une seis cadenas ligeras semejantes a la calmodulina, haciéndolo tres veces más largo que el brazo de palanca de la miosina II; y (3) la miosina V se une a la activa de forma procesiva. Como la cinesina, la miosina V se mueve a pasos, de una forma mano sobre mano; no obstante, la miosina V da pasos mucho más largos (36 nm) que la cinesina (*véase* la Figura 8.28).

En la célula podemos pensar en los microtúbulos como carreteras principales para el transporte de carga y en los microfilamentos, como las calles laterales. La entrega correcta de la carga necesita ambos. Las pruebas experimentales sugieren que la cinesina y la miosina V pueden unir ambas la misma carga y actúan juntas para entregarla en su destino final. Aunque la cinesina solo mueve la carga a lo largo del microtúbulo, la miosina V unida puede interactuar inespecíficamente con la tubulina. En el caso en que la cinesina se caiga del microtúbulo, la miosina V se mantiene en su lugar el tiempo suficiente para que la cinesina se vuelva a enlazar y continúe el viaje. En el microfilamento de actina, estos papeles se invierten. La carga unida a ambos transportadores se lleva más lejos en cada clase de filamento que cuando está ausente uno u otro de los transportadores (Figura 8.29).

La Tabla 8.3 resume las características esenciales de las actividades de las distintas proteínas motoras que se han considerado en este capítulo. Cada una realiza funciones contráctiles o de transporte al unirse a una proteína polimérica y sufrir un cambio de conformación impulsado por el ATP. Volvemos ahora a un motor proteico que actúa de una forma completamente distinta.

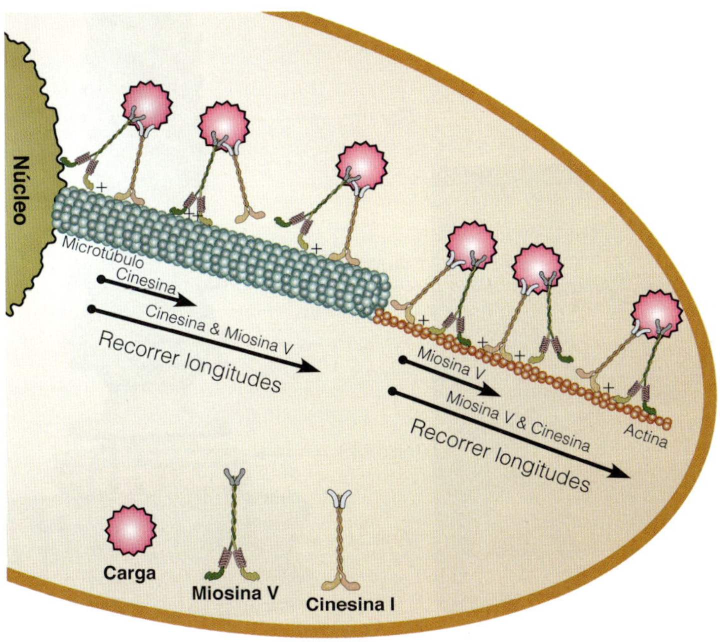


**FIGURA 8.29**

**La miosina V y la cinesina I actúan juntas para entregar la carga.** La distancia que se transporta una carga a lo largo del microtúbulo o microfilamento es significativamente mayor cuando están presentes ambos transportadores. La interacción inespecífica entre la miosina V y la tubulina y la cinesina y la actina mantiene al transportador activo cerca de su filamento diana, en caso de que caiga demasiado pronto.

**TABLA 8.3. Proteínas motoras y sus funciones**

| Proteína motora | Función primaria | Diana de unión/dirección del movimiento |
|---|---|---|
| Miosina II muscular | Contracción muscular | Filamento de actina; se mueve hacia en extremo (+) |
| Miosina II no muscular | Citocinesis; motilidad celular | Filamento de actina; se mueve hacia en extremo (+) |
| Miosina V | Transporte de carga | Filamento de actina; se mueve hacia en extremo (+) |
| Cinesina | Transporte de carga | Microtúbulo; se mueve hacia en extremo (+) |
| Dineína citoplásmica | Transporte de carga | Microtúbulo; se mueve hacia en extremo (–) |
| Dineína del axonema | Doblado de los cilios/flagelos | Microtúbulo; se mueve hacia en extremo (–) |

## Motilidad bacteriana: proteínas rotatorias

Algunas bacterias se desplazan por la rotación de flagelos, utilizando motores de rotación moleculares que se encuentran en la membrana celular.

Es adecuado concluir este capítulo examinando una máquina macromolecular compleja y que se autoensambla, que casi no tiene rival por su elegancia. El flagelo de las bacterias es una fibra helicoidal a derechas, formada casi enteramente por una proteína fibrosa, la **flagelina**. No contiene microtúbulos, actina, miosina ni sistema contráctil alguno. Sin embargo, durante muchos años se supuso que el flagelo bacteriano realizaba movimientos de flexión en el plano, como los de las colas de los espermatozoides. Fue pues una sorpresa para los investigadores observar que, en realidad, realiza una *rotación*. Este mecanismo se puso de relieve de una forma muy sencilla al pegar el flagelo de una bacteria a una lámina de vidrio mediante anticuerpos antiflagelina. Dado que el flagelo no podía ya rotar, era la bacteria la que lo hacía.

En la Figura 8.29 se muestra la notable estructura que une el flagelo a la bacteria y genera la rotación. La fibra del flagelo está unida, mediante una estructura de gancho, a un cilindro que pasa a través de un «cojinete» (anillos L y P en la Figura 8.30) de la membrana bacteriana externa y penetra en la membrana interna, donde acaba en un «rotor» con varias subunidades (anillos MS y C), que está rodeado por un anillo «estator» (Mot A y B). Cada uno de estos componentes está formado por moléculas proteicas, la mayoría de las cuales ya se han caracterizado. En otras palabras, el flagelo se hace rotar mediante un motor ultramicroscópico, formado en su totalidad por subu-

**FIGURA 8.30**

**Estructura del motor flagelar de *Salmonella enterica*.** Un modelo del motor flagelar, dibujado a escala, comparado con imágenes reconstruidas de microscopía electrónica. Las marcas indican las distintas proteínas (llamadas por sus genes) que constituyen los diversos componentes del complejo. Las características morfológicas generales, comenzando por debajo de la membrana interna y trabajando, son: anillo C (situado en el lado citoplasmático de la membrana interna), anillo MS (en la membrana interna), anillo P (en la capa de peptidoglucano), anillo L (en la membrana externa), gancho, proteínas asociadas al gancho y flagelo (marcado «filamento» en la figura).

Imágenes de izquierda y centro tomadas de *Annual Review of Biochemistry* 72:19-54, H. C. Berg, The rotary motor of bacterial flagella. © 2003 Annual Reviews. Imagen de la derecha repoducida de *Current Biology* 16:R928-R930, D. DeRosier, Bacterial flagellum: Visualizing the complete machine *in situ*. © 2006, con autorización de Elsevier.

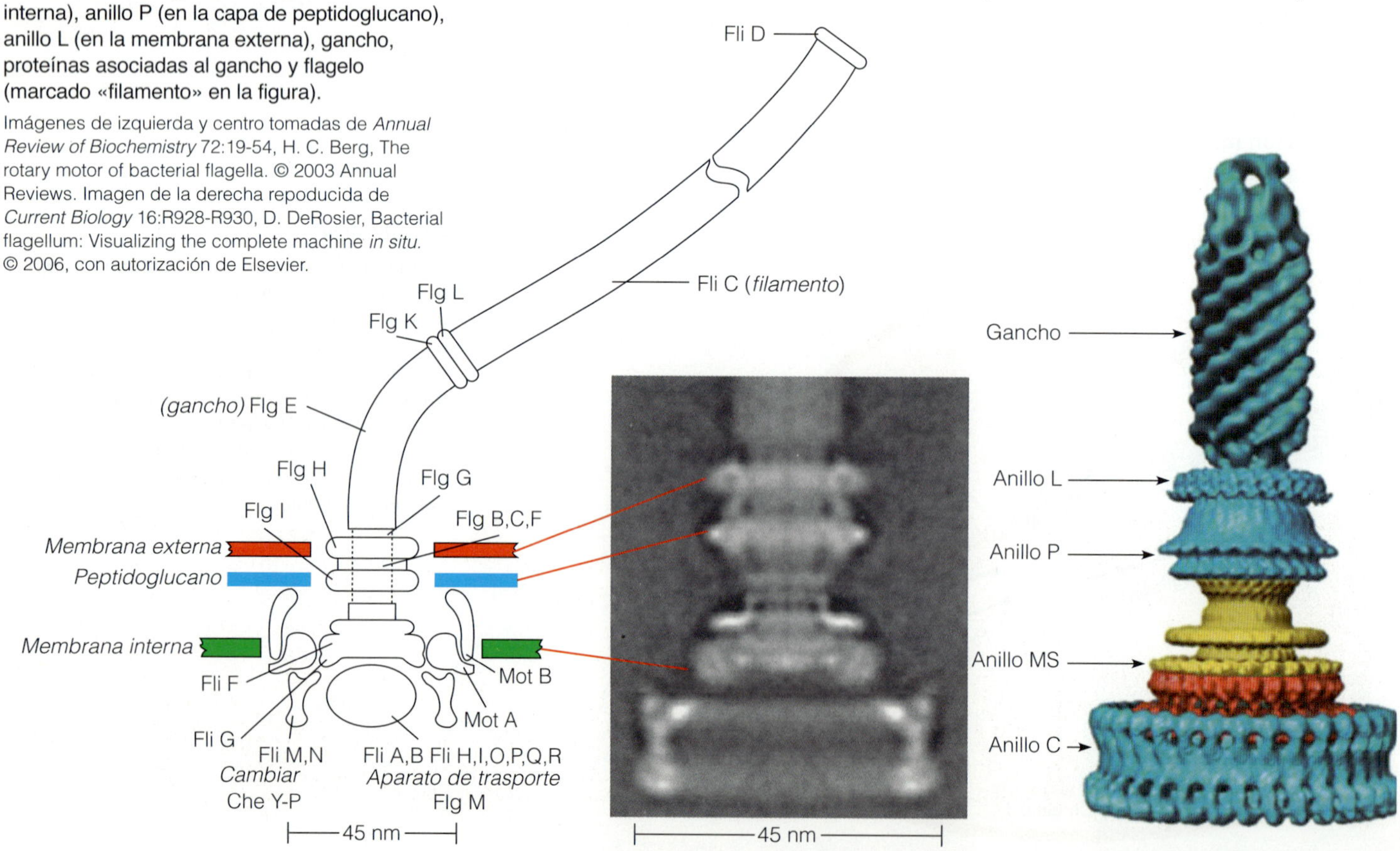

nidades proteicas. En cierto sentido, es un motor eléctrico, ya que la fuerza impulsora procede de los protones que se desplazan a través de la membrana interna de la bacteria. Los gradientes iónicos a través de las membranas son una fuente de energía libre para impulsar muchos procesos en las células (*véanse* los Capítulos 10 y 15). *In vivo*, el motor gira a ~100-200 revoluciones por segundo y requiere el paso de unos 1000 protones por revolución.

Estos motores rotatorios parecen ser muy frecuentes en biología y presentan una gran variedad de funciones y mecanismos. Determinadas bacterias marinas se mueven utilizando motores impulsados por flujos de iones sodio en lugar de flujos de protones. Por otro lado, en la mayoría de los organismos se emplean flujos de protones a través de un dispositivo rotatorio para generar el ATP del metabolismo oxidativo, de la forma que se describe en el Capítulo 15.

El motor flagelar tiene aún otra propiedad notable: puede invertir su movimiento, sin cambiar la dirección del movimiento de $H^+$ a través del motor. Es decir, puede provocar la rotación del flagelo en el sentido de las agujas del reloj o en el sentido contrario. Esta capacidad es importante para la bacteria, puesto que permite que se produzcan movimientos rectilíneos constantes y cambios de dirección. Si los múltiples flagelos rotan todos en sentido contrario a las agujas del reloj (Figura 8.31a), el sentido de su hélice a derechas les *empuja*, reuniéndolos. Tienden a colocarse juntos formando un haz e impulsan a la bacteria en línea recta, en un movimiento que se denomina *carrera*. Pero si los flagelos rotan en el sentido de las agujas del reloj (Figura 8.31b), se apartan de la superficie y *traccionan* en todas direcciones. El resultado es que la bacteria realiza un movimiento de *volteo* y así, cambia la dirección.

*Escherichia coli* y otras bacterias con flagelos presentan una respuesta a los productos químicos a la que se denomina **quimiotaxia**. El fenómeno general de la **taxia**, que se da de manera muy generalizada en los mundos animal y vegetal, comprende la realización de movimientos en respuesta a estímulos externos. Las bacterias quimiotácticas se desplazan preferentemente hacia los atrayentes, como los nutrientes, y se alejan de los repelentes, como los productos tóxicos. En la actualidad, podemos describir la quimiotaxia bacteriana mediante los movimientos de carrera y volteo (Figura 8.32). En un medio neutro y uniforme, se producen periodos de carrera de unos segundos

**FIGURA 8.31**

**Efecto de la dirección de rotación flagelar.** Estas micrografías electrónicas y los diagramas adjuntos muestran cómo la dirección de rotación flagelar afecta a una bacteria con varios flagelos. **(a)** Si los flagelos rotan en sentido contrario a las agujas del reloj, su estructura helicoidal a derechas hace que se junten en un haz e impulsen a la bacteria en línea recta (carrera). **(b)** Cuando la rotación es en el sentido de las agujas del reloj, los flagelos se dispersan en todas las direcciones y la bacteria realiza volteos al azar.

Reproducido de *Journal of Molecular Biology* 112:1-30, R. M. McNab y M. K. Ornston, Normal-to-curly flagellar transitions and their role in bacterial tumbling: Stabilization of an alternative quaternary structure by mechanical force © 1977, con autorización de Elsevier.

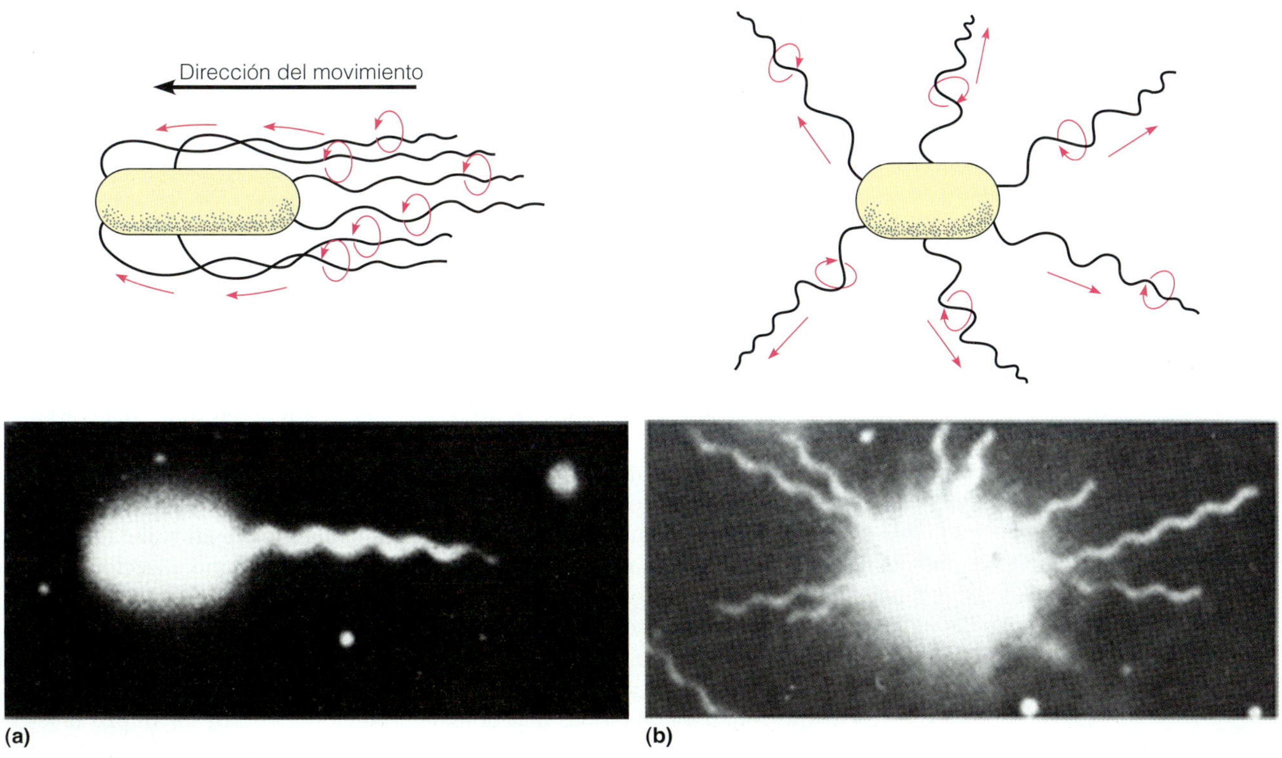

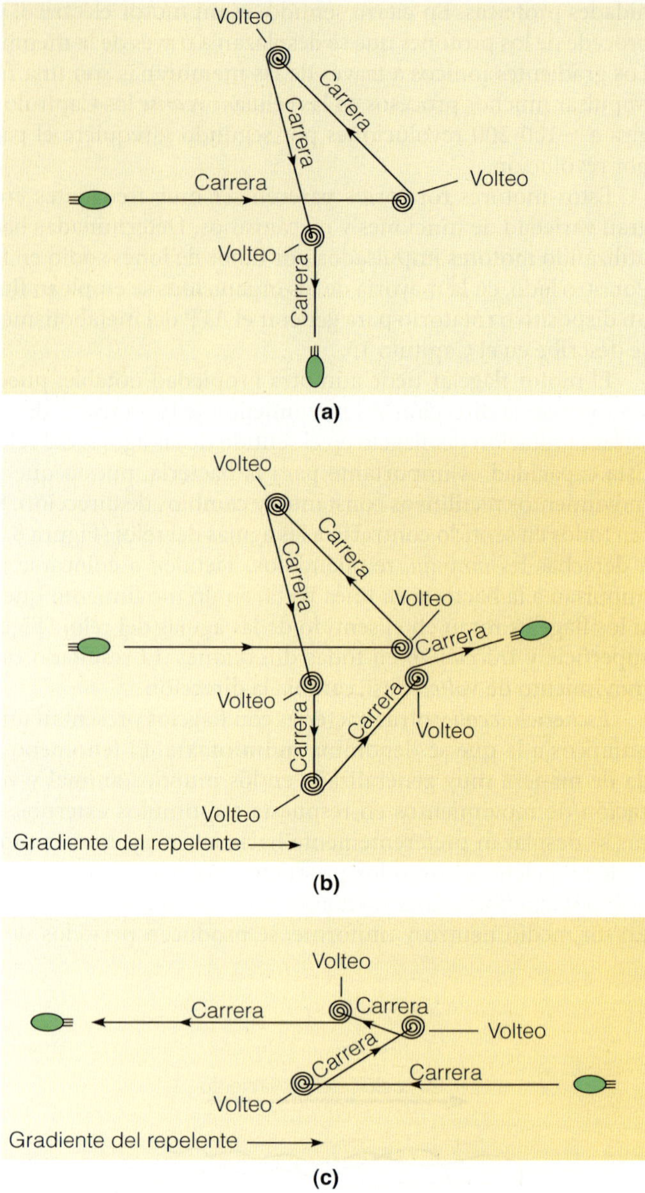


**FIGURA 8.32**

**Movimiento quimiotáctico de las bacterias. (a)** En ausencia de atrayentes o repelentes, la bacteria se detiene y realiza volteos de manera frecuente, iniciando cada vez una nueva dirección aleatoria del movimiento. **(b)** Cuando existe un gradiente de un atrayente, el desplazamiento de la bacteria hacia el atrayente tiende a mantenerse durante periodos de tiempo más prolongados sin realizar volteos. **(c)** Un gradiente de un repelente tiene el efecto contrario y favorece los desplazamientos prolongados en dirección contraria al origen del repelente.

de duración, que se alternan con periodos breves de volteo, y la bacteria se desplaza de manera aleatoria (Figura 8.32a). La presencia de un gradiente de un nutriente o de un repelente nocivo desplaza esta distribución de carrera y volteo. Si una bacteria se mueve en la dirección de un gradiente de nutriente, el movimiento de volteo se retarda, con lo que se produce un movimiento neto hacia el origen de la nutrición (Figura 8.32b). Y a la inversa, una bacteria que se aleja de un repelente continúa haciéndolo durante un periodo superior al habitual antes de voltearse, con lo que se produce una reacción de evasión (Figura 8.32c).

Estas observaciones implican que las bacterias flageladas deben poseer algún mecanismo de percepción de los gradientes de atrayentes o de repelentes, y han de ser capaces de transmitir esta información a los motores de sus flagelos. Y en realidad, es así. No disponemos de espacio para describir aquí este notable mecanismo. El lector interesado puede consultar las citas bibliográficas que se incluyen al final del capítulo (por ejemplo, L. D. Miller *et al.*; C.V. Rao et al; and Shimizu *et al.*).

Finalmente, el flagelo bacteriano ha recibido atención como ejemplo de «complejidad irreductible», un concepto que se ha utilizado para argumentar contra la posibilidad de que esta máquina molecular notable evolucionó a partir de un precursor más simple mediante los principios darwinianos. En realidad, muchos de los componentes del flagelo bacteriano son homólogos con otras proteínas bacterianas, en particular, con las proteínas que participan en la secreción de las toxinas bacterianas; así, el flagelo no es un «complejo irreductible». Se han dedicado libros completos a este tema y no tenemos espacio para hacer justicia a este debate. De nuevo, remitimos al lector interesado a la bibliografía del final de este capítulo (por ejemplo, los artículos de K. Miller; y M. J. Pallen y N. J. Maztke).

## RESUMEN

En los animales existen diversos sistemas de proteínas macromoleculares que convierten la energía del ATP en trabajo mecánico. Un ejemplo importante es el sistema actina-miosina del músculo. En el músculo, los filamentos interdigitados de actina y miosina se desplazan unos sobre otros mediante la fijación, el desplazamiento y el desprendimiento de puentes cruzados de miosina. La contracción muscular se estimula por la entrada de iones calcio, que produce un reordenamiento de las proteínas asociadas con la actina. El origen directo de la energía contráctil es el ATP, y el depósito de energía a corto plazo es la creatina fosfato.

Existen también otros muchos sistemas no musculares para producir movimiento y realizar trabajo. Muchos tipos de movimiento celular, como el desplazamiento ameboide y la citocinesis, utilizan actina y miosina no musculares. Por otro lado, los flagelos y los cilios se impulsan mediante el deslizamiento, impulsado por el ATP, de los microtúbulos, que son filamentos formados por la polimerización de la tubulina. Los microtúbulos realizan otras muchas funciones, como la de actuar como «caminos» para el transporte de orgánulos y proteínas en el interior de las células, y producir la separación de los cromosomas en la mitosis.

Existe un motor molecular notable que produce la rotación de los flagelos de las bacterias. Este motor, al revertir la dirección de su movimiento, puede hacer que la bacteria realice un movimiento en línea recta hacia los nutrientes y se aleje de las sustancias tóxicas o se voltee al azar y cambie la dirección.

## BIBLIOGRAFÍA

**General**

**Vale, R. D.** (2003) The molecular motor toolbox for intracellular transport. *Cell* 112:467-480.

**Vale, R. D.** y **Milligan, R. A.** (2000) The way things move: Looking under the hood of molecular motor proteins. *Science* 288:88-95.

**Van den Heuvel, M. G. L.** y **Dekker, C.** (2007) Motor proteins at work for nanotechnology. *Science* 317:333-336.

**Músculo**

**Cooke, R.** (2004) The sliding filament model: 1972-2004. *J. Gen. Physiol.* 123:643-656.

**Himmel, D. M., Gourinath, S., Reshetnikova, L., Shen, Y., Szent-Györgyi, A. G.** y **Cohen, C.** (2002) Crystallographic findings on the internally uncoupled and near-rigor states of myosin: Further insights into the mechanics of the motor. *Proc. Natl. Acad. Scl. USA* 99:12645-12650.

**Murakami, K., Yumoto, F., Ohki, S., Yasunaga, T., Tanokura, M.,** y **Wakabayashi , T.**(2005) Structural basis for $Ca^{2+}$-regulated muscle relaxation at interaction sites of troponin with actin and tropomyosin. *J. Mol. Biol.* 352:178-201.

**Rayment, L.,** y **Holden, H. M.** (1994) The three-dimensional structure of a molecular motor. *Trends Biochem. Sci.* 19:129-134.

**Stroud, R. M.** (1996) Balancing ATP in the cell. *Nature Struct.* Biol. 3:567-569.

**Vinogradova, M. V., Stone, D. B., Malanina, G. G., Karatzaferi, C., Cooke, R., Mendelson, R. A.** y **Fletterick, R. J.** (2005) $Ca^{2+}$-regulated structural changes in troponin. *Proc. Natl. Acad. Sci. USA* 102: 5038-5043.

**Yanagida, T.** y **Ishijima, A.** (1995) Forces and steps generated by single myosin molecules. *Biophys. J.* 68:312s-320s.

**Microtúbulos, dineína y cinesina**

**Carter A. P., Cho, C., Jin, L.** y **Vale, R. D.** (2011) Crystal structure of the dynein motor domain. *Science* (doi:70.1126/science.1202393).

**Carter, A. P., Garbarino, J. E., Wilson-Kubalek, E. M., Shipley, W. E., Cho, C., Milligan, R. A., Vale, R. D.** y **Gibbons, I. R.** (2008) Structure and functional role of dynein's microtubule-binding domain. *Science* 322:1691-1695.

**Gennerich, A.** y **Vale, R. D.** (2009) Walking the walk: How kinesin and dynein coordinate their steps. *Curr. Op. Cell Biol.* 21:59-67.

**Hirokawa, N., Nitta, R.** y **Okada, Y.** (2009) The mechanisms of kinesin motor motility: Lessons from the monomeric motor ICF1A. *Nature Rev. Molec. Cell. Biol.* 10:877-884.

**Kodera, N., Yamamoto, D., Ishikawa, R.** y **Ando, T.** (2010) Video imaging of walking myosin V by high-speed atomic force microscopy. *Nature* 468:72-76. *Véase también*: http:/iwww.s.kanazawa-u.ac.jp/phy/biophys/M5_movies.htm

**Movassagh, T., Bui, K. H., Sakakibara, H., Oiwa, K.** y **Ishikawa, T.** (2010) Nucleotide-induced global conformational changes of flagellar dynein arms reveaied by in situ analysis. *Nature Struct. Mol. Biol.* 17:761-767.

**Nogales, E., Wolf, S. C.** y **Downing, K. H.** (1998) Structure of the $\alpha\beta$ tubulin dimer by electron crystallography. *Nature* 391:199-203.

**Sablin, E. P.** y **R. J. Fletterick, R. J.** (2004) Coordination between motor domains in processive kinesins. *J. Biol. Chem.* 279:15707-15710.

**Sindelar, C. V.** y **Downing, K. H.** (2010) An atomic-level mechanism for activation of the kinesin molecular motors. *Proc. Natl. Acad. Sci. USA* 107:4111-4116.

**Vicente-Manzanares, M., Ma, X., Adelstein, R. S.** y **Horwitz, A. R.** (2009) Non-muscie myosin II takes centre stage in cell adhesion and migration. *Nature Rev. Mol. Cell Biol.* 10:778-790.

**Walker, M. L., Burgess, S. A., Sellers, J. R., Wang, F., Hammer III, J. A., Trinick, J.** y **Knight, P. J.** (2000) Two-headed binding of a processive myosin to F-actin. *Nature* 405:804-807.

**Yildiz, A., Forkey, J. N., McKinney, S. A. Ha, T., Goldman, Y. E.** y **Selvin, P. R.** (2003) Myosin V walks hand-over-hand: Single fluorophore imaging with 1.5 nm localization. *Science* 300:2061-2065.

**Yildiz, A., Tomishige, M., Vale, R. D.** y **Selvin, P. R.** (2004) Kinesin walks hand-over-hand. *Science* 303:676-678.

*Véanse también* las animaciones siguientes creadas por G. Johnson:
http://rwr,rv.scripps.edu/cb/milligan/research/movies/myosin_text.html
http://www.scripps.edu/cbi/milligan/research/movies/kinesin_text.html
http://valelab.ucsf.edu/images/movies/mov-procmotconvkinrev5.mov

**Motor bacteriano y quimiotaxia**

**Berg, H. C.** (2003) The rotary motor of bacterial flagella. *Ann. Rev. Biochem.* 72:19-54.

**Chevance, F. F. V.** y **Hughes, K. T.** (2008) Coordinating assembly of a bacterial macromolecular machtne. *Nature Rev. Microbiol.* 6:455-465.

**DeRosier, D.** (2006) Bacterial flagellum: Visualizing the complete machine in situ. *Current Bioloy* 16:R928-R930.

**Erhardt, M., Namba, K.** y **Hughes, K. T.** (2010) Bacterial nanomachines: The flageilum and tlpe III injectosome. *Cold Spring Harb. Perspect. Biol.* 2:a000299 (doi:10.1101/cshperspect.a000299).

**Miller, K. R.** (2004) The flagellum unspun: The collapse of «irreducible complexity» pp. 81-97 in *Debating Design: From Darwin to DNA*, eds. W. Dembski y M. Ruse, Cambridge University Press, Nueva York.

**Miller, L. D., Russell, M. H.** y **Alexandre, G.** (2009) Diversity in bacterial chemotactic responses and niche adaptation. *Adv. App. Microbiol.* 66:53-75.

**Minamino, T., Imada, K.** y **Namba, K.** (2008) Molecular motors of the bacterial flagella. *Curr. Op. Struct. Biol.* 18:693-701. *Véase también:* http ://wwwtbs. osaka-u.ac. jpllabs/nambai npn/

**Murphy G. E., Ledbetter, I. R.** y **Jensen, G. J.** (2006) In situ structure of the complete *Treponema primitia* flagellar mofor. *Nature* 442:1062-1064.

**Pallen, M. J.** y **Matzke, N. J.** (2006) From the Origin of the Species to the origin of bacterial flagella. *Nature Rev. Microbiol.* 4:784-790.

**Rao, C. V.** y **G. W. Ordal** (2009) The molecular basis of excitation and adaptation during chemotactic sensory transduction in bacteria. *Contrib. Microbiol.* 16:33-64.

**Shimizu, T. S., Y. Tu** y **H. C. Berg** (2010) A modular gradient-sensing network for chemotaxis in *Escherichia coli* revealed by responses to time-varying stimuli. *Mol. Syst. Biol.* 6:382 (doi:10.1038/msb.2010.37).

**Sowa, Y.** y **Berry, R. M.** (2008) Bacterial flagellar motor. *Quart. Rey. Biophys.* 41:103-132.

## PROBLEMAS

1. Un sarcómero característico relajado tiene unos 2.3 $\mu$m de longitud y se contrae hasta una longitud de unos 2 $\mu$m. En el interior del sarcómero, los filamentos finos tienen una longitud de, aproximadamente 1 $\mu$m y los filamentos gruesos, de alrededor de 1.5 $\mu$m.
(a) Describa el solapamiento de los filamentos gruesos y finos en el sarcómero relajado y contraído.
(b) Un «paso» individual por una cabeza de miosina en un ciclo tracciona del filamento fino alrededor de 15 nm. ¿Cuántos pasos debe realizar cada fibra de actina en una contracción?

2. Cada gramo de músculo esquelético de mamífero consume ATP a un ritmo de, aproximadamente, $1 \times 10^{-3}$ mol/min durante la contracción. Las concentraciones de ATP y de creatina fosfato del músculo son de, aproximadamente, 4 mM y 25 mM, respectivamente, y la densidad del tejido muscular es de 1.2 g/cm$^3$.
(a) ¿Durante cuánto tiempo podría mantenerse la contracción solo con ATP?
(b) Si toda la creatina fosfato se convirtiera en ATP y se utilizara también, ¿durante cuánto tiempo podría continuar la contracción?
(c) ¿Qué le indican estas respuestas?

3. Se sabe que el fármaco citocolasina se une a los extremos de las fibras de actina. Carece de efecto en la contracción del músculo estriado, pero inhibe por completo la motilidad y los cambios de forma celular en las células eucariotas. ¿Qué le sugieren estas observaciones?

*4. La tubulina une GTP, y la polimerización de un microtúbulo se estimula de manera intensa cuando una molécula de tubulina del extremo de crecimiento lleva unida GTP. La tubulina tiene también actividad GTPasa, con un número de recambio bajo. Es más probable que los microtúbulos que llevan GDP en sus extremos pierdan monómeros de tubulina. Indique de qué manera estos hechos pueden explicar la notable observación de que a determinadas concentraciones de GTP, algunos microtúbulos de una mezcla crecerán mientras que, al mismo tiempo, otros se encogerán.

5. Unas pocas horas tras la muerte de un animal, el cadáver se pone rígido como consecuencia de la contracción continuada del tejido muscular (este estado se llama *rigor mortis*). Este fenómeno es consecuencia de la pérdida de la producción de ATP en el tejido muscular.
(a) Consultar la Figura 8.11 (página 292) y describir, en términos del modelo de seis pasos de la contracción muscular, cómo da lugar al *rigor mortis* la carencia de ATP en los sarcómeros.
(b) Los transportadores de $Ca^{2+}$ de los sarcómeros que mantienen la $[Ca^{2+}] \sim 10^{-7}$ M necesitan ATP para impulsar el transporte de los iones $Ca^{2+}$ a través de la membrana del retículo sarcoplásmico. ¿Cómo dará lugar al *rigor mortis* a la pérdida de esta función del transporte de $Ca^{2+}$?
(c) El *rigor mortis* es máximo ~12 h tras la muerte y a las 72 h ya no se observa. Proponer una explicación para la desaparición del *rigor mortis* después de las 12 h.

*6. La distancia que los filamentos de actina y miosina pueden deslizarse uno sobre otro, como consecuencia de la hidrólisis de una molécula de ATP, es variable. A cargas elevadas, el resultado parece ser consistente con la longitud del golpe (unos 10 nm), pero a cargas bajas, algunos investigadores han apuntado distancias mucho mayores. Comente el problema de acuerdo con el modelo que se ha propuesto en la Figura 8.11.

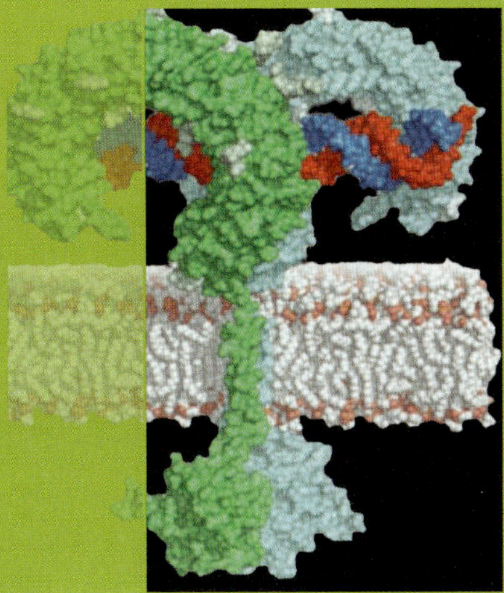

# CAPÍTULO 9

## Hidratos de carbono: Azúcares, sacáridos, glucanos

**Pasemos ahora al tercer gran grupo de moléculas biológicas,** los **hidratos de carbono** o **sacáridos**. Igual que los ácidos nucleicos y las proteínas, los hidratos de carbono desempeñan funciones biológicas, tanto sus unidades monoméricas constituyentes, como la glucosa o la ribosa, y como polímeros, como el almidón o el glucógeno. A diferencia de las proteínas y los ácidos nucleicos, que son polímeros lineales estrictos, los polisacáridos macromoleculares se encuentran también como polímeros ramificados. En gran parte de este libro nos ocupamos de la función de generación y almacenamiento de energía biológica de los hidratos de carbono. Sin embargo, los hidratos de carbono desempeñan un gran número de distintas funciones tan diversas como el reconocimiento celular (como en el sistema inmunitario), la protección celular (como en las paredes celulares de bacterias y plantas), la señalización celular, la adhesión celular, como lubricantes biológicos, en el control del tráfico de proteínas y en el mantenimiento de la estructura biológica (por ejemplo, la celulosa).

Los hidratos de carbono son compuestos que tienen la fórmula empírica $(CH_2O)_n$, mientras que los sacáridos incluyen a los hidratos de carbono y a todos sus derivados.

Muchas de estas sustancias le serán ya familiares. Los hidratos de carbono más sencillos son moléculas monoméricas pequeñas, los **monosacáridos**, que normalmente contienen entre tres y nueve átomos de carbono y que comprenden los azúcares simples como la *glucosa* (Figura 9.1a). Otros hidratos de carbono importantes son los que se forman mediante la unión de estos monosacáridos. Si solo interviene en el proceso un número reducido de unidades monoméricas, la molécula se denomina un **oligosacárido**. Un ejemplo es la *maltosa* (Figura 9.1b), **disacárido** formado por la unión de dos moléculas de glucosa. Los polímeros largos de monosacáridos, como la *amilosa* del almidón (Figura 9.1c), se denominan **polisacáridos**. Existen muchos tipos de polisacáridos, algunos de los cuales son polímeros complejos formados por muchos tipos de monómeros de azúcar. Los oligosacáridos y los polisacáridos se denominan también **glucanos**.

Los sacáridos reciben también el nombre más conocido de *hidratos de carbono*, porque muchos de ellos pueden representarse con la fórmula estequiométrica simple $(CH_2O)_n$. Esta denominación se dio por primera vez cuando los químicos conocían tan solo la estequiometría de los sacáridos y pensaban que eran «carbonos hidratados». Sin embargo, esta fórmula es una simplificación excesiva, ya que muchos sacáridos están modificados y algunos contienen grupos amino, sulfato y fosfato. No obstante, todos los compuestos que se describen en este capítulo, o bien tienen esta fórmula, o bien pueden obtenerse a partir de sustancias que la tienen. Hablando estrictamente, el término hidrato de carbono se reserva para los compuestos con la fórmula empírica $(CH_2O)_n$, mientras que el término sacárido cubre ambos compuestos y todos los derivados de los hidratos de carbono. En ocasiones nos apartaremos del uso estricto y emplearemos ambos términos, hidrato de carbono y sacárido, simultáneamente. El término *azúcar* se emplea generalmente para los monosacáridos no derivados y los pequeños oligosacáridos, como la *sacarosa*, un disacárido que contiene glucosa y fructosa. Como se señaló anteriormente, los oligosacáridos y los polisacáridos se llaman también glucanos.

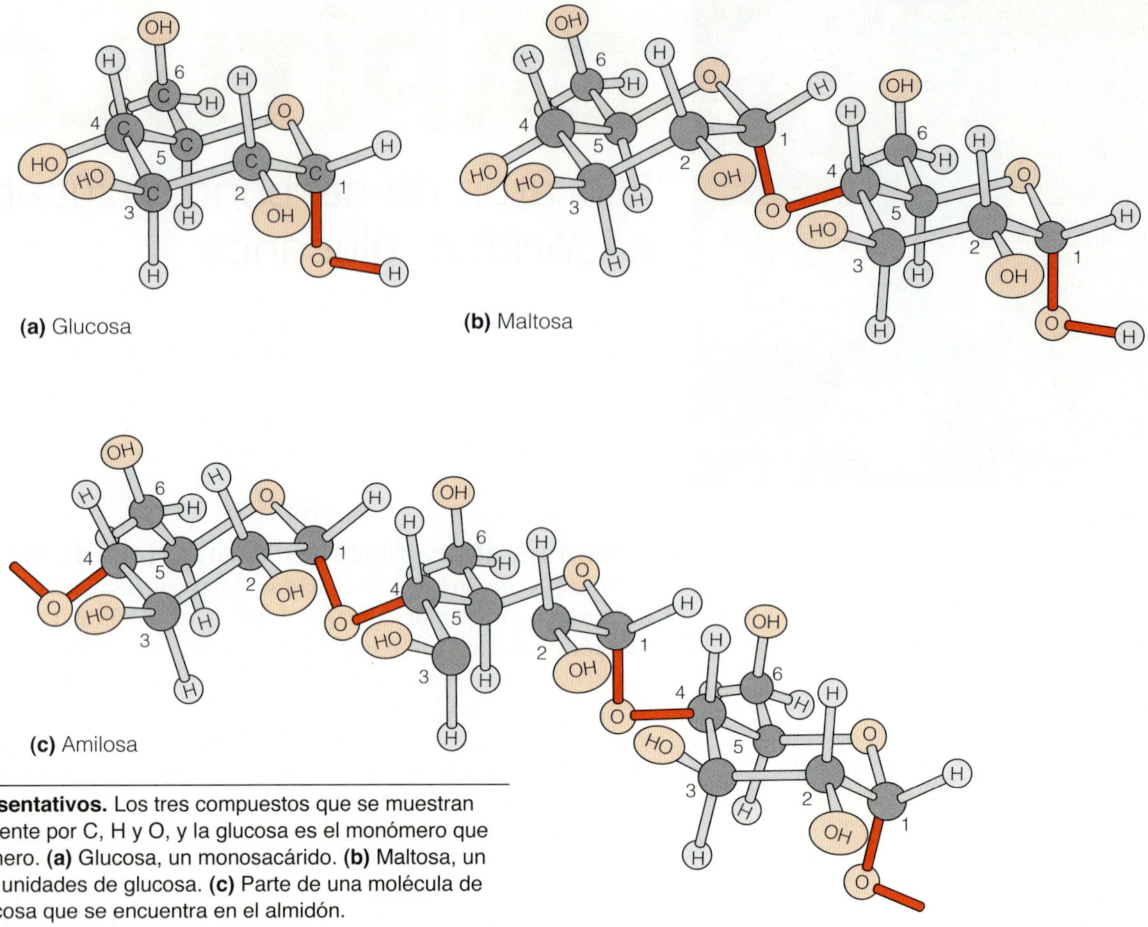


**FIGURA 9.1**

**Hidratos de carbono representativos.** Los tres compuestos que se muestran aquí están formados únicamente por C, H y O, y la glucosa es el monómero que forma el oligómero y el polímero. **(a)** Glucosa, un monosacárido. **(b)** Maltosa, un disacárido que contiene dos unidades de glucosa. **(c)** Parte de una molécula de amilosa, un polímero de glucosa que se encuentra en el almidón.

La formación de los hidratos de carbono en la fotosíntesis y su oxidación en el metabolismo constituyen juntos el principal ciclo energético de la vida.

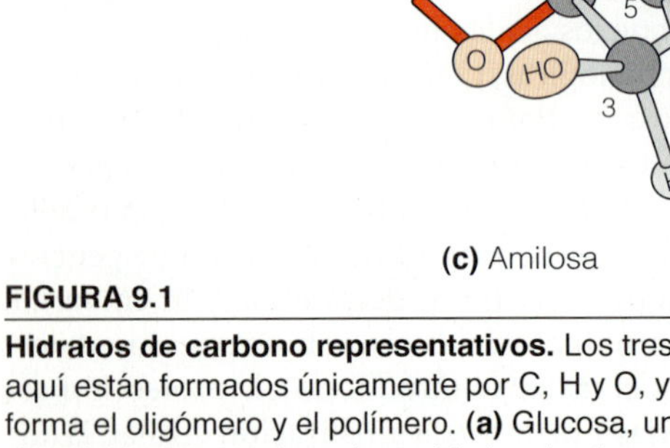


**FIGURA 9.2**

**Ciclo energético de la vida.** En la fotosíntesis, las plantas utilizan la energía de la luz solar para combinar dióxido de carbono y agua en hidratos de carbono, liberando oxígeno en el proceso. En la respiración, tanto las plantas como los animales oxidan los hidratos de carbono elaborados por las plantas, liberando energía y volviendo a formar $CO_2$ y $H_2O$.

Como se ha mencionado antes, los sacáridos desempeñan una gran variedad de funciones en los organismos. De hecho, el principal ciclo energético de la biosfera depende, en gran parte, del metabolismo de los hidratos de carbono. Antes de pasar a la estructura de los hidratos de carbono, echemos una breve mirada a este ciclo, que se muestra en la Figura 9.2. En la *fotosíntesis*, las plantas captan $CO_2$ de la atmósfera y lo «fijan» en hidratos de carbono. La reacción básica puede describirse de una manera enormemente simplificada, como la reducción del $CO_2$ a hidratos de carbono, en este caso representados por la glucosa, producida por la luz. Gran parte de estos hidratos de carbono se almacena en las plantas en forma de almidón o celulosa. Los animales obtienen sus hidratos de carbono ingiriendo las plantas o los animales herbívoros. Así pues, los hidratos de carbono sintetizados por las plantas pasan a ser, en última instancia, las principales fuentes de carbono de todos los tejidos animales. En la otra mitad del ciclo, tanto las plantas como los animales realizan, a través del metabolismo oxidativo, una reacción que es esencialmente la inversa de la fotosíntesis, mediante la cual producen de nuevo $CO_2$ y $H_2O$ (Figura 9.2). Esta oxidación de los hidratos de carbono es el principal proceso de generación de energía del metabolismo. El papel central que desempeñan los hidratos de carbono es evidente, si tenemos en cuenta que el elemento básico de la alimentación de la mayor parte de los seres humanos es el almidón de los alimentos vegetales como el arroz, el trigo o las patatas. Incluso la carne que consumimos, en última instancia, puede llegar a atribuirse, en gran parte, a los hidratos de carbono que ingieren los animales que pastan.

Por cruciales que sean el almacenamiento y la generación de energía, no son estas las únicas funciones de los hidratos de carbono. Como se ha mencionado antes, muchos materiales estructurales biológicos son polisacáridos en parte o en su totalidad. Como ejemplos importantes de ello cabe citar la celulosa de las plantas leñosas, las paredes celulares de las bacterias, y los exoesqueletos de los insectos y otros artrópodos. Además, los polisacáridos de las superficies celulares o los que están adheridos a las proteínas facilitan el reconocimiento molecular. Como ejemplos, están los procesos muy específicos como la unión de los virus o los anticuerpos a determinadas células. Así pues, al igual que las proteínas, los hidratos de carbono son moléculas extremadamente versátiles, esenciales para todo tipo de organismo.

## Monosacáridos

Iniciamos nuestra exposición de los hidratos de carbono con los azúcares monoméricos simples, los monosacáridos. El compuesto más sencillo, con la fórmula empírica de la clase $(CH_2O)_n$ se encuentra cuando $n = 1$. Sin embargo, el *formaldehído*, $H_2C{=}O$, tiene poco en común con nuestro concepto habitual de azúcar; de hecho, se trata de un gas nocivo y tóxico. Las moléculas más pequeñas que generalmente se consideran monosacáridos son las **triosas**, con $n = 3$. (El sufijo *osa* se utiliza habitualmente para designar los compuestos como los sacáridos). Los monosacáridos se caracterizan habitualmente por la presencia de un grupo carbonilo (aldehído o cetona) y uno o varios grupos hidroxilo.

### Aldosas y acetosas

Existen dos triosas: el *gliceraldehído* y la *dihidroxiacetona* (Figura 9.3). Estas moléculas, aun siendo muy simples, presentan determinadas características que encontraremos una y otra vez al considerar los azúcares. De hecho, representan las dos clases principales de monosacáridos. El gliceraldehído es un aldehído de una clase de monosacáridos denominados **aldosas**. La dihidroxiacetona es una cetona, y estos monosacáridos reciben el nombre de **cetosas**. Obsérvese que el gliceraldehído y la dihidroxiacetona poseen la misma composición atómica. Son *tautómeros* (isómeros estructurales que difieren en la disposición de sus átomos de hidrógeno y los dobles enlaces) y pueden interconvertirse a través de un intermediario *enediol* inestable, como se indica en la Figura 9.3. Estas interconversiones tautoméricas se producen en cierta medida entre todos los pares de monosacáridos aldosas y cetosas, pero las reacciones suelen ser muy lentas si no están catalizadas. Así pues, el gliceraldehído y la dihidroxiacetona pueden existir como compuestos bastante estables.

Los dos grupos principales de monosacáridos son las aldosas y las cetosas.

### Enantiómeros

Una característica importante de la estructura de los monosacáridos es la que puede apreciarse mediante la observación algo más detenida de la fórmula del gliceraldehído. El segundo átomo de carbono tiene cuatro sustituyentes diferentes, por lo que es un carbono *quiral*, como el carbono α de la mayoría de los α-aminoácidos. Por tanto, el gliceraldehído tiene dos estereoisómeros del tipo de los **enantiómeros**, que son imágenes especulares, no superponibles, uno del otro. En la Figura 9.4 se muestran dibujos tridimensionales de las dos formas, a las que se denomina gliceraldehído D y L. Esta orientación tridimensional alrededor del carbono asimétrico puede representarse también mediante el convenio de enlaces utilizado en el Capítulo 5:

**D-Gliceraldehído** **L-Gliceraldehído**

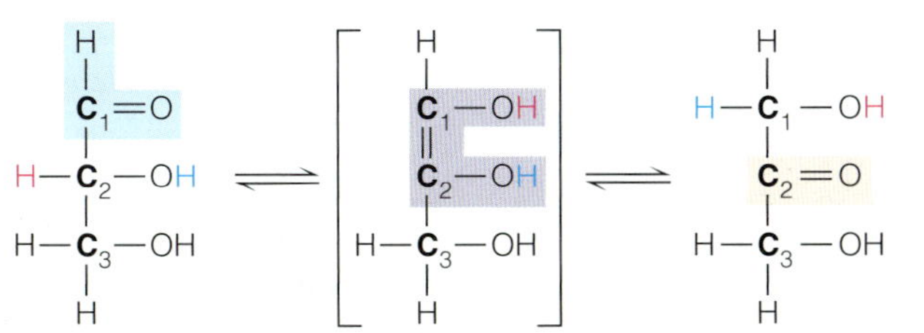

**D-Gliceraldehído una aldosa** **Intermediario enediol** **Dihidroxiacetona una cetosa**

**FIGURA 9.3**

**Triosas, los monosacáridos más sencillos.** Los dos tautómeros de triosa ilustran la diferencia que existe entre los monosacáridos de aldosa y cetosa, también llamados de forma más descriptiva aldotriosa y cetotriosa, respectivamente. La numeración de los carbonos se inicia en todas las aldosas por el aldehído, y en las cetosas por el carbono terminal más próximo al grupo cetona. (Dado que la dihidroxiacetona solo posee tres carbonos, los dos carbonos terminales son equivalentes y cualquiera de ellos puede designarse con el número uno). El intermediario enediol a través del que se interconvierten es inestable y no puede aislarse.

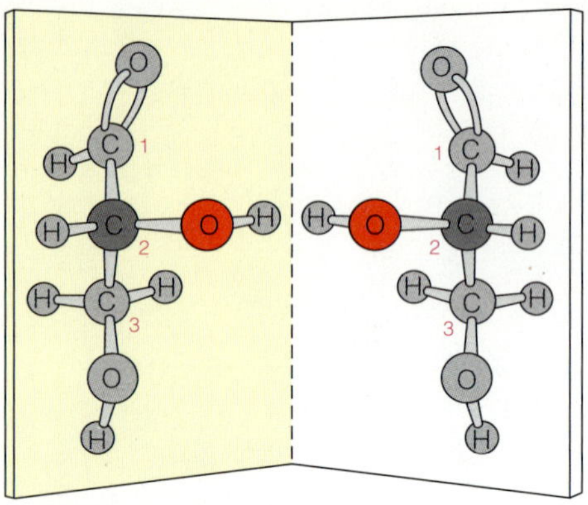


**FIGURA 9.4**

**Enantiómeros del gliceraldehído.** La configuración de los grupos alrededor del carbono quiral 2 (en un color gris más oscuro) diferencia el D-gliceraldehído del L-gliceraldehído. Las dos moléculas son imágenes especulares y no pueden superponerse.

Las formas D y L de un monosacárido son imágenes especulares no superponibles y se denominan enantiómeros.

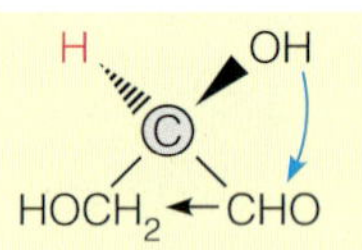


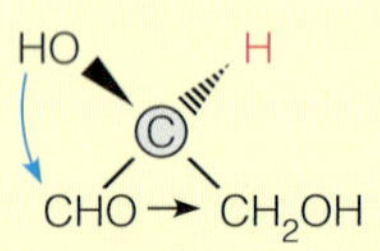


Rotar la molécula de manera que el grupo de menor prioridad (H) quede en la posición más alejada.

Si la prioridad de los demás grupos disminuye en la dirección de las agujas del reloj, la configuración es *R*.

Si la prioridad disminuye en sentido contrario al de las agujas del reloj, la configuración es *S*.

**FIGURA 9.5**

**Nomenclatura *R-S*.** El sistema *R-S* describe la configuración estereoquímica absoluta, como se demuestra en este ejemplo. A cada tipo de grupo unido a un carbono quiral (gris) se le asigna una prioridad, según un conjunto de reglas definidas. Las prioridades para los grupos comunes en la química de los hidratos de carbono son SH> OR > OH > $NH_2$ > $CO_2H$ > CHO > $CH_2OH$ > $CH_3$ > H. Observamos la molécula con el grupo de menor prioridad alejado de nosotros (en nuestro ejemplo, H). Si la prioridad de los tres grupos restantes *disminuye en el sentido de las agujas del reloj*, la configuración absoluta se denomina *R* (del latín *rectus*, «derecha»). Si la prioridad *disminuye en sentido contrario al de las agujas del reloj*, la configuración es *S* (del latín *sinister*, «izquierda»). En esta notación, el D-gliceraldehído es el *R*-gliceraldehído, y el L-gliceraldehído es el *S*-gliceraldehído.

Obsérvese que no es necesario indicar la orientación espacial de los átomos alrededor de los carbonos 1 o 3, puesto que estos carbonos no son centros quirales.

La forma más compacta de representar los enantiómeros es utilizar una **proyección de Fischer**, en la que los enlaces que se dibujan horizontalmente van hacia el espectador y los que se dibujan verticalmente van hacia atrás (*véase* también la Figura 5.3, página 139). Así pues, para el D-gliceraldehído y el L-gliceraldehído tenemos

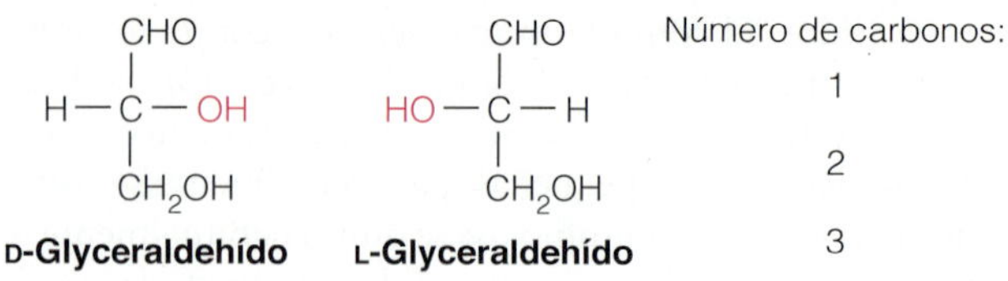


### Otras formas de designar los enantiómeros: D-L y R-S

Inicialmente, con las letras D y L se pretendía indicar la dirección de la rotación del plano de polarización de la luz polarizada: D para la derecha (dextro) y L para la izquierda (levo). Es cierto que una disolución de D-gliceraldehído rota el plano de polarización hacia la derecha, como hacen otros muchos monosacáridos D, pero esta correspondencia no siempre es cierta, ya que la magnitud e incluso, la dirección de la rotación óptica son funciones complicadas de la estructura electrónica que rodea al centro quiral. Otra desventaja de la nomenclatura D-L es que no es absoluta, ya que la designación se hace siempre con relación a algún compuesto de referencia. En consecuencia, se ha creado un convenio sistemático que nos permite asignar una designación estereoquímica a cualquier compuesto a partir de la observación de su estructura tridimensional. En la Figura 9.5 se muestra este convenio *R-S*, que se denomina también convenio de Cahn-Ingold-Prelog, por sus inventores. Aunque el convenio *R-S* es más general y proporciona la configuración absoluta alrededor de un centro quiral, los bioquímicos suelen preferir el convenio D-L y será el que se utilice en este capítulo.

### Enantiómeros de los monosacáridos en la naturaleza

Al igual que ocurre para los aminoácidos, en los organismos vivos domina una forma enantiomérica de los monosacáridos. En las proteínas se trataba de los aminoácidos L; en los hidratos de carbono se trata de los monosacáridos D. De nuevo, no existe una razón obvia para explicar por qué se estableció esta preferencia en la naturaleza. Sin embargo, una vez fijada en la fase inicial de la evolución, ha persistido, y la mayor parte de la maquinaria celular ha pasado a actuar con los azúcares de tipo D. No obstante, de la misma forma que a veces se encuentran aminoácidos D en los organismos vivos, también hay monosacáridos L. Igual que los aminoácidos D «anormales», los monosacáridos L desempeñan funciones bastante especializadas. En la Tabla 9.1 se indican, junto con los monosacáridos D, los monosacáridos L que se dan con más frecuencia, así como algunos ejemplos de los lugares en los que se encuentran y las funciones que realizan.

## Diastereómeros

Cuando se consideran los monosacáridos con más de tres carbonos, aparece una nueva complicación estructural. Un monosacárido de este tipo puede tener más de un carbono quiral, y ello hace que existan dos tipos de estereoisómeros. Estos tipos son los *enantiómeros* (isómeros especulares), que hemos comentado ya, y los *diastereómeros*, que encontramos por primera vez en los monosacáridos de tetrosa.

### Diastereómeros de tetrosa

Las tetrosas, con la fórmula empírica $(CH_2O)_4$, tienen dos carbonos quirales en las formas aldosa. En consecuencia, una aldotetrosa tendrá cuatro estereoisómeros, como se expone en la Figura 9.6. En general, una molécula con *n* centros quirales tendrá $2^n$ estereoisómeros, puesto que existen dos posibilidades en cada centro quiral. El convenio siguiente

**TABLA 9.1. Ejemplos de presencia y funciones bioquímicas de los monosacáridos**

| Monosacáridos | Presencia natural | Función fisiológica[a] |
|---|---|---|
| **Triosas** | | |
| Gliceraldehído | Generalizada (como fosfato) | E 3-fosfato es un intermediario de la glucólisis |
| Dihidroxiacetona | Generalizada (como fosfato) | El 1-fosfato es un intermediario de la glucólisis |
| **Tetrosas** | | |
| D-Eritrosa | Generalizada | El 4-fosfato es un intermediario del metabolismo de los hidratos de carbono |
| **Pentosas** | | |
| D-Arabinosa | Algunas plantas, bacilos de la tuberculosis | Glucósidos vegetales, paredes celulares |
| L-Arabinosa | Distribución generalizada en las plantas, | Componente de la paredes celulares, glucoproteínas vegetales paredes celulares bacterianas |
| D-Ribosa | Generalizada, en todos los organismos | Componente del ácido ribonucleico |
| 2-D-Deoxiribosa | Generalizada, en todos los organismos | Componente del ácido desoxirribonucleico |
| D-Xilosa | Sustancias leñosas | Componente de los polisacáridos de las plantas |
| **Hexosas** | | |
| D-Galactosa | Generalizada | Leche (formando parte de la lactosa); polisacáridos estructurales |
| L-Galactosa | Agar, otros polisacáridos | Estructuras de los polisacáridos |
| D-Glucosa | Generalizada | Una fuente de energía importante en el metabolismo animal; función estructural en la celulosa |
| D-Manosa | Polisacáridos de las plantas, glucoproteínas animales | Estructuras de polisacáridos |
| D-Fructosa | Un importante azúcar de las plantas; forma parte | Intermediario de la glucólisis (ésteres fosfato) de la sacarosa |
| **Heptosas** | | |
| D-Sedoheptulosa | Muchas plantas | Intermediario en el ciclo de Calvin de la fotosíntesis y en la ruta de las pentosas fosfato |

[a] Algunos de estos monosacáridos tienen otras funciones adicionales que no se indican.

intenta proporcionar un método racional para la denominación y la distinción de los estereoisómeros de una molécula de este tipo: se utiliza el prefijo D o L para designar la orientación alrededor del carbono quiral *más alejado* del grupo carbonilo, el carbono número 3, en este caso. Las moléculas con distintas orientaciones alrededor de los carbonos que preceden a este carbono de referencia reciben nombres distintos. Así, la *treosa* y la *eritrosa* son dos aldotetrosas con orientaciones contrarias alrededor del carbono 2. Los estereoisómeros de este tipo, que *no* son imágenes especulares, se denominan **diastereómeros**. La treosa y la eritrosa son diastereómeros, y cada uno tiene dos enantiómeros (D y L), que son imágenes especulares no superponibles. Lamentablemente, no existe una regla lógica general para la formación de los nombres específicos (como treosa y eritrosa). Simplemente, es necesario aprenderlos, como los nombres de los aminoácidos.

Los sacáridos más importantes que existen en la naturaleza son los enantiómeros D.

La *cetosa* de cuatro carbonos, a la que se denomina *eritrulosa*, solo tiene un par de enantiómeros, puesto que este monosacárido solamente posee un carbono quiral (Figura 9.7).

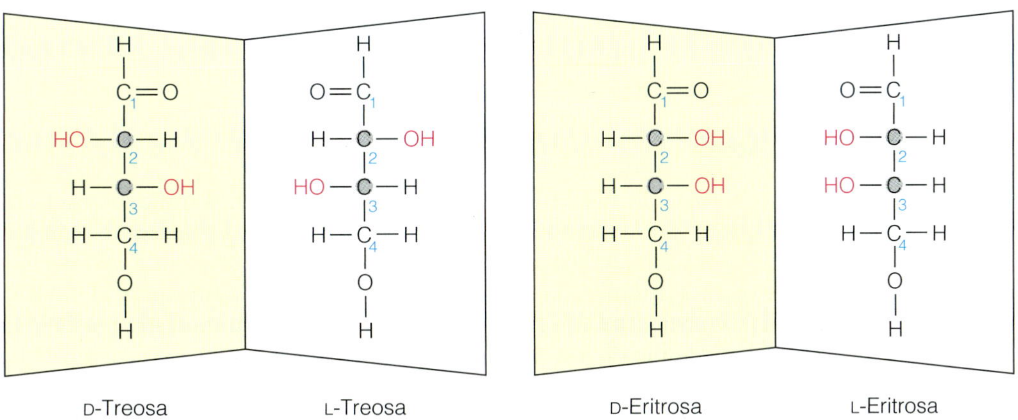


**FIGURA 9.6**

**Estereoquímica de las aldotetrosas.** Estas moléculas poseen dos carbonos quirales (2 y 3) y, por tanto, tienen dos formas diastereoméricas, la treosa y la eritrosa, cada una con un par de enantiómeros. Obsérvese que los enantiómeros de treosa tienen una configuración *contraria* alrededor de los carbonos C2 y C3, mientras que los enantiómeros de eritrosa tienen la *misma* configuración alrededor de estos dos carbonos.

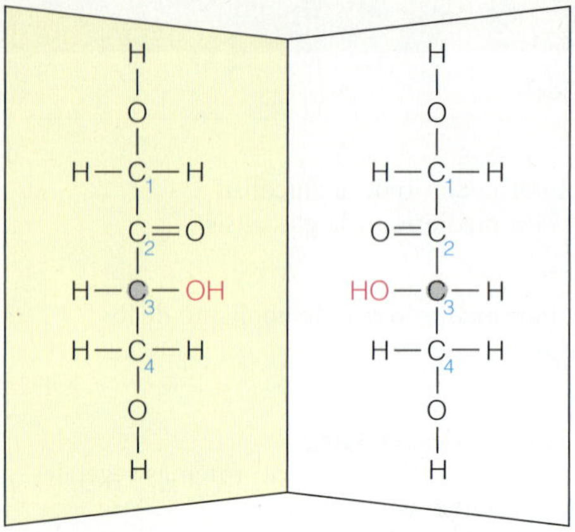

D-Eritrulosa L-Eritrulosa

**FIGURA 9.7**

**Los dos enantiómeros de la eritrulosa.** Cuando se pasa de una aldosa a una cetosa, el número de carbonos quirales desciende en uno. Por tanto, a diferencia de las aldosas de cuatro carbonos (*véase* la Figura 9.6), la cetosa de cuatro carbonos solo tiene un carbono quiral (C3) y un único par de enantiómeros.

Cuando los monosacáridos contienen más de un carbono quiral, el prefijo D o L indica la configuración alrededor del carbono más alejado del grupo carbonilo. Los isómeros que difieren en su orientación alrededor de otros carbonos se denominan diastereómeros y reciben nombres diferentes.

En este punto se plantea otro convenio de denominación: generalmente, el nombre de la cetosa deriva del de la correspondiente aldosa, mediante la inserción de las letras *ul*. Así, de *eritrosa* se obtiene *eritrulosa*. Al igual que ocurre con el gliceraldehído (y otros monosacáridos), las formas cetosa y aldosa son interconvertibles mediante tautomerización en álcali diluido. La conversión aldosa-cetosa proporciona también una ruta para la interconversión de los diastereómeros de aldosa, utilizando la cetosa como intermediario.

### Diastereómeros de pentosa

Con la adición de un carbono más, obtenemos las **pentosas**. Las **aldopentosas** tienen tres centros quirales y, por tanto, cabe prever $2^3$, es decir, ocho estereoisómeros en cuatro pares de enantiómeros. Las formas D de las pentosas se exponen en la Figura 9.8a, en la que se resumen las aldosas que contienen de tres a seis átomos de carbono. Obsérvese que todas las aldopentosas que se exponen tienen la orientación D alrededor del carbono 4, y que se incluyen todas las combinaciones posibles de orientaciones alrededor de los carbonos 2 y 3. (A partir de aquí, en nuestra exposición de la estructura de los hidratos de carbono mostraremos solamente las formas D; podrá dibujar con facilidad las formas L ateniéndose a las reglas que se han dado anteriormente.) Las **cetopentosas**, como se pone de manifiesto en la Figura 9.8b, tienen dos carbonos quirales, por lo que deben existir cuatro isómeros (dos pares de enantiómeros). Los diastereómeros D se denominan D-*ribulosa* y D-*xilulosa*.

### Diastereómeros de hexosa

Los monosacáridos que contienen seis átomos de carbono se denominan **hexosas**. Como habrá podido imaginar, existe un gran número de hexosas posibles. Para recordar sus estructuras, resulta útil relacionarlas con las estructuras más sencillas de las pentosas, las tetrosas y las triosas. En la Figura 9.8 se presenta un resumen conciso de estas relaciones. Las hexosas que encontraremos con más frecuencia son la *glucosa* y la *fructosa*. Sin embargo, la *manosa* y la *galactosa* se encuentran también de manera muy generalizada en la naturaleza (*véase* la Tabla 9.1). De hecho, casi todas las D-hexosas desempeñan alguna función biológica importante.

## Estructuras de anillo de aldosa

Con las pentosas y las hexosas, hay otra característica de la química de los monosacáridos que adquiere una gran importancia. La presencia de cinco o seis carbonos en la cadena proporciona a estos compuestos la posibilidad de formar estructuras de anillo muy estables mediante la formación de un *hemiacetal* interno. Se forma un hemiacetal cuando un aldehído reacciona con un alcohol. Los hemiacetales se forman igual entre una cetona y un alcohol.

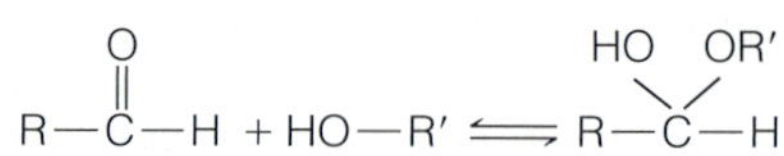

Los ángulos de enlace característicos de los enlaces del carbono y del oxígeno son tales que hacen que los anillos que contienen menos de cinco átomos tengan un considerable grado de tensión, mientras que los anillos de cinco o seis eslabones se forman con facilidad. En principio, las aldotetrosas pueden formar también estructuras de anillo de cinco eslabones, aunque rara vez lo hacen.

### Anillos de pentosa

Considérese esta formación hemiacetálica de anillo en una aldopentosa, como la D-ribosa (*véase* la Figura 9.8a). Son posibles dos formas de cerrar el anillo, como se indica en la Figura 9.9. La reacción del oxígeno del C-1 de la D-ribosa con el hidroxilo del C-4 produce una estructura de anillo de cinco eslabones denominada **furanosa**; el nombre refleja su semejanza estructural con el compuesto heterocíclico furano. Otra posibilidad es la formación de un anillo de seis eslabones, si la reacción se produce con el hidroxilo del C-5. Este anillo de seis eslabones se denomina **piranosa**, para indicar su relación con el compuesto heterocíclico pirano.

**FIGURA 9.8**

**Relaciones estereoquímicas de las D-aldosas y las D-cetosas.** En esta figura se ponen de manifiesto las relaciones entre los pares de diastereómeros de la serie D-aldosa **(a)** y la serie D-cetosa **(b).** Cada serie se genera por adiciones sucesivas de un grupo CHOH (sombreado) inmediatamente por debajo del carbono carbonilo. En cada caso, las dos posibles orientaciones del grupo añadido generan un par de diastereómeros. No se presentan las formas L, que son simplemente las imágenes especulares de las formas D.

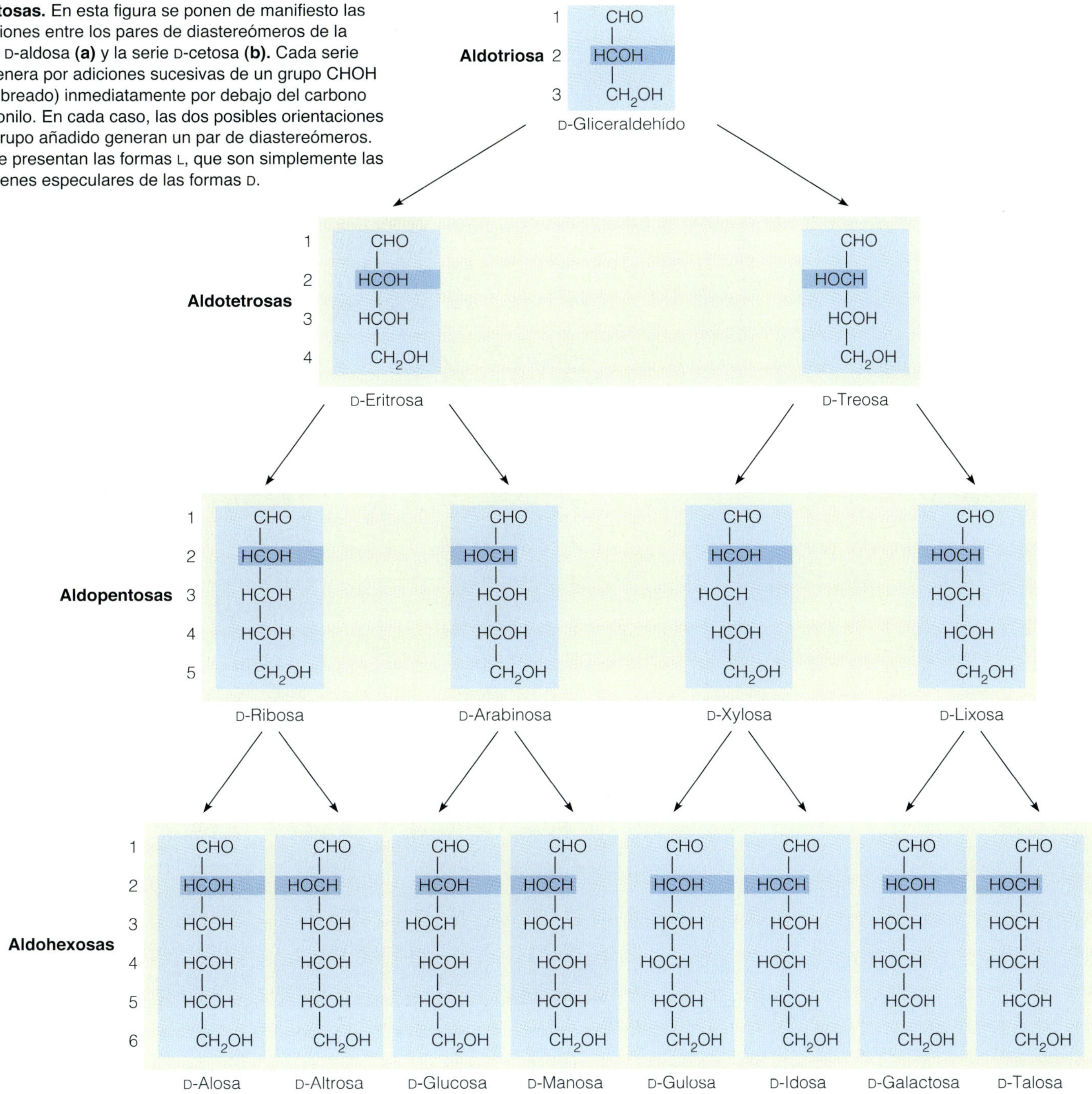


**(a)** D-Aldosas

Las dos reacciones de la Figura 9.9 tienen equilibrios que favorecen, en gran medida, las estructuras cíclicas de las pentosas o de los azúcares mayores. En condiciones fisiológicas en disolución, los monosacáridos con cinco o más carbonos se encuentran habitualmente en más del 99 % en las formas de anillo. La distribución entre las formas piranosa y furanosa depende de la estructura concreta del azúcar, del pH, de la composición del disolvente y de la temperatura. En la Tabla 9.2 se presentan algunos datos representativos obtenidos mediante estudios de resonancia magnética nuclear. Cuando

Los monosacáridos de cinco o más carbonos se encuentran preferentemente en forma de estructuras de anillo de cinco o seis eslabones, que proceden de la formación de un hemiacetal interno.

**FIGURA 9.8**
(*continuación*)

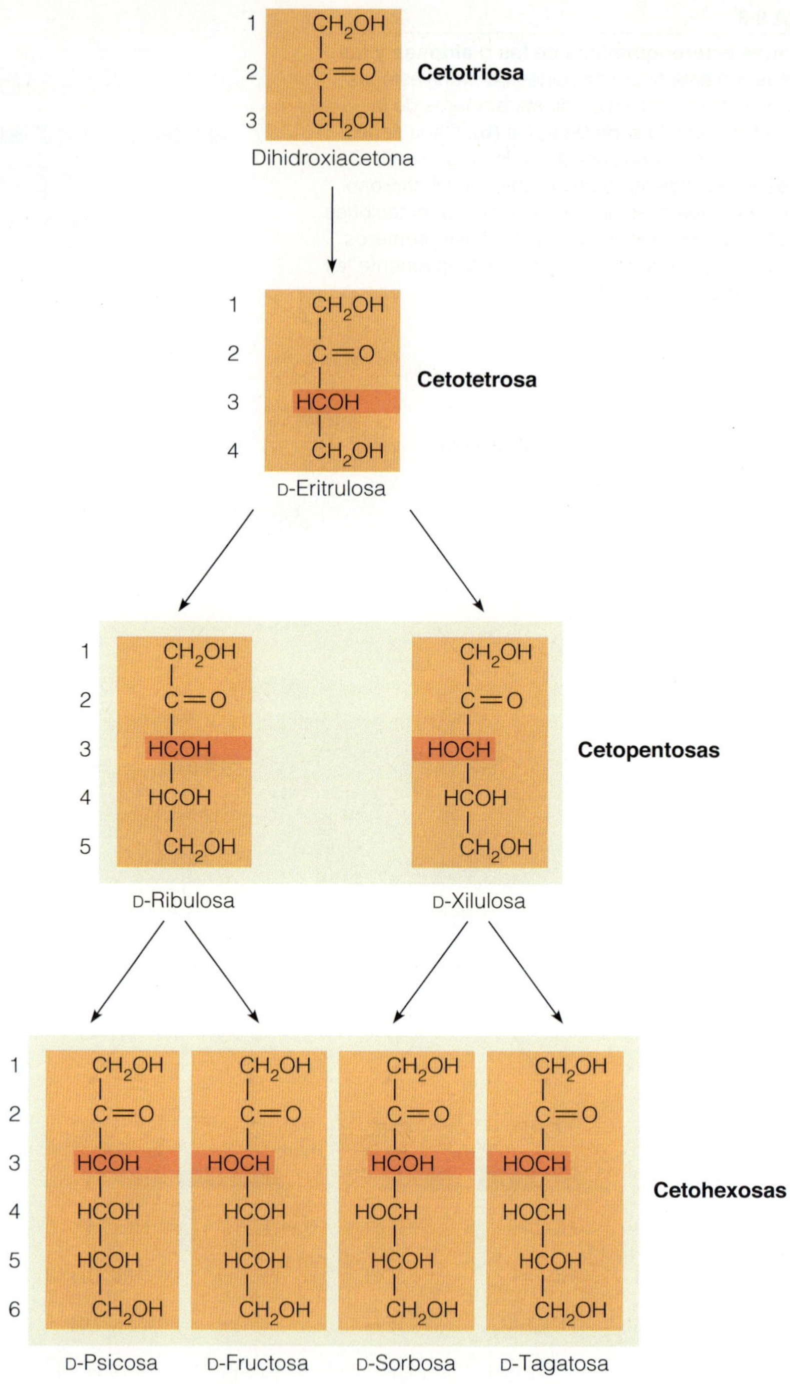


**(b)** D-Cetosas

los monómeros pasan a formar parte de los polisacáridos, la estructura del polímero puede también influir en la forma de anillo elegida. Así, por ejemplo, como se indica en la Tabla 9.2, la D-ribosa en disolución está formada por una mezcla de las dos formas de anillo. Pero en los compuestos biológicos, se estabilizan formas específicas. Así, por ejemplo, el RNA contiene ribosa exclusivamente como ribofuranosa, mientras que los polisacáridos de las paredes celulares de algunas plantas tienen pentosas únicamente en la forma piranosa.

Examinemos con algo más de detalle las estructuras de anillo de la Figura 9.9. La ciclación ha creado un nuevo centro asimétrico en el carbono 1. Este es el motivo

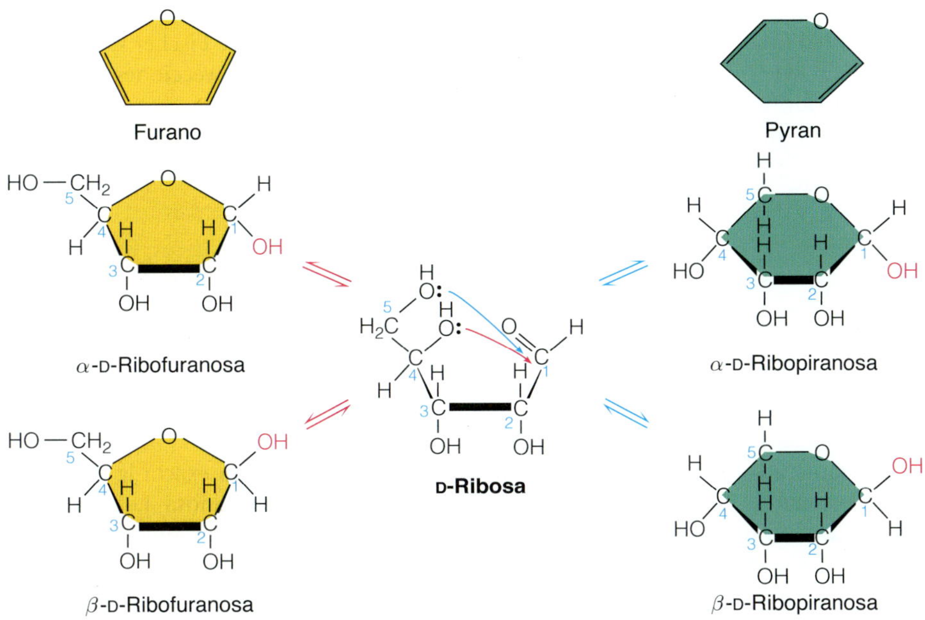


**FIGURA 9.9**

**Formación de las estructuras de anillo por las pentosas.** El ejemplo que se expone aquí es el de la D-ribosa, que puede formar un anillo de furanosa de cinco eslabones o un anillo de piranosa de seis eslabones. Las reacciones comportan la formación de hemiacetales a partir del grupo aldehído. En cada caso, son posibles dos formas anoméricas, α y β. (Los anómeros difieren en su conformación tan solo en el carbono 1.) Los anillos de azúcar se dibujan como *proyecciones de Haworth*, con los enlaces más cercanos al espectador dibujados más oscuros para dar sensación de perspectiva.

de que hayamos dibujado dos estereoisómeros de la D-ribofuranosa, a los que se denomina α-D-ribofuranosa y β-D-ribofuranosa, así como un par correspondiente de ribopiranosas. Al igual que ocurre con otros tipos de estereoisómeros, estas formas α y β rotan el plano de la luz polarizada de forma diferente, y pueden diferenciarse de esta forma. Estos isómeros, que difieren tan solo en la configuración del carbono carbonilo (C1, en este caso), se denominan **anómeros**, y al carbono 1 se le denomina *átomo de carbono anomérico*. Los monosacáridos pueden experimentar una interconversión entre las formas *a* y β, utilizando como intermediario la estructura de cadena abierta. Este proceso se denomina **mutarrotación**. Un anómero purificado, disuelto en disolución acuosa, se aproximará a la mezcla de equilibrio, con un cambio asociado de la rotación óptica de la disolución. Las enzimas denominadas **mutarrotasas** catalizan este proceso *in vivo*.

La representación de una estructura de azúcar cíclica que hemos utilizado en la Figura 9.9 se denomina **proyección de Haworth**. Puede imaginar que está observando el anillo en perspectiva, y que los grupos unidos a los carbonos del anillo (H, OH, $CH_2OH$) se representan situados por encima o por debajo del anillo. En todos los monosacáridos D el $CH_2OH$ está por encima del anillo. La relación entre las orientaciones de los

**TABLA 9.2. Cantidades relativas de las formas tautómeras de algunos monosacáridos en equilibrio en agua a 40 °C**

| | Cantidad relativa ( %) | | | | |
|---|---|---|---|---|---|
| **Monosacárido** | **α-Piranosa** | **β-Piranosa** | **α-Furanosa** | **β-Furanosa** | **Furanosa total** |
| Ribosa | 20 | 56 | 6 | 18 | 24 |
| Lixosa | 71 | 29 | —[a] | —[a] | <1 |
| Altrosa | 27 | 40 | 20 | 13 | 33 |
| Glucosa | 36 | 64 | —[a] | —[a] | <1 |
| Manosa | 67 | 33 | —[a] | —[a] | <1 |
| Fructosa | 3 | 57 | 9 | 31 | 40 |

*Nota:* en todos los casos, la forma de cadena abierta es muy inferior al 1 %. Para los datos sobre otros azúcares, *véase* S. J. Angyal, The composition and conformation of sugars in solution, *Angew. Chem.* (1969) 8:157-226.

[a] Muy inferior al 1 %.

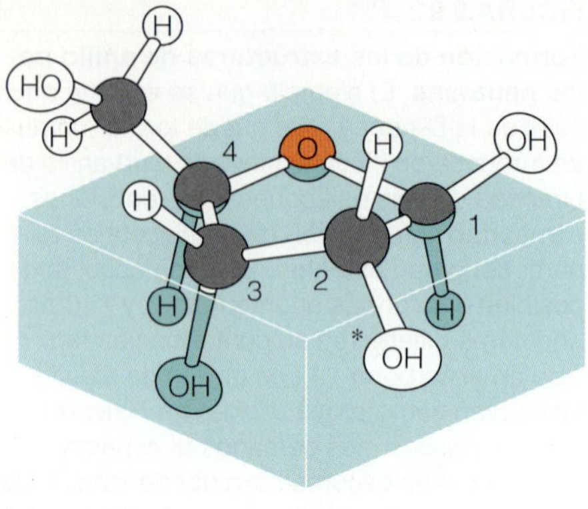

**(a)** $\beta$-D-Ribofuranosa, C-2 endo

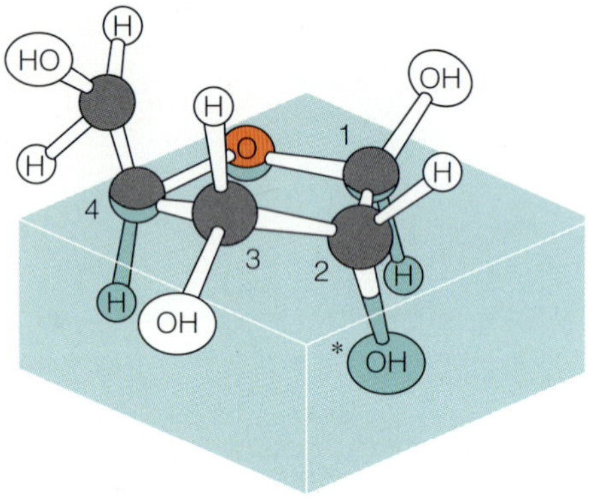

**(b)** $\beta$-D-Ribofuranosa, C-3 endo

**FIGURA 9.10**

**Isómeros de conformación.** Estos modelos muestran dos de las posibles conformaciones de anillo de la $\beta$-D-ribofuranosa. En ambos, C-1, O y C-4 definen un plano. En la conformación endo C-2 **(a)**, el C-2 está por encima del plano. En la conformación endo C-3 **(b)**, el C-3 está por encima del plano. Estos isómeros son las dos conformaciones más frecuentes de la ribosa y la desoxirribosa en los ácidos nucleicos. (En el DNA, el hidroxilo del carbono 2, que se indica aquí mediante *, está sustituido por hidrógeno.) Una conformación exo C-3 tendría el mismo aspecto que la de la figura de (b), pero el C-3 estaría suelto por debajo del plano.

hidroxilos en una proyección de Fischer y la proyección de Haworth es directa. Los que están representados a la derecha de la cadena en una proyección de Fischer se muestran por debajo del anillo en una de Haworth. Así, por ejemplo, las proyecciones de Fischer de la $\alpha$-D-ribofuranosa y la $\beta$-D-ribofuranosa serían las siguientes:

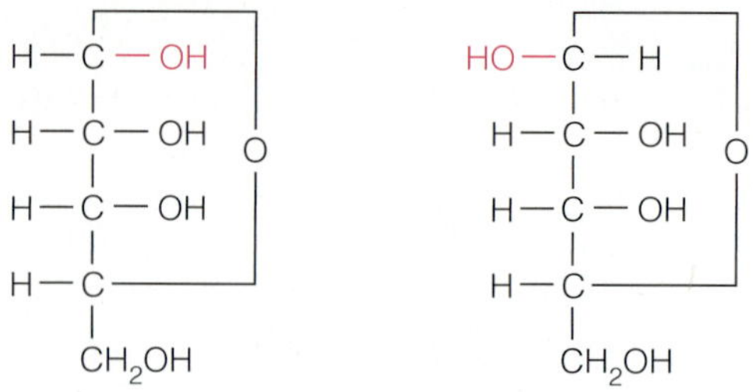

**$\alpha$-D-Ribofuranosa** **$\beta$-D-Ribofuranosa**

Ni siquiera las proyecciones de Haworth describen de manera exacta la estructura tridimensional de las moléculas como la ribofuranosa o la ribopiranosa. Los anillos saturados de cinco o seis eslabones no pueden ser planos, puesto que los ángulos de enlace C—C—C son de alrededor de 109°, y el ángulo C—O—C es de unos 118°. Además, el anillo puede plegarse fuera del plano de muchas formas diferentes. Las distintas conformaciones del anillo producidas por ángulos de enlace ligeramente diferentes se denominan **isómeros de conformación.** En la Figura 9.10 se muestran los modelos de bolas y bastones de dos de los diversos isómeros de conformación posibles de la $\beta$-D-ribofuranosa.

Hemos encontrado ya en el Capítulo 4 a la $\beta$-D-ribofuranosa (y su pariente cercano, la $\beta$-D-2-desoxirribofuranosa). Estos azúcares desempeñan un papel importante en bioquímica, puesto que forman parte de las estructuras del armazón del RNA y del DNA, respectivamente. En la estructura de los ácidos nucleicos participan solamente los anómeros $\beta$, y están favorecidas las conformaciones C-2 endo y C-3 endo que se exponen en la Figura 9.10. Sin embargo, existe una cierta variación en la conformación del anillo, incluso de manera local, a lo largo de las cadenas de DNA y RNA que producen cambios de la estructura secundaria. Esta flexibilidad señala una diferencia fundamental entre *conformación* y *configuración.* Los isómeros de conformación pueden interconvertirse mediante una simple deformación de la molécula. Sin embargo, los isómeros de *configuración*, como los diversos tipos de estereoisómeros que se han descrito antes, pueden interconvertirse tan solo mediante la ruptura y la nueva formación de enlaces covalentes.

Al igual que las aldopentosas, en condiciones fisiológicas las cetopentosas se encuentran casi por completo en la forma de anillo. Sin embargo, para las cetopentosas tan solo es posible la forma furanosa. Un ejemplo es la a-D-*ribulosa*, que es un intermediario en los procesos de fijación del carbono de la fotosíntesis.

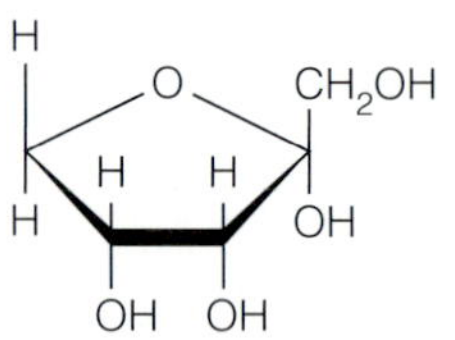

**$\alpha$-D-Ribulosa**

## Anillos de hexosa

Las hexosas se encuentran también, en condiciones fisiológicas, fundamentalmente en las formas de anillo. Al igual que ocurre con las aldopentosas, se observan dos tipos de anillos: furanosas, de cinco eslabones y piranosas, de seis eslabones. En ambos casos, son posibles los anómeros $\alpha$ y $\beta$. Un ejemplo, que se representa mediante las proyecciones de Haworth, es el siguiente:

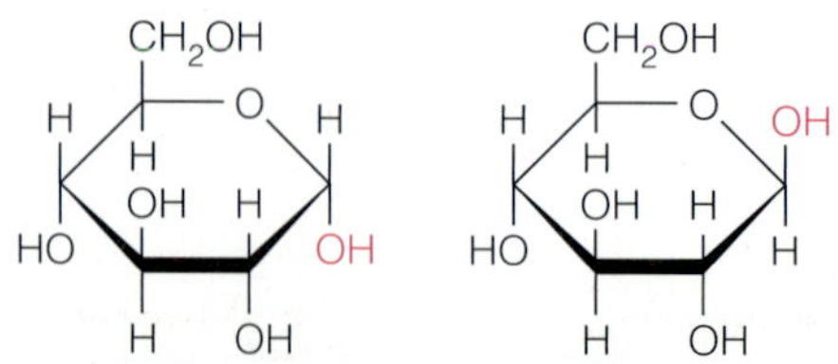

**$\alpha$-D-Glucopiranosa** **$\beta$-D-Glucopiranosa**

En la Figura 9.11 se muestran las proyecciones de Haworth de las estructuras de las cuatro hexosas más comunes, en sus configuraciones habituales. En la Tabla 9.2 se indi-

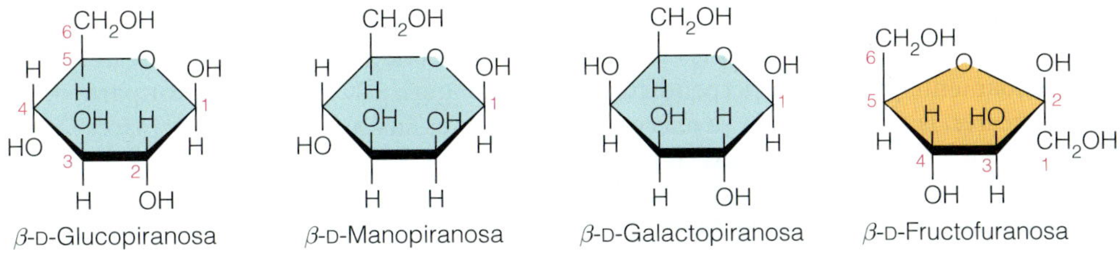


**FIGURA 9.11**

**Las cuatro hexosas más comunes.** Estas proyecciones de Haworth corresponden a los enantiómeros D; tan solo se muestran los anómeros $\beta$.

can las fracciones de las formas furanosa y piranosa que se encuentran en el equilibrio para diversas hexosas. Es evidente que las formas que se ven favorecidas dependen, en gran medida, de la estructura del azúcar concreto y del medio en el que se encuentre, aunque podemos hacer la generalización de que las hexosas prefieren la estructura de anillo de piranosa cuando se encuentran en disolución acuosa. Esta preferencia se da también para la fructosa, aunque en la Figura 9.11 hemos representado la D-fructosa en su configuración de furanosa, puesto que es así como se encuentra en su origen biológico más frecuente, el disacárido sacarosa. La determinación de la distribución de las formas anoméricas y tautoméricas de los azúcares que se encuentran en las disoluciones se ha visto facilitada, en gran medida, por la técnica de espectroscopia de resonancia magnética nuclear (*véase* Herramientas de la Bioquímica 6A), que permite la determinación de la conformación molecular en disolución.

Hay algo más que observar en la Figura 9.11. La glucosa y la manosa se diferencian una de otra solo en la configuración alrededor de C2. Los azúcares de este tipo, que se diferencian en la configuración alrededor de un solo carbono, se denominan **epímeros.** De forma semejante, la glucosa y la galactosa son epímeros, ya que solo se diferencian en la configuración alrededor de C4.

Las hexosas pueden encontrarse en conformaciones de bote y de silla. Generalmente, la silla es más estable.

Hemos indicado ya que las proyecciones de Haworth de las furanosas no describen correctamente la estructura tridimensional real. Lo mismo ocurre para las piranosas. Existen dos clases principales de conformaciones de piranosa para los azúcares de 6 carbonos: la forma de «silla», más estable, y la forma de «bote», menos favorecida. En la Figura 9.12a se representan estas dos conformaciones mediante modelos de bolas y bastones. Utilizaremos con frecuencia la representación de diagramas esqueléticos del tipo de los que se muestran en la Figura 9.12b. Tanto en la forma de bote como en la forma de silla de los anillos de piranosa, puede definirse un eje molecular perpendicu-

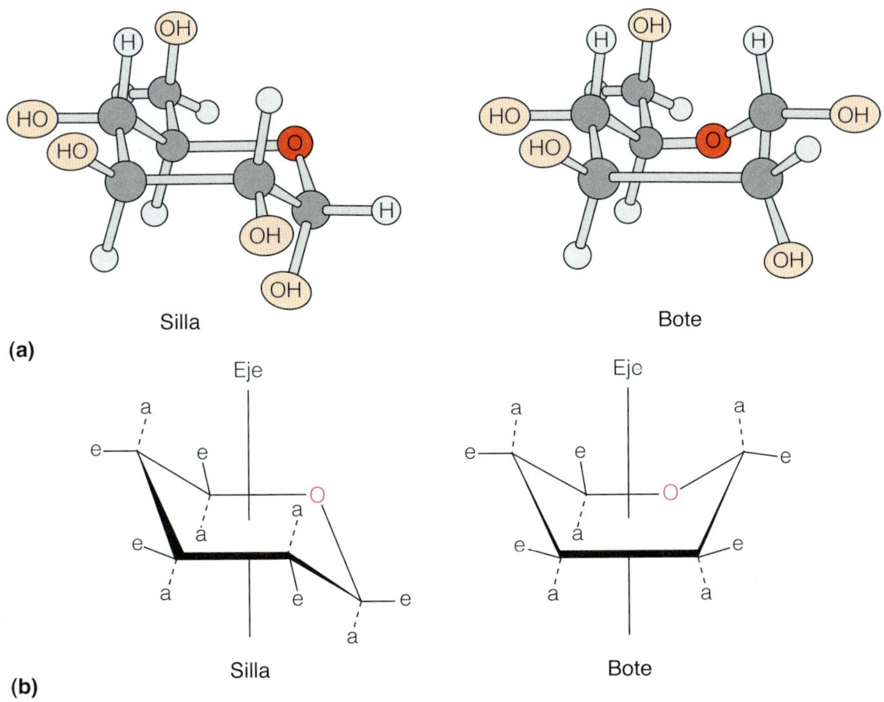


**FIGURA 9.12**

**El anillo de piranosa en las conformaciones de silla y de bote.** Representaciones tridimensionales de la $\alpha$-D-glucopiranosa en la forma de silla (izquierda) y de bote (derecha). **(a)** Modelos de bolas y bastones. **(b)** Diagramas esqueléticos de los enlaces. Se indican los enlaces axiales **(a)** y los ecuatoriales **(e)**.

lar al plano central de la molécula. Los enlaces de los sustituyentes en los carbonos del anillo pueden clasificarse pues como *axiales* (*a*) o *ecuatoriales* (*e*), según sean aproximadamente paralelos o perpendiculares al eje (Figura 9.12b). En la mayor parte de los azúcares, la forma de silla es más estable, ya que los sustituyentes en los enlaces axiales tienden a estar más apiñados en la forma de bote.

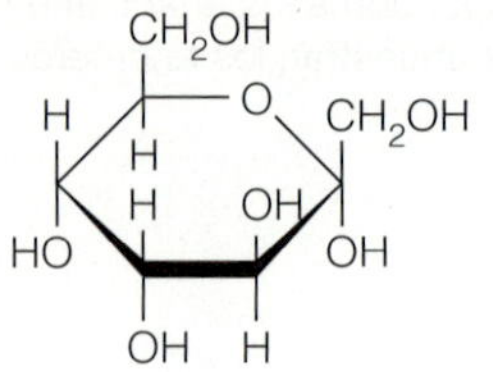

**α-D-Sedoheptulopiranosa**

## Azúcares con más de seis carbonos

Existen en la naturaleza monosacáridos con siete o más carbonos, pero la mayor parte de ellos son de escasa importancia. No obstante, una heptosa, la *sedoheptulosa*, desempeña un cometido importante en la fijación del $CO_2$ en la fotosíntesis (*véanse* la Tabla 9.1 y el Capítulo 16) y también en la ruta de las pentosas fosfato (*véase* el Capítulo 13).

En este punto hemos presentado varios términos para describir las estructuras de las moléculas de azúcar: enantiómeros, diastereómeros, anómeros y conformaciones de anillo. A modo de revisión, se resume esta terminología en la Figura 9.13.

**FIGURA 9.13**

**Terminología que describe la estructura de las moléculas de azúcar.** Los isómeros de conformación se diferencian de los isómeros de configuración en que los primeros pueden interconvertirse sin que se rompan y se vuelvan a formar los enlaces. No se muestran los epímeros, estereoisómeros que se diferencian en su configuración alrededor de un solo átomo de carbono asimétrico.

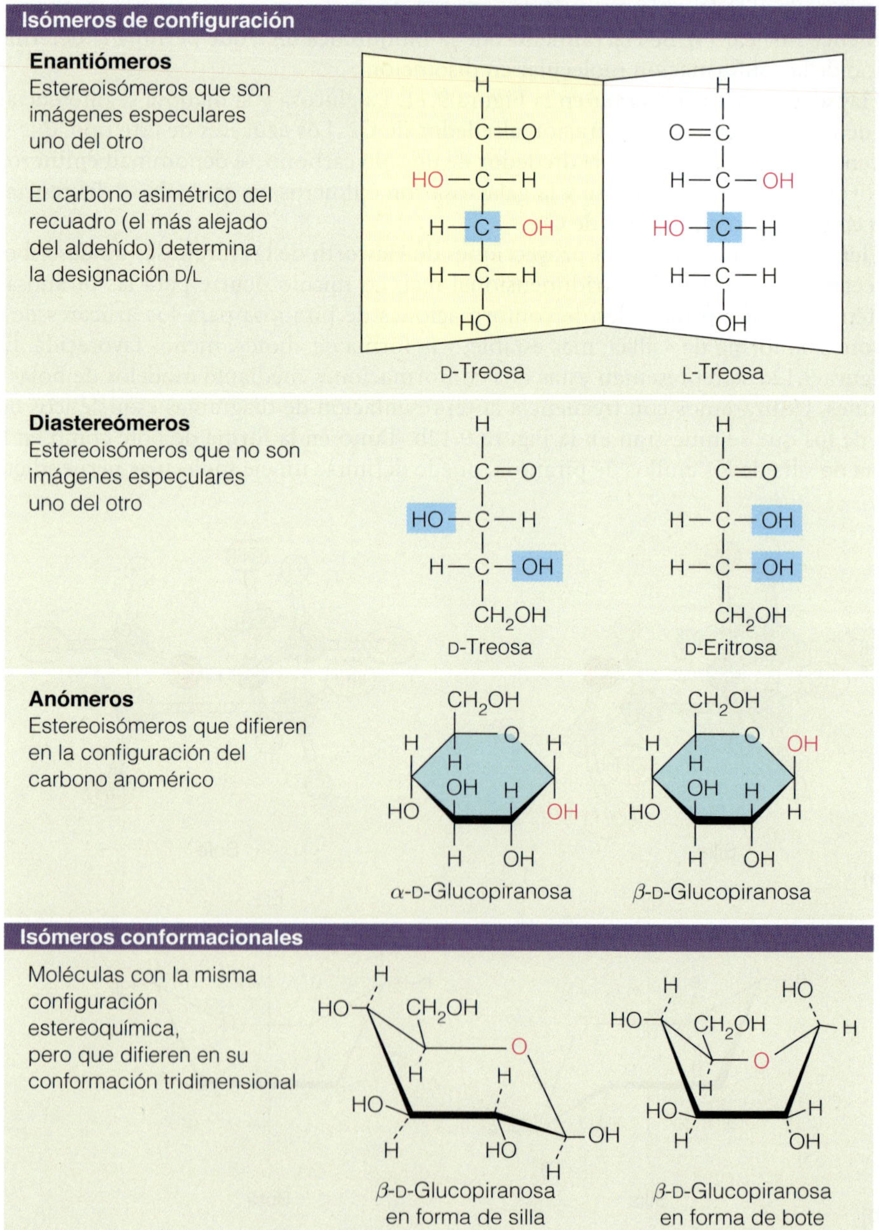

# Derivados de los monosacáridos

Los monosacáridos llevan cada uno varios grupos hidroxilo a los que pueden unirse sustituyentes o que pueden sustituirse por otros grupos funcionales. De hecho, hay un número enorme de azúcares modificados de esta manera. Describiremos aquí tan solo un reducido número de ellos, principalmente los que desempeñan funciones biológicas importantes.

## Esteres fosfato

Hemos visto ya la fosforilación de los azúcares en compuestos como el AMP, el ATP y los ácidos nucleicos. Como veremos en capítulos posteriores, los ésteres fosfato de los monosacáridos participan ellos mismos, de manera importante, en muchas rutas metabólicas. En la Tabla 9.3 se indican algunos de los esteres fosfato más importantes y se incluyen los valores correspondientes a las energías libres de hidrólisis del estado estándar. En todos los casos, estos valores son menos negativos que la energía libre de hidrólisis del ATP (~31 kJ/mol); así pues, el ATP puede actuar como donador de fosfato a los monosacáridos. En cambio, dado que la hidrólisis de los ésteres fosfato de los azúcares es termodinámicamente favorable, estos derivados pueden comportarse como compuestos «activados» en muchas reacciones metabólicas.

Los azúcares fosfato son intermediarios importantes del metabolismo, y actúan como compuestos activados en las síntesis.

**TABLA 9.3. Algunos ésteres fosfato de monosacáridos importantes desde el punto de vista bioquímico**

| Nombre | Estructura | $\Delta G^{\circ\prime a}$ (kJ/mol) | p$K_{a1}$ | p$K_{a2}$ |
|---|---|---|---|---|
| D-gliceraldehído-3-fosfato | 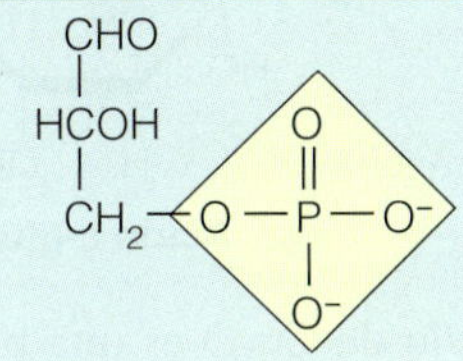 | ~ −12 | 2.10 | 6.75 |
| $\beta$-D-glucosa-1-fosfato | 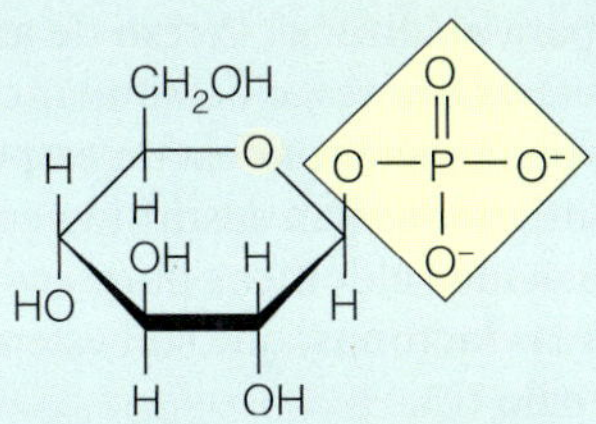 | −20.9 | 1.10 | 6.13 |
| $\beta$-D-glucosa-6-fosfato | 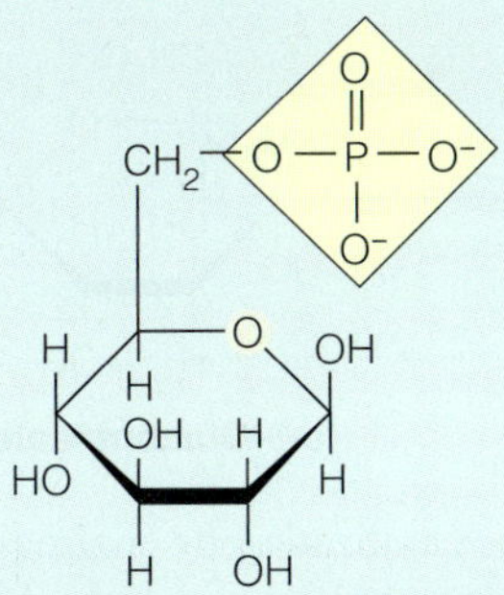 | −13.8 | 0.94 | 6.11 |
| $\alpha$-D-fructosa-6-fosfato | 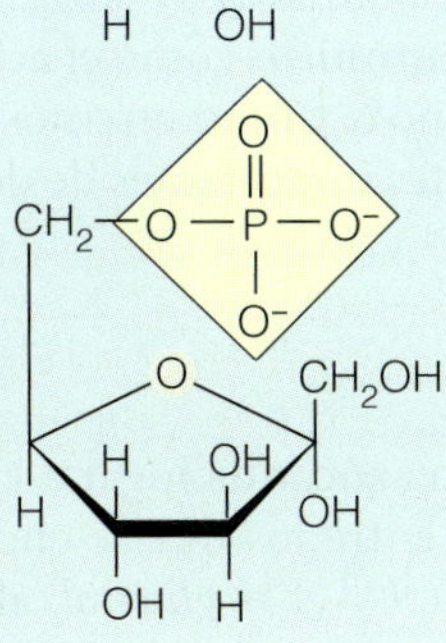 | −13.8 | 0.97 | 6.11 |

Los ésteres azúcar fosfato son bastante ácidos, con valores de p$K_a$ para las dos fases de la ionización del fosfato, de alrededor de 1-2 y 6-7, respectivamente (*véase* la Tabla 9.3).

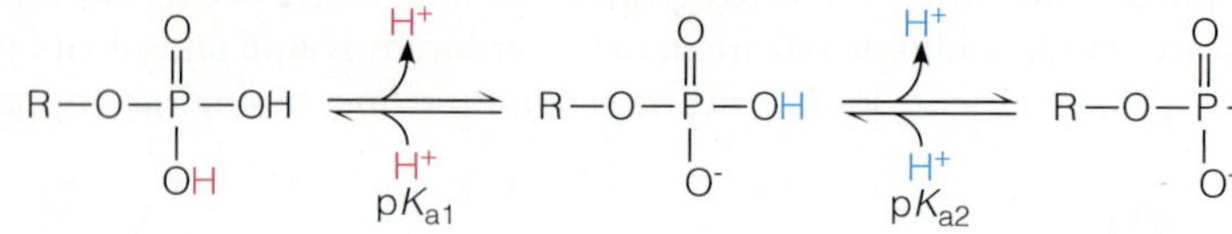


Por consiguiente, en condiciones fisiológicas, estos compuestos se encuentran como una mezcla de monoaniones y dianiones.

Además de los azúcares fosfato, un gran número de otros derivados de monosacáridos desempeñan funciones variadas e importantes en bioquímica. Aquí consideramos unos pocos, así como las reacciones mediante las cuales se forman a partir de los monosacáridos.

## Ácidos y lactonas

La oxidación de los monosacáridos puede producirse de diversas formas, según el agente oxidante utilizado. Así, por ejemplo, la oxidación suave de una aldosa con Cu(II) alcalino (solución de Fehling) produce los **ácidos aldónicos**, como en el siguiente ejemplo:

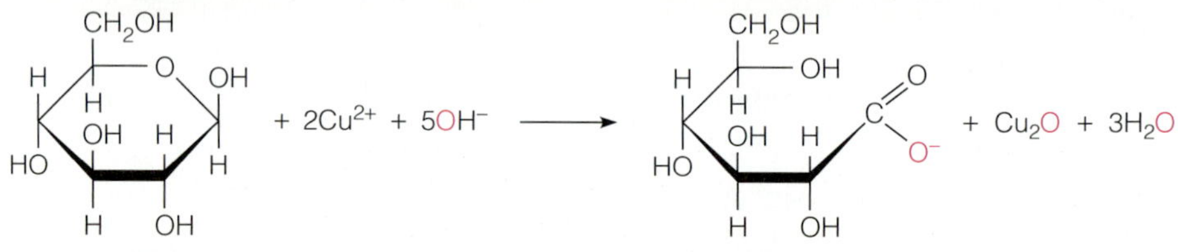


**β-D-Glucopiranosa** **Ácido D-glucónico**

La producción de un precipitado rojo de $Cu_2O$ es una prueba clásica de detección de azúcar y se utilizó antiguamente para analizar el exceso de azúcar en la orina de las personas que se pensaba tenían diabetes. Otra reacción similar comporta el uso del ion $Ag^+$ como oxidante, y su reducción a plata metálica deja un «espejo» característico en el recipiente de vidrio. Estos métodos antiguos se han sustituido en la actualidad por análisis enzimáticos más específicos. Los ácidos aldónicos libres, como el ácido glucónico, están en disolución en equilibrio con las **lactonas**, que son ésteres cíclicos, en este caso, implicando al carboxilo C1 y al hidroxilo C5.

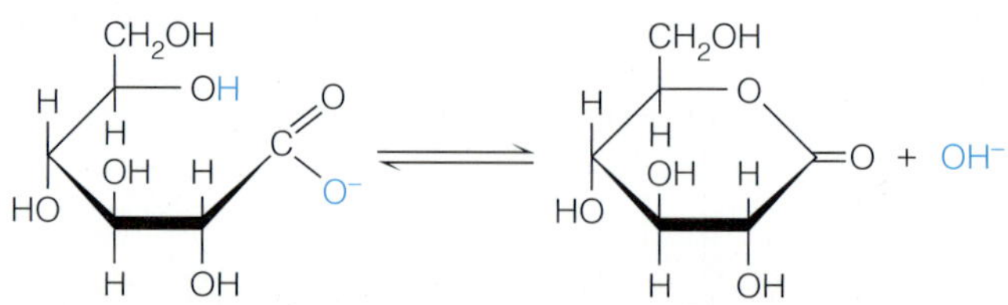


**Ácido D-glucónico** **D-δ-Gluconolactona**

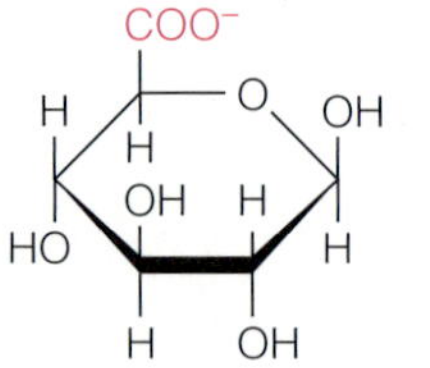

**Ácido β-D-glucurónico**

La oxidación de los monosacáridos catalizada por enzimas da lugar a diversos productos específicos, entre ellos los **ácidos urónicos** como el **ácido glucurónico**, en el que la oxidación se ha producido en el carbono 6. Como veremos más adelante en este capítulo, los ácidos urónicos son componentes importantes de determinados polisacáridos naturales.

## Alditoles

La reducción del grupo carbonilo de un azúcar da lugar a la clase de compuestos polihidroxilo denominados **alditoles**. De entre los que se encuentran en la naturaleza, son importantes el *eritritol*, el D-*manitol* y el D-*glucitol*, al que se suele denominar *sorbitol*.

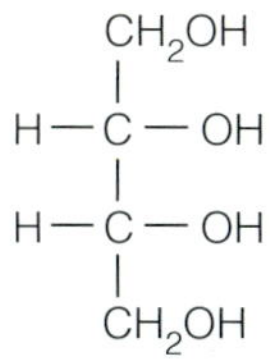

**Eritritol***

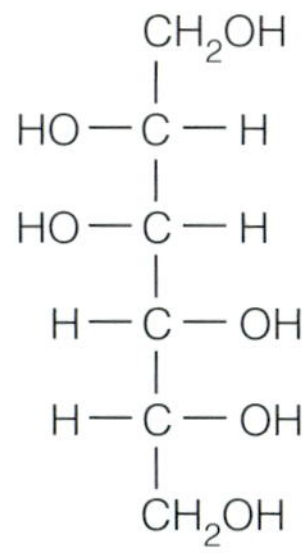

**D-Manitol**

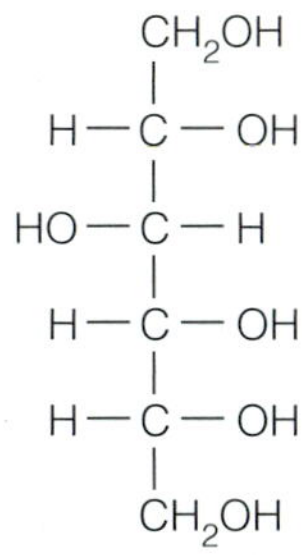

**D-Glucitol (sorbitol)**

Cada uno recibe su nombre del monosacárido correspondiente. Cuando el sorbitol se acumula en el cristalino del ojo en las personas con diabetes, puede dar lugar a la formación de cataratas.

## Aminoazúcares

Hay dos derivados aminados de los azúcares simples que se encuentran en muchos polisacáridos naturales: la *glucosamina* y la *galactosamina*, que proceden, respectivamente, de la glucosa y de la galactosa. Son frecuentes también las modificaciones de estos aminoazúcares. Así, por ejemplo, los siguientes compuestos proceden de la $\beta$-D-glucosamina:

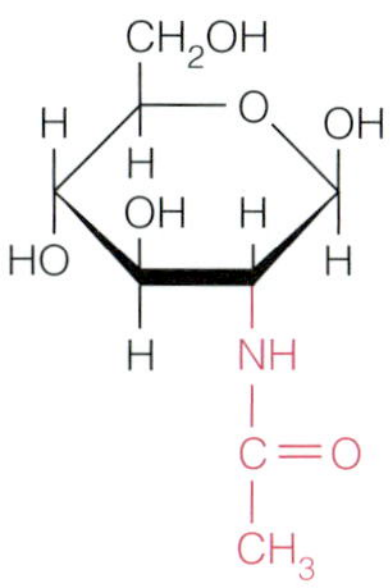

**$\beta$-D-*N*-Acetilglucosamina**

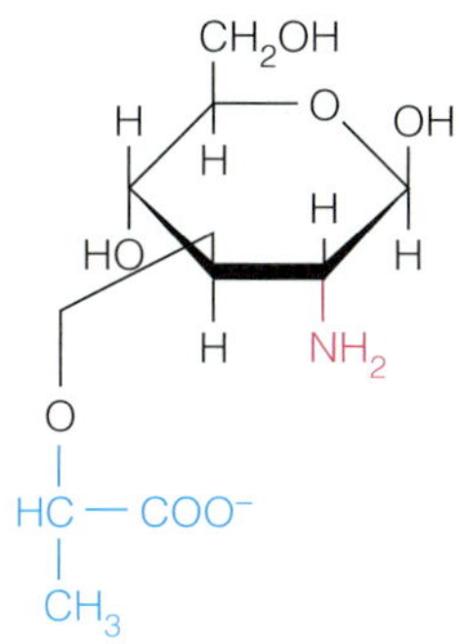

**Ácido murámico**

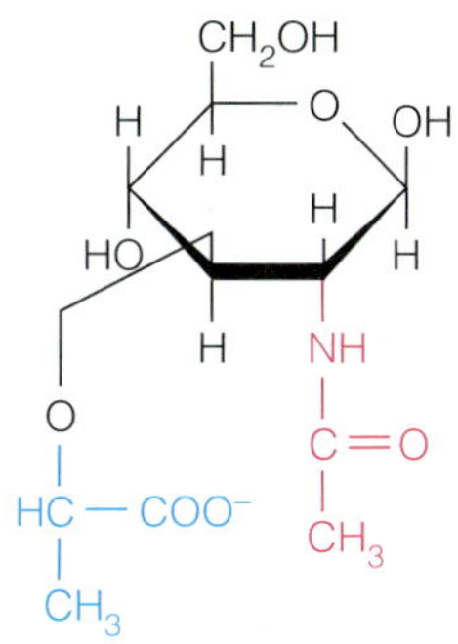

**Ácido *N*-acetilmurámico**

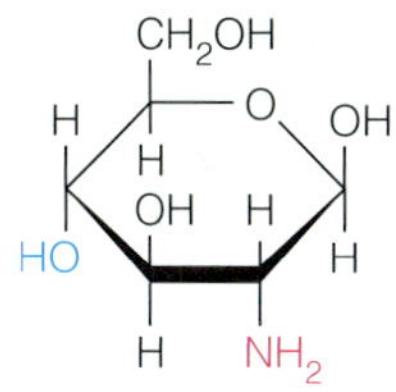

**$\beta$-D-Glucosamina**

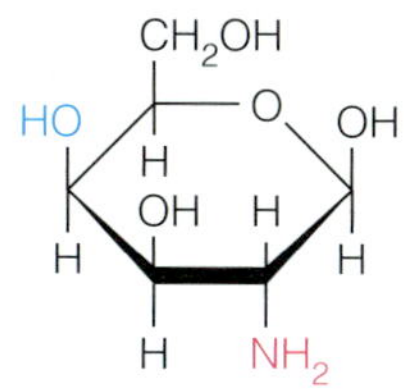

**$\beta$-D-Galactosamina**

Estos derivados de los azúcares son componentes importantes de muchos polisacáridos naturales. Otros dos, que encontraremos más adelante, son los siguientes:

Los aminoazúcares se encuentran en muchos polisacáridos.

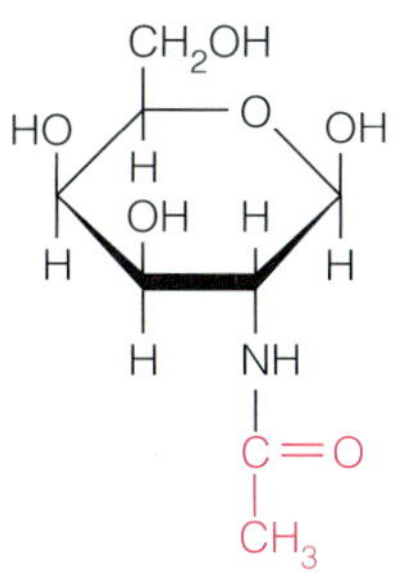

**$\beta$-D-*N*-Acetilgalactosamina**

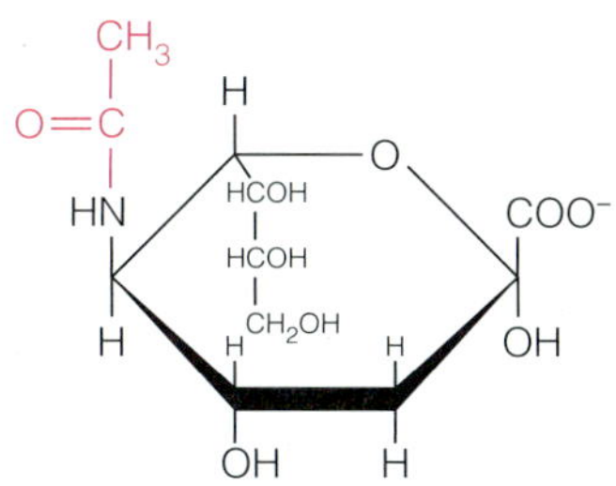

**Ácido *N*-Acetilneuramínico (ácido siálico)**

Los azúcares modificados, especialmente los aminoazúcares, se encuentran la mayor parte de las veces como residuos monoméricos en oligosacáridos y polisacáridos complejos. Para facilitar la escritura de las estructuras de estas moléculas, resulta útil disponer de una forma de anotación breve, como la que se utiliza para describir la estructura de los ácidos nucleicos y las proteínas. En consecuencia, se han definido una serie de abreviaturas para los azúcares simples y sus derivados. Algunas de las más importantes son las que se indican en la Tabla 9.4.

* El eritritol, aunque contiene carbonos quirales, no es ópticamente activo, ya que tiene un plano de simetría entre C-2 y C-3.

**TABLA 9.4. Abreviaturas utilizadas para algunos residuos de monosacáridos frecuentes**

| **Monosacáridos** | |
|---|---|
| Arabinosa | Ara |
| Fructosa | Fru |
| Fucosa | Fuc |
| Galactosa | Gal |
| Glucosa | Glc |
| Lixosa | Lyx |
| Manosa | Man |
| Ribosa | Rib |
| Xilosa | Xyl |
| **Derivados de monosacáridos** | |
| Ácido glucónico | GlcA |
| Ácido glucurónico | GlcUA |
| Galactosamina | GalN |
| Glucosamina | GlcN |
| *N*-Acetilgalactosamina | GalNAc |
| *N*-Acetilglucosamina | GlcNAc (o NAG) |
| Ácido murámico | Mur |
| Ácido *N*-acetilmurámico | MurNAc (o NAM) |
| Ácido *N*-acetilneuramínico (o ácido siálico) | NeuNAc (o Sia) |

Los O-glucósidos se forman por la eliminación de una molécula de agua entre un grupo hidroxilo de un sacárido y un hidroxilo de otro compuesto.

## Glucósidos

La eliminación de una molécula de agua entre el hidroxilo anomérico de un monosacárido cíclico y el grupo hidroxilo de otro compuesto da lugar a un **O-glucósido** (la O indica la unión a un hidroxilo). El enlace acetal que se forma se denomina **enlace glucosídico**. Un ejemplo sencillo es la formación del metil-α-D-glucopiranósido:

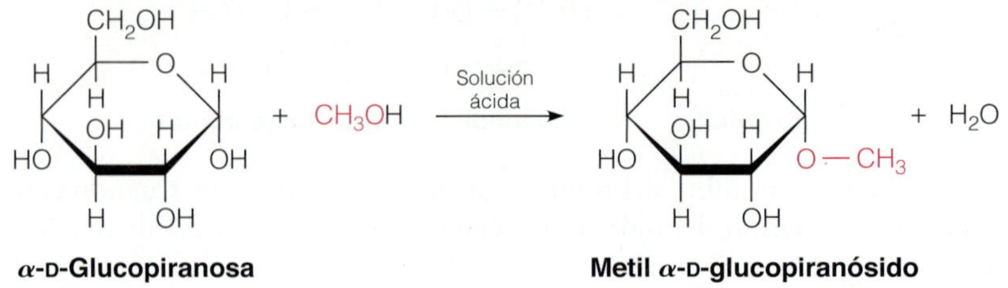


A diferencia de los anómeros de los propios azúcares, los glucósidos anoméricos (es decir, el metil-α-D-glucopiranósido en el ejemplo que se muestra, y el metil-β-D-glucopiranósido) no se interconvierten mediante mutarrotación en ausencia de un catalizador ácido, propiedad que los hace útiles en la determinación de las configuraciones de los azúcares.

Hay muchos glucósidos que se encuentran en los tejidos animales y vegetales. Algunos son sustancias muy tóxicas, en la mayor parte de los casos debido a que actúan como inhibidores de las enzimas que participan en la utilización del ATP. En la Figura 9.14 se indican dos glucósidos tóxicos, la ouabaína y la amigdalina. La *ouabaína* inhibe la acción de las enzimas que bombean los iones $Na^+$ y $K^+$ a través de las membranas celulares para mantener el equilibrio electrolítico necesario. Se obtiene de un arbusto africano y se descubrió cuando se observó que los cazadores somalíes sumergían las puntas de las flechas en un extracto de la planta. La ouabaína se utiliza en la actualidad en el tratamiento de algunos trastornos cardíacos (*véase* la página 393). La *amigdalina* es tóxica por una razón muy distinta. Este glucósido, que se encuentra en las semillas de las almendras amargas, produce cianuro de hidrógeno (HCN) por hidrólisis. Este es el motivo de que se afirme que el gas HCN tiene olor de almendras amargas.

# Oligosacáridos

De la misma forma que los monosacáridos pueden formar enlaces glucosídicos con otros tipos de compuestos que contienen hidroxilo, pueden hacerlo también entre sí. Estos enlaces dan lugar a los glucanos: los oligosacáridos y los polisacáridos.

## Estructuras de los oligosacáridos

Los oligosacáridos más sencillos y de mayor importancia biológica son los *disacáridos*, formados por dos residuos. Como se indica en la Tabla 9.5, los disacáridos pueden des-

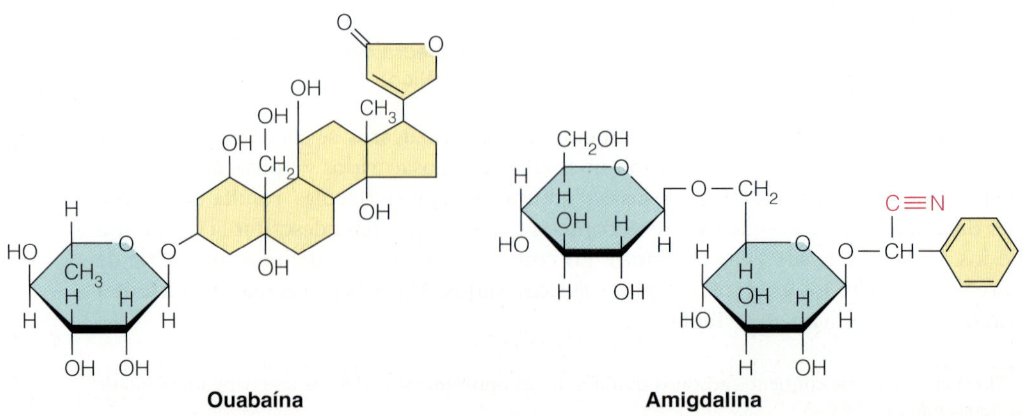


**FIGURA 9.14**

**Dos glucósidos presentes en la naturaleza.** La ouabaína y la amigdalina son glucósidos muy tóxicos, producidos por las plantas.

empeñar múltiples funciones en los organismos vivos. Algunos, como la *sacarosa*, la *lactosa* y la *trehalosa*, constituyen reservas de energía soluble en las plantas y los animales. Otros, como la *maltosa* y la *celobiosa*, pueden considerarse fundamentalmente productos intermediarios de la degradación de otros polisacáridos mucho más largos. Los hay también que, como la *gentiobiosa*, se encuentran principalmente como componentes de sustancias más complejas existentes en la naturaleza. En la Figura 9.15 se muestran las estructuras de estos disacáridos importantes.

### Características distintivas de los diferentes disacáridos

Hay cuatro características principales que diferencian a un disacárido de otro:

1. *Los dos monómeros específicos del azúcar que lo forman, y sus configuraciones espaciales.* Los monómeros pueden ser del mismo tipo, como los dos residuos de D-glucopiranosa en la maltosa, o pueden ser diferentes, como los residuos de D-glucopiranosa y D-fructofuranosa de la sacarosa.
2. *Los carbonos que intervienen en la unión.* Aunque existen muchas posibilidades al respecto, los enlaces más frecuentes son los $1 \longrightarrow 1$ (como en la trehalosa), $1 \longrightarrow 2$ (como en la sacarosa), $1 \longrightarrow 4$ (como en la lactosa, maltosa y celobiosa) y $1 \longrightarrow 6$ (como en la gentiobiosa). Obsérvese que en todos estos disacáridos interviene el hidroxilo anomérico de al menos un azúcar en el enlace.
3. *El orden de las dos unidades monoméricas, en el caso de que sean de tipos distintos.* En el enlace glucosídico interviene el carbono anomérico de un azúcar, pero en la mayor parte de los casos, el otro está libre. En consecuencia, los dos extremos de la molécula pueden diferenciarse en función de su reactividad química. Así, por ejemplo, el residuo de glucosa que se encuentra en la lactosa, que tiene un carbono anomérico libre y, por tanto, un posible grupo aldehído libre, podría oxidarse por la solución de Fehling; en cambio, el residuo de galactosa no tendría esta posibilidad. Ello hace que la lactosa sea un azúcar reductor, y el residuo de glucosa se encuentra en su *extremo reductor*. El otro extremo se denomina *extremo no reductor*. En la sacarosa, ninguno de los dos residuos tiene un grupo aldehído libre, ya que ambos carbonos anoméricos participan en el enlace glucosídico. En consecuencia, la sacarosa es un azúcar no reductor.
4. *La configuración anomérica del grupo hidroxilo de cada residuo.* Esta característica es especialmente importante para el carbono o carbonos anoméricos que participan en el enlace glucosídico. La configuración puede ser $\alpha$ (como en los disacáridos de la Figura 9.16a) o $\beta$ (como en los de la Figura 9.15b). Esta diferencia puede parecer pequeña, pero tiene un efecto importante sobre la forma de la molécula, y la diferencia de forma la identifican fácilmente las enzimas. Así, por ejemplo, son necesarias enzimas diferentes para catalizar la hidrólisis de la maltosa y de la celobiosa, a pesar de que ambos sean dímeros de D-glucopiranosa. Además, veremos que en los polisacáridos la orientación anomérica desempeña un papel crucial para determinar las estructuras secundarias que adoptan estos polímeros.

**TABLA 9.5. Presencia y funciones bioquímicas de algunos disacáridos representativos**

| Disacárido | Estructura | Presencia natural | Función fisiológica |
|---|---|---|---|
| Sacarosa | Glc$\alpha$(1 ⟶ 2)Fru$\beta$ | Muchos frutos, semillas, raíces, miel | Producto final de la fotosíntesis; se utiliza como fuente principal de energía en muchos organismos |
| Lactosa | Gal$\beta$(1 ⟶ 4)Glc | Leche, algunas fuentes vegetales | Una fuente importante de energía en los animales |
| $\alpha$,$\alpha$-Trehalosa | Glc$\alpha$(1 ⟶ 1)Glc$\alpha$ | Levaduras, otros hongos, sangre de los insectos | Importante azúcar circulatorio en los insectos; se utiliza para obtener energía |
| Maltosa | Glc$\alpha$(1 ⟶ 4)Glc | Plantas (almidón) y animales | Dímero de los polímeros almidón y glucógeno |
| Celobiosa | Glc$\beta$(1 ⟶ 4)Glc | Plantas (celulosa) | Dímero del polímero celulosa |
| Gentiobiosa | Glc$\beta$(1 ⟶ 6)Glc | Algunas plantas (por ejemplo, genciana) | Componente de los glucósidos vegetales y de algunos polisacáridos |

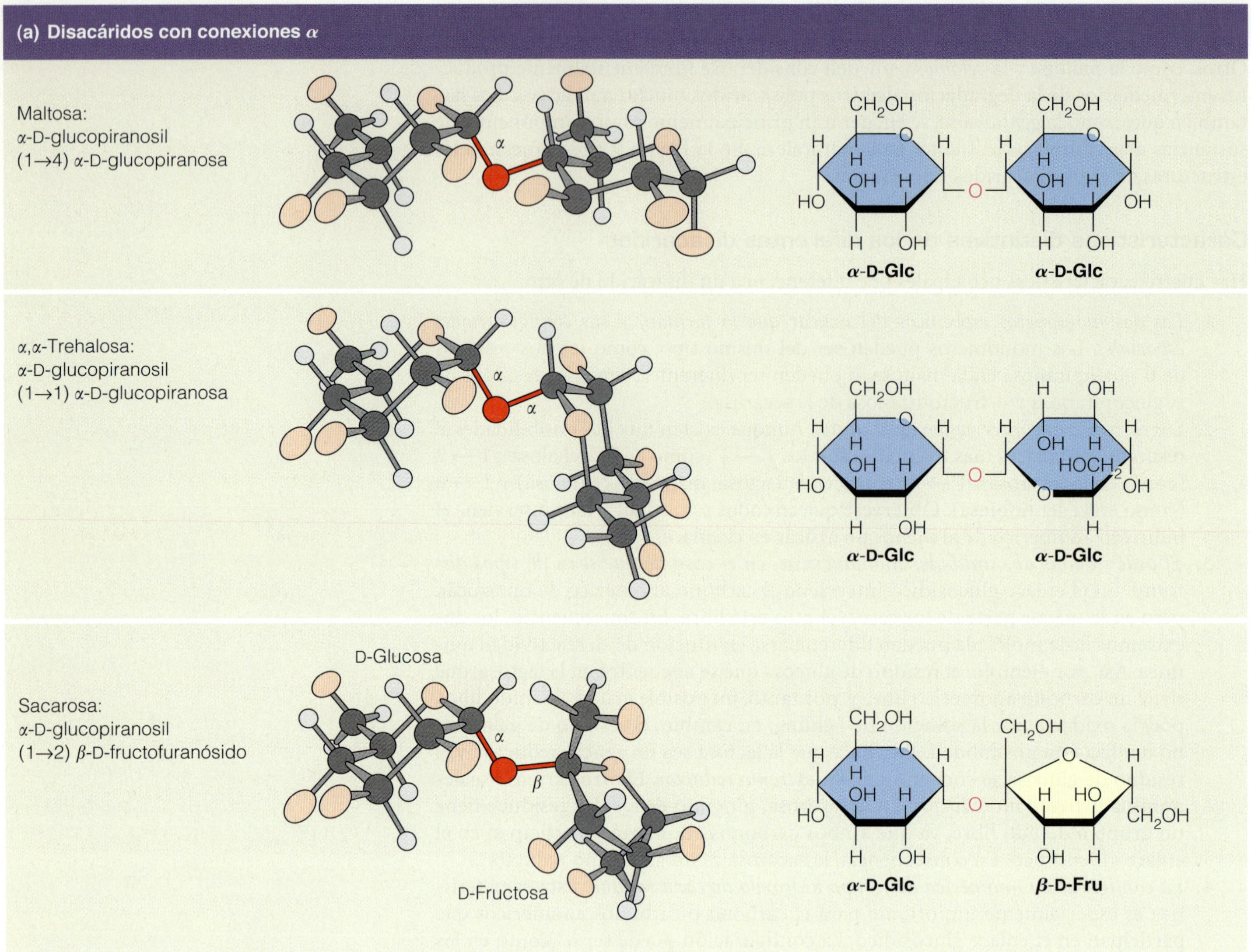


**FIGURA 9.15**

**Estructuras de algunos disacáridos importantes.** Se presentan a la izquierda los modelos de bolas y bastones, con los oxígenos anoméricos en rojo. A la derecha se dibujan las proyecciones de Haworth de las mismas moléculas, con los monómeros codificados mediante colores: azul = glucosa, amarillo = fructosa, azul verdoso = galactosa. **(a)** Disacáridos unidos mediante el C-1 del anómero $\alpha$: maltosa, trehalosa y sacarosa. **(b)** Disacáridos con enlace $\beta$: celobiosa, lactosa y gentiobiosa. Obsérvese el convenio utilizado para representar los enlaces glucosídicos entre los monómeros en los disacáridos. Los «enlaces doblados» permiten representar en paralelo las proyecciones de Haworth de los monómeros. Las «esquinas» *no* implican átomos de carbono extra, como a menudo se hace en las representaciones de estructuras orgánicas.

## Anotación de la estructura de los disacáridos

Se ha diseñado una forma cómoda para describir las estructuras de estos oligosacáridos y otros más complejos. Las reglas utilizadas son las siguientes:

1. La secuencia se escribe empezando por el extremo no reductor en el lado izquierdo, y utilizando las abreviaturas definidas en la Tabla 9.4.
2. Las formas anoméricas y enantioméricas se designan mediante prefijos (por ejemplo, α-, D-).
3. La configuración de anillo se indica mediante un sufijo (*p* para piranosa, *f* para furanosa).
4. Los átomos entre los cuales se forman los enlaces glucosídicos se indican mediante números entre paréntesis, entre las designaciones de los residuos (por ejemplo, (1 ⟶ 4) indica un enlace entre el carbono 1 del residuo de la izquierda y el carbono 4 del residuo de la derecha).

Así, por ejemplo, la estructura de la sacarosa se escribe de la siguiente forma

$$\alpha\text{-D-Glc}p(1 \longrightarrow 2)\text{-}\beta\text{-D-Fru}f$$

En muchos casos, la nomenclatura se abrevia omitiendo las designaciones D y L (excepto en los casos poco comunes en los que se encuentran enantiómeros L) y omi-

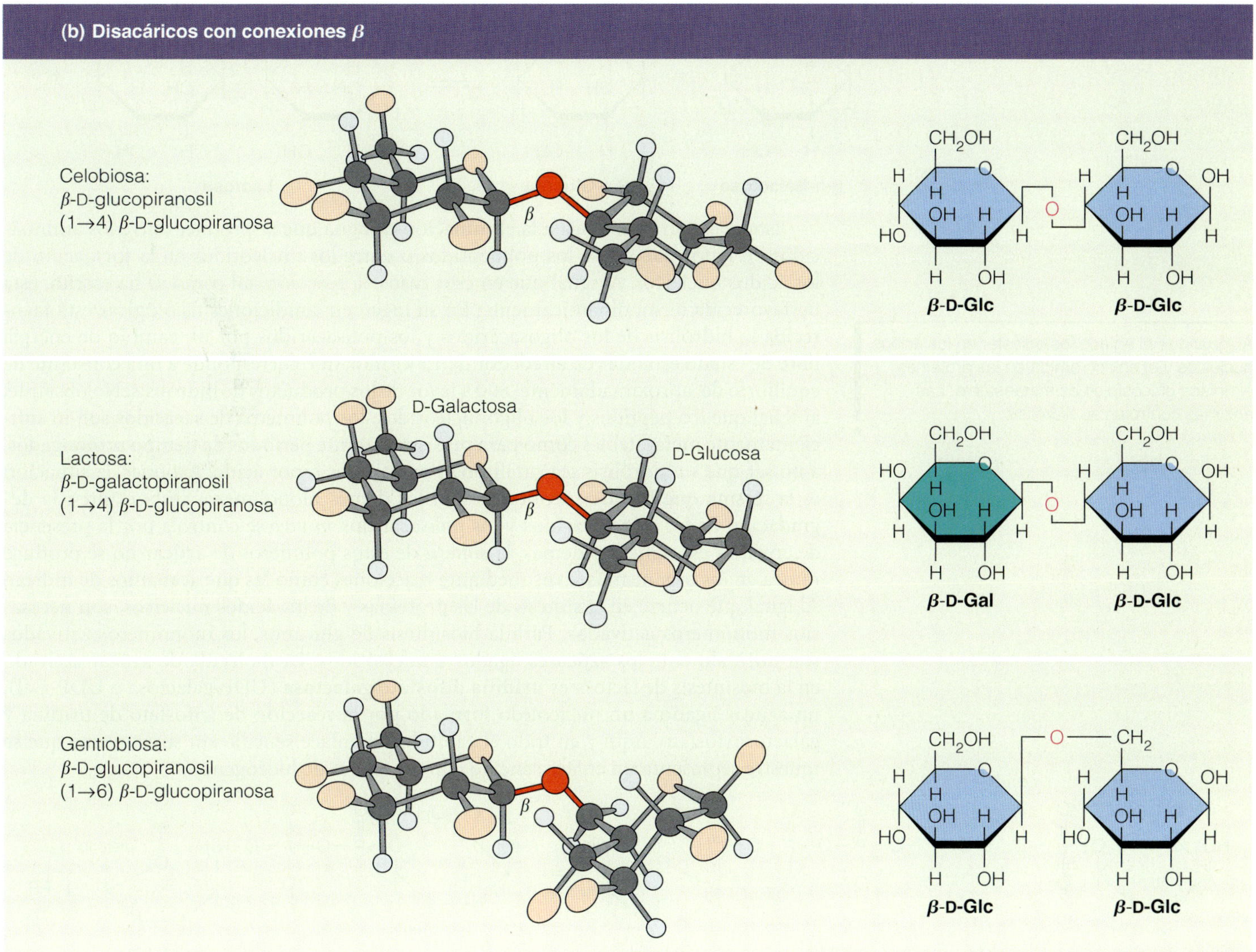


tiendo los sufijos *p* y *f* cuando los monómeros tienen sus formas de anillo habituales. Así pues, la sacarosa se escribe de forma más adecuada, tal como se indica en la Tabla 9.5. El sistema puede aplicarse a los oligosacáridos de cualquier longitud y puede incluir estructuras ramificadas, como veremos más adelante en este capítulo al hablar de los almidones. Si tan solo uno de los carbonos que participan en el enlace entre los dos residuos es anomérico, la representación puede condensarse aún más, ya que la configuración anomérica en el extremo reductor se equilibrará en disolución. Así, por ejemplo, la maltosa puede representarse como Glc$\alpha$(1 $\longrightarrow$ 4)Glc.

La relación de los oligosacáridos con importancia biológica no se limita en modo alguno a las estructuras diméricas. Se conocen muchos trímeros, tetrámeros o moléculas aún mayores, aunque de estructura específica. Encontraremos ejemplos de estos compuestos más adelante en este mismo capítulo, al examinar los oligosacáridos que se unen a determinadas proteínas y a las superficies celulares. En Herramientas de la Bioquímica 9A se describen las técnicas utilizadas para secuenciar los oligosacáridos.

## Estabilidad y formación del enlace glucosídico

La formación del enlace glucosídico entre dos monómeros de un oligosacárido es una reacción de condensación, que comporta la eliminación de una molécula de agua. Así, cabría prever que la síntesis de la lactosa se produjera de la siguiente forma:

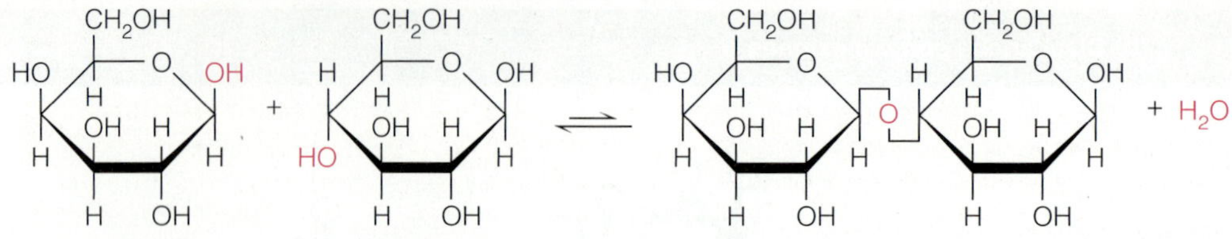

**β-D-Galactosa** **β-D-Glucosa** **Lactosa**

Esta reacción es análoga a la eliminación de agua que se produce entre los aminoácidos en la formación de los polipéptidos o entre los nucleótidos en la formación de los ácidos nucleicos. Al igual que en esos casos, la reacción, tal como se ha escrito, está desfavorecida termodinámicamente. En su lugar, en condiciones fisiológicas está favorecida la hidrólisis de los oligosacáridos y los polisacáridos por un cambio de energía libre de estado estándar de alrededor de 15 kJ/mol, que corresponde a una constante de equilibrio de, aproximadamente, 800 a favor de los productos de hidrólisis. No obstante, al igual que los péptidos y los oligonucleótidos, los polímeros de sacáridos son lo suficientemente metaestables como para persistir durante periodos de tiempo prolongados, a no ser que su hidrólisis sea catalizada por enzimas o por ácido. Así pues, la situación es la misma que hemos encontrado con los demás biopolímeros importantes: la degradación de los oligosacáridos y los polisacáridos *in vivo* se controla por la presencia de enzimas específicas. Además, la *síntesis* de estos polímeros de azúcar no se produce nunca en los organismos vivos mediante reacciones como las que acabamos de indicar. Al igual que ocurre en la síntesis de las proteínas y de los ácidos nucleicos, son necesarios monómeros activados. Para la biosíntesis de glucanos, los monómeros activados son normalmente los azúcares ligados a nucleótidos. La molécula de azúcar activado en la biosíntesis de lactosa es **uridina difosfato galactosa** (UDP-galactosa o UDP-Gal), un azúcar ligado a un nucleótido formado por la reacción de trifosfato de uridina y galactosa1fosfato. Aquí y en todo el capítulo un enlace sencillo sin sustituyente que se muestre representa un enlace sencillo con un átomo de hidrógeno.

Al igual que el enlace fosfodiéster en los ácidos nucleicos y el enlace amida en las proteínas, el enlace glucosídico es metaestable. Las enzimas controlan su hidrólisis.

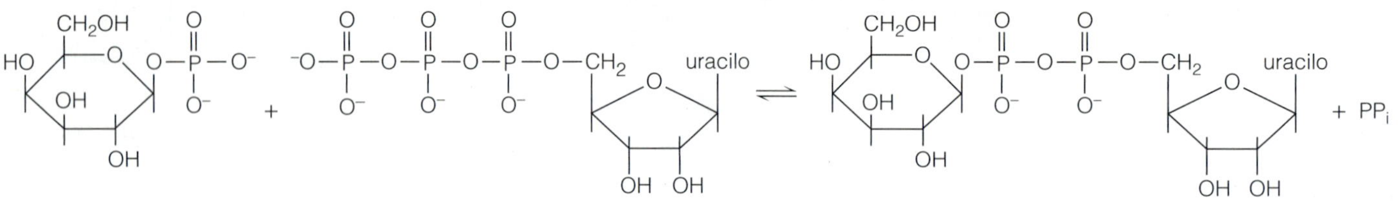

**β-D-galactosa-1-fosfato** **Uridina trifosfato** **Uridina difosfato galactosa** **pirofosfato**

De acuerdo con los principios reseñados en el Capítulo 3, reconocerá a la UDP-galactosa como un compuesto de energía elevada. Por tanto, hay una tendencia termodinámica a que se rompa uno de los enlaces y en el proceso, la parte galactosil activada puede transferirse a un hidrato de carbono aceptor. En la reacción catalizada por la enzima **lactosa sintasa** ese aceptor es la glucosa, como se muestra en la Figura 9.16, y el producto es lactosa (Gal$\beta$(1 $\rightarrow$ 4)Glc). Obsérvese la especificidad de la enzima. Aunque la glucosa tiene cinco grupos hidroxilo diferentes a los que se puede unir la parte galactosil, solo el hidroxilo del carbono 4 es el aceptor para esta enzima. En la Figura 9.26 se muestra también el hecho de que la síntesis de UDP-Gal está, en parte, impulsada por la posterior hidrólisis del otro producto, el pirofosfato inorgánico, que también es un compuesto de energía elevada.

Debido a que los distintos disacáridos (y los oligosacáridos y los polisacáridos) se distinguen por el tipo de monómeros y los enlaces glucosídicos precisos entre ellos, las enzimas necesarias para su degradación deben ser también específicas. Por ejemplo, la hidrólisis de los disacáridos comunes del alimento, maltosa, lactosa y sacarosa, se produce en las células que recubren la pared del intestino delgado y requiere tres enzimas distintas y específicas (*véase* la página 560). Ninguna puede sustituir a otra.

La lactosa sintasa es un ejemplo de una **glucosil transferasa**. Las reacciones de esa clase comportan todas ellas la transferencia de una parte glucosilo activada a un aceptor. La primera glucosil transferasa conocida fue la enzima responsable de la síntesis de

**glucógeno**, un polímero hidrato de carbono de almacenamiento de los animales (*véase* la página 330 y el Capítulo 13). Esta enzima emplea **UDP-glucosa** (UDPG o UDP-Glc) como donador glucosilo activado. Aunque las dos glucosil transferasas mencionadas hasta ahora utilizan nucleótidos para la activación, existen numerosas excepciones. Por ejemplo, la biosíntesis de almidón en los vegetales emplea **adenosina difosfato glucosa** (ADP-glucosa o ADPG) como nucleótido activado.

La biosíntesis de glucanos se lleva a cabo mediante glucosil transferasas, que son enzimas que transfieren una parte glucosilo activada, como la UDP-glucosa, a una posición específica en un hidrato de carbono aceptor.

Otra glucosil transferasa es responsable de la síntesis de sacarosa en los vegetales:

$$\text{UDP-glucosa} + \text{fructosa-6-fosfato} \longrightarrow \text{sacarosa-6-fosfato} + \text{UDP}$$

El producto, la sacarosa-6-fosfato, es posteriormente hidrolizado a sacarosa más fosfato. Una característica importante del metabolismo de la sacarosa es que la sacarosa participa en una reacción de biosíntesis de glucano que no implica a azúcares ligados a un nucleótido. Algunas bacterias realizan la síntesis de **dextrano**, un polímero de glucosa unido por $\alpha(1 \longrightarrow 6)$ con puntos de ramificación $\alpha(1 \longrightarrow 2)$, $\alpha(1 \longrightarrow 3)$ o $\alpha(1 \longrightarrow 4)$. La polimerización, catalizada por la **dextrano sacarasa,** emplea la misma sacarosa como sustrato:

$$n\text{sacarosa} \longrightarrow \text{glucosa}_n(\text{dextrano}) + n\text{fructosa}$$

Varias bacterias que crecen en la cavidad bucal humana sintetizan grandes cantidades de dextrano, que contribuye a la formación de la placa dental y, por tanto, es otro motivo de preocupación de los dietistas sobre el consumo excesivo de sacarosa de la población, además de su relación con la obesidad.

Como veremos en apartados posteriores de este capítulo, los oligosacáridos más grandes y los polisacáridos pueden presentar estructuras muy complejas. Hay un punto importante en el que la síntesis de los oligosacáridos y los polisacáridos difiere de la síntesis de los ácidos nucleicos y las proteínas. Estos polímeros de azúcares no se copian nunca a partir de moléculas molde. En su lugar, en la formación de los oligosacáridos o los polisacáridos se utiliza una enzima diferente para catalizar la adición de cada tipo de unidad monomérica. De manera clara, deben dedicarse a la síntesis y degradación de los polímeros de sacáridos un dispositivo grande de enzimas vegetales y animales.

## Polisacáridos

Los polisacáridos desempeñan numerosas funciones biológicas. Algunos, como el almidón y el glucógeno (al que a veces se denomina almidón animal), se emplean principalmente como azúcares de reserva energética en las plantas y los animales, respectivamente. Otros, como la **celulosa**, la **quitina** y los polisacáridos de las paredes celulares bacterianas, son materiales estructurales análogos a las proteínas estructurales. Lo más sencillo es considerar estas moléculas en cuanto a sus categorías funcionales.

Como en el caso de los polipéptidos y los polinucleótidos, la secuencia de los residuos monoméricos de un polisacárido define su estructura primaria. Mientras que las proteínas suelen tener secuencias complicadas, los polisacáridos suelen presentar unas estructuras primarias bastante sencillas. En algunos casos (por ejemplo, la celulosa), el polímero está formado por un solo tipo de residuo monomérico (la $\beta$-D-glucosa para la celulosa) y esta clase de polímeros se denominan **homopolisacáridos**. Cuando participan dos o más tipos de residuos, el polímero se denomina un **heteropolisacárido**. Incluso los polisacáridos de reserva y estructurales, que son heteropolímeros, presentan secuencias que rara vez son complejas; generalmente no incluyen más de dos tipos de residuos. Otra diferencia respecto a las moléculas de proteínas y a los ácidos nucleicos, que casi siempre tienen una longitud definida, es que las cadenas de polisacáridos crecen hasta longitudes aleatorias. Y, como se ha mencionado antes, los glucanos se distin-

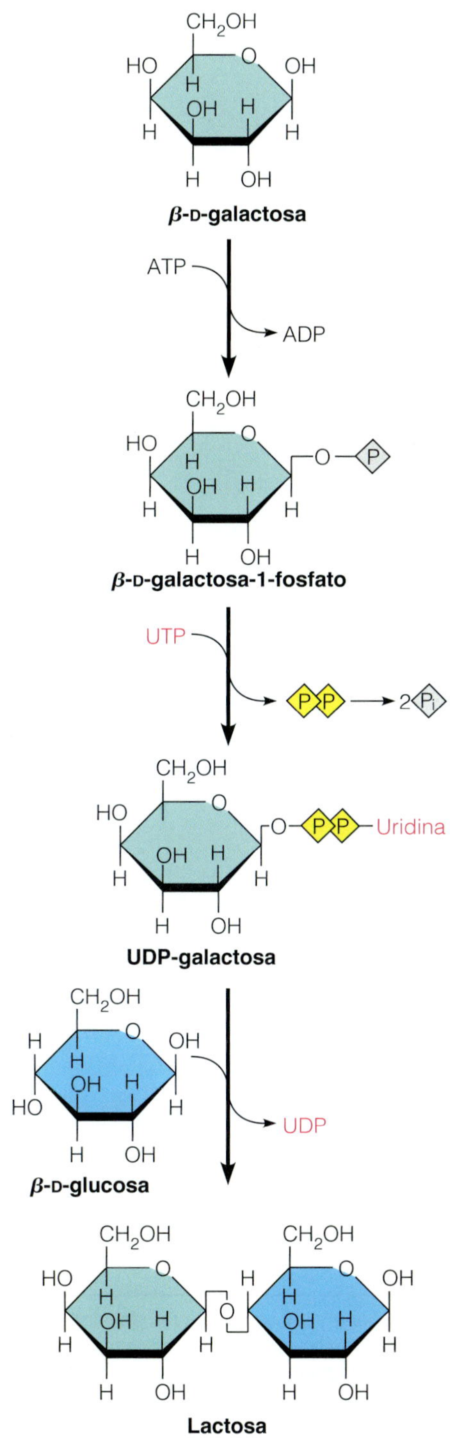


**FIGURA 9.16**

**Formación enzimática de lactosa.** La reacción que se indica se produce en la formación de la leche en el tejido mamario. La galactosa se fosforila mediante el ATP, y luego se transfiere al uridína difosfato (UDP). La UDP-galactosa transfiere la galactosa a la glucosa, con la ruptura asociada de un enlace fosfato. La reacción está catalizada por la enzima lactosa sintasa. De acuerdo con el convenio adoptado en el Capítulo 4, una P dentro de una forma diamante indica fosfato. Cuando se muestra en amarillo, es un fosfato de elevada energía.

guen en que pueden formar cadenas ramificadas. La capacidad de formar ramas, más el número de grupos funcionales que pueden participar en la formación de enlace, proporcionan a los polisacáridos una diversidad estructural asombrosa, lo que contribuye indudablemente al gran número de funciones que desempeñan los polisacáridos.

Las razones funcionales de las diferencias con las proteínas y los ácidos nucleicos no son difíciles de encontrar. Una sustancia de almacenamiento, como el almidón, no ha de transmitir información ni ha de adoptar una forma tridimensional complicada. Constituye simplemente un recipiente en el que depositar las moléculas de glucosa para utilizarlas en el futuro. Muchos polisacáridos estructurales (como las proteínas estructurales) forman estructuras secundarias regulares alargadas, muy adecuadas para la formación de fibras o láminas. Con frecuencia, una repetición regular de un monosacárido o disacárido simple servirá para cumplir esta función. (Recuérdense, como comparación, las secuencias de aminoácidos simples y repetitivas del colágeno y de la fibroína de la seda, que se han descrito en el Capítulo 6). Los únicos polímeros de glucano en los que se encuentran secuencias bien definidas y complejas son algunos oligosacáridos unidos a las superficies celulares o los que están unidos a glucoproteínas específicas. Dado que estos oligómeros sirven para identificar a las células o a las moléculas, deben transportar información. Esta función requiere la presencia de unas «palabras» definidas con precisión en el lenguaje de los polisacáridos, de la misma manera que las secuencias de los ácidos nucleicos presentan la información en su propio lenguaje.

## Polisacáridos de almacenamiento

Los principales polisacáridos de almacenamiento son la **amilosa** y la **amilopectina**, que juntos forman el almidón de las plantas, y el **glucógeno**, que se almacena en las células animales y microbianas. Tanto el almidón como el glucógeno se almacenan en gránulos dentro de las células (Figura 9.17). El almidón se encuentra en casi todos los tipos de células vegetales, pero las semillas de los cereales, los tubérculos y las frutas no maduras contienen esta sustancia de manera especialmente abundante. El glucógeno se deposita en el hígado, que actúa como órgano central de almacenamiento de energía en muchos animales. El glucógeno es abundante también en el tejido muscular, en el que está disponible de manera más inmediata para la liberación de energía.

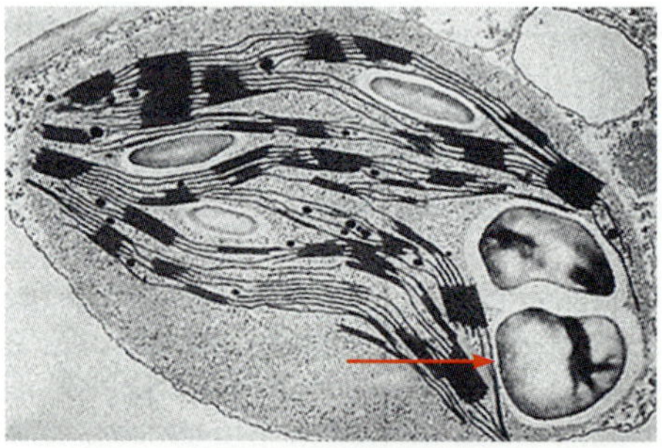

**(a)** Gránulos de cloroplastos

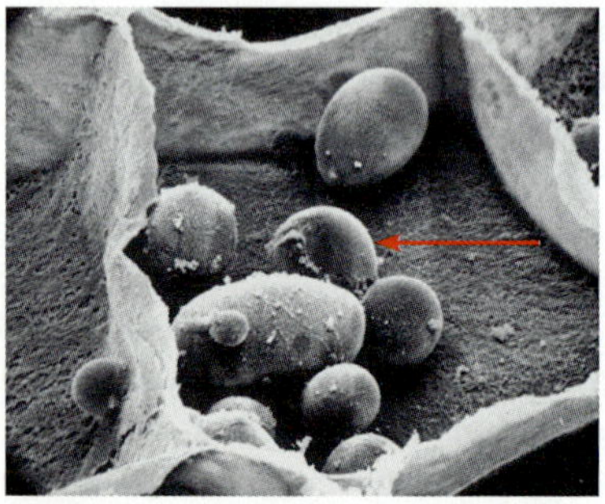

**(b)** Gránulos de células tuberosas

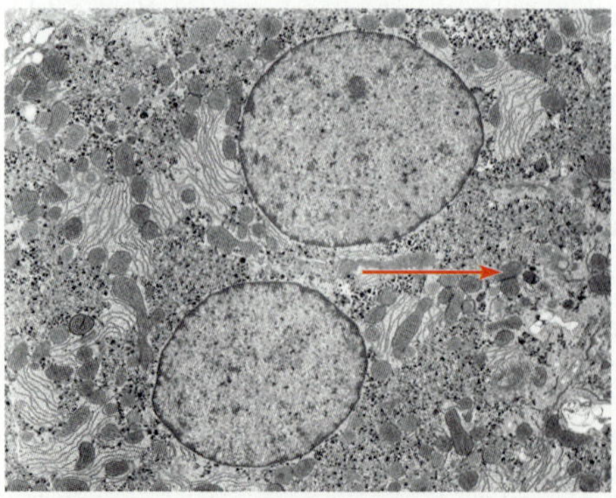

**(c)** Gránulos hepáticos

**FIGURA 9.17**

**Almacenamiento del almidón y del glucógeno en gránulos.** En cada caso, se indica un granulo representativo mediante una flecha. **(a)** Gránulos de almidón en un cloroplasto de la hoja de una planta. **(b)** Gránulos de almidón de las células tuberosas de la patata. **(c)** Gránulos de glucógeno del hígado.

(a)Tomado de Science Source. © Biophoto Associates/Photo Researchers, Inc.; (b) cortesía del Dr. Lloyd M. Beidler/Science Photo Library; (c) Medimage/Science Photo Library.

El glucógeno y los componentes del almidón (amilosa y amilopectina) son polisacáridos de almacenamiento. La amilosa es lineal, mientras que la amilopectina y el glucógeno son ramificados.

FIGURA 9.18

**Amilopectina, un glucano ramificado.**
**(a)** Estructura primaria de la amilopectina. Se indican los extremos no reductores (N) y los reductores (R). **(b)** Estructura detallada de un punto de ramificación. Para simplificar la figura no se muestran algunos hidroxilos de los anillos.

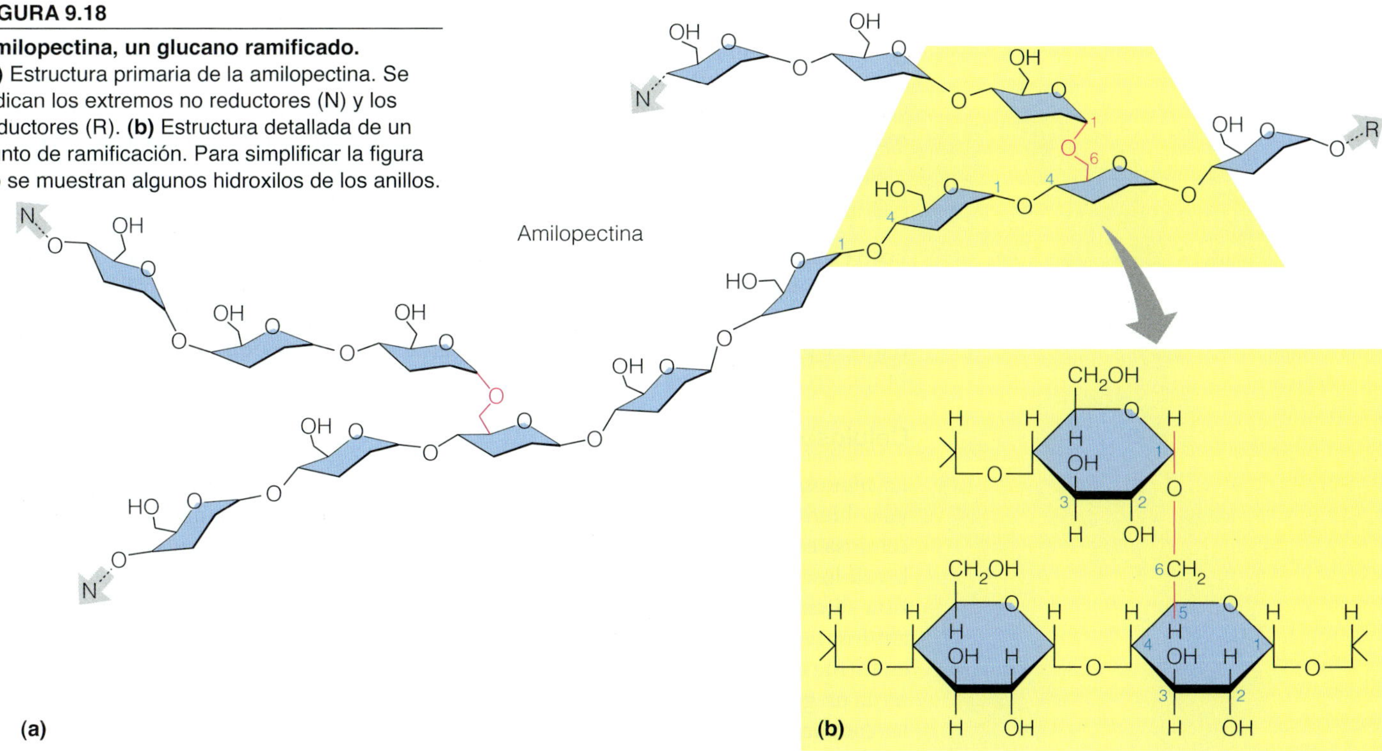


La amilosa, la amilopectina y el glucógeno son todos polímeros de α-D-glucopiranosa. Se trata de homopolisacáridos de la clase denominada **glucanos**, que son los polímeros de glucosa. Los polímeros difieren en el tamaño y en los tipos de enlace entre los residuos de glucosa. La amilosa es un polímero lineal, que tiene exclusivamente enlaces $\alpha(1 \longrightarrow 4)$ entre los residuos de glucosa adyacentes. La amilopectina (Figura 9.18) y el glucógeno son, ambos, polímeros ramificados, puesto que contienen, además de los enlaces $\alpha(1 \longrightarrow 4)$, algunos enlaces $\alpha(1 \longrightarrow 6)$. En el glucógeno, las ramificaciones son algo más frecuentes y más cortas que en la amilopectina, y el glucógeno tiene, normalmente, mayor peso molecular, pero en la mayor parte de sus características, las estructuras de estos dos polisacáridos son muy semejantes.

La estructura primaria sencilla y regular de la amilosa permite una estructura secundaria regular de esta molécula. Al igual que con los polinucleótidos y los polipéptidos, los detalles de esta estructura inicialmente se obtuvieron a partir de los estudios de difracción de rayos X. De hecho, la amilosa fue el primer biopolímero cuya estructura se determinó mediante este método. Debido al enlace $\alpha(1 \longrightarrow 4)$, cada residuo forma un ángulo respecto al residuo precedente, lo cual favorece una conformación helicoidal (Figura 9.19). La naturaleza ramificada de la amilopectina y del glucógeno inhibe la formación de hélices, puesto que la hélice requiere 6 residuos por cada vuelta, y hay un punto de ramificación cada 20-30 residuos en la amilopectina, y cada 8-10 en el glucógeno.

Los polisacáridos de almacenamiento tienen un diseño admirablemente adaptado a la función que realizan. La glucosa, e incluso la maltosa, son moléculas pequeñas que difunden rápidamente y son difíciles de almacenar. Si en una célula hubiera una gran cantidad de moléculas pequeñas de este tipo, se produciría un aumento muy importante de la presión osmótica celular, que resultaría nocivo en la mayor parte de los casos. Por consiguiente, la mayoría de las células combinan la glucosa en polímeros largos, de manera que puedan almacenarse grandes cantidades de una forma que impida su difusión y pérdida. Siempre que se necesite glucosa puede obtenerse mediante la degradación selectiva de los polímeros por enzimas específicas. Estos procesos se considerarán con más detalle en el Capítulo 13, pero hay un aspecto que conviene mencionar aquí. La mayor parte de las enzimas utilizadas atacan a las cadenas en sus extremos no reductores, y liberan un residuo de glucosa cada vez. Este «mordisquear en el extremo» (frente a la ruptura interna) impide la fragmentación continua de los polímeros largos, que conduciría a su

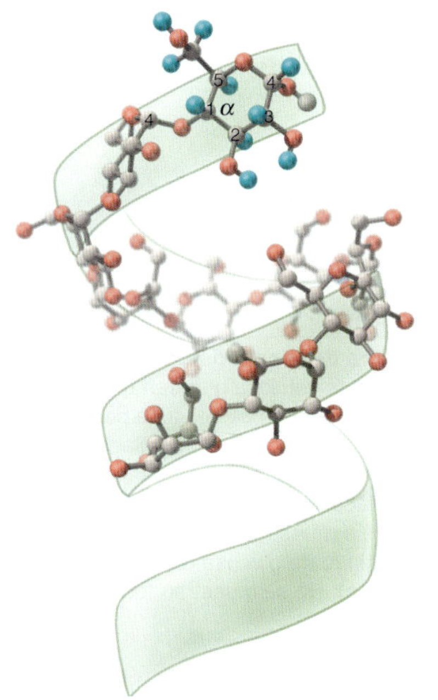

FIGURA 9.19

**Estructura secundaria de la amilosa.** La orientación de los residuos sucesivos de glucosa favorece la generación de la hélice. Obsérvese el núcleo interior grande. Los enlaces de hidrógeno (que no se muestran) estabilizan la hélice.

completa solubilización. La estructura ramificada de la amilopectina y del glucógeno es tal que cada molécula posee *muchos* extremos no reductores que pueden atacarse simultáneamente (*véase* la Figura 9.18), lo cual permite la rápida movilización de la glucosa cuando se necesita. Por otro lado, la cadena lineal de amilosa, con su único extremo no reductor, se utiliza principalmente para el almacenamiento de la glucosa a largo plazo.

## Polisacáridos estructurales

Los vegetales no parecen sintetizar ni utilizar proteínas estructurales fibrosas (como la queratina y el colágeno), y en su lugar cuentan únicamente con polisacáridos especiales. Los animales emplean ambos tipos de sustancias. Dado que cada uso estructural requiere propiedades diferentes, existe una gran variedad de polisacáridos estructurales. Empezaremos considerando los de los vegetales.

### Celulosa

La celulosa, el principal polisacárido de las plantas leñosas y fibrosas (como los árboles y las hierbas), es el polímero más abundante de la biosfera. Al igual que la amilosa, la celulosa es un polímero lineal de D-glucosa (y, por tanto, también un glucano), pero en la celulosa los residuos de azúcar están unidos mediante enlaces $\beta(1 \longrightarrow 4)$ (Figura 9.20). Esta diferencia, aparentemente pequeña, con relación al almidón (específicamente la amilosa), tiene consecuencias estructurales importantes. La celulosa puede encontrarse en forma de cadenas totalmente extendidas, de manera que cada residuo de glucosa presenta un giro de 180° respecto al residuo de al lado en la cadena. En esta forma extendida, las cadenas pueden formar cintas que se empaquetan lado a lado con una red de enlaces de hidrógeno dentro de ellas y entre ellas. Esta disposición recuerda algo la estructura de lámina $\beta$ de la fibroína de la seda, y como en la fibroína, las fibrillas de celulosa poseen una gran resistencia mecánica, aunque tienen una extensibilidad limitada.

La pequeña diferencia que existe entre la celulosa y el almidón tiene otra consecuencia importante. Las enzimas animales que son capaces de catalizar la ruptura del enlace $\alpha(1 \longrightarrow 4)$ en el almidón, no pueden romper la celulosa. Por este motivo, el ser humano, aunque se encuentre en una situación de inanición, no es capaz de utilizar las enormes cantidades de glucosa que tiene a su alrededor en forma de celulosa. Los rumiantes como las vacas pueden digerir la celulosa, solo porque sus aparatos digestivos contienen bacterias simbióticas que producen las **celulasas** necesarias. Las termitas pueden comer sustancias leñosas de una forma algo más complicada, pues sus intestinos albergan protozoos capaces de digerir la celulosa, aunque sus glándulas salivares también producen una celulasa. Muchos hongos producen también enzimas de este tipo, y este es el motivo de que muchas setas puedan vivir utilizando la madera como fuente de carbono.

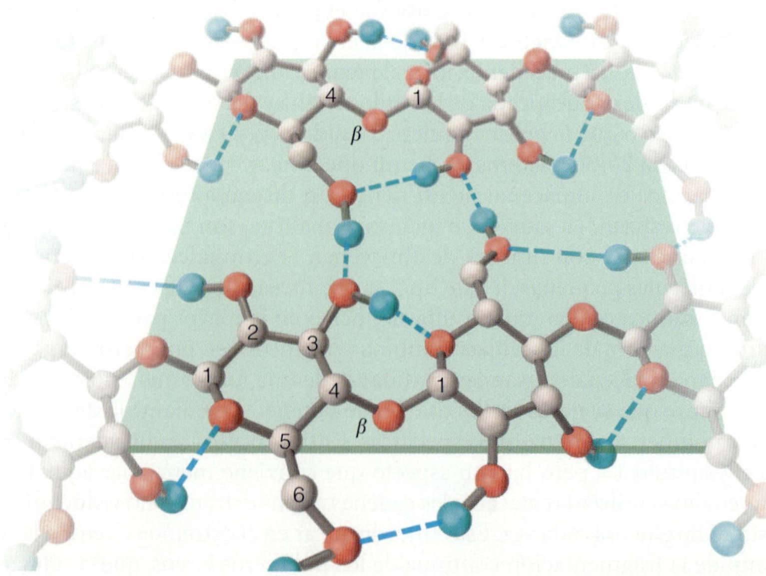


**FIGURA 9.20**

**Estructura de la celulosa.** Los enlaces $\beta(1 \rightarrow 4)$ de la celulosa generan una estructura plana. Las cadenas de celulosa paralelas están unidas por una red de enlaces de hidrógeno. Los hidrógenos que intervienen en estos enlaces se indican en azul. Para mayor claridad, se muestran todos los hidrógenos solo en un residuo de glucosa (con los carbonos numerados). No se muestran todos los átomos de hidrógeno.

Aunque los seres humanos no digieren la celulosa, los alimentos con mucha fibra que contienen celulosa son importantes desde el punto de vista nutritivo. El grueso de la fibra produce una sensación de saciedad o plenitud, indicando cuándo, probablemente, hemos comido suficiente. La fibra insoluble incrementa la velocidad de transporte de los productos de la digestión a través del tubo digestivo al aumentar su volumen, lo cual se supone reduce la exposición a las posibles toxinas o carcinógenos del alimento.

Un objetivo fundamental de los biocombustibles de la industria es obtener medios eficaces para la conversión a escala industrial de la celulosa de los productos de desecho de las plantas en glucosa u otros sustratos, que puedan fermentarse a etanol u otros posibles combustibles. Un reto especial es que la celulosa de los tejidos de las plantas está muy asociada con la *lignina*, un polímero complejo, principalmente del tejido leñoso, que resiste la rotura con mayor fuerza que la celulosa (Capítulo 21). De esta manera, la celulosa debe separarse de la lignina o debe encontrarse algún medio para degradar también la lignina a posibles moléculas combustibles.

No debe pensarse que las partes fibrosas de las plantas están formadas exclusivamente por celulosa. En las paredes celulares de las plantas existe toda una gama de polisacáridos de otro tipo. Entre ellos se encuentran los **xilanos**, que son polímeros de D-xilopiranosa con enlaces $\beta(1 \rightarrow 4)$, a menudo con grupos de sustitución, los **glucomananos**, y otros muchos polímeros. Con frecuencia, estos polisacáridos se agrupan juntos bajo el término de **hemicelulosa**.

... β-D-Xyl*p*(1 → 4)[β-D-Xyl*p*(1 → 4)]$_7$-β-D-Xyl*p*(1 → 4)-β-D-Xyl*p*(1 → 4) ...

Acetilo en C-2 o C-3    4-O-Me- α D-Glc*p*(1 → 2)

**Estructura de un xilano característico**

... β-D-Glc*p*(1 → 4)-β-D-Man*p*(1 → 4)-β-D-Man*p*(1 → 4)-β-D-Man*p*(1 → 4) ...

β-D-Gal*p*(1 → 6)    Acetilo en C-2 o C-3

**Estructura de un glucomanano característico**

La pared celular de una planta es una estructura compleja, formada por varias capas. Las microfibrillas de celulosa están colocadas con un patrón entrecruzado (Figura 9.21) e impregnado con una matriz del resto de polisacáridos y algunas proteínas. El mismo principio se utiliza cuando las fibras de vidrio se incluyen en una resina dura para producir láminas de fibra de vidrio resistentes y duraderas.

La celulosa no está limitada exclusivamente al reino vegetal. Los invertebrados marinos denominados *tunicados*, como la ascidia, contienen cantidades considerables de celulosa en su manto externo duro. Se ha descrito incluso la presencia de pequeñas cantidades de celulosa en el tejido conjuntivo humano. Sin embargo, como sustancia estructural, la celulosa parece haber sido, en gran parte, abandonada en la evolución animal. En los hongos se utilizan mucho otros glucanos, con enlaces $\beta(1 \rightarrow 3)$ o $\beta(1 \rightarrow 6)$ entre residuos de glucosa, como polisacáridos estructurales.

## Quitina

La quitina, homopolímero de *N*-acetil-β-D-glucosamina, tiene una estructura básicamente similar a la de la celulosa, excepto que el hidroxilo del carbono 2 de cada residuo se ha reemplazado por un grupo amino acetilado.

La celulosa y la quitina son ejemplos de polisacáridos estructurales. A diferencia de los almidones, que tienen enlaces $\alpha(1 \rightarrow 4)$, estos polímeros fibrosos tienen enlaces $\beta(1 \rightarrow 4)$.

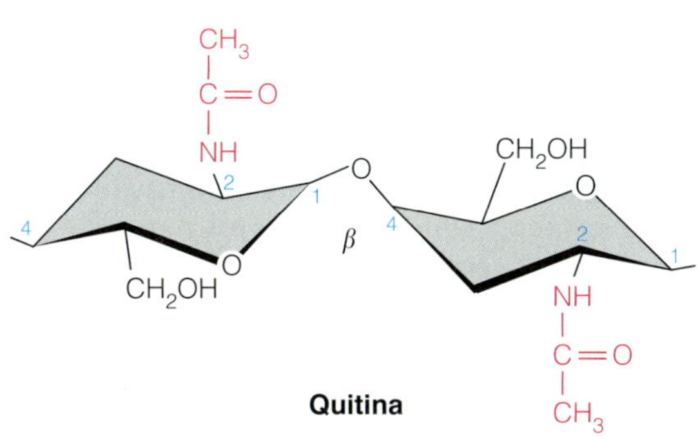


**Quitina**

**FIGURA 9.21**

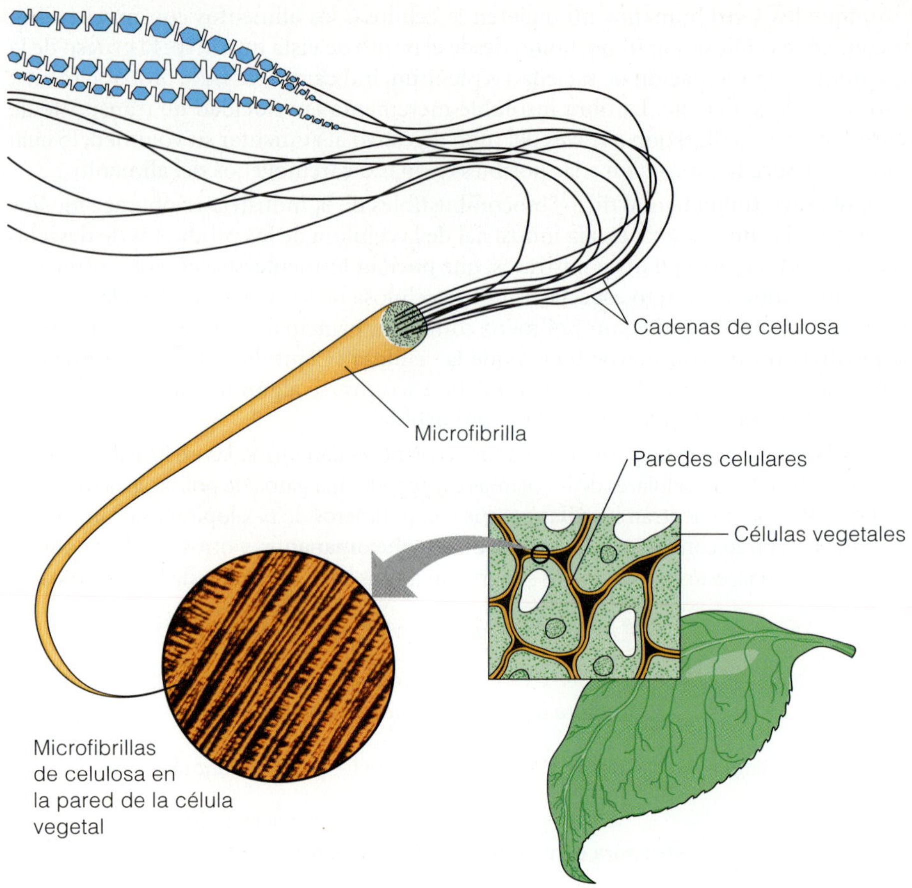


FIGURA **9.21**
**Organización de las paredes de las células vegetales.** Las microfibrillas de celulosa están inmersas en una matriz de hemicelulosa. Obsérvese que las fibras están dispuestas en un patrón cruzado para proporcionar resistencia en todas las direcciones.

*The World of the Cell*, 4ª ed., Wayne M. Becker, Lewis J. Kleinsmith y Jeff Hardin. © 2000. Reproducido con autorización de Pearson Education Inc, Upper Saddle River, N. J. (inserto) Carolina Biological Supply Co./ Visuals Unlimited, Inc.

La quitina está muy repartida en los diversos reinos de los organismos vivos. Constituye un componente menor en la mayoría de los hongos y algunas algas, en los que sustituye con frecuencia a la celulosa u otros glucanos. En las células de levadura en fase de división, la quitina se encuentra en el tabique que se forma entre las células que se están separando. Sin embargo, la función mejor conocida de la quitina es la que posee en los animales invertebrados, donde constituye una sustancia estructural importante del exoesqueleto de muchos artrópodos y moluscos. En muchos de estos exoesqueletos, la quitina forma una matriz sobre la cual se produce la mineralización, de manera muy parecida a cómo actúa el colágeno como matriz para el depósito de mineral en los huesos de los vertebrados. Las implicaciones evolutivas son interesantes. Cuando los animales evolucionaron hasta alcanzar un tamaño en el que eran esenciales las partes rígidas del cuerpo, se siguieron varios caminos diferentes. Los antepasados de los vertebrados crearon un esqueleto mineral sobre una matriz de colágeno. Los anélidos como los gusanos de tierra, utilizan también colágeno, pero en un exoesqueleto segmentado. Los artrópodos y los moluscos crearon también exoesqueletos pero, en este caso, los construyeron sobre la quitina, un hidrato de carbono, en vez de una matriz proteica.

## Glucosaminoglucanos

Los glucosaminoglucanos son heteropolisacáridos con carga negativa que desempeñan diversas funciones estructurales en los animales.

Existe un grupo de polisacáridos que tiene una gran importancia estructural en los animales vertebrados, los **glucosaminoglucanos**, anteriormente denominados *mucopolisacáridos.* Como ejemplos importantes cabe citar los *condroitín sulfato* y los *queratán sulfato* del tejido conjuntivo, los *dermatán sulfato* de la piel, y el *ácido hialurónico.* Todos ellos son polímeros de unidades repetidas de disacáridos, en los que uno de los azúcares es la *N*-acetilgalactosamina o la *N*-acetilglucosamina, o uno de sus derivados. Todos ellos son de carácter ácido, por la presencia de grupos sulfato o carboxilato. En la Figura 9.22 se presentan algunas estructuras representativas de los glucosaminoglucanos.

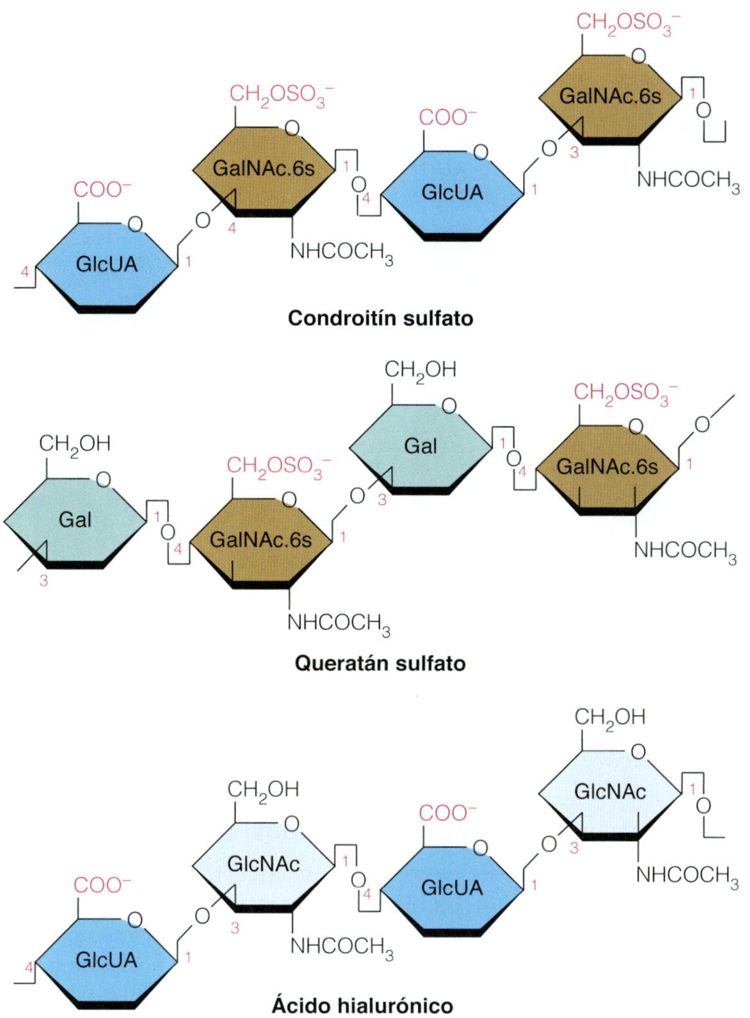


**FIGURA 9.22**

**Estructuras repetidas de algunos glucosaminoglucanos.** En cada caso, la unidad que se repite es un disacárido, del que se muestran dos para cada estructura. Las abreviaturas de los residuos (6s significa sulfonado en el carbono 6) se indican en la Tabla 9.4. Para simplificar la figura, no se muestran los hidrógenos ni los hidroxilos sin reaccionar.

## Complejo proteoglucano

Una función importante de los glucosaminoglucanos es la formación de una matriz para mantener juntos los componentes proteicos de la piel y del tejido conjuntivo. En la Figura 9.23 se presenta un ejemplo, que ilustra el complejo proteína-hidrato de carbono, o **proteoglucano**, del cartílago. La estructura filamentosa se construye sobre una única molécula larga de ácido hialurónico, a la que se unen de manera no covalente proteínas centrales extendidas. Las proteínas centrales tienen, a su vez, unidas covalentemente cadenas de condroitín sulfato y queratán sulfato a través de las cadenas laterales de serina. En el cartílago, este tipo de estructura se une al colágeno (*véase* el Capítulo 6) y ayuda a mantener las fibras de colágeno en una red fuerte y resistente. La unión comporta, al parecer, interacciones electrostáticas entre los grupos sulfato, carboxilato, o ambos, del complejo proteoglucano y las cadenas laterales básicas del colágeno.

Los complejos proteoglucanos del tejido conjuntivo constituyen uno de los pocos ejemplos en los que interviene en la biología el elemento silicio. Algunas de las cadenas de hidratos de carbono están entrelazadas por puentes del tipo

$$R-O-Si(OH)_2-O-R'$$

donde R y R′ son monómeros de azúcar de las cadenas adyacentes. Hay aproximadamente un átomo de silicio por cada 100 monómeros de azúcar.

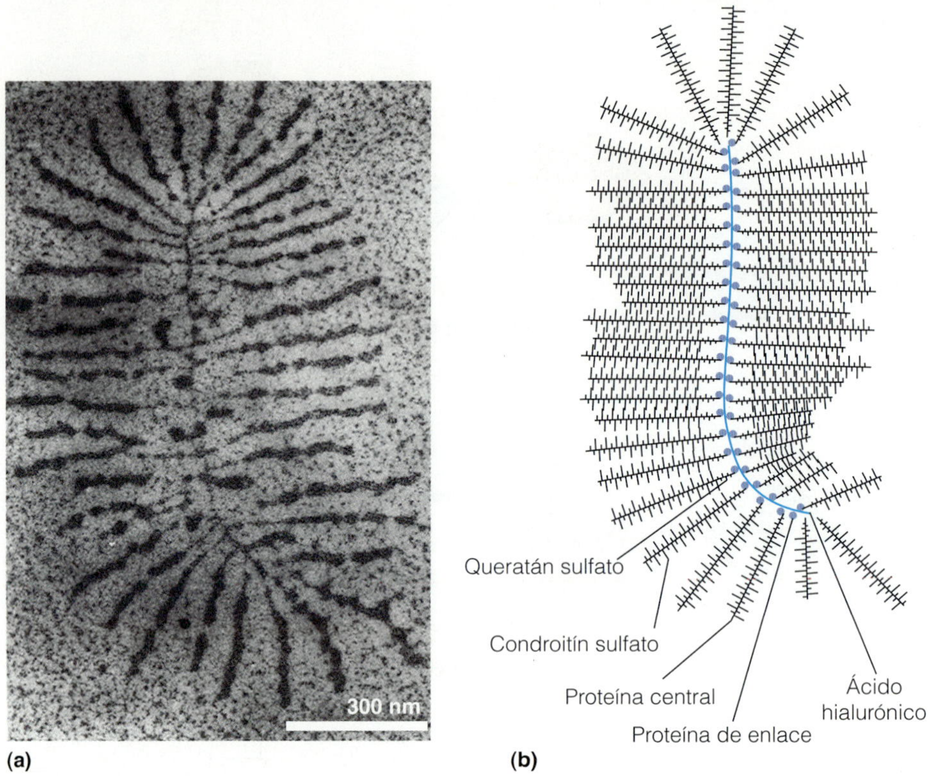


FIGURA 9.23

**Estructura del proteoglucano del cartílago bovino. (a)** Micrografía electrónica de un agregado proteoglucano. **(b)** Representación esquemática de la misma estructura. El queratán sulfato y el condroitín sulfato están unidos de forma covalente a las moléculas proteicas del centro extendidas. Las proteínas del centro están unidas de manera no covalente a una molécula larga de ácido hialurónico con la ayuda de una proteína de enlace.

Reproducido de *Collagen and Related Research* 3:489-504, J. A. Buckwalter y L. Rosenberg. © 1983, con autorización de Elsevier.

### Funciones no estructurales de los glucosaminoglucanos

El ácido hialurónico, además de ser un componente estructural, tiene otras funciones en el organismo. El polímero es muy soluble en agua y está presente en el líquido sinovial de las articulaciones y en el humor vítreo del ojo. Parece actuar como agente que incrementa la viscosidad o como agente lubricante en estos líquidos, posiblemente relacionado con la repulsión electrostática entre los muchos grupos carboxilato del polímero.

Otro glucosaminoglucano muy sulfatado es la **heparina**. Se muestra a continuación un fragmento de su cadena compleja. La heparina parece ser un anticoagulante natural y se encuentra en muchos tejidos corporales. Se une fuertemente a una proteína de la sangre, la antiprotrombina III, y el complejo formado inhibe las enzimas del proceso de coagulación de la sangre (*véase* el Capítulo 11). En consecuencia, la heparina se utiliza como fármaco para inhibir la coagulación en los vasos sanguíneos.

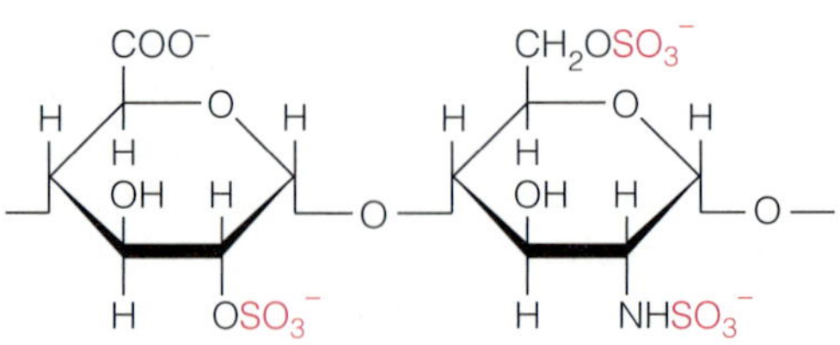


**Heparina**

Los glucosaminoglucanos son ejemplos interesantes de la forma en que los residuos de azúcar pueden modificarse para dar polímeros con una amplia gama de propiedades y funciones.

## Polisacáridos de la pared celular bacteriana

En el Capítulo 1 indicamos que las bacterias y la mayoría del resto de los organismos unicelulares poseen una *pared celular*, cuya naturaleza es la base de la clasificación de las bacterias en dos grandes clases: las que retienen el colorante de Gram (un complejo de yodo), que se denominan bacterias *grampositivas*, y las que no lo hacen, a las que se da el nombre de *gramnegativas* (Figura 9.24). Las bacterias grampositivas poseen una pared

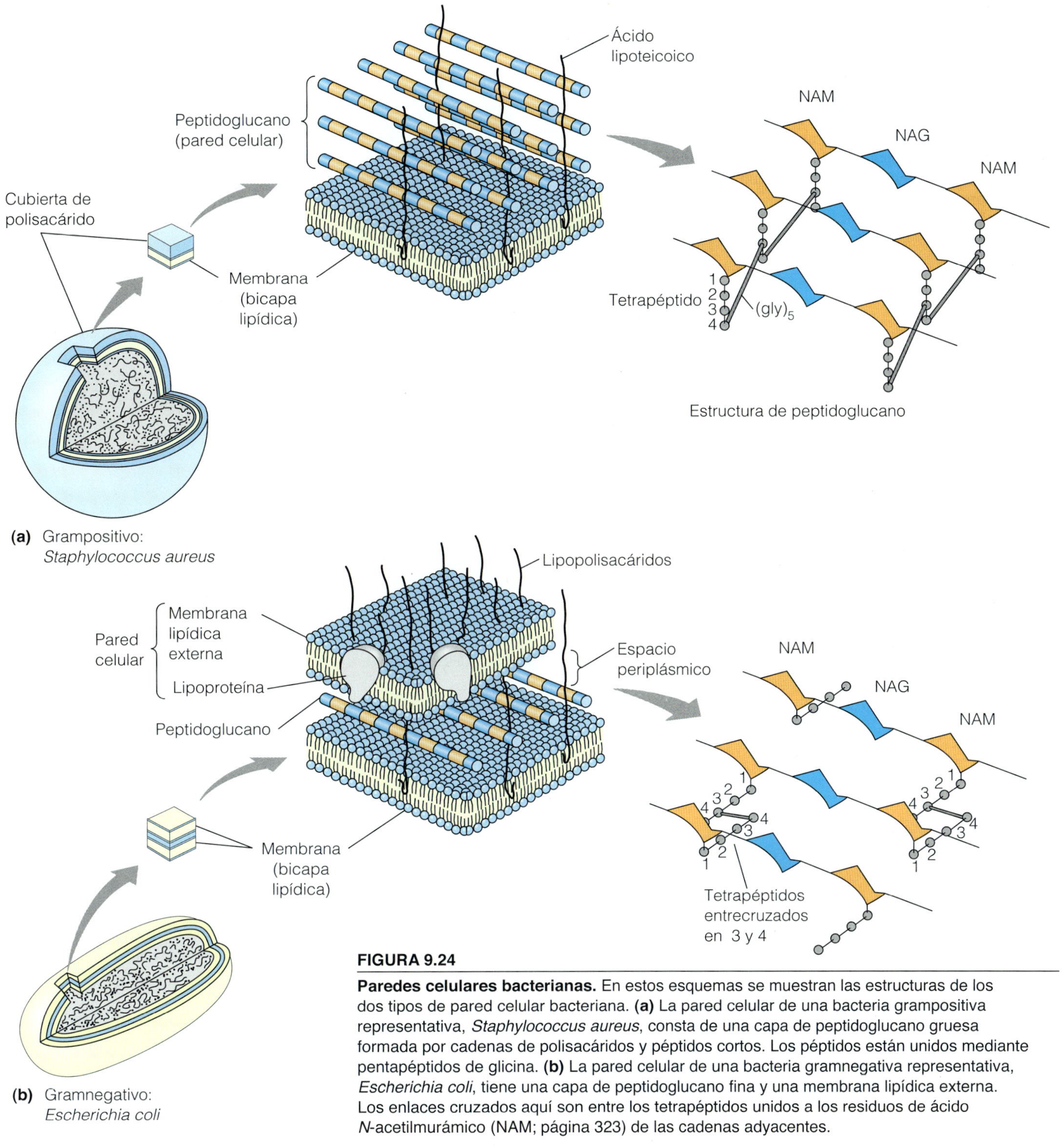


**FIGURA 9.24**

**Paredes celulares bacterianas.** En estos esquemas se muestran las estructuras de los dos tipos de pared celular bacteriana. **(a)** La pared celular de una bacteria grampositiva representativa, *Staphylococcus aureus*, consta de una capa de peptidoglucano gruesa formada por cadenas de polisacáridos y péptidos cortos. Los péptidos están unidos mediante pentapéptidos de glicina. **(b)** La pared celular de una bacteria gramnegativa representativa, *Escherichia coli*, tiene una capa de peptidoglucano fina y una membrana lipídica externa. Los enlaces cruzados aquí son entre los tetrapéptidos unidos a los residuos de ácido *N*-acetilmurámico (NAM; página 323) de las cadenas adyacentes.

celular que tiene en su superficie, por fuera de la membrana celular lipídica, un complejo entrelazado péptido-polisacárido de múltiples capas, al que se denomina **peptidoglucano** (Figura 9.24a). Las paredes celulares de las bacterias gramnegativas contienen también peptidoglucano, pero este forma una sola capa y está cubierto por una capa de membrana lipídica externa (Figura 9.24b). Esta diferencia permite eliminar el colorante de Gram mediante el lavado de las bacterias gramnegativas.

> Las paredes celulares de muchas bacterias están formadas por peptidoglucanos, polímeros formados por polisacáridos y oligopéptidos.

En la Figura 9.25 se muestra la estructura química del peptidoglucano de una bacteria grampositiva. Hay cadenas largas de polisacáridos, que son copolímeros de

FIGURA 9.25

**Capa de peptidoglucano de las bacterias grampositivas.** Los enlaces cruzados entre los péptidos se forman mediante cadenas de pentaglicina entre el grupo ε-amino de la lisina (*) de una cadena, y el grupo carboxilo C-terminal de la alanina (**) de la cadena adyacente. Para simplificar la figura, no se muestran los hidrógenos y los hidroxilos que no han reaccionado.

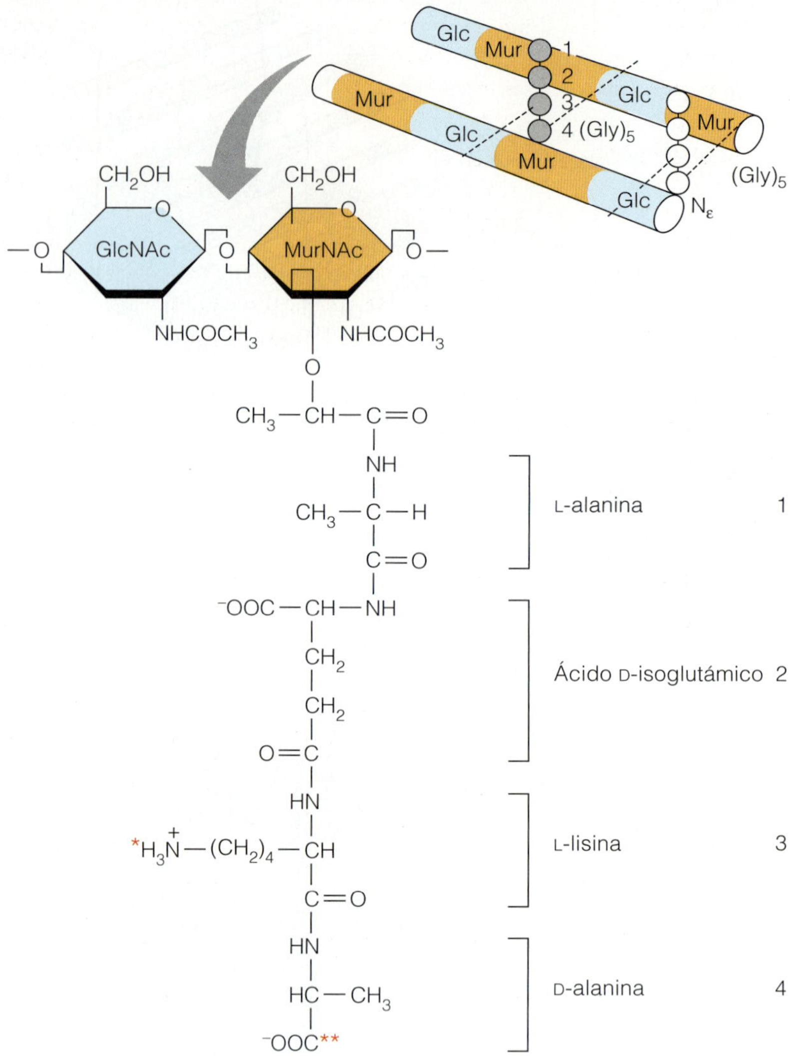


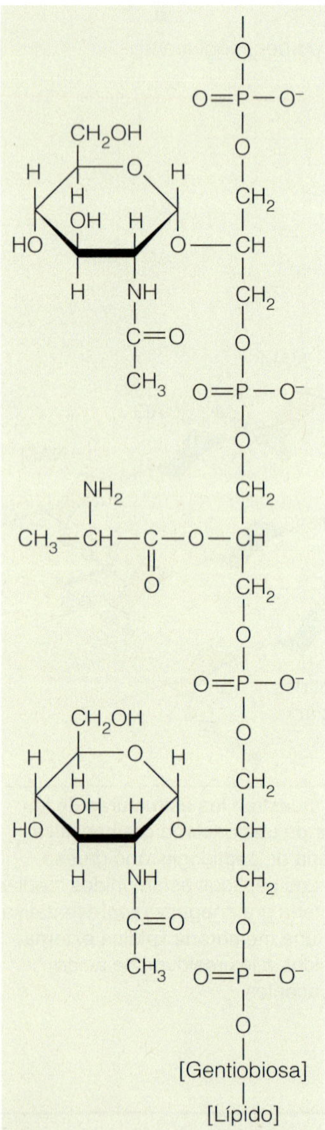


FIGURA 9.26

**Estructura de un ácido lipoteicoico.** Los grupos D-alanil y NAG están dispuestos de forma irregular en la cadena, que está anclada en la membrana por el lípido.

*N*-acetilglucosamina (NAG) y ácido *N*-acetilmurámico (NAM,) con alternancia estricta, que están entrelazadas a través de péptidos cortos (*véase* la Figura 9.24a). Estos péptidos tienen unas estructuras poco habituales. Unido a la porción de ácido láctico del ácido *N*-acetilmurámico se encuentra un tetrapéptido con la secuencia

[(L-Ala)—(D-Glu)—(L-Lys)—(D-Ala)]

Este péptido es poco habitual en dos aspectos: contiene algunos aminoácidos D y el residuo de ácido glutámico está unido a la cadena mediante su grupo γ-carboxilo en vez de a través del enlace habitual α-carboxilo. El grupo ε-amino de cada residuo de lisina está unido a un pentapéptido de glicina, que está unido por su otro extremo al residuo D-Ala terminal de una cadena adyacente. El resultado es la formación de una estructura con enlaces cruzados covalentes que envuelve a la célula bacteriana. Toda la pared celular puede considerarse como una única molécula enorme formada por múltiples capas de cadenas de peptidoglucano con enlaces cruzados. Además de los componentes mencionados anteriormente, hay unos complejos alargados de lípido-oligosacárido, denominados **ácidos lipoteicoicos** (Figura 9.26), que sobresalen de la membrana a través de la pared de peptidoglucano. La pared celular protege a las bacterias de la lisis cuando se encuentran en la sangre de los animales hospedadores.

En las bacterias gramnegativas, la capa de peptidoglucano es mucho más delgada. Aunque está presente la misma estructura polisacárida básica, las cadenas peptídicas y sus uniones son algo diferentes (*véase* la Figura 9.24b).

Evidentemente, el ensamblaje de una estructura tan compleja como la pared celular bacteriana requiere una batería de enzimas y reacciones. Diversos antibióticos (por ejemplo, la penicilina) inhiben el crecimiento bacteriano al interferir sobre la formación de la capa de peptidoglucano. La síntesis de peptidoglucano es bastante ajena para el hospedador humano o animal de una bacteria patógena, haciendo de la biosíntesis de la pared bacteriana una diana específica de la acción de fármacos. Volveremos más adelante en este capítulo con este tema. Sin embargo, debemos señalar que una clase de sustancias antibióticas que se encuentran en la naturaleza actúa no solo interfiriendo sobre la síntesis de la pared celular, sino también, atacando a la propia capa de peptidoglucano. Estas sustancias son las **lisozimas**, enzimas muy extendidas que se encuentran, por ejemplo, en los bacteriófagos, la clara del huevo y las lágrimas del ser humano. En el huevo y las lágrimas ayudan a mantener la asepsia; en los bacteriófagos ayudan al fago a romper a la bacteria infectada liberando la progenie del fago tras concluirse el ciclo lítico de crecimiento. Las lisozimas (*véase* su mecanismo en el Capítulo 11) catalizan la hidrólisis de los enlaces glucosídicos entre los residuos GlcNAc y MurNAc en el polisacárido. Así pues, estas enzimas disuelven la pared celular, dando lugar a la lisis y la muerte bacteriana.

## Glucoproteínas

Más de la mitad de todas las proteínas eucariotas tienen cadenas de oligosacáridos o polisacáridos unidas a ellas de forma covalente. Existe una asombrosa variedad de proteínas modificadas de este tipo, a las que se denomina **glucoproteínas**, que pueden tener funciones muy diversas, como la adhesión celular y el reconocimiento del óvulo por los espermatozoides.

### Glucoproteínas con enlaces N- y con enlaces O-

Las cadenas de sacáridos, o glucanos, pueden ligarse a las proteínas de dos formas principales. Los *glucanos con enlace N-* se unen, generalmente a través de la *N*-acetilglucosamina, o a veces a través de la *N*-acetilgalactosamina, al grupo amino de la cadena lateral de un residuo de asparagina. Una secuencia frecuente alrededor de la asparagina es la de –Asn–X–Ser/Thr–, donde X puede ser cualquier residuo de aminoácido. Los *glucanos con enlace* O- suelen unirse mediante un enlace glucosídico O- entre la *N*-acetilgalactosamina y el grupo hidroxilo de un residuo de treonina o serina, aunque en algunos casos, por ejemplo, en el colágeno (Capítulo 6), se utiliza la hidroxilisina o la hidroxiprolina.

Los oligosacáridos y las proteínas pueden unirse para formar glucoproteínas de dos maneras: los glucanos con enlaces O- se unen a través de los hidroxilos de treonina o serina, y los glucanos con enlaces N- a través de los grupos amino de la asparagina.

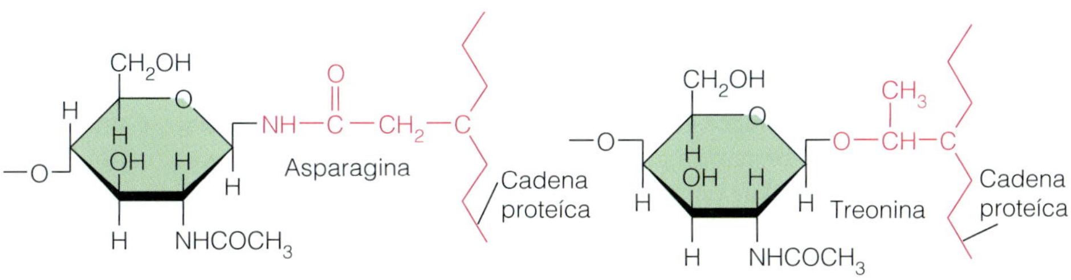


***N*-Acetilglucosamina** ***N*-Acetilgalactosamina**

#### Enlaces N–

Un estudio cuidadoso de muchas glucoproteínas ha descubierto la existencia de una enorme variedad de cadenas laterales de oligosacáridos con enlaces N-, que a menudo presentan una estructura ramificada compleja. Sin embargo, es frecuente que se observe un motivo común. La siguiente estructura actúa frecuentemente como base para la elaboración posterior:

Manα(1 ⟶ 6)\
Manβ(1 ⟶ 4)GlcNAcβ(1 ⟶ 4)GlcNAcβ(1 ⟶ N)Asp
Manα(1 ⟶ 3)/

Este motivo puede observarse, por ejemplo, en las porciones de glucano de la ovoalbúmina y las inmunoglobulinas. La estructura del oligosacárido que está unido a la inmunoglobulina G (IgG) humana se muestra, de forma simplificada, a continuación.

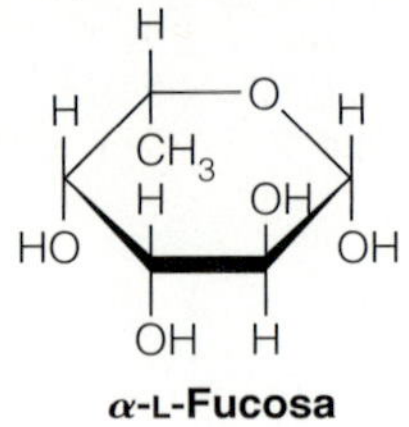

$\alpha$-L-**Fucosa**

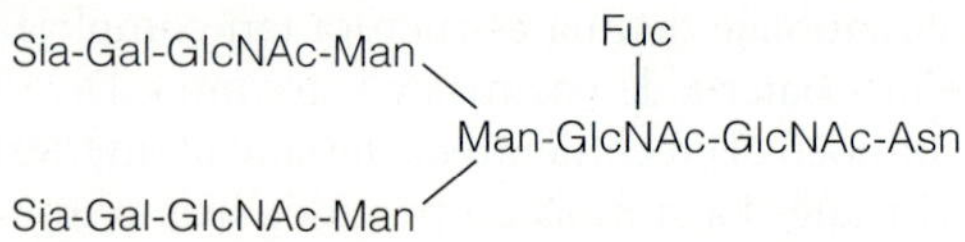


El residuo que se indica con Fuc es la a-L-fucosa, un residuo unido frecuentemente cerca de la conexión proteica de los glucanos con enlace N-. Las inmunoglobulinas constituyen un ejemplo importante de la función de información que tienen las cadenas de glucanos en las glucoproteínas. Recuérdese del Capítulo 7 que todas las inmunoglobulinas poseen un hidrato de carbono unido al dominio constante de cada cadena pesada. Los distintos tipos de inmunoglobulinas han de ser reconocidos, tanto para su distribución adecuada en los tejidos como para su interacción con las células fagocitarias, que destruirán el complejo antígeno-inmunoglobulina. Como mínimo, una parte de este reconocimiento se basa en las diferencias existentes en las cadenas de oligosacáridos.

Otro uso muy importante de los oligosacáridos con enlaces N- es el marcaje intracelular en los organismos eucariotas. Posteriormente en este capítulo y también en el Capítulo 28 veremos cómo se marcan específicamente las proteínas destinadas a determinados orgánulos o a la secreción por la célula mediante oligosacáridos durante el procesado posterior a la traducción. Este marcado garantiza que pasan adecuadamente a través del retículo endoplásmico, las membranas de los orgánulos, el complejo de Golgi y/o la membrana plasmática, de forma que cada glucoproteína llegue a su destino adecuado.

### Glucanos con enlace O-

Muchas proteínas tienen oligosacáridos con enlaces O- que cumplen diversas funciones. Los peces del Antártico contienen una glucoproteína que actúa como «anticongelante», impidiendo la congelación de los líquidos corporales aun en agua extremadamente fría. Las **mucinas**, glucoproteínas que se encuentran en cantidades abundantes en las secreciones salivales, contienen muchos glucanos cortos con enlaces O-. Las mucinas muy extendidas e hidratadas aumentan la viscosidad de los líquidos en los que están disueltas. Algunos glucanos con enlaces O- parecen actuar también en el direccionamiento intracelular y en la identificación celular y molecular. Un ejemplo significativo para la biología humana son los *antígenos de los grupos sanguíneos.*

## Antígenos de los grupos sanguíneos

Un grupo muy importante de oligosacáridos es el de los **antígenos de los grupos sanguíneos**. En algunas células, estos antígenos están unidos a las proteínas de la membrana en forma de glucanos con enlace O-. Otra posibilidad es que el oligosacárido se una a una molécula lipídica para formar un **glucolípido** (*véase* el Capítulo 10). La porción lipídica de la molécula facilita el anclaje del antígeno en la superficie externa de las membranas de los eritrocitos. Son estos oligosacáridos los que determinan los tipos de grupos sanguíneos en el ser humano. Su presencia en una muestra de sangre se detecta mediante la determinación del grupo sanguíneo, es decir, comprobando si los anticuerpos contra un determinado antígeno hacen que los eritrocitos de esa muestra de sangre se apelotonen o aglutinen. Aunque el sistema constituido por los grupos A, B, AB y O es probablemente el más conocido, es tan solo uno de los 14 sistemas de grupos sanguíneos que se han caracterizado genéticamente, con más de 100 antígenos de grupos sanguíneos diferentes. Estas sustancias están también presentes en muchas células y tejidos, aparte de la sangre, pero a menudo nos centramos en la sangre a causa del amplio uso de la determinación del grupo sanguíneo para establecer relaciones familiares o para seleccionar sangre para las transfusiones.

En aras de una mayor simplicidad, tomaremos como ejemplo el sistema ABO. En la Figura 9.27 se presentan los oligosacáridos correspondientes a cada uno de estos grupos sanguíneos. Casi todos los seres humanos son capaces de producir el sacárido del grupo O, pero la adición de galactosa (para formar el grupo B) o de *N*-acetilgalactosamina (para formar el grupo A) requieren otra enzima. La síntesis de estos oligosacáridos se esboza en la página 346. Algunas personas poseen una de estas enzimas, algunas poseen la otra, y unas pocas son heterocigotas y pueden producir ambas. Las personas heterocigotas tienen sangre del grupo AB, y presentan oligosacáridos, tanto A como B, en las superficies celulares.

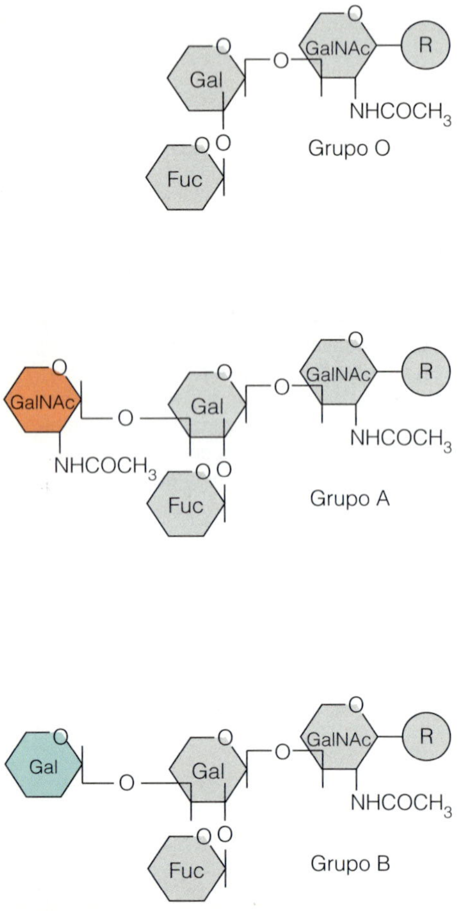


**FIGURA 9.27**

**Antígenos del grupo sanguíneo ABO.** El oligosacárido O (arriba) no desencadena la formación de anticuerpos en la mayor parte de los seres humanos. Los antígenos A y B se forman por la adición de GalNAc o Gal, respectivamente, al oligosacárido O. Tanto el antígeno A como el B pueden desencadenar la formación de un anticuerpo específico. En esta figura, R puede representar una molécula proteica o una molécula lipídica.

El ser humano es capaz de producir anticuerpos contra los oligosacáridos A y B, pero los del grupo O no son antigénicos. Normalmente, una persona no produce anticuerpos contra sus propios antígenos, pero sí los elabora contra el otro grupo antigénico. Así pues, una persona con sangre del grupo A es portador de anticuerpos dirigidos contra el polisacárido B. Si se le transfunde sangre de un donante del grupo B, estos anticuerpos provocarán una agregación y precipitación de las células sanguíneas recibidas. Una persona del grupo B tampoco puede recibir sin peligro la sangre del grupo A. Las personas con sangre del grupo O tienen normalmente anticuerpos contra el A y contra el B y, por tanto, no pueden recibir sangre de ninguno de estos dos grupos. Las personas con el grupo AB, puesto que son portadores, de por sí, de los antígenos A y B, no tienen anticuerpos contra ninguno de ellos.

Las sustancias de los grupos sanguíneos son un conjunto de oligosacáridos antigénicos unidos a la superficie de los glóbulos rojos.

En la donación de sangre, la situación es la inversa. Las personas con sangre del grupo O, que no contienen determinantes antigénicos, pueden donar sangre sin peligro a cualquier otra persona y son los «donantes universales». Las personas del grupo AB *solo* pueden donar sangre a otras personas AB, y una persona de cualquier otro grupo tendrá anticuerpos contra A, o B, o ambos. Estas relaciones se resumen en la Tabla 9.6.

### Eritropoyetina: una glucoproteína con oligosacáridos con ambos enlaces O- y N-

La glucoproteína **eritropoyetina** es una hormona que se sintetiza en el riñón que estimula la producción de glóbulos rojos. La hormona, que suele llamarse EPO, es un polipéptido de 165 residuos con oligosacáridos con enlaces N- (13 mero) en As 24, 38 y 83 y un trisacárido con enlace O en Ser 126. El hidrato de carbono estabiliza la EPO dentro de la sangre y evita su rápida eliminación por el riñón. La anemia (bajo recuento de eritrocitos) es un efecto secundario común en la quimioterapia del cáncer y la EPO suele administrarse junto con el fármaco anticancerígeno para contrarrestar este efecto. La EPO también se emplea inadecuadamente, especialmente por los atletas que quieren mejorar su estado aerobio. La EPO recombinante, que se usa normalmente con esta finalidad, puede identificarse en los laboratorios de análisis de fármacos en base a su patrón de glucosilación anómalo.

### Neuraminidasa de la gripe, una diana de los fármacos antivirales

El concepto de que la infección por virus induce enzimas que llevan a cabo nuevas rutas metabólicas en las células infectadas se estableció en los años 1950 y 1960 a través de los estudios con virus bacterianos o bacteriófagos (Capítulo 22, página 950). Sin embargo, mucho antes se sabía que el virus de la gripe, un virus con RNA, lleva en su superficie una enzima codificada por el virus, la **neuraminidasa**. Como se muestra en la Figura 9.28, la partícula esférica del virus tiene dos tipos de picos en su superficie exterior. Un pico de este tipo, formado por una proteína denominada *hemaglutinina*, se une al ácido N-acetilneuramínico (denominado también ácido siálico, *véase* la página 324). El virus se une a las células hospedadoras a través de la unión de la hemaglutinina a residuos de ácido siálico de las glucoproteínas o los glucolípidos de la superficie celular. Al final del ciclo de infección vírica, la liberación del virus de las células infectadas necesita la rotura del ácido siálico del resto de cada cadena de oligosacárido, lo cual se lleva a cabo por la neuraminidasa del virus. La estructura cristalina del complejo de la neuraminidasa con el ácido siálico se obtuvo en los años 1980 (*véase* la Figura 7.43, página 274) y produjo la síntesis de análogos del ácido siálico que pudieran inhibir la enzima y así bloquear la liberación de partículas víricas por las células infectadas. En la Figura 9.29 se muestran dos análogos de este tipo, *zanamivir* y *oseltamivir*, junto con la estructuta parcial de la

**TABLA 9.6. Relaciones transfusionales entre los distintos grupos sanguíneos ABO**

| La persona tiene el grupo sanguíneo: | Elabora anticuerpos contra: | Puede recibir sin peligro sangre de: | Puede donar sin peligro sangre a: |
|---|---|---|---|
| O | A, B | O | O, A, B, AB |
| A | B | O, A | A, AB |
| B | A | O, B | B, AB |
| AB | Ninguno | O, A, B, AB[a] | AB |

[a] En principio, esta relación es válida. Sin embargo, a las personas AB no se les transfunde nunca sangre de otros grupos, puesto que los anticuerpos del donante podrían reaccionar con los antígenos del receptor.

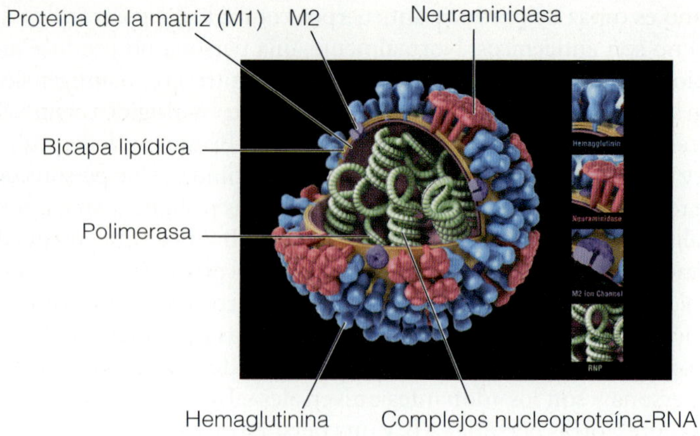


**FIGURA 9.28**

**Estructura del virus de la gripe**. El genoma de RNA de 13 600 nucleótidos está encerrado en la esfera con un diámetro de unos 120 nm. Las puntas del exterior del virión incluyen la molécula de hemaglutinina y una punta que termina en cuatro moléculas de neuraminidasa.

CDC/Science Photo Library.

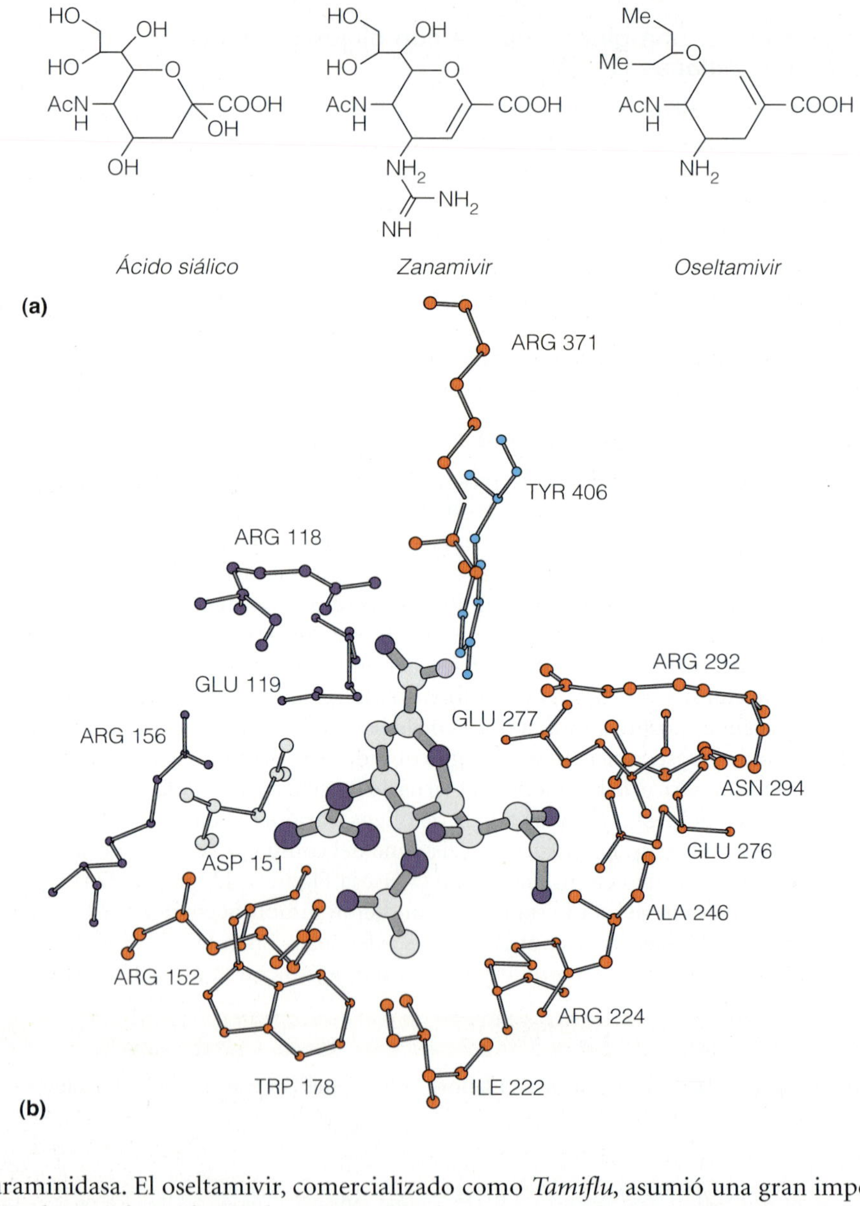


**FIGURA 9.29**

**Diseño racional de inhibidores de la neuraminidasa**. **(a)** Estructura del ácido siálico, del zanamivir y del oseltamivir. **(b)** Modelo parcial del complejo neuraminidasa-zanamivir, que muestra residuos de aminoácidos cerca del lugar de unión del inhibidor.

*Fundamentals of Molecular Virology*, Nicholas H. Acheson. © 2007 John Wiley & Sons, Inc. Reproducido con autorización de John Wiley & Sons.

neuraminidasa. El oseltamivir, comercializado como *Tamiflu*, asumió una gran importancia durante la epidemia de gripe H1N1 de 2009, antes de que se dispusiera de una vacuna eficaz. El Tamiflu actúa, como se predice, bloqueando la liberación de las partículas víricas recién formadas por las células infectadas, pero para que sea eficaz debe administrarse muy pronto tras el comienzo de los síntomas de la gripe.

## Los oligosacáridos como marcadores celulares

Los biólogos están empezando a darse cuenta de que las moléculas como los antígenos de los grupos sanguíneos constituyen tan solo un caso especial dentro de un fenómeno mucho más general, el del marcaje celular por los glucanos. En un organismo multicelular, es esencial que los distintos tipos de células estén marcadas en sus superficies, de forma que puedan interactuar del modo adecuado con otras células y moléculas, y así ese organismo pueda reconocer sus propias células como inmunológicamente distintas de las células extrañas. En consonancia con este punto de vista, cada vez está más claro que las superficies de muchas células están cubiertas casi por completo por polisacáridos, que están unidos a proteínas o a lípidos de la membrana celular (Figura 9.30a). Algunas células animales poseen una cubierta de polisacáridos muy gruesa, denominada **glucocáliz** (literalmente «capa de azúcar»). En la Figura 9.30b se muestra el glucocáliz de una célula intestinal. Los oligosacáridos del glucocáliz interactúan con otras sustancias: con las bacterias en el intestino y con el colágeno de la matriz intercelular en algunos otros tejidos.

Para que los glucanos actúen como señales de reconocimiento, debe haber proteínas que se unan a ellos de manera específica. Una clase de proteínas de este tipo es la de las inmunoglobulinas. Otro grupo muy distinto de proteínas que unen sacáridos es el de las **lectinas**. Estas se identificaron por primera vez en los tejidos vegetales, donde parecen desempeñar funciones defensivas y ayudar en la adhesión de las bacterias fijadoras de nitrógeno a las raíces. Actualmente se sabe que las lectinas se encuentran muy extendidas y que desempeñan una gran variedad de funciones, también en los animales. Así, por ejemplo, las lectinas parecen intervenir en las interacciones que se producen entre las células y las proteínas de la matriz intercelular, como el colágeno, y ayudan a mantener la estructura tisular y orgánica. Las lectinas de las paredes de las bacterias intestinales facilitan la fijación de las bacterias al glucocáliz del epitelio intestinal. El hecho de que los polisacáridos de la superficie celular sean importantes en la determinación de las interacciones célula-célula (incluyendo la adhesión y el impedimento) tiene un gran significado médico. Por ejemplo, se sabe que los polisacáridos de las superficies de muchas células cancerosas son anormales, lo cual puede explicar en parte la pérdida de especificidad tisular que este tipo de células presenta normalmente.

Muchas células llevan en su superficie una capa compleja de polisacáridos, el glucocáliz.

En los animales, una clase de proteínas relacionada es la de las **selectinas**, que se movilizan como parte de una respuesta inflamatoria. Una de estas proteínas es la *selectina P*, que se almacena en las plaquetas y en las células epiteliales. En los primeros acontecimientos del proceso inflamatorio se libera esta proteína desde los almacenes intracelulares de la superficie celular. Aquí, la parte de hidrato de carbono de la selectina P interactúa con los hidratos de carbono de la superficie de los leucocitos, que son una clase de glóbulos blancos. Esto enlentece el movimiento de los leucocitos por los vasos sanguíneos, permitiendo que abandonen el vaso sanguíneo y penetren en el lugar de la infección.

¿Por qué desempeñan los oligosacáridos con tanta frecuencia el papel de marcadores celulares? No lo sabemos, pero se plantean varias posibilidades. En primer lugar, los oligo-

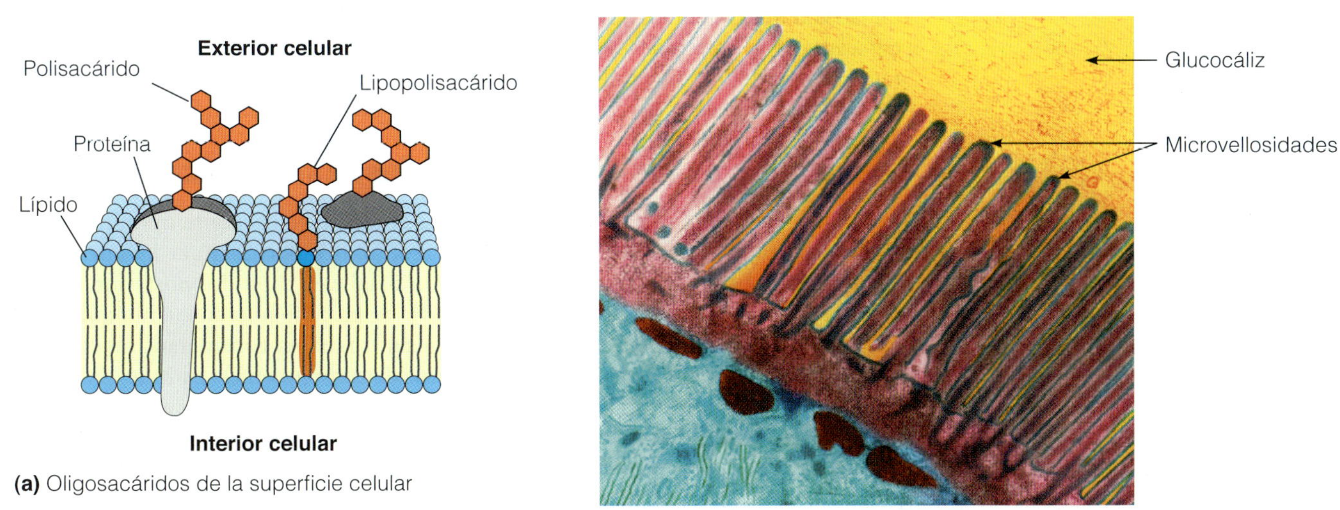


(a) Oligosacáridos de la superficie celular

**FIGURA 9.30**

**Factores de reconocimiento de la superficie celular**. **(a)** Vista esquemática de una membrana lipídica. Los oligosacáridos están unidos a la superficie exterior a través de proteínas embebidas en la membrana o moléculas lipídicas especiales. **(b)** Micrografía electrónica de la superficie de una célula epitelial intestinal. Las proyecciones celulares, denominadas microvellosidades, están cubiertas en su superficie externa mediante una capa de cadenas de polisacárido ramificadas unidas a proteínas de la membrana celular. Esta capa de hidratos de carbono, denominada glucocáliz, se encuentra en muchas superficies de las células animales.

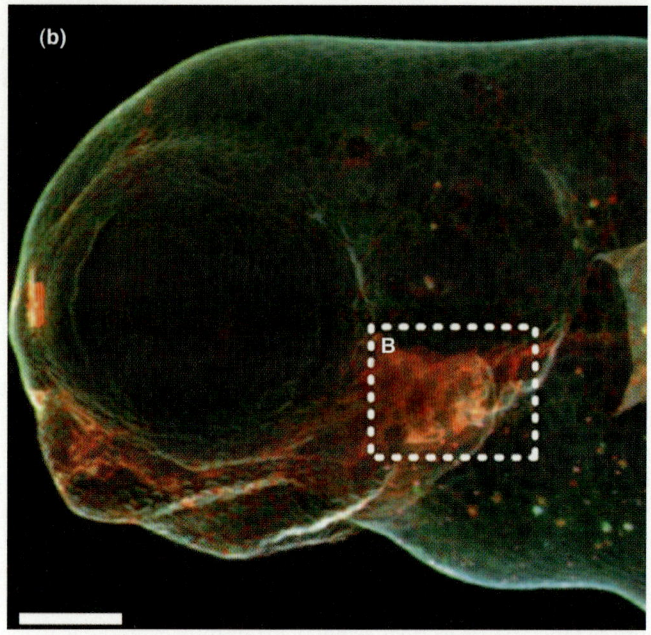


**FIGURA 9.31**

**Imagen de las glucoproteínas de la superficie celular de las células vivas.** Se permitió a embriones del pez cebra incorporar un derivado azido de GalNAc y a intervalos fijos los embriones se trataron con un reactivo fluorescente que acopla el grupo azido en el análogo incorporado. En el ejemplo que se muestra los embriones se trataron con reactivos de tres colores diferentes, cada uno para un intervalo específico de tiempo, como se describe en el texto. Escala 100 $\mu m$.

De *Science* 320:664-667, S. T. Laughlin, J. M. Baskin, S. L. Amacher, and C. R. Bertozzi, In vivo imaging of membrane-associated glycans in developing zebrafish. 

sacáridos pueden presentar una notable variedad de estructuras en cadenas relativamente cortas. Las múltiples posibilidades de elección de monómeros (entre ellos, azúcares modificados), enlaces y patrones de ramificación permiten utilizar un vocabulario amplio, pero específico. En segundo lugar, los oligosacáridos son antígenos especialmente potentes, lo cual implica que pueden desencadenar rápidamente anticuerpos específicos contra ellos (*véase* el Capítulo 7). No está claro si esta interacción es el resultado de una propiedad intrínseca de las moléculas de azúcar o de las moléculas de anticuerpos. Es posible que los anticuerpos evolucionaran como una defensa frente a las bacterias, que tienen unas paredes con abundantes polisacáridos, y que ello favoreciera el uso de los glucanos como dianas.

Al reconocerse que las glucoproteínas de la superficie celular son marcadores muy selectivos ha parecido conveniente imaginar estos marcadores en las células vivas de la misma forma que la proteína fluorescente verde se utiliza para marcar las proteínas en las células vivas (Capítulo 6). En la Figura 9.31 se muestra un ejemplo de esta tecnología emergente. En este estudio del laboratorio de Carolyn Bertozzi se incubaron embriones vivos del pez cebra en presencia de *N*-azidoacetilgalactosamina ($Ac_4GalNAz$) peracetilada, que se incorpora con facilidad en las glucoproteínas del tipo mucina con enlaces O-. A intervalos tras la fertilización los embriones se trataron con reactivos fluorescentes de diferentes colores, cada uno de los cuales podía reaccionar covalentemente con el grupo azido de las glucoproteínas de la superficie celular. En la figura que se muestra, los intervalos de tratamiento con el reactivo fluorescente fueron 60-61, 62-63 y 72-73 horas tras la fertilización, y en cada periodo se marcó con un colorante de diferente color. Este experimento demuestra distintos patrones espaciales de la síntesis de las glucoproteínas de la superfice celular a distintos tiempos durante el desarrollo de un embrión vivo con desarrollo normal, estableciéndose así el marco para el análisis mecanicista del metabolismo de las glucoproteínas en la embriogénesis.

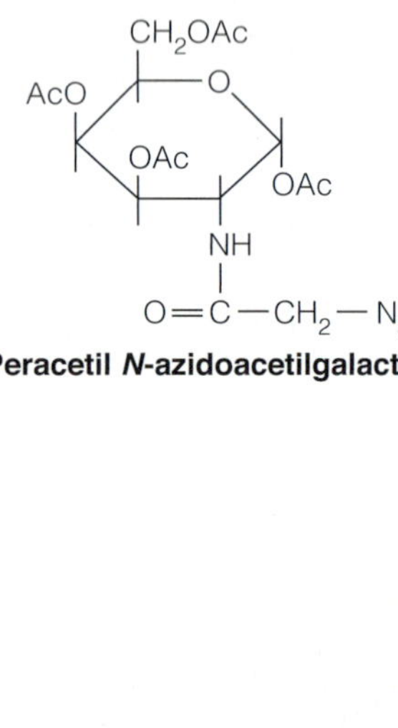


**Peracetil *N*-azidoacetilgalactosamina**

## Biosíntesis de los glucoconjugados: Aminoazúcares

Una apreciación completa del entusiasmo de la *glucobiología* contemporánea necesita conocer las rutas de biosíntesis de estos metabolitos diversos. Aunque las enzimas y los procesos metabólicos se consideran con mayor detalle en capítulos posteriores, presentamos aquí alguno de los procesos más significativos, teniendo en cuenta que el pleno reconocimiento de este material solo puede llegar tras haber considerado las enzimas en el Capítulo 11 y el metabolismo de los hidratos de carbono en el Capítulo 13.

Dado que los aminoazúcares como la glucosamina son constituyentes fundamentales de los glucoconjugados, consideramos, en primer lugar, sus orígenes metabólicos. Los azúcares sencillos como la glucosa y la fructosa surgen principalmente a través de la fotosíntesis, como se presentó en la Figura 9.2. Los azúcares fosfato surgen como intermediarios de la glucólisis, la gluconeogénesis y la ruta de las pentosas fosfato, que se presentan todas ellas en el Capítulo 13. Todos los aminoazúcares metabólicamente proceden de la **glucosamina-6-fosfato**, que surge a su vez de la **fructosa-6-fosfato** a través de una reacción de **amidotransferasa**, como se muestra debajo.

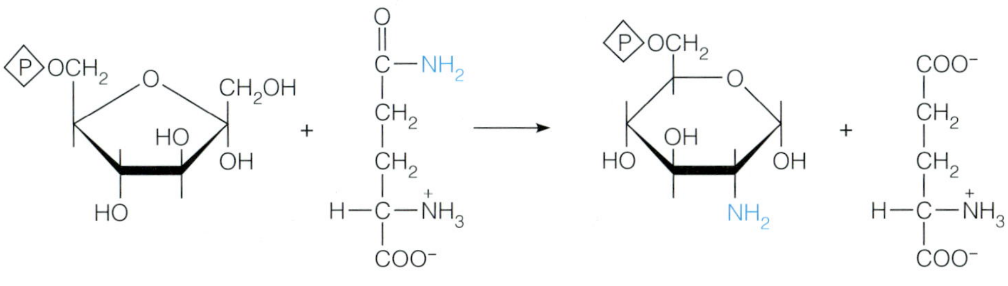

**Fructosa-6-fosfato** **Glutamina** **Glucosamina-6-fosfato** **Glutamato**

En esta reacción el nitrógeno de la glutamina se transfiere al C-2 de la fructosa-6-fosfato, mientras que la glutamina se convierte en glutamato; el azúcar también sufre una oxidorreducción interna, moviéndose la parte carbonilo desde el C2 al C1. Varias amidotransferasas participan en el metabolismo de los nucleótidos y se consideran con mayor detalle en el Capítulo 22.

El metabolismo posterior de la glucosamina-6-fosfato implica la acetilación del grupo amino por la **acetil coenzima A**, o acetil CoA, como se indica en la Figura 9.32. La acetil CoA es una especie acetilante activa, que se forma en gran parte en las mitocondrias a partir de la oxidación de los ácidos grasos y el piruvato (Capítulo 12). El grupo acetilo se transfiere al nitrógeno de la glucosamina-6-fosfato. A continuación, una **mutasa** isomeriza el azúcar fosfato al transferir el fosfato del C6 al C1. Finalmente, una reacción con trifosfato de uridina, como la que se muestra en la página 328, genera un azúcar ligado a un nucleótido que está preparado para posteriores reacciones de biosíntesis.

La ruta expresada de forma simplificada en la Figura 9.33 conduce, en cinco pasos, desde la UDP-*N*-acetilglucosamina al ácido siálico, pero en el proceso se generan otros intermediarios de la síntesis de glucoconjugados. La enzima **epimerasa** en la primera reacción invierte la configuración del azúcar en C4. A continuación, se elimina de forma hidrolítica el nucleótido de uridina, a lo que sigue una fosforilación dependiente del ATP en C6 acoplada a otra epimerización en C4. Luego sigue una reacción compleja en la que los tres carbonos del **fosfoenolpiruvato** se incorporan al anillo del azúcar, dando un azúcar fosfato de nueve carbonos. La eliminación hidrolítica del fosfato proporciona ácido *N*-acetilneuramínico o ácido siálico. El fosfoenolpiruvato, un intermediario de la glucólisis (Capítulo 13), se presentó en el Capítulo 3 como un compuesto de energía ultraelevada.

Como se ha indicado antes, las rutas de biosíntesis que conducen a los glucoconjugados implican reacciones de glucosiltransferasa, que emplean un azúcar activado para la transferencia de una cadena creciente de glucano mediante la formación de un azúcar ligado a un nucleótido. Normalmente ese nucleótido es UDP u otro nucleósido difosfato. El ácido siálico presenta una excepción, ya que el nucleótido activante es la *citidina* trifosfato y el producto activado es un azúcar nucleósido *monofosfato* activado.

$$\text{CTP} + \text{ácido siálico} \longrightarrow \text{CMP-ácido siálico} + \text{PP}_i$$

Por razones que se desconocen, esta reacción tiene lugar en el núcleo de las células animales, mientras que los demás azúcares ligados a nucleótidos se sintetizan en el citosol.

## Glucoconjugados de interés

Como se ha señalado a lo largo de este capítulo, la enorme diversidad estructural posible en los hidratos de carbono permite utilizarlos para el reconocimiento molecular intracelular y extracelular en las glucoproteínas, incluso cuando están presentes en cantidades muy pequeñas. El componente hidrato de carbono de las glucoproteínas de la superficie celular dirigen la interacción de las células con otras células y con su entorno. Estas interacciones implican procesos tan diversos como los movimientos celulares del desarrollo, la adhesión celular, la motilidad celular, el control del crecimiento celular, la transformación oncogénica y la **endocitosis** (internalización del material desde el medio extracelular, *véase* el Capítulo 17).

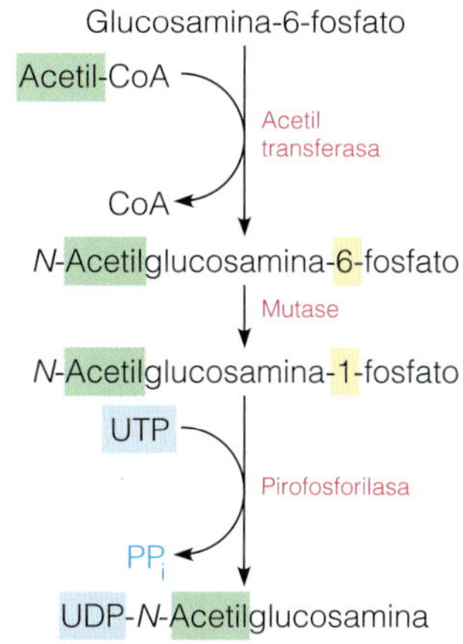


**FIGURA 9.32**

**Ruta de la biosíntesis de la UDP—*N*-acetilglucosamina a partir de glucosamina-6-fosfato.**

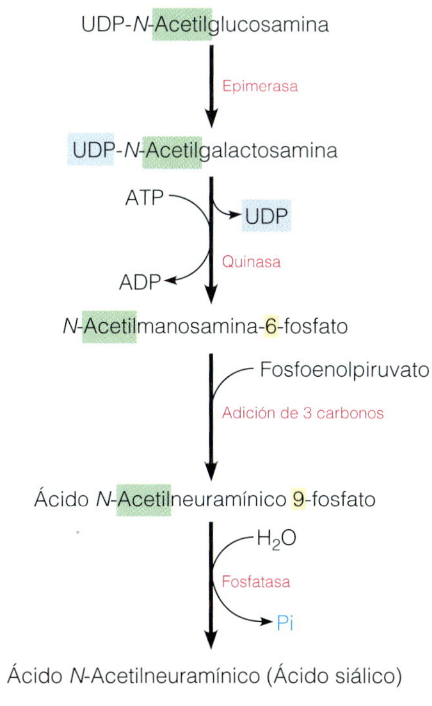


**FIGURA 9.33**

**Biosíntesis del ácido *N*-acetilneuramínico (ácido siálico) a partir de la UDP—*N*-acetilglucosamina.**

En este apartado consideramos la biosíntesis de los componentes hidratos de carbono de algunos glucoconjugados seleccionados, los componentes glucano de las glucoproteínas y los peptidoglucanos y las partes del antígeno O de las paredes celulares bacterianas. Los ejemplos elegidos tienen un interés biológico general e ilustran los mecanismos que se utilizan en la síntesis de la extensa gama de glucoconjugados. En general, como se ha mencionado antes, estos mecanismos se basan en la acción de glucosiltransferasas específicas que transfieren una unidad de monosacárido de un azúcar ligado a un nucleótido al extremo no reductor de una cadena de oligosacárido o a un grupo funcional adecuado en el componente proteico. Las glucosiltransferasas están unidas a las membranas del retículo endoplásmico liso o rugoso, o al aparato de Golgi.

Una parte particularmente fascinante de la síntesis de las glucoproteínas es la de la clasificación de las proteínas o «tráfico» que se produce cuando las cadenas de oligosacáridos están creciendo. En algunos casos, la estructura de la cadena o cadenas de oligosacáridos sobre una proteína actúa como determinante de reconocimiento molecular, dirigiendo esa proteína hacia la localización intracelular adecuada para el paso siguiente en la síntesis de oligosacáridos y, finalmente, hacia el lugar en el que residirá la proteína madura. Presentamos este tema aquí y volvemos a él en el Capítulo 28.

La presencia o ausencia de uno o dos glucosiltransferasas específicas que participan en la síntesis de oligosacáridos unidos por O determina el tipo de sangre A, B, AB o O.

## Oligosacáridos ligados por O: antígenos de los grupos sanguíneos

Recuérdese de la página 340 que los antígenos de los grupos sanguíneos son oligosacáridos unidos a proteínas o lípidos de superficie. Como se muestra en la Figura 9.34, la ruta de biosíntesis comienza con la transferencia de *N-acetilgalactosamina* desde UDP-

**FIGURA 9.34**

Biosíntesis de las unidades de oligosacáridos ligados por O en las glucoproteínas de las sustancias de los grupos sanguíneos O, A y B.

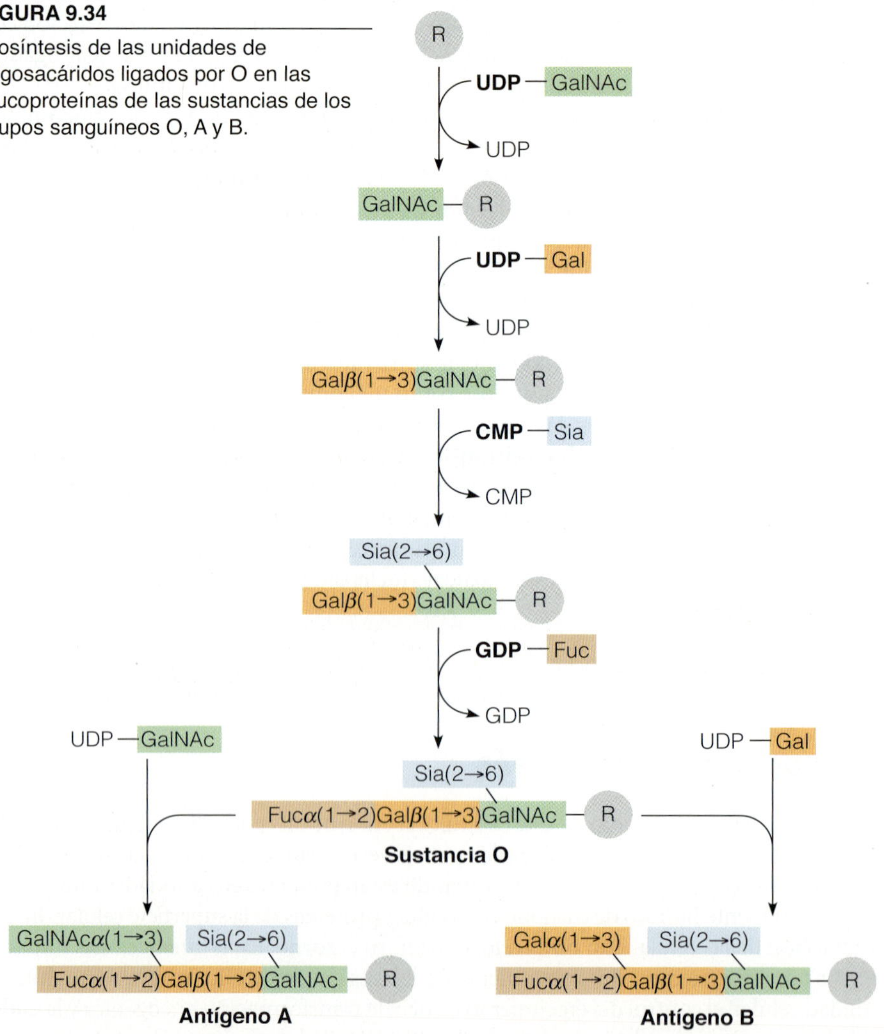

GalNAc a un grupo hidroxilo de serina o treonina en una proteína aceptora (R en la figura; el receptor puede ser también un lípido). A continuación se producen tres reacciones de glucosiltransferasa que llevan a la sustancia tetrasacárido O (no es un antígeno, ya que no es inmunógeno). En la parte inferior de la figura, una glucosiltransferasa transfiere GalNAc desde UDP-GalNAc a la posición 3 del residuo de galactosa en el tetrasacárido O, dando el antígeno pentasacárido A. Esta es la enzima de la que carecen las personas de los grupos B u O. De manera similar, la enzima que se muestra en la parte inferior derecha, que transfiere Gal desde UDP-galactosa a la sustancia O, genera el antígeno B y esta enzima falta en las personas de tipo A u O. (Más detalles en la página 340).

## Oligosacáridos ligados por N: glucoproteínas

Un proceso muy diferente es el que se produce en la síntesis de los glucanos ligados por N, comunes a la mayor parte de las glucoproteínas. En este caso, el ensamblaje del oligosacárido no se produce sobre la cadena polipeptídica sino sobre un *intermediario ligado a lípidos.* A continuación, se transfiere un oligosacárido precursor a una cadena polipeptídica, que puede encontrarse ella misma aun en medio de su propia síntesis. Este tipo de reacción se denomina **cotraduccional**. Por último, el oligosacárido transferido sufre otras etapas de procesado durante su paso desde el retículo endoplásmico rugoso y liso a través del aparato de Golgi.

Las múltiples glucoproteínas ligadas por N, cuya estructura se conoce, pueden clasificarse de acuerdo con tres estructuras básicas de oligosacáridos, tal como se resume en la Figura 9.35: **compleja**, **híbrida** y de **manosa elevada**. Todos los oligosacáridos conocidos ligados por N tienen una estructura común de un núcleo de pentasacárido (las zonas recuadradas de la figura; *véase* también la página 339).

Ese núcleo se ensambla formando parte de un intermediario oligosacárido más grande ligado al compuesto lipídico **dolicol fosfato**, que es un compuesto *isoprenoide* metabólicamente relacionado con el colesterol (Capítulo 10)

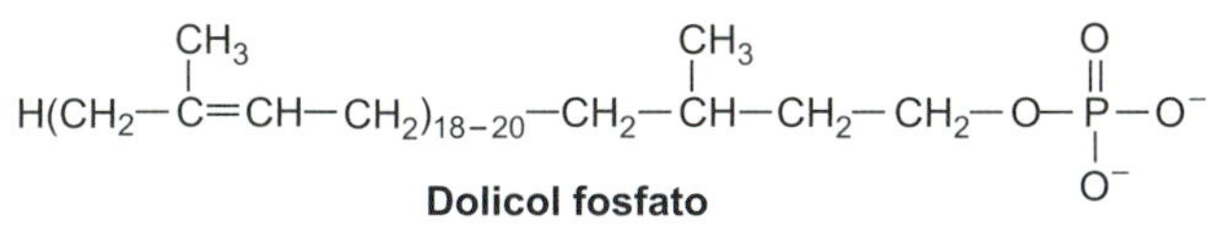

**Dolicol fosfato**

En los tejidos de los vertebrados, el dolicol contiene de 18 a 20 unidades ramificadas $C_5$ (isoprenoides) con dos dobles enlaces *trans*, mientras que el resto son *cis*, excepto la unidad de isopreno terminal saturada. El dolicol se sintetiza a partir de la misma ruta que produce colesterol, otros esteroles y otros compuestos isoprenoides (*véase* el Capítulo 19) y luego se fosforila.

### Síntesis del intermediario ligado al lípido

El primer paso de la síntesis de glucoproteínas es el ensamblaje de un intermediario oligosacárido ligado a un lípido, que actúa como precursor de todos los oligosacáridos conocidos ligados por N. Ese proceso tiene lugar en el retículo endoplásmico (RE). En la Figura 9.36 se resume la ruta de biosíntesis que conduce a este intermediario. Los siete primeros azúcares se transfieren al dolicol fosfato desde los nucleósidos difosfato azúcares, UDP-GlcNAc y GDP-Man. Cada reacción está catalizada por una glucosil transferasa diferente. La primera de estas enzimas se inhibe específicamente por el antibiótico *tunicamicina*, que bloquea la reacción de la UDP-GlcNAc y el Dol-P e inhibe, por tanto, la síntesis de todas las glucoproteínas ligadas por N.

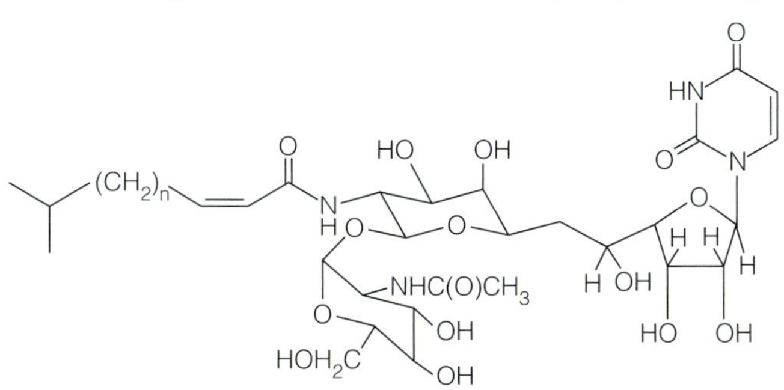

**Tunicamicina**

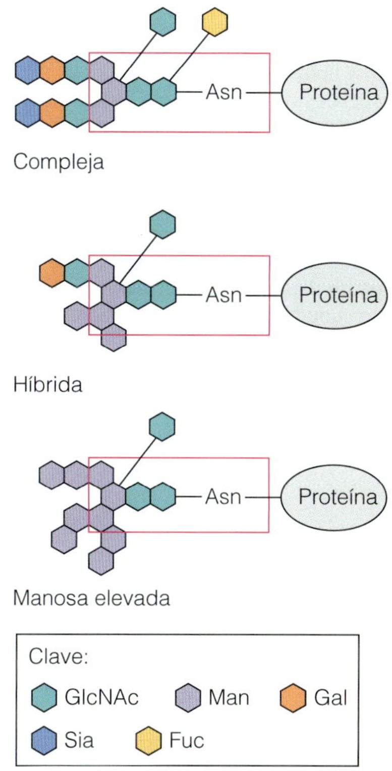


**FIGURA 9.35**

**Estructuras de los principales tipos de oligosacáridos ligados a la asparagina (ligados por N).** Los recuadros rojos contienen el núcleo común a todas las estructuras conocidas ligadas por N. Aquí y en las figuras siguientes los anillos de los hidratos de carbono se muestran «fusionados» para simplificar.

Las cadenas de polisacáridos de las glucoproteínas unidas por N se forman mientras están unidas a un compuesto lipídico, el dolicol fosfato.

Las modificaciones de las cadenas de hidratos de carbono de las glucoproteínas unidas por N ayudan a dirigir a estas proteínas hacia sus destinos intracelulares o extracelulares.

**FIGURA 9.36**

**Biosíntesis del intermediario oligosacárido ligado a lípidos.** Las cinco reacciones secuenciales de transferencia de manosilo a partir de la GDP-manosa están catalizadas por glucosiltransferasas distintas, al igual que las cuatro transferasas de manosilo a partir de dolicol fosfato manosa. Esta última se sintetiza, a su vez, a partir de GDP-manosa. El lugar aceptor en la cadena polipeptídica es un residuo de asparagina situado dos posiciones hacia el lado N de una serina o treonina. Todo el proceso tiene lugar en el retículo endoplásmico, con la translocación al lumen del RE tras la transferencia del quinto residuo de manosa.

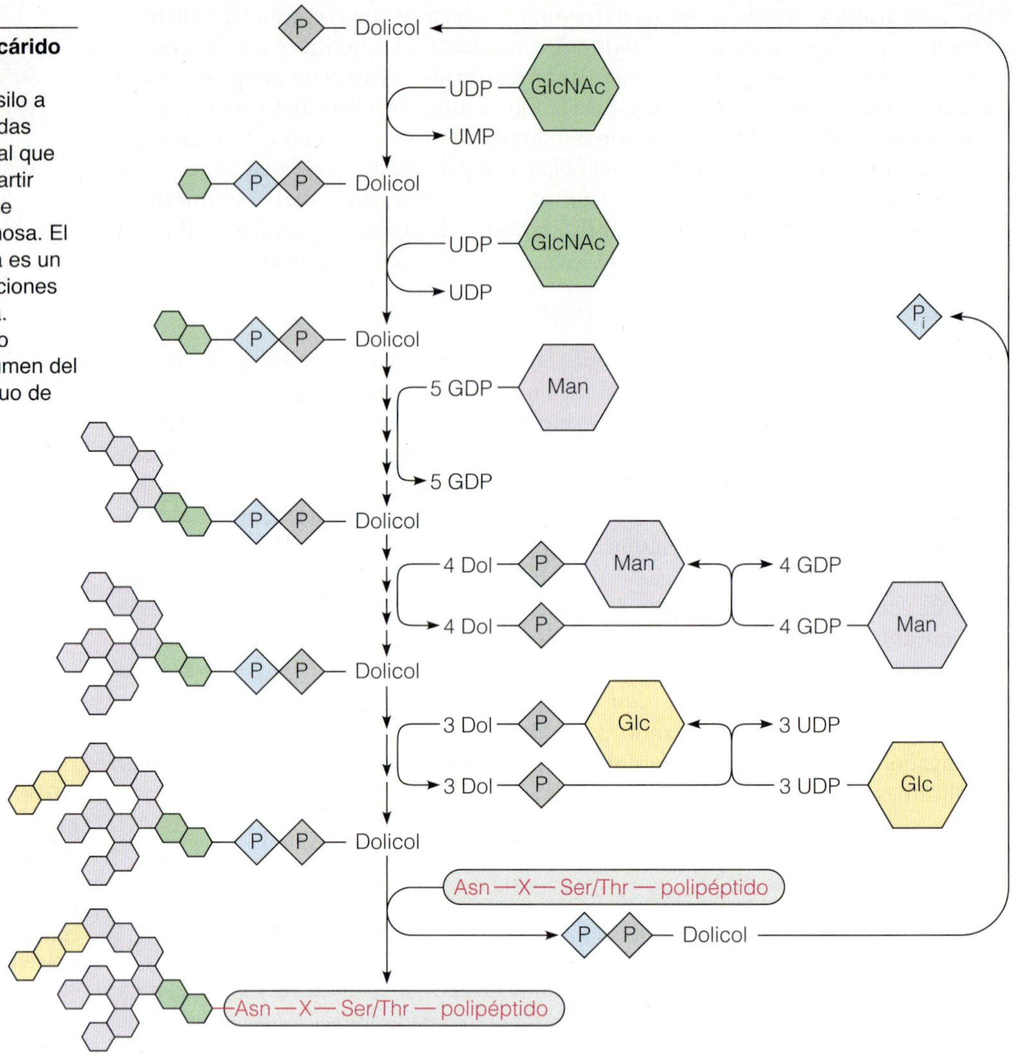


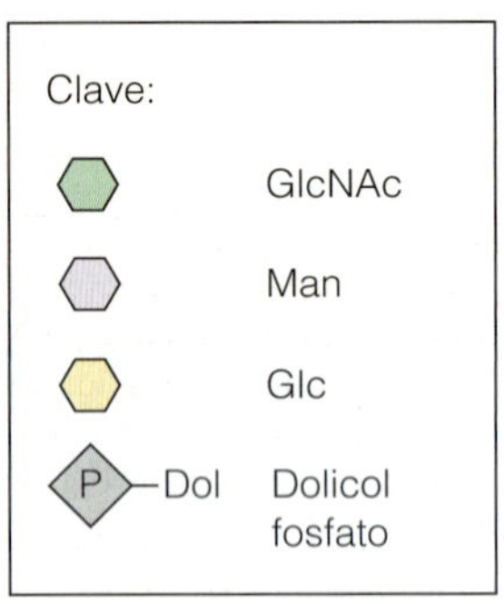


Las siete glucosiltransferasas siguientes no utilizan como sustrato azúcares ligados a nucleótidos, sino azúcares *ligados a dolicol*, Dol-P-Man y Dol-P-Glc. Estos se sintetizan, a su vez, a partir de Dol-P y GDP-Man o UDP-Glc, respectivamente. Durante esta fase, el intermediario ligado a lípidos ($Man_5GlcNAc_2$-P-P-Dol, el tercer intermediario de la Figura 9.36) sufre una traslocación y pasa de la superficie exterior de la membrana del RE a la cara luminal o interna de esta. Esta traslocación explica la necesidad de azúcares ligados al dolicol fosfato para las siguientes glucosilaciones, puesto que los azúcares ligados a nucleósidos difosfato no pueden entrar en el lado luminal de la membrana.

El paso siguiente, la transferencia de la unidad oligosacárido a un polipéptido aceptor, se produce también en la luz, catalizada por una **oligosacaril transferasa** específica. El lugar aceptor es un residuo de asparagina de la secuencia Asn-X-Ser/Thr, donde X es cualquier aminoácido. El lugar aceptor debe ser accesible en un bucle o una hendidura de la cadena polipeptídica, y este es probablemente el motivo por el que la transferencia se produce simultáneamente con la traducción del polipéptido aceptor. Los tres residuos glucosilo de la unidad oligosacarilo transferida facilitan de algún modo la transferencia, pero no son absolutamente necesarios. En la práctica totalidad de las glucoproteínas, estos residuos glucosilo se eliminan en los pasos posteriores del procesamiento.

## Procesamiento de los oligosacáridos

El procesamiento de los polipéptidos ligados a los oligosacáridos se inicia en la luz del retículo endoplásmico (RE) rugoso y continúa a medida que la glucoproteína en formación se va desplazando hacia el RE liso y finalmente, a las diversas cisternas del aparato

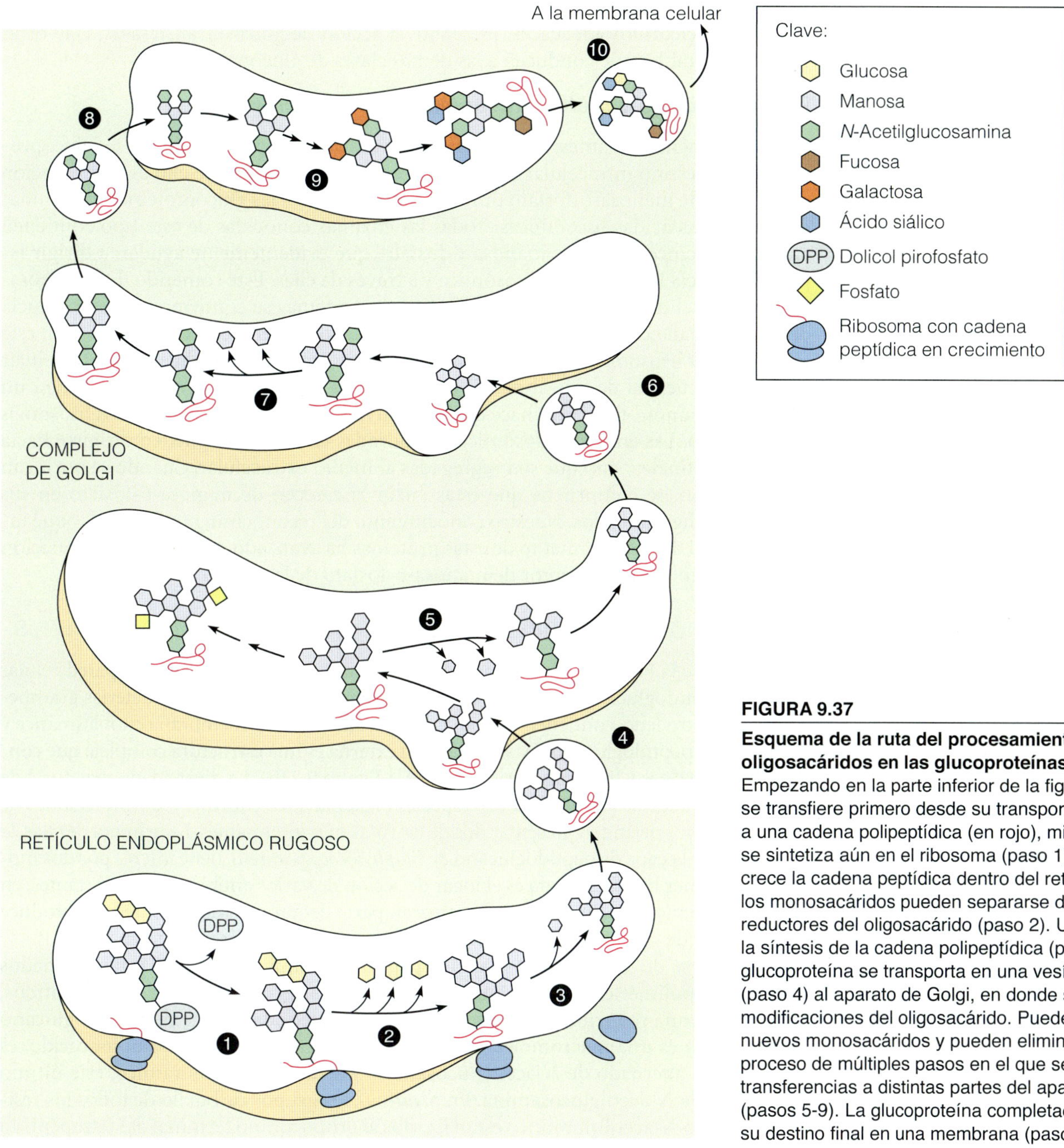


**FIGURA 9.37**

**Esquema de la ruta del procesamiento de los oligosacáridos en las glucoproteínas de nueva síntesis.** Empezando en la parte inferior de la figura, el oligosacárido se transfiere primero desde su transportador dolicol fosfato a una cadena polipeptídica (en rojo), mientras esta última se sintetiza aún en el ribosoma (paso 1). A medida que crece la cadena peptídica dentro del retículo endoplásmico, los monosacáridos pueden separarse de los extremos no reductores del oligosacárido (paso 2). Una vez completada la síntesis de la cadena polipeptídica (paso 3), la nueva glucoproteína se transporta en una vesícula de transporte (paso 4) al aparato de Golgi, en donde se producen nuevas modificaciones del oligosacárido. Pueden añadírsele nuevos monosacáridos y pueden eliminarse otros en un proceso de múltiples pasos en el que se producen varias transferencias a distintas partes del aparato de Golgi (pasos 5-9). La glucoproteína completada se transporta a su destino final en una membrana (paso 10) o se segrega.

de Golgi. Se genera una amplia variedad de estructuras de oligosacáridos durante este procesamiento. Parte de la diversidad se debe a diferencias de conformación de la porción proteica en la proximidad de una cadena de hidratos de carbono, que afecta a la accesibilidad de la cadena a las glucosiltransferasas y **glucosidasas** (enzimas que separan azúcares de forma hidrolítica). Las cadenas de oligosacáridos generan, probablemente, lugares de reconocimiento para el direccionamiento de cada compuesto procesado a los distintos lugares del interior y luego del exterior del aparato de Golgi, en donde se encuentran las enzimas de procesamiento específicas ligadas a la membrana (Figura 9.37). En la práctica totalidad de los casos, el procesamiento se inicia (después de la transferencia a una cadena polipeptídica) con la eliminación de los tres residuos glucosilo en el RE rugoso, seguida de la eliminación de algunos de los residuos manosilo en el aparato de Golgi. Estos procesos son críticos para el plegado correcto de algunas proteínas en el RE. Las glucoproteínas destinadas a ser del tipo «complejo» se procesan luego mediante la adición de *N*-acetilglucosamina, seguida de una posterior eliminación de los residuos manosilo. Los residuos fucosilo, galactosilo y sialilo se añaden a partir de los azúcares ligados a nucleótidos adecuados mediante la acción de glucosiltransferasas. Hay otras rutas comparables que conducen a las demás clases de glucoproteínas.

### Procesamiento y tráfico intracelular de proteínas

Como se ha señalado antes, las cadenas de oligosacáridos ayudan a dirigir las glucoproteínas a su destino intracelular final. Una demostración gráfica de ello es la generación de residuos de manosa-6-fosfato durante el procesado de las glucoproteínas denominadas hidrolasas ácidas lisosómicas. Todas las enzimas conocidas de este tipo contienen entre una y cinco unidades manosa-6-fosfato, que evidentemente ayudan a dirigir las proteínas hacia la membrana lisosómica y a través de ellas. Este cometido de la manosa-6-fosfato en el direccionamiento del tráfico de proteínas se confirma por la existencia de una anomalía congénita rara y mortal denominada **enfermedad de células I**. En este trastorno, los lisosomas no pueden realizar su función normal de digestión intracelular como consecuencia de que el déficit de la primera glucosiltransferasa, que genera un residuo de manosa-6-fosfato, hace que el contenido de hidrolasa ácida de los lisosomas sea muy bajo. Las enzimas lisosómicas, elaboradas en el RE, no pueden dirigirse hacia sus destinos finales, sino que son segregadas al medio extracelular. Cuando se purifican y caracterizan, se comprueba que estas enzimas carecen de manosa-6-fosfato en sus cadenas de oligosacáridos. Nuestro conocimiento del reconocimiento molecular que interviene en el direccionamiento de estas proteínas ha avanzado con la reciente clonación del gen que codifica el receptor de manosa-6-fosfato de la membrana lisosómica.

## Polisacáridos de la pared celular microbiana: peptidoglucanos

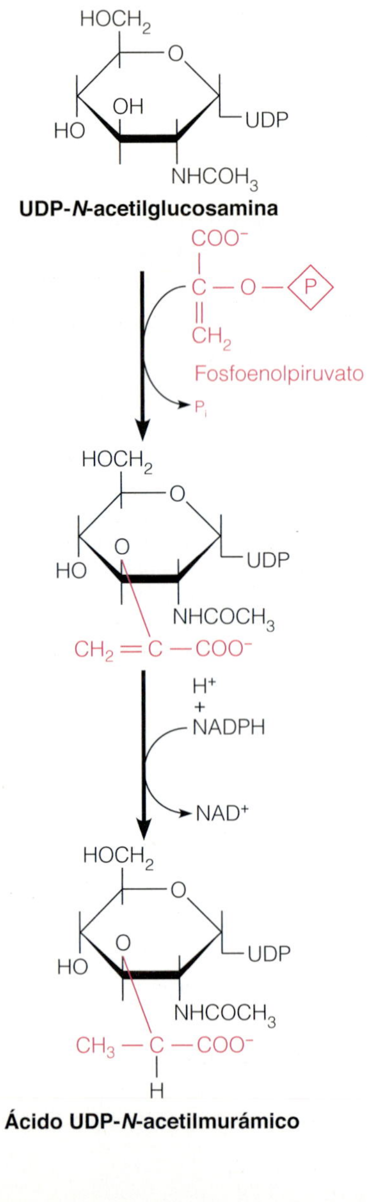


Recuérdese de la Figura 9.24a que las bacterias grampositivas contienen una pared celular rígida de peptidoglucano que rodea a la membrana citoplasmática. Las bacterias gramnegativas, por otro lado, contienen una tercera capa, además de la membrana citoplasmática y de la capa de peptidoglucano. Esta membrana externa es una estructura compleja que contiene lipoproteínas y lipopolisacáridos (*véase* la Figura 9.24b). La diversidad estructural de estas macromoléculas en las distintas especies bacterianas es enorme, y las limitaciones de espacio solo nos permiten presentar dos de las rutas más interesantes. La primera de ellas, la biosíntesis de la capa de peptidoglucano de *Staphylococcus aureus*, tiene interés por dos motivos. En primer lugar, esta ruta es el lugar de acción de varios antibióticos importantes, en especial las penicilinas. En segundo lugar, gran parte del proceso de biosíntesis se produce en el exterior de la célula, en donde no hay un aporte fácil de energía en forma de ATP.

Recuérdese de la Figura 9.24 que los peptidoglucanos bacterianos están formados por cadenas poliméricas de aminoazúcares entrecruzadas por cadenas de oligopéptidos, para formar una red tridimensional enorme en la que toda la capa de peptidoglucano de una célula es una macromolécula gigante. La cadena de glucano, o polisacárido, es un polímero alternado de *N*-acetilglucosamina y ácido *N*-acetilmurámico, este último derivado de la *N*-acetilglucosamina. En *S. aureus*, los grupos carboxilo de todos los residuos de ácido *N*-acetilmurámico están ligados al grupo amino terminal del tetrapéptido L-alanil-D-$\gamma$-isoglutaminil-L-lisil-D-alanina. Cada entrecruzamiento adopta la forma de cadena de pentaglicina que une el grupo carboxilo de un residuo de D-alanina al grupo $\varepsilon$-amino de un residuo de lisina en un oligopéptido adyacente.

La biosíntesis del peptidoglucano de *S. aureus* puede dividirse en tres fases diferenciadas: (1) síntesis del *N*-acetilmuramilpéptido, (2) formación de la cadena de polisacárido mediante la polimerización de *N*-acetilglucosamina y *N*acetilmuramilpentapéptido, y (3) entrecruzamiento de las diversas cadenas individuales de peptidoglucano. Gran parte de esta ruta se determinó en estudios realizados sobre la acción de la penicilina, que destruye las células bacterianas mediante el bloqueo de la síntesis de la pared celular por la inhibición de la síntesis del peptidoglucano.

### Síntesis del N-acetilmuramilpéptido

La primera fase se inicia con la síntesis de ácido UDP-*N*-acetilmurámico a partir de la UDP-*N*-acetilglucosamina (*véase* el margen). Se transfiere un mol de fosfoenolpiruvato, para producir una cadena lateral de tres carbonos. Este grupo de tres carbonos (se muestra en morado) se reduce por el NADPH (un reductor biológico; *véase* el Capítulo 12) para dar el éter 3-O-D-lactilo de la *N*-acetilglucosamina, o ácido *N*-acetilmurámico. Se forma, a continuación, un pentapéptido de una forma escalonada, como se indica en la Figura 9.38. No intervienen en este proceso ningún molde de RNA mensajero ni tampoco los ribosomas, como ocurre en la síntesis de las cadenas polipeptídicas en la síntesis proteica. La especificidad radica en las acciones secuenciales de una serie de ligasas dependientes de ATP, que añaden primero L-alanina, seguido de D-glutamato (que más tarde se amida a D-*isoglutamina*), luego L-lisina (ligada al grupo $\gamma$-carboxilo del glutamato) y finalmente, el dipéptido D-alanil-D alanina. Uno de estos dos residuos de D-alanina será eliminado en un paso posterior (*véase* la Figura 9.39).

## Formación de la cadena de peptidoglucano

La siguiente fase es la polimerización de la *N*-acetilglucosamina y el *N*-acetilmuramil-pentapéptido para dar una cadena lineal de peptidoglucano. En este proceso interviene un transportador lipídico, el **undecaprenol fosfato**, comparable al dolicol fosfato, que hemos encontrado en la síntesis de los oligosacáridos ligados por N.

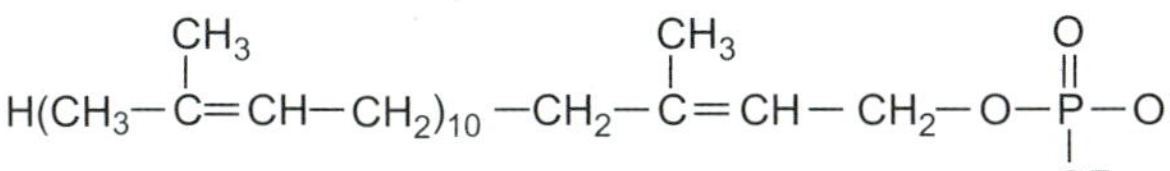

**Undecaprenol fosfato**

El undecaprenol fosfato es un compuesto de 55 carbonos que contiene 11 unidades isoprenoides, con fosfato ligado en el terminal. A este fosfato se transfiere la porción *N*-acetilmuramilpentapéptido procedente del UDP-*N*-acetilmuramilpentapéptido (Figura 9.39, paso 1). Este compuesto acepta entonces *N*-acetilglucosamina procedente de

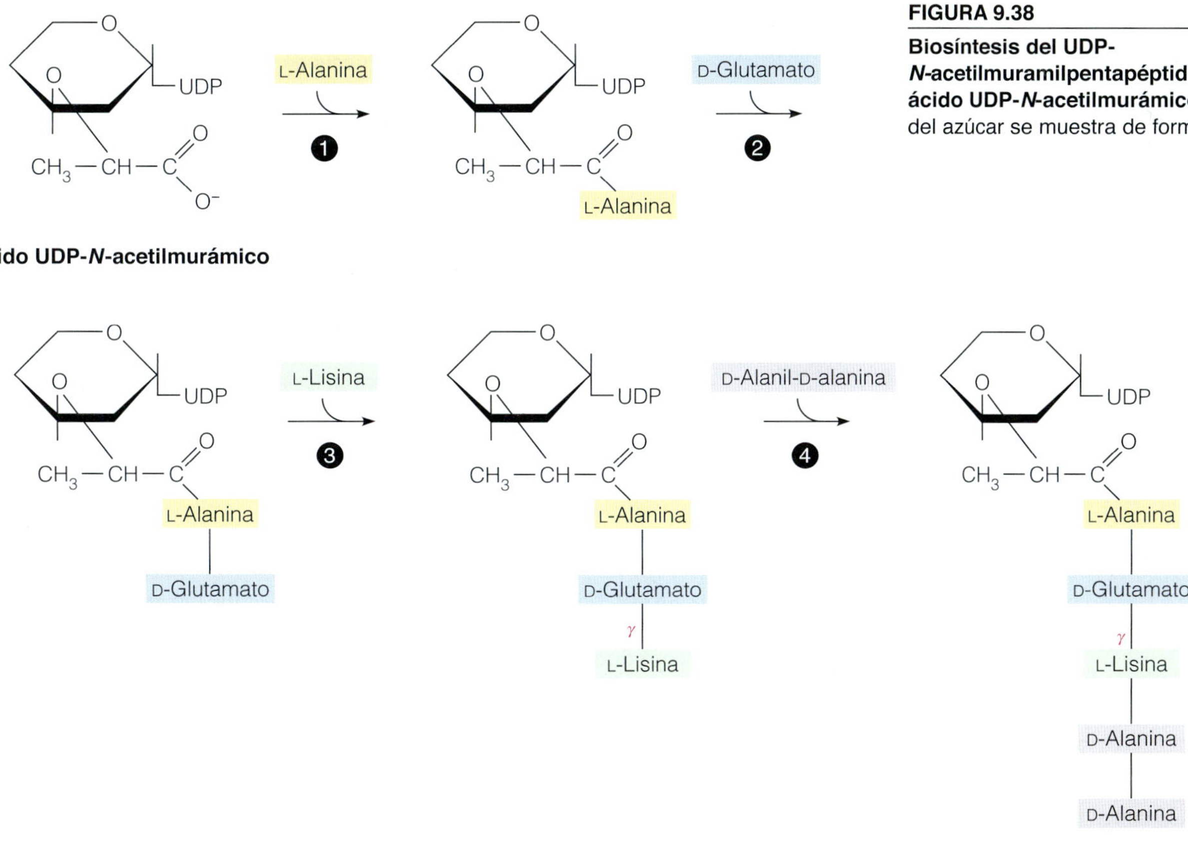


**FIGURA 9.38**

**Biosíntesis del UDP-*N*-acetilmuramilpentapéptido a partir del ácido UDP-*N*-acetilmurámico.** La estructura del azúcar se muestra de forma esquemática.

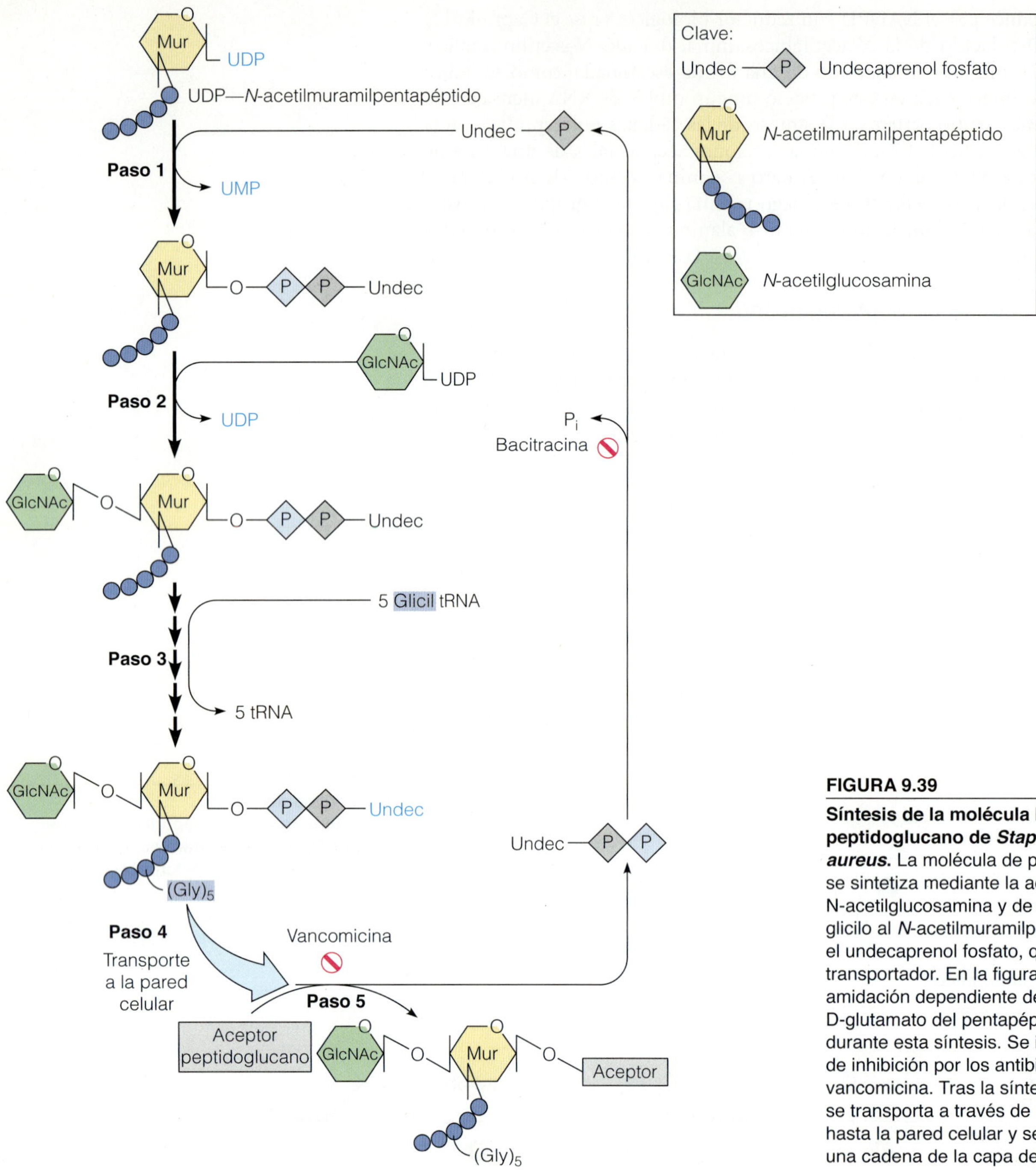


**FIGURA 9.39**

**Síntesis de la molécula lineal de peptidoglucano de *Staphylococcus aureus*.** La molécula de peptidoglucano se sintetiza mediante la adición de N-acetilglucosamina y de cinco residuos glicilo al *N*-acetilmuramilpentapéptido, con el undecaprenol fosfato, que actúa como transportador. En la figura no se muestra la amidación dependiente de ATP del residuo D-glutamato del pentapéptido, que se produce durante esta síntesis. Se identifican los lugares de inhibición por los antibióticos bacitracina y vancomicina. Tras la síntesis, el peptidoglucano se transporta a través de la membrana celular hasta la pared celular y se añade al extremo de una cadena de la capa de peptidoglucano.

UDP-*N*-acetilglucosamina (paso 2), y a continuación, se produce la adición secuencial de cinco residuos de glicina desde el RNA de transferencia de la glicina (paso 3). Parece probable que en esta fase el transportador de fosfolípidos actúe llevando la unidad peptidodisacárido a través de la membrana (paso 4), puesto que se produce la polimerización (adición al extremo reductor de una cadena de peptidoglucano preexistente) en la parte externa de la pared celular (paso 5). Los antibióticos *bacitracina* y *vancomicina* inhiben determinados pasos de este proceso en los lugares que se indican en la Figura 9.39.

> Una gran parte de la biosíntesis de las cadenas de oligosacáridos de los peptidoglucanos se produce fuera de la pared celular, empleando intermediarios activados que se sintetizan fuera de la célula.

### Entrecruzamiento de las cadenas de peptidoglucano

Finalmente, se produce el entrecruzamiento entre las cadenas adyacentes, también fuera de la célula. Este proceso implica una reacción de **transpeptidación**, con la ruptura de un enlace peptídico que proporciona la energía necesaria para impulsar la formación

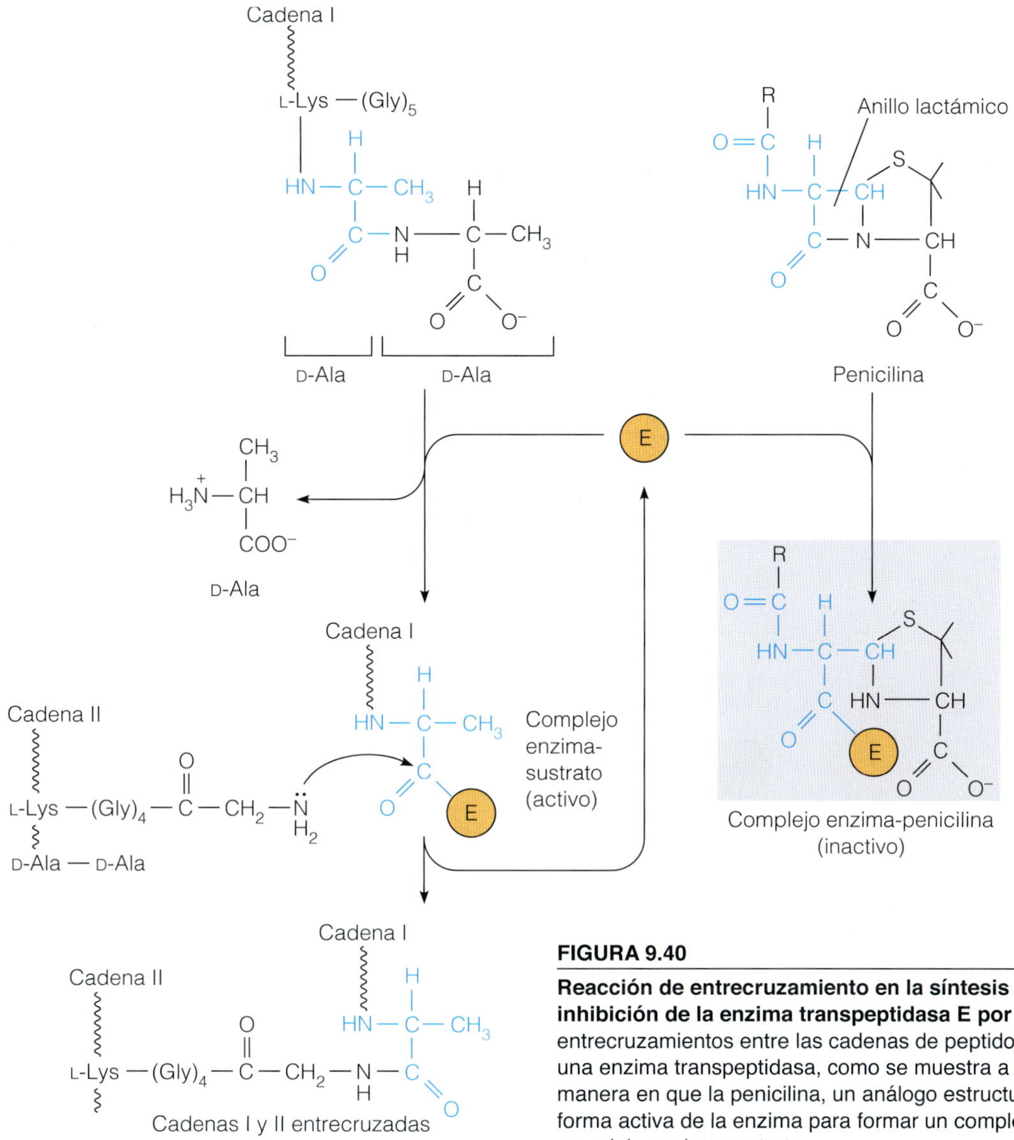


**FIGURA 9.40**

**Reacción de entrecruzamiento en la síntesis de peptidoglucano (izquierda) e inhibición de la enzima transpeptidasa E por la penicilina (derecha).** Se forman entrecruzamientos entre las cadenas de peptidoglucanos adyacentes por la acción de una enzima transpeptidasa, como se muestra a la izquierda. A la derecha, se indica la manera en que la penicilina, un análogo estructural del sustrato natural, reacciona con la forma activa de la enzima para formar un complejo covalente inactivo que se asemeja al complejo enzima-sustrato.

de otro enlace peptídico. Esto significa que la energía libre necesaria para impulsar la formación de entrecruzamientos se ha incorporado a las estructuras mientras estas eran aún accesibles al ATP, dentro de la célula. Como se presenta en la Figura 9.40, la transpeptidación implica un ataque nucleófilo por parte del grupo amino terminal libre de la cadena de pentaglicina sobre el carbono amida que liga las D-alaninas terminales en una cadena adyacente.

La reacción de entrecruzamiento es el objetivo de la acción de dos clases importantes de antibióticos, las *penicilinas* y las *cefalosporinas*. Se cree que la penicilina reacciona de manera irreversible con la transpeptidasa que cataliza el entrecruzamiento. Esa enzima forma normalmente un intermediario acil-enzima, a través de la penúltima D-alanina de la cadena pentapeptídica (Figura 9.40, derecha). Evidentemente la penicilina se parece al dipéptido terminal de esta estructura hasta el punto de que puede reaccionar también con la transpeptidasa. La reacción se impulsa en parte por la tensión incorporada en el **anillo lactámico** de cuatro eslabones de la penicilina, puesto que ese anillo se abre durante la reacción. La penicilina se ha estudiado mucho como un antibiótico «ideal», puesto que la reacción de entrecruzamiento no tiene equivalente en el metabolismo animal. Dado que la célula bacteriana debe continuar sintetizando la pared celular con objeto de crecer y dividirse, la inhibición de un paso de este proceso proporciona una forma completamente específica de interferir sobre el crecimiento de los patógenos bac-

La actividad antibiótica de la penicilina procede de su interferencia con la síntesis extracelular de peptidoglucano.

terianos. Lamentablemente, puede adquirirse resistencia a la penicilina. Esta resistencia implica generalmente la síntesis, dirigida por un gen extracromosómico, de una **$\beta$-lactamasa**, que es una enzima que hidroliza el anillo lactámico de la penicilina y destruye su capacidad de interferir en la síntesis de los peptidoglucanos.

## Polisacáridos de la pared celular microbiana: antígenos O

El segundo ejemplo que consideraremos es la biosíntesis del antígeno O de *Salmonella typhimurium* gramnegativa. El antígeno O (que no debe confundirse con la sustancia del grupo sanguíneo O de los eritrocitos humanos) es el principal componente lipopolisa-

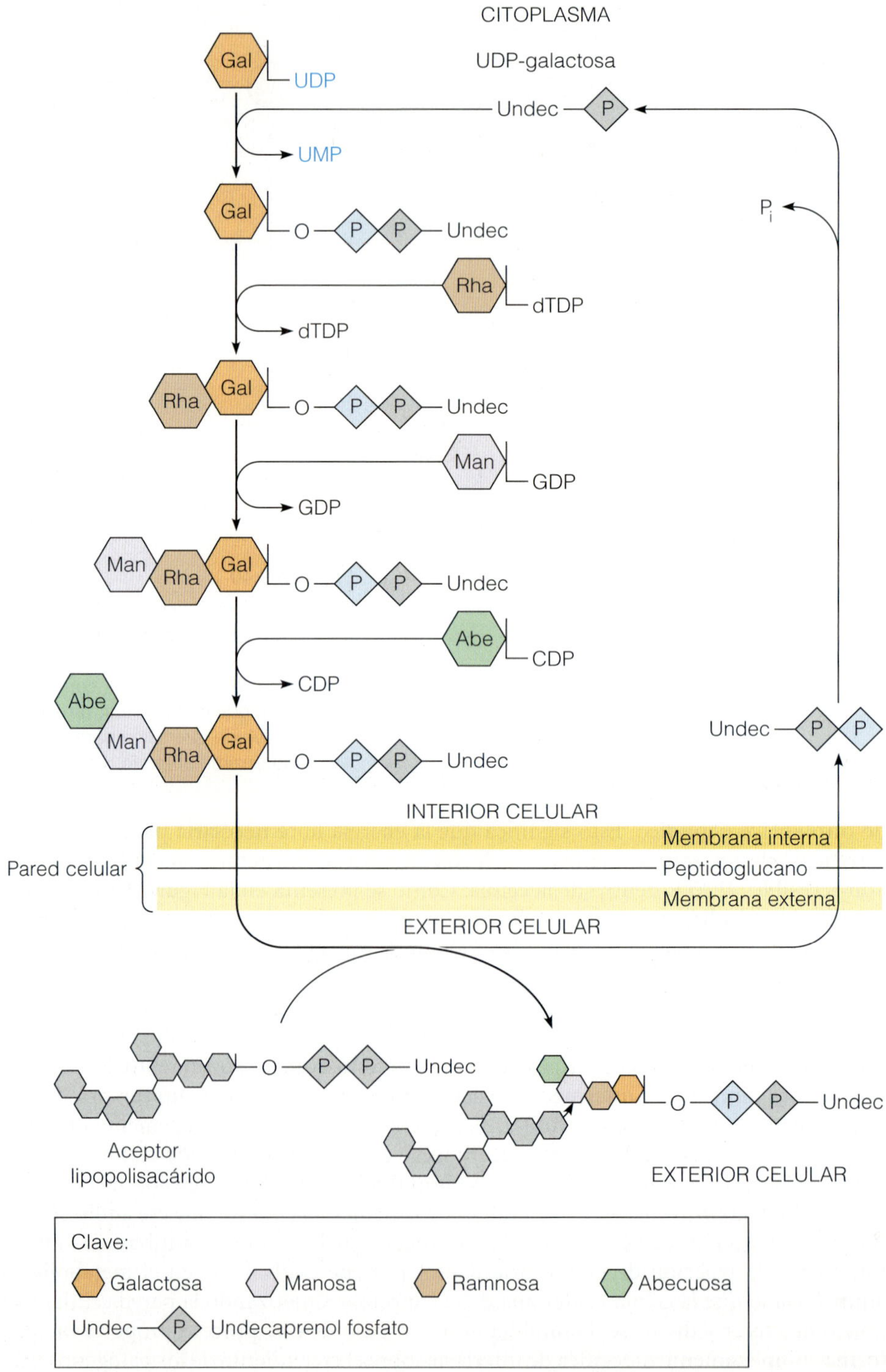


**FIGURA 9.41**

**Biosíntesis de la unidad oligosacárido repetida del antígeno O de *Salmonella typhimurium*.** Las primeras cuatro reacciones se producen dentro de la membrana interna. La transferencia de la unidad tetrasacárido activada al extremo inactivo de una unidad de polisacárido en formación se produce en la parte exterior de la membrana externa.

cárido de la membrana externa (*véase* la Figura 9.24b). Los lipopolisacáridos contienen unidades de oligosacáridos repetidas que están unidas a un núcleo de polisacárido basal. Este último está unido, a su vez, a un complejo denominado lípido A. Las unidades de oligosacárido repetidas protruyen como minúsculas fibras de la superficie de la membrana externa. Dado que representan a la superficie externa de la célula y están formadas por estructuras de hidratos de carbono específicas, estas fibras provocan reacciones inmunitarias intensas; de ahí el término *antígeno O* que se aplica a las fibras. La producción de anticuerpos dirigidos contra los antígenos O constituye un mecanismo de defensa primario que utilizan los vertebrados contra la infección bacteriana. Las bacterias han respondido a lo largo de la evolución mediante un cambio de la estructura del antígeno O a través de cambios genéticos extremadamente rápidos, cuyo mecanismo no se conoce bien. Por consiguiente, existen centenares de serotipos diferentes (cepas inmunológicamente distintas) de bacterias como *Salmonella typhimurium*, cada una con una unidad repetitiva diferente del antígeno O.

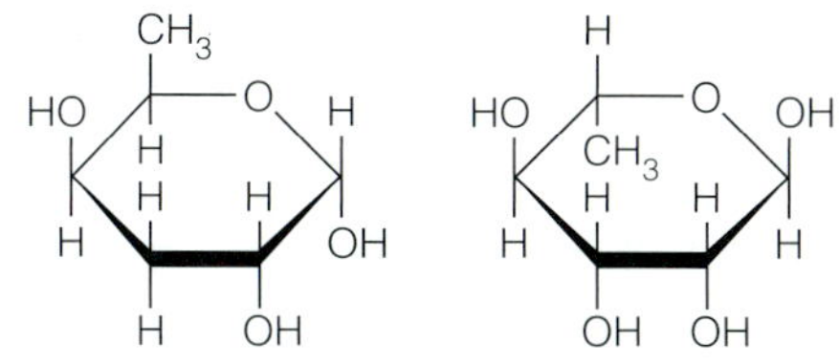

**D-Abecuosa** **L-Ramnosa**

En las cepas silvestres de *S. typhimurium*, la unidad repetitiva del antígeno O tiene la estructura abecuosa $\alpha$ $(1 \longrightarrow 3)$ manosa $\alpha$ $(1 \longrightarrow 4)$ ramnosa $\beta$ $(1 \longrightarrow 3)$ galactosa. Obsérvese en el margen que, tanto la abecuosa como la ramnosa son desoxiazúcares.

La unidad oligosacárido se ensambla sobre un transportador lipídico, el undecaprenol fosfato, el mismo transportador que hemos encontrado en la síntesis de peptidoglucano. Se forma un tetrasacárido ligado a lípidos dentro de la membrana interna, como se muestra en la Figura 9.41 y luego sale al exterior a través de la membrana externa, en donde la galactosa activada de un polímero ligado al lípido ataca a la manosa del tetrasacárido activado. Como se señaló antes, este esquema general puede conducir a una tremenda diversidad estructural entre los lipopolisacáridos.

Con el desarrollo de métodos nuevos de análisis estructural y de síntesis de hidratos de carbono complejos, el campo ha entrado en una fase nueva y excitante. Al dirigir los bioquímicos la atención en el campo emergente de la glucobiología más y más hacia las relaciones entre las células y los tejidos que constituyen un organismo integrado, están encontrando que los hidratos de carbono participan de forma importante en estos procesos. El conocimiento de los papeles de los hidratos de carbono en estas relaciones está abriendo ventanas en el desarrollo embrionario, la cicatrización de heridas, la inflamación, la inmunidad, el control del crecimiento celular y fundamentalmente, todos los procesos biológicos.

## RESUMEN

Los hidratos de carbono (o sacáridos) son compuestos que tienen la fórmula estequiométrica $(CH_2O)_n$ o derivados de los mismos. Son el producto principal de la fotosíntesis, y su oxidación proporciona una fuente de energía principal para las plantas y los animales. Dado que la mayor parte de los monosacáridos tienen múltiples centros quirales, estos sacáridos se encuentran en pares enantioméricos (imágenes especulares D y L) de diastereómeros múltiples. Los monosacáridos pueden ser aldosas o cetosas. Los que contienen cinco carbonos o más se encuentran principalmente en forma de anillos de cinco (furanosa) o seis (piranosa) átomos, que proceden de la formación de un hemiacetal interno. Estos anillos existen en forma de anómeros $\alpha$ o $\beta$, y presentan también múltiples conformaciones (por ejemplo, bote y silla).

Los derivados importantes de los monosacáridos comprenden los ésteres fosfato, los ácidos y lactonas, los alditoles, los aminoazúcares y los glucósidos. Los ésteres fosfato son importantes como intermediarios metabólicos; los glucósidos constituyen una clase amplia de compuestos formados por la eliminación de agua entre un azúcar y otro compuesto hidroxilo. Los oligosacáridos y los polisacáridos están formados mediante enlaces glucosídicos entre los monosacáridos; el enlace glucosídico es metaestable y, por tanto, las enzimas controlan su hidrólisis *in vivo*. Los polisacáridos tienen múltiples tipos de funciones, como el almacenamiento de energía (almidón y glucógeno), funciones estructurales (celulosa, xilanos, quitina, glucosaminoglucanos, polisacáridos de la pared celular) y marcadores de identificación (oligosacáridos y polisacáridos de las glucoproteínas y las superficies celulares). Los antígenos de los grupos sanguíneos son ejemplos importantes de la función de identificación.

Las cadenas complejas de glucanos se ensamblan mediante la transferencia a pasos de unidades de monosacáridos desde los azúcares ligados a nucleótidos con acción de glucosil transferasas. En el ensamblaje de los glucanos unidos por N, que tiene lugar al tiempo que la traducción de los polipéptidos, la activación de los azúcares no implica un nucleótido, sino el compuesto isoprenoide dolicol fosfato. El procesamiento de los glucanos ligados por N tiene lugar al tiempo que las glucoproteínas nacientes son guiadas a través de las membranas del retículo endoplásmico y el aparato de Golgi hacia su destino final. La biosíntesis de los componentes peptidoglucano de las paredes de las células bacterianas implica también un transportador azúcar lipídico, el undecaprenol fosfato. En las bacterias grampositivas, el lugar de acción de la penicilina y los antibióticos relacionados es el entrecruzamiento de las cadenas de peptidoglucano. En las bacterias gramnegativas, el peptidoglucano cambia rápidamente de estructura para que la bacteria evada la detección del sistema inmunitario.

## BIBLIOGRAFÍA


### General

**Binkley, R. W.** (1988) *Modern Carbohydrate Chemistry.* Marcel Dekker, Nueva York. Un estudio exhaustivo.

**Boraston, A.** y **Mulloy, B.** (2010) Structural glycobiology: Biosynthesis, recognition events, and new methods. *Curr. Opinion Struc. Biol.* 20:533-535. Introducción de un número especial de la revista relacionado con la glucobiología actual.

**Finklestein, J.** (2007) Glycochemistry and glycobiology. *Nature* 446:999. Introducción a una serie especial de artículos de revisión sobre la bioquímica contemporánea de los hidratos de carbono

**Lindhorst, T. K.** (2003) Essentials of Carbohydrate Chemistry, 2ª ed. Wiley-VCH, Weinheim, Alemania. Una fuente valiosa de los detalles de la estructura y función de los hidratos de carbono.

**Roseman, S.** (2001) Reflections on glycobiology. *J. Biol. Chem.* 276: 41527-41542. Un artículo retrospectivo por un líder durante mucho tiempo.

### Estructura y química de los hidratos de carbono

**Agard, N. J.** y **Bertozzi, C. R.** (2009) Chemical approaches to perturb, profile, and perceive glycans. *Acc. Chem. Res.* 42:788-797. Describe los enfoques de la tecnología de micromatrices para glucanos.

**Barker, R.** y **Serianni, A. S.** (1986) Carbohydrates in solution: Studies with stable isotopes. *Acc. Chem. Res.* 19:307-373. Una breve revisión del trabajo de RMN de $^{13}C$ que establece las conformaciones.

**Carver, J. P.** (1991) Experimental structural determination of olígosaccharides. *Curr. Opin. Struct. Biol.* 1:716-720.

**Laughlin, S. T.** y **C. R. Bertozzi, C. R.** (2009) Imaging the glycome. *Proc. Natl. Acad. Sci. USA* 106:12-17. Tecnología emergente para observar glucanos específicos en las células vivas.

**Seeberger, P. H.** y **Werz, D. B.** (2007) Synthesis and medical applications of oligosaccharides. *Nature* 446:1046-1051. El análisis de la secuencia y la síntesis de los hidratos de carbono complejos implican problemas especiales.

**Venkataraman, G., Shriver, Z., Raman, R.,** y **Sasikekharan, R.** (1999) Sequencing complex polysaccharides. *Science* 286:537-542.

### Paredes celulares de bacterias y plantas

**Goodwin, T. W.** y **Mercer, E. I.** (1983) *Introduction to Plant Biochemistry.* Pergamon, Oxford, UK.

**Preiss, J.,** ed. (1988) *The Biochemistry of Plants: A Comprehensiye Treatise.* Academic Press, Nueva York.

**Schockman, G. D.** y **Barnett, J. F.** (1983) Structure, function, and assembly of cell walls of Gram-positive bacteria. *Annu. Rev. Microbiol.* 37:501-527.

### Glucoproteinas

**Freeze, H. H.** y **Aebi, M.** (2005) Altered glycan structures: The molecular basis of congenitai disorders of glycosylation. *Curr. Opin. Struc. Biol.* 15:490-498.

**Hart, G. W., Housley, M. P.** y **Slawson, C.** (2007) Cycling of O-linked $\beta$-N-acetylglucosamine on nucleoplasmic proteins. *Nature* 446: 1017-1022. Pruebas de la función de la glucosilación proteica reversible en la señalización celular.

**Iozzo, R. V.** (1998) Matrix proteoglycans: From molecular design to celluar function. *Ann. Rev. Biochem.* 67:609-652.

**Rudd, P. M.** y **Dwek, R. A.** (1997) Glycosylation: Heterogeneity and the 3D structure of proteins. *Crit. Rev. Biochem. Mol. Biol.* 32:1-100.

**van den Steen, P., Rudd, P. M., Dwek, R. A.** y **Opdenakker, G.** (1998) Concepts and principles of O-linked glycosylation. *Crit. Rev. Biochem. Mol. Biol.* 33:151-208.

### Oligosacáridos y reconocimiento celular

**Fukuda, M.,** ed. (2006) *Functional Glycomics, Methods in Enzymology,* VoI. 417. Academic Press, Nueva York. Véanse también los volúmenes 415 y 416 del mismo editor.

**Kiipatrick, D. C.** (2002) Animal lectins: A historical introduction and overview. *Biochim. Biophys. Acta* 1572:187-197. Introducción a una serie especial de revisiones en el mismo número de la revista.

**Labat-Robert, J., Timpl, R.** y **Ladiglas, R.** eds. (1986) *Structural Glycoproteins in Cell-Matrix Interaction.* Karger, Nueva York.

**Taylor, M. E.** y **Drickamer, K.** (2006) *Introduction to Glycobiology,* 2ª ed. Oxford University Press, Oxford, UK.

Varki, A. (2007) Glycan-based interactions involving vertebrate sialicacid- recognizing proteins. *Nature* 446:1023-1029. Funciones del ácido siálico en el reconocimiento cellular.

### Síntesis de glucoconjugados

**Alder, N. N.** y **Johnson, A. E.** (2004) Cotranslational membrane protein biosynthesis at the endoplasmic reticulum. *J. Biol. Chem.* 279:22787-22790.

**Allan, B. B.** y **Balch, W. E.** (1999) Protein sorting by directed maturation of Golgi compartments. *Science* 285:63-66.

**Gahmberg, C. G.** y **Tolvanen, M.** (1996) Why mammalian cell surface proteins are glycoproteins. *Trends Biochem. Sci.* 21:308-311. Cómo se adapta la diversidad de estructuras de los hidratos de carbono para su uso como determinantes de reconocimiento sobre las superficies celulares.

**Kornfeld, S.** ( 1992) Structure and function of the mannose 6-phosphate/ insulinlike growth factor II receptors. *Annu. Rev. Biochem.* 61:307-330. Una revisión que describe el sistema de direccionamiento de la membrana lisosómica y el descubrimiento inesperado de que el receptor es idéntico a un factor de crecimiento celular descubierto de forma independiente.

**Walsh, C. T.** (1989) Enzymes in the D-alanine branch of bacterial cell wall peptidoglycan assembly. *J. BioI. Chem.* 264:2393-2396. Una minirevisión que describe los mecanismos de este ruta, que es el lugar de acción de la penicilina y otros antibióticos.

**TABLA 10.1. Algunos ácidos grasos de importancia biológica**

| Nombre común | Nombre sistemático | Abreviatura | Estructura | Punto de Fusión (°C) |
|---|---|---|---|---|
| **Ácidos grasos saturados** | | | | |
| Cáprico | Decanoico | 10:0 | $CH_3(CH_2)_8COOH$ | 31.6 |
| Láurico | Dodecanoico | 12:0 | $CH_3(CH_2)_{10}COOH$ | 44.2 |
| Mirístico | Tetradecanoico | 14:0 | $CH_3(CH_2)_{12}COOH$ | 53.9 |
| Palmítico | Hexadecanoico | 16:0 | $CH_3(CH_2)_{14}COOH$ | 63.1 |
| Esteárico | Octadecanoico | 18:0 | $CH_3(CH_2)_{16}COOH$ | 69.6 |
| Araquídico | Eicosanoico | 20:0 | $CH_3(CH_2)_{18}COOH$ | 76.5 |
| Behénico | Docosanoico | 22:0 | $CH_3(CH_2)_{20}COOH$ | 81.5 |
| Lignocérico | Tetracosanoico | 24:0 | $CH_3(CH_2)_{22}COOH$ | 86.0 |
| Cerótico | Hexacosanoico | 26:0 | $CH_3(CH_2)_{24}COOH$ | 88.5 |
| **Ácidos grasos insaturados** | | | | |
| Palmitoleico | cis-9-hexadecenoico | 16:1cΔ9 | $CH_3(CH_2)_5CH{=}CH(CH_2)_7COOH$ | 0 |
| Oleico | cis-9-octadecenoico | 18:1cΔ9 | $CH_3(CH_2)_7CH{=}CH(CH_2)_7COOH$ | 16 |
| Linoleico | cis,*cis*-9, 12-octadecadienoico | 18:2cΔ9,12 | $CH_3(CH_2)_4CH{=}CHCH_2CH{=}$ $CH(CH_2)_7COOH$ | 5 |
| Linolénico | all-*cis*-9, 12, 15-octadecatrienoico | 18:3cΔ9,12,15 | $CH_3CH_2CH{=}CHCH_2CH{=}$ $CHCH_2CH{=}CH(CH_2)_7COOH$ | −11 |
| Araquidónico | all-*cis*-5, 8, 11, 14-eicosatetraenoico | 20:4cΔ5,8,11,14 | $CH_3(CH_2)_4CH{=}CHCH_2CH{=}$ $CHCH_2CH{=}CHCH_2CH{=}$ $CH(CH_2)_3COOH$ | 250 |
| **Ácidos ramificados y cíclicos** | | | | |
| Tuberculoesteárico | 10-R-Metiloctadecanoico | | $CH_3$ (ramificación) <br> $CH_3(CH_2)_7CH(CH_2)_8COOH$ | 13.2 |
| Lactobacílico | 2-Octilciclopropil -decanoico | | $CH_2$ (puente ciclopropano) <br> $CH_3(CH_2)_5CH{-}CH(CH_2)_9COOH$ | 29 |

en la mayoría de los ácidos grasos, algunos de ellos (que se encuentran fundamentalmente en las bacterias) contienen ramificaciones o incluso, estructuras cíclicas (Tabla 10.1).

> Las membranas lipídicas son anfipáticas. Tienden a formar monocapas superficiales, bicapas, micelas o vesículas cuando entran en contacto con el agua.

> La mayoría de los ácidos grasos que existen en la naturaleza contienen un número par de átomos de carbono. Si hay dobles enlaces (insaturación), generalmente son de tipo *cis*.

Para tener una forma más cómoda y clara de denominar a los ácidos grasos, se ha ideado el sistema de abreviaturas que se presenta en la Tabla 10.1. Las reglas son las siguientes: el número antes de los dos puntos da el número total de carbonos, y el número tras los dos puntos da el total de dobles enlaces. Las configuraciones y posiciones de los dobles enlaces se indican mediante c (*cis*) o t (*trans*), seguido por Δ y uno o varios números. Estos números corresponden al átomo de carbono (el carbono carboxílico es el «1») en el que se inicia cada doble enlace. Así, por ejemplo, el ácido oleico se designa por 18:1cΔ9, y el linolénico por 18:3cΔ9, 12, 15. Con varios enlaces, el ácido linolénico es un ejemplo de un **ácido graso poliinsaturado** o **AGPI**.

Los animales no producen, en general, por biosíntesis, todos los AGPI que necesitan para la función celular adecuada y estos ácidos grasos deben ser parte de su alimentación. En el Capítulo 17 se trata sobre el valor nutritivo y las consecuencias de la ingestión de diversas grasas en el contexto del metabolismo energético. Aquí debe mencionarse que en contraste con las reglas de nomenclatura dadas antes, los nutricionistas utilizan otro convenio en el que la situación de los enlaces C═C se referencian, con el «carbono omega» (carbono $\omega$, esto es, el último átomo de C de la cadena), donde el carbono $\alpha$ es el carbono —$COO^-$. En este sistema los ácido grasos denominados $\omega$-3 tienen un enlace C═C que incluye el tercer átomo de C desde el carbono $\omega$. El ácido linolénico es un ejemplo de un ácido graso $\omega$-3.

Los ácidos grasos son ácidos débiles, con valores de $pK_a$ que son, en promedio, de alrededor de 4.5:

$$RCOOH \underset{pK_a \cong 4.5}{\rightleftharpoons} RCOO^- + H^+$$

Las grasas o triacilgliceroles son triésteres de ácidos grasos y glicerol. Constituyen la principal forma de almacenamiento de energía de muchos organismos.

Así pues, estos ácidos se encuentran a pH fisiológico en forma aniónica ($RCOO^-$). Debido a su carga hidrófila y a la larga cola hidrófoba, los ácidos grasos se comportan como sustancias anfipáticas características cuando los disolvemos en agua. Como se indica en la Figura 2.15, tienden a formar **monocapas** en la separación aire-agua, con los grupos carboxilo sumergidos en el agua y las colas hidrocarbonadas fuera del agua.

Si se agitan los ácidos grasos con agua, formarán **micelas** esféricas, en las que las colas hidrocarbonadas se agrupan juntas dentro de la estructura y las cabezas carboxilato están en contacto con el agua circundante. Si los ácidos grasos se mezclan con agua *y* una sustancia oleosa o grasienta (por ejemplo, un hidrocarburo), las micelas se formarán sobre las gotitas del aceite, emulsificándolo. De esta forma, los jabones y los detergentes sintéticos solubilizan la grasa.

Aunque los ácidos grasos desempeñan funciones importantes en el metabolismo, nunca se encuentran en las células vivas grandes cantidades de los ácidos libres ni de sus aniones. En lugar de ello, estos compuestos se encuentran casi siempre como componentes de lípidos más complejos. Pasemos ahora a considerar algunas de estas clases de moléculas lipídicas con importancia biológica.

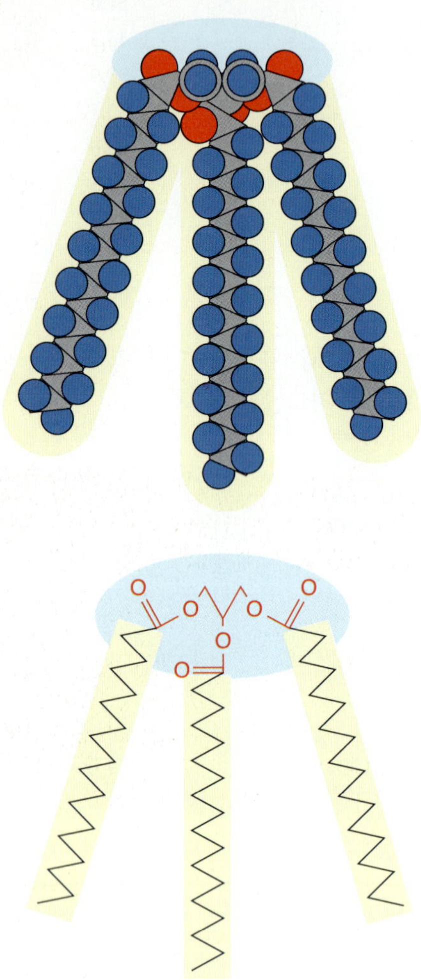

**FIGURA 10.2**

**Estructura de la triestearina, una grasa.** La triestearina es un triacilglicerol (grasa) formado por glicerol y tres moléculas de estearato.

## Triacilgliceroles: grasas

Las cadenas hidrocarbonadas largas de los ácidos grasos son extraordinariamente eficaces para el almacenamiento de energía, ya que contienen carbono en una forma reducida y, por tanto, proporcionan una gran cantidad de energía con la oxidación. De hecho, constituyen reservas de energía mucho más eficaces que los hidratos de carbono. (En el Capítulo 17 se realiza un análisis cuantitativo de esta diferencia). Como son hidrófobas, los depósitos de grasa también son anhidros, mientras que el glucógeno está hidratado. Por estas razones, los lípidos los utilizan muchos organismos, incluyendo el ser humano, para el almacenamiento de energía metabólica. Un ser humano almacena calorías suficientes en las grasas para sobrevivir durante varias semanas (suponiendo el acceso al agua).

El almacenamiento de los ácidos grasos en el organismo se realiza en gran parte en forma de **triacilgliceroles**, o **triglicéridos** o simplemente, **grasas**. Estas sustancias son *triesteres* de ácidos grasos y **glicerol**; su fórmula general es la siguiente:

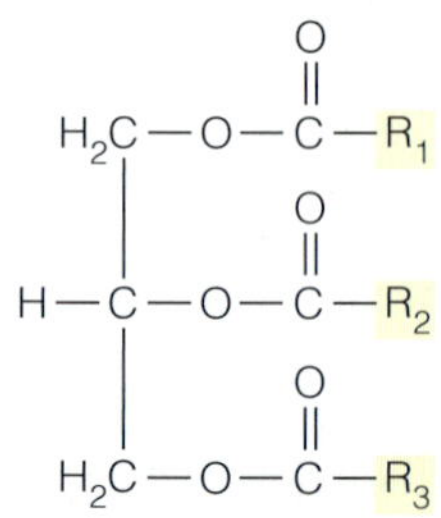

**Triacilglicerol**

en donde $R_1$, $R_2$ y $R_3$ corresponden a las colas hidrocarbonadas de diversos ácidos grasos. Hemos dibujado la estructura con las cadenas hidrófobas hacia la derecha, según nuestro convenio. Dicho convenio no indica una configuración estereoquímica (la configuración estereoquímica correcta alrededor de cada átomo de C en la parte del glicerol está dibujada en la Figura 10.7a, página 366). Como ejemplo concreto, si $R_1{=}R_2{=}R_3{=}(CH_2)_{16}CH_3$, la cola hidrocarbonada del ácido esteárico, la molécula es la *triestearina* (Figura 10.2). Los triacilgliceroles con el mismo ácido graso que esterifica cada posición se denominan «grasas simples». Sin embargo, la mayoría de los triacilgliceroles son «grasas mixtas» que contienen una mezcla de ácidos grasos, entre ellos algunos insaturados. En la Tabla 10.2 se indica la composición de ácidos grasos de algunas grasas naturales.

La comparación de la experiencia común con estas grasas y los datos de la tabla descubren una correlación interesante. Las grasas con abundantes ácidos grasos insaturados (como el aceite de oliva) son líquidas a temperatura ambiente, mientras que las que tienen un contenido más elevado de ácidos grasos saturados (como la mantequilla) son más sólidas. De hecho, una grasa totalmente saturada es un sólido bastante duro, en especial si las cadenas hidrocarbonadas son largas, lo que queda claro observando los datos de los puntos de fusión de la Tabla 10.1. La razón es sencilla: las cadenas saturadas largas pueden colocarse muy juntas, incrementado así el número de contactos de van der Waals para formar estructuras semicristalinas regulares. En cambio, la flexión que imponen uno o más dobles enlaces *cis* (*véase* la Figura 10.1b) hace que la compactación molecular sea menos regular y, por tanto, más dinámica. De hecho, la **hidrogenación** parcial de los aceites grasos insaturados (como el aceite de maíz) se utiliza comercialmente para convertirlos en grasas más sólidas, que pueden utilizarse como sustitutos de la mantequilla, como la oleomargarina, o para estabilizarlos frente al deterioro. La rotura oxidativa de los dobles enlaces en las grasas proporciona aldehídos y ácidos carboxílicos volátiles, que contribuyen al olor a rancio de las grasas deterioradas. La hidrogenación reduce esos enlaces a enlaces sencillos, pero también convierte algunos dobles enlaces *cis* en dobles enlaces *trans*, dando las llamadas grasas trans. Dado que las grasas trans se han relacionado con un riesgo elevado de enfermedad cardiovascular, la FDA exige que en el envase se dé la relación de grasas trans y varias ciudades han condenado el uso de grasas trans en la cocina de los restaurantes.

La esterificación con glicerol reduce, en gran medida, el carácter hidrófilo de los grupos de cabeza de los ácidos grasos. Como consecuencia de ello, los triacilgliceroles son insolubles en agua. Las grasas acumuladas en las células vegetales y animales forman, pues, tan solo pequeñas gotas oleosas en el citoplasma. En los **adipocitos**, que son las células animales especializadas en el almacenamiento de las grasas, casi todo el volumen de cada célula está ocupado por una gota de grasa (Figura 10.3). Estas células constituyen la mayor parte del tejido adiposo (graso) de los animales.

El almacenamiento de grasas en los animales tiene tres funciones distintas:

1. *Producción de energía.* Como se describe en el Capítulo 17, la mayor parte de la grasa de la mayoría de los animales se oxida para generar ATP e impulsar los procesos metabólicos.
2. *Producción de calor.* Algunas células especializadas (por ejemplo, las de la «grasa parda» de los animales homeotermos) oxidan los triacilgliceroles para producir calor, en lugar de para formar ATP.
3. *Aislamiento.* En los animales que viven en un entorno frío, las capas de células adiposas situadas debajo de la piel actúan como aislantes térmicos. Un ejemplo obvio es la grasa de las ballenas.

**TABLA 10.2. Composición de algunas grasas naturales en porcentaje de ácidos grasos totales**

| Número de átomos de C en la cadena | Porcentaje presente en: Aceite de oliva | Mantequilla[a] | Grasa bovina |
|---|---|---|---|
| **Saturados** | | | |
| 4-12 | 2 | 11 | 2 |
| 14 | 2 | 10 | 2 |
| 16 | 13 | 26 | 29 |
| 18 | 3 | 11 | 21 |
| **Insaturados** | | | |
| 16-18 | 80 | 40 | 46 |

[a] Las cifras no suman un total del 100 %, ya que la sustancia contiene pequeñas cantidades de otros ácidos grasos.

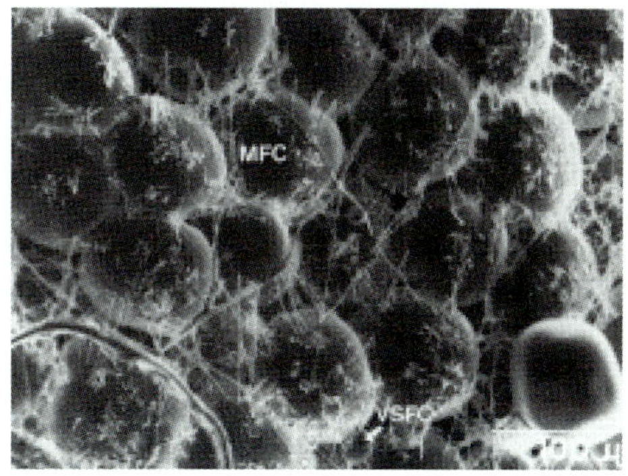


**FIGURA 10.3**

**Adipocitos.** Los adipocitos o células de almacenamiento de grasa de los animales forman una gran parte del tejido adiposo. Las siglas MFC y VSFC corresponden a «célula grasa madura» y «célula grasa muy pequeña» respectivamente.

*The Journal of Lipid Research* 30:293-299, P. Julien, J.-P. Despres y A. Angel, Scanning electron microscopy of very small fat cells and mature fat cells in human obesity. Reproducido con permiso. 

## Jabones y detergentes

Si las grasas se hidrolizan con bases fuertes como NaOH o KOH (antiguamente se utilizaba madera de fresno), se obtiene un *jabón*. Este proceso se denomina **saponificación**. Los ácidos grasos se liberan en forma de sales sódicas o potásicas, que están totalmente ionizadas. Sin embargo, como limpiadores, los jabones tienen el inconveniente de que los ácidos grasos precipitan con los iones calcio o magnesio presentes en el agua «dura», formando espuma y destruyendo la acción emulsificante. Se han diseñado detergentes sintéticos que no tienen este defecto. Un tipo de ellos es el *dodecil sulfato sódico* (*SDS*):

$$Na^{+\,-}O_3SO(CH_2)_{11}CH_3$$

Las sales de dodecil sulfato con los cationes divalentes (por ejemplo, $Ca^{2+}$ y $Mg^{2+}$) son más solubles. Recuérdese que el SDS se utiliza mucho para formar micelas alrededor de las proteínas en la electroforesis en gel (*véase* Herramientas de la Bioquímica 6B, página 228). También existen detergentes sintéticos no iónicos, como el *tritón X-100*:

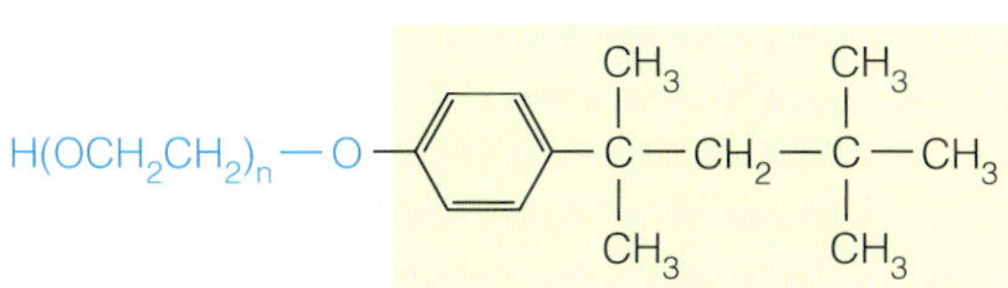


El grupo hidrófilo es, en este caso, el grupo de cabeza de polioxietileno (que se indica en azul), que en el producto comercial tiene unos 9.5 residuos de longitud.

## Ceras

En las **ceras** naturales, un ácido graso de cadena larga se esterifica con un alcohol de cadena larga (Figura 10.4), para dar un grupo de cabeza, que tan solo es débilmente hidrófilo, unido a dos cadenas hidrocarbonadas. Como consecuencia de ello, las ceras son completamente insolubles en agua. De hecho, son tan hidrófobas que frecuentemente actúan como sustancias repelentes del agua, como ocurre en las plumas de algunas aves y en las hojas de algunas plantas. En determinados microorganismos marinos, las ceras se utilizan para el almacenamiento de energía en lugar de otros lípidos. En las abejas, las ceras tienen una función estructural. Al igual que ocurre con los triacilgliceroles, la dureza de las ceras viene dada por la longitud de la cadena y su grado de saturación.

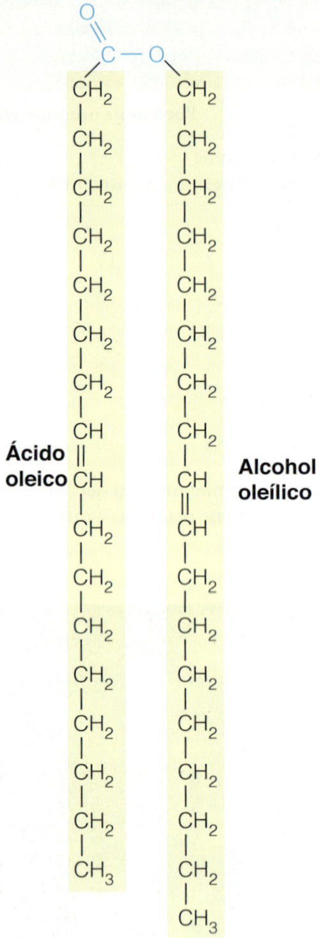


**FIGURA 10.4**

**Estructura de una cera característica.** Las ceras se forman por esterificación de ácidos grasos y alcoholes de cadena larga. El grupo de cabeza pequeño puede contribuir en escasa medida a la hidrofilia, a diferencia de la contribución hidrófoba importante de las dos colas largas.

# Componentes lipídicos de las membranas biológicas

Todas las membranas biológicas contienen lípidos como componentes principales. Las moléculas que desempeñan las funciones dominantes en la formación de la membrana tienen todas ellas unos grupos de cabeza muy polares y, en la mayor parte de los casos, dos colas hidrocarbonadas. Esta composición tiene sentido desde el punto de vista molecular: si un grupo de cabeza grande está unido a una cadena hidrocarbonada sencilla, la molécula tiene una disposición cuneiforme y tenderá a formar micelas esféricas (Figura 10.5a). Una doble cola produce una molécula aproximadamente cilíndrica (Figura 10.5b) y estas moléculas cilíndricas pueden compactarse con facilidad en paralelo, para formar láminas extendidas de membranas **bicapa** con los grupos de cabeza hidrófilos hacia fuera, en las regiones acuosas de ambos lados (Figura 10.5c). Las cuatro clases principales de lípidos que forman las membranas, glicerofosfolípidos, esfingolípidos, glucoesfingolípidos y glucoglicerolípidos, comparten este tipo de estructura molecular cilíndrica. Se diferencian principalmente en la naturaleza del grupo de cabeza. Describiremos algunos ejemplos de cada clase.

La bicapa tiene un grosor aproximado de ~1 nm en cualquier lado del centro hidrófobo de ~3 nm (Figura 10.5c). La región de interfaz está formada por los grupos de cabeza lipídicos y asociada con moléculas de agua. Más allá de la interfaz está el grueso de agua.

Los principales componentes lipídicos de las membranas biológicas son los glicerofosfolípidos, los esfingolípidos, los glucoesfingolípidos y los glucoglicerolípidos.

## Glicerofosfolípidos

Los **glicerofosfolípidos** (también denominados *fosfoglicéridos*) son la principal clase de **fosfolípidos** presentes en la naturaleza, lípidos con grupos de cabeza que contienen fosfato. Estos compuestos constituyen una parte importante de los lípidos de la membrana en los reinos bacteriano, vegetal y animal. Como los otros bloques de construcción biomoleculares que hemos considerado, los lípidos poseen una estereoquímica específica. El glicerol no posee estereocentros, pero si se deriva alguno de los grupos —$CH_2OH$ equivalentes unido al átomo de carbono central, se generará un centro asimétrico con una estereoquí-

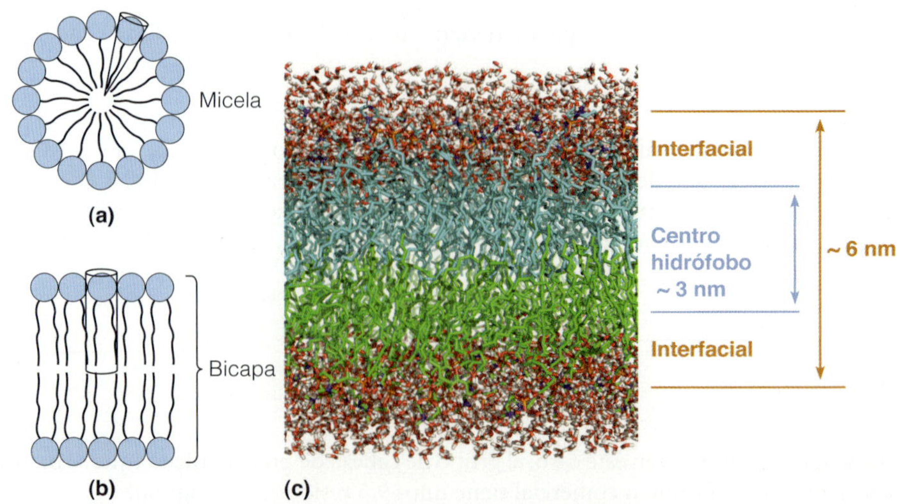


**FIGURA 10.5**

**Fosfolípidos y estructura de la membrana.** **(a)** Los ácidos grasos son cuneiformes y tienden a formar micelas esféricas. **(b)** Los fosfolípidos son más cilíndricos y se empaquetan juntos para forma una estructura de bicapa. **(c)** Una simulación de ordenador de una bicapa de fosfolípido que muestra los límites aproximados del centro hidrófobo, las regiones interfaz y el grueso de agua (por encima y por debajo de las regiones entre las capas). El agua se muestra con átomos de relleno espacial blanco (H) y rojo (O). La parte de hidrocarburo se muestran en verde y azul.

mica definida en C2 (Figura 10.6a). De esta forma, el glicerol es un ejemplo de molécula **proquiral**, aquella que no tiene estereocentro hasta que se deriva. Como se muestra en la Figura 10.6b, los dos convenios de asignación de la estereoquímica que se han presentado hasta ahora, los sistemas D/L y *R*/*S* no asignan una numeración uniforme de los carbonos a los derivados del glicerol. Para evitar una posible confusión al denominar a estos compuestos, se ha diseñado el sistema ***sn*** (numeración estereoespecífica) (Figura 10.6c).

Como se presenta en la Figura 10.6a, podemos definir los átomos de carbono de los dos grupos —$CH_2OH$ como **pro-*S*** o **pro-*R***, de acuerdo con las estereoquímica del producto que se obtiene de la derivación de uno u otro de estos grupos. Considérese el *R*-glicerol fosfato, que puede describirse igual de bien como L-glicerol-3-fosfato o D-glicerol-1-fosfato, dependiendo del carbono que se asigne como #1 (Figura 10.6b). Si consideramos lípidos más complejos, es deseable tener un convenio de numeración de carbonos que tenga como referencia una única representación estereoquímica. El sistema *sn* lo proporciona al asignar el C1 al carbono pro-*S* del glicerol (Figura 10.6c). De acuerdo con este convenio, todos los glicerofosfolípidos pueden considerarse derivados del *sn*-glicerol-3-fosfato. En la Figura 10.7a se presenta la estructura general y la estereoquímica de un glicerofosfolípido. Dado que los grupos C1 y C2 son generalmente hidrófobos y constituyen el interior de la bicapa y que el grupo C3 es polar y se encuentra en la cara externa de la bicapa, dibujaremos estos grupos de la forma que se da en la Figura 10.7b, con las colas hidrófobas hacia la derecha y el grupo de cabeza hidrófilo, hacia la izquierda.

Generalmente, los grupos $R_1$ y $R_2$ son cadenas laterales de acilo, derivadas de los ácidos grasos; es frecuente que $R_1$ sea saturado y $R_2$, insaturado. El grupo de cabeza hi-

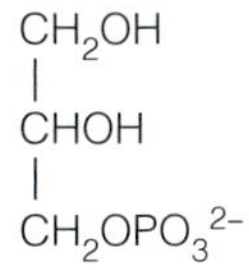

**Glicerol-3-fosfato**

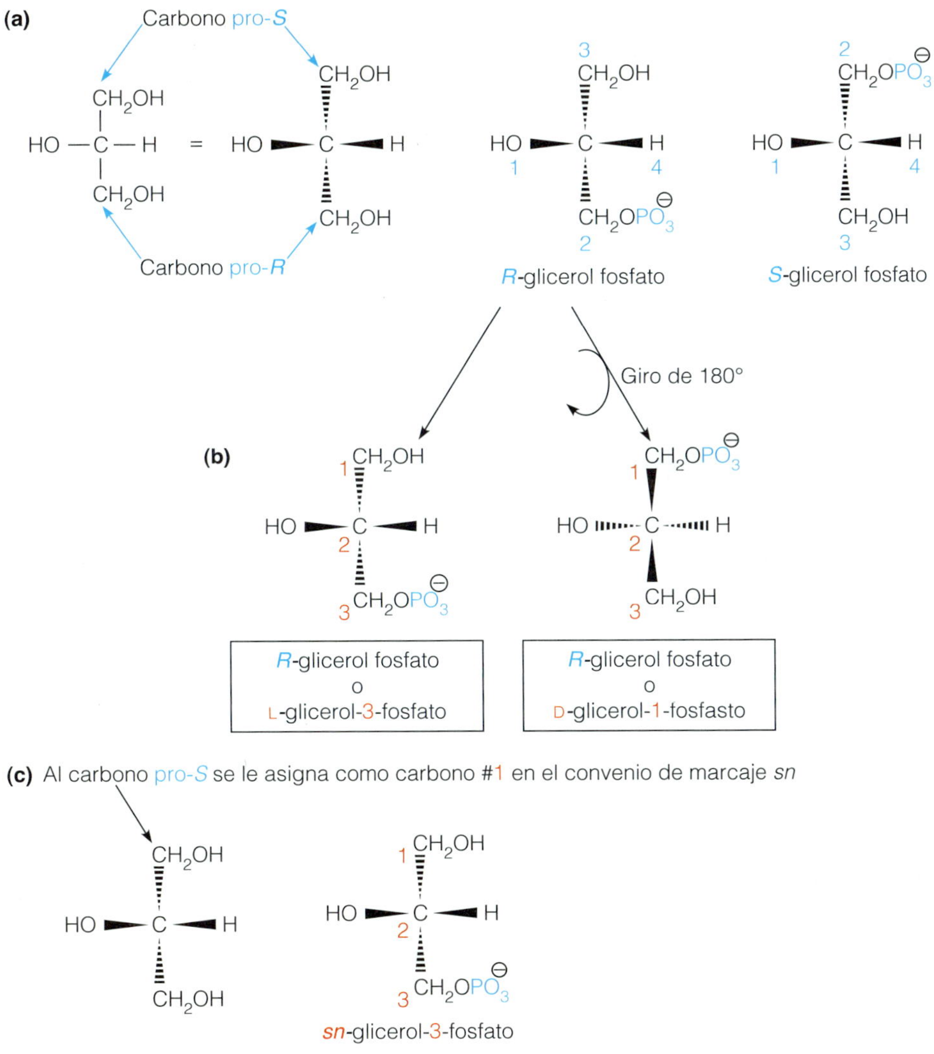


**FIGURA 10.6**

**Estereoquímica de los glicerofosfolípidos.** **(a)** El glicerol es una molécula proquiral. La fosforilación de uno u otro grupo –$CH_2OH$ proporciona el enantiómero *R*- o *S*- del glicerol fosfato. Los números en azul dan la prioridad de Cahn-Ingold-Prelog de estos grupos (*véase* la Figura 9.5, página 312). **(b)** La misma molécula puede llamarse L-glicerol-3-fosfato o D-glicerol-1-fosfato dependiendo del esquema de numeración de carbonos. La numeración de carbonos se indica en rojo. **(c)** El sistema *sn* (numeración estereoquímica) asigna el carbono pro-*S* como C1. Todos los glicerolípidos son derivados del *sn*-glicerol-3-fosfato.

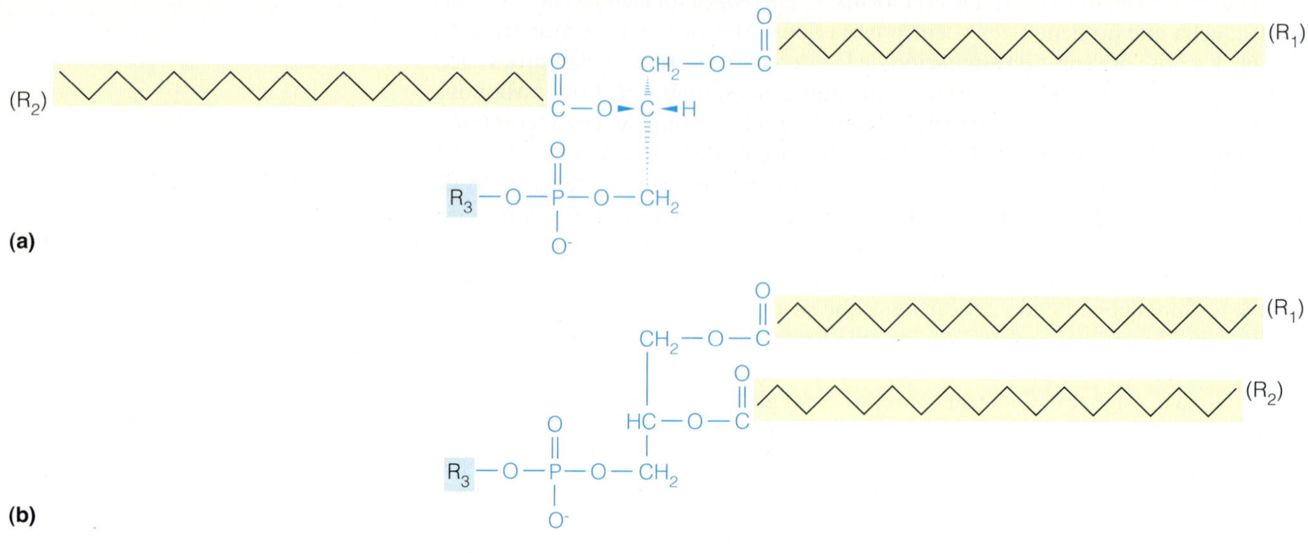


**FIGURA 10.7**

**Estructura de los glicerofosfolípidos.** **(a)** Vista estereoquímica de un glicerofosfolípido generalizado. **(b)** La misma estructura representada según el convenio utilizado en este texto, con los grupos hidrófobos hacia la derecha y la parte hidrófila hacia la izquierda. $R_3$ es un grupo hidrófilo. (*Véase* la Tabla 10.3.)

drófilo $R_3$ es muy variable, y ello es lo que confiere la máxima variación en cuanto a las propiedades de los diversos glicerofosfolípidos. En la Tabla 10.3 se presenta una muestra de los grupos de cabeza más frecuentes de los glicerofosfolípidos más comunes, y en la Tabla 10.4 se indica su abundancia relativa en algunas membranas. El miembro más sencillo del grupo, el **ácido fosfatídico**, es tan solo un componente menor de la membrana que actúa principalmente como intermediario en la síntesis de otros glicerofosfolípidos o triglicéridos (se describe en el Capítulo 19). Los nombres de los glicerofosfolípidos proceden del ácido fosfatídico: *fosfatidilcolina*, *fosfatidiletanolamina*, etcétera. Como se indica en la Tabla 10.3, los glicerofosfolípidos tienen unos grupos de cabeza muy polares. La carga neta sobre un fosfolípido es función de la carga (si la hay) del grupo $R_3$ combinada con el fosfodiéster del grupo de cabeza cargado negativamente. Dado que las colas hidrocarbonadas proceden de los ácidos grasos presentes en la naturaleza en diversas combinaciones, existe una enorme variedad de glicerofosfolípidos. Así, por ejemplo, la membrana de los eritrocitos contiene moléculas con cadenas hidrocarbonadas de 16 a 24 carbonos, con 0 a 6 dobles enlaces. Esta variación de la composición de la membrana permite un «ajuste fino» de las propiedades de la membrana para las diversas funciones que deben realizar las diferentes membranas.

**TABLA 10.3. Grupos[a] hidrófilos que diferencian a los glicerofosfolípidos comunes**

| Nombre del glicerofosfolípido | $R_3$ (en la Figura 10.7) |
|---|---|
| Ácido fosfatídico | H— (ionizado a pH neutro) |
| Fosfatidiletanolamina | $H_3\overset{+}{N}—CH_2—CH_2—$ |
| Fosfatidilcolina | $(CH_3)_3\overset{+}{N}—CH_2—CH_2—$ |
| Fosfatidilserina | $H_3\overset{+}{N}—CH(COO^-)—CH_2—$ |
| Fosfatidilinositol | 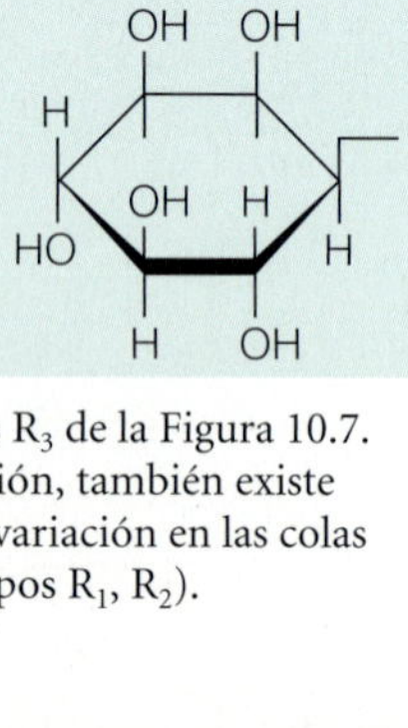 |

[a] Estos son los grupos $R_3$ de la Figura 10.7. Además de esta variación, también existe una gran cantidad de variación en las colas hidrocarbonadas (grupos $R_1$, $R_2$).

**TABLA 10.4. Composición lipídica de algunas membranas biológicas**

| | Porcentaje de la composición total en: | | | |
|---|---|---|---|---|
| **Lípido** | **Membrana plasmática del eirtrocito humano** | **Mielina humana** | **Mitocondrias de corazón de buey** | **Membrana celular de *E. coli*** |
| Ácido fosfatídico | 1.5 | 0.5 | 0 | 0 |
| Fosfatidilcolina | 19 | 10 | 39 | 0 |
| Fosfatidiletanolamina | 18 | 20 | 27 | 65 |
| Fosfatidilglicerol | 0 | 0 | 0 | 18 |
| Fosfatidilinositol | 1 | 1 | 7 | 0 |
| Fosfatidilserina | 8.0 | 8.0 | 0.5 | 0 |
| Esfingomielina | 17.5 | 8.5 | 0 | 0 |
| Glucolípidos | 10 | 26 | 0 | 0 |
| Colesterol | 25 | 26 | 3 | 0 |
| Otros | 0 | 0 | 23.5 | 17 |

Fuente: Datos tomados de C. Tanford, *The Hydrophobic Effect* (Nueva York: Wiley, 1973).

## Esfingolípidos y glucoesfingolípidos

Una segunda clase importante de componentes de la membrana es la de las sustancias formadas con el aminoalcohol **esfingosina** en vez de con glicerol. La estructura de la esfingosina incluye una cola hidrófoba de cadena larga, de forma que se necesita la adición de un solo ácido graso para hacerla adecuada como lípido de membrana. Si se une un ácido graso mediante un enlace amida al grupo $—NH_2$, se obtiene la clase de **esfingolípidos** denominados **ceramidas**:

Una amplia clase de esfingolípidos está formada sobre un núcleo de esfingosina.

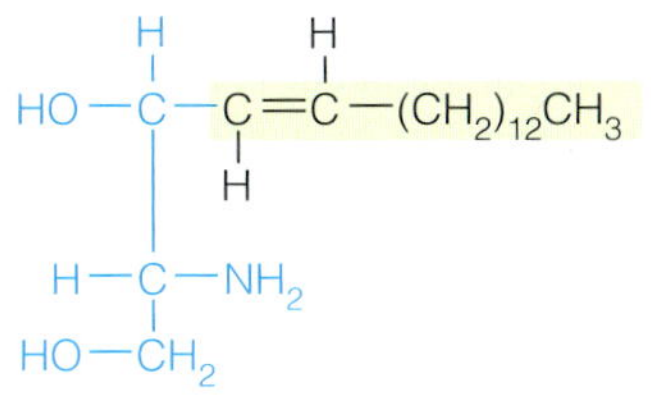

**Esfingosina = D-4-esfinganina**

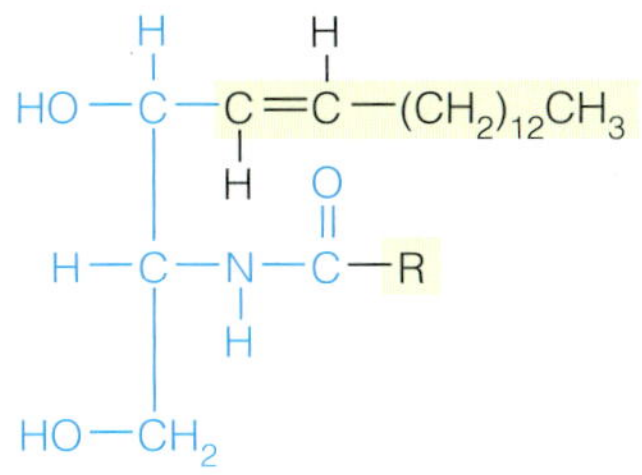

**Estructura general de una ceramida (R = hidrocarburo)**

Las ceramidas están formadas *solo* por esfingosina y un ácido graso. La posterior modificación, mediante la adición de grupos al hidroxilo del C-1 de la esfingosina, da lugar a una variedad de otros esfingolípidos. Un ejemplo especialmente importante es la *esfingomielina*, en la que un grupo *fosfocolina* está unido al hidroxilo del C-3.

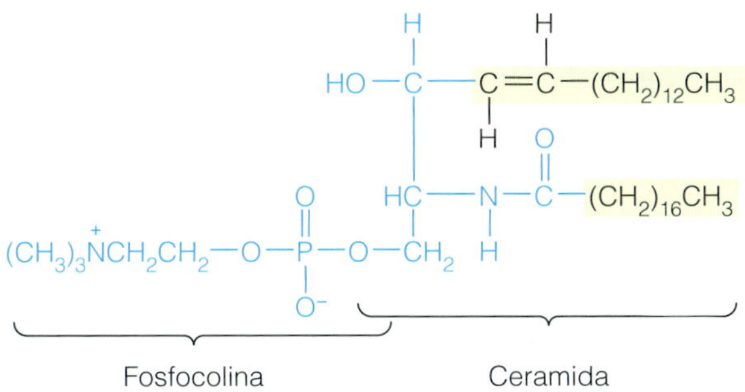


**Esfingomielina**

En algunos de los lípidos de membrana formados sobre la esfingosina, el grupo de cabeza contiene sacáridos. Los lípidos que contienen grupos sacáridos reciben el nombre general de **glucolípidos**. Los **glucoesfingolípidos** constituyen la tercera clase principal de los lípidos de membrana. Su estructura general es la que se indica al margen. Además de ser constituyentes de los antígenos de los grupos sanguíneos ABO (descritos en el Capítulo 9) incluyen moléculas como los **cerebrósidos** (monoglucosil ceramidas) y los **gangliósidos**, glucoesfingolípidos aniónicos que contienen uno o más residuos de ácido siálico, de los que se presentan ejemplos en la Figura 10.8. Como sugieren los nombres de estos compuestos, son especialmente frecuentes en las membranas del cerebro y de las células nerviosas.

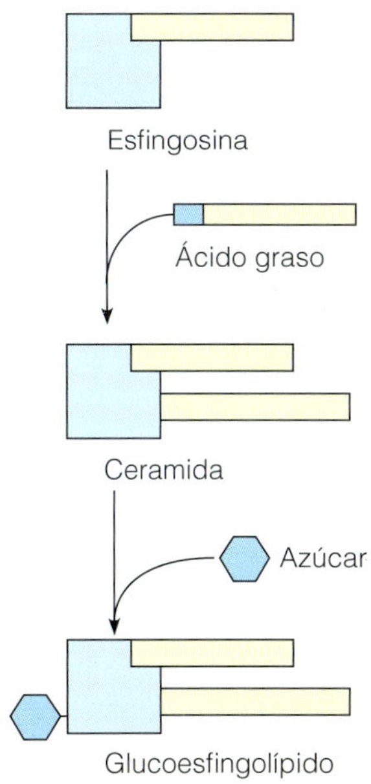


Composición de un glucoesfingolípido generalizado

## Glucoglicerolípidos

Otra clase de lípidos menos comunes en las membranas animales, pero muy extendidos en las membranas vegetales y bacterianas, son los **glucoglicerolípidos**, cuyo ejemplo es el **diglicérido de monogalactosa**:

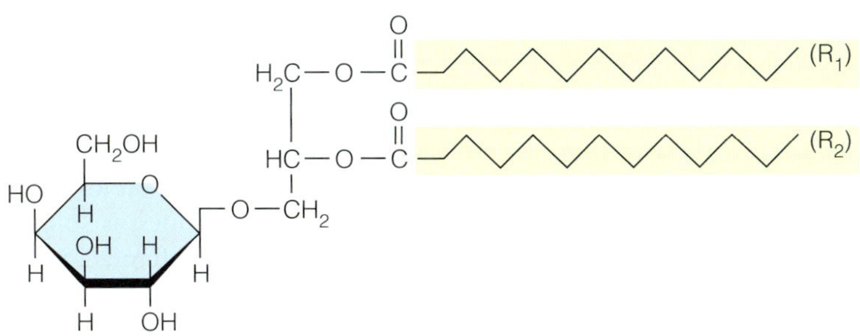

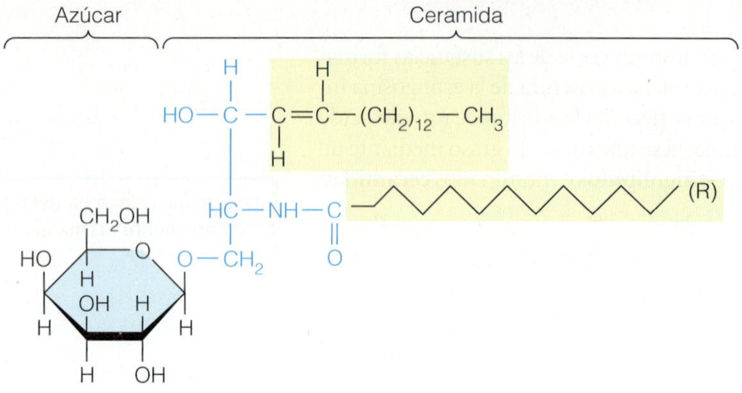


**(a)** Galactosilceramida

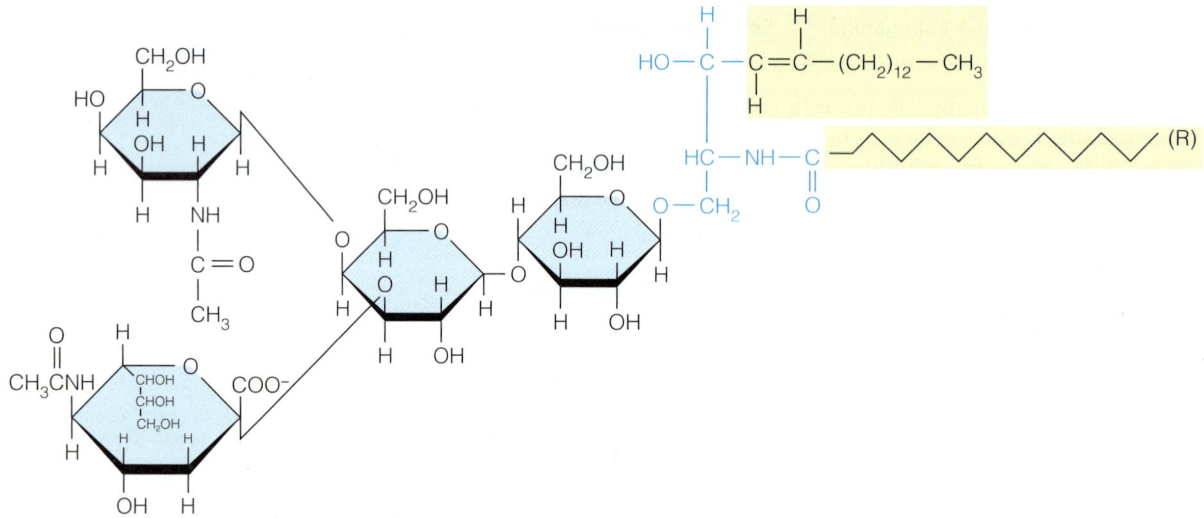


**(b)** GalNAc$\beta$(1→4)Gal$\beta$(1→4)Glc$\beta$(1→1)ceramida o gangliósidos $GM_2$

$$\begin{pmatrix} 3 \\ \uparrow \\ \alpha 2 \end{pmatrix}$$

Sia

**FIGURA 10.8**

**Ejemplos de glucoesfingolípidos.** **(a)** Cerebrósido, componente importante de las membranas celulares cerebrales. **(b)** Gangliósido. Este gangliósido concreto, denominado $GM_2$ o gangliósido de Tay-Sachs, se acumula en el tejido nervioso de los niños pequeños afectados por la enfermedad de Tay-Sachs. El defecto causante de este trastorno hereditario es la falta de una enzima que normalmente se encarga de romper la GalNAc terminal. (*Véase* el Capítulo 19.)

Este compuesto puede, en realidad, ser el lípido polar más abundante, ya que constituye alrededor de la mitad de los lípidos de las membranas de los cloroplastos (*véase* el Capítulo 16). Estos lípidos también son abundantes en las arqueobacterias, donde son los componentes principales de la membrana.

## Colesterol

Un componente lipídico importante de muchas membranas tiene un pequeño parecido superficial con los compuestos que hemos estudiado hasta ahora. Esta sustancia es el **colesterol**, cuya estructura aparece en la Figura 10.9. El colesterol pertenece a un amplio grupo de sustancias denominadas **esteroides**, que incluye diversas hormonas importantes, entre las que se encuentran las hormonas sexuales de los animales superiores. De hecho, el colesterol es el precursor de muchas de estas sustancias. Su función en estos procesos de síntesis se comenta en el Capítulo 19, junto con una descripción detallada de otros esteroides y de sus funciones en la señalización celular. Otra clase importante y diversa de moléculas de señalización que procede de los lípidos son los **eicosanoides**, que proceden del ácido araquidónico (Tabla 10.1). Estos compuestos son activadores potentes de una gama extensa de funciones biológicas, como la inflamación, la coagulación de la sangre, la regulación de la presión sanguínea y la reproducción. En el Capítulo 19 se describen la biosíntesis y las actividades de los esteroides y los eicosanoides.

El colesterol es una sustancia débilmente anfipática, debido al grupo hidroxilo de un extremo de la molécula. Como muestra la estructura de la conformación de la Figura 10.9b, los anillos de ciclohexano fusionados del colesterol tienen todos la conformación de silla, lo cual hace que el colesterol sea una estructura voluminosa y rígida, en comparación con otros componentes hidrófobos de la membrana, como las colas de los ácidos grasos. Así, el colesterol interrumpe el empaquetamiento regular de las colas de los ácidos grasos en la estructura de la membrana. Esta propiedad puede tener un efecto importante, puesto que el colesterol constituye un 25 % o más del contenido lipídico de algunas membranas (*véase* la Tabla 10.4). Estos cambios de la estructura de la membrana pueden tener, como veremos, profundos efectos sobre algunas propiedades de la membrana como la rigidez y la permeabilidad. En las membranas también se encuentran otros esteroides, como por ejemplo, el *lanosterol* (página 798), que es importante en las membranas de las células vegetales.

El colesterol, un componente de muchas membranas animales, influye sobre la fluidez de la membrana a causa de su estructura voluminosa.

Las moléculas que se han descrito hasta aquí constituyen la parte principal de los lípidos de la membrana de la mayoría de los organismos. Sin embargo, uno de los «tres reinos» de los organismos, las arqueobacterias, se diferencia de los demás por tener glucoglicerolípidos como sus principales lípidos de membrana.

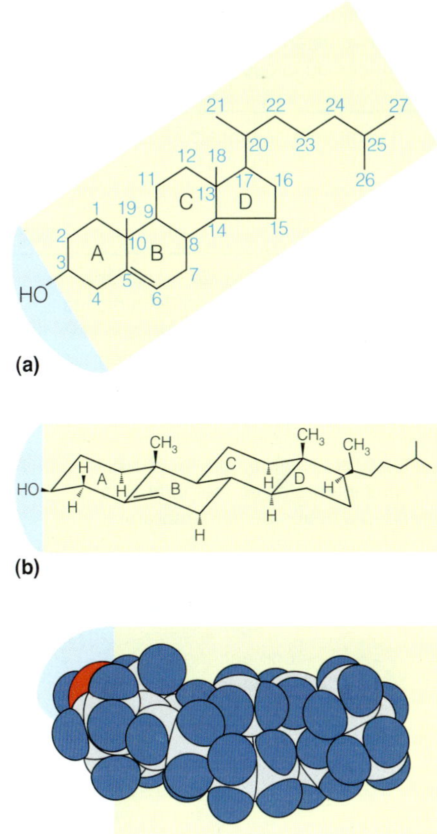


**FIGURA 10.9**

**Colesterol. (a)** Fórmula estructural. **(b)** Modelo de conformación. **(c)** Modelo de relleno espacial.

## Estructura y propiedades de las membranas y de las proteínas de la membrana

Las membranas de las células vivas son pedazos muy notables de arquitectura molecular, con funciones múltiples y variadas. La afirmación de que una membrana es esencialmente una bicapa de fosfolípidos constituye una simplificación excesiva. Ciertamente, la bicapa de fosfolípidos, como se indica en las Figuras 10.5b y c, constituye la estructura básica, pero en las membranas plasmáticas de las células vivas hay mucho más. En la Figura 10.10 se muestran algunas de las características complejas de la membrana de una célula eucariota característica. Un rasgo importante de las membranas celulares es la amplia variedad de proteínas específicas que están contenidas dentro de la bicapa lipídica o unidas a su superficie. Muchas de estas proteínas llevan grupos de oligosacáridos que se proyectan hacia el medio acuoso circundante. Otros oligosacáridos son transportados por los glucolípidos, con la porción lipídica insertada en la membrana. Los dos lados de la bicapa suelen ser diferentes, tanto en su composición lipídica como en la colocación y orientación de las proteínas y los oligosacáridos.

El contenido proteico varía mucho en los diferentes tipos de membranas (*véase* la Tabla 10.5) y parece estar relacionado directamente con las funciones que debe realizar una determinada membrana. Las membranas mitocondriales internas y las membranas de la pared bacteriana, que realizan muchas funciones, tienen alrededor del 75 % de proteínas. La mielina de las fibras nerviosas, que actúa principalmente como un aislante eléctrico, tiene un contenido proteico mucho menor (~20 %). Como regla de oro, una membrana característica tiene en masa alrededor del 60 % de proteína y un 40 % de lípido.

La mayor parte del conocimiento actual sobre las membranas biológicas se basa en el **modelo del mosaico fluido** propuesto por S. J. Singer y G. L. Nicholson en 1972. Este modelo es el que se presenta en la Figura 10.10. La bicapa lipídica, fluida y asimétrica, tiene en su interior un gran número de proteínas. Algunas de ellas, denominadas **proteínas periféricas de membrana**, están expuestas tan solo en una u otra cara de la membrana y están sujetas a la membrana mediante su interacción con las cabezas lipídicas o con las proteínas integrales de membrana. Las **proteínas integrales de membrana** están muy enterradas dentro de la membrana, aunque expuestas en ambas caras de la misma. Las proteínas integrales intervienen con frecuencia en la transmisión de sustancias específicas o en la transducción de señales químicas a través de la membrana. Toda la membrana es un mosaico de lípidos y proteínas. La investigación actual sugiere que la superficie de la membrana está más concurrida y que la distribución de proteínas en las membranas está mucho más organizada que lo que se indica en la Figura 10.10.

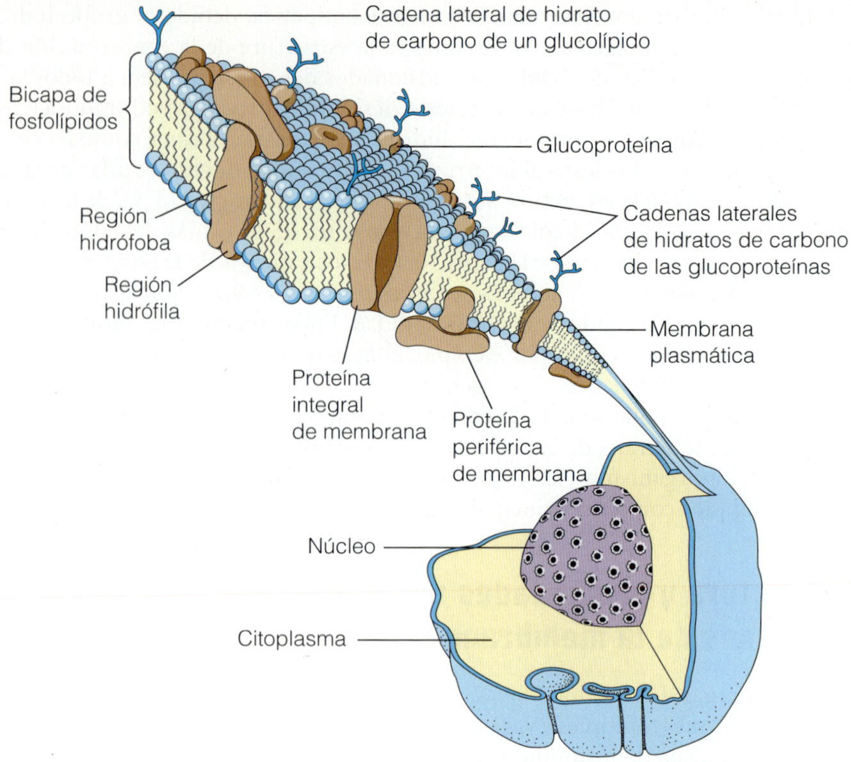


**FIGURA 10.10**

**Estructura de una membrana celular característica.** En esta representación esquemática, se ha levantado una tira de la membrana plasmática de una célula eucariota. Las proteínas están incluidas en el interior y situadas sobre la bicapa de fosfolípidos; algunas de ellas son glucoproteínas, que llevan cadenas de oligosacáridos. La membrana tiene un grosor de aproximadamente 6 nm. La mayoría de las membranas están empaquetadas con mayor densidad de proteínas de lo que aquí se muestra.

Según el modelo de mosaico fluido, una membrana es una mezcla fluida de lípidos y proteínas.

Las proteínas periféricas de membrana están asociadas con un lado de la bicapa y pueden separarse de la membrana sin destruir la bicapa. Las proteínas integrales de membrana están embebidas con mayor profundidad en la bicapa y sólo pueden extraerse en condiciones que destruyen la estructura de la membrana. Muchas proteínas integrales de membrana se extienden a través de la mambrana.

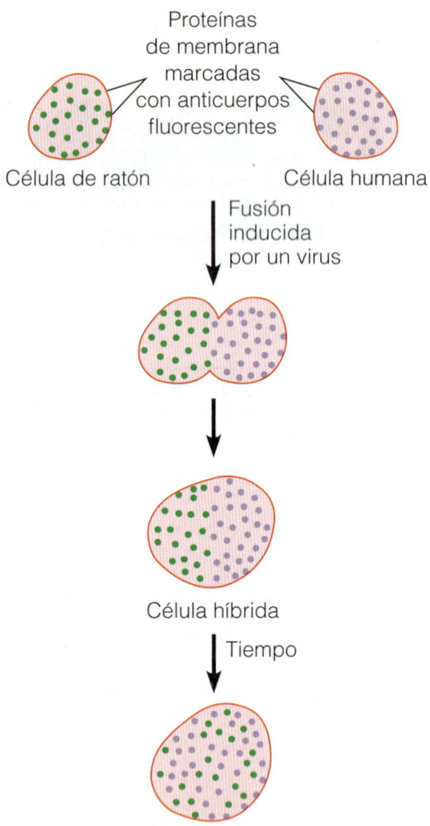


**FIGURA 10.11**

**Demostración experimental de la fluidez de la membrana.** Cuando se induce una fusión de células con proteínas de membrana marcadas con elementos fluorescentes, las proteínas se mezclan gradualmente en la superficie fusionada.

**TABLA 10.5. Contenido de proteínas, lípidos e hidratos de carbono de algunas membranas**

| | Porcentaje en peso | | |
|---|---|---|---|
| **Membrana** | **Proteína** | **Lípido** | **Hidratos de carbono** |
| Mielina | 18 | 79 | 3 |
| Eritrocito humano (membrana plasmática) | 49 | 43 | 8 |
| Bastón de retina bovino | 51 | 49 | 0 |
| Mitocondria (membrana externa) | 52 | 48 | 0 |
| Ameba (membrana plasmática) | 54 | 42 | 4 |
| Retículo sarcoplásmico (células musculares) | 67 | 33 | 0 |
| Lamelas de cloroplasto | 70 | 30 | 0 |
| Bacteria grampositiva | 75 | 25 | 0 |
| Mitocondria (membrana interna) | 76 | 24 | 0 |

Fuente: Adaptado de *Annual Review of Biochemistry* 41:731, G. Guidotti, Membrane proteins. © 1972 Annual Reviews.

## Movimiento en las membranas

Una membrana biológica en funcionamiento no es una estructura rígida y congelada. En realidad, muchos de los componentes lipídicos y proteicos están en constante movimiento. Este movimiento puede demostrarse de una forma directa y clara. Si se fusionan juntas células humanas y de ratón, cada una de ellas con un marcador fluorescente distintivo en su membrana plasmática, los dos tipos de marcadores gradualmente llegan a estar completamente entremezclados (Figura 10.11). Esto demuestra que puede producirse en la membrana una *difusión lateral* (paralela a la superficie de la membrana). La rapidez con la que se puede producir esta difusión bidimensional depende de la fluidez de la membrana, la cual depende, a su vez, de la temperatura y de la composición lipídica. En condiciones fisiológicas, el tiempo medio necesario para que una molécula de fosfolípido se desplace alrededor de toda la célula es del orden de segundos a minutos. Las proteínas de la membrana también se mueven, aunque más lentamente y su margen puede estar limitado por otras características estructurales de la membrana.

## Movimiento en las membranas sintéticas

Los efectos de la temperatura y la composición sobre la fluidez pueden estudiarse de una manera más sencilla con el empleo de membranas artificiales que contienen tan solo uno o unos pocos tipos de lípidos y que no incluyen proteínas (*véase* Herramientas de la Bioquímica 10A). En la Figura 10.12a se dibuja el comportamiento de una membrana formada totalmente por fosfatidilcolina, con dos cadenas saturadas de 16 carbonos (de manera abreviada, PC-16:0/16:0). A temperaturas bajas, las colas hidrocarbonadas se compactan juntas muy cerca para formar un estado de *gel* casi sólido. Si la temperatura aumenta por encima de 41 °C, se produce un **cambio de fase** en el que se pierde este orden regular, y las colas hidrocarbonadas pasan a tener un movimiento libre. La membrana se «funde» para adoptar un estado *cristalino líquido* semifluido. La temperatura a la que se produce esto se denomina *temperatura de transición*. Este cambio brusco de las propiedades de la membrana sintética puede detectarse mediante diversas técnicas descritas en Herramientas de la Bioquímica 10A. En la Figura 10.12b se muestra la transición, tal como se detecta mediante calorimetría.

La temperatura de transición es muy sensible a la naturaleza de las colas hidrocarbonadas. Si se utiliza una membrana de PC-14:0/14:0 (con colas que tienen tan solo dos carbonos menos que las descritas anteriormente), la temperatura de transición se reduce a 23 °C. Si se incorpora un solo doble enlace *cis* a cada cola de 16 carbonos (PC-16:1/16:1), la fusión se produce a 36 °C. Como se ha indicado antes, estos dobles enlaces causan flexiones en las cadenas, lo cual impide su compactación. Así pues, estas cadenas deben enfriarse a una temperatura inferior para producir el gel rígido. El cambio del grupo de cabeza puede producir también una diferencia importante. Si se sustituye la fosfatidiletanolamina (Tabla 10.3) por fosfatidilcolina en la PC-16:0/16:0, la transición térmica aumenta hasta 63 °C. La sensibilidad de la transición a la composición lipídica se pone de manifiesto de manera espectacular por el hecho de que los pequeños cambios descritos anteriormente pueden modificar la temperatura de transición en un margen de 100 °C.

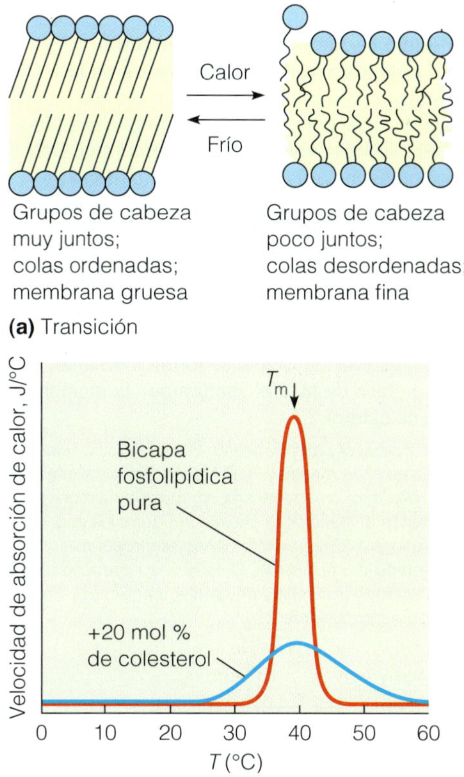


**FIGURA 10.12**

**Transición de fase cristalina gel-líquido en una bicapa lipídica sintética. (a)** Imagen esquemática del cambio que se produce en la temperatura de transición. Por debajo de esta temperatura, las colas hidrocarbonadas están densamente compactadas en un estado de gel casi cristalino y casi rígido (izquierda). Por encima de esta temperatura, el movimiento de las cadenas se hace más dinámico, y el interior de la membrana se parece a un hidrocarburo líquido (derecha). **(b)** Detección de la transición mediante calorimetría (*véase* Herramientas de la Bioquímica 6C). La medida del calor absorbido por una membrana al aumentar cada grado de temperatura muestra un pico brusco en la temperatura de transición ($T_m$) para una bicapa pura de dipalmitoilfosfatidilcolina. Esta transición bien definida del gel al líquido se denomina fusión de la membrana. Cuando se mezclan 20 mol % de colesterol en la bicapa, no se modifica la temperatura de transición pero la transición pasa a ser más amplia.

## Movimiento en las membranas biológicas

Las membranas biológicas, que contienen mezclas complejas de componentes lipídicos y proteínas, presentan unas transiciones de fase mucho más amplias y más complejas que las observadas en las bicapas sintéticas del tipo descrito anteriormente. De hecho, actualmente hay pruebas de la existencia de «dominios» bastante estables de diferente composición en distintas partes de una membrana celular, lo cual explica la amplia transición que se observa. Dado que es esencial que las membranas de las células vivas sean fluidas, la composición de la membrana está regulada de manera que se mantenga la temperatura de transición por debajo de la temperatura corporal del organismo. Un ejemplo se encuentra en las bacterias, que modifican la proporción de ácidos grasos saturados/insaturados de sus membranas en respuesta a un cambio de la temperatura a la que crecen. Un caso notable en el reino animal es el de la pata del reno. Sus membranas celulares presentan un aumento de la cantidad relativa de ácidos grasos insaturados cerca de la pezuña, que normalmente está más fría que el resto del cuerpo.

El colesterol tiene un efecto específico y complejo sobre la fluidez de la membrana. Como se muestra en la Figura 10.12b, para una membrana sintética, el colesterol no influye de manera notable sobre la temperatura de transición, pero sí amplía la transición. Se ha planteado la hipótesis de que esta ampliación se produce debido a que el colesterol puede endurecer la membrana por encima de la temperatura de transición e inhibir la regularidad de la formación de la estructura por debajo de la temperatura de transición. Ello hace que se difumine la distinción entre el estado de gel y el estado fluido. Existen datos que indican que las variaciones del contenido de colesterol se utilizan para regular el comportamiento de la membrana en algunos organismos.

La temperatura de transición de una membrana depende de su composición lipídica. Los lípidos con con colas saturadas más largas incrementan la temperatura de transición, mientras que los que tienen más dobles enlaces cis y/o colas más cortas reducirán la temperatura de transición.

Los efectos del colesterol sobre la estructura de la membrana dependen, en gran medida, de su concentración en la membrana. Los estudios de difracción de rayos X en bicapas sintéticas reconstruidas han demostrado que, a concentraciones moderadas, el colesterol encaja en la bicapa y puede ensancharla (Figura 10.13), mientras que a concentraciones elevadas, se forman «islas» de bicapas de colesterol. Se supone que estas pueden proporcionar núcleos para la formación de placas de colesterol en el sistema circulatorio. Se ha demostrado que la formación de estas estructuras es un efecto que se produce *in vivo* mediante experimentos

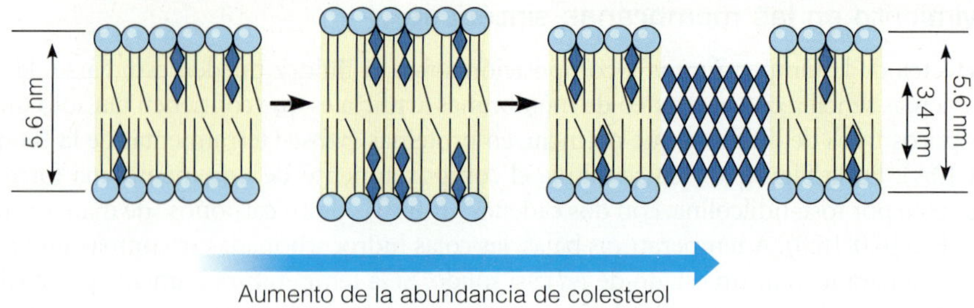


**FIGURA 10.13**

**Modelo esquemático de los efectos del colesterol sobre la estructura de la membrana plasmática.** Los datos señalan un efecto inicial del cociente colesterol/fosfolípidos, C:PL, sobre la anchura de la membrana. Con cocientes molares C:PL de 0.8:1 o menores, la anchura de la bicapa aumenta al aumentar C:PL. Con cocientes molares C:PL por encima de 0.9:1, se forman dos fases lamelares separadas, una que representa una bicapa lipídica cristalina líquida y otra que representa una fase de colesterol inmiscible. La fase de colesterol inmiscible se forma mediante separación de fase al «saturarse» la membrana con colesterol.

*The Journal of Lipid Research* 29:947-956, T. Tulenko, M. Chen, P. E. Mason y R. P. Mason, Physical effects of cholesterol on arterial smooth muscle membranes: Evidence of immiscible cholesterol domains and alterations in bilayer width during atherogenesis. Adaptedwith permission. © 1998 The American Society forBiochemistry and Molecular Biology. Todos los derechos reservados.

en los que se alimentó a ratas con niveles elevados de colesterol durante muchas semanas. Como se considera más adelante en este capítulo, el colesterol también parece participar en la organización de regiones menores de la bicapa en unidades funcionales denominadas «balsas lipídicas». El efecto del colesterol en la modulación del espesor de las membranas biológicas parece ser marginal, de acuerdo con los experimentos más recientes en los que se eliminó el colesterol de las membranas de las células hepáticas de rata y los orgánulos asociados. En estos sistemas de membrana, el contenido proteico de la membrana tenía un efecto mucho mayor que el colesterol en la regulación del espesor de la bicapa.

## Asimetría de las membranas

En condiciones fisiológicas, las membranas biológicas se encuentran en un estado cristalino semilíquido.

En contraste con la facilidad del movimiento lateral, el «salto» de las moléculas lipídicas *a través* de las bicapas lipídicas sintéticas, de un lado a otro, es mucho más lento. El motivo no es difícil de apreciar: cuando una molécula de fosfolípido pasa de una cara a la otra, debe pasar su cabeza muy hidrófila a través del medio hidrófobo de las colas hidrocarbonadas. Este proceso es muy poco favorable desde un punto de vista energético y, por tanto, el proceso es lento. Existe una clase de enzimas (*translocasas* y *flipasas*) que catalizan el salto de los lípidos en la membrana. En contraste con los fosfolípidos, el transporte de los ácidos grasos a través de las membranas es mucho más rápido (menos de un segundo) por una simple razón, y es que de manera distinta a los grupos fosfatos de los fosfolípidos, los carboxilatos de los ácidos grasos tienen un p$K_a$ lo suficientemente elevado para permitir la protonación en el ambiente muy apolar de la bicapa lipídica. De esta forma, pierden su carga negativa y pueden repartirse en el centro hidrófobo de la membrana de forma más favorable que una molécula ionizada.

Cualquier membrana biológica tiene dos caras distintas, que están en contacto con medios diferentes. Pueden observarse ejemplos de ello en las ilustraciones de la ultraestructura celular presentadas en el Capítulo 1. La membrana plasmática de una célula está en contacto con el medio externo por fuera y con el citoplasma por dentro, mientras que la membrana que envuelve a un cloroplasto tiene, en la parte interna, el aparato fotosintético y en la parte externa, el citoplasma. Dado que las dos caras de una membrana deben relacionarse con entornos diferentes, generalmente tienen una composición y una estructura muy diferentes.

Esta diferencia se extiende incluso al nivel de la composición de fosfolípidos. Recuérdese que todas las membranas fosfolipídicas son bicapas y a cada capa individual frecuentemente se la denomina *lámina*. En la Figura 10.14 se presentan las composiciones de las dos láminas de las membranas plasmáticas de varios tipos celulares.

Las membranas son estructuras muy especializadas que realizan funciones diversas en diferentes células/tejidos. El contenido lipídico y proteico de una membrana dada está ajustado a la función específica de esa membrana. Por ejemplo, las diferencias de los grupos cargados en las dos láminas de la bicapa conduce a diferencias en de los potenciales eléctricos (se considera más adelante en este capítulo) a través de las diversas membranas. Las glucoproteínas y los glucolípidos que porta la lámina externa de una membrana plasmática contribuyen a la identificación de las células a través de sus cadenas de oligosacáridos (*véase* el Capítulo 9).

Las dos láminas de una membrana suelen diferir en su composición lipídica.

Gran parte de nuestro conocimiento sobre la asimetría de la membrana procede de los estudios de las **vesículas**, fragmentos de membrana que se han vuelto a unir para formar conchas huecas, con un interior y un exterior. Los reactivos pueden capturarse en el interior de la vesícula o añadirse solo a la solución circundante, con lo que pueden reaccionar específicamente con las proteínas o con los lípidos de la cara dispuesta hacia fuera o hacia dentro. Una proteína de membrana de una vesícula puede hacerse reaccionar

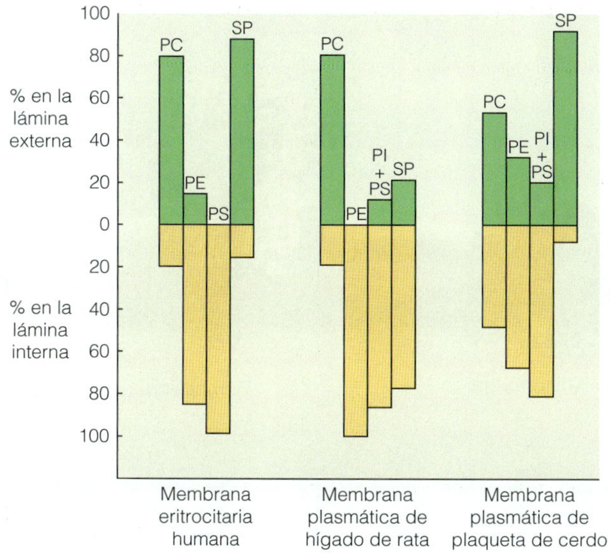


**FIGURA 10.14**

**Asimetría fosfolipídica en las membranas plasmáticas.** Se representa gráficamente la composición lipídica de la lámina externa (verde) y de la lámina interna (dorada) de la membrana plasmática de tres tipos de células. PC = fosfatidilcolina; PE = fosfatidiletanolamina; PS = fosfatidilserina; PI = fosfatidilinositol; SP = esfingomielina.

covalentemente con un reactivo marcado radiactivamente, y aislarse y fragmentarse en péptidos mediante proteasas. La identificación de los péptidos marcados por los reactantes «internos» o «externos» puede revelar las partes de la proteína que se encontraban en la cara interna y las que estaban en la cara externa. De forma similar, pueden analizarse los lípidos, utilizando enzimas u otros reactivos que fragmenten o modifiquen de algún modo los grupos de cabeza. Los experimentos de este tipo, llevados a cabo dentro o fuera de las vesículas, han aportado gran parte de la información que se presenta en la Figura 10.14.

Las membranas biológicas son estructuras muy dinámicas. No solo deben expandirse continuamente a medida que las células crecen y se dividen, sino que también, incluso en las células en reposo, se produce, al parecer, un recambio y renovación continuos de los componentes de las membranas. De hecho, este estado dinámico, fuera del equilibrio, es una necesidad si se pretende mantener la asimetría. De acuerdo con la segunda ley de la termodinámica (*véase* el Capítulo 3) sabemos que el estado de equilibrio de una membrana de dos capas requiere una distribución igual de todos los componentes en ambos lados. Al igual que otros muchos sistemas biológicos, las membranas existen en la forma en que se dan porque *no* se encuentran en equilibro, sino que constituyen más bien estructuras dinámicas en estado estacionario.

## Características de las proteínas de la membrana

Las proteínas de la membrana poseen unas características especiales que las diferencian de otras proteínas globulares. Suelen contener una proporción elevada de aminoácidos hidrófobos, en especial en las zonas de las moléculas proteicas que están embebidas en la membrana (*véase* la Figura 10.15). Los segmentos de proteínas que atraviesan las membranas tienen, con frecuencia, hélices $\alpha$, aunque los cilindros $\beta$ también son motivos corrientes que abarcan la membrana. En la Figura 10.16 se representa la bacteriorrodopsina, una proteína integral de membrana, cuya estructura se ha desentrañado con una resolución elevada. Como muchas proteínas de este tipo, contienen un haz de siete segmentos de hélice $\alpha$ que atraviesan la membrana de lado a lado. La presencia de estos segmentos transmembrana, a veces puede inferirse a partir del tipo de **representación de hidrofobicidad,** que se muestra en la Figura 10.16. Esta representación se ha calculado según la escala de hidrofobicidad de Kyte y Doolittle dada en la Tabla 6.5. Representa máximos en regiones de la secuencia que corresponden a las hélices transmembrana. Estas contienen, generalmente, 20-25 residuos que son predominantemente hidrófobos.

Otra clase de proteínas de la membrana están modificadas de forma covalente con lípidos, como se muestra en la Figura 10.18. Muchas proteínas que participan en la señalización están modificadas así, por reacciones que formalmente son transferencias de grupos acilo o **acilaciones**. Son necesarias las secuencias específicas de los N-terminal y C-terminal de la proteína para la adición de grupos **geranilgeranil**, **farnesil** y **miristoil**.

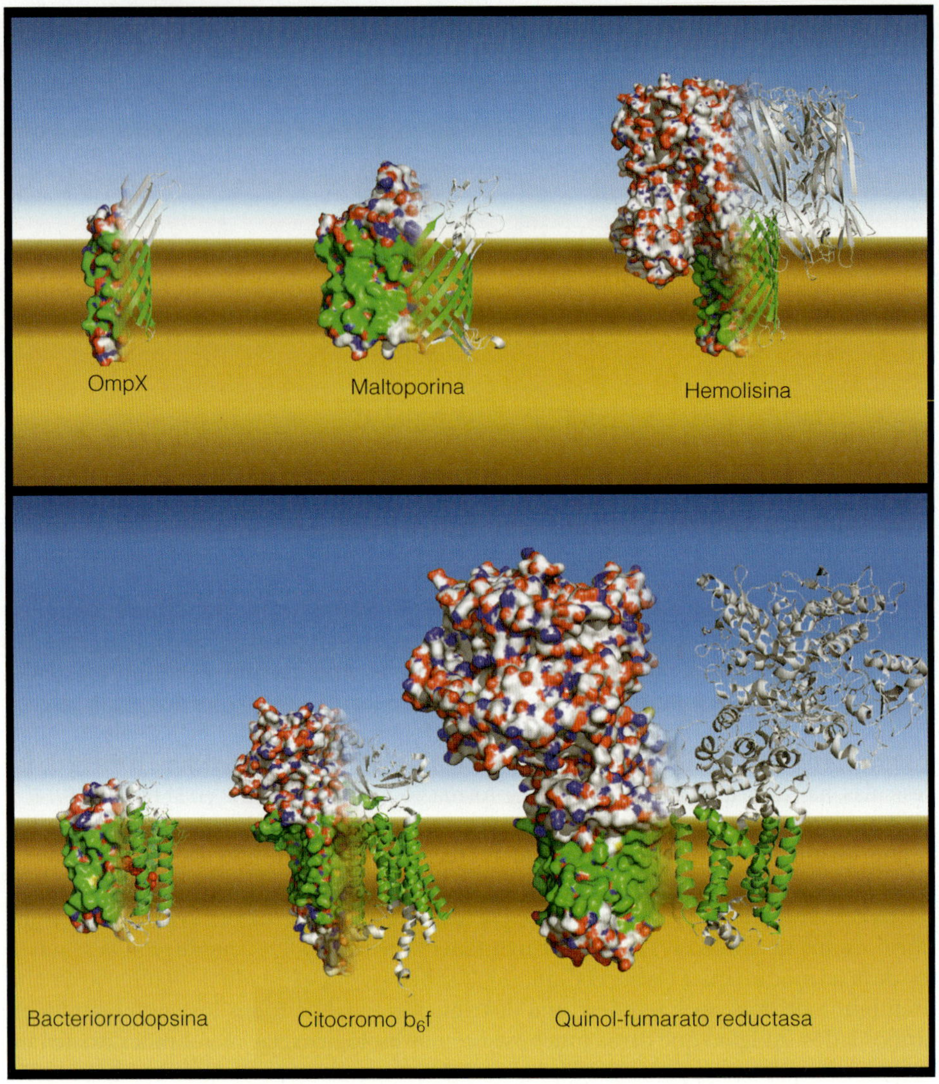


**FIGURA 10.15**

**Ejemplos de estructuras de varias proteínas integrales de membrana.** Cada proteína se representa la mitad como modelo de relleno espacial (parte izquierda de cada estructura) y la mitad en cinta (mitad derecha). La representación en cinta muestra las diferencias de estructura que abarca la membrana, mientras que los modelos de relleno espacial muestran distribuciones semejantes de las superficies hidrófilas (rojo y azul) e hidrófobas (verde y gris) para ambas clases de proteínas. Las regiones que abarcan la membrana están dominadas por superficies hidrófobas. La bicapa está indicada por la banda marrón y la región citosólica está indicada por la región color agua. **Panel superior**: ejemplos de estructuras transmembrana de tipo barril *β*. **Panel inferior**: ejemplos de proteínas transmembrana de hélice *α*. La proteína transmembrana X de *E. coli* (PDB ID: 1QJ9) participa en la formación de biopelículas. La maltoporina de *S. typhimurium* (PDB ID: 2MPR) facilita la difusión de determinados sacáridos a través de la membrana externa de las bacterias gramnegativas. La hemolisina de *S. aureus* (PDB ID: 7AHL) es una toxina que abre un poro en las células diana y las lisa. La bacteriorrodoposina de *H. salinarum* (PDB ID: 1C3W) es una bomba de protones de las bacterias fotosintéticas. El citocromo *b6f* de *C. reinhardti* (PDB ID: 1Q90) es una bomba de protones fotosintética y un transportador electrónico. La quinol-fumarato reductasa de *E. coli* (PDB ID: 1L0V) es una proteína de transporte electrónico que cataliza la reducción de fumarato a succinato.

Cortesía de Gary Carlton.

Por ejemplo, se produce miristolilación en los residuos Gly N-terminal tras la separación de la Met N-terminal y la farnesilación necesita un motivo «CaaX» C-terminal (donde C = Cys, a = un aminoácido alifático, y X = cualquier aminoácido excepto Pro). Estos procesos se presentan con gran detalle en los Capítulos 19 y 23. Otra modificación proteica habitual es la adición de uno o varios grupos palmitoil a la cadena lateral de Cys (o en menor medida, al grupo amino N terminal).

Como se ha señalado antes, el lípido unido puede servir principalmente para señalar la proteína modificada a un orgánulo subcelular determinado o una localización específica de la membrana plasmática. Por ejemplo, las proteínas ligadas al **glucosilfosfatidilinositol** (GPI) están asociadas con frecuencia con las regiones de la lámina externa con abundante colesterol y esfingolípidos. Aunque la parte lipídica puede insertarse directamente en la bicapa, se conocen varias proteínas de membrana con lugares de unión de lípidos. Así, la asociación de una proteína ligada a lípidos con la membrana puede estar intermediada por la unión proteína-lípido.

Las membranas son estructuras complejas, con una composición específica para cada una de las dos láminas. Para concretar más la situación, consideremos con cierto detalle la estructura de un ejemplo, la membrana plasmática del eritrocito (glóbulo rojo).

## Membrana del eritrocito: un ejemplo de estructura de membrana

Los eritrocitos de los mamíferos se encuentran entre las células más sencillas. En su estado maduro en la sangre circulante, carecen de mitocondrias, membranas internas y un núcleo. Esencialmente son bolsas que contienen una solución concentrada de hemoglobina. Pueden lisarse con facilidad y liberar su contenido, produciendo *fantasmas* de membrana, grandes vesículas que corresponden a un preparado casi puro de la membrana plasmática de las células. Los fantasmas eritrocitarios tienen la composición lipídica que se indica en la Tabla 10.4, distribuida entre las láminas interna y externa, como se muestra en la Figura 10.14. Si se extrae con detergente el contenido proteico total del fantasma eritrocitario y se analiza mediante electroforesis en gel con SDS, se obtiene el patrón que se muestra en la Figura 10.19a.

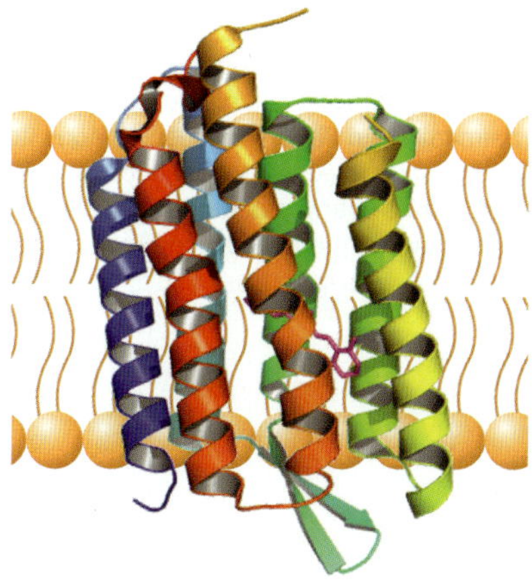

**FIGURA 10.16**

**Bacteriorrodopsina, una proteína integral de membrana.** La bacteriorrodopsina (PDB ID: 1C3W) actúa en determinadas bacterias como una bomba de protones impulsada por la luz. Siete hélices abarcan la membrana y sostienen una molécula del pigmento que absorbe luz **retinal** (fucsia). En el Capítulo 19 se describe la biosíntesis de retinal.

## Separación de las proteínas periféricas e integrales

La membrana plasmática de los eritrocitos contiene muchas menos proteínas que las que se encuentran en la mayor parte de las demás membranas celulares, lo cual concuerda con el metabolismo sencillo de estas células. ¿Cuáles son estas proteínas y qué hacen? Para comenzar, estas proteínas se clasifican como proteínas de membrana periféricas o integrales. Las proteínas periféricas se pueden liberar de los fantasmas eritrocitarios mediante cambios simples de la fuerza iónica o del pH. Todas las proteínas periféricas de los eritrocitos están unidas al interior (cara citoplásmica) de la membrana del eritrocito (Figura 10.20). La microscopía electrónica tras el grabado por congelación (*véase* Herramientas de la Bioquímica 10A) muestra una superficie externa casi lisa, con solo proteínas integrales de membrana e hidratos de carbono unidos decorando la superficie, mientras que el interior de la membrana y la superficie interna contienen abundantes partículas proteicas.

Las principales proteínas integrales de esta membrana son el canal aniónico (banda 3), la banda 4.5 y las glucoforinas. Obsérvese que la glucoforina y la banda 4.5 no aparecen en la Figura 10.19 debido al colorante utilizado en el análisis. Las proteínas integrales, junto con gran parte del material lipídico, pueden extraerse de las membranas intactas mediante el empleo del detergente no iónico Tritón X-100.

## El esqueleto proteico

Sorprendentemente, el tratamiento con Tritón X-100 deja intacto un esqueleto proteico, que conserva la forma del fantasma de membrana. Las proteínas de este esqueleto de la membrana se identifican en la Figura 10.19b, y en la Figura 10.20 se muestra una imagen esquemática del mismo. El esqueleto es una red bidimensional de algunas de las proteínas periféricas, cuyos principales componentes son las **espectrinas**, la actina y la banda 4.1. Las fibras de 200 nm de longitud de esta red están formadas por tetrámeros $\alpha_2\beta_2$ de moléculas de espectrina. Estas moléculas muy alargadas contienen una fracción grande de hélice $\alpha$ y parecen estar ligadas a sus extremos mediante cadenas cortas de moléculas de actina, junto con la proteína de la banda 4.1 y la aducina. La actina forma también complejos con una tropomiosina eritrocitaria específica (*véase* el Capítulo 8). El esqueleto está anclado a la propia membrana por la proteína **ankirina**, que se une tanto a la espectrina como a la proteína integral de la banda 3. La banda 4.1 se suma a la estructura, pero también uniéndose a la glucoforina, otra proteína integral.

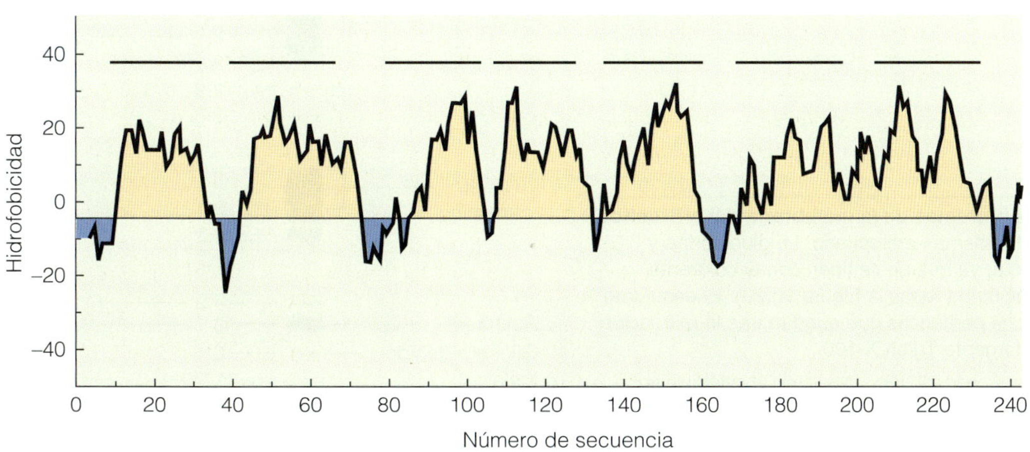


**FIGURA 10.17**

**Representación de la hidrofobicidad de la molécula de bacteriorrodopsina mostrada en la Figura 10.16.** Se ha calculado el índice de hidrofobicidad para cada residuo por el método de Kyte y Doolittle. Las barras negras indican las posiciones aproximadas de las hélices transmembrana que se muestran en la Figura 10.16.

Adaptado de *Journal of Molecular Biology* 157:105-132, J. Kyte y R. F. Doolittle, A simple method for displaying the hydropathic character of a protein. © 1982, con permiso de Elsevier.

**FIGURA 10.18**

**Lipidación proteica**. Una proteína dada puede modificarse por más de uno de estos grupos acilo. La miristoilación, la farnesilación, la geranilgeranilación y la palmitoilación tienen lugar en el lado citoplásmico de la membrana. La modificación del glucosilfosfatidilinositol solo se encuentra en el exterior de la bicapa. La parte glucano del GPI está formada por manosa (verde), glucosamina (azul) e inositol (rojo).

Cortesía de Gary Carlton.

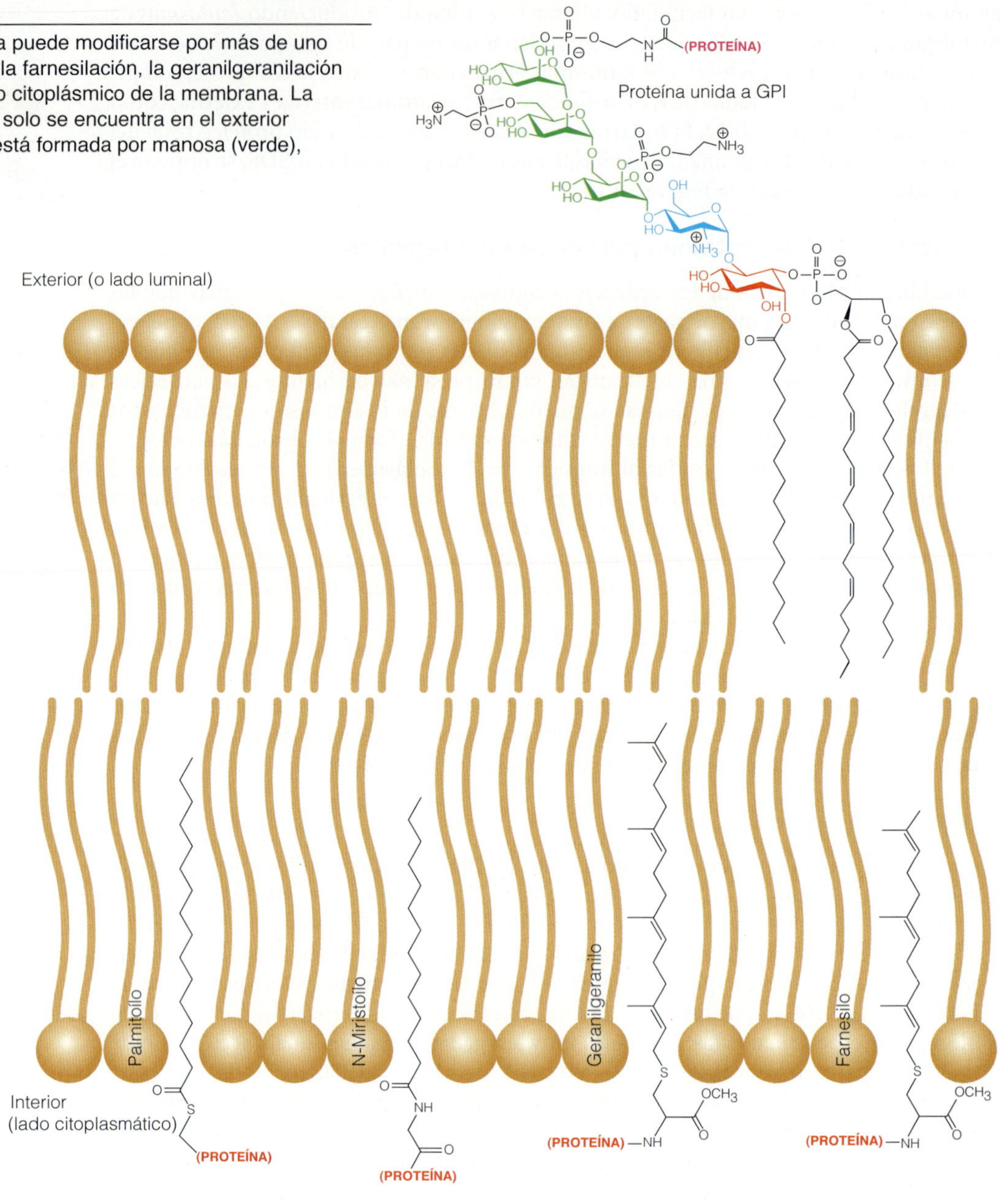


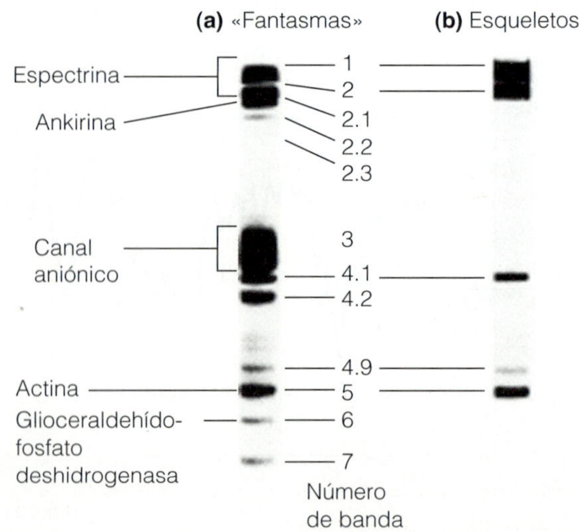


**FIGURA 10.19**

**Análisis por electroforesis en gel de las proteínas de la membrana del eritrocito.** **(a)** Proteínas periféricas e integrales del «fantasma» eritrocitario. La glucoforina y la proteína de la banda 4.5 no aparecen aquí, ya que no se tiñen con el colorante utilizado. **(b)** Proteínas del esqueleto eritrocitario (*véase* la Figura 10.20). El esqueleto está formado por las proteínas de membrana periféricas que quedan tras la extracción de las proteínas integrales mediante el detergente Triton X-100.

Reproducido de *Cell* 24:24-32, D. Branton, C. M. Cohen y J. Tyler, Interaction of cytoskeletal proteins on the human erythrocyte membrane. © 1981, con permiso de Elsevier.

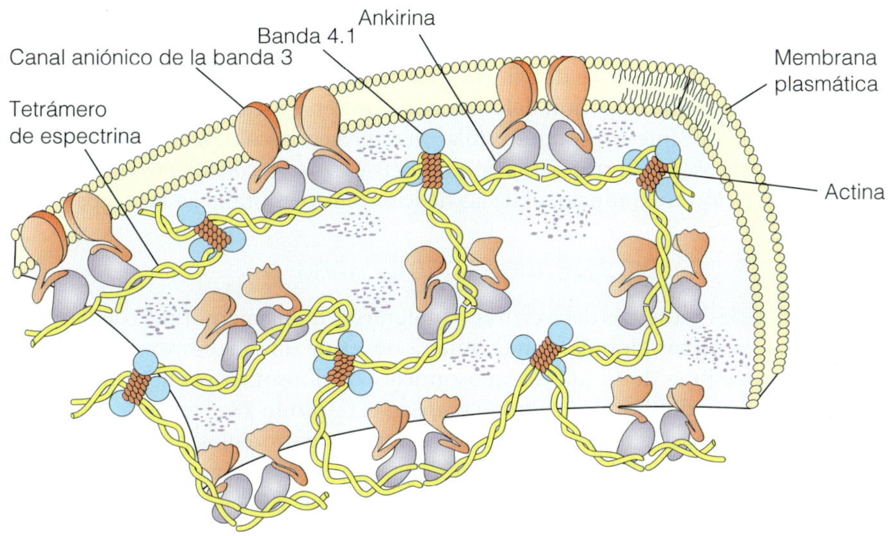


**FIGURA 10.20**

**Modelo de la estructura propuesta para el esqueleto de la membrana del eritrocito.** Las proteínas se identifican en la Figura 10.19. Obsérvese que la ankirina ancla la membrana al esqueleto mediante la interacción con la espectrina y con la proteína integral de la banda 3 (canal aniónico).

¿Qué finalidad tiene este elaborado andamiaje para la membrana eritrocitaria? Una posibilidad obvia es que ayude a mantener la forma del eritrocito, a pesar de las acciones de exprimido y los zarandeos que sufre la célula durante su paso por el sistema circulatorio. El eritrocito sobrevive durante bastante tiempo, generalmente unos 120 días, es decir, 10 millones de latidos cardíacos. La forma discoide de la célula permite el intercambio eficaz de $O_2$ y $CO_2$ a la hemoglobina de su interior, y aunque esa forma sufra una deformación momentánea, el esqueleto le ayuda a recuperarla. De hecho, algunas formas de anemia, en las que los síntomas son una lisis fácil de los eritrocitos, pueden atribuirse a deficiencias de las proteínas del esqueleto. El tipo de estructura que se describe aquí no se limita a los eritrocitos. Otros muchos tipos celulares contienen esqueletos de membrana similares, aunque diferentes. Parece probable que existan conexiones entre el esqueleto de la membrana y el citoesqueleto (*véase* el Capítulo 8), de manera que la membrana esté ligada a la estructura intracelular.

El eritrocito, como otras muchas células, posee un «esqueleto» complejo de proteínas subyacentes que está unido a su membrana plasmática.

## Principales proteínas integrales de membrana

La proteína más abundante de la membrana del eritrocito es la proteína de la banda 3, que es un canal aniónico, que facilita el intercambio de $HCO_3^-$ por $Cl^-$ a través de la membrana del eritrocito. Recuérdese del Capítulo 7 la importancia que tiene el llevar $HCO_3^-$ al interior del eritrocito para realizar el transporte de $CO_2$; el intercambio con $Cl^-$ mantiene el equilibrio iónico. La proteína de la banda 3 actúa como un complejo de 2 o 4 subunidades. Cada cadena de la subunidad cruza y vuelve a cruzar la membrana varias veces, para crear el canal a través del cual pueden intercambiarse los iones. La porción N-terminal de la proteína se extiende dentro del citosol, donde realiza diversas interacciones interesantes. Como se ha mencionado previamente, contacta con la proteína del esqueleto ankirina, proporcionando una unión principal entre el esqueleto y la membrana. No obstante, además, la proteína de la banda 3 contacta con varias proteínas citosólicas, entre las que se encuentran algunas enzimas glucolíticas (por ejemplo, la gliceraldehído-3-fosfato deshidrogenasa y la aldolasa; *véase* el Capítulo 13) y la hemoglobina. No está totalmente claro el significado de estas interacciones.

Las demás proteínas integrales principales de la membrana eritrocitaria son las **glucoforinas**, que parecen tener diversas funciones. Cada una de estas proteínas tiene un dominio externo portador de hidratos de carbono, una única hélice transmembrana y un dominio C-terminal citosólico (*véase* la Figura 10.21). Los grupos de hidratos de carbono ligados por O- en el dominio N-terminal externo llevan residuos de ácido siálico, dando una carga negativa al exterior del eritrocito, lo cual puede hacer mínimas las probabilidades de estas células de adherirse a las paredes de los capilares durante la circulación. La función del dominio citosólico es menos clara, pero en algunas glucoforinas parece interactuar con la proteína de la banda 4.1 y estabilizar la adhesión esqueleto-membrana.

Debe resaltarse la asimetría de la orientación de las proteínas integrales. De la misma manera que la membrana eritrocitaria es asimétrica en su distribución de los componentes lipídicos, también lo es en su distribución de las proteínas, ya que cada tipo de proteína está orientado en una dirección determinada. Parecen existir componentes especiales de la maquinaria de síntesis proteica celular que dirigen la colocación de las proteínas en la membrana y aseguran su orientación asimétrica. Ahora consideramos uno de esos aspectos: la inserción co-traducional de las hélices transmembrana en la bicapa.

## Inserción de proteínas en las membranas

Más del 30 % de las proteínas debe cruzar o integrarse en una membrana celular. ¿Cómo hacen esto las proteínas globulares hidrófilas a través de una membrana bicapa hidrófoba durante o después de su síntesis ribosómica? Los ribosomas se encuentran libres o unidos al retículo endoplásmico rugoso (*véase* en el Capítulo 28 el tema de la **secreción** proteica). Dada la localización citosólica de la síntesis de proteínas y la orientación asimétrica de las proteínas integrales de membrana, surgen dos preguntas fundamentales: (1) ¿Cómo se insertan las proteínas de membrana en esta? y (2) ¿Cómo se insertan en la membrana en la orientación correcta?

En la Figura 10.22 se presenta una solución al problema de la inserción de las proteínas en una membrana. Las regiones que atraviesan la membrana de diversas proteínas integrales de membrana se insertan en la bicapa co-traducionalmente (esto es, *durante* la síntesis de proteínas ribosómicas), donde luego se pliegan. Este proceso lo facilita un canal de conducción de proteínas denominado **translocón**. Estos canales proteicos son complejos con varias subunidades denominados **SecY**, en los procariotas y **Sec61**, en los eucariotas, donde «Sec» indica *proteínas que participan en la secreción.*

En el proceso de integración proteica en la membrana, el translocón debe realizar tres tareas fundamentales. En primer lugar, debe permitir que las secuencias transmembrana hidrófobas de la proteína emergente o «naciente» permanezcan en la bicapa, mientras lleva determinadas secuencias hidrófilas a través de la membrana. En segundo lugar, debe facilitar la orientación correcta o «topología» de las secuencias transmembrana. Las proteínas de membrana deben orientarse adecuadamente en la bicapa para asegurar que pueden llevar a cabo su función. Por ejemplo, un receptor hormonal debe colocar su lugar de unión del ligando en el lado *extracelular* de la membrana, si es para detectar la presencia de la hormona en la circulación. Asimismo, muchas proteínas transportadoras

**FIGURA 10.21**

**Secuencia y estructura propuesta para la glucoforina A.** Esta proteína fue la primera proteína integral de membrana que se secuenció. El dominio externo (N-terminal) lleva 15 oligosacáridos ligados por O- y uno ligado por N-; juntos constituyen aproximadamente el 60 % de la masa proteica total. La única hélice transmembrana es muy hidrófoba, mientras que el dominio C-terminal citosólico es bastante hidrófilo.

Adaptado de *Seminars in Hematology* 16:8V, T. Marchesi, Functional proteins of the human red bloodcell membrane. © 1979, con permiso de Elsevier.

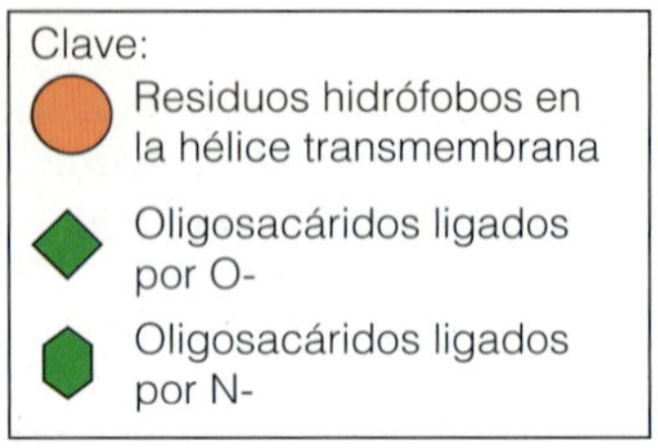


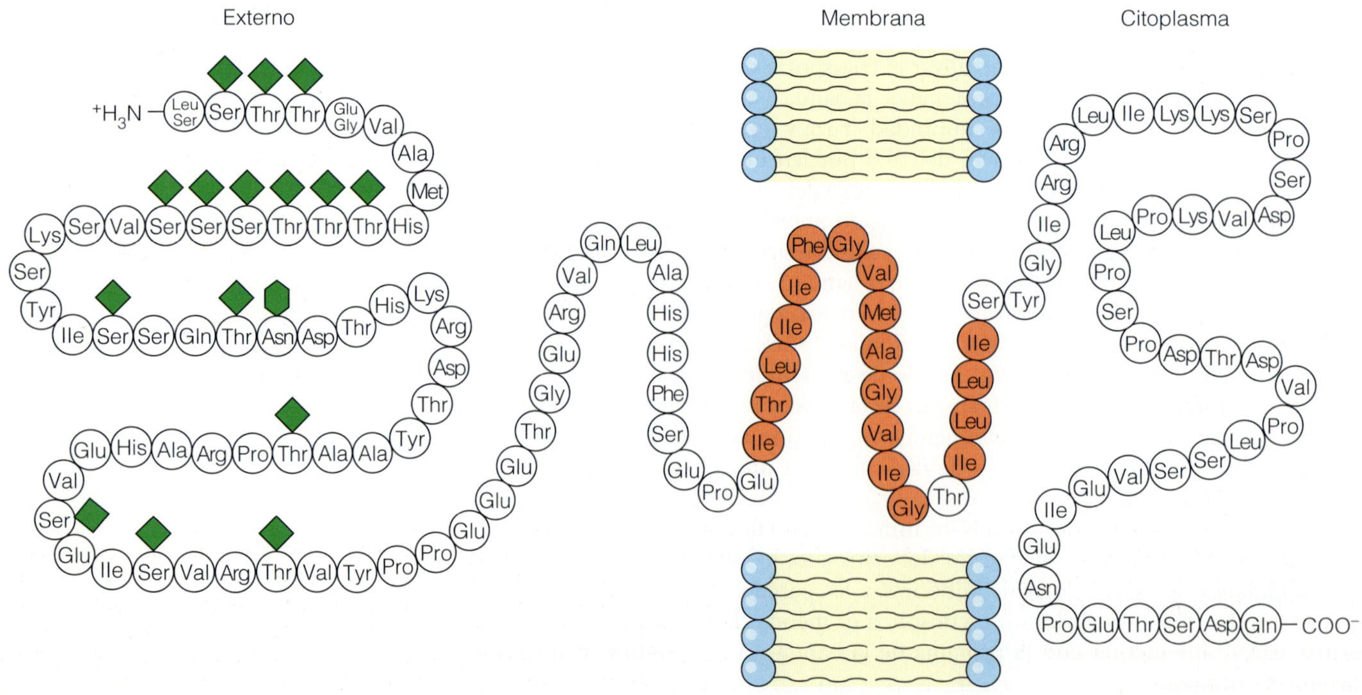

deben mover sus sustratos *solo en una dirección* a través de la bicapa para crear gradientes electroquímicos, que son cruciales para diversas funciones celulares. Así, la inserción de las secuencias peptídicas transmembrana con la topología correcta es una cuestión de supervivencia. Finalmente, el translocón debe hacer todo esto al tiempo que evita el transporte inespecífico de otras moléculas o iones a través de la bicapa, lo que daría lugar a la muerte celular por el colapso de los gradientes electroquímicos.

En la Figura 10.23 se muestra un modelo de la función del traslocón de acuerdo con la estructura cristalina de las tres subunidades del complejo SecY de la bacteria *M. janaschii.* La subunidad $\alpha$ es más grande y forma el canal proteico con ocho hélices transmembrana y otras dos que no atraviesan completamente la bicapa. Las subunidades $\beta$ y $\gamma$ tienen cada una de ellas una única hélice transmembrana. La subunidad $\alpha$ tiene una forma de vidrio de reloj con un anillo de seis residuos conservados de Ile, Val y Leu en la parte más estrecha del canal. Este anillo es lo suficientemente grande para acomodar la cadena polipeptídica según sale del ribosoma. Como se observa en las Figuras 10.23 y 10.24a, cuando el poro no está ocupado por un péptido que se traslada, está conectado con una pequeña hélice de la secuencia N terminal de la subunidad $\alpha$, lo que explica cómo puede sellarse a sí misma la SecY y de esta forma, evitar el transporte inespecífico de iones y otras moléculas.

¿Cómo se reconocen los segmentos transmembrana hidrófobos del péptido insertado y cómo salen del canal y pasan a la bicapa? Una explicación probable es que el canal se abre a lo largo de su longitud para permitir que el péptido se deslice lateralmente (Figura 10.24b). Es más probable que los péptidos hidrófobos se repartan en el centro de la bicapa, mientras que las secuencias polares permanecerán en el canal y se repartirán en la región polar de la interfase de la membrana. En esencia, el translocón actúa como un embudo separador molecular que expone la secuencia peptídica a las fases polar y no polar. El péptido se moverá a la fase que más se ajuste a su polaridad. Esta proposición la apoya la estructura cristalina de SecY de *P. furiosus*, que muestra una abertura lateral en el translocón (Figura 10.23c).

Dado este modelo de inserción de las hélices transmembrana, ¿cómo se insertan en la orientación correcta? Parecen actuar varios factores para asegurar la topología adecuada de la proteína insertada. El trabajo de Gunnar von Heijne y sus colaboradores ha apoyado una regla de «interior positivo» que explica el enriquecimiento de residuos de Lys y Arg en las porciones citoplásmicas de las proteínas, con varias regiones que abarcan la membrana. Dado al potencial eléctrico a través de la membrana, $\Delta\psi$, el lado citoplásmico de la bicapa está cargado más negativamente que el exterior, por lo que un grupo de cadenas laterales cargadas positivamente tenderán a migrar al lado citoplásmico de la membrana. Para analizar esta hipótesis, von Jeijne construyó un mutante de *E. coli* con peptidasa líder (Lep) en el que se añadieron cuatro residuos de Lys al N terminal y se eliminaron varios aminoácidos básicos de un bucle citoplásmico. La topología de la membrana del mutante Lep estaba invertida comparada con el tipo silvestre (Figura 10.25). Esta orientación «interior positivo» de las proteínas transmembrana también está apoyada por el predominio de fosfolípidos

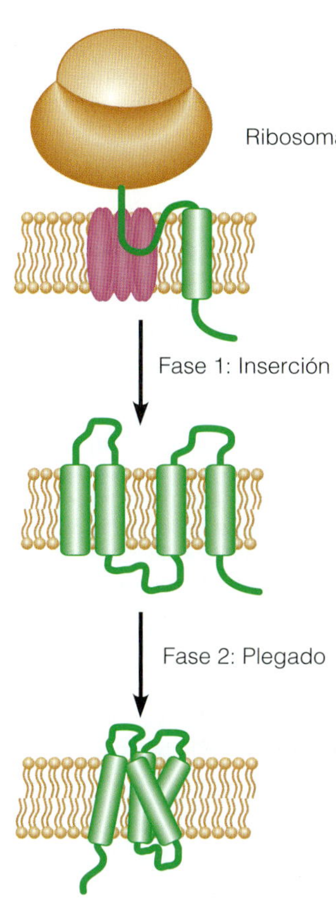


**FIGURA 10.22**

**Inserción co-traduccional y plegado de las hélices transmembrana en una proteína integral de membrana**. Los lípidos de la bicapa están indicados en canela, el ribosoma, en marrón, el canal translocón, en morado y el péptido, en verde. Algunas partes de la proteína (en este caso, los bucles) se conducen a través de la bicapa en el translocón; las partes transmembrana salen del translocón (*véase* el texto) y permanecen embebidas en la bicapa. Las hélices transmembrana se pliegan una vez insertadas.

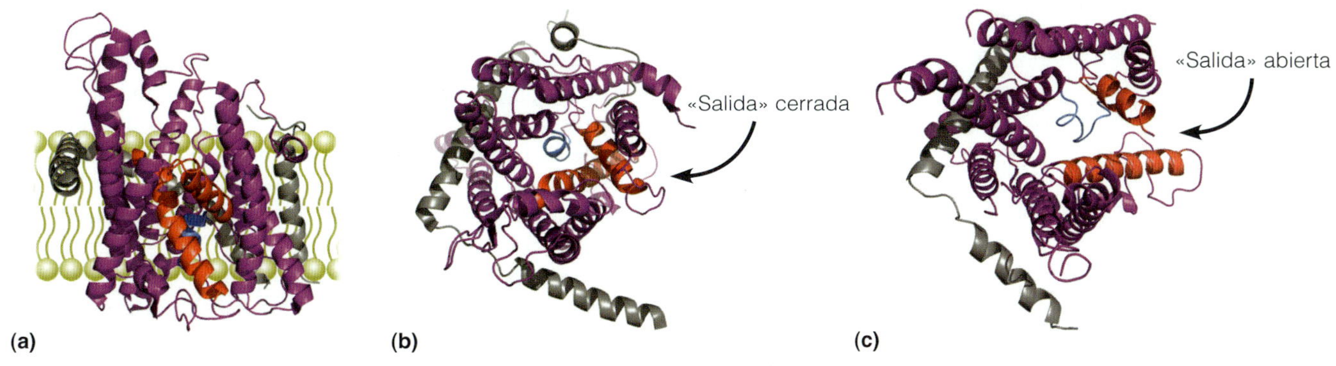


**FIGURA 10.23**

**Estructuras cristalinas del complejo SecY en las conformaciones «cerrada» y «abierta»**. La subunidad $\alpha$ está resaltada en morado y rojo, con las subunidades $\beta$ y $\gamma$ en gris. La hélice pequeña de la subunidad $\alpha$ que conecta el poro se muestra en azul. Panel **(a)**: vista lateral, mirando hacia la «salida» de SecY de *M. jannaschii* en la conformación cerrada (PDB ID: 1RZH). Las dos hélices en cualquier lado de la salida cerrada están resaltadas en rojo. Obsérvese la localización de la hélice azul en el centro del canal. Panel **(b)**: vista superior con el canal proteico mirando hacia abajo en la conformación cerrada. Panel **(c)**: vista superior de SecY de *P. furiosus* en la conformación abierta (PDB ID: 3MP7). Las dos hélices rojas se han separado abriendo un hueco que recorre el canal y permite a la secuencia peptídica naciente en el translocón acceder al centro hidrófobo de la membrana.

Un canal proteico denominado «translocón» facilita la inserción de las proteínas integrales de membrana en la membrana bicapa.

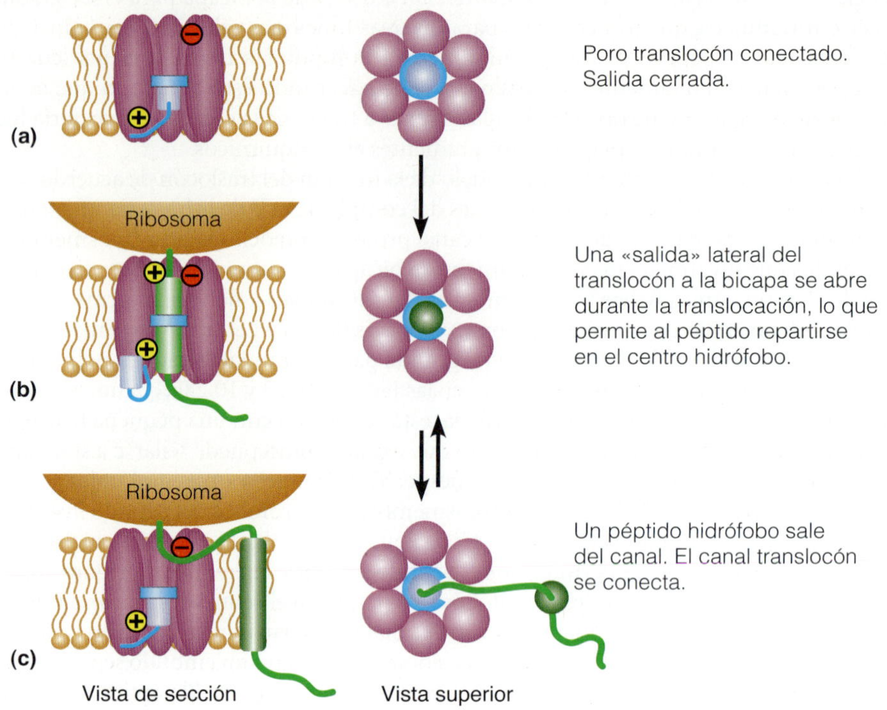


**FIGURA 10.24**

**Modelo de la función del translocón.** En todos los paneles el citoplasma está arriba y el código de colores es el mismo que el de las Figuras 10.22 y 10.23. **(a)** Translocón en «reposo». El poro proteico está conectado mediante una hélice pequeña (azul claro). Se muestra en azul oscuro el anillo de los residuos hidrófobos de la cintura del reloj de arena. **(b)** Translocón «activo». Un péptido naciente (verde) sale del ribosoma y entra en el canal proteico translocón. El péptido naciente accede a la bicapa a través de una apertura lateral en el translocón. En el translocón de levaduras, los residuos cargados (círculos amarillos y rojos) del canal facilitan la orientación adecuada del péptido naciente en la bicapa. **(c)** Si un segmento del péptido naciente es suficientemente hidrófobo, se repartirá en la bicapa lipídica. Las secuencias hidrófilas (bucles) se reparten a ambos lados de la bicapa, dependiendo de la orientación de los segmentos transmembrana.

ácidos (esto es, cargados negativamente) en el interior de las membranas. Finalmente, en algunas especies, participa en el direccionamiento de la orientación de los péptidos transmembrana, a través de interacciones carga-carga. En el translocón de levaduras Sec61, se ha visto que para la determinación de la orientación adecuada de los segmentos transmembrana, son esenciales los residuos básicos en el lado periplásmico y los residuos ácidos en el lado citoplásmico del canal (*véase* la Figura 10.24b). La inversión de estas cargas en Sec61 da lugar a la inversión de la topología de la proteína transmembrana.

## Evolución del modelo de mosaico fluido de la estructura de la membrana

Se han confirmado, desde que fue propuesto en 1972, muchas características del modelo de mosaico fluido de Singer-Nicolson; sin embargo, con las mejoras de la tecnología de imagen han aparecido detalles nuevos que han conducido a una reinterpretación del modelo. Específicamente, la mayoría de las membranas parecen estar muy concurridas de proteínas y muestra una variación significativa, tanto en la anchura de la bicapa como en la distribución de las proteínas y los lípidos dentro de la lámina.

Se ha mencionado antes que las proteínas GPI modificadas se localizan frecuentemente en las regiones de la membrana con abundante colesterol y esfingolípidos. Esta observación llevó a proponer que estos tres componentes de la membrana pueden unirse para formar dominios de membrana separados denominados **balsas lipídicas** (o **balsas de membrana**). Estas balsas de membrana son pequeñas (~10 nm) estructuras dinámicas de vida corta que, en respuesta a determinados estímulos, pueden transitoriamente asociarse entre ellas para formar grandes «plataformas de balsas» (Figura 10.26). Las fibras de actina pueden actuar para estabilizar y/o iniciar la formación de las balsas. Estas plataformas de balsas se suponen participan significativamente en la señalización celular y en la clasificación de las proteínas en los orgánulos específicos dentro de una célula. Las proteínas ancladas a GPI, con frecuencia participan en la señalización celular, y el agrupamiento de las proteínas GPI en las plataformas de balsas puede acelerar la transducción de señal a través de la membrana, especialmente en los casos en los que se necesita la dimerización de un receptor de señal. Más recientemente, se ha señalado que las balsas facilitan la entrada de las bacterias en las células.

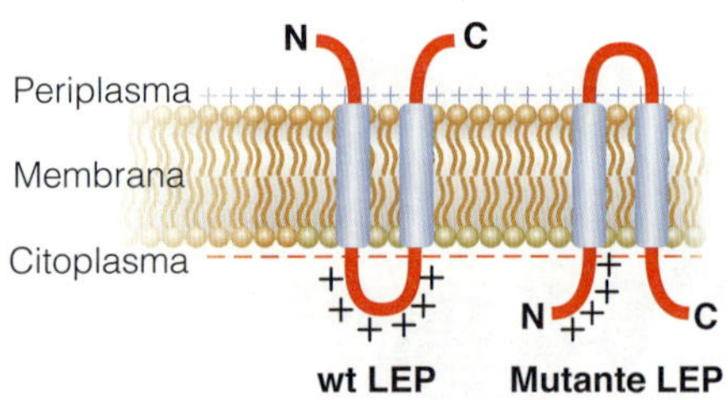


**FIGURA 10.25**

**La regla del «interior positivo»**. La peptidasa líder de tipo natural (Lep) de *E. coli* orienta sus dos hélices transmembrana con los terminales en el periplasma y el bucle entre las hélices del citoplasma. La adición de cuatro Lys al N-terminal y la eliminación de carga positiva desde el bucle producen un mutante Lep que tiene la topología de la membrana opuesta. El potencial de membrana viene indicado por una carga negativa mayor en el lado citoplásmico comparado con el lado periplásmico.

De los estudios en membranas modelo se sabe que el grosor de la bicapa es función de la composición de lípidos y proteínas en los dominios de membrana (Figura 10.27), lo cual puede deberse al efecto del colesterol sobre el comportamiento de fase de los lípidos (*véase* la Figura 10.13). A determinados cocientes de esteroles a lípidos, los lípidos de membrana forman estructuras más ordenadas y elongadas. Por ejemplo, las balsas de membrana descritas en la Figura 10.26 son más gruesas que la membrana sin balsas de alrededor. El grosor de la membrana está también influido por las proteínas de la bicapa, lo cual plantea la interesante pregunta siguiente, que se muestra en la Figura 10.28: ¿Cambian de conformación las proteínas para optimizar las interacciones con la bicapa al cambiar el grosor de la membrana o cambian los lípidos su estructura para acomodar las proteínas? Las pruebas actuales sugieren que es más habitual que los lípidos se ajusten a las proteínas que al contrario; sin embargo, se han observado ambas adaptaciones en las membranas celulares.

Las balsas de membrana tienen abundante colesterol, esfingolípidos y proteínas ligadas a GPI. La bicapa es más gruesa en los dominios de balsa que en la membrana que los rodea.

## Curvatura lipídica y función proteica

Como se ha mencionado previamente, los estudios de difracción de rayos X de las membranas de varios orgánulos han demostrado que la composición proteica, y no la composición lipídica, es el principal determinante del grosor de la membrana. No obstante, los lípidos no son constituyentes pasivos de la membrana. La bicapa lipídica ejerce una presión lateral significativa sobre las proteínas embebidas. Esta presión puede ser de hasta 400 atm, y surge debido al equilibrio de las fuerzas de atracción y repulsión en el plano de la bicapa. Las presiones resultantes las sufren las proteínas embebidas en la membrana (Figura 10.29). Si la membrana que rodea una célula u orgánulo se expande o contrae, el cambio resultante de la curvatura de la bicapa alterará la magnitud y posición de las fuerzas que actúan sobre las proteínas embebidas y, de esta forma, se traslada a las proteínas la tensión *mecánica* sobre la bicapa. Esta tensión puede alterar la conformación proteica,

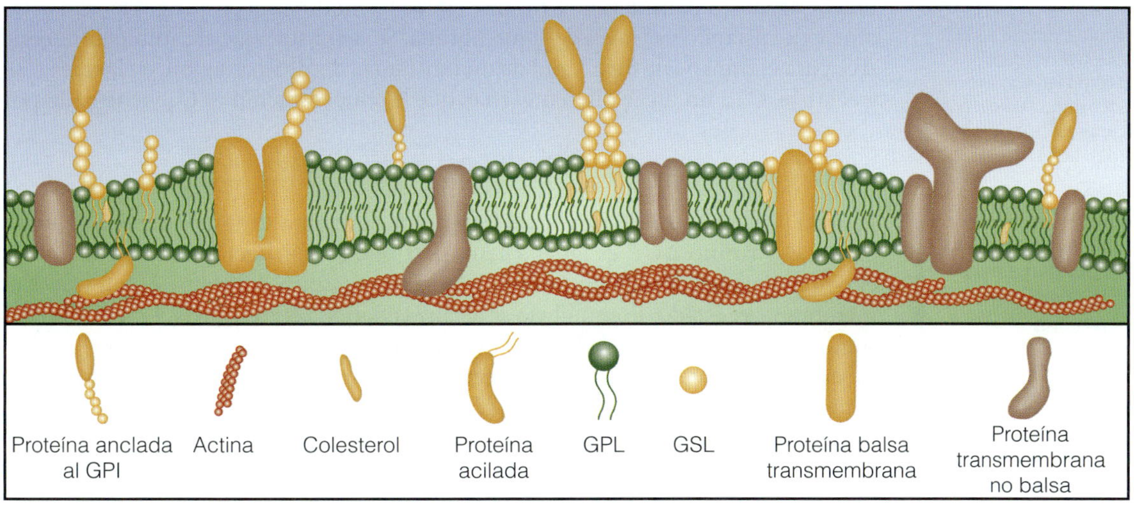


(a)

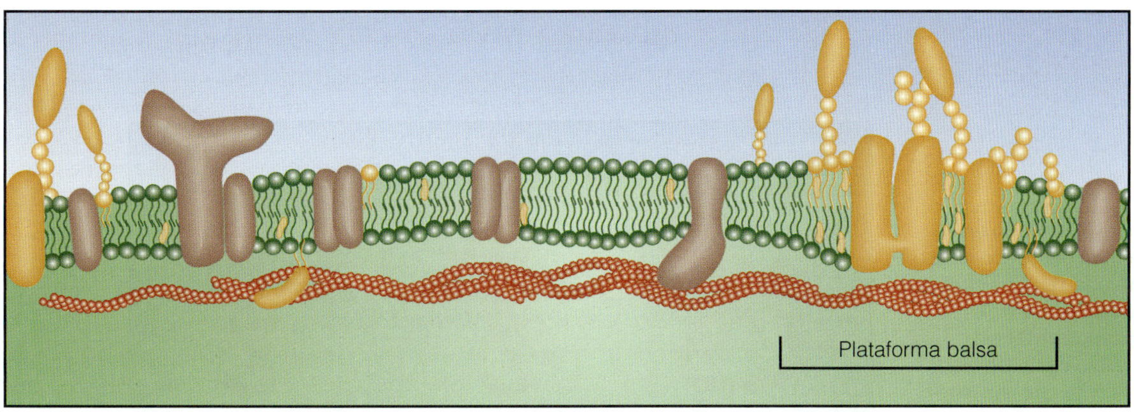


(b)

**FIGURA 10.26**

**Balsas de membrana. (a)** Colesterol, esfingolípidos y proteínas ancladas a GPI se juntan y forman dominios balsas dinámicos de tamaño nanómetro, que pueden estabilizarse mediante interacciones con fibras de actina. **(b)** Las balsas pueden asociarse y formar estructuras más grandes («plataformas»). Determinadas proteínas interaccionan preferentemente con las balsas (sombreado naranja) o son excluidas. Abreviaturas: GPL, glicerofosfolípido; GSL, glucosil esfingolípido; GPI, glucosil fosfatidilinositol.

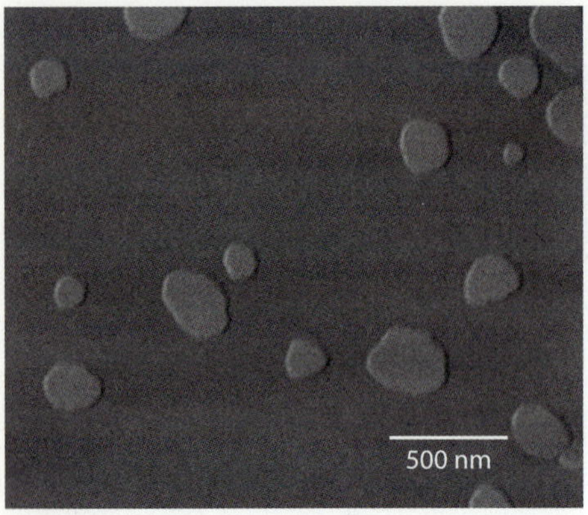


**FIGURA 10.27**

**Imagen de microscopía de fuerza atómica de los dominios lipídicos en una membrana modelo.** Imagen superior de una bicapa formada por una mezcla de 1,2-dilauroilfosfatidilcolina (DLPC) y 1,2-diestearoilfosfatidilcolina (DSPC) separadas en dos fases al disminuir la temperatura de 70 °C a 25 °C. Las moléculas de DSPC se asocian y forman «islas» o dominios más gruesos semejantes a geles (manchas gris claro) en un «mar» del DLPC líquido (fondo gris más oscuro). Estos sistemas sencillos se han utilizado como modelo de las balsas lipídicas más complejas que se describen en la Figura 10.26.

Reproducido de *Biophysical Journal* 83:3380-3392, T. V. Ratto y M. L. Longo, Obstructed diffusion inphase-separated supported lipid bilayers: A combinedatomic force microscopy and fluorescence recovery afterphotobleaching approach. © 2002, con permiso de Elsevier.

La curvatura de la membrana genera fuerzas mecánicas en la bicapa que pueden afectar a la función proteica, como la apertura y el cierre de los canales de membrana.

como se observa en la apertura y cierre del canal mecanosensible de *Mycobacterium tuberculosis*, MscL (Figura 10.30). Cuando una célula o bacteria se coloca en una disolución con una concentración baja de soluto, o con una **osmolaridad** baja, cambia la presión osmótica sobre la célula y entra agua en la célula. El hinchamiento resultante cambia la curvatura de la membrana, lo cual, a su vez, altera la presión sobre el canal MscL de forma que se abre (Figura 10.30b). La apertura del canal MscL permite a la bacteria la rápida expulsión del líquido interno en respuesta a los cambios de la osmolaridad de la disolución que, de otro modo, ocasionaría la ruptura de la membrana y la muerte celular.

Para que una célula sobreviva, sus membranas deben regular estrechamente el transporte de materiales a través de la bicapa. Es el tema que consideraremos a continuación.

## Transporte a través de membranas

Una célula o un orgánulo no pueden estar totalmente abiertos ni totalmente cerrados a su entorno. Su interior debe estar protegido frente a determinados compuestos tóxicos y deben captarse los metabolitos y eliminarse los productos de desecho. Dado que la célula debe manejar miles de sustancias, no es de extrañar que gran parte de la compleja estructura de las membranas esté dedicada a la regulación del transporte.

En esta sección consideramos las diversas formas en las que las moléculas se transportan a través de las membranas. Esto incluye las acciones de las moléculas pequeñas, que actúan como transportadores de iones, las proteínas más grandes, que son transportadores muy específicos; y las proteínas que estimulan la formación de vesículas de membrana. Antes de considerar los mecanismos específicos de transporte, revisamos la termodinámica de los procesos de transporte.

### Termodinámica del transporte

En el Capítulo 3 consideramos los principios termodinámicos que gobiernan la transferencia de sustancias a través de la membrana. Se demostró que el cambio de energía libre $\Delta G$, para el transporte de un mol de una sustancia desde una región, en la que la concentración es $C_1$, a un lugar diferente, en el que la concentración es $C_2$, viene dado por

$$\Delta G = \Delta G^{\circ\prime} + RT \ln Q = -RT \ln K_{eq} + RT \ln \frac{[C_2]}{[C_1]} \qquad (10.1a)$$

Para un proceso que solo implica el transporte de alguna sustancia a través de una membrana, el término $\Delta G^{\circ\prime}$ es igual a cero. ¿Por qué es así? Recuérdese que $\Delta G^{\circ\prime}$ describe el *estado de equilibrio* de un proceso y que, para el caso del transporte a través de una membrana, el estado de equilibrio se alcanza cuando las concentraciones de la sustancia son las mismas a ambos lados de la membrana (esto es, en el equilibrio $[C_2] = [C_1]$). En este caso, $K_{eq} = [C_2]/[C_1] = 1$. Como $\Delta G^{\circ\prime} = -RT \ln K_{eq}$, si $K_{eq} = 1$, $\Delta G^{\circ\prime} = 0$ para el proceso. Obsérvese que, cuando $[C_2] = [C_1]$, el término $Q = 1$; así, $\Delta G = 0$, como se espera para un sistema en equilibrio.

Para un proceso de transporte que no se encuentra en equilibrio $[C_2] \neq [C_1]$; así, $RT \ln Q \neq 0$, y $\Delta G$ para el proceso viene dado por

$$\Delta G = \Delta G^{\circ\prime} + RT \ln Q = 0 + RT \ln Q = RT \ln \frac{[C_2]}{[C_1]} \qquad (10.1b)$$

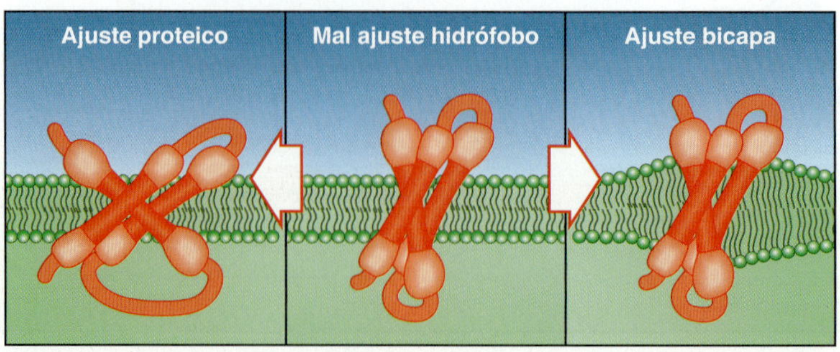


**FIGURA 10.28**

**Adaptación a un desajuste hidrófobo en una membrana.** Si la anchura del centro de la bicapa y la superficie hidrófoba de una proteína embebida no ajustan (imagen del centro), la proteína experimentará un cambio de conformación (izquierda) o la bicapa cambiará de composición (derecha) hasta que ajusten las dimensiones de estas regiones hidrófobas.

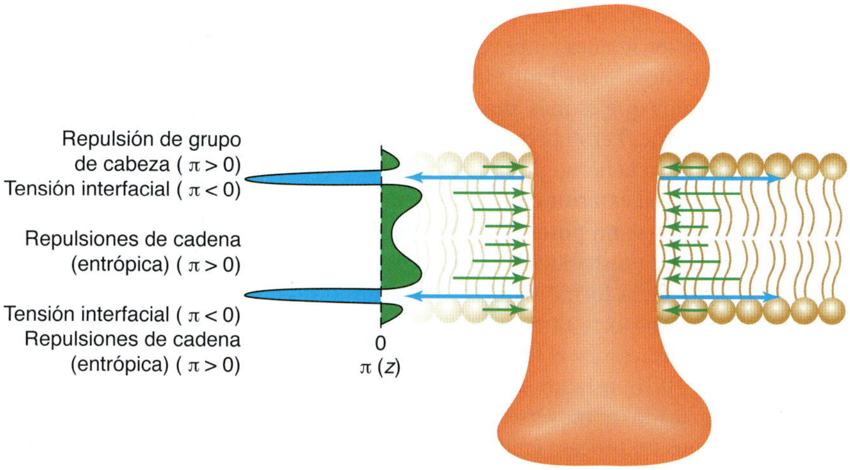


**FIGURA 10.29**

**Presión lateral en las membranas**. La formación de la bicapa da lugar a fuerzas opuestas, de magnitudes globales iguales, que ejercen una presión lateral, $\pi$, en el plano de la membrana. Las repulsiones del grupo de cabeza y de la cadena alquil (sombreado verde, lado izquierdo del diagrama) se oponen a la tensión superficial (sombreado azul). Obsérvese que la superficie sobre la que actúa la tensión superficial es mucho menor que sobre la que actúan las fuerzas de repulsión. Las fuerzas de repulsión ejercen una presión positiva (flecha verde) sobre una proteína embebida en la membrana (sombreado rojo), mientras que la tensión superficial ejerce una presión negativa como indica la flecha azul. La longitud de las flechas da una indicación aproximada de la magnitud de la presión en ese punto de la membrana.

En el Capítulo 3 (*véase* la Ecuación 3.19, páginas 69-71) se da una obtención más detallada de esta ecuación. Según esta ecuación, si $[C_2]$ es menor que $[C_1]$, $\Delta G$ es negativo, y el proceso es termodinámicamente favorable. A medida que se va transfiriendo cada vez mayor cantidad de sustancia (entre las dos localizaciones), $[C_1]$ disminuye y $[C_2]$ aumenta, hasta que $[C_2] = [C_1]$. En este punto, $\Delta G = 0$, y el sistema está en equilibrio. *Salvo que intervengan otros factores*, este equilibrio es la fase final a la que se aproxima el transporte a través de cualquier membrana. Así, una sustancia que pueda atravesar la membrana alcanzará finalmente la misma concentración a ambos lados de la misma. Podemos describir el mismo proceso en términos cinéticos. Si las moléculas chocan con la membrana de manera aleatoria, el número de las que entran en ella desde cada lado será proporcional a la concentración en ese lado. Cuando las concentraciones se igualan, las velocidades de transporte en las dos direcciones serán las mismas y no se producirá un transporte neto.

Hay tres circunstancias en las que puede evitarse esta igualdad, y todas ellas son importantes en el comportamiento de las membranas reales:

1. Una sustancia puede unirse de forma preferente a macromoléculas confinadas a un lado de la membrana o puede modificarse químicamente una vez que ha cruzado. Podemos encontrar que el compuesto A está más concentrado en el interior de la célula (en términos de moles totales de A por unidad de volumen) que en el exterior. Pero, gran parte de A puede estar ligado a algunas macromoléculas celulares o puede haberse modificado de forma que esta parte no cuenta en la Ecua-

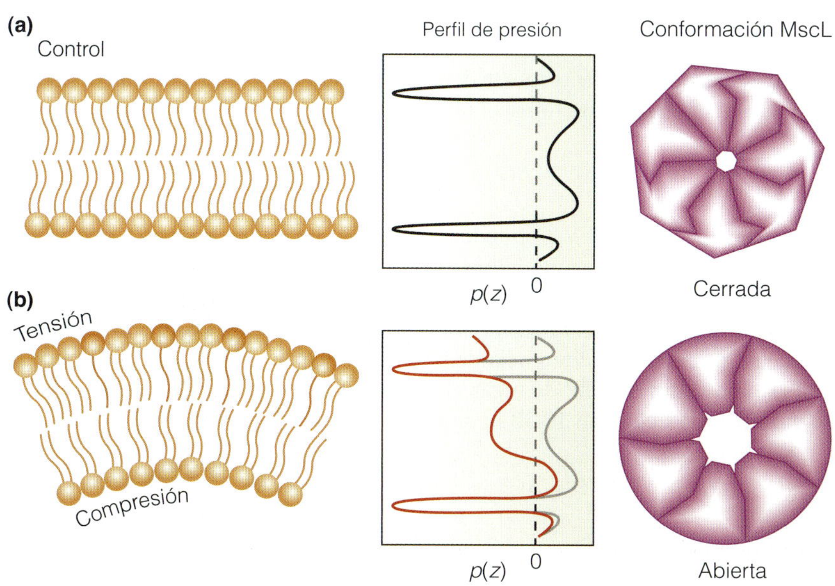


**FIGURA 10.30**

**La tensión mecánica influye sobre la conformación de la proteína**. Los cambios de la curvatura de la bicapa (paneles de la izquierda) alteran el perfil de la presión lateral en la membrana (paneles centrales). Esto da lugar a un cambio de conformación de MscL, que abre o cierra el canal (paneles de la derecha; la vista es a lo largo de la apertura del canal a través de la bicapa).

Para una sustancia que pude atravesar una membrana, el estado normal de equilibrio se consigue cuando las concentraciones de la sustancia son iguales a ambos lados de la membrana

La igualdad de las concentraciones de alguna sustancia a través de una membrana puede evitarse (1) uniendo la sustancia a macromoléculas, (2) manteniendo un potencial de membrana (si el sustrato es iónico) o (3) acoplando el transporte a un proceso exergónico.

ción 10.1, que indica simplemente que las concentraciones de A *libre* a ambos lados deben ser iguales en el equilibrio. Un ejemplo adecuado es el del oxígeno en los eritrocitos. Si medimos la concentración de oxígeno *total* en un eritrocito, encontraremos que es más alta que la concentración de $O_2$ en el plasma sanguíneo circundante. Pero la concentración total en el interior de la célula incluye el oxígeno unido a la hemoglobina. La concentración de oxígeno *libre* en los fluidos del interior y del exterior de un eritrocito es la misma en el equilibrio.

2. Puede mantenerse un **potencial eléctrico de membrana** a través de una membrana que influya en la distribución de los iones. Esta tendencia puede expresarse cuantitativamente de la forma siguiente. Para un ion de carga $Z$, el cambio de energía libre para el transporte a través de una membrana de una célula o un orgánulo tiene ahora dos aportaciones: el término de concentración normal, tal como se expresa en la Ecuación 10.1b, más un segundo término, que describe el cambio de energía (o trabajo implicado) al moverse un mol de iones a través de la diferencia de potencial. Consideremos un proceso en el que se transportan iones desde el *exterior* al interior.

$$\Delta G = RT \ln \frac{[C_{ext}]}{[C_{int}]} + ZF\Delta\psi \tag{10.2}$$

En esta ecuación, $F$ es la constante de Faraday (96.5 kJ $mol^{-1}V^{-1}$), y $\Delta\psi$ es el potencial de membrana en voltios. Definimos $\Delta\psi$ en términos de las localizaciones inicial y final del ion transportado ($\Delta\psi = \Delta\psi_{final} - \Delta\psi_{inicial}$; en este caso, $\Delta\psi = \Delta\psi_{int} - \Delta\psi_{ext}$). En este ejemplo, $\Delta\psi$ será negativo si el interior de la membrana está cargado negativamente en comparación con el exterior. En estas condiciones, si $Z$ es positivo, el término $ZF\Delta\psi$ en la Ecuación 10.2 es negativo y hace $\Delta G$ más exergónico (favorable). Esto es, está favorecido el transporte de cationes al *interior* de esta hipotética célula. Para los aniones, por supuesto, es cierto lo contrario; serán expulsados. En presencia de un potencial de membrana distinto de cero, el estado de equilibrio ($\Delta G = 0$) *no* corresponderá a la misma concentración de iones a los dos lados de la membrana. Sin embargo, debe gastarse energía continuamente para mantener la diferencia de potencial o, de otra forma, se neutralizaría la migración de los iones. Y a la inversa, puede interpretarse la Ecuación 10.2 como indicativa de que si se mantiene una diferencia de concentración iónica, se producirá un potencial eléctrico a través de las membranas (*véase* el Problema 9).

3. Si se *acopla* un proceso termodinámicamente favorecido al transporte, el valor de $\Delta G$ y de $RT \ln Q$ de este proceso favorable debe incluirse en la ecuación de energía libre. Este es el caso general de *transporte activo*, para el que podemos escribir

$$\Delta G = \Delta G^{\circ\prime} + RT \ln \frac{Q[C_{ext}]}{[C_{int}]} \tag{10.3a}$$

Donde el término $Q$ incluye las actividades de las especies en la reacción favorable que está acoplada al transporte de $C$. Si la sustancia $C$ que se transporta es un ion en la ecuación debe incluirse el término $ZF\Delta\psi$

$$\Delta G = \Delta G^{\circ\prime} + RT \ln \frac{Q[C_{int}]}{[C_{ext}]} + ZF\Delta\psi \tag{10.3b}$$

Las cantidades $\Delta G^{o\prime}$ y $Q$ pueden corresponder a una reacción favorecida termodinámicamente (como la hidrólisis del ATP) que está acoplada al proceso de transporte. Esta ecuación constituye una generalización de la Ecuación 10.2, que ahora permite la intervención en el transporte de diversos procesos, no solo los que mantienen una diferencia de potencial eléctrico. En el caso de que la hidrólisis de un mol de ATP de lugar al transporte de $n$ moles de un ion $C$, podemos modificar la Ecuación 10.3b para incluir la estequiometria adecuada:

$$\Delta G = \Delta G^{\circ\prime} + RT \ln \frac{Q[C_{int}]^n}{[C_{ext}]^n} + nZF\Delta\psi \tag{10.3c}$$

Donde $n$ = mol de $C$ transportado por mol de ATP. Veremos ahora ejemplos de estos cálculos en la discusión siguiente.

Con esta información básica, volvamos ahora a los mecanismos por medio de los cuales las sustancias pasan a través de las membranas. Podemos presentar el problema planteando dos preguntas: (1) ¿Alcanza el proceso un estado en el que hay concentraciones iguales de la sustancia libre a ambos lados, o se mantiene lejos del equilibrio? (2) ¿Con qué velocidad se produce el transporte? Algunas moléculas que no se transportan de forma activa en contra de un gradiente de concentración pueden atravesar aún algunas membranas de manera muy rápida, mientras que otras se transportan con tanta lentitud que pueden excluirse eficazmente.

## Transporte no mediado: difusión

La difusión no mediada a través de las membranas se produce mediante el movimiento aleatorio de las moléculas a través de las membranas. El proceso es el mismo que el del movimiento browniano de las moléculas de cualquier líquido, al que se denomina **difusión molecular**. El transporte no mediado conduce, en última instancia, a que la concentración libre de la sustancia que difunde sea la misma a ambos lados de la membrana. La tasa neta de transporte, $J$ (en moles por centímetro cuadrado por segundo) es, como cabría prever, proporcional a la diferencia de concentración $(C_2 - C_1)$ a través de la membrana:

$$J = -\frac{KD_l(C_2 - C_1)}{l} \qquad (10.4)$$

en donde $l$ es el grosor de la membrana, $D_l$ es el **coeficiente de difusión** de la sustancia que difunde en la membrana y $K$ es el **coeficiente de reparto** de la sustancia que difunde entre el lípido de la membrana y el agua (esto es, el cociente de las solubilidades de la sustancia en las fases lipídica y acuosa). Para los iones y otras sustancias hidrófilas, $K$ es una cifra muy pequeña, con lo que la difusión no mediada de estas sustancias a través de las membranas lipídicas es extraordinariamente lenta. Simplemente, no hay la cantidad suficiente de una sustancia hidrófila disuelta en la bicapa que proporcione un transporte rápido. De acuerdo con la Ecuación 10.1, la Ecuación 10.4 indica que el transporte neto se detendrá cuando $C_2 = C_1$. Si $C_1$ y $C_2$ se expresan en mol/cm$^3$ e $l$ en cm, las unidades de $D_l$ son cm$^2$/s. $D_l$ no es lo mismo que el coeficiente de difusión ($D$), que tendría la misma molécula en una solución acuosa, ya que depende, no solo del tamaño y la forma de la molécula, sino también, de la viscosidad de los lípidos de la membrana.

Generalmente, no conocemos $K$, $D_l$ o el grosor exacto de las membranas involucradas, por lo que con frecuencia describimos el transporte pasivo mediante un **coeficiente de permeabilidad**, ***P***, que puede medirse con un experimento directo:

$$J = -P(C_2 - C_1) \qquad (10.5)$$

Comparando las ecuaciones (10.5) y (10.4) podemos ver que $P$ viene dado por

$$P = \frac{KD_l}{l} \qquad (10.6)$$

con unas unidades de cm/s.

En la Tabla 10.6 se indican los coeficientes de permeabilidad de diversos iones y moléculas pequeñas en las membranas. Los valores de $P$ bajos de los iones son los que cabría prever, puesto que los iones, como ya se ha mencionado, tienen unos valores de $K$ bajos. Sin embargo, el valor relativamente elevado de la permeabilidad para el agua resulta sorprendente. A pesar de su hidrofobicidad, las membranas biológicas no son, de hecho, barreras muy eficaces para el agua. Aunque no están del todo claras las razones de este hecho, es probable que sea ventajoso para la vida, puesto que permite a las células intercambiar el agua, aunque lentamente, con su entorno. Cuando es preciso evitar a toda costa la pérdida de agua, como ocurre en las hojas de las plantas del desierto, las sustancias céreas, con sus estructuras mucho más hidrófobas, proporcionan una barrera casi impermeable. En algunas células se necesita un transporte muy rápido de agua. Como se describe más adelante, este transporte rápido de agua se consigue mediante canales que abarcan la membrana denominados **acuaporinas**.

La tasa de transporte pasivo, medida por la permeabilidad de la membrana, es proporcional a los coeficientes de difusión y de reparto e inversamente proporcional al grosor de la membrana.

**TABLA 10.6. Coeficientes de permeabilidad de algunos iones y moléculas a través de las membranas**

| Coeficiente de permeabilidad (cm/s) para | Membrana sintética (fosfatidilserina) | Membrana biológica (eritrocito humano) |
|---|---|---|
| $K^+$ | $< 9 \times 10^{-13}$ | $2.4 \times 10^{-10}$ |
| $Na^+$ | $< 1.6 \times 10^{-13}$ | $10^{-10}$ |
| $Cl^-$ | $1.5 \times 10^{-11}$ | $1.4 \times 10^{-4}$* |
| Glucosa | $4 \times 10^{-10}$ | $2 \times 10^{-5}$* |
| Agua | $5 \times 10^{-3}$ | $5 \times 10^{-3}$ |

Fuente: Datos tomados de M. K. Jain y R. C. Wagner, Introduction to Biological Membranes (Nueva York: Wiley, 1980).

* Transporte facilitado. Obsérvese que siempre que se encuentra un transporte facilitado, el coeficiente de permeabilidad aumenta de manera muy notable.

## Transporte facilitado: difusión acelerada

Para muchas sustancias, el transporte lento que proporciona la difusión no mediada es insuficiente para las necesidades funcionales y metabólicas de las células, y es preciso encontrar medios para aumentar las tasas de transporte. Así, por ejemplo, el intercambio de $Cl^-$ por $HCO_3^-$ es esencial para la función de los eritrocitos. Si analizamos la permeabilidad de las membranas eritrocitarias a los iones cloruro y bicarbonato, encontramos unos coeficientes de permeabilidad de aproximadamente $10^{-4}$ cm/s. Esta cifra es aproximadamente 10 millones de veces mayor que el coeficiente de permeabilidad para estos iones en las bicapas lipídicas puras, como la membrana artificial de fosfatidilserina indicada en la Tabla 10.6. Evidentemente, es necesario algún mecanismo especial que explique esta diferencia. Se conoce la existencia de tres tipos generales de **transporte facilitado** o **difusión facilitada**: transporte a través de poros o canales formados por proteínas transmembrana (Figura 10.31a); transporte mediante moléculas portadoras (Figura 10.31b); y transporte mediante **permeasas** (Figura 10.31c).

El transporte facilitado, a través de poros o transportadores, puede aumentar la tasa de la difusión a través de una membrana en muchos órdenes de magnitud.

### Transportadores

Los **ionóforos** aumentan la permeabilidad a los iones de una membrana celular. De esta forma, muchas bacterias segregan ionóforos que actúan como agentes de guerra química, o *antibióticos*, para matar a las bacterias con las que compiten por los nutrientes. Los ionóforos matan las bacterias cercanas debido a que el transporte iónico no regulado destruye los gradientes electroquímicos que almacenan la energía libre necesaria para impulsar los procesos vitales en las células vivas. Algunos ionóforos crean en la membrana poros que conducen iones, mientras que otros llevan iones desde un lado de la bicapa al otro (*véase* la Figura 10.31b). Por ejemplo, la *valinomicina*, producida por *Streptomyces*, es un transportador iónico con la estructura de la Figura 10.32. Cuando forma complejo con $K^+$ es semejante a un polipéptido cíclico que tiene tres repeticiones de la secuencia (D-valina)–(L-lactato)–(L-valina)–(D-hidroxiisovalerato). Su conformación plegada presenta una superficie externa con abundantes grupos —$CH_3$ y un agrupación interior de átomos de nitrógeno y oxígeno, que es muy adecuada para formar quelatos con cationes. Las dimensiones de la cavidad interior se ajustan adecuadamente a las del ion $K^+$ y no encajan tan bien otros cationes. Esta estructura es exactamente la necesaria para un transportador catiónico: la superficie externa es hidrófoba, lo cual hace que la molécula sea soluble en la bicapa lipídica, mientras que el interior imita, en ciertos aspectos, a la concha de hidratación que tendría el catión en una disolución acuosa. Otros antibióticos transportadores de iones tienen el mismo tipo de estructura. Estas moléculas son cadenas cíclicas o lineales que pueden plegarse en estructuras tipo cajas. Sus afinidades relativas por distintos iones son muy diversas. Así por ejemplo, la valinomicina tiene una preferencia de casi 20 000 veces por el $K^+$ sobre el $Na^+$, mientras que el antibiótico *monensina* tiene una preferencia de 10 veces por $Na^+$.

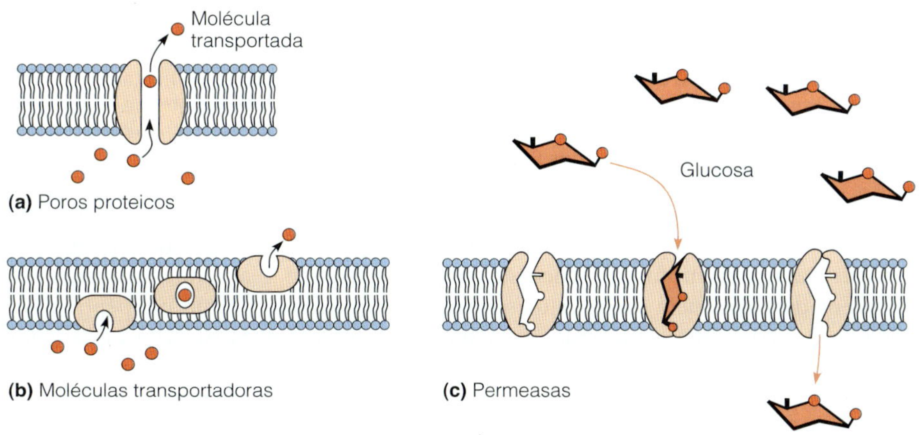


**FIGURA 10.31**

**Los tres mecanismos principales de transporte facilitado. (a)** Poros proteicos. **(b)** Moléculas transportadoras. **(c)** Permeasas.

Una molécula como la valinomicina puede difundir hasta una superficie de una membrana, captar un ion y difundir luego hasta la otra superficie y liberarlo. No existe un flujo *dirigido*, pero el transportador aumenta, de hecho, la solubilidad del ion en la membrana. Podríamos decir que aumenta el factor $K$ de la Ecuación 10.6. Para estos transportadores iónicos, el transporte neto de los iones se producirá en la dirección que iguale la concentración del ion a ambos lados de la membrana. Este transporte facilitado se denomina también **transporte pasivo**, para diferenciarlo del **transporte activo**, un proceso estrictamente direccional que necesita el aporte de energía libre.

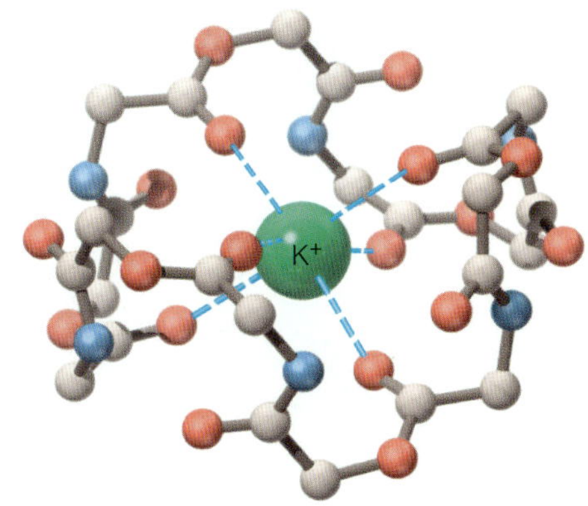


**FIGURA 10.32**

**Valinomicina, un antibiótico que actúa como un transportador iónico**. La parte externa de este polipéptido cíclico más o menos esférico es hidrófoba. La cavidad central rodeada por oxígenos (rojo) forma complejos con un ion $K^+$. Los nitrógenos se muestran en azul, los oxígenos del esqueleto polipeptídico, en rojo y los carbonos, en gris. La superficie está cubierta con grupos $CH_3$ (que no se muestran).

## Permeasas

Las proteínas que abarcan la membrana y que reconocen moléculas específicas para su transporte reciben el nombre de permeasas o **transportadores**. Como los descritos anteriormente, algunas permeasas actúan de forma pasiva transportando sus sustratos en ambas direcciones, con un flujo neto hacia el lado de la membrana con la concentración menor de sustrato. El transportador de glucosa de los eritrocitos (**GLUT1** o proteína de la banda 4.5) parece actuar de esta forma. Las pequeñas demandas energéticas de un eritrocito son satisfechas por la glucosa, que es de fácil disposición en el plasma sanguíneo que lo rodea. Sin embargo, como muestra la Tabla 10.6, el transporte no mediado de la glucosa a través de membranas fosfolipídicas artificiales es excesivamente lento: $P = 4 \times 10^{-10}$ cm/s. GLUT1, una proteína de 492 residuos con 12 hélices que abarcan la membrana, aumenta la difusión de la glucosa 50 000 veces. GLUT1 es bastante discriminador y por ejemplo, la D-glucosa se transporta con una velocidad varios órdenes de magnitud mayores que la L-glucosa. El transporte facilitado de los metabolitos como la glucosa parece ser habitual en las células.

La característica fundamental de la función permeasa se muestra de forma esquemática en la Figura 10.31c, esto es, la permeasa se mueve entre dos conformaciones: una solo abierta «al exterior» y la otra solo abierta «al interior». Así, la permeasa no forma nunca un poro que permita el flujo sin restricción del sustrato transportado. El transporte necesita, tanto la unión del sustrato como el cambio de conformación por la permeasa.

Algunas permeasas acoplan el transporte de más de un sustrato o ion. Cuando el transporte de las dos moléculas o iones es en la misma dirección, el transportador se denomina **simporte**, mientras que cuando los sustratos se mueven en direcciones opuestas, el transportador se denomina **antiporte**. Esta estrategia de co-transporte permite el transporte termodinámicamente desfavorable de algún sustrato *contra* su gradiente de concentración, cuando se acopla al transporte favorable del co-sustrato. Volveremos a este tema posteriormente tras presentar las características generales del transporte activo.

El transporte facilitado puede ser pasivo o activo. El transporte pasivo sólo puede conseguir un transporte neto de un sustrato a favor de su gradiente de concentración. El transporte activo puede desplazar un sustrato en contra de su gradiente de concentración, pero esto necesita un aporte de energía libre.

## Transporte facilitado por poros

Muchas bacterias patógenas sintetizan y secretan toxinas proteicas que actúan como ionóforos, creando poros en las membranas plasmáticas de las células del organismo hospedador. Como ejemplo, en la Figura 10.33 (y Figura 10.15) se muestra la $\alpha$-hemolisina de *Staphylococcus aureus*. Esta proteína está formada por siete unidades, que se asocian

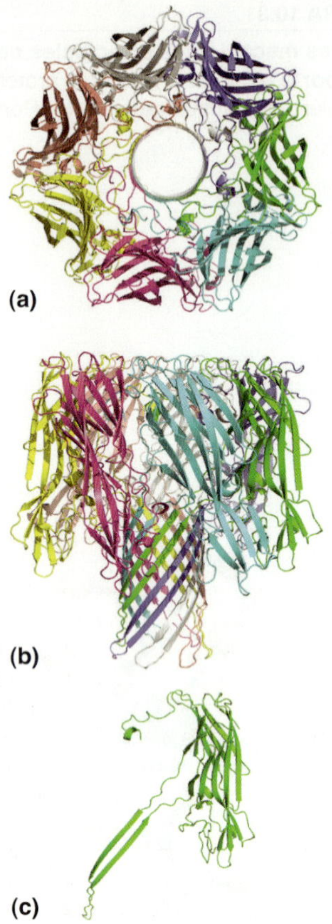


**FIGURA 10.33**

**El canal que forma la hemolisina de *Staphylococcus aureus*.** Dibujos de cintas del heptámero de $\alpha$-hemolisina, visto **(a)** desde el eje heptamérico y **(b)** perpendicular al eje heptamérico. **(c)** Un promotor extraído de la estructura heptamérica. El heptámero tiene un diámetro de 10 nm y una longitud de 10 nm, medidas a lo largo del eje heptamérico. El vástago barril $\beta$, que penetra en la membrana, tiene una longitud de unos 6 nm, PDB ID: 7AHL.

para dar un canal iónico que abarca la membrana. Asimismo, la toxina *gramicidina A* producida por la bacteria *Bacillus* actúa como un poro iónico específico de los cationes, que permite la ruptura del cociente desigual de $[K^+]$ y $[Na^+]$, que normalmente se mantiene dentro y fuera de las células vivas. La gramicidina A es un polipéptido de 15 residuos que contiene aminoácidos D y L que se alternan (Figura 10.34). La gramicidina adopta una conformación helicoidal abierta cuando se disuelve en la membrana, pero una molécula del antibiótico solo es suficientemente larga para atravesar la mitad de la anchura de la membrana. Solo se forma un poro abierto cuando se alinean dos moléculas de gramicidina y forman un dímero cabeza con cabeza (Figura 10.34). Los iones potasio (y en menor medida, los iones sodio) pueden pasar a continuación a través del canal.

Además de los canales que dañan las células, muchos canales facilitan los procesos de transporte que son esenciales para la supervivencia de la célula. Ya hemos mencionado el aparato responsable del transporte facilitado de $Cl^-$ y $HCO_3^-$ en las membranas eritrocitarias: se trata de la proteína transmembrana denominada *proteína de la banda 3* o *canal aniónico*. La proteína de la banda 3 forma un canal a través del cual puede pasar el $Cl^-$ y el $HCO_3^-$. Como se ha explicado en el Capítulo 7, gran parte del $CO_2$ generado en los tejidos se transporta como $HCO_3^-$, que se forma en los eritrocitos por la acción de la anhidrasa carbónica sobre el $CO_2$.

$$CO_2 + H_2O \xrightleftharpoons{\text{Anhidrasa carbónica}} HCO_3^- + H^+$$

La salida de $HCO_3^-$ se compensa por la entrada de $Cl^-$; ambos mantienen el equilibrio de carga y facilitan la liberación de $O_2$ (*véase* el Capítulo 7). La proteína de la banda 3, no solo forma un orificio en la membrana para el paso de los iones, sino que es un antiporte muy selectivo, que intercambia $HCO_3^-$ por $Cl^-$ en una proporción 1:1. Por el contrario, este transporte facilitado no es necesario para el $O_2$. Estas moléculas pequeñas apolares pueden desplazarse con rapidez a través de la membrana por difusión simple.

Muchos tipos de células eucariotas deben mover rápidamente grandes cantidades de agua de forma rápida a través de sus membranas como parte de su función fisiológica, entre los que se incluyen los eritrocitos (que sufren una amplia gama de osmolaridad de la solución en su tránsito a través de los pulmones, los capilares y los riñones), las células secretoras de las glándulas salivales y las células epiteliales del riñón. Aunque el agua puede atravesar las membranas, lo hace de forma relativamente lenta, por lo que la permeabilidad inherente de la membrana hacia el agua (*véase* la Tabla 10.6) no es suficiente para mantener el transporte rápido que se observa en muchos tipos celulares.

Este transporte rápido se consigue mediante canales específicos para el agua denominados **acuaporinas**. Las acuaporinas actúan como tetrámeros de monómeros idénticos. Cada monómero contiene seis hélices que abarcan la membrana y dos hélices más cortas que contienen un motivo N-terminal conservado Asn-Pro-Ala (NPA). Las estructuras cristalinas de las acuaporinas revelan que la selectividad del agua se consigue de tres formas (Figura 10.35). En primer lugar, el canal es bastante estrecho ($\sim$0.28 nm) y excluye todo lo que sea mayor que una molécula de agua (incluyendo los iones hidratados). En segundo lugar, se excluye el $H_3O^+$ mediante repulsión electrostática. Un residuo de Arg coloca una carga (+) en este encogimiento, repeliendo de forma eficaz a cualquier catión. Además, las dos hélices más cortas están orientadas con su extremo N-terminal

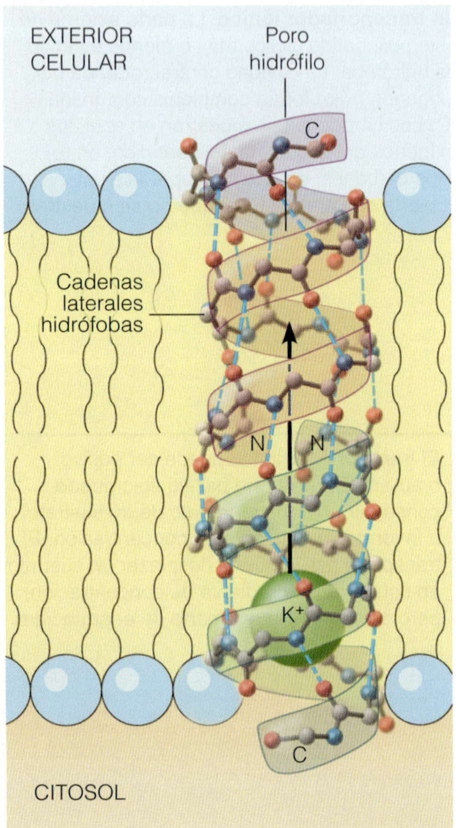


**FIGURA 10.34**

**Gramicidina A, un antibiótico que actúa como poro iónico.** Dos moléculas de gramicidina A forman un poro a través de la membrana al adoptar una conformación helicoidal, con sus cadenas laterales hidrófobas en contacto con el lípido. Obsérvese que los N-terminales están dentro y que los C-terminales están fuera del centro de la bicapa. La parte interna de la hélice forma el poro hidrófilo. Los enlaces de hidrógeno, en esta estructura helicoidal abierta, se asemejan a los de los polipéptidos con láminas $\beta$, lo cual es posible por los residuos alternos D y L.

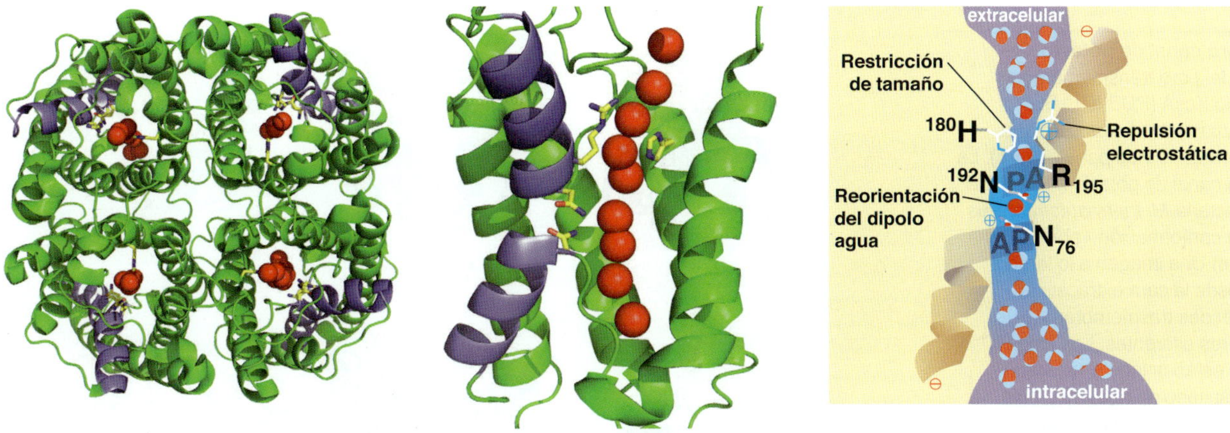


(a) (b) (c)

**FIGURA 10.35**

**El canal de agua de acuaporina. (a)** Cinta que representa el tetrámero de la acuaporina-5 humana (PDB ID: 3D9S), observado a lo largo de los cuatro canales de agua. Las moléculas de agua se muestran como esferas rojas. En azul se muestran las dos hélices cortas que contienen la secuencia NPA. Las cadenas laterales de Asn76, Asn192, His180 y Arg195 se resaltan en amarillo. **(b)** Una vista recortada del canal de agua en uno de los monómeros. La parte más estrecha del canal es donde se encuentran las dos hélices cortas. Obsérvese la situación de Asn76 y Asn192 en esta restricción. Los dos macrodipolos helicoidales y la Arg195 proporcionan una barrera electrostática para el paso de $H_3O^+$. **(c)** Imagen esquemática del canal de acuaporina, que muestra la repulsión electrostática del $H_3O^+$ y la reorientación de las moléculas de agua según pasan a través de la restricción central.

dirigido hacia la parte más estrecha del canal, de forma que los extremos positivos de los macrodipolos helicoidales proporcionan una repulsión añadida al $H_3O^+$. En tercer lugar, las moléculas de agua solo pueden pasar a través del canal en una única fila. Al hacerlo, los grupos carbonilo de la cadena principal y las cadenas laterales de los conservados Asn72 y Asn192 en los motivos conservados NPA forman enlaces de hidrógeno con las moléculas individuales de agua, y de esta forma, orientan a las moléculas de agua y rompen los enlaces de hidrógeno entre las moléculas de agua en el canal. Esta es una característica esencial del mecanismo de transporte, pues impide que los protones atraviesen la membrana por la red de enlaces de hidrógeno de las moléculas de agua. Como quedará claro más adelante en este capítulo, y en los capítulos siguientes, muchas membranas deben mantener gradientes iónicos para llevar a cabo procesos esenciales (por ejemplo, el movimiento flagelar en las bacterias, la síntesis de ATP, el disparo de las neuronas, etc.). Las acuaporinas resuelven de forma elegante el problema de mantener el equilibrio osmótico en una célula, al tiempo que no destruyen los gradientes iónicos esenciales.

La investigación que ha incrementado nuestro conocimiento del transporte a través de las membranas fue reconocida con el Premio Nobel de Química de 2003, otorgado a Peter Agre por el descubrimiento de las acuaporinas y a Roderick MacKinnon por su trabajo al elucidar la estructura y función de los canales iónicos de potasio. Volvemos ahora al transporte selectivo de iones a través de las membranas.

## Selectividad iónica y compuertas

Dos características señaladas de los canales iónicos que exploramos aquí son su selectividad para un determinado ion y el control del transporte iónico a través del canal. Muchos canales iónicos proteicos y transportadores exhiben una selectividad elevada para los iones de importancia biológica $K^+$, $Na^+$, $Ca^{2+}$ o $Cl^-$. Entre ellos, el canal bacteriano de $K^+$ KcsA (se muestra en la Figura 10.36a-c) y el transportador $Na^+$/Le LeuT. Es instructivo comparar y contrastar la unión de $K^+$ y $Na^+$ por estas dos proteínas para ver cómo la naturaleza ha conseguido esa selectividad exquisita. Como se muestra en la Figura 10.37, el $Na^+$ y $K^+$ unidos en el **filtro de selectividad** están totalmente desolvatados y forman un quelato con muchos átomos de oxígeno. En LeuT, los dos lugares de unión de $Na^+$ proporcionan cinco o seis átomos de oxígeno (del carbonilo de la cadena principal o de los grupos carboxilato, hidroxilo o amida de las cadenas laterales) para formar el quelato, con una distancia media $Na^+$—O de 0.23 nm. En KsaA, cada $K^+$ está unido a ocho átomos de oxígeno (del carbonilo de la cadena principal o de los grupos —OH de cadenas laterales), con una distancia media $K^+$—O de 0.28 nm. Estos grupos quelantes sustituyen a las interacciones de solvatación que los iones establecerían con las moléculas de agua, por lo que no hay una penalización entálpica para desolvatar a los iones al pasar por el canal. De acuerdo con las estructuras de la Figura 10.37, la geometría de los grupos quelantes en el filtro de selectividad parece ser la principal determinante de la discriminación entre el $Na^+$ y el $K^+$.

La selectividad iónica se consigue mediante la geometría óptima de los grupos quelantes en los canales iónicos.

Es fundamental que la actividad de cualquier canal iónico esté regulada para que se mantenga la función celular adecuada. Así, debe haber conformaciones «abiertas» (esto

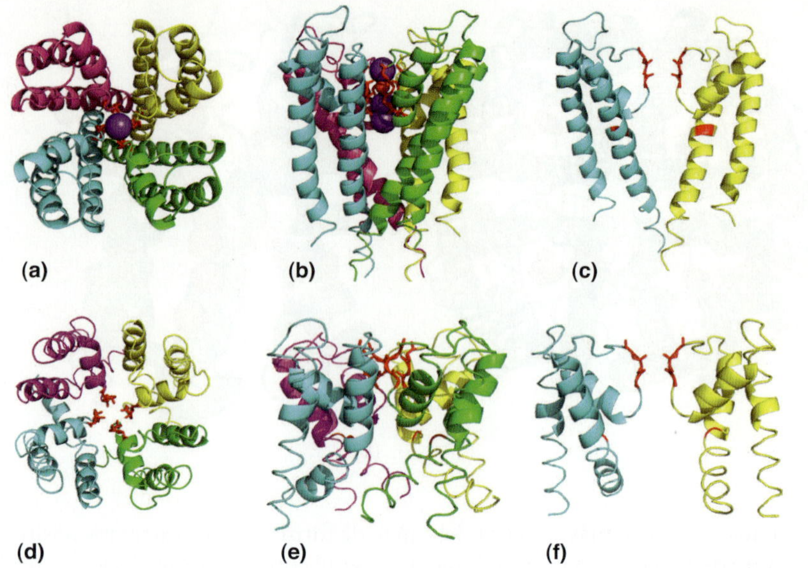


**FIGURA 10.36**

**Estructura del poro canal de potasio.** Se muestra la región del poro transmembrana del canal de potasio KcsA (PDB ID: 1BL8) de la bacteria *Streptomyces lividans* en una conformación «cerrada» en los paneles **(a-c)**. La región del poro del canal de potasio MthK (PDB ID: 1LNQ) de la bacteria *M. thermautotrophicus* se muestra en una conformación «abierta» en los paneles **(d-f)**. **(a)** Una imagen a lo largo del eje del poro desde la cara extracelular. Las cuatro subunidades trasmembrana se muestran con colores diferentes. Los iones $K^+$ (esferas moradas) están unidos en el «filtro» de selectividad (resaltado en rojo) mediante los grupos amida carbonilo de cada subunidad proteica. **(b)** Una imagen desde dentro del plano de la bicapa. Aquí, el lado periplásmico está arriba y el lado citoplásmico está abajo. Tres iones $K^+$ (esferas moradas) y una molécula de agua (esferas rojas más pequeñas) se muestran en el filtro de selectividad (*véase* el texto y la Figura 10.37b). **(c)** Aquí, se han eliminado dos de las cuatro subunidades para mostrar mejor la convergencia de las hélices del poro que cierran el canal. El filtro de selectividad y la «Gly bisagra» están resaltados en rojo. El doblado de las hélices en los residuos Gly bisagra abren la puerta del canal. Las imágenes en los paneles (d-f) son las mismas que las de (a-c), excepto que los iones $K^+$ no se cristalizaron en el filtro de selectividad.

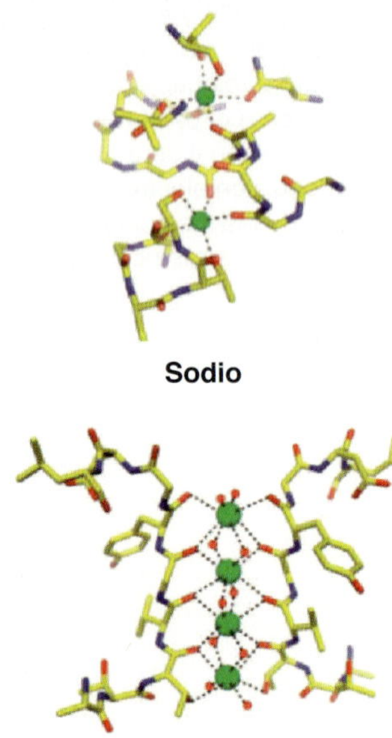


**FIGURA 10.37**

**Unión selectiva de $Na^+$ y $K^+$ en los canales iónicos.** **(a)** Dos lugares de unión de $Na^+$ constituyen el filtro de selectividad en la región transmembrana de LeuT (PDB ID: 2A65). **(b)** Cuatro $K^+$ están unidos en el filtro del canal de $K^+$ KcsA (PDB ID: 1K4C).

Tomado de *Science* 310:1461-1465, E. Gouaux y R. MacKinnon, Principles of selective ion transport in channels and pumps. 

es, de conducción del ion) y «cerradas» para el canal. El cambio entre las conformaciones conductora y no conductora se denomina **compuerta**. La Figura 10.36 compara las conformaciones abierta y cerrada del canal de $K^+$. Obsérvese que la estructura del poro del canal de $K^+$ está muy conservada y está definida por dos hélices que abarcan la membrana y el filtro de selectividad más corto descrito anteriormente. En la conformación cerrada, una hélice trensmembrana de cada subunidad se extiende dentro de la cavidad del canal en el lado citoplásmico del canal. La convergencia de estas cuatro hélices ocluye el canal e impide el transporte de $K^+$ (Figura 10.36b,c). En respuesta a algunos estímulos de movimiento de las compuertas (por ejemplo, un cambio de pH o de potencial de membrana, o la unión de algún ligando a la parte extracelular de la proteína del canal, etc.), cambia la conformación de estas hélices. Cerca del centro de cada hélice hay una denominada bisagra Gly (destacada en rojo en la Figura 10.36c,f). El doblado de las hélices transmembrana alrededor de esta Gly separa los extremos C terminal de las hélices, abriendo de esta forma el canal.

Para comprender mejor el mecanismo de compuerta del canal, consideremos el modelo actual de apertura y cierre de los canales de voltaje de $K^+$. Estos contienen seis segmentos helicoidales transmembrana marcados como S1-S6 (Figura 10.38), donde el poro de $K^+$ está formado por las hélices S5 y S6 a lo largo de la secuencia filtro de intervención selectiva. Este poro es estructuralmente semejante a los canales de la Figura 10.36. Las secuencias S1-S4 constituyen el dominio sensible al voltaje, donde S4 contiene una secuencia en la que cada tercer residuo es lisina o arginina, separadas por dos residuos hidrófobos. Se supone que la posición de la hélice S4 en el canal cambia en función del potencial de membrana ($\Delta\psi$). El lado citoplásmico de la membrana es más negativo, de forma que en el estado en reposo de la membrana, con el canal cerrado, la hélice S4 está más cerca de este lado de la membrana. Cuando cambia el potencial a través de la membrana, como en la conducción de la señal nerviosa, el lado citoplásmico de la membrana se hace más negativo y la hélice S4 se desplaza hacia el otro lado de la membrana. Al hacerlo, empuja a S5, lo que a su vez, permite doblarse a S6 y abrir el canal. En este modelo, S6 corresponde a la hélice con la bisagra Gly (Figura 10.37). El canal vuelve a la conformación cerrada tras restablecerse el potencial de membrana de reposo mediante transportadores iónicos activos.

Ahora que hemos descrito tres modelos distintos de transporte facilitado, los contrastamos brevemente con el transporte no mediado, antes de considerar el transporte activo.

## Distinción entre el transporte facilitado y el no mediado

¿Cómo puede distinguirse el transporte facilitado de la difusión no mediada? Aparte de la velocidad de transporte que, en general, es mucho mayor, una prueba sencilla es que los sistemas de transporte facilitado son *saturables*. Cualquier membrana tiene un número limitado de transportadores. Cada transportador o permeasa puede llevar una sola molécula o ion a la vez, y cada poro puede acomodar tan solo uno o unos pocos

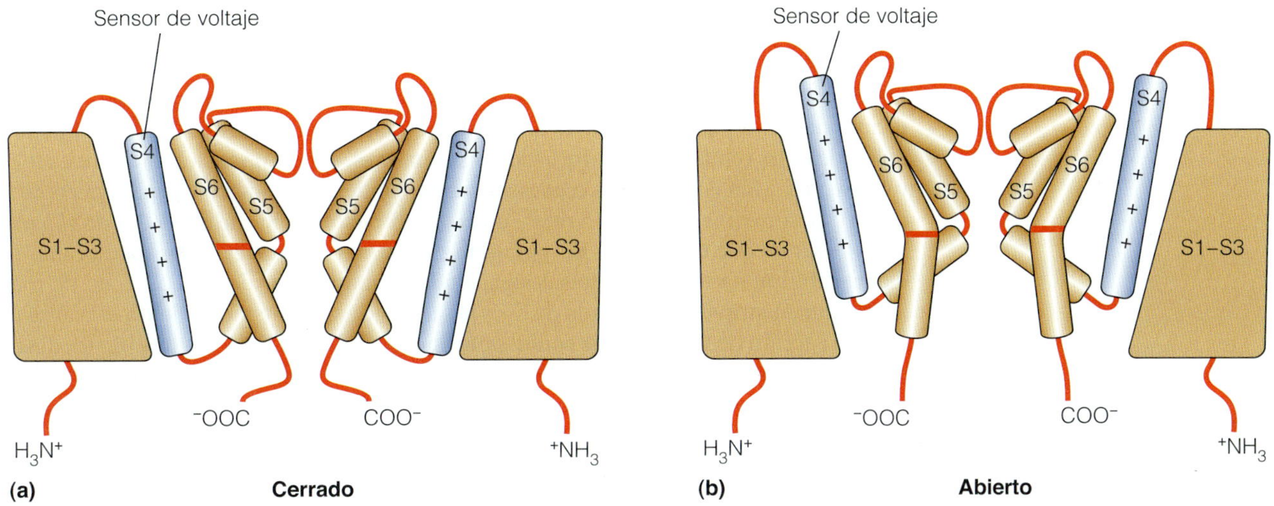


**FIGURA 10.38**

**Un modelo de la apertura de voltaje del canal de K$^+$.** La parte del canal de K$^+$ con apertura de voltaje es estructuralmente homóloga a la del canal KcsA (compare con la Figura 10.36). Las hélices S4 con abundante Arg y Lys están resaltadas en azul. La profundidad de estas hélices en la bicapa cambia en función del potencial de membrana. En la conformación cerrada **(a)**, las hélices están más cerca del lado citosólico de la bicapa y esta posición sella el canal. El canal se abre cuando las hélices cargadas se mueven hacia el lado extracelular de la bicapa. **(b)** La raya roja de la hélice S6 indica la situación del residuo «Gly bisagra».

iones o moléculas en un determinado momento. En consecuencia, si medimos la velocidad de transporte con diferencias de concentración cada vez más altas de la sustancia transportada a través de la membrana, se alcanza una velocidad límite cuando todos los transportadores están ocupados (Figura 10.39). En cambio, la velocidad del transporte no mediado aumenta de manera lineal con la diferencia de concentración, tal como predicen las Ecuaciones 10.4 o 10.5, porque no hay lugares que saturar.

También existe una forma fácil de diferenciar la difusión facilitada por poros de la facilitada por transportadores. Esta última debe ser muy sensible a la fluidez de la membrana, puesto que el transportador debe desplazarse en ella. Si se reduce la temperatura de una membrana por debajo de su temperatura de transición fluido-gel, prácticamente cesa el transporte por un transportador como la valinomicina. En cambio, el transporte mediante una estructura de poro, como el de la gramicidina A, se ve poco influido por los cambios de temperatura. Una analogía sencilla es la de un transbordador y un puente: si el río se hiela, el transbordador se detiene, pero el puente puede continuar con el transporte.

Como conclusión, debemos resaltar que, a pesar de que el transporte facilitado es, a veces, muy rápido y muy selectivo, se trata tan solo de una forma especial de difusión. Los transportadores aumentan de forma eficaz la solubilidad de la sustancia en la membrana. El estado de equilibrio para un sistema que presente un transporte facilitado es el mismo que cuando existe un transporte no mediado: la sustancia será transportada a favor de su gradiente de concentración hasta que se iguale la concentración a ambos lados de la membrana. En las células vivas, es necesario transportar muchas sustancias *en contra* de un gradiente de concentración. En el apartado siguiente se describe la forma de conseguirlo.

La tasa de difusión facilitada se acerca al valor máximo cuando todos los transportadores disponibles están saturados con el sustrato, mientras que la difusión no mediada muestra un aumento lineal de la tasa al aumentar la concentración de sustrato.

## Transporte activo: transporte en contra de un gradiente de concentración

Es imprescindible que algunas células o compartimientos celulares sean capaces de transportar sustancias *en contra* de gradientes de concentración, incluso los muy desfavorables. Como un ejemplo extremo, en algunas circunstancias debe establecerse un cociente de $[Ca^{2+}]$ de 30 000 a través de las membranas del retículo sarcoplásmico en las fibras musculares (*véase* el Capítulo 8). De acuerdo con la Ecuación 10.1, este cociente corresponde a un $\Delta G = +26.6$ kJ/mol, una barrera formidable No obstante, este cociente se crea y se mantiene en las células vivas. Este transporte en contra de un gradiente de concentración se denomina **transporte activo**. Evidentemente, para bombear iones en contra de un gradiente es necesaria una fuente de energía libre de algún tipo. En la mayoría de los casos, esta energía procede de la hidrólisis del ATP. Se calcula que la mayor parte de las células gastan entre un 20-40 % de su energía metabólica total en el transporte activo. Sin embargo, la hidrólisis del ATP puede acoplarse con el transporte de varias maneras diferentes, algunas de las cuales son bastante indirectas. Para dar una idea de la gama de estos mecanismos, consideramos ahora algunos ejemplos concretos.

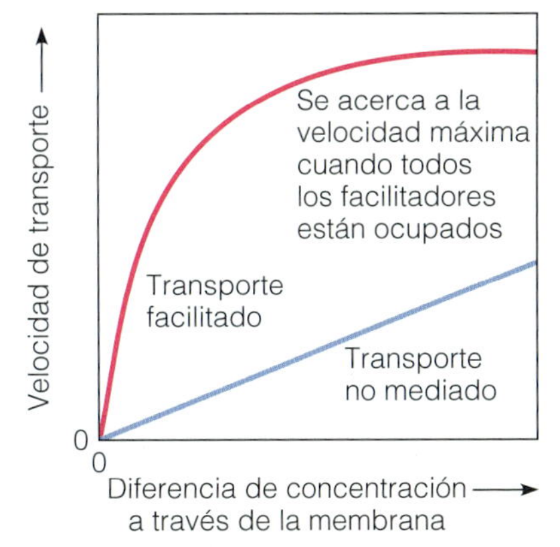


**FIGURA 10.39**

**Transporte facilitado y transporte pasivo.** Si se representa la tasa del transporte frente a la diferencia de concentración que motiva dicho transporte, los gráficos indican que la tasa del transporte facilitado alcanza un límite a una diferencia de concentración elevada, mientras que la tasa del transporte pasivo aumenta de manera lineal.

### Bombas iónicas: acoplamiento directo de la hidrólisis de ATP con el transporte

El ejemplo fisiológico mejor conocido de transporte activo es el mantenimiento de los gradientes de sodio y potasio a través de las membranas plasmáticas de las células. El líquido que rodea a las células de la mayoría de los animales es, aproximadamente, 145 mM en $Na^+$ y 4 mM en $K^+$. Sin embargo, las células animales mantienen en su citosol una concentración de $Na^+$ de aproximadamente 12 mM y una concentración de $K^+$ de alrededor de 155 mM.

A pesar de que el $Na^+$ y el $K^+$ pasan muy lentamente a través de las membranas mediante difusión no mediada, estas desigualdades acabarían por desvanecerse sin un mecanismo que mantuviera la entrada de $K^+$ y la salida de $Na^+$. Este movimiento se realiza mediante la acción de la **bomba de sodio-potasio** o **$Na^+$–$K^+$ ATPasa** (Figura 10.40), descrita por vez primera por Jens Skou, que recibió el premio Nobel de Química por este descubrimiento. La bomba de sodio-potasio solo es un miembro de una gran clase de **ATPasas de tipo P**, relacionadas estructuralmente, que actúan en el transporte activo a través de la membrana plasmática. Esta máquina molecular consta de una subunidad $\alpha$ grande de 113 kDa, una subunidad $\beta$ de 55 kDa y frecuentemente incluye una subunidad reguladora $\gamma$ mucho menor. La subunidad $\alpha$ participa directamente en el proceso de transporte y es una enzima que hidroliza ATP. El cambio de energía libre en esa reacción se utiliza para impulsar el transporte. La subunidad $\alpha$ atraviesa la membrana 10 veces, formando un canal de múltiples hélices. El lugar de unión y fosforilación del ATP se encuentra en el lado citoplásmico (*véase* la Figura 10.40). Mirando al exterior hay múltiples lugares de unión de **glucósidos cardíacos**, entre ellos, la ouabaína y la **digitoxina** (digital), cuya importancia médica se considera más adelante. La subunidad $\beta$ tiene una única hélice que atraviesa la membrana y transporta un gran polisacárido (20 kDa) en la superficie exterior. La subunidad actúa como una chaperona y se necesita para dirigir la subunidad $\alpha$ hacia la membrana plasmática. También participa en la restricción del movimiento de $K^+$ en el ciclo de conformación que da lugar al transporte (*véase* más adelante).

En el transporte activo, las sustancias atraviesan la membrana en contra de un gradiente de concentración. El acoplamiento, directo o indirecto de la hidrólisis del ATP al transporte proporciona, generalmente, la energía libre necesaria.

La bomba de $Na^+$ –$K^+$ actúa en todas las células manteniendo unas concentraciones más altas de $K^+$ en el interior y de $Na^+$ en el exterior.

Se bombean dos iones $K^+$ al interior de la célula y tres iones $Na^+$ al exterior por cada ATP hidrolizado. ¿Es razonable este cálculo desde el punto de vista termodinámico? Para responder a esta pregunta, calcularemos la energía libre necesaria para tomar 3 moles de $Na^+$ del lugar en que está a 12 mM y llevarlos a donde está a 145 mM, y 2 moles de $K^+$ de 4 mM a 155 mM, a 37 °C. En primer lugar, aplicamos la Ecuación 10.2 para calcular la energía libre necesaria para transportar 3 moles de $Na^+$ del interior de la

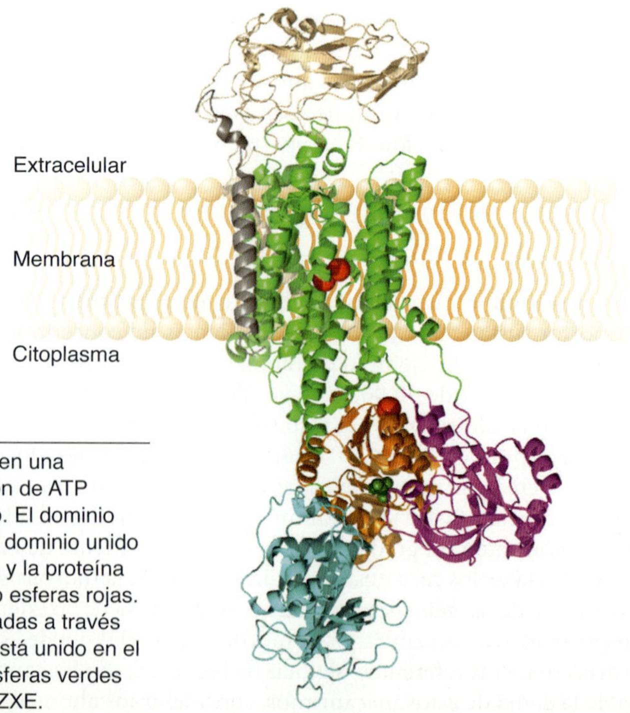


**FIGURA 10.40**

**Estructura de la ATPasa de $Na^+$-$K^+$ con $K^+$ unido**. La subunidad $\alpha$ se muestra en una presentación en tira con el dominio transmembrana en verde, el dominio de unión de ATP en azul, el dominio de fosforilación, en naranja y el dominio actuador, en morado. El dominio actuador traslada los cambios de conformación en los dominios citoplásmicos al dominio unido a la membrana (*véase* el esquema de la Figura 10.41). La subunidad $\beta$ es beige y la proteína reguladora pequeña (FXYD) se muestra en gris. Los iones $K^+$ se muestran como esferas rojas. Dos $K^+$ están unidos en el haz helicoidal transmembrana. Estos serán transportadas a través de la membrana. Otro ion $K^+$, que se piensa activa la desfosforilación proteica, está unido en el dominio de fosforilación. Un análogo del ion fosfato, $MgF_4^{2-}$, se muestra como esferas verdes en el lugar donde se produce la fosforilación reversible de la ATPasa. PDB ID: 2ZXE.

célula al exterior de la misma. Debemos tener en cuenta el potencial de membrana que es de aproximadamente 0.060 voltios. El interior de la membrana es más negativo que el exterior, por lo que este potencial se opone al flujo. Por cada mol de $Na^+$, tenemos

$$\Delta G = RT \ln \frac{[C_{Na^+}]_{ext}}{[C_{Na^+}]_{int}} + Z_{Na^+} F \Delta\psi_{in \to ext}$$

$$\Delta G = \left(0.008314 \frac{kJ}{mol\ K}\right)(310\ K)\left(\ln \frac{(0.145)}{(0.012)}\right) + (+1)\left(96.48 \frac{kJ}{mol\ V}\right)(+0.060\ V)$$

$$\Delta G = \left(6.4 \frac{kJ}{mol}\right) + \left(5.8 \frac{kJ}{mol}\right) = 12.2 \frac{kJ}{mol}$$

Así pues, para 3 moles, tendremos $\Delta G = 3$ mol $Na^+ \times +12.2$ kJ (mol $Na^+$) $=$ $+36.6$ kJ.

Cuando se transporta $K^+$ hacia el interior de la célula, el potencial de membrana actúa en favor del flujo. Por cada mol de $K^+$ tenemos

$$\Delta G = \left(0.008314 \frac{kJ}{mol\ K}\right)(310\ K)\left(\ln \frac{(0.155)}{(0.004)}\right) + (+1)\left(96.48 \frac{kJ}{mol\ V}\right)(-0.060\ V)$$

$$\Delta G = \left(9.4 \frac{kJ}{mol}\right) + \left(-5.8 \frac{kJ}{mol}\right) = 3.6 \frac{kJ}{mol}$$

es decir, para 2 moles, $\Delta G = +7.2$ kJ. El requerimiento de energía libre total para el transporte al exterior de 3 moles de $Na^+$ y el transporte al interior de 2 moles de $K^+$ es pues

$$\Delta G_{total} = 36.6\ KJ + 7.2\ KJ = +43.8\ kJ$$

A primera vista, puede parecer que la hidrólisis de 1 mol de ATP no proporcionaría la energía necesaria, puesto que hemos indicado que $\Delta G^{\circ\prime}$, el cambio de energía libre de estado estándar para la hidrólisis del ATP en condiciones fisiológicas es de, aproximadamente, $-30$ kJ/mol. Sin embargo, en la mayoría de las células, el ATP tiene una concentración mucho más alta que el ADP, por lo que el cambio de energía libre real por mol se aproxima más a $-45$ o $-50$ kJ/mol (*véase* el Capítulo 12 y el Problema 5). Así pues, la hidrólisis de ATP es suficiente para mantener estos gradientes de concentración en la estequiometría del transporte observada, pero no podría transportar más de 3 $Na^+$ y 2 $K^+$ por cada mol de ATP hidrolizado.

A pesar del transporte en contra de gradientes electroquímicos fuertes, la bomba de sodio-potasio no comporta transgresión alguna de los principios de la termodinámica. La única exigencia es que la hidrólisis del ATP y el transporte estén *acoplados*. Este acoplamiento se produce, al parecer, en un proceso de múltiples etapas. En la Figura 10.41 se presenta un modelo esquemático de todo el proceso, representado mediante un ciclo. Se ha propuesto que la bomba puede existir en dos tipos de conformaciones, una abierta hacia el citosol y la otra abierta hacia el entorno celular. La terminación de un ciclo de conformación requiere la hidrólisis de un ATP. La transición a la conformación abierta al citosol, que permite la liberación de $K^+$ y la captura de $Na^+$, se desencadena por la unión de ATP y la liberación de fosfato. La transición al estado abierto al exterior, que permite la liberación de $Na^+$ y la captura de $K^+$, se produce tras la fosforilación de la subunidad $\alpha$ y la liberación de ADP.

El estado abierto al exterior, denominado E-P en la Figura 10.41, tiene una afinidad especialmente elevada por los esteroides cardiotónicos, como la digitoxina y la ouabaína. Estos agentes inhiben la bomba de $Na^+$–$K^+$ bloqueándola en esta conformación. Esta inhibición tiene efectos importantes en los músculos, especialmente en el corazón. La acumulación de $Na^+$ en las células conduce a medidas para reducirlo, incluyendo los procesos de intercambio $Ca^{2+}$–$Na^+$ catalizados por otra bomba. El aumento de $Ca^{2+}$ en el retículo sarcoplásmico de las células del músculo cardíaco conduce a contracciones mucho más fuertes (*véanse* las páginas 293-294). Esta es la razón por la que se utilizan como estimulantes cardíacos las sustancias del tipo de la digitoxina y la ouabaína.

Dado que la hidrólisis del ATP y el transporte están tan estrechamente acoplados, una bomba que impulse *en sentido inverso* puede actuar como generador de ATP. Esto es, la misma clase de mecanismo molecular que se ha descrito más arriba, si se permite el paso de una sustancia a favor de gradiente, puede utilizarse para *sintetizar* ATP a partir de ADP y $P_i$. En realidad, este mecanismo es la forma principal mediante la cual se produce ATP en los organismos vivos (*véase* el Capítulo 15).

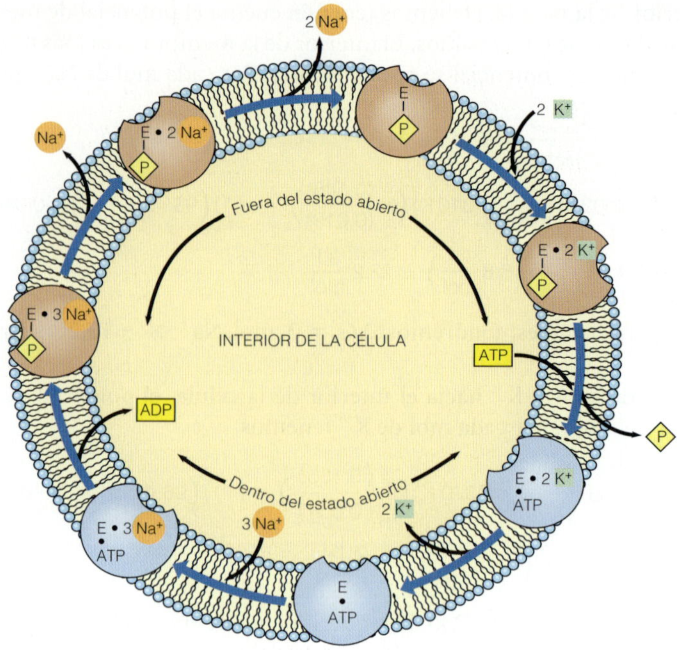


**FIGURA 10.41**

**Diagrama esquemático del ciclo funcional de la bomba de $Na^+$-$K^+$.** Se supone que la subunidad α tiene dos estados, uno solo abierto hacia fuera (marrón) y el otro, solo abierto hacia dentro (azul). Un punto (.) entre los dos símbolos indica una unión no covalente; una línea (I) indica una unión covalente (como en la fosforilación).

Los esteroides cardiotónicos inhiben la bomba de $Na^+$-$K^+$, lo que da lugar aun aumento de la concentración de ion $Ca^{2+}$ en el músculo cardíaco, lo cual, a su vez, conduce a contracciones más fuertes del músculo cardíaco.

En el cotransporte, el movimiento desfavorable de una sustancia a través de la membrana se acopla con el transporte favorable de otra sustancia.

## Sistemas de cotransporte

Existen otros tipos de transporte activo que no dependen directamente del ATP como fuente de energía, pero que utilizan la hidrólisis del ATP de forma indirecta. Cabe imaginar ya cómo podría producirse este hecho si se considera que el tipo de bombas iónicas impulsadas por el ATP, que se ha descrito antes, puede generar desigualdades importantes de concentraciones iónicas a ambos lados de las membranas. Estos gradientes iónicos están lejos del equilibrio y constituyen, por tanto, de por sí una posible fuente de energía libre. El **sistema de cotransporte sodio-glucosa** del intestino delgado (Figura 10.42) es un ejemplo de la forma en que se utiliza un gradiente iónico para impulsar el transporte de glucosa de una región de [glucosa] baja (la luz intestinal) a una donde la [glucosa] es mayor (el interior de de las células epiteliales de la pared intestinal). El transporte de cada molécula de glucosa desde el interior del intestino dentro de las células epiteliales se acompaña de un movimiento simultáneo de un ion $Na^+$ en la misma dirección. Dado que el gradiente de $Na^+$ favorable se mantiene gracias a la bomba $Na^+$–$K^+$ dependiente de ATP de estas células, la glucosa puede transportarse en contra de un gradiente desfavorable de concentración de glucosa. La glucosa «va a cuestas» del transporte de $Na^+$ favorecido termodinámicamente.

Se conoce un gran número de estos sistemas de transporte; muchos de ellos se utilizan para mover los nutrientes al interior de las células. En la Tabla 10.7 se dan algunos ejemplos. Muchos de ellos utilizan el gradiente de $Na^+$ como fuerza impulsora, pero algunos, como el *sistema de lactosa permeasa* de *E. coli*, dependen de un gradiente de $H^+$. Como veremos en capítulos posteriores, la generación de gradientes de $H^+$ es un paso central en la producción de energía por la mayoría de las células.

## Transporte mediante modificación

Otro método del que disponen las células para realizar un transporte en contra de un gradiente utiliza la estrategia siguiente. Supongamos una molécula que, al desplazarse hacia el interior de una célula por transporte no mediado o facilitado, sufre una modificación química que hace que no pueda volver a pasar a través de la membrana en dirección contraria. El resultado neto es que se acumulan de manera constante cantidades de la molécula modificada en el interior de la célula. Este método es el que utilizan muchas bacterias para la captación de azúcares. Los azúcares se fosforilan, bien durante su difusión a través de la membrana, o tan pronto como emergen en el citosol. Las

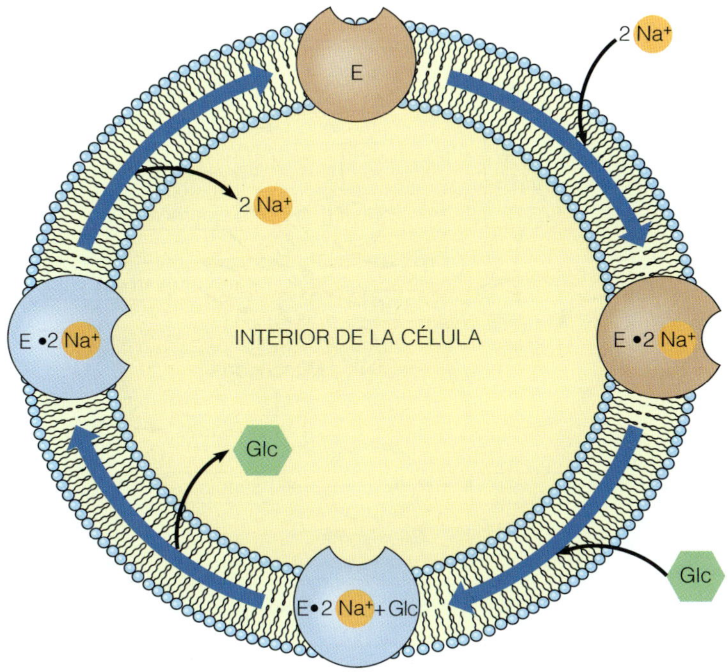


**FIGURA 10.42**

**Modelo esquemático del sistema de cotransporte (simporte) de sodio-glucosa.** Como en el caso de la bomba de sodio-potasio, el canal de cotransporte sodio-glucosa se piensa tiene dos estados posibles, uno solo abierto hacia fuera y el otro, solo abierto hacia dentro de la célula. La unión de la glucosa a E—$Na^+$ estimula la transición al estado abierto hacia adentro. La transición al estado abierto hacia fuera se produce tras la liberación de $Na^+$ al interior de la célula. El gradiente de sodio del interior al exterior proporciona la fuerza impulsora para este proceso, de otra forma, desfavorable. Ese gradiente debe mantenerse mediante la bomba de sodio-potasio.

membranas son impermeables a los monosacáridos fosforilados cargados y, por tanto, estos productos permanecen en la célula. En el ejemplo mejor estudiado, el **sistema fosfoenolpiruvato: glucosa fosfotransferasa** de *E. coli*, el transporte se facilita por una proteína transmembrana. Mientras que se encuentra en el poro del transportador, la molécula de azúcar parece que se fosforila por el fosfoenolpiruvato (PEP, un donador fuerte de grupo fosforilo, *véase* el Capítulo 3). El proceso tiene la ventaja añadida de que la fosforilación de los monosacáridos es, como se expondrá en el Capítulo 13, el primer paso de su utilización metabólica. Así pues, los azúcares captados por *E. coli* están ya preparados para el metabolismo. Aunque este mecanismo de transporte parece muy diferente del acoplamiento directo de las bombas iónicas, es básicamente el mismo. En ambos casos, se ha hidrolizado un compuesto con una energía libre de transferencia de grupo fosforilo muy favorable (ATP o PEP) para conseguir el transporte dirigido de una molécula a través de la membrana.

En el transporte por modificación, una sustancia que ha difundido a través de una membrana se modifica de tal manera que no puede regresar.

En este apartado hemos descrito tan solo algunos ejemplos de transporte específico de membrana. En los capítulos posteriores sobre el metabolismo continuaremos encontrando este fenómeno. Para dar una idea de la importancia que tiene el transporte específico, en la Figura 10.43 se muestran algunos de los ejemplos conocidos, utilizando una célula hipotética que presenta algunas características de las células vegetales y otras de las células animales.

En los modos de transporte que se han descrito para las moléculas pequeñas o los iones participa una sola proteína o transportador. Pueden transportarse volúmenes de disolución más grandes a través de diversas membranas en bloque, como consecuencia de la remodelación de las membranas, lo cual se consigue mediante las acciones de proteínas que se unen fuertemente a la bicapa y la deforman, dando lugar a pozos o sacos que encierran el volumen que se va a transportar.

**TABLA 10.7. Algunos sistemas de cotransporte**

| Molécula transportada | Gradiente iónico utilizado | Organismo o tejido |
|---|---|---|
| Glucosa | $Na^+$ | Intestino, riñón de muchos animales |
| Aminoácidos | $Na^+$ | Células tumorales de ratón |
| Glicina | $Na^+$ | Eritrocitos de paloma |
| Alanina | $Na^+$ | Intestino de ratón |
| Lactosa | $H^+$ | *E. coli* |

## Caveolas y vesículas recubiertas

La deformación de la bicapa es necesaria para la función normal de las membranas en los procesos como la endocitosis (*véase* el Capítulo 17), la exocitosis y el tráfico de membranas (Capítulo 28). La endocitosis es un proceso en el que las sustancias extracelulares son engullidas por una pequeña porción de la membranas e importadas a la célula (la exocitosis, esencialmente, es el proceso inverso). El tráfico de membranas implica la separación de las proteínas en orgánulos celulares específicos mediante vesículas, lo cual implica que porciones esféricas de la membrana engullan un volumen que contiene la

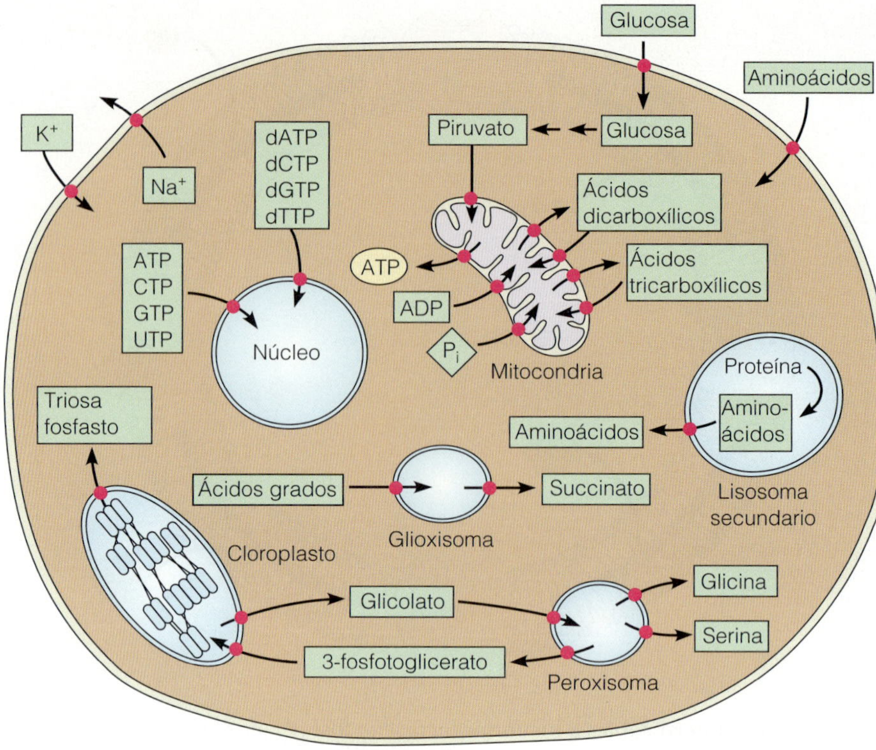


**FIGURA 10.43**

**Procesos de transporte específicos.** Esta célula hipotética, con características celulares de los vegetales y de los animales, ilustra algunos de los procesos de transporte específicos más importantes. Todas las sustancias que se indican aquí, y otras muchas, se transportan en direcciones específicas a través de las membranas celulares. Los puntos rojos indican proteínas de transporte conocidas.

El transporte en bloque a través de las membranas comporta la formación de vesículas recubiertas de clatrina y/o caveolas.

«carga» y luego sobresalgan de la membrana en un proceso denominado **fisión de la membrana**, de forma que la carga puede llevarse de un lugar a otro. La carga puede ser soluble en el líquido incluido o puede engancharse al receptor en la membrana que lo encierra. Las **vesículas recubiertas** ($\sim$0.1 micras de diámetro) y las **caveolas** más pequeñas de la Figura 10.44 son dos ejemplos de estas estructuras.

La formación de las vesículas recubiertas se realiza por medio de diversas moléculas de la proteína **clatrina**, que forman una jaula alrededor de una porción de la membrana y distorsionan, de esta forma, la bicapa en los denominados hoyos recubiertos (paneles superiores de la Figura 10.44a; *véase* también la Figura 17.10; página 718). Finalmente, el hoyo recubierto queda sellado y sobresale (panel inferior de la Figura 10.44a). Este proceso se describe con mayor detalle en el Capítulo 17 (páginas 718-720).

En el caso de la formación de caveolas, la proteína **caveolina** se inserta en una lámina de la bicapa e induce una curvatura extrema (Figura 10.44b), que conduce a la formación de un brote. La caveolina interacciona con los componentes de las balsas de membrana que se han descrito antes (*véase* la página 381), con lo que estas balsas parecen participar en el tráfico de membranas.

Una vez encerrada la carga debe llevarse a sus lugares de la célula, lo cual se consigue mediante el reconocimiento de proteínas sobre la superficie de la membrana diana por la vesícula/caveola. Las membranas de la vesícula y de la diana deben fusionarse para permitir que se transfiera la carga. Este proceso, denominado **fusión de membrana**, se realiza mediante proteínas denominadas **SNARE** y se considera con más detalle en el Capítulo 28 (*véase* la Figura 28.47, página 1220).

## Membranas excitables, potenciales de acción y neurotransmisión

Las neuronas conducen los impulsos eléctricos mediante cambios del potencial de membrana en regiones de la membrana plasmática de la célula.

Terminaremos con un ejemplo que pone de relieve la enorme variedad de propiedades que pueden presentar las membranas, mediante su capacidad de regular el transporte iónico. La conducción de impulsos nerviosos en los animales es un proceso notable, pero depende de principios físicos muy sencillos.

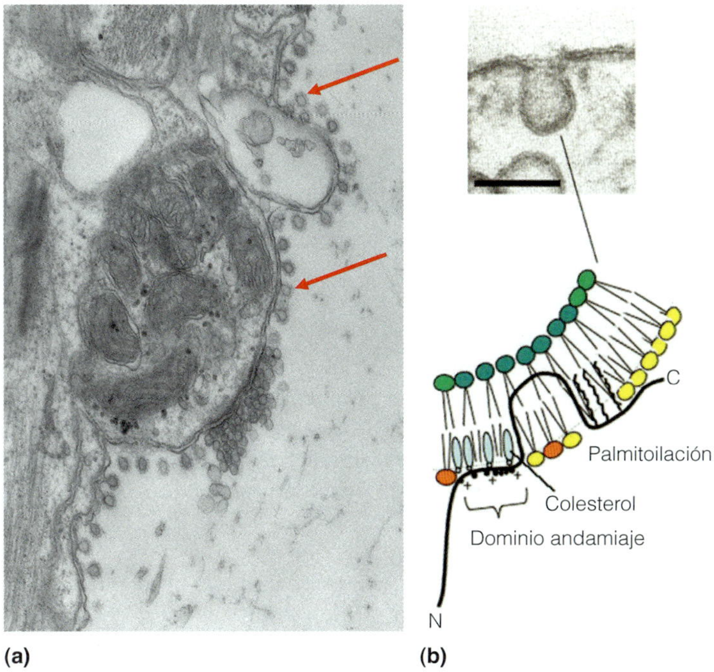


**FIGURA 10.44**

**Transporte a gran escala mediante vesículas recubiertas y caveolas**. En el panel (a) y en la parte superior del panel (b) se muestran micrografías electrónicas. **(a)** La formación de una vesícula recubierta de clatrina se inicia con la formación de un hoyo recubierto (parte superior de los dos paneles), que luego sobresale (tercer panel desde arriba) formando una vesícula recubierta libre (panel inferior). **(b)** La formación de la caveola se produce en lugares con abundante colesterol y esfingolípidos («balsas lipídicas», *véase* la Figura 10.26), debido a la inserción de caveolina en la hoja de la membrana. El brote de la caveola proporciona una vesícula libre.

Adaptado de *Science* 276:259-263, O. Shupliakov, P. Löw, D. Grabs, H. Gad, H. Chen, C. David, K. Takei, P. De Camilli y L. Brodin, Synaptic vesicle endocyto-sis impaired by disruption of dynamin-SH3 domain interactions. © 2006. Reproducido con permiso de AAAS, Pietro De Camilli and Lennart Brodin; (b) Adapted from *Journal of Cell Science* 119:787–796, R. G. Parton, M. Hanzal-Bayer, and J. F. Hancock, Biogenesis of caveolae: A structural model for caveolin-induceddomain formation. © 1997 The Company of Biologists Ltd.

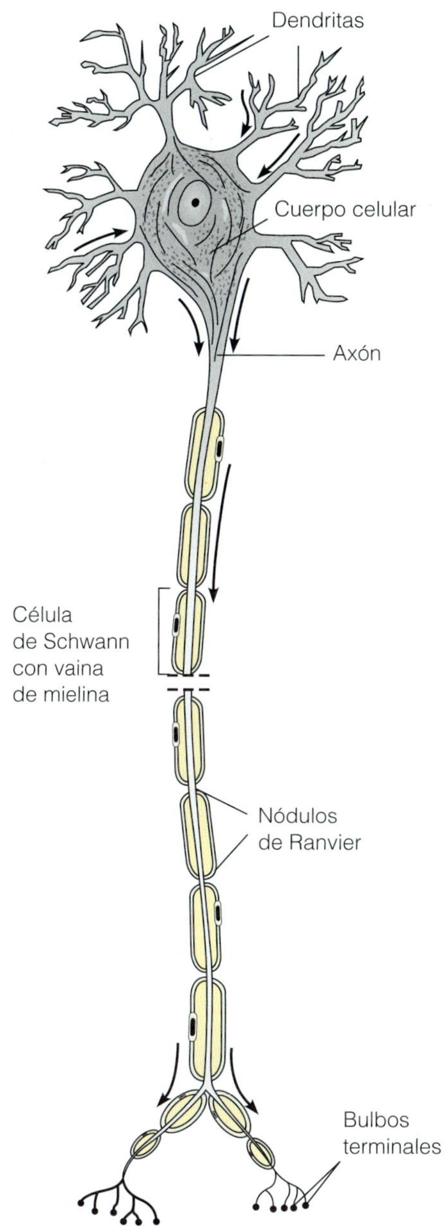


**FIGURA 10.45**

**Estructura de una motoneurona característica de mamífero.** Una motoneurona transmite los impulsos nerviosos a los músculos o a otras células nerviosas. El cuerpo celular contiene el núcleo y la mayoría de la maquinaria celular. Las dendritas reciben señales de los axones de otras neuronas; los axones transmiten señales a través de las terminaciones sinápticas, que comunican con las dendritas de otras neuronas o con las células musculares. A lo largo del axón se disponen las células de Schwann, que envuelven el axón en capas de una membrana de mielina aislante. Las células de Schwann están separadas por zonas no mielinizadas denominadas nódulos de Ranvier.

Las **neuronas**, las células nerviosas responsables de la conducción de los impulsos, tienen unas extensiones filamentosas denominadas dendritas y axones, que actúan como «cables» del sistema nervioso (Figura 10.45). Son células realmente notables, que deben satisfacer unas necesidades poco habituales. Han de ser capaces de conducir impulsos durante distancias relativamente largas sin una pérdida significativa de la señal (por ejemplo, desde la médula espinal hasta la punta del dedo), y deben conducir los impulsos en escalas de milisegundos para controlar el pensamiento y el comportamiento de forma rápida y coordinada. La conducción nerviosa se realiza, no por un flujo de electrones, como en los cables, sino mediante ondas de potencial eléctrico de membrana en la superficie de la membrana. Para comprender cómo actúa la señalización nerviosa, debemos examinar cómo se generan los potenciales de membrana y cómo pueden modificarse. En el espacio limitado que tenemos, solo podemos dar una muy breve introducción a este campo amplio y complejo.

## Potencial de reposo

En primer lugar, debemos comprender el origen y la naturaleza del potencial de membrana de reposo de la célula. Empezamos con un modelo muy simplificado, que parte de nuestra consideración anterior sobre la diferencia de potencial electroquímico a través de una membrana semipermeable (*véase* la Ecuación 10.2). Supongamos que tenemos un ion ($M^Z$) de carga $Z$, que se encuentra fuera de la membrana, a una concentración $[M^Z]_{ext}$ y dentro de ella a una concentración $[M^Z]_{int}$.

Si el sistema está en equilibrio, $\Delta G$ para el transporte será cero. En consecuencia, a partir de la Ecuación (10.2) obtenemos

$$\frac{RT}{ZF} \ln \frac{[M^Z]_{ext}}{[M^Z]_{int}} = \Delta\psi \tag{10.7}$$

donde $\Delta\psi$ se define como $\Delta\psi_{ext} - \Delta\psi_{int}$. La Ecuación 10.7 es una forma de la **ecuación de Nernst.** Para los iones monovalentes ($Z = \pm 1$) a 20 °C, y la ecuación de Nernst se reduce a

$$\Delta\psi = \pm 59 \log_{10} \frac{[M]_{ext}}{[M]_{int}} \tag{10.8}$$

cuando $\Delta\psi$ se expresa en milivoltios (mV).

Según la Ecuación 10.8, si mantenemos de alguna manera una diferencia de concentración iónica a través de una membrana, se producirá una diferencia de potencial eléctrico. Así, por ejemplo, si se mantuviera un ion como el $K^+$ ($Z = \pm 1$) con una concentración interior 10 veces mayor que la exterior, la membrana estaría polarizada, con $\Delta\psi = -59$ mV. Si el único ion que presentara una distribución desigual de este tipo fuera el cloruro, el potencial sería + 59 mV.

Los principales mecanismos que crean desequilibrios iónicos a través de las membranas celulares son las bombas iónicas específicas (por ejemplo, la $Na^+ - K^+$ ATPasa), que actúan de manera continuada para concentrar determinados iones en uno u otro lado. Este desequilibrio da lugar al potencial de reposo a través de la membrana de un axón nervioso. Un ejemplo muy estudiado es el axón gigante del calamar. Se trata de un modelo experimental muy utilizado, ya que los calamares tienen la peculiaridad de tener axones de hasta 1 mm de diámetro. Como se indica en la Figura 10.46, es posible introducir electrodos de registro en un axón de este tipo y medir la diferencia de potencial a través de la membrana. (La figura muestra también electrodos de estimulación, que se utilizan en un experimento que describiremos más adelante).

En el axón del calamar tenemos una situación más compleja de la que puede describirse mediante la ecuación de Nernst. Intervienen en ella varios iones, cada uno de los cuales puede atravesar la membrana, al menos en cierto grado, y que se mantienen en unas concentraciones desiguales a ambos lados de la misma. Si utilizáramos la ecuación de Nernst para calcular el potencial a partir de la distribución del $K^+$ solamente, predeciríamos un valor de −75 mV (al que denominaremos $\Delta\psi_{K+}$). En cambio, utilizando la ecuación de Nernst con la concentración de $Na^+$ de dentro y de fuera de la célula, obtendríamos un $\Delta\psi_{Na+} = +55$ mV. Pero cuando medimos el potencial existente a través de una membrana del axón del calamar en reposo, obtenemos un valor de alrededor de −60 mV. ¿Qué es lo que determina el potencial real, en este caso?

La clave es que, cuando varias clases de iones pueden atravesar la membrana, la *permeabilidad* de esta para los diferentes iones es fundamental en la determinación de $\Delta\psi$. Los diversos iones no están realmente en equilibrio a través de la membrana del

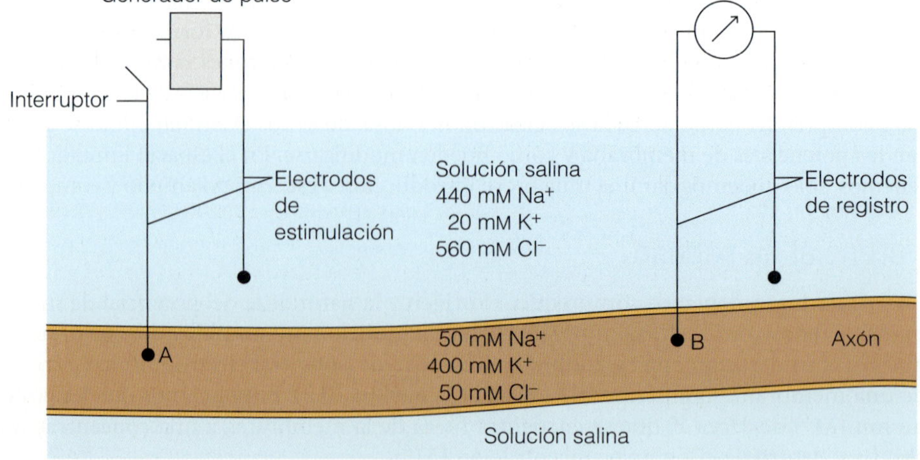


**FIGURA 10.46**

**Uso de los axones gigantes de calamar para los estudios de la transmisión nerviosa.** Los electrodos conectados a un voltímetro registran el potencial a través de la membrana del axón. A las concentraciones iónicas del axón en reposo que se indican aquí, la lectura del voltímetro sería de, aproximadamente, −60 mV. Si el axón se estimula en el punto A por un pulso de despolarización, el potencial de acción en movimiento pasará rápidamente por el punto B, en el que puede registrarse.

axón, sino que se encuentran en un estado estacionario, cuya posición viene dada, en parte, por las permeabilidades individuales. Este estado estacionario puede describirse cuantitativamente mediante la **ecuación de Goldman**. Para el potencial de membrana determinado para varios aniones y cationes monovalentes, la ecuación de Goldman da

$$\Delta\psi = \frac{RT}{F} \ln \frac{\sum_{+} P_i[M_i^{+}]_{ext} + \sum_{-} P_j[X_j^{-}]_{int}}{\sum_{+} P_i[M_i^{+}]_{int} + \sum_{-} P_j[X_j^{-}]_{ext}} \tag{10.9}$$

En este caso, los sumatorios (indicados mediante $\Sigma$) se realizan para todos los cationes ($\Sigma_+$) y aniones ($\Sigma_-$) con una permeabilidad significativa, y los valores de $P$ son las permeabilidades de membrana relativas para estos iones. Obsérvese que si un determinado ion tuviera una permeabilidad muy superior a la de los demás, dominaría en la ecuación de Goldman, y la Ecuación 10.9 se reduciría a la ecuación de Nernst para ese ion.

El potencial de reposo viene determinado, en gran medida, por los **canales de fuga de $K^+$**, que a diferencia de los canales de $K^+$ considerados antes, están abiertos en la mayoría de las situaciones. Los canales de fuga aumentan la permeabilidad de las membranas celulares al $K^+$, lo que da un potencial de membrana cercano al que predice la ecuación de Goldman. Los únicos iones que realizan una contribución apreciable al potencial de membrana, en este caso, son $K^+$, $Na^+$ y $Cl^-$, y sus permeabilidades relativas son: $P_K^+ = 1.0$, $P_{Na}^+ = 0.04$, y $P_{Cl}^- = 0.45$. Si se introducen estos valores en la Ecuación 10.9, junto con las concentraciones iónicas dadas en la Figura 10.46, obtenemos $\Delta\psi = -61$ mV, lo cual concuerda con la observación experimental.

El potencial de reposo de una fibra nerviosa está determinado por la permeabilidad de la membrana a los distintos iones, especialmente el $K^+$, que tiene una permeabilidad elevada debido a que el $K^+$ gotea por los canales.

## Potencial de acción

El potencial de acción es un cambio controlado del potencial de membrana que se propaga rápidamente y que se transmite a lo largo de todo el axón. Este proceso comporta un conjunto determinado de canales de potasio y de sodio regulados por el voltaje. Dadas las propiedades bioquímicas de los canales iónicos, el potencial de acción se autopropaga y viaja en una única dirección por el axón. Aquí describimos brevemente cómo se crea y se propaga este cambio característico del potencial de membrana.

Un potencial de acción se crea cuando los cambios del potencial de membrana alcanzan un umbral crítico. El valor del potencial de reposo de $-61$ mV tiene una importancia crucial. Dado que $-61$ mV se aproxima mucho más a $-75$ mV que a $+55$ mV, ello significa que con el potencial existente a través de la membrana del axón del calamar, el $K^+$ está mucho más próximo a su distribución de equilibrio que el $Na^+$. Si la membrana se hiciera totalmente permeable a los iones $Na^+$, el fenómeno principal sería una entrada masiva de iones $Na^+$, con un desplazamiento consiguiente de los potenciales de membrana hacia $\Delta\psi_{Na^+}$. Esto es exactamente lo que ocurre cuando un potencial de acción se transmite a lo largo de un nervio (Figura 10.47).

El potencial de acción se genera y se propaga porque una pequeña despolarización de la membrana de la célula nerviosa abre los canales de paso, permitiendo que los iones fluyan a través de los mismos.

Las fibras axonales tienen unos **canales de paso** específicos, sensibles al voltaje, para el transporte facilitado de $Na^+$ y $K^+$ a través de la membrana. Como se ha descrito antes, los canales regulados por el voltaje están abiertos o cerrados, según el potencial de membrana. Por ejemplo, en reposo están cerrados (Figura 10.47a). Supongamos que realizamos un experimento con el empleo de electrodos colocados en un axón gigante de calamar, como se indica en la Figura 10.46. A una cierta distancia de los electrodos de registro, colocamos electrodos de estimulación conectados a una fuente de voltaje. Si aplicamos a este electrodo un pulso suficiente para despolarizar la membrana localmente en alrededor de 20 mV, es decir, a un potencial de $-40$ mV (el umbral para la apertura de los canales de $Na^+$), se abren los **pasos de activación** del canal de $Na^+$ (pasos m) (Figura 10.47b). La permeabilidad para el $Na^+$ aumenta unas 100 veces y se produce una inundación de iones sodio que pasan al interior, llevando el potencial de membrana hasta aproximadamente $+40$ mV en menos de un milisegundo (Figura 10.47c). Si se expresa, según la ecuación de Goldman, la permeabilidad de los iones $Na^+$ súbitamente elevada hace que estos dominen, y el potencial de membrana *se aproxime* a $\Delta\psi_{Na^+}$ ($+55$ mV). Sin embargo, no llega a alcanzar este valor, ya que se producen entonces nuevas modificaciones. Como se observa en la Figura 10.47b, el estímulo provoca también una apertura de los pasos del canal de $K^+$, aunque de manera más lenta, y estos

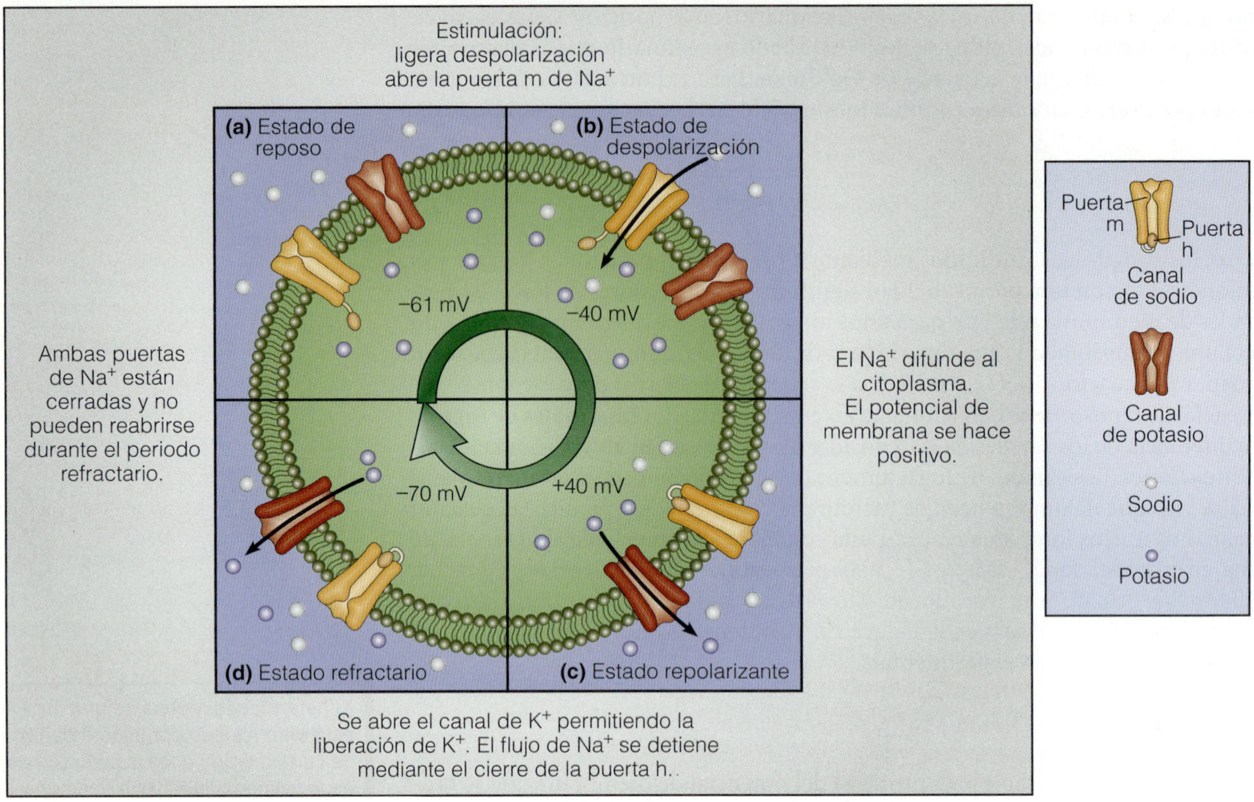


**FIGURA 10.47**

**El canal con apertura de voltaje realiza ciclos durante un potencial de acción.** **(a)** En reposo, el K$^+$ está concentrado en el interior de la membrana del axón y el Na$^+$, en el exterior. **(b)** Los estímulos eléctricos producen una despolarización parcial local de la membrana que, a su vez, hace que se abran las puertas del canal de sodio con apertura de voltaje, lo cual permite una gran avalancha de Na$^+$. La apertura de estos canales hace que la membrana sea principalmente permeable al Na$^+$ y así, el potencial de membrana viene determinado principalmente por el potencial de Na$^+$. Al acercarse el Na$^+$ al equilibrio, la avalancha de entrada cesa y el Na$^+$ difunde a lo largo del interior del axón. **(c)** El aumento del potencial de membrana cierra las puertas h del canal de Na$^+$ y abre los canales de K$^+$. Se abren las puertas de K$^+$ y el K$^+$ fluye hacia fuera. **(d)** El flujo de K$^+$ hacia fuera produce un descenso extremo del potencial de membrana, que temporalmente se hace más negativo que el potencial de reposo. Esto hace que se cierren las puertas m de Na$^+$ (además de las puertas h). El movimiento de los iones K$^+$ restablece el potencial de reposo, pero la membrana se inactiva (refractaria) durante este periodo de tiempo. Este periodo refractario es crucial para asegurar la propagación unidireccional del potencial de acción por el axón.

Cortesía de Gary Carlton.

sacan iones K$^+$ al medio externo. Este fenómeno invierte de nuevo el potencial, disparándolo hasta alrededor de −70 V. Este cambio cierra los **pasos de inactivación** del canal de Na$^+$ (pasos h, que están separados de los pasos de activación), con lo que hace que los canales de Na$^+$ sean temporalmente resistentes a la apertura (periodo refractario, Figura 10.47d). Los cambios de potencial y de permeabilidad que se muestran en la Figura 10.47b-d, se producen en unos pocos milisegundos. En la Figura 10.48 se representan gráficamente estos mismos cambios.

Estos cambios paso a paso del potencial de membrana serían un efecto localizado, si no fuera por la apertura y cierre secuenciales de los pasos, como se muestra en las Figuras 10.47c y d. Cuando los iones Na$^+$ fluyen dentro, difunden alejándose de la región del estímulo, y desencadenan el mismo ciclo de despolarización en la zona adyacente de la fibra. De esta forma, se produce una onda de despolarización que se extiende por el axón. Tras el frente de la onda se produce la polarización inversa debido a la salida de K$^+$, la zona refractaria en la que los canales de K$^+$ están abiertos y los canales de Na$^+$ están inactivados, y la vuelta final al estado de reposo (Figuras 10.47a y 10.49). Así pues, el electrodo de registro de la Figura 10.46 observará el paso a través del mismo, cierto tiempo después del pulso de estimulación, de exactamente el mismo patrón de despolarización e inversión que se indica en la Figura 10.47b-d y la Figura 10.48. Este pulso que se desplaza se denomina *potencial de acción.* El movimiento se ilustra en la Figura 10.49. El tiempo necesario para que el impulso pase desde el electrodo de estimulación al electrodo de registro es proporcional a la distancia que existe entre los dos electrodos e inversamente proporcional a la velocidad de propagación del pulso. Los valores característicos de propagación del potencial de acción oscilan entre 1 y 100 metros por segundo.

## Toxinas y neurotransmisión

Muchas sustancias extremadamente tóxicas ejercen su efecto impidiendo la acción de los pasos iónicos específicos que son necesarios para el establecimiento de un potencial de acción. Estas sustancias se denominan **neurotoxinas.** La *tetrodotoxina* se encuentra en algunos órganos del pez globo. Este pez se considera un manjar exquisito en Japón, en donde hay *chefs* con una formación y diplomas especiales relativos a su capacidad de eliminar los órganos que contienen la toxina. La tetrodotoxina se fija de manera específica al canal del $Na^+$ e impide todo movimiento iónico. El mismo efecto lo produce la *saxitoxina*, que contienen los diinoflagelados marinos responsables de la «marea roja». Estas algas microscópicas, junto con su toxina, son ingeridas por el marisco y pueden, a su vez, ser consumidas por el ser humano. Estas dos toxinas, que atacan un proceso fundamental del sistema nervioso, son unas de las sustancias más venenosas que se conocen, y su ingestión accidental causa muchas muertes cada año. Una tercera sustancia muy venenosa, la *veratridina*, se encuentra en las semillas de una planta de la familia de la azucena, *Schoenocaulon officinale*. Esta toxina se une también a los canales de $Na^+$ pero los bloquea en la configuración «abierta».

Estas toxinas han resultado útiles en los estudios de la estructura y la conducción del axón, puesto que su unión intensa las convierte en excelentes marcadores de afinidad para el canal.

Hemos descrito aquí tan solo una parte del fenómeno completo de la transmisión de los impulsos nerviosos, la conducción a lo largo de una única fibra nerviosa. El otro problema igualmente importante de cómo estos impulsos se transmiten de una célula a otra se tratará en el Capítulo 23, en donde se describen las sustancias *neurotransmisoras*.

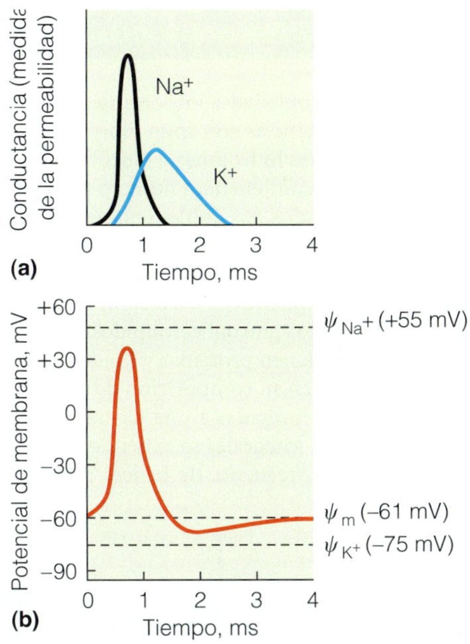


**FIGURA 10.48**

**Potencial de acción. (a)** Cambios que se producen en la conductancia de la membrana en un punto de un axón cuando pasa por él un impulso nervioso. La membrana primero se hace permeable a los iones sodio, lo cual permite una entrada rápida e importante de $Na^+$. Se produce una disminución de la permeabilidad al $Na^+$, que va seguida de un flujo de salida de $K^+$. **(b)** Cambios del potencial de membrana que acompañan a los cambios de permeabilidad que se muestran en (a). Cuando se produce la entrada rápida de $Na^+$, el potencial aumenta y pasa a ser positivo. Cuando aumenta el flujo de $K^+$, el potencial disminuye hasta más allá del potencial de reposo, $\Delta\psi_m$, antes de volver al potencial de reposo.

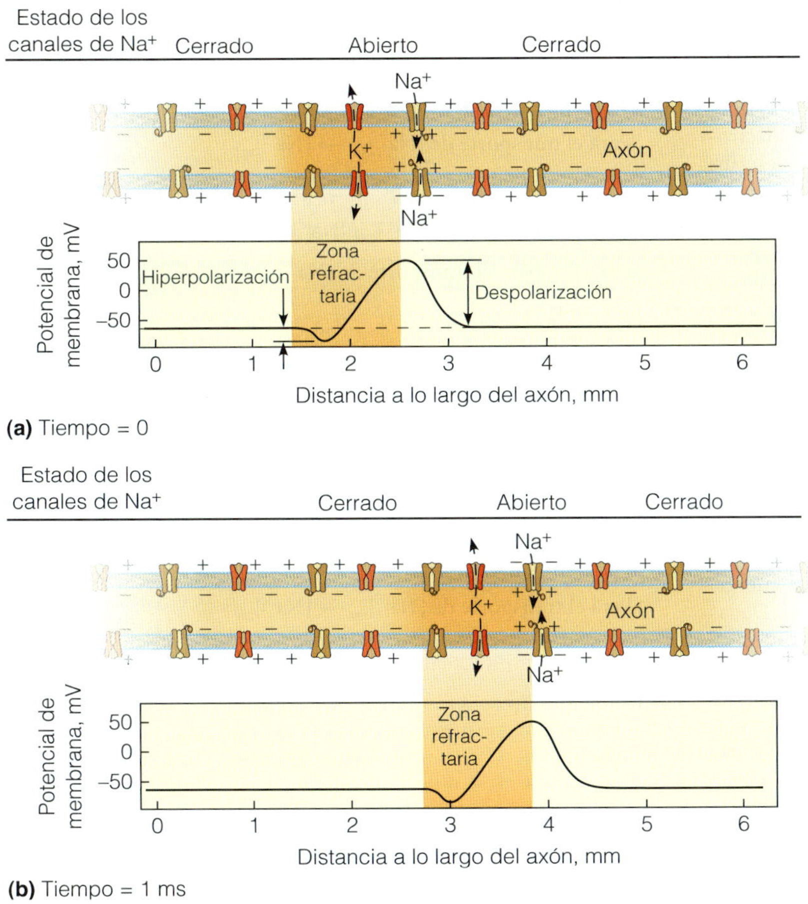


**FIGURA 10.49**

**Transmisión del potencial de acción.** Se muestran dos «instantáneas», obtenidas con una separación de 1 ms del potencial a lo largo del axón. Las flechas muestran la entrada de $Na^+$ y la salida de $K^+$. **(a)** A tiempo = 0, se está produciendo un potencial de acción en la posición 2.5 mm. La despolarización se extiende por el axón, desencadenando la aparición del potencial de acción a lo largo del mismo (hacia la derecha en este diagrama). **(b)** A tiempo = 1 ms, el pico del potencial de acción se ha desplazado a la posición 3.8 mm. El potencial solo puede moverse en una dirección, ya que después que ha pasado, la zona que queda por detrás del potencial se hace refractaria durante unos milisegundos debido a la inactivación de la puerta (*véase* la Figura 10.47).

Las neurotoxinas pueden actuar bloquando los pasos de la membrana del axón en los estados cerrado o abierto.

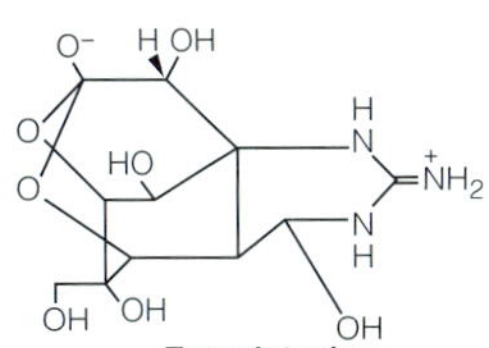

**Tetrodotoxina**

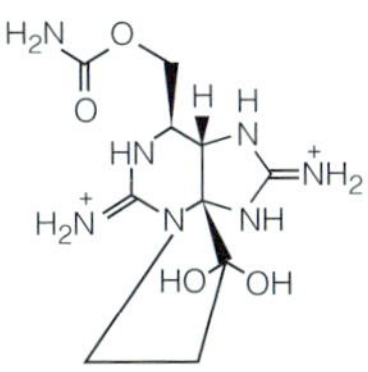

**Saxitoxina**

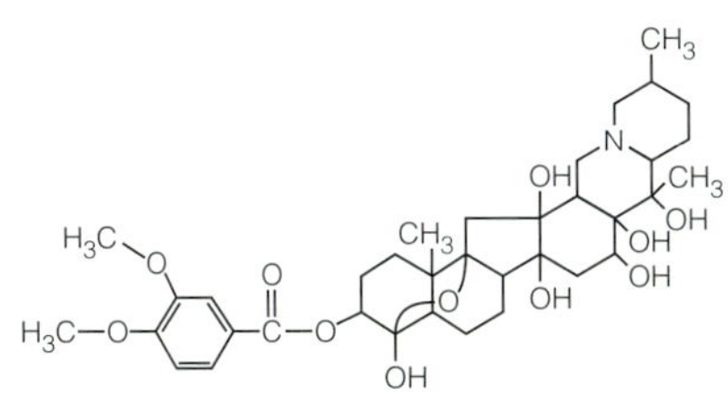

**Veratridina**

## RESUMEN

Muchas de las propiedades importantes de los lípidos derivan del hecho de que estas sustancias son muy hidrófobas. Algunas son anfipáticas y contienen regiones hidrófobas e hidrófilas. La mayor parte de los ácidos grasos naturales contienen un número par de átomos de carbono. Cuando están insaturados, los dobles enlaces suelen ser *cis.* Los ácidos grasos están presentes en las grasas (triacilgliceroles), en donde constituyen reservas de energía y elementos de aislamiento, y en las membranas, en donde son componentes de los fosfolípidos, los esfingolípidos, los glucoesfingolípidos y los glucoglicerolípidos. Las membranas son estructuras bicapa, que contienen proteínas y lípidos en un mosaico fluido. Las dos láminas difieren en su composición de proteínas y lípidos. Las proteínas periféricas están limitadas a una u otra cara de la membrana, mientras que las proteínas integrales se extienden de un lado a otro de la misma, con la presencia frecuente de hélices $\alpha$ hidrófobas en la región transmembrana.

El transporte a través de las membranas puede realizarse mediante difusión no mediada, puede ser facilitado por poros, permeasas o transportadores, o puede ser impulsado de forma activa por reacciones exergónicas. Tan solo en este último caso puede producirse un transporte en contra de un gradiente de concentración. Un ejemplo de ello es la bomba de $Na^+—K^+$, que mantiene la diferencia iónica y el potencial de membrana que se observa entre las células y su entorno. El transporte activo puede ser indirecto, como en el caso del cotransporte o el transporte mediante modificación.

La conducción de impulsos nerviosos se basa en el desplazamiento de una onda de despolarización (un potencial de acción) del potencial de membrana de una célula nerviosa. Esta despolarización se produce por el flujo de iones a través de los canales de paso que existen en la membrana. La velocidad de la transmisión nerviosa depende de las dimensiones de los axones y de si están o no mielinizados.

## APÉNDICE

**Guía para la evaluación de la termodinámica del transporte iónico**

En los sistemas biológicos, la concentración de los solutos, especialmente los iones, difiere significativamente a través de la membrana. Estas diferencias de concentración de los iones se denominan «gradientes electroquímicos» o «potenciales electroquímicos». La Ecuación 10a.1describe la energía libre del movimiento iónico a través de un gradiente electroquímico.

$$\Delta G = \Delta G^{\circ\prime} + RT \ln Q + nz\mathrm{F}\Delta\psi \qquad (10a.1)$$

donde $R$ = constante de los gases; $T$ = temperatura en Kelvin, $Q$ = expresión de la acción de masas de estado estacionario, $n$ = mol de iones, $z$ = carga del ión, F = constante de Faraday, y $\Delta\psi$ = potencial de membrana. Para el movimiento de un soluto a través de una membrana mediante difusión, $\Delta G^{\circ\prime}$ no sería igual a cero, ya que $\Delta G^{\circ\prime}$ para la hidrólisis del ATP no es igual a cero, y $\Delta G^{\circ\prime}$ para el *proceso global de transporte* es la suma de los valores de $\Delta G^{\circ\prime}$ de los pasos individuales (transporte iónico + hidrólisis del ATP).

El término $RT \ln Q$ describe la energía necesaria para mover un ion a través de un gradiente de concentración y $nz\mathrm{F}\Delta\psi$ describe la energía requerida para mover un ion a través de un potencial eléctrico. Dadas las concentraciones intra y extracelular de los iones $[Na^+]_{int}$ = 12 mM, $[Na^+]_{ext}$ = 145 mM, $[K^+]_{int}$ = 155 mM, $[K^+]_{ext}$ = 4 mM y el potencial a través de la membrana 60 mV (dentro negativo), se pueden aplicar los principios básicos de la termodinámica para predecir de forma correcta los efectos que los términos $RT \ln Q$ y $nz\mathrm{F}\Delta\psi$ tendrán sobre el signo de $\Delta G$ (Ecuación 10a.1).

Para comenzar, consideremos el caso más sencillo de transporte iónico sin hidrólisis de ATP. Recuérdese que los cambios de las funciones de estado se calculan de la forma $\text{Estado}_{(\text{final})} - \text{Estado}_{(\text{inicial})}$. En este caso, los estados «final» e «inicial» indican más adecuadamente las *condiciones* final e inicial del ion que se transporta (esto es, el ion se encuentra dentro o fuera de la célula). Como se describe en el Capítulo 3, la distribución de estado estacionario de las especies se describe mediante el término $Q$ de acción de masas, donde

$$Q = \text{(actividades de las especies en la condición final)/}$$
$$\text{(actividades de las especies en la condición inicial)}$$

Asimismo, $\Delta\psi$ se calcula como $\psi_{\text{final}} - \psi_{\text{inicial}}$, donde, en este caso, «final» e «inicial» señalan el lugar:

$\Delta\psi = \psi_{\text{lugar final}} - \psi_{\text{lugar inicial}}$ (en este caso «lugar» = «dentro» o «fuera», dependiendo de la dirección en la que se transporta el ion)

Poniendo estos parámetros de nuevo en la Ecuación 10a.1:

Para el transporte de $[Na^+]_{int} \longrightarrow [Na^+]_{ext}$

$$\Delta G = \Delta G^{\circ\prime} + RT \ln Q + nz\mathrm{F}\Delta\psi \text{ o}$$
$$\Delta G = RT \ln ([Na^+]_{ext}/ [Na^+]_{int}) + nz\mathrm{F}\,(\psi_{ext} - \psi_{int}) \qquad (10a.2)$$

A La inversa, para el transporte de $[Na^+]_{ext} \longrightarrow [Na^+]_{int}$

$$\Delta G = RT \ln ([Na^+]_{ext}/ [Na^+]_{ext}) + nz\mathrm{F}\,(\psi_{int} - \psi_{ext}) \qquad (10a.3)$$

En el Capítulo 3 (*véanse* las páginas 79-80) se describe con detalle la evaluación adecuada del término Q. Aquí, se describen dos métodos para el cálculo correcto del valor de $\Delta\psi$.

Método 1. Las condiciones dadas antes, donde $\Delta\psi$ = 60 mV (interior negativo), indican que la magnitud de la diferencia de potencial eléctrico entre $\Delta\psi_{int}$ y $\Delta\psi_{ext}$ = 60 mV, y que el interior es negativo con respecto al exterior. Así, $\Delta\psi_{int}$ es un número negativo y $\Delta\psi_{ext}$ es un número positivo, por lo que:

Para el transporte de $[Na^+]_{ext} \longrightarrow [Na^+]_{int}$ :

$$\psi_{int} - \psi_{ext} = \text{[a(−)número] menos [a (+) número] = (−) número,}$$

de forma que $\Delta\psi$ será

$$+60 \text{ mV (o } -0{,}060 \text{ V)}$$

y

$$nz\mathrm{F}\Delta\psi = (1 \text{ mol } Na^+)(+1)(96.5 \text{ kJ mol}^{-1}\text{V}^{-1})(-0{,}060 \text{ V}) = -5.79 \text{ kJ} \quad (10a.4)$$

Para el transporte de $[Na^+]_{int} \longrightarrow [Na^+]_{ext}$:

$$\psi_{ext} - \psi_{int} = \text{[a(+)número] menos [a (−) número] = (+) número,}$$

de forma que $\Delta\psi$ será

$$+60 \text{ mV (o } -0{,}060 \text{ V)}$$

y

$$nz\mathrm{F}\Delta\psi = (1 \text{ mol } Na^+)(+1)(96.5 \text{ kJ mol}^{-1}\text{V}^{-1})(+0{,}060 \text{ V}) = +5.79 \text{ kJ} \quad (10a.5)$$

Método 2. Comprobar este cálculo frente al principio guía que se da más abajo. Como se ve del método 1, la *magnitud* de $nzF\Delta\psi$ es la misma en cualquier caso ($\pm 5.79$ kJ/mol). El signo es diferente, dependiendo de la dirección en que se transporta el ion. El error más habitual al calcular $nzF\Delta\psi$ es el cálculo incorrecto del signo de $\Delta\psi$. Esto, puede ayudar a comprender el principio guía.

Para el transporte $[Na^+]_{ext} \longrightarrow [Na^+]_{int}$:

Un ion sodio cargado (+) se mueve, desde un entorno de carga relativa (+) fuera de la célula, a uno con una carga relativa (−) en el interior de la célula. *Un movimiento iónico así disminuirá las interacciones desfavorables de repulsión y aumentará las interacciones favorables de atracción.* En conjunto, será un proceso termodinámicamente *favorable* y el signo de $nzF\Delta\psi$ deberá ser (−) para reflejar ese hecho (*véase* la Ecuación 10a.4).

Para el transporte $[Na^+]_{int} \longrightarrow [Na^+]_{ext}$:

Un ion sodio cargado (+) se mueve, desde un entorno de carga relativa (−) dentro de la célula, a uno con una carga relativa (+) fuera de la célula. *Un movimiento iónico así aumentará las interacciones desfavorables de repulsión y disminuirá las interacciones favorables de atracción.* En conjunto, será un proceso termodinámicamente *desfavorable* y el signo de $nzF\Delta\psi$ deberá ser (+) para reflejar ese hecho (*véase* la Ecuación 10a.5).

Dadas las concentraciones iónicas y los potenciales de membrana citados, la Tabla 10a.1 resume las predicciones de los signos en los términos $RT\ln Q$ y $nzF\Delta\psi$ para los cálculos de la energía libre con base en el principio guía anterior (que se aplica a $nzF\Delta\psi$) y otro dado aquí (que se aplica a $RT\ln Q$): *el transporte desde un lugar con una concentración baja a otro con una concentración mayor es desfavorable; el transporte desde un lugar de una concentración elevada a otro con una concentración menor es favorable.*

**TABLA 10a.1**

| | Signo de $RT\ln Q$ | Signo de $nzF\Delta\psi$ |
|---|---|---|
| Para $[Na^+]_{int} \longrightarrow [Na^+]_{ext}$ | Positivo (desfavorable) | Positivo (desfavorable) |
| Para $[Na^+]_{ext} \longrightarrow [Na^+]_{int}$ | Negativo (favorable) | Negativo (favorable) |
| Para $[K^+]_{int} \longrightarrow [K^+]_{ext}$ | Negativo (favorable) | Positivo (desfavorable) |
| Para $[K^+]_{ext} \longrightarrow [K^+]_{int}$ | Positivo (desfavorable) | Negativo (favorable) |

## BIBLIOGRAFÍA


### General

**Engleman, D. M.** (2005) Membranes are more mosaic than fluid. *Nature* 438:578-580. Este número de Nature incluye varios artículos de revisión sobre las membranas.

**Gennis, R. B.** (1989) Biomembranes. Springer-Verlag, Nueva York. Gurr, A. I. y J. L. Harwood (1991) *Lipíd Biochemistry: An Introduction*, 4ª ed. Chapman & Hall, Nueva York. Una fuente valiosa de información general relacionda con los lípidos.

### Asimetría y estructura de la membrana

**Daleke, D. L.** (2007) Phospholipid flippases. *J. Biol. Chem.* 282:821-825.

**Hartlova, A., Cerveny, L., Hubalek, M., Krocova, Z.** y **JStulik, J.** (2010) Membrane rafts: A potential gateway for bacterial entry into host cells. *Microbiol. Immunol.* 54:237-245.

**Laude, A. J.** y **Prior, I. A.**, (2004) Plasma membrane microdomains: Organization function and trafficking. *Molec. Membr. Biol.* 21:193-205.

**Lingwood, D.** y **K. Simons** (2010) Lipid rafts as a membrane-organizing principle. *Science* 327:46-50.

**Mitra, K., Ubarretxena-Belandia, I., Taguchi, T., Warren, G.** y **Engelman, D. M.** (2004) Modulation of the bilayer thickness of exocytic pathway membranes by membrane proteins rather than cholesterol. *Proc. Natl. Acad. Scl. USA* 101:4083-4088.

**Phillips, R., Ursell, T., Wiggins, P.** y **Sens, P.** (2009) Emerging roles for lipids in shaping membrane-protein function. *Nature* 459:379-385.

**Singer, S. J.** y **Nicolson, G. L.** (1972) The fluid mosaic model of the structure of membranes. *Science* 175:720-731. El artículo clásico donde se presenta este modelo.

**Unwin, N.** y **Henderson, R.** (1984) The structure of proteins in biological membranes. *Sci. Am.* 250(2):78-94. Describe un studio structural pionero.

**Vereb, G., Szöllósi, J., Matkó, J., Nagy, P., Farkas, T., Vigh, L., Mátyus, L., Waldmann, T. A.** y **Damjanovich, S.** (2003) Dynamic, yet structured: The cell membrane three decades after the Singer-Nicolson model. *Proc. Natl Acad. Sci. USA* 100:8053-8058.

**Voelker, D. R.** (1996) Lipid assembly into celi membranes. En *Biochemistry of Lipids, Lipoproteins, and Membranes*, D. E. Vance y J. E. Vance, eds. Elsevier Science, Amsterdam.

### Proteínas de membrana

**Booth, P. J.** y **Curnow,** (2009) Folding scene investigation: Membrane proteins. *Curr. Op. Struct. Biol.* 19:8-13.

**Bowie, J. U.** (2005) Solving the membrane protein folding problem. *Nature* 438:58I-589.

**Marguet, D., Lenne, P.-F., Rigneault, H.** y **He, H.-T.** (2006) Dynamics in the plasma membrane: How to combine fluidity and order. *EMBO J.* 25:3446-3457.

**Müller, D. J., Wu, N.** y **Palczewski, K.,** (2008) Vertebrate membrane proteins: Structure, function, and insights from biophysical approaches. *Pharm. Rev.* 60:43-78.

**van Kiompenburg, W., Nilsson, I. M., von Heijne, G.** y **Kruijff, B. de** (1997) Anionic phospholipids are determinants of membrane protein topology. *EMBO J.* 16:4261-4266.

**von Heijne, G.** (1989) Control of topology and mode of assembly of a polytopic membrane protein by positively charged residues. *Nature* 341:456-458. Una prueba de la regal «positivo dentro».

**White, S. H.** (2007) Membrane protein insertion: The biology-physics nexus. *J. Gen. Physiol.* 129:363-369.

### El esqueleto de la membrana

**Bennett,V.** (1985) The membrane skeleton of human erlthrocytes and its implication for more complex cells. *Annu. Rev. Biochem.* 54:273-304.

**Coleman, T. R., Fishkind, D. J., Mooseker, M. E.** y **Morrow, J. S.** (1989) Functional diversity among spectrin isoforms. *Cell Motility Cytoskeleton* 12:225-247 .

**Liu, S.-C.** y **Derick, L. H.** ( 1992) Molecular anatomy of the red blood cell membrane skeleton: Structure-function relationships. *Semin. Hematol.* 29:231-243.

**Estructura y función del translocón**

**Becker, T., Bhushan, S., Jarasch, A., Armache, J.-P., Funes, S., Jossinet, F., Gumbart, J., Mielke, T., Berninghausen, O., Schulten, K., Westhof, E., Gilmore, R., Mandon, E. C. y Beckmann, R.** (2009) Structure of monomeric yeast and mammalian Sec61 complexes interacting with the translating ribosome. *Science* 326:1369-1373.

**Egea, P. F. y Stroud, R. M.** (2010) Lateral opening of a translocon upon entry of protein suggests the mechanism of insertion into membranes. *Proc. Natl. Acad. Sci. USA* 107:17182-17187.

**Van den Berg, B., Clemons Jr., W. M., Collinson, I., Modis, Y., Hartmann, E., Harrison, S. C. y Rapoport, T. A.** (2004) X-ray structure of a protein-conducting channel. *Nature* 427:36-44.

**Xie, K. y Dalby, R. E.** (2008) Inserting proteins into the bacterial cytoplasmic membrane using the Sec and YidC translocases. *Nature Rev. Microbiol.* 6:234-244.

**Transporte a través de las membranas**

**Catterall, W. A.** (2010) Ion channel voltage sensors: Structure, function and pathophysiology. *Neuron* 67:915-928.

**Gouaux, E. y MacKinnon, R.** (2005) Principles of selective ion transport in channels and pumps. *Science* 310:1461-1465.

**Jiang, Y., V. Ruta, l. Chen, A. Lee y R. MacKinnon** (2003) The principle of gating charge movement in a voltage-dependent $K^+$ channel. *Nature* 423:42-48.

**King, L. S., Kozono, D., y Agre, P.** (2004) From structure to disease: The evolving tale of aquaporin biology. *Nature Rev. Mol. Cell Biol.* 5:687-698.

**Lee, S.-Y., Lee, A., Chen, J., y MacKinnon, R.** (2005) Structure of the KvAP voltage-dependent $K^+$ channel and its dependence on the lipid membrane. *Proc. Natl. Acad. Sci. USA* 102:1544l-15446.

**Martinac, B., Saimi, Y. y Kung, C.** (2008) Ion channels in microbes. *Physiol Rev.* 88:1149-1490.

**Wang, W., Black, S. S., Edwards, M. D., Miller, S., Morrison, E. L., Bartlett, W., Dong, C., Naismith, J. H. y Booth, L. R.** (2008) The structure of an open form of an E. coll mechanosensitive channel at 3.45 A resolution. *Science* 321:1179-1183.

**Transmisión nerviosa**

**Ben-Abu, Y., Zhou, Y., Zilberberg, N. y Yifrach, O.** (2009) Inverse coupling in leak and voltage-activated K+ channel gates underlies distinct roles in electrical signaling. *Nature Struct. Mol. Biol.* 16:71-79.

**Bradford, H. F.** (1986) *Chemical Neurobiology*. Freeman, San Francisco.

**Hille, B.** (2001) *Ionic Channels of Excitable Membranes*. Sinauer Associates, Sunderland, Mass.

## PROBLEMAS

1. Proporcione las estructuras de las siguientes sustancias, basándose en los datos de la Tabla 10.1.
   (a) ácido *cis*-9-Dodecanoico
   (b) 18:1c$\Delta$11
   (c) Un ácido graso saturado que debe fundir por debajo de 30 °C
2. Considerando estos componentes moleculares: glicerol, ácido graso, fosfato, alcohol de cadena larga e hidrato de carbono, responda a lo siguiente:
   (a) ¿Qué dos de ellos están presentes en las ceras y en la esfingomielina?
   (b) ¿Qué dos de ellos están presentes en las grasas y en la fosfatidilcolina?
   (c) ¿Cuál de ellos está presente en un gangliósido, pero no en una grasa?
3. La demostración clásica de que las membranas de las células plasmáticas están formadas por bicapas se basa en los siguientes tipos de datos:
   - Los lípidos de membrana de $4.74 \times 10^9$ eritrocitos formarán una monocapa con una superficie de 0.89 $m^2$ cuando se extienden en una superficie acuosa.
   - La superficie de un eritrocito es de aproximadamente 100 $\mu m^2$.
   - Explique por qué estos datos solo pueden explicarse si la membrana del eritrocito es una bicapa.
4. La porción lipídica de una bicapa característica es de unos 3 nm de grosor.
   (a) Calcule el número de residuos en una hélice $\alpha$ que se extienden exactamente en esta distancia.
   (b) El receptor del factor de crecimiento epidérmico tiene una sola hélice transmembrana. Identifíquela en esta secuencia parcial:

   · · ·RGPKIPSIATGMVGALLLLVVALGIGILFMRRRH· · ·
5. En las situaciones descritas más adelante, ¿cuál es el cambio de energía libre si 1 mol de $Na^+$ se transporta a través de una membrana, desde una región en la que la concentración es 1 $\mu$M hasta otra en la que es 100 mM? (Suponga que $T = 37$ °C.)
   (a) En ausencia de potencial de membrana.
   (b) Cuando al transporte se opone un potencial de membrana de 70 mV.
   (c) En ambos casos, ¿será suficiente la hidrólisis de 1 mol de ATP para impulsar el transporte de 1 mol del ion, suponiendo un pH de 7.4 y las concentraciones citoplásmicas siguientes: ATP = 4.60 mM, $P_i$ = 5.10 mM, ADP = 310 $\mu$M?

*6. Considere la difusión pasiva de iones a través de la membrana eritrocitaria medida con los coeficientes de permeabilidad de la Tabla 10.6. Calcule el número de moles de $K^+$ que difundirían a través de una sola membrana eritrocitaria en 1 minuto partiendo de los siguientes datos:

$$C_{K^+}\text{ (int)} = 100 \text{ mM}$$
$$C_{K^+}\text{ (ext)} = 15 \text{ mM}$$

La superficie de un eritrocito es = 100 $\mu m^3$.

7. Si el volumen del eritrocito del Problema 6 es de, aproximadamente, 100 $\mu m^3$, ¿qué porcentaje de los iones $K^+$ escaparía mediante difusión pasiva en 1 minuto?

*8. Suponiendo que el flujo, *J*, en un transporte facilitado por un transportador sea proporcional a la fracción de transportadores ocupados, deduzca una ecuación para el cálculo de *J* en función de la concentración [A] de la sustancia transportada.

9. Suponga que el ion calcio se mantiene dentro de un orgánulo a una concentración 1000 veces superior a la existente fuera de la misma ($T = 37$ °C). ¿Cuál es la contribución del $Ca^{2+}$ al potencial de membrana? ¿Qué lado de la membrana del orgánulo es positivo y cuál es negativo?
10. Calcule los potenciales de membrana de equilibrio que cabe prever a través de una membrana a 37 °C, con una concentración de NaCl de 0.10 M en el lado derecho y de 0.01 M en el izquierdo, teniendo en cuenta las siguientes condiciones. Indique, en cada caso, qué lado es (+) y cuál es (−).
    (a) Membrana permeable tan solo para el $Na^+$.
    (b) Membrana permeable tan solo para el $Cl^-$.
    (c) Membrana igualmente permeable para ambos iones.

11. En cada uno de los apartados a, b y c del Problema 10, ¿se producirá un transporte apreciable de la sustancia para establecer el potencial de membrana?

*12. Los bastones de la retina contienen membranas que se despolarizan cuando se absorbe un fotón de luz. Suponga que existen las siguientes concentraciones dentro y fuera de un bastón de la retina:

| | Concentración (mM) | |
|---|---|---|
| | **Dentro** | **Fuera** |
| $K^+$ | 100 | 5 |
| $Na^+$ | 10 | 140 |
| $Cl^-$ | 10 | 100 |

(a) Si las permeabilidades relativas de $K^+$ y de $Cl^-$ son de 1.0 y de 0.45, respectivamente, ¿cuál debe ser la permeabilidad relativa del $Na^+$ para obtener un potencial de 30 mV, que es el valor que se observa a través de la membrana del bastón en reposo? Suponga $T = 37$ °C. [Pista: debe reordenar y despejar en la ecuación de Goldman].

(b) Si los pasos de $Na^+$ se cerraran por completo tras la estimulación por un fotón, ¿qué valor del potencial de membrana se alcanzaría?

13. Muchas proteínas transmembrana son oligoméricas, con varias subunidades idénticas. Los oligómeros parecen tener normalmente alguna forma de simetría $C_n$, en lugar de $D_n$ o cualquier orden superior. Sugiera alguna razón para esta selectividad.

14. Un ser humano promedio genera aproximadamente su peso en ATP cada día. Una persona en reposo utiliza, aproximadamente, el 25 % de este ATP en el transporte iónico, la mayoría por medio de la $Na^+$, $K^+$—ATPasa. Aproximadamente, ¿cuántos gramos de $Na^+$ y $K^+$ bombeará diariamente una persona sedentaria de 70 kg a través de las membranas?

*15. La concentración de glucosa en su sistema circulatorio se mantiene cerca de 5.0 mM por las acciones de las hormonas pancreáticas glucagón e insulina. La glucosa se importa a las células mediante transportadores proteicos, que son muy específicos para la unión de glucosa. En el interior de las células hepáticas la glucosa importada se fosforila rápidamente para dar glucosa-6-fosfato (G-6-P). Este es un proceso que depende del ATP que consume 1 mol de ATP por mol de glucosa. Dadas las concentraciones intracelulares de estado estacionario de más abajo, calcule la concentración teórica máxima de G-6-P dentro de una célula hepática a 37 °C y pH = 7.2, cuando la concentración de glucosa fuera de la célula (esto es, $[\text{glucosa}]_{ext}$) es 5.0 mM:

ATP = 4.7 mM; ADP = 0.15 mM; $P_i$ = 6.1 mM

Para: $ATP + H_2O \rightarrow ADP + P_i + H^+ \quad A G^{\circ\prime} = -30.5$ kJ/mol y

$G\text{-}6\text{-}P + H_2O \rightarrow \text{Glucosa} + P_i \quad A G^{\circ\prime} = -13.8$ kJ/mol

La reacción de fosforilación de glucosa es:

$$ATP + \text{glucosa}_{int} \rightarrow ADP + \text{glucosa-6-fosfato} + H^+$$

*16. El ATP se sintetiza a partir de ADP y $P_i$ y un protón del *lado de la matriz* de la membrana mitocondrial interna. Nos referiremos al lado de la matriz como el «interior» de la membrana mitocondrial interna (MMI).

(a) El transporte de $H^+$ desde el exterior de la MMI a la matriz impulsa este proceso. El pH en el interior de la matriz es 8.2 y el del exterior es 0.8 unidades más ácido. Suponiendo que el potencial de membrana de la MMI es 186 mV (interior negativo), calcule $\Delta G$ para el transporte de 1 mol de $H^+$ a través de la MMI dentro de la matriz a 37 °C: $H^+_{(ext)} \rightarrow H^+_{(int)}$.

(b) Suponga que deben trasladarse tres moles de $H^+$ para sintetizar un mol de ATP mediante el acoplamiento de las reacciones siguientes:

$$ADP + P_i + H^+_{(int)} \rightarrow ATP + H_2O \text{ (síntesis de ATP)}$$

$$3\,H^+_{(ext)} \rightarrow 3\,H^+_{(int)} \text{ (transporte de protones)}$$

Escriba la reacción global de la síntesis de ATP acoplada al transporte de $H^+$ [y utilice esta ecuación para la parte (c)]:

(c) Suponga que deben trasladarse tres moles de $H^+$ para sintetizar un mol de ATP, según se describe en la parte (b). Dados las concentraciones siguientes de estado estacionario: ATP = 2.70 mM y $P_i$ = 5.20 mM, el potencial de membrana $\Delta\psi$ = 168 mV (interior negativo), y los valores de pH de la parte (a), calcular la concentración de estado estacionario de ADP a 37 °C cuando $\Delta G = -11.7$ kJ/mol.

# HERRAMIENTAS DE LA BIOQUÍMICA 10A

## Técnicas para el estudio de las membranas

### Métodos de microscopia electrónica

El examen de la estructura de la membrana tal como se da en el interior de las células se basa, en gran parte, en la microscopia electrónica (ME), y se han utilizado prácticamente todas las variantes de este método que se han citado en Herramientas de la Bioquímica 1A en uno u otro momento. Así, por ejemplo, la ME de transmisión en cortes finos de células incluidas en una matriz de material plástico muestra las membranas celulares en un corte transversal (como ejemplos, *véase* la Figura 1.2), mientras que la ME de barrido puede mostrar detalles de la superficie. Una variante especialmente útil de este método es la técnica de fractura por congelación. Si una membrana se congela rápidamente y luego se rompe mediante un golpe brusco de la cuchilla de un microtomo, es frecuente que se parta siguiendo el plano existente entre las láminas de la bicapa (Figura 10A.1). De esta forma se separa una capa de la otra, mostrando la estructura interna. A continuación, la muestra puede sombrearse con un metal y estudiarse por ME de barrido. En una variante de esta técnica denominada **grabado por congelación**, parte del hielo se sublima antes del sombreado, con lo que se aprecian la superficie y los detalles situados por debajo de ella.

Aunque la microscopia electrónica ha descubierto gran parte de la compleja arquitectura de las membranas naturales, los investigadores han de utilizar con frecuencia sistemas simplificados para el estudio de las propiedades específicas de las membranas. Para este fin, se emplean con frecuencia bicapas y vesículas sintéticas.

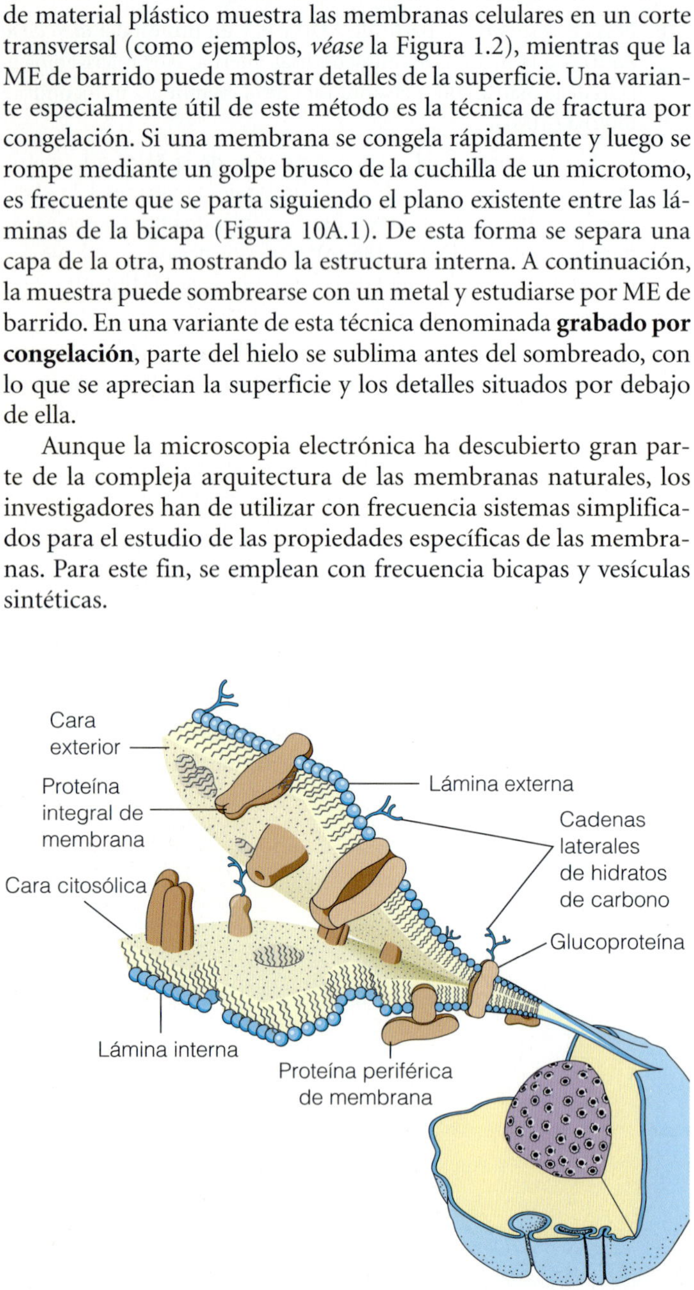


**FIGURA 10A.1**

**Fractura por congelación.** Representación esquemática de una membrana fracturada por congelación.

### Preparación de bicapas y de vesículas

Por lo general, pueden obtenerse las membranas de determinados tipos de células o de orgánulos purificados mediante la lisis de la célula o el orgánulo, seguida de una centrifugación diferencial.

Si, como se muestra en la Figura 10A.2, se extrae una membrana con disolventes orgánicos (por ejemplo, una mezcla de cloroformo-etanol), los componentes lipídicos solubles pueden separarse de las proteínas y de los oligosacáridos insolubles. La mezcla lipídica puede fraccionarse posteriormente mediante métodos como la cromatografía líquida de alta resolución (HPLC) para obtener los componentes lipídicos puros, y un análisis del contenido lipídico. Otra posibilidad es que el investigador quiera utilizar toda la mezcla lipídica procedente de una membrana.

Si el disolvente orgánico de una preparación de este tipo se elimina mediante evaporación, y se dispersan los lípidos de la membrana en una solución acuosa, estos formarán vesículas (también llamadas *liposomas*): pequeñas estructuras esféricas bicapa. Otra posibilidad es la de extender una bicapa a través de un pequeño orificio para establecer un reparto entre dos compartimientos. Estas preparaciones se suelen utilizar para el estudio de la permeabilidad a través de las membranas.

Las vesículas pueden utilizarse para muchos tipos de estudios. Así, por ejemplo, es posible reconstituir sistemas de transporte específicos mediante el aislamiento de las proteínas de transporte a través de la solubilización con detergente y la adición posterior de las mismas a un sistema de formación de vesículas. En presencia de ATP, los sistemas reconstituidos de forma adecuada presentarán transporte activo. En la Figura 10A.3 se muestra la reconstitución de la bomba de $Ca^{2+}$ de las células musculares. Las vesículas formadas con mezclas específicas de lípidos y otros componentes son también excelentes objetos para el estudio de procesos como la transición de fase o la difusión en las membranas.

En otro tipo de experimentos, conviene mantener todos los componentes naturales de la membrana, lo cual puede realizarse, a menudo, mediante la lisis cuidadosa de las células o los orgánulos, el aislamiento de las membranas intactas y la dispersión posterior en una disolución en la que volverán a unirse para formar vesículas. En algunos casos, como ocurre con el eritrocito de la Figura 10A.4, es posible ajustar las condiciones, de manera que la formación de nuevas vesículas se produzca de manera preferente de cara a fuera o de cara a dentro. Estas preparaciones han aportado gran parte de la información de que disponemos respecto a la asimetría de la membrana.

### Técnicas físicas

Gran parte de la información de que disponemos respecto a las transiciones estructurales en las membranas procede de la calorimetría de barrido diferencial (CBD). Esta técnica se ha descrito en Herramientas de la Bioquímica 6C para el estudio del desplegado proteico, que es un proceso de cambio de fase. Asimismo, la CBD es una técnica útil para el estudio de las transiciones de fase (por ejemplo, de semi-cristalino a líquido) en las membranas.

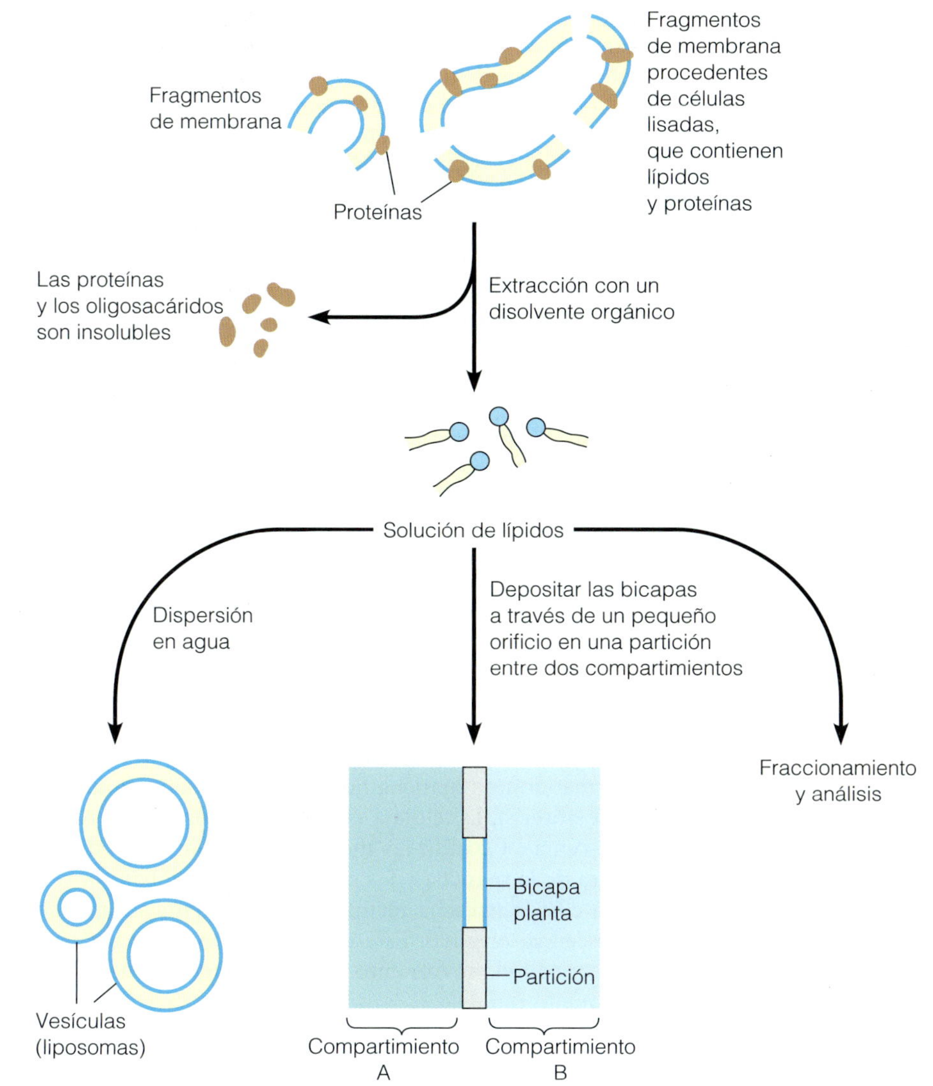


**FIGURA 10A.2**

**Preparación de vesículas y bicapas.**

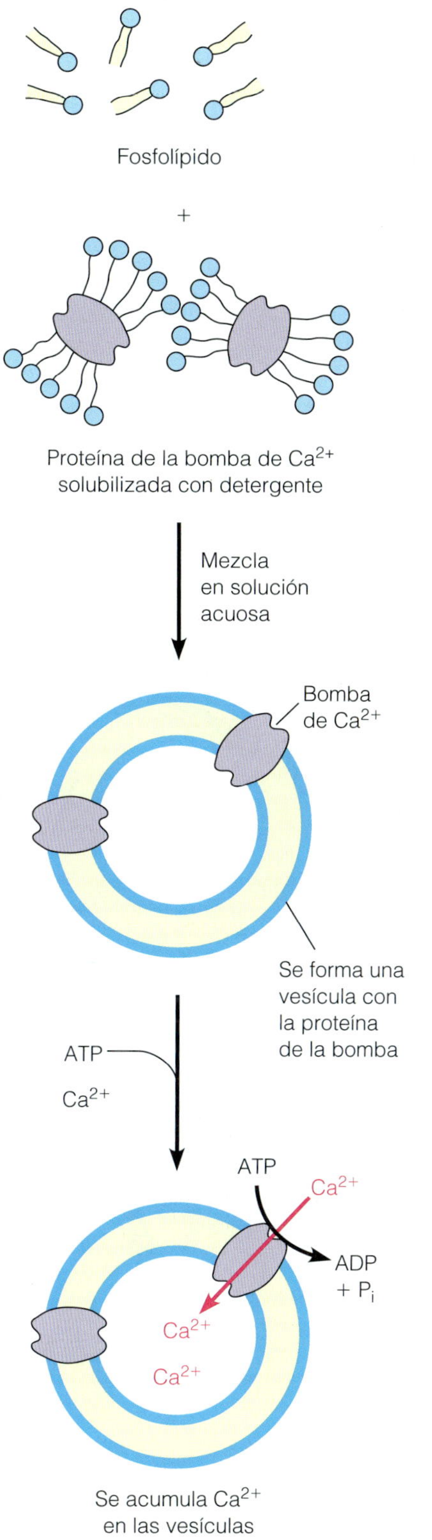


**FIGURA 10A.3**

**Reconstitución de la bomba de $Ca^{2+}$.**

En la Figura 6C.1 (página 230) se muestra un esquema simplificado de un instrumento de CBD. Para llevar a cabo un experimento de CBD, las muestras de una suspensión de vesículas lipídicas y un amortiguador de control se calientan en paralelo, y se registra cuidadosamente la diferencia de aporte de energía que es necesaria para mantenerlas a la misma temperatura. Cuando se pasa la temperatura de transición ($T_f$), hay que aplicar más calor a la muestra lipídica para que se funda la estructura de membrana. Esta transición muestra un pico del tipo del que se ilustra en la Figura 10.12b. El experimento indica la temperatura de transición, la brusquedad de la misma y la energía total requerida.

Para estudiar más directamente la fluidez de la membrana, y para examinar el movimiento de los distintos tipos de moléculas en ella, se utilizan muchas otras técnicas. La resonancia de espín electrónico (REE) ha tenido una gran importancia. Esta técnica tiene semejanzas con la resonancia magnética nuclear (*véase* Herramientas de la Bioquímica 6A), pero se basa en los cambios de espín de los electrones desapareados en lugar de los núcleos. El espectro de resonancia es sensible, tanto en el espaciamiento de las líneas de absorción como en la claridad de las mismas, al entorno de los electrones desapareados. Al igual que en la RMN, las líneas espectrales estrechas son características de un ambiente fluido

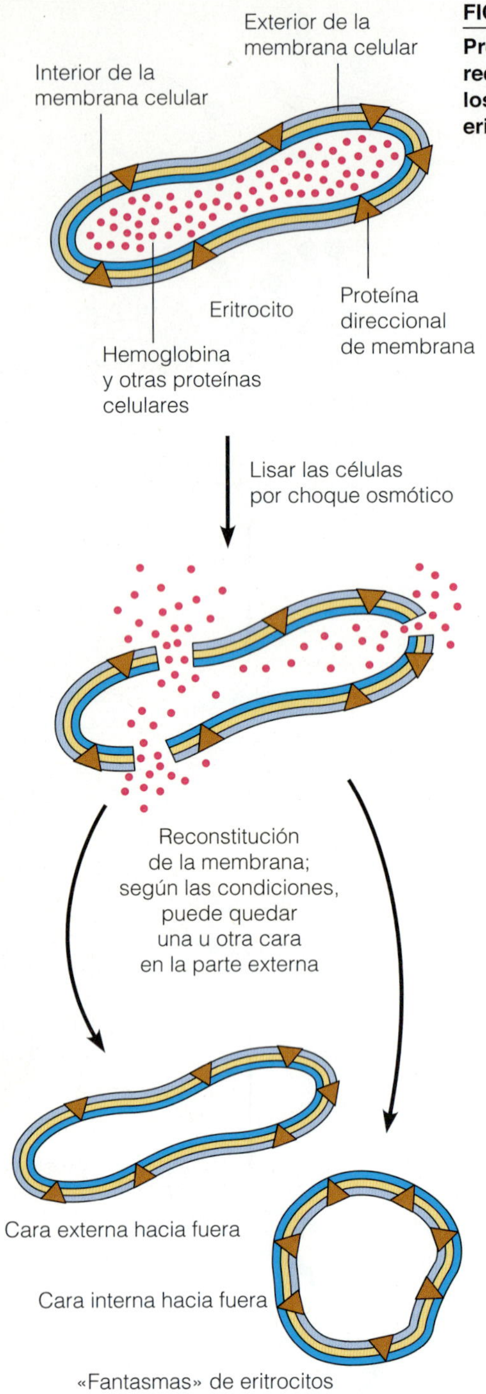


**FIGURA 10A.4**

**Preparación y reconstitución de los «fantasmas» eritrocitarios.**

con un movimiento molecular rápido, y las líneas ensanchadas se observan cuando el movimiento molecular es perezoso.

La mayor parte de los compuestos en las membranas naturales no tienen electrones desapareados, pero algunos compuestos de nitróxido, como la *tempocolina*, contienen un electrón desapareado en un enlace N—O. La tempocolina ha sustituido a la colina en la fosfatidilcolina, con objeto de que actúe como «grupo informador» sensible a la libertad de movimiento de los grupos de cabeza de las membranas. Otros grupos o moléculas informadoras pueden percibir la fluidez del interior de las membranas o la movilidad de las proteínas de la membrana.

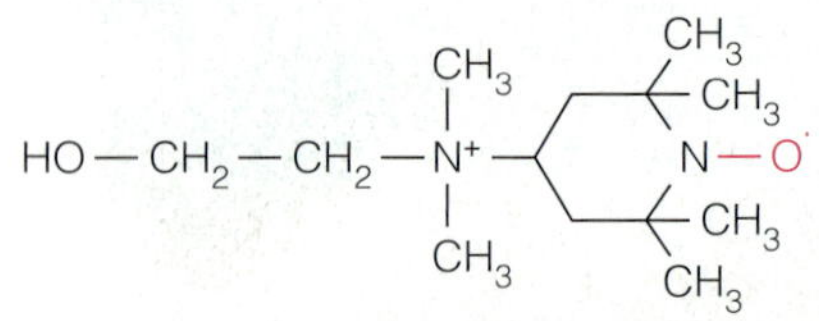

**Tempocolina**

Otra técnica potente es la denominada recuperación de la fluorescencia tras-fotodesaparición o **FRAP** (Figura 10A.5). Se introduce un marcaje fluorescente en determinadas moléculas seleccionadas de las membranas celulares. A continuación, una pequeña zona de la superficie de la membrana se expone a un láser de alta intensidad. Esto hace «desaparecer» la marca fluorescente, formando una mancha no fluorescente sobre la superficie celular. Se observa, la célula a continuación, en un microscopio de fluorescencia. Cuando las moléculas desaparecidas difunden hacia fuera de la mancha y las moléculas sin desaparecer difunden hacia ella, la mancha recupera gradualmente su intensidad de fluorescencia original. Este método proporciona una forma directa de medir el movimiento lateral de determinadas moléculas en las membranas.

## Bibliografía

Marguet, D., P.-F. Lenne, H. Rigneault y H.-T. He (2006) Dynamics in the plasma membrane: How to combine fluidity and order. *EMBO J.* 25:3446-3457. Una revisión de los métodos de fluorescencia para medir la dinámica de la membrana.

Prasad, R., ed. (1996) *Manual on Membrane Lipids.* Springer-Verlag, Nueva York. Este pequeño manual contiene abundantes técnicas detalladas y actualizadas para una amplia variedad de problemas de lípidos y membranas.

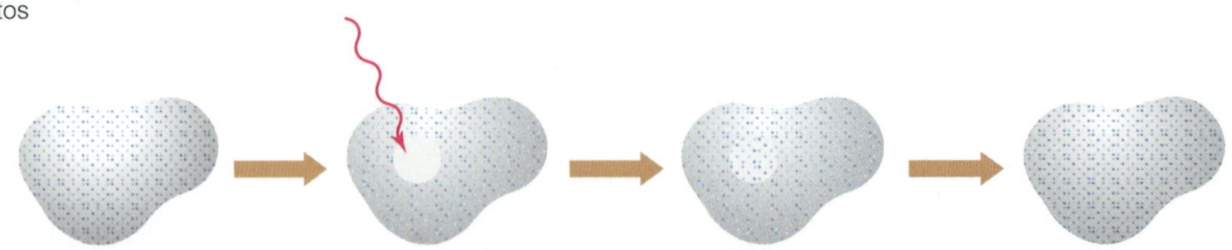

**FIGURA 10A.5**

**Recuperación de fotodesaparición de fluorescencia (FRAP).**

Las moléculas de una superficie celular están marcadas con un colorante fluorescente.

Se hace desaparecer un punto de la superficie mediante un láser intenso y de alto enfoque (⟿).

Cuando las moléculas difunden hacia el punto, el contraste empieza a perderse.

Finalmente, el punto llega a ser indistinguible del resto de la superficie celular.

# PARTE 3

# DINÁMICA DE LA VIDA: CATÁLISIS Y CONTROL DE LAS REACCIONES BIOQUÍMICAS

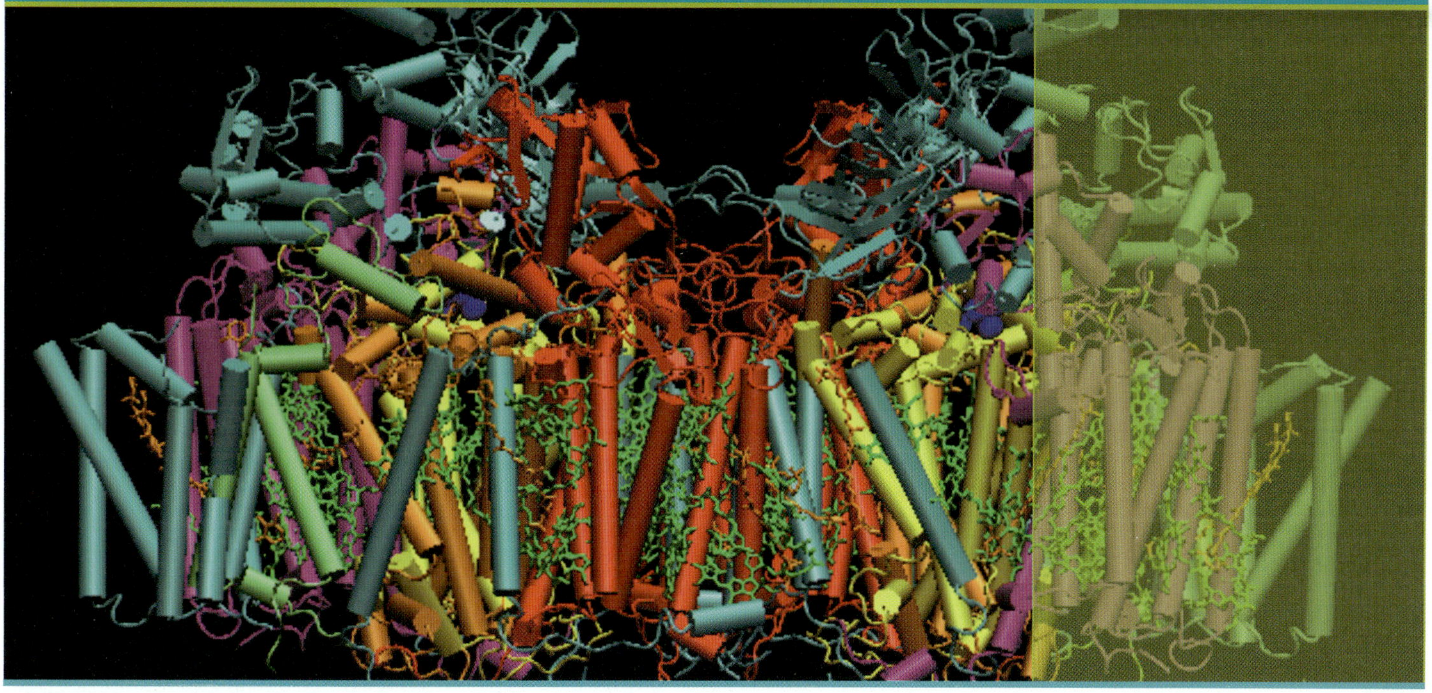

Fotosistema II, parte del aparato fotosintético de una cianobacteria termófila. El fotosistema II, enterrado en la membrana del tilacoide del cloroplasto, crea oxígeno a partir del agua y excita los electrones para la biosíntesis reductora. Fuente: Dean Appling (Figura 16.14) (PDB ID 3BZ1, 3BZ2)

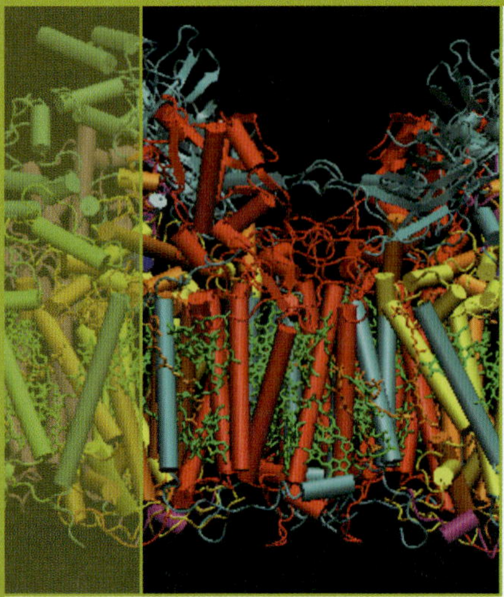

# CAPÍTULO 11

## Enzimas: catalizadores biológicos

**En los capítulos precedentes hemos hecho alusión** a la importancia de los catalizadores específicos, denominados **enzimas**, en la regulación de la química de las células y de los organismos. La catálisis es esencial para hacer que la mayor parte de las reacciones bioquímicas de importancia crucial se produzcan en condiciones fisiológicas a velocidades útiles. Una reacción que requiere muchas horas para completarse no puede ser útil, desde el punto de vista metabólico, para una bacteria que ha de reproducirse en 20 minutos, o para una célula nerviosa humana que debe responder a un estímulo de forma instantánea.

De hecho, la mayoría de las reacciones deben estar catalizadas para que tengan lugar a velocidades que puedan mantener el estado vivo. En el complejo medio celular, son posibles innumerables reacciones termodinámicamente favorables. La célula utiliza la catálisis específica para canalizar las sustancias hacia rutas que sean útiles, en vez de hacia reacciones colaterales no productivas. Además, las enzimas están reguladas, ya que en casi todos los casos, las actividades de las enzimas pueden controlarse, de manera que se module la producción de distintas sustancias en respuesta a las necesidades de la célula y del organismo.

El resto de este libro está dedicado a este tema. Cada una de los centenares de reacciones que encontraremos está catalizada por una enzima específica, que la evolución ha ido ajustando para realizar exactamente la tarea requerida. ¿Cuáles son las propiedades especiales de las enzimas que las convierten en catalizadores tan eficaces? Esto es lo que analizaremos en este capítulo.

## Función de las enzimas

Los catalizadores aumentan la velocidad de las reacciones químicas. Las enzimas son catalizadores biológicos.

En términos generales, un **catalizador** es una sustancia que aumenta la rapidez o la velocidad de una reacción química, sin verse alterada ella misma en el proceso global. Las enzimas son catalizadores biológicos, la mayoría de los cuales son enzimas. Nos hemos encontrado ya con algunas enzimas en los capítulos precedentes. Así, por ejemplo, la proteína tripsina cataliza la hidrólisis de los enlaces peptídicos de las proteínas y los polipéptidos. La sustancia sobre la que actúa una enzima se denomina **sustrato** de esa enzima. Así pues, los polipéptidos son los sustratos naturales de la tripsina.

Podemos apreciar el poder de la catálisis enzimática con un ejemplo que nos resulta familiar a todos: la descomposición del peróxido de hidrógeno en agua y oxígeno:

$$2H_2O_2 \rightarrow 2H_2O + O_2$$

Esta reacción, aunque muy favorecida termodinámicamente, es muy lenta, a menos que esté catalizada. Se puede comprar una botella de una solución de $H_2O_2$ (peróxido de hidrógeno) y guardarla durante muchos meses antes de que se degrade. Sin embargo, si se añade un trocito de ion férrico (por ejemplo, en forma de $FeCl_3$), la velocidad de la reacción aumenta unas 1000 veces. La proteína hemoglobina, que contiene hierro, es aún más eficaz para incrementar la velocidad de esta reacción. Si nos aplicamos la solución de peróxido de hidrógeno a un corte de un dedo, observa un burbujeo inmediato del $O_2$ liberado: la reacción se está produciendo ahora aproximadamente un millón de veces más rápidamente que el proceso sin catalizar. Pero pueden alcanzarse velocidades aún más altas con una enzima específica para esta reacción. La *catalasa*, una enzima presente en muchas células, aumenta la velocidad de la descomposición del $H_2O_2$ sin catalizar, aproximadamente, 1000 millones de veces. Algunas reacciones celulares producen peróxido de hidrógeno, que es un oxidante peligroso (*véase* el Capítulo 15), por lo que las presiones selectivas han dado lugar a la evolución de la catalasa para defender a las células frente a los efectos dañinos del $H_2O_2$. Este ejemplo muestra que la velocidad de una reacción favorable depende, en gran medida, de que exista o no un catalizador y de la naturaleza del mismo. Las enzimas se encuentran entre los catalizadores más eficaces y específicos que se conocen

Hay dos hechos importantes que conviene resaltar. En primer lugar, un catalizador verdadero, aunque participa en el proceso de reacción, no se modifica por este. Así, por ejemplo, tras catalizar la descomposición de una molécula de $H_2O_2$, la catalasa vuelve a encontrarse exactamente en el mismo estado que antes, preparada para un nuevo ciclo. De forma diferente, aunque la hemoglobina acelera la velocidad de descomposición del $H_2O_2$, se oxida en el proceso, desde la forma $Fe^{2+}$ activa a la $Fe^{3+}$ inactiva, por lo que la hemoglobina no es un verdadero catalizador de esta reacción. En segundo lugar, los catalizadores modifican la *velocidad* de los procesos, pero no afectan a la posición de equilibrio de una reacción. Un proceso termodinámicamente favorable no pasa a ser más favorable por la presencia de un catalizador, ni este hace tampoco que un proceso desfavorable pase a ser favorable. Simplemente, se alcanza más rápidamente el estado de equilibrio.

## Velocidades de las reacciones químicas y efectos de los catalizadores: una revisión

### Velocidades de reacción, constantes de velocidad y orden de reacción

#### Reacciones de primer orden: constante de velocidad

Para comprender el significado de la velocidad de reacción y cómo podría medirse, consideraremos primero la reacción más sencilla posible, la conversión *irreversible* de la sustancia A en la sustancia B:

$$A \longrightarrow B$$

La flecha unidireccional significa aquí que la reacción inversa ($B \longrightarrow A$) tiene lugar tan solo en un grado infinitesimal; esto es, el estado de equilibrio está muy desplazado hacia la derecha.

Podemos definir la **velocidad de reacción** o **velocidad** (*v*), en un momento dado, como la velocidad de formación del producto, en este caso, B:

$$v = \frac{d[B]}{dt} \quad (11.1)$$

Las unidades de *v* son *concentración por unidad de tiempo* (por ejemplo, *molar* por segundo: $M \cdot s^{-1}$, donde [B] indica la concentración molar de B). Si observamos que por cada molécula de B que se forma debe desaparecer una molécula de A, es evidente que *v* puede escribirse también de la siguiente forma

$$v = -\frac{d[A]}{dt} \quad (11.2)$$

donde el signo negativo indica que [A] disminuye con el tiempo. La transformación de cada molécula de A en B es un fenómeno independiente. Así pues, a medida que se consumen las moléculas de A, se reduce el número de moléculas que quedan para transformarse, y la velocidad disminuye a medida que la reacción se va produciendo (*véase* la

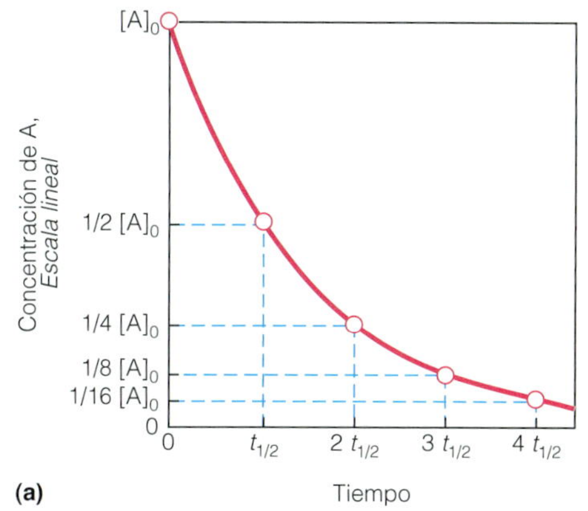


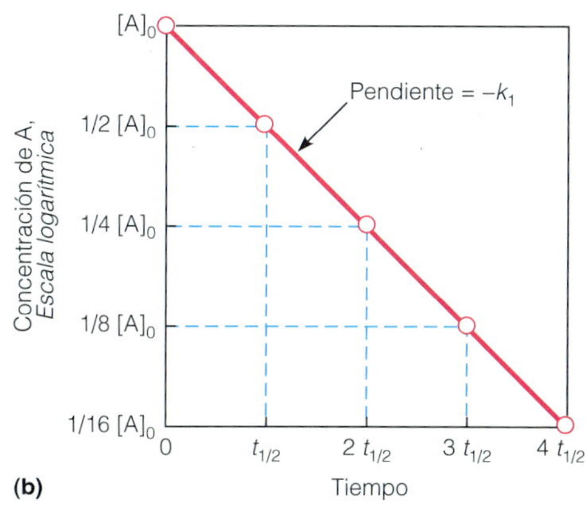


**FIGURA 11.1**

**Determinación del orden y de la constante de velocidad de una reacción irreversible de primer orden.** Los gráficos **(a)** y **(b)** analizan la velocidad de una sola reacción en todo su curso, expresando el tiempo como múltiplos de la semivida ($t_{1/2}$) del reactante. Obsérvese que para cada intervalo de $t_{1/2}$, la concentración del reactante se reduce a la mitad. **(a)** Un gráfico de [A] frente a *t* muestra que la velocidad, definida como la pendiente de la línea, disminuye a medida que progresa la reacción. **(b)** Un gráfico de ln[A] frente a *t*, cuando es lineal, indica que la reacción sigue la ecuación (11.4d) y es de primer orden. La pendiente de esta línea ($d\ \ln[A]/dt$) es igual a $-k_1$.

Figura 11.1a). Matemáticamente, expresamos este hecho afirmando que la velocidad de reacción es proporcional a [A]:

$$v = \frac{d[B]}{dt} = -\frac{d[A]}{dt} = k_1[A]^n \qquad (11.3)$$

El factor $n$ en la Ecuación 11.3 describe la dependencia de la velocidad observada con la concentración de A. Cuando $n = 1$, la velocidad de reacción depende de la primera potencia de la concentración del reactante y la reacción se denomina **reacción de primer orden**. La constante $k_1$, se denomina **constante de velocidad** y, para esta reacción, tiene unidades de 1/(tiempo) (habitualmente, $s^{-1}$ o $min^{-1}$). La constante de velocidad proporciona una medida directa de la rapidez con la que se produce la reacción. Cuanto más grande es el valor de $k_1$, más rápida es la velocidad, y al contrario. El ejemplo más común de una reacción de primer orden es la desintegración de los elementos radiactivos (*véase* Herramientas de la Bioquímica 12A).

Inicialmente, no se conoce el valor de $n$. Puede ser 1 (primer orden), o 2 (segundo orden), o 3 (tercer orden), y así, sucesivamente. El orden de una reacción se determina experimentalmente mediante la comparación de los datos cinéticos (esto es, [A] frente a tiempo) con modelos matemáticos que describen el cambio de [A] para cada tipo de reacción. Presentaremos esta idea para una reacción de primer orden.

Comencemos con una ecuación que describe cómo cambia la concentración de A con el tiempo durante una reacción de primer orden. Esta descripción puede obtenerse reordenando y luego integrando la Ecuación 11.3, donde $n = 1$:

$$\frac{d[A]}{[A]} = -k_1\,dt \qquad (11.4a)$$

$$\int_{[A]_0}^{[A]_t} \frac{d[A]}{[A]} = -k_1 \int_0^t dt \qquad (11.4b)$$

En la Ecuación 11.4b, integramos ambos lados de la ecuación con los límites desde tiempo = 0 (donde [A] es la concentración inicial «$[A]_0$») hasta tiempo = $t$ (donde $[A] = [A]_t$), lo que da:

$$\ln\frac{[A]_t}{[A]_0} = -k_1 t \qquad (11.4c)$$

o

$$\ln [A]_t = \ln [A]_0 - k_1 t \qquad (11.4d)$$

o

$$[A]_t = [A]_0 e^{-k_1 t} \qquad (11.4e)$$

> Una reacción de primer orden es aquella cuya velocidad es directamente proporcional a la primera potencia de la concentración del reactante.

> Una reacción de primer orden se caracteriza por la descomposición exponencial del reactante.

La Ecuación 11.4e nos dice que la concentración de A disminuye de manera exponencial con el tiempo, como se observa en la Figura 11.1a. Una característica de este descenso exponencial es la **semivida** ($t_{1/2}$), el tiempo necesario para que [A] descienda a la mitad. Para una reacción de primer orden, la semivida es inversamente proporcional a $k_1$ (*véase* el Problema 1 al final de este capítulo). Para comprobar si una reacción es realmente de primer orden, basta con realizar un gráfico de ln [A] frente a $t$, como se muestra en la Figura 11.1b. Una línea recta con una pendiente de $-k_1$ y una intersección de $[A]_0$, como predice la Ecuación 11.4d, es consistente con una reacción de primer orden.

La mayoría de los procesos bioquímicos no pueden describirse en todo su curso mediante ecuaciones tan sencillas como la Ecuación 11.4. Una de las razones es que muchas de las reacciones y procesos que encontramos son *reversibles*, es decir, el equilibrio no está muy desplazado hacia un lado, y al ir acumulándose el producto, la reacción inversa pasa a ser importante. Así, por ejemplo, podemos tener una reacción como la siguiente:

$$A \underset{k_{-1}}{\overset{k_1}{\rightleftharpoons}} B$$

Dado que A se consume en la reacción que se produce hacia la derecha y se forma en la reacción que va hacia la izquierda, la correspondiente ecuación de velocidad es

$$v = -\frac{d[A]}{dt} = k_1[A]^n - k_{-1}[B]^m = \frac{d[B]}{dt} \tag{11.5}$$

En el caso en que $n$ y $m$ sean ambas igual a 1, $k_1$ y $k_{-1}$ son, respectivamente, las constantes de velocidad para las reacciones de primer orden hacia adelante y a la inversa. Una reacción de este tipo se dirige hacia un estado de equilibrio, en el cual las velocidades de las reacciones hacia adelante y a la inversa se hacen iguales, con lo que la velocidad que se observa es cero (esto es, no hay un cambio aparente de [A] o [B] con el tiempo). Entonces, en el equilibrio

$$k_1[A] = k_{-1}[B] \tag{11.6a}$$

Recuérdese del tratamiento de la unión reversible de ligandos del Capítulo 7 (Ecuación 7.7, página 240), que la constante de equilibrio, $K$, para una reacción reversible puede escribirse como el cociente de las constantes de velocidad hacia adelante y a la inversa:

$$K = \frac{[B]}{[A]} = \frac{k_1}{k_{-1}} \tag{11.6b}$$

### Reacciones de segundo orden

Las reacciones que hemos descrito hasta ahora son de primer orden, es decir, implican cambios que ocurren en las moléculas individuales. Pero muchas reacciones bioquímicas son más complejas, e intervienen en ellas los encuentros entre moléculas. Una **reacción de segundo orden** se da siempre que dos moléculas han de entrar en contacto para formar productos:

$$A + B \longrightarrow B$$

Esto viene demostrado por la unión del oxígeno a la mioglobina:

$$Mb + O_2 \xrightarrow{k_1} MbO_2$$

La velocidad para este proceso viene dada por

$$v = -\frac{d[Mb]}{dt} = -\frac{d[O_2]}{dt} = k_1[Mb]^n[O_2]^m \tag{11.7}$$

donde $n$ y $m$ son ambas igual a 1, y $k_1$ es la **constante de velocidad de segundo orden**, con dimensiones de $M^{-1}\ s^{-1}$. La Ecuación 11.17 predice que la velocidad de formación del producto, $MbO_2$ depende de la concentración de Mb libre *y* de la concentración de $O_2$ libre. En este caso, decimos que la reacción es de primer orden en [Mb] ($n = 1$) y también de primer orden en $[O_2]$ ($m = 1$), y globalmente de segundo orden ($n + m = 2$). La unión del sustrato (S) a una enzima para formar el **complejo enzima-sustrato** formalmente es un proceso de segundo orden

> Una constante de velocidad de primer orden tiene unidades de $(\text{tiempo})^{-1}$, mientras que una constante de velocidad de segundo orden tiene unidades de $(\text{concentración})^{-1}$ $(\text{tiempo})^{-1}$.

$$\text{Enz} + S \longrightarrow [\text{Enz} \cdot S] \longrightarrow \text{Enz} + \text{Producto}$$

Posteriormente en este capítulo exploraremos esto con más profundidad, cuando consideremos los modelos cinéticos simples para las reacciones catalizadas por enzimas.

Se producen otros tipos de reacciones mucho más complicadas, como los procesos complejos con múltiples pasos. No entraremos en su cinética en este momento, aunque veremos que las reacciones catalizadas por enzimas, cuando se analizan con detalle, son generalmente más complicadas que las que se han descrito anteriormente. No obstante, a menudo, el análisis de los esquemas de reacciones complejas puede simplificarse mediante la identificación de un **paso limitante de la velocidad**. Este es el paso más lento de un proceso con múltiples pasos. Como tal, determina la velocidad que se observa experimentalmente para el proceso completo.

## Estados de transición y velocidades de reacción

¿Qué determina la velocidad de una reacción química? Es decir, ¿qué hace que una constante de velocidad sea alta o baja? Los conceptos termodinámicos que se han presentado en capítulos anteriores nos permiten determinar si una reacción es o no favorable. Sin embargo, esta información, en sí misma, no explica las velocidades de reacción. Si dibujamos un diagrama de energía libre para una reacción favorable basándonos en la termodi-

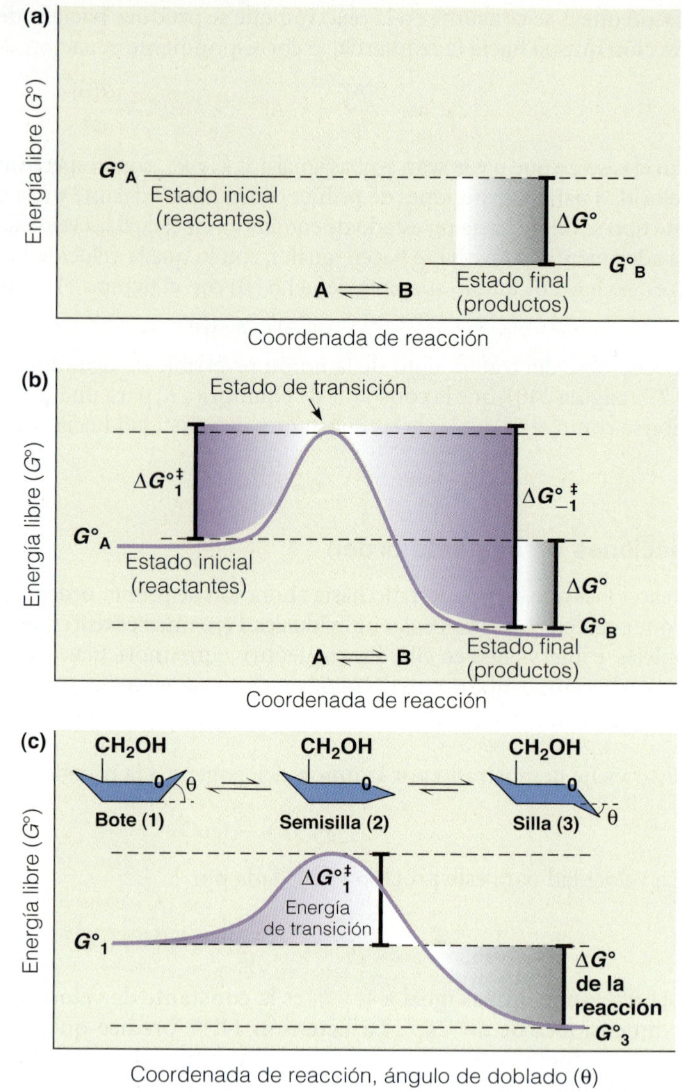


**FIGURA 11.2**

**Diagramas de energía libre para la reacción simple A → B.** **(a)** Información proporcionada por los estudios termodinámicos del equilibrio: tan solo aparece la diferencia de energía libre entre el estado inicial y el final. $G°_A$ y $G°_B$ representan las energías libres estándar por mol, respectivamente, de moléculas de A y B. $\Delta G°$ es el cambio de energía libre del estado estándar de la reacción. **(b)** Diagrama de energía libre completado para incluir el estado de transición a través del cual debe pasar la molécula para ir de A a B, o viceversa. $\Delta G°^{\ddagger}_1$ indica la energía de activación de la transición A → B. $\Delta G°^{\ddagger}_{-1}$ es para la transición B → A. **(c)** Vía razonable para la transición de una piranosa (como la glucosa) de la conformación de bote (1) a la de silla (3). El estado de máxima energía, estado de transición, tendrá un aspecto similar al de (2).

námica solamente, obtendremos una imagen como la de la Figura 11.2a. Representamos aquí la energía libre del sistema frente a la **coordenada de reacción**, una medida generalizada del progreso de la reacción a través de los estados intermedios. Su significado físico diferirá de una reacción a otra (como comentaremos más adelante). Podemos ver que la energía libre del estado estándar de los productos de esta reacción es inferior a la de los reactantes. Sin embargo, lo que puede ser más importante para determinar la velocidad de reacción es lo que ocurre en la *transición* desde los reactantes a los productos. Las medidas de equilibrio, que corresponden a los estados final e inicial, no descubren ninguna información acerca de la transición o de la barrera que presenta la transición.

Las barreras de las reacciones químicas se producen debido a que una molécula de reactante debe pasar por un estado de transición de energía elevada para formar los productos. Esta barrera de energía libre se denomina energía de activación.

Una molécula que interviene en una reacción de primer orden solo alcanza ocasionalmente un estado energético en el que puede producirse el proceso; de lo contrario, todas las moléculas habrían reaccionado ya. Esta observación sugiere que tan solo una fracción de las moléculas, que tienen energía suficiente, puede sufrir la reacción. De forma análoga, en una reacción de segundo orden no todos los encuentros entre los reactantes pueden ser productivos, puesto que algunas colisiones pueden no ser lo suficientemente energéticas, o las moléculas que colisionan pueden no estar adecuadamente orientadas unas respecto a otras para reaccionar. Estas consideraciones han dado origen a la idea de una **barrera de energía libre** para la reacción, y al concepto de un **estado activado** o **estado de transición** (simbolizado con ‡). Se cree que el estado de transición es una fase a través de la cual deben pasar la molécula o las moléculas que reaccionan, a menudo, de una forma en que la molécula está tensionada o distorsionada o tiene una estructura electrónica determinada, o en que las moléculas colisionan adecuadamente. Para concretar la idea del estado de transición, en el diagrama de la Figura 11.2b, se presenta la energía libre en función de la coordenada de reacción. Este concepto es algo abstracto, pero en la Figura 11.2c presentamos un ejemplo sencillo y concreto, la conversión bote ⟶ silla de un anillo de piranosa (*véase* el Capítulo 9, página 319). La coordenada de reacción, en este caso, es simplemente el ángulo $\theta$. Tanto el estado inicial (bote) como el estado final (silla) son estados con una energía menor que la del estado más tensionado y aplanado (estado de semisilla). Para que se produzca la conversión, el anillo debe pasar a través del estado de semisilla, que, en este ejemplo, es el estado de transición de energía elevada.

Consideremos ahora dos estrategias para aumentar las velocidades de reacción: (1) elevación de la temperatura de la reacción, y (2) disminución de la energía libre del estado de transición. La **energía libre estándar de activación**, $\Delta G^{\circ\ddagger}$, corresponde a la energía libre adicional (por encima de la energía libre promedio de las moléculas de reactantes) que han de alcanzar las moléculas para llegar al estado de transición. Si la barrera de activación de la reacción es alta, solo una pequeña fracción de las moléculas tendrá la energía suficiente para superarla, o solo una pequeña fracción de las colisiones será suficientemente energética para que se produzca la reacción. Sabemos que en cualquier muestra o disolución, no todas las moléculas tienen la misma energía en cualquier momento. Como muestra la Figura 11.3a, a una temperatura dada, algunas moléculas tendrán energías cinéticas menores y otras tendrán energías cinéticas mucho mayores. Al aumentar la temperatura, aumenta la energía cinética promedio de las moléculas de una muestra, de forma que al aumentar la temperatura de una muestra, se supone que aumentará el número de moléculas que tienen energía suficiente para alcanzar el estado de transición (comparar las partes sombreadas de la Figura 11.3a), y aumentará la velocidad de la reacción. Excepto los organismos que se han adaptado a ambientes extremos (por ejemplo, corrientes hidrotermales en el océano), la mayoría de los organismos son sensibles incluso a pequeños aumentos de la temperatura; así, generalmente no se toleran los incrementos de temperatura superiores a 2-3 °C en el interior de una célula. Por ejemplo, muchas cepas de laboratorio de *E. coli* crecen bien a 37 °C, pero no sobreviven a 42 °C. En los seres humanos, una temperatura corporal por encima de 41 °C se considera una urgencia médica. Existe otra razón por la que la elevación de la temperatura de reacción necesariamente no es beneficiosa, ya que las reacciones exotérmicas son menos favorables a temperatura elevada.

La respuesta de la Naturaleza al aumento de las velocidades de reacción en las células no ha sido la de aumentar la temperatura en el interior de las células, sino utilizar enzimas para disminuir la energía de activación de la reacción. Podemos emplear los principios de la termodinámica considerados en el Capítulo 3 para describir este efecto en términos cualitativos.

Si consideramos la reacción sencilla A ⇄ B y suponemos que las moléculas del reactante A están en equilibrio entre el estado inicial y el estado activado, la concentración de las moléculas activadas en cualquier momento vendrá dada por la Ecuación 3.28, que se ha presentado en la página 73 para una reacción en equilibrio ($K = e^{-\Delta G^{\circ}/RT}$). Es importante reconocer que no es posible un equilibrio térmico verdadero entre el estado de los reactantes y algo fugaz y dinámico, como es el estado de transición. En su lugar supondremos que $A^{\ddagger}$ representa una estructura promedio, que es una aproximación razonable del estado de transición. Con esta advertencia en mente, si hacemos que $[A^{\ddagger}]$ represente la fracción de moléculas con energía suficiente para alcanzar el estado de transición y $[A]$, la fracción de A que permanece en el estado de reactante, podemos utilizar la Ecuación 3.28 para describir el cociente $[A^{\ddagger}]/[A]$ en función de la energía de activación, $\Delta G^{\circ\ddagger}$:

$$\frac{[A^{\ddagger}]}{[A]} = e^{\left(\frac{-\Delta G^{\circ\ddagger}}{RT}\right)} \qquad (11.8)$$

donde $T$ es la temperatura y $R$ es la constante de los gases. La Ecuación 11.8 y la Figura 11.3b nos proporcionan un marco para comprender la característica más importante de la catálisis enzimática: las enzimas alcanzan velocidades más rápidas disminuyendo la energía de activación para una reacción. Al disminuir $\Delta G^{\circ\ddagger}$, una fracción mayor de moléculas poseerá energía suficiente para conseguir el estado de transición, y aumentará la velocidad de reacción (comparar las partes sombreadas de la Figura 11.3b).

En 1921 Michael Polanyi propuso que un catalizador de reacción se une preferentemente a la estructura del estado de transición y de esta forma, lo estabiliza con relación

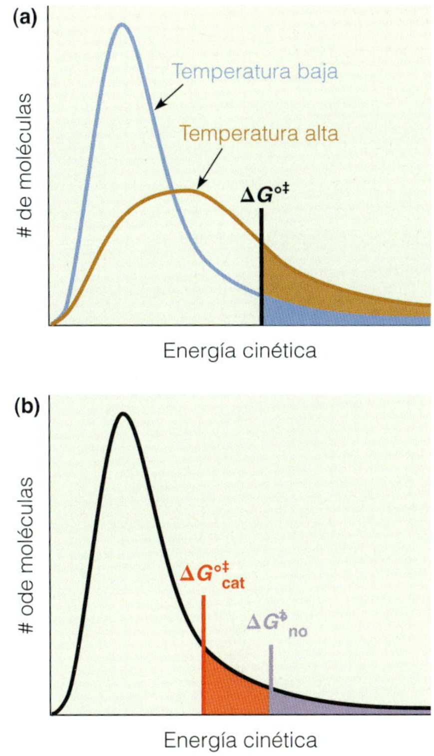


**FIGURA 11.3**

**Efecto del aumento de la temperatura o de la disminución de $\Delta G^{\circ\ddagger}$ sobre las velocidades de las reacciones**. Las velocidades de las reacciones son proporcionales al número de moléculas con energía suficiente para superar la barrera de activación $\Delta G^{\circ\ddagger}$. **(a)** A temperatura más alta, más moléculas tienen esta energía (compárese el área sombreada bajo la curva azul claro con el área sombreada bajo la curva naranja). **(b)** La disminución del valor de $\Delta G^{\circ\ddagger}$ aumenta también el número de moléculas con energía suficiente para conseguir el estado de transición (compárense las áreas sombreadas bajo la curva para cada valor de $\Delta G^{\circ\ddagger}$). Los subíndices «cat» y «no» indican, respectivamente, los procesos catalizado y no catalizado.

Los catalizadores actúan disminuyendo la energía de activación.

al estado basal, lo cual conduce a la reducción de la energía de activación. Veinticinco años después, Linus Pauling extendió esta idea a los catalizadores biológicos, y sugirió que las interacciones de unión específicas y complementarias entre la estructura del estado de transición y el lugar activo de la enzima explicarían el aumento de la velocidad tan extraordinario que consiguen las enzimas. De hecho, la **teoría del estado de transición** ha demostrado que puede aplicarse al estudio de la catálisis enzimática, tanto en el laboratorio como en las simulaciones por ordenador.

## Teoría del estado de transición aplicada a la catálisis

En su formulación más sencilla, la teoría del estado de transición supone que una molécula de reactante que alcanza el estado de transición se descompone rápidamente a un estado de menor energía, como el estado de producto, o a un estado intermedio (*véase* más adelante). Debido a que los enlaces se encuentran en el proceso de romperse y formarse en el estado de transición, la vida de este estado es semejante a las frecuencias vibratorias de los enlaces covalentes en el orden de un picosegundo ($10^{-12}$ s). Estos conceptos se resumen en la expresión general siguiente para la constante de velocidad, $k$:

$$k = \gamma\left(\frac{k_B T}{h}\right)e^{\left(\frac{-\Delta G^{\circ\ddagger}}{RT}\right)} \tag{11.9}$$

donde $k_B$ es la constante de Boltzmann, $h$ es la constante de Planck, $T$ es la temperatura, $R$ es la constante de los gases y $\gamma$ se denomina «coeficiente de transmisión». El término $(k_B\ T/h)$ es un factor que señala la frecuencia vibratoria de los enlaces en el estado de transición. A 310 K (37 °C) tiene un valor de $\sim 6.4 \times 10^{12}\ s^{-1}$. El coeficiente de transmisión $\gamma$ tiene en cuenta varios factores que no tendremos en cuenta aquí, debido a que, en muchos casos, representa contribuciones relativamente menores al valor global de la constante de velocidad. Se ha calculado el valor de $\gamma$ de varias reacciones enzimáticas a partir de los principios de la mecánica cuántica y suele ser muy cercano a 1, aunque puede alcanzar hasta $\sim 10^3$ en algunas reacciones de transferencia de hidrógeno donde la canalización cuántica* es significativa. Definamos el término **aumento de la velocidad** (o **aceleración de la velocidad**) antes de realizar comparaciones entre los distintos parámetros de la Ecuación 11.9.

El aumento de la velocidad es el cociente de las constantes de velocidad de las reacciones catalizadas ($k_{cat}$) y ($k_{no}$) para un conjunto dado de condiciones (por ejemplo, temperatura, pH, etc.). El aumento de la velocidad señala cuanto más rápida tiene lugar la reacción en presencia de la enzima. Por ejemplo, podemos comparar la velocidad de la hidrólisis del enlace amida por la enzima *carboxipeptidasa* A, frente a la velocidad no catalizada a pH = 8 y 23 °C.

$$\text{aumento de velocidad} = \frac{k_{cat}}{k_{no}} = \frac{238\ s^{-1}}{1.8 \times 10^{-11}\ s^{-1}} = 1.3 \times 10^{13} \tag{11.10}$$

El aumento de la velocidad de una reacción catalizada por una enzima es la relación entre las contantes de velocidad de las reacciones catalizada ($k_{cat}$) y no catalizada ($k_{no}$). El aumento de la velocidad señala el aumento de la rapidez que tiene lugar en presencia de la enzima.

¿Qué importancia tiene este aumento de la velocidad? La hidrólisis sin catalizar del enlace peptídico tiene una semivida de $\sim$2500 años, mientras que la reacción catalizada por la enzima ¡tiene una semivida de $\sim$0.005 segundos! Sin el catalizador, esta reacción no tendría lugar con una escala de tiempo fisiológicamente útil. La Figura 11.4 muestra los aumentos de velocidad tan enormes que son característicos de las reacciones catalizadas por enzimas.

$$\text{aumento de velocidad} = \frac{k_{cat}}{k_{no}} = \frac{\gamma_{cat}\left(\frac{k_B T}{h}\right)e^{\left(\frac{-\Delta G^{\circ\ddagger}_{cat}}{RT}\right)}}{\gamma_{no}\left(\frac{k_B T}{h}\right)e^{\left(\frac{-\Delta G^{\circ\ddagger}_{no}}{RT}\right)}} = \left(\frac{\gamma_{cat}}{\gamma_{no}}\right)e^{\left(\frac{\Delta\Delta G^{\circ\ddagger}}{RT}\right)} \tag{11.11}$$

donde $\Delta\Delta G^{\circ\ddagger} = (\Delta G^{\circ\ddagger}_{no} - \Delta G^{\circ\ddagger}_{cat})$, o la diferencia de energías de activación entre las reacciones no catalizadas y catalizadas (*véase* la Figura 11.5). $\Delta G^{\circ\ddagger}$ indica el número de kJ/mol que estabilizan el estado de transición en la reacción catalizada. Como se descri-

* Algunas reacciones tienen lugar mucho más rápidamente que lo que predice la altura de la barrera de activación ($\Delta G^{\ddagger}$); así, la coordenada de reacción parece «canalizar» a través de la barrera. Esto lo permite la mecánica cuántica para partículas, como los electrones y los protones, con masas pequeñas.

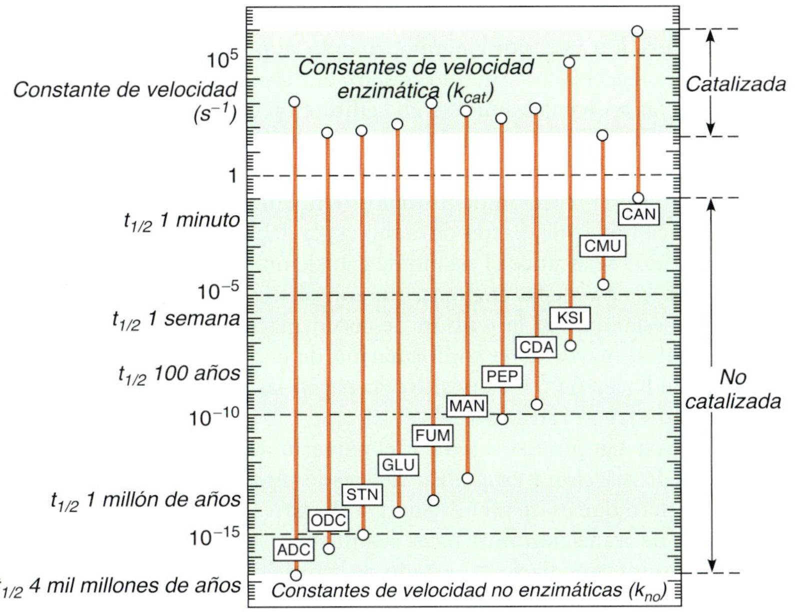


**FIGURA 11.4**

**Aumentos enzimáticos de la velocidad**. Escala logarítmica de los valores de $k_{cat}$ y $k_{no}$ (círculos blancos) para algunas reacciones representativas a 25° C. La longitud de cada barra vertical representa el aumento conseguido por la enzima. ACD = arginina descarboxilasa; OCD = orotidina 5-fosfato descarboxilasa; STN = nucleasa de estafilococos; GLU = α-amilasa de batata; FUM = fumarasa; MAN = mandelato racemasa; PEP = carboxipeptidasa B; CDA = citidina desaminasa de *E. coli*; KSI = cetosteroide isomerasa; CMU = corismato mutasa; CAN = anhidrasa carbónica.

Reproducido con autorización de *Accounts of Chemical Research* 34:938–945, R. Wolfenden y M. J. Snyder, The depth of chemical time and the power ofenzymes as catalysts. © 2001 American Chemical Society.

be más adelante, el valor de $\Delta\Delta G^{\circ\ddagger}$ suele ser modesto, equivalente a la energía ganada por la formación de unos pocos enlaces no covalentes (~30−90 kJ/mol).

La Figura 11.5 ilustra un punto importante, que es que un catalizador disminuye la barrera de la energía de activación en *ambas* direcciones en el mismo grado. Así, las aceleraciones de la velocidad son idénticas (esto es, $\Delta\Delta G^{\circ\ddagger}$ es igual en ambas direcciones), lo que es la base del enunciado anterior de que un catalizador acelera la aproximación al equilibrio (desde cualquier dirección), pero no su posición.

En resumen, un catalizador reduce la barrera de energía para una reacción incrementando, de esa manera, la fracción de moléculas que tienen la energía suficiente para alcanzar el estado de transición y esto hace que la reacción vaya más rápida en ambas direcciones. Sin embargo, la presencia de un catalizador no tiene efecto alguno sobre la posición del equilibrio, ya que $\Delta G^\circ$ es la misma, esté o no presente un catalizador. De esta forma, $K$, que es igual a $k_1/k_{-1}$, no se modifica por el catalizador, a pesar de que tanto $k_1$ como $k_{-1}$ puedan ser miles o millones de veces superiores a lo que son en el proceso sin catalizar.

La presencia de un catalizador aumenta las velocidades directa e inversa de una reacción, pero no afecta la composición de equilibrio de los reactantes y de los productos.

¿Cómo reduce un catalizador la barrera de la energía de activación de una reacción en la que $\Delta G^{\circ\ddagger}_{cat} < \Delta G^{\circ\ddagger}_{no}$? Para responder a esta pregunta, examinemos $\Delta G^{\circ\ddagger}$ con algo más de detalle. Dado que $\Delta G^{\circ\ddagger} = \Delta H^{\circ\ddagger} - T\Delta S^{\circ\ddagger}$, podemos imaginar dos posibilidades para hacer $\Delta G^{\circ\ddagger}_{cat} < \Delta G^{\circ\ddagger}_{no}$: bien reducir $\Delta H^{\circ\ddagger}$ (de forma que $\Delta H^{\circ\ddagger}_{cat} < \Delta H^{\circ\ddagger}_{no}$) o aumentar $T\Delta S^{\circ\ddagger}$ (de forma que $\Delta S^{\circ\ddagger}_{cat} < \Delta S^{\circ\ddagger}_{no}$). $\Delta H^{\circ\ddagger}$ puede disminuirse aumentando el número de interacciones de enlace entre el catalizador y el estado de transición. Como se describe más adelante, este parece ser el efecto dominante en la mayoría de las reacciones catalizadas por enzimas. El término $\Delta S^{\circ\ddagger}$ refleja el hecho de que puede ser necesaria

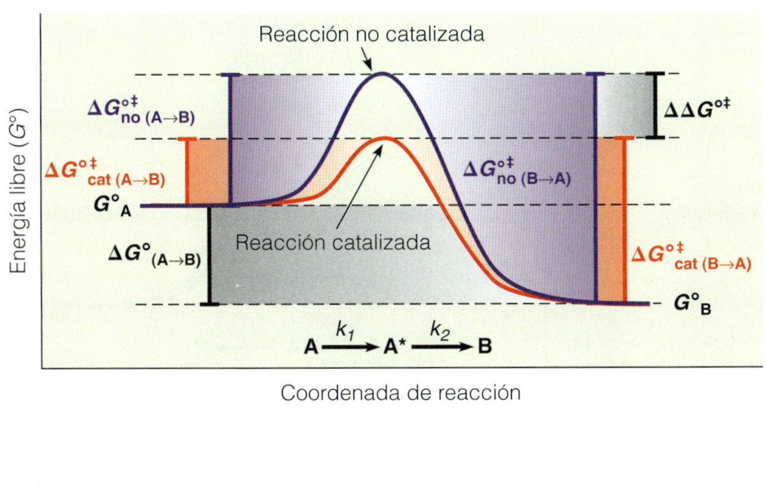


**FIGURA 11.5**

**Efecto de un catalizador sobre la energía de activación.** Hemos representado aquí el mismo diagrama de energía libre (curva azul) que en la Figura 11.2b, junto con una vía alternativa *catalizada* (curva roja) para la reacción. El catalizador reduce la energía libre estándar de activación, $\Delta G^{\circ\ddagger}$ y, por tanto, acelera la velocidad debido a que hay más moléculas de reactante que poseen la energía necesaria para alcanzar el estado de transición disminuido. El aumento de la velocidad está relacionado con $\Delta\Delta G^{\circ\ddagger}$ (*véase* el texto). Obsérvese que los valores de $\Delta G^\circ_{A \to B}$ para las reacciones catalizada y sin catalizar son los mismos; así, el equilibrio de la reacción no se altera por la presencia del catalizador.

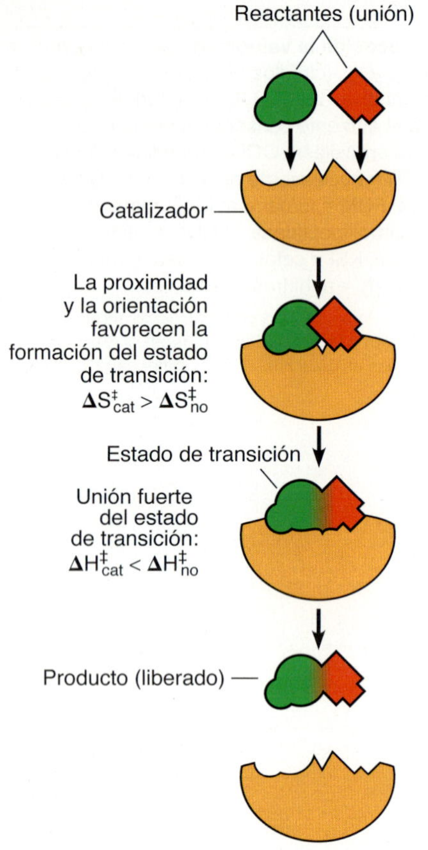


**FIGURA 11.6**

**Factores entrópicos y entálpicos en la catálisis.** En este ejemplo, dos reactantes se unen a lugares en el catalizador, lo cual asegura su orientación mutua correcta y su proximidad, y los une de manera muy fuerte cuando están en la conformación del estado de transición.

El lugar activo de una enzima es complementario en forma, carga y polaridad con el estado de transición de la reacción y, en menor medida, del sustrato. La complementariedad enzima-sustrato es el fundamento de la especificidad de las reacciones catalizadas por las enzimas.

una *orientación* determinada entre los reactantes o partes de una molécula para que se pase al estado de transición. Así, por ejemplo, cuando se producen colisiones entre moléculas (como en una reacción de segundo orden), la mayoría de los encuentros no son productivos, ya que las moléculas apuntan en la dirección contraria cuando colisionan. Un catalizador que pueda unir dos moléculas reactantes en la orientación mutua adecuada aumentará su reactividad haciendo que la entropía de la activación sea menos negativa (Figura 11.6). En una reacción de primer orden, que implica que sucede algo *en el interior* de una única molécula, partes de la molécula deben reorientarse de forma adecuada para permitir que se alcance el estado de transición. Esta reorientación suele denominarse *tensión.* En el caso de las enzimas, que son catalizadores estructuralmente dinámicos, no siempre está claro si la tensión de conformación entre la enzima y el sustrato induce un cambio mayor de la conformación de la enzima o del sustrato. El coste termodinámico de hacer $\Delta S^{\circ\ddagger}$ más positivo lo pagan las interacciones entálpicas favorables entre el catalizador y el sustrato.

El catalizador puede en algunos casos reducir el requerimiento de la energía de activación al alterar la ruta de reacción y estabilizar un estado **intermediario** que se parece al estado de transición pero que es de menor energía (Figura 11.7). El resultado es que dos barreras de energía de transición muy bajas sustituyen a la única barrera más alta. Distinguimos este estado intermediario del estado de transición por el hecho de que el primero corresponde a un mínimo de energía libre local, y el segundo a un máximo de energía libre.

## Cómo actúan las enzimas como catalizadores: principios y ejemplos

### Principios generales: el modelo del ajuste inducido

Hemos visto que el papel de un catalizador consiste en reducir el valor de $\Delta G^{\circ\ddagger}$ al facilitar la formación del estado de transición. Una enzima une una molécula de sustrato (o, en algunos casos, varios sustratos) en una región de la enzima denominada **lugar activo**, como se muestra esquemáticamente en la Figura 11.8. El lugar activo es, con frecuencia, un bolsillo o una hendidura rodeada por residuos de aminoácidos que facilitan la unión del sustrato y por otros residuos que intervienen en la catálisis. La especificidad extraordinaria de la catálisis enzimática se debe, en parte, a la estructura terciaria compleja de una enzima, lo cual permite al lugar activo reconocer al sustrato a través de interacciones de unión *complementarias* (como las que describimos en el Capítulo 7 para la unión entre un anticuerpo y su antígeno). Esta posibilidad fue reconocida ya en 1894 por el gran bioquímico alemán Emil Fischer, que propuso la *hipótesis de la cerradura y la llave* para explicar la acción enzimática. Según este modelo, la enzima acomoda el sustrato específico de la misma manera que la cerradura lo hace con su llave específica (Figura 11.8a). Aunque el modelo de la cerradura y la llave explicaba la especificidad enzimática, no permitía aumentar nuestra comprensión de la catálisis en sí, ya que una cerradura no hace nada a su llave. Este entendimiento vino a partir de un perfecciona-

**FIGURA 11.7**

**Importancia de los estados intermediarios.** Una enzima puede variar la ruta de reacción a otra que incluya uno o varios estados intermediarios que se asemejen al estado de transición, pero que tengan menor energía libre (curva roja). En el caso de un único intermediario, las energías de activación de la formación del estado intermediario y de la conversión del intermediario en el producto ($\Delta G^{\circ\ddagger}_1$ y $\Delta G^{\circ\ddagger}_2$, respectivamente) son menores que la energía de activación de la reacción no catalizada (curva azul). En esta figura, tan solo se indican las energías de activación para la reacción directa (A → B).

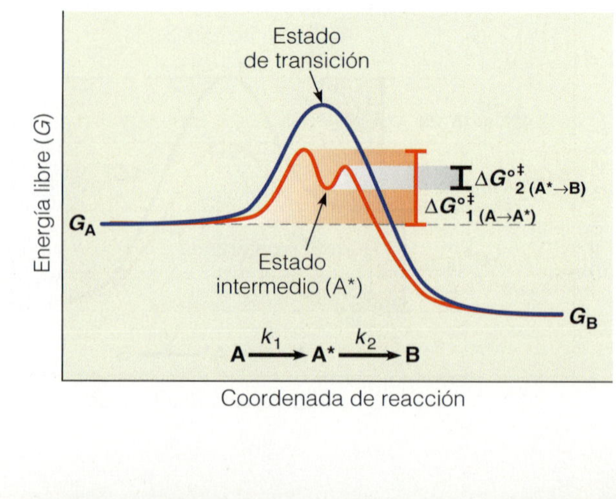

miento de la idea de Fischer: lo que se ajusta mejor al lugar activo de la enzima es una molécula de sustrato a la que se induce a adoptar una configuración que se aproxima al estado de transición. En otras palabras, la enzima no acepta simplemente al sustrato, sino que también exige que el sustrato se distorsione a algo cercano al estado de transición. Esta *hipótesis del ajuste inducido* propuesta por Daniel Koshland en 1958, todavía es un modelo importante de la catálisis enzimática; sin embargo, se ha ampliado para incluir la idea de que el sustrato también puede inducir cambios de conformación en la enzima que conduzcan a la estabilización del estado de transición.

Los cambios estructurales inducidos tras la unión del sustrato pueden ser distorsiones locales o pueden incluir cambios más importantes de la conformación de la enzima (Figura 11.8b). Puede comprobarse un cambio de conformación de este tipo cuando el sustrato se une a la enzima *hexoquinasa*, que cataliza la fosforilación de la glucosa a glucosa-6-fosfato en el primer paso de la ruta metabólica, denominada **glucólisis** (*véase* el Capítulo 13). La estructura de esta enzima se ha determinado mediante difracción de rayos X en ausencia de glucosa, y cuando está ligada la glucosa. Como indica la Figura 11.9, la unión de la glucosa hace que dos dominios de la enzima se plieguen uno hacia el otro, con lo que se cierra la hendidura del lugar de unión alrededor del sustrato.

Pero las enzimas hacen algo más que distorsionar o colocar simplemente sus sustratos. A menudo, encontramos cadenas laterales de aminoácidos específicos colocados en los lugares adecuados para facilitar el propio proceso catalítico. En muchos casos, estas cadenas laterales son grupos ácidos o básicos que pueden impulsar la adición o eliminación de protones. En otros casos, la enzima contiene un ion metálico en la posición exacta para participar en la catálisis. Así, una enzima (1) une el sustrato o sustratos, (2) reduce la energía del estado de transición, y (3) impulsa directamente el acontecimiento catalítico. Cuando el proceso catalítico se ha completado, la enzima debe ser capaz de liberar el producto o productos y volver a su estado original, para estar preparada para un nuevo ciclo de catálisis. Para una enzima (E),, que cataliza la conversión de un único sustrato (S) en un único producto (P), la expresión de la reacción incluye tres pasos:

$$E + S \underset{k_{-1}}{\overset{k_1}{\rightleftarrows}} ES \underset{k_{-2}}{\overset{k_2}{\rightleftarrows}} EP \underset{k_{-3}}{\overset{k_3}{\rightleftarrows}} E + P \tag{11.12}$$

Aquí, ES representa el **complejo enzima-sustrato**, y EP representa la enzima unida al producto. Para muchas reacciones catalizadas por enzimas, el primer paso, la unión del sustrato, es reversible (esto es, $k_1$ y $k_{-1} \gg k_2$); el segundo paso, la conversión de ES en EP, está muy desplazado hacia la derecha (esto es, $k_2 \gg k_{-2}$); y el tercer paso, la liberación del producto, es rápido en comparación con el paso catalítico (esto es, $k_3 \gg k_2$). Veremos más adelante que son posibles representaciones mucho más complejas, con uno o varios estados intermedios, pero las ecuaciones anteriores muestran el modelo básico de la catálisis enzimática. Posteriormente en este capítulo, desarrollaremos una expresión de velocidad basada en este modelo y, los tres supuestos descritos antes.

En la Figura 11.10 se presenta, mediante la curva roja, un diagrama de coordenadas de reacción basado en la Ecuación 11.12. Esta figura demuestra varios puntos importantes. En primer lugar, la formación del complejo ES tiende a ser favorable termodi-

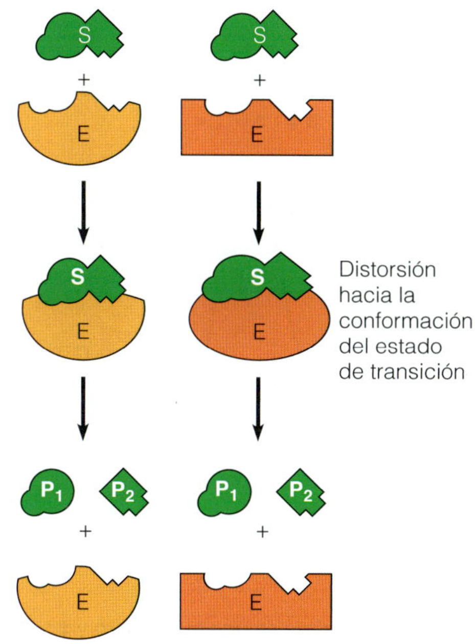


**(a)** Modelo llave-cerradura **(b)** Modelo del ajuste inducido

**FIGURA 11.8**

**Dos modelos de la interacción enzima-sustrato.** En este ejemplo, la enzima cataliza una reacción de fragmentación. **(a)** Modelo de llave-cerradura. En este primer modelo, el lugar activo de la enzima ajusta el sustrato de la misma manera que una cerradura a una llave. **(b)** Modelo del ajuste inducido. En este perfeccionamiento del modelo de llave-cerradura, tanto la enzima como el sustrato sufren una distorsión al unirse. Se fuerza al sustrato a adoptar una conformación que se aproxime al estado de transición; la enzima mantiene el sustrato en tensión.

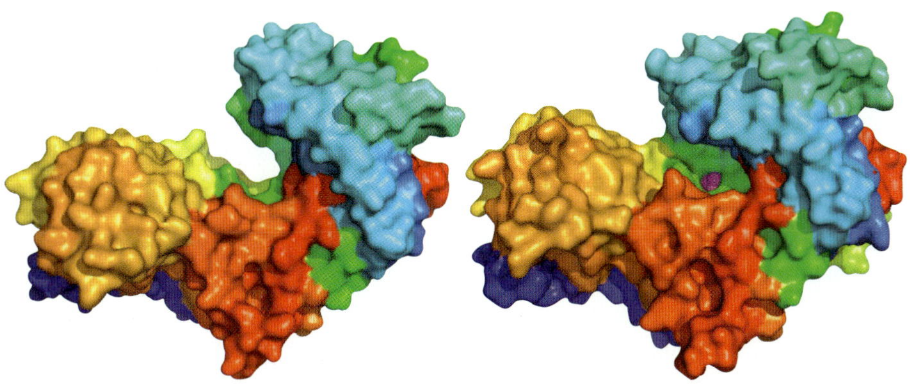

**(a)** Antes de la unión de glucosa **(b)** Después de la unión de glucosa

**FIGURA 11.9**

**Cambio de conformación inducido en la hexoquinasa.** La unión de la glucosa a la hexoquinasa induce un cambio de conformación importante en la enzima. Esta tiene una única cadena polipeptídica, con dos dominios principales. Se muestra una representación superficial con colores del arcoíris (N-terminal en azul; C-terminal en rojo). Obsérvese cómo se cierra la hendidura existente entre los dominios (panel a) alrededor de la molécula de glucosa (esferas fucsia en el panel b). PDB ID: panel **(a)** 2YHX; panel **(b)** 3B8A.

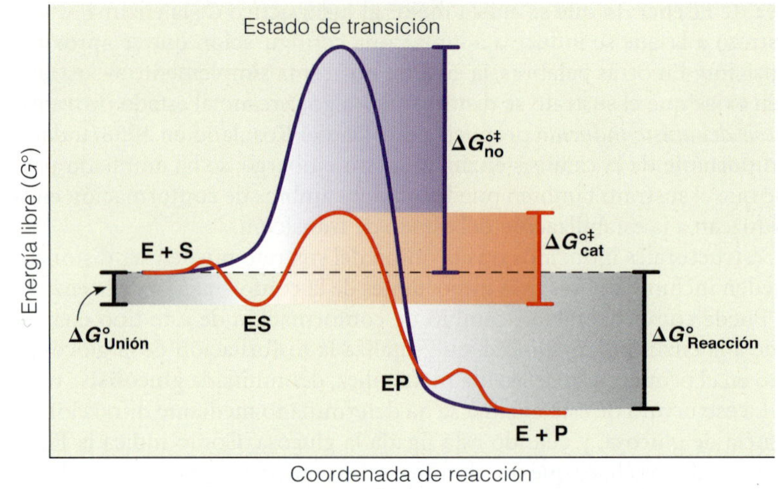


**FIGURA 11.10**

**Diagrama de la coordenada de reacción para una reacción sencilla catalizada por una enzima**. La curva azul muestra el perfil de energía libre para la reacción sin catalizar; la curva roja muestra el perfil de energía libre para una reacción sencilla catalizada por una enzima, que sigue el esquema que se muestra en la Ecuación 11.12.

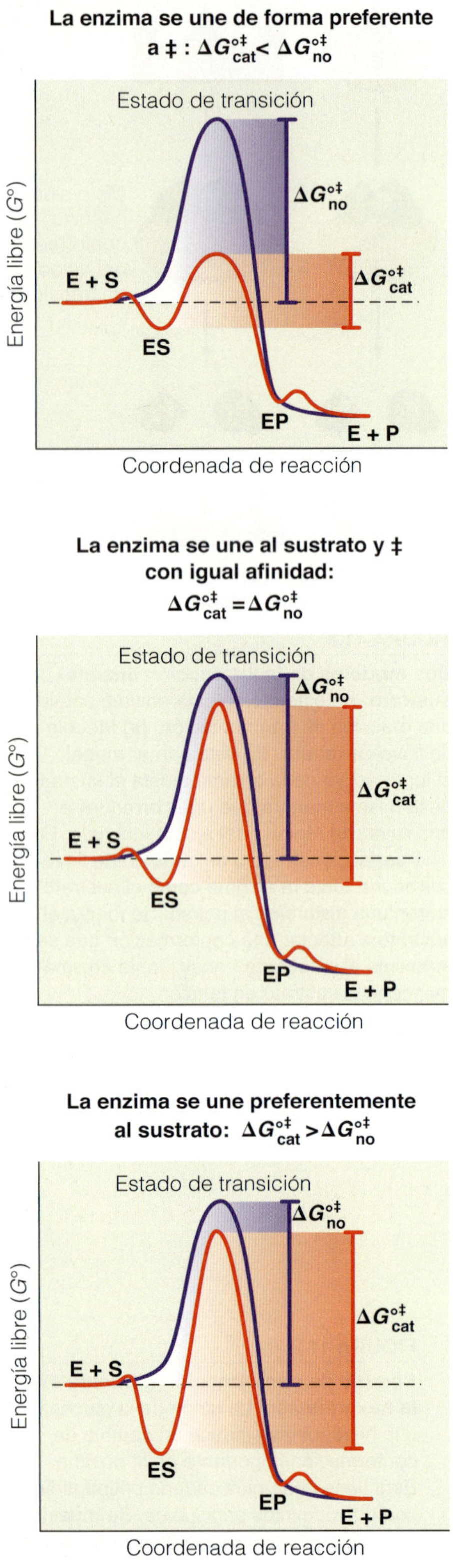


**FIGURA 11.11**

**Efecto sobre $\Delta G^{\circ\ddagger}_{cat}$ de la unión diferencial a ES y estado de transición**. Solo se observa un aumento de la velocidad en el caso de que $\Delta G^{\circ\ddagger}_{cat} < \Delta G^{\circ\ddagger}_{no}$ (panel superior).

námicamente debido a las interacciones complementarias de unión entre la enzima y el sustrato. En segundo lugar, para obtener una eficacia máxima, la unión al producto debe ser menos favorable que su liberación desde el lugar activo. Tercero, la unión del lugar activo de la enzima al estado de transición debe ser más favorable que la unión al sustrato para conseguir $\Delta G^{\circ\ddagger}_{cat} < \Delta G^{\circ\ddagger}_{no}$. En este análisis es vital diferenciar el complejo ES (un estado intermediario estable) del estado de transición (un estado inestable), ya que representan estados *diferentes* en la coordenada de reacción.

Como se muestra en el panel superior de la Figura 11.11, el aumento de la velocidad solo se consigue cuando la enzima une el estado de transición con una afinidad *mayor que* su afinidad de unión por el sustrato. En este caso, $\Delta G^{\circ\ddagger}_{cat} < \Delta G^{\circ\ddagger}_{no}$. Si la enzima uniera el estado de transición de la reacción con una afinidad *igual a* su afinidad de unión por el sustrato (Figura 11.11, panel central), la barrera de activación sería la misma para los procesos catalizado y no catalizado (esto es, $\Delta G^{\circ\ddagger}_{cat} = \Delta G^{\circ\ddagger}_{no}$). Finalmente, si alguna enzima hipotética uniera el estado de transición de la reacción con una afinidad *menor que* su afinidad de unión por el sustrato (Figura 11.11, panel inferior), la barrera de activación sería la mayor para el proceso «catalizado» ($\Delta G^{\circ\ddagger}_{cat} > \Delta G^{\circ\ddagger}_{no}$). Así, un catalizador eficaz estabilizará el estado de transición y, de esta forma, disminuirá su energía libre con relación a los otros estados a lo largo de la coordenada de reacción.

En la Figura 11.4 se comprueba que los aumentos de velocidad de las reacciones catalizadas por enzimas van de $10^7$ a $10^{19}$. Si consideramos estas observaciones en términos de la teoría del estado de transición, suponiendo $10^3$ como límite superior del valor $(\gamma_{cat}/\gamma_{no})$, esperamos que $e^{(\Delta\Delta G^{\circ\ddagger}/RT)}$ contribuya, al menos, $10^4$ a $10^{16}$ al aumento de la velocidad (*véase* la Ecuación 11.11). Esto significa que la enzima debe proporcionar una reducción de la energía de activación (esto es, $\Delta\Delta G^{\circ\ddagger}$) del orden de 24-95 kJ/mol a 37 °C (*véase* la Tabla 11.1), lo que equivale a la energía de unos pocos enlaces no covalentes; así, es razonable proponer que las interacciones no covalentes específicas entre el lugar activo de la enzima y el estado de transición puedan dar cuenta de la estabilización que da lugar a los aumentos observados de la actividad.

Hemos considerado varios medios mediante los cuales una enzima puede conseguir estos aumentos significativos de la velocidad:

1. Unión preferente al estado de transición a través de interacciones de enlaces no covalentes complementarios (enlaces de hidrógeno, interacciones carga-carga, etc.). Recuérdese del Capítulo 2 que los enlaces no covalentes son de naturaleza electrostática, por lo que a esto se le denomina **catálisis electrostática**.

2. Deformación del sustrato y/o del lugar activo, que impulsa la reducción de la energía de activación (ajuste inducido).
3. Unión de los sustratos para hacer óptima la proximidad y la orientación (lo que hace a $\Delta S^{\circ\ddagger}$ más favorable).
4. Alterar la ruta de reacción para incluir estados intermedios (*véase* la Figura 11.7), lo que es característico de la **catálisis covalente**.

Además de esto, añadiremos otros dos mecanismos frecuentes: **catálisis ácido/base general** y **catálisis por ion metálico**.

La catálisis ácido/base general (**CABG**) es importante en las reacciones con transferencia de protones. Un residuo de aminoácidos del lugar activo se clasifica como **ácido general**, si dona un $H^+$ a un átomo que lleva carga negativa en el estado de transición (Figura 11.12). Una **base general** elimina un $H^+$ de un átomo que lleva carga positiva en el estado de transición. Así, la CABG puede considerarse como un caso especializado de catálisis electrostática con la transferencia de una carga positiva ($H^+$).

En general, los residuos con importancia catalítica en el lugar activo de la enzima son polares. La histidina es un catalizador CABG muy frecuente en los lugares activos, debido a su capacidad para aceptar o donar protones a pH fisiológico. Los residuos como Glu, Asp, Lys y Arg también participan, con frecuencia, en las transferencias de protones, estableciendo enlaces electrostáticos con las moléculas de sustrato. Otros residuos como Ser, Tyr y Cys también participan de forma importante en los lugares activos de las enzimas, bien como donadores/aceptores de enlaces de hidrógeno o como nucleófilos.

Alrededor de un tercio de las enzimas que se han caracterizado hasta la fecha contienen iones metálicos en sus lugares activos, por lo que las **metaloenzimas** son una clase importante de enzimas y gran parte de la investigación actual está dedicada a entender las funciones de los iones metálicos en la catálisis. Si el ion metálico se

**TABLA 11.1. Relación entre la estabilización del estado de transición ($\Delta\Delta G^{\circ\ddagger}$) y el aumento de la velocidad para las reacciones catalizadas a 37 °C.**

| $\Delta\Delta G^{\circ\ddagger}$(kJ/mol) | Aumento de la velocidad |
|---|---|
| 24 | $10^4$ |
| 36 | $10^6$ |
| 47 | $10^8$ |
| 59 | $10^{10}$ |
| 71 | $10^{12}$ |
| 83 | $10^{14}$ |
| 95 | $10^{16}$ |

Una enzima une el sustrato o los sustratos, estabiliza preferentemente el estado de transición y libera el producto o los productos.

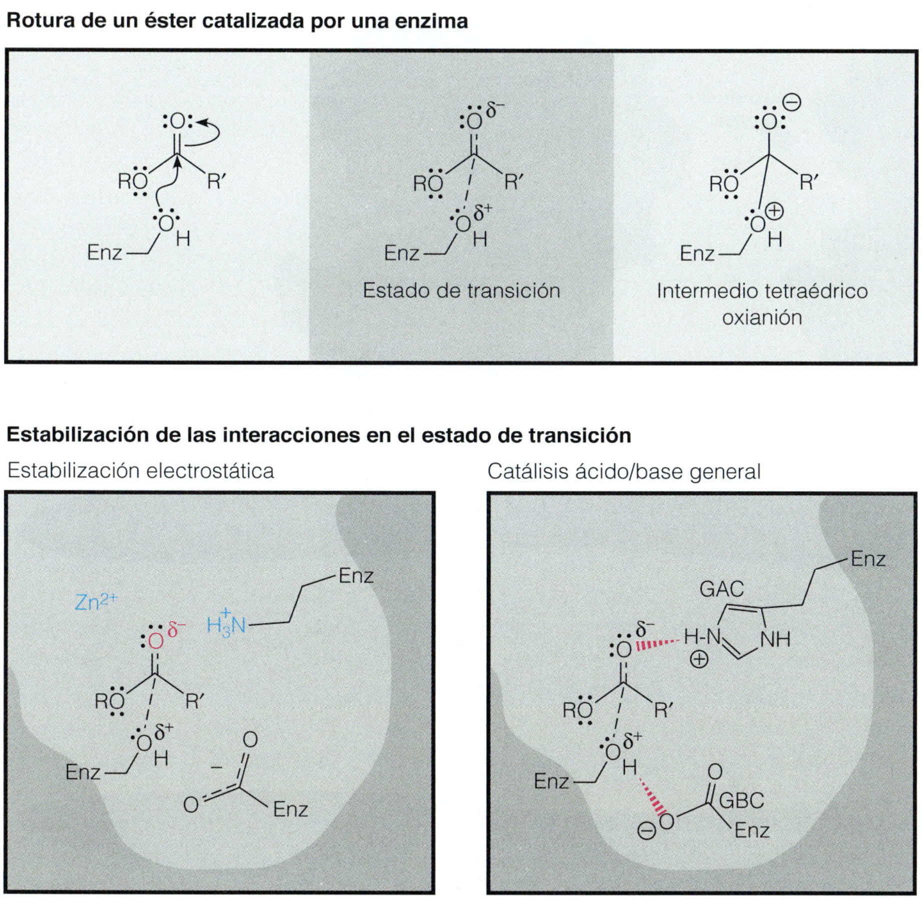


**FIGURA 11.12**

**Estabilización entálpica del estado de transición en una reacción catalizada por una enzima**. El panel superior muestra el estado de transición y el intermedio tetraédrico para una rotura de un éster catalizada por una enzima. Este estado de transición puede estabilizarse por interacciones electrostáticas con aminoácidos del lugar activo y/o iones metálicos o puede estabilizarse por ácidos o bases generales (panel inferior derecho). La dirección de la transferencia del protón donador al protón aceptor está indicada por la colocación del extremo amplio del enlace de puntos cerca del protón aceptor. El GAC es un donador de protones y el GBC un aceptor de protones.

comporta como un ácido de Lewis, aceptando densidad electrónica de un átomo con abundantes electrones (por ejemplo, un átomo que lleva carga negativa en el estado de transición), está actuando como un catalizador electrostático. Los iones metálicos también pueden impulsar la formación de un ion hidróxido ($^{-}OH$) en el lugar activo de la enzima. Esta especie es un nucleófilo importante en muchas reacciones hidrolíticas, como la ruptura de los enlaces peptídicos en las proteínas o los enlaces fosfodiester en el DNA y RNA.

Para demostrar estos principios generales de una forma más concreta, consideramos los mecanismos de dos reacciones específicas catalizadas por enzimas, de los que se conocen bien los detalles de la catálisis.

## Lisozima

La lisozima se describió brevemente en el Capítulo 9 como una enzima que rompe la capa de peptidoglucano de las bacterias grampositivas (Figura 9.25), lo que lisa la célula bacteriana. Como tal, defiende frente a la infección bacteriana y se encuentra en las secreciones de los tejidos que contactan con el ambiente externo, como las lágrimas, la saliva y el moco. La de la lisozima de huevo de gallina fue la primera estructura cristalina de rayos X de una enzima obtenida en 1965 en el laboratorio de David Phillips en la Royal Institution de Londres.

El lugar activo de la lisozima está situado en una hendidura profunda (Figura 11.13) donde seis residuos glucosilo se unen en los sublugares A-F. La ruptura de los enlaces glucosídicos tiene lugar entre los residuos D y E, con retención de la configuración del carbono anomérico (esto es, C1 de la piranosa en el sublugar D). De acuerdo con la estructura cristalina de la enzima, Phillips propuso un mecanismo estereoquímico en el que el ácido glutámico 35 (E35) actúa como un ácido general y el aspartato 52 (D52)

**FIGURA 11.13**

**Hendidura del lugar activo de la lisozima.** **Superior**: se muestra en azul la superficie accesible al disolvente de la lisozima de gallina (PDB ID: 2WAR). El trisacárido NAM-NAG-NAM se muestra en una representación de bastones unido al lugar activo. **Inferior**: dibujo esquemático de $(NAG\text{-}NAM)_3$ unido a los sublugares A-F de la lisozima. Se muestra por la línea roja punteada el lugar de la rotura del enlace glucosídico, entre los sublugares D y E.

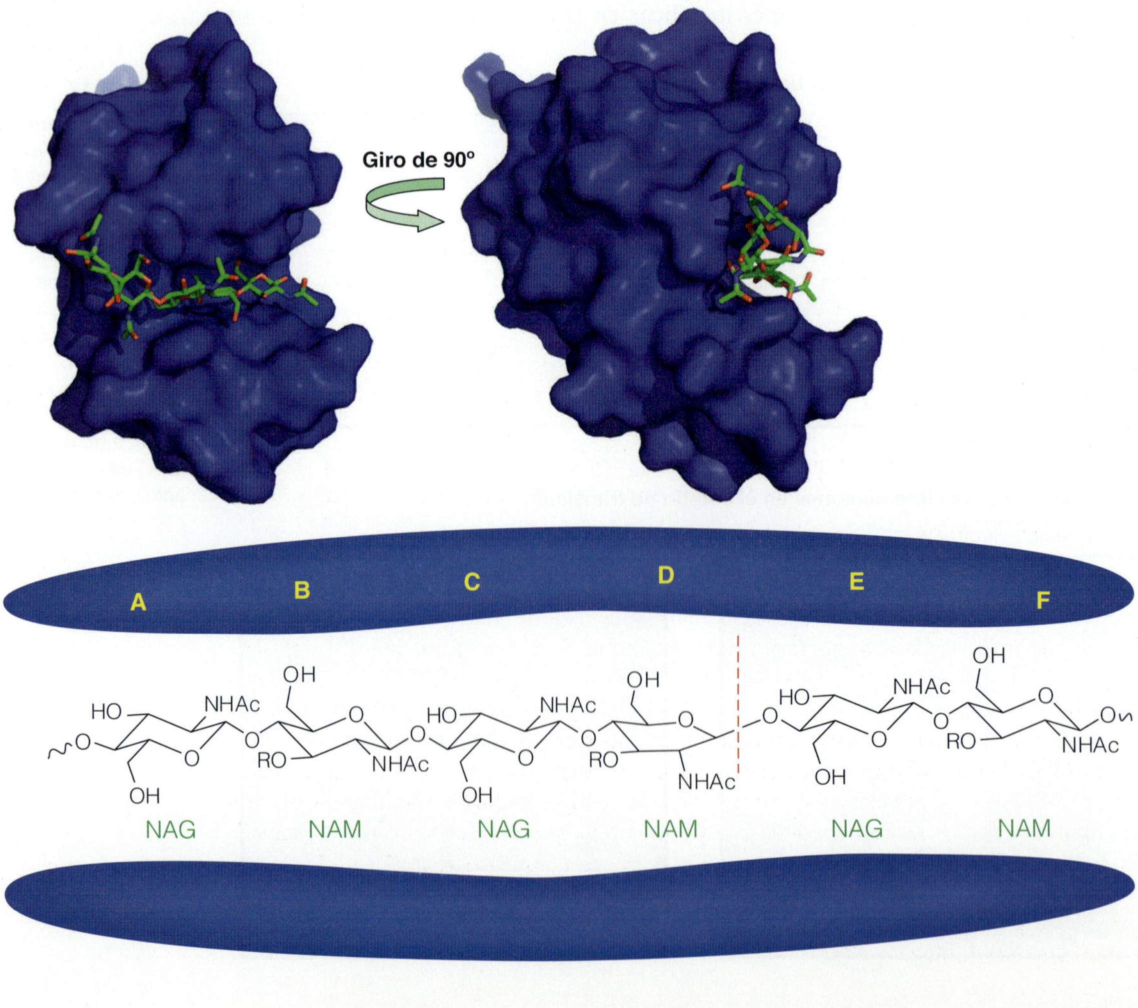

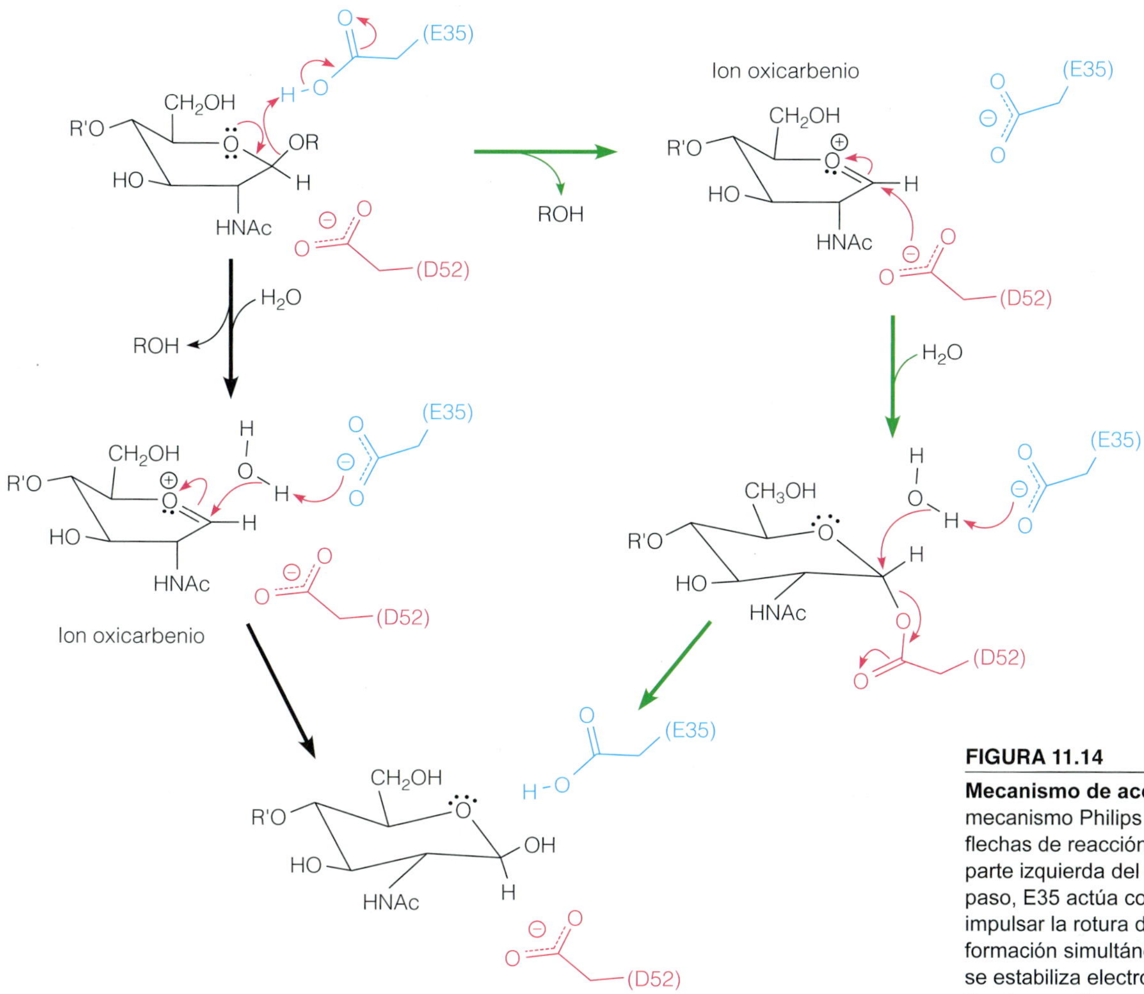


**FIGURA 11.14**

**Mecanismo de acción de la lisozima**. El mecanismo Philips está ilustrado por las flechas de reacción negras a lo largo de la parte izquierda del diagrama. En el primer paso, E35 actúa como un ácido general para impulsar la rotura del enlace glucosídico y la formación simultánea del ion oxocarbenio (que se estabiliza electrostáticamente por D52). En el segundo paso, E35 actúa como base general, desprotonando una molécula de agua, que posteriormente ataca el C1 del sustrato. La ruta que incluye el intermediario covalente, comunicado por Steve Withers, sigue las flechas de reacción verdes a lo largo del lado derecho del diagrama. En este caso, en el segundo paso se forma un enlace covalente entre el C1 del sustrato y D52. El ataque del agua desplaza D52 en el paso siguiente.

actúa como un catalizador electrostático durante la generación de un ion oxocarbenio en el estado de transición (Figura 11.14). Phillips propuso también que el residuo en el sublugar D está distorsionado en una conformación de semisilla tras la unión en el lugar activo (*véase* la Figura 11.2). Esta conformación se aproxima a la del ion oxocarbenio y es un ejemplo de la deformación del sustrato («tensión») que se ha comentado antes. Las pruebas de esta deformación del residuo del lugar D las dio en 1991 Michael James, de acuerdo con la estructura cristalina de rayos X del trisacárido NAM-NAGNAM unido a los sublugares de la lisozima.

Otras pruebas experimentales del mecanismo propuesto son la observación de los *efectos isotópicos cinéticos* (considerados en Herramientas de la Bioquímica 11A) y los resultados de los estudios de mutagénesis en los que se cambiaron E35 y D52 por residuos no ionizables como glutamina (Q), asparagina (N) y alanina (A). Las mutaciones de los aminoácidos suelen describirse empleando el código de una letra y el convenio siguiente: [aminoácido natural][número de residuo][aminoácido mutante]. Por ejemplo, un mutante en el que la glutamina sustituye al ácido glutámico del residuo 35 sería «E35Q». En los experimentos cinéticos que emplean sustratos definidos, los mutantes E35Q y D52N muestran $< 0.1\%$ de la actividad del tipo silvestre, lo cual sugiere que ambos residuos actúan de forma fundamental en la catálisis. Como se muestra en la Figura 11.15, la lisozima tiene una actividad óptima a un pH ~5 y depende de una base con un p$K_a$ de ~4 y un ácido, con un p$K_a$ de ~6. Se determinaron, mediante titulación con RMN (*véase* Herramientas de la Bioquímica 6A), los p$K_a$ de todos los residuos de Glu y Asp de la lisozima y se encontró que los p$K_a$ de E35 y D52 eran 6.2 y 3.7, respectivamente. Así, a valores de pH entre 3.7 y 6.2, E35 estaría protonado de forma predominante y D52 estaría desprotonado de forma predominante, tal como requiere el mecanismo de Phillips.

**FIGURA 11.15**

**Efecto del pH sobre la actividad de la lisozima**. E35 debe estar protonado para actuar como catalizador ácido general en el primer paso del mecanismo; así, a valores de pH por *debajo* de 6.2 (línea azul) el cociente [COOH]/[COO⁻] es mayor, favoreciendo la catálisis. D52 debe estar desprotonado para interactuar con el ion oxocarbonio; así, a valores de pH por *encima* de 3.7 (línea roja) el cociente [COO⁻]/[COOH] es mayor, favoreciendo la catálisis. Estos dos requerimientos límite dan lugar al pH optimo observado (~5) donde son abundantes el E35 protonado y el D52 desprotonado.

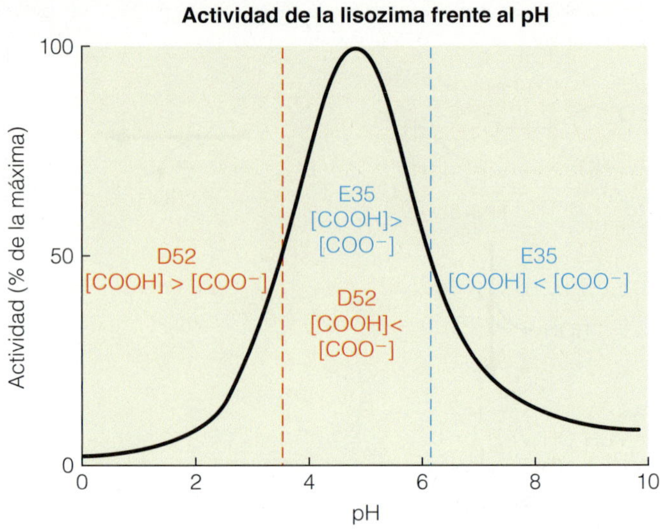


El mecanismo de Phillips propone que D52 estabiliza el ion oxocarbenio mediante estabilización electrostática y protege también un lado del ion del ataque del agua, explicando, de esta forma, la retención de la configuración del carbono anomérico (C1). Este aspecto del mecanismo fue impugnado por (1) la predicción de que la vida del ion oxocarbenio es demasiado corta para permitir que el agua difunda al lugar activo después de que los residuos glucosilo E y F hayan salido del lugar activo y (2) la observación de que otras enzimas relacionadas actúan a través de un intermedio en el que se forma un enlace estabilizante en el C1 del ion oxocarbenio. Daniel Kohsland había propuesto en 1953 que el mecanismo de la lisozima incluye este intermedio covalente estabilizante y cuando se obtuvo la estructura cristalina, D52 parecía bien situado para formar este enlace. Esta propuesta fue polémica durante muchos años, pero en 2001, el laboratorio de Steve Wither comunicó una estructura cristalina de un intermedio enzima-glucosilo, que mostraba que la cadena lateral de D52 estaba unida covalentemente a C1 (Figura 11.16 y parte derecha de la Figura 11.14). Este resultado se obtuvo con un sustrato sintético NAG-2FGlcF. Este sustrato forma fácilmente el ion oxocarbenio; sin embargo, la adición posterior de —OH al C1 es más lenta por la

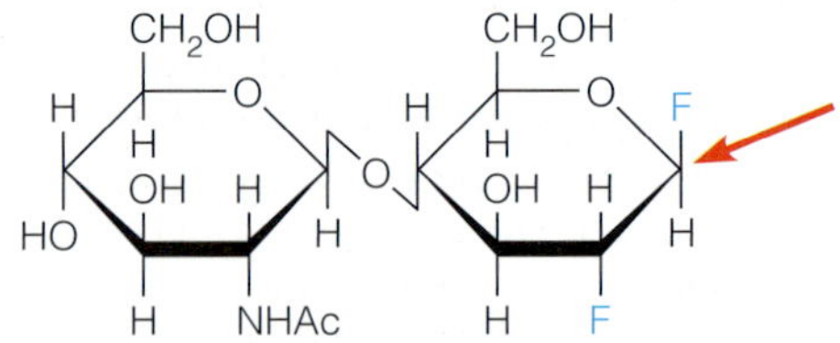


**NAG-2FGlcF**

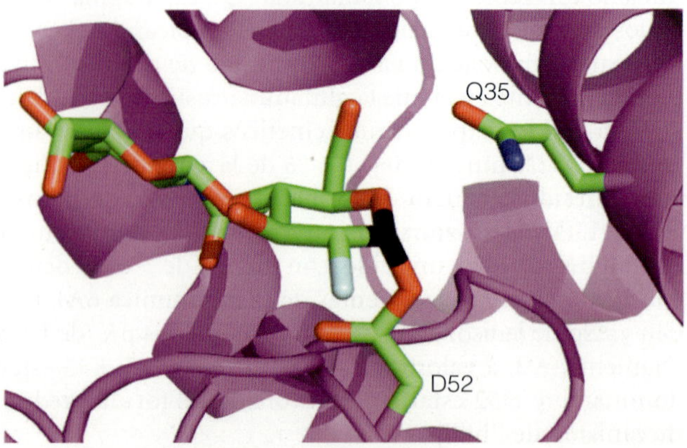


**FIGURA 11.16**

**Evidencia del intermedio covalente en el mecanismo de la lisozima**. Se muestra el aducto covalente entre el sustrato sintético NAG-2FGlcF y D52 en el lugar activo del mutante de la lisozima E35Q (PDB ID 1H6M). El esqueleto enzimático se muestra como una representación de cinta (morado). Las cadenas laterales de D52 y Q35 se muestran en forma de bastones (los átomos de C verdes, los átomos de O rojos y los átomos de N azules). El aducto NAG-2FGlc se muestra en representación de bastones, donde C1 está coloreado en negro y el átomo de F de C2, en azul claro. La flecha roja apunta a C1 de NAG-2FGlcF, que es el lugar de ataque de Asp52 para formar el intermedio covalente.

mutación E35Q (Q no actúa como una base general). Así, el intermediario covalente tiene una vida lo suficientemente larga para que sea posible obtener una estructura cristalina.

Para que la reacción sea catalítica, el lugar activo de la enzima debe restablecerse a su estado inicial; en este caso, la cadena lateral de E35 debe estar protonada y la de D52 debe estar libre y sin protonar. Ambos requisitos se consiguen en la segunda mitad del mecanismo de la Figura 11.14, en el que una molécula de agua ataca al intermedio. Obsérvese que en este paso E35 actúa como base general, eliminando un protón de la molécula de agua atacante.

En resumen, la lisozima utiliza la CGAB, la deformación del sustrato y la catálisis covalente para conseguir el aumento de la velocidad.

## Serina proteasas

Como segundo ejemplo, consideremos la catálisis de la hidrólisis del enlace peptídico por una de las **serina proteasas**. Esta importante clase de enzimas incluye la tripsina y la quimotripsina, que hemos visto ya en el Capítulo 5. Estas enzimas se denominan **proteasas** porque catalizan la hidrólisis de los enlaces peptídicos en los polipéptidos y las proteínas. Existen muchos tipos de proteasas, que presentan una amplia gama de especificidades de sustrato y utilizan diversos mecanismos catalíticos. Las *serina* proteasas se distinguen porque todas ellas tienen una serina nucleófila crucial en el lugar activo. Las serina proteasas hidrolizan también una extensa variedad de ésteres, un hecho de poca importancia fisiológica, pero del que hacen uso los bioquímicos en los estudios cinéticos, como se describe más adelante.

La catálisis de la hidrólisis del enlace peptídico por una serina proteasa (quimotripsina, en este ejemplo) se produce como se indica en la Figura 11.17. En primer lugar, la cadena polipeptídica que se va a cortar se une a la superficie de la enzima. La mayoría del polipéptido se une inespecíficamente, pero la cadena lateral del residuo del lado N-terminal del enlace peptídico que se va a cortar debe ajustarse al bolsillo del lugar activo. Este bolsillo no solo define la posición del corte del enlace sino también, la *especificidad* de las serina proteasas. Cada una de las serina proteasas corta preferentemente el enlace amida junto al C-terminal de una clase específica de cadena lateral de aminoácido. En la Tabla 5.4 (*véase* la página 149) se muestran algunos ejemplos de lugares de corte preferentes. Así, por ejemplo, la tripsina corta preferentemente en el lado carboxilato de los residuos de aminoácidos básicos como la lisina o la arginina, mientras que la quimotripsina prefiere, en esta posición, un residuo hidrófobo grande como la fenilalanina. La quimotripsina tiene un bolsillo de especificidad estrecha alineado con residuos pequeños de glicina, que puede acomodar cadenas laterales apolares voluminosas. La tripsina, por otro lado, tiene una cadena lateral de asparagina en el fondo del bolsillo de especificidad. Este residuo con carga negativa proporciona interacciones de unión complementarias con la carga positiva de la cadena lateral de arginina o lisina. Esta unión muy específica de un determinado tipo de aminoácido sirve también para situar la serina del lugar activo muy cerca del grupo carbonilo del enlace que se va a cortar, que se llama también **enlace escindible**.

Una característica común de las serina proteasas es la denominada **tríada catalítica** de un *nucleófilo*, una *base general* y un *ácido*. En muchas de las serina proteasas que se han estudiado con detalle, esta triada catalítica está formada por residuos de serina, histidina y ácido aspártico, que se presentan con una orientación 3-D semejante en el lugar activo. Como se muestra en la Figura 11.18, en la quimotripsina los residuos de la tríada catalítica son Ser 195 (S195), His 57 (H57) y Asp 102 (D102). Se han descubierto otras serina proteasas en las que el patrón de la tríada nucleófilo-base-ácido está conservado, pero varían las identidades de la base y el ácido (por ejemplo, Ser-His-His o Ser-Glu-Asp).

Debido a los p$K_a$ elevados de los grupos alcohol, las cadenas laterales de la serina se encuentran en la forma protonada (esto es, —OH) y, por tanto, no son nucleófilos muy reactivos. Sin embargo, S195 está en un entorno que hace óptima su reactividad. El protón de S195 se transfiere al anillo imidazol de H57, dejando una carga negativa en la serina. Normalmente, esta transferencia sería muy poco probable (debido al

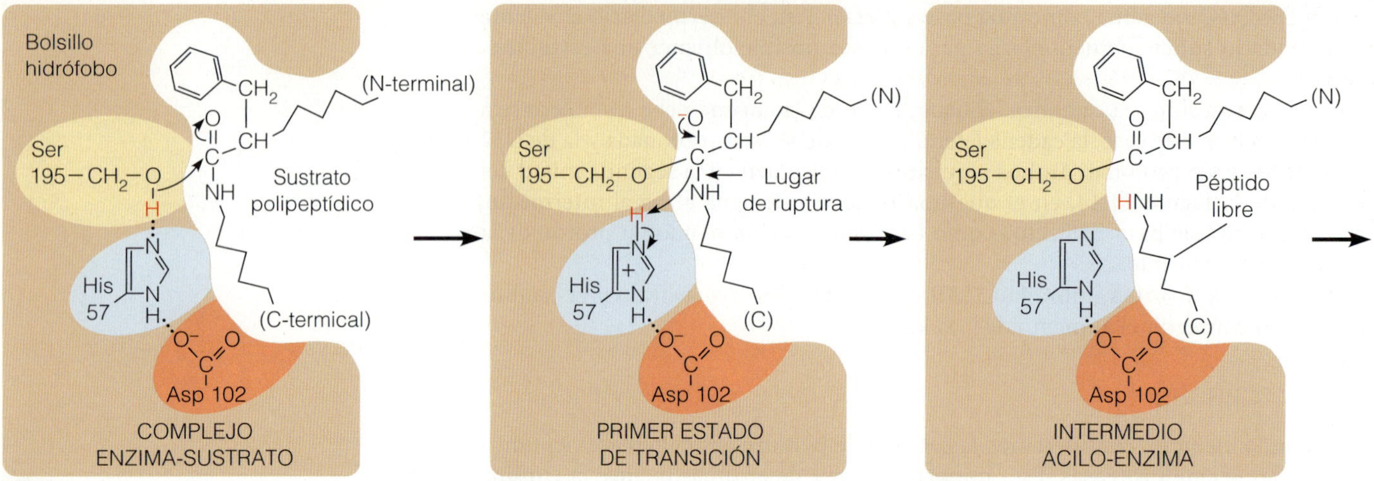


1 El sustrato polipeptídico se une de forma no covalente con las cadenas laterales del bolsillo.

2 Se transfiere $H^+$ desde Ser a His. El sustrato forma un estado de transición tetraédrico con la enzima.

3 Se transfiere $H^+$ al fragmento C-terminal, que se libera por la ruptura del enlace C—N. El péptido N-terminal está unido a través de un enlace acilo a la serina.

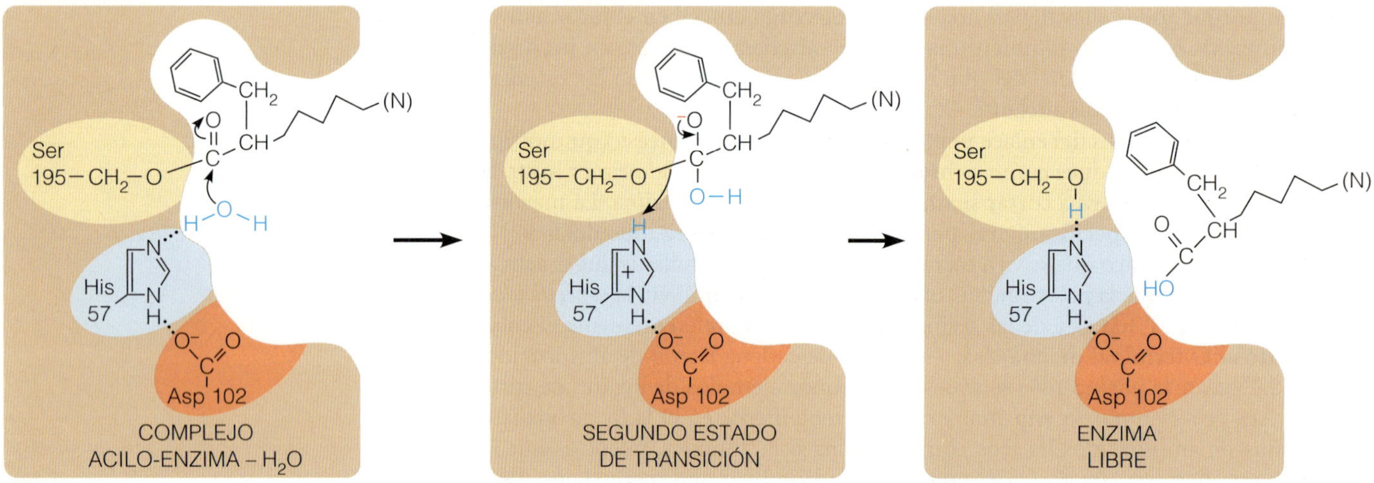


4 Una molécula de agua se une a la enzima en lugar del polipéptido separado.

5 La molécula de agua transfiere su protón a His 57 y su —OH al fragmento de sustrato restante. De nuevo, se forma un estado de transición tetraédrico.

6 Se libera el segundo fragmento peptídico, se rompe el enlace acilo, el protón se transfiere de nuevo desde His a Ser, y la enzima vuelve a su estado inicial.

**FIGURA 11.17**

**Catálisis de la hidrólisis del enlace peptídico por la quimotripsina**. En esta figura se muestran los pasos que se siguen en la ruptura de una cadena polipeptídica catalizada por la quimotripsina. La figura es muy esquemática y no representa la disposición espacial real de los átomos (*véase* la Figura 11.18).

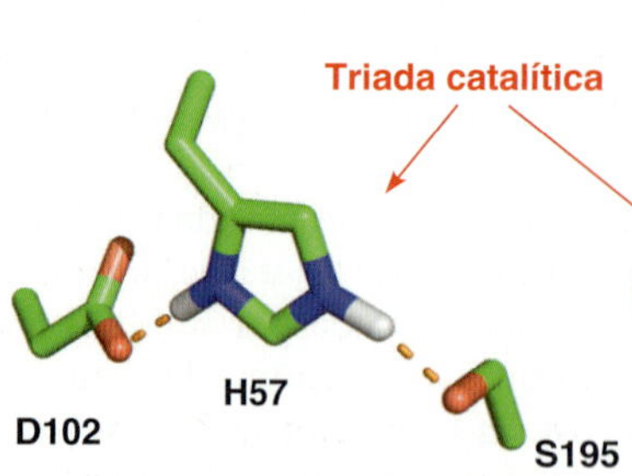


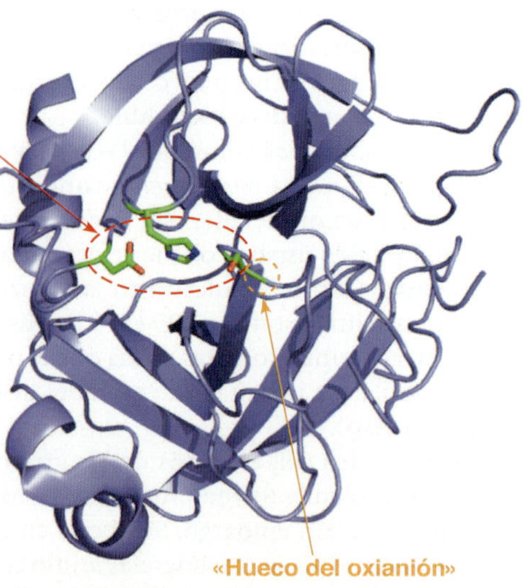


**FIGURA 11.18**

**Estructura de la quimotripsina y la tríada catalítica de serina proteasa**. Se muestra el esqueleto de la quimotripsina de bovino determinada mediante cristalografía de rayos X (PDB ID: 4CHA) en forma de representación de cinta (azul), con las cadenas laterales de la tríada catalítica, S195, H57 y D102 en forma de bastones dentro del óvalo punteado en rojo. La localización de la cavidad del oxianión (*véase* el texto) está indicada por el círculo punteado en naranja. A la izquierda se muestra una estructura de alta resolución de difracción de neutrones de la tríada catalítica de la elastasa de porcino (PDB ID: 3HGN). Los datos de difracción de neutrones muestran las posiciones de los átomos de H con mayor resolución que lo hacen los datos de rayos X. Aquí, H57 está protonada, S195 y D102 están desprotonadas y se muestran los enlaces de H mediante rayas naranja.

menor p$K_a$ de una cadena lateral de His frente a una cadena lateral típica de Ser), pero parece facilitarse por D102 que, por su carga negativa, estabiliza la protonación de la cadena lateral de la H57 adyacente (*véase* la Figura 11.18). Estas interacciones hacen a la S195 un nucleófilo reactivo poco habitual, que ataca la amida del carbonilo del enlace escindible.

Otra explicación de la reactividad poco usual de S195 se basa en las pruebas de los cristales de rayos X y RMN de solución de fase para lo que parece ser un enlace de hidrógeno corto y fuerte, poco habitual, entre H57 y D102. Cuando los p$K_a$ de un donador y un aceptor de enlace de hidrógeno son casi iguales, el hidrógeno se comparte por igual entre ellos, y surge un denominado **enlace de hidrógeno de barrera baja** (EHBB). Estos enlaces son más cortos ($<$0.25 nm) y 3-6 veces más fuertes ($\sim$30-80 kJ/mol), con carácter más covalente que los enlaces de hidrógeno habituales que se describen en el Capítulo 2. Se ha propuesto que el efecto del EHBB en la quimotripsina es aumentar el p$K_a$ de H57 hasta $\sim$12 mediante la estabilización de la forma protonada de la cadena lateral de imidazol; de esta forma, H57 sería más adecuada para quitar el protón a S195 (paso 1 de la Figura 11.17). Se ha debatido mucho en la literatura científica acerca del papel del EHBB en la catálisis enzimática debido a que todavía es un reto medir directamente la fuerza de esas interacciones en las enzimas. Las pruebas más recientes obtenidas con estudios de estructura cristalina de alta resolución de las serina proteasas, proteasa $\alpha$ lítica y elastina sugieren que el enlace de hidrógeno entre H57 y D102 es más corto ($\sim$0.27 nm) que un enlace de hidrógeno habitual, pero no es un EHBB. En la Bibliografía al final de este capítulo pueden encontrarse más detalles de este debate.

El ataque por la serina nucleófila sobre la amida del carbonilo da lugar a la formación de un **oxianión tetraédrico**, que posteriormente se colapsa a un **intermedio acil-enzima** (Figura 11.17). La formación del oxianión intermedio necesita que el carbono amida plano hibridado $sp^2$ adopte una configuración tetraédrica $sp^3$. Los modelos de estas especies en la estructura cristalina de rayos X de un lugar activo de una serina proteasa llevaron a Jon Robertus y Joseph Kraut a proponer la existencia de una «cavidad oxianión» que estabiliza el intermedio tetraédrico a través de interacciones de enlaces de hidrógeno específicos con el átomo de oxígeno cargado negativamente en el oxianión (*véase* la Figura 11.19). En la quimotripsina, los donadores de enlaces de hidrógeno son dos protones amido del armazón de los residuos S195 y G193. En la serina proteasa subtilisina, una cadena lateral de asparagina actúa como donador de enlace de hidrógeno en la cavidad oxianión. Estos enlaces de hidrógeno son más fuertes cuando la configuración del átomo de carbono amida es tetraédrico en lugar de plano. En realidad, uno de los enlaces de hidrógeno (de G193) solo parece formarse tras generarse el oxoanión por el ataque de S195. Presumiblemente, la enzima estabiliza también el estado de transición entre el complejo ES y su oxianión intermediario debido a que ambos estados tienen una carga negativa significativa sobre el átomo de oxígeno y geometría de tipo $sp^3$. La cavidad oxianión es un ejemplo claro de interacciones entálpicas que estabilizan de forma preferente los estados de energía elevada a lo largo de la coordenada de reacción y de esta forma hacen disminuir las energías globales de esos estados.

La H57 protonada actúa como un ácido general en el colapso del oxianión que da lugar al intermediario acil-enzima, lo cual deja la parte N-terminal del polipéptido sustrato unida de forma covalente a la enzima y permite a la parte C-terminal difundir desde el lugar activo. Ahora puede entrar una molécula de agua al lugar activo para romper el intermediario acil-enzima. La H57 actúa como una base general, extrayendo el protón del $H_2O$ para hacerlo un nucleófilo más potente, que ataca el éster acil-enzima y formar un segundo intermedio tetraédrico oxianión. Finalmente, la H57, al actuar como ácido general, facilita el colapso del oxianión y regenera S195 y libera el resto de la cadena polipeptídica cortada. La enzima vuelve a su estado original, preparada para catalizar la hidrólisis de otro enlace amida.

La catálisis de la ruptura del enlace peptídico por las serina proteasas comporta la estabilización de estados de transición y de estados intermedios tetraédricos.

Se han utilizado los estudios de mutagénesis para confirmar las contribuciones esenciales de cada residuo de la tríada catalítica hacia el aumento de la velocidad de $\sim 10^{10}$ que se observa en las serina proteasas. En un trabajo con la serina proteasa bacteriana denominada subtilisina, Paul Carter y Jim Wells mostraron que las mu-

**FIGURA 11.19**

**Unión en la cavidad del oxianión de una serina proteasa**. **Izquierda**: Se presenta el lugar activo de una proteasa $\alpha$-lítica de la bacteria *Lysobacter enzymogenes* (PDB ID: 1GBB). El esqueleto se muestra en forma de cinta (verde) con la tríada catalítica en forma de bastón (átomos de C amarillo, átomos de N azul, átomos de O rojo) y el éster borónico del péptido en forma de bastón (átomos de C azul claro, átomo de B rosa). Los enlaces de hidrógeno de las amidas de S195 y G193 de la cadena principal en la cavidad del oxianión se muestran mediante líneas negras punteadas. **Derecha**: el ataque de S195 cambia la geometría del átomo de boro, lo cual sitúa un átomo de O en la cavidad del oxianión, donde se forman los enlaces de hidrógeno con la cadena principal.

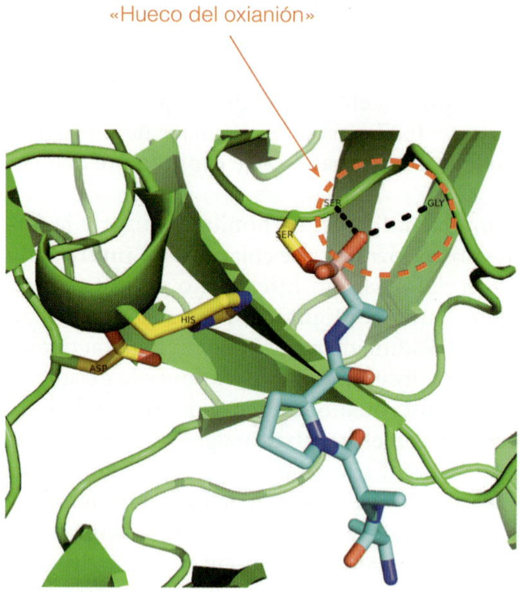


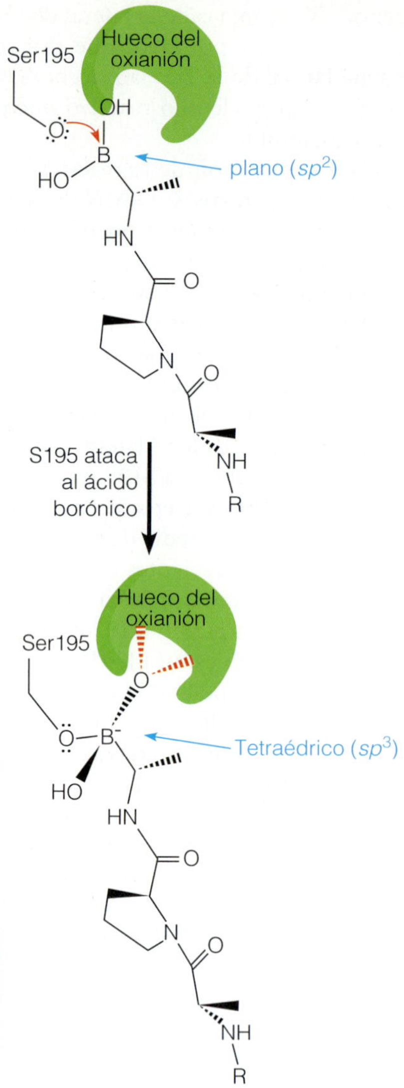


taciones S195A o H57A reducían el aumento de la velocidad por $\sim 10^6$ en comparación con la enzima de tipo silvestre, y el mutante D102A mostró una reducción de $\sim 10^4$. Estos resultados indican que S195 y H57 contribuyen 100 veces más al aumento de la velocidad que D102. El mutante triple S195A:H57A:D102A mostraba también una reducción $\sim 10^6$ del aumento de la velocidad, lo que sugiere que otras características del lugar activo de la enzima, como la cavidad oxianión, contribuyen $\sim 10^3$-$10^4$ al aumento de la velocidad global (*véase* el problema 14 al final de este capítulo).

Otro apoyo del mecanismo de la Figura 11.17 procede de un gran número de estructuras cristalinas de serina proteasas unidas a intermedios de reacción, así como a **análogos del estado de transición**, que son compuestos diseñados para imitar el estado de transición de una reacción. Como tales, están destinados a poseer una forma mayor y complementariedad electrostática con el lugar activo de la enzima que la que tienen los sustratos naturales. De hecho, los análogos del estado de transición se unen de forma característica a las enzimas con afinidades que son, al menos, $10^2$-$10^4$ mayores que las de los sustratos naturales. En algunos casos, el análogo de unión más fuerte se forma en el lugar activo de la enzima. En la Figura 11.19 se muestra un ejemplo, donde el tetrapéptido Ala-Ala-Pro-Ala que lleva un ácido borónico C-terminal se convierte en éster borato mixto tras el ataque por S195 sobre el átomo de boro. Esto convierte al ácido borónico plano en el éster borato tetraédrico que puede, posteriormente, interaccionar con las amidas en la cavidad oxianión.

TABLA 11.2. Estrategias utilizadas por la lisozima y las serina proteasas para disminuir $\Delta G^{0\ddagger}$

| Estrategia catalítica | Lisozima | Ser proteasas |
|---|---|---|
| GABC | E35 | H57 (tríada catalítica) |
| Covalente | D52 | S195 (tríada catalítica) |
| Electrostática | | Hueco oxianión |
| Otra | Tensión del anillo D | ¿Enlace de H de barrera baja? |

En resumen, las serina proteasas emplean la catálisis covalente y la estabilización electrostática del estado de transición para conseguir el aumento de la velocidad (Tabla 11.2).

Es importante tener en cuenta que hay muchas reacciones catalizadas por enzimas, que se supone se producen por medios que no se han considerado aquí, y algunos de estos, como el propuesto de enlace de hidrógeno de baja barrera en la quimotripsina, son polémicos. Por ejemplo, la elucidación del papel de la dinámica proteica en la aceleración de la velocidad mediante enzimas es tema de una investigación activa y de un fuerte debate. En el apartado siguiente proporcionamos una introducción breve a este tema.

## El papel de la dinámica en la catálisis

Las proteínas son estructuras dinámicas, un hecho que es de difícil representación con figuras estáticas en las páginas de un libro de texto, pero que es algo que hay que tener en cuenta cuando se consideran las propiedades funcionales de las biomoléculas. En los capítulos anteriores hemos descrito varios ejemplos de cambios de conformación de las proteínas relacionados directamente con la función, como el paso entre los estados T y R en la unión del $O_2$ a la hemoglobina, el movimiento de la miosina a lo largo del filamento de actina, y el transporte activo por la bomba de $Na^+-K^+$. Estos movimientos grandes *dirigidos* de las proteínas tienen lugar en una escala de tiempo de $\mu$s a s; sin embargo, como se muestra en la Tabla 11.3, en las proteínas pueden tener lugar movimientos más sutiles (por ejemplo, el «doblado» o la rotación de la cadena lateral) y otros más rápidos, que parecen de naturaleza aleatoria. Los estudios más recientes sugieren que la dinámica de conformación rápida de las proteínas puede que no sea tan aleatoria y algunos investigadores han lanzado la hipótesis de que el comportamiento dinámico de las proteínas ha *evolucionado,* por tanto, para potenciar la función proteica.

Es lógico que las enzimas deban ser dinámicas para permitir la unión del sustrato y la liberación del producto, para reorganizar el lugar activo para la estabilización óptima del estado de transición o para permitir la regulación alostérica de la actividad (que se considera posteriormente en este capítulo). Sin embargo, no se comprenden bien ni la relación entre los movimientos dinámicos y las velocidades observadas ni la evolución de las características dinámicas de las enzimas. Aun así, parece razonable que la dinámica del lugar activo pueda desempeñar un papel esencial en aquellas reacciones de transferencia de hidrógeno que parecen tener lugar mediante mecanismos de canalización. La canalización cuántica es muy sensible a los pequeños cambios de distancia (esto es, 0.1 A) entre los átomos donador y aceptor de hidrógeno; así, incluso los movimientos rápidos, como la rotación de enlace en el lugar activo, pueden afectar dramáticamente la velocidad de la transferencia de hidrógeno.

Los estudios recientes de RMN de la enzima dihidrofolato reductasa (*véase* el Capítulo 20) han demostrado que los movimientos dinámicos de varios aminoácidos de la proteína están *correlacionados* y desviados hacia el puñado de conformaciones relevantes para el mecanismo catalítico. Además, los movimientos dinámicos que se observan en cada intermedio del ciclo catalítico de cinco pasos de la hidrofolato reductasa parecen favorecer la formación de conformaciones que se asemejan a la del estado intermediario del ciclo.

En la Figura 11.20 se muestran los cinco intermediarios del ciclo catalítico de la dihidrofolato reductasa. Comenzando por la izquierda, el ciclo catalítico comienza con la unión del sustrato a la enzima que forma complejo con el **cofactor** dinucleótido de nicotinamida y adenina fosfato *reducido* (NADPH). Los cofactores son moléculas pequeñas

TABLA 11.3. Escala de tiempo de los movimientos proteicos relacionados con la catálisis

| Movimiento | Escala de tiempo aproximada (segundos) |
|---|---|
| Vibración de enlace | $10^{-13}$ a $10^{-14}$ |
| Transferencia de protón | $10^{-12}$ |
| Enlaces de hidrógeno | $10^{-11}$ a $10^{-12}$ |
| Vibración elástica de la región globular | $10^{-11}$ a $10^{-12}$ |
| Vuelta a arrugarse el azúcar | $10^{-9}$ a $10^{-12}$ |
| Rotación de las cadenas laterales en la superficie | $10^{-10}$ a $10^{-11}$ |
| Libración de la torsión de los grupos enterrados | $10^{-9}$ a $10^{-11}$ |
| Doblado de la bisagra en las interfaces de los dominios | $10^{-7}$ a $10^{-11}$ |
| Reorganización de la estructura del agua | $10^{-8}$ |
| Rotura/formación de hélice-ovillo | $10^{-7}$ a $10^{-8}$ |
| Transiciones alostéricas | 1 a $10^{-5}$ |
| Desnaturalización local | 10 a $10^{-5}$ |
| Rotación de las cadenas laterales de tamaño medio del interior | 1 a $10^{-4}$ |

Datos de *Science* 301:1196-1202 (2003), S. J. Benkovic y S.Hammes-Schiffer, A perspective on enzyme catalysis.

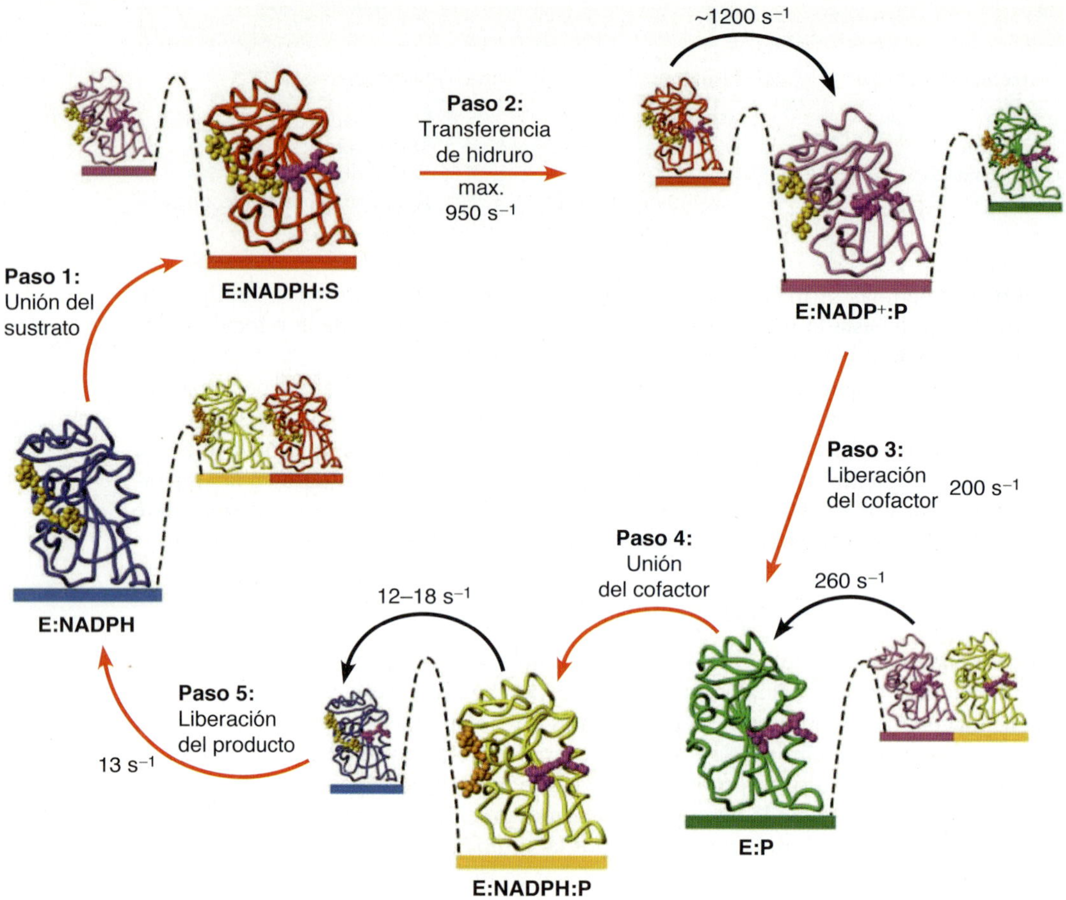


**FIGURA 11.20**

**Cambios dinámicos de conformación en el ciclo catalítico de la dihidrofolato reductasa**. Se muestran en mayor escala y con código de colores los modelos de los cinco estados intermedios del ciclo catalítico de la dihidrofolato reductasa. Los cinco pasos del ciclo están indicados mediante flechas de reacción rojas. En menor escala y con el mismo código de colores se muestran las demás conformaciones que cada intermedio puede intentar a través de los movimientos dinámicos. Por encima de las flechas de reacción negras se muestran las velocidades de intercambio de conformación entre los intermediarios. *Véanse* más detalles en el texto.

Tomado de *Science* 313:1638-1642, D. Boehr, D. McElheny, H. J. Dyson and P. E. Wright, The dynamic energy landscape of dihydrofolatereductase catalysis. © 2006. Reproducido con permiso de AAAS. Adaptado con permiso de Peter Wright.

que amplían la gama de la química enzimática y que se consideran con más detalle posteriormente en este capítulo. Por ejemplo, el NADPH es una fuente de hidruro ($H^-$) que se utiliza habitualmente en las reacciones redox biológicas. Cuando el complejo E:NADPH (azul) une el sustrato, se forma el complejo E:NADPH:S (rojo). La transferencia de hidruro desde el NADPH al sustrato proporciona el complejo del producto E:NADP$^+$:P, que se muestra en morado (aquí, el NADP$^+$ es el cofactor oxidado). La liberación de NADP$^+$ da el complejo E:P (verde), que puede luego unirse al NADPH para dar E:NADPH:P (amarillo). La liberación del producto de este complejo da E:NADPH y el ciclo se completa.

El hallazgo importante que se presenta en la Figura 11.20 es que cada intermediario muestra movimientos dinámicos que le permiten adoptar la conformación de un estado intermedio vecino. Así por ejemplo, el intermedio E:NADP$^+$:P puede adoptar la conformación E:NADPH:S o E:P. El experimento de RMN utilizado en estos estudios proporciona también información sobre las velocidades de conversión entre los estados de conformación (flechas negras en la Figura 11.20). En tres de los pasos del ciclo catalítico, las velocidades de la dinámica de las conformaciones son muy parecidas a las velocidades determinadas en los estudios cinéticos clásicos. Por ejemplo, la liberación del cofactor tiene lugar con una velocidad de 200 $s^{-1}$, y la dinámica de las conformaciones entre los estados E:NADP$^+$:P y E:P se produce a 260 $s^{-1}$. Esta observación sugiere que la liberación del cofactor se produce desde la conformación E:P (y no de la conformación E:NADP$^+$:P) y que el cofactor se libera desde E:NADP$^+$:P, casi cada vez que el intermedio E:NADP$^+$:P adopta la conformación E:P.

Cuando se compara con el modelo de ajuste inducido, este modelo de **selección de la conformación** (o **ajuste seleccionado**) da una descripción muy diferente de las interacciones de unión entre una enzima y su sustrato/cofactores. Como se muestra en la Figura 11.21 la selección de conformación implica que la unión de un sustrato no impone un cambio de conformación en la enzima, sino que el sustrato solo se une a las moléculas de enzima que tienen una conformación semejante a la del complejo ES. Un corolario es que el sustrato será liberado cuando el complejo ES adquiera conformacio-

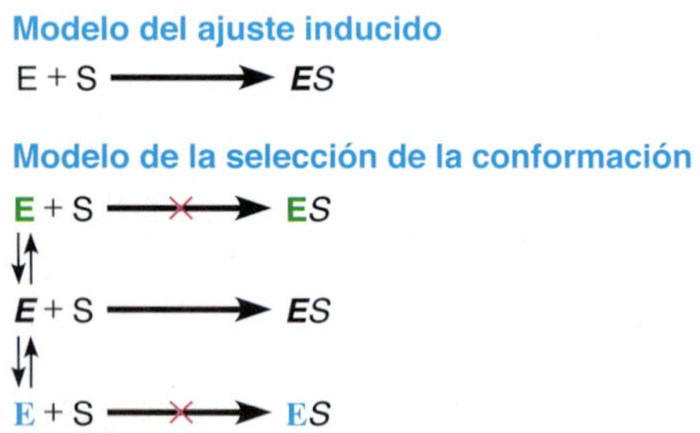


**FIGURA 11.21**

**Selección de conformación frente a ajuste inducido.** Aquí *ES* representa el complejo enzima-sustrato. El ajuste inducido supone homogeneidad de conformación en la enzima no unida, que posteriormente se distorsiona con la unión del sustrato. La selección de conformación supone que la enzima no unida se encuentra presente en muchas conformaciones, pero el sustrato sólo puede unirse a la enzima no unida que se encuentra en la misma conformación que la del complejo *ES*. La unión del sustrato alterará el equilibrio conformacional de la enzima no unida, llevando más *E* a la conformación *ES* por el principio de Le Chatelier (*véase* el Capítulo 3).

nes incompatibles con la unión del sustrato. Esta es la base de la hipótesis que señala que los movimientos dinámicos de las enzimas que determinan su conformación han evolucionado debido a la presión selectiva para optimizar la eficacia catalítica.

Finalmente, se ha sugerido que el cambio dinámico de conformación puede necesitar los movimientos *correlacionados* de varios residuos de aminoácido de la proteína y que esos movimientos concertados conforman un «entramado» dinámico. Se ha propuesto la existencia de esos entramados en las enzimas para explicar dos observaciones: (1) algunas mutaciones lejos del lugar activo tienen impactos significativos sobre las velocidades de reacción, incluso aunque estos aminoácidos no establezcan contacto directo con el sustrato y (2) esas mutaciones influyen en el comportamiento dinámico de un grupo de aminoácidos más grande. Esta última observación sugiere que el efecto de una mutación distante puede comunicarse al lugar activo a través de los movimientos coordinados de los residuos que conforman el entramado dinámico.

El modelo de selección de la conformación para la catálisis enzimática sugiere que la enzima libre se presenta en múltiples conformaciones, pero el sustrato solo se une a una enzima que se encuentra en una conformación semejante a la de la enzima en el complejo ES.

## Cinética de la catálisis enzimática

En el apartado anterior hemos descrito los detalles de los mecanismos de dos reacciones catalizadas por enzimas muy estudiadas. Se conocen cientos más y este conocimiento es esencial en muchos aspectos de la medicina moderna. Un conocimiento detallado de la base molecular de una enfermedad guía el diseño de fármacos terapéuticos. Así, por ejemplo, como se presenta en el Capítulo 20, los compuestos que inhiben la actividad de la dihidrofolato reductasa se emplean mucho para el tratamiento del cáncer y de las enfermedades infecciosas. ¿De dónde proceden estos conocimientos de los mecanismos? Los estudios de cristalografía de rayos X y de RMN en disolución han proporcionado puntos de vista estructurales fundamentales sobre la actividad enzimática; sin embargo, gran parte de nuestro conocimiento sobre los mecanismos enzimáticos proceden de los análisis matemáticos detallados de la cinética enzimática. Así, es hacia esos análisis a los que nos dirigimos.

### Velocidad de reacción para una reacción simple catalizada por una enzima: cinética de Michaelis-Menten

Anteriormente en este capítulo hemos presentado la Ecuación 11.12 como una expresión para una reacción sencilla con un único sustrato y producto:

$$\mathrm{E + S} \underset{k_{-1}}{\overset{k_1}{\rightleftarrows}} \mathrm{ES} \underset{k_{-2}}{\overset{k_2}{\rightleftarrows}} \mathrm{EP} \underset{k_{-3}}{\overset{k_3}{\rightleftarrows}} \mathrm{E + P} \qquad (11.12)$$

Si analizamos la **velocidad inicial** de una reacción catalizada por una enzima (esto es, antes de que aparezca una concentración significativa de P) y suponemos que $k_1$, $k_{-1}$ y $k_3 >> k_2$, la Ecuación 11.12 se simplifica a:

$$\mathrm{E + S} \underset{k_{-1}}{\overset{k_1}{\rightleftarrows}} \mathrm{ES} \overset{k_{cat}}{\rightarrow} \mathrm{E + P} \qquad (11.13)$$

donde $k_{cat}$ es la constante de velocidad aparente para la conversión limitante de la velocidad del sustrato en producto*.

Hemos supuesto que las condiciones de reacción inicial son tales que hacen desdeñable la reacción inversa entre E y P. La formación catalítica del producto con regeneración de la enzima, será pues una reacción simple de primer orden, y su velocidad vendrá determinada únicamente por la concentración de ES y el valor de $k_{cat}$. En consecuencia, podemos expresar la rapidez o velocidad de reacción, definida como la velocidad de formación de los productos como:

$$v = k_{cat}[\mathrm{ES}] \qquad (11.14)$$

Si se puede medir $v$ y [ES] para una enzima y sustrato específicos, ello nos proporcionaría la constante de velocidad $k_{cat}$ para esa reacción específica. En la práctica, [ES] se mide

* $k_{cat}$ es una constante de velocidad global $= k_2k_3/(k_2 + k_3)$. En el caso limite en que $k_3 >> k_2$, $k_{cat} \approx k_2$.

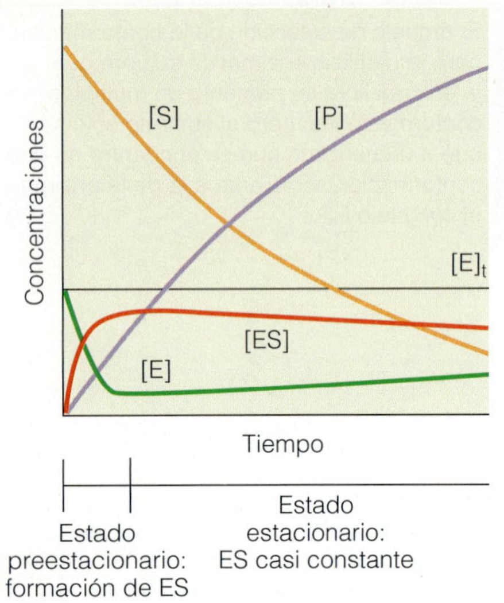


**FIGURA 11.22**

**Estado estacionario en la cinética enzimática.** Para una reacción simple catalizada por una enzima y descrita por $E + S \rightleftarrows ES \rightarrow E + P$, el gráfico muestra la manera en que varían a lo largo del tiempo las concentraciones de sustrato, [S], enzima libre, [E], complejo enzima-sustrato, [ES] y producto, [P]. Tras un periodo inicial muy breve, [ES] alcanza un estado estacionario en el que ES se consume con una velocidad aproximadamente igual a la de su formación, de manera que $d[ES]/dt \approx 0$. Para mayor claridad se han exagerado considerablemente las cantidades de E y ES. Obsérvese que $[E] + [ES] = [E]_t$, es decir, la concentración total de enzima, y que [ES] disminuye, en realidad, muy lentamente a medida que se consume el sustrato, mientras [E] aumenta en consonancia con ello.

con dificultad en los experimentos cinéticos. Los parámetros que se miden con facilidad son la concentración de sustrato (o producto) y la concentración total de la enzima, que debe ser la suma de la enzima libre y la enzima unida al sustrato:

$$\underset{\text{Enzima total}}{[E]_t} = \underset{\text{Enzima libre}}{[E]} + \underset{\text{Enzima en el complejo ES}}{[ES]} \qquad (11.15)$$

Así pues, podremos expresar la velocidad, $v$, en función de la concentración de sustrato [S] y la concentración total de enzima $[E]_t$.

Podría pensarse, por la forma en que hemos escrito la Ecuación 11.13, que E y S deben estar en equilibrio con ES, con una constante de disociación de equilibrio $K_S$:

$$K_S = \frac{k_{-1}}{k_1} = \frac{[E][S]}{[ES]} \qquad (11.16)$$

Esta es, normalmente, una suposición incorrecta, pero en determinadas circunstancias (esto es, $k_{cat} \ll k_{-1}$), esta aproximación es válida. Este supuesto se utilizó en los primeros intentos de resolver el problema de expresar la velocidad de reacción. Pero no es aplicable de manera general, ya que E, S y ES no están realmente en equilibrio, pues parte de ES se extrae de manera continua para producir P. Un análisis que evita la suposición del equilibrio es el que presentaron G. E. Briggs y J. B. S. Haldane en 1925. El modelo de Briggs-Haldane se basa en el siguiente argumento. Cuanto más ES haya, más rápidamente se disociará ES en los productos ($k_{cat}$), o volverá a dar lugar a los reactantes ($k_{-1}$). En consecuencia, cuando se inicia la reacción mezclando enzimas y sustratos, la concentración de ES aumenta al principio, pero alcanza rápidamente un **estado estacionario**, en el que se mantiene casi constante. Este estado estacionario persiste hasta que se ha consumido la mayor parte del sustrato (Figura 11.22). Dado que el estado estacionario da cuenta de la casi totalidad del tiempo de reacción, podemos calcular la velocidad de reacción suponiendo unas condiciones de estado estacionario. Normalmente, medimos las velocidades únicamente después de que se haya establecido el estado estacionario, y antes de que [ES] haya cambiado mucho. Podemos expresar entonces la velocidad de la siguiente forma.

En el estado estacionario, las velocidades de formación y degradación de ES son iguales. Por consiguiente,

$$\underset{\text{Formación del complejo ES}}{k_1[E][S]} = \underset{\text{Disociación del complejo ES}}{k_{-1}[ES]} + \underset{\text{Rotura a E + P}}{k_{cat}[ES]} \qquad (11.17)$$

que podemos reordenar de la forma siguiente

$$[ES] = \left(\frac{k_1}{k_{-1} + k_{cat}}\right)[E][S] \qquad (11.18)$$

Combinamos la relación de las constantes de velocidad de la Ecuación 11.17 en una sola constante, $K_M$:

$$K_M = \frac{k_{-1} + k_{cat}}{k_1} \qquad (11.19)$$

La Ecuación 11.18 puede volver a escribirse entonces como

$$K_M[ES] = [E][S] \qquad (11.20)$$

En este punto, tenemos [ES] en términos de [E] y [S]. Para introducir $[E]_t$ en la ecuación, en vez de [E], basta recordar de la Ecuación 11.15, que $[E] = [E]_t - [ES]$. Introduciendo esta expresión en la Ecuación 11.20 obtenemos

$$K_M[ES] = [E]_t[S] - [ES][S] \qquad (11.21)$$

Esto se reagrupa en

$$[ES] = \frac{[E]_t[S]}{K_M + [S]} \qquad (11.22)$$

Por último, si introducimos este resultado en la Ecuación 11.14, obtenemos lo que buscábamos, una expresión para $v$ en función de $[E]_t$ y $[S]$:

$$v = \frac{k_{cat}[E]_t[S]}{K_M + [S]} \tag{11.23}$$

La Ecuación 11.23 se denomina **ecuación de Michaelis-Menten** y $K_M$ se llama **constante de Michaelis**, en honor de dos pioneras en el análisis de la cinética enzimática, Leonor Michaelis y Maude Menten. Consideraremos en breve el significado de $K_M$; por el momento, tengamos en cuenta dos puntos importantes.

En primer lugar, puesto que $K_M$ es una relación de constantes de velocidad para una determinada reacción (*véase* la Ecuación 11.19), es una característica de esa reacción. Así pues, una determinada enzima que actúe sobre un sustrato dado tiene una $K_M$ definida. En segundo lugar, de las ecuaciones 11.19 y 11.20 puede verse que $K_M$ tiene unidades de concentración.

Consideremos ahora el gráfico de $v$ frente a [S], que se muestra en la Figura 11.23. A concentraciones de sustrato elevadas, en que [S] es muy superior a $K_M$, la reacción se aproxima a una **velocidad máxima, $V_{máx}$**, puesto que las moléculas de enzima están *saturadas*. Todas las moléculas de enzima están unidas por el sustrato y así, $[ES] = [E]_t$ y la Ecuación 11.14 alcanzará su valor máximo. Recuérdese del Capítulo 10 que ese comportamiento de saturación es una característica de las proteínas de transporte de las membranas. Cuando $[S] \gg K_M$, $K_M + [S] \approx [S]$, y la Ecuación 11.23 se simplifica a la expresión para $V_{máx}$:

$$V_{máx} = k_{cat}[E]_t \tag{11.24}$$

De esta forma, $k_{cat}\,[E]_t$ en la Ecuación 11.23 es equivalente a $V_{máx}$ y la ecuación de velocidad de Michaelis-Menten es

$$v = \frac{V_{máx}[S]}{K_M + [S]} \tag{11.25}$$

Esta es la forma más familiar de la ecuación de Michaelis-Menten.

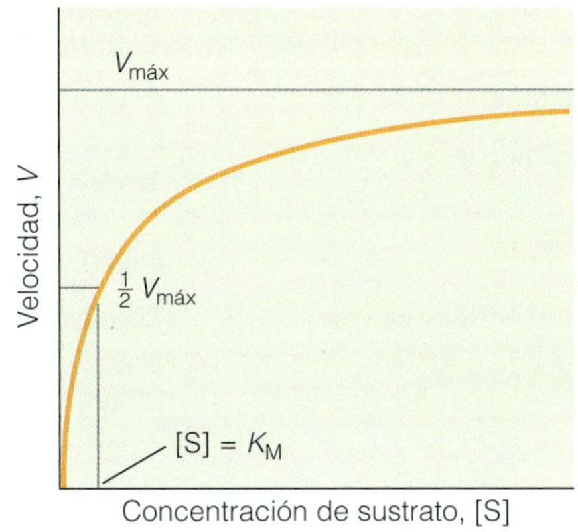


**FIGURA 11.23**

**La velocidad de reacción como función de la concentración de sustrato.** En este gráfico, que es una representación de la Ecuación 11.25, se muestra la variación de la velocidad de reacción con la concentración de sustrato, de acuerdo con el modelo de cinética enzimática de Michaelis-Menten. Los valores de $v$ que se representan aquí se determinan a partir de las *velocidades iniciales* de la reacción (véase la Figura 11.24). En el punto en que $[S] = K_M$, la reacción tiene exactamente la mitad de su velocidad máxima. Obsérvese que $V_{máx}$ se alcanza de forma asintótica.

La suposición del estado estacionario propone que la concentración del complejo enzima-sustrato se mantiene casi constante durante gran parte de la reacción.

## Significado de $K_M$, $k_{cat}$ y $k_{cat}/K_M$

Las dos magnitudes que caracterizan a una enzima que obedezca la cinética de Michaelis Menten son $K_M$ y $k_{cat}$. ¿Qué significado tienen? La constante de Michaelis, $K_M$, se suele asociar con la afinidad de la enzima por el sustrato. Esta relación se cumplirá en el caso limitante, una reacción de dos pasos, en la que $k_{cat} \ll k_{-1}$, puesto que entonces la Ecuación 11.19 da lugar a $K_M \approx k_{-1}/k_1 = K_S$, la constante de equilibrio definida en la Ecuación 11.16. Es importante tener en cuenta que para esquemas cinéticos más complejos, $K_M$ es el cociente de varias constantes de velocidad. Para todas las reacciones que sigan la ecuación de Michaelis-Menten, $K_M$ es numéricamente igual a la concentración de sustrato a la que la velocidad de reacción ha alcanzado la *mitad* de su valor máximo (*véase* la Figura 11.23). Así pues, $K_M$ es una medida de la concentración de sustrato necesaria para que se produzca una catálisis eficaz. *Una enzima con una $K_M$ alta requiere una concentración de sustrato mayor para alcanzar una velocidad de reacción dada, que una enzima con una $K_M$ baja,* pero la misma $k_{cat}$. En la Tabla 11.1 se indican los valores de $K_M$ para diversas enzimas importantes.

La constante de Michaelis, $K_M$, mide la concentración de sustrato a la que la velocidad de reacción es 1/2 $V_{máx/2}$.

La segunda constante, $k_{cat}$, constituye una medida directa de la producción catalítica de producto en condiciones óptimas (enzima saturada). Las unidades de $k_{cat}$ son $s^{-1}$, por lo que el recíproco de $k_{cat}$ puede interpretarse como un tiempo, el tiempo necesario para que una molécula de enzima «recambie» una molécula de sustrato. Otra posibilidad es interpretar $k_{cat}$ como el número de moléculas de sustrato recambiadas por molécula de enzima por segundo. Así pues, $k_{cat}$ se denomina, a veces, **número de recambio**. En la Tabla 11.4 se indican algunos números de recambio característicos.

El número de recambio, $k_{cat}$, mide la velocidad del proceso catalítico.

Las enzimas indicadas en la Tabla 11.4 están dispuestas en orden creciente de la relación $k_{cat}/K_M$. Se supone frecuentemente que esta relación es una medida de la eficacia enzimática. Obsérvese que proporcionan un valor $k_{cat}/K_M$ grande, tanto un valor grande de $k_{cat}$ (que significa un recambio rápido), como un valor pequeño de $K_M$ (esto es, ½ $V_{máx}$ que se produce a una [S] relativamente baja). Podemos obtener otra perspectiva

**TABLA 11.4. Parámetros de Michaeli-Menten para algunas enzimas, dispuestas por orden de eficacia creciente según mide $k_{cat}/K_M$**

| Enzima | Reacción catalizada | $K_M$(mol/L) | $k_{cat}(s^{-1})$ | $k_{cat}/K_M[(mol/L)^{-1}s^{-1}]$ |
|---|---|---|---|---|
| Quimotripsina | $\text{Ac–Phe–Ala} \xrightarrow{H_2O} \text{Ac–Phe} + \text{Ala}$ | $1.5 \times 10^{-2}$ | 0.14 | 9.3 |
| Pepsina | $\text{Phe–Gly} \xrightarrow{H_2O} \text{Phe} + \text{Gly}$ | $3 \times 10^{-4}$ | 0.5 | $1.7 \times 10^{3}$ |
| Tirosil-tRNA sintetasa | Tirosina + tRNA $\rightarrow$ tirosil-tRNA | $9 \times 10^{-4}$ | 7.6 | $8.4 \times 10^{3}$ |
| Ribonucleasa | Citidina 2′, 3′ fosfato cíclico $\xrightarrow{H_2O}$ Citidina 3′-fosfato | $7.9 \times 10^{-3}$ | $7.9 \times 10^{2}$ | $1.0 \times 10^{5}$ |
| Anhidrasa carbónica | $HCO_3^- + H^+ \rightarrow H_2O + CO_2$ | $2.6 \times 10^{-2}$ | $4 \times 10^{5}$ | $1.5 \times 10^{7}$ |
| Fumarasa | $\text{Fumarato} \xrightarrow{H_2O} \text{malato}$ | $5 \times 10^{-6}$ | $8 \times 10^{2}$ | $1.6 \times 10^{8}$ |

del significado de $k_{cat}/K_M$ teniendo en cuenta la situación que se da a concentraciones muy bajas de sustrato. En este caso, $[S] << K_M$, y la mayor parte de la enzima está libre, con lo que $[E]_t \approx [E]$. La Ecuación 11.23 pasa a ser entonces

$$v = \frac{k_{cat}}{K_M}[E][S] \tag{11.26}$$

La relación $k_{cat}/K_M$ es una medida adecuada de la eficacia enzimática.

Así pues, en estas circunstancias, la relación $k_{cat}/K_M$ se comporta como una constante de velocidad de segundo orden para la reacción entre el sustrato y la enzima libre y proporciona una medida directa de la eficacia y la especificidad de la enzima. Muestra lo que la enzima y el sustrato pueden realizar cuando se dispone de lugares enzimáticos abundantes, y permite una comparación directa de la eficacia de una enzima respecto a distintos sustratos. Supongamos que una enzima puede actuar sobre dos sustratos, A o B, presentes a concentraciones iguales. Entonces, en condiciones en las que los dos sustratos están diluidos y compiten por la enzima, obtenemos

$$\frac{v_A}{v_B} = \frac{\left(\frac{k_{cat}}{K_M}\right)_A [E][A]}{\left(\frac{k_{cat}}{K_M}\right)_B [E][B]} = \frac{\left(\frac{k_{cat}}{K_M}\right)_A}{\left(\frac{k_{cat}}{K_M}\right)_B} \tag{11.27}$$

En la Tabla 11.5 se indican los valores de $k_{cat}/K_M$ para la rotura de diversos esteres por la quimotripsina. Dentro del grupo mostrado, $k_{cat}/K_M$ varía 1 millón de veces, lo cual indica la diversidad de preferencias de la enzima por distintos sustratos peptídicos. De acuerdo con estos datos, queda bastante clara la preferencia para romper cerca de los residuos más hidrófobos.

Acabamos de ver que la proporción $k_{cat}/K_M$ corresponde a la constante de velocidad de segundo orden para la combinación enzima-sustrato, cuando la concentración de sustrato es baja. Esta constante de velocidad tiene un valor máximo posible, que viene dado por la frecuencia con la que pueden colisionar las moléculas de enzima y sustrato. Una reacción que alcanza esta velocidad se dice que es de «difusión limitada»:

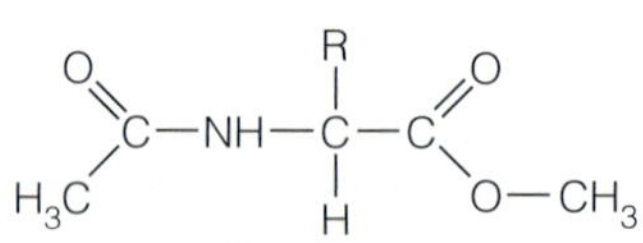

**Éster metílico de N-acetilaminoácido**

**TABLA 11.5. Preferencias de la quimotripsina en la hidrólisis de varios ésteres metílicos de N-acetilaminoácido, medidas por $k_{cat}/K_M$**

| Aminoácido en el éster | Cadena lateral del aminoácido | $k_{cat}/K_M[(mol/L)^{-1}s^{-1}]$ |
|---|---|---|
| Glicina | —H | $1.3 \times 10^{-1}$ |
| Norvalina | $—CH_2CH_2CH_3$ | $3.6 \times 10^{2}$ |
| Norleucina | $—CH_2CH_2CH_2CH_3$ | $3.0 \times 10^{3}$ |
| Fenilalanina | 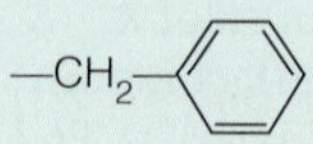 | $1.0 \times 10^{5}$ |

cada encuentro conduce a la reacción, de forma que solo limita la velocidad la cantidad de encuentros moleculares. Si *cada* colisión da lugar a la formación de un complejo enzima-sustrato, la teoría de la difusión predice que $k_{cat}/K_M$ alcanzará un valor máximo de, aproximadamente, $10^8$ a $10^9$ $(mol/L)^{-1}s^{-1}$. Así pues, una enzima que se aproxime a la eficacia máxima posible lo evidenciará con un valor de $k_{cat}/K_M$ de este orden. Como se indica en la Tabla 11.4, algunas enzimas, como la anhidrasa carbónica y la fumarasa, se aproximan realmente a este límite. La triosa fosfato isomerasa, que hemos estudiado ya, es otro ejemplo, con una $k_{cat}/K_M = 2.4 \times 10^8$ $(mol/L)^{-1}s^{-1}$. De hecho, se ha señalado que la triosa fosfato isomerasa es una enzima casi perfecta, que ha evolucionado hasta casi alcanzar la eficacia máxima. En apoyo de esta idea cabe citar la observación de que las triosa fosfato isomerasas de organismos tan distantes desde el punto de vista evolutivo, como las levaduras y los vertebrados presentan muy pocas diferencias de estructura. Parece que esta enzima (que desempeña un papel vital en la producción celular de ATP a partir de los hidratos de carbono) alcanzó casi la perfección en una fase temprana de la evolución y desde entonces se ha modificado poco.

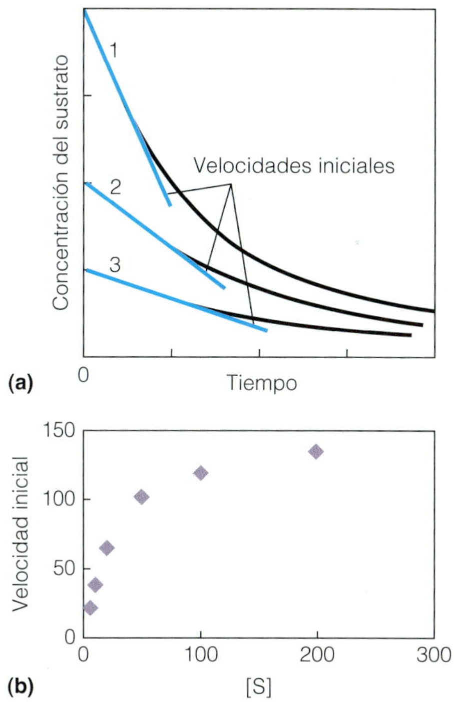


**FIGURA 11.24**

**Análisis de las velocidades iniciales**. **(a)** Se realizan varias reacciones con concentraciones variables de sustrato y se determinan los valores de las velocidades iniciales a partir de las pendientes de las curvas en la primera fase de cada reacción. **(b)** Los datos de velocidad inicial, determinados como se describe en (a), se representan en función de la concentración de sustrato. La enzima parece obedecer el modelo cinético de Michaelis-Menten (compárese esta representación con la de la Figura 11.23).

## Análisis de los datos cinéticos: comprobación de la ecuación de Michaelis-Menten

La medida de la velocidad de reacción en función de la concentración de sustrato se utiliza para determinar si una reacción catalizada por una enzima sigue el modelo de Michaelis-Menten (Ecuación 11.25) y si lo hace, determinar las constantes $K_M$ y $k_{cat}$.

En Herramientas de la Bioquímica 11A se describen algunos métodos analíticos para la medida de velocidades. Debe destacarse una cuestión general: en principio, podríamos mezclar simplemente la enzima y el sustrato y seguir los cambios de la concentración de sustrato y de la velocidad de reacción con el tiempo, como se muestra en la Figura 11.1a. A medida que se consume el sustrato, la velocidad disminuye, hasta alcanzar finalmente el equilibrio. Pero la medida de la velocidad instantánea en momentos concretos durante la reacción resulta difícil y, en general, inexacta. Habitualmente, resulta más fácil establecer una serie de experimentos, todos ellos con la misma concentración enzimática, pero con distintas concentraciones de sustrato, y medir las velocidades *iniciales* (Figura 11.24). Puesto que conocemos con exactitud el valor de [S] inicial, y el cambio de [S] frente a *t* es casi lineal en las fases iniciales, pueden obtenerse datos exactos de *v* en función de [S]. Una enzima que obedezca el modelo cinético de Michaelis-Menten dará lugar a una representación hiperbólica de la velocidad inicial frente a la concentración de sustrato (compare las Figuras 11.23 y 11.24b).

Disponiendo de los datos de concentraciones y velocidades iniciales, ¿cómo podemos determinar $K_M$ y $k_{cat}$? En la práctica, los programas de ajuste de curvas no lineales pueden ajustar directamente los datos representados en la Figura 11.24b y proporcionar estos parámetros. Antes de que fuera posible este análisis de datos, se utilizaba un método diferente, que aún se emplea. La Ecuación 11.25 puede reordenarse de manera que proporcione una gráfica lineal. Hay varios tipos de gráficas posibles, pero la que se utiliza más es una **representación doble inversa**, también llamada **representación de Lineweaver-Burk** (Figura 11.25). Una representación de Lineweaver-Burk proporciona una prueba rápida del cumplimiento de la cinética de Michaelis-Menten y permite evaluar fácilmente las constantes esenciales. Como se describe más adelante, también permite discriminar entre los diferentes tipos de inhibición enzimática y regulación. Si invertimos simplemente los dos lados de la Ecuación 11.25, obtenemos

$$\frac{1}{v} = \frac{K_M + [S]}{V_{máx}[S]} = \frac{K_M}{V_{máx}[S]} + \frac{[S]}{V_{máx}[S]} \quad (11.28a)$$

o

$$\frac{1}{v} = \left(\frac{K_M}{V_{máx}}\right)\frac{1}{[S]} + \frac{1}{V_{máx}} \quad (11.28b)$$

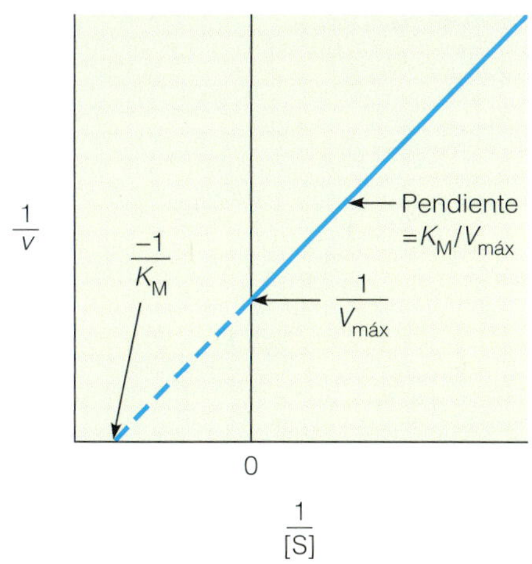


**FIGURA 11.25**

**Representación de Lineweaver-Burk**. En este gráfico doble inverso, se representa 1/*v* frente a 1/[S], según la Ecuación 11.28b. Obsérvese que una extrapolación lineal de los datos nos proporciona, tanto $V_{máx}$ como $K_M$.

Así pues, representando $1/v$ frente a $1/[S]$, debemos obtener una línea recta. Para $1/[S] = 0$, [S] es infinitamente grande y la velocidad de reacción se encuentra en su

Las formas más adecuadas de determinar $K_M$ y $k_{cat}$ son con las representaciones de Lineweaver-Burk o de Eadie-Hofstee, que utilizan los datos de velocidad inicial.

máximo. En consecuencia, la intersección en *y* para $1/[S] = 0$ es igual a $1/V_{máx}$. Dadas $V_{máx}$ y $[E]_t$ (a partir de las condiciones iniciales del experimento cinético), puede calcularse $k_{cat}$ a partir de $V_{máx} = k_{cat}[E]_t$. De forma semejante, $K_M$ se calcula utilizando la pendiente del gráfico, que da $K_M/V_{máx}$ y el valor de $V_{máx}$ obtenido a partir de la intersección en *y*. De otra manera, $K_M$ puede calcularse a partir de la intersección de la representación de Lineweaver-Burk con el eje *x*, donde $1/v = 0$. Colocando $1/v = 0$ da

$$0 = \left(\frac{K_M}{V_{máx}}\right)\frac{1}{[S]_0} + \frac{1}{V_{máx}} \tag{11.29}$$

donde $[S]_0$ indica el valor de [S] para $1/v = 0$. Obtenemos, entonces, de la Ecuación 11.29:

$$\frac{1}{[S]_0} = -\frac{1}{K_M} \tag{11.30}$$

Así, la intersección de la representación de Lineweaver-Burk con el eje *x* da $-1/K_M$ (*véase* la Figura 11.25)

Un inconveniente de la representación de Lineweaver-Burk es que suele requerir una extrapolación larga para determinar $K_M$ con la correspondiente incertidumbre del resultado. Por consiguiente, a veces se utilizan otras formas de representación de los datos. Una alternativa es reordenar la Ecuación 11.25 de la siguiente forma

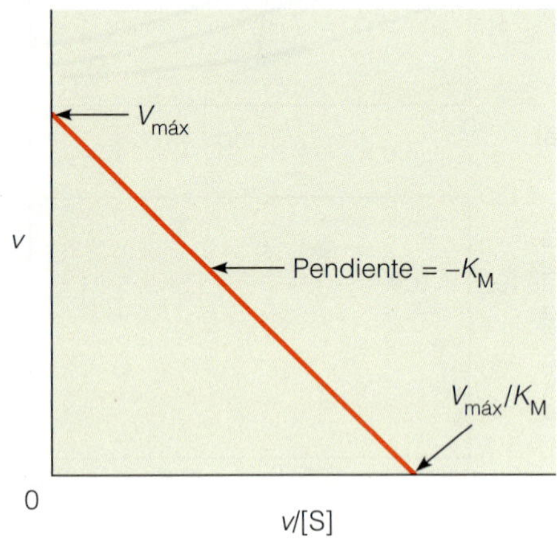


**FIGURA 11.26**

**Representación de Eadie-Hofstee**. Se representa $v$ frente a $v$/[S]; obtenemos $V_{máx}$ a $(v/[S]) = 0$ y $K_M$ a partir de la pendiente de la recta.

$$v = V_{máx} - K_M \frac{v}{[S]} \tag{11.31}$$

y representar $v$ frente a $v$/[S], que es la denominada **representación de Eadie-Hofstee** (Figura 11.26). Estas representaciones lineales proporcionan métodos útiles para reconocer formas de inhibición; sin embargo, tienen el inconveniente de un peso desigual de los datos. Actualmente, se prefiere ajustar las curvas no lineales a los datos obtenidos empleando programas de ordenador.

Los efectos que se observan por la mutación de un aminoácido del lugar activo de una enzima sobre la $K_M$ y $k_{cat}$ pueden utilizarse para identificar el papel del aminoácido en la unión del sustrato (efectos de $K_M$) y la estabilización del estado de transición (efectos de $k_{cat}$).

Como se ha señalado antes para la lisozima y la subtilisina, la mutagénesis dirigida se ha utilizado para analizar los modelos de la mayoría de las enzimas. Una determinada mutación puede cambiar los valores aparentes de $k_{cat}$ o $K_M$, o ambos. La interpretación más sencilla de esos datos es que una mutación que afecta solo a $k_{cat}$ cambia la cadena lateral de un aminoácido implicado solo en la catálisis (por ejemplo, el lugar activo nucleófilo, o un GABC, etc.) pero no está implicado en la unión al sustrato en el estado basal. Al revés, una mutación que solo afecte a la $K_M$ altera la cadena lateral que se une al sustrato, pero no participa en la estabilización del estado de transición. Frecuentemente, las mutaciones de los residuos del lugar activo afectan a ambas $k_{cat}$ y $K_M$. Esto podría ocurrir con un residuo que une al sustrato y luego realiza fuertes interacciones con el estado de transición, como consecuencia de la alteración de la geometría del estado de transición que optimiza la interacción.

## Reacciones con múltiples sustratos

Hasta este punto, nuestro análisis de la cinética enzimática se ha centrado en reacciones simples, en las que una molécula de un solo sustrato se une a una enzima y sufre la reacción aquí. En realidad, estas reacciones son una minoría. La mayoría de las reacciones bioquímicas catalizadas por enzimas comportan la reacción de dos o más sustratos, a menudo con la formación de múltiples productos. Un ejemplo que ya hemos considerado es el de la proteólisis, en la que intervienen dos sustratos (el polipéptido y el agua) y dos productos (los dos fragmentos de la cadena polipeptídica rota). La fosforilación de la glucosa, catalizada por la hexoquinasa, es otro ejemplo: los dos sustratos son la glucosa y el ATP, y los productos son la glucosa-6-fosfato y el ADP.

Las reacciones con varios sustratos son de diversas clases, según el orden de unión de los sustratos: aleatorio, ordenado o *ping-pong*.

Cuando una enzima une dos o más sustratos y libera múltiples productos, el orden de los pasos pasa a ser una característica importante del mecanismo enzimático. Se reconocen varias clases principales de mecanismos para las reacciones con múltiples sustratos. Los ilustraremos con ejemplos en los que se utilicen dos sustratos, S1 y S2, y dos productos, P1 y P2.

### Unión aleatoria de los sustratos

En la unión aleatoria de los sustratos, cualquiera de los sustratos puede ser el primero en unirse a la enzima, aunque en muchos casos, se favorecerá la unión inicial de uno de los sustratos, y su unión puede promover luego la unión del otro. La ruta general es

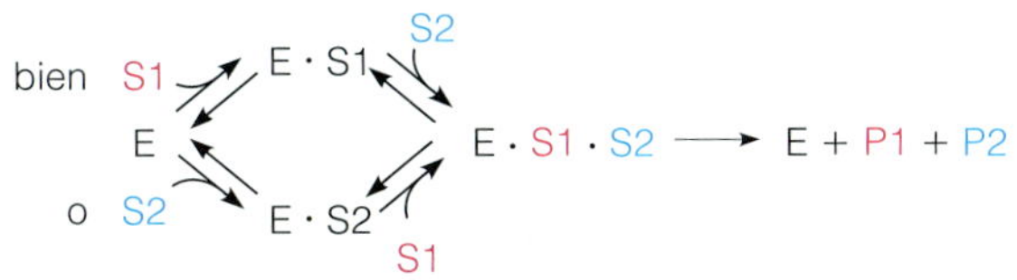


La fosforilación de la glucosa por el ATP, con participación de la hexoquinasa como enzima, parece seguir un mecanismo de este tipo, aunque hay una cierta tendencia a que se una primero la glucosa.

### Unión ordenada de los sustratos

En algunos casos, un sustrato *debe* unirse antes de que un segundo sustrato pueda unirse significativamente:

$$E \overset{S1}{\rightleftharpoons} E \cdot S1 \overset{S2}{\rightleftharpoons} E \cdot S1 \cdot S2 \longrightarrow E + P1 + P2$$

Este mecanismo se suele observar en las oxidaciones de los sustratos por el cofactor $NAD^+$, que está relacionado con el cofactor $NADP^+$ descrito antes en el mecanismo de la hidrofolato reductasa.

### Mecanismo *ping-pong*

A veces, la secuencia de sucesos de la catálisis es la siguiente. Se une un sustrato, se libera un producto, entra un segundo sustrato y se libera un segundo producto. Esta reacción se denomina *ping-pong*:

$$E \overset{S1}{\rightleftharpoons} E \cdot S1 \overset{P1}{\rightleftharpoons} E^* \overset{S2}{\rightleftharpoons} E^* \cdot S2 \overset{P2}{\longrightarrow} E$$

Aquí, $E^*$ es una forma modificada de la enzima, que, a menudo, lleva un fragmento de S1. Un buen ejemplo es la ruptura de una cadena polipeptídica por una serina proteasa, como la tripsina o la quimotripsina. En ese caso, describimos el polipéptido como $S = B — A$, en donde A y B indican, respectivamente, las porciones C-terminal y N-terminal de la cadena peptídica a ambos lados del enlace escindido:

$$E \overset{S}{\rightleftharpoons} E \cdot S \overset{A}{\rightleftharpoons} E^* \cdot B \overset{H_2O}{\rightleftharpoons} E^* \cdot B \cdot H_2O \overset{B}{\longrightarrow} E$$

Aquí $E^* \cdot B$ y $E^* \cdot B \cdot H_2O$ indican los intermediarios covalentes acilo descritos en el tratamiento anterior (*véase* la Figura 11.17).

## Un examen más detallado de algunas reacciones complejas

¿Cómo analizamos realmente el mecanismo de una reacción compleja catalizada por una enzima y cómo determinamos las constantes de velocidad para los distintos pasos? Consideremos, por ejemplo, la ruptura de un sustrato por una serina proteasa como la quimotripsina. En primer lugar, obsérvese que no podemos analizar el paso $E^* \cdot B + H_2O \longrightarrow E^* \cdot B \cdot H_2O$, debido a que la concentración de agua es esencialmente fija en una disolución acuosa y no es una variable. En consecuencia, bastará con escribir la reacción de la forma siguiente

$$E + S \underset{k_{-1}}{\overset{k_1}{\rightleftharpoons}} E \cdot S \underset{k_2}{\overset{A}{\longrightarrow}} E^* \cdot B \underset{k_3}{\longrightarrow} E + B$$

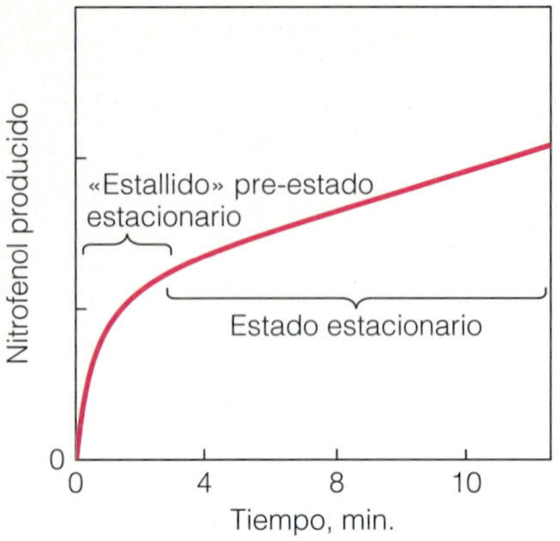


**FIGURA 11.27**

**Estado pre-estacionario**. En esta representación se muestra la cinética de la hidrólisis del *p*-nitrofenilacetato catalizada por la quimotripsina. La producción del primer producto de la reacción (*p*-nitrofenol) se sigue espectrofotométricamente tras la mezcla de la enzima y el sustrato. El estallido inicial de formación de producto cesa cuando la enzima está casi toda unida en el intermediario acil-enzima.

En este ejemplo, tenemos varias constantes que determinar. Las medidas del estado estacionario no serán suficientes por sí mismas. Puede demostrarse que la velocidad del estado estacionario para esta reacción viene dada por la ecuación

$$v = \frac{\left(\frac{k_2k_3}{k_2 + k_3}\right)[E]_t[S]}{[S] + \left(\frac{K_Sk_3}{k_2 + k_3}\right)} \quad (11.32)$$

En otras palabras, la enzima cumple la cinética de Michaelis-Menten, pero $k_{cat}$ y $K_M$ se definen ahora de la siguiente forma:

$$k_{cat} = \frac{k_2k_3}{k_2 + k_3} \quad (11.33a)$$

$$K_M = \frac{K_Sk_3}{k_2 + k_3} \quad (11.33b)$$

$$K_S = \frac{k_{-1}}{k_1} \quad (11.33c)$$

Estos resultados ponen de relieve que las expresiones adecuadas para $k_{cat}$ y $K_M$ dependen del mecanismo de reacción, incluso en los casos en los que la ecuación de Michaelis-Menten describe la velocidad. Para obtener las constantes de velocidad individuales en un caso de este tipo, deben utilizarse medidas fuera del margen del estado estacionario. Uno de los primeros indicios de la posible participación en la proteólisis de un intermedio unido a la enzima vino de los estudios cinéticos rápidos de las fases iniciales de la hidrólisis de los ésteres por la quimotripsina. Si seguimos la liberación del producto A (*p*-nitofenol, en este ejemplo) observamos que su concentración aumenta rápidamente durante unos pocos segundos, hasta que se ha producido, aproximadamente, 1 mol por mol de enzima. Pasado este tiempo, la velocidad es casi constante, como se espera de una reacción en el estado estacionario (Figura 11.27).

La producción rápida inicial del primer producto, denominada *producción pre-estado estacionario* se ha explicado de la siguiente forma. Para la hidrólisis de un éster, $k_3$ es mucho más pequeña que $k_2$. En consecuencia, el intermediario acilo se forma rápidamente en cada molécula de enzima, con la liberación asociada de 1 mol del producto A. Pero, tras este periodo, puede formarse mayor cantidad de A tan solo después de que se degrade cada intermediario acilo y la enzima vuelva a estar disponible. La disociación del intermediario acilo es el paso limitante de la velocidad.

Las medidas aún más rápidas, con el empleo de técnicas de flujo detenido (*véase* Herramientas de la Bioquímica 11A), permiten determinar la velocidad de formación del complejo enzima-sustrato (ES). Las medidas de la degradación de los intermedios acilo, una vez agotado el sustrato, nos dan $k_3$. Con el empleo de una combinación de estos métodos, junto con los estudios del estado estacionario, podemos obtener todas las constantes de la Ecuación 11.32. En la Tabla 11.6 se presentan dos ejemplos de estos datos cinéticos detallados para la hidrólisis de los ésteres de *N*-acilaminoácidos. En el ejemplo 1, tenemos $k_{cat} \cong k_2$ y $K_M \cong K_S$. Estos son los resultados que cabe prever cuando la reacción de acilación ($k_2$) es el paso limitante de la velocidad, con $k_2 < k_3$. En el segundo caso, la desacilación es el paso limitante de la velocidad ($k_2 > k_3$) y $k_{cat} \cong k_3$. En esta situación, $K_M = K_S(k_3/k_2)$. Puede comprobarse cada una de estas afirmaciones viendo cómo se comportan las Ecuaciones 11.33a-c en los casos específicos.

Este ejemplo demuestra que un análisis del estado estacionario es tan solo un primer paso en el estudio de cualquier enzima y que para descubrir los detalles de los mecanismos catalíticos, deben utilizarse varias técnicas.

## Estudios con una sola molécula de la actividad enzimática

Hasta ahora, nuestra consideración de la cinética enzimática se ha basado en las condiciones habituales utilizadas para estos estudios, que son proteínas purificadas presentes en grandes cantidades en el tubo de reacción. De esta forma, el comportamiento ciné-

**TABLA 11.6. Constantes de velocidad para la hidrólisis de dos ésteres de N-acilaminoácido por la quimotripsina**

| Sustrato | $k_{cat}(s^{-1})$ | $k_2(s^{-1})$ | $k_3(s^{-1})$ | $K_M$(mM) | $K_s$(mM) |
|---|---|---|---|---|---|
| 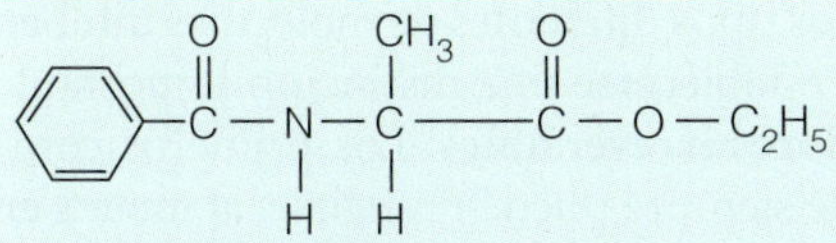 | 0.069 | 0.069 | 0.6 | 5.87 | 5.97 |
| 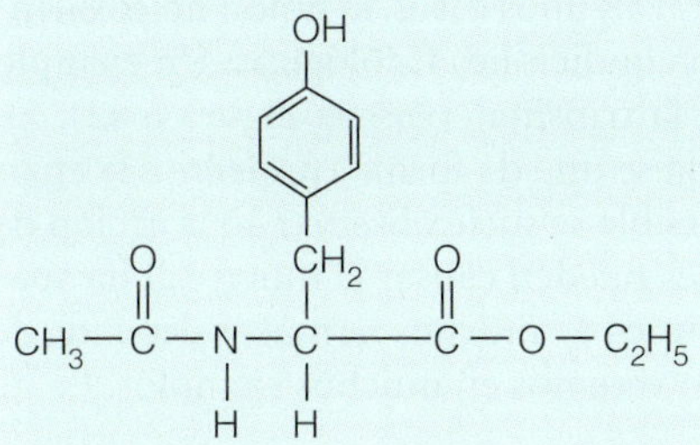 | 192 | 5000 | 200 | 0.663 | 17.2 |

tico que se observa es el comportamiento promedio de un conjunto enorme de moléculas. Recientemente, se ha hecho posible registrar la cinética de *moléculas de enzima únicas* colocadas en un microscopio de fluorescencia. Sunney Xie y colaboradores han estudiado de esta forma la $\beta$-galactosidasa. Han encontrado que el comportamiento cinético de moléculas únicas era variable; una molécula determinada mostraba muchas velocidades de recambio y estas velocidades eran distintas con moléculas diferentes. Interpretaron estos resultados en términos de muchas conformaciones para cada molécula de enzima (Figura 11.28a), donde cada conformación tenía un valor diferente de $k_{cat}$. La Figura 11.28b describe cómo puede imaginarse la variación de $k_{cat}$ de una única molécula de enzima, si se representa la coordenada de reacción (esto es, la curva roja de la Figura 11.10) en una segunda dimensión, que describa las múltiples conformaciones que esa molécula puede adoptar como consecuencia de los movimientos dinámicos. Cada estado de la enzima (por ejemplo, E, ES y EP) tiene muchas conformaciones y cada conformación tiene una energía libre diferente. Las barreras energéticas a lo largo de *ambas* dimensiones pueden dar lugar a las variaciones de $k_{cat}$ que se observan en estos experimentos.

¡Esto no significa que toda la cinética enzimática presentada anteriormente no sea válida. El modelo de Michaelis-Menten proporciona una buena descripción de la cinética de un gran número de moléculas. Además, Xie encontró que cuando se observaban moléculas únicas durante muchos recambios, su comportamiento cinético promedio también podía describirse mediante la cinética de Michaelis-Menten. Así, continuaremos interpretando los datos de los estudios cinéticos en términos del modelo de Michaelis-Menten.

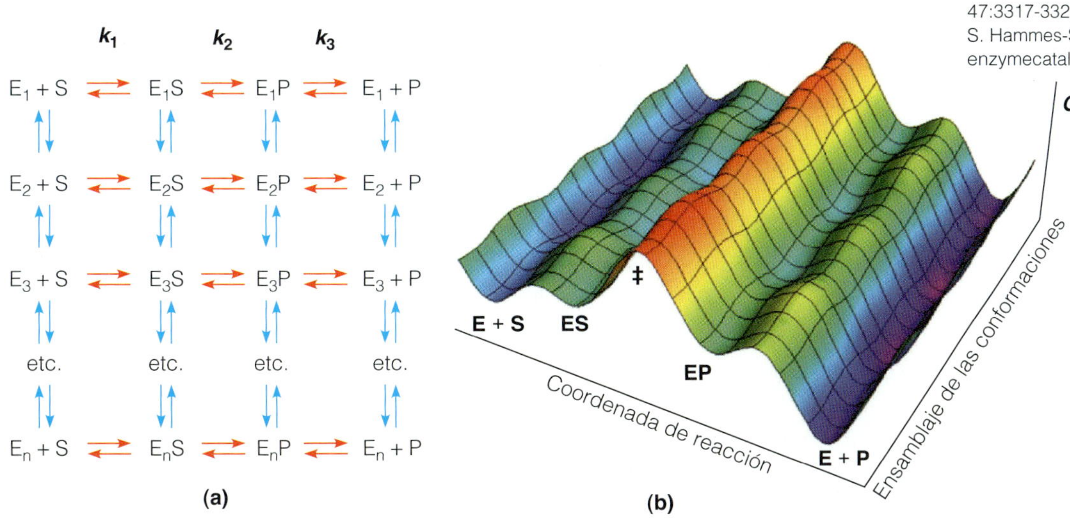


**FIGURA 11.28**

**Dinámica de la conformación y panorama expandido de la coordenada de reacción.** **(a)** Los estudios de moléculas individuales sugieren que las enzimas pueden adoptar múltiples conformaciones, no solo a lo largo de la trayectoria de la coordenada de reacción (flechas rojas) sino también, entre estados semejantes a lo largo de la coordenada de reacción (flechas azules entre los estados de la enzima libre, el complejo ES y el complejo EP). **(b)** Modelo del panorama de energía libre definido por el esquema de (a). Para las enzimas reales este panorama probablemente es más abrupto (esto es, mayores picos y valles que los que se muestran aquí), con unos pocos puntos de silla entre los estados ES y EP. La variabilidad de las velocidades observadas en moléculas individuales se atribuye a las diferencias de las alturas entre los diversos estados que se muestran en (a).

Adaptado con autorización de *Biochemistry* 47:3317-3321, S. J. Benkovic, G. G. Hammes y S. Hammes-Schiffer, Free-energy landscape of enzymecatalysis. © 2008 American Chemical Society.

## Inhibición enzimática

La inhibición de las enzimas puede ser reversible o irreversible.

Los estudios de inhibición enzimática proporcionan un conocimiento más profundo de los mecanismos de la catálisis enzimática. Muchos tipos diferentes de moléculas inhiben las enzimas, y actúan de diversas formas. Debe establecerse una distinción importante entre los **inhibidores reversibles** y los **inhibidores irreversibles**. Los primeros comportan una unión *no covalente* del inhibidor, que siempre puede revertirse, al menos en principio, mediante la eliminación del inhibidor. En algunos casos, la unión no covalente puede ser tan fuerte que parezca irreversible en condiciones fisiológicas. Un ejemplo de ello es la unión del inhibidor de la tripsina a la tripsina (*véase* la Figura 6.42). En cambio, en la inhibición irreversible, una molécula se une de forma *covalente* a la enzima y la incapacita realmente. La inhibición irreversible se suele observar en la acción de toxinas y venenos específicos, muchos de los cuales pueden causar la muerte al incapacitar enzimas clave. Por otro lado, la acción terapéutica de muchos fármacos depende de su actuación como inhibidores enzimáticos, como veremos en muchos ejemplos.

### Inhibición reversible

Los diversos modos de inhibición reversible implican todos ellos la unión no covalente de un inhibidor a la enzima, pero difieren en los mecanismos por medio de los cuales reducen la actividad enzimática y en la forma en que afectan la cinética de la reacción.

#### Inhibición competitiva

Un inhibidor competitivo compite con el sustrato por el lugar activo de la enzima. Aumenta la $K_M$ aparente.

Supongamos que existe una molécula que se parece tanto al sustrato de una reacción catalizada por una enzima, que la enzima aceptará esta molécula en su lugar activo. Si esta molécula puede procesarse también por la enzima, se trata simplemente de un sustrato alternativo competitivo. Sin embargo, si la molécula se une al lugar activo, pero *no puede* sufrir el paso catalítico, reduce de forma efectiva la disponibilidad de la enzima para llevar a cabo los cambios químicos sobre los sustratos verdaderos. Una molécula de este tipo se denomina **inhibidor competitivo**, debido a que compite con el sustrato por unirse al mismo lugar en la enzima (Figura 11.29).

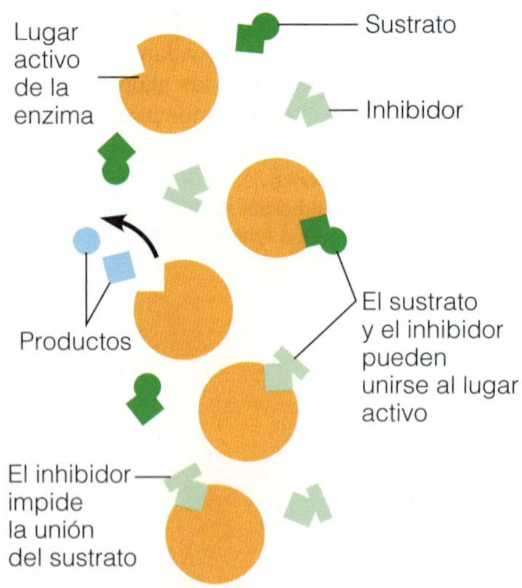


**FIGURA 11.29**

**Inhibición competitiva**. Tanto el sustrato como el inhibidor se ajustan al lugar activo. El sustrato puede procesarse por la enzima, mientras que el inhibidor, no.

Durante la fracción de tiempo en que la molécula de inhibidor competitivo está ocupando el lugar activo, la enzima no está disponible para la catálisis. El efecto global es como si la enzima no pudiera unirse al sustrato tan bien cuando está presente el inhibidor. Así pues, cabe prever que la enzima actúe como si su $K_M$ se incrementara por la presencia del inhibidor. Estas ideas pueden expresarse escribiendo el esquema de reacción de la siguiente forma

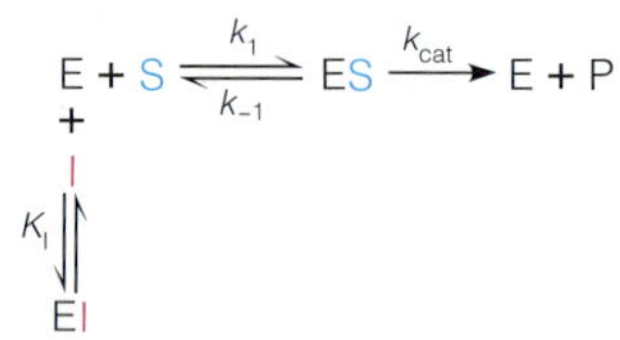


En este caso, I indica la sustancia inhibidora y $K_I$ es una constante de disociación para la unión del inhibidor, que se define como $K_I = [E][I]/[EI]$, en donde [I] = concentración de inhibidor libre. Podemos resolver las ecuaciones de velocidad de la misma forma que en el apartado anterior, pero teniendo en cuenta que ahora

$$\underset{\text{Enzima total}}{[E]_t} = \underset{\text{Enzima libre}}{[E]} + \underset{\text{Enzima unida al sustrato}}{[ES]} + \underset{\text{Enzima unida al inhibidor}}{[EI]} \tag{11.34}$$

En el análisis de este caso, se obtiene que la expresión para *v* es la siguiente

$$v = \frac{k_{cat}[E]_t[S]}{K_M\left(1 + \frac{[I]}{K_I}\right) + [S]} \tag{11.35a}$$

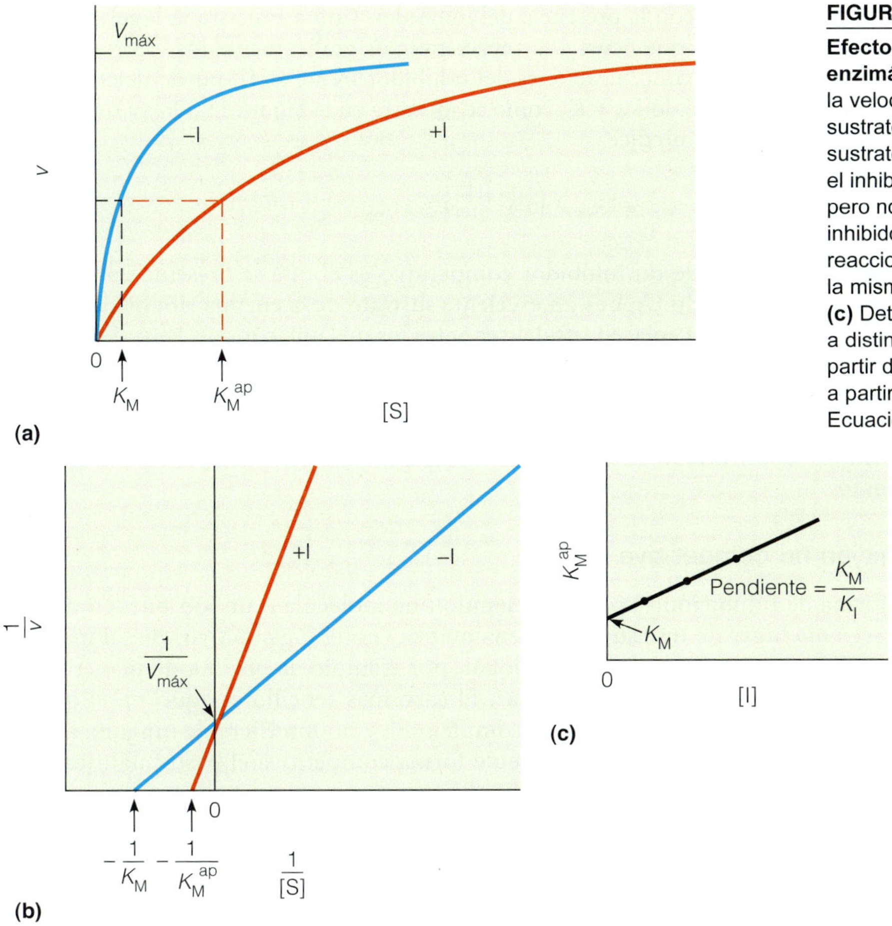


**FIGURA 11.30**

**Efectos de la inhibición competitiva sobre la cinética enzimática. (a)** Efecto de un inhibidor competitivo (I) sobre la velocidad de reacción a distintas concentraciones de sustrato. Se realizaron dos grupos de experimentos de sustrato-velocidad, uno con (línea roja) y otro sin (línea azul) el inhibidor. La adición del inhibidor reduce la velocidad, pero no la $V_{máx}$. La $K_M$ aparente es mayor en presencia del inhibidor. **(b)** Representaciones de Lineweaver-Burk de las reacciones que se muestran en (a). La línea corta el eje $1/v$ a la misma $V_{máx}$, lo cual indica que I es un inhibidor competitivo. **(c)** Determinación de $K_M$ y $K_I$. Si se repite la medición de $K_M^{ap}$ a distintas concentraciones de I, puede determinarse $K_I$ a partir de la pendiente de la recta, y el valor verdadero de $K_M$ a partir de la intersección de la recta donde [I] = 0 (*véase* la Ecuación 11.36).

$$v = \frac{V_{máx}[S]}{\alpha K_M + [S]} \tag{11.35b}$$

donde $\alpha = (1 + [I]/K_I)$. El término $aK_M$ puede también volver a escribirse como $K_M^{ap}$, lo cual da

$$v = \frac{V_{máx}[S]}{K_M^{ap} + [S]} \tag{11.35c}$$

Esta expresión se asemeja a la ecuación de Michaelis-Menten, con una $K_M$ «aparente» dada por $aK_M^{ap} = (1 + [I]/K_I)K_M$. Como se preveía, el aumento de [I] produce un aumento de la $K_M$ aparente. Debido a que la formación de EI depende de [I], igual que la formación de ES depende de [S], la velocidad de una reacción de inhibición competitiva depende estrictamente de las concentraciones relativas de I y S. Es importante señalar que la $K_M$ para el sustrato no cambia *per se*, sino que la presencia de un inhibidor competitivo incrementa el valor de [S], que da la mitad de $V_{máx}$. Así, se mide una $K_M$ *aparente* para la reacción inhibida, que siempre es mayor que la $K_M$ real para el sustrato debido a que $\alpha$ siempre es $> 1$.

En la inhibición competitiva la velocidad máxima no cambia, puesto que cuando [S] llega a ser muy grande, $v$ se aproxima a $V_{máx}$, al igual que en ausencia de inhibición, y $V_{máx} = k_{cat}[E]_t$. Físicamente, esto significa simplemente que si hacemos [S] muy grande para un valor dado de [I], las numerosas moléculas de sustrato harán que no compita el inhibidor. El efecto de la inhibición competitiva en una gráfica de $v$ frente a [S] se muestra en la Figura 11.30a.

Dado que el sistema, a una [I] dada, continúa cumpliendo una ecuación de la forma de la de Michaelis-Menten, debemos prever que las representaciones de Lineweaver-Burk y de Eadie-Hofstee continúen siendo gráficas lineales, y que el valor de $K_M$ (pero

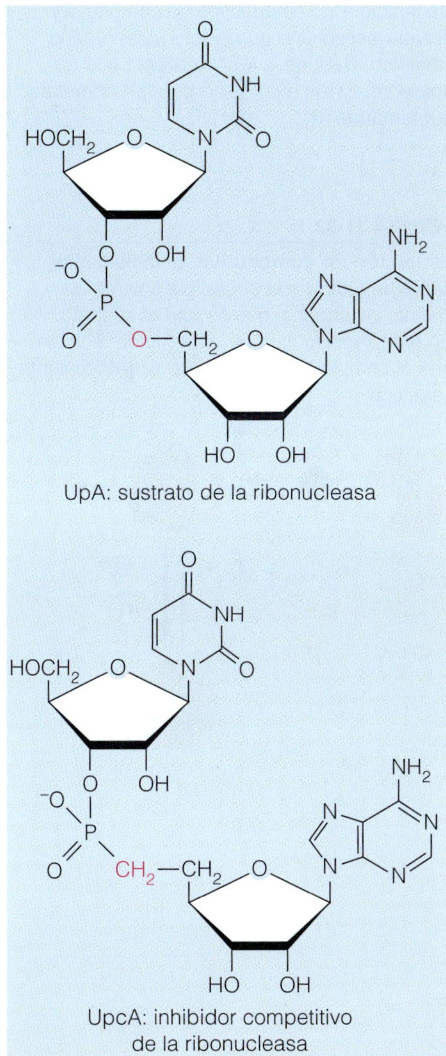


**FIGURA 11.31**

**Un sustrato y su inhibidor competitivo.** El sustrato UpA y la molécula de estructura similar UpcA compiten por la enzima ribonucleasa. En rojo se señala la única diferencia entre el sustrato y el inhibidor.

no el de $V_{máx}$) cambie con la presencia del inhibidor. Como muestra la Figura 11.30b, esto es exactamente lo que ocurre. Si representamos gráficamente los valores de $K_M^{ap}$ obtenidos a diferentes concentraciones del inhibidor frente a [I], puede determinarse tanto el valor verdadero de $K_M$ y $K_I$, como se muestra en la Figura 11.30c, ya que se obtendrá una línea, como predice

$$K_M^{ap} = \alpha K_M = \left(1 + \frac{[I]}{K_I}\right) K_M = K_M + \frac{K_M}{K_I}[I] \tag{11.36}$$

Un ejemplo claro de un inhibidor competitivo es el que se presenta en la Figura 11.31. El dinucleótido UpA es un excelente sustrato de la enzima ribonucleasa que cataliza la hidrólisis del enlace fosfodiéster entre los dos nucleótidos. Pero si el átomo de oxígeno en el lugar de ruptura de UpA se sustituye por un grupo $CH_2$, la molécula pasa a ser el análogo *fosfonato* UpcA, un potente inhibidor competitivo. La ribonucleasa se une al análogo lo suficientemente fuerte en el lugar activo para permitir los estudios de difracción de rayos X del complejo, pero no puede romper el enlace fosfonato.

Un inhibidor no competitivo no compite por el lugar activo sino que afecta al fenómeno catalítico. Reduce la $V_{máx}$ aparente y la $K_M$ aparente. Estos efectos no pueden revertirse aumentando [S].

## Inhibición no competitiva

Esta forma de inhibición se produce cuando una molécula o un ion pueden unirse a un *segundo* lugar de una superficie enzimática (no el lugar activo) de tal manera que modifican la $k_{cat}$. Podrían distorsionar, por ejemplo, la enzima de manera que el proceso catalítico no fuera tan eficaz. El caso más sencillo es aquel en el que la molécula del inhibidor se une solo al complejo ES y no interfiere de ninguna forma con la unión del sustrato, pero impide de forma competitiva el paso catalítico (Figura 11.32)

$$\begin{array}{ccccc} E + S & \underset{k_{-1}}{\overset{k_1}{\rightleftarrows}} & ES & \xrightarrow{k_{cat}} & E + P \\ & & + & & \\ & & I & & \\ & & \Big\downarrow\uparrow K_I' & & \\ & & EIS & \not\longrightarrow & \text{No hay reacción} \end{array}$$

**FIGURA 11.32**

**Inhibición no competitiva.** El inhibidor se une a un lugar de la superficie enzimática distinto de aquel al que se une el sustrato. En este sencillo ejemplo, el inhibidor solo se une al complejo ES e inhibe el acontecimiento catalítico.

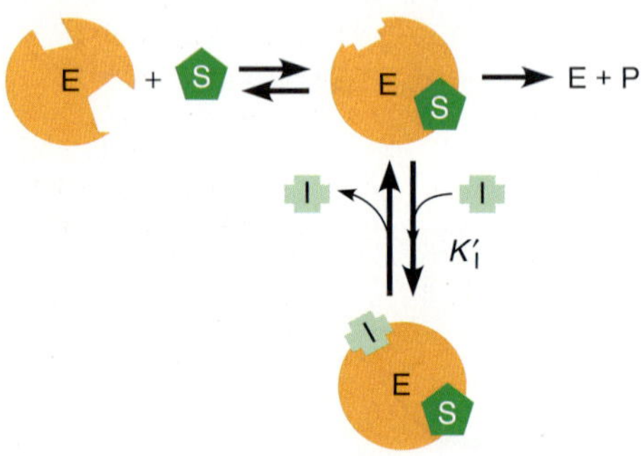


Diferenciamos aquí la constante de equilibrio de la unión del inhibidor a la enzima libre $K_I$ de $K'_I$, la constante de equilibrio de la unión del inhibidor al complejo ES. Debido a que el lugar de unión del inhibidor está totalmente separado del lugar de unión del sustrato, este **inhibidor no competitivo** puede ser una molécula que no se parezca en nada al sustrato.

Puede observarse (*véase* el Problema 28a) que la ecuación de Michaelis-Menten para el esquema de inhibición no competitiva de arriba es

$$v = \frac{V_{máx}^{ap}[S]}{K_M^{ap} + [S]} = \frac{V_{máx}[S]}{K_M + \alpha'[S]} \tag{11.37}$$

donde $\alpha' = (1 + [I]/K'_I)$, $V_{máx}^{ap} = V_{máx}/\alpha'$, y $K_M^{ap} = K_M/\alpha'$. En presencia de un inhibidor no competitivo, tanto $V_{máx}$ como $K_M$ parecen *reducirse* por un factor de $1/\alpha'$ (Figura 11.33a). Al solo unirse al complejo ES, un inhibidor no competitivo aumenta la unión eficaz de S, lo cual reduce la $K_M$ aparente. ¿Cómo puede explicarse esta observación? A $[S] < K_M$, el efecto del inhibidor es mínimo debido a que, al disminuir [S], $v$ se acerca a $V_{máx}[S]/K_M$. A $[S] < K_M$, el efecto del inhibidor sobre la reducción de $V_{máx}$ es aparente debido a que, al aumentar [S], $v$ se acerca a $V_{máx}/\alpha'$. Así, como se muestra en la Figura 11.33a, la representación de $v$ frente a [S] se solapa a baja [S] y diverge a [S] mayor.

La inhibición no competitiva se distingue de la competitiva mediante dos observaciones: (1) la inhibición no competitiva no se puede revertir aumentando [S] y (2) como se muestra en la Figura 11.33b, la representación de Lineweaver-Burk da líneas paralelas en lugar de líneas que se cortan (debido a que el factor cae fuera de la relación para dar una pendiente $= K_M/V_{máx}$ para todos los valores de $\alpha'$).

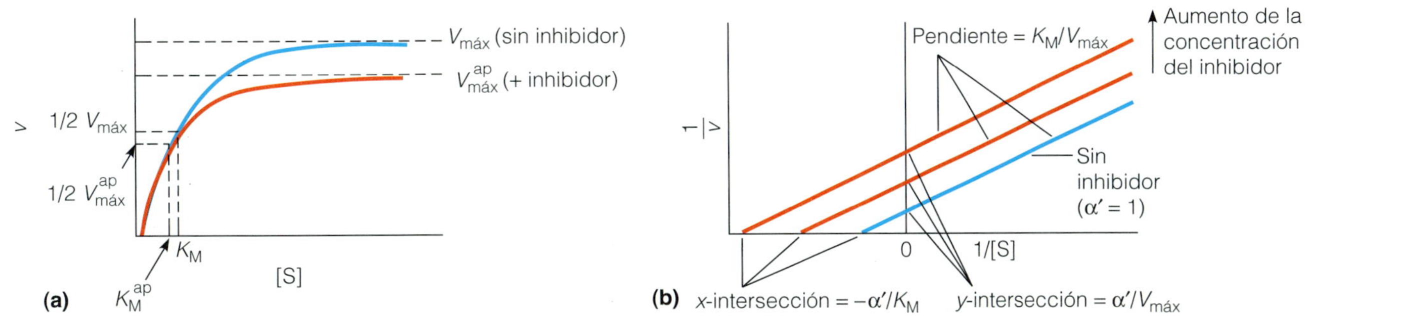


**FIGURA 11.33**

**Efectos de la inhibición no competitiva sobre la cinética enzimática. (a)** Efecto de un inhibidor no competitivo (I) sobre la velocidad de reacción a diferentes concentraciones de sustrato. En este ejemplo sencillo, tanto $K_M$ como $V_{máx}$ disminuyen por un factor de $1/\alpha'$. **(b)** Representaciones de Lineweaver-Burk de las reacciones que se muestran en (a). Las líneas son paralelas y cortan el eje $1/v$ en distintos puntos, lo cual diferencia claramente esta situación de la inhibición competitiva (*véase* la Figura 11.30b).

Este comportamiento se observa en la inhibición de la acetilcolinesterasa (*véase* el Capítulo 23) por las aminas terciarias ($R_3N$). Estos compuestos se unen a la enzima en sus diversas formas, pero el complejo acil-intermediario-amina no puede descomponerse en la enzima más el producto.

## Inhibición mixta

Esta forma de inhibición se produce cuando una molécula o un ion pueden unirse tanto a la enzima libre como al complejo ES (*véase* la Figura 11.34):

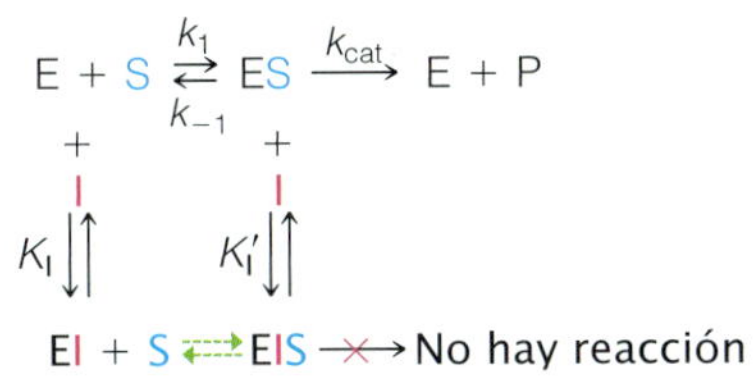


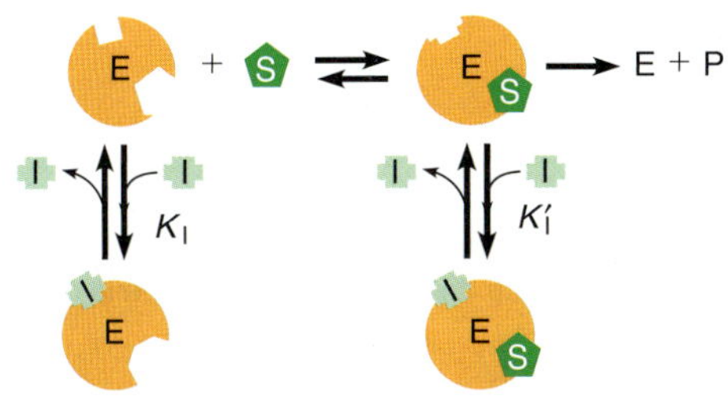


**FIGURA 11.34**

**Modelo de inhibición mixta**. El inhibidor se une a un lugar de la superficie enzimática distinto de aquel al que se une el sustrato. En este ejemplo simplificado, el inhibidor se une, tanto a la enzima libre como al complejo ES. El tiene una menor afinidad de unión del sustrato en comparación con la enzima libre. El complejo EI no puede llevar a cabo la catálisis. Como se indica en el texto, no se considera aquí el proceso EI + S ⇄ EIS.

De nuevo, diferenciamos las constantes de equilibrio $K_I$ y $K_I'$, respectivamente, para la unión del inhibidor a E y ES. Cuando $K_I = K_I'$, el método mixto de inhibición también se llama **inhibición acompetitiva**. La unión del sustrato al complejo EI (flechas verdes en el esquema de arriba) es significativamente menor que la unión a la enzima libre. Así, el proceso EI + S ⇄ EIS no se considerará aquí, aunque es parte de un análisis termodinámico completo; al hacerlo, la derivación de la ecuación de Michaelis-Menten para la inhibición mixta se simplifica, en gran medida, sin alterar de forma significativa las conclusiones del análisis. Para este caso simplificado:

$$v = \frac{V_{máx}^{ap}[S]}{K_M^{ap} + [S]} = \frac{V_{máx}[S]}{\alpha K_M + \alpha'[S]} \qquad (11.38)$$

donde $\alpha$ y $\alpha'$ se definen como antes, $V_{máx}^{ap} = V_{máx}/\alpha'$, y $K_M^{ap} = \alpha K_M/\alpha'$ (para la derivación de esta ecuación, *véase* el problema 28b). En la mayoría de los casos, el inhibidor tiene mayor afinidad por la enzima libre que por el complejo ES; así, $\alpha$ es normalmente mayor que $\alpha'$.

Este modo de inhibición es «mixta», debido a que el denominador de la Ecuación 11.38 contiene términos de la ecuación de la inhibición competitiva ($\alpha K_M$) y la inhibición no competitiva ($\alpha'[S]$). En cuanto a la inhibición competitiva, $K_M$ parece *aumentar* (por un factor de $\alpha/\alpha'$), y en cuanto a la inhibición no competitiva, $V_{máx}$ parece *reducirse* (por un factor de $1/\alpha'$). La Figura 11.35 muestra que la representación de Lineaweaver-Burk para la inhibición mixta refleja este descenso de la $V_{máx}$ y el aumento de $K_M$ y es diferente de representaciones semejantes para los modos de inhibición competitivo y no competitivo.

> Un inhibidor mixto no compite por el lugar activo, sino que afecta al acontecimiento catalítico. Reduce la $V_{máx}$ aparente a todas las [S] y aumenta la $K_M$ aparente.

Finalmente, los inhibidores mixtos reducen eficazmente $v$ a valores altos y bajos de [S]. A $[S] > K_M$, $v$ se acerca a $V_{máx}[S]/\alpha K_M$, y a $[S] < K_M$, $v$ se acerca a $V_{máx}/\alpha'$. Así, $V_{máx}^{ap}$ será menor que $V_{máx}$ para todos los valores de [S].

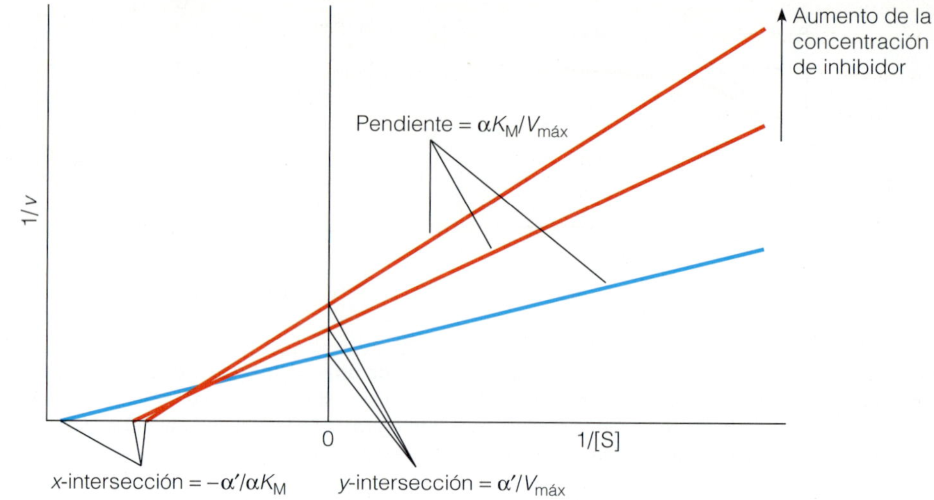


**FIGURA 11.35**

**Representación de Lineweaver-Burk de la cinética de la inhibición mixta.** $V_{máx}$ disminuye por un factor de $1/\alpha'$ y $K_M$ aumenta por un factor de $\alpha/\alpha'$. Compárese esta representación con las de las Figuras 11.30b y 11.33b para encontrar las características que diferencian los modos de inhibición competitiva, no competitiva y mixta.

## Inhibición irreversible

Algunas sustancias se combinan de forma *covalente* con las enzimas y las inactivan de manera irreversible. Casi todos los **inhibidores enzimáticos irreversibles** son sustancias tóxicas, naturales o sintéticas. En la Tabla 11.7 se indican algunas de ellas. En la mayoría de los casos, estas sustancias reaccionan con algún grupo funcional del lugar activo para dejarlo catalíticamente inactivo o para bloquear la unión del sustrato.

Muchos inhibidores irreversibles se unen covalentemente a los lugares activos de las enzimas.

Un ejemplo característico de un inhibidor competitivo irreversible es el del *diisopropil fluorofosfato* (*DFP*). Este compuesto reacciona de manera rápida e irreversible con los grupos hidroxilo de serina para formar un *aducto* covalente, como se indica en la Figura 11.36. En consecuencia, el DFP actúa como inhibidor irreversible de las enzimas que contienen una serina esencial en su lugar activo. Entre estas enzimas se encuentran las serina proteasas y la enzima *acetilcolinesterasa.* Es la inhibición de la acetilcolinesterasa la que hace que el DFP sea una sustancia tan tóxica para los animales. La acetilcolinesterasa es esencial para la conducción nerviosa (*véase* el Capítulo 23) y su inhibición causa una parálisis rápida de las funciones vitales. Muchos insecticidas y gases nerviosos se parecen al DFP y son inhibidores potentes de la acetilcolinesterasa (Tabla 11.7).

Para que estos inhibidores irreversibles reaccionen de manera selectiva con un residuo crítico, deben unirse fuertemente al lugar activo. Muchos lo hacen porque son análogos del estado de transición. Entre los ejemplos están el DFP y el gas nervioso *sarín,* que tiene una estructura tetraédrica que rodea al átomo de fósforo, que es semejante al estado de transición tetraédrico oxianión del sustrato en muchas enzimas hidrolíticas.

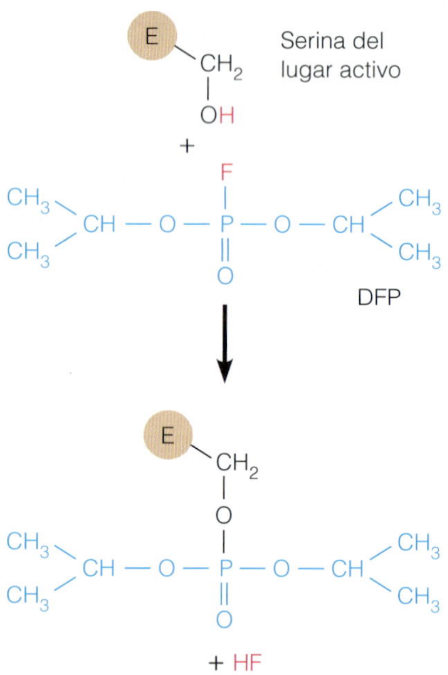


**FIGURA 11.36**

**Inhibición irreversible mediante la formación de un aducto.** El diisopropil fluorofosfato (DFP) reacciona con un grupo serina de una proteína para formar un aducto covalente. El enlace covalente hace que la serina, que es catalíticamente importante, pase a ser ineficaz en la catálisis. El aducto puede bloquear también la unión del sustrato al lugar activo.

Algunos inhibidores irreversibles selectivos imitan al sustrato de la enzima diana. Un ejemplo es la *N-tosil-L-fenilalaninaclorometil cetona* (*TPCK*) (*véase* la Tabla 11.7). La TPCK es un excelente inhibidor de la quimotripsina, puesto que el grupo fenilo se ajusta exactamente en el bolsillo del lugar activo, colocando el cloro para el desplazamiento nucleófilo por un nitrógeno del anillo imidazol de la His 57. El aducto covalente resultante bloquea el acceso al lugar activo de la enzima, haciendo de forma eficaz completamente inactiva a la enzima. Se han sintetizado un gran número de estos inhibidores irreversibles para facilitar el análisis de los mecanismos enzimáticos y para controlar la actividad enzimática. Así, por ejemplo, un bioquímico que utilice la quimotripsina para hidrolizar una proteína puede detener la reacción instantáneamente en cualquier momento mediante la simple adición de TPCK. Otro uso de estas sustancias es para marcar los residuos del lugar activo de una enzima de manera específica, con el fin de facilitar su identificación. Cuando se utilizan inhibidores irreversibles de esta forma, se les denomina **marcadores de afinidad**. En algunos casos, un marcador de afinidad no es reactivo hasta que la enzima actúa sobre él, y en este momento se une de forma irreversible. Estas sustancias se llaman **inhibidores suicidas**, puesto que la enzima se «destruye» a sí misma al procesar el inhibidor de una forma benigna a una forma reactiva.

**TABLA 11.7. Inhibidores enzimáticos irreversibles**

| Nombre | Fórmula[a] | Origen | Modo de acción |
|---|---|---|---|
| Cianuro | $CN^-$ | Almendras amargas | Reacciona con iones metálicos de enzimas (por ejemplo, Fe, Zn, Cu); sus dianas primarias son las enzimas de la cadena respiratoria (*véase* el Capítulo 15) |
| Diisopropil fluorofosfato (DFP) | 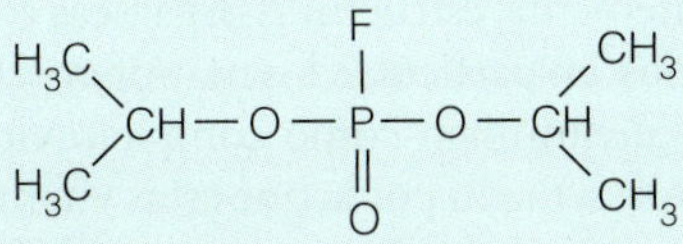 | Sintético | Inhibe enzimas con serina en el lugar activo, como la acetilcolinesterasa |
| Sarín | 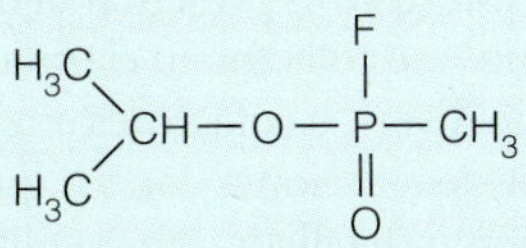 | Sintético (gas nervioso) | Como el DFP |
| Fisostigmina | 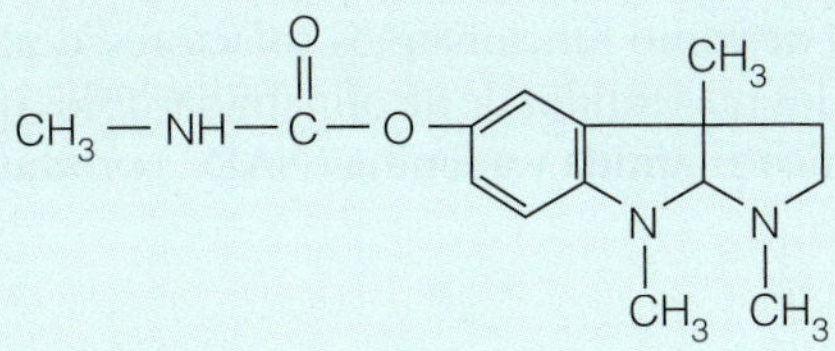 | Semillas de *Physostigma venosum* | Como el DFP |
| Paratión | 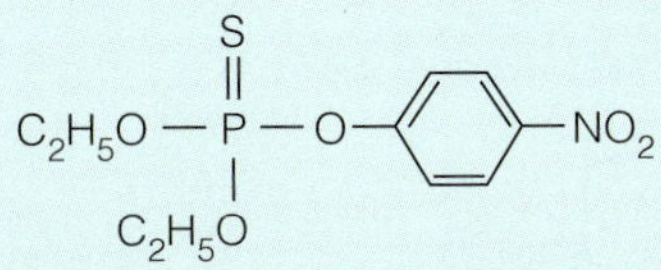 | Sintético (insecticida) | Como el DFP, pero especialmente inhibidor de la acetilcolinesterasa de insectos. |
| *N*-Tosil-L-fenil-alaninaclorometil cetona (TPCK) | 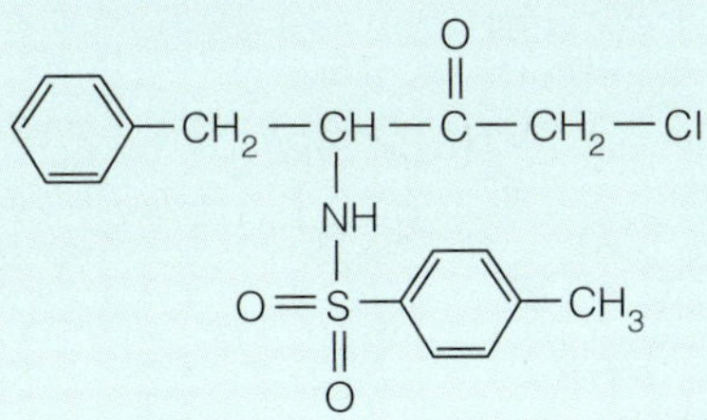 | Sintético | Reacciona con la His 57 de la quimotripsina |
| Penicilina | 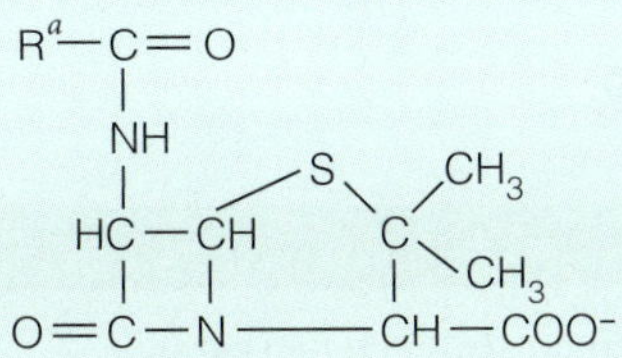 | Del hongo *Penicillium* | Inhibe las enzimsa de la síntesis de la pared de la célula bacteriana (*véase* el Capítulo 16) |

[a] R = grupo variable, difiere en las distintas penicilinas.

Muchas toxinas naturales son inhibidores enzimáticos irreversibles. El alcaloide *fisostigmina* (*véase* la Tabla 11.7), que se encuentra en las habas de calabar, es tóxico porque es un potente inhibidor de la acetilcolinesterasa. Los antibióticos del grupo de las *penicilinas* actúan también como inhibidores irreversibles de las enzimas que contienen serina y que se utilizan en la síntesis de la pared celular bacteriana (*véase* el Capítulo 9).

## Cofactores, vitaminas y metales esenciales

La complejidad de la estructura de una proteína globular y la variedad de las cadenas laterales existentes en una proteína permiten la formación de muchos tipos de lugares catalíticos. Esta variabilidad permite a las enzimas actuar como catalizadores eficaces en muchas reacciones. Sin embargo, para algunos tipos de procesos biológicos, solo el potencial químico de las cadenas laterales de los aminoácidos no es suficiente. Una proteína puede requerir la ayuda de alguna otra molécula o ion pequeño para llevar a cabo

Muchas enzimas utilizan iones o moléculas pequeñas unidas, que se denominan cofactores o coenzimas, para facilitar la catálisis.

la reacción. Los iones o moléculas que se unen a las enzimas con este fin se denominan **cofactores** o **coenzimas**. Igual que las enzimas, las coenzimas no se modifican de manera irreversible durante la catálisis; o bien no se modifican o bien se regeneran, como se comentó antes en el caso de la dihidrofolato reductasa, que utiliza NADPH como cofactor.

## Los cofactores y sus funciones

Muchas vitaminas esenciales son componentes de los cofactores enzimáticos.

Los cofactores poseen, frecuentemente, estructuras orgánicas complejas que no pueden sintetizarse por algunos organismos, en particular, los mamíferos. Las vitaminas hidrosolubles, aquellas que normalmente se denominan como complejo vitamínico B, son precursores metabólicos de diversos cofactores, razón por la que estas vitaminas son tan importantes en el metabolismo. Nuestra estrategia en este libro es presentar la bioquímica detallada de cada cofactor la primera vez que encontremos ese cofactor en el tratamiento de las rutas metabólicas. En la Tabla 11.8 se da una lista de diversos cofactores enzimáticos importantes, junto con sus vitaminas relacionadas, la clase de reacciones con los que están asociados y también encontrará una descripción y tratamiento detallados en este libro. En este punto, para dar una idea más concreta de cómo funcionan los cofactores, describiremos una clase con algún detalle. Se trata de los nucleótidos de nicotinamida, de los que un ejemplo fundamental es el **dinucleótido de nicotinamida** y **adenina** ($NAD^+$) producto de la vitamina **niacina**.

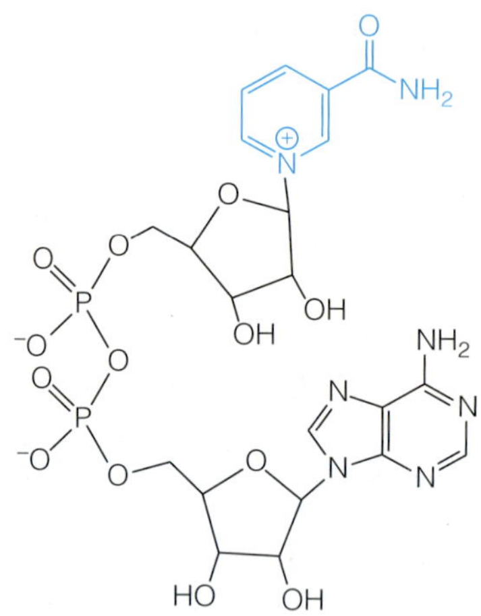


**NAD⁺**

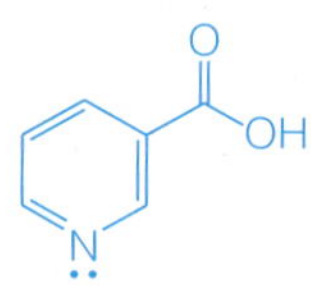


**Niacina**

**TABLA 11.8. Algunas coenzimas importantes y las vitaminas relacionadas**

| Vitamina | Coenzima | Reacciones en que intervienen estas coenzimas | Página donde se presenta la coenzima |
|---|---|---|---|
| Tiamina (vitamina $B_1$) | Pirofosfato de tiamina | Activación y transferencia de aldehídos | 536-538 |
| Riboflavina (vitamina $B_2$) | Mononucleótido de flavina; dinucleótido de flavina y adenina | Oxidación-reducción | 599 |
| Niacina | Dinucleótido de nicotinamida y adenina; dinucleótido de nicotinamida y adenina fosfato | Oxidación-reducción | 446, 485, 530 |
| Ácido pantoténico | Coenzima A | Activación y transferencia de grupos acilo | 601 |
| Piridoxina | Piridoxal fosfato | Varias reacciones que implican activación de aminoácidos | 845 |
| Biotina | Biotina | Activación y transferencia de $CO_2$ | 617-619 |
| Ácido lipoico | Lipoamida | Activación de grupos acilo; oxidación-reducción | 598-599 |
| Ácido fólico | Tetrahidrofolato | Activación y transferencia de grupos funcionales de un carbono | 848 |
| Vitamina $B_{12}$ | Adenosil cobalamina; metil cobalamina | Isomerizaciones y transferencia de grupos metilo | 853 |

La porción nicotinamida es la parte relevante, desde el punto de vista metabólico, del $NAD^+$, ya que es capaz de reducirse y, de este modo, servir como agente *oxidante* al que se añaden dos electrones y un protón al anillo nicotinamida: $NAD^+ + 2e^- + H^+ \rightarrow NADH$. La reacción es reversible (esto es, el NADH actúa como agente *reductor* en varias reacciones) y formalmente es una transferencia de **ion hidruro**: $NAD^+ + H^+ \rightleftarrows NADH$.

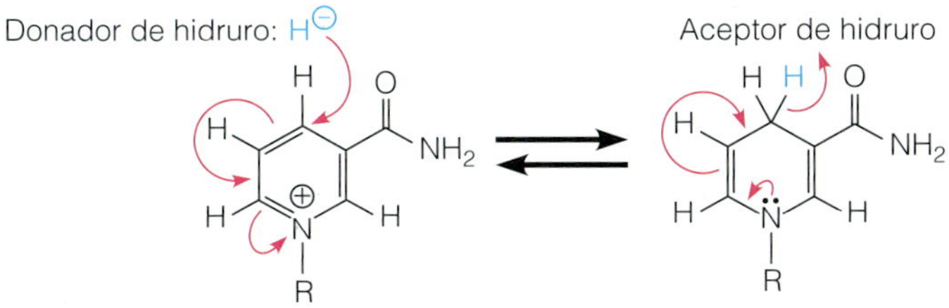


Aquí, R es el resto de la molécula.

Una reacción característica en la que actúa el $NAD^+$ como agente oxidante es la conversión de los alcoholes en aldehídos o cetonas (por ejemplo, por la *alcohol deshidrogenasa* hepática):

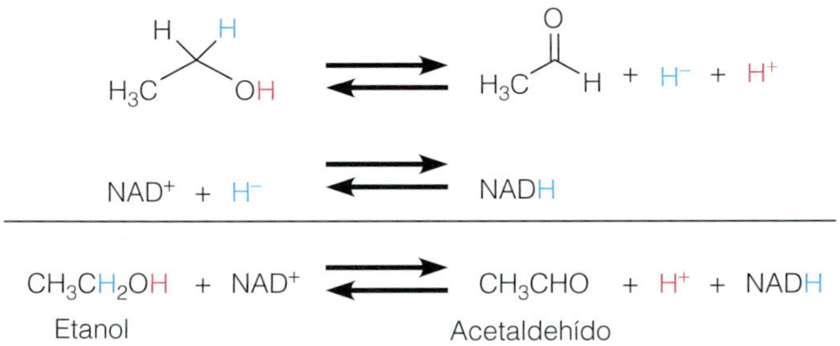


El H ligado al C y no el H ligado al O es el que se transfiere al $NAD^+$, como puede demostrarse mediante estudios en los que se emplean compuestos deuterados. Además, estas reacciones son estereoespecíficas. A pesar de que el carbono del hidroxilo tenga *dos* hidrógenos unidos a él (como en el caso del etanol), es un hidrógeno concreto el que se transfiere al $NAD^+$. Esta especificidad puede parecer sorprendente, puesto que el carbono del grupo hidroxilo del etanol no es un centro quiral. ¿Cómo puede verse favorecido un H concreto cuando la molécula de sustrato tiene un plano de simetría? La respuesta está en la naturaleza asimétrica de la superficie de la enzima a la que se unen, tanto el $NAD^+$ como el alcohol. Si una molécula simétrica como el etanol se une por *tres* puntos a un objeto asimétrico, los dos átomos de H dejan de ser equivalentes y se denominan *proquirales* (Figura 11.37). Además, aunque el anillo de nicotinamida está en un plano, la transferencia de hidrógeno en una reacción concreta es siempre a una cara específica del anillo, puesto que las dos caras *no* son equivalentes en el entorno asimétrico de una enzima. Estas consideraciones subyacen en la estereoespecificidad elevada de muchas reacciones catalizadas por enzimas, a diferencia de lo que ocurre en la catálisis no enzimática.

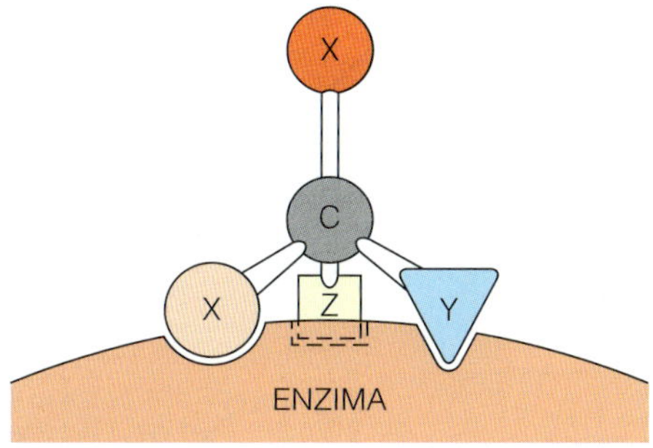


**FIGURA 11.37**

**Estereoespecificidad conferida por una enzima.** Esta figura muestra la forma en que la superficie asimétrica de una enzima puede conferir estereoespecificidad a la reacción de un sustrato simétrico. Si la molécula de sustrato $X_2CYZ$, al menos, establece tres contactos con grupos complementarios específicos de la enzima, sus dos átomos X dejan de ser equivalentes. Tan solo uno de los dos átomos X puede contactar adecuadamente con la superficie. En muchos casos, se necesita un mínimo de *cuatro* contactos para diferenciar grupos funcionales proquirales, lo cual se considera con mayor detalle en la Figura 14.11 (página 605; *véase también* la página 607).

A veces, resulta difícil establecer una distinción clara entre un verdadero cofactor y un segundo sustrato de la reacción. Las reacciones que acabamos de considerar son buenos ejemplos de este problema. Las enzimas deshidrogenasas, como la alcohol deshidrogenasa, tienen un lugar de unión fuerte para la forma oxidada del cofactor, el $NAD^+$. Tras la oxidación del sustrato, la forma reducida, NADH, deja la enzima y se reoxida por otros sistemas aceptores de electrones de las células. El $NAD^+$ formado así puede unirse ahora a otra molécula de enzima y repetir el ciclo. En estos casos, el $NAD^+$ actúa más como un segundo sustrato que como un verdadero cofactor. Sin embargo, el $NAD^+$ y el NADH difieren de la mayor parte de los sustratos en que se reciclan continuamente en la célula y se utilizan una y otra vez. Como consecuencia de este comportamiento, los consideramos cofactores.

Un ejemplo de conducta del $NAD^+$ claramente como cofactor es el que se encuentra en la reacción de la *UDP-galactosa-4-epimerasa,* que se muestra en la Figura 11.38. Esta enzima facilita la síntesis de los polisacáridos complejos mediante la interconversión de

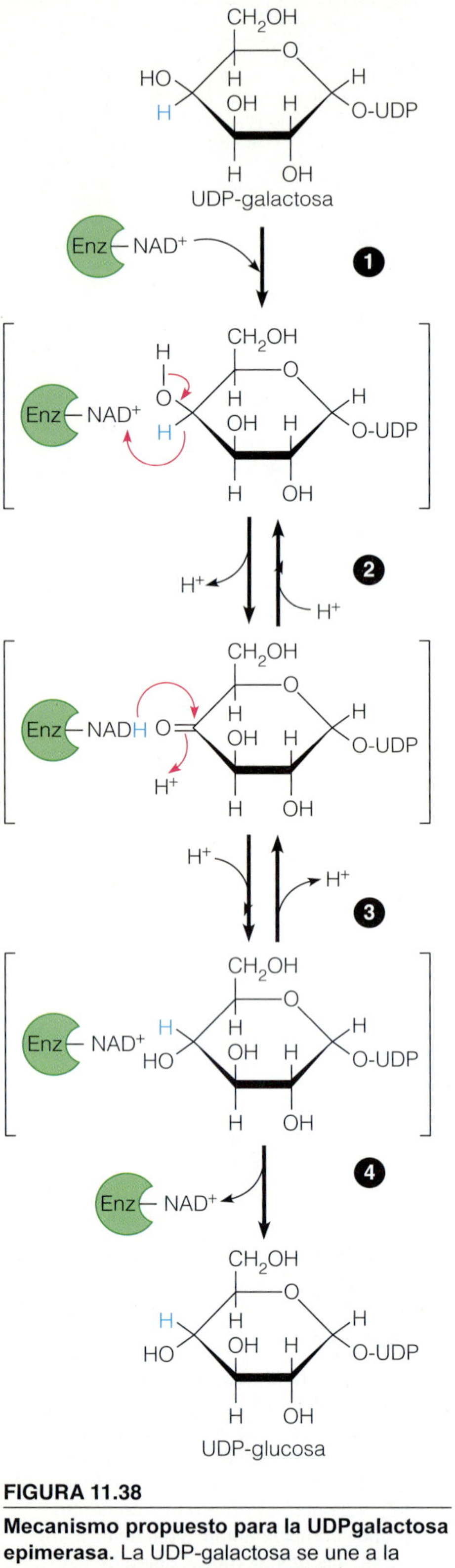


**FIGURA 11.38**

**Mecanismo propuesto para la UDPgalactosa epimerasa.** La UDP-galactosa se une a la enzima, que lleva la coenzima $NAD^+$ (paso 1). Se transfiere el hidruro al $NAD^+$ desde el C4 del anillo de galactosa para producir el intermediario carbonilo (paso 2) y luego se transfiere de nuevo al C4 para dar la estereoquímica opuesta (paso 3). Se libera entonces el producto, UDP-glucosa (paso 4).

la UDP-glucosa en UDP-galactosa (*véanse* los Capítulos 9 y 13). El mecanismo mediante el cual el hidroxilo de la posición 4 cambia de orientación estereoquímica comporta la oxidación del hidroxilo a carbonilo como estado intermediario. En este caso, el $NAD^+$ se reduce a NADH (paso 2), el cual, a su vez, se reoxida (paso 3) para regenerar el cofactor $NAD^+$. Esta reacción constituye un buen ejemplo de lo que hacen los cofactores y por qué son necesarios. El intermediario carbonilo proporciona un excelente estado intermediario para la interconversión de los azúcares, pero ninguna de las cadenas laterales de los aminoácidos normales de una proteína es realmente adecuada para promover este tipo de oxidación y reducción. Mediante la unión del $NAD^+$, la enzima puede llevar a cabo esta función.

## Iones metálicos en las enzimas

Muchas enzimas contienen uno o varios iones metálicos, que generalmente se mantienen unidos mediante enlaces covalentes coordinados con las cadenas laterales de los aminoácidos aunque, a veces se unen mediante un grupo prostético como el hemo. Estas enzimas se denominan **metaloenzimas**. El ion unido actúa de forma muy parecida a las coenzimas, confiriendo a la metaloenzima una propiedad que no poseería en su ausencia. Como se muestra en la Tabla 11.9, las funciones de estos iones son diversas. Por ejemplo, el ion zinc en la *carboxipeptidasa A* une la molécula de agua que ataca el carbonilo del enlace escindible y también actúa como catalizador electrostático (Figura 11.39). El ion zinc estabiliza el oxianión tetraédrico en el estado de transición, de forma muy parecida a la función de la cavidad de oxianión en la quimotripsina (para la comparación, *véase* la Figura 11.9)

En otros casos, el metal de la metaloenzima actúa como reactivo redox. Hemos mencionado el ejemplo de la enzima *catalasa*, que contiene hierro hemo, que cataliza la degradación del peróxido de hidrógeno, un agente potencialmente destructor de las células. Dado que la reacción comporta una reducción y una oxidación de $H_2O_2$, el $Fe^{2+}$ se oxida y reduce de manera reversible y actúa como intercambiador de electrones. Como se ha señalado anteriormente, la catalasa es una enzima muy eficaz, ya que su valor de $k_{cat}/K_M$ de 4 x $10^7$ $M^{-1}$ $s^{-1}$ se aproxima al límite teórico de difusión. La hemoglobina, que también contiene $Fe^{2+}$, tiene una actividad catalasa más débil debido a que la oxidación a $Fe^{3+}$ es en gran parte irreversible en la hemoglobina. Esta actividad redox requiere metales como Fe o Cu, con varios estados de oxidación.

En otras muchas reacciones enzimáticas son necesarios determinados iones para la eficacia catalítica, a pesar de que puedan no permanecer unidos de manera permanente a la proteína ni desempeñar un papel directo en el proceso catalítico. Así, por ejemplo, diversas enzimas que acoplan la hidrólisis del ATP a otros procesos requieren $Mg^{2+}$ para una función eficaz. En la mayoría de los casos, es necesario el $Mg^{2+}$, puesto que el complejo Mg-ATP (*véase* el Capítulo 3) es un sustrato mejor que el propio ATP.

**TABLA 11.9. Metales y oligoelementos importantes como cofactores enzimáticos**

| Metal | Ejemplo de enzima | Función del metal |
|---|---|---|
| Fe | Citocromo oxidasa | Oxidación-reducción |
| Cu | Ácido ascórbico oxidasa | Oxidación-reducción |
| Zn | Alcohol deshidrogenasa | Facilita la unión de $NAD^+$ |
| Mn | Histidina amoníaco liasa | Facilita la catálisis mediante la extracción de electrones |
| Co | Glutamato mutasa | Forma parte de la coenzima cobalamina |
| Ni | Ureasa | Lugar catalítico |
| Mo | Xantina oxidasa | Oxidación-reducción |
| V | Nitrato reductasa | Oxidación-reducción |
| Se | Glutatión peroxidasa | Sustituye al S en una cisteína del lugar activo |
| $Mg^{2+}$ | Muchas quinasas | Ayuda a unir ATP |

# Diversidad de la función enzimática

## Clasificación de las enzimas proteicas

En este punto, debe estar claro ya que hay una enorme cantidad de proteínas diferentes que actúan como enzimas. Muchas de estas enzimas recibieron nombres comunes, en especial durante los primeros años de la enzimología. Algunos de los nombres, como *triosa fosfato isomerasa*, son descriptivos de la función de la enzima; otros, como *tripsina*, no lo son. Con objeto de reducir la confusión, la Comisión de Enzimas de la Unión Internacional de Bioquímica y Biología Molecular (IUBMB) ha diseñado un sistema lógico de denominación y numeración. Las enzimas se dividen en seis grandes clases, con grupos y subgrupos que definen sus funciones con mayor precisión. Las principales clases son las siguientes:

1. *Oxidorreductasas,* que catalizan reacciones de oxidación-reducción.
2. *Transferasas,* que catalizan transferencias de grupos funcionales de una molécula a otra.
3. *Hidrolasas,* que catalizan rupturas hidrolíticas.
4. *Liasas,* que catalizan eliminaciones de un grupo o adiciones de un grupo a un doble enlace, u otras rupturas que comportan un reordenamiento electrónico.
5. *Isomerasas,* que catalizan reordenamientos intramoleculares.
6. *Ligasas,* que catalizan reacciones en las que se unen dos moléculas.

La Comisión de Enzimas (EC) de la IUBMB ha dado a cada enzima un número con cuatro partes, como EC 3.4.21.5. Los tres primeros números definen la clase principal, la subclase y la sub-subclase, respectivamente. El último es un número de serie dentro de la sub-subclase, que indica el orden en el que cada enzima se ha añadido a la lista, y que va creciendo continuamente. La lista de casi todas las enzimas que se conocen en la actualidad, junto con información sobre cada una de ellas y referencias bibliográficas pueden encontrarse en bases de datos *online* como BRENDA (BRaunschweig ENzyme DAtabase; http://www.brenda-enzymes.info) o ExPASy (Expert Protein Analysis System; http://www.expasy.org/enzyme). Las más de 5000 entradas de estas bases de datos no incluyen todas las enzimas, ya que se continúan descubriendo otras nuevas. De hecho, se ha calculado que una célula típica contiene muchos miles de enzimas diferentes. En la Tabla 11.10 se da una lista con un ejemplo de una enzima y una reacción para cada una de las clases principales. Consideraremos una por una estas reacciones en apartados posteriores de este libro. El punto principal que queremos resaltar aquí es la enorme diversidad de funciones enzimáticas y cómo se ha racionalizado su nomenclatura.

Algunas enzimas necesitan iones metálicos para su función catalítica.

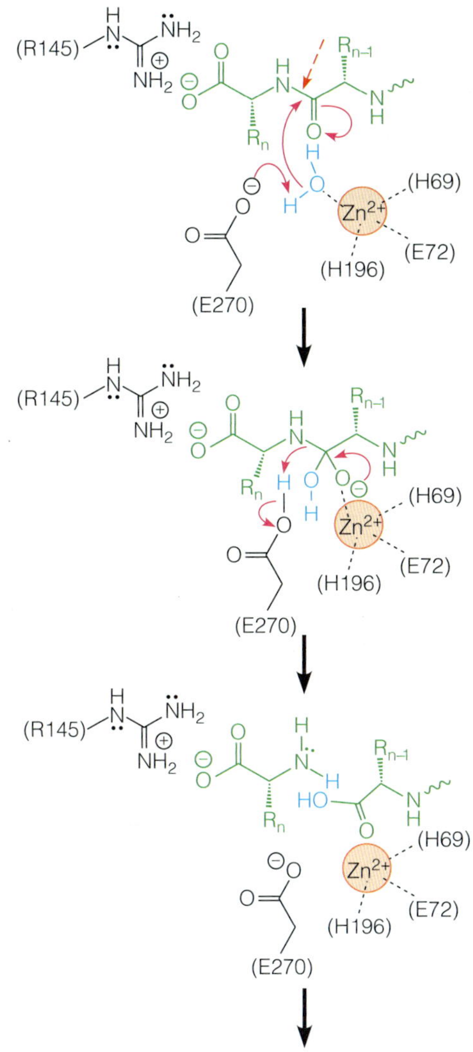


**FIGURA 11.39**

**Mecanismo de la proteasa carboxipeptidasa A.** El ion zinc (círculo naranja) une una molécula de agua (azul) y actúa como un catalizador electrostático para estimular la hidrólisis del aminoácido C-terminal de un sustrato peptídico (verde). Hace esto estabilizando la carga negativa sobre el oxígeno en el estado de transición tetraédrico. Los residuos del lugar activo de la enzima están indicados por colores negros. El enlace que se rompe está indicado por la flecha roja punteada.

## Ingeniería molecular de enzimas nuevas y modificadas

A pesar de la variedad de funciones enzimáticas existentes en la naturaleza, la biotecnología moderna se enfrenta continuamente con la necesidad de sustancias con nuevas capacidades catalíticas o enzimas que actúen con especificidades diferentes o en condiciones poco habituales. Estas necesidades han generado un campo de diseño e ingeniería enzimática, que tiene un enorme potencial en el diseño de catalizadores industriales, así como biofármacos. Se están realizando diversas estrategias para conseguir el objetivo de generar estos catalizadores a medida. Entre ellas, la mutagénesis de lugar dirigida, la fusión de uno o varios dominios funcionales, la selección de una secuencia con una actividad deseada a partir de un gran conjunto de secuencias proteicas generadas al azar, la generación de «anticuerpos catalíticos» y el diseño por ordenador. En Herramientas de la Bioquímica 11B se da una breve introducción a estas técnicas.

Pueden crearse enzimas nuevas o producirlas mediante «ingeniería de proteínas», que incluyen diversas técnicas, como la mutagénesis de lugar dirigida, la fusión de dominios proteicos, la selección a partir de bibliotecas generadas aleatoriamente y el diseño por ordenador.

# Biocatalizadores no proteicos: ácidos nucleicos catalíticos

A lo largo de este capítulo hemos descrito la forma en la que las proteínas denominadas enzimas actúan como biocatalizadores. Hasta hace poco, se suponía que *toda*

**TABLA 11.10. Ejemplos de cada una de las principales clases de enzimas**

| Clase | Ejemplo (tipo de reacción) | Reacción catalizada |
|---|---|---|
| 1. Oxidorreductasas | Alcohol deshidrogenasa (EC 1.1.1.1) (oxidación con $NAD^+$) | 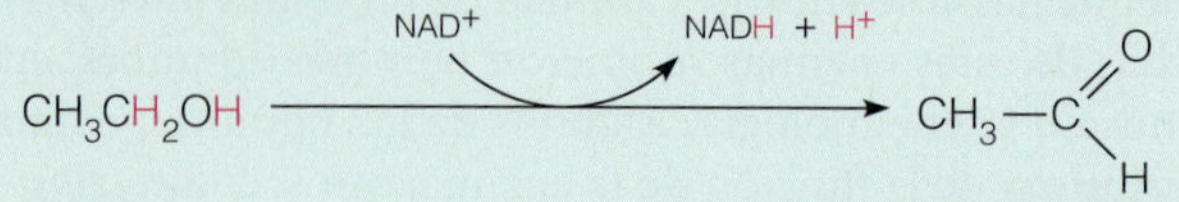 **Etanol** → **Acetaldehído** |
| 2. Transferasas | Hexoquinasa (EC 2.7.1.2) (fosforilación) | 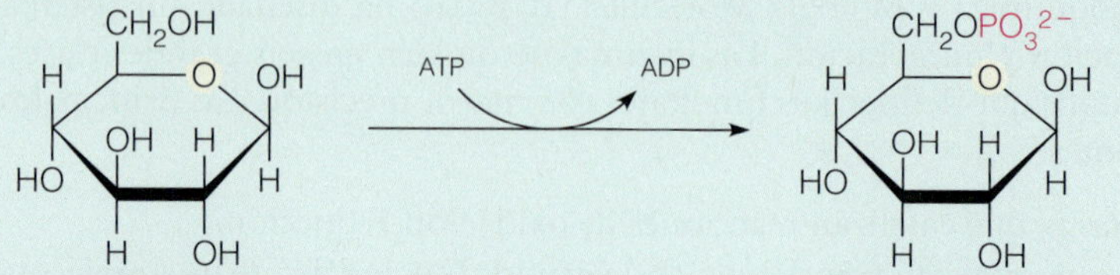 **D-Glucosa** → **D-Glucosa-6-fosfato** |
| 3. Hidrolasas | Carboxipeptidasa A (EC 3.4.17.1) (ruptura de enlace peptídico) | 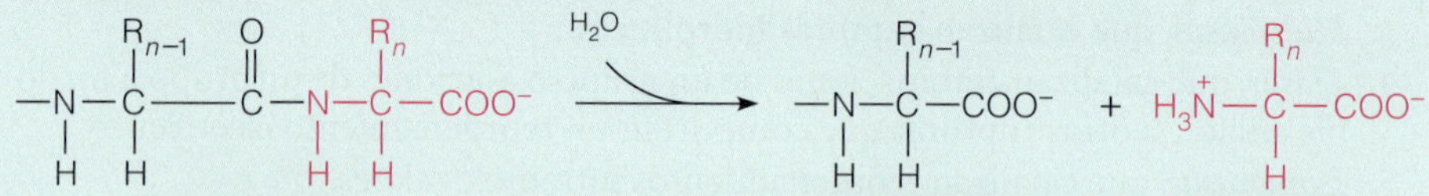 **C-terminal del polipéptido** → **Polipéptido acortado** + **Residuo C-terminal** |
| 4. Liasas | Piruvato descarboxilasa (EC 4.1.1.1) (descarboxilación) | 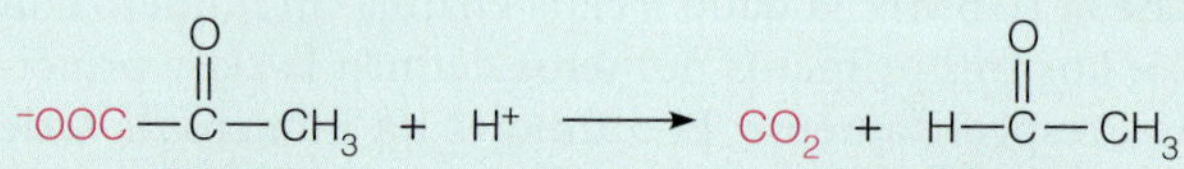 **Piruvato** → **Acetaldehído** |
| 5. Isomerasas | Maleato isomerasa (EC 5.2.1.1) (isomerización cis–trans) | 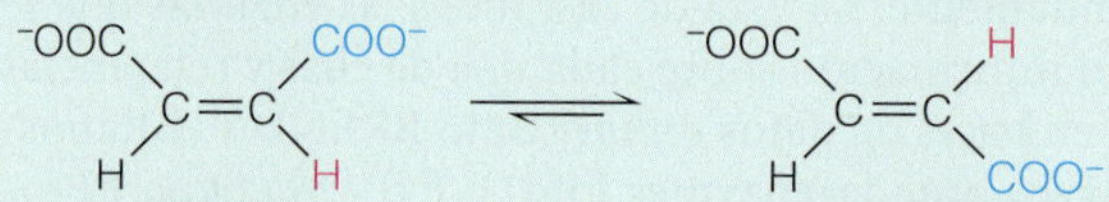 **Maleato** ⇌ **Fumarato** |
| 6. Ligasas | Piruvato carboxilasa (EC 6.4.1.1) (carboxilación) | 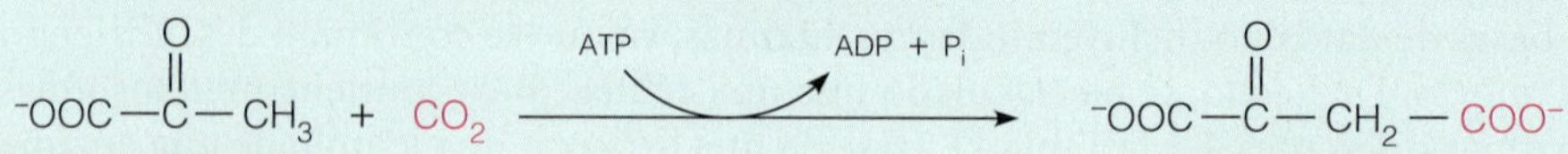 **Piruvato** → **Oxalacetato** |

la catálisis bioquímica la realizaban las proteínas; pero la Bioquímica está llena de sorpresas, y la investigación realizada en los años 1980 reveló algo totalmente inesperado: algunas moléculas de RNA, denominadas **ribozimas**, pueden actuar como enzimas.

Las ribozimas, una clase de ácidos ribonucleicos, funcionan como catalizadores biológicos.

El primer indicio de que el RNA podía tener actividad catalítica se obtuvo en los estudios de la **ribonucleasa P**, una enzima que fragmenta los precursores de los tRNA para producir los tRNA funcionales (Figura 11.40 y Capítulo 27). Se sabía desde hacía tiempo que la ribonucleasa P activa contenía una porción proteica y un «cofactor» de RNA, pero se consideraba de manera general que el lugar activo se encontraba en la porción proteica. Sin embargo, estudios cuidadosos realizados por Sidney Altman y sus colaboradores en 1983 sobre los componentes aislados revelaron un hecho sorprendente: mientras que el componente proteico solo era totalmente inactivo, el RNA por sí mismo, si se le proporcionaba una concentración suficientemente elevada de magnesio o una cantidad baja de magnesio y la molécula básica pequeña espermina, era capaz de catalizar la fragmentación específica de los pre-tRNA. Además, el RNA actuaba como una verdadera enzima, sin modificarse en el proceso y obedeciendo la cinética de Michaelis-Menten. La adición de la porción proteica de la ribonucleasa P aumenta ciertamente la actividad ($k_{cat}$ se incrementa de manera notable) pero no es, en modo alguno, esencial para la unión del sustrato ni para la fragmentación. A concentraciones salinas elevadas, el propio RNA pasa a ser un catalizador muy eficaz; $K_M$ se hace muy baja y $k_{cat}/K_M$ se aproxima a $10^7$ $(mol/L)^{-1}s^{-1}$.

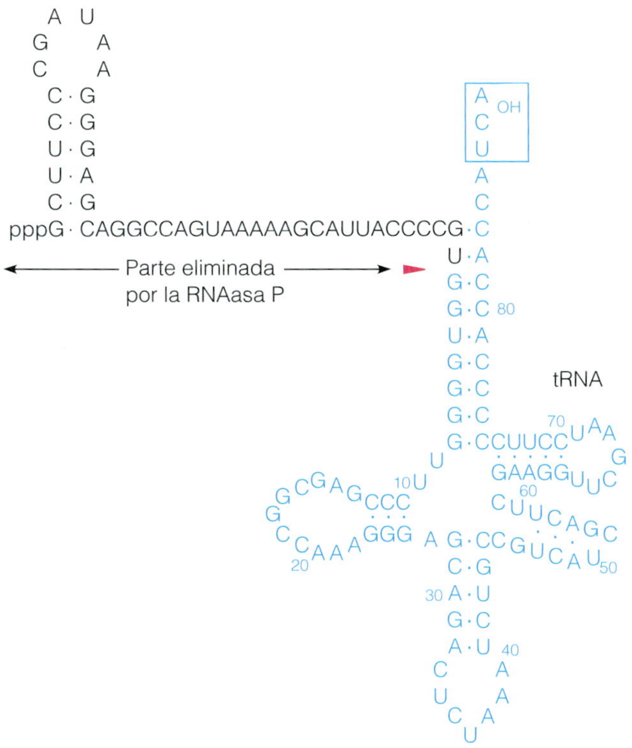


**FIGURA 11.40**

**Ruptura de un pre-tRNA característico por la ribonucleasa P.** La producción de tRNA a partir de pre-tRNA la cataliza un complejo RNA-proteína denominado ribonucleasa P. La parte eliminada del tRNA se indica con color negro, y el tRNA resultante, con color azul. La parte de RNA de la ribonucleasa P puede catalizar por sí misma la hidrólisis del enlace fosfodiéster específico, indicado con la cuña roja. El grupo –OH 3′ terminal se muestra como subíndice de la adenosina 3′-terminal.

Aproximadamente al mismo tiempo, Thomas Cech y sus colaboradores descubrieron otra clase notable de reacciones catalizadas por el RNA. Examinando la eliminación de un intrón (secuencia de interposición, o IVS) de los RNA prerribosómicos del protista *Tetrahymena*, encontraron que el *propio* rRNA llevaba a cabo la escisión de su intrón de 413 nucleótidos, así como el reempalme necesario (Figura 11.41a). Además, el IVS escindido pasaba por una nueva serie de reacciones con especificidad de lugar. El producto final es una molécula denominada L-19 IVS, la secuencia de interposición con 19 nucleótidos más eliminados. Esta actividad no se considera una verdadera catálisis, puesto que el «catalizador» en sí se modifica en la reacción. Sin embargo, el L-19 IVS tiene capacidades catalíticas reales: es capaz de alargar o acortar pequeños oligonucleótidos, de la forma que se indica en la Figura 11.41b. Este ejemplo no es, en modo alguno, único, y en los Capítulos 27 y 28 consideraremos otras reacciones catalizadas por el RNA.

Aunque muchos bioquímicos quedaron sorprendidos por estos descubrimientos, si los observamos retrospectivamente podemos ver que no hay motivo alguno por el que las moléculas de RNA no puedan tener funciones catalíticas. Como se considera en el Capítulo 4, las moléculas de RNA pueden adoptar estructuras terciarias complejas, igual que lo hacen las proteínas, y esta estructura compleja parece ser esencial para la actividad enzimática.

Como señalamos en el Capítulo 4, el hecho de que las moléculas de RNA posean capacidad de autorreplicación y catálisis ha llevado a algunos científicos a sugerir que estas moléculas pueden haber sido las sustancias primordiales en la evolución de la vida. Estos teóricos piensan en un «mundo de RNA», antes de que evolucionaran las proteínas y el DNA, en el que solo existirían moléculas de RNA capaces de autorreplicarse y capaces de catalizar un metabolismo sencillo. El soporte de la idea de que las ribozimas pudieran ser autorreplicativas procede de experimentos notables. Wright y Joyce (*véase* la Bibliografía) han demostrado que la ribozima representada en la Figura 11.42 es capaz de una replicación autocatalizada (con una pequeña ayuda de algunas enzimas proteicas). El RNA es capaz de catalizar la unión de otro segmento de RNA (en este caso, portador de un promotor del bacteriófago T7) a sí mismo. En presencia de las enzimas transcriptasa inversa y RNA polimerasa (*véanse*, respectivamente, los Capítulos 25 y 27), se genera una nueva copia de RNA. Si a esta se le suministra un exceso del fragmento promotor de T7, se produce la unión y se forma una nueva copia de la ribozima. En un experimento de este tipo, el sistema produjo 1000 duplicaciones en un periodo

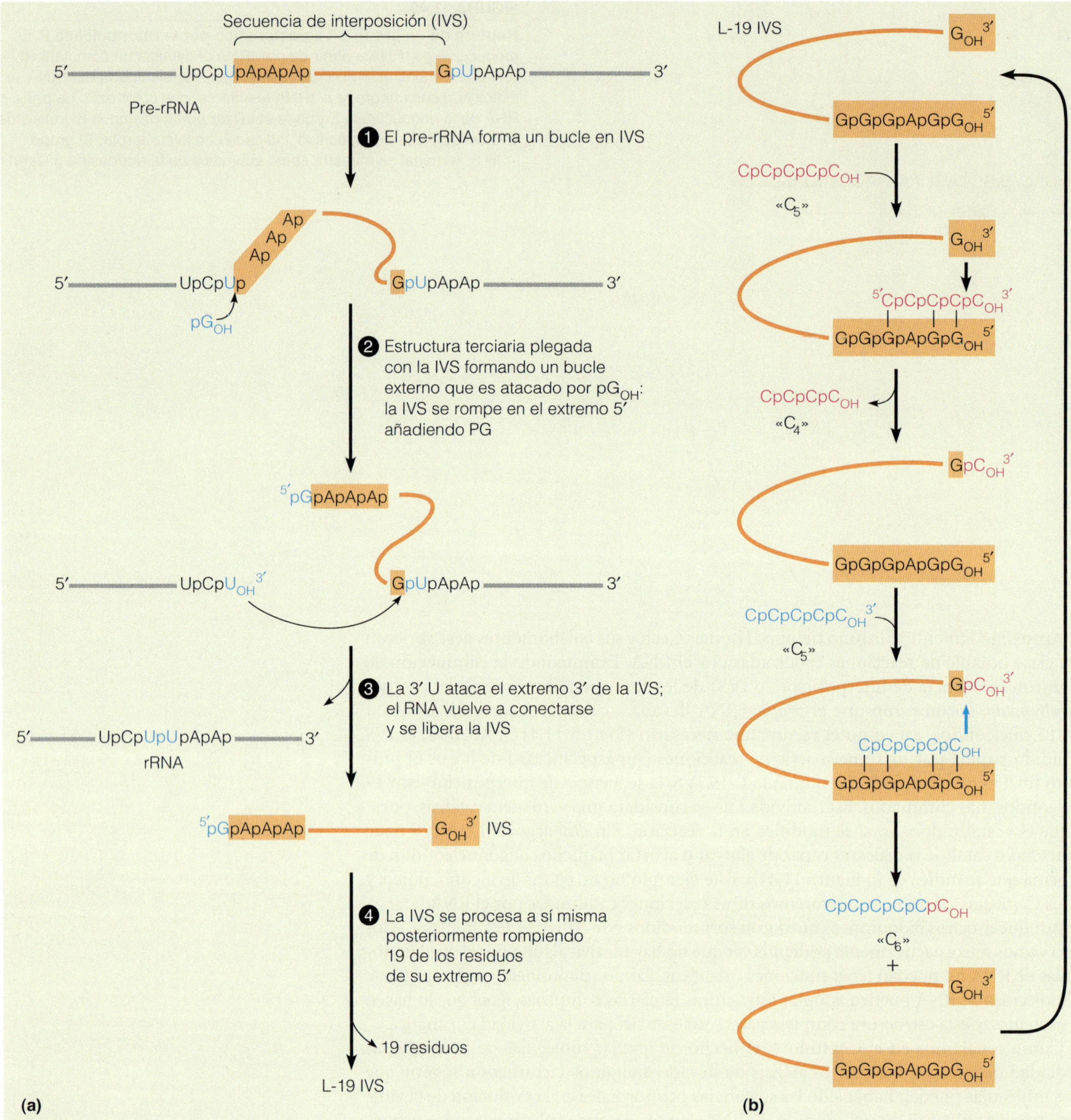


**FIGURA 11.41**

**Catálisis mediante la secuencia de interposición en el RNA prerribosómico de *Tetrahymena*. (a)** Autocortado y empalmado de la secuencia interpuesta (IVS). Obsérvese que se añade una $pG_{OH}$ en la reacción. Una serie de pasos posteriores reducen la IVS a L-19 IVS. **(b)** Conversión de $2C_5$ en $C_4 + C_6$ por la L-19 IVS. Este oligonucleótido puede, por sí mismo, acortar o alargar pequeños oligonucleótidos, actuando aquí como una verdadera ribozima catalizadora.

de 2 días. Durante este tiempo, la secuencia evolucionó hacia una ribozima más eficaz. Estos estudios proporcionan un soporte al modelo del «mundo de RNA» para el origen de la vida.

Igual que el RNA, el DNA de una sola cadena puede formar estructuras terciarias complejas, que son necesarias para la unión específica a un ligando/sustrato y actividad catalítica. Dadas las semejanzas químicas entre el RNA y el DNA, es razonable preguntar si el DNA puede llevar a cabo una catálisis biológica útil. Hasta ahora, no se ha descubierto en las células un DNA catalítico *natural* o **DNAzima.** Sin embargo, se han construido en el laboratorio muchas DNAzimas desde que se describiera, en 1994, por Ronald Breaker y Gerald Joyce, la primera molécula catalítica de DNA. Las DNAzimas

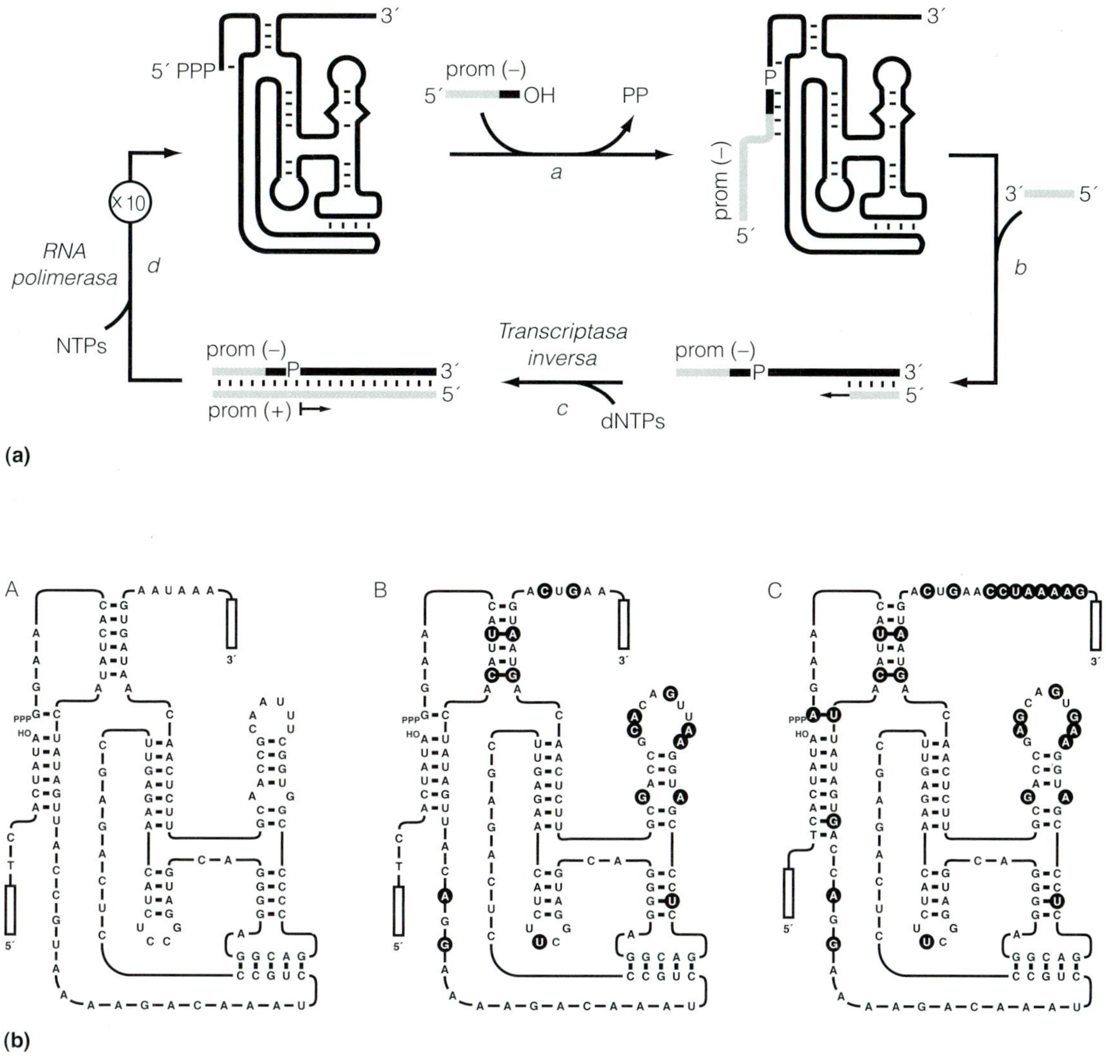


**FIGURA 11.42**

**Auto-replicación y mutación de una ribozima. (a)** Ciclo de replicación de la ribozima, que implica una replicación repetida de la ribozima, cuando se alimenta con una secuencia promotora de T7 y ribonucleótidos trifosfato. También se necesitan transcriptasa inversa y RNA polimerasa. **(b)** Mutaciones que surgen durante la evolución de la ribozima. Los rectángulos abiertos indican la porción 5´ del sustrato y el lugar de unión del cebador en el extremo 3´ de la ribozima (5-CCAAUCGCAGGCUCAGC-3), ambos inmutables durante la evolución. Los residuos realzados son los que mutaron con relación a la ribozima de partida. **A** Ribozima prototipo utilizada para construir el *pool* inicial. **B** Ribozima individual aislada antes de comenzar la evolución continua. **C** Ribozima individual aislada tras 52 horas de evolución continua.

Tomado de *Science* 276:614-616, M. C. Wright y G. F. Joyce, Continuous in vitro evolution of catalytic function.© 1997. Reproducido con permiso de AAAS.

que se han caracterizado hasta ahora se han obtenido mediante la selección de secuencias activas a partir de grandes conjuntos de oligonucleótidos aleatorizados y una evolución *in vitro* (Figura 11.43).

Como las ribozimas, las DNAzimas catalizan un conjunto diverso de reacciones, con aumentos significativos de la velocidad (Tabla 11.11). Por ejemplo, las clases de reacciones catalizadas por las DNAzimas incluyen hidrólisis (rotura de RNA y DNA), rotura del enlace C-C y reparación fotolítica de DNA dañado. Debido a que el DNA tiene una mayor estabilidad química que el RNA y los péptidos, hay un gran interés en la actualidad en generar DNAzimas como agentes terapéuticos, para el diagnóstico y como biosensores.

## Regulación de la actividad enzimática: enzimas alostéricas

Hasta ahora hemos descrito las características básicas de la función enzimática. Dirigimos ahora nuestra atención a una característica igualmente importante de las enzimas: la regulación de su actividad. En el Capítulo 1 hicimos una analogía entre una célula viva y una fábrica. Esa analogía es especialmente adecuada cuando consideramos las funciones que desempeñan las enzimas en las células vivas. Observamos que una célula dispone de determinadas materias primas y debe producir, a partir de ellas, unos productos específicos. La mayoría de las máquinas que facilitan estas transformaciones de la célula son las enzimas. Como veremos, las enzimas suelen estar dispuestas en «líneas de ensamblaje» para llevar a cabo los pasos secuenciales necesarios en una ruta metabólica.

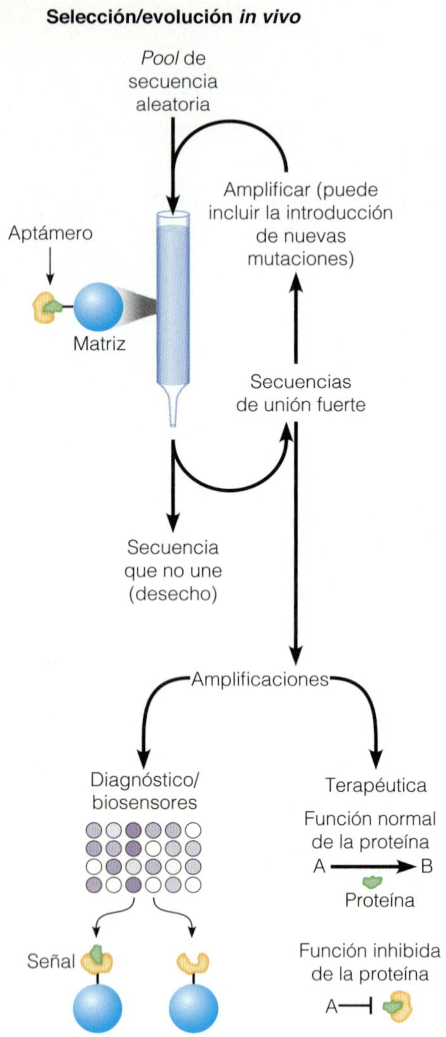


**FIGURA 11.43**

**Selección de afinidad a partir de una biblioteca de secuencia aleatoria**. Se aplica una gran biblioteca de secuencias aleatorias a una matriz cromatográfica que lleva el ligando diana. Las secuencias de ácidos nucleicos o «aptámeros» que se unen, se eluyen de forma selectiva desde la columna y se amplifican. La amplificación puede realizarse de forma que se introduzca mayor variación en las secuencias seleccionadas (esto es, evolución *in vitro*). Las secuencias amplificadas se re-aplican a la columna. Este proceso se replica hasta que se obtienen las secuencias con alta afinidad por la diana. Las aplicaciones clínicas de las secuencias seleccionadas incluyen el diagnóstico y el tratamiento.

La regulación de la actividad enzimática es esencial para el flujo ordenado del metabolismo.

**TABLA 11.11. Ejemplos de tipos de reacción y aumentos de la velocidad para las DNAzimas**

| Tipo de reacción | $k_{cat}$(min$^{-1}$) | Aumento de la velocidad |
|---|---|---|
| Varias transesterificaciones del DNA | 0.007–4.3 | $10^5$–$10^8$ |
| Rotura del DNA | 0.05–0.2 | $10^7$–$10^8$ |
| Metalación de porfirina | 1.3 | $10^3$ |
| Ligación del DNA | 0.0001–0.07 | $10^2$–$10^5$ |
| Adenililación | 0.005 | $10^{10}$ |
| Rotura N-glucosilo | 0.2 | $10^6$ |
| Fosforilación | 0.012 | $10^9$ |

De *Cellular and Molecular Life Sciences* 59:596–607, G. M. Emilsson y R. R. Breaker, Deoxyribozymes: New activities and new applications,© 2002, por cortesía de SpringerScience+Business Media B.V.

Ninguna fábrica opera de manera eficaz si cada máquina está funcionando con su velocidad máxima. Las capacidades de las máquinas son muy diversas y si todas ellas funcionaran a la velocidad máxima, pronto se producirían problemas masivos. Los productos intermediarios se acumularían en algunas líneas de montaje, y algunas partes del producto terminado se producirían de manera muy excesiva. Diferentes líneas de montaje podrían utilizar la misma materia prima, y las más rápidas podrían agotar los suministros de forma tan completa, que otras líneas igualmente importantes quedarían anuladas. Evidentemente, es necesaria una *coordinación* y *regulación* para hacer que una fábrica grande funcione de manera eficaz.

Los mismos tipos de problemas podrían producirse si la maquinaria enzimática de la célula no estuviera regulada de manera precisa. La eficacia con la que las enzimas individuales actúan ha de controlarse de una forma que refleje la disponibilidad de los sustratos, la utilización de los productos y las necesidades generales de la célula. Veremos, pues, en los capítulos siguientes, muchos ejemplos de esa regulación.

## Control a nivel de sustrato

Parte de la regulación enzimática se produce de una forma sencilla, mediante la interacción directa de los sustratos y los productos de cada reacción catalizada por una enzima con la propia enzima. A esto se le denomina **control a nivel del sustrato**, y es una consecuencia de la ley de acción de masas (descrita en los Capítulos 2 y 3). Como ha demostrado nuestro análisis de la cinética, cuanto mayor es la concentración de un sustrato, más rápidamente se produce una reacción, al menos hasta que se llega a la saturación de la enzima. Y a la inversa, las concentraciones elevadas de producto, que pueden unirse también a la enzima, tienden a inhibir la conversión del sustrato en producto. Por lo que respecta a la reacción metabólica que se desea, el producto puede actuar como un inhibidor. Como ejemplo, consideremos el primer paso de la glucólisis (*véase* el Capítulo 13): la fosforilación de la glucosa para producir glucosa-6-fosfato (G6P):

$$\text{Glucosa} + \text{ATP} \xrightarrow{\text{Hexoquinasa}} \text{glucosa-6-fosfato} + \text{ADP}$$

La enzima hexoquinasa, que cataliza esta reacción, se inhibe por su producto, la G6P. Si los pasos siguientes de la glucólisis se bloquean por cualquier razón, se acumulará G6P, que se unirá a la hexoquinasa. Esto dará lugar a la inhibición de la hexoquinasa y hará más lenta la posterior producción de G6P a partir de glucosa. En muchos casos, el producto de la reacción se une al lugar activo de la enzima y, por tanto, actúa como un inhibidor competitivo. La hexoquinasa es un ejemplo interesante debido a que su producto, la G6P, puede actuar tanto como inhibidor competitivo (uniéndose al lugar activo), como inhibidor no competitivo (uniéndose a otro lugar).

El control a nivel del sustrato no es suficiente para la regulación de muchas rutas metabólicas. En muchos casos, es ventajoso disponer de una enzima regulada por alguna sustancia bastante diferente del sustrato o del producto inmediato. Esta regulación puede conseguirse con concentraciones del inhibidor que sean significativamente menores que las de los sustratos.

## Control por retroacción

Hemos resaltado que la mayoría de las rutas metabólicas se parecen a líneas de montaje. La línea de montaje metabólica más sencilla tiene el siguiente aspecto:

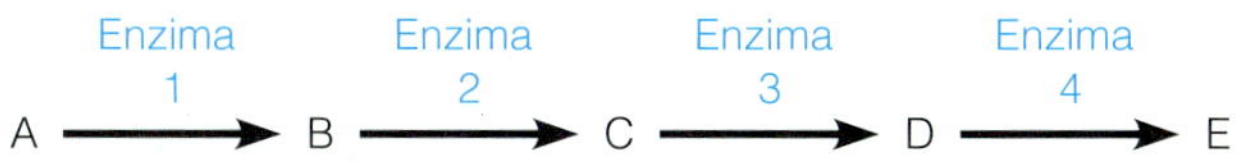


en donde A es el reactante inicial o materia prima; B, C y D son productos intermedios; y E es el producto final.

El producto final de esta ruta se utilizará probablemente en alguna otra ruta. De igual modo, la «materia prima» A puede participar también en algún otro conjunto de procesos. Supongamos que la utilización de E disminuye bruscamente. Si todo lo demás se mantuviera como antes, E se acumularía y el consumo de A continuaría. Pero este proceso es ineficaz. Un proceso más eficaz resolvería este problema controlando estrechamente las concentraciones de E y, cuando esta sustancia se acumulara, enviaría una señal hacia atrás para inhibir su producción. La célula puede controlar la generación del producto final mediante la activación (↑) o la inhibición (⊘) de un paso clave de la ruta. Lo más eficaz sería hacer más lento el *primer paso*, la conversión de A en B. Así pues, la «máquina» A ⟶ B debe regularse por la concentración de E.

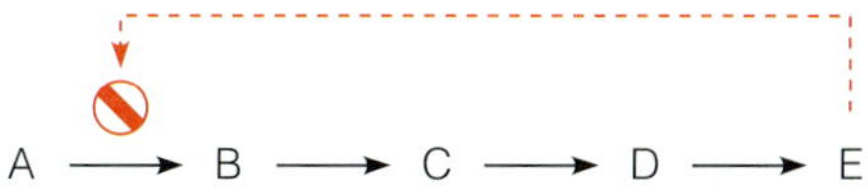


Esta clase de **control por retroacción** se denomina **inhibición por retroacción**, puesto que un *aumento* de la concentración de E conduce a un *descenso* de su velocidad de producción. Obsérvese que al inhibir el primer paso, impedimos la utilización no deseada de A y la acumulación de E. Además, dado que la mayoría de los procesos bioquímicos son reversibles en cierto grado, la generación de una gran cantidad de E tenderá a aumentar la concentración de los productos intermedios. El mecanismo de control por retroacción que se ha indicado arriba evita la acumulación de cualquiera de los intermedios, que podrían tener efectos indeseables sobre el metabolismo.

El control por retroacción es importante para la regulación eficaz de las rutas metabólicas complejas.

Otras situaciones metabólicas requieren patrones más complicados, en los que puede ser útil la **activación**, al igual que la inhibición. Así, por ejemplo, consideremos un caso ligeramente más complejo, en el que A alimenta dos rutas que conducen a dos productos necesarios, en cantidades aproximadamente equivalentes. El esquema que se produce entonces es como el siguiente:

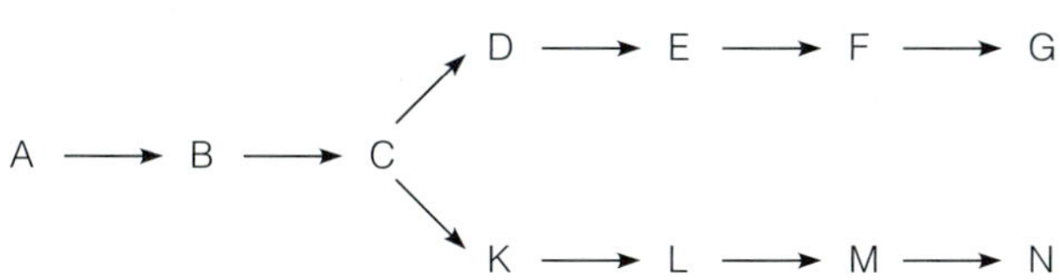


Para controlar las rutas para que G y N se mantengan en equilibrio, las concentraciones elevadas de G podrían *inhibir* la enzima C ⟶ D y/o *activar* la enzima C ⟶ K. Y a la inversa, N podría inhibir la enzima C ⟶ K y/o activar la enzima C ⟶ D. Finalmente, podría ser útil hacer que, tanto G como N, inhibieran la enzima A ⟶ B, para establecer una regulación global. Un ejemplo de este tipo de control se encuentra en la síntesis de los monómeros de purina y pirimidina que intervienen en la formación del DNA, puesto que son necesarias cantidades aproximadamente iguales de los cuatro desoxirribonucleótidos para la replicación del DNA.

Es importante señalar que, tanto la inhibición como la activación de las enzimas, son esenciales para regular el metabolismo. Además, el control de las rutas mediante sus productos finales hace que las inhibiciones y las activaciones necesarias *deban* producirse mediante moléculas que proceden de un lugar alejado de la línea de montaje, y que, por tanto, no se parecen a los sustratos ni a los productos directos de las enzimas a regular. Ninguno de los tipos de regulación que hemos considerado hasta este momento satisfará estas nece-

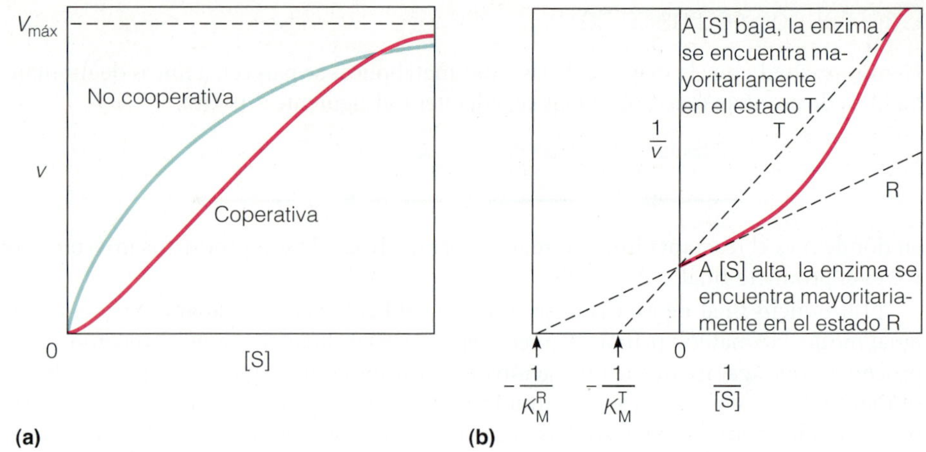


**FIGURA 11.44**

**Efecto de la unión cooperativa del sustrato sobre la cinética enzimática. (a)** Comparación de las curvas de *v* frente a [S] para una enzima no cooperativa y una enzima alostérica con unión cooperativa. Se supone que las dos enzimas tienen la misma $V_{máx}$. Compárese esta representación con las curvas de unión del oxígeno a la mioglobina y la hemoglobina que se presentan en la Figura 7.10 (página 242). **(b)** Representación de Lineweaver-Burk correspondiente a la curva de unión cooperativa que se muestra en (a). El estado T tiene un valor elevado de $K_M$ (se consigue la $V_{máx}$ a mayor [S]). A medida que se une más S, el equilibrio T → R se desplaza hacia R, que tiene una $K_M$ menor.

sidades. Para conseguir este tipo de control, en los organismos ha evolucionado una clase especial de enzimas capaces de realizar una **regulación alostérica**. El término *alostérico* procede de las palabras griegas que significan «otra estructura», resaltando que las estructuras de los reguladores no tienen que parecerse al sustrato o al producto directo.

## Enzimas alostéricas

Las enzimas alostéricas son frecuentemente proteínas con múltiples subunidades, con múltiples lugares activos. Presentan cooperatividad de unión del sustrato (**homoalosterismo**) y una regulación de su actividad por otras moléculas efectoras (**heteroalosterismo**).

Hemos estudiado ya un ejemplo de control alostérico de la función proteica. La hemoglobina (*véase* el Capítulo 7) es una proteína con cuatro subunidades, que tiene cuatro lugares de unión para su «sustrato», el oxígeno. La unión del oxígeno es cooperativa y está influida por otras moléculas e iones. Las ideas básicas que se presentaron en el análisis de la función de la hemoglobina son igualmente aplicables a las enzimas alostéricas.

### Homoalosterismo

Consideremos, en primer lugar, los efectos homoalostéricos (unión cooperativa del sustrato). En el Capítulo 7 comparamos la unión del $O_2$ por la proteína mioglobina de una única subunidad, con la unión por la hemoglobina de múltiples subunidades. La mioglobina daba una curva de unión hiperbólica (Figura 7.7); la hemoglobina, con su unión cooperativa, daba una curva sigmoidea (Figura 7.10d). Encontramos *exactamente el mismo contraste* al comparar la curva de *v* frente a [S] de una enzima con un solo lugar, que obedece la cinética de Michaelis-Menten, con la de una enzima con múltiples lugares que muestra una unión cooperativa (Figura 11.44a). Puede aplicarse el mismo tipo de razonamiento: una enzima que une el sustrato de manera cooperativa se comportará, a concentraciones de sustrato bajas, como si uniera mal el sustrato (es decir, como si tuviera una $K_M$ elevada). Pero cuando aumentan las concentraciones de sustrato y hay una mayor cantidad del mismo unida, la enzima pasa a ser cada vez más eficaz, puesto que une al sustrato con mayor avidez en los últimos lugares a ocupar (*véase* la Figura 11.44b). Imaginemos que sucede así, como en el caso de la hemoglobina, porque al unirse más sustrato, la enzima sufre una transición desde un estado de afinidad menor (estado T) a un estado de afinidad mayor (estado R). Los tipos de modelos que se han utilizado para describir la unión del $O_2$ por la hemoglobina (*véase* la Figura 7.12, página 245) pueden explicar, igualmente bien, la cinética que presentan las enzimas con una unión cooperativa del sustrato.

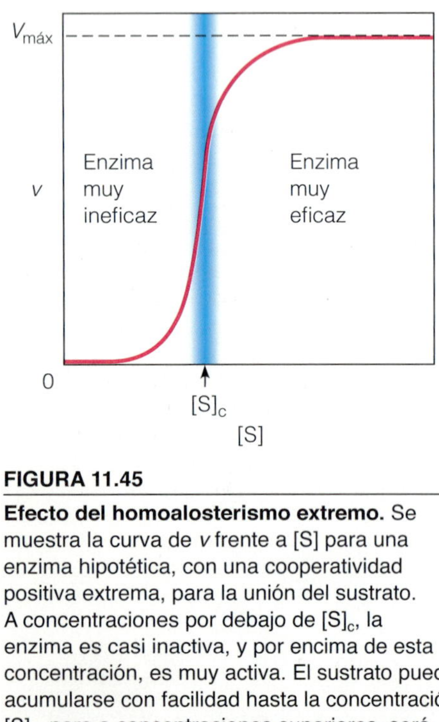


**FIGURA 11.45**

**Efecto del homoalosterismo extremo.** Se muestra la curva de *v* frente a [S] para una enzima hipotética, con una cooperatividad positiva extrema, para la unión del sustrato. A concentraciones por debajo de $[S]_c$, la enzima es casi inactiva, y por encima de esta concentración, es muy activa. El sustrato puede acumularse con facilidad hasta la concentración $[S]_c$, pero a concentraciones superiores, será procesado con gran rapidez. La línea azul vertical representa el intervalo de concentración homeostática de S.

¿Qué función fisiológica cumple la cinética sigmoidea? En los casos extremos, las enzimas que siguen una cinética sigmoidea pueden regular las concentraciones de los sustratos en valores bastante constantes. Consideremos un sustrato que está siendo suministrado de manera constante por otras reacciones y sobre el que actúa una enzima que presenta la cooperatividad extrema que se muestra en la Figura 11.45. El sustrato puede acumularse con facilidad hasta la concentración crítica $[S]_c$; la enzima es esencialmente inactiva a una [S] inferior, permitiendo que [S] aumente hasta $[S]_c$. Sin embargo, cualquier incremento posterior conduce a un gran aumento de la actividad enzimática, de manera que se consumirá el sustrato más rápidamente y su concentración se mantendrá cerca del valor de $[S]_c$. Aunque las enzimas alostéricas reales, rara vez o nunca presentan curvas tan sigmoideas como la de la Figura 11.45, el principio continúa siendo válido: las enzimas con múltiples subunidades pueden ser útiles para mantener la homeostasis de un sistema dinámico. Dicho de otro modo, el homoalosterismo potencia el control a nivel del sustrato.

### Heteroalosterismo

La principal ventaja del control alostérico se encuentra en los **efectores heteroalostéricos**, que pueden ser inhibidores o activadores. Estos efectores son los análogos, en la cinética enzimática, del $CO_2$, el BPG y el $H^+$, que regulan de forma tan elegante la unión del $O_2$ por la hemoglobina. La activación e inhibición de las enzimas por los efectores alostéricos son la clave del complejo tipo de control por retroacción descrito anteriormente. Si una molécula de enzima puede existir en dos estados de conformación (T y R), que difieren notablemente en la fuerza con la que se une el sustrato o en la velocidad catalítica, su cinética puede controlarse por *cualquier* otra sustancia que, al unirse a la proteína, altere el equilibrio T ⟶ R. Los *inhibidores* alostéricos desplazan el equilibrio hacia T, y los *activadores* lo desplazan hacia R (Figura 11.46). Algunas enzimas se regulan por inhibidores y activadores múltiples, lo cual permite unos patrones de control metabólico extremadamente sutiles y complejos.

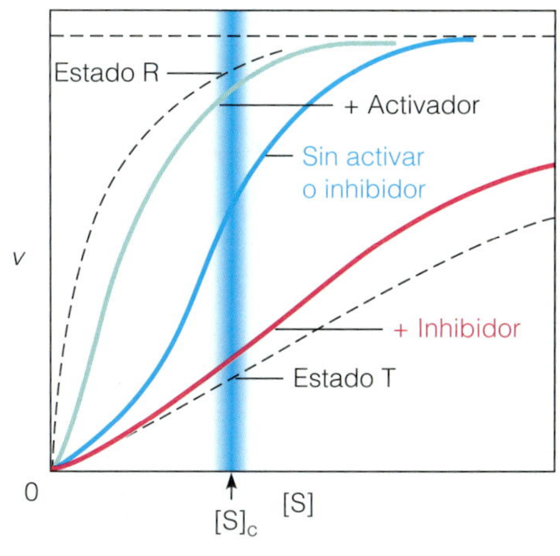


**FIGURA 11.46**

**Control heteroalostérico de una enzima.** En ausencia de activación o de inhibidores, la curva de *v* frente a [S] es sigmoidea. Los activadores desplazan el sistema hacia el estado R y los inhibidores estabilizan el estado T. $[S]_c$ representa el intervalo de concentración homeostática de S. Obsérvese que los efectores alteran de forma significativa la actividad de la enzima en este intervalo de [S].

Las enzimas alostéricas muestran una unión cooperativa del sustrato y pueden responder a diversos inhibidores y activadores.

## Aspartato carbamoiltransferasa: un ejemplo de enzima alostérica

Un ejemplo excelente de regulación alostérica es el que proporciona la enzima **aspartato carbamoiltransferasa** (también denominada aspartato transcarbamoilasa, o ATCasa), una enzima clave en la síntesis de las pirimidinas (Capítulo 22). Como puede apreciarse en la Figura 11.47, la ATCasa se encuentra en un cruce de rutas de biosíntesis. La glutamina, el glutamato y el aspartato se utilizan también para la síntesis de proteínas; pero una vez que el aspartato se ha carbamoilado para formar ***N*-carbamoil-L-aspartato** (CAA), la molécula está destinada ya a la síntesis de pirimidinas. Así pues, la enzima que controla este paso debe ser sensible a las necesidades de pirimidinas. En las bacterias como *E. coli*, la actividad de la ATCasa se regula para responder a esta necesidad. Esta enzima, como se muestra en la Figura 11.48, se inhibe por citidina trifosfato (CTP) y se activa por ATP. Ambas respuestas tienen una lógica fisiológica. Cuando las concentraciones de CTP ya son altas, no son necesarias más pirimidinas. En cambio, el ATP elevado señala un estado de abundancia de purinas (indicando que es necesario un aumento de la síntesis de pirimidinas) y un estado celular con abundante energía, en el que la síntesis de DNA y RNA será activa.

La ATCasa es, como la mayoría de las enzimas alostéricas, una proteína con múltiples subunidades. Su estructura cuaternaria se ha analizado con cierto detalle y se presenta esquemáticamente en la Figura 11.49a. Existen seis subunidades *catalíticas*, en dos grupos

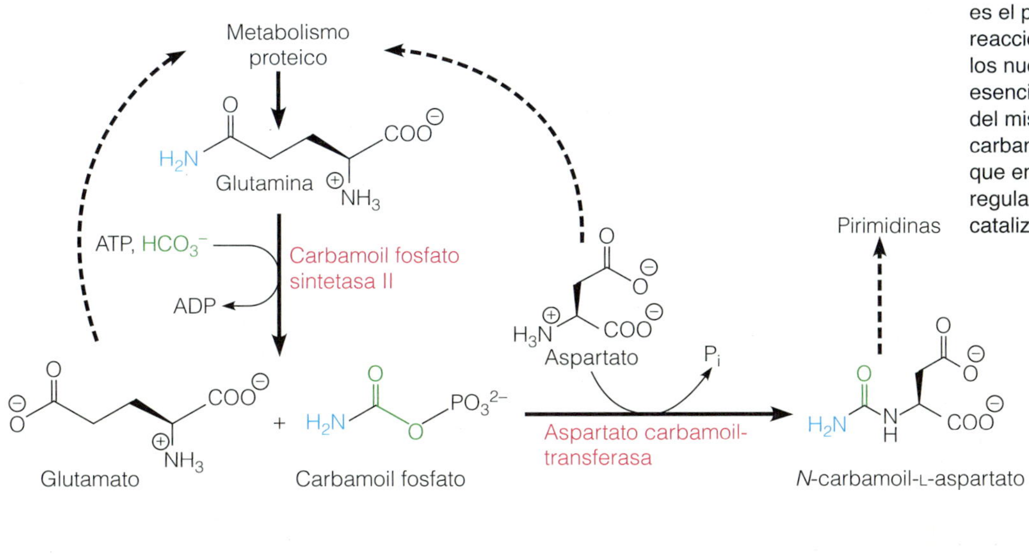


**FIGURA 11.47**

**Puntos de control en la síntesis de pirimidinas.** Esta figura muestra la formación de *N*-carbamoil-L-aspartato a partir del carbamoil fosfato y el aspartato. Esta reacción es el primer paso dirigido en la serie de reacciones que conducen a la síntesis de los nucleótidos de pirimidina, por lo que es esencial el control en este punto o cerca del mismo. En los procariotas, la aspartato carbamoiltransferasa está regulada, mientras que en la mayor parte de los eucariotas, la regulación se produce en el paso precedente, catalizado por la carbamoil fosfato sintetasa II.

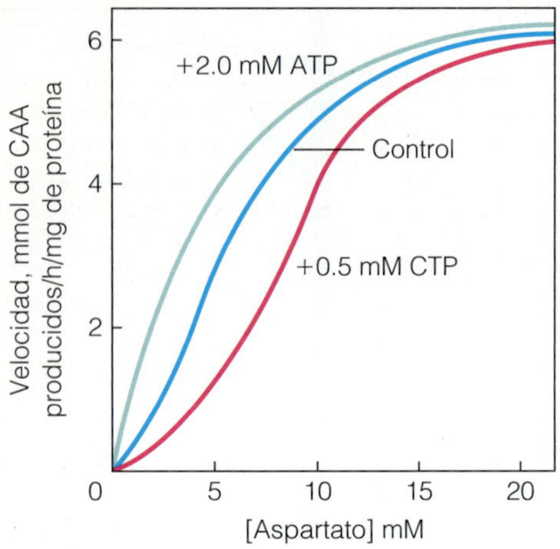


**FIGURA 11.48**

**Regulación de la aspartato carbamoiltransferasa por el ATP y el CTP.** El ATP es un activador de la aspartato carbamoiltransferasa, y el CTP es un inhibidor de la misma. La curva señalada como «control» muestra el comportamiento de la enzima en ausencia de ambos reguladores. El *N*-carbamoil-L-aspartato (CAA) es el producto de la reacción.

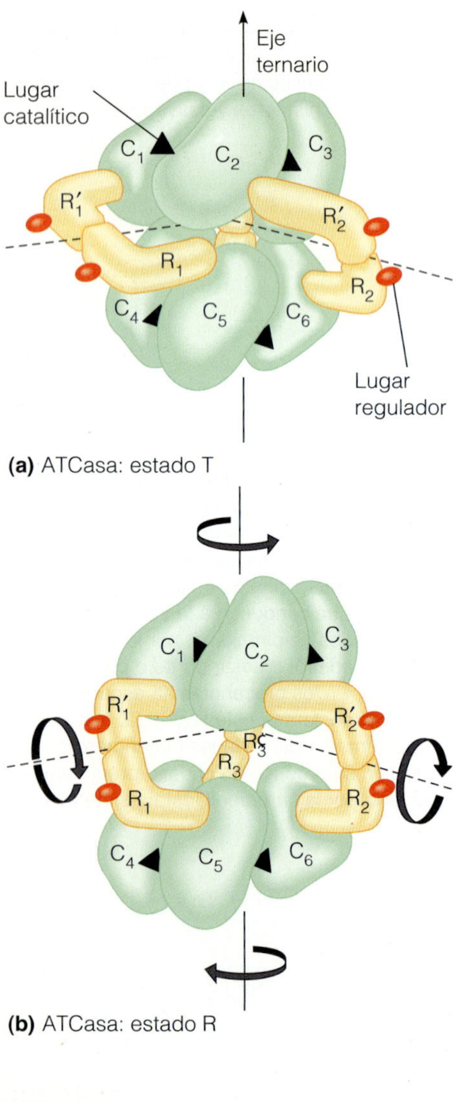


de tres, que se mantienen unidas mediante seis subunidades *reguladoras.* Los pares de subunidades reguladoras parecen conectar las subunidades catalíticas de los dos grupos. Se ha obtenido, con una resolución elevada, la estructura tridimensional de la ATCasa. En la Figura 11.50 se da una representación detallada de una subunidad catalítica y una subunidad reguladora. La subunidad catalítica tiene dos dominios, uno que une aspartato y el otro, carbamoil fosfato, y el lugar activo se encuentra entre ellos. La subunidad reguladora tiene, asimismo, dos partes; el denominado dominio de zinc y el dominio alostérico. El primero une un átomo de zinc estructuralmente necesario, mientras que el otro contiene el lugar de unión de ATP/CTP. Así, el ATP y el CTP compiten por el mismo lugar, de forma que la actividad de la ATCasa se regula por el *cociente* de ATP respecto a CTP en la célula.

Como ocurre en el caso de la hemoglobina, la regulación alostérica de la ATCasa implica cambios de la estructura cuaternaria de la molécula. Las conformaciones de los estados R y T se han determinado mediante difracción de rayos X. Como se muestra en la Figura 11.49b, se produce un reordenamiento importante de las posiciones de las subunidades en la transición T $\longrightarrow$ R.

Prácticamente todas las rutas metabólicas que encontraremos en los capítulos siguientes están sujetas a un control por retroacción complejo, y en la mayor parte de los casos, se utilizan enzimas alostéricas de múltiples subunidades. El patrón de control, incluso en una misma ruta, no es el mismo en todos los organismos. Como ejemplo relevante de ello, mientras que la ATCasa es el principal punto de control de la ruta de las pirimidinas en las bacterias, los eucariotas realizan la regulación en el paso anterior, la síntesis de carbamoil fosfato (*véase* la Figura 11.47). En los mamíferos, la **carbamoil fosfato sintetasa II** se inhibe por UDP, UTP, CTP, dUDP y UDP-glucosa. Estos compuestos inhiben la unión del sustrato ATP. Además, la glicina actúa como inhibidor competitivo de la glutamina.

Recientemente se han descrito ejemplos de proteínas con una única subunidad con control alostérico. Aquí, se piensa que la dinámica es de importancia fundamental. En este modelo de alosterismo, la enzima prueba diferentes estados de conformación, correspondientes a actividades mayores (como R) o menores (como T) y el efector se une a una determinada conformación y la estabiliza. Un efector positivo se une a la conformación de mayor actividad, mientras que un efector negativo se une a la conformación de menor actividad. Este modelo sugiere que, en principio, cualquier proteína dinámica podría estar sujeta a una regulación alostérica.

En este punto debiera estar claro que los organismos son capaces de regular el metabolismo de formas complejas y sutiles mediante las enzimas alostéricas. Pero este tipo de regulación no basta para todas las necesidades. Pasaremos ahora a la modificación covalente, un tipo de mecanismo de regulación completamente distinto.

## Modificaciones covalentes utilizadas para regular la actividad enzimática

En la analogía de la fábrica, la regulación alostérica puede considerarse como el control de retroacción en las máquinas de funcionamiento continuo. Pero en cualquier fábrica grande también existen máquinas que solo se utilizan de vez en cuando, y que se dejan paradas y preparadas hasta el momento en que son necesarias. Lo mismo ocurre en la célula. En este apartado consideraremos las enzimas que están totalmente inactivas hasta que las altera una **modificación covalente** y empiezan entonces a funcionar. En algunos casos, la modificación actúa en la dirección contraria, inactivando enzimas que, de lo contrario, están activas. Algunas de estas modificaciones pueden revertirse; otras no.

**FIGURA 11.49**

**Estructura cuaternaria de la aspartato carbamoiltransferasa (ATCasa). (a)** Estructura cuaternaria de la ATCasa en el estado T. Esta imagen esquemática de la enzima muestra las seis subunidades catalíticas (C) y las seis subunidades reguladoras (R). Hay seis lugares catalíticos (triángulos negros) situados en los surcos existentes entre las subunidades catalíticas o cerca de ellos. Los lugares reguladores (elipses rojas) se encuentran en las superficies externas de las subunidades reguladoras. La molécula tiene un eje ternario y tres ejes binarios (simetría $D_3$). Esta es una imagen lateral de la molécula con el eje ternario en el plano del papel. **(b)** Transición de la ATCasa al estado R. La transición comporta una rotación de las subunidades reguladoras, que separa los dos grupos de subunidades catalíticas y las gira ligeramente alrededor del eje ternario.

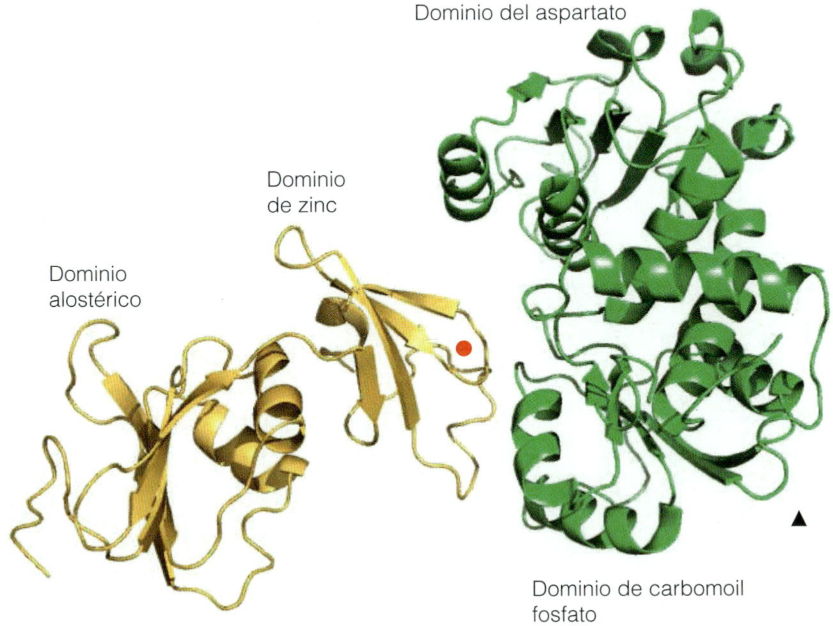


**FIGURA 11.50**

**Estructura detallada de una subunidad catalítica (verde) y la subunidad reguladora adyacente (amarilla) de la ATCasa.** Esta imagen está por debajo del eje ternario, que se encuentra en la parte inferior derecha (triángulo negro). La subunidad reguladora se encuentra, en su mayor parte, por debajo del plano, y la subunidad catalítica, en su mayor parte, por encima. La localización del $Zn^{2+}$ se muestra con un círculo rojo. PDB ID: 1R0C.

Diversos tipos de modificaciones covalentes se emplean para regular la actividad enzimática (Figura 11.51). La más extendida es la fosforilación o desfosforilación de varias cadenas laterales de aminoácidos (por ejemplo, serina, treonina, tirosina e histidina). Otras modificaciones covalentes son la **adenilación**, que transfiere un adenilato desde el ATP, la **ADP ribosilación**, que es la transferencia de ADP-ribosa desde el $NAD^+$ y la **acetilación**, que transfiere un grupo acetilo desde la acetil coenzima A (*véase* la Tabla 11.5).

La mayoría de las enzimas y sus rutas metabólicas y de señalización asociadas están reguladas mediante fosforilación reversible. Las **proteína quinasas** son enzimas que dependen de ATP que añaden un grupo fosforilo al grupo –OH de una Tyr, Ser o Thr en alguna proteína (Figura 11.52). Este proceso se hace reversible mediante una segunda clase de enzimas, denominadas **fosfatasas**, que hidrolizan los ésteres fosfato resultantes de la cadena lateral, liberando $P_i$. Además, se ha visto que varias proteína quinasas son productos de **oncogenes** (gen que produce cáncer). Las actividades aberrantes de estas quinasas participan en la transformación de una célula normal en una célula cancerosa. Se ha dedicado una gran actividad investigadora a entender las funciones de diversas quinasas en la señalización celular y en la regulación del metabolismo.

La fosforilación y la acetilación proteica son parte de rutas reguladoras complejas, con frecuencia, bajo control hormonal. Varias de estas rutas se consideran con gran detalle en capítulos posteriores, donde se esclarecerá su significado. En este momento, nos concentraremos, en su lugar, en un tercer tipo de modificación covalente, que es la activación irreversible de determinadas enzimas por la rotura proteolítica de formas precursoras.

## Proteasas pancreáticas: activación mediante ruptura

Un ejemplo importante de activación enzimática covalente, la **rotura proteolítica**, se encuentra en la maduración de las **proteasas pancreáticas**. Pertenecen a este grupo diversas enzimas, por ejemplo, la tripsina, la quimotripsina, la elastasa y la carboxipeptidasa, algunas de las cuales hemos considerado ya. Todas se sintetizan en el páncreas, y se segregan a través del conducto pancreático al duodeno del intestino delgado, en respuesta a una señal hormonal generada cuando el alimento sale del estómago. Sin embargo, no se sintetizan en su forma final activa, puesto que una batería de potentes proteasas libres en el páncreas digeriría el tejido pancreático. En su lugar, se elaboran en forma de moléculas ligeramente más grandes, catalíticamente inactivas, denominadas **zimógenos.** Los nombres que se dan a los zimógenos de las enzimas citadas anteriormente son *tripsinógeno, quimotripsinógeno, proelastasa* y *procarboxipeptidasa*, respectivamente. Los zimógenos deben romperse proteolíticamente en el intestino para producir las enzimas

**FIGURA 11.51**

**Cuatro tipos de modificaciones covalentes que controlan las actividades de las enzimas**. El residuo diana de la fosforilación o la adenilación normalmente es serina, treonina o tirosina, mientras que la ADP-ribosilación puede comportar arginina, glutamato, aspartato o un residuo de histidina modificado. La N-acetilación implica una reacción entre una cadena lateral de lisina y la acetil-coenzima A.

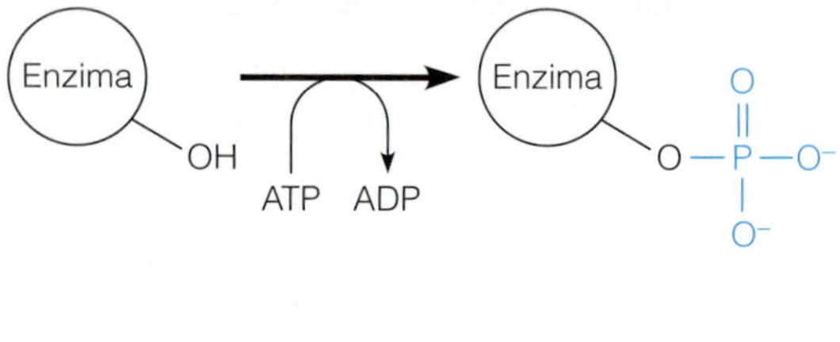


**(a)** Fosforilación

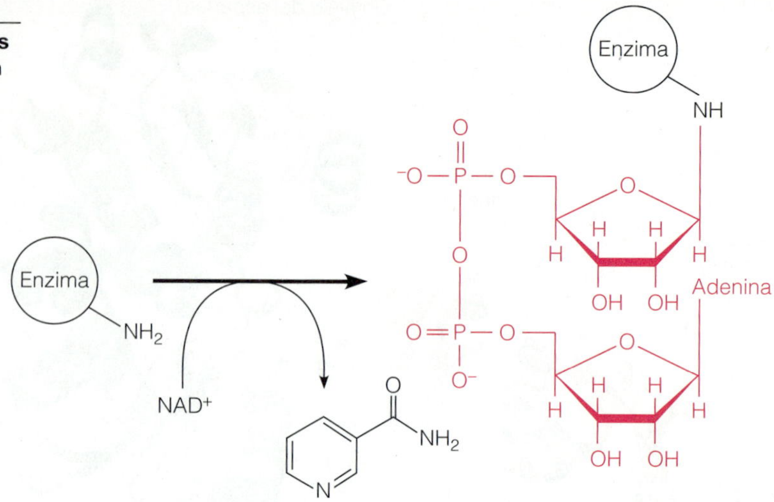


**(c)** ADP-ribosilación

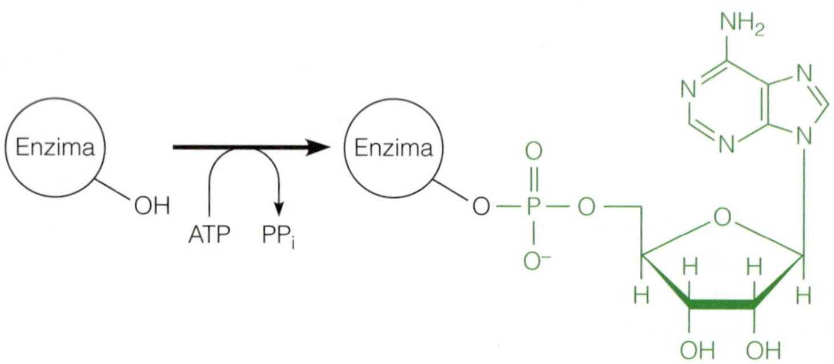


**(b)** Adenililación

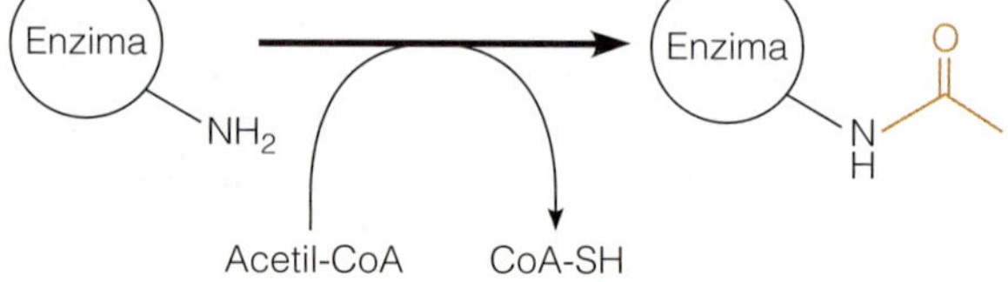


**(d)** Acetilación

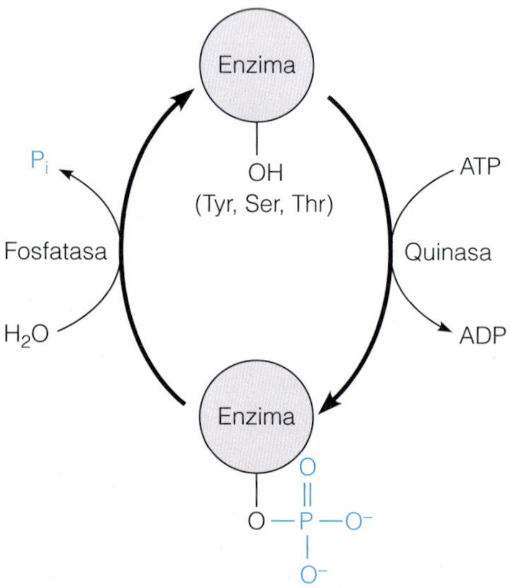


**FIGURA 11.52**

**Modificación covalente reversible mediante quinasas/fosfatasas**. Los residuos diana de la fosforilación dependiente de ATP mediante quinasas son serina, treonina o tirosina. La fosfoproteína se desfosforila mediante una reacción de hidrólisis catalizada por una fosfatasa.

activas. Estas enzimas se degradan tras haber cumplido sus fines, de forma que no pongan en peligro el tejido intestinal, que también está protegido, de alguna manera, por su superficie glucosilada. La ruptura de los zimógenos a enzimas activas se representa esquemáticamente en la Figura 11.53.

El primer paso es la activación de la tripsina en el duodeno. Se elimina un hexapéptido del extremo N-terminal del tripsinógeno por la *enteropeptidasa*, una proteasa secretada por las células duodenales. Esta acción produce la tripsina activa que, a su vez, activa los demás zimógenos mediante rupturas proteolíticas específicas. De hecho, una vez que se encuentra presente algo de tripsina activa, activará otras moléculas de tripsinógeno para formar más tripsina; así pues, su activación es *autocatalítica*. Este es un ejemplo del tipo de proceso en **cascada**, que se observa con frecuencia cuando las enzimas se activan mediante modificaciones covalentes. La producción de tan solo unas pocas moléculas de tripsina conduce rápidamente a muchas más, ya que cada molécula de enzima, al ser activada, puede procesar muchas más cada minuto. Estas moléculas pueden activar, a su vez, a los demás zimógenos. En efecto, una cascada de enzimas amplifica la señal original (por ejemplo, la unión de la hormona a la superficie de una célula) y monta una respuesta rápida y aplastante a esa señal.

La activación del quimotripsinógeno a quimotripsina es una de los ejemplos más complejos y mejor estudiados de activación proteolítica de una enzima; se presenta en la Figura 11.54. En el primer paso, la tripsina rompe el enlace entre la arginina 15 y la isoleucina 16. El péptido N-terminal permanece unido al resto de la molécula debido al enlace disulfuro entre los residuos 1 y 122. El producto, que se llama *π-quimotripsina,* es una enzima activa.

La forma en que la ruptura de un enlace peptídico transforma una proteína esencialmente inactiva en una activa puede entenderse ahora como resultado de los estudios detallados de difracción de rayos X del zimógeno y de la enzima activa. La ruptura del enlace peptídico entre los residuos 15 y 16 crea un nuevo residuo N-terminal cargado positiva-

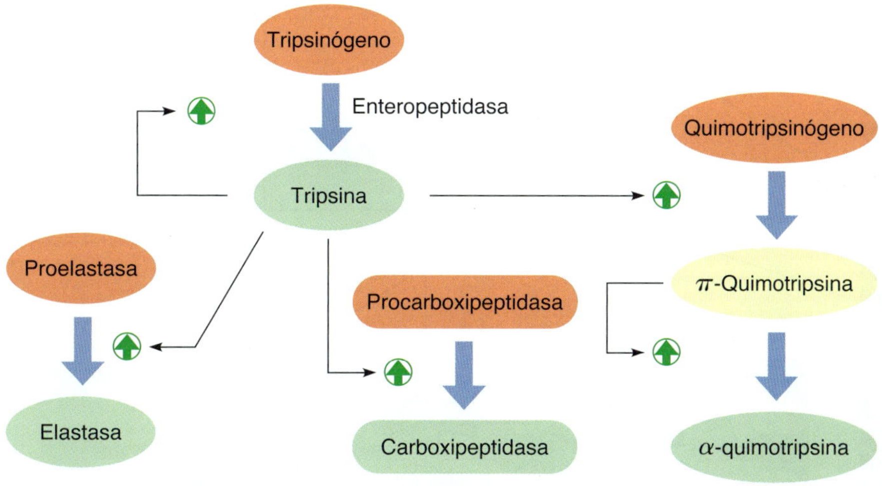


**FIGURA 11.53**

**Activación de zimógenos mediante ruptura proteolítica.** En este esquema se muestra la activación de los zimógenos pancreáticos, que son moléculas que pasan a ser catalíticamente activas cuando sufren la ruptura. Los zimógenos se indican en naranja y las proteasas activas, en amarillo o verde. En la Figura 11.54 se muestra la diferencia entre la $\pi$-quimotripsina y la $\alpha$-quimotripsina.

Algunas enzimas, como las proteasas pancreáticas, se activan de manera irreversible por la ruptura proteolítica.

mente en Ile 16. Este residuo desplaza su posición y forma un puente salino con Asp 194, el vecino de la Ser 195 del lugar activo (*véase* la Figura 11.18). Este cambio, a su vez, desencadena la posterior reordenación de la conformación del lugar activo. Estos cambios dan lugar a la formación del bolsillo catalítico del lugar activo, que incluye el movimiento de los grupos amino de la cadena principal de los residuos 193 y 195 para formar la cavidad oxianión. Así pues, tanto el bolsillo de unión como el lugar catalítico se forman correctamente solo después de que se haya roto el enlace peptídico entre la Arg 15 y la Ile 16.

La $\pi$-quimotripsina no es la forma más activa de la quimotripsina. Otras rupturas autocatalíticas eliminan de la molécula los residuos 14-15 y 147-148 para producir la *$\alpha$-quimotripsina* final, que es la forma principal y totalmente activa de la enzima que se encuentra en el tubo digestivo.

Esta batería de enzimas, tripsina, quimotripsina, elastasa y carboxipeptidasa, junto con la *pepsina* del estómago y otras proteasas secretadas por las células de la pared intestinal, es capaz de digerir finalmente la mayor parte de las proteínas ingeridas a aminoácidos libres, que pueden absorberse por el epitelio intestinal. Las propias enzimas están sometidas continuamente a una digestión mutua, y autodigestión, de manera que nunca llegan a acumularse concentraciones elevadas de estas enzimas en el intestino.

Incluso los zimógenos inactivos son una posible fuente de peligro para el páncreas. Dado que la activación de la tripsina puede ser autocatalítica, la presencia de una sola molécula activa de tripsina podría poner en marcha toda la cascada de manera prematura. En consecuencia, el páncreas se protege a sí mismo aún más mediante la síntesis de una proteína denominada *inhibidor de la tripsina pancreática secretor* (para distinguirlo del inhibidor de la tripsina pancreática que se muestra en la Figura 6.42, que es una proteína intracelular que se encuentra únicamente en los rumiantes). Este inhibidor competitivo se une de manera tan intensa al lugar activo de la tripsina, que la inactiva de manera eficaz, incluso a una concentración muy baja.

La unión entre la tripsina y su inhibidor es una de las asociaciones no covalentes más fuertes que se conocen en bioquímica. Tan solo se encuentra presente una mínima cantidad de inhibidor de la tripsina, muy inferior a la necesaria para inhibir toda la posible tripsina del páncreas. Así pues, solo se inhibe una fracción de la tripsina generada en el duodeno, y el resto puede activarse. Dado que la protección es limitada, la activación del zimógeno puede desencadenarse a veces, en el páncreas, por ejemplo, si el conducto pancreático está obstruido. Las enzimas activas inician entonces una digestión del propio tejido pancreático. El trastorno, denominado *pancreatitis aguda*, es extremadamente doloroso y a veces, resulta mortal.

La primera cascada reguladora bien conocida fue la que controla la degradación del glucógeno en las células animales, un proceso esencial que proporciona sustratos hidratos de carbono para la generación de energía. Esta cascada reguladora, con fosforilación y desfosforilación enzimática, se describe con detalle en el Capítulo 13. Otro ejemplo espectacular de una cascada enzimática tiene lugar en la coagulación de la sangre, que se describe en el apartado siguiente.

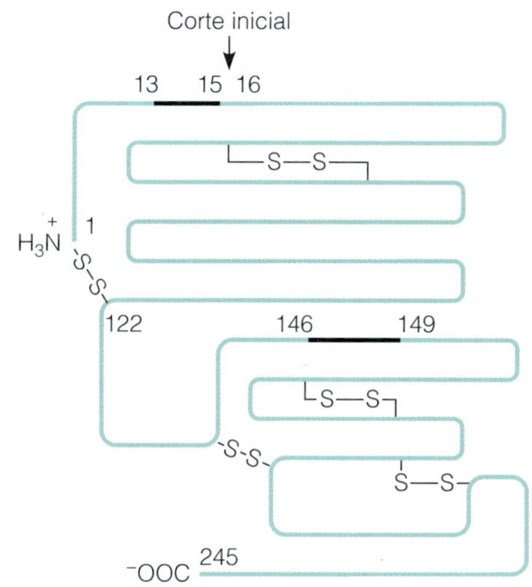


**FIGURA 11.54**

**Activación del quimotripsinógeno.** Esta figura muestra esquemáticamente la molécula de quimotripsinógeno. Una serie de rupturas dan lugar a la enzima quimotripsina, con los enlaces disulfuros que continúan manteniendo la estructura unida. La ruptura inicial entre los aminoácidos 15 y 16 (flecha) da lugar a la formación de $\pi$-quimotripsina. La posterior eliminación de los segmentos que se indican en negro produce $\alpha$-quimotripsina.

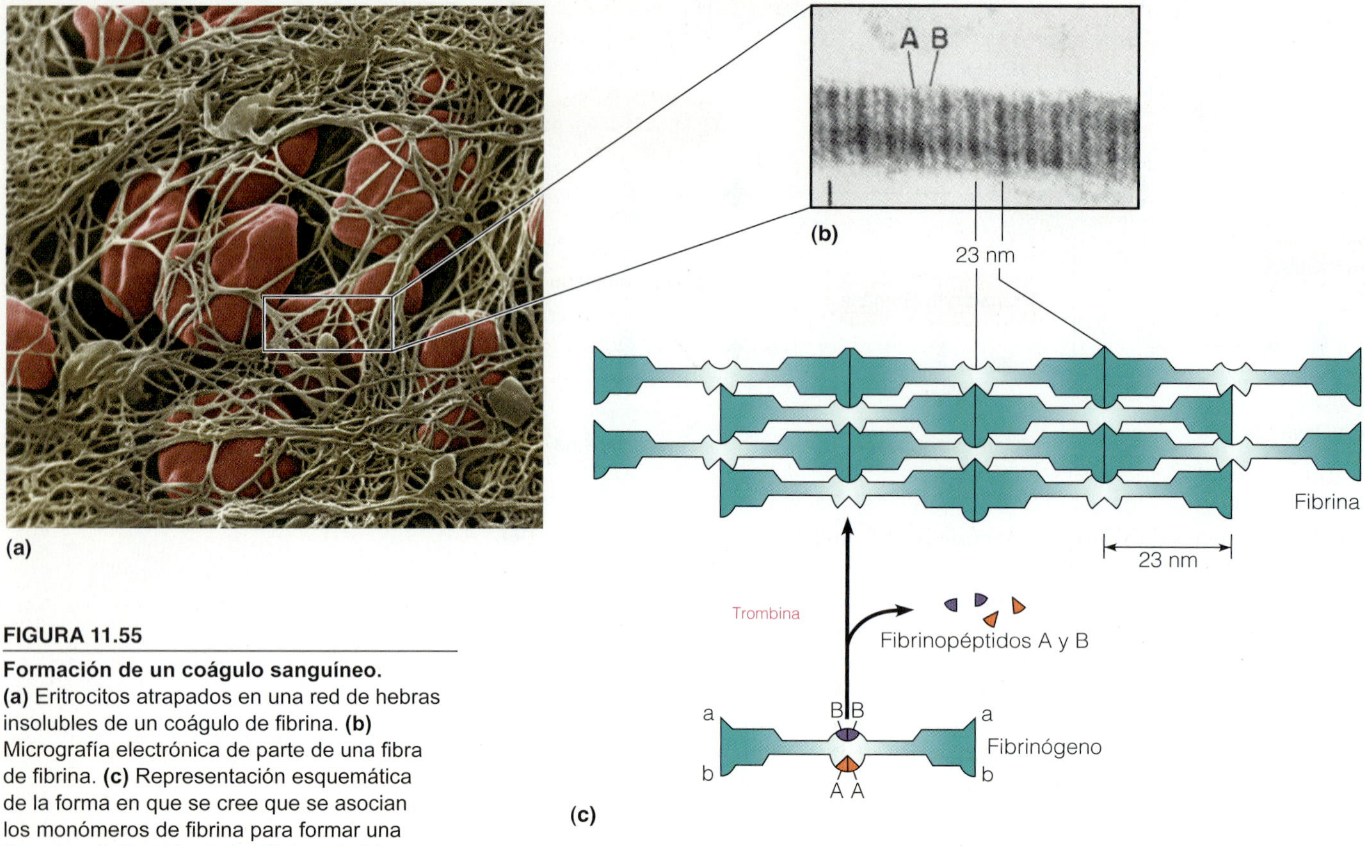


**FIGURA 11.55**

**Formación de un coágulo sanguíneo.** **(a)** Eritrocitos atrapados en una red de hebras insolubles de un coágulo de fibrina. **(b)** Micrografía electrónica de parte de una fibra de fibrina. **(c)** Representación esquemática de la forma en que se cree que se asocian los monómeros de fibrina para formar una fibra. La eliminación de los fibrinopéptidos A y B del fibrinógeno por la trombina hace que estos lugares sean accesibles para la asociación con los lugares complementarios a y b en los monómeros adyacentes. Se cree que las moléculas se solapan como se indica aquí, ya que las estriaciones que se observan en las fibras tienen una anchura de 23 nm, exactamente la mitad de la longitud de la molécula de fibrinógeno.

(a) Dr. David Phillips/Visuals Unlimited, Inc.; (b) *The Journal of Biological Chemistry* 179:857-864, C. E. Hall,Electron microscopy of fibrinogen and fibrin. Reprintedwith permission. © 1949 The American Society for Biochemistry and Molecular Biology. Todos los derechos reservados.

La coagulación de la sangre comporta una cascada de activación proteolítica de proteasas específicas, que culmina con la transición del fibrinógeno a fibrina.

## Un examen más detenido de la activación por ruptura: coagulación de la sangre

La activación de los zimógenos es la clave de otro proceso de importancia biológica: la coagulación de la sangre de los vertebrados. Si se observa un coágulo sanguíneo con el microscopio electrónico, se ve que está formado por fibras estriadas de una proteína denominada **fibrina** (Figura 11.55a). Los monómeros de fibrina son moléculas alargadas, de unos 46 nm de longitud, que se juntan formando una serie escalonada, como se observa en la Figura 11.55c. Los monómeros de fibrina proceden de un precursor, el **fibrinógeno,** mediante rupturas proteolíticas que liberan pequeños *fibrinopéptidos* (A y B en la Figura 11.55c). La pérdida de estos péptidos deja al descubierto posiciones en las que las moléculas de fibrina pueden pegarse unas a otras. Una vez formado el coágulo, este se estabiliza posteriormente mediante entrecruzamientos covalentes entre residuos de glutamina y lisina.

La proteólisis del fibrinógeno a fibrina está catalizada por la serina proteasa **trombina**. La trombina tiene una secuencia y estructura semejantes a la tripsina, pero como proteasa con una función muy específica, rompe solamente unos pocos tipos de enlaces, principalmente los de Arg-Gly. La trombina se produce a partir de la **protrombina** por otra proteasa específica; de hecho, como muestra la Figura 11.56, toda la cascada de reacciones de activación proteolítica conduce, finalmente, a la formación de un coágulo de fibrina. En ello intervienen una serie de proteasas denominadas *factores.* En los tejidos dañados, las proteínas *quininógeno* y *calicreína* activan el factor XII (denominado *factor de Hageman*) que, a su vez, activa el factor XI, y se produce la cascada de reacciones que se muestran. Esta serie de reacciones iniciales se denomina **vía intrínseca**.

Otra posibilidad es que la lesión de los vasos sanguíneos dé lugar a la liberación del *factor tisular* y a la activación del factor VII, iniciando la **vía extrínseca**. Las dos vías se unen en la activación del factor X, que causará la proteólisis y, por tanto, activará la protrombina.

Algunos de los pasos de activación requieren proteínas auxiliares. Así, por ejemplo, la activación del factor X de la vía intrínseca por el factor IX (*factor de Christmas*) requiere una proteína de 330 kilodalton denominada *factor antihemofílico* (factor VIII). La ausencia parcial o completa de actividad del factor VIII es la causa de la **hemofilia** clásica. El gen del factor VIII se encuentra en el cromosoma X, por lo que las mujeres, que poseen dos copias de este cromosoma, pueden ser portadoras heterocigotas del rasgo pero solo presentarán síntomas si son homocigotas. Sin embargo, un hijo varón que reciba como único cromosoma X el que está dañado para el gen del factor VIII experimentará una dificultad más o menos grave de la coagulación de la sangre.

El trastorno puede tratarse en la actualidad mediante transfusiones frecuentes de una fracción del suero sanguíneo concentrado en factor VIII. El gen de esta proteína se ha clonado recientemente y expresado en bacterias, y la disponibilidad de este factor VIII sintético puede permitir a estos pacientes evitar los peligros de las transfusiones regulares.

Al cicatrizar las heridas o repararse el daño tisular, es esencial que la sangre coagulada se disuelva. El principal agente de disolución del coágulo es una enzima denominada **plasmina**, que fragmenta la fibrina. La propia plasmina deriva de la fragmentación proteolítica de un precursor inactivo, el **plasminógeno**. La activación del plasminógeno la catalizan diversas proteasas, de las que la más importante es el **activador del plasminógeno** de tipo tisular (**t-PA**). Además de su función normal, el t-PA puede ser muy eficaz en la iniciación de la cascada de disolución de los coágulos sanguíneos indeseables, culpables de la apoplejía y el infarto.

Los mecanismos de regulación que hemos mencionado aquí no describen en modo alguno el repertorio completo de la célula. Además de la regulación del *funcionamiento* de las enzimas, las células y los organismos pueden regular también la síntesis y la degradación de las enzimas, así como la compartimentación de las enzimas dentro de orgánulos específicos o los complejos multienzimáticos. Pero la descripción de estos procesos es más adecuada dentro del marco más amplio que se plantea en el Capítulo 12.

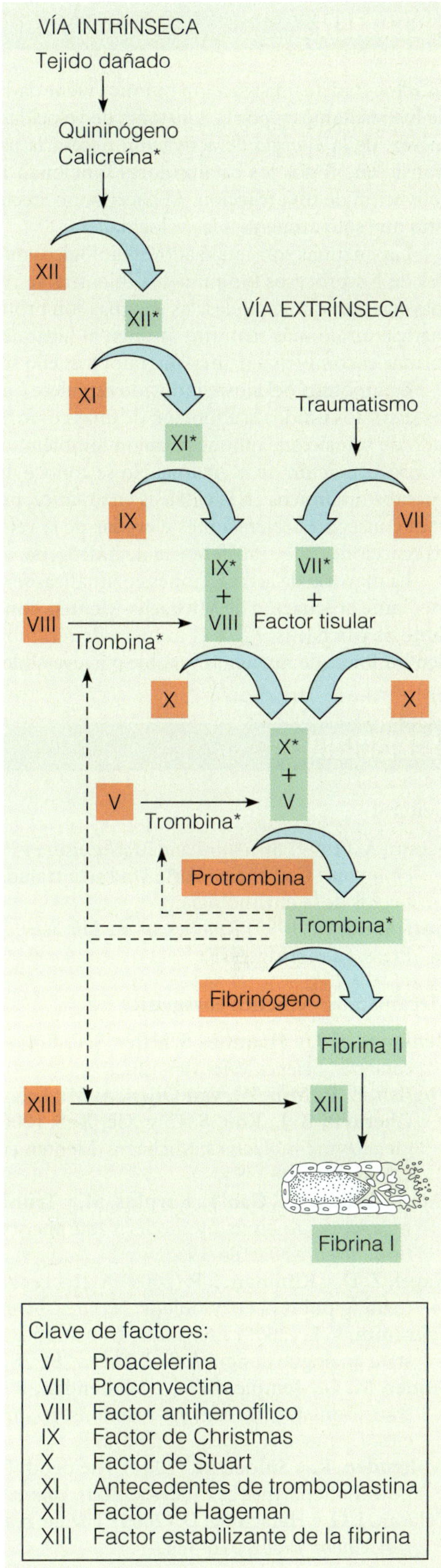


**FIGURA 11.56**

**Proceso en cascada de la coagulación de la sangre.** Cada factor (proteasa) de la vía puede encontrarse en una forma inactiva (naranja) o activa (verde). La cascada de activaciones proteolíticas puede iniciarse a partir del contacto de la sangre con superficies de tejido dañadas (vía intrínseca) o por un traumatismo interno de los vasos sanguíneos (vía extrínseca). El resultado común es la activación del fibrinógeno a la fibrina coagulante. Se muestran también los factores auxiliares que facilitan algunos de los pasos. El asterisco (*) indica serina proteasas.

## RESUMEN

La velocidad de una reacción química viene dada por las concentraciones de los reactantes y por la constante de velocidad. Esta última depende, a su vez, de la energía de activación necesaria para alcanzar el estado de transición. Todos los catalizadores funcionan reduciendo la energía de activación de una reacción. Al hacerlo, no afectan al equilibrio químico, sino que solo aumentan las velocidades.

Las enzimas son catalizadores biológicos que aumentan las velocidades de los procesos bioquímicos mientras se mantienen inalteradas. La mayoría, aunque no todas, las enzimas son proteínas. En la catálisis enzimática, uno o más sustratos se unen al lugar activo de una enzima para formar el complejo enzima-sustrato; tras ello se liberan los productos.

La hipótesis del ajuste inducido establece que las enzimas inducen en los sustratos unidos la adopción de unas conformaciones próximas al estado de transición, aunque la unión también puede producir un cambio de conformación de la enzima. No se conoce bien el papel de los movimientos dinámicos en la catálisis enzimática, pero pueden ser esenciales para conseguir aceleraciones elevadas de la velocidad, especialmente en las reacciones con transferencia de hidrógeno.

La mayoría de las reacciones enzimáticas sencillas pueden describirse mediante la ecuación de Michaelis-Menten, con dos parámetros, la constante de Michaelis, $K_M$, y el número de recambio, $k_{cat}$. Las enzimas pueden inhibirse de manera reversible o irreversible. La inhibición reversible puede ser competitiva, no competitiva o mixta. La inhibición competitiva aumenta la $K_M$ aparente; la inhibición no competitiva reduce la $V_{máx}$ aparente y la $K_M$ aparente, y la inhibición mixta reduce la $V_{máx}$ aparente y aumenta la $K_M$ aparente. La inhibición irreversible suele comportar la unión covalente al lugar activo.

Muchas enzimas utilizan cofactores en su función; otras requieren iones metálicos específicos. Diversos cofactores enzimáticos están estrechamente relacionados con vitaminas necesarias en la alimentación humana.

En la actualidad, es posible crear enzimas nuevas o modificadas mediante ingeniería molecular o, evolución *in vitro*. Un método habitual comporta la selección de moléculas activas a partir de una gran biblioteca de clones candidatos, como en el caso de la generación de anticuerpos catalíticos. Los enfoques computacionales permiten evaluar las enzimas candidatas a partir de bibliotecas aún mayores de estructuras posibles. Además, se ha encontrado que algunas moléculas de ácidos nucleicos actúan como enzimas; se las denomina ribozimas o DNAzimas.

La regulación de la actividad enzimática adopta muchas formas. La regulación a nivel de sustrato depende simplemente de las concentraciones de reactantes y productos en el medio. La regulación alostérica proporciona un control sensible por retroacción de las rutas metabólicas complejas. Para cambios más drásticos de la actividad, algunas enzimas se activan o desactivan (o ambas cosas) mediante una modificación covalente.

## BIBLIOGRAFÍA


### General

**Fersht, A.** (1999) *Structure and Mechanism in Protein Science.* W. H. Freeman and Co., Nueva York. Un buen tratado sobre casi todos los aspectos de la enzimología.

**Gutfreund, H.** (1995) *Kinetics for the Life Sciences.* Cambridge University Press, Cambridge, UK.

### Mecanismos y cinética enzimática

**Benkovic, S. J.** y **Hammes-Schiffer, S.** (2003) A perspective on enzyme catalysis. *Science* 301:1196-1202.

**English, B. P., Min, W., van Oijen, A. M., Lee, K. T., Luo, G., Sun, BH., Cherayil, B. J., Kou, S. C.** y **Xie, X. S.** (2006) Ever-fluctuating single enzyme molecules: Michaeiis-Menten equation revisited. *Nature Chem. Biol.* 2:87 -94.

**Garcia-Viloca, M., Gao, I., Karplus, M.** y **Truhlar, D.** (2004) How enzymes work: Analysis by modern rate theory and computer simulation. *Science* 303:186-195.

**Nagel, Z. D.** y **Klinman, J. P.** (2009) A 21st century revisionist's view at a turning point in enzymology. *Nature Chem. Biol.* 8:543-550.

**Schramm, V. L.** (2007) Enzymatic transition state theory and transition state analogue design. *J. Biol. Chem.* 282:28297-28300.

**Snider, M. G., Temple, B. S.,** y **Wolfenden, R.** (2004) The path to the transition state in enzyme reactions: A survey of catalytic efficiencies. *J. Phys. Org. Chem.* 17:586-591.

**Wolfenden, R.** y **Snider, M.** (2001) The depth of chemical time and the power of enzymes as catalysts. *Accts. Chem. Res.*34:938-945.

**Zalatan, J. G.** y **Herschlag, D.** (2009) The far reaches of enzymology. *Nature Chem. Biol.* 8:516-520.

### Lisozima y serina proteasas

**Bartik, K., Redfield, C.** y **Dobson, C. M.** (1994) Measurement of the individual p$K_a$ values of acidic residues of hen and turkey lysozymes by two-dimensional $^1$H NMR. *Biophys. J.* 66:1180-1184.

**Carter, P.** y **Wells, J. A.** (1988) Dissecting the catalytic triad of a serine protease. *Nature* 332:564-568.

**Cleland, W. W., Frey, P. A.** y **Gerlt, J. A.** (1998) The 1ow barrier hydrogen bond in enzymatic catalysis. *J. Biol. Chem.* 273:25529-25532.

**Corey, D. R.** y **Craik , C. S.**(1992) An investigation into the minimum requirements for peptide hydrolysis by mutation of the catalytic triad of trypsin. *J. Am. Chem. Soc.* 114:1784-I790.

**Frey, P. A., Whitt, S. A.** y **Tobin, J. B.** (1994) A low-barrier hydrogen bond in the catalytic triad of serine proteases. *Science* 264:1927-1930.

**Fuhrmann, C. N., Daugherty, M. D.** y **Agard, D. A.** (2006) Subangstrom crystaliography reveals that short ionic hydrogen bonds, and not a His-Asp low-barrier hydrogen bond, stabilize the transition state in serine protease catalysis. *J. Amer. Chem. Soc.* 128:9086-9102.

**Matsumura, I.** y **Kirsch, I. F.** (1996) Is aspartate 52 essential for catalysis by chicken egg white lysozyme? The role of natural substrate assisted hydrolysis. *Biochemistry* 35:1881-1889.

**Perrin, C. L.** (2010) Are short low-barrier hydrogen bonds unusually strong? *Accts. Chem. Res.* 43:1550-7557.

**Polgár, L.** (2005) The catalytic triad of serine peptidases. *Cell. Mol. Life Sci.* 62:2161-2172.

**Robertus, J. D., Kraur, J., Alden, R. A.** y **Birktoft, J. J.** (1972) Subtilisin: A stereochemical mechanism involving transition state stabilization. *Biochemistry* 71:4293-4303.

**Strynadka, N. C. J.** y **James, M. N. G.** (1991) Lysozyme revisited: Crystallographic evidence for distortion of an N-acetylmuramic acid residue bound in site D. *J. Mol. Biol.* 220:401424.

**Tamada, T., Kinoshita, T., Kurihara, K., Adachi, M., Ohhara, T., Imai, K., Kuroki, R.** y **Tada, T.** (2009) Combíned high-resolution neutron and X-ray analysis of inhibited elastase confirms the active-site oxyanion hole but rules against a low-barrier hydrogen bond. *J. Am. Chem. Soc.* 131:11033-11040.

**Vocadlo, D. J., Davies, G. J., Laine, R.** y **Withers, S. G.** (2001) Catalysis by hen egg-white lysozyme proceeds via a covalent intermediate. *Nature* 412:835-838.

**Wilmouth, R. C., Edman, K., Neutze, R., Wright, P. A., Clifton, I. J., Schneider, T. R., chofield, C. J.** y **Hajdu, I.** (2001) X-ray snapshots of serine protease catalysis reveal a tetrahedral intermediate. *Nature Struct. Biol.* 8:689 694.

**Movimientos dinámicos de las enzimas y catálisis**

**Agarwal, P K.** (2005) Role of protein dynamics in reaction rate enhancement by enzymes. *J. Am. Chem. Soc.* 127:15248-75256.

**Benkovic, S. J., Hammes, G. G.** y **Hammes-Schiffer, S.** (2008) Free energy landscape of enzyme catalysis. *Biochemistry* 47:3317-3321

**Boehr, D. D., McElheny, D. Dyson, H. J.** y **Wright, P. E.** (2006) The dynamic energy landscape of dihydrofolate reductase catalysis. *Science* 373:1638-1641.

**Eisenmesser, E. Z., Millet, O., Labeikovsky, W., Korzhnev, D. M., Wolf-Watz, M., Bosco, D. A., Skalicky, J. J., Kay, L. E.** y **Kern, D.** (2005) Intrinsic dynamics of an enzyme underlies catalysis. *Nature* 438:117-121.

**Kamerlin, S. C. L.** y **Warshel, A.** (2010) At the dawn of the 2lst century: Is dynamics the missing link for understanding enzyme catalysis? *Proteins* 78:1339-137 5.

**Roca, M., Messer, B., Hilvert, D.** y **Warshel, A.** (2008) On the relationship between folding and chemical landscapes in enzyme catalysis. *Proc. Natl. Acad. Sci. USA* 105:13877-13882.

**Schwartz, S. D.** y **Schramm, V.** (2009) Enzymatic transition states and dynamic motion in barrier crossing. *Nature Chem. Biol.* 8:551-558.

**Ribozimas and DNAzimas**

**Breaker, R. R.** y **Joyce, G. F.** (1994) A DNA enzyme that cleaves RNA. *Chem. Biol.* 1:223-229.

**Chandra, M., Sachdeva, A.** y **Silverman, S. K.** (2009) DNA-catalyzed sequence-specific hydrolysis of DNA. *Nature Chem. Biol.* 5:718-720.

**Cech, T. R.** (1987) The chemistry of self-splicing RNA and RNA enzymes. *Science* 236:1532-1539.

**Emilsson, G. M.** y **Breaker, R. R.** (2002) Deoxyribozymes: New activities and new applications. *Cell. Mol. Life Sci.* 59:596-607.

**Joyce, G. F.** (2002) The antiquity of RNA-based evolution. *Nature* 478:214-221.

**McCorkle, G. M.** y **Altman, S.** (1937) RNAs as catalysts. *Concepts Biochem.* 64:221-226.

**Sen, D.** y **Geyer, C. R.** (1998) DNA enzymes. *Curr. Op. Chem. Biol.* 2:680-687.

**Strobel, S. A.** y **Cochrane, J. C.** (2007) RNA catalysis: Ribozymes, ribosomes, and riboswitches. *Curr. Op. Chem. Biol.* 11:636-643.

**Willner, I., Shylahovsky, B., Zayats, M.** y **Willner, B.** (2008) DNAzymes for sensing, nanobiotechnology and logic gate applications. *Chem. Soc. Rev.* 37:1153-1165.

**Wright, M. C.** y **Joyce, G. F.** (1997) Continuous in vitro evolution of catalytic function. *Science* 276:614-616.

**Regulación alostérica**

**Goodey, N. M.** y **Benkovic, S. J.** (2008) Allosteric regulation and catalysis emerge via a common route. *Nature Chem. Biol.* 8:474-482.

**Gunasekaran, K., Ma, B.** y **Nussinov, R.** (2004) Is allostery an intrinsic property of all dynamic proteins? Proteins: *Struct. Func. Bioinform.* 57:433-443.

**Lipscomb, W. N.** (1994) Aspartate transcarbamylase from *Escherichia coli*: Activity and regulation. *Adv. Enzymol.* 73:67-151.

**Monod, J., Changeux, J.-P.** y **Jacob, F.** ( 1963) Allosteric proteins and cellu1ar control systems. *J. Mol. Biol.* 6:306-329. Esta publicación presenta el concepto de control alostérico.

**Swain, J. F.** y **Gierasch, L. M.** (2006) The changing landscape of protein allostery. *Curr. Op. Struct. BioI.* 16:102-108.

**Activación del zimógeno**

**Bode, W.** y **Huber, R.** (1986) Crystal structure of pancreatic serine endopeptidases. In: *Molecular and Cellular Basis of Digestion*, editado por P. Desnuelle, H. Sjorstrom y O. Noren, pp.213-234. Elsevier, Nueva York.

**Neurath, H.** (1986) The versatility of proteolytic enzymes. *J. Cell. Biochem.* 32:35-49.

**Coagulación de la sangre**

**Davie, E. W.** (1986) Introduction to the blood coagulation cascade and the cloning of blood coagulation factors. *J. Protein Chem.* 5:247-253.

**Doolittle, R. F.** (1984) Fibrinogen and fibrin. *Annu. Rev. Biochem.* 53: 195-229.


## PROBLEMAS

1. Demuestre que la semivida de una reacción de primer orden es inversamente proporcional a la constante de velocidad, y determine la constante de proporcionalidad.

2. Una sustancia A se consume en una reacción de orden desconocido. La concentración inicial es 2 mM, y las concentraciones en los momentos posteriores son las que se indican a continuación:

| Tiempo (min) | [A] (mM) |
|---|---|
| 1 | 1.66 |
| 2 | 1.44 |
| 4 | 1.12 |
| 8 | 0.76 |
| 16 | 0.48 |

Compruebe si los datos se ajustan o no a una reacción de primer orden.

3. La enzima ureasa cataliza la hidrólisis de la urea a amoníaco y dióxido de carbono. A 21°C, la reacción sin catalizar tiene una energía de activación de, aproximadamente, 125 kJ/mol, mientras que en presencia de ureasa, la energía de activación se reduce a unos 46 kJ/mol. ¿En qué factor incrementa la ureasa la velocidad de la reacción?

4. Una enzima contiene un ácido aspártico en el lugar activo, con una $pK_a = 5.0$, que actúa como un *catalizador ácido general.* En el molde de abajo, dibuje la curva de la actividad enzimática (velocidad de reacción) frente al pH para la enzima (suponer que la proteína está plegada de forma estable entre pH 2-12 y que el Asp del lugar activo es el único residuo ionizable que participa en la catálisis). Explique brevemente la forma de la curva.

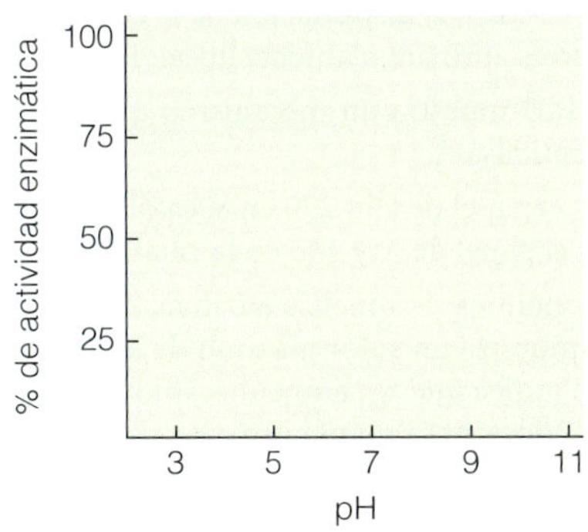


*5. En algunas reacciones en las que una molécula proteica se une a un lugar específico del DNA, se observa una velocidad *superior* a la prevista por el límite de difusión que se observa. Sugiera una explicación para ello. [Pista: la molécula de proteína puede unirse también de forma débil e inespecífica a *cualquier* lugar del DNA].

*6. Obtenga una expresión para el cambio de concentración del reactante en función del tiempo en una reacción reversible de primer orden (Ecuación 11.5), suponiendo [B] = 0 a $t = 0$. [Advertencia: esto es mucho más difícil de lo que parece.]

7. (a) Obtenga una expresión para la concentración del reactante en función del tiempo para la reacción de segundo orden $2A \longrightarrow B$.
(b) En función de su respuesta a la pregunta (a), indique cómo podría obtenerse un gráfico lineal para una reacción de segundo orden.
(c) Compruebe los datos que se han presentado en el Problema 2 con su método.

8. Se ha determinado la velocidad inicial de una reacción catalizada por una enzima para diversas concentraciones de sustrato. Los datos obtenidos son los siguientes:

| [S] (μmol/L) | $\nu$ [(μmol/L) min$^{-1}$] |
|---|---|
| 5 | 22 |
| 10 | 39 |
| 20 | 65 |
| 50 | 102 |
| 100 | 120 |
| 200 | 135 |

(a) Calcule $V_{máx}$ y $K_M$ a partir de un gráfico directo de $v$ frente a [S]. ¿Tiene dificultades para obtener respuestas claras?
(b) Utilice ahora una representación de Lineweaver-Burk para analizar los mismos datos. ¿Funciona mejor?
(c) Por último, pruebe una representación de Eadie-Hofstee de los mismos datos.

9. (a) Si la concentración total de la enzima en el Problema 8 fuera de 1 nmol/L, ¿cuántas moléculas de sustrato puede procesar una molécula de enzima cada minuto?
(b) Calcule $k_{cat}/K_M$ para la reacción enzimática del Problema 8. ¿Es esta una enzima eficaz? (*Véase* la Tabla 11.4.)

*10. (a) Si escribimos la ecuación de Michaelis-Menten de la siguiente forma:

$$\frac{d[S]}{dt} = -\frac{d[P]}{dt} = -\frac{V_{máx}[S]}{K_M + [S]}$$

debe ser posible integrarla y obtener una expresión para la concentración de sustrato en función del tiempo. Hágalo, llamando $[S]_0$ a la concentración inicial de sustrato en el momento $t = 0$.
(b) Demuestre, a partir del resultado de (a), que, en condiciones en las que $[S]_0 >> K_M$, la disminución de la concentración de sustrato con el tiempo es aproximadamente lineal. Interprete este resultado.

11. La Figura 11.39 muestra un mecanismo que se ha propuesto para la carboxipeptidasa A.
(a) ¿Cuál es el papel de Glu 270 en la catálisis?
(b) Cuál es el papel de Arg 145 en la catálisis?

12. La eficacia catalítica de muchas enzimas depende del pH. La quimotripsina muestra un valor máximo de $k_{cat}/K_M$ a pH 8. Un análisis detallado indica que $k_{cat}$ aumenta rápidamente entre pH 6 y 7, y se mantiene constante a un pH superior. $K_M$ aumenta rápidamente entre pH 8 y 10. Sugiera explicaciones para estas observaciones.

13. Los siguientes datos describen la catálisis de la ruptura de los enlaces peptídicos en péptidos pequeños por la enzima elastasa.

| Sustrato | $K_M$(mM) | $k_{cat}$ (s$^{-1}$) |
|---|---|---|
| P A P A↓G | 4.0 | 26 |
| P A P A↓A | 1.5 | 37 |
| P A P A↓F | 0.64 | 18 |

La flecha indica el enlace peptídico que se rompe en cada caso.
(a) Si se presentara una mezcla de estos tres sustratos a la elastasa, con una concentración de cada péptido igual a 0.5 mM, ¿cuál sería digerido con mayor rapidez? ¿Cuál lo sería de la forma más lenta? (Asuma que la enzima se encuentra presente en exceso.)
(b) Basándose en estos datos, sugiera qué características de la secuencia de aminoácidos dictan la especificidad de la ruptura proteolítica por la elastasa.
(c) La elastasa está muy relacionada con la quimotripsina. Sugiera dos tipos de residuos de aminoácido que esperaría encontrar en el lugar activo o cerca del mismo.

14. A 37 °C la serina proteasa subtilisina tiene $k_{cat} = 50\ s^{-1}$ y $K_M = 1.4 \times 10^{-4}$ M. Se ha propuesto que la cadena lateral de N155 contribuye con un enlace de hidrógeno a la cavidad oxianión de la subtilisina. J. A. Wells y colaboradores han comunicado (1986, *Phil. Trans. R. Soc. Lond. A* 317:415-423) los parámetros cinéticos siguientes para el mutante N155T de la subtilisina: $k_{cat} = 0.02\ s^{-1}$ y $K_M = 2 \times 10^{-4}$ M.
(a) La subtilisina se utiliza en algunos detergentes de lavandería para facilitar la eliminación de las manchas de proteínas. ¿Qué tipo poco habitual de estabilidad sugiere esto para la subtilisina?
(b) La subtilisina tiene un problema, en cuanto queda inactivada por la oxidación de una metionina próxima al lugar activo. Sugiera una forma de obtener una subtilisina mejor.
(c) ¿Es el efecto de la mutación N155T lo que esperaría de un residuo que forma parte de la cavidad oxianión? ¿Cómo apoyan su respuesta los valores de $k_{cat}$ y $K_M$?
(d) Suponiendo que la cadena lateral de T155 no puede formar enlaces de H con el oxianión intermediario, ¿En cuánto (en kJ/mol) parece estabilizar N155T el estado de transición a 37 °C?
(e) El valor que ha calculado en la parte (d) representa la fuerza del enlace de hidrógeno entre N155 y el oxianión en el estado de transición. Este valor es mayor que el de los enlaces de hidrógeno habituales en el agua. ¿Cómo podría racionalizarse esta observación? Pista: considere la Ecuación 2.2 (Ley de Coulomb).

15. Se estudia la cinética del estado estacionario de una enzima en ausencia y en presencia de un inhibidor (inhibidor A). La velocidad inicial viene dada en función de la concentración de sustrato en la tabla siguiente:

| | $\nu$ [(mmol/L)min$^{-1}$] | |
|---|---|---|
| [S] (mmol/L) | Sin inhibidor | Inhibidor A |
| 1.25 | 1.72 | 0.98 |
| 1.67 | 2.04 | 1.17 |
| 2.50 | 2.63 | 1.47 |
| 5.00 | 3.33 | 1.96 |
| 10.00 | 4.17 | 2.38 |

(a) ¿Qué tipo de inhibición (competitiva, no competitiva o mixta) se produce?
(b) Determine $V_{máx}$ y $K_M$ en ausencia y en presencia del inhibidor.

16. La misma enzima del Problema 15 se estudia en presencia de un inhibidor diferente (inhibidor B). En este caso, se utilizan dos concentraciones diferentes de inhibidor. Los datos son los siguientes:

| | $\nu$ [(mmol/L)min$^{-1}$] | | |
|---|---|---|---|
| [S] (mmol/L) | Sin inhibidor | Inhibidor B 3mM | Inhibidor B 5mM |
| 1.25 | 1.72 | 1.25 | 1.01 |
| 1.67 | 2.04 | 1.54 | 1.26 |
| 2.50 | 2.63 | 2.00 | 1.72 |
| 5.00 | 3.33 | 2.86 | 2.56 |
| 10.00 | 4.17 | 3.70 | 3.49 |

(a) ¿Qué tipo de inhibidor es el inhibidor B?
(b) Determine la $V_{máx}$ y $K_M$ aparente para cada concentración del inhibidor.
(c) Calcule $K_I$ a partir de estos datos.

17. Hemos mencionado las representaciones de Eadie-Hofstee como alternativa a las representaciones de Lineweaver-Burk para la expresión de los datos cinéticos. Dibuje el aspecto que tendrían los gráficos de Eadie-Hofstee para una serie de experimentos a diferentes concentraciones de
(a) Un inhibidor competitivo.
(b) Un inhibidor no competitivo.

18. Hemos considerado el papel de la TPCK como inhibidor irreversible de la quimotripsina. Diseñe un inhibidor comparable para la tripsina.

19. Se han determinado las constantes de velocidad de plegado y desplegado de un mutante de mioglobina. La constante de velocidad de desplegado $k_{P\to D} = 3.62 \times 10^{-5}\ s^{-1}$ y la constante de velocidad de plegado $k_{D\to P} = 255\ s^{-1}$, donde P es la proteína plegada y D es la proteína desplegada (desnaturalizada). Para la mioglobina de tipo normal, $\Delta G_{P\to D} = +37.4$ kJ/mol. ¿Qué hemoglobina es termodinámicamente más estable, la mutante o la normal?

20. Los siguientes datos corresponden a la cinética de estado estacionario de una enzima de múltiples subunidades.

| [S] (mmol/L) | Velocidad inical [(mmol/L)s$^{-1}$] |
|---|---|
| 0.25 | 0.26 |
| 0.33 | 0.45 |
| 0.50 | 0.92 |
| 0.75 | 1.80 |
| 1.00 | 2.50 |
| 2.00 | 4.10 |
| 4.00 | 4.80 |

(a) ¿Sigue esta enzima la cinética de Michaelis-Menten?
(b) Calcule $V_{máx}$.

*21. Deduzca una ecuación que exprese $\left(\frac{v/V_{máx}}{1-v/V_{máx}}\right)$ en función de log[S] para una enzima que siga la ecuación de Michaelis-Menten. Para una enzima *alostérica*, indique de qué manera podría utilizar esta ecuación para obtener $K^T_M$ y $K^R_M$ (los valores de $K_M$ para los estados T y R) a partir de una representación de Hill de datos cinéticos (*véase* la Figura 7.9).

22. En pocos casos se ha demostrado que las enzimas de múltiples subunidades presentan una *cooperatividad negativa*; es decir, la unión de la primera molécula de sustrato reduce notablemente la afinidad de unión de las moléculas posteriores. Indique el aspecto que tendría una representación de Hill para una enzima que presente una cooperatividad negativa. [Pista: consulte el Problema 21a.]

23. La teoría MWC (véanse las páginas 245-246 en el Capítulo 7) no puede explicar la cooperatividad negativa, pero la teoría KNF sí puede hacerlo. Explíquelo.

*24. Aunque la teoría MWC, que describe la unión a una proteína de múltiples, lugares es bastante complicada, podemos deducir con facilidad ecuaciones para un caso sencillo. Supongamos una enzima dimérica, con dos lugares activos, y dos estados de conformación: T y R. Para mayor simplicidad, supongamos que el estado R puede unir una o dos moléculas de sustrato, mientras que el estado T no puede unirlas. Tenemos, entonces, las ecuaciones:

$$T \rightleftharpoons R \qquad L = \frac{[T]}{[R]}$$

$$R + S \rightleftharpoons RS \qquad K = \frac{2[R][S]}{[RS]}$$

$$RS + S \rightleftharpoons RS_2 \qquad 2K = \frac{[RS][S]}{[RS_2]}$$

El factor 2 aparece porque hay dos lugares equivalentes en cada R para unir S.

(a) A partir de esta información, demuestre que la fracción de lugares ocupados a la concentración de sustrato [S] es

$$Y = \frac{[S]}{K}\left(\frac{1+\frac{[S]}{K}}{L+\left(1+\frac{[S]}{K}\right)^2}\right) = \frac{v}{V_{máx}}$$

(b) Tomando un valor elevado de $L$ (por ejemplo, 105), y con $K = 10^{-6}$ M, demuestre que se obtiene una curva sigmoidea para $v/V_{máx}$ frente a [S].

25. Sugiera los efectos de cada una de las siguientes mutaciones sobre la función fisiológica del quimotripsinógeno:
(a) R15S (b) C1S (c) T147S

26. Suponga que dispone de una muestra de la ribozima IVS-19 procedente de *Tetrahymena*. Describa el protocolo de un experimento sencillo que pudiera poner de manifiesto la reacción indicada en la Figura 11.41b.

27. Lea Herramientas de la Bioquímica 11B antes de responder a esta pregunta. Del ejemplo de la Figura 11.B2 sugiera el diseño de un antígeno que pueda producir un anticuerpo catalítico capaz de hidrolizar enlaces amida.

28. (a) Deduzca la expresión de Michaelis-Menten para la inhibición no competitiva bajo condiciones de estado estacionario.
(b) Deduzca la expresión de Michaelis-Menten para el caso sencillo de inhibición mixta (descrita en las páginas 443-444) bajo condiciones de estado estacionario [Pista: en cada caso, comenzar con la expresión adecuada para $[E]_T$ y recordar que bajo condiciones de estado estacionario, $K_M = [E][S]/[ES]$.]

29. El analapril es un «profármaco» (esto es, un precursor de un fármaco) antihipertensivo que es inactivo hasta que se hidroliza el éster etílico (flecha en la figura) por las esterasas presentes en el plasma sanguíneo. El fármaco activo es el ácido dicarboxílico («enalaprilat»), que resulta de esta reacción de hidrólisis.
(a) El enalapril se administra en forma de píldora, pero enalaprilat debe administrarse de forma intravenosa. ¿Por qué supone que el enalapril actúa como píldora, pero el enalaprilat no lo hace?

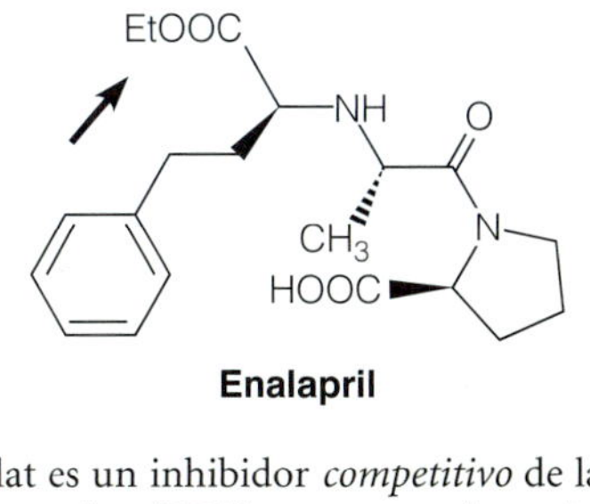


**Enalapril**

(b) Enalaprilat es un inhibidor *competitivo* de la enzima convertidora de angiotensina (ECA), que rompe la angiotensina, el péptido regulador de la presión sanguínea. ACE tiene una $K_M = 12\ \mu M$ para la angiotensina, que está presente en el plasma, con una concentración de 75 $\mu$M. Cuando está presente enalaprilat a 2.4 nM, la actividad ACE del plasma es un 10 % de su actividad sin inhibir. ¿Cuál es el valor de $K_I$ para enalaprilat?

# HERRAMIENTAS DE LA BIOQUÍMICA 11A

## Cómo medir las velocidades de las reacciones catalizadas por enzimas

Existen dos enfoques básicos para el análisis de la cinética enzimática. El primero y más sencillo es realizar medidas de las velocidades en condiciones en las que se mantiene la aproximación del estado estacionario (*véase* la página 432). En estas condiciones, a menudo, es aplicable la ecuación de Michaelis-Menten, y la determinación de la velocidad de la reacción en función de las concentraciones de sustrato y de enzima proporcionará $K_M$ y $k_{cat}$. Casi todos los estudios enzimáticos se inician, al menos, de esta forma. Pero si el experimentador desea obtener más información sobre los detalles del mecanismo, con frecuencia es importante llevar a cabo estudios antes de que se haya alcanzado la fase de estado estacionario. Estos experimentos *preestado estacionario* requieren el empleo de técnicas rápidas especiales. En las páginas 437-438 describimos cómo puede utilizarse una combinación de estos enfoques para diseccionar un proceso enzimático complejo y para comprenderlo detalladamente. Algunas de las técnicas experimentales que pueden utilizarse se describen aquí.

## Análisis en el estado estacionario

El estado estacionario se establece, en la mayor parte de las reacciones enzimáticas, en un plazo de segundos o de pocos minutos, y persiste durante muchos minutos o incluso, horas. En consecuencia, no es importante la rapidez extrema de la medida, y se dispone de muchas técnicas con las que el experimentador puede seguir la reacción. Se describen a continuación las utilizadas con más frecuencia.

### Espectrofotometría

Los métodos espectrofotométricos son sencillos y exactos (*véase* Herramientas de la Bioquímica 6A). Sin embargo, una exigencia obvia es que, o bien un sustrato o bien un producto de la reacción, deben absorber la luz en una región del espectro en la que los demás sustratos o productos no lo hagan. Son ejemplos clásicos las reacciones que generan o consumen NADH. El NADH absorbe con bastante intensidad a 340 nm, mientras que el $NAD^+$ no absorbe en esta región del espectro. En consecuencia, podríamos seguir, por ejemplo, la oxidación del etanol a acetaldehído, catalizada por la alcohol deshidrogenasa, determinando espectrofotométricamente la formación de NADH. Aun en el caso de que en la reacción estudiada no intervenga una sustancia que absorba luz, puede ser posible *acoplar* esta reacción con otra muy rápida que sí tenga esta característica.

### Fluorescencia

Las aplicaciones de la fluorescencia son semejantes a las de la espectrofotometría, y los problemas son similares: un sustrato o un producto deben tener un espectro de emisión de fluorescencia distintivo (*véase* Herramientas de la Bioquímica 6A). Sin embargo, la fluorescencia tiene la ventaja de una sensibilidad elevada, por lo que pueden utilizarse soluciones extremadamente diluidas, que permiten al experimentador ampliar notablemente la gama de concentraciones (esto es, [S]) a las que pueden realizarse los estudios.

### Titulación automática

Si la reacción produce o consume ácidos o bases, puede seguirse con el empleo de un dispositivo denominado *pH-stat.* Un electrodo de vidrio mide el pH de la solución y su señal se utiliza para activar una jeringa con motor, que titula el ácido o la base en la cubeta de reacción para mantener el pH constante. El registro temporal del ácido o la base consumidos constituye un indicador del progreso de la reacción catalizada enzimáticamente.

### Análisis de radiactividad

Si se marca el sustrato con un isótopo radiactivo que se pierde o se transfiere durante la reacción a estudiar, la medida de los cambios de radiactividad puede ser un método cinético extremadamente sensible. Este procedimiento requiere que el compuesto marcado pueda separarse con rapidez en momentos diferentes, y definidos con precisión durante la reacción. Un ejemplo es un método que se utiliza, a menudo, con ATP radiactivo. El ATP puede adsorberse en un disco de un filtro impregnado de carbón mediante la filtración muy rápida de alícuotas de la mezcla de reacción. A continuación, puede medirse la radiactividad mediante un contador de centelleo (*véase* Herramientas de la Bioquímica 12A). Otro ejemplo del empleo de isótopos radiactivos procede de la medida de las velocidades de la rotura del enlace peptídico (por una proteasa) o la biosíntesis de proteínas (por ejemplo, síntesis de proteínas ribosómica). Los péptidos suelen marcarse con aminoácidos radiactivos que contienen $^3H$, $^{14}C$ o $^{35}S$. La velocidad de una rotura peptídica o reacción de síntesis puede seguirse precipitando rápidamente el péptido (o fragmentos peptídicos) de la solución de reacción con ácido tricloroacético frío y recogiendo el precipitado sobre un papel de filtro. Como se ha descrito antes, la radiactividad presente en el papel de filtro puede cuantificarse empleando un contador de centelleo.

## Análisis de las reacciones muy rápidas

Las reacciones que son extremadamente rápidas requieren técnicas especiales para investigar los procesos previos al estado estacionario. En la actualidad, se emplean dos métodos principales para cubrir las escalas temporales que se indican en la Figura 11A.1.

### Flujo detenido

En la Figura 11A.2 se muestra un **aparato de flujo detenido**, descrito por primera vez por Quentin Gibson en los años 1950. La enzima y el sustrato están inicialmente en jeringas distintas. Las jeringas se activan rápidamente para hacer pasar su contenido a través de una cámara de mezclado y a una tercera jeringa «de detención». Este paso dispara un detector para comenzar a observar (por ejemplo, mediante absorción de luz o fluorimetría) la disolución en el tubo que conecta el mezclador con la jeringa de detención. El flujo puede llegar a ser con facilidad de 1000 cm/s. Si la mezcla se estaba moviendo a esta velocidad cuando se detuvo el flujo, y si el punto de observación está situado a 1 cm del mezclador, el sistema de detección observa una mezcla que tiene 1 ms de «edad». La reacción puede seguirse entonces durante el tiempo que se desee, a menudo durante un periodo de solo unos segundos. Las limitaciones del método solo vienen dadas por el «tiempo muerto» inicial (esto es,

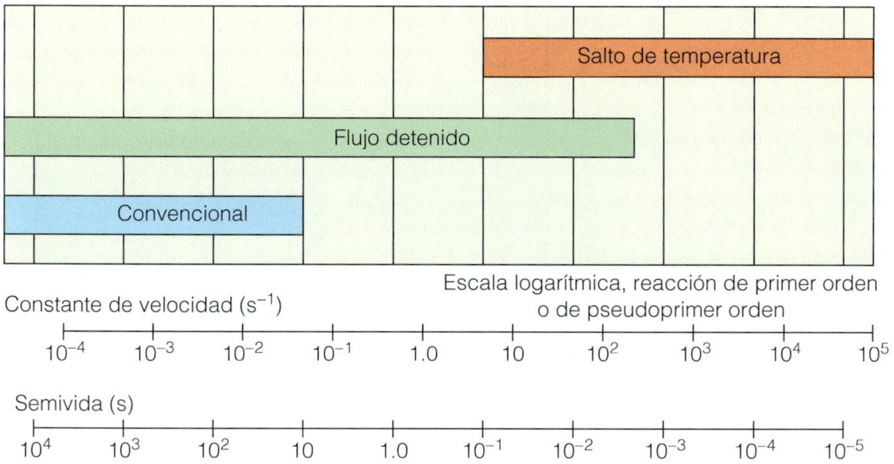


**FIGURA 11A.1**

**Escalas temporales para las técnicas cinéticas que se describen aquí.**

Cortesía de Thermo Fisher Scientific.

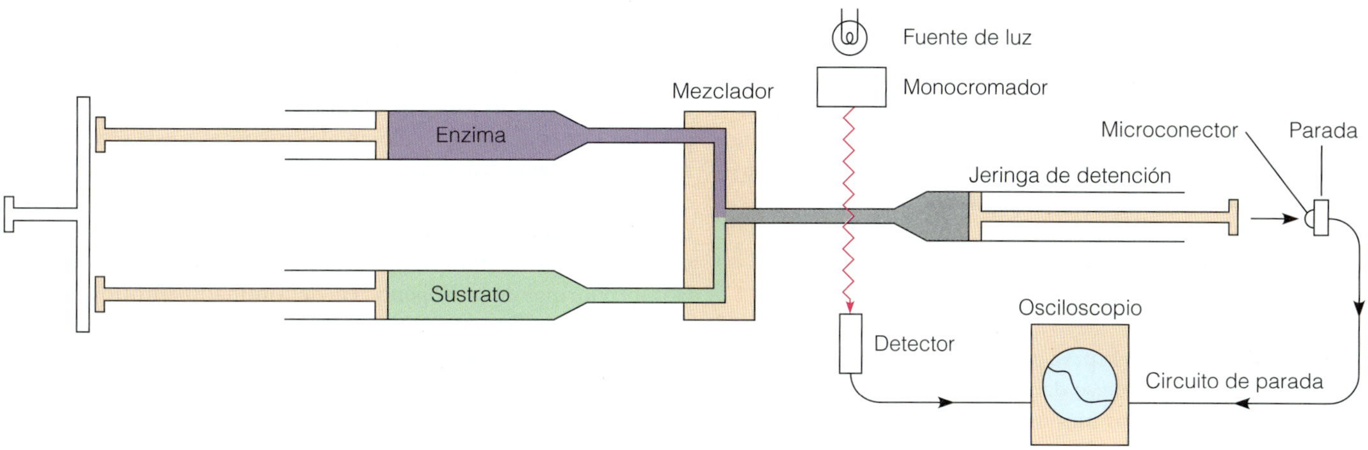


**FIGURA 11A.2**

**Aparato característico de flujo detenido.**

el tiempo que tarda la mezcla de soluciones en llegar al detector, en el ejemplo citado, 1 ms), y la rapidez del sistema de detección.

El flujo detenido se emplea para medir las velocidades de las reacciones enzimáticas rápidas, así como los acontecimientos de unión del ligando, como la unión o liberación del $O_2$ por la hemoglobina (*véase* el Capítulo 7).

## Salto de temperatura

Algunos procesos son tan rápidos que se completan prácticamente en el tiempo muerto de un aparato de flujo detenido. El experimentador puede acudir entonces a los métodos de salto de temperatura (salto de T). El aparato básico y el principio del método se muestran en la Figura 11A.3a y b, respectivamente. Una mezcla de reacción que está en equilibrio, a una temperatura $T_1$, se hace pasar bruscamente a una temperatura $T_2$. Debido a que el equilibrio químico, generalmente, depende de la temperatura, la posición de equilibrio se desplazará, y el sistema debe reaccionar para alcanzar este nuevo equilibrio. Un salto rápido de temperatura (5-10 °C en 1 $\mu$s) puede obtenerse haciendo pasar una gran ráfaga de corriente eléctrica entre electrodos sumergidos en la mezcla de reacción. Pueden obtenerse saltos aún más rápidos (10-100 ns) si se emplea un láser infrarrojo de pulsos para calentar la mezcla. La relajación (aproximación) a un nuevo equilibrio, seguida del empleo de medidas de absorción o de fluorescencia, es un proceso exponencial. Para una reacción simple, el cambio de la concentración del reactivo viene dado por

$$\Delta[A] = (\Delta[A])_{total})e^{-t/\tau} \qquad (11A.1)$$

en donde $\tau$ se denomina *tiempo de relajación* y puede estar relacionado con las constantes de velocidad de la reacción. Así, por ejemplo, para la isomerización reversible simple

$$A \underset{k_{-1}}{\overset{k_1}{\rightleftharpoons}} B$$

Tenemos

$$\frac{1}{\tau} = k_1 + k_{-1} \qquad (11A.2)$$

Las reacciones más complejas tienen tiempos de relajación múltiples y curvas más complejas que las expresadas en la ecuación (11A.1). Los experimentos de salto de $T$ pueden manejar reacciones con valores de $\tau$ de tan solo unos $10^{-5}$ s.

Aunque se utilizan otras técnicas para las reacciones aún más rápidas, como algunos de los métodos de RMN puestos a punto re-

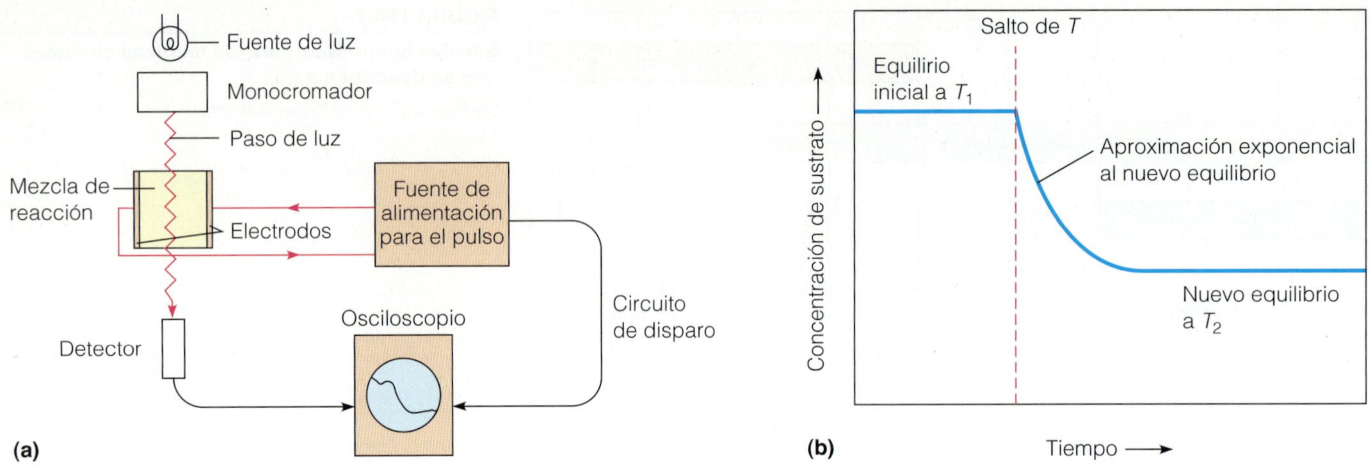


**FIGURA 11A.3**

**Método de salto de temperatura.**

cientemente, y las técnicas de láser de pulso, los métodos que se han descrito aquí son los más utilizados. Si consideramos la variedad de técnicas de que dispone el investigador podemos comprobar que cubren una amplia gama de tiempos. Globalmente, pueden estudiarse tiempos que van, desde los nanosegundos hasta las horas.

## Relación de la cinética con un mecanismo: efectos isotópicos cinéticos

Los datos cinéticos son la base para proponer un mecanismo químico detallado, como los que se dan en las Figuras 11.14, 11.17, 11.38 y 11.39. Entre los datos más útiles para diferenciar un mecanismo posible de otro están las velocidades de recambio de los sustratos marcados isotópicamente (por ejemplo, *véase* la discusión del mecanismo de la lisozima).

Las velocidades de formación/rotura de enlace dependen de las masas de los átomos implicados ya que las frecuencias de vibración de los enlaces son sensibles a las masas de los átomos enlazados. Las reacciones de rotura/formación con isótopos más pesados tienen lugar con velocidades menores y este efecto se conoce como **efecto isotópico cinético** (o EIC). Los químicos dedicados a la síntesis han diseñado métodos para sintetizar sustratos de las reacciones catalizadas por enzimas, con sustituciones específicas de algunos átomos. En otras palabras, puede sustituirse un isótopo normal de hidrógeno $^1$H (denominado «protio») por un deuterio ($^2$H o D) o un tritio ($^3$H o T) en algún lugar específico de la molécula de sustrato. El EIC es mayor para los isótopos de hidrógeno, debido a que el cambio de masa es más significativo para $^1$H frente a $^2$H (o $^3$H), que para elementos más pesados (por ejemplo, $^{12}$C frente a $^{13}$C, o $^{16}$o frente a $^{18}$O).

Cuando el enlace que incluye el átomo en cuestión se rompe/forma en el paso limitante de la velocidad, se observa un denominado EIC primario, mientras que se observa un EIC secundario cuando se rompe/forma un enlace adyacente al átomo en

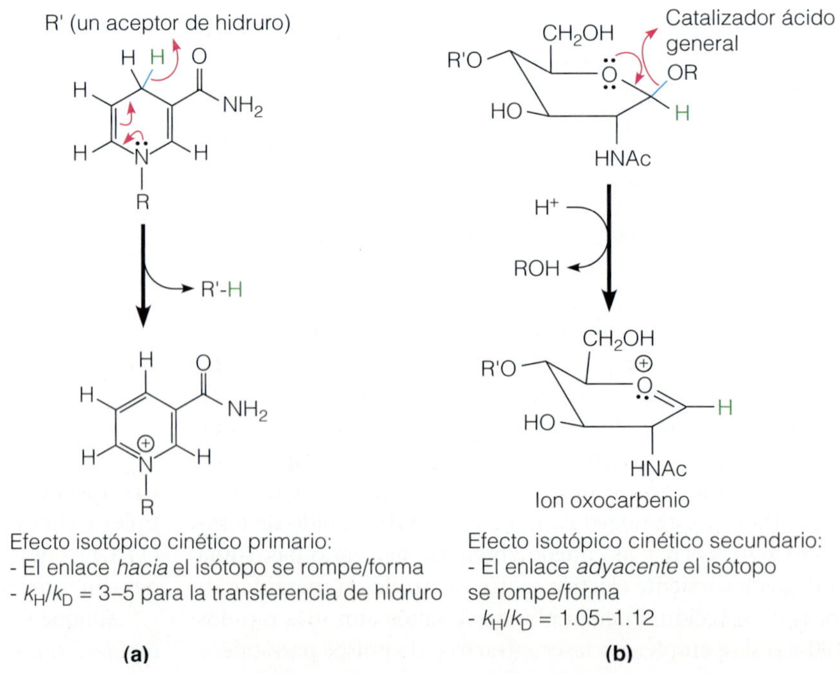


**FIGURA 11A.4**

**Ejemplos de efectos isotópicos cinéticos primarios y secundarios.**

cuestión (Figura 11A.4). El EIC se registra como el cociente de las velocidades de las reacciones de un sustrato marcado con dos isótopos diferentes, por ejemplo, $k_H/k_D$. Para el EIC primario, el intervalo de valores que se observan en las reacciones de transferencia de hidrógeno es 2-15, mientras que para el EIC secundario el intervalo es cercano a 1 (1.05-1.12). Estas diferencias de magnitud nos permiten diferenciar EIC primario y secundario.

Si un investigador sospecha que se rompe un determinado enlace durante el paso lento de una reacción, puede sintetizar un sustrato marcado y comparar la cinética de la reacción con sustratos sin marcar y marcados. Si se observa el EIC esperado, el mecanismo propuesto puede ser correcto. Si no se observa el EIC esperado, el mecanismo propuesto probablemente es incorrecto o la rotura/formación del enlace es más rápida que algún otro paso determinante de la velocidad del mecanismo. De esta forma, los EIC son herramientas útiles para elucidar los detalles del mecanismo en las reacciones catalizadas por enzimas.

### Bibliografía

**Cleland, W. W.** (2003) The use of isotope effects to determine enzyme mechanism. *J. Biol. Chem.* 278:51975-51984.

**Fersht, A.** (1999) *Structure and Mechanism in Protein Science*, W. H. Freeman and Co, Nueva York.

**Himori, K.** (1979) *Kinetics of Fast Enzyme Reactions.* Halstead, Nueva York.

**Johnson, K. A.** (2003) Introduction to kinetic analysis of enzyme systems. In: *Kinetic Analysis of Macromolecules: A Practical Approach*, **Johnson, K. A.** (ed.). Oxford University Press, Nueva York.

**Schramm, V. L.** (2005) Enzymatic transition states: Thermodynamics, dynamics and analogue design. *Arch. Biochem. Biophys.* 433:13-26.

## HERRAMIENTAS DE LA BIOQUÍMICA 11B

### Introducción a la ingeniería proteica de las enzimas

La búsqueda de catalizadores con una función «a medida» ha llevado a diseñar muchas estrategias para generar estructuras proteicas nuevas que posean la función deseada. Estas comprenden dos categorías generales: métodos de «diseño racional», que se basan en la aplicación de los principios fundamentales de plegado, estabilidad y función proteica, como se describe en los Capítulos 5-7; y métodos de «evolución dirigida», que se basan en la generación de grandes conjuntos de variantes proteicas («bibliotecas»), seguida de la selección rigurosa para la función deseada. Con frecuencia, estos métodos se combinan, de forma que se utilizará un catalizador candidato con una actividad modesta, como molde de partida, para generar una gran biblioteca de variantes, que luego se analiza para identificar las variantes con mejor actividad. Aunque explicamos estos principios con ejemplos de catalizadores proteicos, estas mismas estrategias se aplican para el diseño/selección de catalizadores ácidos nucleicos (*véase* la Figura 11.43).

Comenzamos este breve repaso recordando que la manipulación de la secuencia de un gen permite cambiar la secuencia de aminoácidos con estrategias específicas («racionales») y aleatorias («evolución dirigida»).

### Mutagénesis dirigida a un lugar

En la actualidad es rutinario clonar los genes de enzimas y realizar mutaciones específicas en lugares concretos de la secuencia (como se describe en Herramientas de la Bioquímica 5A y 25E). El método ha resultado extraordinariamente útil para elucidar los mecanismos enzimáticos, como se ha descrito antes para la lisozima y las serina proteasas (véanse las páginas 425-429); pero se está utilizando también para cambiar las especificidades enzimáticas. Por ejemplo, un estudio de la proteasa *subtilisina,* realizado por James Wells y colaboradores, se ha centrado en las mutaciones en un lugar específico (residuo 166) del bolsillo de especificidad. Este lugar está ocupado normalmente por Gly, y la enzima rompe preferentemente las cadenas polipeptídicas cercanas a un residuo hidrófobo voluminoso. La actividad respecto a los polipéptidos que contienen ácido glutámico en la misma posición es muy baja. La sustitución de Gly 166 por Lys aumenta la frecuencia de corte cerca del ácido glutámico en 500 veces.

Aunque algunos intentos de ingeniería proteica con fines industriales se han dirigido al diseño de enzimas para reacciones nuevas, la mayoría se han centrado en la generación de tolerancia a las condiciones ambientales extremas (calor, acidez, salinidad) características de las operaciones industriales o agrarias especializadas. Sin embargo, hasta la fecha, la naturaleza (evolución) parece haber sido un mejor diseñador que los seres humanos, ya que las enzimas más interesantes capaces de tolerar ambientes extremos se han encontrado en las bacterias que habitan manantiales termales, desiertos y cavidades termales submarinas. Actualmente, está claro que en la naturaleza existen enzimas capaces de realizar una función eficaz a temperaturas cercanas a los 100 °C.

### Fusión de dominios: enzimas quiméricas

El reordenamiento de los genes que puede realizarse con las técnicas modernas de biología molecular permite producir **proteínas de fusión**, proteínas codificadas por genes que se han fusionado juntos *in vitro* a partir de dos o más orígenes. Esta fusión de genes hace posible unir proteínas o dominios proteicos específicos en formas novedosas. Como ejemplo simple de este enfoque, consideremos el problema de digerir los $\beta$-glucanos de los cereales, tal como se encuentran en la cebada. Estos polisacáridos tienen enlaces $\beta(1\rightarrow4)$ y $\beta(1\rightarrow3)$ entre los residuos de glucosa. En la fabricación de cerveza se emplean una glucanasa y una celulasa microbiana, pero esta última, con frecuencia, es ineficaz en las condiciones industriales, produciendo productos viscosos que interfieren con la fabricación de la cerveza. Ha sido posible construir una enzima híbrida con la capacidad de romper ambos tipos de enlaces y, de esta forma, digerir los glucanos a glucosa en un paso.

**FIGURA 11B.1**

**Generación de estructuras químicas nuevas mediante ingeniería de las sintasas polipeptídicas**. En este ejemplo simplificado, una PKS que contiene seis dominios proporciona la estructura central de eritromicina (figura más a la izquierda). La pérdida del dominio 4 o 5 (parte derecha de la figura) altera la estructura del producto final (*véanse* las áreas resaltadas en azul). *Véase* en la Figura 17.37 una descripción más detallada de la organización y actividades de los diversos dominios de la PKS.

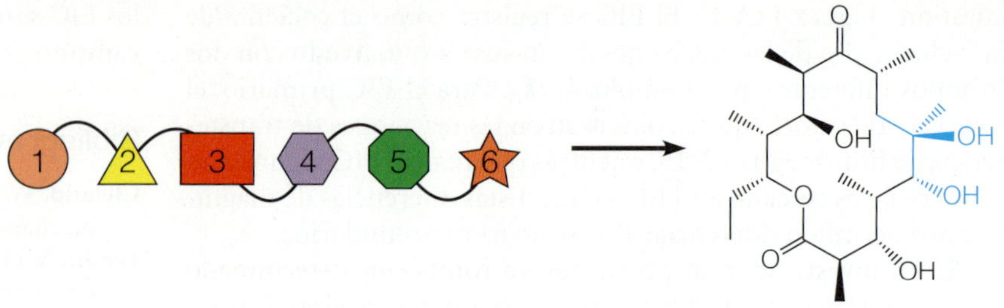

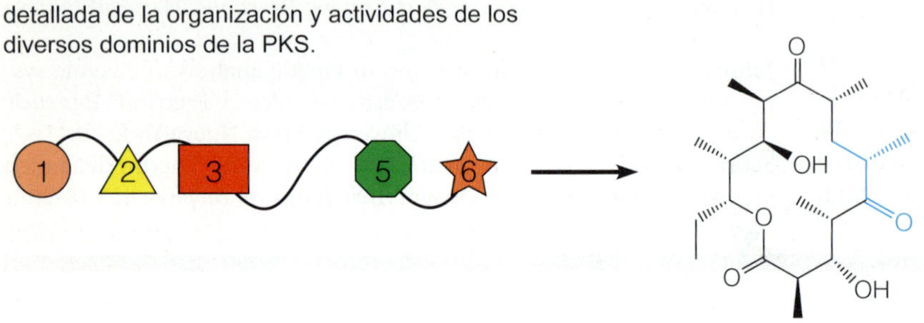

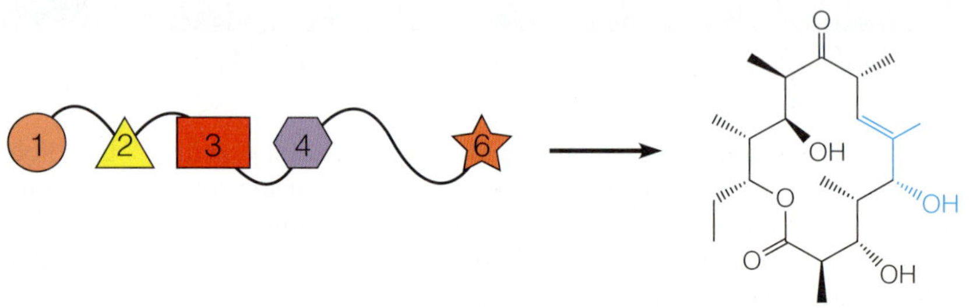

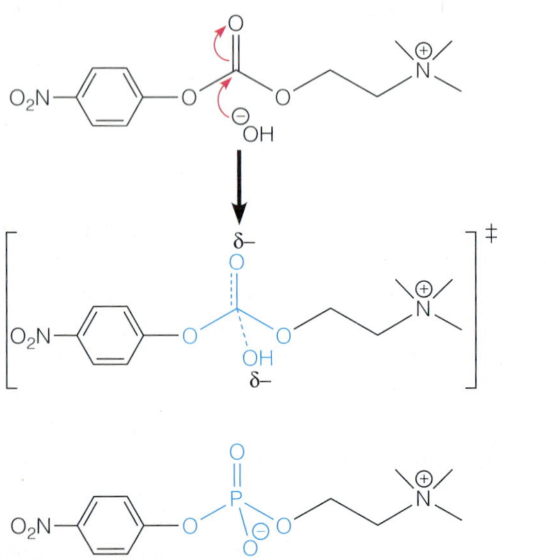

Análogo del estado de transición para la hidrólisis del cabonato

**FIGURA 11B.2**

**Modelado del estado de transición de la hidrólisis de carbonato con un éster fosfonato**. **Arriba**: la hidrólisis de un carbonato a pH alcalino conlleva el ataque de un ion hidróxido sobre el carbono del carbonato. **Centro**: modelo del estado de transición de esta reacción. **Abajo**: análogo del estado de transición de la reacción de hidrólisis alcalina. Este análogo es relativamente estable; así, puede usarse para la purificación de afinidad del catalizador candidato a partir de un gran *pool* de clones.

Además de crear enzimas nuevas a través de la fusión de dominios, es posible también modificar las secuencias de proteínas con varios dominios para alterar su función. Por ejemplo, las poliquétido sintasas (PKS) son enzimas muy grandes, con varios dominios que llevan a cabo la síntesis de muchos pasos de productos naturales complejos, como la eritromicina. Las PKS son muy interesantes, ya que la ingeniería molecular de estas enzimas puede conducir a antibióticos nuevos que podrían ser eficaces en el tratamiento de los pacientes infectados con cepas de bacterias resistentes a los antibióticos. Cada dominio en una PKS realiza una transformación química específica sobre el sustrato y el *reordenamiento específico* de los dominios en la secuencia primaria de la PKS impone la estructura química y la estereoespecificidad del producto final (Figura 11B.1). Pueden obtenerse distintos productos reordenando de forma selectiva o eliminando secuencias génicas que codifican dominios PKS. La química que realiza la PKS se describe con mayor detalle en el Capítulo 17 (por ejemplo, *véase* la Figura 17.37, página 747).

## Selección a partir de bibliotecas aleatorias: anticuerpos catalíticos

Recuérdese del Capítulo 7, que los anticuerpos presentan una especificidad notablemente elevada en cuanto a la unión a sus antígenos. Las enzimas se unen de la manera más fuerte al estado de transición de una reacción. ¿Qué sucede si fabricamos anticuerpos contra moléculas que son estructuralmente análogas a los estados de transición de determinados sustratos? La respuesta es que estos anticuerpos actúan como enzimas: muestran especificidad por un determinado sustrato y aumento de la velocidad para la reacción.

Uno de los primeros ejemplos de la catálisis por anticuerpos fue la hidrólisis del éster carbonato de la Figura 11B.2 Igual que en la hidrólisis de las amidas, en la hidrólisis del éster se genera un estado de transición tetratédrico. Se utilizó un éster tetraédrico fosfonato para simular el estado de transición de la reacción de hidrólisis del carbonato. Debido a que el fosfonato es estable, también se utilizó para construir una columna de afinidad (Herramientas de la Bioquímica 5A) que, a su vez, se utilizó para purificar los anticuerpos que se unen fuertemente al fosfonato. Los anticuerpos purificados de esta forma se unieron al carbonato análogo y catalizaron su hidrólisis con un aumento de la velocidad de $\sim 10^3$.

Con el empleo de diversos tipos de moléculas como antígenos ha sido posible producir anticuerpos catalíticos para varias clases de reacciones que se muestran en la Tabla 11.10. En algunos casos, se han obtenido aumentos de la velocidad de hasta $10^7$; sin embargo, la mayoría de los anticuerpos catalíticos obtenidos hasta el momento muestran aumentos de la velocidad en el intervalo $10^4$-$10^5$. Algunos investigadores en este campo han especulado que este valor puede representar el límite superior práctico de los aumentos de velocidad que pueden conseguirse con los anticuerpos catalíticos.

Durante muchos años, la principal dificultad para producir anticuerpos catalíticos dirigidos hacia compuestos específicos o grupos funcionales, era la necesidad de utilizar el sistema inmunitario de algún animal para realizar la selección. Sin embargo, recientemente se han creado sistemas de selección que evitan este requerimiento. La idea básica es que se clonan y expresan, sobre la superficie de las partículas de bacteriófago, bibliotecas de fragmentos $F_{ab}$ o $F_v$ (*véase* el Capítulo 7) con regiones determinantes complementarias aleatorias. La colección de partículas de fago se denomina «biblioteca», que habitualmente contiene $10^6$-$10^8$ clones diferentes. Esta biblioteca se somete, posteriormente, a una cromatografía de afinidad para seleccionar aquellos clones que muestran un $F_{ab}$ o $F_v$, que puede unirse a la molécula o estructura deseada. Esta técnica ha permitido generar anticuerpos catalíticos dirigidos hacia moléculas sintéticas de sustrato que serían muy difíciles de presentar como antígenos a un sistema *in vivo* debido a los efectos tóxicos o la inestabilidad del antígeno.

La generación de estas bibliotecas de secuencia aleatoria permite realizar en el laboratorio la denominada **evolución dirigida** de la función proteica (o de los ácidos nucleicos). Puede generarse un conjunto diverso de secuencias proteicas sometiendo muchos lugares del gen de una proteína a una mutagénesis aleatoria simultánea. La identificación de los pocos clones dentro de la biblioteca que poseen la función nueva deseada se lleva a cabo utilizando la selección adecuada o rastreando esa función. Como veremos en el apartado siguiente, con frecuencia son necesarias una o dos rondas de evolución dirigida para un ajuste fino de la función de la proteína deseada.

## Mutagénesis *in silico*: diseño por ordenador de las enzimas

Recuérdese del Capítulo 6 que describimos algunos métodos modernos de ordenador para la predicción de la estructura proteica a partir de la secuencia de aminoácidos (*véanse* las Figuras 6.35 y 6.36). El problema inverso, que es predecir la secuencia de aminoácidos que proporcionará una estructura terciaria deseada, se ha abordado también utilizando computación. Podemos unir ahora varios temas para hacer una pregunta fascinante: ¿es posible diseñar un catalizador proteico con un lugar activo que sea complementario al estado de transición de una reacción? Los químicos de proteínas han buscado durante muchos años una respuesta a esta difícil pregunta y los resultados recientes de David Baker y colaboradores sugieren que la respuesta es «sí», aunque un sí con reservas.

En este enfoque, se modela el estado de transición de una reacción. Presentamos un ejemplo para el que la actividad deseada es la de una retro-Aldolasa que produce la rotura del enlace C—C (Figura 11B.3a; la reacción retroaldólica considerada con mayor detalle en el Capítulo 13). Se construye una biblioteca de lugares activos modelo alrededor del estado de transición (Figura 11B.3b/c). Esta biblioteca puede tener $10^8$ modelos diferentes. En el paso siguiente, estos lugares activos modelo se comparan con las estructuras conocidas de armazones proteicos que pueden presentar los residuos críticos con la misma orientación que los diversos modelos de lugar activo (Figura 11.B.3d). Este paso de comparación requiere mucho tiempo de ordenador; sin embargo, el ordenador es capaz de evaluar muchos más lugares activos posibles que es práctico clonar y analizar en el laboratorio. En el paso final de diseño por ordenador se identifican las mutaciones específicas de los armazones proteicos candidatos y se clonan y expresan los genes de las enzimas candidatas. En este ejemplo, se clonaron y evaluaron 72 secuencias candidatas y alrededor de la mitad mostraron alguna actividad catalítica. Los mejores clones mostraron un aumento de la velocidad de $\sim 10^4$, que es significativo pero no tan grande como los valores de las enzimas naturales (*véase* la Figura 11.4).

Un enfoque semejante produjo un catalizador de eliminación Kemp con un aumento de la velocidad de $10^4$. Pudo aumentarse hasta $10^6$ tras una evolución dirigida de la secuencia diseñada por ordenador. A partir de estos estudios surgen dos resultados importantes: (1) el enfoque de ordenador produjo catalizadores con buena especificidad y un aumento modesto de las aceleraciones de la velocidad y (2) las estructuras cristalinas de las enzimas resultantes eran muy iguales a las estructuras generadas durante el análisis por ordenador. Más recientemente, se ha generado un catalizador Diels-Alder utilizando esta metodología (*véanse* las citas en la sección Bibliografía).

Con todo, aún queda una pregunta: ¿por qué los catalizadores diseñados habitualmente alcanzan aceleraciones de la velocidad muy por debajo de las de las enzimas naturales? La respuesta puede ser revelada a medida que se adquiere un mayor entendimiento cuantitativo del papel de la dinámica proteica en la función de las enzimas.

## Bibliografía

**Janda, K. D., Lo, L.-C., Lo, C.-H., Sim, M.-M.,Wang, R.,Wong, C.-H.** y **Lerner, R. A.** (1997) Chemical selection for catalysis in combinatorial antibody libraries. *Science* 275:945-948.

**Jiang, L., E. Althoff, A., Clemente, F. R., Doyle, L., Röthlisberger, D., Zanghellini, A., Gallaher, J. L., Betker, J. L., Tanaka, F., Barbas III, C. F., Hilvert, D., Houk, K., Stoddard , B. L.,** y **Baker, D.** (2008) De novo computational design of retro-aldol enzymes. *Science* 319:1387-1391.

**Khosla, C.** (1997) Harnessing the biosynthetic potential of modular polyketide synthases. *Chem Rev.* 97:2577-2590.

**Lutz, S.** (2010) Reengineering enzymes. *Science* 329:295-287.

**Nanda, V.** y **Koder, R. L.** (2010) Designing artificial enzymes by intuition and computation. *Nature Chem.* 2:15-24.

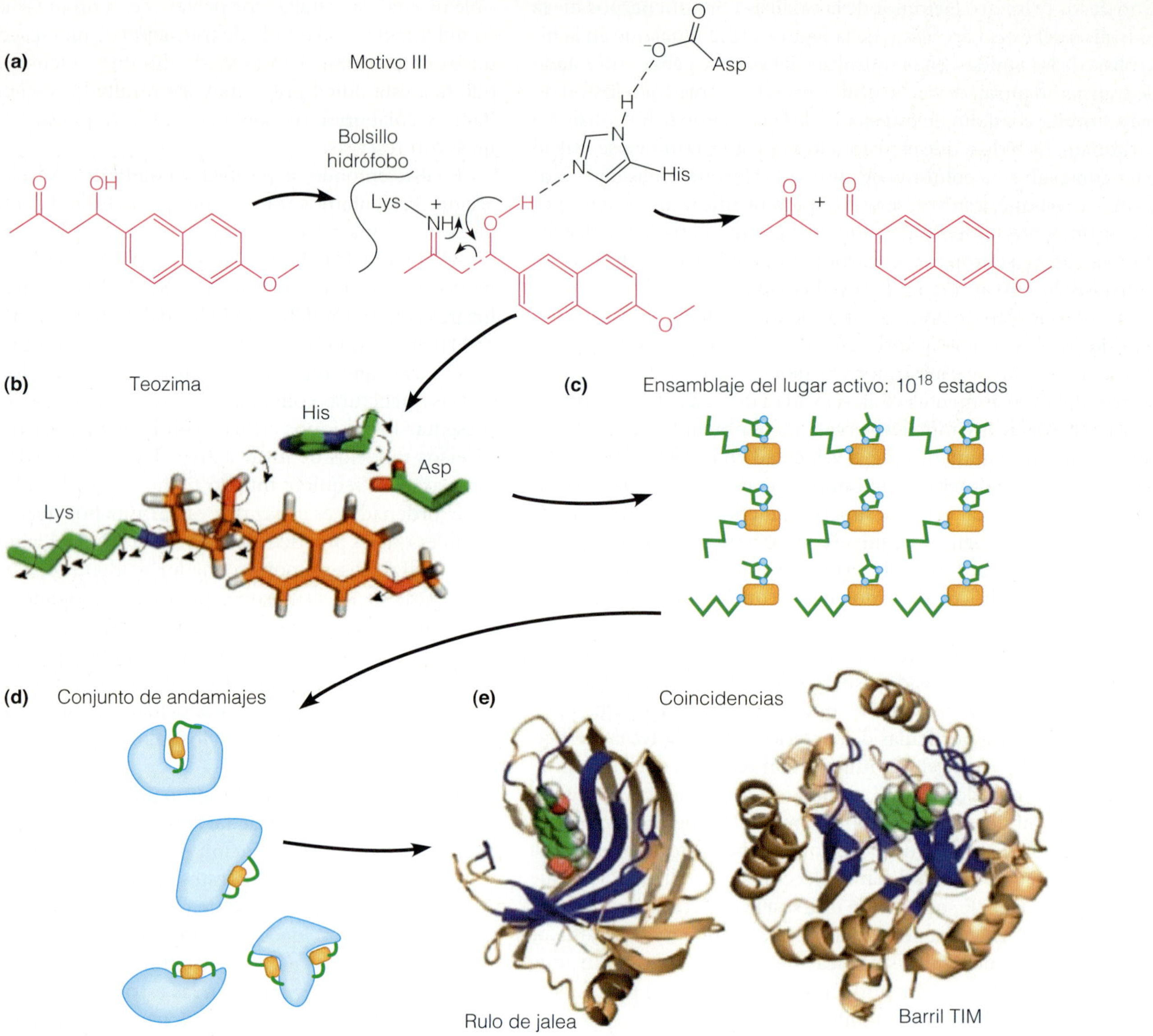


**FIGURA 11B.3**

**Diseño por ordenador de una retro-Aldolasa**. *Véase* en el texto una explicación de los pasos que se ilustran aquí.

Reproducido con autorización de Macmillan Publishers Ltd. Nature Chemical Biology4:273–275, V. Nanda, Do-it-yourself enzymes. © 2008.


**Olsen, O., Thomsen, K. K., Weber, J., Duus, I., Svendsen, J., Wegener, C. y von Wettstein, D.** (1996) Transplanting two unique $\beta$-gluconase catalytic activities into one multienzyme which forms glucose. *Nat. Biotechnol.* 14:71-76.

**Rothisberger, D., Kersonsky, O., Wollacott, A. M., Jiang, L., DeChancie, J., Betker, J., Gallaher, J. L., Althoff, E. A., Zanghellini, A., Dym, O., Albeck, S., Houk, K. N., Tawfik, D. S., y Baker, D.** (2008) Kemp elimination catalysis by computational enzyme design. *Nature* 453: 190-195.

**Siegel, J. B., Zhangellini, A., Lovick, H. M., Kiss, G., Lambert, A. R., St. Clair, J. L., Gallaher, J. L., Hilvert, D., Gelb, M. H., Stoddard, B. L., Houk, K. N., Michael, F. E. y Baker, D.** (2010) Computational design of an enzyme catalyst for a stereoselective biomolecular Diels-Alder reaction. *Science* 329:309-313.

**Turner, N.** (2009) Directed evolution drives the next generation of biocatalyst. *Nature Chem. Biol.* 8:567-573.

**Walsh, C. T.** (2004) Polyketide and nonribosomal peptide antibiotics: Modularity and versatility. *Science* 303:1805-1810.

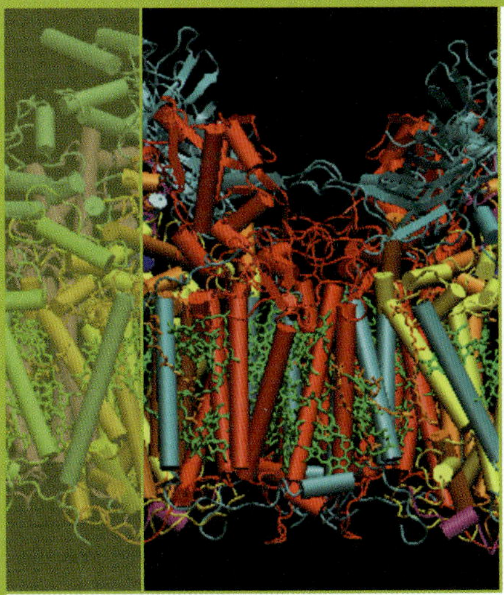

# CAPÍTULO 12

## La lógica química del metabolismo

**Un químico que realiza una síntesis** orgánica rara vez lleva a cabo más de una reacción en un mismo recipiente. Este procedimiento es esencial para evitar reacciones secundarias y para optimizar el rendimiento del producto deseado. Sin embargo, una célula viva lleva a cabo miles de reacciones simultáneamente, y cada secuencia de reacción está controlada de manera que no se acumulan ni faltan intermedios o productos. Se producen reacciones con mecanismos de gran complejidad y selectividad estereoquímica, de una manera suave y en condiciones no extremas: presión de 1 atm, temperatura moderada y pH próximo a la neutralidad. Un objetivo de los capítulos siguientes es comprender cómo las células llevan a cabo y regulan estas secuencias de reacciones complejas.

## Una primera mirada al metabolismo

Como se ha indicado antes, una de las tareas principales del bioquímico es la de comprender cómo regula la célula la multitud de secuencias de reacciones y, de este modo, controla su medio interno. En el Capítulo 11 hemos considerado las propiedades de las diversas enzimas y los mecanismos de control que afectan a su actividad. En este capítulo analizaremos las secuencias específicas de reacciones, o **rutas**, la relación entre cada ruta y la arquitectura celular, la importancia biológica de cada ruta, los mecanismos de control que regulan el **flujo** o la velocidad de reacción intracelular y los métodos experimentales que se utilizan para la investigación del metabolismo. La Figura 12.1, que es un esquema simplificado de los procesos que consideraremos, ilustra dos principios importantes. En primer lugar, el metabolismo puede subdividirse en dos categorías principales: el **catabolismo**, que incluye aquellos procesos en los que las sustancias complejas se degradan a moléculas más sencillas, y el **anabolismo**, que son los procesos relativos fundamentalmente a la síntesis de las moléculas orgánicas complejas (Figura 12.1a). El catabolismo, generalmente, va acompañado de la liberación neta de energía química y el anabolismo necesita un aporte neto de energía química; veremos que estos dos conjuntos de reacciones están acoplados por el ATP. En segundo lugar, tanto las rutas catabólicas como las anabólicas se producen en tres niveles de complejidad: el nivel 1, la interconversión de los polímeros y los lípidos complejos con los intermediarios monoméricos; el nivel 2, la interconversión de los azúcares monoméricos, los aminoácidos y los lípidos con los compuestos orgánicos aún más sencillos; y el nivel 3, la degradación final hasta, o la síntesis a partir de, compuestos inorgánicos, como $CO_2$, $H_2O$ y $NH_3$ (Figura 12.1b). A medida que avancemos en este capítulo, iremos añadiendo nuevos detalles a este cuadro general, presentando, de esta forma, cada proceso metabólico importante e identificando sus funciones.

A lo largo de nuestra presentación, veremos que las rutas de producción de energía generan también intermediarios que se utilizan en los procesos de biosíntesis. Así pues,

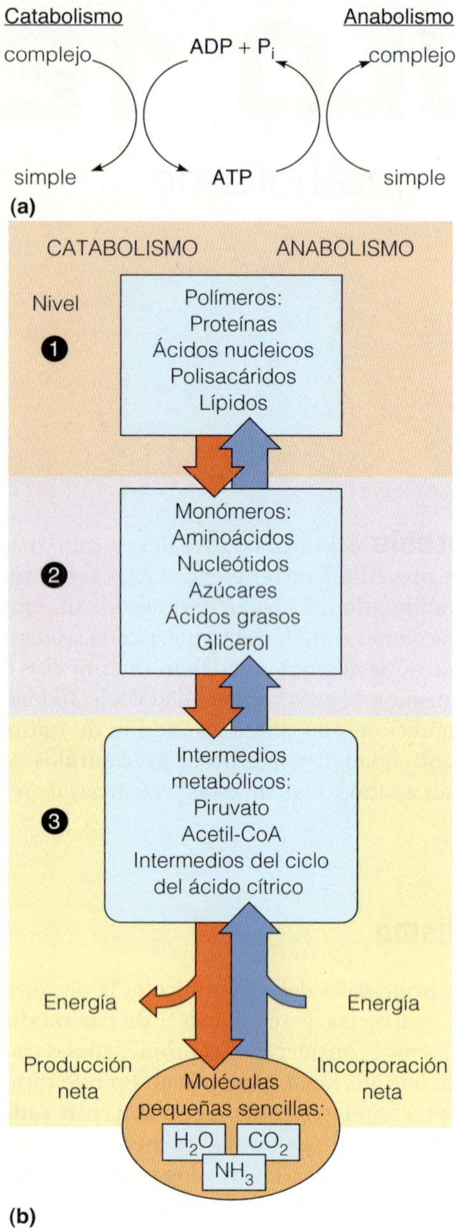


**FIGURA 12.1**

**Breve visión general del metabolismo.**

El metabolismo intermediario representa fundamentalmente la biosíntesis, la utilización y la degradación de los compuestos de bajo peso molecular (intermedios).

aunque nos centraremos, en primer lugar, en la degradación de los compuestos orgánicos para producir energía, debe tenerse en cuenta que el metabolismo es, en realidad, todo un espectro, de manera que muchas de sus reacciones desempeñan funciones, tanto en los procesos de degradación como en los de biosíntesis.

También utilizaremos los términos **metabolismo intermediario**, **metabolismo energético** y **rutas centrales**. El metabolismo intermediario comprende todas las reacciones relacionadas con el almacenamiento y la generación de energía metabólica y con el empleo de esa energía en la biosíntesis de compuestos de bajo peso molecular (intermedios) y compuestos de almacenamiento de energía. No se incluye la biosíntesis de los ácidos nucleicos y las proteínas a partir de sus precursores monoméricos. Las reacciones del metabolismo intermediario pueden interpretarse como aquellas que no implican un molde de ácido nucleico, puesto que la información necesaria para especificar cada reacción está incluida en la estructura de la enzima que cataliza esa reacción. El metabolismo energético es la parte del metabolismo intermediario formada por las rutas que almacenan o generan energía metabólica. En los Capítulos 12 a 22 se presentará el metabolismo intermediario, y en los Capítulos 13 a 17 se hará especial hincapié en sus aspectos energéticos. Las rutas centrales del metabolismo son básicamente las mismas en muchos organismos muy distintos, y explican las cantidades relativamente grandes de transferencia de masa y de generación de energía que se producen en el interior de una célula; son las rutas principales desde el punto de vista cuantitativo. Más adelante identificaremos y trataremos con mayor detalle cada ruta central, pero por el momento nos centraremos en el proceso global.

La mayoría de los organismos obtienen la materia prima y la energía para la biosíntesis a partir de moléculas de combustible orgánico como la glucosa. Las rutas centrales comprenden la oxidación de las moléculas de combustible y la síntesis de biomoléculas pequeñas a partir de los fragmentos resultantes; estas rutas se encuentran en todos los organismos aerobios. Pero una diferencia fundamental entre estos organismos es el origen de sus moléculas de combustible.

Los **autótrofos** (del griego, «que se alimentan a sí mismos») sintetizan la glucosa y todos sus demás compuestos orgánicos a partir del carbono inorgánico, obtenido en forma de $CO_2$. En cambio, los **heterótrofos** («que se alimentan a partir de otros») pueden sintetizar sus metabolitos orgánicos únicamente a partir de compuestos orgánicos que, por tanto, han de consumir. Una diferencia fundamental entre las plantas y los animales es que las plantas son autótrofas y los animales, heterótrofos. Excepto en el caso de algunas plantas raras que comen insectos, como la venus atrapamoscas, las plantas verdes obtienen todo su carbono orgánico mediante la fijación fotosintética del dióxido de carbono. Los animales se alimentan de plantas o de otros animales y sintetizan sus metabolitos transformando las moléculas orgánicas que consumen. Los microorganismos presentan una extensa gama de capacidades biosintéticas y de fuentes de energía metabólica.

Los microorganismos presentan también adaptabilidad con respecto a su capacidad de sobrevivir en ausencia de oxígeno. Prácticamente todos los organismos multicelulares y muchas bacterias son organismos **aerobios** estrictos; dependen por completo de la **respiración**, que es el acoplamiento de la generación de energía con la oxidación de los nutrientes por el oxígeno. En cambio, muchos microorganismos pueden crecer o tienen que hacerlo en medios **anaerobios**, y obtienen su energía metabólica de procesos en los que no interviene el oxígeno molecular.

En tanto en cuanto las moléculas biológicas se sintetizan en última instancia a partir del $CO_2$, que sufre una fijación de carbono fotosintética, puede considerarse que el Sol es el origen último de la energía biológica. Sin embargo, este concepto no es del todo exacto, dada la existencia de un grupo relativamente grande de células procariotas (eubacterias y arqueobacterias) que obtienen su energía de otras fuentes, por ejemplo. los organismos extremadamente **termófilos**, que viven a temperaturas de hasta 100 °C o superiores, ya sea en las corrientes hidrotérmicas profundas del océano, ya en las corrientes geotérmicas de las regiones volcánicas activas. Aunque nos queda mucho que aprender sobre el metabolismo de estos organismos, parece claro que la mayor parte de su energía metabólica no procede de la luz solar.

## Autopistas del mapa de carreteras metabólico

Volvamos ahora a las rutas centrales y a su identificación. Es probable que haya visto mapas metabólicos como los que adornan los laboratorios y despachos de bioquímica. En la Figura 12.1 se presenta un mapa metabólico muy simplificado. La Figura 12.2 muestra el metabolismo con mayor detalle y constituye el «mapa de carreteras» básico de esta sección del libro. Esta figura volverá a aparecer en capítulos posteriores, y se resaltarán en ella las rutas presentadas en cada capítulo.

Ante los miles de reacciones individuales que constituyen el metabolismo, ¿cómo abordamos este amplio tema? Nuestro primer interés son las rutas centrales y el metabolismo energético. En consecuencia, en los capítulos siguientes analizaremos los procesos de degradación que son más importantes para la generación de energía: el catabolismo de los hidratos de carbono y de los lípidos. También consideraremos cómo se biosintetizan estas sustancias. Estas reacciones se encuentran en la parte media de los mapas metabólicos y se ilustran con las flechas más grandes; son, por así decirlo, las «autopistas» del mapa de carreteras metabólico.

Las rutas centrales dan cuenta de la mayor parte de las transformaciones de masa del metabolismo.

La analogía del mapa de carreteras resulta útil también cuando consideramos el flujo direccional del metabolismo. De la misma manera que el tráfico fluye de las zonas periféricas al centro de la ciudad por la mañana y en dirección inversa por la tarde, veremos que algunas condiciones favorecen la biosíntesis mientras que otras favorecen el catabolismo, y que se utilizan determinadas partes de las mismas carreteras para ambos tipos de procesos.

### Rutas centrales del metabolismo energético

Recuérdese del comentario de la Figura 12.1, que el metabolismo puede subdividirse en tres niveles de complejidad de los metabolitos que intervienen en el mismo. La primera ruta que presentamos con detalle (en el Capítulo 13) es la **glucólisis**, una ruta de nivel 2 para la degradación de los hidratos de carbono, en las células aerobias o anaerobias. Como se esquematiza en la Figura 12.3, la principal entrada a la glucólisis es la glucosa que, generalmente, procede de los polisacáridos de almacenamiento de energía o de los hidratos de carbono del alimento. Esta ruta conduce al piruvato, un $\alpha$-cetoácido de tres carbonos. Los organismos anaerobios reducen el piruvato a diversos productos, por ejemplo, lactato o etanol más dióxido de carbono. Estos procesos se denominan *fermentaciones* (*véase* la página 487). En el metabolismo oxidativo (respiración), el principal destino del piruvato es su oxidación a un fragmento de dos carbonos metabólicamente activado, la **acetil-coenzima A**, o acetil-CoA (*véase* la página 601). Los dos carbonos del grupo acetilo sufren posteriormente una oxidación en el **ciclo del ácido cítrico** (Figura 12.4). En los organismos aerobios, el ciclo del ácido cítrico, que se presenta en el Capítulo 14, es la principal ruta de nivel 3. Esta ruta cíclica acepta compuestos carbonados sencillos procedentes, no solo de los hidratos de carbono, sino también, de los lípidos o las proteínas, y los oxida a $CO_2$. Utilizando de nuevo la analogía de la autopista, veremos que numerosas entradas de las carreteras y desviaciones del metabolismo de los niveles 1 y 2 conducen al ciclo del ácido cítrico. En realidad, todas las rutas catabólicas convergen en este punto.

En los organismos aerobios todas las rutas catabólicas convergen en el ciclo del ácido cítrico.

Las reacciones oxidativas del ciclo del ácido cítrico generan transportadores electrónicos reducidos cuya reoxidación impulsa la biosíntesis de ATP, fundamentalmente a través de procesos de la cadena respiratoria mitocondrial: el **transporte electrónico** y la **fosforilación oxidativa**, que se muestran también en la Figura 12.4. Como se describe en el Capítulo 15, la membrana mitocondrial utiliza la energía oxidativa para mantener un gradiente transmembrana de concentración de iones hidrógeno (la **fuerza protonmotriz**), y la descarga de esta energía potencial electroquímica está acoplada a la síntesis de ATP a partir de ADP.

Las rutas de nivel 2 distintas de la glucólisis aportan también combustible al ciclo del ácido cítrico. La acetil-CoA procede, no solo de la oxidación del piruvato, sino también, de la degradación de los ácidos grasos mediante la **$\beta$-oxidación** (que se presenta en el Capítulo 17) y de las rutas de oxidación de algunos aminoácidos (se presentan en los Capítulos 20 y 21). Si los dos carbonos de la acetil-CoA no se oxidan en el ciclo del ácido

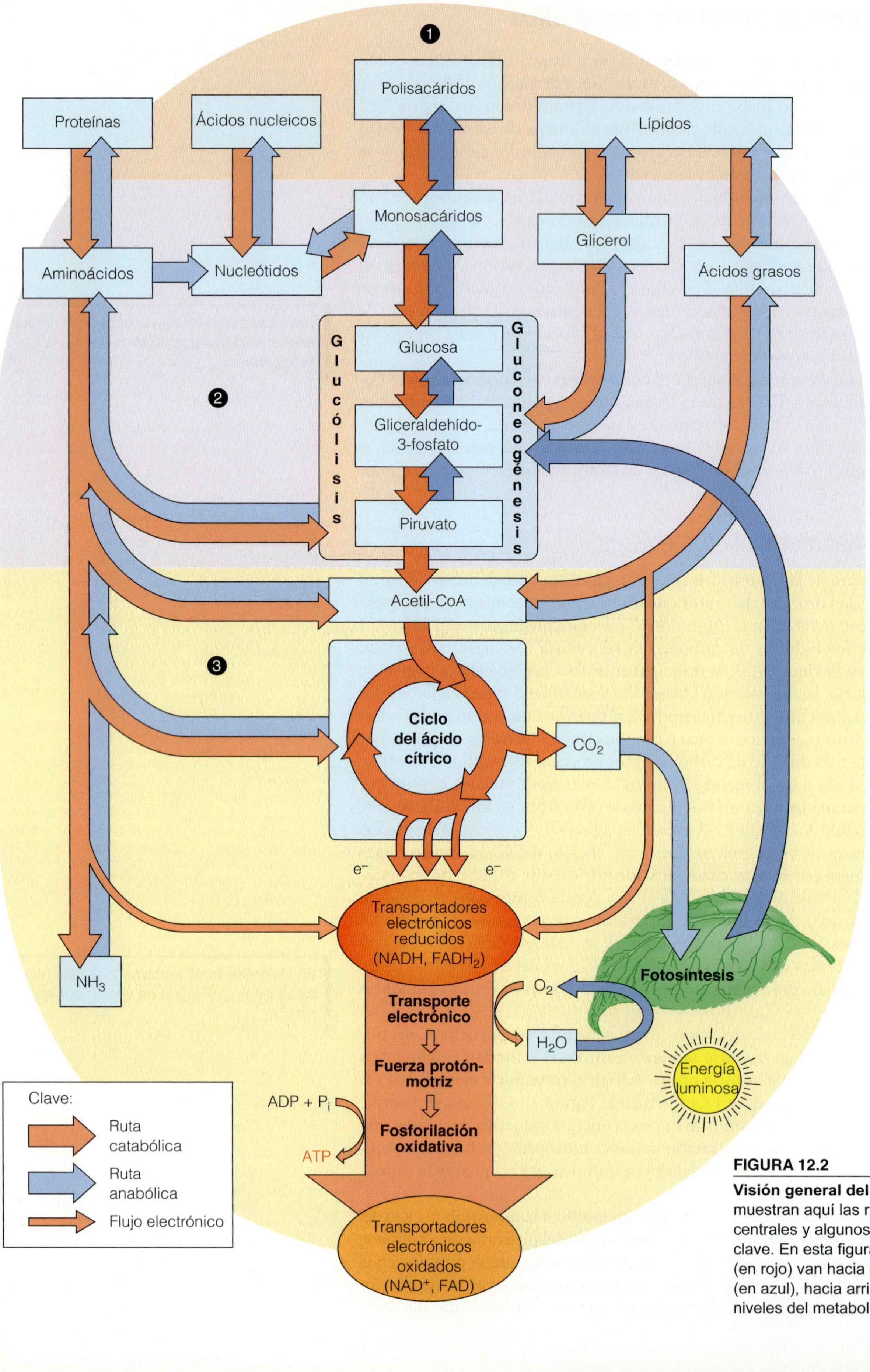


**FIGURA 12.2**

**Visión general del metabolismo.** Se muestran aquí las rutas metabólicas centrales y algunos de los intermediarios clave. En esta figura, las rutas catabólicas (en rojo) van hacia abajo y las anabólicas (en azul), hacia arriba. Obsérvense los tres niveles del metabolismo.

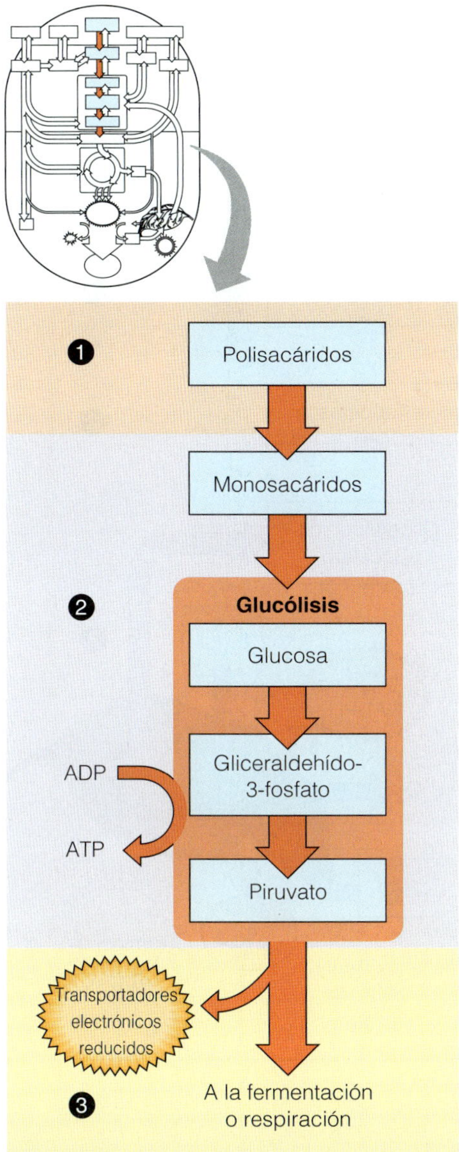


**FIGURA 12.3**

**Fase inicial del catabolismo de los hidratos de carbono: glucólisis.** El piruvato experimenta una reducción en las reacciones de fermentación, o bien entra en el metabolismo oxidativo (respiración) mediante su conversión en acetil-CoA.

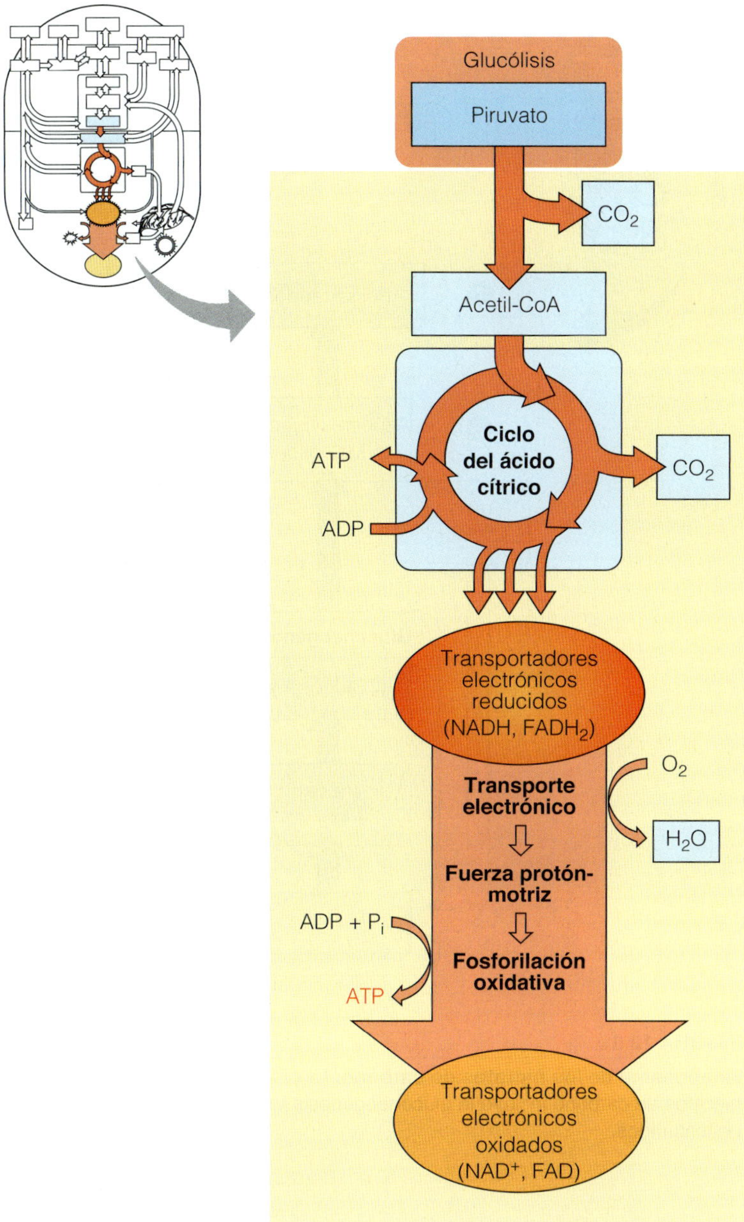


**FIGURA 12.4**

**Metabolismo oxidativo.** El metabolismo oxidativo comprende la oxidación del piruvato, el ciclo del ácido cítrico, el transporte electrónico y la fosforilación oxidativa. La oxidación del piruvato proporciona acetil-CoA al ciclo del ácido cítrico.

cítrico, pueden ir en la dirección anabólica, y proporcionar sustratos para la síntesis de ácidos grasos y esteroides (se presentan en los Capítulos 17 y 19). Estos y otros procesos de biosíntesis utilizan un transportador electrónico reducido, el NADPH, que es estructuralmente muy similar al NADH (página 488).

Nos ocuparemos de varios procesos importantes de biosíntesis de los hidratos de carbono (Figura 12.5). En el Capítulo 13 se presenta la **gluconeogénesis**, que es la síntesis de glucosa a partir de precursores que no son hidratos de carbono, y la biosíntesis de polisacáridos, en especial, la biosíntesis de glucógeno en las células animales. En el Capítulo 16 presentamos la **fotosíntesis** (Figura 12.6), un proceso de suma importancia mediante el cual las plantas verdes capturan la energía de la luz para impulsar la generación de energía (ATP) y poder reductor (NADPH), elementos ambos que se utilizan para la síntesis de los hidratos de carbono.

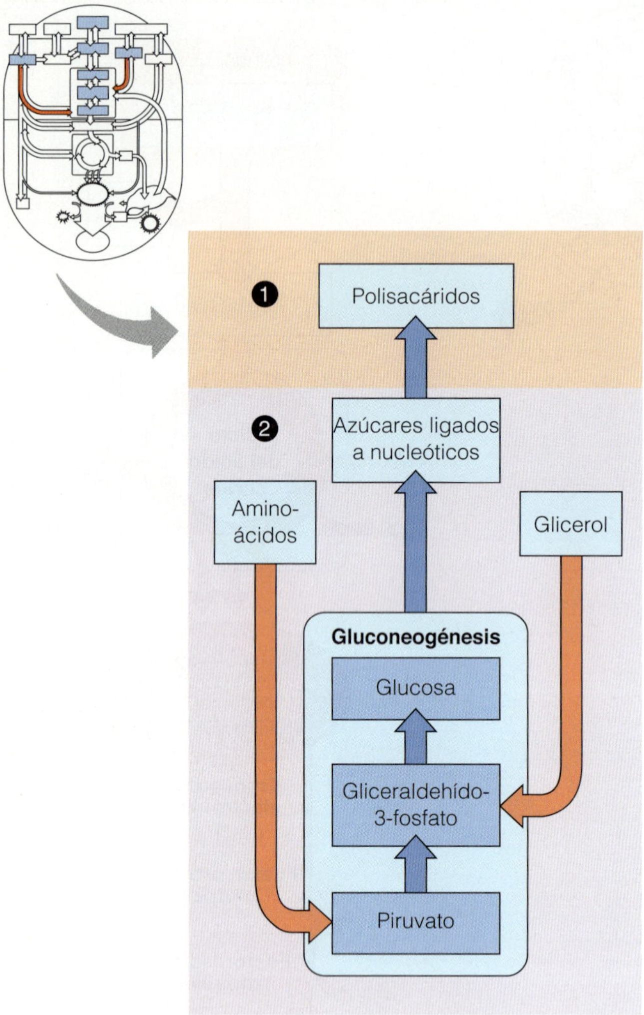


**FIGURA 12.5**

**Anabolismo de los hidratos de carbono.** La biosíntesis de los hidratos de carbono incluye la gluconeogénesis y la síntesis de polisacáridos.

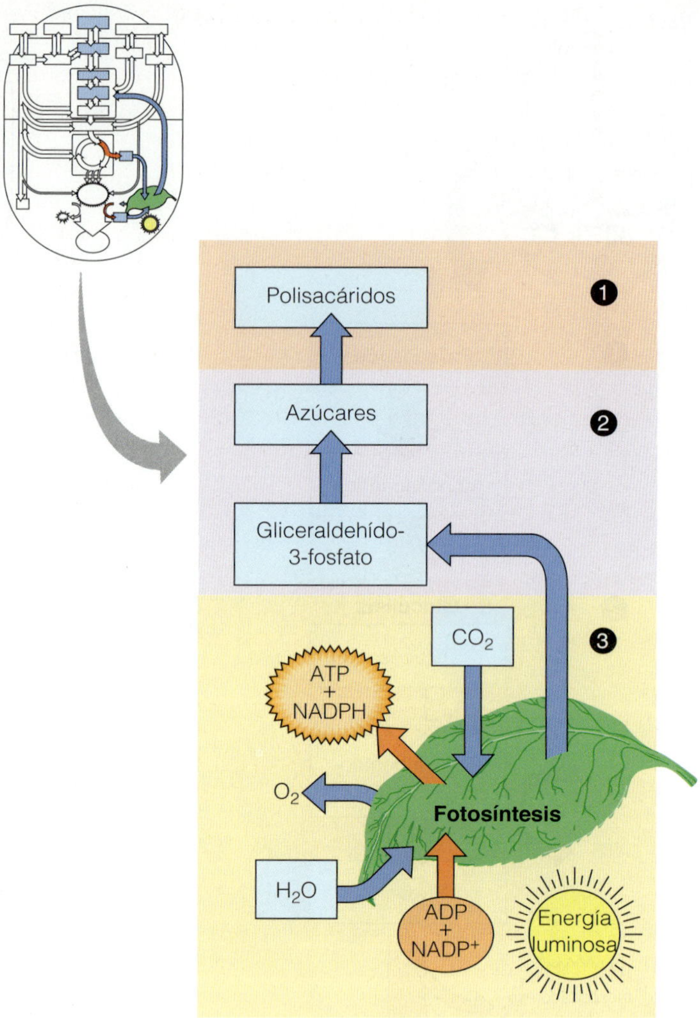


**FIGURA 12.6**

**Fotosíntesis.**

## Rutas diferenciadas para la biosíntesis y la degradación

De la Figura 12.2 podría deducirse que algunas rutas actúan simplemente como el inverso de otras. Así, por ejemplo, los ácidos grasos se sintetizan a partir de acetil-CoA, pero también se convierten en acetil-CoA por la $\beta$-oxidación. De forma análoga, la glucosa-6-fosfato se sintetiza a partir del piruvato en la gluconeogénesis, que a primera vista parece una simple inversión de la glucólisis. Es importante apreciar que en estos casos, las rutas contrarias son bastante distintas entre sí. Pueden tener en común algunos intermedios o reacciones enzimáticas, pero se trata de secuencias de reacción distintas, reguladas por mecanismos diferentes y con enzimas distintas para catalizar sus reacciones reguladas. Pueden producirse incluso en compartimientos celulares independientes. Así, por ejemplo, la síntesis de los ácidos grasos se produce en el citosol, mientras que la degradación de los ácidos grasos tiene lugar en las mitocondrias.

Las rutas de biosíntesis y de degradación rara vez, quizás nunca, son simples inversiones unas de otras, a pesar de que suelen empezar y terminar con los mismos metabolitos. La existencia de rutas separadas unidireccionales es importante por dos motivos. En primer lugar, para que una ruta se produzca en una determinada dirección, debe ser exergónica en esa dirección. Si una ruta es fuertemente exergónica, la inversión de la misma es endergónica, en igual medida, en las mismas condiciones, por lo que es imposible. Así, las rutas opuestas de biosíntesis y degradación deben ser ambas exergónicas y de esta forma, unidireccionales en sus direcciones respectivas.

Las rutas de biosíntesis y de degradación son diferentes por dos razones: una ruta solo puede ser exergónica en una dirección, y las rutas deben estar reguladas por separado para evitar ciclos inútiles.

En segundo lugar, e igualmente importante, está la necesidad de controlar el flujo de metabolitos en relación con el estado bioenergético de una célula. Cuando las concentraciones de ATP son altas, se necesita menos oxidación de carbono en el ciclo del ácido cítrico. En estos momentos, la célula puede almacenar carbono en forma de grasas e hidratos de carbono, por lo que entran en funcionamiento la síntesis de ácidos grasos, la gluconeogénesis y otras rutas relacionadas. Cuando las concentraciones de ATP son bajas, la célula debe movilizar el carbono almacenado para generar sustratos para el ciclo del ácido cítrico, por lo que debe producirse la degradación de los hidratos de carbono y de las grasas. La utilización de rutas distintas para los procesos de biosíntesis y de degradación es crucial para el control, de manera que las condiciones que activan una ruta tienden a inhibir la ruta opuesta, y viceversa.

Consideremos lo que ocurriría, por ejemplo, si la síntesis y la oxidación de los ácidos grasos se produjeran en el mismo compartimiento celular y de una forma descontrolada. Los fragmentos de dos carbonos liberados mediante oxidación se utilizarían de inmediato para la síntesis, creando una situación denominada **ciclo inútil**. No se realiza un trabajo útil, y el resultado neto es simplemente el consumo de más ATP en las reacciones endergónicas de la síntesis de ácidos grasos que el que se produce en las reacciones de oxidación. Un ciclo inútil similar sería el que podría producirse con la interconversión de la fructosa-6-fosfato en fructosa-1,6-bisfosfato, en el metabolismo de los hidratos de carbono.

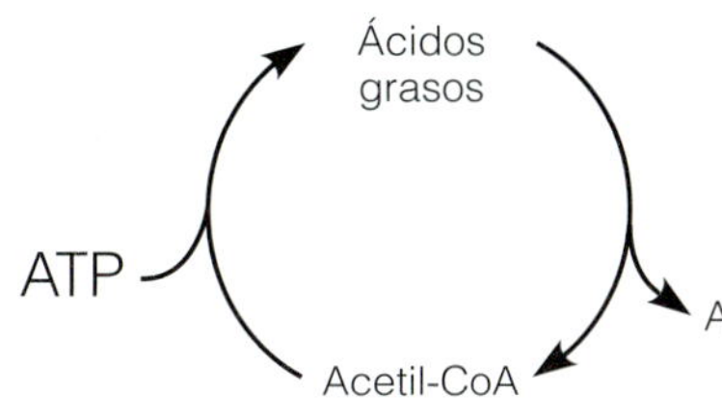


**Ciclo inútil**

$$\text{Fructosa-6-fosfato} + \text{ATP} \rightarrow \text{fructosa-1,6-bisfosfato} + \text{ADP}$$
$$\text{Fructosa-1,6-bisfosfato} + H_2O \rightarrow \text{fructosa-6-fosfato} + P_i$$
$$\text{Neto:} \quad \text{ATP} + H_2O \rightarrow \text{ADP} + P_i$$

La primera reacción se produce en la glucólisis y la segunda, participa en una ruta de biosíntesis, la gluconeogénesis. Ambos procesos tienen lugar en el citosol. El efecto neto de realizar ambas reacciones simultáneamente sería la hidrólisis inútil de ATP a ADP y $P_i$. Sin embargo, las enzimas que catalizan las dos reacciones indicadas responden a efectores alostéricos, de manera que una enzima se inhibe por las condiciones que activan a la otra. De esta forma, un control eficaz impide que se produzca el ciclo inútil, a pesar de que las dos enzimas se encuentran en el mismo compartimiento celular. En consecuencia, es más adecuado denominar a esa situación, con dos reacciones celulares aparentemente opuestas que se controlan de manera independiente, **ciclo de sustrato**.

La compartimentación y el control alostérico de los procesos anabólicos y catabólicos impiden los ciclos inútiles que, simplemente, derrochan energía.

Los estudios sobre el control metabólico sugieren que un ciclo de sustrato constituye un mecanismo de regulación eficaz, puesto que un pequeño cambio de la actividad de una o ambas enzimas puede tener un efecto muy importante en el flujo de metabolitos en uno u otro sentido. Puede analizar esta idea en el Problema 6, al final de este capítulo.

## Tipos de reacciones bioquímicas

En Bioquímica no hay metafísica, pues la química de los sistemas vivos sigue las mismas leyes químicas y físicas que el resto de la naturaleza. A primera vista puede parecer abrumadora la complejidad de estas rutas bioquímicas, pero en las células habitualmente solo se encuentran cinco tipos generales de transformaciones químicas. Aunque en las células todas estas transformaciones están catalizadas por enzimas, las reacciones se producen mediante mecanismos sencillos de la Química orgánica. Consideraremos aquí solo brevemente estos tipos de reacción, ya que debe haberlas estudiado previamente en Química orgánica. No obstante, si necesita una revisión más detallada debe consultar su libro de texto de Química orgánica.

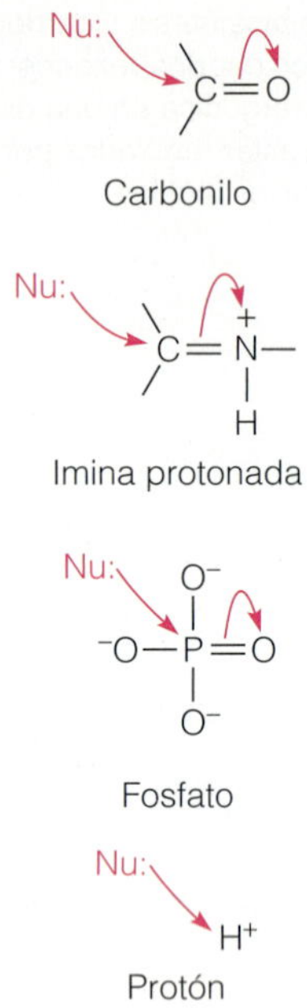


Electrófilos

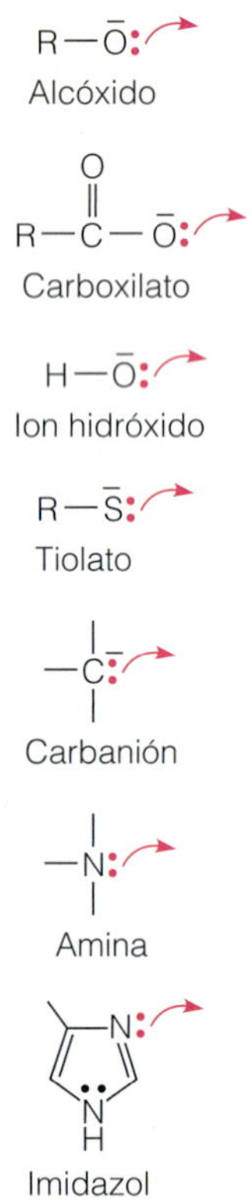


Nucleófilos

## Sustituciones nucleófilas

Gran parte de la química de las moléculas biológicas es la química del grupo carbonilo (C═O), debido a que la gran mayoría de las moléculas biológicas lo contienen, y en la mayor parte de la química de los grupos carbonilo hay **nucleófilos** (abreviados «**Nu:**») y **electrófilos**. Recuérdese que un nucleófilo es una sustancia «amante del núcleo», con un átomo polarizado negativamente y con abundantes electrones, que puede formar un enlace al donar un par de electrones a un átomo con deficiencia de ellos. Un electrófilo es una sustancia «amante de electrones», con un átomo polarizado positivamente y con deficiencia de electrones, que puede formar un enlace al aceptar un par de electrones de un átomo con abundancia de ellos. Los grupos carbonilo son polares, con el átomo de C, con deficiencia de electrones, que lleva una carga positiva parcial y el átomo de O, con abundantes electrones, que lleva una carga negativa parcial.

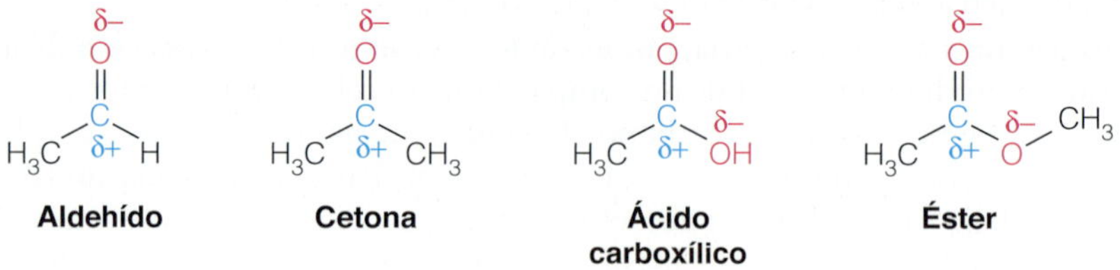


Los carbonos carbonilos son electrófilos muy habituales en las reacciones bioquímicas. Otros electrófilos comunes son las iminas protonadas, los grupos fosfato y los protones.

Los oxianiones (por ejemplo, el ion hidróxido, los alcóxidos, o los carboxilatos ionizados), los tiolatos (sulfhidrilos desprotonados), los carbaniones, las aminas desprotonadas, y la cadena lateral de imidazol son nucleófilos habituales en las reacciones bioquímicas.

En una reacción de sustitución nucleófila, un nucleófilo sustituye a un segundo nucleófilo (el grupo de salida) en un átomo de carbono con hibridación $sp^3$. El grupo de salida adquiere una carga negativa parcial en el estado de transición, y los mejores grupos de salida son aquellos que son estables como aniones. Así, son buenos grupos de salida los haluros y las bases conjugadas de los ácidos fuertes, como el anión fosfato. Las sustituciones nucleófilas se producen mediante mecanismos $S_N1$ o $S_N2$. En el mecanismo $S_N1$ (Sustitución, Nucleófila, Unimolecular), el grupo de salida (Y:⁻) sale y los electrones enlazantes generan un intermediario carbocatión, *antes* de que llegue el ataque nucleófilo (X:⁻). Las reacciones $S_N1$ retienen la configuración o dan lugar a una racemización del centro reactivo.

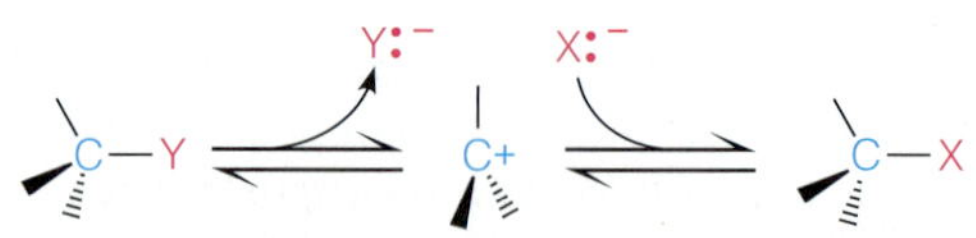

Intermediario carbocatión

En el mecanismo $S_N2$ (Sustitución, Nucleófila, Bimolecular), el nucleófilo atacante se acerca a un lado del centro electrófilo, mientras que el grupo de salida permanece unido parcialmente al otro lado, lo que da lugar a un intermedio pentavalente de transición.

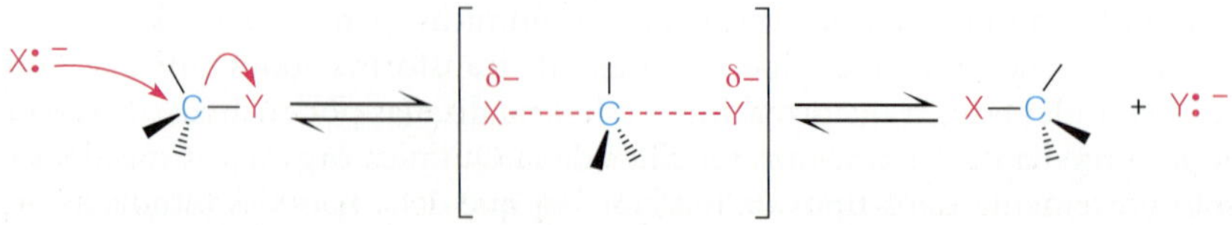

Intermediario pentavalente

En el mecanismo $S_N2$, la salida del grupo desde el lado opuesto da lugar a un producto sustituido, con una configuración invertida.

Una clase muy importante de reacción de sustitución en bioquímica es la **sustitución nucleófila *acílica*** de los derivados de ácido carboxílico. Las sustituciones acílicas tienen lugar con mayor facilidad cuando el carbono carbonilo está unido a un átomo electronegativo (como O o N) o a un átomo muy polarizable (como S), que pueda estabilizar una carga negativa y, de esta forma, actuar como un buen grupo de salida. Así, los ácidos carboxílicos y sus derivados (ésteres, amidas, tioésteres y acil fosfatos) son sustratos habituales en las reacciones de sustitución acílicas. A diferencia con los mecanismos $S_N1$ y $S_N2$ de las sustituciones *alquílicas*, las sustituciones *acílicas* implican un intermedio de reacción oxianión tetraédrico

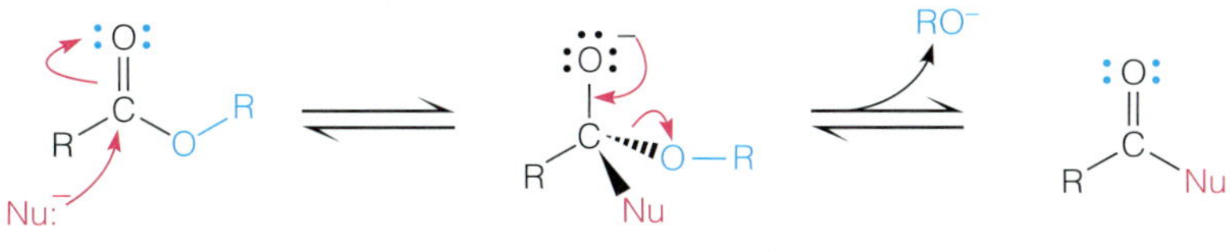


El grupo carbonilo plano pasa a tener una geometría tetraédrica al volver a hibridarse el carbono carbonilo desde $sp^2$ a $sp^3$. Al regresar el par de electrones desde el oxianión hacia el carbono central, se expulsa el grupo de salida y se regenera el enlace C═O. Muchas enzimas catalizan sustituciones nucleófilas acílicas como la carboxipeptidasa A, en la que una molécula de agua activada actúa como grupo nucleófilo atacante (*véase* la Figura 11.39, página 449). Este mecanismo, también es la base de diversas **reacciones de transferencia de grupos**, en las que un grupo acilo, glucosilo, o fosforilo se transfiere desde un nucleófilo a otro.

## Adiciones nucleófilas

A diferencia de los ácidos carboxílicos y sus derivados, el carbono carbonilo de los aldehídos y cetonas está enlazado a átomos (C y H) que no pueden estabilizar una carga negativa y, por tanto, no son grupos de salida buenos. Estos grupos carbonilo normalmente experimentan **reacciones de adición nucleófilas**, en lugar de reacciones de sustitución. Como el mecanismo de sustitución nucleófila acílica, la adición de un nucleófilo da un intermedio oxianión tetraédrico, al moverse el par de electrones desde el enlace C═O al oxígeno. Recuérdese del Capítulo 11 que se forma un intermedio oxianión en los pasos iniciales de la hidrólisis del enlace peptídico por las serina proteasas. El intermedio oxianión tiene varios destinos, dependiendo del nucleófilo (Figura 12.7), Cuando el nucleófilo atacante es un ion hidruro ($H:^-$), el intermediario oxianión se protona para formar un alcohol. Esto también se produce cuando el nucleófilo atacante es un carbanión ($R_3C^-$), y este es uno de los mecanismos que dan nuevos enlaces C—C. Cuando se añade un oxígeno nucleófilo, como un alcohol (ROH), el intermedio oxianión transfiere un protón para dar un hemiacetal. Esta reacción es la base de la formación del anillo en los monosacáridos (Capítulo 9). La reacción con un segundo equivalente de alcohol da un acetal. Cuando el nucleófilo atacante es una amina primaria ($R'NH_2$), el intermedio oxianión extrae un protón del grupo amino, dando una carbinolamina, que pierde agua para formar una **imina** ($R_2C{=}NR'$). Las iminas (llamadas **bases de Schiff**) son intermediarios de reacción habituales en muchas reacciones bioquímicas, debido a su capacidad para deslocalizar electrones.

## Condensaciones carbonílicas

La formación de enlaces C—C nuevos es un elemento esencial en el metabolismo y la condensación de dos compuestos carbonilo es una estrategia habitual en muchas rutas de biosíntesis. Una condensación carbonílica depende de la acidez débil del hidrógeno carbonílico α, produciendo un carbanión, que está en resonancia con un ion enolato nucleófilo.

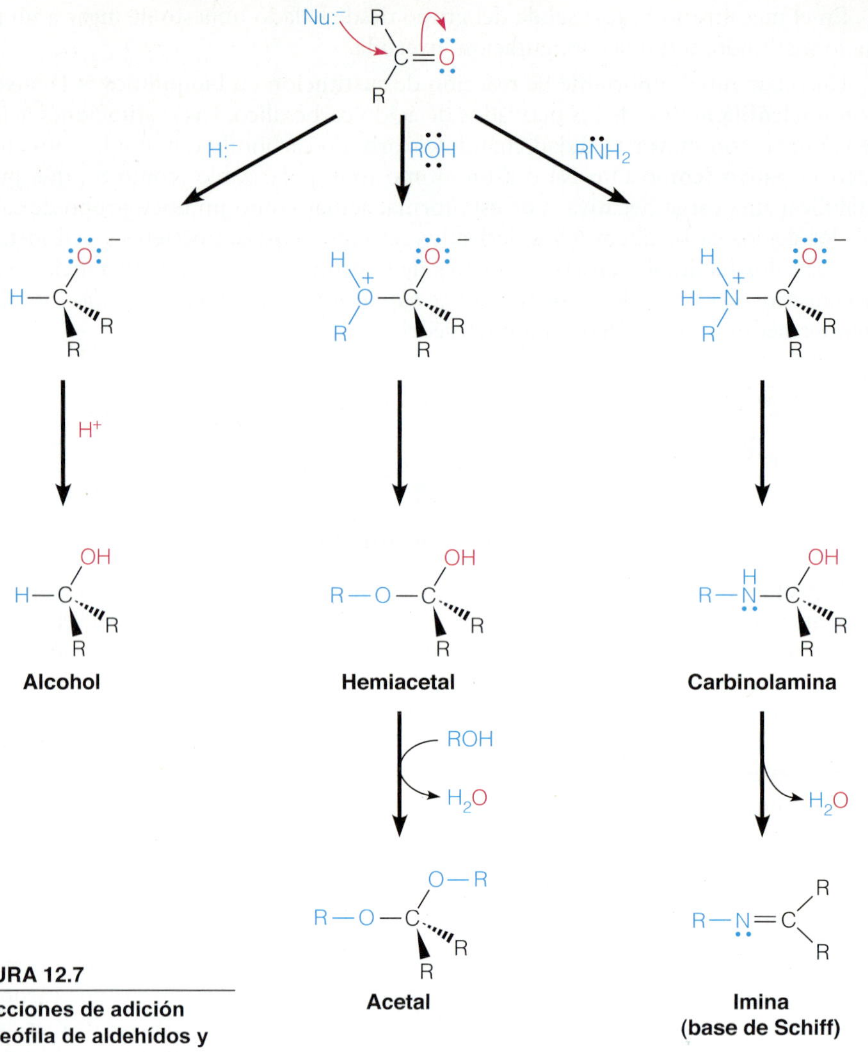


**FIGURA 12.7**

**Reacciones de adición nucleófila de aldehídos y cetonas.**

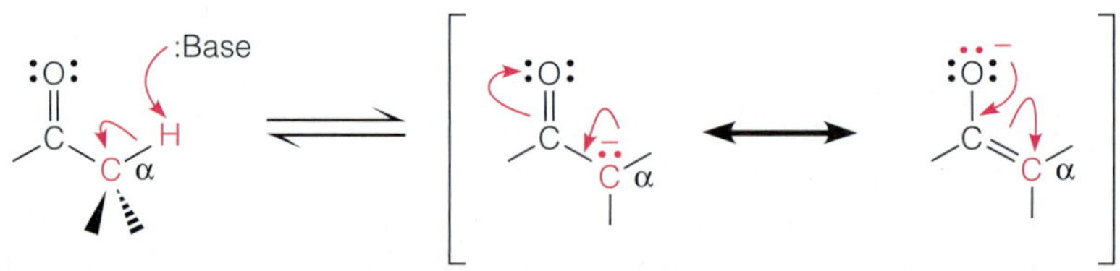


El ion enolato, estabilizado por resonancia, se añade de forma nucleófila al carbono electrófilo de un segundo carbonilo, formando un enlace C—C nuevo (Figura 12.8). Cuando el segundo carbonilo es un aldehído o una cetona (**condensación aldólica**), esta adición nucleófila produce un intermedio oxianión, que está protonado para dar un producto $\beta$-hidroxi carbonilo. Cuando el segundo carbonilo es un éster (**condensación de Claisen**), el oxianión intermedio expulsa el éster alcóxido (RO—) como grupo de salida, dando un producto $\beta$-ceto. Las condensaciones carbonílicas dan así lugar a un nuevo enlace entre el carbono carbonilo de un reactante y el carbono $\alpha$ del otro. Las condensaciones aldólica y de Claisen son ambas reversibles y esas reacciones «retroaldólica» y «retro-Claisen» se utilizan con frecuencia para romper enlaces C—C. De hecho, los compuestos $\beta$-ceto experimentan con facilidad la rotura o la descarboxilación mediante un mecanismo retroaldólico, en el que el grupo carbonilo aceptor de electrones, dos carbonos más allá del carboxilato, estabiliza la carga negativa formal del estado de transición carbaniónico.

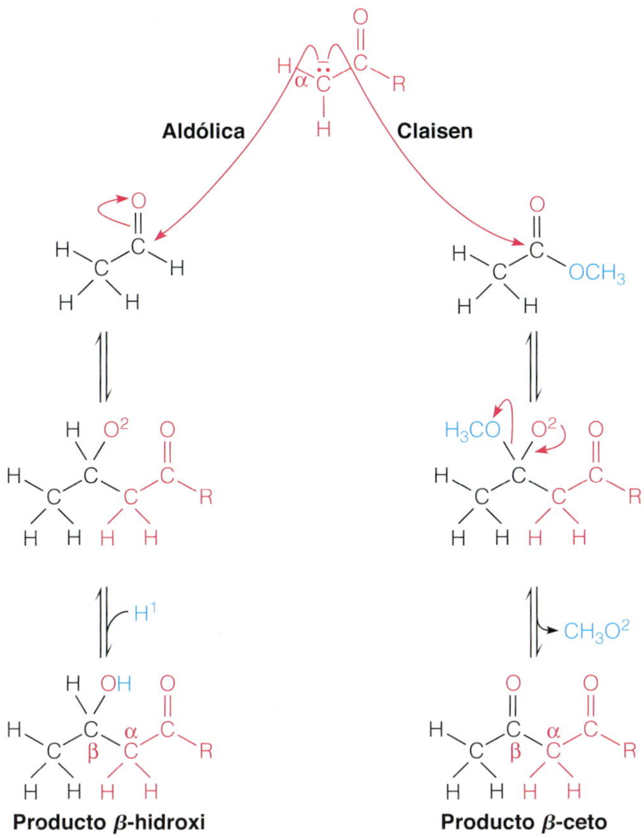


**FIGURA 12.8**

**Reacciones de condensación de carbonilo.** Estas reacciones se inician por la desprotonación de un hidrógeno $\alpha$ débilmente ácido para dar un ion enolato estabilizado por resonancia (arriba). En una condensación aldólica (lado izquierdo), el enolato se añade a un aldehído o una cetona, dando un producto $\beta$-hidroxi carbonilo. En una condensación de Claisen (lado derecho), el enolato se añade a un éster, dando un producto $\beta$-ceto.

## Eliminaciones

Las eliminaciones del tipo

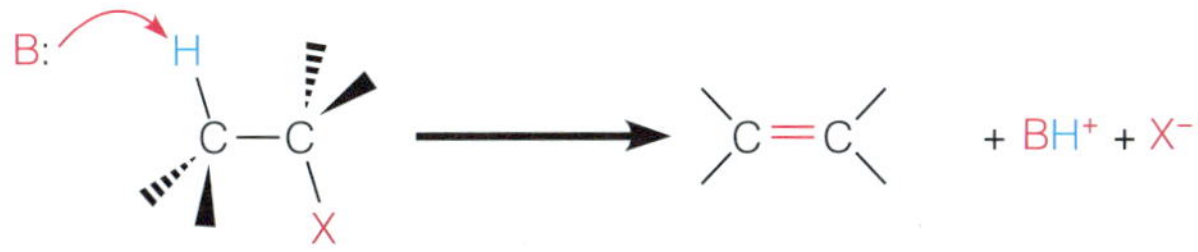

son también bastante comunes en las rutas bioquímicas. Las reacciones de eliminación pueden tener lugar por diversos mecanismos, pero el más habitual implica un intermediario carbanión. El reactante, frecuentemente es un $\beta$-hidroxi carbonilo (donde X═OH), en el que el átomo de H que va a eliminarse se hace más ácido al colocarse al lado de un grupo carbonilo. Una base extrae el protón para dar un intermedio carbanión (estabilizado por resonancia con el enolato) que pierde $OH^-$ para formar el doble enlace C═C. Los compuestos $\beta$-hidroxi carbonilo se deshidratan con facilidad mediante estas reacciones de eliminación $\alpha$, $\beta$.

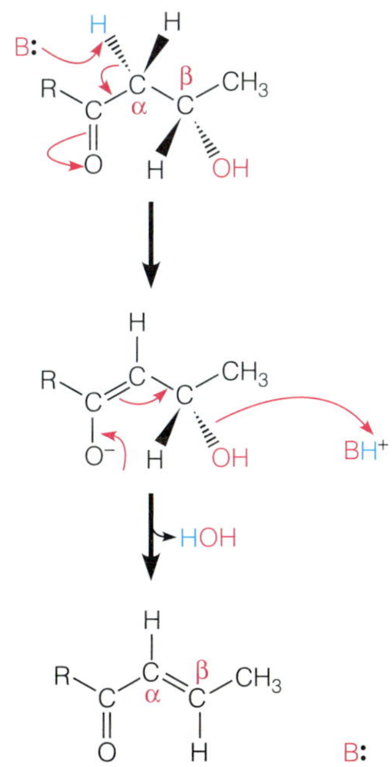

**Reacción de eliminación, $\alpha$, $\beta$**

## Oxidaciones y reducciones

En la mayoría de las células la producción de energía implica la oxidación de moléculas combustibles, como la glucosa. La química de oxidación-reducción, o **redox**, se encuentra así en el centro del metabolismo. Las reacciones redox implican la transferencia reversible de electrones desde un donador (el **reductor**) a un aceptor (el **oxidante**). Las células han desarrollado diversos transportadores de electrones, como la coenzima $NAD^+$ (dinucleótido de nicotinamida y adenina), que se ha presentado en el Capítulo 11. Las oxidaciones con coenzimas como el $NAD^+$ tienen lugar por un mecanismo reversible de transferencia de hidruro ($H^-$), que se ilustra por la oxidación de un alcohol a un compuesto carbonilo.

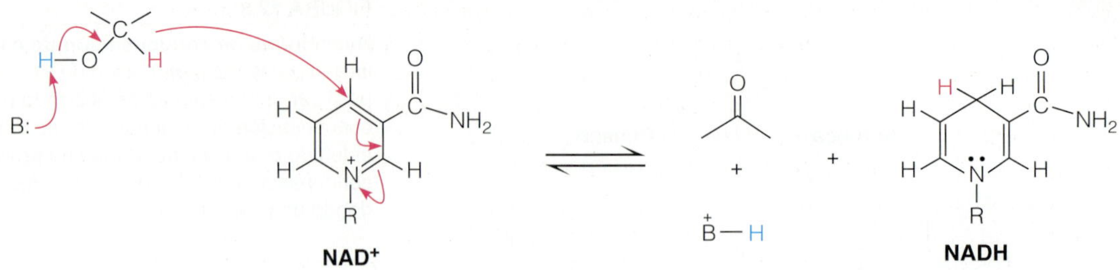


Una base extrae el protón débilmente ácido O—H, los electrones de ese enlace se desplazan para formar un enlace C=O, y se rompe el enlace C—H. El hidrógeno *y el par de electrones* (esto es, hidruro, $H^-$) se añaden al $NAD^+$ en una reacción de adición nucleófila, reduciéndole a NADH. El signo más en el $NAD^+$ refleja la carga sobre el nitrógeno del anillo de piridina en la forma oxidada; esta carga se pierde al desplazarse el par de electrones a través del anillo sobre este nitrógeno. Dado que que el alcohol ha perdido un par de electrones y dos átomos de hidrógeno, este tipo de oxidación se denomina **deshidrogenación**, y las enzimas que catalizan esta reacción se llaman **deshidrogenasas.** Recuérdese, sin embargo, que las reacciones redox son reversibles y las deshidrogenasas pueden catalizar también la dirección reductora. Mientras que las oxidaciones de dos electrones, ejemplificadas por las deshidrogenasas dependientes de $NAD^+$ son las reacciones redox más comunes del metabolismo, ciertamente no son las únicas. Diversos procesos redox implican transferencias de un electrón, y existen diversos transportadores de electrones que manejan un solo electrón. En el Capítulo 15 se considerarán con más detalles.

Existen otros tipos de reacciones menos habituales en las rutas bioquímicas, como las reacciones de radicales libres, pero estos cinco representan las herramientas básicas que utilizan las células para llevar a cabo la inmensa mayoría de sus transformaciones químicas.

## Algunas consideraciones bioenergéticas

### La oxidación como fuente de energía metabólica

Dado que el enfoque principal de los capítulos siguientes será el metabolismo energético, ahora consideraremos brevemente cómo se genera la energía metabólica. Como vimos en el Capítulo 3, una reacción termodinámicamente desfavorable, o endergónica, tiene lugar de manera continuada en la dirección no favorecida únicamente si puede acoplarse a una reacción termodinámicamente favorable, es decir, exergónica. En principio, cualquier reacción exergónica puede ser útil para este fin, siempre que desprenda una cantidad suficiente de energía libre. En los sistemas vivos, la mayor parte de la energía necesaria para las reacciones de biosíntesis procede de la *oxidación* de sustratos orgánicos. El oxígeno, que es el aceptor último de electrones para los organismos aerobios, es un oxidante potente y tiene una intensa tendencia a atraer electrones, quedando reducido en el proceso. Dada esta tendencia y la abundancia de oxígeno en nuestra atmósfera, no es de extrañar que los sistemas vivos hayan adquirido la capacidad de obtener energía a partir de la oxidación de los sustratos orgánicos.

#### Oxidaciones biológicas: liberación de energía en pequeños incrementos

En un sentido termodinámico, la oxidación biológica de los sustratos orgánicos es comparable a las oxidaciones no biológicas como la combustión de la madera. La energía libre desprendida es la misma, tanto si nos referimos a la oxidación del polímero de glucosa celulosa en un incendio forestal, como si hablamos de la combustión de glucosa en un calorímetro o de la oxidación metabólica de glucosa:

$$C_6H_{12}O_6 + 6O_2 \rightarrow 6CO_2 + 6H_2O \qquad \Delta G°' = -2870 \text{ kJ/mol} \qquad (12.1)$$

La mayor parte de la energía biológica procede de la oxidación de metabolitos reducidos en una serie de reacciones, en las que el oxígeno constituye el aceptor electrónico final.

Esta reacción muestra la estequiometria de conservación o, simplemente, **estequiometria de reacción** de la combustión de glucosa. No obstante, las oxidaciones biológicas son procesos mucho más complejos que la combustión. Cuando se quema madera, toda la energía se libera en forma de calor y no puede realizarse un trabajo útil, excepto por la acción de un dispositivo como una máquina de vapor. En cambio, en las oxidaciones biológicas, las reacciones de oxidación se producen sin que haya un aumento importante de la temperatura y con la captura de parte de la energía libre en forma de energía química. Esta captura de energía se produce, en gran medida, a través de la síntesis de ATP y, como se ha comentado en el Capítulo 3, la hidrólisis del ATP puede acoplarse a muchos procesos para proporcionar energía para el trabajo biológico. En el catabolismo de la glucosa, alrededor del 40 % de la energía liberada se utiliza para la síntesis de ATP a partir de ADP y $P_i$.

A diferencia de la oxidación de la glucosa por el oxígeno que se ha mostrado en la ecuación anterior, la mayor parte de las oxidaciones biológicas no se producen con una transferencia directa de electrones desde un sustrato reducido al oxígeno (Figura 12.4). Se produce más bien una serie de reacciones de oxidación-reducción acopladas, de manera que los electrones pasan a transportadores electrónicos intermediarios como el $NAD^+$ y el FAD y, por último se transfieren al oxígeno. Ya hemos mencionado brevemente el papel del $NAD^+$ como transportador de electrones; el FAD (dinucleótido de flavina y adenina) se describirá con detalle en el Capítulo 14. De esta forma, la oxidación biológica de la glucosa puede representarse de forma más exacta por las siguientes reacciones acopladas:

$$C_6H_{12}O_6 + 10NAD^+ + 2FAD + 6H_2O \rightarrow 6CO_2 + 10NADH + 10H^+ + 2FADH_2 \quad (12.2)$$

$$10NADH + 10H^+ + 2FADH_2 + 6O_2 \rightarrow 10NAD^+ + 2FAD + 12H_2O \quad (12.3)$$

$$\text{Net: } C_6H_{12}O_6 + 6O_2 \rightarrow 6CO_2 + 6H_2O \quad (12.4)$$

La reacción neta del proceso de oxidación biológica (Reacción 12.4) es idéntica a la de la combustión directa (Reacción 12.1). Las Reacciones 12.2 y 12.3 son ejemplos de **estequiometria de acoplamiento obligado**, que son relaciones estequiométricas fijadas por la naturaleza química del proceso. Así, la oxidación completa de glucosa necesita la transferencia de 12 pares de electrones desde la glucosa al oxígeno molecular, ya sea en un proceso directo, como la combustión, o a través de transportadores electrónicos, como en el proceso biológico. En este, 12 moles de transportadores electrónicos ($NAD^+$ y FAD) están acoplados obligatoriamente a la oxidación de 1 mol de glucosa a 6 moles de $CO_2$.

La transferencia de electrones desde estos transportadores de electrones intermedios hasta el oxígeno está catalizada por la **cadena de transporte electrónico** o **cadena respiratoria**, y el oxígeno se denomina **aceptor electrónico terminal**. Dado que la energía potencial almacenada en el sustrato orgánico se libera en pequeños incrementos, es más fácil controlar la oxidación y la captura de parte de la energía a medida que se va liberando, ya que las pequeñas transferencias de energía desperdician menos energía que una única transferencia grande.

No toda la energía metabólica procede de la oxidación por el oxígeno. Hay otras sustancias distintas del oxígeno que también pueden actuar como aceptores electrónicos finales. Muchos microorganismos pueden o deben vivir en **anaerobiosis** (en ausencia de oxígeno). Por ejemplo, *Desulfovibrio* realiza una respiración anaerobia empleando sulfato como aceptor terminal de electrones:

$$SO_4^{2-} + 8e^- + 8H^+ \rightarrow S^{2-} + 4H_2O$$

Sin embargo, la mayor parte de los organismos anaerobios obtienen su energía mediante **fermentaciones**, que son rutas catabólicas productoras de energía que se llevan a cabo sin un cambio neto del estado de oxidación de los productos, en comparación con el de los sustratos. Un buen ejemplo de ello es la producción de etanol y $CO_2$ a partir de glucosa, que se presenta en el Capítulo 13. Otras rutas anaerobias de producción de energía son las que se observan en algunas bacterias de las corrientes marinas hidrotérmicas profundas, que reducen el azufre a sulfuro como reacción final de transferencia electrónica, así como en otras bacterias que reducen el nitrito a amoníaco. Estos organismos oxidan los sustratos que los mantienen, pero utilizan aceptores electrónicos terminales distintos del oxígeno.

## Rendimientos energéticos, cocientes respiratorios y equivalentes reductores

Si la energía metabólica procede, fundamentalmente, de las reacciones oxidativas, de ello se deduce que cuanto más reducido esté un sustrato, mayor será su potencial de generación de energía biológica. Podemos utilizar un calorímetro para medir la producción

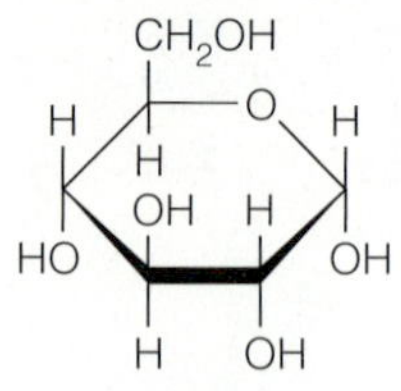

**Glucosa**

$CH_3(CH_2)_{14}COOH$

**Ácido palmítico**

de calor (entalpía) procedente de la oxidación de las grasas, de los hidratos de carbono o de las proteínas. La combustión de las grasas proporciona más energía calorífica que la combustión de una masa equivalente de hidratos de carbono. En otras palabras, la grasa tiene un **contenido calórico** superior al de los hidratos de carbono. Como ejemplo, comparemos la oxidación de la glucosa con la oxidación de un ácido graso saturado característico, el ácido palmítico:

$$C_6H_{12}O_6 + 6O_2 \rightarrow 6CO_2 + 6H_2O \qquad \Delta G^{\circ\prime} = -3.74 \text{ kcal/g}$$
$$C_{16}H_{32}O_2 + 23O_2 \rightarrow 16CO_2 + 16H_2O \qquad \Delta G^{\circ\prime} = -9.30 \text{ kcal/g}$$

Convirtiendo las calorías (las unidades de nutrición) en julios (las unidades modernas de la termodinámica), observamos que la oxidación de la glucosa produce 15.64 kJ/g, y la oxidación del ácido palmítico produce 38.90 kJ/g. Los carbonos de las grasas están reducidos, en general, en mayor grado que los de los hidratos de carbono, por lo que contienen más protones y electrones que pueden combinarse con el oxígeno en la ruta que conduce al $CO_2$ que los carbonos del azúcar. Podemos comprobarlo contando los átomos de oxígeno. La glucosa tiene más oxígenos por cada carbono que el ácido palmítico. Cada carbono de la glucosa está ligado, al menos, a un átomo de oxígeno.

También podemos decir que la glucosa es la sustancia más oxidada, puesto que su oxidación produce más moles de $CO_2$ por mol de $O_2$ consumido durante la oxidación. Esta proporción se denomina **cociente respiratorio** o **CR**. Las ecuaciones anteriores indican que el CR de la glucosa es de 1 ($6CO_2/6O_2$), mientras que el del ácido palmítico es de 0.70 ($16CO_2/23O_2$). En general, cuanto más bajo es el CR de un sustrato, se consume más oxígeno por carbono oxidado y mayor es el potencial de generación de energía por mol de sustrato.

Otra forma de expresar el grado de oxidación de un sustrato es decir que se obtienen más **equivalentes reductores** de la oxidación de una grasa que de la oxidación de un hidrato de carbono. Un equivalente reductor puede definirse como 1 mol de átomos de hidrógeno (un protón y un electrón por átomo de H). Así, por ejemplo, se utilizan dos equivalentes reductores en la reducción de un átomo de oxígeno a agua:

$$\tfrac{1}{2}O_2 + 2e^- + 2H^+ \rightarrow H_2O$$

Igual que la degradación de un compuesto orgánico complejo produce, tanto energía como equivalentes reductores, la biosíntesis de estos compuestos utiliza ambas cosas. Así, por ejemplo, sabemos que los dos carbonos del acetato se utilizan para la biosíntesis de los ácidos grasos:

$$\underset{\text{Acetato}}{8CH_3COO^-} \rightarrow \rightarrow \rightarrow \underset{\text{Palmitato}}{CH_3(CH_2)_{14}COO^-}$$

Quince de los dieciséis átomos de carbono del palmitato están muy reducidos: catorce a nivel de metileno y uno a nivel de metilo. En consecuencia, son necesarios muchos equivalentes reductores para completar esta biosíntesis.

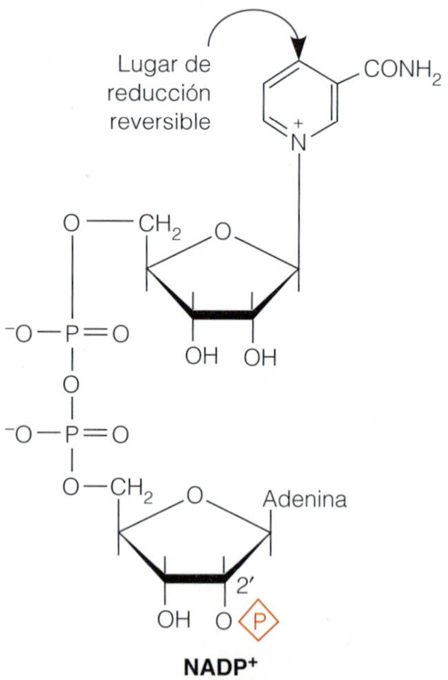


**NADP⁺**
**Dinocleótido de nicotinamida y adenina fosfato (oxidado)**

La principal fuente de electrones para la biosíntesis reductora es el **NADPH, el dinucleótido de nicotinamida y adenina fosfato (reducido)**. El $NADP^+$ y el NADPH son idénticos al $NAD^+$ y al NADH, respectivamente, excepto que los primeros tienen un grupo fosfato adicional esterificado en C-2 en el grupo adenilato. El $NAD^+$ y el $NADP^+$ son equivalentes en su tendencia termodinámica a aceptar electrones, ya que poseen unos potenciales estándar de reducción iguales (Capítulo 3). Sin embargo, las enzimas ligadas a los nucleótidos de nicotinamida, que actúan fundamentalmente en una dirección catabólica, suelen utilizar el par $NAD^+$-NADH, mientras que las que actúan principalmente en rutas anabólicas utilizan $NADP^+$ y NADPH. En otras palabras, como se indica en la Figura 12.9, las enzimas ligadas a los nucleótidos de nicotinamida que oxidan sustratos (deshidrogenasas) suelen emplear $NAD^+$, mientras que las enzimas que reducen sustratos (reductasas) emplean, generalmente, NADPH. Por supuesto, deshidrogenasas y reductasas catalizan ambas reacciones reversibles, cuyas direcciones están determinadas por el **estado redox**, o cociente entre las formas oxidada y reducida de cada par que predomina en la célula. Así, en una célula sana el par $NAD^+$/NADH se mantiene a un nivel más oxidado que el par $NADP^+$/NADPH. Estos cocientes impulsan, generalmente, las reacciones ligadas al $NAD^+$ en la dirección oxidativa y las reacciones ligadas al $NADP^+$ en la dirección reductora. Una excepción es la de las dos deshidro-

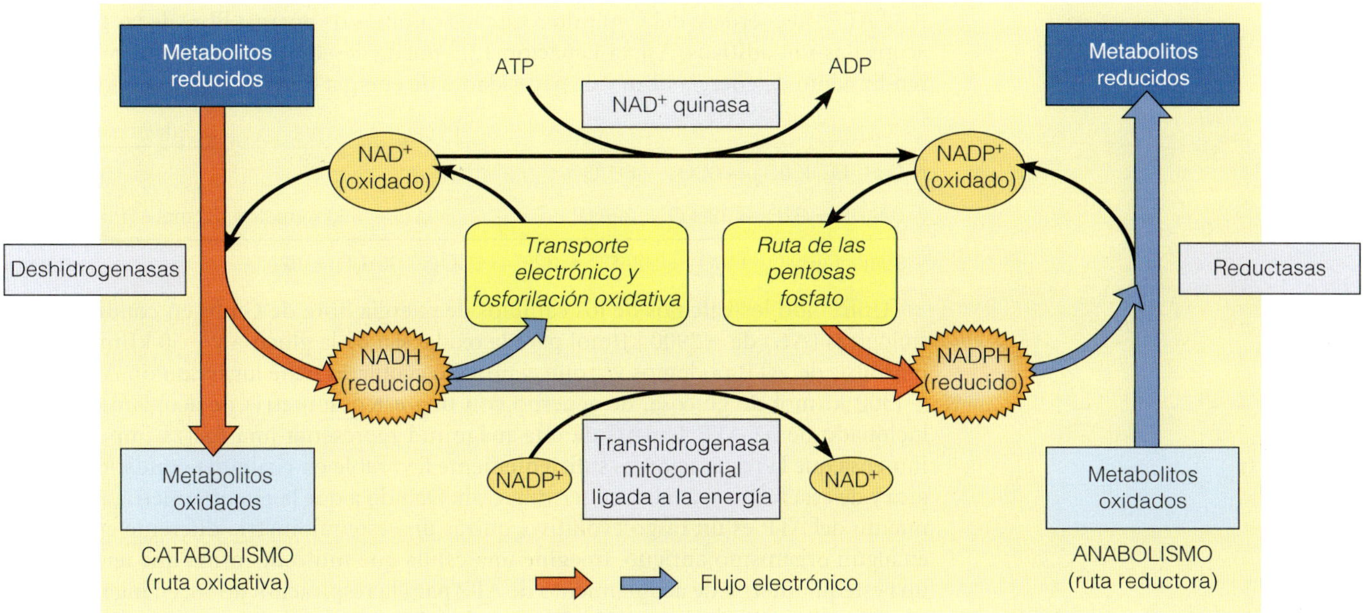


**FIGURA 12.9**

**Nucleótidos de nicotinamida en el catabolismo y la biosíntesis.** El $NAD^+$ es el cofactor de la mayoría de las enzimas que actúan en la dirección de oxidación de los sustratos (deshidrogenasas), mientras que el NADPH suele actuar como cofactor para las reductasas, que son enzimas que catalizan la reducción del sustrato. El NADPH se sintetiza o bien a partir del $NADP^+$ en la ruta de las pentosas fosfato (*véase* el Capítulo 13), o bien a partir del NADH mediante la acción de la transhidrogenasa mitocondrial ligada a la energía (*véase* el Capítulo 15). El $NADP^+$ se sintetiza a partir del $NAD^+$ por una reacción de quinasa dependiente de ATP.

genasas ligadas al $NADP^+$ de la **ruta de las pentosas fosfato** (*véase* el Capítulo 13), que convierten el $NADP^+$ en NADPH y constituyen la principal ruta de síntesis del nucleótido reducido.

> El $NAD^+$ es el cofactor de la mayoría de las deshidrogenasas que oxidan metabolitos. El NADPH es el cofactor de la mayoría de las reductasas.

## El ATP como moneda de energía libre

El ATP se denomina comúnmente como «la moneda de energía libre». ¿Qué significa esto? La moneda es un medio de intercambio. Un billete de veinte dólares posee un valor generalmente reconocido, que puede cambiarse con facilidad por diversas mercancías o servicios, por ejemplo, una comida en un restaurante de precio moderado o alrededor de un cuarto de hora de trabajo de un mecánico de automóviles cualificado. En el mismo sentido, las células intercambian la energía liberada en la rotura del ATP para llevar a cabo funciones esenciales, a menudo convirtiendo la energía química liberada en la hidrólisis del ATP en otras formas de energía como, por ejemplo, energía mecánica en la contracción muscular, o energía eléctrica en la conducción de los impulsos nerviosos, o energía osmótica en el transporte de sustancias a través de las membranas en contra de un gradiente de concentración. Así, el ATP sirve como donador inmediato de energía libre, esto es, se forma y se consume continuamente. Se calcula que un ser humano en reposo recambia hasta 65 kg de ATP cada 24 horas, ¡aproximadamente igual al peso corporal! (La $Na^+$-$K^+$ ATPasa que vimos en el Capítulo 10 da cuenta de, aproximadamente, el 25 % de este consumo de ATP en reposo). Durante el ejercicio extenuante puede ser de hasta 0.5 kg/min.

Como se resume en las Figuras 12.3 y 12.4, la regeneración de todo este ATP está acoplada a los procesos fermentadores u oxidativos. Así, como veremos en el Capítulo 15, la oxidación de 1 mol de glucosa durante la respiración está acoplada a la fosforilación de ~32 moles de ATP.

$$C_6H_{12}O_6 + 6O_2 + 32ADP + 32P_i \rightarrow 6CO_2 + 38H_2O + 32ATP \qquad (12.5)$$

Las estequiometrias del ADP, el $P_i$ y el ATP en esta ecuación son fundamentalmente diferentes de las estequiometrias de la reacción sencilla y de acoplamiento obligado que hemos encontrado hasta ahora. No hay necesidad química de producir 32 moles de ATP (de hecho, no hay ni siquiera una conexión química directa entre la oxidación de glucosa y la síntesis de ATP). No podemos predecir una estequiometria de 32 ATP a partir de consideraciones químicas. Esto es, en cambio, una **estequiometria de acoplamiento evolucionado**. Las estequiometrias de acoplamiento evolucionado son adaptaciones biológicas, rasgos fenotípicos adquiridos durante la evolución, que son el resultado de un compromiso. Entonces, ¿por qué la evolución se asienta en una estequiometria de

~32 ATP? Recuérdese del Capítulo 3 que los cambios de energía libre de las reacciones acopladas son aditivos. Así, la Ecuación 12.5 puede descomponerse en los procesos de rendimiento de energía libre y de necesidades de energía libre:

| | | $\Delta G$ (kJ/mol glucosa) |
|---|---|---|
| $C_6H_{12}O_6 + 6O_2 \rightarrow 6CO_2 + 6H_2O$ | | −2900 |
| $32ADP + 32P_i \rightarrow 32H_2O + 32ATP$ | $\Delta G = +50$ kJ/mol × 32 mol ATP = | +1600 |
| Suma: $C_6H_{12}O_6 + 6O_2 + 32ADP + 32P_i \rightarrow 6CO_2 + 38H_2O + 32ATP$ | | −1300 |

Utilizando los cálculos de los cambios de energía libre de Gibbs en condiciones fisiológicas ($\Delta G$) de −2900 kJ/mol para la oxidación de la glucosa y −50 kJ/mol para la hidrólisis del ATP, podemos ver que el proceso acoplado tiene lugar con un $\Delta G$ neto de ~1300 kJ/mol de glucosa, de acuerdo con una estequiometria de acoplamiento evolucionado de 32 ATP. Un $\Delta G$ de esta magnitud representa una fuerza impulsora tan inmensa que la respiración es suficientemente favorable en cualquier condición fisiológica y de esta forma, va hasta su terminación. Debido a que la estequiometria de acoplamiento del ATP es un rasgo evolutivo, quizás una estequiometria diferente evolucionó en algún organismo antiguo. Imagine una célula que mutó de forma que terminó con una estequiometria de acoplamiento de ATP para la respiración de 58, en lugar de 32. Si se repiten los cálculos anteriores, la necesidad de energía del proceso tendría un $\Delta G$ de +2900 kJ/mol de glucosa (58 ATP x +50 kJ/mol), dando un $\Delta G$ global de 0 para la respiración. Así, no habría fuerza impulsora para la reacción. Aunque esta hipotética célula podría tener un mayor rendimiento de ATP por glucosa oxidada, llegaría al equilibrio antes de que se metabolizara mucha más glucosa. Esta célula, probablemente, sería un competidor muy malo, especialmente si las concentraciones de glucosa fueran limitantes y la mutación o mutaciones que condujeron a esta estequiometria probablemente fueran seleccionadas en contra. La estequiometria de acoplamiento de ATP que encontramos en la actualidad (~32) es así un compromiso evolutivo entre hacer máximo el rendimiento de ATP y garantizar que el proceso global sea unidireccional en cualquier condición que pudiera encontrar la célula.

La función biológica fundamental del ATP como compuesto de acoplamiento de energía es convertir los procesos termodinámicamente desfavorables en procesos favorables.

En realidad y como se destaca en la Figura 12.1, existen muchas rutas bioquímicas que consumen ATP. El papel del ATP en estos procesos anabólicos es convertir un proceso termodinámicamente desfavorable en un proceso favorable. Recuérdese que las rutas de biosíntesis y degradación no son nunca la inversión simple una de otra. En especial, las rutas opuestas siempre tienen estequiometrias de ATP diferentes. Esto es, el número de ATP (o equivalentes de ATP) producido en la dirección catabólica será siempre diferentes del número de ATP (o equivalentes de ATP) necesarios en la dirección anabólica. Nos referimos a estos números como **coeficiente de acoplamiento de ATP** de la ruta de reacción. Así, por ejemplo, en el ciclo de sustrato fructosa-6-fosfato/fructosa-1,6-bisfosfato (página 481), la reacción glucolítica,

$$\text{Fructosa-6-fosfato} + \text{ATP} \rightarrow \text{fructosa-1,6-bisfosfato} + \text{ADP} \quad (12.6)$$

tiene un coeficiente de acoplamiento de ATP de –1. La reacción gluconeogénica,

$$\text{Fructosa-1,6-bisfosfato} + H_2O \rightarrow \text{fructosa-6-fosfato} + P_i \quad (12.7)$$

tiene un coeficiente de acoplamiento de ATP de 0. Asimismo, como aprenderemos en el Capítulo 13, la glucólisis tiene un coeficiente de acoplamiento de ATP global de +2, mientras que la gluconeogénesis tiene un coeficiente de acoplamiento de ATP de –6. Estas diferencias de coeficientes de acoplamiento de ATP entre reacciones o rutas opuestas son esenciales para la unidireccionalidad de ambos procesos.

¿Qué es lo que realmente queremos decir cuando afirmamos que el ATP convierte un proceso termodinámicamente desfavorable en un proceso favorable? El acoplamiento de la hidrólisis de ATP a una ruta proporciona una vía química nueva, que utiliza reacciones diferentes con estequiometrias diferentes, dando lugar a una constante de equilibrio global para el proceso diferente. De hecho, el acoplamiento de la hidrólisis del ATP a un proceso ¡cambia el cociente de equilibrio de determinados [reactantes] a [productos] por un factor de $10^8$! Para ilustrar esto, consideremos cómo cambia el cociente de equilibrio de [fructosa-1,6-bisfosfato] a [fructosa-6-fosfato] cuando comparamos una adición directa de $P_i$ a la fructosa-6-fosfato frente a la ruta de reacción que está acoplada a la hidrólisis de ATP. La adición directa de $P_i$, simplemente, es la inversa de la reacción 12.7:

$$\text{Fructosa-6-fosfato} + P_i \rightleftharpoons \text{fructosa-1,6-bisfosfato} + H_2O \qquad (12.8)$$

En esta dirección, el cambio de energía libre estándar $\Delta G^{o\prime}$ es +16.3 kJ/mol (*véase* la Tabla 13.2, página 545). Calculemos la constante de equilibrio utilizando la Ecuación 3.28 del Capítulo 3:

$$K = e^{\left(\frac{-\Delta G^{o\prime}}{RT}\right)} = e^{\left(\frac{-16\,300\ \text{J/mol}}{(8.315\ \text{J/mol}\cdot\text{K})(298\ \text{K})}\right)} = 0.0014 = \frac{[\text{fructosa-1,6-bisfosfato}]}{[\text{fructosa-6-fosfato}][P_i]} \qquad (12.9)$$

En muchas células, la concentración intracelular normal de $P_i$ es ~1 mM ($10^{-3}$ M), de forma que el cociente de equilibrio de [fructosa-1,6-bisfosfato]/[fructosa-6-fosfato] conseguido por esta reacción sería $(0.0014)(10^{-3}) = 1.4 \times 10^{-6}$. Comparemos ahora eso con una reacción que acopla la fosforilación de la fructosa-6-fosfato con la hidrólisis de ATP, como en la Reacción 12.6. El $\Delta G^{o\prime}$ para esta reacción es −14.2 kJ/mol (*véase* la Tabla 13.1, página 534), y así, la constante de equilibrio *K* para esta reacción es 308.

$$K = e^{\left(\frac{14\,200\ \text{J/mol}}{(8.315\ \text{J/mol}\cdot\text{K})(298\ \text{K})}\right)} = 308 = \frac{[\text{fructosa 1,6-bisfosfato}][\text{ADP}]}{[\text{fructosa-6-fosfato}][\text{ATP}]} \qquad (12.10)$$

Para comparar el cociente de equilibrio resultante de [fructosa-1,6-bisfosfato]/[fructosa-6-fosfato], necesitamos calcular las concentraciones intracelulares de ADP y ATP. En la mayoría de las células sanas, la [ATP] es varias veces (3-10 veces) mayor que la [ADP]. Para este cálculo supongamos, para simplificar, que las concentraciones intracelulares de ADP y ATP son aproximadamente iguales, esto es, su cociente de concentración es ~1. Así, [ATP] y [ADP] se anulan, y el cociente de equilibrio de [fructosa-1,6-bisfosfato]/[fructosa-6-fosfato] para esta reacción es 308. Este cociente de equilibrio realmente es $10^8$ veces mayor que el que se consigue sin el acoplamiento de ATP [$308/(1.4 \times 10^6) = 2.2 \times 10^8$]. Este efecto es completamente general, ya que solo depende de la existencia de un mecanismo químico que acople la hidrólisis de ATP con el proceso en cuestión (por ejemplo, una enzima como la fosfofructoquinasa que cataliza la Reacción 12.6 en la glucólisis). Téngase en cuenta que en esta reacción el ATP no se hidroliza directamente, sino que se convierte en ADP al transferirse su fosfato a la fructosa-6-fosfato. Sin embargo, los procesos que acoplan la conversión de ATP en ADP ganan el equivalente termodinámico de la energía libre de hidrólisis del ATP.

## Concentraciones de metabolitos y capacidad disolvente

La utilización del ATP como agente de acoplamiento fundamental en los sistemas bioquímicos ha tenido implicaciones de gran alcance para el diseño evolutivo del metabolismo celular. La evolución ha dado lugar a un metabolismo celular complejo, que incluye los miles de enzimas e intermedios metabólicos, cada uno de los cuales con concentraciones individuales muy bajas. Existen, al menos un par de razones por las que una célula debe mantener sus componentes con concentraciones muy bajas. Incluso una célula bacteriana sencilla contiene varios miles de metabolitos diferentes disueltos en el compartimiento acuoso. Este compartimiento acuoso tiene una capacidad finita aplicable a la cantidad de sustancias disueltas (metabolitos y macromoléculas), esto es la **capacidad disolvente**. Así, los metabolitos individuales deben tener concentraciones bajas ($10^{-3}$-$10^{-6}$, o incluso, menores) para evitar superar la capacidad disolvente de la célula. En segundo lugar, las concentraciones bajas de metabolitos minimizan las reacciones secundarias indeseadas. A modo de ilustración, imagine dos metabolitos, A y B, que pueden reaccionar de forma no enzimática para formar C. Suponga que esta reacción secundaria es de primer orden con respecto a cada metabolito, de forma que la velocidad de reacción es directamente proporcional al producto de [A] y [B] ($v = k\,[A]\,[B]$). Podemos comparar la cantidad de C que podría producirse con dos concentraciones de metabolitos diferentes: 1 M cada uno frente a $10^{-5}$ M cada uno. Cualquiera que sea la constante de velocidad, la velocidad de la reacción secundaria indeseada a las dos concentraciones diferentes diferirá por un factor de $10^{10}$. Así, la misma cantidad de C que se produciría en 1 s si cada metabolito tuviera una concentración 1 M tardaría ~317 años ($10^{10}$ s) en producirse si cada metabolito tuviera una concentración de $10^{-5}$ M.

¿Cómo ayuda el acoplamiento de ATP a evitar las concentraciones elevadas de metabolitos? Lo hace activando los intermedios metabólicos. Volvamos al ejemplo anterior, y comparemos la fosforilación de fructosa-6-fosfato con fosfato inorgánico y con ATP. Supongamos que una célula necesita un cociente [fructosa-6-fosfato]/[fructosa-1,6-bisfosfato] de 10 para prosperar. ¿Qué concentración de $P_i$ se necesita para garantizar este cociente de no equilibrio utilizando la Reacción 12.8? Podemos resolverlo para la $[P_i]$ necesaria admitiendo que el $\Delta G$ para esta reacción debe ser <0 y reordenando la forma de la Ecuación 3.23:

$$\Delta G = \Delta G^{\circ\prime} + RT \ln\left(\frac{[\text{F-1,6-BP}][\text{H}_2\text{O}]}{[\text{F-6-P}][\text{P}_i]}\right) < 0$$

o

$$\ln\left(\frac{[\text{F-1,6-BP}][\text{H}_2\text{O}]}{[\text{F-6-P}][\text{P}_i]}\right) < \frac{-\Delta G^{\circ\prime}}{RT} \qquad (12.11)$$

$$\ln\left(\frac{[10][1]}{[1][\text{P}_i]}\right) < \frac{\dfrac{-16.3\ \text{kJ}}{\text{mol}}}{\left(\dfrac{0.008314\ \text{kJ}}{\text{mol K}}\right)(298\ \text{K})} \qquad (12.12)$$

Resolviendo para $[P_i]$:

$$[\text{P}_i] > \frac{10}{0.0014} = 7143\ \text{M}_i$$

Realmente, no hay forma de ajustar 7000 moles de fosfato en un litro de disolución acuosa. Incluso si la célula pudiera sobrevivir con un cociente [fructosa-6-fosfato]/[fructosa-1,6-bisfosfato] de 1, aún necesitaría una $[P_i]$ de > 714 M para hacer la reacción termodinámicamente favorable (esto es, $\Delta G < 0$).

Consideremos ahora el proceso acoplado a la hidrólisis de ATP, a través de la reacción de la fosfofructoquinasa (Ecuación 12.6). Aquí, el cálculo relevante es

$$\frac{[\text{F-1,6-BP}][\text{ADP}]}{[\text{F-6-P}][\text{ATP}]} < e^{\left(\frac{-\Delta G^{\circ\prime}}{RT}\right)} \qquad (12.13)$$

con $\Delta G^{\circ\prime} = -14.2$ kJ/mol. Si suponemos un cociente [ADP]/ATP] de ~1 en condiciones fisiológicas, podemos calcular el cociente máximo de [fructosa-6-fosfato]/[fructosa-1,6-bisfosfato] que hace aún favorable la reacción.

$$\frac{[\text{fructosa-1,6-bisfosfato}]}{[\text{fructosa-6-fospfato}]} < 308$$

De esta forma, acoplando la reacción de hidrólisis de ATP la reacción será termodinámicamente favorable, siempre que el cociente [F-1,6-BP] a [F-6-P] permanezca por debajo de 308, muy por encima del deseado 10. Este escenario evita totalmente las concentraciones imposibles de fosfato inorgánico. En este ejemplo, el ATP puede considerarse como una forma activada de fosfato. Las células han desarrollado diversos intermedios activados además del ATP, como la acetil-CoA, el acil-lipoato y los azúcares nucleósido difosfato (azúcares-NDP). Comentaremos cada uno de ellos en capítulos posteriores, pero es suficiente decir aquí que todos ellos actúan para hacer que se produzcan reacciones con concentraciones fisiológicamente adecuadas de los intermedios.

Los intermedios activados, como el ATP, permiten que se produzcan reacciones con concentraciones de importancia fisiológica de los intermedios metabólicos.

## Propiedades termodinámicas del ATP

¿Qué factores dotan al ATP para su función especial como moneda energética? En primer lugar, no hay nada distintivo en la química del ATP; los enlaces fosfoanhídrido, cuya rotura puede acoplarse para realizar reacciones endergónicas, también los tienen los demás nucleósidos di y trifosfato, y varios otros metabolitos. Cuando llamamos al ATP «compuesto de energía elevada», como lo hicimos en el Capítulo 3, utilizamos ese término dentro de un contexto definido, esto es, un compuesto de energía elevada es aquel que contiene, al menos, un enlace con un $\Delta G^{\circ\prime}$ de hidrólisis elevado. El ATP posee dos enlaces fosfoanhídrido. La rotura de uno produce adenosín difosfato (ADP) y fosfato inorgánico ($P_i$), y la rotura del otro da adenosín monofosfato (AMP) y pirofosfato ($PP_i$). Cualquiera de las dos reacciones tiene lugar con un $\Delta G^{\circ\prime}$ de hidrólisis negativo grande (Figura 3.7, página 76). Sin embargo, obsérvese que llamar a una sustancia compuesto de energía elevada no significa que sea químicamente inestable o anormalmente reactivo. En realidad, el ATP es un compuesto *cinéticamente* estable y su hidrólisis espontánea es lenta, pero cuando se produce la hidrólisis, ya sea espontáneamente o catalizada por una enzima, se libera una energía libre sustancial. Sin embargo, tenga en cuenta que la utilización de esa energía para impulsar reacciones endergónicas, normalmente *no* implica la hidrólisis, sino que la rotura del ATP suele estar acoplada con una reacción termodinámicamente desfavorable, como la síntesis de glucosa-6-fosfato a partir de glucosa. En este caso, el fosfato liberado del ATP no se transforma en $P_i$ sino que se transfiere directamente a la glucosa para formar el fosfato esterificado de la glucosa-6-fosfato. De esta manera, como se ha considerado en al Capítulo 3, es más exacto decir que el ATP tiene un «potencial de transferencia de grupo fosforilo» elevado, que llamarle un compuesto de energía elevada. Hasta que entienda el contexto en que se emplea el término, el concepto de compuesto de energía elevada es bastante útil.

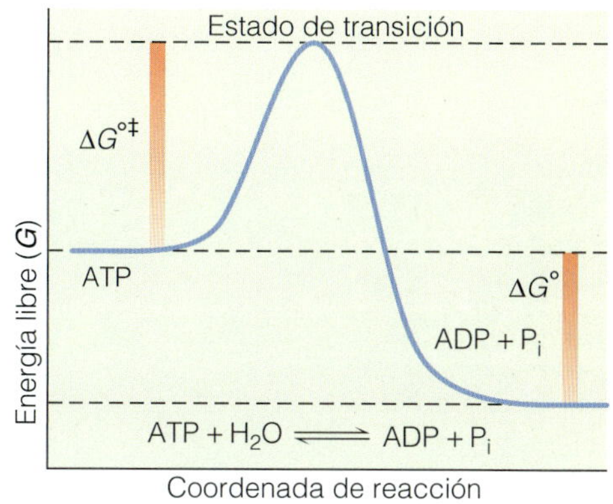


Los enlaces fosfoanhidrido son *termodinámicamente* inestables, aunque *cinéticamente* estable, ya que las energías libres de activación grandes requieren enzimas para disminuir la barrera de activación.

Recuérdese del Capítulo 3 que varios factores contribuyen a la estabilidad termodinámica de un enlace hidrolizable y determinan si el $\Delta G^{\circ\prime}$ es muy favorable, como en los enlaces anhídrido fosfórico del ATP, el ADP o el pirofosfato, o menos favorable, como en los enlaces éster fosfórico de la glucosa-6-fosfato o del AMP. Estos factores incluyen la repulsión electrostática entre las cargas negativas en la molécula antes de la hidrólisis, la estabilización por resonancia de los productos de hidrólisis y la tendencia de los productos de hidrólisis a desprotonarse (*véase* la página 77). Como contrapunto, la hidrólisis de un éster fosfato, como el AMP, genera un alcohol (el hidroxilo 5′ del azúcar), que casi no tiene tendencia a perder un protón.

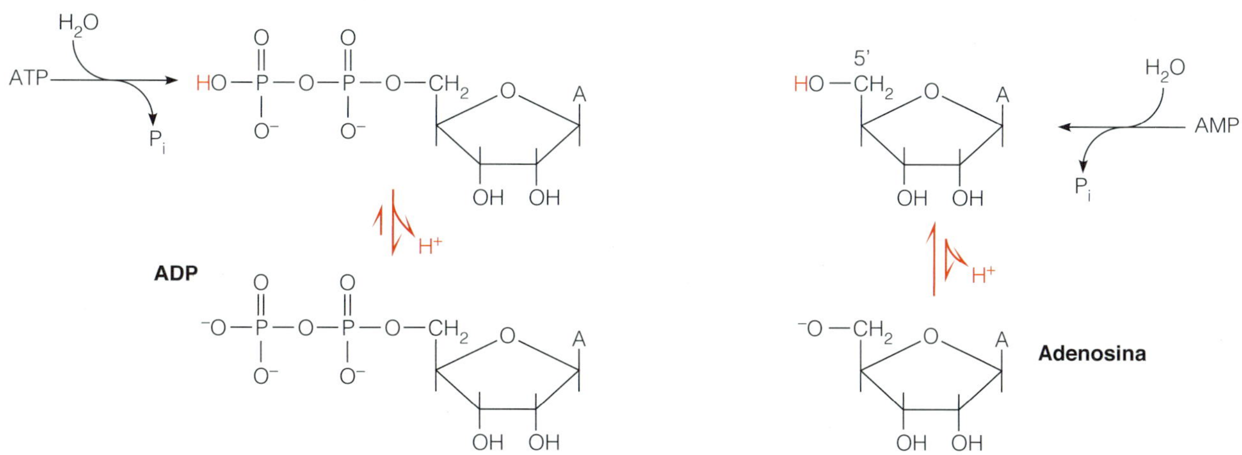


Los factores mencionados anteriormente se combinan para dar al ATP un $\Delta G^{\circ\prime}$ de –31 kJ/mol, el doble del potencial de transferencia de fosfato de ésteres fosfato que el AMP. Por otro lado, varios metabolitos importantes poseen valores de $\Delta G^{\circ\prime}$para la hidrólisis, que son mucho más negativos que el del ATP. Entre los ejemplos se encuentran el fosfoenolpiruvato, el 1,3-bisfosfoglicerato y la creatina fosfato (*véase* la Figura 3.7, página 76), con valores de $\Delta G^{\circ\prime}$ de –61.9, –49.4 y –43.1 kJ/mol, respectivamente. Esto significa que el ATP se encuentra realmente en el medio de la escala de «potencial químico». Esto también es importante, ya que significa que la rotura de un compuesto como el fosfoenolpiruvato puede acoplarse para impulsar la síntesis del propio ATP a partir de ADP y $P_i$. De hecho, estas reacciones acopladas, denominadas reacciones de **fosforilación a nivel de sustrato**, representan el proceso mediante el cual se sintetiza ATP en la glucólisis, como señalaremos en el Capítulo 13.

### La importancia de las diferencias entre $\Delta G$ y $\Delta G^{\circ\prime}$

¿Qué es lo que proporciona la energía para la síntesis de compuestos con un potencial de transferencia de fosfato mucho mayor que el del propio ATP? La respuesta radica, en su mayor parte, en el hecho de que los valores de $\Delta G$ en las condiciones intracelulares son bastante diferentes de los valores estándar ($\Delta G^{\circ\prime}$), lo cual se debe, principalmente, a que las concentraciones intracelulares son muy diferentes de las concentraciones 1 M que se utilizan para obtener las energías libres estándar. Si resuelve el Problema 5 al final de este capítulo, verá que la hidrólisis del ATP tiene un valor de $\Delta G$ considerablemente mayor a las concentraciones intracelulares de ATP, ADP y AMP y $P_i$ que el que tiene en condiciones estándar. En realidad, el cociente fisiológico [ATP]/[ADP] es $\sim 10^8$ veces mayor que el cociente de equilibrio. Este valor no es casual, ya que si el cociente fisiológico [ATP]/[ADP] es $10^8$ veces mayor que su cociente de equilibrio, entonces el cociente de equilibrio de cualquier otra reacción acoplada a la hidrólisis del ATP se alterará en el mismo orden de magnitud (*véase* la página 49). Como veremos, el mantenimiento del cociente fisiológico [ATP]/[ADP] tan lejos del equilibrio se consigue mediante *control cinético*, esto es, mediante la regulación de enzimas. El punto clave es que el mantenimiento del cociente fisiológico tan alejado del equilibrio proporciona la fuerza termodinámica impulsora para casi cualquier acontecimiento bioquímico de la célula.

### Control cinético de los ciclos de sustrato

Los ciclos de sustrato proporcionan una bonita ilustración de las ventajas del ATP como agente de acoplamiento y el papel del control cinético sobre la dirección, así como la velocidad de estas rutas opuestas. Volvamos de nuevo al ciclo de sustrato fructosa-6-fosfato/fructosa-1,6-bisfosfato:

| | $\Delta G^{\circ\prime}$ | $K$ | Coeficiente de acoplamiento de ATP |
|---|---|---|---|
| Fructosa-6-fosfato + ATP ⟶ fructosa-1,6-bisfosfato + ADP (PFK) | −14.2 | −308 | −1 |
| Fructosa-1,6-bisfosfato + $H_2O$ ⟶ fructosa-6-fosfato + $P_i$ (FBPase) | −16.3 | 719 | 0 |
| Net: ATP + $H_2O$ ⟶ ADP + $P_i$ | | | |

Para la reacción de la fosfofructoquinasa (PFK) en condiciones fisiológicas, donde [ATP] ≈ [ADP], calculamos un valor de 308 para el cociente de equilibrio de [fructosa-1,6-bisfosfato]/[fructosa-6-fosfato] (Ecuación 12.10). Así, esta reacción es favorable en la dirección de fructosa-1,6-bisfosfato hasta que su concentración se acerca a un nivel de 308 veces el de la fructosa-6-fosfato. Para la reacción de la fructosa-1.6-bisfosfatasa (FBPasa), utilizando la concentración fisiológica de $P_i$ ($\sim 10^{-3}$ M), obtenemos un valor de 719 000 para el cociente de equilibrio de [fructosa-6-fosfato]/[fructosa-1,6-bisfosfato]. De esta forma, en cualquier condición celular posible, la reacción de la FBPasa es termodinámicamente favorable en la dirección de la fructosa-6-fosfato. De ello se deduce que *ambas* reacciones PFK y FBpasa son termodinámicamente favorables en sus direcciones respectivas, siempre que el cociente [fructosa-1.6-bisfosfato]/[fructosa-6-fosfato] se encuentre entre 0.0000014 (1/719 000) y 308. En realidad, el cociente *siempre* estará dentro de este amplio intervalo en las células sanas, y de esta forma, ambas reacciones son *siempre* favorables. ¿Qué impide entonces que estas reacciones tengan lugar de forma simultánea, llevando a cabo nada más que la hidrólisis neta de ATP (esto es, un ciclo inútil)? La respuesta, por supuesto, es el control cinético independiente, aunque controlado de las dos enzimas opuestas. Como veremos en el capítulo siguiente, las enzimas en los ciclos de sustrato están reguladas de forma cinética por las concentraciones de los efectores alostéricos.

La regulación solo puede imponerse sobre reacciones muy desplazadas del equilibrio.

De esta forma, los ciclos de sustrato ilustran la característica fundamental del diseño metabólico que se ha mencionado antes: los coeficientes de acoplamiento de ATP de las reacciones o rutas opuestas siempre son diferentes. Esta diferencia permite que ambas secuencias sean, en todo momento, termodinámicamente favorables. Sin embargo, la elección de la ruta que actúa la determinan, en su totalidad, las necesidades metabólicas de la célula (a través de los efectores alostéricos) y no la termodinámica (ya que ambas rutas son favorables). ¿Por qué es tan importante que en todo momento ambas rutas sean termodinámicamente favorables? *Debido a que la regulación solo puede imponerse sobre las reacciones que están desplazadas del equilibrio.* Consideremos la analogía siguiente:

Un dique separa dos masas de agua. Si el nivel del agua es el mismo a ambos lados del dique, podemos decir que el sistema está en equilibrio. ¿Qué sucede si abrimos la compuerta? El agua puede moverse adelante y atrás a través de la compuerta, pero no habrá movimiento neto de agua o cambio de los niveles de agua. Así, la regulación (apertura de la compuerta) no ejerce ningún impacto sobre un sistema en equilibrio. Imaginemos ahora un sistema diferente.

Aquí, el nivel del agua en el lado izquierdo del dique es mucho mayor que en el lado derecho. Podemos decir que este sistema está alejado del equilibrio. Si abrimos ahora la compuerta, el agua se precipitará desde el lado izquierdo al lado derecho y continuará fluyendo hasta que alcance el equilibrio, o hasta que se imponga la regulación (cerrar la compuerta). Esta característica, en la que cada ruta de un par sea termodinámicamente favorable (lo que hace posible un coeficiente de acoplamiento de ATP distinto para cada una de ellas) hace que cada ruta sea unidireccional (debido a que la dirección inversa es termodinámicamente muy desfavorable). Estas rutas opuestas (por ej., glucólisis y gluconeogénesis) son como diques que contienen aguas altas, cada una de ellas preparada para caer (termodinámica) esperando la señal para abrir las compuertas (cinética). La señal (por ejemplo, efectores alostéricos) lógicamente será diferente para cada compuerta (enzima reguladora), de forma que ambas rutas no fluyan nunca simultáneamente (aunque si se permite, pueden hacerlo).

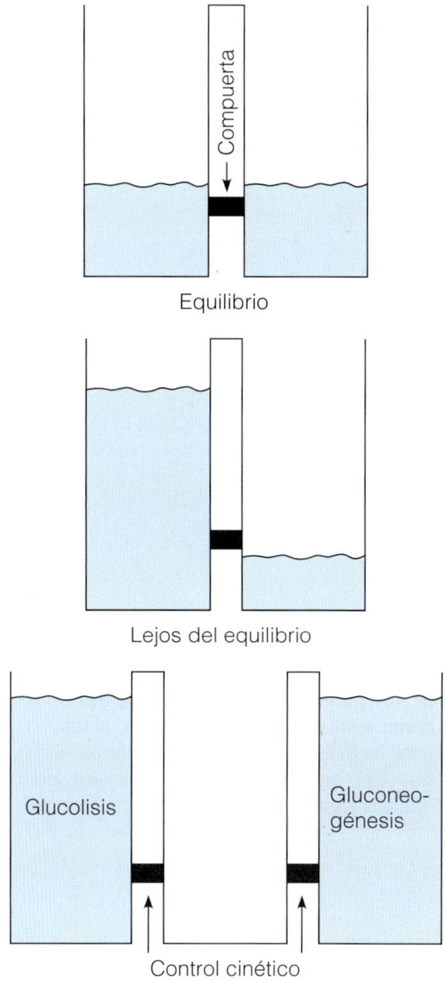


Las bases teóricas de este concepto, que se desarrollaron en el Capítulo 3, se presentan en la Figura 12.10, que muestra una representación de $G$ (energía libre de Gibbs) frente al log del cociente de $Q$ (cociente de acción de masas; página 69) a $K$ (constante de equilibrio) para la reacción $A \rightleftharpoons B$. Esta representación da una parábola y la pendiente en cualquier punto sobre la curva corresponde a $\Delta G$. La energía libre es mínima cuando el cociente $Q/K = 1$ (esto es, cuando las concentraciones reales de los reactantes y los productos sean iguales a sus concentraciones de equilibrio). En otras palabras, cuando el sistema está en equilibrio, $\Delta G = 0$ (verificado por la pendiente $= 0$ en este punto). El valor mayor de $\Delta G$ se obtiene cuando el cociente de acción de masas está alejado de las concentraciones de equilibrio y cuanto más alejada esté la reacción del equilibrio, mayor será la fuerza impulsora. $\Delta G$ será grande y negativo cuando [A] sea alta y [B] sea baja (lado izquierdo de la parábola; $Q/K < 1$) y la reacción irá hacia la derecha debido a la gran fuerza impulsora. Al contrario, cuando [B] es alta y [A] es baja (lado derecho de la parábola; $Q/K > 1$) y la reacción irá hacia la izquierda debido a una fuerza impulsora igual de grande.

Anteriormente calculamos un $\Delta G$ de aproximadamente $-1300$ kJ/mol para la oxidación de un mol de glucosa durante la respiración (página 490). Podemos calcular el cociente $Q/K$ correspondiente a 298 K con la Ecuación 3.33 del Capítulo 3:

$$\Delta G = RT \ln\left(\frac{Q}{K}\right)$$

$$\frac{Q}{K} = e^{\left(\frac{\Delta G}{RT}\right)} = e^{\left(\frac{-1300 \times 10^3\ \text{J/mol}}{(8.315\ \text{J/mol})\cdot(298\ \text{K})}\right)} \approx 10^{-228}$$

Este cociente $Q/K$ de $10^{-228}$ se basa en aproximaciones de $\Delta G$ y puede ser varios órdenes de magnitud distinto. Sin embargo, cualquiera que sea su valor real, está lejos, muy lejos del brazo izquierdo de la parábola de la Figura 12.10 y, por tanto, es una fuerza impulsora inmensa.

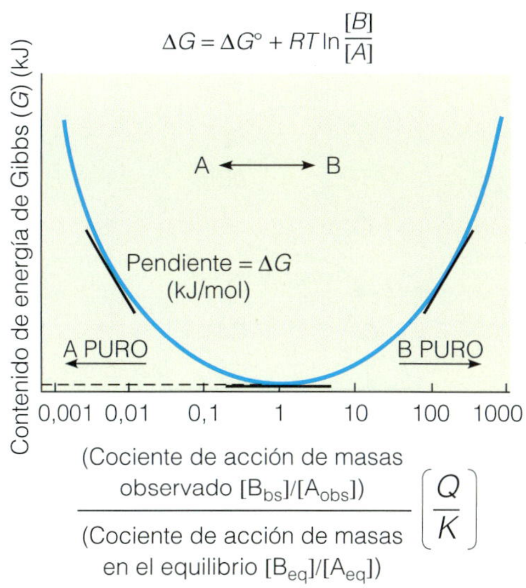


**FIGURA 12.10**

**Energía libre de Gibbs de una reacción en función de su desplazamiento del equilibrio.** Modificado de *Bioenergetics*, 3/E, D. G. Nicholls y S. J. Ferguson, p. 35. © 2002, con permiso de Elsevier.

## Otros compuestos de fosfato de energía elevada

Este mismo principio permite al ATP impulsar la síntesis de compuestos de potencial de transferencia de fosfato aún mayor, como la creatina fosfato. Este compuesto hace de lanzadera de energía de enlace fosfato desde el ATP de las mitocondrias a las miofibrillas, donde esa energía de enlace se transduce a la energía mecánica de la contracción muscular. La creatina fosfato (CrP) se sintetiza a partir de la creatina por la enzima **creatina quinasa:**

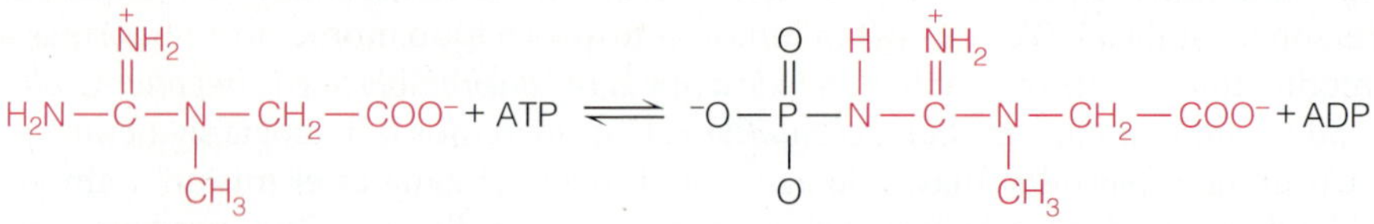

**Creatina** **Creatina fosfato**

Las células de los mamíferos tienen distintas isoenzimas de creatina quinasa, una de las cuales se encuentra en el espacio entre las membranas de las mitocondrias (mCK; *véase* el margen). A partir de los valores respectivos de $\Delta G^{\circ\prime}$ para la creatina fosfato y la hidrólisis del ATP (Figura 3.7, página 76) se puede calcular que esta reacción es endergónica en condiciones estándar, con un valor de $\Delta G^{\circ\prime}$ de $+12.6$ kJ/mol. Sin embargo, debido a que las concentraciones de ATP son muy elevadas dentro de las mitocondrias, y las concentraciones de creatina fosfato son relativamente bajas ($Q/K \ll 1$), la reacción es exergónica, tal y como está escrita, y se desplaza hacia la derecha en el espacio intermembrana de las mitocondrias. La creatina fosfato difunde, a continuación, desde las mitocondrias a las miofibrillas, donde proporciona la energía necesaria para la contracción muscular. No obstante, la fuente directa de energía para la contracción es otra vez la hidrólisis del ATP. Las concentraciones elevadas de ADP que se forman durante la contracción favorecen la reacción inversa, catalizada por una isoenzima de la creatina quinasa de la miofibrilla (mioCK). El ATP vuelve a sintetizarse a costa de la ruptura de la creatina fosfato a creatina, que posteriormente puede volver a las mitocondrias para sintetizar de nuevo creatina fosfato. La popularidad de la creatina como suplemento dietético en los atletas, para incrementar la fuerza muscular, sugiere que la biosíntesis de la propia creatina (*véase* la ruta en el Capítulo 21) puede ser un factor limitante de la operación de esta lanzadera intracelular de energía.

El ATP puede impulsar la síntesis de compuestos de energía más alta, si las concentraciones intracelulares fuera del equilibrio hacen que estas reacciones sean exergónicas.

En algunos animales invertebrados, la **arginina fosfato**, en lugar de la creatina fosfato, desempeña una función similar como almacén de fosfato de energía elevada para la producción rápida de ATP cuando es necesario. En ambos casos, las concentraciones variables de los nucleótidos de adenina en los dos ambientes, las mitocondrias y las miofibrillas, ambos con concentraciones alejadas de los valores estándar, son cruciales para entender la forma en la que pueden sintetizarse y utilizarse estos compuestos de energía elevada.

Sin embargo, además de la concentración, otros factores se combinan para hacer los valores fisiológicos de $\Delta$G bastante distintos de los valores estándar. Por ejemplo, al aumentar el pH, aumenta la carga negativa sobre la molécula de ATP lo cual, a su vez, aumenta la repulsión electrostática entre los átomos de oxígeno ligados a los átomos de fósforo adyacentes, y esto, asimismo, promueve la hidrólisis, haciendo el $\Delta G$ más negativo.

Es significativo también el hecho de que la mayor parte del ATP esté como quelato dentro de las células, como un complejo con $Mg^{2+}$:

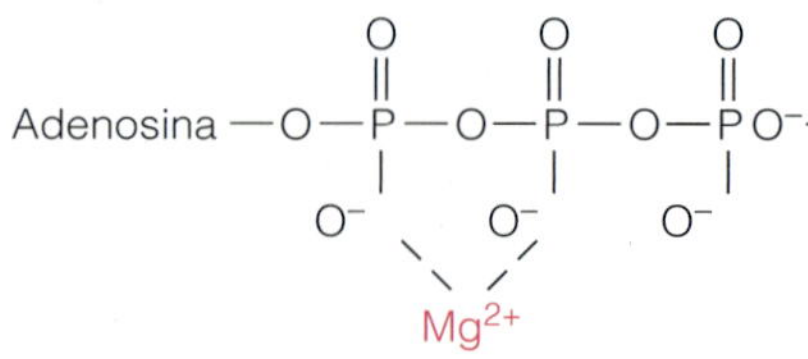


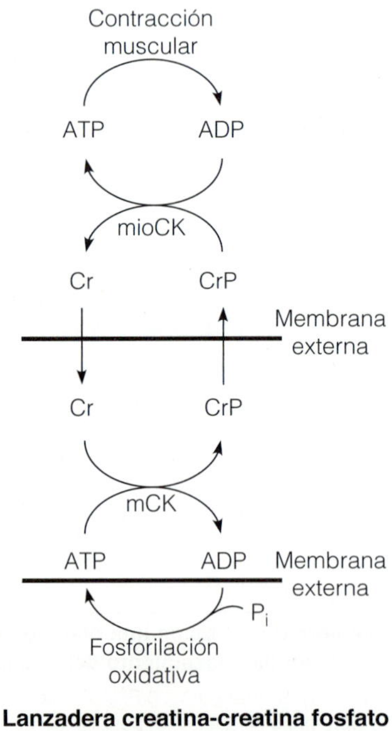


**Lanzadera creatina-creatina fosfato en la contracción muscular**

El ADP está también como complejo con el $Mg^{2+}$, pero el ADP tiene una afinidad por el $Mg^{2+}$ diferente de la del ATP. La modificación de la concentración de $Mg^{2+}$ cambiará $\Delta G$ de forma complicada, dependiendo de las afinidades relativas de los reactantes y los productos por el ion magnesio. (*Véase* el artículo de R. Alberty citado en la Bibliografía del Capítulo 3 para un tratamiento detallado de los efectos del pH, el magnesio y otras condiciones iónicas).

## Otros nucleótidos de energía elevada

Como se ha señalado antes, no hay nada singular en las propiedades del ATP que le adjudiquen la función especial como moneda energética. Los demás nucleósidos trifosfato, y otros nucleótidos más complejos, como el $NAD^+$, poseen valores de $\Delta G^{o\prime}$ cercanos a –31 kJ/mol y podrían haber sido elegidos para la función que realiza el ATP. Sin embargo, la evolución ha creado una serie de enzimas que se unen preferentemente al ATP y utilizan su potencial químico para impulsar las reacciones endergónicas. Existen excepciones, como el empleo de GTP como principal nucleótido suministrador de energía en la síntesis de proteínas. Sin embargo, la energía del enlace fosfato se crea casi exclusivamente a nivel del nucleótido de adenina, a través de la fosforilación oxidativa en las células aerobias, la fotosíntesis en las plantas y la fosforilación a nivel de sustrato durante la glucólisis en prácticamente todos los organismos. Como consecuencia de esto, el ATP es realmente el nucleótido más abundante.

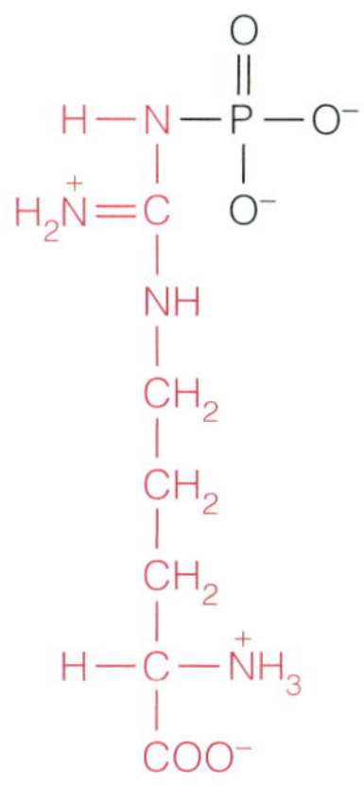
**Arginina fosfato**

En la mayor parte de las células, las concentraciones de ATP de 2-8 mM son varios órdenes de magnitud superiores que las de otros nucleósidos trifosfato y también, varios órdenes de magnitud superiores que las concentraciones de ADP o AMP. Estos factores proporcionan al ATP una fuerte tendencia a distribuir su fosfato $\gamma$ (el más exterior) en la síntesis de otros nucleósidos trifosfato. Esto se produce por la acción de la **nucleósido difosfato quinasa**, que sintetiza CTP a partir de CDP en el ejemplo siguiente

$$\text{ATP} + \text{CDP} \rightleftharpoons \text{ADP} + \text{CTP}$$

La nucleósido difosfato quinasa es activa para una gran variedad de donadores y aceptores de fosfato. Debido a que su constante de equilibrio es cercana a la unidad y a que el ATP es el nucleótido más abundante dentro de las células, la enzima utiliza normalmente ATP para impulsar la síntesis de los otros ribonucleótidos y desoxirribonucleótidos trifosfato comunes a partir de sus difosfatos respectivos.

Algunas reacciones metabólicas, como la activación de los aminoácidos para la síntesis de proteínas, rompen el ATP, no a ADP y $P_i$, sino a AMP y $PP_i$. La conversión de AMP en ATP, que permite la reutilización del nucleótido, utiliza otra enzima, la **adenilato quinasa** (denominada también mioquinasa debido a su abundancia en el músculo).

$$\text{AMP} + \text{ATP} \rightleftharpoons 2\text{ADP}$$

El ADP se reconvierte en ATP mediante la fosforilación a nivel de sustrato, la fosforilación oxidativa, o (en las plantas) la energía fotosintética. Debido a que la reacción es fácilmente reversible, también puede utilizarse para volver a sintetizar ATP cuando aumenta la concentración de ADP, por ejemplo, tras un incremento brusco del consumo de energía. Esta función es de especial importancia en el metabolismo muscular.

## Carga energética de adenilato

Como se ha señalado más arriba, las concentraciones de ATP, normalmente, son mucho mayores que las concentraciones de ADP y AMP en las células bien nutridas y con energía suficiente. Muchas enzimas que participan en la regulación de las rutas de generación o de almacenamiento de energía son muy sensibles a las concentraciones de los nucleótidos de adenina. En general, las rutas que generan energía, como la glucólisis y el ciclo del ácido cítrico, se activan por los estados de energía baja, cuando las concentraciones de ATP son relativamente bajas y las de ADP y AMP son relativamente altas. Es útil poder describir la situación energética de una célula en términos cuantitativos. En su excelente libro (que se cita en la Bibliografía al final de este capítulo) Daniel Atkinson ha comparado la célula con una batería. Cuando la batería celular está completamente cargada, todos los ribonucleótidos de adenina se encuentran presentes en forma de ATP. Cuando está totalmente descargada, todo el ATP se ha degradado a AMP. Atkinson ha propuesto el término **carga energética de adenilato**, que se define en términos de las concentraciones intracelulares de ATP, ADP y AMP.

$$\text{Carga energética de adenilato} = \frac{[\text{ATP}] + 0.5[\text{ADP}]}{[\text{ATP}] + [\text{ADP}] + [\text{AMP}]} \qquad (12.14)$$

El término es la proporción de los enlaces totales de gran energía que pueden estar presentes en los nucleótidos de adenina de una célula, con relación a los que están realmente presentes. Obsérvese que el ADP tiene un enlace de gran energía, en comparación con los dos del ATP, de forma que tiene la mitad de peso que el ATP en el numerador de la Ecuación 12.14. El valor de la carga energética de adenilato en las células aerobias bien nutridas probablemente nunca se encuentra alejado de 1.

## Principales mecanismos de control metabólico

La célula viva utiliza una maravillosa gama de dispositivos de regulación para controlar sus funciones. Entre estos mecanismos se encuentran los que actúan fundamentalmente controlando la *actividad* enzimática, como por ejemplo, la concentración de sustrato y el control alostérico, que se han considerado en el Capítulo 11. El control de la *concentración* enzimática mediante la regulación de la síntesis y degradación de las enzimas, se analizará en los Capítulos 27-29 y 20, respectivamente. En las células eucariotas, la *compartimentación* constituye otro mecanismo de regulación que permite controlar el destino de un determinado metabolito mediante el flujo del mismo a través de una membrana. Por encima de todos estos mecanismos se encuentran las acciones de las *hormonas*, mensajeros químicos que actúan a todos los niveles de regulación.

### Control de las concentraciones enzimáticas

Si preparara un extracto sin células de un determinado tejido y determinara las concentraciones intracelulares de diversas enzimas, observaría enormes diferencias. Las enzimas de las rutas centrales de generación de energía se encuentran en cantidades de muchos miles de moléculas por célula, mientras que las enzimas que tienen funciones limitadas o especializadas podrían estar presentes en una cantidad inferior a la docena de moléculas por célula. La electroforesis en gel bidimensional de un extracto celular (*véase* la Figura 1.11, página 19) nos aporta una estimación aproximada, basada en las diferencias de intensidad de las manchas, de la amplia variación que existe en las cantidades de las diversas proteínas que se encuentran en una determinada célula.

La concentración de una determinada enzima puede variar también mucho en distintas condiciones ambientales, debido, en gran parte, a la variación de la velocidad de síntesis de la enzima. Por ejemplo, cuando se añade un sustrato utilizable a un medio de cultivo bacteriano, la abundancia de las enzimas necesarias para procesar el sustrato puede aumentar gracias a la síntesis de nueva proteína, desde menos de una molécula por célula a muchos miles de moléculas por célula. Este fenómeno se denomina **inducción** enzimática. De forma análoga, la presencia del producto final de una ruta puede desactivar la síntesis de las enzimas que son necesarias para generar ese producto final, en un proceso denominado **represión**.

Las concentraciones enzimáticas en una célula pueden variar como respuesta a las variaciones de las necesidades metabólicas.

Durante cierto tiempo se pensó que el control de la concentración intracelular de una proteína se basaba principalmente en el control de la *síntesis* de dicha proteína, es decir, mediante regulación genética. Actualmente sabemos que la *degradación* intracelular de las proteínas es importante también para determinar las concentraciones de las enzimas (*véase* el Capítulo 20).

### Control de la actividad enzimática

La *actividad catalítica* de una molécula enzimática puede controlarse de dos formas: mediante la interacción reversible con los ligandos (sustratos, productos o modificadores alostéricos) y mediante la modificación covalente de la molécula proteica.

La actividad enzimática se regula por la interacción con sustratos, productos y efectores alostéricos, y por la modificación covalente de la proteína enzimática.

La actividad enzimática suele controlarse habitualmente mediante los ligandos de bajo peso molecular, principalmente los sustratos y los efectores alostéricos. Los sustratos suelen estar presentes en el interior de las células a unas concentraciones inferiores a los valores de $K_M$ de las enzimas que actúan sobre ellos, pero sin apartarse en más de un orden de magnitud de estos valores. En otras palabras, las concentraciones de sustrato se encuentran generalmente dentro de de los límites de primer orden de las curvas concentración de sustrato-velocidad de las enzimas que actúan sobre ellos. Por tanto, las actividades enzimáticas responden a pequeños cambios de la concentración de sustrato. Los ligandos que controlan la actividad enzimática también pueden ser polímeros. Así, por ejemplo, las interacciones proteína-proteína pueden afectar a la actividad enzimática, y hay varias enzimas del metabolismo de los ácidos nucleicos que se activan mediante la unión al DNA.

En el Capítulo 11 vimos que la activación o inhibición alostéricas actúan generalmente sobre determinados pasos de una ruta metabólica, frecuentemente las reacciones iniciales. Los efectores actúan uniéndose a lugares de regulación específicos, con lo que afectan a las interacciones entre distintas subunidades en la proteína enzimática. Este efecto facilita o dificulta, a su vez, la unión de los sustratos. Un mecanismo de este tipo tiene una actuación obvia para controlar la formación de producto si una ruta es unidireccional y sin ramificar. Sin embargo, algunos sustratos intervienen en numerosas rutas, y ello hace que existan muchos puntos de ramificación. En consecuencia, algunas de las enzimas alostéricas que describiremos ejercen una regulación algo más compleja que la de los ejemplos presentados en el Capítulo 11.

La modificación covalente de la estructura enzimática constituye otra forma eficaz de controlar la actividad enzimática. En el Capítulo 11 se introdujeron varios tipos de modificación covalente que se emplean para regular la actividad enzimática, como **fosforilación**, **acetilación**, **metilación**, **adenilación** (transferencia de un adenilato desde el ATP) y **ADP-ribosilación**. Se conocen en la actualidad otras modificaciones covalentes menos habituales. Sin embargo, la fosforilación es, con mucho, la modificación covalente más utilizada para el control de la actividad enzimática.

El control a través de la modificación covalente se asocia frecuentemente con cascadas reguladoras. La modificación activa una enzima, que a su vez, actúa sobre una segunda enzima, la cual puede activar todavía a una tercera, que finalmente actúa sobre el sustrato. Dado que las enzimas actúan de manera catalítica, esta cascada proporciona una forma eficaz de *amplificar* la señal biológica original. Supongamos que la señal original que modifica la enzima A la activa 10 veces, que, a continuación, la enzima A modificada activa la enzima B 100 veces y que, finalmente, la enzima C se activa 1000 veces. De esta forma, con la participación de un número relativamente bajo de moléculas de enzima puede activarse una ruta un millón de veces ($10^1 \times 10^2 \times 10^3$).

La primera cascada reguladora que se llegó a conocer bien fue la que controla la degradación del glucógeno en las células animales, un proceso crucial que proporciona sustratos de hidratos de carbono para la generación de energía. Esta cascada reguladora, que comporta una fosforilación y desfosforilación enzimáticas, se describe con detalle en el Capítulo 13. La coagulación de la sangre, que se describe en el Capítulo 11, es otra cascada reguladora bien conocida.

## Compartimentación

Hemos descrito ya la división física del trabajo que se produce en una célula eucariota, en el sentido de que las enzimas que participan en el mismo proceso están situadas en un *compartimiento* concreto dentro de la célula. Así, por ejemplo, las RNA polimerasas se encuentran en el núcleo y el nucléolo, que es en donde se produce la transcripción del DNA, y las enzimas del ciclo del ácido cítrico están todas en las mitocondrias. En la Figura 12.11 se presentan las localizaciones de diversas rutas metabólicas dentro de las células eucariotas.

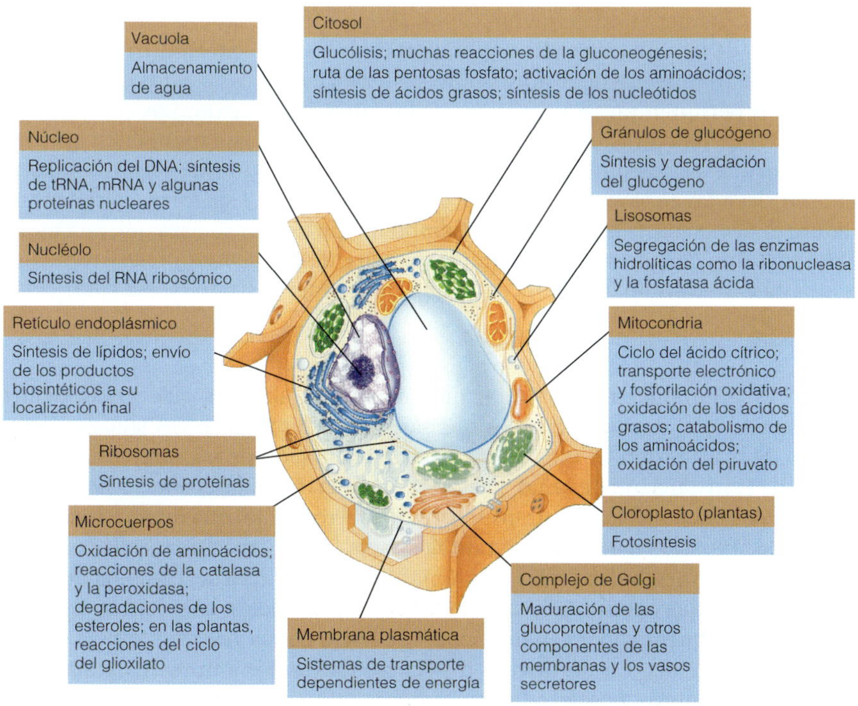


**FIGURA 12.11**

**Localizaciones de las principales rutas metabólicas en una célula eucariota.** Esta célula hipotética combina características de una célula vegetal y de una célula animal.

*Biology*, 5/E, Neil A. Campbell, Jane B. Reece, y Lawrence A. Mitchell, © 1999. Reproducido con permiso de Pearson Education Inc., Upper Saddle River, NJ.

La compartimentación crea una división del trabajo en el interior de una célula, lo cual aumenta la eficacia de la función celular. Un ejemplo de esto es la lanzadera creatina-creatina fosfato (página 496). Además, la compartimentación tiene una función reguladora importante. Esta función procede, en gran parte, de la permeabilidad selectiva de las membranas para los distintos metabolitos, con lo que se controla el paso de, intermedios desde un compartimiento a otro. Es característico que los intermedios de una ruta queden atrapados en el interior de un orgánulo, mientras que los transportadores específicos permiten la entrada de los sustratos y la salida de los productos. El flujo a través de una ruta puede regularse, por tanto, mediante el control de la velocidad con la que un sustrato entra en el compartimiento. Así, por ejemplo, una de las formas por las que la hormona insulina estimula la utilización de los hidratos de carbono es desplazando los transportadores de glucosa hacia la membrana plasmática, de manera que pueda producirse con mayor facilidad la captación de glucosa en las células para el catabolismo o para la síntesis de glucógeno.

La compartimentación es algo más que una simple acumulación de enzimas en los orgánulos adecuados. La yuxtaposición de las enzimas que catalizan reacciones secuenciales localiza a los sustratos, incluso en ausencia de orgánulos limitados por membranas. Las posibilidades de difusión se reducen, ya que el producto de una reacción se libera cerca del lugar activo de la enzima siguiente de la ruta. Las enzimas pueden estar unidas unas a otras en una membrana, como ocurre con las enzimas del transporte electrónico mitocondrial. Otra posibilidad es que puedan formar parte de un complejo de múltiples proteínas, muy organizado, como el complejo piruvato deshidrogenasa, un punto principal de entrada al ciclo del ácido cítrico.

La compartimentación puede producirse también como consecuencia de las interacciones débiles entre las enzimas que no se mantienen formando complejos cuando se aíslan. Así, por ejemplo, la conversión de glucosa en piruvato mediante la glucólisis está catalizada por enzimas que interactúan de manera bastante débil en disolución. Sin embargo, se ha comprobado que estas enzimas interactúan en el citosol, formando una estructura supramolecular que facilita la realización de los múltiples pasos de la ruta glucolítica. El concepto de interacciones intracelulares entre enzimas fácilmente solubilizables surgió cuando los científicos empezaron a comprobar que el citosol estaba mucho más estructurado de lo que anteriormente se había pensado. Las fotografías de microscopia electrónica de alta resolución del citosol de los mamíferos descubren una estructura organizada, a la que se ha denominado **citomatriz**, de la que se presenta un modelo en la Figura 12.12. Es probable que estas estructuras se formen como consecuencia de la concentración extremadamente elevada de proteínas que existe en el interior de las células, la cual reduce la concentración de agua e impulsa a asociarse a las proteínas que interactúan débilmente. Se ha propuesto que las enzimas solubles están unidas dentro de la célula a los elementos estructurales de la citomatriz.

Las enzimas que catalizan reacciones secuenciales suelen estar asociadas, incluso en el citosol, en donde las estructuras organizadas son difíciles de observar.

Tanto si están muy estructurados como si su asociación es laxa, los complejos multienzimáticos permiten un control eficaz de las rutas de reacción. Los complejos enzimáticos restringen la difusión de los intermediarios, con lo que mantienen las concentraciones medias de los intermediarios en valores bajos (aunque sus concentraciones locales son elevadas en los lugares catalíticos de las enzimas). Esta formación de complejos reduce el *tiempo de tránsito*, que es el tiempo medio necesario para que una molécula pase por una ruta. Así pues, el flujo a través de una ruta puede modificarse rápidamente en respuesta a un cambio de la concentración del primer sustrato de esa ruta.

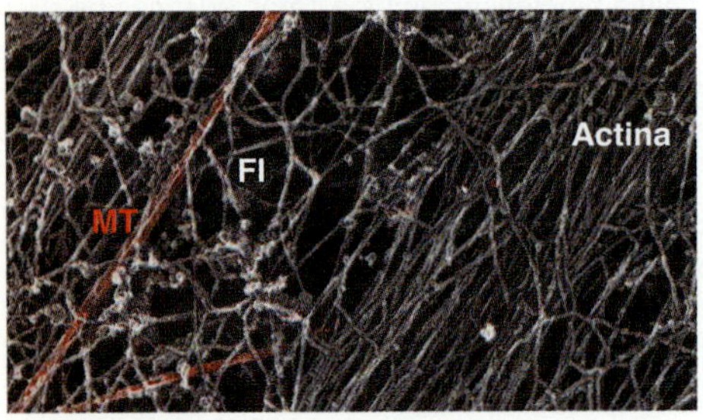


**FIGURA 12.12**

**Organización estructural de la citomatriz.** Esta micrografía electrónica de la matriz citoplasmática de un fibroblasto de mamífero en cultivo revela redes de filamentos anclados a la membrana plasmática. MT = microtúbulos; FI = filamentos intermedios. Aumentos aproximados, 150 000.

The Rockefeller University Press. *The Journal of Cell Biology* 1979, 82:114-139, J. J. Wolosewick y K. R.Porter, Microtrabecular lattice of the cytoplasmic groundsubstance: Artifact or reality.

## Regulación hormonal

Superpuestos y entremezclados con los mecanismos reguladores que actúan dentro de una célula eucariota, se encuentran los mensajes procedentes de otros tejidos y órganos. El proceso de transmisión de estos mensajes y la realización de los cambios metabólicos se denomina **transducción de señal**. Los mensajeros extracelulares son las hormonas, los factores de crecimiento, los neurotransmisores y las feromonas, que interaccionan con receptores específicos, lo cual da lugar a cambios metabólicos específicos en la célula diana.

Las respuestas metabólicas a las hormonas pueden comportar cambios de la expresión de los genes, que conducen a cambios de la concentración enzimática. Este tipo de respuesta habitualmente opera en un tiempo de horas o días y reprograma la capacidad metabólica de la célula. En un tiempo más corto (segundos a horas), algunas hormonas estimulan la síntesis de **segundos mensajeros** intracelulares que controlan las reacciones metabólicas. Uno de los segundos mensajeros más importante es la **adenosina 3′,5′-monofosfato cíclico**, más conocido como **AMP cíclico**, o simplemente **AMPc**. La hormona (el primer mensajero) actúa extracelularmente, uniéndose a los receptores de la membrana plasmática. Dado que la proteína receptora atraviesa la membrana, puede, en el lado intracelular, estimular la formación de un segundo mensajero en respuesta a la unión del primer mensajero. Este sistema de transducción de señal puede realizar un control eficaz de las rutas metabólicas, frecuentemente, a través de la modificación covalente reversible de las enzimas esenciales de la ruta.

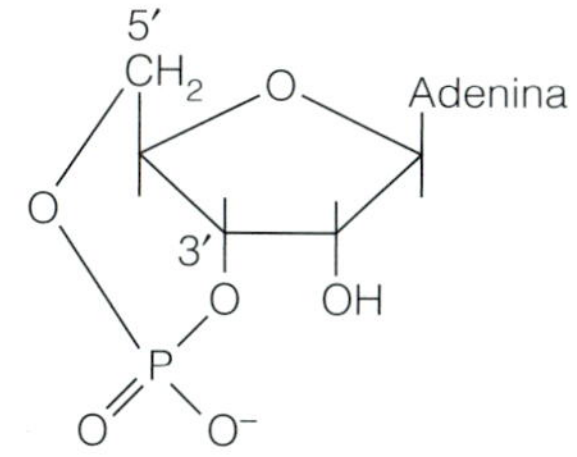


**Adenosina-3′,5′-monofosfato cíclico (AMP cíclico)**

Los sistemas de transducción de señal son modulares, lo cual permite diversas respuestas metabólicas con los mismos principios de operación. De esta forma, la secreción de una hormona puede tener efectos tan diversos en los distintos tejidos, dependiendo de la naturaleza del receptor, de otros componentes y del sistema de segundo mensajero en distintas células diana. Además, un único segundo mensajero puede tener efectos diversos dentro de una única célula. Por ejemplo, el AMP cíclico, que activa la degradación del glucógeno, también activa una cascada que inhibe la síntesis de glucógeno. Este efecto dual es un ejemplo de una respuesta metabólica coordinada: la síntesis de glucógeno se *inhibe* en las mismas condiciones fisiológicas que *estimulan* la degradación de glucógeno. Estos sistemas de transducción de señal se describen con gran detalle en los Capítulos 13, 18 y 23.

Los segundos mensajeros transmiten la información desde las hormonas unidas a la superficie celular y de esta forma controlan los procesos metabólicos intracelulares.

## Control distributivo del metabolismo

En los últimos años ha surgido un principio importante de la regulación metabólica. Con el descubrimiento en los años 1950 y 1960 de las enzimas reguladas de forma alostérica, surgió el concepto de que el flujo de las rutas metabólicas está regulado, en primer lugar, mediante el control de la actividad intracelular de una o unas pocas de las enzimas clave de esa ruta. Cuando se comprobó que las enzimas alostéricas suelen catalizar reacciones comprometidas, que son la primera reacción de una ruta que conduce a un intermedio sin otra función conocida, surgió el concepto de que estas enzimas catalizan «la reacción limitante de la velocidad» en las rutas metabólicas. Tomado de forma literal, el término *reacción limitante de la velocidad* implica que el flujo de las rutas es idéntico a la actividad intracelular del paso limitante de la velocidad. Sin embargo, debido a que, en un estado estacionario metabólico, todos los pasos a lo largo de una ruta lineal se producen a la misma velocidad, es difícil o imposible establecer que la velocidad esté controlada por un único paso enzimático. En otras palabras, está gravemente resquebrajado el concepto de enzima limitante de la velocidad.

En la actualidad, sabemos que la regulación metabólica es más compleja y que todas las enzimas de una ruta contribuyen al control del flujo. Un planteamiento denominado **análisis del control metabólico** asigna a cada enzima de una ruta un **coeficiente de control del flujo, $C^J$**, un valor que puede variar entre cero y uno. Consideremos una ruta metabólica en la que el sustrato A se convierte en el producto D en varios pasos. El **flujo** a través de la ruta, $J$, es igual a la velocidad del proceso directo, $v_d$, menos la velocidad del proceso inverso, $v_i$:

$$J = v_d - v_i$$

Para una determinada enzima, el coeficiente de control del flujo es el aumento relativo del flujo dividido por el aumento relativo de la actividad enzimática que ocasiona ese aumento de flujo. Para una verdadera enzima limitante de la velocidad, el coeficiente de control del flujo es uno; un aumento de un 20 % de la actividad de esa enzima aumentará ese flujo en un 20 %. Sin embargo, la teoría del control metabólico predice que todas las enzimas de una ruta contribuyen a la regulación, lo cual significa que todas las enzimas tienen coeficientes de control del flujo mayores de cero (aunque ninguna tiene un valor de uno, que sería el caso, si el flujo estuviese realmente controlado únicamente por una enzima limitante de la velocidad). Los coeficientes de control del flujo son propiedades de la ruta o del sistema metabólico y, de esta forma, todos los coeficientes de control del flujo de la ruta deben sumar 1:

$$C_1^J = C_2^J + \cdots + C_n^J = 1$$

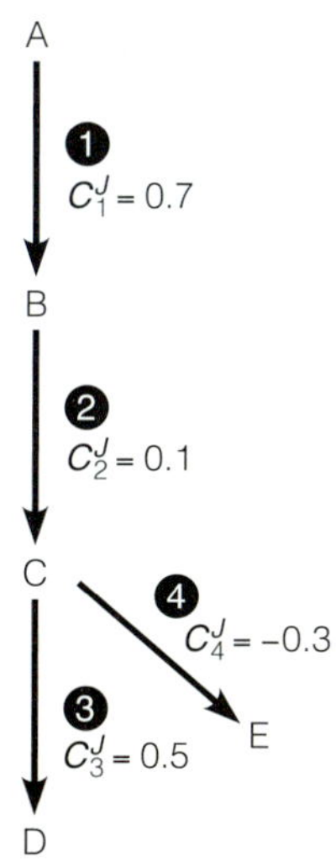


En la ruta hipotética del margen, el intermediario C tiene dos destinos alternativos. Debido a que la reacción 4 saca C de la ruta A ⟶ C, desciende el flujo a través de la ruta y la enzima que cataliza el paso 4 tiene un coeficiente de control del flujo negativo. La suma de los cuatro coeficientes de control del flujo en la ruta aún es igual a 1.

Las predicciones de la teoría del control metabólico pueden analizarse, por ejemplo, utilizando mutaciones que afecten a una enzima específica para producir cambios definidos de la actividad de esa enzima *in vivo*, y posteriormente medir el cambio del flujo de una ruta en la que participe esa enzima. Este tipo de análisis confirma que las enzimas que catalizan reacciones comprometidas desempeñan funciones importantes en la regulación, esto es, tienen coeficientes de control del flujo altos. Sin embargo, es más importante que estos análisis confirmen que *cada* enzima en una ruta contribuye al control de esa ruta; en otras palabras, cada enzima tiene un coeficiente de control del flujo mayor de cero. De esta forma, la regulación de una ruta *se distribuye* entre todas las enzimas de la ruta, dando lugar al concepto de **control distributivo del metabolismo**. Mirando hacia atrás, este concepto debería haber sido señalado, simplemente, a partir de la complejidad del metabolismo. Muchos intermediarios participan en más de una ruta, haciendo a las diferentes rutas interdependientes y entrelazadas. Los esquemas reguladores, que dependen del control de una o dos enzimas en cada ruta, carecen de la flexibilidad y sutilidad que reflejan la capacidad de las células para mantener la homeostasis en unas condiciones que varían mucho, tanto desde el punto de vista nutritivo como energético. Para estar seguros, para cada ruta o proceso, se han identificado una o unas pocas enzimas reguladoras de primera importancia y estas serán las señaladas cuando se presenten las rutas individuales implicadas.

## Análisis experimental del metabolismo

### Objetivos del estudio del metabolismo

Dado que el metabolismo incluye todas las reacciones químicas que se producen en la materia viva, ¿cómo aborda un bioquímico el metabolismo en el laboratorio? Para subdividir un proceso metabólico concreto en unos objetivos alcanzables experimentalmente, el bioquímico busca: (1) identificar los reactantes, los productos y los cofactores, así como la estequiometría de cada una de las reacciones; (2) entender cómo se controla la velocidad de cada reacción en el tejido de origen; y (3) identificar la función fisiológica de cada reacción y el mecanismo de control. Estos objetivos requieren aislar y caracterizar la enzima que cataliza cada reacción de la ruta. Esta última tarea, la extrapolación de la bioquímica del tubo de ensayo a la célula intacta, resulta especialmente difícil. Así, por ejemplo, dado que la mayor parte de las enzimas catalizan reacciones que pueden tener lugar en cualquier dirección, ¿qué dirección tiene una reacción enzimática *in vivo*? Muchas reacciones que inicialmente se encontró que iban en una determinada dirección *in vitro* se ha demostrado luego que van en la dirección contraria *in vivo*. La enzima mitocondrial que sintetiza ATP a partir de ADP, por ejemplo, se aisló inicialmente como una ATPasa, una enzima que hidroliza ATP a ADP y $P_i$. Por tanto, no basta con aislar una enzima y demostrar que cataliza una determinada reacción en el tubo de ensayo. Debemos averiguar también que la misma enzima cataliza la misma reacción en el tejido intacto, lo cual suele resultar más difícil.

Para alcanzar los objetivos indicados, el bioquímico debe realizar análisis a varios niveles de la organización biológica, desde los organismos vivos y las células intactas hasta preparados de células rotas y, finalmente, componentes purificados. Las preparaciones acelulares, o *in vitro*, pueden manipularse de formas que no son posibles con las células intactas, por ejemplo, mediante la adición de sustratos y cofactores que no atravesarían las membranas celulares. Los investigadores intentan reproducir *in vitro* el proceso que se sabe que se produce *in vivo*.

La preparación de componentes acelulares destruye, generalmente, la organización biológica. Las células pueden romperse mediante ultrasonidos, fuerzas de desgarro o digestión enzimática de las paredes celulares. Estos tratamientos destructivos dan lugar a una mezcla de componentes que estaban en compartimientos separados en la célula intacta, lo cual hace posible interpretar erróneamente los datos obtenidos de los sistemas *in vitro*. Un ejemplo de ello es el que procede de los estudios de la biosíntesis proteica. La existencia del RNA mensajero como molde para la síntesis proteica se predijo en 1961 a partir del comportamiento de mutantes bacterianos, que presentaban una alteración de la regulación genética. Sin embargo, fue difícil demostrar *in vitro* la existencia del RNA mensajero, ya que el supuesto molde estaba presente en cantidades muy pequeñas y lo degradaban rápidamente las enzimas en los extractos acelulares. Tan solo cuando los investigadores averiguaron de qué manera podían impedir la degradación, fue posible demostrar la existencia del RNA mensajero.

Las consideraciones precedentes ponen de manifiesto la necesidad de estudiar el metabolismo a diversos niveles de organización biológica, desde el organismo intacto hasta los componentes químicos purificados. Consideraremos aquí lo que puede averiguarse en cada uno de estos niveles.

## Niveles de organización a los que se estudia el metabolismo

### Organismo entero

Los bioquímicos deben investigar el metabolismo en los organismos enteros, puesto que nuestro objetivo final es comprender los procesos químicos en los sistemas vivos intactos. Los isótopos radiactivos trazadores se utilizan mucho para caracterizar las rutas metabólicas, como se describe en Herramientas de la Bioquímica 12A. Un ejemplo clásico, que se describe en el Capítulo 19, es la determinación de la síntesis del colesterol en los años 1940. Konrad Bloch inyectó acetato marcado con $^{14}C$ a ratas y siguió el flujo del marcador en los intermedios, sacrificando a las ratas a diversos intervalos y analizando los compuestos radiactivos de sus hígados. Al diseñar experimentos de este tipo, el investigador debe prestar gran atención a la eficacia del transporte del precursor marcado a los órganos de interés, la captación del precursor en las células y la competencia de precursores exógenos con las reservas preexistentes de intermediarios no marcados.

Muchas de las pruebas diagnósticas que se utilizan en medicina clínica son experimentos metabólicos *in vivo*. En vez de utilizar isótopos radiactivos, obtenemos muestras de tejido a distintos intervalos y realizamos análisis bioquímicos. Así, por ejemplo, en la **prueba de tolerancia a la glucosa**, una persona ingiere una dosis oral alta de glucosa, y se determina luego la concentración de la misma en la sangre a intervalos durante varias horas. La prueba de tolerancia a la glucosa se emplea para diagnosticar la diabetes y otros trastornos del metabolismo de los hidratos de carbono.

En los últimos años se ha utilizado la espectroscopia de *resonancia magnética nuclear* (RMN), como método de seguimiento no invasor de células y de órganos intactos. Como se explica en Herramientas de la Bioquímica 6A, los compuestos que contienen determinados núcleos atómicos pueden identificarse a partir de un espectro de RMN, que mide los desplazamientos de la frecuencia de la radiación electromagnética absorbida. Un investigador puede determinar un espectro de RMN de células enteras, o de órganos o tejidos de un animal o una planta intactos. La RMN se ha convertido en el campo médico en una herramienta diagnóstica no invasiva muy potente, denominada imagen de resonancia magnética (IRM). En su mayor parte, los componentes macromoleculares no tienen una contribución en el espectro, ni tampoco los compuestos que están presentes en menos de 0.5 mM. Los núcleos que se utilizan con más frecuencia en esta técnica *in vivo* son $^{1}H$, $^{31}P$ y $^{13}C$. En la Figura 12.14 se muestran los espectros de RMN de $^{31}P$, que corresponden a componentes del músculo del antebrazo del ser humano. Los cinco picos principales corresponden a los núcleos de fósforo del ortofosfato ($P_i$), la creatina fosfato y los tres fosfatos del ATP. Dado que el área de los picos es proporcional a la concentración, puede determinarse el estado energético de las células intactas. Así, por ejemplo, un músculo con mucha energía tiene una gran cantidad de creatina fosfato, mientras que un músculo fatigado utiliza casi toda su creatina fosfato para mantener la concentración de ATP (obsérvese también la acumulación de AMP, pico 6, en el tercer barrido). La RMN tiene una gran aplicación en el seguimiento de la recuperación de los infartos, en los que la isquemia celular (oxigenación insuficiente) daña las células al reducir su contenido de

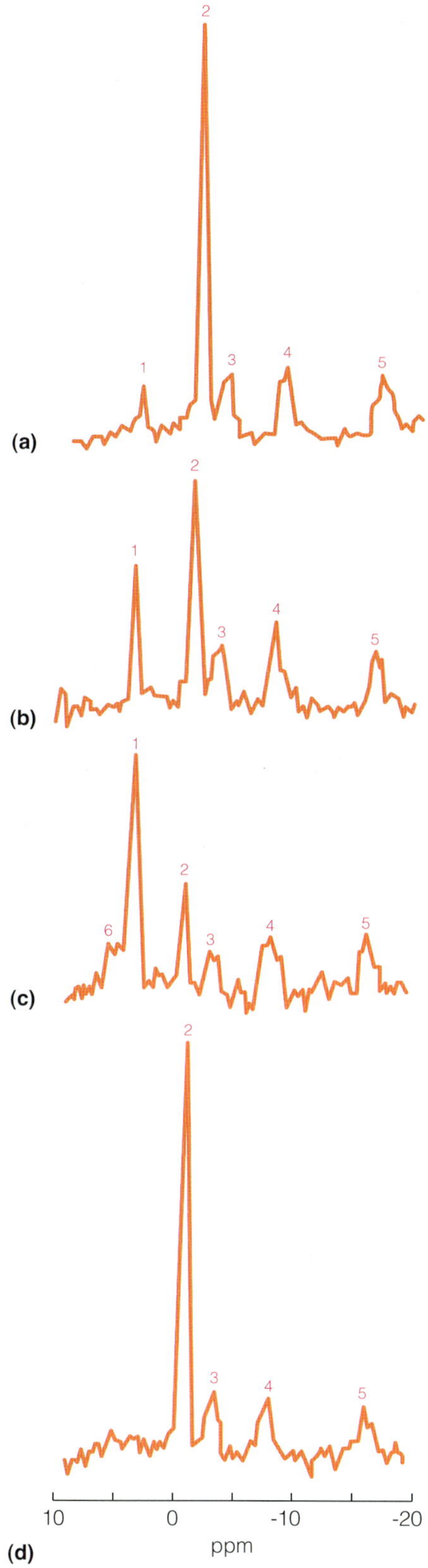


**FIGURA 12.13**

**Efecto del ejercicio anaerobio sobre los espectros de RMN con $^{31}P$ del músculo del antebrazo humano. (a)** Antes del ejercicio. **(b)** Primer minuto de un periodo de ejercicio de 19 minutos. **(c)** Minuto 19. **(d)** Diez minutos después del ejercicio. Las áreas de los picos son proporcionales a las concentraciones intracelulares. Pico 1 = $P_i$; 2 = creatina fosfato; 3 = ATP $\gamma$-fosfato; 4 = ATP $\alpha$-fosfato; 5 = ATP $\beta$-fosfato; 6 = fosfomonoésteres. *Véase* Herramientas de la Bioquímica 6A para la interpretación de los espectros de RMN.

De *Science* 233:640–645, G. K. Radda, The use of NMR spectroscopy for the understanding of disease. © 1986. Reproducido con permiso de AAAS y G. K. Radda.

ATP. La RMN puede usarse también para estudiar la compartimentación de los metabolitos, las velocidades de flujo por las principales rutas metabólicas y el pH intracelular.

## Órgano aislado o perfundido

Algunas de las dificultades que existen para el transporte de un precursor o inhibidor al órgano deseado pueden evitarse con el empleo de un órgano aislado. Un investigador generalmente **perfunde** el órgano aislado durante las manipulaciones experimentales. Este procedimiento implica el bombeo de una solución isotónica amortiguada que contiene nutrientes, fármacos u hormonas a través del órgano. La solución asume, en parte, el papel de la circulación normal, aportando nutrientes y eliminando productos de desecho. El investigador puede perfundir también un órgano situado en el animal vivo, utilizando las técnicas quirúrgicas adecuadas. Naturalmente, la perfusión es mucho menos eficaz que la circulación; en consecuencia, los experimentos a este nivel han de tener una duración limitada.

El problema de la circulación puede superarse, en parte, seccionando el tejido en cortes finos antes de iniciar las manipulaciones experimentales. Se pierde la integridad estructural del órgano, pero la mayor parte de las células continúan estando intactas, y tienen un mejor contacto con el líquido que baña el tejido. Las células pueden estar mejor oxigenadas y pueden recibir un aporte de sustratos mejor que en un órgano entero. La determinación del ciclo del ácido cítrico se basó, en gran parte, en experimentos realizados con cortes de hígado y de corazón.

## Células enteras

En la actualidad no se utilizan de manera general los cortes de tejidos debido, en parte a que hoy en día disponemos de métodos para desagregar un órgano o un tejido en las células que lo forman. Pueden hacerse preparaciones de células de hígado, riñón y corazón mediante el tratamiento de estos órganos con tripsina o colagenasa, para degradar la matriz extracelular que mantiene el órgano unido. En el caso de las células vegetales, pueden utilizarse enzimas como la celulasa o la pectinasa, que atacan a la pared celular, para obtener preparaciones comparables.

Cualquier órgano de una planta o de un animal contiene una mezcla compleja de distintos tipos celulares. Se utilizan varios medios para fraccionar las células tras la desagregación de un órgano para obtener preparaciones enriquecidas en un tipo celular. Un método es la centrifugación, que separa las células en función de su tamaño. En los últimos años se ha pasado a utilizar ampliamente el **clasificador de células activadas por fluorescencia**. En una aplicación característica, se trata una suspensión celular con un anticuerpo marcado con fluorescencia que va dirigido contra un antígeno de la superficie celular, que está presente en cantidades diferentes en los distintos tipos celulares. Las células pasan en una sola fila por un rayo láser y se separan físicamente, de acuerdo con la cantidad de fluorescencia registrada en cada una. Estos aparatos, que pueden separar varios miles de células por segundo, producen un fraccionamiento basado en la abundancia del antígeno de superficie seleccionado.

La uniformidad de una población celular se suele conseguir mediante el crecimiento de las células en un **cultivo de tejido**. Con una técnica especialmente cuidadosa, puede inducirse el crecimiento de las células desagregadas de un órgano o un tejido en un medio que contenga nutrientes celulares y factores de crecimiento proteicos. Las células crecen y se dividen independientemente unas de otras, de manera muy parecida a lo que ocurre con las células de un cultivo bacteriano. Aunque las células animales, generalmente, dejan de crecer tras un cierto número de divisiones en el cultivo, aparecen líneas variantes que son capaces de crecer de manera indefinida, mientras se les proporcione una nutrición adecuada. En estos cultivos pueden generarse líneas celulares **clónicas**, en las que todas las células de una línea proceden de una única célula, con lo que son genética y metabólicamente uniformes. Esta uniformidad resulta muy útil para muchas investigaciones bioquímicas. Así, por ejemplo, gran parte de nuestros conocimientos sobre la replicación vírica se basan en la capacidad de infectar a un gran número de células idénticas en cultivo de manera simultánea y seguir luego los cambios metabólicos que se producen mediante la obtención de muestras del cultivo celular en diversos momentos tras la infección.

Un problema que se produce con el cultivo de tejidos es que las células adaptadas a un crecimiento prolongado en cultivo adoptan características diferentes de las que tenían sus células de origen, que estaban incluidas inicialmente en el tejido vegetal o animal. El mantenimiento de las características de las células especializadas en un cultivo plantea siempre al investigador un reto importante.

### Sistemas acelulares

Los problemas de transporte a través de las membranas se evitan trabajando con preparaciones de células rotas. Las células animales pueden lisarse (romperse) con facilidad mediante la aplicación de fuerzas de desgarro débiles, la suspensión en un medio hipotónico o la congelación y descongelación. Las células bacterianas poseen una pared celular rígida que requiere un tratamiento enérgico como la sonicación (uso de la energía de los ultrasonidos para agitar las partículas). La digestión enzimática con lisozimas se utiliza con frecuencia para abrir las células bacterianas en unas condiciones relativamente suaves. La ruptura de las paredes celulares especialmente resistentes de las levaduras y de las plantas requiere, generalmente, la combinación de tratamientos enzimáticos y mecánicos.

Los experimentos metabólicos iniciales se realizan generalmente en homogeneizados acelulares sin fraccionar. Sin embargo, la localización de una ruta metabólica en un determinado compartimiento celular requiere el fraccionamiento del homogeneizado para separar los orgánulos, generalmente mediante **centrifugación diferencial**. La lisis se lleva a cabo en disoluciones de sacarosa isotónicas, que normalmente proporcionan unos orgánulos morfológicamente intactos. Estos componentes pueden sedimentarse mediante centrifugación a distintas velocidades y durante periodos de tiempo diferentes. Habitualmente, núcleos, mitocondrias, cloroplastos, lisosomas y **microsomas** (artefactos de vesículas de membrana que se forman a partir del retículo endoplásmico desorganizados) pueden separarse, al menos en parte, unos de otros. El contenido del citosol permanece en el sobrenadante tras el último paso de centrifugación. Gran parte de nuestros conocimientos sobre la replicación y la transcripción del DNA en las células eucariotas procede de las investigaciones con núcleos aislados, mientras que las mitocondrias purificadas han aportado gran parte de nuestros conocimientos sobre el transporte electrónico respiratorio y la fosforilación oxidativa.

### Componentes purificados

Para comprender un proceso biológico a nivel molecular, el investigador debe purificar hasta la homogeneidad todos los factores que se cree que intervienen en él y determinar sus interacciones. Con frecuencia, como ocurre en el ciclo del ácido cítrico, este proceso consiste, simplemente, en una purificación de las diversas enzimas participantes, la determinación del sustrato y los cofactores necesarios de cada una, la recombinación de las enzimas purificadas y la demostración de que todo el proceso puede catalizarse mediante los componentes purificados. Este proceso se denomina **reconstitución**. Algunas rutas requieren unos componentes celulares distintos de las enzimas, como los ribosomas y los RNA de transferencia, que son necesarios para la síntesis de proteínas.

Al purificar los componentes individuales, el bioquímico corre continuamente el riesgo de perder factores que son esenciales para el control normal o para algún otro aspecto del proceso que se estudia. Evitar estos problemas obliga a realizar experimentos laboriosos, en los que el investigador define los criterios de actividad biológica y examina continuamente las fracciones para comprobar que cada una de las actividades se conserva en cada paso de fraccionamiento. Un buen ejemplo de este enfoque es el que se presentará en el Capítulo 25, en el que se consideran las diversas enzimas y proteínas que deben actuar en la horquilla de replicación del DNA.

## Sondas metabólicas

Una ayuda bioquímica de inestimable valor es el empleo de sondas metabólicas, que son agentes que permiten al investigador interferir de manera específica en una o unas pocas de las reacciones de una ruta. Las consecuencias de una interferencia de este tipo pueden ser extraordinariamente informativas. Hay dos tipos de sondas, que son las más utilizadas: los *inhibidores metabólicos* y las *mutaciones*. Mediante el bloqueo de una reacción específica *in vivo* y la determinación de los resultados del mismo, estas sondas ayudan a identificar la función metabólica de una reacción. Así, por ejemplo, los venenos respiratorios como

Mediante la inactivación de las enzimas individuales, las mutaciones y los inhibidores enzimáticos se pueden identificar las funciones metabólicas de las enzimas.

| Un mutante con un defecto en la enzima | Acumula el metabolito | Requiere un aporte externo de | Permite el crecimiento de otro mutante, con un déficit de la enzima |
|---|---|---|---|
| I | A | B, C, D o E | — |
| II | B | C, D o E | I |
| III | C | D o E | I o II |
| IV | D | E | I, II o III |

Análisis de mutantes

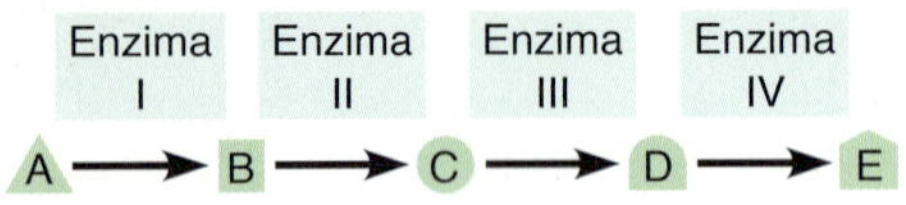


Ruta

**FIGURA 12.14**

**Uso de las mutaciones como sondas bioquímicas.** Los pasos de una ruta metabólica hipotética se identifican mediante el análisis de mutantes que presentan un déficit en un paso concreto de la ruta. Así, por ejemplo, podemos identificar el metabolito C como sustrato de la enzima III por la ausencia de esta enzima en los mutantes que acumulan C. Sabemos que D y E siguen a C en la ruta, ya que el aporte de D o de E a los mutantes con un déficit de la enzima III evita el bloqueo genético y permite el crecimiento de las células.

el monóxido de carbono y el cianuro bloquean pasos específicos de la respiración, y los inhibidores metabólicos han ayudado a identificar el orden de los transportadores electrónicos de la cadena respiratoria de transporte electrónico (*véase* el Capítulo 15).

Los inhibidores pueden plantear dificultades al investigador, como el mal transporte al interior de las células o sus múltiples lugares de acción. A menudo, resulta más fácil interferir en una ruta mediante la selección de cepas mutantes con un déficit de la enzima de interés. En los años 1940, George Beadle y Edward Tatum fueron los primeros en utilizar mutaciones como sondas bioquímicas, en su trabajo con el moho del pan *Neurospora crassa.* Beadle y Tatum aislaron diversos mutantes inducidos mediante rayos X que necesitaban arginina para su crecimiento, además de los componentes del medio mínimo. Asimismo, diferentes mutaciones afectaban a distintas enzimas de la ruta de biosíntesis de la arginina, de manera que cada mutante acumulaba el intermediario que constituía el sustrato de la enzima deficitaria. Esta observación permitió a Beadle y Tatum ordenar las enzimas de acuerdo con las reacciones que controlaban, según el razonamiento que se ilustra en la Figura 12.14. Si un filtrado de un cultivo (que contiene un intermediario que se acumula) procedente de un mutante permitía el crecimiento de un segundo mutante sin arginina, los investigadores concluían que la primera mutación bloqueaba un paso enzimático de la ruta que era *posterior* al paso bloqueado por la segunda mutación. Finalmente, se identificaron los intermediarios que se acumulaban y se determinó toda la ruta. Las repercusiones de este planteamiento de «genética bioquímica» fueron mucho más amplias que la simple elucidación de los detalles de una ruta metabólica. Beadle y Tatum reconocieron que había una correspondencia de uno a uno entre una mutación genética y la pérdida de una enzima específica, lo que les llevó a proponer la **hipótesis de un gen, una enzima**, años antes de que se conociera la naturaleza química del gen.

Además de para identificar las rutas, los mutantes se han utilizado para determinar los mecanismos de regulación genéticos. Los primeros éxitos procedieron de los estudios realizados en París por François Jacob y Jacques Monod, que aislaron docenas de mutantes de *Escherichia coli* con defectos en la regulación del catabolismo de la lactosa o con anomalías en las relaciones virus hospedador. Estos datos les llevaron, finalmente, al descubrimiento del mRNA y del mecanismo de regulación genética represor-operador, que consideraremos en el Capítulo 27. La tecnología del DNA recombinante (*véase* Herramientas de la Bioquímica 4B) han permitido alteraciones incluso más complejas de los sistemas reguladores del metabolismo. Por ejemplo, un investigador puede utilizar la mutagénesis dirigida a un lugar para inhabilitar los lugares reguladores alostéricos de una enzima en un determinado ciclo de sustrato. La enzima mutada se vuelve a introducir en la célula, sustituyendo a la versión de tipo silvestre y se examinan *in vivo* los efectos de la pérdida de regulación.

Pueden utilizarse, tanto los inhibidores metabólicos como las mutaciones en una misma investigación. Este enfoque combinado facilitó la determinación de la función de la DNA girasa, una de las DNA topoisomerasas que se mencionaran en el Capítulo 4. Esta enzima se inhibe por el ácido nalidíxico. Cuando se administra esta sustancia a las bacterias, se inhibe la replicación del DNA, lo que sugiere que la DNA girasa desempeña un papel esencial en la replicación del DNA. Sin embargo, dado que el ácido nalidíxico *podría* inhibir la replicación del DNA mediante el bloqueo de alguna otra enzima, es necesaria una prueba más clara. Esta prueba se obtuvo cuando se comprobó que los mutantes resistentes al ácido nalidíxico contenían una forma alterada de la DNA girasa que era resistente al ácido nalidíxico. Así pues, una sola mutación abolía la sensibilidad de la enzima al ácido nalidíxico y la capacidad de las células para replicar su DNA, lo cual respaldaba claramente un papel esencial de la DNA girasa en la replicación del DNA.

Finalmente, los enfoques de la **biología de sistemas** se están aplicando en la actualidad al estudio del metabolismo. Los biólogos de sistemas tratan de catalogar el conjunto completo de componentes de un sistema y posteriormente estudiar las interacciones entre estos componentes y cómo estas interacciones dan lugar a la función específica y al comportamiento de ese sistema. Un ejemplo de este tipo de enfoque son los perfiles metabólicos (*véase* Herramientas de la Bioquímica 12B).

En este capítulo hemos descrito la estrategia general del metabolismo, identificado las principales rutas, descrito el modo en que se regulan las mismas e identificado los métodos experimentales que permiten comprender el metabolismo. Estamos preparados ya para una descripción detallada de las rutas metabólicas, que iniciaremos en el Capítulo 13 con los hidratos de carbono.

## RESUMEN

El metabolismo es el conjunto de reacciones químicas que se producen en una célula. Las rutas catabólicas degradan los sustratos para proporcionar energía, en gran parte mediante reacciones oxidativas, mientras que las rutas anabólicas sintetizan biomoléculas complejas a partir de moléculas pequeñas, a menudo partiendo de intermediarios de las rutas catabólicas. Las rutas catabólicas y anabólicas que tienen los mismos puntos finales son, de hecho, rutas diferentes, y no simples inversiones unas de otras, de forma que ambas rutas son termodinámicamente favorables. Solo puede imponerse una regulación en las reacciones que están muy alejadas del equilibrio. La mayor parte de la energía metabólica procede de la oxidación de sustratos, con una liberación de energía que se produce en una serie de pequeños pasos a medida que los electrones liberados se transfieren finalmente al oxígeno. Cuanto más reducido esté un sustrato, más energía se libera durante su catabolismo.

El flujo a través de las rutas metabólicas se controla mediante la regulación de la concentración de las enzimas (por el control de la síntesis y de la degradación de las enzimas), la actividad de las enzimas (a través de las concentraciones de sustratos, productos y efectores alostéricos, y la modificación covalente de las enzimas), la compartimentación y el control hormonal. La regulación hormonal puede comportar el control de la síntesis enzimática a nivel genético o la regulación de la actividad enzimática. En este último caso, se forman segundos mensajeros intracelulares en respuesta a las señales hormonales.

La comprensión de los procesos metabólicos requiere la identificación de cada reacción de una ruta, y un conocimiento de la función y el control de la reacción. Este entendimiento requiere la experimentación a todos los niveles de organización biológica, desde el organismo vivo hasta la enzima purificada. La capacidad de bloquear enzimas específicas, mediante inhibidores o mutaciones, es de gran utilidad para identificar las funciones de esas enzimas.

## BIBLIOGRAFÍA


### Principios de diseño metabólico

**Atkinson, D. E.** (1977) Cellular Energy Metabolism and Its Regulation. Academic Press, Nueva York. Este libro excelente expone los fundamentos bioenergéticos de los procesos metabólicos.

**Brosnan, J. T.** (2005) Metabolic design principles: Chemical and physical determinants of cell chemistry. Adv. Enzyme Regul. 45:27-36. Este ensayo basado, en gran parte, en conceptos del libro de Atkinson, trata cómo el diseño de los sistemas metabólicos es consecuencia lógica de las restricciones químicas y físicas.

### Técnicas experimentales para el estudio del metabolismo

**Cunningham, R. E.** (2010) Overview of flow cytometry and fluorescent probes for flow cytometry. Methods Mol. Biol. 588:319-326. Señale la potencia de la separación de células activadas por fluorescencia.

**Shulman, R. G.** y **Rothman, D. L.** (2001) $^{13}C$ NMR of intermediary metabolism: Implications for systemic physiology. Annu. Rev. Physiol. 63:15-48.

**Tsien, R. Y.** (2009) Constructing and exploiting the fluorescent protein paintbox (Nobel Lecture). Angew. Chem. Int. Ed. Engl. 48:5612-5626. Esta revisión por el Premio Nobel de Química de 2008 describe otra potente técnica para el seguimiento no invasivo del metabolismo de las células individuales

### Compartimentación y organicación intracelular de las enzimas

**Dzeja, P. P.** y **Terzic, A.** (2003) Phosphotransfer network and cellular energetics. J. Exp. Biol. 206:2039-2047. Un relato actual del papel bioenergético de la creatina fosfato, resaltando la importancia de la compartimentación como fenómeno de control metabólico.

**Goodsell, D. S.** (1991) Inside a living cell. *Trends Biochem. Sci.* 16:203-206. Incluye esquemas del interior de una célula bacteriana, basados en la información física acerca de los tamaños, las formas y la distribución de los componentes celulares.

**Ovádi, J.** y **Saks, V.** (2004) On the origin of intracellular compartmentation and organized metabolic systems. *Mol. Cell. Biochem.* 256-257:5-12. Una revisión concisa de las pruebas de la organización de las rutas metabólicas secuenciales, incluyendo los complejos membranosos y los complejos con enzimas solubles.

### Control enzimático y regulación metabólica

**Fell, D.** (1997) *Understanding the Control of Metabolism.* Portland Press Ltd., Londres. Este libro profundiza en la mayoría de los temas de este capítulo, incluyendo el análisis del control metabólico.

**Newsholme, E. A., Challiss, R. A. J.** y **Crabtree, B.** (1984) Substrate cycles: Their role in improving sensitivity in metabolic control. *Trends Biochem. Sci.* 9:277-280. Un análisis breve y lúcido del control del ciclo de sustrato, con varios ejemplos.


## PROBLEMAS

1. Escriba una ecuación equilibrada para la oxidación completa de cada una de las siguientes sustancias y calcule el cociente respiratorio de cada una.
   (a) Etanol.
   (b) Ácido acético.
   (c) Ácido esteárico.
   (d) Ácido oleico.
   (e) Ácido linoleico.
2. Teniendo en cuenta lo que sabe sobre la intervención de los nucleótidos de nicotinamida en las reacciones metabólicas oxidativas y reductoras, prediga si las siguientes proporciones de concentración intracelular deben ser: (1) la unidad, (2) superiores a la unidad, o (3) inferiores a la unidad. Explique sus respuestas.
   (a) $[NAD^+]/[NADH]$.
   (b) $[NADP^+]/[NADPH]$.

Dado que el $NAD^+$ y el $NADP^+$ son prácticamente equivalentes en su tendencia a atraer electrones, comente de qué forma podrían mantenerse las dos proporciones de concentración en el interior de las células con valores muy diferentes.

3. (a) La $NAD^+$ quinasa cataliza la conversión dependiente del ATP del $NAD^+$ en $NADP^+$. ¿Cuántos equivalentes reductores participan en esta reacción?
(b) ¿Cuántos equivalentes reductores intervienen en la conversión del ion férrico en ferroso?
(c) ¿Cuántos equivalentes reductores participan en la reducción de una molécula de oxígeno gaseoso a agua?

4. En la página 488, hemos indicado que la oxidación de la glucosa y del ácido palmítico producen 15.64 kJ/g y 38.90 kJ/g, respectivamente. Calcule estos valores en kJ/mol y kJ por átomo de carbono oxidado, para la glucosa y para el ácido palmítico.

5. Los cambios de energía libre en condiciones intracelulares difieren considerablemente de los determinados en condiciones estándar. El $\Delta G°'$ para la hidrólisis del ATP en ADP y $P_i$ es de $-30.5$ kJ/mol. Calcule el valor de $\Delta G$ para la hidrólisis del ATP en una célula a 37 °C que contiene ATP 3 mM, ADP 1 mM y $P_i$ 1 mM.

6. Considere la siguiente ruta metabólica hipotética:

$$A \rightleftharpoons B \xrightarrow{X} C \rightleftharpoons D$$

(a) En las condiciones intracelulares, la actividad de la enzima X es 100 pmol/$10^6$ células/s. Calcule el efecto sobre la velocidad del flujo metabólico (pmol/$10^6$ células/s) de B $\rightarrow$ C de los tratamientos siguientes. Calcule en %, el cambio (incremento o decremento) de:

| Tratamiento | % Cambio del flujo |
|---|---|
| Inhibidor que reduce un 10 % la actividad de X | |
| Activador que aumenta un 10 % la actividad de X | |

(b) Considere ahora un ciclo de sustrato que actúa con las enzimas X e Y en la misma ruta metabólica hipotética:

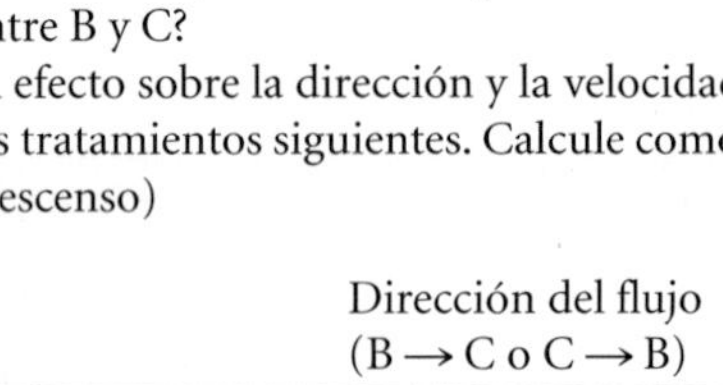


En las condiciones intracelulares, la actividad de la enzima X es 100 pmol/$10^6$ células/s, y la de la enzima Y, 80 pmol/$10^6$ células/s. ¿Cuáles son la dirección y la velocidad (pmol/$10^6$ células/s) del flujo metabólico entre B y C?
(c) Calcule el efecto sobre la dirección y la velocidad del flujo metabólico de los tratamientos siguientes. Calcule como % de cambio (aumento o descenso)

| Tratamiento | Dirección del flujo (B $\rightarrow$ C o C $\rightarrow$ B) | % Cambio del flujo |
|---|---|---|
| Inhibidor que reduce un 10 % la actividad de X | | |
| Activador que aumenta un 10 % la actividad de X | | |
| Duplicación de la actividad de la enzima Y | | |

(d) Resumir brevemente la ventaja o ventajas reguladoras de un ciclo de sustrato en una ruta.

7. El ciclo de sustrato glucosa/glucosa-6-fosfato implica diferentes reacciones de la glucólisis y la gluconeogénesis que interconvierten estos dos metabolitos. Suponga que en condiciones fisiológicas [ATP] = [ADP]; [$P_i$] = 1 mM.

Considere la reacción glucolítica catalizada por la hexoquinasa:

$$\text{ATP} + \text{glucosa} \rightleftharpoons \text{ADP} + \text{glucosa-6-fosfato} \qquad \Delta G°' = -16.7 \text{ kJ/mol}$$

(a) Calcule la constante de equilibrio ($K$) para esta reacción a 298° K, y con esto, calcule el cociente [glucosa-6-fosfato]/[glucosa] máximo que podría existir en condiciones en las que la reacción fuera aún termodinámicamente favorable.
(b) La inversión de esta interconversión en la gluconeogénesis está catalizada por la glucosa-6-fosfatasa:

$$\text{Glucosa-6-fosfato} + H_2O \rightleftharpoons \text{glucosa} + P_i \qquad \Delta G°' = -13.8 \text{ kJ/mol}$$

La $K$ de esta reacción es 262. Calcule el cociente máximo de [glucosa]/[glucosa-6-fosfato] que podría existir en condiciones en las que la reacción fuera aún termodinámicamente favorable.
(c) ¿En qué condiciones celulares estarían ambas direcciones del ciclo de sustrato fuertemente favorecidas?
(d) ¿Qué controla en la célula en última instancia la dirección de la conversión neta de un ciclo de sustrato como este?

Lea Herramientas de la Bioquímica 12A antes de intentar hacer los Problemas 8-10.

*8. La electroforesis en gel bidimensional de las proteínas de un extracto celular proporciona una forma cualitativa de comparar proteínas en cuanto a su abundancia intracelular. Describa un método cuantitativo para determinar el número de moléculas de una enzima por célula.

*9. Se marcaron células de mamífero que crecen en cultivo durante un periodo de tiempo prolongado con [$^3$H]timidina para determinar la velocidad de la síntesis del DNA. La timidina administrada tenía una actividad específica de 3000 cpm/pmol. Se obtuvieron muestras del cultivo a diversos intervalos, y se acidificaron para precipitar los ácidos nucleicos. La velocidad de incorporación del isótopo al DNA era de 1500 cpm/$10^6$ células/ min. Se tomó una parte del cultivo para la determinación de la actividad específica de la reserva de dTTP intracelular, que fue de 600 cpm/pmol.
(a) ¿Qué fracción de dTTP intracelular se sintetiza a partir del precursor exógeno?
(b) ¿Cuál es la velocidad de la síntesis del DNA, en moléculas por minuto por célula de nucleótidos de timidina, incorporados en el DNA?
(c) ¿De qué forma podría determinarse la actividad específica del conjunto de dTTP?

*10. Los proveedores de compuestos marcados con isótopos radiactivos proporcionan generalmente cada producto en forma de una mezcla de sustancia marcada y sin marcar. La sustancia no marcada se añade deliberadamente como **portador**, debido, en parte, a que la actividad específica del producto sin portador es demasiado elevada para resultar útil y, en parte, a que el producto es más estable con una actividad específica más baja. Utilizando la ley de la desintegración radiactiva, calcule lo siguiente:
(a) La actividad específica de [$^{32}$P]ortofosfato sin portador, en mCi/(mol.
(b) En una preparación de [$^3$H]leucina con marcaje uniforme, que se proporciona con 10 mCi/mmol, la fracción de átomos de H que son radiactivos.

# HERRAMIENTAS DE LA BIOQUÍMICA 12A

## Los isótopos radiactivos y el contador de centelleo líquido

Los isótopos radiactivos revolucionaron la Bioquímica cuando los investigadores empezaron a utilizarlos poco después de la Segunda Guerra Mundial. Los isótopos radiactivos amplían en varios órdenes de magnitud la sensibilidad con la que es posible detectar una especie química. Los análisis químicos tradicionales pueden detectar y cuantificar las moléculas en cantidades del orden de micromol o nanomol (es decir, $10^{-6}$ o $10^{-9}$ moles). Un compuesto «marcado», es decir, que contiene uno o varios átomos de un isótopo radiactivo, puede detectarse en cantidades de picomol o incluso, de femtomol (es decir, $10^{-12}$ o $10^{-15}$ moles). Los compuestos marcados radiactivamente se denominan **trazadores**, ya que permiten al investigador seguir las transformaciones químicas o bioquímicas específicas que se producen en presencia de un enorme exceso de material no radiactivo.

Recuérdese que los isótopos son formas diferentes del mismo elemento. Tienen pesos atómicos diferentes, pero el mismo número atómico. En consecuencia, las propiedades químicas de los distintos isótopos de un determinado elemento son prácticamente idénticas. En la naturaleza existen formas isotópicas de un elemento, y es posible aislar y purificar sustancias enriquecidas en isótopos raros a partir de orígenes naturales. No obstante, la mayor parte de los isótopos que se utilizan en bioquímica se producen en reactores nucleares. Los compuestos químicos simples producidos en estos reactores se convierten posteriormente en productos bioquímicos marcados radiactivamente mediante síntesis química y enzimática.

### Isótopos estables

Aunque los isótopos radiactivos se utilizan mucho en bioquímica, también se usan como trazadores isótopos estables, en especial cuando no se dispone de los isótopos radiactivos adecuados. Así, por ejemplo, los dos isótopos raros del hidrógeno son un isótopo estable ($^{2}H_1$ o **deuterio**) y un isótopo radiactivo ($^{3}H_1$ o **tritio**). De entre los múltiples usos de los isótopos estables en la investigación bioquímica, citaremos aquí tres aplicaciones. En primer lugar, la incorporación de un isótopo estable suele aumentar la densidad de un material, puesto que los isótopos raros generalmente tienen pesos atómicos superiores a los de los isótopos que se encuentran de manera más abundante. Esta diferencia proporciona una forma de separar físicamente los compuestos marcados de los no marcados, como en el experimento de Meselson-Stahl sobre la replicación del DNA (*véase* el Capítulo 4). En segundo lugar, los compuestos marcados con isótopos estables, en especial el $^{13}C$, se utilizan mucho en los estudios de resonancia magnética nuclear de la estructura y dinámica molecular (*véase* Herramientas de la Bioquímica 6A). En tercer lugar, los isótopos estables se utilizan para estudiar los mecanismos de reacción. El «efecto isotópico cinético» indica el efecto sobre la velocidad de reacción de la sustitución de un átomo por un isótopo estable. Como se considera en el Capítulo 11, este efecto ayuda a identificar los pasos limitantes en las reacciones catalizadas por enzimas. En la Tabla 12A.1 se presenta información acerca de los isótopos, tanto estables como radiactivos, que han resultado de mayor utilidad en bioquímica.

### Naturaleza de la desintegración radiactiva

El núcleo atómico de un elemento inestable puede desintegrarse, dando lugar a uno o más de los tres tipos de radiación ionizante: rayos $\alpha$, $\beta$ o $\gamma$. Tan solo los isótopos radiactivos emisores $\beta$ y $\gamma$ son útiles en la investigación bioquímica; los más útiles se indican en la Tabla 12A.1. Un rayo $\beta$ es un electrón emitido y un rayo $\gamma$ es un fotón de alta energía. Los detectores de rayos $\gamma$ han encontrado una amplia aplicación en la investigación inmunológica, ya que se dispone de isótopos de yodo emisores $\gamma$ y es fácil yodar anticuerpos, como muchas proteínas, sin producir modificaciones sustanciales de sus propiedades biológicas. Sin embargo, la mayor parte de las aplicaciones bioquímicas de los isótopos radiactivos utilizan emisores $\beta$.

La desintegración radiactiva es un proceso cinético de primer orden. La probabilidad de que un determinado núcleo atómico se desintegre no se ve afectada por el número de fenómenos de desintegración previos que se han producido, ni por la interacción con otros núcleos radiactivos. Se trata, más bien, de una propiedad intrínseca de ese núcleo. En consecuencia, el número de fenómenos de desintegración que se producen en un determinado intervalo de tiempo solo está relacionado con el número de átomos radiactivos presentes. Este fenómeno da lugar a la **ley de la desintegración radiactiva**:

$$N = N_0 e^{-\lambda t}$$

en la que $N_0$ es el número de átomos radiactivos en el tiempo 0, $N$ es el número de átomos que quedan en el tiempo $t$, y $\lambda$ es una constante de desintegración radiactiva para un determinado isótopo, que está relacionada con la inestabilidad intrínseca de ese isótopo. Esta ecuación establece que es constante la *fracción* de núcleos en una población que se desintegra en un determinado intervalo de tiempo. Por este motivo, un parámetro más práctico que la constante de desintegración $\lambda$ es la **semivida**, $t_{1/2}$, que es

**TABLA 12A.1. Algunos isótopos útiles en bioquímica**

| Isótopo | Estable o radiactivo | Emisión | Semivida | Energía máxima (meV[a]) |
|---|---|---|---|---|
| $^{2}H$ | Estable | | | |
| $^{3}H$ | Radiactivo | $\beta$ | 12.1 años | 0.018 |
| $^{13}C$ | Estable | | | |
| $^{14}C$ | Radiactivo | $\beta$ | 5568 años | 0.155 |
| $^{15}N$ | Estable | | | |
| $^{18}O$ | Estable | | | |
| $^{24}Na$ | Radiactivo | $\beta$ (y $\gamma$) | 15 horas | 1.39 |
| $^{32}P$ | Radiactivo | $\beta$ | 14.2 días | 1.71 |
| $^{35}S$ | Radiactivo | $\beta$ | 87 días | 0.167 |
| $^{45}Ca$ | Radiactivo | $\beta$ | 164 días | 0.254 |
| $^{59}Fe$ | Radiactivo | $\beta$ (y $\gamma$) | 45 días | 0.46, 0.27 |
| $^{131}I$ | Radiactivo | $\beta$ (y $\gamma$) | 8.1 días | 0.335, 0.608 |

[a]mev = millón de electrón-voltios.

el tiempo requerido para que se desintegren la mitad de los núcleos de una muestra. La semivida es igual a $-\ln 0.5/\lambda$, es decir, $+0.693/\lambda$. La semivida, al igual que $\lambda$, es una propiedad intrínseca de cada isótopo radiactivo (*véase* la Tabla 12A.1).

La unidad básica de la desintegración radiactiva es el **curio** (Ci). Esta unidad se define como la cantidad de radiactividad equivalente a la existente en 1 g de radio, es decir, $2.22 \times 10^{12}$ desintegraciones por minuto (dpm). Los bioquímicos suelen trabajar con cantidades mucho menores de material radiactivo, el **milicurio** (mCi) y el **microcurio** ($\mu$Ci), que corresponden a $2.2 \times 10^9$ y $2.2 \times 10^6$ dpm, respectivamente. Dado que los detectores de radiactividad rara vez registran todos los fenómenos de desintegración de una muestra, es decir, no tienen una eficacia del 100 %, solemos hablar de la radiactividad en términos de los fenómenos de desintegración realmente registrados, es decir, cuentas por minuto, o cpm. La eficacia del contaje es el porcentaje de fenómenos de desintegración realmente registrados, determinado, por ejemplo, mediante la comparación con estándares. Un contador que tenga una eficacia del 50 % para un determinado isótopo daría un contaje de $1.1 \times 10^5$ cpm para una muestra con 0.1 mCi.

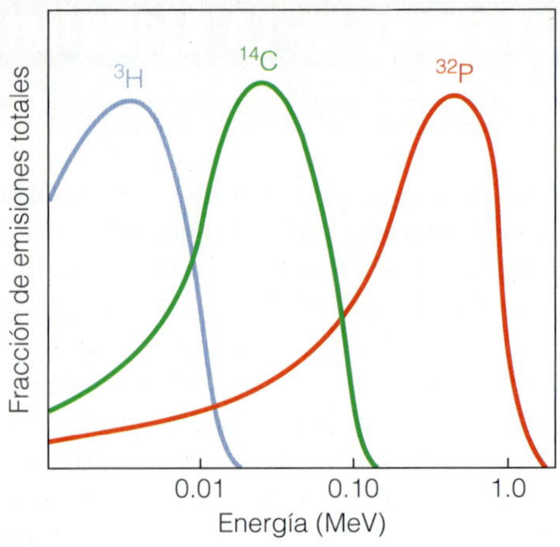


**FIGURA 12A.1**

**Espectros energéticos de algunos isótopos emisores $\beta$.** Se muestran aquí los espectros de los tres isótopos emisores $\beta$ más utilizados en bioquímica: $^3$H, $^{14}$C y $^{32}$P.

## Detección de radiactividad: el contador de centelleo líquido

En el contaje de centelleo, el método más empleado para la medida de las emisiones $\beta$, la muestra se disuelve o se suspende generalmente en un disolvente orgánico, aunque pueden utilizarse mezclas acuosas. También se incluyen uno o dos compuestos orgánicos fluorescentes o **flúores**. Una partícula $\beta$ emitida por la muestra tiene una elevada probabilidad de golpear a una molécula del disolvente; este contacto excita a la molécula de disolvente, que hace que uno de sus electrones pase a un orbital de energía superior. Cuando ese electrón vuelve al estado basal, se emite un fotón de luz. El fotón es absorbido por una molécula del flúor, que a su vez, se excita. La fluorescencia implica la absorción de luz a una determinada energía, seguida de la emisión de esa luz a una energía inferior, o longitud de onda superior. Un fotomultiplicador detecta la fluorescencia y convierte cada desintegración en una señal eléctrica que se registra y cuenta.

Mientras que los rayos $\gamma$ se emiten a unos valores de energía bien definidos y característicos, los isótopos emisores $\beta$ presentan toda una gama de valores de energía en sus emisiones. Cada emisor $\beta$ presenta un **espectro de energía** característico, es decir, una representación de la energía (en millones de electrón-voltios, o Mev) frente a la probabilidad de que una emisión individual tenga esa energía. En la Figura 12A.1 se muestran los espectros de energía de tres isótopos radiactivos muy utilizados, $^3$H, $^{14}$C y $^{32}$P.

Estas diferencias de las energías de emisión se utilizan en el contador de centelleo líquido, de manera que pueden cuantificarse simultáneamente dos isótopos de la misma muestra (experimento de doble marcaje). Una emisión $\beta$ fuerte activa más moléculas del flúor que una emisión débil, por lo que produce un destello de luz más intenso. Este nivel del destello puede detectarse mediante el ajuste de discriminadores electrónicos, de manera que se registren solo los valores de energía comprendidos dentro de unos límites, es decir, estableciendo una «ventana» que se optimiza para la detección de un isótopo concreto. Esta restricción reduce la eficacia del contaje, puesto que solo se contabiliza una fracción de las emisiones procedentes del isótopo de alta energía, pero permite una gran selectividad. La mayor parte de los contadores de centelleo tiene tres conjuntos diferentes de discriminadores o **canales de contaje**. Así pues, los isótopos pueden contarse simultáneamente en tres ventanas diferentes.

Dado que la desintegración radiactiva es un proceso aleatorio, cuantas más cuentas se observen durante el análisis de una muestra, más próxima está la radiactividad medida al verdadero valor de desintegración. Así pues, en la práctica, un investigador cuenta una muestra durante el tiempo suficiente para acumular varios miles de cuentas. Además, el investigador debe tener en cuenta la relación señal/ruido y ha de diseñar un experimento, de manera que la radiactividad medida en las muestras de interés sea muchas veces superior a la **radiactividad de fondo**, es decir, al recuento obtenido en ausencia de una muestra radiactiva.

## Algunas aplicaciones de los isótopos radiactivos en bioquímica

Los isótopos radiactivos tienen múltiples aplicaciones en las investigaciones metabólicas. Describiremos aquí algunos ejemplos. Los experimentos con trazadores pueden clasificarse en cuanto al tiempo de exposición del sistema biológico al isótopo radiactivo e incluyen: (1) marcaje de equilibrio, (2) marcaje de pulso, y (3) marcaje de pulso y caza.

En el **marcaje de equilibrio**, la exposición al trazador es relativamente prolongada, de manera que cada especie molecular marcada alcance una **radiactividad específica** o **actividad específica** constante. La actividad específica es una medida de la abundancia relativa de moléculas radiactivas en una muestra marcada y se presenta en forma de radiactividad por unidad de masa, por ejemplo, cpm/mmol. Los experimentos para identificar los precursores metabólicos suelen utilizar unas condiciones de marcaje de equilibrio. El investigador administra un precursor marcado radiactivamente con objeto de aumentar al máximo la probabilidad de detectar el marcador en el producto. Un buen ejemplo de ello, que se menciona en el Capítulo 19, es el estudio de Konrad Bloch de la biosíntesis del colesterol, en el que se administró a ratas acetato marcado con $^{14}C$. Bloch aisló posteriormente el colesterol del hígado y determinó, mediante degradación química, los átomos de carbono concretos del colesterol que habían incorporado la radiactividad.

Otra aplicación del marcaje de equilibrio es la medida de las velocidades de los procesos biológicos a partir de las velocidades de marcaje mediante precursores de bajo peso molecular. Un ejemplo de ellos es la utilización de la timidina marcada radiactivamente para determinar las velocidades de síntesis de DNA, tanto en cultivos celulares como en organismos intactos. La incorporación de la timidina a macromoléculas distintas del DNA es despreciable, por lo que el investigador solo tiene que obtener muestras a lo largo del tiempo y observar la incorporación en el material insoluble en ácido. Sin embargo, esta medida, por sí sola, no proporciona la velocidad real de la replicación del DNA. El investigador ha de tener en cuenta el metabolismo del precursor marcado en su camino hacia su destino final. Si el metabolismo intracelular está produciendo dTTP, ese nucleótido no será radiactivo y su mezcla con el conjunto marcado diluirá la radiactividad específica incorporada al DNA. El experimento de marcaje proporciona tan solo una velocidad de marcaje del DNA, en cpm de los marcadores inorporados por célula por unidad de tiempo. Para obtener la velocidad verdadera, en moléculas incorporadas por célula por unidad de tiempo, el resultado inicial debe dividirse por la actividad específica del precursor inmediato, en este caso, el dTTP. El cálculo de esa actividad específica requiere el aislamiento del dTTP en cantidad y pureza suficiente para poder determinar su masa y su radiactividad.

El **marcaje de pulso** se basa en la administración de un precursor isotópico durante un intervalo corto en comparación con el proceso que se estudia. El marcaje radiactivo se acumula preferentemente en las especies de vida más corta, es decir, los intermediarios primeros de la ruta metabólica, ya que cuanto más breve es el intervalo de marcaje, menos tiempo hay para la pérdida de radiactividad de un conjunto marcado mediante la degradación de los metabolitos de marcado rápido y de vida corta. Melvin Calvin identificó la ruta de fijación del carbono en la fotosíntesis marcando algas verdes con $^{14}CO_2$ durante solo unos pocos segundos. Si el marcaje se realizaba durante 10 s, podían detectarse una docena de compuestos radiactivos o más. Después de un pulso de radiactividad de 5 s, solo estaba marcado un compuesto, el 3-fosfoglicerato. Este hallazgo condujo, en última instancia, al descubrimiento de la ribulosa-1,5-bisfosfato carboxilasa como la primera enzima de la ruta de fijación fotosintética del carbono (*véase* la página 695 en el Capítulo 16).

En un experimento de **pulso y caza**, el investigador administra el marcaje durante un periodo de tiempo breve (pulso) y luego reduce rápidamente la actividad específica del precursor isotópico para impedir su posterior incorporación. Esta reducción puede realizarse mediante la adición de un precursor sin marcar, con un exceso molar de alrededor de 1000 veces, con lo que se diluye mucho el isótopo radiactivo todavía presente (caza). El investigador obtiene muestras a varios intervalos posteriores, para determinar el destino metabólico del material que se ha marcado durante el pulso. El RNA mensajero se detectó inicialmente mediante cultivos bacterianos con marcaje de pulso (*véase* el Capítulo 27). Los métodos analíticos tradicionales no podían detectar el mRNA, debido a su baja cantidad y a la inestabilidad metabólica en las células bacterianas. Cuando el marcador incorporado al mRNA mediante un pulso de [$^{32}P$]ortofosfato o uridina marcada se cazaba, se observó que el marcaje finalmente estaba distribuido uniformemente en todas las especies de RNA celular. Este hallazgo demostró que la inestabilidad metabólica del mRNA implica su degradación a los nucleótidos, que pueden utilizarse posteriormente para la síntesis de otras especies de RNA.

Una última aplicación de los isótopos radiactivos es la **autorradiografía**, en la que el investigador incorpora un precursor isotópico a una biomolécula y obtiene una imagen de la molécula marcada radiactivamente en una película fotográfica. En el Capítulo 25 se muestran varias autorradiografías de moléculas de DNA individuales a las que se aplicó un marcaje radiactivo mediante el cultivo de *E. coli* en presencia de [$^{3}H$]timidina. El gel bidimensional que se muestra en la Figura 1.11 (página 19) es una autorradiografía, ya que las proteínas marcadas radiactivamente se detectaron mediante su capacidad para oscurecer una película fotosensible. La autorradiografía de película se ha sustituido, en gran parte, por la **imagen fosforescente**, en la que la película fotográfica se remplaza por una placa recubierta con fósforos fotoestimulables. La imagen fosforescente es mucho más exacta que la autorradiografía en la cuantificación de la cantidad de radiactividad de la muestra, ya que su respuesta a la radiactividad es mucho más lineal que la de la película de rayos X. Además, la placa de imagen puede borrarse y reutilizarse de forma indefinida.

## Bibliografía

**Freifelder, D.** (1982) *Physical Biochemistry*, 2.a ed.W. H. Freeman, San Francisco. El Capítulo 5 de este libro presenta una descripción clara de las técnicas de marcaje y contaje radiactivo.

## HERRAMIENTAS DE LA BIOQUÍMICA 12B

### Metabolómica

Virtualmente, todos los hechos de este texto proceden de experimentos en los que un bioquímico midió algo en un extracto celular: la concentración de un determinado mRNA o una proteína, la actividad de una determinada enzima, o la concentración de un determinado metabolito. Una gran parte de la Bioquímica experimental implica la generación de *análisis* específicos y sensibles de un componente celular determinado. Por ejemplo, el esclarecimiento por Hans Krebs del ciclo del ácido cítrico (*véase* el Capítulo 14) dependió de su capacidad para medir con exactitud la concentración de sustratos potenciales como el piruvato, el citrato, el succinato o el oxalacetato, en cortes de músculo o hígado. Tuvo que diseñarse un análisis específico para medir cada metabolito. El análisis completo de una ruta como el ciclo del ácido cítrico o la glucólisis requiere 10 o más análisis separados de metabolitos en cada muestra. Además, estos análisis solo pueden medir metabolitos ya conocidos, por lo que no son muy útiles para descubrir intermediarios metabólicos nuevos o perdidos.

Sin embargo, en los últimos años las nuevas tecnologías han hecho posible ir más allá de la medida de mRNA únicos, proteínas únicas o metabolitos únicos. La puesta a punto de estas tecnologías nuevas ha lanzado la revolución «ómica» (genómica, transcriptómica, proteómica y metabolómica), donde se miden simultáneamente en una muestra biológica cientos e incluso, miles de componentes específicos. De esta forma, es ahora posible medir el conjunto completo de transcritos (transcriptoma), proteínas (proteoma) o metabolitos (metaboloma) en una célula o tejido particular. El metaboloma representa el fenotipo molecular último de una célula en un conjunto dado de condiciones, debido a que todas las variaciones de la expresión génica y de la actividad enzimática finalmente conducen a variaciones de la concentración de metabolitos celulares (el estado o perfil metabólico). El estado metabólico de una célula o un organismo entero es un indicador sensible del estado fisiológico del organismo. Las variaciones del estado metabólico pueden utilizarse para comprender y diagnosticar las enfermedades, estudiar los efectos de los fármacos e incluso, predecir la eficacia de un fármaco en un determinado paciente. Existen muchas estrategias analíticas para determinar el estado metabólico de una célula (perfil metabólico), pero todos ellos siguen el mismo proceso básico (Figura 12B.1): extracción de la muestra; identificación y cuantificación de metabolitos; y análisis de los datos (informática).

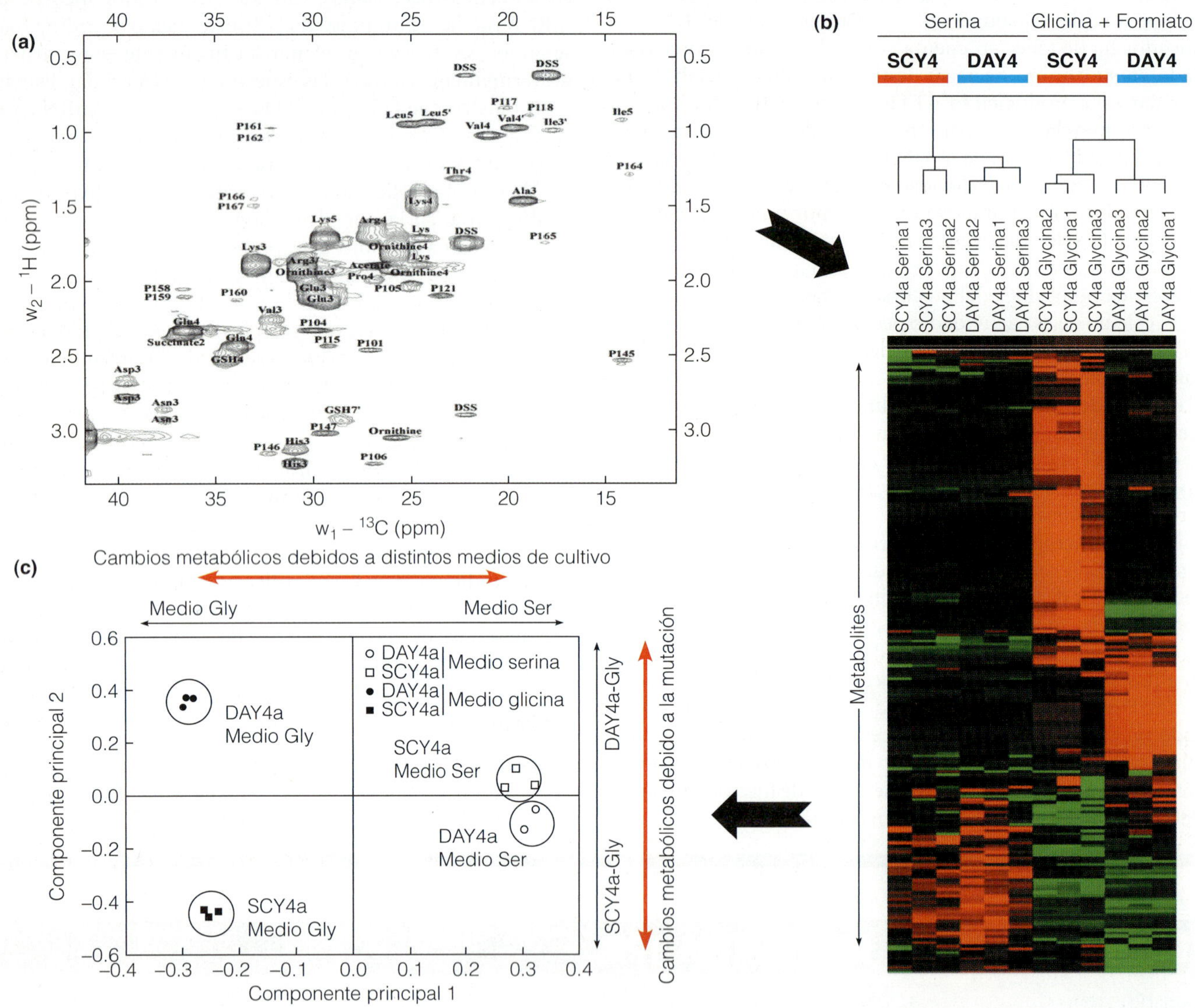


**FIGURA 12B.1**

**Procesos básicos del perfil metabólico**. Los metabolitos se identifican y cuantifican por un método analítico. Panel **(a)** muestra una sección de un espectro de $^1H$-$^{13}C$ RMN-2D. Los datos se recogen y se visualizan mediante aplicaciones informáticas. En el «mapa de calor» del panel **(b)**, cada fila corresponde a un único pico de metabolito de RMN-2D, y las columnas representan condiciones experimentales distintas o tipo celular. La magnitud normalizada de cada pico de RMN-2D viene indicada por el color, donde el rojo indica un aumento de la abundancia del metabolito con relación al control, el verde índice un descenso de la abundancia y el negro, un nivel mediano de abundancia. Se utilizan las aplicaciones informáticas para revelar las relaciones y patrones entre las muestras (panel **(c)**).

Modificado de *Metabolic Engineering* 9:8–20, P. Lu, A. Rangan, S. Y. Chan, D. R. Appling, D. W. Hoffma y E. M. Marcotte, Global metabolic changes following loss of afeedback loop reveal dynamic steady states of the yeast metabolome. © 2007, con permiso de Elsevier.

## Perfil metabólico

### Recogida y extracción de la muestra

Se recogen las muestras de interés, por ejemplo, células tratadas con un fármaco frente a no tratadas, suero de un paciente o una biopsia tisular de un tumor. Las moléculas pequeñas se extraen de las muestras mediante métodos que se ajustan con las técnicas analíticas que se emplean. Ningún método único extraerá todos los metabolitos de una muestra. Pueden utilizarse diferentes procedimientos de extracción para seleccionar subconjuntos específicos del metaboloma (ejemplo, metabolitos lipófilos, aminoácidos o hidratos de carbono).

### Identificación y cuantificación de los metabolitos

Mientras que no se conoce el número de metabolitos distintos de una célula, ciertamente consideraremos que es del orden de unos pocos miles. Por tanto, el método analítico debe tener un componente de separación y un componente de detección. La espectrometría de masas (EM) y la resonancia magnética nuclear (RMN) son los métodos de detección más empleados. Las técnicas de EM utilizan cromatografía líquida (CL), cromatografía de gases (CG) o electroforesis capilar (EC) para separar los metabolitos de acuerdo con alguna propiedad química o física (tamaño, carga, hidrofobicidad, etc.). El eluyente de la CL, CG o EC se introduce en el espectrómetro de masas, donde los metabolitos se detectan y cuantifican (*véase* Herramientas de la Bioquímica 5B). La RMN (*véase* Herramientas de la Bioquímica 6A) puede aplicarse directamente a las muestras sin un paso de separación para obtener espectros en dos dimensiones (ej., $^{1}H$ frente a $^{13}C$), denominados RMN-2D (Figura 12B.1a). Ambos métodos EM y RMN son capaces de detectar y cuantificar centenares de metabolitos distintos en un único análisis, y ambos tienen ventajas y desventajas. La RMN puede detectar muchas clases diferentes de metabolitos y ofrece una gran potencia en la identificación y cuantificación de metabolitos. Las técnicas de EM son mucho más sensibles que la RMN, pero la cuantificación no es tan directa. Nótese, sin embargo, que ambos métodos pueden detectar y cuantificar metabolitos no identificados, lo cual puede facilitar el descubrimiento de nuevos intermediarios o incluso nuevas rutas.

### Análisis de los datos (informática)

El tercer paso crítico en la obtención del perfil metabólico es el análisis de los datos. Debido a que los conjuntos de datos, generalmente, son bastante grandes y se necesitan métodos estadísticos sofisticados para visualizar y comparar los perfiles metabólicos, el análisis de datos emplea las herramientas informáticas modernas. Estos algoritmos informáticos intentan identificar patrones en los datos que son características reproducibles de un estado metabólico particular. Estos patrones, o huellas, pueden luego compararse entre las muestras. Los métodos informáticos más habituales para analizar y comparar los datos metabolómicos son los análisis de agupaciones jerárquicas (la partición del conjunto de datos en subconjuntos o grupos) (Figura 12B.1b) y el análisis de componentes principales (ACP) (Figura 12B.1c). El APC se utiliza para reducir los conjuntos de datos multidimensionales a dimensiones menores (componentes principales). La ACP puede revelar la estructura interna de los datos de forma que mejor explique la variancia de los datos.

## Aplicaciones

### Descubrimiento de biomarcadores

La identificación de nuevos biomarcadores para predecir o diagnosticar enfermedades es un objetivo primordial de la investigación biomédica. Aunque hay algunas moléculas biomarcadoras conocidas, para muchas enfermedades, un patrón de varios metabolitos sería un biomarcador más informativo. El ejemplo siguiente ilustra la potencia de los perfiles metabólicos para descubrir biomarcadores nuevos. El paracetamol (ejemplo, Gelocatil) se utiliza mucho como analgésico. El exceso de paracetamol es hepatotóxico debido a que produce estrés oxidativo, pero es variable la susceptibilidad de las personas al daño hepático. Para identificar los potenciales biomarcadores del estrés oxidativo que causa el paracetamol se utilizó la EC-EM para estudiar las variaciones de los metabolitos hepáticos en ratones tratados con un exceso de paracetamol. El perfil metabólico identificó 132 compuestos, entre ellos, un nuevo metabolito (oftalmato) (Figura 12B.2). Este compuesto no es un metabolito del paracetamol, pero su concentración aumenta como respuesta al fármaco. Este nuevo metabolito puede utilizarse como un biomarcador útil de la hepatotoxicidad inducida por el paracetamol en el ser humano.

### Diagnóstico de enfermedades

La incidencia de diabetes ha aumentado tan rápidamente en estados Unidos que en la actualidad se considera una epidemia. Hoy en día, más de 21 millones de americanos padecen diabetes y se calcula que 54 millones tienen prediabetes, esto es, tienen concentraciones elevadas de glucosa en sangre, aunque no la suficiente para ser clasificados como diabéticos. Los prediabéticos presentan un riesgo elevado de presentar diabetes de tipo 2. Si se detecta con antelación suficiente, la diabetes es una enfermedad manejable. La resistencia a la insulina, que de forma tradicional se define como la reducción de la capacidad de la insulina para estimular la captura de glucosa, es una característica de la diabetes de tipo 2. No obstante, la insulina regula muchos otros procesos metabólicos y el perfil metabólico puede emplearse para mirar más allá del metabolismo de la glucosa. Se ha utilizado CL-EM para cuantificar las modificaciones de 191 metabolitos en el plasma humano tras la ingestión de glucosa. Dieciocho de estos se observó que se modificaban de forma reproducible en las personas sanas, reflejando cuatro brazos diferentes de la función de la insulina (Figura 12B.3). Sin embargo, en los pacientes prediabéticos, un subconjunto de estos metabolitos mostró respuestas romas a la ingestión de glucosa, proporcionando un fuerte indicador de la pérdida de la sensibilidad a la insulina. Esta aplicación del perfil metabólico representa una gran promesa para el diagnóstico precoz de la diabetes.

### Predecir la respuesta a fármacos

Uno de los problemas más serios con los fármacos terapéuticos es que la respuesta de los pacientes al fármaco y su susceptibilidad a los efectos secundarios puede variar considerablemente de unos a otros. Por ejemplo, el imatinib, que es un inhibidor de la tirosina quinasa, es un fármaco muy eficaz para el tratamiento de la leucemia mieloide crónica (LMC). Desafortunadamente, algunos pacientes presentan resistencia a este fármaco y el tratamien-

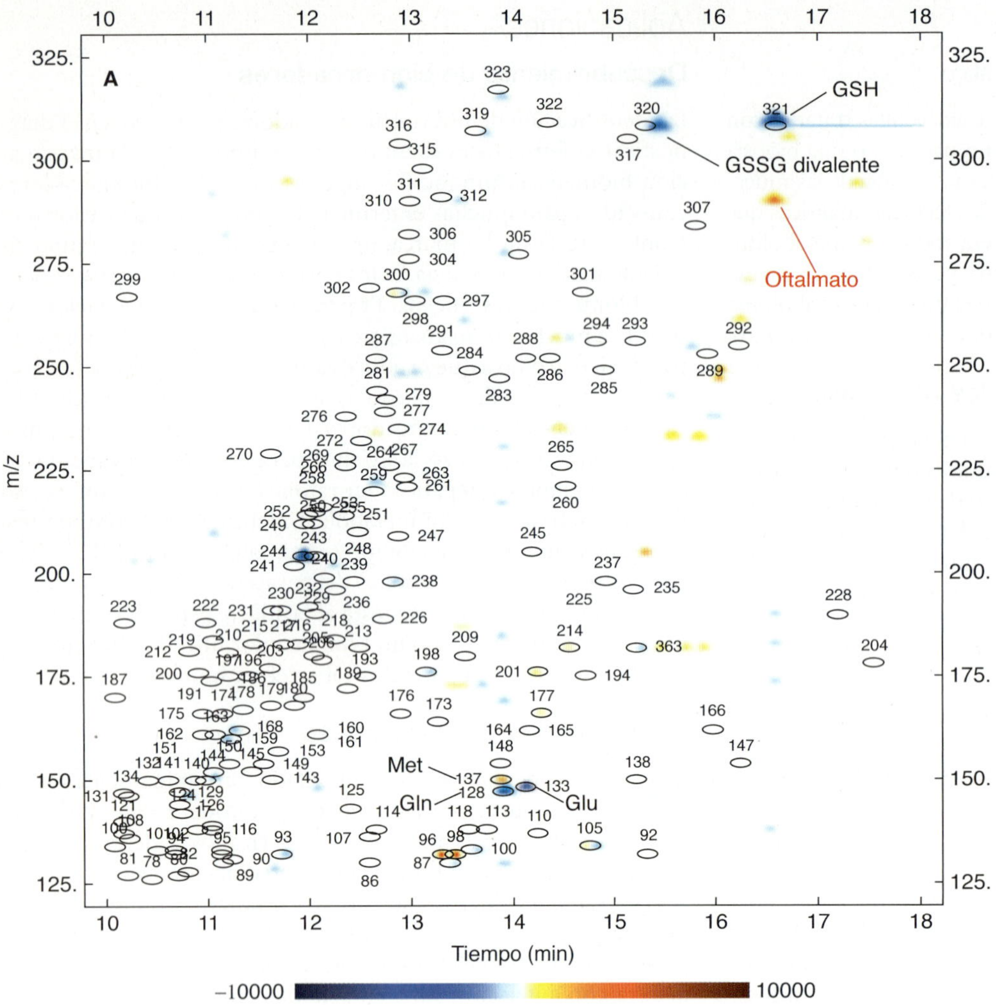


**FIGURA 12B.2**

**Perfil metabólico diferencial de los hígados de ratones control y ratones tras 2 h de tratamiento con paracetamol**. La representación 2D (m/z frente a tiempo de elución) muestra los cationes detectados mediante análisis CE-MS. La flecha apunta al metabolito que luego se identificó como oftalnato y cuya concentración aumenta significativamente en los ratones tratados. La barra de color indica el aumento (rojo) o el descenso (azul) de la concentración del metabolito tras el tratamiento con el fármaco.

*The Journal of Bioligical Chemistry* 281:16768-16776, T. Soga, R. Baran, M. Suematsu, Y. Ueno, S. Ikeda, T. Sakurakawa, Y. Kakazu, T. Ishikawa, M. Robert, T. Nishioka y M. Tomita, Differential metabolomics reveals ophthalmic acid as an oxidative stress biomarker indicating hepatic glutathione consumption. Reprinted with permission. © 2006 The American Societyfor Biochemistry and Molecular Biology. Todos los derechos reservados.

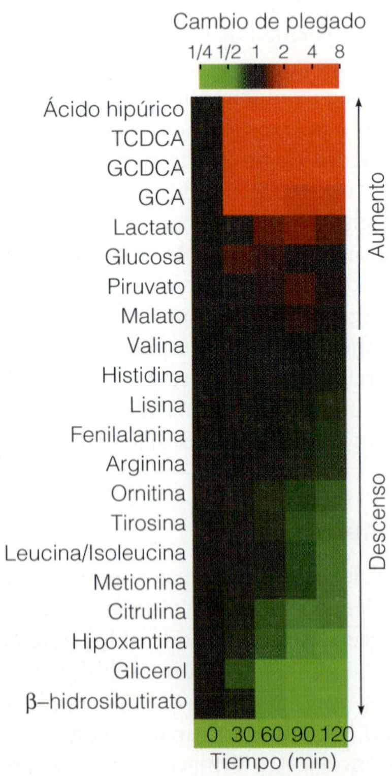


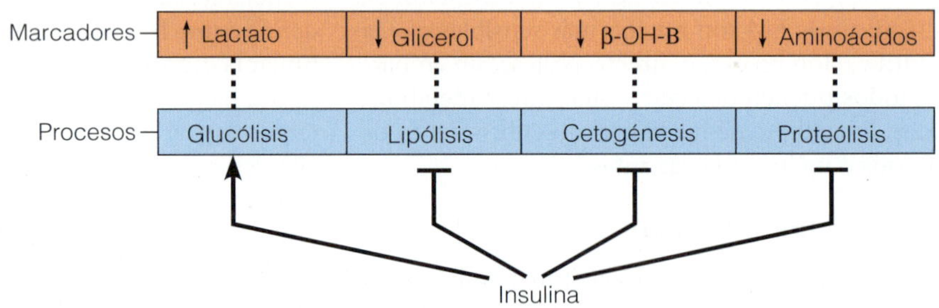


**FIGURA 12B.3**

**Cambios de los metabolitos plasmáticos tras la ingestión de glucosa**. La intensidad del color en el mapa de calor refleja la mediana del cambio comparado con los valores de ayuno. Los metabolitos están ordenados de acuerdo con la magnitud del cambio. Este conjunto de metabolitos refleja cuatro brazos distintos de la acción de la insulina en respuesta a la ingestión de glucosa.

Cortesía de Vamsi Mootha y O. Shaham.

to fracasa. Para tratar de entender los mecanismos que subyacen a esta variación individual de la respuesta al fármaco, se realizó un perfil de los metabolitos sanguíneos en pacientes con LMC, en los que previamente se había determinado si eran sensibles o resistentes al imatinib. El análisis de componentes principales (ACP) reveló perfiles metabólicos diferentes entre aquellos pacientes que eran sensibles al tratamiento con el fármaco y los que eran resistentes (Figura 12B.4). De esta forma, el perfil metabólico puede utilizarse para predecir si un fármaco será eficaz en un determinado paciente.

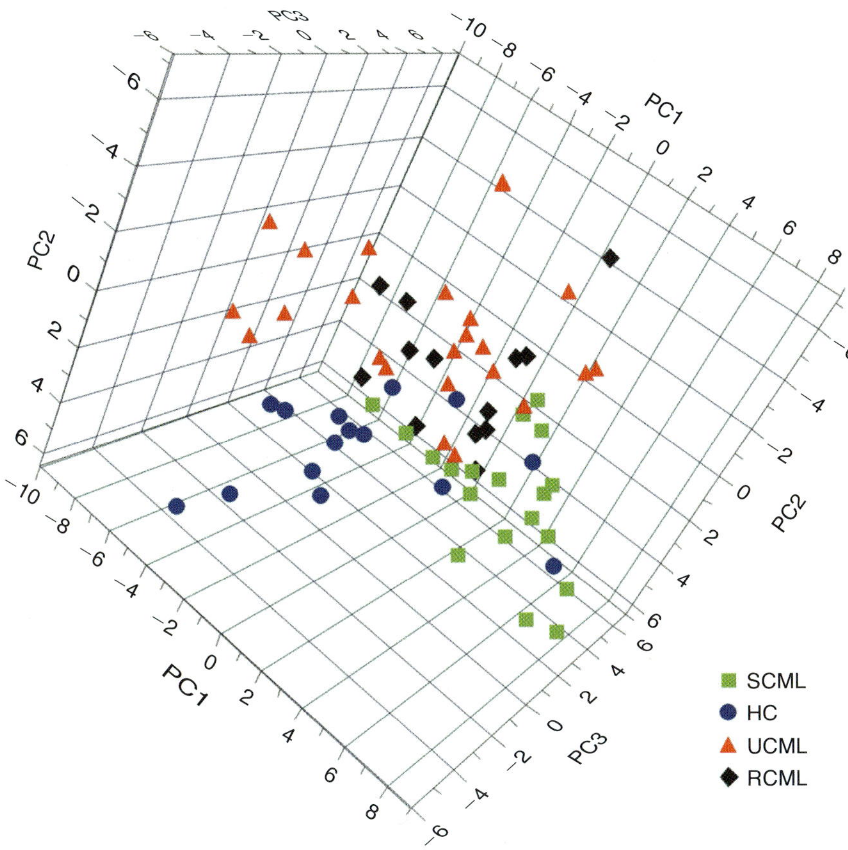


**FIGURA 12B.4**

**Análisis de componentes principales de los metabolitos del plasma sanguíneo de los pacientes con leucemia mieloide crónica (LMC)**. Representación 3D de los tres componentes principales primeros (PC1 frente a PC2 frente a PC3). Los cuadrados verdes son pacientes sensibles al tratamiento con el fármaco sensibles al tratamiento con el fármaco (SCML). Los diamantes negros son pacientes resistentes al tratamiento con el fármaco (RCML). Los triángulos rojos son pacientes con LMC sin tratar (UCML). Los círculos azules son controles sanos (HC).

A. J. S. Qian, G. Wang, B. Yan, S. Zhang, *et al.* (2010) Chronic myeloid leukemia patients sensitive and resistantto imatinib treatment show different metabolic responses.PLoS ONE 5(10):e13186. doi:10.1371/journal.pone.0013186.

## Bibliografía

**Kaddurah-Daouk, R., Kristal, B. S.** y **Weinshilboum, R. M.** (2008) Metabolomics: A global biochemistry approach to drug response and disease. *Ann. Rev. Pharmacol. Tox.* 48:653-683.

# PARTE 4

# DINÁMICA DE LA VIDA: ENERGÍA, BIOSÍNTESIS Y UTILIZACIÓN DE LOS PRECURSORES

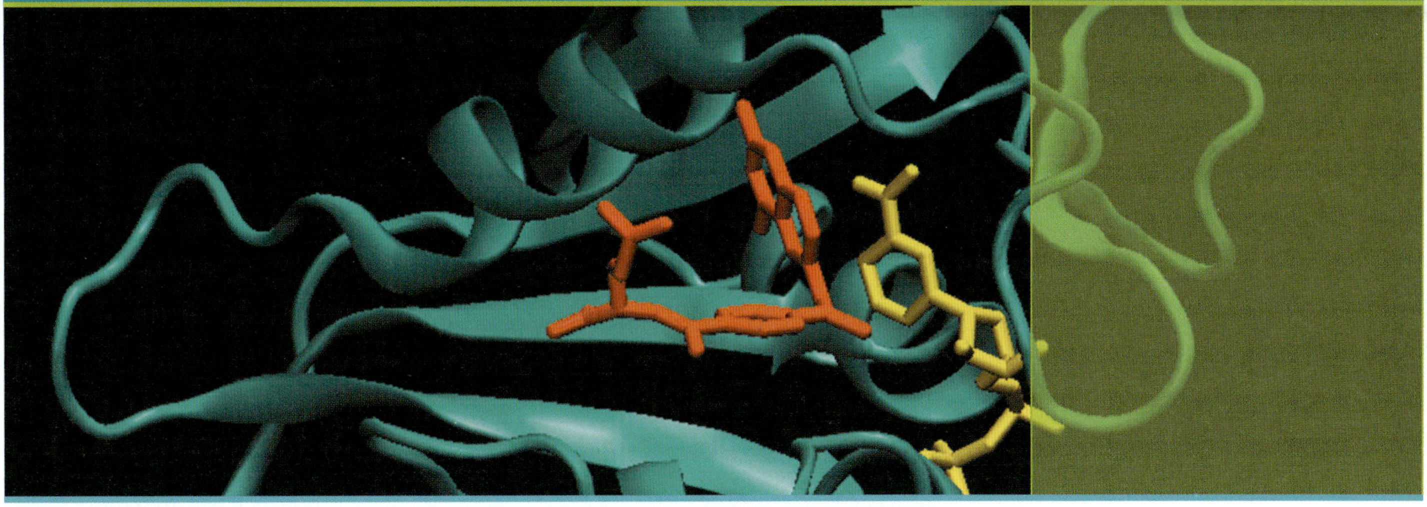

Dihidrofolato reductasa, una diana de los fármacos antimicrobianos y anticancerosos. El fármaco anticanceroso metotrexato (en rojo) se une fuertemente al complejo de la enzima y su coenzima, el NADPH (en amarillo), lo cual conduce a la interferencia con la biosíntesis del nucleótido y el aminoácido. Fuente: Dean Appling (Figura 20.16) a partir de las coordenadas PDB.

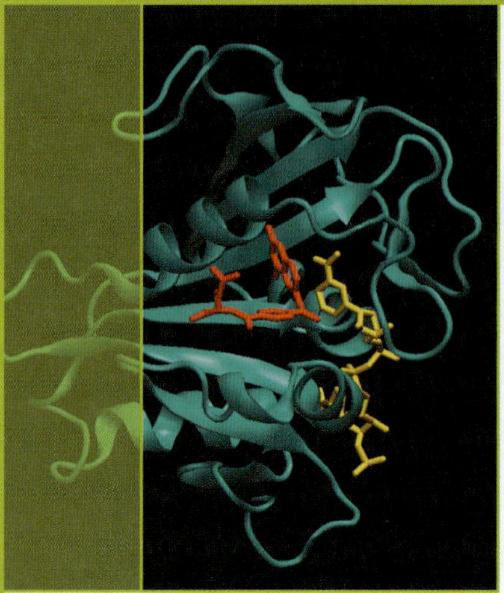

# CAPÍTULO 13

## Metabolismo de los hidratos de carbono: glucólisis, gluconeogénesis, metabolismo del glucógeno y ruta de las pentosas fosfato

**Nuestro estudio detallado del metabolismo se inicia** con las fases anaerobias del metabolismo de los hidratos de carbono (Figura 13.1). La mayor parte de este capítulo está dedicado a la glucólisis, que es la ruta inicial del catabolismo de los hidratos de carbono. El término *glucólisis* procede de las palabras griegas que significan «dulce» y «romper». Literalmente, la denominación es correcta, puesto que la glucólisis es la ruta por medio de la cual los azúcares de seis carbonos se rompen, dando lugar a un compuesto de tres carbonos, el piruvato. Durante la glucólisis, se libera parte de la energía potencial almacenada en la estructura de hexosa y se utiliza para la síntesis de ATP a partir de ADP. La glucólisis puede realizarse en condiciones anaerobias, sin oxidación neta de los azúcares sustrato. Los **anaerobios**, que son microorganismos que viven en ambientes sin oxígeno, pueden obtener toda su energía metabólica por este proceso. En realidad, los hidratos de carbono son el único combustible cuyo catabolismo puede producir ATP en ausencia de oxígeno. No obstante, las células aerobias utilizan también la glucólisis. En estas células, la glucólisis es la parte anaerobia inicial de una ruta de degradación global que, en última, instancia comporta un considerable consumo de oxígeno y la oxidación completa de los hidratos de carbono a $CO_2$ y $H_2O$.

Este capítulo también presentará la *gluconeogénesis*, que es la síntesis de glucosa a partir de precursores que no son hidratos de carbono, así como la síntesis de los polisacáridos de almacenamiento, principalmente el glucógeno de los animales. Consideramos aquí estos dos procesos de biosíntesis que necesitan energía, debido a que su regulación está íntimamente coordinada con la de la glucólisis. Finalizaremos el capítulo con la *ruta de las pentosas fosfato*, una ruta con varios fines, que es un proceso alternativo del catabolismo de la glucosa.

La glucólisis es, por varias razones, un punto adecuado para iniciar el estudio detallado del metabolismo. En primer lugar, fue la primera ruta metabólica que se conoció con detalle. En segundo lugar, se trata de una ruta casi universal en las células vivas. En tercer lugar, la regulación de la glucólisis se conoce especialmente bien. Por último, aunque no por ello menos importante, esta ruta desempeña un papel metabólico central en la generación de energía y de intermedios metabólicos para otras rutas. Es uno de los caminos más ocupados del mapa de carreteras metabólico, pero está conectado también con otros caminos menos transitados.

Aunque las células pueden metabolizar diversas hexosas en la glucólisis, la glucosa es el principal combustible del grupo de los hidratos de carbono para la mayor parte de las células. De hecho, algunos tejidos animales, como el cerebro, utilizan normalmente glucosa como única fuente de energía, y toda la generación de energía de estas células se inicia con la glucólisis. Sin embargo, la mayor parte de las células pueden utilizar otros azúcares, y exploraremos cómo se convierten estos azúcares en intermedios de la glucólisis. También analizaremos los procesos mediante los cuales los hidratos de carbono que se almacenan en forma de polisacáridos se ponen a disposición de la glucólisis.

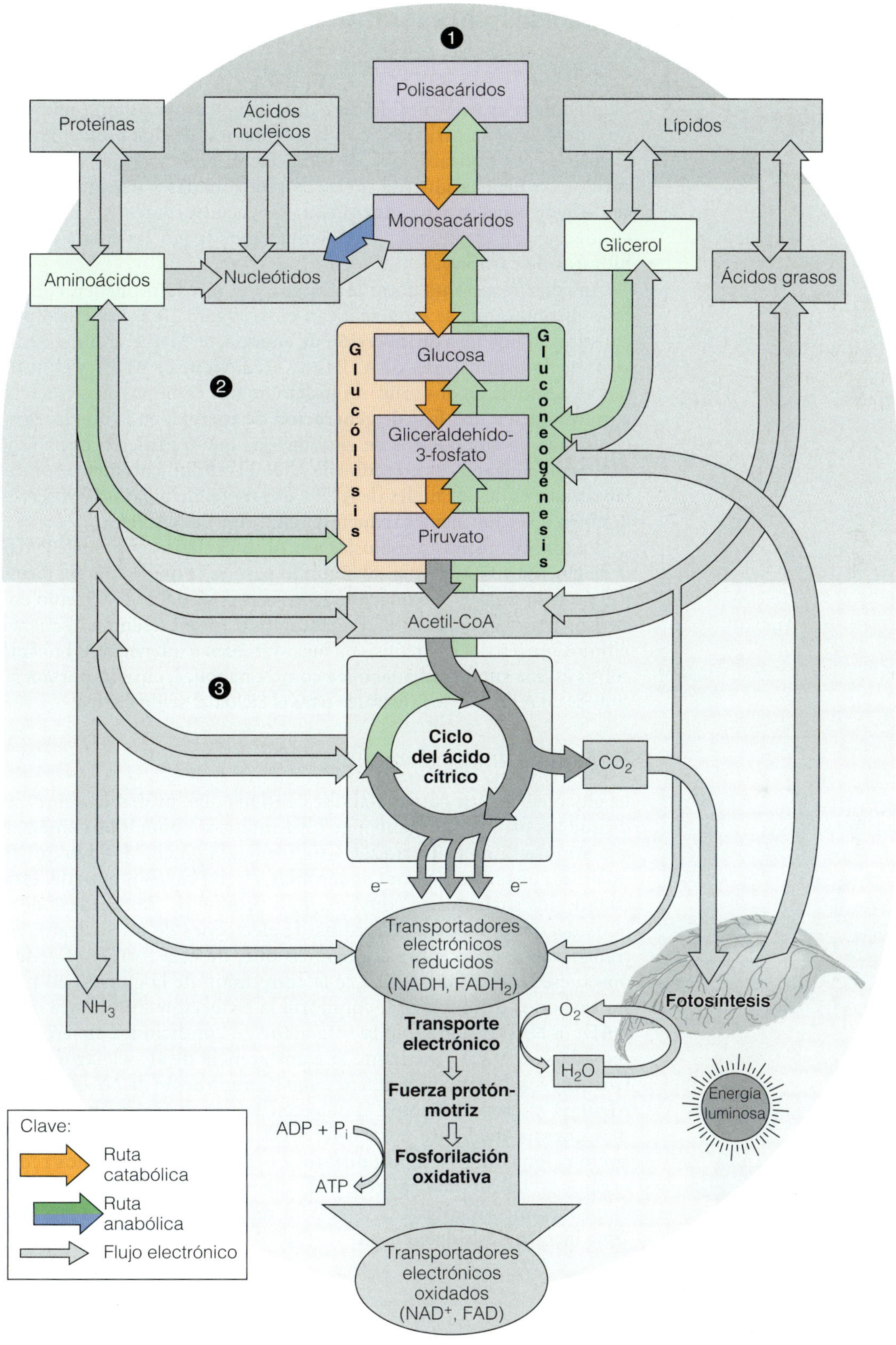


**FIGURA 13.1**

**Procesos anabólicos y catabólicos en el metabolismo anaerobio de los hidratos de carbono.** Las flechas doradas muestran la ruta glucolítica y la degradación de los polisacáridos que abastecen a esta ruta. La glucólisis genera ATP de forma anaerobia, y proporciona combustible para las rutas aerobias de generación de energía. Las flechas verdes muestran la ruta gluconeogénica, esto es, la síntesis de polisacáridos como el glucógeno. La flecha azul muestra la ruta de las pentosas fosfato, una ruta alternativa de oxidación de los hidratos de carbono necesaria para la síntesis de nucleótidos. Los números 1, 2 y 3 identifican los tres niveles del metabolismo (*véase* el Capítulo 12).

Las diez reacciones de la glucólisis se producen en dos fases: inversión de energía (primeras cinco reacciones) y generación de energía (últimas cinco reacciones).

## Glucólisis: perspectiva

### Relación de la glucólisis con otras rutas

La glucólisis es una ruta de diez pasos que convierte una molécula de glucosa en dos moléculas de piruvato, con la generación de dos moléculas de ATP. La degradación de los polisacáridos de almacenamiento y el metabolismo de los oligosacáridos da lugar a glucosa, hexosas relacionadas y azúcares fosfato, y todos ellos se dirigen hacia la ruta glucolítica. Nos centraremos inicialmente en la ruta que comienza con la glucosa, y comentaremos luego las formas de entrada de otros hidratos de carbono.

Las diez reacciones entre la glucosa y el piruvato pueden considerarse como dos fases distintas, que se esquematizan en la Figura 13.2. Las cinco primeras reacciones constituyen una **fase de inversión de energía**, en la que se sintetizan azúcares fosfato a costa de dos equivalentes de ATP (que se convierte en ADP), y el sustrato de seis carbonos se desdobla en dos azúcares fosfato de tres carbonos. Las cinco últimas reacciones corresponden a una **fase de generación de energía**, en la que las dos triosas fosfato se convierten en compuestos de gran energía que transfieren cuatro moles de fosfato al ADP dando lugar a cuatro moles de ATP. El rendimiento neto, por mol de glucosa metabolizada, es de dos moles de ATP y dos moles de piruvato. Obsérvese que se generan también dos equivalentes reductores en forma de NADH.

En los organismos aerobios, la glucólisis es el primer paso de la oxidación completa de la glucosa a $CO_2$ y agua. El segundo paso es la oxidación del piruvato a acetil-CoA, y el proceso final es la oxidación de los carbonos del grupo acetilo en el ciclo del ácido cítrico (*véase* la Figura 13.1). En el Capítulo 14 se presentan de manera detallada estos últimos procesos. La glucólisis da lugar también a intermedios biosintéticos. Así, la glucólisis es una ruta tanto anabólica como catabólica, cuya importancia va más allá de la síntesis de ATP y de los sustratos para el ciclo del ácido cítrico.

### Glucólisis anaerobia y aerobia

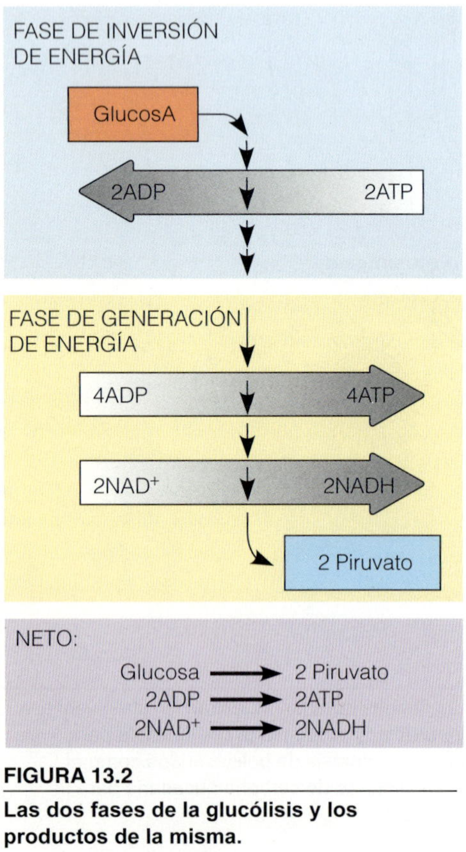


**FIGURA 13.2**

**Las dos fases de la glucólisis y los productos de la misma.**

La glucólisis es una ruta metabólica antigua que, probablemente, se desarrolló antes de que los primeros organismos fotosintéticos conocidos comenzaran a aportar $O_2$ a la atmósfera de la Tierra. De esta forma, la glucólisis tuvo que funcionar inicialmente en unas condiciones anaerobias, sin un cambio neto del estado de oxidación cuando los sustratos se convierten en productos. Recuérdese del Capítulo 12 que la oxidación comporta la pérdida de electrones de un sustrato; estos electrones se transfieran a un aceptor electrónico que, de esta forma, se reduce. Sin embargo, obsérvese en la Figura 13.2 que la conversión de la glucosa en piruvato, que oxida los carbonos de la glucosa, comporta la reducción simultánea de 2 equivalentes de $NAD^+$ a NADH. Para que la ruta actúe en condiciones anaerobias, el NADH debe reoxidarse a $NAD^+$ mediante la transferencia de sus electrones a un **aceptor electrónico**, con objeto de *mantener una concentración de* $NAD^+$ *de estado estacionario.* Algunos microorganismos que crecen en condiciones anaerobias pueden generar más energía mediante la transferencia de los electrones a sustancias inorgánicas como el ion sulfato o el ion nitrato, y otros microorganismos reducen los sustratos orgánicos. La ruta más directa es la que utilizan las bacterias del ácido láctico, que emplean simplemente el NADH para reducir el piruvato a lactato, mediante la enzima **lactato deshidrogenasa**.

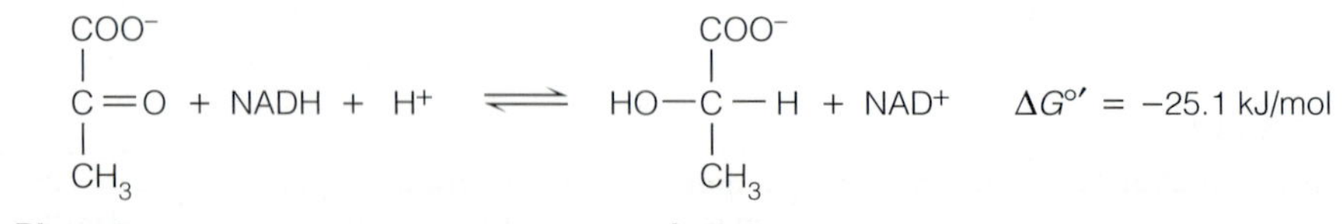


**Piruvato** **L-lactato**

La formación de lactato está muy favorecida en condiciones estándar, como indica el elevado cambio negativo de energía libre estándar.

La glucólisis forma parte, pues, de una *fermentación*, que se define como una ruta metabólica productora de energía que no comporta un cambio neto del estado de oxidación del carbono del sustrato (página 487). Esta **fermentación homoláctica** (conversión de los seis carbonos de la glucosa en lactato*) también es importante en la fabricación de queso. La **fermentación alcohólica** implica la rotura del piruvato a acetaldehído y $CO_2$ (*véase* la página 536), y la posterior reducción del acetaldehído a etanol por la **alcohol deshidrogenasa**:

Una fermentación es una ruta metabólica productora de energía sin un cambio neto del estado de oxidación de los productos en comparación con los sustratos.

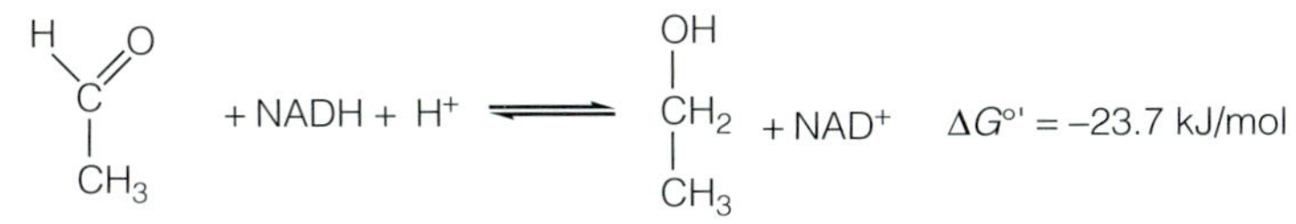


**Acetaldehído** **Etanol**

Esta fermentación, que realizan las levaduras, genera el etanol de las bebidas alcohólicas. Las levaduras utilizadas en la elaboración del pan efectúan también la fermentación alcohólica; el $CO_2$ producido por la descarboxilación del piruvato hace que la masa del pan suba, y el etanol producido se evapora durante la cocción. Entre las docenas de fermentaciones útiles se encuentran las que dan lugar al ácido acético (elaboración del vinagre) y al ácido propiónico (elaboración del queso suizo). Todas estas fermentaciones son variaciones simples del mismo tema: el NADH producido antes en la ruta debe reoxidarse a $NAD^+$, transfiriendo sus electrones a algún aceptor de electrones abundante. La forma más sencilla que hay de asegurar un aceptor electrónico suficiente es que la célula utilice el mismo esqueleto carbonado del que proceden los electrones en primer lugar, esto es, el piruvato o un derivado del piruvato. De esta forma, la gran variedad de fermentaciones de la naturaleza solo se diferencia en realidad en el producto final de la fermentación. La Figura 13.3 muestra la estrategia común que virtualmente emplean todas las fermentaciones.

Las células animales, como las bacterias del ácido láctico, pueden reducir el piruvato a lactato, y lo hacen cuando el piruvato se produce con una rapidez mayor que la que puede oxidarse mediante el ciclo del ácido cítrico. Durante el ejercicio extenuante, las células del músculo esquelético obtienen la mayor parte de su energía mediante esta **glucólisis anaerobia**, la glucólisis que se produce en condiciones anaerobias.

La glucólisis anaerobia (como la glucólisis aerobia) da lugar a piruvato, pero luego el piruvato se reduce, de manera que no se produce una oxidación neta de la glucosa.

Consideremos, en cambio, lo que ocurre en una célula con una *respiración* activa, esto es, la degradación oxidativa y la liberación de energía a partir de las moléculas de nutrientes mediante la reacción con el oxígeno. En estas células, el piruvato se oxida a acetil-CoA, que entra en el ciclo del ácido cítrico. El NADH producido durante la glucólisis se oxida de nuevo mediante la cadena de transporte electrónico mitocondrial para producir más energía (*véase* el Capítulo 15), y los electrones se transfieren finalmente al $O_2$, que es el aceptor electrónico terminal. La conversión de la glucosa en piruvato en una célula que respira se denomina **glucólisis aerobia**.

## Experimentos iniciales cruciales

Desde que el ser humano utiliza las levaduras para elaborar el pan y la cerveza, se ha aprovechado la fermentación, a pesar de que no se ha entendido hasta el siglo pasado. (La definición inicial de *fermentación* fue «un cambio químico con efervescencia».) La demostración efectuada por Louis Pasteur en 1856 de que las fermentaciones las realizaban microorganismos constituye un hito en la historia de la ciencia. La opinión predominante en la época era que un proceso como el de la fermentación de la glucosa para dar etanol era tan complejo, que no podía reproducirse fuera de una célula viva. Sin embargo, como vimos en el Capítulo 1, Eduard

* Algunos organismos realizan una **fermentación heteroláctica**, en la que solo se produce un lactato, mientras que los otros tres carbonos se convierten en etanol más un $CO_2$.

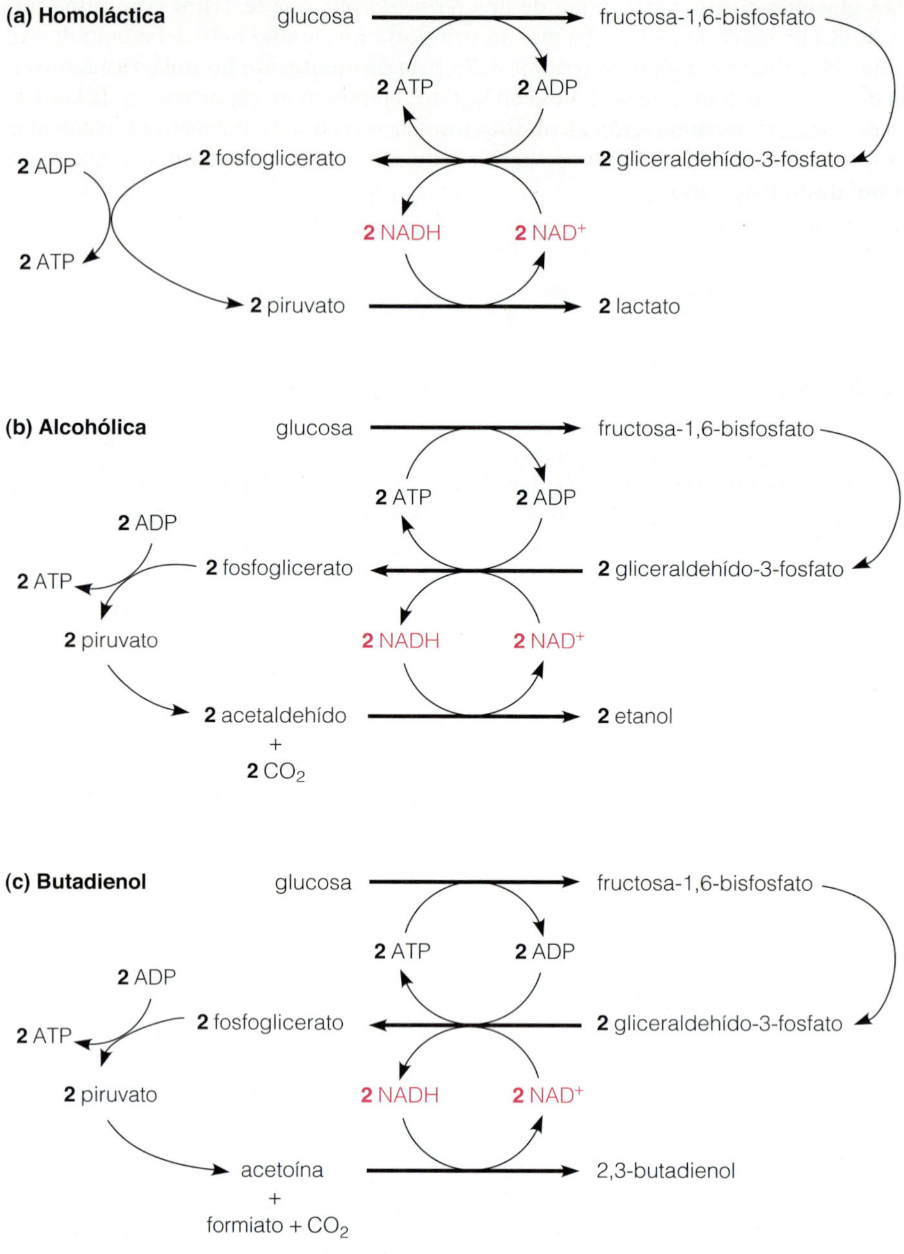


**FIGURA 13.3**

**Las fermentaciones utilizan una estrategia común para regenerar el NAD$^+$ oxidado.** (a) Homoláctica. (b) Alcohólica. (c) Butanediol.

*The Microbial World*, 3ª ed. Roger Y. Stanier, Michael Doudoroff, and Edward A. Adelberg.© 1970. Modified with permission of PearsonEducation Inc., Upper Saddle River, NJ.

y Hans Büchner demostraron en 1897 que la fermentación podía producirse en condiciones acelulares.

En 1905, Arthur Harden y William Young observaron que cuando se añade fosfato inorgánico a un extracto de levaduras, se estimula y se prolonga la fermentación de la glucosa. Durante la fermentación, el fosfato inorgánico desaparecía del medio de reacción, lo que llevó a Harden y Young a sugerir que la fermentación se producía mediante la formación de uno o más esteres azúcar fosfato.

Esta observación abrió la puerta a la disección de las reacciones químicas individuales que participan en la fermentación, un logro realizado en Alemania en los años 1930, en gran parte por G. Embden, O. Meyerhof, Jacob Parnas y O. Warburg. Por este motivo, a veces a la glucólisis se denomina **ruta de Embden-Meyerhof-Parnas**. Estos científicos identificaron diez reacciones diferentes, prácticamente idénticas en una amplia gama de organismos, que llevan la glucosa a piruvato. La glucólisis es la primera ruta metabólica que se dilucidó como una serie de reacciones químicas definidas. En la actualidad existe una amplia información sobre la estructura y el mecanismo de acción de cada una de las enzimas que intervienen en ella.

## Estrategia de la glucólisis

La glucólisis es una ruta tan importante que examinaremos cada una de sus diez reacciones con más detalle. Antes de hacerlo, echemos un vistazo a la ruta en conjunto. En primer lugar, recordemos del Capítulo 12 que en las células eucariotas la glucólisis se produce en el citosol, y que en las mitocondrias tiene lugar la ulterior oxidación del piruvato. (Determinados tripanosomas, que son los protozoos parásitos que causan la enfermedad del sueño africana, constituyen una excepción interesante. Estos organismos llevan a cabo las siete primeras reacciones de la glucólisis en un orgánulo citoplasmático organizado, denominado **glucosoma**).

La estrategia química de la glucólisis puede condensarse en tres procesos:

1. Adición de grupos fosforilo a la glucosa, para dar compuestos con un bajo potencial de transferencia de grupo fosfato = cebado.
2. Conversión química de estos intermediarios con un bajo potencial de transferencia de grupo fosfato en compuestos con un alto potencial de transferencia de grupo fosfato.
3. Acoplamiento químico de la hidrólisis que produce energía de estos compuestos de alto potencial de transferencia de grupo fosfato, con la síntesis de ATP mediante la transferencia del grupo fosfato al ADP.

En la Figura 13.3 se presenta de manera abreviada la conversión de la glucosa en piruvato. En la fase de inversión de energía (las cinco primeras reacciones), el azúcar se activa metabólicamente por fosforilación. Este proceso de cebado da lugar a un azúcar de seis carbonos doblemente fosforilado, la **fructosa-1,6-bisfosfato**, que se fragmenta para dar 2 equivalentes de triosa fosfato: **gliceraldehído-3-fosfato** y **dihidroxiacetona fosfato**. Ambos compuestos tienen un potencial de transferencia de fosfato menor que el del ATP.

En la fase de generación de energía (reacciones 6 a 10), las triosas fosfato se activan más para dar dos compuestos que contienen un potencial de transferencia de fosfato elevado, primero el **1,3-bisfosfoglicerato** y luego, el **fosfoenolpiruvato**. Recordemos de la Figura 3.7 (página 76) que cada uno de estos compuestos tiene un $\Delta G^{\circ\prime}$ de hidrólisis superior al del ATP. La energía que se emplea para aumentar el potencial de transferencia de fosfato de estos compuestos procede de las reacciones de oxidación. Durante la fase de generación de energía, el potencial de transferencia de fosfato elevado de estos compuestos impulsa la fosforilación del ADP, para dar ATP. Este proceso se denomina **fosforilación a nivel de sustrato**, es decir, la transferencia directa de un grupo fosforilo desde un compuesto donador al ADP, para dar ATP. La fosforilación a nivel de sustrato es distinta de la **fosforilación oxidativa,** que es la síntesis indirecta de ATP impulsada por el gradiente transmembrana de concentración de ion hidrógeno (la **fuerza protónmotriz,** *véase* el Capítulo 15) y la **fotofosforilación**, la utilización de la energía luminosa de la fotosíntesis para generar una fuerza protónmotriz que impulse la síntesis de ATP (*véase* el Capítulo 16).

El ATP se sintetiza mediante tres rutas principales: fosforilación a nivel de sustrato, fosforilación oxidativa y fotofosforilación.

Dado que se metabolizan 2 moles de triosa fosfato por mol de glucosa, el rendimiento de las dos fosforilaciones a nivel de sustrato de la glucólisis es de 4 moles de ATP por mol de glucosa. Restando de ello los 2 moles de ATP invertidos en la primera fase de cebado (reacciones 1-5), obtenemos una ganancia neta de dos moléculas de ATP sintetizadas por molécula de glucosa convertida en piruvato (*véanse* las Figuras 13.2 y 13.3).

# Reacciones de la glucólisis

Consideremos ahora de manera secuencial las diez reacciones que van de la glucosa al piruvato, numerando cada reacción tal como se indica en la Figura 13.4. Se indican los nombres completos de los sustratos y de los productos al presentar cada reacción, aunque en el texto estos nombres se abrevian en aras de una mayor simplicidad. Así, la glucosa-6-fosfato es lo mismo que la α-D-glucosa-6-fosfato.

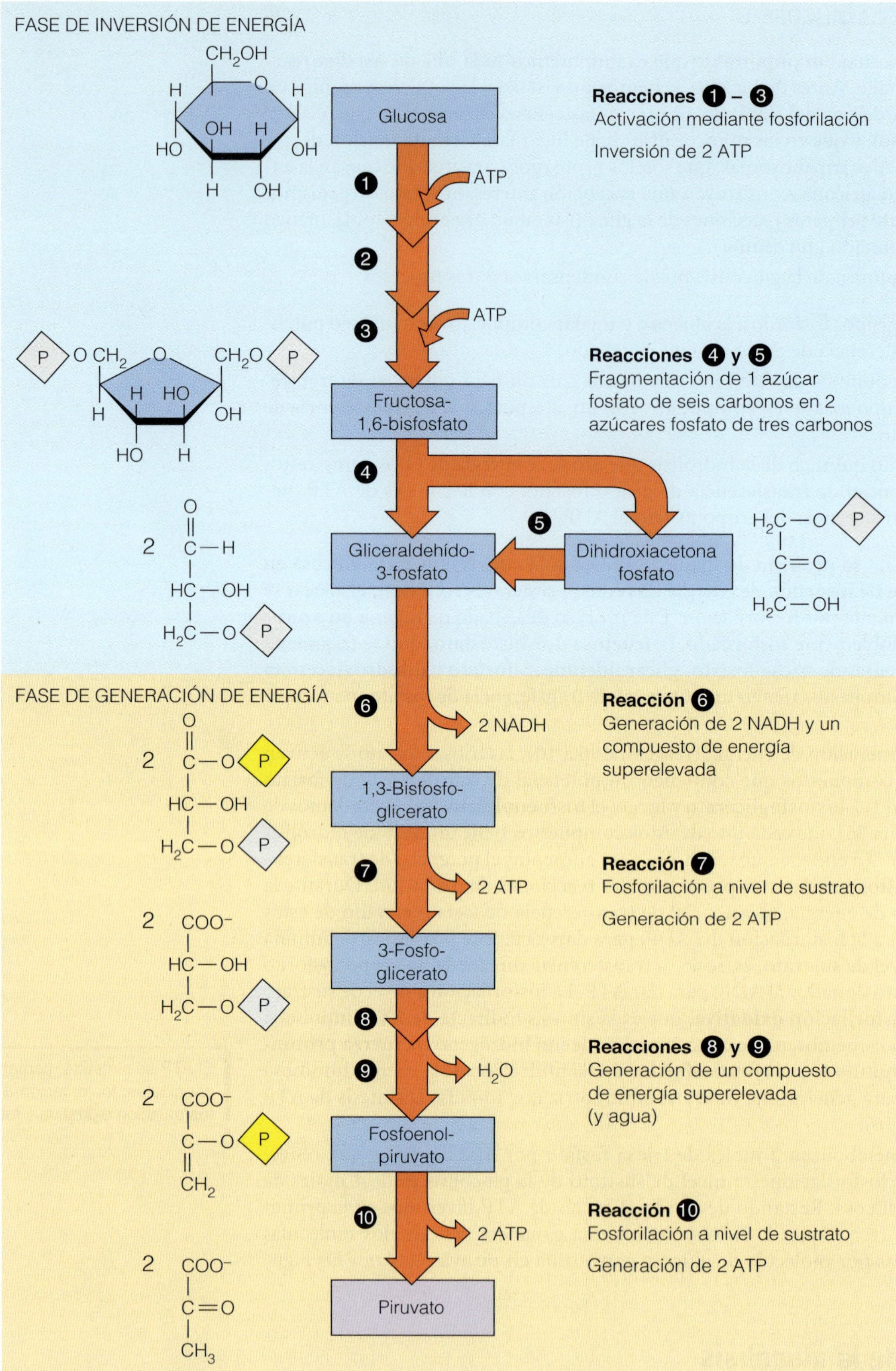


**FIGURA 13.4**

**Visión general de la glucólisis.** Esta presentación resumida de la glucólisis muestra los intermediarios clave y las reacciones en cada una de las dos fases principales. En la fase de generación de energía se producen dos ATP por cada ATP utilizado en la fase de inversión de energía. Aquí y en otros lugares, los grupos fosfato de los compuestos de alto potencial de transferencia de fosfato se resaltan en amarillo..

## Reacciones 1-5: fase de inversión de energía

Las cinco primeras reacciones, que constituyen la fase de inversión de energía, se resumen al margen.

### Reacción 1: primera inversión de ATP

Empezamos con la fosforilación de la glucosa dependiente del ATP, catalizada por la **hexoquinasa.** (Para simplificar las estructuras de anillo que se utilizan en este capítulo y en los siguientes, se han omitido los hidrógenos. Un enlace vertical vacío en un anillo de furanosa o piranosa supone un H).

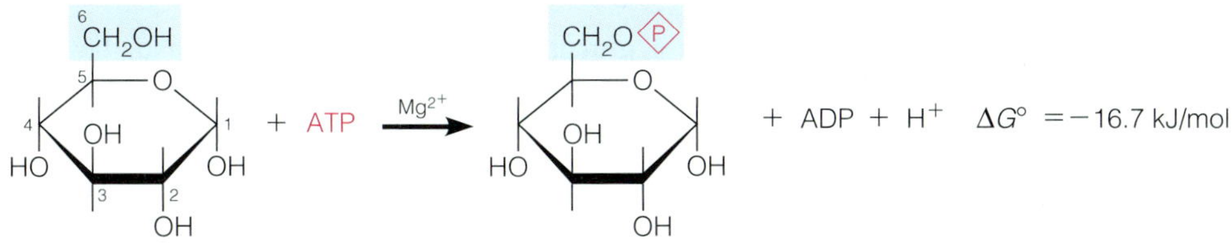


**α-D-glucosa** **α-D-glucosa-6-fosfato**

La reacción es un ataque nucleófilo del —OH de C6 de la glucosa sobre el fosfato $\gamma$ electrófilo del ATP. Se requiere un ion magnesio, ya que la forma reactiva del ATP es su complejo quelado con $Mg^{2+}$ (*véase* la página 496), lo que sucede con casi todas las enzimas que requieren ATP. El $Mg^{2+}$ neutraliza parcialmente las cargas negativas sobre los átomos de oxígeno, haciendo a $Mg^{2+}$·ATP más susceptible al ataque nucleófilo, esto es, haciéndolo un mejor electrófilo. La hexoquinasa se encuentra en diversas formas en los distintos organismos pero, generalmente, se caracteriza por una amplia especificidad para los azúcares y un valor bajo de $K_M$ para el azúcar sustrato (0.01 a 0.1 mM). La amplia especificidad permite la fosforilación de varios azúcares hexosas, entre ellos la fructosa y la manosa, lo cual hace posible su utilización en la glucólisis. La baja $K_M$ permite que se produzca la glucólisis incluso cuando la concentración de glucosa sanguínea se encuentre en la parte más baja de su intervalo normal (4 mM o menos; *véase* el margen). Como se ha indicado en el Capítulo 11, la hexoquinasa se inhibe por su producto, la glucosa-6-fosfato, un mecanismo que controla la entrada de sustratos en la ruta glucolítica. Además de la función de cebado, la fosforilación de la glucosa ayuda a su retención en la célula, ya que los compuestos fosforilados atraviesan con poca facilidad la membrana plasmática. Recuérdese también que la estructura de la hexoquinasa proporciona una evidencia clara en favor del modelo de ajuste inducido de la catálisis enzimática (*véase* la página 419).

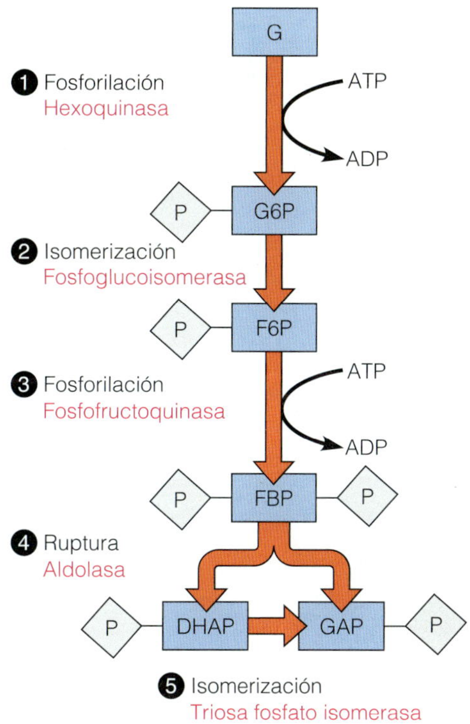


Los mamíferos poseen varias formas moleculares de la hexoquinasa. Las diferentes formas moleculares de una enzima que catalizan la misma reacción se denominan **isoenzimas, isozimas** o **isoformas**. La mayoría de los tejidos expresan las hexoquinasas I, II o III, todas ellas enzimas con $K_M$ baja. Dado que las concentraciones intracelulares de glucosa (2-15 mM) normalmente son mucho mayores que el valor de $K_M$ de la hexoquinasa, la enzima suela actuar *in vivo* a concentraciones saturantes de sustrato. El hígado de los vertebrados expresa una enzima distinta la hexoquinasa IV, que se caracteriza por una afinidad por la glucosa mucho menor y es insensible a la inhibición por concentraciones fisiológicas de glucosa-6-fosfato. Aún más importante es que la hexoquinasa IV muestra una dependencia sigmoidea con la concentración de glucosa (*véase* el margen), y necesita 5-10 mM de glucosa para la semisaturación. Esta isoenzima especial de la hexoquinasa, denominada antes glucoquinasa, permite al hígado ajustar su velocidad de utilización de glucosa como respuesta a las variaciones de la concentración de glucosa en sangre. De hecho, como se considera en el Capítulo 18, una función principal del hígado es regular la concentración de glucosa en sangre y esta enzima constituye uno de los mecanismos principales mediante los que lo hace.

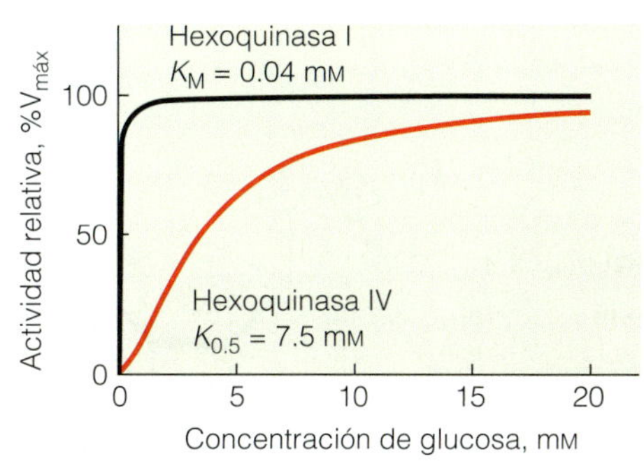


Aunque la mayoría de las bacterias contienen una hexoquinasa, la ruta habitual de captación y fosforilación de glucosa es el sistema fosfoenolpiruvato:glucosa fosfotransferasa. Este sistema, que se ha presentado en el Capítulo 10 como ejemplo de transporte mediante modificación (página 395) acopla la fosforilación de la glucosa a su traslado a

Una isoenzima de baja afinidad de la hexoquinasa en el hígado, con una dependencia sigmoidea de la concentración de glucosa, permite a ese órgano ajustar la utilización de glucosa al aporte de glucosa con concentraciones sanguíneas de glucosa elevadas.

través de la membrana citoplásmica. La energía para impulsar estos dos procesos acoplados la proporciona el fosfoenolpiruvato (PEP), uno de los compuestos de energía elevada que se produce en la fase de generación de energía de la glucólisis. El sistema fosfoenolpiruvato:glucosa fosfotransferasa cataliza la reacción siguiente:

$$\text{PEP}_{\text{interior}} + \text{glucosa}_{\text{exterior}} \longrightarrow \text{piruvato}_{\text{interior}} + \text{glucosa-6-fosfato}_{\text{exterior}}$$

La glucosa-6-fosfato, ahora en el citoplasma, entra directamente en la glucólisis en la reacción 2. Las bacterias poseen un conjunto paralelo de sistemas de fosfotransferasa que permiten transportar y fosforilar numerosos monosacáridos, disacáridos y otros azúcares derivados.

### Reacción 2: isomerización de la glucosa-6-fosfato

La siguiente reacción, catalizada por la **glucosa-6-fosfato isomerasa** (llamada también fosfoglucoisomerasa), es la isomerización fácilmente reversible de la aldosa, la glucosa-6-fosfato (G6P), a la correspondiente cetosa, la **fructosa-6-fosfato** (F6P).

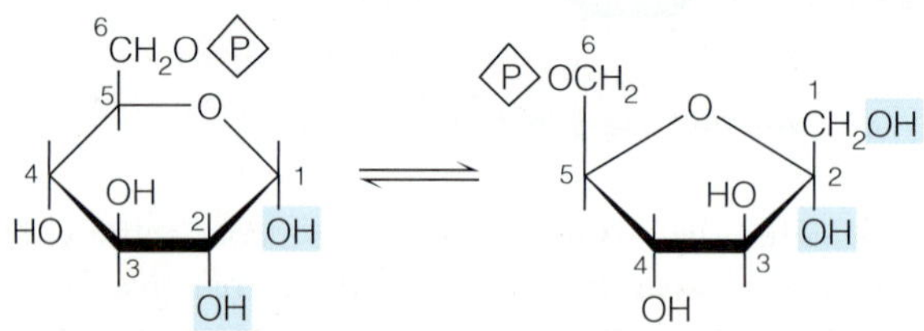

**α-D-glucosa-6-fosfato** **D-fructosa-6-fosfato**

$\Delta G°' = +1.7$ kJ/mol

Esta reacción se produce a través de un intermedio enediol. B y B-H representan residuos de aminoácidos del lugar activo, que actúan como bases y ácidos, respectivamente.

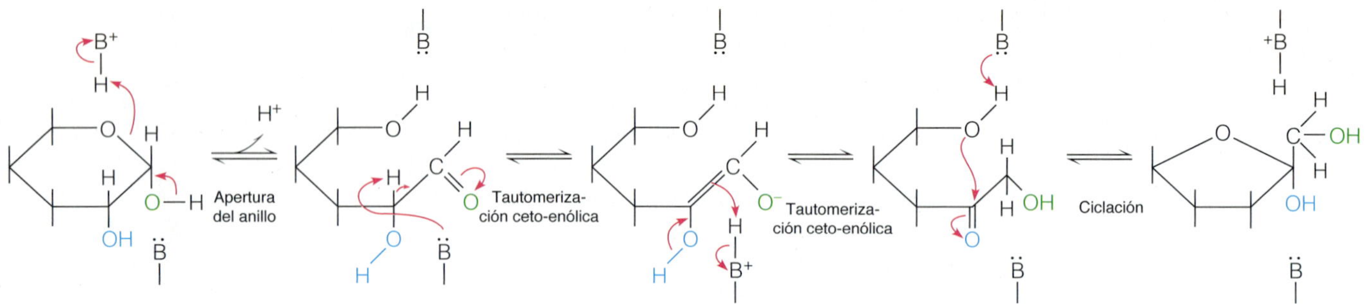


**G6P** **Enediol** **F6P**

La transferencia del oxígeno del carbonilo del carbono 1 al carbono 2 tiene dos efectos importantes. El grupo hidroxilo generado en el carbono 1 puede fosforilarse con facilidad en la reacción 3. También dispone al azúcar para una rotura aldólica simétrica en la reacción 4. Encontraremos otras isomerizaciones aldosa-cetosa que se producen por un mecanismo similar.

### Reacción 3: segunda inversión de ATP

En la reacción 3, la **fosfofructoquinasa** cataliza una segunda fosforilación dependiente de ATP para producir un derivado de hexosa, la fructosa-1,6-bisfosfato (FBP), fosforilada en ambos carbonos 1 y 6.

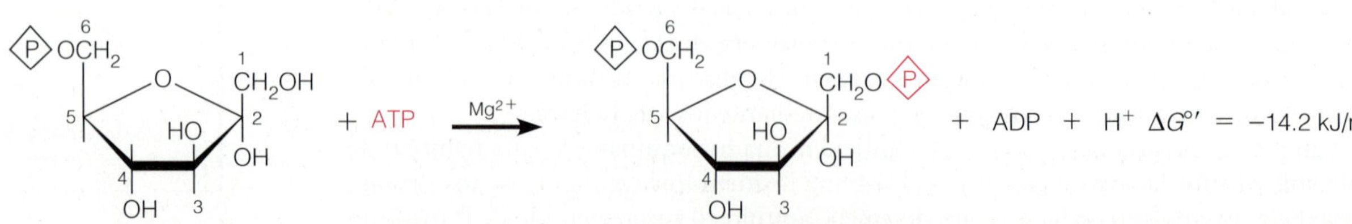


**D-fructosa-6-fosfato** **D-fructosa-1,6-bisfosfato**

La reacción es análoga desde el punto de vista químico a la que vimos en el paso 1, una sustitución nucleófila. Sin embargo, aquí, el —OH del C1 de la fructosa-6-fosfato es el nucleófilo que ataca al fosfato $\gamma$ electrófilo del ATP. Como la fosforilación en la posición 6, esta reacción es lo suficientemente exergónica como para ser esencialmente irreversible *in vivo*. La irreversibilidad es importante, ya que la fosfofructoquinasa (PFK) constituye el lugar principal de regulación del flujo de carbono a través de la glucólisis. La PFK es una enzima alostérica cuya actividad es muy sensible a la situación energética de la célula, así como a las concentraciones de otros intermediarios, en especial el citrato y los ácidos grasos. Las interacciones con efectores alostéricos, que se consideran más adelante en este capítulo, activan o inhiben la PFK. Esta regulación alostérica aumenta el flujo de carbono a través de la glucólisis cuando existe una necesidad de generar más ATP y lo inhibe cuando la célula contiene depósitos abundantes de ATP o de sustratos oxidables.

La reacción de la fosfofructoquinasa es el paso primario en el que se regula la glucólisis.

Las plantas superiores y diversos procariotas contienen dos PFK diferentes, la enzima dependiente de ATP y una forma peculiar, que utiliza pirofosfato ($PP_i$) en vez de ATP como agente fosforilante.

$$\text{Fructosa-6-fosfato} + PP_i \rightleftharpoons \text{fructosa-1,6-bisfosfato} + P_i \qquad \Delta G^{\circ\prime} = -2.9 \text{ kJ/mol}$$

Mientras que la fosforilación de la fructosa-6-fosfato por la PFK dependiente de ATP es esencialmente irreversible *in vivo*, la enzima dependiente de pirofosfato cataliza una reacción reversible cercana al equilibrio. La enzima dependiente de pirofosfato se ha indicado que puede participar en la adaptación de las plantas a condiciones no óptimas, como la deficiencia de fosfato o la agresión de bajo oxígeno.

## Reacción 4: fragmentación en dos triosa fosfatos

La reacción 4 está catalizada por la **fructosa-1,6-bisfosfato aldolasa**, a la que se denomina habitualmente **aldolasa**, porque su reacción es similar a la inversa de una condensación aldólica. En esta reacción se produce la «ruptura del azúcar» al que se refiere el término *glucólisis*, puesto que el compuesto de seis carbonos, fructosa-1,6-bisfosfato, se escinde para dar lugar a dos intermedios de tres carbonos, el gliceraldehído-3-fosfato y la dihidroxiacetona fosfato (DHAP).

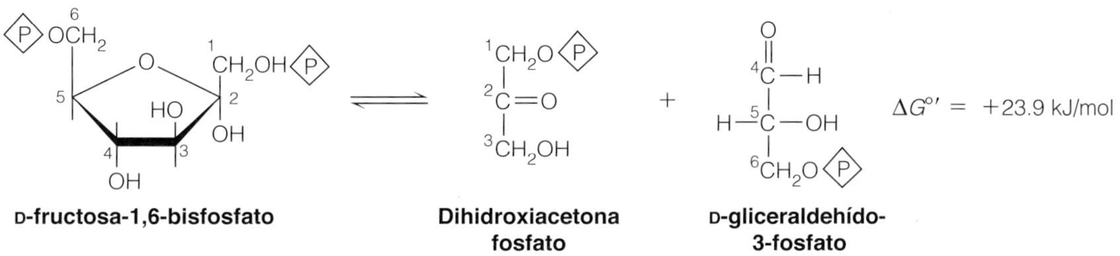


Esta reacción ilustra un principio metabólico importante. Obsérvese que la reacción es muy endergónica en condiciones estándar, de manera que está muy favorecida la formación de fructosa-1-6-bisfosfato. Sin embargo, a partir de las concentraciones intracelulares reales del reactante y de los productos, según las determinaciones efectuadas en el músculo esquelético de conejo, se ha calculado un $\Delta G$ de $-1.3$ kJ/mol, que concuerda con la observación de que la reacción tiene lugar *in vivo*, tal como está escrita. Como se resaltó en el Capítulo 3, este ejemplo ilustra la importancia de considerar las condiciones que existen *en la célula* ($\Delta G$) y *no* las condiciones del estado estándar ($\Delta G^{\circ\prime}$), para decidir cuál es la dirección de la reacción favorecida.

La aldolasa rompe la fructosa-1,6-bisfosfato en las condiciones intracelulares, a pesar de que el equilibrio se encuentra muy desplazado hacia la fructosa-1,6-bisfosfato en condiciones estándar.

La aldolasa de la mayor parte de los vertebrados es una proteína tetramérica. La enzima activa el sustrato para su escisión mediante el ataque nucleófilo sobre el carbono ceto de la posición 2 con un grupo $\varepsilon$-amino de lisina en el lugar activo, como se muestra en la Figura 13.5. Esto se facilita por la protonación del oxígeno del carbonilo por un ácido (aspartato) del lugar activo (paso 1). La carbinolamina resultante se deshidrata

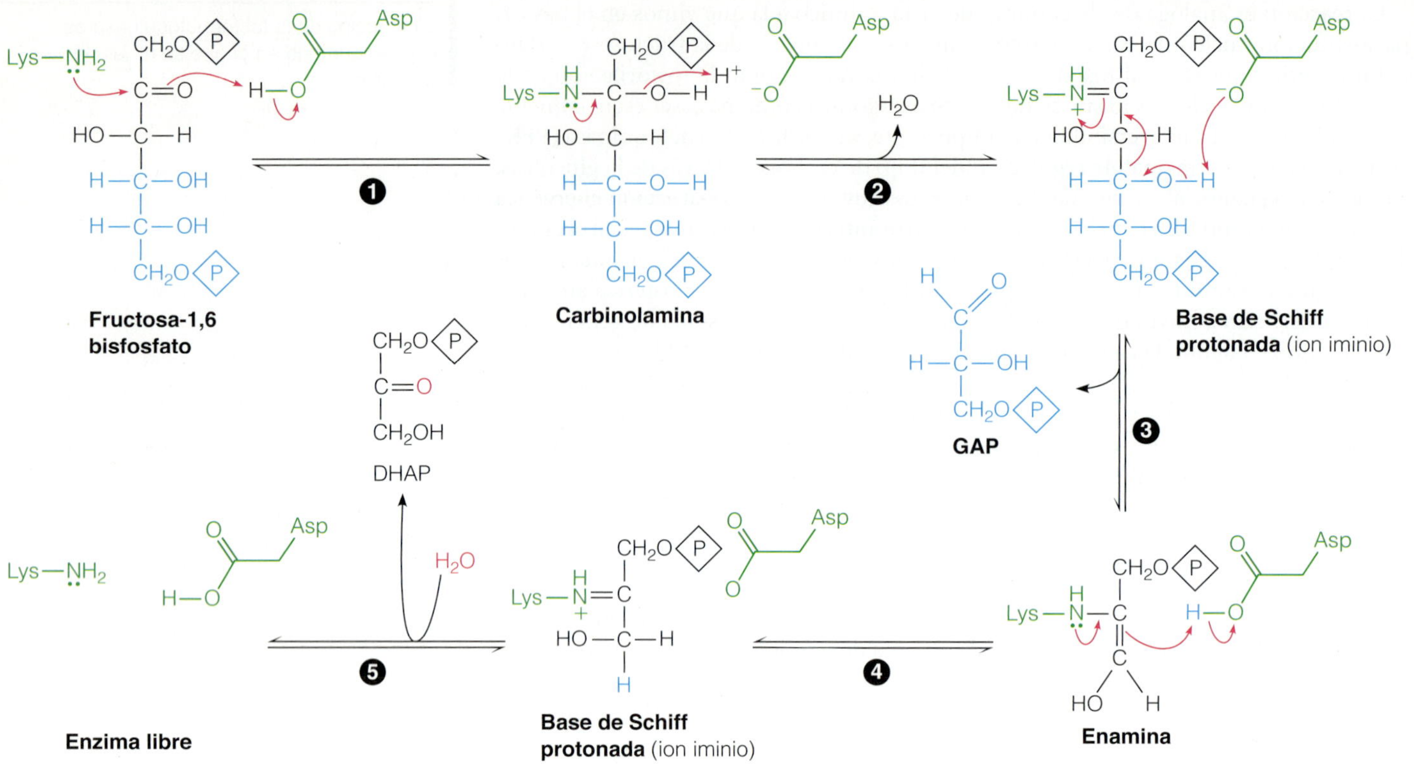


**FIGURA 13.5**

**Mecanismo de reacción de la fructosa-1,6-bisfosfato aldolasa.** En la figura se muestra la base de Schiff protonada intermedia (ion iminio) entre el sustrato y un residuo de lisina del lugar activo. Un residuo de aspartato facilita la reacción a través de una catálisis ácido-base general. *Véanse* los detalles en el texto.

para dar una **base de Schiff** protonada (ion iminio) (paso 2). Una base de Schiff es un producto de adición nucleófila entre un grupo amino y un grupo carbonilo. Una reacción retroaldólica rompe, a continuación, la base de Schiff protonada en una enamina más gliceraldehído-3-fosfato (paso 3). La enamina se protona para dar otro ion iminio (base de Schiff protonada) (paso 4), que luego se hidroliza por la enzima para dar el segundo producto, el DHAP (paso 5).

La ventaja del intermedio base de Schiff viene de su capacidad para deslocalizar electrones. El ion iminio con carga positiva es así un aceptor electrónico mejor que una carbonil cetona, facilitando las reacciones retroaldólicas como esta y como veremos otras muchas conversiones biológicas. Este mecanismo revela también la importancia de la reacción anterior de la glucosa-6-fosfato isomerasa en el establecimiento de la simetría de la reacción de la aldolasa. Si no tuviera que isomerizarse la glucosa a fructosa (desplazando el carbonilo de C-2 a C-1), la reacción de la aldolasa podría haber dado fragmentos de 2 y 4 carbonos, en lugar de los fragmentos de tres carbonos metabólicamente equivalentes.

## Reacción 5: isomerización de la dihidroxiacetona fosfato

Como se ha señalado antes, la reacción simétrica de la aldolasa produce 2 azúcares fosfato de tres carbonos. La función de la reacción 5, catalizada por la **triosa fosfato isomerasa**, es la conversión de uno de estos productos, la dihidroxiacetona fosfato (DHAP), en el otro, el gliceraldehído-3-fosfato (G3P). Dado que el G3P es el sustrato de la reacción glucolítica siguiente, esta reacción permite utilizar los seis átomos de carbono de la glucosa: los C-1 y C-6 de la glucosa se convierten en el C-3 del gliceraldehído-3-fosfato, el C-2 y el C-5 se convierten en el C-2 y el C-3 y el C-4 se convierten en el C-1 del gliceraldehído-3-fosfato.

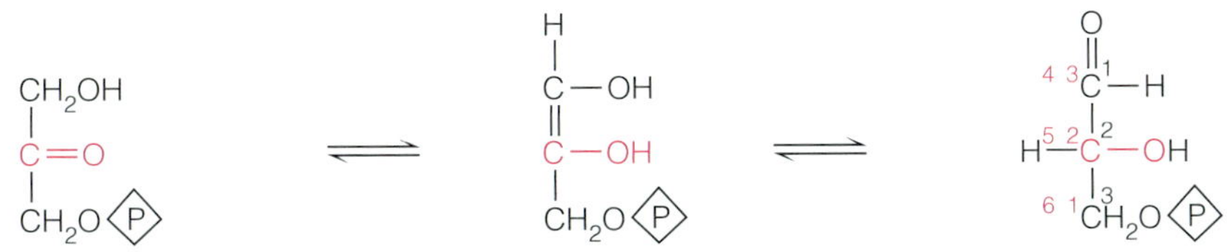

Dihidroxiacetona fosfato    Intermedio enediol    D-Gliceraldehído-3-fosfato

$\Delta G^{\circ\prime} = +7.6$ kJ/mol

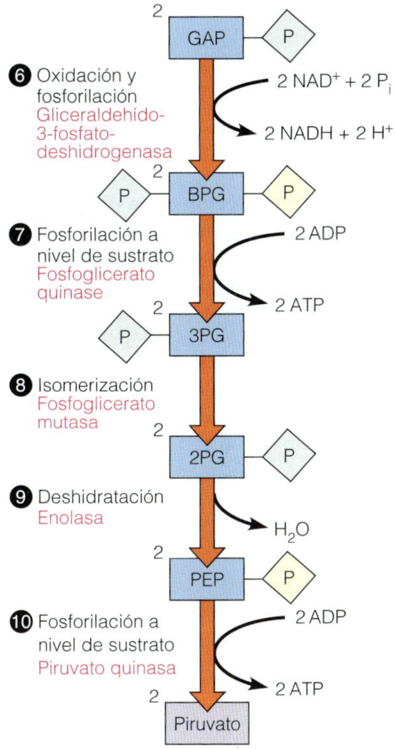


Esta reacción es también débilmente endergónica en condiciones estándar, pero la concentración intracelular de gliceraldehído-3-fosfato es baja (ya que se consume en las reacciones siguientes), llevando la reacción hacia la derecha. La isomerización de la dihidroxiacetona fosfato tiene lugar a través de un intermediario enediol.

En este punto, la glucólisis ha gastado dos moléculas de ATP y ha convertido un azúcar hexosa en dos moléculas de gliceraldehído-3-fosfato, cada una de las cuales se metabolizará a continuación para producir compuestos de potencial de transferencia de fosfato elevado, que pueden impulsar la síntesis de ATP. La fase de inversión de energía del ciclo se ha completado ya, y va a iniciarse la fase de generación de energía.

## Reacciones 6-10: fase de generación de energía

Las cinco reacciones de la fase de generación de energía se resumen en la figura del margen.

### Reacción 6: generación del primer compuesto de energía elevada

Esta reacción, catalizada por la **gliceraldehído- 3-fosfato deshidrogenasa**, es una de las más importantes de la glucólisis, debido, en parte, a que genera el primer intermedio de potencial de transferencia de fosfato elevado y, en parte, porque genera un par de equivalentes reductores (*véase* la Figura13.6). La reacción global es la siguiente:

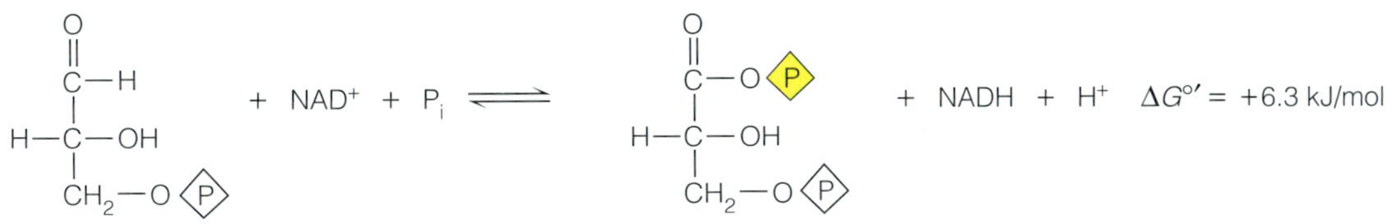

D-gliceraldehído-3-fosfato    1,3-bisfosfoglicerato

$+ \text{NAD}^+ + \text{P}_i \rightleftharpoons \ldots + \text{NADH} + \text{H}^+ \quad \Delta G^{\circ\prime} = +6.3$ kJ/mol

La reacción 6 comporta una oxidación de dos electrones del carbono carbonilo del gliceraldehído-3-fosfato a nivel de carboxilo, una reacción que normalmente es bastante exergónica. Sin embargo, la reacción global es ligeramente *endergónica* (en condiciones *estándar*), ya que la enzima utiliza la mayor parte de la energía liberada por la oxidación para impulsar la síntesis de un compuesto con un potencial de transferencia de fosfato elevado, el 1,3-bisfosfoglicerato (BPG). Este compuesto contiene un anhídrido mixto de ácido carboxílico-fosfórico, o **grupo acil-fosfato**, en la posición 1, un grupo funcional con una energía libre estándar de hidrólisis muy alta, de −49.4 kJ/mol. Esta enzima requiere también una coenzima, el $NAD^+$, para aceptar los electrones del sustrato que se está oxidando.

> La gliceraldehído-3-fosfato deshidrogenasa crea un compuesto de energía elevada y genera un par de equivalentes reductores.

Dado que el grupo acil-fosfato posee mucha más energía que el anhídrido fosfato del ATP, el 1,3-bisfosfoglicerato puede impulsar la síntesis de ATP a partir de ADP. De hecho, lo hace en la siguiente reacción de la secuencia, que es la primera de las dos fosforilaciones a nivel de sustrato de la glucólisis. Dada la importancia de entender cómo se sintetiza el ATP, se ha dedicado gran atención al estudio de la forma en que se sintetizan los compuestos de potencial de transferencia de fosfato elevado en la fosforilación a nivel de sustrato.

En el caso de la gliceraldehído-3-fosfato deshidrogenasa, ese conocimiento procede, en gran parte, de la antigua observación de que la glucólisis se inhibe por el yodoacetato

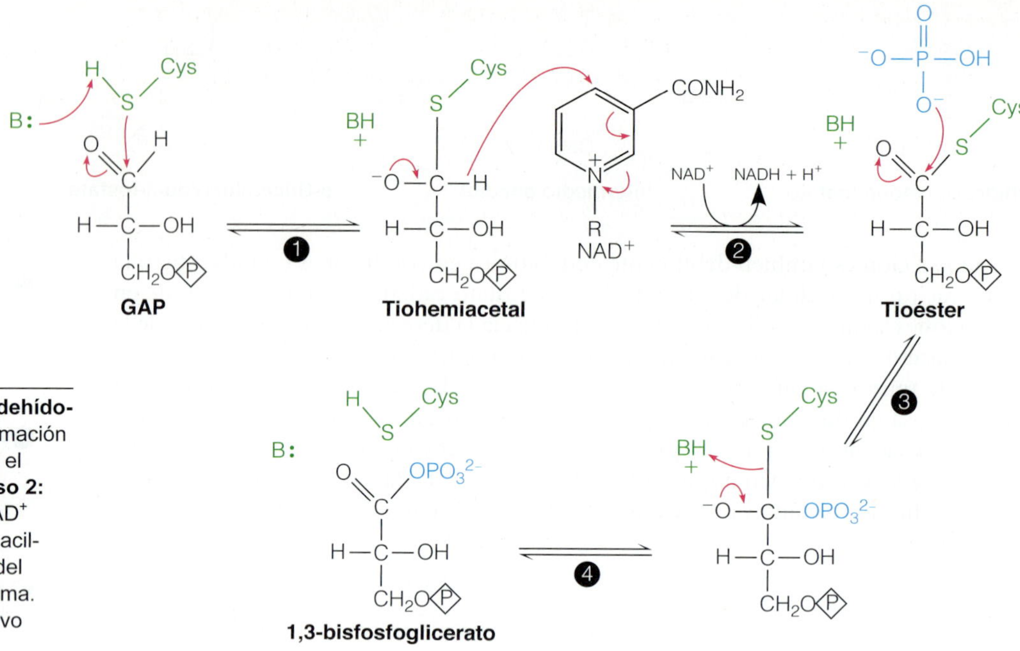


**FIGURA 13.6**

**Mecanismo de reacción de la gliceraldehído-3-fosfato deshidrogenasa. Paso 1:** formación del intermedio tiohemiacetal inicial entre el gliceraldehído-3-fosfato y la enzima. **Paso 2:** oxidación del intermedio inicial por el NAD$^+$ para dar lugar a un producto intermedio acil-tioéster. **Pasos 3, 4:** rotura fosforolítica del enlace tioéster en el intermedio acil-enzima. B: representa una histidina del lugar activo que actúa como base general.

y por metales pesados como el mercurio. Ambos compuestos reaccionan con los grupos sulfhidrilo libres, como se muestra a continuación para el yodoacetato:

$$RSH + ICH_2COO^- \longrightarrow RS{-}CH_2COO^- + HI$$

La observación de que estos compuestos inhiben la glucólisis de manera específica mediante la inhibición de la gliceraldehído-3-fosfato deshidrogenasa implicaba, claramente, que la enzima contiene uno o varios grupos tioles esenciales. Actualmente sabemos que la reacción se produce tal como se indica en la Figura 13.6, empezando con la formación de un grupo **tiohemiacetal** en el que participa el grupo carbonilo del sustrato y un grupo tiol de una cisteína de la enzima. El tiohemiacetal se oxida a continuación por el NAD$^+$, para dar lugar a un intermedio acil-enzima o tioéster. Los tioésteres son compuestos de energía elevada (*véase* la Figura 14.8, página 601); la rotura de este tioéster por el P$_i$ salva gran parte de la energía en forma de acil-fosfato, que es el producto.

Este mecanismo conserva la energía de oxidación al acoplar una reacción exergónica con una reacción endergónica:

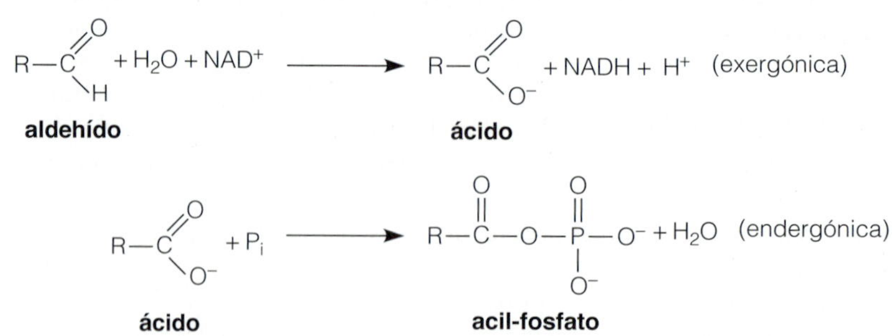


Se oxida un aldehído al nivel de un ácido (un proceso de dos electrones). Pero, en lugar de liberar el ácido, la enzima incorpora P$_i$ utilizando la energía de oxidación para crear un compuesto acil-fosfato, de alta energía, que posee un potencial de transferencia de grupo fosfato mayor que el ATP. Esta reacción explica también la estimulación de la glucólisis observada por Harden y Young cuando añadieron fosfato inorgánico a extractos de levadura (página 522).

La estequiometría global de la reacción comporta la reducción de 1 mol de $NAD^+$ a $NADH + H^+$ por mol de gliceraldehído-3-fosfato. Esta reacción es el origen del NADH formado en la glucólisis, que se identificó por primera vez en las Figuras 13.2 y 13.3.

### Reacción 7: primera fosforilación a nivel de sustrato

Como se ha indicado antes, el 1,3-bisfosfoglicerato, dado su elevado potencial de transferencia de grupo, tiene una clara tendencia a transferir su grupo acil-fosfato al ADP, con la consiguiente formación de ATP. Esta reacción de fosforilación a nivel de sustrato la cataliza la **fosfoglicerato quinasa**, de la siguiente forma:

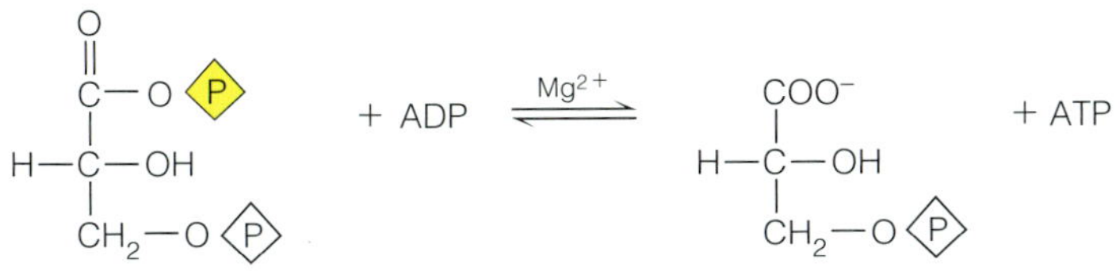

$\Delta G^{\circ\prime} = -18.8$ kJ/mol

**1,3-bisfosfoglicerato** **3-fosfoglicerato**

La gliceraldehído-3-fosfato deshidrogenasa y la fosfoglicerato quinasa están acopladas termodinámicamente:

| | $\Delta G^{\circ\prime}$ (kJ/mol) |
|---|---|
| gliceraldehído-3-P + $P_i$ + $NAD^+ \rightarrow$ 1,3-bisfosfoglicerato + NADH + $H^+$ | +6.3 |
| 1,3-bisfosfoglicerato + ADP $\rightarrow$ 3 fosfoglicerato + ATP | −18.8 |
| gliceraldehído-3-P + $P_i$ + ADP + $NAD^+ \rightarrow$ 3-fosfoglicerato + ATP + NADH + $H^+$ | $\Delta G^{\circ\prime}_{Suma} = -12.5$ |

Así, con dos reacciones consecutivas, la energía de la oxidación de un aldehído a un ácido carboxílico se conserva en forma de ATP. En este punto, el rendimiento neto de ATP en la ruta glucolítica es cero. Recuérdese que se han invertido 2 moles de ATP por mol de glucosa para generar 2 moles de triosa fosfato. La reacción de la fosfoglicerato quinasa genera 1 mol de ATP por cada mol de triosa fosfato, o 2 moles de ATP por mol de glucosa (*véase* la Figura 13.3). La ruta en conjunto pasa a ser exergónica en las tres reacciones restantes. Ello comporta una activación del fosfato restante que, en el 3-fosfoglicerato (3PG), tiene un potencial de transferencia de fosfato relativamente bajo.

La fosfoglicerato quinasa cataliza la primera reacción de la glucólisis que forma ATP.

### Reacción 8: preparación para la síntesis del siguiente compuesto de energía elevada

La activación del 3-fosfoglicerato se inicia con una isomerización catalizada por la **fosfoglicerato mutasa**. La enzima transfiere el fosfato de la posición 3 a la posición 2 del sustrato para dar 2-fosfoglicerato. Para esta reacción se requiere $Mg^{2+}$.

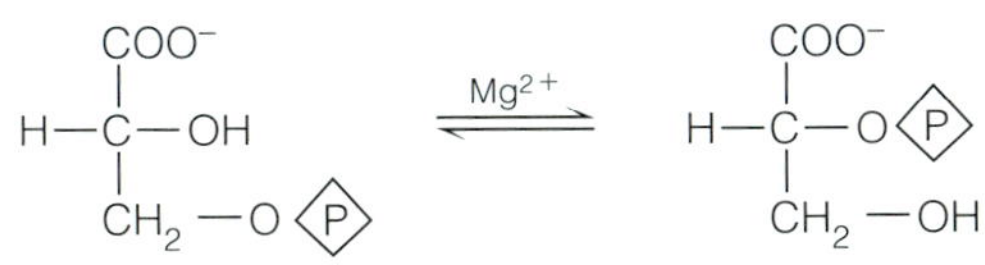

$\Delta G^{\circ\prime} = +4.4$ kJ/mol

**3-fosfoglicerato** **2-fosfoglicerato**

La reacción es ligeramente endergónica en condiciones estándar. Sin embargo, la concentración intracelular de 3-fosfoglicerato es alta en comparación con la de 2-fosfoglicerato (2PG), por lo que *in vivo*, la reacción se produce sin dificultad hacia la derecha. La enzima contiene un residuo de fosfohistidina en el lugar activo. En el primer paso de la reacción, se transfiere el fosfato desde la enzima al sustrato para

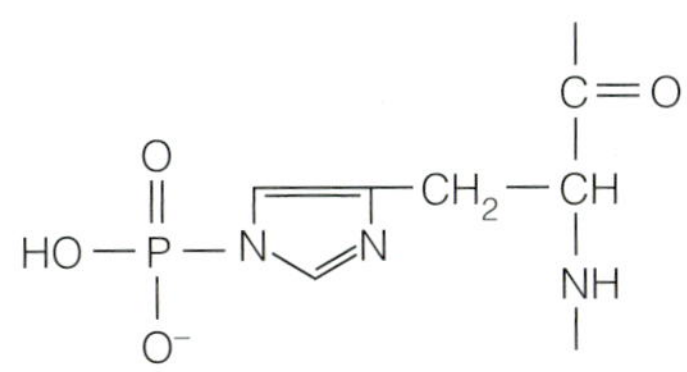

**Residuo de *N*-fosfohistidina**

formar un intermedio, el 2,3-bisfosfoglicerato. La transferencia del fosfato de C-3 al lugar activo de la enzima regenera la enzima fosforilada y forma el producto, que se libera.

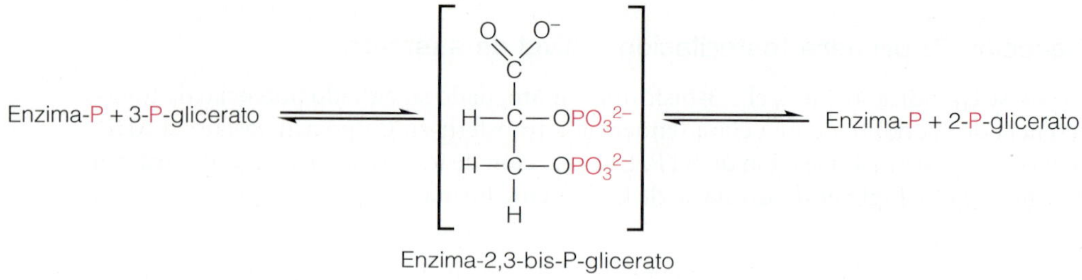


El desplazamiento del fosfato desde la posición 3 a la posición 2 establece el siguiente paso de conservación de la energía de la glucólisis, de nuevo por medio de la conversión de un compuesto con un potencial de transferencia de grupo fosfato bajo, a uno con un potencial de transferencia de fosfato alto.

### Reacción 9: síntesis del segundo compuesto de energía elevada

La reacción 9, catalizada por la **enolasa**, genera fosfoenolpiruvato (PEP), otro compuesto de potencial de transferencia de fosfato muy alto. El PEP participa en la segunda reacción de fosforilación a nivel de sustrato de la glucólisis.

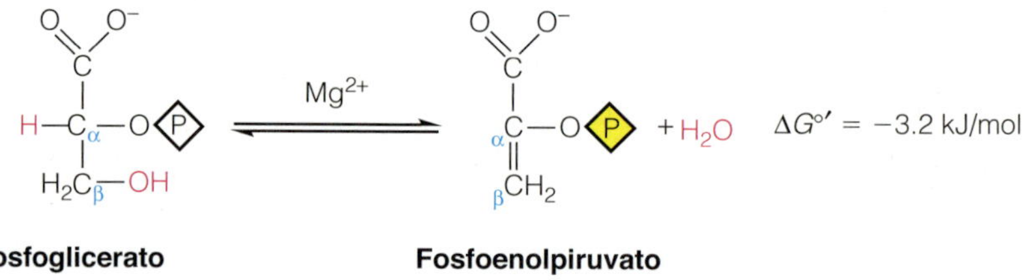


Como la mayoría de los compuestos $\beta$-hidroxi carbonilo, el 2-fosfoglicerato se deshidrata fácilmente por una reacción de $\alpha,\beta$-eliminación. Una Lys del lugar activo, que actúa como base general, extrae un protón de C-2 (carbono $\alpha$) del 2PG, generando un intermediario carbaniónico. Un Glu del lugar activo facilita la eliminación, protonando el grupo de salida ($OH^-$) mediante una catálisis ácida general. La formación de producto también está favorecida por la estabilidad del sistema de dobles enlaces conjugados del PEP. La enolasa necesita dos iones $Mg^{2+}$, que neutralizan las cargas negativas sobre el sustrato y disminuye el $pK_a$ del protón de C-2, haciendo más fácil la extracción. A pesar del cambio de energía libre pequeño, esta transformación aparentemente sencilla aumenta enormemente la energía libre estándar de hidrólisis del enlace fosfato, desde −15.6 kJ/mol para el 2-fosfoglicerato hasta −61.9 kJ/mol para el fosfoenolpiruvato. La fosforilación del —OH del C-2 impide la, de otra forma muy favorable, tautomerización de la forma ceto. Cuando se transfiere el fosfato al ADP, tiene lugar la tautomerización de enol a ceto, impulsando la reacción hacia delante. Como se considera en el Capítulo 3 (página 79), la gran inestabilidad termodinámica del enolpiruvato es la responsable principal de la gran energía libre negativa de hidrólisis del fosfoenolpiruvato.

La piruvato quinasa cataliza la segunda reacción de la glucólisis, que forma ATP.

### Reacción 10: segunda fosforilación a nivel de sustrato

En la última reacción, catalizada por la **piruvato quinasa**, el fosfoenolpiruvato transfiere su grupo fosforilo al ADP en otra fosforilación a nivel de sustrato. Obsérvese que la denominación que se da a la enzima corresponde a la que tendría si la reacción que se muestra a continuación fuera hacia la izquierda, a pesar de que es fuertemente exergónica hacia la derecha. Muchas enzimas se nombraron antes de que se identificara la función o la dirección de la catálisis intracelular.

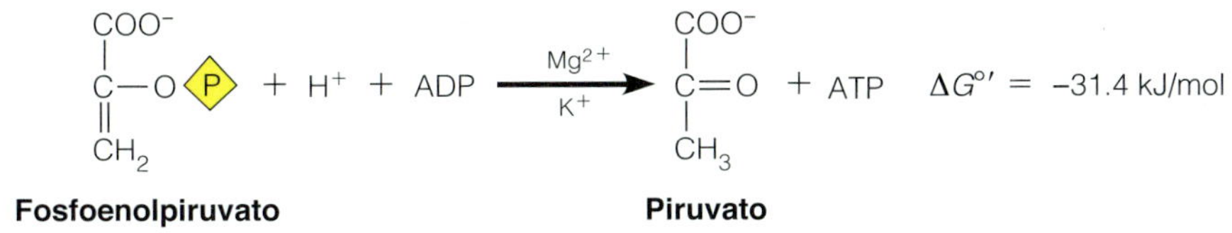


La enzima requiere $Mg^{2+}$ y $K^+$. A pesar de que la reacción implica la síntesis endergónica de ATP, la reacción global es fuertemente exergónica, ya que, como se indicó en el Capítulo 3, la tautomerización espontánea del producto, el enolpiruvato, hacia la forma ceto, muy favorecida, proporciona un fuerte impulso termodinámico ($\Delta G^{\circ\prime} = -46$ kJ/mol) hacia delante.

La reacción de la piruvato quinasa (PK) es otro lugar de regulación metabólica. Como muchas enzimas, se encuentra en los tejidos animales como isoenzimas múltiples. Los mamíferos tienen dos genes paralogos, los cuales mediante corte y empalme alternativo, producen cuatro isenzimas diferentes de PK. Como veremos en el Capítulo 27, el corte y empalme alternativo es un mecanismo habitual que utilizan los eucariotas para expandir, en gran medida, el número de diferentes productos proteicos producidos por un único gen. Las isoenzimas PK-L y PK-R, codificadas ambas por el gen *PKLR*, se expresan de forma específica en el hígado y en los glóbulos rojos, respectivamente. Las isoenzimas M1 y M2 están codificadas por el gen *PKM2*. PK-M1 se expresa en el cerebro y el músculo y otros tejidos diferenciados. PK-M2 se expresa durante el desarrollo embrionario, y también en las células tumorales, donde parece conferir una ventaja proliferativa selectiva a las células tumorales; posteriormente analizaremos esto con detalle. Las cuatro isoenzimas PK son homotetrámeros de subunidades de ~60 kDa, y excepto la isoenzima M1, para su total actividad necesitan la activación alostérica por la fructosa-1,6-bisfosfato. Las isoenzimas L y R se encuentran inhibidas de forma alostérica a concentraciones elevadas de ATP. La isoenzima M1, por otro lado, es activa de forma constitutiva. Por encima de estos mecanismos alostéricos, la síntesis de la enzima también se encuentra bajo control de la alimentación, de forma que la actividad intracelular puede aumentar hasta 10 veces como consecuencia de un aumento de la síntesis de la enzima o inducción, como resultado de una ingestión elevada de hidratos de carbono.

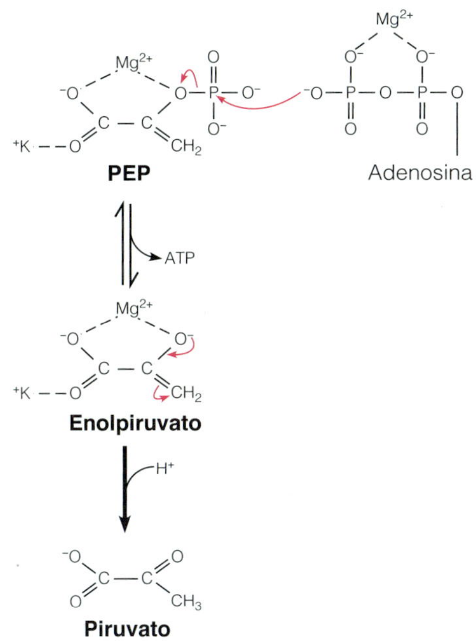


La isoenzima hepática de la piruvato quinasa (PK-L) también se regula mediante fosforilación y desfosforilación. La forma desfosforilada es mucho más activa que la forma fosforilada. La fosforilación, que está controlada por las hormonas, desvía el fosfoenolpiruvato a la gluconeogénesis (*véase* más adelante) cuando la oxidación de los ácidos grasos y el ciclo del ácido cítrico están actuando ya en un grado suficiente, que satisface las necesidades energéticas de la célula. En cambio, prácticamente todo el fosfoenolpiruvato producido en el músculo se convierte en piruvato.

Los hidratos de carbono de la alimentación inducen la formación de piruvato quinasa y aumentan la capacidad del organismo para obtener energía a partir de la glucólisis.

Se han estudiado las deficiencias genéticas humanas de la piruvato quinasa eritrocitaria (PK-R). La acumulación de fosfoenolpiruvato da lugar a una concentración excesiva en sangre de otros intermediarios de la glucólisis y metabolitos de tres carbonos, incluyendo el 2,3-bisfosfoglicerato (2,3-BPG). El 2,3-BPG se presentó en el Capítulo 7 como inhibidor alostérico de la unión del oxígeno a la hemoglobina y su acumulación da lugar a un descenso de la afinidad de la hemoglobina por el oxígeno en los pacientes con déficit de PK-R. Sin embargo, la anemia asociada con esta deficiencia enzimática se tolera bien, en general, debido a que el descenso de la unión de $O_2$ en los pulmones se compensa por un aumento de la liberación de $O_2$ en los tejidos (*véanse* las Figuras 7.10 y 7.24).

La reacción de la piruvato quinasa convierte toda la ruta glucolítica de un proceso neutro en cuanto a la energía en un proceso que comporta la síntesis neta de ATP. Se generan aquí dos fosfatos de energía elevada (esto es, ATP) por hexosa, que se suman a los dos generados por la fosfoglicerato quinasa (*véase* la Figura 13.3). Restando los dos ATP invertidos en la hexoquinasa y en la fosfofructoquinasa, se obtiene un rendimiento neto de 2 moles de fosfatos de energía elevada por mol de glucosa, lo cual no es, ciertamente, un rendimiento muy elevado, pero el proceso es rápido y capaz de satisfacer las necesidades energéticas de muchos anaerobios. Además, el metabolismo posterior del piruvato a través de las rutas aerobias genera mayor cantidad de fosfato de energía elevada.

**TABLA 13.1. Resumen de la glucólisis**

| Reacción | Enzima | Rendimiento de ATP | $\Delta G°'$ | $\Delta G$ |
|---|---|---|---|---|
| ❶ Glucosa (G) → Glucosa-6-fosfato (G6P) (ATP → ADP) | HK | −1 | −16.7 | −33.5 |
| ❷ Glucosa-6-fosfato (G6P) → Fructosa-6-fosfato (F6P) | PGI | −1 | +1.7 | −2.5 |
| ❸ Fructosa-6-fosfato (F6P) → Fructosa-1,6-bisfosfato (FBP) (ATP → ADP) | PFK | | −14.2 | −22.2 |
| ❹ Fructosa-1,6-bisfosfato (FBP) → Gliceraldehído-3-fosfato (G3P) + dihidroxiacetona fosfato (DHAP) | ALD | | +23.9 | −1.3 |
| ❺ Gliceraldehído-3-fosfato (G3P) + dihidroxiacetona fosfato (DHAP) → Dos gliceraldehído-3-fosfato | TPI | +1(+2) | +7.6 | ~0 |
| ❻ Dos gliceraldehído-3-fosfato → 1,3-Bisfosfoglicerato (BPG) ($NAD^+ + 2P_i$ → $NADH + 2H^+$) | GAPDH | +1(+2) | +6.3(+12.6) | −1.7(−3.4) |
| ❼ 1,3-Bisfosfoglicerato (BPG) → 3-Fosfoglicerato (3PG) (ADP → ATP) | PGK | | −18.8(−37.6) | ~0 |
| ❽ 3-Fosfoglicerato (3PG) → 2-Fosfoglicerato (2PG) | PGM | | +4.4(+8.8) | ~0 |
| ❾ 2-Fosfoglicerato (2PG) → Fosfoenolpiruvato (PEP) (→ $H_2O$) | ENO | | −3.2(−6.4) | −3.3(−6.6) |
| ❿ Fosfoenolpiruvato (PEP) → Piruvato (Pyr) (2ADP → ATP) | PK | | 31.4(−62.8) | −16.7(−33.4) |
| Neto: glucosa + 2ADP + $2P_i$ + 2NAD+ → 2 piruvato + 2ATP + 2NADH + 2H+ + $2H_2O$ | | +2 | −83.1 | −102.9 |

**Nota:** Los valores de $\Delta G$ se calculan a partir de las concentraciones intracelulares aproximadas de intermediarios glucolíticos en el músculo esquelético del conejo. Todos los valores de $\Delta G$ tras la reacción 5 están doblados, ya que cada reacción implica 2 sustratos de tres carbonos por molécula de glucosa.

La Tabla 13.1 resume las reacciones de la glucólisis, en las que se presentan los cambios de energía libre y el rendimiento de ATP de cada paso. Obsérvese la diferencia entre los cambios de energía libre de Gibbs estándar ($\Delta G°'$) y calculado ($\Delta G$) y los tres valores en rojo de los que consideraremos su importancia en breve.

## Destinos metabólicos del piruvato

El piruvato constituye un punto central de ramificación metabólica. Su destino depende de manera crucial del estado de oxidación de la célula, que está relacionado con la reacción catalizada por la gliceraldehído-3-fosfato deshidrogenasa (reacción 6). Recuérdese que esta reacción convierte 1 mol de $NAD^+$ en NADH por mol de triosa fosfato. El citoplasma tiene una cantidad finita de $NAD^+$, *por lo que este NADH debe reoxidarse a* $NAD^+$ para que continúe la glucólisis. Durante la glucólisis aerobia, como se ha indicado antes, este NADH se oxida por la cadena de transporte electrónico mitocondrial y los electrones se transfieren finalmente al oxígeno. Esta oxidación del NADH, que consideramos con detalle en el Capítulo 15, proporciona más energía con la síntesis de unos 2.5 moles de ATP a partir de ADP por mol de NADH oxidado. Dado que se producen 2 moles de NADH por mol de glucosa que entra en la ruta, la glucólisis aerobia proporciona una cantidad de ATP considerablemente superior a la de la glucólisis anaerobia. Además, la oxidación del piruvato a través del ciclo del ácido cítrico genera mucha más energía, por la respiración.

### Metabolismo del lactato

En las células aerobias que están realizando unas tasas de glucólisis muy elevadas, el NADH generado en la glucólisis no puede reoxidarse a tasas comparables en las mitocondrias. En estos casos o en las células anaerobias, que carecen de mitocondrias, el NADH debe utilizarse para impulsar la reducción de un sustrato orgánico para mantener la homeostasia redox. Como se ha indicado antes, ese sustrato es el propio piruvato, tanto en las células eucariotas como en las bacterias del ácido láctico, y el producto es el lactato. La enzima que cataliza esta reacción es la lactato deshidrogenasa (*véase* la página 521). El equilibrio de esta reacción está muy desplazado hacia el lactato. Como se ilustra en la Figura 13.3a, el NADH producido en la oxidación del gliceraldehído-3-fosfato se utiliza para reducir el piruvato a lactato. Así pues, durante la glucólisis anaerobia se mantiene un equilibrio electrónico global.

El piruvato debe reducirse a lactato cuando los tejidos presentan unas condiciones aerobias insuficientes para oxidar todo el NADH que se forma en la glucólisis.

Incluso en los vertebrados aerobios, algunos tejidos, como los eritrocitos, obtienen la mayor parte de su energía del metabolismo anaerobio. El músculo esquelético, que obtiene la mayor parte de su energía de la respiración cuando está en reposo, recurre de manera muy intensa a la glucólisis durante el ejercicio, momento en que las reservas de glucógeno se degradan o se movilizan rápidamente para proporcionar glucosa para la glucólisis. Normalmente, el lactato producido difunde desde el tejido y se transporta, en el torrente sanguíneo, a los tejidos muy aerobios, como el hígado y el corazón. El tejido aerobio es capaz de continuar catabolizando el lactato, mediante la respiración, o puede volver a convertirlo en glucosa, mediante la gluconeogénesis. Sin embargo, si se produce lactato en grandes cantidades, no puede consumirse con facilidad. En estos casos, como se comentó en el Capítulo 7, el pH de la sangre disminuye e interviene el efecto Bohr para aumentar el aporte de oxígeno a los tejidos.

Hasta hace poco se pensaba que la acumulación de lactato en el músculo esquelético era, en gran parte, una consecuencia del metabolismo anaerobio, que tiene lugar cuando la necesidad de los tejidos de generar energía supera a su capacidad de oxidar el piruvato producido en la glucólisis. Los estudios metabólicos recientes, entre ellos los análisis de RMN con $^{31}P$ de las concentraciones de intermediarios fosforilados en las células musculares vivas durante el ejercicio, sugieren que el lactato es realmente un producto intermedio y no una «vía muerta» metabólica, cuyo único destino es la reconversión en piruvato. Estos estudios indican que, incluso en el tejido muscular completamente oxigenado, se forma y se utiliza lactato continuamente. Las mitocondrias del músculo esquelético oxidan activamente el lactato y durante el ejercicio la oxidación puede representar hasta el 75 % de la eliminación del lactato, siendo utilizado el resto en la gluconeogénesis.

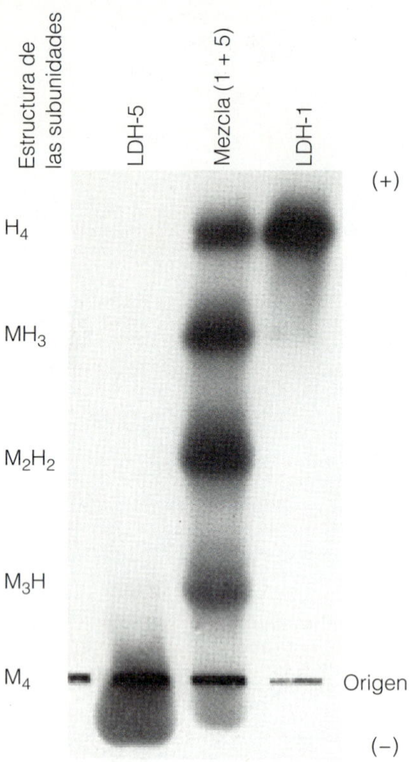


**FIGURA 13.7**

**Base estructural de la existencia de isoenzimas de lactato deshidrogenasa.** Se sometieron las preparaciones a electroforesis en gel de almidón, que se trató luego para revelar las bandas que contenían la proteína enzimáticamente activa. La LDH-1 es un tetrámero que contiene tan solo la subunidad H, mientras que la LDH-5 contiene tan solo subunidades M. La calle central corresponde a un experimento en el que se mezclaron cantidades iguales de LDH-1 y LDH-5. Las subunidades se disociaron y se permitió luego que volvieran a asociarse. La presencia de cinco formas enzimáticas diferentes y sus cantidades relativas indican que las subunidades M y H individuales pueden asociarse de manera aleatoria para formar tetrámeros con una composición de subunidades mixta.



## Isoenzimas de lactato deshidrogenasa

La lactato deshidrogenasa fue la primera enzima en la que se estableció la base estructural de la existencia de isoenzimas. La mayor parte de los tejidos contienen cinco isoenzimas de lactato deshidrogenasa, que pueden separarse electroforéticamente, como se muestra en la Figura 13.7.

La lactato deshidrogenasa (LDH) es una proteína tetramérica, formada por dos tipos de subunidades, denominadas M y H, que presentan pequeñas diferencias de su secuencia de aminoácidos. Las subunidades M predominan en el músculo esquelético y en el hígado, y las subunidades H predominan en el corazón. Las subunidades M y H se combinan de manera aleatoria entre sí, por lo que las cinco isoenzimas principales tienen las siguientes composiciones: $M_4$, $M_3H$, $M_2H_2$, $MH_3$ y $H_4$. Dada la reasociación aleatoria de las subunidades, la composición de isoenzimas de un tejido viene determinada, principalmente, por las actividades de los genes que especifican las dos subunidades.

La necesidad fisiológica de la existencia de distintas formas de esta enzima no está clara todavía. No obstante, la especificidad tisular de los patrones de isoenzimas es útil en medicina clínica. Algunos procesos patológicos como el infarto de miocardio, la hepatitis infecciosa y las enfermedades musculares, comportan la muerte celular del tejido afectado, con la consiguiente liberación de los contenidos celulares a la sangre. El patrón de isoenzimas de LDH que existe en el suero sanguíneo es representativo del tejido que liberó las isoenzimas. Esta información puede utilizarse para diagnosticar estos procesos y para el seguimiento de los resultados del tratamiento.

## Metabolismo del etanol

El piruvato tiene numerosos destinos alternativos en los microorganismos anaerobios. Como se ha visto, las bacterias del ácido láctico reducen el piruvato a lactato en un solo paso (*véase* el margen). En cambio, las levaduras convierten el piruvato en etanol en una ruta de dos pasos. Esta fermentación alcohólica comienza con la descarboxilación no oxidativa del piruvato a acetaldehído, catalizada por la **piruvato descarboxilasa**. El $NAD^+$ se regenera en la reacción siguiente, la reducción del acetaldehído a etanol, que depende del NADH, catalizada por la alcohol deshidrogenasa.

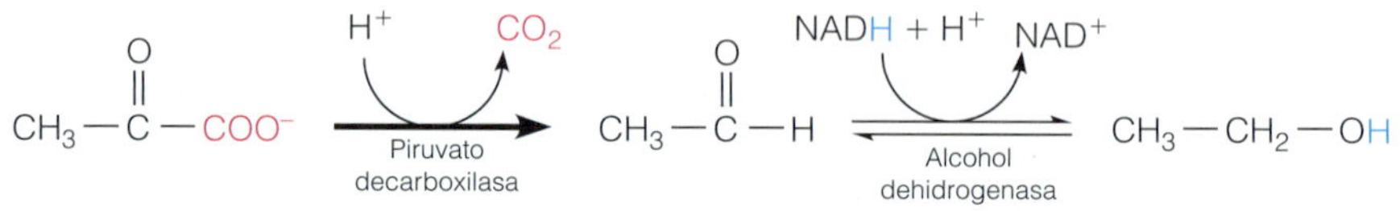


**Piruvato** **Acetaldehído** **Etanol**

La primera reacción requiere como coenzima el **pirofosfato de tiamina**. Esta coenzima, procede de la tiamina, la primera vitamina B que se identificó por lo que se denomina vitamina $B_1$. Esta vitamina es estructuralmente compleja, pero su conversión en la forma coenzimática, el pirofosfato de tiamina, simplemente implica una pirofosforilación dependiente de ATP.

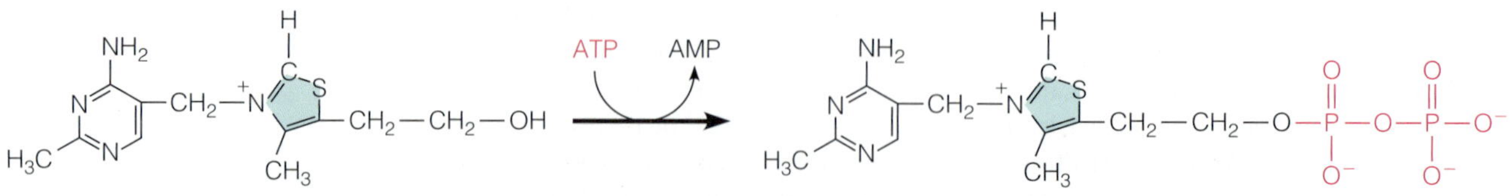


**Tiamina** **Tiamina pirofosfato**

El anillo de tiazol de la TPP es la parte funcional de la coenzima, que permite unirse y transferir los aldehídos activados.

El pirofosfato de tiamina es la coenzima de todas las descarboxilaciones de los α-cetoácidos. A diferencia de los β-cetoácidos, los α-cetoácidos no pueden estabilizar el estado de transición carbanión que se genera durante la descarboxilación y, por tanto, requieren la ayuda de un cofactor (TPP). El mecanismo que se muestra en la

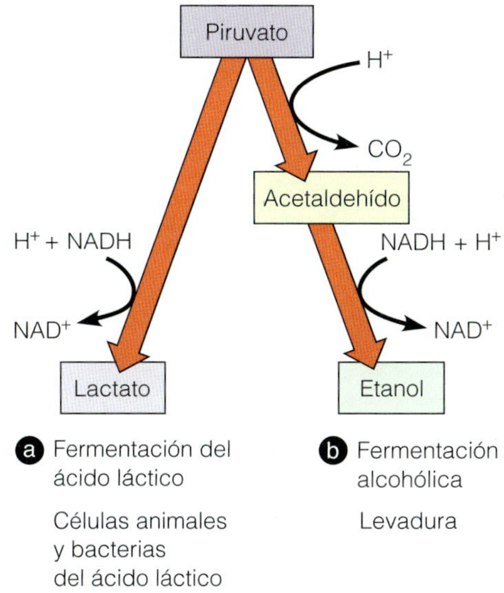


Figura 13.8 para la piruvato descarboxilasa es el mismo en todas estas reacciones. Obsérvese que el TPP contiene dos anillos heterocíclicos: una pirimidina sustituida y un tiazol. Los estudios recientes de RMN han demostrado que ambos anillos participan en la formación del carbanión reactivo en el C-2 del anillo de tiazol, el átomo de carbono entre el nitrógeno y el azufre (paso 1 de la Figura 13.8). Dado que el anillo de tiazol es débilmente ácido (p$K_a$ ~18 para el hidrógeno del anillo), para su ionización se necesita una base general. Como se presenta en el diagrama siguiente, un grupo carboxilo de glutamato de la enzima desprotona el N-1 de la pirimidina, lo cual, a su vez, aumenta la basicidad del grupo amino y facilita la desprotonación del C-2 del anillo de tiazol para dar un carbanión de tiazolio dipolar (o **iluro**).

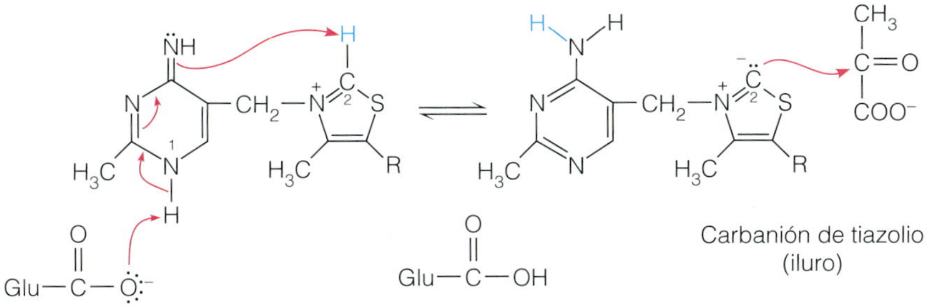


Este carbanión puede atacar al carbono carbonílico de los α-cetoácidos, como el piruvato, dando un compuesto de adición (paso 2 de la Figura 13.8). El compuesto de adición se descarboxila de forma no oxidativa (paso 3) en la que el anillo de tiazol actúa como sumidero de electrones al formar un carbanión estabilizado por resonancia. La protonación (paso 4) da lugar a una especie denominada **acetaldehído activo** o, más exactamente, **hidroxietil-TPP**. En la piruvato descarboxilasa, este intermediario experimenta una reacción de eliminación para dar acetaldehído y carbanión TPP (paso 5). En la reacción de la piruvato deshidrogenasa (que no se muestra aquí), el fragmento activado de dos carbonos se oxida y se transfiere simultáneamente a otra enzima, como se considera en el Capítulo 14. Así pues, en términos generales, el TPP interviene en la generación de una especie aldehído activada, que puede experimentar o no una oxidación cuando se transfiere a un aceptor. Volveremos con esta coenzima varias veces en otras rutas.

La producción industrial de etanol ha adquirido una importancia tremenda cuando la humanidad intenta considerar dos problemas serios: (1) la sustitución del petróleo, no renovable, por fuentes de energía renovables; y (2) la utilización de los materiales biológicos de desecho. Los esfuerzos en estos campos necesitan la bioingeniería para generar cepas bacterianas que puedan convertir sustancias como la celulosa de los desechos de la madera o de la paja, o sustancias más complejas de los desechos humanos o animales, en azúcares hexosas, y el análisis de la regulación glucolítica, tendente a maximizar la producción de etanol a partir de estos azúcares. Los planteamientos de la proteómica a nivel de sistemas (*véase* Herramientas de la Bioquímica 5D) y la metabolómica (*véase* herramientas de la Bioquímica 12B) están descubriendo nuevas dianas de ingeniería para optimizar los procesos industriales de fermentación de la celulosa. Sin embargo, hay algunas desventajas significativas en la utilización de las tierras de cultivo para la producción de biocombustibles. Por ejemplo, los biocombustibles de «primera generación» producidos a partir de cultivos de maíz pueden conducir al aumento del precio del maíz y de otros alimentos básicos, al exceso de empleo de fertilizantes y al agotamiento de los suelos. Estas preocupaciones han estimulado la generación de biocombustibles de «segunda generación» producidos a partir de biomasa no alimentaria (materias primas ligno-celulósicas), como los productos secundarios de la agricultura y de los pastos. Sin embargo, todos estos planteamientos van a dar lugar a un incremento de la demanda de agua para el riego, un aumento de la contaminación del agua e incluso, un aumento de la emisión de gases de efecto invernadero al responder los granjeros a los mayores precios, convirtiendo los bosques y las praderas en nuevas tierras de cultivo. Así, hay que resolver

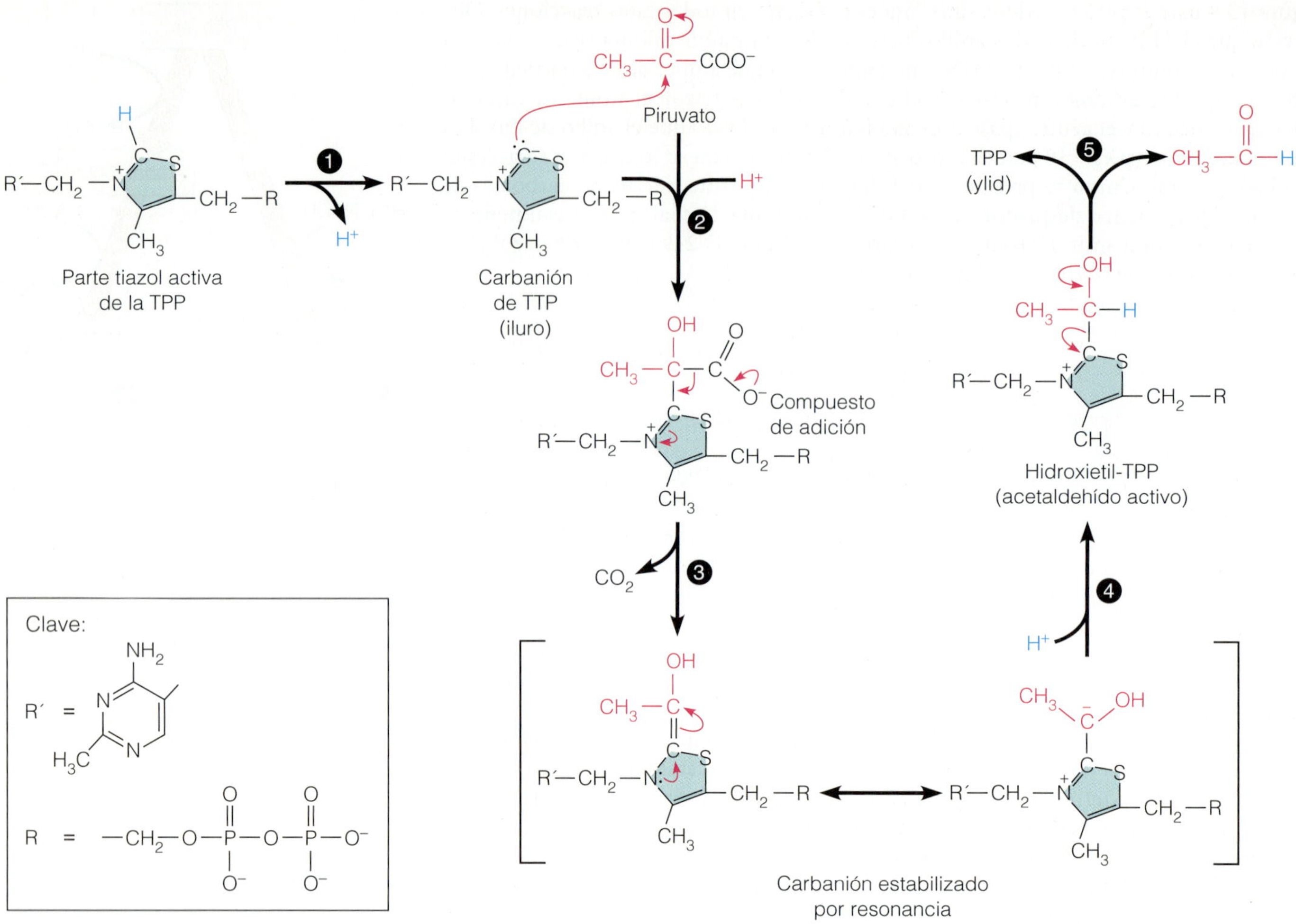


**FIGURA 13.8**

**El pirofosfato de tiamina en la reacción de la piruvato descarboxilasa**. El pirofosfato de tiamina (TPP) es la coenzima de todas las descarboxilaciones de los α-cetoácidos. La reacción clave (paso 2) es el ataque por el carbanión del TPP sobre el carbono carbonilo del piruvato, lo cual va seguido de la descarboxilación no oxidativa del piruvato unido a la coenzima, para dar otro carbanión (paso 3), que está estabilizado por resonancia. En el paso 4, el fragmento de dos carbonos (rojo) unido al TPP extrae un protón de la enzima y genera un grupo hidroxietilo. Este fragmento permanece a nivel de oxidación aldehído. En el paso final, se libera el acetaldehído y se regenera el carbanión TPP (paso 5).

muchos impedimentos técnicos antes de que los biocombustibles puedan ser competitivos, desde el punto de vista comercial, con los productos del petróleo y al mismo tiempo respetuosos con el medio ambiente.

Los tejidos animales contienen también alcohol deshidrogenasa, a pesar de que el etanol no es un producto metabólico importante en las células animales. Algunas de las consecuencias metabólicas importantes de la intoxicación por etanol se deben a la oxidación del etanol por esta enzima en el hígado. En primer lugar, se produce una reducción masiva de $NAD^+$ a NADH, que agota el $NAD^+$, disminuyendo, de esta forma, el flujo que transcurre por la gliceraldehído-3-fosfato deshidrogenasa, con la consiguiente inhibición de la generación de energía. En segundo lugar, el acetaldehído es bastante tóxico, y muchos de los efectos desagradables de las resacas son consecuencia de las acciones del acetaldehído y sus metabolitos.

## Hojas de balance energético y electrónico

Al escribir una ecuación química equilibrada de la glucólisis, se puede calcular el rendimiento energético que acompaña a la conversión de 1 mol de glucosa.

Para la fermentación homoláctica, podemos escribir la siguiente ecuación equilibrada:

$$\text{Glucosa} + 2\text{ADP} + 2\text{Pi} + 2\text{H}^+ \longrightarrow 2\ \text{lactato} + 2\text{ATP} + 2\text{H}_2\text{O}$$

De igual modo, podemos escribir una ecuación equilibrada para la fermentación alcohólica:

$$\text{Glucosa} + 2\text{ADP} + 2\text{Pi} + 4\text{H}^+ \longrightarrow 2\ \text{etanol} + 2\text{CO}_2 + 2\text{ATP} + 2\text{H}_2\text{O}$$

La glucólisis, que proporciona anaeróbicamente 2 ATP por glucosa, es rápida, pero solo libera una pequeña fracción de la energía de que dispone la glucosa.

Obsérvese, en primer lugar, que en ninguno de los dos procesos se produce un cambio neto del estado de oxidación; ni el $NAD^+$ ni el NADH, que participan en las rutas de reacción, aparecen en las reacciones globales. Este es un ejemplo de la estequiometria de obligado cumplimiento, que se presentó por vez primera en el Capítulo 12. El metabolismo de la glucosa para dar lactato o etanol constituye un proceso no oxidativo si comparamos las fórmulas empíricas de la glucosa ($C_6H_{12}O_6$) y el lactato ($C_3H_6O_3$). Evidentemente, no se produce ningún cambio del estado global de oxidación de los carbonos, ya que el número de hidrógenos y oxígenos unidos por átomo de carbono es idéntico en la glucosa y el lactato. Lo mismo ocurre con el etanol más el $CO_2$, si se cuentan los átomos de ambos. Sin embargo, algunos de los átomos de carbono individuales del lactato y del etanol más el $CO_2$ se oxidan y algunos, se reducen. En cambio, el piruvato está mucho más oxidado que la glucosa, como puede apreciarse en su fórmula empírica ($C_3H_4O_3$).

A continuación, obsérvese que ambas ecuaciones equilibradas son un proceso exergónico acoplado a un proceso endergónico. Por ejemplo, en la fermentación alcohólica

| | | |
|---|---|---|
| Exergónico: glucosa $\longrightarrow$ 2 etanol + $2CO_2$ | $\Delta G°' =$ | $-228$ kJ/mol glucosa |
| Endergónico: 2ADP + $2P_i$ $\longrightarrow$ 2ATP + $2H_2O$ | $\Delta G°' = 2 \times 30.5 =$ | 61 kJ/mol glucosa |
| | $\Delta G°'_{\text{Sum}} =$ | $-167$ kJ/mol glucosa |

De esta forma, la eficacia del proceso, esto es, la cantidad de energía libre realmente capturada en ATP es 61/228 = 27 % en condiciones estándar. El resto de la energía libre se emplea para asegurar que el proceso se completa. Puede calcularse la constante de equilibrio $K$ para este proceso con la ecuación 3.28 del Capítulo 3:

$$K = e^{\left(\frac{\Delta G°'}{RT}\right)} = 1.9 \times 10^{29}$$

Sin duda, la glucólisis es muy favorable y transcurre hasta completarse en condiciones estándar. ¿Qué pasa con las condiciones fisiológicas? En la Tabla 13.1 se dan los valores de $\Delta G$ de los pasos individuales, calculados a partir de las concentraciones intracelulares aproximadas de los intermedios glucolíticos en el músculo esquelético de conejo. Estos valores de $\Delta G$ calculados se representan en la Figura 13.9 para ilustrar los cambios de energía libre reales de la ruta. Todas menos tres reacciones actúan en el equilibrio o cerca de él, e *in vivo*, son fácilmente reversibles. Las tres excepciones son las reacciones catalizadas por la hexoquinasa, la fosfofructoquinasa y la piruvato quinasa, que tienen lugar con grandes descensos de energía libre. Estas reacciones, lejos del equilibrio *in vivo*, son irreversibles y hacen unidireccional la ruta glucolítica completa. Como veremos en el apartado siguiente, estos son los pasos que deben evitarse en la gluconeogénesis. No es coincidencia que estas tres reacciones lejos del equilibrio también sean los lugares de regulación de la glucólisis. Recuerde del Capítulo 12 que *solo* puede producirse regulación en las reacciones que se encuentran lejos del equilibrio.

Esta ruta de 10 pasos es rápida, ya que la glucólisis anaerobia puede producir ATP a velocidades 100 veces superiores a las de la fosforilación oxidativa aerobia. Las células musculares aprovechan esto durante el ejercicio extenuante, cuando su aporte de oxígeno no puede mantener su demanda de ATP. Las células cancerosas también aprovechan la elevada tasa de producción de ATP que consigue la glucólisis, sosteniendo sus tasas proliferativas elevadas. En efecto, las células cancerosas, que se dividen con mayor rapidez, metabolizan la glucosa mediante la glucólisis, produciendo lactato incluso cuando hay abundante oxígeno. Este fenómeno lo observó por vez primera Otto Warburg en 1925 y se conoce como «efecto Warburg» (en el Capítulo 18 se amplía este tema). Por supuesto, esta tasa elevada de producción de ATP mediante la glucólisis necesita una

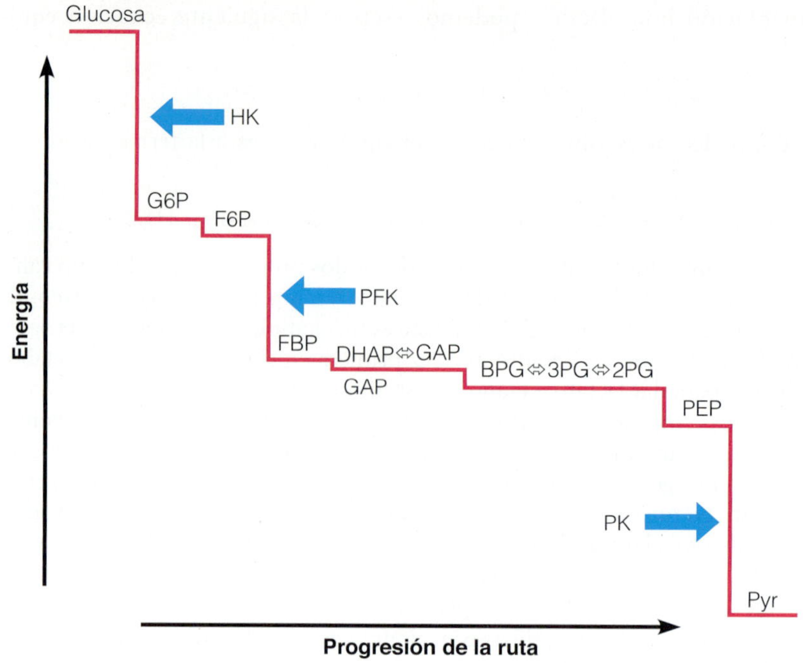


**FIGURA 13.9**

**Perfil energético de la glucólisis anaerobia.** En el gráfico se indica el cambio de la energía libre real de cada reacción de la ruta, de acuerdo con los valores calculados de $\Delta G$ de la Tabla 13.1. Las abreviaturas de los metabolitos y las enzimas son las definidas en la Tabla 13.1. La mayoría de las reacciones actúan en el equilibrio o cerca de él y son fácilmente reversibles *in vivo*. Las tres enzimas que catalizan reacciones tan exergónicas, que son virtualmente irreversibles (flechas), se controlan de forma alostérica.

tasa elevada de utilización de glucosa, ya que se producen solo dos ATP por glucosa. Esto nos lleva a considerar un punto final sobre la bioenergética de la glucólisis.

La glucólisis libera tan solo una pequeña fracción de la energía potencial que almacena la molécula de glucosa. Como se ha indicado antes (*véanse* los Capítulos 3 y 12), la combustión completa de la glucosa a $CO_2$ y $H_2O$ libera 2870 kJ/mol de energía libre en condiciones estándar. La combustión completa de 2 moles de lactato a $CO_2$ y $H_2O$ libera 2 × 1379 kJ/mol de energía libre en condiciones estándar. De esta forma, en la fermentación homoláctica, 2757/2870, o el 96 %, de la energía libre disponible en la molécula de glucosa original se encuentra aún presente en el producto de la fermentación, el lactato. El rendimiento de la fa fermentación alcohólica es igual de bajo.

Como se verá en el Capítulo 15, se sintetizan unos 30-32 moles de ATP a partir de ADP por mol de glucosa que se procesa por completo a través de la glucólisis y del ciclo del ácido cítrico. El metabolismo aerobio proporciona más energía a partir de la glucosa, por lo que, en general, los organismos aerobios prosperan y se diseminan más que los organismos anaerobios. La evolución inicial del metabolismo aerobio hizo posible la existencia actual de animales grandes y activos. No obstante, muchos animales grandes continúan obteniendo una parte importante de su energía metabólica mediante la glucólisis, en determinadas circunstancias fisiológicas. Un buen ejemplo de ello es el cocodrilo, aletargado (y aerobio) en gran parte de su vida, pero que, sin embargo, es capaz de explosiones cortas de movimiento muy rápido. En esta última circunstancia la glucólisis, acoplada con la degradación de las reservas energéticas de los hidratos de carbono, constituye una forma rápida, aunque poco eficaz, de movilizar la energía.

## Gluconeogénesis

La gluconeogénesis es la síntesis de glucosa a partir de precursores que no son hidratos de carbono. Encontramos aquí el primer ejemplo de un principio enunciado en el Capítulo 12: *los procesos de biosíntesis no son nunca la simple inversión de las correspondientes rutas catabólicas.* Superficialmente, la gluconeogénesis se parece mucho a la glucólisis a la inversa, pero se utilizan reacciones enzimáticas diferentes en los lugares cruciales. Estos lugares corresponden a las reacciones fuertemente exergónicas que se controlan, en gran parte, de una forma recíproca, de forma que las condiciones fisiológicas que activan la glucólisis inhiben la gluconeogénesis y a la inversa. Obtendremos una imagen general muy parecida al considerar posteriormente en este capítulo la síntesis del glucógeno en comparación con la movilización del mismo.

## Necesidad fisiológica de la síntesis de glucosa en los animales

La mayoría de los órganos animales puede metabolizar diversas fuentes de carbono para generar energía: triacilgliceroles, diversos azúcares, piruvato, aminoácidos, etc. Sin embargo, el cerebro y el sistema nervioso central necesitan glucosa como única o principal fuente de carbono. Lo mismo ocurre en algunos otros tejidos, como la médula renal, los testículos y los eritrocitos (Figura 13.10). Por consiguiente, las células animales deben ser capaces de sintetizar glucosa a partir de otros precursores y también de mantener las concentraciones sanguíneas de glucosa dentro de unos límites estrechos, tanto para el funcionamiento adecuado del cerebro y del sistema nervioso central como para proporcionar precursores para el almacenamiento de glucógeno en otros tejidos. Las necesidades de glucosa del cerebro humano son relativamente enormes, 120 gramos al día, de los 160 gramos que necesita todo el cuerpo. La cantidad de glucosa que puede generarse a partir de las reservas de glucógeno del organismo en un momento dado es de unos 190 gramos, y la cantidad total de glucosa en los líquidos corporales es de poco más de 20 gramos. En consecuencia, las reservas de glucosa de fácil acceso ascienden a, aproximadamente, un día de aporte. Cuando se produce un periodo de ayuno de más de un día, la glucosa debe formarse a partir de otros precursores. En el estado de post-absorción nocturno, la glucogenólisis y la gluconeogénesis contribuyen ambas a la producción global de glucosa. Sin embargo, si se salta el desayuno, los depósitos de glucógeno quedan vacíos y la gluconeogénesis se convierte en el proceso predominante para el mantenimiento de la concentración sanguínea de glucosa. Lo mismo ocurre durante el ejercicio intenso, por ejemplo, durante una carrera de maratón. Inicialmente, la glucogenólisis hepática es la principal fuente de la glucosa extra para el músculo esquelético, pero la gluconeogénesis hepática se va haciendo gradualmente más importante al agotarse las reservas de glucógeno.

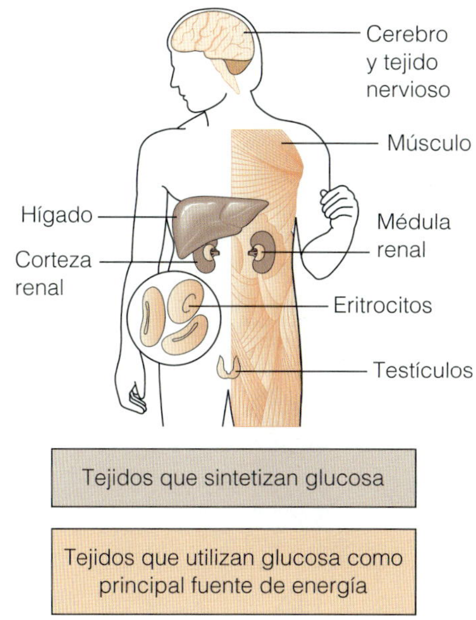


**FIGURA 13.10**

**Síntesis y utilización de glucosa en el cuerpo humano.** El hígado y la corteza renal son los tejidos gluconeogénicos primarios. Cerebro, músculo esquelético, médula renal, eritrocitos y testículos utilizan la glucosa como fuente de energía única o primaria, pero carecen de la maquinaria enzimática para sintetizarla.

El proceso de síntesis se denomina **gluconeogénesis:** literalmente, producción de nueva glucosa. La gluconeogénesis se define como la biosíntesis de hidratos de carbono a partir de precursores de tres y cuatro carbonos, que generalmente no tienen naturaleza de hidratos de carbono. Los principales sustratos de la gluconeogénesis son el *lactato*, producido fundamentalmente mediante la glucólisis en el músculo esquelético y los eritrocitos, los *aminoácidos*, generados a partir de las proteínas de la alimentación o a partir de la degradación de las proteínas musculares durante la inanición, el aminoácido específico *alanina*, producido en el músculo mediante el ciclo glucosa-alanina (*véase* la Figura 20.13, página 845), el *propionato*, procedente de la degradación de algunos ácidos grasos y aminoácidos, y el *glicerol*, procedente del catabolismo de las grasas. Los ácidos grasos liberados durante la degradación de los lípidos se convierten, en su mayor parte, en acetil-CoA y no pueden utilizarse para la síntesis de hidratos de carbono, excepto en los organismos que disponen de un ciclo del glioxilato funcionante (*véase* la Figura 14.21, página 620).

> La síntesis de glucosa a partir de precursores que no son hidratos de carbono es esencial para el mantenimiento de las concentraciones de glucosa en sangre dentro de unos límites aceptables.

La gluconeogénesis tiene lugar principalmente en el citosol, aunque algunos precursores se generan en las mitocondrias y deben transportarse al citosol para utilizarse. El principal órgano gluconeogénico de los animales es el hígado, con una contribución menor, aunque aún significativa, de la corteza renal (*véase* la Figura 13.10). Los principales destinos de la glucosa formada en la gluconeogénesis son el catabolismo por el tejido nervioso y la utilización por el músculo esquelético. Además, la glucosa es el precursor primario de todos los demás hidratos de carbono, entre ellos los aminoazúcares, los polisacáridos complejos y los componentes hidrocarbonados de las glucoproteínas y los glucolípidos. La necesidad de glucosa como intermedio biosintético hace que la gluconeogénesis sea una ruta importante en las plantas y en los microorganismos, al igual que en los animales, y que sea prácticamente idéntica en todos los organismos. Sin embargo, la cantidad de información de que disponemos sobre el control de la gluconeogénesis en los animales nos lleva a centrarnos en el metabolismo animal en la primera parte de este capítulo.

## Relación enzimática de la gluconeogénesis con la glucólisis

La gluconeogénesis debería ser una ruta fácil de aprender, puesto que se parece mucho a la glucólisis en sentido inverso. Sin embargo, hay algunas diferencias importantes, que permiten que la ruta transcurra en dirección a la *síntesis* de glucosa en la célula.

> La gluconeogénesis utiliza enzimas específicas para evitar tres reacciones irreversibles de la glucólisis.

Recuérdese que una ruta metabólica puede darse sin dificultad solo si su $\Delta G$ es fuertemente negativo para el conjunto de la ruta en la dirección en que se escribe. Acabamos de

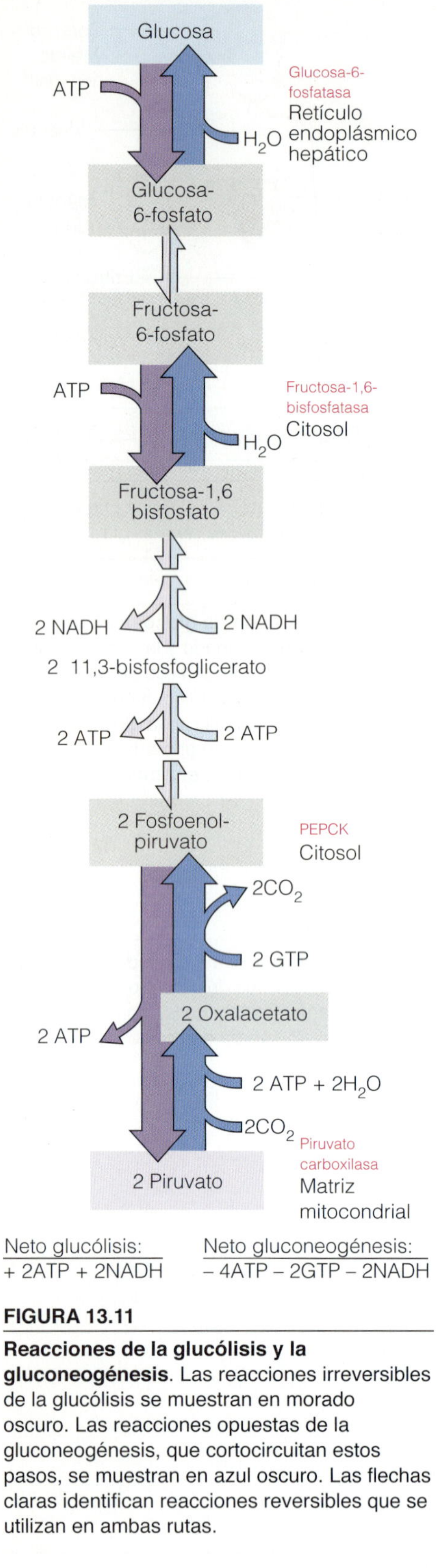


**FIGURA 13.11**

**Reacciones de la glucólisis y la gluconeogénesis**. Las reacciones irreversibles de la glucólisis se muestran en morado oscuro. Las reacciones opuestas de la gluconeogénesis, que cortocircuitan estos pasos, se muestran en azul oscuro. Las flechas claras identifican reacciones reversibles que se utilizan en ambas rutas.

ver que la glucólisis desde la glucosa hasta el piruvato es fuertemente exergónica, ya que en las condiciones intracelulares habituales, el ΔG es de aproximadamente −103 kJ/mol (Tabla 13.1). ¿Cómo puede hacerse, pues, que la conversión del piruvato en glucosa sea exergónica? Recuérdese que tres reacciones de la ruta glucolítica son tan exergónicas que pueden ser irreversibles: las catalizadas por la hexoquinasa, la fosfofructoquinasa y la piruvato quinasa (Figura 13.9). En la gluconeogénesis, se utilizan distintas enzimas y reacciones químicas en cada uno de estos pasos, con lo que, por ejemplo, la conversión de fructosa-1,6-bisfosfato en fructosa-6-fosfato no es simplemente la inversión de la reacción de la fosfofructoquinasa. En esencia, las tres reacciones irreversibles de la glucólisis se evitan mediante enzimas específicas de la gluconeogénesis, que catalizan reacciones bastante diferentes que van fuertemente en la dirección de la síntesis de glucosa. Este proceso de biosíntesis comporta un considerable coste de energía, que debe pagarse si el proceso global debe estar favorecido termodinámicamente. Las siete reacciones restantes de la gluconeogénesis están catalizadas por enzimas glucolíticas que catalizan reacciones reversibles y que pueden decantarse en uno u otro sentido mediante acción de masas (reacciones cerca del equilibrio; *véase* la Figura 13.9). Otra forma de relacionar la glucólisis con la gluconeogénesis es decir que difieren tan solo en tres pasos controlados por *ciclos de sustrato* (*véase* la página 481).

En la Figura 13.11 se resume toda la ruta de la gluconeogénesis, desde el piruvato a la glucosa. Nos centramos aquí en las reacciones que evitan los tres pasos irreversibles de la glucólisis.

## Baipás 1: conversión del piruvato en fosfoenolpiruvato

El baipás de la piruvato quinasa comienza en la mitocondria e implica dos reacciones. La **piruvato carboxilasa** cataliza la conversión, dependiente de ATP y de biotina, del piruvato en oxalacetato. En el Capítulo 14 (*véase* la página 616) se considerarán con más detalle la estructura y el mecanismo de esta enzima. La enzima requiere acetil-CoA como activador alostérico:

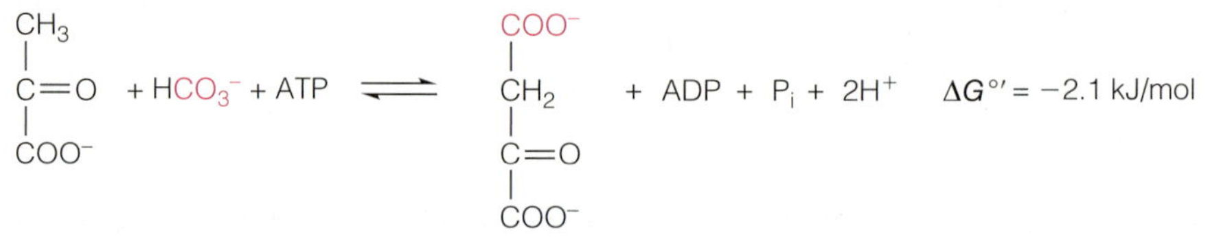


**Piruvato** **Oxalacetato**

Como veremos en el capítulo siguiente, esta es una de las reacciones **anapleróticas** («de relleno») que se utilizan para mantener las concentraciones de los intermedios del ciclo del ácido cítrico (*véase* la página 616). La piruvato carboxilasa genera oxalacetato en la matriz mitocondrial, en donde puede oxidarse en el ciclo del ácido cítrico. Para poder utilizarlo en la gluconeogénesis, el oxalacetato debe salir de la mitocondria al citosol, donde tiene lugar el resto de la ruta. Sin embargo, la membrana mitocondrial no tiene un transportador eficaz para el oxalacetato. En consecuencia, el oxalacetato se reduce por la malato deshidrogenasa mitocondrial a malato, que se transporta al citosol por intercambio con ortofosfato y luego se reoxida por la malato deshidrogenasa citosólica.

Una vez en el citosol, actúa sobre el oxalacetato la **fosfoenolpiruvato carboxiquinasa** (que se abrevia **PEPCK**) para dar fosfoenolpiruvato:

$$\text{Oxalacetato} + \text{GTP} \rightleftharpoons \text{fosfoenolpiruvato} + CO_2 + \text{GDP} \qquad \Delta G^{\circ\prime} = +2.9 \text{ kJ/mol}$$

Obsérvese que el donador de energía es el GTP y no el ATP, y que el $CO_2$ que se ha fijado por la piruvato carboxilasa se libera en esta reacción, con lo que no se produce una fijación neta de $CO_2$. La reacción de la PEPCK requiere $Mg^{2+}$ o $Mn^{2+}$ y es fácilmente reversible. En la reacción, el grupo carboxilo formado a partir del $CO_2$ transferido proporciona electrones para facilitar la formación del enlace O—P:

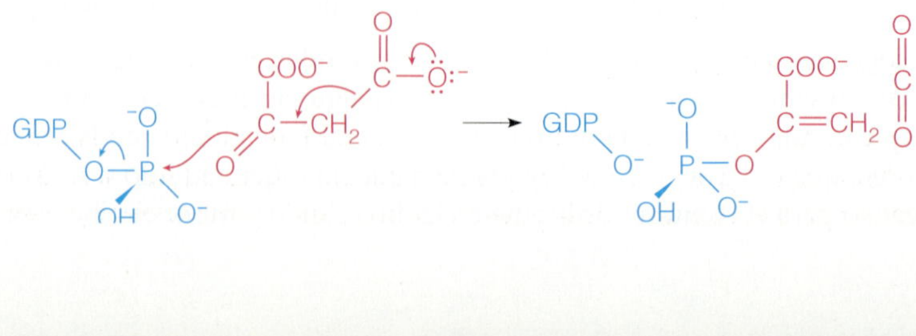

Los eucariotas expresan dos isoenzimas diferentes de PEPCK: una citosólica y otra mitocondrial. La forma citosólica parece ser el actor más importante de la gluconeogénesis, como indica el hecho de que su concentración intracelular está regulada por las condiciones hormonales que controlan la gluconeogénesis. Sin embargo, en el hígado de la mayoría de los mamíferos (incluyendo los seres humanos), al menos la mitad de la actividad PEPCK total se encuentra en la mitocondria. La consideración de los requerimientos redox y la compartimentación de la gluconeogénesis sugieren una explicación metabólica para las dos isoenzimas. Como muestra la Figura 13.11, la gluconeogénesis necesita electrones en forma de NADH para reducir el 1,3-bisfosfoglicerato a gliceraldehído-3-fosfato. Sin embargo, el cociente $[NADH]/[NAD^+]$ citosólico es unas $10^5$ veces menor que el mitocondrial. En los tejidos donde predomina la PEPCK citosólica, el transporte del malato desde las mitocondrias al citosol y la operación de las dos isoenzimas de la malato deshidrogenasa da lugar a un transporte de equivalentes reductores hacia el citosol para su utilización en la reacción de la gliceraldehído-3-fosfato deshidrogenasa (Figura 13.12). Sin embargo, si se dispone de lactato como precursor gluconeogénico, su oxidación a piruvato por la lactato deshidrogenasa citoplásmica proporciona los equivalentes reductores citoplásmicos necesarios. El oxalacetato producido por la piruvato carboxilasa ahora puede convertirse directamente en PEP por la PEPCK mitocondrial, ya que las mitocondrias poseen un transportador de PEP.

La reacción global para evitar la piruvato quinasa es la siguiente:

$$\text{Piruvato} + \text{ATP} + \text{GTP} \longrightarrow \text{fosfoenolpiruvato} + \text{ADP} + \text{GDP} + P_i + H^+ \qquad \Delta G°' = +0.8\ \text{kJ/mol}$$

El $\Delta G°'$ para las dos reacciones combinadas es ligeramente positivo. Sin embargo, en las condiciones intracelulares, la secuencia es bastante exergónica, con un $\Delta G$ de unos $-25$ kJ/mol. Como se indica en la reacción global, es precisa una inversión de dos fosfatos de energía elevada para la síntesis de un mol de fosfoenolpiruvato. Tras este baipás, el fosfoenolpiruvato se convierte en fructosa-1,6-bisfosfato por las enzimas glucolíticas que actúan en sentido inverso. Obsérvese que la reacción de la gliceraldehído-3-fosfato deshidrogenasa necesita NADH (Figura 13.11), que proporciona una de las rutas alternativas que se han descrito (Figura 13.12).

## Baipás 2: conversión de la fructosa-1,6-bisfosfato en fructosa-6-fosfato

La reacción de la fosfofructoquinasa de la glucólisis es esencialmente irreversible, pero solo debido a que está impulsada por la transferencia de fosfato del ATP. Una reacción de baipás en la gluconeogénesis consiste en una simple reacción hidrolítica, catalizada por la **fructosa-1,6-bisfosfatasa**.

$$\text{Fructosa-1,6-bisfosfato} + H_2O \xrightarrow{Mg^{2+}} \text{fructosa-6-fosfato} + P_i \qquad \Delta G°' = -16.3\ \text{kJ/mol}$$

El $\Delta G°'$ negativo de esta reacción favorece la reacción hacia la derecha. La enzima con múltiples subunidades requiere la presencia de $Mg^{2+}$ para su actividad y constituye uno de los principales lugares de control que regulan la ruta global de la gluconeogénesis. La fructosa-6-fosfato formada en esta reacción experimenta posteriormente la isomerización a glucosa-6-fosfato por la acción de la fosfoglucoisomerasa.

## Baipás 3: conversión de la glucosa-6-fosfato en glucosa

La glucosa-6-fosfato no puede convertirse en glucosa por la acción inversa de la hexoquinasa o la glucoquinasa, debido al $\Delta G°'$ muy positivo de esa reacción; la transferencia de fosfato desde el ATP hace a la reacción virtualmente irreversible. Otra enzima específica de la gluconeogénesis, la **glucosa-6-fosfatasa**, es la que en su lugar entra en acción. Esta reacción de baipás se produce también mediante una simple hidrólisis.

$$\text{Glucosa-6-fosfato} + H_2O \xrightarrow{Mg^{2+}} \text{glucosa} + P_i \qquad \Delta G°' = -13.8\ \text{kJ/mol}$$

La glucosa-6-fosfatasa, que requiere también $Mg^{2+}$, se encuentra en la membrana del retículo endoplásmico (RE), con su lugar activo hacia el espacio interior o **luz** del RE. La enzima es parte de un complejo multiproteico que incluye transportadores para importar

**FIGURA 13.12**

Las isoenzimas de PEPCK proporcionan rutas alternativas para el PEP y los equivalentes reductores citoplásmicos. MDH, malato deshidrogenasa; LDH, lactato deshidrogenasa. Los óvalos azules indican transportadores de la membrana interna.

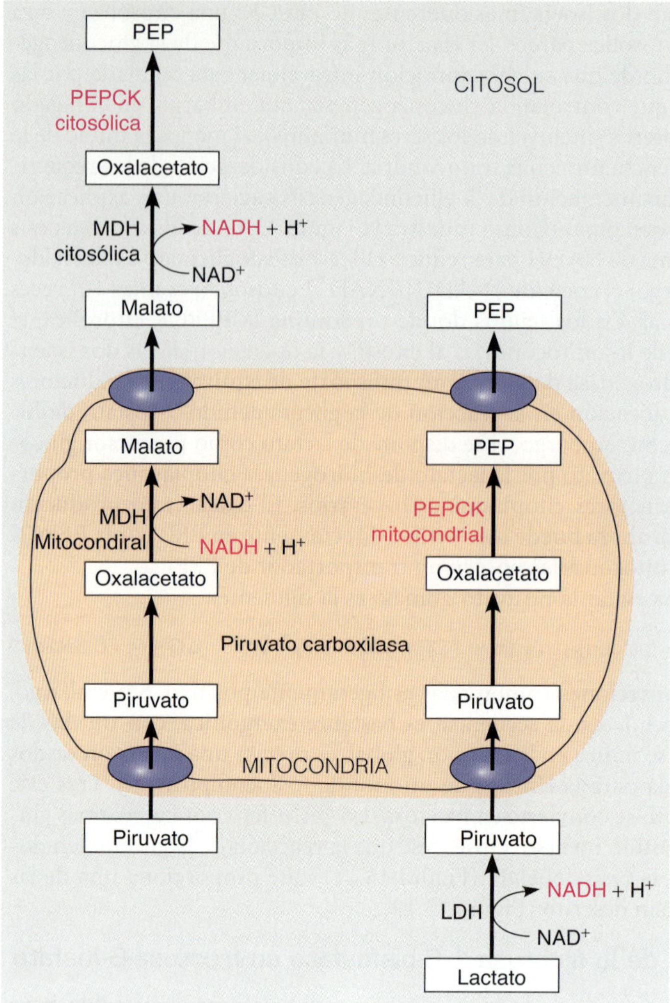


el sustrato, la glucosa-6-fosfato, al interior de la luz del RE y para exportar los productos, la glucosa y el fosfato inorgánico, de vuelta al citoplasma. Los mamíferos expresan tres isoenzimas de glucosa-6-fosfato. La isoenzima principal se expresa predominantemente en el hígado y en el riñón, y las isoenzimas menores se expresan con concentraciones menores en la mayor parte de los demás tejidos, entre ellos el cerebro, el músculo, el intestino y los islotes pancreáticos. La importancia de esta localización en el hígado es que una función característica de este órgano es sintetizar glucosa para exportarla a los tejidos a través de la circulación sanguínea. No se conoce bien aún el papel de la glucosa-6-fosfatasa en los demás tejidos, especialmente el cerebro y el músculo esquelético,

## Estequiometría y balance energético de la gluconeogénesis

Hemos resaltado que las rutas catabólicas generan energía, mientras que las anabólicas comportan un coste energético. En el caso de la gluconeogénesis, podemos calcular ese coste. La conversión global de 2 moles de piruvato en 1 mol de glucosa es bastante exergónica, como se muestra en la Tabla 13.2. El $\Delta G°'$ del proceso global es de, aproximadamente, $-33$ kJ/mol.

**Gluconeogénesis:**

$$2 \text{ piruvato} + 4\text{ATP} + 2\text{NADH} + 2\text{H}^+ + 4\text{H}_2\text{O} \longrightarrow \text{glucosa} + 4\text{ ADP} + 6\text{GDP} + 6\text{P}_i + 2\text{NAD}^+ \qquad \Delta G°' = -33 \text{ kJ/mol}$$

Se consumen el equivalente de 11 fosfatos de energía elevada por mol de glucosa sintetizada mediante la gluconeogénesis.

Sin embargo, la síntesis de glucosa es costosa en un sentido energético. Se consumen seis grupos fosfato de energía elevada (cuatro ATP y dos GTP), así como 2 moles de NADH, que es el equivalente energético de otros cinco ATP (ya que la oxidación mitocondrial de 1 mol de NADH genera ~2.5 moles de ATP).

**TABLA 13.2. Resumen de la gluconeogénesis: de piruvato a glucosa**

| Reacción | $\Delta G°'$(kJ/mol) |
|---|---|
| **Piruvato + $HCO_3^-$ + ATP ⟶ oxalacetato + ADP + $P_i$** | –2.1 (–4.2) |
| **Oxalacetato + GTP ⇌ fosfoenolpiruvato + $CO_2$ + GDP** | +2.9 (+5.8) |
| Fosfoenolpiruvato + $H_2O$ ⇌ 2-fosfoglicerato | +6.4 (+12.8) |
| 2-fosfoglicerato ⇌ 3-fosfoglicerato | –4.4 (–8.8) |
| 3-fosfoglicerato + ATP ⇌ 1,3-bisfosfoglicerato + ADP | +18.8 (+37.6) |
| 1,3-bisfosfoglicerato + NADH + $H^+$ ⇌ gliceraldehído-3-fosfato + $NAD^+$ + $P_i$ | –6.3 (–12.6) |
| Gliceraldehído-3-fosfato ⇌ dihidroxiacetona fosfato | –7.6 |
| Gliceraldehído-3-fosfato + dihidroxiacetona fosfato ⇌ fructosa-1,6-bisfosfato | –23.9 |
| **Fructosa-1,6-bisfosfato + $H_2O$ ⟶ fructosa-6-fosfato + $P_i$** | –16.3 |
| Fructosa-6-fosfato ⇌ glucosa-6-fosfato | –1.7 |
| **Glucosa-6-fosfato + $H_2O$ ⟶ glucosa + $P_i$** | –13.8 |
| Neto: 2 piruvato + 4ATP + 2GTP + 2NADH + $6H_2O$ ⟶ glucosa + 4ADP + 2GDP + $6P_i$ + $2NAD^+$ + $2H^+$ | –32.7 |

*Nota*: Las reacciones en fucsia son las que hacen baipás a las reacciones irreversibles; las demás reacciones son reacciones reversibles de la glucólisis. Los valores de $\Delta G°'$ entre paréntesis se basan en duplicar las seis primeras reacciones, ya que se necesitan dos precursores de tres carbonos para formar una molécula de glucosa. Las reacciones individuales no están equilibradas necesariamente para $H^+$ y carga.

En cambio, si la glucólisis pudiera actuar en sentido inverso, la ecuación neta indicaría un gasto de energía mucho menor: 2 moles de NADH y 2 moles de fosfato de energía elevada:

**Inversión de la glucólisis:**

$$2 \text{ piruvato} + 2\text{ATP} + 2\text{NADH} + 2H^+ + 2H_2O \longrightarrow \text{glucosa} + 2\text{ADP} + 2\text{Pi} + 2NAD^+$$

$$\Delta G°' = +83.1 \text{ kJ/mol}$$

Este proceso, sin embargo, sería muy endergónico, con un $\Delta G°'$ de +83.1 kJ/mol. Estos son, por supuesto, cambios de energía libre estándar, pero está claro que es esencial la inversión de cuatro enlaces fosfato de extra-alta energía si se va a producir la síntesis neta como un proceso irreversible.

## Sustratos de la gluconeogénesis

Como se ha indicado antes, la gluconeogénesis obtiene sus precursores de diversos orígenes, como el lactato, los aminoácidos, el glicerol y el propionato. Las rutas mediante las que estos sustratos entran en la gluconeogénesis se muestran en la Figura 13.13 y se consideran en este apartado.

### Lactato

En términos cuantitativos, el lactato es el precursor gluconeogénico más importante. Recuérdese que el músculo esquelético obtiene gran parte de su energía de la glucólisis, en especial durante el ejercicio intenso, cuando la respiración no puede proporcionar a los tejidos el oxígeno suficiente para la oxidación completa de la glucosa. En estas condiciones, la glucólisis produce piruvato con mayor rapidez de la que puede alcanzar su ulterior metabolismo dentro del ciclo del ácido cítrico. La lactato deshidrogenasa es abundante en el músculo, y el equilibrio se decanta claramente hacia la reducción del piruvato a lactato. Así pues, se libera lactato desde el músculo ejercitante a la sangre, de donde puede captarse con facilidad por el corazón que lo oxida como combustible. La acumulación de lactato durante el ejercicio prolongado es un factor significativo, que limita la actividad atlética.

Los precursores gluconeogénicos más importantes son lactato, alanina, glicerol y propionato.

Parte del lactato que se produce en el músculo entra en el hígado y se reoxida a piruvato por la LDH hepática. Este piruvato puede experimentar entonces gluconeogénesis para dar glucosa, que regresa al torrente sanguíneo y es captada por el músculo para regenerar las reservas de glucógeno. Este proceso, que fue descrito por primera vez por Carl y Gerti Cori, y al que acertadamente se denominó **ciclo de Cori**, se esquematiza en la Figura 13.14. La ruta es esencialmente activa durante la recuperación posterior a

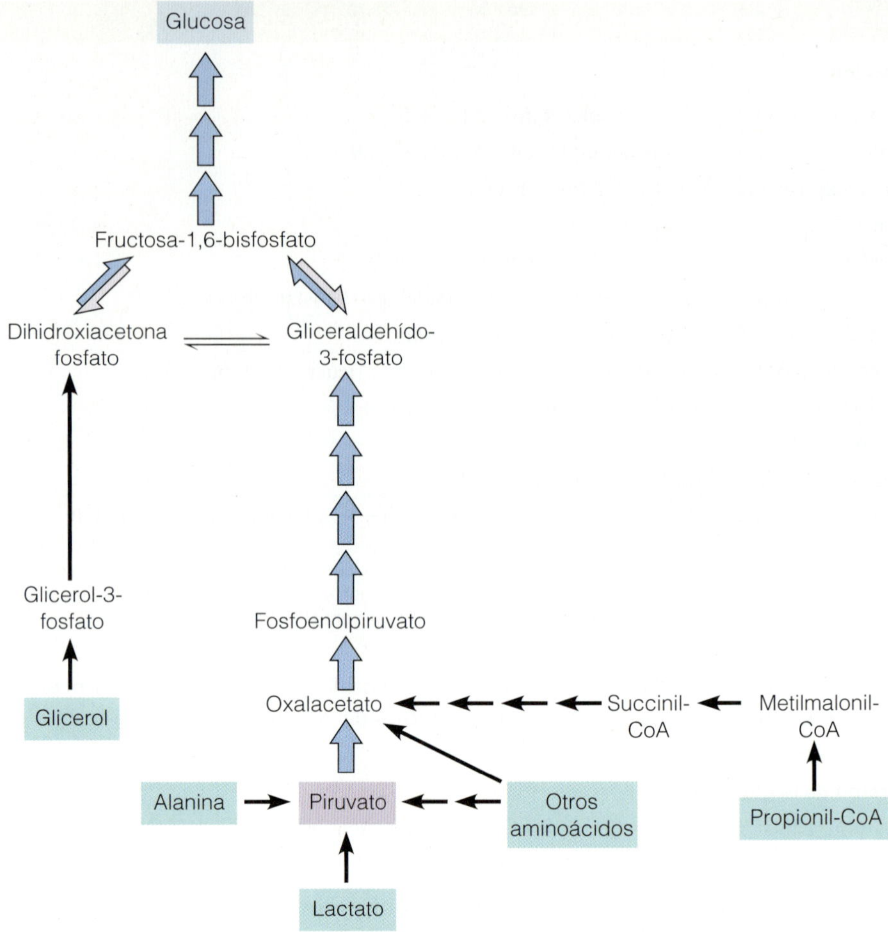


**FIGURA 13.13**

**Esquema de las rutas de síntesis de glucosa a partir de los principales precursores gluconeogénicos**. Obsérvese que la glucosa y el lactato se transportan en la sangre.

un ejercicio muscular intenso. Durante este tiempo, la frecuencia respiratoria aumenta y el mayor metabolismo oxidativo genera más ATP, gran parte del cual se utiliza para reconstituir las reservas de glucógeno mediante la gluconeogénesis.

En un proceso paralelo, denominado **ciclo glucosa-alanina**, el piruvato de los tejidos periféricos experimenta una transaminación a alanina, que se retorna al hígado y se utiliza para la gluconeogénesis. Esta ruta, que se presenta detalladamente en el Capítulo 20, ayuda a los tejidos a eliminar el amoníaco tóxico que se forma durante la degradación de las proteínas.

## Aminoácidos

Al igual que la alanina, otros muchos aminoácidos pueden convertirse con facilidad en glucosa, fundamentalmente a través de las rutas de degradación que generan intermedios del ciclo del ácido cítrico, que pueden convertirse en oxalacetato (*véase* la Figura 13.13). Como veremos en el Capítulo 21, estos aminoácidos se denominan **glucogénicos** (es decir, capaces de convertirse en glucosa), aunque probablemente sería más exacta la denominación de *gluconeogénicos.* Entre los 20 aminoácidos que se encuentran en las proteínas, tan solo las rutas catabólicas de la leucina y la lisina no generan precursores gluconeogénicos. Durante el ayuno, cuando la cantidad de hidratos de carbono ingerida es insuficiente, el catabolismo de las proteínas musculares constituye la principal fuente de intermedios necesarios para el mantenimiento de las concentraciones normales de glucosa en sangre. Lo mismo ocurre en la diabetes mellitus, como se comentará en el Capítulo 28.

Los animales no pueden realizar la conversión neta de grasas en hidratos de carbono.

## Glicerol

En general, los lípidos son malos precursores gluconeogénicos. El catabolismo de los triacilgliceroles produce ácidos grasos y glicerol. Los ácidos grasos sufren $\beta$-oxidación para producir acetil-CoA (Capítulo 17). En los animales, la acetil-CoA no puede con-

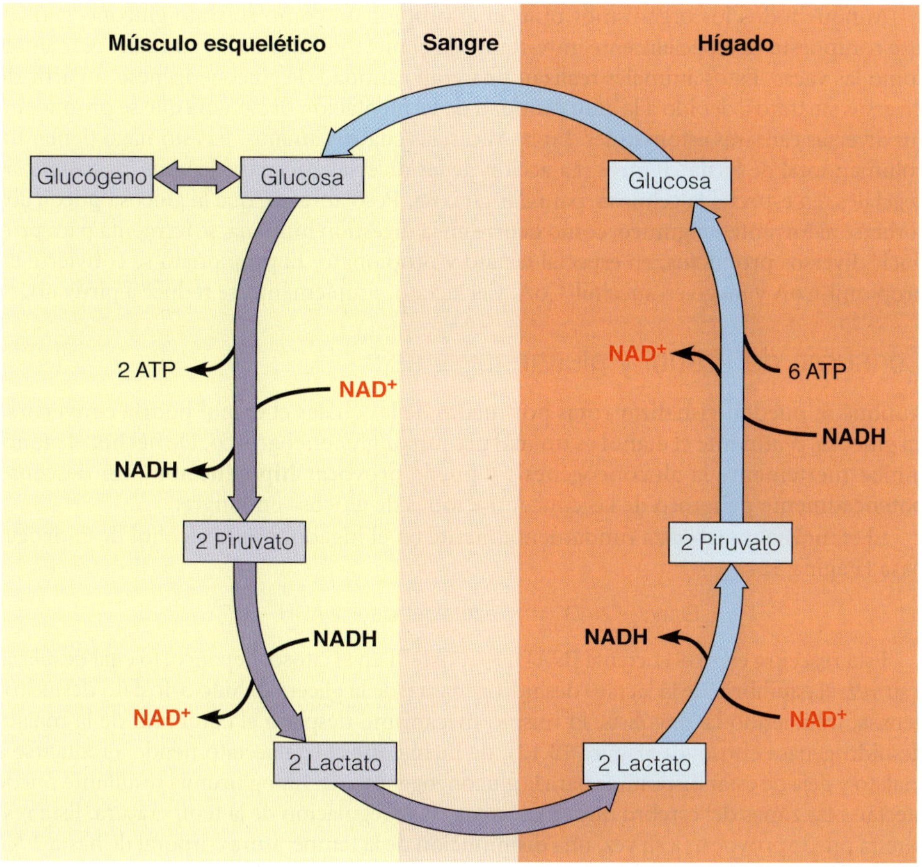


**FIGURA 13.14**

**Ciclo de Cori**. El lactato producido en la glucólisis durante el ejercicio muscular se transporta al hígado, para volver a sintetizar glucosa mediante gluconeogénesis. Completa el ciclo el transporte de la glucosa de vuelta al músculo para la síntesis de glucógeno y su reutilización en la glucólisis.

vertirse en piruvato ni en ningún otro precursor gluconeogénico. Así pues, *los ácidos grasos no pueden experimentar una conversión neta en hidratos de carbono.* Aunque es cierto que las unidades de dos carbonos procedentes de la acetil-CoA pueden pasar a oxalacetato en el ciclo del ácido cítrico, no se produce una conversión neta, puesto que se pierden dos carbonos en cada vuelta del ciclo. En consecuencia, aparte de una contribución menor de los ácidos grasos de cadena impar (que se explica en el apartado siguiente), el único producto de degradación de las grasas que puede entrar en la gluconeogénesis es el glicerol de 3 carbonos. Su empleo comporta una fosforilación, seguida de una deshidrogenación para producir dihidroxiacetona fosfato (*véase* la Figura 13.13). Obsérvese que los vegetales y las bacterias *pueden* incorporar acetil-CoA a los hidratos de carbono a través del ciclo del glioxilato, que consideraremos en el Capítulo 14.

## Propionato

En todos los organismos, una acil-CoA de tres carbonos, la **propionil-CoA**, se genera, bien a partir de la degradación de algunos aminoácidos o bien a partir de la oxidación de los ácidos grasos que tienen un número impar de átomos de carbono. La propionil-CoA entra en la gluconeogénesis a través de su conversión en succinil-CoA y de esta, en oxalacetato. En el proceso, que se detallará en el Capítulo 18, interviene una coenzima que deriva de la vitamina $B_{12}$.

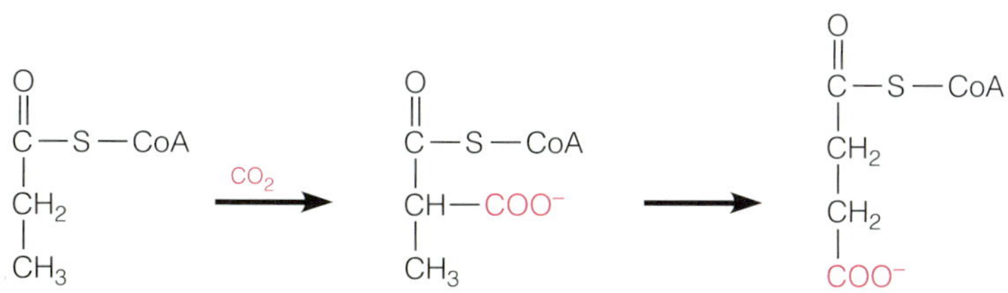


**Propionil-CoA** **Metilmalonil-CoA** **Succinil-CoA**

Aunque todos los organismos utilizan el propionato como sustrato gluconeogénico, este compuesto es especialmente importante en el metabolismo de los animales rumiantes como las vacas. Estos animales realizan una gran cantidad de gluconeogénesis a partir de diversos sustratos, debido a la gran cantidad de fermentación bacteriana que se produce en sus diversas cámaras estomacales. En las vacas, las cuatro cámaras del estómago tienen un volumen total de hasta 70 litros. La acción de las diversas bacterias degrada las sustancias vegetales, en especial la celulosa, para dar glucosa. Pero antes de que la glucosa pueda absorberse al torrente sanguíneo, como ocurre en la digestión humana, se fermenta para producir diversos productos, en especial lactato y propionato. El propionato se convierte en propionil-CoA y luego en succinil-CoA, y el lactato, simplemente, se reduce a piruvato.

## Consumo de etanol y gluconeogénesis

Aunque se pueden visualizar rutas por medio de las cuales el etanol podría convertirse en glucosa, realmente el etanol es un mal precursor gluconeogénico. De hecho, el etanol inhibe fuertemente la gluconeogénesis y puede provocar **hipoglucemia**, un descenso potencialmente peligroso de las concentraciones de glucosa en sangre.

El etanol se metaboliza fundamentalmente en el hígado, por la alcohol deshidrogenasa (Página 521):

$$\text{Etanol} + \text{NAD}^+ \rightleftharpoons \text{acetaldehído} + \text{NADH} + \text{H}^+$$

Esta reacción eleva el cociente $[\text{NADH}]/[\text{NAD}^+]$ en el citosol hepático, lo cual desplaza, a su vez, el equilibrio de la lactato deshidrogenasa y de la gliceraldehído 3-fosfato deshidrogenasa, inhibiendo la glucólisis. El mismo mecanismo desplaza el equilibrio de la malato deshidrogenasa citosólica (Figura 13.12), de forma que el oxalacetato tiende a reducirse a malato y deja de estar disponible para la gluconeogénesis. La hipoglucemia resultante puede afectar a las zonas del cerebro que se encargan de la regulación de la temperatura. Esta respuesta puede provocar, a su vez, una disminución de la temperatura corporal de hasta 2 °C. En consecuencia, la práctica que durante tanto tiempo se ha utilizado de dar coñac o whisky a quienes se están recuperando de unas condiciones de frío y humedad, es contraproducente. Ciertamente, el alcohol crea una sensación de calor mediante la vasodilatación, pero esta vasodilatación periférica produce una mayor pérdida de calor. Desde el punto de vista metabólico, la glucosa resultaría mucho más eficaz para elevar la temperatura corporal.

## Funciones de la fosfoenolpiruvato carboxiquinasa extrahepática

Además de su función en el hígado, que es el tejido gluconeogénico predominante, la PEPCK es importante en el metabolismo de otros dos tejidos. El primero es la corteza renal, el otro tejido gluconeogénico principal, donde la PEPCK participa en la regulación ácido-base. El riñón es responsable de regular el equilibrio ácido-base a través de la síntesis y excreción de amonio ($NH_4^+$) en la orina. El origen primario del amoníaco es la glutamina, que genera 2 moles de amoníaco a través de la acción secuencial de la **glutaminasa** y la **glutamato deshidrogenasa**:

$$\text{Glutamina} + H_2O \rightarrow \text{glutamato} + NH_4^+$$
$$\text{Glutamato} + \text{NAD}^+ + H_2O \rightarrow \alpha\text{-cetoglutarato} + NH_4^+ + \text{NADH}$$

Durante la acidosis metabólica, como la que se produce en la diabetes, la excreción de iones amonio en la orina facilita la excreción de los ácidos producidos por el metabolismo para compensar la acidosis. El α-cetoglutarato que se produce en la segunda reacción se convierte, a través del ciclo del ácido cítrico, en oxalacetato, el cual genera fosfoenolpiruvato a través de la reacción de la PEPCK para sintetizar, finalmente glucosa.

El segundo es el tejido adiposo (graso), donde la PEPCK participa en un proceso que se ha denominado **gliceroneogénesis**, que actúa para producir glicerol-3-fosfato suficiente para la formación de triacilgliceroles. La reesterificación de los ácidos grasos a glicerol-3-fosfato es esencial, tanto en los estados de alimentación como de ayuno, para mantener el equilibrio entre la degradación y resíntesis de los triacilgliceroles. En el tejido adiposo, el fosfoenolpiruvato, que se produce por la piruvato carboxilasa y la PEPCK *no* se convierte en glucosa, sino que en su lugar, se desvía hacia la dihidroxia-

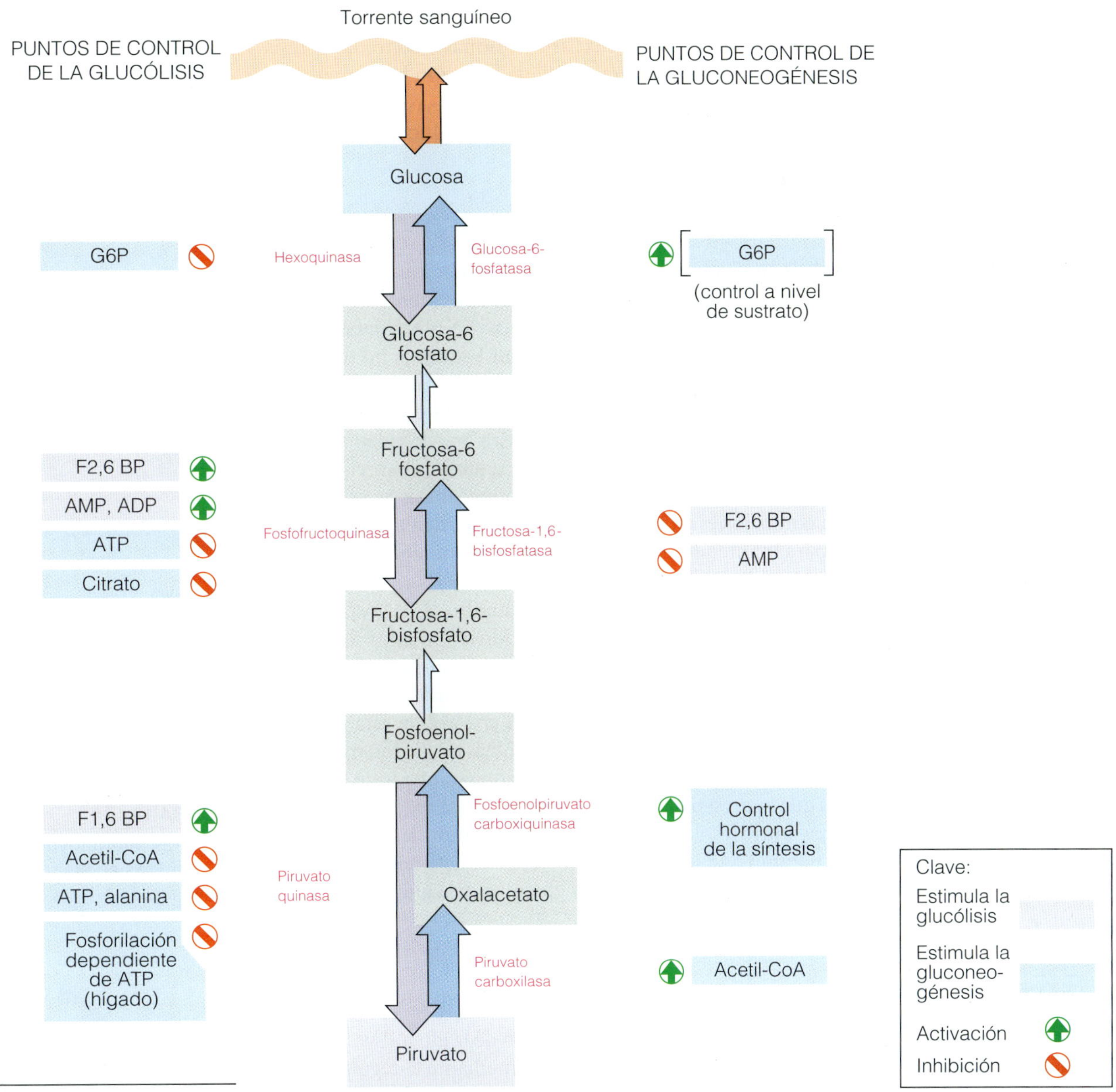


**FIGURA 13.18**

**Principales mecanismos de control que afectan a la glucólisis y la gluconeogénesis.** La figura muestra las reacciones fuertemente exergónicas de la glucólisis y la gluconeogénesis y los principales activadores e inhibidores de estas reacciones.

Las condiciones que fomentan la glucólisis inhiben la gluconeogénesis y a la inversa.

el flujo de carbono a través de la glucólisis y la gluconeogénesis en el hígado de los mamíferos, ya que es activa con concentraciones mucho menores que las de los demás reguladores fisiológicos que hemos comentado. En la Figura 13.19a se observa cómo una concentración de fructosa-2,6-bisfosfato muy baja *activa* la fosfofructoquinasa. El AMP y el ADP activan también la PFK. Los *inhibidores* más significativos, desde un punto de vista biológico, de la fosfofructoquinasa de mamíferos son el ATP (Figura 13.19b) y el citrato. El efecto del ATP puede parecer anómalo debido a que el ATP es un sustrato y, por tanto, esencial para la reacción. Como inhibidor, el ATP se une a un lugar en la enzima distinto del lugar catalítico, y con una afinidad menor (Figura 13.19c). A concentraciones bajas de ATP, la curva de saturación del sustrato para la fructosa-6-fosfato es casi hiperbólica debido a que no está ocupado el lugar regulador y la enzima se encuentra casi toda ella en el estado R. A concentraciones altas de ATP, predomina el estado T, lo que hace que la curva se haga sigmoidea y se desvíe mucho hacia la derecha (Figura 13.19b). Así, se consigue la inhibición debido a que se reduce, en gran medida, la afinidad aparente por la fructosa-6-fosfato. Los activadores como AMP, ADP y fructosa-2,6-bisfosfato estabilizan el estado R, incrementando así la afinidad aparente por el sustrato fructosa-6-fosfato.

El control de la PFK por los nucleótidos de adenina es una forma de respuesta del metabolismo energético al cambio de carga energética. A una carga energética muy alta, efectos mediados por el AMPc, así como en otros mecanismos que afectan a las actividades enzimáticas. Volveremos a considerar los efectos hormonales sobre la síntesis enzimática en el Capítulo 23, al presentar de manera detallada la acción hormonal.

Las demandas reguladoras sobre la célula son demasiado complejas para afectar a una única reacción que controle la velocidad y así, la glucólisis y la gluconeogénesis se controlan en muchos puntos.

## Regulación recíproca de la glucólisis y la gluconeogénesis

La gluconeogénesis y la glucólisis se producen, en gran parte, en el citosol. Dado que la gluconeogénesis sintetiza glucosa y la glucólisis la cataboliza, es evidente que *la gluconeogénesis y la glucólisis deben controlarse de manera recíproca.* En otras palabras, las condiciones intracelulares que activan una ruta tienden a inhibir la otra. Si no fuera por el control recíproco, la glucólisis y la gluconeogénesis actuarían de manera conjunta formando un ciclo inútil gigante. La regulación recíproca se basa en gran parte en la carga energética de adenilato. Las condiciones de carga energética baja tienden a activar los pasos que controlan la velocidad de la glucólisis, al tiempo que inhiben el flujo de carbono a través de la gluconeogénesis. Y a la inversa, la gluconeogénesis se estimula a cargas energéticas elevadas, en condiciones en las que las velocidades de flujo catabólico son bajas, aunque adecuadas para mantener unas concentraciones suficientes de ATP.

La glucólisis se controla fundamentalmente por la regulación de las tres reacciones fuertemente exergónicas de la ruta, las catalizadas por la hexoquinasa, la fosfofructoquinasa y la piruvato quinasa (*véase* la Figura 13.9). Las reacciones opuestas de la gluconeogénesis, las catalizadas por la glucosa-6-fosfatasa, la fructosa-1,6-bisfosfatasa y la combinación de la piruvato carboxilasa con la fosfoenolpiruvato carboxiquinasa, son fuertemente exergónicas y constituyen el principal objetivo del control de esta ruta. En otras palabras, los tres ciclos de sustrato que diferencian la glucólisis de la gluconeogénesis (Figura 16.17) constituyen los lugares principales de regulación recíproca de estas rutas, lo que ilustra los principios que se presentaron en el Capítulo 12. La regulación puede imponerse *solo* sobre reacciones muy desplazadas del equilibrio, como las que forman estos tres ciclos de sustrato. La Figura 13.18 identifica los principales activadores e inhibidores alostéricos de las reacciones exergónicas clave de la glucólisis y la gluconeogénesis.

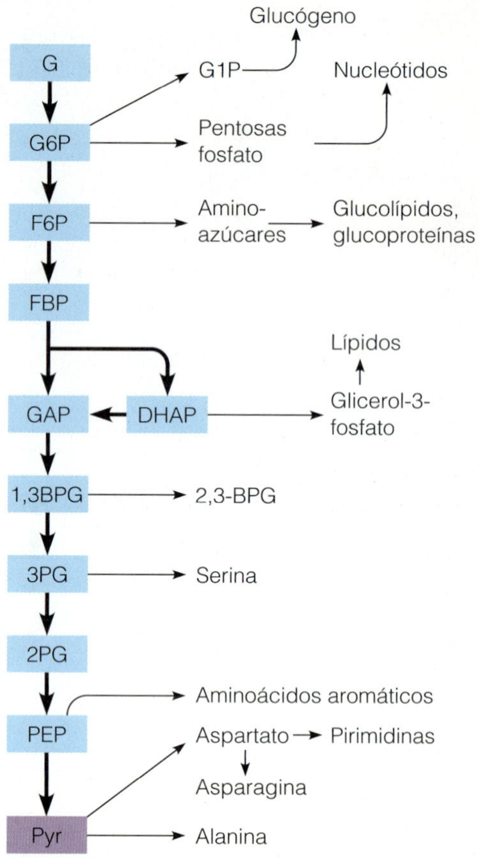


**FIGURA 13.16**

**Destinos alternativos de los intermediarios glucolíticos en las rutas de biosíntesis.** G1P es la glucosa-1-fosfato.

## Regulación del ciclo de sustrato fosfofructoquinasa/fructosa-1,6 bisfosfatasa

La fosfofructoquinasa es la principal enzima que controla el flujo de la glucólisis. La carga energética afecta al control de la glucólisis y la gluconeogénesis mediante la regulación de la interconversión de la fructosa-6-fosfato y la fructosa-1,6-bisfosfato. En los mamíferos, la PFK se activa por el AMP y el ADP, mientras que la enzima contraria, la fructosa-1,6-bisfosfatasa, se inhibe por el AMP (Figura 13.18). Así pues, cuando se reduce la carga energética, la glucólisis se activa y la gluconeogénesis se inhibe por los efectos opuestos del AMP sobre la fosfofructoquinasa y la fructosa-1,6- bisfosfatasa. Aunque las concentraciones intracelulares de nucleótidos de adenina varían en paralelo con los cambios del flujo a través de la glucólisis y la gluconeogénesis, como es de esperar si la carga energética constituye un factor regulador importante, la correspondencia no es absoluta. Estas observaciones sugirieron la participación de otros mecanismos de control y condujeron al descubrimiento del regulador fisiológico mucho más importante, la **fructosa-2,6-bisfosfato.**

### Fructosa-2,6-bisfosfato y control de la glucólisis y la gluconeogénesis

La fosfofructoquinasa es un homotetrámero que se interconvierte entre dos estados de conformación, R y T (recuérdese lo presentado sobre los estados R y T en el Capítulo 11, página 456). Además de los lugares catalíticos que unen los sustratos (ATP, fructosa-6-fosfato), la PFK de mamíferos tiene lugares de unión para varios efectores alostéricos, como AMP, ADP, ATP, citrato y fructosa-2,6-bisfosfato. Las PFK bacterianas solo tienen un lugar alostérico que puede unir o un inhibidor (fosfoenolpiruvato) o un activador (ADP). La fructosa-2,6-bisfosfato se considera que es el principal regulador que controla

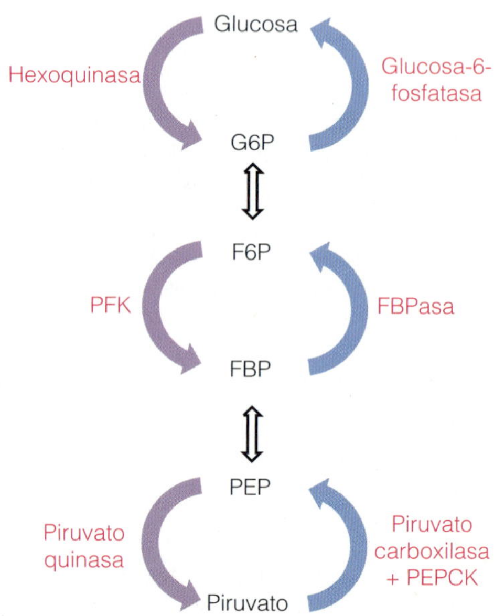


**FIGURA 13.17**

**Ciclos de sustrato en la glucólisis/gluconeogénesis.**

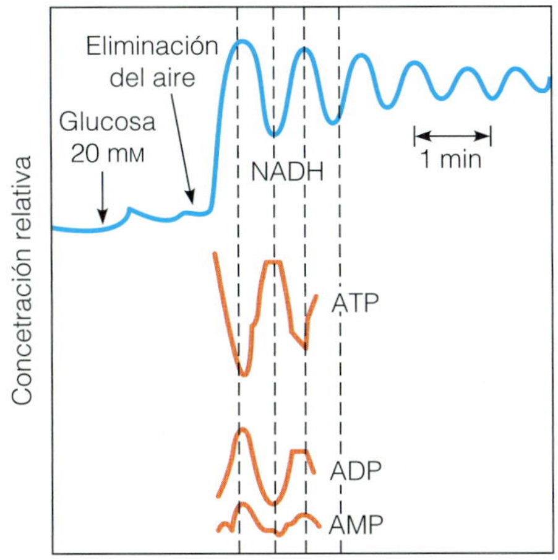


**FIGURA 13.15**

**Oscilaciones periódicas de las concentraciones de los intermedios glucolíticos en células de levadura que realizan la glucólisis.** En el punto indicado como«eliminación del aire» se pasó de unas condiciones de cultivo aerobias a unas condiciones anaerobias. El trazado superior (azul) indica un registro continuo de la fluorescencia de la suspensión celular, que está relacionada con la concentración intracelular de NADH. Se determinaron las concentraciones de nucleótido (naranja) en un experimento paralelo en el que se extrajeron muestras del cultivo en diversos momentos y se analizaron en cuanto a su contenido de ATP, ADP y AMP.

Adaptado con permiso de *Archives of Biochemistry and Biophysics* 109:586, A. Betz y B. Chance, Influence of inhibitors and temperature on the oscillationof reduced pyridine nucleotides in yeast cells. © 1964,con permiso de Elsevier.

## Oscilaciones de los intermedios glucolíticos

Otras conclusiones importantes surgieron del descubrimiento de que las concentraciones intracelulares de los intermedios glucolíticos no son constantes en muchas situaciones, sino que experimentan variaciones periódicas u oscilaciones, como se indica en la Figura 13.15. Estas variaciones pueden demostrarse con mayor facilidad mediante el seguimiento de la fluorescencia de una suspensión de células de levadura a 450 nm. El componente que contribuye en mayor medida a producir esta fluorescencia es el NADH, por lo que este tipo de experimento valora los cambios del NADH intracelular con el tiempo. Las oscilaciones son una característica común en los sistemas controlados mediante retroacción, y las variaciones cíclicas de las concentraciones de los intermedios glucolíticos proporcionan claves importantes sobre los mecanismos reguladores que afectan a la glucólisis.

Durante el tiempo que la fluorescencia de una suspensión de células de levadura aumenta, se está acumulando NADH a través de la reducción del $NAD^+$ intracelular. En estas condiciones, la glucólisis está activada y el NADH se está produciendo por la gliceraldehído-3-fosfato deshidrogenasa con una rapidez mucho mayor que la que puede usarse para reducir al piruvato. Presumiblemente, durante este periodo se acumulan también una o más sustancias reguladoras. Una vez se han acumulado en cantidad suficiente para inhibir la glucólisis, la concentración de NADH disminuye hasta que el aporte de reguladores se agota, y en este momento, la ruta se inhibe de nuevo. Este ciclo se produce de manera repetida.

Cuando los investigadores observaron que las concentraciones intracelulares de NADH variaban de manera periódica, empezaron a obtener muestras de extractos de las células oscilantes para analizar las concentraciones intracelulares de otros sustratos de las enzimas glucolíticas. Se observó que estos intermedios también aumentaban y disminuían periódicamente. Obsérvese en la Figura 13.15 que las concentraciones de ADP y AMP aumentan y disminuyen precisamente con la misma fase que el NADH, mientras que la concentración de ATP presenta un desfase de 180°. Este patrón sugiere que la actividad de la glucólisis depende de algún modo de la carga energética de adenilato (*véase* el Capítulo 12): cuando la carga es elevada, la ruta está inactivada y cuando es baja, la ruta se activa. Estas y otras observaciones sugirieron que el principal punto de regulación debía ser una enzima regulada por la carga energética. Esta enzima es la fosfofructoquinasa.

La regulación de la glucólisis es crucial para muchas funciones fisiológicas. Es importante señalar que la glucólisis no solo genera ATP y proporciona piruvato para su oxidación en el ciclo del ácido cítrico, sino que también es una ruta de biosíntesis. Los intermedios de la glucólisis son precursores de numerosos compuestos, en especial de lípidos y aminoácidos. Estos procesos se consideran a lo largo del libro, pero la Figura 13.16 resume algunas de las principales funciones de biosíntesis de los intermediarios glucolíticos. Esta figura pone de manifiesto el motivo por el que se considera a la glucólisis una importante encrucijada metabólica. Hay muchas rutas que conducen a la glucólisis, y otras muchas que divergen a partir de ella, lo cual crea un flujo considerable a través de la ruta.

La regulación de la gluconeogénesis es crucial para muchas funciones fisiológicas pero, sobre todo, para el funcionamiento adecuado del tejido nervioso. Aunque otros órganos pueden utilizar diversas fuentes de energía, el buen estado del sistema nervioso central requiere un mantenimiento de las concentraciones sanguíneas de glucosa dentro de unos límites estrechos. El control de la gluconeogénesis es importante también cuando el animal se adapta a un ejercicio muscular o a los ciclos de alimentación y ayuno. El flujo a través de la ruta debe aumentar o disminuir, en función de la disponibilidad del lactato producido por los músculos, de la glucosa procedente de la alimentación, o de otros precursores gluconeogénicos.

Las tasas de flujo gluconeogénico están inversamente relacionadas con el contenido de hidratos de carbono de la alimentación. Este efecto se produce de forma hormonal.

La gluconeogénesis se controla, en gran parte, por la alimentación. Los animales que ingieren una alimentación con abundantes hidratos de carbono presentan tasas bajas de gluconeogénesis, mientras que los animales en ayunas o los que ingieren alimentaciones con un bajo contenido de hidratos de carbono presentan un flujo elevado a través de esta ruta. Como se presentó en el Capítulo 12, estos efectos hormonales, que se producen fundamentalmente a través de la insulina y el glucagón, comportan el control de la síntesis de la fosfoenolpiruvato carboxiquinasa y la regulación efectuada mediante el control de las concentraciones de AMP cíclico. Nuestro análisis se centrará aquí en estos cetona fosfato para su reducción a glicerol-3-fosfato, que se combina con los derivados de coenzima A de los ácidos grasos para producir triacilgliceroles. En el Capítulo 17 se presentarán con mayor detalle estas rutas.

## Evolución de las rutas metabólicas de los hidratos de carbono

Las comparaciones de los genomas sugieren que la ruta de Embden-Meyerhof-Parnas (glucolítica) probablemente funcionó inicialmente en la dirección de la gluconeogénesis. Los primeros organismos probablemente eran quimioautótrofos termófilos y vivían en los flujos volcánicos de las corrientes hidrotérmicas submarinas en condiciones anóxicas o microaerobias. Se ha propuesto que estos organismos utilizaban los gases disueltos y los sustratos inorgánicos para producir energía y que probablemente contenían pocos hidratos de carbono para poder utilizarlos como sustratos orgánicos de crecimiento. Reducían el $CO_2$ o el $O_2$ (monóxido de carbono) a una forma activada de ácido acético, la acetil- CoA, con electrones del $H_2$ como principal donador electrónico. Esto supuso el material de partida para la síntesis de los hidratos de carbono más complejos utilizando la ruta gluconeogénica primordial. Solo hasta que se dispuso de grandes cantidades de azúcar de las paredes celulares de las cianobacterias y las plantas se comenzaron a utilizar los azúcares como sustratos de crecimiento a través de la dirección glucolítica de la ruta.

## Regulación coordinada de la glucólisis y la gluconeogénesis

La glucólisis y la gluconeogénesis están estrechamente coordinadas con otras rutas importantes de generación y utilización de energía, en especial la síntesis y degradación del glucógeno (o del almidón), la ruta de las pentosas fosfato (que se describe en este capítulo) y el ciclo del ácido cítrico. Los factores metabólicos que controlan la glucólisis tienden a regular otras rutas de una manera coordinada. Así pues, es difícil considerar la regulación de la glucólisis aislada de estas otras rutas, y volveremos sobre este tema después de haber presentado las demás rutas importantes del metabolismo energético (*véase* el Capítulo 18). Sin embargo, la glucólisis y la gluconeogénesis proporcionan una introducción muy útil de los principios de regulación metabólica coordinada, y de esta forma, describiremos aquí las enzimas clave que actúan como dianas reguladoras de estas dos rutas opuestas.

### Efecto Pasteur

Mucho antes de que se conociera algo sobre las rutas de utilización de glucosa y mucho menos sobre los mecanismos de control, Louis Pasteur observó que cuando los cultivos anaerobios de levaduras que metabolizaban glucosa se exponían al aire, se reducía drásticamente la tasa de utilización de glucosa. Quedó claro que este fenómeno, que se conoce como **efecto Pasteur**, comporta la inhibición de la glucólisis por el oxígeno. Este efecto tiene cierta lógica desde el punto de vista biológico, puesto que se obtiene mucha más energía a partir de la oxidación completa de la glucosa que solo a partir de la glucólisis. ¿Cuál es el mecanismo de este efecto si el oxígeno no participa de forma activa en la glucólisis? La respuesta necesaria se obtuvo de los análisis del contenido intracelular de los intermedios glucolíticos en las células aerobias y anaerobias. Estos análisis requerían técnicas para la interrupción rápida del metabolismo y la extracción de los metabolitos. Una de estas técnicas es el **pinzamiento por congelación** (*freeze-clamping*), en el que el tejido se comprime rápidamente entre unas placas de metal enfriadas a la temperatura del nitrógeno líquido. El tejido sólido puede pulverizarse y extraerse para los análisis.

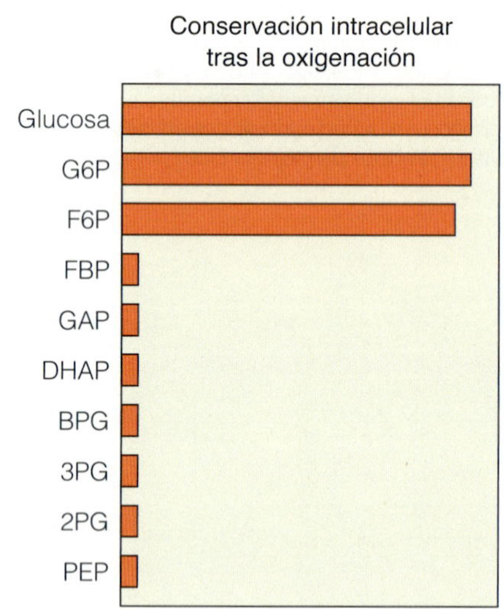


Los experimentos de este tipo revelaron que cuando se introduce oxígeno en las células anaerobias, las concentraciones de todos los intermedios glucolíticos, desde la fructosa-1,6-bisfosfato en adelante, *disminuyen*, mientras que todos los productos intermedios *anteriores* se acumulan a concentraciones más elevadas (*véase* el margen). Este hallazgo concuerda con el concepto de que el flujo metabólico a través de la fosfofructoquinasa se reduce de manera específica en presencia de $O_2$, debido, probablemente, a los cambios de las concentraciones de los efectores alostéricos.

la abundancia relativa de ATP indica que la ruta glucolitica que proporciona energía debe disminuir su actividad, y la señal afecta la inhibición de la PFK. Al contrario, una concentración elevada de AMP o ADP indican que la carga energética es baja y que debe aumentar el flujo a través de la glucólisis. La inhibición por el citrato es otro sensor del nivel energético. A una carga energética alta, disminuye el flujo a través del ciclo del ácido cítrico, por los mecanismos que se consideran en el Capítulo 14. En estas condiciones se acumula citrato, que se transporta fuera de las mitocondrias. La interacción con la PFK en el citosol puede indicar que es adecuada la generación de energía y, por tanto, puede disminuirse la producción de precursores del ciclo del ácido cítrico a través de la glucólisis.

La fructosa-2,6-bisfosfato regula también el lado gluconeogénico de este ciclo de sustrato, y aquí es un potente inhibidor de la fructosa-1,6-bisfosfatasa, al menos *in vitro*. De esta forma, la acumulación de la misma molécula reguladora tiene el efecto simultáneo de activar la glucólisis e inhibir la gluconeogénesis (Figura 13.18).

La fructosa-2,6-bisfosfato se forma a partir de la fructosa-6-fosfato por una 6-fosfofructo-2-quinasa, denominada PFK-2 para diferenciarla de la bien conocida PFK de la glucólisis, a la que para mayor claridad podemos denominar PFK-1. Otra actividad enzimática, denominada **fructosa-2,6-bisfosfatasa**, rompe la fructosa 2,6-bisfosfato para dar de nuevo fructosa-6-fosfato. Esta actividad se abrevia como FBPasa-2 para diferenciarla de la FBPasa de la gluconeogénesis.

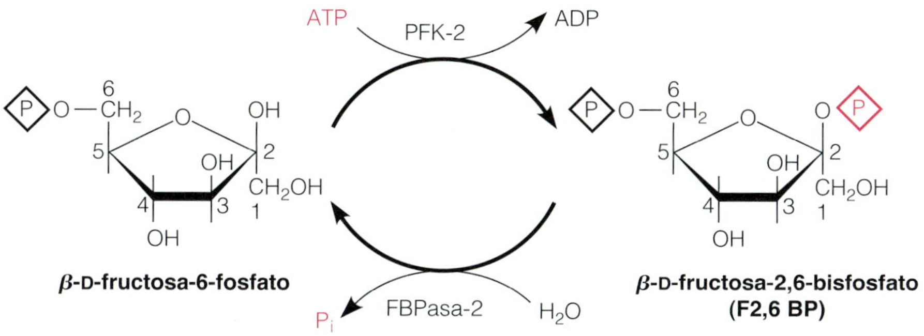


Estas dos actividades están contenidas en dominios separados de una enzima de 100 kilodalton, la PFK-2/FBPasa-2 (Figura 13.20). Esta enzima bifuncional cataliza así las reacciones opuestas de un ciclo de sustrato que determina la concentración de esta importante molécula reguladora, Las velocidades de las dos reacciones de este ciclo de sustrato, a su vez, están controladas mediante fosforilación/desfosforilación de la enzima bifuncional. Los cambios de conformación producidos por la desfosforilación aumentan la actividad de un dominio al tiempo que descienden la actividad del otro, alterando de esta forma varias isoenzimas PFK-2/FBPasa-2 específicas del tejido que se generan mediante corte y empalme alternativo a partir de cuatro genes diferentes. Cada isoenzima tiene una actividad quinasa/bisfosfatasa específica y propiedades reguladoras distintas que se ajustan a las necesidades metabólicas de ese tejido.

La actividad de la isoenzima hepática la controlan las hormonas pancreáticas insulina y glucagón y la glucosa. Todas estas moléculas reguladoras actúan a través de cascadas de señalización que llevan a la fosforilación reversible de un residuo específico de serina, que produce cambios de conformación de la proteína. La fosforilación *disminuye* la actividad de PFK-2 y *aumenta* la actividad de FBPasa-2 (Figura 13.21). La desfosforilación invierte este efecto.

La fosforilación de la PFK-2/FBPasa-2 está catalizada por la proteína quinasa dependiente del AMP cíclico. Esta quinasa reguladora importante, conocida también como proteína quinasa A (PKA), será considerada con mayor detalle posteriormente en este capítulo. Como se señaló en el Capítulo 12, el AMP cíclico (AMPc) desempeña numerosas funciones en la regulación del metabolismo, tanto en eucariotas como en procariotas. En los eucariotas, su papel como segundo mensajero es el de recibir mensajes hormonales que se generan fuera de la célula y transmitirlos al interior de la célula. Esta transmisión activa algunos procesos metabólicos y la inhibición de otros. El glucagón es la principal hormona cuya acción eleva en el hígado la concentración de

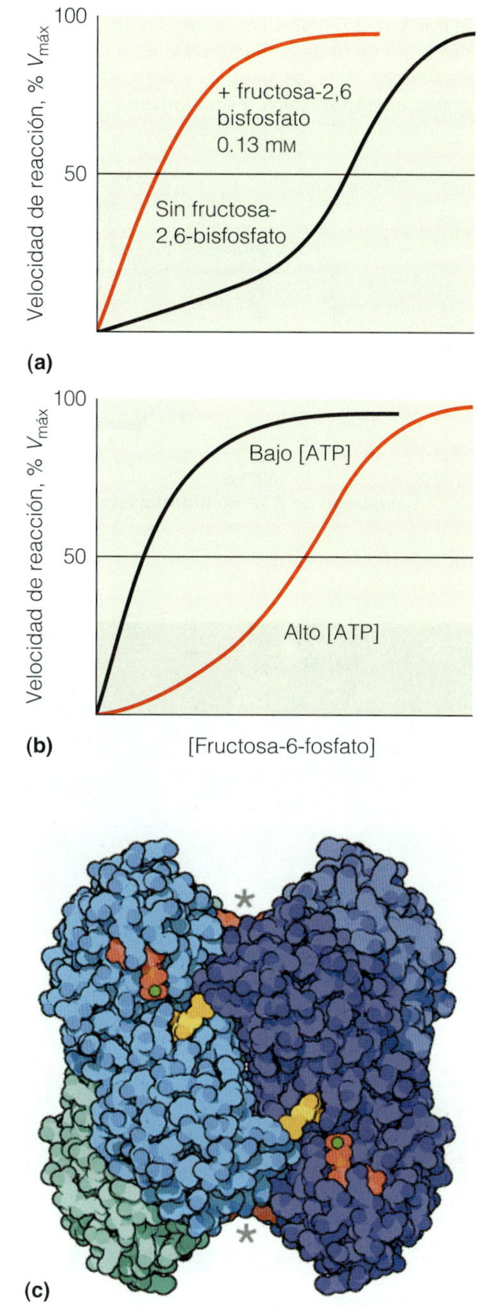


**FIGURA 13.19**

**Control alostérico de la fosfofructoquinasa hepática. (a)** Activación por la fructosa-2,6-bisfosfato. **(b)** Aumento de la $K_M$ aparente para el sustrato fructosa-6-fosfato por el ATP. **(c)** Modelo del homotetrámero PFK de *E. coli*, basado en PDB ID 4PFK. Los lugares catalíticos están indicados por el azúcar unido (naranja) y Mg · ADP (ADP en rojo; ion magnesio, en verde). Los lugares reguladores en la parte superior e inferior del tetrámero, marcados con asterisco, contienen moléculas de ADP apenas visibles (rojo).

(c) Cortesía de David S. Goodsell, RCSB Protein Data Bank.

La fructosa-2,6-bisfosfato, el regulador más importante de la glucólisis y la gluconeogénesis, se sintetiza y degrada por formas diferentes de la misma enzima.

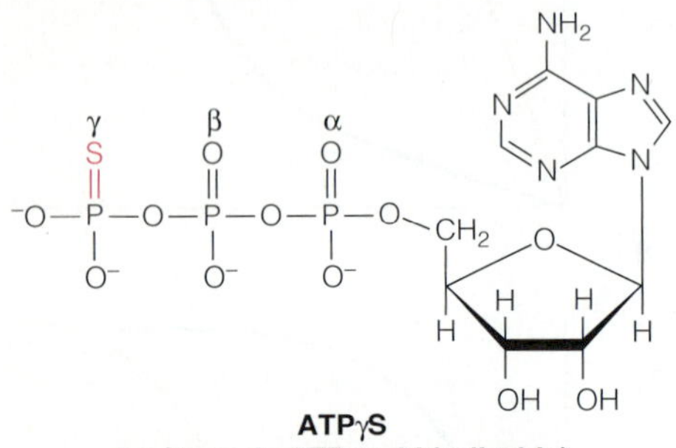

**ATPγS**
**(análogo de ATP no hidrolizable)**

AMPc. La desfosforilación de la PFK-2/FBPasa-2 está catalizada por una o varias proteína fosfatasas específicas (Figura 13.21). La insulina estimula la desfosforilación y, de esta forma, la activación del dominio 6-fosfofructo-2-quinasa, aunque no se conoce la ruta de señalización. La señal de la glucosa se realiza por medio de la proteína fosfatasa 2A (PP2A). Un aumento de la concentración de glucosa en el hígado lleva al aumento de la síntesis de intermediarios de la ruta de las pentosas fosfato (que se considera más adelante en este capítulo). Uno de estos metabolitos, la xilulosa-5-fosfato es un activador específico de PP2A.

En el Capítulo 18 se considerará con mayor detalle el control hormonal del metabolismo energético, pero aquí podemos comenzar a captar algunos de los detalles del mecanismo. El glucagón, liberado por el páncreas como respuesta a las concentraciones bajas de glucosa en sangre, se une a sus receptores de la membrana plasmática de las células hepáticas, lo cual activa la proteína quinasa A, que cataliza la fosforilación de PFK-2/FBPasa-2, estimulando su actividad fructosa-2,6-bisfosfatasa. La caída resultante de la concentración de fructosa-2,6-bisfosfatasa hace que esta molécula reguladora se disocie de PFK-1, aumentando así la sensibilidad de la PFK-1 a los inhibidores alostéricos, citrato y ATP. Esto, a su vez, *reduce* el flujo a través de la glucólisis y *estimula* la gluconeogénesis aliviando la inhibición de la fructosa-1,6-bisfosfatasa. Este es un mecanismo por medio del cual el glucagón aumenta la concentración de glucosa en sangre.

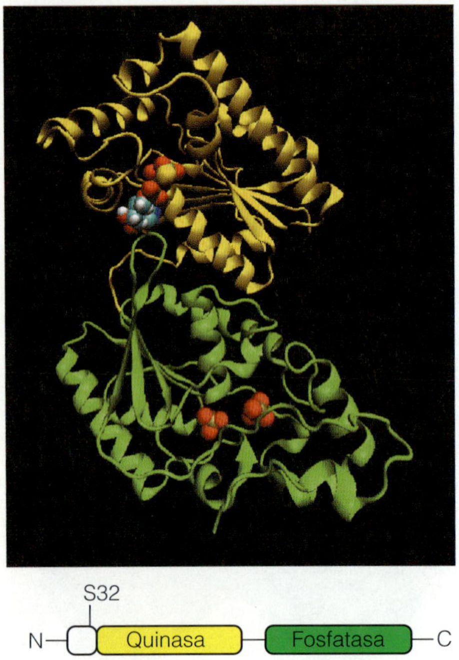


**FIGURA 13.20**

**PFK-2/FBPasa-2 bifuncional**. Esta figura muestra la estructura cristalina de rayos X de una subunidad de la enzima hepática humana homodimérica (PDB ID 1K6M). En amarillo se muestra el dominio N-terminal 6-fosfofructo-2-quinasa y en verde, el dominio C-terminal fructosa-2,6-bisfosfatasa. El lugar activo quinasa está marcado con un análogo del ATP no hidrolizable (ATPγS) unido. El lugar activo bisfosfatasa está marcado por los fosfatos unidos. El diagrama de la estructura primaria de la isoenzima hepática de 470 aminoácidos muestra la situación del lugar de fosforilación (serina-32). Los residuos 1-38, incluyendo la Ser-32, no son visibles en la estructura de rayos X, lo cual sugiere que este segmento es muy flexible.

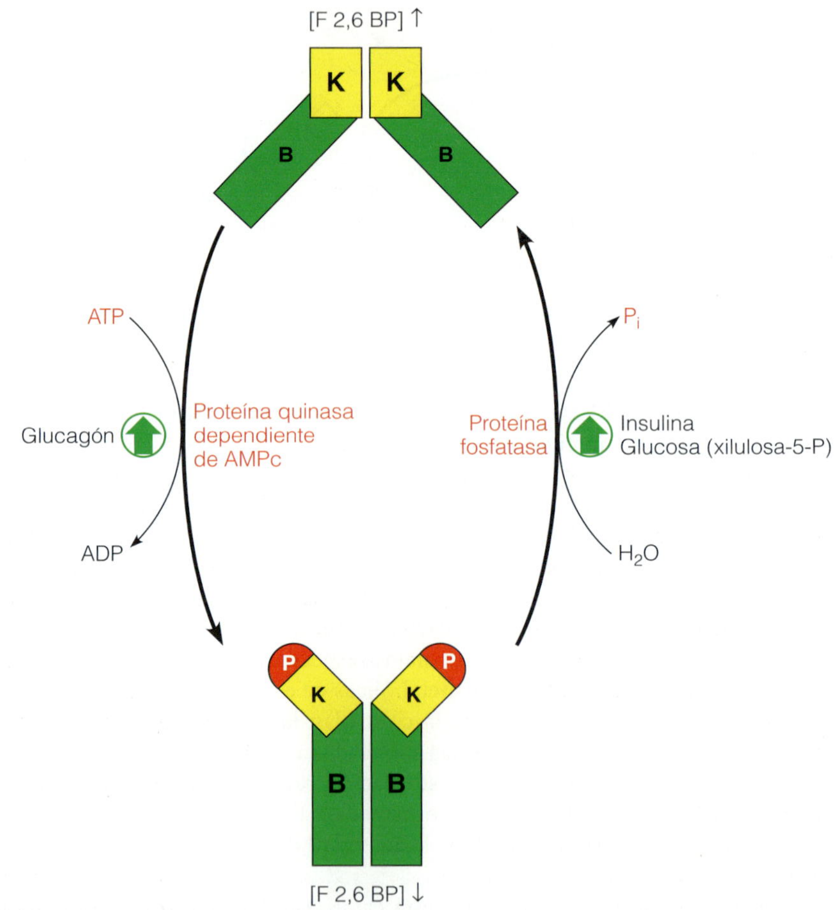


**FIGURA 13.21**

**Regulación de la síntesis y degradación de la fructosa-2,6-bisfosfato en el hígado**. La PFK-2/FBPasa-2 bifuncional está controlada por la fosforilación reversible de un residuo de serina específico cerca del N-terminal de cada subunidad de la proteína homodimérica. En la forma no fosforilada, el dominio 6-fosfofructo-2-quinasa (K) es activo y se sintetiza fructosa-2,6-bisfosfato (F2,6BP). En la forma fosforilada, el dominio fructosa-2,6-bisfosfatasa (B) es activo y se degrada F2,6BP. El glucagón estimula la fosforilación por la activación de la proteína quinasa dependiente de AMPc (PKA). La insulina y la glucosa (a través de la xilulosa-5-fosfato) estimulan la desfosforilación al activar una proteína fosfatasa.

La insulina, liberada por el páncreas como respuesta a las concentraciones elevadas de glucosa en sangre, o la propia glucosa, estimulan la desfosforilación de la PFK-2/FBPasa-2, y activan su actividad 6-fosfofructo-2-quinasa. El aumento resultante de la concentración de fructosa-2,6-bisfosfato *estimula* la glucólisis e *inhibe* la gluconeogénesis.

### Regulación de la PFK-2/FBPasa-2 en el corazón y el músculo esquelético

El corazón expresa una isoenzima diferente de esta enzima reguladora bifuncional, y a diferencia del hígado, la fosforilación de la isoezima del corazón *aumenta* su cociente de actividad quinasa/bisfosfatasa. No sorprende que el lugar de fosforilación sea distinto, un residuo de serina cerca del C-terminal en la isoenzima del corazón. Al menos se conocen dos proteína quinasas que fosforilan la PFK-2/FBPasa-2 del corazón: la proteína quinasa activada por el AMP (AMPK) y la proteína quinasa B (PKB, denominada también Akt). Como veremos en el Capítulo 18, la AMPK es un sensor e integrador de señales maestro que controla el balance de energía celular en todos los eucariotas. Cuando se restringe el aporte de oxígeno (**isquemia**), las células del corazón cambian a glucólisis anaerobia para proporcionar ATP para la contracción muscular continuada. La AMPK se activa por la isquemia, tras lo cual fosforila y activa la actividad 6-fosfofructo-2-quinasa de la PFK-2/FBPasa-2. La concentración de fructosa-2,6-bisfosfato se eleva y estimula la glucólisis.

La isoenzima de PFK-2/FBPasa-2 del músculo esquelético no está controlada por fosforilación/desfosforilación, sino por la concentración intracelular de fructosa-6-fosfato, que es tanto un modificador alostérico como un sustrato. El cociente de actividad quinasa/bisfosfatasa aumenta cuando hay una concentración alta de fructosa-6-fosfato, que indica la disponibilidad del sustrato para la glucólisis. Como consecuencia, aumentan las concentraciones de fructosa-2,6-bisfosfato, estimulando la PFK-1 y así la glucólisis.

La fructosa-2,6-bisfosfato también juega un papel regulador en los vegetales. Al inhibir la fructosa-1,6-bisfosfatasa citosólica controla el flujo de azúcares de tres carbonos producidos por la fotosíntesis, fuera de los cloroplastos y dentro de la ruta de la síntesis de sacarosa del citosol.

## Regulación del ciclo de sustrato piruvato quinasa/piruvato carboxilasa + PEPCK

Anteriormente, se ha identificado la piruvato quinasa como un punto de control de la glucólisis. Al igual que la PFK, las isoenzimas L (hígado) y R (eritrocitos) de la piruvato quinasa se inhiben de forma alostérica por las concentraciones elevadas de ATP (Figura 13.18), de forma semejante desde el punto de vista cinético: las concentraciones elevadas de ATP reducen la afinidad aparente de la piruvato quinasa por su otro sustrato, el fosfoenolpiruvato. Un segundo efecto alostérico es la **activación anterógrada** de la piruvato quinasa por la fructosa-1,6-bisfosfato. Este efecto, que es el inverso de la retroinhibición, garantiza que el carbono que supere el primer paso regulado de la ruta (PFK) podrá completar su paso por la glucólisis y que no se producirá una acumulación indeseable de intermedios. Un tercer efecto de control por retroacción es la inhibición de la piruvato quinasa por la acetil-CoA, el principal producto de la oxidación de los ácidos grasos. Esta inhibición permite a la célula reducir el flujo glucolítico cuando se dispone de una cantidad abundante de sustratos procedentes de la degradación de las grasas. Finalmente, la piruvato quinasa se inhibe por algunos aminoácidos, especialmente la alanina, el principal precursor gluconeogénico entre los aminoácidos. Esta relación permite inhibir la glucólisis, con la consecuente activación de la gluconeogénesis, específicamente en los tejidos gluconeogénicos, cuando se dispone de una gran cantidad de energía y de sustratos. El control en el paso de la piruvato quinasa permite conservar los fosfatos de energía elevada en la molécula de fosfoenolpiruvato.

Recuérdese que la isoenzima hepática de la piruvato quinasa también está regulada mediante fosforilación/desfosforilación reversible, con la forma desfosforilada, mucho más activa que la forma fosforilada (página 533). El glucagón estimula la fosforilación, y actúa a través de la misma ruta de la proteína quinasa dependiente de AMPc, que fosforila a PFK-2/FBPasa-2. De esta forma, cuando la glucosa sanguínea es baja, la secreción de glucagón conduce a la inactivación de la piruvato quinasa en el hígado y a la inhibición de la glucólisis. El fosfoenolpiruvato se desvía en lugar de ir a la gluconeogénesis. En cambio, la piruvato quinasa muscular no se encuentra regulada mediante modificación covalente y virtualmente, todo el fosfoenolpiruvato producido en el músculo se convierte en piruvato.

La acetil-CoA también puede verse como un regulador recíproco de la glucólisis y la gluconeogénesis, al actuar sobre las enzimas que interconvierten el piruvato y el fosfoenolpiruvato (Figura 13.18). La acetil-CoA es un activador necesario de la piruvato carboxilasa y un inhibidor de la piruvato quinasa; así, cuando aumenta su concentración puede indicar que se dispone de sustratos adecuados para proporcionar energía a través del ciclo del ácido cítrico y que puede pasarse más carbono a la gluconeogénesis, para almacenarlo finalmente en forma de glucógeno. Sin embargo, algunos bioquímicos han puesto en duda que la activación de la piruvato carboxilasa por la acetil-CoA constituya un mecanismo de regulación importante, ya que sus concentraciones intramitocondriales en la mayoría de las circunstancias son muy superiores a la concentración que proporciona la mitad de la estimulación máxima. Así pues, la actividad *in vivo* de la piruvato carboxilasa podría no variar en respuesta a los cambios de concentración de acetil-CoA.

Finalmente, el glucagón controla la concentración de la enzima gluconeogénica clave la fosfoenolpiruvato carboxiquinasa (PEPCK) al activar la transcripción del gen estructural de la PEPCK (Figura 13.18). La insulina tiene el efecto contrario. Al inhibir la transcripción del gen de la PEPCK, tiende a deprimir las velocidades de los flujos gluconeogénicos. El glucagón tiene aún otra acción a nivel genético: reprime la síntesis de la piruvato quinasa, contribuyendo, de esta forma, a aumentar el flujo gluconeogénico desde el piruvato al fosfoenolpiruvato.

## Regulación del ciclo de sustrato hexoquinasa/glucosa-6-fosfatasa

Recuérdese que los mamíferos tienen varias isoenzimas distintas de la hexoquinasa, que se diferencian en sus propiedades cinéticas y reguladoras (página 525). Las isoenzimas de la hexoquinasa que se expresan en la mayoría de los tejidos (HK-1, -II y -III) se inhiben por su producto, la glucosa-6-fosfato, un mecanismo que controla la entrada de sustratos a la ruta glucolítica. La isoenzima hepática, hexoquinasa IV, no está sujeta a retroinhibición por la glucosa-6-fosfato, sino que está regulada de forma indirecta por la glucosa a través de un mecanismo que implica interacciones proteína-proteína (Figura 13.22). Cuando las concentraciones intracelulares de glucosa son bajas, la HK-IV queda secuestrada en el núcleo unida a una proteína reguladora de la glucoquinasa (GKRP), de 68 kDa, con lo que se evita la glucólisis hepática en estas condiciones. Las concentraciones elevadas de glucosa favorecen la disociación de la HK-IV del GKRP y la hexoquinasa se traslada desde el núcleo al citoplasma, donde puede iniciar la glucólisis. El efecto de la glucosa puede no ser directo, ya que la fructosa-1-fosfato y sus precursores (como la fructosa y el sorbitol) inducen también la disociación. La fructosa-6-fosfato favorece la unión de la HK-IV al GKRP (F-6-P y F-1-P compiten por un lugar de unión común en GKRP). Cuando HK-IV se traslada al citoplasma, forma un complejo con la forma desfosforilada de la PFK-2/FBPasa-2. En este complejo la

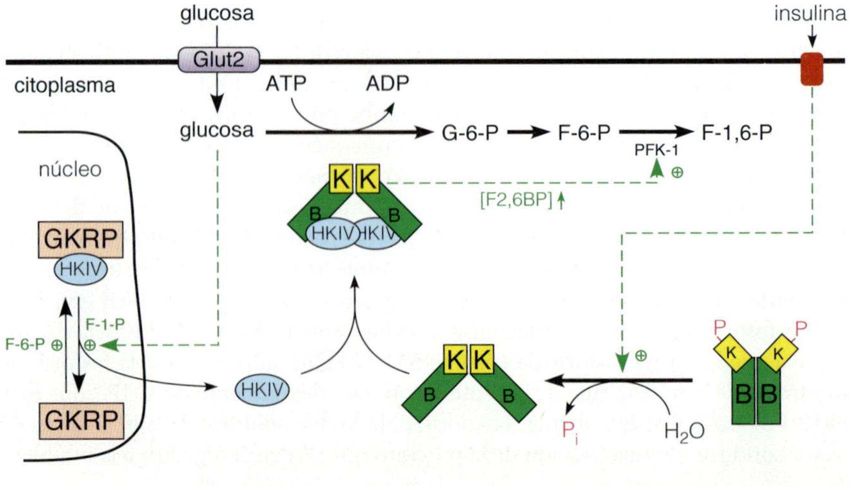


**FIGURA 13.22**

**Regulación de la hexoquinasa hepática mediante interacciones proteína-proteína.** La actividad de la isoenzima hepática hexoquinasa IV (HKIV) se regula mediante otras interacciones proteína-proteína, con la proteína reguladora de la glucoquinasa (GKRP) en el núcleo y la PFK-2/FBPasa desfosforilada en el citoplasma. La unión de la insulina a su receptor de la membrana plasmática estimula la desfosforilación de la PFK-2/FBPasa-2. Glut2, transportador de glucosa de la membrana plasmática. *Véanse* los detalles en la leyenda de la Figura 13.21 y en el texto.

HK-IV se activa, estimulando aún más el flujo glucolítico. Obsérvese que la activación de la HK-IV se produce mediante una interacción proteína-proteína en lugar de por la fructosa-2,6-bisfosfato. Recuérdese de la Figura 13.21, que la desfosforilación de la PFK-2/FBPasa-2 es estimulada por la insulina o la glucosa elevada, aumentando el cociente de actividad quinasa/bisfosfatasa. Además, la unión de HK-IV incrementa este cociente, lo que aumenta aún más la concentración de fructosa-2,6-bisfosfato. De esta forma, como respuesta a una comida con un contenido elevado de hidratos de carbono (que contenga, por ejemplo, glucosa o fructosa), el sistema hepático PFK-2/FBPasa-2 parece coordinar la regulación rápida de la fosforilación de la glucosa (por la hexoquinasa) con el consiguiente flujo a través de la glucólisis (en el paso PFK-1).

La glucosa-6-fosfatasa parece que no está controlada mediante alosterismo, aunque su $K_M$ para la glucosa-6-fosfato es mucho mayor que las concentraciones intracelulares de este metabolito. Así, la actividad intracelular está controlada, en gran parte, en forma de primer orden por la concentración de este sustrato.

En resumen, la glucólisis y la gluconeogénesis están controladas, en gran parte, por la carga energética de la célula y por la situación de los combustibles. La regulación se distribuye en muchos pasos y está muy coordinada, de forma que las dos rutas nunca actúen de forma simultánea en la misma célula. El hígado tiene un sistema de control adicional que refleja su función especial en el mantenimiento de la homeostasis de la glucosa en todo el animal. El otro punto de control principal del metabolismo de la glucosa, al menos en los mamíferos, es la degradación y la síntesis de glucógeno. Este proceso de extrema importancia se discutirá en breve.

## Entrada de otros azúcares en la ruta glucolítica

Hasta ahora nuestro análisis de la glucólisis se ha centrado en la glucosa como fuente de carbono para esta ruta. Existen otras muchas fuentes de energía de hidratos de carbono, ya sea a través de la digestión del alimento, ya sea por la utilización de metabolitos endógenos. En este apartado, nos centraremos en la utilización de monosacáridos distintos de la glucosa, de disacáridos y del glicerol procedente del metabolismo de las grasas. Estas rutas se resumen en la Figura 13.23.

### Metabolismo de los monosacáridos

Como se ha indicado antes, la hexoquinasas I, II y III tienen especificidades amplias de sustrato. Así, pueden participar en la utilización de otras hexosas diferentes de la glucosa, particularmente la fructosa y la manosa. Una enzima diferente, la galactoquinasa, convierte la galactosa en galactosa-1-fosfato.

#### Utilización de la galactosa

La D-galactosa procede, principalmente, de la hidrólisis del disacárido lactosa [Gal$\beta$(1$\longrightarrow$4)Glc], que es especialmente abundante en la leche. Como se indica en la Figura 13.24, la principal ruta de utilización de la galactosa es la conversión a glucosa-6-fosfato, en la ruta de Leloir. Esta ruta, cuyo nombre se debe al bioquímico argentino Luis Leloir, se inicia con la epimerización de la $\beta$-D-galactosa en galactosa-1-fosfato, liberada de la lactosa, al anómero $\alpha$ (Figura 13.24, reacción 1). Este paso es necesario, ya que la reacción siguiente, una fosforilación dependiente de ATP del hidroxilo de C-1, está catalizada por una enzima (**galactoquinasa**), que es específica de la $\alpha$-D-galactosa (reacción 2). La transformación de la galactosa-1-fosfato en glucosa-1-fosfato comporta una epimerización en el carbono 4. Sin embargo, antes de que pueda producirse la epimerización, la galactosa-1-fosfato debe activarse metabólicamente (reacción 3) mediante una reacción de transferasa con un azúcar ligado a un nucleótido, la **uridina difosfato glucosa**, también llamada UDP-glucosa o UDP-Glc. Esta reacción produce otro azúcar ligado a un nucleótido, la **uridina difosfato galactosa**, que se abrevia como UDP-galactosa o UDP-Gal. El donador de UDP en la reacción 3, UDP-Glc, se forma a partir de la glucosa-1-fosfato y el UTP por la **UDP-Glc pirofosforilasa**. Esta enzima recibe su nombre por la reacción inversa, que comporta la ruptura del enlace anhídrido

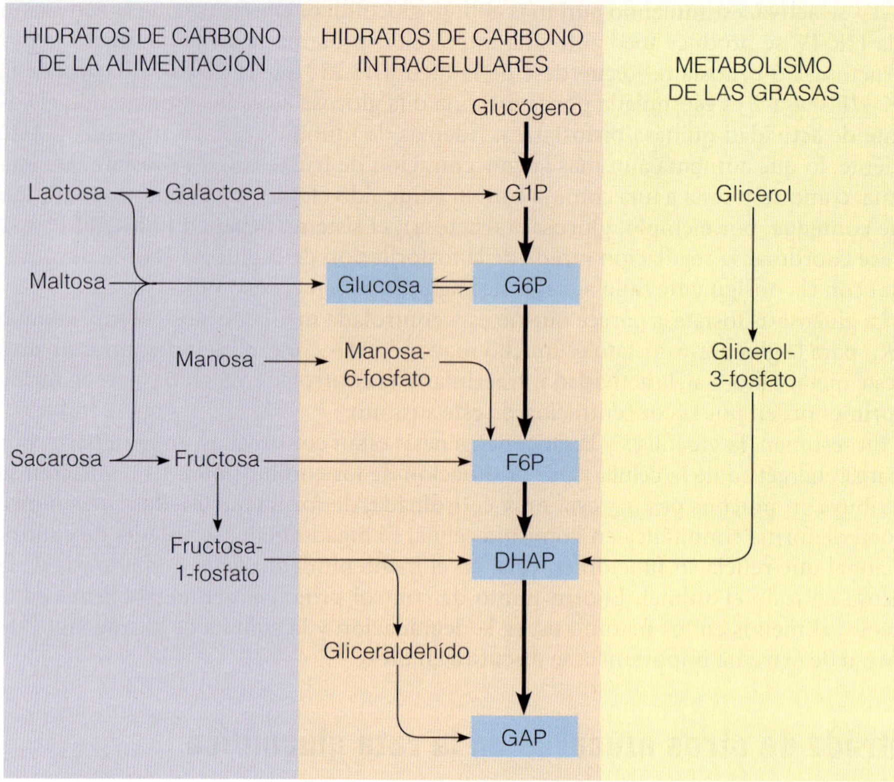


**FIGURA 13.23**

**Rutas de utilización de los sustratos distintos de la glucosa en la glucólisis.** En los animales, la mayor parte de los hidratos de carbono distintos de la glucosa y el glucógeno proceden de la alimentación, y la mayor parte del glicerol procede del catabolismo de los lípidos.

del ácido fosfórico en la UDP-Glc mediante la adición a lo largo de ese enlace de los elementos del ácido pirofosfórico.

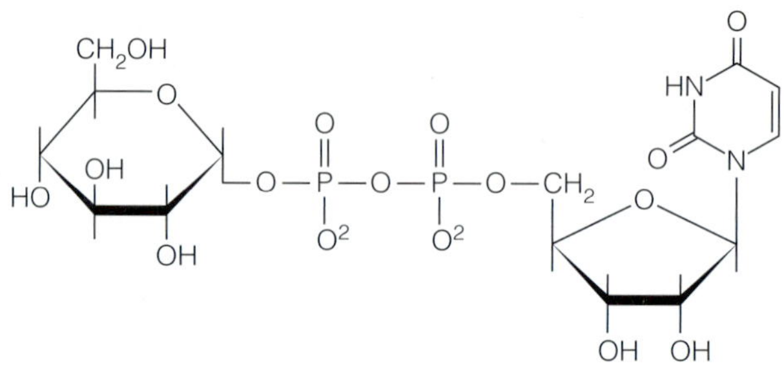

**Uridina difosfato glucosa**

La glucosa-1-fosfato formada en la reacción 3 se convierte, entonces, en glucosa-6-fosfato por la **fosfoglucomutasa** (reacción 4), una enzima que interviene también en la síntesis de glucógeno. El paso final regenera la UDP-glucosa a partir de la UDP-Gal, mediante epimerización en C-4 (reacción 5). Los detalles de esta reacción ligada al $NAD^+$, catalizada por la **UDP-galactosa-4-epimerasa**, se han presentado previamente en la Figura 11.38 (página 448). La estequiometria neta de las reacciones 1-5 es:

$$\text{Galactosa} + \text{ATP} \longrightarrow \text{glucosa-6-fosfato} + \text{ADP}$$

Esto pasa por alto la implicación esencial de los azúcares nucleósidos difosfato UDP-Glc y UDP-Gal. Como veremos pronto en la exposición de la biosíntesis del glucógeno, los azúcares nucleósidos difosfato son intermediarios muy empleados en la síntesis de los polisacáridos (*véase* el Capítulo 9, página 328).

Las enzimas de la parte izquierda la Figura 13.24 (UDP-Glc pirofosforilasa y UDP-galactosa-4-epimerasa) participan también en la glándula mamaria en la síntesis de la lactosa de la leche. La lactosa se forma a partir de la UDP-Gal más la glucosa, por la **lactosa sintasa**, en presencia de la proteína **α-lactalbúmina** (*véase* la Figura 9.16, página 329). La síntesis endergónica de UDP-Gal en este tejido es lenta, dada su elevada tasa

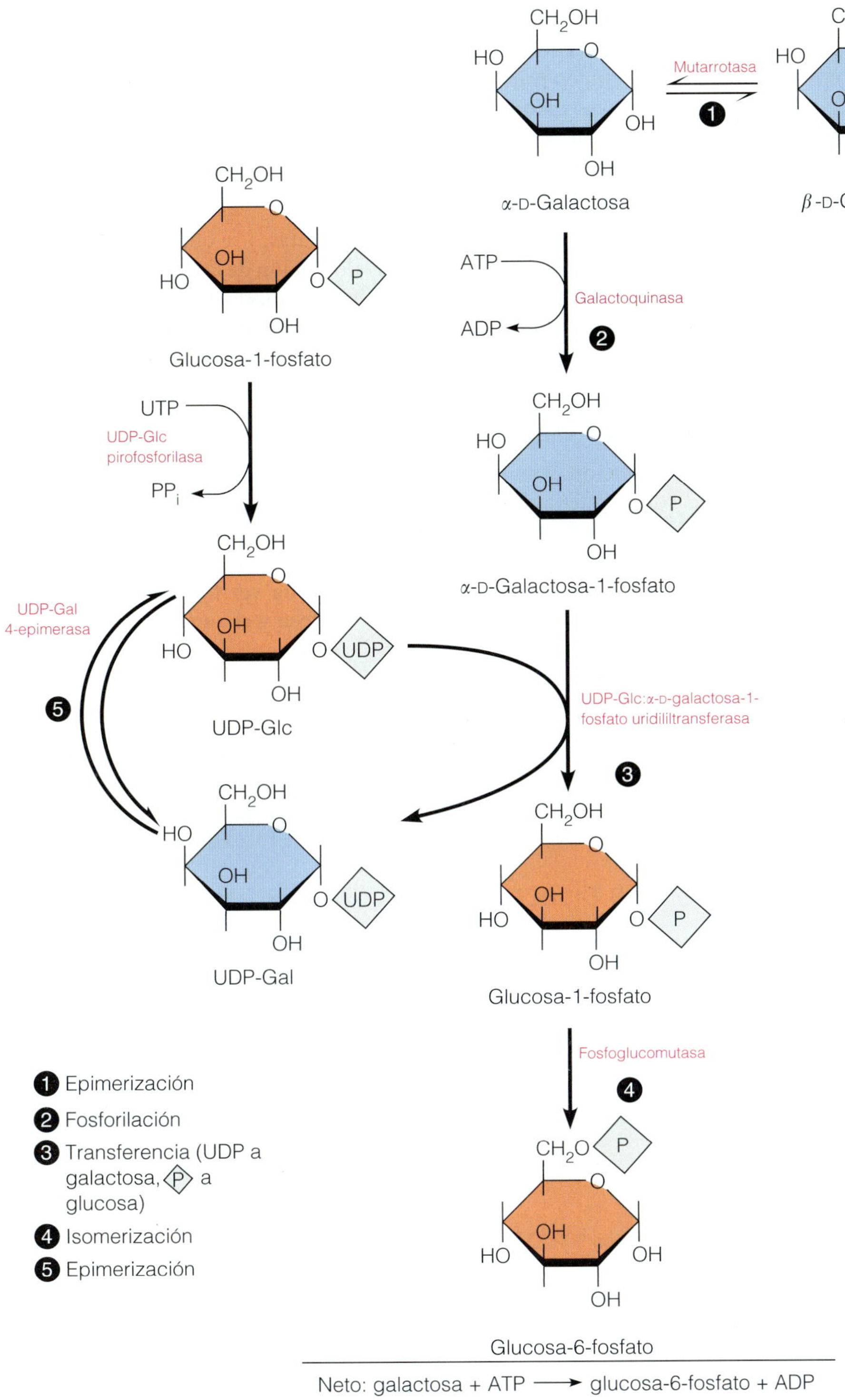


**FIGURA 13.24**

**Ruta de Leloir de utilización de la galactosa mediante su conversión en glucosa-6-fosfato.** Los anillos de galactosa y glucosa están en color azul y naranja, respectivamente, para acentuar que la reacción 3 es una transferencia de grupo, no una epimerización. Recuérdese que la glucosa y la galactosa son epímeros en C-4 (*véase* la Figura 9.11).

de conversión en lactosa. Como se considerará en los Capítulos 9 y 19, la UDP-Gal se utiliza también en la biosíntesis de glucoproteínas y glucolípidos.

En el ser humano existe una amplia gama de trastornos genéticos a los que se da el nombre genérico de **galactosemia**. Todos ellos comportan un fallo en el metabolismo de la galactosa, por lo que se acumula galactosa, galactosa-1-fosfato o ambas sustancias en la sangre y en los tejidos. Las consecuencias clínicas consisten en retraso mental, cataratas visuales y aumento de tamaño del hígado y de otros órganos. Estos trastornos se deben a un déficit hereditario de alguna de las tres enzimas que intervienen en la utilización de la galactosa. La forma más frecuente es la causada por un déficit de UDP-glucosa: α-D-galactosa-1-fosfato uridililtransferasa (*véase* la Figura 13.24, reacción 3). Otras formas más raras son las debidas al déficit de galactoquinasa o de UDP-galactosa 4-epimerasa. Dado que el origen principal de la galactosa en la alimentación es la lactosa de la leche, los síntomas suelen producirse en los lactantes. El trastorno puede aliviarse eliminando de la alimentación la leche y los productos lácteos.

### Utilización de la fructosa

La fructosa está presente como azúcar libre en muchas frutas, y se obtiene también en la hidrólisis de la sacarosa (*véase* la Figura 13.12). La fosforilación de la fructosa en la mayor parte de los tejidos da lugar a fructosa-6-fosfato, un intermediario glucolítico. En el hígado de los vertebrados actúa una ruta distinta, en la que la enzima **fructoquinasa** fosforila la fructosa a **fructosa-1-fosfato** (F1P). Este intermediario se rompe posteriormente por una enzima específica, la **aldolasa B**. Los productos de la rotura son la dihidroxiacetona fosfato, un intermediario glucolítico, y el D-gliceraldehído. Este último se fosforila en una reacción dependiente de ATP para dar el intermediario glucolítico gliceraldehído-3-fosfato. Esta ruta de utilización evita la regulación de la fosfofructoquinasa y ello puede explicar la facilidad con la que la sacarosa de la alimentación se convierte en grasa (es decir, F1P⟶G3P+DHAP⟶glicerol-3-fosfato⟶triacilgliceroles; *véase* el Capítulo 17).

La fructosa también es un componente principal del «jarabe de maíz con mucha fructosa», que se emplea para endulzar los refrescos. Cada vez hay más pruebas que unen el consumo de jarabe de maíz con exceso de fructosa y el aumento del riesgo de obesidad y diabetes tipo 2.

### Utilización de la manosa

Finalmente, entre las principales hexosas, la manosa procede de la digestión de alimentos que contienen determinados polisacáridos o glucoproteínas. La fosforilación, catalizada por la hexoquinasa, de la manosa a manosa-6- fosfato, va seguida de una isomerización de esta última a fructosa-6-fosfato (*véase* la Figura 13.23).

## Metabolismo de los disacáridos

Los tres disacáridos más abundantes en los alimentos son la maltosa, la lactosa y la sacarosa. La maltosa se aporta principalmente como edulcorante artificial, que se obtiene del almidón, mientras que la lactosa y la sacarosa son productos naturales abundantes. En el metabolismo de los animales, estas sustancias se hidrolizan en las células que tapizan la pared interna del intestino delgado, para dar lugar a las hexosas que las forman:

$$\text{Maltosa} + H_2O \xrightarrow{\text{Maltasa}} 2\ \text{D-glucosa}$$

$$\text{Lactosa} + H_2O \xrightarrow{\text{Lactasa}} \text{D-galactosa} + \text{D-glucosa}$$

$$\text{Sacarosa} + H_2O \xrightarrow{\text{Sacarasa}} \text{D-fructosa} + \text{D-glucosa}$$

Las hexosas pasan al hígado a través de la vena porta, donde se catabolizan, como se ha descrito en el apartado anterior.

La lactasa se secreta en el intestino de los bebés para digerir la lactosa de la leche de sus madres. Como la leche no la ingieren la mayoría de los mamíferos tras la lactancia, la secreción de lactasa desciende en los adultos como parte del programa normal del desarrollo. Los seres humanos son poco comunes en el reino animal, ya que muchos continúan bebiendo leche cuando son adultos. La deficiencia de lactasa en los seres humanos adultos se encuentra entre el 5-20 % de los blancos hasta el 75 % de los negros y casi el 90 % de los asiáticos. Ello hace que se produzca **intolerancia a la lactosa**, una enfermedad en la que el consumo de leche o de productos lácteos que contengan lactosa provoca molestias intestinales, debido a que las bacterias del intestino fermentan la lactosa que se acumula.

Las plantas y los microorganismos tienen rutas distintas para metabolizar los disacáridos. Las bacterias metabolizan la sacarosa mediante la acción de la **sacarosa fosforilasa:**

$$\text{Sacarosa} + P_i \rightleftharpoons \text{D-glucosa-1-fosfato} + \text{D-fructosa}$$

La digestión de las grasas neutras (triacilgliceroles) y de la mayoría de los fosfolípidos genera glicerol como uno de los productos. En los animales, el glicerol entra en la ruta glucolítica en primer lugar por la acción en el hígado de la **glicerol quinasa:**

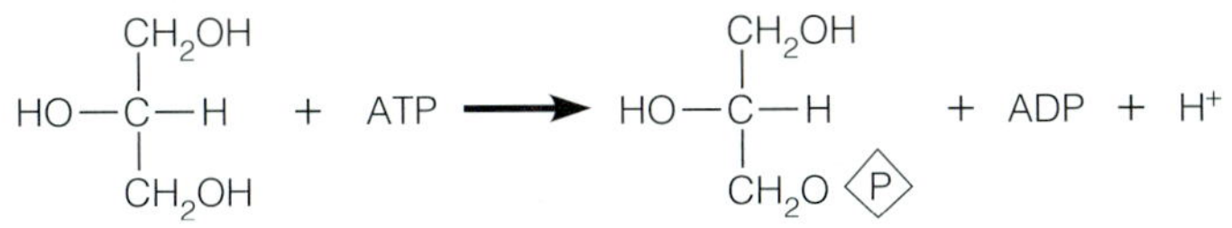


**Glicerol** **Glicerol-3-fosfato**

El producto se oxida a continuación por la **glicerol-3-fosfato deshidrogenasa**, para dar dihidroxiacetona fosfato, que se cataboliza mediante la glucólisis (*véase* la Figura 13.23).

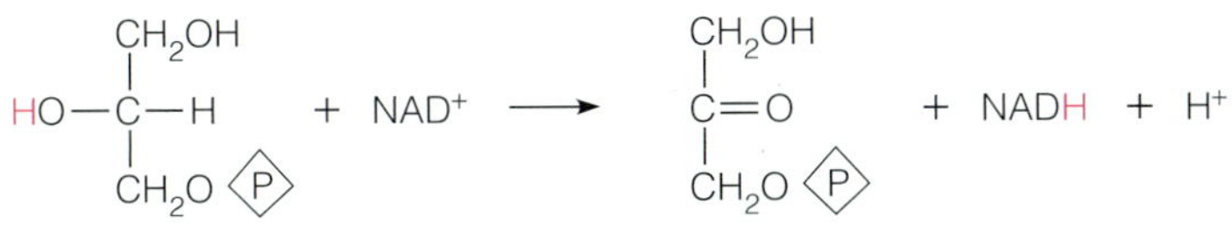


**Glicerol-3-fosfato** **Dihidroxiacetona fosfato**

## Metabolismo de los polisacáridos

En el metabolismo animal, dos fuentes principales de glucosa proceden de los polisacáridos: (1) la digestión de los polisacáridos de la alimentación, principalmente el almidón de los vegetales y el glucógeno de la carne, y (2) la movilización de las reservas de glucógeno del propio animal. Recuérdese del Capítulo 9 que el almidón, el principal polisacárido nutriente de las plantas, está formado por el polímero de glucosa no ramificado, amilosa, y el polímero ramificado, amilopectina. Los residuos de glucosa de ambos polímeros están unidos mediante enlaces glucosídicos $\alpha(1\rightarrow4)$, pero la amilopectina posee también enlaces $\alpha(1\rightarrow6)$, que proporcionan los puntos de ramificación en un polímero que, por lo demás, es lineal. El glucógeno es químicamente similar a la amilopectina, excepto que está más ramificado y tiene un peso molecular superior. Muchos microorganismos, al igual que los animales, almacenan los hidratos de carbono en forma de glucógeno.

### Rupturas hidrolítica y fosforolítica

Tanto la digestión de los polisacáridos como la movilización del glucógeno comportan una ruptura secuencial de unidades de monosacáridos de los extremos no reductores de los polímeros de glucosa. El primero de estos procesos se produce mediante *hidrólisis* y el segundo, mediante *fosforólisis.* Estos procesos son químicamente similares, e implican bien agua o bien fosfato inorgánico como nucleófilo (Figura 13.25). La hidrólisis implica la ruptura de un enlace mediante la adición a través del mismo de los elementos del agua, y la ruptura fosforolítica se produce mediante la adición de los elementos del ácido fosfórico. La reacción catalizada por la gliceraldehído-3-fosfato deshidrogenasa (Figura 13.6, página 530) es un buen ejemplo de una fosforólisis. Una enzima que cataliza la fosforólisis se denomina **fosforilasa**, para diferenciarla de una *fosfatasa* (o, más exactamente, una *fosfohidrolasa*), que cataliza la ruptura hidrolítica de un enlace éster fosfato.

Desde el punto de vista energético, la ventaja de un mecanismo fosforolítico es que la movilización del glucógeno produce la mayor parte de sus unidades monosacárido en forma de azúcares fosfato. Estas unidades pueden convertirse directamente en intermedios glucolíticos, sin necesidad de una inversión adicional de ATP. En cambio, la digestión del almidón da lugar a glucosa y a algo de maltosa; para iniciar la degradación glucolítica de estos azúcares son necesarios el ATP y la reacción de la hexoquinasa.

No obstante, el mecanismo hidrolítico resulta útil para la digestión de los hidratos de carbono de la alimentación, que se produce, en gran parte, en el intestino. Los productos de la digestión deben absorberse y transportarse al hígado, donde se convierten en glucosa. Dado que los azúcares fosfato, como otros compuestos cargados, se transportan de manera poco eficaz a través de las membranas celulares, la digestión hidrolítica de los polisacáridos para producir hexosas facilita su captación por los tejidos.

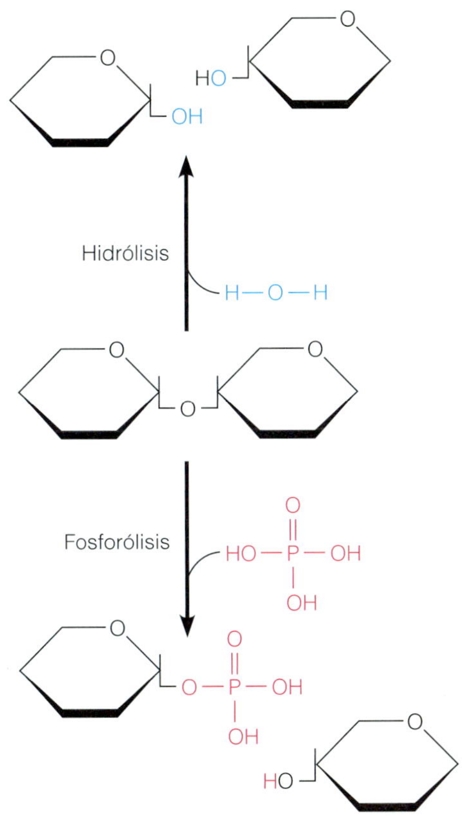


**FIGURA 13.25**

**Ruptura de un enlace glucosídico mediante hidrólisis o fosforólisis.** Este diagrama formal muestra cómo los elementos del agua o del ácido fosfórico, respectivamente, se añaden a través del enlace glucosídico.

Los polisacáridos del alimento se metabolizan mediante la hidrólisis a monosacáridos. Las reservas intracelulares de hidratos de carbono, como el glucógeno, se movilizan mediante fosforólisis en forma de monosacáridos fosforilados.

En el metabolismo de las plantas no se produce una digestión, puesto que, con pocas excepciones, las plantas sintetizan tanto monosacáridos como polisacáridos de almacenamiento de energía mediante la fotosíntesis. Sin embargo, se emplean los mismos mecanismos enzimáticos para movilizar los hidratos de carbono almacenados en el metabolismo de las plantas y de los animales: tanto la hidrólisis como la fosforólisis del almidón, con un predominio de la primera. En la fabricación de la cerveza, la germinación controlada de las semillas de cereales como la cebada produce enzimas hidrolíticas que rompen el almidón en monosacáridos y disacáridos para fermentarse, posteriormente, por las levaduras. Este proceso se denomina *malteado.*

## Digestión del almidón y del glucógeno

En los animales, la digestión del almidón y del glucógeno empieza en la boca, con la acción de la **α-amilasa** que se secreta en la saliva. Esta enzima rompe los enlaces internos α(1⟶4) de ambos polímeros. En el intestino, la digestión continúa, facilitada por la α-amilasa secretada por el páncreas. Esta enzima degrada la amilosa a maltosa y un poco de glucosa. Sin embargo, solo degrada parcialmente la amilopectina y el glucógeno, como se observa en la Figura 13.26, porque no es capaz de romper los enlaces α(1⟶6) que se encuentran en los puntos de ramificación. El producto de la digestión exhaustiva de la amilopectina o del glucógeno por la α-amilasa se denomina una **dextrina límite**; para continuar su degradación es necesaria la acción de una «enzima desramificante», la α(1⟶6)-**glucosidasa** (también llamada isomaltasa). Esta acción expone un grupo nuevo de ramificaciones con enlaces α(1⟶4), que pueden ser atacadas por la α-amilasa, hasta alcanzar una nueva serie de ramificaciones con enlaces α(1⟶6). El resultado final de la acción secuencial de estas dos enzimas es la degradación completa del almidón o del glucógeno a maltosa y algo de glucosa. La maltosa se rompe hidrolíticamente por la **maltasa**, dando 2 moles de glucosa, que se absorbe a continuación al torrente sanguíneo y se transporta a los diversos tejidos para su utilización.

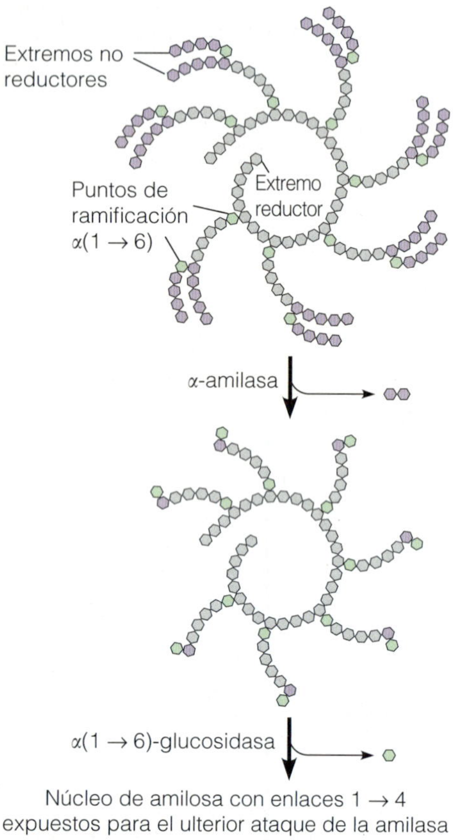


**FIGURA 13.26**

**Digestión secuencial de la amilopectina o del glucógeno por acción de la α-amilasa y la α(1 → 6)-glucosidasa. (Arriba)** la α-amilasa de la saliva rompe los enlaces 1 → 4 entre las unidades de maltosa de la amilopectina (o del glucógeno). Sin embargo, no puede romper los enlaces glucosídicos 1 → 6 en el polímero ramificado, y se acumula una dextrina límite (en gris), salvo que haya α(1 → 6)-glucosidasa (enzima desramificante). **(Abajo):** la α(1 → 6)-glucosidasa del intestino rompe los puntos de ramificación, y expone el núcleo de amilosa a la ulterior digestión efectuada por la amilasa.

# Metabolismo del glucógeno en el músculo y el hígado

Antes de describir la enzimología y la regulación del metabolismo animal del glucógeno, debemos tener alguna idea de las diferentes funciones de las reservas de glucógeno en el músculo y en el hígado. El glucógeno es la principal fuente de energía para la contracción del músculo esquelético. Debido a que el hígado obtiene la mayor parte de su energía metabólica propia a partir de la oxidación de los ácidos grasos, el glucógeno hepático tiene una función bastante distinta: es fuente de glucosa sanguínea, que se transporta a otros tejidos para su catabolismo. El hígado actúa principalmente como un «glucostato», que ajusta la síntesis y degradación del glucógeno para mantener la concentración adecuada de glucosa sanguínea. Como corresponde a este papel, el hígado contiene unas reservas de glucógeno relativamente grandes, desde el 2 % al 8 % del peso del órgano. En el hígado, las velocidades máximas de síntesis y degradación del glucógeno son aproximadamente iguales, mientras que en el músculo, la velocidad máxima de la glucogenólisis supera la de la síntesis de glucógeno unas 300 veces. Aunque la enzimología de la síntesis y degradación del glucógeno es semejante en el hígado y el músculo, el control endocrino en el hígado es bastante diferente, como señalamos aquí y en el Capítulo 18. Las enzimas también se diferencian estructuralmente.

## Degradación del glucógeno

Las principales reservas de glucógeno de los vertebrados se encuentran en el músculo esquelético y en el hígado. La degradación de estas reservas en energía utilizable, o **movilización** del glucógeno, requiere las rupturas fosforolíticas secuenciales de los enlaces α(1⟶4), catalizadas por la **glucógeno fosforilasa**. En las plantas, el almidón se moviliza de manera similar por la acción de la **almidón fosforilasa**. Ambas reacciones liberan glucosa-1-fosfato a partir de los extremos no reductores del polímero de glucosa:

Glucosaα(1⟶4)glucosaα(1⟶4)glucosaα(1⟶4)glucosa · · ·

$\downarrow$ $P_i$ Fosforilasa

α-D-Glucosa-1-Ⓟ + glucosaα(1⟶4)glucosaα(1⟶4)glucosa · · ·

La reacción de ruptura está ligeramente desfavorecida en condiciones estándar ($\Delta G^{o\prime} = +3.1$ kJ/mol), pero las concentraciones intracelulares relativamente elevadas de fosfato inorgánico hacen que esta reacción opere *in vivo* casi exclusivamente en la dirección de degradación, en vez de en la dirección de síntesis. Obsérvese que la reacción se produce con retención de la configuración del carbono 1, esto es, el fosfato tiene un enlace $\alpha$ en el producto glucosa-1-fosfato.

Al igual que la $\alpha$-amilasa, las fosforilasas no son capaces de romper más allá de los puntos de ramificación $\alpha(1 \rightarrow 6)$. De hecho, la ruptura se detiene a una distancia de cuatro residuos de glucosa de un punto de ramificación. El proceso desramificador requiere la acción de una segunda enzima, como se indica en la Figura 13.27. Esta «enzima desramificante» del glucógeno, la ($\alpha$1,4$\rightarrow$$\alpha$1,4)**glucantransferasa**, cataliza dos reacciones. En primer lugar, está la actividad transferasa, en la que la enzima elimina tres de los residuos de glucosa restantes y transfiere este trisacárido intacto al extremo de alguna otra ramificación externa a través de un enlace nuevo $\alpha(1 \rightarrow 4)$. A continuación, el residuo de glucosa que queda unido aún a la cadena por un enlace $\alpha(1 \rightarrow 6)$, se rompe por la actividad $\alpha(1 \rightarrow 6)$-glucosidasa, que posee la misma enzima desramificante, lo cual da lugar a una molécula de glucosa libre y una ramificación de tres residuos de glucosa con enlaces $\alpha(1 \rightarrow 4)$. Esta ramificación, que ha quedado ahora expuesta, puede ser atacada por la fosforilasa. El resultado final de la acción de estas dos enzimas es la degradación completa del glucógeno a glucosa-1-fosfato (~90 %) y glucosa (~10 %).

En este punto podríamos preguntarnos por qué el esquema de la degradación del glucógeno ha evolucionado hasta incluir este complejo proceso de desramificación. La importancia de almacenar la energía de los hidratos de carbono en forma de un polímero muy ramificado puede radicar en la necesidad del animal de generar energía de manera muy rápida, tras los estímulos adecuados. La glucógeno fosforilasa ataca los enlaces *exoglucosídicos*, es decir, rompe de manera secuencial a partir de los extremos no reductores. Cuantos más extremos de este tipo existan en un polímero, el polímero podrá movilizarse con mayor rapidez.

Para metabolizarse mediante la glucólisis, la glucosa-1-fosfato producida por la acción de la fosforilasa debe convertirse en glucosa-6-fosfato. Esta isomerización la lleva a cabo la fosfoglucomutasa. Esta reacción también es importante en la síntesis de glucógeno. Desde el punto de vista de su mecanismo, esta reacción es similar a la de la fosfoglicerato mutasa (página 532), excepto que en la fosfoglucomutasa, un residuo de fosfoserina en la enzima reacciona con el sustrato, en vez de la fosfohistidina:

$$\text{Enzima-ser-fosfato} + \text{glucosa-1-fosfato} \rightleftharpoons \text{enzima-ser} + \text{glucosa-1,6-bisfosfato}$$

$$\text{Glucosa-1,6-bisfosfato} + \text{enzima-ser} \rightleftharpoons \text{enzima-ser-fosfato} + \text{glucosa-6-fosfato}$$

$$\text{Neto: glucosa-1-fosfato} \rightleftharpoons \text{glucosa-6-fosfato} \qquad \Delta G^{o\prime} = -7.3 \text{ kJ/mol}$$

El residuo de serina que lleva el grupo fosfato es excepcionalmente reactivo, como indica el hecho de que la fosfoglucomutasa, como la quimotripsina y otras serina proteasas, se inhibe de forma irreversible por el diisopropilfluorofosfato. La inhibición, como la de la quimotripsina (*véase* el Capítulo 11), comporta una acilación tan solo de la serina del lugar activo.

La mayor parte del glucógeno de los animales vertebrados se almacena en forma de gránulos en las células del hígado y del músculo esquelético. Como hemos visto en la gluconeogénesis, una función importante del hígado es la de proporcionar glucosa para su metabolismo por otros tejidos. Esta función se realiza mediante la movilización del glucógeno y mediante la gluconeogénesis. Ambos procesos dan lugar a formas fosforiladas de la glucosa, que no pueden salir de las células hepáticas. La conversión en glucosa libre se realiza mediante la acción de la glucosa-6-fosfatasa, la misma enzima que se emplea en la gluconeogénesis.

## Biosíntesis del glucógeno

Un destino importante de la glucosa en los animales es la síntesis de glucógeno. Los mecanismos que se utilizan para formar enlaces glucosídicos en el glucógeno son los mecanismos generales que se emplean en la síntesis de todos los polisacáridos. Durante muchos años

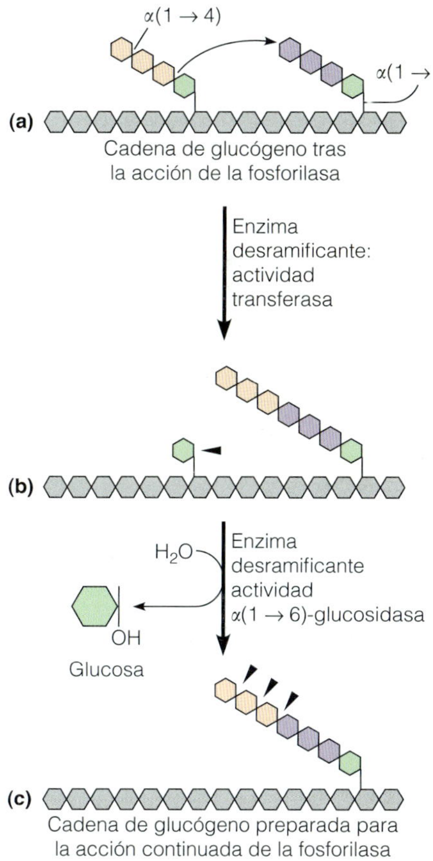


**FIGURA 13.27**

**Proceso de desramificación en el catabolismo del glucógeno. (a)** Cadena de glucógeno tras la actividad fosforilasa, que separa los residuos de glucosa hasta llegar a cuatro residuos del punto de ramificación. **(b)** Cadena de glucógeno tras la actividad transferasa de la enzima desramificante. Los tres residuos de glucosa restantes, con enlaces $\alpha(1 \rightarrow 4)$, se han transferido a un extremo no reductor próximo. **(c)** Cadena de glucógeno tras la actividad $\alpha(1 \rightarrow 6)$-glucosidasa de la enzima desramificante, que ha eliminado el último residuo de glucosa que quedaba en la rama. La fosforilasa separará todas las unidades de glucosa de la nueva rama alargada hasta llegar a las cuatro últimas, y se iniciará de nuevo el proceso de desramificación. Se indican con puntas de flecha los nuevos puntos de ruptura.

se pensó que la inversión de la reacción de la glucógeno fosforilasa era la ruta principal de la síntesis de glucógeno. Sin embargo, tres observaciones no podían reconciliarse con esta idea. En primer lugar, las concentraciones intracelulares de ortofosfato son relativamente elevadas, lo cual dificultaría, por motivos de equilibrio, que la fosforilasa catalizara *in vivo* la síntesis de glucógeno. En segundo lugar, aunque la fosforilasa puede sintetizar *in vitro* glucógeno, el producto obtenido tiene un peso molecular muy inferior al del glucógeno natural. En tercer lugar, la secreción de adrenalina activa el metabolismo del glucógeno solo en la dirección de la degradación; de hecho, la adrenalina inhibe la síntesis de glucógeno.

### Glucógeno sintasa y proceso de ramificación

A finales de los años 1950, Luis Leloir descubrió que el sustrato en la síntesis del glucógeno es la *uridina difosfato glucosa* (UDP-Glc, página 538). La enzima que interviene, la **glucógeno sintasa**, está estrechamente unida a los gránulos intracelulares de glucógeno.

## Biosíntesis de la UDP-glucosa

La UDP-glucosa es la forma de glucosa activada metabólicamente para la síntesis de glucógeno.

Revisemos en primer lugar de qué forma se sintetiza el sustrato UDP-Glc a partir de la glucosa sanguínea. La glucosa se transporta dentro de las células mediante una proteína unida a la membrana plasmática, el **transportador de glucosa**. Como se muestra en la Figura 13.28, a continuación se fosforila por la hexoquinasa o la glucoquinasa, para dar glucosa-6-fosfato, que se isomeriza a glucosa-1-fosfato por la fosfoglucomutasa. La enzima **UDP-glucosa pirofosforilasa** cataliza luego la síntesis de UDP-glucosa. El cambio de energía libre de esta reacción de intercambio de fosfoanhídrido es ~0, pero se decanta hacia la derecha por la rotura enzimática rápida del pirofosfato a ortofosfato, catalizada por la pirofosfatasa. La hidrólisis del pirofosfato es exergónica, con ~19 kJ/mol en condiciones estándar.

## Reacción de la glucógeno sintasa

La UDP-glucosa es el donador inmediato de un residuo glucosilo al extremo no reductor de una rama de glucógeno, que debe tener una longitud de, al menos, cuatro residuos de glucosa. La glucógeno sintasa es una **glucosiltransferasa**, una enzima que transfiere una unidad de azúcar activada a un grupo hidroxilo de azúcar no reductor. La reacción, que se presenta en la Figura 13.29, genera un enlace glucosídico $\alpha(1\rightarrow4)$ entre el C-1 del grupo glucosilo que entra, y el C-4 del residuo de glucosa del extremo de la cadena de glucógeno. La reacción comporta el ataque nucleófilo del —OH del residuo glucosilo que entra, sobre el C-1 de la UDP-glucosa. El C-1 se hace electrófilo al eliminarse la UDP, un grupo de salida excelente, aunque aún no se ha resuelto el mecanismo. La enzima continúa añadiendo residuos de glucosa de manera sucesiva al grupo 4-hidroxilo del extremo no reductor. Dado que la UDP-Glc es un compuesto de energía elevada, la reacción de la glucógeno sintasa es exergónica, con un valor de $\Delta G°'$ de, aproximadamente, −13.4 kJ/mol. La glucógeno sintasa cataliza el paso limitante de la velocidad de la biosíntesis del glucógeno y es el lugar de regulación de esta ruta anabólica.

El cebador de la glucógeno sintasa es una cadena corta de residuos de glucosa ensamblados por una proteína pequeña ($M_R$ = 37 000) denominada **glucogenina**, que transfiere la glucosa desde la UDP-Glc a un residuo de tirosina en la propia proteína. La glucogenina transfiere luego las unidades adicionales de glucosilo desde la UDP-Glc, para dar cebadores con enlaces $\alpha(1\rightarrow4)$ de hasta ocho residuos de longitud. Estos cebadores son alargados a continuación por la glucógeno sintasa. La glucogenina forma así el centro de la partícula madura de glucógeno, que finalmente tendrá hasta 60.000 residuos de glucosa. Estas partículas se almacenan en las células hepáticas y musculares en gránulos (*véase* la Figura 9.17, página 330) que, asimismo contienen todas las enzimas que metabolizan el glucógeno.

## Formación de las ramas

La biosíntesis de glucógeno requiere la glucógeno sintasa para la polimerización y una transglucosilasa para crear las ramificaciones.

La síntesis de glucógeno implica, tanto la polimerización de las unidades de glucosa como la ramificación mediante enlaces $\alpha(1\rightarrow6)$. Estas ramificaciones son importantes porque aumentan la solubilidad del polímero y también aumentan el número de extremos no reductores de los que puede obtenerse glucosa-1-fosfato durante la movilización del glucógeno. Sin embargo, estas ramas no pueden ser introducidas por la glucógeno

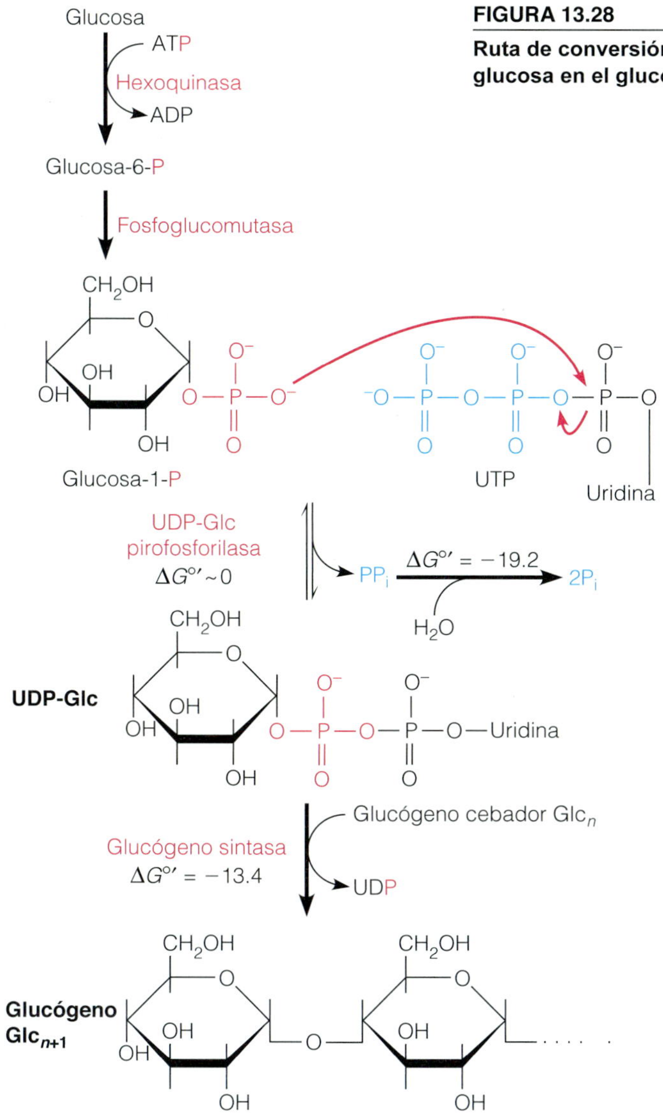


**FIGURA 13.28**

**Ruta de conversión de los monómeros de glucosa en el glucógeno polimérico.**

sintasa. Otra enzima, denominada **enzima ramificante**, aunque sería más exacto denominarla **amilo-(1,4→1,6)-transglucosilasa**, interviene en el proceso, como se muestra en la Figura 13.30. Esta enzima ramificante transfiere un fragmento terminal, de unos 6 o 7 residuos de longitud, desde un extremo de, al menos, 11 residuos de longitud a un grupo hidroxilo situado en la posición 6 de un residuo de glucosa del interior del polímero. La reacción implica el ataque nucleófilo del hidroxilo de C-6 sobre el C-1 del oligosacárido que formará la rama. La reacción crea, pues, dos extremos no reductores para que continúe la acción de la glucógeno sintasa, cuando antes solo existía uno. El proceso de ramificación no comporta un cambio de energía libre grande, debido a la semejanza química de los enlaces $\alpha(1\rightarrow4)$ y $\alpha(1\rightarrow6)$.

## Regulación coordinada del metabolismo del glucógeno

En el Capítulo 11 hemos mencionado el control de la degradación del glucógeno, o glucogenólisis, como ejemplo especialmente bien conocido de una cascada reguladora, un proceso en el que la intensidad de una señal reguladora inicial se amplifica muchas veces mediante una serie de activaciones enzimáticas. Esta amplificación es especialmente importante en el caso de la glucogenólisis, puesto que, por ejemplo, el temor o la necesidad de capturar una presa, pueden desencadenar una necesidad instantánea de un aumento de la generación y utilización de energía. El glucógeno es la fuente de energía metabólica a *gran escala* que está disponible de manera más inmediata y, por tanto, es importante que

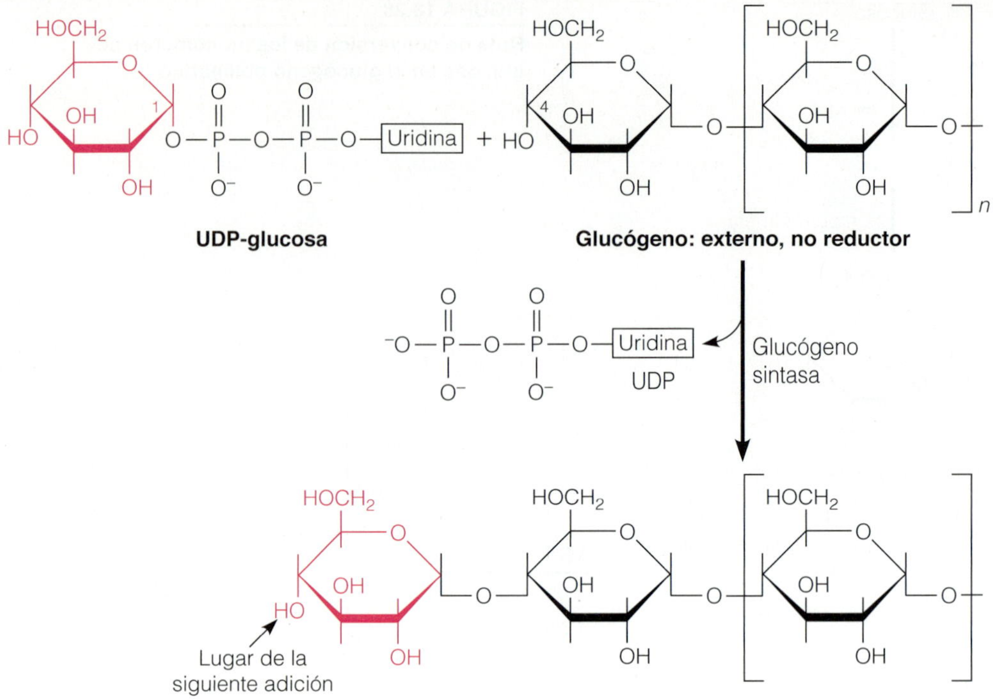


**FIGURA 13.29**
**Reacción de la glucógeno sintasa**.

los animales sean capaces de activar con rapidez la movilización del glucógeno. Además, la degradación del glucógeno es el proceso bajo control hormonal para el que se comprendió por primera vez la acción molecular de la hormona de manera detallada (Figura 13.31).

## Estructura de la glucógeno fosforilasa

En el músculo esquelético, la glucógeno fosforilasa es un dímero que contiene dos cadenas polipeptídicas idénticas, de 97 400 dalton cada una. La enzima se encuentra en dos formas interconvertibles: la fosforilasa *a*, relativamente *activa*, y la fosforilasa *b*, relativamente *inactiva**. La fosforilación de la serina 14 de cada subunidad induce un cambio de conformación que convierte la fosforilasa *b* relativamente inactiva en la fosforilasa *a* activa. De esta forma, la fosforilación desplaza el equilibrio de conformación desde el estado T menos activo al estado R más activo. Como se observa en la Figura 13.31, la activación la cataliza una **fosforilasa *b* quinasa** específica, que transfiere el fosfato desde el ATP a los dos residuos de serina. La desactivación se produce mediante una fosforilasa fosfatasa específica, llamada también **fosfoproteína fosfatasa 1** (PP1). Como veremos, PP1 es una

**FIGURA 13.30**
**Proceso de ramificación en la síntesis del glucógeno**. La ramificación se consigue mediante la acción de la amilo (1,4 → 1,6)-transglucosilasa.

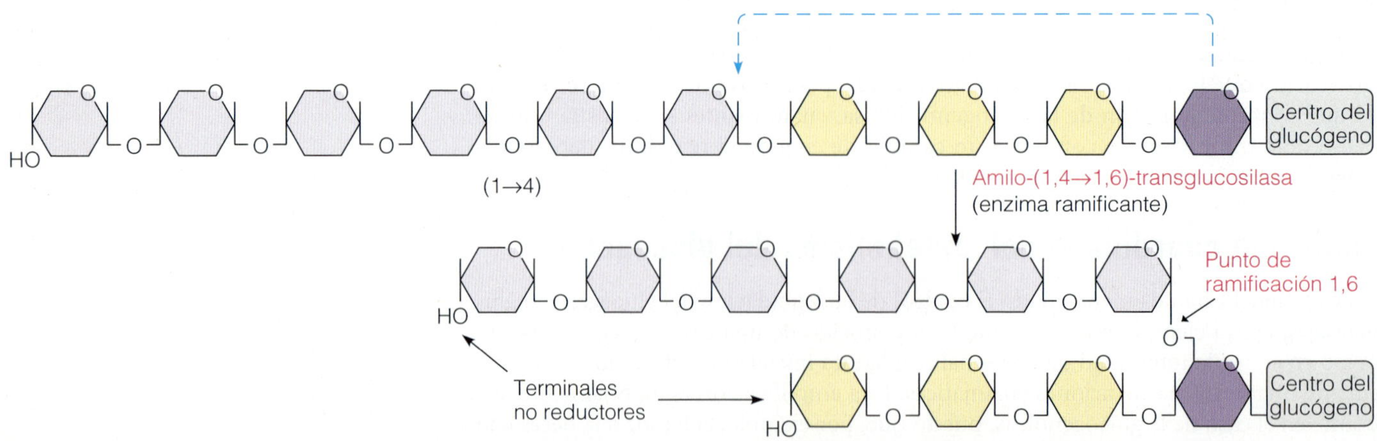


* Para los sistemas enzimáticos que se interconvierten de forma enzimática como la glucógeno fosforilasa, *a* y *b* indican las formas más activa y menos activa, respectivamente.

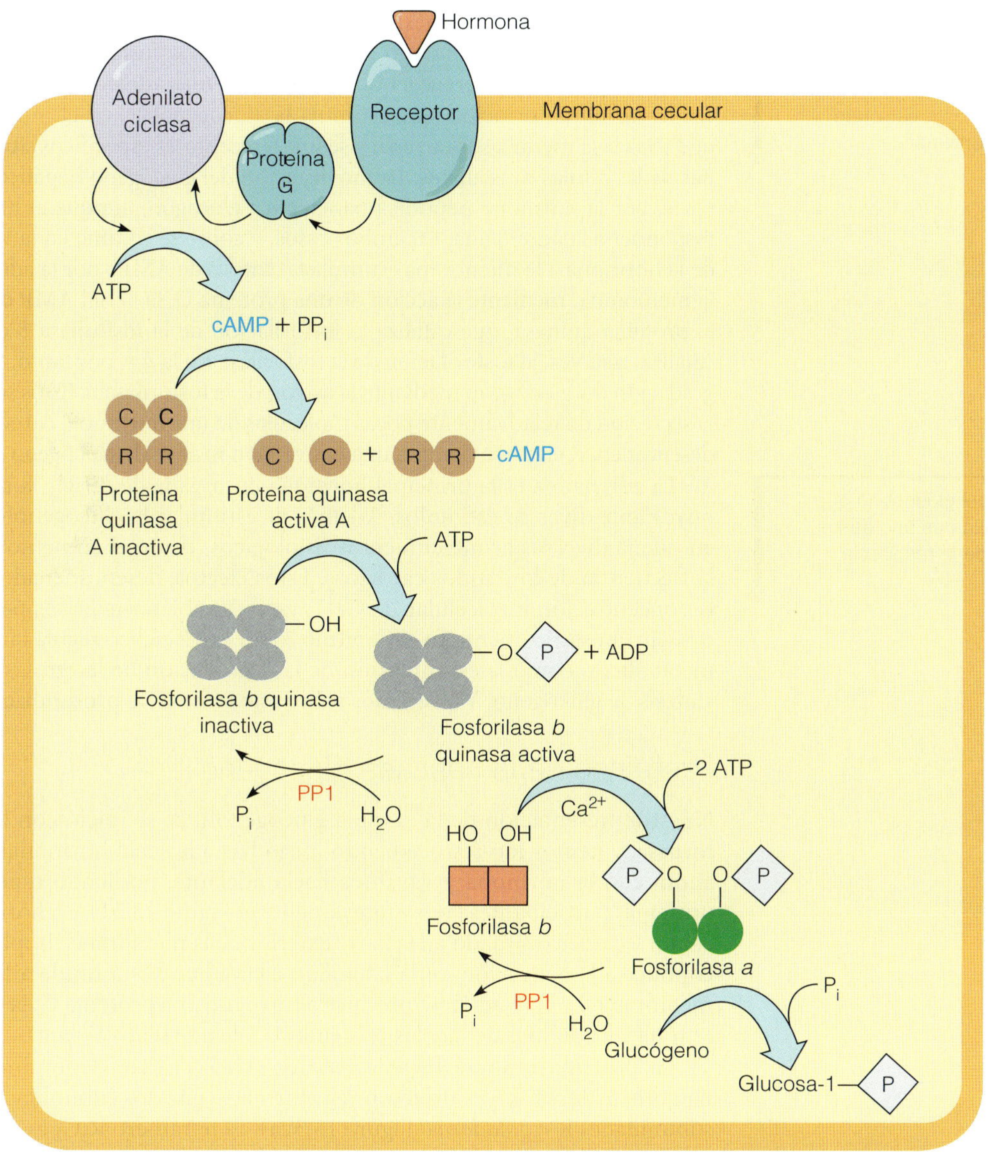


**FIGURA 13.31**

**Cascada reguladora que controla la degradación del glucógeno.** Se muestra aquí la regulación hormonal de la degradación del glucógeno, tal como podría producirse en una célula muscular tras una estimulación con adrenalina o una célula hepática tras la estimulación con glucagón o adrenalina. La unión de la hormona a su receptor de la membrana plasmática desencadena la interacción con una proteína G, que a su vez interactúa con la adenilato ciclasa y la activa (véase el Capítulo 23). La unión del AMP cíclico a las subunidades R (reguladoras) de la proteína quinasa A tetramérica $R_2C_2$ produce su disociación de las subunidades C (catalíticas). El monómero activo C cataliza la fosforilación de residuos de serina específicos de la fosforilasa *b* quinasa inactiva, activando en el proceso la fosforilasa *b* quinasa. La quinasa activa fosforila un residuo de serina en cada una de las dos subunidades de la fosforilasa *b* homodimérica, lo cual convierte a la fosforilasa *b* inactiva en la fosforilasa *a* activa, que posteriormente cataliza la degradación del glucógeno. Cada reacción de la cascada reguladora amplifica la señal hormonal, de manera que la unión de muy pocas moléculas de hormona a la superficie celular desencadena una liberación enorme de glucosa-1-fosfato a partir de los depósitos intracelulares de glucógeno. La inactivación de la ruta implica la acción de la proteína fosfatasa 1 (PP1), que eliminan los fosfatos de la fosforilasa *b* quinasa y la fosforilasa *a*. La actividad de la PP1 también se controla por hormonas.

serina/treonina proteína fosfatasa muy difundida en los eucariotas, que regula muchos procesos celulares a través de la desfosforilación de docenas de sustratos. PP1 se dirige a estas funciones diversas mediante su asociación con un conjunto diverso de proteínas.

## Control de la actividad fosforilasa

La fosforilasa *b* quinasa se activa también por la fosforilación de la enzima, desde una forma inactiva a una activa (Figura 13.31). Esta reacción la cataliza la misma proteína quinasa dependiente de AMP cíclico, que fosforila la PFK-2/FBPasa-2 bifuncional de la

La movilización de glucógeno está controlada de forma hormonal mediante una cascada metabólica, que se activa por la formación de AMPc y comporta las fosforilaciones sucesivas de proteínas enzimáticas.

glucólisis y la gluconeogénesis. En la glucogenólisis, el AMP cíclico ejerce una activación rápida y eficaz. Al mismo tiempo, inhibe la síntesis de glucógeno a través de una cascada reguladora diferente, que se considera más adelante.

La hormona principal que estimula la glucogenólisis en el músculo es la adrenalina, que secreta la médula suprarrenal y se une a receptores específicos situados en las membranas de las células musculares. La movilización del glucógeno hepático se estimula, en gran parte, por la hormona peptídica pancreática glucagón, aunque el hígado también puede responder a la adrenalina. En ambos casos, y como se resume en la Figura 13.31, la unión de la hormona a la membrana estimula la síntesis de AMPc por la adenilato ciclasa unida a la membrana, mediante la acción de una proteína G, la $G_s$. El AMP cíclico activa, a su vez, la proteína quinasa, que cataliza la fosforilación de la fosforilasa *b* quinasa. Esta quinasa cataliza, a su vez, la fosforilación de la fosforilasa *b* a la *a* y, por tanto, la activación de la degradación del glucógeno mediante la acción de la fosforilasa *a*. Estos sucesos explican cómo la secreción de relativamente pocas moléculas de una hormona, como la adrenalina, puede desencadenar, en poco tiempo, una conversión masiva de glucógeno en glucosa-1-fosfato.

La movilización rápida del glucógeno que desencadena la adrenalina es uno de los diversos componentes de la respuesta «pelea o huye».

La adrenalina es la principal hormona encargada de dirigir la respuesta de «lucha o huye» ante diversos estímulos. Además de estimular la glucogenólisis, la hormona desencadena diversos acontecimientos fisiológicos, como el aumento de la profundidad y la frecuencia de los latidos cardíacos. Estos efectos, desencadenados por el aumento de la concentración intracelular de $Ca^{2+}$, están también mediados por el AMPc, como se comenta posteriormente en el Capítulo 23. El AMP cíclico regula también otros procesos metabólicos, como la estimulación de la degradación de las grasas y la inhibición de la síntesis de glucógeno. Volveremos sobre estos efectos al profundizar en el metabolismo.

## Proteínas de la cascada glucogenolítica

Nuestra presentación de la cascada glucogenolítica se inició con la reacción de la fosforilasa, y hemos ido retrocediendo luego hasta la señal hormonal inicial. Empecemos ahora con la hormona y vayamos hacia adelante, poniendo especial atención en las proteínas participantes (*véase* nuevamente la Figura 13.31). La hormona se une a un receptor específico situado en la parte exterior de la membrana citoplasmática. Esta unión conduce a la activación de la adenilato ciclasa, que está unida a la parte interna de la membrana. La activación se produce a través de una proteína G, la $G_s$ (en el Capítulo 23 se tratarán con más detalle las proteínas G y la adenilato ciclasa).

La proteína quinasa dependiente de AMP cíclico, denominada también proteína quinasa A (PKA), es un tetrámero formado por dos subunidades C *catalíticas* y dos subunidades R *reguladoras* (Figura 13.32a). El tetrámero $R_2C_2$ es catalíticamente inactivo. Los análisis estructurales de la subunidad catalítica han demostrado una estructura central semejante en todas las proteína quinasas que se conocen. El mecanismo catalítico consiste en un ataque nucleófilo por un residuo de serina del sustrato proteico sobre el fosfato $\gamma$ del ATP. Sin embargo, en el tetrámero $R_2C_2$, la subunidad catalítica está inhibida de forma competitiva por un segmento inhibidor corto (IS) de la subunidad R que se une al lugar activo de la subunidad C (Figura 13.32b). Cada subunidad R posee dos lugares de unión para el AMPc (dominios A y B). Cuando está unida a la subunidad C, la subunidad R tiene una forma de pesa de gimnasia, con los dos dominios de unión del AMPc enrollados alrededor del lóbulo grande de la subunidad catalítica (Figura 13.32b). La unión del AMPc a las subunidades R produce un cambio de conformación muy grande en estas subunidades, juntando los dos dominios de unión del AMPc en una estructura globular compacta (Figura 13.32c). Este cambio de conformación hace que el tetrámero se disocie, liberando las subunidades C catalíticamente activas, que catalizan la fosforilación de las proteínas diana, entre ellas, la fosforilasa *b* quinasa.

La fosforilasa *b* quinasa es una proteína compleja de múltiples subunidades con ~1.3 MDa, formada por cuatro copias, cada una de ellas con subunidades $\alpha$, $\beta$, $\gamma$ y $\delta$. La subunidad $\gamma$ contiene el lugar catalítico, y las subunidades reguladoras $\alpha$ y $\beta$ contienen los lugares de fosforilación por la PKA. La subunidad $\delta$ es una proteína denominada **calmodulina** o proteína moduladora del calcio. Se sabe desde hace tiempo que el ion calcio es un regulador fisiológico importante, en especial de procesos relacionados con la conducción nerviosa y la contracción muscular. La mayor parte de estos efectos se

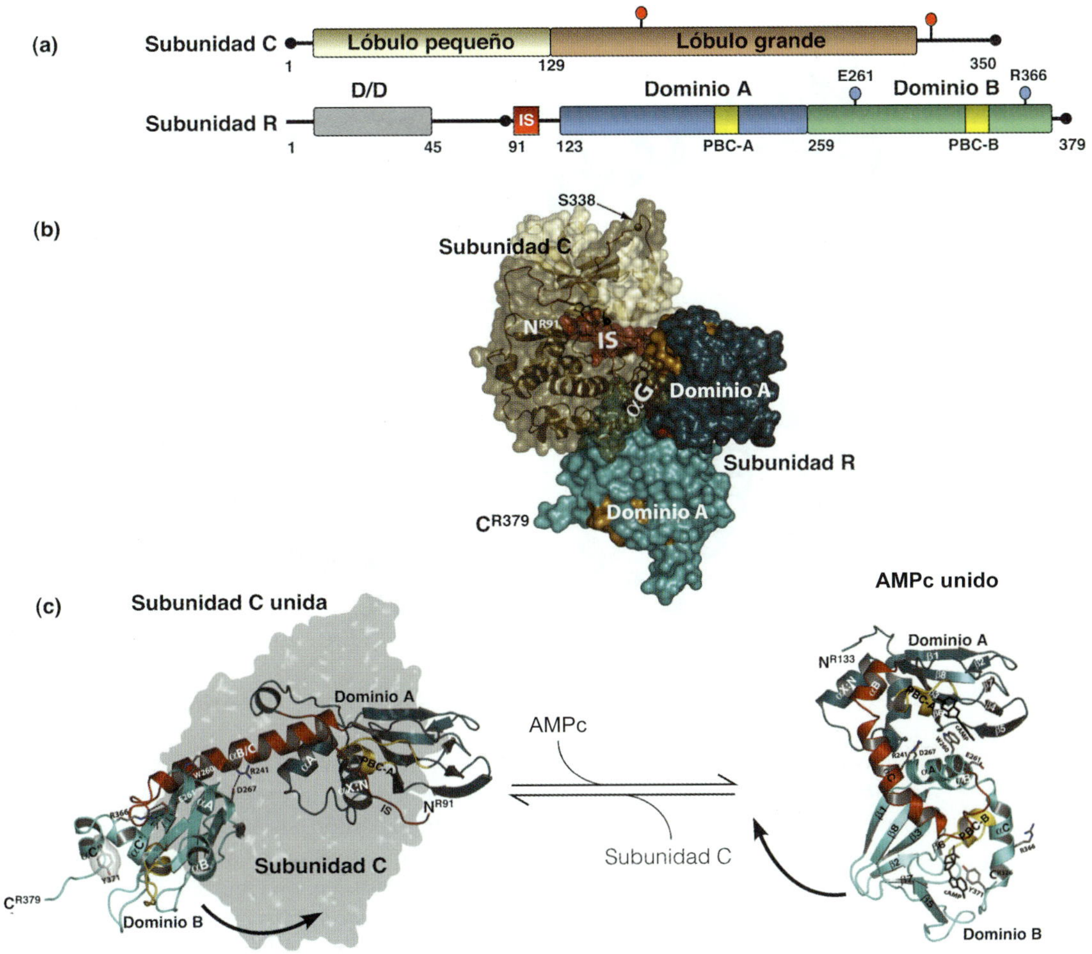


**FIGURA 13.32**

**Estructura y activación de la proteína quinasa dependiente de AMPc (proteína quinasa A).** **(a)** Estructura de dominios de las subunidades catalítica (C) y reguladora (R). Las dos esferas rojas en la subunidad catalítica indican residuos de treonina o serina, que deben fosforilarse para obtener la actividad completa. En la subunidad R, IS señala el segmento inhibidor; PBC-A y –B indican las localizaciones de los lugares de unión del AMPc. **(b)** Representación de la superficie del complejo holoenzima con las subunidades C y R. Cada dominio está coloreado con el mismo esquema que se utiliza en el panel (a). El lugar activo de la subunidad catalítica está marcado por el segmento inhibidor (rojo). **(c)** Cambio de conformación de la subunidad reguladora tras la unión de AMPc. En la estructura de la subunidad C unida (izquierda), la subunidad R tiene una forma de pesa extendida, con los dos dominios de unión del AMPc enrollados alrededor de un gran lóbulo de la subunidad catalítica (gris). Tras la unión de AMPc, el Dominio B gira ~125º hacia el dominio A (indicado por una flecha) para adoptar una estructura globular compacta (derecha), liberando las subunidades catalíticas activas.

Modificado de *Cell* 130:1032-1043, C. Kim, C. Y. Cheng, S. A. Saldanha, y S. S. Taylor, PKA-I holoenzyme structure reveals a mechanism for cAMP-dependent activation. © 2007, con permiso de Elsevier.

producen a través de la unión del $Ca^{2+}$ a la calmodulina, la cual amplifica los pequeños cambios de la concentración intracelular de $Ca^{2+}$.

La calmodulina es una proteína pequeña ($Mr \sim 17\,000$), con una secuencia de aminoácidos muy conservada. Contiene cuatro lugares de unión para el ion calcio (Figura 13.33a). Cada lugar de unión del $Ca^{2+}$ (Figura 13.33b) está formado por un motivo hélice-vuelta-hélice conocido como mano EF (Figura 13.34) Este motivo se encuentra en un gran número de proteínas que unen $Ca^{2+}$. Los dominios de mano EF unen el $Ca^{2+}$ con una $K_D$ de aproximadamente $10^{-6}$ M, que concuerda con las observaciones que indican que el calcio puede causar cambios metabólicos intracelulares con concentraciones de tan solo 1 $\mu$M. La unión estimula un cambio de conformación importante en la proteína, dando lugar a una estructura más compacta y más helicoidal, que aumenta la afinidad de la calmodulina por diversas proteínas diana reguladoras (Figura 13.33c). En el caso de la fosforilasa *b* quinasa, la calmodulina desempeña un papel especial como subunidad integral de la enzima. Así pues, la cascada de la glucogenólisis depende de la concentración intracelular de calcio, así como de las concentraciones de AMP cíclico. Esta dependencia es especialmente importante en el músculo, en donde la contracción se estimula por la liberación de calcio. De esta forma, el $Ca^{2+}$ desempeña un papel doble, en el aporte de sustratos energéticos necesarios para sustentar la contracción muscular y en la propia contracción.

## Control no hormonal de la glucogenólisis

La degradación del glucógeno está bajo un control no hormonal, además del hormonal. El músculo y el hígado tienen isoenzimas diferentes de la glucógeno fosforilasa que se diferencian algo en sus propiedades alostéricas. Recuérdese que la fosforilasa *b* es relativamente inactiva y se encuentra principalmente en su estado T. Esta forma de la enzima

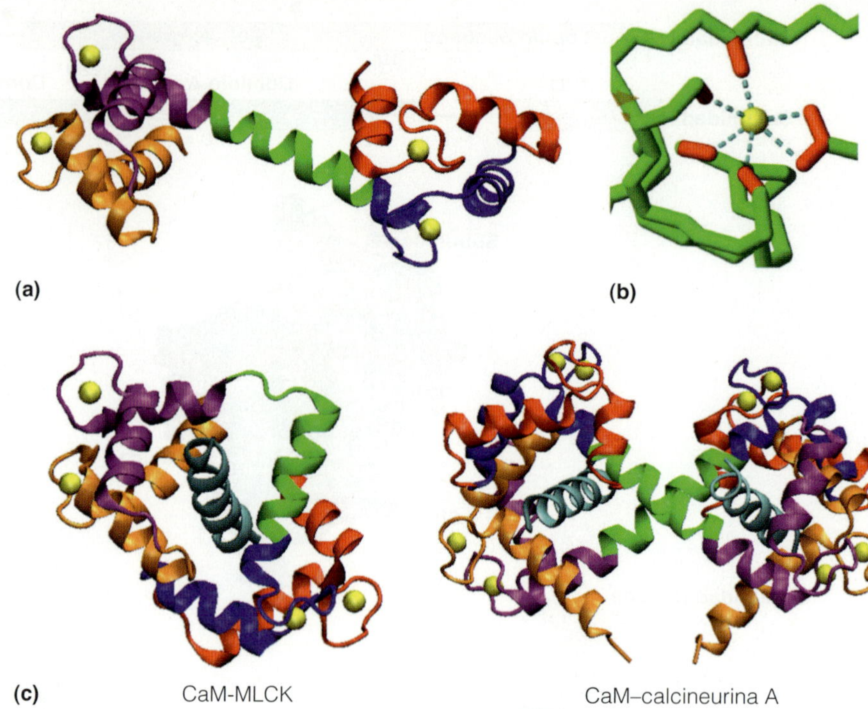


**FIGURA 13.33**

**Calmodulina. (a)** Este modelo muestra una representación del esqueleto de la calmodulina de cerebro de bovino determinada mediante cristalografía de rayos X (PDB ID 1CLL). Los iones $Ca^{2+}$ están representados por bolas amarillas. Los cuatro dominios de unión de $Ca^{2+}$ están coloreados de naranja, violeta, rojo y azul, y los dos extremos están conectados por una larga hélice $\alpha$ central (verde). **(b)** Cada dominio de unión de $Ca^{2+}$ está formado por un motivo de hélice $\alpha$ conocido como mano EF. Las líneas punteadas muestran la interacción entre el $Ca^{2+}$ y los átomos de oxígeno (rojo) en las cadenas laterales de los residuos de Asp, Thr y Glu. **(c)** La larga hélice $\alpha$ central (verde) cambia de conformación como resultado de la unión del calcio. Estos cambios de conformación son responsables de los cambios de afinidad de la calmodulina por las dianas reguladas por el calcio. La estructura de la izquierda muestra la calmodulina (CaM) unida al péptido diana (azul) de una calcineurina A en una conformación «extendida» (PDB ID 2W73), lo cual ilustra el fenómeno de «intercambio de dominio» en el que cada péptido está unido entre el lóbulo N-terminal de un monómero de calmodulina y el lóbulo C-terminal de otro monómero de calmodulina.

(a, b) Adaptado de BMC *Systems Biology* 2:48, N. V. Valeyev, D. G. Bates, P. Heslop-Harrison, I. Postlethwaite y N. V. Kotov, Elucidating the mechanisms of coopera-tive calcium-calmodulin interactions: A structural systemsbiology approach. © 2008 Valeyev *et al.* con licendia de BioMed.

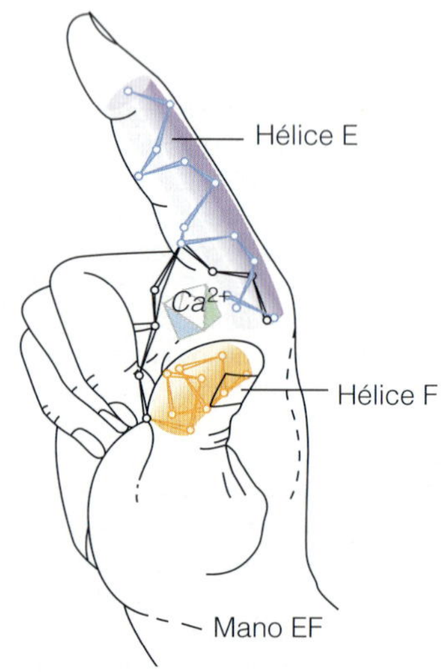


**FIGURA 13.34**

**Dominio de unión de $Ca^{2+}$ de mano EF**. Este motivo común hélice-bucle-hélice se encuentra en muchas proteínas de unión de $Ca^{2+}$.

*Fundamentals of Biochemistry: Life at the Molecular Level,* 3rd ed. Donald Voet, Judith G. Voet, and Charlotte W. Pratt. © 2008 John Wiley & Sons, Inc. Reproducido con permiso de John Wiley & Sons,Inc. Adaptado con permiso de The Annual Review ofBiochemistry 45:241, R. H. Kretsinger, Calcium-bindingproteins. © 1976 Annual Reviews.

se activa alostéricamente por el 5′-AMP (pero no por el AMP cíclico). Generalmente, esta activación no se produce en la célula, ya que el ATP, que es mucho más abundante y no activa la fosforilasa *b*, compite con el AMP por la unión a la enzima. Sin embargo, en condiciones de privación de energía, puede acumularse AMP a costa de la degradación del ATP, hasta el punto de que se activa la fosforilasa *b* y, por tanto, la glucogenólisis. Los estudios cristalográficos recientes indican que los cambios estructurales inducidos en la fosforilasa *b* por el AMP son muy similares a los inducidos por la fosforilación de la fosforilasa *b* a la $\alpha$, a pesar de que la unión del AMP y la fosforilación se produzcan en lugares muy distantes. Así, la unión del AMP desplaza el equilibrio de conformación de la fosforilasa *b* al estado R más activo (Figura 13.35). El ATP y la glucosa-6-fosfato, señales de un estado energético adecuado, desplazan el equilibrio de la fosforilasa *b* de vuelta al estado T menos activo. Una vez fosforilada la glucógeno fosforilasa, se encuentra principalmente en la forma R y no responde a los efectores metabólicos. Sin embargo, la glucosa y la glucosa-6-fosfato actúan de forma sinérgica sobre la fosforilasa $\alpha$, y desplazan su equilibrio ligeramente de vuelta hacia el estado T. En este estado, las cadenas laterales de fosfoserina son más accesibles a la fosfoproteína fosfatasa 1 y el estado T se desfosforila más fácilmente que el estado R.

En cualquier caso, la movilización de las reservas energéticas de glucógeno puede ponerse en marcha, ya sea mediante una estimulación hormonal, como consecuencia de una necesidad fisiológica de aumento de la producción de ATP, ya sea por un mecanismo alostérico desencadenado cuando la cantidad de energía es insuficiente para el mantenimiento de las funciones normales. El mecanismo no hormonal, en el que no interviene una cascada metabólica, estimula la glucogenólisis en respuesta a una carga energética baja, mientras que la cascada inducida hormonalmente predomina cuando es necesario aumentar rápidamente la generación de energía. En ambos casos, se potencia la fosforilación del glucógeno para dar lugar a glucosa-1-fosfato. Si, por otro lado, la célula tiene una carga energética alta, que señalan unas concentraciones altas de ATP y/o glucosa-6-fosfato, la glucogenólisis se para.

## Control de la actividad de la glucógeno sintasa

Hemos señalado antes que la secreción de adrenalina inhibe la síntesis de glucógeno en el músculo, a la vez que fomenta la movilización de glucógeno. El glucagón tiene unos efectos semejantes en el hígado. El control de la síntesis y la degradación del glucógeno

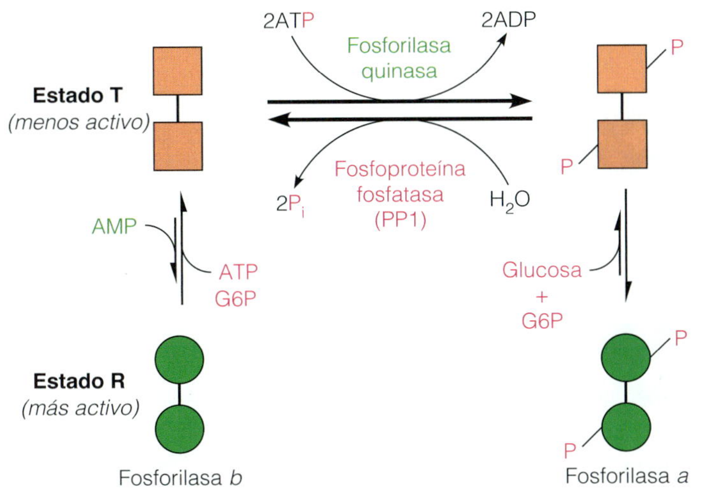


**FIGURA 13.35**

**Control de la actividad glucógeno fosforilasa**. La enzima se encuentra en un equilibrio entre un estado T menos activo y un estado R más activo. La enzima puede fosforilarse en respuesta a señales hormonales mediante la fosforilasa *b* quinasa. La fosforilación desplaza el equilibrio en gran manera hacia el estado R. La desfosforilación está catalizada por la fosfoproteína fosfatasa 1 (PP1). Ambos estados, T y R, pueden ser desfosforilados por la PP1, pero el estado T es un sustrato mejor, ya que en esta conformación las cadenas laterales de la fosfoserina son más accesibles. La forma no fosforilada, la fosforilasa *b*, se encuentra, en gran medida, en el estado T, y su equilibrio T⇔ R está controlado mediante los efectores alostéricos AMP, ATP, y glucosa-6-fosfato (G6P). La fosforilasa *b* muscular es mucho más sensible al AMP y GMP que la fosforilasa *b* hepática. La glucosa y la G6P inhiben de forma sinérgica la fosforilasa *a*, desplazando su equilibrio hacia el estado T, que se desfosforila rápidamente por la PP1.

se realiza mediante cascadas reguladoras bien definidas, en las que interviene una proteína quinasa dependiente de AMP cíclico y fosforilaciones proteicas reversibles. Sin embargo, mientras que la cascada que controla la glucogenólisis conduce a la *activación* de la glucógeno fosforilasa (*véase* la Figura 13.31), la cascada que controla la síntesis de glucógeno conduce a la *inhibición* de la glucógeno sintasa (Figura 13.36).

> Las condiciones que activan la degradación del glucógeno inhiben su síntesis, y viceversa.

## Fosforilación de la glucógeno sintasa

La glucógeno sintasa de los tejidos de los vertebrados es una proteína tetramérica formada por cuatro subunidades idénticas y que tiene un peso molecular total de, aproximadamente 340 000 kilodalton. La actividad glucógeno sintasa está controlada por modificación covalente, activación alostérica e localización intracelular. Al igual que la fosforilasa, la glucógeno sintasa se encuentra en estados fosforilados y desfosforilados, con hasta nueve residuos de serina sobre cada subunidad sujetos a esta modificación. Diversas proteína quinasas distintas actúan sobre la glucógeno sintasa (Figura 13.36). La desfosforilación está catalizada por la PP1, la misma fosfatasa que actúa sobre la glucógeno fosforilasa y la fosforilasa *b* quinasa.

De forma diferente a la glucógeno fosforilasa, es la forma desfosforilada, la glucógeno sintasa *a* la que es la forma activa. La glucógeno sintasa *a* es activa incluso en ausencia de G6P, mientras que las formas fosforiladas (glucógeno sintasa *b*) dependen de la activación alostérica por la G6P. La unión de este efector anula la inhibición producida por la fosforilación (Figura 13.36). Además, la unión de G6P induce un cambio de conformación que hace a la enzima un sustrato mejor para la desfosforilación por la PP1.

> La actividad de la glucógeno sintasa está controlada por fosforilación, mediante mecanismos comparables a los que controlan la degradación del glucógeno por la fosforilasa, pero que tienen efectos inversos sobre la actividad enzimática.

Examinemos ahora las consecuencias que tiene la liberación hormonal sobre la glucógeno sintasa (*véase* la Figura 13.36). Tal como se indica en la Figura 13.31, la activación de la adenilato ciclasa por la adrenalina (en el músculo) o el glucagón (en el hígado) fomenta la disociación de la proteína quinasa dependiente de AMPc (PKA) para dar subunidades catalíticas C libres. Estas subunidades C fosforilan la glucógeno sintasa *a* activa a la glucógeno sintasa *b* inactiva. Para complicar algo más la situación, diversas proteína quinasas, entre ellas, la proteína quinasa activada por AMP (AMPK), la glucógeno sintasa quinasa 3 (GSK3) y la caseína quinasa II, pueden actuar sobre la glucógeno sintasa *a*. La más importante es la GSK3. Cada una de estas quinasas fosforila residuos de serina diferentes, pero de una manera jerárquica, por lo que hay varias formas diferentes de la glucógeno sintasa *b*, y constituye una excesiva simplificación el hablar de tan solo dos formas. En general, la actividad de la enzima disminuirá progresivamente al estar más lugares fosforilados debido a los cambios siguientes: (1) descenso de la afinidad por el sustrato, la UDP-glucosa; (2) descenso de la afinidad por el activador alostérico, la glucosa-6-fosfato; y (3) aumento de la afinidad por el ATP y el $P_i$, que antagonizan ambos la activación por la glucosa-6-fosfato. Así pues, hay una serie gradual de respuestas al cambio de las condiciones metabólicas en la que intervienen una serie de proteína quinasas diferentes. Sea cual sea la quinasa utilizada, el efecto neto de

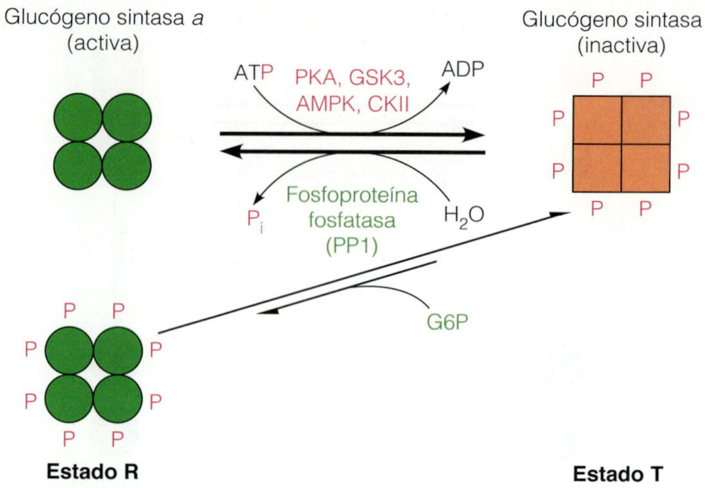


**FIGURA 13.36**

**Control de la actividad glucógeno sintasa**. La enzima puede fosforilarse en respuesta a señales hormonales mediante distintas proteína quinasas, incluyendo la subunidad catalítica de la proteína quinasa dependiente de AMPc (PKA), la proteína quinasa activada por AMP, la glucógeno sintasa quinasa 3 (GSK3) y la caseína quinasa II (CKII). Cada subunidad del homotetrámero puede fosforilarse hasta en nueve residuos de serina. La desfosforilación está catalizada por la fosfoproteína fosfatasa 1 (PP1). La glucosa-6-fosfatasa (G6P) puede activar alostéricamente a la enzima fosforilada. El cambio de conformación, también hace a la enzima un sustrato mejor para la desfosforilación por la PP1.

la fosforilación de la glucógeno sintasa es la inhibición de la enzima, con la consiguiente inhibición de la síntesis de glucógeno.

Obsérvese que la cascada de la *síntesis* de glucógeno tiene un ciclo menos que la cascada de *degradación* del glucógeno, ya que la PKA fosforila directamente la glucógeno sintasa, mientras que puede actuar sobre la glucógeno fosforilasa tan solo a través de su acción sobre la fosforilasa *b* quinasa. El ciclo extra permite una regulación más sensible de la degradación del glucógeno que de su síntesis, lo cual concuerda con las necesidades que tienen los animales de unos cambios muy rápidos de la demanda de generación de energía en el músculo. De hecho, las observaciones experimentales indican que la velocidad máxima de degradación del glucógeno muscular es unas 300 veces mayor que la de síntesis de glucógeno.

## Un examen más detenido de la regulación de la glucógeno sintasa: desfosforilación de la glucógeno sintasa *b*

Como se ha mencionado antes, la fosfoproteína fosfatasa 1 (PP1) es la principal fosfatasa que actúa sobre la glucógeno sintasa *b*. La PP1 desfosforila también a la glucógeno fosforilasa y a la fosforilasa *b* quinasa. ¿Cómo se controlan la actividad y la especificidad de esta enzima? Recuérdese que PP1 participa en la regulación de muchos procesos celulares. La subunidad catalítica de PP1 (PP1c) no existe libremente en la célula, sino asociada con un gran número de subunidades reguladoras diferentes. Realmente, se ha demostrado que interacciona con cerca de 100 proteínas y péptidos diferentes. Estas subunidades reguladoras determinan la localización intracelular, la consiguiente especificidad y la actividad de la PP1. Una familia de proteínas reguladoras es la de las subunidades dirigidas al glucógeno (subunidades G). Los mamíferos expresan, al menos, 7 subunidades G diferentes, entre ellas, $G_M$ en el músculo y $G_L$ en el hígado, que sirven para sujetar la PP1 a la partícula de glucógeno. La glucógeno sintasa, la glucógeno fosforilasa y la fosforilasa *b* quinasa están unidas también a las partículas de glucógeno y su desfosforilación se produce mediante la PP1 unida a sus subunidades reguladoras $G_M$ o $G_L$. Todas la subunidades G poseen un motivo de unión a PP1 y un dominio de direccionamiento, con lugares de unión para los sustratos glucógeno y PP1. $G_M$ y $G_L$ confieren diferentes propiedades reguladoras a PP1 en el músculo y en el hígado, respectivamente.

Comencemos con el músculo (*véase* la Figura 13.37). PP1c-$G_M$ está regulado por la fosforilación de la subunidad $G_M$, catalizada por la proteína quinasa dependiente de AMPc (PKA). La fosforilación de $G_M$ conduce a la disociación de PP1c, liberándolo al citoplasma, donde se une a una proteína pequeña denominada **inhibidor 1 de la fosfoproteína fosfatasa**, o **inhibidor 1**. Cuando se fosforila un residuo de serina, el inhibidor 1 inhibe fuertemente la actividad PP1c. La fosforilación del inhibidor 1 también la lleva a cabo la PKA. Así pues, como se indica en la Figura 13.37, el AMPc ejerce dos efectos inhibidores sobre la síntesis de glucógeno: (1) fosforilación de la glucógeno sintasa, provocando su inactivación, y (2) inhibición de la fosfoproteína fosfatasa 1, cuya actividad tendería a restablecer la actividad de la glucógeno sintasa, al catalizar su desfosfo-

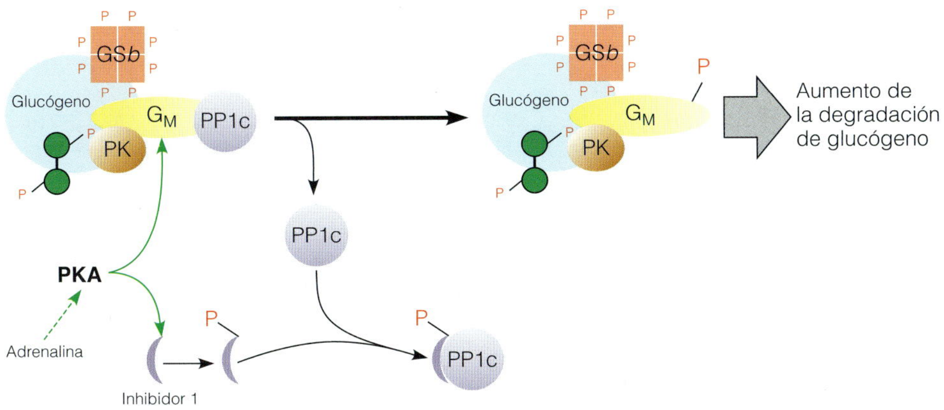


**FIGURA 13.37**

**Regulación de la fosfoproteína fosfatasa 1 (PP1) en el músculo**. La subunidad catalítica activa de la PP1 (PP1c) está anclada a la partícula de glucógeno por su subunidad G, $G_M$. La glucógeno sintasa *b* (GS*b*), la fosforilasa quinasa *b* (PK) y la glucógeno fosforilasa *a* (verde) también están unidas a la partícula de glucógeno. La fosforilación de $G_M$ por la proteína quinasa dependiente de cAMP (PKA) conduce a la disociación de la PP1c, liberándola al citoplasma, donde se une al inhibidor 1. Este también es fosforilado por la PKA, formando un potente inhibidor de la PP1c. El secuestro y la inhibición de la PP1c aumentan el estado de fosforilación de todas las enzimas unidas a la partícula de glucógeno, lo que conduce a la inhibición de la síntesis de glucógeno y a la estimulación de la degradación del glucógeno.

rilación. El inhibidor 1 se expresa extensamente en los tejidos de mamífero, aunque es especialmente un regulador esencial de la función de PP1 en la señalización cardíaca y neuronal. De esta forma, la cascada de fosforilación iniciada por la unión de la adrenalina a su receptor en las células musculares *inhibe* la síntesis de glucógeno (mediante la fosforilación de la glucógeno sintasa y la inhibición de la actividad PP1 fosfatasa) y *activa* la degradación de glucógeno (mediante la fosforilación de la glucógeno fosforilasa y la inhibición de la PP1). El resultado neto es el flujo de glucosa, desde el glucógeno a la glucólisis, para proporcionar ATP para la contracción muscular.

La insulina tiene el efecto contrario sobre el metabolismo muscular del glucógeno. En los seres humanos, el músculo esquelético es el lugar principal de almacenamiento de glucosa, donde hasta el 90 % de la glucosa de una comida se convierte en glucógeno. Durante el descanso, la insulina estimula el almacenamiento de glucosa como glucógeno en el músculo potenciando la captación de glucosa y activando la glucógeno sintasa. La glucosa se importa al músculo principalmente mediante el GLUT4, un transportador de glucosa de alta afinidad y baja capacidad. El GLUT4, que se encuentra inicialmente en vesículas internas, se traslada a la membrana plasmática de la célula muscular como respuesta a la insulina (*véase* la Figura 18.5, página 762). La glucosa que entra se fosforila a glucosa-6-fosfato mediante la hexoquinasa y luego se convierte en glucosa-1-fosfato para la síntesis de glucógeno. La unión de la insulina inicia también una ruta de señalización que lleva a la fosforilación y la inhibición de GSK3. Se detiene la fosforilación de la glucosa sintasa, aunque continúa su desfosforilación. Recuérdese que la glucosa-6-fosfato induce un cambio de conformación de la glucógeno sintasa *b*, que la hace mejor sustrato para la desfosforilación por PP1. El resultado neto es la conversión de la glucógeno sintasa *b* fosforilada e inactiva en la glucógeno sintasa *a* desfosforilada y activa, y en la activación de la síntesis del glucógeno.

La fosfoproteína fosfatasa 1 está regulada diferencialmente en el hígado, lo que refleja las diferentes funciones del metabolismo del glucógeno en el hígado y el músculo (*véase* la Figura 13.38). Aunque la subunidad reguladora $G_L$ específica del hígado sujeta la PP1 a los gránulos de glucógeno, también en este tejido, la $G_L$ no experimenta una fosforilación reversible y en su lugar, PP1c-$G_L$ posee un lugar de unión alostérico para la glucógeno fosforilasa *a* (la forma fosforilada), que *inhibe* la actividad fosfatasa de PP1c. Recuérdese que la PP1 se une tanto al estado T como al R de la fosforilasa $\alpha$, aunque solo en el estado T, las cadenas laterales de fosfoserina son accesibles a la actividad hidrolítica. Por tanto, siempre que la fosforilasa *a* permanezca en su estado R activo, secuestra a PP1 de otros sustratos potenciales. Sin embargo, si aumentan las concentraciones de glucosa y glucosa-6-fosfato, su unión a la fosforilasa *a* desvía su equilibrio de vuelta al estado T (Figura 13.35), exponiendo sus cadenas laterales de fosfoserina. PP1 desfosforila ahora fácilmente a la enzima y la convierte en la fosforilasa *b*, que tiene muy poca afinidad por PP1c-$G_L$. Este complejo se libera del complejo inhibido y es libre para desfosforilar otros sustratos en el gránulo de glucógeno, incluyendo la glucógeno sintasa (la activa) y la fosforilasa *b* quinasa (la inactiva). Este mecanismo explica la observación experimental que señala que la activación de la glucógeno sintasa tiene lugar *tras* la inactivación de la glucógeno fosforilasa.

El hígado regula, en parte, las concentraciones sanguíneas de glucosa mediante el control de su glucógeno sintasa y fosforilasa.

Estos mecanismos reguladores explican la observación que cuando la concentración plasmática de glucosa aumenta tras una comida, el hígado gradualmente capta glucosa y la almacena como glucógeno. La insulina se libera del páncreas en estas condiciones y

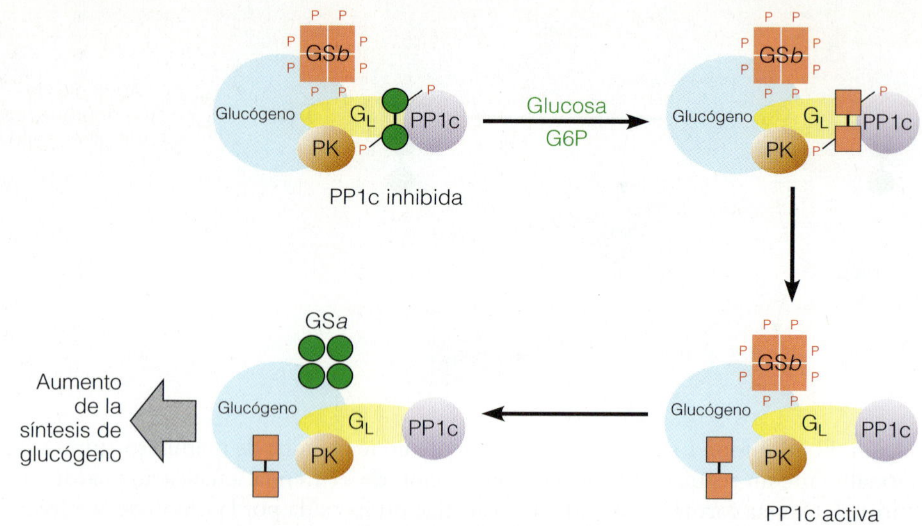


**FIGURA 13.38**

**Regulación de la fosfoproteína fosfatasa 1 (PP1) en el hígado.** La subunidad catalítica activa de la PP1 (PP1c) está anclada a la partícula de glucógeno por su subunidad G, $G_L$. La glucógeno sintasa *b* (GS*b*), la fosforilasa *b* quinasa (PK) y la glucógeno fosforilasa *a* (verde) también están unidas a la partícula de glucógeno. La glucosa y la glucosa-6-fosfato (G6P) favorecen el estado T de la glucógeno fosforilasa *a* (rosa), que fácilmente se desfosforila por la PP1c, dando fosforilasa *b*. PP1c-$G_L$ se libera del complejo inhibido, y queda libre para desfosforilar otros sustratos en el gránulo de glucógeno, incluyendo la glucógeno sintasa *b*, que da lugar a la inhibición de la degradación del glucógeno y la estimulación de la síntesis del glucógeno.

estimula la síntesis de glucógeno. Recuérdese de la Figura 13.22 que la insulina estimula indirectamente la isoenzima hepática de la hexoquinasa (HK-IV), lo que da lugar a un aumento de la producción de glucosa-6-fosfato para incorporarse al glucógeno. Al contrario, cuando las concentraciones de glucosa en sangre caen durante el ayuno o el ejercicio, la secreción de glucagón inhibe la glucólisis hepática (Figura 13.21) y estimula la degradación de glucógeno (Figura 13.31). De esta forma, el hígado mantiene la concentración de glucosa en sangre al movilizar sus reservas de glucógeno.

El músculo esquelético, que no lleva a cabo la gluconeogénesis, depende de la glucosa sanguínea suministrada por el hígado, así como de sus reservas de glucógeno. Dado que las células musculares carecen de receptores para el glucagón y expresan una isoforma de piruvato quinasa (PK-M1), que no está regulada mediante modificación covalente, la glucólisis muscular no se inhibe cuando las concentraciones de glucosa en sangre son bajas. En su lugar, las células musculares responden a la adrenalina como parte de la respuesta «lucha o huye». La adrenalina estimula la degradación del glucógeno (Figura 13.31), produciendo glucosa-6-fosfato para generar ATP por la glucólisis.

## Defectos congénitos del metabolismo del glucógeno en el ser humano

Las mutaciones en el ser humano que afectan a las enzimas del metabolismo del glucógeno pueden tener consecuencias clínicas benignas o profundas.

Varias enfermedades humanas hereditarias implican mutaciones de los genes que codifican enzimas del metabolismo del glucógeno. Los síntomas clínicos de estos trastornos, denominados **enfermedades de almacenamiento de glucógeno**, pueden ser muy graves y generalmente se deben a un almacenamiento de cantidades anormales de glucógeno o al almacenamiento de un glucógeno con unas propiedades anormales. La acumulación de glucógeno anormal se debe a un fallo de su degradación. Los estudios realizados sobre estos trastornos han ayudado a identificar el cometido que desempeñan las enzimas que intervienen en el metabolismo del glucógeno.

Una de las primeras enfermedades de almacenamiento de glucógeno que se describió fue la *enfermedad de von Gierke*, denominada así en honor del médico alemán que estudió a una niña de 8 años de edad con un aumento crónico del tamaño del hígado. Tras la muerte de la niña, en 1929, a causa de la gripe, se comprobó que su hígado contenía un 40 % de glucógeno. El glucógeno parecía normal, pero no podía degradarse por extractos del hígado de la niña, y sí en cambio por extractos de otros hígados. En la actualidad sabemos que estos síntomas pueden deberse a un déficit de la glucosa-6-fosfatasa o de la enzima desramificante. Cuando hay un déficit de la enzima desramificante, la fosforilasa puede degradar el glucógeno únicamente hasta que se alcanzan los puntos de ramificación, pero no puede pasar de ellos.

En la Tabla 13.3 se aporta información sobre varias enfermedades de almacenamiento de glucógeno que se han caracterizado. Una de las clínicamente más graves es la enfermedad de tipo I, que se debe a la carencia funcional de glucosa-6-fosfatasa. Las

**TABLA 13.3. Defectos congénitos del metabolismo del glucógeno en el ser humano**

| Tipo | Nombre común | Déficit enzimático | Estructura del glucógeno | Órgano afectado |
|---|---|---|---|---|
| **Ia** | Enfermedad de von Gierke | Glucosa-6-fosfatasa (RE) | Normal | Hígado, riñón, intestino |
| **Ib** | | Transportador de glucosa-6-fosfato (RE) | Normal | Hígado |
| **III** | Enfermedad de Cori o Forbes | Enzima desramificante | Cadenas externas cortas | Hígado, corazón, músculo |
| **IV** | Enfermedad de Andersen | Enzima ramificante | Cadenas no ramificadas anormalmente largas | Hígado y otros órganos |
| **V** | Enfermedad de McArdle | Glucógeno fosforilasa muscular | Normal | Músculo esquelético |
| **VI** | Enfermedad de Hers | Glucógeno fosforilasa hepática | Normal | Hígado, leucocitos |
| **VII** | Enfermedad de Tarui | Fosfofructoquinasa muscular | Normal | Músculo |
| **IX** | | Fosforilasa quinasa hepática | Normal | Hígado |
| - | | Gucógeno sintasa | Normal | Hígado |

personas que padecen este trastorno pueden degradar el glucógeno normalmente, pero puesto que no son capaces de fragmentar la G6P a glucosa que el hígado pueda liberar al torrente sanguíneo, presentan una hipoglucemia crónica. En la forma menos grave de esta enfermedad, las concentraciones de glucosa en sangre son normales, excepto tras situaciones de estrés, en las que está inhibida la respuesta hiperglucémica normal. Una forma de esta enfermedad (tipo Ia) es la que se debe a un déficit de la propia glucosa-6-fosfatasa. La enfermedad de tipo Ib comporta un déficit del transportador específico de la glucosa-6-fosfato hacia la luz del retículo endoplásmico (RE). Recuérdese que este transportador es parte de un complejo multiproteico, que incluye la propia glucosa-6-fosfatasa, localizada en la cara de la luz del RE (página 543).

Otras formas de enfermedad de almacenamiento de glucógeno se deben a anomalías que pueden comprenderse fácilmente en función del defecto enzimático conocido. En los enfermos de tipo III que tienen una enzima desramificante defectuosa, se acumula glucógeno con unas ramificaciones externas muy cortas, lo cual da lugar a un agrandamiento del hígado. En cambio, la enfermedad de tipo IV, que se asocia a una enzima ramificante defectuosa, comporta una acumulación de glucógeno con ramas externas muy largas. La muerte prematura por insuficiencia hepática se observa con frecuencia en las personas con la enfermedad de tipo IV. Las enfermedades de tipo III, V, VI, VII y IX tienen unos síntomas menos graves. Así, por ejemplo, las personas con una enfermedad de tipo V, con un déficit de glucógeno fosforilasa muscular, generalmente no presentan síntomas hasta, aproximadamente, los 20 años de edad. Una vez han aparecido los síntomas, las manifestaciones principales son espasmos musculares intensos con el ejercicio y falta de acumulación de lactato en sangre tras el ejercicio. Hay algunos casos incluso más raros de deficiencia de glucógeno sintasa hepática, en los que los pacientes afectados tienen reservas hepáticas de glucógeno muy disminuidas.

## Biosíntesis de otros polisacáridos

Como se presentó por primera vez en el Capítulo 9, la síntesis de otros polisacáridos comporta los mismos mecanismos que se acaban de presentar para el glucógeno, en especial el uso de azúcares ligados a nucleótidos como intermedios biosintéticos activados y de enzimas glucosiltransferasas. En este apartado consideraremos brevemente la síntesis de dos de los polisacáridos más abundantes y de más amplia distribución: la celulosa y el almidón.

La biosíntesis de los polisacáridos comporta en general, intermediarios azúcares activados por nucleótidos y enzimas glucosiltransferaras.

La UDP-glucosa se utiliza en algunas especies de plantas para la síntesis de celulosa, un homopolímero de glucosa de cadenas lineales, con enlaces $\beta(1 \rightarrow 4)$ (página 332). El mecanismo es idéntico al de la síntesis de glucógeno, excepto por la estereoquímica de la formación del enlace glucosídico. Otros azúcares ligados a nucleótidos son también activos en la síntesis de polisacáridos. La *adenosina* difosfato glucosa y la *citidina* difosfato glucosa son los sustratos de la biosíntesis de la celulosa en algunas plantas. Dada la importancia de la celulosa en los productos textiles y en otros productos con fibras, y como materia prima potencial para los biocombustibles, existe un gran interés en el mecanismo de la biosíntesis de celulosa.

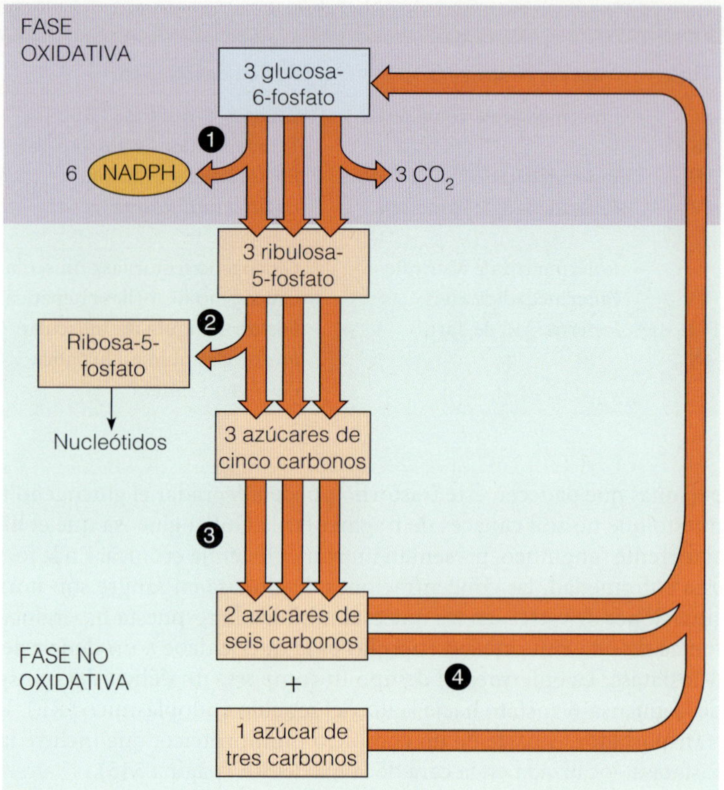


**FIGURA 13.39**

**Estrategia global de la ruta de las pentosas fosfato.** La ruta de las pentosas fosfato convierte la glucosa en otros azúcares, que pueden utilizarse para la obtención de energía. Sin embargo, sus productos más importantes son el NADPH y la ribosa-5-fosfato. En el **paso 1**, la fase oxidativa, la glucosa-6- fosfato se oxida a ribulosa-5-fosfato y $CO_2$, con la producción de NADPH. (Las tres reacciones que intervienen en este paso se muestran en la Figura 13.40.) Los demás pasos constituyen la fase no oxidativa de la ruta. En el **paso 2**, parte de la ribulosa-5-fosfato se convierte en otros azúcares de cinco carbonos, incluyendo la ribosa-5-fosfato. La ribosa fosfato puede utilizarse en la síntesis de nucleótidos (su uso principal) o en el paso siguiente de la ruta de las pentosas fosfato. En el **paso 3**, una serie de reacciones convierten tres moléculas de azúcares de cinco carbonos en dos moléculas de un azúcar de seis carbonos y una de un azúcar de tres carbonos. En el **paso 4**, algunos de estos azúcares se convierten en glucosa-6-fosfato, y el ciclo se repite. La Figura 13.43 presenta una visión general más detallada de la ruta y muestra de qué forma varía bajo distintas condiciones metabólicas.

## Una ruta de biosíntesis que oxida la glucosa: la ruta de las pentosas fosfato

La ruta predominante del catabolismo de la glucosa es la glucólisis para dar piruvato, seguida por la oxidación a $CO_2$ en el ciclo del ácido cítrico (Capítulo 14). Un proceso alternativo, la **ruta de las pentosas fosfato** es una ruta notable con varias finalidades que actúa en grados variables en diversas células y tejidos. La función de esta ruta es fundamentalmente anabólica más que catabólica, pero presentamos la ruta en este capítulo porque comporta el catabolismo de la glucosa. La ruta, que actúa exclusivamente en el citosol, se resume en la Figura 13.39.

La ruta de las pentosas fosfato genera fundamentalmente NADPH para la biosíntesis reductora y ribosa-5-fosfato para la biosíntesis de nucleótidos.

La ruta de las pentosas fosfato tiene dos funciones principales: (1) proporcionar equivalentes reductores (en forma de NADPH) para la biosíntesis reductora y hacer frente a la agresión oxidativa, y (2) proporcionar ribosa-5-fosfato para la biosíntesis de nucleótidos y ácidos nucleicos. Además, la ruta actúa para metabolizar las pentosas del alimento, procedentes principalmente de la digestión de los ácidos nucleicos. En las plantas existe una variante de la ruta de las pentosas fosfato que actúa en sentido inverso como parte del proceso de fijación del carbono de la fotosíntesis (*véase* el Capítulo 16).

Recuérdese del Capítulo 12 que el $NADP^+$ es idéntico al $NAD^+$ excepto por el fosfato 2′ adicional en una de las fracciones de ribosa del $NADP^+$. Metabólicamente, la diferencia entre el $NAD^+$ y el $NADP^+$ es que las enzimas ligadas al nucleótido de nicotinamida, cuya función principal es *oxidar* sustratos, utilizan el par $NAD^+$/NADH, mientras que las enzimas que actúan fundamentalmente en una dirección *reductora* emplean el $NADP^+$ y el NADPH. Dado que el NADPH se utiliza para la biosíntesis de los ácidos grasos y los esteroides, algunos tejidos como las glándulas suprarrenales, el hígado, el tejido adiposo y la glándula mamaria tienen un contenido abundante de enzimas de la ruta de las pentosas fosfato. El NADPH constituye también la fuente última de electrones para la reducción de los ribonucleótidos a desoxirribonucleótidos para la síntesis de DNA, por lo que las células que proliferan rápidamente tienen, generalmente, una actividad elevada de las enzimas de la ruta de las pentosas fosfato para la producción de NADPH y de ribosa-5-fosfato.

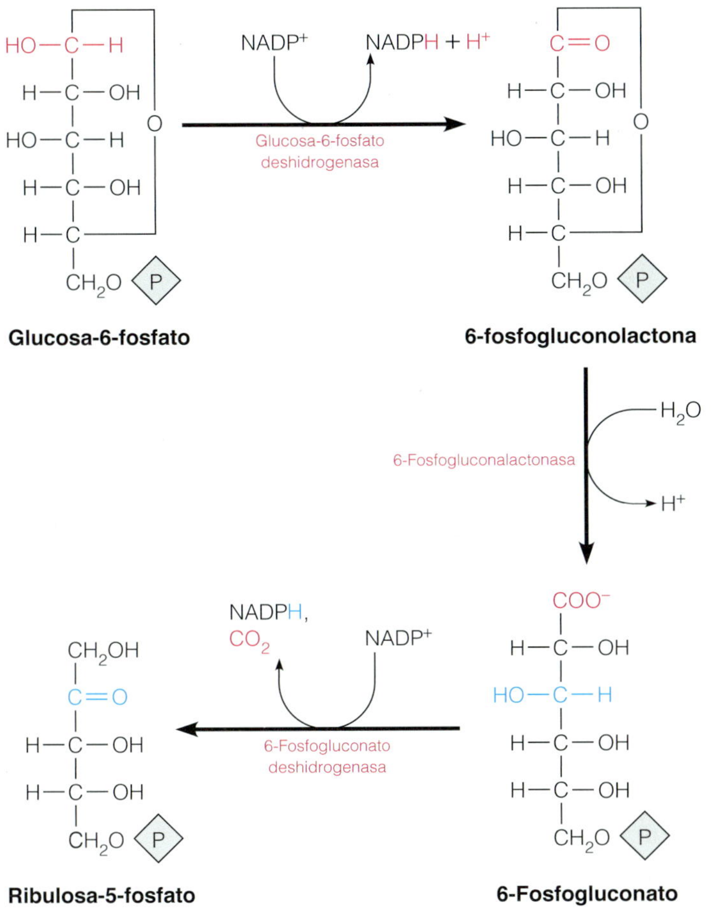


**FIGURA 13.40**

**Fase oxidativa de la ruta de las pentosas fosfato.** Las tres reacciones de la fase oxidativa incluyen dos oxidaciones, que producen NADPH.

## Fase oxidativa: generación de poder reductor en forma de NADPH

Resulta útil considerar la ruta de las pentosas fosfato como un mecanismo que actúa en dos fases: oxidativa y no oxidativa. Dos de las tres primeras reacciones de esta ruta son oxidativas, y cada una de ellas comporta la reducción de un $NADP^+$ a NADPH. Como se muestra en la Figura 13.40, la primera reacción, catalizada por la **glucosa-6-fosfato deshidrogenasa**, oxida la glucosa-6-fosfato a 6-fosfogluconolactona, la correspondiente **lactona** (un éster interno que une los carbonos 1 y 5). La 6-fosfogluconolactona se hidroliza por la **6-fosfogluconolactonasa** a **6-fosfogluconato**, que se descarboxila de forma oxidativa, para dar $CO_2$, otro NADPH y **ribulosa-5-fosfato** (una pentosa fosfato). El resultado neto de la fase oxidativa es la generación de 2 moléculas de NADPH, la oxidación de un carbono a $CO_2$ y la síntesis de 1 molécula de pentosa fosfato por G6P.

## Fase no oxidativa: destinos alternativos de las pentosas fosfato

En la fase no oxidativa, parte de la ribulosa-5-fosfato producida en la fase oxidativa se convierte en ribosa-5-fosfato por la **fosfopentosa isomerasa**.

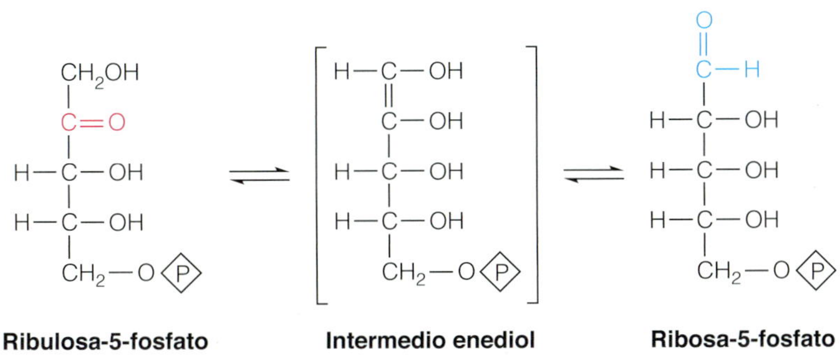

La reacción se produce a través de un intermedio enediol, igual que en dos reacciones diferentes de la glucólisis, las catalizadas por la triosa fosfato isomerasa (*véase* la página 529) y la fosfoglucoisomerasa (*véase* la página 526).

### Producción de azúcares fosfato de seis carbonos y de tres carbonos

En esta fase, se han realizado ya las funciones principales de la ruta, es decir, la generación de NADPH y de ribosa-5-fosfato. Podemos escribir la siguiente ecuación equilibrada para lo que ha sucedido hasta ahora:

$$\text{Glucosa-6-fosfato} + 2\text{NADP}^+ \longrightarrow \text{ribosa-5-fosfato} + CO_2 + 2\text{NADPH} + 2\text{H}^+$$

Muchas células necesitan el NADPH para la biosíntesis reductora, pero no necesitan la ribosa-5-fosfato en cantidades tan elevadas. ¿De qué manera se cataboliza, pues, esta ribosa-5-fosfato? El proceso implica una serie de transformaciones del azúcar fosfato que pueden parecer complicadas, pero que tienen un resultado sencillo. *La secuencia de reacción convierte 3 azúcares fosfato de cinco carbonos en 2 azúcares fosfato de seis carbonos y 1 azúcar fosfato de tres carbonos.* Las hexosas fosfato que se forman pueden catabolizarse, bien mediante su reciclado a través de la ruta de las pentosas fosfato, o bien mediante la glucólisis. La triosa fosfato es el gliceraldehído-3-fosfato, un intermediario glucolítico. Intervienen en el proceso tres enzimas: **fosfopentosa epimerasa**, **transcetolasa** y **transaldolasa**.

La ruta se inicia con la ribulosa-5-fosfato y la ribosa-5-fosfato, habiéndose formado esta última por la fosfopentosa isomerasa. La fosfopentosa epimerasa convierte la ribulosa-5-fosfato en su epímero, la xilulosa-5-fosfato.

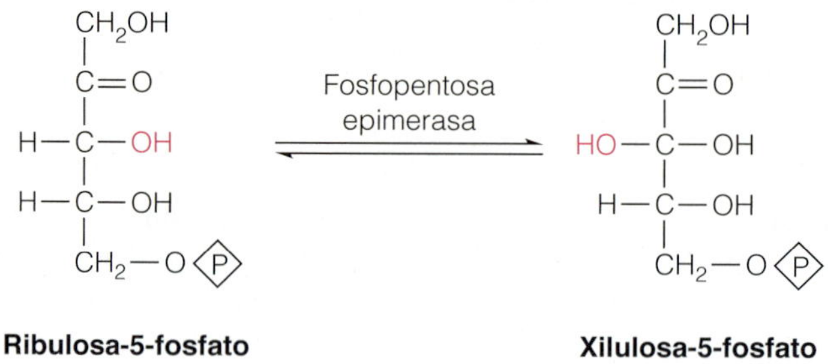


Recuérdese que la xilulosa-5-fosfato desempeña también una función reguladora, ya que es un activador específico de la proteína fosfatasa 2A (PP2A) en el hígado. La PP2A desfosforila a la PFK-2/FBPasa-2 (*véase* la Figura 13.21, página 554), y conduce a un aumento de la concentración de fructosa-2,6-bisfosfato, que activa la enzima glucolítica fosfofructoquinasa (PFK-1). De esta forma, al aumentar la concentración de xilulosa-5-fosfato como respuesta a un exceso de glucosa por la ruta de las pentosas fosfato, también aumenta el flujo a través de la glucólisis.

Un mol de xilulosa-5-fosfato reacciona a continuación con un mol de ribosa-5-fosfato. La reacción la cataliza la **transcetolasa**, que transfiere un fragmento de dos carbonos desde la xilulosa-5-fosfato a la ribosa-5-fosfato para dar una triosa fosfato, el gliceraldehído-3-fosfato, y un azúcar de siete carbonos, la **sedoheptulosa-7-fosfato**.

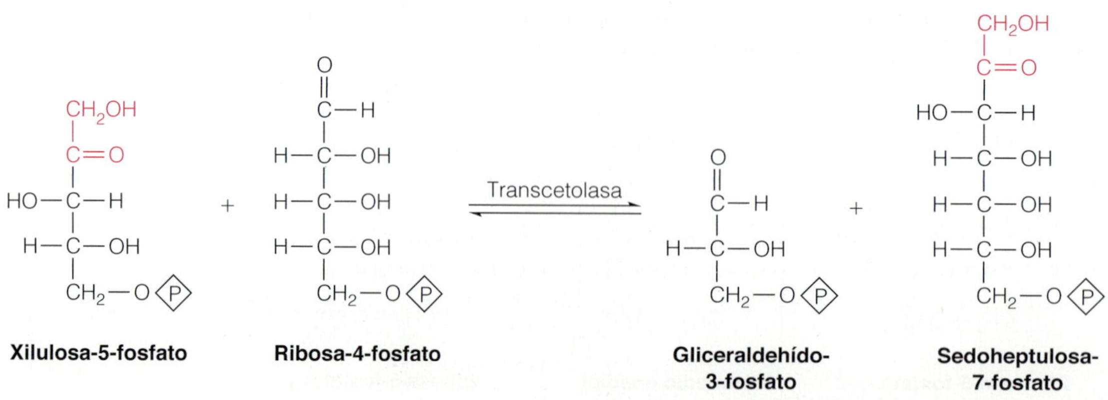

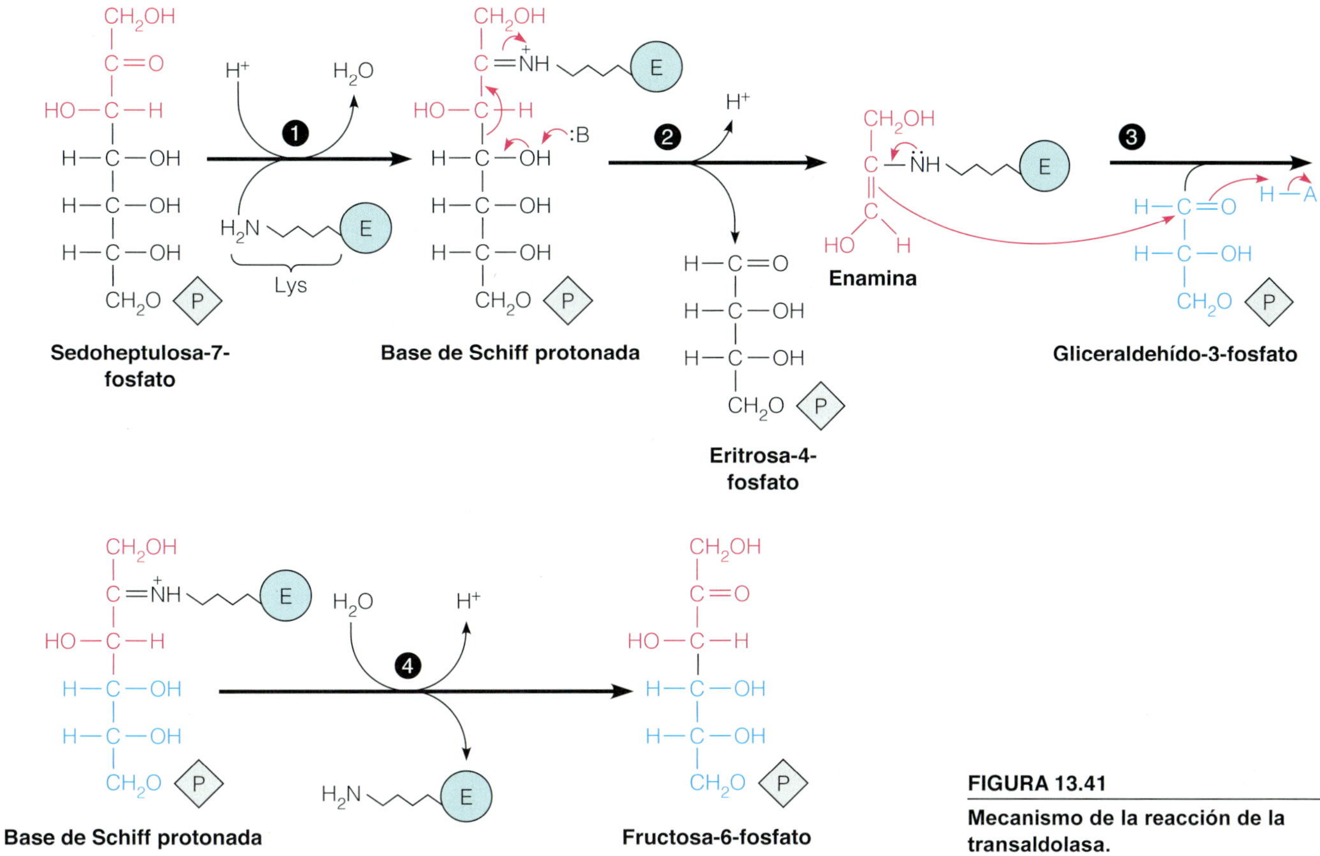


**FIGURA 13.41**

**Mecanismo de la reacción de la transaldolasa.**

El fragmento de dos carbonos transferido es un fragmento **glicolaldehído** activado (*véase* el margen). Recuérdese que la piruvato deshidrogenasa transfiere un fragmento *acetaldehído* activo (*véase* la Figura 13.8, página 538), con la ayuda del pirofosfato de tiamina (TPP). La transcetolasa necesita también TPP como cofactor, de manera que el fragmento de dos carbonos se une de forma transitoria al carbono 2 del anillo de tiazol del TPP. El mecanismo de activación y transferencia de los fragmentos de dos carbonos es muy similar en las reacciones catalizadas por estas dos enzimas.

A continuación, la transaldolasa actúa sobre los dos productos de la reacción de la transcetolasa, con la transferencia de una unidad **dihidroxiacetona** de tres carbonos, procedente del sustrato de siete carbonos, al sustrato de tres carbonos. Los productos son un azúcar fosfato de cuatro carbonos y un azúcar fosfato de seis carbonos: la **eritrosa-4-fosfato** y la **fructosa-6-fosfato**, respectivamente. Las acciones combinadas de la transcetolasa y la transaldolasa convierten 2 azúcares fosfato de cinco carbonos en un azúcar fosfato de cuatro carbonos y un azúcar fosfato de seis carbonos.

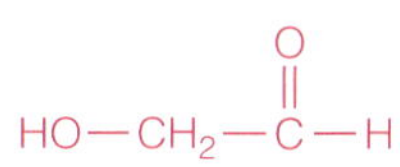

**Glicolaldehído**

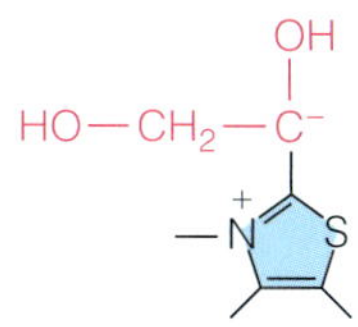


En la Figura 13.41 se muestra con mayor detalle la reacción de la transaldolasa. La enzima activa el sustrato cetosa mediante la formación de una base de Schiff con un residuo de lisina de la enzima (paso 1). La protonación de la base de Schiff conduce a la ruptura del enlace carbono-carbono, de forma muy parecida a lo que ocurre en la reacción de la fructosa-bisfosfato aldolasa de la glucólisis (*véase* la página 528), con la liberación de una aldosa fosfato de cuatro carbonos (paso 2). La unidad dihidroxiacetona permanece unida como una enamina, que posteriormente se une al carbono carbonilo del gliceraldehído-3-fosfato, en una reacción de condensación aldólica (paso 3). La hidrólisis de la base de Schiff protonada da lugar al producto de seis carbonos fructosa-6-fosfato (paso 4).

Los mecanismos de la transcetolasa y la transaldolasa son dos estrategias químicas diferentes para romper el enlace C—C (Figura 13.42). Ambos mecanismos utilizan un ion iminio como sumidero de electrones. Además, ambos mecanismos tienen intermedios carbanion que deben estabilizarse por resonancia. La transcetolasa emplea un cofactor (TTP), mientras que la transaldolasa utiliza, para resolver el mismo problema, una base de Schiff protonada con una lisina en el lugar activo.

**FIGURA 13.42**

**Rotura del enlace C—C en las reacciones de la transaldolasa y la transcetolasa**. Amarillo, sumidero de electrones; verde, fuente de electrones.

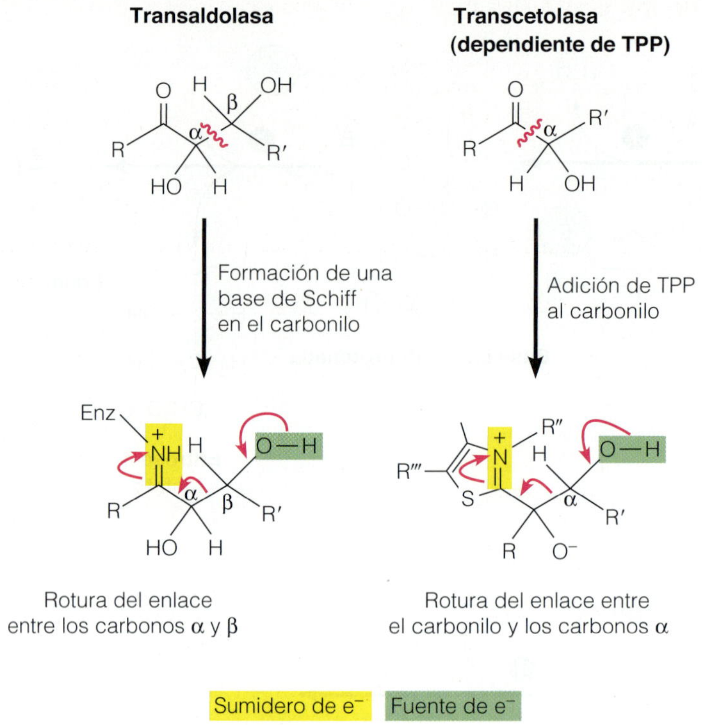


En la reacción final del catabolismo de las pentosas fosfato, la transcetolasa actúa sobre otra molécula de xilulosa-5-fosfato, transfiriendo un fragmento glicolaldehído a la eritrosa-4-fosfato y generando un producto de tres carbonos y un producto de seis carbonos, el gliceraldehído-3- fosfato y la fructosa-6-fosfato, respectivamente.

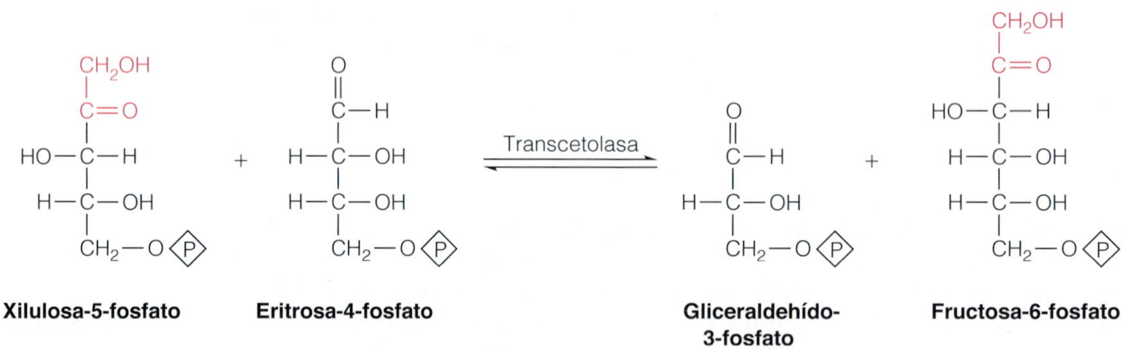


Hasta el momento, la ruta ha necesitado la entrada de tres moléculas de pentosa fosfato: dos para la primera reacción de la transcetolasa y una para la segunda. Así pues, para resumir la ruta hasta este punto, debemos considerar el paso de tres moléculas de glucosa-6-fosfato a través de la fase oxidativa.

$$3 \text{ glucosa-6-fosfato} + 6NADP^+ + 3H_2O \longrightarrow 3 \text{ pentosa-5-fosfato} + 6NADPH + 6H^+ + 3CO_2$$

Ahora, los reordenamientos de la fase no oxidativa dan lugar a la conversión de tres pentosas fosfato en dos azúcares fosfato de seis carbonos y una de tres carbonos.

$$2 \text{ Xilulosa-5-fosfato} + \text{ribosa-5-fosfato} \longrightarrow 2 \text{ fructosa-6-fosfato} + \text{gliceraldehído-3-fosfato}$$

Así pues, podemos escribir una ecuación ajustada de toda la ruta, tal como sigue.

$$3 \text{ glucosa-6-fosfato} + 6NADP^+ + 3H_2O \longrightarrow 2 \text{ fructosa-6-fosfato} + \text{gliceraldehído-3-fosfato} + 6NADPH + 6H^+ + 3CO_2$$

### Ajuste de la ruta de las pentosas fosfato a las necesidades específicas

En la ecuación correspondiente a la reacción global, tres hexosas fosfato producen dos hexosas fosfato, una triosa fosfato y tres moléculas de $CO_2$. Así pues, en un sentido formal, la ruta puede considerarse una forma de oxidar los seis carbonos de la glucosa-6-fosfato a $CO_2$, de la misma forma que ocurre en la glucólisis y en el ciclo del ácido cítrico.

Sin embargo, como se ha señalado antes, la ruta de las pentosas fosfato no es fundamentalmente una ruta de generación de energía. El destino real de los azúcares fosfato depende de las necesidades metabólicas de la célula en la que se está produciendo la ruta. Si la necesidad principal radica en la síntesis de nucleótidos y ácidos nucleicos, el principal producto es la ribosa-5-fosfato, y no se producen la mayor parte de los reordenamientos de la fase no oxidativa (Figura 13.43a). Si la necesidad principal es la generación de NADPH (para la síntesis de ácidos grasos o de esteroides), la fase no oxidativa genera compuestos que pueden reconvertirse con facilidad en glucosa-6-fosfato, para el paso posterior por la fase oxidativa (Figura 13.43b). De este modo, las vueltas repetidas del ciclo dan lugar finalmente a la oxidación completa de la glucosa-6-fosfato a $CO_2$ y agua, con la máxima generación de equivalentes reductores.

Por último, en una célula con unas necesidades moderadas de NADPH y de pentosas fosfato, la fructosa-6-fosfato y el gliceraldehído-3-fosfato producidos en la fase no oxidativa pueden catabolizarse en mayor medida mediante la glucólisis y el ciclo del ácido cítrico (Figura 13.43c). Dadas las múltiples necesidades metabólicas de una célula para la biosíntesis, es improbable que ninguno de estos tres modos de actuación se emplee de manera exclusiva en una determinada célula.

### Regulación de la ruta de las pentosas fosfato

La ruta de las pentosas fosfato compite con la glucólisis por la glucosa-6-fosfato. Mientras que la glucólisis está regulada principalmente por la carga energética y la disponibilidad de combustible, el flujo a través de la ruta de las pentosas fosfato es sensible al cociente $NADP^+/NADPH$ de la célula. La primera enzima de la ruta, la glucosa-6-fosfato deshidrogenasa, es el paso comprometido y su actividad controla el flujo a través de toda la ruta de las pentosas fosfato. La glucosa-6-fosfato deshidrogenasa está regulada por la disponibilidad de $NADP^+$. Cuando el cociente $NADP^+/NADPH$ es bajo, lo cual indica que la célula tiene mucho poder reductor, la actividad de la glucosa-6-fosfato deshidrogenasa será baja y la ruta no desviará la glucosa-6-fosfato de la glucólisis. Sin embargo, cuando la célula necesite más equivalentes reductores, el cociente $NADP^+/NADPH$ elevado estimulará el flujo a través de la glucosa-6-fosfato deshidrogenasa y se regenerará el NADPH necesario.

## Trastornos genéticos humanos que afectan a enzimas de la ruta de las pentosas fosfato

La ruta de las pentosas fosfato es especialmente activa en la generación de poder reductor en los glóbulos rojos de los vertebrados. La importancia de esta actividad se puso de manifiesto mediante la investigación de un trastorno genético humano bastante frecuente, el déficit de glucosa-6-fosfato deshidrogenasa.

Durante la Segunda Guerra Mundial, se administró profilácticamente el fármaco antipalúdico primaquina a los miembros de las fuerzas armadas. Como consecuencia de ello, una parte importante de los militares, en los que posteriormente se comprobó que existía un déficit de glucosa-6-fosfato deshidrogenasa, presentaron una anemia hemolítica grave (destrucción masiva de los glóbulos rojos). Estas personas eran sensibles también a diversos compuestos que, como la primaquina, generan un estrés oxidativo, que se manifiesta por la aparición de peróxido de hidrógeno y peróxidos orgánicos en los glóbulos rojos. Posteriormente se vio que estas personas eran deficitarias de la glucosa-6-fosfato deshidrogenasa.

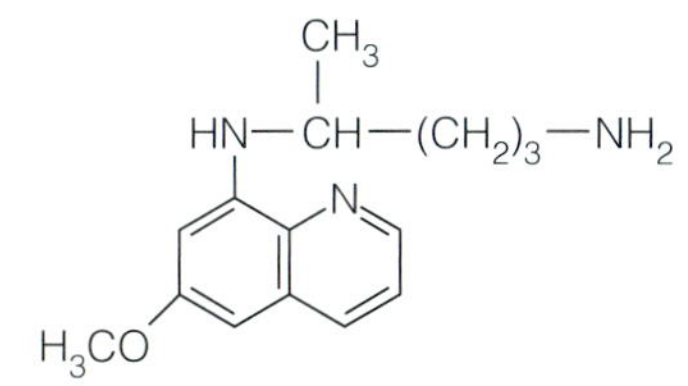


**Primaquina**

La sensibilidad anormal a los fármacos contra el paludismo se debe a las mutaciones que afectan a la glucosa-6-fosfato deshidrogenasa.

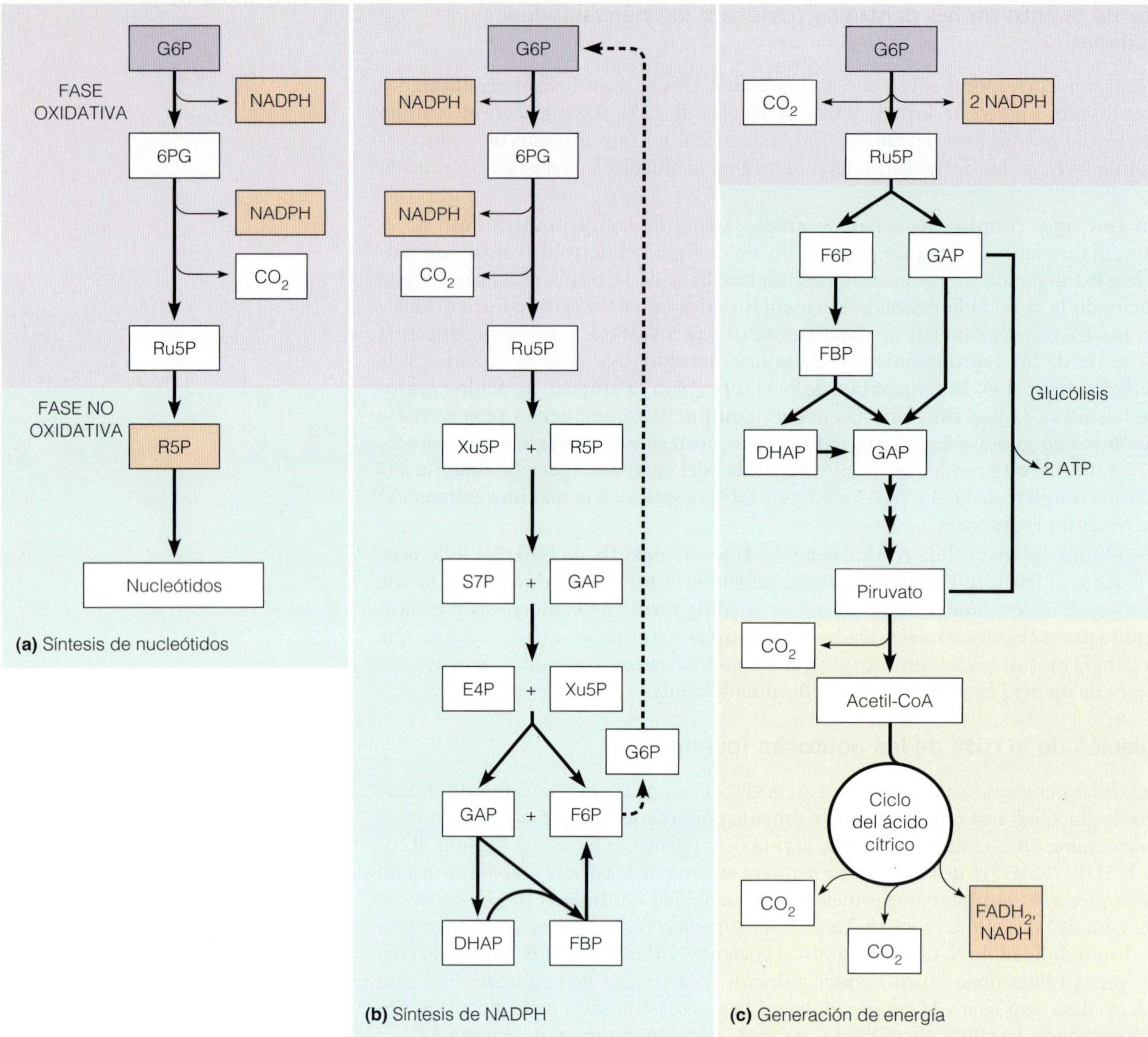


**FIGURA 13.43**

**Formas alternativas de la ruta de las pentosas fosfato.** La ruta de las pentosas fosfato tiene diversos modos de funcionamiento para satisfacer diferentes necesidades metabólicas. **(a)** Cuando la necesidad principal es la biosíntesis de nucleótidos, el producto principal es la ribosa-5-fosfato. Los equivalentes reductores del NADPH se utilizan para reducir los ribonucleótidos a los desoxirribonucleótidos (Capítulo 22). **(b)** Cuando la necesidad principal es el poder reductor (NADPH), la fructosa fosfato se reconvierte en glucosa-6-fosfato para su reoxidación en la fase oxidativa. **(c)** Cuando tan solo son necesarias cantidades moderadas de pentosas fosfato y NADPH, la ruta puede utilizarse también para el aporte de energía, de manera que los productos de la reacción se oxidan mediante la glucólisis y el ciclo del ácido cítrico. Abreviaturas: G6P = glucosa-6-fosfato; 6PG = 6-fosfogluconato; R5P = ribosa-5-fosfato; Ru5P = ribulosa-5-fosfato; Xu5P = xilulosa-5-fosfato; S7P = sedoheptulosa-7- fosfato; G3P = gliceraldehído-3-fosfato; E4P = eritrosa-4-fosfato; F6P = fructosa-6-fosfato; DHAP = dihidroxiacetona fosfato; FBP = fructosa-1,6-bisfosfato.

En condiciones normales, los peróxidos se inactivan a través de la reducción por el **glutatión**, que es el tripéptido $\gamma$-glutamilcisteinilglicina.

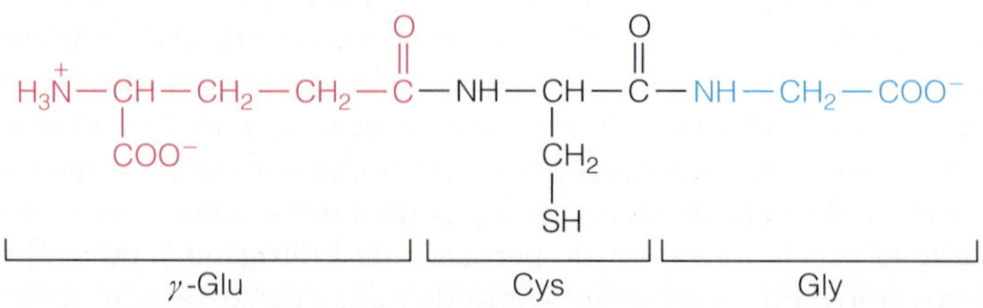


**Glutatión**

El glutatión es abundante en la mayoría de las células, y gracias a su grupo tiol libre, constituye un importante mecanismo de protección frente al estrés oxidativo. Así, por ejemplo, el glutatión ayuda a mantener en el estado reducido los grupos tiol de las cisteínas de las proteínas. Si dos grupos tiol se oxidan, pueden reducirse sin intervención enzimática por el glutatión.

El glutatión, un tripéptido con un contenido tiólico abundante, es un importante reductor intracelular.

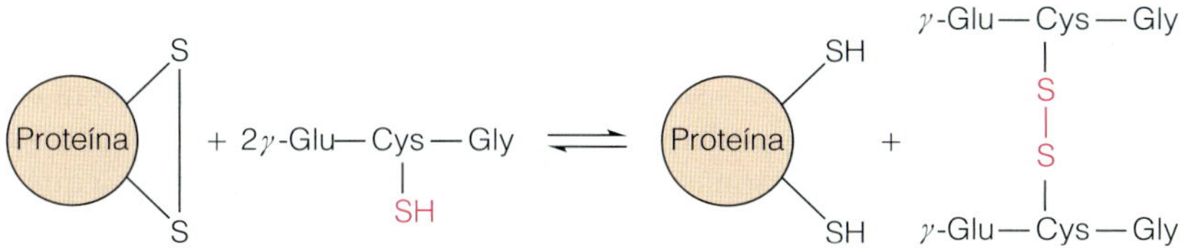


Y, como se ha indicado, el glutatión da lugar también a la reducción de los peróxidos; esta es una reacción enzimática catalizada por la **glutatión peroxidasa** (*véase* la página 667).

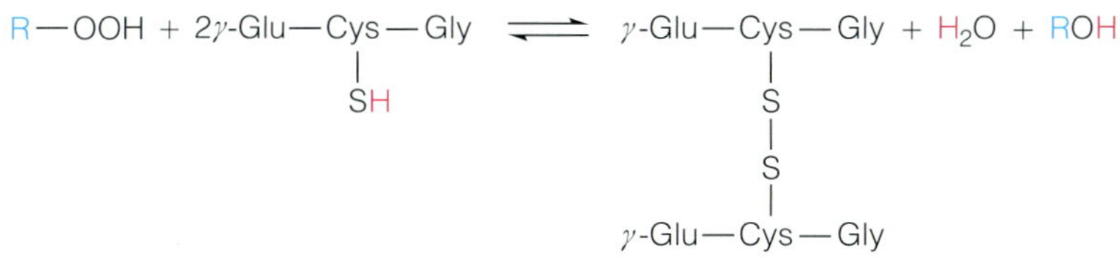


El glutatión oxidado (GSSG) se reduce por la enzima **glutatión reductasa** dependiente del NADPH.

$$GSSG + NADPH + H^+ \longrightarrow 2GSH + NADP^+$$

Esta enzima, actúa básicamente de manera unidireccional, por lo que el cociente de glutatión reducido (GSH) respecto al glutatión oxidado en la mayoría de las células es de aproximadamente 500 a 1.

En el eritrocito, una función especialmente importante del glutatión es la de mantener la hemoglobina en el estado reducido ($Fe^{2+}$); recuérdese que la metahemoglobina ($Fe^{3+}$) no puede unir $O_2$ (*véase* la página 238). Por tanto, el eritrocito es especialmente sensible al agotamiento del glutatión reducido; y puesto que la ruta de las pentosas fosfato es prácticamente la única ruta para la generación de NADPH, el eritrocito es particularmente vulnerable a las situaciones que deterioran el flujo a través de esta ruta y reducen, por tanto, las concentraciones intracelulares de NADPH. De este modo, las personas que eran deficitarias de la glucosa-6-fosfato deshidrogenasa eran las más sensibles al estrés oxidativo producido por la primaquina.

En la mayor parte de los casos de déficit de glucosa-6-fosfato deshidrogenasa, la enzima de los glóbulos rojos no es totalmente inactiva, sino que presenta una reducción de la actividad de unas 10 veces. Las personas con este déficit son asintomáticas hasta que se ven sometidas a un estrés. Es decir, son asintomáticas hasta que la primaquina o un producto relacionado genera una cantidad de peróxidos suficiente que agoten el GSH disponible. La reducción del GSSG resultante para producir de nuevo GSH se ve alterada, puesto que las concentraciones de NADPH son insuficientes para permitir la función de la glutatión reductasa. Ello hace que se acumule metahemoglobina ($Fe^{3+}$) a costa de la hemoglobina, lo que modifica la estructura de la célula, debilitando la membrana y haciéndola vulnerable a la ruptura o hemólisis.

Es interesante señalar que el déficit de glucosa-6-fosfato deshidrogenasa, como el rasgo drepanocítico, confiere resistencia frente al paludismo causado por *Plasmodium falciparum* (*véase* el Capítulo 7). Así pues, el déficit constituye un valor positivo para la supervivencia en las regiones tropicales y subtropicales del mundo, en las que el paludismo es frecuente. Esto explica la observación de que el déficit de glucosa-6-fosfato deshidrogenasa se ve con mayor frecuencia en las personas de origen africano o mediterráneo.

Una mutación de la transcetolasa que incrementa su $K_M$ para el TPP es responsable de las dificultades neurológicas del síndrome de Wernicke-Korsakoff.

Otro trastorno genético relacionado con la ruta de las pentosas fosfato es el **síndrome de Wernicke-Korsakoff**. Este trastorno mental se asocia con pérdida de la memoria y parálisis parcial, y se produce cuando las personas afectadas sufren un déficit moderado de tiamina. Los síntomas se manifiestan con frecuencia en los alcohólicos, cuya alimentación puede implicar un déficit vitamínico.

El fundamento del síndrome de Wernicke-Korsakoff es una alteración de la transcetolasa que reduce su afinidad por el pirofosfato de tiamina unas 10 veces. Otras enzimas dependientes de TPP, en especial la piruvato deshidrogenasa y la α-cetoglutarato deshidrogenasa, no se ven afectadas. Los síntomas de la enfermedad se manifiestan cuando las concentraciones de TPP descienden por debajo de los valores necesarios para saturar la transcetolasa anormal. Las personas normales contienen una transcetolasa que une el TPP con la fuerza suficiente para que no se produzca un cambio de la función enzimática como resultado de estos déficits de tiamina leves o moderados.

El déficit de glucosa-6-fosfato deshidrogenasa y el síndrome de Wernicke-Korsakoff, como la drepanocitosis (Capítulo 7), ilustran la interdependencia de los factores genéticos y ambientales en la aparición de la enfermedad clínica. Los síntomas de la alteración hereditaria se manifiestan tan solo después de que se produzca algún tipo de estrés moderado que no afecta a las personas normales.

## RESUMEN

La glucólisis es la ruta central mediante la cual se extrae energía de los hidratos de carbono. Se trata de una ruta formada por 10 pasos, que va de la glucosa al piruvato en las células con respiración. En los microorganismos anaerobios o en las células que presentan un deterioro de la respiración, el piruvato sufre reacciones de reducción, con lo que el conjunto de la ruta puede cursar sin un cambio neto del estado de oxidación. La glucólisis puede contemplarse como un proceso que transcurre en dos fases: en primer lugar, una fase de inversión de energía, en la que se utiliza ATP para sintetizar un azúcar fosfato de seis carbonos que se desdobla en dos triosas fosfato, y en segundo lugar, una fase de generación de energía, en la que la energía de dos compuestos de energía elevada se utiliza para impulsar la síntesis de ATP a partir de ADP. La fosfofructoquinasa, la piruvato quinasa y la hexoquinasa son los lugares principales de control de la ruta. Gran parte del control está en relación con las necesidades energéticas de la célula, de manera que las situaciones de carga energética baja estimulan la ruta y las situaciones de abundancia energética retardan la ruta. Todos los organismos realizan también la gluconeogénesis, la síntesis de hidratos de carbono a partir de compuestos de tres y cuatro carbonos que no pertenecen al grupo de los hidratos de carbono. La gluconeogénesis utiliza siete enzimas glucolíticas y cuatro enzimas gluconeogénicas específicas; estas últimas permiten evitar los tres pasos irreversibles de la glucólisis. Las cuatro enzimas específicas de la gluconeogénesis son piruvato carboxilasa más fosfoenolpiruvato carboxiquinasa, fructosa-1,6-bisfosfatasa y glucosa-6-fosfatasa. La regulación se produce en los lugares de estos tres ciclos de sustrato. El control es extraordinariamente importante en el metabolismo animal, que necesita que las concentraciones de glucosa en sangre se mantengan dentro de unos límites estrechos. Participan mecanismos hormonales y alostéricos, siendo la fructosa-2,6-bisfosfato un regulador clave.

Las reservas intracelulares de polisacáridos en los animales se movilizan por una cascada metabólica bajo control hormonal, en la que el AMP cíclico transmite la señal hormonal y pone en marcha sucesos que activan la degradación del glucógeno a glucosa-1-fosfato. La glucógeno fosforilasa es el paso limitante de la velocidad de este proceso. En la síntesis de los polisacáridos como el glucógeno, intervienen las glucosiltransferasas, enzimas que transfieren la unidad azúcar de un compuesto de azúcar unido a un nucleótido o, activado de algún otro modo, a un azúcar aceptor en un extremo no reductor. La glucógeno sintasa utiliza la uridina difosfato glucosa como donador de glucosilo. La enzima se regula por procesos hormonales y no hormonales complementarios y contrarios a los que regulan la degradación del glucógeno por la fosforilasa.

Una ruta alternativa de oxidación de los hidratos de carbono, la ruta de las pentosas fosfato, genera NADPH para la biosíntesis reductora y pentosas fosfato para la biosíntesis de nucleótidos.

## BIBLIOGRAFÍA

### Organización intracelular de las enzimas glucolíticas

**Ovadi, J.** y **Srere, P. A.** (2000) Macromolecular compartmentation and channeling. *Int. Rev. Cytol.* 192:255-280. Esta revisión ha sido escrita por dos de los pioneros de la compartimentación metabólica.

### Enzimas glucolíticas y gluconeogénicas

**Hanson, R. W.** y **Reshef, L.** (1997) Regulation of phosphoenolpyruvate carboxikinase (GTP) gene expression. *Ann. Rev. Biochem.* 66:581-611. Se sabe mucho sobre la regulación hormonal y dietética de la síntesis de la PEPCK.

**Hutton, J. C** y **O'Brien, R. M.** (2009) Glucose-6-phosphatase catalytic subunit gene family. *J. Biol. Chem.* 284:29241-29245.

**Jitrapakdee, S., St Maurice, M., Rayment, I., Cleland, W. W., Wallace, J. C.** y **Attwood, P. V.** (2008) Structure, mechanism and regulation of pyruvate carboxylase. *Biochem. J.* 473:369-387.

**Kim, J. W.** y **Dang, C. V.** (2005) Multifaceted roles of glycolytic enzymes. *Trends Biochem. Sci.* 30:142-150. Varias enzimas glucolíticas poseen una serie sorprendente de funciones además de sus papeles catalíticos.

**Kresge, N., Simoni, R. D.** y **Hill, R. L.** (2005) Otto Fritz Meyerhof and the elucidation of the glycolytic pathway. *J. Biol. Chem.* 280:e3. Esta revisión resume los artículos clásicos de Meyehof y colaboradores.

### Metabolismo del glucógeno

**Aiston, S., Hampson, L., Gomez-Foix, A. M., Guinovart, J. J.** y **Agius, L.** (2001) Hepatic glycogen synthesis is highly sensitive to phosphorylase activity: Evidence from metabolic control analysis. *J. Blol. Chem.* 276:23858-23866. Este artículo aplica el análisis del control metabólico (*véase* el Capítulo 12) al control complejo de la síntesis de glucógeno.

**Chen, Y.-T.** (2001) Glycogen storage diseases. En: The *Metabolic and Molecular Bases of Inherited Disease*, editado por C. R. Scriver, A. L. Beaudet, W. S. Sly, D. Valle, B. Childs, K. W. Kinzler y B. Vogelstein, Vol. I, Cap. 7I, págs. 1521-1551. McGraw-Hill, Nueva York. Un capítulo del tratado de cuatro volúmenes que se considera la referencia con mayor autoridad sobre las enfermedades humanas metabólicas hereditarias.

**Greenberg, C. C., Jurczak, M. J., Danos, A. M.** y **Brady, M. J.** (2006) Glycogen branches out: New perspectives on the role of glycogen metabolism in the integration of metabolic pathways. *Am. J. Physiol. Endocrinol. Metab.* 291:E1-E8.

**Holton, J. B., Walter, J. H.** y **Tyfield, L. A.** (2001) Galactosemia. En: *The Metabolic and Molecular Bases of Inherited Disease*, editado por C. R. Scriver, A. L. Beaudet, W. S. Sly, D. Valle, B. Childs, K. W. Kinzler y B. Vogelstein, Vol. I, Cap. 72, págs. 1553-1587. McGraw-Hill, Nueva York. Una revisión completa de las galactosemias y otras enfermedades relacionadas.

**Johnson, L. N.** (2009) The regulation of protein phosphorylation. *Biochem. Soc. Trans.* 37:627-641. Esta revisión excelente describe el trabajo reciente y el histórico sobre la fosforilación proteica, entre ellos los estudios clásicos sobre la glucógeno fosforilasa.

**Leloir, L. F.** (1983) Long ago and far away. *Annu. Rev. Biochem.* 52:1-16. Un recuerdo personal, en el que se describe el papel del autor, ganador del premio Nobel, en el descubrimiento de los azúcares ligados a nucleótidos y el mecanismo de la síntesis de glucógeno.

**Millward, T. A., Zolnierowicz , S.** y **Hemmings, B. A.** (1999) Regulation of protein kinase cascades by protein phosphatase 2A. *Trends Biochem. Sci.* 24:186-191. Una minirevisión clásica sobre el control de la fosforilación y desfosforilación proteica.

**Toole, B. J.** y **Cohen, P. T. W.** (2007) The skeletal muscle-specific glycogen-targeted protein phosphatase 1 plays a major role in the regulation of glycogen metabolism by adrenaline in vivo. *Cell. Signal.* 19:1044-1055.

### Regulación del metabolismo de los hidratos de carbono

**Agius, L.** (2008) Glucokinase and molecular aspects of liver glycogen metabolism. *Biochem. J.* 414:1-18.

**Bocarsly, M. E., Powell, E. S., Avena, N. M.** y **Hoebel, B. G.** (2010) High fructose corn syrup causes characteristics of obesity in rats: Increased body weight, body fat and triglyceride levels. *Pharmacol. Biochem. Behav.* 97:101-106. Este artículo presenta las pruebas experimentales que apoyan la relación entre el jarabe de maíz con elevado contenido en fructosa y la obesidad y la diabetes tipo 2.

**Brosnan, J. T.** (1999) Comments on metabolic needs for glucose and the role of gluconeogenesis. *Eur. J. Clin. Nutr.* 53 Suppl 1:S107-S111.

**Ceulemans, H.** y **Bollen, M.** (2004) Functional diversity of protein phosphatase-1, a cellular economizer and reset button. *Physiol. Rev.* 84:1-39.

**Kim, C., Cheng, C. Y., Saldanha, S. A.** y **Taylor, S. S.** (2007) PKA-I holoenzyme structure reveals a mechanism for cAMP-dependent activation. *Cell* 130:1032-1043. Proporciona las bases estructurales de la activación de la proteína quinasa tras disociarse en sus subunidades.

**Lee, Y. H., Li, Y., Uyeda, K.** y **Hasemann, C. A.** (2003) Tissuespecific structure/function differentiation of the liver isoform of 6-phosphofructo-2-kinase/fructose-2,6-bisphosphatase. *J. Biol. Chem.* 278:523-530.

**El-Maghrabi, M. R., Noto, F., Wu, N.** y **Manes, N.** (2001) 6-Phosphofructo-2-kinase/fructose-2,6-bisphosphatase: Suiting structure to need, in a family of tissue-specific enzymes. *Curr. Opin. Clin. Nutr. Metab. Care* 4:411-418.

**Nordlie, R. C., Foster, I. D.** y **Lange, A. J.** (1999) Regulation of glucose production by the liver. *Annu. Rev. Nutr.* 19:379-406. Revisión completa del papel del ciclo de sustrato glucosa-6-fosfatasa/glucoquinasa en la homeostasis de la glucosa.

**Okar, D. A., Wu, C.** y **Lange, A. J.** (2004) Regulation of the regulatory enzyme, 6-phosphofructo-2-kinase/fructose-2,6-bisphosphatase. *Adv. Enzyme Regul.* 44:123-754.

**Sims, R. E., Mabee, W., Saddler, J. N.** y **Taylor, M.** (2010) An overview of second generation biofuel technologies. *Bioresour. Technol.* 101:1570-1580. Una revisión que describe los procesos en desarrollo para convertir las materias primas celulósicas en etanol utilizable.

**Smith, W. E., Langer, S., Wu, C., Baltrusch, S.** y **Okar, D. A.** (2007) Molecular coordination of hepatic glucose metabolism by the 6-phosphofructo-2-kinase/fructose-2,6-bisphosphatase: glucokinase complex. *Mol. Endocrinol.* 21:1478-1487.

**Sprang, S. R., Withers, S. G., Goldsmith, E. I., Fletterick, R. J.** y **Madsen, N. B.** (1991) Structural basis for the activation of glycogen phosphorylase *b* by adenosine monophosphate. *Science* 254:1.367-1371. Una de un conjunto de comunicaciones que describen la estructura cristalina de la glucógeno fosforilasa en los estados activado e inactivado.

**Tolonen, A. C., Haas, W., Chilaka, A. C., Aach, J., Gygi, S. P.** y **Church, G. M.** (2011) Proteome-wide systems analysis of a cellulosic biofuel-producing microbe. *Mol. Syst. Biol.* 7:461. Este análisis proteómico de una bacteria que fermenta celulosa descubre nuevas dianas para la producción industrial de biocombustibles.

**Valeyev, N. V., Bates, D. G., Heslop-Harrison, P., Postlethwaite, I.,** y **Kotov, N. V.** (2008) Elucidating the mechanisms of cooperative calcium-calmodulin interactions: A structural systems biology approach. *BMC Syst. Biol.* 2:48. Un descripción de las bases estructurales de las interacciones de las proteínas diana con la calmodulina.

**Vander Heiden, M. G., Cantley, L. C.** y **Thompson, C. B.** (2009) Understanding the Warburg effect: The metabolic requirements of cell proliferation. *Science* 324:1029-1033. Esta corta revisión describe el papel de la glucólisis aerobia en el cáncer.

**Welch, E. I., Jones, B. W.** y **Scott, J. D.** (2010) Networking with AKAPs: Context-dependent regulation of anchored enzymes. *Mol. Interv.* 10:86-97. Muchas señales hormonales incluyen la activación de la proteína quinasa A dependiente de AMPc, y la localización de la proteína quinasa dentro de la célula ayuda a establecer la especificidad de las rutas particulares de señalización.

**Zhao, S., Xu, W., Jiang, W., Yu, W., Lin, Y., Zhang, T., Yao, J., Zhou, L., Zeng, Y., Li, H., Li, Y., Shi, J., An, W., Hancock, S. M., He, F., Qin, L., Chin, I., Yang, P., Chen, X., Lei, Q., Xiong, Y.** y **Guan, K. L.** (2010) Regulation of cellular metabolism by protein lysine acetylation. *Science* 327:1000-1004. Este trabajo reciente sugiere otra modificación covalente más (acetilación) en la regulación de la glucólisis y la gluconeogénesis.

**Análisis del metabolismo de los hidratos de carbono mediante RMN *in vivo***

**Shulman, R. G.** y **Rothman, D. L.** (2001) 13C NMR of intermediary metabolism: Implications for systemic physiology. *Annu. Rev. Physiol.* 63:15-48. Esta revisión resume cómo los estudios de RMN han cambiado algunos de nuestros conceptos sobre el metabolismo en energético y su regulación.

**van Zijl, P. C., Jones, C. K., Ren, J., Malloy, C. R.** y **Sherry, A. D.** (2007) MRI detection of glycogen in vivo by using chenical exchange saturation transfer imaging (glycoCEST*). Proc. NatI. Acad. Sci. USA* 104:4359-4364.

**Oscilaciones de los intermediarios glucolíticos**

**O'Neill, J. S.** y **Reddy, A. B.** (2011) Circadian clocks in human red blood cells. *Nature* 469:498-503. Las concentraciones de NADH y ATP oscilan con un ritmo de 24 horas.

**Richard, P.** (2003) The rhythm of yeast. *FEMS Microbiol. Rev.* 27:547-557. Una revisión del comportamiento oscilatorio de la ruta glucolítica en levaduras.

**Richter, P. H.** y **Ross, J.** (1981) Concentration oscillations and efficiency: Glycolysis. *Science* 211:715-716. Un tratamiento teórico sobre las ventajas energéticas para un sistema vivo de las oscilaciones que se observan en las concentraciones de los intermediarios glucolíticos.

**Tu, B. P., Mohler, R. E., Liu, J. C., Dombek, K. M., Young, E. T., Synovec, R. E.** y **McKnight, S. L.** (2007) Cyclic changes in metabolic state during the life of a yeast cell. *Proc. Natl. Acad. Sci. USA* 104:16886-16891. Este artículo ilustra perfectamente el poder de la metabolómica.

**Evolución de las rutas metabólicas de los hidratos de carbono**

**Martin, Baross, W. J., Kelley, D.** y **Russell, M. J.** (2008) Hydrothermal vents and the origin of life. *Nat. Rev. Microbiol.* 6:805-814.

**Ruta de las pentosas fosfato y estrés oxidativo**

**Sies, H.** (1999) Glutathione and its role in cellular functions. *Free Radic. BioI. Med.* 27:916-921. Revisa la química y bioquímica de este reductor biológico importante.

**Wamelink, M. M., Struys, E. A.** y **Jakobs, C.** (2008) The biochemistry metabolism, and inherited defects of the pentose phosphate pathway: A review. *J. Inherit. Metab. Dis.* 31:703-717.

## PROBLEMAS

1. Las concentraciones intracelulares en el músculo en reposo son las siguientes: fructosa-6-fosfato, 1.0 mM; fructosa-1,6-bisfosfato, 10 mM; AMP, 0.1 mM; ADP, 0.5 mM, ATP, 5 mM, y Pi, 10 mM. ¿Es la reacción de la fosfofructoquinasa en el músculo *más* o *menos* exergónica que en condiciones estándar? ¿En qué grado?
2. El metanol es muy tóxico, no a causa de su propia actividad biológica, sino porque se convierte metabólicamente en formaldehído, mediante la acción de la alcohol deshidrogenasa. Parte del tratamiento médico de la intoxicación por metanol se basa en la administración de dosis altas de etanol. Explique por qué resulta eficaz este tratamiento.
3. Vea la Figura 13.9, que indica el $\Delta G$ para cada reacción glucolítica en condiciones intracelulares. Supongamos que se inhibiera la gliceraldehído-3-fosfato deshidrogenasa con ácido yodoacético. ¿Qué intermedio glucolítico cabría prever que se acumulara con mayor rapidez, y por qué?
4. En distintos organismos, la sacarosa puede romperse mediante hidrólisis o mediante fosforólisis. Calcule el rendimiento de ATP por mol de sacarosa metabolizada mediante la glucólisis anaerobia partiendo de: (a) la ruptura hidrolítica y (b) la ruptura fosforolítica.
5. Supongamos que fuera posible marcar la glucosa con $^{14}C$ en cualquier posición o combinación de posiciones. Para las levaduras que fermentan la glucosa a etanol, ¿qué forma o formas de glucosa marcada serían las que darían lugar a la *máxima* radiactividad en el $CO_2$ y a la *mínima* en el etanol?
6. Escriba las ecuaciones químicas equilibradas para cada uno de los siguientes procesos: (a) glucólisis anaerobia de 1 mol de sacarosa, rota inicialmente por la sacarosa fosforilasa, (b) glucólisis aerobia de 1 mol de maltosa, y (c) fermentación de un residuo de glucosa del almidón a etanol, partiendo de la ruptura inicial con la $\alpha$-amilasa.
7. Dada la posición del arsénico en la tabla periódica, el arsenato ($AsO_4^{3-}$) es químicamente similar al fosfato inorgánico y lo utilizan las enzimas que requieren fosfato como sustrato alternativo. Sin embargo, los arsenatos orgánicos son muy inestables y se hidrolizan de forma espontánea. Se sabe que el arsenato inhibe la producción de ATP en la glucólisis. Identifique la enzima diana y explique el mecanismo de inhibición.
8. Supongamos que ha elaborado un vino con un contenido alcohólico del 10 % en peso/volumen (es decir, 10 g de etanol por 100 mL de vino). ¿Qué concentración molar de glucosa o su equivalente tendría que haber contenido la mezcla de fermentación inicial para generar esta cantidad de etanol? ¿Es probable que una mezcla de fermentación inicial contuviera esa cantidad de glucosa? ¿En qué otras formas podría aparecer el carbono fermentable?
9. Comente brevemente por qué cada una de las tres formas frecuentes de galactosemia implica un deterioro de la utilización de galactosa. ¿Qué proceso metabólico queda bloqueado en cada uno de los trastornos?

*10. Algunas bacterias anaerobias utilizan una ruta alternativa para el catabolismo de la glucosa (se muestra en la figura de la página siguiente), que convierte la glucosa en acetato, en lugar de piruvato. La primera parte de la ruta (glucosa a fructosa-1,6-bisfosfato) es idéntica a la ruta glucolítica. En la segunda parte de la ruta alternativa, las enzimas 1-6 tienen todas mecanismos/actividades análogas a las enzimas de la glucólisis. Obsérvese que en esta nueva ruta hay dos reacciones de rotura de enlace C—C: A $\rightarrow$ B + C (Enzima 1) y C $\rightarrow$ B + D. Se muestran todos los pasos donde se consume o genera ATP; sin embargo, la adición o pérdida de $NAD^+$/NADH, $P_i$, $H_2O$ o $H^+$ no se muestran de forma explícita. Dibujar las estructura de los intermediarios B, F, G, H e I e incluir otros participantes en la reacción que sean necesarios.

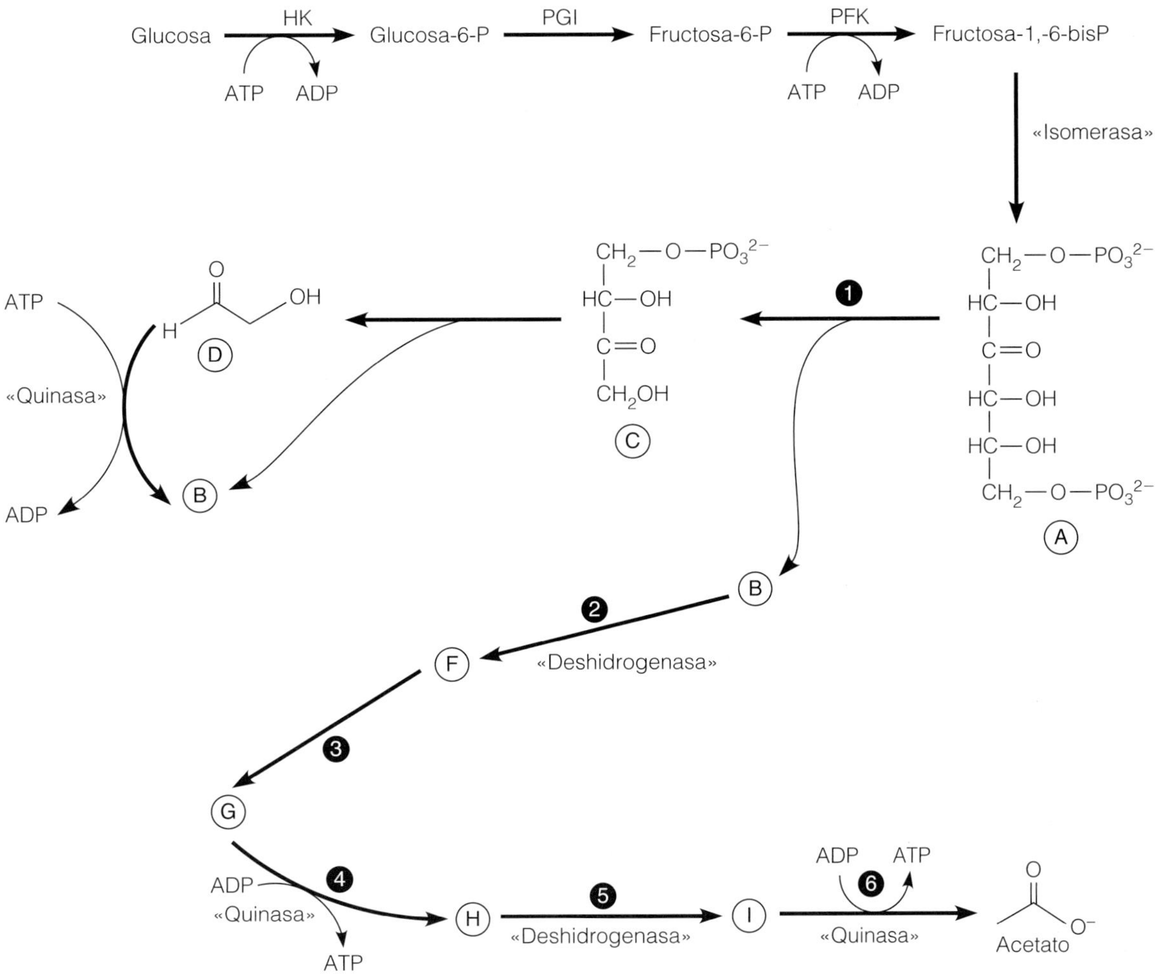


11. Escriba una ruta que vaya de la glucosa al lactato en la glándula mamaria y una ecuación equilibrada para el conjunto de dicha ruta.
12. Esquematice una curva que describiera el comportamiento esperado de la actividad fosfofructoquinasa en función de la carga energética de adenilato.

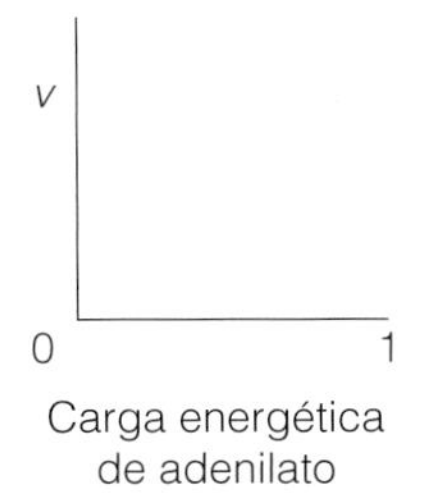


13. Explique el fundamento de la afirmación siguiente. La conversión eficaz de galactosa en glucosa-1-fosfato necesita solo cantidades catalíticas de UDP-glucosa.
14. La isoenzima muscular de lactato deshidrogenasa se inhibe por el lactato. El análisis cinético de estado estacionario proporciona los datos siguientes, con el lactato ausente o presente a una concentración fija.

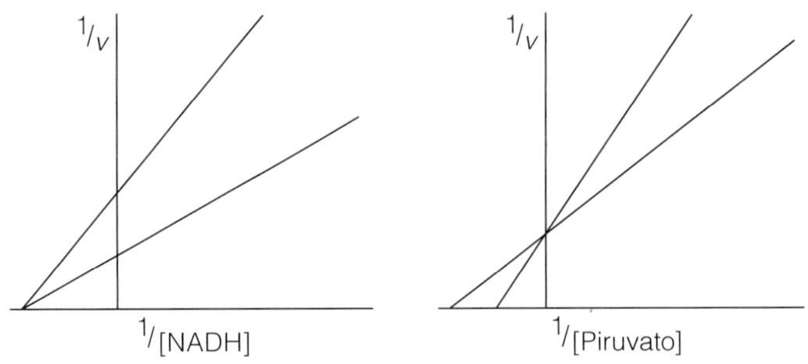


(a) El piruvato es el sustrato cuya concentración varía en una representación. El NADH es el otro. Identificar cada uno. Utilizar una flecha y la letra adecuada (*b*, *c*, *d* o *e*) para identificar cada uno de lo siguiente.
(b) Inversa de $V_{máx}$ para la enzima sin inhibir.
(c) La línea que representa los datos obtenidos en presencia de lactato actuando como inhibidor competitivo con respecto a la variable sustrato.
(d) La línea que representa los datos obtenidos en presencia de lactato actuando como inhibidor no competitivo con respecto a la variable sustrato.

(e) Inversa de $K_M$ en presencia de lactato actuando como inhibidor competitivo.
(f) Si $K_M$ para el NADH es $2 \times 10^{-5}$ M, ¿cuál es la concentración de NADH más adecuada que debe usarse para determinar la $K_M$ para el piruvato? $10^{-7}$ M, $10^{-6}$ M, $10^{-5}$ M, $10^{-4}$ M o $10^{-3}$ M.

15. ¿Cuántos equivalentes de ATP se consumen en la conversión de cada una de las siguientes sustancias a un residuo glucosilo en el glucógeno?
(a) Dihidroxiacetona fosfato.
(b) Fructosa-1,6-bisfosfato.
(c) Piruvato.
(d) Glucosa-6-fosfato.

16. ¿Cuántos fosfatos de energía elevada se generan o consumen en: (a) la conversión de 1 mol de glucosa en lactato, (b) la conversión de 2 moles de lactato en glucosa?

17. La avidina es una proteína que se une de manera extraordinariamente fuerte a la biotina. En consecuencia, es un potente inhibidor de las reacciones enzimáticas que requieren biotina. Considere la biosíntesis de glucosa a partir de cada uno de los siguientes sustratos y prediga cuáles de estas rutas serían inhibidas por la avidina.
(a) Lactato.
(b) Oxalacetato.
(c) Malato.
(d) Fructosa-6-fosfato.
(e) Fosfoenolpiruvato.

18. Se burbujeó $^{14}CO_2$ a través de una suspensión de células hepáticas que estaba realizando gluconeogénesis desde lactato a glucosa. ¿Qué carbonos de la molécula de glucosa se harán radiactivos?

19. Escriba una ecuación equilibrada para cada una de las siguientes reacciones o secuencias de reacciones:
(a) La reacción catalizada por la PFK-2.
(b) La conversión de 2 moles de oxalacetato en glucosa.
(c) La conversión de glucosa en UDP-Glc.
(d) La conversión de 2 moles de glicerol en glucosa.
(e) La conversión de 2 moles de malato en glucosa-6-fosfato.

20. Dibuje las curvas de velocidad de reacción frente a [fructosa-6-fosfato] para las formas fosforilada *y* no fosforilada de PFK-2 en el hígado.

21. A partir de la información presentada en las páginas 570-574, dibuje las curvas que relacionan la velocidad de reacción de la glucógeno sintasa con la [UDP-glucosa], para las formas *a* y *b* de la enzima, en presencia y en ausencia de glucosa-6-fosfato.

22. La síntesis y la degradación de glucógeno están reguladas fundamentalmente a nivel hormonal. Sin embargo, existen también mecanismos *no hormonales* importantes que controlan las tasas de síntesis y de movilización. Describa estos procesos de regulación no hormonales.

23. ¿Por qué tiene sentido, desde el punto de vista metabólico, que sea la fosfoenolpiruvato carboxiquinasa, y no la piruvato carboxilasa, el objetivo principal de la regulación de la gluconeogénesis a nivel del control de la síntesis enzimática?

24. ¿Cuál es la trascendencia metabólica de las siguientes observaciones? (1) Tan solo la forma hepática de la piruvato quinasa se inhibe por la alanina, y (2) tan solo los tejidos gluconeogénicos contienen concentraciones apreciables de glucosa-6-fosfatasa.

*25. Prediga de qué forma podrían interactuar la fosfoproteína fosfatasa-1 (PP-1) y el inhibidor 1 de la fosfoproteína fosfatasa (inhibidor 1) con componentes de la cascada glucogenolítica para regular de manera recíproca sus efectos sobre la síntesis de glucógeno.

26. Escriba una explicación de una frase para cada una de las siguientes afirmaciones:
(a) En el hígado, el glucagón estimula la degradación del glucógeno a través del AMP cíclico. Aunque pueda esperarse que el glucagón estimule también el catabolismo de la glucosa formada, el glucagón *inhibe* la glucólisis y estimula la gluconeogénesis en el hígado.
(b) Una persona con un déficit de glucosa-6-fosfatasa padece hipoglucemia crónica.
(c) La acción de la fosforilasa quinasa simultáneamente activa la degradación de glucógeno e inhibe la síntesis de glucógeno.
(d) La presencia en el hígado de glucosa-6-fosfatasa es esencial para la función del hígado en la síntesis de glucosa para su uso por otros tejidos.

27. Escriba una ecuación química equilibrada para la ruta de las pentosas fosfato en el primero de los dos modos que se dan en la Figura 13.43, donde (a) la síntesis de ribosa-5-fosfato se maximiza y (b) la producción de NADPH se maximiza mediante la conversión de los productos azúcar fosfato en glucosa-6-fosfato para las operaciones repetidas de la ruta.

*28. Se incuba la [1-$^{14}$C]ribosa-5-fosfato con una mezcla de transcetolasa, tranasaldolasa, fosfopentosa isomerasa, fosfopentosa epimerasa y gliceraldehído-3-fosfato. Prediga la distribución de radiactividad en la eritrosa-4-fosfato y la fructosa-6-fosfato que se forman en esta mezcla.

29. La piruvato carboxilasa se supone que activa el $CO_2$ mediante el ATP, a través de la formación como intermediario de carboxifosfato. Proponga un mecanismo para la formación de este intermedio.

# HERRAMIENTAS DE LA BIOQUÍMICA 13A

## Detección y análisis de las interacciones proteína-proteína

Las enzimas de la glucólisis se aíslan con facilidad en forma de proteínas solubles. Sin embargo, diversas clases de pruebas apoyan la idea de que dentro de las células vivas están asociadas físicamente. Durante años, a los estudiantes de Bioquímica se les ha dicho: «Una célula no es un saco de enzimas», señalando que las enzimas se encuentran organizadas en las células intactas en unidades supramoleculares funcionales. Con frecuencia, estas unidades organizadas están estabilizadas por fuerzas débiles no covalentes que se rompen fácilmente cuando las células se rompen y abren, como debe ocurrir cuando quieren aislarse y caracterizarse las enzimas de su interior. Aun cuando las células se lisen de forma suave, la mayoría de los procesos de extracción de proteínas diluyen los contenidos intracelulares varios órdenes de magnitud y eso solo puede romper las asociaciones que, en gran medida, dependen de la concentración. Los bioquímicos están tratando de definir cómo la organización de las enzimas relacionadas funcionalmente facilita el flujo de metabolitos y el control y coordinación de las rutas metabólicas.

Una primera indicación de que las enzimas glucolíticas podrían interaccionar dentro de las células surgió a partir de las observaciones de que las concentraciones molares intracelulares de los intermedios glucolíticos eran realmente menores que las concentraciones de las enzimas que actuaban sobre esos intermedios. Este hecho sugirió que la mayor parte de los intermedios están unidos a las enzimas dentro de las células y esto, a su vez, condujo a la idea de que los intermedios pasan directamente de una enzima a otra, sin liberarse al medio, igual que si las enzimas glucolíticas operasen como parte de un complejo multienzimático.

Si un complejo de este tipo pudiera aislarse intacto, sus propiedades podrían explorarse mediante los métodos de determinación del peso molecular descritos en Herramientas de la Bioquímica 6B. Sin embargo, debido a las dificultades encontradas para aislar los complejos enzimáticos que se mantienen unidos por fuerzas efímeras, los científicos, normalmente, utilizan diversos planteamientos para demostrar y caracterizar las interacciones proteína-proteína. Aquí se describen algunas de estas técnicas.

### Reactivos bifuncionales de entrecruzamiento

Son reactivos que contienen dos grupos funcionales capaces de formar enlaces covalentes con residuos de aminoácidos específicos en las proteínas estrechamente asociadas. Por ejemplo, el *dimetilsuberimidato* (DMS) reacciona con los grupos ε-amino de la lisina y los grupos amino N-terminales, uniendo dos proteínas de una forma que puede detectarse mediante electroforesis en gel debido al aumento del peso molecular.

Algunos reactivos tienen entrecruzamientos que pueden romperse, como los enlaces disulfuro que pueden romperse por reducción, lo cual permite el análisis por separado de los componentes del par entrecruzados. Aunque la técnica puede proporcionar mucha información, con frecuencia se requiere la experimentación con muchos reactivos para encontrar la combinación correcta de los grupos funcionales y la distancia entre las parejas reactivas para que se produzca la reacción de entrecruzamiento en una cuantía medible. También debe tenerse cuidado en la interpretación, ya que aun los contactos transitorios entre las moléculas, que pueden producirse de forma inespecífica, conducen a veces a un entrecruzamiento. En Herramientas de la Bioquímica 28A se describe con mayor detalle el entrecruzamiento químico.

### Cromatografía de afinidad

En esta técnica, que se describe en Herramientas de la Bioquímica 5A, se inmoviliza una proteína sobre un soporte cromatográfico y se pasa una mezcla de proteínas por una columna de este material. Tras la elución pueden identificarse las proteínas retenidas por su actividad biológica o por técnicas electroforéticas, como la inmunotransferencia o el análisis mediante electroforesis bidimensional. Las principales limitaciones de esta técnica son la necesidad de disponer de forma pura de una de las proteínas para la inmovilización y el hecho de que las interacciones se producen en un ambiente algo artificial. De nuevo, son esenciales los controles, debido a la retención inespecífica de algunas proteínas en las columnas de afinidad.

### Inmunoprecipitación

Puede añadirse un anticuerpo contra una proteína purificada a una mezcla de proteínas, con frecuencia con la inmunoprecipitación (*véase* Herramientas de la Bioquímica 7A), tanto de la proteína antigénica como de cualquier proteína interactiva unida a ella (co-inmunopre-

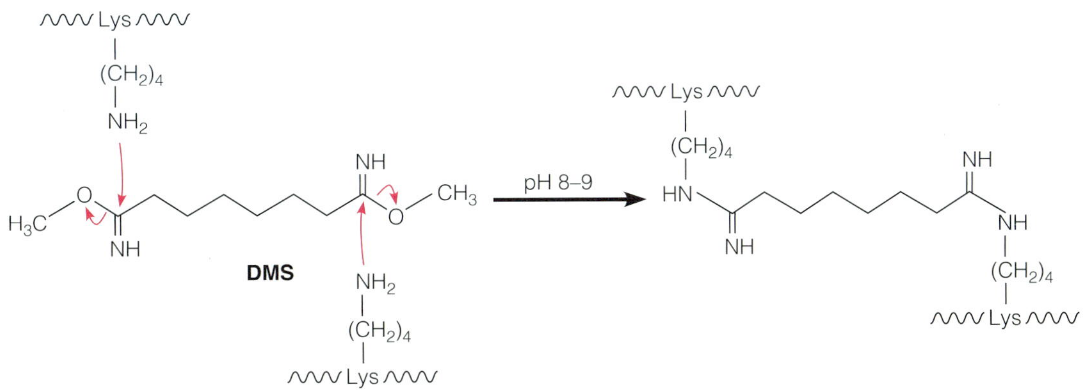

cipitación). Aunque esta técnica es cualitativa, como los planteamientos descritos más arriba, es simple de realizar y solo necesita pequeñas cantidades de sustancia. Debido a que deben realizarse varios análisis simultáneamente, la co-inmunoprecipitación puede utilizarse, por ejemplo, para estudiar los efectos de la unión de moléculas pequeñas (sustrato o efectores) sobre las asociaciones proteicas.

## Análisis cinéticos

Si las enzimas que catalizan las reacciones secuenciales interaccionan, las interacciones pueden facilitar el flujo de metabolitos a través de las rutas con múltiples pasos (canalización metabólica), lo cual puede detectarse *in vitro* de varias formas. Generalmente, una ruta canalizada exhibirá alguna de las siguientes características: (1) un *tiempo de tránsito*, esto es el intervalo tras el comienzo de la ruta necesario para que la formación del producto final alcance la velocidad máxima, reducido; (2) concentraciones de los intermediarios en el estado estacionario mucho menores que las esperadas si hubieran de buscar a la siguiente enzima que actúa sobre ellos por difusión en lugar de por transferencia directa o facilitada a una molécula de la enzima cercana; y (3) una capacidad restringida de un intermedio exógeno para equilibrarse con el mismo intermediario en una ruta canalizada, tal como se determina normalmente mediante experimentos radioisotópicos.

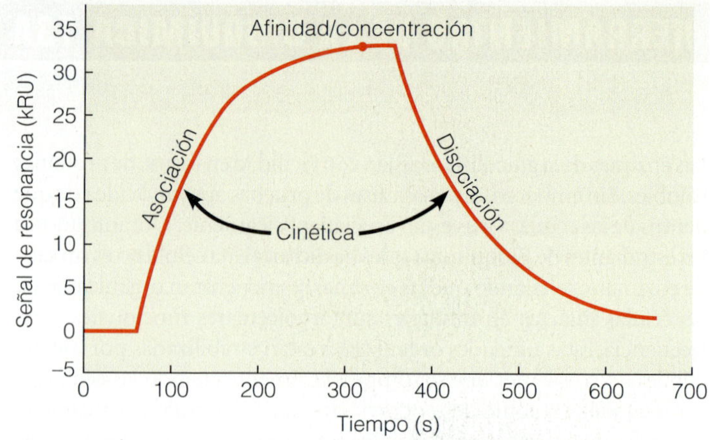


**FIGURA 13A.1**

**Análisis biacore de la asociación proteína-proteína.** La proteína problema fluye más allá de la proteína inmovilizada en la fase de asociación y es sustituida por amortiguador en la fase de disociación. La altura de la meseta de respuesta, comparado con estándares, está relacionada con la estequiometria de la asociación.

## Métodos que emplean bibliotecas

Se trata de métodos que permiten el escrutinio de un gran número, o biblioteca, de genes clonados. Estos métodos permiten la posible identificación de parejas que interactúen sin el requerimiento previo de la purificación y la identificación de un componente de la pareja. Un método popular denominado sistema de dos híbridos utiliza un sistema de activación de la transcripción en levaduras que requiere la interacción de dos proteínas para que se inicie la transcripción en un lugar génico adecuado (*véanse* los Capítulos 27 y 29). Una de estas proteínas se une en el lugar del DNA y la otra activa la transcripción. Se generan mediante técnicas de DNA recombinante dos proteínas híbridas o de fusión (*véase* herramientas de la Bioquímica 4B); el gen de una de las proteínas que se analiza (X) se fusiona con el gen de la proteína de unión al DNA, y el gen de otra de las proteínas que se analiza (Y) o una biblioteca de genes clonados se fusiona con el gen del dominio de activación de la transcripción. Los genes recombinantes se transfieren a células de levaduras, donde la interacción de las proteínas X e Y puede formar un activador de la transcripción completamente funcional (suponiendo que los dominios funcionales de las proteínas de fusión se pliegan como lo hacen en su estado nativo). La transcripción del gen diana se valora mediante el análisis de la actividad de un gen indicador, un gen clonado más abajo del promotor y cuya actividad biológica pueda medirse fácilmente. Una vez detectada una asociación proteica específica, se hace esencial aislar la pareja que interactúa en forma de proteínas completas y asegurar que las interacciones detectadas por este método algo cualitativo son realmente significativas desde el punto de vista biológico.

## Análisis con biosensores

En los últimos años se ha desarrollado una clase nueva de instrumentos que permiten el análisis cualitativo y cuantitativo de las interacciones proteína-proteína, utilizando cantidades muy pequeñas de proteínas purificadas. Uno de estos instrumentos, el BIACORE, mide una propiedad óptica denominada *resonancia de plasmón superficial*, que está relacionada con cambios mínimos del índice de refracción que se producen cuando una proteína en disolución interacciona con una proteína inmovilizada sobre un chip. La señal medida es proporcional a la concentración total de la proteína en un amplio margen. De esta forma, puede valorarse la cinética de la asociación de una proteína siguiendo el aumento de la señal al pasar una proteína en disolución sobre un chip que contiene la proteína inmovilizada. La cantidad de proteína unida en equilibrio proporciona la constante de afinidad de la interacción y la cinética de disociación puede seguirse luego haciendo pasar un amortiguador sobre el chip y midiendo el descenso de la señal, tal como se indica en la Figura 13A.1. Entre las limitaciones de esta técnica muy útil, que pueden controlarse, se encuentran la posibilidad de que la inmovilización altere la proteína de forma que afecte a la interacción, y el hecho de que las dos proteínas que interaccionan estén en fases diferentes (sólida o inmovilizada y líquida).

Finalmente, las interacciones proteína-proteína pueden investigarse empleando métodos de espectroscopia de fluorescencia, como la polarización de fluorescencia y la transferencia de energía de Förster (FRET), como se describió en Herramientas de la Bioquímica 6A.

### Bibliografía


**Bruckner, A., Polge, C., lentze, N., Auerbach, D.** y **Schlattner, U.** (2009) yeast two-hybrid, a powerful tool for systems biology. *Int. J. Mol. Sci.* 10:2763-2788. Una completa revisión de la técnica muy utilizada de los dos híbridos.

**Scarano, S., Mascini, M., Turner, A. P.** y **Minunni, M.** (2010) Surface plasmon resonance imaging for affinity-based biosensors. *Biosens. Bioelectron.* 25:957-966.

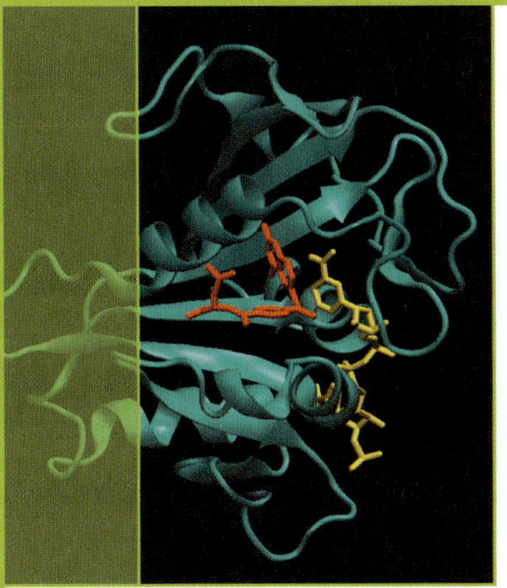

# CAPÍTULO 14

## Ciclo del ácido cítrico y ciclo del glioxilato

El ciclo del ácido cítrico es una ruta de oxidación de todos los combustibles metabólicos.

**En el Capítulo 13 hemos explorado de fase inicial** fermentativa de la degradación de los hidratos de carbono. Seguiremos ahora con las reacciones aerobias posteriores mediante las que se oxidan finalmente los hidratos de carbono a dióxido de carbono y agua a través del ciclo del ácido cítrico (Figura 14.1). Como veremos, el ciclo del ácido cítrico es la ruta oxidativa central de la respiración, el proceso mediante el cual se catabolizan *todos* los combustibles metabólicos (hidratos de carbono, lípidos y proteínas), en los organismos y tejidos aerobios.

Vimos en el Capítulo 13 (página 540) que un proceso de fermentación como la glucólisis solo libera una fracción de la energía disponible en la glucosa. La combustión completa de la glucosa a $CO_2$ y $H_2O$ libera en condiciones estándar una energía libre de 2870 kJ/mol. El etanol y el lactato, como otros productos de fermentación del catabolismo de los hidratos de carbono, se encuentran al mismo nivel de oxidación que la sustancia de partida, la glucosa. De hecho, la combustión completa del etanol a $CO_2$ y $H_2O$ libera en condiciones estándar una energía libre de 1326 kJ/mol. Dado que se producen 2 moles de etanol y 2 moles de $CO_2$ por mol de glucosa se liberarían, $2 \times 1326 = 2652$ kJ/mol. De esta forma, se retiene en el producto de fermentación (etanol) el 92 % (2652/2870) de la energía libre disponible en la glucosa, lo cual significa que en el proceso de fermentación mediante su conversión en etanol se libera muy poca de la energía potencial, que se almacena en la molécula original de glucosa. En efecto, todas las fermentaciones se caracterizan por un rendimiento energético igualmente bajo.

La mayor parte del rendimiento energético de la oxidación del sustrato en el ciclo del ácido cítrico procede de la posterior reoxidación de los transportadores electrónicos reducidos.

Se genera mucha más energía cuando los combustibles orgánicos se oxidan por completo hasta $CO_2$ y $H_2O$ mediante el oxígeno molecular en el proceso denominado **respiración celular**. Esa liberación de energía se realiza mediante reacciones de deshidrogenación que generan transportadores electrónicos reducidos, principalmente NADH. Estos transportadores se reoxidan posteriormente en la cadena respiratoria mitocondrial (transporte electrónico). Tales reacciones aportan la energía que impulsa la síntesis de ATP a través de la fosforilación oxidativa. Los electrones liberados se transfieren finalmente al oxígeno, que se reduce a agua. Este capítulo está dedicado a los destinos que tienen en el organismo los sustratos oxidables, y el capítulo siguiente se centra en la cadena de transportadores electrónicos y la síntesis de ATP.

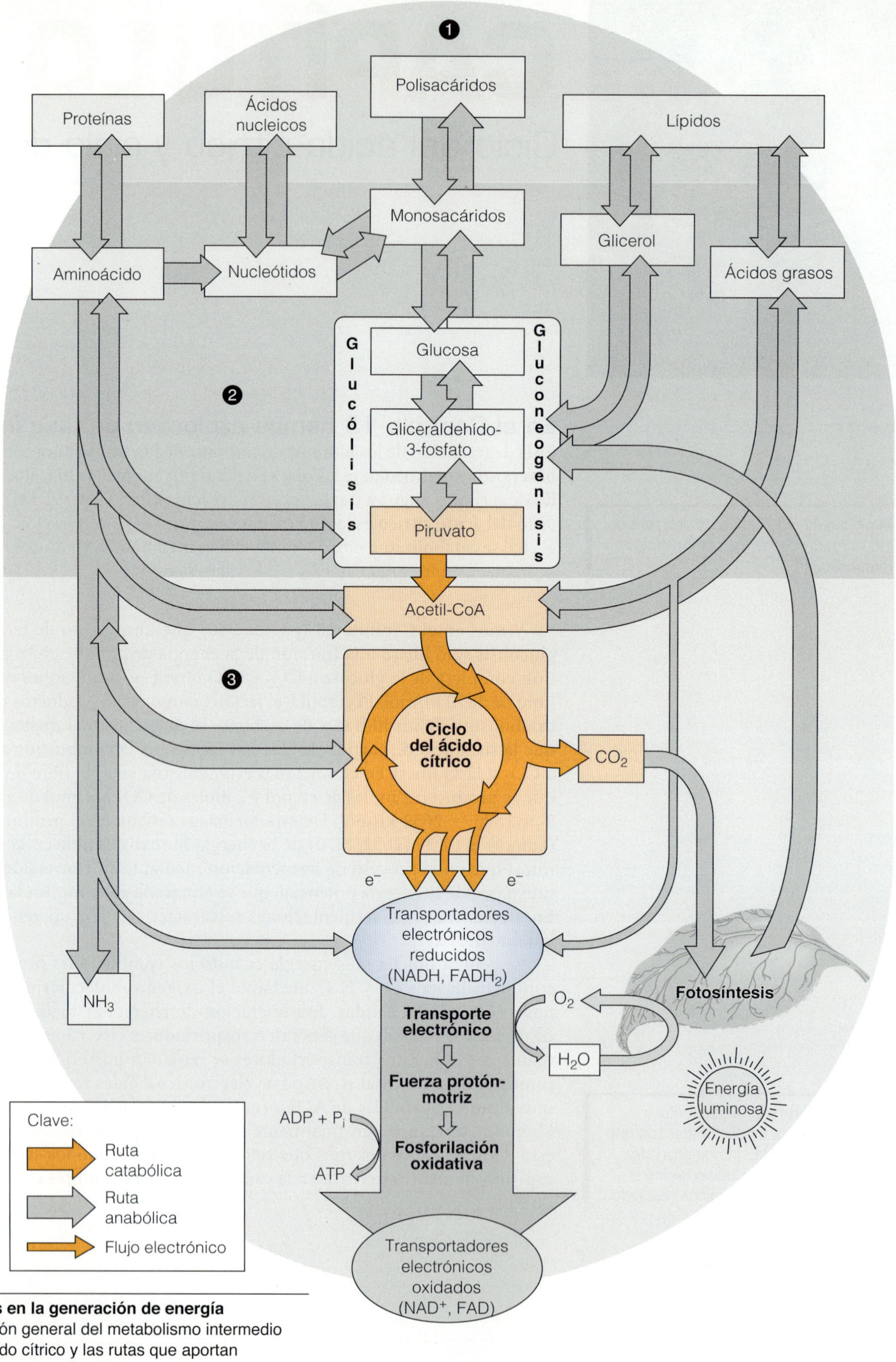


**FIGURA 14.1**

**Procesos oxidativos en la generación de energía metabólica.** Esta visión general del metabolismo intermedio resalta el ciclo del ácido cítrico y las rutas que aportan combustibles al ciclo para la oxidación.

# Visión general de la oxidación del piruvato y del ciclo del ácido cítrico

## Las tres etapas de la respiración

Tal como se indica en el esquema de la Figura 14.2, es adecuado considerar la oxidación metabólica de los sustratos orgánicos como un proceso de tres etapas. La etapa 1 consiste en la generación de un fragmento activado de dos carbonos, el grupo acetilo de la **acetil-coenzima A** o **acetil-CoA**. (Recuérdese del Capítulo 12 que la coenzima A activa y transfiere grupos acilo; puede consultarse más información sobre este tema en las páginas 601-602). La etapa 2 es la oxidación de esos dos átomos de carbono en el ciclo

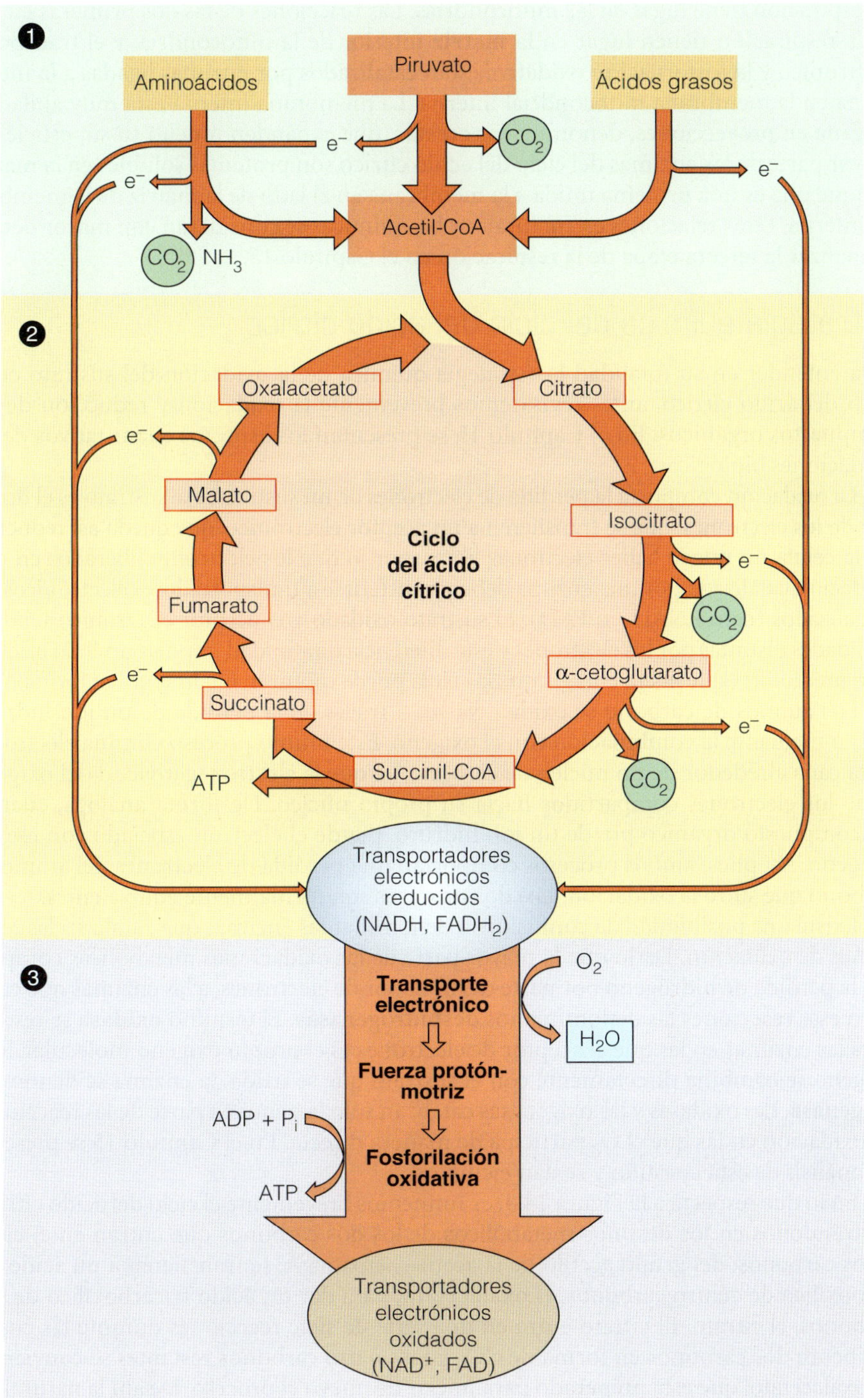


**FIGURA 14.2**

**Las tres etapas de la respiración.** En la etapa 1, el carbono de los combustibles metabólicos se incorpora a la acetil-CoA. En la etapa 2, el ciclo del ácido cítrico oxida la acetil-CoA y produce $CO_2$, transportadores electrónicos reducidos y una pequeña cantidad de ATP. En la etapa 3, los transportadores electrónicos reducidos se reoxidan, aportando energía para la síntesis de más ATP

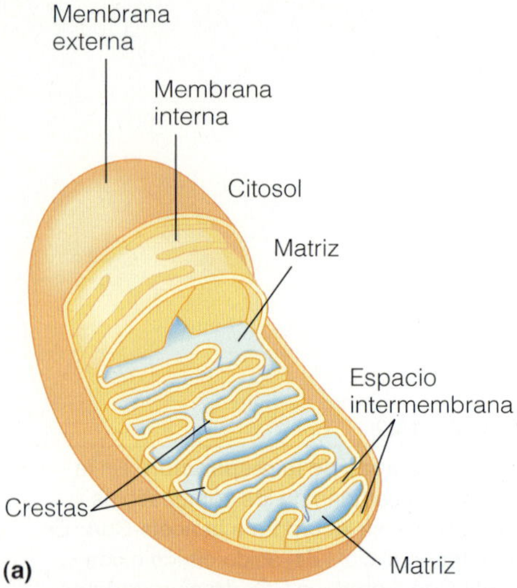


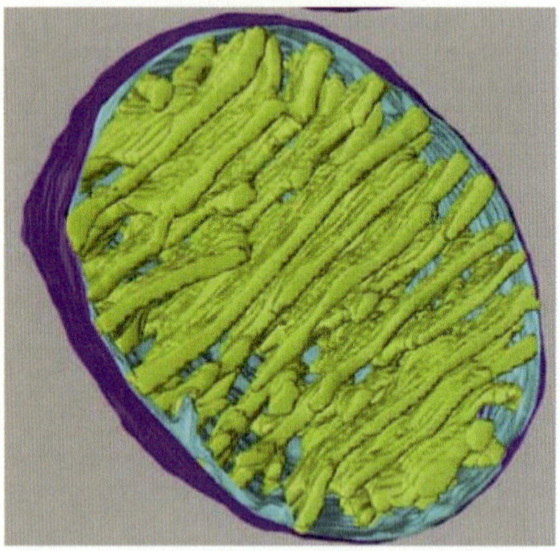

(b)

**(a)** Esquema de una mitocondria. **(b)** Modelo de ordenador generado a partir de tomogramas electrónicos de una mitocondria. Las crestas están en amarillo, y la membrana externa en azul oscuro.



del ácido cítrico, para formar 2 $CO_2$ y 4 pares de electrones. La etapa 3 es el transporte electrónico y la fosforilación oxidativa, en donde los transportadores electrónicos reducidos generados en el ciclo del ácido cítrico se vuelven a oxidar, junto con la síntesis de ATP. La etapa 1 está formada por una familia de rutas, que actúan por separado sobre los hidratos de carbono, las grasas y las proteínas. El carbono procedente de los hidratos de carbono entra en la etapa 1 en forma de piruvato, cuya oxidación a acetil-CoA se describe en este capítulo. La degradación de las grasas genera acetil-CoA, principalmente mediante la $\beta$-oxidación de los ácidos grasos (*véase* el Capítulo 17), mientras que varias rutas distintas generan acetil-CoA e intermediarios del ciclo del ácido cítrico a partir del catabolismo de los aminoácidos (*véase* el Capítulo 21).

En las bacterias, las enzimas de la oxidación del piruvato y del ciclo del ácido cítrico se encuentran en el citoplasma y en la membrana plasmática. En las células eucariotas, la respiración tiene lugar en las mitocondrias. Las reacciones de las dos primeras etapas de la respiración tienen lugar en la **matriz** interior de la mitocondria, y el transporte electrónico y la fosforilación oxidativa están catalizados por enzimas ligadas a la membrana en la membrana mitocondrial interna. La membrana interna está muy apilada y plegada en proyecciones, denominadas **crestas**, que expanden mucho su superficie. La mayor parte de las enzimas del ciclo del ácido cítrico son proteínas solubles en la matriz aunque una es una proteína unida a la membrana en el lado de la matriz de la membrana interna. Estas relaciones estructurales y bioquímicas se consideran con mayor detalle al analizar la tercera etapa de la respiración en el Capítulo 15.

## Estrategia química del ciclo del ácido cítrico

Para entender en su totalidad la estrategia química de la oxidación del sustrato en el ciclo del ácido cítrico, antes revisaremos brevemente la oxidación y reducción de los compuestos orgánicos. En el Capítulo 15 se presentan los aspectos cuantitativos de las oxidaciones biológicas.

La oxidación comporta la pérdida de electrones de un sustrato; ese sustrato es el donador de los electrones, que se transfieren a un aceptor electrónico, que queda así reducido. En la célula no puede haber electrones libres, por lo que los electrones liberados en una oxidación catalizada por una enzima deben transferirse a transportadores electrónicos especializados (como $NAD^+$ o FAD). El sustrato oxidado y el aceptor electrónico tendrán afinidades distintas por los electrones y esta diferencia de afinidad impulsa un flujo electrónico exergónico, que libera energía que la célula puede capturar, finalmente, en forma ATP.

Los átomos de carbono se oxidan, ya sea a través de la pérdida de un ion hidruro ($H^-$) o mediante la combinación con el oxígeno. Este último proceso elimina electrones de la capa alrededor de un núcleo de carbono, ya que la electronegatividad del oxígeno atrae los electrones compartidos hacia su propio núcleo. De forma análoga, cuando un compuesto orgánico pierde un ion hidruro, pierde el electrón asociado con ese hidrógeno. Así pues, ambos procesos comportan una pérdida de electrones del átomo de carbono que sufre la oxidación. Los dos procesos son formalmente equivalentes.

Existe una posibilidad de confusión al denominar las enzimas que catalizan las reacciones de oxidación. Dado que la mayor parte de las oxidaciones metabólicas comportan la pérdida de hidrógeno por parte del donador de electrones, a las enzimas que catalizan esas reacciones las denominamos **deshidrogenasas**. El término **oxidasa** se reserva para las enzimas en las que el aceptor de electrones es el propio oxígeno molecular. Si el oxígeno se combina directamente con el sustrato que se oxida, la enzima se denomina **oxigenasa**. Las oxidasas y las oxigenasas catalizan solo la pequeña parte de las reacciones de oxidación en las que el $O_2$ participa de manera directa. En el Capítulo 15 se presenta un análisis de esta cuestión y se dan ejemplos.

Las deshidrogenasas catalizan oxidaciones del sustrato. Las oxidasas catalizan el subgrupo de oxidaciones en las que el aceptor electrónico directo es el $O_2$.

En lo que respecta a la Figura 14.3, examinemos brevemente el ciclo del ácido cítrico, centrándonos en los destinos metabólicos de los dos carbonos que entran en el ciclo. Estos carbonos, del grupo acetilo de la acetil-coenzima A, se transfieren a un ácido dicarboxílico de cuatro carbonos, el **oxalacetato**, para dar un ácido tricarboxílico de seis carbonos, el citrato. El citrato entra en una serie de siete reacciones durante las cuales se liberan dos carbonos en forma de $CO_2$ y los cuatro carbonos restantes se convierten en oxalacetato, que está preparado para iniciar de nuevo el proceso. De ahí la naturaleza

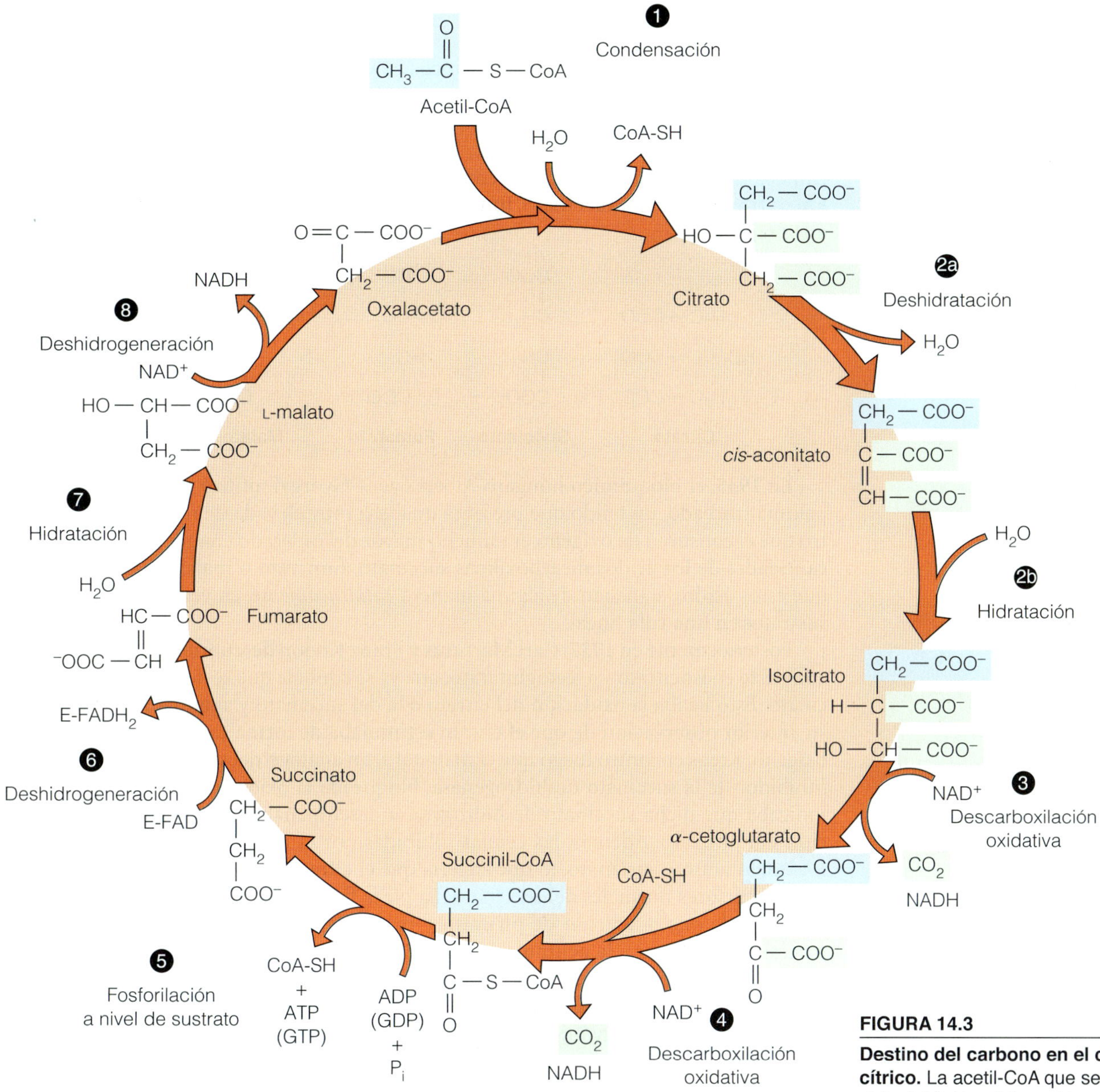


**FIGURA 14.3**

**Destino del carbono en el ciclo del ácido cítrico.** La acetil-CoA que se incorpora al ciclo del ácido cítrico está resaltada (en azul) para indicar el destino de sus dos carbonos a través de la reacción 4. Tras la reacción 5, los átomos de carbono que han entrado más recientemente ya no se resaltan, ya que el succinato es una molécula simétrica, y así C1 y C2 se hacen indistinguibles de C3 y C4, más allá de este punto del ciclo. Los grupos carboxilo que abandonan el ciclo como $CO_2$ en las reacciones 3 y 4 se muestran en verde. Obsérvese que estos grupos $CO_2$ que salen proceden de los dos grupos carboxilo del oxalacetato, que se incorporaron como acetil-CoA en las primeras vueltas del ciclo.

cíclica de la ruta: el oxalacetato está presente al inicio, para reaccionar con un fragmento activado de dos carbonos, y está presente al final, después de que se hayan oxidado los dos carbonos hasta $CO_2$. De esta forma, el oxalacetato y en realidad, el ciclo entero, actúan como un catalizador de la oxidación de la acetil CoA a $CO_2$. Obsérvese también que, de las ocho reacciones que se muestran en la Figura 14.3, cuatro son deshidrogenaciones, que generan conjuntamente ocho equivalentes reductores (todos procedentes de la acetil CoA) en forma de tres $NADH/H^+$ y un $FADH_2$.

La oxidación de la acetil CoA a 2 $CO_2$ parece ser una transformación relativamente sencilla. ¿Por qué, pues, utilizan las células una ruta tan compleja? La respuesta está en la química: la oxidación de la acetil CoA necesita romper un enlace C — C, una reacción difícil para el grupo acetilo de dos carbonos. Como se presenta en el Capítulo 12, la rotura del enlace C—C es mucho más fácil si está cerca un grupo carbonilo para estabilizar el estado de transición carbaniónico, por ejemplo, en la rotura retroaldólica de la fructosa-1,6-bisfosfato en la glucólisis (Figura 13.5, página 528). La estrategia que se utiliza en el ciclo del ácido cítrico es metabolizar la acetil CoA a través de una serie de intermedios $\alpha$-cetoácidos y $\beta$-cetoácidos, que se descarboxilan fácilmente en reacciones catalizadas por enzimas, consiguiendo de esta forma la rotura necesaria del enlace C—C.

## Descubrimiento del ciclo del ácido cítrico

La idea de que los combustibles orgánicos se oxidan a través de una ruta cíclica fue propuesta en 1937 por Hans Krebs, basándose en los estudios que le valieron posteriormente el Premio Nobel, compartido con Fritz Lipmann (el descubridor de la coenzima A). Comenzando en 1932, Krebs analizó la capacidad de varios ácidos orgánicos de oxidarse midiendo el consumo de oxígeno en cortes de hígado y riñón. Encontró que citrato, succinato, fumarato, malato y acetato se oxidaban fácilmente en estos tejidos.

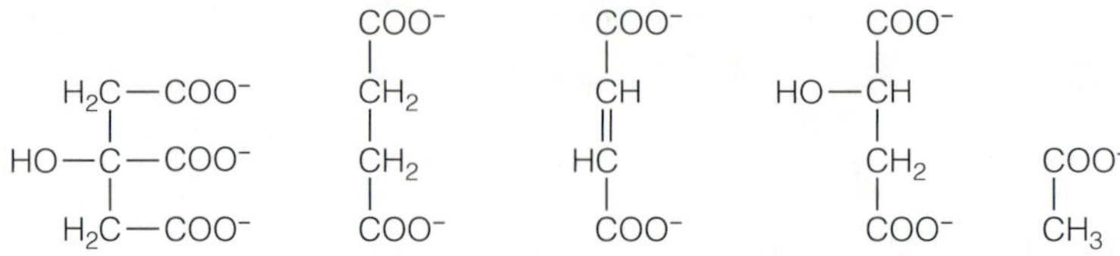

**Citrato** **Succinato** **Fumarato** **Malato** **Acetato**

En 1935, el bioquímico húngaro Albert Szent-Györgyi, utilizó músculo pectoral de paloma troceado, un tejido que presenta una tasa muy elevada de respiración, y encontró que el consumo de oxígeno era mucho mayor del esperado cuando añadía pequeñas cantidades de los ácidos dicarboxílicos succinato, fumarato o malato. Krebs reconoció que estos ácidos actuaban de alguna manera *cataliticamente*, en vez de utilizarse como sustratos en una ruta lineal.

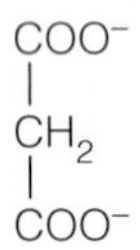

**Malonato**

Posteriormente en 1937, Carl Martinus y Franz Knoop descubrieron que el citrato se convierte en isocitrato y α-cetoglutarato, que ya se conocía que se deshidrogenaba a succinato. Esto ligaba la oxidación del citrato a la del succinato y ayudó a Krebs a explicar su anterior observación de que el citrato estimulaba de forma catalítica el consumo de oxígeno. Krebs encontró luego que el malonato, un análogo del succinato y un conocido inhibidor de la succinato deshidrogenasa, bloqueaba la oxidación del piruvato, lo que indicaba que dicha succinato deshidrogenasa desempañaba una función en la oxidación del piruvato. Además, las células inhibidas por el malonato acumulaban citrato, α-cetoglutarato y succinato, lo que sugería que el citrato y el α-cetoglutarato eran, ambos precursores normales del succinato. La pieza final del puzzle fue el descubrimiento de Krebs de que la adición de piruvato y oxalacetato a esta preparación de músculo troceado daba lugar a la acumulación de citrato en el medio, lo cual sugería que estos dos ácidos son precursores del citrato.

A partir de estas observaciones y del conocimiento de las estructuras y reactividades de los ácidos orgánicos que podían estimular la respiración, Krebs propuso la secuencia de reacciones implicadas y la naturaleza cíclica de la ruta. Vale la pena señalar que Krebs estaba ya preparado para reconocer la naturaleza cíclica de la ruta debido a que él y Kurt Henseleit habían descubierto ya en 1932 el ciclo de la urea (Capítulo 20).

Krebs postuló que los hidratos de carbono entran en el ciclo a través del piruvato, que reacciona con el oxalacetato para dar citrato y $CO_2$. Actualmente sabemos que el piruvato debe oxidarse primero (liberando $CO_2$) y que la acetil-CoA es la molécula que reacciona posteriormente con el oxalacetato para formar citrato. Conocemos también un derivado con CoA del succinato, la **succinil-CoA**. El reconocimiento de estos intermediarios activados del ciclo debía esperar al descubrimiento de la coenzima A por Fritz Lipmann en 1947. Excepto por estos cambios, la ruta propuesta por Krebs era correcta. Las reacciones se indican en la Figura 14.3.

El ciclo del ácido cítrico recibe también otros nombres: ciclo de Krebs en honor de su descubridor, y ciclo del ácido tricarboxílico (TCA), puesto que se identificó a partir de los ácidos tricarboxílicos que actúan como intermediarios. Solo más tarde se comprobó que el citrato era uno de esos intermediarios. El tratamiento que sigue del ciclo del ácido cítrico se centra en la bioquímica de los mamíferos, pero esencialmente se encuentran versiones idénticas de esta ruta en casi todos los organismos y claramente es una ruta evolutivamente antigua.

## Oxidación del piruvato: ruta de entrada principal del carbono en el ciclo del ácido cítrico

Como se ha indicado antes, el piruvato procedente de la oxidación de los hidratos de carbono es tan solo uno de los principales suministradores de acetil-CoA para la oxidación en el ciclo del ácido cítrico. Los Capítulos 17 y 20 se centran en la oxidación de los ácidos grasos y los aminoácidos, respectivamente, para dar este metabolito central. La conversión de piruvato en acetil-CoA, catalizada por el **complejo piruvato deshidrogenasa** (**complejo PDH**), es una descarboxilación oxidativa. En la reacción global, el grupo carboxilo del piruvato se libera como $CO_2$, mientras que los dos carbonos restantes forman la porción acetilo de la acetil-CoA.

La oxidación del piruvato a acetil-CoA es una reacción prácticamente irreversible en la que intervienen tres enzimas y cinco coenzimas.

$$\underset{\text{Piruvato}}{CH_3-\overset{\overset{\displaystyle O}{\|}}{C}-COO^-} + NAD^+ + \text{CoA-SH} \longrightarrow \underset{\text{Acetil-CoA}}{CH_3-\overset{\overset{\displaystyle O}{\|}}{C}-\text{S-CoA}} + NADH + CO_2 \qquad \Delta G^{\circ\prime} = -33.5 \text{ kJ/mol}$$

En esta reacción se produce la descarboxilación de un $\alpha$-cetoácido (piruvato). A diferencia de los $\beta$-cetoácidos, los $\alpha$-cetoácidos no pueden estabilizar el estado de transición carbanión que se forma durante la descarboxilación. Para resolver este problema, las descarboxilaciones enzimáticas de los sustratos $\alpha$-cetoácidos utilizan todas ellas el **pirofosfato de tiamina** (**TPP**) para formar un aducto covalente con el sustrato y proporcionar la deslocalización electrónica necesaria para estabilizar el intermediario carbanión. Hemos visto esta misma estrategia en la reacción de la piruvato descarboxilasa de la fermentación alcohólica (Capítulo 13, página 538) y, en efecto, la química de estas dos descarboxilaciones es casi idéntica.

Aunque la reacción global puede parecer sencilla, es bastante complicada, puesto que comporta la generación de un transportador electrónico reducido (NADH), la descarboxilación del piruvato y la activación metabólica de los dos carbonos restantes del piruvato. La reacción es muy exergónica e, *in vivo*, es básicamente irreversible. Intervienen en ella tres enzimas, junto con cinco coenzimas, que incluyen las dos coenzimas, $NAD^+$ y coenzima A, que aparecen en la reacción global. En la reacción de cinco pasos participan tres enzimas, **piruvato deshidrogenesa** ($E_1$), **dihidrolipoamida transacetilasa** ($E_2$) y **dihidrolipoamida deshidrogenesa** ($E_3$). Además, se necesitan cinco coenzimas, incluyendo las dos coenzimas $NAD^+$ y la coenzima A, que aparecen en la reacción global. Las tres enzimas ($E_1$, $E_2$ y $E_3$) se ensamblan en un complejo multienzimático muy organizado denominado **complejo piruvato deshidrogenasa**.

La Figura 14.4 muestra una micrografía electrónica del complejo purificado de *E. coli* y un modelo de el complejo PDH de eucariotas, basado en microscopía crioelectró-

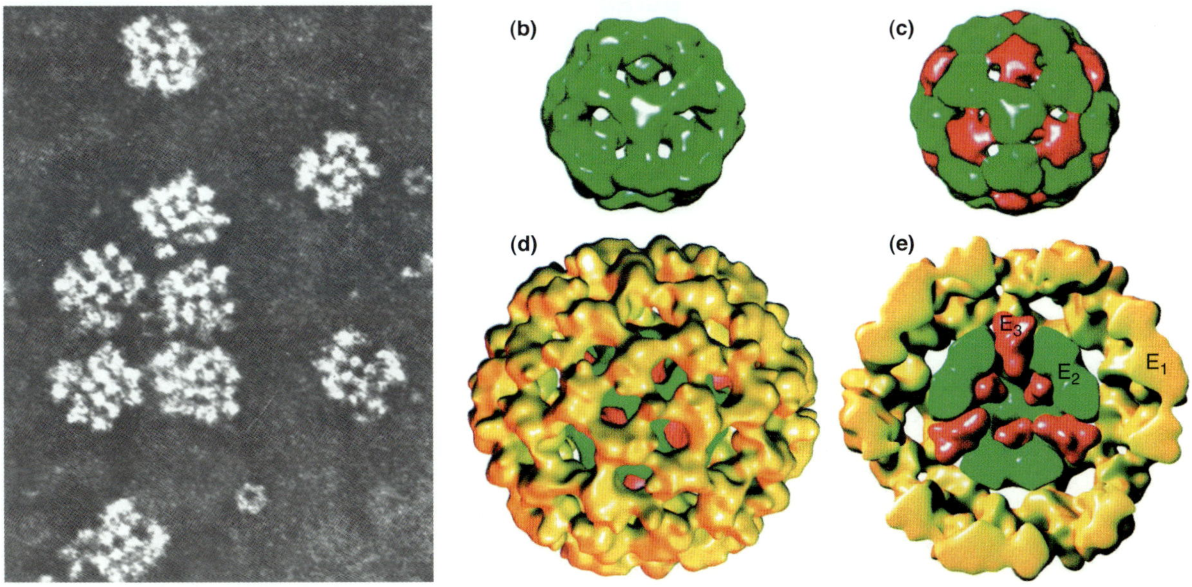


**FIGURA 14.4**

**Estructura del complejo piruvato deshidrogenasa.** **(a)** Micrografía electrónica del complejo piruvato deshidrogenasa purificado de *E. coli.* **(b-e)** Modelo del complejo eucariota, basado en la microscopía crioelectrónica del complejo PDH y sus subcomplejos de las levaduras (*Saccharomices cerevisiae*). El complejo se observa a lo largo de su eje ternario. **(b)** Centro del subcomplejo $E_2$ (60 monómeros $E_2$). **(c)** subcomplejo $E_2$-$E_3$ ($E_2$ central + 12 dímeros $E_3$). **(d)** Complejo PDH completo (subcomplejo $E_2$-$E_3$ 1 ~30 tetrámeros $E_1$). **(e)** Corte reconstrucción del complejo PDH. $E_1$, $E_2$ y $E_3$ se muestran en amarillo, verde y rojo, respectivamente.

(a) Reproducido de *Electron Microscopy of Proteins, Vol. 2,* R. M. Oliver y L. J. Reed; J. R. Harris, ed.  (b–e) *The Journal of Biological Chemistry* 276:38329–38336, L. Reed, A trail of research from lipoic acid to $\alpha$-keto acid dehydrogenase complexes. 

TABLA 14.1. Coenzimas de la reacción de la piruvato deshidrogenasa

| Cofactor | Localización | Función |
|---|---|---|
| Pirofosfato de tiamina (TPP) | Unido fuertemente a $E_1$ | Descarboxila al piruvato, dando hidroxietil-TPP |
| Ácido lipoico (lipoamida) | Unido covalentemente a $E_2$ a través de lisina («brazo oscilante») | Acepta el carbanión hidroxietil del TPP como grupo acetilo |
| Coenzima A (CoA) | Sustrato disociable de $E_2$ | Acepta el grupo acetilo de la lipoamida |
| Dinucleótido de flavina y adenina (FAD) | Unido fuertemente a $E_3$ | Acepta un par de electrones de la lipoamida reducida |
| Dinucleótido de nicotinamida y adenina ($NAD^+$) | Sustrato disociable de $E_3$ | Acepta un par de electrones del $FADH_2$ reducido |

nica, del complejo de levaduras (*Saccharomyces cerevisiae*). El complejo PDH de *E. coli* contiene 24 cadenas polipeptídicas de $E_1$, 24 cadenas de $E_2$ y 12 cadenas de $E_3$. El complejo piruvato deshidrogenasa, tal como se aísla de *E. coli*, tiene una masa de alrededor de 4.6 millones de Dalton, ligeramente mayor que un ribosoma. En las mitocondrias de los mamíferos, el complejo tiene un tamaño, aproximadamente, del doble. El complejo eucariota (Figura 14.4b-e) está formado por un centro de 60 monómeros de $E_2$ dispuestos como un dodecaedro pentagonal (simetría icosaédrica, *véase* la Figura 6.38, página 213). Esta estructura central contiene 12 homodímeros $E_3$ y está rodeada por ~30-45 heterotetrámeros $E_1\alpha_2\beta_2$. Además, el complejo PDH de mamíferos contiene ~12 copias de la proteína de unión a $E_3$ (E3BP) y también cantidades pequeñas de dos enzimas reguladoras, una quinasa que fosforila tres residuos de serina de $E_1$ y una fosfatasa que elimina esos fosfatos. La regulación de las actividades del complejo PDH se analiza más adelante en este mismo capítulo.

Para comprender la interacción de las tres enzimas ($E_1$, $E_2$ y $E_3$) en el complejo piruvato deshidrogenasa, debemos conocer las funciones de las cinco coenzimas que participan en la reacción: *pirofosfato de tiamina* (*TPP*), *ácido lipoico*, *coenzima A*, *dinucleótido de flavina y adenina* (*FAD*) y $NAD^+$ (Tabla 14.1). El TTP está fuertemente unido a $E_1$, el ácido flipoico está unido covalentemente a $E_2$ y el FAD está fuertemente unido a $E_3$. Aunque hemos descrito brevemente las cinco coenzimas en el Capítulo 11, tan solo hemos comentado de manera detallada el $NAD^+$ y el TTP (Capítulo 13; reacciones de la gliceraldehído-3-fosfato deshidrogenasa y la piruvato descarboxilasa, respectivamente). Por tanto, pararemos aquí para describir las reacciones de las otras tres.

## Coenzimas que intervienen en la oxidación del piruvato y en el ciclo del ácido cítrico

### Pirofosfato de tiamina (TPP)

La química del **pirofosfato de tiamina** (**TPP**) se presentó en el contexto de su participación en la reacción de la piruvato descarboxilasa de la fermentación alcohólica (Figura 13.8, página 538). Como veremos, actúa exactamente igual en la reacción de la piruvato deshidrogenasa, estabilizando un intermedio carbanión.

### Ácido lipoico (lipoamida)

La lipoamida es un transportador de electrones y de grupos acilo.

En la oxidación del piruvato, el aceptor del aldehído activo (grupo hidroxietilo) generado por el TPP es el **ácido lipoico**, que es el disulfuro interno del ácido 6,8-ditiooctanoico. El ácido lipoico fue identificado en 1951 por Lester J. Reed, de la Universidad de Texas e I.C. Gunsalus, de la Universidad de Illinois. Con la ayuda de Eli Lilly y Co., ¡procesaron casi 10 toneladas de residuos de hígado de cerdo y vaca para aislar ~30 mg de sustancia cristalina! La coenzima se une a $E_2$ a través de un enlace amida que liga el grupo carboxilo del ácido lipoico a un grupo ε-amino de lisina. Así pues, la especie reactiva es una amida, denominada **lipoamida** o **lipolisina**. Cada cadena lateral de lipolisina tiene una longitud de ~14 A y se coloca dentro de un dominio lipoilo flexible de $E_2$ (y $E_3$BP), que la permite actuar como un «brazo oscilante», que puede interaccionar con los lugares activos de $E_1$ y $E_3$, componentes del complejo PDH (*véase* más adelante).

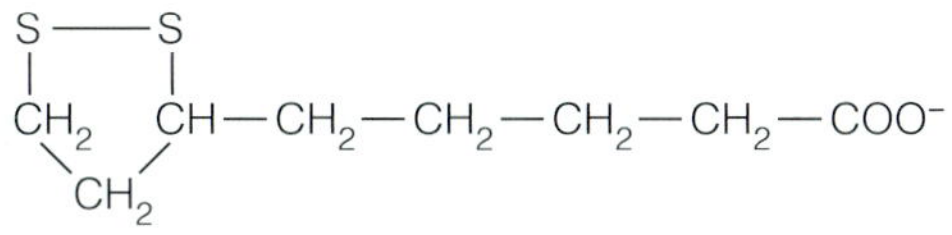

**Ácido lipoico**

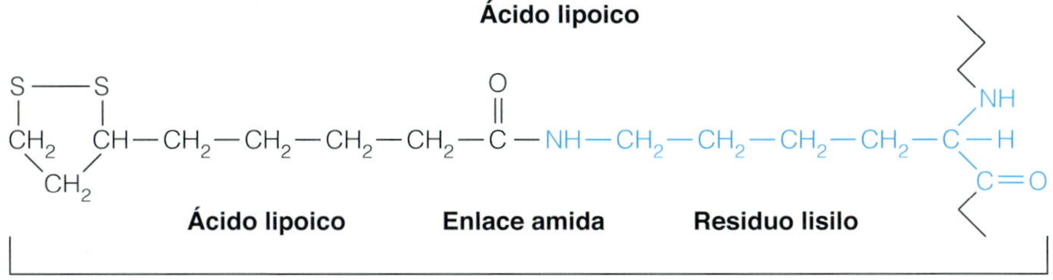


**Lipoamida (lipolisina)**

La transferencia de la porción aldehído activa (grupo hidroxietilo) desde el TPP al disulfuro del carbono 6 de la lipoamida comporta la oxidación simultánea del aldehído, acoplada a la reducción del disulfuro de la lipoamida. Ello genera un grupo acilo que, en la piruvato deshidrogenasa, se transfiere posteriormente a la coenzima A. El par de electrones se transfiere a la lipoamida para formar dihidrolipoamida (Figura 14.5). Así pues, la lipoamida es, a la vez, un transportador electrónico y un transportador de grupos acilo.

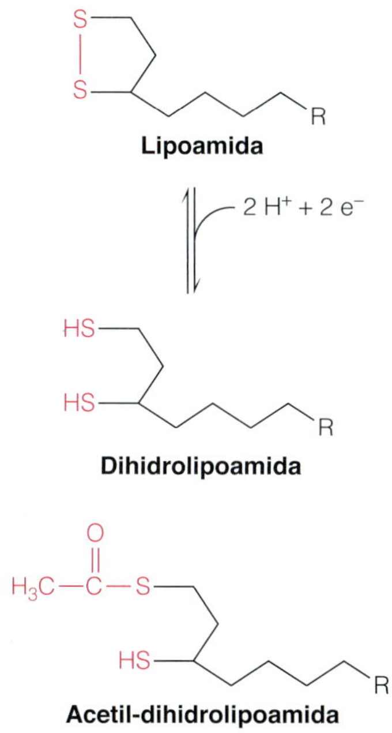


**FIGURA 14.5**

**Formas oxidada y reducida de la lipoamida**. El disulfuro cíclico de la lipoamida puede experimentar una reducción reversible de dos electrones para formar el ditiol, dihidrolipoamida. En la piruvato deshidrogenasa, esta reducción está acoplada a la transferencia del grupo hidroxietilo del TPP, dando un acetil tioéster de la dihidrolipoamida reducida.

## Dinucleótido de flavina y adenina (FAD)

El **dinucleótido de flavina y adenina**, o **FAD**, es una de las dos coenzimas derivadas de la vitamina $B_2$ o **riboflavina**. La otra es la más sencilla **mononucleótido de flavina** (**FMN**), o riboflavina fosfato (Figura 14.6). La parte funcional de ambas coenzimas es

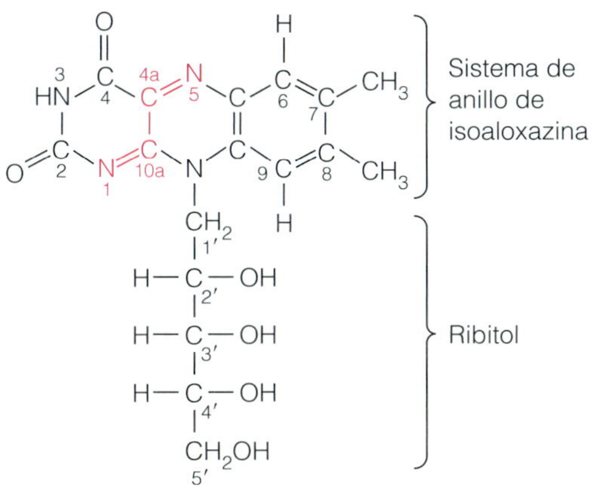


**Riboflavina**

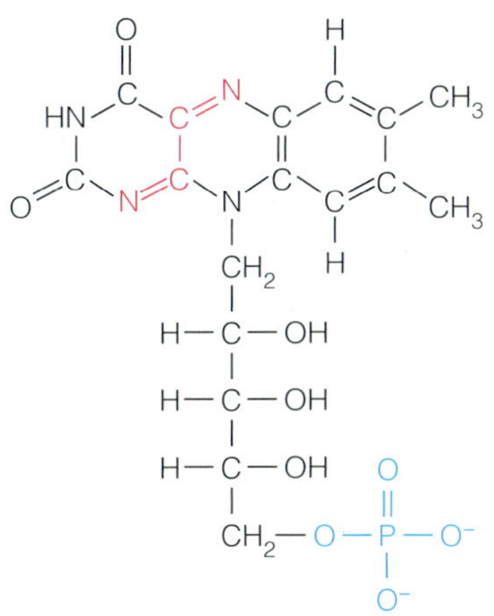

**Mononucleótido de flavina (FMN)**
(también denominado riboflavina fosfato)

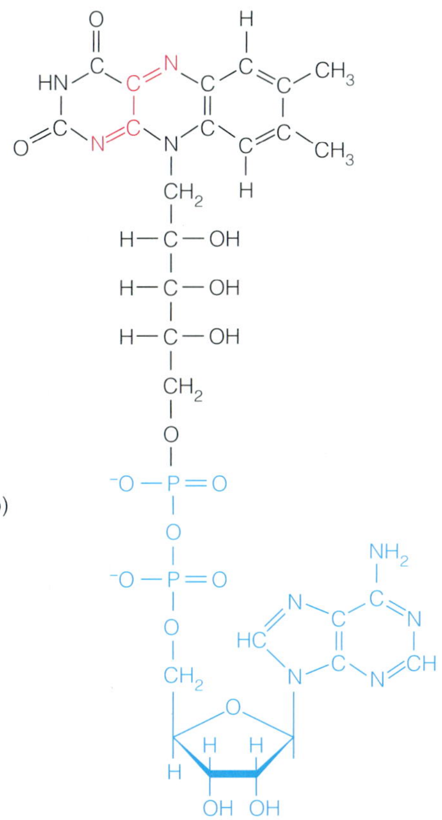

**Dinucleótido de flavina y adenina (FAD)**

**FIGURA 14.6**

**Estructuras de la riboflavina y de las coenzimas de flavina.** La riboflavina y sus coenzimas derivadas, FMN y FAD, contienen todas un sistema de anillo de isoaloxazina y ribitol. En la figura se identifica (en rojo) el grupo de dos átomos de carbono y dos átomos de nitrógeno dentro del sistema de anillo que intervienen en las reacciones de oxidación-reducción de las coenzimas de flavina.

el sistema del **anillo de isoaloxazina**, que actúa como aceptor de dos electrones. Los compuestos que contienen un anillo de este tipo se denominan **flavinas**. En la riboflavina y sus derivados, el sistema de anillo está unido al **ribitol**, una versión de cadena abierta de la ribosa, con el carbono aldehído reducido a nivel de alcohol. El carbono cinco del ribitol está ligado al fosfato en el FMN, y el FAD es el derivado dinucleótido adenililado del FMN. Así pues, estos compuestos son análogos, en cierta, medida al mononucleótido de nicotinamida y al dinucleótido de nicotinamida y adenina ($NAD^+$), respectivamente.

Las enzimas que utilizan una coenzima de flavina se denominan **flavoproteínas**, o **flavina deshidrogenasas**. El FMN y el FAD experimentan reacciones de transferencia de electrones prácticamente idénticas. Las enzimas flavoproteicas se unen preferentemente al FMN o al FAD. En unos pocos casos, esa unión es covalente. Sin embargo, en la mayor parte de los casos, la flavina está unida fuertemente, aunque no de forma covalente, de modo que la coenzima no puede disociarse fácilmente de la enzima. Así pues, las flavinas no transfieren los electrones difundiéndolos de una enzima a otra, como las coenzimas de nicotinamida. Realmente, las flavinas deshidrogenasas sujetan temporalmente los electrones que han obtenido de un sustrato reducido y los transfieren a un aceptor de electrones diferente. Como veremos en el capítulo siguiente, otra característica importante de las flavoproteínas es que la unión fuerte de la coenzima flavina a la proteína (bien covalente o no covalentemente) confiere un potencial de reducción estándar ($E^{o\prime}$) único al anillo de flavina.

Las coenzimas de flavina participan en las reacciones de oxidación de dos electrones, que pueden producirse en reacciones de dos pasos de un electrón.

Como las coenzimas de nicotinamida, las flavinas experimentan reacciones de oxidación y reducción de dos electrones. Sin embargo, las flavinas se diferencian por tener una especie estable reducida de un electrón, un radical libre de **semiquinona**, como se muestra en la Figura 14.7. Este radical libre puede detectarse espectrofotométricamente; mientras que el FAD y el FMN oxidados son de color amarillo brillante, y las flavinas completamente reducidas son incoloras, el intermediario semiquinona es rojo o azul, según el pH. La estabilidad del intermedio semiquinona da a las flavinas una versatilidad catalítica que no comparten las coenzimas de nicotinamida, en cuanto las flavinas pueden interaccionar con pares donador-aceptor de dos electrones o de un electrón. Además, las flavoproteínas pueden interaccionar directamente con el oxígeno. Así pues, algunas de las flavoproteínas, aunque no todas, son oxidasas.

**FIGURA 14.7**

**Reacciones de oxidación y reducción en las que intervienen las coenzimas de flavina.** Las flavinas participan en reacciones de dos electrones, pero la existencia del radical libre intermedio semiquinona permite que estas reacciones se produzcan con un electrón cada vez. Así pues, las flavinas reducidas pueden oxidarse con facilidad por aceptores de un electrón. Se indican los máximos espectrales ($\lambda_{máx}$) para la flavina oxidada y las formas protonadas y desprotonadas del intermediario semiquinona. En ambas formas de semiquinona, el electrón desapareado está deslocalizado entre N-5 y C-4a.

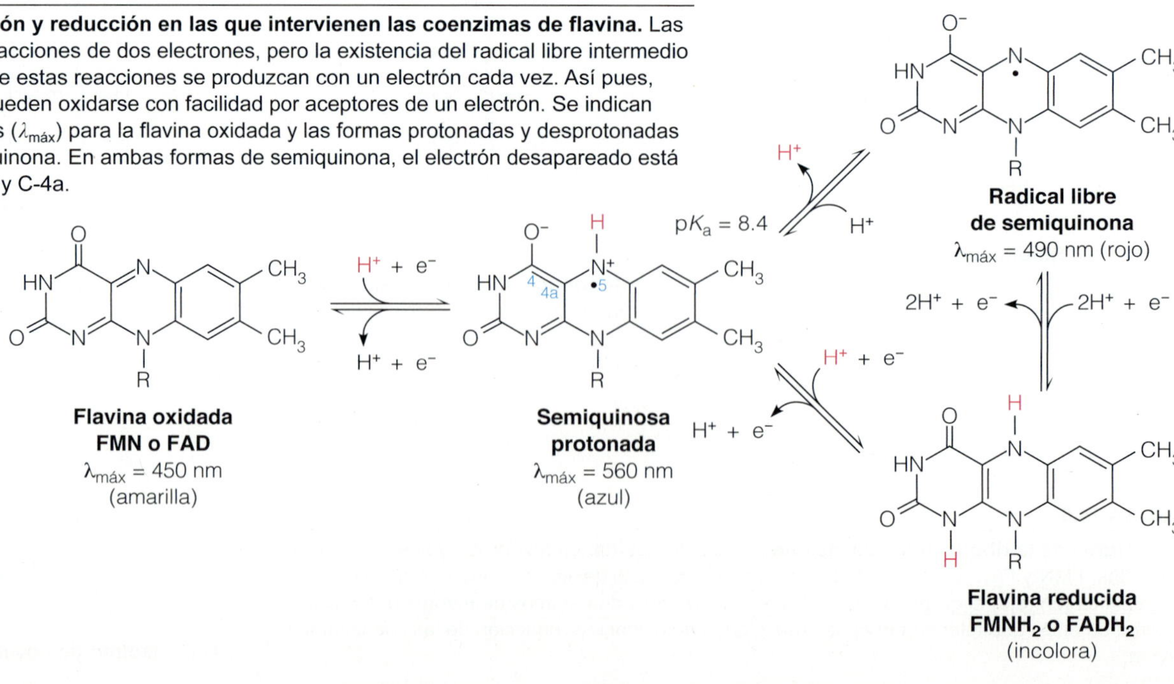

## Coenzima A: activación de grupos acilo

La coenzima A (A por acilo) participa en la activación de grupos acilo en general, entre ellos el grupo acetilo procedente del piruvato. La coenzima procede metabólicamente del ATP, la vitamina **ácido pantoténico** y la $\beta$-mercaptoetilamina.

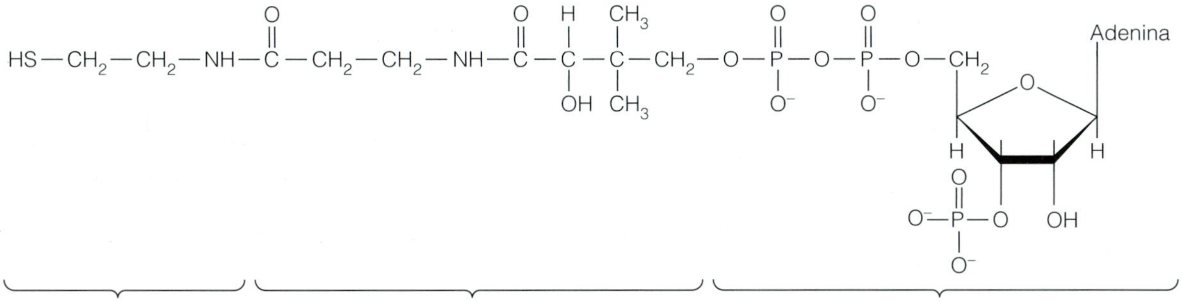


**$\beta$-mercaptoetilamina** **Ácido pantoténico** **Adenosina-3′-fosfato-5′-difosfato**

Un tiol libre de la porción $\beta$-mercaptoetilamina es la parte de la molécula de coenzima que tiene actividad funcional; el resto de la molécula aporta lugares de unión para las enzimas. En los derivados acilados, como la acetil-coenzima A, el grupo acilo está ligado al grupo tiol para formar un tioéster de energía elevada.

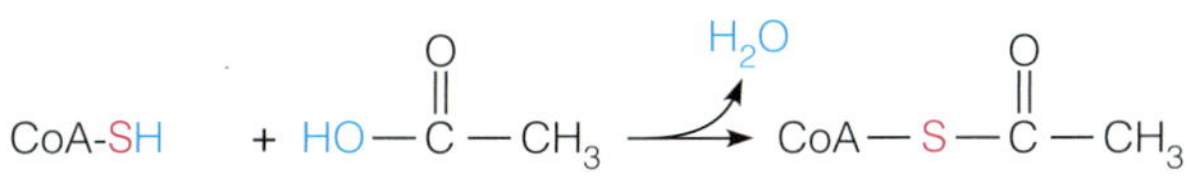

**Coenzima A** **Ácido acético** **Acetil-CoA**

Designaremos a las formas aciladas de la coenzima A como acil-CoA, y a la forma sin acilo, como CoA-SH.

El carácter de energía elevada de los tioésteres, en comparación con los ésteres ordinarios, se debe principalmente a la estabilización por resonancia (Figura 14.8). La mayor parte de los ésteres tienen dos formas de resonancia. La estabilización implica un solapamiento de electrones $\pi$, dando un carácter de doble enlace parcial al enlace C—O. En los tioésteres, el mayor tamaño atómico del S (en comparación con el O) reduce el solapamiento de electrones $\pi$ entre el C y el S, con lo que la estructura C—S no contribuye de manera significativa a la estabilización por resonancia. Así pues, el tioéster está *desestabilizado* en comparación con un éster, y su $\Delta G$ de hidrólisis está aumentado.

Los tioésteres como la acetil-CoA son compuestos de energía elevada ya que los tioésteres se desestabilizan con relación a los ésteres de oxígeno normales.

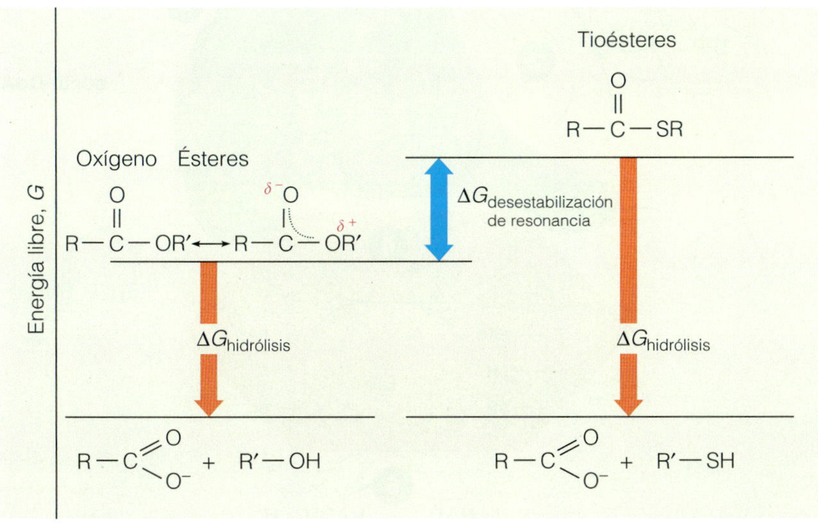


**FIGURA 14.8**

**Comparación de las energías libres de hidrólisis de los tioésteres y otros ésteres.** La ausencia de estabilización por resonancia en los tioésteres es la base del mayor $\Delta G$ de la hidrólisis de los tioésteres, en relación al de los ésteres ordinarios de oxígeno. Las energías libres de los productos de hidrólisis son similares para las dos clases de compuestos.

El hecho de que el enlace C—SR de la acil-CoA no tenga un carácter de doble enlace hace que sea más débil que el correspondiente enlace C—OR en los ésteres ordinarios, lo que implica, a su vez, que el ion tioalcóxido (R—S$^-$) sea un buen grupo de salida para las reacciones nucleófilas de desplazamiento. Así pues, el grupo acilo se transfiere con facilidad a otros metabolitos, como ocurre, de hecho, en la primera reacción del ciclo del ácido cítrico.

## Acción del complejo piruvato deshidrogenasa

Como se ha indicado antes, en la oxidación del piruvato para dar acetil-CoA intervienen las coenzimas TPP, ácido lipoico, CoA-SH, FAD y NAD$^+$, que actúan de manera concertada con las tres enzimas del complejo piruvato deshidrogenasa. Ahora estamos ya en disposición de ver cómo actúan todos estos componentes de manera conjunta para producir la conversión del piruvato en acetil-CoA. En la Figura 14.9 se presenta el conjunto del proceso.

El proceso completo, que comienza con la descarboxilación del piruvato, y termina con la transferencia de un par de electrones al NAD$^+$, tiene cinco pasos. Una característica crucial de esta secuencia de reacciones es que en los tres pasos del medio se forman y transfieren, entre los lugares activos, intermedios de reacción, mediante la unión covalente a las porciones de lipoamida de los dominios lipoilo flexibles de $E_2$ (y E3BP). La secuencia de reacción comienza en el lugar activo de $E_1$ (**piruvato deshidrogenasa**), que cataliza una adición nucleófila del carbanión TPP (forma iluro de la porción tiazolio) al grupo carbonílico cetona del piruvato, para formar un producto de adición que se descarboxila para dar hidroxietil-TPP (reacción 1, Figura 14.9). La química de este paso es idéntica a la de la reacción de la piruvato descarboxilasa (Figura 13.8, página 538), excepto que no se libera el grupo hidroxietilo como acetaldehído, sino que se transfiere a una porción lipoamida de $E_2$. Esta reacción, también catalizada por $E_1$, tiene lugar por un ataque semejante a la $S_N2$ del carbanión hidroxietilo al disulfuro de la lipoamida, seguido de la eliminación del TPP para formar un tioéster acetilo en la dihidrolipoamida y regenerar $E_1$ (reacción 2, Figura 14.9). Con la combinación de los pasos 1 y 2, el

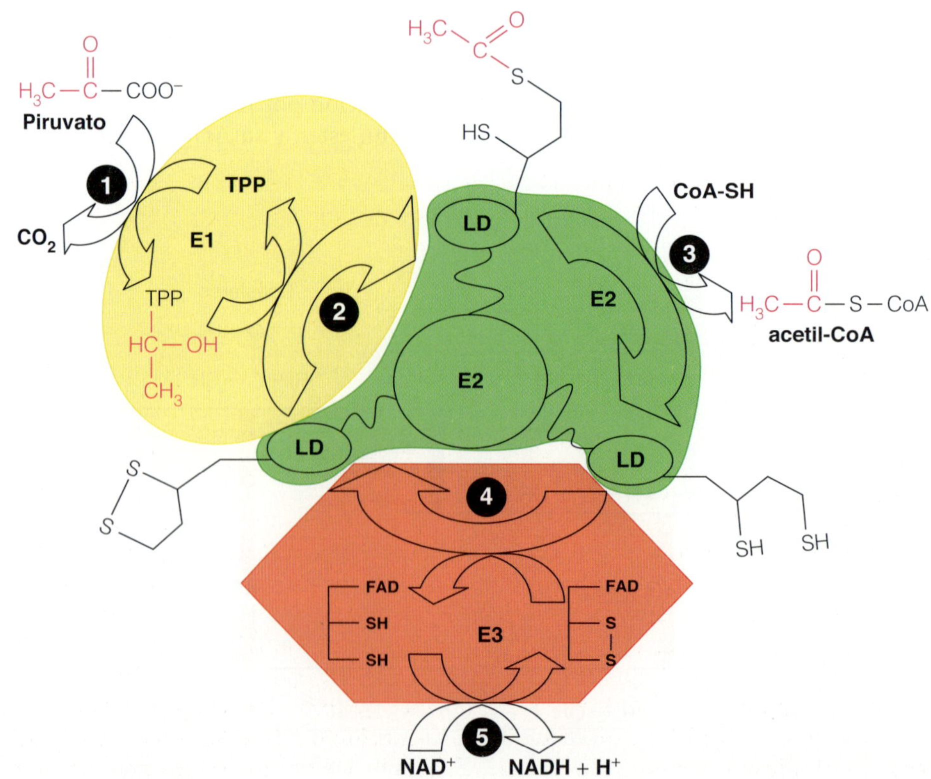


**FIGURA 14.9**

**Mecanismos del complejo piruvato deshidrogenasa.** Este diagrama de la oxidación del piruvato a acetil-CoA muestra la función que desempeñan los brazos oscilantes de la lipoamida en el funcionamiento del complejo piruvato deshidrogenasa. $E_1$: piruvato deshidrogenasa. $E_2$: dihidrolipoamida transacetilasa con sus dominios lipoilo (LD). $E_3$: dihidrolipoamida deshidrogenasa. Los colores de las subunidades corresponden a los del modelo estructural de la Figura 14.4e (página 597). **Reacción 1:** el piruvato reacciona con el carbanión TPP de $E_1$ para formar un producto de adición que se descarboxila, dando hidroxietil-TPP. **Reacción 2:** el grupo hidroxietilo se transfiere por $E_1$ a un brazo oscilante de lipoamida en $E_2$, lo que da lugar a la oxidación del fragmento de 2 carbonos a un grupo acetilo, con la reducción simultánea del disulfuro de lipoamida a dihidrolipoamida. **Reacción 3:** el grupo acetilo se transfiere a la CoA-SH, produciendo acetil-CoA y dihidrolipoamida. **Reacción 4:** $E_3$ reoxida el brazo de oscilación de la lipoamida reducida mediante la transferencia de dos electrones a un enlace disulfuro de Cys-Cys de $E_3$. **Reacción 5:** $E_3$ cataliza la transferencia de los electrones desde los grupos sulfhidrilo de Cys al NAD$^+$, regenerando la forma oxidada de $E_3$ y liberando NADH reducido. En este paso se utiliza FAD unido fuertemente como transportador intermediario de electrones.

Modificado de *Cellular and Molecular Life Sciences* 64:830–849, T. E.Roche y Y. Hiromasa, Pyruvatedehydrogenase kinase regulatory mechanisms and inhibition in treating diabetes, heart ischemia, andcancer. © 2007, con autorización de Springer Science+Business Media B.V.

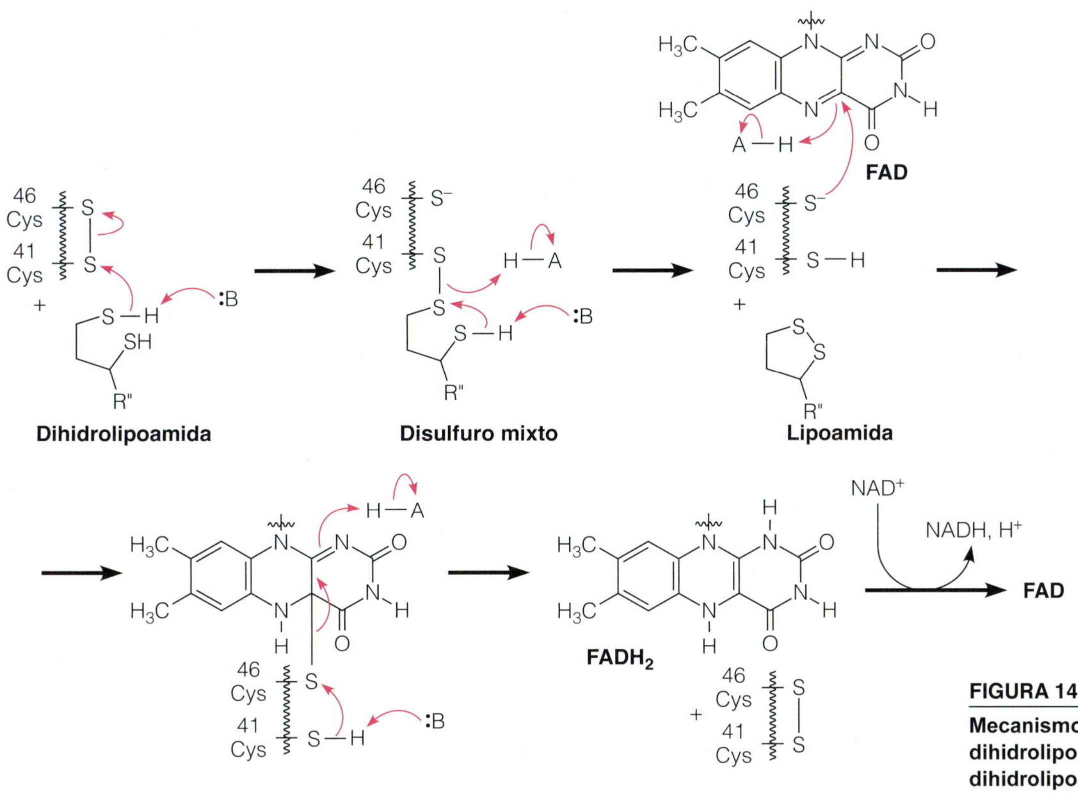


**FIGURA 14.10**

**Mecanismo de la reoxidación de la dihidrolipoamida catalizada por la dihidrolipoamida deshidrogenasa ($E_3$).** Esta reacción (pasos 4 y 5 de la Figura 14.9) da lugar a la transferencia de un par de electrones desde la dihidrolipoamida al $NAD^+$, regenerando la forma oxidada de $E_3$ y liberando el NADH reducido.



piruvato experimenta una oxidación de dos electrones para dar un grupo acetilo, con la reducción simultánea del disulfuro de la lipoamida a dihidrolipoamida.

El grupo acetilo se encuentra ahora unido covalentemente al lugar activo de $E_2$, mediante el «brazo oscilante» flexible de la lipolisina. A continuación, $E_2$ (**dihidrolipoamida transacetilasa**) cataliza la transferencia del grupo acetilo a la CoA. Esta reacción de sustitución nucleófila de acilo intercambia simplemente un tioéster por otro, dando acetil-CoA y dihidrolipoamida (reacción 3, Figura 14.9).

Los dos últimos pasos del proceso (reacción 4 y 5, Figura 14.9) son necesarios para reoxidar la dihidrolipoamida de $E_2$ y transferir el par de electrones a un transportador disociable ($NAD^+$). $E_3$ (**dihidrolipoamida deshidrogenasa**) cataliza la transferencia del par de electrones desde la dihidrolipoamida al $NAD^+$. El lugar activo de $E_3$ contiene un enlace disulfuro Cys-Cys redox activo y un FAD fuertemente unido. La reacción se produce con la formación inicial de un disulfuro mixto entre la dihidrolipoamida y la Cys-41 de $E_3$ (Figura 14.10). El disulfuro lipoamida de $E_2$ se vuelve a formar por la adición nucleófila del tiol Cys-46 al FAD para dar $FADH_2$ reducido y se reoxida el disulfuro Cy-Cys de $E_3$. El paso final (reacción 5, Figura 14.9) es la transferencia del par de electrones desde el $FADH_2$ al $NAD^+$, y se regenera la forma oxidada de $E_3$ y se libera el NADH reducido.

La yuxtaposición física de las enzimas del complejo, y la unión covalente de los intermedios de reacción a través del brazo oscilante de la lipoamida, proporcionan diversas ventajas. La secuencia de reacción de cinco pasos de la Figura 14.9 ilustra de manera perfecta el concepto de **canalización del sustrato**: los intermediarios de una ruta de varios pasos se «traspasan» de un lugar activo al siguiente sin difundirse del complejo. La canalización permite que la reacción global transcurra de manera suave, sin reacciones secundarias indeseadas ni difusión de los intermedios desde los lugares catalíticos. La concentración local de los sustratos puede ser muy alta, lo cual permite un mayor flujo a través de la ruta. El complejo piruvato deshidrogenasa constituye uno de los ejemplos mejor conocidos de cómo las células pueden conseguir una economía de función mediante la formación de **complejos multienzimáticos** que catalizan reacciones secuenciales de la ruta. De hecho, esta misma estructura

La lipoamida está enganchada a una enzima ($E_2$) en el complejo piruvato deshidrogenasa, pero interactúa con las tres enzimas a través de un brazo oscilante flexible.

multienzimática $E_1$-$E_2$ se emplea para oxidar otros $\alpha$-cetoácidos. Otros ejemplos son el complejo $\alpha$-cetoácido deshidrogenasa de cadena ramificada (Capítulo 21, página 870) y el complejo $\alpha$-cetoglutarato deshidrogenasa, que presentaremos en breve. En efecto, en una especie las subunidades $E_3$ son idénticas en los tres complejos. Está claro a partir de la Figura 14.9 que cada complejo debe tener una subunidad $E_1$ específica para su sustrato $\alpha$-cetoácido particular, pero una vez que la $E_2$ ha transferido el grupo acilo a la CoA-SH, la dihidrolipoamida resultante, el sustrato de las subunidades $E_3$ es idéntico en todos los complejos. De esta forma, al producir los organismos nuevos complejos $\alpha$-cetoácido deshidrogenasa, podría reutilizarse la misma subunidad $E_3$.

El envenenamiento con arsénico, ya sea intencionado o accidental, ha tenido una larga historia, que se remonta al siglo XVIII. Los compuestos trivalentes de As(III) como el arsenito ($AsO_3^{3-}$) y los arsenicales orgánicos reaccionan fácilmente con los tioles y son especialmente reactivos con los ditioles, como la dihidrolipoamida, formando aductos bidentados:

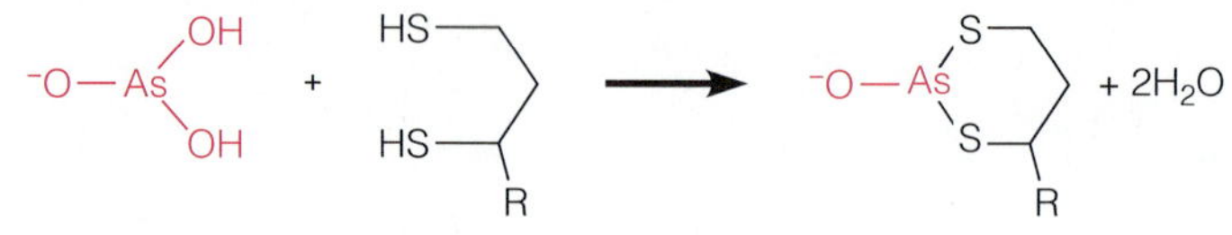


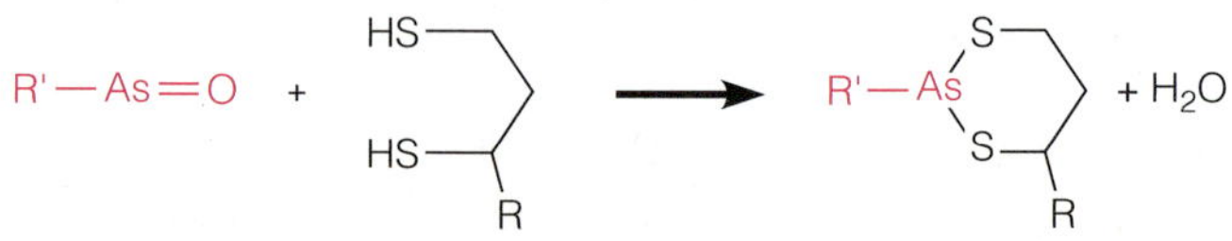


Esta modificación covalente de los grupos lipoamida inactiva los complejos multienzimáticos $E_1$-$E_2$-$E_3$, entre ellos los complejos piruvato deshidrogenasa y $\alpha$-cetoglutarato deshidrogenasa del ciclo del ácido cítrico, e inhiben de esta forma la respiración, lo que explica la toxicidad de estos compuestos. El arsénico se convirtió en el veneno favorito de la Edad Media y el Renacimiento, siendo utilizado con frecuencia por herederos impacientes para ¡«conseguir un salto» de sus herencias! Varias figuras históricas insignes, entre ellos Francisco de Medici, Jorge III y Napoleón Bonaparte, pueden haber sido envenenados con arsénico. El arsénico fue también un ingrediente de muchos «tónicos» muy populares durante la era victoriana. Charles Darwin pudo de hecho haber padecido un envenenamiento crónico con arsénico por el uso de estos tónicos. Los arsenicales orgánicos incluso se utilizaron al comienzo del siglo XX para tratar la sífilis y la tripanosomiasis, debido a que las enzimas con lipoamida de estos patógenos, con frecuencia, son más sensibles que las enzimas de los hospedadores. La toxicidad de estos compuestos de arsénico llevó a detener su empleo una vez que se dispuso de la penicilina y otros antibióticos.

## Ciclo del ácido cítrico

**En la Figura 14.3 se ha presentado el ciclo completo del ácido cítrico, con la estructura de cada uno de los intermedios. Ahora trataremos la química y la enzimología de cada reacción. El ciclo está formado por ocho pasos, y comienza con la adición de una porción de dos carbonos (acetil-CoA) a un compuesto de cuatro carbonos (oxalacetato) para dar un ácido tricarboxílico de seis carbonos, el citrato, seguido de la pérdida de dos carbonos en forma de $CO_2$, y finalmente, la regeneración del oxalacetato. Durante este proceso, se eliminan de los sustratos cuatro pares de electrones que pasan a los transportadores ($NAD^+$ y FAD) en su camino hacia la cadena respiratoria.**

## Paso 1: introducción de dos átomos de carbono en forma de acetil-CoA

La reacción inicial, catalizada por la **citrato sintasa**, es semejante a una condensación aldólica.

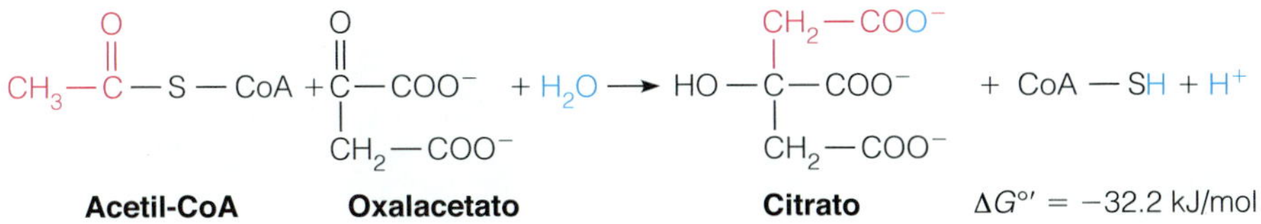


Como se muestra en la Figura 14.11, la porción acetilo se activa por la eliminación de un protón $\alpha$ ácido del carbono metílico y la donación de un protón al oxígeno carbonílico, para dar la forma enol (o enolato). Una base general (carboxilato de la cadena lateral del aspartato 375) extrae el protón $\alpha$ y un ácido general (imidazol de la histidina 274) protona el oxígeno carbonílico de la acetil-CoA. A continuación, el enolato realiza un ataque nucleófilo sobre el carbono carbonílico del oxalacetato para dar el intermedio unido a la enzima (***S***)-**citroil-CoA**. Este paso lo facilita una segunda histidina del lugar activo (His 320), que actúa como ácido general y protona el producto aldólico. La citroil-CoA es muy inestable y se hidroliza de forma espontánea para dar los productos citrato + Co-SH. Esta hidrólisis de un tioéster hace que la reacción hacia adelante sea muy exergónica (la $K_{eq}$ de esta reacción es de $3 \times 10^5$), lo que garantiza la operación continuada del ciclo incluso cuando se baja la concentración de oxalacetato. Como es de esperar del primer paso comprometido de la ruta, esta reacción es un lugar importante de regulación para el conjunto de la ruta (*véase* la página 612). Finalmente, los análisis cristalográficos de la citrato sintasa (Figura 14.12) proporcionan una prueba excelente del modelo de ajuste inducido de la catálisis enzimática (*véase* el Capítulo 11).

## Paso 2: isomerización del citrato

El alcohol terciario del citrato tiene otro problema químico: los alcoholes terciarios no pueden oxidarse sin que se rompa el enlace carbono-carbono, debido a que el átomo de carbono que lleva el grupo hidroxilo ya está unido a otros tres carbonos y no puede formar un enlace carbono-oxígeno. Para conseguir la oxidación siguiente de la ruta, el citrato se convierte en isocitrato, un alcohol secundario quiral, que puede oxidarse más fácilmente. Esta reacción de isomerización, catalizada por la **aconitasa**, comporta una deshidratación e hidratación sucesivas, a través del *cis*-aconitato como intermediario deshidratado, que se mantiene unido a la enzima.

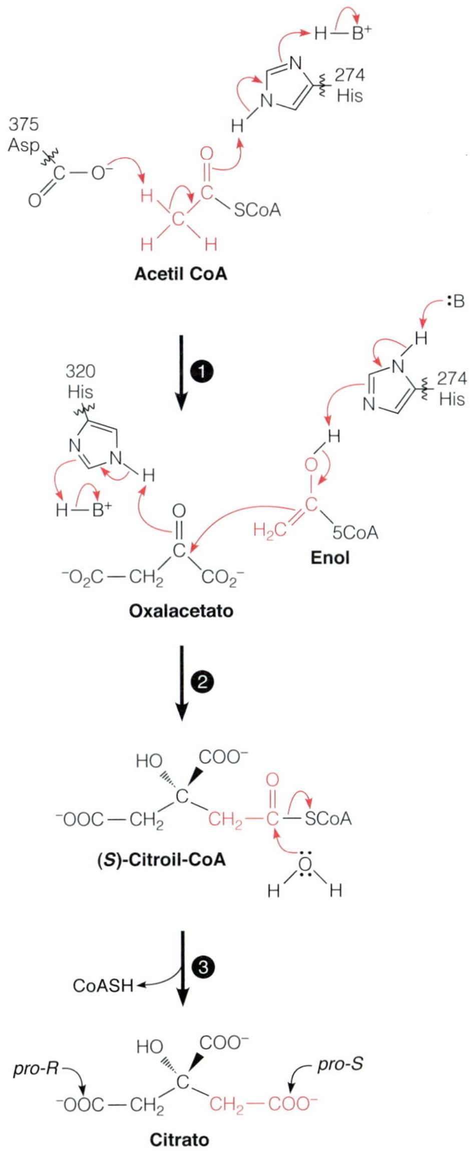


**FIGURA 14.11**

**Mecanismo de la reacción de la citrato sintasa. Paso 1:** el Asp 375 extrae un protón del grupo metilo y la His 274 dona un protón al oxígeno carbonilo de la acetil-CoA creando un enol. **Paso 2**: la His 274 desprotona el enol acetil-CoA, estabilizando el enolato nucleófilo, que ataca el carbono ceto del oxalacetato. La His 320 protona el producto aldólico (S)-citroil-CoA. **Paso 3**: el intermedio citroil-CoA se hidroliza de forma espontánea a citrato mediante una reacción de sustitución nucleófila. Aunque el citrato es una molécula simétrica, los dos grupos carboximetilo (—$CH_2COO^-$) ocupan posiciones diferentes con relación a los grupos OH y $COO^-$ en C3. Así, el citrato es **proquiral**; puede hacerse quiral por la sutitución de uno de los grupos carboximetilo, y estos dos grupos químicamente equivalentes se designan *pro*-R y *pro*-S. Los dos carbonos procedentes de la acetil-CoA forman el brazo *pro*-S en el producto final citrato. La estereoespecificidad surge del hecho de que la citrato sintasa solo cataliza el ataque del enolato acetil-CoA en la cara *si* del carbono carbonilo del oxalacetato, dando exclusivamente el estereoisómero S de la citroil-CoA (recuérdese que el grupo carbonilo es plano trigonal de forma que tiene dos caras distintas, denominadas *si* y *re*, donde un nucleófilo puede atacar). El número de los residuos se basa en la enzima de corazón de cerdo.

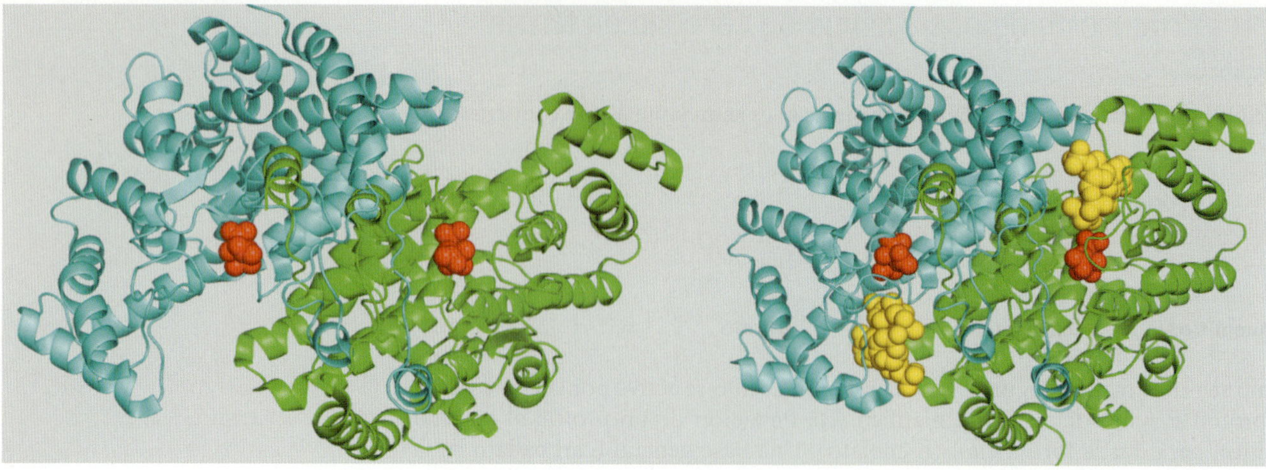

(a) (b)

**FIGURA 14.12**

**Estructura tridimensional de la citrato sintasa.** Las dos formas de la citrato sintasa de corazón de cerdo que se muestran aquí se determinaron con métodos cristalográficos y confirman el modelo de ajuste inducido de la catálisis enzimática (*véase* el Capítulo 11). **(a)** En ausencia de CoA-SH, la enzima cristaliza en una forma «abierta» (PDB ID 1CTS). El citrato (rojo) se une en la base de grandes hendiduras en ambos dominios catalíticos de la proteína homodimérica. **(b)** La unión de CoA-SH (amarillo) hace que la enzima adopte una conformación «cerrada» con las hendiduras prácticamente llenas (PDB ID 2CTS).

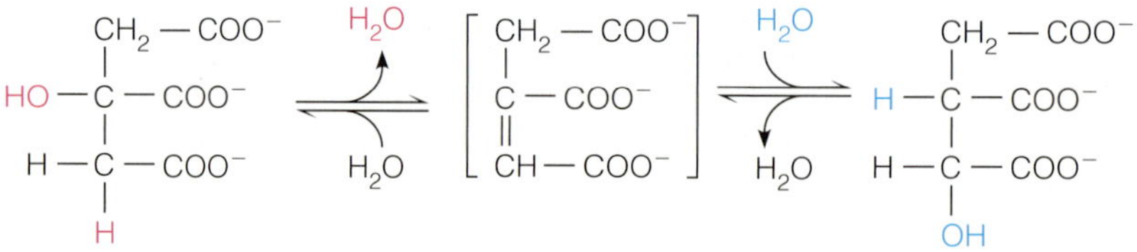

**Citrato (alcohol 3°)** — ***cis*-aconitato** — **D-isocitrato (alcohol 2°)**

$\Delta G°' = +6.3$ kJ/mol

La enzima contiene hierro no hemo y azufre acidolábil en una agrupación denominada *centro hierro-azufre* 4Fe-4S, que normalmente se asocia a las oxidorreductasas (*véase* el Capítulo 15). En la aconitasa, esta agrupación hierro-azufre coordina el grupo hidroxilo y uno de los grupos carboxilo de la molécula de citrato. La deshidratación tiene lugar específicamente en el brazo *pro-R* y se elimina el protón *pro-R* por una serina del lugar activo, que actúa como base. Los estudios de marcaje han demostrado que el grupo –OH añadido de nuevo en el paso de hidratación es distinto del eliminado en el paso de deshidratación, pero el protón añadido de nuevo es el mismo, ya que se mantiene unido en el lugar activo por la serina. Además, el protón eliminado durante la deshidratación se añade de nuevo en la cara *opuesta* del *cis*-aconitato durante la hidratación, lo que supone que el intermediario *cis*-aconitato debe girar 180° durante la reacción, probablemente liberándose de la enzima y luego volviéndose a unir con la agrupación hierro-azufre pero en la orientación opuesta. De esta forma, de los cuatro diastereómeros posibles del isocitrato, solo uno, el *2R,3S* diastereómero es el que se produce.

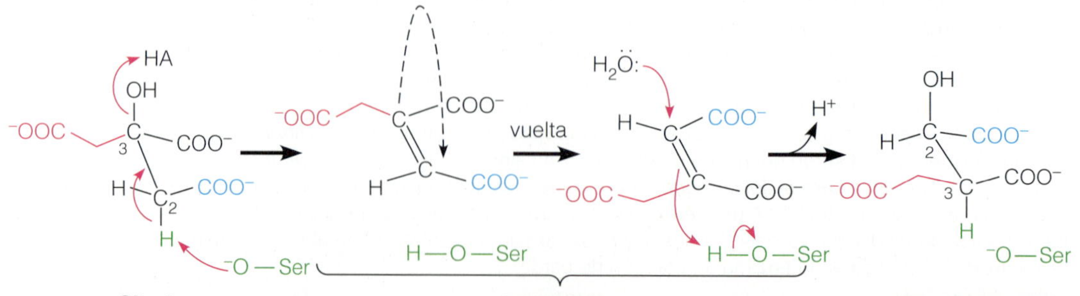


**Citrato** — ***cis*-aconitato** — **(2*R*, 3*S*)-isocitrato**

¿Cómo puede el citrato, una molécula simétrica, reaccionar de forma asimétrica con la aconitasa? Andrew Mesecar y Dan Koshland Jr. señalaron que si la enzima une al sustrato en cuatro puntos, el lugar de unión era asimétrico y solo podía unir el sustrato de una forma. Así, el citrato fue la primera sustancia reconocida como **proquiral**, o simétrica, pero que se hace asimétrica tras unirse a la superficie asimétrica de una enzima, o tras algún cambio semejante en uno o dos grupos equivalentes.

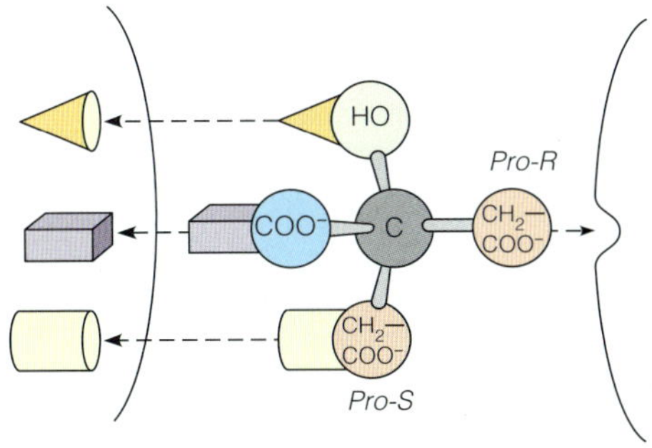


*Fundamentals of Biochemistry: Life at the Molecular Level*, 3/E, Donald Voet, Judith G. Voet, y Charlotte W. Pratt. © 2008 John Wiley & Sons, Inc. Modificado con permiso de John Wiley & Sons, Inc.

La reacción de la aconitasa es fácilmente reversible y una mezcla de equilibrio de estos tres ácidos a 25 °C contiene alrededor del 90 % de citrato, un 4 % de *cis*-aconitato y un 6 % de isocitrato, pero la naturaleza exergónica de la reacción siguiente lleva la reacción hacia la derecha, tal y como está escrita.

La aconitasa es el lugar de acción del efecto tóxico del **fluoroacetato**, un producto vegetal que se utilizó originalmente como raticida. Su empleo por parte de los granjeros del Oeste de los Estados Unidos para controlar las poblaciones de coyotes ha causado también la muerte de muchas águilas y de otros animales en peligro. El fluoroacetato bloquea el ciclo del ácido cítrico mediante su conversión metabólica en **2-fluorocitrato**, que es un potente inhibidor **mecanístico** o **suicida** de la aconitasa. Como se ha indicado en el Capítulo 11, un inhibidor mecanístico experimenta los primeros pasos químicos de la reacción enzimática, pero luego se convierte en un compuesto que se une fuertemente, con frecuencia de forma irreversible, e inactiva de esta forma a la enzima. En otras palabras, el inhibidor necesita el mecanismo normal de la enzima para inactivarla. De forma semejante, el fluoroacetato puede considerarse un **sustrato suicida**: no es tóxico, de por sí, para las células, pero se asemeja hasta tal punto a un metabolito normal que experimenta una transformación metabólica, dando lugar a un producto que inhibe una enzima crucial. La célula «se suicida» al transformar el análogo en un producto tóxico. En este caso, el fluoroacetato se convierte en fluoroacetil-CoA por la acetato tioquinasa (*véase* la página 621) y luego en 2-fluorocitrato por la citrato sintasa. El 2-fluorocitrato inhibe posteriormente la aconitasa, deteniendo todo el ciclo del ácido cítrico.

El fluoroacetato es un ejemplo de un mecanismo de un inhibidor de la aconitasa basado en el mecanismo o suicida.

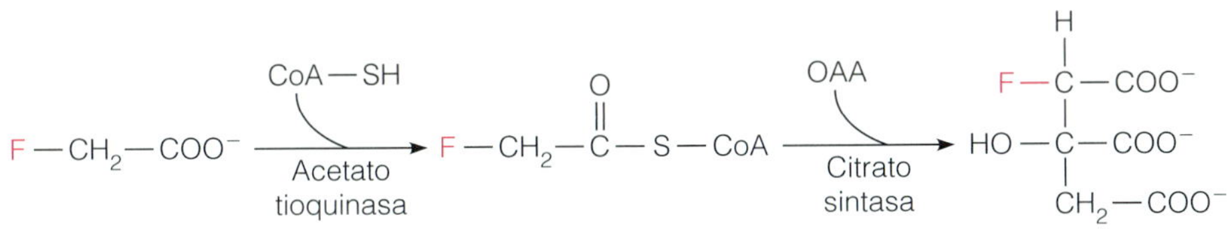


**Fluoroacetato** **Fluoroacetil-CoA** **2-Fluorocitrato**

## Paso 3: generación de $CO_2$ por una deshidrogenasa ligada al $NAD^+$

La primera de las dos descarboxilaciones oxidativas del ciclo la cataliza la **isocitrato deshidrogenasa.** El isocitrato se oxida a una cetona, el **oxalsuccinato**, un intermediario inestable unido a la enzima que espontáneamente se descarboxila para dar el producto, el $\alpha$-cetoglutarato. La estrategia es oxidar el alcohol secundario del isocitrato a un grupo $\beta$-ceto del grupo carboxilo que va a eliminarse. El grupo $\beta$-ceto actúa como sumidero de electrones para estabilizar el estado de transición carbaniónico, facilitando la descarboxilación.

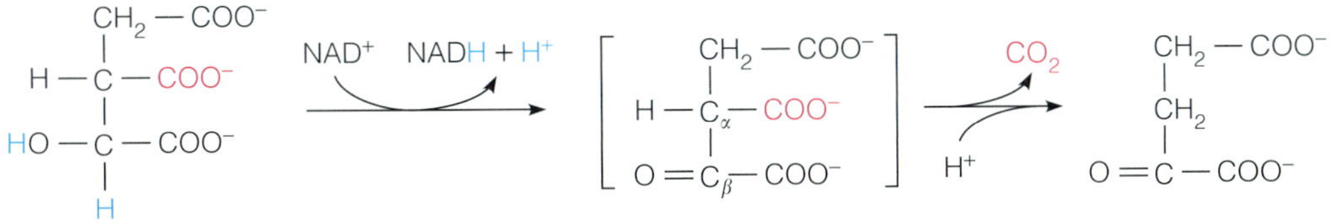


**Isocitrato** **Oxalosuccinato** **$\alpha$-cetoglutarato**

Esta reacción tiene lugar con un $\Delta G^{\circ\prime}$ de $-11.6$ kJ/mol y, en condiciones fisiológicas es lo suficientemente exergónica para tirar de la reacción de la aconitasa hacia delante. Una forma mitocondrial de la isocitrato deshidrogenasa, que es específica para el $NAD^+$, es probablemente el principal protagonista del ciclo del ácido cítrico en la mayoría de las células. El NADH que se produce en esta reacción, que lleva dos equivalentes reductores, es el primer enlace entre el ciclo del ácido cítrico y el proceso de transporte de

Dos átomos de carbono entran en el ciclo del ácido cítrico en forma de acetil-CoA, y se pierden dos en forma de $CO_2$ en las descarboxilaciones oxidativas de los pasos 3 y 4.

electrones de la respiración. Como tal, esta enzima es un lugar regulador importante para controlar el flujo a través del ciclo (*véase* la página 612). La mayoría de las células contienen también una forma de la isocitrato deshidrogenasa específica de $NADP^+$, que se encuentra, tanto en el citosol como en las mitocondrias; su posible función es la regeneración del NADPH para los procesos de biosíntesis reductora.

## Paso 4: generación de un segundo $CO_2$ por una descarboxilación oxidativa

La cuarta reacción del ciclo del ácido cítrico es una reacción de varios pasos totalmente comparable a la reacción de la piruvato deshidrogenasa. Un sustrato α-cetoácido experimenta una descarboxilación oxidativa, con formación simultánea de un tioéster acil-CoA.

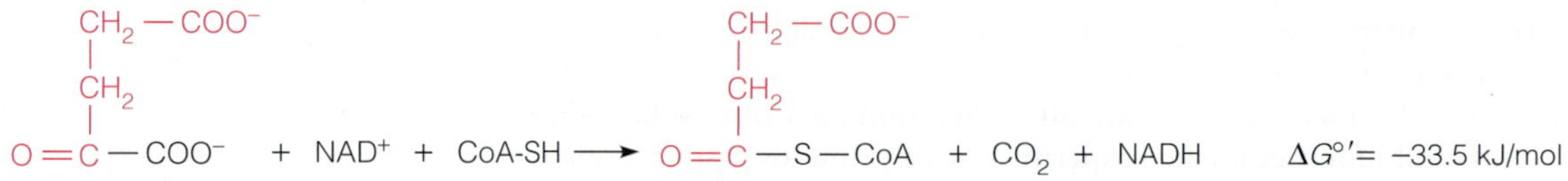


**α-cetoglutarato** **Succinil-CoA**

Esta reacción la cataliza el **complejo α-cetoglutarato deshidrogenasa**, una agrupación enzimática similar al complejo piruvato deshidrogenasa, con tres actividades enzimáticas análogas y las mismas cinco coenzimas: TPP, ácido lipoico, CoA-SH, FAD y $NAD^+$. En efecto, las subunidades $E_3$ las comparten ambos complejos. El TPP se necesita por la misma razón que en la reacción de la PDH: los α-cetoácidos no pueden estabilizar el estado de transición carbanión que se forma durante la descarboxilación. De esta forma, el primer paso de la reacción descarboxila el α-cetoglutarato y da un derivado de TPP de cuatro carbonos (Figura 14.13). La transferencia posterior de la unidad de cuatro carbonos al ácido lipoico, la transesterificación del tioéster de dihidrolipoamida con CoA-SH y la oxidación mediante el FAD y el $NAD^+$ son análogas a las reacciones de la Figura 14.9 para el complejo piruvato deshidrogenasa. El producto succinil-CoA es un tioéster, de elevada energía, del ácido succinico.

En este punto del ciclo, se han introducido dos átomos de carbono en forma de acetil-CoA (en el paso de la citrato sintasa) y se han perdido otros dos como $CO_2$. Dada la estereoquímica de la reacción de la aconitasa, los dos átomos de carbono perdidos *no* son los mismos que los dos carbonos introducidos al comienzo del ciclo. En las reacciones restantes, el oxalacetato de cuatro carbonos se regenera a partir de la succinil-CoA de cuatro carbonos, donde dos de los cuatro pasos son oxidaciones.

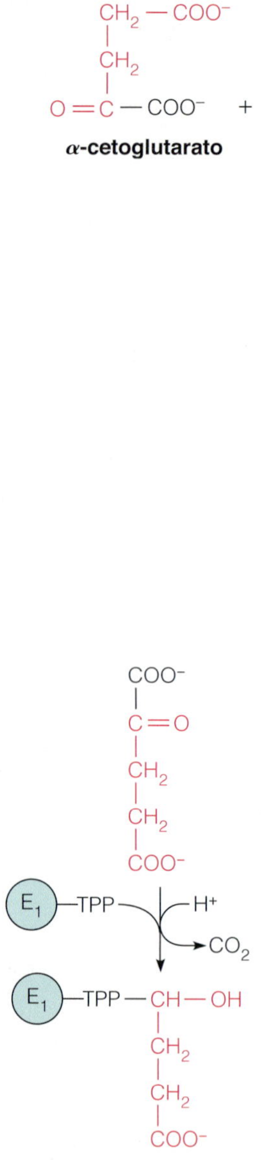


**FIGURA 14.13**

**Descarboxilación del α-cetoglutarato.** El primer paso catalizado por el complejo α-cetoglutarato deshidrogenasa es una descarboxilación catalizada por la α-cetoglutarato descarboxilasa ($E_1$ del complejo) y produce un derivado de TPP de cuatro carbonos.

## Paso 5: Una fosforilación a nivel de sustrato

La succinil-CoA es un compuesto tioéster de energía elevada ($\Delta G^{o\prime}$ para la hidrólisis ≈ −36 kJ/mol), y su energía potencial se utiliza para impulsar la formación de un nucleósido trifosfato ($\Delta G^{o\prime}$ = +30.5 kJ/mol). Esta reacción, catalizada por la **succinil-CoA sintetasa**, es comparable a las dos reacciones de fosforilación a nivel de sustrato que hemos visto en la glucólisis, excepto porque en las células animales el nucleótido producto de energía elevada no es siempre el ATP, sino que en algunos tejidos es el GTP.

$$\text{Succinil-CoA + Pi + ADP (GDP)} \rightleftharpoons \text{succinato + ATP (GTP) + CoA-SH} \qquad \Delta G^{o\prime} = -2.9 \text{ kJ/mol}$$

La succinil-CoA sintetasa es un heterodímero de subunidades α y β, donde la subunidad β determina la especificidad del sustrato (ADP o GDP). En los animales, los tejidos que dependen del metabolismo oxidativo, como el cerebro, el corazón y el músculo esquelético contienen la enzima ligada al ATP, mientras que en el riñón y el hígado (tejidos «biosintetizadores» o anabólicos) predomina la succinil-CoA sintetasa ligada al GTP. Las dos isoenzimas de la succinil-CoA sintetasa desempeñan presumiblemente funciones diferentes en los diversos tejidos. El cociente GTP/GDP en las mitocondrias de los mamíferos es, aproximadamente, 100:1, de forma que el equilibrio de la reacción de la succinil CoA-sintetasa ligada al GTP está muy desplazada hacia la succinil-CoA, lo que garantiza en el hígado una cantidad adecuada de succinil-CoA para la producción de cuerpos cetónicos (*véase* el Capítulo 17, página 735). Por otro lado, en las mitocondrias, el cociente ATP/ADP es cercano a

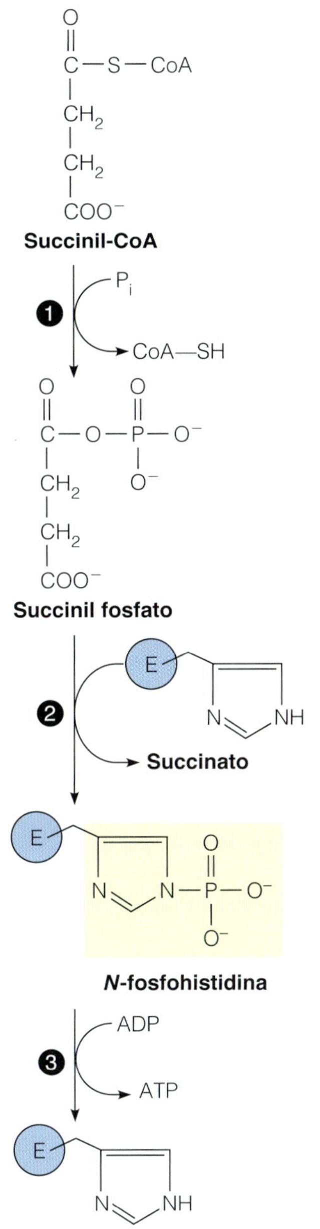


**FIGURA 14.14**

**Catálisis covalente en la reacción de la succinil-CoA sintetasa**. Tres reacciones sucesivas de sustitución nucleófila conservan la energía del tioéster de la succinil-CoA en el enlace fosfoanhídrido del ATP (o GTP). Durante la reacción se fosforila de forma transitoria la cadena lateral de una histidina del lugar activo (*N*-fosfohistisina).

1 y el equilibrio de la reacción ligada al ATP se desplazará hacia el succinato. De esta forma, una succinil sintetasa ligada al ATP es más adecuada para los tejidos cuya producción de energía depende del metabolismo oxidativo. También es posible que parte del GTP que se forma mediante la isoenzima específica del GTP pueda emplearse para impulsar la síntesis de ATP a través de la acción de la **nucleótido difosfato quinasa**:

$$\text{GTP} + \text{ADP} \rightleftharpoons \text{ATP} + \text{GDP} \qquad \Delta G^{\circ\prime} = 0 \text{ kJ/mol}$$

Cualquiera que sea el nucleótido que se utilice, la reacción tiene lugar a través de un intermedio enzimático fosforilado (catálisis covalente). Como se presenta en la Figura 14.14, se forma un anhídrido mixto inicial entre el fosfato y el grupo carboxilo del succinato en una reacción de sustitución nucleófila de acilo, desplazando a la CoA-SH (paso 1). En una segunda sustitución nucleófila, una histidina del lugar activo ataca el átomo de fósforo del succinil fosfato y desplaza al succinato (paso 2). El residuo de *N*-fosfohistidina resultante transfiere, a continuación su fosfato al sustrato nucleósido difosfato (ADP o GDP) en una reacción de sustitución, nucleófila final (paso 3).

Las estructuras cristalinas de rayos X de la succinil-CoA sintetasa de *E. coli* y corazón de cerdo revelan un mecanismo interesante por medio del cual la enzima estabiliza el intermedio catalítico de *N*-fosfohistidina. Estas enzimas están formadas por subunidades $\alpha$ y $\beta$, y el lugar activo se forma entre las dos subunidades. Cada subunidad del dímero $\alpha\beta$ contribuye con una hélice $\alpha$ cuyo extremo N-terminal apunta hacia el lugar activo. Recuérdese del Capítulo 6 que las hélices $\alpha$ poseen un momento dipolar helicoidal con una carga parcial (+) en el N-terminal. Los extremos positivos de los dipolos eléctricos de estas dos hélices $\alpha$ (denominados hélices «de potencia») estabilizan la fosfohistidina transitoria cargada negativamente (Figura 14.15).

## Paso 6: deshidrogenación dependiente de flavina

Para completar el ciclo se produce una conversión del succinato de cuatro carbonos en el oxalacetato de cuatro carbonos. La primera de las tres reacciones que intervienen, catalizada por la **succinato deshidrogenasa**, es la deshidrogenación dependiente del FAD de dos carbonos saturados a un doble enlace.

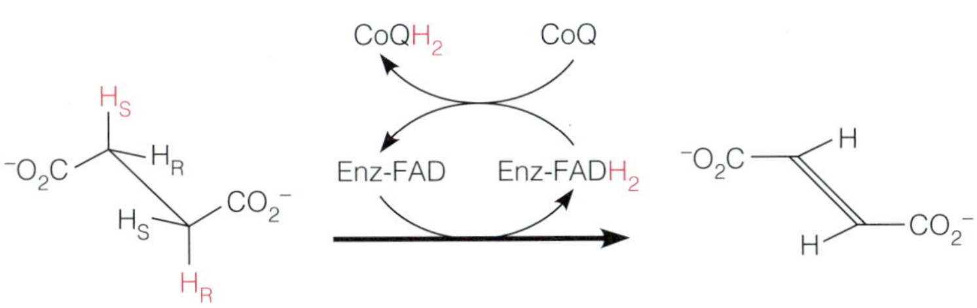


**Succinato** **Fumarato**

La succinato deshidrogenasa se inhibe de forma competitiva por el malonato, un análogo estructural del succinato. La inhibición de la oxidación del piruvato por el malonato fue una de las pistas que condujeron a Krebs a proponer la naturaleza cíclica de

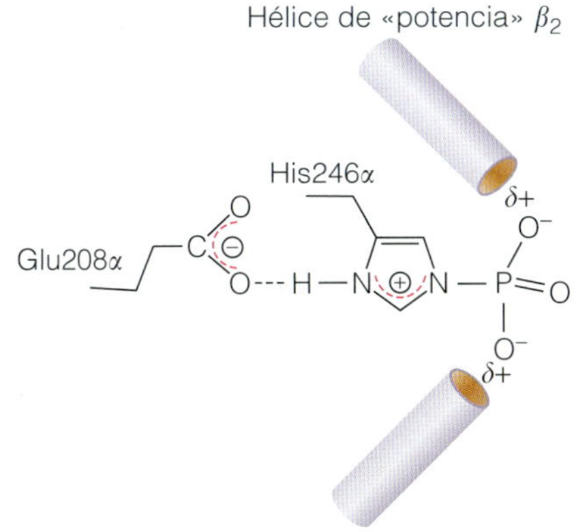


**FIGURA 14.15**

**Una interacción carga-dipolo estabiliza el intermediario fosfohistidina en la reacción de la succinil-CoA sintetasa**. En esta estructura esquemática basada en la enzima de *E. coli*, los dipolos permanentes de las dos hélices $\alpha$ (las hélices de «potencia») están orientados de forma que las cargas parciales positivas de sus N-terminales interaccionan con las cargas negativas del grupo fosfato de la *N*-fosfohistidina del lugar activo, estabilizando este intermediario transitorio de la reacción.

*The Journal of Biological Chemistry* 269:10883–10890, W. T. Wolodko, M. E. Fraser, M. N. James y W. A. Bridger, The crystal structure of succinyl-CoA synthetase from *Escherichia coliat* 2.5-A resolution. Reproducido con permiso 

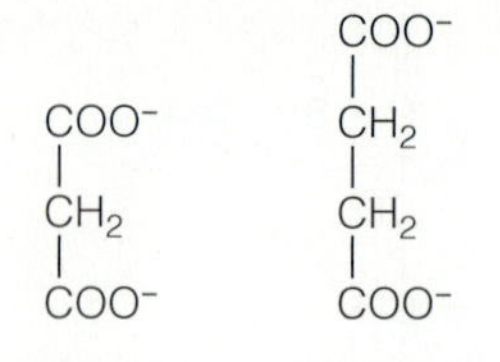

**Malonato** **Succinato**

esta ruta. Obsérvese que la succinato deshidrogenasa es estereoselectiva, eliminando el hidrógeno *pro-S* de un carbono y el hidrógeno *pro-R* del otro, dando lugar solo al isómero *trans*, el fumarato. No se forma el isómero *cis*, el maleato.

Un enlace sencillo C—C es más difícil de oxidar que un enlace C—O, por lo que la coenzima redox de la succinato deshidrogenasa no es el $NAD^+$, sino el oxidante más potente el FAD. La flavina está unida de forma covalente a la proteína enzimática, denominada E, a través de un residuo específico de histidina.

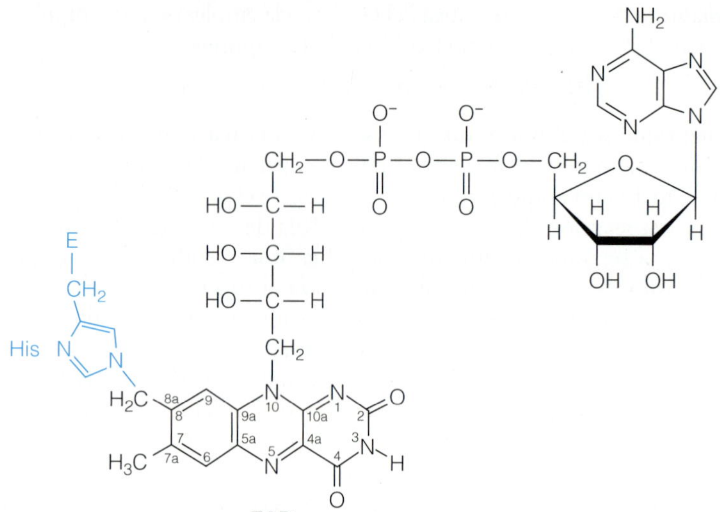

**FAD**



La importancia de esta unión radica en que la flavina reducida debe reoxidarse para que la enzima vuelva a actuar. Los dos electrones de la flavina reducida se transfieren a través de tres centros hierro-azufre de la molécula enzimática, a un transportador de electrones (coenzima Q) del sistema de transporte electrónico mitocondrial. De esta forma, la reacción catalizada por la succinato deshidrogenasa puede resumirse de la forma:

$$\text{Succinato} + \text{Q} \rightleftharpoons \text{fumarato} + \text{QH}_2$$

De hecho, la succinato deshidrogenasa está acoplada tan fuerte con los otros transportadores electrónicos que se denomina complejo II de la cadena respiratoria (en el Capítulo 15 se considera con más profundidad). Esto también explica el hecho de que, a diferencia de otras enzimas del ciclo del ácido cítrico, la succinato deshidrogenasa es una proteína integral de membrana muy unida a la membrana mitocondrial interna.

La reacción de la succinato deshidrogenasa va seguida de la hidratación del doble enlace del fumarato y la deshidrogenación del α-hidroxiácido resultante para dar el α-cetoácido oxalacetato.

## Paso 7: hidratación de un doble enlace carbono-carbono

La hidratación *trans* estereoespecífica del doble enlace carbono-carbono la cataliza la **fumarato hidratasa**, denominada más comúnmente **fumarasa**.

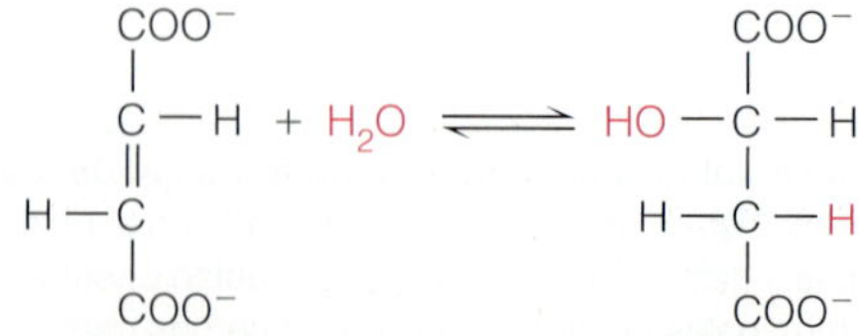

**Fumarato** **L-malato**

El mecanismo de la reacción es semejante al de la adición de agua al *cis*-aconitato en la reacción de la aconitasa, y produce exclusivamente el enantiómero *S* (L-malato). El isómero *cis* del fumarato, que recibe el nombre de maleato, no es un sustrato de la reacción hacia adelante, y la enzima no puede actuar sobre el D-malato en la dirección contraria.

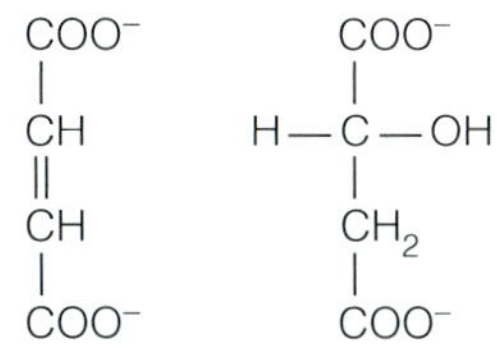

**Maleato** **D-Malato**

## Paso 8: Una deshidrogenación que regenera el oxalacetato

Finalmente, el ciclo se completa con la deshidrogenación, dependiente de $NAD^+$, del malato a oxalacetato, catalizada por la **malato deshidrogenasa**.

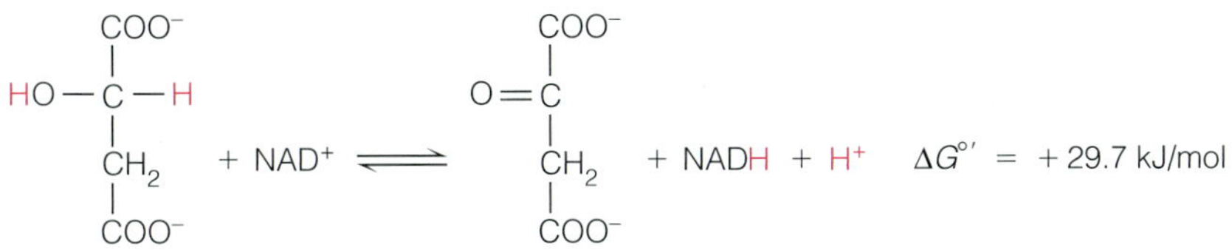

**L-Malato** **Oxalacetato**

Esta reacción con un cambio de energía libre estándar positivo elevado ($\Delta G^{o\prime}$ = +29.7 kJ/mol) se decanta hacia la derecha, tal como está escrita, debido a que la reacción de la citrato sintasa (la siguiente reacción del ciclo) muy exergónica mantiene las concentraciones intramitocondriales de oxalacetato extremadamente bajas (inferiores a $10^{-6}$ M).

# Estequiometría y energética del ciclo del ácido cítrico

Analicemos ahora lo que se ha conseguido con una vuelta del ciclo del ácido cítrico, tal como se resume en la Tabla 14.2. El ciclo se inició cuando un fragmento de dos carbonos (acetil-CoA) se combinó con un aceptor de cuatro carbonos (oxalacetato). Luego, se eliminaron dos carbonos en forma de $CO_2$ al metabolizarse posteriormente el citrato resultante (aunque no los mismos dos carbonos que entraron como acetil-CoA). Se produjeron cuatro reacciones de oxidación durante el ciclo, en las que en tres casos el $NAD^+$ actuó como aceptor de electrones, y el FAD, en el cuarto. En su conjunto, estas deshidrogenaciones realizaron la oxidación de seis electrones del grupo metilo y la oxidación de dos electrones del grupo carbonilo de la acetil-CoA (los ocho electrones proceden todos de la acetil-CoA). Se generó fosfato de energía elevada directamente en una sola reacción (catalizada por la succinil-CoA sintetasa). Por último, se regeneró el oxalacetato, que está preparado para volver a iniciar el ciclo de nuevo mediante la condensación con otra molécula de acetil-CoA.

**TABLA 14.2. Reacciones del ciclo del ácido cítrico**

| Reacción | Enzima | $\Delta G^{o\prime}$ (kJ/mol) | $\Delta G$ (kJ/mol) |
|---|---|---|---|
| 1. Acetil-CoA + oxalacetato + $H_2O \longrightarrow$ citrato + CoA-SH + $H^+$ | Citrato sintasa | −32.2 | ∼−55 |
| 2a. Citrato $\rightleftharpoons$ *cis*-aconitato + $H_2O$ | Aconitasa | +6.3 | ∼0 |
| 2b. *cis*-aconitato + $H_2O \rightleftharpoons$ isocitrato | Aconitasa | | |
| 3. Isocitrato + $NAD^+ \rightleftharpoons$ α-cetoglutarato + $CO_2$ + NADH | Isocitrato deshidrogenasa | −20.9 | ∼−20 |
| 4. α-cetoglutarato + $NAD^+$ + CoA-SH $\rightleftharpoons$ succinil-CoA + $CO_2$ + NADH | Complejo de la α-cetoglutarato deshidrogenasa | −33.5 | ∼−40 |
| 5. Succinil-CoA + $P_i$ + GDP $\rightleftharpoons$ succinato + GTP + CoA-SH | Succinil-CoA sintetasa | −2.9 | ∼0 |
| 6. Succinato + FAD (ligado a enzima) $\rightleftharpoons$ fumarato + $FADH_2$ (ligado a enzima) | Succinato deshidrogenasa | 0 | ∼0 |
| 7. Fumarato + $H_2O \rightleftharpoons$ L-malato | Fumarasa | −3.8 | ∼0 |
| 8. L-Malato + $NAD^+ \rightleftharpoons$ oxalacetato + NADH + $H^+$ | Malato deshidrogenasa | +29.7 | ∼0 |
| | Neto | −48.0 | ∼−115 |

*Nota*: el valor de $\Delta G^{o\prime}$ de la reacción 3 se calculó a partir de los valores de $E^{o\prime}$ de α-cetoglutarato deshidrogenasa/isocitrato (−0.38 V) y NAD/NADH (−0.32 V).

Podemos escribir una ecuación química equilibrada que corresponda a la suma de las ocho reacciones que intervienen en una vuelta del ciclo:

$$\text{Acetil-CoA} + 2H_2O + 3NAD^+ + FAD + GDP + P_i \rightarrow 2CO_2 + 3NADH + FADH_2 + \text{CoA-SH} + GTP$$

En los tejidos que utilizan la isoenzima de la succinil-CoA sintetasa dependiente de GTP, el GTP que se forma en la reacción es energéticamente equivalente al ATP, ya que la nucleósido difosfato quinasa puede convertir el GTP que se forma en ATP, sin coste neto de energía libre.

Si tenemos en cuenta ahora la reacción de la piruvato deshidrogenasa, y si recordamos que cada molécula de glucosa genera dos moléculas de piruvato, podemos escribir la siguiente ecuación para el catabolismo de la glucosa a través de la glucólisis y el ciclo del ácido cítrico.

$$\text{Glucosa} + 2H_2O + 10NAD^+ + 2FAD + 4ADP + 4P_i \rightarrow 6CO_2 + 10NADH + 6H^+ + 2FADH_2 + 4ATP$$

Una vuelta del ciclo del ácido cítrico genera un fosfato de energía elevada a través de una fosforilación a nivel de sustrato, más tres NADH y un $FADH_2$ para la posterior reoxidación en la cadena de transporte electrónico.

De los 10 moles de NADH producidos por glucosa, 2 moles se generan en el citoplasma en el paso de la gliceraldehído-3-fosfato deshidrogenasa. Hasta aquí, la producción de ATP por mol de glucosa metabolizada no ha aumentado mucho respecto a la producción obtenida en la glucólisis: 2 moles de ATP por glucosa en la glucólisis sola, frente a 4 moles aquí. La mayor parte del ATP generado durante la oxidación de la glucosa no se forma directamente a partir de las reacciones de la glucólisis y del ciclo del ácido cítrico (fosforilaciones a nivel de sustrato), sino que se forma a partir de la reoxidación de los transportadores electrónicos reducidos en la cadena respiratoria. Estos compuestos, NADH y $FADH_2$, son de por sí de gran energía, en el sentido de que su oxidación es muy exergónica. Cuando los electrones se transfieren desde estos transportadores reducidos hacia el oxígeno molecular de manera escalonada, se produce de manera acoplada la síntesis de ATP a partir de ADP, con la formación de alrededor de 2.5 moles de ATP por NADH reoxidado y de alrededor de 1.5 moles de ATP por mol de $FADH_2$ reoxidado. Como veremos en el Capítulo 15, esta síntesis acoplada genera alrededor de 30-32 moles de ATP por mol de glucosa oxidada a $CO_2$ y agua.

## Regulación de la piruvato deshidrogenasa y del ciclo del ácido cítrico

Dado que el ciclo del ácido cítrico es una fuente de intermedios biosintéticos, así como una ruta para la generación de energía metabólica, la regulación del ciclo es algo más compleja que si se tratara solamente de una ruta de generación de energía. Al igual que en la glucólisis, la regulación se produce a nivel de la entrada de combustible al ciclo (complejo piruvato deshidrogenasa y citrato sintasa), y a nivel del control de las reacciones clave dentro del ciclo (isocitrato deshidrogenasa y $\alpha$-cetoglutarato deshidrogenasa). En la Figura 14.16 se resumen los principales factores que intervienen en la regulación a ambos niveles.

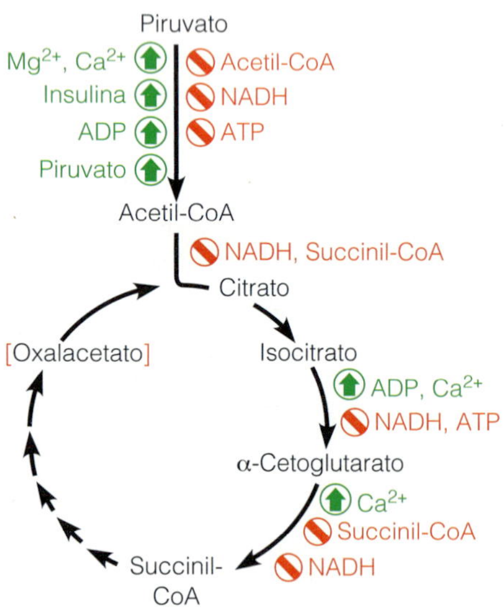


**FIGURA 14.16**

**Principales factores reguladores que controlan la piruvato deshidrogenasa y el ciclo del ácido cítrico.** Los corchetes rojos indican la dependencia de la concentración. El NADH puede inhibir mediante interacciones alostéricas, pero la aparente inhibición por el NADH puede ser también un reflejo de una disponibilidad reducida de $NAD^+$.

### Control de la oxidación del piruvato

El combustible entra en el ciclo principalmente en forma de acetil-CoA, que procede de los hidratos de carbono, a través de la piruvato deshidrogenasa y de la $\beta$-oxidación de los ácidos grasos. Dado que la oxidación de los ácidos grasos se comentará en el Capítulo 17, nos centraremos aquí en el control de la piruvato deshidrogenasa. La actividad de este complejo está controlada por retroinhibición y, como se ha indicado antes, por una modificación covalente que se controla, a su vez, por el estado energético de la célula. $E_2$, el componente transacetilasa (*véase* la Figura 14.9), se inhibe competitivamente por la acetil-CoA. $E_3$, el componente dihidrolipoamida deshidrogenasa, se inhibe competitivamente por el NADH. De esta forma, cuando los productos de la reacción (acetil-CoA y NADH) no se eliminan continuamente por los procesos metabólicos posteriores, la retroinhibición por estos productos bloqueará la posterior oxidación del piruvato (Figura 14.17).

Sin embargo, en el complejo piruvato deshidrogenasa de los mamíferos, el mecanismo principal por el que se controla la actividad enzimática es la modificación covalente de $E_1$, el componente piruvato descarboxilasa del complejo. Como se indica de forma esquemática en la Figura 14.17, esto implica una fosforilación y desfosforilación de los

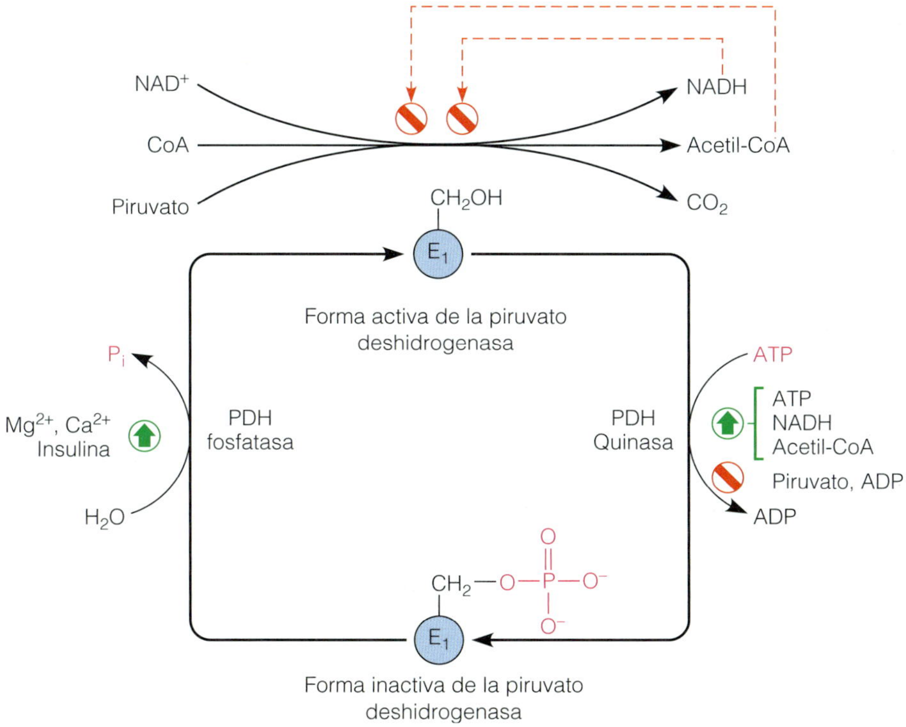


**FIGURA 14.17**

**Regulación del complejo piruvato deshidrogenasa de mamíferos mediante retroinhibición y mediante modificación covalente de E1.** Una quinasa y una fosfatasa inactivan y activan el primer componente ($E_1$) del complejo piruvato deshidrogenasa mediante la fosforilación y desfosforilación, respectivamente, de tres residuos específicos de serina (señalados como -$CH_2OH$). La forma activa del complejo piruvato deshidrogenasa se retroinhibe por la acetil-CoA y el NADH.

residuos de serina de $E_1$. Los mamíferos expresan cuatro isoenzimas distintas de **piruvato deshidrogenasa quinasa**, que fosforilan varios residuos de serina específicos en $E_1$, lo cual da lugar a la pérdida de actividad de la piruvato deshidrogenasa. Dos isoenzimas de la **piruvato deshidrogenasa fosfatasa** eliminan hidrolíticamente el fosfato unido y reactivan el complejo PDH. Estas isoenzimas de proteína quinasa y fosfatasa se expresan en los distintos tejidos e intermedian la regulación del complejo PDH de forma específica en cada uno de ellos. Recuérdese que estas enzimas reguladoras están ambas integradas dentro del complejo PDH y la actividad PDH en los distintos tejidos es un sutil equilibrio entre las actividades relativas de las quinasas y las fosfatasas. La PDH quinasa se *activa* por el NADH y la acetil-CoA (productos de la reacción de la PDH) y por el ATP. De esta forma, la quinasa pone en marcha la actividad PDH cuando se acumulan los productos de la reacción. La PDH quinasa se *inhibe* por el ADP y el piruvato. Estos inhibidores de la quinasa, que señalan un bajo nivel de energía y disponibilidad del sustrato, respectivamente, dan lugar a un incremento del cociente de PDH activa e inactiva, aumentando el flujo a través del complejo. La PDH fosfatasa se *activa* por el $Ca^{2+}$ y el $Mg^{2+}$, y también como resultado de la secreción de insulina. El efecto del $Ca^{2+}$ sobre la PDH fosfatasa intermedia la estimulación de la actividad PDH durante la contracción muscular y como respuesta a la adrenalina. Recuérdese del Capítulo 8 que el $Ca^{2+}$ es un ion de señalización esencial para la contracción en el musculo de los vertebrados. El uso del mismo ion de señalización para regular el flujo de la PDH proporciona un mecanismo elegante de hacer coincidir la demanda de ATP con su producción en el ciclo del ácido cítrico y la posterior fosforilación oxidativa. El efecto del $Mg^{2+}$ sobre la PDH regula el flujo a través de la PDH como respuesta a la carga energética (relación [ATP]/[ADP]). Dado que el ATP une $Mg^{2+}$ más fuertemente que el ADP, la concentración de $Mg^{2+}$ libre refleja la relación ATP/ADP dentro de la mitocondria. Esto es, se acumula $Mg^{2+}$ libre a relaciones [ATP]/[ADP] bajas, y esto aumenta la actividad PDH al estimular la actividad PDH fosfatasa (y así, la desfosforilación del complejo). Por otro lado, cuando hay abundante ATP y no se nenecita una mayor producción de energía, la piruvato deshidrogenasa se desconecta debido a la activación de la PDH quinasa (que fosforila el complejo).

La actividad del complejo piruvato deshidrogenasa se regula mediante la fosforilación reversible de la subunidad $E_1$.

En conjunto, estos mecanismos reguladores a corto plazo permiten a la célula gestionar la utilización de los combustibles que entran en el ciclo del ácido cítrico. Como se presentará en el Capítulo 17, la oxidación de los ácidos grasos es otra fuente importante de acetil-CoA y NADH, y ambos activan la PDH quinasa. Así pues, cuando las condiciones metabólicas favorecen la oxidación de los ácidos grasos como principal combustible (por ejemplo, durante el ayuno o el ejercicio prolongado), las reservas de hidratos de carbono se conservan desconectando la actividad PDH. Una vez que se ha repuesto el aporte de hidratos de carbono, la PDH puede volver a conectarse rápidamente.

## Control del ciclo del ácido cítrico

El flujo a través del ciclo del ácido cítrico se controla mediante interacciones alostéricas; no obstante, las concentraciones de los sustratos desempeñan también un papel crucial. Aunque los detalles de la regulación difieren en distintas células y tejidos, los principales efectos son los que se resumen en la Figura 14.16. Como vimos en la glucólisis, la mayor parte de las reacciones de la ruta operan en las condiciones celulares cerca del equilibrio ($\Delta G \sim 0$; Tabla 14.2). Los lugares clave de la regulación alostérica son las enzimas que catalizan reacciones que tienen lugar con descensos grandes de energía libre: citrato sintasa, isocitrato deshidrogenasa y $\alpha$-cetoglutarato deshidrogenasa (Tabla 14.2).

El ciclo del ácido cítrico se controla fundamentalmente por las concentraciones intramitocondriales relativas de $NAD^+$ y NADH.

El factor más importante que controla la actividad del ciclo del ácido cítrico es la relación intramitocondrial del [$NAD^+$] respecto al [NADH]. El $NAD^+$ es un sustrato de tres enzimas del ciclo (Figura 14.3), así como de la piruvato deshidrogenasa. En las condiciones en las que *disminuye* la relación [$NAD^+$]/[NADH], como por ejemplo, en presencia de una limitación del aporte de oxígeno, la baja concentración de $NAD^+$ puede limitar las actividades de estas deshidrogenasas.

En algunos tejidos de mamíferos, y en especial en el hígado, las concentraciones de citrato varían hasta 10 veces y, a concentraciones bajas, el flujo a través de la reacción de la citrato sintasa está limitado por la disponibilidad del sustrato. Recuérdese que en algunos tejidos animales el citrato es también un regulador clave del flujo a través de la *glucólisis* mediante la regulación alostérica de la fosfofructoquinasa (PFK), lo cual ajusta la tasa de la glucólisis con la del ciclo del ácido cítrico. Esto no ocurre en todos los tejidos. Así, por ejemplo, las células cardíacas no pueden transportar el citrato fuera de las mitocondrias, por lo que, probablemente, no se produce una interacción importante con la PFK citosólica. Sin embargo, las concentraciones de citrato controlan, de todos modos, el ciclo del ácido cítrico en el corazón.

Los lugares clave de la regulación alostérica son las reacciones catalizadas por la isocitrato deshidrogenasa y la $\alpha$-cetoglutarato deshidrogenasa. En muchas células, la isocitrato deshidrogenasa se activa alostéricamente por el ADP y se inhibe alostéricamente por el NADH y el ATP. Este control se suma a la reducción indirecta de la actividad que se observa en presencia de una relación [$NAD^+$]/[NADH] baja. En las bacterias, la isocitrato deshidrogenasa también se desactiva por la fosforilación de un residuo de serina, lo cual impide la unión del isocitrato. La actividad de la $\alpha$-cetoglutarato deshidrogenasa se inhibe por la acumulación de sus productos, la succinil-CoA y el NADH. Los mecanismos son comparables a los que permiten que las concentraciones de acetil-CoA y de NADH controlen la actividad de la piruvato deshidrogenasa (Figura 14.17). Finalmente, en los vertebrados, el $Ca^{2+}$ estimula alostéricamente a la isocitrato deshidrogenasa y a la $\alpha$-cetoglutarato deshidrogenasa. El $Ca^{2+}$ es como un segundo mensajero de la ruta de transducción de señal, que además, puede atravesar la membrana mitocondrial interna. De esta forma, el $Ca^{2+}$ hace que la tasa de oxidación del sustrato por el ciclo del ácido cítrico responda al incremento de la demanda de ATP durante la contracción muscular.

Durante un tiempo se pensó que la citrato sintasa constituía otro punto de control alostérico. Esta enzima se inhibe por el NADH, el NADPH o la succinil-CoA. Sin embargo, las medidas de las concentraciones intramitocondriales de oxalacetato, acetil-CoA y citrato indican que la enzima actúa cerca de las condiciones de equilibrio, es decir, la relación de [citrato] con respecto a ([acetil-CoA] × [oxalacetato]) está próxima a la $K_{eq}$ para la reacción de la citrato sintasa. En cambio, es evidente que las concentraciones intramitocondriales de oxalacetato, que son bastante bajas, pueden ejercer un control a nivel de sustrato sobre el flujo a través de la citrato sintasa.

En resumen, el flujo en el ciclo del ácido cítrico es sensible al estado energético de la célula, a través de una activación alostérica de la isocitrato deshidrogenasa por el ADP; al estado redox de la célula, a través de la limitación de la velocidad de flujo causada cuando desciende el [$NAD^+$] intramitocondrial; y a la disponibilidad de compuestos de energía elevada, mediante la inhibición de enzimas relevantes por la acetil-CoA o la succinil-CoA.

## Organización de las enzimas del ciclo del ácido cítrico

La matriz mitocondrial, donde se encuentran las enzimas del ciclo del ácido cítrico, no es la simple solución acuosa que podemos imaginar a partir de los dibujos de las mitocondrias que vemos en los libros de texto (incluyendo este, *véase* la página 594). En efecto, se calcula que la concentración de proteínas de la matriz mitocondrial se acerca a *500 mg/mL o más*, por lo que la matriz es más parecida a un gel viscoso. Consistente con esta concentración de proteínas increíblemente alta, se han obtenido pruebas de que las enzimas del ciclo del ácido cítrico están organizadas en un complejo multienzimático supramolecular o **metabolón**, que se asocia en el lado de la matriz de la membrana interna donde está anclada la succinato deshidrogenasa. La asociación física de las enzimas que catalizan pasos secuenciales de una ruta metabólica puede proporcionar ventajas cinéticas significativas, mediante la canalización de sustrato que se presentó para el complejo piruvato deshidrogenasa. De hecho, los estudios de RMN con $^{13}C$ en la levadura *Saccharomyces cerevisiae* proporcionan pruebas de la canalización de sustrato en el ciclo del ácido cítrico. Es probable que la mayoría, si no todas las rutas metabólicas con varios pasos estén organizadas en las células intactas en metabolones.

## Evolución del ciclo del ácido cítricio

Como señalamos en el Capítulo 12, las rutas metabólicas son producto de la evolución, construidas con enzimas y rutas que pueden haber tenido inicialmente otras funciones. En realidad y como veremos más adelante, incluso el ciclo del ácido cítrico, tal como lo conocemos en los organismos aerobios existentes en la actualidad, se emplea para algo más que la oxidación de la acetil-CoA. Los análisis genómicos han descubierto la existencia de genes de las enzimas del ciclo del ácido cítrico en organismos de los tres dominios de la vida (bacterias, arqueas y eucariotas), incluyendo los quimiotrofos anaerobios. Estos últimos organismos no obtienen la energía mediante la oxidación de la glucosa, sino que tienen un ciclo del ácido cítrico incompleto como ruta de fermentación y para la producción de precursores de otros procesos de biosíntesis. En la rama reductora (*véase* el margen), la inversión de las últimas cuatro enzimas del ciclo (oxalacetato a succinato) regenera el cofactor oxidado $NAD^+$ a partir del NADH producido en el paso de la gliceraldehído-3-fosfato deshidrogenasa de la glucólisis (Capítulo 13). En la rama oxidante, los tres primeros pasos del ciclo del ácido cítrico producen α-cetoglutarato, un precursor importante para biosíntesis. Sin embargo, estos quimiotrofos anaerobios carecen de las enzimas necesarias para convertir el α-cetoglutarato en succinato. Podemos imaginar que estas ramas reductora y oxidante de un ciclo del ácido cítrico incompleto existieron en organismos que se desarrollaron antes de la aparición del oxígeno atmosférico hace unos 2500 millones de años. Una vez que los niveles de oxígeno se elevaron de forma que pudieran sostener el metabolismo energético aerobio mucho más eficaz, no es difícil apreciar el desarrollo del ciclo del ácido cítrico completo mediante la incorporación de un par de enzimas nuevas (α-cetoglutarato deshidrogenasa y succinil-CoA sintetasa). Finalmente, los análisis filogenéticos sugieren que el ciclo del ácido cítrico surgió inicialmente como una ruta reductora, utilizada por los primeros autótrofos para fijar el $CO_2$ (en los pasos de la α-cetoglutarato deshidrogenasa, la isocitrato deshidrogenasa y la piruvato deshidrogenasa).

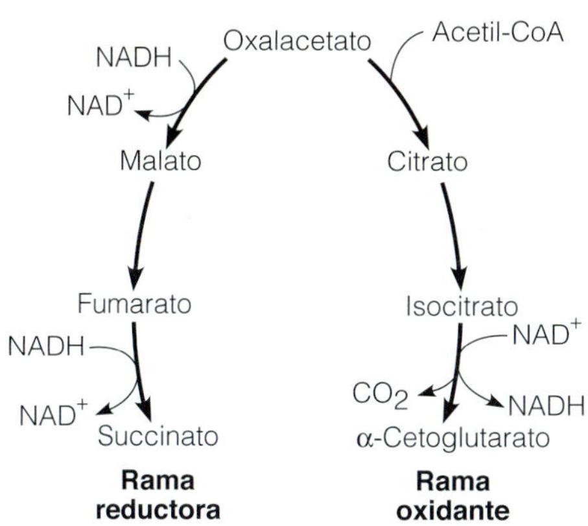


## Funcionamiento defectuoso del ciclo del ácido cítrico como causa de enfermedad humana

Dada la naturaleza universal del ciclo del ácido cítrico y la función esencial que juega en el metabolismo energético de una célula, puede esperarse que la deficiencia de alguna de las enzimas del ciclo pueda ser letal. Sin embargo, sabemos que algunos defectos de determinadas enzimas del ciclo del ácido cítrico, al tiempo que no son letales, están ligadas a diversas enfermedades neurodegenerativas raras y tumores en los seres humanos. Por ejemplo, la deficiencia hereditaria de succinato deshidrogenasa produce la formación de tumores paranglioma y feocromocitomas, dependiendo de la subunidad defectuosa. Las mutaciones del gen de la fumarasa están unidas al cáncer de útero y/o renal. Los defectos de la α-cetoglutarato deshidrogenasa, succinato deshidrogenasa y fumarasa producen enfermedades neurodegenerativas (síndrome de Leigh u otras encefalopatías). Las mutaciones de la isocitrato deshidrogenasa se encuentran en la mayoría de los tipos de gliomas malignos, los tumores cerebrales más comunes en el ser humano. Aunque no conocemos totalmente los mecanismos de estos procesos, se sospecha que existe una conexión entre la acumulación de ácidos orgánicos y la proliferación celular anormal, lo que da lugar a la formación del tumor. Se ha lanzado la hipótesis de que la acumulación de determinados metabolitos del ácido cítrico activa el factor inducible de hipoxia 1 (HIF-1), un factor de transcripción que regula la angiogénesis tumoral y el metabolismo energético tumoral. A pesar de la riqueza de conocimientos que hemos adquirido desde que Krebs desentrañó por vez primera el ciclo del ácido cítrico, todavía tenemos mucho que aprender sobre esta ruta y su función en la fisiología celular.

## Secuencias anapleróticas: necesidad de reponer los intermedios del ciclo

Los intermedios del ciclo del ácido cítrico que se utilizan en las rutas de biosíntesis deben reponerse para mantener el flujo a través del ciclo. Las rutas anapleróticas sirven para este fin.

Hasta el momento, nuestro análisis del ciclo del ácido cítrico se ha centrado en su papel en el catabolismo y la generación de energía. El ciclo actúa también como una fuente importante de intermedios biosintéticos, y por esto se considera una ruta **anfibólica**. En la Figura 14.18 se resumen las rutas anabólicas más importantes implicadas. Estas rutas tienden a extraer carbono del ciclo mediante la utilización de intermediarios del ciclo. La succinil-CoA se utiliza en la síntesis del hemo y de otras porfirinas. El oxalacetato y el $\alpha$-cetoglutarato son los análogos $\alpha$-cetoácidos de los aminoácidos aspartato y glutamato, respectivamente, y se utilizan en la síntesis de estos y otros aminoácidos mediante transaminación (*véanse* las páginas 618-619). En algunos tejidos, el citrato se transporta desde las mitocondrias al citosol, en donde se fragmenta para producir acetil-CoA para la biosíntesis de los ácidos grasos. Dado que estas y otras reacciones tienden a causar una reducción de los intermedios del ciclo del ácido cítrico, mediante la extracción de carbono, el funcionamiento del ciclo se iría deteriorando si no hubiera otros procesos que repusieran las reservas de los intermedios del ciclo del ácido cítrico. Estos procesos se denominan **rutas anapleróticas**, de una palabra griega que significa «rellenar». En la mayoría de las células, el flujo de salida del carbono del ciclo se equilibra mediante estas reacciones anapleróticas, de manera que las concentraciones intramitocondriales de los intermediarios del ciclo del ácido cítrico se mantienen constantes a lo largo del tiempo. Los procesos anapleróticos se resumen mediante las flechas rojas en la Figura 14.18.

### Reacciones que reponen oxalacetato

En los animales, la reacción anaplerótica más importante, en especial en el hígado y en el riñón, es la carboxilación reversible del piruvato dependiente del ATP, para dar oxalacetato. Esta reacción la cataliza la **piruvato carboxilasa**, que vimos por primera vez en la gluconeogénesis (Capítulo 13).

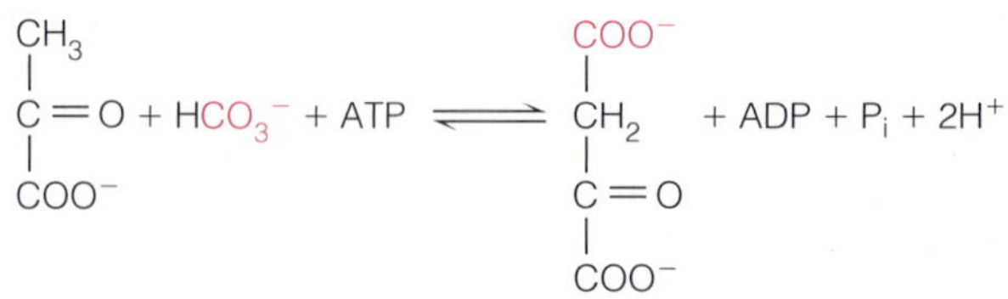


Piruvato Oxalacetato

Recuérdese que la enzima se activa alostéricamente por la acetil-CoA; de hecho, es totalmente inactiva en ausencia de este efector (*véase* la Figura 13.18, página 552). Este proceso constituye una activación *favorecida por el aporte*, puesto que el efecto de la acumulación de acetil-CoA es el de fomentar su propia utilización mediante la estimulación de la síntesis de oxalacetato. Este último compuesto reacciona, a su vez, con la acetil-CoA, a través de la reacción de la citrato sintasa. Por otro lado, el oxalacetato puede utilizarse para la síntesis de hidratos de carbono, a través de la gluconeogénesis, y la acumulación de acetil-CoA puede interpretarse como una señal de que existe el carbono suficiente disponible para que parte del mismo se almacene en forma de hidratos de carbono.

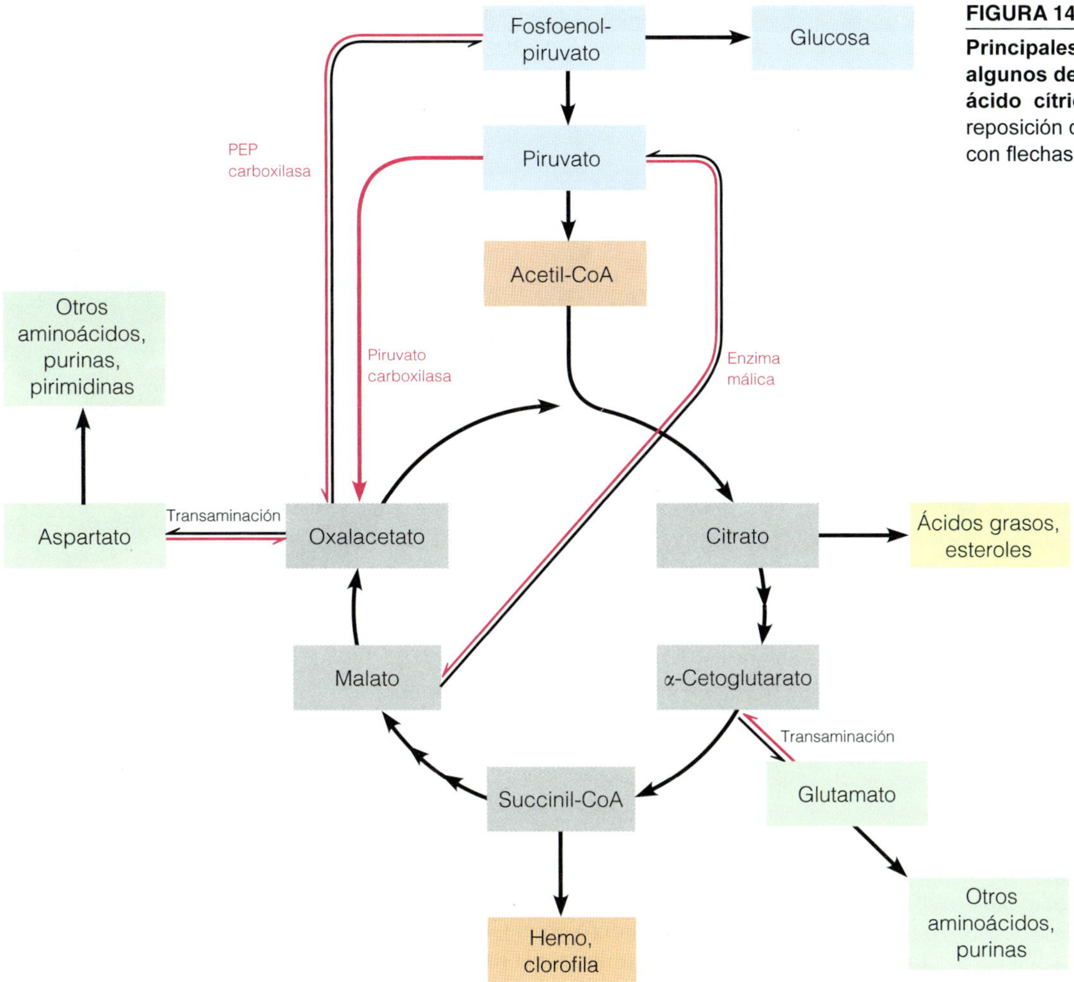


**FIGURA 14.18**

**Principales funciones biosintéticas de algunos de los intermedios del ciclo del ácido cítrico.** Las rutas anapleróticas para la reposición de estos intermediarios se indican con flechas rojas.

En el Capítulo 11 identificamos la biotina como un cofactor de la mayor parte de las reacciones de carboxilación en las que interviene el $CO_2$. La piruvato carboxilasa es una proteína tetramérica con cada una de las subunidades formada por cuatro dominios, con funciones diferentes (Figura 14.19). Un dominio transportador de biotina (BCCP) contiene el cofactor biotina unido covalentemente a través de un enlace amida en el que participa un grupo ε-amino de un residuo de lisina. El dominio de carboxilación de la biotina (BC) cataliza una carboxilación dependiente de ATP del cofactor, para dar *N*-carboxibiotina (Figura 14.20). El dominio carboxil transferasa (CT) cataliza la transferencia del grupo carboxilo desde la *N*-carboxibiotina al piruvato para formar el producto oxalacetato. Durante el ciclo de reacción, el dominio BCCP actúa como un brazo oscilante y transfiere el grupo carboxilo unido a la biotina entre los dos dominios catalíticos, de forma semejante a los brazos oscilantes de la lipoamida de los complejos α-cetoácido deshidrogenasa que hemos considerado antes. El cuarto dominio es el dominio regulador, donde se une el activador alostérico acetil-CoA. Este tipo de enzima, como varios dominios que llevan a cabo muchas funciones catalíticas, recibe el nombre de **enzima multifuncional**.

En las plantas y en las bacterias, una ruta alternativa conduce directamente desde el fosfoenolpiruvato al oxalacetato. Dado que el fosfoenolpiruvato es un compuesto de energía muy elevada, esta reacción, catalizada por la **fosfoenolpiruvato carboxilasa**, no requiere ni un cofactor energético ni biotina. Esta reacción es importante en la ruta $C_4$ de la fijación fotosintética de $CO_2$ (Capítulo 16).

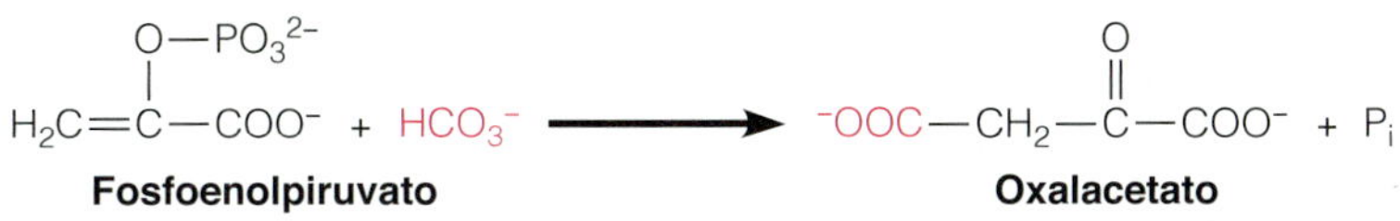

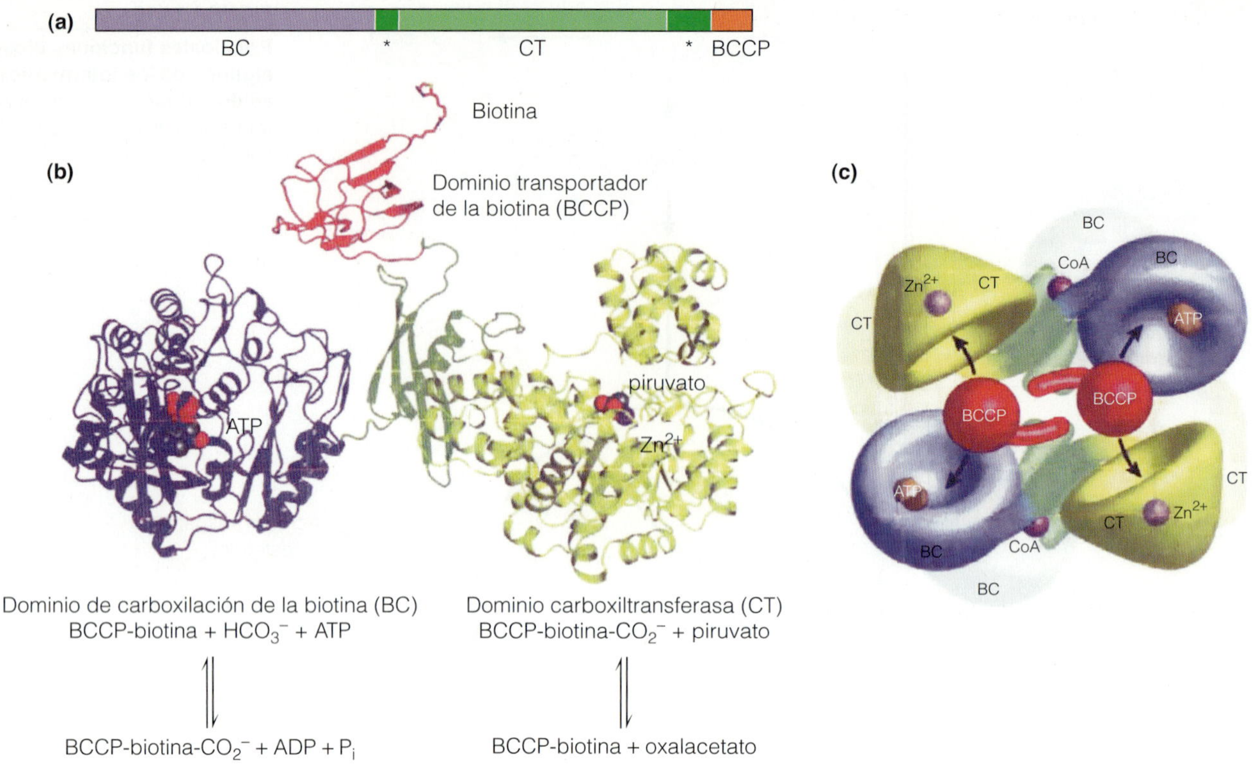


**FIGURA 14.19**

**Estructura de la piruvato carboxilasa multifuncional dependiente de biotina.** **(a)** Este esquema presenta la disposición lineal de los cuatro dominios dentro de la estructura primaria de cada subunidad. El cofactor biotina está ligado covalentemente a un residuo de lisina en el dominio BCCP (rojo) cerca del C—terminal de cada subunidad. Las regiones verde oscuro se pliegan en el dominio regulador alostérico. **(b)** Se muestra la estructura cristalina de rayos X de una subunidad de la piruvato carboxilasa de *Staphylococcus aureus*, junto con las reacciones catalizadas por los dominios BC (azul) y CT (amarillo). Obsérvese el dominio alostérico central que conecta los dos dominios catalíticos con el dominio BCCP. **(c)** Modelo de la enzima tetramérica que muestra cómo se balancea el dominio BCCP entre los lugares activos de BC y CT situados en cadenas polipeptídicas opuestas.

(a) De *Science* 317:1076–1079, M. St. Maurice, L. Reinhardt, K. H. Surinya, P. V. Attwood, J. C. Wallace,W. W. Cleland y I. Rayment, Domain architecture ofpyruvate carboxylase, a biotin-dependent multifunctional enzyme. © 2007. Reproducido con permiso de AAAS; (b) Reproducido con permiso de *Biochemical Journal* 413:369-387, S. Jitrapakdee, M. St. Maurice, I. Rayment, W. W. Cleland, J. C. Wallace y P. V. Attwood, Structure, mechanism and regulation of pyruvate carboxylase. © 2008, The Biochemical Society.

Una enzima relacionada, la fosfoenolpiruvato carboxiquinasa, convierte también el fosfoenolpiruvato en oxalacetato. La función principal de esta enzima está en la gluconeogénesis, como se consideró en el Capítulo 13. Sin embargo, en el corazón y en el músculo esquelético puede utilizarse la misma enzima en la dirección anaplerótica para reponer el oxalacetato.

## Enzima málica

Además de la piruvato carboxilasa y la fosfoenolpiruvato carboxilasa, un tercer proceso anaplerótico es el que proporciona una enzima a la que se denomina habitualmente **enzima málica**, pero cuyo nombre oficial es el de **malato deshidrogenasa (descarboxilante:NADP$^+$)**. Esta enzima málica cataliza la carboxilación reductora del piruvato para dar malato.

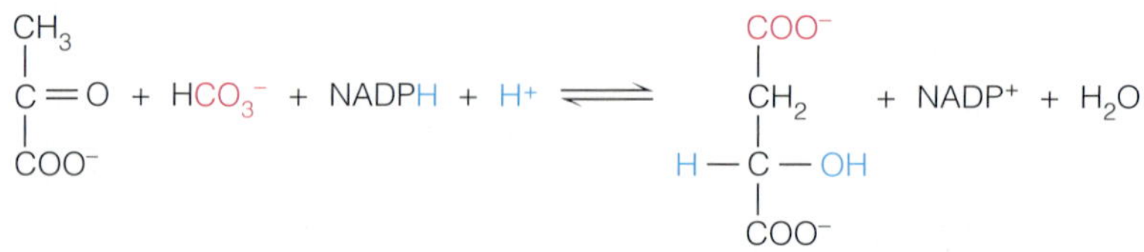


**Piruvato** **L-Malato**

Obsérvese que esta enzima utiliza NADPH en lugar de NADH como donador de electrones en esta reducción. Como veremos en el Capítulo 17, la reacción de la enzima málica en dirección opuesta es una fuente importante de NADPH para la síntesis de ácidos grasos.

## Reacciones en las que participan aminoácidos

Aunque generalmente no se clasifican como rutas anapleróticas, las reacciones de **transaminación** pueden considerarse también así, puesto que son reacciones reversibles que pueden producir intermedios del ciclo del ácido cítrico. En la transaminación, un

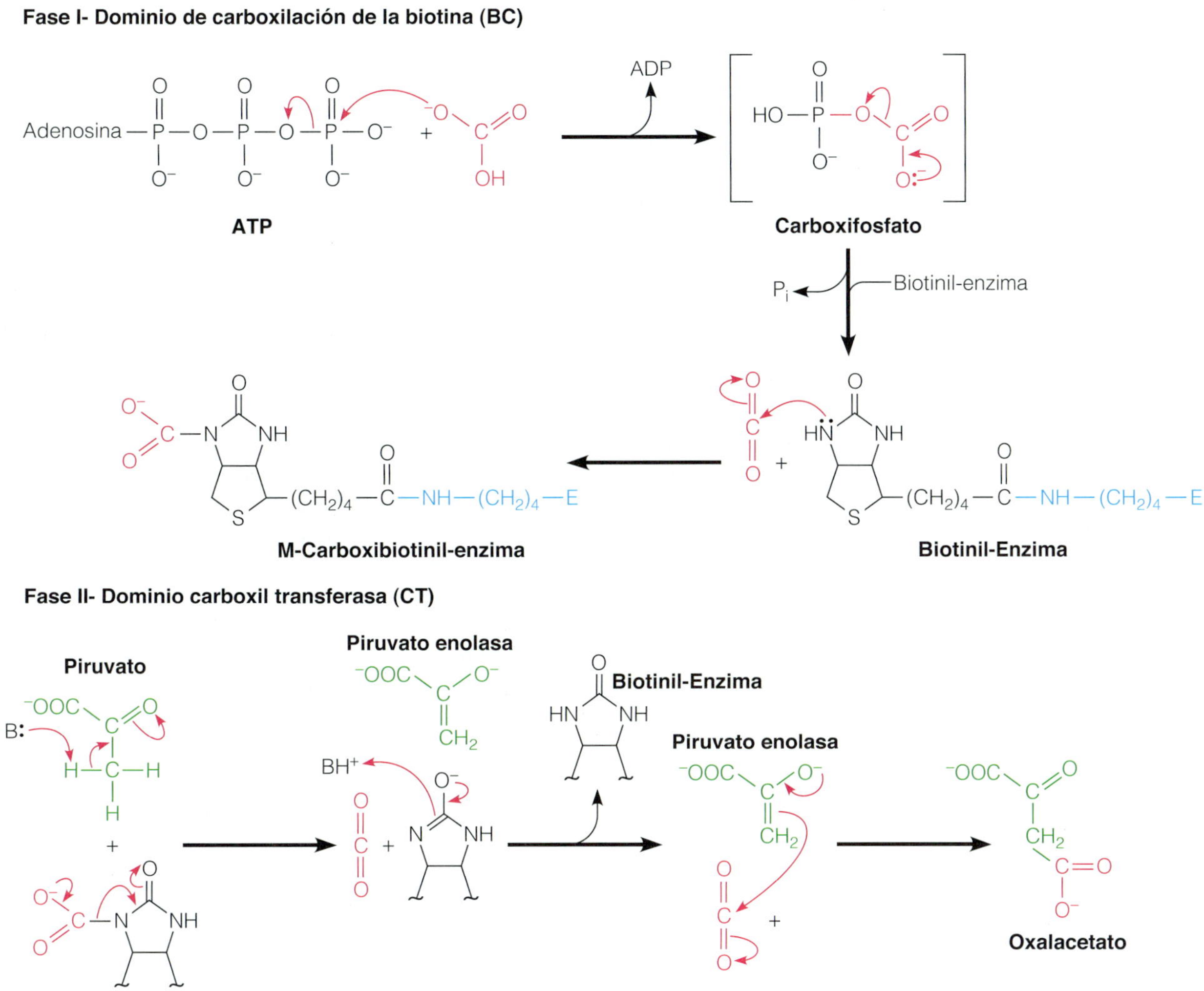


**FIGURA 14.20**

**Mecanismo de la reacción de la piruvato descarboxilasa dependiente de biotina**. La reacción tiene lugar en dos fases, la primera catalizada por el dominio de carboxilación de biotina (BC) y la segunda, por el dominio carboxiltransferasa (CT). En la fase I se deshidrata el bicarbonato a través de la formación de carboxifosfato dependiente de ATP. Este intermedio se descompone para dar $CO_2$ libre que contiene suficiente energía libre para carboxilar la biotina, formando *N*-carboxibiotina. En la fase II, el dominio BCCP balancea la *N*-carboxibiotina al dominio CT, donde se une el piruvato. Una base (B:) del lugar activo de CT genera el enolato piruvato, que ataca al $CO_2$ libre producido por la eliminación de la biotina, para dar el producto final oxalacetato.

*Biochemistry*, 3/E, Donald Voet y Judith G. Voet. 

aminoácido transfiere su grupo α-amino a un cetoácido y se convierte, a su vez, en otro cetoácido. El mecanismo se considerará en el Capítulo 20.

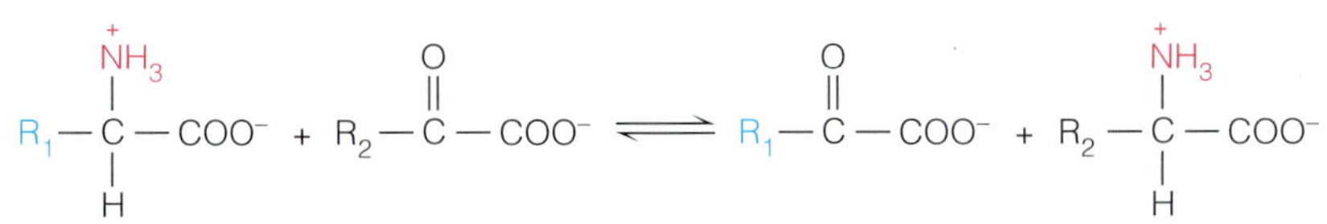

El glutamato y el aspartato experimentan una transaminación para generar los intermedios del ciclo del ácido cítrico: α-cetoglutarato y oxalacetato, respectivamente. Así pues, las células que contienen aminoácidos en abundancia pueden convertirlos en intermedios del ciclo del ácido cítrico mediante una transaminación. Otra enzima, la **glutamato deshidrogenasa**, proporciona una ruta adicional para la síntesis de α-cetoglutarato a partir de glutamato.

$$\text{Glutamato} + \text{NAD(P)}^+ + H_2O \rightleftharpoons \alpha\text{-cetoglutarato} + \text{NAD(P)H} + NH_4^+$$

La glutamato deshidrogenasa, que consideraremos con más detalle en el Capítulo 20, utiliza $NAD^+$ o $NADP^+$. Al ser reversibles, las transaminaciones y la reacción de la glutamato deshidrogenasa pueden utilizarse, tanto para la síntesis de los aminoácidos como para la reposición de los intermediarios del ciclo del ácido cítrico, según las necesidades de la célula.

Por último, muchas plantas y bacterias pueden convertir fragmentos de dos carbonos en intermedios del ciclo del ácido cítrico de cuatro carbonos, a través del ciclo del glioxilato, que se describe en la sección siguiente.

## Ciclo del glioxilato: una variante anabólica del ciclo del ácido cítrico

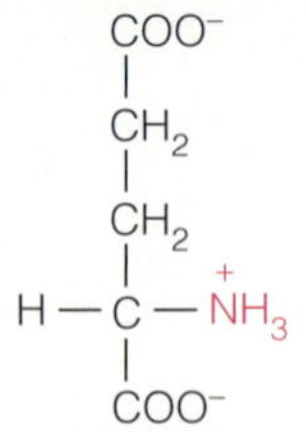

Glutamato

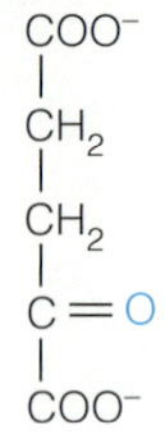

$\alpha$-Cetoglutarato

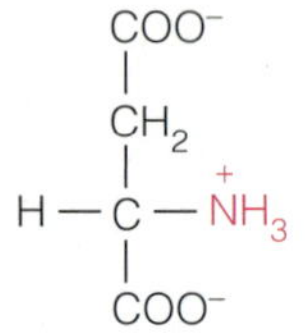

Aspartato

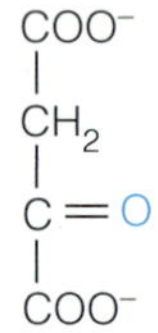

Oxalacetato

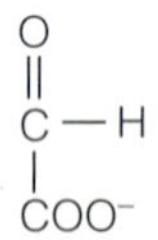

Glioxilato

Desde el punto de vista metabólico, las células vegetales y animales difieren en muchos aspectos importantes. Tiene especial interés aquí el que las células vegetales, junto con algunos microorganismos, puedan realizar la síntesis neta de hidratos de carbono a partir de las grasas. Esta conversión es esencial para el desarrollo de las semillas, en las que gran parte de la energía se almacena en forma de triacilgliceroles. (De hecho, la mayor parte de los aceites vegetales que se venden en los comercios de alimentación son mezclas de triacilgliceroles procedentes de semillas). Cuando las semillas germinan, el triacilglicerol se degrada y se convierte en azúcares, que aportan la energía y las materias primas necesarias para el crecimiento de la planta. En cambio, las células animales no son capaces de realizar la síntesis neta de hidratos de carbono a partir de las grasas.

Las plantas sintetizan los azúcares mediante el empleo del **ciclo del glioxilato**, que puede considerarse una variante anabólica del ciclo del ácido cítrico. Para comprender la importancia de este ciclo, consideraremos primero los dos destinos principales de la acetil-CoA en el metabolismo animal: la oxidación a través del ciclo del ácido cítrico y la síntesis de ácidos grasos. Dada la práctica irreversibilidad de la reacción de la piruvato deshidrogenasa, la acetil-CoA no puede experimentar una conversión neta en piruvato y, por tanto, no puede participar en la síntesis *neta* de hidratos de carbono. Ciertamente, los dos carbonos de la acetil-CoA pueden incorporarse al oxalacetato, que es un precursor gluconeogénico eficaz; sin embargo, puesto que se pierden dos carbonos en esta parte del ciclo del ácido cítrico, no se produce una acumulación *neta* de carbono en los hidratos de carbono. El ciclo del glioxilato permite, sin embargo, la síntesis neta de oxalacetato al eludir las reacciones en las que se pierde $CO_2$.

El ciclo del glioxilato permite a las plantas y a las bacterias llevar a cabo la conversión neta de las grasas en hidratos de carbono, evitando las reacciones de generación de $CO_2$ del ciclo del ácido cítrico.

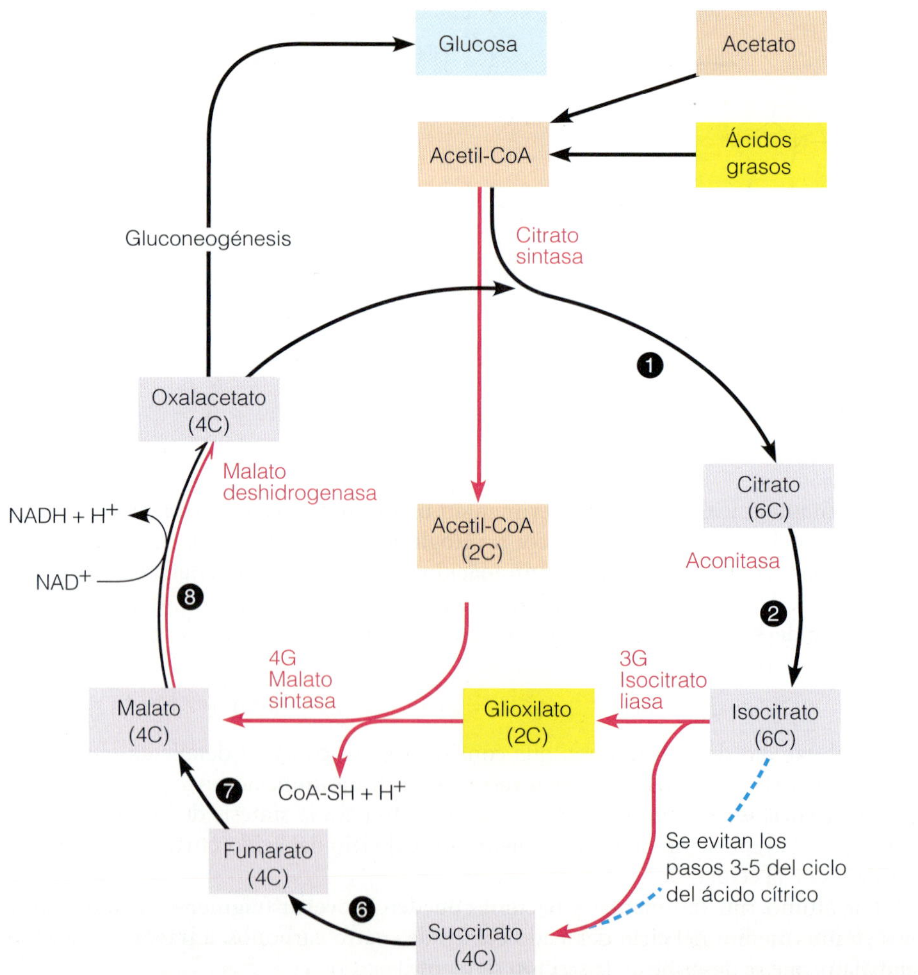


**FIGURA 14.21**

**Reacciones del ciclo del glioxilato.** En el ciclo entran dos moléculas de acetil-CoA, una en el paso de la citrato sintasa y la segunda, en el paso de la malato sintasa. Las reacciones catalizadas por la isocitrato liasa y la malato sintasa (flechas rojas) evitan los tres pasos del ciclo del ácido cítrico entre el isocitrato y el succinato (flechas azules), de forma que los dos carbonos perdidos en el ciclo del ácido cítrico se salvan, resultando en la síntesis neta de oxalacetato. Las reacciones numeradas son idénticas a las del ciclo del ácido cítrico; sin embargo, las reacciones 1, 2, 3G, 4G y 8 están catalizadas por isoenzimas propias localizadas en el glioxisoma.

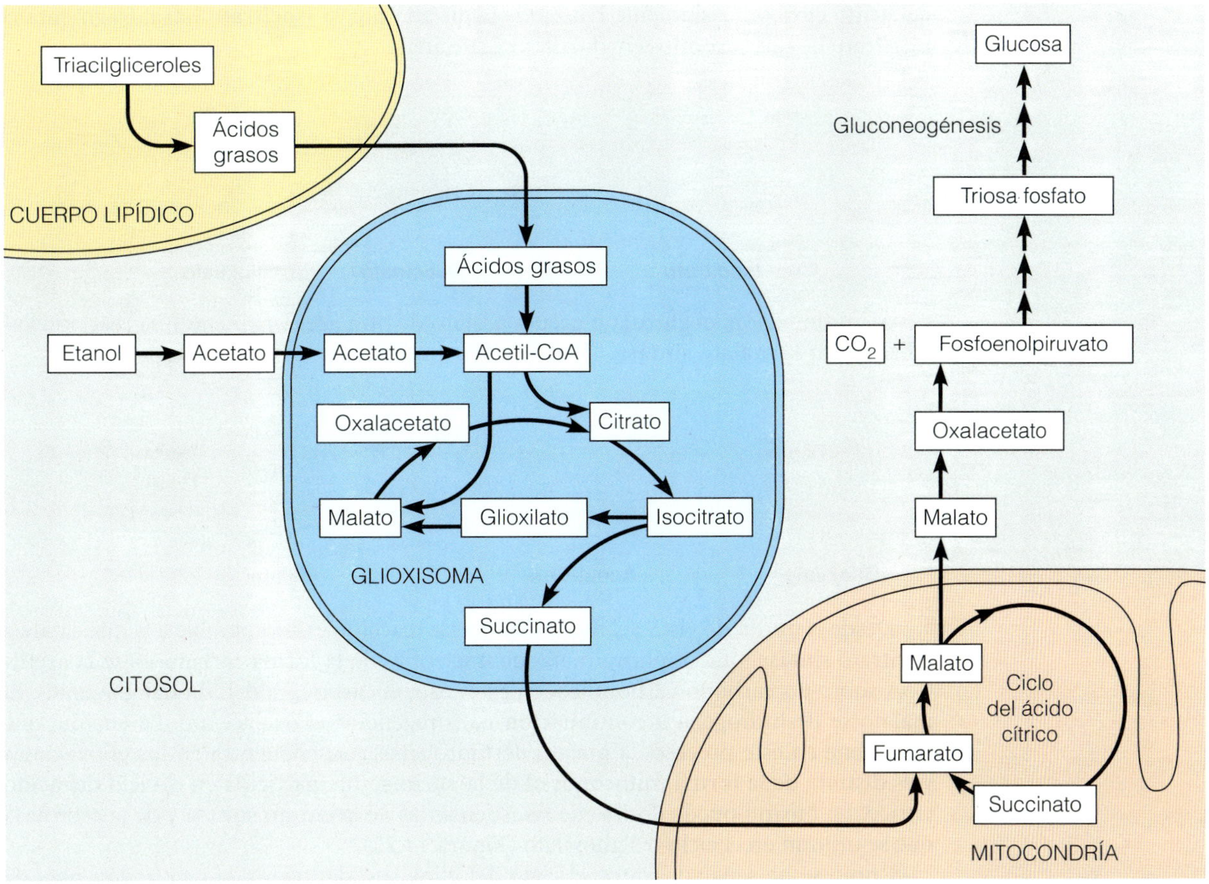


**FIGURA 14.22**

**Relaciones intracelulares que afectan al ciclo del glioxilato en las células vegetales.** Los ácidos grasos liberados en los cuerpos lipídicos se oxidan en los glioxisomas a acetil-CoA, que puede proceder también directamente del acetato. La acetil-CoA se convierte posteriormente en succinato en el ciclo del glioxilato, y el succinato se transporta a las mitocondrias. Allí se convierte, en el ciclo del ácido cítrico, en oxalacetato, que se convierte fácilmente, a su vez, en azúcares mediante la gluconeogénesis.

El ciclo del glioxilato (Figura 14.21) es una ruta cíclica que convierte dos unidades acetilo, en forma de acetil-CoA, en una molécula de succinato. La ruta emplea algunas de las enzimas del ciclo del ácido cítrico, pero evita las reacciones en las que se pierde carbono durante el ciclo del ácido cítrico. El segundo mol de acetil-CoA se introduce durante este baipás (Figura 14.21). Así, cada vuelta del ciclo comporta la incorporación de dos fragmentos de dos carbonos y da lugar a la síntesis neta de una molécula de cuatro carbonos. Este proceso tiene lugar en el **glioxisoma**, un orgánulo especializado que lleva a cabo, tanto la $\beta$-oxidación de los ácidos grasos para producir acetil-CoA, como la utilización de esta acetil-CoA en el ciclo del glioxilato. El succinato generado se transporta desde el glioxisoma a la mitocondria, donde se convierte, a través de las reacciones 6, 7, y 8 del ciclo del ácido cítrico (*véase* la Figura 14.3), en oxalacetato. Este último se utiliza fácilmente para la síntesis de hidratos de carbono a través de la gluconeogénesis.

El ciclo del glioxilato permite también a muchos microorganismos metabolizar sustratos de dos carbonos, como el acetato. *E. coli*, por ejemplo, puede crecer en un medio que contenga acetato como única fuente de carbono, igual que pueden hacerlo muchos hongos, protozoos y algas. Estas células sintetizan acetil-CoA, que se utiliza tanto para producir energía, a través del ciclo del ácido cítrico, como para la síntesis de precursores gluconeogénicos, mediante el ciclo del glioxilato.

Examinemos ahora las reacciones individuales del ciclo del glioxilato. Como se ha señalado, la acetil-CoA procede de la oxidación de los ácidos grasos. Otra posibilidad es que el propio acetato se convierta en acetil-CoA por la acción de la **acetato tioquinasa**, una enzima que se encuentra en casi todos los organismos, incluyendo los que carecen del ciclo del glioxilato.

$$\text{Acetato} + \text{CoA-SH} + \text{ATP} \rightleftharpoons \text{acetil-CoA} + \text{AMP} + \text{PPi}$$

A continuación, la acetil-CoA se condensa con el oxalacetato para producir citrato, de la misma forma que en el ciclo del ácido cítrico, y el citrato reacciona con la aconitasa para dar isocitrato. En este punto, el ciclo del glioxilato diverge respecto al ciclo del ácido cítrico. La siguiente reacción, catalizada por la **isocitrato liasa**, fragmenta el isocitrato de seis carbonos en glioxilato y succinato.

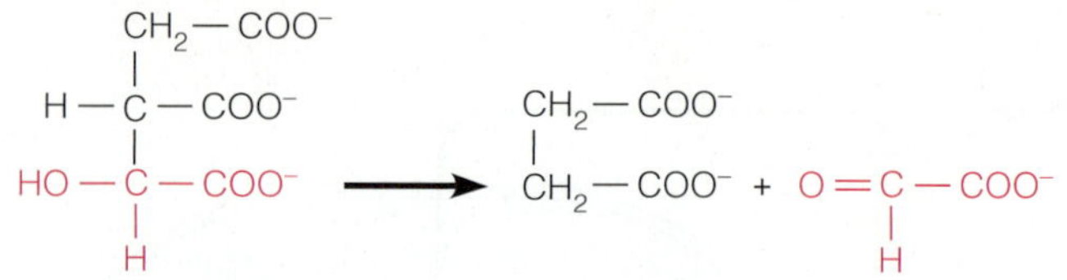

**Isocitrato** **Succinato** **Glioxilato**

A continuación, el glioxilato acepta acetato de otra acetil-CoA, en una reacción catalizada por la **malato sintasa**.

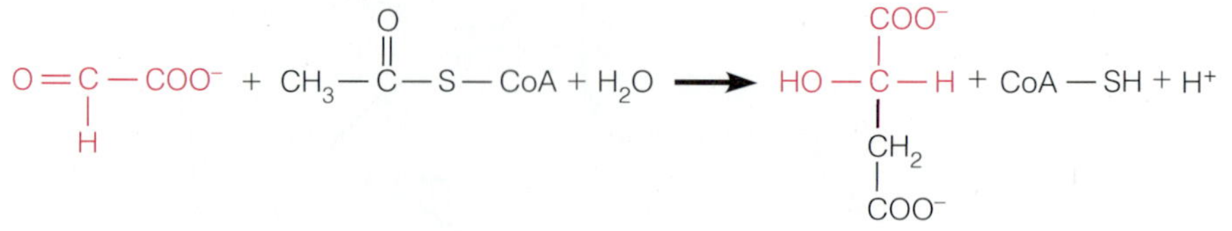

**Glioxilato** **Acetil-CoA** **Malato**

Desde el punto de vista del mecanismo, esta reacción es comparable a la que cataliza la citrato sintasa, que implica un ataque nucleófilo de la forma carbanión de la acetil-CoA sobre un carbono carbonílico, en este caso, el carbono aldehído del glioxilato. El malato se deshidrogena a continuación para regenerar el oxalacetato. La enzima que interviene en este proceso, la malato deshidrogenasa, se encuentra en los glioxisomas y es distinta de la forma mitocondrial de la enzima, que participa en el ciclo del ácido cítrico. Lo mismo puede decirse de las isoenzimas de la citrato sintasa y de la aconitasa que se utilizan en el ciclo del glioxilato (Figura 14.22).

Como se ha señalado antes, el ciclo del glioxilato da lugar a la conversión neta de dos fragmentos de dos carbonos, acetil-CoA, en un compuesto de cuatro carbonos, el succinato, como se indica en la siguiente ecuación equilibrada.

$$2 \text{ Acetil-CoA} + NAD^+ + 2H_2O \longrightarrow \text{succinato} + NADH + H^+ + 2\text{CoA-SH}$$

El destino principal del succinato es su entrada en la gluconeogénesis mediante su conversión en oxalacetato.

## RESUMEN

El ciclo del ácido cítrico es la ruta central de oxidación de los hidratos de carbono, los lípidos y las proteínas. Un participante principal de esta ruta cíclica es el piruvato producido en la glucólisis, que sufre una oxidación a acetil-CoA por el complejo piruvato deshidrogenasa. Este sistema, que contiene tres enzimas, utiliza cinco coenzimas: $NAD^+$, CoA-SH, FAD, lipoamida y pirofosfato de tiamina (TPP). Cada vuelta del ciclo del ácido cítrico comporta la entrada de dos carbonos como grupo acetilo de la acetil-coenzima A y la pérdida de dos carbonos como $CO_2$. La acetil-CoA se condensa con el oxalacetato para formar citrato. Después de una vuelta del ciclo se regenera el oxalacetato, iniciando de nuevo el proceso. Durante el ciclo se generan transportadores electrónicos reducidos, fundamentalmente NADH, y su reoxidación en las mitocondrias aporta la energía para la síntesis de ATP. La regulación del ciclo del ácido cítrico se produce tanto a nivel de entrada del combustible a las células (en los pasos de la piruvato deshidrogenasa y la citrato sintasa) como a nivel del control de las reacciones clave dentro del ciclo (isocitrato deshidrogenasa y α-cetoglutarato deshidrogenesa). En los mamíferos, la actividad del complejo piruvato deshidrogenasa está regulada mediante fosforilación/desfosforilación de su subunidad $E_1$, catalizadas por proteína quinasa y fosfatasas específicas. Las reacciones anapleróticas reponen los intermediarios del ciclo del ácido cítrico, que se consumen en las rutas de biosíntesis. En las plantas y las bacterias, el ciclo del glioxilato cortocircuita las dos reacciones de descarboxilación del ciclo del ácido cítrico, permitiendo que la acetil-CoA experimente una conversión neta en hidratos de carbono.

## BIBLIOGRAFÍA

### Regulación del ciclo del ácido cítrico

**Atkinson, D. E.** (1977) *Cellular Energy Metabolism and Its Regulation.* Academic Press, Nueva York. Comentarios provocadores de la persona que dio origen al concepto de carga energética de adenilato.

**Denton, R. M.** y **McCormack, J. G.** (1990) $Ca^{2+}$ as a second messenger within mitochondria of the heart and other tissues. *Annu. Rev. Physiol.* 52:451-466. Revisión detallada sobre la relación entre la concentración de calcio intramitocondrial y la demanda de generación de energía.

**Maj, M. C., Cameron, J. M.** y **Robinson, B. H.** (2006) Pyruvate dehydrogenase phosphatase deficiency: Orphan disease or an underdiagnosed condition? *Mol. Cell. Endocrinol.* 249:1-9.

**Nichols, B. J., Rigoulet, M.,** y **Denton, R. M.** (1994) Comparison of the effects of $Ca^{2+}$, adenine nucleotides and pH on the kinetic properties of mitochondrial NAD(+)-isocitrate dehydrogenase and oxoglutarate dehydrogenase from the yeast *Saccharomyces cerevisiae* and rat heart. *Biochem. J.* 303:461-465.

**Ottaway, J. H., McClellan, J. A.,** y **Saunderson, C. L.** (1981) Succinic thiokinase and metabolic control. *Int. J. Biochem.* 13:401-410. Trata sobre las consideraciones del equilibrio de la succinil-CoA sintetasa dependiente de ATP frente a la dependiente de GTP.

**Roche, T. E.** y **Hiromasa, Y.** (2007) Pyruvate dehydrogenase kinase regulatory mechanisms and inhibition in treating diabetes, heart ischemia, and cancer. *Cell. Mol. Life Sci.* 64:830-849.

**Sugden, M. C.** y **Holness, M. J.** (2006) Mechanisms underlying regulation of the expression and activities of the mammalian pyruvate dehydrogenase kinases. *Arch. Physiol. Biochem.* 112:139-149. Estas dos revisiones consideran el papel de la fosforilación en la regulación del complejo piruvato deshidrogenasa de mamíferos.

### Enzimas del cíclo del ácido cítrico y las rutas relacionadas

**Briere, J.-J., Favier, J., Gimenez-Roqueplo, A.-P.** y **Rustin, P.** (2006) Tricarboxylic acid cycle dysfunction as a cause of human diseases and tumor formation. *Am. J. Physiol. Cell. Physiol.* 291:C1114-C1120. Revisa la relación entre los defectos de las enzimas del ciclo del ácido cítrico y la enfermedad humana.

**Jitrapakdee, S., St. Maurice, M., Rayment, I., Cleland, W. W. Wallace, J. C.** y **Attwood, P. V.** (2008) Structure, mechanism and regulation of pyruvate carboxylase. *Biochem. J.* 413:369-387. Una excelente revisión sobre la estructura y función de esta enzima multifunctional dependiente de biotina.

**Kaelin, W G., Jr.** y **Thompson, C. B.** (2010) Q&A: Cancer: Clues from cell metabolism. *Nature* 465:562-564. Este artículo corto describe cómo las mutaciones de las enzimas metabólicas, entre ellas las del ciclo del ácido cítrico, pueden producir cáncer.

**Kern, D., Kern, G., Neef, H., Tittmann, K., Killenberg-Jabs, M., Wilkner, C., Schneider, G.** y **Hübner, G.** (1997) How thiamine diphosphate is activated in enzymes. *Science* 275:67-70. Este artículo describe los experimentos de RMN que establecen cómo se forma el carbanión reactivo en las reacciones dependientes de pirofosfato de tiamina.

**Lambeth, D. O.** (2006) Reconsideration of the significance of substrate-level phosphorylation in the citric acid cycle. *Biochem. Mol. Biol. Educ.* 34:21.-29. Considera la existencia y funciones en los animales de las isoenzimas de succinil-CoA sintetasa dependientes de ATP y GTP.

**Lauble, H., Kennedy, M. C., Emptage, M. H., Beinert, H.** y **Stout, C. D.** (1996) The reaction of fluorocitrate with aconitase and the crystal structure of the enzyme-inhibitor complex. *Proc. Natl. Acad. Sci. USA* 93:13699-13703.

**Mesecar, A. D.** y **Koshland Jr., D. E.** (2000) A new model for protein stereospecificity. Nature 403:614-615. Una ilustración concisa sobre el modelo de localización de cuatro puntos para explicar la unión estereoespecífica de las enzimas.

**Perham, R. N.** (2000) Swinging arms and swinging domains in multifunctional enzymes: Catalytic machines for multistep reactions. Annu. Rev. Biochem.69:961-1004. Una revisión excelente sobre los complejos miltienzimáticos, que incluye los que utilizan ácido lipoico y biotina.

**Rutter, J., Winge, D. R.** y **Schiffman, J. D.** (2010) Succinate dehydrogenase-Assembly, regulation and role in human disease. *Mitochondrion* 10:393-401. Una revisión concisa sobre la Bioquímica y las conexiones médicas de esta enzima respiratoria clave.

**Srere, P. A., Sherry, A. D., Malloy, C. R.** y **Sumegi, B.** (1997) Channelling in the Krebs tricarboxylic acid cycle. En *Channelling in Intermediary Metabolism*, L. Agius y H. S. A. Sherratt, eds., Vol. IX, págs. 201-217. Portland Press Ltd., Londres. Una revisión general del concepto de metabolones y de la canalización de las rutas metabólicas.

**Velot, C., Mixon, M. B., Teige, M.** y **Srere, P. A.**(1997) Model of a quinary structure between Krebs TCA cycle enzymes: A model for the metabolon. *Biochemistry* 36:14271-14276. Este artículo describe un planteamiento experimental nuevo para entender cómo interaccionan entre ellas las enzimas que catalizan reacciones secuenciales y así, facilitar la catálisis de las rutas con varios pasos.

**Wolodko, W. T., Fraser, M. E., James, M. N.** y **Bridger, W. A.** (1994) The crystal structure of succinyl-CoA synthetase from *Escherichia coli* at 2.5-A resolution. *J. Biol. Chem.* 269:10883-10890. Este artículo describe el papel de los dipolos helicoidales en la estabilización de los intermediarios de reacción.

**Zhou, Z. H., McCarthy, D. B., O'Connor, C. M., Reed, L. J.** y **Stoops, J. K.** (2001) The remarkable structural and functional organization of the eukaryotic pyruvate dehydrogenase complexes. *Proc. Natl. Acad. Sci. USA* 98:14802-14807.

### Conocimientos experimentales del ciclo del ácido cítrico

**Krebs, H. A.** (1970) The history of the tricarborxylic acid cycle. *Perspect. Biol. Med.* 14:154-170. Una descripción histórica por el responsable de la mayor parte de la historia.

**Reed, L. J.** (2001) A trail of research from lipoic acid to alpha-keto acid dehydrogenase complexes. *J. Biol. Chem.* 276:38329-38336. Una consideración histórica por el descubridor del ácido lipoico y su papel en la piruvato deshidrogenasa.

**Snell, E. E.** (1993) From bacterial nutrition to enzyme structure: A personal odyssey. *Annu. Rey. Biochem.* 62:7-28. Memorias de uno de los científicos que intervinieron de manera más directa en los descubrimientos de las vitaminas y las coenzimas.

**Sumegi, B., Sherry, A. D.** y **Malloy, C. R.** (1990) Channeling of TCA cycle intermediates in cultured *Saccharomyces cerevisiae. Biochemistry* 29:9106-9110. Este artículo describe los studios de RMN con $^{13}C$ que descubrieron el marcaje no aleatorio de los intermedios simétricos succinato y fumarato, y sugirieron la canalización del sustrato en el ciclo.

### Ciclo del glioxilato

**Eastmond, P. J.** y **Graham, I. A.** (2001) Re-examining the role of the glyoxylate cycle in oilseeds. *Trends Plant Sci.* 6:72-78.

## PROBLEMAS

1. Diseñe un experimento con un trazador radiactivo que pueda permitirle determinar la proporción del catabolismo de la glucosa, que en una determinada preparación tisular se produce a través de la ruta de las pentosas fosfato y la proporción que tiene lugar a través de la glucólisis y del ciclo del ácido cítrico. Suponga que puede sintetizar glucosa marcada con $^{14}C$ en cualquier posición o combinación de posiciones que se desee. Suponga también que puede capturar el $CO_2$ tras la administración de glucosa marcada y determinar su radiactividad.

2. Considere el destino del piruvato marcado con $^{14}C$ en cada una de las siguientes posiciones: carbono 1 (carboxilo), carbono 2 (carbo-

nilo) y carbono 3 (metilo). Prediga el destino de cada carbono marcado durante una vuelta del ciclo del ácido cítrico.

3. Suponga que la aconitasa *no* se uniera asimétricamente a su sustrato. ¿Qué fracción de los átomos de carbono introducidos como acetil-CoA sería liberada en una vuelta del ciclo? ¿Qué fracción de los átomos de carbono que han entrado en el primer ciclo sería liberada en la segunda vuelta?

4. Se administró [metil-$^{14}$C]piruvato a células hepáticas aisladas en presencia del malonato suficiente para bloquear por completo la succinato deshidrogenasa. Al cabo de un tiempo, se aisló el isocitrato y se encontró que contenía el marcaje en el carbono 2 y en el carbono 5:

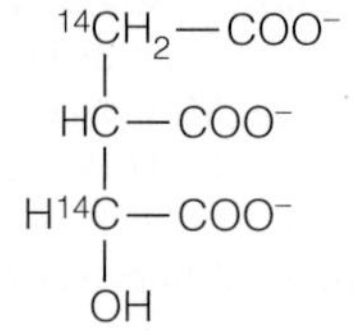


¿Cómo explica este resultado?

5. Teniendo en cuenta los datos que llevaron a Krebs a proponer una ruta cíclica para la oxidación del piruvato, comente el tipo de pruebas experimentales que podrían haber conducido a detectar la naturaleza cíclica de la ruta del glioxilato.

6. ¿Qué carbono o carbonos de la glucosa, si se metaboliza mediante la glucólisis y el ciclo del ácido cítrico, se perderían más rápidamente como $CO_2$?

7. Para establecer qué forma de isocitrato deshidrogenasa desempeña el papel más importante en el ciclo del ácido cítrico, la forma dependiente del $NAD^+$ o la dependiente del $NADP^+$, ¿qué tipo de información le resultaría útil?

8. En relación con la Figura 14.10, escriba una ecuación equilibrada para la reacción global catalizada por cada una de las tres enzimas del complejo piruvato deshidrogenasa ($E_1$, $E_2$, y $E_3$).

9. Describa brevemente la justificación biológica de cada uno de los siguientes fenómenos alostéricos: (a) la activación de la piruvato descarboxilasa por la acetil-CoA, (b) la activación de la piruvato deshidrogenasa quinasa por el NADH, (c) la inhibición de la isocitrato deshidrogenasa por el NADH, (d) la activación de la isocitrato deshidrogenasa por el ADP, (e) la inhibición de la α-cetoglutarato deshidrogenasa por la succinil-CoA, y (f) la activación de la piruvato deshidrogenasa fosfatasa por el $Ca^{2+}$.

10. Determinados microorganismos con un ciclo del ácido cítrico modificado descarboxilan el α-cetoglutarato para generar succinato semialdehído:

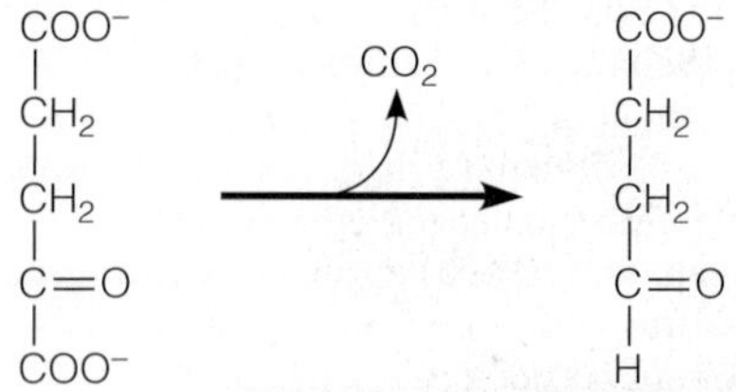


**α-Cetoglutarato** **Semialdehído succinato**

(a) A continuación el semialdehído succinato se cnvierte en succinato, que luego se metaboliza mediante las enzimas del ciclo del ácido cítrico habitual. ¿Qué clase de reacción es necesaria para convertir el semialdehído succinato en succinato? Muestre alguna coenzima que podría participar.

(b) En base a su respuesta de la parte (a), ¿cómo se compara esta ruta con el ciclo del ácido cítrico habitual en cuanto al rendimiento energético?

11. Dado que conoce la función del ciclo del glioxilato y la regulación del ciclo del ácido cítrico, proponga algunos mecanismos de control que podrían regular el ciclo del glioxilato.

12. Escriba una ecuación equilibrada para la conversión en el ciclo del glioxilato de dos unidades acetilo, como acetil-CoA, en oxalacetato.

13. Como se considera en el Capítulo 15, el FAD es un oxidante más fuerte que el $NAD^+$; el FAD tiene un potencial de reducción estándar mayor que el $NAD^+$. Sin embargo, en la última reacción del complejo piruvato deshidrogenasa, el $FADH_2$ unido a $E_3$ se oxida por el $NAD^+$. Explique esta paradoja aparente.

14. Dado los papeles del $NAD^+$/NADH en las reacciones de deshidrogenación y del NADPH/$NADP^+$ en las reducciones, como se considera en la página 488, ¿esperaría que la relación intracelular de $NAD^+$ a NADH sea alta o baja? ¿Qué hay sobre la relación de $NADP^+$ a NADPH? Explique sus respuestas.

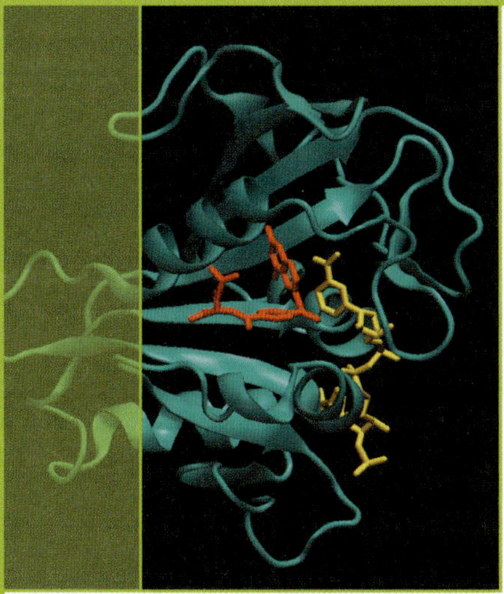

# CAPÍTULO 15

## Transporte electrónico, fosforilación oxidativa y metabolismo del oxígeno

**El ser humano adulto promedio sintetiza ATP** a una velocidad de unas $10^{21}$ moléculas por segundo, equivalente a la producción de su propio peso en ATP *cada día*. ¿Cómo se convierte esta cantidad masiva de energía? Como vimos en los Capítulos 13 y 14, la glucólisis y el ciclo del ácido cítrico generan directamente una cantidad relativamente baja de ATP. Sin embargo, en condiciones aerobias, seis pasos de deshidrogenación, uno en la glucólisis, otro en la reacción de la piruvato deshidrogenasa y cuatro más en el ciclo del ácido cítrico, reducen en total 10 moles de $NAD^+$ a NADH y 2 moles de FAD a $FADH_2$ por mol de glucosa. La reoxidación de estos transportadores electrónicos reducidos genera la mayor parte de la energía necesaria para la síntesis de ATP. Esto es la tercera fase de la oxidación metabólica de los sustratos (Figura 15.1). En las células eucariotas, el NADH y el $FADH_2$ se reoxidan mediante proteínas de transporte electrónico unidas a la membrana mitocondrial interna. Se produce una serie de reacciones de oxidación y reducción ligadas en donde los electrones pasan a lo largo de un conjunto de transportadores electrónicos, la cadena de transporte electrónico, o **cadena respiratoria** (Figura 15.1). El último paso es la reducción del $O_2$ a agua. La secuencia global de transporte electrónico es bastante exergónica. Un par de equivalentes reductores, generados a partir de 1 mol de NADH, basta para dar origen a la síntesis acoplada de entre 2 y 3 moles de ATP a partir de ADP y $P_i$ mediante un proceso llamado **fosforilación oxidativa**. ¿Cómo se **acopla** la energía liberada por las reacciones oxidativas de la cadena respiratoria para impulsar la síntesis de ATP? El mecanismo de este acoplamiento se verá a lo largo de todo este capítulo. Además, analizaremos otras funciones metabólicas importantes que desempeña el oxígeno en las células aerobias.

La oxidación de 1 mol de NADH por la cadena respiratoria proporciona la energía suficiente para la síntesis de ~2.5 moles de ATP a partir de ADP.

Vimos en la glucólisis que la energía liberada durante la degradación de la glucosa se emplea para convertir intermedios fosforilados de baja energía en intermedios fosforilados de energía elevada, que posteriormente transfieren sus fosfatos para formar ATP. Se asumió así que una forma semejante de acoplamiento químico directo estaría tras la formación de ATP en la respiración. Durante muchos años, los investigadores de todo el mundo buscaron un intermedio de energía elevada que pudiera ligar el transporte electrónico con la síntesis de ATP. Había, sin embargo, varios hechos persistentes que argumentaban en contra de un proceso de acoplamiento químico directo como las reacciones de la fosfoglicerato quinasa y la piruvato quinasa de la glucólisis. Tal vez lo más preocupante fue la constatación de que el número de moléculas de ATP producido por glucosa durante la respiración no era constante: tendía a variar entre 28 y 38. Esto es, el paso de un par de electrones por la cadena respiratoria genera aproximadamente 2.5 ATP, no un entero, como predice un mecanismo de acoplamiento químico directo. Además, la respiración necesitaba una membrana. Si se rompía la membrana, el paso de los electrones por la cadena respiratoria se *desacoplaba* de la síntesis de ATP. Los electrones fluían aún, pero cesaba la producción de ATP. Como veremos pronto, las

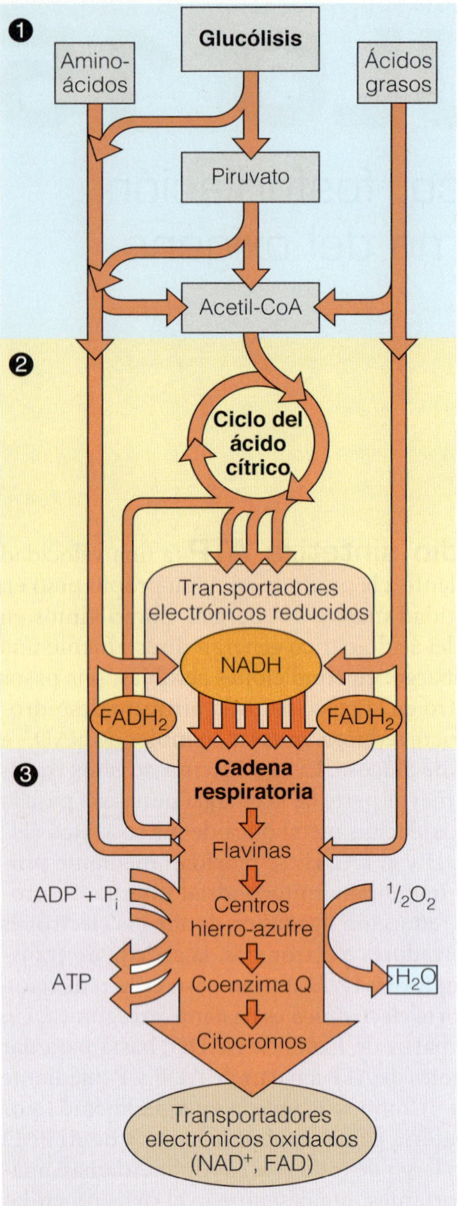


**FIGURA 15.1**

**Visión general de la generación oxidativa de energía.**

células generaron hace mucho tiempo un mecanismo refinado y simple que explica todas estas observaciones, un mecanismo que resulta tener un significado mucho más amplio que solo la síntesis de ATP. En breve, el paso de los electrones por la cadena respiratoria genera un gradiente de protones en la membrana mitocondrial interna y la energía de este gradiente de protones proporciona la fuerza impulsora para la síntesis de ATP.

## La mitocondria: el escenario de la acción

Para comprender las oxidaciones biológicas, es necesario conocer tanto la química de las reacciones de oxidación-reducción como la biología celular de la mitocondria. Antes de revisar la química, describiremos los lugares intracelulares donde se producen estas reacciones. El metabolismo celular genera compuestos reducidos en todos los compartimientos principales de una célula eucariota. Como se ha indicado antes, la glucólisis tiene lugar en el citosol de las células eucariotas, mientras que la oxidación del piruvato, la $\beta$-oxidación de los ácidos grasos, la oxidación de los aminoácidos y el ciclo del ácido cítrico se producen en la matriz mitocondrial. Las distintas células presentan amplias diferencias en cuanto a la abundancia y estructura de sus mitocondrias. La mayor parte de las células de los vertebrados contienen varios cientos de mitocondrias, pero su número puede ser de tan solo 1 o de hasta 100 000.

La mitocondria está formada por cuatro subregiones diferentes, que se indican en las Figuras 15.2a y b: la membrana externa, la membrana interna, el espacio intermembrana y la matriz, situada dentro de la membrana interna. La membrana interna está muy plegada, formando **crestas** que se proyectan hacia el interior de la mitocondria y que, a menudo, llegan casi hasta el otro lado de la misma. Dado que las proteínas respiratorias están unidas a la membrana interna, la densidad de las crestas está relacionada con la actividad respiratoria de la célula. Así, por ejemplo, las células del músculo cardíaco, que tienen tasas de respiración elevadas, contienen mitocondrias con crestas densamente apiladas. En cambio, las células hepáticas tienen una tasa de respiración mucho menor y mitocondrias con crestas distribuidas de forma más dispersa.

Sea cual sea el compartimiento en el que se produzcan las oxidaciones biológicas, todos estos procesos generan transportadores electrónicos reducidos, fundamentalmente NADH. La mayor parte de este NADH se reoxida, con la producción simultánea de ATP por las enzimas de la cadena respiratoria, que están firmemente embebidas en la membrana interna. Esta membrana está formada por, aproximadamente, un 70 % de proteínas y un 30 % de lípidos, lo cual hace que tal vez sea la membrana biológica con mayor abundancia de proteínas. Aproximadamente la mitad de las proteínas de la membrana interna de las mitocondrias del corazón de buey interviene directamente en el transporte electrónico y la fosforilación oxidativa. La mayor parte de las demás proteínas interviene en el transporte de sustancias hacia el interior y el exterior de las mitocondrias. En cambio, un grupo de proteínas completamente diferentes están unidas a la membrana externa, entre las que se encuentran las enzimas de la oxidación de los aminoácidos, las de la elongación de los ácidos grasos, las de la biosíntesis de los fosfolípidos de membrana y las de las hidroxilaciones enzimáticas.

**FIGURA 15.2**

**Localización de los procesos respiratorios en la mitocondria. (a)** Mitocondria de una célula pancreática, mostrada en un corte fino en la micrografía electrónica. Se muestran los principales compartimientos intramitocondriales, junto con las principales enzimas y rutas localizadas en cada compartimiento. Aumentos, 155 000. **(b)** Visión general de la fosforilación oxidativa. Los transportadores electrónicos reducidos, producidos por las deshidrogenasas citosólicas y las rutas oxidativas mitocondriales, vuelven a oxidarse por los complejos enzimáticos unidos en la membrana interna. Estos complejos bombean activamente protones hacia el exterior, creando un gradiente energético cuya descarga a través del complejo V impulsa la síntesis de ATP.

(a) Springer and Plenum/*Mitochondria*, 1982, A. Tzagoloff, cortesía de Springer Science+Business Media B.V.

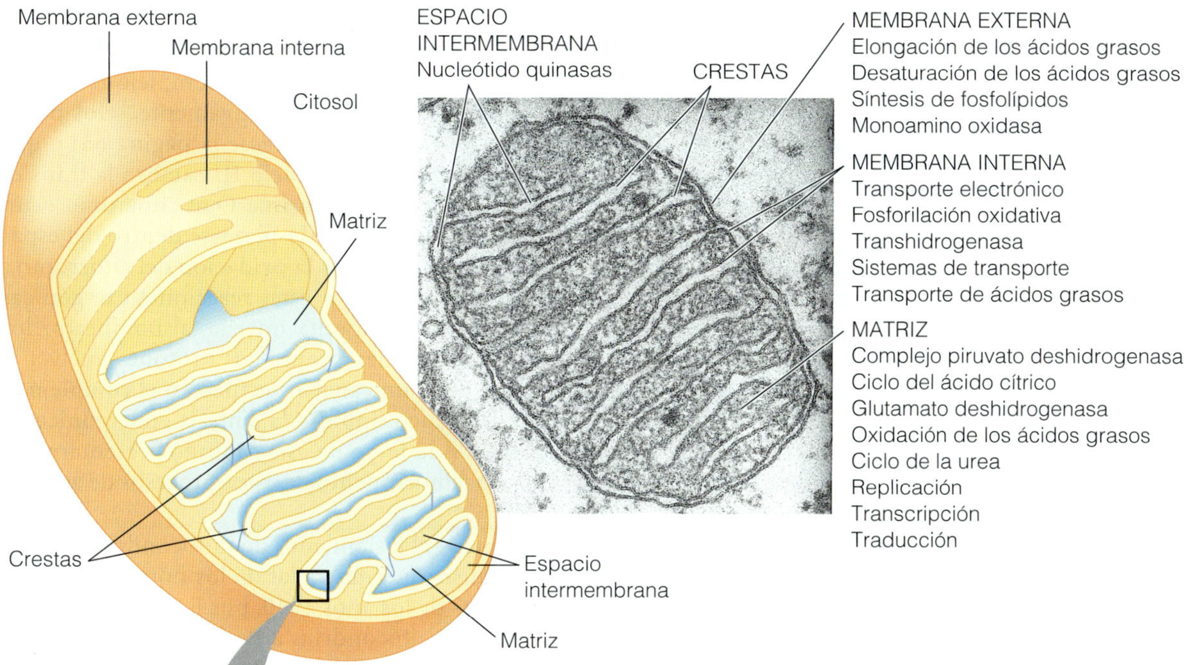
Membrana externa
Membrana interna
Citosol
Matriz
Crestas
Espacio intermembrana
Matriz
ESPACIO INTERMEMBRANA
Nucleótido quinasas
CRESTAS
MEMBRANA EXTERNA
Elongación de los ácidos grasos
Desaturación de los ácidos grasos
Síntesis de fosfolípidos
Monoamino oxidasa
MEMBRANA INTERNA
Transporte electrónico
Fosforilación oxidativa
Transhidrogenasa
Sistemas de transporte
Transporte de ácidos grasos
MATRIZ
Complejo piruvato deshidrogenasa
Ciclo del ácido cítrico
Glutamato deshidrogenasa
Oxidación de los ácidos grasos
Ciclo de la urea
Replicación
Transcripción
Traducción

(a)

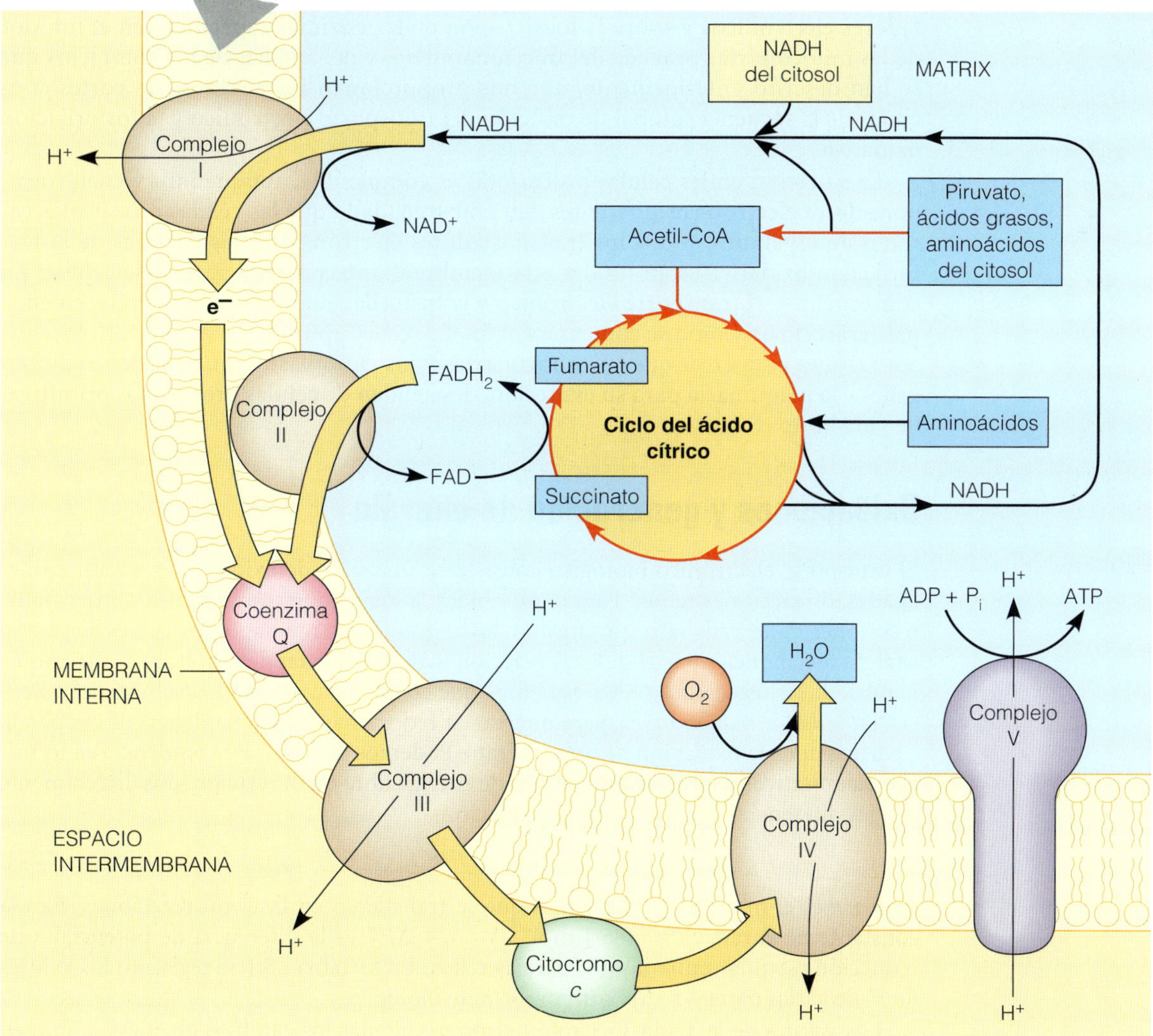
NADH del citosol
MATRIX
NADH
NADH
H+
H+
Complejo I
NAD+
Acetil-CoA
Piruvato, ácidos grasos, aminoácidos del citosol
e−
FADH2
Fumarato
Complejo II
Ciclo del ácido cítrico
Aminoácidos
FAD
Succinato
NADH
Coenzima Q
H+
ADP + Pi
H+
ATP
H2O
O2
H+
MEMBRANA INTERNA
Complejo V
Complejo III
Complejo IV
ESPACIO INTERMEMBRANA
H+
Citocromo c
H+
H+

(b)

Embebidas en la membrana interna se encuentran las proteínas transportadoras que forman la cadena respiratoria. Se ensamblan en cinco complejos multiproteicos, denominados I, II, III, IV y V (Figura 15.2b). El complejo I y el complejo II reciben electrones de la oxidación del NADH y del succinato, respectivamente, y los pasan a un transportador electrónico lipídico, la coenzima Q (*véase* la página 631), que se desplaza libremente a través de la membrana. El complejo III cataliza la transferencia de electrones desde la forma reducida de la coenzima Q al citocromo *c*, un transportador electrónico proteico que también puede desplazarse dentro del espacio intermembrana. Por último, el complejo IV cataliza la oxidación del citocromo *c* con la reducción del $O_2$ a agua. La energía liberada por estas reacciones exergónicas crea un gradiente de protones a través de la membrana interna, al bombearse los protones desde la matriz hacia el espacio intermembrana. Los protones vuelven a entrar posteriormente en la matriz a través de un canal específico en el complejo V. La energía liberada por este proceso exergónico impulsa la síntesis endergónica de ATP a partir de ADP y fosfato inorgánico. A lo largo de este capítulo presentaremos la base estructural y funcional de nuestro conocimiento de estos procesos de acoplamiento energético.

La mayor parte de los transportadores electrónicos de la cadena respiratoria están embebidos en la membrana mitocondrial interna.

Para entender estos procesos fue esencial el aislamiento de mitocondrias fisiológicamente intactas, utilizando la centrifugación diferencial de los homogeneizados celulares. Este logro fue alcanzado, a finales de los años 1940, por Eugene Kennedy y Albert Lehninger, que demostraron que las mitocondrias aisladas podían sintetizar *in vitro* ATP a partir de ADP y $P_i$, pero solo si se encontraba presente también un sustrato oxidable. Gran parte de nuestro conocimiento sobre la secuencia de transportadores electrónicos y sobre la localización de las enzimas específicas en el interior de las mitocondrias procede del fraccionamiento y del análisis de los complejos que se han descrito anteriormente, que nos proporcionan instantáneas de partes concretas de la secuencia global de reacción del transporte electrónico y la fosforilación oxidativa.

La situación en las células procariotas es comparable, aunque intervienen transportadores electrónicos diferentes. Sin embargo, dado que las células procariotas carecen de orgánulos, todos los transportadores electrónicos y las enzimas de la fosforilación oxidativa están unidas a la membrana interna de la superficie celular. En consecuencia, el transporte electrónico y la fosforilación oxidativa se producen en la periferia celular. Como se comentará al final de este Capítulo y en el Capítulo 16, existen razones para creer que las mitocondrias y los cloroplastos, que contienen ambos genes y la maquinaria para su expresión, descienden de células procariotas primitivas de vida libre.

## Oxidaciones y generación de energía

El transporte electrónico biológico consiste en una serie de oxidaciones y reducciones ligadas, o reacciones redox. Para comprender la lógica que subyace en la secuencia de reacciones de la cadena respiratoria, y los mecanismos mediante los cuales se genera energía metabólica a partir de estas reacciones, debe recordar del Capítulo 4 la termodinámica de las reacciones redox. Sabemos que cuanto mayor sean los valores del *potencial estándar de reducción,* $E'_0$, para una pareja redox, mayor es la tendencia de esa pareja a participar en la oxidación de otro sustrato. Podemos describir esta tendencia en términos cuantitativos dado que los cambios de energía libre están relacionados directamente con las diferencias del potencial de reducción:

$$\Delta G^{\circ\prime} = -nF\Delta E^{0\prime} = -nF(E^{0\prime}{}_{\text{aceptor}} - E^{0\prime}{}_{\text{donador}}) \qquad (15.1)$$

donde $n$ es el número de electrones que se transfieren en las semi-reacciones, $F$ es la constante de Faraday (96 485 J $mol^{-1}$ $V^{-1}$), y $\Delta E^{0\prime}$ es la diferencia de potenciales de reducción estándar entre las dos parejas redox. En la Tabla 15.1 se registran los valores de $E'_0$ de varias parejas redox con importante biológica.

Los valores de la Tabla 15.1 solo permiten calcular los cambios de energía libre en condiciones estándar (incluyendo, por convenio, un pH de 7.0). Para condiciones no

**TABLA 15.1 . Potenciales de reducción estándar de interés en bioquímica**

| Oxidante | | Reductor | *n* | $E_0'$(V) |
|---|---|---|---|---|
| Acetato + $CO_2$ + $2H^+$ + $2e^-$ | $\rightleftharpoons$ | Piruvato + $H_2O$ | 2 | −0.70 |
| Succinato + $CO_2$ + $2H^+$ + $2e^-$ | $\rightleftharpoons$ | α-Cetoglutarato + $H_2O$ | 2 | −0.67 |
| Acetato + $3H^+$ + $2e^-$ | $\rightleftharpoons$ | Acetaldehído + $H_2O$ | 2 | −0.60 |
| Ferredoxina (oxidada) + $e^-$ | $\rightleftharpoons$ | Ferredoxina (reducida) | 1 | −0.43 |
| $2H^+$ + $2e^-$ | $\rightleftharpoons$ | $H_2$ | 2 | −0.42 |
| α-cetoglutarato + $CO_2$ + $2H^+$ + $2e^-$ | $\rightleftharpoons$ | Isocitrato | 2 | −0.38 |
| Acetoacetato + $2H^+$ + $2e^-$ | $\rightleftharpoons$ | β-hidroxibutirato | 2 | −0.35 |
| Piruvato + $CO_2$ + $H^+$ + $2e^-$ | $\rightleftharpoons$ | Malato | 2 | −0.33 |
| $NAD^+$ + $H^+$ + $2e^-$ | $\rightleftharpoons$ | NADH | 2 | −0.32 |
| $NADP^+$ + $H^+$ + $2e^-$ | $\rightleftharpoons$ | NADPH | 2 | −0.32 |
| Lipoato (oxidado) + $2H^+$ + $2e^-$ | $\rightleftharpoons$ | Lipoato (reducido) | 2 | −0.29 |
| 1,3-bisfosfoglicerato + $2H^+$ + $2e^-$ | $\rightleftharpoons$ | Gliceraldehído-3-fosfato + $P_i$ | 2 | −0.29 |
| Glutatión (oxidado) + $2H^+$ + $2e^-$ | $\rightleftharpoons$ | 2 glutatión (reducido) | 2 | −0.23 |
| FAD + $2H^+$ (unido a la enzima)+ $2e^-$ | $\rightleftharpoons$ | $FADH_2$ | 2 | −0.22 |
| Acetaldehído + $2H^+$ + $2e^-$ | $\rightleftharpoons$ | Etanol | 2 | −0.20 |
| Piruvato + $2H^+$ + $2e^-$ | $\rightleftharpoons$ | Lactato | 2 | −0.19 |
| Oxalacetato + $2H^+$ + $2e^-$ | $\rightleftharpoons$ | Malato | 2 | −0.17 |
| $O_2$ + $e^-$ | $\rightleftharpoons$ | $O_2^-$ (superóxido) | 1 | −0.16 |
| α-cetoglutarato + $NH_4^+$ + $2H^+$ + $2e^-$ | $\rightleftharpoons$ | Glutamato + $H_2O$ | 2 | −0.14 |
| FAD (unido a la enzima) + $2H^+$ + $2e^-$ | $\rightleftharpoons$ | $FADH_2$ (unido a la enzima) | 2 | ~0 a −0.30 |
| Azul de metileno (oxidado) + $2H^+$ + $2e^-$ | $\rightleftharpoons$ | Azul de metileno (reducido) | 2 | 0.01 |
| Fumarato + $2H^+$ + $2e^-$ | $\rightleftharpoons$ | Succinato | 2 | 0.03 |
| Q + $2H^+$ + $2e^-$ | $\rightleftharpoons$ | $QH_2$ | 2 | 0.04 |
| Deshidroascorbato + $2H^+$ + $2e^-$ | $\rightleftharpoons$ | Ascorbato | 2 | 0.06 |
| Citocromo *b* (+3) + $e^-$ | $\rightleftharpoons$ | Citocromo *b* (+2) | 1 | 0.07 |
| Citocromo $c_1$ (+3) + $e^-$ | $\rightleftharpoons$ | Citocromo $c_1$ (+2) | 1 | 0.23 |
| Citocromo *c* (+3) + $e^-$ | $\rightleftharpoons$ | Citocromo *c* (+2) | 1 | 0.25 |
| Citocromo *a* (+3) + $e^-$ | $\rightleftharpoons$ | Citocromo *a* (+2) | 1 | 0.29 |
| $O_2$ + $2H^+$ + $2e^-$ | $\rightleftharpoons$ | $H_2O_2$ | 2 | 0.30 |
| Ferricianuro + $2e^-$ | $\rightleftharpoons$ | Ferricianuro | 2 | 0.36 |
| $NO_3^-$ (nitrato) + $2H^+$ + $2e^-$ | $\rightleftharpoons$ | $NO_2^-$ (nitrato) + $H_2O$ | 2 | 0.42 |
| Citocromo $a_3$ (+3) + $e^-$ | $\rightleftharpoons$ | Citocromo $a_3$ (+2) | 1 | 0.55 |
| Fe (+3) + $e^-$ | $\rightleftharpoons$ | Fe (+2) | 1 | 0.77 |
| $\frac{1}{2}O_2$ + $2H^+$ + $2e^-$ | $\rightleftharpoons$ | $H_2O$ | 2 | 0.82 |

*Nota:* $E^{0\prime}$ es el potencial de reducción estándar a pH 7 y 25 °C, *n* es el número de electrones transferidos y cada potencial es para la reacción parcial escrita de la forma: oxidante + $ne^-$ $\rightleftharpoons$ reductor.

estándar como las que pueden existir en una célula, recuérdese que en el Capítulo 3 aprendimos a utilizar la Ecuación 3.23 para evaluar $\Delta G$ para una reacción redox como

$$A_{ox} + B_{red} \rightarrow A_{red} + B_{ox}$$

$$\Delta G = \Delta G^{\circ\prime} + RT \ln\left(\frac{[A_{red}][B_{ox}]}{[A_{ox}][B_{red}]}\right) \qquad (15.2)$$

En este ejemplo, A es el aceptor de $e^-$ y B es el donador.

## Cambios de energía libre en las oxidaciones biológicas

Cada una de las reacciones redox acopladas en el transporte electrónico biológico comporta la transferencia de electrones desde una pareja redox a otra pareja de potencial de reducción mayor (más positivo). Así pues, cada reacción redox individual de la secuencia es exergónica en condiciones estándar. Para los electrones que entran en la cadena

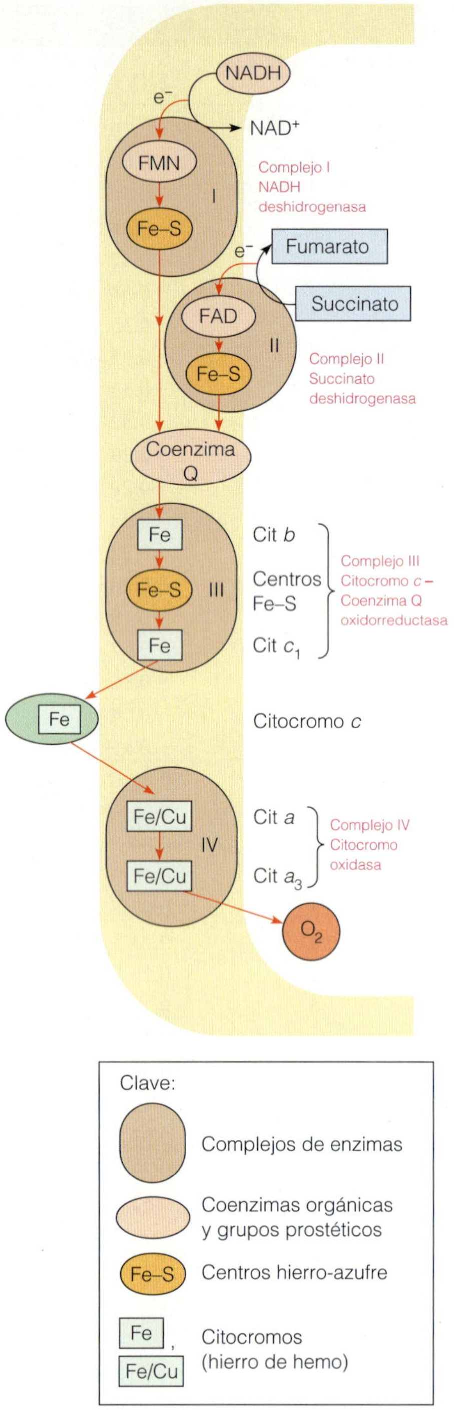


**FIGURA 15.3**

**Transportadores electrónicos respiratorios en la mitocondria.** En esta figura se muestra la secuencia de transportadores electrónicos que oxidan el succinato y los sustratos ligados al $NAD^+$ en la membrana interna.

La cadena respiratoria cataliza el transporte de electrones desde los transportadores de potencial bajo a los transportadores de potencial alto.

respiratoria en forma de NADH, la secuencia global de la reacción viene dada por la siguiente ecuación:

$$NADH + H^+ + \tfrac{1}{2}O_2 \rightleftharpoons NAD^+ + H_2O$$

Esta secuencia es fuertemente exergónica en condiciones estándar:

$$\Delta G^{\circ\prime} = -nF\,\Delta E^{0\prime} = -2(96\,485\ \text{J mol}^{-1}\ \text{V}^{-1})(0.82\ \text{V} - (-0.32\ \text{V})) = -220\ \text{kJ/mol} \qquad (15.3)$$

Como se considera posteriormente en este capítulo, la oxidación de 1 mol de NADH en la cadena respiratoria se produce simultáneamente con la síntesis de unos 2.5 moles de ATP a partir de ADP y $P_i$. Dado que el valor de $\Delta G^{o\prime}$ para la hidrólisis del ATP es de $-30.5$ kJ/mol, la síntesis de 2.5 ATP requiere 76 kJ en condiciones estándar, con lo que se obtiene una eficacia de la fosforilación oxidativa de alrededor de un 35 %. En el Capítulo 3 (páginas 84-85) calculamos un $\Delta G$ para este proceso utilizando las estimaciones de las concentraciones de sustrato y producto que pueden existir en la mitocondria. Llegamos a un valor de $\Delta G = -381$ kJ/mol $O_2$, o $-190$ kJ por par de electrones. Dado que el $\Delta G$ de la hidrólisis del ATP en condiciones intracelulares es $-50$ kJ/mol o mayor, la eficacia de la fosforilación *in vivo* se acerca probablemente a un 60 o 70 %.

# Transporte electrónico

## Transportadores electrónicos en la cadena respiratoria

Si se compara la secuencia de los transportadores electrónicos respiratorios (Figura 15.3) con los potenciales de reducción estándar de esos transportadores (Tabla 15.1) puede observarse que el valor de $E_0'$ de cada transportador aumenta en el mismo orden que la secuencia de su uso en el transporte electrónico. Este orden sugiere que cada una de las reacciones de oxidorreducción del transporte electrónico es exergónica en condiciones estándar y que los electrones fluyen de manera continua desde los transportadores de potencial bajo a los transportadores de potencial alto. Muy atractivo, pero, ¿es esto real? Después de todo, hemos visto que la glucólisis y el ciclo del ácido cítrico se producen con facilidad a pesar de la intervención de algunas reacciones con valores de $\Delta G^{o\prime}$ positivos grandes. Exploraremos las diversas líneas de pruebas que han permitido determinar la ruta actualmente aceptada del transporte electrónico. Sin embargo, en primer lugar debemos conocer mejor a los participantes: los transportadores electrónicos que intervienen.

### Flavoproteínas

Las flavoproteínas que se han presentado en el Capítulo 14 (página 600), contienen los cofactores redox FMN o FAD unidos fuertemente. Cada flavoproteína proporciona un microambiente diferente para el anillo de isoaloxazina, lo que proporciona un potencial de reducción estándar único sobre cada flavina. Los nucleótidos de flavina pueden actuar como transformadores entre procesos de dos electrones y procesos de un electrón debido a su capacidad de existir como intermedios estables de semiquinona reducida de un electrón.

### Proteínas hierro-azufre

Los **agrupamientos hierro-azufre** constan de un hierro no hemo que forma complejo con el azufre de cuatro formas conocidas (Figura 15.4). Estos agrupamientos actúan como grupos prostéticos de las **proteínas hierro-azufre**. La forma más sencilla, denominada **FeS**, contiene un hierro que forma un complejo tetraédrico con los azufres tiólicos de cuatro residuos de cisteína. La segunda forma, denominada $\mathbf{Fe_2S_2}$, contiene dos hierros, cada uno de los cuales forma un complejo con dos residuos de cisteína y dos sulfuros inorgánicos. La tercera forma, que es la más compleja ($\mathbf{Fe_4S_4}$), contiene cuatro hierros, cuatro sulfuros y cuatro residuos de cisteína. No todos los agrupamientos hierro-azufre contienen un número igual de iones hierro y sulfuro. El agrupamiento $\mathbf{Fe_3S_4}$ contiene la misma geometría que el agrupamiento $\mathbf{Fe_4S_4}$, pero carece de un átomo de Fe y un ligando Cys. La NADH deshidrogenasa contiene centros $Fe_2S_2$ y $Fe_4S_4$. En todos estos centros el hierro puede experimentar una oxidorreducción cíclica de un electrón entre los estados ferroso y férrico. El potencial de reducción estándar del hierro en estos agrupamientos hierro-azufre varía mucho, dependiendo del tipo de agrupamiento y del microambiente que proporciona la proteína a la que está unido.

## Coenzima Q

El transportador electrónico respiratorio coenzima Q se descubrió cuando se observó que el tratamiento de las mitocondrias aisladas con un disolvente orgánico como el isooctano abolía por completo la capacidad de las mitocondrias para oxidar sustratos. La adición del material extraído por el isooctano restablecía por completo la capacidad oxidativa de las mitocondrias, lo cual sugería la presencia de un transportador electrónico extremadamente lipófilo, pero que estaba ligado a las proteínas de forma laxa. Se comprobó que este transportador era una benzoquinona ligada a diversas unidades de isopreno, generalmente 10 en las células de los mamíferos y 6, en las bacterias. Dado que la sustancia está presente de manera ubicua en las células vivas, un grupo de investigadores le dio el nombre de *ubiquinona*, mientras que otro grupo la denominó **coenzima Q** o **Q**. El término $Q_{10}$ se utiliza para especificar la forma de CoQ que contiene 10 unidades de isopreno. La cola isoprenoide proporciona a la molécula su carácter hidrófobo, que permite a Q una difusión rápida a través de la membrana mitocondrial interna. Como las flavinas (FMN o FAD), la oxidorreducción de Q se produce cada vez con un electrón a través de un intermedio semiquinona estable, de forma que Q proporciona otra conexión entre los transportadores de dos electrones como el NADH y los transportadores de un electrón como los citocromos.

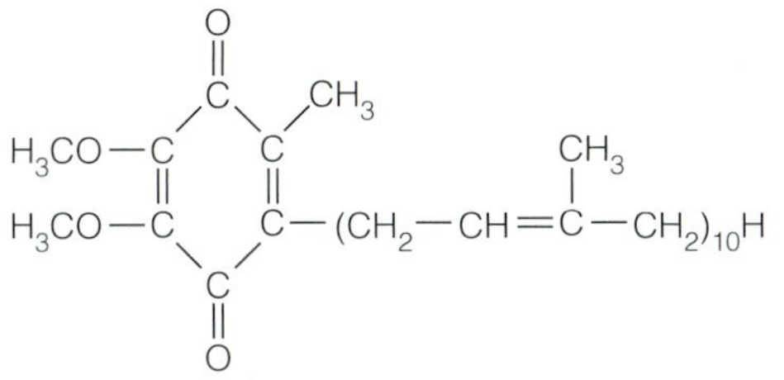

**Coenzima $Q_{10}$ oxidada (CoQ)**

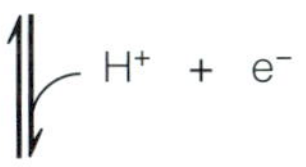


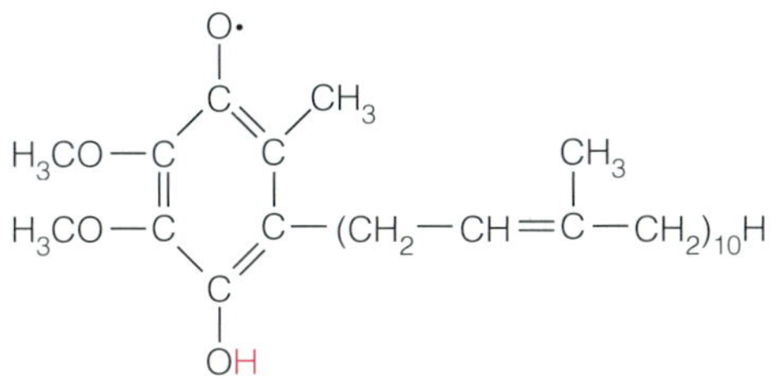

**Forma semiquinona de la coenzima Q**

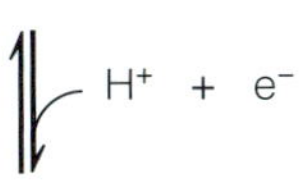


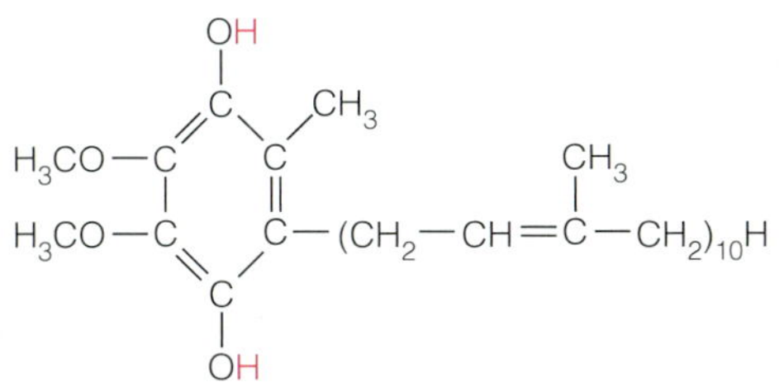

**Coenzima $Q_{10}$ reducida ($CoQH_2$)**

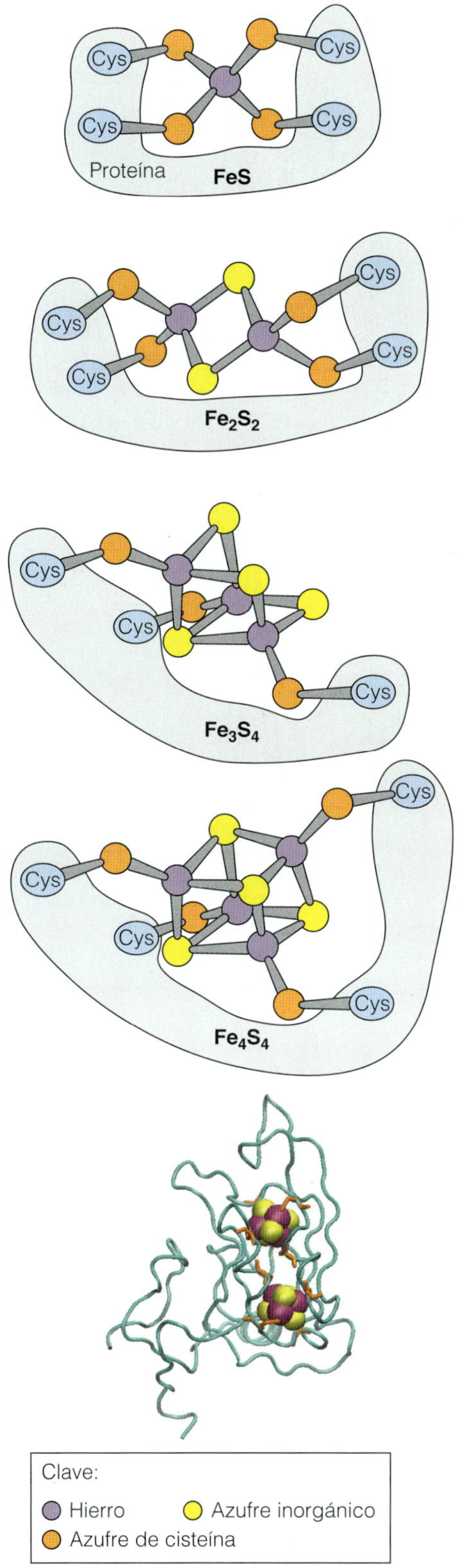


**FIGURA 15.4**

**Estructuras de los centros hierro-azufre.** El panel inferior ilustra la unión covalente de un par de centros $Fe_4S_4$ en una subunidad del complejo I de *Thermus thermophilus* (PDB ID 3IAS).

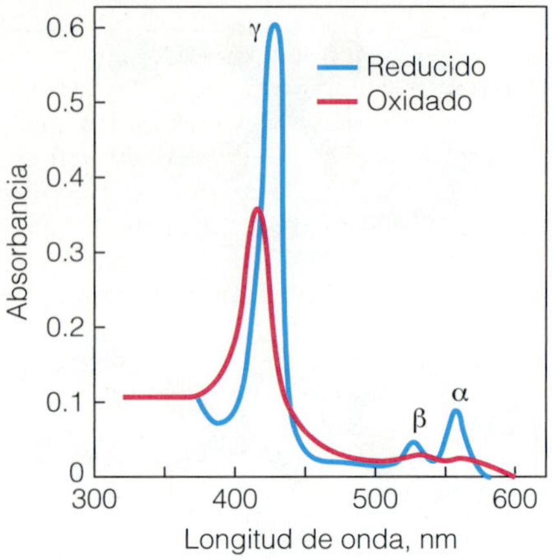


**(a)** Citocromo *b*

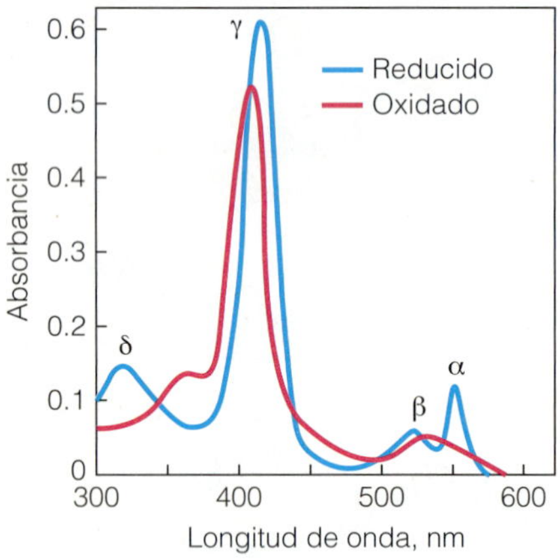


**(b)** Citocromo *c*

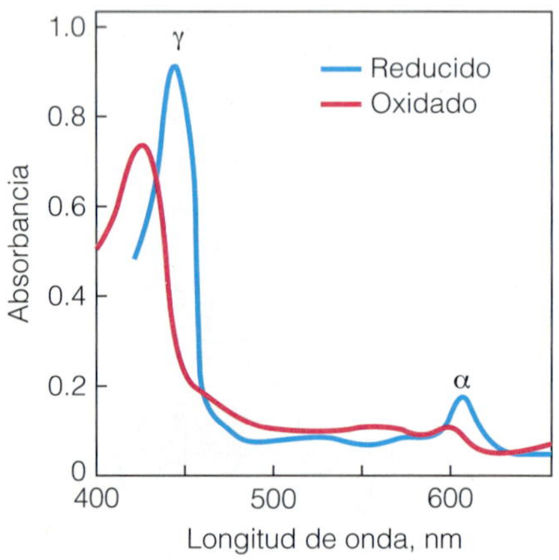


**(c)** Citocromos *a* y $a_3$

**FIGURA 15.5**

**Espectros de absorción de los citocromos.** Las representaciones muestran los espectros de absorción de los citocromos *b*, *c* y *a* en sus estados oxidados (rojo) y reducidos (azul). **(a)** citocromo *b* de *Neurospora*, **(b)** citocromo *c* de corazón de caballo, **(c)** citocromo oxidasa de corazón bovino (que contiene ambos citocromos *a* y $a_3$).

(a) Springer and Plenum/*Mitochondria*, 1982, A. Tzagoloff, adaptado, por cortesía de Springer Science+Business Media B.V.

### Citocromos

Llegamos, por último, a los citocromos, un grupo de hemoproteínas rojas o pardas que tienen unos espectros de luz visible característicos. Estas proteínas las caracterizó por primera vez el inglés David Keilin en 1925, que demostró su participación en la respiración. Con el empleo de un espectroscopio manual, Keilin observó pigmentos de color rojo-pardo en los músculos de vuelo de los insectos. Durante el ejercicio muscular (cuando una mosca inmovilizada intentaba liberarse), los espectros de estos pigmentos sufrían cambios importantes. Esta observación llevó a Keilin a proponer una función para estas sustancias en el transporte electrónico, desde los combustibles biológicos al oxígeno.

Los principales citocromos respiratorios se clasifican como *b*, *c*, o *a*, según las longitudes de onda de los máximos de absorción espectral. En la Figura 15.5 se presentan las características espectrales de los citocromos de tipo *b*, *c* y *a* característicos. Los espectros únicos de cada clase son consecuencia de las diferencias de la sustitución del hemo y sus uniones. En cada clase (*b*, *c* o *a*), los citocromos se distinguen por diferencias espectrales menores. Así, por ejemplo, el citocromo $c_1$ tiene un espectro similar al del citocromo *c*, pero los picos de absorción $\alpha$ y $\gamma$ están desplazados ligeramente hacia el rojo (esto es, desplazados hacia longitudes de onda mayores).

Entre los transportadores electrónicos respiratorios hay tres citocromos de tipo *b*, los citocromos *c* y $c_1$ y los citocromos *a* y $a_3$. Los citocromos *b*, *c* y $c_1$ contienen todos el mismo grupo hemo, que se encuentra en la hemoglobina y la mioglobina, en el que el hierro forma un complejo con la protoporfirina IX. En los citocromos *c* y $c_1$, pero no en el *b*, este hemo está ligado de forma covalente al componente proteico, a través de enlaces tioéter formados entre dos de las cadenas laterales de vinilo y dos residuos de cisteína (Figura 15.6a). Los citocromos *a* y $a_3$ contienen una forma de hemo modificada, que se denomina hemo A, en la que una de las cadenas laterales está modificada con una cola hidrófoba de seis unidades de isopreno (Figura 15.6b). Los citocromos *a* y $a_3$ representan dos mitades idénticas del hemo A, unidas a la misma cadena polipeptídica, pero con distintos entornos en la membrana interna y, por tanto, con distintos potenciales de reducción. En los citocromos *a* y $a_3$, cada uno de los hemos está asociado con un ion cobre, situado cerca del hierro hemo. Los ligandos axiales del hierro hemo varían también con el tipo de citocromo. En la Figura 15.6c se muestra un hemo de tipo *b* unido a un haz de cuatro hélices, un motivo estructural corriente en muchos citocromos. La naturaleza utiliza estas diferencias de los entornos del hemo para acceder a un intervalo amplio de potenciales de reducción en los citocromos. Los citocromos experimentan una oxidorreducción a través del metal que forma el complejo en ellos, y que pasa por ciclos de estados +2 y +3 del hierro hemo y de estados +1 y +2 del cobre en los citocromos *a* y $a_3$. Así pues, los citocromos son transportadores de un electrón.

El citocromo *c* es una proteína pequeña (~100 aminoácidos) que está asociada a la membrana interna, pero que se extrae con facilidad de forma soluble. Dado que es pequeña y relativamente abundante, se han realizado estudios estructurales detallados de esta proteína. Recuérdese del Capítulo 5 que la secuencia de aminoácidos del citocromo *c* se ha conservado mucho a lo largo de la evolución, de manera que existe una identidad de casi el 50 % entre los residuos de las posiciones correspondientes de los citocromos *c* de organismos tan diversos como la levadura y el ser humano. Los demás citocromos son proteínas integrales de la membrana y resulta extraordinariamente difícil separarlos de ella. En consecuencia, sabemos menos de sus estructuras.

## Determinación de la secuencia de los transportadores electrónicos respiratorios

Para comprender el mecanismo mediante el cual se captura la energía de las oxidaciones biológicas para impulsar la síntesis de ATP, debemos entender las reacciones de oxidación del transporte electrónico, tanto en lo que respecta a la secuencia con la que los electrones se transportan desde los sustratos reducidos hasta el oxígeno, como en lo relativo a las características energéticas de cada una de las reacciones. En la Figura 15.7 se indican los valores de $E_0'$ de los principales transportadores electrónicos respiratorios. Si esta figura representa de manera exacta la secuencia, podemos ver el transporte electrónico respiratorio como una serie de reacciones exergónicas acopladas en las que

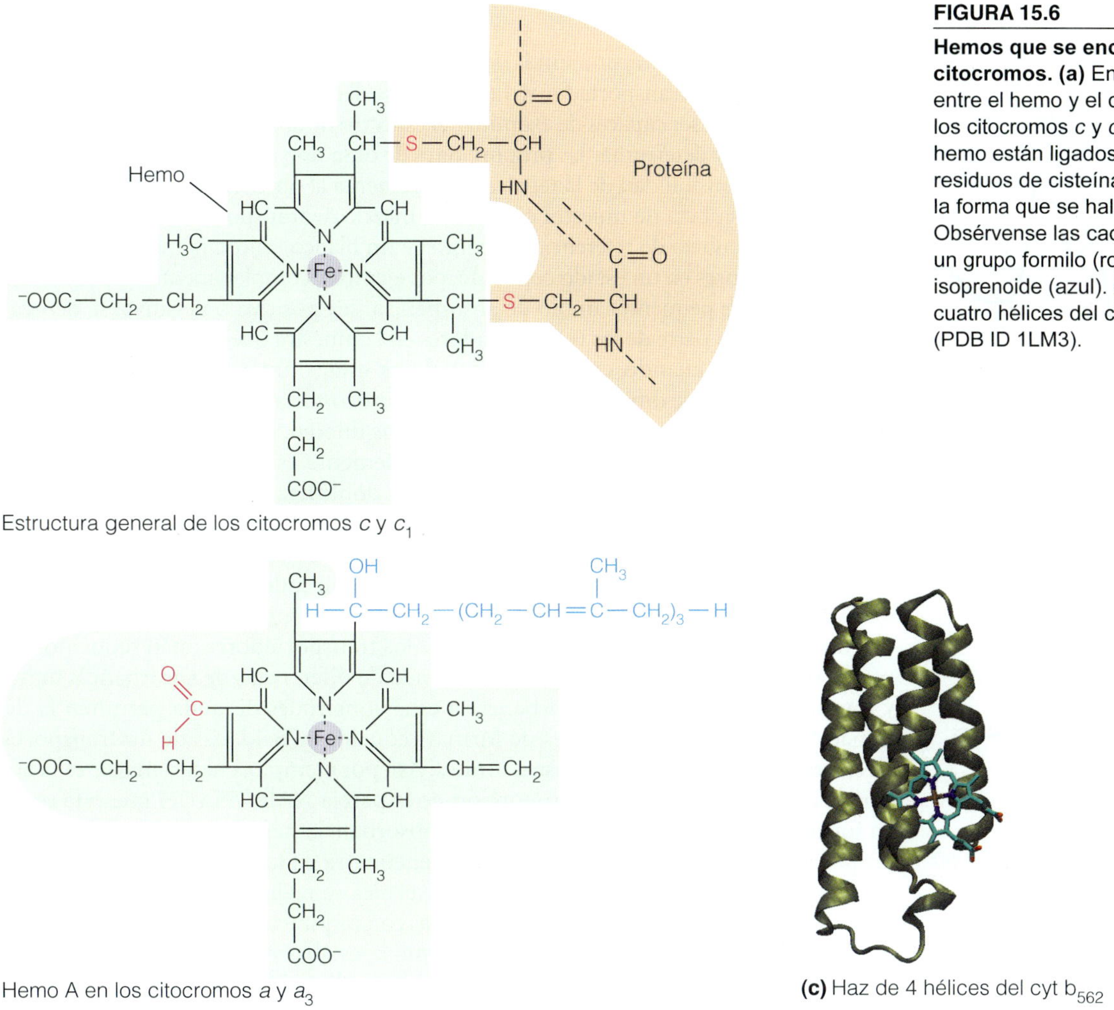


**FIGURA 15.6**

**Hemos que se encuentran en los citocromos. (a)** Enlace covalente formado entre el hemo y el componente proteico en los citocromos *c* y $c_1$. Los grupos vinilo del hemo están ligados a los grupos tioles de dos residuos de cisteína (rojo). **(b)** Hemo A, que es la forma que se halla en los citocromos *a* y $a_3$. Obsérvense las cadenas laterales modificadas: un grupo formilo (rojo) y una cadena lateral isoprenoide (azul). **(c)** Estructura de haz de cuatro hélices del citocromo $b_{562}$ de *E. coli* (PDB ID 1LM3).

la energía total disponible de la oxidación del NADH por el $O_2$ se libera en una serie de pasos pequeños, algunos de los cuales son suficientemente exergónicos para generar los 30.5 kJ/mol necesarios para impulsar la síntesis de ATP.

Sin embargo, los datos de la Figura 15.7 corresponden a unas condiciones estándar, y estas condiciones son muy diferentes de las existentes en el interior de la mitocondria. En concreto, la naturaleza hidrófoba del entorno de la membrana modifica los valores de *E* en sentidos difíciles de predecir o de medir. Presentaremos aquí tres técnicas experimentales que se han utilizado para identificar el orden real de los transportadores electrónicos y las reacciones específicas que impulsan la síntesis de ATP. Nos centraremos primero en tres planteamientos utilizados para identificar el orden de los transportadores electrónicos: (1) técnicas espectrofotométricas para medir el estado redox de los transportadores electrónicos en las mitocondrias intactas; (2) uso de inhibidores respiratorios específicos y aceptores electrónicos artificiales; y (3) fraccionamiento de las mitocondrias en subensamblajes respiratorios, cada uno de los cuales es capaz de catalizar partes específicas de la secuencia global.

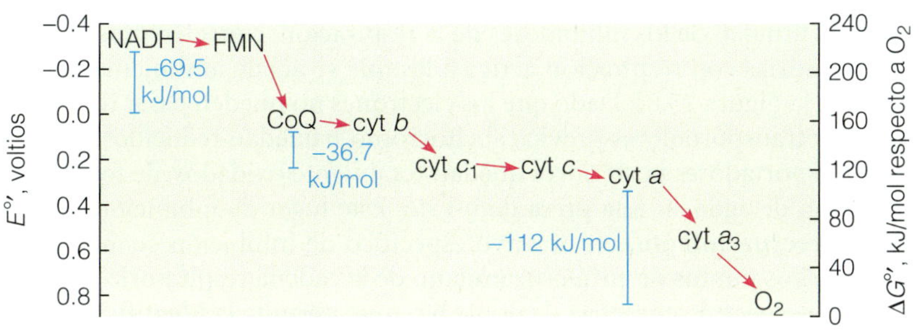


**FIGURA 15.7**

**Potenciales de reducción estándar de los principales transportadores electrónicos respiratorios.** Tres reacciones de la cadena respiratoria tienen valores de $\Delta G°'$ superiores a 30.5 kJ/mol, que es el valor de $\Delta G°'$ para la hidrólisis del ATP: FMN ⟶ CoQ; cit *b* ⟶ cit *c*1 y cit *a* ⟶ $O_2$.

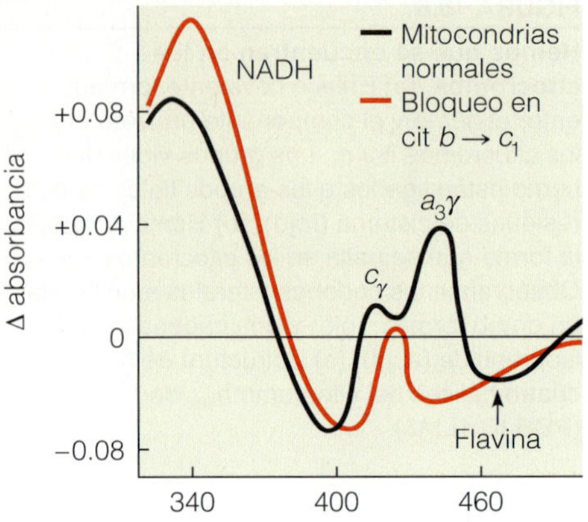


**(a)** Espectros diferenciales para las longitudes de onda inferiores a 500 nm

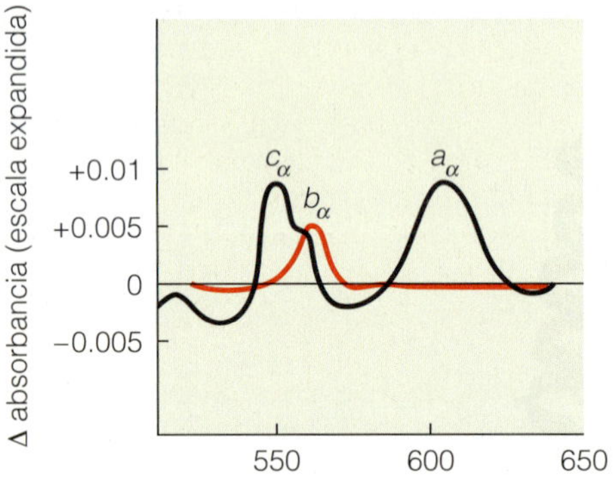


**(b)** Espectros diferenciales continuos con escala extendida

**FIGURA 15.8**

**Espectros diferenciales de las mitocondrias.** Estos espectros diferenciales de las mitocondrias de hígado de rata se registraron mediante un espectrofotómetro de doble haz. La línea negra indica el espectro diferencial de las mitocondrias totalmente reducidas en comparación con las totalmente oxidadas. Las mitocondrias reducidas con el sustrato, en condiciones anaerobias, estaban en la cámara de muestra y las mitocondrias oxigenadas, en la cámara de referencia. Los picos y los hombros corresponden a NADH, flavina y las bandas de absorción $\alpha$ y $\gamma$, según se indica, para los citocromos *a*, $a_3$, *b* y *c*. La línea roja indica el efecto de la adición de un inhibidor respiratorio, la antimicina A, que bloquea el flujo electrónico del citocromo *b* al $c_1$. El inhibidor hace que todos los transportadores posteriores al citocromo *b* queden totalmente oxidados, mientras que el NADH, la flavina y el citocromo *b* se encuentran en estado reducido. Obsérvese la escala de absorbancia ampliada a partir de 500 nm.

(a) Springer and Plenum/*Mitochondria*, 1982, A. Tzagoloff, adaptado, por cortesía de Springer Science+Business Media B.V.

## Espectros diferenciales

Para los nucleótidos de nicotinamida, los nucleótidos de flavina y los citocromos, el espectro de absorción del transportador reducido difiere del que posee el transportador oxidado. Deberíamos, pues, ser capaces de examinar el espectro de absorción de una mezcla de estos transportadores y determinar las proporciones de cada uno de ellos en los estados oxidado y reducido. La sensibilidad de la técnica se incrementa al obtener un **espectro diferencial**. En este caso, la cubeta de muestra contiene la mezcla de transportadores electrónicos que se estudia, y la cubeta de referencia no contiene un blanco, sino una mezcla equimolar de los transportadores en un estado conocido, por ejemplo, completamente oxidados. De esta forma, cualquier pequeño cambio de absorbancia, sea positivo o negativo, se deberá a la reducción de una parte de los transportadores en la muestra que se estudia.

Sin embargo, cuando estos transportadores están inmersos en la mitocondria, la tarea resulta bastante difícil. Las suspensiones mitocondriales son turbias y la dispersión de luz resultante hace imposible medir espectros diferenciales con los espectrofotómetros ordinarios. Britton Chance mejoró notablemente esta técnica a mediados de los años 1950 al construir un espectrofotómetro de doble haz y longitud de onda dual, que le permitía obtener espectros diferenciales con mitocondrias intactas. En el ejemplo mostrado mediante líneas negras en la Figura 15.8, la cubeta de referencia contiene mitocondrias saturadas con oxígeno, de manera que todos los transportadores están oxidados, mientras que la cubeta de muestra contiene mitocondrias anaerobias junto con un sustrato oxidable, de modo que todos los transportadores están reducidos. El espectro diferencial identifica longitudes de onda de diferencias de absorbancia máximas y mínimas. Las lecturas de absorbancia a estas longitudes de onda permiten la determinación de las concentraciones de formas reducidas y oxidadas de un transportador electrónico que absorbe luz en estos límites. Así, por ejemplo, cuanto mayor es la absorbancia a 340 nm, mayor es la proporción de la pareja $NAD^+$/NADH que está presente en forma de NADH; y cuanto menor es la absorbancia negativa a 460 nm, mayor es la proporción de nucleótido de flavina que se encuentra en la forma oxidada.

Poco después de la introducción de esta técnica se realizaron dos observaciones importantes. En primer lugar, en las mitocondrias con respiración activa, el NADH predominaba sobre el $NAD^+$, mientras que el citocromo $a_3$ estaba en gran parte oxidado. Para los transportadores intermedios, la proporción del estado oxidado aumentaba en el mismo orden que en el que se suponía actuaban en la respiración (Figura 15.7). En segundo lugar, cuando se añadía oxígeno a mitocondrias anaerobias, y se obtenían los espectros diferenciales a intervalos regulares tras la adición del oxígeno, se podía determinar el orden en el que cada transportador pasaba del estado plenamente reducido al parcialmente oxidado. Ese orden era el mismo que el orden en que se suponía actuaban en la respiración.

## Inhibidores y aceptores electrónicos artificiales

Se obtuvo más información con la espectrofotometría diferencial combinada con compuestos exógenos que actuaban como inhibidores respiratorios o como donadores o aceptores electrónicos artificiales. En la Figura 15.9 se muestran los lugares de acción de varios inhibidores importantes. Estos inhibidores son: (1) la **rotenona**, un producto vegetal de Sudamérica que se utiliza como insecticida y que bloquea el flujo electrónico desde el NADH a la coenzima Q; (2) el **amital**, un fármaco barbitúrico que actúa en el mismo lugar; (3) la **antimicina A**, un antibiótico de *Streptomyces sp.* que bloquea el flujo electrónico desde el citocromo *b* al $c_1$; y (4) **cianuro**, **azida** y **monóxido de carbono**. El cianuro y la azida reaccionan con la forma oxidada del citocromo $a_3$, y el CO reacciona con la forma reducida.

Para ver la utilidad de los inhibidores de la respiración, consideremos lo que ocurre en las mitocondrias con respiración activa a las que se añade antimicina A (*véanse* las líneas rojas de la Figura 15.8). Dado que los electrones no pueden pasar del citocromo *b* al $c_1$, todos los transportadores previos al citocromo *b* quedan reducidos, mientras que todos los transportadores posteriores quedan totalmente oxidados, de forma análoga a la acumulación de agua en una presa de un río. Este lugar de inhibición se denomina **punto de entrecruzamiento**, un objetivo específico de inhibición cuando se bloquea toda una ruta. Los puntos de entrecruzamiento de la cadena respiratoria pueden detectarse mediante espectrofotometría de doble haz, que permite la identificación de todos

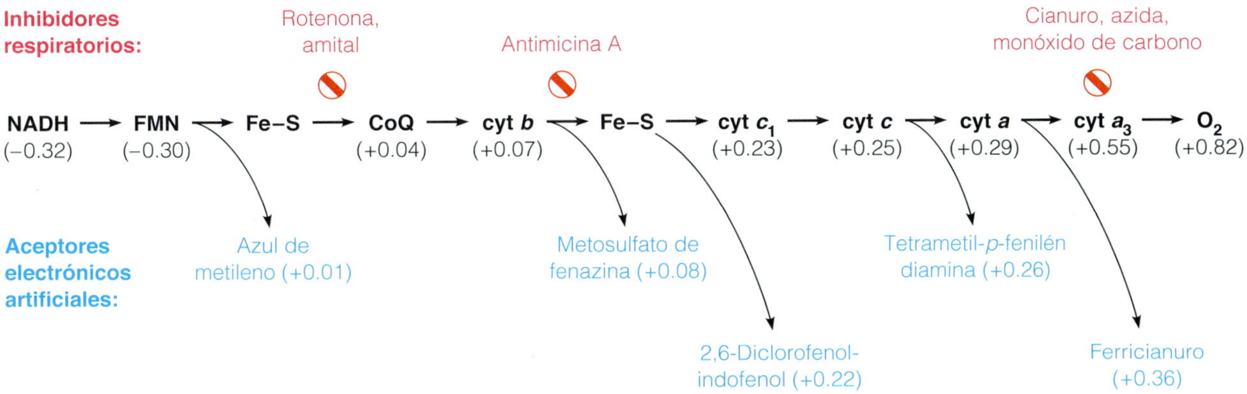


**FIGURA 15.9**

**Lugares de acción de algunos inhibidores respiratorios y aceptores electrónicos artificiales.** Este esquema de la cadena respiratoria desde el NADH al $O_2$ indica los lugares de acción de algunos inhibidores útiles (rojo) y algunos aceptores electrónicos artificiales (azul). Cada aceptor está situado según su valor de $E^{0\prime}$ (entre paréntesis), identificando el lugar más probable en el que un aceptor retirará los electrones de la cadena respiratoria al añadirlo a las mitocondrias.

los transportadores previos a un lugar de inhibición (NAD, flavina, CoQ y citocromo *b* tras el tratamiento con antimicina) y de todos los que siguen a este punto (citocromos $c_1$, $c$, $a$ y $a_3$).

Los donadores y aceptores electrónicos artificiales son compuestos que pueden ceder o captar electrones de la cadena respiratoria en reacciones espontáneas no enzimáticas. Así, por ejemplo, el 2,6-diclorofenol-indofenol (DCIP) puede oxidar espontáneamente al citocromo *b*, pero probablemente no al $c_1$, dados los valores de $E^{0\prime}$ (*véase* la Figura 15.9). Esto demostró que el citocromo *b* se encuentra más allá del punto de entrada de los electrones procedentes del succinato, así como del NADH. La observación clave fue que la adición de DCIP a mitocondrias inhibidas con cianuro permite que estas mitocondrias oxiden, tanto los sustratos ligados al $NAD^+$ como el succinato. En este sistema, los electrones fluyen desde el sustrato al citocromo *b* y luego al transportador electrónico exógeno DCIP, que queda reducido. El ferricianuro, con su gran $E^{0\prime}$ positivo puede aceptar electrones desde cualquiera de los transportadores hasta el cit $a_3$.

La espectrofotometría diferencial, el análisis de inhibidores respiratorios y las propiedades de los complejos de membrana establecieron el orden de acción de los transportadores electrónicos en la cadena respiratoria.

## Complejos respiratorios

Las mitocondrias pueden romperse mediante tratamiento mecánico, como la oscilación sónica o mediante detergentes no iónicos como la *digitonina*, que solubiliza preferentemente la membrana externa mientras deja intactas muchas asociaciones proteína-proteína. Mediante combinaciones de estas técnicas, es posible fraccionar las mitocondrias en cuatro complejos enzimáticos distintos (complejos I, II, III y IV; *véase* la Figura 15.2b), cada uno de los cuales contiene parte de toda la secuencia respiratoria, más un quinto componente (complejo V) que cataliza la síntesis de ATP a partir de ADP. La actividad de transferencia de electrones de estos complejos con varias subunidades queda retenida durante la solubilización y el fraccionamiento, lo que señala que los complejos I, II, III y IV son enzimas embebidas en la membrana que catalizan la transferencia de electrones desde un transportador electrónico relativamente móvil (uno que no está estrechamente unido a la membrana) hasta otro transportador móvil. Estos transportadores móviles son el NADH, el succinato, la coenzima Q, el citocromo *c* y el oxígeno. El análisis de cada complejo con respecto a la presencia de transportadores electrónicos, así como a las reacciones catalizadas, ha ayudado a establecer la secuencia de transportadores aceptada actualmente. En la Figura 15.10 se presenta una información más detallada acerca de la composición proteica y las actividades catalíticas de cada complejo. Examinaremos ahora con más detalle la estructura y la función de cada complejo y cómo están organizados en una cadena respiratoria.

### NADH deshidrogenasa (Complejo I)

El donador principal de electrones a la cadena respiratoria es el nucleótido de nicotinamida reducido, NADH. Un gran número de deshidrogenasas de la célula catalizan la oxidación de sustratos utilizando $NAD^+$ como aceptor electrónico:

$$\text{Sustrato reducido} + NAD^+ \rightleftharpoons \text{sustrato oxidado} + NADH + H^+$$

Como se ha descrito en el Capítulo 11, estas deshidrogenaciones reversibles comportan la transferencia de dos electrones en forma de un ion hidruro ($H^-$), desde el sustrato

**FIGURA 15.10**

**Complejos multiproteicos en el ensamblaje respiratorio mitocondrial.** Los subíndices para los citocromos *b* indican sus máximos espectrales. Los dos hemos *b* del complejo III, identificados como cit $b_{562}$ y cit $b_{566}$, están unidos a la misma cadena polipeptídica. Las flechas amarillas señalan la energía liberada por las acciones de los complejos I, II y IV utilizada para impulsar la síntesis de ATP por el complejo V (ATP sintasa).

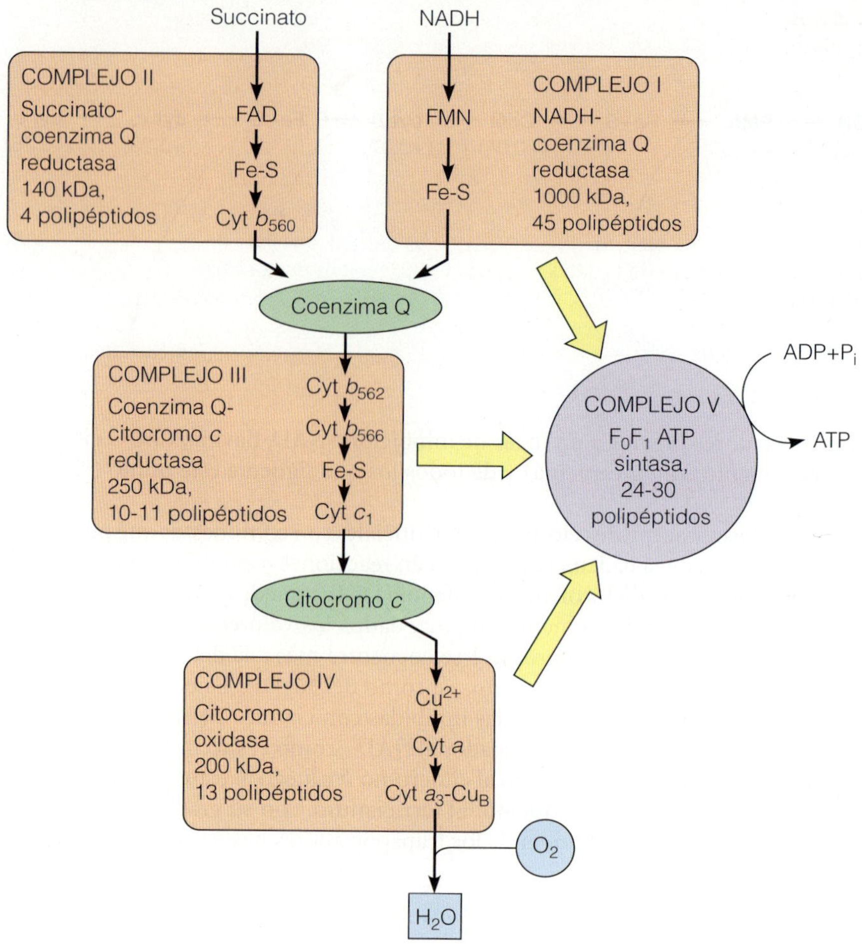


hasta el $NAD^+$, para dar NADH. Los nucleítidos de nicotinamida se disocian fácilmente de sus enzimas y actúan de esta forma como cofactores redox solubles que transportan electrones entre diferentes enzimas y rutas. En la respiración mitocondrial, el NADH de muchas deshidrogenasas diferentes se oxida en el primer paso del transporte electrónico por el complejo I o **NADH deshidrogenasa**, que cataliza la reacción siguiente:

$$NADH + H^+ + Q \rightleftharpoons NADH^+ + QH_2$$

La NADH deshidrogenasa mitocondrial es un complejo grande (~1000 kDa), embebido en la membrana formado por múltiples subunidades, que contiene alrededor de 45 cadenas polipeptídicas distintas. El complejo bacteriano es mucho más pequeño, formado por solo 14 subunidades «centrales» que se conservan de las bacterias al ser humano. La enzima mitocondrial más grande se formó mediante la unión gradual de subunidades adicionales a este centro. El complejo contiene **mononucleótido de flavina (FMN)** como grupo prostético estrechamente unido y ocho **agrupamientos hierro-azufre**, que transfieren los electrones desde la flavina reducida a la coenzima Q (Q).

La reacción global catalizada por el complejo NADH deshidrogenasa se muestra más adelante. Dado que los electrones se utilizan posteriormente para reducir la coenzima Q, una denominación más descriptiva de este complejo es **NADH-coenzima Q reductasa**.

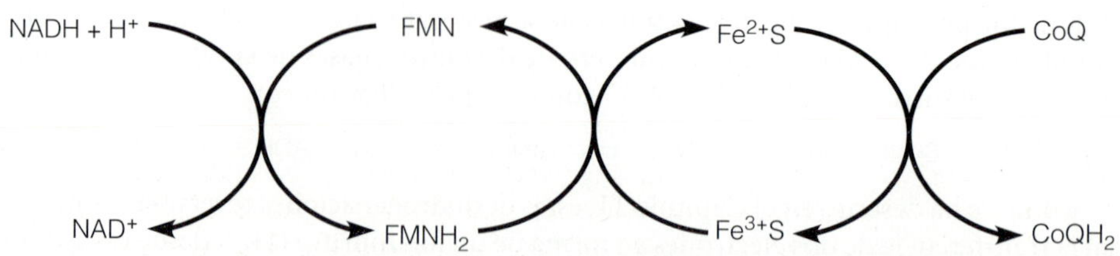

Observe que este proceso comienza con un donador de dos electrones (NADH), pero emplea varias agrupaciones hierro-azufre, que solo pueden transportar un electrón. El FMN actúa como transformador entre los transportadores de dos electrones y de un electrón.

La Figura 15.11 ilustra lo que se conoce en la actualidad sobre cómo actúan en el complejo estos diversos transportadores electrónicos. La microscopía electrónica del complejo de diversas procedencias, eucariotas y bacterianas, revela una estructura en forma de L con dos brazos: un brazo de membrana hidrófoba en la membrana mitocondrial interna (o membrana plasmática bacteriana) y un brazo periférico hidrófilo que se extiende dentro de la matriz mitocondrial (o citoplasma bacteriano) (Figura 15.11a). La estructura cristalina de rayos X del complejo I completo de la arquea *Thermus thermophilus* muestra un complejo de 15 subunidades con FMN y nueve agrupaciones hierro-azufre en el brazo periférico (Figura 15.11b,c). El complejo I cataliza una transferencia de hidruro (dos electrones), desde el NADH al FMN, que luego transfiere los electrones de uno en uno a una serie de agrupaciones hierro-azufre. En el paso final de la reacción, se reduce Q, un electrón cada vez, a $QH_2$.

El transporte electrónico a través del complejo I está acoplado al bombeo de protones desde la matriz al espacio intermembrana.

El complejo I cataliza un segundo proceso importante, que está estrechamente acoplado con el flujo electrónico a través del complejo: la transferencia de cuatro protones ($H^+$) desde el lado de la matriz al lado del espacio intermembrana de la membrana interna (Figura 15.11). La estructura de rayos X de la enzima de *T. thermophilus* sugiere un posible mecanismo para explicar cómo impulsa la transferencia electrónica el bombeo de protones (Figura 15.11d). La subunidad NuoL del brazo de la membrana posee una hélice α larga (110 Å), que se proyecta a través de la subunidades adyacentes de la membrana. Al pasar los electrones desde el FMN a la coenzima Q, las subunidades NuoA/J/K cambian de conformación y esto impulsa la hélice α larga hacia las subunidades del otro brazo de membrana. Esto inclina las hélices α (en rojo en la Figura 15.11 c y d) de esas subunidades, lo que permite que pasen los protones a través de los canales por la membrana.

El complejo I actúa así como bomba de protones que utiliza la energía liberada en la transferencia exergónica de los dos electrones, desde el NADH a Q, para transportar cuatro $H^+$ *en contra* de su gradiente electroquímico. Para tener en cuenta estos cuatro protones que se han cambiado de sitio, podemos escribir de nuevo la reacción catalizada por el complejo I como:

$$\text{NADH} + 5\text{H}^+_{\text{matriz}} + \text{Q} \rightleftharpoons \text{NAD}^+ + \text{QH}_2 + 4\text{H}^+_{\text{espacio intermembrana}}$$

Como veremos pronto, este proceso acoplado necesariamente es la esencia del mecanismo quimiosmótico que impulsa la síntesis de ATP.

## Succinato-Coenzima Q reductasa (Complejo II)

La coenzima Q (Q) lleva electrones a la cadena respiratoria, no solo desde el NADH sino también desde el succinato, como se muestra en la Figura 15.3, y desde intermedios de la oxidación de los ácidos grasos. La succinato deshidrogenasa utiliza una coenzima FAD, como se ha indicado en el Capítulo 14. A diferencia de otras enzimas del ciclo del ácido cítrico, la succinato deshidrogenasa es una proteína de la membrana interna (Figura 15.12). La enzima puede transferir, pues, electrones directamente desde su $FADH_2$ unido a los otros transportadores respiratorios unidos a la membrana. Al igual que la NADH deshidrogenasa (complejo I), la succinato deshidrogenasa transfiere los electrones a través de diversos centros hierro-azufre a la coenzima Q y se denomina de forma más completa **succinato-coenzima Q reductasa** (también se la denomina complejo II, *véanse* las Figuras 15.2 y 15.3). El complejo II no bombea protones, de forma que la reacción que cataliza puede resumirse como:

$$\text{succinato} + \text{Q} \rightleftharpoons \text{fumarato} + \text{QH}_2$$

Al menos otras dos flavoproteínas deshidrogenasas, entre ellas la **ETF:ubiquinona oxidorreductasa** y la **glicerol-3-fosfato deshidrogenasa** proporcionan electrones a Q (Figura 15.13). Estas enzimas transfieren electrones, no de los intermediarios del ciclo del ácido cítrico, sino de otras rutas de oxidación. Como la succinato deshidrogenasa,

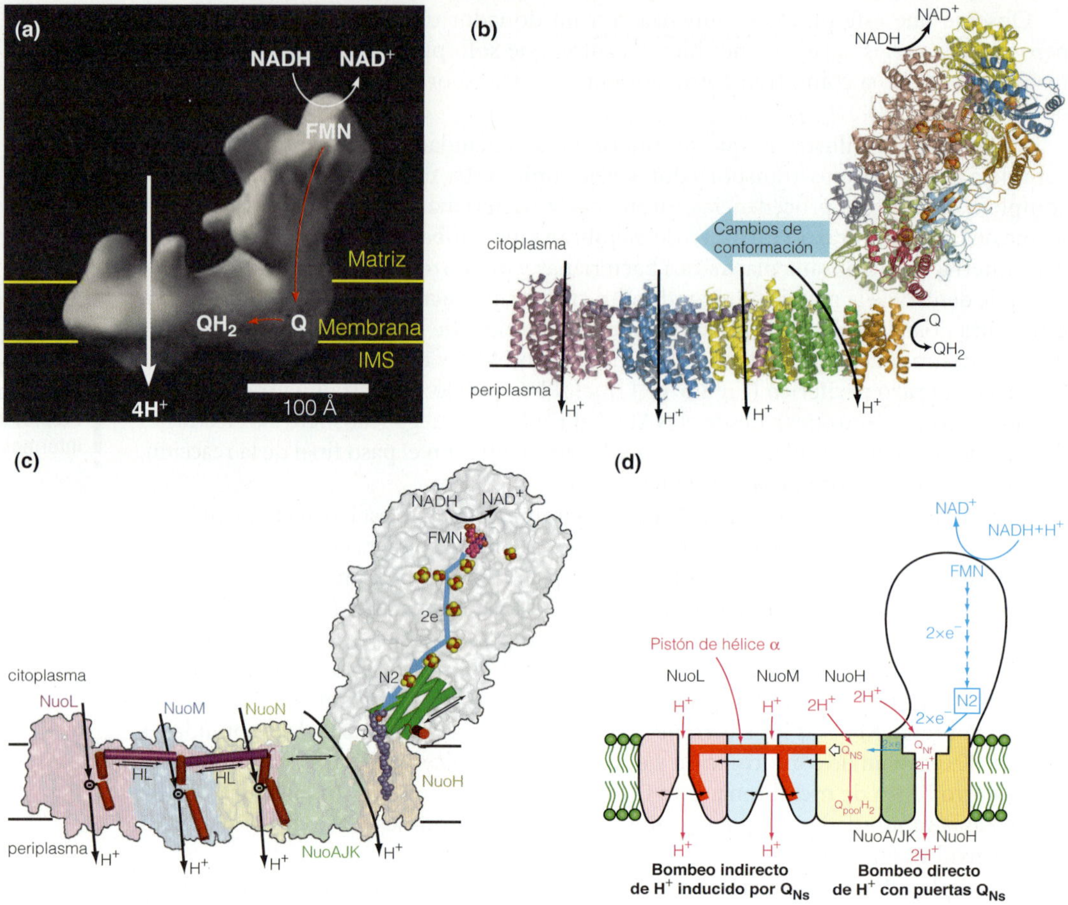


**FIGURA 15.11**

**Estructura y función del complejo I (NADH-coenzima Q reductasa). (a)** Modelo del complejo I de la levadura *Yarrowia lipolytica* determinado mediante microscopía electrónica tridimensional. El brazo de la membrana está formado por ~30 subunidades y contiene el lugar de unión de Q y la maquinaria de bombeo de protones. El brazo periférico está formado por ocho subunidades. Se muestra de forma esquemática la ruta del transporte electrónico desde el NADH a la Q, y la dirección del bombeo de $H^+$. **(b)** Estructura de rayos X del complejo I completo de la arquea *Themus thermophilus*. La hélice $\alpha$ larga de la subunidad NuoL que se proyecta sobre las subunidades NuoM (azul) y N (amarillo) está en morado oscuro. Con relación al movimiento de protones, el citoplasma y el periplasma de las bacterias son equivalentes a la matriz y al espacio intermembrana (EIM), respectivamente, de las mitocondrias. **(c)** Modelo propuesto para la translocación de protones por el complejo I. Las subunidades se nombran de acuerdo con la estructura de *E. coli* y están coloreadas como en el panel b. Están resaltadas las localizaciones de FMN (rosa), los centros hierro-azufre (rojo/amarillo) y la coenzima Q (azul oscuro). Se muestra mediante las flechas azules la ruta del transporte electrónico desde FMN a través de los centros hierro-azufre hasta Q. NADH se une cerca de FMN. **(d)** Modelo propuesto para el acoplamiento del transporte electrónico con el bombeo de protones por el complejo I. La hélice $\alpha$ larga de NuoL está representada por la barra horizontal roja. Las barras rojas verticales representan hélices $\alpha$ de canales de protones que se tambalean en respuesta al cambio de conformación de las subunidades verdes y naranjas. $Q_{Nf}$ y $Q_{NS}$ representan especies diferentes de la coenzima Q.

Adaptado de *The Annual Review of Biochemistry* 75:69–92, U. Brandt, Energy converting NADH: Quinone oxidoreductase (complex I). © 2006 Annual Reviews; (b, c) Reproducido de *Current Opinion in Structural Biology* 21:532–540, R. G. Efremov y L. A. Sazanov, Respiratory complex I: «Steam engine» of the cell? © 2011, con permiso de Elsevier.(d) Adaptado con permiso de Federation of the European Biochemical Societies from *FEBS Letters* 584:4131–4137, T. Ohnishi, E. Nakamaru-Ogiso,and S. T. Ohnishi, A new hypothesis on the simultaneous direct and indirect proton pump mechanisms in NADH-quinone oxidoreductase (complex I). © 2010.

la ETF: ubiquinona oxidorreductasa está unida al lado de la matriz de la membrana interna, y utiliza como transportadores de electrones el FAD y un agrupamiento $Fe_4S_4$. **EFT (flavoproteína de transferencia de electrones)** es una proteína pequeña soluble de la matriz mitocondrial que recibe electrones desde, al menos, 12 deshidrogenasas diferentes que contienen FAD implicadas en las oxidaciones de los ácidos grasos y los aminoácidos. Por ejemplo, en el primer paso de la $\beta$-oxidación de los ácidos grasos

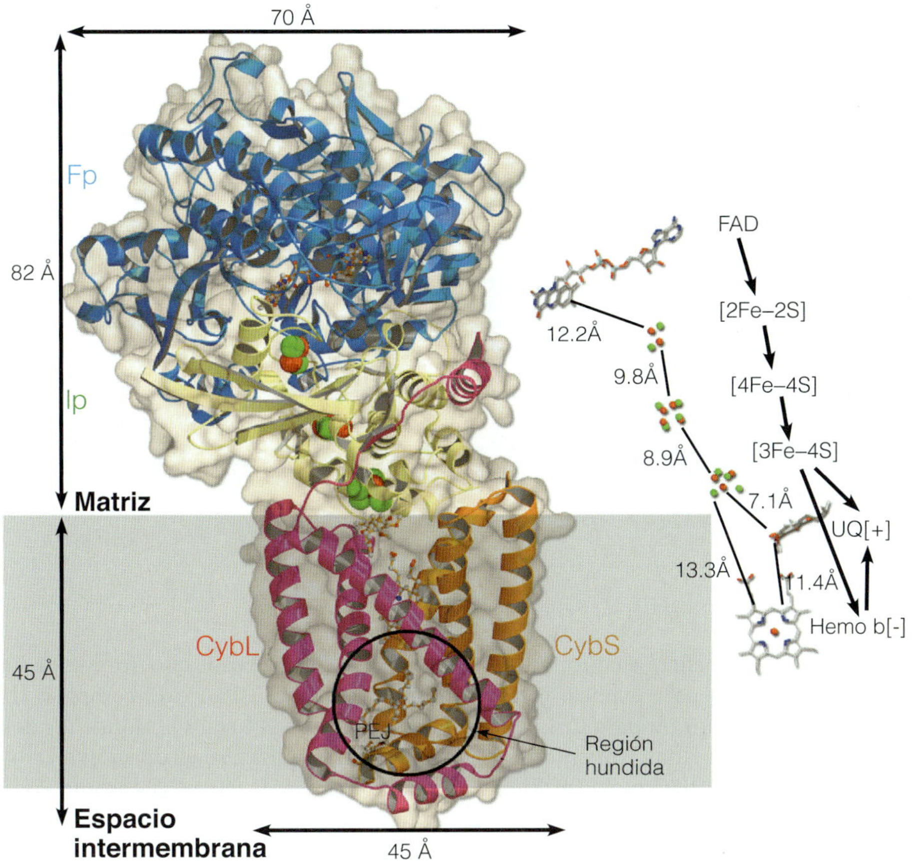


**FIGURA 15.12**

**Estructura del complejo II (succinato deshidrogenasa) de las mitocondrias de corazón de cerdo (PDB ID 1ZOY).** La enzima está formada por dos subunidades hidrófilas que van hacia la matriz, la subunidad de unión de FAD (azul) y la subunidad de hierro-azufre (amarillo) y dos subunidades transmembrana (rosa y oro). A la derecha se muestra la ruta del transporte electrónico, desde el FAD a través de los tres centros hierro-azufre, hasta la coenzima Q (UQ). La enzima tiene también un hemo de tipo *b* unido por las subunidades transmembrana, pero no se conoce su función en el proceso de transferencia electrónica. El succinato se une cerca del FAD en la subunidad azul.

Adaptado de *Cell* 121:1043–1057, F. Sun, X. Huo, Y. Zhai, A. Wang, J. Xu, D. Su, M. Bartlam, Z. Rao, Crystal structure of mitochondrial respiratory membrane protein complex II. © 2005, con permiso de Elsevier.

(*véase* el Capítulo 17), la **acil-CoA deshidrogenasa** cataliza la transferencia de dos electrones desde el sustrato acil-CoA a ETF. Esta, con su $FADH_2$ unido, se reoxida a continuación por la ETF:ubiquinona oxidorreductasa, transfiriendo los electrones a Q en la cadena respiratoria. La glicerol-3-fosfato deshidrogenasa, situada en la *cara intermembrana* de la membrana interna, cataliza la oxidación del glicerol-3-fosfato a dihidroxiacetona fosfato (DHAP), reduciendo Q a $QH_2$ (Figura 15.13). Veremos más tarde que esta reacción juega un papel importante en la transferencia de los electrones, desde el NADH citoplásmico al interior de la matriz mitocondrial (*véanse* las Figura 15.2 y 15.30). Dado que Q se oxida a continuación por el complejo III, puede verse como un punto de recogida, que recoge electrones de varias flavoproteína deshidrogenasas y los pasa a lo largo de la cadena respiratoria, finalmente hasta el $O_2$ (Figura 15.10)

## Coenzima Q:citocromo c oxidorreductasa (Complejo III)

La oxidación de la coenzima Q reducida está intermediada por otro complejo grande de múltiples subunidades embebidos en la membrana interna, el complejo III de la cadena respiratoria. La enzima cataliza la transferencia de electrones desde $QH_2$ al citocromo *c* por lo que se llama **coenzima Q:citocromo *c* oxidorreductasa**. El complejo III de los mamíferos actúa como dímero, donde cada monómero está formado por 10 u 11 cadenas (~250 kDa), entre ellas, el citocromo *b*, el citocromo $c_1$ y una proteína denominada proteína hierro-azufre Rieske. La transferencia de electrones a través de este complejo implica, por monómero, dos hemos de tipo *b*, un hemo de tipo *c* y un agrupamiento $Fe_2S_2$, por lo que al complejo III se le denomina **complejo citocromo $bc_1$**. En la Figura 15.14 se muestra la estructura cristalina de rayos X del complejo mitocondrial III de bovino y los lugares de los centros redox.

La ruta de los electrones desde $QH_2$ al cit *c* por el complejo III es más complicada que la que se indica en la Figura 15.10 debido a que en este punto, un donador de dos

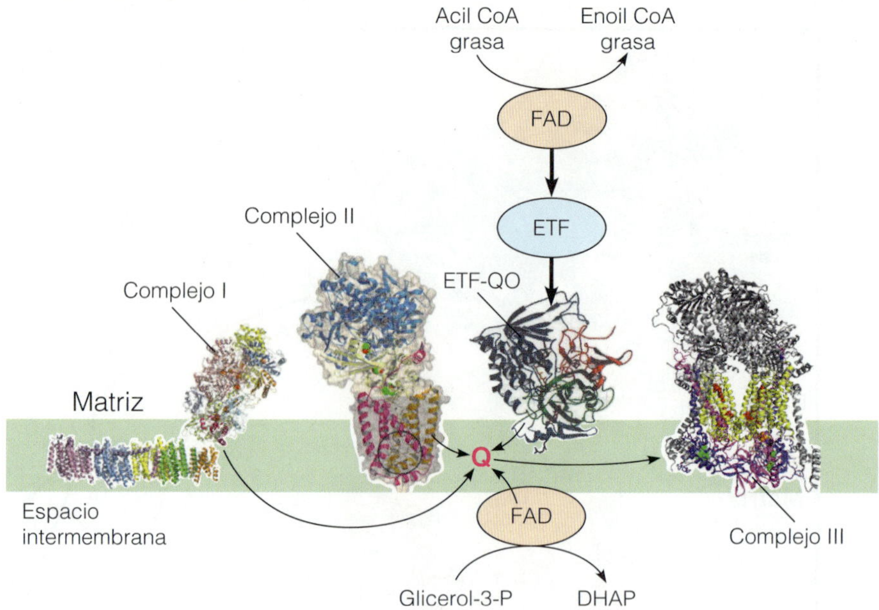


**FIGURA 15.13**

**La coenzima Q recoge los electrones de múltiples flavoproteínas.** Este cofactor móvil liposoluble actúa como aceptor electrónico para, al menos, cuatro flavoproteína deshidrogenasas mitocondriales. Los electrones desde el NADH y el succinato se llevan a través del complejo I y el complejo II (succinato deshidrogenasa), respectivamente. La flavoproteína de transferencia de electrones (EFT):ubiquinona oxidorreductasa cataliza la transferencia de electrones desde la EFT reducida a la Q. Estos electrones se originan en el paso de la acil-CoA deshidrogenasa de la $\beta$ oxidación de los ácidos grasos. La glicerol-3-fosfato deshidrogenasa, situada en la *cara intermembrana* de la pared interna lleva los electrones desde el glicerol-3-fosfato a la coenzima Q. Los electrones de la $QH_2$ reducida pasan finalmente al complejo III de la cadena respiratoria.

electrones, $QH_2$, transfiere electrones a aceptores de un electrón, los citocromos. Se ha propuesto el **ciclo Q** para explicar esta estequiometría (Figura 15.15) El complejo III tiene dos lugares de unión para Q: $Q_0$ y $Q_1$. $QH_2$ se oxida en el lugar $Q_0$, donde los dos electrones toman dos rutas diferentes. El primer electrón se pasa a la agrupación hierro-azufre de la proteína hierro-azufre Rieske, al citocromo $c_1$ y luego, al citocromo *c*. La semiquinona $QH^{\cdot}$ resultante transfiere, a continuación, su segundo electrón al componente hemo de potencial bajo $b_L$ del citocromo *b* (conocido también como $b_{566}$, debido a que este hemo tiene un máximo de absorción de la luz a 566 nm), y este electrón, pasa, a continuación, al componente hemo de potencial alto $b_H$ ($b_{562}$, máximo de absorción de la luz a 562 nm). El hemo $b_H$ está situado en el lugar $Q_1$ cerca del lado de la matriz de la membrana, donde reduce una molécula de Q oxidado a la semiquinona $QH^{\cdot}$. Este proceso se repite y una segunda molécula de $QH_2$ se oxida en el lugar $Q_0$ y un electrón pasa a la proteína hierro-azufre Rieske y al citocromo *c* igual que antes. Sin embargo, esta vez el electrón del hemo $b_H$ reduce a la semiquinona $QH^{\cdot}$ a $QH_2$ en el lugar $Q_1$ (Figura 15.15). El resultado es que dos moléculas de $QH_2$ se oxidan y una molécula

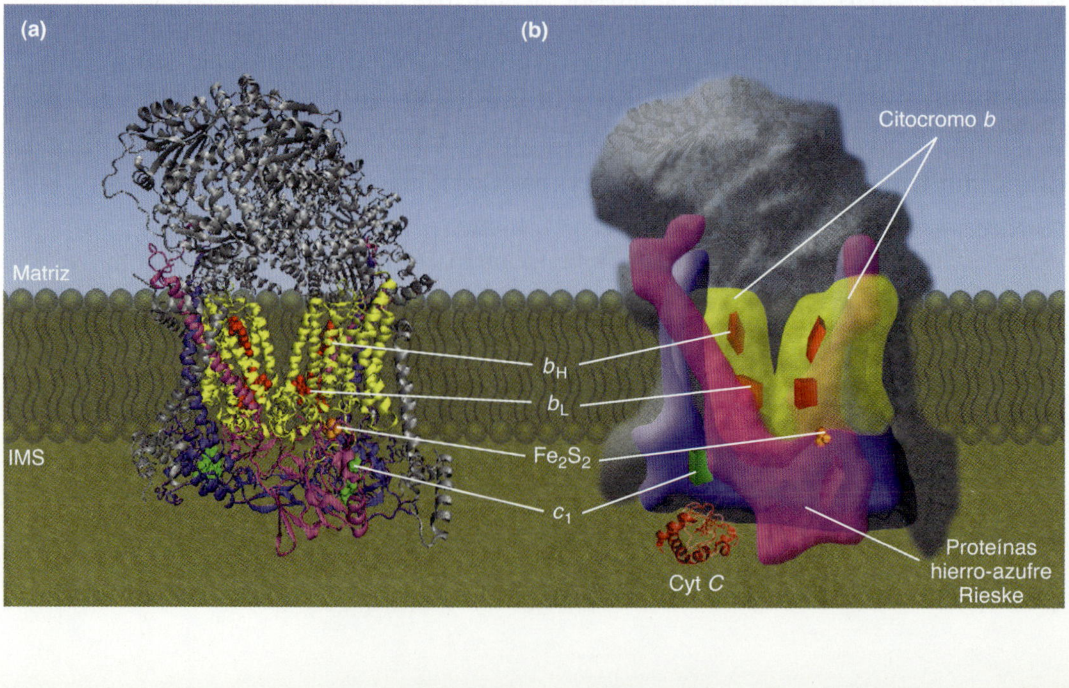


**FIGURA 15.14**

**Estructura del complejo III (coenzima Q:citocromo *c* oxidorreductasa). (a)** Estructura de rayos X del complejo dimérico de las mitocondrias de bovino (PDB ID 1PPJ). Las subunidades citocromo *b* están en amarillo; cada una une dos hemos de tipo *b* ($b_H$ y $b_L$), se muestran en rojo. Las subunidades de la proteína de hierro-azufre de Rieske (ISP) están en fucsia, con el centro hierro-azufre $Fe_2S_2$ en naranja (la segunda subunidad ISP y su centro hierro-azufre están escondidos detrás de la estructura). Las subunidades citocromo $c_1$ están en azul, con su hemo de tipo *c* en verde. Las subunidades que quedan, que no son del centro, se muestran en plata. **(b)** Cinta del dímero complejo III, con el mismo esquema de color que en la estructura de rayos X, que ilustra la disposición de las subunidades y los transportadores redox. Se indica la situación aproximada del complejo en la membrana interna.

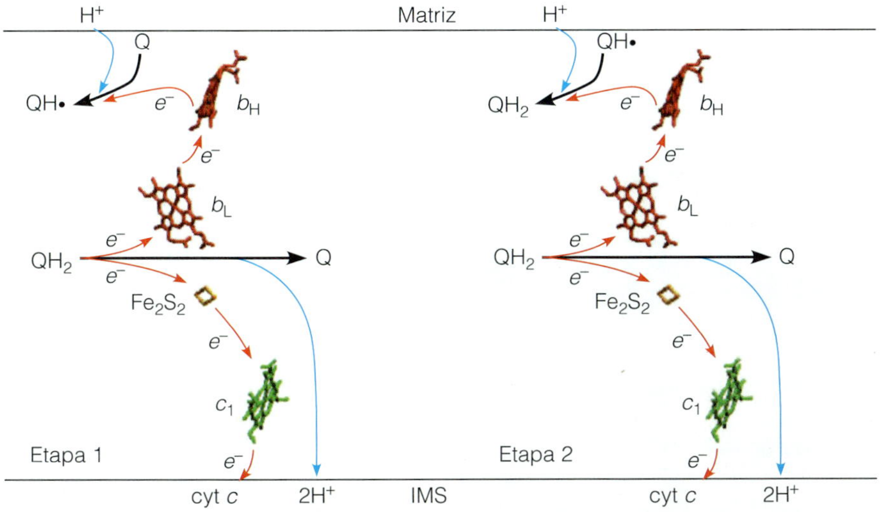


Etapa 1: $QH_2 + Q + H^+_{Mat} + \text{cyt } c_{ox} \longrightarrow QH\bullet + Q + 2H^+_{IMS} + \text{cyt } c_{red}$

Etapa 2: $QH_2 + QH\bullet + H^+_{Mat} + \text{cyt } c_{ox} \longrightarrow QH_2 + Q + 2H^+_{IMS} + \text{cyt } c_{red}$

Neto: $QH_2 + 2\text{cyt } c_{ox} + 2H^+_{Mat} \longrightarrow Q + 2\text{cyt } c_{red} + 4H^+_{IMS}$

**FIGURA 15.15**

**Ciclo Q**. Se muestra, sin los componentes proteicos, la disposición espacial de los centros redox en un monómero del complejo III mitocondrial dimérico de bovino (*véase* la Figura 15.14) (PDB ID 1PPJ). La ruta de los electrones en cada etapa está indicada por las flechas rojas y la ruta de los protones está indicada por las flechas azules. El lugar $Q_0$ está en medio del diagrama; el lugar $Q_1$ está en la parte superior (lado de la matriz de la membrana interna). Se muestra la estequiometria de cada etapa del ciclo, así como la estequiometria neta del ciclo completo.

de Q se reduce, para una transferencia neta de dos electrones para reducir dos moléculas de citocromo *c*. Debido a que las reacciones que consumen protones tienen lugar dentro de la matriz, mientras que la liberación de protones tiene lugar en el espacio intermembrana, el ciclo Q contribuye al gradiente protónico necesario para impulsar la síntesis de ATP (*véase* la página 645).

El transporte electrónico a través del complejo III está acoplado al bombeo de protones desde la matriz al espacio intermembrana.

Obsérvese la situación del citocromo *c*. Se encuentra en el lado del espacio intermembrana de la pared interna. El citocomo *c* desempeña otro papel importante en la célula, además del de transportador de electrones en la respiración. El citocromo *c* es un componente de señalización central en la **ruta intrínseca de la apoptosis**, o muerte celular programada. Esta ruta se inicia como respuesta al daño oxidativo, al daño del DNA y otras muchas agresiones químicas y físicas que directamente dañan la célula. Estas agresiones *intrínsecas* diversas desencadenan todas ellas la misma respuesta: la membrana mitocondrial externa se hace más permeable y se libera el citocromo *c* desde el espacio intermembrana al citoplasma, donde se une a otras proteínas en un complejo (el **apoptosoma**), que activa una cascada proteolítica, que finalmente lleva a la muerte celular (en el Capítulo 28 se considera con más detalle la apoptosis). De esta forma, este componente integral de la cadena respiratoria también es un componente integral de la ruta de muerte celular, lo que apunta a la relación entre las mitocondrias y la evolución de la célula eucariota (al final de este capítulo se verá más sobre este tema).

## Citocromo c oxidasa (Complejo IV)

La fase final del transporte electrónico la lleva a cabo la citocromo *c* oxidasa (complejo IV). La enzima mitocondrial se encuentra en forma de complejo homodimérico grande en la membrana interna. Cada monómero está formado por 13 subunidades, con 28 hélices transmembrana que separan dominios hidrófilos frente a los compartimientos de la matriz y el espacio intermembrana (Figura 15.16). La citocromo *c* oxidasa bacteriana es mucho más sencilla, formada solo por cuatro subunidades. No obstante, las homólogas de tres de las subunidades bacterianas forman el centro del complejo mitocondrial, lo cual indica el origen evolutivo de esta enzima. De hecho, las subunidades I, II y III de la citocromo *c* oxidasa están codificadas por el genoma mitocondrial y se sintetizan en los ribosomas mitocondriales de la matriz. La citocromo *c* oxidasa contiene dos hemos, *a* y $a_3$, unidos por la subunidad I en el interior de la membrana y dos centros de cobre ($Cu_A$ y $Cu_B$). El átomo $Cu_B$ está ligado por tres residuos de histidina y asienta a 5 Å del hemo $a_3$ en la subunidad I. El hierro del hemo $a_3$ y el $Cu_B$ constituyen así un «centro

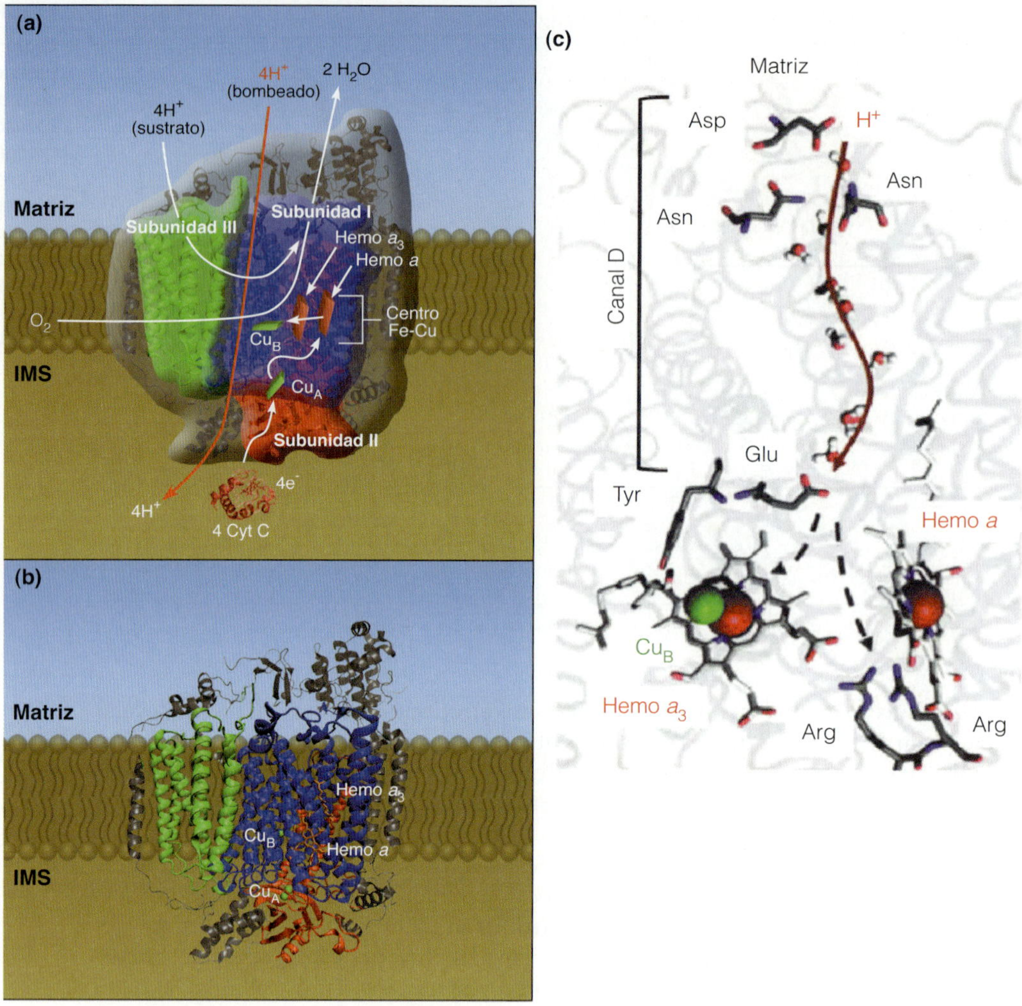


**FIGURA 15.16**

**Estructura de la citocromo *c* oxidasa (complejo IV).** **(a)** Dibujo de la reacción catalizada por el complejo IV. Se donan cuatro electrones, de uno en uno, mediante el cit *c* reducido, al centro $Cu_A$, a través del hemo *a* y al lugar catalítico (lugar binuclear $a_3$-$Cu_B$), donde se reduce una molécula de $O_2$, dando dos moléculas de $H_2O$. Se bombean los protones desde la matriz al lado del espacio intermembrana (EIM) de la membrana. **(b)** Estructura de rayos X de un monómero de la enzima mitocondrial de bovino (PDB ID 2EIJ). Las subunidades I, II y III están coloreadas como en el dibujo del panel (a); las subunidades restantes están en gris. Los dos hemos del centro están en naranja y los dos centros Cu están en verde. Se indica la situación aproximada del complejo en la membrana interna. El cit *c* se une cerca del centro $Cu_A$ de la subunidad II. **(c)** La ruta de transferencia de protones del canal D en la subunidad I de la citocromo *c* oxidasa (PDB ID 1M57) está indicada por la flecha roja y las moléculas de agua. Las flechas negras punteadas indican las rutas ramificadas destinadas al lugar catalítico y el lugar de la bomba.

(c) Modificado con permiso de *Biochemical Society Transactions* 36:1169–1174, P. Brzezinski, J. Reimann y P. Adelroth, Molecular architecture of the protondiode of cytochrome coxidase. © 2008 The Biochemical Society.

binuclear» que actúa como una única unidad en la transferencia de electrones. El centro $Cu_A$ está formado por dos átomos de Cu unidos por la subunidad II en la cara del espacio intermembrana de la pared celular.

El complejo IV cataliza la transferencia de electrones desde el citocromo *c* reducido al oxígeno. La oxidación inicial del citocromo *c* la lleva a cabo el $Cu_A$, y se transfiere el electrón al hemo *a* y luego al lugar del hemo binuclear $a_3$-$Cu_B$. El centro binuclear es el lugar catalítico donde el $O_2$ sufre su reducción de cuatro electrones hasta agua. La reacción redox catalizada por el complejo IV es como sigue:

$$4 \text{ cit } c_{red} (Fe^{2+}) + O_2 + 4H^+_{matriz} \rightleftharpoons 4 \text{ cit } c_{ox} (Fe^{3+}) + 2H_2O$$

Por cada electrón que se transfiere, el complejo IV bombea aproximadamente un protón del lado de la matriz al lado del espacio intermembrana de la pared celular. De esta forma, la reacción neta catalizada por el complejo IV puede resumirse de la forma siguiente:

$$4 \text{ cit } c_{red} (Fe^{2+}) + O_2 + 8H^+_{matriz} \rightleftharpoons 4 \text{ cit } c_{ox} (Fe^{3+}) + 2H_2O + 4H^+_{\text{espacio intermembrana}}$$

¿Cómo se bombean estos cuatro protones por molécula de oxigeno reducido desde la matriz al espacio intermembrana? Las estructuras de rayos X de la citocromo *c* oxidasa, como la de la Figura 15.16, descubren la existencia de dos canales de protones diferentes, que van desde la matriz hasta el centro catalítico en la subunidad I, denominados canal D y canal K. El canal K (que se llama así por un residuo esencial de lisina) proporciona dos de los protones que se necesitan para formar el agua. El canal D (que se llama así por un residuo esencial de aspartato en la entrada del canal; parte superior de la Figura 15.16c) proporciona los otros dos protones para la reducción del $O_2$ a 2 $H_2O$, así como los cuatro protones bombeados. Pueden verse una serie de ~10 moléculas de agua en el canal D en las estructuras de rayos X (Figura 15.16c), lo que proporciona un mecanismo para transferir protones a través de una red unida por el hidrógeno (recuérdese el saltador de protones descrito en el Capítulo 2), desde la matriz al lugar catalítico. ¿Cómo se mueven los protones bombeados desde el lugar catalítico, enterrado en el medio de la membrana interna, hasta el lado del espacio intermembrana? No se conoce totalmente el mecanismo, pero probablemente se producen cambios de conformación en la proteína acoplados a cambios del estado redox del centro del hemo binuclear $a_3$-$Cu_B$. Estos cambios de conformación alteran los p$K_a$ de los residuos de unión de protones (por ejemplo, Glu o Asp) igual que se ha descrito para el efecto Bohr en la hemoglobina (*véase* el Capítulo 7). Un modelo propone que tras la transferencia electrónica al lugar catalítico, se transfiere un protón desde un residuo conservado de glutamato (situado en el fondo del canal D, cerca del centro binuclear) hasta el lugar catalítico. La desprotonación de este Glu desencadena un cambio de conformación, que eleva el p$K_a$ de un segundo aceptor de protones, de forma que ahora tiene una mayor afinidad por los protones y une un protón del canal D. La reprotonación de Glu con otro protón del canal D invierte el cambio de conformación al estado original, disminuyendo el p$K_a$ del segundo aceptor de protones, desencadenando la liberación del protón bombeado al otro lado de la membrana.

El transporte electrónico a través del complejo IV está acoplado al bombeo de protones desde la matriz al espacio intermembrana.

### Organización supramolecular de los complejos de la cadena respiratoria mitocondrial

Los estudios recientes cinéticos, bioquímicos y de microscopía electrónica sugieren que los complejos de la cadena respiratoria se encuentran en forma de «supercomplejos» muy organizados en la membrana interna de las mitocondrias intactas. Por ejemplo, pueden aislarse de las mitocondrias de rata y bovino tras la solubilización con detergentes suaves como la digitonina, supercomplejos que contienen el complejo I, el complejo III y el complejo IV, con una relación 1:2:1. La microscopía electrónica y las reconstrucciones 3D muestran que los lugares de unión de Q y del citocromo *c* de los complejos individuales están enfrentados, lo que sugiere una posible canalización del sustrato (Figura 15.17). En efecto, los estudios cinéticos sugieren que los complejos respiratorios de una serie de reacciones redox estrechamente ligadas se comportan de forma muy parecida a un cable eléctrico pequeño.

## Fosforilación oxidativa

Tras haber considerado cómo se emplea la energía libre del transporte electrónico por la cadena respiratoria para bombear protones fuera de la matriz, pasaremos ahora a la cuestión de cómo se hace disponible esa energía para la síntesis de ATP, es decir, el mecanismo de la fosforilación oxidativa. Desde el punto de vista del mecanismo, la fosforilación oxidativa es mucho más compleja que las reacciones de fosforilación a nivel de sustrato de la glucólisis y del ciclo del ácido cítrico, y hasta hace poco, este campo de estudio ha sido uno de los terrenos con mayor controversia de la investigación bioquímica. Como afirmó el difunto Efraim Racker, «*quien no se sienta confundido con relación a la fosforilación oxidativa, es que simplemente no comprende la situación*». Como veremos, una parte importante de los conocimientos necesarios ha aparecido en las tres décadas desde que Racker escribió estas palabras.

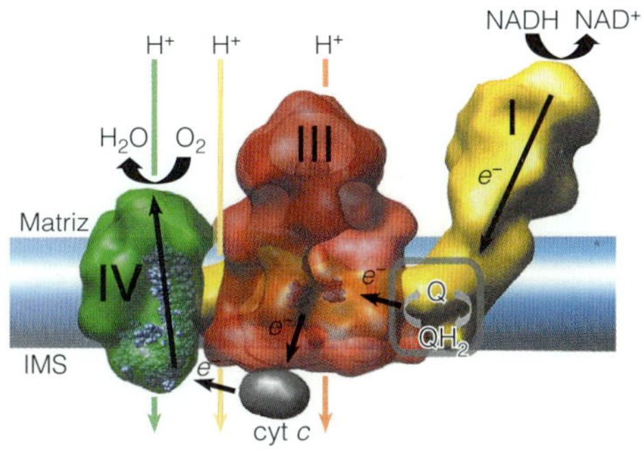


**FIGURA 15.17**

**Modelo propuesto para el supercomplejo de los complejos I, III y IV.** Este modelo se basa en resultados bioquímicos, la estructura de rayos X y la microscopía electrónica. El complejo I está en amarillo, el dímero del complejo II en rojo y el complejo IV en verde. El citocromo *c* está en gris. Se indica la ruta de los electrones desde el NADH al $O_2$ y se muestran en la caja gris los posibles lugares de unión de Q en los complejos I y III.

Adaptado de *Biochimica et Biophysica* Acta 1793:117–124, J. Vonck y E. Schafer, Supramolecular organization of protein complexes in the mitochondrialinner membrane. © 2009, con permiso de Elsevier.

### La relación P/O: eficacia de la fosforilación oxidativa

Antes de considerar el mecanismo de la fosforilación oxidativa, es útil recordar la energética del proceso. Hemos calculado previamente (página 630) que para un par de electrones que entran en la cadena respiratoria en forma de NADH, y atraviesan toda la cadena hasta el $O_2$, el cambio de energía libre estándar, $\Delta G°'$, es $-220$ kJ/mol

$$\text{NADH} + \text{H}^+ + \tfrac{1}{2}\text{O}_2 \rightleftharpoons \text{NADH}^+ + \text{H}_2\text{O}$$

$$\Delta G°' = -nF\,\Delta E^{0\prime} = -2(96\,485)(-0.82 - (-0.32)) = -220 \text{ kJ/mol}$$

¿Qué cantidad de esta energía libre se captura realmente en forma de ATP en la fosforilación oxidativa? Esta pregunta puede responderse una vez que hayamos medido la cantidad de ATP que se sintetiza por mol de sustrato oxidado en las mitocondrias aisladas. Lo que solemos normalmente medir es la **relación P/O**, que es el número de moléculas de ATP sintetizadas por par de electrones transportados a través del transporte electrónico. La síntesis de ATP se cuantifica como incorporación de fosfato al ATP, y los pares electrónicos se cuantifican como consumo de oxígeno, en $\mu$mol de átomos de O (no moléculas de $O_2$) reducidos a agua. El consumo de oxígeno se determina con un electrodo de oxígeno.

Como puede imaginar, es difícil obtener medidas precisas del consumo de oxígeno y de síntesis de ATP en una preparación mitocondrial y muchos fallos experimentales pueden conducir a cálculos inexactos de la relación P/O. Los primeros experimentos sugerían que la oxidación mitocondrial de NADH tiene lugar con una relación P/O de 3 y la oxidación del succinato tiene lugar con una relación P/O de 2. Estos valores concordaban con otras teorías más antiguas de la fosforilación oxidativa, que proponían la existencia de un intermedio de energía elevada acoplado directamente con la síntesis de ATP, como se observa en las reacciones de fosforilación a nivel de sustrato de la glucólisis. Sin embargo, al conseguir los investigadores mejores preparaciones de mitocondrias intactas y medir mejor el consumo de oxígeno y la síntesis de ATP, quedó claro que las relaciones P/O *no eran enteros*. En la actualidad el consenso general es que la relación P/O es ~2.5 para las oxidaciones del NADH y ~1.5 para la oxidación del succinato. En efecto, estos valores no enteros de P/O han contribuido a comprender que la fosforilación y la oxidación *no* están acopladas de manera directa. Como sugiere la Figura 15.2, el acoplamiento se produce de forma indirecta. Como veremos a continuación, este mecanismo no requiere una relación estequiométrica entera entre los equivalentes reductores consumidos y el ATP sintetizado. Teniendo en cuenta esto, podemos escribir una ecuación ajustada para la oxidación mitocondrial del NADH acoplada a la síntesis de ATP:

$$\text{NADH} + \text{H}^+ + \tfrac{1}{2}\text{O}_2 + 2.5\text{ADP} + 2.5\text{P}_i \rightleftharpoons \text{NAD}^+ + \text{H}_2\text{O} + 2.5\text{ATP}$$

Como ya se ha comentado antes, la oxidación del NADH por el $O_2$ tiene un valor de $\Delta G^{\circ\prime}$ de $-220$ kJ/mol. Dado que el $\Delta G^{\circ\prime}$ para la hidrólisis del ATP es $-30.5$ kJ/mol, la síntesis de 2.5 ATP necesita 76 kJ/ en condiciones estándar, lo cual da una eficacia para la fosforilación oxidativa de, aproximadamente, el 35 % en condiciones estándar. Debido a que el $\Delta G$ para la hidrólisis de ATP en las condiciones intracelulares es $-50$ kJ/mol o más, la eficacia de la fosforilación oxidativa probablemente se acerque *in vivo* al 60 % o 70 %.

## Reacciones oxidativas que impulsan la síntesis de ATP

Una ojeada a la Figura 15.10 revela que la transferencia de equivalentes reductores desde un sustrato oxidable por el $NAD^+$ hasta el $O_2$ comporta alrededor de una docena de reacciones de oxidorreducción ligadas consecutivas. ¿Cuál de estas reacciones impulsa realmente la síntesis de ATP? Esta pregunta fue la que más preocupó al inicio de la investigación bioenergética, cuando se pensaba que la síntesis de ATP estaba acoplada directamente con reacciones exergónicas individuales, como ocurre en la fosforilación a nivel de sustrato. La interpretación más fácil de la relación P/O de 3 observada para la oxidación del NADH es que tres de las reacciones individuales de la cadena respiratoria son lo suficientemente exergónicas como para impulsar la síntesis de una molécula de ATP cada una. De hecho, tres de estas reacciones tienen unos valores de $\Delta G^{\circ\prime}$ superiores a $-30.5$ kJ/mol que es la barrera mínima que debe superarse (en condiciones estándar) para hacer que la síntesis de cada ATP sea exergónica (*véase* la Figura 15.7). Esas tres reacciones son la oxidación del NADH por la coenzima Q ($\Delta G^{\circ\prime} = -69.5$ kJ/mol; que cataliza el complejo I), la oxidación del $QH_2$ por el citocromo *c* ($\Delta G^{\circ\prime} = -36.7$ kJ/mol; que cataliza el complejo III) y la oxidación del citocromo *c* reducido ($\Delta G^{\circ\prime} = -112$ kJ/mol; que cataliza la citocromo *c* oxidasa). Cada una de estas reacciones se consideró un «**lugar de acoplamiento**» para la síntesis de ATP; es decir, cada una de ellas se consideró una reacción en la que la síntesis de ATP se impulsa directamente por la energía liberada por esa reacción.

Dado que ahora sabemos que el acoplamiento entre la oxidación y la síntesis de ATP es indirecto, el concepto de lugares de acoplamiento constituye una simplificación excesiva. No obstante, este concepto resultó útil, ya que proporcionó un marco para la realización de experimentos de identificación de cada una de las tres reacciones citadas como capaz de dar, por sí sola, energía a la membrana para la síntesis de ATP, a pesar de que no actúe el conjunto de la cadena de transporte electrónico. Teniendo esto en cuenta, examinemos los datos existentes al respecto, que se resumen en la Figura 15.18.

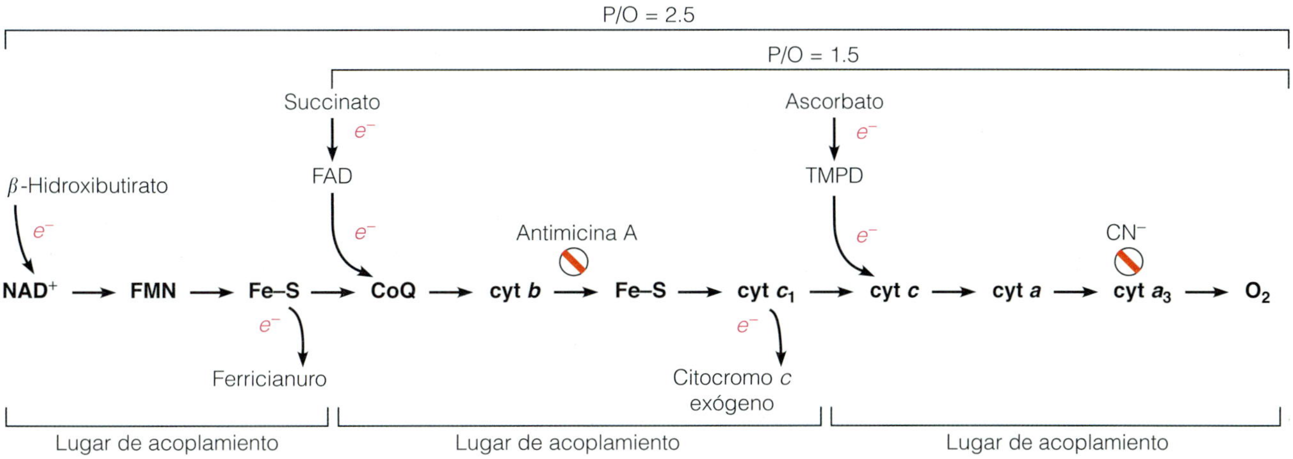


**FIGURA 15.18**

**Identificación experimental de los «lugares de acoplamiento».** El transporte electrónico se limitó a determinadas partes de la cadena mediante el empleo de determinados donadores electrónicos, aceptores electrónicos e inhibidores respiratorios, según se indica. Para cada segmento de la cadena aislado de esta forma, se determinaron las relaciones P/O, lo que permite la identificación de los lugares de acoplamiento.

En primer lugar, el succinato se oxida con una relación P/O de ~1.5 y no ~2.5, lo que sugiere la existencia de un lugar de acoplamiento asociado con la NADH deshidrogenasa (complejo I). Este hecho se confirmó mediante el bloqueo del transporte electrónico después del citocromo *b* con antimicina A. Se añadió ferricianuro como aceptor electrónico artificial, de manera que pudiera continuar el flujo electrónico. En estas condiciones, los sustratos ligados al $NAD^+$, como el β-hidroxibutirato, se oxidan con una relación P/O de ~1, lo cual confirmaba la existencia de un lugar previo al citocromo *b*.

Otro planteamiento consistió en el empleo del donador electrónico artificial ascorbato. En presencia de otro aceptor electrónico, la tetrametil-*p*-fenilén-diamina (TMPD; *véase* la Figura 15.9), podían introducirse los electrones en la cadena respiratoria a nivel del citocromo *c*. Estos transportadores electrónicos reducían al citocromo *c* de manera no enzimática, y su oxidación a través de la citocromo oxidasa se producía con una relación P/O de ~1, con lo que se localizaba un lugar de acoplamiento más allá del citocromo *c*. Por último, el citocromo *c* purificado que se añade a las mitocondrias puede actuar como un aceptor de electrones y retirarlos de la cadena de transporte electrónico. La adición posterior de un inhibidor de la citocromo oxidasa, como el cianuro, fuerza la salida de los electrones de la cadena respiratoria a la altura del citocromo *c*. En estas condiciones, el succinato se oxida con una relación P/O de ~1, lo que localiza un lugar entre los citocromos *b* y *c*. Sin embargo, si a continuación se añade antimicina A, no se sintetiza ATP, lo que muestra que el complejo II (succinato deshidrogenasa) no es un lugar de acoplamiento. En resumen, estos experimentos demuestran que los complejos I, III y IV son cada uno de ellos capaces de impulsar la síntesis de ATP, mientras que el complejo II no lo es (Figura 15.18). Ahora sabemos que estos tres lugares de acoplamiento impulsan de forma indirecta la síntesis de ATP mediante el bombeo de protones a través de la membrana, mientras los electrones fluyen a través de los complejos.

## Mecanismo de la fosforilación oxidativa: acoplamiento quimiosmótico

¿Cuál es el mecanismo real mediante el cual la energía liberada en la respiración se utiliza para impulsar la síntesis de ATP? Durante muchos años, los investigadores de todo el mundo buscaron un intermedio de energía elevada que pudiera ligar el transporte electrónico con la síntesis de ATP. Sin embargo, este intermedio activado no se ha demostrado nunca en la fosforilación oxidativa.

Aunque se han considerado otros modelos, hoy en día se acepta de manera general un modelo que implica un **acoplamiento quimiosmótico**, propuesto en 1961 por el bioquímico británico Peter Mitchell. Aunque este modelo encontró inicialmente algunas resistencias, en la actualidad existen datos abrumadores que lo respaldan, y los logros de Mitchell le valieron el Premio Nobel en el año 1978. En su forma más básica, este modelo propone que *la energía libre del transporte electrónico impulsa un sistema de transporte activo, que bombea protones fuera de la matriz mitocondrial al espacio intermembrana. Esta acción genera un gradiente electroquímico para los protones. Los protones del exterior tienen una tendencia termodinámica a volver a pasar al interior, a favor de*

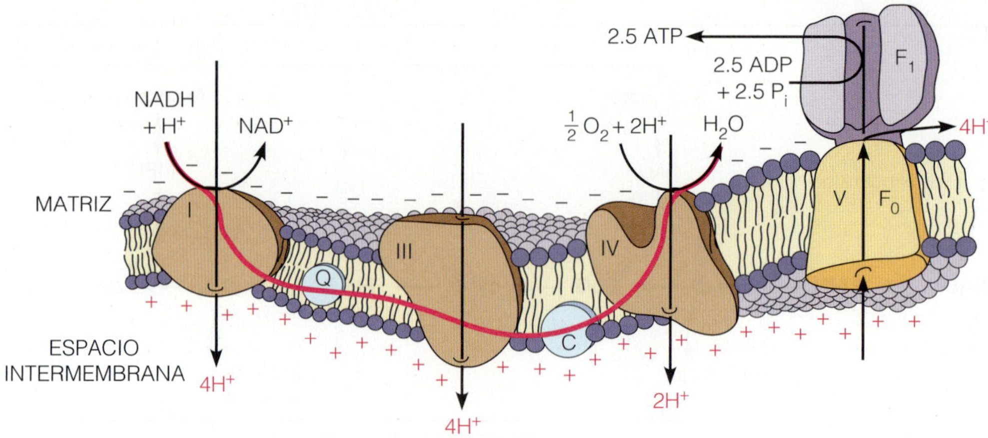


**FIGURA 15.19**

**Acoplamiento quimiosmótico del transporte de electrones y la síntesis de ATP.** Este dibujo de los complejos proteicos de la membrana interna muestra la secuencia de transportadores electrónicos desde el $NAD^+$ hasta el $O_2$. No se incluye el complejo II, ya que no contribuye al gradiente de protones. Los protones bombeados por los complejos I, III y IV, al fluir los electrones a través de los complejos, generan un gradiente electroquímico a través de la membrana (fuerza protónmotriz, fpm). La reentrada de los protones en la matriz, a través del canal $F_0$ (complejo V), proporciona la energía necesaria para impulsar la síntesis de ATP.

*su gradiente electroquímico, y esto proporciona la fuerza impulsora para la síntesis de ATP.* Otra forma de expresar esto es que debe gastarse la energía libre para mantener el gradiente de protones. Cuando los protones vuelven a la matriz, esa energía se disipa, siendo aprovechada, en parte, para impulsar la síntesis de ATP.

Para comprender con mayor detalle la teoría quimiosmótica, recordemos que algunas de las reacciones de transporte electrónico, aunque no todas, transfieren iones hidrógeno (protones) al igual que electrones. Estas reacciones incluyen las deshidrogenaciones del NADH, el $FMNH_2$, el $FADH_2$ y la coenzima Q reducida. Mitchell propuso que las enzimas que catalizan estas deshidrogenaciones están dispuestas de manera asimétrica en la membrana interna, de forma que los protones son captados siempre de dentro de la matriz y liberados en el espacio intermembrana. En la Figura 15.19 se muestra de qué forma podría producirse este proceso. Este **bombeo de protones** por las proteínas respiratorias da lugar a la conversión de la energía de la respiración en energía osmótica, en forma de un **gradiente electroquímico**, o gradiente de concentración química, que establece un potencial eléctrico (como se considera con detalle en el Capítulo 10). La energía liberada por la descarga de este gradiente puede acoplarse con la fosforilación de ADP a ATP, de manera que no se forman intermedios «de energía elevada» aislables. En este proceso interviene la ATP sintasa (complejo V). La porción $F_0$ del complejo se extiende a través de la membrana interna y se cree que contiene un canal específico para el regreso de los protones a la matriz mitocondrial. La energía libre que se libera cuando el $H^+$ pasa por este canal para regresar a la matriz se aprovecha para impulsar la síntesis de ATP, catalizada por el componente $F_1$ del complejo. Antes de describir la estructura y función de la ATP sintasa, vamos a realizar un examen más detallado a las pruebas del mecanismo de acoplamiento quimiosmótico.

## Un examen más detallado del acoplamiento quimiosmótico: pruebas experimentales

Conviene que examinemos ahora con mayor detalle las pruebas experimentales del acoplamiento quimiosmótico, en parte, por su importancia para comprender la fosforilación oxidativa y en parte, porque nos proporcionan una perspectiva de otros procesos biológicos, como el transporte activo a través de las membranas y la fotosíntesis. Recuérdese de la introducción de este capítulo que había varias pruebas en contra de la síntesis de ATP mediante un proceso de acoplamiento químico directo como en la glucólisis. La primera era la constatación de que el número de moléculas de ATP producidas por par de electrones genera, aproximadamente, 2.5 ATP, no un entero como predeciría un mecanismo de acoplamiento químico directo. En segundo lugar, se había comprobado que la fosforilación oxidativa necesita una membrana. Si se rompe la membrana, el paso de los electrones por la cadena respiratoria *se desacopla* de la síntesis de ATP. Los electrones fluyen aún, pero cesa la producción de ATP. Estas observaciones las explica perfectamente el mecanismo de acoplamiento quimiosmótico.

El acoplamiento quimiosmótico indica la utilización establecimiento de un gradiente de protones transmembrana para impulsar los procesos endergónicos como la síntesis de ATP.

### Las membranas pueden establecer gradientes de protones

Cuando se pudieron medir los cambios de pH y de potencial eléctrico a través de las membranas mitocondriales, se puso de manifiesto que las mitocondrias pueden bombear protones desde la matriz hasta el espacio intermembrana. De hecho, el valor de pH en el exterior de una mitocondria con respiración activa es unas 0.75 unidades menor al de la matriz. El gradiente de pH genera también un potencial eléctrico de 150 a 200 milivoltios (mV) a través de la membrana, debido al movimiento neto de protones con carga positiva hacia el exterior a través de la membrana interna. El gradiente de pH y el potencial de membrana contribuyen ambos a producir un *gradiente electroquímico de* $H^+$ o **fuerza protónmotriz (fpm)**, aunque el componente eléctrico es, con diferencia, el principal contribuyente. Puede parecer que una carga eléctrica de 150 mV a través de la membrana no es mucho (1/10 el voltaje de una pila de linterna de 1.5 V). Sin embargo, como ha señalado el bioquímico británico Nick Lane, teniendo en cuenta la anchura de la membrana biológica ($\sim 5 \times 10^{-9}$ m), esto corresponde a 30 millones de voltios/m, ¡semejante al voltaje de un rayo. Podemos calcular el cambio de energía libre de este gradiente electroquímico utilizando la Ecuación 10.2 del Capítulo 10

$$\Delta G = RT \ln\left(\frac{C_2}{C_1}\right) + ZF\,\Delta\psi \qquad (15.4)$$

$C_2$ y $C_1$ son las concentraciones del ion en los dos compartimientos, $Z$ es la carga del ion (+1 para $H^+$), y $\Delta\psi$ es el potencial de membrana, en voltios. $\Delta G$ en esta ecuación es equivalente a $\Delta\mu_H$, el gradiente electroquímico del protón. Para el gradiente electroquímico del protón y debido a que el pH es una función logarítmica de $[H^+]$, la Ecuación 15.4 puede simplificarse a:

$$\Delta\mu_H = 2.3\,RT\,\Delta pH + F\Delta\psi \qquad (15.5)$$

$\Delta\mu_H$ se denomina también $\Delta p$, fuerza protónmotriz, o fpm. $\Delta$pH tiene un valor positivo (+0.75), ya que se define como el pH de la matriz menos el pH del espacio intermembrana (recuérdese que pH = $-\log[H^+]$). De esta manera, la contribución del gradiente de pH es $2.3RT(0.75) = +4.5$ kJ/mol a 37 °C (310 K). El potencial de membrana ($\Delta\psi$) a través de la membrana interna de una mitocondria con respiración activa es 0.15 a 0.20 V, de forma que la contribución del componente eléctrico es +14.5 a +19.3 kJ/mol. Así, el cambio total de energía libre para transportar un protón desde la matriz hasta el espacio intermembrana es del orden de +21 kJ por mol de protones. Como la formación de esta fuerza protónmotriz es un proceso endergónico ($\Delta G$ positivo), la descarga del gradiente es un proceso exergónico: Es esta energía libre la que se emplea para impulsar la fosforilación del ADP. Como se resume en la Figura 15.19, se bombean aproximadamente 10 protones por par de electrones transferidos desde el NADH hasta el $O_2$. De esta forma, la fuerza protónmotriz conserva aproximadamente 210 kJ de energía libre para la síntesis de ATP. Recuérdese que el cambio de energía libre de la oxidación del NADH por el $O_2$ es −220 kJ/mol en condiciones estándar, cuya mayor parte se conserva en el gradiente protónico electroquímico. Si hacemos algunas suposiciones razonables con relación a las concentraciones de los reactantes y productos en la matriz, podemos calcular que *in vivo*, el $\Delta G$ de la oxidación del NADH es, aproximadamente, −200 kJ/mol (página 630) y el $\Delta G$ para la síntesis de ATP a partir de ADP y $P_i$ es aproximadamente +50 kJ/mol. De esta forma, el transporte electrónico proporciona la energía libre suficiente para sintetizar, aproximadamente 4 moles de ATP por mol de NADH oxidado, pero solo se sintetizan 2.5, lo cual refleja la estequiometria de acoplamiento indirecta de la fosforilación oxidativa.

Los experimentos comparables han demostrado que los gradientes protónicos electroquímicos se emplean en otras transacciones energéticas, además de la fosforilación oxidativa. Las membranas de las bacterias utilizan el bombeo de protones para la transducción de energía, tanto en la fosforilación oxidativa como para impulsar los motores de los flagelos que permiten el movimiento de la célula. Las bacterias tienen también transportadores de solutos, que emplean la fuerza protónmotriz para bombear solutos fuera y dentro de sus células. El bombeo de protones a través de la membrana tilacoide del cloroplasto impulsa la síntesis de ATP en la fotofosforilación (*véase* el Capítulo 17). Los gradientes de protones también impulsan el transporte activo (*véase* el Capítulo 10) y la producción de calor (*véase* más adelante). La existencia de un acoplamiento quimiosmótico en los tres reinos de la vida y su miríada de usos, sugiere una historia evolutiva antigua de este mecanismo de conservación de la energía.

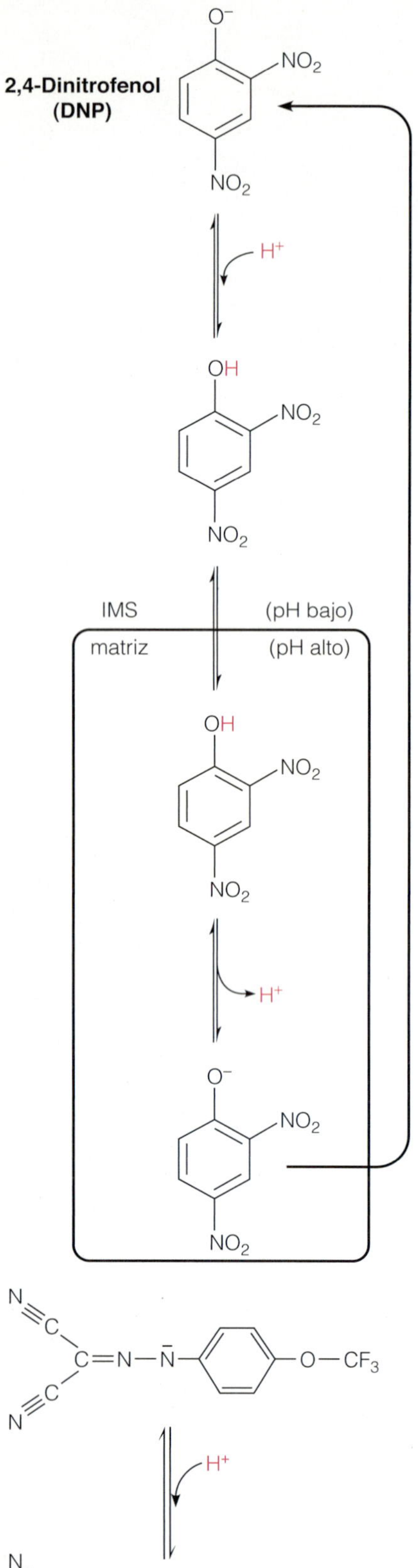


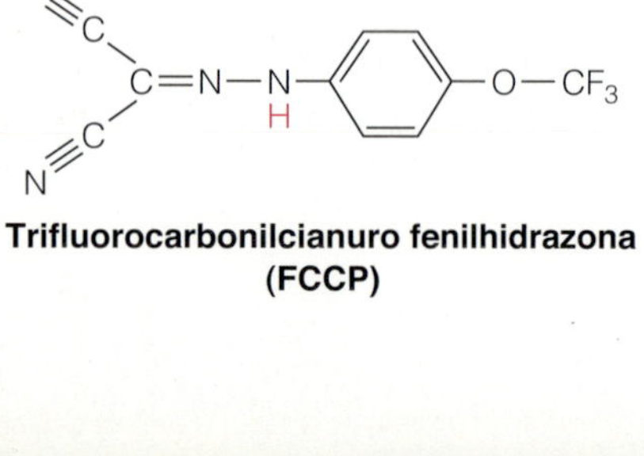


**Trifluorocarbonilcianuro fenilhidrazona (FCCP)**

### La fosforilación oxidativa requiere una membrana interna indemne

Cuando se interrumpe la continuidad física de la membrana, por ejemplo, mediante sonicación, las partículas resultantes pueden llevar a cabo el transporte electrónico, pero no la síntesis de ATP. La necesidad de una membrana estructuralmente intacta para el mantenimiento de un potencial de membrana concuerda con la idea de que es esencial un gradiente de protones para la fosforilación oxidativa.

### Las proteínas de transporte electrónico claves abarcan la membrana interna

Si las proteínas respiratorias han de actuar como bombas de protones, entonces los transportadores electrónicos que bombean protones deben estar en contacto, tanto con la cara interna como con la cara externa de la membrana. Además, estos transportadores deben estar orientados de manera asimétrica en la membrana, con objeto de facilitar el transporte en una dirección, hacia fuera. La orientación asimétrica se ha demostrado mediante el empleo de agentes que reaccionan con las proteínas respiratorias, pero que no son capaces de atravesar ellos mismos la membrana, como ocurre con los anticuerpos, las enzimas proteolíticas o los reactivos de marcaje. El tratamiento de las mitocondrias intactas con estos reactivos permite la detección de las proteínas situadas en la superficie externa de la membrana interna, mientras que la reacción con vesículas de membrana permite el acceso al lado interno, es decir, a la matriz. Estos estudios han demostrado, por ejemplo, que el complejo de la citocromo oxidasa (complejo IV) se une al citocromo *c* solo en el lado del espacio intermembrana (Figura 15.16). Además, 9 de las 13 subunidades del complejo pueden marcarse tan solo desde un lado o desde el otro, lo cual indica una colocación asimétrica del complejo en la membrana. Actualmente, se han realizado hallazgos semejantes para las subunidades de los complejos I, II y III.

### Los desacopladores actúan disipando el gradiente protónico

Un grupo de compuestos, entre los que se encuentran los ácidos lipófilos débiles **2,4-dinitrofenol** (**DNP**) y la **trifluorocarbonilcianuro fenilhidrazona** (**FCCP**), se denominan agentes desacoplantes, o **desacopladores**. Cuando se añaden los agentes desacoplantes a las mitocondrias, permiten que se produzca el transporte electrónico a lo largo de la cadena repiratoria hasta el $O_2$, en ausencia de síntesis de ATP. Esto es, *desacoplan* el proceso de transporte electrónico del proceso de síntesis de ATP. El $pK_a$ del grupo hidroxilo fenólico del DNP es tal, que está normalmente disociado al pH intracelular. Sin embargo, una molécula de DNP que se aproxime a la membrana interna desde el exterior se protona, debido al pH más bajo existente en esta zona. El DNP protonado difunde en la membrana y la atraviesa mediante acción de masas. Una vez dentro de la matriz, el pH más alto hace que el hidroxilo fenólico se desprotone. El ion dinitrofenolato desprotonado es aún lo suficientemente lipófilo para volver a través de la membrana, donde puede unir otro protón y repetir el ciclo. Así pues, el desacoplador tiene el efecto de transporte de $H^+$ de vuelta hacia la matriz, evitando el canal protónico $F_0$ y, por tanto, sin síntesis de ATP.

Existen muchos datos sobre el transporte de iones distintos del $H^+$ que confirman que es esencial una membrana funcionalmente intacta para la fosforilación oxidativa. El antibiótico *valinomicina* (*véase* la página 387 en el Capítulo 10) es un ejemplo de un **ionóforo** («transportador de iones»). Este compuesto liposoluble forma un complejo específico con el ion potasio. Dado que este complejo es lipófilo y puede difundir dentro de la membrana, igual que lo hace el DNP protonado, la valinomicina realiza el transporte de $K^+$ a través de la membrana interna de una forma parecida a la que utiliza el DNP para el transporte de protones. La valinomicina actúa reduciendo el componente $\Delta\psi$ (potencial de membrana) de la fpm, sin un efecto directo sobre el gradiente de pH. Otro antibiótico, la **nigericina**, actúa como **antiporte** $K^+/H^+$ y transporta el $H^+$ en una dirección, acoplado con el transporte inverso de $K^+$. Así pues, la nigericina disipa el componente pH de la fpm con un efecto escaso sobre $\Delta\psi$. Ninguno de estos dos compuestos resulta especialmente eficaz por sí solo como desacoplador de la fosforilación oxidativa, pero de forma combinada colapsan ambos elementos de la fpm e inhiben de manera eficaz la síntesis de ATP.

### La generación de un gradiente protónico permite la síntesis de ATP sin el transporte electrónico

Andre Jagendorf, mientras estudiaba la producción fotosintética de ATP, aportó pruebas importantes del acoplamiento quimiosmótico en el cloroplasto. Como se presentará en el Capítulo 16, el cloroplasto acopla la energía luminosa con la síntesis de ATP. Jagendorf demostró que la síntesis de ATP podía producirse en el cloroplasto sin que hubiera transporte electrónico, siempre y cuando existiera un gradiente protónico. Se incubaron cloroplastos a pH 4 durante varias horas y luego se transfirieron rápidamente a un amortiguador de pH 8. De este modo, como en la situación que se da en las células intactas, el interior del orgánulo estaba a un pH más bajo que el exterior (las membranas de los cloroplastos bombean protones *hacia dentro*, no hacia fuera). La adición de ADP y $P_i$ a estos cloroplastos generó una explosión de síntesis de ATP, de manera simultánea con la disipación del gradiente de pH. Se han observado resultados semejantes con las mitocondrias. Estos experimentos indican que el establecimiento de un gradiente protónico, incluso sin un aporte energético correspondiente, basta para impulsar la síntesis de ATP.

Una modificación muy notable del experimento de Jagendorf fue la realizada con una proteína de membrana, la *bacteriorrodopsina* (Capítulo 10, página 374), procedente de la bacteria fotosintética *Halobacterium halobium.* La bacteriorrodopsina bombea protones cuando se aplica luz a las bacterias. Se aisló bacteriorrodopsina en una forma sin membranas y se incorporó posteriormente a vesículas sintéticas, junto con ATPasa $F_0F_1$ aislada de mitocondrias hepáticas en la orientación correcta. Al iluminar las vesículas, se produjo la síntesis de ATP, lo cual indicaba que la fosforilación puede producirse como consecuencia directa de la formación de un gradiente protónico. Este sistema reconstituido, de forma totalmente artificial, formado por componentes bacterianos y de mamíferos, demuestra de forma elegante la esencia del acoplamiento quimiosmótico.

## Complejo V: sistema enzimático de síntesis de ATP

Los estudios refinados de reconstitución del complejo V, que cataliza la síntesis real de ATP a partir de ADP, confirmaron que los complejos I, III y IV pueden impulsar individualmente la síntesis de ATP. Revisemos ahora el descubrimiento y la naturaleza del complejo V, para pasar luego a tratar los experimentos de reconstitución.

Cuando se tiñen negativamente las mitocondrias con fosfotungstato, la microscopía electrónica muestra que las crestas están cubiertas con unas proyecciones protuberantes en el lado de la matriz, unidas cada una de ellas a la membrana interna mediante un tallo corto (figura 15.20). Los botones se conocen como **esferas $F_1$**. La rotura de las mitocondrias mediante sonicación genera fragmentos de membrana interna, que se vuelven a sellar en forma de vesículas cerradas. La membrana se cierra sobre sí misma, de forma que las proyecciones protuberantes se encuentran en el exterior. Estas **partículas submitocondriales** respiran y sintetizan ATP, del mismo modo que lo hacen las mitocondrias intactas. Efraim Racker y sus colaboradores demostraron que el tratamiento de estas vesículas con tripsina o urea hacía que los botones se disociaran de las vesículas. Tras centrifugar para separar las vesículas «desnudas» de los botones, las vesículas podían aún oxidar los sustratos y reducir el oxígeno, pero no se sintetizaba ATP. Cuando se volvían a añadir los botones a estas vesículas, se producía una reconstitución considerable de las partículas, que podían catalizar entonces la síntesis de ATP como resultado de la oxidación de los sustratos exógenos.

Dado que la readición de los botones volvía a acoplar la síntesis de ATP al transporte electrónico, a estos botones se les dio inicialmente el nombre de **factores de acoplamiento**. La purificación de los botones unidos a los tallos subyacentes reveló un gran agregado multiproteico, formado por más de una docena de cadenas polipeptídicas, como se indica en la Figura 15.21. Esta estructura, denominada **complejo $F_0F_1$**, consta del botón, del tallo al que está unido y de un complejo unido que está embebido en la membrana interna. El botón con tallo se denomina $F_1$ y la base se denomina $F_0$. El complejo $F_1$ consta de cinco proteínas denominadas $\alpha$, $\beta$, $\gamma$, $\delta$ y $\varepsilon$, con una estequiometría de las subunidades $\alpha_3\beta_3\gamma\delta\varepsilon$. El complejo $F_0$ consta de un oligómero de subunidades c (10 copias en la ATP sintasa de mitocondrias de levadura; 8 copias en los eucariotas superiores) más una subunidad a y copias únicas de las subunidades b, d, F6 y OSCP (proteína que confiere sensibilidad a la oligomicina), que forman un tallo periférico.

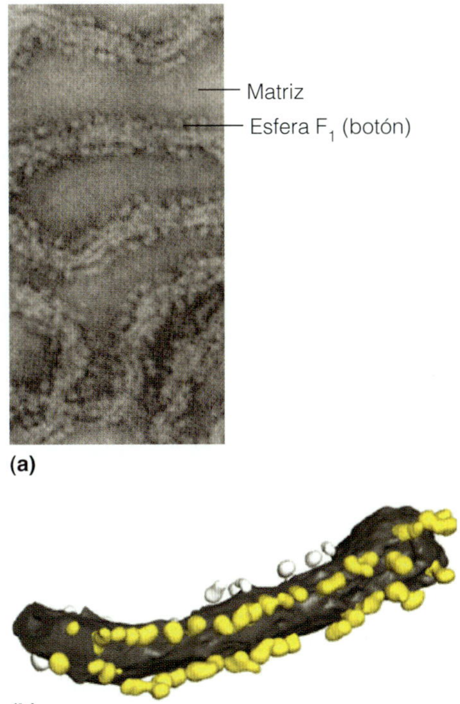


**FIGURA 15.20**

**Estructura fina de las crestas mitocondriales**. Las preparaciones de la membrana interna muestran las esferas $F_1$ como «botones» que se proyectan desde las crestas. **(a)** Una parte teñida negativamente de la membrana mitocondrial interna de corazón de bovino, que muestra las proyecciones como botones a lo largo del lado de la matriz de la membrana. El botón está unido mediante un tallo corto a la base, que está embebida en la membrana interna de las mitocondrias intactas. **(b)** Representación de superficie de las vesículas tubulares de las mitocondrias de hígado de rata con imagen mediante tomografía crioelectrónica. Los botones $F_1$ están en amarillo y la membrana en gris. La longitud del tubo es de 280 nm. El botón $F_1$ parece existir en filas dobles, lo cual sugiere que la ATP sintasa está organizada en forma de dímeros.

(a) Springer y Plenum/Mitchondria, 1982, A. Tzagoloff, with kind permission from Springer Science+Business Media B. V.; (b) Cortesía de K. M. Davies, M. Strauss, B. Daum, J. H. Kief, H. D. Osiewacz, A. Rycovska, V. Zickermann y W. Küehlbrandt. Reproducido con permiso de Werner Küehlbrandt.

Los antibióticos como la valinomicina y la nigericina interfieren con el mantenimiento de la fuerza protónmotriz.

Los cloroplastos utilizan la energía luminosa para impulsar los protones hacia adentro, estableciendo un gradiente protónico para la síntesis de ATP.

El complejo $F_0F_1$ completo tiene, *in vitro*, actividad de *hidrólisis* de ATP, igual que el factor $F_1$ solo. Esta actividad ATPasa se supone es la inversa de la verdadera actividad fisiológica, que es la síntesis de ATP. La subunidad OSCP del complejo $F_0$ es el lugar de unión del inhibidor de la síntesis de ATP **oligomicina** (se comenta más adelante en la página 655). Por esta razón, algunos investigadores llaman a esta estructura $F_o$ (la letra *o* se refiere a la oligomicina) en lugar de $F_0$. La actividad de la ATPasa, la sensibilidad a la oligomicina y los resultados de los experimentos de reconstitución confirman que el cometido del complejo $F_0F_1$ (también denominado complejo V) es la síntesis de ATP. La acción de esta asombrosa estructura, una «máquina rotatoria» molecular, se presenta con mayor detalle después de describir su estructura.

Continuando con los experimentos de reconstitución, Racker encontró que los complejos respiratorios submitocondriales aislados (I, II y otros) podían reconstituirse mediante sonicación para formar membranas artificiales (liposomas) que contenían fosfolípidos purificados. Cuando se incluía el complejo $F_0F_1$ en la mezcla de sonicación, se incorporaba también a las vesículas. En este caso, cada preparación tenía las propiedades de transporte electrónico del complejo original, más una actividad de fosforilación. Para los complejos reconstituidos I, III y IV, la relación P/O era de ~1 en cada caso. Así, por ejemplo, el complejo III reconstituido podía transferir electrones desde la coenzima Q al citocromo *c*, con la síntesis simultánea de ~1 mol de ATP por par de equivalentes reductores. Este tipo de pruebas demostraron que los complejos respiratorios I, III y IV contienen cada uno un lugar de acoplamiento. En cambio, el complejo II (succinato deshidrogenasa) no mostraba síntesis de ATP, lo cual confirmaba la ausencia de un lugar de acoplamiento en este complejo.

El complejo $F_0F_1$ contiene un canal protónico y la enzima que sintetiza ATP.

En 1994 la publicación por el grupo de John Walker de la estructura cristalina del componente $F_1$ de 371 kDa del complejo V clarificó el mecanismo mediante el cual el paso de protones a través del complejo $F_0F_1$ impulsa la síntesis de ATP. Como se sugirió en la Figura 15.21, el botón del complejo $F_1$ contiene tres dímeros idénticos $\alpha\beta$ que forman una esfera aplastada, con un diámetro de 90-100 A (Figura 15.22a). Cada monómero puede unir un nucleótido de adenina en el contacto entre las subunidades $\alpha$ y $\beta$, pero los lugares catalíticos están situados en las subunidades $\beta$. Las subunidades $\alpha$ y $\beta$ tienen estructuras terciarias casi idénticas, formadas por un barril $\beta$ de seis cadenas en el N-terminal, un dominio central que contienen el lugar de unión del nucleótido y un haz de hélices C-terminal (Figura 15.22b). Un dominio de ovillo enrollado de hélice $\alpha$ de la subunidad $\gamma$ del tallo central penetra en el interior de los tres dímeros $\alpha\beta$, donde interacciona con los dominios central y C-terminal de las subunidades $\alpha$ y $\beta$. Un análisis cuidadoso de la estructura cristalina mostró diferencias estructurales importantes entre los tres dímeros, especialmente en el dominio de unión del nucleótido de cada subunidad $\beta$. Más significativo era aún que el lugar de unión del nucleótido de uno contenía ATP, mientras que el otro contenía AMP-PNP (un análogo no hidrolizable de ATP añadido durante la cristalización) y el tercero estaba vacío (Figura 15.22c). De esta forma, cada dímero $\alpha\beta$ se encuentra en una de las tres conformaciones alternativas. ¿Qué hace que dímeros $\alpha\beta$ idénticos adopten conformaciones diferentes? Su clave es la interacción de la subunidad $\gamma$ en el interior de los tres dímeros $\alpha\beta$. Debido a que la subunidad $\gamma$ es ella misma asimétrica, estable contactos específicos con cada dímero $\alpha\beta$. Por consiguiente, cada dímero $\alpha\beta$ asume una conformación diferente.

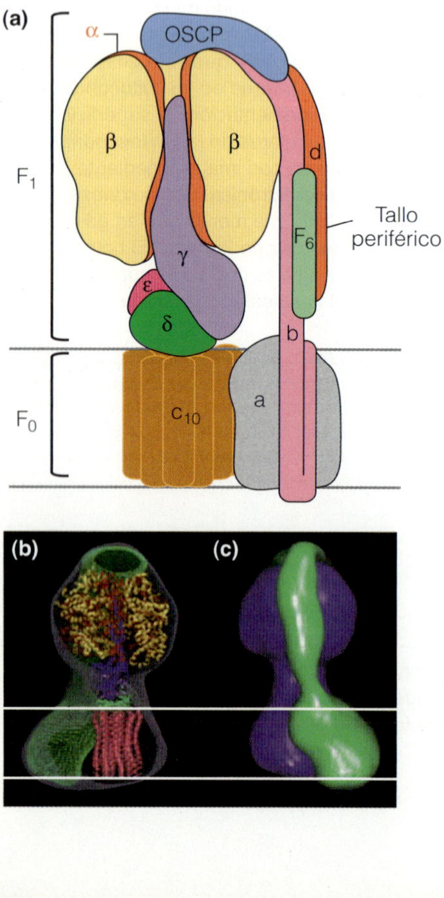


**FIGURA 15.21**

**Estructura del complejo $F_0F_1$. (a)** El complejo $F_0F_1$, que también se llama ATP sintasa o complejo V, contiene un botón que se proyecta dentro de la matriz mitocondrial y está conectado mediante un tallo central con la base $F_0$. El botón globular $F_1$ contiene tres dímeros $\alpha\beta$, dispuestos alrededor del tallo central, que está formado por las subunidades $\gamma$, $\delta$ y $\varepsilon$. La base $F_0$ está formada de 10-12 subunidades c (el anillo C) y una subunidad a. El tallo periférico (subunidades b, d, $F_6$ y OSCP) está enganchado a la base $F_0$ a través de una subunidad a y al menos otras cuatro subunidades menores embebidas en la membrana que no se muestran. El tallo central y el anillo c forman el «rotor» de la ATP sintasa. El resto de las subunidades forman el «estator», una estructura que impide la rotación de los tres dímeros $\alpha\beta$ de $F_1$. Este modelo se basa en las estructuras cristalinas de rayos X del complejo $F_0F_1$ mitocondrial de levaduras y de bovino. **(b)** La estructura de rayos X de $F_0F_1$ mitocondrial se ha acoplado en reconstrucciones de microscopia electrónica del complejo de bovino Las 10 subunidades c del anillo c están en magenta y la subunidad $\gamma$ y los dímeros $\alpha\beta$ están coloreados como en el panel (a). La densidad verde representa las subunidades del tallo periférico. **(c)** la imagen de (b) está girada para resaltar el tallo periférico y su función como estator. La localización aproximada del complejo en la membrana interna está indicada por las líneas horizontales de cada panel.

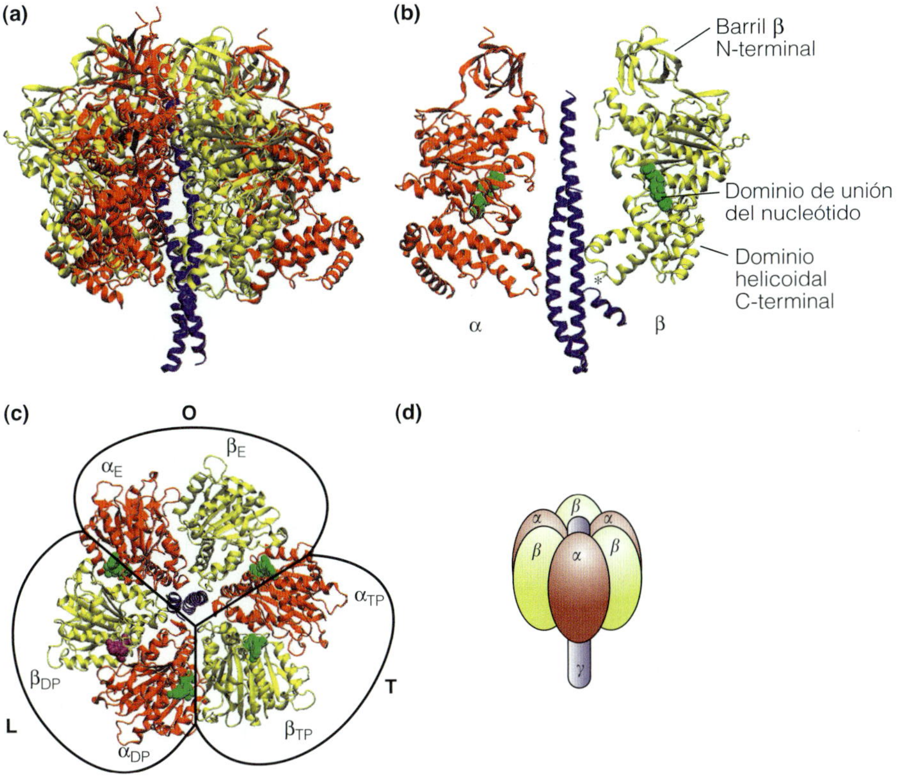


**FIGURA 15.22**

**Estructura del complejo mitocondrial $F_1$ ATP sintasa. (a)** Estructura de rayos X del complejo $F_1$ de bovino (PDB ID 1BMF). Las subunidades $\alpha$ (rojo) y $\beta$ (amarillo) están dispuestas en un anillo hexamérico alrededor de la subunidad $\gamma$ central (azul), de la forma que se muestra esquemáticamente en **(d)**. La membrana estaría en la parte baja de la estructura de esta imagen. En **(b)** solo se muestran para ilustrar sus casi idénticas estructuras terciarias una subunidad $\alpha$ y una subunidad $\beta$, desde lados opuestos del anillo hexamérico y la subunidad $\gamma$. Puede verse unido a cada subunidad un análogo de ATP (AMP-PNP; verde). **(c)** En esta vista desde el lado de la matriz de la membrana mirando hacia arriba, se resalta la disposición de las subunidades $\alpha$ y $\beta$ como tres dímeros $\alpha\beta$ rodeando la subunidad central $\gamma$. Solo se muestra el dominio de unión del nucleótido central de cada subunidad. La subunidad $\gamma$ es asimétrica y realiza contactos únicos con cada dímero $\alpha\beta$. Aunque no es obvio en esta figura, cada dímero $\alpha\beta$ tiene una conformación ligeramente diferente, especialmente en el dominio central de unión del nucleótido de cada subunidad $\beta$. El análogo del ATP AMP-PNP (verde) puede verse unido en la subunidad $\beta$ «T». El ADP (morado) pude verse unido en la subunidad $\beta$ «L» y la subunidad $\beta$ «O» está vacía.

Los experimentos cinéticos con el componente $F_1$ purificado han demostrado que la constante de equilibrio de la formación de ATP a partir de ADP + $P_i$ *en la enzima* es cercano a 1. Recuérdese que la $K'_{eq}$ aparente de la hidrólisis de ATP libre en disolución es aproximadamente $10^5$ M (Capítulo 12). ¿Está la ATP sintasa infringiendo la primera ley de la termodinámica, fabricando ATP sin aporte de energía? La clave es que la enzima no fabrica ATP *libre*, sino ATP *unido*. En realidad, la ATP sintasa une ATP con mucha, mucha mayor afinidad que ADP ($\sim$7 órdenes de magnitud de diferencia). Esto da unos 40 kJ/mol de energía de unión, que impulsa el equilibrio hacia el ATP en la enzima. El ATP está unido tan fuertemente que debe emplearse una cantidad considerable de energía para liberarlo de la enzima. La fuerza protónmotriz disminuye la afinidad de unión del ATP un millón de veces o más, lo cual permite su disociación de la enzima. Así pues, el paso dependiente de energía es la *liberación* de un lugar de unión fuerte y no la *síntesis* de ATP. Esta liberación se produce por la rotación de $\gamma$ dependiente de energía, que impulsa cambios de conformación en los ensamblajes $\alpha\beta$.

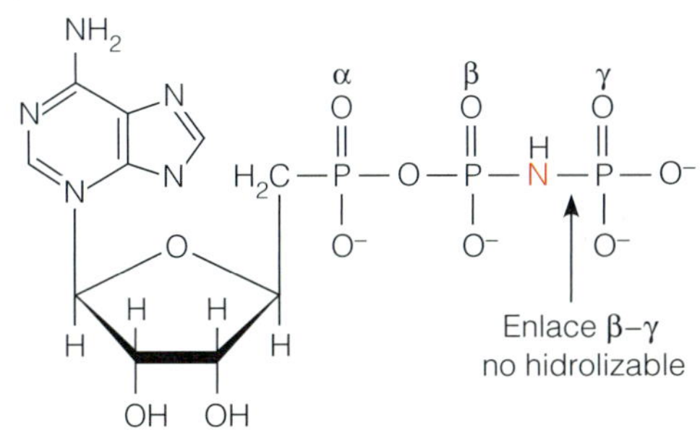


**AMP-PNP (5′-adenil imidofosfato)**

Todo esto apoyaba un mecanismo propuesto por Paul Boyer varios años antes, en el que la rotación de la subunidad $\gamma$ produce cambios de conformación secuenciales de los ensamblajes $\alpha\beta$. En este modelo, que se denomina de **cambio de unión**, el motor $F_1$ actúa esencialmente como un motor con tres cilindros. Como se presenta en la Figura 15.23, las tres conformaciones del lugar de unión del nucleótido se denominan laxa (L), compacta (T) y abierta (O). En el paso 1 de la Figura 15.23, la rotación de 120° de $\gamma$, propulsada por el paso de los protones a través de los canales de $F_0$ abre el lugar T, y se produce la liberación de ATP, y un lugar abierto O cambia a un lugar L, uniendo ADP y $P_i$. Esta misma rotación hace que el tercer lugar cambie de una conformación L, con ADP y $P_i$ unidos débilmente, a una conformación T, donde los sustratos están unidos fuertemente, lo cual lleva a la formación de ATP en el paso 2. Los pasos 3 y 4, y 5 y 6, son repeticiones de los pasos 1 y 2, liberando otras dos moléculas de ATP, excepto que las tres conformaciones han pasado alrededor de los tres dímeros $\alpha\beta$. Se han encontrado pruebas de la existencia de otros intermedios de conformación. Por ejemplo, $P_i$ se une a un lugar O antes que el ADP, lo cual impide la unión no deseada de ATP en lugar de $P_i$ + ADP y proporciona una explicación de cómo es capaz la enzima de fabricar ATP en condiciones celulares donde la concentración de ATP es de 10 a 50 veces la de ADP. La determinación estructural del complejo $F_0F_1$ y el mecanismo de la síntesis de ATP que sugiere esa estructura condujo al reconocimiento de Walker y Boyer como receptores del Premio Nobel de Química de 1997.

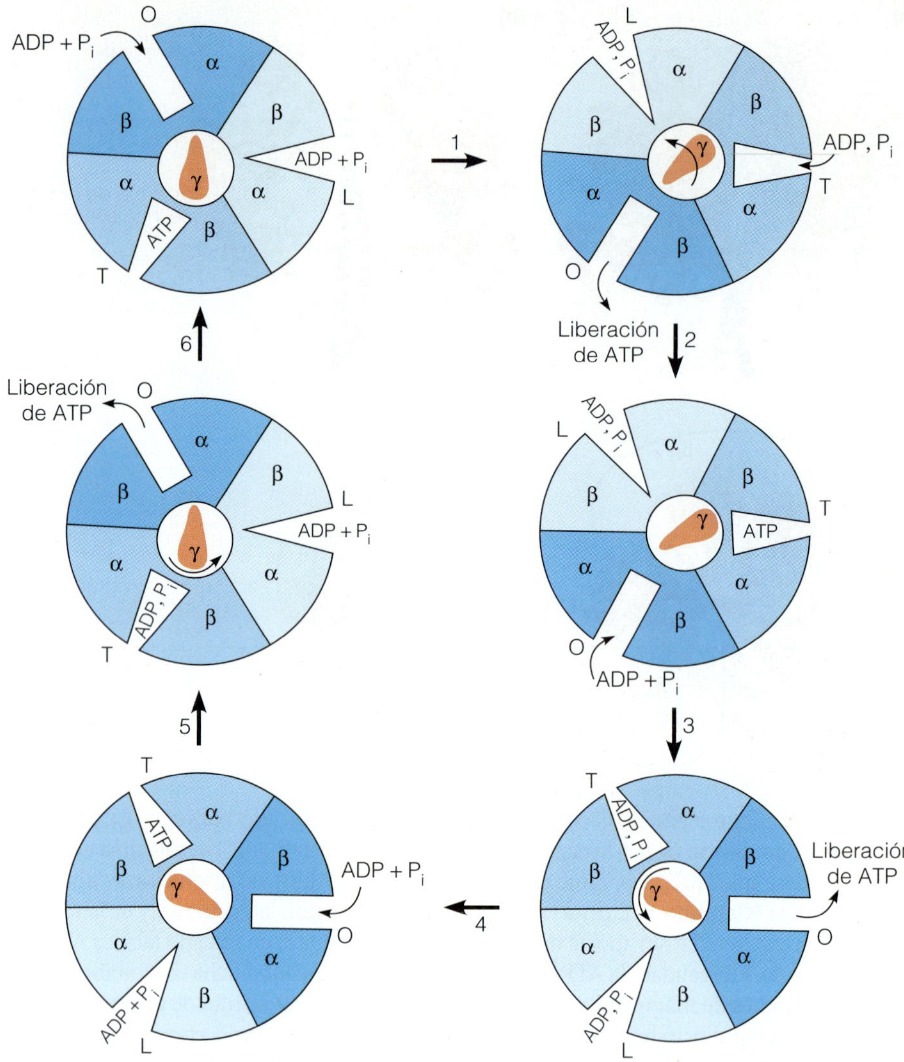


**FIGURA 15.23**

**Modelo de cambio de unión de la ATP sintasa**. El lugar de unión del nucleótido (lugar catalítico) de los tres dímeros $\alpha\beta$ existe en tres conformaciones distintas, denominadas floja (L), ajustada (T) y abierta (O). En este esquema, la subunidad $\gamma$ gira en contra de las agujas del reloj, impulsada por el paso de protones a través de canales en $F_0$ mientras los ensamblajes del dímero $\alpha\beta$ se mantienen estacionarios a través de un estátor. Cada dímero $\alpha\beta$ se distingue por un color diferente, con los lugares catalíticos en la interfaz de las subunidades $\alpha$ y $\beta$. El paso 1 representa una rotación de 120° de la subunidad $\gamma$, lo cual conduce a un cambio de conformación de los tres dímeros $\alpha\beta$, de forma que un lugar T cambia a un lugar O, lo cual conduce a la liberación de ATP y un lugar O cambia a un lugar L, uniendo ADP y $P_i$. El tercer lugar cambia de una conformación L, con ADP y $P_i$ unidos débilmente a una conformación T, donde los sustratos están unidos fuertemente, lo cual conduce a la formación de ATP en el paso 2. Los pasos 3 y 4, y los pasos 5 y 6, son repeticiones de los pasos 1 y 2, excepto que las tres conformaciones han migrado alrededor de los tres dímeros $\alpha\beta$.

Modificado de *Bioenergetics*, 3/E, D. G. Nicholls and S. J. Ferguson, p. 209. © 2002, con permiso de Elsevier.

La $F_1$ ATP sintasa actúa como una máquina rotatoria de tres cilindros impulsada por el paso de protones a través de los canales de $F_0$.

¿Es realmente $F_1$ una máquina rotatoria, como implica el modelo de la Figura 15.23? Varios planteamientos experimentales indican que lo es. Los más gráficos son los experimentos en los que se inmovilizan subunidades $\beta$ en un cubreobjetos de vidrio y se engancha un filamento de actina fluorescente a la proteína $\gamma$ (*véase* la Figura 15.24). Se añadieron subunidades $\alpha$, y se permitió que los complejos $F_1$ se ensamblaran en el cubreobjetos. Cuando se observó esta estructura con un microscopio de fluorescencia, la adición de ATP podía verse que estimulaba la rotación de la sonda fluorescente. Los análisis señalaban que la rotación era en contra de las agujas del reloj (cuando se observaba desde la membrana) y se producía en pasos de 120°, tal como predecía el modelo. Se ha observado la rotación en un complejo ATP sintasa $F_1F_0$ totalmente acoplado, tanto en el modo de síntesis como en el de hidrólisis. El rotor gira en contra de las agujas del reloj en la dirección de la hidrólisis de ATP y a favor de las agujas del reloj en la dirección de la síntesis de ATP, cuando se observa dese la membrana, y realiza hasta 700 revoluciones por segundo (*in vivo* ~100 revoluciones por segundo).

¿Cómo impulsan la rotación de la subunidad $\gamma$ los protones que fluyen a través del componente $F_0$ de la membrana? Como se ilustra en la Figura 15.21, la subunidad $\gamma$ está enganchada a la subunidad c del oligómero (el anillo c) por medio de la subunidad $\delta$. La subunidad a es estacionaria en la membrana, anclando las subunidades periféricas del tallo del estátor. El mecanismo necesita que el anillo c gire con relación a la subunidad a estacionaria, mientras los protones fluyen desde el espacio intermembrana a través del complejo hasta la matriz. Los estudios bioquímicos y cristalográficos han identificado posibles canales de acceso para el movimiento de los protones a través de las subunidades a y c de $F_0$ (Figura 15.25). Varios residuos cargados, que se encuentran en el centro de la membrana, son fundamentales en el mecanismo de transporte de los

(a)

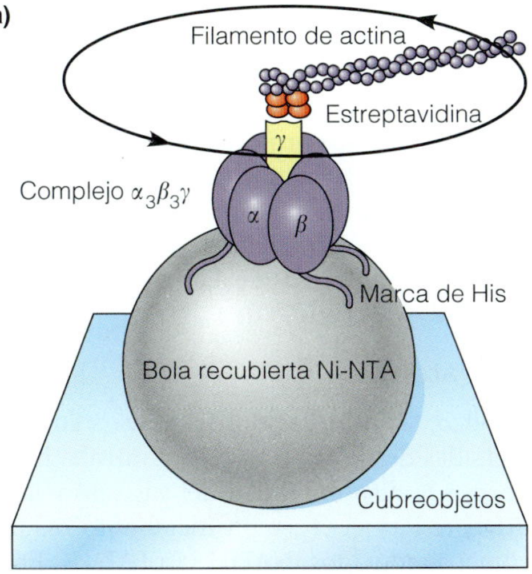


**FIGURA 15.24**

**Sistema experimental que permite la observación de la rotación del componente $F_1$ de la ATP sintasa $F_0F_1$. (a)** Se modificó el gen clonado que codifica la subunidad $\beta$ de $F_1$ con la adición de una secuencia que codifica una secuencia de oligohistidina que se une a una bola recubierta de níquel (bola recubierta de Ni-NTA) en la conformación que se presenta. De esta forma, se inmovilizó el complejo $F_1$ sobre la bola y se unió a un cubreobjetos de vidrio. La estreptavidina es una proteína que se utiliza para acoplar actina marcada con fluorescencia a la subunidad $\gamma$. **(b)** La observación con microscopía de fluorescencia mostró que tras la adición de ATP y su posterior hidrólisis por las subunidades catalíticas $\alpha\beta$, la molécula de actina estaba rotando, lo que demostró que la subunidad $\gamma$ estaba girando ella misma. El intervalo de tiempo entre las imágenes es de 133 ms.

(a) Reproducido de *Cell* 93:1117–1124, R. Yasuda, H. Noji, K. Kinosita Jr. y Y. Masasuke, F1-ATPase is a highly efficient molecular motor that rotates with discrete 120° steps. © 1998, con permiso de Elsevier; (b) *Journal of Biological Chemistry* 276:1665–1668, H. Noji and M. Yoshida,The rotary machine in the cell, ATP synthase. © 2001 The American Society for Biochemistry and Molecular Biology. Todos los derechos reservados.

(b)

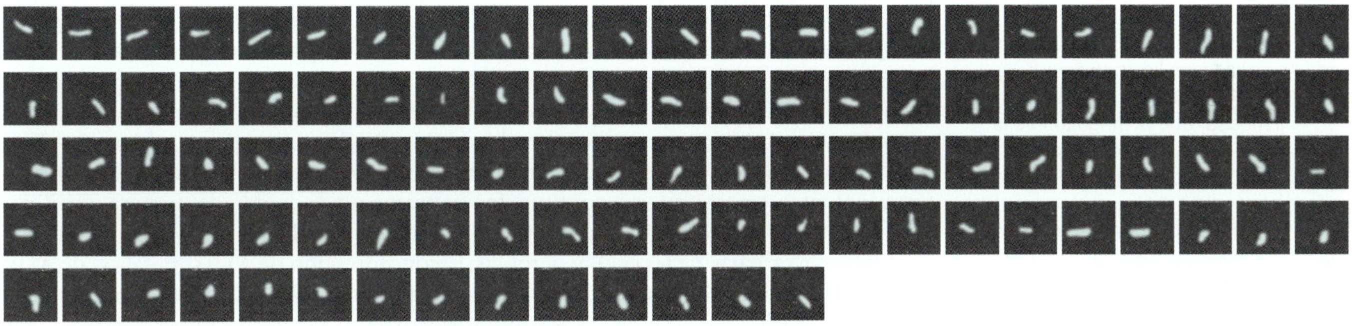

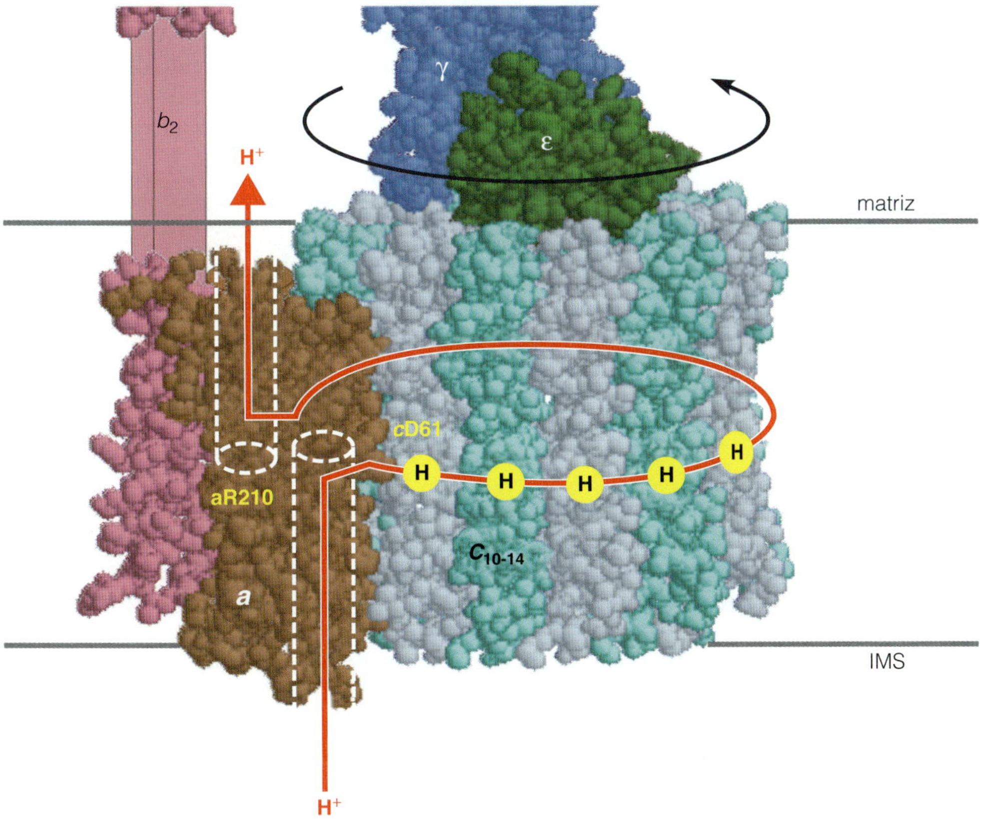


**FIGURA 15.25**

**Giro del anillo c del componente $F_0$ de la $F_0F_1$ ATP sintasa impulsado por el protón**. Este modelo se fundamenta en la estructura de rayos X de la ATP sintasa de *E. coli*. Las subunidades c $\alpha$-helicoidales del anillo c (10 en *E. coli*) que abarcan la membrana están indicadas alternando el gris y el azul. La subunidad *a* (marrón) y la subunidad *b* (fucsia) son estacionarias en la membrana. La subunidad $\gamma$ (azul oscuro) y la subunidad $\varepsilon$ (verde) están unidas en el lado de la matriz del anillo c. Los canales de protones propuestos dentro y fuera de la subunidad *a* y el giro del anillo c impulsado por el protón, está indicado por la flecha roja. Se muestran los residuos fundamentales que participan en las reacciones de protonación/desprotonación (Arg210 en la subunidad *a* y Asp61 en las subunidades *c*). En la ATP sintasa mitocondrial, el aminoácido que une el protón en las subunidades *c* es un glutamato.

Reproducido con permiso de Federation of the European Biochemical Societies en *FEBS Letters* 545:61–70, J. Weber and A. E.Senior, ATP synthesis is driven by proton transport in F1F0-ATP synthase. © 2003.

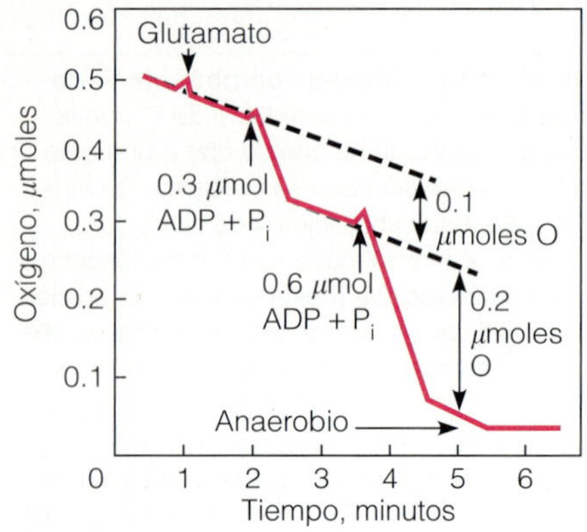


**FIGURA 15.26**

**Demostración experimental del control respiratorio.** Se registra la captación de oxígeno en mitocondrias cuidadosamente preparadas. La adición de un sustrato exógeno oxidable (glutamato) estimula la respiración tan solo ligeramente, a no ser que se añada también ADP + $P_i$. Las dos adiciones de ADP corresponden a cantidades limitantes; la segunda adición es del doble de cantidad que la primera, para mostrar que la magnitud de la captación de oxígeno es estequiométrica. La captación lenta de oxígeno al comienzo se debe a los sustratos endógenos de la mitocondria. El ADP estimula la respiración únicamente hasta que todo el ADP + $P_i$ se ha convertido en ATP. La captación de oxígeno se registra en μmoles de O, ya que un par de electrones reduce un átomo de O y no una molécula de $O_2$.

**FIGURA 15.27**

**Efectos de un inhibidor y un desacoplador sobre la captación de oxígeno.** La representación muestra el resultado de un experimento en el que se añadió un inhibidor y un desacoplador de la fosforilación oxidativa a una mezcla de mitocondrias aisladas, un sustrato oxidable (glutamato) y un exceso de ADP + $P_i$. El trazo rojo muestra la captación de oxígeno y el azul representa la síntesis de ATP. La adición de oligomicina inhibe la fosforilación y, consecuentemente, hace más lenta la respiración. El dinitrofenol (DNP) desacopla la respiración de la fosforilación, con lo que se estimula la captación de $O_2$, incluso en presencia de oligomicina, aunque la síntesis de ATP permanece bloqueada.

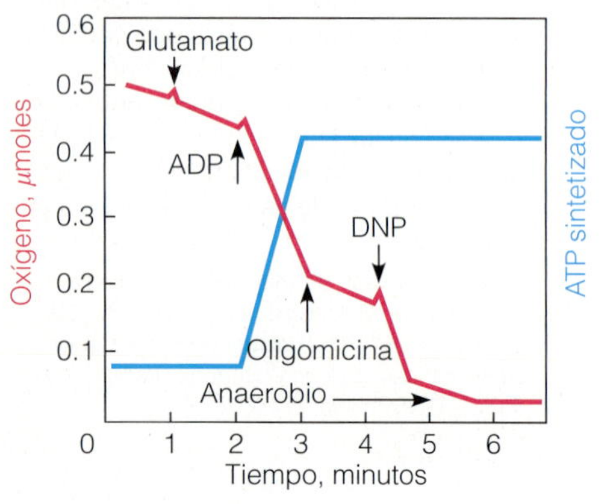


protones. Se ha visto que con la protonación de un residuo ácido específico (glutamina en la ATP sintasa mitocondrial; o aspartato en las enzimas bacterianas), cada subunidad c experimenta una rotación grande de su hélice C-terminal, desplazando el carboxilato protonado a un entorno más hidrófobo y generando la rotación del anillo c. Al unir un protón otras subunidades c, cada carboxilato protonado interacciona con la subunidad a, reionizándola y liberando el protón a la matriz mitocondrial. De esta forma, las reacciones de protonación/desprotonación producen un desplazamiento angular de c con relación a a, lo cual da lugar a una rotación neta del anillo c impulsada por un protón. Cada rotación de 360º produce tres moléculas de ATP por $F_1$ y necesita el movimiento de un protón por cada subunidad c en el anillo de $F_0$.

## Estados respiratorios y control respiratorio

Al igual que cualquier otro proceso metabólico, la fosforilación oxidativa solo puede producirse en presencia de cantidades adecuadas de sus sustratos. Se controla, no por mecanismos alostéricos, sino simplemente, por la disponibilidad del sustrato y la termodinámica. Esos sustratos incluyen el ADP, el $P_i$ y el $O_2$, y un metabolito oxidable que puede generar transportadores electrónicos reducidos, NADH y/o $FADH_2$. En diferentes situaciones metabólicas, cualquiera de estos cuatro sustratos puede limitar la velocidad de la fosforilación oxidativa.

La dependencia de la fosforilación oxidativa del ADP revela una característica general importante de este proceso: *la respiración está estrechamente acoplada con la síntesis de ATP*. No solo existe una dependencia absoluta de la síntesis de ATP con respecto al flujo continuo de electrones de los sustratos hasta el oxígeno, sino que el flujo electrónico en las mitocondrias normales se produce solo cuando se sintetiza también ATP. Este fenómeno regulador, denominado **control respiratorio**, tiene sentido desde el punto de vista biológico, puesto que asegura que los sustratos no se oxiden de manera inútil. Su utilización está controlada por la necesidad fisiológica de ATP.

En la mayor parte de las células aerobias, la concentración de ATP supera a la de ADP entre 4 y 10 veces. Así pues, resulta útil interpretar el control respiratorio como una dependencia de la respiración del ADP como sustrato para la fosforilación. Si las demandas energéticas de una célula hacen que se consuma el ATP de manera rápida, la acumulación resultante de ADP estimulará la respiración, con la consiguiente activación de la resíntesis de ATP. Y a la inversa, en una célula relajada y bien nutrida, el ATP se acumula a costa del ADP, y el agotamiento de ADP limita la tasa de funcionamiento del transporte electrónico y de su propia fosforilación a ATP. Así pues, la capacidad de generación de energía de la célula está estrechamente armonizada con sus demandas energéticas.

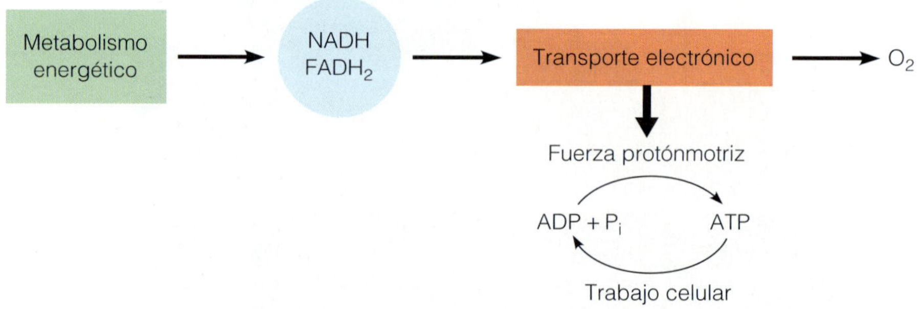


Experimentalmente, el control respiratorio se demuestra valorando la utilización de oxígeno en las mitocondrias aisladas (Figura 15.26). En ausencia de una adición de sustrato o ADP, el consumo de oxígeno producido por la oxidación de los sustratos endógenos es lento. La adición de un sustrato oxidable, como el glutamato o el malato, solo tiene un efecto pequeño sobre la tasa de respiración. Sin embargo, si se añade ADP, el consumo de oxígeno se produce con una velocidad muy superior, hasta que todo el ADP añadido se ha convertido en ATP, con lo que el consumo de oxígeno vuelve a la situación basal. Esta estimulación de la respiración es estequiométrica; esto es, la adición del doble de ATP hace que aumente al doble la cantidad de consumo de oxígeno a la velocidad aumentada. Si hay un exceso de ADP en vez de sustrato oxidable, la adición del sustrato en cantidades limitantes estimulará el consumo de oxígeno hasta que se agote el sustrato.

El mantenimiento del control respiratorio depende de la integridad estructural de la mitocondria. La ruptura del orgánulo hace que el transporte electrónico se desacople de la síntesis de ATP. En estas condiciones, el consumo de oxígeno se produce a una velocidad elevada, incluso en ausencia de adición de ADP. La síntesis de ATP está inhibida, a pesar de que los electrones pasen por la cadena respiratoria y se utilicen para reducir el $O_2$ a agua. Antes de realizar experimentos con mitocondrias recién aisladas, los bioquímicos suelen cerciorarse de que las mitocondrias que van a utilizar están estrechamente **acopladas**, mediante la determinación del consumo de oxígeno, en presencia y en ausencia de ADP añadido. En las mitocondrias preparadas con cuidado, el cociente de estas dos velocidades de consumo de $O_2$ puede ser de hasta 10. En cambio, las mitocondrias envejecidas o rotas pueden dar cocientes de tan solo 1, indicativos de una ausencia de acoplamiento. El desacoplamiento de la respiración respecto a la fosforilación puede conseguirse también químicamente. Como se ha indicado antes, los desacopladores como el DNP o la FCCP actúan disipando el gradiente protónico. La adición de un desacoplador a las mitocondrias estimula la utilización del oxígeno, incluso en ausencia de adición de ADP (Figura 15.27).

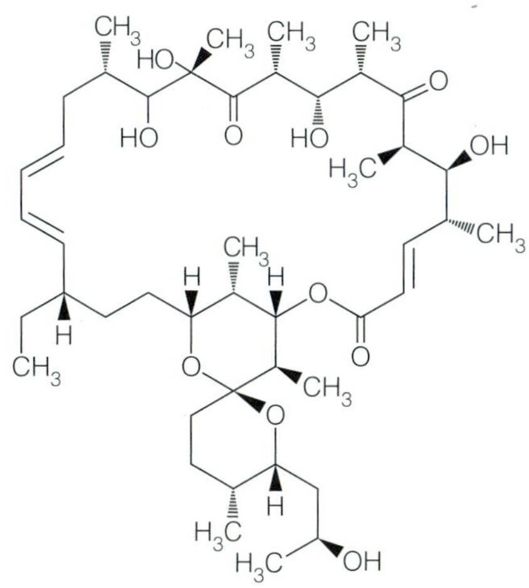

**Oligomicina**

Otro grupo de compuestos, entre los que se encuentra la oligomicina, actúan como inhibidores de la fosforilación oxidativa. La adición de oligomicina a las mitocondrias bien acopladas y con una respiración activa inhibe lel consumo de oxígeno y la síntesis de ATP, como se muestra en la Figura 15.27. Sin embargo, no se produce una inhibición directa del transporte electrónico, como demuestra el hecho de que la adición posterior de un desacoplador como el DNP estimula en gran manera el consumo de oxígeno.

Las Figuras 15.26 y 15.27 muestran que el bloqueo de la síntesis de ATP, bien por agotamiento del sustrato (ADP) o por inhibición por la oligomicina bloquean simultaneamente el transporte electrónico en las mitocondrias acopladas. Es fácil ver cómo la inhibición del transporte electrónico inhibe la síntesis de ATP porque no se forma gradiente de protones. Pero, ¿cómo bloquea el transporte electrónico la inhibición de la síntesis de ATP? La oligomicina inhibe la fosforilación del ADP al unirse a lugares específicos del complejo $F_0$ y bloquear el flujo de protones a través del canal de protones de $F_0$ y así bloquear la rotación del anillo c. Asimismo, el agotamiento de ADP inhibe la síntesis de ATP al impedir que los dímeros $\alpha\beta$ realicen sus ciclos catalíticos y los cambios de conformación asociados. Si se impiden estos cambios de conformación, ni la subunidad $\gamma$ ni el anillo c que está enganchado pueden girar. Sin el giro de estos componentes, se bloquea el flujo de protones a través de $F_0$. Pero, ¿por qué inhibe el transporte electrónico a través de la cadena respiratoria el flujo de protones a través del canal de $F_0$?

La respuesta es que estos procesos están acoplados *mecánicamente.* Considérese una bomba manual, como las que nuestros antepasados utilizaban para sacar agua de un pozo. Utiliza sus músculos para subir y bajar el mango y bombear el agua hacia arriba y sacarla por el grifo. ¿Qué pasaría si uniéramos una manguera de incendios al grifo y utilizáramos un motor diésel del camión de bomberos para bombear el agua a través de la bomba hacia el pozo? ¿Qué le pasaría al mango de la bomba? Se movería (¡rápidamente!) hacia arriba y hacia abajo debido a que el flujo de agua (en cualquier dirección) está acoplado al movimiento mecánico del mango de la bomba. (Igual que la ATP sintasa, esta bomba es reversible; como se ha señalado antes, la ATP sintasa originalmente fue descubierta como una ATPasa). ¿Qué pasa con el flujo de agua desde el camión de bomberos a través de la bomba? Se detendría, a no ser que su presión fuera mayor que la fuerza que sujeta el mango (¡o estallaría la manguera!).

Utilizar un inhibidor de la ATP sintasa (por ejemplo, la oligomicina) es como sujetar el mango de la bomba. Si bloqueamos que la ATP sintasa vaya a través de su ciclo catalítico, no hay rotación de las subunidades c del complejo $F_0$ de la membrana y de esta forma, no hay flujo de protones a través de $F_0$ debido al acoplamiento mecánico de estos dos procesos. Si no hay flujo de $H^+$ desde el exterior hacia la matriz para disipar la fuerza protónmotriz, la presión protónica ($\Delta\psi$) se acumula en el exterior de la membrana hasta el punto en que el bombeo de protones fuera de la matriz ya no sea favorable. Esto es, el transporte de electrones termodinámicamente favorable a través de estos complejos no puede proporcionar la energía libre suficiente para superar la fuerza protónmotriz que se opone con fuerza (esto es, $\Delta G_{\text{transporte de e}^-} + \Delta G_{\text{bombeo de H}^+} = 0$). Así, se detiene el transporte electrónico debido a que también está acoplado *mecánicamente* al bombeo de protones a través de los complejos I, III y IV. De esta forma, el factor fundamental que

La tasa del transporte electrónico está limitada por la disponibilidad de ADP para su conversión en ATP.

controla la tasa de respiración es el balance entre el $\Delta G$ para la fosforilación de ADP (la reacción de la ATP sintasa), el $\Delta G$ para el transporte electrónico a través de los complejos respiratorios, y el $\Delta G$ para el bombeo de $H^+$ (que define la fuerza protónmotriz). Cuando la energía libre que se necesita para sintetizar ATP está exactamente equilibrada por la energía libre disponible del gradiente de protones, no habrá flujo de protones ni síntesis de ATP (esto es, $\Delta G_{\text{síntesis de ATP}} + \Delta G_{\text{reentrada de H}^+\text{ a la matriz}} = 0$). Consideremos ahora lo que sucede cuando la célula comienza a consumir ATP para impulsar los procesos de biosíntesis. Al consumirse el ATP, cae la concentración de ATP en la matriz, haciendo más favorable el $\Delta G$ de la fosforilación del ADP (esto es, $\Delta G_{\text{transporte de e}^-} + \Delta G_{\text{bombeo de H}^+} < 0$). A continuación, se produce la síntesis de ATP, igual que el flujo acoplado de protones a través de $F_0$. Este aumento de la reentrada de protones reducirá la barrera termodinámica del trasporte electrónico (esto es, $\Delta G_{\text{transporte de e}^-} + \Delta G_{\text{bombeo de H}^+} < 0$). A su vez, esto lleva a un aumento del transporte electrónico y, por tanto, a la tasa de respiración.

La reversibilidad de la ATP sintasa plantea un problema potencial a la célula. En las mitocondrias que respiran normalmente, la fpm es alta, mientras que el intercambio del ATP por ADP en la matriz asegura que la relación ATP/ADP en ella se mantenga relativamente baja, favoreciendo la síntesis de ATP (Figura 15.28a). Sin embargo, cuando se altera la respiración mitocondrial, por ejemplo, por hipoxia, o por la pérdida de protones a través de la membrana interna, la energética puede invertirse. Cuando la fpm cae por debajo de un umbral, y se dispone de ATP citosólico (por ejemplo, de una glucólisis regulada positivamente), la nucleótido de adenina translocasa importará ATP a la matriz, aumentando la relación ATP/ADP. Estas condiciones favorecerán la *hidrólisis* de ATP y puede invertirse la ATP sintasa, hidrolizando ATP para bombear protones fuera de la matriz mitocondrial (Figura 15.28b). Cuando la alteración respiratoria es leve o transitoria, este modelo inverso puede mantener la fpm para apoyar otros procesos, como el transporte metabólico (*véase* más adelante), que necesitan un gradiente de protones. Sin embargo, cuando la pérdida de potencial de membrana es extrema, esta inversión de la ATP sintasa finalmente agota todo el ATP celular, lo que lleva a la muerte.

Para evitar esta posible catástrofe, está limitado el funcionamiento de la $F_1F_0$ ATP sintasa como una ATPasa que traslada protones mediante una proteína inhibidora mitocondrial endógena de la $F_1F_0$-ATPasa, el $IF_1$ (inhibidor de $F_1$). Este es una pequeña proteína (84 aminoácidos) muy conservada, que inhibe la actividad $F_1F_0$-ATPasa al unirse directamente a las subunidades $\alpha$ y $\beta$ del componente $F_1$. La actividad inhibidora de $F_1$ parece estar regulada por el pH. Durante la hipoxia, la producción de ATP en la célula se produce mediante la fermentación homoláctica. El ácido láctico resultante baja el pH del citosol y las mitocondrias, activando la función inhibidora de $IF_1$. De esta forma, en condiciones de hipoxia leve, la inhibición de la $F_1F_0$-ATPasa por el $IF_1$ conserva el ATP a expensas del potencial de membrana.

En algunas condiciones naturales es muy deseable la capacidad de desacoplar la respiración de la fosforilación. Muchos mamíferos, en especial los que nacen sin pelo (se incluyen los bebés humanos), los que hibernan y los que están adaptados al frio, tienen unas necesidades especiales para el mantenimiento de la temperatura corporal central. Estos animales poseen un tejido especial, denominado tejido adiposo pardo

**FIGURA 15.28**

**Reversibilidad de la ATP sintasa $F_1F_0$. (a)** En las mitocondrias que respiran normalmente, la fpm es alta y la ATP sintasa actúa en la dirección de la síntesis de ATP. El ATP se intercambia por ADP citoplásmico a través de la nucleótido de adenina translocasa (ant). **(b)** Durante la hipoxia, la fpm cae y la célula se apoya principalmente en la fermentación homoláctica (o alcohólica) para producir ATP. Este ATP penetra en la matriz mediante intercambio con ADP. La ATP sintasa $F_1F_0$ actúa como una ATPasa que traslada protones, bombeando los protones fuera de la matriz, manteniendo temporalmente la fpm para sostener otros procesos, como el transporte de metabolitos.

Reproducido de *Trends in Biochemical Sciences* 34:343–350, M. Campanella, N. Parker, C. H. Tan, A. M. Hall, and M. R. Duchen, IF1: Setting the pace of the F1Fo-ATPsynthase. © 2009, con permiso de Elsevier.

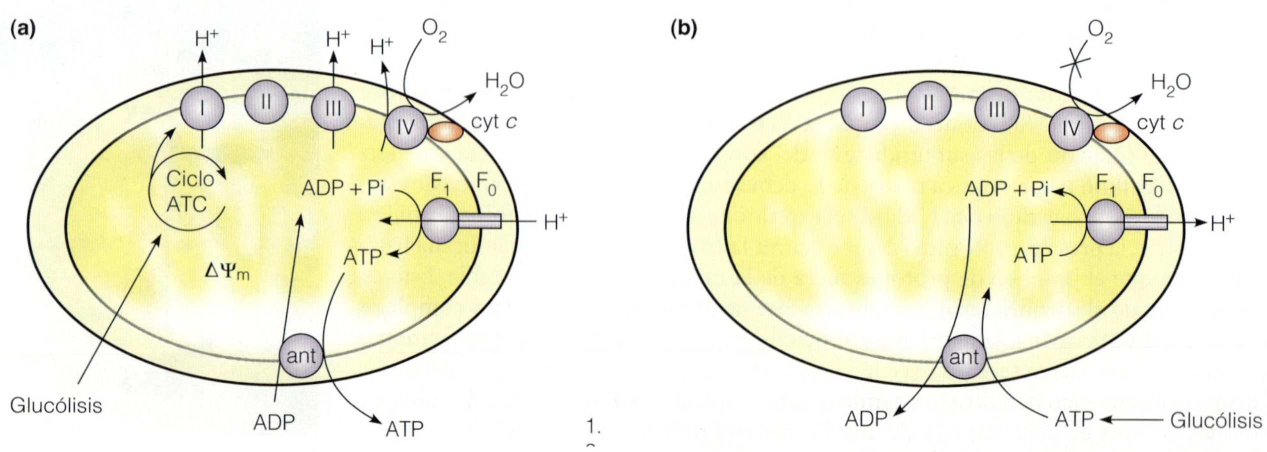

(TAP), en el cuello y en la parte alta de la espalda. Las mitocondrias de este tejido tienen transportadores electrónicos respiratorios especialmente abundantes, en particular los citocromos, que dan al TAP su color pardo. Estas mitocondrias están especializadas en la generación de calor a partir de la oxidación de la grasa, metabolizando la acetil-CoA en el ciclo del ácido cítrico. Las membranas internas de las mitocondrias del TAP tienen abundante **proteína desacopladora 1 (UCP1)**, un canal de 33 kDa que permite a los protones volver a la matriz mediante un proceso que evita la ATP sintasa, desacoplando, de esta forma, el transporte electrónico de la síntesis de ATP. Así, la energía que procede de la oxidación de las grasas se disipa en forma de calor. Los mamíferos expresan, al menos, cinco proteínas desacopladoras distintas (UCP1-UCP5). Mientras que se conoce bien la función y regulación de UCP1 en respuesta a la exposición al frio por el sistema nervioso simpático, la función fisiológica de las otras UCP en otros tejidos y el papel del TAP en los adultos permanecen como un área de investigación intensa.

Un fenómeno comparable se ve en el mundo vegetal entre las especies que crecen a comienzos de la primavera, a menudo cuando el suelo está todavía cubierto de nieve. La espiga de la col es un ejemplo notable; este tejido puede mantener una temperatura entre 10° y 25 °C por encima de la temperatura ambiente, mediante el desacoplamiento de la oxidación de la fosforilación.

## Sistemas de transporte mitocondriales

Mientras que la membrana externa de las mitocondrias es libremente permeable para moléculas de hasta ~5000 Da, la permeabilidad de la membrana interna es muy limitada. La importancia de esta permeabilidad selectiva debiera deducirse claramente de las consideraciones que hemos hecho sobre los gradientes electroquímicos y los sistemas de lanzadera que se utilizan para el transporte de equivalentes reductores a la mitocondria. Debemos considerar también el transporte de sustratos, incluyendo el transporte hacia el interior de intermediarios para la oxidación en el ciclo del ácido cítrico, el transporte hacia el exterior de los intermediarios que se utilizan para la biosíntesis en otros compartimientos celulares y la salida del ATP recién sintetizado. Las propiedades de los principales sistemas de transporte se resumen en la Figura 15.29. Debido a que la matriz está cargada negativamente en relación al citoplasma, la entrada en la matriz de un soluto cargado negativamente es energéticamente desfavorable. Como consecuencia de ello, para importar estos metabolitos los transportadores mitocondriales utilizan el cotransporte con protones, o el intercambio con $OH^-$. (Nota: existen otros sistemas de transporte adicionales que llevan los ácidos grasos y los aminoácidos a las mitocondrias para su posterior oxidación). La mayoría de estos transportadores son miembros de la familia de transportadores mitocondriales (FTM).

Consideremos en primer lugar el ATP, el ADP y el $P_i$, que son los participantes en la fosforilación oxidativa. Intervienen dos sistemas, una **nucleótido de adenina translocasa (transportador ATP/ADP**, o **ANT**) y una **fosfato translocasa**. El transportador ATP/ADP se extiende de un lado al otro de la membrana interna y une ADP en un lugar específico de la superficie externa de la membrana interna. La proteína acopla el flujo de salida de ATP desde la matriz con el flujo de entrada de una cantidad equivalente de ADP desde el espacio intermembrana (Mg-ADP y Mg-ATP no son sustratos del transportador). Dado que este antiporte intercambia ATP, con una carga de −4 por ADP, con una carga de −3, su acción es impulsada por el potencial de membrana (positivo en el exterior). En general, es cierto para todos los sistemas de transporte mitocondriales, que, al menos uno de los participantes se desplaza siguiendo un gradiente de concentración, o está acoplado al gradiente de protones, por lo que no se requiere otra fuente de energía.

La fosfato translocasa actúa en modo *antiporte* o *simporte* (*véase* el Capítulo 10). Como sustancia de acción antiporte, transporta $H_2PO_4^-$ a la matriz, acoplado a la salida de un ion hidroxilo. En el modo simporte alternativo, transporta $HPO_4^{2-}$ a la matriz, junto con dos protones. Ambos modos de transporte mantienen la neutralidad eléctrica y están impulsados por el componente $\Delta pH$ de la fuerza protónmotriz generado por el transporte electrónico. El efecto neto de los sistemas de transporte de nucleótidos de adenina y de fosfato es acoplar el transporte hacia el interior de los sustratos de la fosforilación oxidativa, el ADP y el $P_i$, con la salida del producto, el ATP.

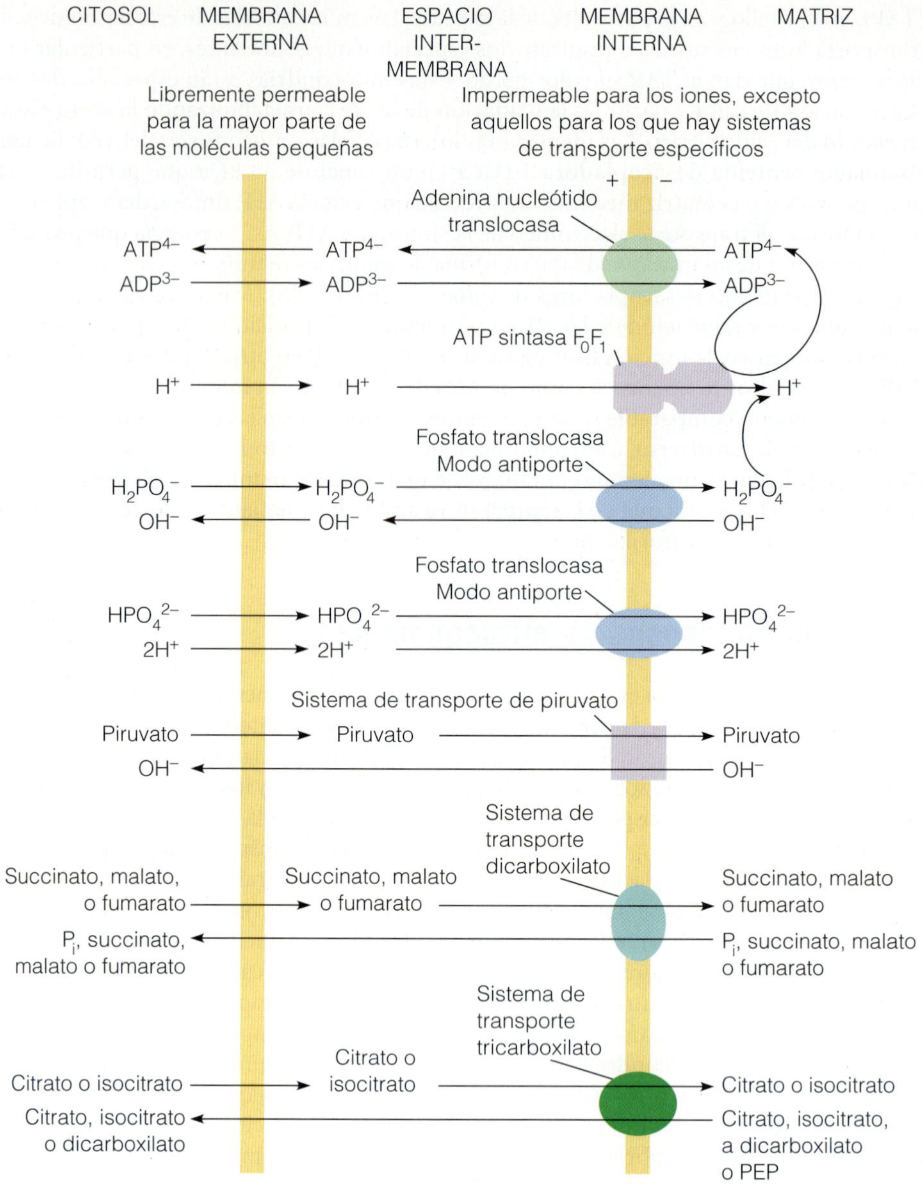


**FIGURA 15.29**

**Principales sistemas de transporte de la membrana interna para los sustratos y productos de la respiración.** El transportador ADP/ATP y la fosfato translocasa desplazan los sustratos de la fosforilación oxidativa (ADP y Pi) al interior de la mitocondria, y el producto (ATP) al exterior. Otros sistemas de transporte desplazan los sustratos y productos de la oxidación del ciclo del ácido cítrico dentro o fuera de la matriz, según las necesidades metabólicas de la célula.

Como puede esperarse por la función fundamental que los transportadores ADP/ATP y fosfato desempeñan en la provisión de sustratos para la ATP sintasa, su deficiencia en el ser humano se caracteriza normalmente por la intolerancia al ejercicio, la hipotonía muscular, la miocardiopatía hipertrófica, las concentraciones elevadas de lactao en plasma y la acidosis láctica.

Consideremos ahora los sustratos de la oxidación. El principal sustrato del catabolismo de los hidratos de carbono es el piruvato que, como el fosfato, se intercambia por $OH^-$. Los sustratos ácidos dicarboxílicos, es decir, succinato, fumarato y malato, pueden intercambiarse entre sí o por ortofosfato en el sistema de transporte de dicarboxilato. De forma análoga, el sistema de transporte de tricarboxilato lleva el citrato o el isocitrato acoplados entre sí o con un ácido dicarboxílico o el fosfoenolpiruvato. La entrada de ácidos grasos para la $\beta$-oxidación implica un sistema de transporte adicional, que se presentará en el Capítulo 17.

Además de los sistemas de transporte que se muestran en la Figura 15.29, existe un sistema de transporte importante para el ion calcio. El $Ca^{2+}$ regula numerosos procesos metabólicos en el citosol y su liberación desde las reservas mitocondriales puede representar una forma de modificar la concentración citosólica de $Ca^{2+}$ (*véase* el Capítulo 23). El calcio se transporta hacia el interior por un uniporte impulsado por el potencial de membrana, que es más negativo en el interior. Su salida al exterior se realiza mediante el intercambio con $Na^+$.

## Transferencia de los equivalentes reductores citoplásmicos a las mitocondrias

Otra función importante de los transportadores mitocondriales es transferir los equivalentes reductores citoplásmicos a la matriz para su posterior reoxidación por la cadena respiratoria. Recuérdese que durante la glucólisis aerobia, el NADH producido en el paso de la gliceraldehído-3-fosfato deshidrogenasa no se reoxida, debido a que el piruvato puede oxidarse posteriormente en el ciclo del ácido cítrico. Para extraer la energía de este NADH y para regenerar el $NAD^+$ oxidado y que pueda continuar la glucólisis, los equivalentes reductores deben transferirse a la mitocondria. Sin embargo, el NADH generado por una deshidrogenasa citosólica ligada al NAD no puede por sí mismo atravesar la membrana mitocondrial para oxidarse en la cadena respiratoria. En consecuencia, los equivalentes reductores deben *transferirse* a los ensamblajes respiratorios de la membrana mitocondrial interna, sin un movimiento físico de la coenzima. Este proceso comporta la reducción de un sustrato por el NADH en el citoplasma, el paso del sustrato reducido a la matriz mitocondrial a través de un sistema de transporte específico, la reoxidación de ese compuesto en el interior de la matriz y el paso del sustrato oxidado de vuelta hacia el citoplasma, en donde puede experimentar de nuevo el mismo ciclo.

Los electrones se transportan a la mitocondria mediante lanzaderas metabólicas.

El primer sistema de lanzadera conocido es el de la dihidroxiacetona fosfato/glicerol-3-fosfato, que es especialmente activo en el cerebro y en el músculo esquelético (y en el músculo de vuelo de los insectos). Como se muestra en la Figura 15.30a, la dihidroxiacetona fosfato (DHAP) se reduce por el NADH en el citosol, seguido por la reoxidación del glicerol-3-fosfato resultante por una glicerol-3-fosfato deshidrogenasa dependiente de flavina, unida a la cara externa de la membrana mitocondrial interna. Este proceso comporta la reducción del FAD, seguida de la transferencia de un par de electrones desde el $FADH_2$ a la coenzima Q, de la misma manera que el NADH intramitocondrial transfiere los electrones a Q (*véase* la Figura 15.13). Una vez que la dihidroxiacetona fosfato ha regresado al citosol, el efecto neto ha sido la transferencia de dos equivalentes reductores desde el NADH citosólico al $FADH_2$ mitocondrial y de allí a la cadena respiratoria.

**FIGURA 15.30**

**Lanzaderas para la transferencia de equivalentes reductores desde el citosol a las mitocondrias. (a)** Lanzadera dihidroxiacetona fosfato/glicerol-3-fosfato. **(b)** Lanzadera malato/aspartato. Las flechas rojas señalan el flujo de los equivalentes reductores. Glu = glutamato; Asp = aspartato; aCG = α-cetoglutarato.

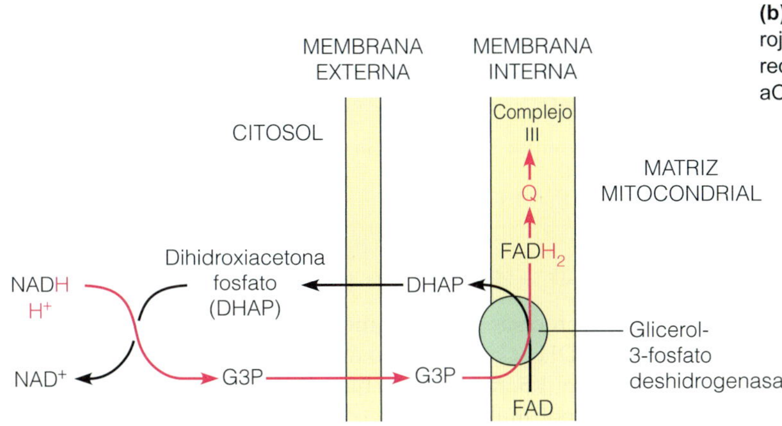


**(a)**

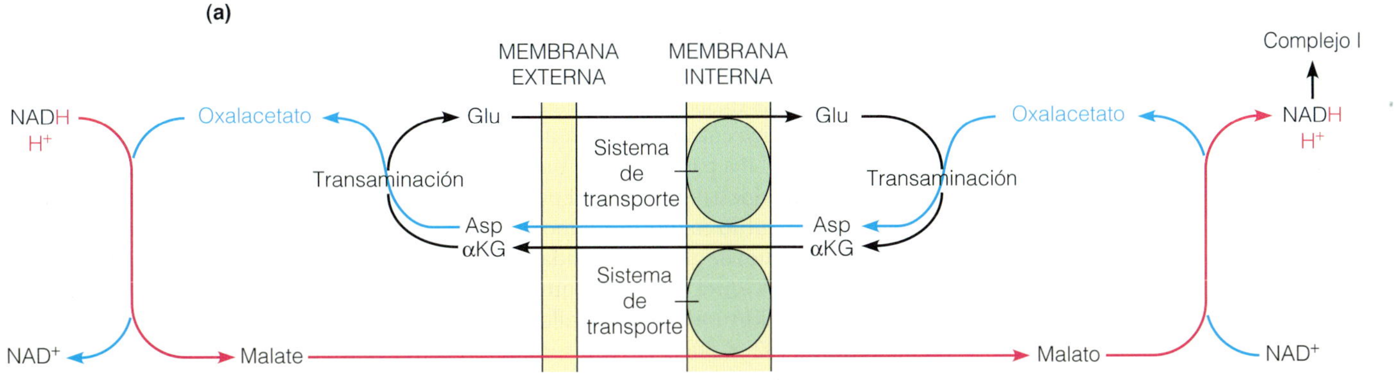


**(b)**

Otro sistema de lanzadera diferente, que es especialmente activo en hígado, riñón y corazón, es el de la lanzadera malato/aspartato, que se muestra en la Figura 15.30b. En este caso, una isoenzima citosólica de la malato deshidrogenasa, junto con el NADH, reduce el oxalacetato a malato, que pasa a la matriz a través de un intercambiador específico α-cetoglutarato/malato de la membrana mitocondrial interna. El malato se reoxida a continuación, por la malato deshidrogenasa del ciclo del ácido cítrico, que utiliza también $NAD^+$. El NADH resultante en la matriz se oxida, a continuación, por el complejo I. Dado que el oxalacetato no puede atravesar la membrana interna, se transamina a aspartato, que se transporta posteriormente al exterior a través de un intercambiador específico aspartato/glutamato. Una vez en el citoplasma, el aspartato se reconvierte en oxalacetato por transaminación, para empezar de nuevo un ciclo. Debido a la transaminación implicada, este proceso requiere que el α-cetoglutarato se transporte continuamente fuera de la mitocondria y que el glutamato se transporte de manera continua dentro.

De esta forma, en los tejidos que utilizan la lanzadera malato/aspartato, se generan aproximadamente 2.5 moles de ATP por mol de NADH citoplásmico. En los tejidos que utilizan la lanzadera dihidroxiacetona fosfato/glicerol-3-fosfato, solo se generan 1.5 moles de ATP por mol de NADH, debido a que estos equivalentes reductores citoplásmicos entran en la cadena respiratoria en el complejo III (a través de $QH_2$), en lugar que en el complejo I.

## Rendimientos energéticos del metabolismo oxidativo

Gran parte de los tres capítulos anteriores se han dedicado a las rutas mediante las cuales se oxidan los hidratos de carbono a $CO_2$ y agua. Finalmente, estamos en disposición de calcular el rendimiento energético total y la eficacia metabólica de estas rutas combinadas. Revisemos cuánta energía se recupera en forma de ATP mediante el catabolismo oxidativo completo de la glucosa. En primer lugar, presentamos una ecuación equilibrada para cada una de las tres rutas que intervienen en el proceso, y calculamos luego la cantidad de ATP que puede obtenerse mediante la fosforilación oxidativa a partir de los transportadores electrónicos reducidos.

**Glucólisis:**
$$\text{Glucosa} + 2\text{ADP} + 2\text{P}_i + 2\text{NAD}^+ \rightarrow 2\text{ piruvato} + 2\text{ATP} + 2\text{NADH} + 2\text{H}_2\text{O} + 2\text{H}^+$$

**Complejo piruvato deshidrogenasa:**
$$2\text{ piruvato} + 2\text{NAD}^+ + 2\text{CoA-SH} \rightarrow 2\text{ acetil-CoA} + 2\text{NADH} + 2\text{CO}_2$$

**Ciclo del ácido cítrico (incluyendo la conversión de GTP en ATP):**
$$2\text{ acetil-CoA} + 4\text{H}_2\text{O} + 6\text{NAD}^+ + 2\text{FAD} + 2\text{ADP} + 2\text{P}_i \rightarrow 4\text{CO}_2 + 6\text{NADH} + 2\text{FADH2} + 2\text{CoA-SH} + 2\text{ATP} + 4\text{H}^+$$

**Neto:**
$$\text{Glucosa} + 10\text{NAD}^+ + 2\text{FAD} + 4\text{H}_2\text{O} + 4\text{ADP} + 4\text{P}_i \rightarrow 6\text{CO}_2 + 10\text{NADH} + 6\text{H}^+ + 2\text{FADH}_2 + 4\text{ATP}$$

La oxidación completa de 1 mol de glucosa genera aproximadamente 30-32 moles de ATP, que se sintetiza a partir de ADP.

Estos tres procesos generan 4 moles de ATP directamente, más 10 moles de NADH y 2 moles de $FADH_2$. Con el empleo de las relaciones P/O para la oxidación del NADH y el $FADH_2$ de 2.5 y 1.5, respectivamente, el rendimiento total de ATP que puede alcanzarse es de unos 32 por mol de glucosa oxidada $[(4 + (2.5 \times 10) + (1.5 \times 2)]$. En los procariotas y en las células que utilizan la lanzadera malato/aspartato (*véase* la Figura 15.30b), los equivalentes reductores de la glucólisis citoplásmica se transportan a la mitocondria sin coste energético. Sin embargo, las células que utilizan la lanzadera del glicerol fosfato (*véase* la Figura 15.30a) deben pagar un coste energético debido a que los electrones del NADH citosólico entran en la cadena respiratoria como $FADH_2$. En consecuencia, el rendimiento de ATP a partir de cada uno de estos dos NADH es ~1.5, y no 2.5. Esto reduce el rendimiento global de ATP a 30 por mol de glucosa. Para el tratamiento que veremos a continuación, utilizaremos 32 como el mejor cálculo de los moles totales de ATP que se obtienen por mol de glucosa oxidada. Recordando que el $\Delta G°'$ para la oxidación de la glucosa es $-2870$ kJ/mol (*véase* el Capítulo 12, página 486) y que el $\Delta G°'$ para la hidrólisis del ATP es $-30.5$ kJ/mol, podemos calcular la eficacia del funcionamiento de esta máquina bioquímica: $(32 \times 30.5)/2870$, o ~34 %, en condiciones estándar. Como se ha señalado antes, la hidrólisis de ATP gasta 50-60 kJ/mol *in vivo*, por lo que la eficacia en la célula es considerablemente mayor.

# El genoma mitocondrial y la enfermedad

Las mitocondrias tienen un genoma circular de doble cadena de aproximadamente 16500 pb. En los seres humanos, el DNA mitocondrial (DNAmt) contiene 37 genes que codifican 13 proteínas, todas ellas subunidades de los complejos de la cadena respiratoria (Figura 15.31a). Los complejos I, III y IV, contienen todos ellos algunas subunidades codificadas por el DNAmt, mientras que el complejo II y el citocromo *c* están codificados por el DNA nuclear. Los genes restantes del DNAmt codifican 22 RNAt y 2 RNAr. Estos RNAt y RNAr son parte de la maquinaria de síntesis proteica mitocondrial, necesaria para traducir las 13 proteínas codificadas en el DNAmt. Por supuesto, la mayor parte de las proteínas de las mitocondrias (más de 900) están codificadas por el núcleo, se traducen en los ribosomas citoplásmicos y luego se transportan a las mitocondrias.

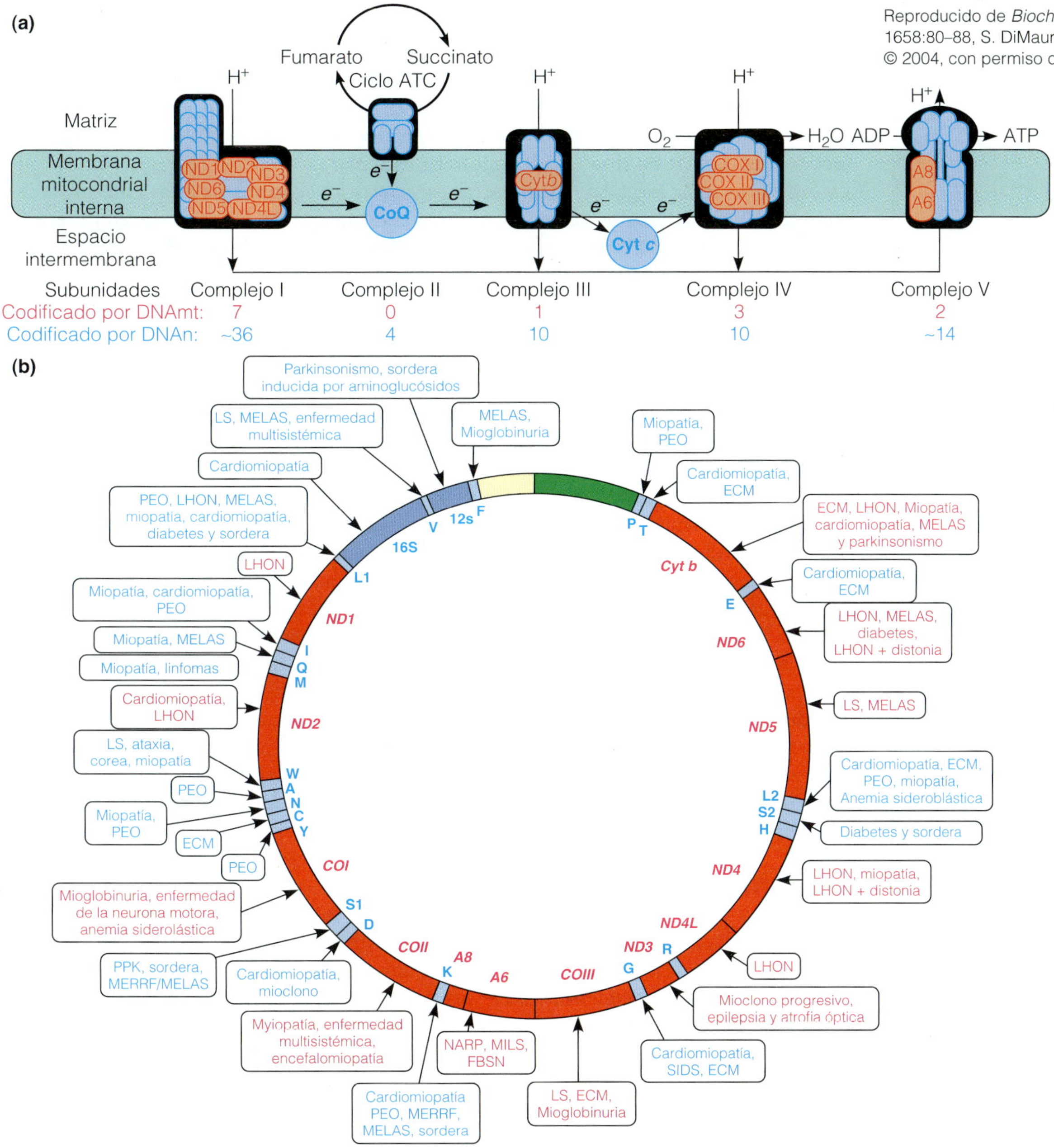


**FIGURA 15.30**

**DNA mitocondrial y enfermedades mitocondriales. (a)** Se muestran los cinco complejos con múltiples subunidades de la cadena respiratoria, donde en rojo están las subunidades codificadas por el DNAmt y en azul, las subunidades codificadas por el DNA nuclear. **(b)** Mapa de morbilidad del genoma mitocondrial humano. El DNAmt de 16569 pb muestra las localizaciones de los 13 genes que codifican proteínas en rojo, los RNA ribosómicos 12S y 16S, en azul oscuro y los 22 RNA de transferencia (identificados por los códigos de una letra de los correspondientes aminoácidos), en azul claro. Las enfermedades debidas a mutaciones de los genes que codifican proteínas están recuadradas en rojo y las enfermedades debidas a mutaciones de los componentes de la síntesis de proteínas mitocondriales, en azul.

Reproducido de *Biochimica et Biophysica Acta* 1658:80–88, S. DiMauro, Mitochondrial diseases.

Las enfermedades que afectan a la función mitocondrial (enfermedades mitocondriales) probablemente son corrientes en los seres humanos, quizás hasta el 2 % de la población tiene algún defecto mitocondrial. Sin embargo, solo un pequeño número de estos trastornos está producido por mutaciones del DNAmt (~1 de 10 000 personas). Las mutaciones del DNAmt producen defectos en la cadena respiratoria, bien directamente por mutaciones en alguno de los 13 genes estructurales (Figura 15.31a) o indirectamente por mutaciones en un gen de RNAt o de RNAr. Muchas de estas enfermedades afectan al cerebro o al músculo esquelético, por lo que se conocen como *encefalomiopatías mitocondriales.* Una característica fundamental de las enfermedades del DNAmt es que los tejidos afectados y la gravedad de la enfermedad varían considerablemente de unos pacientes a otros. Esta variabilidad se debe al hecho de que cada célula contiene cientos o miles de copias de DNAmt, que en la división celular se distribuyen al azar entre las células hijas. Si se muta uno de estos DNAmt, algunas células heredan el DNAmt mutado junto con DNAmt normal. Cuando una célula, tejido o individuo tiene un DNAmt normal y mutado, se dice que es *heteroplásmico.* El fenotipo clínico de una mutación del DNAmt viene, en gran parte, determinado por la proporción relativa de los genomas del DNA normal y mutado en los distintos tejidos. Generalmente se requiere un número mínimo de DNAmt mutado en un determinado órgano o tejido para producir una disfunción mitocondrial que sea lo suficientemente grave para dar lugar a una enfermedad. Esto se denomina *efecto umbral.*

El «mapa de morbilidad» de la Figura 15.31b muestra los lugares de mutaciones del DNAmt y las encefalomiopatías mitocondriales que produce. Entre ellas LHON (neuropatía óptica hereditaria de Leber), MELAS (encefelopatía mitocondrial, acidosis láctica y episodios de tipo accidente cerebrovascular) y MERRF (epilepsia mioclónica con fibras rojas rasgadas). Aunque las características clínicas de estas enfermedades son bastante variables, los pacientes con una enfermedad del DNAmt suelen presentar problemas neurológicos progresivos e incapacitantes, debilidad muscular, oftalmoplejia crónica progresiva y fatiga inducida por el ejercicio, todos los cuales surgen de una respiración y producción de ATP defectuosas.

Como se ha mencionado antes, la mayoría de las enfermedades mitocondriales hereditarias se deben a mutaciones de los genes nucleares, lo cual se debe a que el ensamblaje y funcionamiento eficaces de la cadena respiratoria necesitan un gran número de proteínas codificadas en el núcleo. Por ejemplo, tanto la DNA polimerasa como la RNA polimerasa mitocondrial están codificadas por genes nucleares, igual que todas las subunidades proteicas de los ribosomas mitocondriales. Más de 150 mutaciones puntuales del gen de la subunidad catalítica de la DNA polimerasa mitocondrial (POLG) están ligadas con una amplia variedad de enfermedades mitocondriales, entre ellas la oftalmoplejia externa progresiva, el síndrome de Alper, el parkinsonismo, los síndromes ataxia-neuropatía y la infertilidad masculina. Además, hay varias proteínas codificadas en el núcleo necesarias para la dinámica mitocondrial (biogénesis, fisión, fusión y degradación). La enfermedad de Charcor-Marie-Tooh, la ataxia de Fredreich y la paraplejia hereditaria espástica son ejemplos de enfermedades hereditarias producidas por mutaciones de los genes que requieren estos procesos. Finalmente, hay un grupo de enfermedades neurodegenerativas de comienzo tardío con una disfunción mitocondrial, como la enfermedad de Huntington, la enfermedad de Alzheimer y la esclerosis lateral amiotrófica (ALS, conocida también como enfermedad de Lou Gehring). Aún no se conoce la función precisa de las mitocondrias en la patogénesis de estas enfermedades neurodegenerativas hereditarias, aunque es un área de investigación intensa.

## Las mitocondrias y la evolución

Una de las mayores preguntas de la biología evolutiva está relacionada con el origen de las mitocondrias. ¿De dónde vienen? Aunque hay muchas teorías, probablemente la más aceptada es la *hipótesis endosimbiótica.* En este escenario, hace 1000 millones de años una arquea, quizás una metanógena que empleaba $H_2$ estableció una relación simbiótica con una $\alpha$-proteobacteria anaerobia facultativa, quizás una que producía $H_2$. Finalmente, la arquea hospedadora engulló a la $\alpha$-proteobacteria, sin destruirla. En esta relación endosimbiótica, el hospedador proporcionaba al endosimbionte sustratos oxidables y a su vez, el endosimbionte proporciona al hospedador energía (ATP). La relación se selló para siempre al transferirse la mayoría de los genes del endosimbionte al genoma del hospedador, dando lugar a la primera célula eucariota, donde las mitocondrias eran los descendientes modernos de la $\alpha$-proteobacteria original.

## El oxígeno como sustrato para otras reacciones metabólicas

En la mayor parte de las células, al menos un 90 % del oxígeno molecular consumido se utiliza para la fosforilación oxidativa. El resto del $O_2$ se emplea en una amplia gama de reacciones metabólicas especializadas. Existen al menos 200 enzimas conocidas que utilizan $O_2$ como sustrato. Dado que el $O_2$ es poco reactivo, prácticamente la totalidad de estas 200 enzimas utiliza un ion metálico para potenciar la reactividad del oxígeno, como ocurre en el caso de la citocromo oxidasa. En este apartado clasificamos brevemente estas enzimas y consideramos el metabolismo de las formas de oxígeno parcialmente reducidas, que se forman continuamente en todas las células y que son muy tóxicas, debido a su gran reactividad.

### Oxidasas y oxigenasas

Las oxidasas y las oxigenasas son enzimas que utilizan como sustrato $O_2$.

El término **oxidasa** se aplica a las enzimas que catalizan la oxidación de un sustrato *sin* incorporar el oxígeno del $O_2$ al producto. Generalmente, se produce una oxidación de dos electrones, con lo que el oxígeno se convierte en $H_2O_2$. La mayoría de las oxidasas utilizan un metal o una coenzima de flavina. Así, por ejemplo, las D-aminoácido oxidasas utilizan como cofactor el FAD.

$$R-\underset{\underset{+}{NH_3}}{\underset{|}{CH}}-COO^- + H_2O + FAD \longrightarrow R-\underset{O}{\underset{\|}{C}}-COO^- + NH_4 + FADH_2$$

$$FADH_2 + O_2 \longrightarrow FAD + H_2O_2$$

Las **oxigenasas** son enzimas que incorporan átomos de oxígeno del $O_2$ a los productos oxidados; existen dos clases, las monooxigenasas y las dioxigenasas. Las **dioxigenasas**, que incorporan ambos átomos de $O_2$ en un sustrato, tienen una distribución limitada. Un ejemplo es la triptófano 2,3-dioxigenasa, que contiene un cofactor hemo y cataliza la primera reacción del catabolismo del triptófano:

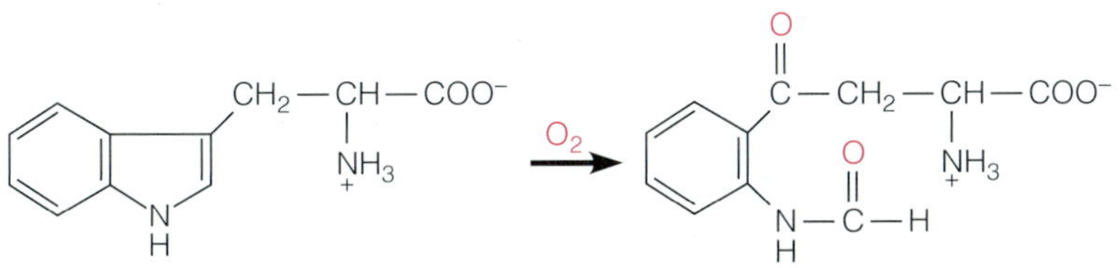

**Triptófano** **N-Formilquinurenina**

Mucho más amplia es la distribución de las **monooxigenasas**, que incorporan un átomo procedente del $O_2$ en un producto y reducen el otro átomo a agua. Una monooxigenasa tiene un sustrato que acepta el oxígeno y otro que aporta los dos átomos de H que reducen el otro oxígeno a agua. Dado que se oxidan dos sustratos, las enzimas de esta clase se denominan también **oxidasas de función mixta**. La reacción general catalizada por estas enzimas es la siguiente:

$$AH + BH_2 + O{=}O \longrightarrow A-OH + B + H_2O$$

Dado que el sustrato AH se hidroxila generalmente por esta clase de enzimas, se utiliza también el término **hidroxilasa**. Un ejemplo de este tipo de reacción es la hidroxilación de los esteroides. En este caso, el cofactor reductor, NADPH, aparece como $BH_2$.

$$RH + NADPH + H^+ + O_2 \longrightarrow R-OH + NADP^+ + H_2O$$

Varios compuestos distintos del $NADPH/H^+$ actúan como $BH_2$ en las reacciones de monooxigenasa, como el $\alpha$-cetoglutarato, en la hidroxilación de la fitanoil-CoA (Capítulo 17) o los residuos de prolina del colágeno (Capítulo 21).

## Citocromo P450

Los citocromos P450 catalizan hidroxilaciones de numerosos sustratos arreactivos, haciéndolos más fácilmente metabolizables.

Las reacciones de hidroxilación más numerosas son las que corresponden a una superfamilia de hemoproteínas a las que se denomina globalmente **citocromo P450**, que se encuentran en casi todos los organismos, desde las bacterias a los mamíferos. El genoma humano contiene 57 genes estructurales diferentes para los citocromos P450, lo cual hace que esta familia de proteínas sea amplia y diversa. Estas proteínas se parecen a la hemoglobina y a la citocromo oxidasa mitocondrial, puesto que son capaces de unir tanto el $O_2$ como el monóxido de carbono. Sin embargo, los citocromos P450 se diferencian en que la forma reducida del hemo, cuando forma complejos con el monóxido de carbono, absorbe intensamente la luz a 450 nm. Una característica estructural común de los citocromos P450 es un ion tiolato de cisteína, en el que el azufre ocupa una de las seis posiciones de coordinación con el hierro del hemo (Figura 15.32a). Los otros ligandos son los cuatro nitrógenos pirrólicos de la protoporfirina IX en el hemo y el oxígeno unido. Sin embargo, no todas las proteínas con la configuración cisteinil-hemo se clasifican como citocromo P450. Este mismo motivo estructural se utiliza, por ejemplo, por la tromboxano sintasa

(a)

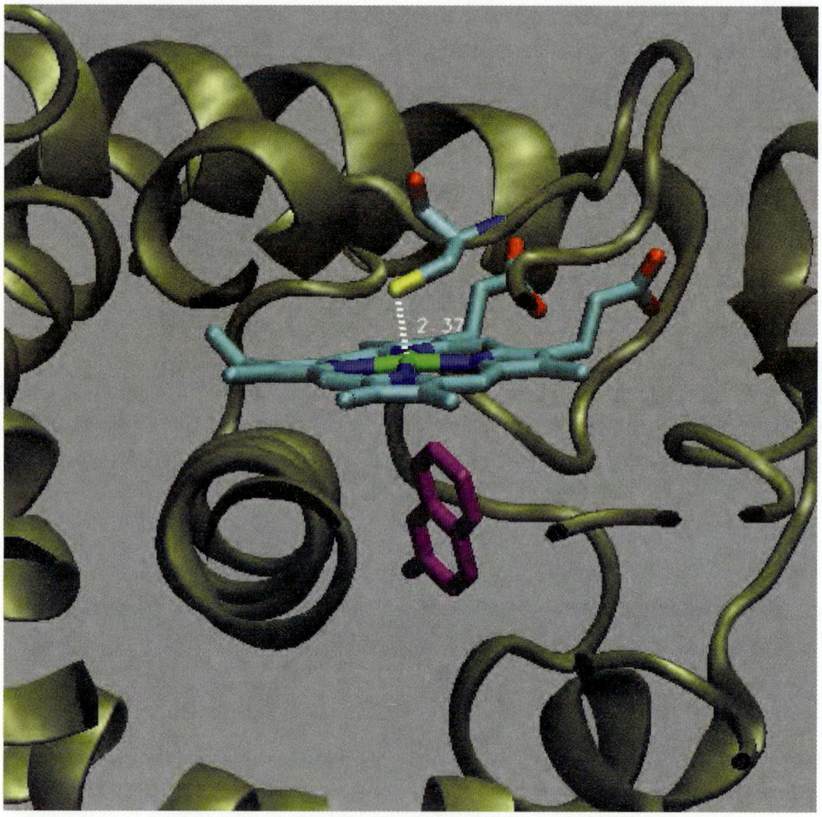

(b)

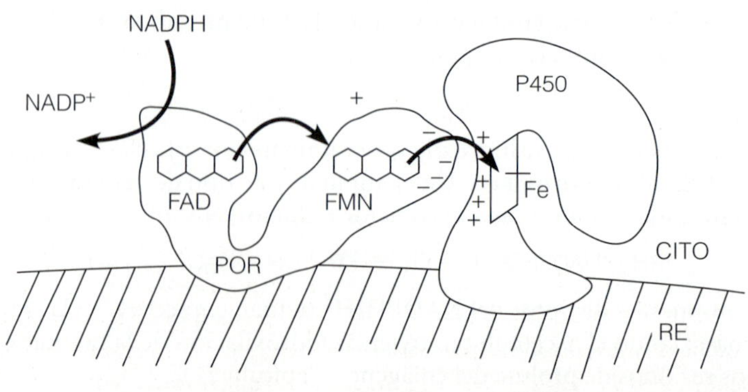


**FIGURA 15.32**

**Citocromo P450**. **(a)** Lugar activo del citocromo P450 2A6 humano en un complejo con el anticoagulante cumarina (PDB ID 1Z10). El átomo de Fe del hemo (se muestra de canto) está ligado de forma axial a la Cys349. El sustrato cumarina (morado) está en la cara opuesta del hemo. **(b)** La enzima flavoproteína P450 oxidorreductasa (POR) da los electrones de uno en uno, desde el NADPH al citocromo P450.

(b) Cortesía de W. L. Miller. Publicado en *Proceedings of the National Academy of Sciences of the United States of America*, 2008, 105:1733-1738 (2008), N. Huang, V. Agrawal, K. M. Giacomini, and W. L. Miller, Genetics of P450 oxidoreductase: Sequence variation in 842 individuals of four ethnicities and activities of 15 missense mutants.

(página 814) y la óxido nítrico sintasa (página 884). Los citocromos P450 de tipo I se encuentran en las bacterias y las mitocondrias. Las enzimas de tipo II más corrientes se encuentran embebidas en la membrana del retículo endoplásmico de las células eucariotas.

Los citocromos P450 intervienen en la hidroxilación de una amplia variedad de compuestos. Estas reacciones incluyen las reacciones de hidroxilación de la biosíntesis de las hormonas esteroideas (*véase* el Capítulo 19) y la síntesis de ácidos grasos hidroxilados y epóxidos de ácidos grasos. Además, los citocromos P450 actúan sobre miles de productos **xenobióticos** (compuestos que no son propios), como pueden ser fármacos como el fenobarbital y sustancias cancerígenas ambientales como el benzopireno que forma parte del humo del tabaco o la aflatoxina B, un compuesto cancerígeno producido por un hongo y que se encuentra en los cacahuetes que no se han seleccionado adecuadamente. La hidroxilación de sustancias extrañas aumenta generalmente su solubilidad y constituye un paso para la anulación de su capacidad tóxica, su metabolismo y su excreción. Sin embargo, algunas de estas reacciones producen la activación de sustancias potencialmente cancerígenas para dar lugar a especies más reactivas, como lo demuestra la aflatoxina $B_1$, que se convierte en especies más reactivas bien por hidroxilación o epoxidación (*véase* el margen).

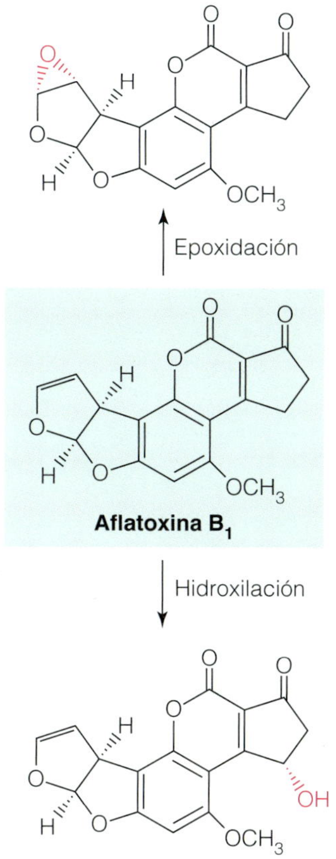


Una de las claves de la reactividad del citocromo P450 es su capacidad de fragmentar el $O_2$, de manera que un átomo de oxígeno se une al hierro del hemo del citocromo. Este enlace forma un **complejo hierro-oxígeno perferrilo** ($FeO^{3+}$). Este grupo muy reactivo puede captar un átomo de hidrógeno, incluso de un sustrato poco reactivo como un hidrocarburo. En una hidroxilación de este tipo, es característico que se transfieran equivalentes reductores al citocromo desde el NADPH, el donador habitual de electrones en las reacciones de hidroxilación, a través de una flavoproteína, la P450 oxidorreductasa (POR) (Figura 15.32b).

Los sistemas de citocromos P450 participan en una extensa gama de reacciones de otro tipo, como epoxidación, peroxigenación, desulfuración, desalquilación, desaminación y deshalogenación. Estas reacciones son especialmente activas en el hígado, en donde hay varios citocromos P450 inducibles, es decir, citocromos cuya síntesis se estimula por sustratos que se metabolizan por estas enzimas. Entre los inductores se encuentran fármacos como el fenobarbital y otros barbitúricos.

## Especies de oxígeno reactivas, defensas antioxidantes y enfermedad humana

Las especies moleculares de oxígeno parcialmente reducidas (superóxido, peróxido y radical hidroxilo) son muy tóxicas. Su toxicidad se contrarresta por mecanismos enzimáticos y no enzimáticos.

### Formación de especies de oxígeno reactivas

Como hemos visto, el último paso en el transporte electrónico es la reducción de cuatro electrones del $O_2$ a agua. La citocromo oxidasa, como la mayoría de las oxidasas, transfiere electrones al oxígeno desde los iones metálicos que cambian sus estados de valencia con un electrón cada vez, como el hierro del hemo y el cobre en la citocromo oxidasa. Debido a que las interacciones de los transportadores de un electrón con los transportadores de dos electrones no suelen tener una eficacia del 100 %, las oxidasas generan, a menudo, especies de oxígeno reducidas de forma incompleta: **superóxido** ($O_2^{\cdot -}$), que se forma a partir de una reducción de un electrón del $O_2$; peróxido de hidrógeno ($H_2O_2$), que se forma a partir de una reducción de dos electrones; y **radical hidroxilo** ($OH^{\cdot}$), que se forma por una reducción de tres electrones (Figura 15.33). Además, algunas enzimas, como la xantina oxidasa (Capítulo 22) y las aminoácido oxidasas (página 840), generan peróxido de hidrógeno como producto de su acción. El superóxido, el peróxido y el radical hidroxilo son todos más reactivos que el $O_2$ y se denominan de forma colectiva **especies de oxígeno reactivas** (ROS). El radical hidroxilo es particularmente reactivo y es responsable del daño de otras moléculas biológicas. El radical hidroxilo daña a las proteínas de varias formas y daña a las membranas iniciando la oxidación de los ácidos grasos en los lípidos de la membrana en un proceso denominado **peroxidación lipídica**. Como se presenta en el margen, la peroxidación lipídica es una reacción en cadena, ya que cada resto ácido graso que sufre la peroxidación genera un radical que puede iniciar otra reacción de peroxidación. El radical hidroxilo también daña a los ácidos nucleicos, produciendo la ruptura de la cadena de polinucleótidos (las roturas de la doble cadena del DNA son letales) y cambiando la estructura de las bases del DNA. Se conocen unos 20 cambios de base diferentes, o lesiones del DNA, que son consecuencia de las reacciones del radical hidroxilo con el DNA. Algunas lesiones son mutágenas, debido a que la

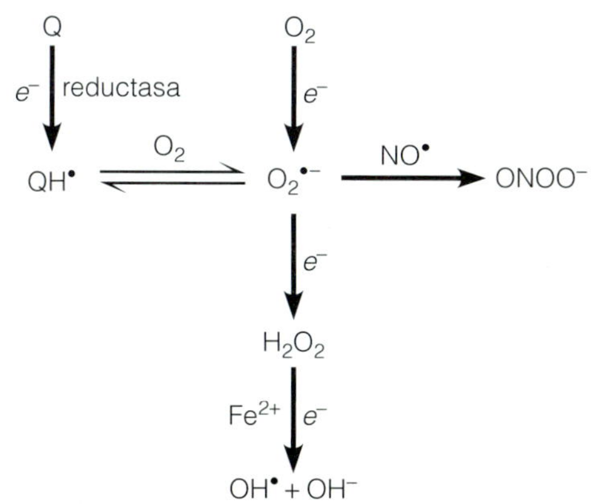


**FIGURA 15.33**

**Especies de oxígeno reactivas (ROS).** Se muestra la generación e interconversión de las especies de oxígeno reactivas más comunes. $O_2^{\cdot -}$, superóxido; $OH^{\cdot}$, radical hidroxilo; $NO^{\cdot}$, óxido nítrico; $OONO^-$, peroxinitrito; coenzima $Q^{\cdot}$, oxidada; $QH^{\cdot}$, radical semiquinona; $H_2O_2$, peróxido de hidrógeno.

base alterada que se crea (como la **8-oxoguanina** del margen) no forma apareamientos de bases de Watson-Crick durante la replicación del DNA. Otras lesiones, como las de **glicol timina** son potencialmente letales, ya que, a no ser que se repare la lesión (Capítulo 26), su aparición en el DNA bloquea la replicación a partir de ese lugar. El radical hidroxilo es el mutágeno más activo procedente de la radiación ionizante. Este radical hidroxilo se produce también en la reacción de Fenton a partir del $H_2O_2$:

$$H_2O_2 + Fe^{2+} \text{ (o } Cu^{+}) \rightarrow Fe^{3+} \text{ (o } Cu^{2+}) + OH^{\cdot} + OH^{-}$$

El superóxido de por sí es relativamente atóxico. Sin embargo, como contiene un electrón desapareado, se combina con facilidad con otro radical libre, el **óxido nítrico** ($NO^{\cdot}$) (Figura 15.33), un agente biológico de señalización que se produce en muchos tejidos animales (Capítulos 7, 21 y 23). El producto es **peroxinitrito** ($OONO^{-}$), que se considera también una especie de oxígeno reactiva. El peroxinitrito produce peroxidación lipídica y también da lugar a la nitración de los grupos hidroxilo de la tirosina de las proteínas, una reacción particularmente dañina para las proteínas de la membrana.

El metabolismo celular normal produce ROS, y las mitocondrias son un origen importante de estas ROS. Inicialmente se calculó que hasta un 1-2 % de todos los electrones que entran en la cadena respiratoria no llegan nunca a la citocromo oxidasa, sino que se desprenden de los complejos I, II y III y llevan a cabo reducciones de un electrón del oxígeno a superóxido. Actualmente se acepta que estos experimentos *in vitro* han sobreestimado la producción *in vivo* de superóxido y peróxido de hidrógeno en, al menos, dos órdenes de magnitud. En efecto, hay pruebas de que las ROS son un sistema de segundo mensajero que ajusta finamente el metabolismo energético celular en respuesta a los cambios de estado redox y de la función mitocondrial. Hay incluso algunos casos en los que la sobreproducción de especies reactivas de oxígeno es una parte normal del funcionamiento de una célula. Por ejemplo, determinados glóbulos blancos participan en la defensa frente a los agentes infecciosos mediante **fagocitosis** (del griego «comer células»). Estas células pueden engullir una célula bacteriana, y esto va seguido por un **estallido respiratorio**, un rápido aumento del consumo de oxígeno. En un proceso deliberado y controlado, la mayor parte de este oxígeno se reduce a ion superóxido y a $H_2O_2$. El peróxido de hidrógeno se convierte posteriormente en oxidantes más reactivos como el ácido hipocloroso (HOCl), que ayuda a destruir la bacteria engullida.

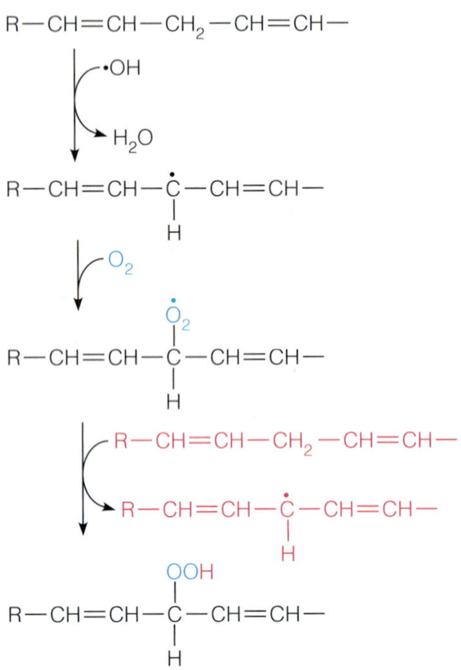


**Peroxidación lipídica**

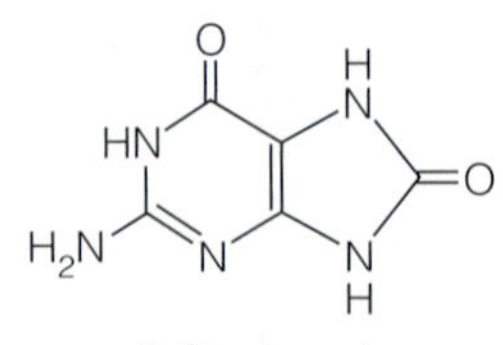

**8-Oxoguanina**

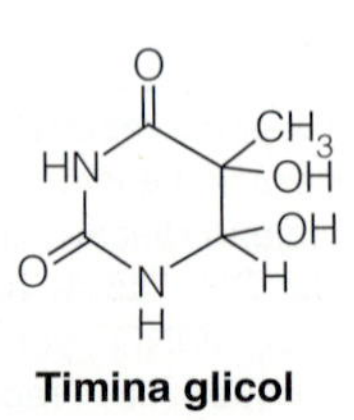

**Timina glicol**

Sin embargo, la sobreproducción descontrolada de especies de oxígeno reactivas tiene la capacidad de producir un daño considerable a los tejidos en los que se produce, una situación que se denomina **agresión oxidativa**. Han aparecido diversos mecanismos para hacer mínimas sus consecuencias perjudiciales.

## A propósito de la agresión oxidativa

Como se considerará en el Capítulo 16, la Tierra tuvo una atmósfera anaerobia durante su primer millardo de años y el oxígeno era muy tóxico para todas las formas de vida que existían en ese tiempo. Con la evolución del oxígeno en nuestra atmósfera, las formas vivas elaboraron defensas, tanto enzimáticas como no enzimáticas, contra la agresión oxidativa. La protección no enzimática la proporcionan los compuestos **antioxidantes**, entre los que se encuentran el glutatión (Capítulo 13), las vitaminas C y E, y el **ácido úrico**, un producto final del metabolismo de las purinas (Capítulo 22). Estos compuestos pueden eliminar las ROS antes de que puedan producir daños, o pueden evitar que se disperse el daño oxidativo. Por ejemplo, cuando se atrapa un radical puede romperse una cadena en la que, de otra manera, se dañarían un gran número de acilos de ácidos grasos en la peroxidación lipídica. La vitamina E es una familia de compuestos, de los cuales el más común es el $\alpha$-tocoferol, que componen el principal compuesto antioxidante liposoluble que desempeña una función importante en la prevención del daño de las membranas. El $\beta$-caroteno y otros compuestos carotenoides relacionados con la vitamina A (página 808) son antioxidantes liposolubles que también participan en la captura de radicales libres. El glutatión, como se señaló en el Capítulo 13, es abundante dentro de las células y desempeña un cometido particularmente importante en la protección antioxidante celular. La vitamina C, o **ácido ascórbico**, es un antioxidante importante debido a su hidrosolubilidad y su fácil oxidación a ácido deshidroascórbico. En los líquidos extracelulares, las concentraciones de ascorbato son mucho mayores que las de glutatión, y el ascorbato probablemente desempeña el papel predominante en la protección antioxidante extracelular. Los datos más recientes sugieren que el principal cometido antioxidante del ácido úrico está en su capacidad de unirse al peroxinitrito e inactivarlo.

Entre los mecanismos enzimáticos, la primera línea de defensa es la **superóxido dismutasa** (**SOD**), una familia de metaloenzimas que catalizan una **dismutación** (una reacción en la que dos moléculas de sustrato idénticas tienen destinos diferentes). Aquí, una molécula de superóxido se oxida y una se reduce:

$$O_2^{\cdot -} + O_2^{\cdot -} + 2H^+ \rightarrow H_2O_2 + O_2$$

Una forma de esta enzima que contiene cobre y zinc (SOD1) se encuentra en el citosol de las células eucariotas; en las mitocondrias y en las células bacterianas hay una forma que contiene manganeso (MnSOD), y en las bacterias, las cianobacterias y algunas plantas se encuentra una forma relacionada, que contiene hierro. Se ha descrito recientemente una SOD bacteriana que contiene níquel.

El peróxido de hidrógeno se metaboliza, bien por **peroxirredoxinas**, una familia ubicua de proteínas tiólicas, la **catalasa**, otra enzima muy extendida, o por otra familia limitada de **peroxidasas**. Las peroxirredoxinas se encuentran en todos los dominios de la vida y estas enzimas abundantes pueden encontrarse en el citosol, las mitocondrias, en los cloroplastos y los peroxisomas, así como asociada con los núcleos y las membranas. Las peroxirredoxinas desempeñan un papel antioxidante por medio de su actividad peroxidasa.

$$ROOH + 2H^+ + 2e^- \rightarrow ROH + H_2O$$

Estas enzimas pueden reducir y desintoxicar no solo el peróxido de hidrógeno, sino también el peroxinitrito y una amplia gama de hidroperóxidos orgánicos (ROOH). El mecanismo catalítico comporta la oxidación de una cisteína del lugar activo a un ácido sulfénico (S-OH) por el sustrato peróxido. El ácido sulfénico, a continuación, debe reducirse al estado tiol por una disulfuro reductasa, donde los electrones los proporciona un ditiol como la tiorredoxina.

La catalasa es una hemoproteína con una tasa de renovación extraordinariamente elevada (>40 000 moléculas por segundo). Cataliza la reacción siguiente:

$$2H_2O_2 \rightarrow 2H_2O + O_2$$

Las peroxidasas, que tienen una distribución amplia en las plantas, reducen el $H_2O_2$ a agua a costa de la oxidación de un sustrato orgánico. Un ejemplo de peroxidasa es la que se encuentra en los eritrocitos, que es especialmente sensible a la acumulación de peróxido. (*Véanse* las páginas 581-584 en el Capítulo 13 para un análisis de las consecuencias de la acumulación de peróxido en el déficit de glucosa-6-fosfato deshidrogenasa). Dentro de los eritrocitos se encuentra la *glutatión peroxidasa*, una enzima que reduce el $H_2O_2$ a agua, junto con la oxidación del glutatión.

$$2GSH + H_2O_2 \rightarrow GSSG + 2H_2O$$

La glutatión peroxidasa es interesante por cuanto contiene un residuo por mol de un aminoácido poco habitual, la *selenocisteína* (Capítulo 5), que es un análogo de la cisteína, que contiene selenio en vez de azufre (en el Capítulo 27 se amplía este tema).

## Metabolismo del oxígeno y enfermedades humanas

El daño oxidativo puede lesionar muchas biomoléculas, como lípidos, proteínas y ácidos nucleicos, por lo que la lesión tisular que se produce puede, en principio, conducir a diversas enfermedades. Se ha implicado al daño oxidativo en cerca de cien enfermedades, entre las que se encuentran las enfermedades cardiovasculares, el cáncer, los accidentes cerebrovasculares, las enfermedades neurodegenerativas, las enfermedades inflamatorias crónicas e incluso, el envejecimiento. Es difícil en este momento determinar las relaciones causa-efecto precisas y está claro que, en algunos casos, la agresión oxidativa no es la causa, sino más bien el resultado de la lesión tisular por algún otro factor que exacerba el problema original. Sin embargo, las pruebas epidemiológicas apuntan con fuerza hacia el valor de una ingestión alimenticia adecuada de compuestos antioxidantes naturales para prevenir muchas de estas enfermedades. Los efectos promotores de salud evidentes

γ-Glu - Cys - Gly

**Glutatión**

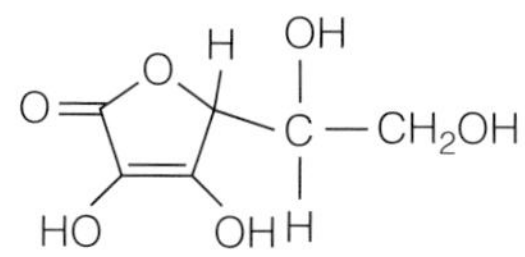

**Ácido L-Ascórbico (vitamina C)**

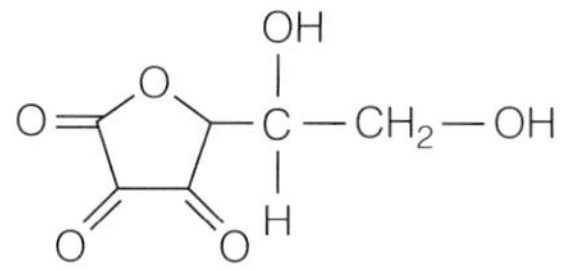

**Ácido deshidroascórbico**

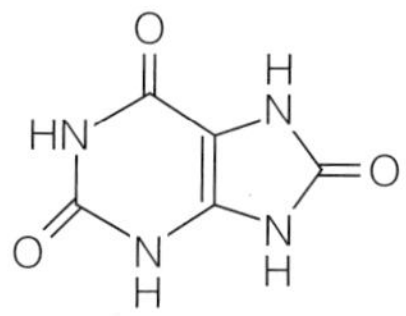

**Ácido úrico**

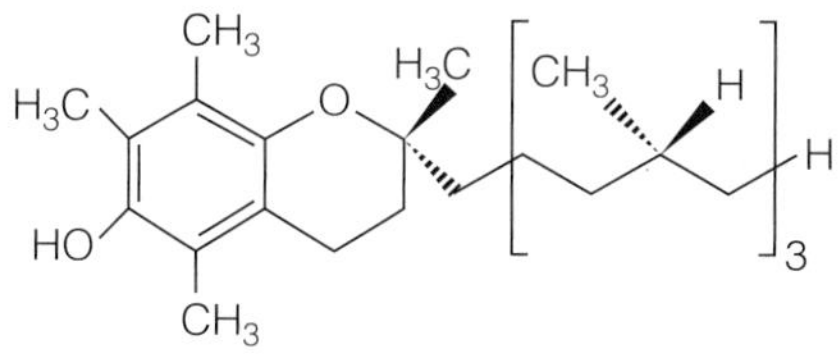

**α-Tocoferol (vitamina E)**

de las alimentaciones con abundantes frutas y verduras, particularmente con relación a la incidencia de las enfermedades cardiovasculares y del cáncer, probablemente son el resultado, en gran parte, de su elevado contenido de compuestos antioxidantes, en particular, de vitaminas C y E. Muchas personas toman en la actualidad suplementos alimenticios de vitaminas C y E como medida preventiva.

Cualquiera que sea la relación causa-efecto entre el daño oxidativo y la enfermedad, hay poca duda de que el daño del DNA que producen las radiaciones ionizantes, que se sabe son cancerígenas, está mediado a través de los efectos mutágenos de los radicales hidroxilo. Además, los radicales hidroxilo se generan por agentes oxidantes, con independencia de los efectos de la radiación. Como se considerará en los Capítulos 23 y 25, el cáncer es claramente una enfermedad genética, que se produce por la acumulación dentro de una célula precancerosa de mutaciones que, en última instancia, destruyen la capacidad de la célula para regular su propio crecimiento y su muerte programada (apoptosis). La generación de bases alteradas en el DNA, como la 8-oxoguanina o la 5-hidroxicitosina, es muy mutágena. Aun cuando estas lesiones normalmente se eliminan por los sistemas de reparación del DNA (Capítulo 26), los sistemas de reparación no son eficaces al 100 %, y con el tiempo, la acumulación de lesiones del DNA no reparadas puede contribuir a la acumulación de mutaciones que, finalmente, transforman una célula normal en una célula cancerosa. En parte debido a que la incidencia del cáncer está correlacionada con fuerza con la edad, muchos científicos también atribuyen el envejecimiento normal a la acumulación de lesiones mutágenas del DNA sin reparar, y se implica a la agresión oxidativa en lo que se ha llamado «teoría del envejecimiento de los radicales libres».

## RESUMEN

La mayor parte de la energía capturada para la síntesis de ATP a partir de las reacciones oxidativas de las células se genera en la fosforilación oxidativa mitocondrial. Los transportadores electrónicos reducidos, NADH y $FADH_2$, transfieren sus equivalentes reductores a la matriz mitocondrial. Los complejos enzimáticos unidos a la membrana mitocondrial interna hacen pasar estos electrones a través de la cadena respiratoria, una serie de transportadores electrónicos con un potencial de reducción sucesivamente creciente. Los complejos se numeran I (NADH deshidrogenasa), II (succinato-coenzima Q oxidorreductasa), III (coenzima Q-citocromo *c* oxidorreductasa), IV (citocromo oxidasa) y V (ATP sintasa). Finalmente, los electrones se transfieren al $O_2$, que se reduce a agua. Las reacciones de los complejos I, III y IV proporcionan energía para bombear protones desde la matriz a través de la membrana interna, generando un gradiente electroquímico que se denomina fuerza protónmotriz. La descarga del gradiente protónico resultante, cuando los protones vuelven a la matriz a través de un canal iónico específico, genera energía, que se utiliza para impulsar la síntesis de ATP. Aunque la respiración da cuenta de alrededor del 90 % del consumo total de oxígeno en la mayoría de las células, en otras muchas reacciones, docenas de enzimas utilizan $O_2$ como sustrato: oxigenasas, oxidasas e hidroxilasas. Algunas reacciones generan especies de oxígeno parcialmente reducidas, como el radical hidroxilo, el superóxido y el peróxido, que son tóxicos y mutágenos. Las células poseen numerosos mecanismos de anulación de la toxicidad de estas especies de oxígeno reactivas.

## BIBLIOGRAFÍA


**Antecedentes históricos**

**Lehninger, A. L.** (1965) *The Mitochondrion: Molecular Basis of Structure and Function.* Benjamin, Nueva York. Una descripción de los trabajos iniciales realizada por uno de los investigadores que contribuyeron de manera importante a realizarlos.

**Saier, M. H., Jr.** (1997) Peter Mitchell and his chemiosmotic theories. *ASM News* 63:13-21. Una biografía científica corta del bioquímico que propuso el gradiente de protones como la fuerza impulsora para la síntesis de ATP.

**Estructura y función de las mitocondrias**

**Kiberstis, P. A.** (1999) Mitochondria make a comeback. *Science* 283:1475. Un trabajo de introducción a una sección especial de *Science*, con cuatro revisiones actualizadas sobre la evolución de la mitocondria, las enfermedades mitocondriales, la fosforilación oxidativa y la genética mitocondrial.

**Palmieri, F.** (2004) The mitochondrial transporter family (SLC25): Physiological and pathological implications. *Pflugers Arch.* 447:689-709. Una revisión de los transportadores que llevan los metabolitos a través de la membrana interna.

**Scheffler, I. E.** (2008) *Mitochondria.* Wiley-Liss, Hoboken, New Jersey. Un compendio actualizado de la estructura, función, genética y evolución mitocondrial.

**Tzagoloff, A.** (1982) *Mitochondria.* Plenum, Nueva York. Una revisión amplia, bien ilustrada y concisa de la estructura y función mitocondrial.

**Mecanismos del transporte electrónico**

**Beinert, H., Holm, R. H.** y **Münck, E.** (1997) Iron-sulfur clusters: Nature's modular,multipurpose structures. *Science* 277:653-659. Una revisión sobre las funciones de estas estructuras en las enzimas oxidativas y sus otras numerosas funciones.

**Brandt, U.** (2006) Energy converting NADH:quinone oxidoreductase (complex I). *Annu. Rev. Biochem.* 75:69-92. Revisión de la estructura y función del complejo I.

**Brzezinski, P., Reimann, J.** y **Adelroth, P.** (2008) Molecular architecture of the proton diode of cytochrome *c* oxidase. *Biochem. Soc. Trans.* 36:1169-1174. Revisión de la estructura y el mecanismo de bombeo del complejo IV.

**Crofts, A. R., Holland, I. T., Victoria, D., Kolling, D. R., Dikanov, S. A., Gilbreth, R., Lhee, S., Kuras, R.** y **Kuras, M. G.** (2008) The Q-cycle reviewed: How well does a monomeric mechanism of the $bc_1$, complex account for the function of a dimeric complex? *Biochim. Biophys. Acta* 1777:1001-1019.

**Huang, L. S., Cobessi, D., Tung, E. Y.** y **Berry, E. A.** (2005) Binding of the respiratory chain inhibitor antimycin to the mitochondrial $bc_1$, complex: A new crystal structure reveals an altered intramolecular hydrogen-bonding pattern. J. Mol. Biol.357:573-597. Perspectivas sobre el ciclo Q a partir de la estructura del complejo III.

**Sazanov, L. A.** y **Hinchliffe, P.** (2006) Structure of the hydrophilic domain of respiratory complex I from *Thermus thermophilus. Science* 311:1430-1436.

**Sun, F., Huo, X., Zhai, Y., Wang, A., Xu, J., Su, D., Bartlam, M. y Rao, Z.** (2005) Crystal structure of mitochondrial respiratory membrane protein complex II. *Cell* 121:1043-1057.

**Vonck, J., y Schafer, E.** (2009) Supramolecular organization of protein complexes in the mitochondrial inner membrane. *Biochim. Biophys. Acta* 1793:117-124.

### Mecanismos de la fosforilación oxidativa

**Abrahams, J. P., R. Lutter, A. G. W. Leslie y J. E. Walker** (1994) Structure at 2.8 Å resolution of F1 ATPase from bovine heart mitochondria. *Nature* 370:621-626. Una estructura que confirma las características esenciales del mecanismo de la fosforilación oxidativa.

**Boyer, P. D.** (1997) The ATP synthase—A splendid molecular machine. *Annu. Rev. Biochem.* 66:717-750. Un análisis del mecanismo de la función de la ATP sintasa $F_0F_1$ por la persona que predijo el mecanismo correcto de la síntesis de ATP y realizó los primeros experimentos cruciales.

**Campanella, M., Parker, N., Tan,C. H., Hall, A. M.** y **Duchen, M. R.** (2009) $IF_1$: Setting the pace of the $F_1F_0$-ATP synthase. *Trends Biochem. Sci.* 34:343-350. Una presentación del papel de la proteína inhibidora de la $F_1F_0$-ATP sintasa.

**Hinkle, P. C., Kumar, M. A., Resetar, A.** y **Harris, D. L.** (1991) Mechanistic stoichiometry of mitochondrial oxidative phosphorylation. *Biochemistry* 30:3576-3582. Un análisis conceptual y experimental cuidadoso que cuestiona la necesidad de que las relaciones P/O necesiten ser enteras.

**Nicholls, D. G.** y **Ferguson, S. J.**(2002) *Bioenergetics 3*, Academic Press, Londres, UK. Una fuente excelente sobre la termodinámica y los mecanismos de quimiosmosis y química redox.

**Noji, H.** y **Yoshida, M.** (2001) The rotary machine in the cell, ATP synthase. *J. Biol. Chem.* 276:1665-1668. Minirevisión sobre las pruebas experimentales de la rotación del complejo en la membrana.

**Strauss, M., Hofhaus, G., Schröder, R. R.** y **Kühlbrandt, W.** (2008) Dimer ribbons of ATP synthase shape the inner mitochondrial membrane. *EMBO J.* 27:1154-1160.

**Walker, J. E.** y **Dickson, V. K.** (2006) The peripheral stalk of the mitochondrial ATP synthase. *Biochim. Biophys. Acta* 1757:286-296. Revisión de la estructura de la $F_1F_0$ ATP sintasa.

**Watt, L. N., Montgomery, M. G., Runswick, M. J., Leslie, A. G.** y **Walker, J. E.** (2010) Bioenergetic cost of making an adenosine triphosphate molecule in animal mitochondria. *Proc. Natl. Acad. Sci. USA* 107:16823-16827. La estructura del anillo c mitocondrial muestra la estequiometría de la síntesis de ATP en los eucariotas superiores.

**Weber, J.** y **Senior, A. E.** (2003) ATP synthesis driven by proton transport in $F_1F_0$-ATP synthase. *FEBS Lett* 545:6I-70. Revisión del camino de los protones a través del componente $F_0$.

**Yasuda, R., Noji, H., Kinosita, Jr., K.** y **Yoshida, M.** (1998) F1 ATPase is a highly efficient molecular motor that rotates with discrete 120° steps. *Cell* 93:1117-1124. Prueba directa de la rotación utilizando microscopia de fluorescencia.

### Genética, enfermedades y evolución mitocondrial

**DiMauro, S.** (2004) Mitochondrial diseases. *Biochim. Biophys. Acta* 1658: 80-88.

**Embley, T. M.** y **Martin, W.** (2006) Eukaryotic evolution, changes and challenges. *Nature* 440:623-630. Revisa el conocimiento actual sobre los orígenes de las mitocondrias de las células eucariotas.

**Lane, N.** (2005) *Power, Sex, Suicide. Mitochondria and the Meaning of Life.* Oxford University Press, Oxford. Este libro excelente presenta el caso del papel central que desempeñan las mitocondrias de las células eucariotas, y las consecuencias para las enfermedades humanas y el envejecimiento.

**Palmieri, F.** (2008) Diseases caused by defects of mitochondrial carriers: A review. *Biochim. Biophys. Acta* 1777:564-578.

### Metabolismo del oxígeno

**Addabbo, F., Montagnani, M.** y **Goligorsky, M. S.** (2009) Mitochondria and reactive orxygen species. *Hypertension* 53:885-892.

**Beckman, K. B.** y **Ames, B. N.** (1998) The free radical theory of aging. *Physiol. Rev.* 78:547-581. Una revisión completa de Bruce Ames, uno de los primeros en proponer la idea de que el daño oxidativo produce el cáncer y el envejecimiento.

**Dickinson, B. C.** y **Chang, C. J.** (2011) Chemistry and biology of reactive oxygen species in signaling or stress responses. *Nat. Chem. Biol.* 7:504-511.

**Fridovich, I.** (1995) Superoxide radical and superoxide dismutases. *Annu. Rev. Biochem.* 64:97-112. Una revisión por el descubridor de la superóxido dismutasa.

**Guengerich, F. P.** (2008) Cytochrome P450 and chemical toxicology. *Chem. Res. Toxicol.* 21:70-83.

**Hall, A., Karplus, P. A.** y **Poole, L. B.** (2009) Typical 2-Cys peroxiredoxins- structures, mechanisms and functions. *FEBS J.* 276: 2469-2477.

**Murphy, M. P.** (2009) How mitochondria produce reactive oxygen species. *Biochem. J.* 417:1-13.

**Wallace, D. C.** (2005) A mitochondrial paradigm of metabolic and degenerative diseases, aging, and cancer: A dawn for evolutionary medicine. *Annu. Rev. Genet.* 39:359-407.

**Winterbourn, C. C.** (2008) Reconciling the chemistry and biology of reactive oxygen species. *Nat. Chem. Biol.* 4:278-286.

## PROBLEMAS

1. Utilice los valores de $E'_0$ de la Tabla 15.1 para calcular el $\Delta G^{o\prime}$ para la oxidación del malato por la malato deshidrogenasa.

2. Cuando se añade citocromo *c* reducido puro a mitocondrias cuidadosamente preparadas junto con ADP, $P_i$, antimicina A y oxígeno, el citocromo *c* se oxida y se forma ATP, con una relación P/O próxima a 1.0.
   (a) Indique el flujo probable de los electrones en este sistema.
   (b) ¿Por qué se añade antimicina A?
   (c) ¿Qué información aporta este experimento acerca de la localización de los lugares de acoplamiento de la fosforilación oxidativa?
   (d) Escriba una ecuación equilibrada para la reacción global (incluyendo la oxidación del cit *c* y la síntesis de ATP).
   (e) Calcule $\Delta G^{o\prime}$ para la reacción anterior, utilizando los valores de $E'_0$ de la Tabla 15.1 y un valor de $\Delta G^{o\prime}$ para la hidrólisis del ATP de, aproximadamente, $-30.5$ kJ/mol.

3. Se incubaron mitocondrias recién preparadas con $\beta$-hidroxibutirato, citocromo *c* oxidado, ADP, $P_i$ y cianuro. El $\beta$-hidroxibutirato se oxida por una deshidrogenasa dependiente de $NAD^+$. El investigador midió la tasa de oxidación del $\beta$-hidroxibutirato y la tasa de formación de ATP.

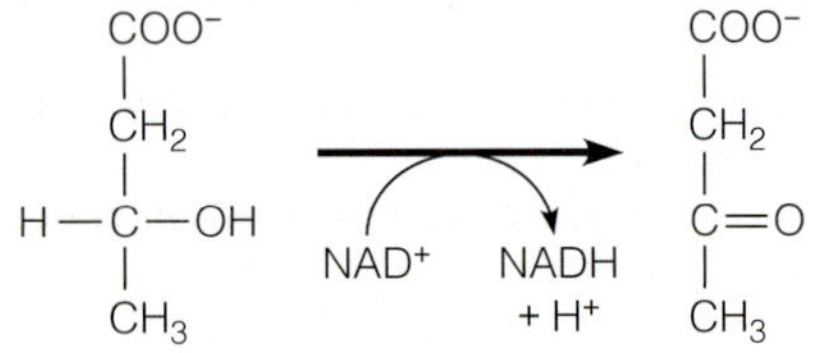


   (a) Indique el flujo probable de electrones en este sistema.
   (b) ¿Cuántos moles de ATP es de prever que se formen por mol de $\beta$-hidroxibutirato oxidado en este sistema?
   (c) ¿Por qué se añade $\beta$-hidroxibutirato en vez de NADH?
   (d) ¿Qué función tiene el cianuro?
   (e) Escriba una ecuación equilibrada para la reacción global que tiene lugar en este sistema (transporte electrónico y síntesis de ATP).
   (f) Calcule el cambio de energía libre neto ($\Delta G^{o\prime}$) en este sistema, utilizando los valores de $E'_0$ de la Tabla 15.1, y un $\Delta G^{o\prime}$ para la hidrólisis del ATP de, aproximadamente, $-30.5$ kJ/mol.

4. Si quisiera determinar la relación P/O para la oxidación del $\alpha$-cetoglutarato, probablemente incluiría en su sistema de reacción algo de malonato. ¿Por qué? En estas condiciones, ¿qué relación P/O cabría esperar que se observara?

5. De las diversas reacciones de oxidación de la glucólisis y del ciclo del ácido cítrico, la única en la que no interviene el $NAD^+$ es la reacción de la succinato deshidrogenasa. ¿Cuál sería el $\Delta G^{o\prime}$ para una enzima que oxida el succinato con $NAD^+$ en vez de FAD? Si la concentración intramitocondrial de succinato fuera 10 veces superior a la de fumarato, ¿qué relación mínima $[NAD^+]/[NADH]$ en las mitocondrias sería necesaria para hacer esta reacción exergónica a 37 °C?

6. Las concentraciones intramitocondriales de ATP son de aproximadamente 5 mM y la concentración de fosfato es de alrededor de 10 mM. Si el ADP es cinco veces más abundante que el AMP, calcule las concentraciones molares de ADP y AMP a una carga energética de 0.85. Calcule el $\Delta G$ para la hidrólisis del ATP a 37 °C en estas condiciones. La carga energética es la concentración de ATP más la mitad de la concentración de ADP dividido por la concentración total de nucleótidos de adenina:

$$\frac{[ATP] + 1/2[ADP]}{[ATP] + [ADP] + [AMP]}$$

7. A partir de los valores de $E'_0$ de la Tabla 15.1, calcule la constante de equilibrio para la reacción de la glutatión peroxidasa a 37 °C.

8. Al inicio de la «mitocondriología», las relaciones P/O se determinaban mediante las medidas del volumen de $O_2$ captado por las mitocondrias en respiración y los análisis químicos para determinar la desaparición del fosfato inorgánico. Sin embargo, en la actualidad se puede medir la relación P/O simplemente con un electrodo de oxígeno de registro. ¿Cómo podría hacerse?

9. Hace unos años hubo interés por el empleo de desacopladores como el dinitrofenol como productos para el control del peso. Se pensaba que podría oxidarse la grasa sin una síntesis simultánea de ATP para la nueva formación de grasa o de hidratos de carbono. ¿Por qué era errónea esta idea?

10. Basándose en la Figura 15.18, prediga la relación P/O para la oxidación del ascorbato por las mitocondrias aisladas.

11. Como representación de la cadena respiratoria, ¿qué es erróneo en este dibujo?. Hay cuatro errores deliberados.

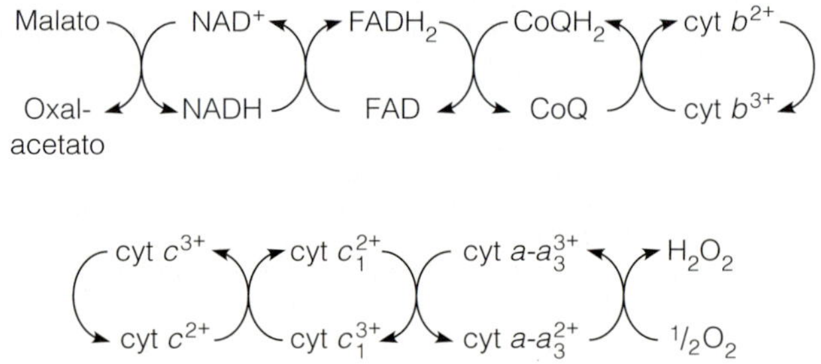


12. $GSSG + NADPH + H^+ \rightarrow 2GSH + NADP^+$
   (a) Calcule $\Delta G^{o\prime}$ para la reacción de la glutatión reductasa en la dirección que se muestra.
   (b) Suponga que una célula contiene una isoforma de la glutatión reductasa que utiliza NADH en lugar de NADPH como coenzima reductora. ¿Esperaría que el $\Delta G^{o\prime}$ para esta enzima fuera mayor, menor o el mismo que el valor correspondiente para la glutatión reductasa real? Explique brevemente su respuesta.
   (c) Dado lo que conoce sobre las funciones metabólicas y/o los cocientes de concentración intracelulares de $NAD^+$/NADH y $NADP^+$/NADPH, ¿esperaría que el $\Delta G$ (no el $\Delta G^{o\prime}$) de esta enzima fuera mayor, menor o el mismo que el $\Delta G$ de la verdadera enzima en condiciones intracelulares? Explique brevemente su respuesta.

13. Se añadieron succinato, citocromo *c*, ADP, ortofosfato y cianuro sódico a mitocondrias preparadas con cuidado. Observando las Figuras 15.9 y 15.18, conteste lo siguiente:
   (a) Dé la lista de la secuencia de transportadores electrónicos de este sistema.
   (b) Escriba una ecuación equilibrada de la reacción global que se produce en este sistema, donde se muestre la oxidación del donador de electrones inicial, la reducción del aceptor final y la síntesis de ATP.
   (c) Calcule el $\Delta G^{o\prime}$ de la reacción global. $\Delta G^{o\prime}$ para la hidrólisis de ATP es $-30.5$ kJ/mol.
   (d) ¿Por qué se añadió cianuro en este experimento?
   (e) ¿Cuál sería la relación P/O si se realizara el mismo experimento con la adición de 2,4-dinitrofenol a la mitocondria?

14. Para actuar como desacoplador de la fosforilación oxidativa (página 648), el 2,4-dinitrofenol debe actuar de forma catalítica, no estequiométrica. ¿Qué significa esto? Identifique y comente una implicación importante de esta conclusión.

15. (a) Calcue el cambio de energía libre estándar de la transferencia de un par de electrones desde el succinato al oxígeno molecular en la cadena respiratoria mitocondrial.

    (b) Con la base de su respuesta a la parte (a), calcule el número máximo de protones que pueden bombearse fuera de la matriz al espacio intermembrana al pasar estos electrones hasta el oxígeno. Suponga 25 °C, $\Delta pH = 1.4$; $\Delta\psi = 0.175$ V (negativo en la matriz).

    (c) ¿A dónde se bombean estos protones?

16. Cuatro transportadores electrónicos a, b, c y d, cuyas formas reducida y oxidada pueden diferenciarse por electroforesis, son necesarios para la respiración en un sistema de transporte electrónico bacteriano. En presencia de sustratos y oxígeno, tres inhibidores diferentes bloquean la respiración, dando los patrones de estados de oxidación que se muestran más abajo. ¿Cuál es el orden de los transportadores en la cadena desde los sustratos al $O_2$? Y ¿dónde actúan los tres inhibidores?

| | Transportadores | | | |
|---|---|---|---|---|
| Inhibidor | a | b | c | d |
| 1 | O | O | R | O |
| 2 | R | R | R | O |
| 3 | O | R | R | O |

O y R indican totalmente oxidado y totalmente reducido, respectivamente.

17. Los bioquímicos que trabajan con mitocondrias aisladas reconocen cinco «estados» de energía de las mitocondrias, dependiendo de de presencia o ausencia de sustratos esenciales de la respiración, $O_2$, ADP, sustratos oxidables y otros. Las características de cada estado son:

    Estado 1: solo mitocondrias (en amortiguador que contiene $P_i$).
    Estado 2: mitocondrias + sustrato, con baja respiración debido a la carencia de ADP
    Estado 3: mitocondrias + sustrato + cantidad limitada de ADP, lo que permite una respiración rápida.
    Estado 4: mitocondrias + sustrato, pero todo el ADP convertido en ATP, que ralentiza la respiración.
    Estado 5: mitocondrias + sustrato + ADP, pero todo el $O_2$ utilizado (anoxia) por lo que la respiración se detiene.

    (a) Identifique en el gráfico el estado que podría predominar en cada fase del trazado que se indica con una letra.

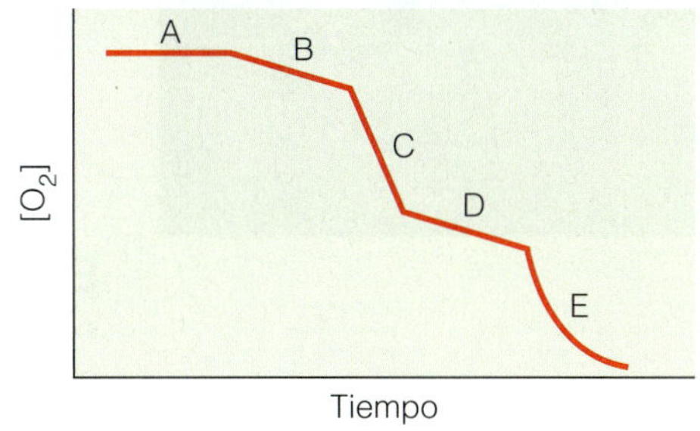


    (b) Para determinar si las mitocondrias aisladas muestran un control respiratorio, se determina la relación de tasa de captación de oxígeno en dos estados diferentes. ¿Qué estados?
    (c) ¿Qué estado predomina probablemente *in vivo* en el músculo esquelético fatigado tras un trabajo largo y extenuante?
    (d) ¿Qué estado predomina probablemente en el músculo esquelético en reposo de un animal bien nutrido?
    (e) ¿Qué estado predomina probablemente en el músculo cardíaco la mayor parte del tiempo?

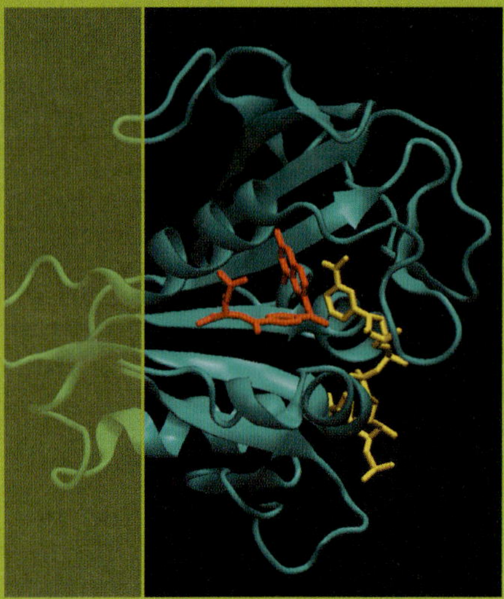

# CAPÍTULO 16

## Fotosíntesis

**En los capítulos anteriores** hemos descrito con un grado de detalle considerable las formas en que los organismos extraen una parte sustancial de la energía que obtienen de la oxidación de los hidratos de carbono. Utilizando como ejemplo la glucosa, hemos planteado la siguiente reacción global:

$$C_6H_{12}O_6 + 6O_2 \longrightarrow 6CO_2 + 6H_2O \qquad \Delta G^\circ = -2870 \text{ kJ/mol}$$

Hemos indicado que hasta un 40 % de esta energía puede recuperarse para un trabajo bioquímico útil.

Pero la vida no puede depender del metabolismo oxidativo como fuente última de energía, y no puede continuar devolviendo indefinidamente el carbono orgánico a la atmósfera en forma de $CO_2$. La reacción de arriba es tan solo la mitad del gran ciclo energía-carbono de la naturaleza (Figura 16.1). La inversa de la reacción de oxidación de los hidratos de carbono la realizan las plantas, las algas y algunos microorganismos, utilizando la energía de la luz solar para proporcionar la enorme cantidad de energía libre requerida.

$$6CO_2 + 6H_2O \xrightarrow{\text{Energía luminosa}} C_6H_{12}O_6 + 6O_2 \qquad \Delta G^\circ = +2870 \text{ kJ/mol}$$

La fotosíntesis proporciona hidratos de carbono para la producción de energía, fija el $CO_2$ y es la principal fuente del $O_2$ atmosférico.

Este proceso se denomina **fotosíntesis**. No solo proporciona hidratos de carbono para la producción de energía en las plantas y los animales, sino que constituye también la vía principal a través de la cual el carbono vuelve a entrar en la biosfera, es decir, el principal medio de fijación del carbono. Además, la fotosíntesis constituye la principal fuente de oxígeno en la atmósfera terrestre.

Antes de la evolución de los organismos fotosintéticos, la atmósfera de la Tierra carecía probablemente de oxígeno (aunque era abundante el dióxido de carbono). Los organismos prefotosintéticos debieron utilizar donadores de hidrógeno/electrones, como $H_2S$, $NH_3$, $Fe^{2+}$ y ácidos orgánicos, que estaban limitados con relación al agua. Sin la aparición de la fotosíntesis, estas fuentes de energía se hubieran consumido por completo y la vida hubiera desaparecido. La fotosíntesis proporcionó vida con un aporte ilimitado de equivalentes reductores (los océanos de agua) necesarios para convertir el dióxido de carbono en hidratos de carbono y las demás moléculas orgánicas necesarias para la vida. Los fósiles y los registros geoquímicos sugieren que los organismos fotosintéticos aparecieron hace aproximadamente 3400 millones de años. Su conversión gradual de la atmósfera primitiva no oxidante de la Tierra a una atmósfera oxidante abrió el camino al metabolismo aerobio y a la evolución de los animales. En la actualidad, la fotosíntesis constituye la fuente última de energía para casi todas las formas de vida*. Se utiliza por

* Los avances recientes hacen necesario matizar la afirmación de que todas las formas de vida obtienen su energía directamente de la fotosíntesis. Se han encontrado algunas bacterias, como las asociadas a las corrientes biotérmicas submarinas «de humo negro», que utilizan la oxidación de sustancias como el $H_2S$ o el $H_2$ como fuente alternativa de energía en ausencia completa de luz. Este ciclo energético constituye, sin embargo, tan solo una pequeña fracción del flujo energético de la biosfera.

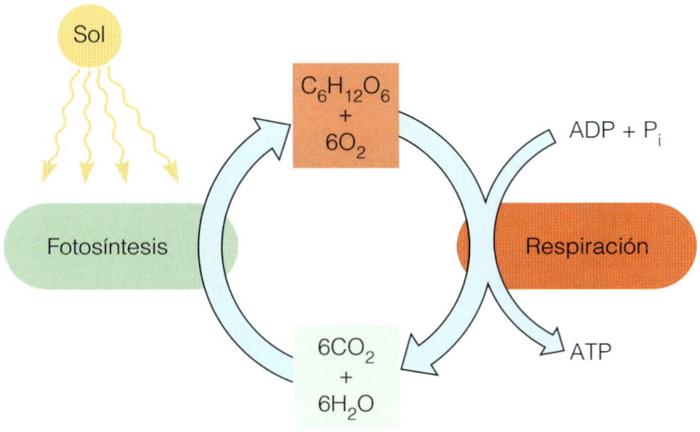


**FIGURA 16.1**

**Ciclo del carbono en la naturaleza.** El dióxido de carbono y el agua se combinan mediante la fotosíntesis para formar hidratos de carbono. Tanto en los organismos fotosintéticos como en los no fotosintéticos, estos hidratos de carbono pueden reoxidarse para regenerar el $CO_2$ y el $H_2O$. Parte de la energía obtenida de la fotosíntesis o de la oxidación se atrapa en el ATP.

las plantas, las algas y una amplia variedad de procariotas, todos los cuales constituyen alimentos para otros organismos. En la Figura 16.2 se presenta una perspectiva global de las relaciones de la fotosíntesis con otras rutas que hemos estudiado.

## Procesos básicos de la fotosíntesis

La ecuación que acabamos de presentar para la reacción fotosintética es, naturalmente, una simplificación excesiva. Como cabría prever, en el proceso real de la fotosíntesis intervienen muchos pasos intermedios. Además, una hexosa en sí no es el principal hidrato de carbono obtenido. Por lanto, la reacción fotosintética suele escribirse de esta forma más general:

$$CO_2 + H_2O \xrightarrow{\text{Energía luminosa}} [CH_2O] + O_2$$

en donde $[CH_2O]$ indica un hidrato de carbono general.

Dado que la combustión de los hidratos de carbono para producir $CO_2$ es un proceso oxidativo, la conversión del $CO_2$ en hidratos de carbono debe comportar una *reducción* del carbono. En la reacción precedente, el $H_2O$ es el agente reductor último, como ocurre en las plantas, la mayoría de las algas y las cianobacterias. Sin embargo, en muchas bacterias existen procesos fotosintéticos que utilizan otros reductores. Así pues, una reacción aún más general puede escribirse de la siguiente forma:

La fotosíntesis requiere un reductor, generalmente el $H_2O$, para reducir el $CO_2$ hasta el nivel de hidratos de carbono.

$$CO_2 + 2H_2A \xrightarrow{\text{Energía luminosa}} [CH_2O] + H_2O + 2A$$

en donde $H_2A$ es un reductor general y A es el producto oxidado. En la Tabla 16.1 se presentan algunos ejemplos de reacciones fotosintéticas. La comparación de las reacciones presentadas en la tabla sugiere que la fuente del oxígeno liberado en la fotosíntesis por las plantas, las algas y las cianobacterias debe ser el $H_2O$ en vez del $CO_2$. Esta fuente fue pronosticada a comienzos de los años 1930 por C. B. van Niel, uno de los iniciadores de los estudios fotosintéticos, y confirmada en 1941 por Samuel Ruben y Martin Kamen mediante experimentos de marcaje isotópico en los que se utilizó agua marcada con $^{18}O$ y $CO_2$ sin marcar. Estos experimentos demostraron que ninguno de los átomos de oxígeno del $O_2$ procede del $CO_2$. En consecuencia, es más correcto escribir las reacciones fotosintéticas de la forma que se indica en la Tabla 16.1, que deja claro que uno de los oxígenos del $CO_2$ va a parar finalmente a los hidratos de carbono y el otro, al agua:

$$CO_2 + 2H_2O \xrightarrow{\text{Energía luminosa}} [CH_2O] + H_2O + O_2$$

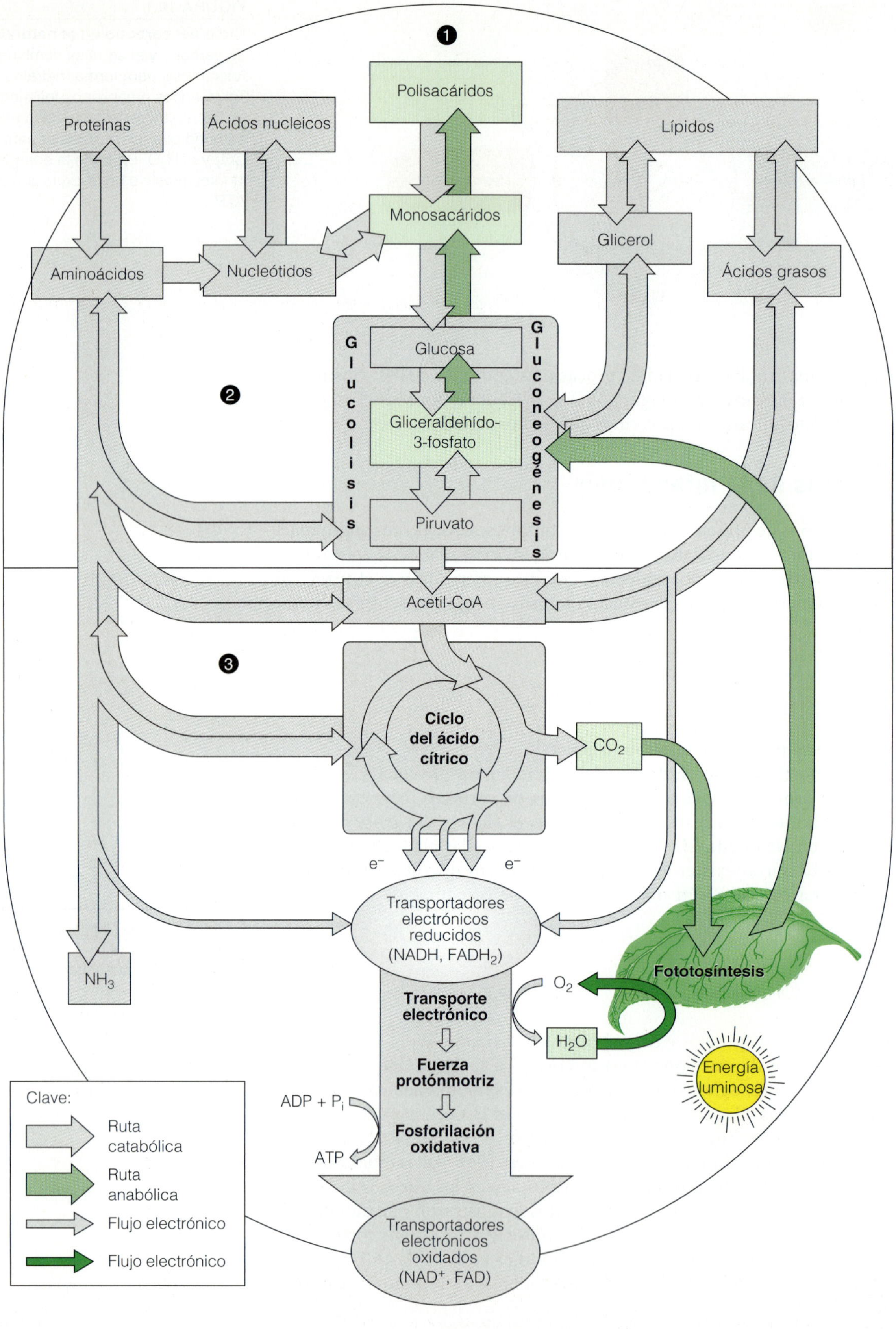


**FIGURA 16.2**

**Función de la fotosíntesis en el metabolismo.** Se resaltan en verde las principales rutas de biosíntesis que van desde el dióxido de carbono y el agua a los polisacáridos. El oxígeno procedente del agua se libera como producto secundario de la fotosíntesis.

**TABLA 16.1. Ejemplos de algunas reacciones fotosintéticas**

| Organismos | Reductor | Reacción de asimilación de carbono |
|---|---|---|
| Plantas, algas, cianobacterias | $H_2O$ | $CO_2 + 2H_2O \rightarrow [CH_2O] + H_2O + O_2$ |
| Bacterias sulfúricas verdes | $H_2S$ | $CO_2 + 2H_2S \rightarrow [CH_2O] + H_2O + 2S$ |
| Bacterias sulfúricas púrpuras | $[HSO_3^-]$ | $CO_2 + 2H_2 + [HSO_3^-] \rightarrow [CH_2O] + 2[HSO_4^-]$ |
| Bacterias fotosintéticas no sulfúricas | $H_2$ o muchos otros reductores como el lactato | $CO_2 + 2H_2 \rightarrow [CH_2O] + H_2O$ |
| | | $CO_2 + 2(HC{-}OH) \rightarrow [CH_2O] + H_2O + 2(C{=}O)$ |
| | | 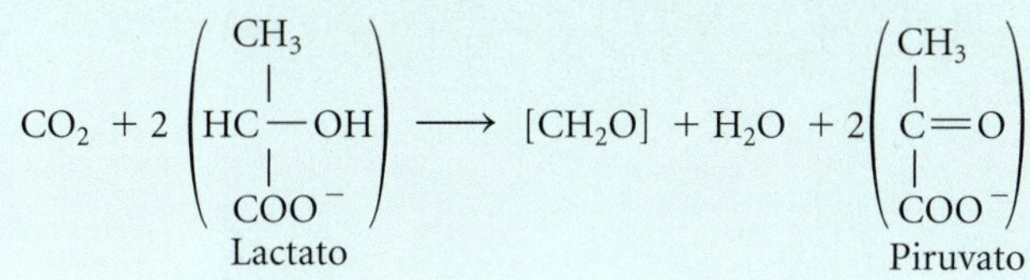 |

La energía luminosa no puede utilizarse *directamente* para impulsar esta reacción, y el $H_2O$ no reduce al $CO_2$ *directamente* en ninguna de las circunstancias conocidas. El proceso global que acabamos de describir está realmente separado, tanto química como físicamente, en dos subprocesos en todos los organismos fotosintéticos. En la Figura 16.3 se presenta una versión ligeramente más sofisticada de lo que sucede realmente. En el primer subproceso, en una serie de pasos denominados **reacciones luminosas**, se utiliza la energía de la luz solar para llevar a cabo la oxidación fotoquímica del $H_2O$. Con esta oxidación se consiguen dos cosas. En primer lugar, el agente oxidante $NADP^+$ se reduce a NADPH, produciendo equivalentes reductores, y se libera $O_2$. En segundo lugar, parte de la energía de la luz solar se captura mediante la fosforilación del ADP para producir ATP. Este proceso se denomina **fotofosforilación**. En el segundo subproceso, las denominadas **reacciones oscuras** de la fotosíntesis, el NADPH y el ATP producidos por las reacciones luminosas se utilizan para la síntesis reductora de los hidratos de carbono a partir de $CO_2$ y agua. A estas reacciones se las denominó inicialmente *oscuras* para resaltar que no requieren la participación directa de la energía luminosa. Aunque esto es cierto, el término tiene la implicación desafortunada de que estas reacciones de síntesis se producen tan solo en la oscuridad. Nada podría estar más lejos de la realidad. De hecho, estas reacciones se producen en todo momento y son realmente aceleradas por la luz. Dado que el término *reacciones oscuras* está muy establecido, lo conservaremos, pero es preciso evitar que cause confusiones.

Antes de considerar los detalles de las reacciones luminosas o de las reacciones oscuras, conviene analizar los lugares en que se produce la fotosíntesis. De la misma manera que todas las células eucariotas tienen orgánulos (mitocondrias) especializados en el metabolismo oxidativo, las plantas y las algas poseen orgánulos especializados en la fotosíntesis.

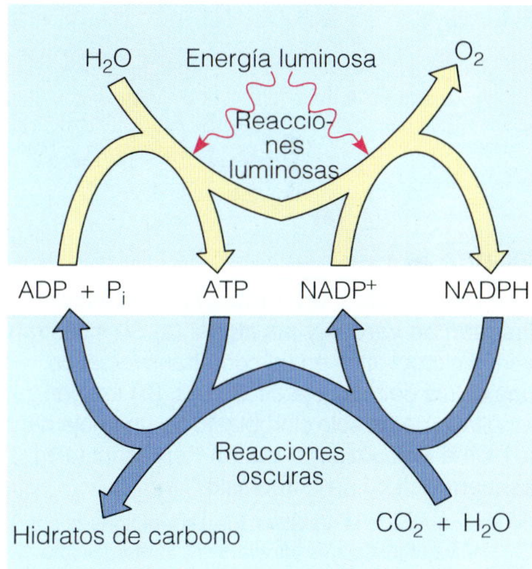


**FIGURA 16.3**

**Los dos subprocesos de la fotosíntesis.** El proceso global de la fotosíntesis se divide en reacciones luminosas y reacciones oscuras. Las reacciones luminosas, que requieren luz visible como fuente de energía, producen poder reductor (en forma de NADPH), ATP y $O_2$. El NADPH y el ATP impulsan las denominadas reacciones oscuras, que se producen tanto en presencia de luz como en ausencia de ella y fijan el $CO_2$ en los hidratos de carbono.

La fotosíntesis puede dividirse en reacciones luminosas, que utilizan la energía solar para producir NADPH y ATP, liberando $O_2$ en el proceso, y reacciones oscuras, que utilizan NADPH y ATP para fijar el $CO_2$.

La fotosíntesis de las plantas y las algas se produce en los cloroplastos.

## El cloroplasto

En todas las plantas superiores y las algas, los procesos fotosintéticos están localizados en los **cloroplastos**. En las plantas, la mayoría de los cloroplastos se encuentran en células situadas bajo la superficie de las hojas (células mesófilas). Cada célula puede contener entre 20 y 50 de estos orgánulos (Figura 16.4). Las algas eucariotas tienen también cloroplastos, pero con frecuencia se encuentra tan solo uno muy grande en cada célula.

Como las mitocondrias, los cloroplastos son semiautónomos y poseen su propio DNA que codifica algunas de sus proteínas, así como los ribosomas necesarios para la traducción de los RNA mensajeros adecuados. Existen muchos datos que indican que los cloroplastos han evolucionado a partir de organismos unicelulares similares a las cianobacterias (algas verde-azuladas). Estos fotosintetizadores procariotas no contienen cloroplastos, sino que tienen estructuras membranosas que desempeñan la misma

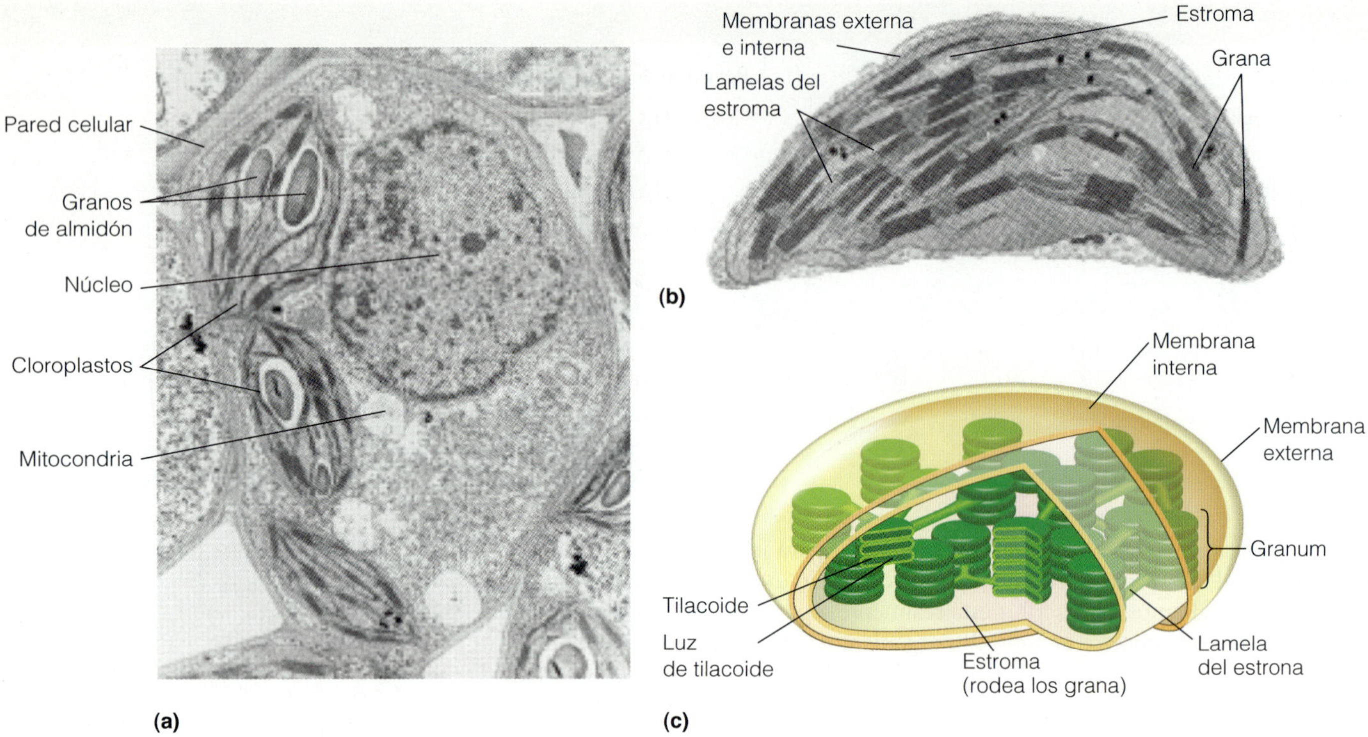


**FIGURA 16.4**

**Los cloroplastos, orgánulos fotosintéticos de las plantas verdes y las algas. (a)** Se muestran varios cloroplastos en un corte transversal de una célula de una hoja de *Coleus.* **(b)** Imagen ampliada de un solo cloroplasto de una hoja de la hierba *Phleum pratense.* (c) Representación esquemática de un cloroplasto.

(a) Micrografía de M. W. Steer, foto proporcionada por E. H. Newcomb; (b) micrografía de K. P. Wergin, foto proporcionada por E. H. Newcomb/BPS; (c) *Biology*, 5th ed.,Neil A. Campbell, Jane B. Reece, and Lawrence A.Mitchell. © 1999. Reproducido con permiso de Pearson Education Inc., Upper Saddle River, NJ.

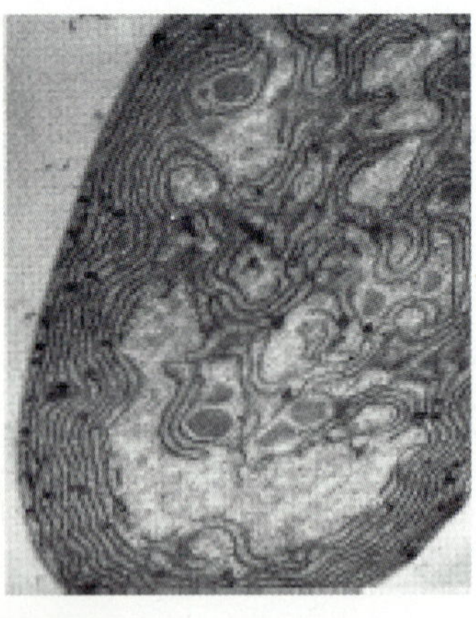

**FIGURA 16.5**

**Procariota fotosintético.** Esta micrografía electrónica de un corte fino de la cianobacteria *Anabaena azollae* muestra las membranas plegadas, que se asemejan a los tilacoides de los cloroplastos eucariotas.

Cortesía de N. Lang, Universidad de California, Davis/ BPS.

función que las membranas de los cloroplastos (Figura 16.5). Hasta cierto punto, las cianobacterias se parecen a cloroplastos de vida libre. Se cree que en una fase temprana de la evolución, los organismos unicelulares primitivos captaron procariotas similares a las cianobacterias y que finalmente esta relación pasó a ser simbiótica: los orgánulos fotosintéticos dejaron de ser capaces de realizar una vida independiente, y las algas pasaron a depender de ellos como fuentes de energía. En la actualidad, algunos genes de los cloroplastos están codificados en el genoma del orgánulo, y otros en el núcleo de la célula.

La estructura interna de un cloroplasto, que se muestra en las Figuras 16.4b y c, guarda cierto parecido con la de una mitocondria (*véase* la Figura 15.2a), excepto que los cloroplastos tienen un tercer conjunto de membranas. Estas son una membrana externa, libremente permeable, y una membrana interna, con una permeabilidad selectiva. La membrana interna encierra un compartimiento denominado **estroma**, que es análogo a la matriz mitocondrial. Dentro del estroma están inmersas múltiples estructuras membranosas en forma de sacos planos, denominadas, **tilacoides**, que, a menudo, están apilados como monedas, formando unidades denominadas *grana* (*véase* la Figura 16.4c). Los grana individuales están interconectados de manera irregular mediante unas extensiones de los tilacoides denominadas *lamelas del estroma.* Esta tercera membrana, la membrana tilacoide, encierra un espacio interior, la **luz** del tilacoide.

La división del trabajo dentro de un cloroplasto es sencilla. La absorción de la luz y todas las reacciones luminosas se producen dentro de las membranas tilacoides o sobre ellas. El ATP y el NADPH producidos por estas reacciones se liberan al estroma circundante, en donde se producen todas las reacciones oscuras de síntesis. De esta manera, existen analogías en la estructura y el cometido de la matriz mitocondrial y del estroma de los cloroplastos, y entre la membrana interna de la mitocondria y la membrana tilacoide del cloroplasto. De hecho, veremos que se realiza un tipo de generación quimiosmótica de ATP muy similar a través de estas membranas, tanto en las mitocondrias como en los cloroplastos. Para ver cómo se produce esta generación de ATP, debemos examinar primero detalladamente las reacciones luminosas, empezando con el proceso de absorción de luz.

# Reacciones luminosas

## Absorción de la luz: el sistema de recogida de luz

### Energía de la luz

La absorción de luz y las reacciones luminosas se producen en las membranas del cloroplasto. Las reacciones oscuras tienen lugar en el estroma.

Para comprender cómo puede capturarse y utilizarse la energía de la luz solar, debemos revisar primero la naturaleza de la radiación electromagnética. La teoría mecanocuántica de la radiación afirma que la luz (y las demás radiaciones electromagnéticas) tiene dos aspectos: el de onda y el de partícula. Podemos caracterizar un tipo determinado de radiación mediante su longitud de onda ($\lambda$) o su frecuencia ($\nu$); estos parámetros caracterizan los aspectos de *onda* de la luz. Si las ondas de una longitud $\lambda$ llegan a un observador a una velocidad *c*, el número de ondas que pasan por segundo es la frecuencia, $\nu$. Así pues,

$$\nu = \frac{c}{\lambda} \tag{16.1}$$

en donde *c* es la velocidad de la luz, $2.998 \times 10^8$ m/s. La luz roja de un láser de neón tiene una longitud de onda de 632.8 nm, o $6.328 \times 10^{-7}$ m. Así pues, su frecuencia es $4.74 \times 10^{14}\ s^{-1}$. Pero para ver cómo puede obtenerse *energía* de la luz, es necesario considerar el aspecto de partícula de la radiación. Debemos considerar un haz de luz como una corriente de partículas luminosas o **fotones**. Cada fotón tiene una unidad de energía asociada denominada **cuanto**. El valor energético de un cuanto, es decir, la energía por fotón, está relacionado con la frecuencia de la luz según una de las ecuaciones más básicas de la física, la ley de Planck (*véase* Herramientas de la Bioquímica 6A):

$$E = h\nu = \frac{hc}{\lambda} \tag{16.2}$$

en donde *h* es la constante de Planck, $6.626 \times 10^{-34}$ J s. Así, el láser de neón de nuestro ejemplo puede proporcionar energía luminosa únicamente en paquetes, o cuantos, de $3.14 \times 10^{-19}$ J (o, $[6.626 \times 10^{-34}\ \text{J s}] \times [4.74 \times 10^{14}\ \text{s}^{-1}]$). Sin embargo, los bioquímicos rara vez tratan con fotones únicos. Puesto que nos interesa la forma en que la radiación puede promover los procesos químicos o bioquímicos, que generalmente se expresan en forma molar, la magnitud más adecuada para nuestros fines es la energía de un *mol* ($6.02 \times 10^{23}$) de fotones. Para la luz de un láser de neón, multiplicando la energía por fotón por $6.02 \times 10^{23}$ se obtienen 189 kJ. Un mol de fotones se denomina un **einstein**.

En la Figura 16.6 se muestra un gráfico de la energía por mol de fotones en función de la longitud de onda, para las partes infrarroja, visible y ultravioleta del espectro. Se indican, con fines comparativos, las energías asociadas con las vibraciones moleculares y con diversos enlaces covalentes. Cuando los fotones de la radiación infrarroja son absorbidos por una molécula, pueden hacer poco más que estimular vibraciones moleculares, que percibimos como calor. En cambio, los fotones de la radiación ultravioleta lejana tienen energías capaces de

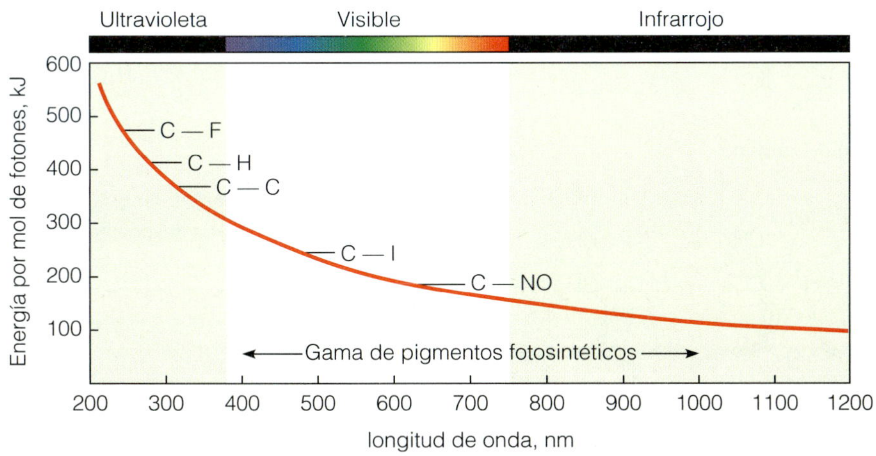


**FIGURA 16.6**

**Energía de los fotones.** En el gráfico se indica la energía por mol de fotones en función de la longitud de onda, en comparación con las energías de varios enlaces químicos. La luz ultravioleta tiene energía suficiente para romper directamente muchos enlaces químicos. La luz visible puede romper algunos enlaces débiles. La luz de la porción de longitudes de onda largas de la región infrarroja del espectro causa tan solo vibraciones moleculares productoras de calor.

romper los enlaces covalentes. La radiación ultravioleta lejana es químicamente destructiva para el ser humano, al igual que para otros organismos, pero por fortuna, la mayor parte de ella se filtra por la capa de ozono antes de llegar a la superficie de la Tierra. Este es el motivo de que la amenaza de destrucción de la capa de ozono sea una preocupación tan grave.

La fotosíntesis depende principalmente de la luz de las regiones visible e infrarroja próxima del espectro, que se encuentran entre los extremos de ruptura de los enlaces covalentes y de estimulación de las vibraciones moleculares. Los fotones del visible y del infrarrojo cercano no son muy destructivos, pero pueden producir transiciones de los estados electrónicos de las moléculas orgánicas que pueden impulsar reacciones y, de esta manera, capturar la energía en forma química. La capacidad de utilizar la radiación en este margen ha tenido unas ventajas evolutivas claras para los organismos fotosintéticos. La mayoría de la energía del Sol que llega a la superficie de la Tierra se encuentra en esta región del espectro. La pequeña cantidad de radiación ultravioleta que llega puede penetrar tan solo una corta distancia en el agua y, por tanto, no hubieran podido utilizarla los organismos fotosintéticos primitivos que viven en el mar. Los fotones de la radiación infrarroja lejana tienen energías demasiado bajas para ser útiles para cualquier proceso fotoquímico.

## Pigmentos de absorción de luz

Para capturar la parte útil de la energía luminosa, los organismos fotosintéticos han desarrollado un conjunto de pigmentos que absorben de manera eficaz la luz visible e infrarroja próxima. Las partes de estos pigmentos que absorben luz se denominan **cromóforos**. En la Figura 16.7 se presentan las estructuras de algunos de los cromóforos fotosintéticos más importantes. En la Figura 16.8, se comparan los espectros de absorción de estos pigmentos fotosintéticos con la distribución de la radiación solar en el espectro. En conjunto, los cromóforos «cubren» todo el espectro visible; apenas algún fotón de los que llegan no puede absorberse por uno u otro cromóforo. Los pigmentos más abundantes en las

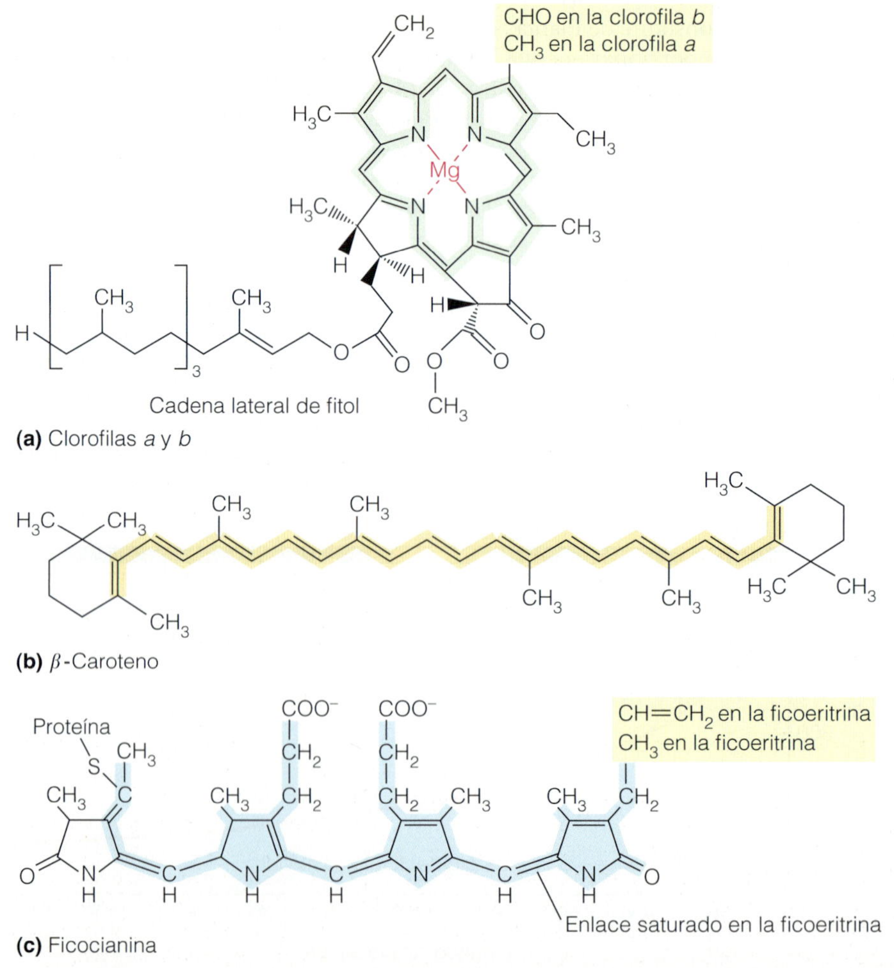


**FIGURA 16.7**

**Algunos pigmentos fotosintéticos**. Las clorofilas *a* y *b* son los pigmentos más abundantes de las plantas, mientras que el β-caroteno y la ficocianina son ejemplos de pigmentos accesorios. La ficocianina y la ficoeritrina relacionada son tetrapirroles de cadena abierta que están unidos covalentemente a ficobiloproteínas a través de un grupo sulfhidrilo y son abundantes en los organismos fotosintéticos acuáticos. Estos pigmentos absorben energía intensamente en el intervalo de 500-600 nm, longitudes de onda que pueden pasar de forma eficaz a través del agua. También hay bacterioclorofilas, que difieren ligeramente en su estructura. Los colores resaltados indican los sistemas de dobles enlaces conjugados extendidos.

plantas superiores son la clorofila *a* y la clorofila *b*. Como puede observarse comparando la Figura 16.7a con la Figura 7.4b (página 236), estas moléculas están relacionadas con la protoporfirina IX que se encuentra en la hemoglobina y la mioglobina. Sin embargo, el metal unido a las clorofilas es el $Mg^{2+}$ y no el $Fe^{2+}$. En la Figura 16.7b y c se muestran otros dos pigmentos accesorios. Todas estas moléculas absorben la luz de la región visible del espectro porque poseen grandes sistemas de dobles enlaces conjugados. Dado que las clorofilas *a* y *b* absorben intensamente la luz del azul oscuro y del rojo, la luz que *no* se absorbe sino que se *refleja* por los cloroplastos es verde, el color que asociamos con la mayor parte de las plantas en crecimiento. Los demás colores observados, como el rojo, el marrón o el púrpura de las algas y las bacterias fotosintéticas, se deben a las distintas cantidades de los *pigmentos accesorios*. La pérdida de clorofila en las hojas en otoño hace que se manifiesten los colores de los pigmentos accesorios, así como de los pigmentos no fotosintéticos. Los carotenoides son los pigmentos accesorios más abundantes de las plantas, entre ellos el $\beta$-caroteno rojo-naranja (Figura 16.7b) y las xantofilas (carotenoides que contienen oxígeno) como la luteína amarilla. Algunas bacterias fotosintéticas utilizan pigmentos que absorben longitudes de onda de aproximadamente 1000 nm, en el infrarrojo próximo.

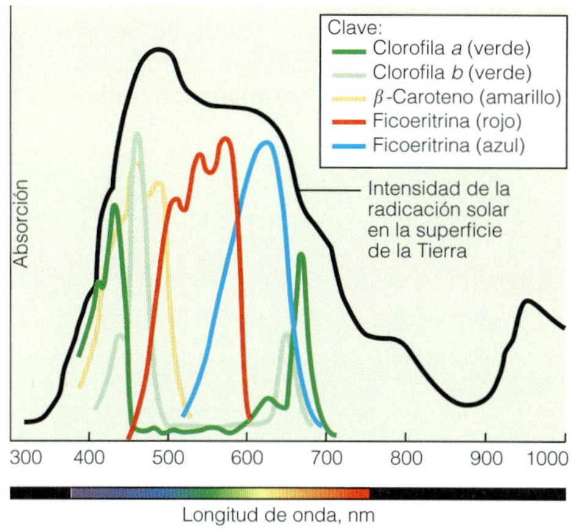


**FIGURA 16.8**

**Espectros de absorción y energía luminosa.** Se comparan los espectros de absorción de varios pigmentos de las plantas con la distribución espectral de la luz solar que llega a la superficie de la Tierra.

## Estructuras de captación de la luz

La clorofila y algunos de los pigmentos accesorios están contenidos en las **membranas tilacoides** del cloroplasto. La composición de estas membranas es poco habitual. Contienen tan solo una pequeña fracción de los fosfolípidos comunes, mientras que tienen abundantes glucolípidos. También contienen gran cantidad de proteínas, y algunos de los pigmentos fotosintéticos están unidos a algunas de estas proteínas. Otros pigmentos fotosintéticos, como las clorofilas *a* y *b*, no están unidos covalentemente, sino que interaccionan con las proteínas y los lípidos de la membrana. La interacción de estos pigmentos con los lípidos de la membrana se realiza a través de las colas hidrófobas de fitol (*véase* la Figura 16.7a).

Los ensamblajes de los pigmentos de captación de la luz en la membrana tilacoide, junto con sus proteínas asociadas, están organizados en **fotosistemas** bien definidos, unidades estructurales dedicadas a la tarea de absorber fotones de luz y recuperar parte de su energía en forma química. Como veremos, las plantas utilizan dos fotosistemas diferentes (I y II). La primera parte de la fotosíntesis se produce en los que se denominan **complejos de captación de luz (CCL)**. Cada uno de ellos es un complejo proteico de muchas subunidades que contiene múltiples moléculas de pigmento **antena** (clorofilas y algunos pigmentos accesorios) y un par de moléculas de clorofila que actúan como **centro de reacción**, atrapando los cuantos de energía excitados por la absorción de la luz.

Para comprender cómo funciona este sistema, debemos examinar con algo más de detalle lo que puede ocurrir cuando una molécula absorbe un cuanto de energía radiante. Recuérdese de Herramientas de la Bioquímica 6A que la absorción en la región visible del espectro excita la molécula desde su estado basal a un estado electrónico superior. En el caso de los pigmentos fotosintéticos, el electrón así excitado ocupa un orbital $\pi$ en el sistema de enlaces conjugados. En Herramientas de la Bioquímica 6A describimos dos formas en que podría perderse la energía al regresar la molécula a su estado basal: la disipación de la energía sin radiación en forma de calor, o la emisión de una nueva radiación en forma de fluorescencia. Sin embargo, cuando están densamente empaquetadas moléculas con una absorción similar, como ocurre en un fotosistema, aparecen otras dos posibilidades. En primer lugar, la energía de excitación puede pasarse desde una molécula a otra adyacente, un proceso denominado *transferencia de resonancia* o *transferencia de excitón* (Figura 16.9a). Otra posibilidad es que el propio electrón excitado pueda pasarse a una

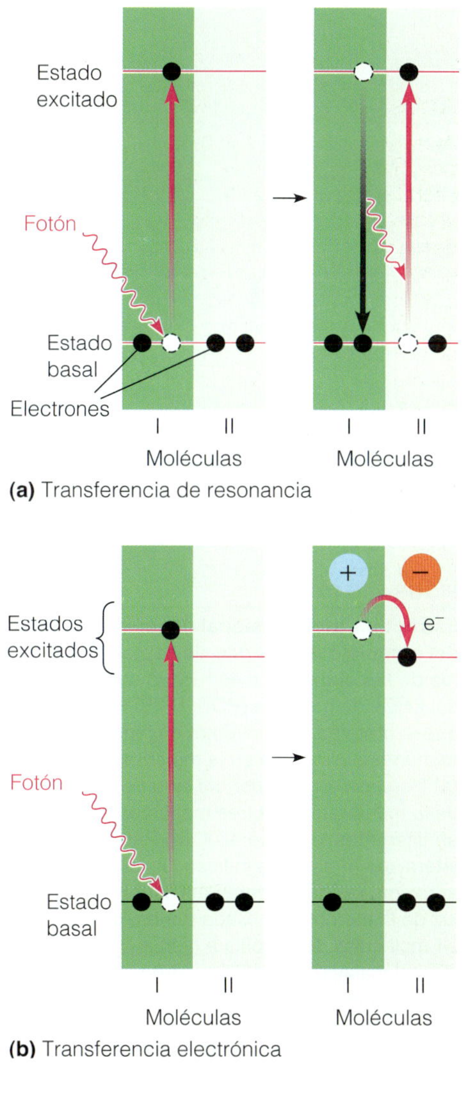


**FIGURA 16.9**

**Dos modos de transferencia energética tras la fotoexcitación.** Para cada uno de los dos tipos de transferencia energética que se producen en un fotosistema, la ilustración del lado izquierdo muestra una molécula que se excita a un estado de energía superior por la absorción de un fotón de radiación. Las ilustraciones de la derecha indican cómo se transfiere la energía a una molécula adyacente. **(a)** En la *transferencia de resonancia* la molécula I transfiere su energía de excitación a la molécula II, que sube a un estado de energía superior, al tiempo que la molécula I desciende de nuevo al estado basal. La transferencia de resonancia es extraordinariamente rápida. **(b)** En la *transferencia electrónica*, un electrón excitado de la molécula I se transfiere al estado excitado ligeramente inferior de la molécula II, haciendo que la molécula I pase a ser un catión y la molécula II un anión.

La mayor parte de las moléculas de clorofila se utilizan como antenas para capturar los fotones y trasladar su energía a los centros de reacción.

molécula cercana, con un estado de excitación ligeramente inferior, una reacción de *transferencia electrónica* (Figura 16.9b). Ambos procesos son importantes en la fotosíntesis.

La pista que llevó finalmente al descubrimiento de que la transferencia de resonancia desempeñaba un cometido importante en la fotosíntesis se debió a las determinaciones efectuadas por Robert Emerson y William Arnold en los años 1930. Estos investigadores demostraron que a pesar de que el sistema fotosintético del alga *Chlorella* actuara con una eficacia máxima, tan solo se producía una molécula de $O_2$ por cada 2500 moléculas de clorofila. Ahora sabemos que la mayor parte de las moléculas de clorofila no intervienen directamente en el propio proceso fotoquímico, sino que actúan como moléculas antena de los complejos de captación de luz. Se ha determinado recientemente la estructura de un tipo de complejo de captación de luz (CCLII), que se muestra en la Figura 16.10. Las moléculas antena absorben fotones y la energía se pasa mediante transferencia de resonancia a moléculas específicas de clorofila en un número relativamente reducido de centros de reacción. En otras palabras, la energía de un fotón absorbido por cualquier molécula antena de un fotosistema se desplaza de manera aleatoria por el sistema (Figura 16.11). Finalmente (es decir, en aproximadamente $10^{-10}$ s), la energía encuentra su camino hacia una molécula de clorofila en el centro de reacción. Esta molécula es como las demás clorofilas, pero se encuentra en un entorno algo diferente, por lo que su nivel del estado energético excitado es algo inferior. En consecuencia, actúa como una trampa de cuantos de energía absorbidos por cualquiera de las demás moléculas de pigmento. Es la excitación de este centro de reacción la que inicia el proceso fotoquímico real de las reacciones luminosas, puesto que pone en marcha una serie de transferencias electrónicas.

## Fotoquímica de las plantas y las algas: dos fotosistemas en serie

Nuestro conocimiento de las reacciones fotoquímicas luminosas ha evolucionado a partir de muchos experimentos elegantes llevados a cabo en muchos laboratorios diferentes. Un estudio pionero, realizado en 1939 por Robert Hill, en la Universidad de

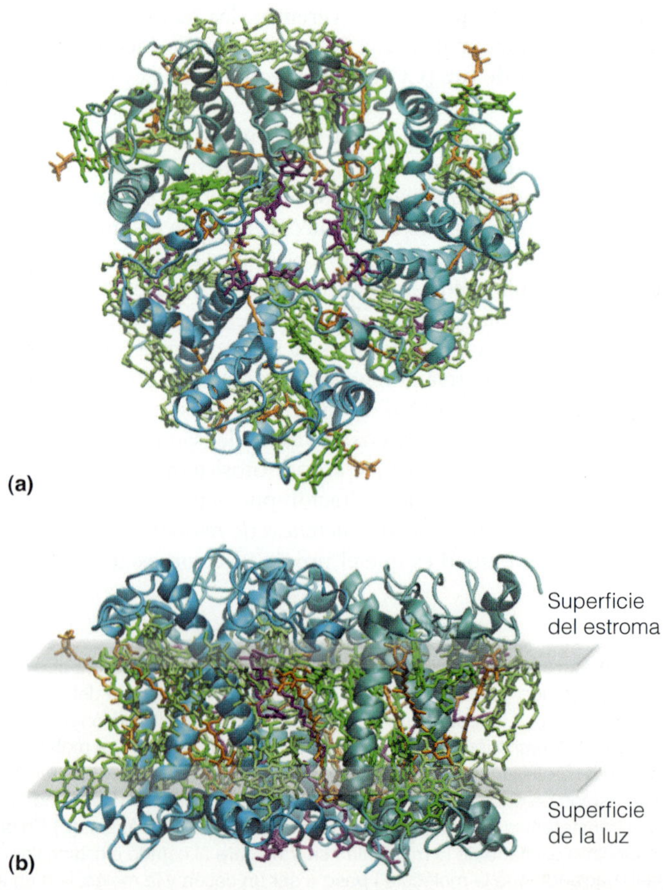


**FIGURA 16.10**

**Estructura tridimensional de un monómero del complejo II trimérico de captación de luz de las plantas.** La estructura de rayos X del LHCII de guisante (PDB ID 2BHW) muestra que la proteína se encuentra en forma de un monómero enterrado en la membrana tilacoide. **(a)** Perspectiva superior del lado de la luz de la membrana. Los tres monómeros están en diferentes tonos de azul. **(b)** Perspectiva lateral del trímero (se indican las localizaciones aproximadas de las caras del estroma y de la luz de la membrana). Cada trímero contiene 24 moléculas de clorofila *a* (verde claro), 18 moléculas de clorofila *b* (verde) y 12 caroteonoides (luteínas y xantofilas; naranja), que actúan todas ellas como moléculas antena. En morado se muestran los lípidos unidos.

Cambridge, produjo la observación fundamental de que los cloroplastos aislados pueden promover una química redox cuando se les ilumina en presencia de alguno de los diversos tipos de aceptores electrónicos. Así, por ejemplo, cuando se utilizó ferricianuro, se producía de manera eficaz la siguiente reacción:

$$4\text{Ferricianuro } [\text{Fe(CN)}_6{}^{3-}] + 2\text{H}_2\text{O} \xrightarrow{\text{Energía luminosa}} 4\text{Ferrocianuro } [\text{Fe(CN)}_6{}^{4-}] + 4\text{H}^+ + \text{O}_2$$

Se conocen numerosas reacciones de este tipo en las que intervienen diversos oxidantes inorgánicos, y actualmente se denominan de forma colectiva *reacciones de Hill*. Estas reacciones, en ausencia de una activación fotoquímica, son muy desfavorables. Así, por ejemplo, el ferricianuro es un oxidante mucho más débil que el $O_2$ (*véase* la Tabla 15.1, página 629); el $\Delta G^{\circ\prime}$ para la reacción tal como está escrita es de unos +178 kJ/mol $O_2$ [de la Ecuación 15.1; $\Delta G^{\circ\prime} = -4(96\,485 \text{ J mol}^{-1}\text{ V}^{-1}) \times (0.36 \text{ V} - 0.82 \text{ V})$]; de forma que el equilibrio debe estar muy desplazado hacia la izquierda. Los descubrimientos de Hill demostraron que *los cloroplastos irradiados con luz son capaces de impulsar reacciones termodinámicamente desfavorables.* Las reacciones de Hill demostraron también que el sistema fotosintético puede oxidar el agua a $O_2$ sin que intervenga en ello el $CO_2$ (*véase* la Figura 16.3). Esta observación constituyó la primera indicación clara de que las reacciones luminosas y oscuras eran procesos separados, y llevó finalmente al descubrimiento de que el aceptor electrónico final de las reacciones luminosas *in vivo* es el $NADP^+$, que da NADPH.

Los estudios posteriores revelaron que en la fotosíntesis de las plantas deben participar *dos* tipos de fotosistemas. El primer indicio se obtuvo en experimentos que medían la eficacia cuántica de la fotosíntesis en las algas, utilizando luz de distintas longitudes de onda. La *eficacia cuántica* (*Q*) es la proporción de moléculas de oxígeno liberadas por fotones absorbidos. Cuando la longitud de onda de la luz monocromática utilizada se aumentaba por encima de 680 nm (rojo lejano), se observaba una caída brusca de *Q*. Esta «caída del rojo» constituía una observación extraña, puesto que las clorofilas de las plantas continúan mostrando una absorbancia apreciable, incluso a longitudes de onda más altas. De alguna manera la energía no se utilizaba de manera tan eficaz por encima de 680 nm. Aún más notable fue la observación de que la iluminación simultánea con luz amarilla (650 nm) producía un aumento notable de la eficacia cuántica de la luz a 700 nm. Aunque la luz amarilla se apagaba unos minutos antes de realizar la medida, la eficacia cuántica continuaba siendo alta. La única explicación razonable de estos resultados es que existan dos fotosistemas complementarios, uno que absorba más fuertemente a longitudes de onda de alrededor de 700 nm y otro que actúe mejor a longitudes de onda más cortas. Debe ser necesaria la acción de *ambos* para que la fotosíntesis se produzca con una eficacia máxima.

Se han identificado y caracterizado los dos fotosistemas que predijeron los primeros investigadores. Ambos están localizados en la membrana tilacoide. Cada fotosistema es un complejo proteico transmembrana de múltiples subunidades, que posee moléculas de clorofila antena y centros de reacción y agentes de transporte electrónico. Los foto-

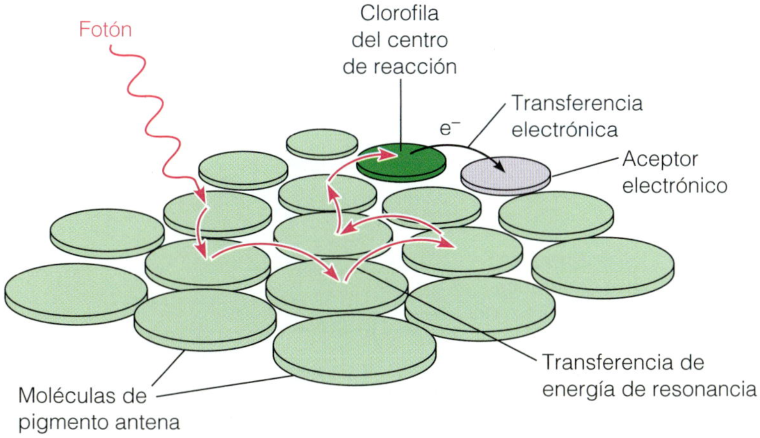


**FIGURA 16.11**

**Transferencia de energía de resonancia en un complejo de captación de luz.** La energía de excitación que se origina en un fotón de luz se desplaza de una molécula antena a otra hasta que llega a un centro de reacción. Allí, un electrón se transfiere a una molécula aceptora de electrones primaria y la energía queda atrapada.

**FIGURA 16.12**

**Reacciones luminosas de los dos fotosistemas.** En el modo de fotosíntesis de dos fotosistemas, las reacciones luminosas las llevan a cabo dos fotosistemas conectados en serie. **(a)** Representación esquemática del trayecto que siguen los electrones a través de los dos fotosistemas. Los dos sistemas y el complejo citocromo están incluidos en la membrana tilacoide. Los electrones captados del agua en el fotosistema II se transfieren al fotosistema I a través de las plastoquinonas (Q), el complejo citocromo $b_6f$ y la plastocianina (PC). En el fotosistema I, los electrones se excitan de nuevo por la luz para su transferencia a través de una serie de intermediarios a la ferredoxina. La ferredoxina reducida reduce el $NADP^+$. **(b)** Energética de las reacciones luminosas de los dos fotosistemas. En cada uno de los dos centros de reacción, P680 y P700, los electrones suben a un estado excitado mediante la absorción de fotones. En cada fotosistema, los electrones excitados pasan por una cadena de transporte electrónico, que impulsa el bombeo de iones hidrógeno al interior de la luz del tilacoide. El modo de dos fotosistemas se ha denominado históricamente esquema Z, debido al patrón de cambios energéticos que se muestra aquí, pero el esquema N sería más adecuado. El cálculo de ocho protones bombeados por el complejo citocromo $b_6f$ se basa en el ciclo Q que traslada dos protones por cada electrón que se transporta. Clave: OEC = complejo de evolución del oxígeno; $Y_Z$ = donador a P680; P680 = clorofila del centro de reacción del fotosistema II; Ph = feofitina aceptora; $Q_A$, $Q_B$ = plastoquinonas unidas a proteínas; $QH_2$ = plastoquinol (plastoquinona reducida) en la membrana; Cit $b_6f$ = complejo citocromo $b_6f$; PC = plastocianina; P700 = clorofila del centro de reacción del fotosistema I; $A_0$ = aceptor de clorofila; $A_1$ = filoquinona unida a proteína; $F_A$, $F_B$, $F_X$ = agrupaciones hierro-azufre; Fd = ferredoxina; FNR = ferredoxina:$NADP^+$ oxidorreductasa.

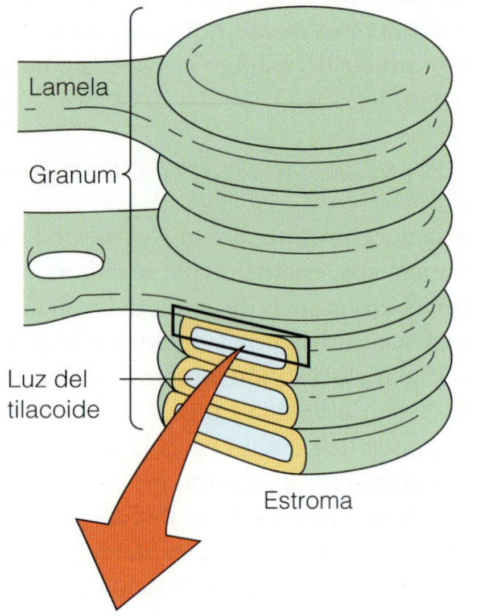


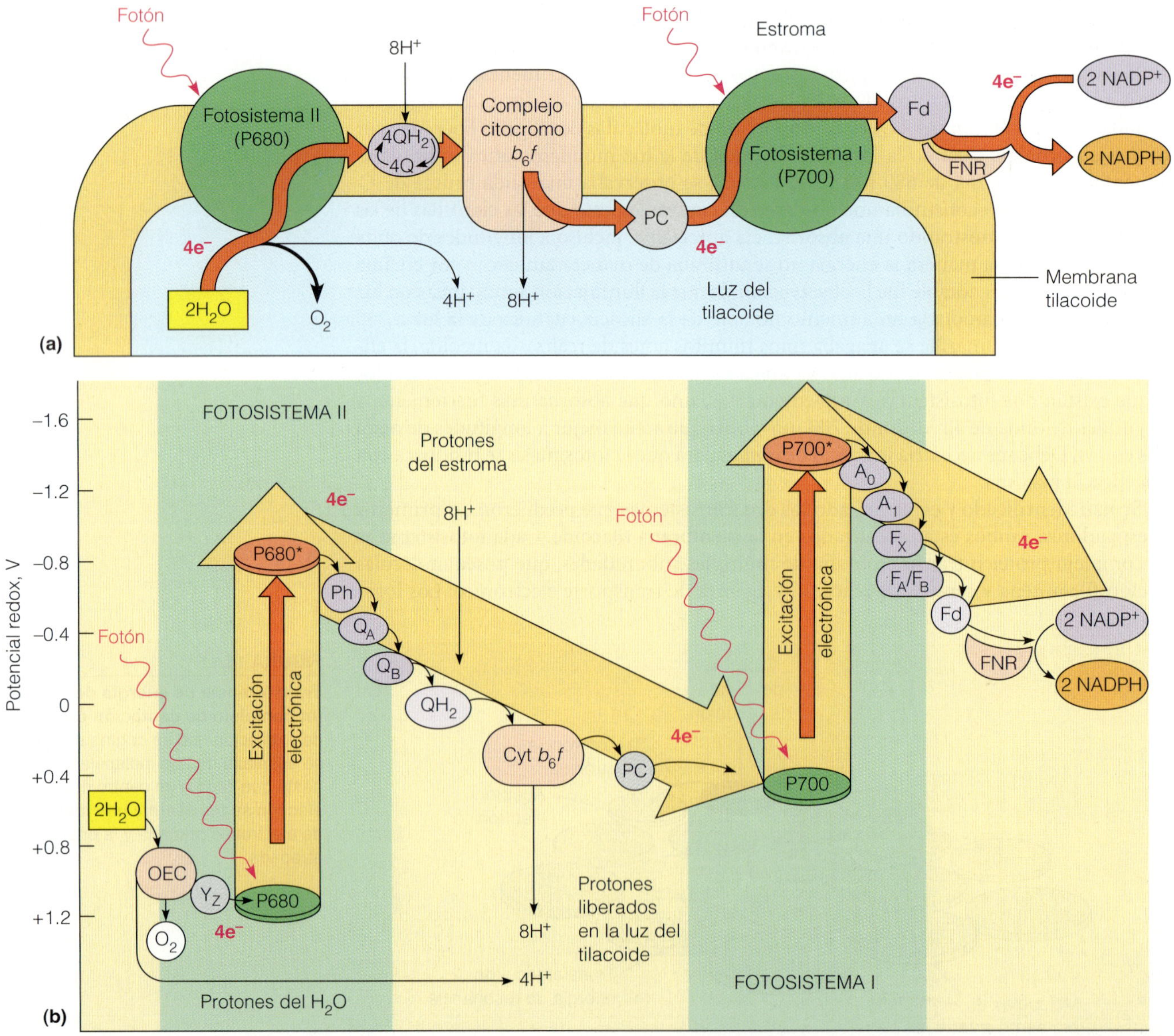

sistemas se han denominado de acuerdo con el orden en que se descubrieron. El que presenta una absorbancia hasta 700 nm se denomina **fotosistema I** (**PSI**), y el que absorbe tan solo hasta una longitud de onda de aproximadamente 680 nm se denomina **fotosistema II** (**PSII**). En las algas, las cianobacterias y todas las plantas superiores, estos dos fotosistemas están ligados en serie para realizar la secuencia completa de las reacciones luminosas. La secuencia básica se ilustra en la Figura 16.12a, que muestra el trayecto que siguen los electrones a través de los dos sistemas. En la Figura 16.12b se resaltan las características energéticas del flujo electrónico y se colocan los principales elementos que participan en las reacciones luminosas en una escala de potencial de reducción.

Dos fotosistemas, conectados en serie, intervienen en las reacciones luminosas de la fotosíntesis en las algas, las cianobacterias y las plantas superiores.

En cada uno de los dos fotosistemas el paso primario es la transferencia de un electrón excitado por la luz desde un centro de reacción (P680 o P700) a una cadena de transporte electrónico. El origen último de los electrones son las moléculas de agua que se muestran a la izquierda en ambas partes de la Figura 16.12. El destino final de los electrones es la molécula de $NADP^+$ de la derecha, que se reduce de esta forma a NADPH. En las dos fases del proceso de transporte electrónico se liberan protones a la luz del tilacoide. Algunos de los protones proceden del $H_2O$ que se rompe, y otros proceden del estroma. Esta transferencia de protones a la luz produce un gradiente de pH a través de la membrana tilacoide. No debe resultar extraño el hecho de que este gradiente protónico impulse la producción de ATP, puesto que un gradiente de este mismo tipo produce ATP en las mitocondrias (*véase* el Capítulo 15). Así pues, el ATP y el poder reductor en forma de NADPH son los productos de las reacciones luminosas. Estos compuestos son exactamente los que se necesitan para impulsar los procesos de síntesis que tienen lugar en las reacciones oscuras. Para examinar con detalle su generación, empezaremos con el fotosistema II, porque es donde entran los electrones en el esquema.

## Fotosistema II: fragmentación del agua

Cada uno de los fotosistemas es una cadena de transporte electrónico, que extrae energía cuando un electrón excitado pierde su energía de excitación de una forma escalonada. El fotosistema lleva a cabo una serie de reacciones de oxidación-reducción. Lo más fácil es seguir los procesos que tienen lugar en un fotosistema, empezando con la absorción de un fotón captado por el sistema de captación de luz del fotosistema II. El fotón es conducido a una clorofila centro de reacción, denominada P680 en la Figura 16.12. La excitación del P680 hace pasar a la molécula del estado basal a un estado excitado de −0.8 voltios. Así pues, el P680 excitado pasa a ser un excelente agente reductor, capaz de transferir rápidamente un electrón desde el P680 a un aceptor electrónico primario de menor energía, la *feofitina a* (*Ph*), como se muestra en la Figura 16.12b. Las feofitinas son moléculas idénticas a las clorofilas, excepto que dos protones sustituyen al ion magnesio central. Podemos considerar a este electrón excitado como un electrón de bajo potencial redox.

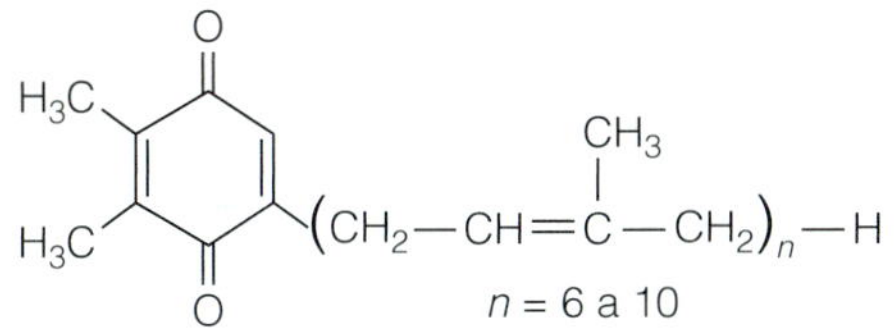


**Plastoquinona**

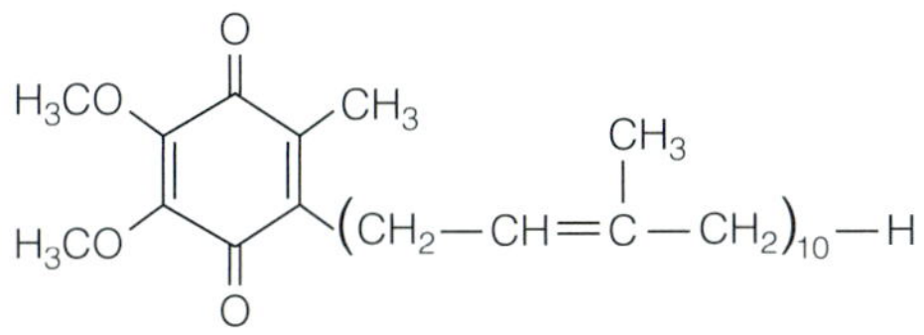

**Ubiquinona (Coenzima $Q_{10}$)**

El electrón se transfiere a continuación a una serie de moléculas de *plastoquinona* ($Q_A$ y $Q_B$) asociadas con proteínas del PSII. Finalmente, dos electrones y dos protones son captados por la plastoquinona $Q_B$; los protones proceden del estroma. La plastoquinona reducida, $QH_2$ (*plastoquinol*) se libera a continuación a la porción lipídica de la membrana tilacoide. La reducción global de la plastoquinona puede escribirse de la siguiente forma:

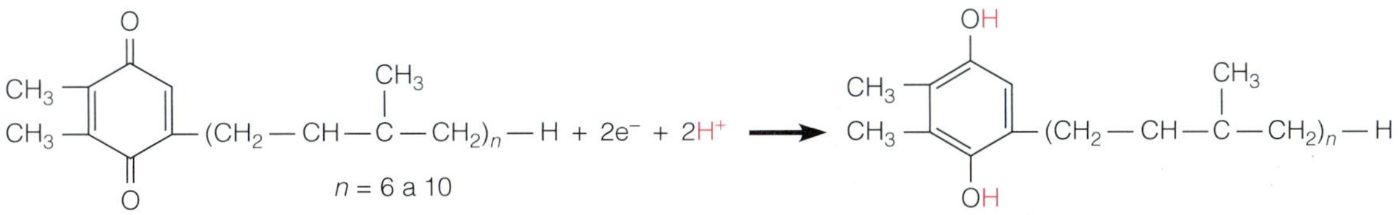


**Plastoquinona** **Plastoquinol**

Obsérvese la semejanza estructural entre la plastoquinona y la ubiquinona (coenzima Q) de las cadenas respiratorias (Capítulo 15). El plastoquinol interacciona a continuación con un complejo de citocromos y proteínas hierro-azufre, el complejo citocromo $b_6f$. Este complejo cataliza la transferencia de los electrones a una cuproproteína, la *plastocianina* (*PC*). Al hacerlo, el complejo $b_6f$ realiza dos funciones. En primer lugar,

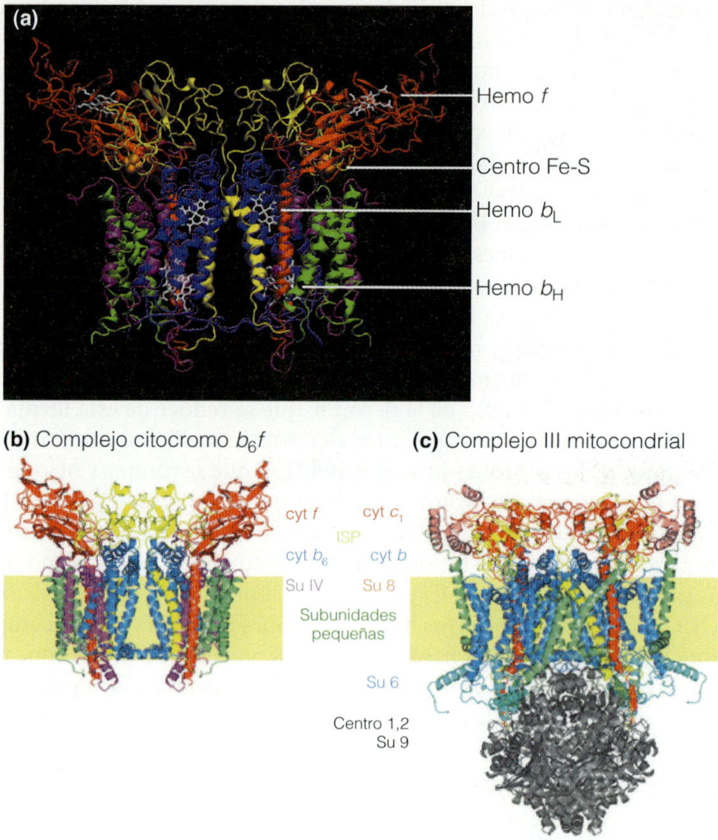


**FIGURA 16.13**

**Estructura del complejo citocromo $b_6f$.** **(a)** La estructura de rayos X (PDB ID 2D2C) del complejo de la cianobacteria termófila *Mastigocladus laminosus* muestra que la proteína se encuentra en forma de un homodímero enterrado en la membrana tilacoide. Esta perspectiva está en el plano de la membrana, con la luz tilacoide arriba. Las subunidades del citocromo *f* están en rojo, y los hemos de tipo *c*, en blanco; las subunidades de la proteína hierro-azufre de Riese están en amarillo, con los centros hierro-azufre $Fe_2$-$S_2$, en naranja. Las subunidades del citocromo $b_6$ están en azul, con los hemos $b_H$ y $b_L$, en blanco y las subunidades IV, en morado. Se muestran en verde cuatro subunidades adicionales por monómero. Los paneles inferiores comparan las estructuras del complejo fotosintético citocromo $b_6f$. **(b)** (PDB ID 2E74) y el complejo mitocondrial III. **(c)** (PDB ID 1L0L). Las subunidades homólogas o análogas tienen los mismos colores, de acuerdo con el esquema de colores del panel (a).

(b,c) *Photochemistry and Photobiology* 84:1349–1358, D. Baniulis, E. Yamashita, H. Zhang, S. S. Hasan, and W. A. Cramer, Structure–function of the cytochrome $b_6f$ complex. 

transmite electrones activados desde el fotosistema II al fotosistema I. Al mismo tiempo, bombea protones desde el estroma a la luz del tilacoide (2 $H^+$ por electrón). Los principales componentes de este complejo son el citocromo *f* (que contiene un hemo de tipo *c*) y el citocromo $b_6$ (que contiene dos hemos de tipo *b*) y una proteína hierro-azufre Rieske (Figura 16.13). Así, el complejo citocromo $b_6f$ es análogo al complejo III de la cadena respiratoria mitocondrial (Figura 16.13b, c) y cataliza un ciclo Q semejante (como muestra la Figura 15.15, página 641). Cuando el plastoquinol se oxida para producir de nuevo plastoquinona, los dos protones que ha captado del estroma se liberan a la luz del tilacoide. La plastocianina, una proteína móvil de la luz del tilacoide, pasa los electrones a los centros de reacción P700. En este proceso, el cobre de la plastocianina se reduce primero a Cu(I) y luego se reoxida a Cu(II). Consideraremos el destino de los electrones que pasan al P700 cuando tratemos el fotosistema I.

El fotosistema II extrae los electrones del agua, los transfiere al fotosistema I y libera $O_2$.

Obsérvese que los procesos que hemos descrito hasta ahora han dejado los centros de reacción P680 con un déficit de electrones; en otras palabras, oxidado a un oxidante fuerte, el $P680^+$. Estos electrones se recuperan del agua, que se fragmenta en presencia de un aceptor electrónico, liberando oxígeno en el proceso. Las estructuras de rayos X de los complejos del fotosistema II de varias cianobacterias han proporcionado recientemente datos nuevos sobre el mecanismo de este proceso de fragmentación del agua. La Figura 16.14 muestra al PSII como un gran complejo con múltiples subunidades embebido en la membrana tilacoide. Cada monómero del homodímero tiene 20 subunidades, entre ellas las proteínas antena, con sus numerosas clorofilas antena rodeando dos subunidades (D1 y D2), que contienen las clorofilas del centro de reacción P680 y los componentes catalíticos de fragmentación del agua. Como se observa en la Figura 16.12b (izquierda), el aceptor electrónico es una subunidad del PDII denominada complejo generador de oxígeno (CGO). El CGO contiene un grupo de cuatro iones manganeso (MnC) puenteados con oxígeno y un ion calcio. Este grupo metálico puede encontrarse en diversos estados de oxidación, como se indica en la Figura 16.15a; el giro impulsado por la luz a través de estos estados de oxidación permite al grupo desmantelar dos moléculas de agua, y pasar cuatro electrones de vuelta al P680 y liberar

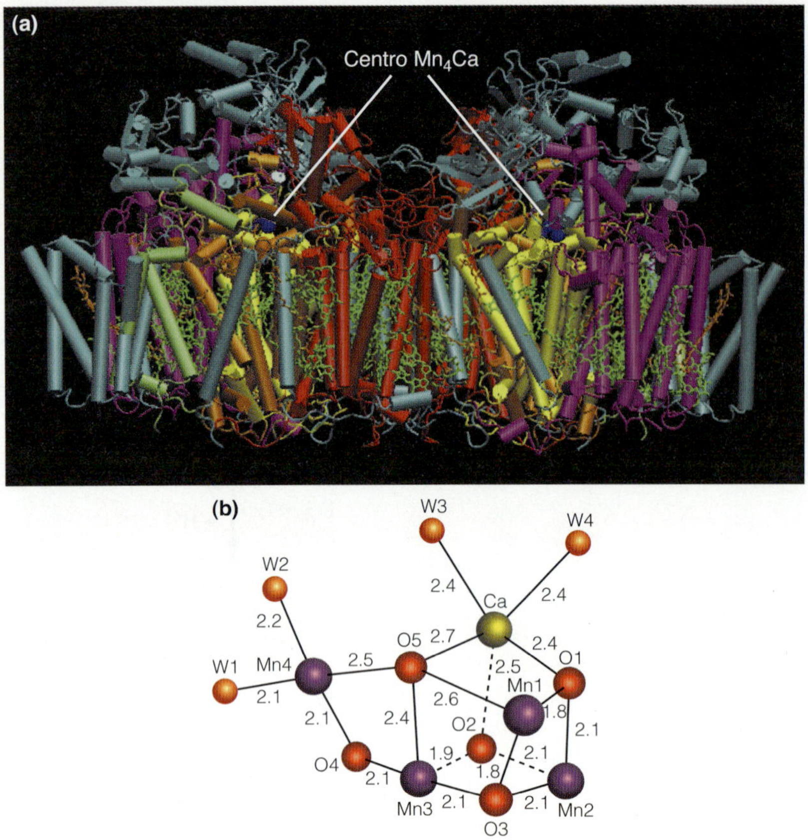


**FIGURA 16.14**

**Estructura del fotosistema II. (a)** La estructura de rayos X (PDB ID 3BZ1) del PSII de la cianobacteria termófila *Thermosynechococcus elongatus* muestra que la proteína se encuentra en forma de un homodímero enterrado en la membrana tilacoide. Esta perspectiva es del plano de la membrana, con la luz tilacoide en la parte superior. Cada monómero está formado por 20 subunidades, incluyendo las proteínas antena CP47 (rojo) y CP43 (fucsia), las subunidades del centro de reacción D1 (amarillo) y D2 (naranja) y dos subunidades del citocromo *b*559 (lima). Cada monómero contiene 35 moléculas de clorofila *a* (verde) y 12 carotenoides (naranja) unidas a CP43 y CP47. El centro $Mn_4Ca$ del centro de evolución del oxígeno se muestra en azul, unido por la subunidad D1 de cada monómero. **(b)** Se muestra con mayor detalle la estructura del centro $Mn_4Ca$ del PSII de *Thermosynechococcus vulcanus*. Se indican las distancias (en ángstroms) entre los átomos metálicos y los átomos de oxígeno o las moléculas de agua.

(b) Reproducido con permiso de Macmillan Publishers Ltd. *Nature* 473:55-60, Y. Umena, K. Kawakami, J.-R. Shenand N. Kamiya, Crystal structure of oxygen-evolving photosystem II at a resolution of 1.9Å. © 2011.

los cuatro protones acompañantes a la luz del tilacoide. El tema de debate todavía es en qué puntos exactamente del ciclo se liberan los electrones y protones individuales y se han propuesto varios modelos. En la versión que se muestra en la Figura 16.15b, los electrones y protones se liberan en pares, que suponen la extracción de hidrógeno. Esta idea es consistente con la observación de que el donador de electrones que devuelve los electrones al P680 oxidado es una tirosina con actividad redox de la subunidad D1 del PSII. Esto produce un radical tirosina ($Y_Z\cdot$), que se ha observado mediante resonancia de espín electrónico (*véase* Herramientas de la Bioquímica 10A), y libera un protón. Se ha propuesto, pues, que cada uno de los pasos de la Figura 16.15, en los que se extrae un átomo de hidrógeno ($H^+ + e^-$), implica el ciclo siguiente:

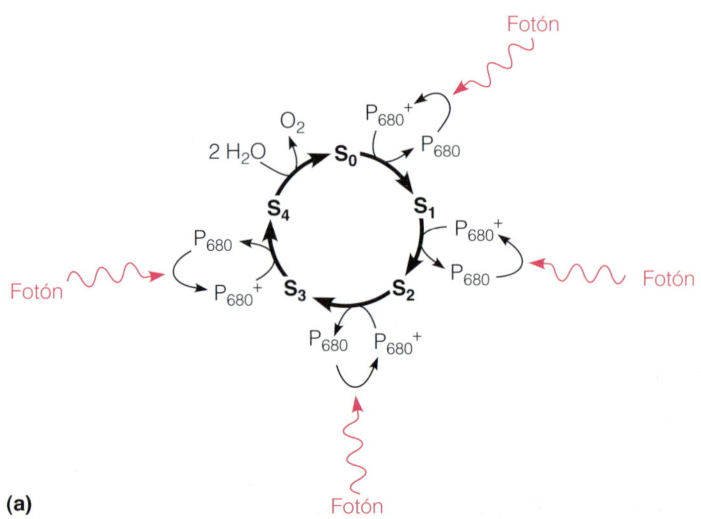


**FIGURA 16.15a**

**Modelo de la función catalítica del complejo del centro de evolución del oxígeno (OEC) del PSII. (a)** $S_0$-$S_4$ representa los diferentes estados de oxidación por los que el centro del metal ligado da vueltas al extraerse de las moléculas de $H_2O$ los $e^-$ y $H^+$. En las cuatro primeras transiciones, la energía luminosa se utiliza para oxidar el $P_{680}$ a $P_{680}^+$, que a su vez, oxida al centro metal-oxo del OEC. La transición $S_4 \rightarrow S_0$ es independiente de la luz y libera $H_2O$. De esta forma, se necesitan cuatro fotones para oxidar dos $H_2O$ a un $O_2$.

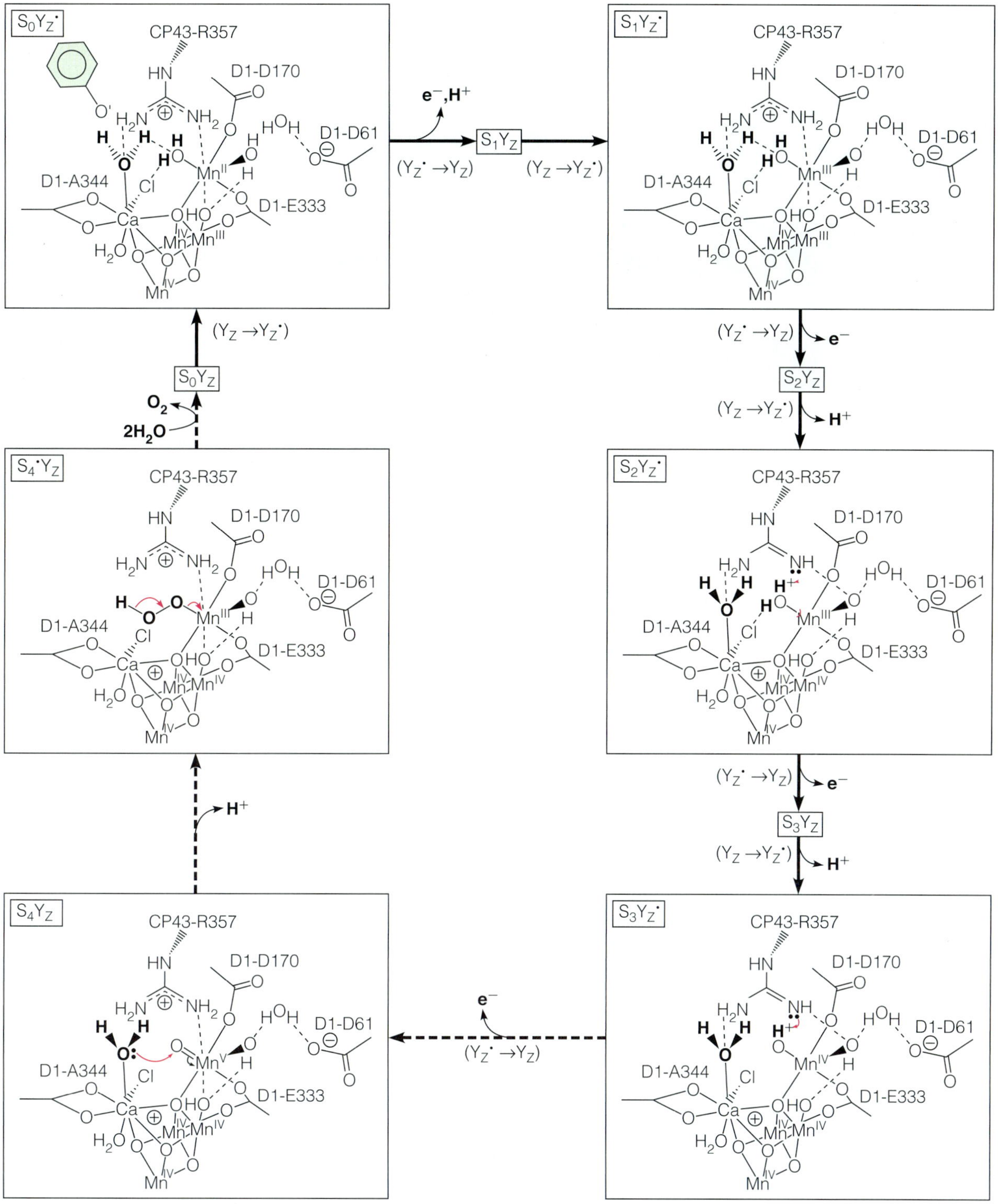


(b)

**FIGURA 16.15b**

**(b)** En este mecanismo, $Y_Z$ representa el residuo de tirosina activo redox de la subunidad D1; la forma oxidada de $Y_2$ es de las especies radicales neutrales desprotonadas, $Y_Z$·. Las dos moléculas de $H_2O$ están unidas en el estado $S_0Y_2$ mediante el ion $Ca^{2+}$ y el ion «colgador» $Mn^{III}$. Cada transición pasa a través de un intermedio $S_nY_Z$·, en el que la tirosina oxidada está a punto de oxidar al centro metálico del OEC, pero por claridad, el radical tirosina solo se muestra una vez. En este modelo, solo dos de los iones Mn cambian sus estados de oxidación. La transición $S_4 \longrightarrow S_4'$ es el paso crucial de formación del enlace O—O e implica el ataque por una molécula de agua unida al calcio sobre el grupo oxo $Mn^V{=}O$. Se libera $O_2$ y se unen dos nuevas $H_2O$ para iniciar otro ciclo.

(a, b) Modificado con permiso de *Chemical Reviews*106:4455-4483, J. P. McEvoyand y G. W. Brudvig, Water-splitting chemistry of photosystem II. © 2006 American Chemical Society.

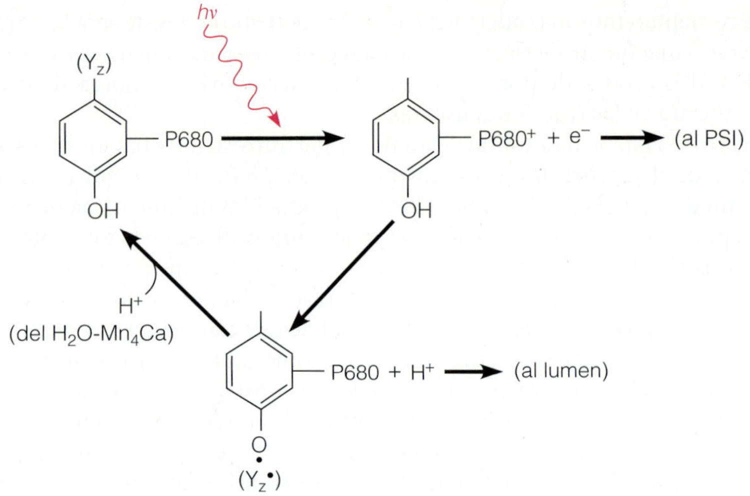


El sistema ha desnudado, de hecho, cuatro electrones de los cuatro átomos de hidrógeno de dos moléculas de agua. El oxígeno producido difunde hacia fuera del cloroplasto. Los cuatro protones que se producen a partir de las dos moléculas de agua se liberan a la luz del tilacoide, y ayudan a generar una diferencia de pH entre la luz y el estroma. Podemos resumir la reacción que lleva a cabo el fotosistema II de la siguiente forma:

$$2H_2O \xrightarrow{4h\nu} 4H^+ + 4e^- + O_2$$

Los electrones producidos han viajado a través de la cadena de transporte del fotosistema II y se trasladarán al fotosistema I a través del complejo $b_6f$.

### Fotosistema I: producción de NADPH

Hemos visto que en las plantas, que utilizan dos fotosistemas, el fotosistema II realiza la fragmentación del agua con obtención de $O_2$ y ayuda a generar un gradiente protónico a través de la membrana tilacoide. Sin embargo, los electrones de las moléculas de agua no han alcanzado aún su destino final en el NADPH. Este proceso es la tarea del fotosistema I, en el que los electrones se liberan de nuevo desde un centro de reacción por la excitación luminosa, y pasan a través de una segunda cadena de transporte electrónico. Estos electrones son sustituidos por los que proceden del fotosistema II.

El fotosistema I es un complejo multiproteico que contiene al menos 19 cadenas polipeptídicas. También contiene muchas clorofilas antena y una clorofila centro de reacción, P700, que puede absorber luz de hasta 700 nm. Como se muestra en la Figura 16.12b, la excitación por un fotón absorbido por las clorofilas antena asciende los electrones del P700 desde un estado basal a un estado excitado a, aproximadamente, −1.3 V, probablemente el reductor más potente de la naturaleza. Cada electrón excitado pasa entonces a través de una cadena de transporte electrónico. Primero es captado por un aceptor clorofílico (denominado $A_0$), luego se transfiere a una molécula de *filoquinona* ($A_1$, también denominada vitamina $K_1$, *véase* la página 811) y por último, pasa a través de una serie de tres proteínas hierro-azufre ($F_x$, $F_B$ y $F_A$). Estas proteínas contienen agrupaciones $Fe_4S_4$ de los tipos que se indican en la Figura 15.4. Por último, el electrón se transfiere a otra proteína hierro-azufre, la *ferredoxina soluble* (Fd), que se encuentra en el estroma. La enzima ferredoxina: $NADP^+$ oxidorreductasa cataliza la transferencia de electrones al $NADP^+$, una vez que la ferredoxina ha sido reducida por el fotosistema I:

$$2Fd\ (red) + H^+ + NADP^+ \xrightarrow[\text{Fd-NADP}^+\text{ Reductasa}]{} 2Fd\ (ox) + NADPH$$

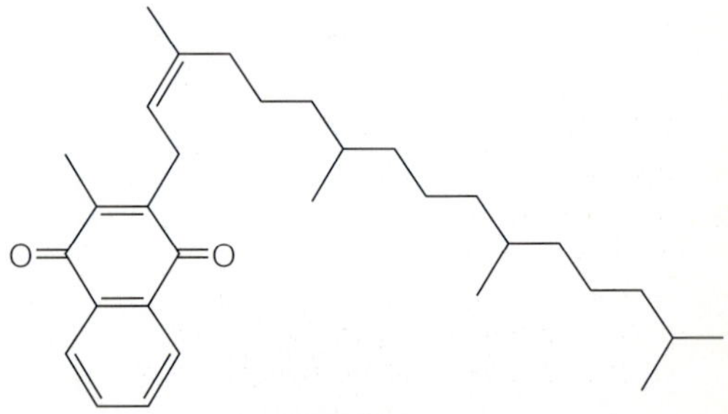

Filoquinona

En cierto sentido, es la ferredoxina, y no el $NADP^+$, la que puede considerarse como receptor *directo* de los electrones de la ruta. Aunque gran parte de la ferredoxina reducida se utiliza para reducir al $NADP^+$, una parte se emplea para otras reacciones reduc-

El fotosistema I recibe los electrones del fotosistema II y los transfiere al $NADP^+$ para formar NADPH.

toras, que comentaremos más adelante. De hecho, podemos considerar a la ferredoxina reducida como una fuente de electrones de bajo potencial para muchos procesos reductores. El NADPH producido por la oxidación de la ferredoxina se libera al estroma, en donde se utilizará en las reacciones oscuras.

Los electrones que se han conducido a través del fotosistema I tenían su origen en la transferencia de electrones desde los centros de reacción P700. Los centros de reacción oxidados con deficiencia de electrones ($P700^+$) producidos de esta forma deben recibir un nuevo aporte de electrones para que continúe la fotosíntesis. En la fotosíntesis de dos sistemas, estos electrones los proporciona el fotosistema II a través de la plastocianina.

Recientemente, los estudios de difracción de rayos X han revelado, a alta resolución, la estructura de todo el complejo del fotosistema I de una cianobacteria (*véase* la Bibliografía). El complejo de cianobacterias se presenta como un trímero, mientras que el PSI de las plantas es un monómero. Ambos tipos de PSI constan de varias cadenas polipeptídicas, y varios centenares de clorofilas (la mayoría de las cuales son moléculas antena) y los demás componentes de la cadena de transporte electrónico en un complejo que abarca la membrana tilacoide. La PSI de plantas consta de dos complejos de membrana, el complejo central y el complejo de captación de luz I (CCLI) (Figura 16.16A). El núcleo del complejo central está formado por las subunidades PsaA y PsaB, que unen todos los componentes de la cadena de transporte electrónico, incluyendo las clorofilas $A_0$, $A_1$ y los agrupamientos hierro-azufre del centro de reacción P700, así como 80 clorofilas que actúan como antenas de captación de luz. Tres subunidades del estroma (PsaC, D, E) y una subunidad de la luz (PsaF) completan el complejo central. CCLI está formado por cuatro subunidades (Ccl1-4) situadas en la membrana a un lado del complejo cen-

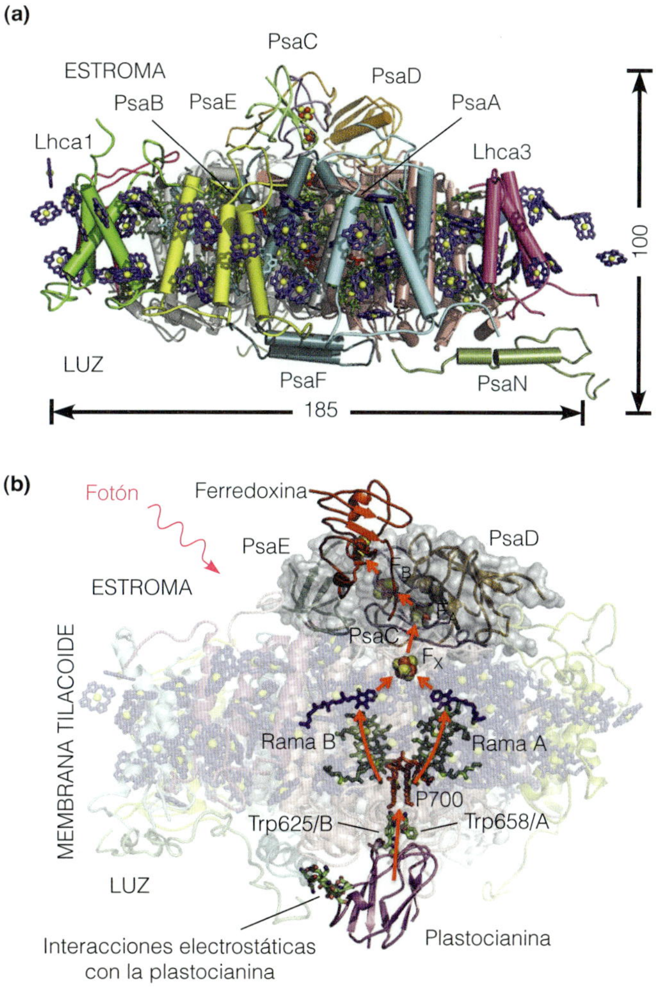


**FIGURA 16.16**

**Estructura del fotosistema I de plantas.** **(a)** Perspectiva de la estructura del PSI del guisante (PDB ID 2001), tal como se ve desde el plano de la membrana, con la luz tilacoide abajo. Las cuatro subunidades LHCI (Lhca1-4) están en el frente, coloreadas en verde, azul claro, fucsia y amarillo, respectivamente. Las subunidades centrales PsaA (rosa) y PsaB (plata) están escondidas detrás de las subunidades LHCI. Las clorofilas antena de LHCI son azul y cian y las clorofilas antena del centro son verdes. Las clorofilas del centro de reacción P700 son rojas y los centros $Fe_4S_4$ se muestran como esferas amarillo-rojas. Se indican las dimensiones en A. **(b)** Modelo de la cadena de transporte electrónico y lugares de unión de la plastocianina y la ferredoxina soluble. Las clorofilas $A_0$ están en verde y las filoquinonas $A_1$, en azul. La ruta del transporte electrónico está indicada mediante flechas rojas. Se muestran los aminoácidos que participan en las interacciones electrostáticas e hidrófobas entre la plastocianina y el PsaA/PsaB.

Modificado de *Structure* 17:637–650, A. Amunts y N. Nelson, Plant photosystem I design in the light of evolution. © 2009, con permiso de Elsevier.

tral. Igual que el CCLII descrito antes, el CCLI actúa como un sistema antena adicional que recoge los protones y transmite la energía al complejo central. El supercomplejo completo de las plantas PSI-CCLI tiene ~600 kDa y contiene 45 hélices transmembrana y 168 clorofilas antena. Las distancias centro-centro de estas clorofilas antena con sus vecinos más cercanos son del orden de 7-16 Å, una distancia favorable para una transferencia rápida de la energía de excitación.

El PSI cataliza la transferencia de electrones impulsada por la luz desde el transportador electrónico soluble plastocianina, situado en el lado de la luz de la membrana tilacoide, a la ferredoxina situada en el lado del estroma de la membrana. En la Figura 16.16b se muestran los lugares de unión propuestos en el PSI para la plastocianina y la ferrredoxina y la situación de los componentes de la cadena de transporte electrónico. El camino de los electrones desde el primer agrupamiento hierro-azufre del P700 ($F_x$) se ramifica, y las clorofilas $A_0$ y las filoquinonas $A_1$ se disponen en pares simétricos. Casi todos los protones que absorbe el complejo PSI se utilizan para impulsar el transporte electrónico. El PSI es muy eficaz, con un rendimiento cuántico cercano a 1, lo cual significa que casi cada protón absorbido por el complejo PSI se captura y utiliza para impulsar el transporte electrónico.

## Suma de los dos sistemas: reacción global y generación de ATP

Podemos resumir ahora el flujo electrónico a través de las reacciones luminosas de los dos sistemas. Como se muestra en la Figura 16.12, los electrones son captados del agua y terminan en el NADPH. Para la reacción global del fotosistema II, escribimos:

$$2H_2O \xrightarrow{4h\nu} 4H^+ + 4e^- + O_2$$

Las reacciones del fotosistema I, si se escriben para cuatro electrones y se eliminan los intermedios, son

$$4e^- + 2H^+ + 2NADP^+ \xrightarrow{4h\nu} 2NADPH$$

Sumando estas dos reacciones se obtiene la siguiente expresión para el conjunto de las reacciones luminosas:

$$2H_2O + 2NADP^+ \xrightarrow{8h\nu} 2H^+ + O_2 + 2NADPH$$

La clave de la generación de ATP es que se han bombeado otros protones adicionales desde el estroma a la luz tilacoide durante el paso de cada electrón a través de la cadena de transporte electrónico. Los cálculos actuales sobre el número total de protones son algo dudosos, porque no se conoce exactamente el número transportado por electrón por el complejo $b_6f$. Sin embargo, se calcula que se trasladan de lugar ~12 protones por $O_2$ liberado (que corresponden a ~3 protones por cada electrón que pasa desde el $H_2O$ al $NADP^+$). El resultado neto de la función conjunta de los sistema I y II es la reducción del $NADP^+$ y la generación de un gradiente protónico a través de la membrana tilacoide, de manera que la luz pasa a ser más ácida que el estroma. Recuérdese del Capítulo 15 que la energía libre disponible en un gradiente protónico ($\Delta\mu_H$, la fuerza protón motriz) está formada por un componente químico (el gradiente de concentración de protones, ΔpH) y un componente eléctrico (el potencial de membrana, $\Delta\Psi$):

$$\Delta\mu_H = 2.3RT\Delta pH + F\Delta\Psi \qquad (16.3)$$

A diferencia de la membrana mitocondrial interna, la membrana tilacoide de los cloroplastos es permeable a los iones como el $Mg^{2+}$ y el $Cl^-$. El movimiento de estos iones a través de la membrana tilacoide mantiene la neutralidad eléctrica, disipando la mayor parte del potencial de membrana. (La translocalización inducida por la luz del $Mg^{2+}$ al estroma tiene también una finalidad reguladora, como veremos posteriormente). De esta forma, en los cloroplastos iluminados, la fuerza protónmotriz está dominada por el gradiente de $[H^+]$. La diferencia de pH que se produce a través de la membrana tilacoide puede ser muy grande, de hasta 3.5 unidades de pH en los cloroplastos iluminados de manera intensa. Este gradiente de pH a través de la membrana corresponde a una diferencia de $[H^+]$ de más de 3000 veces y un cambio de energía libre de aproximadamente ~20 kJ por mol de protones a 25 °C. En base a la estequiometria calculada de 12 moles $H^+$ por mol de $O_2$ producido, esto corresponde aproximadamente a 240 kJ/mol $O_2$ de energía disponible para impulsar la síntesis de ATP.

Como ocurre en la generación de ATP en las mitocondrias, estos protones pueden volver a atravesar la membrana tilacoide en sentido contrario, únicamente a través de complejos de ATP sintasa unidos a la membrana. En los cloroplastos, estos complejos se denominan complejos $CF_0$-$CF_1$ y se parecen mucho a los complejos $F_0$-$F_1$ de las mitocondrias (*véase* el Capítulo 15). Se ha calculado que se produce un ATP por cada tres protones que pasan a través del complejo $CF_0$-$CF_1$. Tres moles de protones aportarían ~60 kJ para impulsar la síntesis de 1 mol de ATP, un resultado razonable desde el punto de vista termodinámico. Dado que se transportan ~12 moles de $H^+$ por mol de $O_2$ producido, se generan ~12/3 ≈ 4 moles de ATP por cada mol de $O_2$ que se forma.

En la Figura 16.17 se presenta un resumen del conjunto completo de reacciones luminosas. Debe señalarse que los fotosistemas I y II, el complejo citocromo $b_6f$ y la ATP sintasa ($CF_0$-$CF_1$) son todos entidades individuales que están inmersas en la membrana tilacoide, aunque no necesariamente contiguas. Los componentes que conectan los fotosistemas y el complejo $b_6f$ son móviles: la plastoquinona en la fase lipídica de la membrana y la plastocianina en la luz tilacoidea. Así pues, los electrones pueden desplazarse largas distancias en este sistema. Este transporte de gran alcance es necesario debido a la disposición de los componentes en la membrana tilacoide. Un análisis cuidadoso de la composición de los grana indica que las capas de su membrana interna a tienen gran cantidad del fotosistema II, mientras que las lamelas del estroma tienen gran cantidad del fotosistema I (Figura 16.18). Esta segregación física de PSI y PSII

Los dos fotosistemas transportan protones desde el estroma a la luz del tilacoide. El retorno de los protones, a través de los complejos $CF_0$-$CF_1$, se utiliza para generar ATP.

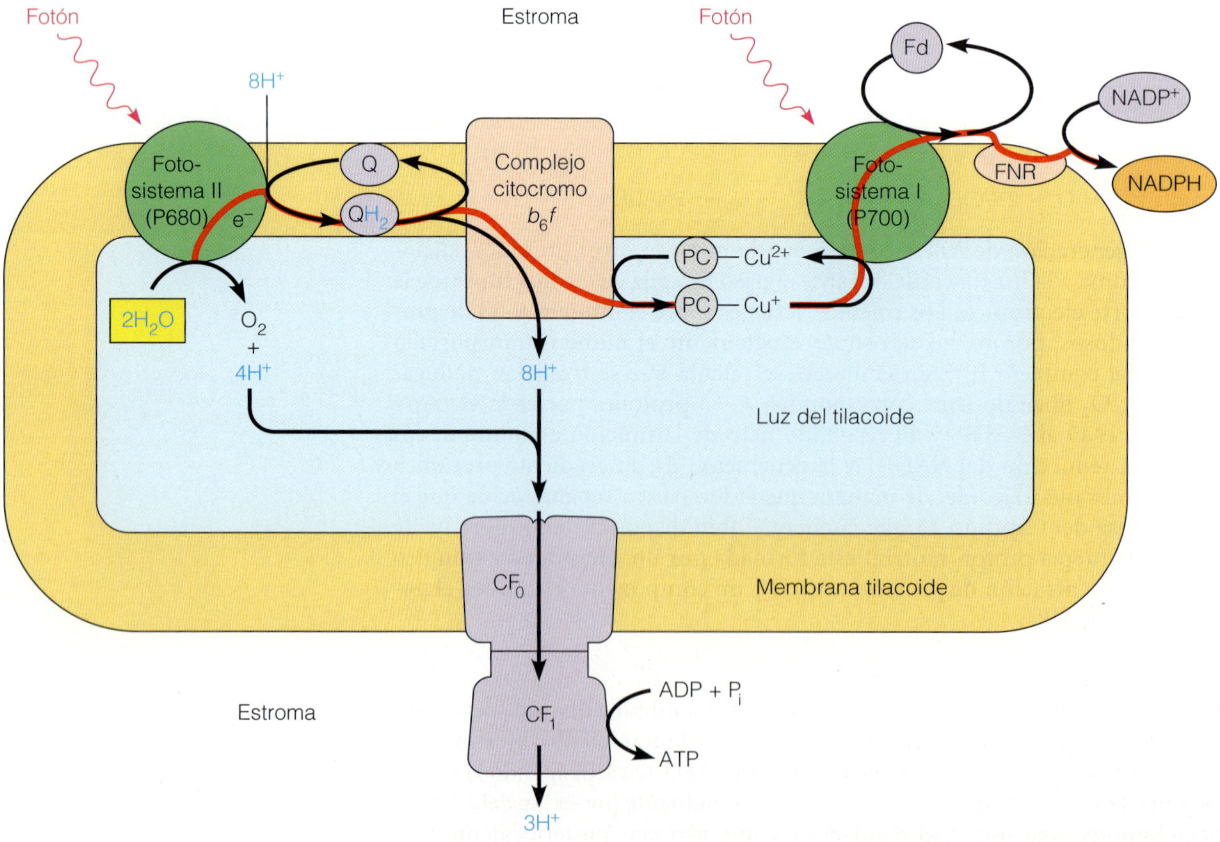


**FIGURA 16.17**

**Perspectiva resumida de las reacciones luminosas tal como se producen en el tilacoide.** Los fotosistemas I y II y el complejo citocromo $b_6f$ son complejos proteicos físicamente separados, que están incluidos en la membrana tilacoide. La transferencia electrónica desde el PSII al citocromo $b_6f$ se realiza por difusión de la plastoquinona reducida ($QH_2$) en los lípidos de la membrana. La transferencia desde $b_6f$ a PSI se produce a través de la plastocianina (PC), soluble en la luz. Los protones añadidos a la luz del tilacoide durante las reacciones luminosas atraviesan la membrana tilacoide a través de los complejos ATP sintasa ($CF_0$-$CF_1$). Las subunidades catalíticas de la ATP sintasa se encuentran en el componente $CF_1$ y están situadas frente al estroma, de manera que el ATP se genera en ese compartimiento. La reducción del $NADP^+$ por la Fd-$NADP^+$ reductasa (FNR) se produce también en la superficie de la membrana que contacta con el estroma o cerca de ella.

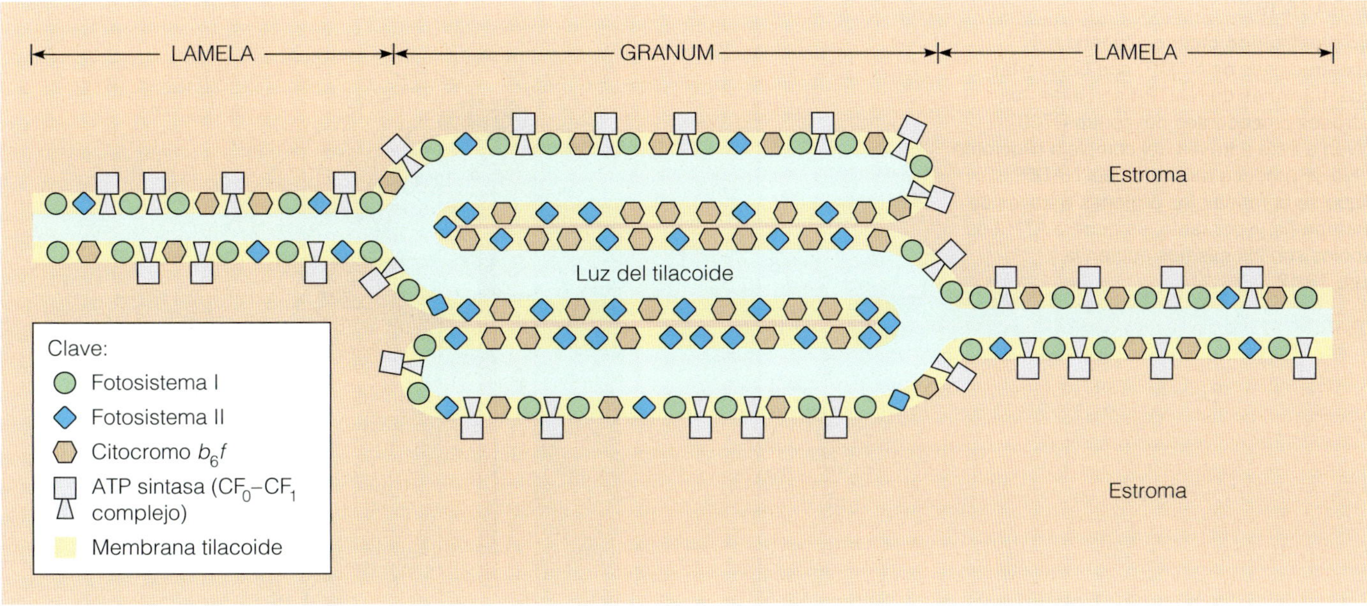


**FIGURA 16.18**

**Disposición de los componentes de los dos fotosistemas en la membrana tilacoide.** Las capas de membrana del interior del granum son ricas en el fotosistema II. Las lamelas de estroma y las superficies superior e inferior del granum son ricas en el fotosistema I y en partículas de ATP sintasa, lo que permite que se produzca la reducción del $NADP^+$ y la generación de ATP en la superficie que contacta con el estroma o cerca de ella.

proporciona también una forma de optimizar el rendimiento cuántico del proceso fotosintético. La eficacia máxima se obtiene cuando la energía que absorbe cada sistema está equilibrada. Debido a que la intensidad y la calidad espectral de la luz pueden cambiar rápidamente, las plantas superiores y las algas verdes han desarrollado un mecanismo elegante para modular la energía de excitación de los dos fotosistemas. Recuérdese que PSII y PSI tienen máximos de absorción diferentes a 680 nm (luz verde azulada) y 700 nm (luz roja), respectivamente. Si se excita en exceso PSII sobre PSI (denominado estado 2), la plastoquinona se reduce en demasía debido a que PSII reduce Q a QH con mayor rapidez que el complejo citocromo $b_6f$ y PSI puede oxidarlo (ver la Figura 16.17). En el estado 1, el PSI se excita en exceso sobre PSII, y la plastoquinona se oxida en demasía. Para mantener un equilibrio de excitación optimo, el cloroplasto puede cambiar la eficacia de la captación de la luz de los dos fotosistemas en un proceso denominado **transiciones de estado**. Esto se consigue al redistribuir los complejos antena de CCLII (Figura 16.10) entre PSII y PSI dentro de la membrana tilacoide. Este cambio se desencadena por la fosforilación de CCLII, catalizada por quinasas específicas unidas al tilacoide. La quinasa se activa por la acumulación de plastoquinona reducida. El CCLII fosforilado se disocia de PSII y se une a PSI, redireccionando de esta manera la energía de excitación absorbida al PSI a expensas del PSII. Una vez que la actividad de PSI alcanza a PSII, la plastoquinona se oxida, lo que conduce a la desactivación de la quinasa de CCLII. Una proteína fosfatasa activa constitutivamente cataliza la desfosforilación de CCLII, que luego se redistribuye de nuevo a PSII. Estas transiciones de estado tienen lugar en segundos a minutos al responder a las condiciones de cambio de luz.

## Un mecanismo alternativo de la reacción luminosa: flujo electrónico cíclico

En las reacciones luminosas de los dos sistemas que acabamos de describir, los electrones desplazados del fotosistema I por la excitación son sustituidos por el fotosistema II, que los recibe del agua. El proceso global se denomina **flujo electrónico no cíclico**, y la generación de ATP mediante este proceso se denomina **fotofosforilación no cíclica**. Una ruta alternativa de las reacciones luminosas, denominada **flujo electrónico cíclico**, utiliza los componentes del fotosistema I, junto con la plastocianina y el complejo citocromo $b_6f$ (Figura 16.19). El que esta ruta se utilice o no depende de las concentraciones de $NADP^+$ en el estroma del cloroplasto. Cuando el $NADP^+$ está presente tan solo en pequeñas cantidades, los electrones excitados en el centro P700 no se transfieren al $NADP^+$. En su lugar se pasan desde la ferredoxina al complejo citocromo $b_6f$ y de este,

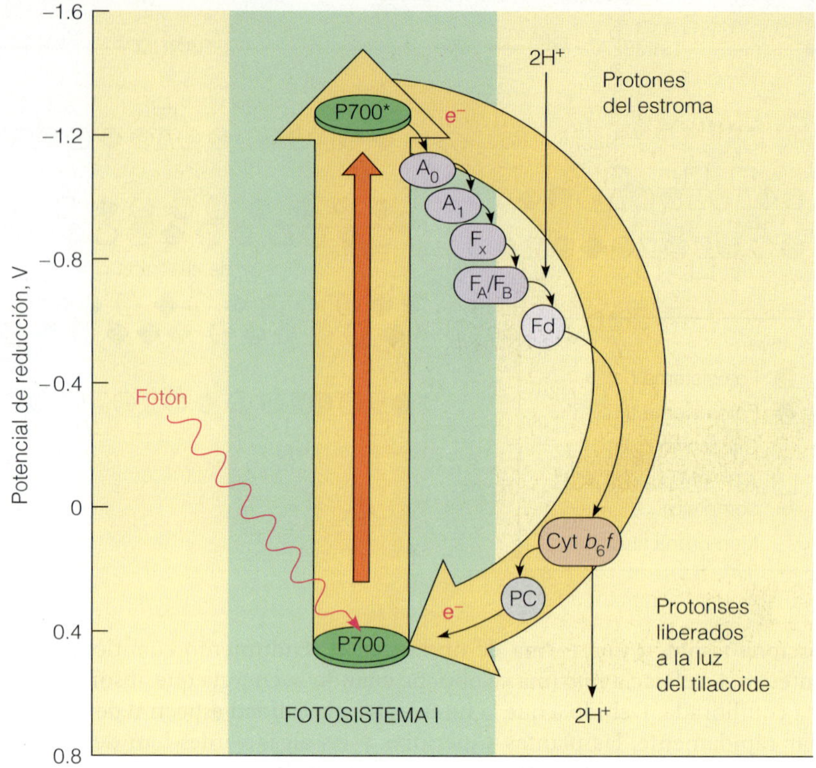


**FIGURA 16.19**

**Flujo electrónico cíclico.** Cuando las concentraciones de $NADP^+$ son bajas y las concentraciones de NADPH son altas, los electrones procedentes del centro P700 vuelven a este a través del complejo citocromo $b_6f$. No se produce reducción del $NADP^+$, aunque se bombean los protones a través de la membrana y, por tanto, se genera ATP. Los símbolos son los mismos que en la Figura 16.12.

vuelven al estado basal del P700 a través de la plastocianina. Una forma de examinar este flujo electrónico cíclico es considerar el complejo $b_6f$ y el $NADP^+$ como competidores por los electrones de la Fd. El complejo $b_6f$ bombea protones a través de la membrana tilacoide durante este proceso cíclico, con lo que se asegura la generación de ATP. Se genera aproximadamente un ATP por cada dos electrones que completan el ciclo, en un proceso denominado **fotofosforilación cíclica**. Sin embargo, en ese proceso, no se libera $O_2$ y no se reduce $NADP^+$.

El flujo electrónico cíclico, una alternativa al flujo electrónico de los dos sistemas (no cíclico) genera ATP adicional cuando el NADPH es abundante.

El flujo electrónico cíclico parece servir para generar ATP en situaciones en las que el NADPH reductor es abundante y se dispone de poco $NADP^+$ como aceptor electrónico. Puede desempeñar también un cometido más fundamental. Como veremos, las necesidades de ATP en las reacciones oscuras fotosintéticas son considerables y es posible que no siempre sean plenamente satisfechas por el flujo electrónico no cíclico. La fotofosforilación cíclica, que produce ATP pero no NADPH, ayuda a mantener el equilibrio necesario entre la producción de ATP y NADPH.

## Complejos del centro de reacción en las bacterias fotosintéticas

Las reacciones luminosas que acabamos de describir son las que se producen en las plantas y las algas. Sin embargo, parte de la información más precisa de que disponemos respecto al funcionamiento de las reacciones luminosas procede de los estudios realizados con las bacterias fotosintéticas, como las bacterias púrpura (que se llaman así por la bacterioclorofila coloreada y los pigmentos carotenoides de sus membranas). Estas bacterias son unos organismos versátiles, capaces de obtener energía en la oscuridad empleando la respiración celular o en la luz conectando la fotosíntesis. Los estudios iniciales de Roderick Clayton indicaron que estos organismos utilizan solo un fotosistema y que los centros de reacción de estos organismos podían aislarse de forma pura. Posteriormente, Johann Deisenhofer, Hartmut Michel y Robert Huber, con el empleo de la difracción de rayos X, determinaron la estructura molecular completa del complejo centro de reacción cristalizado de la bacteria púrpura, *Rhodopseudomonas viridis*. Este trabajo les valió el Premio Nobel de Química en el año 1988.

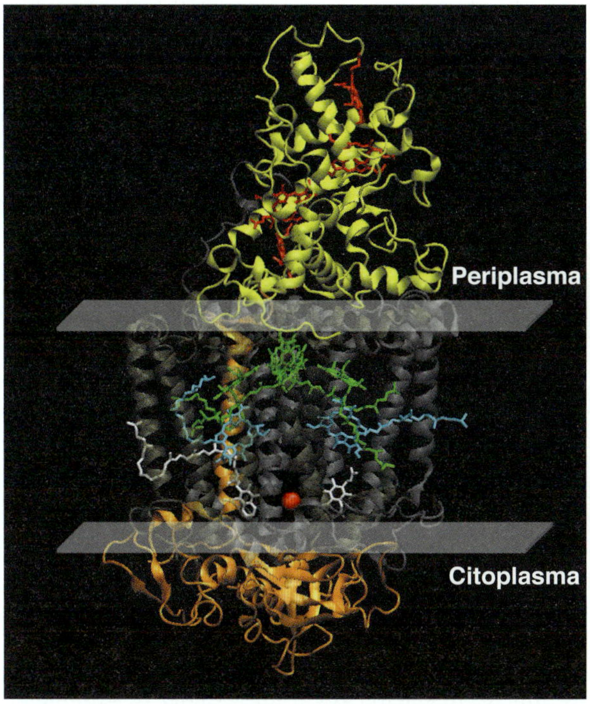


**FIGURA 16.20**

**Modelo de un complejo centro de reacción de una bacteria púrpura.** Perspectiva del centro de reacción de *Blastochloris viridis* (antes *Rhodopseudomonas viridis*), (PDB ID 3D38) tal como se ve desde el plano de la membrana (se indican las localizaciones aproximadas de las caras periplásmica y citoplásmica de la membrana). El citocromo (amarillo), que lleva cuatro grupos hemo (rojo), se encuentra en el espacio periplásmico entre las membranas interna y externa de la bacteria. Las subunidades M (plata) y L (canela), cada una con cinco hélices α transmembrana, abarcan la membrana. Estas subunidades llevan cuatro bacterioclorofilas (verde), dos bacteriofeofitinas (cian), dos quinonas (blanco) y un átomo de hierro (rojo), todos ellos implicados en la captación de fotones y la transferencia electrónica. Dos de las bacterioclorofilas constituyen el centro de reacción. La subunidad H (naranja) se encuentra en su mayor parte sobre el lado citosólico de la membrana, aunque tiene una hélice α que se extiende de lado a lado de la membrana.

Algunas bacterias fotosintéticas utilizan un fotosistema que genera ATP de una forma análoga a la del fotosistema II.

En la Figura 16.20 se presenta un modelo estructural del centro de reacción de una bacteria púrpura. Se trata de una proteína transmembrana formada por cuatro polipéptidos. La parte del complejo que se encuentra fuera de la membrana plasmática bacteriana, en el espacio periplásmico, es un citocromo de tipo *c* portador de cuatro grupos hemo. En cambio, la subunidad H se encuentra, en gran parte, en la cara citosólica de la membrana. Enterradas en la membrana se encuentran dos subunidades (L y M) que son, en gran parte, hélices α. Estas subunidades contienen cuatro moléculas de bacterioclorofila *b*, dos bacteriofeofitinas, dos quinonas (denominadas $Q_A$ y $Q_B$) y un átomo de hierro unido. Dos de las bacterioclorofilas (el «par especial») se encuentran muy próximas y forman el centro de reacción en sí. La absorción de luz es máxima en el infrarrojo próximo, a aproximadamente 870 nm, por lo que este centro se denomina P870.

Químicamente, el complejo del centro de *Rhodobacter* se parece mucho al fotosistema II de las plantas, teniendo en cuenta que contiene feofitinas (bacteriofeofitina o BPh) y quinonas. Los estudios realizados sobre la cinética de las reacciones en centros aislados han permitido determinar la ruta de los electrones (Figura 17.19). La excitación del centro de reacción conduce muy rápidamente (en aproximadamente 10-12 s) a la transferencia de un electrón a una de las dos feofitinas. El electrón pasa luego a QA y después a QB. Normalmente, estas quinonas están unidas en el complejo, pero al recibir un segundo electrón (y dos protones), QB se disocia. Se cree que $QH_2$ se desplaza entonces y reduce el complejo citocromo $bc_1$ (bastante parecido al complejo *b6f*). El electrón vuelve desde el complejo $bc_1$ al centro de reacción a través del citocromo en el complejo centro de reacción. Dado que el flujo electrónico es cíclico, no hay oxidación-reducción neta, y de esta forma, no hay necesidad de un reductor externo, como el agua. Por consiguiente, este proceso no produce $O_2$ y se denomina fotosíntesis *anoxigénica.*

Sin embargo, el resultado neto de este flujo electrónico cíclico es el bombeo de protones desde el citosol bacteriano al espacio periplásmico, al oxidarse $QH_2$ por el complejo $bc_1$. Los citosoles de estas bacterias se hacen muy alcalinos a medida que continúa la fotosíntesis. La vuelta de los protones se realiza a través de los complejos ATP sintasa, que abarcan la membrana plasmática, con la generación de ATP (Figura 16.21). El flujo electrónico cíclico en estas bacterias debe diferenciarse bien del flujo cíclico que puede producirse a través del fotosistema I en las plantas. El sistema bacteriano es, en cuanto

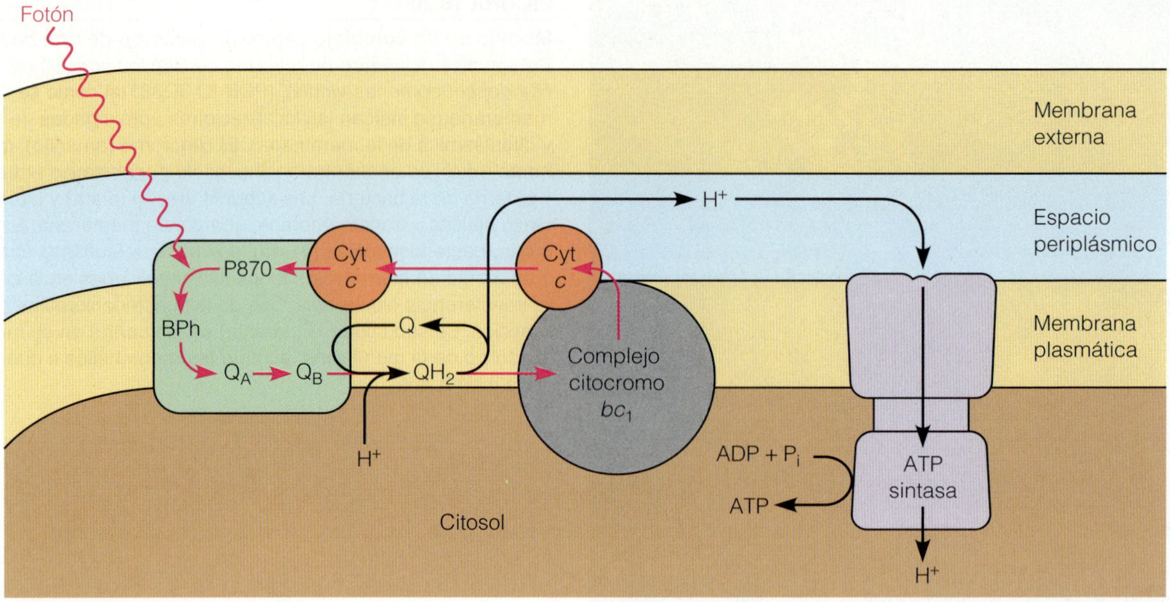


**FIGURA 16.21**

**Mecanismo de la fotosíntesis en las bacterias púrpuras.** Este proceso se parece algo a las reacciones del fotosistema II en el tilacoide (*véase* la Figura 16.17), con un centro de reacción y un complejo citocromo unido a la membrana. Sin embargo, solo hay un tipo de centro de reacción, no se fragmenta agua y el flujo electrónico es cíclico.

a sus transportadores electrónicos, mucho más parecido al fotosistema II. Aunque en este caso no se ha generado poder reductor directamente por la reacción luminosa, estas bacterias pueden realizar las reacciones oscuras de la fotosíntesis (asimilación de $CO_2$) utilizando la energía del ATP para transferir electrones desde diversos sustratos como $H_2S$, S, $S_2O_3^{2-}$ (tiosulfato) al $NADP^+$ para producir el NADPH necesario.

Otras bacterias fotosintéticas anoxígenas, como la bacteria anaerobia verde *Chlorobium*, utilizan un fotosistema que se parece más al fotosistema I de las plantas. Estos sistemas de tipo I catalizan un proceso de transporte electrónico lineal impulsado por la luz, en el que se extraen los electrones del $H_2S$ para reponer el centro de reacción oxidado, y se libera $S_2$.

## Fotosíntesis artificial

El gran incentivo para diseñar nuevas fuentes de energía que sean seguras para el medio ambiente ha llevado a varios científicos a intentar imitar a las plantas fotosintetizadoras, que son los convertidores de energía solar más eficaces que se conocen. Aunque muchos tipos de moléculas pueden capturar fotones, en la mayor parte de los casos, la energía simplemente se degrada a calor a bajas temperaturas y no puede producir un trabajo utilizable. La argucia es producir, mediante la captura de la radiación, un estado excitado de larga duración que pueda acoplarse al proceso deseado de ahorro energético. Recientemente, los investigadores han conseguido incorporar un catalizador de manganeso-oxígeno ($Mn_4O_4$) de inspiración biológica dentro de una membrana de plástico que permite que los protones pasen en una dirección (Figura 16.22). La membrana separa dos electrodos. El ánodo está inmerso en una disolución que contiene un colorante de rutenio. La luz solar excita a los electrones del colorante que son recogidos por el ánodo y llevados a un circuito externo. El complejo $Mn_4O_4$ absorbe también protones, tras lo cual cataliza la fragmentación (oxidación) de $H_2O$ a $O_2$ y protones ($H^+$). Los electrones del agua se pasan a las moléculas del colorante con déficit de electrones y los protones pasan a través de la membrana hasta el cátodo. Estos protones se combinan con electrones del circuito externo y producen gas hidrógeno ($H_2$). De esta forma, como la fotosíntesis natural, esta célula solar artificial convierte la luz solar en combustible químico, aunque con una eficacia mucho menor.

En lo que es un campo que evoluciona con gran rapidez, se han desarrollado o propuesto una amplia variedad de otros sistemas modelo. Bien puede suceder que una fuente importante de energía del futuro se fundamente en lo que la naturaleza generó hace varios miles de millones de años.

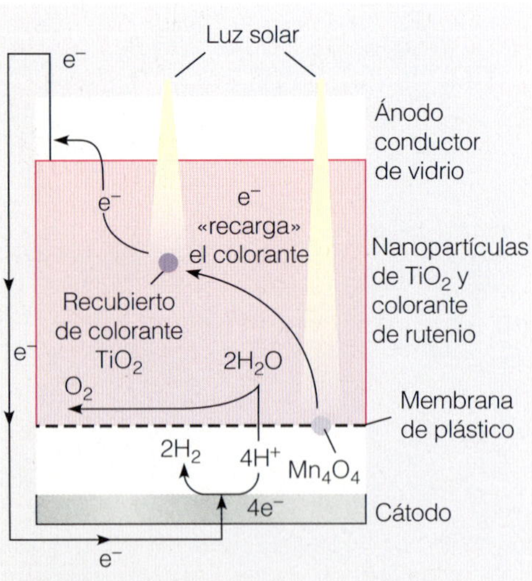


**FIGURA 16.22**

**Fotosíntesis artificial.** En esta célula solar, la energía luminosa absorbida impulsa la fragmentación del agua en oxígeno y protones, formando el combustible hidrógeno ($H_2$).

## Reacciones oscuras: ciclo de Calvin

Las reacciones oscuras se producen en el estroma del cloroplasto (o en el citoplasma de las bacterias fotosintéticas). Su función es la de fijar el dióxido de carbono atmosférico en los hidratos de carbono, utilizando la energía del ATP y el poder reductor (NADPH) generados por las reacciones luminosas. Como se ha señalado antes, las reacciones oscuras pueden producirse sin luz, pero se aceleran en presencia de luz.

La fijación del dióxido de carbono se realiza mediante la adición de un $CO_2$ cada vez a una molécula aceptora, y el paso de la molécula a través de una serie cíclica de reacciones que se muestran esquemáticamente en la Figura 16.23. Al conjunto de la serie se le denomina **ciclo de Calvin**, en honor del bioquímico norteamericano Melvin Calvin, que en 1961 recibió el Premio Nobel por su trabajo en este campo. Calvin, que trabajó en los años 1940 y 1950 con James Bassham y Andrew Benson, expuso cultivos de algas unicelulares como *Chlorella* y *Scenedesmus* a $CO_2$ marcado con $^{14}C$ durante unos segundos; luego mató de forma rápida las células y detuvo todo el metabolismo. Analizó los extractos mediante la técnica de cromatografía bidimensional en papel, que se había puesto a punto en aquellos años, y detectó los compuestos radiactivos exponiendo el cromatograma a una película de rayos X (autorradiografía, *véase* Herramientas de la Bioquímica 12A). Estos métodos permitieron a los investigadores descubrir el primer producto de la fijación del $CO_2$ (3-fosfoglicerato) y finalmente, descubrir la ruta cíclica completa. El ciclo da lugar a la formación de hexosas y a la regeneración de la molécula aceptora. El ciclo de Calvin puede contemplarse como formado por dos fases. En la fase I, se atrapa el dióxido de carbono en forma de carboxilato y se reduce al nivel de carbonilo que se encuentra en los azúcares, con lo que se produce una síntesis neta de hidratos de carbono. La fase II está dedicada a la regeneración de la molécula aceptora. Examinaremos cada fase de forma consecutiva.

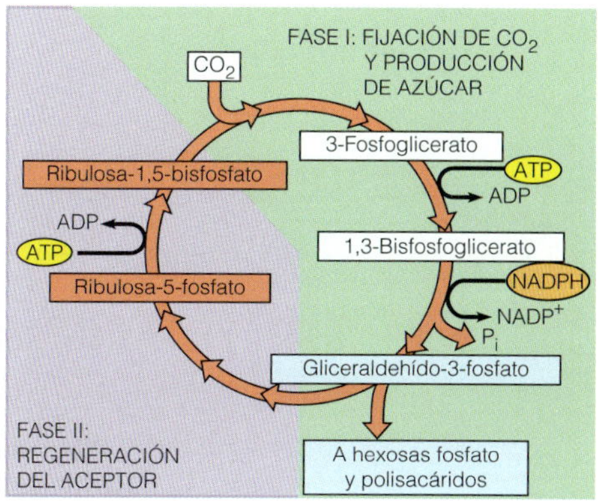


**FIGURA 16.23**

**Perspectiva esquemática del ciclo de Calvin.** El ciclo puede dividirse en dos fases. En la fase I, se fija el $CO_2$ y se produce gliceraldehído-3-fosfato (GAP). Parte de este GAP se utiliza para la formación de hexosas fosfato y finalmente polisacáridos. Otra fracción del GAP se utiliza en la fase II para regenerar la molécula aceptor, la ribulosa-1,5-bisfosfato.

El ciclo de Calvin utiliza el ATP y el NADPH generados en las reacciones luminosas para fijar el $CO_2$ atmosférico en hidratos de carbono.

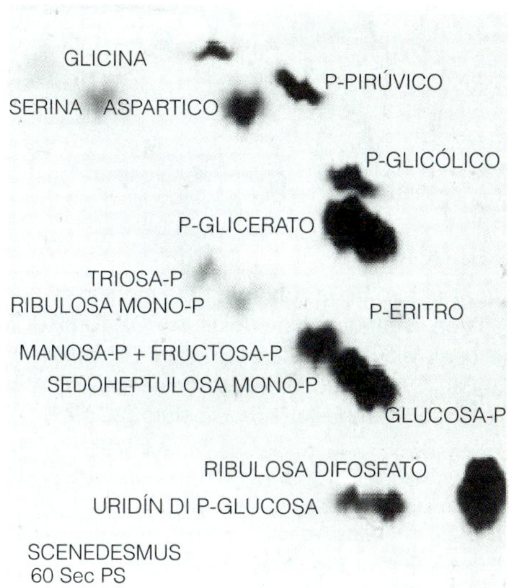


Autorradiograma de un cromatograma 2D en papel que muestra los productos marcados tras 60 seg de exposición de *Scendesmus* a $^{14}CO_2$.



## Fase I: fijación del dióxido de carbono y producción de azúcar

### Incorporación del $CO_2$ en un azúcar de tres carbonos

El dióxido de carbono se incorpora al gliceraldehído-3-fosfato (GAP) a través de los intermediarios que se indican en la Figura 16.23. La molécula aceptora del $CO_2$ es la **ribulosa-1,5-bisfosfato** (**RuBP**). El dióxido de carbono del aire difunde hacia el interior del estroma del cloroplasto, en donde se añade al carbono carbonilo de la RuBP. La reacción la cataliza la enzima **ribulosa-1,5-bisfosfato carboxilasa**, también denominada ribulosa-1,5-bisfosfato carboxilasa/oxigenasa (o **rubisco**). Esta enzima es una de las más importantes de la biosfera y ciertamente, la más abundante. Constituye hasta un 15 % del total de proteínas de los cloroplastos y se ha calculado que en el mundo existen unos 40 millones de toneladas de la misma (unos 10 kilogramos por cada persona viva). Hay cuatro formas distintas de rubisco en la naturaleza. La forma I, que se encuentra en las plantas superiores, las algas eucariotas, y muchas cianobacterias y proteobacterias, está formada por ocho subunidades catalíticas grandes (~50 kDa) y ocho subunidades pequeñas (~15 kDa), no catalíticas. Este complejo $L_8S_8$ está dispuesto como un centro con cuatro homodímeros de las subunidades catalíticas cubierto en las partes superior e inferior por cuatro subunidades pequeñas. Las subunidades catalíticas grandes están codificadas por el genoma del cloroplasto, mientras que las subunidades pequeñas están codificadas por el genoma nuclear. De esta forma, la producción de rubisco activa en el estroma del cloroplasto necesita la coordinación de la expresión génica nuclear y del cloroplasto y la translocalización de la subunidad pequeña sintetizada en el citoplasma al interior del cloroplasto para el ensamblaje de la holoenzima. Las otras tres formas de rubisco, mucho menos difundidas, están formadas por varias disposiciones solo de subunidades grandes.

El ciclo de Calvin tiene dos fases. Primero, se fija el $CO_2$ mediante la adición a la ribulosa-1,5-bisfosfato (RuBP) y se forman hexosas. En la segunda fase, se regenera la RuBP.

Como indica su nombre completo, la enzima tiene también una actividad alternativa de oxigenasa. Veremos la importancia de esta otra actividad más adelante. Por el momento, nos centraremos en su función de fijación de $CO_2$ (carboxilasa). La reacción carboxilasa comprende una serie compleja de pasos, en los que el $CO_2$ aceptor real parece ser el intermedio enediolato de cinco carbonos:

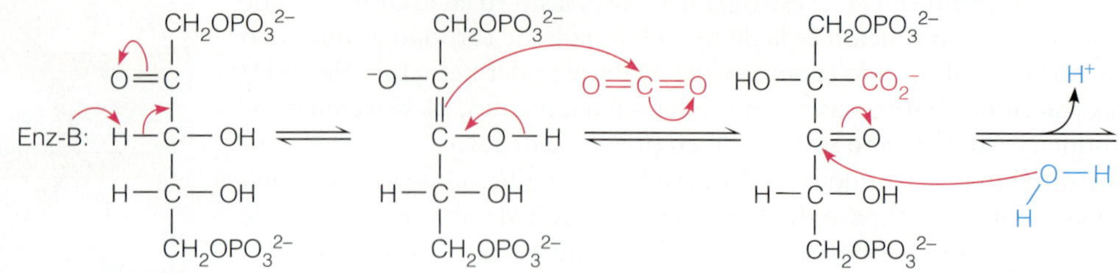

Ribulosa-1,5-bisfosfato — Intermedio enediolato — Intermedio Carboxi-$\beta$-ceto

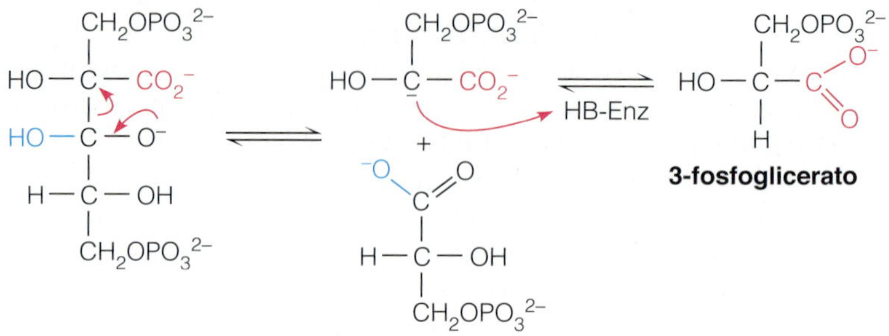

3-fosfoglicerato — 3-fosfoglicerato

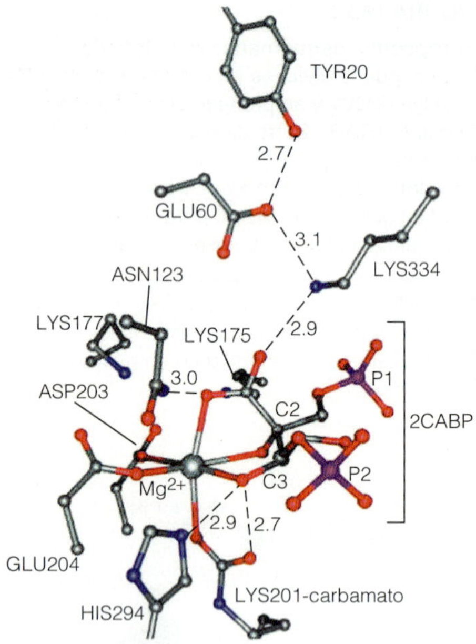


**FIGURA 16.24**

**Lugar activo de la rubisco.** Este modelo se basa en la estructura de rayos X (PDB ID 8RUC) del complejo rubisco de espinaca en complejo con $Mg^{2+}$ y el análogo del estado de transición 2-carboxi-D-arabinitol-1,5-bisfosfato (2CABP).

Modificado con autorización de *Journal of the American Chemical Society* 130:15063–15080, B. Kannappan and J. E. Gready, Redefinition of rubisco carboxylase reaction reveals origin of water for hydration and new roles for active-site residues. © 2008 American Chemical Society.

La química de esta reacción es objeto de una investigación intensa, habiéndose propuesto varios mecanismos. Primero se activa la enzima mediante la *carbamación* de un residuo de lisina del lugar activo. Este carbamato, que se forma por una reacción no enzimática de un $CO_2$ que no es sustrato con el grupo ε-amino de la lisina, es análogo a los carbamatos del N-terminal de la hemoglobina (Capítulo 7). El carbamato con carga negativa forma parte del lugar de unión de un ion $Mg^{2+}$ esencial (Figura 16.24). El ion $Mg^{2+}$ participa en la unión de RuBP y la activación de la molécula de $H_2O$ que hidrata al intermedio carboxi-$\beta$-ceto. Una vez carboxilado el intermediario enediolato, se hidrata el producto y luego se fragmenta, produciendo dos moléculas de 3-fosfoglicerato (3PG). La fragmentación se facilita por la protonación mediante un ácido del lugar activo (HB-Enz). La reacción es básicamente irreversible, con un valor de $\Delta G^{\circ\prime} = -35.1$ kJ/mol. En este punto, el $CO_2$ ha quedado fijado ya a un hidrato de carbono. El resto de las reacciones del ciclo de Calvin están dedicadas a producir hexosas a partir de la triosa y a regenerar la RuBP.

Cada molécula de 3PG se fosforila por el ATP, en una reacción catalizada por la *fosfoglicerato quinasa*. El 1,3-bisfosfoglicerato producido así se reduce luego a gliceraldehído-3-fosfato (GAP), con la pérdida asociada de un fosfato. El agente reductor es el NADPH, producido en la reacción luminosa, y la reacción la cataliza la enzima *gliceraldehído-3-fosfato deshidrogenasa*:

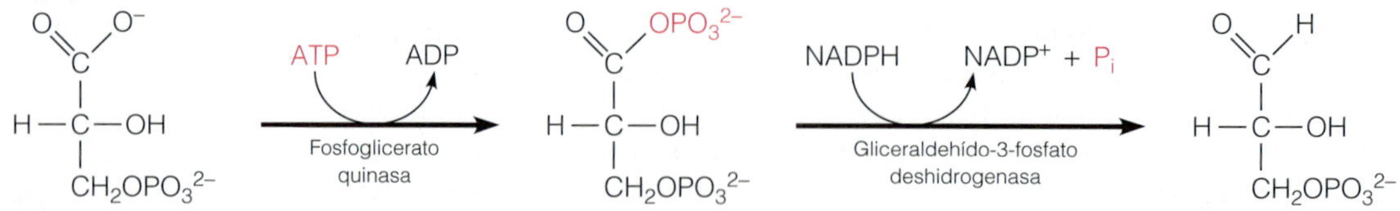

3-Fosfoglicerato — 1,3-Bisfosfoglicerato — Gliceraldehído-3-fosfato

Anteriormente, hemos encontrado enzimas similares en relación con su función en la glucólisis (*véase* el Capítulo 13).

En esta fase del ciclo, una molécula de $CO_2$ ha quedado fijada ya en un monosacárido simple (de tres carbonos). Resulta útil señalar los requerimientos de ATP y NADPH hasta este punto. Por cada molécula de $CO_2$ que ha pasado por estos pasos,

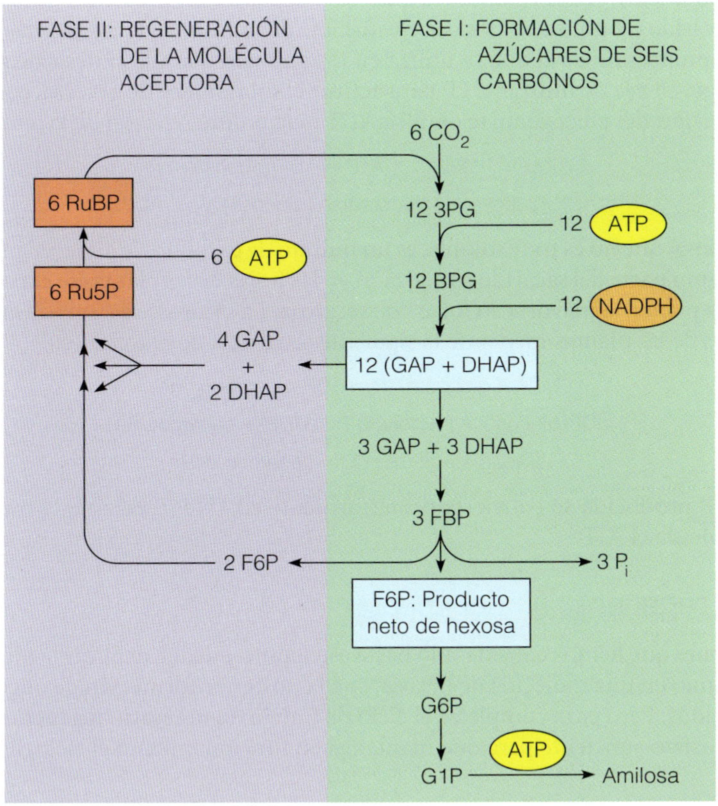


**FIGURA 16.25**

**Estequiometría del ciclo de Calvin.** En seis vueltas del ciclo de Calvin, seis moléculas de $CO_2$ habrán entrado en el mismo y se habrán unido a seis moléculas de ribulosa-1,5-bisfosfato (RuBP) para producir doce moléculas de gliceraldehído-3-fosfato (GAP). Dado que el GAP está en equilibrio isomérico con la dihidroxiacetona fosfato (DHAP), los doce GAP pueden considerarse una reserva interconvertible de doce moléculas de (GAP + DHAP). Seis de estas moléculas se utilizan para producir tres moléculas de fructosa-1,6-bisfosfato (FBP), de las que *una* constituye el producto neto de hexosa de las seis vueltas. Las otras dos FBP se utilizan, junto con las seis moléculas restantes de (GAP + DHAP), para formar seis moléculas de ribulosa-5-fosfato (Ru5P), que a continuación, se fosforilan para regenerar las seis moléculas de RuBP necesarias.

se han hidrolizado dos moléculas de ATP y se han oxidado dos moléculas de NADPH. Sin embargo, resulta más adecuado realizar los cálculos en función de la cantidad de glucosa, porque queremos ver qué debe suceder para generar una molécula de hexosa a partir de $CO_2$. En la Figura 16.25 se muestra una representación esquemática de la estequiometría de todo el ciclo de Calvin. Deben entrar seis moléculas de $CO_2$ en el ciclo para proporcionar los seis carbonos necesarios para cada nueva molécula de hexosa producida. Eso requerirá la formación de 12 GAP y, por tanto, serán necesarios 12 ATP y 12 NADPH.

En este punto la ruta se divide en dos, para cumplir los dos objetivos esenciales: formar hexosas y regenerar el aceptor. De las 12 moléculas de GAP que se han producido, 2 se utilizarán para formar una molécula de hexosa. Las 10 restantes se emplearán para regenerar las 6 moléculas de ribulosa bisfosfato, que son necesarias para mantener el ciclo. Es decir, 10 moléculas de tres carbonos se convertirán en 6 moléculas de cinco carbonos.

## Formación de azúcares hexosas

Este tema nos resulta ya familiar, puesto que sigue una parte de la ruta de la gluconeogénesis que se ha descrito en el Capítulo 13. Las reacciones se presentan esquemáticamente en la Figura 16.25. Recuérdese que el gliceraldehído-3-fosfato puede isomerizarse a dihidroxiacetona fosfato (DHAP) por la triosa fosfato isomerasa (páginas 528-529). Así pues, las doce moléculas de GAP producidas pueden considerarse una reserva interconvertible de GAP y DHAP. Una molécula de GAP y una molécula de DHAP pueden combinarse, mediante la acción de la enzima *fructosa bisfosfato aldolasa*, para dar la fructosa-1,6-bisfosfato (FBP). Como se indica en la Figura 16.25, seis de las moléculas de GAP siguen esta ruta, para dar tres moléculas de FBP. La FBP se desfosforila para producir tres moléculas de fructosa-6-fosfato (F6P). Dos de ellas se utilizarán en la ruta de regeneración, pero una podría utilizarse como producto neto del ciclo de Calvin; esta molécula se isomeriza entonces a glucosa-6-fosfato (G6P) y, finalmente, a glucosa-1-fosfato (G1P).

En los animales y en las plantas, la glucosa-1-fosfato es el precursor de la formación de oligosacáridos y polisacáridos. La formación del almidón de las plantas (amilosa) sigue un camino similar al que se utiliza en los animales para la síntesis de glucógeno. Sin embargo, en vez de utilizar UTP para activar el monómero de glucosa, como ocurre en la formación del glucógeno, se emplea ATP en la polimerización de la amilosa:

$$\text{Glucosa-1-fosfato} + \text{ATP} \rightarrow \text{ADP-glucosa} + \text{PP}_i$$

$$\text{ADP-glucosa} + (\text{glucosa})_n \rightarrow (\text{glucosa})_{n+1} + \text{ADP}$$

La amilosa, que no es muy soluble, es un hidrato de carbono de almacenamiento. Sin embargo, gran parte del sacárido sintetizado en las hojas de las plantas se exporta a otras partes de la planta, la mayoría en forma de sacarosa. La sacarosa se sintetiza en el citosol de las hojas de las plantas mediante la siguiente secuencia de reacciones:

$$\text{UTP} + \text{glucosa-1-P} \rightarrow \text{UDP-glucosa} + \text{PP}_i$$

$$\text{UDP-glucosa} + \text{fructosa-6-P} \rightarrow \text{UDP} + \text{sacarosa-6-P}$$

$$\text{Sacarosa-6-P} + \text{H}_2\text{O} \rightarrow \text{sacarosa} + \text{P}_i$$

La UDP producida se convierte posteriormente en UTP mediante la transferencia de fosfato desde el ATP.

## Fase II: regeneración del aceptor

Las reacciones que hemos considerado hasta este punto pueden explicar la introducción de un carbono en una molécula de hexosa, con la posterior formación de oligosacáridos y polisacáridos. Pero para completar el ciclo de Calvin, es necesario regenerar la ribulosa-1,5-bisfosfato suficiente para que mantenga en funcionamiento el ciclo. Esto signifi-

**FIGURA 16.26**

**Fase de regeneración del ciclo de Calvin.** La estequiometría aquí sigue la de la Figura 16.25. Las dos moléculas de fructosa-6-fosfato que entran en la parte superior se combinan con cuatro moléculas de GAP y dos moléculas de DHAP para producir las seis moléculas necesarias de ribulosa-5-fosfato. Estas, a continuación, se fosforilan para producir la RuBP necesaria. Obsérvese la semejanza de esta ruta con partes de la ruta de las pentosas fosfato que transcurre en sentido inverso (*véase* la Figura 13.39, página 576).

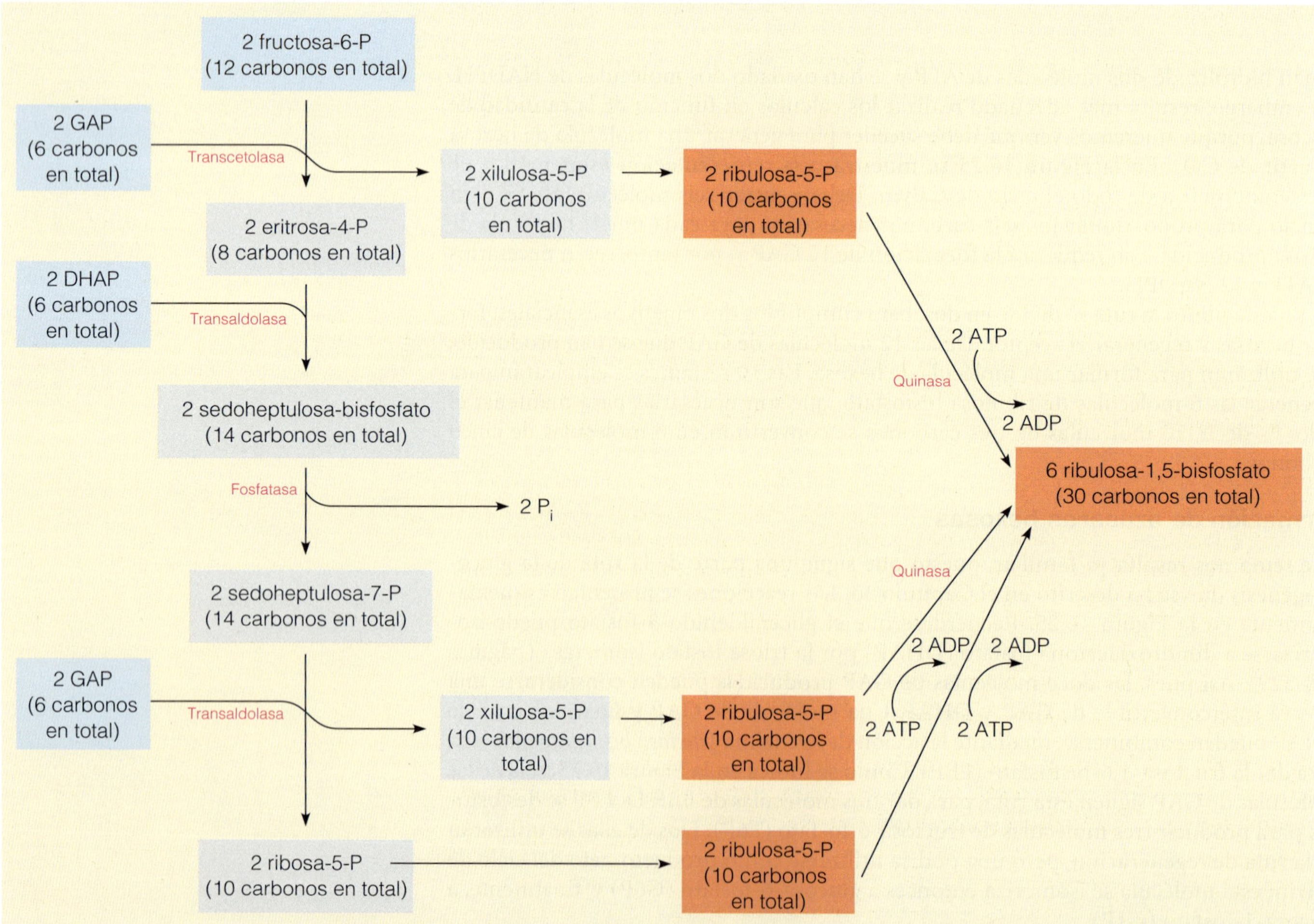

ca quc necesitaremos regenerar 6 moles de RuBP por cada 6 moles de $CO_2$ capturado. Esto se consigue mediante el conjunto de reacciones que se muestran en la Figura 16.26, que constituyen la fase regenerativa del ciclo que se presenta esquemáticamente en las Figuras 16.23 y 16.25. Obsérvese que las moléculas de *entrada* en esta ruta de reacción algo compleja son las siguientes:

1. Dos moléculas de DHAP y cuatro moléculas de GAP procedentes de los seis GAP que se han derivado a la ruta de regeneración de la Figura 16.25.
2. Dos de las tres moléculas de fructosa-6-fosfato (F6P) que se han producido a partir de los tres GAP y las tres DHAP restantes.

Para formar moléculas de cinco carbonos a partir de moléculas de seis carbonos y de tres carbonos, son necesarios varios reordenamientos. Ello se consigue mediante *transcetolasas* y *transaldolasas.* En el Capítulo 9 se indicaron las estructuras de los azúcares que intervienen en estas reacciones y en el Capítulo 13 se han presentado los mecanismos químicos de estas reacciones (páginas 578-580). Lo que tiene importancia aquí es la forma en que se han reordenado y recombinado las dos hexosas y las seis triosas para formar seis pentosas.

El paso final de la regeneración de la ribulosa-1,5-bisfosfato es una fosforilación, catalizada por la enzima *ribulosa-5-fosfato quinasa* con el empleo de ATP. Para seis vueltas del ciclo, este paso requerirá 6 ATP, además de los 12 ya considerados. Por tanto, las necesidades para la síntesis de 1 mol de hexosa a partir de $CO_2$ son de 12 moles de NADPH y 18 moles de ATP:

$$6CO_2 + 12NADPH + 12H^+ \rightarrow C_6H_{12}O_6 + 12NADP^+ + 6H_2O$$

$$18ATP + 18H_2O \rightarrow 18ADP + 18P_i + 18H^+$$

[H está ajustado en la segunda ecuación cuando se incluye el H en el $P_i$ ($HPO_4^{2-}$)]. La suma de estas dos ecuaciones permite escribir la reacción oscura global de la forma

$$6CO_2 + 18ATP + 12NADPH + 12H_2O \rightarrow C_6H_{12}O_6 + 18ADP + 18P_i + 12NADP^+ + 6H^+$$

## Resumen de las reacciones luminosa y oscura en la fotosíntesis de dos sistemas

### Reacción global y eficacia de la fotosíntesis

El ATP y el NADPH necesarios para las reacciones oscuras se liberan al estroma por las reacciones luminosas de la fotosíntesis. Si recordamos que son necesarios dos protones por cada electrón que pasa a través de los fotosistemas I y II, y que son necesarios dos electrones para reducir cada $NADP^+$, podemos deducir que son precisos cuatro fotones para la producción de cada molécula de NADPH. Esto corresponde a ocho fotones por $O_2$, cifra que concuerda con la eficacia cuántica observada experimentalmente cuando actúan los dos fotosistemas, que es de aproximadamente 0.12 $O_2$ por fotón. Para los 12 NADPH necesarios en la reacción oscura, como se resume en la sección anterior, deben absorberse 48 fotones. Si suponemos que estos fotones bombearán también los protones suficientes a través de la membrana tilacoide para producir los 18 ATP precisos, podemos establecer una aproximación de las reacciones luminosas de la forma siguiente:

$$12H_2O + 12NADP^+ \rightarrow 12H^+ + 12NADPH + 6O_2$$

$$18ADP + 18P_i + 18H^+ \rightarrow 18ATP + 18H_2O$$

$$\text{Suma: } 12NADP^+ + 18ADP + 18P_i + 6H^+ \rightarrow 18ATP + 6H_2O + 12NADPH + 6O_2$$

Esta ecuación difiere de la tercera ecuación de la página 689 en que ahora incluimos la generación de ATP a partir del gradiente protónico. Sumando esta ecuación para la reacción luminosa a la reacción oscura global, obtenemos

$$6H_2O + 6CO_2 \xrightarrow{\text{48 fotones}} C_6H_{12}O_6 + 6O_2$$

La eficacia energética global de la fotosíntesis puede aproximarse al 35 %.

Este cálculo de 48 fotones supone que la fotofosforilación no cíclica proporciona la cantidad de ATP suficiente para las reacciones oscuras. Si, como consideran muchos investigadores en este campo, es necesario ATP adicional procedente de la fotofosforilación cíclica, el número de fotones necesarios será superior.

Mediante estos cálculos podemos estimar la eficacia energética de la fotosíntesis. La formación de un mol de hexosa a partir de $CO_2$ y agua requiere, como hemos visto, 2870 kJ. La entrada de energía por fotón depende de la longitud de onda de la luz utilizada. Suponiendo que se emplee una luz de una longitud de onda de 650 nm, 48 einstein de esa luz corresponden a unos 8000 kJ (*véase* la Figura 16.6). A partir de esta cifra, podemos calcular una eficacia teórica de, aproximadamente, un 35 %. Las medidas experimentales directas de la eficacia en condiciones óptimas dan resultados del mismo orden o ligeramente inferiores. Con un nivel de iluminación superior, cuando no todos los fotones absorbidos por los cloroplastos pueden utilizarse para la excitación del centro de reacción, la eficacia es mucho menor.

Las reacciones oscuras fotosintéticas se regulan por la cantidad de luz de que dispone el organismo a través de la activación de enzimas clave.

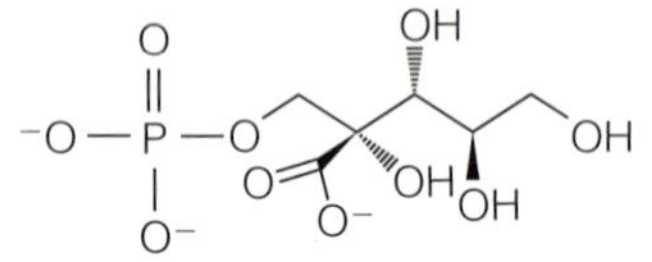

2-carboxi-D-arabinitol-1-fosfato (CA1P)

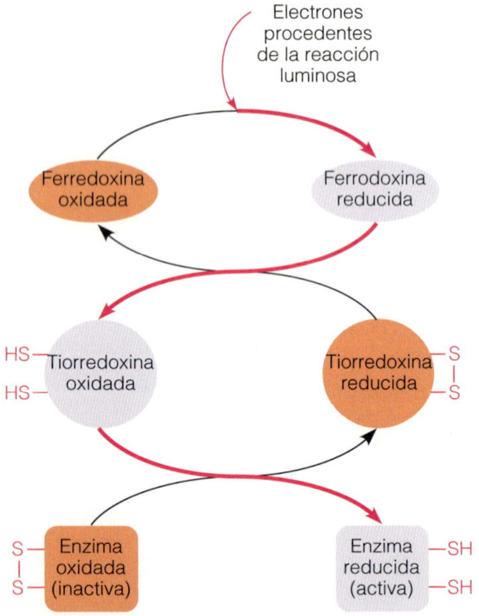


**FIGURA 16.27**

**Activación, dependiente de la luz, de las enzimas de la reacción oscura.** Algunas enzimas del ciclo de Calvin se activan por reducción disulfuro, que se produce mediante la tiorredoxina reducida. La tiorredoxina se reduce por la ferredoxina reducida, que se acumula en los cloroplastos irradiados. El flujo de electrones desde las reacciones luminosas (fotosistema I) está indicado por las flechas fucsia. En la oscuridad, las enzimas se desactivan por reoxidación (inversión de la ruta). En el Capítulo 22 se presentarán otras funciones adicionales de la tiorredoxina.

## Regulación de la fotosíntesis

Es evidente, pues, que las denominadas reacciones oscuras de la fotosíntesis, que dan lugar a la producción de azúcares, requieren una regulación cuidadosa. Dado que las reacciones oscuras dependen del poder reductor y del ATP que suministran las reacciones luminosas, no es de extrañar que sean estimuladas por las reacciones luminosas. Existen dos formas importantes mediante las que se realiza esta estimulación. Una enzima central de las reacciones oscuras, la ribulosa-1,5-bisfosfato carboxilasa, se estimula por un pH elevado y por el $CO_2$ y el $Mg^{2+}$. Recuérdese de la página 690 que el bombeo de protones desde el estroma a la luz del tilacoide por las reacciones luminosas aumenta el pH del estroma; al mismo tiempo, entran en el estroma iones $Mg^{2+}$ para compensar la carga positiva de los iones $H^+$ que se han perdido. En segundo lugar, la rubisco es sensible diversos azúcares fosfato naturales que actúan como inhibidores que se unen fuertemente, entre ellos la xilulosa-1,5-bisfosfato, el 2-carboxi-D-arabinitol-1-fosfato (CA1P) y el propio sustrato la ribulosa-1,5-bisfosfato. Estos inhibidores se parecen a los intermediarios del estado de transición y hacen que el lugar activo de la rubisco adopte una conformación cerrada, evitando la carbamación y/o la unión del sustrato. Los experimentos genéticos con *Arabidopsis* condujeron al descubrimiento de una enzima reguladora, denominada **rubisco activasa**, necesaria para la activación y el mantenimiento de la actividad rubisco *in vivo*. La rubisco activasa promueve la disociación del inhibidor dependiente de ATP, facilita la reacción de carbamación y la unión del $Mg^{2+}$ y del sustrato.

Uno de los inhibidores más potentes de la rubisco, el CA1P, se sintetiza en los cloroplastos en la oscuridad y es responsable del declinar característico de la actividad rubisco en la oscuridad. Cuando se iluminan de nuevo los cloroplastos, la rubisco activasa elimina el CA1P y reactiva la rubisco. La propia rubisco activasa se activa con la luz mediante otro mecanismo que se describe a continuación.

La tercera forma por la que se estimulan las reacciones oscuras por las reacciones luminosas depende del estado redox de enlaces disulfuro fundamentales de varias enzimas del ciclo de Calvin. La rubisco activasa, la fructosa-1,6-bisfosfatasa (*véase* la página 697), la sedoheptulosa-1,7-bisfosfatasa (la fosfatasa que se muestra en la Figura 16.26), la gliceraldehído-3-fosfato deshidrogenasa (*véase* la página 696) y la ribulosa-5-fosfato quinasa (*véase* la Figura 16.26) se activan todas ellas mediante la reducción de disulfuros a sulfhidrilos en las enzimas, que se estimula por una reacción de intercambio de disulfuro con la proteína *tiorredoxina* (Figura 16.27). La tiorredoxina, una proteína pequeña que lleva dos grupos Cys-SH oxidables de manera reversible, se utiliza en una extensa gama de reacciones redox (*véase* la página 940). La reducción de la tiorredoxina se fomenta, a su vez, por la oxidación de la forma reducida de la ferredoxina a través de una reacción catalizada por la enzima *ferredoxina-tiorredoxina reductasa.* En los cloroplastos fuertemente irradiados, en los que las reservas de $NADP^+$ están agotadas, se acumula la ferredoxina reducida. Las concentraciones elevadas de ferredoxina reducida producen pues una activación de las enzimas del ciclo de Calvin, estimulando las reacciones de este ciclo cuando las reacciones luminosas son muy activas. El mismo compuesto, la tiorredoxina reducida, estimula también los complejos $CF_0$-$CF_1$, garantizando una elevada generación de ATP cuando la iluminación es intensa.

En la oscuridad, la planta «se convierte en un animal», en términos de su bioquímica. Aunque las reacciones oscuras de la fotosíntesis pueden continuar durante un cierto tiempo, utilizando el ATP y el NADPH fotosintetizados, en última instancia la planta deberá empezar a utilizar sus reservas energéticas, con el uso de rutas que conocemos ya de nuestro estudio del catabolismo animal: glucólisis, ciclo del ácido cítrico y ruta de las pentosas fosfato. En general, estas rutas están inhibidas en las plantas en presencia de la luz solar y pasan a ser más activas en la oscuridad. Las enzimas clave inhibidas por la luz son la fosfofructoquinasa (en la glucólisis) y la glucosa-6-fosfato deshidrogenasa (en la ruta de las pentosas fosfato). Esta última se inhibe por la misma forma reducida de la tiorredoxina que *activa* las enzimas del ciclo de Calvin.

Por último, debe indicarse que actualmente hay pruebas de la regulación de los genes de los cloroplastos a nivel de la transcripción. La sacarosa y la glucosa pueden actuar como correpresores, desactivando la expresión de la maquinaria fotosintetizadora.

## Fotorrespiración y ciclo $C_4$

La ribulosa bisfosfato carboxilasa es una enzima peculiar. En unas condiciones ambientales normales, puede comportarse como una *oxigenasa*, además de como una carboxilasa: en la reacción oxigenasa, se propone que el intermediario enediolato ataca de forma nucleófila al $O_2$ en lugar de al $CO_2$ (compárese con la reacción carboxilasa de la página 696):

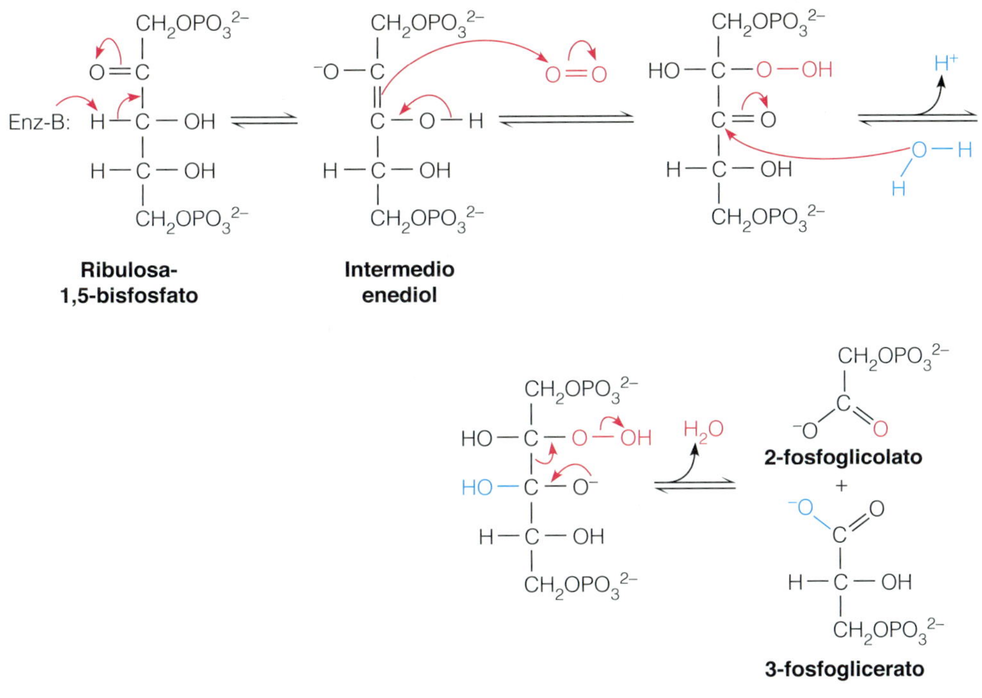


Las tasas relativas de las reacciones carboxilasa y oxigenasa vienen determinadas por las concentraciones de los dos gases en el lugar activo de la enzima y sus valores de $K_M$ para el $CO_2$ y el $O_2$. La oxigenación tiene lugar en condiciones de concentraciones de $O_2$ elevada y $CO_2$ baja (como las que se encuentran en el aire normal), puesto que la $K_M$ para el $O_2$ es, aproximadamente, 10 veces superior a la del $CO_2$. Cuando la reacción de la oxigenasa se hace significativa, inicia una ruta de reacción denominada **fotorrespiración**, con la producción en el cloroplasto de 3-fosfoglicerato y *fosfoglicolato.* Como se indica en la Figura 16.28, el fosfoglicolato se desfosforila a continuación y pasa a unos orgánulos denominados **peroxisomas**. Allí, se oxida de nuevo y da lugar a glioxilato y peróxido de hidrógeno. El $H_2O_2$ tóxico se degrada por la catalasa y el glioxilato se transamina, produciendo glicina. La glicina entra en las mitocondrias, en donde *dos*

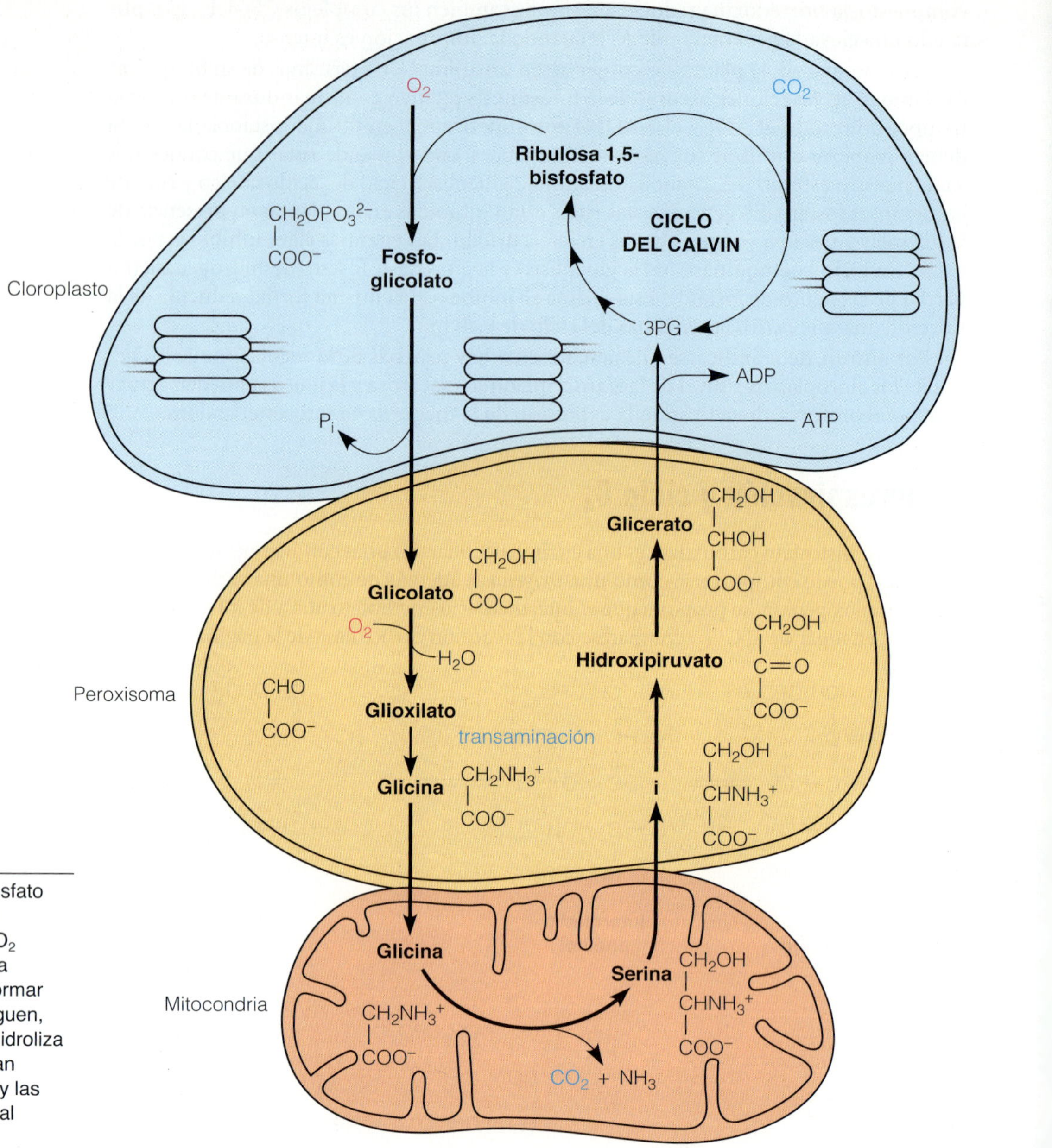


**FIGURA 16.28**

**Fotorrespiración.** La ribulosa-1,5-bisfosfato puede desviarse del ciclo de Calvin, en especial cuando la concentración de $CO_2$ es baja. La RuBP carboxilasa/oxigenasa cataliza la oxidación de la RuBP para formar fosfoglicolato. En las reacciones que siguen, se utiliza más $O_2$, se genera $CO_2$ y se hidroliza ATP, a medida que los metabolitos pasan desde el cloroplasto a los peroxisomas y las mitocondrias próximas y luego vuelven al cloroplasto.

moléculas se convierten en *una* molécula de serina y una molécula de $CO_2$ y otra de $NH_3$. Este proceso que implica al sistema multiproteico de rotura de glicina y a la serina hidroximetil transferasa, se describe con detalle en el Capítulo 20. Los gases, $CO_2$ y amoníaco, se liberan. La serina vuelve al peroxisoma, en donde una serie de reacciones la convierten en glicerato. Al volver al cloroplasto, el glicerato se refosforila (con el uso de ATP) para producir 3-fosfoglicerato (3PG).

En condiciones de $CO_2$ bajo y de $O_2$ alto, las plantas presentan fotorrespiración, en la que se consume $O_2$ y se libera $CO_2$.

La fotorrespiración parece ser un proceso derrochador que gasta una energía considerable y limita la asimilación del carbono por la planta. Obsérvese lo siguiente:

1. Se pierde ribulosa-1,5-bisfosfato en el ciclo de Calvin.
2. La fijación de $CO_2$ se invierte: se consume $O_2$ y se libera $CO_2$.
3. Solo una parte (75 %) del carbono vuelve al cloroplasto.
4. Se gasta ATP.

Por tanto, ¿por qué existe la fotorrespiración? Probablemente es el resultado de que la evolución solo puede trabajar con lo que tiene a mano. La rubisco se convirtió en una

Algunas plantas (denominadas plantas $C_4$) reducen al mínimo las pérdidas inútiles de la fotorrespiración mediante el empleo de un anexo al ciclo de Calvin.

carboxilasa hace ~3000 millones de años, cuando la atmósfera contenía una concentración elevada de $CO_2$ y baja de $O_2$. En estas condiciones, la reacción de oxigenación era despreciable. Sin embargo, al aumentar la concentración de $O_2$ en la atmósfera, se hizo significativa su actividad oxigenasa. Entonces las plantas tuvieron que desarrollar estrategias para gestionar la ineficacia que producía la actividad oxigenasa de la rubisco. Podría esperarse que se modificara la enzima ribulosa bisfosfato carboxilasa/oxigenasa para suprimir la función oxigenasa. Sorprendentemente, no ha sido así. Esta enzima, a pesar (o tal vez, a causa) de su importancia vital, ha cambiado poco a lo largo del tiempo. Continúa siendo un catalizador relativamente ineficaz (con $k_{cat} \cong 2\ s^{-1}$) y no ha perdido nunca su función oxigenasa. Atascadas con este «error de diseño» de la rubisco, las plantas, en cambio, desarrollaron una ruta para recuperar este fragmento de dos carbonos (fosfoglicolato) liberado por la actividad oxigenasa. Esta ruta, la fotorrespiración, puede pensarse de esta forma como un compromiso evolutivo, aunque poco refinado.

Determinadas plantas, denominadas **plantas $C_4$**, han desarrollado una ruta fotosintética adicional, que ayuda a conservar el $CO_2$ liberado por la fotorrespiración. Esta ruta se denomina **ciclo $C_4$** porque comporta la incorporación de $CO_2$ a un intermediario $C_4$ (oxalacetato). Este ciclo se diferencia del ciclo de Calvin, que utiliza un intermediario de tres carbonos, y al que se denomina, por tanto, a veces ciclo $C_3$. El ciclo $C_4$ se encuentra en varias especies de cultivo (por ejemplo, maíz y caña de azúcar) y es importante en las plantas tropicales que están expuestas a una luz solar intensa y a temperaturas elevadas. Aunque la fotorrespiración se produce en cierto grado y en todo momento en la totalidad de las plantas, es más activa en condiciones de gran iluminación, temperatura alta y agotamiento de $CO_2$.

La fotosíntesis $C_4$ en realidad es un mecanismo de concentración de $CO_2$, que proporciona una relación $CO_2/O_2$ mayor en el lugar activo de la rubisco y favorece la carboxilación. Las plantas $C_4$ concentran su fotosíntesis del ciclo de Calvin ($C_3$) en *células de fundas de haces* especializadas, que están situadas debajo de una capa de células mesófilas (Figura 16.29a). En cambio, estas últimas células, que están expuestas más directamente al $CO_2$ externo, contienen las enzimas del ciclo $C_4$. Esta ruta, que actúa en la mayor parte de las plantas $C_4$, se muestra en la Figura 16.29b. Es básicamente un mecanismo para atrapar $CO_2$ en el compuesto de cuatro carbonos, y pasarlo a las células de fundas de haces para su descarboxilación y uso en el ciclo de Calvin ($C_3$).

La clave de la eficacia de las plantas $C_4$ está en que la enzima de fijación de $CO_2$ utilizada en esta ruta, la *fosfoenolpiruvato carboxilasa*, carece de la actividad oxigenasa que presenta la ribulosa bisfosfato carboxilasa, y tiene una $K_M$ mucho más baja para el $CO_2$. Así pues, incluso en condiciones de concentración de $O_2$ elevada y concentración de $CO_2$ baja, las células mesófilas continúan bombeando $CO_2$ hacia las células de fundas de haces que realizan la fotosíntesis. Este proceso ayuda a mantener unas concentraciones de $CO_2$ suficientemente elevadas en las células de fundas de haces, de manera que se favorece la fijación de $CO_2$ y no la fotorrespiración. Además, si *se produce* la fotorrespiración, el $CO_2$ que se libera en el proceso puede recuperarse, en gran parte, en las células mesófilas circundantes y devolverse al ciclo de Calvin.

Como se indica en la Figura 16.29, el ciclo $C_4$ representa para la planta un coste de energía en forma de ATP. De hecho, puesto que el ATP se hidroliza a AMP y fosfato inorgánico en la regeneración del fosfoenolpiruvato, el coste es equivalente a *dos* ATP adicionales por cada molécula de $CO_2$ fijada.

La eficacia de las plantas como productoras de alimento está reducida, en gran medida, por la ineficacia de la rubisco como enzima y su participación voluntaria en la fotorrespiración. No solo se desperdicia energía en la fotorrespiración, sino también, las grandes cantidades de rubisco que deben sintetizarse generan demandas aparentemente innecesarias al metabolismo vegetal. Si pudiera formarse una enzima más eficaz, los rendimientos de las cosechas aumentarían mucho y se reducirían las demandas de nitrógeno. Se han producido muchos intentos para generar una rubisco más eficaz en las plantas de cultivo, pero estos esfuerzos no han tenido éxito y en gran medida, se han abandonado. Este fracaso quizás no sea sorprendente, ya que la evolución ha tenido unos cuantos miles de años para eliminar la actividad oxigenasa y no lo ha hecho. Un enfoque alternativo que se está desarrollando en la actualidad es introducir la fotosíntesis $C_4$ en las plantas de cultivo $C_3$.

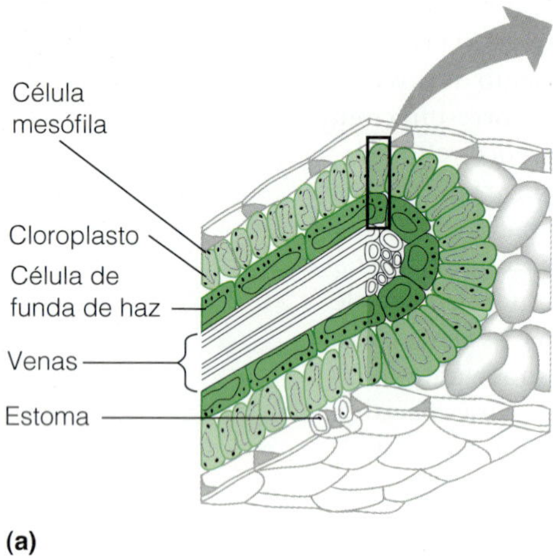


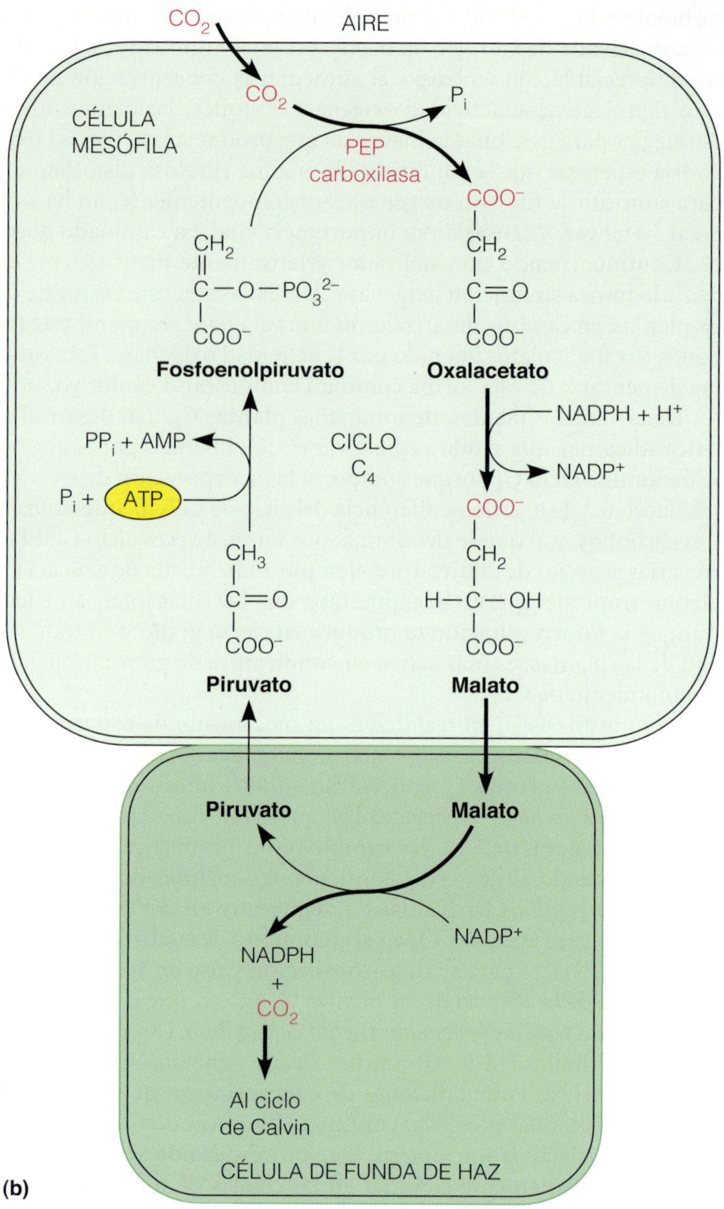


**FIGURA 16.29**

**Reacciones del ciclo $C_4$. (a)** En las plantas $C_4$ las células mesófilas (verde claro) atrapan $CO_2$ en los intermediarios $C_4$. Los compuestos $C_4$ posteriormente se llevan a las células de fundas de haces (verde oscuro), donde tiene lugar la mayor parte del ciclo de Calvin de la fotosíntesis. **(b)** El $CO_2$ se transporta desde las células mesófilas a las células de fundas de haces mediante el acoplamiento al fosfoenolpiruvato, formando oxalacetato. El oxalacetato se reduce, a continuación, a malato, que se transfiere a las células de fundas de haces y se descarboxila. El piruvato producto se devuelve a las células mesófilas, en las que se fosforila para regenerar el fosfoenolpiruvato.

## Evolución de la fotosíntesis

¿Cómo surgió la fotosíntesis? Se acepta que primero apareció la fotosíntesis anoxigénica, probablemente pronto, tras el comienzo de la vida hace más de 3800 millones de años. Estas primeras bacterias fotosintéticas poseían un único fotosistema, el predecesor de los fostosistemas modernos de tipo I y tipo II, y se basaba en sustancias como el sulfuro de hidrógeno como fuente de electrones. Los descendientes modernos de estas bacterias fotosintéticas anoxignénicas poseen fotosistemas de tipo I o de tipo II, pero nunca ambos tipos en el mismo organismo. La fotosíntesis oxigénica, como la que se observa en las modernas cianobacterias, necesita dos fotosistemas, que actúan en serie y un catalizador que fragmenta el agua, produciendo $O_2$ y electrones, el complejo generador de oxígeno dependiente de manganeso (OEC) del fotosistema II (Figura 16.12b).

La forma en que estos componentes se unieron en una célula ancestral es un tema especulativo. Una teoría, que se basa en los análisis genómicos, argumenta que el fotosistema I fue el prototipo ancestral, a partir del cual surgió el fotosistema II, probablemente mediante una duplicación génica. Otra teoría sostiene que la transferencia génica

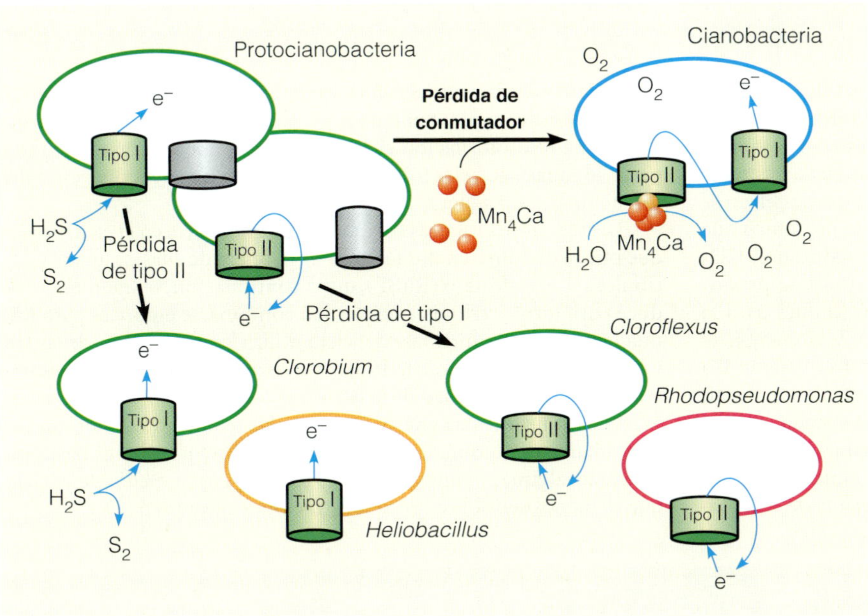


**FIGURA 16.30**

**Propuesta de la evolución de la fotosíntesis oxigénica.** Una «protocianobacteria» anoxigénica ancestral, que poseía genes para ambos tipos de fotosistemas I y II, expresó en un momento determinado solo uno de los dos fotosistemas, dependiendo de su ambiente y de las necesidades metabólicas. Los descendientes anoxigénicos modernos que solo poseen un tipo de fotosistema I, como *Chlorobium* o *Heliobacillus* evolucionarion por la pérdida de los genes de tipo II. Los descendientes anoxigénicos modernos que solo poseen un tipo de fotosistema II, como *Chloroflexus* o *Rhodopseudomonas* (renombrado como *Blastochloris*), evolucionaron por la pérdida de los genes de tipo II. La adquisición de un centro de manganeso-metal y la pérdida del cambio regulador, que evitaba la expresión simultánea de los dos fotosistemas, condujo a una célula con dos fotosistemas ligados en serie a un catalizador $Mn_4Ca$ que podía extraer los electrones del $H_2O$ y producir $O_2$. Esta célula representa el antecesor de las modernas Cianobacterias anoxigénicas.



lateral de una célula tipo I con una célula tipo II condujo a una «protocianobacteria» con ambos fotosistemas (Figura 16.30). De cualquier manera, nuestra antigua protocianobacteria tiene un nuevo problema. Recuérdese que los fotosistemas cíclicos (tipo II) aportan electrones a través de quinonas reducidas, a un complejo de bombeo de protones (el complejo citocromo $bc_1$) (Figura 16.21). Un fotosistema de tipo I, que opera de forma lineal y utiliza los electrones extraídos de un donador como el $H_2S$, aporta esos electrones a través de la ferredoxina a aceptores electrónicos solubles como el $NADP^+$, para la reducción neta del $CO_2$. Estas dos funciones se favorecerían en distintas condiciones de crecimiento, pero competirían entre ellas si se expresaran en la misma membrana al mismo tiempo. De esta forma, nuestra protocianobacteria debería haber tenido un mecanismo para cambiar la expresión de los dos fotosistemas, dependiendo de su entorno y de su estado metabólico. Las modernas bacterias fotosintéticas anoxigénicas con un solo fotosistema pudieron evolucionar a partir de este antecesor de dos sistemas mediante la pérdida de los genes que codifican un fotosistema (Figura 16.30). Este escenario también puede explicar la ineficacia de la rubisco moderna, ya que como se ha mencionado antes, esta enzima surgió en un momento en que en la atmósfera no había oxígeno o muy poco y la concentración de $CO_2$ era mucho mayor.

Llegamos ahora a la pregunta sobre la invención de la fotosíntesis oxigénica. Los iones manganeso son fácilmente fotooxidados por la luz ultravioleta, que debía ser abundante antes de que se formara la capa de ozono en la atmósfera primitiva. Tras la oxidación, un ion Mn expulsa un electrón, que puede utilizarse para reponer un fotosistema oxidado. El Mn oxidado, a continuación, puede arrebatar un electrón de la fuente disponible más abundante, el agua. Si nuestra protocianobacteria ancestral unía unos pocos iones Mn a la superficie de su fotosistema II, podía extraer electrones del $H_2O$ y pasarlos a través del sistema de bombeo de protones, sin necesitar una ruta cíclica. El fotosistema I ahora puede acoplarse al fotosistema II, tomar electrones de su complejo citocromo $bc_1$ y pasarlos a través de la ferredoxina a aceptores electrónicos solubles (Figura 16.30). Con el tiempo, los iones manganeso solubles fueron sustituidos por el agrupamiento $Mn_4Ca$ más estable y los fotosistemas se hicieron más eficaces, lo que finalmente condujo a la Tierra verde oxigenada que existe en la actualidad. Debió existir una presión selectiva sustancial en este escenario evolutivo, ya que la fotosíntesis oxigénica liberó nuestra protocianobacteria ancestral de donadores de electrones inorgánicos u orgánicos escasos. Como ha dicho el bioquímico John F. Allen de la Universidad de Londres «*El agua está en todas partes, de forma que los organismos nunca acabaron con los electrones. Fueron imparables*».

## RESUMEN

La fotosíntesis es el origen de la mayor parte de la energía de la biosfera y se encarga de la fijación del $CO_2$ atmosférico y de la producción de la mayor parte o la totalidad del $O_2$ de la atmósfera. El proceso completo puede dividirse en reacciones luminosas y reacciones oscuras. Las reacciones luminosas utilizan la energía de la luz solar para extraer electrones del agua, producir $O_2$, poder reductor y un gradiente protónico que impulsa la formación de ATP. Las reacciones oscuras reducen el $CO_2$ a hidratos de carbono. En las plantas y las algas superiores, se producen ambos tipos de reacciones en los cloroplastos. Los fotones para la reacción luminosa se absorben por pigmentos antena, y la energía se transfiere a centros de reacción, en donde entra en el fotosistema I o el fotosistema II. Estos dos sistemas, actuando conjuntamente, llevan a cabo las reacciones luminosas. El fotosistema II oxida el agua, y el fotosistema I reduce el $NADP^+$. Conjuntamente, los sistemas impulsan el transporte de protones a través de las membranas del cloroplasto para establecer un gradiente de pH que impulsa la producción de ATP. En condiciones de concentración elevada de NADPH, el fotosistema I puede operar independientemente del fotosistema II en un proceso que se denomina fotofoforilación cíclica, donde solo se produce ATP. Por otra parte, algunas bacterias fotosintéticas utilizan una versión cíclica del fotosistema II para generar ATP.

Las reacciones oscuras se resumen en gran parte en el ciclo de Calvin, que puede dividirse en dos fases. En la primera de ellas, se añade $CO_2$ a la ribulosa-1,5-bisfosfato (RuBP), que a continuación, se fragmenta y se reduce para formar triosas, que pueden combinarse entonces para formar una hexosa. La segunda fase del ciclo utiliza la mayor parte de las triosas y hexosas para regenerar la RuBP. Varias de estas reacciones oscuras se regulan por la intensidad de la luz.

En condiciones de $CO_2$ y $O_2$ bajos, las plantas presentan un proceso oxidativo denominado fotorrespiración. Este proceso es básicamente ineficaz y algunas plantas tropicales lo compensan mediante el ciclo $C_4$, que es menos sensible a las concentraciones elevadas de $O_2$.

## BIBLIOGRAFÍA


### General

**Blankenship, R. E.** (2007) *Molecular Mechanisms of Photosynthesis.* John Wiley & Sons, Ltd., Chichester. Una introducción concisa, pero completa, de la historia, la química, los mecanismos, la fisiología y la evolución de los sistemas fotosintéticos.

**Bowsher, C., Steer, M. W.** y **Tobin, A. K.** (2008) *Plant Biochemistry.* Garland Science, Nueva York. Una introducción a todos los aspectos de la bioquímica de las plantas.

**Clayton, R. K.** (1980) *Photosynthesis: Physical Mechanisms and Chemical Patterns.* Cambridge University Press, Cambridge. Aunque superado en parte por los estudios más recientes, continúa siendo un excelente resumen de los aspectos más físicos de la fotosíntesis, escrito por uno de los precursores.

### Evolución de la fotosíntesis

**Allen, J. F. y Martin, W.** (2007) Evolutionary biology: Out of thin air. *Nature* 445:610-612.

**Leslie, M.** (2009) On the origin of photosynthesis. *Science* 323:1286-1287.

**Mulkidjanian,A.Y., Koonin, E. V., Makarova, K. S., Mekhedov, S. L., Sorokin, A., Wolf, Y. I., Dufresne, A., Partensky, F., Burd, H., Kaznadzey, D., Haselkorn, R.** y **Galperin, M. Y.** (2006) The ryanobacterial genome core and the origin of photosynthesis. *Proc. Natl. Acad. Sci. USA* 103:13126-13131. Describe un análisis genómico de los fotosistemas de las cianobacterias.

**Raymond, J., Zhaxybayeva, O., Gogarten, J. P., Gerdes, S. Y.** y **Blankenship, R. E.** (2002) Whole-genome analysis of photosynthetic prokaryotes. *Science* 298:1616-1620. Proporciona pruebas de la transferencia lateral de los genes de los fotosistemas.

### Reacciones luminosas

**Barber, J.** (2008) Photosynthetic generation of oxygen. *Philos. Trans. R. Soc. Lond. B. Biol. Sci.* 363:2665-2674. Revisión sobre la estructura y función del fotosistema II.

**Kargul, J.** y **Barber, J.** (2008) Photosynthetic acclimation: Structural reorganisation of light harvesting antenna-role of redox-dependent phosphorylation of major and minor chlorophyll a/b binding proteins. *FEBS J.* 275:7056-7068. Minirrevisión de las transiciones de estado en los cloroplastos.

**McEvoy, J. P.** y **Brudvig, G. W.** (2006) Water-splitting chemistry of photosystem II. *Chem. Rev.* 106:4455-4483. Revisión detallada de la química y estructura de la agrupación de manganeso del complejo generador de oxígeno.

**Rochaix, J.-D.** (2011) Regulation of photosynthetic electron transport. *Biochim. Biophys. Acta-Bioenergetics* 1807:375-383.

**Yano, J., Kern, J., Pushkar, Y., Sauer, K., Glatzel, P., Bergmann, U., Messinger, J., Zouni, A.** y **Yachandra, V. K.** (2008) High-resolution structure of the photosynthetic $Mn_4Ca$ catalyst from X-ray spectroscopy. *Philos. Trans. R. Soc. Lond. B. Biol. Sci.* 363:1739-1147.

### Estructuras

**Amunts, A.** y **Nelson, N.** (2009) Plant photosystem I design in the light of evolution. *Structure* 17:637-650.

**Cramer, W. A., Zhang, H., Yan, J., Kurisu, G.** y **Smith, J. L.** (2006) Transmembrane traffic in the cytochrome $b_6f$ complex. *Annu. Rev. Biochem.* 75:769-790.

**Deisenhofer, J.** y **Michel, H.** (2004) The photosynthetic reaction centre from the purple bacterium *Rhodopseudomonas viridis. Biosci. Rep.* 24:323-361. Es una repetición de la lectura del Premio Nobel de 1988 de estos mismos autores donde se describe la historia, los métodos, las luchas y el triunfo final de resolver la estructura de rayos X de una proteína de membrana.

**Guskov A., Kern, J., Gabdulkhakov, A., Broser, M., Zouni, A.** y **Saenger, W.** (2009) Cyanobacterial photosystem II at 2.9-A resolution and the role of quinones, lipids, channels and chloride. *Nat. Struct. Mol. Biol.* 16:334-342. Describe las estructuras de complejo PSII de *Thermosynechoccus elongatus,* que se ilustra en la Figura 16.14.

**Li, L., Nachtergaele, S., Seddon, A. M., Tereshko, V., Ponomarenko, N.** y **Ismagilov, R. F.** (2008) Simple host-guest chemistry to modulate the process of concentration and crystallization of membrane proteins by detergent capture in a microfluidic device. *J. Am. Chem. Soc.* 130:14324-14328. Describe la estructura del complejo centro de reacción de la bacteria púrpura, que se ilustra en la Figura 16.20.

**Standfuss, J., Terwisscha van Scheltinga, A. C., Lamborghini, M.** y **Kuhlbrandt, W.** (2005) Mechanisms of photoprotection and nonphotochemical quenching in pea light-harvesting complex at 2.5 A resolution. *EMBO J.* 24:979-928. Estructura del CCLII (Figura 16.10)

### Reacciones oscuras y fotorrespiración

**Benson, A. A.** (2002) Following the path of carbon in photosynthesis: A personal story. *Photosyn. Res.* 73:29-49.

**Foyer, C. H., Bloom, A. J., Queval, G.** y **Noctor, G.** (2009) Photorespiratory metabolism: Genes, mutants, energetics, and redox signaling. *Annu. Rev. Plant Biol.* 60:455-484.

**Lemaire, S. D., Michelet, L., Zaffagnini, M., Massot, V.** y **Issakidis-Bourguet, E.** (2007) Thioredoxins in chloroplasts. *Curr. Genet.* 51:343-365. Revisión del papel de las tiorredoxinas en el control de las reacciones oscuras.

**Parry, M. A., Keys, A. I., Madgwick, P. J., Carmo-Silva A. E.** y **Andralojc, P. J.** (2008) Rubisco regulation: A role for inhibitors. *J. Exp. Bot.* 59:1569-1580; A. R. Portis, Jr., C. Li, D. Wang y M. E. Salvucci (2008) Regulation of rubisco activase and its interaction with rubisco. *J. Exp. Bot.* 59:1597-7604. Revisiones recientes de la regulación de la rubisco.

**Tabita, F. R., Hanson, T. E., Satagopan, S., Witre, B. H.** y **Kreel, N. E.** (2008) Phylogenetic and evolutionary relationships of RubisCO and the RubisCO-like proteins and the functional lessons provided by diverse molecular forms. *Philos. Tians. R. Soc. Lond. B. Biol. Sci.* 363:2629-2640.

### Fotosíntesis artificial

**Brimblecombe, R., Kolling, D. R., Bond, A. M., Dismukes, G. C., Swiegers, G. F.** y **Spiccia, L.** (2009) Sustained water oxidation by $[Mn_4O_4]_7^+$ core complexes inspired by oxygenic photosynthesis. *Inorg. Chem.* 48:7269-7279. Describe el desarrollo de la célula solar que se ilustra en la Figura 16.22.

**Service, R. F.** (2009) New trick for splitting water with sunlight. *Science* 325: 1200-1201. Consideraciones sobre los avances recientes de la fotosíntesis artificial.


## PROBLEMAS

1. Según la Figura 16.12b, el centro P700 eleva su potencial de +0.4 a −1.3 voltios tras la excitación. ¿A qué valor de $\Delta G^{\circ\prime}$ corresponde esto? ¿Qué representa en comparación con la energía de un einstein de fotones de 700 nm?
2. En la fotofosforilación cíclica, se calcula que deben pasar dos electrones por el ciclo para bombear los protones suficientes para generar un ATP. Suponiendo que el $\Delta G$ para la hidrólisis del ATP en las condiciones que se dan en el cloroplasto sea de, aproximadamente, −50 kJ/mol, ¿cuál es el porcentaje de eficacia de la fotofosforilación cíclica, utilizando luz de 700 nm?
3. Suponga un gradiente de pH de 4.0 unidades a través de una membrana tilacoide, con la luz más ácida que el estroma. ¿Cuál es la longitud de onda *más larga* de la luz que podría proporcionar una energía suficiente por fotón para bombear un protón en contra de este gradiente, suponiendo una eficacia del 20 % en la fotosíntesis y una $T = 25°$?

*4. Suponga que una planta verde capta un pulso breve de $^{14}CO_2$.
(a) Siga el curso de marcaje $^{14}C$ a través de los pasos que conducen a la síntesis de fructosa-1,6-bisfosfato, indicando qué átomos de carbono de cada compuesto deben llevar el marcaje durante el primer ciclo.
(b) ¿Llevarán todas las moléculas de fructosa-1,6-bisfosfato dos átomos de $^{14}C$? Explíquelo.

5. El flujo de energía solar que llega a la superficie de la Tierra es de, aproximadamente, 7 J/cm$^2$ s. Suponga que *toda* esta energía fuera utilizada por una hoja verde (10 cm$^2$ de superficie), con la eficacia máxima del 35 %. ¿Cuántos moles de hexosa podría generar teóricamente la hoja en una hora? Puede utilizar 600 nm como longitud de onda promedio.

*6. La sustancia diclorofenildimetilurea (DCMU) es un herbicida que inhibe la fotosíntesis mediante el bloqueo de la transferencia electrónica entre las plastoquinonas del fotosistema II.
(a) ¿Sería de prever que la DCMU interfiriera en la fotofosforilación cíclica?
(b) Normalmente, la DCMU bloquea la evolución del $O_2$, pero la adición de ferricianuro a los cloroplastos permite la evolución del $O_2$ en presencia de DCMU. Explíquelo.

7. Suponga que un investigador está realizando estudios en los que añade un donador electrónico no fisiológico a una suspensión de cloroplastos. La iluminación de los cloroplastos produce la oxidación del donador. ¿Cómo podrá determinar si interviene en ello el fotosistema I, el fotosistema II o ambos?
8. Suponga que se utiliza ribulosa-5-fosfato marcada con $^{14}C$ en el carbono 1 como sustrato de las reacciones oscuras. ¿En qué carbono del 3PG aparecerá el marcaje?
9. Los siguientes datos, presentados por G. Bowes y W. L. Ogre en *J. Biol. Chem.* (1972) 247:2171-2176, describen la cinética de la incorporación del $CO_2$ por la enzima rubisco en presencia de $N_2$ y con $O_2$ puro. Determine si el $O_2$ es un inhibidor competitivo o no competitivo.

| $[CO_2]$ (mM) | Con $N_2$ | Con $O_2$ |
|---|---|---|
| 0.20 | 16.7 | 10 |
| 0.10 | 12.5 | 5.6 |
| 0.067 | 8.3 | 4.2 |
| 0.050 | 7.1 | 3.2 |

*10. J. C. Servaites, en *Plant Physiol.* (1985) 78:839-843, observó que la rubisco de las hojas de tabaco recogidas antes del amanecer tenían una actividad específica mucho menor que la enzima recogida al mediodía. Esta diferencia persistía a pesar de la diálisis, la filtración en gel o el tratamiento con calor. Sin embargo, la precipitación de la enzima previa al amanecer con $(NH_4)_2SO_4$ al 50 % restablecía la actividad específica al nivel existente en la enzima recogida al mediodía. Sugiera una explicación.

11. Se cree que la proporción de la fotofosforilación cíclica respecto a la fotofosforilación no cíclica se modifica en respuesta a las demandas metabólicas. En cada una de las situaciones siguientes, ¿sería de prever un aumento, una disminución o una ausencia de cambios de la proporción?
(a) Cloroplastos que realizan el ciclo de Calvin y la reducción del nitrito ($NO^{2-}$) a amoníaco. (Este proceso no requiere ATP).
(b) Cloroplastos que realizan, no solo el ciclo de Calvin sino también, un amplio transporte activo.
(c) Cloroplastos que utilizan el ciclo de Calvin y la ruta $C_4$.
12. Si un organismo fotosintético se ilumina en un ambiente cerrado y sellado, se observa que las concentraciones de $CO_2$ y $O_2$ en la atmósfera circundante alcanzan una proporción constante.
(a) Sugiera una explicación.
(b) ¿Qué factor piensa que determina fundamentalmente el valor de esta proporción?
13. Si se exponen algas durante un breve período de tiempo a $^{14}CO_2$ mientras se iluminan, el carbono marcado se encuentra inicialmente casi en su totalidad en el grupo carboxilo del 3-fosfoglicerato. Sin embargo, si se continúa con la iluminación tras el pulso de marcaje, se marcan también otros átomos de carbono. Explíquelo.

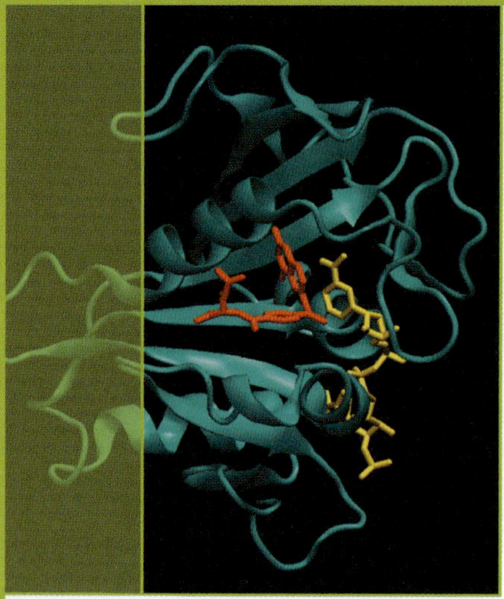

# CAPÍTULO 17

## Metabolismo lipídico I: ácidos grasos, triacilgliceroles y lipoproteínas

**Igual que los hidratos de carbono que hemos considerado en los capítulos anteriores,** los lípidos participan en el metabolismo energético y en otros diversos procesos. Para los lípidos, esos otros procesos son sus funciones como componentes de la membrana, hormonas, vitaminas liposolubles, aislantes térmicos y moléculas de señalización. Este capítulo se centra en los aspectos bioenergéticos del metabolismo lipídico. Se analiza la síntesis y degradación de los lípidos de almacenamiento de energía, así como la oxidación y la biosíntesis de los ácidos grasos (Figura 17.1), procesos que son muy similares en las plantas, los animales y los microorganismos. También presentamos algunas cuestiones relacionadas más directamente con el metabolismo animal, como la digestión, la absorción, el almacenamiento y la movilización de las grasas. En el Capítulo 19 se considera el metabolismo de los lípidos de la membrana y los lípidos con funciones metabólicas más especializadas.

## Utilización y transporte de las grasas y el colesterol

Como se ha considerado en el Capítulo 10, la mayor parte de los lípidos de la mayoría de los organismos se encuentran en forma de *triacilgliceroles* (anteriormente denominados *triglicéridos*). El término *grasa*, o *grasa neutra*, se refiere a esta clase más abundante de lípidos. La utilización de las grasas en los animales está entrelazada con el metabolismo de las lipoproteínas, como lo está el metabolismo del colesterol. Por tanto, consideraremos conjuntamente el metabolismo de las grasas y del colesterol, aunque la biosíntesis del colesterol se presenta en el Capítulo 19.

Un mamífero contiene entre un 5 y un 25 %, o más, de su peso corporal en forma de lípidos, y hasta un 90 % de estos lípidos están en forma de triacilgliceroles. La mayor parte de esta grasa, que está almacenada en el tejido adiposo, constituye la reserva energética principal. Los mamíferos (incluidos los seres humanos) son «quemadores de grasas»; nos alimentamos en pulsos (esto es, durante las comidas), convertimos los hidratos de carbono sobrantes en grasas, y la almacenamos. Luego la grasa se quema más tarde, según las necesidades. En efecto, determinados tejidos, como el corazón y el hígado, obtienen hasta el 80 % de sus necesidades energéticas a partir de la oxidación de las grasas. En los sistemas animales, la grasa se almacena en unas células especializadas, los *adipocitos*, en las que hay unos glóbulos de grasa gigantes que ocupan la mayor parte del espacio intracelular (*véase* la Figura 10.3, página 363). Las semillas de las plantas almacenan una gran cantidad de grasa para proporcionar energía al embrión de la planta que se forma (Figura 17.2). Dado que los lípidos de las plantas contienen principalmente ácidos grasos insaturados, los triacilgliceroles de las semillas se encuentran, en gran parte, como aceites líquidos.

Los triacilgliceroles intervienen en otras funciones, aparte del almacenamiento de energía. La grasa sirve para amortiguar los golpes que puedan recibir los órganos y constituye un aislante térmico eficaz, en especial en los mamíferos marinos, que deben mantener una temperatura corporal mucho más alta que la del agua del mar en la que viven.

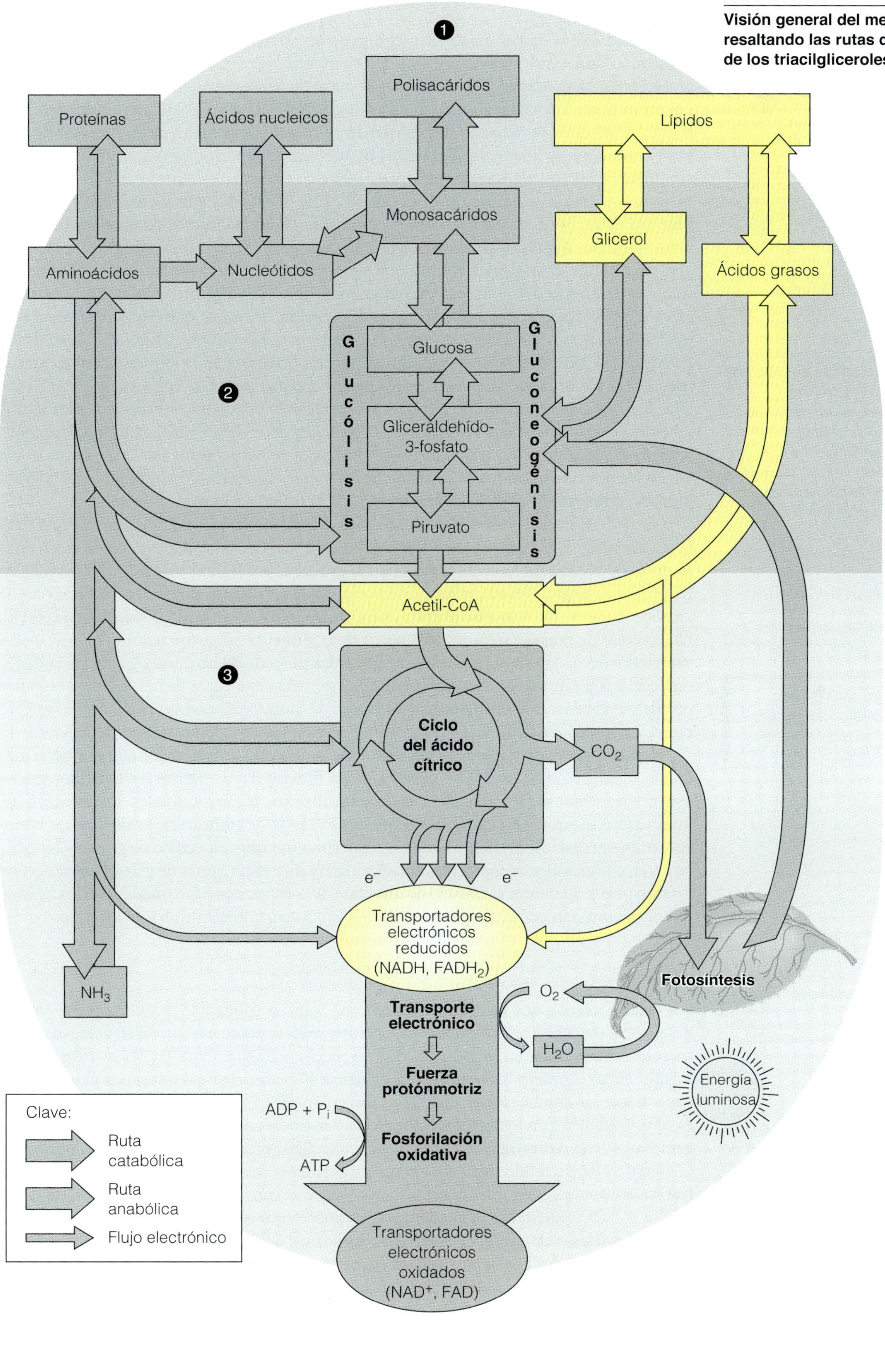


**FIGURA 17.1**

**Visión general del metabolismo intermedio, resaltando las rutas de los ácidos grasos y de los triacilgliceroles.**

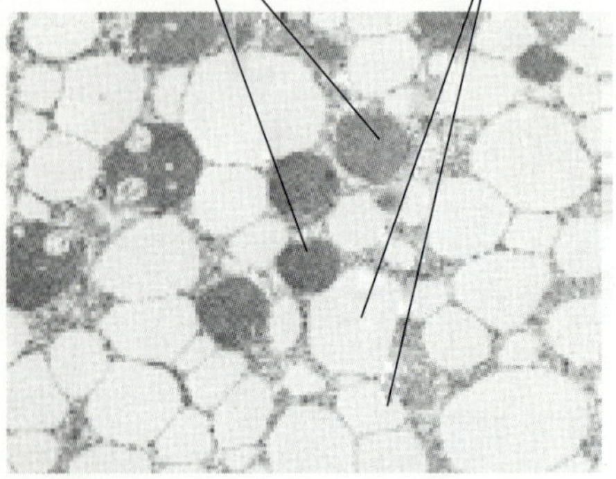


**FIGURA 17.2**

**Almacenamiento de grasa en las semillas de una planta.** La micrografía electrónica (× 6500) muestra una célula de un cotiledón de pepino (hoja de la semilla) a los pocos días de la germinación. La grasa almacenada en los cuerpos lipídicos se degrada, oxida y convierte en hidratos de carbono en los glioxisomas (o microcuerpos) próximos para mantener el crecimiento de la planta.

Cortesía de R. N. Trelease, P. J. Gruber, W. M. Becker y E. H. Newcomb, *Plant Physiol.* (1971) 48:461 (1971), Microbodies (glyoxysomes and peroxisomes) in cucumbercotyledons: Correlative biochemical and ultrastructuralstudy in light- and dark-grown seedlings.

La grasa tiene un contenido calórico seis veces superior al de los hidratos de carbono, a igualdad de peso, debido a que la grasa está más reducida y es anhidra.

## Las grasas como reservas energéticas

Recuérdese que la mayor parte del carbono de los triacilgliceroles está más reducido que el carbono de los hidratos de carbono. Ciertamente, los carbonos carboxilo de los ácidos grasos están muy oxidados, pero la mayor parte de carbonos de los ácidos grasos se encuentran al nivel de reducción de metilo o metileno. Así pues, la oxidación metabólica de la grasa consume más oxígeno, a igualdad de peso, que la oxidación de los hidratos de carbono, con lo que la liberación de energía metabólica es superior. La oxidación metabólica completa de los triacilgliceroles produce 37 kJ/g o más, mientras que la de los hidratos de carbono y la de las proteínas produce unos 17 kJ/g. A esta diferencia entre las grasas y los hidratos de carbono se suma el carácter hidrófilo de los polímeros de glucosa. El glucógeno une unos 2 gramos de agua por gramo de hidrato de carbono. La grasa, al ser muy apolar, es anhidra. Así pues, debido a que 1 gramo del glucógeno intracelular contiene tan solo 1/3 de gramo del polímero de glucosa anhidro, la grasa intracelular contiene unas seis veces más energía metabólica potencial, a igualdad de masa, que el glucógeno intracelular. En muchas situaciones esto constituye una ventaja evidente, como en el caso de los animales que hibernan, que deben almacenar lo obtenido con la alimentación de varios meses, o en los músculos de vuelo de los pájaros pequeños, en los que el peso es una ventaja. Aunque parezca increíble, algunas aves terrestres pequeñas se preparan para la migración incrementando su peso corporal alrededor de un 15 % al día, y todo el aumento de peso corresponde a los triacilgliceroles. Estos pájaros obesos pueden volar entonces sin detenerse durante periodos de hasta 60 horas o más. Además, la insolubilidad de la grasa permite almacenarla en las células sin afectar a la presión osmótica intracelular.

No es de extrañar pues que la grasa sea la principal forma de almacenar energía para la mayor parte de los organismos. Un hombre normal de 70 kg de peso puede tener unas reservas de combustible de 500 000 kJ en la grasa corporal total y de unos 100 000 kJ en las proteínas totales (en su mayor parte proteínas musculares). En cambio, las reservas de glucógeno ascienden solo a 6800 kJ de energía disponible, y la glucosa total, cerca de 300 kJ. Las reservas de grasa se mantienen a partir de la alimentación. Alrededor del 35-50 % del valor calórico de las alimentaciones occidentales procede de las grasas. La mayoría de los especialistas en nutrición recomiendan que este valor esté cerca del 25-35 % para evitar problemas cardiovasculares. Además, el exceso de hidratos de carbono consumido que no puede catabolizarse ni almacenarse como glucógeno se convierte fácilmente en grasa.

La mayor parte de la energía procedente de la degradación de las grasas se obtiene mediante la oxidación de los ácidos grasos que las forman. La oxidación de los ácidos grasos constituye la fuente principal de energía para muchos tejidos animales. El cerebro tiene unas características especiales puesto que no es capaz de utilizar los ácidos grasos como aporte energético importante y tiene un requerimiento muy específico de glucosa. No obstante, en condiciones de inanición, al reducirse las concentraciones de glucosa en sangre, el cerebro puede adaptarse al empleo de una clase de compuestos relacionados con los lípidos, que se denominan *cuerpos cetónicos*, como se expone más adelante en este capítulo.

**Reservas tisulares de combustible en un ser humano promedio de 70 kg**

| Combustible | Peso (g) | Contenido de energía (kJ/g) | Energía total (kJ) |
|---|---|---|---|
| Triacilgliceroles | −15 000 | 37 | 555 000 |
| Proteinas | −6000 | 17 | 100 000 |
| Glucógeno | −400 | 17 | 6000 |
| Glucosa | −20 | 17 | 340 |
| Reservas totales de combustibles | | | 662 140 |

## Digestión y absorción de las grasas

Los triacilgliceroles que utilizan los mamíferos como combustible proceden de tres orígenes principales: (1) la alimentación, (2) la biosíntesis de novo, en especial en el hígado, y (3) las reservas existentes en los adipocitos. Los procesos mediante los cuales se utilizan estas fuentes en los animales se resumen en la Figura 17.3. El principal problema al que deben hacer frente los animales en la digestión, absorción y transporte de los lípidos del alimento es su insolubilidad en los medios acuosos. La acción de las **sales biliares**, sustancias detergentes que se sintetizan en el hígado y se almacenan en la vesícula biliar, es esencial para la digestión de los lípidos y su absorción a través de la mucosa intestinal. El problema del transporte por la sangre y la linfa se resuelve, en parte, con la formación de complejos de los lípidos con las proteínas para dar agregados solubles, que se denominan **lipoproteínas**.

Una molécula de sal biliar está formada por un **ácido biliar**, como el ácido cólico, y un catión asociado. Los ácidos biliares (que se consideran con mayor detalle en el Capítulo 19) proceden del colesterol. Como se indica en la Figura 17.4, la molécula de sal biliar tiene superficies hidrófobas e hidrófilas. Este carácter anfipático permite a las sales

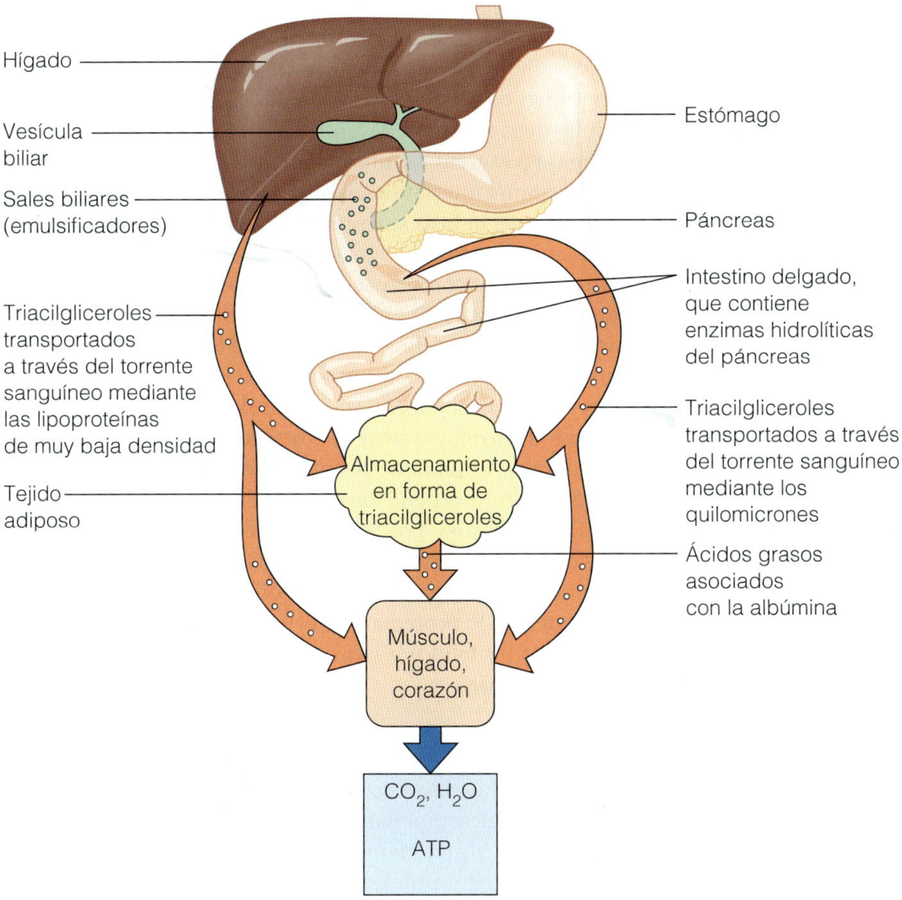


**FIGURA 17.3**

**Visión general de la digestión, absorción, almacenamiento y movilización de la grasa en el ser humano.** Los triacilgliceroles (grasas) se ingieren, se sintetizan en el hígado o se movilizan a partir de los depósitos existentes. Los triacilgliceroles ingeridos se hidrolizan en la luz del intestino delgado por la lipasa pancreática y otras enzimas. Los productos de la hidrólisis absorbidos por la mucosa intestinal se recombinan en triacilgliceroles, que se combinan con apoproteínas para formar las lipoproteínas denominadas quilomicrones. Este proceso solubiliza los lípidos y permite su transporte a través de la linfa y la sangre. Los triacilgliceroles sintetizados en el hígado se combinan con otras apoproteínas para formar las lipoproteínas de muy baja densidad (VLDL) para su transporte. Las lipoproteínas transportadas a los tejidos periféricos se hidrolizan en las superficies internas de los capilares. Los productos de la hidrólisis que llegan a las células se catabolizan para producir energía o se recombinan en triacilgliceroles para almacenarse. La movilización de los triacilgliceroles almacenados se regula hormonalmente.

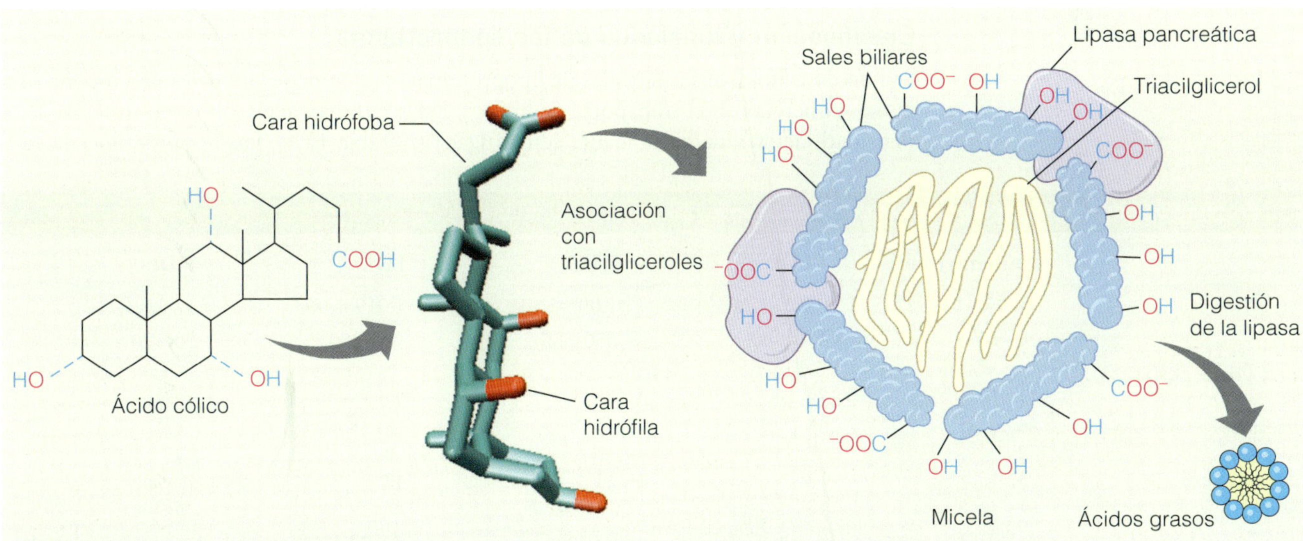


**FIGURA 17.4**

**Acción de las sales biliares para emulsionar las grasas en el intestino.** El ácido cólico, un ácido biliar característico, se ioniza para dar su sal biliar análoga. La superficie hidrófoba de la molécula de sal biliar se asocia con el triacilglicerol y varios complejos de este tipo se agregan para formar una micela. La superficie polar de las sales biliares queda hacia fuera, permitiendo a la micela asociarse con la lipasa/colipasa pancreática. La acción hidrolítica de esta enzima libera los ácidos grasos para que se asocien en micelas mucho más pequeñas, que pueden absorberse a través de la mucosa intestinal.

biliares orientarse en una interfase aceite-agua, de manera que la superficie hidrófoba esté en contacto con la fase apolar y la superficie hidrófila con la fase acuosa. Esta acción detergente emulsiona los lípidos y da lugar a la formación de micelas (*véase* el Capítulo 10), que permiten el ataque digestivo por enzimas hidrosolubles y facilitan la absorción de los lípidos a través de las células de la mucosa intestinal. La mayor parte de la digestión se produce por la acción de la **lipasa pancreática**, una enzima poco común, que requiere calcio, y que cataliza una reacción en una interfase aceite-agua. El sustrato que se degrada está en una fase apolar y, naturalmente, el otro sustrato es el agua. Los estudios estructurales sobre la lipasa pancreática indican que el centro catalítico de la misma queda expuesto como resultado de un cambio de conformación que se produce tan solo en una interfase aceite-agua. La lipasa pancreática actúa también en un complejo 1:1 con la **colipasa**, una proteína de 90 aminoácidos que colabora en la unión a la superficie lipídica.

Las sales biliares emulsionan las grasas, con lo que fomentan su hidrólisis en la digestión.

Los productos de la digestión de las grasas comprenden una mezcla de glicerol, ácidos grasos libres, monoacilgliceroles y diacilgliceroles. Menos del 10 % de los triacilgliceroles originales permanece sin hidrolizar. Durante la absorción a través de las células de la mucosa intestinal, se produce una abundante resíntesis de triacilgliceroles a partir de los productos de hidrólisis. Esta resíntesis tiene lugar en el retículo endoplásmico y el complejo de Golgi de las células de la mucosa. Los triacilgliceroles van a parar al sistema linfático formando complejos con proteinas para dar lugar a las lipoproteínas denominadas **quilomicrones.** El quilomicrón es básicamente una gota de aceite recubierta por lípidos más polares y una capa externa de proteína que ayuda a dispersar y solubilizar, en parte, la grasa para su transporte a los tejidos. El quilomicrón constituye también un transportador del colesterol del alimento.

## Transporte de las grasas a los tejidos: lipoproteínas

Los quilomicrones son tan solo una de las clases de lipoproteínas que se encuentran en el torrente sanguíneo. Estos complejos desempeñan un papel esencial en el transporte de los lípidos a los tejidos, ya sea para el almacenamiento de energía, ya sea para su oxidación. Los lípidos libres son casi todos ellos indetectables en la sangre. Los componentes polipeptídicos de las lipoproteínas se denominan **apoproteínas** o **apolipoproteínas**, y se sintetizan principalmente en el hígado, aunque alrededor del 20 % se producen en las células de la mucosa intestinal.

### Clasificación y funciones de las lipoproteínas

Se han descrito diversas familias de lipoproteínas, cada una de las cuales desempeña funciones concretas en el transporte de lípidos. Estas familias se clasifican en función de su densidad, determinada mediante centrifugación (Tabla 17.1). Las lipoproteínas de cada

**TABLA 17.1. Propiedades de las principales clases de lipoproteínas plasmáticas humanas**

| | Quilomicrones | VLDL | IDL | LDL | HDL |
|---|---|---|---|---|---|
| Densidad (g/mL) | <0.95 | 0.950-1.006 | 1.006-1.019 | 1.019-1.063 | 1.063-1.210 |
| Diámetro (Å) | $10^3$-$10^4$ | 300-800 | 250-350 | 180-250 | 50-120 |
| Componentes (% de peso seco) | | | | | |
| Proteínas | 2 | 8 | 15 | 22 | 40-55 |
| Triacilgliceroles | 86 | 55 | 31 | 6 | 4 |
| Colesterol libre | 2 | 7 | 7 | 8 | 4 |
| Ésteres de colesterol | 3 | 12 | 23 | 42 | 12-20 |
| Fosfolípidos | 7 | 18 | 22 | 22 | 25-30 |
| Composición de apoproteínas | A-I, A-II, B-48, C-I, C-II, C-III | B-100, C-I, C-II, C-III, E | B-100, C-I, C-II, C-III, E | B-100 | A-I, A-II, C-I, C-II, C-III, D, E |

*Fuente:* datos tomados de D. E. Vance y J. E. Vance, eds., *Biochemistry of Lipids and Membranes* (Redwood City, Calif.: Benjamin/Cummings, 1985), y J. F. Mead, R. B. Alfin-Slater, D. R. Howton y G. Popják, *Lipids* (Nueva York: Plenum, 1986).

**TABLA 17.2. Energías de las interacciones no covalentes de las biomoléculas**

| Apoproteína | Peso molecular | Características |
|---|---|---|
| A-I | 28 300 | Proteína principal de las HDL; activa la LCAT |
| A-II | 17 400 | Proteína principal de las HDL |
| B-48 | 241 000 | Se encuentra exclusivamente en los quilomicrones |
| B-100 | 513 000 | Proteína principal de las LDL |
| C-I | 7 000 | Se encuentra en los quilomicrones; activa la LCAT y la LPL |
| C-II | 10 000 | Se encuentra principalmente en las VLDL; activa la LPL |
| C-III | 9 300 | Se encuentra principalmente en los quilomicrones, las VLDL y las HDL; inhibe la LPL |
| D | 35 000 | Proteína de las HDL, también denominada proteína de transferencia de los ésteres de colesterol |
| E | 33 000 | Se encuentra en las VLDL, LDL y HDL |

*Fuente:* datos tomados de D. E. Vance y J. E. Vance, eds., *Biochemistry of Lipids and Membranes* (Redwood City, Calif.: Benjamin/Cummings, 1985), y J. F. Mead, R. B. Alfin-Slater, D. R. Howton y G. Popják, *Lipids* (Nueva York: Plenum, 1986).
*Nota:* LCAT = lecitina:colesterol aciltransferasa, LPL = lipoproteína lipasa.

clase contienen apoproteínas características y poseen una composición lipídica distintiva. En las lipoproteínas humanas se encuentran un total de diez apolipoproteínas principales. Sus propiedades se resumen en la Tabla 17.2. Cada una de ellas está codificada por un gen nuclear distintivo, con la interesante excepción de las apolipoproteínas B-48 y B-100. Los análisis de la secuencia de estas dos proteínas descubren que la Apo B-48 (241 000 Da) es idéntica a la parte N-terminal de la apo B-100. Un único gen estructural codifica ambas apo B-48 y apo B-100, el cual se transcribe a un RNAm de 14 000 nucleótidos (Figu-

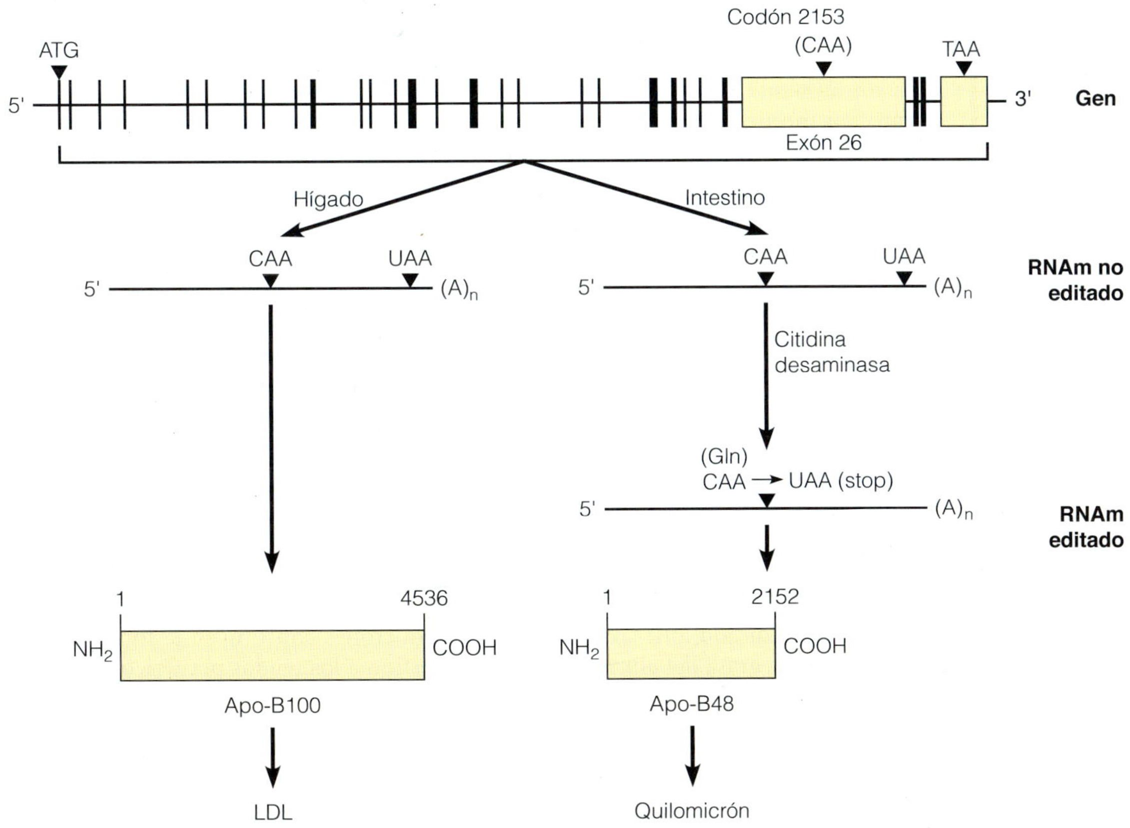


**FIGURA 17.5**

**Edición del RNA del transcrito del gen de la apolipoproteína B.** El gen de la APOB, formado por 29 exones, se transcribe para producir un transcrito de ~ 14 000 nucleótidos. En el hígado, este RNAm se traduce para dar el producto apo, B-100 de 4536 aminoácidos. En el intestino, una citidina desaminasa convierte el residuo C del codón 2153 en U, y cambia el codón Gln a un codón de detención. El RNAm editado se traduce para dar el producto apo B-48 de 2152 aminoácidos.

Reproducido de *Biochimica Biophysica Acta (BBA)- Gene Structure and Expression* 1494:1–13, A. Chester, J. Scott,S. Anant, N. Navaratnam, RNA editing: Cytidine to uridineconversion in apolipoprotein B mRNA. © 2000, con permiso de Elsevier.

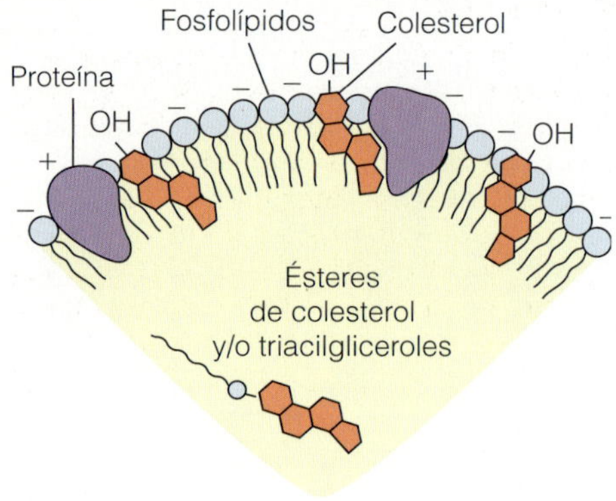


**FIGURA 17.6**

**Estructura general de una lipoproteína plasmática.** La partícula esférica, parte de la cual se muestra, contiene lípidos neutros en el interior y fosfolípidos, colesterol y proteína en la superficie.

ra 17.5). En el hígado, la traducción de la longitud total del marco de lectura abierto proporciona la apo B-100, de 4536 aminoácidos (513 000 Da), que se secreta y ensambla en partículas de **lipoproteínas de baja densidad (LDL)**. En el intestino, donde se expresa la apo B-48 para el ensamblaje de los quilomicrones, el RNAm de la apo B sufre una **edición del RNA**: una citidina desaminasa que solo se encuentra en el intestino, desamina una única citidina del RNAm, en el codón 2153, y la convierte en uridina. Esto cambia el codón de CAA (Gln) en UAA, un codón de terminación. La traducción de este RNAm editado proporciona la apo B-48 más corta. La edición del RNA está muy extendida y su mecanismo y control será presentado en el Capítulo 29.

Dado que los lípidos tienen una densidad mucho menor que las proteínas, el contenido lipídico de una clase de lipoproteínas está inversamente relacionado con su densidad. Así, cuanto mayor es la abundancia de lípidos, menor es la densidad. La clasificación estándar de las lipoproteínas incluye, por orden creciente de densidad: *quilomicrones*, **lipoproteínas de muy baja densidad (VLDL), lipoproteínas de densidad intermedia (IDL), lipoproteínas de baja densidad** (**LDL**) y **lipoproteínas de alta densidad** (**HDL**). Algunos esquemas de clasificación establecen dos clases de HDL, y, además, existe una lipoproteína cuantitativamente menor denominada **lipoproteína de muy alta densidad (VHDL)**.

A pesar de sus diferencias de composición lipídica y proteica, todas las lipoproteínas comparten características estructurales comunes, especialmente una forma esférica que puede detectarse mediante microscopia electrónica. Como se muestra en la Figura 17.6, las partes hidrófobas, tanto los lípidos como los aminoácidos apolares, forman un núcleo interno, y las estructuras proteicas hidrófilas y los grupos de cabeza polares de los fosfolípidos se encuentran en el exterior.

Las lipoproteínas son complejos lípido-proteína que permiten el movimiento de los lípidos apolares a través de los ambientes acuosos.

Algunas apolipoproteínas poseen actividades bioquímicas específicas distintas del papel que desempeñan como transportadores pasivos de los lípidos de un tejido a otro. Así, por ejemplo, la apo C-II es un activador de la hidrólisis de los triacilgliceroles por la **lipoproteína lipasa,** una enzima de la superficie celular que hidroliza los triacilgliceroles de las lipoproteínas. Un déficit de apo C-II en el ser humano se asocia con una acumulación masiva de quilomicrones y concentraciones elevadas de triacilgliceroles en sangre. Otras apoproteínas dirigen determinadas lipoproteínas hacia las células específicas, al ser identificadas por receptores de las membranas plasmáticas de estas células. Tiene gran interés la asociación de una forma variante de la apo E con un aumento del riesgo de padecer la enfermedad de Alzheimer. No se conoce el mecanismo de esta asociación, pero hay una relación epidemiológica sólida entre un colesterol sérico alto en la edad mediana y la enfermedad de Alzheimer en la vida posterior y la apo E es la proteína transportadora de colesterol más abundante en el sistema nervioso central. Hay tres formas alélicas comunes de la apo E (E2, E3 y E4) y la posesión de, al menos, un alelo E4 es el factor de riesgo genético principal de la enfermedad de Alzheimer.

Tras la digestión y absorción de una comida, las lipoproteínas ayudan a mantener en forma emulsionada unos 500 mg de lípidos totales por 100 mL de sangre humana en la fase postabsortiva. De estos 500 mg, habitualmente alrededor de unos 120 mg son triacilgliceroles, 220 mg es colesterol (dos terceras partes, esterificados con ácidos grasos y una tercera parte, libre) y 160 mg son fosfolípidos, principalmente fosfatidilcolina y fosfatidiletanolamina. En efecto, tras una comida con muchas grasas, los quilomicrones son tan abundantes en la sangre que dan al plasma un aspecto lechoso.

## Transporte y utilización de las lipoproteínas

Como se ha indicado anteriormente, los quilomicrones constituyen la forma en que se transporta la grasa del alimento desde el intestino a los tejidos periféricos, especialmente el corazón, el músculo y el tejido adiposo (*véase* la Figura 17.3). Las VLDL desempeñan un papel comparable para los triacilgliceroles sintetizados en el hígado. Los triacilgliceroles en ambas lipoproteínas se hidrolizan a glicerol y ácidos grasos en las superficies internas de los capilares de los tejidos periféricos. Esta hidrólisis comporta una activación de la enzima extracelular lipoproteína lipasa por la apoproteína C-II, un

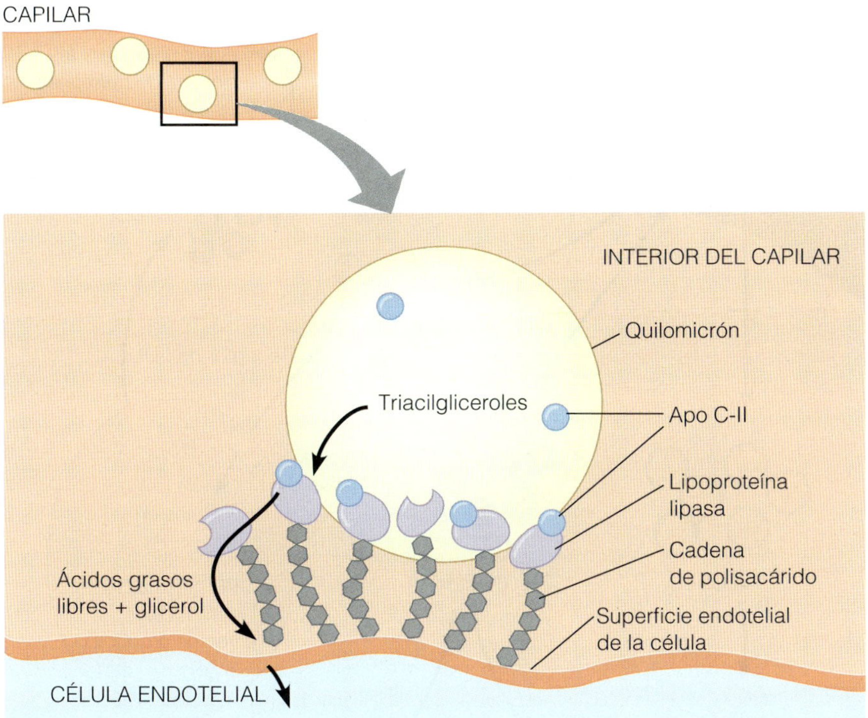


**FIGURA 17.7**

**Unión de un quilomicrón a la lipoproteína lipasa en la superficie interna de un capilar.** El quilomicrón está anclado por la lipoproteína lipasa, que está ligada por una cadena de polisacárido a la superficie de la célula endotelial. Cuando se activa por la apoproteína C-II, la lipasa hidroliza los triacilgliceroles en el quilomicrón, lo cual permite la captura al interior de la célula del glicerol y los ácidos grasos libres.

componente de los quilomicrones y las VLDL (Figura 17.7). La lipoptoteína lipasa es un miembro de la familia de las serina esterasas, que comprende la lipasa pancreática y la **lipasa sensible a las hormonas** (LSH, una enzima que participa en la movilización regulada de la grasa almacenada en el tejido adiposo; *véase* la página 721). Esta familia se caracteriza por emplear una tríada catalítica de serina, histidina y aspartato y un intermedio acil-enzima, semejante a las serina proteasas que se describen en el Capítulo 11. Algunos de los ácidos grasos liberados se absorben por las células próximas, mientras que otros, aún bastante insolubles, forman complejos con la albúmina sérica para su transporte a células más distantes. Tras la absorción en la célula, los ácidos grasos procedentes de la acción de la lipoproteína lipasa pueden catabolizarse para generar energía o, en las células adiposas, utilizarse para volver a sintetizar triacilgliceroles. Sin embargo, debido a que los adipocitos carecen de glicerol quinasa, el glicerol-3-fosfato para volver a sintetizar los triacilgliceroles debe proceder de la glucólisis. El glicerol se devuelve desde los adipocitos al hígado para volver a sintetizar glucosa mediante la gluconeogénesis. En la Figura 17.8 se resumen los aspectos generales del metabolismo y transporte de las lipoproteínas.

Una consecuencia fundamental de la disfunción hepática es su incapacidad para sintetizar apolipoproteínas y, por tanto, para transportar las grasas fuera del hígado.

Como consecuencia de la hidrólisis de los triacilgliceroles en los capilares, tanto los quilomicrones como las VLDL se degradan para dar lugar a restos con abundantes proteínas. La clase de lipoproteínas IDL procede de las VLDL, y los quilomicrones se degradan para dar lugar a los que se denominan, simplemente, restos de quilomicrones. Ambos tipos de restos son captados por el hígado a través de la interacción con receptores específicos, y degradados posteriormente en los lisosomas hepáticos. La apoproteína B-100 se reutiliza en la síntesis de las LDL (a través de las IDL). Como se describe en el apartado siguiente, las LDL constituyen la principal forma de transporte del colesterol a los tejidos, y las HDL desempeñan el principal papel de devolver el exceso de colesterol de los tejidos al hígado para su metabolismo o excreción. Es evidente la importancia de las lipoproteínas como vehículos de transporte por el hecho de que una consecuencia importante de la cirrosis hepática crónica es la degeneración grasa del hígado, en la que el hígado se carga de grasa. Dado que el hígado es el lugar principal de síntesis de las apolipoproteínas, el daño de este órgano hace que la grasa

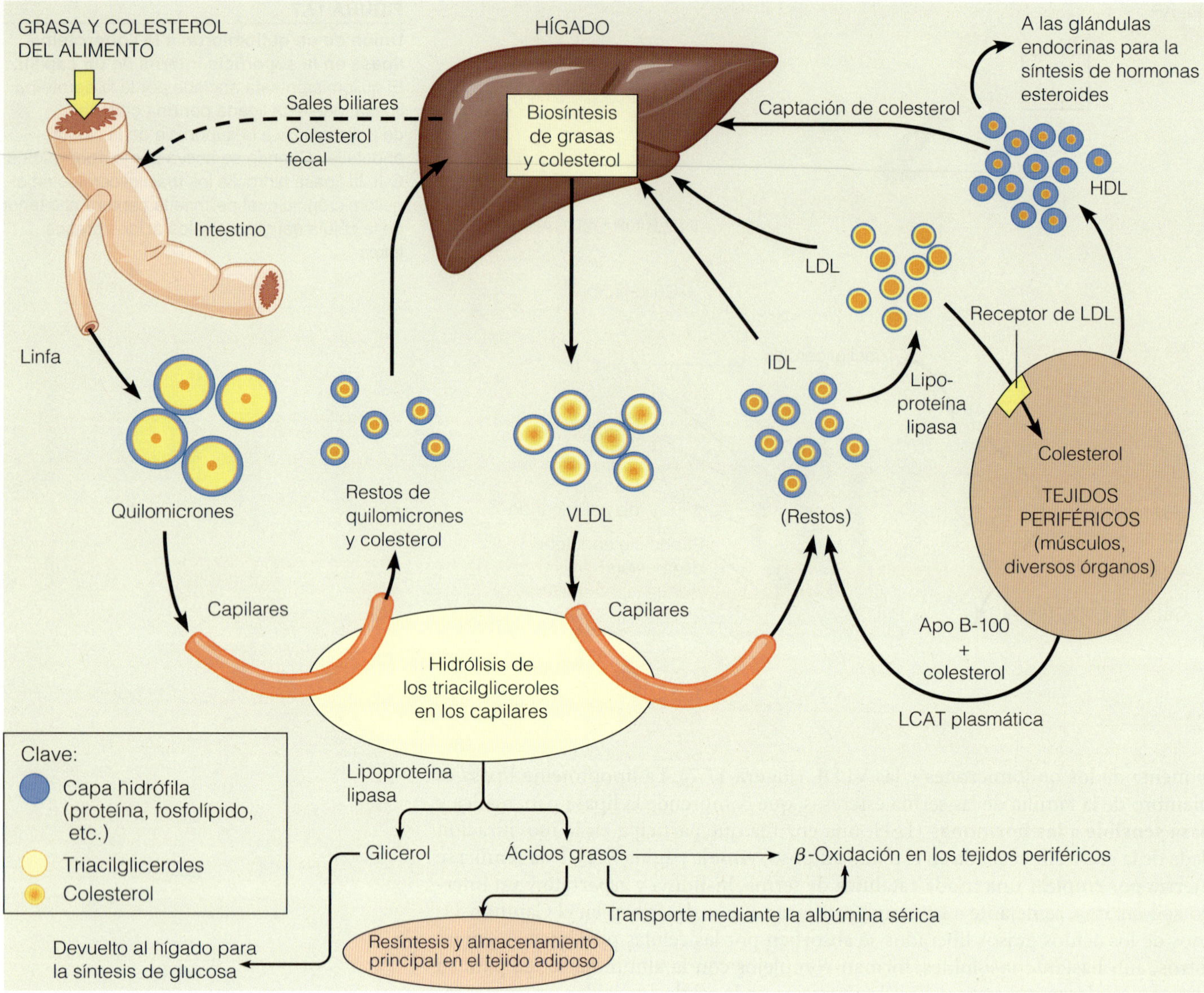


**FIGURA 17.8**

**Visión general de las rutas de transporte y del destino de las lipoproteínas.**

sintetizada endógenamente se acumule aquí, ya que no puede transportarse a los tejidos periféricos.

## Transporte y utilización del colesterol en los animales

La acumulación de colesterol en la sangre está correlacionada con la formación de la placa aterosclerótica.

Como indudablemente ya sabe, un factor de riesgo importante que predispone a la cardiopatía es la concentración anormalmente elevada de colesterol en la sangre. La acumulación prolongada de colesterol contribuye a que se formen las **placas ateroscleróticas,** que son depósitos grasos que recubren las superficies internas de las arterias coronarias.

Recuérdese de la Tabla 17.1 que el colesterol de las lipoproteínas plasmáticas se encuentra, tanto como esterol libre y como en ésteres de colesterol. La esterificación se produce en la posición hidroxilo del colesterol con un ácido graso de cadena larga, normalmente insaturado. Los ésteres de colesterol se sintetizan en el plasma a partir de colesterol y una cadena acilo de una fosfatidilcolina, mediante la acción de la **lecitina:colesterol aciltransferasa (LCAT),** una enzima que se segrega por el hígado al torrente sanguíneo, unida a las HDL y LDL:

$$\text{Fosfatidilcolina} + \text{colesterol} \rightleftharpoons \text{lisolecitina} + \text{éster de colesterol}$$

Los ésteres del colesterol son considerablemente más hidrófobos que el colesterol en sí.

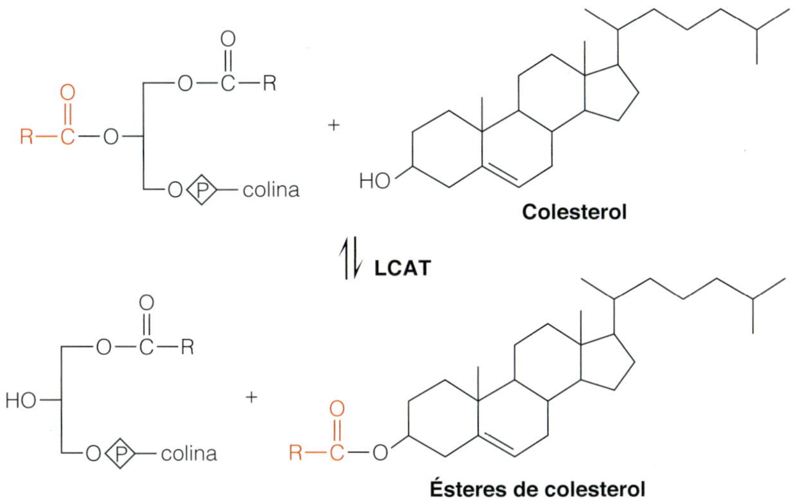


De las cinco clases de lipoproteínas, la LDL es con mucho la que contiene mayor cantidad de colesterol. Las cantidades de colesterol y ésteres de colesterol asociadas con las LDL son habitualmente unas dos terceras partes del colesterol plasmático total. En los adultos normales, las concentraciones de colesterol se encuentran entre 3.5 y 6.7 mM (equivalentes a 130-260 mg/100 mL de plasma humano; el colesterol plasmático total por encima de 200 m/100 mL es un factor de riesgo principal de enfermedad coronaria). Aproximadamente el 40 % del peso de la partícula de LDL corresponde a ésteres de colesterol, y las cantidades de colesterol esterificado y colesterol libre suponen en total más de la mitad del peso global. La partícula LDL contiene una sola molécula de apoproteína B-100 como componente proteico principal. Dado que la biosíntesis de colesterol está limitada principalmente al hígado, y solo se produce algo de ella también en el intestino, las LDL desempeñan un papel importante en el aporte de colesterol a otros tejidos.

## El receptor de LDL y la homeostasis del colesterol

La importancia del conocimiento de la homeostasis del colesterol puede comprenderse revisando las consecuencias que tienen las concentraciones plasmáticas elevadas de colesterol cuando se mantienen de forma prolongada. El exceso de colesterol LDL se acumula en el interior de las paredes arteriales, formando estrías grasas, que atraen a los glóbulos blancos sanguíneos (macrófagos). Si las concentraciones de colesterol son demasiado altas para su posterior eliminación hacia el torrente sanguíneo, estos macrófagos quedan repletos de depósitos grasos, que luego se endurecen, formando una placa; este trastorno, que se denomina **aterosclerosis**, finalmente obstruye vasos sanguíneos clave causando infartos de miocardio o ataques cardíacos.

Para comprender la relación que existe entre las concentraciones elevadas de colesterol y la aterogénesis, debemos conocer cómo captan las células el colesterol de las LDL, puesto que los ésteres de colesterol son demasiado hidrófobos para atravesar por sí mismos las membranas celulares. La respuesta a esta cuestión se obtuvo de las investigaciones de Michael Brown y Joseph Goldstein, que a mediados de los años 1970 demostraron que la captación de colesterol por las células es un proceso en el que intervienen receptores y que la cantidad de los propios receptores está regulada.

En 1972, Brown y Goldstein empezaron a estudiar un trastorno hereditario denominado **hipercolesterolemia familiar** o HF. Las personas con la forma homocigota rara de esta enfermedad (aproximadamente 1 de cada millón) presentan unas concentraciones muy elevadas de colesterol en suero, entre 650 y 1000 mg/100 mL (aproximadamente 5 veces el valor normal). Presentan aterosclerosis en una fase temprana de la vida y generalmente fallecen por una enfermedad cardíaca antes de los 20 años de edad. El trastorno heterocigoto más frecuente, que se caracteriza por la presencia de un alelo defectuoso en vez de los dos, afecta a aproximadamente una de cada 500 personas. Estas personas tienen unas concentraciones de colesterol elevadas de forma menos intensa, del orden de 350 a 500 mg/100 mL.

FIGURA 17.9

**Regulación por retroinhibición de la actividad HMG-CoA reductasa**. Se realizaron cultivos monocapa de fibroblastos obtenidos de una persona normal (símbolos llenos) o de un paciente homocigoto para la hipercolesterolemia familiar (homocigoto HF) (símbolos huecos). **(a)** A tiempo cero, el medio se sustituyó con medio reciente sin lipoproteínas y se midió la actividad HMG-CoA reductasa en los extractos preparados a los tiempos indicados. **(b)** Veinticuatro horas después de añadir el medio sin lipoproteínas, se añadió a las células LDL humana con las concentraciones señaladas y se midió la actividad HMG-CoA reductasa al tiempo indicado.

Cortesía de Joseph L. Golstein y Mike S. Brown.

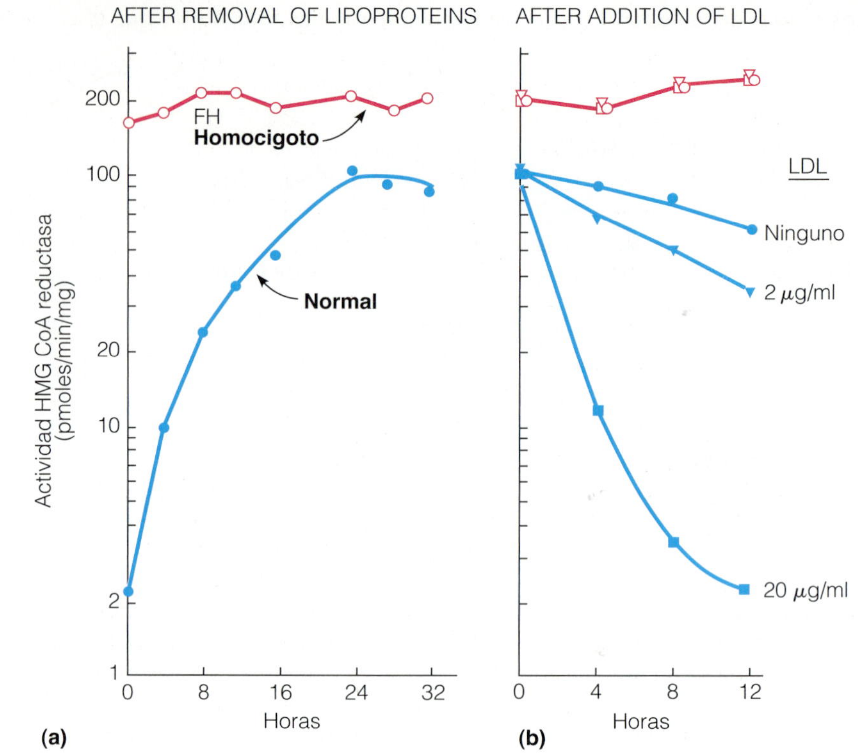


Presentan un riesgo elevado de sufrir infartos de miocardio entre los treinta y los cincuenta años de edad, aunque muchos de ellos tienen una vida de duración normal.

Para el éxito de las investigaciones de Brown y Goldstein fue esencial su capacidad de demostrar la presencia del fenotipo HF defectuoso en cultivos celulares. Los fibroblastos de los pacientes con HF sintetizaban colesterol a un ritmo anormalmente elevado en cultivo, mientras que las células normales presentaban un ritmo de síntesis bajo. La Figura 17.9 reproduce los resultados de este experimento fundamental. Al realizar los cultivos en presencia de LDL, las células normales presentaban una baja actividad de la hidroximetilglutaril-CoA reductasa (HMG-CoA reductasa, la enzima reguladora principal de la síntesis del colesterol; *véase* la página 801, Capítulo 19). En ausencia de LDL, las mismas células presentaban una actividad reductasa unas 50 a 100 veces superiores (Figura 17.9a). Este nivel elevado de actividad enzimática se suprimió rápidamente tras la adición de LDL a las células normales (Figura 17.9b). Estos resultados sugirieron que el colesterol se transporta normalmente al interior de la célula, en donde regula su propia síntesis mediante la supresión de la actividad de la enzima limitante de la velocidad (regulación por retroacción). En cambio, las células de las personas con HF mostraban unos niveles altos de actividad reductasa, tanto si se cultivaban en presencia como en ausencia de LDL, lo cual sugería que presentaban un déficit de la capacidad de captar colesterol del medio.

Estas observaciones sugirieron que el colesterol se capta en las células mediante la acción de un receptor específico, que es deficitario o defectuoso en los pacientes con HF. Poco después, Brown y Goldstein y sus colaboradores demostraron la existencia de este receptor, el **receptor de LDL** (*véase* la Figura 17.8), y pusieron de manifiesto un nuevo mecanismo a través del cual las células pueden interactuar con su entorno: la **endocitosis mediada por el receptor**. Mediante la conjugación de las LDL con un material electrodenso y la unión de este material a las células, los investigadores pudieron visualizar el receptor de LDL en las superficies celulares (Figura 17.10). Estos experimentos indi-

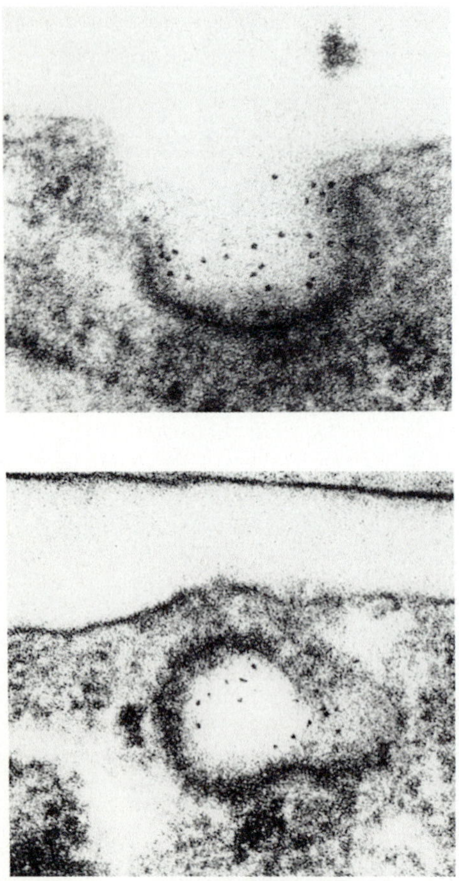

FIGURA 17.10

**Endocitosis de las LDL mediada por el receptor.** La lipoproteína de baja densidad (LDL) se conjugó con ferritina para permitir la visualización con el microscopio electrónico. **(a)** La LDL-ferritina (puntos oscuros) se une a un hoyo revestido sobre la superficie de un fibroblasto (un tipo de célula del tejido conjuntivo) humano. **(b)** La membrana plasmática se cierra sobre el hoyo revestido, formando una vesícula endocitósica.

Cortesía de R. G. W. Anderson, M. S. Brown y J. L. Goldstein.

caron que los receptores están agrupados en una estructura denominada **hoyo revestido,** una invaginación en la que la proteína más abundante es la **clatrina,** una proteína autointeractiva capaz de formar una estructura en forma de jaula (Figura 17.11).

La **endocitosis** es un proceso mediante el cual las células captan moléculas grandes del medio extracelular. Aunque la captación de LDL implica la intervención de un receptor de la superficie celular, la interacción de las LDL con su receptor es distinta de la interacción de las hormonas como la adrenalina con sus receptores. Como se comentó en los Capítulos 12 y 13, la unión de la adrenalina a su receptor en la membrana plasmática desencadena alteraciones metabólicas intracelulares, pero la hormona en sí no entra en la célula. En cambio, cuando la LDL se une a su receptor, mediante la identificación de la apoproteína B-100 por parte del receptor, toda la molécula de LDL se engloba y se capta en la célula, tal como se esquematiza en la Figura 17.12. La membrana plasmática se fusiona en la proximidad del complejo LDL-receptor, y el hoyo revestido se convierte en una vesícula endocitósica. Varias de estas vesículas revestidas de clatrina se fusionan para formar un **endosoma**. El endosoma se fusiona luego con un lisosoma, con lo que se pone al complejo LDL-receptor en contacto con las enzimas hidrolíticas del lisosoma. La apoproteína de la LDL se hidroliza a aminoácidos, y los ésteres de colesterol se hidrolizan para dar colesterol libre. El receptor se recicla, y vuelve a la membrana plasmática para captar más LDL. Son necesarios unos 10 minutos para cada ciclo de este tipo. El descubrimiento del receptor de LDL y de la endocitosis mediada por el receptor proporcionó a Brown y Goldstein el Premio Nobel de Fisiología o Medicina de 1985.

Gran parte del colesterol liberado se desplaza hacia el retículo endoplásmico, en donde se utiliza para la síntesis de las membranas. El colesterol internalizado ejerce tres efectos reguladores. (1) Como se ha indicado antes, suprime la síntesis endógena de colesterol mediante la inhibición de la HMG-CoA reductasa y también mediante la supresión de la transcripción del gen de esta enzima y la aceleración de la degradación de la proteína enzimática. (2) Activa la **acil-CoA:colesterol aciltransferasa** (**ACAT**), una enzima intracelular que sintetiza ésteres de colesterol a partir de colesterol y una acil-CoA de cadena larga. Esto fomenta el almacenamiento del exceso de colesterol en forma de pequeñas gotas de ésteres de colesterol. (3) Regula la síntesis del propio receptor de LDL, reduciendo la transcripción del gen del receptor. La disminución de la síntesis del receptor garantiza que el colesterol no se capte en las células en una cantidad superior a las necesidades de estas, a pesar de que las concentraciones extracelulares sean muy altas. Este mecanismo de regulación explica por qué un exceso de colesterol en la alimentación causa directamente elevaciones de las concentraciones sanguíneas de colesterol. Con una regulación tan exacta de las concentraciones intracelulares de colesterol, el colesterol extracelular se acumula, puesto que no tiene ningún otro lugar a dónde ir.

Esta estructura reguladora condujo a la generación de inhibidores de la HMG-CoA reductasa, partiendo del supuesto de que deprimirán la biosíntesis de novo de colesterol y, por tanto, las concentraciones intracelulares de colesterol; consecuentemente aumentará la producción de receptores de LDL para la eliminación del colesterol extracelular de la sangre. Efectivamente, los inhibidores de la HMG-CoA reductasa, denominados **estatinas**, actúan exactamente de esta forma y en la actualidad son el patrón fundamental de los enfoques terapéuticos para bajar las concentraciones de colesterol (en el Capítulo 19 se amplía este tema).

Los estudios realizados en muchas personas con HF han proporcionado un dibujo muy detallado del receptor de LDL y su acción. El receptor es una glucoproteína con una cadena polipeptídica de 839 residuos y 18 cadenas de oligosacáridos enlazados por O. El receptor de LDL se une específicamente a las apolipoproteínas B-100 y E, y participa también en la captación por el hígado de los remanentes de quilomicrones y los remanentes de las VLDL.

La clonación del gen y el análisis de la secuencia de DNA han permitido identificar cinco tipos de mutaciones que afectan al receptor y a su metabolismo en el ser humano. En primer lugar, se encuentran las mutaciones que dan lugar a una síntesis insuficiente del receptor. En segundo lugar, y con la mayor frecuencia, se encuentran las mutaciones en las que el receptor se sintetiza, pero no migra desde el retículo endoplásmico al complejo de Golgi, para su transporte a la membrana citoplasmática. En tercer lugar, se encuentran las mutaciones en las que el receptor se sintetiza y se procesa de manera normal y llega a la superficie de la célula, pero no puede unir la LDL. En cuarto lugar están las mutaciones que llegan a la superficie celular y unen la LDL, pero no son capaces de

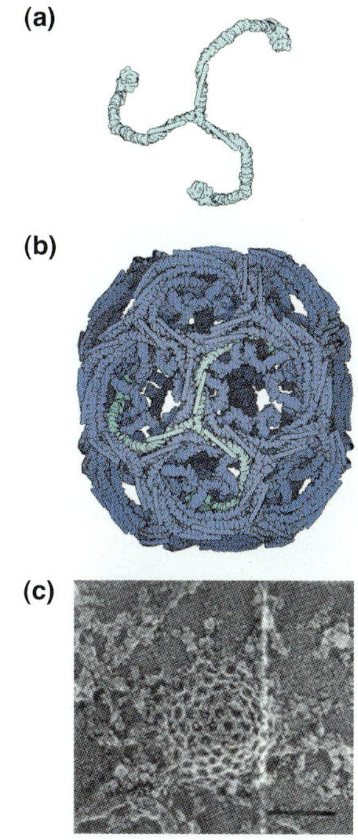


**FIGURA 17.11**

**Estructura de un hoyo revestido de clatrina. (a)** La clatrina, la principal proteína de los hoyos revestidos, forma trisqueliones (nombre derivado del símbolo de tres piernas que radian del centro), que se ensamblan en rejas poliédricas formadas por hexágonos y pentágonos, como el barril que se presenta en el panel siguiente. **(b)** Imagen reconstruida a partir de criomicroscopia electrónica de un barril de clatrina formado por 36 trisqueliones. Se resalta en azul claro un trisquelión de clatrina. **(c)** Se visualiza un hoyo revestido sobre la superficie interna de la membrana plasmática de una célula de mamífero en cultivo mediante microscopia electrónica de fractura por congelación. La estructura de jaula del hoyo se debe a la estructura de la clatrina, la principal proteína de estos hoyos.

(a, b) David S. Goodsell, RCSB Protein Data Bank; (c) Elaborado por John Heuser, Washington University School of Medicine.

La captación de colesterol de la sangre se produce en los receptores de LDL a través de una endocitosis mediada por el receptor.

El colesterol intracelular regula su propia concentración mediante el control de: (1) la biosíntesis de novo de colesterol, (2) la formación y almacenamiento de ésteres de colesterol, y (3) la densidad de los receptores de LDL.

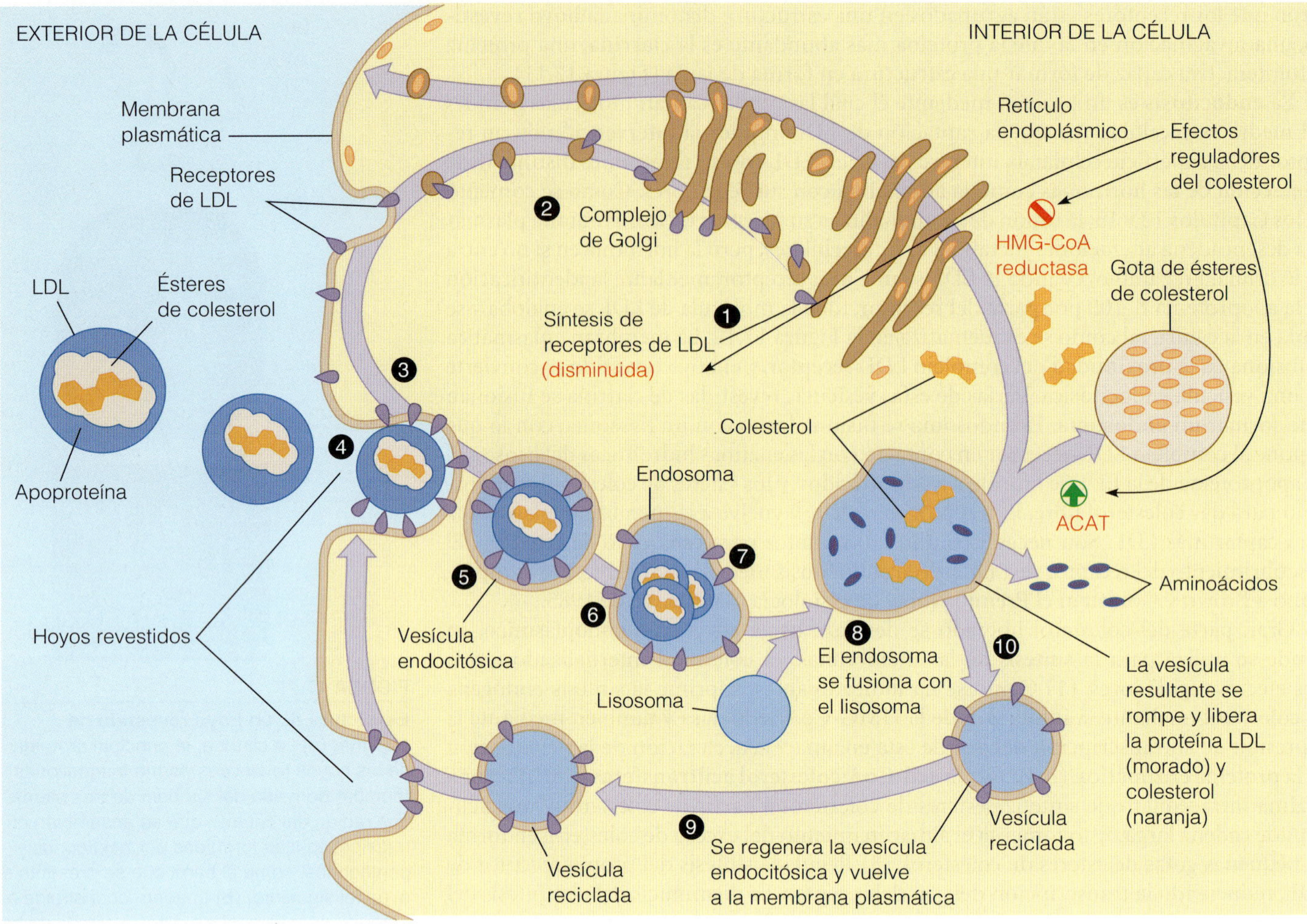


**FIGURA 17.12**

**Implicación de los receptores de LDL en la captación y metabolismo del colesterol.** Los receptores de LDL se sintetizan en el retículo endoplásmico ❶ y maduran en el complejo de Golgi. ❷ A continuación, migran a la superficie celular, en donde se agrupan en hoyos revestidos de clatrina. ❸ La LDL, formada por ésteres de colesterol y apoproteína, se une a los receptores de LDL ❹ y se internaliza en vesículas endocitóticas. ❺ Varias de estas vesículas se fusionan para formar un orgánulo denominado endosoma. ❻ El bombeo de protones en la membrana del endosoma hace que disminuya el pH, lo que a su vez, hace que se disocie la LDL de los receptores. ❼ El endosoma se fusiona con un lisosoma, ❽ y la cubierta de clatrina portadora del receptor se disocia y vuelve a la membrana. ❾ El complejo receptor-LDL se degrada en los lisosomas, ❿ y el colesterol tiene diversos destinos. Las acciones reguladoras del colesterol se indican en rojo. ACAT, acil-CoA:colesterol aciltransferasa.

La ingestión de grasa poliinsaturada (PUFA) está correlacionada con concentraciones bajas de colesterol en plasma. Los mecanismos no se entienden completamente.

agruparse en hoyos revestidos y, de esta forma, no internalizan los LDL. Finalmente, hay una clase de receptores mutantes que unen e internalizan las LDL en hoyos revestidos, pero que no pueden liberar las LDL al endosoma, y no se reciclan a la superficie celular.

La endocitosis mediada por el receptor se sabe que es una ruta muy utilizada para internalizar sustancias extracelulares, incluyendo otras lipoproteínas, factores de crecimiento celular, la proteína de unión de hierro transferrina, algunas vitaminas e incluso, virus.

## Colesterol, LDL y aterosclerosis

Gracias principalmente a Brown y Goldstein, conocemos mucho sobre los factores genéticos y bioquímicos que controlan las concentraciones séricas de colesterol y, de forma abrumadora, las pruebas epidemiológicas ligan actualmente la hipercolesterolemia prolongada con la aparición de la placa aterosclerótica. Sin embargo, todavía queda mucho que aprender. Por ejemplo, no conocemos por qué las alimentaciones con abundancia de ácidos grasos saturados tienden a elevar la concentración sérica de colesterol. No sabemos por qué un tipo determinado de ácidos grasos poliinsaturados (PUFA) denominados **ácidos grasos** $\omega$-3 (**omega-3**) tienden a disminuir las concentraciones, tanto de colesterol como de triacilgliceroles. Pero los especialistas en nutrición han encontrado que cuando se añade a una alimentación occidental pescado o aceites de pescado, que tienen gran cantidad de esta clase de ácidos grasos, realmente tienen este efecto, y esta es la razón por la que se recomienda sustituir la carne roja, que tiene gran abundancia de ácidos grasos saturados y colesterol, por el pescado. El ácido graso $\omega$-3 más importante es el ácido linolénico, que es un ácido graso 18:3c$\Delta$9,12,15 (los especialistas en nutrición numeran los ácidos grasos al revés que los bioquímicos, de forma que el término $\omega$-3 indica que el doble enlace está sobre el tercer carbono desde el grupo metilo terminal, que nosotros llamaríamos el enlace entre C-15 y C-16 en esta molécula de 18 átomos de carbono). El ácido linolénico es un ácido graso esencial para los seres humanos, pero carecemos de las enzimas que lo sintetizan, de forma que debemos obtenerlo en el alimento. Otros dos PUFA $\omega$-3 importantes, el ácido eicosapentaenoico (EPA) y el ácido docosahexaenoico (DHA) pueden sintetizarse por los seres humanos a partir del ácido linolénico del alimento.

**Ácido linolénico (18:3cΔ9, 12, 15)**

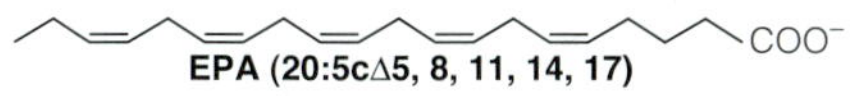

**EPA (20:5cΔ5, 8, 11, 14, 17)**

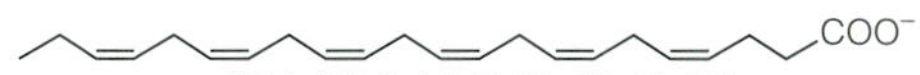

**DHA (22:6cΔ4, 7, 10, 13, 16, 19)**

Sin embargo, se ha progresado en el conocimiento de cómo las concentraciones elevadas de colesterol llevan a la aterogénesis (formación de placas). Las LDL sufren con bastante facilidad una oxidación, tanto en el plasma como en las células, para dar una mezcla de moléculas que en conjunto se denominan **LDL oxidadas**. Aunque no están bien definidas las reacciones específicas de oxidación, se incluyen la peroxidación de ácidos grasos insaturados (página 666), la hidroxilación del propio colesterol y la oxidación de residuos de aminoácidos de la apoproteína. La acumulación de las LDL oxidadas sobre el vaso desencadena una respuesta inflamatoria, en la que las células endoteliales expresan moléculas de adhesión que captan monocitos y linfocitos T. Algunas de estas células se diferencian en macrófagos que captan los lípidos que se acumulan en los lugares de la lesión arterial. La captación se produce por un miembro de la familia de **receptores basurero**, que captan muchas sustancias, además de las LDL oxidadas. A diferencia del receptor LDL, el receptor basurero no está regulado por el colesterol, de forma que la captación de colesterol a estas células virtualmente es ilimitada, lo que convierte a estas células en una especie hinchada de colesterol denominadas **células espumosas**. Estos acontecimientos tienen un efecto quimiotáctico, lo que hace que más glóbulos blancos migren al lugar y los lleva a acumular más colesterol, que en última instancia se convierte en uno de los principales constituyentes químicos de la placa que se forma en un lugar así.

La captación de las LDL oxidadas por el receptor de eliminación es un proceso fundamental en la aterogénesis.

Los anuncios de TV hablan del «colesterol malo» y el «colesterol bueno». Estos son en realidad términos inadecuados, ya que el colesterol en sí mismo es un metabolito natural, un componente esencial de todas las membranas y el precursor de todas las hormonas esteroideas y los ácidos biliares (*véase* el Capítulo 19). Sin embargo, el colesterol presente en las LDL se considera «malo», porque la elevación prolongada de la concentración de LDL es lo que conduce a la aterosclerosis. En cambio, el colesterol en las HDL se denomina «bueno» porque las concentraciones elevadas de HDL contrarrestan la aterogénesis. El colesterol no puede degradarse metabólicamente, y el exceso de colesterol se devuelve desde las células periféricas al hígado, para su paso al intestino a través de la bilis y finalmente, su excreción (Figura 17.8). Como agente de este transporte de vuelta al hígado, las HDL participan en el descenso de las concentraciones totales séricas de colesterol, lo cual es «bueno». Los últimos estudios han demostrado que el colesterol de las HDL no se capta en las células por endocitosis, como las LDL, sino mediante una reacción de «ensamblaje», en la cual la HDL interacciona con otro miembro de la familia de receptores basurero de la superficie celular (SR-B1), deposita su colesterol para su captación y parte como un remanente sin incorporarse ella misma al interior celular.

## Movilización de la grasa almacenada

En general, la capacidad de los depósitos de almacenamiento animal para almacenar grasa es virtualmente ilimitada. Todo aquello que aparece en el cuerpo procedente de la alimentación se absorbe, y la mayor parte se transporta al tejido adiposo para su almacenamiento. La falta de control de este proceso es tristemente evidente, como lo demuestra la prevalencia de la obesidad en el ser humano, en el que la grasa se almacena en exceso respecto a la necesidad de aporte energético. En cambio, la liberación de grasa de los depósitos de almacenamiento del tejido adiposo se controla hormonalmente para satisfacer las necesidades del organismo en la generación de energía.

El catabolismo de la grasa (**lipólisis**) se inicia con la hidrólisis de los triacilgliceroles para producir glicerol y ácidos grasos libres (que se abrevian con las siglas AGL). Aproximadamente el 95 % de la energía procedente de la oxidación posterior de la grasa procede de los ácidos, grasos y solo un 5 % procede del glicerol. Todos los carbonos de los ácidos grasos se catabolizan para dar lugar a fragmentos de dos carbonos, en forma de acetil-coenzima A, excepto la pequeña proporción de ácidos grasos que contienen cadenas con un número impar de carbonos.

La movilización de las grasas en las células adiposas está bajo control hormonal, a través de la fosforilación dependiente de AMP cíclico de las enzimas lipolíticas y las proteínas asociadas a las gotitas.

La liberación de la energía metabólica almacenada en los triacilgliceroles es comparable a la movilización de la energía de los hidratos de carbono almacenada en el glucógeno

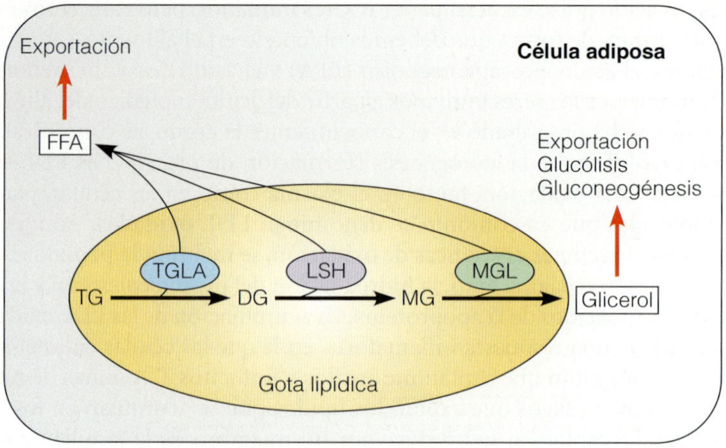


**FIGURA 17.13**

**Movilización de los triacilgliceroles del tejido adiposo por la lipólisis.** Tres lipasas actúan secuencialmente para hidrolizar el triacilglicerol (TG) a glicerol y ácidos grasos libres (AGL). Estas enzimas actúan en la interfase aceite-agua de la gotita lipídica. Los AGL se exportan al plasma sanguíneo, donde se unen a la albúmina para su transporte al hígado y otros tejidos para su posterior oxidación. El glicerol se libera a la sangre para ser captado por las células hepáticas donde sirve como sustrato gluconeogénico. DG, diacilglicerol; MG, monoacilglicerol; TGLA, triglicérido lipasa adiposa; LSH, lipasa sensible a las hormonas; MGL, monoacilglicerol lipasa.

*The Journal of Lipid Reasearch* 50:3-21, R. Zechner, P. C. Kienesberger, G. Haemmerle, R. Zimmermann, y A. Lass, Adipose triglyceride lipase and the lipolyticcatabolism of cellular fat stores. Modificado con permiso. © 2009 The American Society for Biochemistry and Molecular Biology. Todos los derechos reservados.

de los animales, en cuanto el primer paso de la degradación de la grasa, su hidrólisis a glicerol y ácidos grasos se regula hormonalmente. En este proceso participan tres enzimas lipolíticas: **triacilglicerol lipasa**, llamada también lipasa sensible a las hormonas (**LSH**), **triglicérido lipasa adiposa** (**TGLA**), y **monoacilglicerol lipasa** (**MGL**). Estas tres enzimas son serina esterasas, que catalizan la hidrólisis del enlace éster entre el esqueleto glicerol y el ácido graso utilizando una serina nucleófila para formar el intermediario acil-enzima. LSH y MGL poseen cada una de ellas la tríada catalítica clásica de serina, aspartato e histidina, mientras que la TGLA tiene una diada catalítica de serina y aspartato. Aunque estas enzimas catalizan la misma reacción química, varían sus especificidades de sustrato. La LSH es capaz de hidrolizar triacilglicerol (TG), diacilglicerol (DG), monoacilglicerol (MG) y ésteres de colesterol (EC), pero es 10 veces más activa con DG que con TG o MG. En efecto, durante mucho tiempo, la LSH fue considerada como la única enzima que participaba en el proceso. Este punto de vista fue anulado cuando se crearon ratones *knockout* para LSH (*véase* Herramientas de la Bioquímica 26A), que carecen totalmente de LSH. Para sorpresa de todos, estos ratones no tenían sobrepeso ni eran obesos y aún podían liberar ácidos grasos en respuesta a la estimulación hormonal. Este resultado sugirió que debía existir otra hidrolasa de TG, y llevó al descubrimiento de la TGLA en 2004. Esta enzima tiene una especificidad de sustrato 10 veces mayor por los TG que por los DG y no hidroliza los MG. Recientemente, se han creado ratones *knockout* para TGLA. A diferencia con los ratones con deficiencia de LSH, los ratones *knockout* para TGLA acumulaban un exceso de TG en todos los órganos, mientras que las concentraciones de DG eran normales. De esta forma, parecía que estas tres enzimas actuaban juntas para convertir el triacilglicerol en ácidos grasos y glicerol. La TGLA cataliza el primer paso de la movilización de TG, generando MG y AGL y liberando el tercer AGL del esqueleto del glicerol (Figura 17.13).

¿Cómo se regula la lipólisis? La actividad de la LSH está controlada por una cascada en la que participa el AMP cíclico (Figura 17.14). Según cuál sea el estado fisiológico, el glucagón o la adrenalina, la hormona paratiroidea, la tirotropina o la adrenocorticotropina se unen a un receptor $\beta$-adrenérgico de la membrana plasmática, lo cual conduce a la activación de la adenilato ciclasa, como se ha descrito en el Capítulo 13. Ello activa, a su vez, la proteína quinasa A (PKA), por la liberación de las subunidades catalíticas (C) activas del tetrámero $R_2C_2$ inactivo. PKA fosforila varias proteínas diana de la célula adiposa y estimula la lipólisis. La actividad LSH se estimula mediante fosforilación, pero solo unas dos veces. El principal efecto estimulador es sobre la **perilipina**, una proteína que recubre la superficie citosólica de las gotas lipídicas de los adipocitos. Normalmente, la perilipina bloquea el acceso de la LSH a la gota lipídica. Sin embargo, tras la fosforilación de la perilipina por la PKA, la LSH fosforilada se lleva a la gota lipídica donde puede acceder a su sustrato DG. La actividad TGLA parece también estar controlada por la perilipina, aunque de forma indirecta. Además, la TGLA necesita un cofactor para su completa actividad, una proteína denominada CGI-58. En los adipocitos sin estimular, la CGI-58 está secuestrada por la perilipina en la gota lipídica y no puede activar a la TGLA. Tras la estimulación hormonal y la fosforilación de la perilipina dependiente de la PKA, la CGI-58 se libera de la perilipina para activar la TGLA y llevarla a la gota lipídica (Figura 17.14). En el tejido adiposo los efectos hormonales primarios están mediados por la adrenalina en las situaciones de estrés y por el glucagón durante el ayuno.

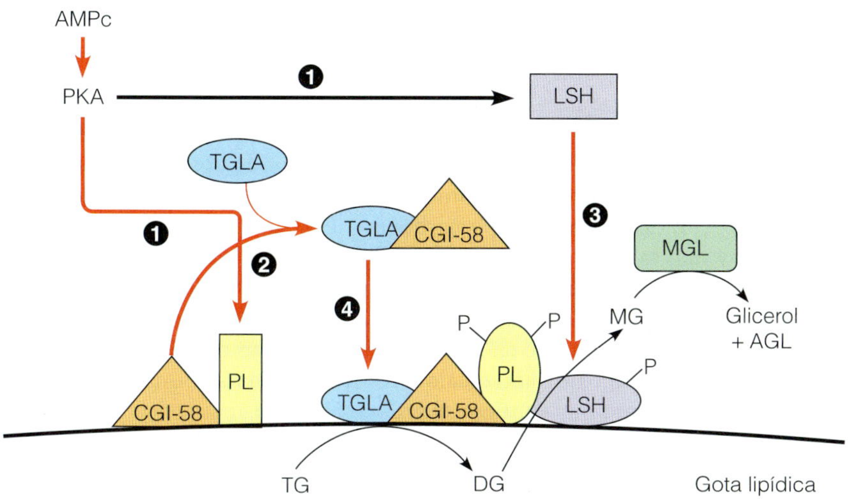


**FIGURA 17.14**

**Control de la lipólisis en el tejido adiposo mediante un sistema de cascada mediado por el AMP cíclico.** La activación hormonal de un receptor $\beta$-adrenérgico acoplado a una proteína G en la membrana plasmática conduce a la elevación de la concentración de AMP cíclico que, a su vez, activa la proteína quinasa A (PKA). La PKA fosforila a la perilipina (PL) y la LSH. (1) CGI-58 se disocia de la perilipina fosforilada y se une a TGLA. (2) La LSH fosforilada se lleva a la gotita lipídica y se activa por la perilipina fosforilada. (3) La perilipina fosforilada incorpora también el complejo TGLA/CGI-58 a la gotita lipídica, activando esta lipasa. (4) La TGLA activada hidroliza los Tg a DG + AGL; la LSH activada hidroliza los DG a MG + AGL; la MGL citoplásmica hidroliza los MG a glicerol libre + AGL.

La participación de los cofactores proteicos de las lipasas que actúan en una interfase aceite-agua es bastante corriente. Ya sabemos que la lipasa pancreática necesita colipasa (página 712) y la lipoproteína lipasa necesita apo C-II (página 714) para su completa actividad. De forma semejante, la acción de la LSH y la TGLA depende de proteínas cofactores (perilipina y CGI-58, respectivamente). Por otro lado, la MGL parece ser una lipasa citoplásmica que hidroliza los MG liberados de la gota lipídica sin necesidad de ningún cofactor.

Los productos de la hidrólisis de los triacilgliceroles salen del adipocito por difusión pasiva y llegan al plasma sanguíneo, en donde los ácidos grasos se unen a la **albúmina**. Esta es la proteína más abundante del plasma, y constituye alrededor del 50 % del total de proteínas plasmáticas en el ser humano. La proteína, con un $M_r$ de 66 200, contiene 17 puentes disulfuro. Cada molécula de albúmina puede unir hasta 10 moléculas de ácido graso libre, aunque la cantidad real unida suele ser muy inferior. Los ácidos grasos se liberan de la albúmina y se captan por los tejidos, en gran parte, mediante difusión pasiva, por lo que la captación de ácidos grasos al interior de las células está dirigida fundamentalmente por su concentración. La mayor parte del glicerol liberado al torrente sanguíneo se capta por las células hepáticas, donde se utiliza como sustrato gluconeogénico, lo cual conduce a la producción de glucosa (*véase* la Figura 17.8).

# Oxidación de los ácidos grasos

## Experimentos iniciales

La naturaleza de la ruta mediante la cual se oxidan los ácidos grasos fue descubierta ya en 1904, en una serie brillante de experimentos realizados por el químico alemán Franz Knoop. Los experimentos fueron realmente inspirados, puesto que consistieron en la primera utilización conocida de trazadores metabólicos, más de 40 años antes de que se dispusiera de los trazadores radiactivos. Knoop administró a perros una serie de ácidos grasos en los que el grupo metilo terminal se había modificado con un grupo fenilo. Se preveía que estos análogos seguirían unas rutas metabólicas similares a las utilizadas para la oxidación de los ácidos grasos normales. Knoop encontró que cuando el ácido graso administrado tenía una cadena con un número par de carbonos, el producto de degradación final, recuperado en la orina, era ácido fenilacético. Cuando el ácido graso administrado tenía una cadena con un número impar de carbonos, el producto obtenido era ácido benzoico (Figura 17.15).

Estos resultados llevaron a Knoop a proponer que los ácidos grasos se oxidan de una forma escalonada, con un ataque inicial en el carbono 3 (el carbono $\beta$ con respecto al grupo carboxilo). Este ataque liberaría los dos carbonos terminales y el resto de la molécula de ácido graso podría sufrir una nueva oxidación. La liberación de un fragmento de dos carbonos podría producirse en cada paso de la oxidación. Con los análogos, el proceso se repetiría hasta que el ácido restante, fenilacético o benzoico, no pudiera metabolizarse y se excretara en la orina.

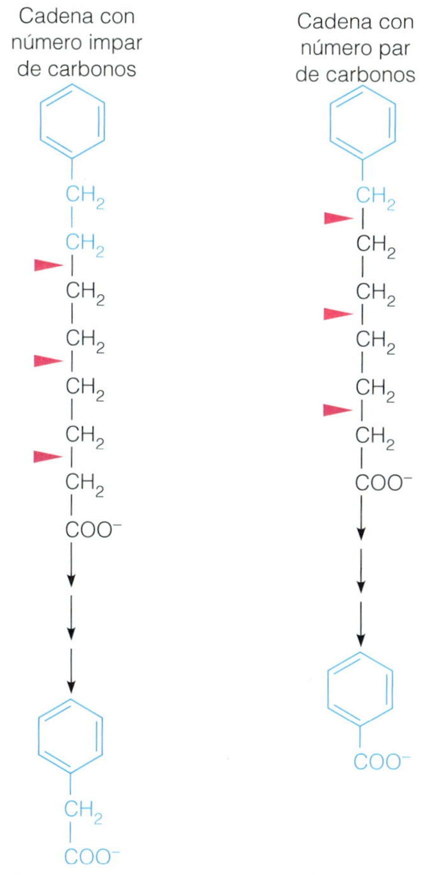


**FIGURA 17.15**

**Oxidación de derivados fenilos de los ácidos grasos en el experimento de Knoop.** Los triángulos rojos corresponden a los supuestos lugares de ruptura de estos ácidos grasos modelo.

El avance importante siguiente se produjo en los años 1940, cuando Luis Leloir y Albert Lehninger demostraron de manera independiente la oxidación de los ácidos grasos en homogeneizados hepáticos acelulares. Lehninger observó que el ATP era esencial para este proceso, y sugirió que el ATP activa de alguna forma el grupo carboxilo del ácido graso. Trabajando con Eugene Kennedy, Lehninger observó también que el proceso se producía en las mitocondrias y que liberaba fragmentos de dos carbonos que se oxidaban en el ciclo del ácido cítrico. En Munich, Feodor Lynen demostró que la activación dependiente de ATP esterifica el grupo carboxilo del ácido graso con el grupo tiol de la coenzima A, y más tarde se demostró que todos los intermediarios de las reacciones oxidativas posteriores son tioésteres acil-CoA. Así pues, a mediados de los años 1950 se conocían las líneas básicas de la ruta de oxidación de los ácidos grasos. Como se muestra en la Figura 17.16, la ruta consiste en la activación del grupo carboxilo, el transporte a la matriz mitocondrial y la oxidación escalonada de la cadena carbonada, de dos en dos carbonos, desde el extremo que contiene el grupo carboxilo.

## Activación de los ácidos grasos y transporte a las mitocondrias

Los ácidos grasos se activan para la oxidación mediante la acilación dependiente de ATP de la coenzima A.

En su mayor parte, los ácidos grasos aparecen en el citosol, ya sea mediante biosíntesis (como se expone más adelante en este capítulo), ya sea a través del transporte de los triacilgliceroles o los ácidos grasos procedentes de los depósitos de grasa del exterior de la célula. Estos ácidos grasos deben transportarse al interior de la matriz mitocondrial para su oxidación. Dado que la membrana interna es impermeable a los ácidos grasos libres de cadena larga y a las acil-CoA, debe intervenir un sistema de transporte específico. Ese sistema de transporte opera en estrecha relación con la activación metabólica necesaria para iniciar la ruta de la $\beta$-oxidación.

Una serie de **acil-CoA sintetasas**, específicas para los ácidos grasos de cadena corta, cadena media o cadena larga, cataliza la formación de los conjugados tioésteres de acilo con la coenzima A (pasos 1 y 1′ de la parte superior de la Figura 17.16):

$$\mathrm{R{-}COO^- + ATP + CoA{-}SH \rightleftharpoons R{-}\overset{\overset{\displaystyle O}{\|}}{C}{-}S{-}CoA + AMP + PP_i} \qquad \Delta G^{\circ\prime} \approx -15\ \mathrm{kJ/mol}$$

La sintetasa específica para los ácidos de cadena larga es una enzima unida a la membrana, que se encuentra tanto en el retículo endoplásmico como en la membrana mitocondrial externa; las enzimas para las cadenas cortas y las cadenas medias se encuentran fundamentalmente en la matriz mitocondrial. La enzima para las cadenas largas, que es la que tiene la función principal en la iniciación de la oxidación de los ácidos grasos, actúa sobre los ácidos grasos con longitudes de cadena de entre 10 y 20 carbonos; la enzima para las cadenas medias actúa sobre las cadenas de 4 a 12 carbonos, y la enzima para las cadenas cortas tiene una acción preferente sobre el acetato y el propionato.

Desde el punto de vista químico, el enlace tioéster de energía elevada de las acil-CoA de cadena larga es idéntico al de la acetil-CoA (*véase* el Capítulo 14). Recuérdese que la oxidación del piruvato proporciona la energía necesaria para impulsar la formación de acetil-CoA en la reacción de la piruvato deshidrogenasa. Las acil-CoA sintetasas utilizan, en cambio, un mecanismo de dos pasos que comporta la rotura del ATP para impulsar la formación endergónica del tioéster (Figura 17.17). Se produce, en primer lugar, la activación del grupo carboxilo por el ATP para producir un **acil adenilato,** con la liberación simultánea de pirofosfato. A continuación, el grupo carboxilo activado es atacado por el grupo tiol de la CoA, con lo que desplaza al AMP y forma el derivado acil-CoA. Los grupos carboxilo de los aminoácidos se activan para la síntesis proteica de una forma muy similar.

Aunque cada acil-CoA, como el propio ATP, es un compuesto con abundante energía ($\Delta G^{\circ\prime}$ de hidrólisis $\sim -30$ kJ/mol), la rotura del ATP a AMP ($\Delta G^{\circ\prime} = -45.6$ kJ/mol; Figura 3.7) proporciona la fuerza impulsora para la formación de la acil-CoA. La reacción se hace esencialmente irreversible debido a la pirofosfatasa activa presente en la mayor parte de las células:

$$\mathrm{PP_i + H_2O \rightleftharpoons 2P_i} \qquad \Delta G^{\circ\prime} = -33\ \mathrm{kJ/mol}$$

Así pues, la reacción global (suma de las dos reacciones anteriores) va claramente en la dirección de terminación, con un valor neto de $\Delta G^{\circ\prime}$ de aproximadamente –35 kJ/mol.

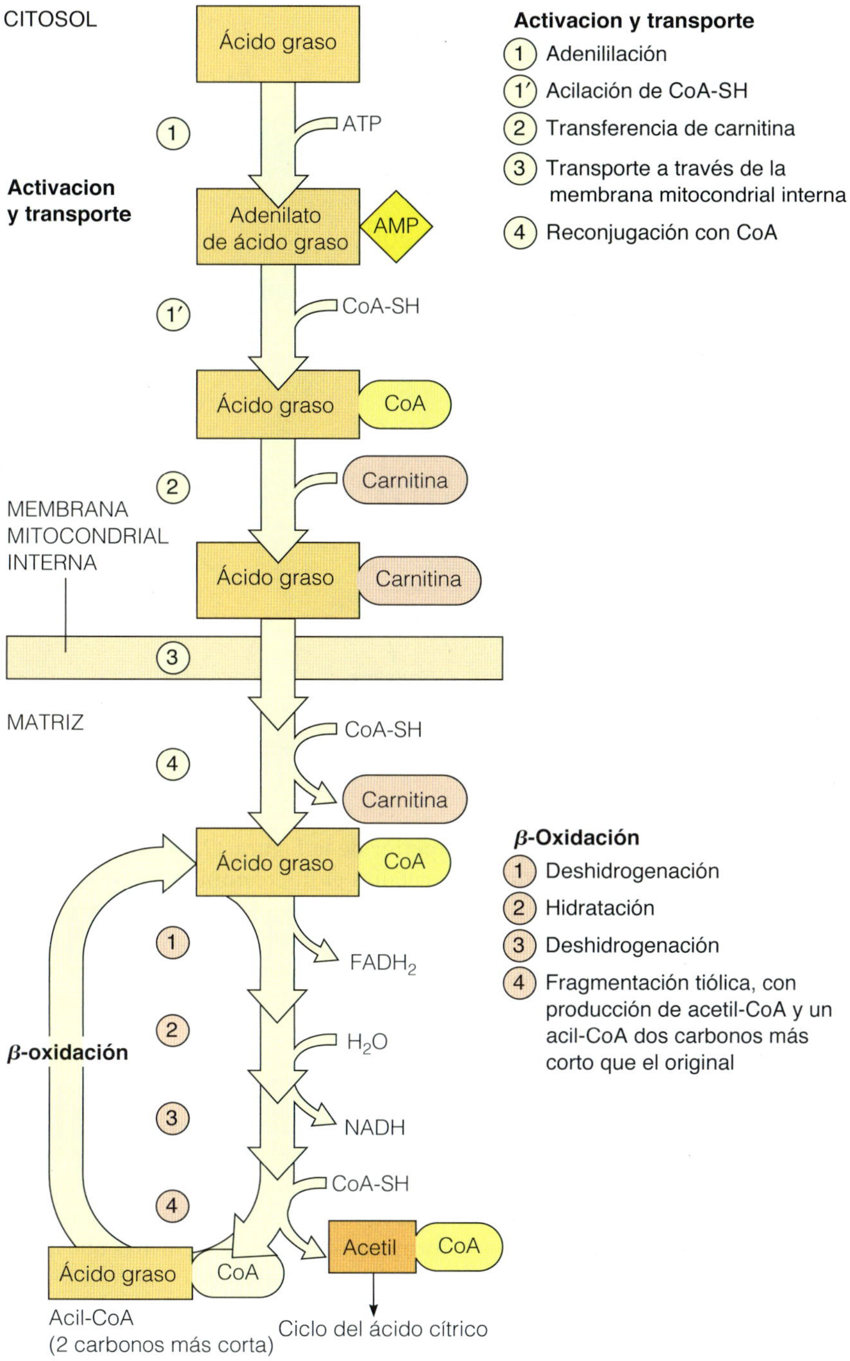


**FIGURA 17.16**

**Visión general de la ruta de oxidación de los ácidos grasos.**

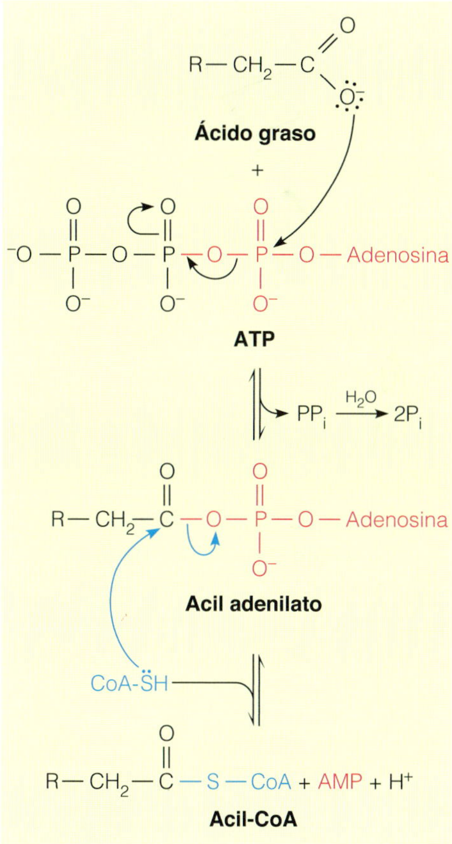


**FIGURA 17.17**

**Mecanismo de las reacciones de la acil-CoA sintetasa.** En la figura se muestra la formación reversible del acil adenilato activado, el ataque nucleófilo por el azufre tiólico de la CoA-SH sobre el grupo carboxilo activado, y la reacción de pirofosfatasa casi irreversible, que desplaza la reacción global hacia la acil-CoA.

Las acil-CoA se forman en la membrana mitocondrial externa. En consecuencia, deben desplazarse a través de la membrana mitocondrial interna para oxidarse. Este movimiento comporta la transferencia de la porción acilo a un transportador denominado **carnitina** (paso 2, parte superior de la Figura 17.16). La reacción la cataliza la **carnitina aciltransferasa I** (que se llama también **carnitina palmitoiltransferasa I**, o **CPT I**), embebida en la membrana mitocondrial interna con su lugar activo hacia el citoplasma. LA CPT I proporciona un derivado, la **acilcarnitina,** que atraviesa la membrana interna por un transportador específico, la carnitina-acilcarnitina translocasa (Figura 17.18 y paso 3, parte superior de la Figura 17.16). Una segunda enzima, la **carnitina aciltransferasa II** (que se llama también **carnitina palmitoiltransferasa II**, o **CPT II**), asociada de forma débil con el lado de la matriz de la membrana interna, completa el proceso de transferencia intercambiando acil-carnitina por carnitina libre y produciendo acil-

**FIGURA 17.18**

**Sistema de la carnitina aciltransferasa para el transporte de las acil-CoA al interior de las mitocondrias.**

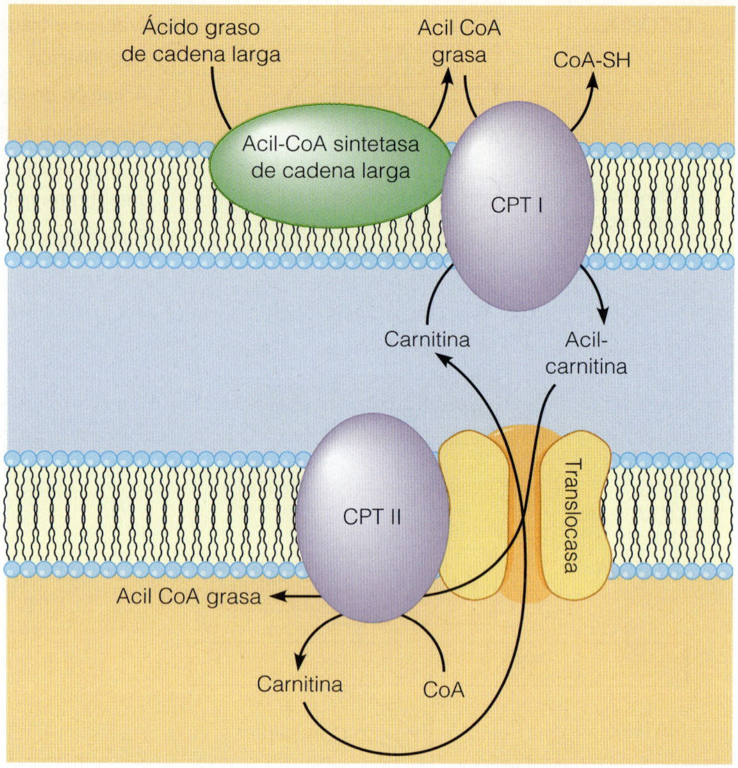


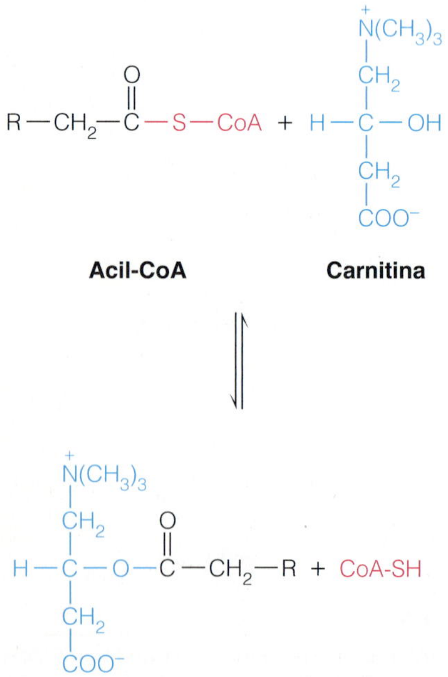


CoA dentro de la matriz (paso 4, parte superior de la Figura 17.16). La translocasa de la membrana interna es un antiporte que cataliza el intercambio reversible de la acil-carnitina por carnitina. De esta forma, la carnitina libre que se forma en la matriz vuelve al espacio intermembrana a través de la translocasa y luego se desplaza al citoplasma a través de poros de la membrana externa. Aunque las acil-carnitina son ésteres ordinarios, el enlace éster en estos compuestos está aún algo activado, como lo demuestra la fácil reversibilidad de las reacciones carnitina aciltransferasa.

¿Cuál es la finalidad de este proceso de lanzadera bastante complejo? Probablemente es regular la oxidación de los ácidos grasos evitando el ciclo inútil que se produciría si la oxidación y la nueva síntesis tuvieran lugar al mismo tiempo. La carnitina aciltransferasa I se inhibe fuertemente por la **malonil-CoA,** el primer compuesto de la síntesis de ácidos grasos (página 737) (CPT II no es sensible a la malonil-CoA). En realidad, la entrada de los ácidos grasos a las mitocondrias limita la velocidad de la $\beta$-oxidación y es el principal punto de regulación). De esta forma, las condiciones celulares que favorecen la síntesis de ácidos grasos evitan la transferencia de moléculas de acilo a los lugares intracelulares de oxidación, evitando así esa oxidación.

## Ruta de la $\beta$-oxidación

Una vez en el interior de la matriz mitocondrial, las acil-CoA se oxidan, tal como predijo Knoop, con una oxidación inicial del carbono $\beta$ y una serie de pasos en los que las cadenas de acilo se acortan dos carbonos cada vez. El fragmento de dos carbonos se libera en forma de acetil-CoA. Cada paso comporta cuatro reacciones (Figura 17.19 y pasos 1-4 de la parte inferior de la Figura 17.16). La ruta es cíclica, en cuanto cada paso termina con la formación de una acil-CoA acortada en dos carbonos, que experimenta el mismo proceso en el paso siguiente o ciclo. Así, por ejemplo, 1 mol de palmitoil-CoA, procedente de un ácido graso de 16 carbonos, sufre siete ciclos de oxidación, para dar 8 moles de acetil-CoA. Cada ciclo libera 1 unidad de dos carbonos, al tiempo que se realizan dos reacciones de oxidación-reducción de dos electrones. Dado que cada paso se inicia con la oxidación del carbono $\beta$ (el carbono $\alpha$ permanece en el estado de oxidación metileno), esta ruta se denomina ***β*-oxidación**.

La carnitina transporta las acil-CoA a las mitocondrias para la oxidación.

**FIGURA 17.19**

**Esquema de la $\beta$-oxidación de los ácidos grasos.** En el diagrama, una acil-CoA saturada de 16 carbonos (palmitoil-CoA) sufre siete ciclos de oxidación para dar ocho moléculas de acetil-CoA. Estas reacciones corresponden a los pasos 1-4 de la parte inferior de la Figura 17.16.

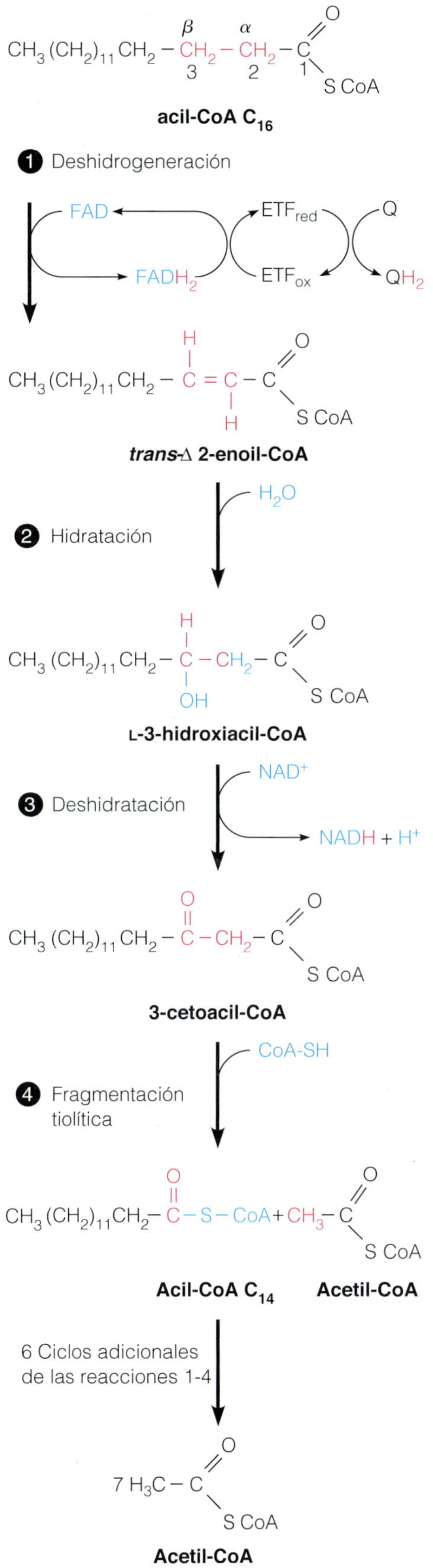


Desde el punto de vista del mecanismo, esta ruta es muy similar a la que se utiliza para oxidar el succinato en el ciclo del ácido cítrico (compárese con la Figura 14.3, página 595). Como se muestra en la Figura 17.19, cada ciclo de oxidación de una acil-CoA saturada comporta las siguientes reacciones: (1) deshidrogenación para dar un derivado enoil, (2) hidratación del doble enlace resultante, de manera que el carbono $\beta$ sufre una hidroxilación, (3) deshidrogenación del grupo hidroxilo (oxidación a una cetona), y (4) fragmentación mediante el ataque de una segunda molécula de coenzima A sobre el carbono $\beta$, para liberar acetil-CoA y una acil-CoA dos carbonos más corta que el sustrato original. La oxidación de las acil-CoA insaturadas es ligeramente diferente, como se presenta en la página 730.

La acetil-CoA procedente de la $\beta$-oxidación entra en el ciclo del ácido cítrico, donde se oxida a $CO_2$, de la misma forma que la acetil-CoA procedente de la oxidación del piruvato. Como el ciclo del ácido cítrico, la $\beta$-oxidación genera transportadores electrónicos reducidos, cuya reoxidación en las mitocondrias genera ATP a través de la fosforilación oxidativa del ADP. Describamos ahora con detalle las diversas reacciones del proceso (se alude a la Figura 17.19).

## Reacción 1: deshidrogenación inicial

La primera reacción la cataliza una **acil-CoA deshidrogenasa**, que elimina dos átomos de hidrógeno de los carbonos $\alpha$ y $\beta$ para dar una acil-CoA *trans*-$\alpha\beta$ insaturada (*trans*-2-enoil-CoA). Esta oxidación introduce un doble enlace conjugado en un compuesto carbonílico, y como la mayor parte de las enzimas que catalizan este tipo de oxidación, la acil-CoA deshidrogenasa utiliza un grupo prostético FAD unido estrechamente. La enzima extrae en primer lugar el hidrógeno *pro-R* ácido del carbono $\alpha$ para dar un tioéster enolato. El hidrógeno *pro-R* en el carbono $\beta$ se transfiere, a continuación, como un equivalente hidruro al FAD para dar el doble enlace *trans* y el $FADH_2$ unido a la enzima:

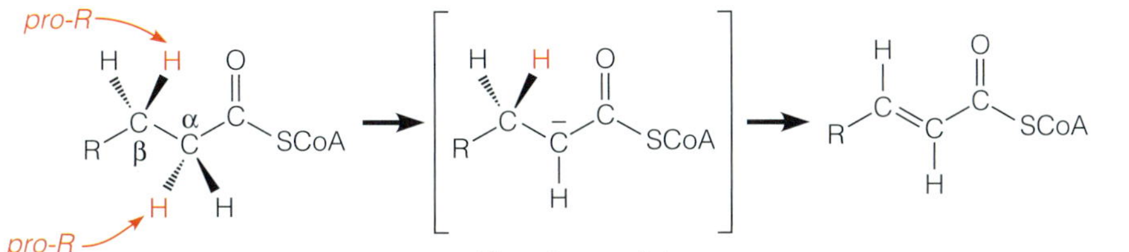


**Tioester enolato**

Como se observa en la Figura 17.20, el $FADH_2$ unido a la enzima aporta un par de electrones a una proteína lanzadera, la **flavoproteína de transferencia de electrones (ETF).** Estos electrones se transfieren a su vez a la coenzima Q a través de la ETF-Q oxidorreductasa, una proteína integral de membrana, y posteriormente, se transfieren a la cadena respiratoria produciendo dos ATP por la fosforilación oxidativa. En este sentido, la ETF-Q oxidorreductasa es comparable a la NADH deshidrogenasa y a la succinato deshidrogenasa. Las tres son flavoproteínas que transfieren electrones al transportador electrónico móvil coenzima Q (*véase* la Figura 15.13, página 640).

## Reacciones 2 y 3: hidratación y deshidrogenación

Al igual que en la oxidación del succinato, una oxidación inicial de la acil-CoA dependiente de FAD va seguida de una hidratación y una deshidrogenación dependiente del $NAD^+$. En la $\beta$-oxidación las dos últimas reacciones están catalizadas por la **enoil-CoA hidratasa** y la **3-L-hidroxiacil-CoA deshidrogenasa**, respectivamente (Figura 17.19). Ambas reacciones son estereoespecíficas. Dado que el carbono 3 está $\beta$ con respecto al carbono carboxilo, los productos de estas dos reacciones se denominan L-$\beta$-hidroxiacil-CoA y $\beta$-cetoacil-CoA, respectivamente. De ahí el término $\beta$-oxidación.

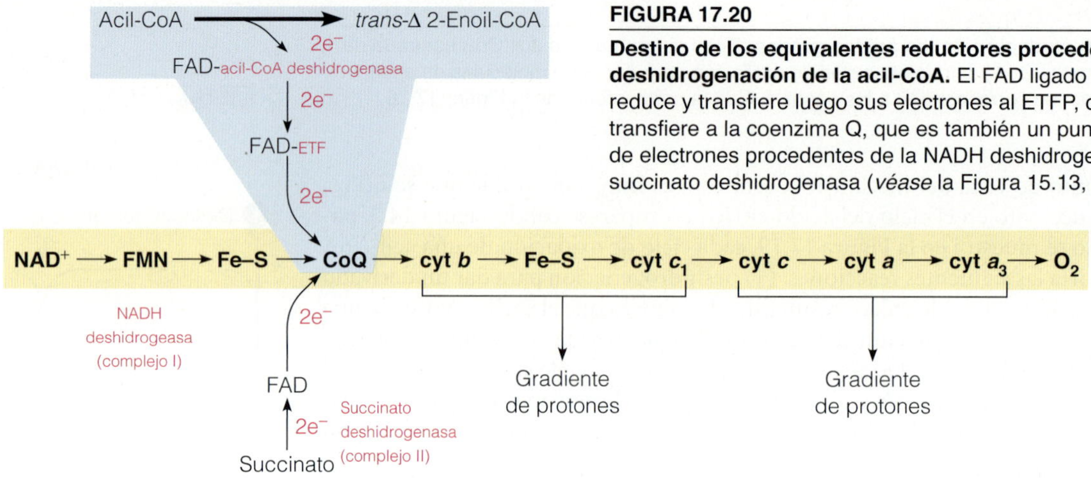


**FIGURA 17.20**

**Destino de los equivalentes reductores procedentes de la deshidrogenación de la acil-CoA.** El FAD ligado a la enzima se reduce y transfiere luego sus electrones al ETFP, que a su vez los transfiere a la coenzima Q, que es también un punto de recogida de electrones procedentes de la NADH deshidrogenasa y de la succinato deshidrogenasa (*véase* la Figura 15.13, página 640).

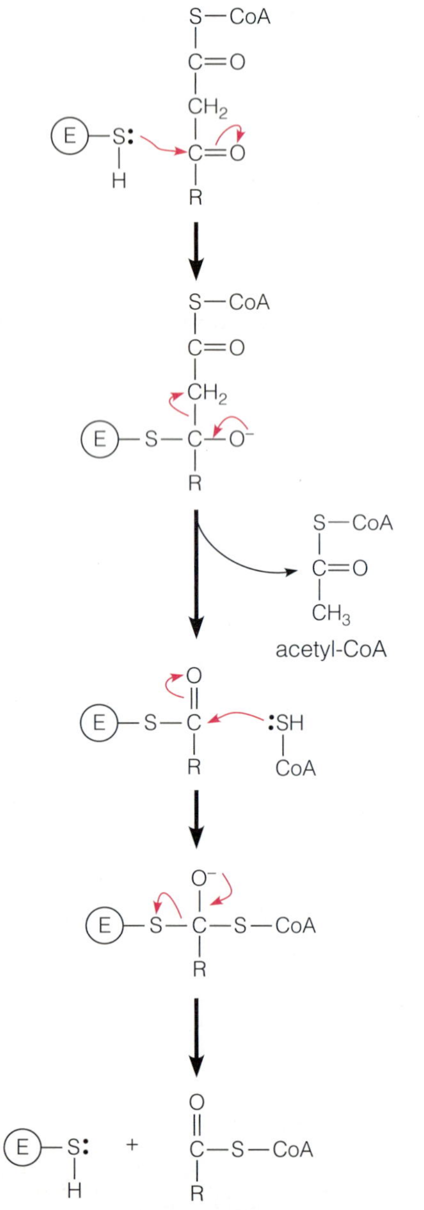


**Mecanismo de la rotura tiolítica**

### Reacción 4: fragmentación tiolítica

La cuarta y última reacción de cada ciclo de la ruta de la $\beta$-oxidación consiste en un ataque del azufre tiólico nucleófilo de la coenzima A sobre el carbono ceto ($\beta$), pobre en electrones, de la 3-cetoacil-CoA, con fragmentación del enlace $\alpha$—$\beta$ y liberación de acetil-CoA. El otro producto es una acil-CoA acortada, preparada para iniciar un nuevo ciclo de oxidación:

**3-cetoacil-CoA** **Acil-CoA** **Acetil-CoA**

Dado que esta reacción comporta la fragmentación mediante un tiol, se denomina **fragmentación tiolítica**, por analogía con la hidrólisis, que comporta una fragmentación por el agua. La enzima se denomina **$\beta$-cetotiolasa**, o simplemente, **tiolasa.** Un grupo tiol esencial de una cisteína nucleófila de la enzima (E-SH) ataca al sustrato, con formación de una acil-enzima intermediaria y de acetil-CoA en una reacción retro-Claisen (*véase* el Capítulo 12, página 484). La CoA-SH libre ataca entonces al intermedio en una reacción de sustitución acílica nucleófila (*véase* el margen).

Como se ha indicado antes, la ruta global de oxidación que acabamos de describir es aplicable a los ácidos grasos más abundantes: los que contienen un número par de átomos de carbono y están totalmente saturados. Describiremos más tarde las variaciones de esta ruta que permiten la oxidación de otros ácidos grasos. En el caso de las acil-CoA saturadas y de cadena par, la oxidación se produce simplemente de forma escalonada, con la pérdida de dos carbonos en forma de acetil-CoA en cada ciclo. Para la palmitoil-CoA de $C_{16}$, que es el ejemplo que se presenta en la Figura 17.19, el primer ciclo produce acetil-CoA y miristoil-CoA $C_{14}$. Un segundo ciclo, que actúa sobre este último sustrato, produce acetil-CoA y lauroil-CoA $C_{12}$. En el séptimo y último ciclo, la reacción de la 3-hidroxiacil-CoA deshidrogenasa produce acetoacetil-CoA. La fragmentación tiolítica de este sustrato da 2 moles de acetil-CoA (*véase* el margen). Así pues, la oxidación de 1 mol de ácido palmítico comporta seis ciclos sucesivos, en cada uno de los cuales se obtiene 1 mol de acetil-CoA, y un séptimo ciclo, que produce 2 moles. Otros ácidos grasos saturados de cadena par se degradan de una forma idéntica. Así, por ejemplo, la oxidación del ácido esteárico se realiza en ocho pasos, con la producción de dos acetil-CoA en el último ciclo.

## La $\beta$-oxidación mitocondrial utiliza múltiples isoenzimas

Las mitocondrias de los mamíferos poseen múltiples isoenzimas para varios de los pasos de la ruta de $\beta$-oxidación. Existen cuatro isoenzimas de la acil-CoA deshidrogenasa, con especificidades de longitud de cadena solapantes para acil-CoA de cadena corta, media, larga o muy larga (denominadas SCAD, MCAD, LCAD y VLCAD, respectivamente). Todas ellas son proteínas solubles de la matriz, excepto la VLCAD (acil CoA deshidrogenasa de cadena muy larga), que está unida al lado de la matriz de la membrana interna. Hay dos isoenzimas para cada una de las tres enzimas siguientes de la ruta. Un miembro de cada par es una enzima soluble de la matriz, específica para las acil-CoA de cadena más corta. La otra isoenzima de cada par es específica de sustratos de cadena más larga y es una proteína de la membrana interna. En 1992, se purificó una proteína grande de las membranas mitocondriales internas de rata y humana, que poseía actividades enoil-CoA de cadena larga deshidratasa, hidroxiacil-CoA de cadena larga deshidrogenasa y cetoacil-CoA de cadena larga tiolasa. Esta proteína de 460 000 dalton, un octámero $\alpha_4\beta_4$, cataliza los tres últimos pasos de la $\beta$-oxidación por lo que se la llamó proteína trifuncional mitocondrial (MTP). Una hipótesis que aún no ha sido probada es que tras la entrada en la matriz mitocondrial, las acil-CoA de cadena larga se metabolizan inicialmente por la VLCAD y la MTP; tras varias rondas de $\beta$-oxidación por las isoenzimas unidas a la membrana, los sustratos acil-CoA acortados son manejados por las isoenzimas solubles para completar la ruta.

Los ácidos grasos se oxidan mediante ciclos repetidos de deshidrogenación, hidratación, deshidrogenación y fragmentación tiolítica, de tal manera que cada ciclo produce acetil-CoA y una acil-CoA dos carbonos más corta que la acil-CoA de entrada.

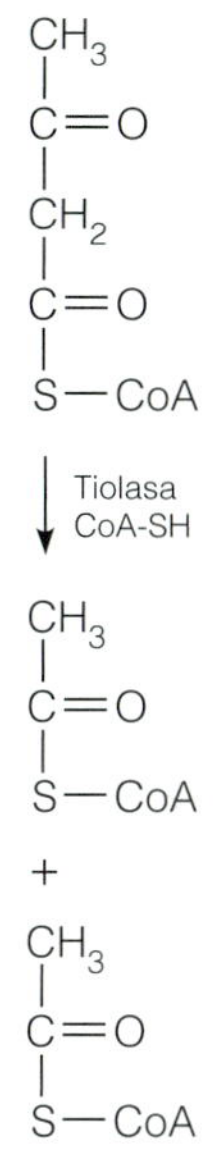

**Fragmentación tiolítica final**

Se han descrito muchos trastornos que afectan a la oxidación de los ácidos grasos en los seres humanos, incluyendo defectos hereditarios de las proteínas de los sistemas aciltransferasa y las enzimas de la $\beta$-oxidación. La deficiencia de acil-CoA de cadena media deshidrogenasa (MCAD) es el trastorno más corriente del metabolismo de los ácidos grasos, con una frecuencia de 1 en 15 000 y ha sido asociado con algunos casos del síndrome de muerte súbita del lactante (SIDS). Dos trastornos diferentes afectan la proteína trifuncional mitocondrial: la deficiencia de hidroxiacil de cadena larga deshidrogenasa aislado (LCHAD) y la deficiencia completa de MTP con actividad reducida de las tres enzimas, dependiendo de la naturaleza de la mutación. Los niños con trastornos de la oxidación de los ácidos grasos, normalmente presentan, en el primer año de vida, episodios recurrentes de hígado graso (esteatosis), concentraciones elevadas en sangre de intermedios de los ácidos grasos, hipoglucemia, y también pueden presentar miopatías esqueléticas y cardíacas. Los episodios están inducidos por el ayuno como consecuencia de los mecanismos reguladores que controlan el paso de los combustibles hidratos de carbono a los combustibles lípidos (más adelante se verá más ampliamente) y de esta forma el tratamiento incluye evitar el ayuno y consumir una alimentación con pocas grasas y muchos hidratos de carbono. Las mejoras de la espectrometría de masas (*véase* Herramientas de la Bioquímica 12B) han facilitado el estudio de los recién nacidos empleando manchas de sangre, lo que permite que los niños afectados sean detectados antes del comienzo de los síntomas. Esto es importante, ya que muchos de estos trastornos pueden tratarse con medios dietéticos relativamente sencillos.

## Rendimiento energético de la oxidación de los ácidos grasos

Podemos escribir ahora una ecuación equilibrada para la degradación global de la palmitoil-CoA a 8 moles de acetil-CoA.

$$\text{Palmitoil-CoA} + 7\text{CoA-SH} + 7\text{FAD} + 7\text{NAD}^+ + 7\text{H2O} \longrightarrow \text{Acetil-CoA} + 7\text{FADH}_2 + 7\text{NADH} + 7\text{H}^+$$

Cada uno de los productos se metaboliza exactamente como se ha descrito antes para la oxidación de los hidratos de carbono. La acetil-CoA se cataboliza mediante el ciclo del ácido cítrico, y el $FADH_2$ y el NADH transfieren los electrones a la cadena respiratoria a través de la ETF (página 727) y el complejo I, respectivamente. Así pues, se puede calcular con facilidad el rendimiento de energía metabólica que se obtiene con la oxidación de los ácidos grasos en cuanto a moles de ATP sintetizados a partir de ADP. Recuérdese del Capítulo 15 que las relaciones P/O para la oxidación de las flavoproteínas y del NADH son ~1.5 y ~2.5, respectivamente, y la oxidación de la acetil-CoA en una vuelta del ciclo del ácido cítrico proporciona 10 ATP. La siguiente suma, utilizando palmitato como ejemplo, nos da el rendimiento energético total:

| Reacción | Producción de ATP |
|---|---|
| Activación de palmitato a palmitoil-CoA | $-2$ |
| Oxidación de 8 acetil-CoA | $8 \times 10 = 80$ |
| Oxidación de 7 $FADH_2$ | $7 \times 1.5 = 10.5$ |
| Oxidación de 7 NADH | $7 \times 2.5 = 17.5$ |
| Neto: palmitato $\longrightarrow CO_2 + H_2O$ | 129 |

A partir de estos datos, puede calcularse el rendimiento de ATP por carbono oxidado a $CO_2$, que es de 106/16, es decir, aproximadamente 6.6. La cifra correspondiente para la glucosa es de 5-5.3 (30-32 ATP formados por 6 carbonos oxidados). Así pues, el rendimiento energético de la oxidación de las grasas es superior que el de la oxidación de los hidratos de carbono, mucho menos reducidos, tanto si se mide con relación al peso (*véase* la página 488) como si se mide en proporción molar.

## Oxidación de los ácidos grasos insaturados

Dos enzimas, la enoil-CoA isomerasa y la 2,4-dienoil-CoA reductasa, desempeñan papeles esenciales en la oxidación de los ácidos grasos insaturados.

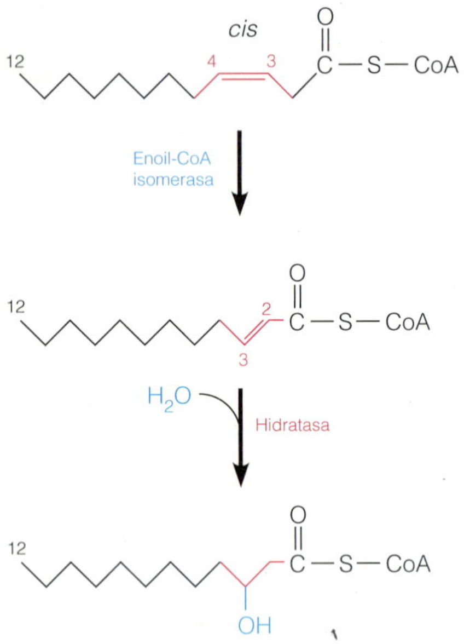


Recuérdese del Capítulo 10 que muchos ácidos grasos de los lípidos naturales son insaturados, es decir, contienen uno o varios dobles enlaces (*véase* la Tabla 10.1, página 361). Dado que estos enlaces se encuentran en la configuración *cis*, no pueden ser hidratados por la enoil-CoA hidratasa, que actúa solamente sobre compuestos *trans*. Deben intervenir otras dos enzimas, la **enoil-CoA isomerasa** y la **2,4-dienoil-CoA reductasa,** para que se oxiden los ácidos grasos insaturados. La isomerasa actúa sobre los ácidos grasos monoinsaturados, como el compuesto Δ9 de 18 carbonos, el ácido oleico, que contiene un doble enlace *cis* entre los carbonos 9 y 10. El ácido oleico se activa, se transporta a las mitocondrias, y se lleva a través de tres ciclos de $\beta$-oxidación, de la misma forma que los ácidos grasos saturados. El producto del tercer ciclo es el éster CoA de un ácido graso de 12 carbonos con un doble enlace *cis* entre los carbonos 3 y 4. El doble enlace no solo está en la configuración inadecuada para hidratarse, sino que está también en una posición inadecuada. La enzima enoil-CoA isomerasa convierte esta *cis*-3-enoil-CoA a la correspondiente *trans*-2-enoil-CoA, sobre la que puede actuar entonces la enoil-CoA hidratasa (*véase* el margen). Esta hidratación y todas las reacciones posteriores son idénticas a las que ya se han descrito para los ácidos grasos saturados.

La otra enzima auxiliar, la 2,4-dienoil-CoA reductasa, interviene en la oxidación de los ácidos grasos poliinsaturados, como el ácido linoleico (18:2cΔ9,12). Este ácido graso de 18 carbonos contiene dobles enlaces *cis* entre los carbonos 9 y 10, y entre los carbonos 12 y 13. Como se observa en la Figura 17.21, la linoleil-CoA experimenta tres ciclos de $\beta$-oxidación, de la misma forma que ocurre con la oleil-CoA, para dar una acil-CoA $C_{12}$ con dobles enlaces *cis* entre los carbonos 3 y 4, y entre 6 y 7. La isomerasa convierte el doble enlace Δ3 *cis* a Δ2 *trans*. A continuación, se produce una hidratación, una deshidrogenación y una fragmentación tiolítica, para dar acetil-CoA y una enoil-CoA de 10 carbonos, insaturada entre C4-C5 y entre C2-C3. La 2,4-dienoil-CoA reductasa dependiente de NADPH convierte este en una $C_{10}$ *cis*-Δ3-enoil-CoA. La isomerasa actúa una vez más y genera una *trans*-Δ2-enoil-CoA, que experimenta los ciclos restantes de $\beta$-oxidación de la forma normal.

Mediante las rutas descritas aquí, tanto los ácidos grasos monoinsaturados como los diinsaturados de 18 carbonos, pueden degradarse a 9 moles de acetil-CoA. Naturalmente, se produce una ligera reducción del rendimiento energético global debido a que cada doble enlace en el ácido graso original significa un paso menos de la reducción del FAD en el proceso global. Un doble enlace en un carbono de numero par debe reducirse a expensas del NADPH, equivalente a un coste de ~2.5 ATP. Las dos enzimas auxiliares permiten que todos los ácidos grasos poliinsaturados de cadena par se degraden de forma similar, con la excepción siguiente. Una parte importante de los lípidos de la alimentación contiene ácidos grasos insaturados con dobles enlaces en la configuración *trans*. Estos ácidos grasos proceden de la acción microbiana en el aparato digestivo de los mamíferos rumiantes y también tienen un origen químico, a través de la hidrogenación parcial de grasas y aceites. Los aceites vegetales comerciales se hidrogenan parcialmente para protegerlos de la oxidación al convertir los dobles enlaces en enlaces sencillos (más saturados). Desafortunadamente, algunos dobles enlaces *cis* se isomerizan durante el proceso, y los ácidos grasos *trans* son, así, bastante abundantes en los productos lácteos, en la margarina y en los aceites para cocinar. Debido a que cada vez hay más pruebas que implican a los ácidos grasos *trans* en la enfermedad arterial coronaria, los fabricantes de margarina están empezando a eliminarlos de sus productos y muchas ciudades como Nueva York han prohibido el uso de los ácidos grasos *trans* en los restaurantes.

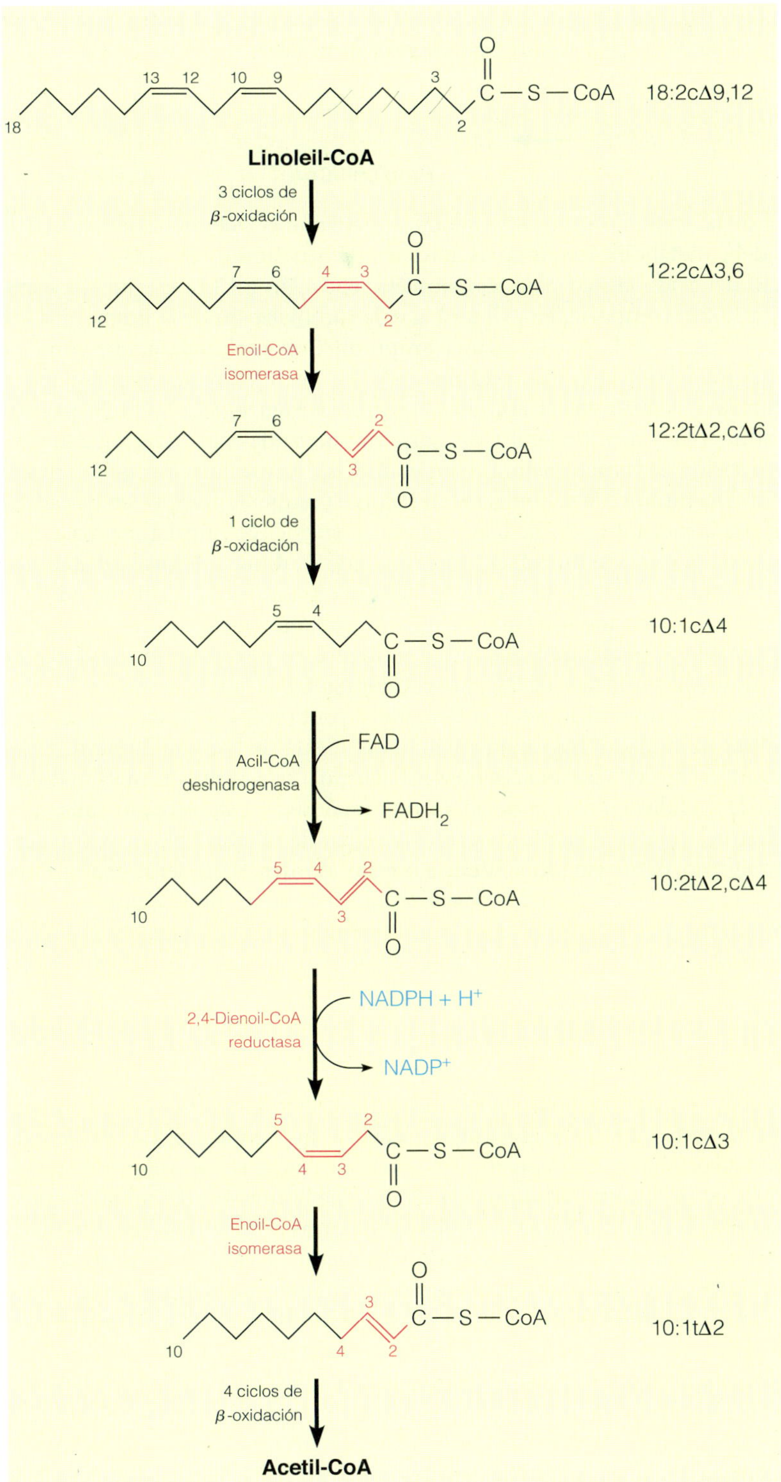


**FIGURA 17.21**

**Ruta de la $\beta$-oxidación para los ácidos grasos poliinsaturados.** En este ejemplo, correspondiente a la linoleil-CoA, se muestran los puntos de la acción de la enoil-CoA isomerasa y la 2,4-dienoil-CoA reductasa, enzimas específicas de la oxidación de los ácidos grasos insaturados (se identifican con letra fucsia).

## Oxidación de los ácidos grasos con cadenas carbonadas de número impar

Aunque la mayoría de los ácidos grasos de los lípidos naturales contienen cadenas de carbono de número par, una pequeña proporción tiene cadenas de carbono con un número impar. El último grupo plantea un problema metabólico especial, que se resuelve de una forma novedosa. El sustrato del último ciclo de la $\beta$-oxidación de una acil-CoA

> Las cadenas de ácidos grasos con un número impar de carbonos producen en la oxidación 1 mol de propionil-CoA, cuya conversión en succinil-CoA implica una carboxilación dependiente de biotina y un reordenamiento dependiente de la coenzima $B_{12}$.

de cadena impar es una acil-CoA de cinco carbonos. La fragmentación tiolítica de este sustrato produce 1 mol de acetil-CoA y otro de **propionil-CoA.**

A diferencia de la acetil-CoA, que se cataboliza mediante el ciclo del ácido cítrico, la propionil-CoA debe metabolizarse aún más antes de que sus átomos de carbono puedan entrar en el ciclo del ácido cítrico para su completa oxidación a $CO_2$. Ese metabolismo posterior (Figura 17.22) comporta, en primer lugar, la carboxilación de la propionil-CoA dependiente de ATP, catalizada por la enzima **propionil-CoA carboxilasa,** que contiene biotina. La estructura del dominio y el mecanismo de esta enzima son semejantes a los de la piruvato carboxilasa, descrita en el Capítulo 14 (*véanse* las Figuras 14.19 y 14.20, páginas 618-619). El producto, la D-metilmalonil-CoA, sufre entonces una epimerización a su estereoisómero L por acción de la metilmalonil-CoA epimerasa. A continuación, este derivado de acil-CoA de cadena ramificada se convierte en el correspondiente compuesto de cadena lineal, que resulta ser la succinil-CoA, mediante una reacción poco común. La enzima, L-metilmalonil-CoA mutasa, requiere un cofactor denominado **5′-desoxiadenosilcobalamina,** derivado de la vitamina $B_{12}$. Desde el punto de vista del mecanismo, la migración de la cadena lateral hace a esta reacción muy interesante; sin embargo, puesto que las coenzimas $B_{12}$ intervienen también en el metabolismo de los aminoácidos, reservaremos el estudio de esta y otras reacciones dependientes de $B_{12}$ para el Capítulo 20.

La imposibilidad de catabolizar adecuadamente la propionil-CoA tiene consecuencias graves en el ser humano. Si hay una actividad deficiente de la L-metilmalonil-CoA mutasa o de la síntesis de la coenzima adenosilcobalamina, se acumula L-metilmalonil-CoA que sale de las células en forma de ácido metilmalónico. Este proceso causa una acidosis grave (reducción del pH de la sangre) y también daña el sistema nervioso central. Este raro trastorno, denominado **acidemia metilmalónica,** suele ser mortal en una fase temprana de la vida. La enfermedad puede tratarse, a veces, con la administración de dosis altas de vitamina $B_{12}$. En estos casos, la mutación reduce la afinidad de la mutasa por su coenzima $B_{12}$, y puede inducirse la función de la enzima si es posible aumentar la concentración de la coenzima considerablemente.

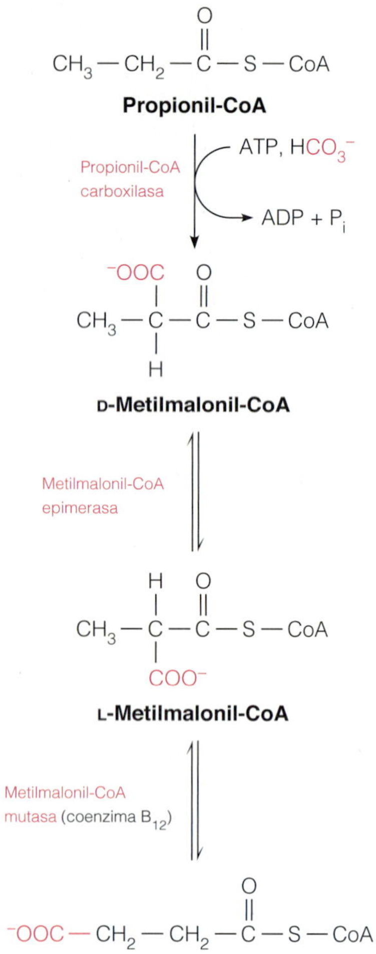


**FIGURA 17.22**

**Ruta del catabolismo de la propionil-CoA.**

## Control de la oxidación de los ácidos grasos

En la mayoría de las células, la oxidación de los ácidos grasos se controla por la disponibilidad de los sustratos para la oxidación, es decir, de los propios ácidos grasos. En los animales, esta disponibilidad se controla, a su vez, mediante el control hormonal de la movilización de las grasas en los adipocitos. Dado que la función del tejido adiposo consiste en almacenar la grasa para que sea utilizada en otras células, tiene sentido desde el punto de vista metabólico, que la degradación y la liberación de esta grasa almacenada se regule por hormonas, que son mensajeros extracelulares. Recuérdese de la página 722 que la actividad de la triacilglicerol lipasa se regula mediante cascadas reguladoras iniciadas por intervenciones hormonales, en las que interviene el AMP cíclico. La acción del glucagón o de la adrenalina causa la degradación y la liberación de las grasas, que da lugar, en última, instancia a una acumulación de ácidos grasos en otras células. Asimismo, como se señala en la página 726, la malonil-CoA proporciona otro mecanismo regulador importante, al inhibir el movimiento de las acil-CoA a la mitocondria por la lanzadera de la acil-carnitina. Como veremos pronto (página 746), la concentración de malonil-CoA también está controlada por las hormonas, lo cual proporciona una estrecha coordinación entre la oxidación y la síntesis de los ácidos grasos.

## $\beta$-oxidación peroxisómica de los ácidos grasos

En los **peroxisomas**, que son orgánulos presentes en las células eucariotas, se produce una versión modificada de la ruta de $\beta$-oxidación. Los peroxisomas son muy similares a los glioxisomas de las células vegetales, excepto que los peroxisomas carecen de las enzimas de la ruta del glioxilato (*véase* el Capítulo 14). Las rutas peroxisómicas y glioxisómicas utilizan isoenzimas diferentes de las de la ruta mitocondrial. Tanto los peroxisomas como los glioxisomas llevan a cabo la ruta de la $\beta$-oxidación, en la que la acil-CoA deshidrogenasa ligada al FAD transfiere los electrones, no a la cadena de transporte electrónico respiratoria, sino directamente al oxígeno (por eso, estas enzimas se denominan más adecuadamente **acil-CoA oxidasas**; *véase* el margen). Este último se reduce a peróxido de hidrógeno, que a su vez, sufre la acción de la catalasa.

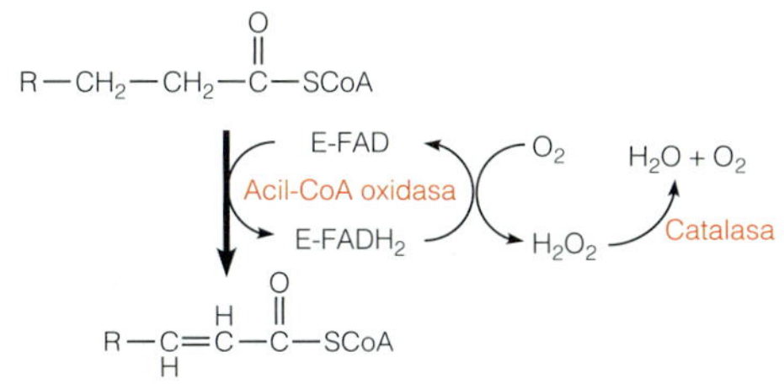


Los dos pasos siguientes, la hidratación de la enoil-CoA y la oxidación de la hidroxiacil-CoA, están catalizados por una enzima multifuncional que tiene otras dos actividades necesarias para el procesamiento de los ácidos grasos insaturados (una epimerasa y una isomerasa). El cuarto paso del ciclo lo cataliza una tiolasa monofuncional. Dado que los electrones no se transfieren a la cadena respiratoria, la ruta peroxisómica no está acoplada con la producción de energía, aunque genera calor. En los peroxisomas de los animales, la ruta llega tan solo a las acil-CoA $C_4$ y $C_6$. Sin embargo, estos grupos acilo pueden transferirse a la carnitina para su transporte a las mitocondrias, en donde puede completarse la $\beta$-oxidación. En cambio, los glioxisomas de las plantas realizan la oxidación hasta acetil-CoA, que se utiliza para la síntesis de hidratos de carbono a través de la ruta del glioxilato. La función de la ruta peroxisómica no está clara aún, pero comporta las fases iniciales de la oxidación de los ácidos grasos de cadena muy larga (VLCFA) y otros lípidos. La importancia de la ruta peroxisómica queda reflejada en dos enfermedades genéticas humanas. Los bebés nacidos con el síndrome de Zellweger son incapaces de importar proteínas a los peroxisomas, incluidas las de la ruta de $\beta$-oxidación, y acumulan en sangre grandes cantidades de VLCFA. Estos bebés tienen un deterioro neurológico profundo y mueren durante el primer año de vida. Las personas con adrenoleucodistrofia ligada a X (X-ALD) también son incapaces de metabolizar los VLCFA ($\geq$22 C). La enfermedad se caracteriza por concentraciones elevadas de VLCFA en plasma y tejidos. La X-ALD está producida por mutaciones del gen *ABCD1*, que codifica un transportador tipo casete que une ATP (ABC) situado en la membrana peroxisómica. Los pacientes con mutaciones en este gen no pueden transportar a los peroxisomas los derivados de CoA de estos ácidos grasos de cadena muy larga, por lo que su oxidación está bloqueada. Los niños que nacen con X-ALD se desarrollan normalmente durante los primeros años, pero luego sufren un deterioro neurológico progresivo y mueren a los 10-15 años. El tratamiento dietético con una mezcla de gliceril trioleato y gliceril trierucato (denominado aceite de Lorenzo) normaliza en los pacientes las concentraciones plasmáticas de VLCFA, probablemente al competir con el sistema enzimático que alarga los ácidos grasos saturados (*véase* la página 744). Este tratamiento fue objeto de una película popular de 1992, pero aún es objeto de controversia la eficacia del aceite de Lorenzo en la prevención del daño de la X-ALD.

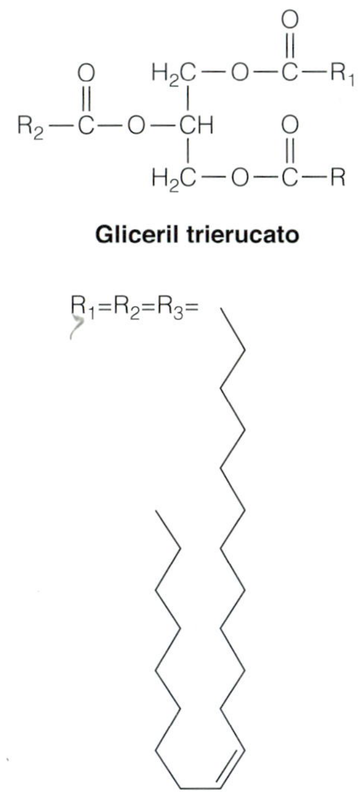

**Gliceril trierucato**

## $\alpha$-oxidación de los ácidos grasos

Aunque la $\beta$-oxidación es la principal ruta de degradación de los ácidos grasos, existe una ruta menor, localizada también en los peroxisomas, que oxida ciertos ácidos grasos, de manera que la oxidación inicial se produce en el carbono $\alpha$ en vez de en el carbono $\beta$. Esta ruta se descubrió mediante el análisis de un trastorno neurológico congénito grave y poco frecuente, denominado **enfermedad de Refsum**. Los pacientes que padecen este trastorno acumulan grandes cantidades de un ácido graso poco habitual, el **ácido fitánico,** que deriva del **fitol,** un componente de la clorofila (Figura 17.23). El grupo metilo del carbono 3 del fitol impide la $\beta$-oxidación de este sustrato. Sin embargo, el carbono $\alpha$ puede experimentar evidentemente la oxidación, para dar lugar al **ácido pristánico,** un sustrato que puede, posteriormente, degradarse mediante la $\beta$-oxidación (Figura 17.23). En la enfermedad de Refsum, la ruta de $\alpha$-oxidación es defectuosa, y el ácido fitánico se convierte en un compuesto que no puede degradarse. El único tratamiento conocido consiste en seguir una alimentación que contenga poca o ninguna clorofila. Este tratamiento es difíci,l ya que descarta todos los vegetales de hojas verdes y la carne, así como la leche procedente de animales herbívoros, ya que todos estos alimentos contienen cantidades considerables de ácido fitánico.

## Cetogénesis

Hasta ahora nos hemos referido a la acetil-CoA como si tuviera tan solo dos destinos metabólicos importantes, la oxidación a $CO_2$ en el ciclo del ácido cítrico o la biosíntesis

**FIGURA 17.23**

**Ruta de $\alpha$-oxidación de la oxidación del ácido fitánico.** El grupo metilo del carbono $\beta$ del ácido fitánico impide la $\beta$-oxidación de este compuesto, por lo que entra en funcionamiento una ruta adicional, que comporta una $\alpha$-oxidación. La hidroxilación de la fitanoil-CoA en la posición $\alpha$ está catalizada por una monooxigenasa dependiente del $\alpha$-cetoglutarato (Capítulo 15, página 663). Después de esto, el resto de la molécula puede degradarse mediante la $\beta$-oxidación, produciendo propionil y acetil CoA. El producto de oxidación final (se muestra la isobutiril-CoA) es objeto de especulación.

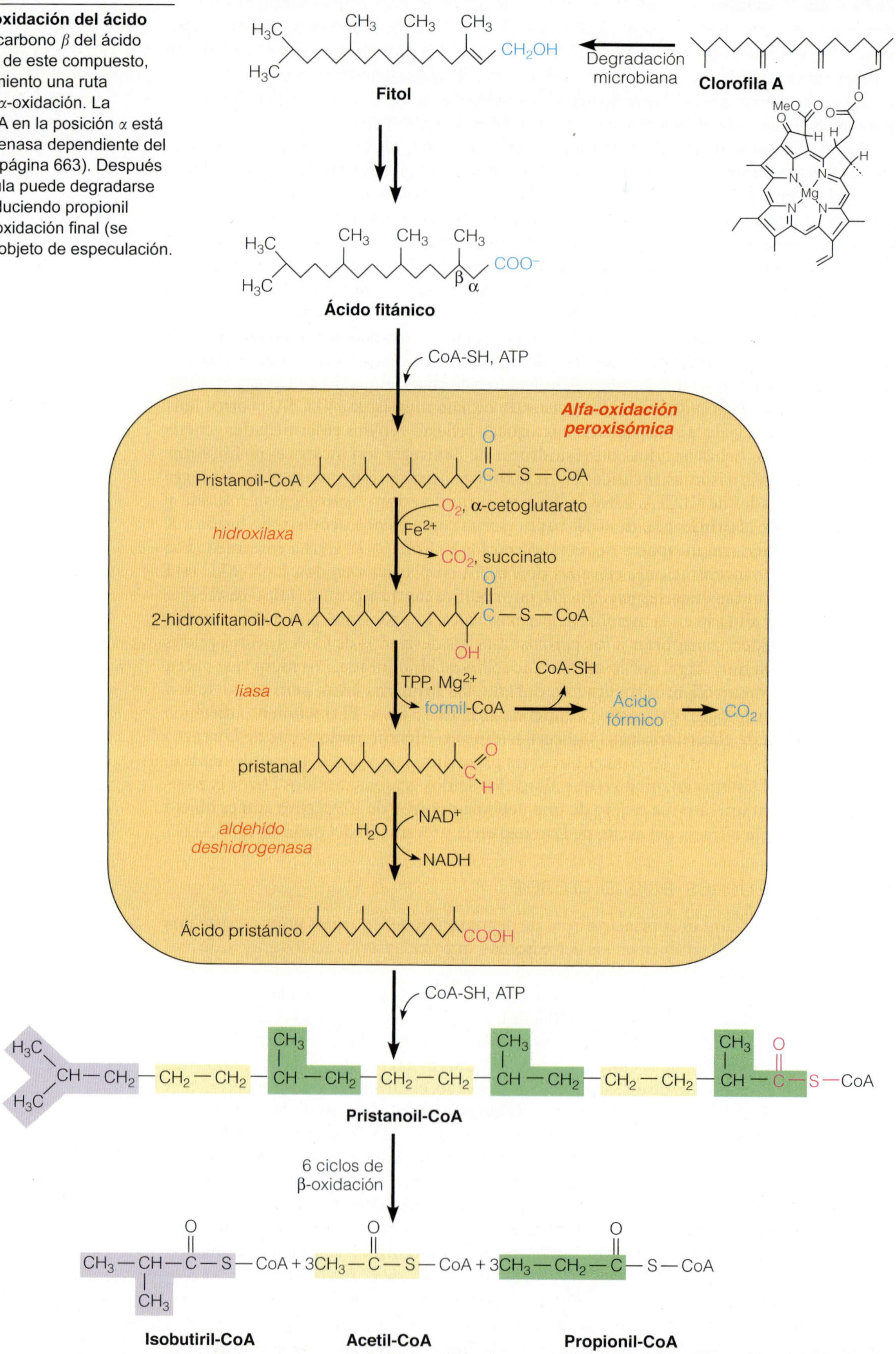

de ácidos grasos. En las mitocondrias (fundamentalmente en el hígado) entra en juego otra ruta importante cuando la acetil-CoA se acumula más allá de su capacidad de oxidación o de uso para la síntesis de ácidos grasos. Esta ruta es la **cetogénesis**, y conduce a una clase de compuestos denominados **cuerpos cetónicos**.

Durante el ayuno o la inanición, cuando la ingestión de hidratos de carbono es demasiado baja, la concentración de oxalacetato desciende, de manera que el flujo a través de la citrato sintasa está deteriorado, lo que hace que se eleven las concentraciones de acetil-CoA. En estas condiciones, 2 moles de acetil-CoA experimentan una inversión de la reacción de la tiolasa para dar acetoacetil-CoA (Figura 17.24). La acetoacetil-CoA puede reaccionar, a su vez, con un tercer mol de acetil-CoA para dar **$\beta$-hidroxi-$\beta$-metilglutaril-CoA (HMG-CoA)**, catalizado por la **HMG-CoA sintasa**. Cuando se forma en el citosol, la HMGCoA es un intermediario inicial en la biosíntesis del colesterol (*véase* el Capítulo 19). Sin embargo, en las mitocondrias, la HMG-CoA sufre la acción de la **HMGCoA liasa** para producir **acetoacetato** y acetil-CoA. El acetoacetato experimenta una reducción dependiente de NADH para dar lugar a **$\beta$-hidroxibutirato,** o bien, en cantidades muy pequeñas, la descarboxilación espontánea a acetona. En conjunto, el acetoacetato, la acetona y el $\beta$-hidroxibutirato se denominan *cuerpos cetónicos,* a pesar de que el último de estos compuestos no contiene un grupo carbonilo. El hígado produce también acetato libre, mediante la hidrólisis directa de la acetil-CoA. Todos estos compuestos pueden ser utilizados por los tejidos periféricos como combustible alternativo en condiciones cetogénicas. Los tejidos extrahepáticos captan el acetato de la sangre y lo transportan a las mitocondrias, donde vuelve a convertirse en acetil-CoA mediante una reacción que depende de ATP catalizada por la **acetil-CoA sintetasa**:

$$\text{Acetato + ATP + CoA-SH} \rightleftharpoons \text{acetil-CoA + AMP + PP}_i$$

A continuación se oxida la acetil CoA en el ciclo del ácido cítrico para producir ATP.

En determinadas circunstancias, la cetogénesis puede considerarse una «ruta de rebosamiento». Como se ha indicado antes, se estimula cuando se acumula acetil-CoA a causa de una utilización deficitaria de los hidratos de carbono. La cetogénesis se produce fundamentalmente en el hígado, debido a las elevadas concentraciones de HMG-CoA sintasa en ese tejido. Los cuerpos cetónicos se transportan desde el hígado a otros tejidos, en donde el acetoacetato y el $\beta$-hidroxibutirato pueden reconvertirse de nuevo en acetil-CoA para la generación de energía. La reconversión implica la transferencia enzimática de una porción CoA, desde la succinil-CoA al acetoacetato, para dar acetoacetil-CoA y succinato.

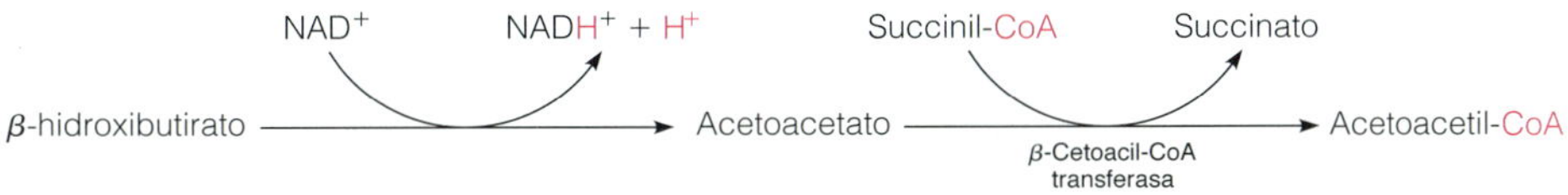


Esta enzima, la $\beta$-cetoacil-CoA transferasa, está presente en todos los tejidos excepto el hígado, de forma que este no compite con los tejidos periféricos por el uso de los cuerpos cetónicos como combustible. La acetoacetil-CoA se convierte posteriormente por la tiolasa en dos acetil-CoA

Como se tratará con mayor detalle en el Capítulo 18, la cetogénesis se hace extraordinariamente importante en la inanición, cuando el cerebro, que normalmente utiliza glucosa como principal combustible, sufre una adaptación metabólica para utilizar cuerpos cetónicos. El exceso de cuerpos cetónicos se elimina en la orina, pero debido a su elevada volatilidad, la acetona puede detectarse en la respiración. En condiciones normales, algunos otros tejidos, en especial el corazón, obtienen la mayor parte de su energía metabolizando los cuerpos cetónicos producidos en el hígado. En la diabetes sin tratar, donde los tejidos son incapaces de utilizar de forma eficaz la glucosa, se produce una cantidad de cuerpos cetónicos superior a la capacidad de uso de los tejidos periféricos, un trastorno que se denomina **cetosis.** Las concentraciones sanguíneas de cuerpos cetónicos en estos pacientes pueden superar 100 mg/dL y las concentraciones elevadas de los ácidos débiles acetoacetato y $\beta$-hidroxibutirato disminuyen el pH (**acidosis**). Esta **cetoacidosis** es una característica diagnóstica de la diabetes.

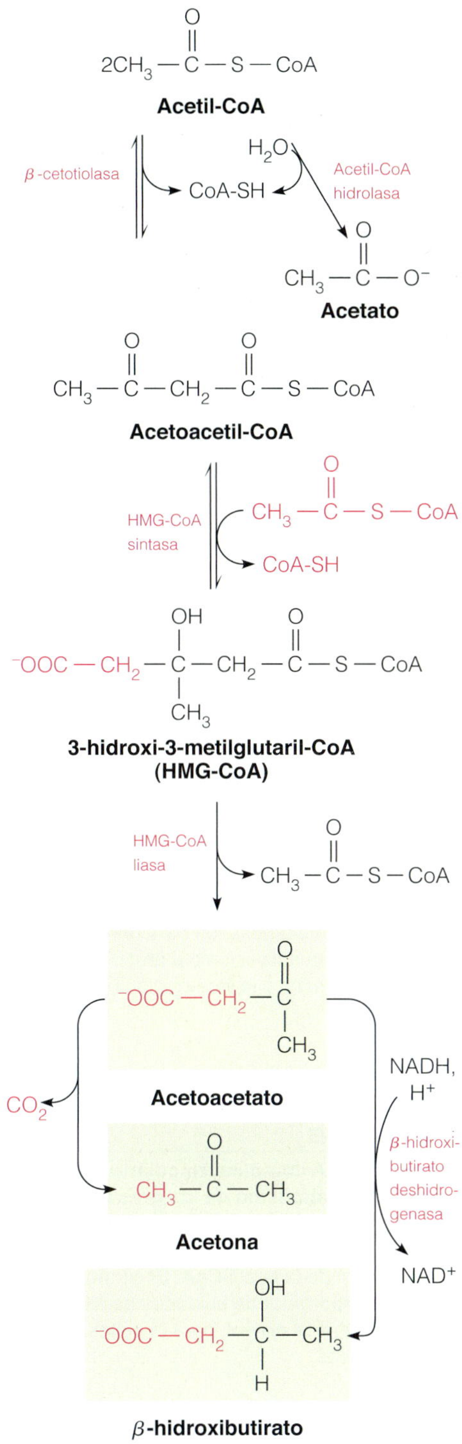


**FIGURA 17.24**

**Biosíntesis de los cuerpos cetónicos en el hígado.** Los tres compuestos hidrololubles a los que habitualmente se denomina cuerpos cetónicos están recuadrados. La acetona se forma en cantidades muy pequeñas, mediante la descarboxilación no enzimática del acetoacetato. También se produce acetato, que libera el hígado para su uso por los tejidos periféricos.

Cuando el catabolismo de los hidratos de carbono está limitado, la acetil-CoA se convierte en cuerpos cetónicos, principalmente acetoacetato y $\beta$-hidroxibutirato, que son combustibles metabólicos importantes en algunas circunstancias.

Los animales convierten fácilmente los hidratos de carbono en grasas, pero no pueden llevar a cabo una conversión neta de grasas en hidratos de carbono.

# Biosíntesis de los ácidos grasos

## Relación de la síntesis de los ácidos grasos con el metabolismo de los hidratos de carbono

Hemos señalado ya que la inmensa mayoría del combustible almacenado en la mayor parte de las células animales está en forma de grasas. Sin embargo, una gran parte del consumo calórico de muchas alimentaciones de los animales, y ciertamente de la mayor parte de las alimentaciones del ser humano, son hidratos de carbono. Dado que las reservas almacenadas de hidratos de carbono están estrictamente limitadas, deben existir mecanismos eficaces para la conversión de los hidratos de carbono en grasas. En este apartado nos centraremos principalmente en la síntesis de los ácidos grasos.

Como se representa esquemáticamente en la Figura 17.25, un metabolito central es la acetil-CoA, que procede tanto del piruvato de la reacción de la piruvato deshidrogenasa como de la $\beta$-oxidación de los ácidos grasos. La acetil-CoA se convierte a su vez, en el citosol, en ácidos grasos. Así pues, la acetil-CoA procede, tanto de la degradación de las grasas como de la de los hidratos de carbono y es, además, el principal precursor de las grasas. Sin embargo, *la acetil-CoA no puede experimentar una conversión neta en hidratos de carbono.* Ello se debe a la práctica irreversibilidad de la reacción de la piruvato deshidrogenasa. Como se ha señalado en el Capítulo 14, el ciclo del glioxilato de las plantas y de algunos microorganismos permite evitar este paso, con la conversión neta de acetil-CoA en precursores gluconeogénicos. Sin embargo, *en los animales la conversión de los hidratos de carbono en grasas es unidireccional.* Además, aunque la síntesis de los ácidos grasos está regulada, la capacidad total de almacenamiento de grasas no lo está.

La síntesis de los ácidos grasos se realiza a través de intermediarios similares a los de la oxidación de los ácidos grasos, pero con diferencias en cuanto a los transportadores electrónicos, la activación del grupo carboxilo, la estereoquímica y la localización celular.

## Estudios iniciales sobre la síntesis de los ácidos grasos

A comienzos del siglo xx, cuando se demostró que la mayor parte de los ácidos grasos de los lípidos contiene cadenas de número par de carbonos, se consideró que era razonable prever que el proceso de biosíntesis requiriera la adición escalonada de fragmentos activados de dos carbonos, en el mismo sentido que la oxidación se realizaba con dos carbonos cada vez. De hecho, este proceso se demostró experimentalmente en los años 1940, en uno de los primeros experimentos metabólicos en los que se utilizaron trazadores isotópicos. David Rittenberg y Konrad Bloch administraron a ratones acetato

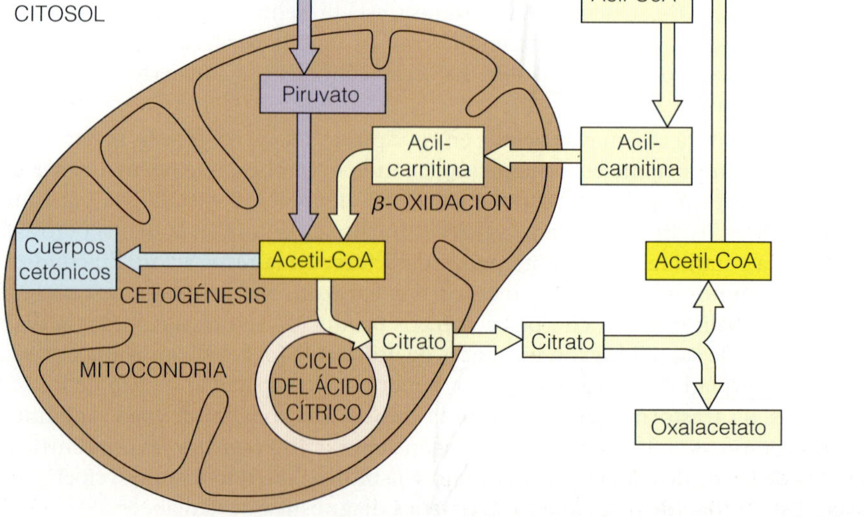


**FIGURA 17.25**

**La acetil-CoA como intermediario clave entre el metabolismo de las grasas y el de los hidratos de carbono.** Las flechas identifican las rutas principales de formación o utilización de la acetil-CoA. El citrato actúa como transportador de unidades acetilo, desde la mitocondria al citosol, para la síntesis de los ácidos grasos.

marcado con los isótopos estables $^{13}C$ y deuterio ($^{13}C^2H_3{}^{13}COO^-$) y encontraron que ambos isótopos se incorporaban a los ácidos grasos.

Una vez descubierta la ruta de la $\beta$-oxidación, se pensó que la síntesis de los ácidos grasos se produciría simplemente mediante una inversión de su ruta de degradación. Sin embargo, cuando los bioquímicos empezaron a fraccionar los sistemas enzimáticos capaces de sintetizar los ácidos grasos, encontraron que sus fracciones purificadas carecían de las actividades de la $\beta$-oxidación. El descubrimiento clave que estableció el mecanismo de síntesis de los ácidos grasos como una ruta enteramente diferente se debió a la observación de Salih Wakil, a finales de los años 1950, en la que la síntesis de los ácidos grasos tenía una necesidad absoluta de bicarbonato. Sin embargo, el carbono del bicarbonato no se incorporaba al producto final. Estas observaciones llevaron al descubrimiento de un compuesto de tres carbonos, la *malonil-CoA*, como primer intermediario en la biosíntesis de los ácidos grasos. En la actualidad sabemos que, aunque la química de la síntesis y la degradación de los ácidos grasos son similares, las rutas difieren en las enzimas que intervienen en ellas, los transportadores del grupo acilo, la estereoquímica de los intermedios, los transportadores electrónicos, la localización intracelular y la regulación. De hecho, el metabolismo de los ácidos grasos es uno de los mejores ejemplos de la afirmación de que las rutas anabólicas no son nunca la simple inversión de las rutas catabólicas.

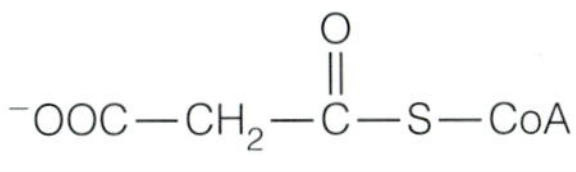

**Malonil-CoA**

El proceso global de la síntesis de los ácidos grasos es similar en todos los sistemas procariotas y eucariotas analizados hasta la fecha. Hay tres sistemas enzimáticos distintos que catalizan, respectivamente, (1) la biosíntesis del palmitato a partir de la acetil-CoA, (2) la elongación de la cadena a partir del palmitato, y (3) la desaturación. En las células eucariotas, la primera ruta tiene lugar en el citosol, la elongación de la cadena se produce tanto en las mitocondrias como en el retículo endoplásmico, y la desaturación tiene lugar en el retículo endoplásmico.

## Biosíntesis del palmitato a partir de la acetil-coA

Como se bosqueja en la Figura 17.26, la química de la síntesis de palmitato es muy similar a la de la oxidación de palmitato en sentido inverso. El proceso de síntesis comprende la adición escalonada de unidades de dos carbonos, de manera que cada paso tiene lugar mediante una condensación, reducción, deshidratación y otra reducción. Las principales diferencias son (1) la necesidad de un intermediario activado, la malonil-CoA, en cada paso de adición de dos carbonos, (2) la naturaleza del transportador del grupo acilo y (3) el empleo de enzimas que requieren NADPH en las reacciones de reducción. Se presenta, a continuación, una descripción detallada de estas reacciones y las siguientes.

### Síntesis de malonil-CoA

El primer paso en la biosíntesis de los ácidos grasos es la formación de malonil-CoA a partir de acetil-CoA y bicarbonato, catalizada por la **acetil-CoA carboxilasa** (**ACC**).

**Acetil-CoA** **Malonil-CoA**

Al igual que ocurre en otros pasos de las rutas de biosíntesis, esta reacción es tan exergónica que resulta prácticamente irreversible. De forma semejante a otras enzimas que catalizan reacciones de carboxilación (*véase* el Capítulo 14, página 618), la acetil-CoA carboxilasa tiene un cofactor de biotina, unido covalentemente mediante un grupo $\varepsilon$-amino de lisina. La reacción se produce a través de un intermedio de *N*-carboxibiotina ligado covalentemente.

$$\text{E-biotina} + \text{ATP} + HCO_3^- \longrightarrow \text{E-}N\text{-carboxibiotina} + \text{ADP} + P_i$$

$$\text{E-}N\text{-carboxibiotina} + \text{acetil-CoA} \longrightarrow \text{malonil-CoA} + \text{E-biotina}$$

La forma procariota de esta enzima, por ejemplo, la enzima purificada de *E. coli*, está formada por tres proteínas distintas: (1) una pequeña proteína transportadora que contiene la biotina unida, (2) una **biotina carboxilasa**, que cataliza la formación de

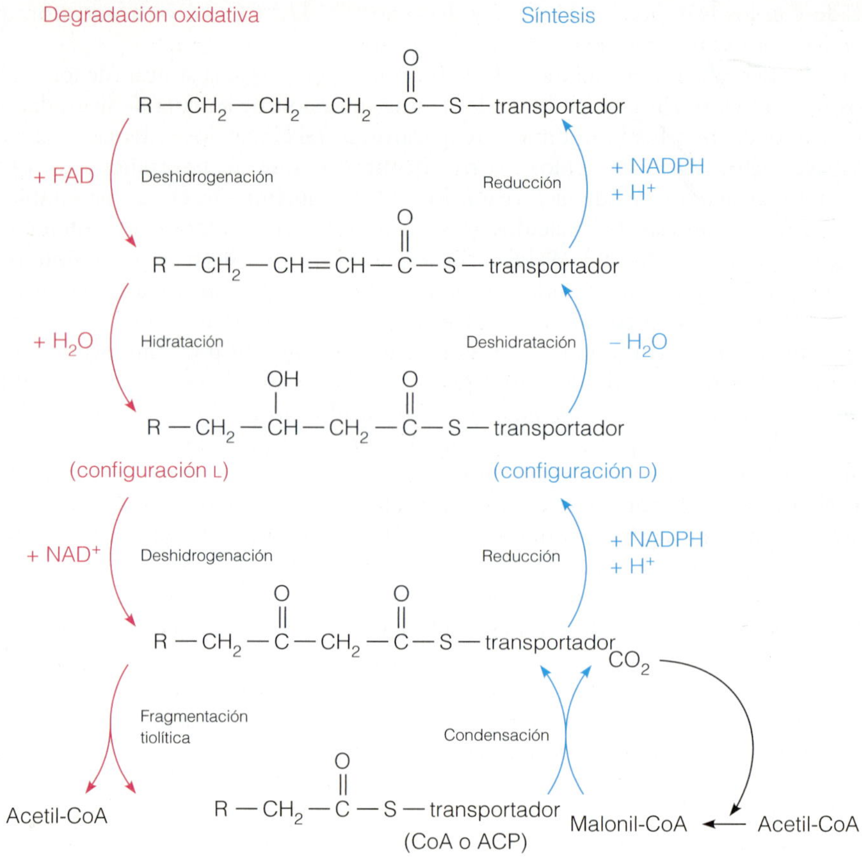


**FIGURA 17.26**

**Semejanzas químicas entre la oxidación y la síntesis de un ácido graso.** La figura muestra un solo ciclo de oxidación (hacia abajo) o de adición (hacia arriba) de un fragmento de dos carbonos. La coenzima A es el transportador de grupos acilo para la oxidación, y la proteína transportadora de acilo (ACP) es el transportador para la síntesis.

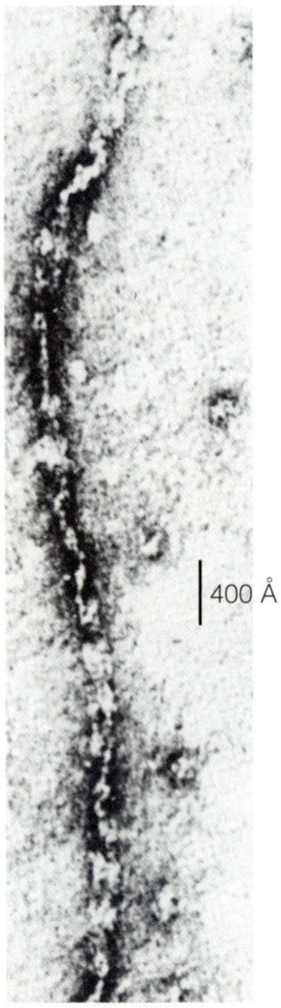


**FIGURA 17.27**

**Forma filamentosa activa de la acetil-CoA carboxilasa de los eucariotas.**

Reproducido de *Current Topics in Cellular Regulation* 8:139-195, M. D. Lane, J. Moss, and S. E. Polakis. © 1974, con permiso de Elsevier.

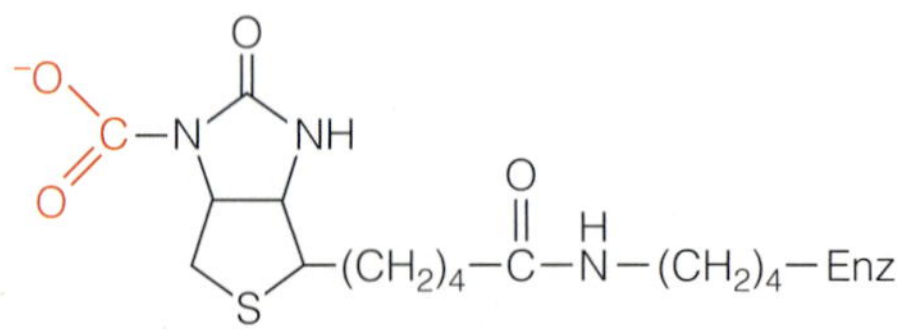

***N*-carboxibiotinil-enzima**

*N*-carboxibiotina dependiente de ATP, y (3) una **transcarboxilasa**, que transfiere el grupo carboxilo activado desde la *N*-carboxibiotina a la acetil-CoA. Las cadenas hidrocarbonadas de la biotina y de su residuo de lisina asociado actúan como un brazo de oscilación flexible, que permite a la biotina interactuar con los lugares catalíticos de ambas subunidades catalíticas, igual que vimos para la piruvato carboxilasa (Figura 14.19, página 618).

En cambio, la ACC de los eucariotas consiste en una sola proteína que contiene dos cadenas polipeptídicas idénticas, cada una de ellas con un $M_r$ de aproximadamente 265 000. La proteína dimérica en sí es inactiva, pero en presencia de citrato sufre una polimerización para adoptar una forma filamentosa, con un $M_r$ de 4-8 $\times$ $10^6$, que puede verse fácilmente con el microscopio electrónico (Figura 17.27). El equilibrio entre los dímeros de proteína inactivos y la forma filamentosa activa, así como su control mediante intermediarios metabólicos, constituye probablemente un mecanismo de regulación importante de la biosíntesis de los ácidos grasos. La regulación de la ACC y la síntesis de los ácidos grasos se considerarán tras describir el resto de la ruta (página 745).

## Malonil-CoA a palmitato

Recuérdese que todos los intermediarios de la oxidación de los ácidos grasos se activan mediante su unión a una molécula portadora, la coenzima A. Se utiliza una activación similar en la síntesis de los ácidos grasos, pero el transportador es diferente. Se trata de una proteína pequeña (77 residuos en *E. coli*) denominada **proteína transportadora del acilo** (**ACP**). La química de la activación es idéntica a la de las acil-CoA. En realidad, la ACP utiliza una fosfopanteteína idéntica con su grupo sulfhidrilo reactivo, como el de la CoA. En la ACP, la fosfopanteteína está unida covalentemente con un grupo de serina del polipéptido (Figura 17.28). Todas las reacciones catalizadas por la ácido graso sintasa tienen lugar en sustratos unidos a la ACP a través de un enlace tioéster. Como veremos, la fosfopanteteína actúa como un brazo oscilante para transferir el grupo acilo entre los lugares activos del complejo.

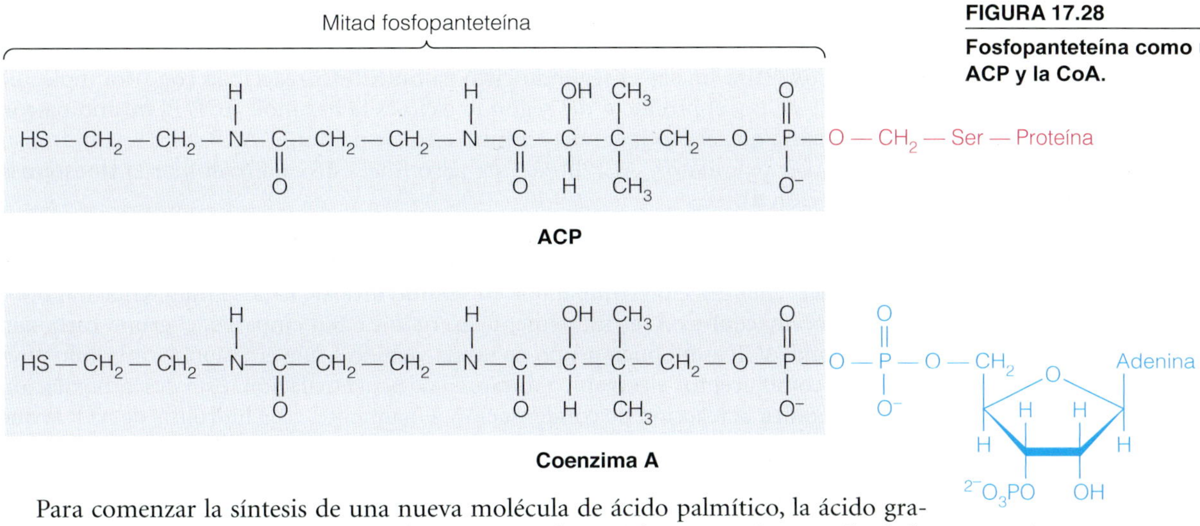


**FIGURA 17.28**

**Fosfopanteteína como unidad reactiva en la ACP y la CoA.**

Para comenzar la síntesis de una nueva molécula de ácido palmítico, la ácido graso sintasa debe cargarse primero con los sustratos de partida. La porción acetilo de la acetil-CoA se carga en la ACP en una reacción catalizada por la **malonil/acetil-CoA-ACP transacilasa** (**MAT**) (Figura 17.29, reacción 1a). El grupo acetilo se transfiere a continuación a una Cys-SH del lugar activo de la **$\beta$-cetoacil-ACP sintasa** (**KS**), dando acetil-KS (reacción 1b). La porción fosfopanteteína de la ACP está ahora disponible para cargarse con el segundo sustrato, la malonil-CoA, también catalizado por la MAT (Figura 17.29, reacción 2). Dado que los enlaces tioéster de energía elevada de las acil-CoA y las acil-ACP son idénticas, estas reacciones de transacilasa son fácilmente reversibles. La ácido graso sintasa se activa ahora para el primer ciclo de elongación de la cadena. En cada ciclo, un sustrato cebador (un grupo acilo en la KS) se condensa con una molécula extensora (un grupo malonilo en la ACP). El ciclo de síntesis transcurre mediante *condensación*, *reducción*, *deshidratación* y *reducción.*

Para el primer ciclo de síntesis (Figura 17.30, reacciones 1-4), empezamos con 1 mol de malonil-ACP y 1 mol de acetil-KS, y en cuatro reacciones generamos 1 mol de butiril-ACP. Estas son las reacciones que se asemejan a las reacciones (invertidas) de las oxidaciones de los ácidos grasos (*véase* la Figura 17.26). La reacción de formación del enlace carbono-carbono clave es una condensación de tipo Claisen (*véase* la Figura 12.8, página 485) entre la acetil-KS y la malonil-ACP (Figura 17.30, reacción 1). Esta reacción, catalizada por la KS, comporta la descarboxilación de la porción malonilo para dar un ion enolato nucleófilo, que ataca al grupo acetilo electrófilo en la KS. La degradación del intermedio tetraédrico implica la eliminación del tiol de la cisteína de KS, liberándola para la unión del grupo acilo elongado al final del ciclo (reacción 5). El producto de condensación, un tioéster $\beta$-cetoacil-ACP, se reduce a continuación a un D-$\beta$-hidroxiacil-ACP en una reacción dependiente de NADPH catalizada por la **$\beta$-cetoacil-ACP reductasa** (**KR**) (reacción 2). La deshidratación de la D-$\beta$-hidroxiacil-ACP, catalizada por la **$\beta$-hidroxiacil-ACP deshidrasa** (**DH**) (reacción 3), proporciona un *trans*-2-enoil-ACP, que sufre una segunda reducción dependiente de NADPH, catalizada por la **enoil-ACP reductasa** (**ER**) (reacción 4), para dar una acil-ACP, la butiril-

**FIGURA 17.29**

**La malonil/acetil-CoA-ACP transacilasa (MAT) carga la acido graso sintasa con los sustratos**. Los grupos acilo (acetil o malonil) se transfieren desde el grupo SH de la CoA al grupo SH de la parte fosfopanteteína de la proteína transportadora del acilo (ACP). Las reacciones que se muestran aquí producen acetil-KS y malonil-ACP, que se utilizan en las restantes reacciones del ciclo.

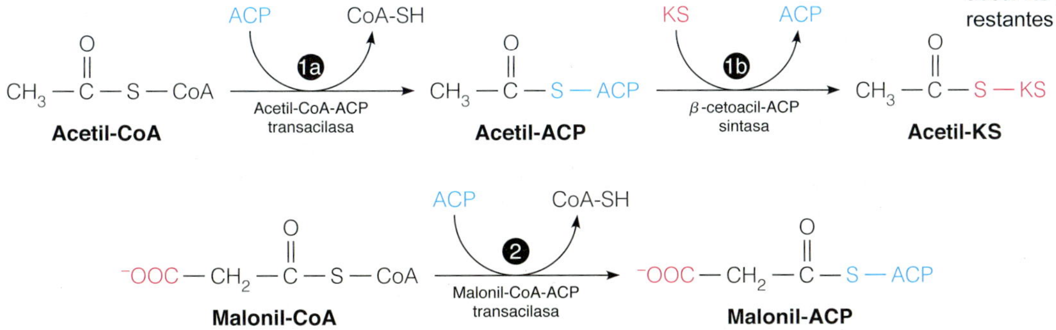

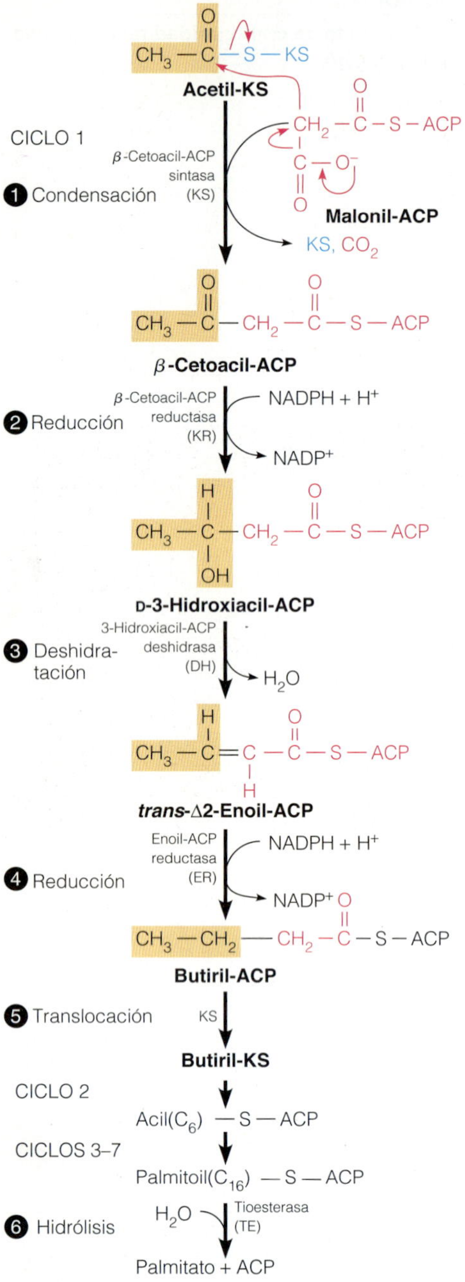


**FIGURA 17.30**

**Síntesis de palmitato, que se inicia con la malonil-ACP y la acetil-KS.** El primer ciclo de cuatro reacciones genera butiril-ACP. Tras la translocación desde la ACP, la butilril-KS reacciona con una segunda molécula de malonil-ACP, que da lugar a un segundo ciclo de adición de dos carbonos. Un total de siete ciclos de este tipo genera la palmitoil-ACP. La hidrólisis de este producto libera el palmitato.

ACP en el primer ciclo de síntesis. Para finalizar el primer ciclo, el grupo butirilo es traslada de la ACP a la Cys-SH de la KS (reacción 5), y la ACP se carga con una segunda malonil-CoA. Para iniciar el segundo ciclo, la butiril-KS reacciona con otra molécula de malonil-ACP y el producto del segundo ciclo es la hexanoil-ACP. El mismo patrón continúa hasta que el producto del séptimo ciclo, la palmitoil-ACP sufre una hidrólisis para producir palmitato y ACP libre. Este paso final está catalizado por la **tioesterasa** (**TE**) (reacción 6).

¿Cuál es la lógica molecular del empleo de malonil-ACP como donador de una unidad acetilo? La condensación de dos unidades acetilo activadas normalmente es muy endergónica. Una reacción comparable en sentido inverso, la de la fragmentación tiolítica de la acetoacetil-CoA, es fuertemente exergónica. Sin embargo, el grupo carboxilo de la malonil-ACP es un buen grupo de salida, debido a que el grupo $\beta$-carbonilo puede actuar como aceptor electrónico durante la descarboxilación. Esta descarboxilación hace exergónica la reacción de condensación. Finalmente, es la hidrólisis de ATP la que impulsa esta, por otra parte, la reacción de condensación exergónica, ya que el ATP participó en la síntesis original de la maloni-CoA a partir de la acetil-CoA (página 737). Este proceso de condensación explica la observación inicial de que el bicarbonato no se incorpora al producto final, sino que todos los carbonos de los ácidos grasos proceden del acetato.

Al igual que en la mayor parte de las rutas de biosíntesis, esta requiere tanto *energía* (en forma de ATP) como *equivalentes reductores* (en forma de NADPH). Las necesidades cuantitativas pueden deducirse de la estequiometria del proceso completo de siete ciclos:

$$\text{Acetil-CoA} + 7\text{ malonil-CoA} + 14\text{NADPH} + 14\text{H}^+ \longrightarrow \text{palmitato} + 7\text{CO}_2 + 14\text{NADP}^+ + 8\text{CoA-SH} + 6\text{H}_2\text{O}$$

Aunque se libera un $H_2O$ en cada ciclo, en el proceso completo solo se producen seis $H_2O$ ya que un $H_2O$ se emplea para hidrolizar el enlace tioéster y liberar el palmitato libre (Figura 17.30, reacción 6). Para ver las necesidades de ATP, debemos considerar la síntesis de 7 moles de malonil-CoA:

$$7\text{ Acetil-CoA} + 7\text{CO}_2 + 7\text{ATP} \longrightarrow 7\text{ malonil-CoA} + 7\text{ADP} + 7\text{P}_i + 7\text{H}^+$$

Así pues, la siguiente ecuación describe el proceso global:

$$8\text{ Acetil-CoA} + 7\text{ATP} + 14\text{NADPH} + 7\text{H}^+ \longrightarrow \text{palmitato} + 14\text{NADP}^+ + 8\text{CoASH} + 7\text{ADP} + 7\text{P}_i + 6\text{H}_2\text{O}$$

## Proteínas multifuncionales en la síntesis de los ácidos grasos

La ruta de reacción de la síntesis de los ácidos grasos es esencialmente idéntica en todos los organismos conocidos, pero la enzimología es sorprendentemente variable. La síntesis de ácidos grasos se estudió inicialmente en *E. coli* y se descubrió que todas las reacciones están catalizadas por siete enzimas monofuncionales distintas, que podían purificarse de forma separada. La misma organización se encuentra en todas las bacterias y plantas y se denomina **síntesis de ácidos grasos de tipo II**. Los primeros estudios bioquímicos de la síntesis de ácidos grasos en animales y levaduras desvelaron siete u ocho especies polipeptídicas individuales en las preparaciones purificadas de la ácido graso sintasa (AGS). Finalmente se demostró que las enzimas eucariotas eran muy sensibles a la proteólisis, y cantidades mínimas de proteasas en las preparaciones de AGS daban lugar a la proteólisis de las cadenas polipeptídicas nativas a especies más pequeñas. Una vez que se conoció este hecho, se dieron pasos para evitar la proteólisis y pudo purificarse la AGS intacta de animales y levaduras. Estos estudios demostraron que en los animales y en los eucariotas inferiores todas las actividades AGS están asociadas en una enzima multifuncional, que se denomina **megasintasa** o **ácido graso sintasa de tipo I**. Se han generado dos arquitecturas básicas megasintasas. La enzima animal es un homodímero de 273 000 Da por subunidad (0.54 MDa en total). Cada subunidad de la AGS dimérica de mamíferos está plegada en siete dominios diferentes, y cada dominio realiza una función específica de la secuencia de reacción. Seis de estos dominios tienen lugares activos para los pasos químicos y el

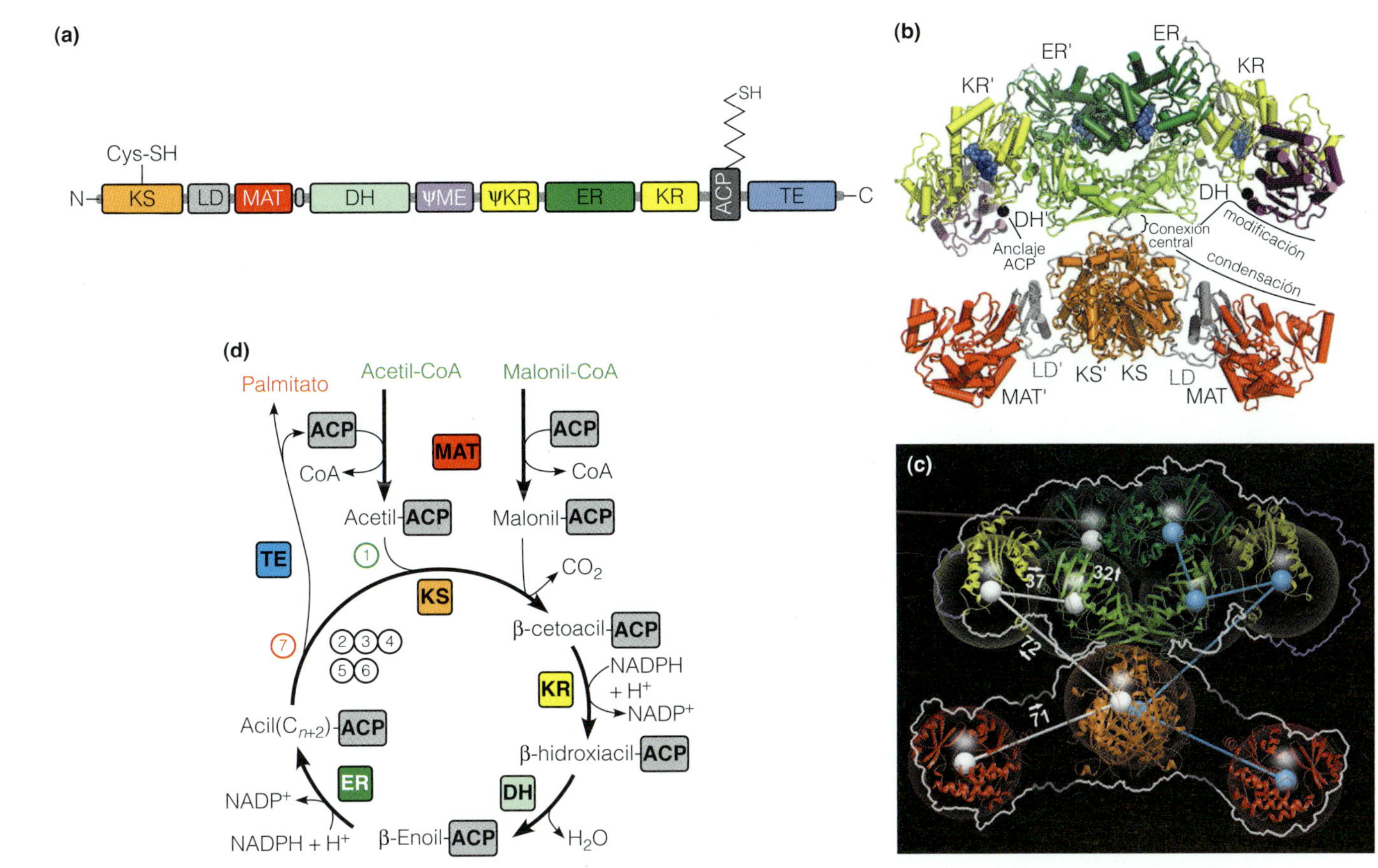


**FIGURA 17.31**

**Estructura y mecanismo de brazo oscilante del complejo ácido graso sintasa de mamíferos. (a)** Disposición de los dominios en la cadena polipeptídica de 273 000 dalton. KS = cetoacil-ACP sintasa; MAT = malonil/acetil transacilasa, DH = hidroxiacil-ACP deshidratasa; ER = enoil-ACP reductasa; ACP = proteína transportadora del acilo; TE = tioesterasa. El dominio KR realmente está formado por dos regiones discontinuas ($\psi$KR + KR) divididas por el dominio ER. LD = dominio ligador; $\psi$ME = dominio estructural no catalítico. Los grupos tiol de la cisteína y de la fosfopenteteína se muestran unidos a KS y ACP, respectivamente. **(b)** Una representación de cinta de la estructura de rayos X del homodímero FAS de porción (PDB ID 2VZ9). Cada dominio está abreviado y coloreado como en el panel a; los dominios de la segunda subunidad están indicados por una prima (´). Las dos subunidades tienen una forma aproximada de C y están entrelazadas en la conexión central de la estructura X. Los dominios de condensación y modificación están localizados en los brazos superior e inferior, respectivamente. El lugar de anclaje a ACP está indicado por una esfera negra, y el $NADP^+$ unido a los lugares activos de KR se muestra en azul. **(c)** El brazo oscilante de ACP-fosfopanteteína actúa como mecanismo de aproximación de los grupos acilo para ponerlos en contacto con todos los lugares activos (indicados por esferas rellenas blancas y azules). Las esferas huecas que rodean cada lugar activo muestran la longitud del brazo de fosfopanteteína, indicando lo cerca que la ACP debe llegar a los dominios individuales durante los ciclos catalíticos. Los lugares activos están conectados en el orden de la secuencia de reacción. Las distancias entre los lugares activos, en A, están indicadas para la subunidad de la izquierda. **(d)** Resumen del ciclo catalítico. El primer ciclo (1) comienza con la transferencia del grupo acetilo, desde la acetil-CoA al brazo oscilante de la ACP. Luego, el grupo acetilo se transfiere al grupo tiol de cisteína en la KS y un grupo malonilo se transfiere al brazo oscilante de la ACP. La KS cataliza la condensación y KR, DH y ER catalizan los pasos de modificación. Al final de los primeros seis ciclos (2)-(6), la KS transloca el grupo acilo reducido desde la ACP a su propia Cys-SH para comenzar otro ciclo; tras el último ciclo (7), los grupos palmitoílo se hidrolizan del ACP por la actividad TE.

De *Science* 311:1258-1262, T. Maier, S. Jenni y N. Ban, Architecture of mammalian fatty acid synthase at 4.5 Å resolution; and *Science* 321:1315-1322, T. Maier, M. Leibundgut, and N. Ban, The crystal structure of a mammalian fatty acid synthase. © 2006 and 2008. Modificado con permiso de AAAS y Nenad Ban.

séptimo dominio es la ACP con su porción de fosfopanteteína, verdaderamente una proteína *multifuncional*. En la Figura 17.31a se presenta el orden de estos dominios a lo largo de la cadena polipeptídica. Obsérvese la situación de los dominios ACP y KS, en extremos opuestos de la cadena polipeptídica. Los grupos sulfhidrilo de estos dos dominios se acercan para el paso de condensación (reacción 1 de la Figura 17.30). La estructura de rayos X de la AGS de porción (Figura 17.31b) indica cómo se realiza. Las dos subunidades de una estructura entrelazada en la que se pueden sintetizar simultáneamente dos ácidos grasos. Los dominios que catalizan la reacción de condensación se encuentran en los brazos inferiores de la estructura, mientras que los dominios que catalizan las tres reacciones siguientes (las reacciones de modificación)

La malonil-CoA constituye una fuente activada de fragmentos de dos carbonos para la biosíntesis de los ácidos grasos, de forma que la pérdida de $CO_2$ impulsa la formación del enlace C—C.

En los eucariotas, la síntesis de los ácidos grasos la realiza una megasintasa, un complejo multienzimático organizado que contiene proteínas multifuncionales.

se encuentran en los brazos superiores. Los dominios ACP y tioesterasa (TE) no se ven en esta estructura, pero se conoce su lugar de enganche (el C-terminal del dominio KR). Durante el ciclo de reacción, la porción fosfopenteteína unida al dominio ACP actúa como un brazo oscilante para poner en contacto los grupos acilo con todos los lugares activos del complejo. En la Figura 17.31c se muestra el orden de la secuencia de reacción según se va moviendo el dominio ACP entre los lugares activos. La Figura 17.31d resume el ciclo catalítico y el paso en el que participa cada dominio. El ciclo comienza con la transferencia del grupo acetilo, desde la acetil CoA al brazo oscilante de la ACP. El grupo acetilo se transfiere, a continuación, al grupo tiol de la cisteína en la KS y se transfiere un grupo malonilo al brazo oscilante de la ACP. La KS cataliza la condensación y KR, DH y ER catalizan los pasos de modificación. Al final de los seis primeros ciclos, la KS traslada el grupo acilo reducido de la ACP a su Cys-SH propia para comenzar otro ciclo; tras el último (séptimo) ciclo, se hidroliza el grupo palmitoilo de la ACP por la actividad TE.

Los eucariotas inferiores (levaduras y hongos) poseen una ácido graso sintasa de tipo I formada por dos cadenas polipeptídicas multifuncionales. Esta megasintasa tiene una masa de alrededor de 2.6 millones de Dalton y está formada por seis subunidades $\alpha$ y seis subunidades $\beta$. La subunidad $\alpha$ contiene el dominio ACP, la enzima condensante (KS) y la $\beta$-tioéster reductasa (KR). La subunidad $\beta$ contiene las tres actividades restantes (MAT, DH y ER). El complejo de levaduras carece de la actividad tioesterasa (TE), ya que el producto final de la actividad ácido graso sintasa en levaduras no es el palmitato, sino la palmitoil-CoA.

En 1988, se descubrió que las mitocondrias también pueden sintetizar ácidos grasos. Cuando se administró ácido [$^{14}$C]pantoténico al hongo *Neurospora crassa*, se marcó una proteína mitocondrial pequeña (125 aminoácidos). Esta proteína resultó ser una homóloga de la proteína transportadora del acilo (ACP) bacteriana, lo cual sugería que las mitocondrias podrían poseer un sistema de síntesis de ácidos grasos. Los estudios posteriores han desvelado que las mitocondrias de casi todas las especies contienen un sistema completo de AGS de tipo II de enzimas monofuncionales solubles. Una de las funciones de esta ruta mitocondrial es la síntesis de **ácido octanoico**, el precursor del cofactor ácido lipoico, esencial para los complejos piruvato deshidrogenasa y la $\alpha$-cetoglutarato deshidrogenasa del ciclo del ácido cítrico (Capítulo 14). El sistema mitocondrial puede sintetizar ácidos grasos de hasta 14 carbonos (ácido mirístico), pero se desconoce la función de estos ácidos grasos más largos.

Aunque todos estos sistemas de ácido graso sintetasa esencialmente utilizan la misma química para formar los ácidos grasos, las enzimologías diferentes proporcionan la posibilidad de que puedan generarse inhibidores específicos como fármacos antimicrobianos. Por ejemplo, el triclosán se emplea mucho como agente antibacteriano. El triclosán es un inhibidor potente de la enoil-ACP reductasa (ER) bacteriana, que aparenta la estructura del intermediario enolato del sustrato (Figura 17.32). Desafortunadamente, el uso extendido del triclosán en las pastas dentífricas, determinados desodorantes, jabones antisépticos, utensilios de cocina de plástico y otros muchos productos del hogar ha llevado a la generación de resistencia al triclosán en muchas especies bacterianas, entre ellas, *E. coli, Staphylococcus aureus, Pseudomonas aeruginosa* y *Salmonella entérica*. La resistencia los fármacos es un problema creciente que está asociado con el sobreuso de los antibióticos.

Se sabe desde hace tiempo que los intermediarios entre la acetil-CoA y el palmitato no se acumulan en las células que están sintetizando ácidos grasos; el proceso es muy rápido. El motivo es claro, teniendo en cuenta que los intermediarios están unidos covalentemente al dominio ACP de una proteína multifuncional. Esta disposición garantiza que los sustratos no tengan que buscar los lugares catalíticos mediante simple difusión. En efecto, comenzando con acetil-CoA y malonil-CoA, las megasintasas eucariotas pueden sintetizar palmitato en menos de un segundo. Además, puesto que el aparato genético tiene que regular la síntesis de tan solo una o dos cadenas polipeptídicas en vez de siete, este tipo de organización es atractivo desde el punto de vista de la coordinación de las actividades implicadas. Se han descrito ya proteínas multifuncionales en la mayoría de los procesos metabólicos importantes, aunque otras pocas enzimas llevan hasta cuatro actividades en una sola cadena polipeptídica.

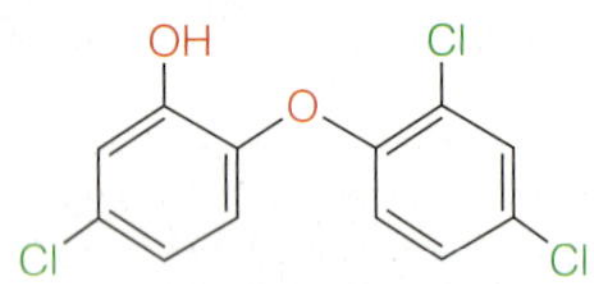


**Triclosán**

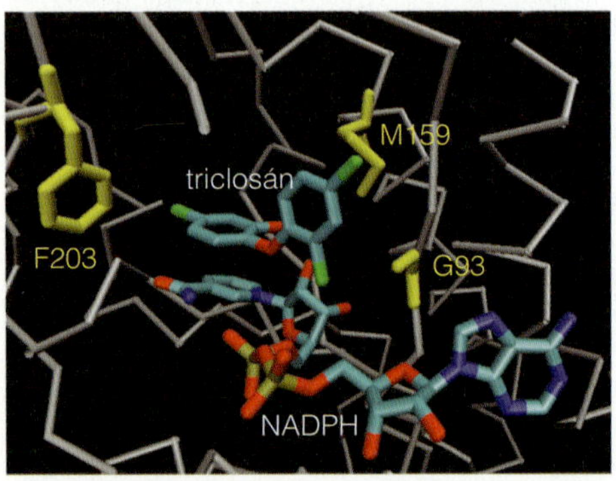


**FIGURA 17.32**

**El triclosán es un inhibidor específico de la enoil-ACP reductasa (ER) bacteriana**. La estructura de rayos X de la ER de *E. coli* en complejo con el triclosán y el NADPH (PDB ID 1D8A) muestra que el anillo fenol del triclosán se apila en la parte superior del anillo de nicotinamida del NADPH. Los tres residuos resaltados en amarillo (fenilalanina-203, metionina-159 y glicina-93) establecen contactos hidrófobos y de van der Waals con el tricolosán. Las sustituciones de aminoácidos únicos de cualquiera de estos tres residuos confieren a *E. coli* resitencia al triclosán.

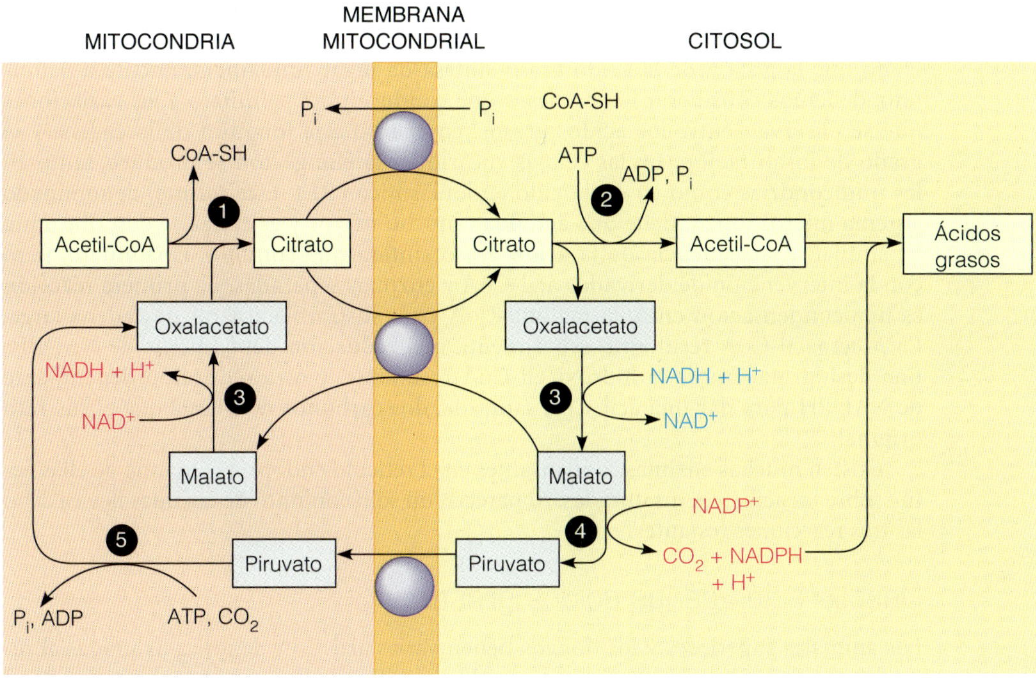


**FIGURA 17.33**

**Transporte de las unidades acetilo y los equivalentes reductores utilizados en la síntesis de los ácidos grasos.** Este diagrama muestra el mecanismo de lanzadera para transferir las unidades acetilo y los equivalentes reductores desde las mitocondrias al citosol, para su uso en la síntesis de los ácidos grasos. El citrato debe intercambiarse por un transportador al desplazarse fuera de la mitocondria. Parte del citrato se intercambia evidentemente por ortofosfato, y parte por malato. El malato que no se intercambia genera parte del NADPH para la síntesis de los ácidos grasos, a través de la acción de la enzima málica. Los círculos de color púrpura corresponden a sistemas de transporte situados en la membrana mitocondrial. 1 = citrato sintasa; 2 = citrato liasa; 3 = malato deshidrogenasa; 4 = enzima málica; 5 = piruvato carboxilasa.

## Transporte de las unidades acetilo y de los equivalentes reductores al citosol

Dado que la acetil-CoA se genera en la matriz mitocondrial, debe transportarse al citosol para su uso en la síntesis de los ácidos grasos. Al igual que las acil-CoA de cadena más larga, la acetil-CoA no puede atravesar la membrana interna. Se utiliza un sistema de lanzadera, que es interesante, tanto porque proporciona un mecanismo de control para la síntesis de los ácidos grasos como porque genera gran parte del NADPH que es necesario para el proceso. En esta lanzadera interviene el citrato, que se forma en las mitocondrias a partir de la acetil-CoA y el oxalacetato en el primer paso del ciclo del ácido cítrico (Figura 17.33, paso 1). Cuando se genera citrato en exceso respecto a la cantidad que se necesita para la oxidación en el ciclo del ácido cítrico, se transporta a través de la membrana mitocondrial hasta el citosol. Allí sufre la acción de la **citrato liasa** que regenera la acetil-CoA y el oxalacetato con el gasto de un ATP (paso 2):

$$\text{Citrato} + \text{ATP} + \text{CoA-SH} \longrightarrow \text{acetil-CoA} + \text{ADP} + P_i + \text{oxalacetato}$$

El oxalacetato no puede volver directamente a la matriz mitocondrial, puesto que la membrana interna carece de transportador para este compuesto. Primero se reduce por la malato deshidrogenasa citosólica a malato (paso 3), y parte del malato se descarboxila oxidativamente por la enzima málica para dar piruvato (paso 4; la enzima málica está funcionando aquí en la dirección opuesta a la que se presentó en el Capítulo 14, página 618). Sin embargo, parte del malato formado vuelve a la mitocondria y se intercambia por citrato.

> El citrato actúa como transportador de fragmentos de dos carbonos desde las mitocondrias al citosol para la biosíntesis de los ácidos grasos.

$$\text{Oxalacetato} + \text{NADH} + H^+ \longrightarrow \text{malato} + \text{NAD}^+$$
$$\text{Malato} + \text{NADP}^+ + H_2O \longrightarrow \text{piruvato} + HCO_3^- + \text{NADPH} + H^+$$

El piruvato resultante se transporta de nuevo a las mitocondrias, en donde se reconvierte en oxalacetato por la piruvato carboxilasa (paso 5; *véase* el Capítulo 14, página 618).

$$\text{Piruvato} + HCO_3^- + \text{ATP} \longrightarrow \text{oxalacetato} + \text{ADP} + P_i + H^+$$

La reacción neta catalizada por estas tres enzimas es la siguiente:

$$\text{NADP}^+ + \text{NADH} + \text{ATP} + H_2O \longrightarrow \text{NADPH} + \text{NAD}^+ + \text{ADP} + P_i + H^+$$

Por cada mol de malato que queda en el citosol, se genera 1 mol de NADPH. La mayor parte del resto de 14 moles de NADPH necesarios para sintetizar 1 mol de palmitato se generan en el citosol a través de la ruta de las pentosas fosfato.

## Elongación de las cadenas de los ácidos grasos

Dado que la acción de la ácido graso sintasa da lugar fundamentalmente a palmitato, debemos considerar los procesos que conducen del palmitato a las variaciones que se observan entre los ácidos grasos, en cuanto a la longitud de la cadena y el grado de insaturación. En las células eucariotas, la elongación se produce, tanto en las mitocondrias como en el retículo endoplásmico (RE). Este último, denominado sistema microsómico, tiene una actividad mucho mayor y es el que se describe aquí. Es similar a la secuencia de la ácido graso sintasa que conduce a palmitato, pero con la intervención de derivados acil-CoA y enzimas separadas. La primera reacción es una condensación entre la malonil-CoA y un sustrato acil-CoA de cadena larga. La $\beta$-cetoacil-CoA resultante experimenta una reducción dependiente de NADPH, una deshidratación de la hidroxiacil-CoA resultante, y otra reducción dependiente de NADPH para dar una acil-CoA saturada, dos carbonos más larga que el sustrato original.

Existen muchas enzimas condensantes en el retículo endoplásmico; una de ellas actúa sobre las acil-CoA insaturadas. Al parecer, un solo conjunto de enzimas lleva a cabo las tres reacciones restantes.

## Desaturación de los ácidos grasos

Los animales superiores y los hongos tienen varias acil-CoA desaturasas unidas al retículo endoplásmico que catalizan la producción de ácidos grasos monoinsaturados y poliinsaturados. El primer doble enlace *cis* siempre se introduce entre los carbonos 9 y 10, contando desde el extremo carboxilo del ácido graso. Los dobles enlaces adicionales se introducen hacia el extremo carboxilo a intervalos de tres carbonos, de forma que los dobles enlaces están separados por grupos metileno y, por tanto, no conjugados. Los ácidos grasos monoinsaturados más frecuentes en los lípidos de los animales son el ácido oleico, un ácido 18:1c$\Delta$9, y el ácido palmitoleico, un compuesto 16:1c$\Delta$9 (*véase* la Tabla 10.1, página 361). Estos compuestos se sintetizan a partir de estearato y palmitato, respectivamente, mediante un sistema microsómico de desaturación $\Delta$9 denominado **estearoil-CoA desaturasa**. La reacción global para la desaturación de la estearoil-CoA es la siguiente:

$$\text{Estearoil-CoA (18:0)} + \text{NADH(P)H} + H^+ + O_2 \longrightarrow \text{oleil-CoA (18:1c}\Delta 9) + \text{NAD(P)}^+ + 2H_2$$

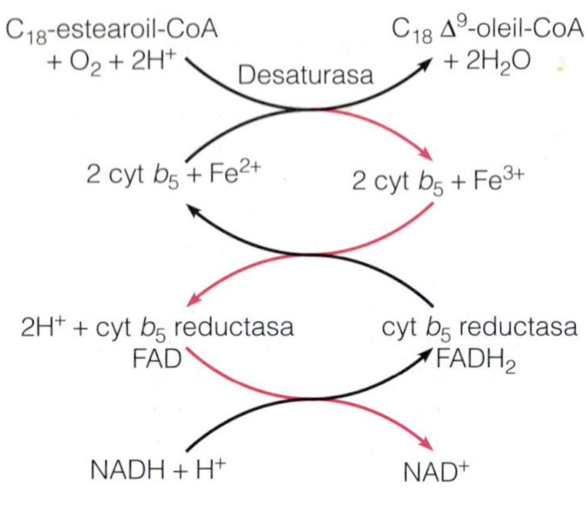


**FIGURA 17.34**

**Sistema de desaturación de los ácidos grasos.** Las flechas negras señalan la ruta del flujo electrónico al oxidarse los dos sustratos. La $\Delta$5 y $\Delta$6 desaturasas utilizan el mismo mecanismo.

Obsérvese que ambos sustratos, el ácido graso y el NAD(P)H, sufren oxidaciones de dos electrones en esta reacción. La transferencia electrónica global en esta reacción implica al citocromo $b_5$ y otra enzima, la **citocromo $b_5$ reductasa** dependiente de la flavina (Figura 17.34). El componente citocromo $b_5$ se encuentra como dominio N-terminal de la desaturasa. El retículo endoplasmico de los mamíferos contiene también desaturasas $\Delta$5 y $\Delta$6 que actúan de forma semejante el sistema de desaturación $\Delta$.

Mientras que las plantas poseen desaturasas $\Delta$12 y $\Delta$15 (Figura 17.35), los animales no son capaces de introducir en la cadena del ácido graso dobles enlaces más allá de $\Delta$9 (esto es, entre C10 y el carbono metilo), por lo que no puedan sintetizar el ácido linoleico (18:2c$\Delta$9,12) ni el ácido linolénico (18:3c$\Delta$9,12,15), que reciben el nombre de **ácidos grasos esenciales**, dado que son componentes lipídicos necesarios que deben obtenerse en la alimentación a partir de las plantas*. Tras la ingestión en los mamíferos, pasan a ser, a su vez, sustratos de reacciones posteriores de desaturación y elongación, como se resume en la Figura 17.35. El ácido linolénico es el precursor de los AGPI omega-3 EPA (20:5c$\Delta$5,8,11,14,17) y DHA (22:6c$\Delta$4,7,10,13,16,19) (*véase* al margen, página 721). El ácido linoleico del alimento es el precursor del **ácido araquidónico** (20:4c$\Delta$5,8,11,14), que actúa como precursor de una clase de compuestos denominados *eicosanoides*. Como se trata en el Capítulo 19, los eicosanoides incluyen dos clases importantes de reguladores metabólicos, las prostaglandinas y los tromboxanos.

---

* Los peces también son fuentes importantes de los ácidos linoleico y linolénico, pero no pueden sintetizar esos ácidos grasos esenciales; como los animales, los peces deben obtenerlos de su alimento.

Las células de los mamíferos necesitan una cantidad específica de ácidos grasos poliinsaturados para estas funciones de señalización y para mantener la fluidez adecuada de la membrana. Los ácidos grasos poliinsaturados del alimento reprimen la expresión de los tres sistemas desaturasa, de forma que la producción de novo se detiene cuando, puede obtenerse la concentración adecuada de estos ácidos grasos insaturados.

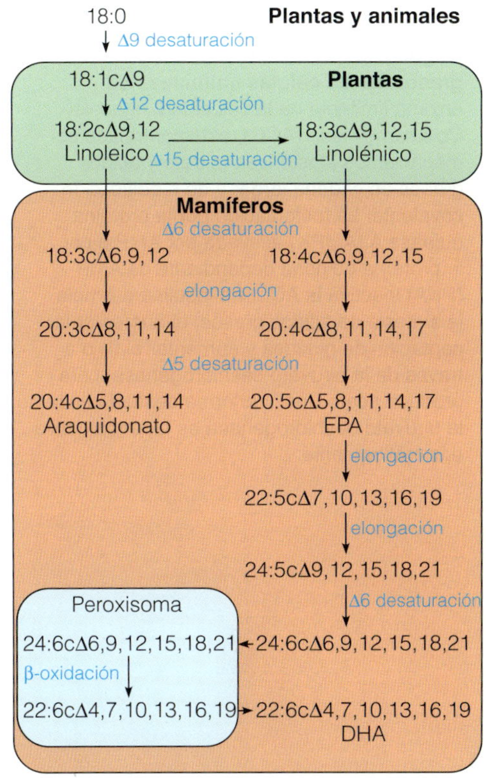


**FIGURA 17.35**

**Ruta de síntesis de los ácidos grasos poliinsaturados (AGP) en plantas y animales**. Los ácidos grasos esenciales, linoleico y linolénico, se obtienen en la alimentación. Los mamíferos alternan la desaturación Δ5 y Δ6 con los ciclos de elongación de dos carbonos, para producir ácido araquidónico, ácido eicosapantaenoico (AEP) y otros AGP. La síntesis de ácido docosahenaenoico (ADH) implica el acortamiento del intermedios 24:6 mediante un ciclo de β-oxidación peroxisómica para dar el ADH 22:6. Aunque no se muestra, las reacciones de desaturación y elongación en mamíferos operan todas con derivados de acil-CoA, mientras que las enzimas de las plantas son específicas de los sustratos acil-ACP.

Adaptado de *Trends in Biochemical Sciences* 27:467–473,J. G. Wallis, J. L. Watts y J. Browse, Polyunsaturated fattyacid synthesis: What will they think of next? © 2002, con permiso de Elsevier.

## Control de la síntesis de los ácidos grasos

La biosíntesis de los ácidos grasos se controla en gran medida mediante mecanismos hormonales. Gran parte de la síntesis de los ácidos grasos de los animales tiene lugar en el tejido adiposo, en donde la grasa se almacena para su liberación y transporte a otros tejidos según la demanda, con objeto de satisfacer sus necesidades energéticas. Como mensajeros extracelulares, las hormonas son muy adecuadas para estos papeles reguladores entre los diversos órganos.

En la Figura 18.34 se resumen los principales efectos en la regulación de la síntesis de los ácidos grasos en las células animales. La insulina actúa de diversas formas para estimular la síntesis y almacenamiento de los ácidos grasos en el tejido adiposo y el hígado. Uno de sus efectos consiste en aumentar la entrada de glucosa en las células, al estimular el traslado del transportador de glucosa a la membrana plasmática. Este efecto aumenta el flujo a través de la glucólisis y la reacción de la piruvato deshidrogenasa, que proporciona acetil-CoA para la síntesis de los ácidos grasos. La insulina activa también el complejo piruvato deshidrogenasa mediante la estimulación de su desfosforilación a la forma activa (*véase* la página 613).

Otro lugar de regulación (que no se muestra en la figura) es la transferencia de las unidades acetilo desde la matriz mitocondrial al citosol, donde tiene lugar la síntesis de los ácidos grasos. La citrato liasa, una enzima clave de este proceso (página 743), se activa por fosforilación. La insulina y otros factores de crecimiento estimulan esta activación a través de la ruta PI3K/Atk (en el Capítulo 18 se amplía este tema).

La primera enzima cuya acción se dirige específicamente a la síntesis de los ácidos grasos es la acetil-CoA carboxilasa (ACC, página 737). Las actividades de esta enzima son bastante bajas en los animales en inanición, lo que refleja su regulación mediante mecanismos alostéricos y de modificación covalente. La fosforilación de la acetil-CoA carboxilasa produce su inactivación. Se conocen dos proteína quinasas que fosforilan la ACC: la proteína quinasa activada por AMP (AMPK) y la proteína quinasa dependiente de AMP cíclico (PKA). El sistema AMPK actúa como sensor del estado energético celular y se activa por aumentos de la relación AMP:ATP (en el Capítulo 18 se amplía este tema). De esta forma, en condiciones de baja carga energética, como las que se producen durante el ayuno y la inanición, la AMPK activada detiene la síntesis de ácidos grasos al inhibir la ACC. La actividad ACC también se encuentra bajo control hormonal. El glucagón y la adrenalina activan la PKA, que fosforila e inhibe a la enzima.

La acetil-CoA carboxilasa es la enzima de comienzo y el principal punto de control de la síntesis de los ácidos grasos.

El citrato y las acil-CoA de cadena larga son moduladores alostéricos de la acetil-CoA carboxilasa. Como se ha señalado antes, la ACC debe experimentar una polimerización reversible para que sea activa. Las acil-CoA de cadena larga a bajas concentraciones impiden la polimerización, con lo que inactivan la enzima y proporcionan una aparente retroinhibición de la ruta. El citrato es un activador alostérico de la ACC, al estimular su polimerización. Como transportador de unidades acetilo desde la mitocondria (*véase* la Figura 17.25, página 736), las concentraciones citoplásmicas de citrato aumentan cuando aumentan las concentraciones mitocondriales de acetil-CoA y ATP. De esta forma, la misma molécula (citrato) actúa como precursor de acetil-CoA para la biosíntesis de ácidos grasos y como activador del paso limitante de la velocidad de este proceso. Las concentraciones de acil-CoA se reducen por la insulina, otro mecanismo mediante el cual la insulina estimula la síntesis de los ácidos grasos.

La degradación de los ácidos grasos también está regulada. Recuérdese que la malonil-CoA, el producto de la reacción de la acetil-CoA carboxilasa inhibe la oxidación de los ácidos grasos al bloquear la carnitina aciltransferasa I, el primer intermediario de la síntesis de los ácidos grasos (página 726), lo cual proporciona un mecanismo refinado de regular de forma coordinada la síntesis y degradación de los ácidos grasos.

Por último, existen pruebas que indican que la síntesis de los ácidos grasos se controla por la disponibilidad de equivalentes reductores. Recuérdese que el NADPH procede

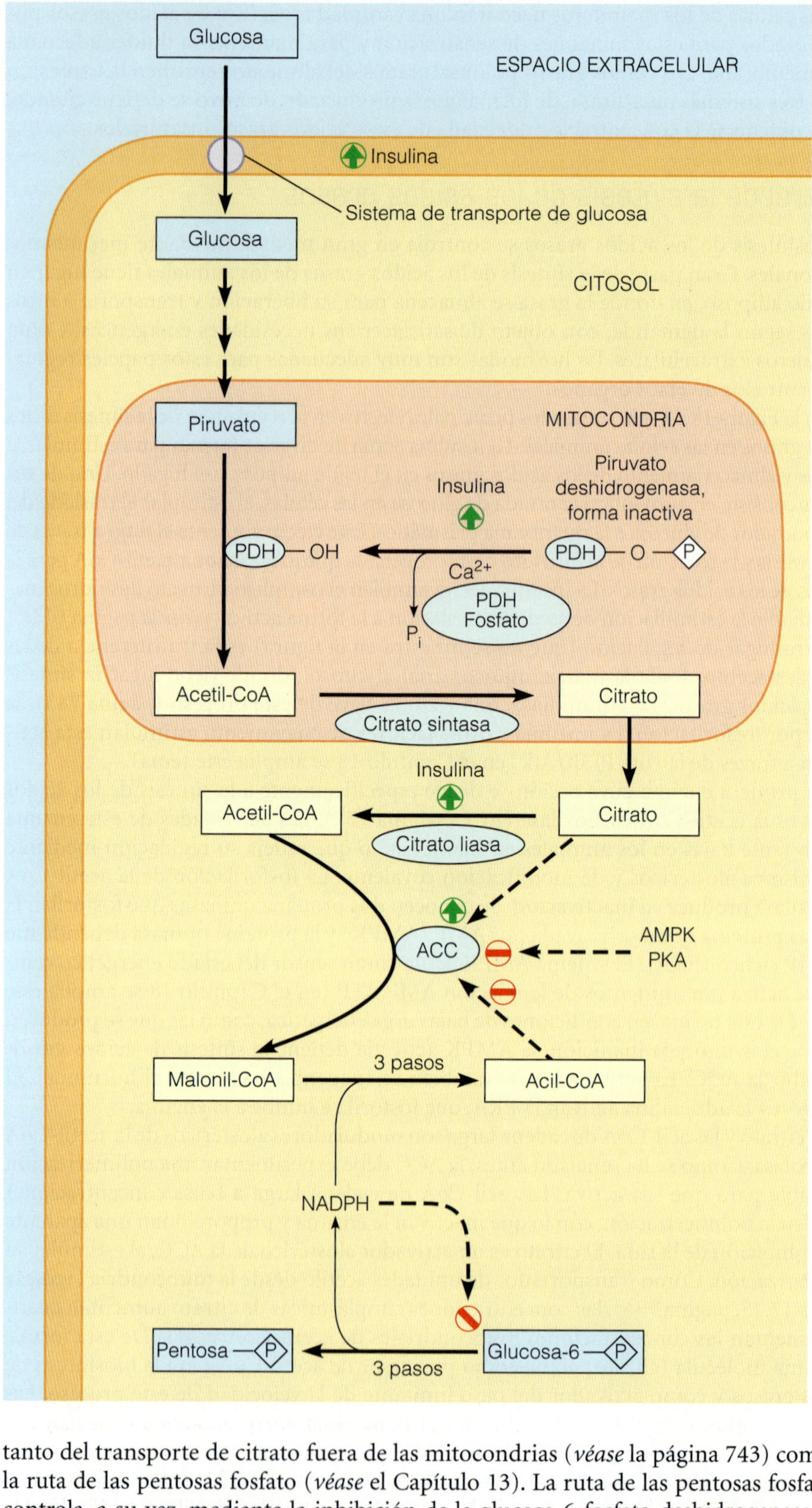


**FIGURA 17.36**

**Regulación de la síntesis de los ácidos grasos en las células animales.** La enzima limitante de la velocidad, la acetil-CoA carboxilasa (ACC), está controlada por mecanismos alostéricos (citrato y ácidos grasos de cadena larga) y de modificación covalente. La fosforilación por la proteína quinasa A (AMPK) activada por AMP o por la proteína quinasa dependiente de AMP (PKA) inactiva la ACC. La insulina estimula la síntesis de ácidos grasos, al aumentar la captación de glucosa y aumentar el flujo a través de la piruvato deshidrogenasa, para producir acetil-CoA. La forma desfosforilada de la piruvato deshidrogenasa es la forma activa enzimáticamente.

tanto del transporte de citrato fuera de las mitocondrias (*véase* la página 743) como de la ruta de las pentosas fosfato (*véase* el Capítulo 13). La ruta de las pentosas fosfato se controla, a su vez, mediante la inhibición de la glucosa-6-fosfato deshidrogenasa y de la 6-fosfogluconato deshidrogenasa por el NADPH. Habitualmente, alrededor de un 60 % del NADPH para la síntesis de los ácidos grasos procede de la ruta de las pentosas fosfato. Cuando se añade acetato a una preparación experimental de tejido, esa proporción puede aumentar hasta un 80 %, lo cual indica que el flujo a través de la ruta de las pentosas fosfato puede aumentar cuando aumenta la demanda de NADPH.

## Rutas diferentes de la síntesis de ácidos grasos que conducen a antibióticos

Nos desviamos del metabolismo lipídico para presentar diversas rutas relacionadas en bacterias y hongos, que participan en la biosíntesis de un tipo de antibióticos denominados **poliquétidos,** de los que un ejemplo es la eritromicina que sintetiza la bacteria *Saccharopolyspora erythraea.* En el margen de la página 748 se presenta otro ejemplo, que es la oxitetraciclina producida por *Streptomyces rimosus.* Estos antibióticos poliquétidos son inhibidores potentes de la síntesis de proteínas bacteriana (Capítulo 28). Otros poliquétidos, como la lovastatina y la simvastatina (Capítulo 19, página 803) se utilizan en clínica como fármacos para disminuir el colesterol. Los poliquétidos se sintetizan mediante enzimas gigantes (megasintasas) colocadas como líneas de ensamblaje constituidas por módulos individuales que realizan ciclos de adición de carbonos, donde cada modulo se asemeja al proceso mediante el cual se añaden dos carbonos en un ciclo de la ruta de síntesis de ácidos grasos. Sin embargo, alguno de los módulos carece de una o varias de las actividades de la síntesis de ácidos grasos, un factor que conduce a una gran diversidad estructural entre los productos. Por ejemplo, en la Figura 17.37a se presenta la ruta que conduce al 6-desoxieritronolido B, el precursor aglucona de la eritromicina A. La 6-desoxieritronolido B sintasa (DEBS) está formada por tres subunidades grandes que tienen 28 lugares activos. Cada subunidad contiene dos módulos, donde cada módulo es responsable de un ciclo de ex-

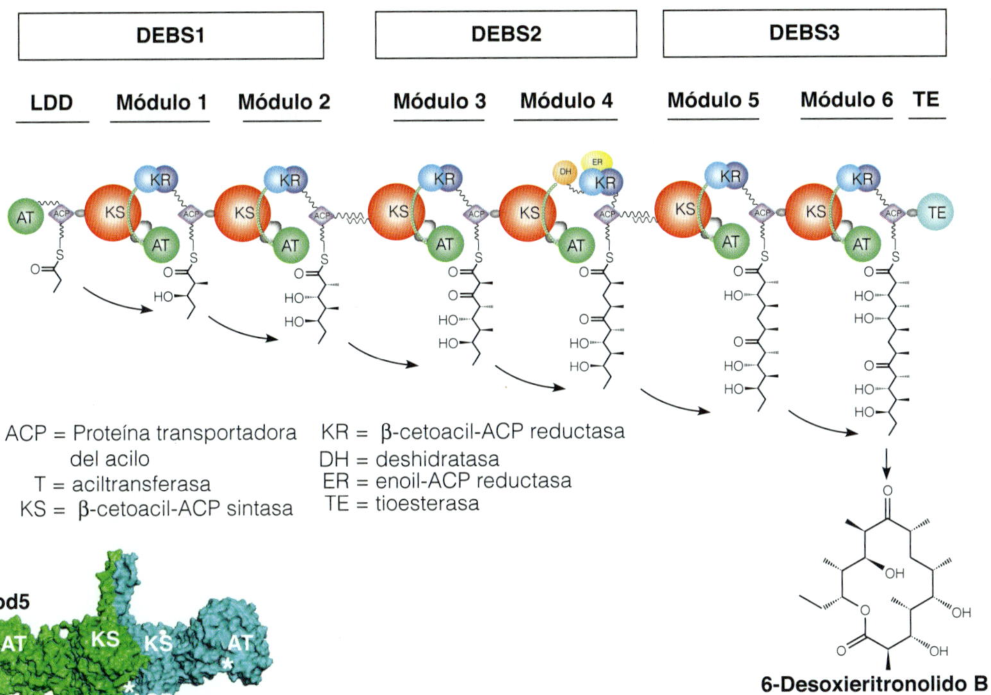


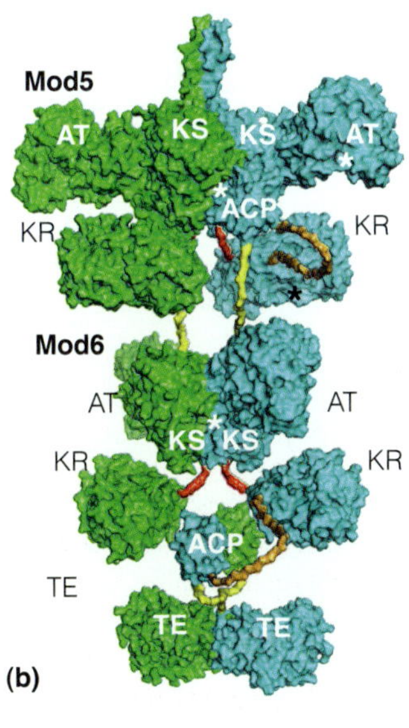


**FIGURA 17.37**

**Ruta de biosíntesis que conduce a la eritromicina y antibióticos relacionados.** **(a)** Este proceso, tal como tiene lugar en *Saccharopolyspora erythraea*, utiliza tres subunidades multifuncionales (DEBS1-3). Cada subunidad alberga dos módulos (numerados por encima de las subunidades). La actividad tioesterasa (TE) cicla el producto durante el proceso de separación del dominio ACP al que está unido. La conversión del producto, la 6-desoxieritronolida B, en eritromicina A necesita varios pasos de adaptación catalizados por otras enzimas. **(b)** Organización de la subunidad homodímera DEBS3. Se combinaron las estructuras de rayos X de los dominios asilados de la PKS para construir este modelo. Las dos subunidades idénticas del homodímero se muestran en verde y azul. Los ligadores flexibles entre los dominios están en rojo, amarillo y naranja. Los asteriscos marcan los lugares activos visitados por el dominio de ACP del módulo 5.

(a) Modificado de *The Annual Review of Biochemistry* 76:195–221, C. Khosla, Y. Tang, A. Y. Chen, N. A. Schnarr y D. E. Cane, Structure and mechanism of the 6-deoxyerythronolide B synthase. © 2007 Annual Reviews; (b) Cortesía de A. Keatinge-Clay, The University of Texas at Austin.

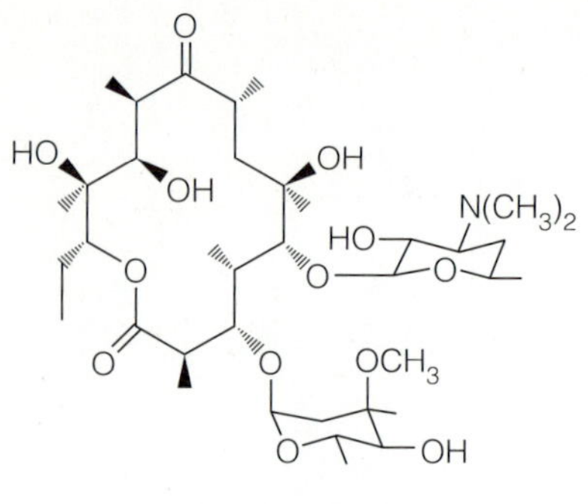


**Eritromicina A**

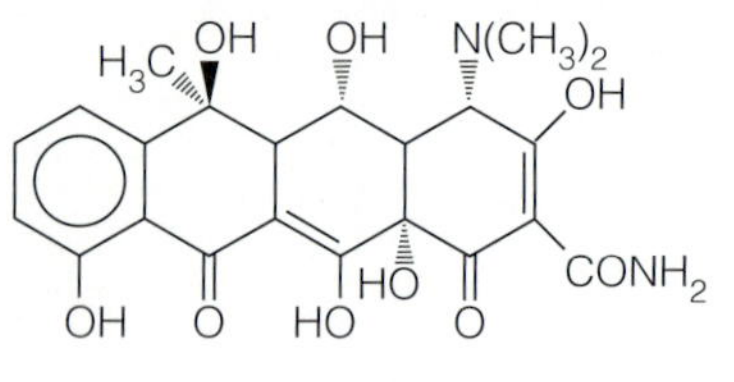


**Oxitetraciclina**

tensión y modificación de la cadena. La Figura 17.37b muestra un modelo de la subunidad DEBS3, con los módulos 5 y 6 más el dominio tioesterasa terminal. Esta ruta comienza con propionil-CoA (en lugar de acetil-CoA) y malonil-CoA y realiza siete ciclos de adición de dos carbonos, exactamente igual que la síntesis de palmitoil-ACP. Sin embargo, solo uno de los siete módulos contiene un dominio deshidratasa y dos de los módulos carecen del dominio cetoacil reductasa. De esta forma, el producto, a diferencia de los ácidos grasos, contiene átomos de oxígeno ceto e hidroxilo. Hay un gran entusiasmo en la ingeniería proteica para modificar y reordenar los módulos individuales y diversificar aún más las rutas implicadas, conduciendo posiblemente a antibióticos nuevos y útiles.

## Biosíntesis de los triacilgliceroles

Los acil-CoA, junto con el glicerol-3-fosfato, son los principales precursores de los triacilgliceroles y, como veremos en el Capítulo 19, de los glicerofosfolípidos utilizados para formar las membranas. En muchos casos, el esqueleto de glicerol es la sustancia limitante. El glicerol-3-fosfato procede de la reducción del intermediario glucolítico dihidroxiacetona fosfato, catalizada por la **glicerol fosfato deshidrogenasa,** o de la fosforilación del glicerol, dependiente de ATP, por la **glicerol quinasa** (*véase* el margen, página 749)**.** La ruta que utiliza la DHAP predomina en el tejido adiposo, debido a que los adipocitos carecen de glicerol quinasa. Durante el ayuno o la inanición, cuando la glucólisis se reduce, los adipocitos, los hepatocitos y las células cancerosas pueden sintetizar glicerol-3-fosfato a partir de piruvato. Esta ruta, que se denomina **gliceroneogenesis**, es una versión abreviada de la gluconeogénesis (Capítulo 13), que utiliza la piruvato carboxilasa y la fosfoenolpiruvato carboxiquinasa (PEPCK) para dar DHAP (Figura 17.38), que posteriormente es reducida a glicerol-3-fosfato por la glicerol-3-fosfato deshidrogenasa.

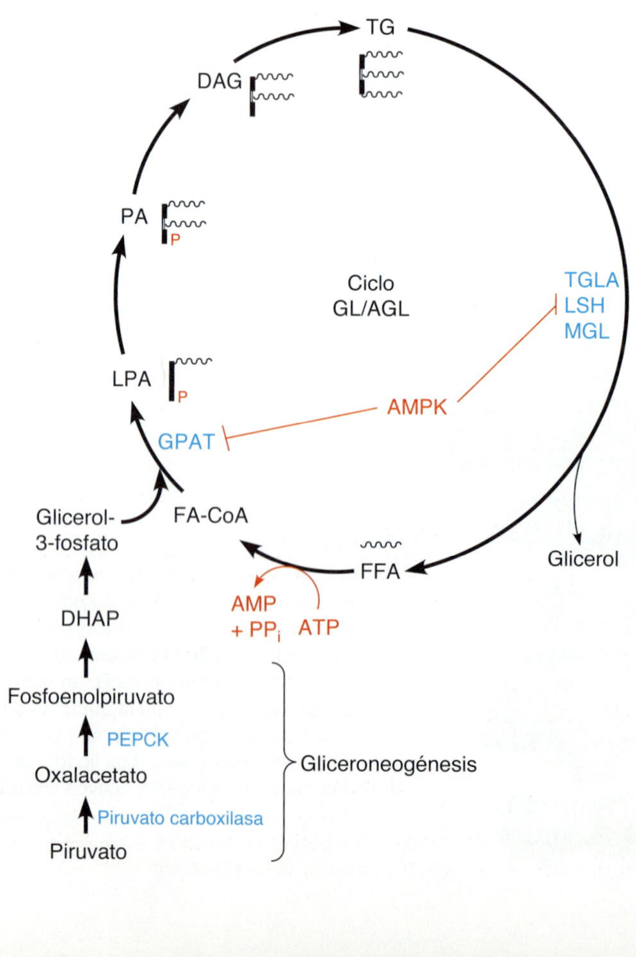


**FIGURA 17.38**

**Ciclo glicerolípido/ácido graso libre y gliceroneogénesis**. Los mamíferos hidrolizan y vuelven a sintetizar los triacilgliceroles (TG) en un ciclo glicerolípido/ácido graso libre (GL/AGL). Los AGL se liberan de los TG mediante lipasas que actúan sobre las gotitas lipídicas. TGLA, triglicérido lipasa del adiposo; LSH, lipasa sensible a las hormonas; MGL; monoacilglicerol lipasa (*véase* la Figura 17.13). Alguno de los AGL se liberan a la sangre para su transporte y oxidación, pero ~75 % se reesterifican de nuevo a TG. Se muestra en rojo la hidrólisis del ATP en este ciclo inútil. El esqueleto glicerol se produce por gliceroneogénesis, con reacciones catalizadas por la piruvato carboxilasa y la fosfoenoilpiruvato carboxiquinasa (PEPCK) y la inversión de los pasos glucolíticos para dar dihidroxiacetona fosfato (DHAP). La DHAP se reduce a glicerol-3-fosfato, como se muestra en el margen de la página 749. La fosforilación dependiente de la proteína quinasa activada por AMP (AMPK) de la GPAT y la LSH inhiben estos pasos del ciclo. El ácido lisofosfatídico (ALP), el ácido fosfatídico (AP) y el *sn*-1,2-diacilglicerol (DAG) intermedian en la nueva síntesis de los TG y también son importantes moléculas lipídicas señalizadoras.

Sea cual sea su procedencia, el glicerol-3-fosfato sufre dos esterificaciones enzimáticas sucesivas con acil-CoA para producir **diacilglicerol-3-fosfato**. La primera esterificación está catalizada por la **glicerolfosfato aciltransferasa** (GPAT), y como primer paso del ciclo, es un lugar importante de regulación (*véase* más adelante). El diacilglicerol-3 -fosfato, también denominado **ácido fosfatídico**, es precursor tanto de los fosfolípidos como de los triacilgliceroles. La ruta hacia los triacilgliceroles implica la eliminación hidrolítica del fosfato, seguida de una transferencia de otro grupo acilo procedente de una acil-CoA.

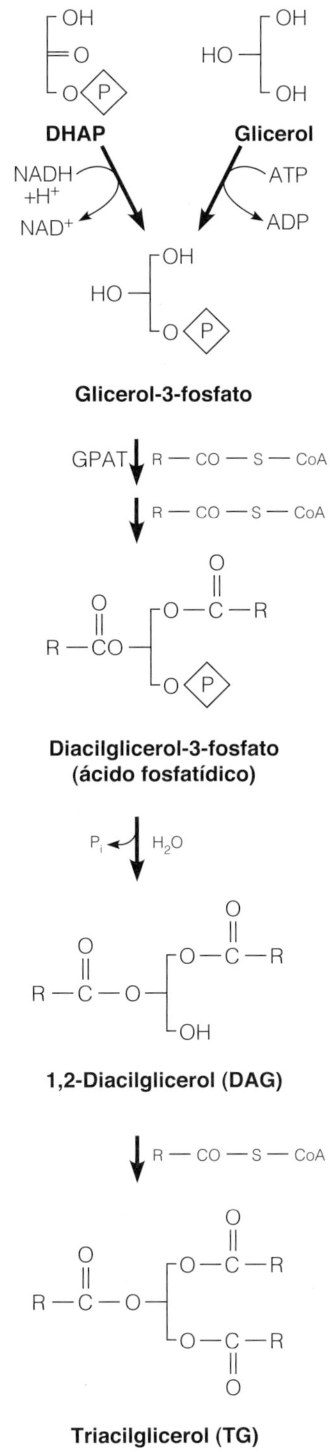


Los estudios sobre la liberación del glicerol y de los ácidos grasos libres (AGL) durante la lipólisis estimulada por las hormonas de los triacilgliceroles (TG) del tejido adiposo, tanto en ratas como en seres humanos, han mostrado que cerca del 40 % de los AGL se reciclan rápidamente de nuevo a TG. Parte de los AGL y del glicerol se libera a la circulación y es captado por los tejidos como el corazón y el músculo esquelético para su oxidación, pero una parte sustancial es captada de nuevo y reesterificada a TG. Este reciclado se sabe que tiene lugar, no solo en el tejido adiposo, sino también en el hígado y en el músculo esquelético y es parte del **ciclo glicerolípido/ácido graso libre** (**ciclo GL/AGL**). Se calcula que aproximadamente el 75 % de los AGL que se liberan durante la lipólisis del tejido adiposo se reesterifican de nuevo a TG, bien en el mismo tejido adiposo o en otros tejidos. El ciclo GL/AGL puede tener lugar dentro de una única célula o entre diferentes órganos del cuerpo.

Como puede verse en la Figura 17.38, el ciclo glicerolípido/ácido graso libre es un ejemplo clásico de un ciclo inútil (Capítulo 12), que forma e hidroliza continuamente los triacilgliceroles a expensas del ATP y libera la energía en forma de calor. En efecto, una de las funciones importantes del ciclo GL/AGL es la producción de calor (termogénesis) y el mantenimiento de la temperatura corporal. Un funcionamiento excesivo de un ciclo inútil puede suprimirse mediante la inhibición de dos enzimas del ciclo. Tanto la GPAT, que cataliza el primer paso del ciclo como la lipasa sensible a las hormonas (LSH), que cataliza la hidrólisis de los tracilgliceroles, se inhiben por fosforilación dependiente de la AMPK en respuesta a una carga energética baja (en el Capitulo 18 se amplía este tema).

Es probable que otra función importante de este ciclo sea la producción de moléculas lipidícas de señalización, incluyendo ***sn*-1,2-diacilglicerol** (**DAG**), **ácido lisofosfatídico** (**LPA**) y **ácido fosfatídico** (**PA**) (en el Capítulo 23 se amplía este tema). Finalmente, el trabajo reciente sugiere la actuación del ciclo GL/AGL en la diabetes. La resistencia a la insulina, el defecto fundamental de la diabetes tipo 2, se asocia con concentraciones elevadas en sangre de AGL. Estos AGL elevados conducen a un aumento de la acumulación de grasa en las células musculares. El ciclo GL/AGL dentro de las células musculares produce la acumulación intracelular de DAG, lo cual de alguna manera bloquea la ruta de señalización de la insulina, haciendo resistentes a la insulina a las células musculares. Un tipo de fármacos antidiabéticos denominados tiazolidinedionas (*véase* el margen, página 750) aumenta la sensibilidad a la insulina, en parte reduciendo las concentraciones de AGL en sangre. El mecanismo por el que estos fármacos reducen los AGL circulantes es la estimulación de la expresión de los genes de la captación, el transporte y el almacenamiento de los ácidos grasos en el tejido adiposo. Entre los genes que se regulan se encuentran la lipoproteína lipasa, la acil-CoA sintetasa, la PEPCK y la glicerol quinasa. Como veremos en el Capítulo 18, estos fármacos actúan a través del **receptor $\gamma$ peroxisómico activado por proliferador** (PPAR-$\gamma$), un factor de transcripción esencial para la diferenciación de las células grasas y el mantenimiento de la función normal del adipocito y un regulador maestro del metabolismo celular.

Como hemos indicado, los triacilgliceroles constituyen la principal forma de almacenamiento de energía. Normalmente, en un animal adulto, la síntesis y la degradación están equilibradas, por lo que no se produce un cambio neto de la cantidad corporal total de triacilgliceroles. Si el consumo de alimento supera a las necesidades calóricas, las proteínas, los hidratos de carbono o las grasas pueden producir con facilidad acetil-CoA, que impulsa la síntesis de ácidos grasos y triacilgliceroles. Por otra parte, las reservas de grasa permiten a los animales pasar periodos de tiempo bastante prolongados sin comer, manteniendo unos niveles adecuados de energía. Este ayuno genera algunas tensiones metabólicas, como comentaremos posteriormente en el Capítulo 18.

**Tiazolidinedionas**

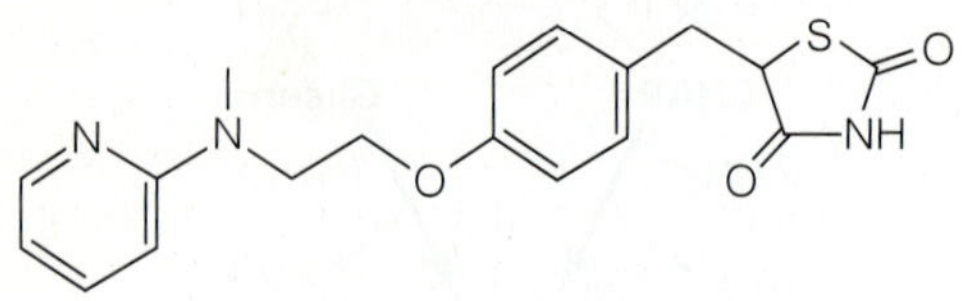


Rosiglitazona (Avandia)

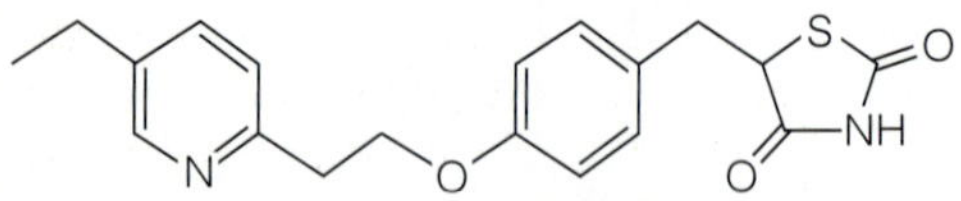


Pioglitazona (Actos)

Los animales que hibernan se han adaptado especialmente bien para hacer frente a estas tensiones. Así, por ejemplo, los osos almacenan cantidades enormes de grasa inmediatamente antes de iniciar la hibernación, que puede durar hasta siete meses. Durante este periodo de tiempo, toda la energía del oso procede de la degradación de la grasa almacenada. Además, el oso excreta tan poca agua que la que se libera de la oxidación de la grasa permite satisfacer las necesidades del animal. De manera análoga, el glicerol liberado de los triacilgliceroles proporciona los precursores necesarios para la gluconeogénesis.

## Nociones bioquímicas sobre la obesidad

Alrededor de un tercio de los americanos tienen sobrepeso, lo que hace de la obesidad uno de los problemas de salud pública más significativos. Hasta hace poco, la obesidad se consideraba simplemente una consecuencia de la sobrealimentación, que llevaba a la acumulación en exceso de triacilgliceroles en los adipocitos. Está claro que los factores bioquímicos hacen que algunas personas sean más propicias que otras a la obesidad. En 1995 se identificó en el ratón el producto del gen *OB* (*OB*, abreviatura de *obeso*). Los ratones que portan dos alelos defectuosos del gen *OB* (*ob*/*ob*) crecen hasta pesos corporales tres veces superiores al normal. El gen *OB* especifica una proteína de 16 kDa denominada **leptina**, una **adipoquina** que se sintetiza en los adipocitos y actúa como una hormona, uniéndose a un receptor específico (producto del *DB*) en las neuronas en el **núcleo arcuato** del hipotálamo, donde se controla la ingestión de alimento. Los ratones con dos alelos defectuosos del gen *DB* (*db*/*db*) son obesos y presentan diabetes. La leptina actúa como un «lipostato», que detecta la cantidad de grasa almacenada en los adipocitos. Cuando los depósitos grasos son adecuados, la concentración de leptina es elevada y los sistemas de señalización controlan el comportamiento alimenticio para limitar la deposición de grasa. La leptina estimula también el desacoplamiento mitocondrial en el tejido adiposo, al aumentar la síntesis de las proteínas desacopladoras (UCP 1; Capítulo 15, página 657). Durante el ayuno prolongado, la concentración de leptina disminuye, lo que estimula la alimentación y el almacenamiento de grasa en los adipocitos. Los ratones *ob*/*ob*, que carecen de leptina funcional, actúan como si estuvieran siempre en ayuno y su sobrealimentación los hace obesos. Las inyecciones de leptina disminuyen sus tasas de alimentación y los hace perder peso de forma dramática. Sin embargo, las personas obesas son diferentes a los ratones obesos, ya que no contienen concentraciones elevadas de leptina. La investigación actual está impulsada por la premisa de que estas personas, de alguna manera, no responden a la señalización normal de la leptina. Consideraremos con más detalle en el Capítulo 18 las rutas a través de las cuales actúan la leptina y otras adipoquinas.

Se están acumulando pruebas de otros factores bioquímicos que pueden ser elementos significativos en el control del peso. Diversas hormonas, como la **serotonina** (página 895), controlan la saciedad, la sensación de plenitud tras la comida. El fármaco contra la obesidad, la **fenfluoramina**, que actúa aumentando la concentración de serotonina y afectando al apetito, se estaba haciendo muy popular hasta que se encontró que producía daños severos al corazón y se retiró del mercado. En la actualidad, la atención bioquímica se centra en las UCP, que al desacoplar la fosforilación oxidativa disminuyen la cantidad de ATP que se sintetiza durante el metabolismo oxidativo. También está centrada la atención en otros factores hormonales y en las proteínas ligadoras de los ácidos grasos, que participan en el transporte de los ácidos grasos a diferentes localizaciones dentro de las células. La investigación bioquímica sobre la obesidad es una de las fronteras de la investigación más activas en el momento actual.

## RESUMEN

Los triacilgliceroles constituyen la forma principal de almacenamiento de energía biológica. En los animales, los triacilgliceroles del alimento se digieren y sintetizan de nuevo para formar complejos con proteínas que dan lugar a los quilomicrones, para su transporte a los tejidos. Los triacilgliceroles sintetizados en el hígado se transportan a los tejidos periféricos en forma de lipoproteínas de muy baja densidad. Las lipoproteínas de baja densidad constituyen el principal vehículo para el transporte del colesterol a los tejidos periféricos. Las concentraciones de colesterol en sangre están reguladas mediante el control de la síntesis de los receptores de LDL, que intervienen en la captación celular de las LDL por endocitosis. Un control defectuoso de la concentración de las LDL contribuye a la aparición de la placa aterosclerótica.

Las reservas de grasa se movilizan mediante la hidrólisis enzimática de los triacilgliceroles a ácidos grasos y glicerol. El proceso se controla hormonalmente a través del AMP cíclico. La mayor parte de la degradación de los ácidos grasos se produce mediante la $\beta$-oxidación, un proceso mitocondrial que comporta la oxidación escalonada y la eliminación de fragmentos de dos carbonos en forma de acetil-CoA. El procesamiento de los ácidos grasos insaturados es algo más complicado, debido a la estereoquímica que interviene en él, pero las rutas son directas. En condiciones en las que la oxidación de la acetil-CoA a través del ciclo del ácido cítrico está limitada, la acetil-CoA se utiliza para sintetizar cuerpos cetónicos, que son sustratos energéticos excelentes para el cerebro y el corazón.

La biosíntesis de los ácidos grasos se realiza mediante la adición escalonada de fragmentos de dos carbonos, en un proceso que se parece superficialmente a la inversión de la $\beta$-oxidación. La activación metabólica comporta la intervención de una proteína transportadora del acilo, y el poder reductor procede del NADPH. En las células eucariotas, las siete actividades enzimáticas están ligadas covalentemente en enzimas multifuncionales o complejos multienzimáticos denominados megasintasas. La elongación de los ácidos grasos más allá del estadio de $C_{16}$ es semejante, desde el punto de vista del mecanismo, pero participan derivados de CoA en lugar de la proteína transportadora del acilo. Se han generado mecanismos refinados para regular de forma controlada la síntesis y degradación de los ácidos grasos. Los ácidos grasos insaturados se forman principalmente por un sistema de desaturación asociado al RE. Los triacilgliceroles se sintetizan mediante rutas sencillas en las que los grupos acilo de las acil-CoA se transfieren a los grupos hidroxilo del glicerol-3-fosfato y el diacilglicerol. El control hormonal defectuoso de la deposición de los triacilgliceroles, junto con una ingestión excesiva en el alimento, pueden ser responsables de la obesidad.

## BIBLIOGRAFÍA


### Metabolismo de lípidos y lipoproteínas en los animales

**Brasaemle, D. L.** (2007) Thematic review series: Adipocyte biology. The perilipin family of structural lipid droplet proteins: Stabilization of lipid droplets and control of lipolysis. *J. Lipid Res.* 48:2547 -2559.

**Chester, A., Scott, J., Anant, S.** y **Navaratnam, N.** (2000) RNA editing: Cytidine to uridine conversion in apolipoprotein B mRNA. *Biochim. Biophys. Acta* 1494:1-13.

**Goldstein, J. L.** y **Brown, M. S.** (2009) The LDL receptor. *Arterioscler. Thromb. Vasc. Biol.* 29:431-438. Una breve consideración del descubrimiento y las acciones del receptor de LDL, escrito por sus descubridores.

**Havel, R. J.** y **Kane, J. P.** (2001) Introduction: Structure and metabolism of plasma lipoproteins. En *The Metabolic and Molecular Bases of Inherited Disease*, C. R. Scriver, A. L. Beaudet, W S. Sly, D. Valle, B. Childs, K. W. Kinzle¡ and B. Vogelstein, eds., Vo1. II, Cap. 114, pág. 2705-2716, McGraw-Hill, Nueva York. El primero de una serie de 10 capítulos que tratan de los trastornos clínicos del metabolismo de los lípidos y las lipoproteínas.

**Schmid, S. L.** (1997) Clathrin-coated vesicle formation and protein sorting: An integrated process. *Annu. Rev. Biochem.* 66:511-548. Una revisión de la bioquímica de la endocitosis y la clasificación de las proteínas

**Steinberg, D.** (2009) The LDL modification hypothesis of atherogenesis: An update. *J. Lipid Res.* 50 Suppl:S376-S381. Una puesta al día sobre el papel de la oxidación de las LDL en la aterogénesis.

**Zechner, R., Kienesberger, P. C., Haemmerle, G. Zimmermann, R.** y **Lass, A.** (2009) Adipose triglyceride lipase and the lipol¡ic catabolism of cellular fat stores. *J. Lipid Res.* 50:3-21. Una excelente revisión sobre la enzimología y el control hormonal de la movilización de las grasas.

### Metabolismo de los ácidos grasos

**Hiltunen, J. K., Schonauer, M. S., Autio, K. J., Mittelmeier, T. M., Kastaniotis, A. J.** y **Dieckmann, C. L.** (2009) Mitochondrial fatty acid synthesis type II: More than just fatty acids. *J. Biol. Chem.* 284: 9011-9015. Una revisión corta sobre las enzimas y las funciones fisiológicas de la síntesis mitocondrial de los ácidos grasos.

**Jansen, G. A.** y **Wanders, R. J.** (2006) Alpha-oxidation. *Biochim. Biophys. Acta* 1763 :1403-1412.

**Kemp, S.** y **Wanders, R.** (2010) Biochemical aspects of X-linked adrenoleukodystrophy. *Brain Pathol.* 20:831-837.

**Khosla, C., Tang, Y., Chen, A. Y., Schnarr, N. A.** y **Cane, D. E.** (2007) Structure and mechanism of the 6-deolyerythronoiide B synthase. *Annu. Rev. Biochem.* 76:195-221.

**Kim, J. I.** y **Battaile, K. P.** (2002) Burning fat: The structural basis of fatty acid beta-oxidation. *Curr. Opin. Struct. Biol.* 12:721.728. Resume las distintas isoenzimas que participan en la ruta mitocondrial de mamíferos.

**Maier, T., Leibundgut, M.** y **Ban, N.** (2008) The crystal structure of a mammalian fatty acid synthase. *Science* 321:1315-1322. Presenta un modelo de la estructura y el mecanismo de la ácido graso sintasa de tipo I.

**McGarry, J. D.** y **Brown, N. F.** (1997) The mitochondrial carnitine palmitoyitransferase system. From concept to molecular analysis. *Eur J. Biochem.* 244:1-74.

**Prentki, M.** y **Madiraju, S. R.** (2008) Glycerolipid metabolism and signalling in health and disease. *Endocr. Rev.* 29:647-676. Una consideración detallada del ciclo triacilglicerol/ácido graso y sus funciones metabólicas.

**Rector, R. S., Payne,R. M.** y **Ibdah, J. A.** (2008) Mitochondrial trifunctional protein defects: Clinical implications and therapeutic approaches. *Adv. Drug Deliv. Rev.* 60:1488-1496.

**Saggerson, D.** (2008) Malonyl-CoA, a key signaling molecule in mammalian cells. *Ann. Rev. Nutr.* 28:,253-272. Revisa la regulación del metabolismo de los ácidos grasos.

**Smith, S.** y **Tsai, S. C.** (2007) The type I fatty acid and polyketide synthases: A tale of two megasynthases. *Nat. Prod. Rep.* 24: 1041-1072. Un tratamiento detallado de la química de las proteínas multifuncionales eucariotas que participan en la síntesis de ácidos grasos y poliquétidos.

### Perspectivas bioquímicas de la obesidad

**Muoio, D. M.** y **Newgard, C. B.** (2006) Obesity-related derangements in metabolic regriafion. *Annu. Rev. Biochem.* 75:367407.

**Savage, D. B., Petersen, K. F.** y **Shulman, G. I.** (2007) Disordered lipid metabolism and the pathogenesis of insulin resistance. *Physiol. Rev.* 87:507-520.

## PROBLEMAS

1. Calcule el rendimiento de ATP que se obtiene con la oxidación del ácido palmítico, teniendo en cuenta la energía necesaria para activar el ácido graso y transportarlo al interior de las mitocondrias. Realice el mismo cálculo para el ácido esteárico, el ácido linoleico y el ácido oleico.

2. Si se somete el ácido palmítico a una combustión completa en una bomba calorimétrica, puede calcularse una energía libre estándar de combustión de 9788 kJ/mol. A partir del rendimiento de ATP de la oxidación del palmitato, ¿cuál es la eficacia metabólica de la oxidación biológica, tanto en kilojulios ahorrados como en ATP por kilojulio liberado? (Ignore el coste de la activación del ácido graso).

3. Calcule el número de ATP que se generan en la oxidación metabólica completa de la tripalmitina (tripalmitoilglicerol). La hidrólisis del triacilglicerol se produce en la superficie celular. Considere el rendimiento energético del catabolismo del glicerol, así como el de los ácidos grasos. Calcule el rendimiento de ATP por átomo de carbono oxidado y compárelo con el rendimiento energético de la glucosa.

4. Escriba una ecuación equilibrada para la oxidación metabólica *completa* de cada uno de los siguientes productos. Incluya $O_2$, ADP y $P_i$ como reactantes y ATP, $CO_2$ y $H_2O$ como productos.

   (a) Ácido esteárico.

   (b) Ácido oleico.

   (c) Ácido palmítico.

   (d) Ácido linoleico.

5. Calcule el número de ATP generados a partir de la oxidación metabólica de los cuatro carbonos de la acetoacetil-CoA a $CO_2$. Considere ahora el homólogo que deriva de la oxidación de una cadena con un número impar de carbonos, es decir, la propionoacetil-CoA. Calcule el rendimiento neto de ATP de la oxidación de los cinco carbonos de este compuesto a $CO_2$.

6. La 2-bromopalmitoil-CoA inhibe la oxidación de la palmitoil-CoA por las mitocondrias aisladas, pero no tiene efecto alguno sobre la oxidación de la palmitoilcarnitina. ¿Cuál es el lugar más probable de inhibición por la 2-bromopalmitoil-CoA?

*7. Cuando las subunidades idénticas de la ácido graso sintasa de hígado de pollo se disocian *in vitro*, todas las actividades pueden detectarse en las subunidades separadas excepto la de la reacción de la $\beta$-cetoacil sintasa y la síntesis global de palmitato. Explique estas observaciones.

8. Los mamíferos no pueden realizar una síntesis *neta* de hidratos de carbono a partir de la acetil-CoA, pero los carbonos de la acetil-CoA pueden incorporarse a la glucosa y a los aminoácidos. Presente las rutas a través de las cuales podría producirse este hecho.

9. Describa una ruta mediante la cual parte del carbono de un ácido graso con una cadena de número impar de carbonos pueda sufrir una conversión neta en hidratos de carbono.

10. ¿Cuántos átomos de tritio ($^3H$) se incorporan al palmitato cuando la síntesis de los ácidos grasos se realiza *in vitro* con el siguiente sustrato marcado?

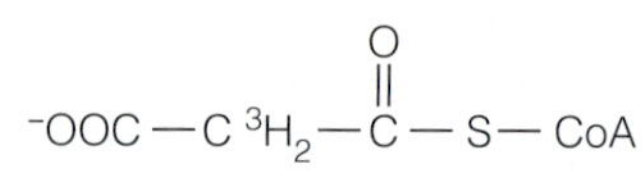


11. ¿Cuál sería el efecto sobre la síntesis de los ácidos grasos de un aumento de la concentración intramitocondrial de oxalacetato? Explique brevemente su respuesta.

*12. La secreción de glucagón produce la inhibición de la actividad intracelular de la acetil-CoA carboxilasa mediante varios mecanismos. Indique los que se le ocurran.

13. Identifique y comente brevemente cada mecanismo que garantiza que no se produzcan simultáneamente la síntesis y oxidación de los ácidos grasos en la misma célula.

14. Comente la justificación metabólica de la fosforilación de la acetil-CoA carboxilasa por la proteína quinasa activada por el AMP (AMPK) y la proteína quinasa dependiente de AMP cíclico (PKA).

15. Describa el efecto probable en los adipocitos de la captura de glucosa estimulada por la insulina en estas células.

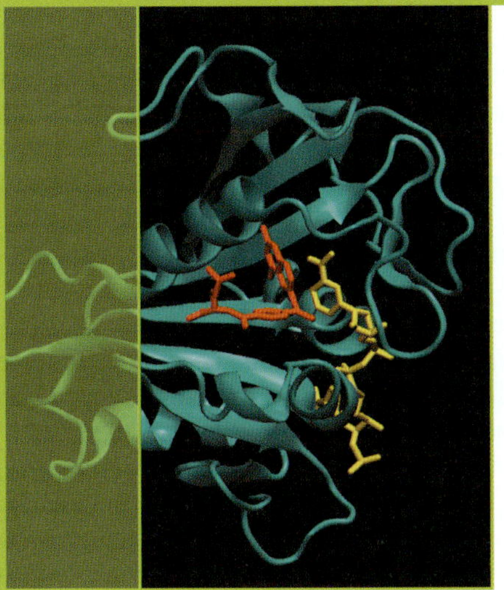

# CAPÍTULO 18

## Coordinación entre los órganos e intracelular del metabolismo energético en los vertebrados

**Nuestra presentación del metabolismo intermediario en los capítulos anteriores** ha hecho énfasis especialmente en la célula, sus reacciones, sus enzimas individuales y el resto de componentes. En este capítulo integramos estas rutas individuales de dos formas. En primer lugar, revisamos los perfiles metabólicos de los principales órganos de los vertebrados: qué combustibles utilizan, qué combustibles generan y cómo interactúan los órganos en situaciones de estrés para mantener un equilibrio energético adecuado. En segundo lugar, describimos cómo se controlan estas interacciones en gran parte mediante señales hormonales, algunas de las cuales ya se han presentado. Los mecanismos moleculares de transducción de la señal hormonal se presentarán con detalle en el Capítulo 23.

Al considerar la integración metabólica, debe tenerse en cuenta que el metabolismo se controla, en gran medida, por la disponibilidad de los sustratos en las rutas metabólicas específicas. En general, las concentraciones de sustratos en el interior de las células se encuentran por debajo de las concentraciones de saturación de las enzimas que los metabolizan. En consecuencia, los flujos a través de determinadas enzimas varían en función de los cambios de las concentraciones del sustrato. Un buen ejemplo es la adaptación metabólica que se produce durante una carrera de maratón. Una vez agotadas las reservas de glucógeno del hígado y del músculo, el flujo a través de la glucólisis desciende en el músculo, no por una razón hormonal, sino simplemente porque hay menos glucosa fosfato disponible. Se producen entonces ajustes hormonales que permiten un mayor uso de los ácidos grasos en el músculo, pero el factor principal que determina la ruta metabólica que actúa en la célula, y de esta forma, los sustratos que se van a catabolizar para obtener energía, es la concentración de cada uno de los sustratos utilizables.

Las concentraciones de metabolitos constituyen un mecanismo de control intracelular importante.

## Interdependencia de los principales órganos en el metabolismo energético en los vertebrados

En este apartado analizamos el metabolismo, no como las actividades en una sola célula, sino como la totalidad de las reacciones químicas que tienen lugar en un animal multicelular complejo. Resaltamos las funciones especializadas que desempeña cada uno de los órganos importantes en el metabolismo energético (cerebro, músculo, hígado, tejido adiposo y corazón) y describimos las diversas relaciones entre estos órganos cuando el animal se encuentra en distintas condiciones fisiológicas.

### Entradas y salidas de combustible

En un organismo diferenciado, cada tejido debe recibir combustibles que pueda utilizar, en cantidades suficientes para satisfacer sus propias necesidades energéticas y realizar sus funciones especializadas. Así, por ejemplo, el riñón debe generar ATP para el trabajo osmótico del transporte de solutos en contra de un gradiente de concentración en la excreción. El músculo debe generar ATP para el trabajo mecánico de la contracción, y en el músculo cardíaco el aporte de energía debe ser continuo. El hígado genera ATP para las funciones de biosíntesis, ya sea la síntesis de proteínas plasmáticas, la generación de colesterol, la síntesis de ácidos grasos, la gluconeogénesis o la producción de urea para la excreción del nitrógeno. La producción de energía debe satisfacer unas necesidades muy variables, en función del grado de esfuerzo, la composición de las moléculas combustibles de la alimentación, el tiempo transcurrido tras la última ingestión de alimento, etcétera. Así, por ejemplo, en el ser humano el consumo calórico diario puede variar hasta 4 veces, dependiendo en parte del nivel de ejercicio, desde 1500 a 6000 kcal/día en una persona media (1 kcal es igual a 1 **caloría grande**, o **Cal**, la unidad favorita de los dietistas y que se encuentra en las etiquetas de nuestros alimentos). En las unidades SI que se emplean en este libro, la ingestión calórica se encuentra entre 6000 y 25 000 kJ/día.

Las principales reservas de combustible son los triacilgliceroles (tejido adiposo), las proteínas (músculo) y el glucógeno (músculo e hígado).

Los principales órganos que intervienen en el metabolismo energético presentan diferencias en cuanto a sus concentraciones de enzimas específicas, de manera que cada órgano está especializado en el almacenamiento, uso y generación de distintos combustibles. Los principales depósitos de combustible son los *triacilgliceroles*, que se almacenan principalmente en el tejido adiposo, las *proteínas*, que en su mayor parte se encuentran en el músculo esquelético, y el *glucógeno*, que se almacena en el hígado y el músculo. En general, un órgano especializado en la *producción* de un determinado combustible carece de las enzimas que *utilizan* ese combustible. Así, por ejemplo, el hígado es el principal productor de cuerpos cetónicos, pero en el hígado el catabolismo de los cuerpos cetónicos es escaso. Revisemos ahora cómo se controla la movilización de cada una de las reservas y la forma en que los órganos que intervienen se comunican entre sí para satisfacer las necesidades energéticas del animal. Esta información se resume en la Figura 18.1 y en la Tabla 18.1.

## División metabólica del trabajo entre los principales órganos

### Cerebro

El cerebro es el más exigente de los órganos y uno de los más voraces. Debe generar ATP en grandes cantidades para mantener los potenciales de membrana que son esenciales para la transmisión de los impulsos nerviosos. En condiciones normales, el cerebro solo utiliza glucosa para satisfacer sus enormes requerimientos energéticos, que ascienden a alrededor del 60 % de la utilización de glucosa del ser humano en reposo. La necesidad que tiene el cerebro de unos 120 gramos de glucosa al día es equivalente a 1760 kJ, alrededor de un 15 % de la energía total consumida por una persona. Los requerimientos cuantitativos de glucosa del cerebro se mantienen bastante constantes, aun cuando un animal esté en reposo o dormido. El cerebro es un órgano muy aerobio y su metabolismo requiere alrededor del 20 % del oxígeno total consumido por un ser humano. Dado que el cerebro no posee unas reservas importantes de glucógeno o de otros combustibles, el aporte de oxígeno y de glucosa no puede interrumpirse, ni siquiera por un periodo de tiempo breve. De lo contrario, se produce una lesión cerebral irreversible. Sin embargo, durante un periodo de ayuno, el cerebro puede adaptarse al empleo como combustible principal de cuerpos cetónicos (*véase* el Capítulo 17) en vez de glucosa.

### Músculo

El músculo puede utilizar diversos combustibles: glucosa, ácidos grasos y cuerpos cetónicos. El músculo esquelético presenta amplias diferencias en cuanto a sus demandas energéticas y a los combustibles que utiliza, en consonancia con sus amplias variaciones de actividad. En el músculo en reposo, los ácidos grasos constituyen la principal fuente de energía, mientras que durante el ejercicio, la fuente principal es la glucosa. Al inicio del periodo de ejercicio, esa glucosa procede de la movilización de las reservas de glucógeno del músculo. Posteriormente, al agotarse las reservas de glucógeno, el combustible dominante son los ácidos grasos. El músculo esquelético almacena, aproximadamente, las tres cuartas partes del glucógeno total del ser humano, y la mayor parte del restante se almacena en el hígado. Sin embargo, la glucosa producida por el glucógeno muscular no puede liberarse por la célula para su uso por otros tejidos. El músculo carece de la enzima glucosa-6-fosfatasa, por lo que la glucosa fosfato procedente del glucógeno no puede convertirse en glucosa libre para su exportación y es retenida para su utilización por las células musculares.

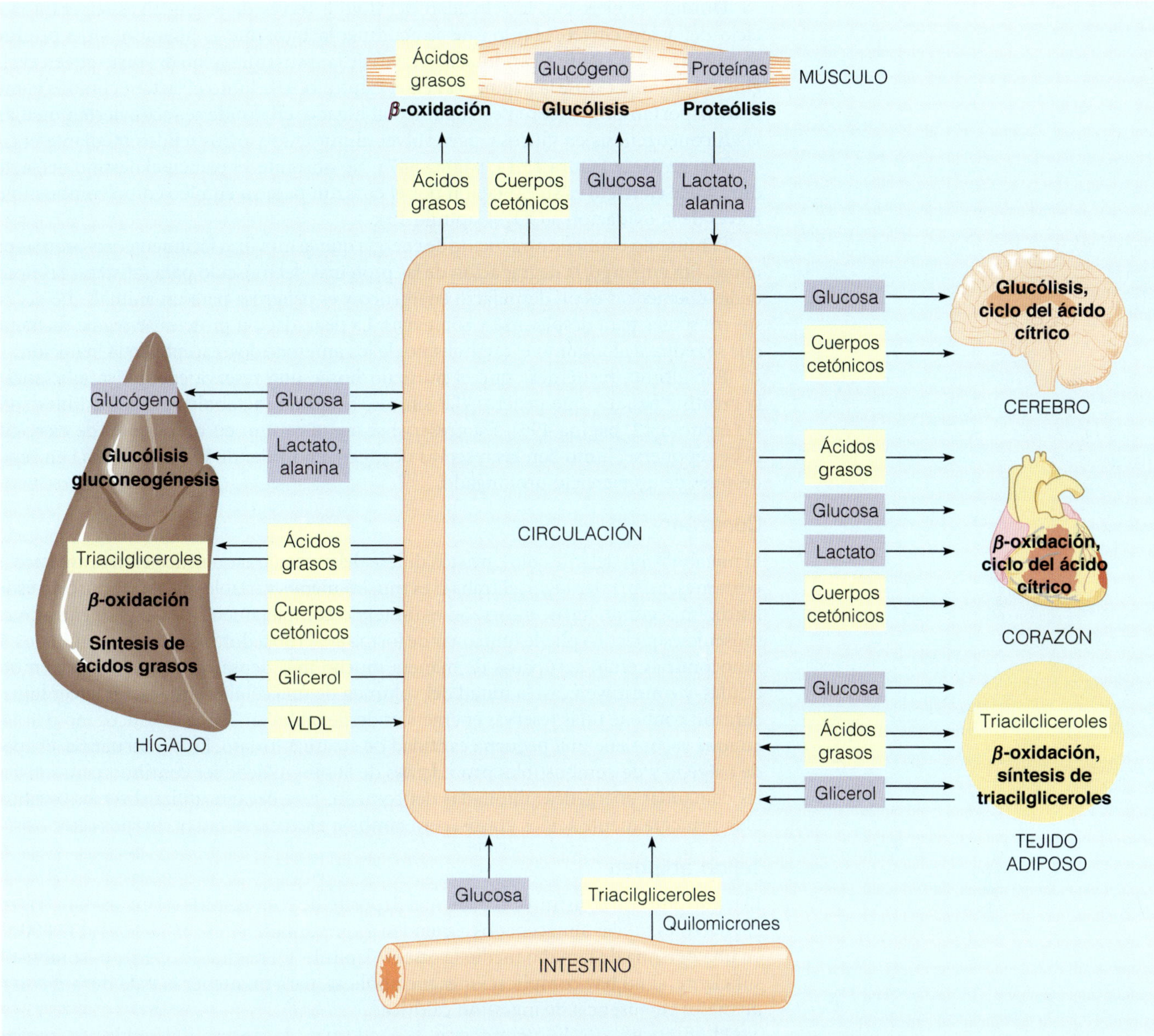


**FIGURA 18.1**

**Interacciones metabólicas entre los principales órganos que metabolizan los combustibles.** Se presentan los principales metabolitos combustibles importados y exportados por cada órgano, junto con las principales rutas energéticas y las reservas de combustible de cada órgano. Los metabolitos derivados de los lípidos se resaltan en amarillo y los metabolitos derivados de los hidratos de carbono se resaltan en azul. VLDL: lipoproteínas de muy baja densidad.

**TABLA 18.1. Perfiles de los principales órganos de los vertebrados en el metabolismo de los combustibles**

| Tejido | Combustible almacenado | Combustible preferido | Combustibles exportados |
|---|---|---|---|
| Cerebro | Ninguno | Glucosa (cuerpos cetónicos durante la inanición) | Ninguno |
| Músculo esquelético (reposo) | Glucógeno | Ácidos grasos | Ninguno |
| Músculo esquelético (durante el ejercicio) | Ninguno | Glucosa | Lactato, alanina |
| Músculo cardíaco | Ninguno | Ácidos grasos | Ninguno |
| Tejido adiposo | Triacilgliceroles | Ácidos grasos | Ácidos grasos, glicerol |
| Hígado | Glucógeno, triacilgliceroles | Aminoácidos, glucosa, ácidos grasos | Ácidos grasos, glucosa, cuerpos cetónicos |

Durante el ejercicio, la velocidad del flujo a través de la glucólisis supera a la del ciclo del ácido cítrico, con lo que se acumula lactato, que es liberado. Otro producto metabólico es la alanina, producida a través de la transaminación del piruvato en el ciclo glucosa-alanina (*véase* la página 844 en el Capítulo 20). Tanto el lactato como la alanina se transportan por el torrente sanguíneo al hígado, en donde se reconvierten mediante la gluconeogénesis en glucosa, para volver al músculo y otros tejidos mediante el ciclo de Cori (*véase* la Figura 13.14, página 547). No obstante, el principal destino del lactato durante el ejercicio es su captación por el corazón para su empleo como combustible, a través de la oxidación a $CO_2$ (Capítulo 13).

El músculo contiene otra fuente de energía que se moviliza fácilmente, sus propias proteínas. Sin embargo, la degradación de las proteínas del músculo para satisfacer las necesidades energéticas es un despilfarro energético y es peligrosa para un animal, que necesita sus músculos para desplazarse y sobrevivir. La degradación proteica se regula de manera que se reduzca al mínimo el catabolismo de los aminoácidos, excepto en la inanición.

Por último, recuérdese que el músculo posee una reserva energética adicional en la creatina fosfato, que genera ATP sin necesidad de metabolizar combustibles (*véase* el Capítulo 12, página 496). Esta reserva se agota pronto en un periodo de ejercicio y debe reponerse, junto con las reservas de glucógeno, cuando el músculo está en reposo después de un ejercicio prolongado.

### Corazón

El metabolismo del músculo cardíaco difiere del músculo esquelético en tres aspectos importantes. En primer lugar, el trabajo es mucho menos variable que en el músculo esquelético. En segundo lugar, el corazón es un tejido completamente aerobio, mientras que el músculo esquelético puede funcionar de forma anaerobia durante periodos limitados. Las mitocondrias están agrupadas de manera mucho más densa en el corazón que en otras células, y constituyen casi la mitad del volumen de una célula cardíaca. En tercer lugar, el corazón contiene unas reservas energéticas desdeñables en forma de glucógeno o lípidos, aunque sí contiene una pequeña cantidad de creatina fosfato. En consecuencia, el aporte de oxígeno y de combustibles procedentes de la sangre debe ser continuo para satisfacer las demandas energéticas ilimitadas del corazón. Este órgano utiliza diversos combustibles, principalmente ácidos grasos, pero también glucosa, lactato y cuerpos cetónicos.

### Tejido adiposo

El tejido adiposo constituye el principal depósito de combustible de un animal. Los triacilgliceroles totales almacenados ascienden a aproximadamente 555 000 kJ (133 000 Cal) en una persona de tamaño medio (*véase* el Capítulo 17, página 722). Este es combustible suficiente, si no hay complicaciones metabólicas, para mantener la vida durante un par de meses en ausencia de ingestión calórica.

El adipocito, o célula grasa, está diseñado para la síntesis y degradación continua de triacilgliceroles, de manera que la degradación se controla, en gran parte, mediante la activación de las triglicérido lipasas sensibles a las hormonas (*véase* la Figura 17.13, página 722). Dado que los adipocitos carecen de la enzima glicerol quinasa, debe producirse un cierto catabolismo de la glucosa para que tenga lugar la síntesis de triacilgliceroles, concretamente la formación de dihidroxiacetona fosfato para su reducción a glicerol-3-fosfato (*véase* el Capítulo 17, página 749). La glucosa actúa como un sensor del metabolismo del tejido adiposo. Cuando las concentraciones de glucosa son suficientes, la producción continuada de dihidroxiacetona fosfato genera el glicerol-3-fosfato suficiente para volver a sintetizar los triacilgliceroles a partir de los ácidos grasos liberados. Cuando disminuyen las concentraciones intracelulares de glucosa, la concentración de glicerol-3-fosfato disminuye también, y se liberan los ácidos grasos del adipocito para su exportación, unidos a la albúmina, a otros tejidos.

### Hígado

La función principal del hígado es la síntesis de combustibles para su uso por otros órganos. De hecho, la mayor parte de los metabolitos de peso molecular bajo que aparecen en la sangre tras la digestión son captados por el hígado para este procesado metabólico. El hígado es una localización principal de la síntesis de los ácidos grasos. También produce glucosa, tanto a partir de sus propias reservas de glucógeno como a partir de la gluconeogénesis; para esta última utiliza el lactato y la alanina procedentes del músculo, el glicerol del tejido adiposo y los aminoácidos que no son necesarios para la síntesis proteica. Los cuerpos cetónicos también se forman, en gran parte, en el hígado. En el hígado, la concentración de malonil-CoA, que está relacionada con el estado energético de la célula, es un factor determinante del destino de las acil-CoA. Cuando el combustible es abundante, se acumula la malonil-CoA que inhibe la carnitina aciltransferasa I, impidiendo el transporte de las acil-CoA a las mitocondrias para la $\beta$-oxidación y la cetogénesis. En cambio, la reducción de las reservas de malonil-CoA constituye una señal celular para el transporte de los ácidos grasos al interior de las mitocondrias para la generación de energía y combustibles.

Una función importante del hígado es la de amortiguar las concentraciones de glucosa en sangre. Esta acción se realiza, en gran parte, mediante la acción de la hexoquinasa IV (llamada antes glucoquinasa), una enzima específica del hígado, con una $K_{0.5}$ para la glucosa elevada (aproximadamente 7.5 mM), y en parte, mediante una proteína transportadora de $K_M$ elevada, el **transportador de glucosa** (**GLUT2**), un miembro de una familia de proteínas de membrana que lleva a cabo la difusión facilitada de la glucosa. Así pues, el hígado tiene unas características únicas en cuanto a que es capaz de responder a las concentraciones elevadas de glucosa en sangre mediante un aumento de la captación y fosforilación de la glucosa, que finalmente da lugar a su depósito en forma de glucógeno. La acumulación de glucosa-6-fosfato activa la forma *b* de la glucógeno sintasa (*véase* la Figura 13.36, página 572). Además, la misma glucosa se une a la glucógeno fosforilasa *a*, con lo que aumenta la sensibilidad de la fosforilasa *a* a la desfosforilación (*véase* la Figura 13.35, página 571), con la consiguiente inactivación. Así pues, además de los efectos hormonales, que se describen en breve, el hígado detecta el estado de ingesta y actúa almacenando el combustible derivado de la glucosa. El hígado detecta también el estado de ayuno y aumenta la síntesis y la exportación de glucosa cuando las concentraciones de glucosa en sangre son bajas. (Otros órganos detectan también el estado de ingesta, en especial el páncreas, que ajusta en consecuencia su producción de glucagón y de insulina.)

Para satisfacer sus necesidades energéticas internas, el hígado puede utilizar diversos tipos de combustible, como glucosa, ácidos grasos y aminoácidos.

Una de las funciones más importantes del hígado es la de actuar como un «glucostato», controlando y estabilizando la concentración de glucosa en sangre.

### Sangre

Todos los órganos que hemos considerado están conectados mediante el torrente sanguíneo, que transporta lo que para un órgano pueden ser un producto de desecho pero para otro, es un combustible (por ejemplo, la alanina del músculo al hígado). La sangre transporta también el oxígeno de los pulmones a los tejidos, lo que permite que se produzcan las rutas oxidativas exergónicas, seguidas del transporte del $CO_2$ resultante de nuevo a los pulmones para que sea espirado, como se describió en el Capítulo 7. Además, como se ha descrito en el Capítulo 17, los componentes lipoproteicos del plasma sanguíneo (por ejemplo, los quilomicrones y las lipoproteínas de muy baja densidad) desempeñan funciones indispensables en el transporte de lípidos. Naturalmente, la sangre es también el medio de transporte de las señales hormonales de un tejido a otro, y la vía de salida de los productos finales del metabolismo, como la urea, hacia los riñones.

En lo que respecta al metabolismo energético de la propia sangre, la ruta más importante es la glucólisis que tiene lugar en el eritrocito. Las células sanguíneas constituyen casi la mitad del volumen de la sangre y los eritrocitos constituyen más del 99 % de las células sanguíneas. Los eritrocitos de los mamíferos no contienen mitocondrias y dependen exclusivamente de la glucólisis anaerobia para satisfacer sus necesidades energéticas.

## Regulación hormonal del metabolismo energético

En los animales, el mantenimiento de las concentraciones sanguíneas de glucosa dentro de unos límites bastante estrechos tiene una importancia primordial, en especial para un funcionamiento adecuado del sistema nervioso. Naturalmente, las concentraciones sanguíneas de glucosa varían en función del estado nutricional. Varias horas después de una comida, la concentración normal en el ser humano es de aproximadamente 80 mg por 100 mL de sangre, o 4.4 mM. Inmediatamente después de una comida, esa concentración puede aumentar hasta 120 mg por 100 mL (6.6 mM). En respuesta a ello,

El mantenimiento de la glucosa sanguínea dentro de unos límites estrechos es crucial para el funcionamiento del cerebro.

entran en funcionamiento los mecanismos homeostáticos que promueven la captación de glucosa en las células y su uso por los tejidos. De igual modo, cuando disminuyen las concentraciones de glucosa varias horas después de una comida, actúan otros mecanismos que promueven la liberación de glucosa a partir de las reservas intracelulares de glucógeno, y la gluconeogénesis, de manera que se mantiene la concentración normal. Algunos de los mecanismos homeostáticos se han citado ya en la sección anterior; otros implican la regulación hormonal. Aunque consideramos con detalle en el Capítulo 23 los mecanismos moleculares de la acción hormonal, conviene analizar aquí a nivel fisiológico algunas de las hormonas que participan en el metabolismo energético.

## Acciones de las principales hormonas

Las hormonas clave que regulan el metabolismo energético son la insulina, que impulsa la utilización de la glucosa, y el glucagón y la adrenalina, que aumentan la glucosa sanguínea.

La hormona más importante que impulsa la captación y el uso de la glucosa es la insulina, mientras que tanto el glucagón como la adrenalina tienen el efecto contrario y aumentan las concentraciones de glucosa en sangre. Los principales efectos de estos agentes se resumen en la Tabla 18.2. La Figura 18.2 ilustra la interrelación existente entre las dos hormonas pancreáticas, insulina y glucagón.

### Insulina

La insulina es una proteína de 5.8 kilodalton (*véase* la página 151) que se sintetiza en el páncreas. Este órgano posee **células endocrinas,** que segregan hormonas directamente al torrente sanguíneo, y **células exocrinas,** que segregan precursores zimógenos de las enzimas digestivas a la parte alta del intestino delgado. El tejido endocrino, que adopta la forma de agrupaciones celulares denominadas islotes de Langerhans, contiene, al menos, cinco tipos celulares diferentes, cada uno de ellos especializado en la síntesis de una hormona. Las células $\alpha$ (o A) producen glucagón; las células $\delta$ (o D), **somatostatina**; las células $\varepsilon$, **grelina**; y las células F, **polipéptido pancreático**. La insulina se sintetiza en las

**TABLA 18.2. Principales hormonas que controlan el metabolismo de los combustibles en los mamíferos**

| Hormona | Acciones bioquímicas | Enzima diana | Acciones fisiológicas |
|---|---|---|---|
| Insulina | ↑ Captación de glucosa (músculo, tejido adiposo) | GLUT4 | Señala el estado de ingesta:<br>↓ Concentración de glucosa en sangre |
| | ↑ Glucólisis (hígado, músculo) | PFK-1 (vía PFK-2/FBPasa-2) | ↑ Almacenamiento de combustible |
| | ↑ Producción de acetil CoA (hígado, músculo) | Complejo piruvato deshidrogenasa | ↑ Proliferación y diferenciación celular |
| | ↑ Síntesis de glucógeno | | |
| | ↑ Síntesis de triacilgliceroles | Glucógeno sintasa | |
| | ↓ Gluconeogénesis (hígado) | Acetil-CoA carboxilasa | |
| | ↓ Lipólisis | FBPasa-1 (vía PFK-2/FBPasa-2) | |
| | ↓ Degradación de proteínas | | |
| | ↑ Síntesis de proteínas, DNA, RNA | | |
| Glucagón | ↑ Concentración de cAMP (hígado, tejido adiposo) | | Señala el estado de ayuno:<br>↑ Liberación de glucosa por el hígado |
| | ↑ Glucogenólisis (hígado) | Glucógeno fosforilasa | ↑ Concentración de glucosa en sangre |
| | ↓ Síntesis de glucógeno (hígado) | Glucógeno sintasa | ↑ Cuerpos cetónicos como combustible alternativo para el cerebro |
| | ↑ Hidrólisis y movilización de triacilgliceroles (hígado) | Lipasa sensible a las hormonas, perilipina, triglicérido lipasa adiposa | |
| | ↑ Gluconeogénesis (hígado) | PBPasa-1 (vía PFK-2/FBPasa-2), piruvato quinasa, PEPCK | |
| | ↓ Glucólisis (hígado) | PFK-1 (vía PFK-2/FBPasa-2) | |
| | ↑ Cetogénesis (hígado) | Acetil-CoA carboxilasa | |
| Adrenalina | ↑ Concentración de AMPc (músculo) | Lipasa sensible a las hormonas, perilipina, triglicérido lipasa adiposa | Señala estrés:<br>↑ Liberación de glucosa por el hígado |
| | ↑ Movilización de triacilgliceroles (tejido adiposo) | Glucógeno fosforilasa | ↑ Concentración de glucosa en sangre |
| | ↑ Glucogenólisis (hígado, músculo) | Glucógeno sintasa | |
| | ↓ Síntesis de glucógeno (hígado, músculo) | Glucógeno fosforilasa: proporciona aumento de glucosa | |
| | ↑ Glucólisis (músculo) | | |

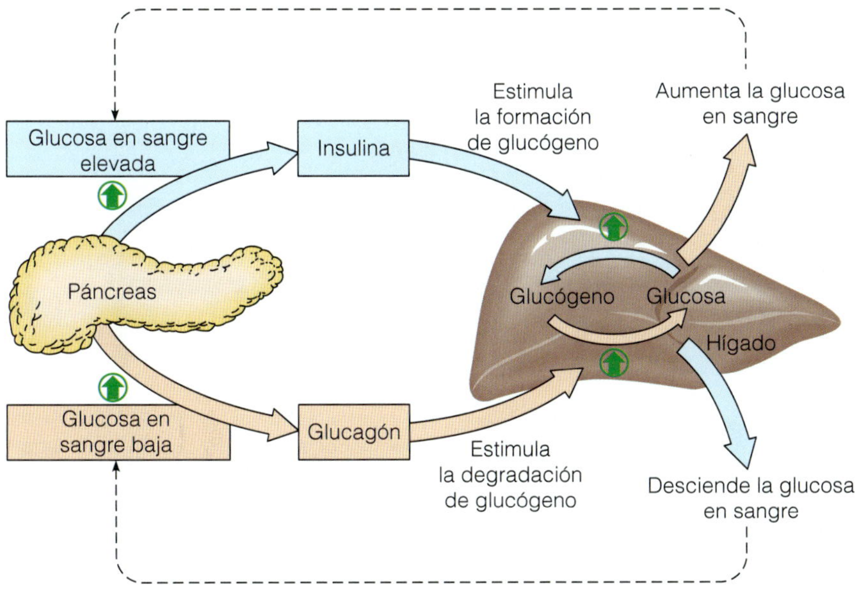


**FIGURA 18.2**

**Aspectos del control de la concentración de glucosa en sangre mediante la secreción pancreática de insulina y glucagón.** Las condiciones con concentraciones elevadas de glucosa se indican en color azul, y las que se dan con concentraciones bajas de glucosa, en color rosa. Las flechas verdes indican respuestas estimuladoras.

células $\beta$ (o B), que detectan las concentraciones de glucosa y segregan insulina como respuesta al aumento de la concentración de glucosa. Las células $\beta$ captan y catabolizan la glucosa, lo que hace aumentar la concentración intracelular de ATP, que origina el cierre de los canales de $K^+$ controlados por ATP y la despolarización de la membrana plasmática (*véase* el Capítulo 10). Se abren los canales de $Ca^{2+}$ regulados por el voltaje en respuesta a esta despolarización de la membrana, lo que da lugar al aumento de la $[Ca^{2+}]$ citosólica, que finalmente dispara la exocitosis de los gránulos de insulina.

La forma más sencilla de describir las diversas acciones de la insulina es afirmar que *la insulina señala el estado de ingesta* y, por tanto, impulsa: (1) la captación de sustratos combustibles en algunas células, (2) el almacenamiento de combustibles (lípidos y glucógeno), y (3) la biosíntesis de macromoléculas (ácidos nucleicos y proteínas). Los efectos específicos consisten en el aumento de la captación de glucosa en el músculo y el tejido adiposo; la activación de la glucólisis en el hígado; el aumento de la síntesis de ácidos grasos y triacilgliceroles en el hígado y el tejido adiposo; la inhibición de la gluconeogénesis en el hígado; el aumento de la síntesis de glucógeno en el hígado y el músculo; el aumento de la captación de aminoácidos en el músculo, con la consiguiente activación de la síntesis de proteínas musculares, y la inhibición de la degradación proteica. Debido a estos impulsos de las biosíntesis, es adecuado considerar a la insulina como una hormona de crecimiento.

El mecanismo mediante el cual la insulina estimula la captación de glucosa en las células musculares y adiposas es un campo de investigación intenso. Una acción importante es la del transportador de glucosa, GLUT4 (*véase* la Figura 18.5). Antes de la estimulación por la insulina, este transportador no se encuentra presente en la superficie celular, sino que está en vesículas en el citosol. En respuesta a la insulina, la proteína sufre una translocación a la superficie celular, en donde facilita la captación de glucosa. Una consecuencia importante de la captación de glucosa en los adipocitos es su conversión a glicerol-3-fosfato, que se combina con ácidos grasos para estimular la síntesis de triacilgliceroles.

## Glucagón

El glucagón, un polipéptido de 3.5 kilodalton, se sintetiza en las células $\alpha$ de los islotes de Langerhans del páncreas. Estas células endocrinas detectan la concentración de glucosa en sangre y liberan la hormona en respuesta a las concentraciones bajas (*véase* la Figura 18.2). Tanto la síntesis como la liberación de glucagón se controlan por la insulina.

El objetivo principal del glucagón es el hígado, y su efecto principal consiste en aumentar las concentraciones de AMP cíclico en las células hepáticas, como se indica en la Figura 18.3. Las cascadas metabólicas resultantes, que se han considerado en el

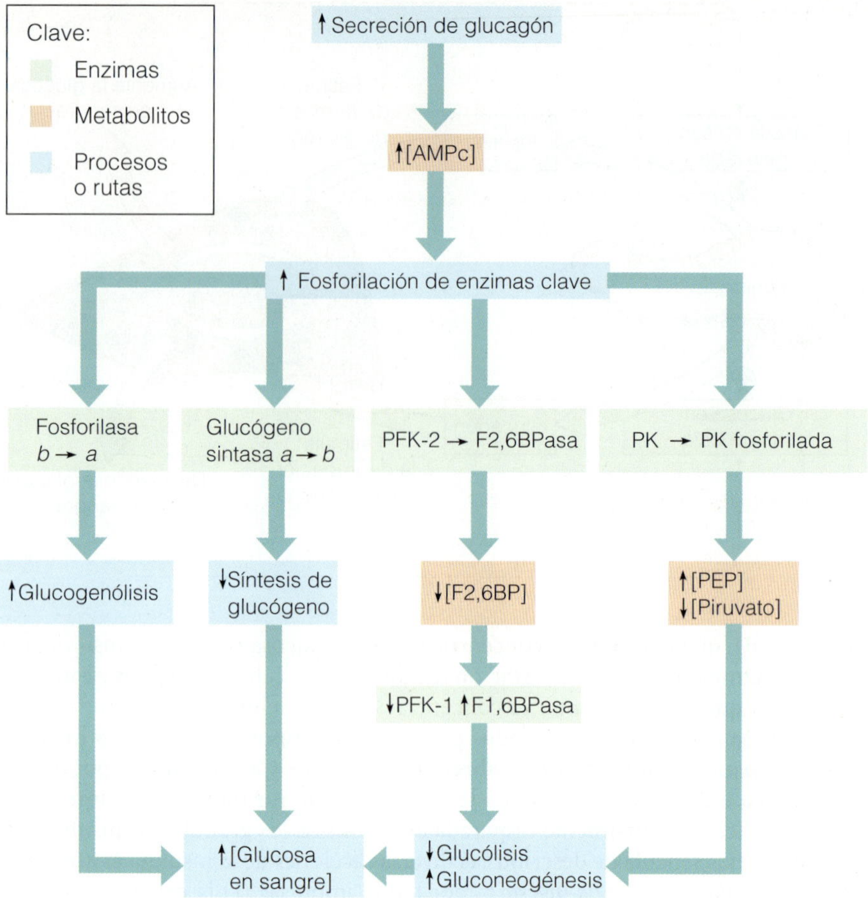


**FIGURA 18.3**

**Acciones del glucagón en el hígado que dan lugar a una elevación de la glucosa en sangre.** Los corchetes indican la concentración; ↑ y ↓ indican el aumento o la disminución, respectivamente, de la actividad enzimática, el flujo por la ruta o la concentración del metabolito.

Capítulo 13, impulsan la glucogenólisis e inhiben la síntesis de glucógeno. Además, al activar la hidrólisis de la fructosa-2,6-bisfosfato, el AMPc inhibe la glucólisis y activa la gluconeogénesis. El glucagón produce también la inhibición de la piruvato quinasa (PK) del hígado, causando la acumulación de fosfoenolpiruvato (PEP). La concentración de piruvato diminuye, tanto porque se bloquea su síntesis a partir del PEP como porque persiste su conversión en PEP a través de las reacciones de la piruvato carboxilasa y la fosfoenolpiruvato carboxiquinasa. Aunque la acumulación de PEP es pequeña, es suficiente para impulsar la gluconeogénesis, mientras que la inhibición de la piruvato quinasa reduce el flujo glucolítico.

El glucagón incrementa también las concentraciones de AMPc en el tejido adiposo. El efecto principal del AMPc en este tejido consiste en promover la movilización de los triacilgliceroles mediante la fosforilación de la lipasa sensible a las hormonas y la perilipina, produciendo glicerol y ácidos grasos (*véase* la Figura 17.14, página 723).

## Adrenalina

Las catecolaminas adrenalina y noradrenalina, cuando se liberan por las terminaciones nerviosas presinápticas, actúan como neurotransmisores (*véase* el Capítulo 23). Cuando se liberan por la médula suprarrenal en respuesta a las concentraciones bajas de glucosa en sangre, la adrenalina interactúa con sistemas de segundos mensajeros en muchos tejidos, con efectos diversos. En el músculo, la adrenalina activa la adenilato ciclasa, con la activación simultánea de la glucogenólisis y la inhibición de la síntesis de glucógeno (*véase* el Capítulo 13). La degradación de los triacilgliceroles en el tejido adiposo también se estimula, lo que aporta combustible al tejido muscular. La adrenalina inhibe también la secreción de insulina y estimula la secreción de glucagón. Estos efectos tienden a elevar la producción de glucosa y su liberación por el hígado. El resultado neto es aumentar las concentraciones sanguíneas de glucosa. A diferencia del glucagón, las catecolaminas tienen unos efectos metabólicos de corta duración. Como se expuso en el Capítulo 13, la acción de la adrenalina sobre las células musculares esqueléticas y cardíacas es una parte crucial de la respuesta de «lucha o huye».

Las proteína quinasas AMPK y la mTOR desempeñan funciones esenciales en la orquestación de la actividad metabólica en las células de los mamíferos.

La AMPK se activa cuando la carga energética de la célula es baja.

## Coordinación de la homeostasis energética

Todos los organismos, en realidad todas las células, deben equilibrar la ingestión y absorción de moléculas de combustible con el metabolismo y almacenamiento de estos nutrientes para satisfacer las necesidades energéticas inmediatas y también, a largo plazo. El mantenimiento de este equilibrio se denomina **homeostasis energética** y se ha generado un sistema regulador complejo para coordinar e integrar estos procesos. Este sistema regulador comprende un desconcertante número de componentes, aunque dos proteína quinasas, AMPK y **mTOR**, desempeñan papeles centrales en la orquestación de la actividad metabólica de las células de los mamíferos. Una tercera familia de enzimas muy conservadas, las **sirtuinas**, están también emergiendo como reguladores importantes del metabolismo energético.

### Proteína quinasa activada por AMP

Hemos visto varias veces en los capítulos precedentes la AMPK (proteína quinasa activada por AMP). Esta serina/treonina proteína quinasa, que se encuentra en todos los eucariotas, se activa cuando la carga energética de la célula es baja (esto es, una relación AMP:ATP alta), como sucede durante la inanición de nutrientes o la hipoxia. Una vez activada, la AMPK inicia un proceso de señalización que conserva la energía celular al estimular rutas que llevan a la producción de ATP, al tiempo que inhibe las rutas que utilizan ATP. La AMPK es un heterotetrámero formado por una subunidad catalítica ($\alpha$) y dos subunidades reguladoras ($\beta$ y $\gamma$). La activación de la subunidad catalítica $\alpha$ se produce por la unión de AMP a cuatro lugares de unión del nucleótido en la subunidad $\gamma$ (Figura 18.4). La activación de la AMPK requiere también la fosforilación de un residuo específico de treonina de la subunidad $\alpha$, y la unión de AMP a la subunidad $\gamma$ protege alostéricamente de la fosforilación de este residuo de la subunidad $\alpha$. Dos quinasas previas, la **LKB1** y la proteína quinasa $\beta$ dependiente de $Ca^{2+}$/calmodulina (**CaMKK$\beta$**), fosforilan el residuo crítico de Thr.

La AMPK fosforila varios sustratos que potencian las rutas de producción de energía, entre ellos, dianas que estimulan la captación de glucosa (a través de la traslocación de GLUT4 a la membrana plasmática), la glucólisis en el corazón (a través de la estimulación de la actividad quinasa de la PFK-2/FBPasa-2 específica del corazón; *véase* el Capítulo 13, página 555), y la biogénesis mitocondrial. Al mismo tiempo, otras dianas de la AMPK inhiben las rutas que necesitan energía, como la gluconeogénesis hepática (a través de una disminución de la transcripción de las enzimas gluconeogénicas), la síntesis de ácidos grasos (a través de la acetil-CoA carboxilasa; *véase* la Figura 17.36, página 746), la síntesis de triacilgliceroles (a través de la glicerofosfato aciltransferasa y la lipasa sensible a las hormonas; *véase* la Figura 17.38, página 748), y la síntesis de colesterol (a través de la HMG-CoA reductasa; Capítulo 19, página 802). En la Figura 18.5 se resumen estos efectos.

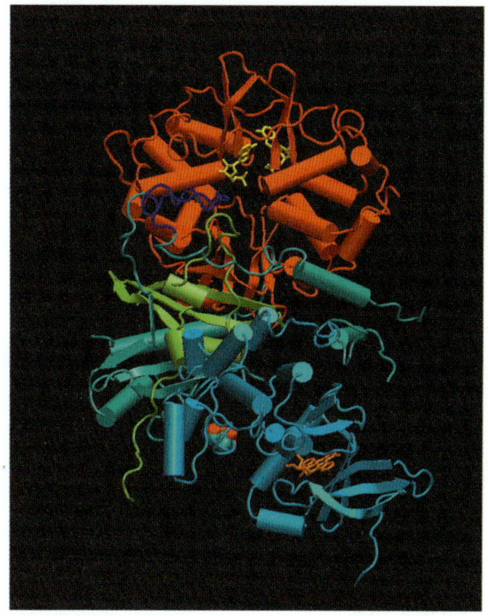

**FIGURA 18.4**

**Proteína quinasa de mamíferos activada por AMP (AMPK).** Esta figura muestra la estructura cristalina de rayos X de le enzima heterotrimérica (PDB ID 2Y94). La subunidad $\alpha$, que se muestra en cian, está formada por dos dominios, un dominio quinasa N-terminal (cian oscuro) y un dominio C-terminal regulador (cian claro). El lugar activo quinasa está marcado por un inhibidor unido, la estauroporina (naranja). La treonina 172 fosforilada se muestra en una representación de relleno espacial. La subunidad reguladora $\beta$ (verde) tiene normalmente 272 aminoácidos, pero solo sus 85 residuos C-terminal están incluidos en esta estructura. La subunidad reguladora $\gamma$ (rojo) está formada de cuatro lugares de unión de nucleótido (motivos CBS, nombrados por sus secuencias relacionadas en la cistationina $\beta$ sintasa). Dos de estos lugares están llenos con moléculas de AMP (amarillo); dos están vacíos. En esta estructura de AMPK activa, un bucle de la subunidad $\alpha$ (azul) interacciona con AMP unido en uno de los motivos CBS de la subunidad $\gamma$. Esta interacción estabiliza la unión del dominio catalítico a la subunidad β, inhibiendo, de esta forma, la desfosforilación de Thr 172 por la fosfatasa. Esto explica cómo la unión del ATM a la subunidad $\gamma$ protege alostéricamente frente a la desfosforilación de este residuo en la subunidad catalítica.

### Objetivo de la rapamicina en los mamíferos

La mTOR (*mammalian target of rapamycin*; objetivo de la rapamicina en los mamíferos) es otro actor importante de la regulación de la homeostasis energética. Como la AMPK, la mTOR es una serina/treonina proteína quinasa muy conservada que se encuentra en todos los eucariotas. En contraste con la AMPK, la mTOR es activa cuando los nutrientes son abundantes y es inactiva cuando hay pocos nutrientes. La mTOR activada estimula los procesos anabólicos, como la proliferación celular y la síntesis de proteínas, e inhibe los procesos catabólicos. La mTOR se encuentra en forma de dos complejos multiproteicos diferentes: un complejo sensible a la rapamicina (mTORC1) formado por mTOR, mLST8, raptor, y PRAS40; y un complejo insensible a la rapamicina (mTORC2) formado por mTOR, mLST8, rictor, Sin1 y PRR5/Protor. La mTOR se descubrió durante los estudios bioquímicos con el macrólido bacteriano **rapamicina**, un potente inmunosupresor. La rapamicina se une a una pequeña proteína celular, la

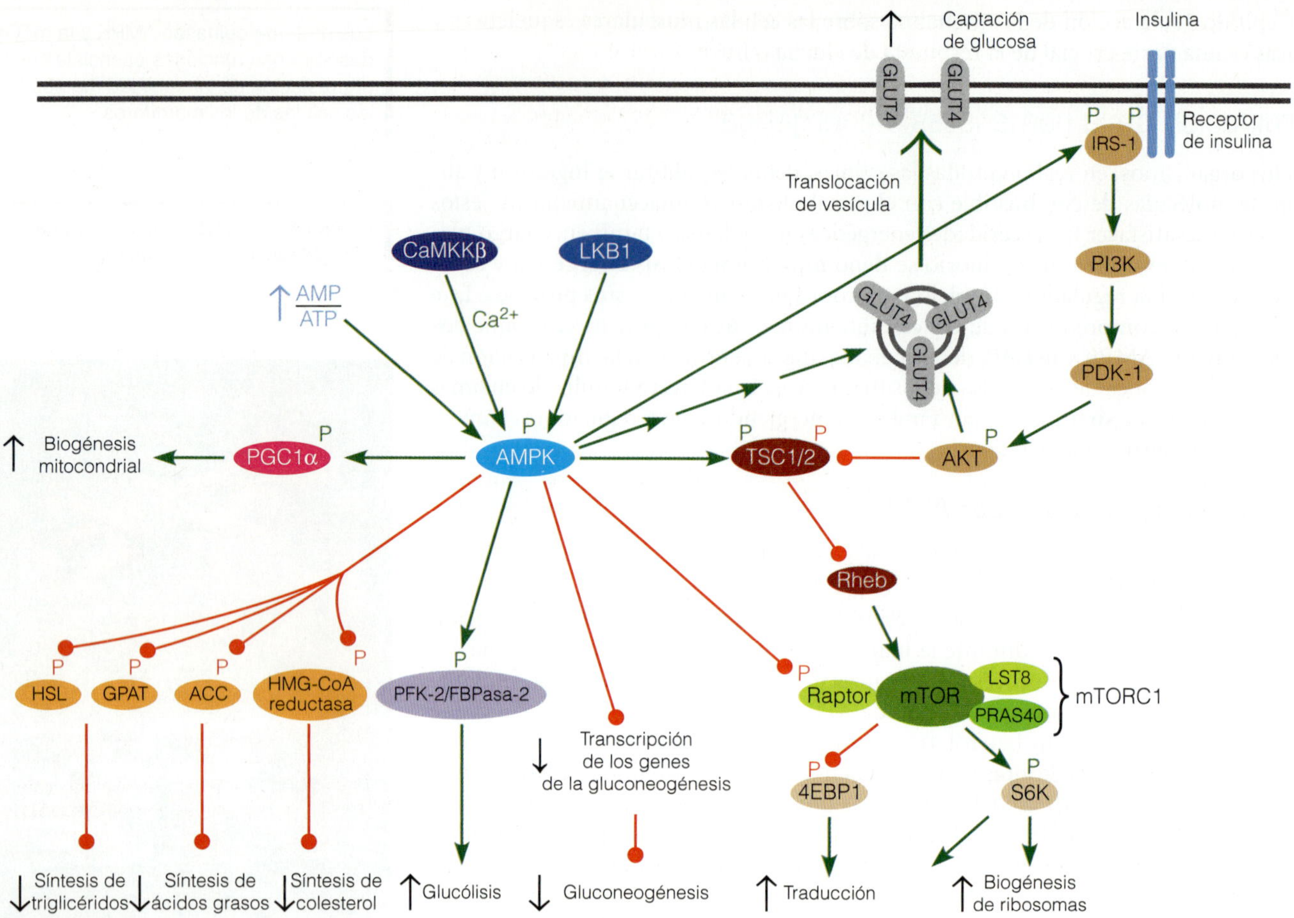


**FIGURA 18.5**

**Rutas de señalización MAPK y mTOR.** Las flechas verdes señalan activación y las bolas rojas, inhibición. P señala fosforilación, que produce activación (P) o inhibición (P) de la proteína diana fosforilada. Por ejemplo, la fosforilación de TSC1/2 por la AKT inhibe TSC1/2; la fosforilación por AMPK en un lugar distinto activa TSC1/2. Algunas de las respuestas metabólicas mediadas por AMPK y mTOR son específicas del tejido. *Véanse* en el texto los detalles. 4EBP1, proteína de unión 1 a eIF4E; ACC, acetil-CoA carboxilasa; CaMKK$\beta$, proteína quinasa quinasa dependiente de Ca2+/calmodulina; GLUT4, transportador de glucosa; GPAT, glicerofosfato aciltransferasa; LSH, lipasa sensible a las hormonas; IRS, sustrato del receptor de insulina, PI3K, fosfoisosítido 3-quinasa; PGC-1$\alpha$, PPAR$\gamma$ coactivador 1$\alpha$; TSC1/2, complejo esclerosis tuberosa.

FKBP12 y este complejo FKBP12-rapamicina inhibe alostéricamente a mTORC1, y no tiene efecto sobre mTROC2.

Los dos sustratos de mTROC1 mejor caracterizados son **4EBP1** (*eukaryotic initiation factor 4E-binding protein*; proteína 1 de unión al factor de iniciación eucariota 4E) y **S6K** (*ribosomal protein S6 kinase*; proteína S6 quinasa ribosómica) (Figura 18.5). Raptor actúa como andamiaje para incorporar estos sustratos al complejo mTORC1. 4EBP1 inhibe normalmente el factor de iniciación de la traducción eIF4E (*véase* el Capítulo 28), de forma que la fosforilación de 4EBP1 por mTORC1 suprime su capacidad para unir eIF4E e inhibir la traducción. La fosforilación de S6K activa esta proteína quinasa, que fosforila diversas proteínas que participan en el control de la traducción. El efecto neto de la fosforilación por TORC1 de 4EBP1 y S6K es la estimulación de la síntesis de proteínas y la biogénesis de los ribosomas.

La actividad mTORC1 está regulada por diversas entradas, la mayor parte de las cuales se transmiten a través del complejo de esclerosis tuberosa (**TSC**) (Figura 18.5). Este complejo, que se descubrió como un supresor tumoral (*véase* el Capítulo 23), está formado por TSC1 (hamartina) y TSC2 (tuberina). TSC2 contiene un dominio proteico de activación de la GTPasa (GAP) que inactiva la pequeña GTPasa **Rheb** semejante a Ras. Normalmente Rheb activa la mTORC1, por lo que la pérdida de TSC1 o TSC2 conduce a la hiperactivación de mTORC1. TSC actúa como punto de integración para la regulación de mTORC1, recibiendo entradas de diversas señales ambientales, que incluyen factores de crecimiento (por ejemplo, insulina y factor de crecimiento epidérmico), el estado energético y la disponibilidad de nutrientes. La señalización de la insulina comienza con la fosforilación de una proteína **sustrato receptor de insulina** (IRS) por la actividad tirosina quinasa del receptor de insulina de la membrana plasmática. Las proteínas IRS (los seres humanos expresan tres isoformas, IRS-1, -2 y -4) integran el receptor de insulina activado con proteínas adaptadoras y enzimas. De esta forma,

La mTOR, a diferencia de la AMPK, se activa en condiciones de abundancia de nutrientes y se inactiva cuando hay pocos nutrientes.

la IRS fosforilada activa la **fosfoinosítido 3-quinasa** (PI3K), que convierte el fosfatidilinositol 4,5-bisfosfato ($PIP_2$) de la membrana en fosfatidilinositol 3,4,5-trisfosfato ($PIP_3$), un segundo mensajero con diversas dianas intracelulares. $PIP_3$ aún activa otra proteína quinasa (PDK-1), que posteriormente activa una tercera proteína quinasa, Akt (que también se llama PKB). Esta última fosforila posteriormente TSC, inactivando el complejo, lo que da lugar a la activación de mTORC1. La Akt activada estimula también la traslocación de GLUT4 a la membrana plasmática, lo que da cuenta del transporte de glucosa estimulado por la insulina en las células musculares. En el Capítulo 23 consideraremos con más detalle la ruta de transducción de señal de la insulina.

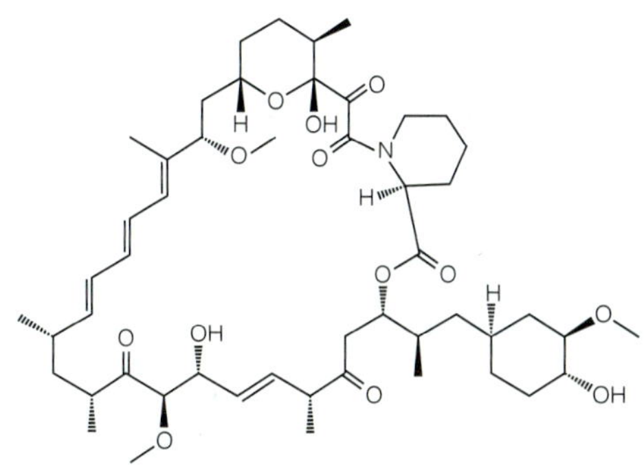

**Rapamicina (Sirolimus)**

Observemos con más detenimiento el mecanismo mediante el cual mTORC1 detecta el estado energético, ya que implica a AMPK. Recuérdese que la AMPK se activa durante la inanición, detectando directamente la carga energética de adenilato (relación AMP/ATP). La AMPK activada fosforila luego el complejo TSC, que suprime la función de mTORC1 al inhibir Rheb. La AMPK activada puede inhibir directamente mTORC1 mediante la fosforilación de la subunidad raptor del complejo. AMPK modula también la ruta de señalización de la insulina, fosforilando IRS, y así aumenta la sensibilidad de la célula a la insulina (Figura 18.5).

En resumen, AMPK y mTOR realizan funciones opuestas en el control de la actividad metabólica de las células en respuesta a las señales intracelulares y extracelulares que señalan el estado energético de las células individuales y del organismo en su totalidad. Estas dos proteína quinasas, y las rutas de señalización de nutrientes que controlan, se han conservado durante la evolución desde las levaduras hasta los seres humanos.

## Sirtuínas

Las sirtuínas son una familia muy conservada de proteína desacetilasas. Estas enzimas catalizan la desacetilación de los residuos de lisina acetilados de las proteínas diana. Recuérdese del Capítulo 11 que la acetilación de los residuos de lisina es una modificación covalente habitual de las proteínas, catalizada por una familia de proteína acetiltransferasas. La inversión de esta modificación necesita una desacetilación enzimática. De los tres tipos de proteína desacetilasas que se encuentran en la naturaleza, las sirtuínas son especiales, ya que necesitan $NAD^+$ para su actividad de desacetilación. El $NAD^+$ no actúa como cofactor redox en esta reacción compleja, sino como un sustrato que se fragmenta a nicotinamida y 2′-*O*-acetil-ADP-ribosa (*O*AADPr).

Las sirtuínas son una familia de proteína desacetilasas dependientes del $NAD^+$.

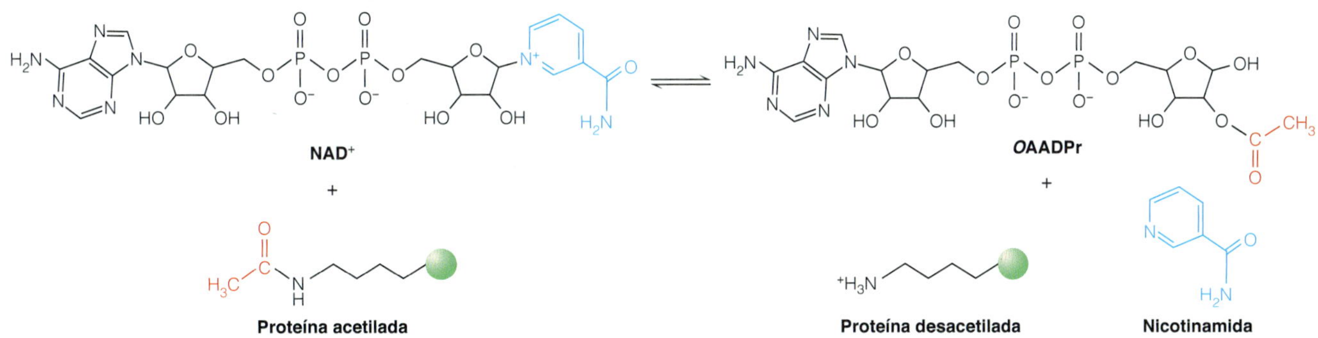


Las sirtuínas se nombran así por el miembro fundador de la familia, la Sir2 (*silent information regulator 2*; regulador 2 del silenciador de la información) de levaduras, que desacetila las histonas para regular la expresión de los genes (silenciación) del *locus* de tipo de apareamiento de las levaduras. Las sirtuínas actúan sobre muchas proteínas además de las histonas, y su estructura se ha conservado desde las bacterias a los seres humanos (Figura 18.6). Los mamíferos poseen siete sirtuínas (SIRT 1-7), que se diferencian por su localización celular (núcleo, mitocondrias, citoplasma) y dianas proteicas. Para la mayoría de las dianas proteicas, la desacetilación incrementa la actividad de la proteína diana. La actividad desacetilasa de las sirtuínas es sensible a los cambios de la concentración intracelular de $NAD^+$, potenciándose por las relaciones $NAD^+$/NADH altas. De esta forma, las sirtuínas actúan como sensores metabólicos del estado redox celular.

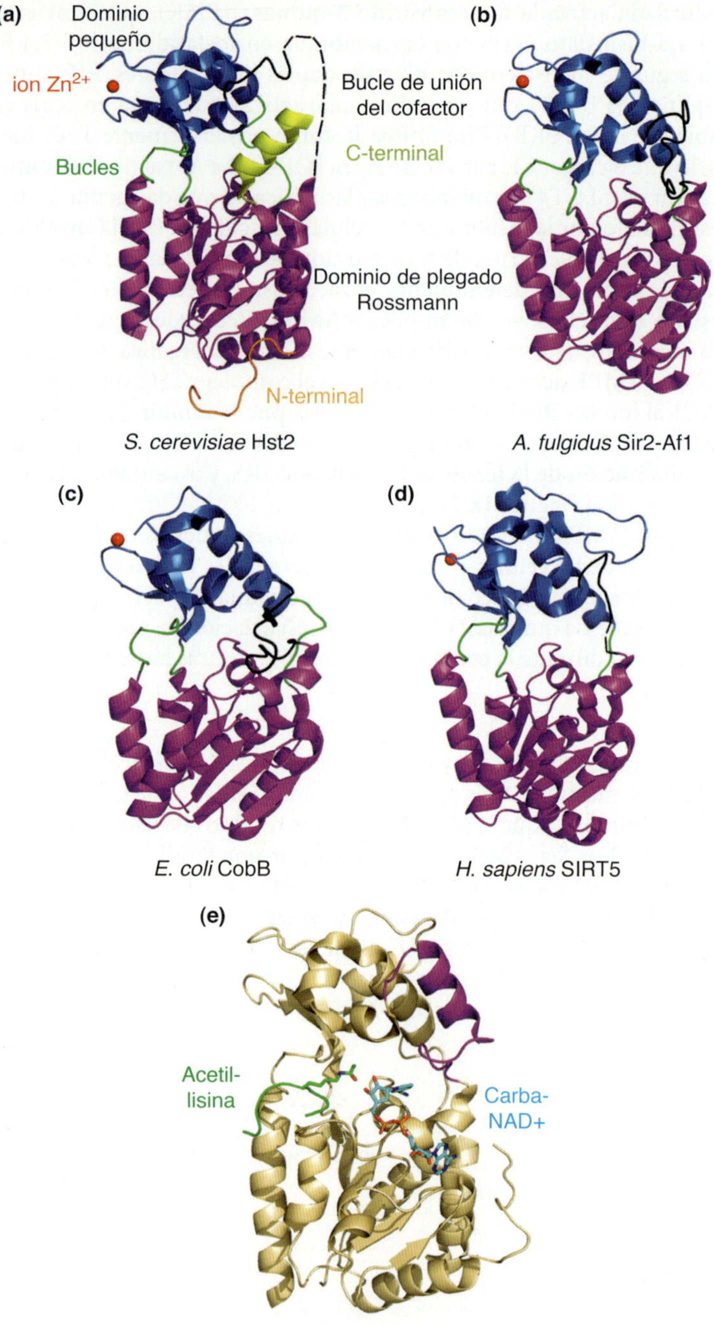


**FIGURA 18.6**

**El centro catalítico de las sirtuínas se ha conservado a lo largo de la evolución**. Estructuras cristalinas de rayos X de los centros catalíticos de las sirtuínas de **(a)** levaduras (PDB ID 1Q14), **(b)** Una arquea (PDB ID 1S5P), **(c)** una eubacteria (PDB ID 1S5P), y (d) Humana (PDB ID 2B4Y) que muestran un grado elevado de semejanza estructural. El dominio pliegue de Rossmann, característico de las proteínas de unión de $NAD^+$/NADH está en fucsia y el pequeño dominio de unión de Zn, en azul. El ion Zn está en rojo. Las regiones desordenadas están indicadas con líneas punteadas. El panel e muestra la sirtuína Hst2 de levaduras con un péptido sustrato acetilado unido (verde) y carba-$NAD^+$, un análogo del sustrato (cian).

Modificado de *Biochimica et Biophysica Acta* 1804:1604-1616, B. D. Sanders, B. Jackson y R. Marmorstein, Structural basis for sirtuin function: What we know and what we don't. © 2010, con permiso de Elsevier.

Las sirtuínas son parte de un sistema intrincado de regulación que controla el flujo a través de las rutas de utilización de combustible en respuesta a la disponibilidad alimentaria de combustibles alternativos. Así, por ejemplo, en el próximo apartado veremos que en condiciones de ayuno, los mamíferos inician una reprogramación de sus sistemas metabólicos por los diversos tipos de tejidos. Esta respuesta incluye el incremento de la síntesis de glucosa en el hígado y el riñón y el aumento de la utilización de los ácidos grasos como combustible en los tejidos periféricos. Uno de los participantes más importantes de esta reprogramación metabólica es el **receptor-$\gamma$ coactivador 1$\alpha$ activado por proliferador peroxisómico** (**PGC-1$\alpha$**). Este se descubrió como un coactivador del factor de transcripción receptor-$\gamma$ activado por proliferador (PPAR$\gamma$), pero PGC-1$\alpha$ se une y estimula la actividad de transcripción de varios factores de transcripción, entre ellos el p53, los factores respiratorios nucleares 1 y 2 (NRF-1 y NRF-2) y la caja O cabeza de tenedor (FOXO).

La función de coactivador de la transcripción de PGC-1α es sensible a su estado de acetilación, y PGC-1α puede desacetilarse mediante SIRT1. El ayuno (pocos nutrientes) da lugar a una relación $NAD^+/NADH$ mayor, activando las sirtuínas. La desacetilación de PGC-1α produce la regulación de su función de coactivador (Figura 18.7). En el hígado, la regulación de la función de PGC-1α estimula la gluconeogénesis al activar la transcripción de los genes de la fosfoenolpiruvato carboxiquinasa (PEPCK) y la glucosa-6-fosfatasa. En el músculo esquelético y el corazón, las respuestas de la transcripción a través de la PGC-1α incrementan la oxidación de los ácidos grasos y descienden la utilización de glucosa. La PGC-1α desacetilada activa también la transcripción de genes nucleares que codifican subunidades de la cadena respiratoria mitocondrial (Capítulo 15), y genes que codifican componentes de la maquinaria de expresión génica mitocondrial. Este incremento de la biogénesis mitocondrial aumenta la capacidad de oxidación de ácidos grasos de la célula y es una parte fundamental de la reprogramación metabólica dependiente de PGC-1α, que tiene lugar en el corazón y el músculo esquelético.

PGC-1α es capaz de integrar muchas señales que controlan el estado energético celular. Recuérdese que la AMPK estimula también la biogénesis mitocondrial. La AMPK fosforila la PGC-1α, lo cual también la activa (*véase* la Figura 18.59). La fosforilación ceba la PGC-1α para la posterior acetilación mediante SIRT1. De esta forma, la PGC-1α es sensible a la relación AMP/ATP (a través de AMPK) y la relación $NAD^+/NADH$ (a través de SIRT1).

Se ha visto que en las células de los mamíferos se acetilan más de 2000 proteínas, y la lista de rutas que se regulan a través de la desacetilación mediada por SIR1 se expande rápidamente. La Tabla 18.3 resume el conocimiento actual de esta importante familia de enzimas reguladoras.

Las tres sirtuínas mitocondriales (SIRT3-5) participan en la regulación de diversos procesos metabólicos, entre ellos el ciclo de la urea y la respiración. La desacetilación de sus proteínas diana (Tabla 18.3) activa estas rutas. SIRT4 no parece ser una verdadera desacetilasa de proteínas, debido a que *in vitro* no muestra una actividad desacetiladora dependiente de $NAD^+$, sino que cataliza una **ADP-ribosilación**, la transferencia de ADP-ribosa desde el $NAD^+$ a las proteínas diana (*véase* la Figura 11.51, página 460).

Finalmente, además de regular la homeostasis metabólica, las sirtuínas desempeñan funciones importantes en las respuestas celulares al estrés, la estabilidad genómica y la

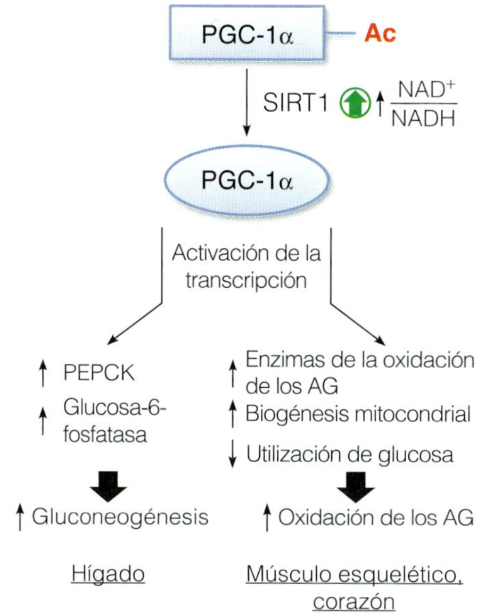


**FIGURA 18.7**

**PGC-1α y SIRT1 controlan la reprogramación de las rutas de utilización de combustible en respuesta al ayuno.** Un cociente $NAD^+/NADH$ elevado, en repuesta a pocos nutrientes (ayuno) activa SIRT1 para desacetilar PGC-1α, regulando hacia arriba su función de coactivación de la transcripción. Los programas de activación de la transcripción específicos del tejido dan lugar a un aumento de la gluconeogénesis (hígado) y un aumento de la oxidación de ácidos grasos (músculos esquelético y cardíaco).

**TABLA 18.3. Sustratos y localizaciones celulares de las sirtuínas de mamíferos**

| | Localización subcelular | Sustratos de desacetilación |
|---|---|---|
| **SIRT 1** | Núcleo, citoplasma | Histonas<br>PGC-1α, FOXO y muchos otros factores de transcripción |
| **SIRT 2** | Núcleo, citoplasma | Histonas<br>FOXO y otros factores de transcripción |
| **SIRT 3** | Matriz mitocondrial | Acetil-CoA sintetasa 2 (Capítulo 17)<br>Acil Co A deshidrogenasa de cadena larga (Capítulo 17)<br>Complejo I de la cadena de transporte electrónico (Capítulo 15)<br>Glutamato deshidrogenasa (Capítulo 20)<br>Ornitina transcarbamoilasa (Capítulo 20)<br>Isocitrato deshidrogenasa dependiente de $NADP^+$ (Capítulo 14)<br>Superóxido dismutasa (Capítulo 15) |
| **SIRT 4**[a] | Matriz mitocondrial | Glutamato deshidrogenasa[b] (Capítulo 20) |
| **SIRT 5** | Matriz mitocondrial | Carbamoil fosfato sintetasa I (Capítulo 20) |
| **SIRT 6** | Núcleo | Histonas |
| **SIRT 7** | Nucléolo | RNA polimerasa I[c] |

[a]SIRT 4 cataliza la ADP ribosilación en lugar de la desacetilación, de sus dianas.
[b]La ADP ribosilación de la glutamato deshidrogenasa disminuye su actividad.
[c]No se ha identificado aún la diana específica de la RNA polimerasa I.

tumorogénesis. Efectivamente, las sirtuínas controlan la duración de la vida de los organismos inferiores y se están acumulando pruebas de que estas enzimas conservadas a lo largo de la evolución regulan también los procesos de envejecimiento en los mamíferos. La primera pista de que las sirtuínas pueden influir sobre el proceso de envejecimiento vino de los estudios de restricción calórica en los roedores en el laboratorio. La restricción calórica (RC), una reducción de la ingestión de comida del 30-40 %, puede aumentar la duración de la vida hasta un 50 % y retrasa el comienzo de las enfermedades asociadas a la edad. Además, la RC aumenta la duración de la vida en los organismos que van desde las levaduras hasta los roedores y hasta los primates. En un estudio durante 20 años en monos Rhesus, la RC redujo la incidencia de diabetes, cáncer, enfermedades cardiovasculares y atrofia cerebral. Los estudios genéticos en levaduras llevaron a comprender que las sirtuínas son mediadores importantes de la respuesta a la RC en la mayoría de los organismos, entre ellos, los mamíferos. Así, por ejemplo, los ratones *knockout* para SIRT1 no presentan la longevidad, que normalmente se asocia con la restricción calórica. Al contrario, los ratones transgénicos que expresan en exceso SIRT1 muestran muchas respuestas de la RC, incluso cuando se alimentan *ad libitum* (sin restricción de comida). Atraídos por la posibilidad de que las sirtuínas puedan ampliar la vida, se emprendió una fiebre del oro virtual para encontrar moléculas pequeñas que pudieran activar SIRT1. El resveratrol fue el primer compuesto de este tipo que se descubrió al buscar los activadores de la actividad de desacetilación dependiente de $NAD^+$ de SIRT1. El resveratrol es un compuesto polifenólico que se encuentra en las uvas rojas (y también en el vino tinto), las bayas y otras muchas plantas y que previamente ha sido asociado con beneficios para la salud en los seres humanos. Aunque el resveratrol y las nuevas categorías de activadores de SIRT1 confieren realmente muchos fenotipos de RC en los animales alimentados, probablemente no representan una simple «fuente de la juventud». No obstante, la manipulación farmacológica de la sirtuína representa una gran promesa para el tratamiento de las enfermedades del envejecimiento.

La restricción calórica aumenta la duración de la vida de los organismos desde las levaduras a los primates. Los mecanismos no se conocen en su totalidad pero las sirtuínas son mediadores importantes de esta respuesta.

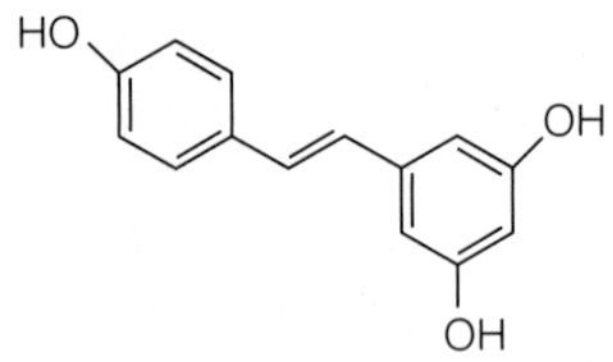


**Resveratrol**

## Regulación endocrina de la homeostasis energética

AMPK, mTOR y las sirtuínas surgieron todas ellas en los organismos unicelulares como parte de un sistema de control que detectaba el aporte de nutrientes e iniciaba las respuestas metabólicas adecuadas. Cuando los nutrientes son abundantes, las células captan los combustibles y los metabolizan en la glucólisis, un proceso rápido aunque relativamente ineficaz (Figura 18.8, panel izquierdo). Este *metabolismo proliferativo* proporciona los bloques de construcción y la energía libre necesaria para producir biomasa (células nuevas) durante el crecimiento exponencial. Cuando los nutrientes son escasos, las células se adaptan a un *metabolismo de inanición.* Cesa la producción de biomasa y las células se desvían hacia un metabolismo oxidativo más lento, aunque más eficaz, para extraer la energía máxima de los nutrientes limitados. Durante la evolución de los metazoos (organismos multicelulares), este sistema de control ganó complejidad, respondiendo a nuevas entradas y generando nuevas salidas. De forma distinta a los organismos unicelulares, la mayoría de las células de los organismos multicelulares están bañadas por un aporte relativamente constante de nutrientes a través del sistema circulatorio, y este aporte supera las necesidades para el crecimiento celular y la replicación. Así, surgió el control del crecimiento en los metazoos a nivel de ingestión, transporte y utilización (metabolismo) de los nutrientes. De esta forma, la mayor parte de las células de los mamíferos tienen una dependencia estricta de los factores de crecimiento (hormonas), para pasar desde un estado inactivo diferenciado a un estado proliferativo. Las células diferenciadas de los mamíferos que no se dividen emplean el metabolismo oxidativo (glucólisis aerobia + ciclo del ácido cítrico) para metabolizar la glucosa, como en el metabolismo de inanición de los organismos unicelulares (Figura 18.8, panel derecho). Tras la estimulación por los factores de crecimiento (por ejemplo, la insulina), las células diferenciadas se desvían hacia la glucólisis más rápida.

En 1925, Otto Warburg observó que, en contraposición con las células diferenciadas de los mamíferos que no se dividen, las células cancerosas que se dividen más rápidamente metabolizan la glucosa mediante la glucólisis aerobia produciendo lactato, incluso cuando es abundante el oxígeno. En este fenómeno, conocido como «efecto Warburg», las células cancerosas han superado su estricta dependencia normal de los factores de crecimiento y se desvían hacia un metabolismo proliferativo. Sabemos que en la mayor parte de los casos, las células cancerosas han adquirido mutaciones gené-

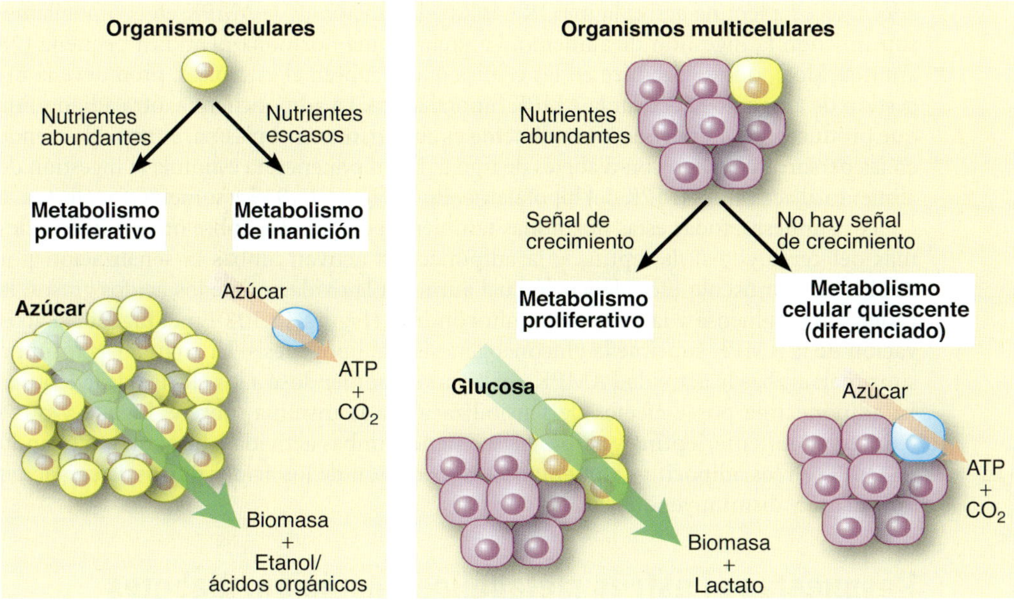


**FIGURA 18.8**

**Las células que proliferan y las que no proliferan utilizan estrategias metabólicas distintas para generar energía.** El metabolismo proliferativo, tanto en los organismos unicelulares como en los multicelulares, descansa en la glucólisis, un proceso rápido pero relativamente ineficaz de generar ATP. Este metabolismo «fermentativo» necesita nutrientes abundantes. Cuando los nutrientes son escasos, los organismos unicelulares se adaptan a un metabolismo de inanición, que se caracteriza por el metabolismo oxidativo, más lento pero más eficaz. Este mismo metabolismo oxidativo eficaz lo usan las células de mamíferos diferenciadas que no se dividen. La abundancia de nutrientes raramente es un tema en los organismos multicelulares, de forma que el paso entre el metabolismo proliferativo e inactivo viene determinado por la presencia o ausencia de factores de crecimiento adecuados, más que por la disponibilidad de nutrientes.

De *Science* 324:1029-1033, M. G. Vander Heiden, L. C. Cantley y C. B. Thompson, Understanding the Warburg effect: The metabolic requirements of cell proliferation. © 2009. Reproducido con permiso de AAAS.

ticas en componentes de las rutas de señalización de los factores de crecimiento que controlan normalmente la proliferación. Por ejemplo, las mutaciones que alteran la actividad señalizadora de la PI3K son las mutaciones genéticas más habituales de las células cancerosas. En el Capítulo 23 veremos otros ejemplos.

En los mamíferos, el cerebro coordina la homeostasis energética de todo el cuerpo. El cerebro recibe información sobre la calidad y cantidad de los nutrientes que consume, los niveles de combustibles ya presentes en la sangre, y las cantidades de energía presentes en los diversos depósitos de almacenamiento del cuerpo. Estos combustibles y señales hormonales convergen en las neuronas en el **núcleo arcuato** del hipotálamo, donde se controla la ingestión de alimento. No es sorprendente que la AMPK y la mTOR desempeñen funciones centrales en la integración de estas señales en el hipotálamo, en donde la activación de la AMPK impulsa la ingestión de comida (Figura 18.9). La AMPK hipotalámica se activa como respuesta a los niveles bajos de nutrientes como la glucosa, los aminoácidos de cadena ramificada y los ácidos grasos libres. Los reguladores endocrinos más importantes de la ingestión de alimento son la insulina y la leptina (inhiben la ingetión), y la **grelina** y la **adiponectina** (promueven la ingestión). Cada uno de ellos actúa a través de receptores específicos sobre determinadas células del núcleo arcuato para iniciar rutas de señalización que convergen en AMPK y mTOR. La insulina inhibe la ingestión de alimento a través de su activación de mTOR. Como se señaló al final del Capítulo 17, la leptina es una hormona peptídica que liberan los adipocitos (una **adipoquina**) cuando las reservas de grasa son

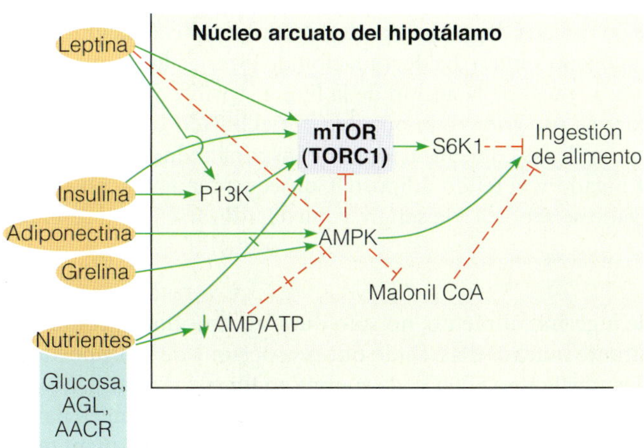


**FIGURA 18.9**

**Control del combustible y hormonal de la ingestión de alimento en el núcleo arcuato del hipotálamo.** La activación de la AMPK estimula la ingestión de alimento; la inhibición suprime la ingestión de alimento. Las flechas verdes indican efectos estimuladores; las barras rojas indican efectos inhibidores. La insulina actúa a través de la cascada de la fosfoinositido 3-quinasa (PIK3) para inhibir la ingestión de alimento. La leptina tiene efectos, tanto directos como indirectos (a través de PI3k y AMPK) sobre mTOR. La adiponectina y la grelina estimulan la ingestión de alimento al activar la AMPK. 6SK, proteína ribosómica S6 quinasa; AACR, aminoácidos de cadena ramificada; AGL, ácidos grasos libres.

Modificado de *Annual Review of Nutrition* 28:295-311, S. C. Woods, R. J. Seeley y D. Cota, Regulation of food intake through hypothalamic signaling networks involving mTOR. © 2008 Annual Reviews.

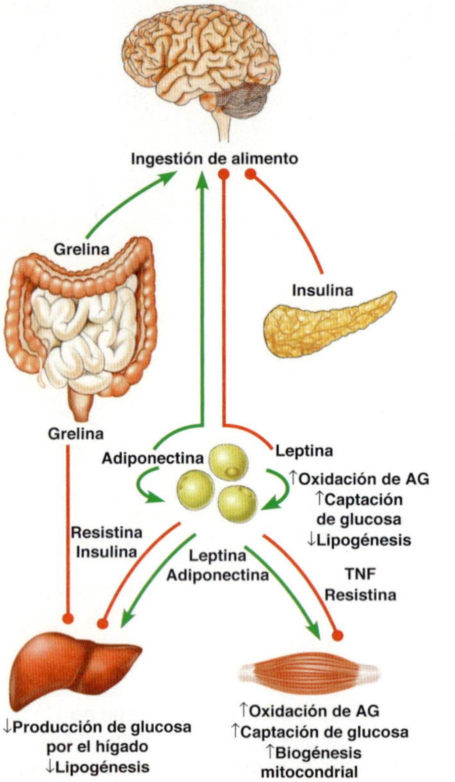


**FIGURA 18.10**

**Regulación endocrina de la ingestión de alimento y homeostasis energética en los mamíferos.** Esta figura expone los efectos de los principales reguladores endocrinos sobre la señalización de la AMPK en el cerebro, el tejido adiposo, el hígado y el músculo esquelético. Las flechas verdes indican la activación de la AMPK y los círculos rojos, la inhibición de la AMPK. La resistina y el TNF (factor de necrosis tumoral) son otras adipoquinas que no se consideran aquí.

Modificado con autorización de *Physiological Reviews* 89:1025-1078, G. R. Steinberg y B. E. Kemp, AMPK in health and disease. © 2009 The American Physiological Society.

adecuadas. La leptina activa la mTOR e inhibe la función de la AMPK en el hipotálamo, suprimiendo la ingestión de alimento. La grelina, una hormona peptídica pequeña (28 aminoácidos), que se produce en las células que recubren el estómago, promueve la ingestión de alimento al activar la AMPK hipotalámica. La adiponenctina, otra adipoquina que producen los adipocitos, normalmente es abundante en el plasma, aunque desciende en las personas obesas o con diabetes de tipo 2. La adiponenctina estimula la ingestión de alimento al activar la AMPK del hipotálamo. En la Figura 18.9 se resumen estos efectos.

Por supuesto, todas estas hormonas también tienen efectos sobre otros tejidos, además del cerebro. Así, la leptina y la adiponectina activan ambas la señalización por AMPK en el músculo esquelético, lo cual aumenta la oxidación de los ácidos grasos, la captación de glucosa y la biogénesis mitocondrial (Figura 18.10). En el hígado, la activación de la AMPK suprime la gluconeogénesis y la lipogénesis. La grelina y la insulina suprimen ambas la actividad AMPK del hígado, oponiéndose a los efectos de la leptina. La adiponectina posee efectos de sensibilización a la insulina sobre el hígado y otros tejidos. Finalmente, leptina y adiponectina tienen ambas actividad autocrina, activando la AMPK en los adipocitos, aumentando la oxidación de los ácidos grasos, la captación de glucosa y disminuyendo la lipogénesis.

## Respuestas al estrés metabólico: inanición, diabetes

Una forma excelente de comprender cómo integran realmente el metabolismo energético las relaciones entre los órganos y las relaciones hormonales que hemos descrito, es examinar los efectos del estrés metabólico. En este apartado consideraremos dos ejemplos: el ayuno prolongado, en el que la ingestión de sustratos combustibles es insuficiente, y la **diabetes mellitus,** en la que existe una insuficiencia funcional de insulina que deteriora la capacidad del organismo para utilizar la glucosa, a pesar de que el azúcar esté presente en abundancia.

Revisemos en primer lugar de qué manera se mantienen las concentraciones de glucosa durante los ciclos de alimentación normales (Figura 18.11). La elevación de la glucosa en sangre, que se produce inmediatamente después de una comida que contiene hidratos de carbono, estimula la secreción de insulina y suprime la secreción de glucagón. Estos efectos promueven, conjuntamente, la captación de glucosa en el hígado, estimulan la síntesis de glucógeno y suprimen la degradación de glucógeno. El flujo a través de la hexoquinasa IV aumenta en respuesta a las concentraciones elevadas de glucosa, proporcionando sustratos para la síntesis de glucógeno. Además, la activación de la acetil-CoA carboxilasa en el hígado estimula la síntesis de ácidos grasos, con un transporte posterior al tejido adiposo en forma de triacilgliceroles en las lipoproteínas de muy baja densidad. Allí, las concentraciones elevadas de intermediarios glucolíticos y de ácidos grasos estimulan la síntesis de triacilgliceroles. Finalmente, el aumento de la captación de glucosa en los músculos aumenta las concentraciones de sustratos para la síntesis de glucógeno, también en ese tejido.

Varias horas después, cuando las concentraciones de glucosa en sangre empiezan a caer, los procesos citados se invierten. La secreción de insulina se hace más lenta y la secreción de glucagón aumenta. Esto promueve la movilización del glucógeno en el hígado a través de mecanismos de cascada dependientes de AMPc que activan la glucógeno fosforilasa e inactivan la glucógeno sintasa. La degradación de los triacilgliceroles en los adipocitos se activa también, a través de la acción de la lipasa sensible a las hormonas, generando ácidos grasos para su uso como combustible por el hígado y el músculo. Al mismo tiempo, la disminución de las concentraciones de insulina reduce el empleo de glucosa por el músculo, el hígado y el tejido adiposo. Consecuentemente, casi toda la glucosa producida en el hígado se exporta a la sangre y puede utilizarse por el cerebro.

### Inanición

Supongamos que no puede ingerirse alimento, no solo durante unas horas, como acabamos de describir, sino durante muchos días. Dado que una persona de 70 kg puede almacenar, como máximo, el equivalente a 6700 kJ de energía en forma de glucógeno, esta fuente de glucosa sanguínea se agotará en pocas horas. Debido a que es esencial para el funcionamiento del cerebro que las concentraciones de glucosa en sangre se mantengan

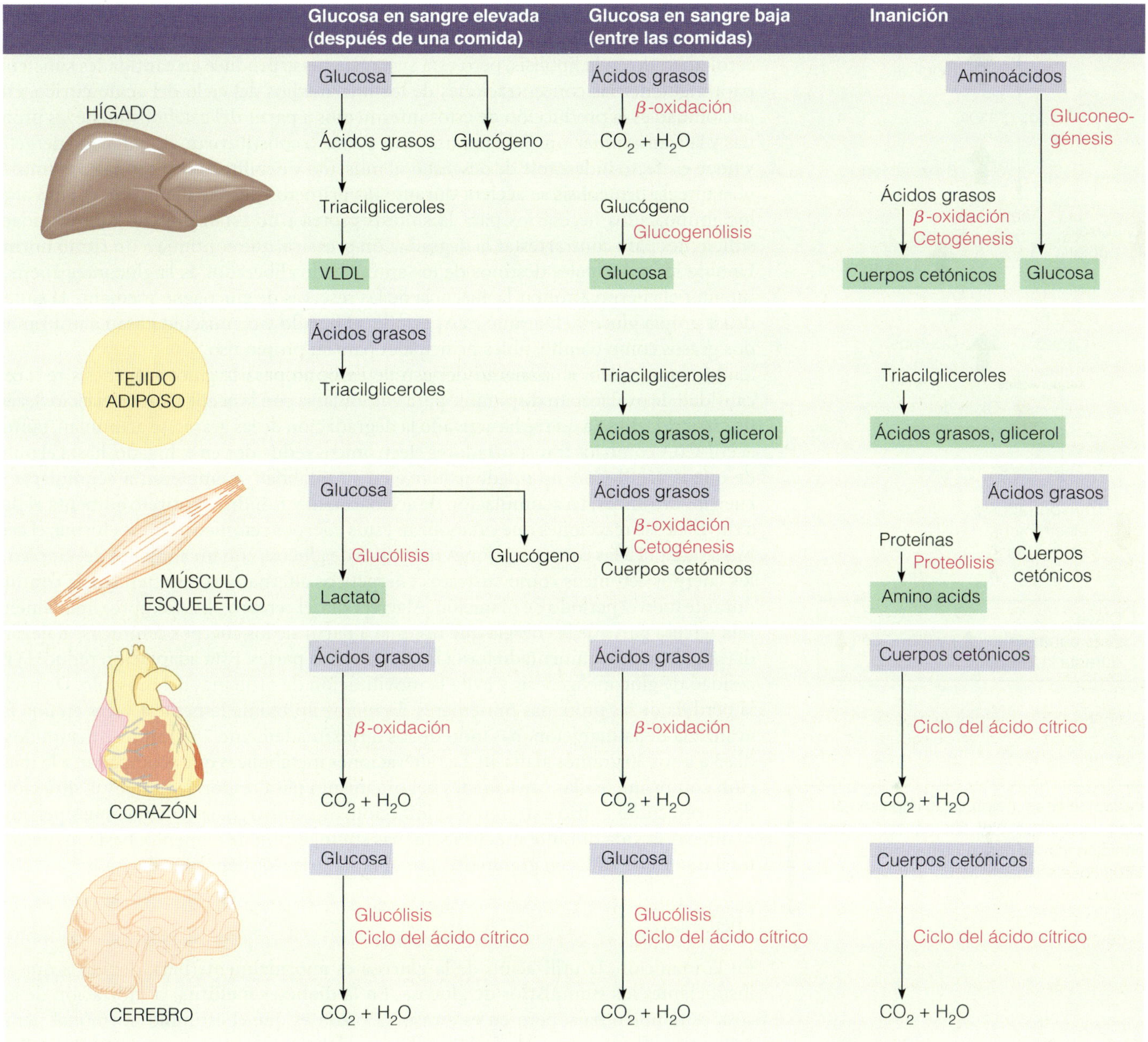


**FIGURA 18.11**

**Principales acontecimientos en el almacenamiento, la recuperación y la utilización de combustibles en los estados de ingesta y de ayuno, y al comienzo de la inanición.** El color morado indica combustibles importados al tejido; el color verde indica combustibles exportados del tejido.

próximas a 4.4 mM, el organismo se adapta metabólicamente, aumentando el empleo de otros combustibles distintos de los hidratos de carbono, principalmente las grasas.

Antes de considerar los ajustes metabólicos que se producen, analicemos las otras reservas energéticas importantes: unos 565 000 kJ en forma de triacilgliceroles, que se encuentran en gran parte en el tejido adiposo, y 100 000 kJ en forma de proteínas movilizables, en su mayor parte en el músculo. Estas reservas aportan la energía suficiente para permitir la supervivencia durante varios meses. Sin embargo, el uso de estas reservas plantea algunos problemas. La movilización de los triacilgliceroles genera energía, en gran parte en forma de acetil-CoA, cuya ulterior oxidación en el ciclo del ácido cítrico requiere la presencia de oxalacetato. Recuérdese del Capítulo 14 que el oxalacetato y otros intermediarios del ciclo del ácido cítrico se utilizan en otras reacciones metabólicas y han de reponerse a través de las rutas anapleróticas. El más importante de estos procesos es la reacción de la piruvato carboxilasa, en donde la mayor parte del piruvato procede del catabolismo de los hidratos de carbono. Cuando la disponibilidad de los hidratos de carbono está limitada, el nuevo aporte de intermediarios del ciclo del ácido cítrico está limitado, y puede reducirse el flujo a través de este ciclo.

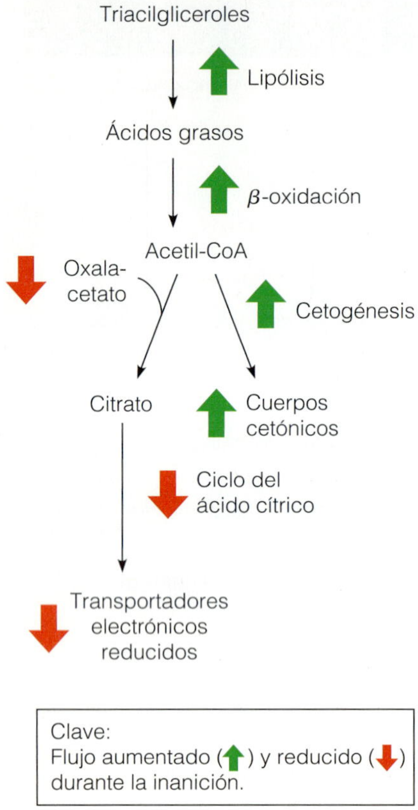


Mientras exista limitación de los hidratos de carbono, los intermedios del ciclo del ácido cítrico pueden provenir de otras fuentes. Así, por ejemplo, puede utilizarse el glicerol liberado en la lipólisis, pero esta sustancia no se produce en cantidades suficientes para mantener las concentraciones de los intermedios del ciclo del ácido cítrico. Otra posibilidad es la producción de estos intermedios a partir del catabolismo de las proteínas y la transaminación. Sin embargo, este proceso constituye un despilfarro energético y tiene el efecto indeseable de desgastar al músculo y debilitar a la persona en ayuno. No obstante, la proteólisis se acelera durante los primeros días de inanición, debido a que los aminoácidos necesarios para la síntesis proteica no están presentes en cantidades suficientes para contrarrestar la degradación proteica, que continúa a un ritmo normal. Uno de los principales destinos de los aminoácidos liberados es la gluconeogénesis, al intentar el cuerpo afrontar la ausencia de las reservas de glucógeno mediante la síntesis de su propia glucosa. Durante este periodo, el hígado y el músculo pasan a utilizar ácidos grasos como combustibles principales para su propio uso.

Mientras tanto, el aumento del uso de carbono para la gluconeogénesis reduce la cantidad de oxalacetato disponible para combinarse con la acetil-CoA en el ciclo del ácido cítrico. Debido a que se ha activado la degradación de las grasas, se acumulan, tanto la acetil-CoA como los transportadores electrónicos reducidos en el hígado, hasta el punto de que la acetil-CoA no puede oxidarse en su totalidad, y empiezan a acumularse los cuerpos cetónicos. La acumulación de acetoacetato y $\beta$-hidroxibutirato aumenta el flujo a través de las reacciones que catabolizan estos cuerpos cetónicos. De esta forma, el cerebro se adapta a las concentraciones reducidas de glucosa con un aumento del empleo de los cuerpos cetónicos como sustratos energéticos alternativos. Esta tendencia continúa durante todo el periodo de inanición. Al tercer día, el cerebro obtiene, aproximadamente, una tercera parte de la energía que necesita a partir de los cuerpos cetónicos; al llegar al día 40, ese uso ha aumentado hasta las dos terceras partes. Esta adaptación reduce la necesidad de gluconeogénesis y evita la movilización de proteínas del músculo. De hecho, la pérdida de las proteínas musculares *disminuye* aproximadamente 4 veces en una fase avanzada de la inanición, pasando de los aproximadamente 75 gramos consumidos al día 3 a unos 20 gramos al día 40. Las alteraciones metabólicas que acompañan a la inanición comprometen las capacidades del organismo para responder a nuevas situaciones de estrés, como el frío extremo o la infección. Sin embargo, las adaptaciones permiten mantener la vida durante muchas semanas sin ingestión de alimento, hasta un periodo total que viene dado, en gran parte, por el tamaño de los depósitos de grasa.

Las adaptaciones metabólicas impulsan el empleo de combustibles alternativos durante la inanición, con lo que la homeostasis de la glucosa se mantiene durante varias semanas.

## Diabetes

En la inanición, la utilización de la glucosa es anormalmente baja, debido a que son insuficientes los suministros de glucosa. En la **diabetes mellitus,** la utilización de glucosa es también baja, pero en este caso, la razón es que el estímulo hormonal para la utilización de glucosa, es decir, la insulina, es deficiente. Como consecuencia de ello, la glucosa está presente, de hecho, en cantidades excesivas. Las consecuencias del déficit de insulina son comparables a las de la inanición en cuanto a que ponen de manifiesto aspectos importantes de las relaciones metabólicas entre los órganos.

La diabetes es un tema principal de salud pública, habiendo alcanzado proporciones epidémicas en Estados Unidos y en todo el mundo. Se calcula que más del 12 % de la población adulta de los Estados Unidos padece esta enfermedad. La diabetes no es una única enfermedad, sino una familia de enfermedades. La **diabetes de tipo 1**, denominada anteriormente diabetes dependiente de insulina, o diabetes juvenil por su inicio temprano, comporta, a menudo, una destrucción autoinmunitaria de las células $\beta$ del páncreas, que puede deberse a diversos factores, incluyendo la infección vírica. Algunas formas de diabetes de tipo 1 tienen un origen genético. Las mutaciones de la estructura de la insulina pueden hacer que la hormona sea inactiva, y otras mutaciones causan defectos de la conversión de la preproinsulina o la proinsulina en la hormona activa (*véase* el Capítulo 5). De cualquier forma, la diabetes de tipo 1 se caracteriza por la deficiencia de insulina, y puede tratarse con la administración de insulina. La **diabetes de tipo 2**, llamada anteriormente diabetes de comienzo en el adulto, diabetes relacionada con la obesidad o diabetes mellitus no dependiente de insulina, se caracteriza por la resistencia

La diabetes es consecuencia, bien de un déficit de insulina o de defectos del mecanismo de respuesta a la insulina.

a la insulina; los pacientes no pueden responder a las dosis terapéuticas de insulina. La diabetes de tipo 2 representa más del 95 % de las personas con diabetes.

No se conocen los defectos específicos que llevan a la resistencia a la insulina en la diabetes de tipo 2, pero varios indicios están comenzando a arrojar alguna luz sobre la enfermedad. El primero es que la mayor parte de las personas con diabetes de tipo 2 también es obesa. En realidad, la obesidad está tan estrechamente asociada con la resistencia a la insulina que debe existir una conexión de los mecanismos. Como la diabetes, la prevalencia de la obesidad ha aumentado de forma dramática en los Estados Unidos desde los años 1970, y en 2010 se clasifican como obesos un 34 % de los adultos. El segundo indicio procede de la estrecha relación entre la diabetes de tipo 2 y el **síndrome metabólico**. Este último, que afecta a cerca de 50 millones de americanos, está definido por obesidad abdominal, hipertensión, azúcar en sangre elevado y, lo más importante, resistencia a la insulina. Estas anomalías metabólicas suelen preceder a la enfermedad cardiovascular y la diabetes. La obesidad y el síndrome metabólico tienen en común el exceso de ingestión calórica y la acumulación anormal de lípidos en «lugares ectópicos», principalmente el hígado y el músculo esquelético. El exceso de lípidos se acumula, en principio, en las células adiposas, aumentando su tamaño. Finalmente, el exceso de ingestión de combustibles supera la capacidad de almacenamiento del tejido adiposo y el exceso de lípidos se traslada a los lugares ectópicos. Cada vez hay más pruebas que señalan que esta acumulación anormal de lípidos produce la resistencia a la insulina al afectar las rutas de señalización. Dos mecanismos relacionados han ganado un amplio apoyo como causas posibles de la enfermedad. La hipótesis de **sobrecarga lipídica** establece que cuando se acumula grasa en las células musculares, esta bloquea la ruta de señalización de la insulina, que normalmente estimula la traslocación de GLUT4 (el principal transportador de glucosa del músculo) a la membrana plasmática (*véase* la Figura 18.5). De esta forma, la insulina ya no estimula eficazmente el transporte de glucosa, esto es, la célula es resistente a la insulina. La hipótesis de la **inflamación** establece que al aumentar de tamaño las células adiposas con el exceso de lípidos, segregan adipoquinas y citoquinas inflamatorias, incluyendo TNF-$\alpha$, interleuquina, y resistina. Estas citoquinas se unen a sus receptores en los tejidos periféricos como el músculo y estimulan una fosforilación inhibitoria de IRS, haciéndolo un mal sustrato para el receptor de insulina tirosina quinasa (*véase* la Figura 18.5). Una vez más, la señalización de la insulina se corta y la célula se hace resistente a la insulina. Así, aunque la diabetes de tipo 2 se ha caracterizado desde hace tiempo por defectos del metabolismo de los hidratos de carbono, el metabolismo anormal de los lípidos puede encontrarse en la raíz de la enfermedad.

Se han propuesto dos mecanismos relacionados como causas de la diabetes de tipo 2: la hipótesis de la sobrecarga lipídica y la hipótesis de la inflamación.

Los fármacos antidiabéticos que se han mencionado en el Capítulo 17 (las tiazolidinedionas; página 750) aumentan la sensibilidad a la insulina en las personas con diabetes de tipo 2 al disminuir la expresión de las adipoquinas inflamatorias que inducen la resistencia a la insulina y aumentan la producción de adiponectina, que tiene efectos se sensibilización a la insulina. Estos fármacos actúan a través de PPAR$\gamma$, el mismo factor de transcripción que coactiva PGC-1$\alpha$. PPAR$\gamma$ es esencial para la diferenciación de las células grasas y el mantenimiento de la función normal del adipocito y es un regulador maestro del metabolismo celular. Desafortunadamente, debido a las acciones pleiotrópicas de PPAR$\gamma$, esta clase de fármacos tiene efectos secundarios graves, que incluyen ganancia de peso, osteoporosis e insuficiencia cardíaca. Los estudios más recientes han conducido a un mejor conocimiento del mecanismo de activación de PPAR$\gamma$ por estos fármacos y proporcionan una oportunidad para desarrollar nuevos fármacos antidiabéticos con menores efectos secundarios.

La diabetes puede considerarse como una «inanición en medio de la abundancia» debido a que las células son incapaces de utilizar la glucosa que se acumula en la sangre.

Sea cual sea la causa del déficit funcional de insulina, la diabetes puede considerarse realmente una «inanición en medio de la abundancia». La producción insuficiente de insulina o el fracaso de la insulina para actuar normalmente impulsando la utilización de glucosa, con su consiguiente acumulación en sangre, privan a las células de nutrientes y promueven unas respuestas metabólicas similares a las del ayuno (Figura 18.12). Las células hepáticas intentan generar más glucosa mediante la estimulación de la gluconeogénesis. La mayor parte de los sustratos proceden de los aminoácidos, que a su vez, proceden en gran parte de la degradación de las proteínas musculares. La glucosa no puede reutilizarse para volver a sintetizar aminoácidos o ácidos grasos, por lo que los diabéticos pueden perder peso, aunque consuman lo que en condiciones normales sería una cantidad de calorías adecuada en la alimentación.

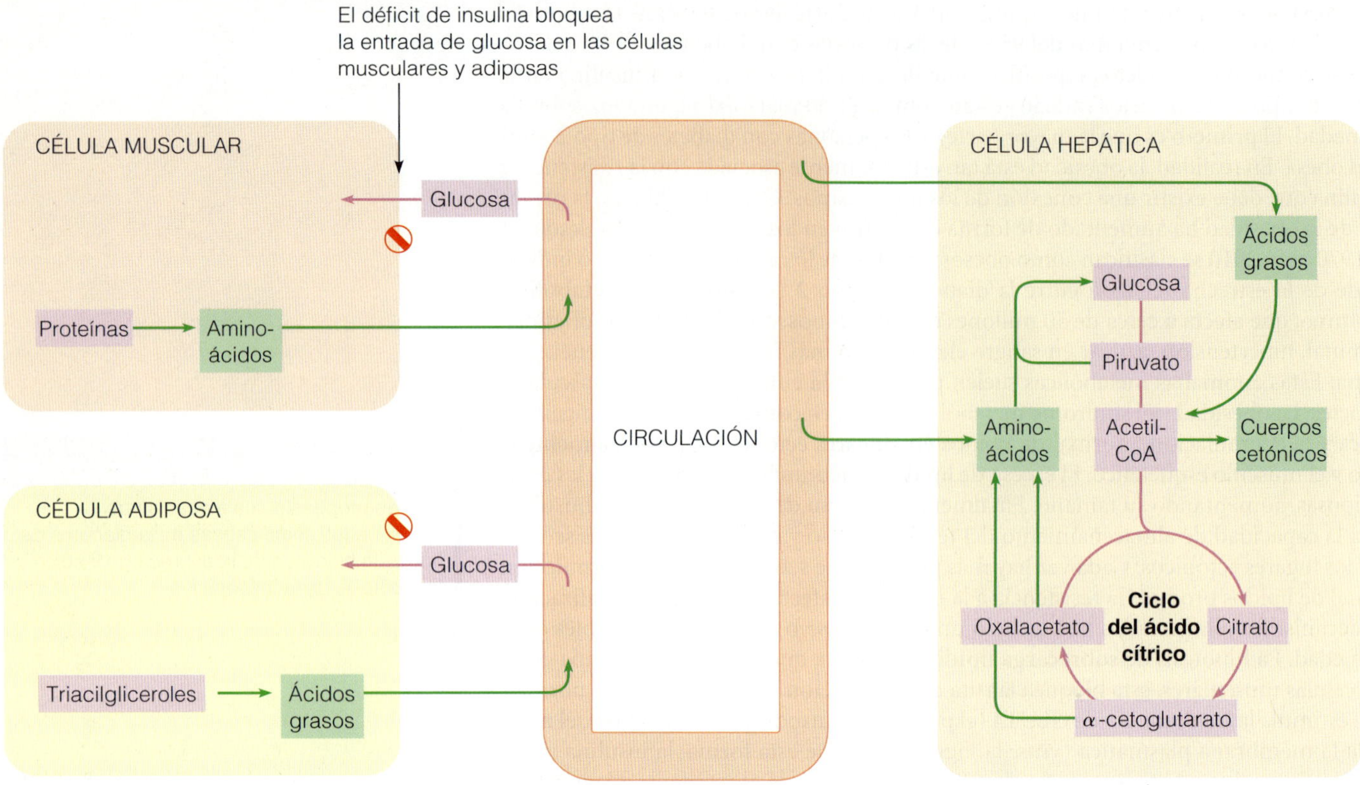


**FIGURA 18.12**

**Anomalías metabólicas en la diabetes.** El déficit de insulina bloquea la captación de glucosa en el músculo y el tejido adiposo, y reduce el catabolismo de la glucosa en todos los tejidos. Se incrementan la proteólisis del músculo y la lipólisis del tejido adiposo. En el hígado, la gluconeogénesis a partir de aminoácidos y de intermedios del ciclo del ácido cítrico se estimula cuando las células intentan compensar la falta percibida de glucosa utilizable, y se incrementa también la oxidación de los ácidos grasos y la cetogénesis. El color verde indica las rutas activadas; el color rosa indica las rutas que disminuyen.

Cuando las células intentan generar fuentes de energía utilizables, se movilizan los depósitos de triacilgliceroles en respuesta a una relación insulina/glucagón anormalmente baja. La oxidación de los ácidos grasos se eleva, con la consiguiente generación de acetil-CoA. El flujo a través del ciclo del ácido cítrico puede disminuir, debido a la acumulación de transportadores electrónicos reducidos, a la limitación del oxalacetato, o a ambas cosas. En el hígado, ambos efectos aceleran la formación de cuerpos cetónicos, generando unas concentraciones elevadas de ácidos orgánicos en sangre (cetosis). Estos ácidos pueden reducir el pH de la sangre, que pasa del valor normal de 7.4 a una cifra de 6.8 o inferior (cetoacidosis). La descarboxilación del acetoacetato, que se estimula a un pH bajo, genera acetona, cuyo olor puede detectarse en el aliento de los pacientes con cetoacidosis grave. Un peligro especial es que estas personas pueden perder el conocimiento, y esto, junto con el olor orgánico dulce del aliento, pueda hacer pensar que están intoxicados, cuando en realidad sus vidas están en peligro.

Las concentraciones excesivas de glucosa en los líquidos corporales generan otros problemas metabólicos, muy distintos de los observados en la inanición. A concentraciones de glucosa superiores a 10 mM, el riñón no es capaz de reabsorber toda la glucosa que le llega en el filtrado de la sangre, y se pierde glucosa en la orina, a veces en cantidades que se aproximan a los 100 gramos diarios. De hecho, el nombre en latín de *diabetes mellitus* significa literalmente «orina dulce como la miel». La excreción de glucosa crea una carga osmótica, que causa también la excreción de grandes cantidades de agua, y en estas condiciones, el riñón no es capaz de reabsorber la mayor parte de esta agua. De hecho, los primeros signos de una diabetes son, con frecuencia, una micción excesiva, combinada con un exceso de sed. Mucho antes de que la Bioquímica fuera una ciencia, la pérdida de nutrientes, la micción excesiva y la degradación de las grasas y las proteínas se identificaron como los elementos diferenciales característicos de la diabetes. En el primer siglo de nuestra era, la diabetes se describía como «la carne y los huesos corriendo juntos en la orina». Se tardaron otros 1800 años antes de que Israel Kleiner en Nueva York y Frederick Banting, Charles Best, James Collip y John Macleod en Toronto descubrieran que los extractos de páncreas de perro poseían la capacidad de disminuir la concentración de glucosa y restablecer la salud en los niños y los jóvenes adultos que padecen diabetes. Estos estudios culminaron en 1922 con la identificación de la insulina como el componente activo.

En la diabetes de tipo 1, el desequilibrio metabólico suele ser más grave y difícil de controlar que en la diabetes de tipo 2, más leve y más frecuente. Esta última puede controlarse a menudo con una restricción de los hidratos de carbono de la alimentación, mientras que el tratamiento de la diabetes de tipo 1 requiere la autoinyección diaria de insulina. Durante muchos años esta insulina se purificó del páncreas bovino, y su alto coste, junto con los problemas ocasionales que causaban las pequeñas diferencias estructurales entre la insulina humana y la bovina, condujeron a la incipiente industria de la biotecnología a intentar producir insulina humana mediante técnicas de DNA recombinante. A finales de los años 1970 se clonó el gen de la insulina humana en *E. coli* en una forma que permitía su expresión, y en 1982 la insulina humana clonada se convirtió en el primer producto de la tecnología del DNA recombinante aprobado para su uso en el ser humano.

## RESUMEN

Cada órgano o tejido de un organismo multicelular tiene un perfil de actividades metabólicas propio que le permite realizar sus funciones especializadas. Los tejidos distantes han de mantenerse en constante comunicación para conservar la homeostasis. En los vertebrados, el elemento más esencial de esta homeostasis es el mantenimiento de unas concentraciones constantes de glucosa en sangre, fundamentalmente para el funcionamiento adecuado del cerebro. Las acciones de tres hormonas, insulina, glucagón y adrenalina, desempeñan las funciones dominantes en la contribución a la homeostasis de la glucosa. La insulina señala el estado de ingesta y estimula la utilización de la glucosa y la síntesis de compuestos de almacenamiento de energía. El glucagón actúa fundamentalmente sobre las células hepáticas, aumentando la glucosa sanguínea por medio de varios mecanismos en los que interviene el AMP cíclico. La adrenalina tiene unos efectos semejantes sobre las células musculares. La homeostasis energética, el mantenimiento del equilibrio entre la ingestión de combustibles y el metabolismo y almacenamiento de los nutrientes para satisfacer las necesidades energéticas, está coordinada mediante un sistema regulador intracelular complejo. Dos proteína quinasas, AMPK y mTOR desempeñan funciones centrales en la orquestación de la actividad metabólica en las células de los mamíferos. Las sirtuínas, una familia muy conservada de proteína desacetilasas dependientes de $NAD^+$, actúan como sensores metabólicos del estado redox de la célula. La respuesta a las agresiones metabólicas como la inanición y la diabetes, descubre las relaciones entre los órganos y las hormonas que integran el metabolismo energético en los mamíferos.

## BIBLIOGRAFÍA


**Regulación hormonal del metabolismo energético**

**Cheng, Z., Tseng, Y.** y **White, M. F.** (2010) Insulin signaling meets mitochondria in metabolism. *Trends Endocrinol. Metab.* 21:589-598. Esta revisión resume los estudios recientes sobre la insulina y el metabolismo mitocondrial, incluyendo la conexión con la ruta SIRT1/PGC1.

**Fernandez-Marcos, P. J.** y **Auwerx, J.** (2011) Regulation of PGC-1a, a nodal regulator of mitochondrial biogenesis. *Am. J. Clin. Nutr.* 93:884S-890S.

**Saggerson, D.** (2008) Malonyl-CoA, a key signaling molecule in mammalian cells. *Ann. Rev. Nutr.* 28:253-272. Este artículo revisa el intervalo diverso de funciones metabólicas de este intermediario de los ácidos grasos.

**Sugden, M. C., Zariwala, M. G.** y **Holness, M. J.** (2009) PPARs and the orchestration of metabolic fuel selection. *Pharmacol. Res.* 60:141-150. Esta revisión describe los avances recientes del conocimiento del papel de los receptores peroxisómicos activados por el proliferador en el control de la selección del combustible.

**Wahren, J.** y **Ekberg, K.** (2007) Splanchnic regulation of glucose production. *Annu. Rev. Nutr.* 27:329-345. Este artículo revisa las contribuciones de la gluconeogénesis hepática en el aporte de glucosa a los órganos periféricos.

**Xiao, B., Sanders, M. J., Underwood, E., Heath, R., Mayer, F. V., Carmena, D., Jing, C., Walker, P. A., Eccleston, J. F., Haire, L. F., Saiu, P., Howell, S. A., Aasland, R., Martin, S. R., Carling, D.** y **Gamblin, S. J.** (2011) Structure of mammalian AMPK and its regulation by ADP. *Nature* 472:230-233.

**AMPK, mTOR y sirtuínas**

**Bao, J.** y **Sack, M. N.** (2010) Protein deacetylation by sirtuins: Delineating a post-translational regulatory program responsive to nutrient and redox stressors. *Cell. Mol. Li.fe Sci.* 67:3073-3087.

**Donmez, G.** y **Guarente, L.** (2010) Aging and disease: Connections to sirtuins. *Aging Cell* 9:285-290. Este artículo revisa las conexiones entre la restricción calórica, las sirtuínas y el envejecimiento en los mamíferos.

**Finkel, T., Deng, C. X.** y **Mostoslavsky, R.** (2009) Recent progress in the biology and physiology of sirtuins. *Nature* 460:587-591.

**Guan, K.-L.** y **Xiong, Y.** (2011) Regulation of intermediary metabolism by protein acetylation. *Trends Biochem. Sci.* 36:108-116. Esta revisión resalta los nuevos estudios del papel de la acetilación reversible en la regulación de la glucólisis y la gluconeogénesis, el ciclo del ácido cítrico, el metabolismo del glucógeno, el metabolismo de los ácidos grasos y el ciclo de la urea y el metabolismo del nitrógeno.

**Hallows, W. C., Smith, B. C., Lee, S.** y **Denu, J. M.** (2009) Ure(k)a! Sirtuins regulate mitochondria. *Cell* 137:404-406 y Huang, J. Y., M. D. Hirschey, T. Shimazu, L. Ho y E. Verdin (2010) Mitochondrial sirtuins. *Biochim. Biophys. Acta* 1804:1645-1651. Estos dos artículos resumen los nuevos resultados sobre las funciones de las sirtuínas en la regulación de los procesos mitocondriales como el ciclo de la urea.

**Hardie, D. G., Hawley, S. A.,** y **Scott, J. W.** (2006) AMP-activated protein kinase-development of the energy sensor concept. *J. Physiol.* 574:7-15.

**Steinberg, G. R.** y **Kemp, B. E.** (2009) AMPK in health and disease. *Physiol. Rev.* 89:1025-1078. Una revisión completa de la función de la AMPK.

**Woods, S. C., Seeley, R. J.** y **Cota, D.** (2008) Regulation of food intake through hypothalamic signaling networks involving ITOR. *Annu. Rev. Nutr.* 28:295-311. Una revisión reciente sobre el control de la ingestión de alimento en los mamíferos.

**Yang, Q.** y **Guan, K. L.** (2007) Expanding nTOR signaling. *Cell Res.* 17:666-68I. Este artículo revisa las muchas facetas de la función de mTOR en la homeostasis energética.

### Diabetes y obesidad

**Colman, R. I., Anderson, R. M., Johnson, S. C., Kastman, E. K., Kosmatka, K. J., Beasley, T. M., Allison, D. B., Cruzen, C., Simmons, H. A., Kemnitz, J. W.** y **Weindruch, R.** (2009) Caloric restriction delays disease onset and mortality in rhesus monkeys. *Science* 325:20I-204.

**Erion, D. M.** y **Shulman, G. I.** (2010) Diacyiglycerol-mediated insulin resistance. *Nat. Med.* 16:400-402. Una corta revisión sobre el papel del diacilglicerol en la hipótesis de la sobrecarga lipídica de la diabetes.

**Friedman, J. M.** (2010) A tale of two hormones. *Nat. Med.* 16:1100-1106. Una breve historia de los descubrimientos de la insulina y la leptina, escrita por el descubridor de la leptina.

**Houtkooper, R. H.** y **Auwerx, J.** (2010) Obesity: New life for antidiabetic drugs. *Nature* 466:443-444. Este comentario trata de un resultado nuevo que cambia nuestra apreciación de cómo actúan las tiazolidinedionas en el tratamiento de la diabetes.

**Hummasti, S.** y **Hotamisligil, G. S.** (2010) Endoplasmic reticulum stress and inflammation in obesity and diabetes. *Circ. Res.* 107:579-591. Una revisión detallada de la hipótesis de la inflamación de la diabetes.

**Savage, D. B., Petersen, K. F.** y **Shulman, G. I.** (2007) Disordered lipid metabolism and the pathogenesis of insulin resistance. *Physiol. Rev.* 87:507-520. Una revisión detallada de la nueva hipótesis de la sobrecarga lipídica.

## PROBLEMAS

1. Los corredores de maratón que se preparan para una carrera, realizan una «carga de hidratos de carbono» para aumentar al máximo sus reservas de los mismos. Para ello, ingieren una gran cantidad de alimentos con abundante almidón. ¿Por qué es preferible el almidón a los dulces o los alimentos con azúcar?
2. Suponiendo que una persona promedio consume energía a una tasa de 1500 kcal/día en reposo y que un corredor de larga distancia consume energía a una tasa 10 veces superior, ¿cuánto tiempo durarían las reservas de glucógeno durante una carrera de maratón? Recuerde que 1 kcal equivale a 4183 kJ.
3. ¿Qué proporción del consumo de energía total mantiene la función cerebral en una persona promedio en reposo? ¿Cuál es esta proporción en una persona que corre un maratón?
4. La proteólisis aumenta durante las fases iniciales del ayuno, pero luego disminuye cuando el cuerpo se adapta al empleo de otras fuentes de energía alternativas. Teniendo en cuenta que no se han descrito mecanismos de control por retroacción para las proteasas intracelulares, ¿cómo podría explicar estos cambios aparentes de la actividad proteasa?
5. Se ha observado que la glucosa reacciona de forma no enzimática con la hemoglobina, a través de la formación de una base de Schiff entre el C-1 de la glucosa y las terminaciones amino de las cadenas $\beta$. ¿Cómo podría aplicarse esta observación para el control de los pacientes diabéticos?
6. Los cuerpos cetónicos se exportan del hígado para su uso por otros tejidos. Debido a que muchos tejidos son capaces de sintetizar cuerpos cetónicos, ¿qué propiedad enzimática del hígado podría contribuir a su especial capacidad de exportación de estos compuestos?
7. El tejido adiposo no puede sintetizar de nuevo triacilgliceroles a partir del glicerol liberado durante la lipólisis (degradación de las grasas). ¿Por qué no? Describa la ruta metabólica que se utiliza para generar un glicerol para la síntesis de tracilglicerol.
8. (a) Describa brevemente la relación entre la concentración de malonil-CoA intracelular en el hígado y el control de la cetogénesis.
   (b) Describa cómo la acción de la glucoquinasa ayuda al hígado a amortiguar la concentración de glucosa en sangre.
9. La acción del glucagón sobre las células hepáticas puede conducir a la inhibición de la piruvato quinasa. ¿Cuál es el mecanismo más probable de este efecto?

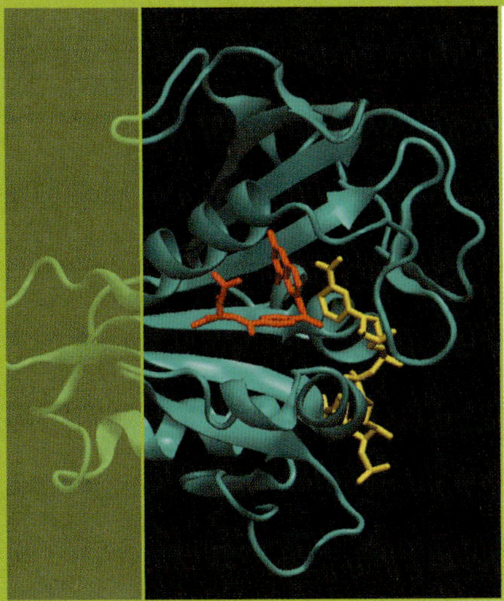

# CAPÍTULO 19

## Metabolismo lipídico II: lípidos de membrana, esteroides, isoprenoides y eicosanoides

**En el Capítulo 17 nos hemos referido** fundamentalmente a los aspectos energéticos del metabolismo lipídico: la síntesis y la oxidación de los ácidos grasos, el transporte de las lipoproteínas entre los órganos y el metabolismo de los triacilgliceroles. Además de su papel en el almacenamiento de energía, los lípidos actúan como componentes de la membrana y como reguladores biológicos. Nuestra atención se traslada ahora hacia las funciones que desempeñan estos lípidos más complejos, así como a las rutas para su síntesis y degradación. En la Figura 19.1 se presenta esquemáticamente la biología celular de algunos de estos procesos.

Este capítulo se centra en las siguientes clases principales de lípidos: los *glicerofosfolípidos* (denominados también *fosfoglicéridos*), que son fundamentalmente componentes de la membrana, pero que desempeñan también algunas funciones reguladoras especializadas; los *esfingolípidos*, que en los animales se encuentran fundamentalmente en el tejido nervioso; los *esteroides* y otros compuestos *isoprenoides*, que actúan como hormonas, vitaminas y componentes de la membrana, y los *eicosanoides*, una clase de reguladores biológicos que se sintetizan a partir del ácido araquidónico. Otros dos temas importantes que implican a los lípidos y a la regulación se consideran más adelante en este libro: las acciones de las hormonas esteroideas (en los Capítulos 23 y 27) y la función reguladora como segundos mensajeros de los fosfolípidos de inositol (en el Capítulo 23).

## Metabolismo de los glicerofosfolípidos

Los fosfolípidos más abundantes son los derivados del glicerol. Estos **glicerofosfolípidos** se encuentran fundamentalmente como componentes de las membranas. Los fosfolípidos de la membrana son también precursores metabólicos de diversos elementos reguladores de las rutas de transducción de señal. En los animales, los fosfolípidos participan también en el transporte de los triacilgliceroles y del colesterol, como se consideró en el Capítulo 17, mediante la formación de la superficie de las lipoproteínas. Además, los fosfolípidos desempeñan funciones específicas en procesos tan diversos como la coagulación de la sangre y la función pulmonar. Las rutas de síntesis de los glicerofosfolípidos se indican en la Figura 19.2 y se presentan con mayor detalle en los apartados siguientes. Los principales fosfolípidos, aparte de los glicerofosfolípidos, son los esfingolípidos.

### Biosíntesis de los glicerofosfolípidos en las bacterias

Iniciamos nuestro estudio del metabolismo de los fosfolípidos en el reino de los procariotas, debido, en parte, a la relativa simplicidad de los sistemas biológicos que se dan en ellos. En las bacterias, los fosfolípidos pueden constituir un 10 % del peso seco de la

**FIGURA 19.1**

**Síntesis intracelular y transporte de los fosfolípidos de la membrana.**

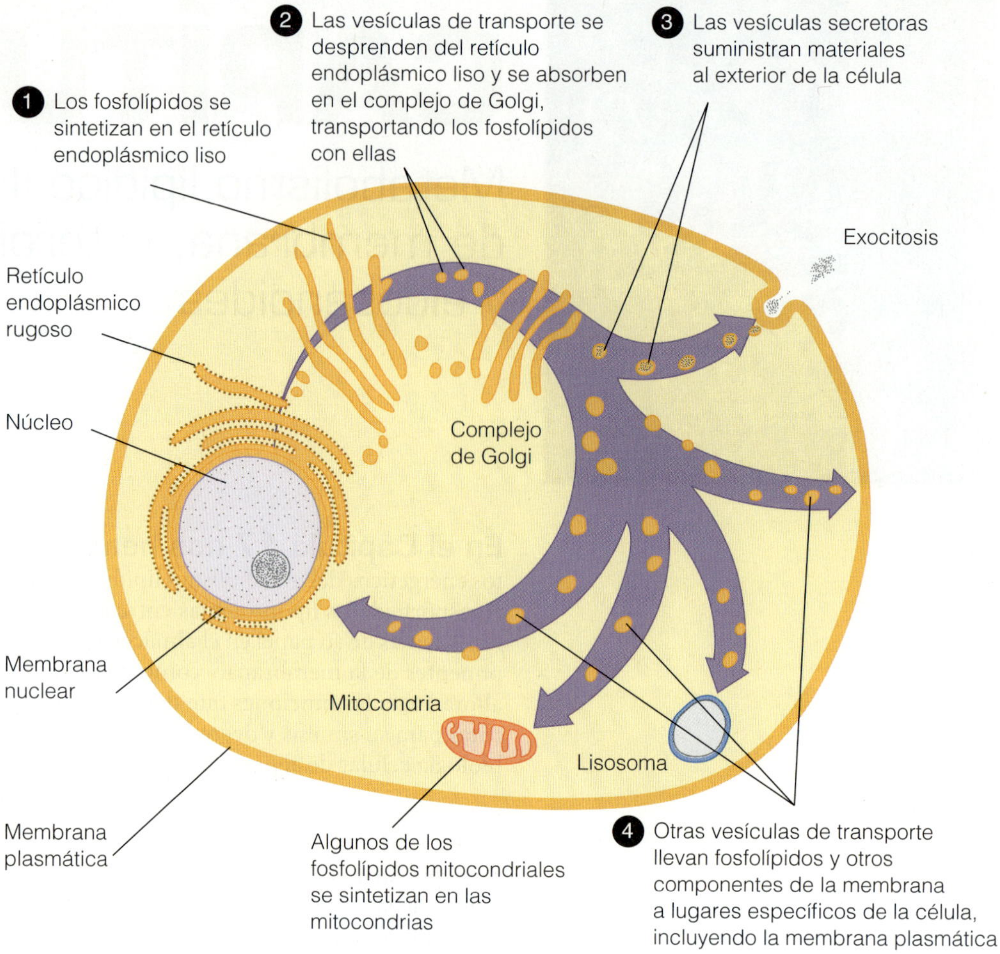


célula, aunque su única función conocida es la de ser componentes de las membranas. Las membranas de *E. coli* contienen tan solo tres fosfolípidos en cantidades significativas. La fosfatidiletanolamina (PE) constituye el 70-80 % de los fosfolípidos totales, con el fosfatidilglicerol (PG) y la cardiolipina (CL) formando el 20-30 % restante. Las cantidades relativas de PG y CL dependen de las condiciones de crecimiento, siendo PG más abundante en las células en crecimiento logarítmico y CL más abundante en las células en fase estacionaria. El contenido de ácidos grasos de estos lípidos es también sencillo, con tres que dominan: palmitato (16:0), palmitoleato (16:1c$\Delta$9) y *cis*-vaccenato (18:1c$\Delta$11).

Las membranas de *E. coli* contienen tan solo tres fosfolípidos diferentes que incluyen predominantemente tres ácidos grasos distintos.

Dado que son fáciles de cultivar en grandes cantidades, las bacterias proporcionan una fuente abundante para el aislamiento a gran escala de las enzimas que intervienen en el metabolismo lipídico. Gran parte de la información inicial sobre la síntesis de los fosfolípidos y la síntesis de los ácidos grasos se obtuvo en estudios realizados con *E. coli.* Mientras que las cadenas de los ácidos grasos se sintetizan mediante una ácido graso sintasa de tipo II soluble (Capítulo 17), todas las enzimas de la síntesis de los fosfolípidos están unidas a la membrana plasmática (citoplásmica). Más recientemente, los estudios en mutantes bacterianos han aportado nuevas perspectivas respecto al control de la síntesis de los lípidos de la membrana y, en concreto, sobre los mecanismos utilizados para la regulación por la temperatura del contenido de ácidos grasos de estos lípidos. Recuérdese del Capítulo 10 que, cuando se cultivan a temperaturas bajas, las bacterias aumentan la insaturación de sus ácidos grasos de la membrana para mantener una fluidez óptima. Uno de los campos más interesantes de la bioquímica lipídica contemporánea es el del análisis genético de los mecanismos que mantienen el patrón óptimo de insaturación a una temperatura dada.

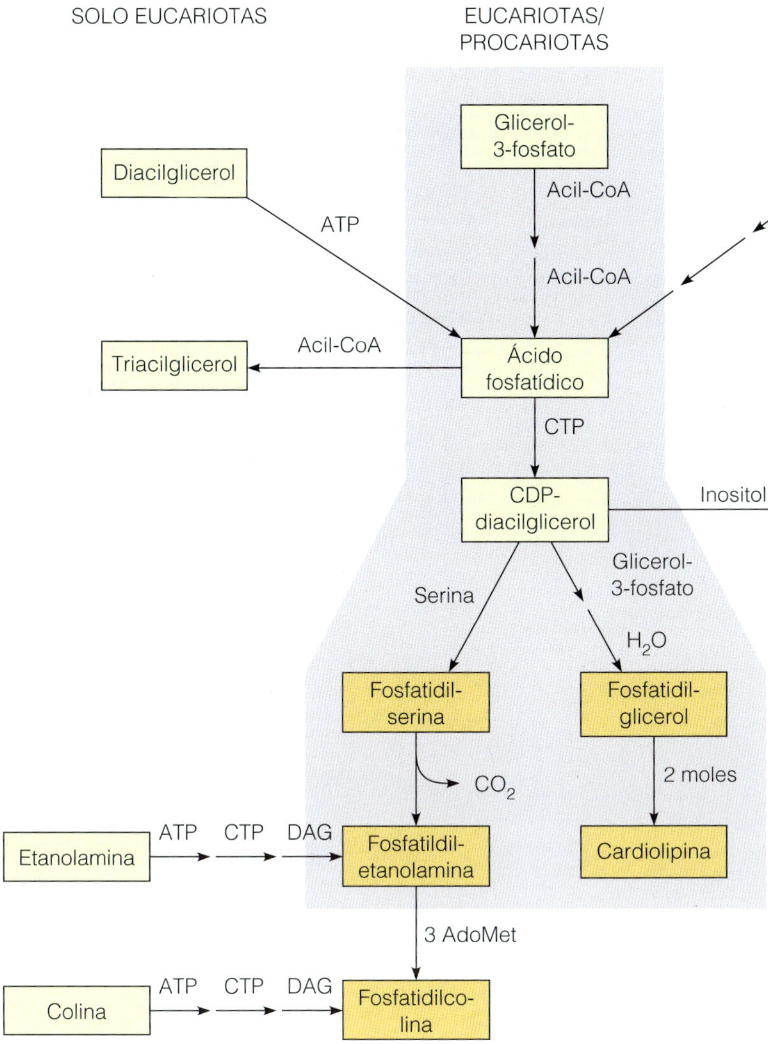


**FIGURA 19.2**

**Rutas de biosíntesis de los glicerofosfolípidos.** Los principales fosfolípidos que se encuentran en las membranas se indican en color naranja. Las rutas que se encuentran, tanto en las células procariotas como en las eucariotas, se resaltan en color púrpura claro. Las demás reacciones se dan solo en las células eucariotas. DHAP = dihidroxiacetona fosfato; DAG = diacilglicerol; AdoMet = *S*-adenosilmetionina (*véase* la página 785).

## Biosíntesis del ácido fosfatídico y de los grupos de cabeza polares

En el Capítulo 17 hemos descrito la síntesis del ácido fosfatídico (diacilglicerol- 3-fosfato), partiendo del L-*sn*-glicerol-3-fosfato (*véase* en el Capítulo 10, página 365 una descripción del sistema de numeración estereoespecífico). Como se muestra en la Figura 19.2, el ácido fosfatídico constituye un punto de ramificación entre la síntesis de los triacilgliceroles y los fosfolípidos. El cofactor energético para la biosíntesis de los fosfolípidos es la citidina trifosfato (CTP), cuyo papel es similar al de la UTP en la síntesis de polisacáridos (Capítulo 9).

El ácido fosfatídico es un metabolito de ramificación entre la biosíntesis de los triacilgliceroles y la biosíntesis de los fosfolípidos.

Recuérdese que el ácido fosfatídico se sintetiza mediante dos acilaciones sucesivas del glicerol-3-fosfato. En las bacterias, estos grupos acilo de 16 a 18 carbonos nacen en la proteína transportadora del acilo (ACP) (Figura 19.3), los productos de la ácido graso sintasa (Capítulo 17). Intervienen en el proceso dos enzimas glicerol fosfato aciltransferasa diferentes, como ponen de manifiesto, en parte, sus diferencias de especificidad por los acil ACP: aproximadamente el 90 % de los grupos acilo esterificados en la posición 1 están saturados, mientras que el 90 % de los de la posición 2 están insaturados. A continuación, el ácido fosfatídico se activa metabólicamente mediante la reacción con CTP. El mecanismo de esta reacción recuerda al de la activación de la glucosa-1-fosfato por el UTP para dar UDP-glucosa (Capítulo 13, página 565). El oxígeno fosforilo del ácido fosfatídico ataca el átomo de fosforo $\alpha$ del CTP para formar **CDP-diacilglicerol** y pirofosfato. El $\Delta G°'$ de este intercambio de fosfoanhídrido es cerca de cero. Sin embargo, la reacción se lleva hasta completarse por la hidrólisis muy exergónica del $PP_i$.

La activación metabólica de los precursores de los fosfolípidos se realiza mediante una reacción con CTP.

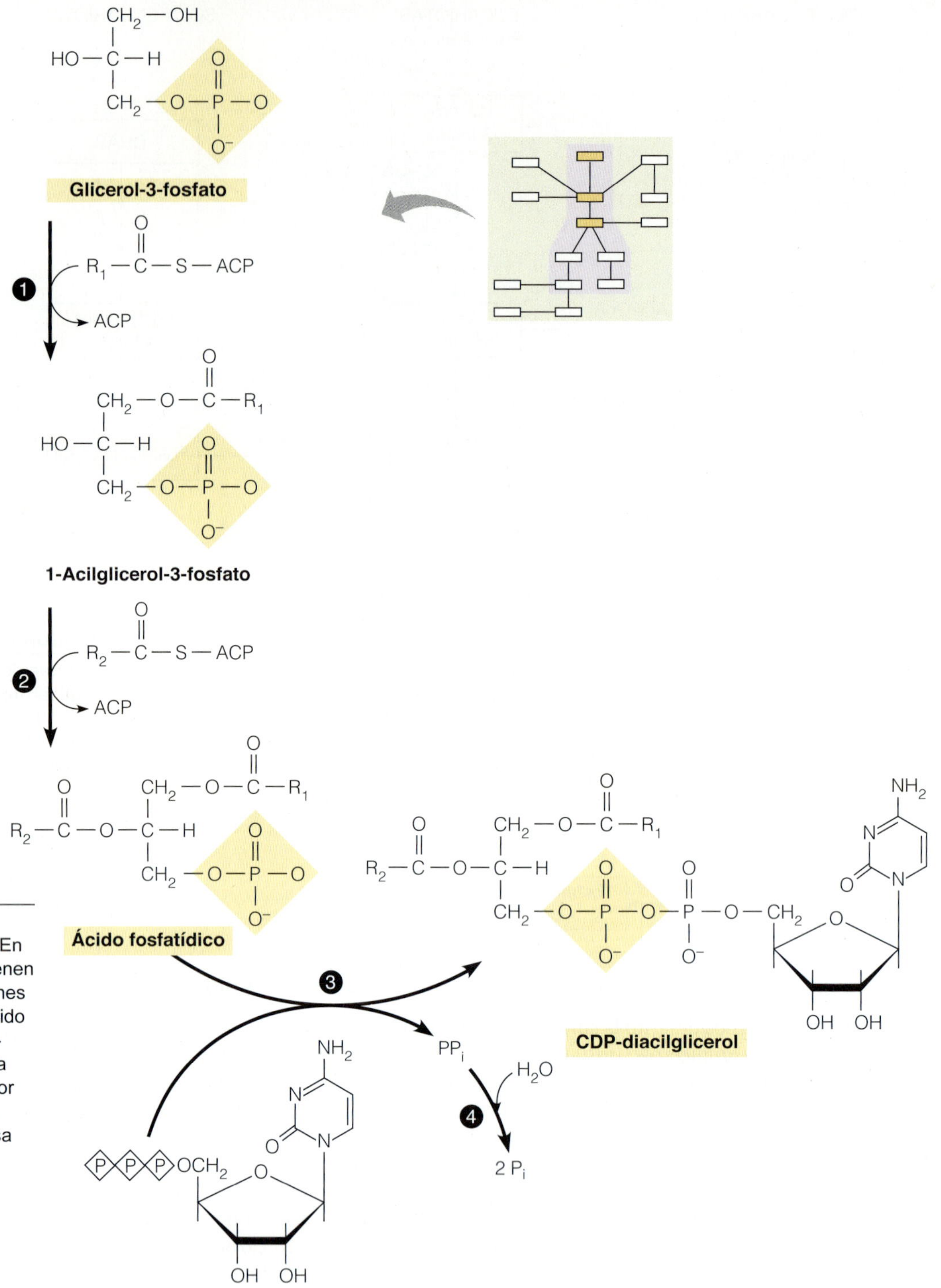


**FIGURA 19.3**

**Síntesis del ácido fosfatídico y del CDP-diacilglicerol en las bacterias.** En la síntesis del ácido fosfatídico intervienen dos aciltransferasas distintas (reacciones ❶ y ❷). La reacción del CTP con el ácido fosfatídico está catalizada por la CDP-diacilglicerol sintasa (reacción ❸). Esta reacción se señala hacia la derecha por la hidrólisis enzimática del pirofosfato, catalizada por la universal pirofosfatasa (reación ❹).

El CDP-diacilglicerol está ya activado (el CMP es un buen grupo de salida) para el ataque nucleófilo por los diversos grupos de cabeza. En una secuencia de reacción (Figura 19.4, lado izquierdo), el CMP se intercambia por serina, dando **fosfatidilserina,** que sufre inmediatamente una descarboxilación a **fosfatidiletanolamina**. Consecuentemente, la fosfatidilserina no se acumula en las bacterias. En la otra ruta (Figura 19.4, lado derecho) el hidroxilo C1 del glicerol-3-fosfato ataca al átomo de fósforo, resaltado del CDP-diacilglicerol, eliminando el CMP para formar fosfatidilglicerol-3-fosfato, seguido por una reacción fosfatasa para producir fosfatidilglicerol. La reacción con otro mol de fosfatidilglicerol da **difosfatidilglicerol** o **cardiolipina.** En esta reacción, el grupo fosfo-

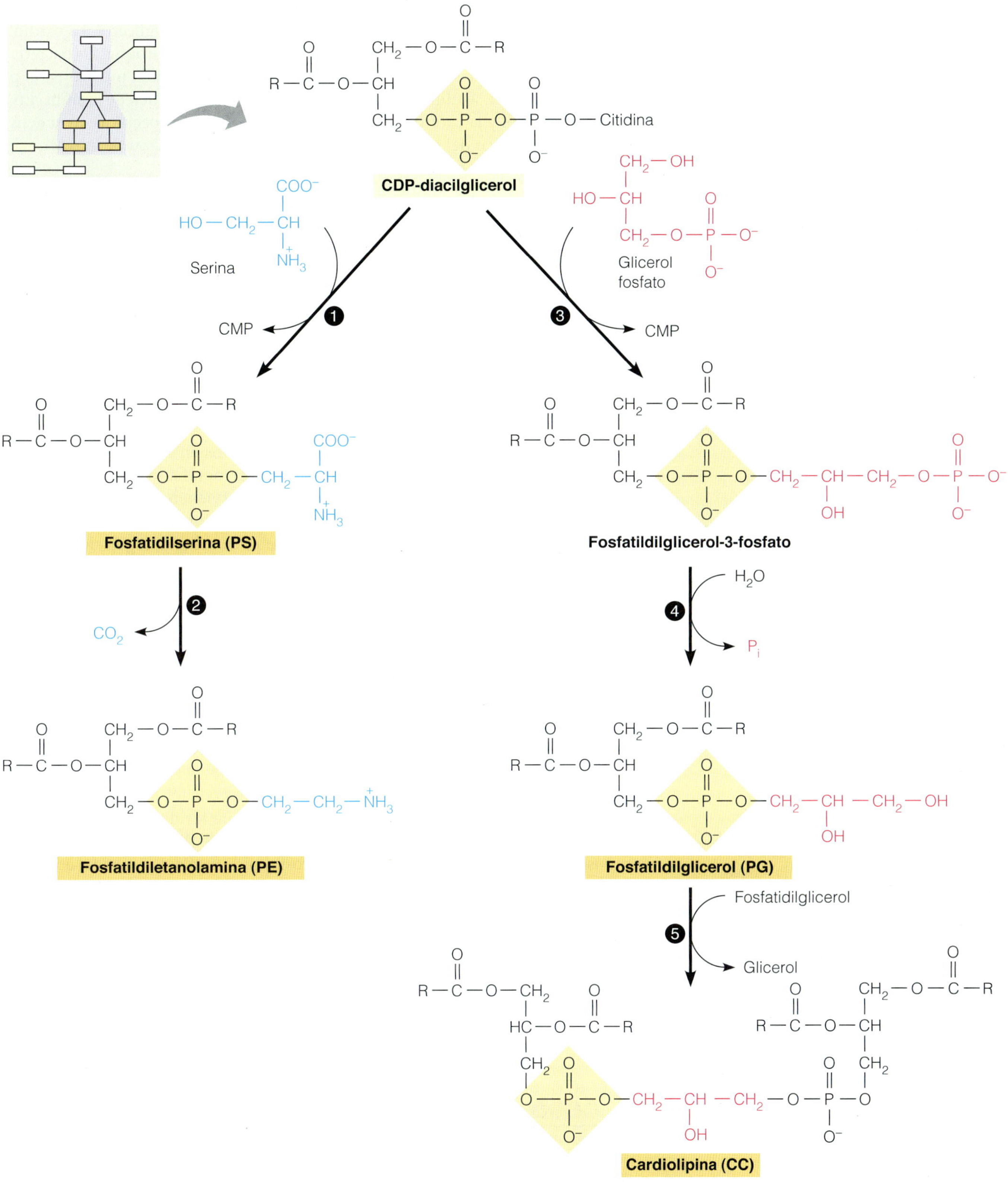


**FIGURA 19.4**

**Síntesis de los grupos de cabeza polares de los fosfolípidos bacterianos. El CDP-diacilglicerol es el precursor de las dos ramas de la ruta**. La rama izquierda produce los iones dobles PS y PE; la rama de la derecha produce los aniónicos PG y CL. ❶ Fosfatidilserina sintasa; ❷ fosfatidilserina descarboxilasa; ❸ fosfatidilglicerol-3-fosfato sintasa; ❹ fosfatidilglicerol-3-fosfato fosfatasa; ❺ cardiolipina sintasa.

rilo de una de las moléculas de fosfatidilglicerol sufre un ataque nuceófilo por el grupo OH del C1 del glicerol del otro, desplazando una molécula de glicerol. La cardiolipina, que es especialmente abundante en las membranas de las espiroquetas (bacterías quimioheterótrofas móviles), es el principal componente antigénico médico en la prueba de Wassermann, que se utilizaba antiguamente para el diagnóstico de la sífilis. En *E. coli* el fosfatidilglicerol y la cardiolipina desempeñan funciones específicas en la activación del producto proteico del gen *dnaA* que participa en la iniciación de la replicación del DNA en un lugar de la membrana (Capítulo 25, página 1063).

En la Figura 19.2 no se muestra el hecho de que la fosfatidiletanolamina y el fosfatidilglicerol se recambian ambos con relativa rapidez en las membranas bacterianas. El grupo de cabeza glicerol-1-P del fosfatidilglicerol se transfiere a los oligosacáridos procedentes de la membrana, que actúan en el espacio periplásmico para regular la presión osmótica. El otro producto es el diacilglicerol, que puede convertirse en ácido fosfatídico por la diacilglicerol quinasa. La fosfatidiletanolamina se recambia mediante la transferencia del ácido graso de su posición 1 a las lipoproteínas de la membrana en el periplasma. El otro producto de esta reacción es la 2-acilglicerolfosfoetanolamina, que puede reacilarse para formar fosfatidiletanolamina.

### Control de la síntesis de fosfolípidos en los procariotas

El análisis genético del metabolismo de los fosfolípidos en *E. coli* está muy avanzado, en el sentido de que se han identificado y se han cartografiado los genes estructurales correspondientes a la mayoría de las enzimas que intervienen en el proceso, se han analizado detalladamente los fenotipos mutantes y se han clonado y secuenciado todos los genes. Sin embargo, todavía conocemos bastante poco sobre la regulación de la síntesis de fosfolípidos. Las pruebas de las que se dispone en la actualidad sugieren que la velocidad de la síntesis de los fosfolípidos se controla principalmente a nivel de la síntesis de los ácidos grasos, mediante los productos finales acil-ACP de cadena larga. Los acil-ACP inhiben, tanto la producción de malonil-CoA por la acetil-CoA carboxilasa como la elongación de las acil-CoA por la ácido grado sintasa. Dado que en las bacterias los ácidos grasos se utilizan fundamentalmente para la síntesis de la membrana, y no como sustratos energéticos, desde el punto de vista metabólico tiene sentido limitar la síntesis de los fosfolípidos en los primeros pasos dirigidos específicamente a la formación de la membrana. Además, debido a que las propiedades biofísicas de las membranas están determinadas, en gran medida, por la composición de los ácidos grasos que se producen de novo, es importante el control al nivel de la síntesis de los ácidos grasos para mantener la homeostasis de la membrana. Recuérdese que las dos ramas de la síntesis de fosfolípidos compiten por el CDP-diacilglicerol existente (Figura 19.4). El control de la composición del grupo polar de cabeza del fosfolípido está determinado, en gran parte, por la actividad de la fosfatidilserina sintasa, que cataliza la primera reacción de la rama izquierda. Esta enzima (PssA en la Figura 19.5) es una proteína periférica de membrana que une y se activa por los fosfolípidos aniónicos fosfatidilglicerol y cardiolipina, ambos

**FIGURA 19.5**

**Regulación de la composición de los fosfolípidos de la membrana en las bacterias**. *Véanse* en el texto los detalles. PssA, Fosfatidilserina sintasa; Psd, fosfatidilserina descarboxilasa; PgsA, fosfatidilglicerol-3-fosfato sintasa; PgpP, fosfatidilglicerol-3-fosfato fosfatasa; CDP-DAG, CDP-diacilglicerol; PtdEtn, fosfatidiletanolamina; PtdGro, fosfatidilglicerol.

Modificado con autorización de Macmillan Publishers Ltd. *Nature Reviews Microbiology* 6:222–233, Y. M. Zhang y C. O. Rock, Membrane lipid homeostasis in bacteria.© 2008.

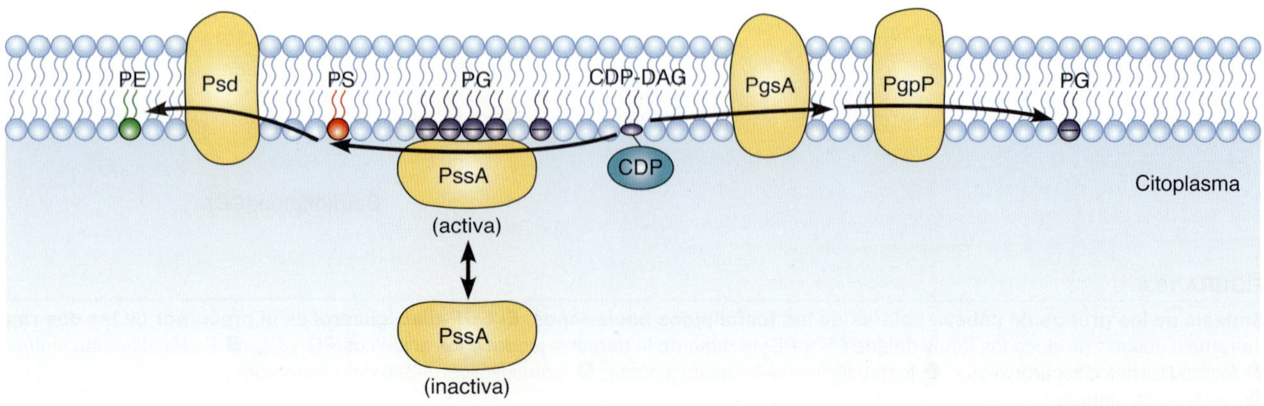

productos de la rama derecha. La fosfatidilserina sintasa activada aumenta la síntesis de fosfatidilserina, que se convierte en fosfatidiletanolamina por la fosfatidilserina descarboxilasa (Psd en la Figura 19.5). Una vez que la proporción de fosfatidiletanolamina en la bicapa alcanza un determinado umbral, PssA se disocia de la membrana y su actividad desciende, lo cual permite que lo alcance la rama derecha de la ruta [catalizado por la fosfatidilglicerol-3-fosfato sintasa (PgsA), fosfatidilglicerol-3-fosfato fosfatasa (PgpP) y la cardiolipina sintasa].

## Metabolismo de los glicerofosfolípidos en los eucariotas

La mayor parte de las células eucariotas contienen seis clases de glicerofosfolípidos: los mismos PE, PG y CL que se encuentran en las bacterias, más la fosfatidilserina (PS), la fosfatidilcolina (PC) y el fosfatidilinositol (PI). Como se esquematiza en la Figura 19.2, el ácido fosfatídico constituye el precursor principal de los seis compuestos, y las rutas hacia PE, PS, PG y CL son prácticamente idénticas a las que ya se han presentado para las bacterias. Sin embargo, las células eucariotas poseen otras rutas adicionales que parten de la base libre, colina y etanolamina, respectivamente, para producir PC y PE. Estas rutas se bosquejan también en la Figura 19.2 y se comentarán en un apartado posterior.

### Síntesis del ácido fosfatídico

Los eucariotas presentan tres rutas de biosíntesis del ácido fosfatídico (Figura 19.6). La ruta principal, que se inicia con el glicerol-3-fosfato, es similar a la que se em-

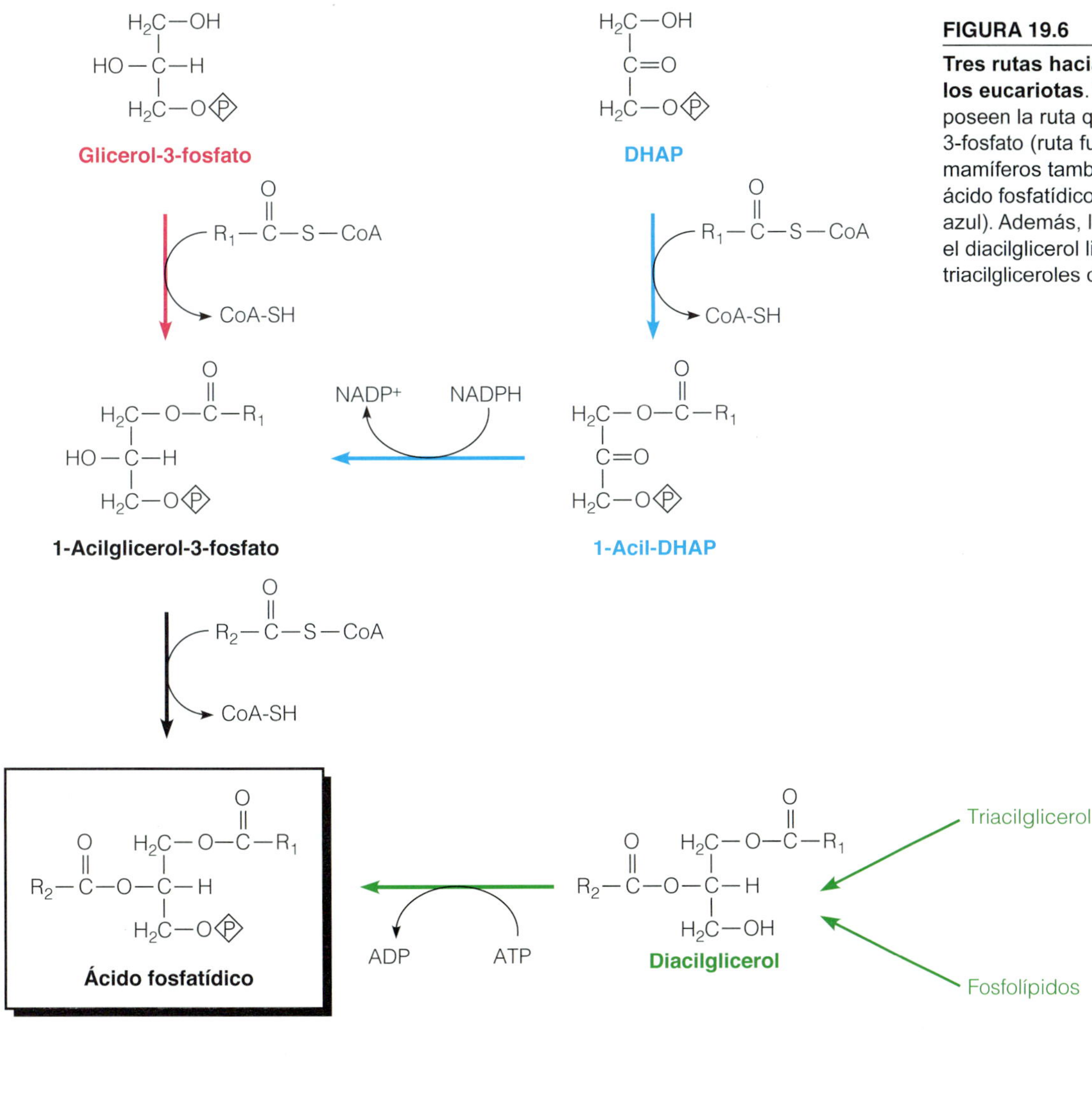


**FIGURA 19.6**

**Tres rutas hacia el ácido fosfatídico en los eucariotas**. Todas las células eucariotas poseen la ruta que comienza en el glicerol-3-fosfato (ruta fucsia). Las levaduras y los mamíferos también pueden sintetizar el ácido fosfatídico partiendo de la DGAP (ruta azul). Además, los eucariotas pueden salvar el diacilglicerol liberado del recambio de los triacilgliceroles o los fosfolípidos (ruta verde).

En los eucariotas, el ácido fosfatídico tiene tres orígenes diferentes: glicerol- 3-fosfato, dihidroxiacetona fosfato y diacilglicerol.

plea en las bacterias (*véase* la Figura 19.3), excepto que las aciltransferasas utilizan como sustratos acil-CoA en vez de acil-ACP. Estas aciltransferasas están situadas en el retículo endoplásmico. Las levaduras y los mamíferos tienen también una segunda ruta que se inicia con la dihidroxiacetona fosfato (DHAP), que acepta una porción acilo en la posición 1 procedente de una acil-CoA, seguida de una reducción a 1-acilglicerol-3-fosfato y una segunda acilación. Las enzimas que catalizan esta ruta están situadas en las mitocondrias y los peroxisomas, así como en el retículo endoplásmico.

La tercera ruta comporta simplemente la fosforilación por una quinasa específica del diacilglicerol, que procede del recambio metabólico de los fosfolípidos (*véase* la página 959).

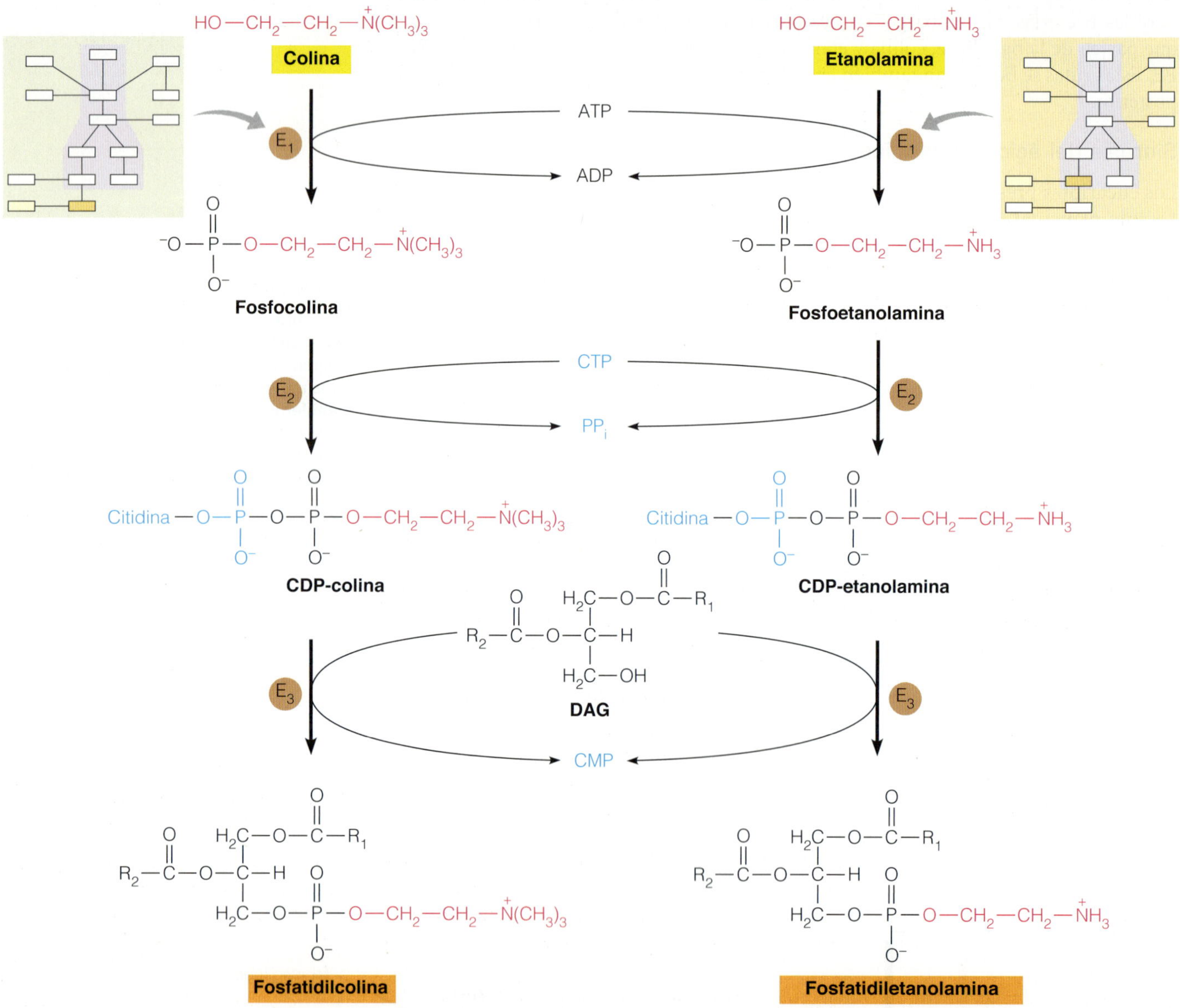


**FIGURA 19.7**

**Síntesis de la fosfatidilcolina y la fosfatidiletanolamina en los mamíferos.** $E_1$ = colina quinasa o etanolamina quinasa; $E_2$ = CTP:fosfocolina citidililtransferasa o CTP:fosfoetanolamina citidiltransferasa; $E_3$ = CDP-colina:1,2-diacilglicerol colina fosfotransferasa o CDP-etanolamina:1,2-diacilglicerol etanolamina fosfotransferasa.

Sea cual sea la ruta utilizada, el ácido fosfatídico se convierte en CDP-diacilglicerol, tal como se ha descrito anteriormente para las bacterias. El CDP-diacilglicerol actúa, a su vez, como precursor de PS, PE, PG y CL. Otra serie de rutas se inician a partir de las bases libres, como se describe en el apartado siguiente.

## Rutas hacia la fosfatidilcolina y la fosfatidiletanolamina

Las rutas de salvamento en la síntesis de fosfolípidos, que se inician con colina o etanolamina, son cuantitativamente importantes en las células eucariotas.

Los fosfolípidos más abundantes en la mayor parte de las células eucariotas son la fosfatidilcolina y la fosfatidiletanolamina. Ambas sustancias pueden sintetizarse a partir de fosfatidilserina o mediante otras rutas alternativas que empiezan con la colina o la etanolamina libres, respectivamente. Dado que la colina y la etanolamina proceden, en gran parte, del recambio metabólico de los fosfolípidos preexistentes, esas últimas rutas pueden considerarse como «rutas de salvamento» para la reutilización de estos productos de degradación. La importancia de reutilizar la colina radica en el hecho de que los tres grupos metilo de la colina proceden del aminoácido metionina. Como comentaremos en el Capítulo 20, la metionina es esencial desde el punto de vista nutricional para muchos animales, y ello hace que sea esencial la reutilización de los metabolitos escasos, como la colina. De hecho, la colina constituye de por sí un componente esencial de las alimentaciones de la mayoría de los animales.

La ruta de utilización de la colina o etanolamina preformadas, que predomina en la mayor parte de las células animales, se resume en la Figura 19.7. La estrategia química para formar el enlace fosfodiéster entre el grupo de cabeza polar y el esqueleto diacilglicerol es semejante a la descrita para la síntesis bacteriana de fosfolípidos (Figura 19.4), excepto que es el grupo de cabeza el que se activa en lugar de la porción diacilglicerol. La colina o la etanolamina se fosforilan y la **fosfocolina** o la **fosfoetanolamina** resultantes se activan metabólicamente por la reacción con CTP, para dar los derivados CDP correspondientes (Figura 19.8). El grupo fosforilo de la CDP-colina o CDP-etanolamina activadas sufre, a continuación, un ataque nucleófilo por el grupo C3 OH del diacilglicerol, desplazando el CDP para obtener el correspondiente fosfolipido. La primera enzima de la ruta, la **colina quinasa** (E1 en la Figura 19.7) puede fosforilar tanto la colina como la etanolamina. Sin embargo, los mamíferos poseen también una **etanolamina quinasa** específica. Las quinasas son enzimas citosólicas, mientras que las enzimas que catalizan el segundo paso, la **CTP:fosfocolina citidililtransferasa** y la **CTP:fosfoetanolamina citidiltransferasa** (E2) se encuentran, tanto en la fracción citosólica como en el retículo endoplásmico. Estas citidiltransferasas catalizan el paso limitante de la velocidad de esta ruta. La última enzima, la **CDP-colina:1,2-diacilglicerol colina fosfotransferasa** o **CDP-etanolamina:1,2-diacilglicerol etanolamina fosfotransferasa** (E3), está unida a la membrana en el retículo endoplásmico. Algunos datos recientes sugieren que solo es activa la forma de la fosfocolina citidililtransferasa (E2) unida a la membrana y que la velocidad de síntesis de la fosfatidilcolina se controla, en parte, por la translocación de esta enzima entre las formas citosólica y membranosa, de forma análoga a la regulación de la fosfatidilserina sintasa en las bacterias (Figura 19.5). La enzima tiene mayor afinidad por las membranas con grupos de cabeza aniónicos, que de esta forma, se agotan de fosfatidilcolina; la unión a la membrana activa esta enzima limitante de la velocidad para aumentar la producción de PC. Se desconocen las señales fisiológicas que regulan la translocación de la CTP:fosfocolina citidiltransferasa a las membranas celulares. Esta enzima es un ejemplo de una proteína **anfitrópica**, que es aquella que puede existir en dos estados alternativos: soluble y unido a la membrana.

La segunda ruta para PE y PC empieza con la conversión de la fosfatidilserina (PS) en PE, catalizada por alguna de las dos enzimas diferentes. La **fosfatidilserina descarboxilasa** es una enzima mitocondrial que, como la correspondiente enzima bacteriana, descarboxila la fosfatidilserina a fosfatidiletanolamina. La segunda enzima es una transferasa activada por el calcio, la **fosfatidiletanolamina serinatransferasa**, que intercam-

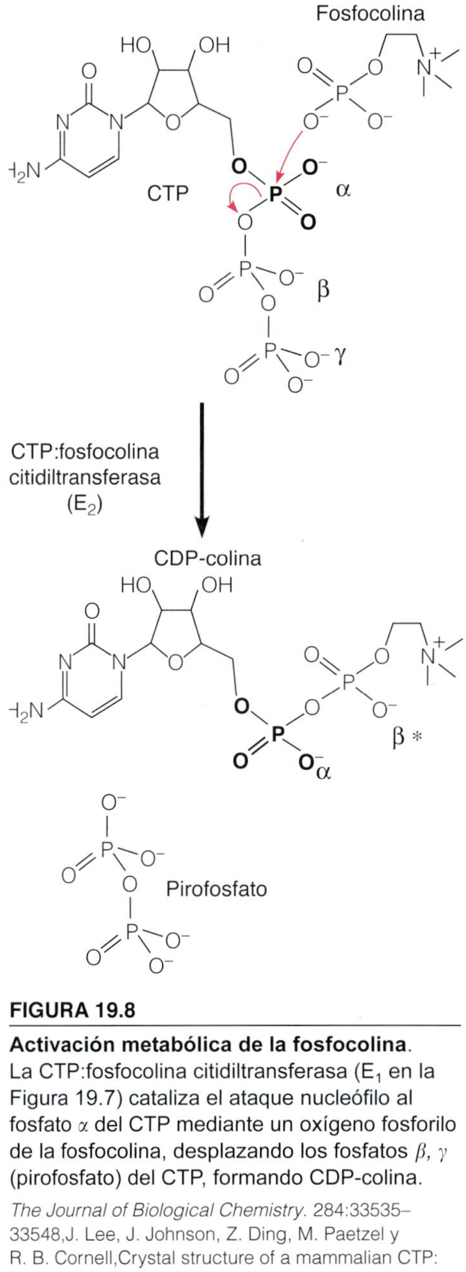


**FIGURA 19.8**

**Activación metabólica de la fosfocolina.** La CTP:fosfocolina citidiltransferasa ($E_1$ en la Figura 19.7) cataliza el ataque nucleófilo al fosfato $\alpha$ del CTP mediante un oxígeno fosforilo de la fosfocolina, desplazando los fosfatos $\beta$, $\gamma$ (pirofosfato) del CTP, formando CDP-colina.

*The Journal of Biological Chemistry.* 284:33535–33548,J. Lee, J. Johnson, Z. Ding, M. Paetzel y R. B. Cornell,Crystal structure of a mammalian CTP: Phosphocholinecytidylyltransferase catalytic domain reveals novel activesite residues within a highly conserved nucleotidyltrans-ferase fold. Reprinted with permission. 

bia la etanolamina libre por la porción serina de la fosfatidilserina, produciendo fosfatidiletanolamina y serina.

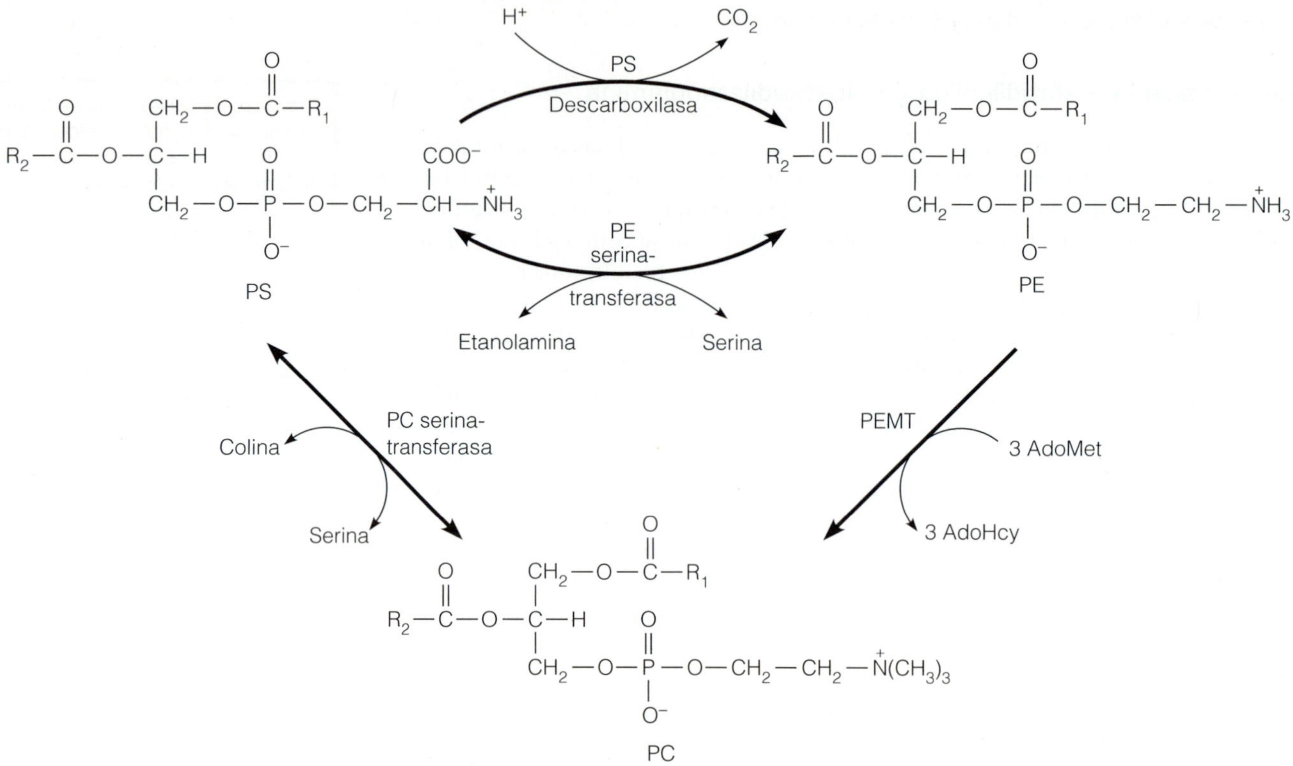


La PE serinatransferasa se encuentra en el retículo endoplásmico y en el complejo de Golgi. Los mamíferos tienen también una **fosfatidilcolina serinatransferasa**, que intercambia serina libre por la porción colina de la PC, dando fosfatidilserina y colina. Ambas serinatransferasas son fácilmente reversibles.

La *S*-adenosilmetionina es el donador de grupos metilo en la síntesis de la fosfatidilcolina y otros numerosos metabolitos metilados.

Sea como sea su formación, la fosfatidiletanolamina sufre tres metilaciones sucesivas, catalizadas probablemente todas ellas por la fosfatidiletanolamina *N*-metiltransferasa (PEMT), para dar fosfatidilcolina. En los animales, esta ruta tiene lugar fundamentalmente en el hígado. El donador del grupo metilo de estas reacciones es un derivado activado de la metionina, la ***S*-adenosil-L-metionina** (AdoMet). El producto de la transferencia del grupo metilo es la ***S*-adenosil-L-homocisteína** (AdoHcy). Como veremos durante el resto de este libro, la AdoMet es un donador de metilo «universal», que participa en numerosas reacciones de transferencia de grupos metilo en el metabolismo de lípidos, proteínas, aminoácidos y ácidos nucleicos. La AdoMet tiene un **ion sulfonio** inestable, con una tendencia termodinámica elevada a transferir su grupo metilo fuertemente electrófilo a nucleófilos para perder su carga. Obsérvese que el ion sulfonio es un centro quiral, el azufre tiene una configuración piramidal, con el par de electrones solitario formando el cuarto ligando ausente. Todas las metiltransferasas dependientes de AdoMet son específicas del isómero *S* (*véase* más adelante).

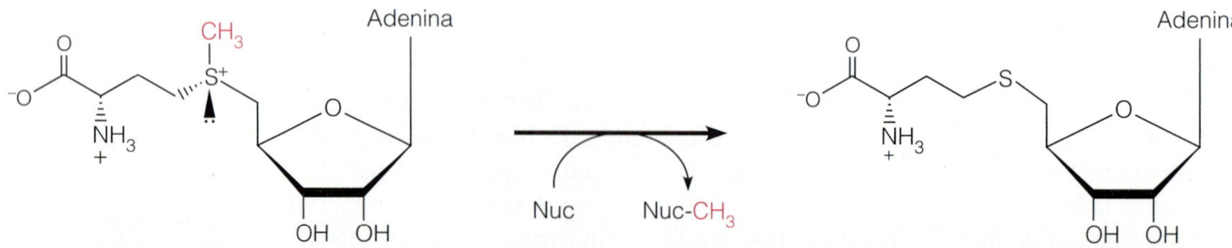


***S*-Adenosil-L-metionina (AdoMet)** → ***S*-Adenosil-L-homocisteína (AdoHcy)**

La AdoMet se forma a partir de metionina y ATP en una reacción poco habitual, en la que el ATP se fragmenta para dar trifosfato inorgánico ($PPP_i$) y un grupo adenosilo ligado directamente a través de C-5 de la ribosa con el azufre de la metionina. El trifosfato se hidroliza por la enzima a pirofosfato ($PP_i$) y ortofosfato ($P_i$), haciendo que se complete la reacción.

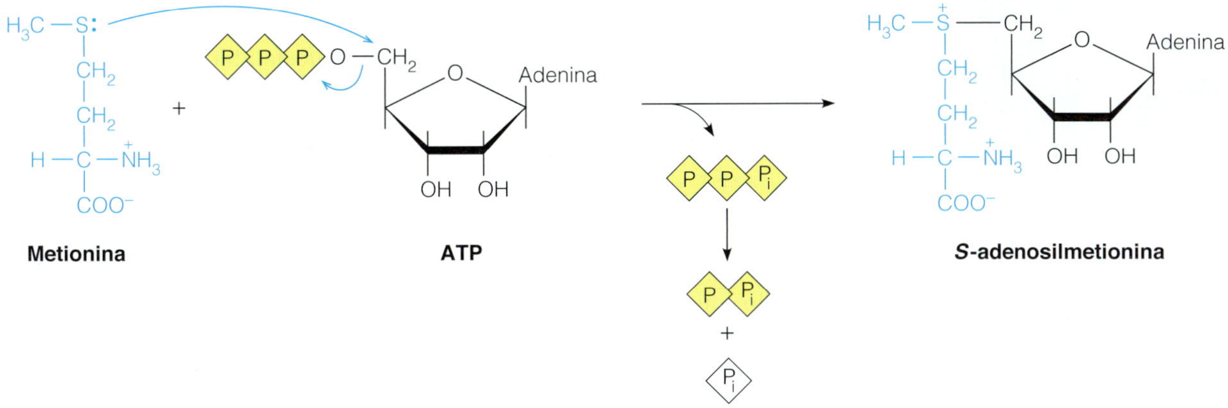


Como puede esperarse del papel crucial que desempeñan los glicerofosfolípidos en la síntesis e integridad de la membrana, estas rutas de biosíntesis son esenciales en los mamíferos. La interrupción en ratones de los genes que codifican estas enzimas normalmente es letal durante la embriogénesis. Las excepciones son aquellas enzimas que están codificadas por varios genes o para las que existen rutas alternativas. De esta forma, la deficiencia de PEMT puede compensarse por la ruta de la CDP-colina (Figura 19.7). Por otro lado, la CTP:fosfoetanolamina citidiltransferasa (Figura 19.7, $E_2$) y la fosfatidilserina descarboxilasa (página 784) no pueden sustituirse entre ellas, lo cual sugiere que la PE que se sintetiza en estas dos rutas está compartimentada de forma distinta. De hecho, las serinatransferasas, la PS descarboxilasa y las enzimas PEMT están todas ellas en un dominio específico del retículo endoplásmico estrechamente asociado con la membrana mitocondrial externa, lo que proporciona un mecanismo para la compartimentación de esta ruta desde serina a fosfaditilcolina.

## Redistribución de los ácidos grasos de los fosfolípidos: surfactante pulmonar y fosfolipasas

Las cadenas de los ácidos grasos de los fosfolípidos se remodelan por medio de las acciones concertadas de la fosfolipasa $A_2$ y las lisofosfolípido aciltransferasas específicas para satisfacer las necesidades del organismo.

Una vez descrita la biosíntesis de los grupos de cabeza polares, pasemos ahora a los ácidos grasos componentes de los fosfolípidos, tras lo cual volveremos a un grupo de cabeza polar de mayor importancia, el inositol de los fosfoinosítidos. Diversos experimentos de marcaje isotópico ponen de relieve que los fosfolípidos, incluso después de su inserción en las membranas, no son metabólicamente inertes. En concreto, las cadenas de ácidos grasos pueden modificarse en respuesta a diversas condiciones o necesidades ambientales. Recuérdese que los ácidos grasos saturados y monoinsaturados normalmente se encuentran en la posición *sn*-1, mientras que los grupos acilo poliinsaturados normalmente están esterificados en la posición *sn*-2. Esta asimetría del acilo se genera por el recambio rápido de la porción acilo *sn*-2 en una ruta de remodelación descrita inicialmente por Williams Lands en 1958. Este proceso (que se denomina ciclo de Lands) comporta las acciones concertada y coordinada de la **fosfolipasa $A_2$**, y una familia de aciltransferasas específica de los **lisofosfolípidos**, que son fosfolípidos que carecen de una cadena acilo en la posición *sn*-2. Los lisofosfolípidos reciben su nombre del hecho de que son detergentes potentes, capaces de solubilizar las membranas y de esta manera, lisar las células; los eritrocitos son especialmente susceptibles a esta acción (hemólisis). La fosfolipasa $A_2$ forma parte de una clase de cuatro enzimas que hidrolizan enlaces específicos en los fosfolípidos; las otras son las fosfolipasas $A_1$, C y D (Figura 19.9). Una forma de fosfolipasa $A_2$ procede del veneno de serpiente, que tiene la capacidad de producir hemólisis. La liberación de una cadena acilo de la fosfatidilcolina da 1-acilglicerofosforilcolina, conocida más habitualmente como **lisolecitina** (la propia fosfatidilcolina se llama habitualmente lecitina).

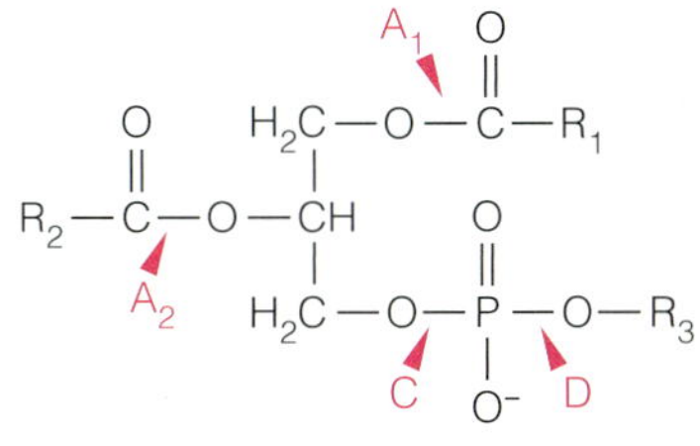

**FIGURA 19.9**

**Especificidades de las fosfolipasas $A_1$, $A_2$, C y D.**

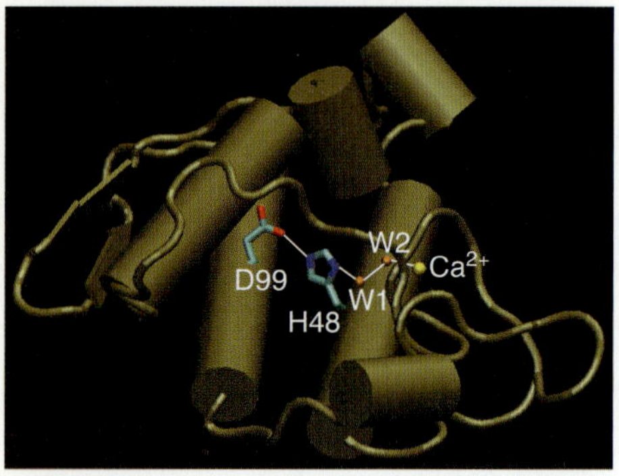


FIGURA 19.10

**Estructura de la fosfolipasa $A_2$, una enzima que metaboliza los fosfolípidos de las membranas.** El catabolismo de las membranas en las interfases membrana-agua es importante tanto para la modificación de la estructura de la membrana y como fuente de segundos mensajeros y otros reguladores. La estructura cristalina de la fosfolipasa $A_2$ de páncreas de porcino (PDB ID 2B01) muestra la tríada catalítica (D99-H48-agua) y el ion $Ca^{2+}$ del lugar activo, unidos a una segunda molécula de agua (W2). Los enlaces de hidrógeno y las interacciones del $Ca^{2+}$ están indicados con líneas blancas finas.

Varias aciltransferasas de remodelación son específicas de lisolecitina, lisofosfatidiletanolamina, lisofosfatidilcardiolipina o lisofosfatidilglicerol. Cada enzima tiene también una selectividad única para la cadena acil-CoA que transfiere a la posición *sn*-2 del lisofosfolípido. Este proceso de remodelación es especialmente importante durante la biosíntesis de los componentes fosfolipídicos del **surfactante pulmonar**, una sustancia que contiene lípidos y proteínas que segrega el pulmón y que, gracias al mantenimiento de una tensión superficial elevada, evita que los alvéolos se colapsen al expulsar el aire. El surfactante pulmonar contiene entre un 50 % y un 60 % de **dipalmitoilfosfatidilcolina**, una forma de fosfatidilcolina en la que las cadenas palmitoilo saturadas ocupan ambas posiciones *sn*-1 y *sn*-2. Los recién nacidos que presentan el **síndrome disneico neonatal** tienen defectos del metabolismo del surfactante pulmonar; deficiencias de la síntesis o secreción de esta sustancia. La fosfolipasa $A_2$ hidroliza, en primer lugar, el grupo acilo original de la posición *sn*-2 para dar una lisofosfatidilcolina. Las células alveolares expresan una lisofosfatidilcolina aciltransferasa específica que tiene una preferencia clara por las acil-CoA saturadas, especialmente la palmitoil-CoA, como donador de acilo para sustituir a la cadena de *sn*-2. La síntesis de dipalmitoilfosfatidilcolina en el tejido pulmonar se incrementa mucho después del nacimiento, en parte como resultado de la translocación de la CTP:fosfocolina citidiltransferasa (E2 en la Figura 19.7) al retículo endoplásmico (RE) y su consiguiente activación. La expresión de la lisofosfatidilcolina aciltransferasa también aumenta durante el periodo perinatal para proporcionar la actividad de remodelación necesaria. Dado que la producción de surfactante pulmonar no se activa hasta que los fetos llegan a término, los bebés prematuros se tratan con un surfactante para evitar la disnea respiratoria.

Las fosfolipasas han sido reactivos útiles en los estudios de las estructuras lipídicas y de la membrana. Los estudios estructurales sobre la fosfolipasa $A_2$ han tenido un interés especial debido, en parte, a que la enzima es activa en la interfase membrana-agua y actúa como una sonda de la estructura de la membrana, y en parte, debido a que las acciones de la fosfolipasa conducen a las prostaglandinas (página 813) y a segundos mensajeros (*véase* el Capítulo 23). La fosfolipasa $A_2$ utiliza una tríada catalítica semejante a la de las serina proteasas (Capítulo 11), con la excepción de que una molécula de agua sustituye a la serina como nucleófilo atacante, y de esta forma, no se forma un intermediario acil-enzima en la reacción. Como se muestra para la fosfolipasa $A_2$ del páncreas de cerdo (Figura 19.10), el Asp 99 y la His 48 catalíticos están situados en hélices $\alpha$ adyacentes, en una red de enlaces de hidrógeno con una molécula de agua (W1). El lugar activo contiene también un ion $Ca^{2+}$ catalítico importante, que está unido a una segunda molécula de agua (W2). La estructura sugiere que W2 es la molécula de agua catalítica, que se activa por la triada catalítica Asp-His-W1 y el ion $Ca^{2+}$ para el ataque nucleófilo al enlace éster de la posición *sn*-2 del fosfolípido. El ion $Ca^{2+}$ también se ha propuesto que estabiliza el oxianión del intermediario de reacción tetraédrico.

Las fosfolipasas participan en la transducción de señal y en la reparación de la membrana.

Otra función propuesta para la fosfolipasa $A_2$ es la reparación de los fosfolípidos de la membrana dañados. Como se explicó en el Capítulo 15, los ácidos grasos son susceptibles al ataque no enzimático del oxígeno o de las especies reactivas del oxígeno, como el superóxido, para dar hidroperóxidos de ácidos grasos. Cuando un fosfolípido de la membrana sufre la peroxidación de la cadena de un ácido graso, la estructura de la membrana se distorsiona y puede afectarse su función. Los datos actualmente existentes sugieren que la fosfolipasa $A_2$ puede eliminar estos ácidos grasos anormales de los fosfolípidos que todavía se encuentran en la doble capa lipídica, lo cual conduce a la sustitución de las cadenas acilo dañadas por ácidos grasos normales.

El lisofosfolípido más simple de este tipo es el **ácido lisofosfatídico,** formado por la acción de la fosfolipasa $A_2$ sobre el ácido fosfatídico. El ácido lisofosfatídico se ha identificado como un agente biológico de señalización (Capítulo 23). Su liberación por las células activadas, como las plaquetas, estimula la proliferación de otros tipos celulares a través de la interacción con receptores específicos, evidentemente como parte del proceso de cicatrización.

### Biosíntesis de otros glicerofosfolípidos acilados

Las restantes rutas principales que se indican en la Figura 19.2 corresponden a la síntesis de fosfatidilserina, fosfatidilglicerol, cardiolipina y fosfatidilinositol. En las levaduras, predomina la ruta del CDP-diacilglicerol para la producción de fosfatidilserina. En los animales, la fosfatidilserina se sintetiza fundamentalmente mediante el intercambio, activado por el calcio, entre la fosfatidiletanolamina y la serina (página 784). Sin embargo, el origen último de la etanolamina para este proceso no se conoce aún. En los animales, la síntesis de fosfatidilglicerol, que está limitada en gran parte a las mitocondrias, es idéntica a la ruta utilizada en las bacterias. Sin embargo, su conversión en cardiolipina se basa en el CDP-diacilglicerol, en vez de en un segundo mol de fosfatidilglicerol, como segundo sustrato (Figura 19.11).

En la biosíntesis del fosfatidilinositol, catalizada por la **fosfatidilinositol sintasa,** interviene el CDP-diacilglicerol y el L-*mio*-inositol (Figura 19.11). Este último es uno de los nueve estereoisómeros posibles del hexahidroxiciclohexano y se sinteti-

**FIGURA 19.11**

**Biosíntesis de la cardiolipina y los fosfoinosítidos en los eucariotas.**

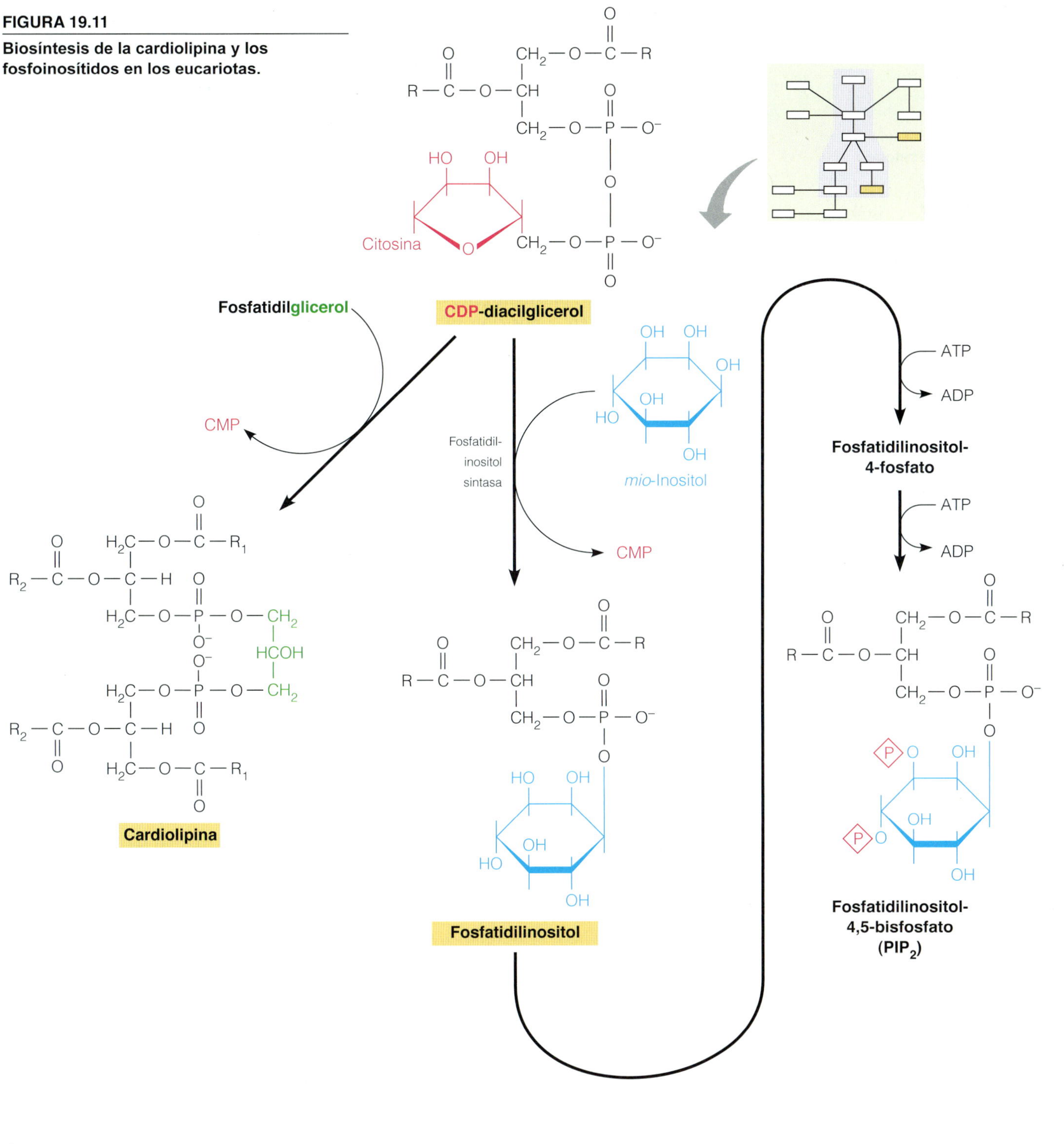

El fosfatidilinositol y sus derivados fosforilados desempeñan funciones importantes como precursores de segundos mensajeros.

za a partir de la D-glucosa-6-fosfato. El fosfatidilinositol sufre dos fosforilaciones sucesivas para dar fosfatidilinositol-4-fosfato y fosfatidilinositol-4,5-bisfosfato, que se encuentran ambos en cantidades pequeñas, pero apreciables. Estos tres lípidos, a los que se denomina colectivamente **fosfoinosítidos,** están enriquecidos en ácido araquidónico en la posición 2. Este enriquecimiento se produce evidentemente a través del proceso de desacilación-reacilación que hemos comentado antes (*véase* la página 786).

Se sabe desde hace tiempo, gracias a los estudios de marcaje con $^{32}P$, que los fosfoinosítidos se encuentran en un estado de flujo metabólico activo. Se sintetizan y degradan rápidamente, en especial en el tejido nervioso y, sobre todo, en respuesta a la unión de neurotransmisores. Como se describe en el Capítulo 18, el fosfatidilinositol 3,4,5-trisfosfato ($PIP_3$) desempeña un papel importante como segundo mensajero en la **señalización transmembrana,** la transmisión de una señal extracelular a algún elemento del aparato metabólico intracelular. Nuestro conocimiento actual de estos fenómenos se presentará en el Capítulo 23. Otra función metabólica importante del fosfatidilinositol es participar en las uniones de glucosilfosfatidilinositol (GPI) que se utilizan para anclar algunas glucoproteínas a la cara extracelular de la membrana plasmática (Capítulo 10).

**FIGURA 19.12**

**Ruta de biosíntesis de los fosfolípidos alquil éteres.**

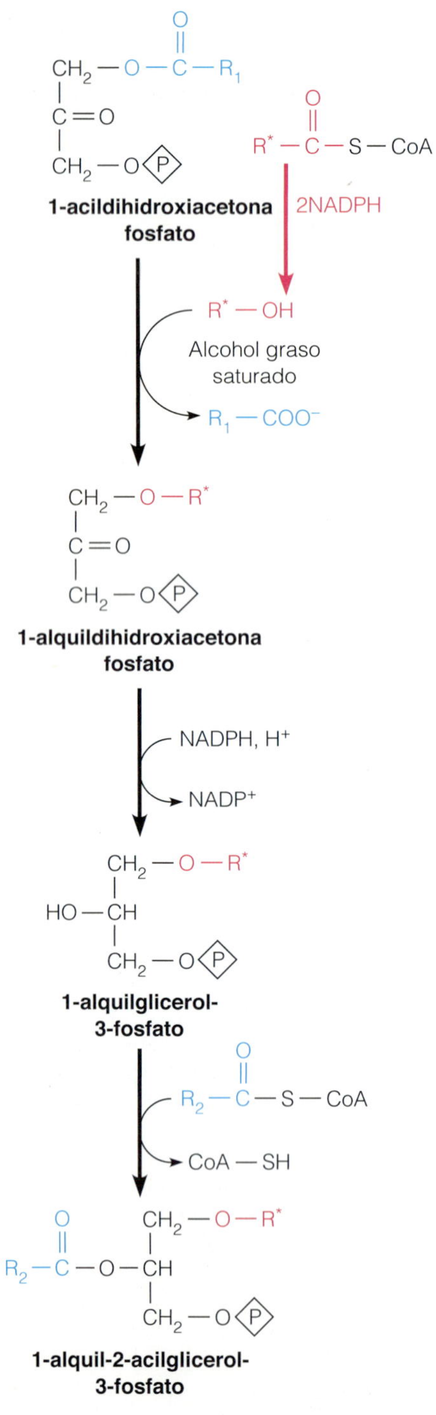


## Fosfolípidos éteres

Los lípidos éteres son lípidos que contienen un grupo alquilo, en vez de un grupo acilo, ligado a uno de los átomos de oxígeno del glicerol. Los fosfolípidos alquilo y alquenilo están muy extendidos, aunque su abundancia en los tejidos varía grandemente. Así, por ejemplo, los **plasmalógenos** o **éteres de vinilo,** son fosfolípidos que contienen un éter alquenilo en la posición *sn*-1 del glicerol. Estos compuestos se encuentran en la mayoría de las membranas de los mamíferos, pero son especialmente abundantes en el corazón, el cerebro y los espermatozoides, donde pueden constituir más del 50 % de los fosfolípidos de la membrana. Los plasmalógenos de etanolamina son mucho más abundantes que los plasmalógenos de colina, excepto en el músculo. Por el momento se sabe poco de la trascendencia funcional de esta clase de lípidos. El enlace éter vinílico ácido-lábil es bastante susceptible al daño oxidativo y los plasmalógenos son dianas importantes de las especies reactivas del oxígeno (ROS; *véase* el Capítulo 15, página 665). De esta forma, se ha propuesto que los plasmalógenos protegen frente al daño oxidativo, como la peroxidación lipídica, al «eliminar» los ROS. Los plasmalógenos también pueden ser fuentes importantes de ácido araquidónico y ácido docosahexaenoico (DHA), liberados de la posición *sn*-2 por la acción de la fosfolipasa $A_2$. El ácido araquidónico es el precursor de los eicosanoides (posteriormente se verá más) y el DHA es un ácido graso poliinsaturado (PUFA) con la capacidad de abatir las concentraciones de colesterol y triglicéridos séricos (Capítulo 17, página 732). En un trastorno autosómico recesivo raro denominado **síndrome de Zellweger,** hay una ausencia de peroxisomas, y la síntesis de plasmalógeno es muy deficitaria. Las personas afectadas por este trastorno sufren lesiones cerebrales, hepáticas y renales, antes de fallecer a una edad temprana.

La biosíntesis de los fosfolípidos éteres (Figura 19.12) se inicia en el peroxisoma con la 1-acildihidroxiacetona fosfato (*véase* la Figura 19.6), que intercambia un grupo alquilo por el grupo acilo; el alcohol graso saturado que se utiliza en esta reacción procede de la reducción, dependiente de NADPH, de la correspondiente acil-CoA. Se reduce luego el carbono 2 del nivel ceto al hidroxilo para dar 1-alquilglicerol-3-fosfato. Este intermedio se desplaza del peroxisoma al retículo endoplásmico, donde se acila C2, lo cual da el análogo 1-alquilo del ácido fosfatídico (última estructura de la figura), que se convierte en éteres fosfolípidos saturados, o **éteres de glicerilo,** mediante las rutas que se han presentado en la Figura 19.2 para la biosíntesis de los fosfolípidos. La ruta principal conduce al éter de glicerilo de la fosfatidiletanolamina; los análogos de serina y colina proceden del análogo etanolamina (como en la página 784) mediante un intercambio de bases y una metilación, respectivamente. La síntesis de plasmalógenos a partir de éteres de glicerilo utiliza posteriormente la desaturación del grupo alquilo de la posición *sn*-1 (Figura 19.13).

El sistema enzimático microsómico que participa, al igual que el utilizado para la desaturación de la estearoil-CoA (*véase* la Figura 17.34, página 744), requiere $O_2$, NADH y citocromo $b_5$.

Un lípido éter poco habitual, denominado **factor activador de plaquetas,** tiene la estructura **1-alquil-2-acetilglicerofosfocolina.** Fisiológicamente, este compuesto es tal vez el más potente que se conoce. A concentraciones de tan solo 1 *picomolar* ($10^{-12}$ M), tiene numerosos efectos, tanto en la fisiología normal como en las reacciones inflamatorias, incluyendo la estimulación de la agregación plaquetaria, la reducción de la presión sanguínea, la activación de varias clases de leucocitos, la reducción del gasto cardíaco, la estimulación de la glucogenólisis y la estimulación de la contracción uterina. Este lípido se sintetiza a través de la acetilación de la correspondiente 1-alquilglicerofosfocolina por la acetil-CoA.

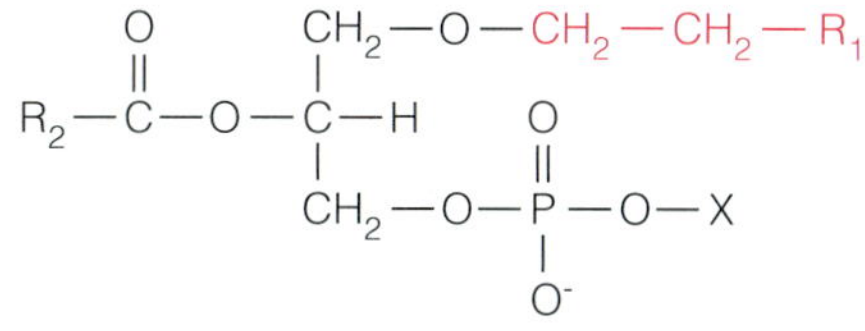

**Fosfolípido con un alquil éter en la posición *sn*-1**

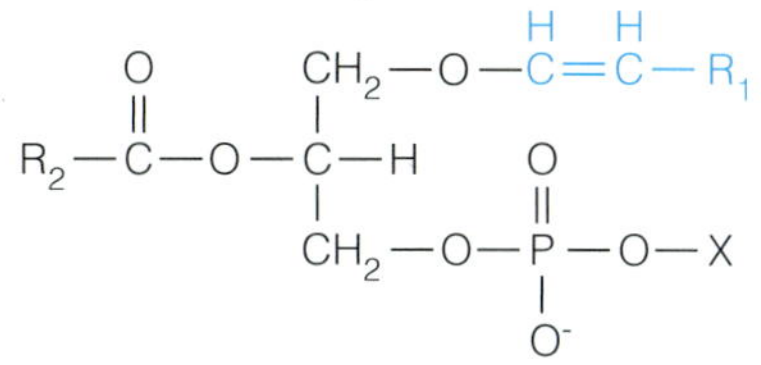

**Fosfolípido con un alquenil éter en la posición *sn*-1 (Plasmalógeno)**

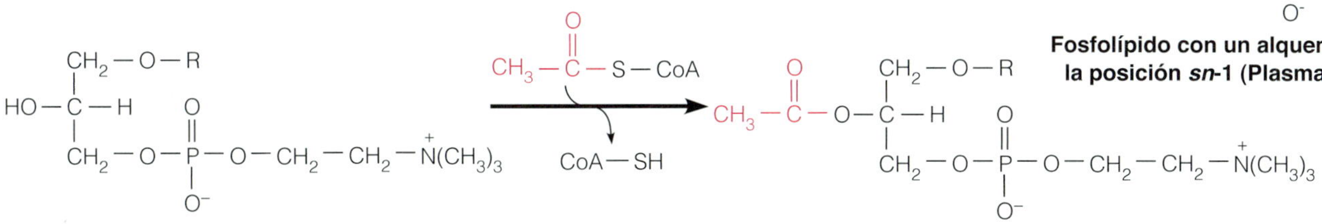

**1-alquilglicerofosfocolina** **1-alquil-2-acetilglicerofosfocolina**

El descubrimiento de un fosfolípido con una actividad biológica tan notable fue un hecho sin precedentes, y ha abierto un nuevo campo fascinante de la Bioquímica. El factor actúa a través de su unión a un receptor de alta afinidad de la membrana de las células susceptibles. Los receptores interaccionan con los sistemas de transducción de señal a través de las proteínas G (*véase* el Capítulo 23).

Los lípidos que contienen éter son bastante abundantes en las membranas de los microorganismos halófilos («amantes de la sal»). Estas bacterias y protozoos crecen en medios de cultivo con concentraciones de NaCl de hasta 4 M. Aunque no conocemos la relación existente entre los lípidos éteres y la capacidad de crecer en un medio con abundante sal, un factor posible es la mayor estabilidad de los éteres de alquilo frente a la hidrólisis, en comparación con los ésteres de acilo.

## Transporte intracelular de los fosfolípidos de membrana

De las seis clases principales de glicerofosfolípidos de los lípidos de la membrana eucariota, el fosfatidilglicerol y la cardiolipina se encuentran fundamentalmente en las membranas mitocondriales y se sintetizan en las mitocondrias. Las cuatro clases restantes se sintetizan simultáneamente con su inserción en el lado citosólico de las membranas del retículo endoplásmico. Desde allí, sufren una translocación hacia el lado luminal de la membrana y finalmente, se transportan a otras membranas, la cubierta nuclear, las membranas mitocondriales y la membrana plasmática. La manera en que se producen estos fenómenos es uno de los temas que están motivando una investigación más activa en la biología celular contemporánea. Las tres preguntas principales son las siguientes: (1) ¿cómo pasan las moléculas de fosfolípido de un lado de una membrana al otro? (2) ¿cómo se desplazan las moléculas de fosfolípido de un lugar a otro dentro de la célula? (3) ¿de qué manera explica el transporte de fosfolípidos dirigido a orgánulos específicos las diferencias de composición de fosfolípidos que existen en las membranas dentro de una misma célula?

**FIGURA 19.13**

**Síntesis de un plasmalógeno a partir de un éter de glicerilo.** La desaturación de la 1-alquil-2-acilglicerofosfoetanolamina (el análogo alquílico de la fosfatidiletanolamina) produce el correspondiente éter de vinilo o plasmalógeno.

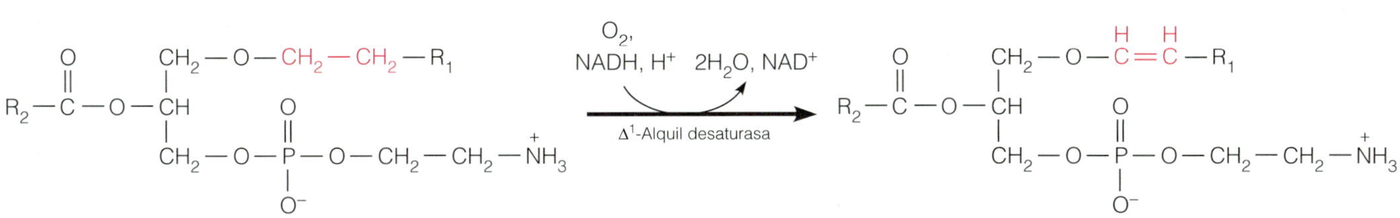


**1-alquil-2-acilglicerofosfoetanolamina** **Plasmalógenos**

Las investigaciones sobre el movimiento transmembrana de los fosfolípidos (pregunta 1) utilizan sondas lipídicas específicas que permiten la detección de un lípido en un solo lado de la bicapa. Como se ha indicado en Herramientas de la Bioquímica 10A, un método de este tipo es el que utiliza el **marcaje de espín,** un análogo lipídico que es detectable por su espectro de resonancia paramagnética electrónica. Estas medidas indican que el movimiento a través de la doble capa, o *flip-flop*, se produce de manera espontánea, pero es muy lento. Las medidas *in vivo* indican un movimiento a través de la doble capa mucho más rápido, catalizado por flipasas y flopasas que se describen en el Capítulo 10.

El transporte de fosfolípidos dentro de la célula (pregunta 2) se basa, en gran parte, en la transferencia de fragmentos de membrana del RE al complejo de Golgi, como se muestra en la Figura 19.1. Las vesículas de membrana se desprenden de manera constante del complejo de Golgi, y estas vesículas, que contienen productos secretores, se fusionan con la membrana plasmática para la secreción de sus contenidos mediante **exocitosis** (transporte fuera de la célula). Parece probable que esta ruta se utilice no solo para la secreción extracelular, sino también para el transporte de los lípidos de la membrana a la membrana plasmática. Es probable que existan procesos comparables para el transporte de los lípidos de la membrana a las mitocondrias, los cloroplastos de las plantas y los núcleos, aunque estos procesos no se conocen bien todavía.

Para explicar la variabilidad de la composición lipídica de la membrana dentro de una determinada célula (pregunta 3), podemos proponer la existencia en las membranas del Golgi de proteínas de direccionamiento específicas, es decir, proteínas que se asocian preferentemente con determinados lípidos y que tienen afinidad por determinados orgánulos. Otro mecanismo es el que se basa en la acción de **proteínas intercambiadoras de fosfolípidos,** que son proteínas citosólicas que unen un fosfolípido y pueden catalizar su intercambio por un lípido correspondiente de la membrana. El lípido unido a la proteína pasa a la membrana y el lípido de la membrana queda unido a la proteína citosólica. Este mecanismo no proporciona una transferencia neta de lípidos a una membrana, pero permite la modulación de la composición lipídica de una membrana determinada.

Las membranas se ensamblan mediante el movimiento de vesículas de membrana que proceden de los lugares de síntesis en el retículo endoplásmico y el complejo de Golgi y van a parar a las membranas ya existentes, con las que se fusionan.

## Metabolismo de los esfingolípidos

El interés por los esfingolípidos se centra, en gran parte, en su papel importante en el tejido nervioso y, en relación con ello, en numerosos defectos genéticos humanos del metabolismo de los esfingolípidos. Los esfingolípidos están también muy extendidos en las membranas de las células vegetales y en los eucariotas inferiores, como las levaduras.

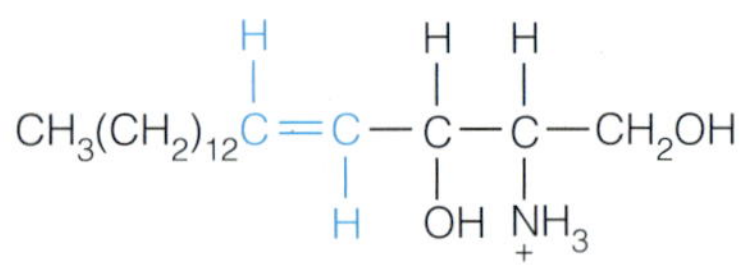

Esfingosina

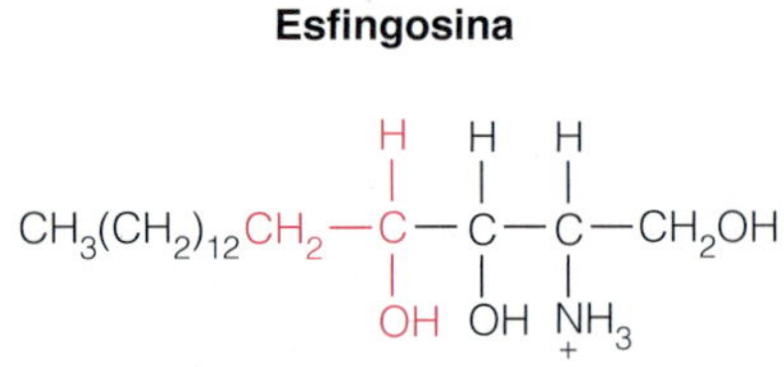

Fitoesfingosina

Recuérdese del Capítulo 10 que los esfingolípidos son derivados de la base *esfingosina.* Los esfingolípidos de las plantas contienen una forma ligeramente diferente de este compuesto, denominada **fitoesfingosina.** Los esfingolípidos incluyen la *ceramida* (*N*-acilesfingosina), la *esfingomielina* (*N*-acilesfingosina fosforilcolina) y una familia de esfingolípidos que contienen hidratos de carbono denominados **glucoesfingolípidos** neutros y ácidos; estas últimas sustancias incluyen los *cerebrósidos* y los *gangliósidos* (que también contienen ácido siálico). La ceramida actúa como precursor, tanto de la esfingomielina como de los glucoesfingolípidos.

En los animales, la ruta de la ceramida se inicia con la síntesis de un derivado de la esfingosina, la **esfinganina,** a partir de palmitoil-CoA y serina (Figura 19.14). Tras la reducción del grupo ceto de palmitoilo, el grupo amino de la esfinganina se acila para dar una ceramida. Tras el transporte al complejo de Golgi, la unidad esfinganina de este compuesto se desatura para dar una ceramida con una base esfingosina. La transferencia de una unidad fosfocolina procedente de la fosfatidilcolina da esfingomielina y diacilglicerol.

Las rutas que conducen a los glucoesfingolípidos son más numerosas, pero las estrategias metabólicas son comparables a las que hemos visto anteriormente en la síntesis de las cadenas de oligosacáridos de las glucoproteínas (*véase* el Capítulo 9).

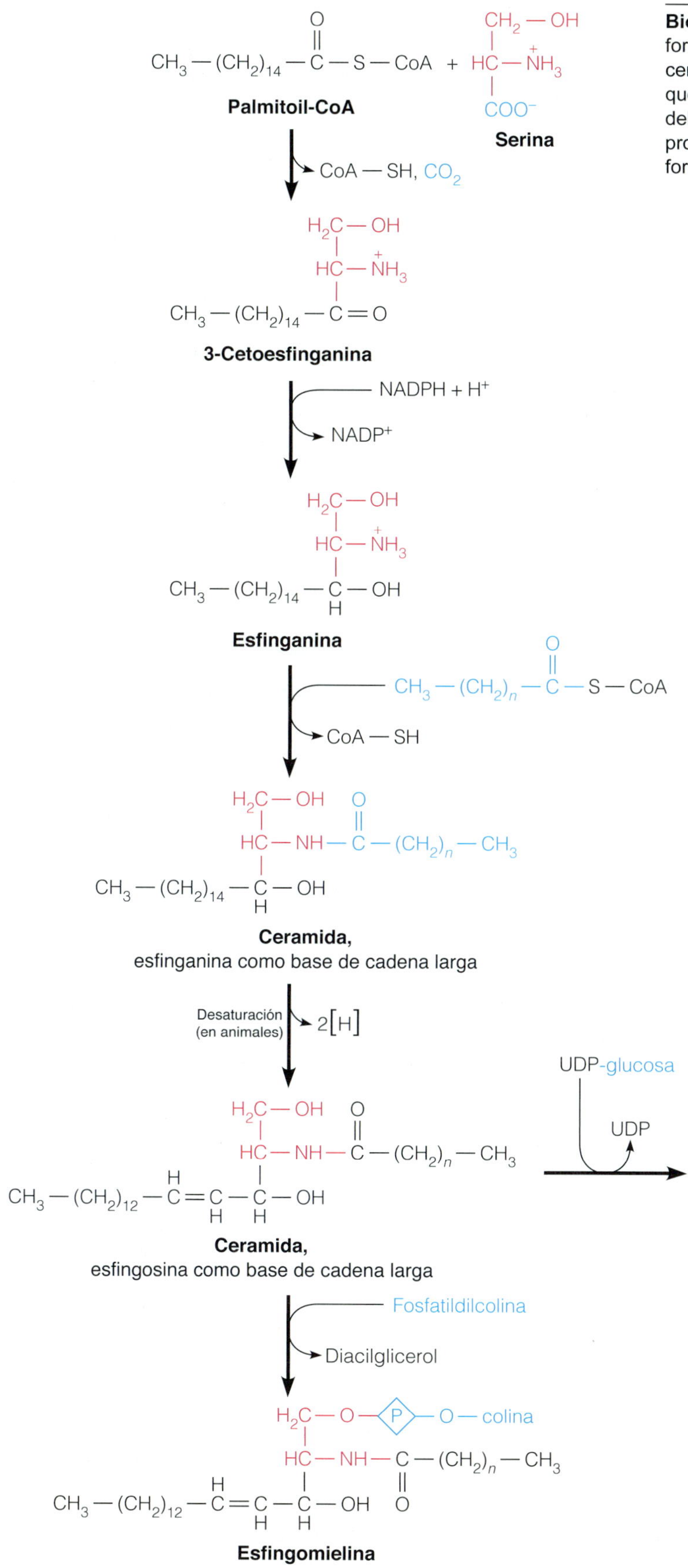


**FIGURA 19.14**

**Biosíntesis de los esfingolípidos.** En la figura se muestra la forma en que se produce la síntesis de los esfingolípidos ceramida, cerebrósido y esfingomielina en las células animales. Las enzimas que catalizan estas reacciones están situadas en la cara citoplásmica del retículo endoplásmico. En las levaduras, la desaturación se produce a nivel de la palmitoil-CoA, de manera que la esfingosina se forma al inicio de la secuencia.

Los azúcares ligados a los nucleótidos y las glucosiltransferasas intervienen en la biosíntesis de los glucoesfingolípidos.

En estas rutas se produce una adición escalonada de unidades de monosacárido, con el empleo de azúcares ligados a nucleótidos como sustratos biosintéticos activados, y con la ceramida como el aceptor inicial de los monosacáridos (Figura 19.14). Los azúcares nucleótidos que intervienen en la síntesis de los glucoesfingolípidos son la UDP-glucosa (UDP-Glc), la UDP-galactosa (UDPGal), la UDP-*N*-acetilgalactosamina (UDP-GalNac) y el CMP-ácido *N*-acetilneuramínico (CMP-Sia o CMP-ácido siálico). En la Figura 19.15 se indican las rutas que conducen a algunos de los glucoesfingolípidos más abundantes.

Los esfingolípidos y, especialmente la esfingomielina, son componentes abundantes de la *vaina de mielina*, una estructura de múltiples capas que protege y aísla a las células del sistema nervioso central (Figura 19.16; *véase también* la Figura 10.45, página 397). En la mielina humana, los esfingolípidos constituyen alrededor del 25 % del total de lípidos. Los esfingolípidos se encuentran en un estado de recambio metabólico continuo, tanto de síntesis como de degradación. La degradación se produce en los lisosomas, por la acción de una familia de enzimas hidrolíticas. Estas rutas tienen un gran interés médico, dada su relación con un grupo de enfermedades congénitas denominadas **esfingolipidosis** (también conocidas como **enfermedades de almacenamiento de lípidos**). Cada uno de estos trastornos se caracteriza por el déficit de una de las enzimas de

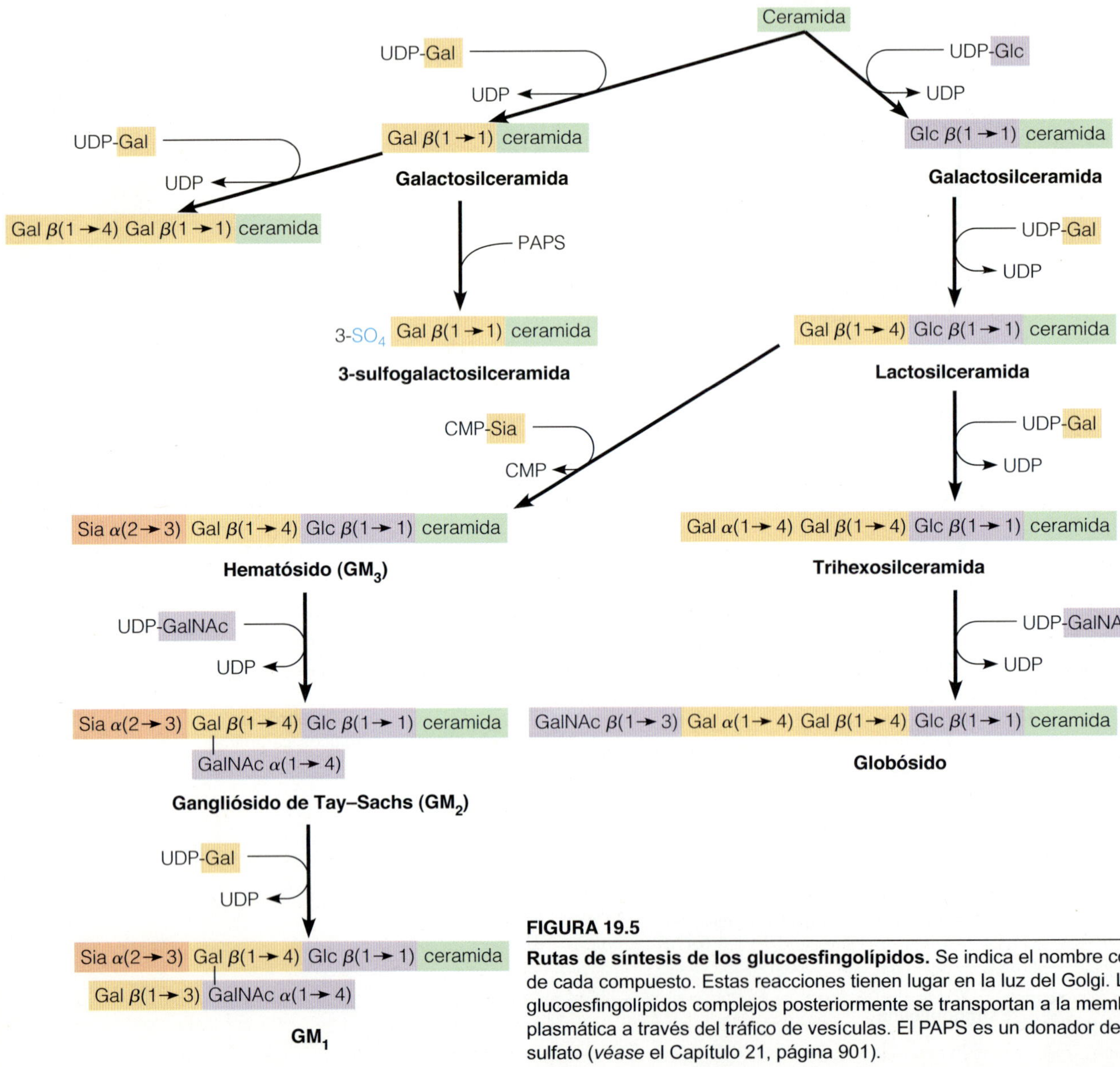


**FIGURA 19.5**

**Rutas de síntesis de los glucoesfingolípidos.** Se indica el nombre común de cada compuesto. Estas reacciones tienen lugar en la luz del Golgi. Los glucoesfingolípidos complejos posteriormente se transportan a la membrana plasmática a través del tráfico de vesículas. El PAPS es un donador de grupo sulfato (*véase* el Capítulo 21, página 901).

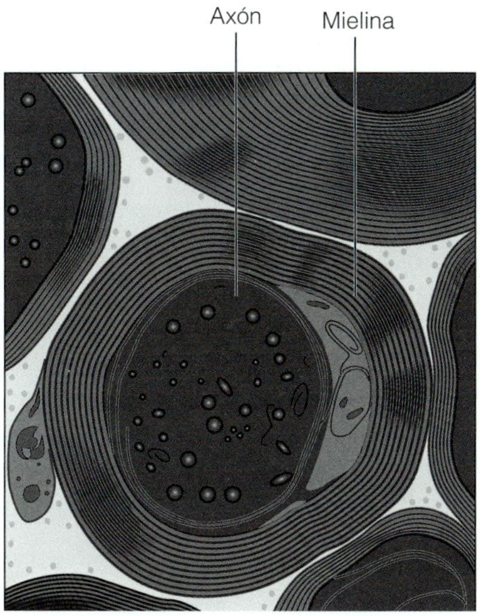


**FIGURA 19.16**

**Axón mielinizado de la médula espinal.** La mielina, una envoltura aislante que recubre el axón, contiene abundante esfingomielina.

Cortesía del Dr. Cedric Raine, Nueva York.

**TABLA 19.1. Enfermedades hereditarias del catabolismo de los esfingolípidos**

| Enfermedad | Enzima[a] deficitaria | Intermedio acumulado |
|---|---|---|
| Gangliosidosis $GM_1$ | ❶ β-galactosidasa | Gangliósido $GM_1$ |
| Enfermedad de Tay-Sachs | ❷ β-*N*-acetilhexosaminidasa A | Gangliósido $GM_2$ (Tay-Sachs) |
| Enfermedad de Fabry | ❸ α-galactosidasa A | Trihexosilceramida |
| Enfermedad de Gaucher | ❹ β-glucosidasa | Glucosilceramida |
| Enfermedad de Niemann-Pick (tipos A y B) | ❺ Esfingomielinasa | Esfingomielina |
| Lipogranulomatosis de Farber | ❻ Ceramidasa | Ceramida |
| Leucodistrofia de células globoides (enfermedad de Krabbe) | ❼ β-galactosidasa | Galactosilceramida |
| Leucodistrofia metacromática | ❽ Arilsulfatasa A | 3-sulfogalactosil-ceramida |
| Enfermedad de Sandhoff | ❾ *N*-acetilhexosaminidasas A y B | Gangliósido $GM_1$ y globósido |

[a]Los números hacen referencia a las enzimas que se indican en la Figura 19.17.

degradación, con la acumulación dentro del lisosoma del sustrato de la enzima deficitaria (Tabla 19.1). De hecho, el análisis estructural de los metabolitos anormales que se acumulan ayudó a establecer las rutas degradativas, que se indican en la Figura 19.17. La mayoría de estas enfermedades son autosómicas recesivas, lo cual significa que deben estar presentes dos alelos defectuosos del gen que codifica una determinada enzima para que una persona manifieste los síntomas de la enfermedad. Debido a la gran cantidad de esfingolípidos existente en el tejido nervioso, tal vez no deba resultar extraño que la mayoría de las esfingolipidosis comporten un deterioro grave de la función del sistema nervioso central.

La mejor conocida de las esfingolipidosis es la **enfermedad de Tay-Sachs,** que fue descrita por primera vez en 1881, y en la que hay un déficit de la ***N*-acetilhexosaminidasa A** lisosómica. El déficit enzimático causa la acumulación del gangliósido denominado $GM_2$, especialmente en el cerebro (*véase* la Figura 19.17; en la Figura 10.8b se muestra la estructura, página 368). La enfermedad es devastadora y causa la degeneración del sistema nervioso central, retraso mental, ceguera y la muerte, generalmente antes de los cuatro años de edad.

Los defectos genéticos del catabolismo de los glucoesfingolípidos dan lugar a intermedios de degradación que se acumulan en el tejido nervioso, con consecuencias graves.

Aunque la enfermedad de Tay-Sachs es rara en la población general, el gen defectuoso es relativamente frecuente en los judíos ashkenazi (los procedentes del centro y del este de Europa). En los judíos norteamericanos, aproximadamente 1 de cada 30 es portador del gen defectuoso. Así pues, dos progenitores judíos llevan un riesgo apreciable de tener un niño con la enfermedad de Tay-Sachs. Dado que no hay ninguna forma de curación conocida de la enfermedad, se ha centrado la atención en la detección prenatal. De hecho, esta fue una de las primeras enfermedades genéticas que se diagnosticó con éxito gracias a la amniocentesis. Dos padres heterocigotos para esta enfermedad deben recibir la información de que tienen una posibilidad del 25 % de concebir un hijo con la enfermedad de Tay-Sachs.

Los esfingolípidos actúan no solo como componentes de la membrana sino también, como moléculas de señalización. Entre los esfingolípidos, la señalización por ceramida parece participar en la regulación de la proliferación y migración celular, la diferenciación, la senescencia y la **apoptosis** o muerte celular programada. Este proceso, que se presenta con más detalle en el Capítulo 28, implica la muerte de determinadas células como parte del desarrollo normal o tras los daños ambientales a una célula tan graves, que la supervivencia de la célula sería dañina para el organismo. Los factores extrace-

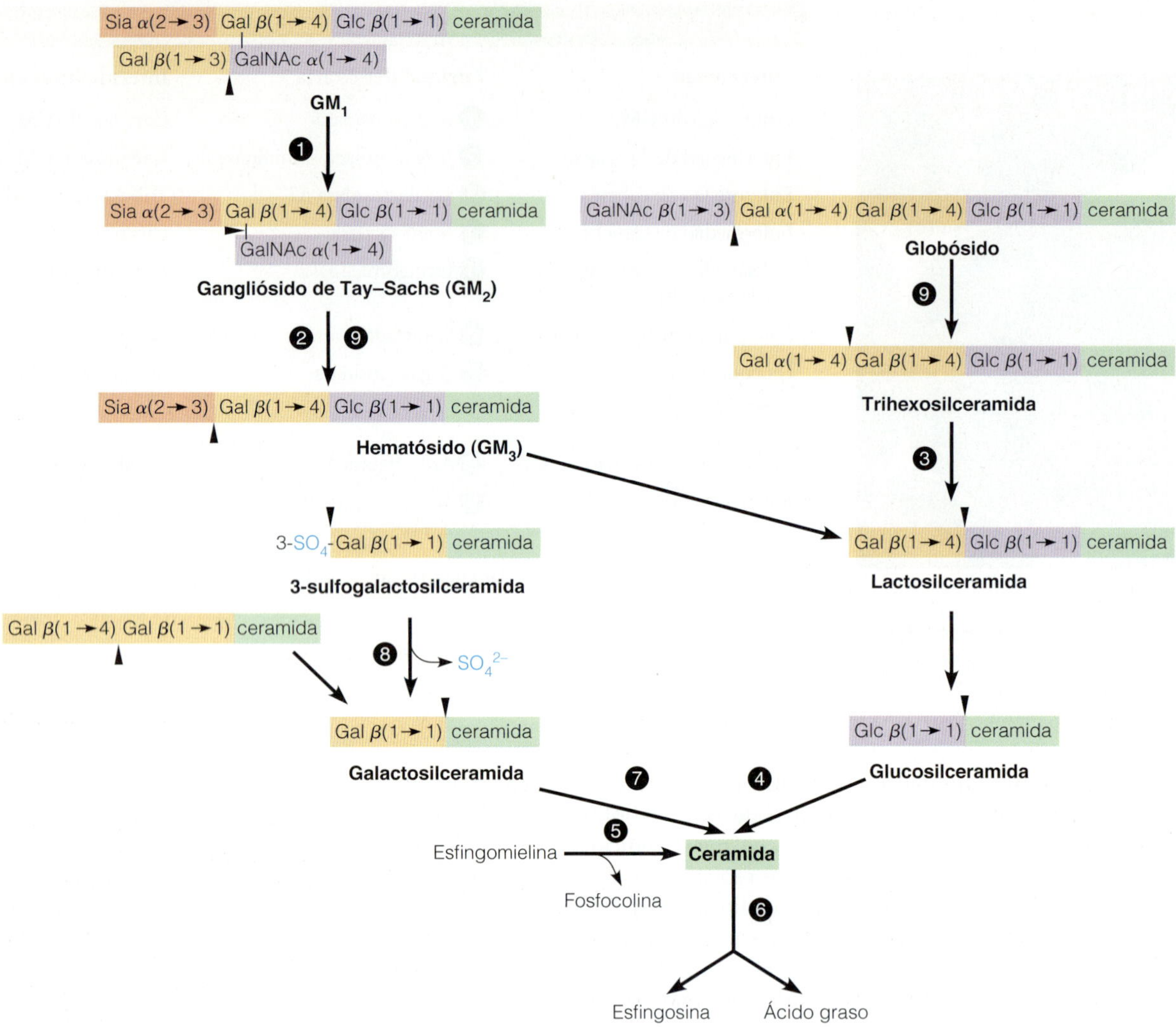


**FIGURA 19.17**

**Rutas lisosómicas para la degradación de los esfingolípidos.** Los números dentro de los círculos hacen referencia a las enzimas que se identifican en la Tabla 19.1 y que son deficitarias en las enfermedades de almacenamiento de lípidos.

lulares activan la rotura enzimática de la esfingomielina dentro de las membranas, y la ceramida que se libera activa, proteína fosfatasas y las proteína quinasas específicas. Aún quedan sin descubrir muchos detalles de esta ruta de transducción de señal.

Los gangliósidos actúan como receptores de agentes específicos, como la toxina del cólera, que se une al gangliósido $GM_1$, o el virus de la gripe, que reconoce la porción de ácido siálico de ciertos gangliósidos. El virus de la gripe codifica una neuraminidasa que rompe estos gangliósidos como parte del proceso vírico de entrada en las células. Los inhibidores de esta enzima, como el oseltamivir (Tamiflu), han encontrado un amplio uso como fármacos antivirales para tratar la gripe. También es de gran interés la observación de que algunos gangliósidos estimulan la proliferación del tejido nervioso en cultivos celulares, lo cual sugiere que podrían utilizarse para estimular la regeneración del tejido nervioso tras la lesión de la médula espinal. De hecho, el *lineman* Dennis Byrd de los New York Jets fue tratado con el gangliósido $GM_1$, así como quirúrgicamente, tras romperse el cuello en un partido de fútbol americano en 1992, y esto puede haber sido responsable, en parte, de su extraordinaria recuperación.

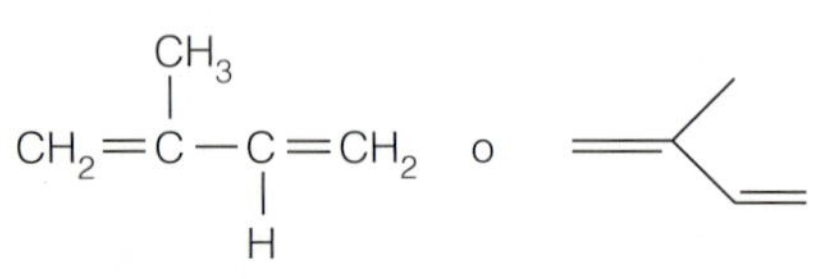

**Isopreno**

## Metabolismo de los esteroides

Ahora pasamos a un grupo extraordinariamente amplio y diverso de lípidos, los **isoprenoides** o **terpenos.** Estos compuestos se forman a partir de una o varias unidades de cinco carbonos, derivados activados del **isopreno.** La familia incluye los esteroides y los ácidos biliares; las vitaminas liposolubles; el dolicol y los undecaprenol fosfatos que hemos visto en la síntesis de las glucoproteínas; el fitol, el alcohol de cadena larga de la clorofila, las **giberelinas,** una familia de hormonas de crecimiento de las plantas; las hormonas juveniles de los insectos; los principales componentes del caucho; la coenzima Q, y otros muchos compuestos.

Gran parte de nuestro estudio sobre los isoprenoides se centra en un único compuesto esteroideo, el colesterol. Como se ha comentado en el Capítulo 10, este lípido es un componente principal de las membranas de las células animales, en donde participa en la modulación de la fluidez de la membrana. En los animales también actúa como precursor de todas las hormonas esteroideas, de la vitamina D, y de los ácidos biliares, que facilitan la digestión de las grasas. Como hemos señalado en el Capítulo 17, existe un gran interés médico por el colesterol debido a las relaciones entre la alimentación, las concentraciones de colesterol en sangre, la aterosclerosis y la enfermedad cardíaca. Estas relaciones biológicas, junto con la compleja estereoquímica de su estructura y la elegancia de su ruta de biosíntesis a partir de un único precursor de bajo peso molecular, han centrado la atención sobre este compuesto desde que fuera aislado por primera vez a partir de los cálculos biliares en 1784. Michael Brown y Joseph Goldstein han indicado que el colesterol es *la molécula pequeña más condecorada de la biología*, puesto que se han concedido 13 Premios Nobel a científicos, entre ellos los propios Brown y Goldstein, que han dedicado una parte importante de sus carreras al colesterol.

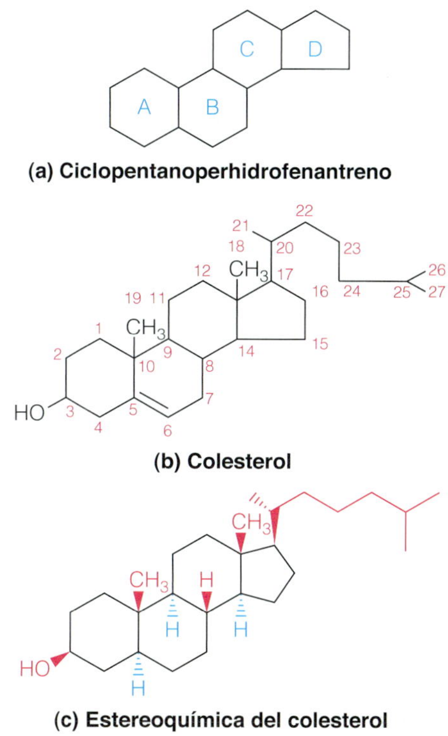


**FIGURA 19.18**

**Sistema de identificación de anillos (a) y sistema de numeración de los carbonos (b) que se utilizan para los esteroides.** **(c)** Convenios estructurales, tomando como ejemplo el colestanol. Los sustituyentes $\alpha$ se proyectan por debajo del plano del sistema de anillos del esteroide (cuñas azules rayadas) y los sustituyentes $\beta$ se proyectan por encima de ese plano (cuñas fucsia rellenas). Los hidrógenos de las posiciones 5, 9 y 14 tienen la configuración $\alpha$, mientras que el hidroxilo, los dos grupos metilo, el hidrógeno de C-8 y la cadena lateral alifática de C-17 son todos sustituyentes $\beta$.

## Algunas consideraciones estructurales

Los **esteroides** constituyen una clase de lípidos derivados del hidrocarburo tetracíclico saturado **ciclopentanoperhidrofenantreno** (Figura 19.18). Obsérvense las letras utilizadas para indicar los cuatro anillos, A, B, C y D, siendo D el anillo de cinco carbonos, y el sistema de numeración de los carbonos. El colesterol difiere del sistema de anillo básico en que tiene una cadena alifática en C-17, grupos metilo axiales en C-10 y C-13, un doble enlace en el anillo B y un grupo hidroxilo en el anillo A. El grupo funcional alcohol y la cadena de carbono de C-17 hacen que el colesterol sea un **esterol,** que es el término genérico que se utiliza para identificar a los alcoholes esteroideos.

Los anillos de ciclohexano de los esteroides adoptan conformaciones plisadas, siendo la más estable la forma de silla (*véase* la Figura 10.9), que predomina sobre la forma de bote. Esto proporciona al colesterol una estructura molecular rígida, con solo el grupo hidroxilo que genera una pequeña polaridad en un extremo. Gran parte del colesterol de las lipoproteínas y de las gotitas de almacenamiento intracelular está esterificado en esta posición con un ácido graso de cadena larga, lo cual hace que el colesterol esterificado resultante sea mucho más hidrófobo que el propio colesterol. La estructura pone de manifiesto cómo los aumentos de las concentraciones de colesterol en una membrana pueden alterar la fluidez de esa membrana, al reducir la proporción de lípidos totales que pueden sufrir una transición de fase y al reducir la movilidad lateral de los lípidos polares dentro de la membrana (*véase* la Figura 10.12b, página 371).

En la mayor parte de nuestro análisis del metabolismo de los esteroides, utilizaremos representaciones estructurales, como las de la Figura 19.18c, en vez de los modelos de configuración tridimensional. Por convenio, el grupo metilo de la posición 10 se proyecta *por encima* del plano de los anillos. Este y otros sustituyentes que se proyectan por encima del plano se designan como $\beta$ y se dibujan con una cuña rellena. Los sustituyentes que se proyectan *por debajo* del plano del anillo se denominan $\alpha$ y se indican con una cuña rayada. Se ilustran estos convenios en la Figura 19.18c para el **colestanol,** uno de los dos derivados totalmente saturados del colesterol.

## Biosíntesis del colesterol

Vale la pena estudiar la ruta mediante la cual se sintetiza el colesterol, dada la diversidad de metabolitos sintetizados a través de ella y la elegancia de la propia ruta. Los estudios realizados con trazadores isotópicos han demostrado que los 27 carbonos del colesterol proceden de un precursor de dos carbonos, el acetato. ¿Cómo puede utilizarse un compuesto tan sencillo para construir una estructura de la enorme complejidad del colesterol? Esto es lo que analizaremos a continuación.

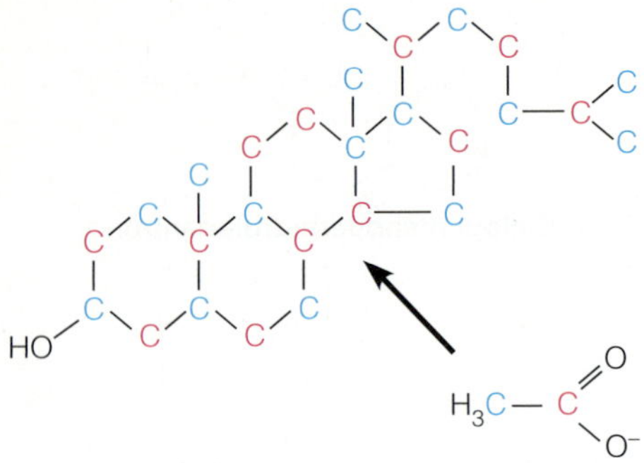

El colesterol, que es el precursor de todos los esteroides, obtiene todos sus átomos de carbono del acetato.

## Estudios iniciales de la biosíntesis del colesterol

La mayor parte de nuestra perspectiva inicial respecto a la biosíntesis del colesterol procedió del laboratorio de Konrad Bloch en los años 1940. Al observar que la biosíntesis del colesterol en los vertebrados estaba limitada, en gran parte, al hígado, Bloch administró a ratas acetato marcado con $^{14}C$ en la posición del grupo metilo o en la del grupo carboxilo. Tras cada administración, se aislaba el colesterol del hígado y se sometía a una degradación química, con el contaje radiactivo de los fragmentos. Este método permitió establecer el patrón que se muestra en el margen, en el que cada carbono del colesterol tenía su origen o bien en el carbono metilo (azul) o bien en el carbono carboxilo (rojo) del acetato (en realidad, la acetil-CoA).

Otros datos iniciales procedieron de la observación de que los cinco carbonos del isopreno podían obtenerse metabólicamente a partir de tres moléculas de acetato, y de la predicción de que el colesterol era un producto de la ciclación del hidrocarburo lineal $C_{30}$, **escualeno**. El escualeno contiene seis unidades isopreno (delineadas mediante marcas rojas en las estructuras de abajo) y su configuración hace que sea un precursor verosímil de los esteroides.

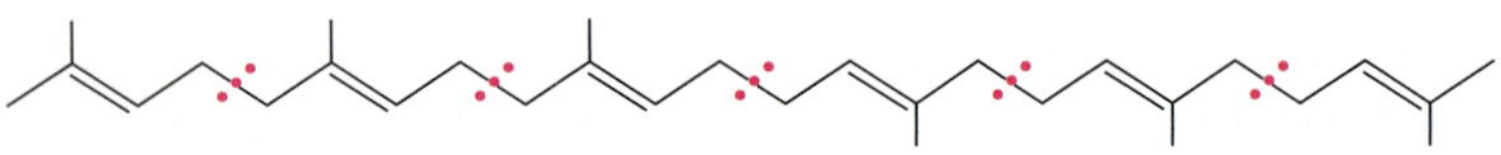

Escualeno

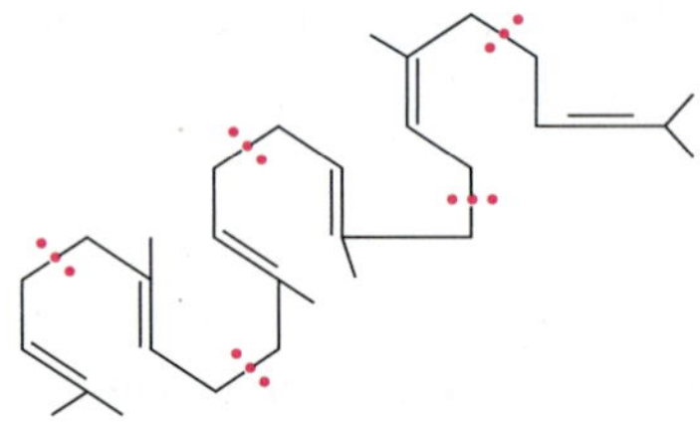

Configuración propuesta del escualeno previa a la ciclación

En 1956 se produjo otro avance importante, cuando Karl Folkers descubrió que el ácido orgánico $C_6$, **ácido mevalónico**, podía permitir el crecimiento de determinadas cepas de *Lactobacillus* que requerían acetato. Folkers comprobó que el ácido mevalónico se convertía con facilidad en un compuesto isoprenoide $C_5$ activado, el **isopentenil pirofosfato.** Es interesante señalar que el *Lactobacillus* no sintetiza esteroides, pero utiliza los primeros pasos de la ruta para la síntesis de otros compuestos isoprenoides. En los animales, el mevalonato se convierte con facilidad en escualeno. Una vez establecido este hecho, se habían sentado las bases para considerar la biosíntesis del colesterol como tres procesos diferenciados.

1. Conversión de fragmentos $C_2$ (acetato) en un precursor isoprenoide $C_6$ (mevalonato)
2. Conversión de seis mevalonatos $C_6$, a través de intermediarios $C_5$ activados, en el escualeno $C_{30}$
3. Ciclación del escualeno y su transformación en colesterol $C_{27}$

Consideremos ahora estos tres procesos de manera detallada.

## Fase 1: formación del mevalonato

La primera parte de la ruta es idéntica a las reacciones utilizadas en la cetogénesis (Capítulo 17), aunque se produce en un compartimiento celular diferente. La cetogénesis tiene lugar en las mitocondrias, mientras que la biosíntesis del colesterol se produce en el citosol y el retículo endoplásmico (RE).

La fase 1 se inicia con la condensación de dos moléculas de acetil-CoA para dar acetoacetil-CoA. En la Figura 19.19 se muestra el resto de esta fase. La acetoacetil-CoA reacciona con una tercera molécula de acetil-CoA para dar 3-hidroxi-3-metilglutaril-CoA (HMG-CoA). Recuérdese de la Figura 17.24 (página 735) que, durante la cetogénesis, la HMG-CoA se rompe para dar acetoacetato y acetil-CoA en la matriz mitocondrial. Sin embargo, la HMG-CoA liasa que realiza esta ruptura no se encuentra en el RE, en donde se inicia la biosíntesis del colesterol. En su lugar, la **HMG-CoA reductasa**, una proteína integral de membrana del RE, cataliza la reducción de la HMG-CoA en mevalonato. Esta reacción de varios pasos necesita dos equivalentes de NADPH (cuatro electrones)

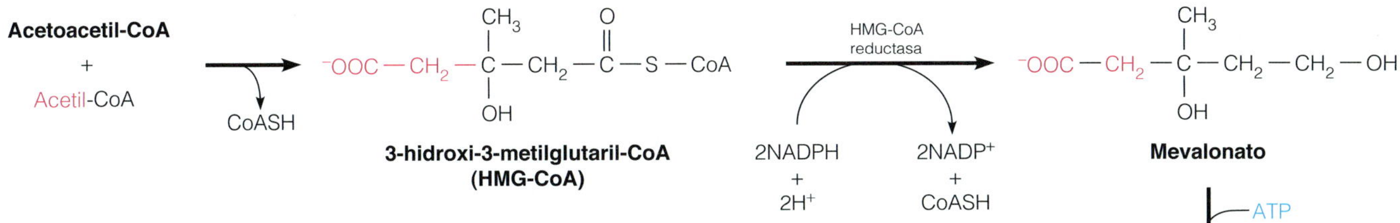


para reducir el tioéster en un alcohol. Este es el paso principal que regula la ruta total de la biosíntesis del colesterol.

## Fase 2: síntesis de escualeno a partir de mevalonato

Las reacciones siguientes, que se muestran en las Figuras 19.19 y 19.20, se producen en el citosol. En primer lugar se activa el mevalonato mediante tres fosforilaciones sucesivas (Figura 19.19). Las dos primeras son simples sustituciones nucleófilas en el fósforo $\gamma$ del ATP. La tercera fosforilación, en la posición 3, sienta las bases para una descarboxilación para dar el isopentenil pirofosfato (IPP) de cinco carbonos. Recuérdese del Capítulo 12 (páginas 484-485) que la descarboxilación requiere la presencia de un grupo aceptor de electrones dos carbonos más allá del carboxilato para estabilizar la carga negativa formal que resulta de la pérdida de $CO_2$. Los $\beta$-cetoácidos que se descarboxilan fácilmente proporcionan esta función al formar un ion enolato. Sin embargo, el 5-pirofosfomevalonato no tiene carbonilo $\beta$ hacia el grupo carboxilo de salida y en su lugar la enzima fosforila el grupo hidroxilo terciario para dar un fosfato terciario, y conducir a la disociación espontánea que da un carbocatión terciario. Esta carga positiva facilita la descarboxilación de la misma forma que lo hace el carbonilo $\beta$, al servir como aceptor electrónico para facilitar la descarboxilación.

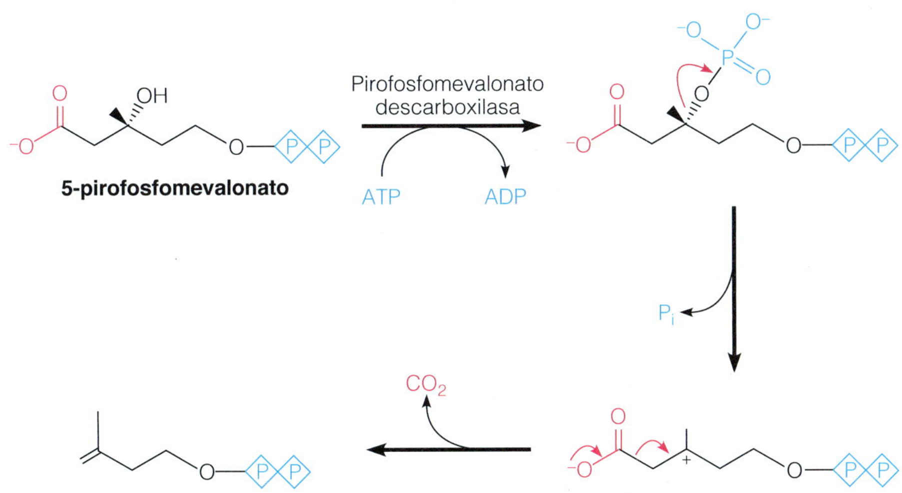


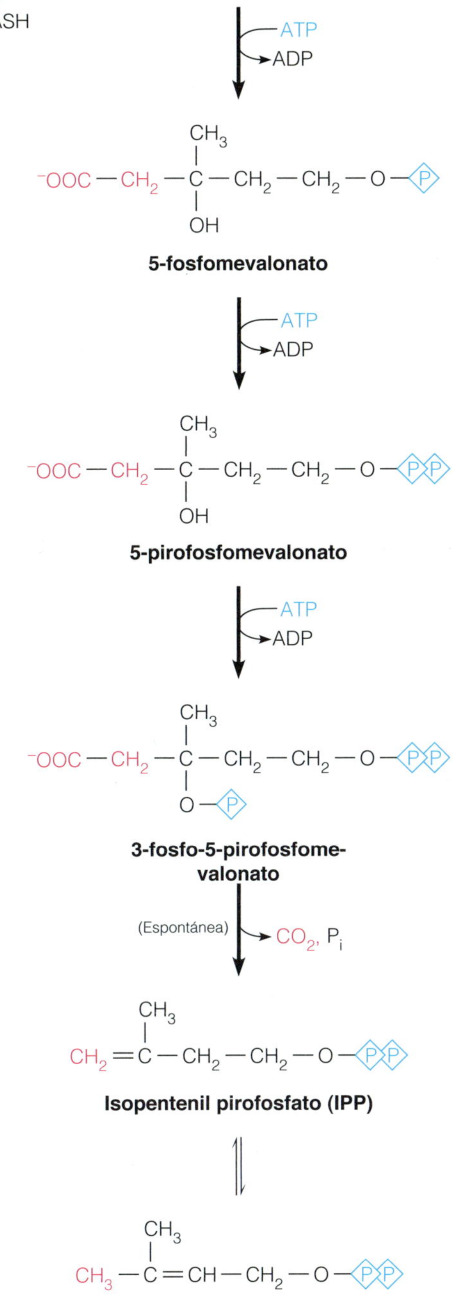


**FIGURA 19.19**

**Biosíntesis del mevalonato y conversión a isopentenil pirofosfato y dimetilalil pirofosfato.** Los dos carbonos del tercer grupo acetilo se muestran en fucsia.

La IPP isomerasa cataliza la isomerización de una molécula del isopentenil pirofosfato resultante al $C_5$ **dimetilalil pirofosfato**. Este último compuesto, como se muestra en la Figura 19.20, reacciona con una segunda molécula de isopentenil pirofosfato para dar el $C_{10}$ **geranil pirofosfato**, y otra molécula de isopentenil pirofosfato reacciona con este producto para dar el $C_{15}$ **farnesil pirofosfato**. Ambas reacciones comportan un intermediario carbocatión terciario en un mecanismo $S_N1$. La disociación del $PP_i$ del diametilalilpirofosfato produce un carbocatión alílico. El doble enlace del IPP se comporta como un nucleófilo, condensándose con el

**FIGURA 19.20**

**Conversión del isopentenil pirofosfato y del dimetilalil pirofosfato en farnesil pirofosfato.** Ambas condensaciones cabeza-cola están catalizadas por la misma preniltransferasa (farnesil pirofosfato sintasa).

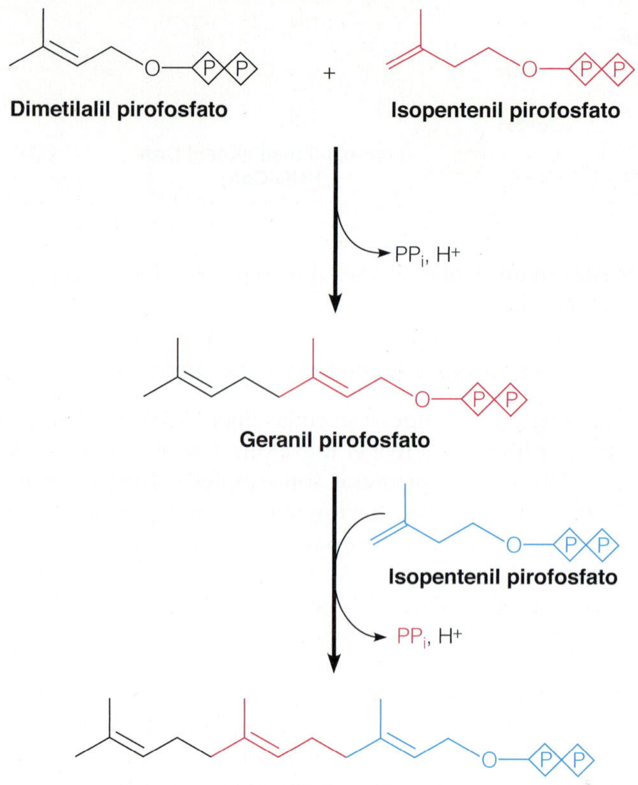


La hidroximetilglutaril-CoA reductasa, que cataliza una de las primeras reacciones de la biosíntesis del colesterol, constituye el principal punto de control de todo el proceso.

carbocatión para dar un segundo carbocatión, que elimina un protón para formar el producto.

En la Figura 19.21 se presentan las reacciones finales de la síntesis de escualeno, catalizadas por la **escualeno sintasa**, que está unida a las membranas del retículo endoplásmico. Esta enzima utiliza intermediarios carbocationes para unir dos moléculas de farnesil pirofosfato cabeza con cabeza para dar **pre-escualeno pirofosfato**. Este intermedio ciclopropano activado sufre, a continuación, una eliminación de pirofosfato y un reordenamiento a un intermedio catión ciclopropilcarbinilo, que se reduce por el NADPH para dar el escualeno de $C_{30}$.

Una característica notable de esta parte de la ruta es su estereoquímica. En los años 1960, dos científicos británicos, George Popják y John Cornforth, identificaron 14 «ambigüedades estereoquímicas», es decir, 14 pasos en el proceso general que podían ir en cualquiera de las dos direcciones. Así, por ejemplo, el derivado de mevalonato trifosforilado que se muestra en la Figura 19.19 puede sufrir una descarboxilación mediante la eliminación *cis* o *trans* de los grupos carboxilo y fosforilo. Así pues, había $2^{14}$, es decir, 16 384 rutas posibles estereoquímicas *diferentes* para la conversión del mevalonato en escualeno. Es de destacar que estos científicos y sus colegas lograron identificar la única ruta estereoquímica que realmente se produce de entre estas 16 384 posibilidades.

## Fase 3: ciclación del escualeno a lanosterol y su conversión en colesterol

La ciclación del escualeno, un hidrocarburo $C_{30}$, crea el núcleo esterol de cuatro anillos.

Todas las reacciones siguientes tienen lugar en el retículo endoplásmico. La ciclación del escualeno a lanosterol y la conversión del lanosterol en colesterol se presentan en la Figura 19.22. La formación de lanosterol, que tiene el núcleo esterol de cuatro anillos, se produce en dos pasos. En primer lugar, una oxidasa de función mixta introduce una función epóxido en los carbonos 2 y 3. La protonación de este grupo funcional inicia una serie de cambios *trans* 1,2 de los grupos metilo y los iones hidruro, para producir el lanosterol. A continuación, se producen una serie de unas 20 reacciones, en las que intervienen reducciones de dobles enlaces y tres desmetilaciones; se elimina un grupo metilo de C-14 y dos de C-4. El penúltimo producto es el 7-deshidrocolesterol, que sufre una reducción final para dar colesterol.

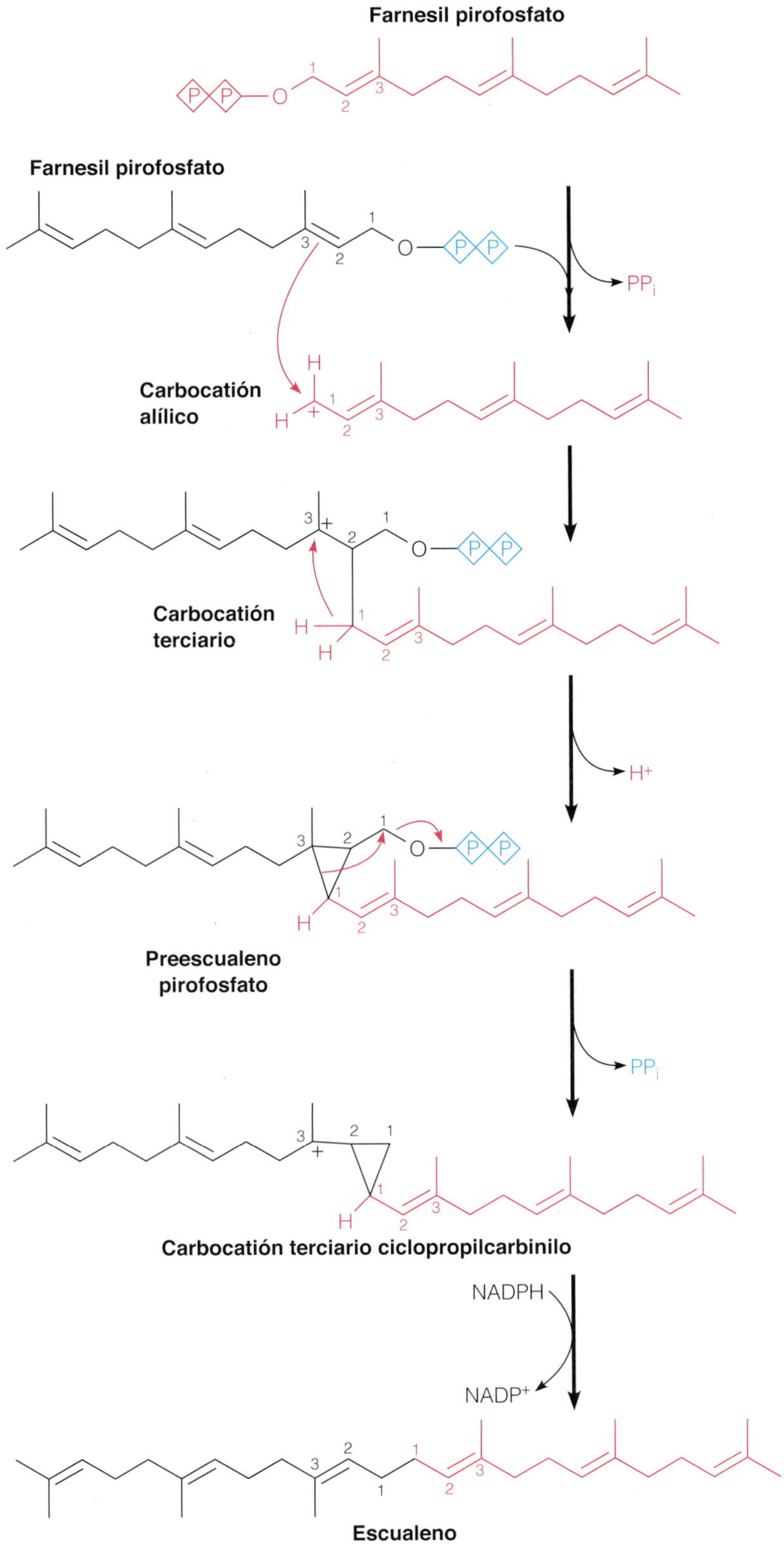


**FIGURA 19.21**

**Conversión del farnesil pirofosfato en escualeno, catalizada por la escualeno sintasa.** La disociación del grupo pirofosfato de una de las moléculas de farnesil pirofosfato (fucsia) da un carbocatión alílico. El doble enlace C2=C3 ataca de forma nucleófila al carbocatión, formando un catión terciario en el C3 del primer farnesil pirofosfato (negro). La pérdida de un protón de C-1 da el intermediario ciclopropano activado, el prescualeno pirofosfato. La disociación del segundo pirofosfato conduce al reordenamiento y la formación de otro intermedio carbocatión terciario. La transferencia de hidruro desde el NADPH completa el reordenamiento, dando escualeno.

## Control de la biosíntesis del colesterol

En el Capítulo 17 aprendimos que la concentración intracelular de colesterol está regulada por varios mecanismos, entre ellos, el control de la biosíntesis de novo del colesterol, el almacenamiento del exceso de colesterol en forma de ésteres de colesterol y la regulación de la síntesis del receptor de LDL, que es responsable de la endocitosis del colesterol de la circulación sanguínea. Como se ha indicado antes, la HMG-CoA reductasa, que cataliza la reacción dirigida hacia la biosíntesis del colesterol, constituye el principal objetivo de la regulación de toda la ruta (*véase* la Figura 17.9, página 718). Se sabe desde hace tiempo, a partir de los estudios de nutrición, que el colesterol del alimento suprime de manera eficaz la síntesis endógena de colesterol. Pero esta regulación no es un caso sencillo de retroinhibición de la enzima limitante de la velocidad. La ruta del colesterol presenta dos complicaciones. El primer lugar, el producto final, el colesterol, se encuentra totalmente en la membrana. ¿Cómo controla la célula la concentración de un componente de la membrana? En segundo lugar, la ruta desde el mevalonato produce otros productos importantes además del colesterol, entre ellos el geranil y el farnesil pirofosfato para la prenilación de proteínas y la síntesis de ubiquinona y dolicol. ¿Cómo coordina la célula la síntesis de todos estos productos? El control de la HMG-CoA reductasa se produce a ambos niveles de transcripción y posterior a la transcripción, en un proceso que utiliza un conjunto de interacciones proteína-proteína que tiene lugar dentro de la membrana del RE. Los actores principales de este refinado mecanismo regulador son **Insigs** (*Insulin-induced growth response genes*; genes de respuesta al crecimiento inducido por la insulina), **SREBPs** (*sterol regulatory element binding proteins*; proteínas de unión al elemento regulador de esterol) y **Scap** (*SREBP cleavage-activating*

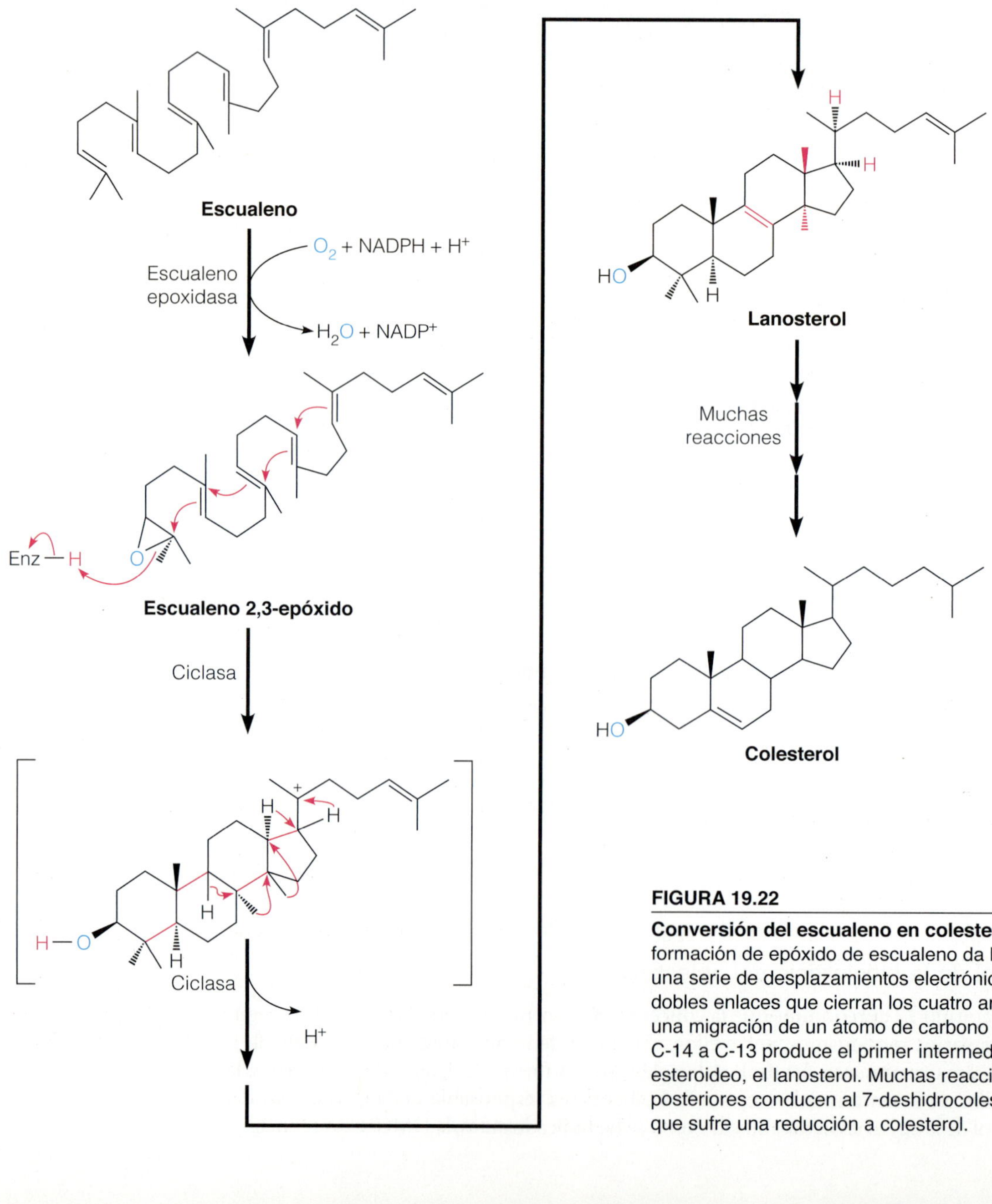


**FIGURA 19.22**

**Conversión del escualeno en colesterol.** La formación de epóxido de escualeno da lugar a una serie de desplazamientos electrónicos de dobles enlaces que cierran los cuatro anillos, y una migración de un átomo de carbono desde C-14 a C-13 produce el primer intermedio esteroideo, el lanosterol. Muchas reacciones posteriores conducen al 7-deshidrocolesterol, que sufre una reducción a colesterol.

*protein*; proteína activadora de la rotura de SREBP). Todas estas proteínas están ancladas en la membrana del RE mediante varios segmentos transmembrana. Insig se identificó inicialmente como un RNAm cuya abundancia aumentaba cuando se trataba a las células en cultivo con insulina, pero no se conoce la función de la proteína. Ahora sabemos que Insig controla la síntesis de colesterol a través interacciones proteína-proteína inducidas por esteroles dentro de la membrana del RE.

La HMG-CoA reductasa también está anclada en la membrana del RE, mediante un dominio N-terminal hidrófobo formado por ocho segmentos que abarcan la membrana. El dominio catalítico C-terminal se proyecta en el citosol. En las células con el colesterol agotado, esta proteína se degrada lentamente, con una vida media de más de 12 horas. Sin embargo, cuando se acumulan los esteroles en la membrana del RE, la HMG-CoA reductasa se degrada rápidamente ($t_{1/2} < 1$ hr) por la ruta ubiquitina-proteasoma (Capítulos 20 y 28). Los esteroles de la membrana se unen a un dominio sensible a los esteroles dentro del dominio N-terminal de la enzima en la membrana (Figura 19.23). La unión del esterol hace que la HMG-CoA reductasa se una a una población de Insigs que están asociados con un complejo de ubiquitinación que comprenden gp78, Ubc7 y VCP. Gp78 es una ubiquitina ligasa E3, que transfiere la ubiquitina desde la enzima E2 de conjugación de la ubiquitina Ubc7 a residuos específicos de lisina de la HMG-CoA reductasa. Esta interacción proteína-proteína, que se estimula por la unión del esterol, conduce así a la ubiquitinación de la HMG-CoA reductasa. VCP es una ATPasa que extrae la reductasa ubiquitinada de las membranas y la lleva a los proteosomas para la degradación. Un isoprenoide no esterol procedente del mevalonato, como el geranilgeraniol, también es necesario para la extracción y degradación de la HMG-CoA reductasa ubiquitinada.

Aún permanecen sin descubrir varios detalles de este proceso regulador, entre ellos, la identidad exacta de los esteroles que lo intermedian. En las células permeabilizadas, los compuestos más potentes son los oxiesteroles (derivados del colesterol que contienen los grupos hidroxilo en varias posiciones de la cadena lateral alifática) y los esteroles metilados como el lanosterol (Figura 19.22) y el 24,25-dihidrolanosterol. El propio colesterol no parece regular la degradación de la HMG-CoA reductasa.

El metabolismo del colesterol también está controlado a nivel de la transcripción y esta es la razón por la que intervienen SREBP y Scap. Como implica su nombre (proteínas de unión al elemento regulador de esterol), los SREBP son factores de transcripción que se unen a los promotores de los genes necesarios para producir colesterol, entre ellos, el gen de la HMG-CoA reductasa. La conversión de acetil-CoA en colesterol requiere, al menos, 20 enzimas, cuyos genes se activan todos por la unión de SREBP. El SREBP activa también la transcripción del gen del receptor de LDL, que intermedia la captación del colesterol del alimento. Sin embargo, como se muestra en la Figura 19.24, las SERBP se sintetizan como proteínas integrales de membrana en el RE. Cuando las células agotan el colesterol, las SERBP se trasladan al complejo de Golgi, donde se procesan de forma proteolítica para dar los factores de transcripción activos que penetran en el núcleo. Este proceso necesita Scap, que actúa como proteína acompañante, y dos proteasas específicas del complejo de Golgi (S1P y S2P). Cuando se acumulan los esteroles en las membranas del RE (por captación celular o por biosíntesis de novo), está inhibida la salida de los complejos Scap-SREBP del RE, lo que bloquea la activación proteolítica de SREBP. Esto ocasiona un descenso de la transcripción de los genes diana de SREBP, y conduce a tasas menores de síntesis y captura de colesterol. Como la degradación de la HMG-CoA reductasa, la ruta de SREBP también está controlada por los esteroles de la membrana e Insigs. En este caso, el propio colesterol se une a un dominio sensible a esteroles dentro de Scap, produciendo un cambio de conformación en Scap que estimula la unión de Insig. Esta interacción bloquea la unión de Scap a las proteínas COPII, que intermedian la translocación de las moléculas cargadas desde el RE al complejo de Golgi (Capítulo 28). De esta forma, en las células repletas de esteroles, Insig secuestra Scap de forma que se evita el procesamiento proteolítico de SREBP. En las células con los esteroles agotados, sin embargo, los complejos Scap-SREBP ya no unen Insig, que se ubiquitina y se degrada. Los complejos Scap-SREBP son libres para pasar al Golgi, donde se procesan las SREBP para activar los factores de transcripción que estimulan la expresión de los genes, conduciendo finalmente a la restauración de las concentraciones de colesterol.

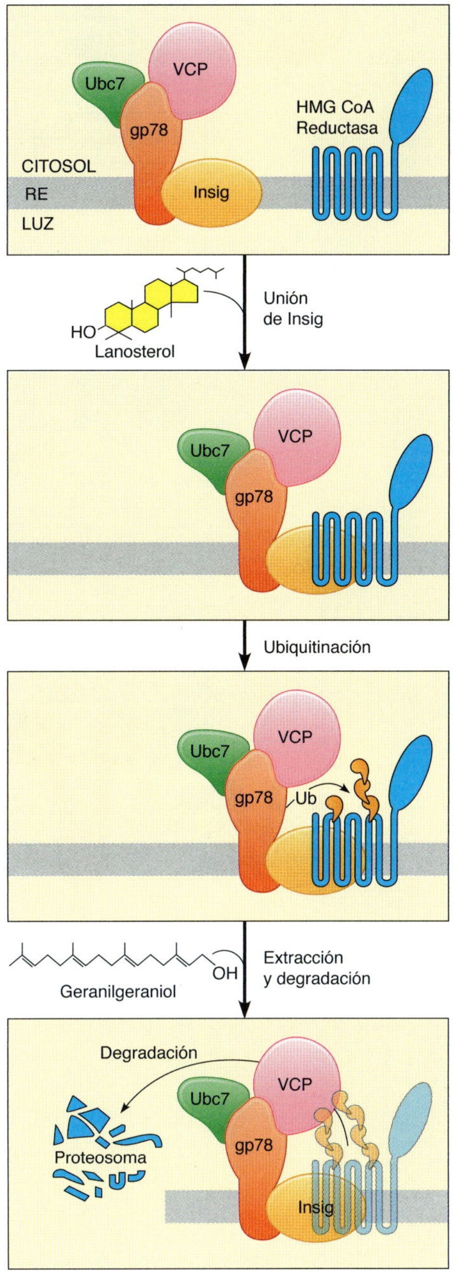


**FIGURA 19.23**

**Regulación de la HMG-CoA reductasa mediante proteólisis mediada por la ubiquitina.** La unión de esterol conduce a la rápida degradación de la enzima. *Véanse* en el texto los detalles.

Reproducido de *Cell* 124:35–46, J. L. Goldstein, R. A. DeBose-Boyd y M. S. Brown, Protein sensors formembrane sterols. © 2006, con permiso de Elsevier.

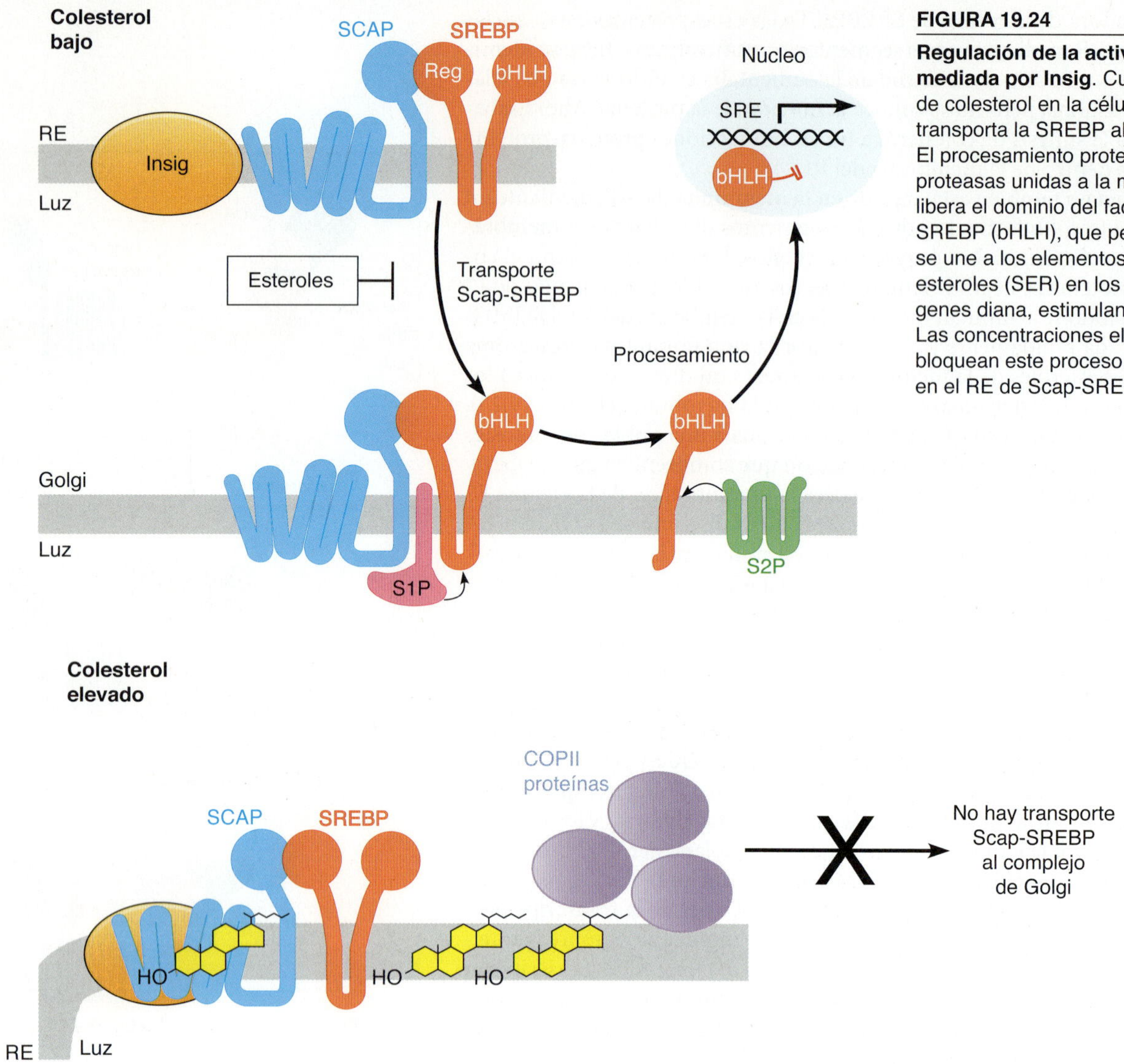


**FIGURA 19.24**

**Regulación de la activación de la SREBP mediada por Insig**. Cuando la concentración de colesterol en la célula es baja, Scap transporta la SREBP al complejo de Golgi. El procesamiento proteolítico mediante las proteasas unidas a la membrana S1P y S2P libera el dominio del factor de transcripción SREBP (bHLH), que penetra en el núcleo y se une a los elementos reguladores de los esteroles (SER) en los promotores de los genes diana, estimulando su transcripción. Las concentraciones elevadas de colesterol bloquean este proceso mediante la retención en el RE de Scap-SREBP mediada por Insig.

Las proteínas Insig integran estos mecanismos reguladores de la transcripción y posteriores a la transcripción. En ambos procesos, la unión de un esterol a un dominio de unión de esterol (en la HMG-CoA reductasa o en Scap) estimula la unión de Insig. Para la HMG-CoA reductasa, la unión de Insig significa ubiquitinación y destrucción. Para Scap, la unión de Insig desconecta una ruta de activación de la transcripción. Juntos, estos mecanismos aseguran un control fino del metabolismo celular del colesterol.

Finalmente, en algunos tejidos, la HMG-CoA reductasa está sujeta a una regulación a corto plazo mediante fosforilación/desfosforilación reversible. La fosforilación de un residuo de serina específico cerca del C-terminal de su dominio catalítico inactiva la enzima. Esta modificación covalente está catalizada por la proteína quinasa activada por AMP (AMPK). Recuérdese del Capítulo 18 que el sistema AMPK actúa como un sensor del estado energético, ya que se activa por aumentos de la relación intracelular AMP:ATP. La biosíntesis de colesterol es una ruta especialmente costosa, ya que necesita 36 moles de ATP y 16 moles de NADPH por mol de colesterol. De esta forma, en condiciones de carga energética baja, la AMPK activada desconecta la síntesis de colesterol al inhibir la HMG-CoA reductasa. La enzima se reactiva mediante desfosforilación catalizada por una proteína fosfatasa de tipo 2A.

En los vertebrados, la síntesis de colesterol está controlada de manera elegante, mediante la velocidad a la que entra el colesterol en las células procedente del torrente sanguíneo. Como se ha comentado en el Capítulo 17, la homeostasis se mantiene mediante un mecanismo que coordina el consumo de colesterol en el alimento, la tasa de síntesis de colesterol endógeno en el hígado (y en menor grado, en el intestino), y la tasa de utilización del colesterol en las células. En este mecanismo interviene el receptor de LDL, que es el agente principal encargado del transporte de colesterol en el torrente sanguíneo. Sin embargo, cuando estos mecanismos reguladores se alteran en las enfermedades o se desbordan por una ingestión excesiva de colesterol, puede producirse hipercolesterolemia y finalmente, aterosclerosis. Una vez entendido el papel limitante de la velocidad de la HGM-CoA reductasa en la biosíntesis del colesterol, se buscaron inhibidores específicos como enfoque terapéutico para disminuir la concentración de colesterol en sangre. Comenzando en los años 1970, los equipos dirigidos por Akira Endo en Japón y Alfred Alberts y Roy Vagelos en USA, buscaron en varios miles de cultivos de hongos compuestos que inhibieran la HGM-CoA reductasa. Se descubrieron varios compuestos, denominados de forma colectiva **estatinas**, que actúan inhibiendo de forma competitiva la HGM-CoA reductasa. En el margen se muestran las estructuras de varias estatinas de amplio uso, entre ellas, los poliquétidos de hongos lovastatina y simvastatina y la atorvastatina sintética (Lipitor). Cada estatina tiene una parte semejante al mevalonato (azul), lo cual explica la naturaleza competitiva de su actividad. La inhibición de la HMG-CoA reductasa abate la biosíntesis de novo del colesterol y, de esta forma, la concentración intracelular de colesterol. Esto, a su vez, lleva a incrementar la producción de receptores de LDL, lo cual permite un aclaramiento más rápido del colesterol extracelular de la sangre, y disminuye la concentración sanguínea de colesterol. Las estatinas han demostrado ser espectacularmente eficaces para el tratamiento de la hipercoleterolemia y se encuentran entre los fármacos que más de recetan en los Estados Unidos, Canadá y otras naciones desarrolladas.

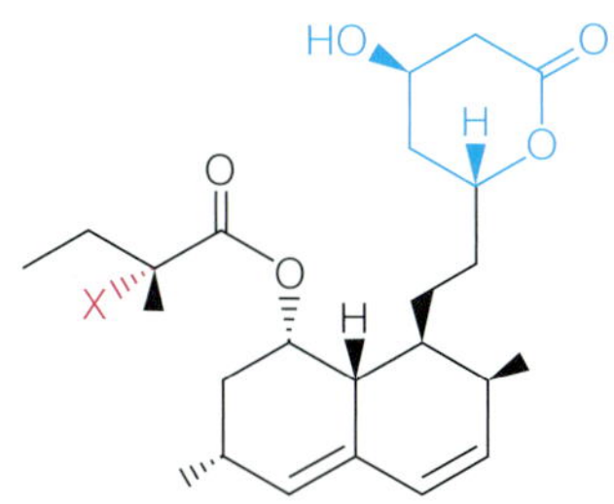


**X = H Lovastatina (Mevacor)**
**X = $CH_3$ Simvastatina (Zocor)**

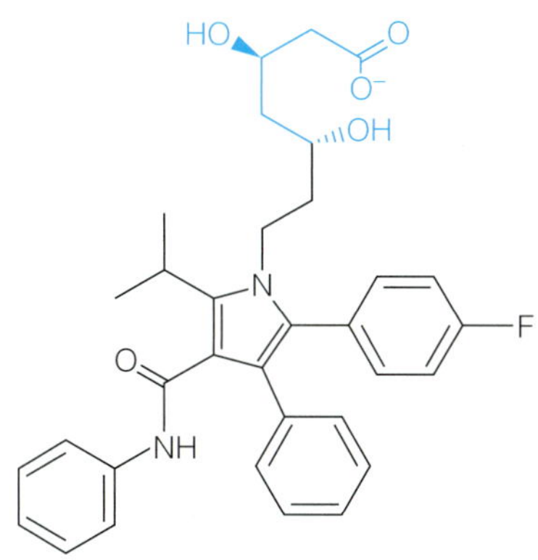


**Atorvastatina (Lipitor)**

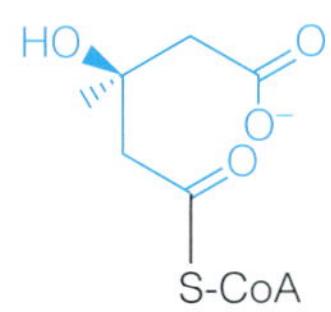


**HMG-CoA**

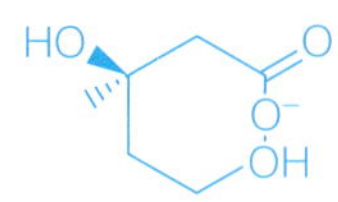


**Mevalonato**

### Intermediarios de la síntesis del colesterol en la prenilación proteica

La prenilación comporta la transferencia de los grupos $C_{15}$ (farnesilo) o $C_{30}$ (geranilgeranilo) de intermediarios de la síntesis de colesterol (*véase* la Figura 19.20) a residuos de cisteína a cuatro posiciones del C-terminal de la proteína diana (Figura 19.25). Las modificaciones posteriores suponen la eliminación de los tres residuos de aminoácido C-terminal mediante una endoproteasa y la metilación dependiente de AdoMet del grupo carboxilo terminal. esto da lugar a un residuo de cisteína C-terminal prenilado y carboximetilado, que es muy hidrófobo y de esta forma engancha la proteína a la bicapa. La mayor parte de las proteínas preniladas son miembros de la suprefamilia de proteínas G pequeñas, de la que la proteína oncogénica ras (*véase* la página 985) es el mejor ejemplo. La enzima **farnesiltransferasa**, que transfiere una unidad $C_{15}$ del **farnesil pirofosfato** a una proteína sustrato (Figura 19.25) se considera una diana atractiva de inhibición en el tratamiento del cáncer. Los inhibidores de esta enzima interfieren con el crecimiento de las células cancerosas en cultivo. Aunque se desconoce el mecanismo preciso de la inhibición del crecimiento es un área prometedora de la farmacología molecular.

## Ácidos biliares

Pasemos ahora a la utilización del colesterol para la síntesis de otros metabolitos importantes, los ácidos biliares y las hormonas esteroideas. Como se ha indicado en el Capítulo 17, los ácidos biliares son derivados esteroideos con propiedades detergentes, que emulsionan los lípidos del alimento en el intestino, facilitando, con ello, la digestión y la absorción de las grasas. Se segregan desde el hígado, se almacenan en la vesícula biliar y se trasladan al intestino a través del conducto biliar. La biosíntesis de los ácidos biliares es el destino metabólico principal del colesterol, y representa aproximadamente el 90 % del catabolismo del colesterol en un ser humano adulto normal. En cambio, la síntesis de hormonas esteroideas supone tan solo 50 mg del colesterol metabolizado al día.

Aunque se sintetizan diariamente de 400 a 500 mg de ácidos biliares, se segrega al intestino una mayor cantidad. La mayoría de los ácidos biliares segregados al intestino delgado superior se absorben en el intestino delgado inferior y vuelven al hígado para reutilizarse, a través de la sangre portal. Este proceso, que maneja entre 20 y 30 g de ácidos biliares al día, se denomina **circulación enterohepática**. La eliminación diaria de ácidos biliares en las heces asciende tan solo a 0.5 g/día o menos, lo cual se compensa con la síntesis hepática.

Los ácidos biliares más abundantes en el ser humano son el **ácido cólico** y el **ácido quenodesoxicólico** (que se muestran en la Figura 19.26 como sus sales biliares respec-

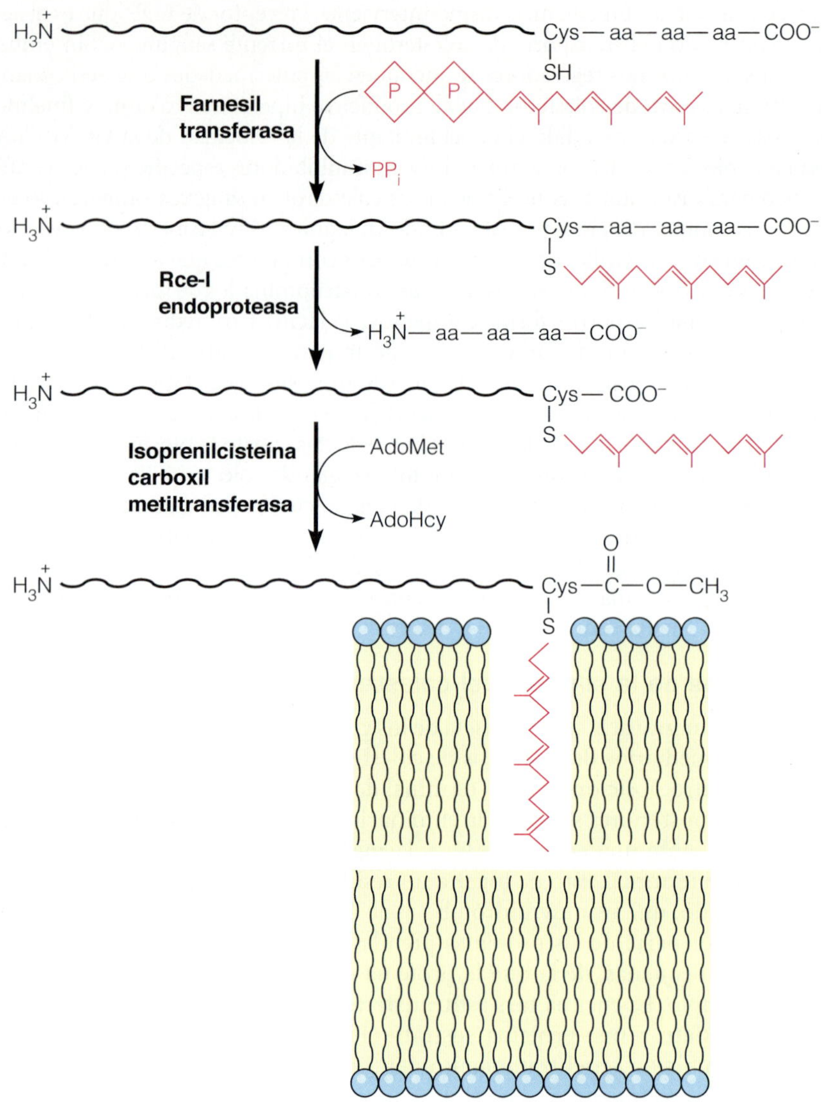


**FIGURA 19.25**

**Ruta de prenilación de proteínas.** aa = residuo de aminoácido.

tivas, el colato y el quenodesoxicolato). Generalmente están conjugados por un enlace amida con el aminoácido **glicina** o **taurina**, dando lugar a compuestos denominados **sales biliares**. Los conjugados de ácido cólico con glicina y taurina se denominan **glucocolato** y **taurocolato**, respectivamente. Otro ácido biliar, el **desoxicolato**, se encuentra en abundancia en la bilis de algunos otros mamíferos. Se utiliza mucho como reactivo de laboratorio para solubilizar las proteínas de las membranas.

En las rutas de biosíntesis del colato, glucocolato y taurocolato que se indican en la Figura 19.26, se producen una serie de hidroxilaciones, catalizadas por oxidasas de función mixta citocromo P450 microsómicas. La primera de ellas, catalizada por la colesterol 7α-hidroxilasa (CYP7A1), es la determinante de la velocidad por lo que desempeña un papel importante en el control de toda la ruta. La actividad de esta enzima se suprime por los ácidos biliares del alimento. La mayoría de las enzimas de la síntesis de ácidos biliares participa también en otras rutas, incluyendo la síntesis de oxiesteroles, la síntesis de esteroides o el metabolismo de los ácidos grasos de cadena larga.

## Hormonas esteroideas

Las principales categorías de hormonas esteroideas en los vertebrados son los progestágenos, los glucocorticoides, los mineralocorticoides, los andrógenos y los estrógenos.

El colesterol es el origen biosintético de todas las hormonas esteroideas, los mensajeros extracelulares elaborados por las gónadas y la corteza suprarrenal, más la placenta en las mujeres embarazadas. En este capítulo revisamos las rutas de biosíntesis de las hormonas esteroideas, mientras que sus acciones se considerarán en el Capítulo 23. En general, las hormonas esteroideas controlan el metabolismo a nivel de los genes. Interaccionan con receptores proteicos intracelulares, y los complejos hormona-receptor se unen a lugares específicos del genoma y afectan a la transcripción de los genes próximos.

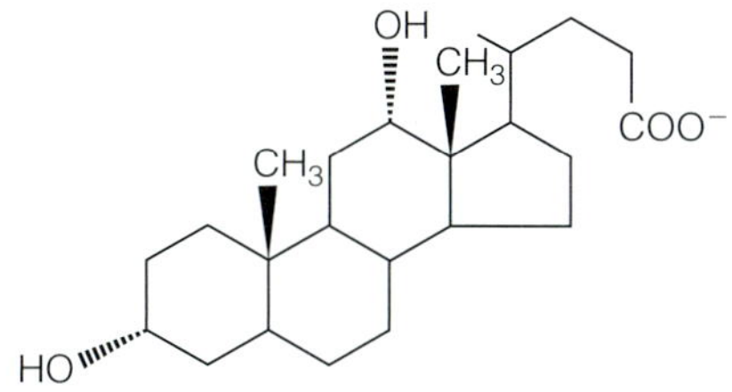

**Desoxicolato**

Consideraremos cinco clases principales de hormonas: (1) los **progestágenos** (progesterona), que regulan los fenómenos que se producen durante el embarazo; (2) los **glucocorticoides** (cortisol y corticosterona), que estimulan la gluconeogénesis y, a dosis farmacológicas, suprimen las reacciones inflamatorias; (3) los **mineralocorticoides** (aldosterona), que regulan el equilibrio iónico mediante la activación de la reabsorción de $Na^+$, $Cl^-$ y $HCO_3^-$ en el riñón; (4) los **andrógenos** (androstenediona y testosterona), que favorecen el desarrollo sexual masculino y mantienen los caracteres sexuales masculinos; y (5) los **estrógenos** (estrona y estradiol) u hormonas sexuales femeninas, que mantie-

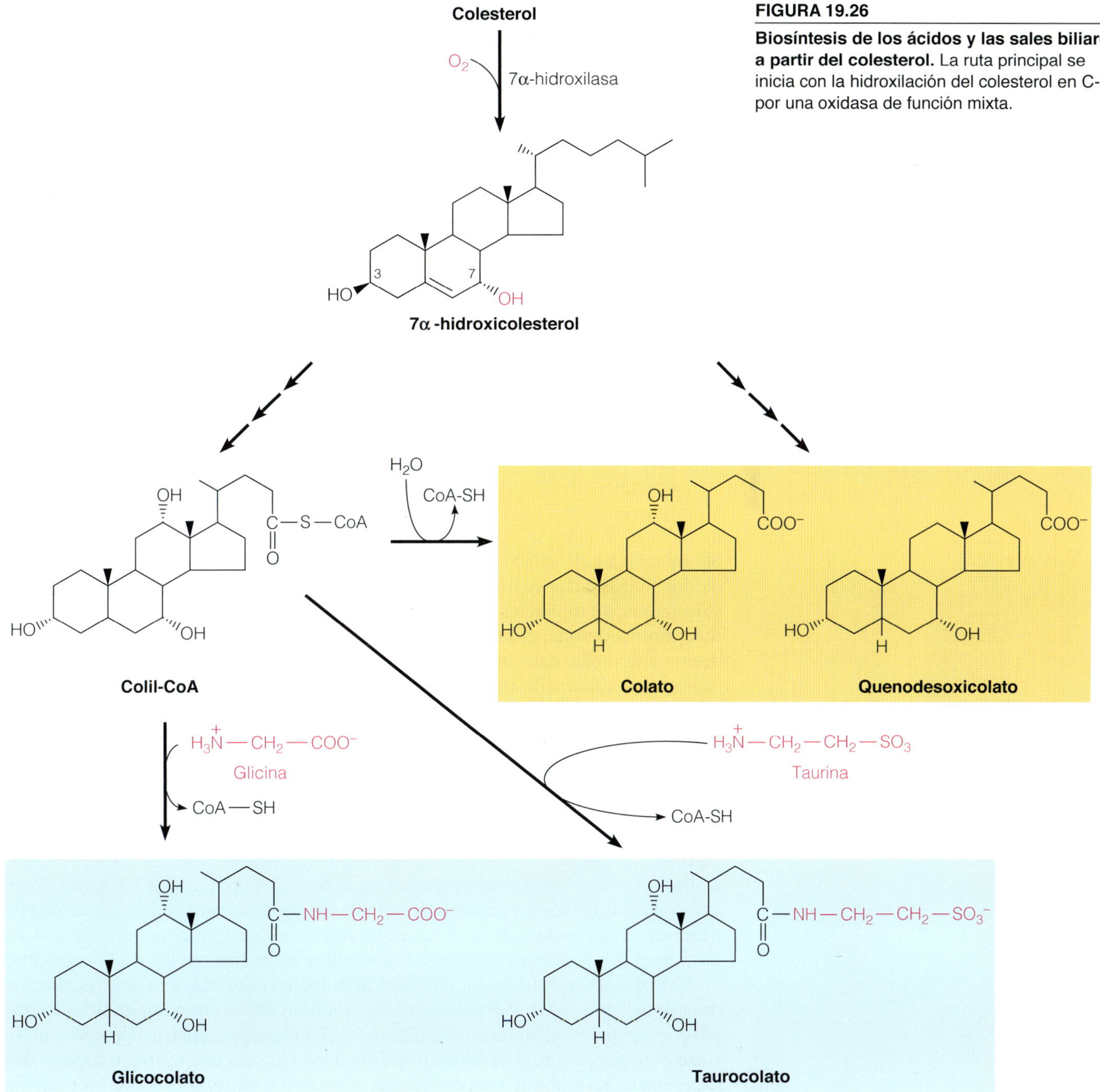


**FIGURA 19.26**

**Biosíntesis de los ácidos y las sales biliares a partir del colesterol.** La ruta principal se inicia con la hidroxilación del colesterol en C-7 por una oxidasa de función mixta.

nen las características femeninas. La mayor parte de estas hormonas se presentan en la Figura 19.27, que también resume sus rutas de síntesis (se describen más adelante). En todos los casos, la cadena lateral del colesterol se acorta notablemente o desaparece.

Una característica general de las hormonas esteroideas es que no se almacenan para su liberación tras la síntesis. En consecuencia, la concentración de una hormona circulante se controla fundamentalmente mediante su tasa de síntesis, la cual, en última instancia, se controla por señales procedentes del cerebro. Normalmente, estas señales actúan a través de hormonas intermedias. Así, por ejemplo, la neurohormona **factor liberador de corticotropina** (**CRF**) se libera por las células del hipotálamo en respuesta a los estímulos procedentes del sistema nervioso central (*véase* el Capítulo 23). La CRF estimula la liberación de **corticotropina** u **hormona adrenocorticotropa** (**ACTH**) por la glándula hipofisaria, que a su vez, estimula la síntesis de mineralocorticoides y glucocorticoides en la corteza suprarrenal.

La pregnenolona es un intermedio en la ruta que conduce del colesterol a todos los demás compuestos esteroideos conocidos.

La activación de la síntesis de las hormonas esteroideas comporta la estimulación de la hidrólisis de los ésteres de colesterol y una captación de colesterol de los depósitos celulares (RE y membrana plasmática) al interior de las mitocondrias de las células del órgano diana. La traslocación del colesterol desde la membrana mitocondrial externa a la membrana mitocondrial interna (MMI) es el paso limitante de la producción de todos los esteroles, y requiere, al menos, dos proteínas: proteína reguladora aguda esteroidogénica (StAR) y proteína translocadora (TSPO). Una vez en la MMI, un citocromo p450 integral de membrana denominado **enzima de rotura de la cadana lateral del colesterol** hidroxila la cadena lateral en C-20 y C-22 y la rompe, para dar **pregnenolona**, la precursora de todas las demás hormonas esteroideas.

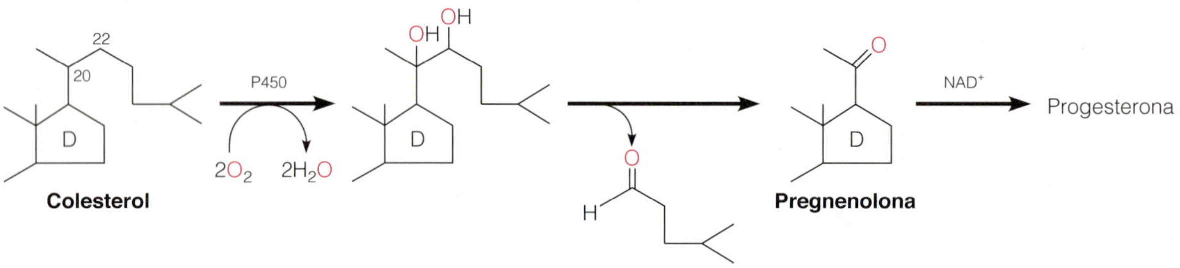


La pregnenolona se desplaza al RE, donde tiene lugar su conversión a las demás hormonas esteroideas, como se muestra en la Figura 19.27. La 3$\beta$-hidroxiesteroide deshidrogenasa cataliza la oxidación del hidroxilo C-3 a cetona y la isomerización del doble enlace. La hidroxilación en C-21 por una enzima de la corteza suprarrenal, seguida de dos hidroxilaciones más y una hidrogenación para formar un grupo aldehído, da aldosterona, un mineralcorticioide. La hidroxilación de la progesterona en C-17 da 17$\alpha$-hidroxiprogesterona, el precursor de todos los demás esteroides. Dos hidroxilaciones de este intermedio dan cortisol (un glucocorticoide), fundamentalmente en la glándula suprarrenal. Una enzima de la corteza suprarrenal y de las gónadas rompe la cadena lateral de la 17-hidroxiprogesterona en C-17, dando **androstenediona**, un precursor de los andrógenos y los estrógenos (y uno de los «fármacos de potenciación del rendimiento» prohibido en la actualidad que ha contaminado el béisbol profesional). Todos estas hidroxilaciones están catalizadas por enzimas citocromo P450, y obtienen habitualmente los equivalentes reductores necesarios del NADPH a través de la P450 oxidorreductasa (*véase* el Figura 15.32, página 664). La testosterona sufre una reducción en C-5, dando 5$\alpha$-dihidrotestosterona, que es un andrógeno algo más potente. La aromatización del anillo A convierte los andrógenos en estrógenos. En esta conversión hay múltiples reacciones de hidroxilación y eliminación catalizadas por una única enzima citocromo P450, denominada **aromatasa**. Obsérvese que las reacciones catalizadas por esta enzima son la única ruta conocida para la síntesis de los anillos aromáticos en las células animales.

Se han descrito deficiencias enzimáticas humanas para cada una de las enzimas citadas. Un déficit de la 21-hidroxilasa inhibe la síntesis de los glucocorticoides y los mineralocorticoides. Se acumulan progesterona y 17-hidroxiprogesterona debido al bloqueo y son desviadas a la ruta de los andrógenos, dando lugar a una sobreproducción de testosterona en las glándulas suprarrenales. Al mismo tiempo, la producción insuficiente

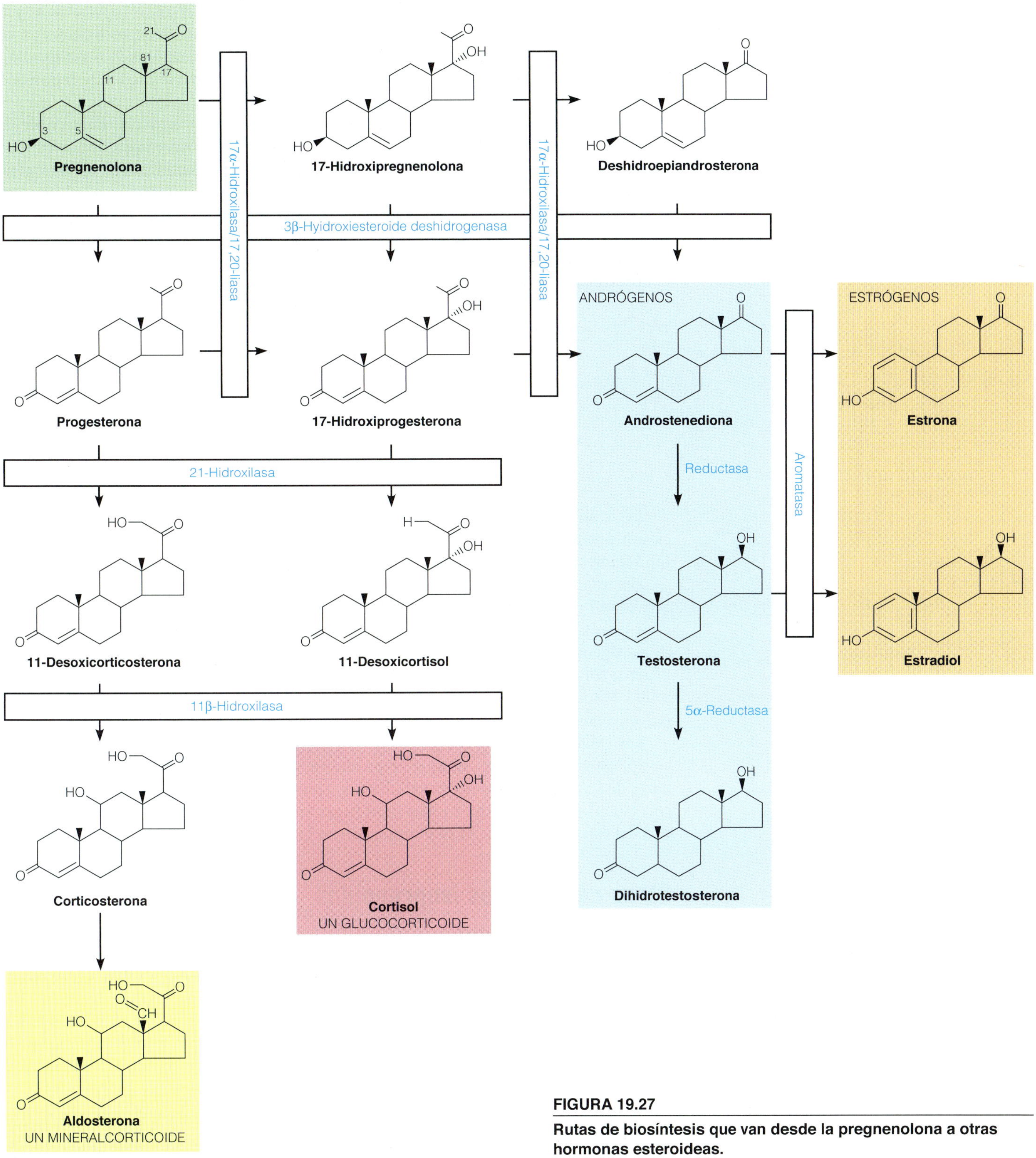


**FIGURA 19.27**

**Rutas de biosíntesis que van desde la pregnenolona a otras hormonas esteroideas.**

de cortisol interfiere en un bucle de retroacción de control hormonal, en el que interviene el factor liberador de corticotropina (Capítulo 23) y la ACTH; el aumento de la secreción de ACTH estimula el crecimiento de las glándulas suprarrenales (hiperplasia) y la síntesis en ellas de esteroides, lo cual exacerba la sobreproducción de testosterona. Esto produce la virilización (masculinización) de las mujeres. Una deficiencia de la 11-*β*-hidroxilasa produce también hiperplasia suprarrenal y se caracteriza por la acumu-

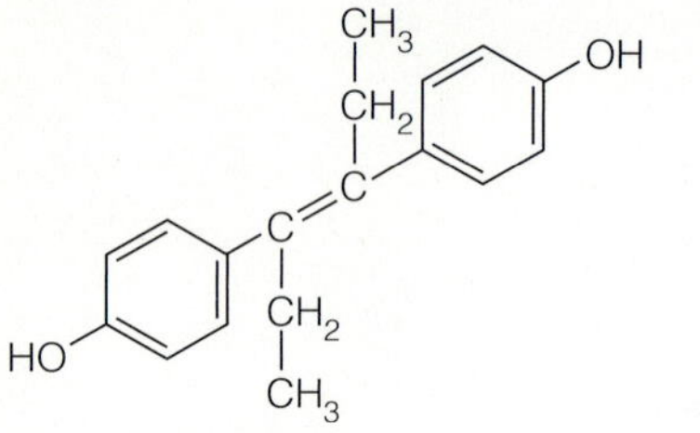

**Dietilestilbestrol**

lación del mioneralcorticoide 11-desoxicorticosterona, ocasionando hipertensión y el glucocorticoide 11-desoxicortisol. Un déficit de la 5α-reductasa hace que disminuyan las concentraciones efectivas de andrógenos y da lugar a la feminización de los varones. Por fortuna, éstas y otras anomalías de los esteroides pueden tratarse mediante reposición hormonal, si se detectan en una fase temprana de la vida.

Se han valorado centenares de compuestos sintéticos con actividad del tipo de las hormonas esteroideas, para su uso con diversos fines. Unos esteroides sintéticos muy utilizados son los glucocorticoides antiinflamatorios. El **dietilestilbestrol**, un estrógeno sintético, se utilizó mucho para fomentar el crecimiento del ganado bovino, hasta que se comprobó que podía ser cancerígeno a las concentraciones existentes en la carne del ganado tratado. Los anticonceptivos orales se elaboran con compuestos que contienen actividad de progesterona y de estrógeno. Dos estrógenos sintéticos muy utilizados son el **noretinodrel** y el **mestranol.**

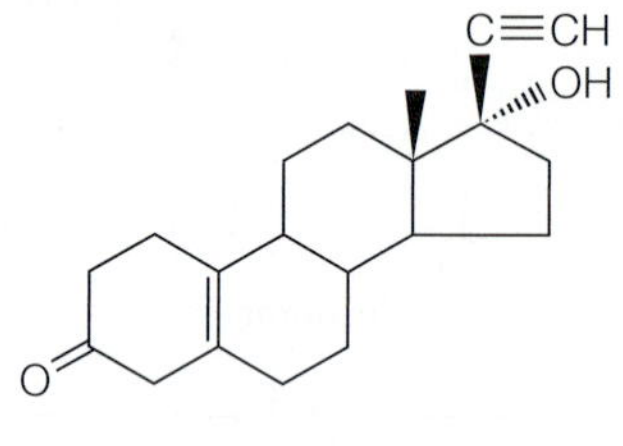

**Noretinodrel**

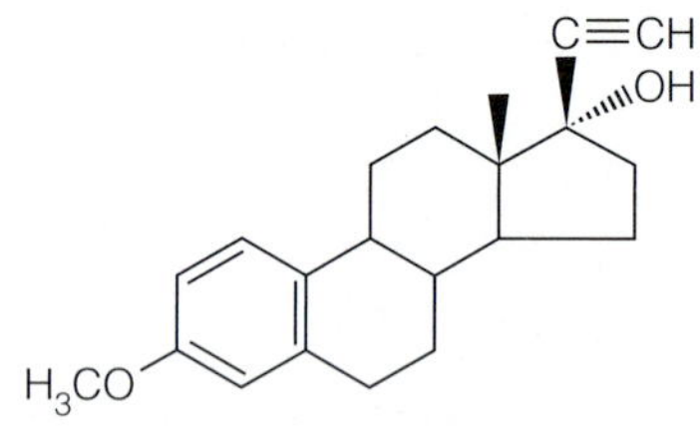

**Mestranol**

Las combinaciones de uno de estos fármacos con la progesterona inhiben la secreción hipofisaria de las hormonas que controlan el ciclo reproductor de la mujer. Esta inhibición suprime la maduración del folículo ovárico y la ovulación.

Un interés reciente se ha centrado en las sustancias ambientales producidas por la actividad humana, como determinados pesticidas, que tienen una actividad semejante a los estrógenos. Algunos de ellos se ha demostrado que interaccionan con receptores de estrógenos y que estimulan respuestas bioquímicas semejantes. Se están acumulando pruebas sólidas que indican que estos «desorganizadores endocrinos» pueden ser responsables de los descensos de la fertilidad de diversas especies animales, entre las que puede encontrarse el ser humano, así como de los aumentos de la obesidad y la diabetes.

Las células de los mamíferos carecen de la capacidad de degradar por completo los compuestos esteroideos. Aunque se producen varias reacciones catabólicas, la mayor parte de los esteroides y sus metabolitos se conjugan, a través de sus grupos hidroxilo, con glucuronato o sulfato. Ambas modificaciones aumentan enormemente la solubilidad del esteroide y facilitan su eliminación en la orina.

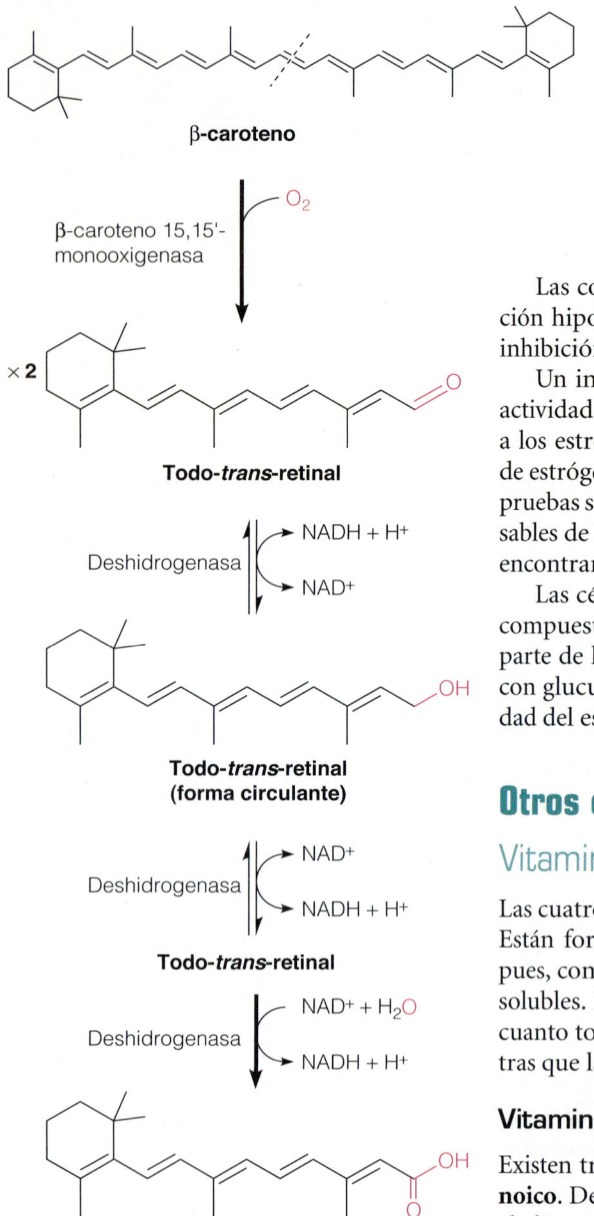


**FIGURA 19.28**

**Metabolismo de la vitamina A.**

# Otros compuestos isoprenoides

## Vitaminas liposolubles

Las cuatro vitaminas liposolubles, A, D, E y K, son todas ellas compuestos isoprenoides. Están formadas, como los esteroides, por unidades activadas de cinco carbonos. Así pues, como grupo tienen una relación estructural que no se da en las vitaminas hidrosolubles. En cambio, las vitaminas hidrosolubles tienen una uniformidad *funcional*, en cuanto todas ellas están diseñadas para transportar grupos metabólicos móviles, mientras que las vitaminas liposolubles son diversas en sus funciones.

### Vitamina A

Existen tres formas activas de la vitamina A: **todo-*trans*-retinol**, **-retinal**, y **ácido retinoico.** De forma colectiva se denominan **retinoides.** La vitamina puede consumirse en el alimento en forma de retinol esterificado, o biosintetizarse a partir del ***β*-caroteno**, un isoprenoide vegetal especialmente abundante en las zanahorias. El *β*-caroteno se fragmenta en el intestino por una monooxigenasa para formar dos moléculas de todo-trans-retinal (retinaldehído), que posteriormente se reduce a retinol (Figura 19.28). El todo-*trans*-retinol es la forma que circula en la sangre y la que tiene la mayor actividad biológica. La ingestión de esta forma satisface todos los requerimientos nutricionales de la vitamina. La oxidación del retinol (alcohol en C-15) a retinal (aldehído en C-15) es reversible, mientras que su posterior oxidación a ácido retinoico es irreversible. Estas dos reacciones están catalizadas por deshidrogenasas específicas en los tejidos periféricos.

La vitamina A desempeña una función importante en el proceso visual en los bastones de la retina, las células que son las responsables principales de la visión con poca luz, con una detección relativamente escasa del color (Figura 19.29). Los segmentos externos del bastón contienen discos de proteína lamelar con un contenido abundante de la proteína **opsina**. El *trans*-retinol de los discos sufre una isomerización y luego una deshidrogenación para dar **11-*cis*-retinal**. Los cambios químicos de la fotorrecepción se indican en la Figura 19.30. El 11-*cis*-retinal forma una base de Schiff con un residuo de lisina de la opsina, dando **rodopsina** (paso 1). La rodopsina tiene una fuerte absorción de luz entre 400 y 600 nm (la longitud de onda visible del espectro). La absorción de un fotón de luz desencadena una cadena de fenómenos que conducen a la activación nerviosa. El retinal excitado de la rodopsina se isomeriza a una forma todo-*trans* (paso 2), seguido de varios cambios de conformación y de la liberación del todo-*trans*-retinal (pasos 3 y 4). Tras la isomerización (paso 5), el proceso puede iniciarse de nuevo. El paso 3 de la Figura 19.30 es el paso clave para la transducción de la recepción de un fotón a un potencial de acción nervioso. En este proceso interviene el GMP cíclico y una proteína G denominada **transducina**. En el Capítulo 23 se presenta una información más detallada sobre este proceso.

Los retinoides (principalmente el ácido retinoico todo-*trans* y 9-*cis*) desempeñan también funciones importantes como reguladores del desarrollo, actuando de una forma algo parecida a las hormonas esteroideas (*véase* la página 980). Interaccionan con proteínas receptoras específicas del núcleo celular. Los complejos ligando-receptor se unen a secuencias específicas del DNA, en donde controlan la transcripción de genes que participan en el desarrollo embrionario, la reproducción, el crecimiento postnatal, la diferenciación de los epitelios e incluso la respuesta inmunitaria.

En efecto, el primer efecto de la deficiencia de vitamina A es la queratinización de los tejidos epiteliales de los tractos respiratorio y urogenital, en los que los epitelios columnares quedan sustituidos por epitelio escamoso. Las lesiones oculares (por ejemplo, ceguera nocturna) se producen mucho más tarde en la deficiencia de vitamina A.

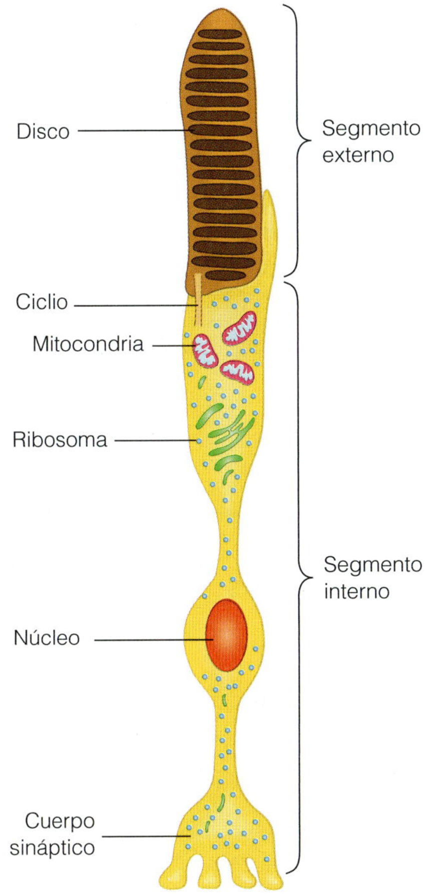


**FIGURA 19.29**

**Representación esquemática de un bastón.** El segmento externo es un apilamiento de discos membranosos, que contiene los pigmentos fotorreceptores. Este segmento está conectado mediante un cilio fino al segmento interno, que contiene el núcleo de la célula, el citosol y el cuerpo sináptico. El cambio de potencial producido en el segmento externo viaja hasta el cuerpo sináptico y se transmite a una o más neuronas de la retina.

La isomerización en la retina de una forma de vitamina A unida a proteínas es el mecanismo mediante el cual se recibe la energía luminosa en el ojo.

## Vitamina D

La forma más abundante de la vitamina D es la vitamina $D_3$, o **colecalciferol**. No se trata realmente de una vitamina, puesto que no es necesario ingerirla en el alimento. De hecho, se obtiene mediante síntesis a partir del 7-deshidrocolesterol, un intermediario de la síntesis de colesterol (*véase* el margen, página 811). Es más exacto considerar la vitamina $D_3$ como una prohormona, puesto que se convierte en un metabolito que actúa de manera análoga a una hormona esteroidea. Su acción afecta a la regulación del metabolismo del calcio y el fósforo, en especial en cuanto a la síntesis de la matriz inorgánica del hueso, que está formada en gran parte por fosfato cálcico.

En las células de la piel, el 7-deshidrocolesterol sufre una fotólisis por la acción de la radiación ultravioleta para dar colecalciferol. Como los rayos UV proceden de la luz solar, una exposición insuficiente al sol puede causar un déficit de vitamina $D_3$, y dar lugar a la malformación ósea denominada **raquitismo**. La deficiencia leve puede producir **osteoporosis**, es decir la pérdida de calcio de los huesos. La vitamina $D_3$ suele añadirse a los productos lácteos como suplemento de la alimentación, puesto que la exposición a la luz solar es limitada en muchas zonas durante gran parte del año.

El colecalciferol sufre dos hidroxilaciones sucesivas, cada una de ellas catalizada por una oxidasa de función mixta. En la primera, en el carbono 25, interviene un sistema enzimático microsómico del hígado. El 25-hidroxicolecalciferol se transporta posteriormente al riñón, en donde una enzima mitocondrial lo hidroxila en el carbono 1. Esta reacción se activa por la **hormona paratiroidea**, que se segrega por la glándula paratiroides cuando las concentraciones de calcio son bajas. Cuando las concentraciones de calcio son adecuadas, se produce la segunda hidroxilación en C-24, en vez de en C-1, para dar un metabolito inactivo.

El 1,25-dihidroxicolecalciferol controla el metabolismo óseo mediante la regulación de la absorción intestinal de calcio.

El 1,25-dihidroxicolecalciferol, o 1,25$(OH)D_3$, es la forma de la vitamina D con actividad hormonal. Este compuesto se desplaza a las células diana del intestino y de los osteoblastos (células óseas), en donde se une a receptores proteicos que migran al nú-

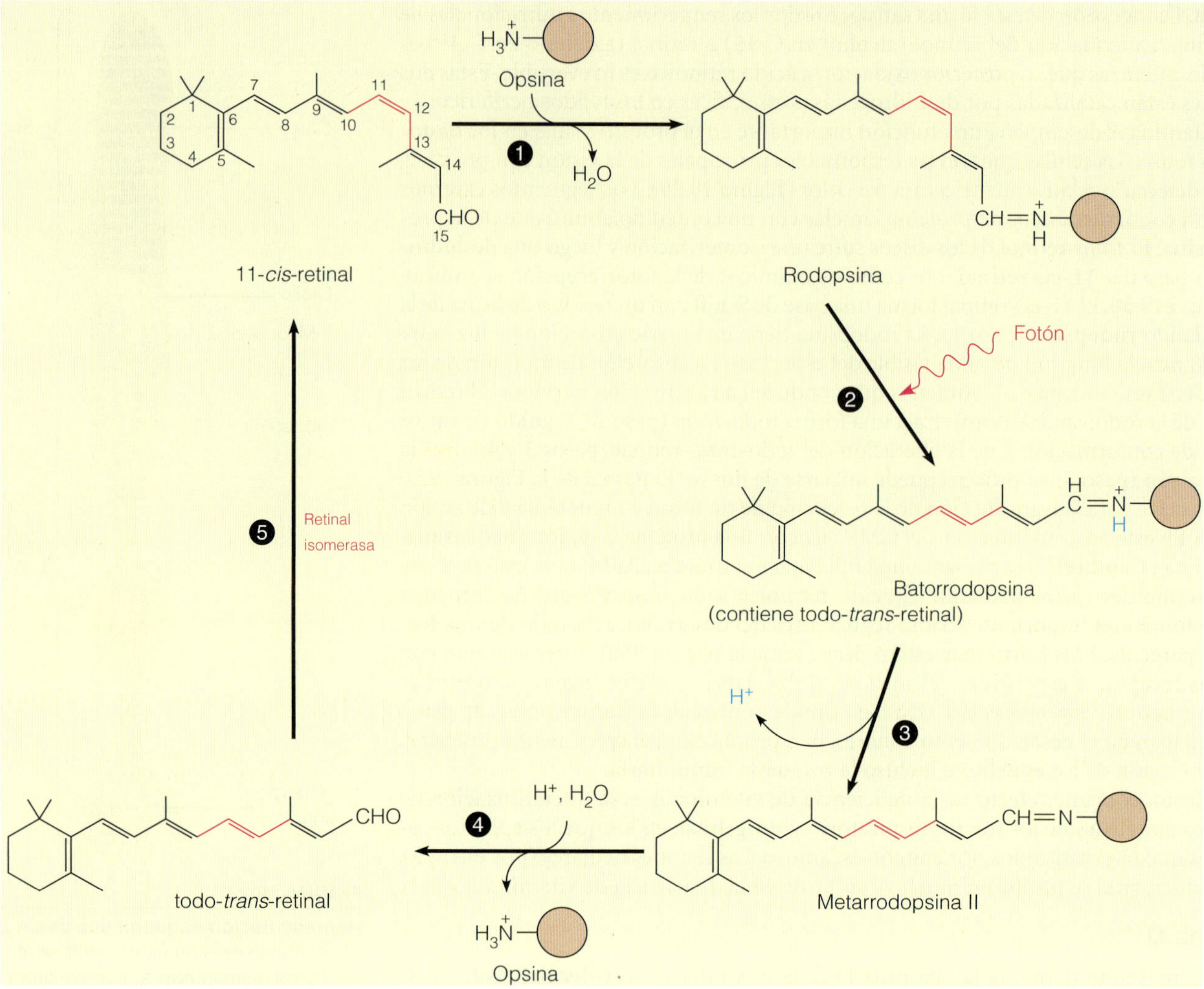


**FIGURA 19.30**

**Cambios químicos de la fotorrecepción.** El 11-*cis*-retinal y la opsina de un bastón se combinan para formar rodopsina. La absorción de un fotón de luz da lugar a los cambios químicos que se muestran en los pasos 2 y 3. El paso 3 comporta, al menos, 3 cambios de conformación diferentes que se producen en ~1 ms. La metarrodopsina II es la especie que activa la transducina (no mostrada) para iniciar la cascada visual que se describe en el Capítulo 23. Al cabo de aproximadamente 1 segundo, la metarrodopsina II se disocia en todo-*trans* retinal, que se isomeriza al iniciarse de nuevo el ciclo.

cleo celular. En el intestino, el complejo hormona-receptor estimula la transcripción, dando lugar a la síntesis de una proteína que estimula la absorción de calcio al torrente sanguíneo. En los osteoblastos, la 1,25(OH)$D_3$ estimula la captación de calcio para que se deposite en forma de fosfato cálcico.

## Vitamina E

La vitamina E, llamada también **α-tocoferol**, se identificó inicialmente en los estudios nutricionales como un agente que prevenía la esterilidad en las ratas. Esta vitamina parece tener una función antioxidante, en especial para evitar la agresión de los peróxidos sobre los ácidos grasos insaturados de los lípidos de la membrana (*véase también* el Capítulo 15, página 666). El α-tocoferol impide la peroxidación de los ácidos grasos *in vitro*. Sin embargo, el déficit de vitamina E da lugar a otros síntomas como hemólisis eritrocitaria y disfunción neuromuscular, que no se alivian por otros antioxidantes. Así pues, parecen probables otras funciones biológicas de esta vitamina.

## Vitamina K

La vitamina K se descubrió inicialmente como una sustancia liposoluble que participaba en la coagulación de la sangre. La vitamina $K_1$, o **filoquinona**, se encuentra en las plantas; la parte de quinona de esta molécula posee una cadena lateral, saturada en gran parte. Otra forma de la vitamina, la vitamina $K_2$, o **menaquinona**, se encuentra fundamentalmente en los animales y las bacterias. La menaquinona posee una cadena lateral parcialmente insaturada. En los animales, la vitamina $K_2$ es esencial para la carboxilación de los residuos de glutamato en determinadas proteínas para dar **$\gamma$-carboxiglutamato**. Esta modificación permite a la proteína unir calcio, fenómeno que es esencial en la cascada de la coagulación de la sangre (que se consideró en el Capítulo 11). Los niños recién nacidos reciben habitualmente inyecciones de vitamina K, debido a que la mayoría de nuestra vitamina K procede de las bacterias intestinales que aún no han colonizado los intestinos de los recién nacidos.

La carboxilación de los residuos de glutamato se produce en otras proteínas que son activas en la movilización o el transporte de calcio. La enzima de carboxilación utiliza la forma reducida de la vitamina K, la hidroquinona. Durante la reacción, la hidroquinona se oxigena a un epóxido de quinona, y esta reacción facilita el ataque del $CO_2$ sobre el C-4 de un residuo de glutamato, desprotonando ese carbono.

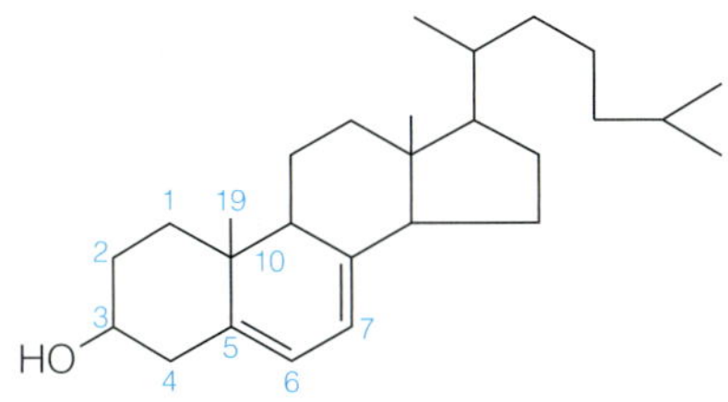

**7-Deshidrocolesterol**

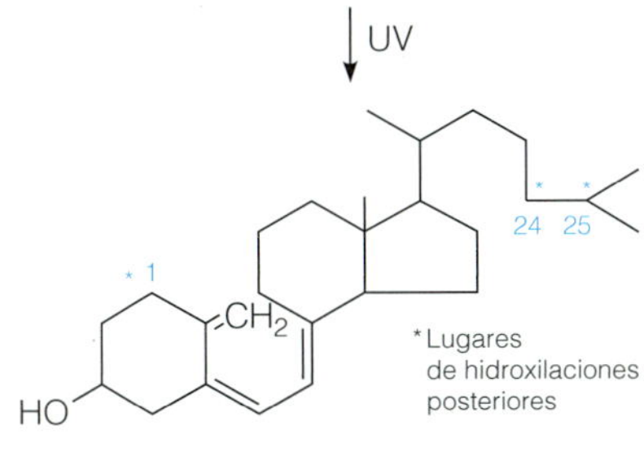


**Colecalciferol (vitamina $D_3$)**

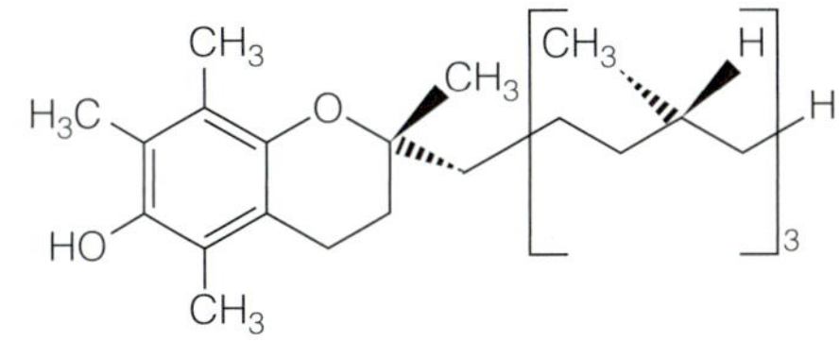

**$\alpha$-tocoferol (vitamina E)**

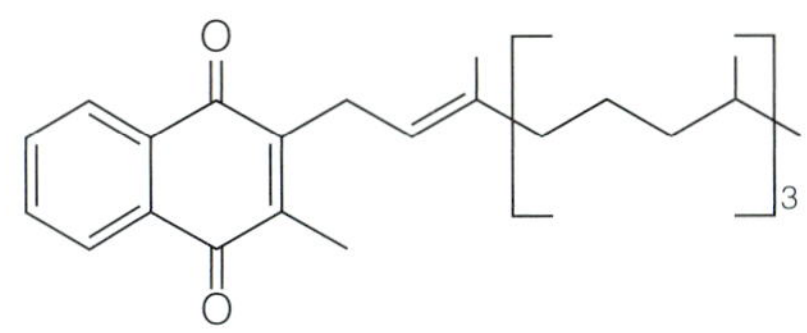

**Filoquinona (vitamina $K_1$)**

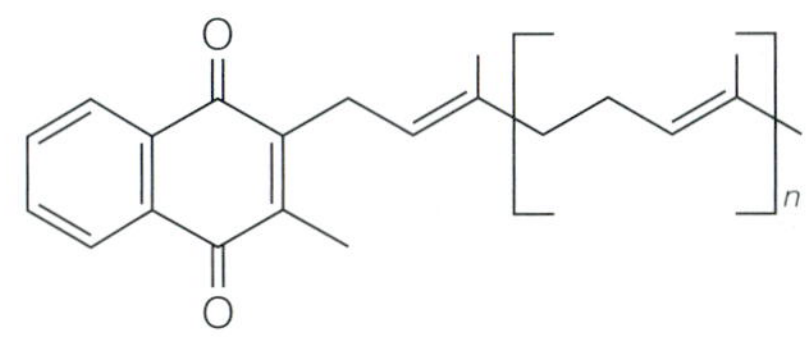

**Menaquinona (vitamina $K_2$)**

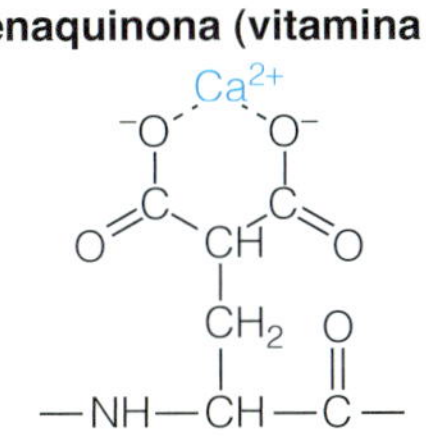

**Residuo de $\gamma$-carboxiglutamato que forma complejos con el calcio**

## Otros terpenos

*Terpeno* es una denominación genérica que se aplica a todos los compuestos que se biosintetizan a partir de precursores isoprenos. Así pues, los compuestos que hemos considerado, colesterol, ácidos biliares, esteroides y vitaminas liposolubles, son terpenos; se les presta una especial atención por su gran importancia en el metabolismo animal. Nos referiremos aquí muy brevemente a la amplia gama de otros compuestos terpénicos. Entre ellos se encuentran las hormonas de los insectos y las hormonas de crecimiento de las plantas, así como los transportadores de azúcares ligados a lípidos que hemos visto en el Capítulo 9.

Los terpenos se biosintetizan en última instancia a partir del isopentenil pirofosfato ($C_5$) y del dimetilalil pirofosfato ($C_5$). Cuando estos se combinan para producir el geranil pirofosfato ($C_{10}$) (*Véase* la Figura 19.20), los terpenos formados se denominan **monoterpenos**. Cuando se forma un compuesto a partir de 1 mol de farnesil pirofosfato ($C_{15}$), el producto se denomina un **sesquiterpeno**. Los **triterpenos** ($C_{30}$) se forman a partir de 2 moles de farnesil pirofosfato. El geranilgeranil pirofosfato ($C_{20}$) produce, o bien **diterpenos** ($C_{20}$) o bien **tetraterpenos** ($C_{40}$). Los dolicoles y el undecaprenol, que se han presentado en el Capítulo 9, son ejemplos de **poliprenoles** (alcoholes poliisoprenoides), que tienen más de 50 carbonos. En la Figura 19.31 se muestran las estructuras de algunos terpenos frecuentes.

# Eicosanoides: prostaglandinas, tromboxanos y leucotrienos

Llegamos finalmente a una clase de lípidos que se caracterizan por sus potentes propiedades fisiológicas, sus bajas concentraciones en los tejidos, su rápido recambio metabólico y su origen metabólico común. Los más importantes de estos compuestos son las **prostaglandinas**; también se incluyen los **tromboxanos** y los **leucotrienos.** En conjunto se les denomina **eicosanoides**, debido a su origen común a partir de los ácidos grasos poliinsaturados $C_{20}$, los ácidos eicosaenoicos, en especial, el ácido araquidónico, que es el ácido todo-*cis*-5,8,11,14-eicosatetraenoico. Recuérdese del Capítulo 17 que el ácido araquidónico se sintetiza a partir del ácido linolénico. Los ácidos $C_{20}$ relacionados, trienoico y pentaenoico, actúan como precursores menores de algunas prostaglandinas y sustancias emparentadas. Además de los compuestos que se consideran aquí, los ácidos eicosaenoicos son precursores de otra clase de compuestos, los ácidos hidroxieicosaenoicos y los ácidos hidroperoxieicosaenoicos. Estos últimos compuestos son los precursores metabólicos de los leucotrienos. Hay otros compuestos relacionados que proceden de ácidos grasos poliinsaturados más cortos o más largos que los $C_{20}$, y se ha propuesto el término **oxilipina** como denominación genérica para esta clase de lípidos, englobando todas las longitudes de cadena.

Las prostaglandinas y los tromboxanos estrechamente relacionados con ellas proceden de una ruta común; existe una ruta diferente que va del ácido araquidónico a los leucotrienos. Como las hormonas, los eicosanoides ejercen efectos fisiológicos específicos sobre las células diana. Sin embargo, se diferencian de la mayoría de las hormonas en que actúan localmente, cerca de sus lugares de síntesis, y se catabolizan de manera extremadamente rápida. Además, las acciones de una determinada prostaglandina parecen variar en distintos tejidos. Las propiedades biológicas de los eicosanoides han motivado un gran interés por su uso médico y por el empleo de sus análogos.

Los eicosanoides biológicamente activos, derivados del ácido araquidónico, son las prostaglandinas, los tromboxanos y los leucotrienos. Son moléculas de vida muy breve, que actúan localmente como moléculas de señalización.

| Clase | Ejemplo | Función |
|---|---|---|
| Monoterpenos | 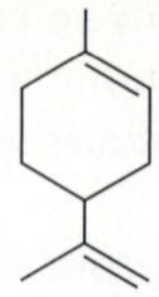 **Limoneno** | Responsable del olor característico de los limones |
| Sesquiterpenos | 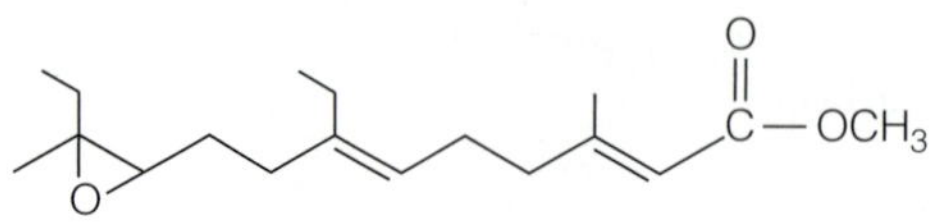 **Hormona juvenil I** | Controla la metamorfosis de los insectos |
| Diterpenos | 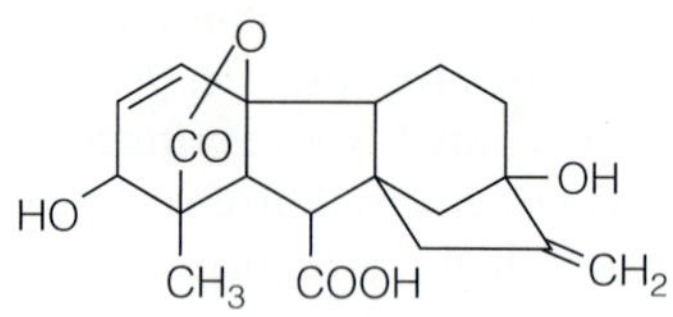 **Ácido giberélico** | Hormona de crecimiento de las plantas |
| Triterpenos | 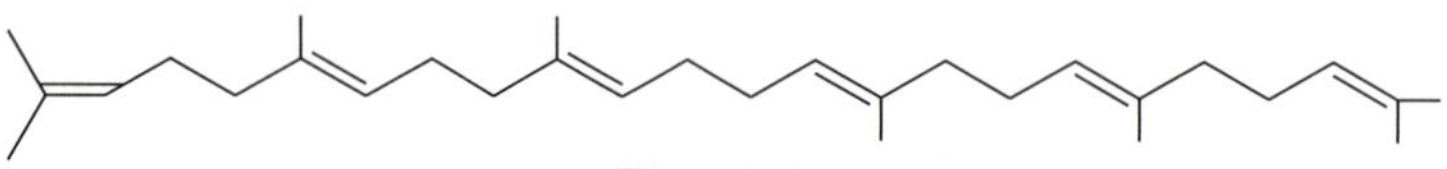 **Escualeno** | Precursor del colesterol |
| Tetraterpenos | 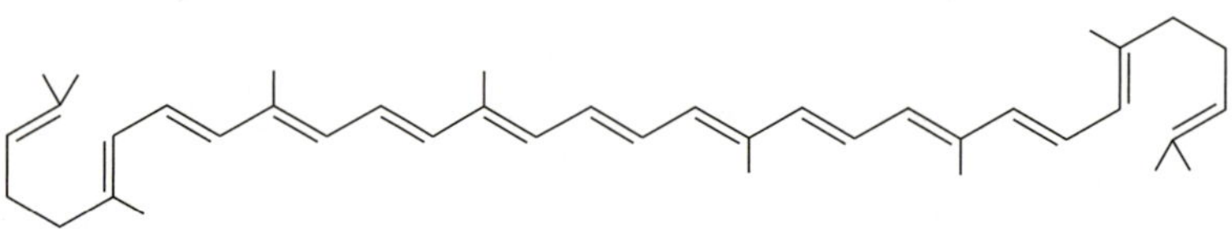 **Licopeno** | Pigmento del tomate |
| Poliprenoles | 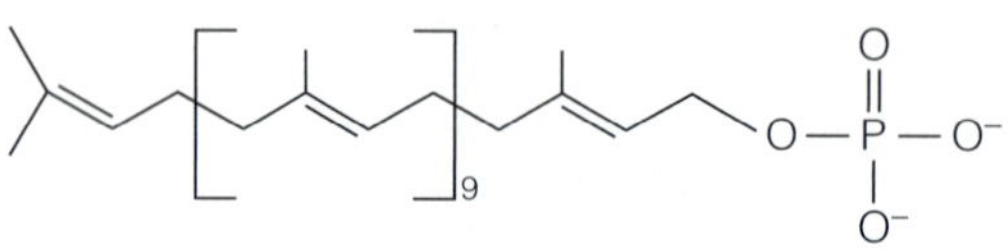 **Undecaprenol fosfato** | Transportador de azúcar para la síntesis de oligosacáridos |
| | 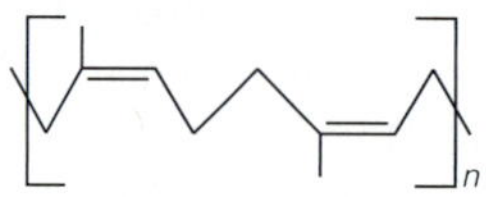 ***cis*-poliisopreno** | Caucho natural |

**FIGURA 19.31**

**Algunos compuestos terpenos.** Estos ejemplos son representativos de una clase muy amplia de productos naturales.

## Algunos aspectos históricos

Los capítulos iniciales de mayor importancia en la investigación de las prostaglandinas se escribieron en Suecia. A mediados de los años 1930, Ulf von Euler descubrió que los extractos lipídicos del semen humano contenían compuestos activos que, al inyectarse en animales, estimulaban la contracción o relajación del músculo liso e influían en la presión sanguínea. Dado que se supuso que su origen estaba en la glándula prostática, denominó a estos compuestos *prostaglandinas.* Posteriormente se comprobó que estas sustancias están muy extendidas en los tejidos animales. Las primeras determinaciones estructurales se publicaron a finales de los años 1950, bajo la dirección de Sune Bergström y Bengt Samuelsson, y las rutas de biosíntesis se describieron en Suecia y en Holanda a mediados de los años 1960.

Las propiedades biológicas de las prostaglandinas motivaron un gran interés por parte de la industria farmacéutica, pero los avances iniciales fueron limitados como consecuencia de la baja disponibilidad de estos compuestos. El interés alcanzó un máximo en 1971 con el descubrimiento de que la aspirina inhibe una de las enzimas de la biosíntesis de las prostaglandinas. Actualmente se sabe que esta inhibición constituye el principal lugar de acción de la aspirina y de otros fármacos antiinflamatorios no esteroideos. Más tarde, durante los años 1970, se descubrieron los tromboxanos y los leucotrienos.

## Estructura

Las dos primeras prostaglandinas que se aislaron se denominaron prostaglandinas E y F, respectivamente, debido a su solubilidad preferente en éter (E) o en amortiguador fosfato (F por *fosfat*, la palabra sueca). Actualmente denominamos a estos compuestos PGE y PGF, respectivamente. Todas las demás prostaglandinas se designan con una letra, por ejemplo PGA y PGH. Cada prostaglandina posee un anillo de ciclopentano y dos cadenas laterales, con un grupo carboxilo en una cadena lateral. Un subíndice indica el número de dobles enlaces en las dos cadenas. Las prostaglandinas más abundantes, que son las que se sintetizan a partir del ácido araquidónico, contienen dos dobles enlaces; así pues, la $PGE_2$ sería la prostaglandina E procedente del ácido araquidónico. Por último, en la serie PGF, un subíndice $\alpha$ indica que el grupo hidroxilo de C-9 es *cis* para el grupo 11-hidroxilo, y $\beta$ significa una configuración *trans*. En la Figura 19.32 se presentan las estructuras de las prostaglandinas más comunes, junto con la del tromboxano $A_2$ ($TxA_2$). El $TxA_2$ se aisló inicialmente de los trombocitos o plaquetas sanguíneas, como un compuesto que estimulaba la agregación plaquetaria, un paso inicial de la coagulación sanguínea. Obsérvese su semejanza estructural con la $PGE_2$, excepto por el anillo de éter cíclico. Otro tromboxano, el $TxB_2$, es un producto de la hidrólisis del $TxA_2$.

## Biosíntesis y catabolismo

Consideramos aquí únicamente la biosíntesis de la serie 2 de las prostaglandinas. Las prostaglandinas de las series 1 y 3 se sintetizan de manera idéntica, a partir de los ácidos grasos $C_{20}$ relacionados. Las rutas de biosíntesis, que tienen lugar en el retículo endoplásmico, se muestran en la Figura 19.33. Podemos considerar que estas rutas se

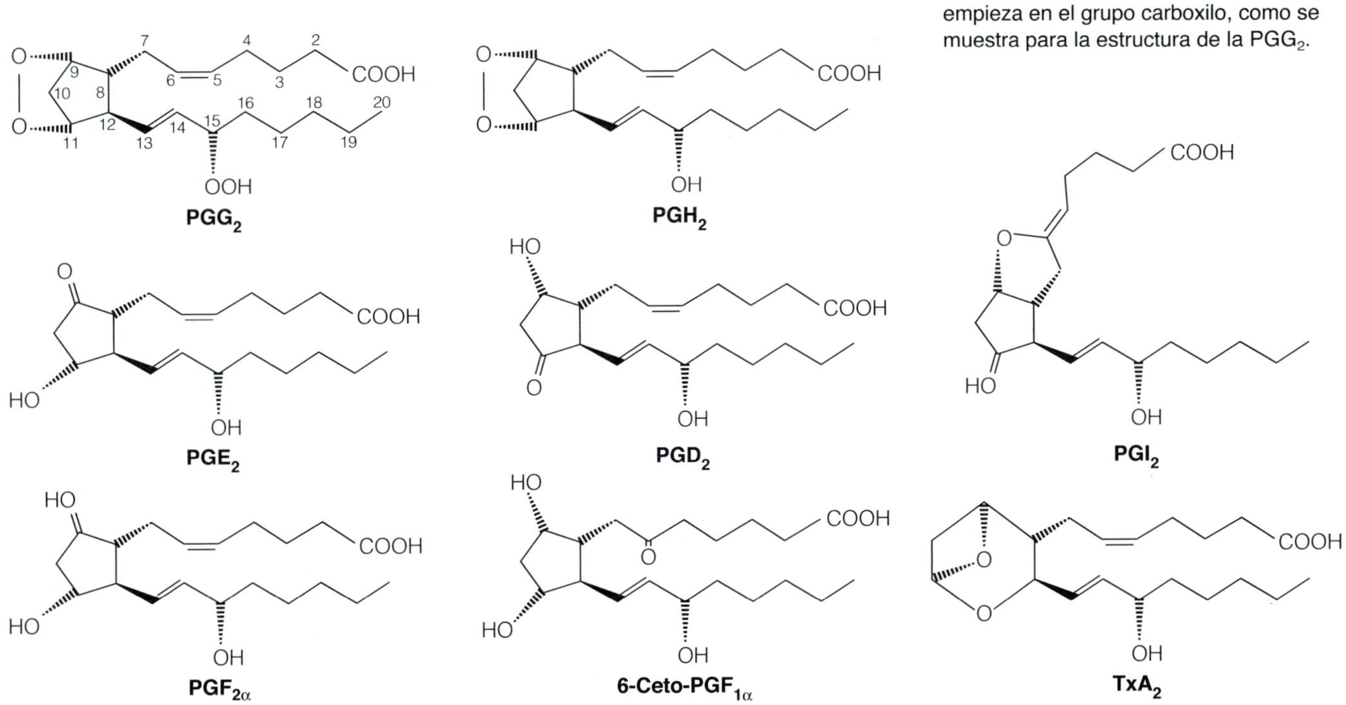


**FIGURA 19.32**

**Estructuras de las principales prostaglandinas y del tromboxano $A_2$.** La figura muestra las prostaglandinas más abundantes, las de la serie 2. Proceden del ácido araquidónico, al igual que el tromboxano $A_2$. La numeración de los átomos de carbono empieza en el grupo carboxilo, como se muestra para la estructura de la $PGG_2$.

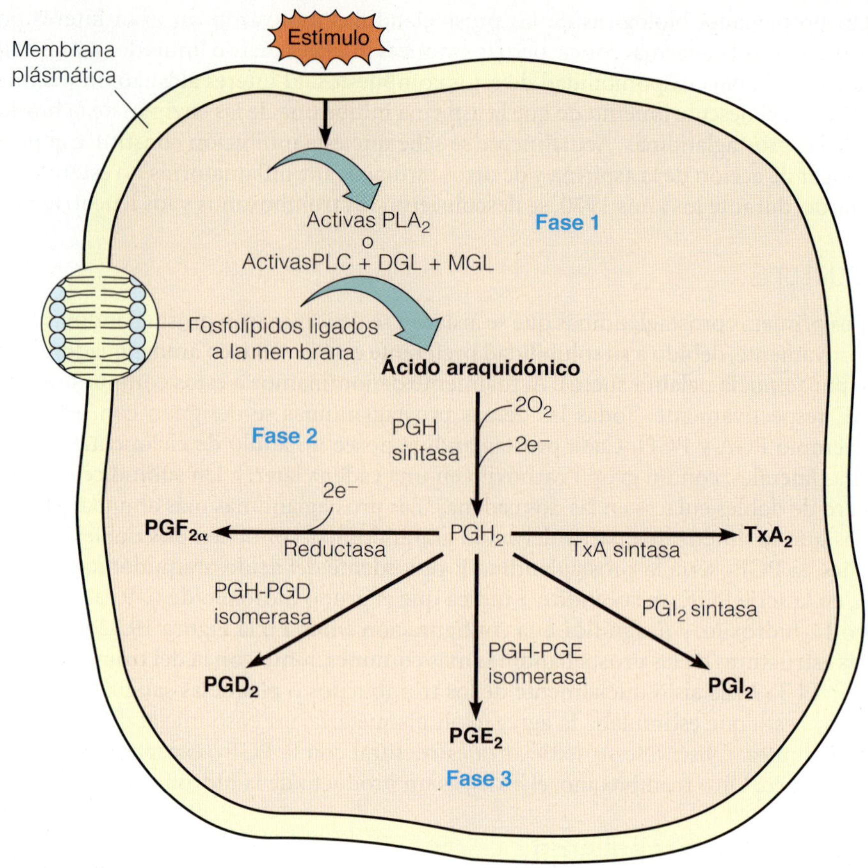


**FIGURA 19.33**

**Resumen de las rutas de biosíntesis que conducen a la formación de las principales prostaglandinas y del tromboxano $A_2$.** $PLA_2$, fosfolipasa $A_2$; PLC, fosfolipasa C; DGL, diacilglicerol lipasa; MGL, moboacilglicerol lipasa.

producen en tres fases diferentes: (1) liberación del ácido araquidónico a partir de los fosfolípidos de la membrana, (2) oxigenación del araquidonato para producir $PGH_2$, un endoperóxido de prostaglandina que actúa como precursor de otras prostaglandinas, y (3) en función de las enzimas existentes en una células, la conversión de la PGH en otras prostaglandinas o en $TxA_2$.

La liberación de ácido araquidónico de los fosfolípidos de la membrana en la fase 1 se produce como consecuencia de estímulos específicos de los tejidos por hormonas como la **bradiquinina** o la adrenalina, o por proteasas como la trombina. Puede producirse una liberación patológica si se alteran las membranas. Así, por ejemplo, la inflamación producida por las picaduras de las abejas se debe probablemente a la liberación de araquidonato estimulada por la proteína venenosa **melitina**. El ácido araquidónico habitualmente está esterificado en la posición C2 del glicerol del fosfatidilinositol y otros fosfolípidos de la membrana y puede liberarse por distintos procesos enzimáticos. Una ruta implica la acción de una fosfolipasa $A_2$ específica sobre la fosfatidilcolina o la fosfatidiletanolamina, dando araquidonato. Una segunda ruta, que destaca en el cerebro, implica la acción de la fosfolipasa C sobre el fosfatidilinositol dando un diacilglicerol, que a su vez, sufre una rotura por la diacilglicerol lipasa y luego la monoacilglicerol lipasa (MGL; *véase* la página 722 en el Capítulo 17) para dar araquidonato libre.

La reacción de la ciclooxigenasa, uno de los primeros pasos en la síntesis de los eicosanoides, es el objetivo de la acción de la aspirina.

En la fase 2, el araquidonato libre sufre la acción de la **PGH sintasa,** una enzima bifuncional de la membrana del retículo endoplásmico con dos actividades en una única cadena polipeptídica que contiene hemo. La primera, una **ciclooxigenasa,** introduce dos moléculas de $O_2$, una para formar el anillo y otra para formar un grupo hidroperoxido en C-15, dando $PGG_2$ (Figura 19.32). La segunda actividad, una **peroxidasa,** comporta una reducción de dos electrones del peróxido, para dar $PGH_2$, con un grupo hidroxilo en C-15 (Figura 19.32). Las células de los mamíferos contienen dos formas distintas de PGH sintasa, denominadas PGHS-1 y PGHS-2 (o COX-1 y COX-2, donde COX se refiere a ciclooxigenasa). COX-1 se expresa de forma constitutiva en la mayor parte de los tejidos y es responsable de la producción fisiológica de las prostaglandinas. COX-2 se induce por citoquinas, mitógenos y endotoxinas en las células inflamatorias y es responsable de la producción elevada de las prostaglandinas durante la inflamación. Ambas isoformas se modifican de forma covalente y, por tanto, se inactivan por la reacción con la aspirina (ácido acetilsalicílico). Como se muestra, la aspirina acetila un residuo de serina específico, que a su vez, bloquea el acceso del ácido graso sustrato al lugar activo.

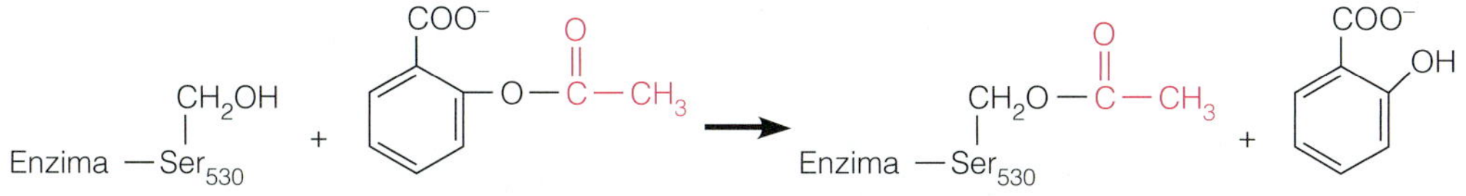


**PGHS (COX)** **Ácido acetilsalicílico** **PGHS acetilada** **Ácido salicílico**

Las propiedades antiinflamatorias y analgésicas de la aspirina derivan de la inhibición de la COX-2. Sin embargo, la inhibición de la COX-1 tiene efectos secundarios indeseables sobre el aparato digestivo, entre ellos, la ulceración. Otro fármaco antiinflamatorio no esteroideo muy utilizado, el ibuprofeno (Figura 19.34), actúa de forma más específica sobre la COX-2, pero es un inhibidor menos eficaz que la aspirina. Empleando datos estructurales de las dos isoformas COX, los farmacólogos moleculares han diseñado recientemente análogos de la aspirina que acilan COX-2 de forma selectiva y estos tienen las propiedades deseables de la aspirina sin los efectos gastrointestinales secundarios. Los inhibidores de la COX-2 muy selectivos como el Vioxx y el Celebrex (Figura 19.34), presentados a finales de los años 1990 para el alivio del dolor de la artritis, se unen mucho más fuertemente a la COX-2 que a la COX-1. Su selectividad para COX-2 se debe a la porción fenilsulfonamida, que se une en un bolsillo lateral, que es mayor en la COX-2 que en la COX-1. Como se muestra en la Figura 19.35, la COX-1 tiene la isoleucina más voluminosa en lugar de valina en la posición 523, bloqueando la unión de los fármacos que ocuparían este bolsillo lateral. La aspirina y otros antiinflamatorios no esteroideos no selectivos aún pueden unirse a la COX-1 debido a que carecen de la porción fenilsulfonamida que ocuparía este bolsillo lateral. A pesar de la efectividad de los inhibidores selectivos de la COX-2 en el tratamiento de la artritis, los estudios más recientes han indicado que la utilización a largo plazo y a dosis elevadas de estos fármacos se asocia con un aumento del riesgo de ataques cardíacos y accidentes cerebrovasculares (Vioxx fue retirado del mercado en 2004).

En la fase 3 de la Figura 19.33, una serie de enzimas específicas convierten la $PGH_2$ en otras prostaglandinas y en el tromboxano $A_2$. Otra ruta conduce desde el araquidonato a los leucotrienos. El leucotrieno C se descubrió inicialmente en la clase de leucocitos denominados polimorfonucleares, y se le dio este nombre por el origen (*leucocitos*) y la estructura de *trieno* (tres dobles enlaces). Tiene un efecto de contracción muscular potente, que se cree interviene en la patogenia del asma, como consecuencia de la constricción de las vías respiratorias pequeñas del pulmón. Como se indica en la Figura 19.36, los leucotrienos se forman a partir del ataque inicial sobre el araquidonato de una **lipooxigenasa,** que añade $O_2$ a C-5, dando ácido 5-hidroperoxieicosatetraenoico (5-HPETE). Una deshidratación para dar el epóxido, acoplada con la isomerización de los dobles enlaces da el leucotrieno $A_4$. La hidrólisis del anillo epóxido produce el leucotrieno $B_4$. La transferencia del grupo tiol del glutatión produce el leucotrieno $C_4$. Otras modificaciones posteriores de la cadena peptídica (que no se muestran) dan compuestos relacionados, los leucotrienos D y E.

Todos los eicosanoides se metabolizan de manera extraordinariamente rápida, y la mayoría de ellos no superan más que un solo paso por el sistema circulatorio. El pulmón es un lugar importante del catabolismo de las prostaglandinas. Las múltiples rutas catabólicas parecen iniciarse siempre con la conversión en derivados 15-ceto-13,14-dihidro.

## Acciones biológicas

Como se ha indicado antes, las prostaglandinas y los productos relacionados pueden considerarse hormonas de acción local. Evidentemente, actúan a través de la unión a

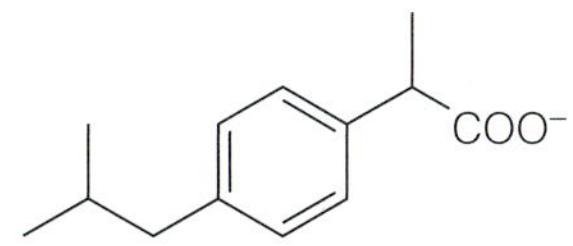


**Ibuprofeno (Advil)**

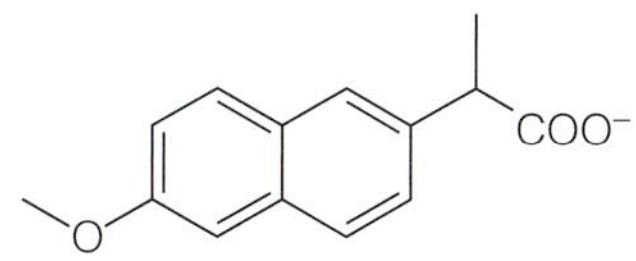


**Naproxeno (Aleve)**

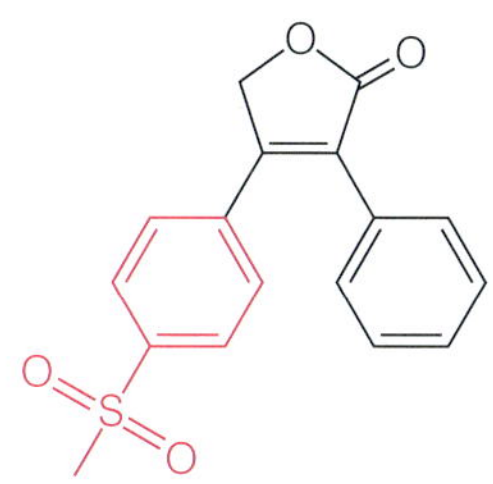


**Rofecoxib (Vioxx)**

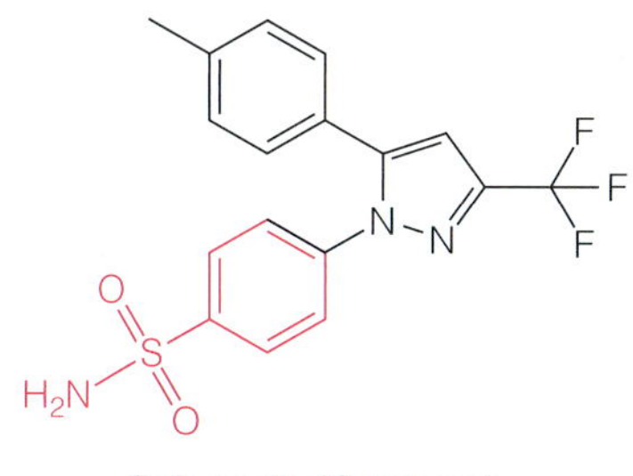


**Celecoxib (Celebrex)**

**FIGURA 19.34**

**Fármacos antinflamatorios no esteroideos (AINES)**. El ibuprofeno y el naproxeno son ejemplos de inhibidores no selectivos de la COX. El rofecoxib (Vioxx) y el celecobix (Celebrex) son inhibidores selectivos de la COX-2. Las partes fenilsulfonamida, que contribuye a su selectividad están resaltadas en fucsia.

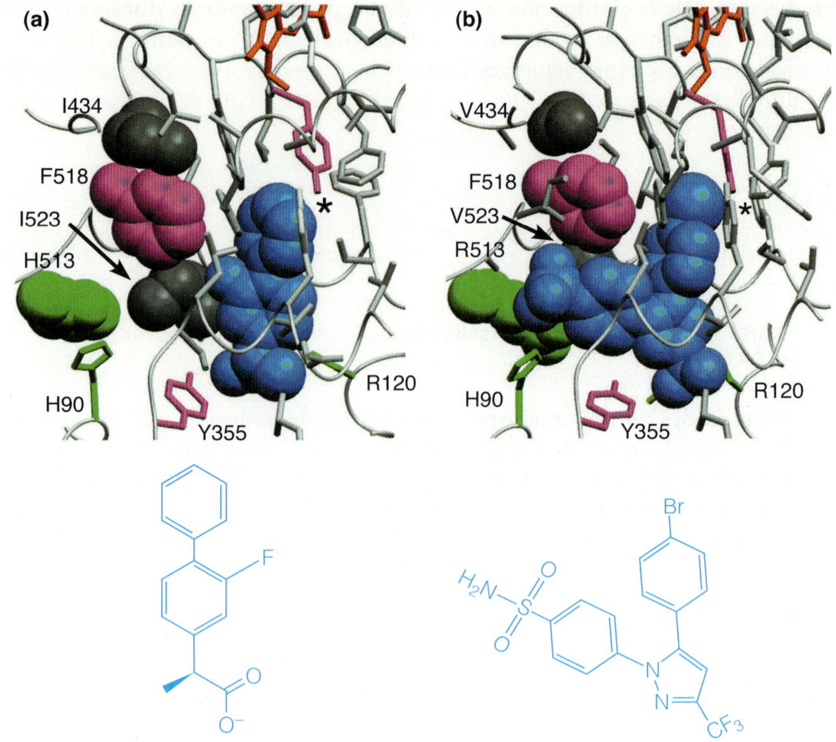


**Flurbiprofeno**
**Inhibidor COX no selectivo**

**SC-558**
**Inhibidor COX-2 selectivo**

**FIGURA 19.35**

**Bases estructurales de la inhibición selectiva de la COX-2.** **(a)** COX-1 de ovino con el AINES no selectivo flurbiprofeno (azul) unido al lugar activo de la COX (PDB ID 1EQH). Se muestran con representaciones de relleno espacial los residuos Ile 434, His 513, Phe 518, Ile 523 y el inhibidor. La Arg-120 (verde), que es importante en la unión del sustrato normal ácido araquidónico, se extiende detrás del flurbiprofeno para interaccionar con su carboxilato. Se muestra en rojo el cofactor hemo, y con un asterisco (*) la tirosina (rosa) que forma el radical del lugar activo. **(b)** COX-2 de ratón con el inhibidor selectivo SC-588 (azul) unido en el lugar activo de la COX (PDB ID 1CX2). Se muestran con representaciones de relleno espacial los residuos Val 434, Arg 513, Val 523 y el inhibidor. El grupo fenilsulfonamida de SC-588 se extiende en el bolsillo lateral accesible por Val 523 (gris, apenas visible detrás del fármaco). La isoleucina voluminosa de esta posición impediría la unión de SC-588 a COX-1. Las estructuras químicas de los inhibidores unidos se muestran debajo.

Modificado de *Annual Review of Biochemistry* 69:145–182, W. L. Smith, D. L. DeWitt y R. M. Garavito, Cyclooxygenases: Structural, cellular, and molecular biology. © 2000 Annual Reviews.

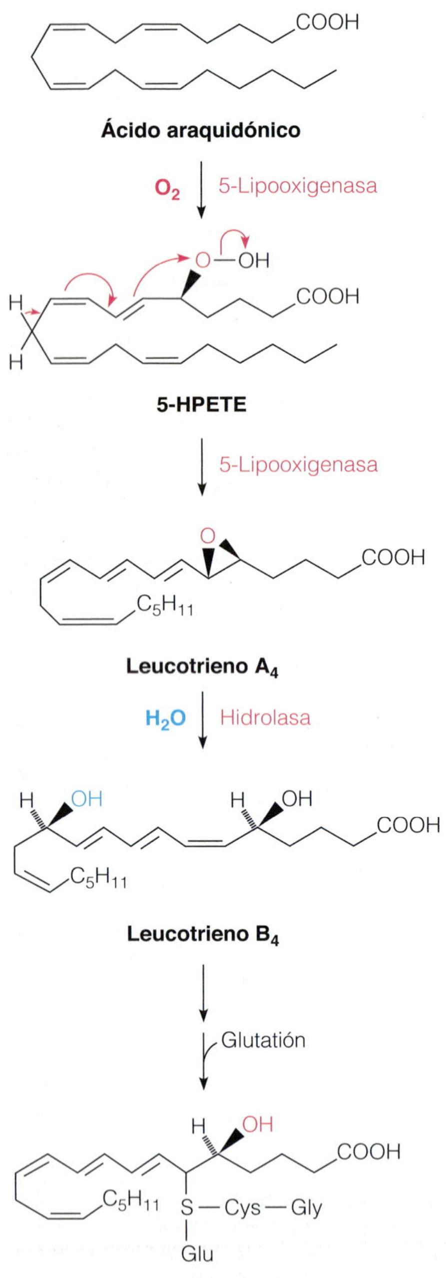


**FIGURA 19.36**

**Biosíntesis de los leucotrienos.**

receptores celulares específicos. Es relativamente poco lo que sabemos acerca de sus efectos posteriores a nivel molecular, aunque está claro que existen interacciones con el metabolismo de los nucleótidos cíclicos. La PGE estimula la adenilato ciclasa en algunas células, y se ha descrito que la $PGF_2$ eleva las concentraciones de GMP cíclico en las células diana. Aunque los receptores para estos compuestos no se han caracterizado aún de manera detallada, en la actualidad se están estudiando clínicamente varios compuestos antiinflamatorios que actúan, evidentemente, uniéndose a receptores del leucotrieno $B_4$. Diversos eicosanoides desempeñan un papel evidente en el proceso de la inflamación, como lo demuestra el hecho de que los efectos antiinflamatorios de la aspirina deriven, al menos en parte, de la inhibición de la ciclooxigenasa.

Otros efectos biológicos son la inhibición de la agregación plaquetaria y la relajación de las arterias coronarias por la $PGI_2$, efectos que son contrarrestados por el $TxA_2$. Parece probable que la acción de la $PGI_2$ pueda evitar la unión de las plaquetas a las paredes arteriales. En las áreas dañadas, la inhibición de la síntesis de $PGI_2$ podría permitir la unión del $TxA_2$ y causar la agregación plaquetaria, con lo que se fomentaría la formación de un coágulo.

Aunque es poco lo que se sabe hasta el momento sobre las acciones moleculares de los eicosanoides, el conocimiento de su fisiología se está aplicando de varias formas útiles. Algunos estudios recientes indican que la administración de aspirina a largo plazo reduce el riesgo de ataques cardíacos. Presumiblemente, este efecto esté relacionado con la reducción de la síntesis de eicosanoides (especialmente $TxA_2$) que inducen la agregación plaquetaria, un paso inicial en la formación del coágulo que participa en el infarto de miocardio. Debido a que la liberación de prostaglandinas interviene en la contracción de la musculatura uterina que se produce en el parto, la $PGF_{2\alpha}$ se utiliza para inducir el parto, en caso necesario, en las madres que han llegado a término. En relación con este efecto, cabe citar que la $PGF_{2\alpha}$ inhibe la secreción de progesterona y la regresión del cuerpo lúteo. La $PGF_{2\alpha}$ y la $PGE_2$ se utilizan también para inducir el aborto en el segundo trimestre o para inducir el parto en caso de muerte fetal. Los derivados de prostaglandinas se utilizan en la cría de animales, para hacer coincidir el celo de un grupo de animales hembras. La $PGI_2$ se emplea para reducir el riesgo de coagulación de la sangre durante las operaciones con derivación cardiopulmonar. La $PGE_1$, un vasodilatador, está siendo analizada para el tratamiento de diversos trastornos circulatorios, y algunas formas de PGE, que inhiben también la secreción gástrica, se utilizan en el tratamiento experimental de las úlceras de estómago. La industria farmacéutica está trabajando intensamente en la obtención de análogos de las prostaglandinas de mayor duración.

## RESUMEN

Los glicerofosfolípidos, los lípidos predominantes de las membranas, se sintetizan mediante rutas que parten del ácido fosfatídico y con intermedios activados mediante la reacción con la citidina trifosfato. La redisposición de las cadenas laterales de los ácidos grasos de los fosfolípidos, el intercambio de grupos de cabeza polares y las acciones de las proteínas de intercambio de fosfolípidos, que insertan los fosfolípidos en las membranas, son procesos que intervienen en la configuración de la composición lipídica de las diversas membranas. La *S*-adenosilmetionina es el donador de grupos metilo para la síntesis de fosfatidilcolina.

Los glucoesfingolípidos se forman a partir de ceramida y la adición sucesiva de azúcares mediante la acción de glucosiltransferasas y azúcares ligados a nucleótidos. La ruta para el recambio metabólico de estos compuestos en el tejido nervioso se determinó mediante el análisis de los productos que se acumulaban en las células de las personas con defectos enzimáticos de la ruta.

Todos los compuestos esteroideos y, de hecho, todos los compuestos isoprenoides, se sintetizan a partir de acetato, mediante una ruta que pasa por el ácido mevalónico de seis carbonos y en la que intervienen intermedios $C_5$, $C_{10}$ y $C_{15}$. La ciclación del hidrocarburo $C_{30}$ escualeno da lugar al colesterol, que es el precursor de todos los ácidos biliares y las hormonas esteroideas. La síntesis de las hormonas esteroideas se produce en las glándulas endocrinas y comporta hidroxilaciones dependientes del citocromo P450, reacciones de oxidorreducción y reacciones de fragmentación de cadenas laterales. La síntesis de todas las hormonas esteroideas se produce a partir de colesterol a través de la pregnenolona.

El ácido araquidónico y otros ácidos grasos insaturados $C_{20}$ son los precursores de hormonas de acción local, fisiológicamente potentes, que incluyen las prostaglandinas, los tromboxanos y los leucotrienos. Aunque no se conocen aún a nivel molecular las acciones de estos reguladores biológicos, el metabolismo de estos eicosanoides proporciona objetivos terapéuticos para los fármacos que se utilizan en el control de la inflamación, la coagulación de la sangre y la secreción gástrica y en la manipulación de los procesos reproductivos de diversas formas.

## BIBLIOGRAFÍA

### Metabolismo de los fosfolípidos

**Cornell, R. B.** y **Northwood, C. N.** (2000) Regulation of CTP:phosphocholine cytidylyltransferase by amphitropism and relocalization. Trends Biochem. Sci. 25:441-447. Describe la activación de esta enzima limitante de la velocidad mediante la asociación a la membrana.

**Cronan, J. E.** (2003) Bacterial membrane lipids: Where do we stand? *Annu. Rev. Microbiol.* 57:203-224. Resume los datos recientes sobre la síntesis y la función de los fosfolípidos en las bacterias.

**Gelb, M. H., Iain, M. K., Hanel, A. M.** y **Berg, O. G.** (1995) Interfacial enzymology of glycerolipid hydrolases: Lessons from secreted phospholipase A2. *Annu. Rev. Biochem.* 64:654-688. Las enzimas que actúan sobre sustratos lipídicos de la membrana operan en interfases y tienen expresiones cinéticas bastante diferentes.

**Lessig, J.** y **Fuchs, B.** (2009) Plasmalogens in biological systems: Their role in oxidative processes in biological membranes, their contribution to pathological processes and aging and plasmalogen analysis. *Curr. Med. Chem.* 16:202I-2041.

**Pan, Y. H.** y **Bahnson, B. J.** (2007) Structural basis for bile salt inhibition of pancreatic phospholipase A2. *J. Mol. Biol.* 369:439-450.

**Shindou, H.** y **Shimizu, T.** (2009) Acyl-CoA:lysophospholipid acyltransferases. *J. Biol. Chem.* 284:1-5. Revisión de la ruta de remodelado de los fosfolípidos (ciclo de Lands ) en los mamíferos.

**Vance, D. E.** y **Vance, J. E.** (2009) Physiological consequences of disruption of mammalian phospholipid biosynthetic genes. l. Lipid Res. 50 Suppl.:S132-S137. Esta revisión describe lo que hemos aprendido sobre la biosíntesis de fosfolípidos en los ratones knockout.

**Wanders, R. J.** y **Waterham, H. R.** (2006) Biochemistry of mammalian peroxisomes revisited. *Annu. Rev. Biochem.* 75:295-332. Estos orgánulos llevan a cabo varias rutas metabólicas, especialmente la síntesis de éteres fosfolípidos.

**Zhang,Y. M.** y **Rock, C. O.** (2008) Membrane lipid homeostasis in bacteria. *Nat. Rev. Microbiol.* 6:222-233.

### Esfingolípidos

**Bartke, N.** y **Hannun, Y. A.** (2009) Bioactive sphingolipids: Metabolism and function. *J. Lipid Res.* 50 Suppl.:S91-S96. Esta minirevisión considera las rutas de biosíntesis y las funciones de señalización de los esfingolípidos.

**Gravel, R. A., Kaback, M. M., Proia, R. L., Sandhoff, K., Suzuki, K.,** y **Suzuki, K.** (2001) The GM2 Gangliosidoses. En: *The Metabolic and Molecular Bases of Inherited Disease*, C. R. Scriver, A. L. Beaudet, W. S. Sly, D. Valle, B. Childs, K. W Kinzler y B. Vogelstein, eds., Vo1. III, Cap. 153, págs .3827-3876, McGraw-Hill, Nueva York. Este capítulo de una serie de cuatro volúmenes sobre los trastornos metabólicos hereditarios cubre muchas de las enfermedades que se señalan en la Figura 19.17.

**Moser, H. W., Linke, T., Fensom, A. H., Levade, T.** y **Sandhoff, K.** (2001) Acid ceramidase deficiency: Farber lipogranulomatosis. En *The Metabolic and Molecular Bases of Inherited Disease*, C. R. Scriver, A. L. Beaudet, W. S. Sly, D. Valle, B. Childs, K. W. Kinzler, y B. Vogelstein, eds., Vol. III, Cap. 143, págs. 3573-3588, McGraw-Hill, Nueva York. Uno de los varios capítulos sobre las enfermedades de almacenamiento de lípidos de esta serie de cuatro volúmenes sobre los trastornos metabólicos hereditarios.

### Esteroides e isoprenoides

**Clarke, P. R.** y **Hardie, D. G.** (1990) Regulation of HMG-CoA reductase: Identification of the site phosphorylated by the AMP-activated protein kinase in vitro and in intact rat liver. *EMBO J.* 9:2439-2446.

**DeBose-Boyd, R. A.** (2008) Feedback regulation of cholesterol synthesis: Sterol-accelerated ubiquitination and degradation of HMG CoA reductase. *Cell Res.* 18:609-621.

**Gelb, M. H., Brunsveld, L., Hrycyna, C. A., Michaelis, S., Tamanoi, F., Van Voorhis, W. C.** y **Waldmann, H.** (2006) Therapeutic intervention based on protein prenylation and associated modifications. *Nat. Chem. Biol.* 2:518-528. Una revisión que considera los advances recientes de la prenilación proteica.

**Ghayee, H. K.** y **Auchus, R., J.** (2007) Basic concepts and recent developments in human steroid hormone biosynthesis. *Rev. Endocr. Metab. Disord.* 8:289-300.

**Goldstein, I. L., DeBose-Boyd, R. A.** y **Brown, M. S.** (2006) Protein sensors for membrane sterols. *Cell* 124:35-46. Revisión del papel de las proteínas embebidas en la membrana en la regulación de la biosíntesis del colesterol.

**Hotchkiss, A. K., Rider, C. V., Blystone, C. R., Wilson, V. S., Harrig, P. C., Ankley, G. T., Foster, P. M., Gray, C. L.** y **Gray, L. E.** (2008) Fifteen years after «Wingspread»-environmental endocrine disrupters and human and wildlife health: Where we are today and where we need Io go. *Toxicol. Sci.* 105:235-259.

**Miziorko, H. M.** (2011) Enzymes of the mevalonate pathway of isoprenoid biosynthesis. *Arch. Biochem. Biophys.* 505: 131-143.

**Rone, M. B., Fan, J.** y **Papadopoulos, V.** (2009) Cholesterol transport in steroid biosynthesis: Role of protein-protein interactions and implications in disease states. *Biochim. Biophys. Acta* 1791:646-658. Esta revisión considera la translocación del colesterol al interior de la mitocondria para la esteroidogénesis.

**Russell, D. W.** (2009) Fifty years of advances in bile acid synthesis and metabolism. *J. Lipid Res.* 50 Supp1.:S120-S125.

**Tabernero, L., Bochar, D. A., Rodweil, V. W.** y **Stauffacher, C. V.** (1999) Substrate-induced closure of the flap domain in the ternary complex structures provides insight into the mechanism of catalysis by 3-hydroxy-3-methylglutaryl-CoA reductase. *Proc. Natl. Acad. Sci. USA* 96:7167-7171. El conocimiento del mecanismo de esta enzima importante procede de la cristalografía.

### Vitaminas liposolubles

**Booth, S. L.** (2009) Roles for vitamin K beyond coagulation. *Annu. Rev. Nutr.* 29:89-110.

**Clarke, M. W., Burnett, I. R.** y **Croft, K. D.** (2008) Vitamin E in human health and disease. *Crit. Rev. Clin. Lab. Sci.* 45:417-450. Revisa las propiedades antioxidantes y otras propiedades de esta vitamina.

**Deluca, H. F.** (2008) Evolution of our understanding of vitamin D. *Nutr. Rev.* 66 (10 Suppl 2).:S73-S87. Esta minirevisión realza las funciones de la vitamina D en la piel, el sistema inmunitario y su papel protector en algunas formas de cáncer.

**Fields, A. L., Soprano, D. R.** y **Soprano, K. J.** (2007) Retinoids in biological control and cancer. *J. Cell. Biochem.* 102:886-898. Revisión de las actividades de los compuestos relacionados con la vitamina A en la regulación génica.

**von Lintig, J.** (2010) Colors with functions: Elucídating the biochemical and molecular basis of carotenoid metabolism. *Annu. Rev. Nutr.* 30:35-56. Esta revisión resume las rutas de la síntesis de la vitamina A a partir de los carotenoides en los animales y algunas de las funciones fisiológicas de la vitamina.

### Eicosanoides

**Garavito, R. M.,** y **Mulichak, A. M.** (2003) The structure of mammalian cyclooxygenases. Annu. Rev. Biophys. Biomol. Struct. 32:Ig3-206. Revisión reciente de la estructura y función de las primeras enzimas de la síntesis de los eicosanoides.

**Shimizu, T.** (2009) Lipid mediators in health and disease: Enzymes and receptors as therapeutic targets for the regulation of immunity and inflammation. *Annu. Rev. Pharmacol. Toxicol.* 49:123-150. Esta revisión cubre de forma eficaz y completa las prostaglandinas, los leucotrienos, el factor activador de las plaquetas, el ácido lisofosfatídico, la esfingosina 1-fosfato y otros mediadores lipídicos


## PROBLEMAS

1. ¿Sería de prever que la reacción catalizada por la cardiolipina sintasa fuera fuertemente exergónica o fuertemente endergónica? Explique su razonamiento.

*2. La fosfatidilserina (PS) se considera un intermediario de la biosíntesis de la fosfatidiletanolamina (PE) en *E. coli*, pero la PS no se encuentra en cantidades apreciables en los fosfolípidos de la membrana de *E. coli.* Dado que la PS debe estar presente en la membrana para actuar como un intermediario, ¿cómo podría explicarse esta falta de acumulación en una cantidad significativa? ¿Qué tipos de experimentos podrían poner a prueba la explicación que propone?

3. La melitina es una proteína del veneno de las abejas que activa la fosfolipasa $A_2$. ¿Cómo podría contribuir este efecto a producir la inflamación local que causan las picaduras de abeja?

4. ¿Qué cabría prever que ocurriera a las concentraciones de mevalonato del plasma humano si una persona pasara de una alimentación con carne a una alimentación vegetariana?

5. Escriba una ecuación equilibrada para la síntesis de *sn*-1-estearoil-2-oleil-glicerofosforilserina, partiendo de glicerol, los ácidos grasos involucrados y serina.

6. Si se administrara a ratas mevalonato marcado con $^{14}C$ en el carbono carboxilo, ¿qué carbonos del colesterol quedarían marcados?

7. ¿Qué paso del metabolismo lipídico cabría prever que se viera afectado por el ácido 3,4-dihidroxibutil-1-fosfónico (que se muestra aquí)? Explique su respuesta.

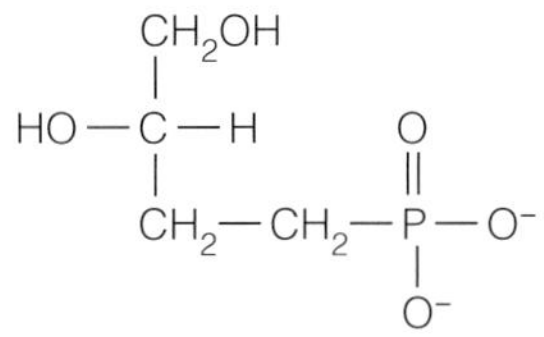

*8. Se inyectó a ratas [$^{14}C$]metionina marcada en el metilo con una actividad específica de 2.0 milicurios por milimol. Se sacrificó a los animales al cabo de seis horas. Se aisló la fosfatidilcolina del hígado y se encontró que tenía una actividad específica de 1.5 milicurios por milimol. Calcule las proporciones de fosfatidilcolina sintetizadas a través de la ruta de la fosfatidilserina y a través de la ruta que parte de la colina libre. ¿Qué información adicional necesitaría para que los valores calculados reflejaran la contribución real de estos procesos?

9. Identifique una ruta para la utilización de los cuatro carbonos del acetoacetato en la biosíntesis del colesterol. Lleve la ruta hasta llegar a la reacción determinante de la velocidad en la biosíntesis del colesterol.

10. Explique por qué un déficit de la 21-hidroxilasa esteroidea da lugar a una producción excesiva de esteroides sexuales (andrógenos y estrógenos).

11. El *cis*-vacenato es un ácido graso insaturado de 18 carbonos, que es abundante en los lípidos de la membrana de *E. coli.* Proponga una ruta metabólica para la síntesis de este ácido graso, basándose en el hecho de que el ácido esteárico, el ácido graso $C_{18}$ análogo saturado, está prácticamente ausente de los lípidos de *E. coli.*

12. La síntesis de la fosfatidilcolina a partir de fosfatidiletanolamina se produce a través de tres reacciones de metilación sucesivas dependientes de AdoMet. ¿Cómo podría determinar experimentalmente si estas tres reacciones están catalizadas por la misma enzima o por tres enzimas diferentes?

13. Describa brevemente de qué manera controla el AMP cíclico la síntesis de fosfolípidos.

*14. Suponiendo que todos los compuestos terpenos se sintetizan por la ruta del HMG-CoA/mevalonato, elija un terpeno simple (limoneno, retinol, filoquinona o similar) y proponga una ruta para su síntesis a partir de isopentenil pirofosfato y dimetilalil pirofosfato.

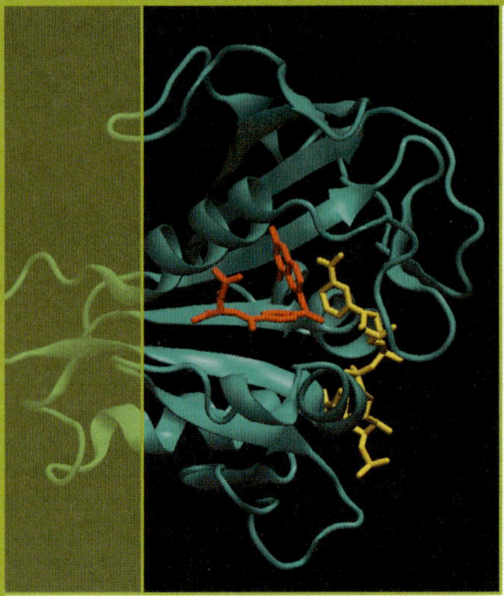

# CAPÍTULO 20

## Metabolismo de los compuestos nitrogenados I: principios de la biosíntesis, la utilización y el recambio

**Hasta ahora nuestro estudio del metabolismo** se ha dedicado fundamentalmente a los compuestos que pueden degradarse por completo a dióxido de carbono y agua, es decir, los compuestos que solo contienen carbono, hidrógeno y oxígeno. Pasamos ahora a los compuestos que contienen nitrógeno: los aminoácidos y sus derivados, los nucleótidos, y los polímeros ácidos nucleicos y proteínas. Este capítulo y los dos siguientes están dedicados al metabolismo de los compuestos nitrogenados de bajo peso molecular (Figura 20.1). El metabolismo de los aminoácidos específicos se presenta en el Capítulo 21, y el metabolismo de los nucleótidos se aborda en el Capítulo 22. Este capítulo se centra en cómo las células asimilan el nitrógeno y cómo se elimina el exceso de nitrógeno. Dado que la disponibilidad biológica de nitrógeno es limitada, y puesto que la degradación de los compuestos nitrogenados conduce a menudo a productos tóxicos, en esta parte del escenario bioquímico encontraremos algunos principios metabólicos nuevos.

La existencia de 20 aminoácidos diferentes en las proteínas implica la existencia de 20 rutas de biosíntesis y 20 rutas de degradación. Aunque a primera vista esto puede resultar intimidatorio, las características comunes de las rutas de varios aminoácidos deben facilitar el aprendizaje. No obstante, más importante que muchos de los detalles de la biosíntesis y la degradación, son las numerosas funciones de los aminoácidos, aparte de las de ser constituyentes de las proteínas, entre ellas sus funciones como precursores de hormonas, vitaminas, coenzimas, porfirinas, pigmentos y neurotransmisores.

Los Capítulos 20-22 también señalan lo mucho que hemos aprendido a partir de las mutaciones que se producen de manera natural en el ser humano y las generadas en el laboratorio en células en cultivo o en bacterias. Mientras que una mutación que inactiva una enzima de una de las rutas centrales de generación o de almacenamiento de energía es probable que sea mortal y que, por tanto, no se exprese en las personas vivas, las mutaciones que afectan al metabolismo de los aminoácidos con frecuencia no resultan mortales y *sí* se encuentran en los seres humanos vivos. Las consecuencias clínicas de estas mutaciones son con frecuencia trágicas, pero estas enfermedades metabólicas hereditarias han aumentado en gran manera nuestro conocimiento de la bioquímica humana.

## Utilización del nitrógeno inorgánico: ciclo del nitrógeno

Para muchos organismos, el crecimiento y la reproducción están limitados por la disponibilidad del nitrógeno utilizable, que a su vez, está limitada por la capacidad de los organismos para utilizar diferentes formas inorgánicas del nitrógeno. Todos los organismos pueden convertir el amoníaco ($NH_3$) en compuestos nitrogenados orgánicos, es

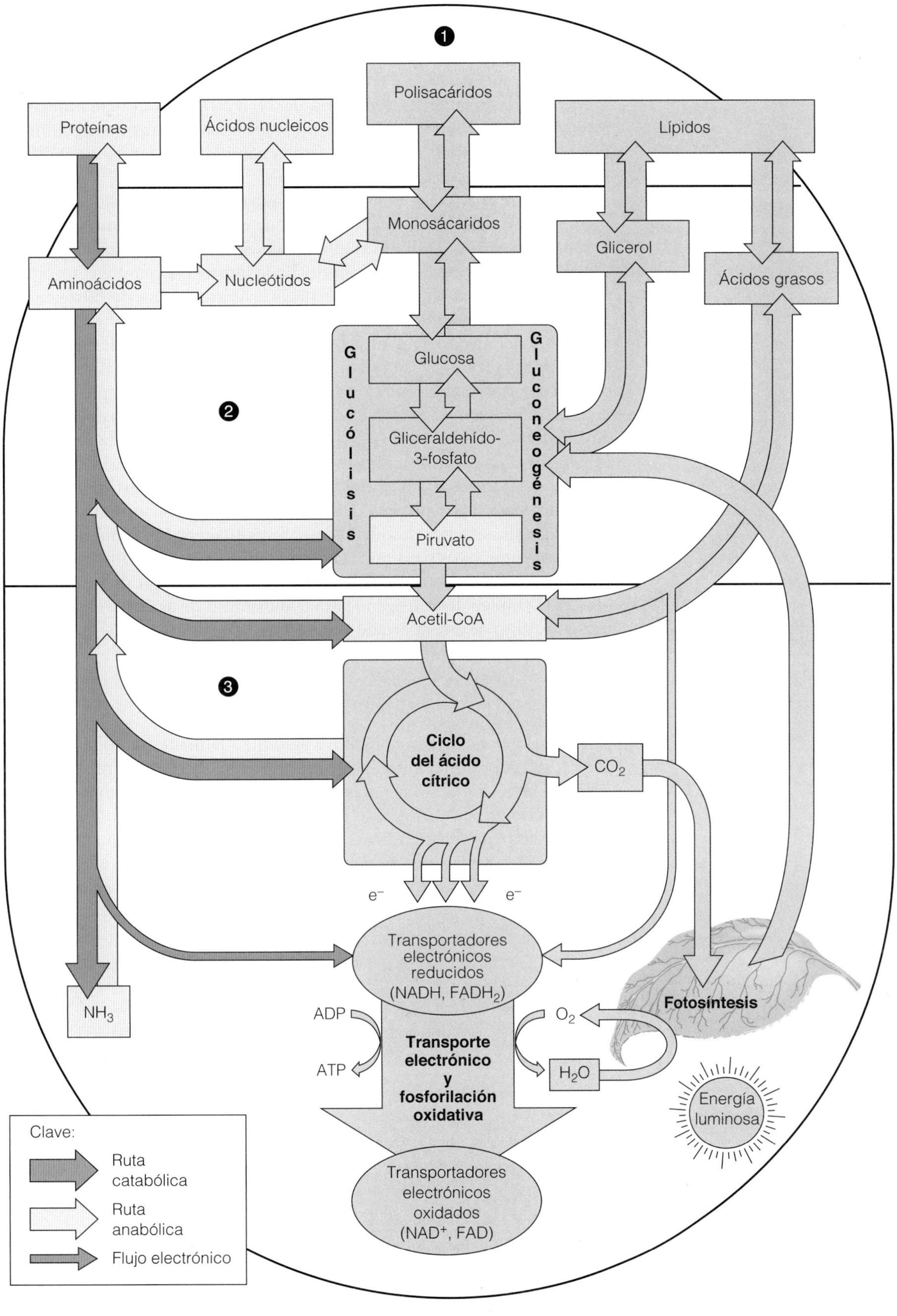


**FIGURA 20.1**

**Rutas del metabolismo del nitrógeno (en morado) dentro del patrón general del metabolismo intermediario.**

Pocos organismos pueden utilizar el $N_2$ del aire y muchos suelos contienen poco nitrato. Así, la biodisponibilidad del nitrógeno limita el crecimiento de la mayoría de los organismos.

decir, en sustancias que contienen enlaces C—N. Sin embargo, no todos los organismos pueden sintetizar amoníaco a partir de las formas mucho más abundantes de nitrógeno inorgánico, el gas nitrógeno ($N_2$), el componente más abundante de la atmósfera terrestre, y el ion nitrato ($NO^{3-}$), una sustancia del suelo esencial para el crecimiento de la mayoría de las plantas. La reducción del $N_2$ a $NH_3$, denominada **fijación biológica del nitrógeno,** la realizan tan solo determinados microorganismos denominados **diazotrofos.** La reducción del $NO^{3-}$ a $NH_3$ es, en cambio, un proceso muy difundido entre las plantas y los microorganismos.

Igual que cuando se considera cualquier recurso limitado, es útil pensar sobre el metabolismo del nitrógeno en términos de economía, la **economía del nitrógeno,** que se centra en cuestiones de aporte, demanda, recambio, reutilización, crecimiento y mantenimiento de un estado estacionario. En la biosfera se mantiene un equilibrio entre las formas inorgánicas totales y las formas orgánicas totales de nitrógeno. La conversión del nitrógeno inorgánico en orgánico, que se inicia con la fijación del nitrógeno y la reducción del nitrato, se contrarresta por el catabolismo, la **desnitrificación** y la desintegración (Figura 20.2). El catabolismo produce amoníaco y diversos productos finales orgánicos nitrogenados, que pueden metabolizarse a su vez por diversas bacterias: las especies *Nitrosomona* oxidan el amoníaco para producir nitrito ($NO^{2-}$), y las especies *Nitrobacter* oxidan el nitrito a nitrato. Estas oxidaciones generan energía biológica, de la misma forma que otros organismos obtienen energía de la oxidación de los hidratos de carbono o las grasas a $CO_2$. Otras bacterias, las **bacterias desnitrificantes,** catabolizan el amoníaco para dar lugar a $N_2$. Debido a la toxicidad del amoníaco, hay un gran interés en utilizar las bacterias desnitrificantes y sus enzimas en la **biorrecuperación,** el uso de los organismos vivos para purificar y destoxificar los residuos ambientales de la actividad humana, tales como la fabricación, o la eliminación de residuos. Nuestro interés aquí es el empleo del nitrógeno para la biosíntesis de aminoácidos y nucleótidos, por lo que en el resto de este apartado trataremos sobre la síntesis del amoníaco a partir de $N_2$ y a partir del ion nitrato.

## Fijación biológica del nitrógeno

Aunque el gas nitrógeno constituye aproximadamente un 80 % de la atmósfera de la Tierra, su reducción a amoníaco se produce en un número relativamente limitado de sistemas vivos: algunas bacterias del suelo, de vida libre, como *Klebsiella* y *Azotobacter*, las cianobacterias fotosintéticas (algas verde-azuladas) y los nódulos simbióticos de las raíces de las plantas leguminosas, como las habas o la alfalfa, que han sido infectadas por determinadas bacterias, especialmente del género *Rhizobium* (Figura 20.3). La bacteria infectante adopta una forma modificada, denominada **bacteroide,** en el interior de las

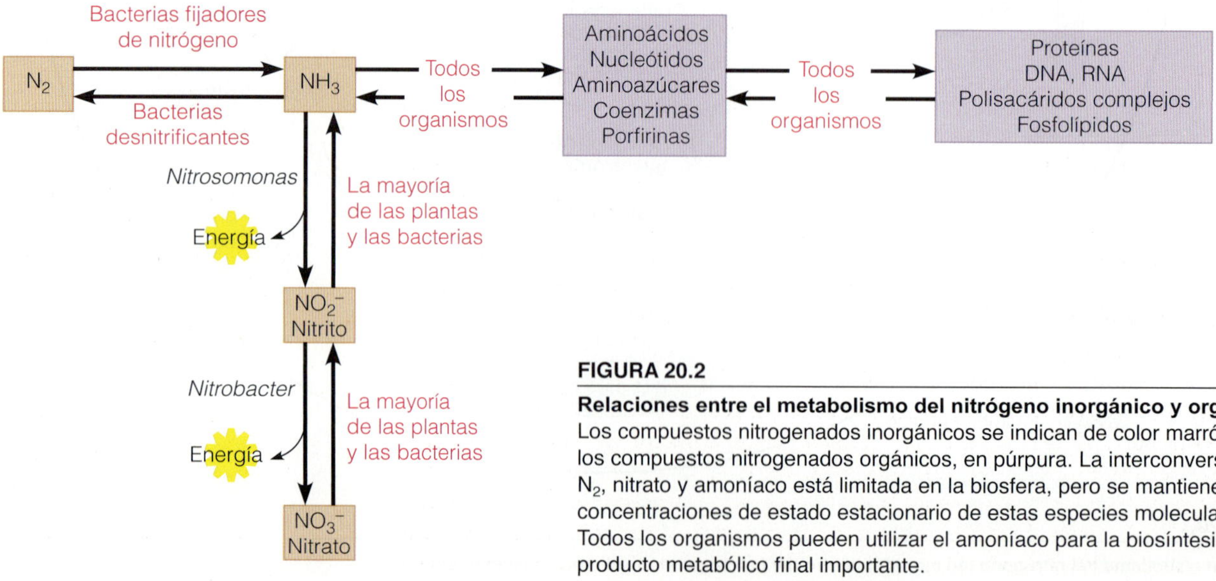


**FIGURA 20.2**

**Relaciones entre el metabolismo del nitrógeno inorgánico y orgánico.** Los compuestos nitrogenados inorgánicos se indican de color marrón, y los compuestos nitrogenados orgánicos, en púrpura. La interconversión de $N_2$, nitrato y amoníaco está limitada en la biosfera, pero se mantienen unas concentraciones de estado estacionario de estas especies moleculares. Todos los organismos pueden utilizar el amoníaco para la biosíntesis, y es un producto metabólico final importante.

células de las plantas infectadas. Esta simbiosis permite a la planta hospedadora crecer sin una fuente exógena de nitrógeno. Algunos árboles, como el aliso, forman también nódulos fijadores de nitrógeno y tienen, por tanto, esta capacidad. Los descubrimientos recientes han demostrado una diversidad impresionante de diazotrofos, como las arqueas termófilas productoras de metano de las corrientes hidrotérmicas y las arqueas anaerobias, que oxidan metano de las filtraciones frías del fondo del mar.

Dado que la disponibilidad del nitrógeno es el factor que limita la fertilidad de la mayor parte de los suelos, el conocimiento de la fijación biológica del nitrógeno está directamente relacionado con el aumento del aporte de alimento en el mundo. La molécula de $N_2$ con un enlace triple, $N{\equiv}N$, que tiene una energía de enlace de aproximadamente 940 kJ/mol, es extraordinariamente difícil de reducir. Industrialmente, la reducción se efectúa mediante el proceso de Haber-Bosch, una hidrogenación catalítica de bajo rendimiento que se realiza a temperatura y presión muy altas. Este proceso se utiliza en la fabricación de fertilizantes basados en el amoníaco. El interés por las características moleculares de la fijación biológica del nitrógeno ha procedido, en gran parte, de la esperanza de sustituir este proceso con un gran gasto de energía por un medio de producción de amoníaco que pueda tener lugar en condiciones más suaves.

Formalmente, la fijación del nitrógeno puede compararse con la fotosíntesis. Tanto el $N_2$ como el $CO_2$ son compuestos inorgánicos estables, cuya reducción requiere energía y electrones de potencial bajo, en forma de transportadores electrónicos reducidos de $E_0$ muy bajo. Como vimos en el Capítulo 16, la fotosíntesis utiliza la luz para generar tanto energía (mediante la fotofosforilación) como electrones de potencial bajo (como la ferredoxina reducida). No está claro aún si para la fijación del nitrógeno se utilizan mecanismos comparables, puesto que las enzimas que intervienen son extremadamente sensibles al oxígeno y solo pueden estudiarse en condiciones anaerobias. El principal motivo por el que puede fijarse nitrógeno en los nódulos de las raíces de las plantas infectadas con *Rhizobium* es que los nódulos contienen una proteína abundante, denominada **leghemoglobina,** que mantiene un medio anaerobio al fijar todo el $O_2$ que llega al nódulo y presentarlo a las enzimas respiratorias de una forma bastante similar al comportamiento de la mioglobina en los animales.

**FIGURA 20.3**

**Lugar de fijación del nitrógeno en los nódulos simbióticos de las raíces.** Esta raíz de una planta de soja está infectada por bacterias fijadoras de nitrógeno del género *Rhizobium*.

Cortesía de Novozymes BioAg.

$$N_2 + 3H_2 \xrightarrow[450\ ^\circ C,\ 270\ atm]{catalizador} 2NH_3$$

**El proceso de Haber-Bosch**

La reducción biológica del $N_2$ está catalizada por la enzima **nitrogenasa**, de la que se conocen cuatro tipos. La nitrogenasa más abundante y estudiada es la enzima dependiente de molibdeno (Mo), como la que se encuentra en *Azotobacter vinelandii.* La estequiometria de la reacción global es la siguiente:

$$N_2 + 8H^+ + 16MgATP + 8e^- \longrightarrow 2NH_3 + H_2 + 16MgADP + 16P_i$$

La fijación del nitrógeno es un proceso costoso, que requiere la hidrólisis de dos ATP por electrón que se transfiere. El ATP se genera a través de rutas de producción de energía del organismo, principalmente el catabolismo de los hidratos de carbono. Aunque se necesitan un total de ocho electrones, la reducción del $N_2$ a $2NH_3$ es un proceso de seis electrones. Los otros dos electrones se «desperdician» en la formación de $H_2$. Los electrones para la reducción del $N_2$ proceden de transportadores de potencial bajo, como la ferredoxina o la flavodoxina, una flavoproteína de potencial bajo. El hidrógeno es un producto secundario de la reducción del nitrógeno. Algunas especies que fijan nitrógeno son capaces de «reciclar» este hidrógeno para generar electrones de potencial bajo para nuevos ciclos de reducción del $N_2$.

La nitrogenasa dependiente de Mo consta de dos metaloproteínas separadas. Como se indica en la Figura 20.4, una proteína, denominada **proteína con molibdeno-hierro (MoFe)**, **dinitrogenasa** o **componente I**, cataliza la reducción del $N_2$. La otra, que se denomina **proteína con hierro (Fe)**, **dinitrogenasa reductasa** o **componente II**, transfiere electrones y protones, de uno en uno, a la proteína MoFe, en un proceso acoplado a la hidrólisis de dos MgATP. Ambas proteínas contienen grupos hierro-azufre, y la proteína MoFe contiene también molibdeno, en forma de un **cofactor de hierro-molibdeno** estrechamente unido (FeMo-co). El $N_2$ se une a este cofactor durante su reducción, aunque no se conoce todavía el modo preciso de unión. El donador electrónico último para la proteína Fe depende del organismo, siendo los donadores más habituales la ferredoxina o la flavodoxina reducidas.

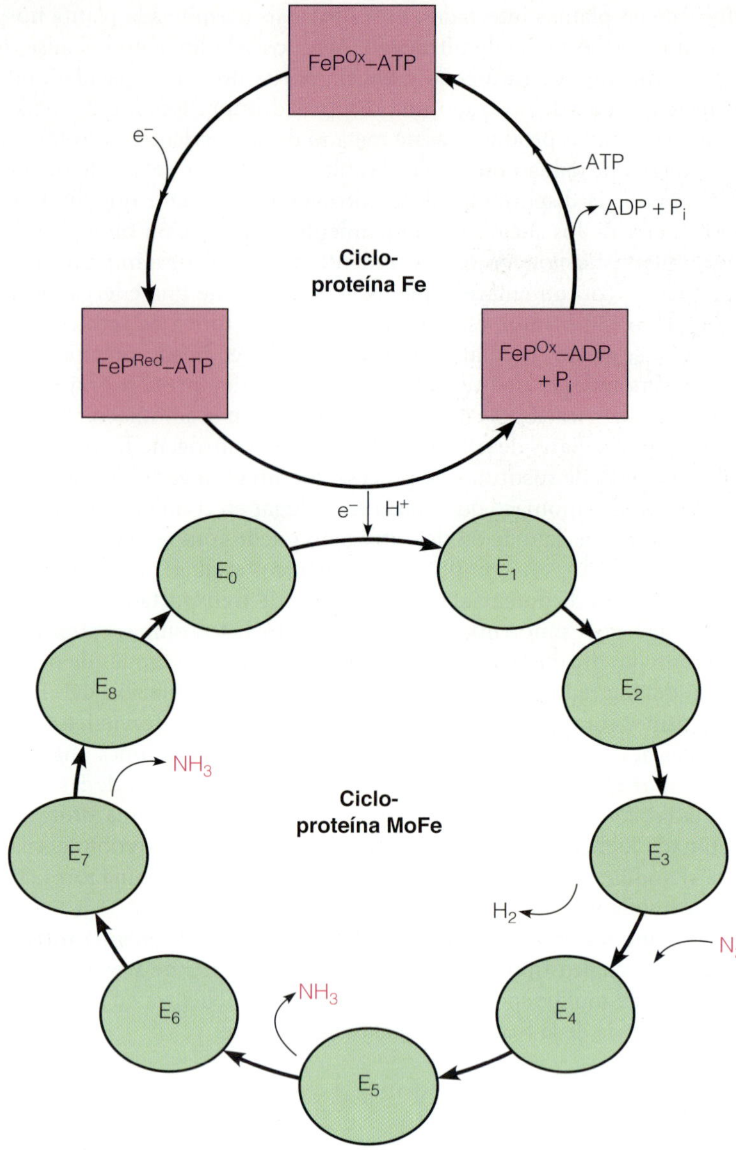


**FIGURA 20.4**

**Mecanismo de la reacción de la nitrogenasa de dos componentes dependiente de molibdeno.** La proteína MoFe (verde) es una proteína con molibdeno-hierro o dinitrogenasa. La proteína Fe (rosa) es una proteína con hierro o dinitrogenasa reductasa. (Estos colores corresponden a las estructuras proteicas de la Figura 20.5). La proteína MoFe cataliza la reducción del $N_2$ y es reducida, a su vez, por la proteína Fe. Se cree que la proteína Fe experimenta un ciclo de tres fases y la proteína MoFe, un ciclo de nueve estados. Se supone que la unión de ATP a la proteína Fe reducida ($FeP^{Red}$–ATP) genera una conformación alterada de la proteína Fe, con un potencial de reducción muy bajo. La transferencia del electrón desde la proteína Fe reducida a la proteína MoFe se acompaña de la hidrólisis del ATP unido a ADP + $P_i$. La proteína Fe oxidada ($FeP^{Ox}$–ADP + $P_i$) se disocia posteriormente de la proteína MoFe (este es el paso limitante de la velocidad de la reducción del $N_2$) y se regenera mediante el intercambio con ATP y la reducción de nuevo al estado de oxidación +1. En el ciclo de la proteína MoFe, la transferencia de un $H^+$ y un electrón desde la proteína Fe a la proteína MoFe tiene lugar ocho veces durante la reducción de una molécula de $N_2$. Los estados reducidos secuenciales están representados por $E_n$ donde *n* es el número total de electrones donados por la proteína Fe. Al menos, tres $e^-/H^+$ deben acumularse dentro de la proteína MoFe antes de que se una el $N_2$, y la unión del $N_2$ a la proteína MoFe tiene lugar al mismo tiempo que la liberación de dos hidrógenos unidos en forma de $H_2$. La rotura del enlace N–N tiene lugar después de haberse añadido 5 $e^-/H^+$.

Modificado de *Annual Review of Biochemistry* 78:701–722, L. C. Seefeldt, B. M.Hoffman y D. R. Dean, Mechanism of Mo-dependent nitrogenase. © 2009 Annual Reviews.

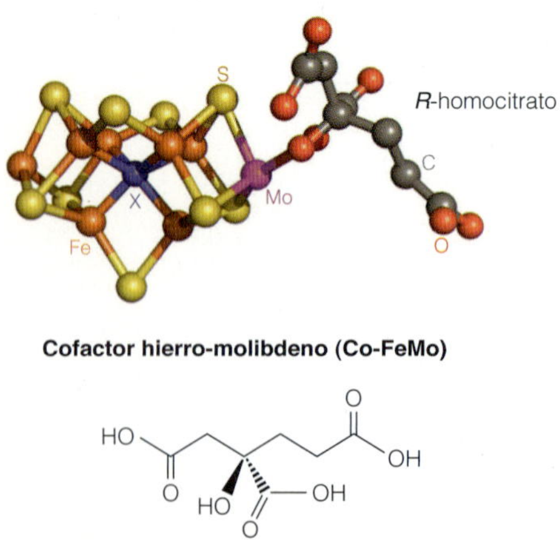


**Cofactor hierro-molibdeno (Co-FeMo)**

***R*-homocitrato**

Modificado de *Annual Review of Biochemistry* 78:701–722, L. C. Seefeldt, B. M. Hoffman, and D. R. Dean, Mechanism of Mo-dependent nitrogenase. © 2009 Annual Reviews.

Se han descrito varias estructuras cristalinas de la proteína Fe individual y los componentes de la proteína MoFe de *Azotobacter vinelandii* y, en 1997, se publicó una estructura del complejo total. Como se muestra en la Figura 20.5, la proteína Fe es un homodímero de subunidades de ~32 kilodalton con un único agrupamiento $Fe_4S_4$ que une las dos subunidades. Cada subunidad tiene un lugar de unión del nucleótido (con MgADP unido en la Figura 20.5). La unión del ATP evidentemente fuerza un cambio de conformación en la proteína Fe, que impulsa su acoplamiento con la proteína MoFe. Esta última es un heterotetrámero $\alpha_2\beta_2$ ($M_r \approx 250\,000$) que contiene dos complejos hierro-azufre nuevos, el agrupamiento P, que contiene siete azufres y ocho hierros, y el cofactor hierro-molibdeno (co-FeMo), que, como se muestra, contiene nueve azufres, siete hierros y un átomo de molibdeno coordinado a una molécula de ***R*-homocitrato** a través de sus grupos 2-hidroxi y 2-carboxilo (*véase* el margen). Fe-Mo-co contiene también un átomo sin identificar (X) (de color azul en las estructuras). Como se presenta en la Figura 20.5, los electrones fluyen desde la ferredoxina o la flavodoxina al complejo $Fe_4$-$S_4$ en la proteína Fe, y la hidrólisis del ATP unido de alguna manera impulsa a los electrones hacia el agrupamiento P en la proteína MoFe y luego a co-FeMo. Estos tres aagrupamientos están suficientemente juntos en el complejo para permitir una transferencia fácil de los electrones.

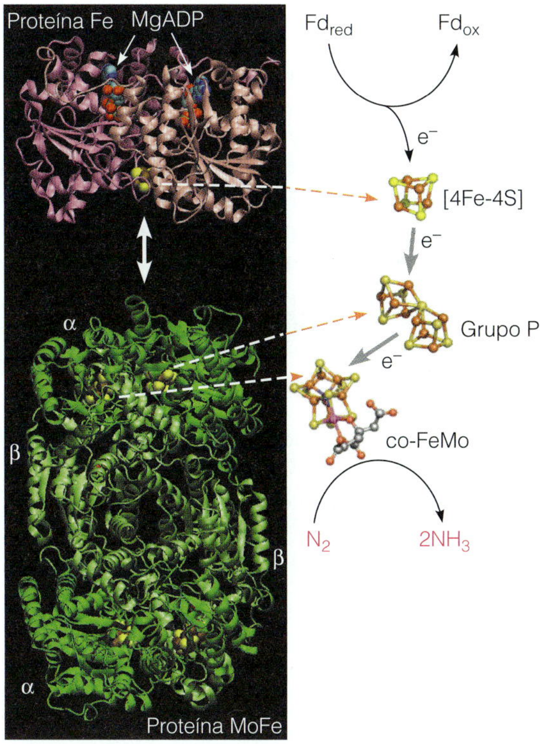


**FIGURA 20.5**

**Estructura de la nitrogenasa dependiente de molibdeno de *Azotobacter vinelandii*. Izquierda**: las dos subunidades de la proteína Fe homodimérica (PDB ID 1FP6) se muestran sombreadas de rosa, cada una de ellas con un MgADP unido y un puente con el grupo $Fe_4$–$S_4$. Las subunidades $\alpha$ y $\beta$ del tetrámero $\alpha\beta$ de la proteína MoFe (PDB ID 1M1N) se muestran en verde oscuro y verde claro, respectivamente. (Estos colores corresponden a los de la Figura 20.4). Cada unidad $\alpha\beta$ une una agrupación P hierro–azufre y una agrupación co-FeMo hierro–azufre. **Derecha**: se muestran las posiciones relativas y estructuras de la agrupación $Fe_4$–$S_4$ de la proteína Fe, y la agrupación P y el cofactor FeMo (co-FeMo) de la proteína MoFe. Los átomos de azufre están en amarillo, los átomos de hierro en naranja y los de molibdeno, en púrpura. Está indicado el flujo de electrones desde la ferredoxina reducida o flavodoxina (Fd) a través de las agrupaciones hierro-azufre hasta el $N_2$. La hidrólisis del ATP unido se piensa que impulsa la reducción de la agrupación P mediante la proteína Fe y desencadena un cambio de conformación de la proteína Fe que hace que se disocie transitoriamente de la proteína MoFe, asegurando el flujo electrónico unidireccional.

Modificado de *Annual Review of Biochemistry* 78:701–722, L. C. Seefeldt, B. M. Hoffman y D. R. Dean, Mechanism of Mo-dependent nitrogenase. © 2009 Annual Reviews

Algunas bacterias contienen más de un complejo nitrogenasa. *Azotobacter* contiene tres sistemas de este tipo, uno de los cuales utiliza vanadio en vez de molibdeno, y otro en el que el único metal ligado es el hierro.

La genética de la fijación del nitrógeno está siendo estudiada intensamente, por lo deseable que es poder transferir las capacidades de fijación de nitrógeno a las plantas superiores, con lo que se reduciría el empleo de fertilizantes nitrogenados. En *Klebsiella*, 13 genes, que son esenciales para este proceso, están ligados en una región de DNA de unos 24 000 pares de bases de longitud, el agrupamiento génico *nif*. Siete genes interpuestos participan en la fijación del nitrógeno, pero no son esenciales para este fin. Los productos de los genes esenciales incluyen las dos subunidades polipeptídicas de la proteína MoFe, la subunidad de la proteína Fe, la flavodoxina y las enzimas que sintetizan el co-FeMo.

Se ha descubierto recientemente un giro de la simbiosis de fijación de nitrógeno en las plantas leguminosas. Aunque el homocitrato es un componente esencial del cofactor hierro-molibdeno, el gen *nifV* que codifica la homocitrato sintasa no se encuentra presente en la mayoría de las especies de *Rhizobium* que infectan las plantas hospedadoras. En cambio, la homocitrato sintasa que se expresa en los nódulos de las raíces está codificada por la planta hospedadora. De esta forma, la nitrogenasa funcional requiere el homocitrato producido por las células de la planta hospedadora, proporcionando una base molecular para la asociación interdependiente entre las legumbres y las rizobias en la fijación simbiótica del nitrógeno.

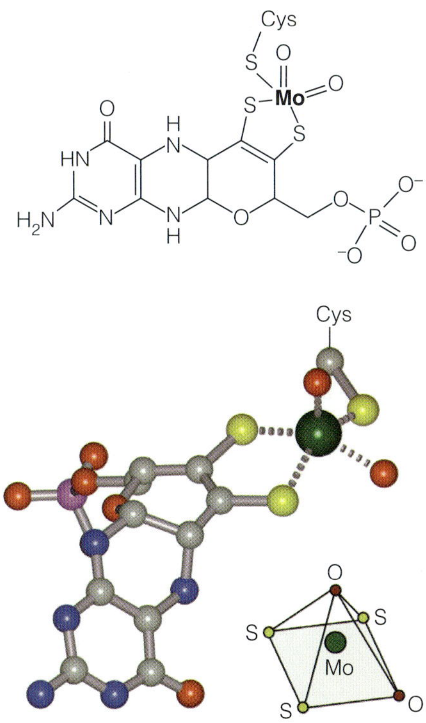


Molibdopterina (cofactor de Mo)

Modificado de *Annual Review of Plant Biology* 57:623–647, G. Schwarz y R. R. Mendel, Molybdenumcofactor biosynthesis and molybdenum enzymes. © 2006 Annual Reviews.

## Utilización del nitrato

La capacidad de reducir el nitrato a amoníaco es común en la práctica totalidad de las plantas, los hongos y las bacterias. El primer paso, la reducción del nitrato (estado de oxidación +5) a nitrito (estado de oxidación +3) está catalizada por la **nitrato reductasa**. La enzima eucariota contiene FAD unido, molibdeno y un citocromo $b_5$. La enzima lleva a cabo la reacción global:

$$NO_3^- + NAD(P)H + H^+ \longrightarrow NO_2^- + NAD(P) + H_2O$$

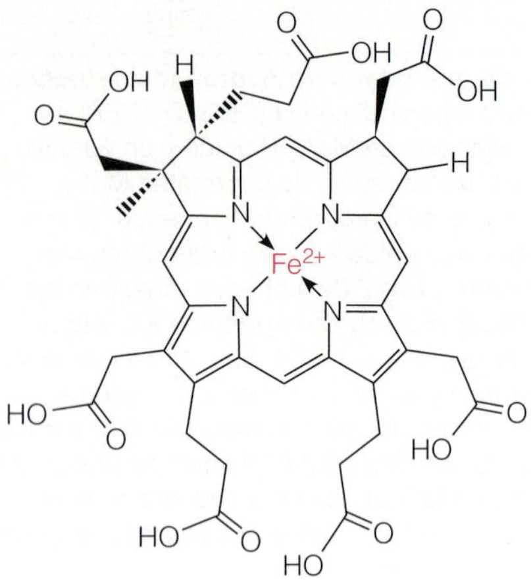

**Sirohemo**

En la mayoría de las plantas y las algas se encuentran enzimas específicas del NADH; en los hongos solo se encuentran enzimas específicas de NADPH; y en los tres grupos, pero más habitualmente en los hongos, se encuentran enzimas biespecíficas de NAD(P)H. Los electrones se transfieren desde el NAD(P)H al FAD unido a la enzima, luego al citocromo $b_5$, luego al molibdeno y finalmente, al sustrato. El molibdeno está unido a un cofactor que contiene un anillo de *pteridina* (*véase* la página 825), que es bastante distinto de la estructura FeMo-co. De hecho, todas las enzimas conocidas que requieren molibdeno, excepto la nitrogenasa, contienen una estructura similar a la de esta **molibdopterina**, en la que el centro Mo muestra una geometría piramidal.

La reducción del nitrito a amoníaco se lleva a cabo en tres pasos

$$NO_2^- \longrightarrow NO^- \longrightarrow NH_2OH \longrightarrow NH_3$$

mediante una enzima, la **nitrito reductasa.** Las plantas superiores, las algas y las cianobacterias utilizan ferredoxina como donador electrónico en esta reacción de seis electrones. Esta enzima contiene un centro $Fe_4S_4$ y una molécula de **sirohemo,** una porfirina parcialmente reducida.

## Utilización del amoníaco: biogénesis del nitrógeno orgánico

Diversas enzimas de amplia distribución utilizan amoníaco como sustrato para la síntesis de glutamato, glutamina, asparagina o carbamoil-fosfato.

Aunque las plantas, los animales y las bacterias obtienen su nitrógeno de orígenes diferentes, prácticamente todos los organismos comparten unas mismas rutas comunes de utilización del nitrógeno inorgánico en forma de amoníaco. El amoníaco a concentraciones elevadas es muy tóxico, pero a concentraciones más bajas es un metabolito central, que actúa como sustrato de cuatro enzimas que lo convierten en diversos compuestos orgánicos nitrogenados. A pH fisiológico, la especie iónica dominante es el ion amonio, $NH_4^+$ (pKa = 9.2). Sin embargo, en las cuatro reacciones interviene el par de electrones no compartidos del $NH_3$, que es, por tanto, la especie reactiva.

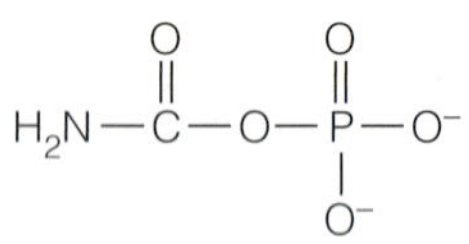

**Carbamoil fosfato**

Todos los organismos asimilan amoníaco a través de reacciones que conducen a glutamato, glutamina, asparagina y **carbamoil fosfato** (Figura 20.6). Dado que el carbamoil fosfato se utiliza solamente en la biosíntesis de arginina, urea y los nucleótidos de pirimidina, la mayor parte del nitrógeno procedente del amoníaco que va a parar a los aminoácidos y otros compuestos nitrogenados transcurre a través de los dos aminoácidos glutamato y glutamina. El nitrógeno α-amino del glutamato y el nitrógeno *amida* de la cadena lateral de la glutamina son ambos fuentes primarias de N en las rutas de biosíntesis.

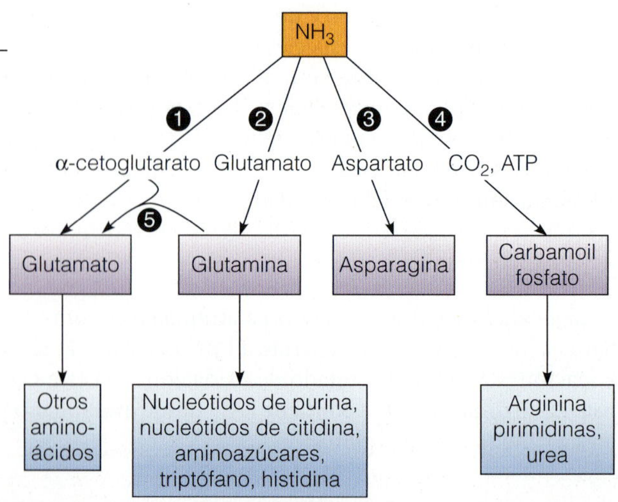


**FIGURA 20.6**

**Reacciones de la asimilación del amoníaco y principales destinos del nitrógeno fijado.** ❶ glutamato deshidrogenasa; ❷ glutamina sintetasa; ❸ asparagina sintetasa; ❹ carbamoil fosfato sintetasa; ❺ glutamato sintasa. En los animales, la glutamina es la fuente principal de nitrógeno para las pirimidinas.

## Glutamato deshidrogenasa: aminación reductora del α-cetoglutarato

La glutamato deshidrogenasa cataliza la aminación reductora del α-cetoglutarato:

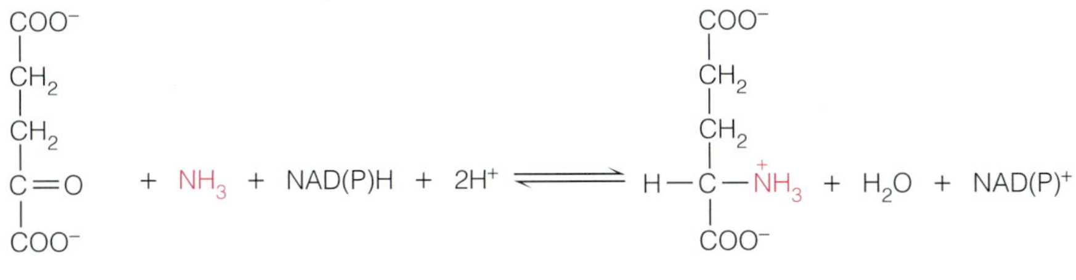

**α-cetoglutarato** **Glutamato**

La reacción es reversible, pero la enzima tiene una $K_M$ alta para el amoníaco (~1mM). La mayor parte de las bacterias y muchas plantas contienen una forma de la enzima específica para el NADPH, que actúa fundamentalmente en la dirección de formación del glutamato. Concuerda con esta característica el hecho de que las bacterias que crecen con amoníaco como única fuente de nitrógeno utilizan esta reacción como ruta principal de asimilación del nitrógeno. En las células animales, la reacción se produce en ambas direcciones, aunque la dirección catabólica, que aporta α-cetoglutarato al ciclo del ácido cítrico, predomina probablemente, ya que las concentraciones intracelulares de amoníaco normalmente son muy bajas. La enzima de los animales utiliza $NAD^+$ como principal cofactor, pero también puede emplear $NADP^+$. En los animales, la glutamato deshidrogenasa, un hexámero de subunidades idénticas, se encuentra en las mitocondrias, lo que concuerda con un papel principal de esta enzima en la generación de energía. Además, la enzima de animales se controla alostéricamente; la síntesis de α-cetoglutarato se inhibe por el GTP o el ATP, y se estimula por el ADP. Así, la enzima está activada en situaciones de baja carga energética. Las levaduras y los hongos contienen ambos tipos de glutamato deshidrogenasa, cada una de ellas con la regulación adecuada, una ajustada para la asimilación del nitrógeno y la otra funcionando principalmente en el catabolismo.

Una enzima relacionada que solo se encuentra en los microorganismos, las plantas y los eucariotas inferiores, la **glutamato sintasa,** cataliza una reacción comparable a la catalizada por la glutamato deshidrogenasa, pero que actúa fundamentalmente en la biosíntesis de glutamato:

$$\alpha\text{-cetoglutarato} + \text{glutamina} + \text{reductor} \longrightarrow 2\ \text{glutamato} + \text{reductor oxidado}$$

En esta reacción de aminación reductora, el N amida de la glutamina sustituye al $NH_3$ como donador de N. Dado que la glutamato deshidrogenasa tiene un valor de $K_M$ relativamente alto para el amoníaco, la glutamato sintasa desempeña un papel de mayor importancia en la síntesis de glutamato en la mayor parte de las células donde las concentraciones de amoníaco son menores (junto con la glutamina sintetasa; *véase* el apartado siguiente). La glutamato sintasa aislada de varias bacterias contiene dos tipos de subunidades ($\alpha$ y $\beta$) en una holoenzima de 800 kilodalton, donde el protómero $\alpha\beta$ contiene FAD, FMN y varios centros hierro-azufre. La enzima de las plantas utiliza NADPH, NADH o ferredoxina, mientras que la glutamato sintasa de otros organismos utiliza exclusivamente NADH.

## Glutamina sintetasa: generación de nitrógeno amida biológicamente activo

Tanto si se forma por la acción de la glutamato deshidrogenasa o la glutamato sintasa como si se forma por transaminación (*véase* la página 619, Capítulo 14), el glutamato puede aceptar un segundo grupo amoníaco para formar glutamina en la reacción catalizada por la **glutamina sintetasa**. Se requiere $Mn^{2+}$.

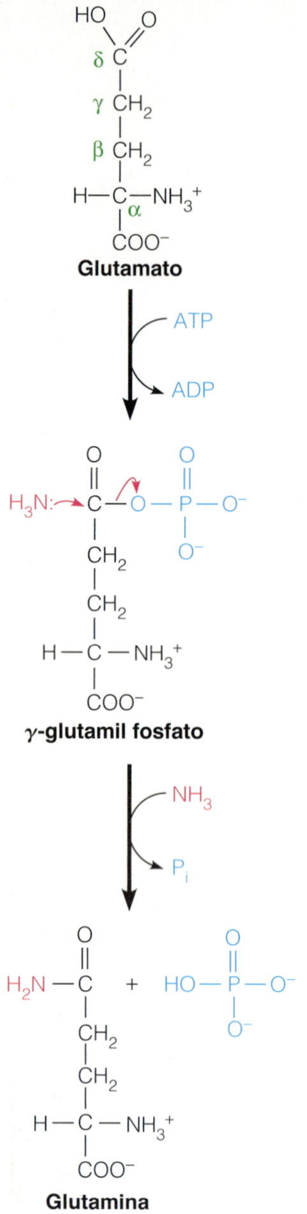


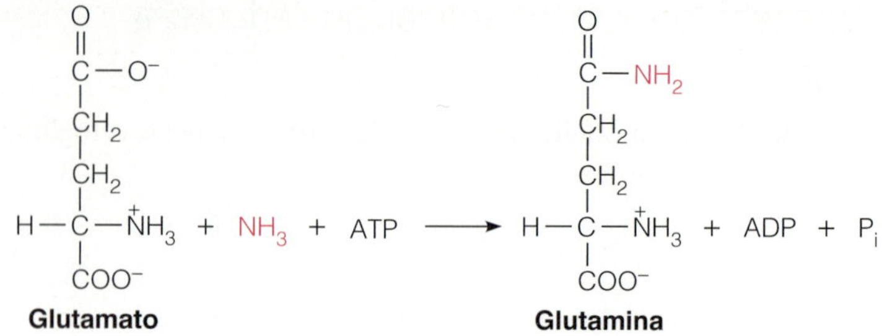


Esta enzima se denomina específicamente *sintetasa*, en lugar de *sintasa*, ya que la reacción acopla la formación del enlace con la energía liberada por la hidrólisis del ATP. Ambas enzimas se clasifican como ligasas (*véase* la página 449), pero una sintasa no necesita ATP.

La reacción de la glutamina sintetasa se produce a través de un intermediario acil fosfato. El ATP fosforila el $\delta$-carboxilato del glutamato para dar un anhídrido de ácido carboxílico-fosfórico ($\gamma$-glutamil fosfato), que sufre un ataque nucleófilo por el nitrógeno del amoníaco para dar el producto amida, glutamina.

Como se descubrió inicialmente mediante microscopia electrónica y, más recientemente, mediante cristalografía de rayos X, la glutamina sintetasa bacteriana es un dodecámero, cuyas 12 subunidades idénticas forman dos disposiciones hexagonales enfrentadas (Figura 20.7). La holoenzima tiene un peso molecular de alrededor de 620 000. Cada uno de los 12 lugares catalíticos está formado en una interfase entre las subunidades polipeptídicas dentro de un hexámero, y la reacción requiere residuos de dos subunidades adyacentes.

## Regulación de la glutamina sintetasa

La glutamina ocupa un lugar central en el metabolismo del nitrógeno (*véase* la Figura 20.6). El nitrógeno amida se utiliza en la biosíntesis de varios aminoácidos (como glutamato, triptófano e histidina), los nucleótidos de purina y pirimidina, y los aminoazúcares. En los animales, la glutamina sintetasa es un elemento clave en la desactivación tóxica del amoníaco que se forma por el catabolismo de los aminoácidos, en especial en el cerebro. De hecho, el glutamato y la glutamina son dos de los aminoácidos libres más abundantes en las células cerebrales; la acumulación de estos aminoácidos puede agotar el $\alpha$-cetoglutarato, su precursor principal, interfiriendo de esta forma con el ciclo del ácido cítrico y con la generación de energía. Además, la glutamina participa en la excreción de amoníaco en el riñón y es un combustible importante para las células del sistema inmunitario. No es de extrañar, pues, que la reacción de la glutamina sintetasa esté muy regulada.

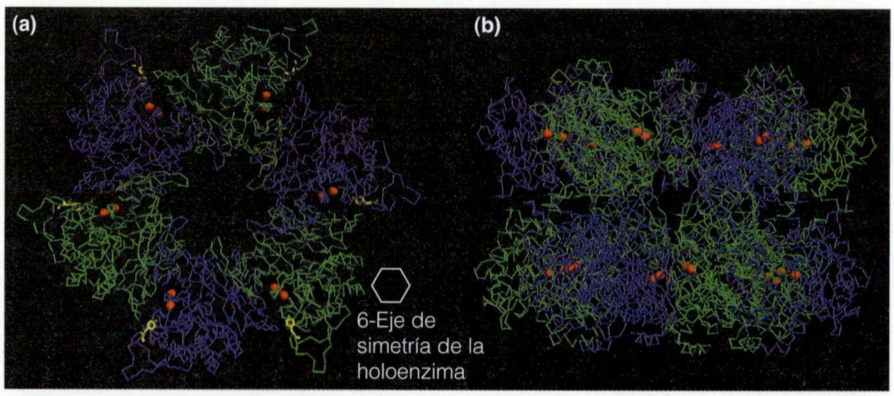


**FIGURA 20.7**

**Estructura de la glutamina sintetasa de *Salmonella typhimurium*. (a)** Vista desde arriba de la enzima, como muestra la estructura cristalina (PDB ID 1FPY). Solo pueden verse seis subunidades desde esta vista. El lugar de adenililación (Tyr 397) se muestra en amarillo y los dos iones $Mg^{2+}$ de cada lugar catalítico se muestran en rojo. **(b)** Vista lateral del dodecámero.

La glutamina sintetasa procariota se controla mediante retroinhibición acumulativa y modificación covalente.

Como se ha observado fundamentalmente en *E. coli*, hay varios mecanismos notables de control de esta reacción que interaccionan entre sí de maneras complejas. La actividad de la glutamina sintetasa se controla por dos mecanismos diferentes pero entrelazados: (1) una regulación alostérica mediante una **retroinhibición acumulativa** y (2) una modificación covalente de la enzima producida mediante una cascada reguladora.

La retroinhibición acumulativa comporta la acción de ocho retroinhibidores específicos. Estos ocho inhibidores son, o bien productos finales metabólicos de la glutamina (triptófano, histidina, glucosamina-6-fosfato, carbamoil fosfato, CTP y AMP; *véase* la Figura 20.6), o bien indicadores de algún otro tipo del estado general del metabolismo de los aminoácidos (alanina, glicina). Es de destacar que cada subunidad de ~50 000 dalton de la glutamina sintetasa debe contener lugares de unión para cada uno de los ocho inhibidores, así como para los sustratos y los productos. Cada uno de los ocho compuestos produce solo una inhibición parcial, pero, en combinación, el grado de inhibición aumenta hasta el extremo de que una mezcla de los ocho produce un bloqueo casi completo, lo cual tiene sentido desde el punto de vista metabólico, ya que garantiza que la acumulación del producto final de una ruta no desactiva el aporte de un sustrato (glutamina) necesario para otras rutas.

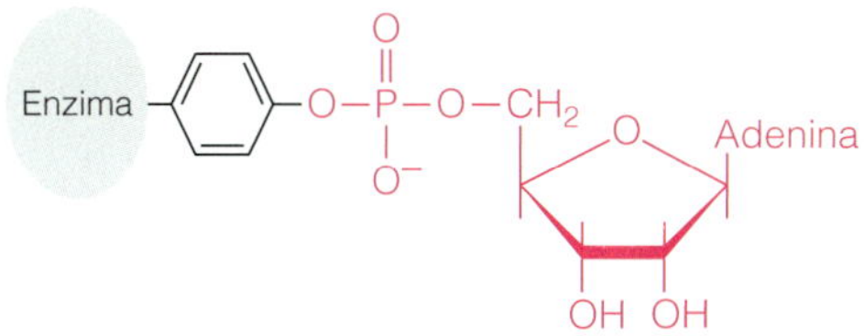

**Residuo de tirosina adenililado**

A la retroinhibición acumulativa se superpone un modo de regulación que implica la modificación covalente de la enzima. La glutamina sintetasa se regula por **adenililación:** un residuo de tirosina específico de la enzima (Tyr 397) reacciona con el ATP para formar un éster entre el grupo hidroxilo fenólico y el fosfato del AMP resultante. Este residuo de tirosina se encuentra muy cerca del lugar catalítico (Figura 20.7). La adenililación inactiva el lugar catalítico adyacente. Una molécula de la enzima con los 12 lugares adenililados es totalmente inactiva, mientras que la adenililación parcial produce una inactivación, también parcial.

La adenililación y la desadenililación de la glutamina sintetasa comportan una compleja serie de cascadas reguladoras (Figura 20.8). Ambas reacciones están catalizadas por la misma enzima: un complejo de **adenilil transferasa (AT)** y una proteína reguladora pequeña, la **$P_{II}$**, La forma molecular de la $P_{II}$ (uridililada o desuridililada) determina que el complejo catalice la adenililación o la desadenililación. La uridililación reversible de $P_{II}$ la cataliza otra enzima, una **uridilil transferasa (UT)/ enzima de separación de uridililo (UR)** bifuncional, en respuesta a la concentración intracelular de glutamina. La actividad uridilil transferasa transfiere un residuo de UMP a una tirosina específica de la molécula $P_{II}$. El producto, **$P_{II}$-UMP,** reacciona con la adenilil transferasa para estimular su *des*adenililación de la glutamina sintetasa. $P_{II}$-UMP se desuridila mediante la hidrólisis del residuo de UMP, catalizada por la actividad de separación de uridililo de la UT/UR bifuncional. La forma de $P_{II}$ que no contiene UMP convierte la adenilil transferasa en una enzima adenililante. La actividad de la uridilil transferasa se inhibe por la glutamina; la actividad de la enzima de separación de uridililo se estimula por la glutamina. La concentración de α-cetoglutarato la detecta la forma no modificada de $P_{II}$; su capacidad para activar la adenilil transferasa la antagoniza una elevada concentración de α-cetoglutarato.

Estas cascadas reguladoras proporcionan un mecanismo de respuesta que garantiza que, cuando el aporte de nitrógeno activado (glutamina) es alto, su ulterior biosíntesis se corta; la forma de $P_{II}$ que no contiene UMP se acumula y activa la actividad de adenililación de la adenilil transferasa. Esto hace que se acumule la forma de glutamina sintetasa que contiene AMP, menos activa. Y a la inversa, cuando los aportes de nitrógeno activado son bajos, se acumula α cetoglutarato, lo cual estimula la actividad de la glutamina sintetasa mediante el mecanismo inverso.

La modificación del estado de $P_{II}$ controla también la transcripción de varios genes regulados por el nitrógeno (Ntr), entre ellos el gen *glnA* que codifica la glutamina sintetasa. Este sistema regulador implica interacciones con una proteína quinasa específica y su factor de transcripción diana. De esta forma, en condiciones de agotamiento de nitrógeno (glutamina baja), $P_{II}$ se encuentra en su mayor parte en el estado $P_{II}$-UMP, y está estimulada la transcripción de *glnA*.

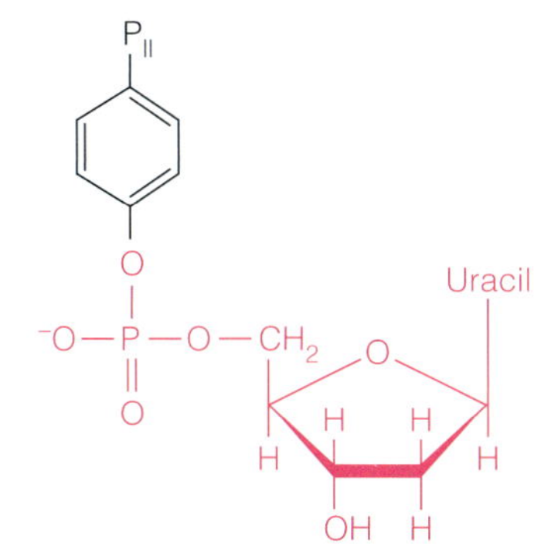

**Residuo de tirosina uridililato $P_{II}$**

A diferencia de las enzimas bacterianas de 12 subunidades, la glutamina sintetasa de mamíferos es un homodecámero formado por dos anillos pentaméricos colocados cara con cara. A pesar de compartir menos del 20 % de identidad de secuencia con las enzi-

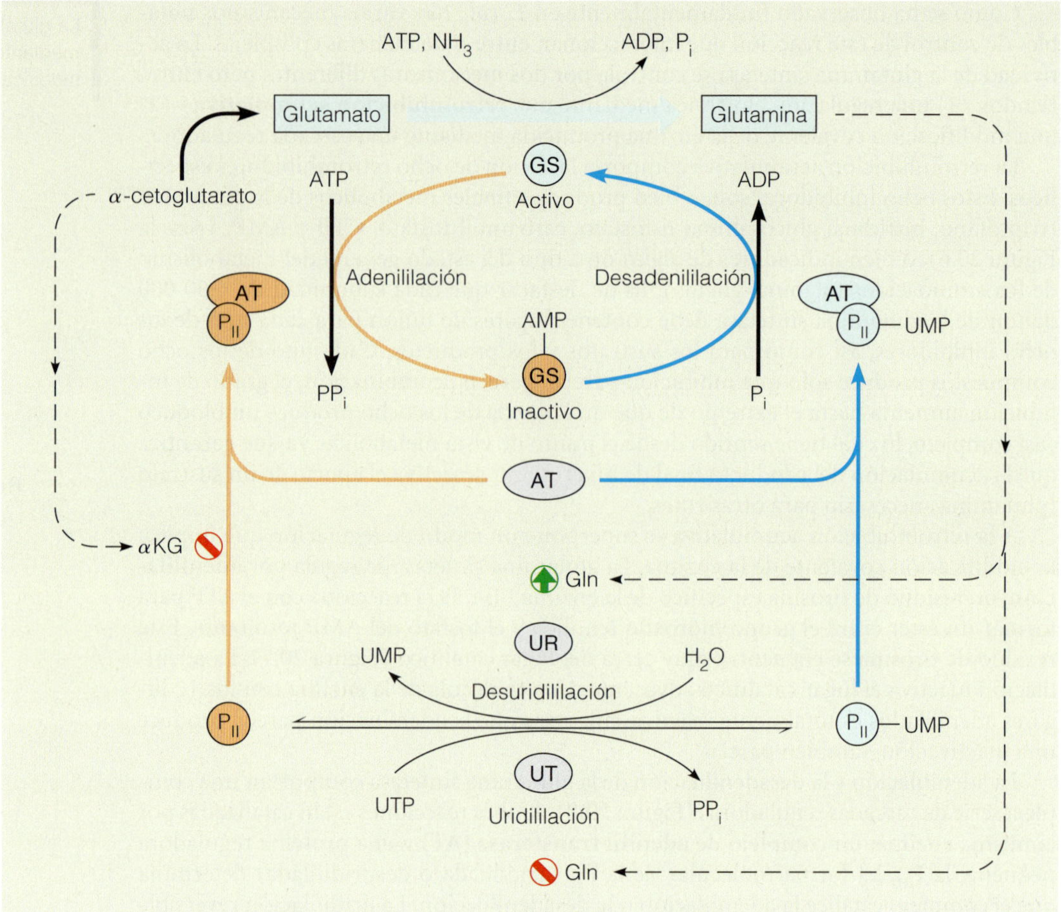


**FIGURA 20.8**

**Regulación de la actividad de la glutamina sintetasa bacteriana.** El complejo de la AT (adenilil transferasa) y la $P_{II}$ (una proteína reguladora) cataliza tanto la adenililación como la desadenililación de la glutamina sintetasa (GS), según la $P_{II}$ esté desuridililada (izquierda) o uridililada (derecha). La uridililación de $P_{II}$ la cataliza la uridilil transferasa (UT) y la desuridililación la cataliza la enzima que elimina uridililo (UR), siendo ambas actividades parte de una enzima bifuncional. Los componentes que se muestran en azul tienden a fomentar la actividad de la glutamina sintetasa, mientras que los que se indican en naranja se asocian a la inactivación de la enzima.

mas bacterianas, el plegamiento de las subunidades y las arquitecturas del lugar activo son muy semejantes. Se conoce menos de la regulación de la glutamina sintetasa en las células animales. En el hígado, la glutamina sintetasa se retroinhibe por el carbamoil fosfato, la glutamina y otros aminoácidos, mientras que en el cerebro, la enzima solo se inhibe por el carbamoil fosfato. La glutamina sintetasa de mamíferos no parece regularse mediante modificación covalente y, en realidad, carece del bucle de adenililación de las enzimas bacterianas

Para asimilar el $NH_4^+$ en las bacterias, la glutamina sintetasa actúa junto con la glutamato deshidrogenasa o la glutamato sintasa, dependiendo de la concentración de amoníaco. Cuando la concentración de $NH_4^+$ es alta, la ruta glutamato deshidrogenasa/glutamina sintetasa actúa de la forma:

$$NH_3 + \alpha\text{-cetoglutarato} + NAD(P)H \xrightarrow{\text{Glutamato deshidrogenasa}} \text{glutamato} + NAD(P)^+ + H_2O$$

$$NH_3 + \text{glutamato} + ATP \xrightarrow{\text{Glutamina sintetasa}} \text{glutamina} + ADP + P_i$$

$$\textbf{Neto: } 2NH_3 + \alpha\text{-cetoglutarato} + NAD(P)H + ATP \longrightarrow \text{glutamina} + ADP + P_i + NAD(P)^+ + H_2O$$

Cuando la concentración de $NH_4^+$ es baja, predomina la ruta glutamato sintasa/glutamina sintetasa:

$$2NH_3 + 2\text{ glutamato} + 2ATP \xrightarrow{\text{Glutamina sintetasa}} 2\text{ glutamina} + 2ADP + 2P_i$$

$$\alpha\text{-cetoglutarato} + \text{glutamina} + \text{reductor} \xrightarrow{\text{Glutamato sintetasa}} 2\text{ glutamato} + \text{reductor oxidado}$$

$$\textbf{Neto: } 2NH_3 + \alpha\text{-cetoglutarato} + \text{reductor} + 2ATP \longrightarrow \text{glutamina} + 2ADP + 2P_i + \text{reductor oxidado}$$

En esta ruta, solo fija amoníaco la glutamina sintetasa y el papel de la glutamato sintasa es regenerar el glutamato para la reacción de la glutamina sintetasa.

## Asparagina sintetasa: una reacción de amidación semejante

La asparagina sintetasa cataliza una reacción comparable a la de la glutamina sintetasa. Aunque ampliamente distribuida, la contribución de la asparagina sintetasa a la asimilación del amoníaco es mucho menor. Esta enzima utiliza el amoníaco o la glutamina para catalizar la conversión de aspartato en asparagina:

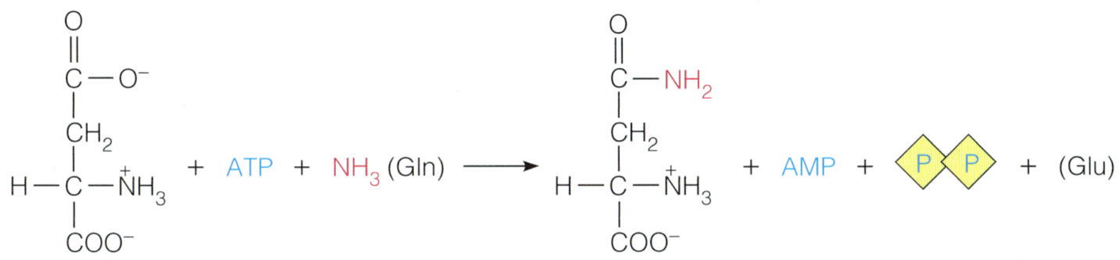


**Aspartato** **Asparagina**

Obsérvese que la asparagina sintetasa rompe el ATP para dar AMP y $PP_i$, mientras que la glutamina sintetasa da ADP y Pi. La asparagina sintetasa difiere también en que la glutamina es un sustrato claramente preferido al amoníaco. Probablemente la especie reactiva en la formación del enlace es el amoníaco, que se genera en el lugar activo mediante la hidrólisis de la glutamina sustrato.

## Carbamoil fosfato sintetasa: generación de un intermediario para la síntesis de arginina y pirimidina

Recuérdese de la Figura 20.6 que la ruta final de asimilación del amoníaco forma, en primer lugar, carbamoil fosfato. La enzima responsable es la **carbamoilfosfato sintetasa.** Tanto el amoníaco como la glutamina pueden actuar como donadores de nitrógeno.

$$NH_3 + HCO_3^- + 2ATP \longrightarrow \text{carbamoil fosfato} + 2ADP + P_i$$
$$\text{Glutamina} + H_2O + HCO_3^- + 2ATP \longrightarrow \text{carbamoil fosfato} + 2ADP + P_i + \text{glutamato}$$

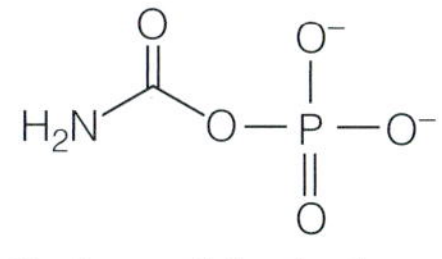

**Carbamoil fosfasto**

La enzima bacteriana puede catalizar ambas reacciones, aunque la glutamina es el sustrato preferido. Las células eucariotas contienen dos formas de la enzima. La forma I, que se encuentra en las mitocondrias, tiene preferencia por el amoníaco como sustrato, y se utiliza en la ruta de biosíntesis de la arginina y el ciclo de la urea (*véanse* las páginas 841-842). La forma II, que se encuentra en el citosol, tiene una clara preferencia por la glutamina. Se inhibe por la uridina trifosfato, consistente con su participación demostrada en la biosíntesis de los nucleótidos de pirimidina. Como se estudiará en el Capítulo 22, la enzima de la forma II es parte de una proteína multifuncional grande con tres lugares catalíticos distintos, que cataliza las tres primeras reacciones de la síntesis de los nucleótidos de pirimidina.

## Economía del nitrógeno: aspectos de la síntesis y degradación de los aminoácidos

### Consecuencias metabólicas de la ausencia de compuestos de almacenamiento de nitrógeno

Los primeros bioquímicos y fisiólogos creían que las proteínas de un animal adulto eran bastante estables, mientras que las proteínas del alimento se metabolizaban inmediatamente para proporcionar energía y se excretaban los productos finales. Este dogma fue puesto en duda en los años 1930 por Rudolf Schoenheimer. Este investigador había escapado de la Alemania de Hitler y se había unido al Departamento de Bioquímica de la Universidad de Columbia, donde Harold Urey había descubierto unos años antes el deuterio. Este entorno llevó a Schoenheimer a explorar la utilización de los trazadores isotópicos para estudiar el metabolismo en los animales completos (*véase* Herramientas de la Bioquímica 12A). Urey había logrado enriquecer el nitrógeno con $^{15}N$, que el grupo de Schoenheimer utilizó para sintetizar tirosina marcada con $^{15}N$. Descubrieron que tras la administración de tirosina marcada con $^{15}N$ a una rata, solo se recuperaba en la orina aproximadamente el 50 %. La mayor parte del resto se incorporaba a las proteínas de los tejidos. Es importante señalar que solo una pequeña cantidad del $^{15}N$ que se encontró en las proteínas de los tejidos estaba unida al esqueleto carbonado de la tirosina original y la mayoría se había incorporado a otros aminoácidos. Finalmente, observaron que se excretaba una cantidad equivalente del nitrógeno proteico no marcado, manteniendo a la rata en **equilibrio nitrogenado**.

La mayoría de los organismos carecen de depósitos de almacenamiento de nitrógeno.

El metabolismo de las proteínas y de los ácidos nucleicos difiere de manera significativa del metabolismo de los hidratos de carbono y de los lípidos. Mientras que los hidratos de carbono y los lípidos pueden almacenarse para movilizarse, según las necesidades de un organismo en cuanto a la generación de energía o para la biosíntesis, la mayor parte de los organismos, pasado el estado embrionario, no disponen de compuestos de nitrógeno poliméricos cuya función sea el almacenamiento y la liberación, según la demanda. Aunque las plantas almacenan algunos compuestos nitrogenados, como la asparagina en los espárragos, y algunos insectos tienen proteínas de almacenamiento en su sangre, estos compuestos no constituyen reservas de almacenamiento de nitrógeno de uso generalizado. La falta de reservas de este tipo impone unas exigencias especiales a los organismos, particularmente dada la disponibilidad limitada de nitrógeno utilizable. Los animales deben reponer continuamente los aportes nitrogenados mediante la alimentación, con objeto de reemplazar el nitrógeno que se pierde a través del catabolismo. En gran parte del mundo, los alimentos con abundantes proteínas no pueden producirse en cantidad suficiente para satisfacer las necesidades nutricionales de los seres humanos y de los animales domésticos. Cuando las proteínas de la alimentación son insuficientes, se degradan las proteínas que se han elaborado con otros fines, principalmente las proteínas musculares, y no se reponen. Estas consecuencias se dan aun cuando la alimentación contenga una cantidad de calorías proteicas suficientes, si esas proteínas no contienen los aminoácidos necesarios (aminoácidos esenciales, *véase* el apartado siguiente).

De la misma manera que podemos considerar una economía del nitrógeno en la biosfera, podemos pensar en una economía de este tipo en relación con los organismos individuales. En condiciones óptimas, los animales mantienen un consumo y una excreción de nitrógeno equivalentes. Un adulto bien nutrido se encuentra en equilibrio nitrogenado o **balance nitrogenado normal** cuando la ingestión diaria de nitrógeno en los alimentos es igual a la que se pierde por la excreción y otros procesos, como la pérdida de amoníaco en el sudor. Un balance nitrogenado positivo, en el que el consumo normal de nitrógeno supera a la pérdida, es el que se observa durante el embarazo, el crecimiento de un niño o la recuperación después de un periodo de inanición. Cuando hay un balance nitrogenado negativo, se pierde más nitrógeno del que se ingiere, y esta situación se observa en la vejez, la inanición y en determinados estados patológicos. Las plantas y los microorganismos excretan habitualmente una cantidad muy pequeña de nitrógeno. Los microorganismos crecen, a menudo, de una forma tan rápida que el nitrógeno liberado por el catabolismo se asimila de nuevo, y en las plantas el nitrógeno disponible está con frecuencia tan limitado, que es este mismo factor el que limita la velocidad del crecimiento celular.

## Capacidades de biosíntesis de los organismos

Los organismos presentan amplias diferencias en cuanto a su capacidad de sintetizar aminoácidos. Muchas bacterias y la mayoría de las plantas pueden sintetizar todos sus metabolitos nitrogenados a partir de una única fuente de nitrógeno, como el amoníaco o el nitrato. Sin embargo, muchos microorganismos utilizarán un aminoácido ya formado cuando dispongan de él, en vez de sintetizarlo. A veces son necesarios aminoácidos preformados. Así, por ejemplo, durante el curso de la evolución, *Lactobacillus* ha perdido muchas capacidades de biosíntesis porque crece en la leche, que es un medio con nutrientes abundantes. A algunas especies de *Lactobacillus* se le han de proporcionar, pues, los 20 aminoácidos para poder cultivarla en el laboratorio. Los mamíferos tienen unas características intermedias, puesto que son capaces de sintetizar aproximadamente la mitad de los aminoácidos en las cantidades necesarias para su crecimiento y para el mantenimiento de un balance nitrogenado normal.

Los aminoácidos esenciales no pueden sintetizarse en cantidades adecuadas y deben obtenerse en el alimento.

Los aminoácidos que deben proporcionarse en el alimento para satisfacer las necesidades metabólicas de un animal se denominan **aminoácidos esenciales** (Tabla 20.1). Los aminoácidos que no es necesario proporcionar, porque pueden biosintetizarse en cantidades suficientes, se denominan **aminoácidos no esenciales.** En general, los aminoácidos esenciales son aquellos que tienen estructuras complejas, como anillos aromáticos y cadenas laterales hidrocarbonadas. Los aminoácidos no esenciales son los que se sintetizan con facilidad a partir de metabolitos abundantes, como los intermediarios de la glucólisis o del ciclo del ácido cítrico.

**TABLA 20.1. Requerimientos nutricionales de aminoácidos en los mamíferos**

| Esenciales |
|---|
| Arginina*, histidina, isoleucina, leucina, lisina, metionina, fenilalanina, treonina, triptófano, valina |
| **No esenciales** |
| Alanina, asparagina, aspartato, cisteína, glutamato, glutamina, glicina, prolina, serina, tirosina |

* Aunque los mamíferos pueden sintetizar la arginina y la metionina, la utilización de estos aminoácidos para la producción de urea y grupos metilo, respectivamente, es mayor que la capacidad de sus rutas de biosíntesis.

Aunque los especialistas en nutrición recomiendan un consumo de proteínas de 50 a 100 gramos al día o más, el ser humano puede mantenerse bien con una alimentación que contenga tan solo 20 gramos al día, si esas proteínas son de alta calidad nutricional, es decir, si contienen proporciones adecuadas de los aminoácidos esenciales. En general, cuanto más próxima sea la composición de aminoácidos de la proteína ingerida a la composición de aminoácidos del animal que ingiere la proteína, mayor es la calidad nutricional de esa proteína. En el caso del ser humano, las proteínas de los mamíferos son las de mayor calidad nutricional, seguidas de las del pescado y las aves, y luego las de las frutas y verduras. (En este contexto, calidad nutricional se refiere únicamente al criterio del contenido de aminoácidos esenciales). Las proteínas de las plantas presentan, a menudo, un déficit de lisina, metionina o triptófano. Sin embargo, una alimentación vegetariana proporciona las proteínas suficientes si contiene diversidad de fuentes proteicas, de manera que un déficit existente en una de ellas se compense por un exceso procedente de otra fuente.

## Transaminación

La transaminación es la transferencia reversible de un grupo amino desde un α-aminoácido a un α-cetoácido, con el piridoxal fosfato como coenzima.

En el Capítulo 14 presentamos la transaminación, un proceso mediante el cual los aminoácidos pueden reponer los intermediarios del ciclo del ácido cítrico. La transaminación desempeña un papel algo más amplio en el metabolismo de los aminoácidos, en cuanto a que proporciona una ruta para la redistribución del nitrógeno de los aminoácidos. Dado el papel clave del glutamato en la asimilación del amoníaco, esta sustancia tiene una participación central en la transaminación. En otras palabras, el glutamato es un producto abundante de la asimilación del amoníaco, y la transaminación utiliza el nitrógeno del glutamato para la síntesis de otros aminoácidos.

Las reacciones de transaminación están catalizadas por enzimas denominadas **transaminasas** o, más correctamente, **aminotransferasas.** Como se muestra a continuación, la transaminación comporta la transferencia del grupo α-amino, generalmente del glutamato, a un α-cetoácido, con la formación del correspondiente aminoácido más el derivado α-ceto del glutamato, que es el α-cetoglutarato.

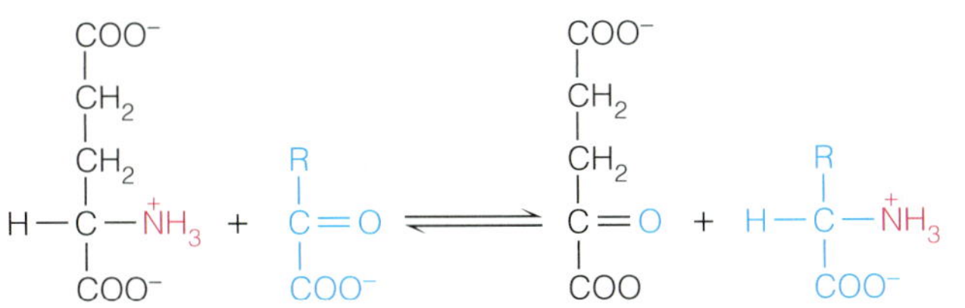

**Glutamato** **α-cetoácido** **α-cetoglutarato** **α-aminoácido**

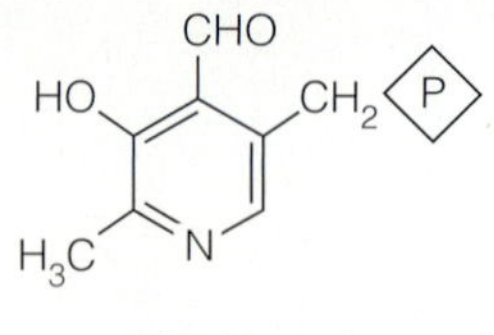

**Piridoxal fosfato**

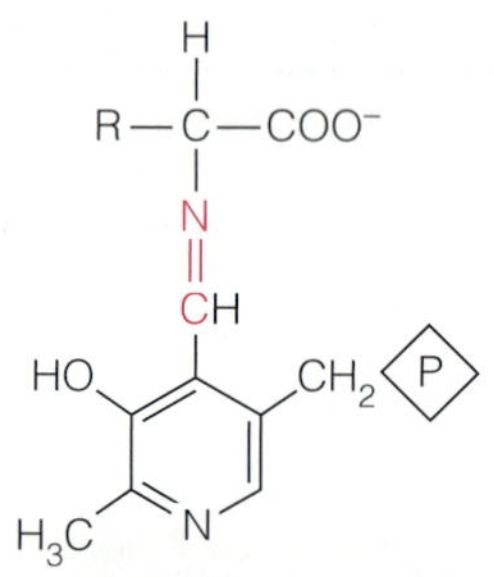

**Base de Schiff entre un aminoácido y el piridoxal fosfato**

Existen aminotransferasas específicas en las células animales para la síntesis de todos los aminoácidos que se encuentran en las proteínas, excepto la treonina y la lisina, con tal que se disponga de los correspondientes α-cetoácidos. Así pues, la incapacidad de las células animales para sintetizar la mayoría de los aminoácidos esenciales se debe a la incapacidad para sintetizar los esqueletos carbonados en forma de α-cetoácidos.

Las aminotransferasas utilizan una coenzima, el **piridoxal fosfato,** que procede de la vitamina $B_6$. La parte funcional del cofactor es un grupo funcional aldehído, —CHO, unido a un anillo de piridina. El ciclo catalítico se inicia con la condensación de este aldehído con el grupo α-amino de un aminoácido, para dar un intermediario base de Schiff, o aldimina. Dado que el piridoxal fosfato participa en diversas reacciones que implican aminoácidos, consideramos sus mecanismos catalíticos en una sección aparte, a partir de la página 845.

Las reacciones de transaminación tienen unas constantes de equilibrio próximas a la unidad. En consecuencia, la dirección en que se produce una determinada transaminación está controlada, en gran parte, por las concentraciones intracelulares de los sustratos y los productos. Esto significa que la transaminación puede utilizarse no solo para la síntesis de aminoácidos, sino también, para la degradación de los aminoácidos que se acumulan en una cantidad superior a la necesaria. En la degradación, la transaminasa actúa de manera concertada con la glutamato deshidrogenasa, como se observa en el ejemplo de la degradación de la alanina:

$$\text{Alanina} + \alpha\text{-cetoglutarato} \xrightarrow{\text{Aminotransferasa}} \text{piruvato} + \text{glutamato}$$

$$\text{Glutamato} + NAD^+ + H_2O \xrightarrow{\text{Glutamato deshidrogenasa}} \alpha\text{-cetoglutarato} + NADH + \overset{+}{N}H_4$$

$$\text{Neto: Alanina} + NAD^+ + H_2O \longrightarrow \text{piruvato} + NADH + \overset{+}{N}H_4$$

Así pues, podemos considerar la transaminación como un mecanismo de síntesis *o* de degradación de aminoácidos. Dado que los aminoácidos del interior de una célula rara vez se encuentran en las proporciones necesarias para la síntesis de las proteínas específicas de esa célula, la transaminación desempeña un papel importante para conseguir que la composición de aminoácidos concuerde con las necesidades del organismo. También participa en el direccionamiento del exceso de aminoácidos hacia el catabolismo y la generación de energía.

La mayor parte de las aminotransferasas utilizan glutamato/α-cetoglutarato como uno de los dos pares amino/ceto implicados. Dos de estas enzimas son importantes en el diagnóstico clínico de algunas enfermedades humanas, la glutamato-oxalacetato transaminasa sérica (SGOT) y la glutamato-piruvato transaminasa sérica (SGPT):

$$\text{Glutamato} + \text{oxalacetato} \xrightarrow{\text{SGOT}} \alpha\text{-cetoglutarato} + \text{aspartato}$$

$$\text{Glutamato} + \text{piruvato} \xrightarrow{\text{SGPT}} \alpha\text{-cetoglutarato} + \text{alanina}$$

Estas enzimas, que son abundantes en el corazón y el hígado, se liberan por las células durante la lesión celular que se produce en el infarto de miocardio, la hepatitis infecciosa, u otras lesiones de cualquier órgano. Las determinaciones de estas actividades enzimáticas en el suero sanguíneo pueden utilizarse, tanto para el diagnóstico como para el seguimiento de la evolución de un paciente durante el tratamiento. Obsérvese el convenio utilizado para la denominación de las transaminasas; se citan el donador del amino y el α-cetoácido aceptor.

## Recambio proteico

Las proteínas están sujetas a una biosíntesis y degradación continua, en un proceso denominado **recambio proteico.** Para una proteína intracelular cuya concentración total no cambie con el tiempo, la concentración del estado estacionario se mantiene mediante la síntesis de la proteína a una velocidad suficiente para reponer las pérdidas producidas por la degradación de la proteína. Muchos de los aminoácidos liberados durante el recambio proteico se reutilizan en la síntesis de proteínas nuevas.

## Características cuantitativas del recambio proteico

Las dimensiones macroscópicas del recambio proteico pueden apreciarse considerando un día de la vida de una persona de 70 kilogramos. Habitualmente esa persona consumirá 100 g de proteínas durante el día y, puesto que tiene un balance nitrogenado normal, excretará una cantidad equivalente de productos nitrogenados terminales. Sin embargo, los estudios de marcaje isotópico indican que se sintetizan unos 400 gramos de proteína al día, y que se degradan 400 gramos. Aproximadamente tres cuartas partes de los aminoácidos liberados se reutilizan en la síntesis proteica, y los demás, se degradan y se excreta el nitrógeno. Así pues, el conjunto total de aminoácidos consiste en 500 g/día, 100 ingeridos y 400 liberados a través de la degradación proteica. De este conjunto, 400 gramos se utilizan en la síntesis proteica y 100 gramos se catabolizan y se excretan.

Las diversas proteínas presentan una enorme variabilidad en cuanto a sus tiempos de vida metabólicos, que van desde pocos minutos a muchos meses. Sin embargo, es preciso tener en cuenta que todas las proteínas del cuerpo están representadas en los 400 gramos degradados en un día normal. Se han realizado numerosos experimentos de pulso y caza en animales de laboratorio (*véase* Herramientas de la Bioquímica 12A), que indican que la degradación proteica sigue una cinética de primer orden. Para una determinada proteína, las moléculas individuales se degradan de manera aleatoria, de modo que una representación semilogarítmica del isótopo que queda en la proteína respecto al tiempo es lineal. Así pues, podemos determinar la semivida metabólica de una determinada proteína. En la rata, una proteína estándar tiene una semivida de 1 o 2 días. En la Tabla 20.2 se presenta información relativa a las semividas de proteínas específicas.

Como cabría prever, las proteínas que se segregan a un medio extracelular, como las enzimas digestivas, las hormonas polipeptídicas y los anticuerpos, tienen un recambio metabólico bastante rápido, mientras que las proteínas que desempeñan un papel predominantemente estructural, como el colágeno del tejido conjuntivo, son metabólicamente mucho más estables. Las enzimas que catalizan pasos limitantes de la velocidad de las rutas metabólicas son también de corta duración. De hecho, para muchas enzimas, la velocidad de degradación constituye un factor de regulación importante en el control de las concentraciones enzimáticas intracelulares. En cambio, las proteínas que no constituyen puntos de control metabólicos tienen un recambio relativamente lento. En la rata, el citocromo *c* tiene una semivida de casi una semana; en el ser humano, la hemoglobina tiene la misma vida que el eritrocito en el que se encuentra (unos 120 días). Pero, ¿por qué deben sufrir estas proteínas un recambio si su degradación no representa un mecanismo de control metabólico? ¿No es este recambio una pérdida inútil de energía? Consideremos ese punto.

## Importancia biológica del recambio proteico

Como todos los demás componentes intracelulares, las proteínas están sujetas a la acción de las influencias del medio, fundamentalmente las especies reactivas de oxígeno (*véase* el

**TABLA 20.2. Semividas y localizaciones intracelulares de la degradación en el recambio proteico**

| | Localización intracelular | | | |
|---|---|---|---|---|
| **Semivida (horas)** | **Núcleo** | **Citosol** | **Mitocondrias** | **Retículo endoplásmico y membrana plasmática** |
| <2 | Productos de oncogenes | Ornitina descarboxilasa, tirosina aminotransferasa, proteína quinasa C | Ácido $\delta$-aminolevulínico sintetasa | HMG-CoA reductasa |
| 2-8 | — | Triptófano oxigenasa, proteína quinasa dependiente de AMPc | — | $\gamma$-glutamil transferasa |
| 9-40 | Ubiquitina | Calmodulina, glucoquinasa alanina aminotransferasa | Acetil-CoA carboxilasa, | Receptor de LDL, citocromo P450 |
| 41-200 | Histona H1 | Lactato deshidrogenasa, aldolasa, dihidrofolato reductasa, citocromo P670 | Citocromo oxidasa, piruvato carboxilasa, citocromo *c* | Citocromo $b_5$, *cit* $b_5$ reductasa |
| >200 | Histonas H2A, H2B, H3, H4 | Hemoglobina, glucógeno fosforilasa | — | Receptor de acetilcolina |

Reproducido de *Trends in Biochemical Sciences* 12:390-394, M. Rechsteiner, S. Rogers y K. Rote.© 1987, con permiso de Elsevier.

Capítulo 15), que pueden influir en su estructura, conformación y actividad biológica. La capacidad de las proteínas para reparar el daño causado es limitada. El recambio proteico puede verse como un sistema de control de la calidad ineficaz en el que, tanto las proteínas normales como las modificadas se degradan y sustituyen aleatoriamente. Sin embargo, se ha descubierto que la proteólisis requiere un aporte de energía, un hallazgo sorprendente dado que la hidrólisis del enlace amida es exergónica. Este requerimiento energético sugirió que el proceso podría no ser aleatorio y regulado. En realidad, las moléculas proteicas que se han alterado químicamente son las que se degradan de manera preferente. Un cambio químico determinado puede marcar a una molécula proteica, señalándola para su degradación por una enzima proteolítica que reconoce específicamente al marcador.

Sabemos que en las bacterias, las proteínas mutadas se degradan con mucha mayor rapidez que las correspondientes proteínas de tipo natural. Evidentemente, la evolución ha generado proteínas cuya conformación les confiere una estabilidad máxima en el medio intracelular, y la mayor parte de los cambios estructurales reducen esta estabilidad.

El recambio proteico constituye también un camino para la adaptación celular a las modificaciones de las condiciones ambientales. Así, por ejemplo, en muchas bacterias, la proteólisis intensa es uno de los fenómenos metabólicos interrelacionados con la **esporulación,** o formación de esporas. Las esporas son una forma termoestable del microorganismo; tienen un metabolismo desdeñable y pueden permanecer latentes durante meses o años. Cuando las condiciones metabólicas inducen la esporulación de una célula en crecimiento, se produce un extenso recambio proteico, y los aminoácidos liberados se utilizan para sintetizar las proteínas de la espora. Este estado casi latente puede mantenerse indefinidamente y, cuando mejoran las condiciones ambientales, se produce la germinación para dar lugar a las células vegetativas.

Todas las proteínas se encuentran en un estado constante de recambio y sustitución, para reparar los daños sufridos y para la regulación biológica.

Excepto para las funciones especializadas como la esporulación, hasta comienzos de los años 1970 se creía que el recambio proteico, que significaba su degradación completa a los aminoácidos, cumplía dos funciones principales: (1) digestión proteica, que proporciona aminoácidos para la síntesis de proteínas y otros metabolitos derivados de los aminoácidos, y (2) librar a las células de proteínas defectuosas, incluyendo las dañadas por mutaciones o por el ambiente. De acuerdo con esto, se pensaba que la mayor parte de las proteasas intracelulares participaban en el recambio proteico. De hecho, se ha considerado que las reacciones de ruptura proteica por endopeptidasas específicas participan en la activación enzimática; un ejemplo es la cascada de la coagulación de la sangre que consideramos en el Capítulo 11. En las últimas dos décadas, ha quedado claro que este proceso de proteólisis limitada (ruptura de unos pocos enlaces peptídicos específicos de una proteína) tiene un conjunto de funciones adicionales, como la regulación de la expresión génica, la respuesta a la agresión ambiental y la participación en las rutas de señalización celular. De gran interés actual es la implicación de las reacciones proteolíticas selectivas en las rutas de señalización que conducen a la *apoptosis*, un proceso normal del desarrollo en el que determinadas células, que han cumplido su función en la diferenciación, sufren una muerte programada. Estas funciones se presentarán con detalle en el Capítulo 29. Aquí consideramos aquellos aspectos del recambio proteico que se relacionan de manera específica con el metabolismo de los aminoácidos, para identificar las principales clases de proteasas intracelulares y para describir algunas de las características estructurales que predisponen a determinadas proteínas a la degradación.

## Proteasas intracelulares y lugares de recambio

Dado que la mayor parte de las proteínas se utilizan intracelularmente, la mayoría se recambian dentro de la célula. Las primeras proteasas intracelulares que se caracterizaron fueron las que se encuentran en los lisosomas. Aunque el sistema lisosómico se encuentra en el interior de la célula, actúa principalmente en la proteólisis de las proteínas extracitoplasmáticas, que penetran en las células mediante endocitosis y se degradan dentro de la luz vacuolar. Los lisosomas, que se forman por gemación a partir del complejo de Golgi, son bolsas de enzimas digestivas, que contienen proteasas, nucleasas, lipasas y enzimas de fragmentación de hidratos de carbono. Como se trata más profundamente en el Capítulo 28, los lisosomas desempeñan diversas funciones celulares: secreción de enzimas digestivas, digestión de orgánulos destinados a la destrucción, digestión de partículas alimentarias o bacterias engullidas mediante fagocitosis e ingestión y degradación no selectiva del grueso de los constituyentes celulares (**autofagia**).

En las células eucariotas, se han encontrado en el citosol dos clases diferentes de proteasas, una familia de cisteína proteasas neutras activadas por $Ca^{2+}$ denominadas **calpaínas**, y una proteasa grande (2.5 megadalton) con varias subunidades, dependiente de ATP, denominada **proteasoma** (Figura 20.9). Los mamíferos tienen, al menos, 14 proteasas calpaínas diferentes, que desempeñan funciones importantes en la muerte celular necrótica (**oncosis**). Estas enzimas son distintas de las proteasas lisosómicas, denominadas **catepsinas**, que están diseñadas para actuar en un medio ácido. El proteasoma, como veremos, degrada las proteínas que se han modificado por el enganche de la pequeña proteína ubiquitina.

A diferencia de las enzimas lisosómicas, que generalmente están secuestradas de forma segura en sus vesículas, toda actividad proteasa libre en el citosol normal debe estar bajo un control estricto, de forma que ataque solo a aquellas proteínas que sea necesario destruir (proteínas dañadas, mutantes, o de alguna forma, prescindibles). La identificación o marcado de aquellas proteínas cuya degradación se ajusta a los intereses de la célula implica algunos esquemas de marcaje que se describen en la sección siguiente.

## Señales químicas para el recambio

Las tasas de recambio de las distintas proteínas varían hasta 1000 veces, mientras que las diferencias de estabilidad de las proteínas, medidas según la desnaturalización *in vitro*, pueden ser mucho menores. En la actualidad hay cuatro características estructurales que se consideran determinantes interrelacionados de la tasa de recambio: (1) **ubiquitinización,** (2) oxidación de determinados residuos catalizada por metales, (3) **secuencias PEST** y (4) determinados residuos N-terminales.

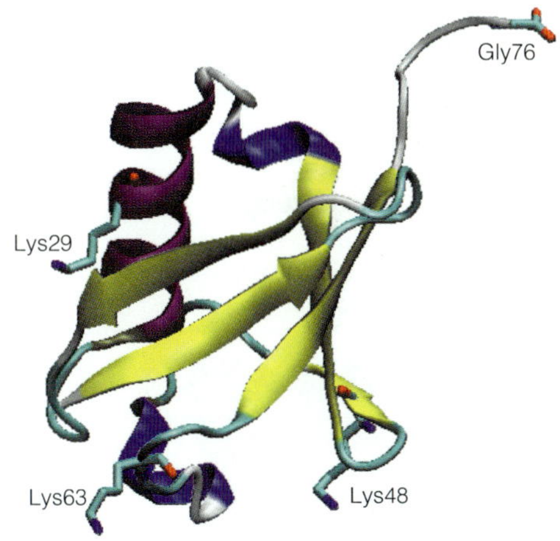


**Ubiquitina humana (PDB ID 1UBI)**

### Ubiquitinización

La ubiquitina es una proteína pequeña (76 residuos) y termoestable que se expresa en todas las células eucariotas y debe su nombre a su amplia distribución (ubicua). La ubiquitina se conjuga de forma covalente con proteínas celulares específicas en una reacción dependiente de ATP, que condensa el grupo carboxilo terminal de la ubiquitina con grupos amino de lisina en las proteínas objetivo, como se muestra en la Figura 20.10. En la primera reacción, catalizada por la enzima activadora de ubiquitina E1, se forma un tioéster entre el residuo de Gly C-terminal de la ubiquitina y un residuo de Cys interno de E1 en un proceso en dos pasos. La formación de este enlace covalente de energía elevada está impulsada por la hidrólisis del ATP, a través de un intermediario ubiquitina-adenilato. Se libera AMP tras el ataque nucleófilo por la Cys-SH de E1. La ubiquitina activada se transfiere, a continuación, a un Cys-SH de alguna de las varias enzimas E2 (enzimas conjugadas con ubiquitina) en una reacción de transtiolación. Para el paso 3, la unión covalente de la ubiquitina al grupo $\varepsilon$—$NH_3$ de uno o más residuos de lisina en la proteína objetivo a través de un enlace *isopeptídico*, se necesita una ligasa ubiquitina-proteína, E3. El uso de enlaces tioéster de energía elevada para activar la ubiquitina hace la formación del enlace isopeptídico termodinámicamente favorable. El gasto equivalente a dos ATP por ubiquitina añadida asegura que la reacción es tanto irreversible como específica. Veremos un ejemplo aún más crítico del coste de la especificidad cuando tratemos la síntesis de proteínas en el Capítulo 28 (*véase* la página 1211).

E3 puede catalizar la adición sucesiva de una porción ubiquitina a una ubiquitina conjugada previamente, formando una cadena de poliubiquitina en la que una Lys de ubiquitina forma un enlace isopeptídico con el grupo carboxilo C-terminal de Gly de la subsiguiente ubiquitina. La ubiquitina contiene siete residuos de lisina, y las cadenas de poliubiquitina pueden implicar uno o varios de estos residuos, aunque las funciones de las cadenas ligadas a través de Lys29, Lys48, y Lys63 son las mejor caracterizadas. Parece que hay dos enzimas E1 en los mamíferos, que activan y transfieren ubiquitina a todas las enzimas E2. En los seres humanos se conocen unas 28 enzimas, cada una de las cuales puede transferir ubiquitina a varias proteínas E3. La selectividad de las proteínas objetivo reside en el componente E3, y en base a motivos estructurales compartidos, el genoma humano puede contener hasta 1000 E3. Se han descrito dos familias principales de ligasas proteína-ubiquitina E3: las E3 que contienen el dominio HECT y las E3 que contienen el dominio de dedo RING. Estas dos familias E3 se diferencian en la estructura y en el mecanismo (Figura 20.10). Dado el papel

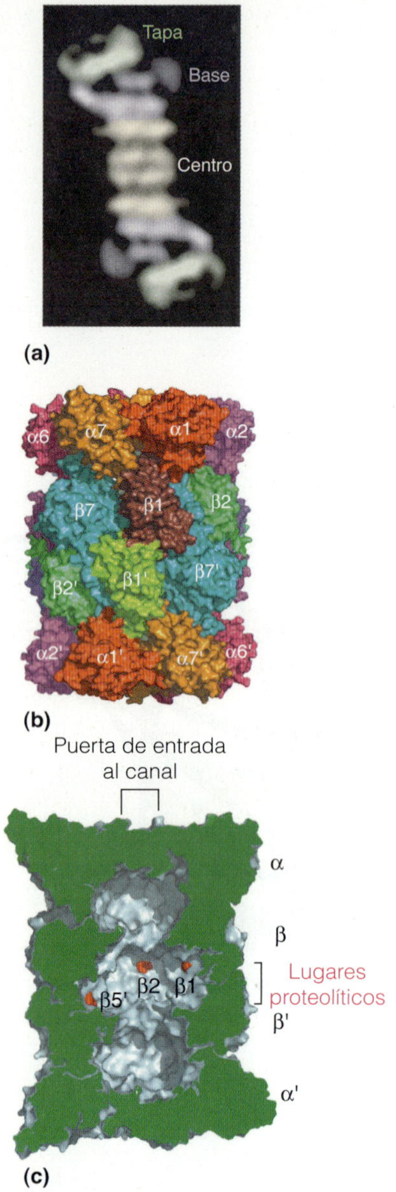


**FIGURA 20.9**

**Estructura del proteasoma. (a)** Esta imagen se generó promediando múltiples micrografías electrónicas del proteasoma 26S del sapo *Xenopus laevis*. El proteasoma contiene dos conjuntos principales, una partícula central de 28 subunidades (conocida también como partícula 20S) y una partícula reguladora de 19 proteínas (conocida también como partícula 19S), que forma la base y tapa los conjuntos. **(b)** y **(c)** Los lugares activos proteolíticos están situados dentro del gran espacio interno (~100 × 60 Å) de la partícula central. La tapa y la base ensambladas penetran en la partícula central 20S. Las proteínas marcadas con la proteína ubiquitina pasan a través del tubo con dependencia del ATP.

Reproducido de *Annual Review of Biochemistry* 78:477–513, D. Finley, Recognition and processing of ubiquitin-protein conjugates by the proteasome. 

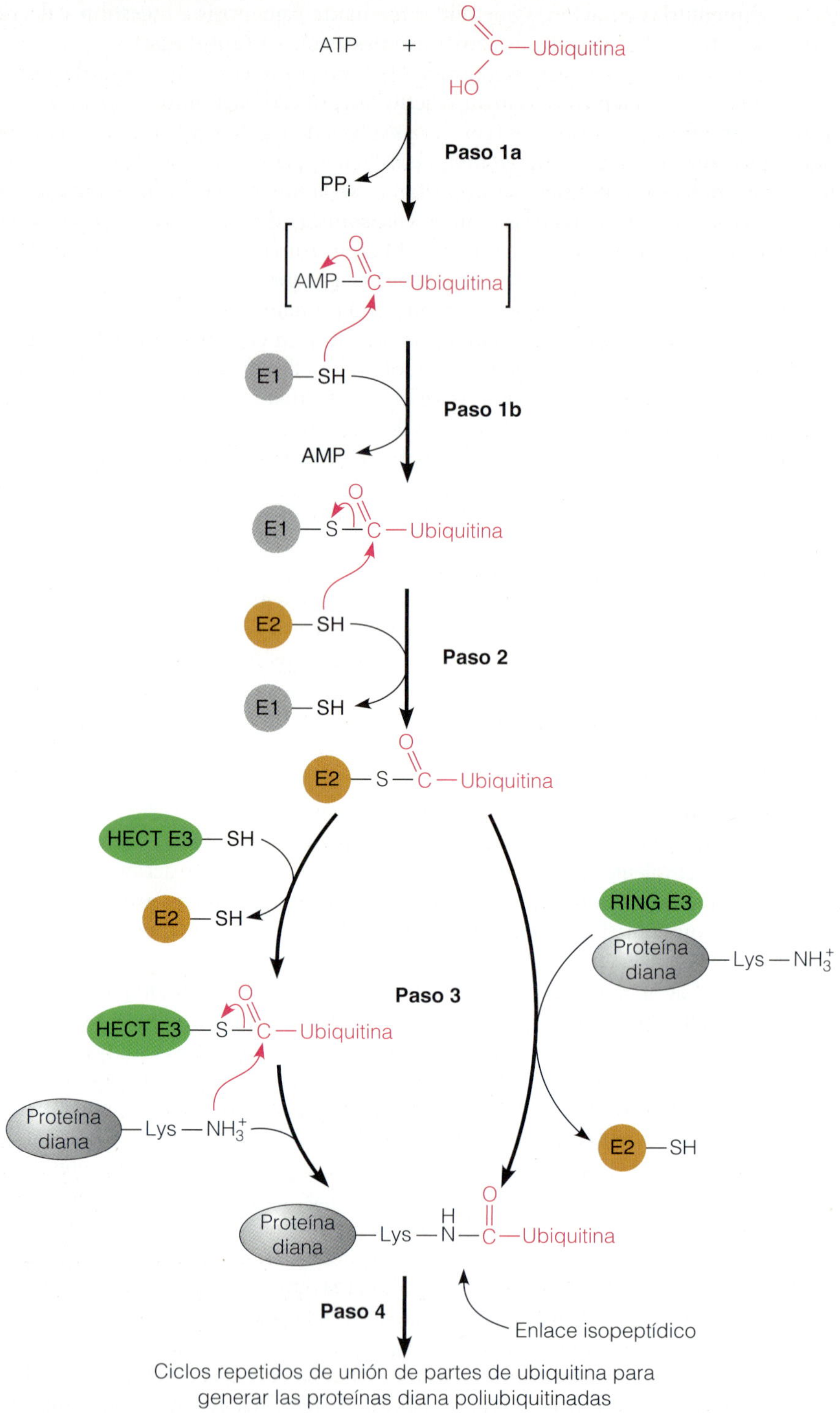


**FIGURA 20.10**

**Ruta enzimática de fijación de la ubiquitina a las proteínas diana**. E1, E2 y E3 son proteínas que participan en la transferencia de ubiquitina a los residuos de lisina de las proteínas diana. **Pasos 1a y 1b**: formación dependiente de ATP de un enlace tioéster entre el C-terminal de la ubiquitina y un tiol de cisteína en E1.**Paso 2**: transferencia de la ubiquitina de E1 a E2. **Paso 3**: transferencia de la ubiquitina al residuo de lisina de la proteína diana. La E3s que contiene el dominio HECT (ruta de la izquierda) cataliza la formación de un intermediario tioéster E3-ubiquitina antes de transferir la ubiquitina al sustrato. Las E3s que contienen el dominio de anillo RING (ruta de la derecha) actúan como proteínas de anclaje, donde E2 cataliza el ataque nucleófilo del grupo amino de la lisina de la proteína sustrato en el tioéster E2-ubiquitina. **Paso 4**: formación de la cadena de poliubiquitina en la proteína diana.

central de E3 en la determinación de la especificidad y selectividad del sistema del proteasoma, estas proteínas están implicadas en varias enfermedades, entre ellas los trastornos degenerativos, las enfermedades inflamatorias, los trastornos de pérdida muscular y el cáncer.

Las cadenas de poliubiquitina ligadas a Lys29 y Lys48 sirven como marcadores de reconocimiento del proteasoma 26S y estas proteínas señaladas atracan en el proteasoma a través de receptores específicos de la ubiquitina. Las proteínas diana se degradan a continuación a péptidos cortos en un proceso que depende del ATP. Las cadenas de poliubiquitina no se degradan, sino que se liberan y se desensamblan mediante enzimas de desubiquitinación en la tapa del proteasoma. Los monómeros de ubiquitina libres pueden reutilizarse.

Hasta hace poco, el papel del sistema ubiquitina se pensaba que estaba limitado a regular la proteólisis. Sin embargo, ya ha quedado claro que las cadenas de poliubiquitina ligadas a Lys63 (y probablemente también otras) tienen funciones no proteasómicas implicadas en la regulación de muchos procesos críticos, como el progreso del ciclo celular (Capítulo 24), la síntesis de colesterol (Capítulo 19), la inflamación, la respuesta a la hipoxia (Capítulo 18) y la apoptosis (Capítulo 28). Como hemos visto en otros sistemas reguladores, la ubiquitinación es reversible. La eliminación de la ubiquitina está catalizada por una familia de **enzimas desubiquitinadoras** (Dubs); el genoma humano codifica ~95 Dubs distintas. Conocemos también otras proteínas semejantes a la ubiquitina, como SUMO (*small ubiquitin-like modifier*; modificador pequeño semejante a la ubiquitina) y ISG15 (*interferon-stimulated gene 15kD*; 15 kD del gen estimulado por interferón), que utilizan una maquinaria de modificación/desconjugación semejante y participan en la regulación de numerosos procesos biológicos, como la transcripción, la reparación del DNA, la respuesta a la agresión y la inmunidad innata.

Aunque las bacterias carecen del proteasoma 26S, poseen ensamblajes proteolíticos dependientes de ATP funcionalmente similares conocidos como **proteasas Lon** y **Clp**. Ambas proteínas tienen forma de barril, con los lugares activos de la proteasa situados en una cavidad central, como el proteasoma 26S de los eucariotas. Se encuentran homólogos de Lon en las arqueas y en las mitocondrias de los eucariotas.

### Secuencias PEST

El análisis de las secuencias de aminoácidos de las proteínas de vida corta ($t_{1/2} < 2$ horas) indica que prácticamente todas estas proteínas contienen una o más regiones con abundante prolina, glutamato, serina y treonina. Con el empleo de las denominaciones de una letra de estos aminoácidos (P, E, S y T, respectivamente), a estas regiones, algunas de 12 a 60 residuos, se las ha denominado secuencias PEST. Son muy pocas las proteínas de vida más larga que contienen estas regiones. Además, la creación de secuencias PEST en las proteínas de vida larga mediante mutagénesis de lugar dirigida aumenta su labilidad metabólica. Las proteínas que contienen PEST se degradan principalmente mediante el sistema ubiquitina-proteasoma. Las pruebas actuales señalan que la fosforilación de residuos de serina o treonina de la secuencia PEST desencadena la ubiquitinación y la posterior degradación de la proteína. De esta forma, la secuencia PEST es otro esquema de reconocimiento para direccionar las proteínas de vida corta hacia la degradación por el proteasoma 26S.

### Residuo aminoácido N-terminal

Los experimentos con bacterias han revelado que la semivida intracelular de una determinada proteína varía considerablemente en función de la identidad de su residuo aminoácido N-terminal. Un residuo N-terminal de Phe, Leu, Tyr, Trp, Lys o Arg está correlacionado con una vida metabólica corta, mientras que las proteínas con otros aminos terminales tienen una vida más prolongada. Estas observaciones, que se realizaron inicialmente en proteínas naturales, se han visto confirmadas por experimentos en los que se alteró el amino terminal de una proteína mediante mutagénesis dirigida, lo cual produjo cambios correspondientes de las semividas metabólicas de las proteínas mutantes. En las células animales y vegetales parece aplicarse la misma «regla del extremo N», y representa a otro sistema proteolítico dependiente de ubiquitina. Los residuos N-terminal de las proteínas de vida corta actúan como señal de degradación denominadas **N-degrones**, que reconocen ligasas E3 específicas denominadas **N-recogninas**. En los procariotas, que carecen del sistema ubiquitina, el N-degrón es reconocido y procesado por el sistema de proteasa Clp.

Estas y otras observaciones indican que determinadas características estructurales específicas de las proteínas incluyen información acerca de la estabilidad metabólica de las mismas. No se ha determinado aún la naturaleza molecular de ese procesado de la información y las identidades de las enzimas que intervienen y, como se señalará posteriormente en el Capítulo 29, la proteólisis se considera comparable a la fosforilación en su importancia como un mecanismo regulador del metabolismo.

## Degradación de los aminoácidos y metabolismo de los productos finales nitrogenados

### Características comunes de las rutas de degradación de los aminoácidos

En los animales cuyo consumo de proteínas en la alimentación supera a las necesidades existentes para la síntesis de proteínas y otras biosíntesis, el exceso de nitrógeno se degrada en su mayor parte, y los esqueletos carbonados se metabolizan en el ciclo del ácido cítrico. Así pues, las proteínas pueden contribuir de manera importante a satisfacer las necesidades energéticas de un animal. En cambio, las plantas y las bacterias pueden sintetizar generalmente la mayor parte de sus propios aminoácidos y regular las rutas anabólicas, de manera que rara vez se producen excesos. Habitualmente los microorganismos utilizan los aminoácidos preformados con preferencia a su síntesis, aunque muchas bacterias pueden satisfacer todas sus necesidades de nitrógeno *y* carbono a partir de un único aminoácido. Las rutas de degradación que actúan en estos casos son, en general, similares a las descritas en los animales.

La degradación de los aminoácidos suele iniciarse con la conversión en el correspondiente $\alpha$-cetoácido mediante transaminación o desaminación oxidativa.

Con pocas excepciones, el primer paso de la degradación de los aminoácidos consiste en la eliminación del grupo α-amino para dar el α-cetoácido correspondiente. Esta modificación suele realizarse mediante una transaminación, con la síntesis simultánea de glutamato a partir de α-cetoglutarato, lo cual va seguido de la reacción de la glutamato deshidrogenasa, como se mostró en la página 834. De esta forma, el proceso neto es la desaminación del α-aminoácido al α-cetoácido correspondiente más amoníaco. La misma conversión neta puede también catalizarse por la **L-aminoácido oxidasa,** una enzima flavoproteica que se encuentra en el hígado y el riñón.

$$R{-}CH(NH_3^+){-}COO^- + FAD + H_2O \longrightarrow R{-}C(=O){-}COO^- + FADH_2 + NH_3$$

$$FADH_2 + O_2 \longrightarrow FAD + H_2O_2$$

$$2H_2O_2 \xrightarrow{\text{Catalasa}} 2H_2O + O_2$$

El peróxido formado lo descompone la catalasa. El riñón y el hígado poseen también una cantidad abundante de **D-aminoácido oxidasa** que contiene FAD. No se conoce la función de esta enzima en los animales, ya que los isómeros D de los aminoácidos son bastante raros. Sin embargo, las paredes celulares de las bacterias contienen D-aminoácidos y diversas células bacterianas contienen D-aminoácido oxidasas.

Una vez eliminado el nitrógeno, el esqueleto carbonado puede procesarse hacia la oxidación en el ciclo del ácido cítrico o puede utilizarse para la biosíntesis de hidratos de carbono, dependiendo del estado fisiológico del organismo. En la Figura 20.12 se muestran los puntos de entrada en el ciclo del ácido cítrico de los productos de degradación de cada uno de los aminoácidos. Las rutas individuales se presentarán en el Capítulo 21.

Los aminoácidos cuyos esqueletos generan piruvato u oxalacetato (son ejemplos la alanina o el aspartato) se convierten de manera eficaz en hidratos de carbono mediante la gluconeogénesis. Los aminoácidos que conducen a la acetil-CoA o la acetoacetil-CoA, como la leucina, tienen una contribución intensa a la cetogénesis. Los términos **glucogénico** y **cetogénico** se han utilizado para clasificar a los aminoácidos como generadores básicamente de hidratos de carbono o de cuerpos cetónicos, respectivamente.

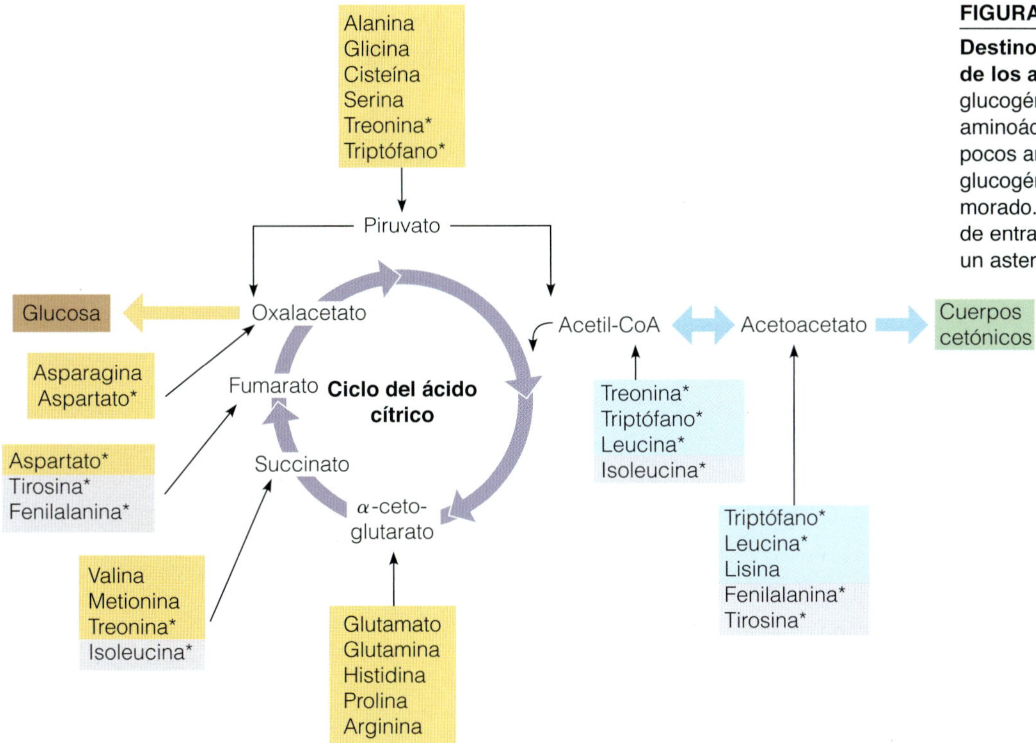


**FIGURA 20.11**

**Destino de los esqueletos carbonados de los aminoácidos.** Los aminoácidos glucogénicos se indican en color naranja, los aminoácidos cetogénicos en color azul, y los pocos aminoácidos que pueden ser, tanto glucogénicos como cetogénicos, en color morado. Los aminoácidos con más de una vía de entrada en las rutas centrales se indican con un asterisco.

## Desactivación tóxica y excreción de amoníaco

Aunque el amoníaco es un participante universal en la síntesis y degradación de los aminoácidos, su acumulación en concentraciones anormales tiene consecuencias tóxicas. Por tanto, las células con un catabolismo activo de los aminoácidos deben ser capaces de desintoxicar y/o excretar el amoníaco con la misma rapidez con que este se genera. Para la mayor parte de los animales acuáticos, que pueden captar y expulsar cantidades ilimitadas de agua, el amoníaco se disuelve simplemente en el agua y se difunde al exterior. Dado que los animales terrestres necesitan conservar el agua, convierten el amoníaco en una forma que pueda excretarse, sin que ello comporte pérdidas de agua importantes. Los pájaros, los reptiles terrestres y los insectos convierten la mayor parte de su amoníaco excedente en **ácido úrico,** una purina oxidada. Dado que el ácido úrico es bastante insoluble, precipita y puede excretarse sin una pérdida de agua importante y sin que se eleve la presión osmótica. Esto reviste una especial importancia durante la parte de la vida de cada animal que transcurre en el huevo. La biosíntesis de ácido úrico se produce mediante la ruta utilizada para la síntesis de los nucleótidos de purina, una ruta que se presenta en el Capítulo 22. La mayor parte de los mamíferos excretan el grueso de su nitrógeno en forma de **urea** (una excepción interesante es el perro dálmata que excreta la mayor parte del nitrógeno como ácido úrico). La urea es muy soluble y, al ser eléctricamente neutra, no afecta al pH cuando se acumula, como ocurre con el amoníaco.

Los animales han creado rutas, adaptadas a sus estilos de vida, para la excreción de amoníaco, ácido úrico o urea, como principales productos nitrogenados finales.

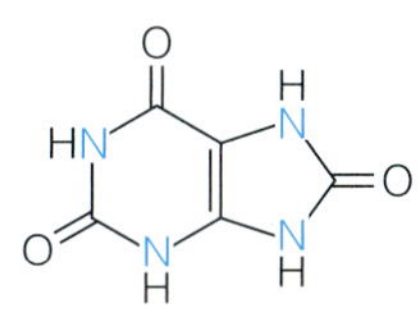

**Ácido úrico**

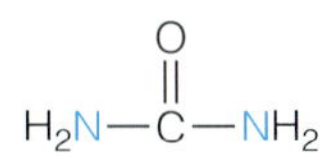

**Urea**

## Ciclo de la urea de Krebs-Henseleit

La urea se sintetiza casi exclusivamente en el hígado, y se transporta posteriormente a los riñones para su excreción. La ruta de síntesis, que es cíclica, fue descubierta por Hans Krebs y Kurt Henseleit en 1932, cinco años antes que el otro ciclo que hizo famoso a Krebs. Estos dos autores estaban investigando la ruta mediante la adición de precursores posibles a cortes de hígado, y midiendo luego la cantidad de urea producida. Al añadir arginina, la producción de urea mostraba un exceso molar de 30 veces respecto a la cantidad de arginina administrada. Se observaban resultados semejantes cuando se sustituía la arginina por dos aminoácidos relacionados estructuralmente, la **ornitina** y la **citrulina.** Dado que estos tres aminoácidos parecían actuar de manera catalítica para fomentar la síntesis de urea, Krebs y Henseleit propusieron la existencia de una ruta cíclica (*véase* el margen).

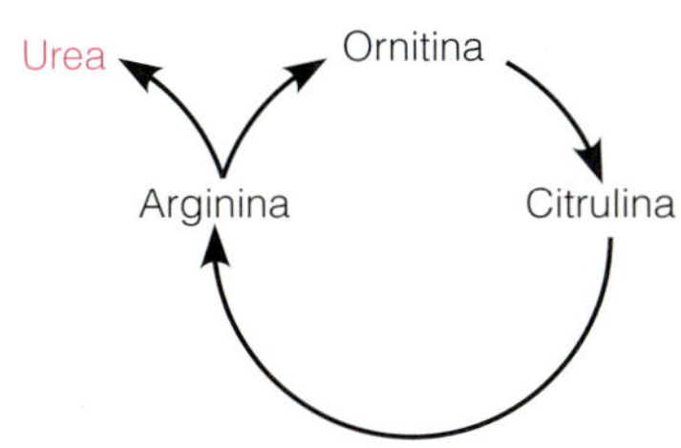

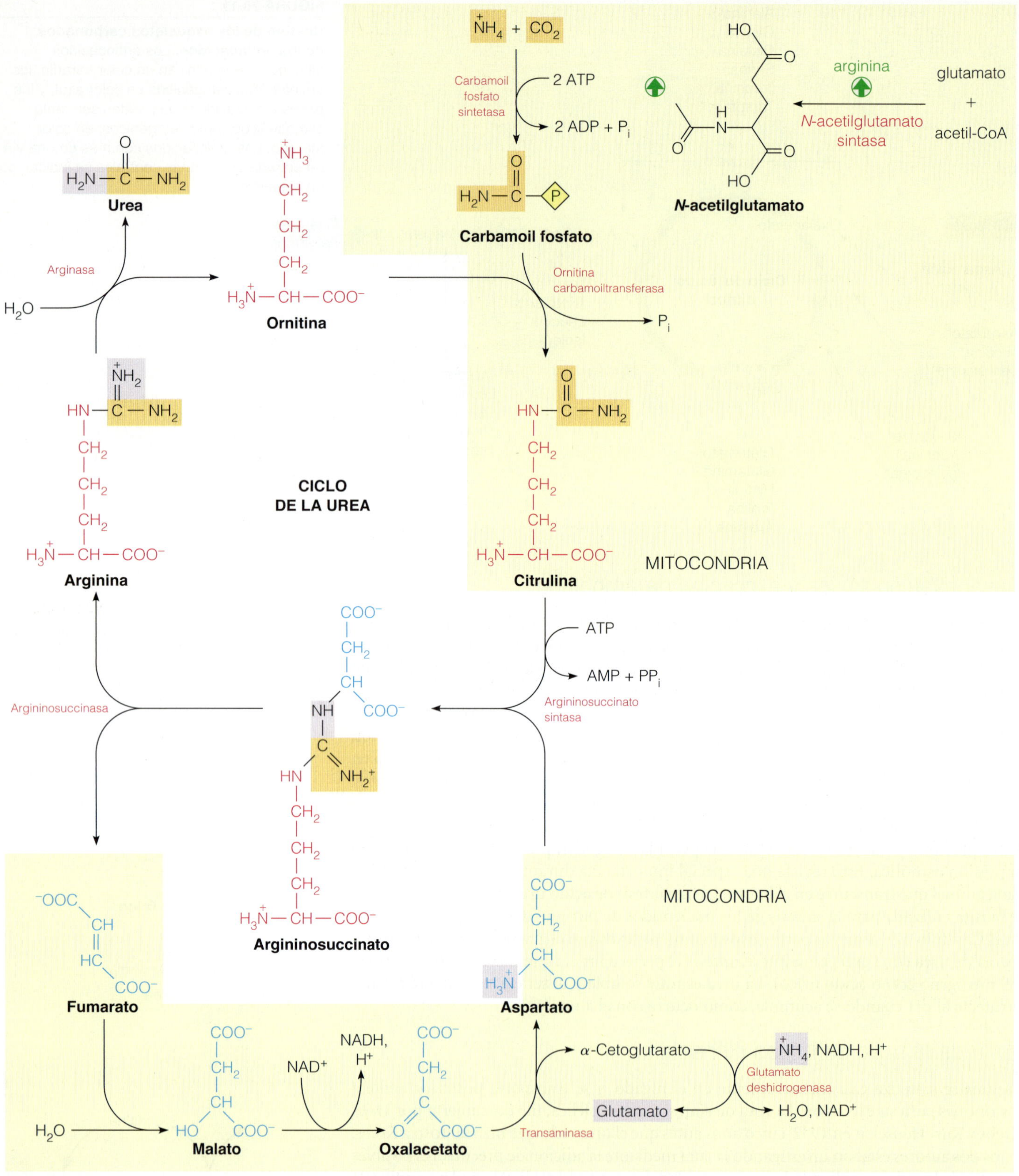


**FIGURA 20.12**

**Ciclo de la urea de Krebs-Henseleit.** La urea (arriba a la izquierda) contiene un carbono y un nitrógeno (naranja) derivados del carbamoil fosfato, y un nitrógeno (púrpura) derivado del aspartato. El $CO_2$ y el $NH_4^+$, que son los orígenes últimos de estos átomos, se incorporan por las acciones de la carbamoil fosfato sintetasa (arriba a la derecha) y la glutamato deshidrogenasa (abajo a la derecha). El glutamato puede servir directamente como fuente de parte del nitrógeno ureico. El sombreado amarillo identifica las reacciones que se producen en las mitocondrias. El resto de la ruta tiene lugar en el citosol.

La propuesta era correcta, y fue confirmada posteriormente por el aislamiento de las enzimas que intervienen en el proceso y la identificación de la ruta de biosíntesis de la ornitina, que inicia el proceso. Estos detalles se presentan en la Figura 20.12. La ornitina actúa como «transportador», sobre el cual se ensamblan los átomos de carbono y nitrógeno que finalmente constituirán la urea. La propia ornitina se sintetiza a partir del glutamato, mediante una ruta que se muestra en el Capítulo 21 (*véase* la Figura 21.31, página 904). El origen del carbono y de un átomo de nitrógeno de la urea es el carbamoil fosfato, que se sintetiza a partir de $NH_4^+$ y $CO_2$ por la carbamoil fosfato sintetasa I (CPS I; página 831). El carbamoil fosfato reacciona con la ornitina a través de la enzima **ornitina transcarbamoilasa,** para dar citrulina. El segundo nitrógeno procede del aspartato, que reacciona con la citrulina para formar **argininosuccinato,** mediante la acción de la **argininosuccinato sintetasa.** A continuación, la **argininosuccinasa** rompe el argininosuccinato mediante una reacción no hidrolítica y no oxidativa para dar arginina y fumarato. La arginina se rompe de forma hidrolítica por la **arginasa,** para regenerar la ornitina y producir una molécula de urea.

Las reacciones del ciclo de la urea están compartimentadas en las mitocondrias y el citosol de las células hepáticas. La glutamato deshidrogenasa, las enzimas del ciclo del ácido cítrico, la carbamoil fosfato sintetasa I y la ornitina transcarbamoilasa se encuentran en la mitocondria, y el resto del ciclo se produce en el citosol. Esto significa que la ornitina debe transportarse a las mitocondrias y la citrulina exportarse al citosol, para que funcione el ciclo.

La enzima arginasa es la responsable de la naturaleza cíclica de la ruta de biosíntesis de urea. Prácticamente todos los organismos sintetizan arginina a partir de ornitina mediante las reacciones que se muestran en la Figura 20.12. Sin embargo, tan solo los organismos **ureotélicos** (los que excretan la mayor parte de su nitrógeno en forma de urea) contienen arginasa y, por tanto, tan solo estos organismos realizan la ruta cíclica. Es interesante señalar que la capacidad de sintetizar arginasa aparece en las ranas al mismo tiempo que experimentan la metamorfosis de la fase de renacuajo a la de animal adulto. Dado que el renacuajo vive en el agua, puede excretar el amoníaco. La rana adulta, al adaptarse a un estilo de vida terrestre, presenta la capacidad de sintetizar urea.

Como ya se ha indicado, un átomo de nitrógeno de la urea procede del aspartato. Este átomo tiene su origen en el amoníaco, que se transfiere al glutamato a través de la reacción de la glutamato deshidrogenasa, y luego al aspartato mediante transaminación. Obsérvese en la parte inferior de la Figura 20.12 que se utiliza un segundo ciclo para mantener el balance del carbono mediante la conversión del fumarato producido en la rotura del argininosuccinato a oxalacetato en el ciclo del ácido cítrico, y luego a aspartato mediante transaminación.

La utilización de aspartato como donador de nitrógeno es un proceso en dos pasos que merece un comentario. En el primer paso, catalizado por la arginosuccinato sintetasa, el grupo amida de la citrulina se condensa con el grupo $\alpha$-amino del aspartato. La función del ATP en esta reacción es activar la amida para una sustituición nucleófila acílica por el aspartato. El carbonilo amida de la citrulina ataca el fosfato $\alpha$ del ATP, desplaza el $PP_i$ y produce un intermediario AMP-citrulina. Esta reacción es reversible, pero se impulsa hacia adelante por la hidrólisis del $PP_i$ a $2P_i$. A continuación el grupo amino nucleófilo del aspartato se añade al doble enlace $C{=}N^+$ para dar un intermediario tetraédrico, que expulsa el AMP para dar arginosuccinato. En el segundo paso, catalizado por la arginoscuccinasa, el esqueleto carbonado del aspartato se elimina como fumarato. El resultado neto de estas dos reacciones es la transferencia del grupo amino del aspartato a la citrulina, produciendo arginina. Veremos que esta misma estrategia se utiliza de nuevo en la biosíntesis de novo de purina (Capítulo 22).

La reacción neta para una vuelta del ciclo de la urea es la siguiente:

$$CO_2 + NH_4^+ + 3ATP + \text{aspartato} + 2H_2O \rightarrow \text{urea} + 2ADP + 2P_i + AMP + PP_i + \text{fumarato}$$

Son necesarias dos moléculas de ATP para reconvertir el AMP en ATP, con lo que se consumen realmente cuatro (no tres) fosfatos de energía elevada en cada vuelta del ciclo. Así pues, la síntesis de este producto de excreción es energéticamente costosa. También se produce un exceso de amoníaco cuando se fuerza al animal a catabolizar aminoácidos en el músculo como fuentes de energía, por ejemplo, durante el ayuno. Los animales han generado mecanismos a largo y corto plazo para regular el flujo a través del ciclo de la urea. Las concentraciones de las cuatro enzimas del ciclo de la urea

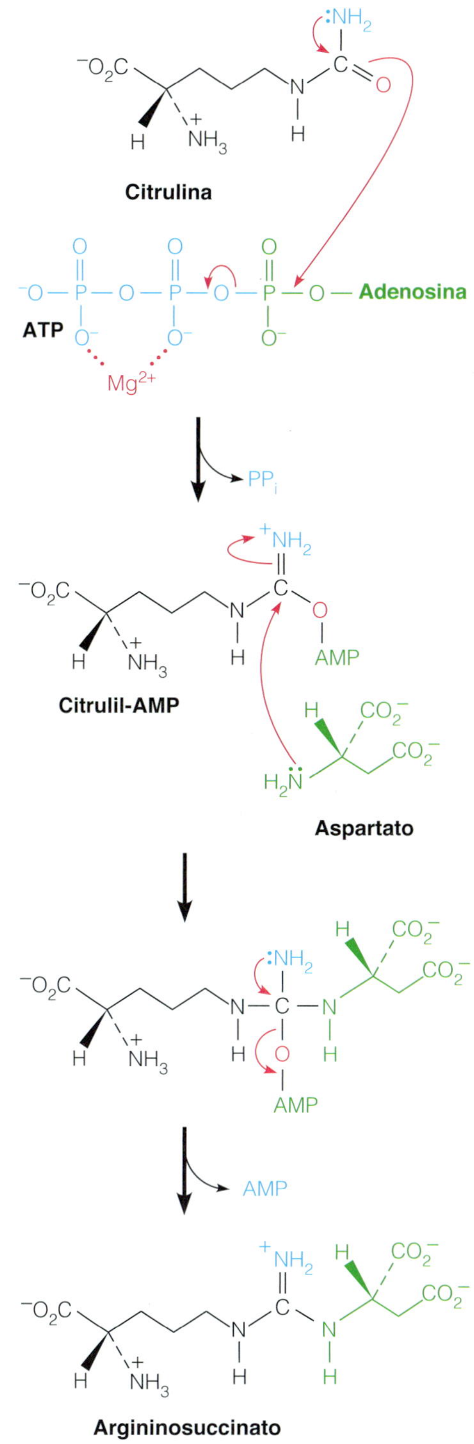


**Mecanismo de la arginosuccinato sintetasa**



La urea se sintetiza mediante una ruta cíclica que requiere energía y que se inicia y termina en la ornitina.

y de la CPS I aumentan en los animales con alimentaciones con abundantes proteínas y descienden en los animales alimentados con dietas sin proteínas. Estos mecanismos a largo plazo permiten al animal ajustar su capacidad del ciclo de la urea a los cambios de su alimentación. La activación alostérica de la CPS I por el ***N*-acetilglutamato** proporciona una regulación a corto plazo del flujo a través del ciclo de la urea. El *N*-acetilglutamato se sintetiza a partir de acetil-CoA y glutamato en una reacción catalizada por la ***N*-acetilglutamato sintasa** (Figura 20.12, superior derecha). Las concentraciones mitocondriales de *N*-acetilglutamato vienen determinadas por las concentraciones de glutamato, que se elevan con un aumento de la degradación de aminoácidos a través de las reacciones de transaminación. De esta forma, el flujo a través del ciclo de la urea está ligado a la tasa de degradación de los aminoácidos.

La CPS I también está regulada mediante modificación covalente; la acetilación de residuos específicos de lisina inactivan la enzima. No se conoce la enzima responsable de la acetilación, pero una sirtuína mitocondrial específica (SIRT5) cataliza la desacetilación de CPS I. Recuérdese del Capítulo 18 (página 763) que las sirtuínas catalizan la desacetilación de las proteínas dependiente del $NAD^+$. Las sirtuínas se activan por las concentraciones intracelulares de $NAD^+$ y las concentraciones mitocondriales de $NAD^+$ se elevan durante el ayuno. Esta elevación activa la SIRT5, que desacetila CPS I a su estado activo, conduciendo a un aumento de la síntesis de carbamoil fosfato y de esta manera, aumentando el flujo del ciclo de la urea. Esta acetilación reversible de la CPS I mediada por la sirtuína proporciona un mecanismo para aumentar la capacidad de eliminación de amoníaco (a través de la síntesis de urea) en condiciones de ayuno, cuando los aminoácidos se están utilizando como fuentes de energía.

Al menos cinco enfermedades diferentes en el ser humano son consecuencia de defectos hereditarios de enzimas del ciclo de la urea.

Se conocen en el ser humano varios trastornos hereditarios, cada uno de ellos producido por un defecto de las cinco enzimas del ciclo de la urea. Aunque varían los síntomas clínicos, la **hiperamonemia** (concentración elevada en sangre de $NH_4^+$) es habitual en todas estas enfermedades. Los síntomas se presentan normalmente en los niños e incluyen letargia, vómitos, daño cerebral irreversible e incluso, la muerte. La toxicidad del amoníaco se supone se debe a sus efectos sobre el metabolismo de los aminoácidos y el energético; el amoníaco agota los intermedios del ciclo del ácido cítrico y el NADH sobrecargando la reacción de la glutamato deshidrogenasa, lo cual conduce a un déficit de ATP. El cerebro es especialmente susceptible a la toxicidad del amoníaco.

Tras su síntesis, la urea se transporta por el torrente sanguíneo a los riñones, que la filtran para su excreción. Las determinaciones de la concentración de urea en sangre proporcionan un indicador clínico sensible de la función renal, ya que la filtración y eliminación de la urea se deterioran cuando la función renal es incorrecta. De forma análoga, las determinaciones de amoníaco en sangre constituyen una prueba sensible de función hepática. Una lesión hepática, ya sea aguda (hepatitis, intoxicación) o crónica (cirrosis alcohólica), reduce la actividad del ciclo de la urea. La acumulación del amoníaco es tóxica para el cerebro y, por tanto, está relacionada con el estado comatoso que se aprecia en casos avanzados de alcoholismo crónico.

## Transporte del amoníaco al hígado

Todos los órganos de los animales degradan los aminoácidos y producen amoníaco. En el transporte de este amoníaco desde otros tejidos al hígado para su conversión final en urea intervienen dos mecanismos (Figura 20.13). La mayoría de los tejidos utilizan la glutamina sintetasa para convertir el amoníaco en el producto atóxico y eléctricamente neutro glutamina. La glutamina se transporta por la sangre al hígado en donde, como ya se señaló en el Capítulo 13, se degrada hidrolíticamente por la **glutaminasa.**

$$\text{Glutamina} + H_2O \longrightarrow \text{glutamato} + \text{amoníaco}$$

El ciclo glucosa-alanina elimina el amoníaco tóxico del músculo. La glutamina sintetasa y la glutaminasa hacen lo mismo en la mayor parte de los demás tejidos.

El músculo, que obtiene la mayor parte de su energía de la glucólisis, utiliza una ruta diferente, el **ciclo glucosa-alanina.** La glucólisis genera piruvato, que experimenta una transaminación con glutamato para dar alanina y α-cetoglutarato. El glutamato, a su vez ha obtenido su nitrógeno del amoníaco, a través de la glutamato deshidrogenasa. La alanina resultante se transporta al hígado, donde pierde su nitrógeno mediante la inversión de los procesos anteriores. Esta inversión produce amoníaco para la síntesis

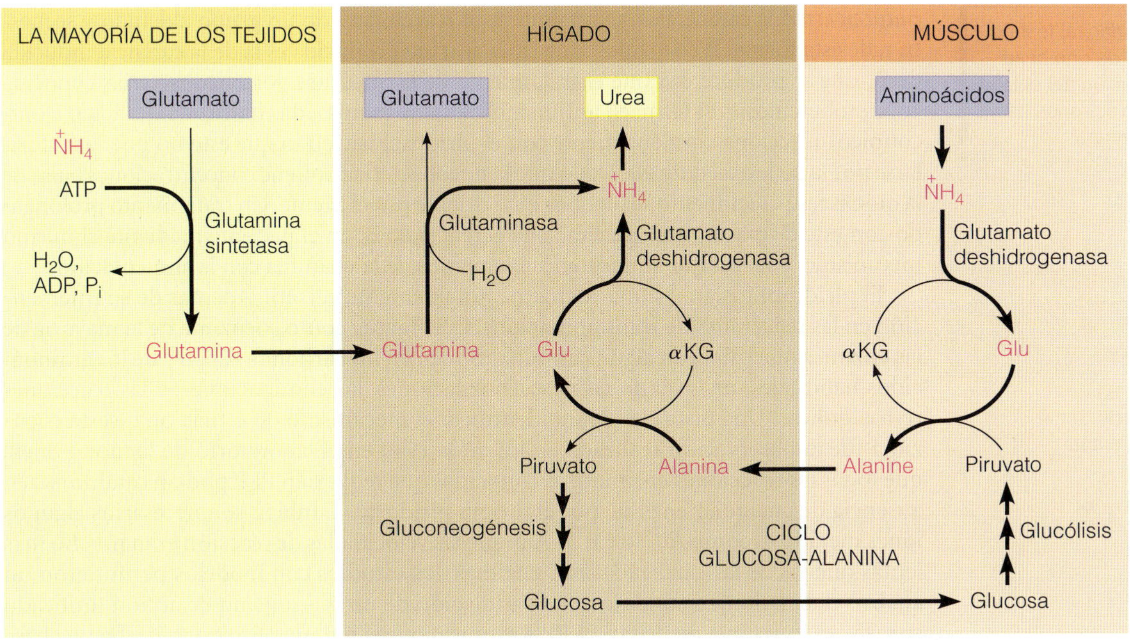


**FIGURA 20.13**

**Transporte del amoníaco al hígado para la síntesis de urea.** El transportador en la mayoría de los tejidos es la glutamina, pero en el músculo es la alanina.

de urea, así como piruvato. Este último sufre un proceso de gluconeogénesis para dar glucosa, que se libera a la sangre para transportarse de nuevo al músculo o para nutrir al cerebro. Este proceso cíclico permite al músculo eliminar el amoníaco y retornar el carbono del piruvato al hígado para la gluconeogénesis.

## Coenzimas que intervienen fundamentalmente en el metabolismo del nitrógeno

Antes de presentar detalladamente el metabolismo de los aminoácidos y los nucleótidos, como haremos en los dos capítulos siguientes, debemos considerar tres familias de coenzimas que actúan fundamentalmente en el metabolismo de los aminoácidos y/o los nucleótidos. Aunque todas ellas se han mencionado anteriormente, consideraremos aquí sus acciones con detalle. Estos cofactores son: (1) el piridoxal fosfato, el cofactor de la transaminación y otras muchas reacciones del metabolismo de los aminoácidos; (2) las coenzimas de ácido fólico, que transfieren grupos funcionales de un carbono en la síntesis de nucleótidos y de determinados aminoácidos; y (3) las coenzimas $B_{12}$ o cobalaminas que participan en la síntesis de la metionina y, como se ha indicado en el Capítulo 17, en el catabolismo de la metilmalonil-CoA.

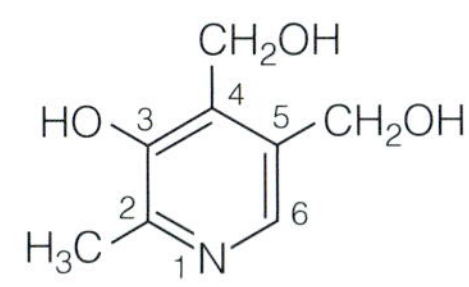


**Piridoxina**

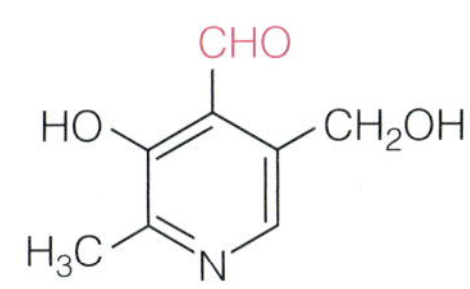


**Piridoxal**

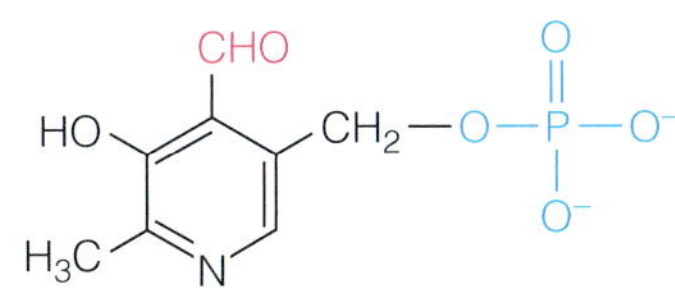


**Piridoxal fosfato (PLP)**

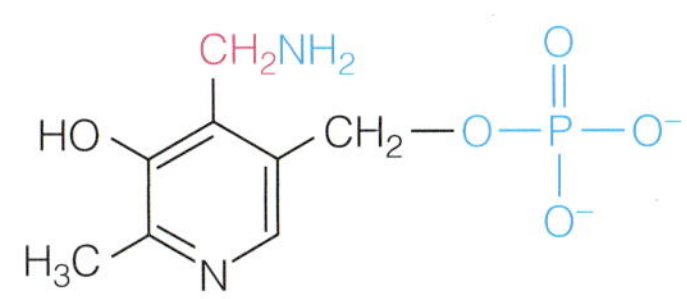


**Piridoxamina fosfato (PMP)**

### Piridoxal fosfato

La vitamina $B_6$ se descubrió en los años 1930 como resultado de los estudios nutricionales realizados en ratas a las que se alimentaba con dietas carentes de vitaminas. La vitamina se aisló inicialmente en forma de **piridoxina,** a la que se dio este nombre por su semejanza estructural con la piridina. La piridoxina contiene un grupo hidroximetilo en la posición 4 del anillo de piridina. Sin embargo, en la coenzima activa este grupo se ha oxidado a aldehído y el grupo hidroximetilo de la posición 5 está fosforilado. El piridoxal fosfato (que abreviaremos PLP) es la forma predominante de la coenzima, y la piridoxamina fosfato (PMP) es un intermediario en las reacciones de transaminación.

La deficiencia marginal de vitamina $B_6$ se produce frecuentemente en los seres humanos y está asociada con la enfermedad arterial coronaria, los accidentes cerebrovasculares y un riesgo elevado de enfermedad de Alzheimer. Además, muchos fármacos y venenos

En todas las reacciones con piridoxal fosfato se produce la formación inicial de una base de Schiff, seguida de la labilización del enlace causada por la extracción de electrones hacia el anillo de piridina de la coenzima.

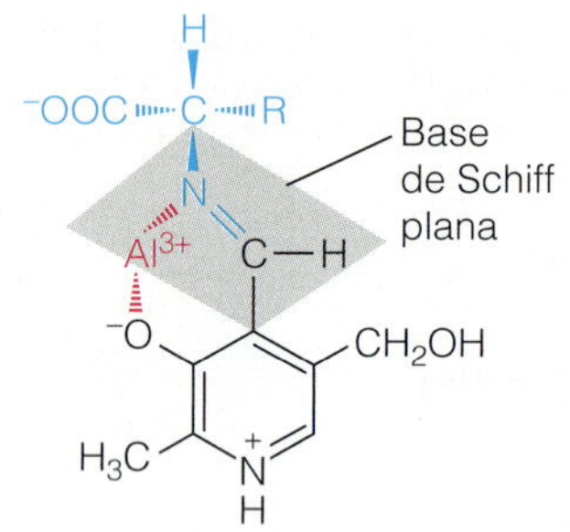


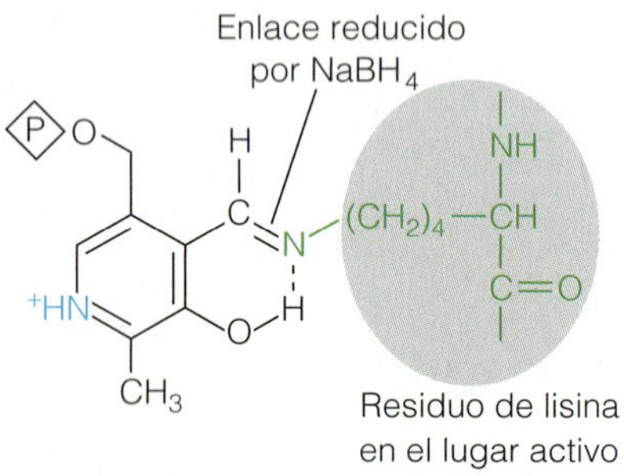


**Piridoxal fosfato unido a la enzima**

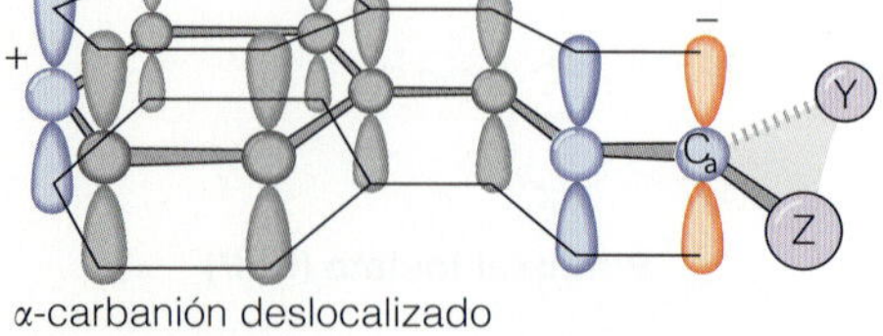


**Sistema orbital molecular PLP-aminoácido base de Schiff**



*inducen* estados carenciales, generalmente al reaccionar con un grupo aldehído y secuestrar, de esta forma, la coenzima. Una situación bien conocida es la de la carencia inducida de $B_6$ que se produce durante el tratamiento de la infección por micobacterias conocida como tuberculosis. El fármaco antimicobacteriano **isoniazida** (hidrazida del ácido isonicotínico) reacciona covalentemente con el piridoxal haciendo que este no pueda fosforilarse por la piridoxal quinasa. Dado que la micobacteria contiene concentraciones bajas de la quinasa, su crecimiento se bloquea eficazmente por el agente. Un tratamiento prolongado con este fármaco puede generar una carencia de $B_6$ en el paciente mediante el mismo mecanismo, a no ser que se aporten suplementos de la vitamina con la alimentación.

El piridoxal fosfato es una coenzima notablemente versátil. Además de su intervención en las reacciones de transaminación, el PLP actúa como coenzima de la mayoría de las enzimas que catalizan algún cambio químico en los carbonos $\alpha$, $\beta$, o $\gamma$ de los aminoácidos habituales, incluyendo las descarboxilaciones, las eliminaciones, y las reacciones retroaldólicas. Una pista clave para identificar el mecanismo de actuación de esta coenzima fue la observación realizada en los años 1940 en el laboratorio de Esmond Snell, que todas las reacciones enzimáticas conocidas que requerían PLP podían catalizarse, en ausencia de cualquier enzima, por el propio piridoxal. También son necesarios algunos iones metálicos, como $Al^{3+}$ o $Cu^{2+}$. Aunque las velocidades de reacción eran mucho más lentas que las de las catalizadas por enzimas, los estudios con modelos permitieron un análisis detallado que condujo a la formulación de un mecanismo de acción unificado para las enzimas que necesitan PLP. Se propuso que el ion metálico estabilizaba una base de Schiff o aldimina, formada entre el piridoxal y el sustrato aminoácido, que se muestra en el margen. Normalmente, este papel lo desempeñaría un residuo de aminoácido situado en el lugar activo de la enzima. Esta es la misma estrategia química que se utiliza en la reacción de la fructosa-1,6-bisfosfato aldolasa (Figura 13.5, página 528), en la que una imina catiónica (la base de Schiff) disminuye la barrera energética de la reacción. La capacidad del PLP para formar una base de Schiff estable es la clave de su versatilidad en las reacciones catalizadas por enzimas.

Aunque el piridoxal fosfato es la coenzima de todas estas reacciones, la especie reactiva no es el grupo aldehído, sino una aldimina que se forma entre la coenzima y un grupo ε-amino de un residuo de lisina del lugar activo. Este enlace puede reducirse mediante borohidruro sódico para dar un enlace irreversible entre la coenzima y el residuo activo de lisina. Este hallazgo permitió la identificación del lugar catalítico en la enzima y el residuo específico de lisina implicado en la unión de la coenzima.

Actualmente sabemos que todas las enzimas que necesitan piridoxal fosfato actúan a través de la formación de una base de Schiff entre el aminoácido y la coenzima (Figura 20.14). Un catión, ya sea un metal (como en el sistema modelo no enzimático), o un protón (como en la reacción enzimática), es esencial para establecer un puente entre el ion fenolato de la coenzima y el nitrógeno imino del aminoácido. Este puente mantiene la estructura plana, lo cual permite un gran sistema de orbital molecular $\pi$ conjugado, que es esencial para la catálisis. La característica catalítica más importante de la coenzima es el nitrógeno electrófilo del anillo de piridina, que actúa como un *sumidero de electrones*, extrayendo los electrones del aminoácido y debilitando uno de los tres enlaces $\sigma$ del carbono $\alpha$. La segunda función importante es estabilizar el intermediario carbanión que se produce por la rotura del enlace. Cuando un aminoácido forma una imina con el PLP, y se protona el N pirimidínico, los tres enlaces $\sigma$ del carbono $\alpha$ se hacen deficientes de electrones y son susceptibles de una rotura heterolítica. El enlace $\sigma$ que se alinea perpendicularmente con el plano del sistema orbital molecular $\pi$ es el que se rompe, lo que viene determinado por el ángulo de rotación del enlace $C_\alpha$—N, especificado por interacciones con el lugar activo de la enzima (*véase* el margen). *Todas las reacciones conocidas de las enzimas PLP pueden describirse, desde el punto de vista del mecanismo, de la misma forma*: formación de una base de Schiff plana o intermedio aldimina, seguido por la rotura de enlace y la formación de un carbanión estabilizado por resonancia con una estructura quinonoide, como se muestra en la Figura 20.14. Según cuál sea el enlace debilitado, la formación de la aldimina puede conducir a una transaminación (como se detalla en la Figura 20.14), a una descarboxilación, a una racemización o a una rotura retroaldólica (Figura 20.15).

Durante muchos años, se ha pensado que el PLP era el cofactor de todas las aminoácido descarboxilasas. Sin embargo, se conoce una clase de enzimas que utilizan como

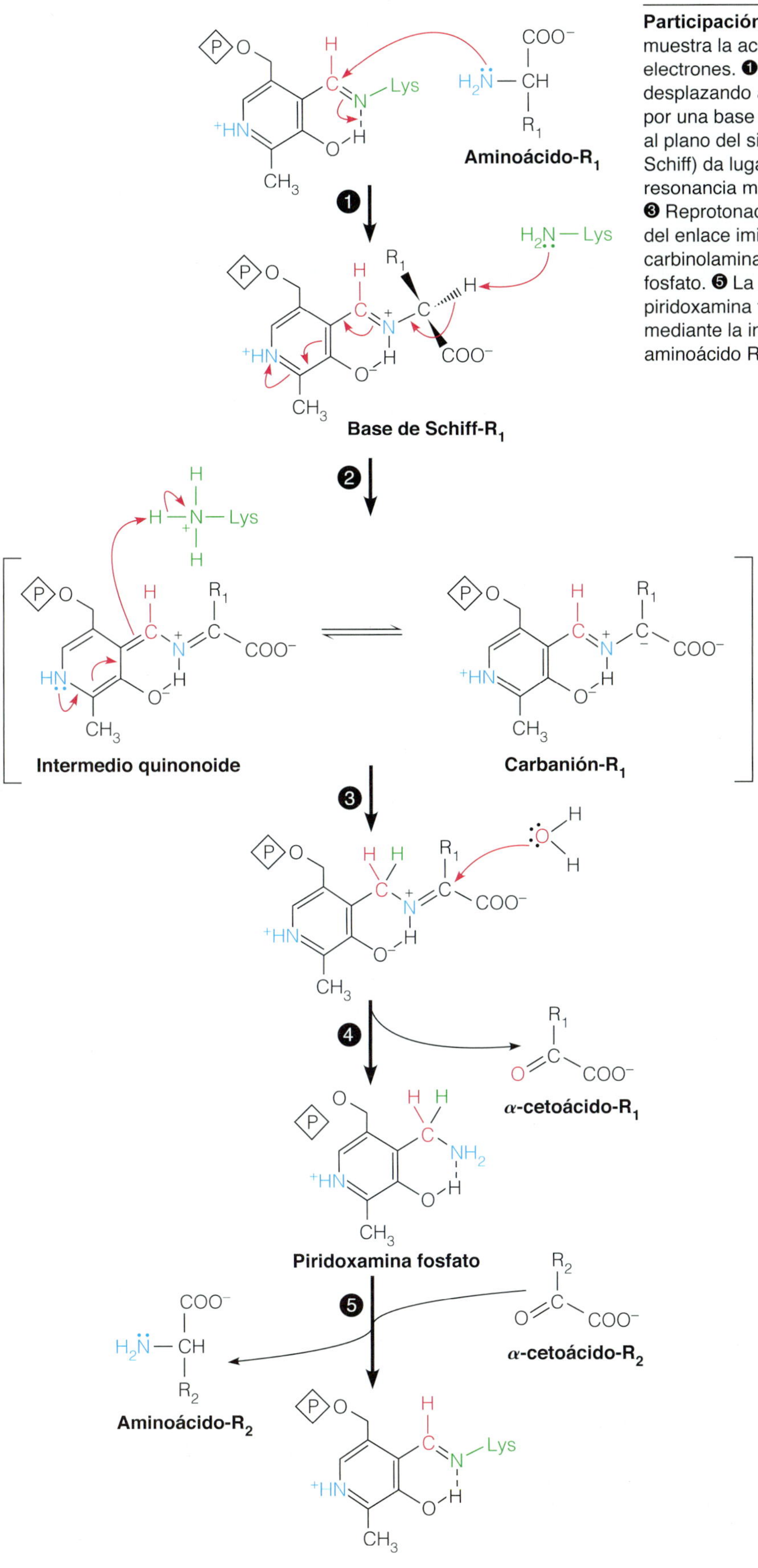


**FIGURA 20.14**

**Participación del piridoxal fosfato en la transaminación.** La figura muestra la acción del ion piridinio de carga positiva como sumidero de electrones. ❶ El aminoácido $R_1$ reacciona con el PLP unido a la enzima, desplazando al grupo amino de la lisina. ❷ La desprotonación catalizada por una base (rotura del enlace $\sigma$ lábil C — H que es perpendicular al plano del sistema de orbital molecular $\pi$ del intermedio base de Schiff) da lugar a la formación de un carbanión, que se estabiliza por resonancia mediante la interconversión con un intermediario quinonoide. ❸ Reprotonación del carbono de PLP da lugar a la tautomerización del enlace imina C — N. ❹ La hidrólisis a través de un intermedio carbinolamina produce un producto $\alpha$-cetoácido ($R_1$) y piridoxamina fosfato. ❺ La transaminación se completa con la reacción de la piridoxamina fosfato con un segundo $\alpha$-cetoácido ($R_2$) y la conversión mediante la inversión de los pasos 1-4 en PLP unido a la enzima y el aminoácido $R_2$.

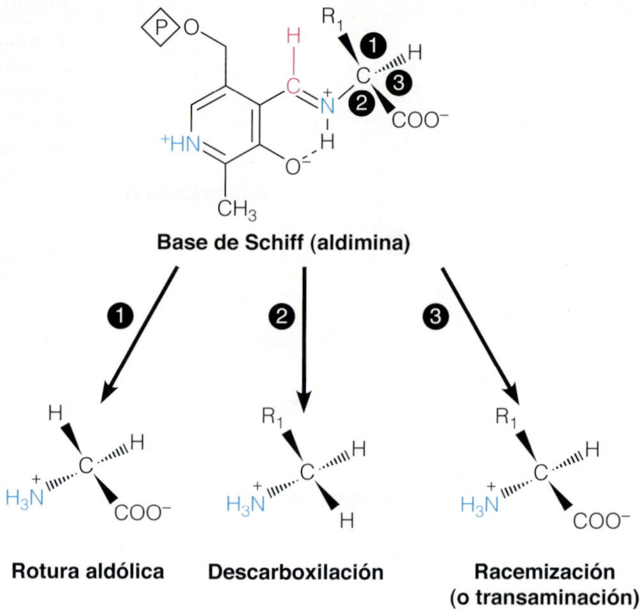


**FIGURA 20.15**

**Versatilidad de la base de Schiff del piridoxal fosfato (aldimina) en las reacciones de los aminoácidos.** Los tres sustituyentes del carbono α de la porción aminoácido pueden debilitarse. La debilitación del grupo R ❶ conduce a una rotura retroaldólica. La debilitación del grupo carboxilo ❷ conduce a la descarboxilación. La debilitación del hidrógeno ❸ conduce a la racemización o la transaminación (como se muestra en la Figura 20.14).

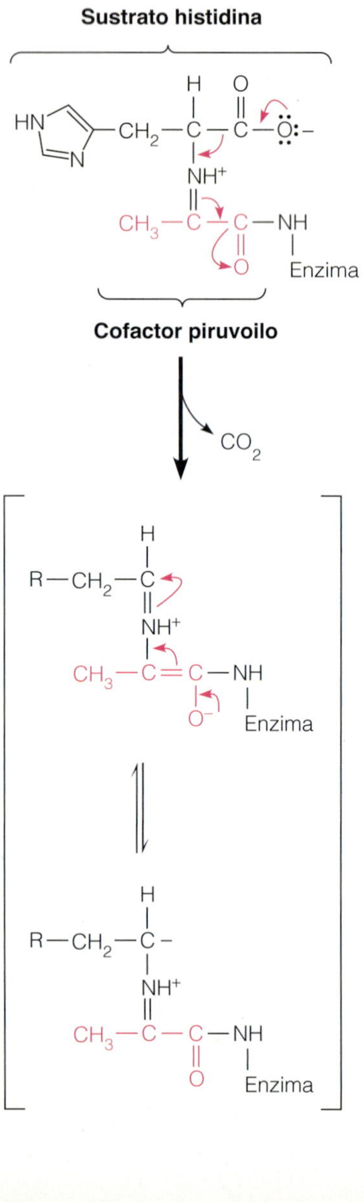


cofactor el *ácido pirúvico*. Aunque difiere estructuralmente del PLP, el piruvato desempeña un papel semejante desde el punto de vista del mecanismo. El grupo piruvoilo se forma a partir de un residuo de serina interno de la proenzima mediante una reacción de rotura no hidrolítica y permanece unido de forma covalente al nuevo residuo N-terminal a través de un enlace amida. Durante la catálisis, el oxígeno ceto del piruvato actúa de forma comparable al nitrógeno del anillo del PLP, extrayendo electrones y estabilizando por resonancia el intermediario carbanión, como se muestra para la enzima **histidina descarboxilasa** de *Lactobacillus*.

## Coenzimas de tetrahidrofolato y metabolismo de un carbono

### Descubrimiento y química del ácido fólico

Las coenzimas derivadas de la vitamina **ácido fólico** participan en la generación y en la utilización de los grupos funcionales de un solo carbono, metilo, metileno y formilo. La vitamina fue descubierta en los años 1930 por la médica británica Lucy Wills, cuando observó que las personas con un determinado tipo de **anemia megaloblástica** podían curarse mediante el tratamiento con extractos de levadura o de hígado. El trastorno se caracteriza, como todas las anemias, por una reducción de la cantidad de eritrocitos. Las células que permanecen de forma característica son grandes e inmaduras, lo cual sugiere la intervención de la vitamina en la proliferación y/o maduración celular. El componente activo de los extractos era también esencial para el crecimiento de los pollos y lo requerían los medios de cultivo para determinadas bacterias, especialmente *Lactobacillus casei* y *Streptococcus faecium*. Esta última observación permitió a Esmond Snell poner a punto un análisis biológico rápido basado en el crecimiento de estas bacterias, y poco después se logró el aislamiento y la identificación estructural de la sustancia. Snell y Herschel Mitchell, que trabajaban con Roger Williams en la Universidad de Texas, tuvieron que procesar *cuatro toneladas* de espinacas para obtener unos pocos centenares de microgramos del componente activo. Dado que la vitamina era relativamente abundante en los vegetales de hojas verdes, como las espinacas, se la denominó ácido fólico, del latín *folium* por hoja.

Desde el punto de vista químico, el ácido fólico se forma a partir de tres grupos distintos: (1) un anillo de **pteridina** heterocíclico, bicíclico, la 6-metilpterina; (2) el **ácido *p*-aminobenzoico (PABA)**, que es necesario también para el crecimiento de muchas bacterias; y (3) el ácido glutámico. Estas tres partes se muestran en la siguiente estructura general:

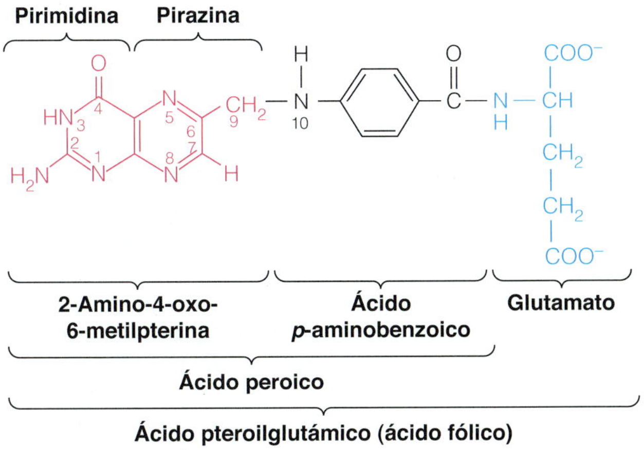


Se conocía ya el anillo de pteridina en la naturaleza, tras el descubrimiento del mismo en un grupo extenso de pigmentos biológicos. Las alas y los ojos de los insectos contienen pigmentos de pteridina, al igual que la piel de los anfibios y los peces. Las alas de la mariposa contienen pteridinas en cantidad especialmente abundante, y fueron el primer lugar en el que se identificaron estructuralmente los compuestos de este tipo. Estos compuestos reciben su nombre por el término griego *pteron* («ala»). Al ácido fólico y a sus muchos derivados se les llama **folatos.**

## Conversión del folato en tetrahidrofolato

Una vez dentro de la célula, el ácido fólico se convierte en formas activas mediante dos reducciones sucesivas de la parte de pirazina del anillo de pteridina. Ambas reacciones están catalizadas por la enzima **dihidrofolato reductasa** específica de NADPH. El mecanismo de esta enzima se describió en el Capítulo 11 (página 430). La primera reducción da lugar a **7,8-dihidrofolato,** y la segunda reducción produce **5,6,7,8-tetrahidrofolato.**

Las coenzimas de folato contienen múltiples residuos de glutamato, que facilitan el que sean retenidas dentro de las células y se unan más estrechamente a las enzimas.

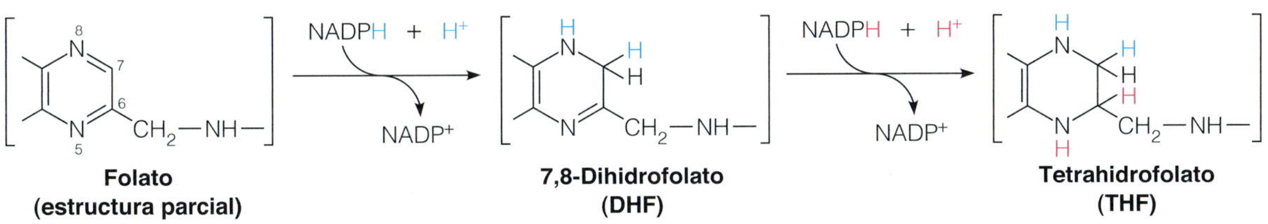


Por motivos que aclararemos más adelante, el dihidrofolato es el sustrato preferido, y de ahí que se utilice este nombre para la enzima. Obsérvese que la reducción del doble enlace 5-6 genera un nuevo centro quiral en C-6; el isómero 6S del tetrahidrofolato es la forma natural que utilizan las enzimas.

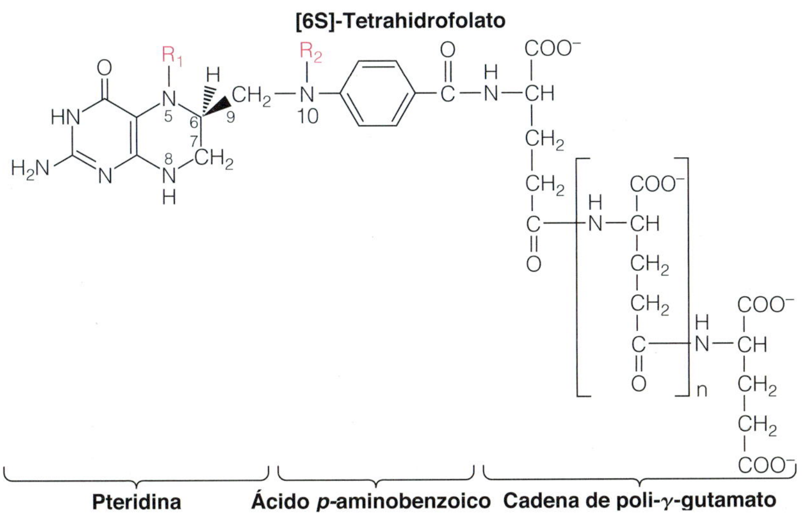

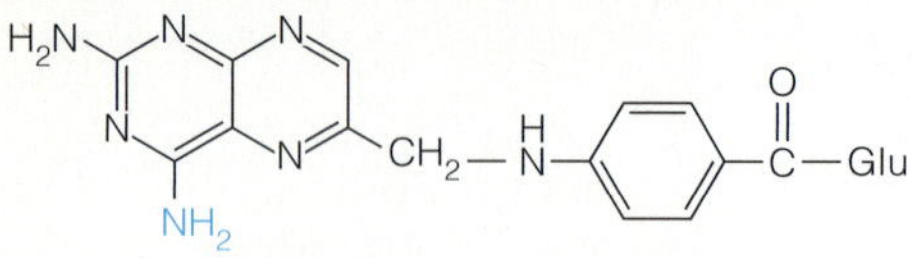

**Aminopterina (4-aminofolato)**

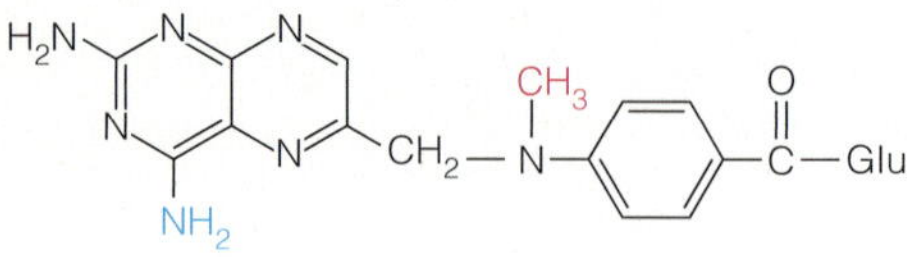

**Metotrexato (4-amino-10-metilfolato)**

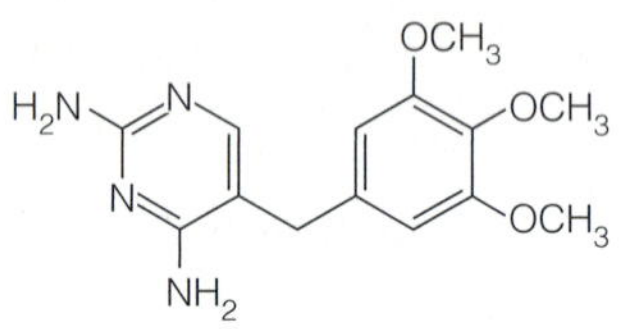

**Trimetoprima**

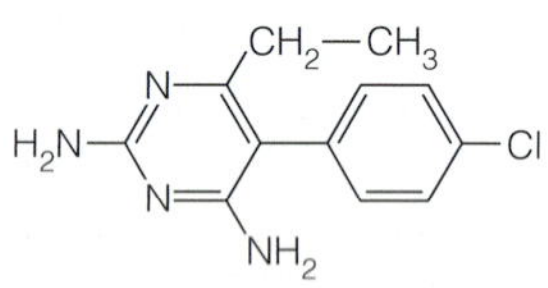

**Pirimetamina**

Esta estructura demuestra dos características cruciales del tetrahidrofolato. En primer lugar, las posiciones N-5 y N-10 pueden llevar unidades de un carbono, designadas como $R_1$ y $R_2$, para la donación en procesos de biosíntesis (se amplía más adelante). En segundo lugar, los folatos intracelulares naturales contienen una «cola» de residuos de glutamato, que va de tres a ocho o más residuos. Estos residuos están ligados uno con otro, pero no mediante el enlace peptídico familiar, sino por un enlace amida entre el grupo $\gamma$-carboxilo del primer glutamato y el grupo $\alpha$-amino del siguiente. Los glutamatos se añaden de uno en uno, en una reacción dependiente de ATP catalizada por la **folilpoli-$\gamma$-glutamato sintetasa.**

La mayor parte de las enzimas que utilizan coenzimas de folato se unen con más fuerza y son más activas con las formas de poliglutamato que con los monoglutamatos. Los residuos adicionales de glutamato también son importantes para la retención intracelular de los folatos. Las células animales captan los folatos mediante transporte activo, pero solo se capta de forma eficaz la forma monoglutamato. Sin embargo, las formas monoglutamato también pueden transportarse fuera de las células, de forma que la conjugación con residuos adicionales de glutamato convierte al folato en una forma muy aniónica que no puede salir de la célula.

La dihidrofolato reductasa se ha estudiado con profusión debido a que es el objetivo de la acción de numerosos **antimetabolitos** que son clínicamente útiles. Un antimetabolito es un compuesto sintético, generalmente un análogo estructural de un metabolito normal, que interfiere con la utilización del metabolito con el que está relacionado estructuralmente. Ya en 1948 se habían sintetizado dos análogos del folato, la **aminopterina** y la **ametopterina** (también denominada **metotrexato**) y se había observado que inducen remisiones en las leucemias agudas.

La dihidrofolato reductasa es el objetivo de diversos fármacos anticancerosos, antibacterianos y antiparasitarios útiles.

Una década después se encontró que estos compuestos inhiben la dihidrofolato reductasa, uniéndose a la enzima con una fuerza, al menos, 1000 veces superior a la de los sustratos normales. Así pues, estos análogos bloquean la utilización del folato y del dihidrofolato. Actualmente sabemos que su eficacia deriva de la intervención de la dihidrofolato reductasa en la biosíntesis de los nucleótidos de timina y, por tanto, del DNA. La inhibición de la síntesis del DNA bloquea la proliferación de las células cancerosas, como se considerará con mayor detalle en el Capítulo 22. Tuvieron que transcurrir casi dos décadas más antes de que se obtuviera un conocimiento detallado del mecanismo de inhibición de la dihidrofolato reductasa, gracias a la cristalización de los complejos enzima-inhibidor y a la determinación de su estructura tridimensional (Figura 20.16).

Los análogos del folato como el metotrexato se han utilizado en el tratamiento de muchos cánceres diferentes, además de la leucemia. Otros inhibidores de la dihidrofolato reductasa que tienen utilidad clínica presentan una selectividad entre diversas formas de la enzima específicas para distintas especies. Así, la **trimetoprima** inhibe específicamente las dihidrofolato reductasas bacterianas, y se utiliza mucho en el tratamiento de las infecciones bacterianas, mientras que la **pirimetamina** presenta una especificidad similar frente a la enzima de origen protozoario.

El concepto completo de antimetabolitos como fármacos surgió a partir de los trabajos iniciales sobre el metabolismo del folato. Antes de la Segunda Guerra Mundial, uno de los pocos fármacos antibacterianos eficaces de que se disponía era la **sulfanilamida,** que pertenece a la clase de las sulfamidas. Un bioquímico británico, D. D. Woods, observó una semejanza estructural entre la sulfanilamida y el *p*-aminobenzoato, que se sabía era esencial para el crecimiento bacteriano. Antes de que se supiera nada de la relación entre el PABA y el ácido fólico, Woods propuso que la sulfanilamida actúa bloqueando la utilización normal del PABA y acuñó el término *antimetabolito.* El PABA no es necesario para el crecimiento de las células animales, por lo que el fármaco no es tóxico para las células humanas. Años después, una vez establecida la ruta de biosíntesis

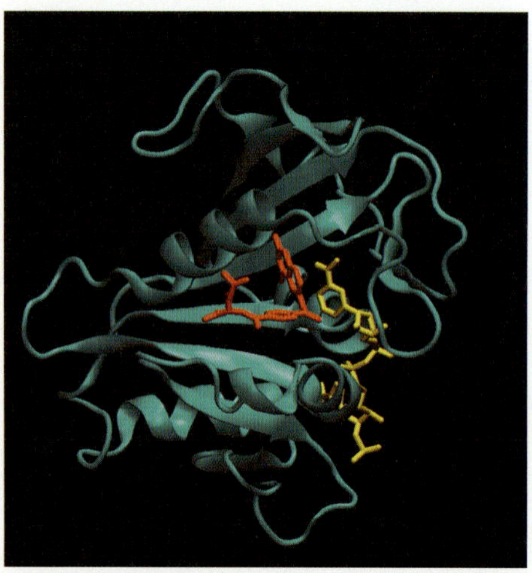

**FIGURA 20.16**

**Dihidrofolato reductasa humana formando complejos con ligandos.** Esta figura muestra la estructura cristalina de rayos X de la enzima humana con NADPH (amarillo) y metotrexato (rojo) unidos (PDB ID 1U72). El grupo amino adicional del metotrexato permite la formación de un enlace de hidrógeno adicional con la enzima, que aumenta su afinidad de unión con el lugar de unión el folato. Estos dos ligandos se unen de forma que el anillo de piridina del NADPH está muy cerca del anillo de pteridina del ligando folato, como requiere la transferencia de hidruro que cataliza esta enzima. Téngase en cuenta que el folato se une de forma doblada en lugar de una forma lineal.

del folato, se supo que Woods tenía razón; la enzima que incorpora el PABA se inhibe por las sulfamidas. Dado que las células animales no llevan a cabo la ruta de síntesis, sino que captan el folato completamente formado del alimento, el fármaco no les causa efectos nocivos. El concepto descubierto por Woods, de buscar una diferencia metabólica entre las células normales y las células patológicas, parásitos infecciosos, células infectadas por un virus o células cancerosas, y aprovechar esa diferencia químicamente, ha tenido un enorme impacto en el campo de la farmacología.

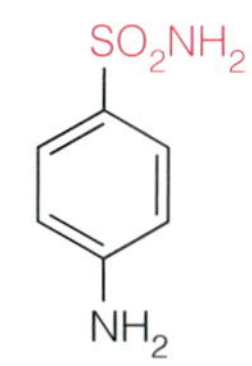


**Sulfanilamida**

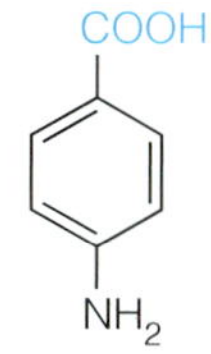


**Ácido *p*-aminobenzoico (PABA)**

## El tetrahidrofolato en el metabolismo de las unidades de un carbono

La función de coenzima del tetrahidrofolato (**THF**) consiste en la movilización y utilización de grupos funcionales de un carbono (unidades de un carbono). Estas reacciones participan en el metabolismo de la serina, la glicina, la metionina y la histidina, entre los aminoácidos, y en la biosíntesis de los nucleótidos de purina y del grupo metilo de la timina.

El tetrahidrofolato transporta unidades de un carbono, con los niveles de oxidación metilo, metileno y formilo, que equivalen al nivel de oxidación metanol, formaldehído y ácido fórmico, respectivamente (Figura 20.17). Los grupos de un carbono sobre el tetrahidrofolato pueden transportarse en N-5 o N-10, o formar un puente entre N-5 y N-10. Los derivados de THF se nombran de acuerdo con el estado de oxidación de la unidad de un carbono y las posiciones del nitrógeno a las que está unido. Así, el **5,10-metilentetrahidrofolato** (5,10-metilén-THF) lleva un grupo metileno (—$CH_2$—) unido a N-5 y N-10:

Las coenzimas de tetrahidrofolato transfieren e interconvierten unidades de un carbono en los niveles de oxidación de metilo, metileno y formilo.

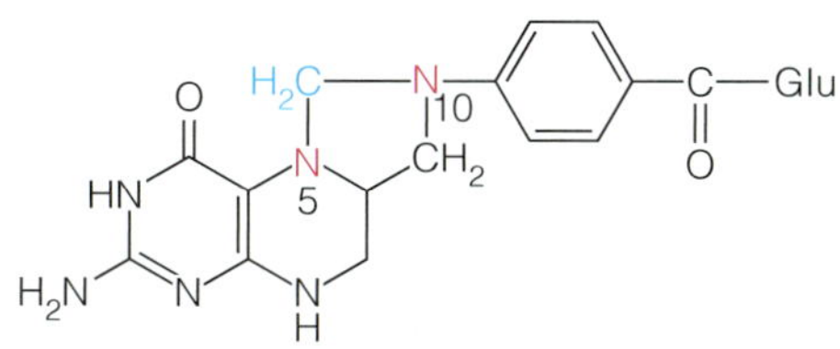


**5,10-metilentetrahidrofolato**

Las unidades de un carbono unidas al tetrahidrofolato se activan por la formación de enlaces de carbono nuevos (C—S, C—N, o C—C) en varias reacciones de biosíntesis. La forma más reducida, el **5-metiltetrahidrofolato** (5-metil-THF), dona su unidad de un carbono a un aceptor, la homicisteína, y forma el enlace terminal S—S de la metionina (reacción 1 de la Figura 20.17). La unidad de un carbono que lleva el 5,10-metilentetrahidrofolato se utiliza para formar nuevos enlaces C—C, como en las reacciones 3, 4 y 5. La forma más oxidada, el **10-formiltetrahidrofolato** (10-formil-THF), forma nuevos enlaces C—N. Dado que se transfiere el grupo formilo desde el N-10 del tetrahidrofolato a un átomo de N de la molécula aceptora, las enzimas que utilizan 10-formiltetrahidrofolato como donador de un carbono se denominan **transformilasas** o **formiltransferasas**.

El tetrahidrofolato puede adquirir unidades de un carbono de diversas fuentes. Por ejemplo, muchas células realizan la activación del formiato dependiente de ATP a 10-formiltetrahidrofolato (reacción 8 de la Figura 20.17). La degradación de histidina en las células bacterianas y animales, proporciona unidades de un carbono a nivel de meteniltetrahidrofolato a través de 5-formiminotetrahidrofolato (reacciones 9 y 10). La fermentación bacteriana de las purinas produce también 5-formiminotetrahidrofolato. Sin embargo, la mayor parte de los organismos obtienen la mayoría de sus unidades de un carbono activadas a partir del carbono $\beta$ de la serina y la posterior oxidación de la glicina (reacciones 3 y 4 de la Figura 20.17). La primera de estas reacciones está catalizada por la **serina hidroximetiltransferasa**:

$$\text{serina} + \text{tetrahidrofolato} \xrightleftharpoons{\text{PLP}} \text{glicina} + \text{5,10-metilentetrahidrofolato} + H_2O$$

Esta reacción es reversible y en la dirección que se muestra proporciona glicina y 5,10-metilentetrahidrofolato, pero también puede emplearse para la biosíntesis de serina cuando sea necesario. La enzima necesita también piridoxal fosfato, de forma que el sustrato real es la base de Schiff que se forma entre la serina y el PLP.

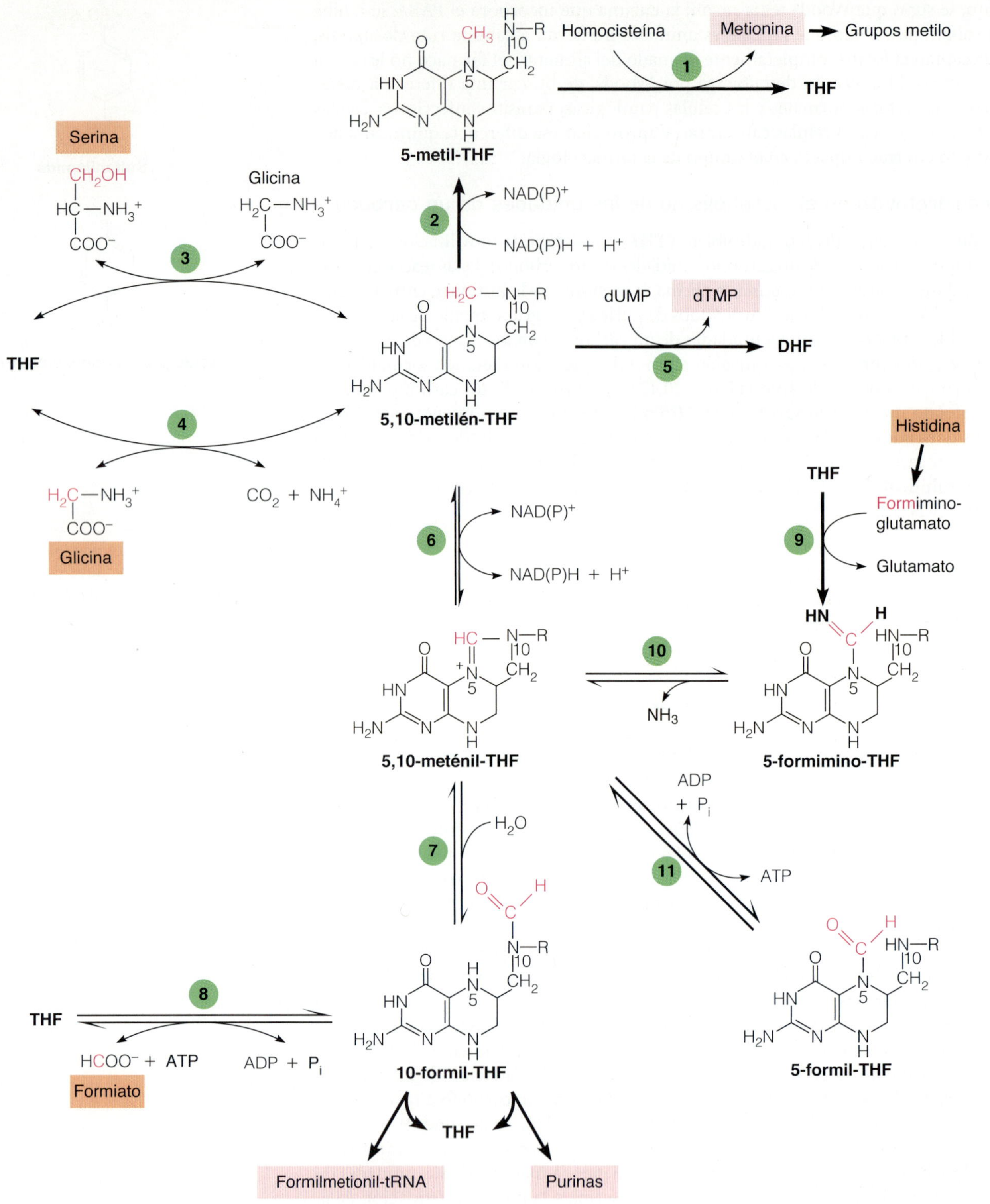


**FIGURA 20.17**

**Reacciones metabólicas que implican la síntesis, interconversión y utilización de aductos de un carbono del tetrahidrofolato.** Se resaltan en rosa los productos terminales principales del metabolismo de un carbono y en naranja, las principales fuentes de unidades de un carbono. Las enzimas que intervienen son las siguientes: ❶ homocisteína metil transferasa (llamada también metionina sintasa), ❷ meteniltetrahidrofolato reductasa, ❸ serina hidroximetil transferasa, ❹ sistema de ruptura de glicina, ❺ timidilato sintasa, ❻ metilentetrahidrofolato deshidrogenasa, ❼ meteniltetrahidrofolato ciclohidrolasa, ❽ 10-formiltetrahidrofolato sintetasa, ❾ glutamato formimino transferasa, ❿ 5-formiminotetrahidrofolato ciclodesaminasa, y ⓫ 5-formiltetrahidrofolato cicloligasa (llamada también meteniltetrahidrofolato sintetasa). THF = tetrahidrofolato, DHF = dihidrofolato, R = PABA-glutamato.

La glicina puede dar una molécula adicional de 5,10-metilentetrahidrofolato mediante la acción del **sistema de fragmentación de la glicina**, un complejo multienzimático situado en las mitocondrias:

$$\text{glicina} + \text{tetrahidrofolato} + NAD^+ \xrightleftharpoons{\text{PLP, FAD, lipoamida}} \text{5,10-metilentetrahidrofolato} + CO_2 + NH_3 + NADH + H^+$$

Esta reacción constituye la ruta catabólica principal de la glicina en la mayor parte de los organismos. La reacción global es la que se muestra, y la ruta es desde el punto de vista del mecanismo similar a la catalizada por el complejo piruvato deshidrogenasa (*véase* el Capítulo 14). Intervienen cuatro subunidades: proteína P, que cataliza la descarboxilación de la glicina dependiente del PLP; la proteína T, que cataliza una transferencia aminometilo dependiente de THF; la proteína L, una lipoamida deshidrogenasa dependiente de FAD; y la proteína H, una proteína transportadora de hidrógeno que contiene ácido lipoico. Las subunidades proteicas P, T y H son exclusivas del sistema de fragmentación de la glicina, mientras que la proteína L se comparte con otras $\alpha$-cetoácido deshidrogenasas mitocondriales, entre ellas los complejos piruvato deshidrogenasa y $\alpha$-cetoglutarato deshidrogenasa. Las reacciones de la serina hidroximetiltransferasa y de fragmentación de glicina comprenden también esa parte de la ruta de fotorrespiración que tiene lugar en las mitocondrias de los vegetales (Capítulo 16, página 701).

Una vez activada una unidad de un carbono mediante su unión al tetrahidrofolato, puede sufrir interconversiones como el cambio de estado de oxidación, o puede utilizarse directamente en una reacción de biosíntesis. En la Figura 20.17 se muestran la mayor parte de las reacciones conocidas en las que intervienen coenzimas de tetrahidrofolato. Obsérvense las reacciones que comportan un cambio del nivel de oxidación de la unidad de un carbono unida: la oxidación reversible del 5,10-metilén-THF para producir 5,10-metenil-THF, catalizada por la **5,10-metilentetrahidrofolato deshidrogenasa** (reacción 6) y la reducción irreversible del 5,10-metilén-THF al derivado 5-metilo, que la lleva a cabo la **5,10-metilentetrahidrofolato reductasa** dependiente de flavina (reacción 2). Muchos organismos contienen enzimas multifuncionales o complejos que facilitan la canalización de estos intermediarios escasos y/o inestables. Así, por ejemplo, en eucariotas las reacciones 6, 7 y 8 se combinan en una proteína trifuncional única denominada $C_1$-THF sintasa, y en mamíferos las reacciones 9 y 10 se encuentran en una enzima bifuncional. Además, varias de estas reacciones tienen lugar tanto en el citoplasma como en las mitocondrias.

Como se indica en la Figura 20.17, las unidades de un carbono procedentes de las coenzimas de THF se utilizan en la síntesis de nucleótidos de purina, nucleótidos de timina (dTMP) y metionina, además de las reacciones que hemos considerado. Además, en los procariotas y en las mitocondrias eucariotas, el 10-formil-THF participa en la síntesis de ***N*-formilmetionil-tRNA,** implicado en la iniciación de la síntesis de proteínas (que se considerará en el Capítulo 28). En la síntesis de los nucleótidos de timina, catalizada por la **timidilato sintasa** (reacción 5), la coenzima de THF actúa como donador de un carbono y como fuente de poder reductor. Dado que esta enzima genera el grupo metilo de la timina a partir del 5,10-metilén-THF, cataliza una transferencia de un carbono y una reducción. Los electrones proceden del anillo de pteridina reducido para dar como producto dihidrofolato. Aunque la dihidrofolato reductasa puede actuar sobre el folato o sobre el dihidrofolato, la reducción del dihidrofolato es más significativa *in vivo* que la del folato debido a la necesidad de una regeneración constante del tetrahidrofolato a partir del dihidrofolato producido en la reacción de la timidilato sintasa. Consideraremos la química de la reacción de la timidilato sintasa con más detalle en el Capítulo 22.

## Coenzimas de $B_{12}$

La vitamina $B_{12}$ se descubrió mediante los estudios de una enfermedad que anteriormente era incurable, la anemia perniciosa. Este trastorno se inicia con una anemia megaloblástica, que es prácticamente idéntica a la que se observa en el déficit de folato, pero que si no se trata conduce a una degeneración irreversible del sistema nervioso. En 1926, dos médicos de Harvard, George Minot y William Murphy, observaron que

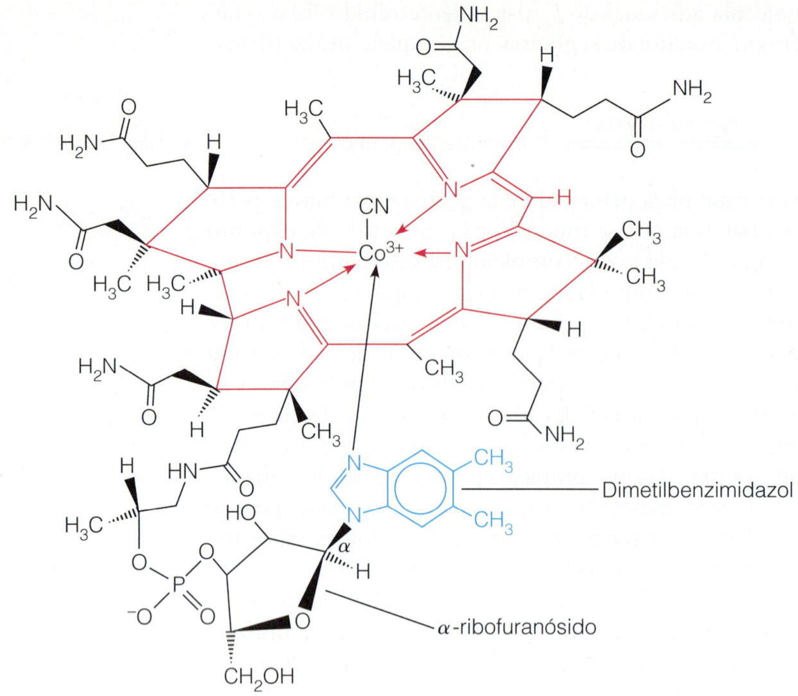


**FIGURA 20.18**

**Estructura de la vitamina $B_{12}$.** La molécula que se muestra aquí es la forma que contiene cianuro que se aisló inicialmente (cianocobalamina). En las células, una molécula de agua o un grupo hidroxilo ocupa el lugar del CN, formando el precursor de las formas de coenzima de $B_{12}$. El anillo de corrina se muestra en fucsia. El 5,6-dimetilbenzimidazol (DMB), que está ligado al cobalto, se indica en azul.

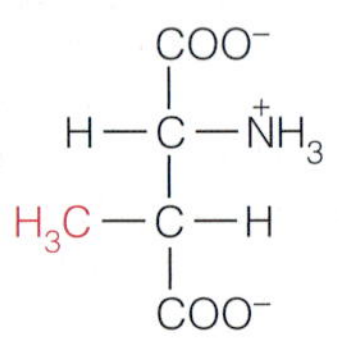

**β-metilaspartato**

Las coenzimas $B_{12}$ poseen o bien un grupo metilo o bien un grupo 5′-adenosilo ligado al cobalto, que las convierte en las primeras sustancias organometálicas conocidas del metabolismo.

los síntomas de la enfermedad podían aliviarse si se daba a los pacientes una cantidad elevada de hígado crudo. La sustancia activa del hígado, a la que se denominó vitamina $B_{12}$, estaba presente en cantidades muy pequeñas, por lo que tuvieron que pasar muchos años hasta que se hubo aislado la cantidad suficiente para poder caracterizarla. En 1964, en Inglaterra, Dorothy Hodgkin y sus colaboradores utilizaron la cristalografía de rayos X para completar la determinación de la estructura de esta sustancia activa. Hodgkin recibió el Premio Nobel por este trabajo.

En la Figura 20.18 se muestra la estructura de la vitamina $B_{12}$. El cobalto metálico está combinado con un sistema de anillo tetrapirrólico, denominado anillo de **corrina,** que es semejante al anillo de porfirina de los compuestos hemo. El cobalto está también ligado a una base heterocíclica, el 5,6-dimetilbenzimidazol (DMB). En la vitamina aislada, la sexta posición de coordinación del cobalto está ocupada por un ion cianuro, pero este ion se introduce durante el aislamiento. La vitamina, tal como se encuentra en los tejidos, contiene en esta posición agua o un grupo hidroxilo. Dada la presencia de cobalto y de muchos nitrógenos amida, los compuestos $B_{12}$ se denominan **cobamidas,** o más comúnmente aunque de manera menos exacta, **cobalaminas.** Los derivados de la $B_{12}$ se denominan también en función del grupo que ocupa la sexta posición de coordinación. Así, la vitamina tal como se aísla es la **cianocobalamina,** y las formas intracelulares son la **acuocobalamina** y la **hidroxicobalamina.**

## Formas de coenzima de la $B_{12}$

Se conoce la existencia de dos formas de $B_{12}$ con actividad de coenzima, en las que el ligando axial superior del cobalto es el 5′-desoxiadenosil o un grupo metilo (Figura 20.19). La primera de ellas, la **5′-desoxiadenosilcobalamina,** fue descubierta en 1958 por H. A. Barker. La bacteria *Clostridium cylindrosporum* fermenta el glutamato en primer lugar mediante una isomerización del mismo a β-metilaspartato. Barker y sus colaboradores indicaron que la 5′-desoxiadenosilcobalamina es esencial para que se produzca esta reacción. Poco después, los estudios de la síntesis enzimática de metionina a partir de **homocisteína** revelaron la existencia de una segunda forma de coenzima activa, la **metilcobalamina,** o metil-$B_{12}$. Tanto la 5′-desoxiadenosilcobalamina como la metilcobalamina contienen un enlace covalente carbono-cobalto, que hace que sean verdaderos productos organometálicos. En la síntesis de metionina, la coenzima transfiere su grupo metilo y el cobalto forma un ciclo entre los estados de oxidación $+3(Co^{III})$ y $+1(Co^{I})$. Obsérvese que el grupo metilo procede en última instancia del 5-metiltetrahidrofolato (reacción 1, Figura 20.17).

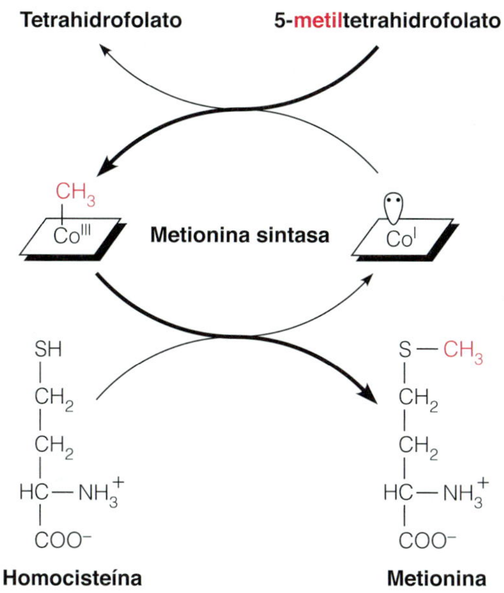


Actualmente se conocen tres clases de enzimas dependientes de $B_{12}$: isomerasas, metiltransferasas y deshalogenasas reductoras, la mayoría de las cuales se producen en unas pocas especies bacterianas que llevan a cabo fermentaciones especializadas. Es también de interés la participación de la metil-$B_{12}$ en la síntesis de metano por las bacterias metanogénicas. Tan solo dos reacciones dependientes de $B_{12}$ se producen en un grado significativo en el metabolismo de los mamíferos: la síntesis de metionina a partir de homocisteína, que hemos mostrado aquí, y la isomerización de la metilmalonil-CoA para dar lugar a succinil-CoA, que hemos presentado en el Capítulo 17 (página 732) como un paso clave en la oxidación de los ácidos grasos de cadena impar. Como vimos con la reacción de la metionina sintasa, las metiltransferasas dependientes de $B_{12}$ utilizan como cofactor metilcobalamina. No se conoce bien el papel de la coenzima $B_{12}$ en las deshalogenasas reductoras. Las isomerasas catalizan reordenamientos dependientes de 5′-desoxiadenosilcobalamina con intercambio de un hidrógeno unido a un carbono por otro grupo funcional unido a un carbono, como se muestra aquí; la metilmalonil-CoA mutasa cataliza una reacción de este tipo.

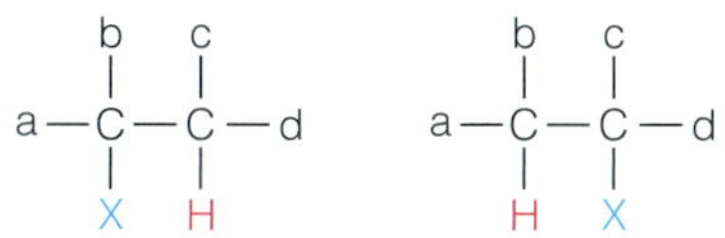


El grupo que se desplaza (X) puede ser carbono, —$NH_2$ o —OH.

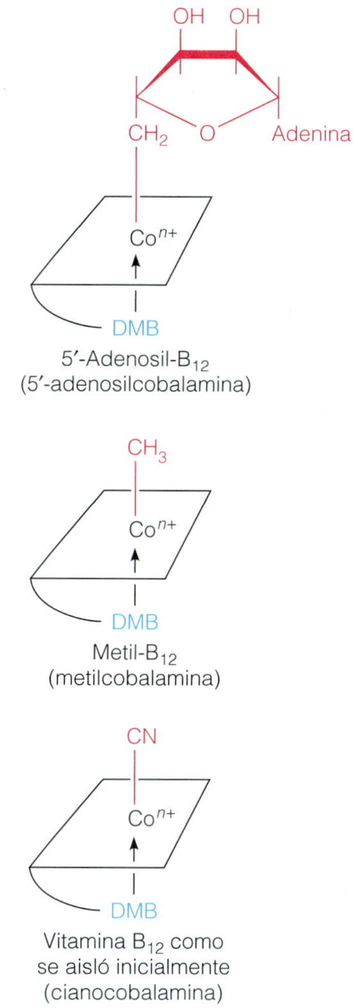


**FIGURA 20.19**

**Coenzimas derivadas de la vitamina $B_{12}$.** El anillo de corrina, idéntico en todas las formas conocidas de $B_{12}$, se indica aquí de manera esquemática. El Co lleva una carga positiva ($n$ = 1, 2 o 3), mientras que cada molécula globalmente carece de carga.

## Acción de la adenosilcobalamina

Los enlaces carbono-carbono son generalmente difíciles de romper y de formar. Las enzimas dependientes de $B_{12}$ catalizan fácilmente esas reacciones, y esta actividad, junto con el nuevo enlace cobalto-carbono, ha centrado la atención sobre los mecanismos de acción de la 5′-desoxiadenosilcobalamina. El enlace carbono-cobalto es relativamente débil, con una energía de disociación del enlace del orden de 140 kJ/mol (comparado con los 348 kJ/mol de un enlace típico C—C). De hecho, la exposición a la luz rompe fácilmente este enlace Co—C, lo cual explica la extrema sensibilidad a la luz de las coenzimas de $B_{12}$. Las isomerasas dependientes de 5′-desoxiadenosilcobalamina explotan la debilidad del enlace Co—C al generar intermedios radicales libres durante la catálisis. A partir de los estudios sobre la metilmalonil-CoA mutasa y otras enzimas, se han establecido los siguientes hechos: (1) la transferencia de hidrógeno es estereoespecífica; algunas de las reacciones tienen lugar con una inversión de la configuración y otras no. (2) El hidrógeno que se transfiere no se intercambia con los protones del agua; el hidrógeno isotópico presente en un sustrato se conserva en el producto. (3) El

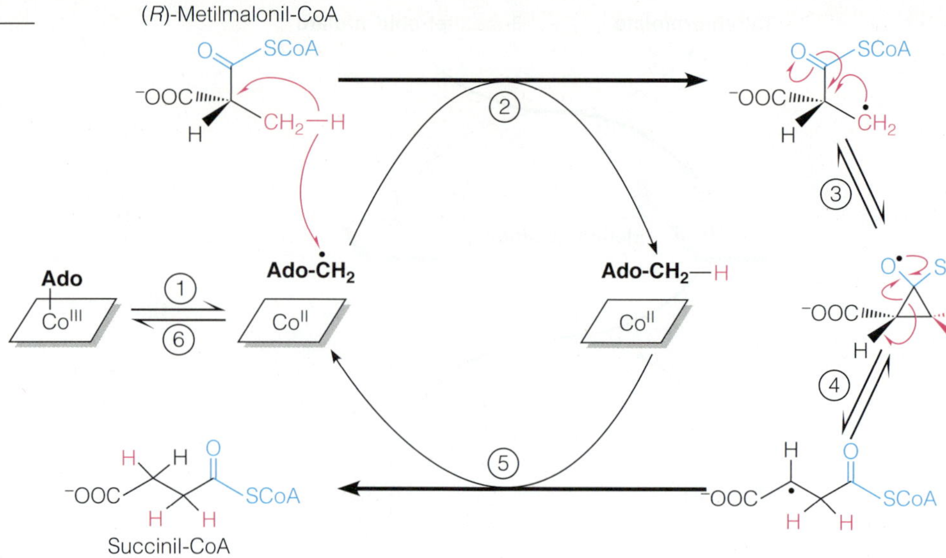


**FIGURA 20.20**

**Isomerización intramolecular catalizada por la metilmalonil-CoA mutasa.** Este mecanismo propuesto concuerda con las observaciones experimentales y es representativo del mecanismo general de otras isomerizaciones 1,2 dependientes de la $B_{12}$. **Paso 1**: rotura homolítica del enlace carbono-cobalto y formación del radical 5´-desoxiadenosilo.
**Paso 2**: extracción de hidrógeno y formación del radical sustrato.
**Pasos 3 y 4**: reordenamiento 1,2 con intervención del radical ciclopropiloxi.
**Paso 5**: extracción de hidrógeno de la 5′-desoxiadenosina para dar succinil-CoA y el radical 5´-desoxiadenosilo.
**Paso 6**: nueva formación del enlace carbono-cobalto.

hidrógeno transferido se transporta transitoriamente sobre el carbono 5′ de la porción desoxiadenosilo; el marcaje de esta posición con tritio conduce a la incorporación de ese marcaje en el producto. (4) Los estudios espectrales indican que el cobalto cambia su estado de oxidación durante la catálisis.

Todas estas observaciones implican que el enlace covalente carbono-cobalto sobre la 5′-desoxiadenosilcobalamina experimenta una rotura **homolítica** transitoria durante la catálisis. Esto es, tanto el cobalto como el carbono adquieren un electrón del par que formaba el enlace, creando un radical libre en la desoxiadenosina C-5. La interacción con el sustrato crea entonces un radical sustrato, como se muestra para la metilmalonil-CoA mutasa en la Figura 20.20, y ello da lugar a una reordenación del sustrato.

La estructura cristalina de rayos X de varias enzimas dependientes de $B_{12}$ ha demostrado que la coenzima de une de dos modos diferentes. En algunas enzimas, como la metionina sintasa dependiente de metilcobalamina y la metilmalonil-CoA mutasa dependiente de 5′-desoxiadenosilcobalamina, la coenzima experimenta un cambio de conformación importante tras la unión a la enzima. Como se indica en la Figura 20.21a, la «cola» que contiene DMB ya no está coordinada con el cobalto y, en su lugar, se ha desplazado hacia un bolsillo profundo, que ayuda a unir estrechamente la coenzima. La sustitución del DMB en coordinación con el cobalto por un residuo de histidina de la enzima, sugiere un papel de la enzima en la estabilización de los intermediarios de la reacción. En otras enzimas dependientes de $B_{12}$, como la diol deshidratasa (Figura 20.21b) y la ribonucleótido reductasa, la porción DBM permanece coordinada con el cobalto en la posición axial inferior, como se observa en la coenzima libre (Figura 20.18).

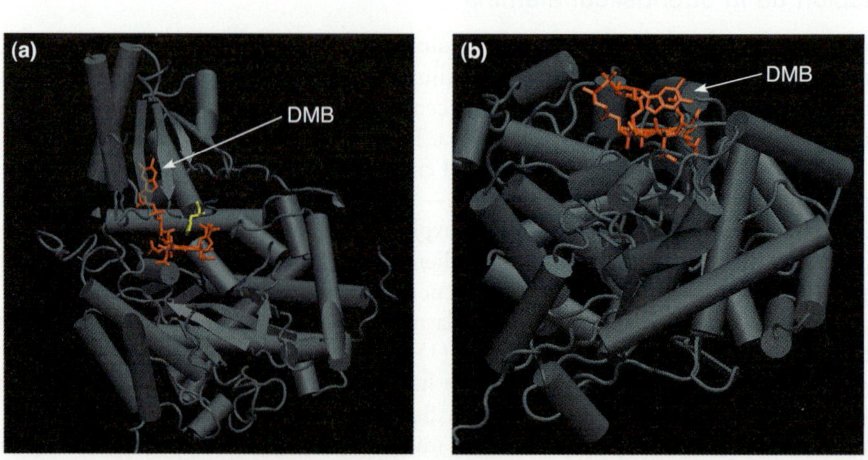


**FIGURA 20.21**

**Dos modos de unión de la coenzima $B_{12}$.** La coenzima cobalamina está en rojo, con su anillo de corrina visto desde la esquina. **(a)** Estructura cristalina de la metilmalonil-CoA mutasa de *Propionibacterium shermandii* y la coenzima unida (PDB ID 4REQ), que muestra el DMB enterrado en una grieta profunda. Un residuo de histidina de la enzima (amarillo) contacta con la cara superior del anillo de corrina, en lugar de DMB. **(b)** Estructura cristalina de la diol deshidratasa de *Klebsiella oxytoca* y la coenzima unida (PDB ID 1DIO), con el DMB coordinado con el cobalto.

## Coenzimas de $B_{12}$ y anemia perniciosa

La anemia perniciosa está causada por la carencia de una glucoproteína necesaria para la absorción intestinal de la vitamina $B_{12}$, conduciendo a carencias intracelulares de las coenzimas de $B_{12}$.

Volvamos ahora a la función de las coenzimas de $B_{12}$ en el metabolismo de los mamíferos. Recuérdese que la vitamina $B_{12}$ se aisló como un factor que podía curar la anemia perniciosa, lo que sugería que la enfermedad se produce como consecuencia de la carencia de $B_{12}$. De hecho, la anemia perniciosa es una enfermedad del estómago. El tejido gástrico segrega una glucoproteína, denominada **factor intrínseco,** que forma complejos con la $B_{12}$ ingerida en el tubo digestivo y promueve su absorción eficaz a través de la porción terminal del intestino delgado al torrente sanguíneo. La anemia perniciosa se produce como consecuencia de una secreción insuficiente de factor intrínseco. Normalmente se produce por un proceso autoinmunitario en el que el organismo destruye las células de recubrimiento gástrico que producen el factor intrínseco. De hecho, los pacientes a los que se practica una extirpación quirúrgica del estómago por cáncer u otros problemas pueden presentar también los síntomas de la anemia perniciosa. La vitamina sin formar complejos puede absorberse, pero esta absorción es tan poco eficaz que es necesario administrar dosis masivas para curar o evitar la enfermedad.

La carencia de $B_{12}$ produce la acumulación de 5-metiltetrahidrofotalo, con el descenso simultáneo de otras coenzimas de folato.

Pero, ¿cuál es la relación entre la absorción insuficiente de la $B_{12}$ y el déficit de formación de eritrocitos que define las anemias? Teniendo en cuenta la semejanza hematológica entre las anemias por carencia de folato y la anemia perniciosa, se ha sospechado durante mucho tiempo la existencia de una relación entre el metabolismo del folato y el de la $B_{12}$. De hecho, la anemia megaloblástica que se observa en las fases iniciales de la anemia perniciosa mejora si se administra ácido fólico. Sin embargo, este tratamiento solo retarda la aparición de los síntomas neurológicos de la carencia de $B_{12}$, que son mucho más graves. Dado que estos problemas neurológicos no se observan nunca en la carencia simple de folato, ¿cuál es la relación metabólica entre estas dos vitaminas?

En la Figura 20.22 se esquematiza el conocimiento actual: (1) cuando las concentraciones de $B_{12}$ son bajas, el flujo a través de la reacción de la metionina sintasa (reacción 1, Figura 20.17) se reduce, pero puesto que generalmente se dispone de la metionina suficiente a través del alimento, no se produce una alteración inmediata del metabolismo de las proteínas. (2) La reducción del 5,10-metilén-THF a 5-metil-THF (reacción 2, Figura 20.17) continúa, ya que esta reacción es prácticamente irreversible. (3) Dado que la metionina sintasa es la única enzima conocida de los mamíferos que actúa sobre el 5-metil-THF, la disminución de la actividad intracelular de esta enzima hace que se acumule el 5-metil-THF a costa de un agotamiento de las reservas de las demás coenzimas de tetrahidrofolato. En esencia, el conjunto de THF intracelular queda «atrapado» en forma de 5-metil-THF. Así, aunque la concentración total de folato pueda parecer alta, existe una carencia *funcional* de folato, con una concentración insuficiente de coenzimas formil-THF y metilén-THF, que son necesarias para la síntesis de los precursores de los ácidos nucleicos.

La hipótesis de la trampa de metilo no explica por qué la anemia perniciosa no tratada progresa hacia una enfermedad neurológica, ya que las anemias por carencia simple de folato no presentan estas complicaciones. Las observaciones iniciales sugirieron que el metabolismo anormal de los ácidos grasos causado por la inhibición de la metilmalonil-CoA mutasa era el responsable. El problema resulta extraordinariamente difícil, ya que las necesidades de $B_{12}$ en la alimentación son tan bajas que es casi impo-

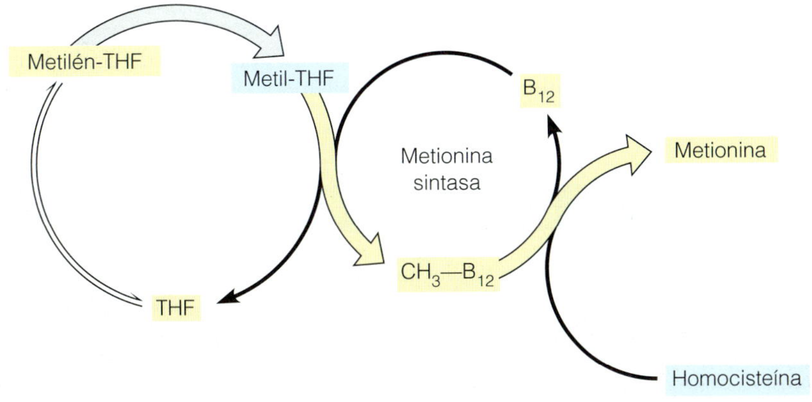


**FIGURA 20.22**

**Relación entre el metabolismo del folato y de la $B_{12}$.** Este esquema se basa en la carencia aparente de folato que se observa en las fases iniciales del déficit de $B_{12}$ como resultado de un descenso del flujo a través de la reacción de la metionina sintasa. El diagrama identifica los intermedios que se acumulan (en azul) o que sufren un agotamiento (en oro).

sible generar modelos animales de carencia de $B_{12}$. Recientemente, se ha obtenido una mejor perspectiva respecto a este tema mediante la observación de que el anestésico comúnmente utilizado óxido nitroso ($N_2O$), o gas hilarante, induce un estado similar a la anemia perniciosa al oxidar el cobalto de la $B_{12}$ que pasa del estado $+1(Co^I)$ al $+2(Co^{II})$, y se convierte en un oxidante poderoso que daña irreversiblemente a la enzima. Debido a que la metilmalonil-CoA mutasa no utiliza el estado de oxidación $Co^I$ de la cobalamina, es resistente al tratamiento con $N_2O$. Estos estudios podrían argumentar que la inhibición de la síntesis de metionina es la responsable de la disfunción neurológica de la anemia perniciosa, aunque no se han aclarado aún los mecanismos implicados.

### El ácido fólico en la prevención de la enfermedad cardíaca y las malformaciones congénitas

La carencia de folato aumenta el riesgo de enfermedad cardiovascular y los defectos de nacimiento en los seres humanos.

A mediados de los años 1990, diversas comunicaciones clínicas describieron la existencia de correlaciones entre las carencias de folato y el aumento del riesgo de infarto de miocardio. Los mismos estudios revelaron que las personas con riesgo de ataque cardíaco también tenían concentraciones anormalmente elevadas de homocisteína en suero. La interpretación más simple es que en las personas con carencia de folato, la disminución de las concentraciones de cofactores de tetrahidrofolato limita el flujo metabólico a través de la reacción de la metionina sintasa (reacción 1, Figura 20.17), con la consiguiente acumulación de homocisteína, el sustrato de esta enzima. En la actualidad, se considera que la homocisteína plasmática elevada (homocisteinemia) es un factor de riesgo independiente principal de muchos tipos de enfermedad cardiovascular, como la enfermedad arterial coronaria, el accidente cardiovascular y la enfermedad vascular oclusiva periférica. Se supone que la homocisteína es el metabolito tóxico responsable del daño del corazón, aunque se desconocen los mecanismos y, de hecho, algunos estudios han fracasado al no encontrar una correlación entre el estatus de folato y las enfermedades cardíacas. Sin embargo, la carencia de folato tiene otras consecuencias biológicas detectadas recientemente, entre las que se encuentran las cantidades anormalmente elevadas de uracilo en el DNA. Como se considera en el Capítulo 22, este fenómeno, que puede producir roturas cromosómicas, es consecuencia de la limitación de la biosíntesis de los nucleótidos de timina. Las carencias de folato durante la embriogénesis producen una proporción significativa de defectos del tubo neural, entre ellos los creaneofaciales (por ejemplo, el paladar hundido), el tubo neural (por ejemplo, anencefalia y espina bífida) y el corazón. El desarrollo normal de estas tres regiones depende del crecimiento adecuado, la diferenciación y la migración de un conjunto de células multipotentes de la cresta neural. Estas células tienen, aparentemente, una demanda elevada de folato, por lo que se insta a las mujeres a que tomen suplementos de ácido fólico durante su embarazo, pero especialmente en las primeras fases, cuando se desarrolla con mayor rapidez el sistema nervioso del feto. Por ejemplo, el desarrollo y el cierre del tubo neural normalmente se completa 28 días después de la concepción. Los defectos del tubo neural (DTN) tienen una prevalencia de aproximadamente 1 de cada 1000 nacimientos, pero la suplementación con ácido fólico alrededor del tiempo de la concepción evita el 50 %-70 % de los DTN. Debido a que la ventana durante la cual es eficaz la suplementación con ácido fólico generalmente se produce antes de que la mujer descubra su embarazo, en Estados Unidos se comenzó a fortalecer con ácido fólico la harina enriquecida y los productos de granos de cereales para asegurar que las mujeres en edad reproductora tengan concentraciones adecuadas de ácido fólico. La prevalencia de DTN ha descendido en los Estados Unidos desde 1998, cuando la fortificación se hizo obligatoria.

## RESUMEN

Aunque el nitrógeno inorgánico es abundante, el metabolismo de la mayor parte de los organismos se ve limitado por la biodisponibilidad del nitrógeno. La reducción del $N_2$ en la fijación biológica del nitrógeno y la reducción del nitrato en el metabolismo de las plantas y las bacterias generan amoníaco, que pueden utilizar todos los organismos. La capacidad de síntesis de los aminoácidos varía enormemente en los distintos organismos, de manera que los mamíferos necesitan aproximadamente la mitad de los 20 aminoácidos habituales en la alimentación. Las proteínas se encuentran en un estado continuo de recambio y sustitución, en parte para sustituir las proteínas dañadas y en parte, como consecuencia de los mecanismos reguladores celulares. La mayor parte de los aminoácidos liberados por el recambio proteico se reutilizan para la síntesis proteica. Cuando los aminoácidos se degradan, ya sea por el catabolismo de un exceso de aporte, ya sea por ser necesarios para la generación de energía, el primer paso suele ser la eliminación del grupo $\alpha$-amino, bien mediante transaminación o desaminación oxidativa. El amoníaco resultante se excreta directamente (en los peces), se convierte en ácido úrico (en la mayoría de los reptiles, insectos y pájaros) o se convierte en urea (en los mamíferos). La síntesis de urea es una ruta cíclica en la que intervienen como intermediarios la ornitina y la arginina. La transaminación y numerosas reacciones adicionales que experimentan los aminoácidos utilizan como coenzima piridoxal fosfato. Tras la condensación del grupo amino del aminoácido con el aldehído de la coenzima para dar una base de Schiff, el anillo de piridina de la coenzima retira electrones transitoriamente y desestabiliza los enlaces que se rompen en la reacción. El tetrahidrofolato une unidades de un carbono en tres estados de oxidación diferentes, las interconvierte, y las transfiere en la síntesis de los nucleótidos de purina, los nucleótidos de timidina y varios aminoácidos. Las coenzimas $B_{12}$ incluyen la metilcobalamina, que participa en la biosíntesis de la metionina, y la 5′-desoxiadenosilcobalamina, la coenzima de la metilmalonil-CoA mutasa. El metabolismo del folato presenta varios posibles objetivos de la quimioterapia, y las carencias de folato y de $B_{12}$ tienen ambas consecuencias clínicas importantes.

## BIBLIOGRAFÍA


### Fijación del nitrógeno inorgánico

**Hakoyama, T., Niimi, K., Watanabe, H., Tabata, R., Matsubara, J., Sato, S., Nakamura, Y., Tabata, S., Jichun, L., Matsumoto, T., Tatsumi, K., Nomura, M., Tajima, S., Ishizaka, M., Yano, K., Imaizumi-Anraku, H., Kawaguchi, M., Kouchi, H.** y **Suganuma, N.** (2009) Host plant genome overcomes the lack of a bacterial gene for symbiotic nitrogen fixation. *Nature* 462:514-517. Describe la base molecular de la asociación entre legumbres y rizobios.

**Masson-Boivin, C., Giraud, E., Perret, X.** y **Batut, J.** (2009) Establishing nitrogen-fixing symbiosis with legumes: How many rhizobium recipes? *Trends Microbiol.* 17:458-466. Una visión contemporánea de las complejidades del control simbiótico de la fijación del nitrógeno.

**Schwarz, G.** y **Mendel, R. R.** (2006) Molybdenum cofactor biosynthesis and molybdenum enzymes. *Annu. Rev. Plant Biol.* 57:623-647. Revisa la estructura y la química de la nitrato reductasa.

**Seefeldt, L. C., Hoffman, B. M.** y **Dean, D. R.** (2009) Mechanism of Mo-dependent nitrogenase. *Annu. Rev. Biochem.* 78:701-722. Revisa todas las reacciones conocidas que necesitan molibdeno, con énfasis en las estructuras de las proteínas implicadas.

### Aspectos generales del metabolismo del nitrógeno

**Braissant, O.** (2010) Current concepts in the pathogenesis of urea cycle disorders.*Mol. Genet.Metab.* 100 Suppl 1:S3-S12.

**Brusilow, S. W.** y **Horwich, A. L.** (2001) Urea cycle enzymes. En *The Metabolic and Molecular Bases of Inherited Disease*, C. R. Scriver, A. L. Beaudet, W. S. Sly, D. Valle, B. Childs, K. W. Kinzler y B.Vogelstein, eds.,Vol. II, Ch. 85, pp. 1909-1963,McGraw-Hill, Nueva York. Trastornos genéticos de las enzimas del ciclo de la urea en este capítulo de la obra definitiva sobre los trastornos metabólicos hereditarios.

**Hallows, W. C., Smith, B. C., Lee, S. y Denu, J. M.** (2009) Ure(k)a! Sirtuins Regulate Mitochondria. *Cell* 137:404-406. Esta mini-revisión describe los descubrimientos recientes sobre el papel de la acetilación reversible de la CPS I en la regulación del ciclo de la urea.

**Ninfa, A. J. y Jiang, P.** (2005) PII signal transduction proteins: Sensors of alpha-ketoglutarate that regulate nitrogen metabolism. *Curr. Opin. Microbiol.* 8:168-173. Esta corta revisión describe el papel de la modificación covalente en la regulación de la glutamina sintetasa bacteriana.

**Smith, T. J.** y **Stanley, C. A.** (2008) Untangling the glutamate dehydrogenase allosteric nightmare. *Trends Biochem. Sci.* 33:557-564. Esta mini-revisión considera la evolución de la regulación de la glutamato deshidrogenasa en los animales.

**Walsh, C. T.** (1979) *Enzymatic Reaction Mechanisms.* Freeman, San Francisco. Un libro clásico, particularmente valioso en el contexto del metabolismo de los aminoácidos, el metabolismo de un carbono, las coenzimas de cobalamina y las oxigenasas.

### Recambio proteico

**Ciechanover, A.** (2009) Tracing the history of the ubiquitin proteolytic system: The pioneering article. *Biochem. Biophys. Res. Commun.* 387:1-10. Este recuerdo escrito por uno de los descubridores del sistema ubiquitina proporciona un relato interesante de las visiones prevalentes sobre el recambio proteico que ha obstaculizado el progreso, y el avance que condujo finalmente al descubrimiento.

**Finley, D.** (2009) Recognition and processing of ubiquitin-protein conjugates by the proteasome. *Annu. Rev. Biochem.* 78:477-513. Este artículo revisa la estructura del proteasoma y cómo se reconocen y degradan los sustratos mediante esta compleja máquina molecular.

**Schoenheimer, R., Ratner, S.** y **Rittenberg, D.** (1939) Studies in protein metabolism. VII. The metabolism of tyrosine. *J. Biol. Chem.* 127:333-344. Este artículo clásico describe uno de los primeros usos de un trazador isotópico para estudiar el metabolismo en los animales completos (en realidad, este experimento se realizó en una única rata).

**Schwartz, A. L.** y **Ciechanover, A.** (2009) Targeting proteins for destruction by the ubiquitin system: Implications for human pathobiology. *Annu. Rev. Pharmacol. Toxicol.* 49:73-96. Esta revision considera el papel del sistema proteolítico de la ubiquitina en la enfermedad humana.

**Varshavsky, A.** (2008) The N-end rule at atomic resolution. *Nat. Struct. Mol. Biol.* 15:1238-1240. Este aríiculo breve revisa la regla N-terminal y resume la información estructural reciente sobre el componente de reconocimiento de la regla N-terminal en bacterias.

**Welchman, R. L., Gordon, C.** y **Mayer, R. J.**, (2005) Ubiquitin and ubiquitin-like proteins as multifunctional signals. *Nat. Rev. Mol. Cell. Biol.* 6:599-609. Este revisión considera las funciones de algunas de las otras proteínas distintas a la ubiquitina, incluyendo SUMO.

### Folato y Coenzimas $B_{12}$

**Bailey, L. B.**, ed. (2010) *Folate in Health and Disease.* CRC Press, Taylor & Francis Group, Boca Raton, FL. Una revisión con la longitud de un libro que cubre la química y los mecanismos de acción de las coenzimas de folato, el metabolismo de un carbono y los aspectos clínicos.

**Banerjee, R.** y **Ragsdale, S. W.** (2003) The many faces of vitamin Catalysis by cobalamin-dependent enzymes. *Annu. Rev. Biochem.* 72:209-247. Una revisión reciente y excelente de los mecanismos de $B_{12}$, centrada en la química y las estructuras de las enzimas implicadas.

**Blom, H. J., Shaw, G. M., den Heijer, M.** y **Finnell, R. H.** (2006) Neural tube defects and folate: Case far from closed. *Nat. Rev. Neurosci.* 7:724-731. Este artículo revisa la epidemiología, la bioquímica y la genética del papel del ácido fólico en la prevención de los defectos del tubo neural.

**Fenton,W. A., Gravel, R. A.** y **Rosenblatt, D. S.** (2001) Disorders of propionate and methylmalonate metabolism. En *The Metabolic and Mo-*

*lecular Bases of Inherited Disease,* C. R. Scriver, A. L. Beaudet, W. S. Sly, D. Valle, B. Childs, K. W. Kinzler y B. Vogelstein, eds., Vol. II, Cáp. 94, pp. 2165-2193, McGraw-Hill, Nueva York. Se revisan los trastornos genéticos del metabolismo en este capítulo del trabajo definitivo de los trastornos metabólicos hereditarios.

**Gallagher, T., Snell, E. E.** y **Hackert, M. L.** (1989) Pyruvoyl-dependent histidine decarboxylase. Active site structure and mechanistic analysis. *J. Biol. Chem.* 264:12737-12743. Este artículo ilustra la semejanza de función de los cofactores piruvoilo y PLP.

**Tibbetts, A. S.** y **Appling, D. R.** (2010) Compartmentation of mammalian folate-mediated one-carbon metabolism. *Ann. Rev. Nutr.* 30:57-81. Algunas de estas reacciones están catalizadas por proteínas multifuncionales o complejos multienzimáticos, lo cual tiene implicaciones en el uso terapéutico de los antimetabolitos de folato.

## PROBLEMAS

1. Identifique los sustratos adicionales, los productos y las coenzimas más probables para cada reacción de la siguiente ruta imaginaria.

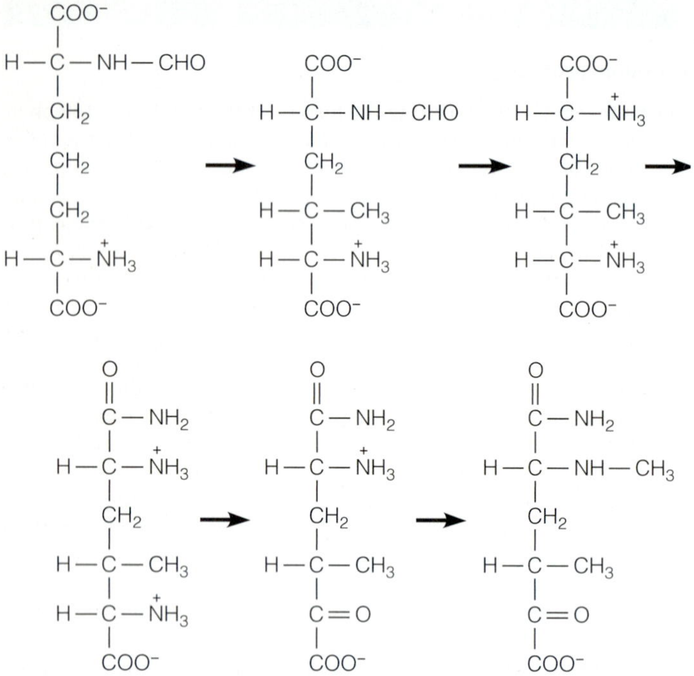

2. El siguiente esquema muestra la biosíntesis de las coenzimas de $B_{12}$, empezando con la vitamina. DMB indica dimetilbenzimidazol.
(a) ¿Qué sustrato adicional o cofactor necesita la enzima B?
(b) Un déficit genético de la enzima C en los animales daría lugar a una excreción urinaria excesiva. ¿De qué compuesto?
(c) Algunas formas del trastorno que se describe en (b) pueden tratarse satisfactoriamente mediante la inyección de dosis masivas de vitamina $B_{12}$. ¿Qué tipo de alteración genética de la enzima concordaría con este resultado?
(d) Un déficit genético de la enzima B en los animales dará lugar a una excreción urinaria excesiva. ¿De qué aminoácido?

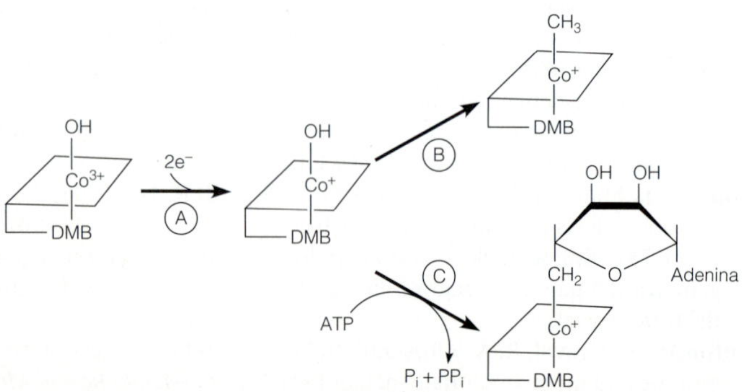


*3. Utilizando los principios descritos en el texto en cuanto a los mecanismos del piridoxal fosfato, proponga un mecanismo para la reacción catalizada por la serina hidroximetiltransferasa.

4. Utilice los números 1 a 5 para identificar cada átomo de carbono del producto de esta reacción. ¿Cuál es la coenzima?

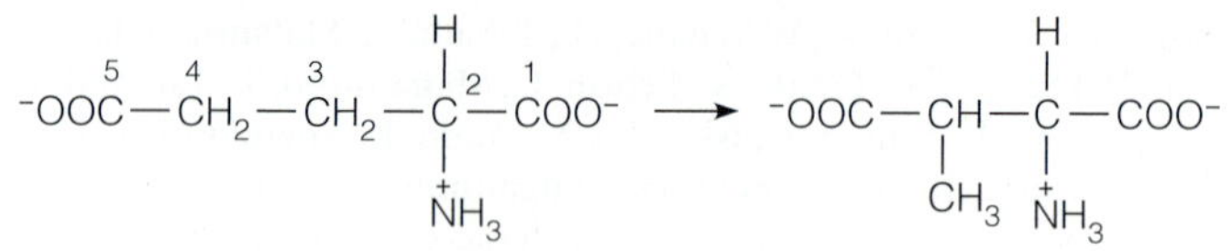

*5. Basándose en el mecanismo de la metilmalonil-CoA mutasa que se muestra en la Figura 20.20, proponga un mecanismo para la reacción de la diol deshidrasa:

$$HO—CH_2—CH_2—OH \longrightarrow CH_3CHO$$

6. El mecanismo exacto de la toxicidad del amoníaco en el cerebro no se conoce. Plantee hipótesis sobre un posible mecanismo, basándose en los posibles efectos del amoníaco sobre las concentraciones de los intermediarios clave de la generación de energía.

*7. Los mutantes de *Neurospora crassa* que carecen de carbamoil fosfato sintetasa I (CPS I) necesitan la presencia de arginina en el medio para crecer, mientras que los mutantes que carecen de la carbamoil fosfato sintetasa II (CPS II) necesitan una pirimidina, como el uracilo. *A priori*, sería de prever que la CPS II activa en los mutantes de arginina aportara el carbamoil fosfato suficiente para la síntesis de arginina, y que la CPS I activa de los mutantes de pirimidina «alimentara» la ruta de las pirimidinas. Explique estas observaciones.

8. En algunas formas de leucemia, los leucocitos que proliferan contienen unas concentraciones muy bajas de asparagina sintetasa. Hace algunos años hubo un cierto interés por el tratamiento de estas leucemias mediante la purificación de la enzima asparaginasa de *E. coli* y la inyección de la misma en el torrente sanguíneo de los pacientes leucémicos. La asparaginasa cataliza la hidrólisis de la asparagina a aspartato y amoníaco. ¿Cuál es el razonamiento de este tipo de tratamiento, y por qué cabría prever que no diera resultado?

9. Indique, para cada una de las afirmaciones siguientes, si es verdadera o falsa, y explique brevemente su respuesta.
(a) En general, la oxidación metabólica de las proteínas en los mamíferos es menos eficaz, en cuanto a conservación de energía, que la oxidación metabólica de los hidratos de carbono o de las grasas.
(b) Teniendo en cuenta que el nitrógeno del glutamato puede redistribuirse por transaminación, el glutamato debería ser un buen suplemento de las proteínas nutricionalmente pobres.
(c) La arginina es un aminoácido no esencial para los mamíferos, debido a que las enzimas de la síntesis de arginina son abundantes en el hígado.
(d) La alanina es un aminoácido esencial, puesto que forma parte de todas las proteínas.

10. Escriba una serie de ecuaciones ajustadas y una ecuación de resumen para las reacciones del ciclo glucosa-alanina.

11. Considere las siguientes cuestiones relativas a la glutamato deshidrogenasa.
(a) La reacción, tal como se muestra en la página 827, utiliza el $NH_3$ como reactante, en vez del $NH_4^+$, que es mucho más abundante a pH fisiológico. ¿Por qué se prefiere el $NH_3$?
(b) La glutamato deshidrogenasa tiene una $K_M$ para el amoníaco ($NH_3$) de ~1 mM. Sin embargo, a pH fisiológico la especie iónica dominante es el ión amonio, $NH_4^+$ (p$K_a$ = 9.2). Calcule la velocidad (como fracción de $V_{máx}$) si la concentración intracelular de amoníaco ($NH_3$ + $NH_4^+$) es 100 μM (concentración fisiológica aproximada). Suponga un pH de 8.0 de la matriz mitocondrial.
(c) El equilibrio de la reacción favorece enormemente la reducción del α-cetoglutarato, pero en las mitocondrias la enzima actúa fundamentalmente oxidando el glutamato a α-cetoglutarato. Explíquelo.
(d) Proponga un mecanismo razonable para esta reacción.

12. Explique el fundamento de la siguiente afirmación: como coenzima, el piridoxal fosfato se une de forma covalente a las enzimas con las que actúa, pero durante la catálisis, la coenzima no está unida de forma covalente.

13. Considere la regulación de la glutamina sintetasa de *E. coli*, y explique el fundamento metabólico de cada uno de los siguientes efectos:
(a) Inhibición de la glutamina sintetasa por el carbamoil fosfato.
(b) Inhibición de la desuridililación de $P_{II}$-UMP por el α-cetoglutarato.
(c) Activación de la uridililación de $P_{II}$ por el ATP.

14. Suponga que desea determinar la semivida metabólica de la glutamina sintetasa en células HeLa (una línea de células tumorales humanas) en crecimiento en cultivo. Describa cómo podría hacerse experimentalmente.

*15. El ácido fólico se sintetiza en las bacterias en forma de dihidrofolato, en una ruta que se inicia en la guanosina trifosfato. En esta ruta, se pierde C-8 como formiato. A partir de las semejanzas estructurales existentes entre la guanina y la pterina, prediga qué átomos de carbono y de nitrógeno del GTP son los precursores de N-1, C-2, C-4, N-5, C-7, N-8 y C-9 del dihidrofolato.

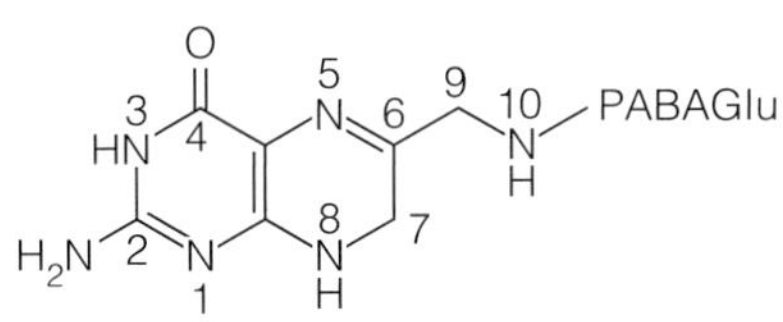

**Dihidrofolato**

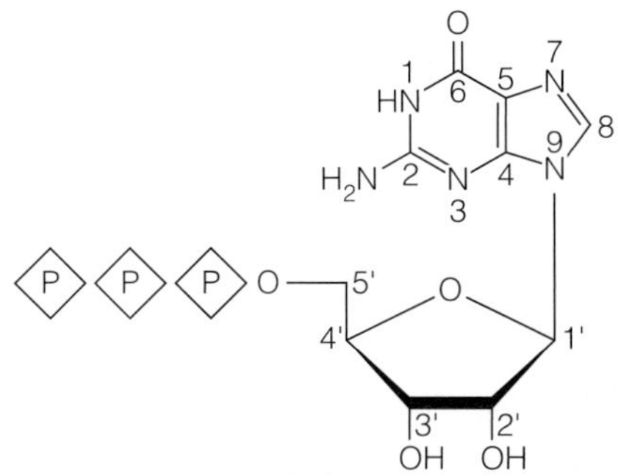

**GTP**

16. ¿Qué estructura de folato (de la lista de abajo)?
(a) ¿Es el sustrato de la enzima el que se inhibe por el metotrexato y la trimetoprima?
(b) ¿Tiene el sustituyente de un carbono más oxidado?
(c) ¿Se utiliza en la conversión de la serina en glicina?
(d) ¿Transfiere su sustituyente de un carbono a la coenzima $B_{12}$? ¿Qué aminoácido se sintetiza como resultado final de esta reacción?
(e) ¿Es la coenzima de la reacción de la timidilato sintasa?
(f) ¿No se conoce su existencia en la naturaleza?
(g) ¿Se usa en la síntesis de los nucleótidos de purina?

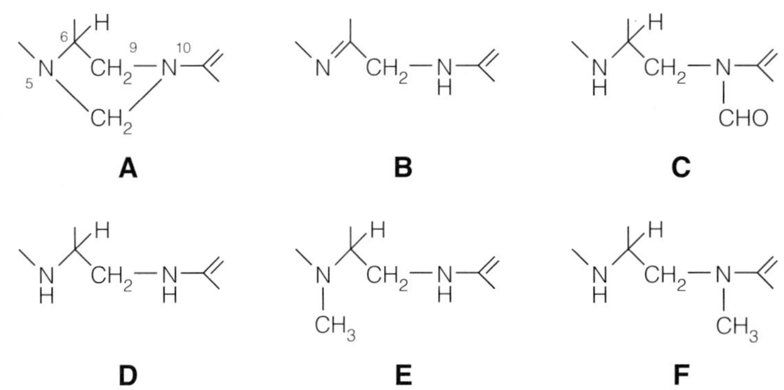


17. La glutamina afecta el sistema regulador de la glutamina sintetasa de *E. coli,* de forma que promueve la adenililación de la glutamina sintetasa e inhibe la desadenililación. ¿Por qué tienen estos efectos un sentido metabólico correcto?

18. Comente brevemente cómo una célula de levadura puede contener dos glutamato deshidrogenasas, una especializada en la asimilación del nitrógeno y la otra, en el catabolismo de los aminoácidos, y no se disipa energía en el ciclo inútil glutamato ⇌ α-cetoglutarato.

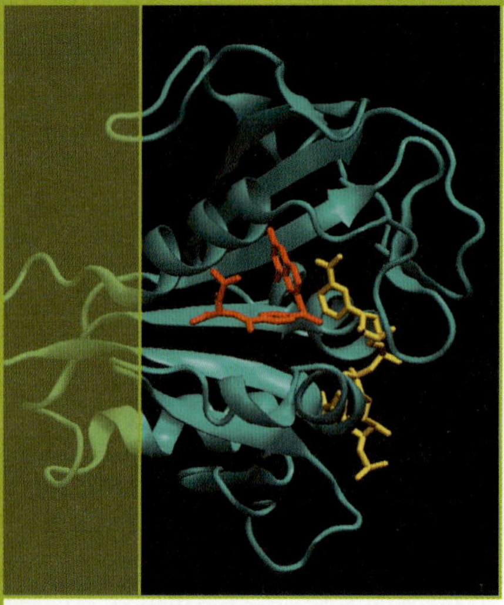

# CAPÍTULO 21

## Metabolismo de los compuestos nitrogenados II: aminoácidos, porfirinas y neurotransmisores

**En el Capítulo 20 hemos presentado los principios** unificadores del metabolismo de los aminoácidos, es decir, las características generales de las rutas de síntesis y degradación, las vías comunes para la utilización y la excreción del amoníaco y las coenzimas que se emplean en el metabolismo del nitrógeno. Consideraremos aquí el metabolismo de los 20 aminoácidos individuales, centrándonos en los destinos y las fuentes de sus esqueletos carbonados. Nuestro planteamiento es organizar estos aminoácidos en familias o grupos estructural o metabólicamente relacionados. Empezaremos con las rutas de degradación y las funciones principales de cada aminoácido como intermedios en la ruta hacia otros metabolitos distintos a las proteínas. Algunas de las funciones biológicas de los aminoácidos, como neurotransmisores y precursores de los neurotransmisores y como precursores de las porfirina, son tan importantes que se presentan en apartados diferenciados de este capítulo. Finalmente, trataremos la biosíntesis de los aminoácidos, centrándonos en las rutas más comunes que conducen a los aminoácidos no esenciales. La biosíntesis de los aminoácidos esenciales, que está restringida a los microorganismos y las plantas, solo será tocada brevemente para ilustrar principios metabólicos y mecanicistas importantes.

## Rutas de degradación de los aminoácidos

Hemos aprendido en los capítulos precedentes que los animales generan la mayor parte de su energía metabólica a partir de la oxidación de los hidratos de carbono y las grasas. No obstante, los animales obtienen entre el 10 y el 15 % de su energía a partir de la degradación oxidativa de los aminoácidos. En el Capítulo 20 se han descrito los procesos por medio de los cuales los aminoácidos se desaminan y los grupos amino se convierten, bien en amoníaco o bien en el grupo amino del aspartato, para la producción de urea. Volvemos ahora al destino de los esqueletos carbonados. Debido a que cada uno de los 20 aminoácidos posee un esqueleto carbonado exclusivo, cada aminoácido necesita su propia ruta de degradación. Sin embargo, estas 20 rutas convergen todas ellas en siete intermedios metabólicos comunes: piruvato, $\alpha$-cetoglutarato, succinil-CoA, fumarato, oxalacetato, acetil-CoA y acetoacetato. Ya hemos visto que varios de estos intermedios (piruvato, $\alpha$-cetoglutarato, succinil-CoA, fumarato, oxalacetato) son precursores de la síntesis de glucosa (Capítulos 13 y 14). Así, los aminoácidos cuyos esqueletos carbonados se degradan a alguno de estos cinco intermedios se denominan **aminoácidos glucogénicos** (Figura 21.1). La acetil-CoA y el acetoacetato pueden convertirse en cuerpos cetónicos (Capítulo 17); los aminoácidos cuyos esqueletos carbonados se degradan a alguno de estos se denominan **aminoácidos cetogénicos.** Algunos aminoácidos son tanto glucogénicos como cetogénicos. Nuestro estudio de estas rutas catabólicas se organizará alrededor de los siete intermedios metabólicos mencionados antes.

## Familia del piruvato de los aminoacidos glucogénicos

Alanina, serina y cisteína, cada uno de ellos con esqueletos de tres carbonos, se convierten en uno o dos pasos en el metabolito de tres carbonos piruvato (Figura 21.2). La alanina se transamina a piruvato utilizando el piridoxal fosfato (PLP) de la forma que se ha descrito en el Capítulo 20. La serina se deshidrata y desamina a piruvato por otra enzima dependiente del PLP, la **serina-treonina deshidratasa**. Como todas las enzimas dependientes de PLP, la serina deshidratasa cataliza la formación de una base de Schiff plana entre el PLP y el aminoácido, pero en esta reacción, el sustrato experimenta la eliminación de su hidrógeno $C_\alpha$ y el —OH $C_\beta$ (eliminación $\alpha$, $\beta$ de $H_2O$) (*véase* al margen). La enamina resultante se tautomeriza a una imina, que se hidroliza espontáneamente para formar piruvato y amoníaco.

La cisteína se transamina en primer lugar por la misma enzima que transamina el aspartato. El $\beta$-mercaptopiruvato resultante sufre a continuación una desulfuración por la **mercaptopiruvato sulfurtransferasa** para dar piruvato y $H_2S$, tiocianato ($SCN^-$), sulfito ($SO_3^{2-}$) o tiosulfato ($S_2O_3^{2-}$). Esta reacción es una fuente del gas $H_2S$ en los animales. Como otra molécula **gasotransmisora**, el óxido nítrico (NO, *véase* el Capítulo 23), el $H_2S$ participa en la regulación del flujo sanguíneo vascular y de la presión sanguínea. De hecho, los efectos cardioprotectores y antihipertensivos del ajo del alimento están en gran parte intermediados por la producción de $H_2S$ a partir de polisulfuros orgánicos que son abundantes en el ajo. La mercaptopiruvato sulfurtransferasa también puede transferir el azufre al $CN^-$ para dar tiocianato, un mecanismo importante de desintoxicación del cianuro.

En la mayoría de los organismos, la degradación de la treonina comienza con la oxidación de su alcohol 2°, que convierte los carbonos 3 y 4 en un grupo acetilo. Posteriormente, el 2-amino-3-cetobutirato se rompe de forma tiolítica análogamente a lo visto en la $\beta$-oxidación de los ácidos grasos (Capítulo 17, página 728), liberando los carbonos 3 y 4 como acetil-CoA, y los carbonos 1 y 2 como glicina. Esta puede degradarse a $CO_2$ y $NH_4^+$ y 5.10-metilentetrahidrofolato por el **sistema de fragmentación de glicina** dependiente de PLP y THF descrito en el Capítulo 20 (página 853).

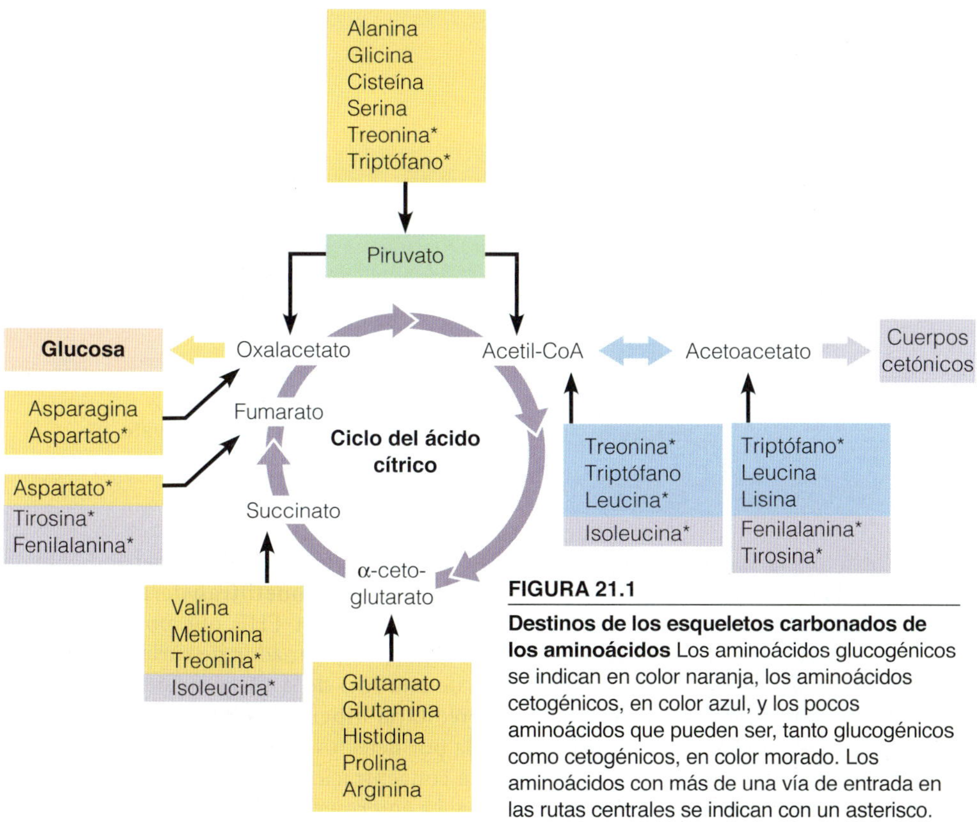


**FIGURA 21.1**

**Destinos de los esqueletos carbonados de los aminoácidos** Los aminoácidos glucogénicos se indican en color naranja, los aminoácidos cetogénicos, en color azul, y los pocos aminoácidos que pueden ser, tanto glucogénicos como cetogénicos, en color morado. Los aminoácidos con más de una vía de entrada en las rutas centrales se indican con un asterisco.

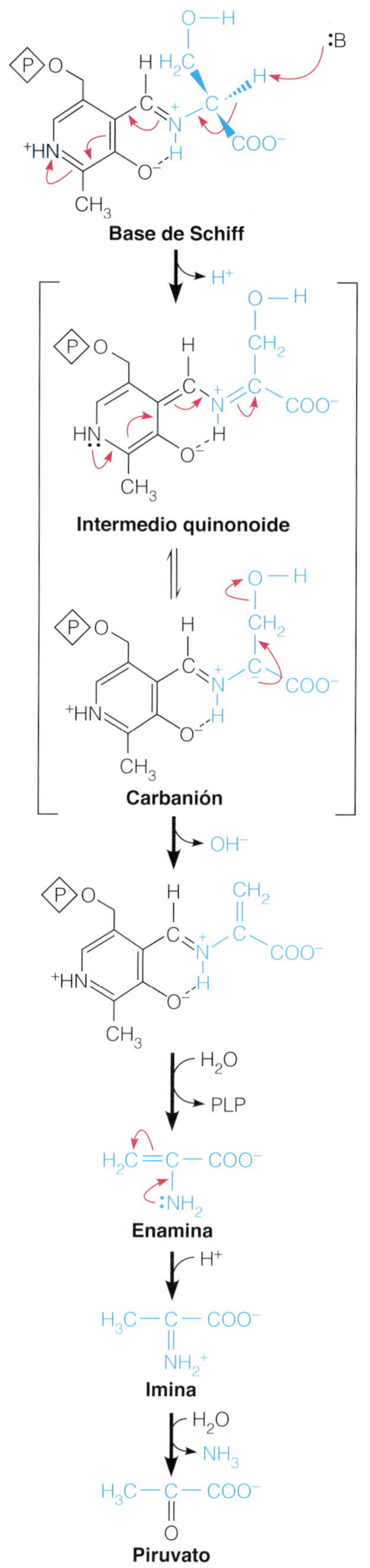


**Mecanismo de la reacción de la serina deshidratasa**

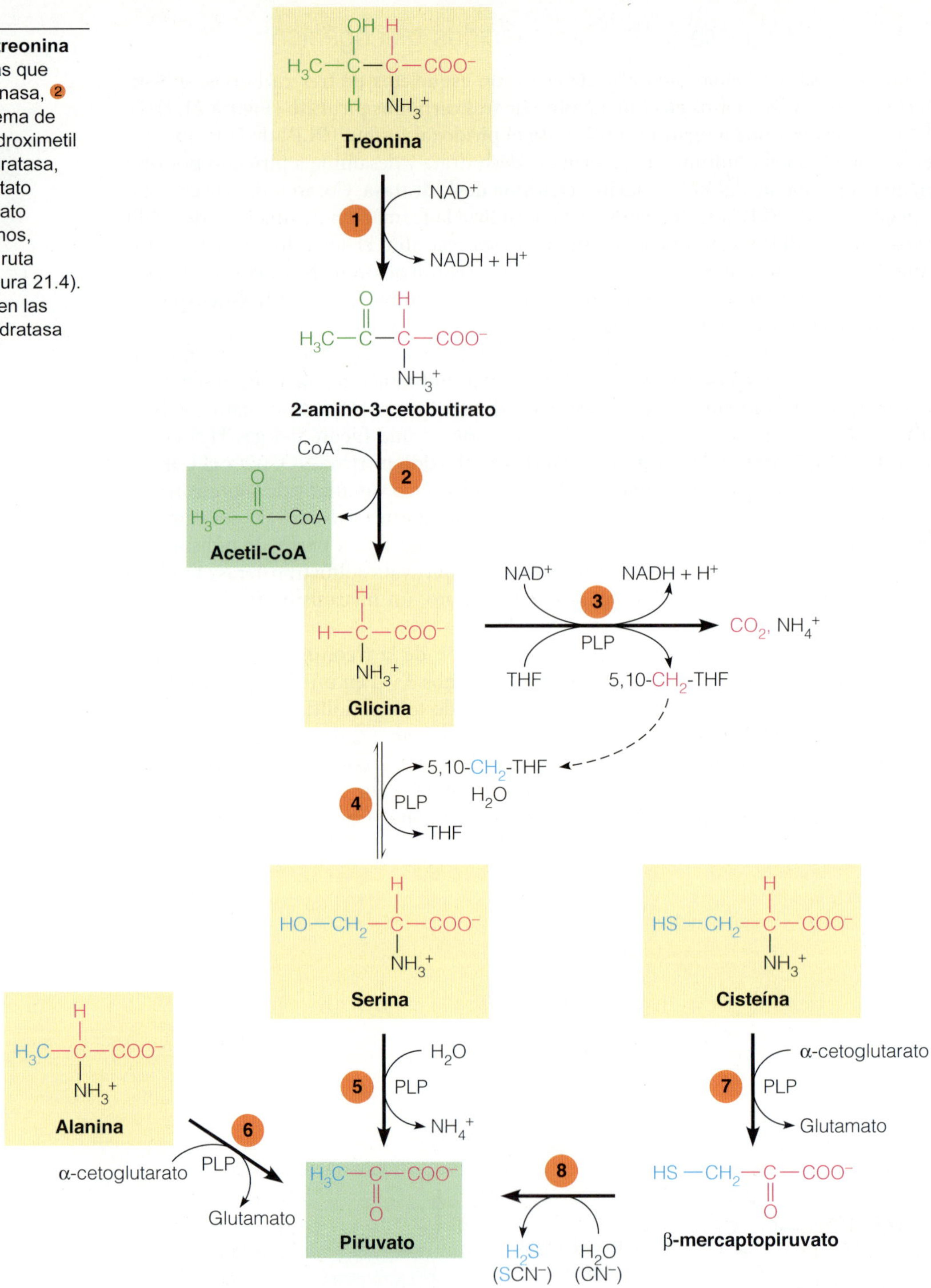


**FIGURA 21.2**

**Alanina, cisteína, glicina, serina y treonina se degradan a piruvato**. Las enzimas que participan son ❶ treonina deshidrogenasa, ❷ 2-amino-3-cetobutirato ligasa, ❸ sistema de fragmentación de glicina, ❹ serina hidroximetil transferasa, ❺ serina-treonina deshidratasa, ❻ alanina aminotransferasa, ❼ aspartato aminotransferasa, y ❽ mercaptopiruvato sulfurtransferasa. En los seres humanos, la treonina se degrada mediante una ruta diferente a succinil-CoA (*véase* la Figura 21.4). Todas estas enzimas están situadas en las mitocondrias, excepto la serina deshidratasa citoplásmica (reacción ❺).

De otra forma, la glicina puede convertirse en serina por otra enzima dependiente de PLP y THF descrita en el Capítulo 20, la **serina hidroximetiltransferasa**. El grupo hidroximetilo de la serina (C3) procede del 5,10-metilén-THF, que puede proceder de la rotura de la glicina (reacción 3) o de algún otro donador de carbono (*véase* la Figura 20.17, página 852). La importancia de esta ruta de la degradación de glicina se pone de manifiesto por la enfermedad hereditaria **hiperglicinemia no cetótica**. Esta enfermedad autosómica recesiva producida por defectos de las subunidades del sistema de fragmentación de glicina da lugar a concentraciones elevadas de glicina en el líquido cefalorraquídeo, el plasma y la orina. La enfermedad se produce habitualmente

El sulfuro de hidrógeno ($H_2S$), que procede de la cisteína, es un molécula se señalización potente que participa en la regulación del flujo sanguíneo vascular y la presión sanguínea.

como un trastorno neonatal grave con síntomas neurológicos graves, incluyendo el retraso mental.

La treonina tiene un destino diferente en los seres humanos debido a que carecemos de una treonina deshidrogenasa funcional (Figura 21.2, reacción 1). En cambio, la treonina se deshidrata y se desamina primero mediante la serina-treonina deshidratasa para dar un esquelto carbonado, que finalmente se convierte en succinil CoA (*véase* la Figura 21.4).

Como se ha señalado en el Capítulo 20, el piridoxal fosfato es una coenzima muy versátil; las cinco reacciones dependientes de PLP de la Figura 21.2 ilustran bien esta versatilidad.

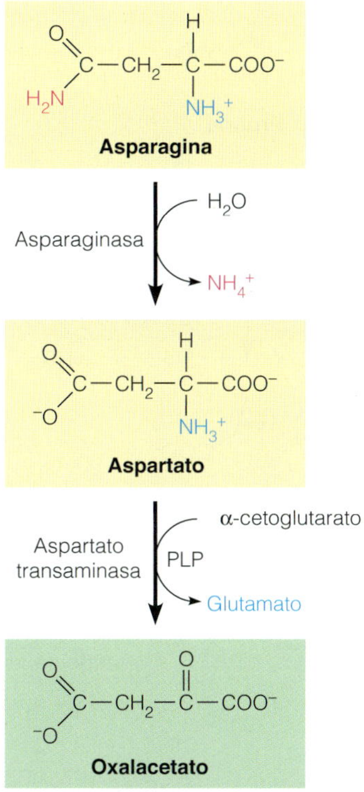


## Familia del oxalacetato de aminoácidos glucogénicos

Los esqueletos de cuatro carbonos de la asparagina y el aspartato se convierten en oxalacetato en una ruta sencilla (*véase* el margen). La **asparaginasa** cataliza la fragmentación hidrolítica de la amida de la asparagina a aspartato y amonio. El aspartato, a continuación, se transamina directamente a oxalacetato mediante la **aspartato transaminasa**, la misma enzima que transamina la cisteína (Figura 21.2, reacción 7). La asparaginasa es un ejemplo interesante de quimioterapia basado en la enzima. La enzima de *E. coli* se emplea mucho en el tratamiento de la leucemia linfoblástica aguda de la infancia. Los linfocitos normales y malignos dependen de la captura de asparagina de la sangre para el crecimiento; la asparaginasa agota la asparagina circulante y esto lleva, en muchos casos, a la remisión completa.

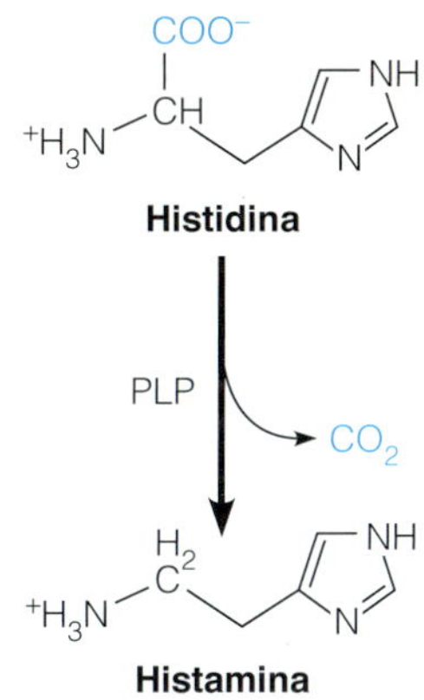


## Familia del α-cetoglutarato de los aminoácidos glucogénicos

Los esqueletos carbonados de arginina, glutamina, histidina y prolina se degradan todos ellos a α-cetoglutarato a través del glutamato. En la Figura 21.3 se presentan las principales rutas catalíticas de estos cinco aminoácidos. La prolina y la arginina se convierten en glutamato a través del intermedio **γ-semialdehído glutámico**, que luego se oxida a glutamato. La degradación de la histidina comienza con una desaminación no oxidativa, seguida de la hidratación y apertura del anillo para dar **ácido N-formiminoglutámico**, que es interesante ya que sirve como donador de fragmentos de un carbono (*véase* la Figura 20.17, página 852). El grupo formimino, procedente del C2 y N3 del anillo imidazol, se transfiere al tetrahidrofolato, para dar 5-formiminotetrahidrofolato y glutamato. La glutamina se hidroliza a glutamato por la *glutaminasa*, que en los animales participa en el transporte de amoníaco al hígado (*véase* la Figura 20.13, página 845). Finalmente, el glutamato se desamina de forma oxidativa a α-cetoglutarato por la glutamato deshidrogenasa, que se consideró con profundidad en el Capítulo 20.

La histidina se descarboxila también para generar **histamina**, una sustancia con muchas acciones biológicas. Cuando se segrega en el estómago, la histamina estimula la secreción de ácido clorhídrico y pepsina, que ayudan ambos en la digestión. Es un vasodilatador potente, que se libera localmente en los lugares del trauma, la inflamación o la reacción alérgica. El agrandamiento local de los capilares sanguíneos es la base del enrojecimiento de los tejidos inflamados. La liberación de histamina en el trauma contribuye al descenso de la presión sanguínea que puede llevar al choque. Un gran número de **antihistamínicos**, como los dos que se muestran en el recuadro, se emplean para tratar las alergias y otras inflamaciones. De forma característica, estos fármacos impiden la unión de la histamina a sus receptores.

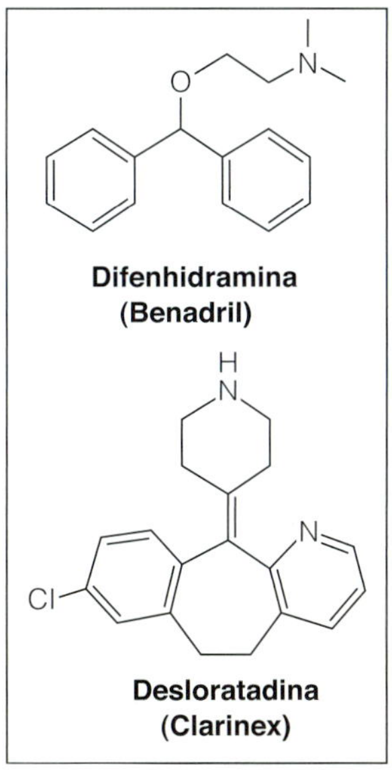


## Familia de la succinil-CoA de los aminoácidos glucogénicos

Isoleucina, valina, treonina y metionina se degradan al intermedio del ciclo del ácido cítrico, succinil-CoA, a través de la propionil-CoA (Figura 21.4). El catabolismo de la metionina comienza tras donar su grupo metilo, via *S*-adenosilmetionina, en el ciclo del metilo (*véase* la Figura 21.9). El esqueleto carbonado desmetilado, la **homocisteína**, se convierte en α-cetobutirato y el grupo —SH sustituye al —OH de la serina para formar

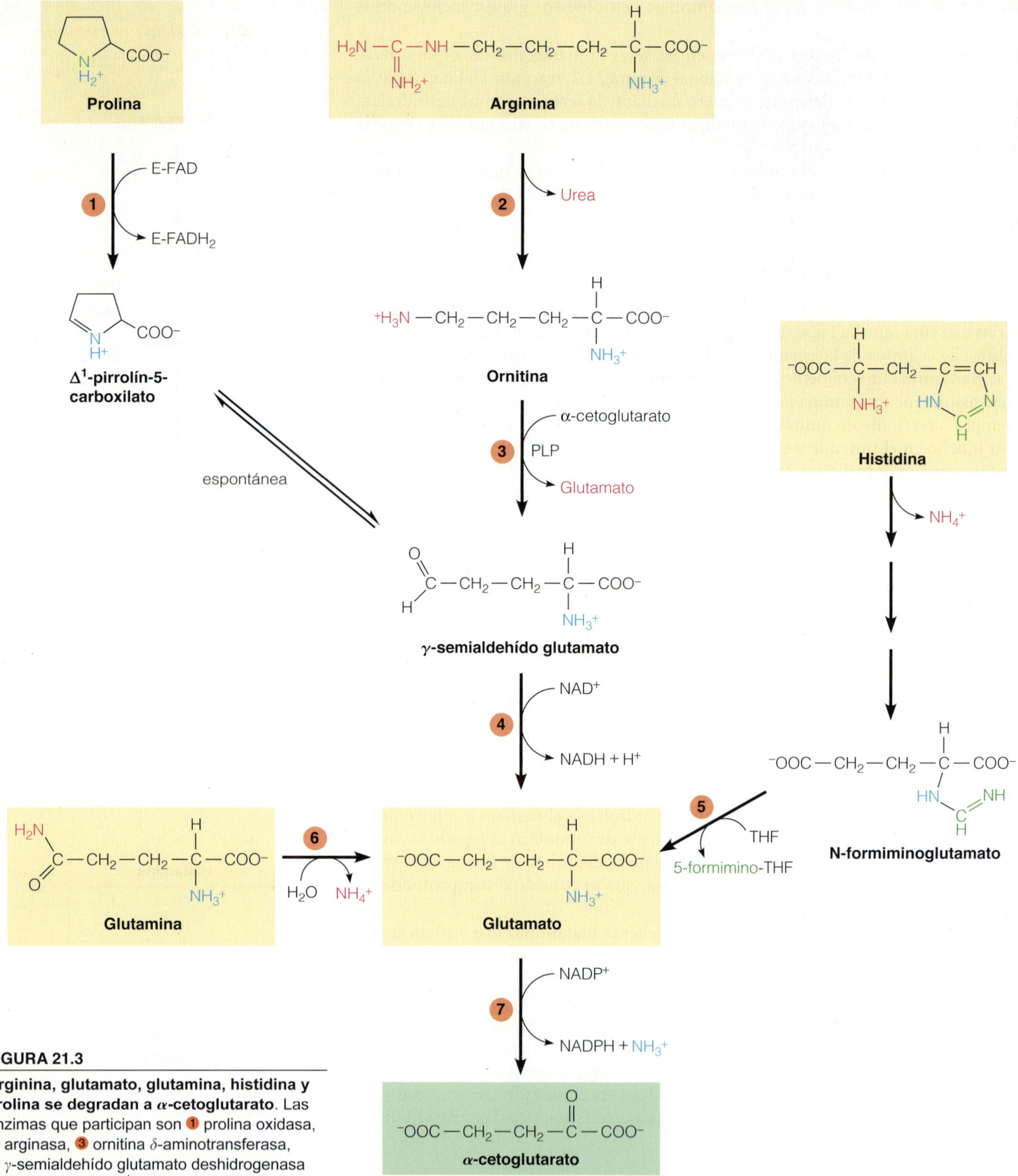


**FIGURA 21.3**

**Arginina, glutamato, glutamina, histidina y prolina se degradan a $\alpha$-cetoglutarato**. Las enzimas que participan son ① prolina oxidasa, ② arginasa, ③ ornitina $\delta$-aminotransferasa, ④ $\gamma$-semialdehído glutamato deshidrogenasa (llamada también $\Delta^1$-pirrolina-5-carboxilato deshidrogenasa), ⑤ glutamato formimino transferasa, ⑥ glutaminasa, ⑦ glutamato deshidrogenasa.

cisteína. Esta es, en realidad, la ruta por medio de la cual los animales sintetizan cisteína (*véase* la Figura 21.29). En el primer paso de este proceso de **transulfuración** en dos pasos, catalizado por la cistationina $\beta$-sintasa, la homocisteína y la serina se condensan para formar el tioéter **cistationina** (Figura 21.4, reacción 1). En el segundo paso, la cistationina $\gamma$-liasa cataliza una $\gamma$-eliminación para dar cisteína, $\alpha$-cetobutirato y amoníaco

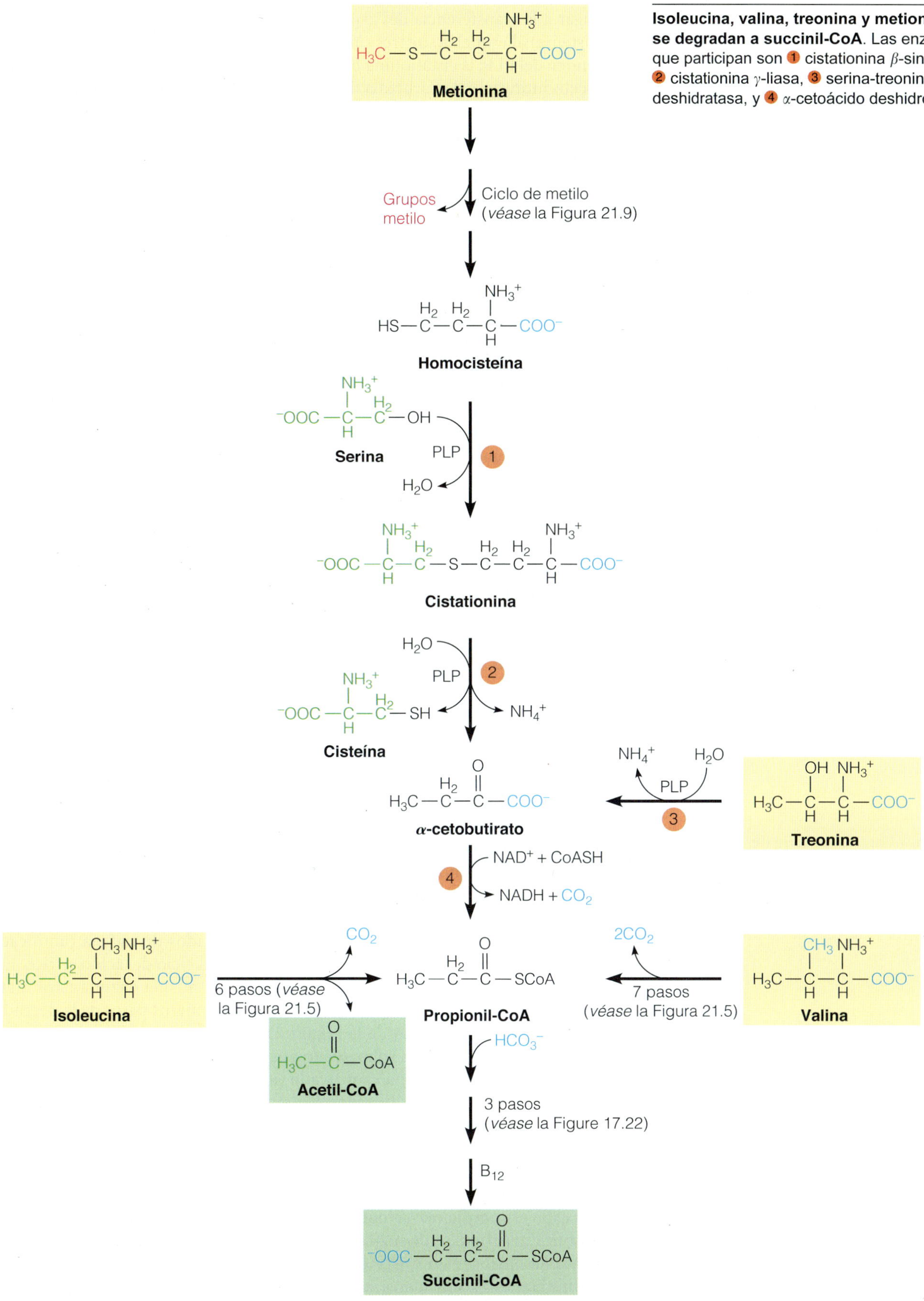


**FIGURA 21.4**

**Isoleucina, valina, treonina y metionina se degradan a succinil-CoA.** Las enzimas que participan son ① cistationina $\beta$-sintasa, ② cistationina $\gamma$-liasa, ③ serina-treonina deshidratasa, y ④ $\alpha$-cetoácido deshidrogenasa.

(reacción 2). De esta forma, se produce la rotura en el otro lado del átomo de S, lo que da lugar a la transferencia del grupo –SH desde el esqueleto de cuatro carbonos (homocisteína) al esqueleto de tres carbonos (cisteína). Ambas enzimas de transulfuración dependen del PLP; la cistationina $\beta$-sintasa requiere también un cofactor hemo de tipo b. El $\alpha$-cetobutirato se descarboxila de forma oxidativa a propionil-CoA (reacción 4), que luego se convierte en succinil-CoA por la misma ruta que necesita $B_{12}$ que se presentó en el Capítulo 17 como paso clave en la oxidación de los ácidos grasos de cadena impar (página 732).

El $\alpha$-cetobutirato también es un punto de entrada del carbono de la treonina (Figura 21.4, reacción 3). Ambas, treonina y serina, se deshidratan y desaminan por la misma deshidratasa en la principal ruta de degradación de la treonina en los seres humanos.

La isoleucina y la valina también se degradan a la propionil-CoA de tres carbonos. Sin embargo, dos carbonos de la isoleucina se liberan como acetil-CoA y uno como $CO_2$; la valina pierde dos carbonos como $CO_2$. La oxidación de los aminoácidos de cadena ramificada, incluyendo la leucina, comienza con una transaminación dependiente de PLP al correspondiente $\alpha$-cetoácido y luego una estrategia química común (Figura 21.5): (1) descarboxilación oxidativa para dar un derivado de acil-CoA; (2) deshidrogenación de la acil-CoA dependiente de FAD para introducir un doble enlace; (3) hidratación del doble enlace para introducir un grupo hidroxilo; y (4) deshidrogenación dependiente de $NAD^+$ al correspondiente derivado ceto. Los tres aminoácidos ramificados siguen la misma estrategia, con mínimas desviaciones. El paso final en la degradación de la isoleucina es la rotura tiolítica que produce acetil-CoA y propionil-CoA. En la ruta de la valina, la CoA se hidroliza del esqueleto carbonado antes de la segunda deshidrogenación; una carboxilación final proporciona propionil-CoA. En la ruta de la leucina, el paso de hidratación da **3-hidroxi-3-metilglutaril-CoA (HMG-CoA)**, un intermedio también de la cetogénesis (Figura 17.24, página 735) y de la biosíntesis del colesterol (Figura 19.19, página 797). La HMG-CoA se rompe a acetoacetato más acetil-CoA por la misma **HMG-CoA liasa** que se utiliza en la cetogénesis.

La estrategia química que se utiliza para oxidar los aminoácidos de cadena ramificada puede parecer familiar debido a que ya se ha visto dos veces. Esta misma estrategia forma el centro de la $\beta$-oxidación de los ácidos grasos (Capítulo 17) y del ciclo del ácido cítrico (Capítulo 14). En la Figura 21.5 se muestran estas dos rutas junto con las rutas de oxidación de los aminoácidos de cadena ramificada. Una vez transaminados los aminoácidos a los correspondientes $\alpha$-cetoácidos siguen la misma secuencia que hemos visto en el ciclo del ácido cítrico. La $\beta$-oxidación añade una fragmentación tiolítica al final de esta ruta central. Esta situación común señala un par de puntos importantes sobre las rutas metabólicas. En primer lugar, como consideramos en el Capítulo 12, las rutas metabólicas son productos de la evolución, habiéndose construido a partir de enzimas y rutas que podían haber tenido inicialmente otras funciones. Es pues muy probable que las rutas de oxidación de los aminoácidos de cadena ramificada hayan surgido a partir de la ruta evolutivamente antigua del ciclo del ácido cítrico. En segundo lugar, una célula puede «ahorrar» empleando la misma enzima para metabolizar varios sustratos relacionados. En realidad, los dos primeros pasos de la degradación de los aminoácidos ramificados de la Figura 21.5 están cada uno de ellos catalizado por una única enzima que actúa sobre los tres esqueletos carbonados. La **aminotransferasa de aminoácidos de cadena ramificada** utiliza el $\alpha$-cetoglutarato como aminoácido aceptor de los tres aminoácidos y en los mamíferos existen dos isoenzimas, citoplásmica y mitocondrial. Esta enzima se encuentra en concentraciones bajas en el hígado humano, aunque es abundante en el músculo, el tejido adiposo, el riñón y el cerebro, donde los aminoácidos de cadena ramificada son importantes fuentes de combustible durante el ayuno. La descarboxilación oxidativa posterior de los tres $\alpha$-cetoácidos la lleva a cabo el **complejo $\alpha$-cetoácido de cadena ramificada deshidrogenasa**, que tiene la misma estructura multienzimática $E_1$—$E_2$—$E_3$ y mecanismo que los complejos piruvato deshidrogenasa y $\alpha$-cetoglutarato deshidrogenasa (Capítulo 14). En realidad, las subunidades $E_3$ son idénticas en los tres complejos de una determinada especie. En una enfermedad humana poco habitual denominada **enfermedad de la orina del**

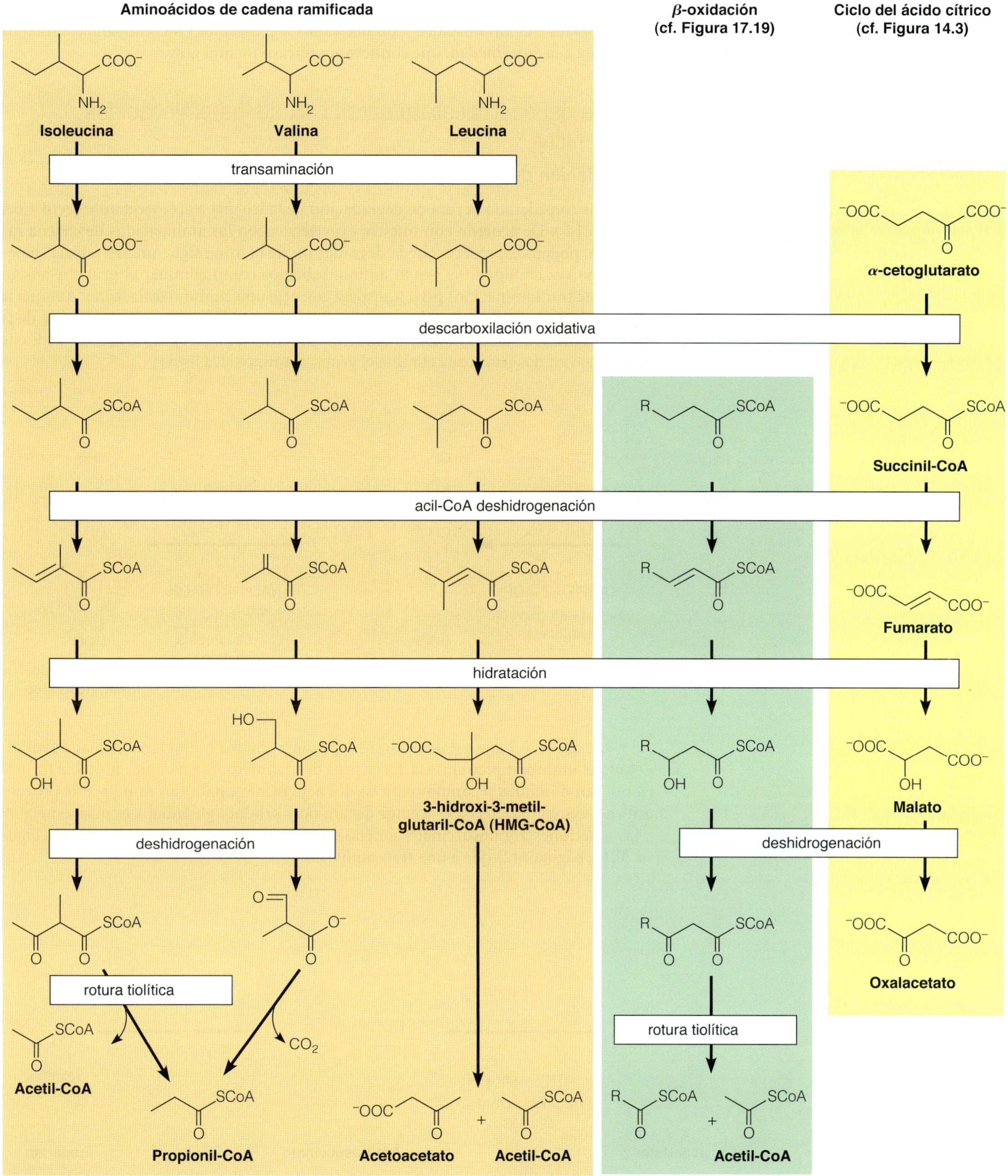


**FIGURA 21.5**

**La oxidación de los aminoácidos de cadena ramificada, la β-oxidación de los ácidos grasos y el ciclo del ácido cítrico comparten una estrategia química común.**

Un déficit del complejo α-cetoácido deshidrogenasa de cadena ramificada, que metaboliza la valina, la leucina y la isoleucina en el ser humano, conduce a un transtorno mental grave denominado enfermedad de la orina de jarabe de arce.

**jarabe de arce**, o cetoaciduria de cadena ramificada, falta este complejo. Se acumulan en la orina los tres aminoácidos y sus derivados α-cetoácidos y su olor característico da el nombre a la enfermedad, que conlleva un retraso mental grave.

## Familia del acetoacetato/acetil coA de los aminoácidos cetogénicos

### Degradación de la lisina

Ya hemos considerado la ruta de degradación de la leucina a acetoacetato y acetil-CoA (Figura 21.5). De acuerdo con nuestra experiencia con los aminoácidos de cadena ramificada, podemos predecir que la degradación de la lisina sigue una estrategia semejante, una vez eliminado el grupo amino. Sabemos cómo eliminar el grupo α-amino (mediante transaminación) pero ¿qué pasa con el grupo ε-amino de la lisina? Aunque la lisina se degrada mediante varias rutas, la ruta principal en los mamíferos, la ruta de la **sacaropina**, en realidad no sigue la estrategia prevista. La sacaropina es el intermedio de un proceso en dos pasos que elimina el grupo ε-amino de la lisina:

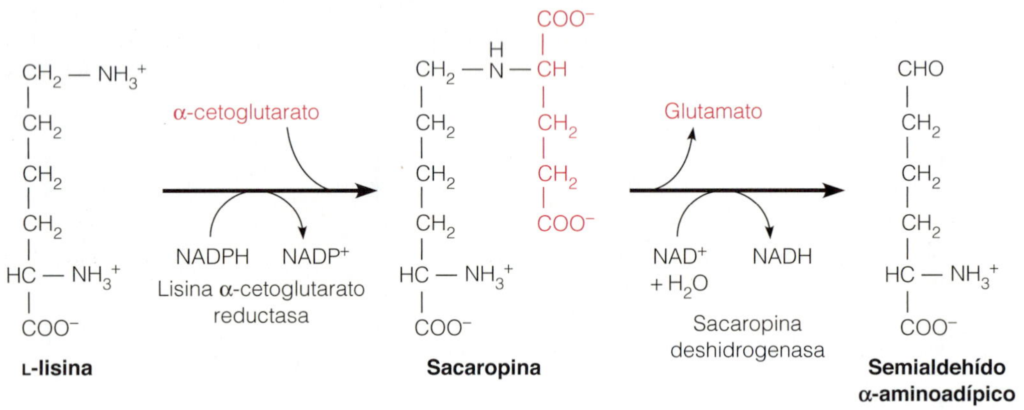


Estas dos reacciones están catalizadas por una enzima bifuncional llamada **semialdehído α-aminoadípico sintasa**. La enzima de mamíferos es una única proteína formada por dos dominios separados para las dos actividades catalíticas. Aunque este proceso utiliza α-cetoglutarato como aceptor del amino y produce glutamato, es más semejante a las reacciones arginosuccinato sintetasa-arginosuccinasa del ciclo de la urea (Figura 20.12, página 842) que a una transaminación:

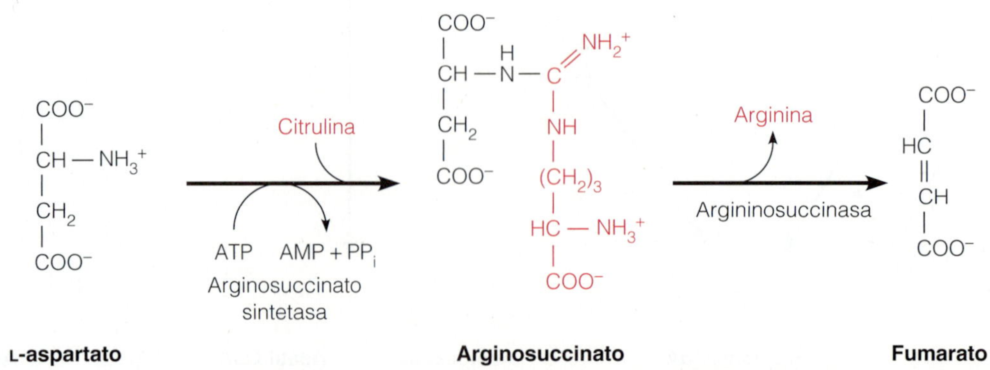


El resto de la ruta implica la oxidación del semialdehído al ácido y la transaminación para eliminar el grupo α-amino, seguido de la ya familiar descarboxilación oxidativa, para dar un derivado acil-CoA; la deshidrogenación de la acil-CoA dependiente de FAD para introducir un doble enlace, la hidratación del doble enlace para introducir un grupo hidroxilo y la deshidrogenación dependiente de $NAD^+$ al correspondiente derivado ceto. La única variación de esta reacción que necesita la lisina es una descarboxilación extra tras el paso de deshidrogenación de la acil-CoA para eliminar el carbono terminal (el aldehído del semialdehído α-aminoadípico). El producto final de la degradación es el acetoacetato.

## Degradación del triptófano

El triptófano se transforma mediante muchas rutas, pero la principal ruta catabólica tiene lugar a través de la **quinurenina** hasta el α-cetoadipato (Figura 21.6). La primera reacción de la degradación del triptófano está catalizada por la **triptófano 2,3-dioxigenasa**, una hemoproteína que incorpora ambos átomos del $O_2$ en el sustrato. El cuarto paso, catalizado por la **quinureninasa** es una fragmentación del enlace $C_\beta$—$C_\gamma$ dependiente de PLP, liberando los carbonos $\alpha$ y $\beta$ del esqueleto original del triptófano como alanina, que se transamina fácilmente a piruvato. El otro producto de la reacción de fragmentación, el ácido 3-hidroxiantranílico, se convierte finalmente en α-cetoadipato, un intermedio de la ruta de la sacaropina de la degradación de lisina. De hecho, los siete últimos pasos de la degradación de triptófano y lisina son idénticos, finalizando en acetoacetato.

El triptófano también es un precursor importante de la síntesis de nucleótidos de nicotinamida, representando hasta el 50 % del $NAD^+$ de un animal. El resto procede de la vitamina niacina (*véase* la Tabla 11.8, en la página 446). En ambas rutas la última

**FIGURA 21.6**

**Destinos metabólicos del triptófano**. La figura muestra dos rutas principales: la ruta catabólica principal que degrada la mayor parte de la molécula de triptófano a acetoacetato y alanina, y la ruta de síntesis hacia los nucleótidos de nicotinamida.

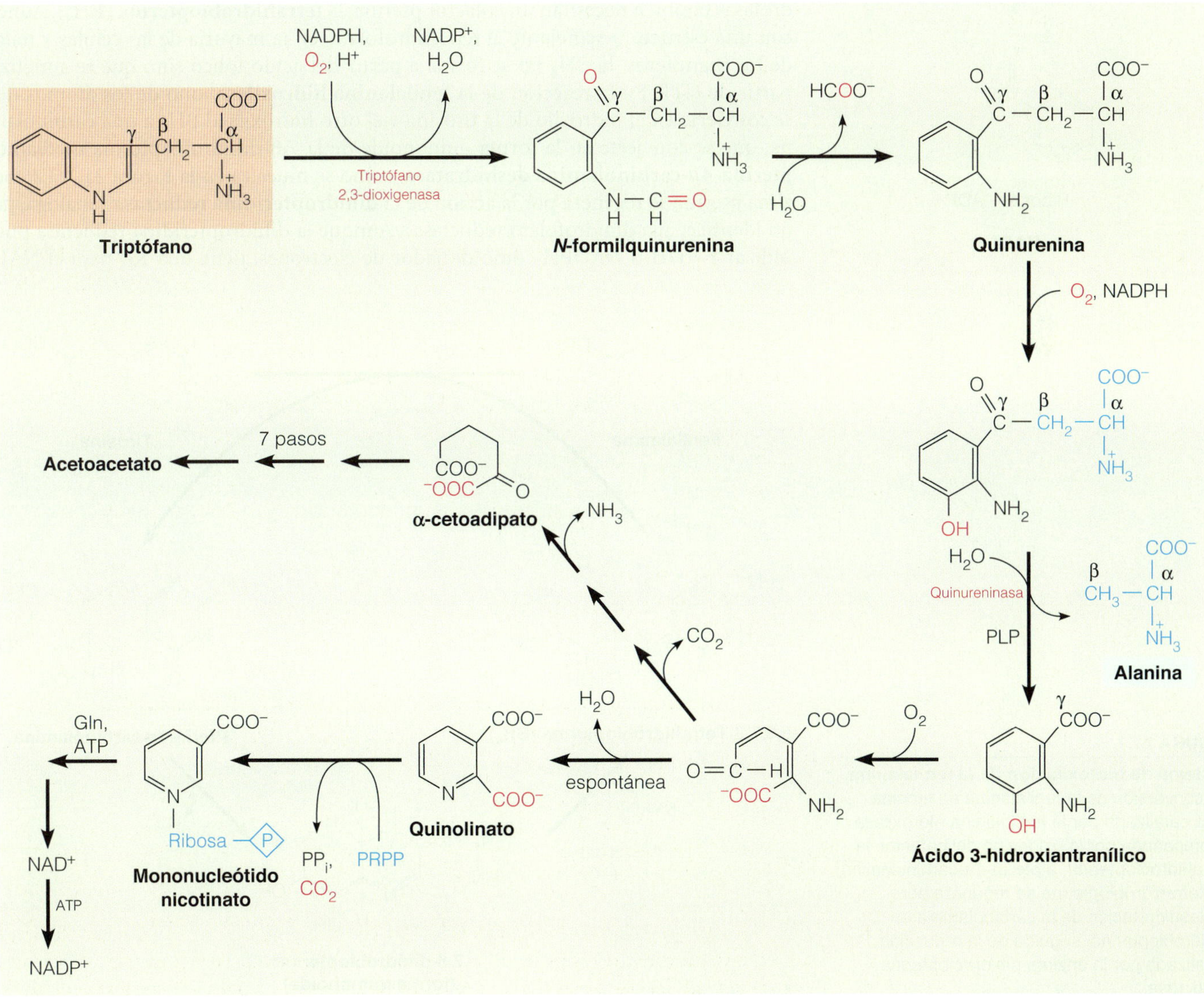

El nitrógeno amida de la glutamina se utiliza en varias reacciones que conducen a los nucleótidos de purina y de pirimidina, a los aminoazúcares y a los nucleótidos de nicotinamida.

reacción la cataliza una **amidotransferasa dependiente de glutamina** (*véase* el margen), en la cual la glutamina dona su N amida y la hidrólisis del ATP proporciona la fuerza impulsora de la reacción. Las amidotransferasas dependientes de glutamina están muy extendidas en el metabolismo, entre ellas las reacciones que conducen a otros aminoácidos, a los nucleótidos y a los aminoazúcares y las glucoproteínas. En el Capítulo 22 analizaremos con más profundidad el mecanismo de estas enzimas.

El papel del triptófano en la biosíntesis del $NAD^+$ puede inferirse a partir de los estudios de la enfermedad con déficit de nicotinamida denominada **pelagra**. Esta era endémica en las regiones donde el maíz es un alimento básico como el sur de Estados Unidos. Debido a que las proteínas del maíz contienen poco triptófano, las carencias de este aminoácido eran corrientes. Los síntomas de la carencia de triptófano son idénticos a los de la carencia de nicotinamida, como es de esperar si una función principal del triptófano es ser sustituto de la nicotinamida.

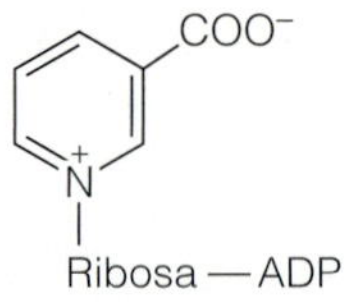


**Dinucleótido de nicotinato de adenina**

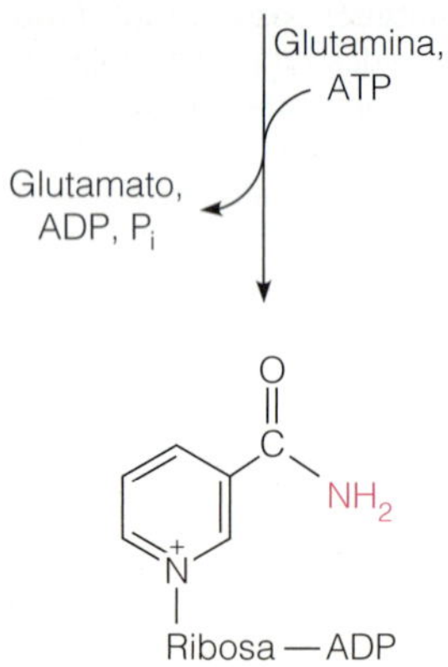


**$NAD^+$**

## Degradación de la fenilalanina y la tirosina

Los dos aminoácidos finales se degradan mediante una única ruta que comienza con la hidroxilación de la fenilalanina a tirosina, catalizada por la **fenilalanina hidroxilasa**. Esta interesante enzima pertenece a la familia **aminoácido aromático hidroxilasa**, junto con la tirosina hidroxilasa y la triptófano hidroxilasa. En los animales y los microorganismos, las tres enzimas son monooxigenasas que contienen hierro no hemo y utilizan un intermedio Fe(IV)O para hidroxilar sus sustratos aminoácidos. Las tres hidrolasas también necesitan un cofactor pterina, la **tetrahidrobiopterina** ($BH_4$). Aunque con una estructura semejante al tetrahidrofolato, en la mayoría de las células y tejidos de los mamíferos, la $BH_4$ no se forma a partir del ácido fólico sino que se sintetiza a partir de GTP. En la reacción de la **fenilalanina hidroxilasa**, uno de los átomos de O se convierte en el hidroxilo de la tirosina y el otro hidroxila al $BH_4$ a una carbinolamina, que se convierte en la forma quinonoide de la 7,8-dihidrobiopterina mediante la **pterina-4*a*-carbinolamina deshidratasa**, como se muestra en la Figura 21.7. La coenzima pterina se regenera por la acción de la **dihidropteridina reductasa** (análoga, pero no idéntica, a la dihidrofolato reductasa). Aunque la dihidropteridina reductasa puede utilizar NADH o NADPH como donador de electrones, tiene una $K_M$ para el NADH

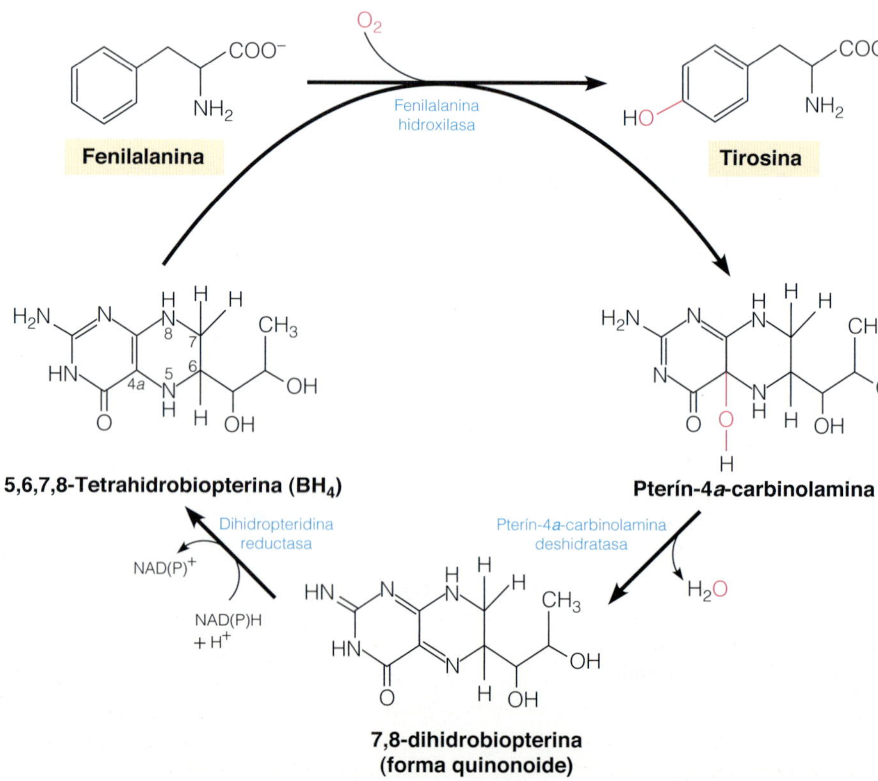


**FIGURA 21.7**

**Sistema de hidroxilación de la fenilalanina.** La conversión de la fenilalanina en tirosina está catalizada por la fenilalanina hidroxilasa, acompañada por la oxidación del cofactor, la tetrahidrobiopterina, a pterín-4*a*-carbinolamina. La tetrahidrobiopterina se regenera por la deshidratación de la carbinolamina en dihidrobiopterina, seguida de la reducción catalizada por la enzima dihidrobiopterina reductasa.

mucho menor. Este sistema de tres enzimas para la hidroxilación de la fenilalanina se encuentra principalmente en el hígado y, en menor medida, en el riñón. Las hidroxilasas de los aminoácidos aromáticos de los vegetales emplean un cofactor de tetrahidrofolato en lugar de la tetrahidrobiopterina.

Un déficit hereditario de la fenilalanina hidroxilasa es la causa de la **fenilcetonuria (PKU),** un trastorno que afecta a aproximadamente 1 de cada 10 000 recién nacidos en Europa Occidental y los Estados Unidos. La PKU es un rasgo autosómico recesivo, es decir, los dos progenitores heterocigotos para el rasgo tienen una posibilidad entre cuatro de tener un niño con fenilcetonuria. A partir de la incidencia de la enfermedad, podemos calcular que alrededor del 2 % de la población son portadores. En la fenilcetonuria, la fenilalanina se acumula hasta concentraciones muy elevadas (**hiperfenilalaninemia**) a causa del bloqueo de la conversión en tirosina, y gran parte de esta fenilalanina se metaboliza a través de rutas que normalmente son poco utilizadas, en especial la transaminación a fenilpiruvato (una fenil*cetona*) y también la posterior conversión del fenilpiruvato en fenillactato y fenilacetato. Estos compuestos se excretan en la orina en cantidades enormes (1 a 2 gramos al día).

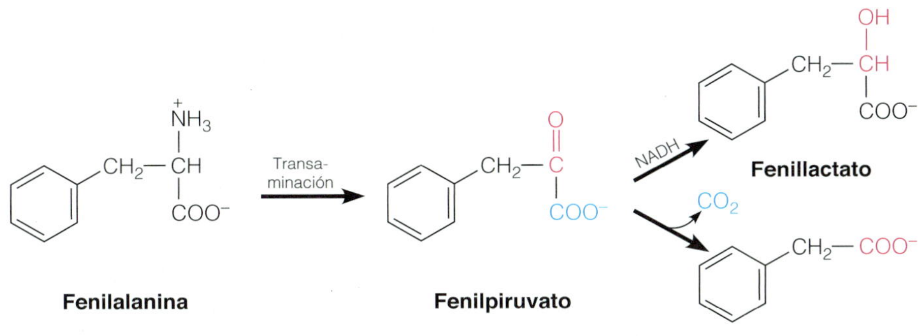


Si no se detecta y se trata, la PKU da lugar a un retraso mental profundo cuya causa bioquímica exacta no se ha identificado aún, pero se están acumulando pruebas que indican que la propia fenilalanina es la molécula neurotóxica. Por fortuna, la fenilcetonuria puede detectarse con facilidad al nacer, y muchos hospitales realizan exámenes de detección sistemáticos de los recién nacidos. Si el trastorno se detecta de forma precoz, puede evitarse la aparición del retraso mediante la alimentación del niño durante varios años con una dieta sintética con un bajo contenido de fenilalanina y abundante tirosina, con objeto de permitir el desarrollo normal del sistema nervioso. Dado que el empleo de esta dieta sintética es muy caro, ha habido un gran interés por el diagnóstico prenatal de la fenilcetonuria y la identificación de los portadores heterocigotos. Se han cartografiado en el gen humano más de 500 mutaciones patógenas diferentes de la fenilalanina hidroxilasa. La mayoría de ellas son mutaciones de sentido equivocado que conducen a la sustitución de un aminoácido en esta proteína de 452 aminoácidos. Se ha determinado la estructura de la fenilalanina hidroxilasa humana mediante cristalografía de rayos X y en la actualidad es posible proporcionar una explicación molecular de la mayoría de las mutaciones de la PKU.

La PKU es, con diferencia, la más común, pero no la única forma de hiperfenilalaninemia. El déficit hereditario de dihidropterina reductasa, pterín-4*a*-carbinolamina deshidratasa o de cualquiera de las enzimas necesarias para la biosíntesis de $BH_4$ conduce a hiperfenilalaninemia no PKU. Dado que la tetrahidrobiopterina participa en otras hidroxilaciones, entre ellas las de la tirosina y el triptófano, los defectos de su síntesis o reciclado producen unos síntomas más graves.

La degradación de la tirosina a fumarato y acetoacetato comienza con su transaminación por la **tirosina aminotransferasa,** la enzima determinante de la velocidad de esta ruta catabólica (Figura 21.8). Sobre el producto, el *p*-hidrofenilpiruvato, actúa la ***p*-hidroxifenilpiruvato dioxigenasa**, una enzima poco habitual que contiene hierro, que cataliza una hidroxilación del anillo, una descarboxilación y una migración de la cadena lateral, utilizando como cofactor el ascorbato, de forma similar a su uso con la procolágeno prolil hidroxilasa (*véase* la página 906). Esta reacción tiene lugar a través de un mecanismo denominado **desplazamiento NIH**, en honor de los científicos de los *National Institutes of*

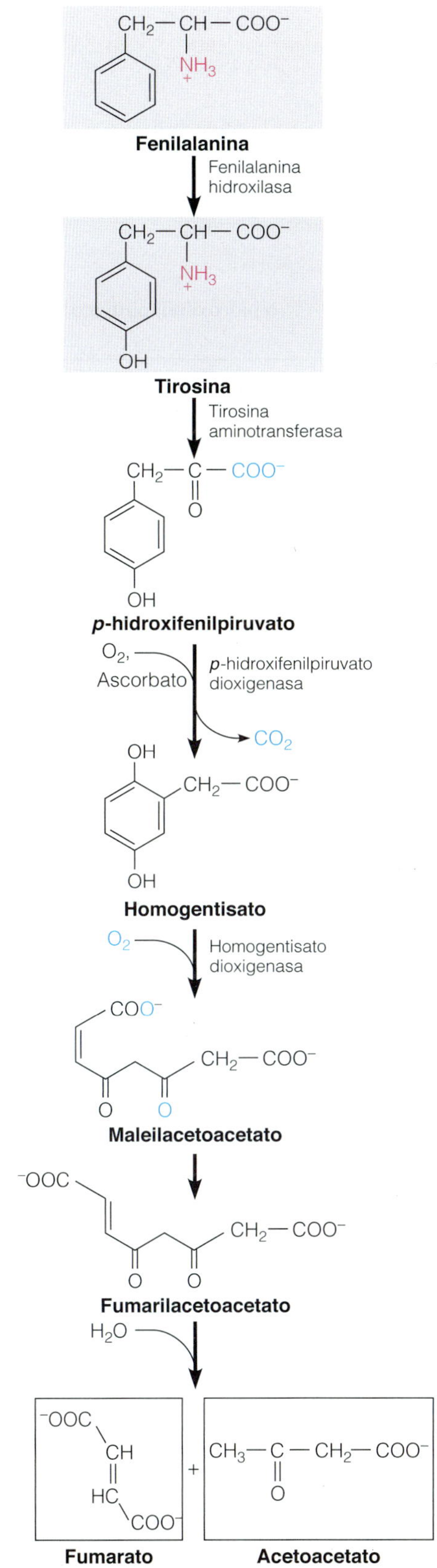


**FIGURA 21.8**

**Catabolismo de la fenilalanina y la tirosina a fumarato y acetoacetato.**

*Health* (NIH), que describieron una hidroxilación del anillo que tiene lugar a través de la formación de un intermedio epóxido y la migración de la cadena lateral alquílica.

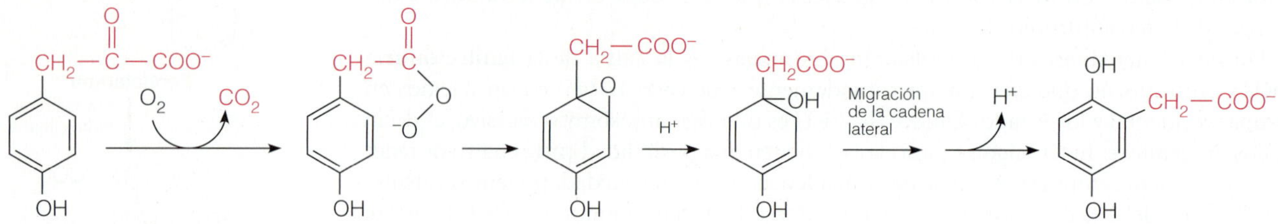


**p-hidroxifenilpiruvato** **Homogentisato**

La fenilcetonuria, un déficit mental grave, se debe a una insuficiencia genética de la fenilalanina hidroxilasa o, en casos raros, de la dihidropteridina reductasa.

La reacción de la fenilalanina hidroxilasa comporta también un desplazamiento NIH, con migración del hidrógeno del C-4 de la fenilalanina al C-3 de la tirosina, sin mezclarse con el disolvente.

El producto de la oxidación del *p*-hidroxifenilpiruvato, el **ácido homogentísico,** se oxida por una enzima que contiene hierro, la **ácido homogentisato dioxigenasa,** que rompe el anillo para dar un compuesto de ocho carbonos de cadena lineal que se isomeriza a **fumarilacetoacetato.** Este último se rompe finalmente para producir fumarato y acetoacetato, sustancias ambas que se catabolizan mediante las rutas habituales de producción de energía. En las plantas, el homogentisato es el precursor de las plastoquinonas, que se utilizan en la fotosíntesis (Capítulo 16) y de la porción del anillo aromático de la vitamina E (*véase* la página 811).

Un déficit hereditario de la enzima homogentisato dioxigenasa en el ser humano produce un trastorno conocido durante siglos como la «enfermedad de la orina oscura», pero a la que actualmente se denomina **alcaptonuria.** Se acumula homogentisato que se excreta en la orina en grandes cantidades y cuya oxidación, al dejarla en reposo, hace que la orina adquiera un color oscuro. Aunque los síntomas clínicos de la enfermedad no son graves, tiene un considerable interés histórico. A comienzos del siglo veinte, Sir Archibald Garrod analizó los árboles genealógicos de las familias de las personas afectadas, y en 1908 escribió, «*Podemos concebir que la división del anillo de benceno en el metabolismo normal es el trabajo de una enzima especial, que en la alcaptonuria congénita esta enzima es deficiente, mientras que en la enfermedad su funcionamiento puede estar parcial o incluso completamente inhibido*». En otras palabras, Garrod propuso que un gen codifica una enzima mucho antes de que se conociera la naturaleza química de los genes o de las enzimas, y formuló el concepto de enfermedades metabólicas hereditarias.

## Los aminoácidos como precursores de biosíntesis

Además de su incorporación a las proteínas, los aminoácidos se emplean como precursores de una enorme variedad de otros metabolitos importantes, como las poliaminas, el glutatión, los grupos metilo, el hemo, los neurotransmisores y otras moléculas de señalización y los nucleótidos (Capítulo 22). En el apartado siguiente destacamos algunas de las rutas y productos más importantes del metabolismo de los aminoácidos.

### S-adenosilmetionina y metilación biológica

En el Capítulo 19 hemos presentado la *S*-adenosilmetionina (AdoMet) como una forma de metionina metabólicamente activada, al describir la biosíntesis de la fosfatidilcolina a partir de la fosfatidiletanolamina. Recuérdese que la síntesis de AdoMet a partir de metionina y ATP genera un compuesto de sulfonio con un alto potencial de transferencia de grupo. La mayor parte, aunque no todas las reacciones de transferencia de grupo en las que interviene la AdoMet son **transmetilaciones,** en las que el grupo metilo se transfiere a un aceptor, siendo el otro producto la *S*-adenosilhomocisteína (AdoHcy). La síntesis de creatina (*véase* la Figura 21.16) y de fosfatidilcolina (*véase* la página 784) son buenos ejemplos de transmetilaciones.

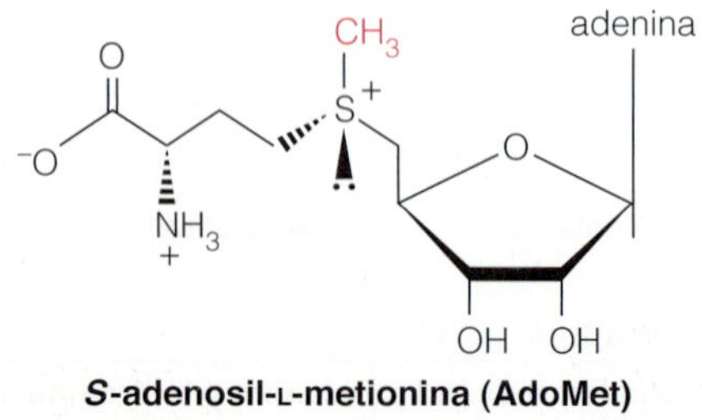


**S-adenosil-L-metionina (AdoMet)**

En la Tabla 21.1 se citan diversas transmetilaciones dependientes de AdoMet que tienen importancia biológica. Obsérvese que los sustratos pueden ser proteínas poliméricas o ácidos nucleicos. Las funciones de la metilación del DNA y el RNA las tratamos en capítulos

**TABLA 21.1. Algunas transmetilaciones dependientes de la AdoMet**

| Aceptor del grupo metilo | Producto Metilado |
|---|---|
| Noradrenalina | Adrenalina (Figura 21.24) |
| Ácido guanidinoacético | Creatina (Figura 21.16) |
| Fosfatidiletanolamina | Fosfatidilcolina (página 784) |
| Adenina o citosina de DNA | *N*-metiladenina o 5-metilcitosina de DNA |
| Bases de tRNA | Bases de tRNA metiladas |
| Nicotinamida | $N^1$-metilnicotinamida |
| Residuos de aminoácidos de proteínas | Residuos de aminoácidos metilados |

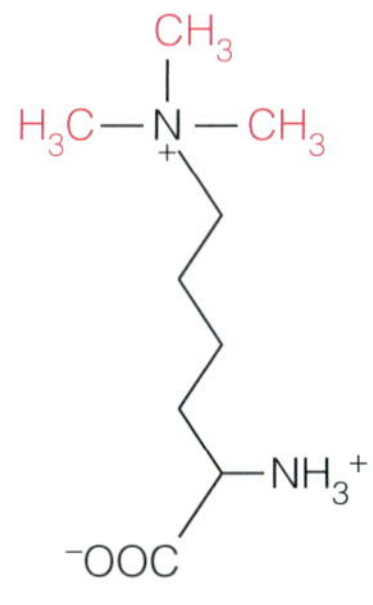

**ε-*N*-trimetil-lisina**

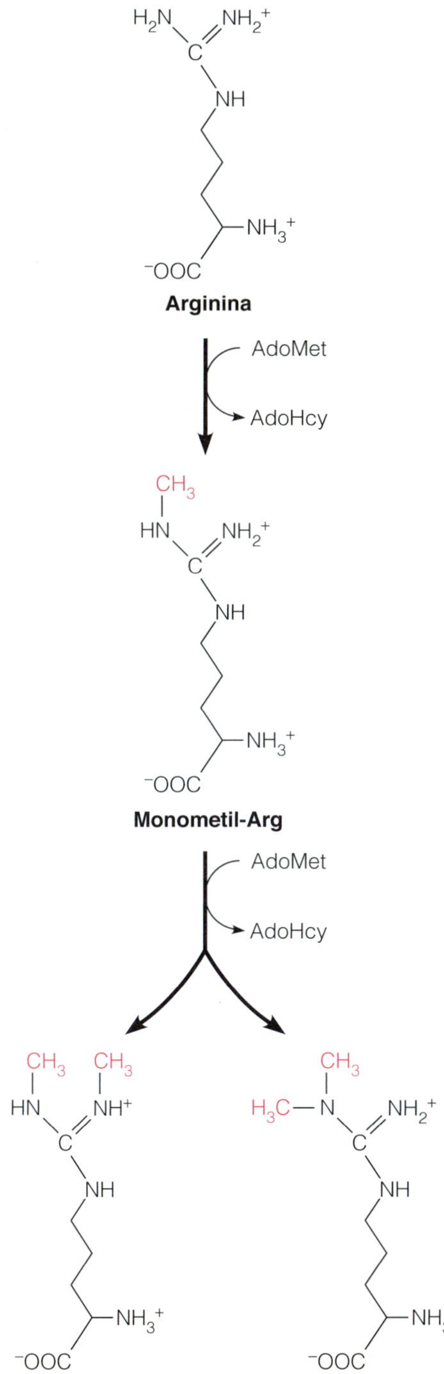


posteriores. Sin embargo, conviene hacer aquí una breve consideración de la metilación de las proteínas. Los residuos metilables son, en distintas proteínas, la lisina, la arginina y los residuos que contienen grupos carboxilo libres. Las histonas se metilan extensamente, y se modifican residuos específicos de arginina y lisina en momentos determinados del ciclo celular. La lisina puede mono, di o trimetilarse y la arginina puede dimetilarse, en una configuración simétrica o asimétrica. Estas modificaciones de las histonas posteriores a la traducción desempeñan un papel central en la regulación de la transcripción y el mantenimiento de la integridad genómica y contribuyen también al **epigenoma** (marcaje químico distinto del DNA hereditario, que influye sobre la expresión de los genes; en el Capítulo 29 se amplía este tema). Sabemos también que la ε-*N*-trimetillisina, procedente de forma específica de la hidrólisis enzimática de las proteínas metiladas, es la precursora de la carnitina, cuya función en la transferencia del grupo acilo a través de las membranas se presentó en el Capítulo 17. Además, en las bacterias, la metilación de las proteínas desempeña un papel importante en el **quimiotactismo,** que es el proceso mediante el cual las bacterias perciben un gradiente de concentración de una sustancia química del medio y se desplazan hacia ella o se alejan de ella. El quimiotactismo está siendo estudiado como un modelo rudimentario de la transducción sensitiva; en este proceso se producen una metilación y una desmetilación cíclica de un grupo de proteínas denominadas **MCP** o proteínas quimiotácticas metilables. Por último, hay algunos indicios de que la metilación proteica protege de algún modo a las proteínas, al menos de dos formas: (1) bloqueando los lugares de ubiquitinización (*véase* el Capítulo 20), con lo que la metilación ayuda evidentemente a proteger del recambio a las proteínas; (2) el daño espontáneo de las moléculas proteicas durante el envejecimiento produce desaminación, isomerización, y racemización de sus residuos de asparagina y aspartato. Una reacción de metilación puede iniciar la reparación de estos residuos dañados.

El papel metabólico central de la AdoMet puede apreciarse si se tiene en cuenta que, excepto en unas pocas reacciones del metabolismo bacteriano, *la única transferencia de grupo metilo conocida en la que no interviene la AdoMet es la síntesis de la propia metionina.* Como se ha indicado en el Capítulo 20, se genera a partir de novo un grupo metilo mediante la reducción del 5,10-metilentetrahidrofolato, para dar lugar a 5-metiltetrahidrofolato (5-metil-THF), catalizada por una metilentetrahidrofolato reductasa (MTHFR) dependiente de flavina. La reacción de la MTHFR del hígado de mamíferos utiliza NADPH como donador electrónico, y por consiguiente, es irreversible debido a la elevada relación $NADPH/NADP^+$ citosólica y el cambio de energía libre estándar grande de la reducción del 5,10-metilén-THF. Posteriormente, se transfiere el grupo metilo para producir metionina a través de la metil-$B_{12}$ y la acción de la metionina sintasa (Figura 21.9). Este grupo metilo se activa luego para su transferencia mediante la conversión dependiente de ATP de la metionina en AdoMet. La *S*-adenosilhomocisteína, formada a partir de transmetilaciones dependientes de la AdoMet, se hidroliza mediante la *S*-adenosilhomocisteína hidrolasa y da lugar a adenosina y homocisteína. La homocisteína se remetila a metionina, y se completa el *ciclo del metilo.* La homocisteína puede eliminarse del ciclo del metilo mediante la conversión en cisteína, a través de la ruta de transulfuración, que se ha descrito en la Figura 21.4. La remetilación y la transulfuración dan cuenta cada una de ellas del ~50 % del metabolismo de la homocisteína.

Como se muestra en la Figura 21.9, el ciclo del metilo está estrechamente conectado con el *ciclo de un carbono.* De hecho, la fuente última de todos los grupos metilo donados por AdoMet es el conjunto de tetrahidrofolato de un carbono. La serina es la principal donadora de unidades de un carbono, a través de la serina hidroximetiltransferasa dependiente de PLP,

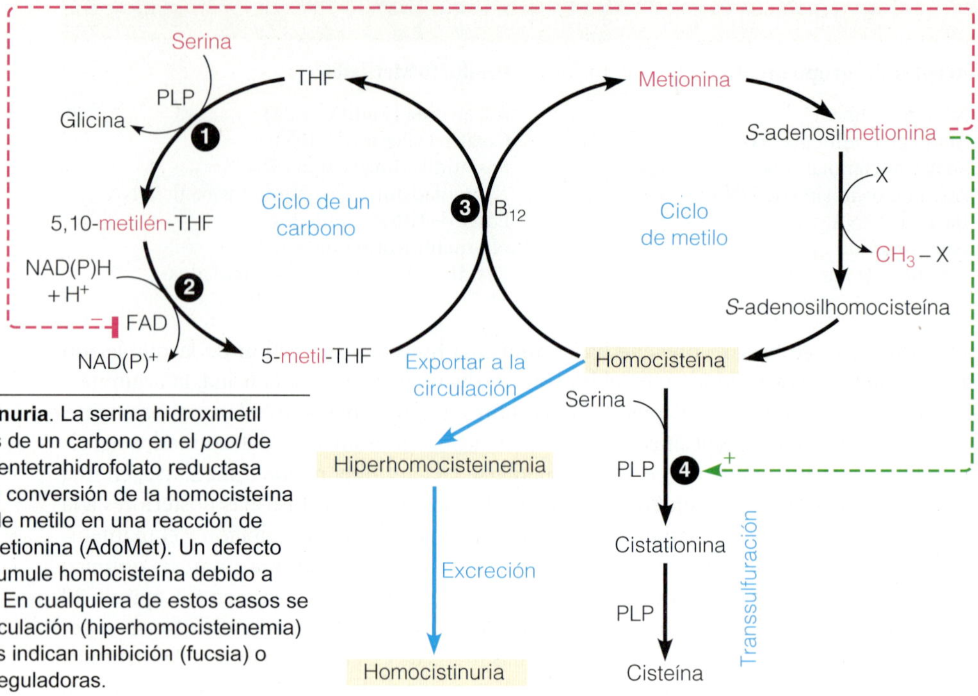


**FIGURA 21.9**

**Metabolismo del grupo metilo y homocistinuria**. La serina hidroximetil transferasa ❶ cataliza la entrada de unidades de un carbono en el *pool* de tetrahidrofolato (THF). La deficiencia de metilentetrahidrofolato reductasa (MTHFR) ❷ o metionina sintasa ❸ bloquea la conversión de la homocisteína a metionina. X representa cualquier aceptor de metilo en una reacción de metiltransferasa dependiente de *S*-adenosilmetionina (AdoMet). Un defecto de la cistationina $\beta$-sintasa ❹ hace que se acumule homocisteína debido a que está dañada la conversión a cistationina. En cualquiera de estos casos se acumula un exceso de homocisteína en la circulación (hiperhomocisteinemia) y orina (homocistinuria). Las líneas punteadas indican inhibición (fucsia) o activación (verde) alostérica de las enzimas reguladoras.

que se ha descrito en el Capítulo 20. La reducción del 5,10-metilén-THF lleva la unidad de un carbono hacia la biogénesis del grupo metilo, ya que la metionina sintasa en los eucariotas es la única enzima que se conoce que utiliza el 5-metil-THF. De esta forma, si la reacción de la metionina sintasa se bloquea por alguna razón (por ejemplo, un déficit de vitamina $B_{12}$) se acumula 5-metil-THF a expensas de los conjuntos agotados de las otras coenzimas de THF. Esta es la base de la trampa metabólica descrita en el Capítulo 20 (página 857).

> El 5-metiltetrahidrofolato transfiere un grupo metilo en la síntesis de metionina, pero en todas las demás transferencias biológicas de metilo interviene la *S*-adenosilmetionina.

Como podría esperarse, los mecanismos reguladores han evolucionado para mantener un equilibrio entre el suministro de unidades de un carbono y la producción de grupos metilo en forma de AdoMet. Dado que la reacción de la MTHFR cataliza el paso de entrada de la biogénesis del grupo metilo, es crucial la regulación de la MTHFR para el metabolismo de un carbono en todos los organismos. Las MTHFR eucariotas se retroinhiben por AdoMet, una característica reguladora clave que evita el agotamiento de $CH_2$-THF cuando la concentración de AdoMet es la adecuada (Figura 21.9). La mayoría de las MTHFR de los eucariotas están formadas por un dominio N-terminal, que contiene el lugar catalítico y un dominio C-terminal regulador, que contiene un lugar de unión alostérico para el AdoMet. Las MTHFR vegetales y bacterianas no se inhiben por AdoMet, sino que esas enzimas utilizan NADH en lugar de NADPH. Debido a la elevada relación citosólica $NAD^+$/NADH, en estos organismos la reacción de la MTHFR probablemente es reversible, con lo que se obvia la necesidad de una regulación por retroacción del AdoMet. El otro lugar regulador importante es el primer paso de la ruta de transulfuración, donde el AdoMet es un efector alostérico positivo de la cistationina $\beta$-sintasa (Figura 21.9). Así, en condiciones de suministro adecuado de metionina y grupos metilo, el AdoMet, de forma simultánea, desconecta la entrada de unidades de un carbono en el ciclo del metilo y desvía el exceso de homocisteína a la ruta de transulfuración.

En los seres humanos, el déficit genético de cistationina $\beta$-sintasa conduce a un trastorno denominado **homocistinuria**, en el que se acumula en exceso homocisteína, el cual se pone de manifiesto por una excreción urinaria excesiva de homocistina (el derivado disulfuro oxidado de la homocisteína). La homocistinuria da lugar a un retraso mental grave, al daño de los vasos sanguíneos y a la luxación del cristalino ocular. En algunos pacientes, la homocistinuria puede tratarse con vitamina $B_6$ (piridoxina). Recuérdese que la cistationina $\beta$-sintasa es una enzima que depende de PLP (Figura 21.4). Las mutaciones de la cistationina $\beta$-sintasa en los pacientes que responden a la $B_6$ producen de forma características enzimas con una afinidad por el PLP de dos a cinco veces menor. Estos «mutantes $K_M$» suelen rescatarse *in vivo* mediante la administración de dosis elevadas de vitamina $B_6$.

Tras la descripción del déficit de cistationina sintasa, se encontró que se producían síntomas semejantes en los déficit de otras dos enzimas relacionadas, la metionina sintasa y la 5,10-metilentetrahidrofolato reductasa. El déficit de metionina sintasa produce anemia megaloblástica y homocisteinemia, pero es poco habitual en el ser humano. Sin embargo, el déficit de MTHFR es el error congénito más común del metabolismo del folato. Aunque se conocen unos pocos casos de déficit severo de MTHFR que producen homocistinuria, son más habituales los pacientes que exhiben solo un déficit moderado de la actividad enzimática MTHFR. En 1995, Rima Rozen y colaboradores de la McGill University de Montreal identificaron una sustitución C ⟶ T en el exón 4 del gen humano de la MTHFR, que produce una sustitución Ala ⟶ Val en la posición 222 del dominio catalítico de la enzima (Figura 21.10). Este cambio del codón, de sentido equivocado o no sinónimo, es bastante corriente en Norteamérica, con hasta el 45 % de la población blanca heterocigota (llevan un alelo T y un alelo C) y un 10-15 % homocigotos para el alelo T. Cuando se produce una determinada mutación con relativa frecuencia (>1 % de los alelos de la población) se denomina *polimorfismo.* Dado que este cambio genético solo afecta a un nucleótido, se denomina polimorfismo de un solo nucleótido, o SNP. Los pacientes homocigotos para este polimorfismo C ⟶ T de MTHFR muestran una homocisteinemia leve, pero solo si también tienen un estado nutritivo con bajo folato y riboflavina.

Los análisis bioquímicos de la variante de valina de la enzima (producto del alelo T) han proporcionado una explicación molecular de los hallazgos clínicos. Comparada con la enzima normal que contiene alanina (producto del alelo C), la variante valina es *termolábil,* se inactiva completamente a 46 °C, y es menos estable que la enzima Ala, incluso a 37 °C. Los linfocitos de los homocigotos TT solo tienen ~50 % de la actividad enzimática MTHFR de los homocigotos CC en las pruebas *in vitro.* ¿Por qué la única sustitución de un aminoácido produce esta termolabilidad? Aún no hay una estructura cristalina de la MTHFR de mamíferos, pero los estudios estructurales en la homóloga de *E. coli* han arrojado mucha luz sobre el problema. Como se ha mencionado antes, la MTHFR bacteriana carece del dominio regulador de las enzimas eucariotas, pero los dominios catalíticos son homólogos. La enzima de *E. coli* es un homotetrámero de subunidades de 296 aminoácidos. Cada subunidad tiene una estructura clásica de barril $\beta_8\alpha_8$ con el cofactor flavina (FAD) unido al C-terminal de las cadenas $\beta$ (Figura 21.11). Como la variante eucariota de valina, la correspondiente variante de valina de *E. coli* muestra termolabilidad (Figura 21.12a). Los estudios cinéticos de las versiones Ala y Val de la enzima de *E. coli* han demostrado que la sustitución de valina no afecta los valores de $K_M$ o de $k_{cat}$, sino que la sustitución de valina aumenta en gran manera la propensión de la enzima a perder su co-

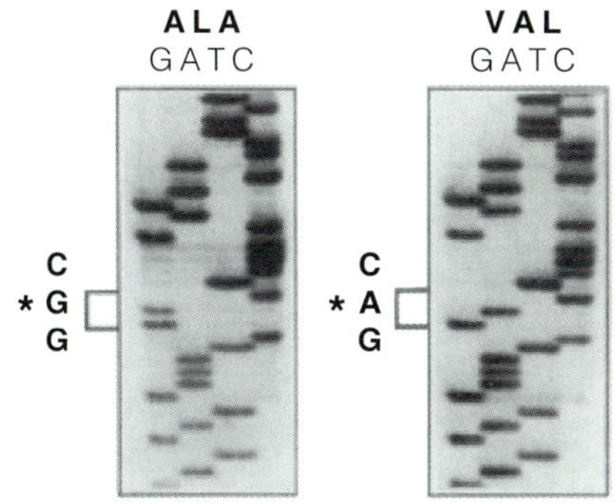


**FIGURA 21.10**

**La secuenciación del DNA revela un polimorfismo común de la metilentetrahidrofolato reductasa (MTHFR) humana**. Se obtuvo la secuencia de DNA a partir de las cadenas antisentido del gen de la MTHFR de dos personas, una que porta el alelo C (izquierda) y la otra el alelo T (derecha). Las cadenas correspondientes con sentido codifican un codón GCC (Ala) o GTC (Val), respectivamente.

Cortesía de Rowena Matthews, University of Michigan.

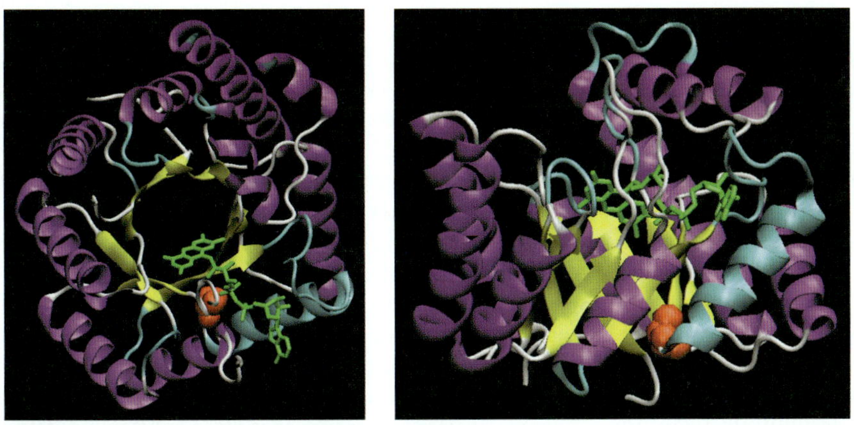

**FIGURA 21.11**

**MTHFR de *E. coli* en complejo con ligandos**. Esta figura muestra la estructura cristalina de rayos X de la enzima bacteriana con el FAD (verde) unido (PDB ID 1B5T). El panel izquierdo muestra una vista desde el eje inferior del barril $\beta_8\alpha_8$ observado hacia los extremos C-terminal de las cadenas $\beta$ (amarillo). El panel derecho es una vista perpendicular del eje del barril. La alanina-177 que se muestra como relleno espacial (rojo) está situada en los extremos N-terminales del barril. La sustitución de este residuo con una valina voluminosa altera el empaquetamiento de la hélice $\alpha$ adyacente (fucsia), que se proyecta hacia el lugar de unión del FAD.

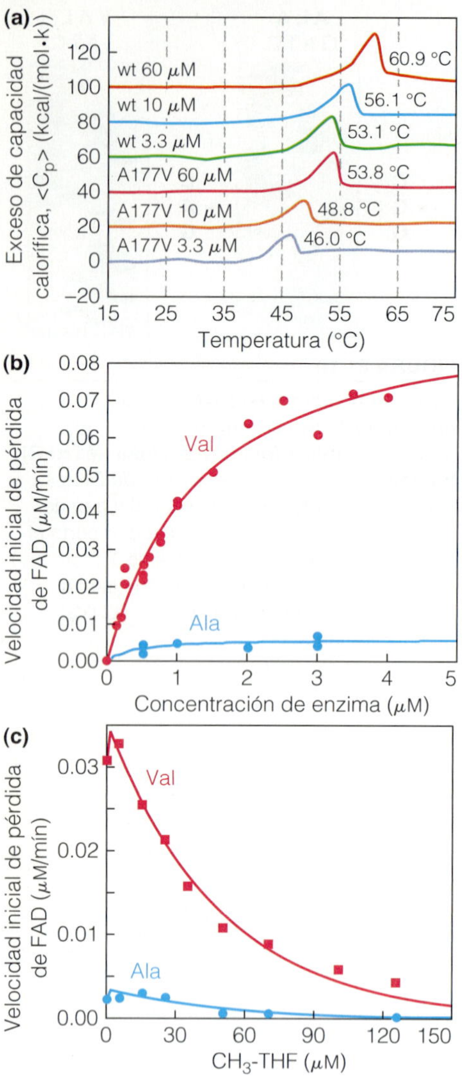


**FIGURA 21.12**

**Análisis bioquímico del mutante Ala177Val de la MTHR de *E. coli*. (a)** La calorimetría de escaneo diferencial (*véase* Herramientas de la Bioquímica 6C) revela la termolabilidad de la variante valina (A177V) comparada con la enzima Ala177 de tipo natural. Las temperaturas de fusión $T_m$ descienden en ambas enzimas al descender la concentración proteica. **(b)** La disociación del FAD se siguió observando el aumento de la fluorescencia de la flavina (inserto) con el tiempo tras diluir la enzima concentrada a las concentraciones indicadas en el eje *x*. La enzima Val177 pierde el FAD ~10 veces más rápidamente que la enzima Ala177. **(c)** El cofactor folato (5-metil-THF) protege a ambas enzimas natural y mutante frente a la pérdida de FAD de forma dependiente de la concentración.

La homocisteinemia puede ser consecuencia de defectos genéticos de la cistationina $\beta$-sintasa, la metionina sintasa o la 5,10-metilentetrahidrofolato reductasa, así como de carencias alimentarias de ácido fólico, vitamina $B_6$ o vitamina $B_{12}$.

factor FAD (Figura 21.12b). La disociación del cofactor flavina disminuye la estabilidad térmica de la enzima. De manera importante, el sustrato folato protege a la enzima frente a la pérdida de flavina (Figura 21.12c) y frente a la inactivación térmica. En la enzima de *E. coli*, Ala177 (equivalente a Ala222 de la enzima humana) está situada en el fondo del barril $\beta$, a ~15 A del lugar catalítico (Figura 21.11). A pesar de esta distancia, la sustitución de un residuo de valina más grande interrumpe el empaquetamiento de una hélice $\alpha$ que contribuye al lugar de unión del FAD. La propagación de este cambio estructural a través de la proteína disminuye la afinidad de unión del cofactor FAD en comparación con la enzima normal con alanina. El cofactor folato unido hace más lenta la pérdida de FAD. De esta forma, las propiedades bioquímicas de la enzima predicen el fenotipo clínico: mientras la concentración de folato sea adecuada, los homocigotos TT que expresan la variante con valina retienen la suficiente actividad MTHFR. Sin embargo, si su ingestión de folato cae por debajo de un determinado nivel umbral, la MTHFR ya no se encuentra saturada con el cofactor folato. Se acelera la disociación del FAD, lo cual lleva a termolabilidad, desciende la actividad MTHFR y desciende la producción de 5-metil-THF necesario para remetilar la homocisteína. Este es un ejemplo elegante de cómo los estudios estructurales y bioquímicos pueden conducir a un mejor conocimiento de las bases moleculares de las enfermedades metabólicas hereditarias.

En la Figura 21.9 puede apreciarse cómo un déficit de cistationina $\beta$-sintasa, metionina sintasa o 5,10-metilentetrahidrofolato reductasa pueden producir la acumulación de homocisteína. Además de estas causas genéticas, el déficit alimenticio de ácido fólico, vitamina $B_6$ o vitamina $B_{12}$ también pueden dar lugar a homocisteinemia.

Mientras que los ciclos de un carbono y de metilo que se muestran en la Figura 21.9 se encuentran virtualmente en todas las células, el hígado y el riñón poseen una ruta adicional para la síntesis de metionina que comporta un tipo distinto de transmetilación. La homocisteína puede remetilarse utilizando **betaína** como donador de metilo, en una reacción catalizada por la betaína-homocisteína metiltransferasa citosólica. La betaína, que también se llama trimetilglicina, se forma a partir de la oxidación mitocondrial de colina.

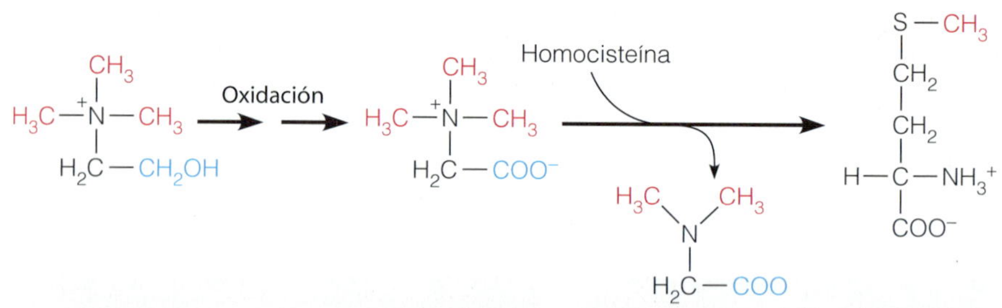


**Colina** **Betaína** **Dimetilglicina** **Metionina**

La betaína, que es un derivado amino cuaternario de un aminoácido, tiene una carga positiva y un elevado potencial de transferencia de grupo, como la propia AdoMet. Dado que los grupos metilo de la betaína procedían originalmente de la AdoMet durante la síntesis de fosfatidil colina (Capítulo 19, página 784), la existencia de este proceso de transmetilación concuerda con la afirmación de que todos los grupos metilo proceden de la metionina, excepto los que se utilizan en la síntesis de metionina.

La síntesis de betaína es especialmente importante en los vegetales, donde se acumula para protegerlos frente a la agresión osmótica de la sequía o la salinidad elevada. La betaína es uno de los **osmoprotectores** de varias plantas, moléculas pequeñas, eléctricamente neutras y no tóxicas que pueden estabilizar las proteínas y las membranas frente a la desnaturalización por concentraciones sales elevadas y otros solutos. La demanda de grupos metilo para la síntesis de betaína (vía colina) a menudo eclipsa las de todas las demás transferencias de metilo en una planta agredida.

La metionina también es la fuente de dimetilsulfoniopropionato (DMSP), un osmoprotector producido por muchas algas marinas, bacterias del coral y otro fitoplancton. Como se muestra en la Figura 21.13, la metionina primero se transamina y reduce. El AdoMet dona un segundo grupo metilo y luego tiene lugar una descarboxilación oxidativa para dar DMSP. Este compuesto se cataboliza en las bacterias marinas por dos rutas

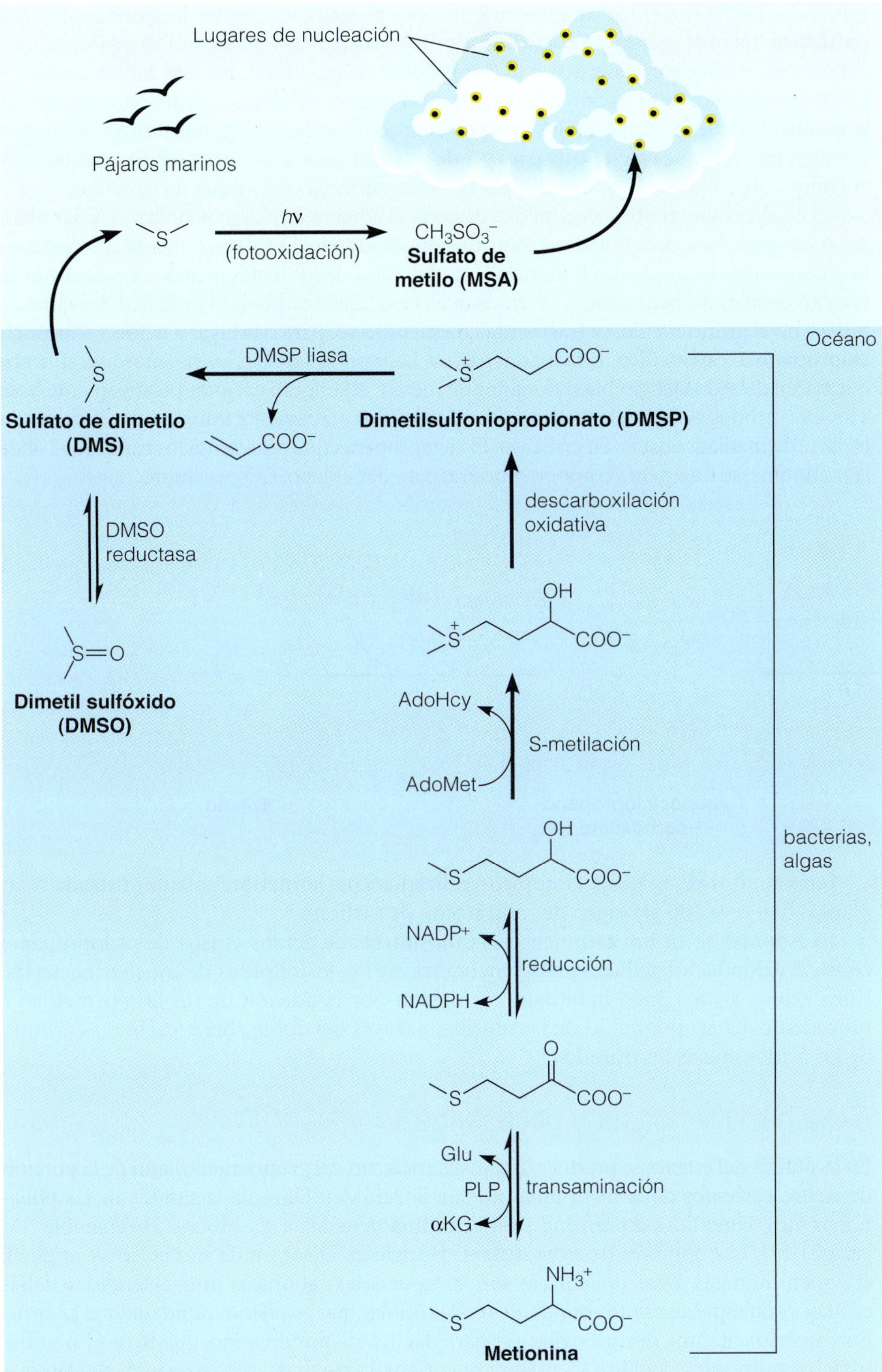


**FIGURA 21.13**

**Significado ambiental del metabolismo del dimetil sulfuro.**

De *Science* 272:1599-1600, E. I. Stiefel, Molybdenum bolsters the bioinorganic brigade. © 1996. Reproducido con permiso de Jeannette Stiefel.

que compiten. Una ruta conduce a metanetiol ($CH_3SH$) y ácido acético. En la ruta que se muestra en la Figura 21.13, el DMSP se hidroliza a dimetil sulfuro (DMS) y ácido acrílico. El DMS es la forma volátil principal del azufre de los océanos, contribuyendo anualmente con aproximadamente $1.5 \times 10^{13}$ g de S a la atmósfera. La liberación de DMS a la atmósfera probablemente es la responsable de una «fragancia de aire salino» distintiva y de nombre equivocado que asociamos con el mar. Este olor atrae a los pájaros marinos, que lo reconocen como indicador de productividad biológica del océano. También, el DMS de la atmósfera sufre una protooxidación a metil sulfato (MSA), que actúa como lugar de nucleación para la formación de nubes. El DMS se oxida también con facilidad a dimetilsulfóxido (DMSO), pero los organismos marinos poseen una enzima, la **dimetilsulfóxido reductasa**, que cataliza la regeneración de DMS. La DMSO reductasa utiliza el mismo cofactor de molibdeno descrito en al Capítulo 20 (página 825). De esta forma, DMSO y DMS desempeñan una función importante en el control del clima, al contribuir a modular la temperatura de la Tierra. En los cuerpos de fructificación de algunos hongos se emplea también una variante de esta ruta para producir compuestos con azufre. Estos compuestos volátiles, como DMS y $H_2S$, son componentes importantes del aroma de las trufas.

La *S*-adenosilmetionina desempeña otro papel adicional en el metabolismo de las plantas, como precursor de la hormona hidrocarbonada **etileno.** El etileno fomenta el crecimiento y desarrollo de las plantas e induce la maduración de las frutas. Aunque no se conocen bien los detalles del mecanismo, sabemos que el esqueleto carbonado principal de la metionina, y no el grupo metilo, se fragmenta en este proceso, para dar lugar a **ácido 1-aminociclopropano-1-carboxílico**. Esta reacción poco habitual se basa en los mismos mecanismos que hacen del AdoMet tan buen donador de metilo: el sulfonio cargado positivamente hace a los tres carbonos adyacentes centros muy electrófilos y fácilmente transferibles, incluyendo la parte de metiladenosina, en este caso. El ciclopropano, que representa los carbonos 1-4 de la metionina, se fragmenta como se muestra, para dar etileno, $CO_2$ y cianuro.

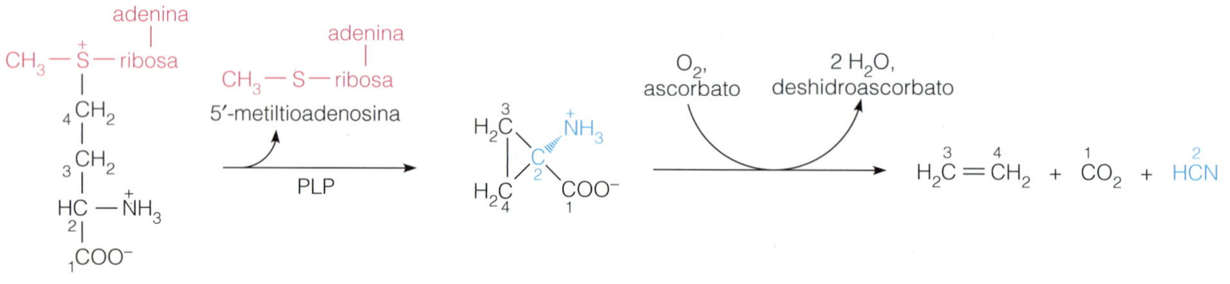


Los estudios de marcaje isotópico realizados con la metionina suministrada a las plantas han revelado el origen de cada átomo de carbono.

La AdoMet se utiliza también en la biosíntesis de ácidos grasos de ciclopropano, como el ácido lactobacílico, que se encuentra en los fosfolípidos de muchas bacterias. Estos ácidos grasos poco habituales se forman por la adición de un grupo metileno, procedente del grupo metilo de la AdoMet, a través del doble enlace carbono-carbono de los ácidos grasos insaturados.

## *S*-adenosilmetionina y poliaminas

En la síntesis del etileno se produce la transferencia, no del grupo metilo, sino de la porción de cuatro carbonos de la metionina unida a la AdoMet. Durante la síntesis de las poliaminas muy extendidas **espermina** y **espermidina** tiene lugar un proceso comparable (Figura 21.14). Los nombres de estas sustancias sugieren el origen de su detección original: el semen humano. Estas poliaminas son componentes catiónicos muy extendidos de las células, y son especialmente abundantes en las células que proliferan rápidamente. La ornitina experimenta una descarboxilación para dar 1,4-diaminobutano, que tiene el nombre trivial de **putrescina** debido a su aislamiento original a partir de una carne podrida. Aunque la putrescina y su homólogo, la **cadeverina**, se clasifican como poliaminas, de hecho son diaminas, que se sintetizan mediante la descarboxilación de la ornitina y la lisina, respectivamente. A su vez, la ornitina, se sintetiza a partir del glutamato en la misma ruta que conduce finalmente a la arginina y la prolina (*véase* la Figura 21.31). La **ornitina descarboxilasa** es una enzima muy regulada cuya actividad responde a múltiples estímulos hormonales. Tiene una semivida metabólica extremadamente breve (aproximadamente 10 minutos), y su actividad intracelular está controlada en gran medida a nivel de la degradación proteica.

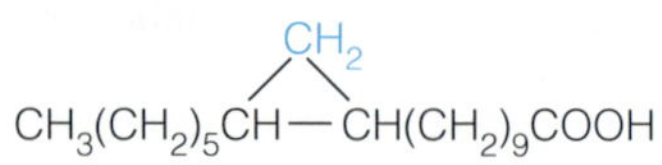

**Ácido lactobacílico**

Las poliaminas son necesarias para la proliferación celular, debido a su intervención en la estabilización de las estructuras de DNA de doble cadena.

Como los policationes, las poliaminas desempeñan funciones múltiples en la estabilización de los ácidos nucleicos cargados negativamente. Una molécula de poliamina puede unirse a los fosfatos de las dos cadenas de un dúplex, estabilizando de esta forma

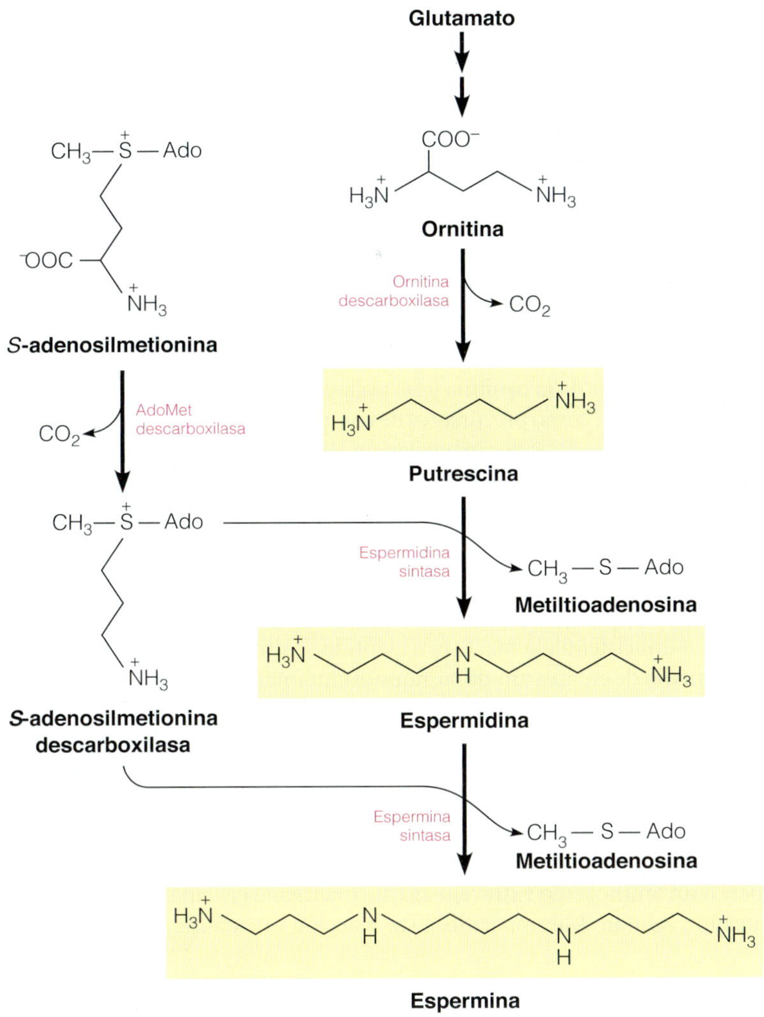


**FIGURA 21.14**

**Biosíntesis de putrescina, espermidina y espermina.**

los DNA de doble cadena o una región dúplex de RNA. Así por ejemplo, en el bacteriófago T4, alrededor del 40 % de la carga negativa del DNA del virus está neutralizada por las poliaminas. Los RNA de transferencia de algunas procedencias contienen dos moléculas de espermina o espermidina estrechamente unidas por moléculas de RNA de transferencia. Algunas proteínas contienen poliaminas unidas covalentemente, con los nitrógenos unidos a grupos $\gamma$-carboxilo de glutamato. En las células bacterianas, las poliaminas también participan en la regulación de la fuerza osmótica interna y ayudan a estabilizar las membranas. En las células animales, las poliaminas controlan las propiedades eléctricas de las membranas excitables. Asimismo, la biosíntesis de poliaminas está relacionada estrechamente con el estado de proliferación de la célula; cuando está activada la síntesis de ácidos nucleicos, lo está también la de poliaminas. Como consecuencia, los investigadores se preguntan si la activación de la síntesis de poliaminas al comienzo de la génesis de los tumores podría ser un marcador para el diagnóstico precoz del cáncer o una diana para el tratamiento del cáncer. Consistente con esto último, el fármaco antiparasitario **difluorometilornitina** (**DFMO**) detiene la progresión del ciclo de división celular (*véase* el Capítulo 28) mediante la inhibición de la ornitina descarboxilasa, lo cual sugiere un papel de las poliaminas en la regulación del ciclo celular.

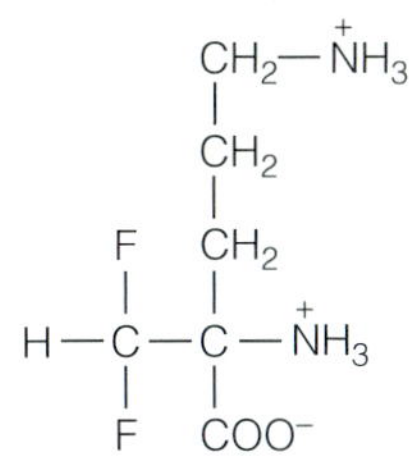

**Difluorometilornitina**

La putrescina actúa como precursor de la espermidina, y luego de la espermina, a través de una transferencia de grupos propilamino activos con participación de la AdoMet (Figura 21.14). En primer lugar, la AdoMet se descarboxila por la **AdoMet descarboxilasa.** Esta enzima es un ejemplo de una descarboxilasa que contiene como cofactor, no el piridoxal fosfato, sino piruvato unido covalentemente (*véase* la página 848). El grupo propilamino resultante se transfiere a la putrescina para dar espermidina, y un

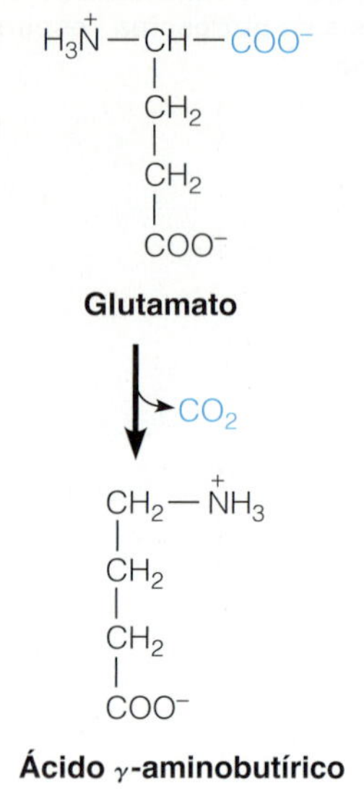


segundo grupo se transfiere a la espermidina, catalizado por la espermina sintasa, para dar espermina. El otro producto de estas reacciones es la 5′-metiltioadenosina, que sufre una rotura fosforolítica a adenina y **5′-metiltiorribosa-1-fosfato.** Este último compuesto se utiliza para sintetizar de nuevo metionina por otra ruta que no se muestra aquí.

La espermina es claramente necesaria para el desarrollo normal de los mamíferos. En los seres humanos, el síndrome poco habitual de Snyder-Robinson ligado a X está producido por mutaciones del gen que codifica la espermina sintasa. Este síndrome se caracteriza por retraso mental, defectos del esqueleto, osteoporosis y asimetría facial.

## Otras funciones precursoras del glutamato

### Ácido γ-aminobutírico

Además de ser precursor de la ornitina y las poliaminas, el glutamato es uno de los diversos aminoácidos que actúan como precursores de compuestos que intervienen en la transmisión de los impulsos nerviosos. La descarboxilación del glutamato da lugar a **ácido γ-aminobutírico** o **GABA.** Además, el glutamato en sí es un neurotransmisor. Las funciones del glutamato y del GABA en la neurotransmisión se considerarán más adelante en este capítulo.

### Glutatión

Otro destino metabólico principal y universal del glutamato es la síntesis de **glutatión** (**GSH**), o γ-glutamilcisteinilglicina. Este tripéptido se sintetiza uniendo glutamato, cisteína y glicina por medio de enlaces amida, aunque el glutamato se une a través de su γ-carboxilo en lugar de su α-carboxilo. La síntesis de GSH se produce como parte del **ciclo del γ-glutamilo**, que actúa en el transporte de los aminoácidos dentro de la célula (Figura 21.15). La formación del enlace amida es impulsada por la hidrólisis del ATP, donde cada grupo carboxilo es activado para la sustitución nucleófila mediante la formación de un intermedio acil fosfato (*véase* el margen, página 883). Tras su síntesis dentro de la célula, el GSH se transporta a través de la membrana plasmática donde se hidroliza y su porción γ-glutamilo se transfiere a un aminoácido extracelular (normalmente cisteína o metionina), formando un conjugado γ-glutamil-aminoácido. Esta reacción la cataliza la **γ-glutamil transpep-**

**FIGURA 21.15**

**Glutatión y ciclo del γ-glutamilo**. Las enzimas que participan son ① γ-glutamilcisteína sintasa, ② glutatión sintasa, ③ γ-glutamil transpeptidasa, ④ γ-glutamil ciclotransferasa, ⑤ 5-oxoprolinasa, ⑥ dipeptidasa.

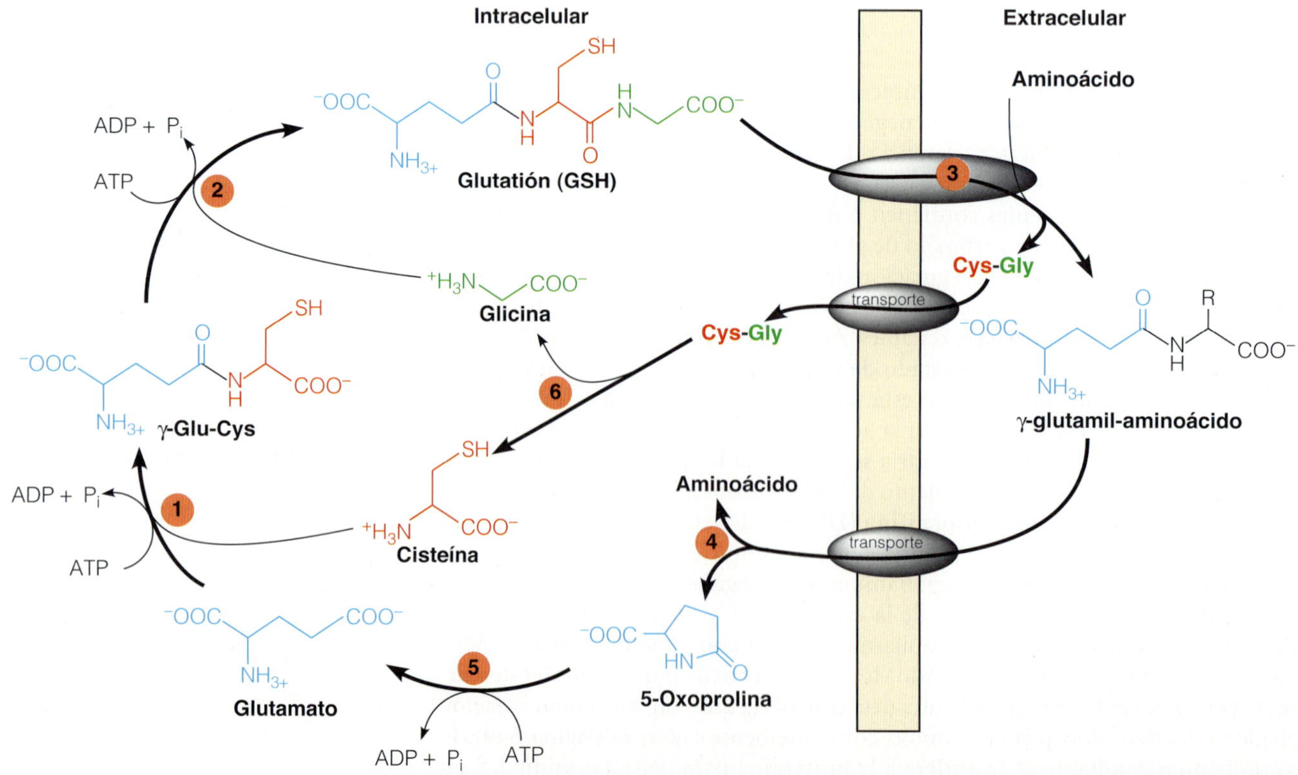

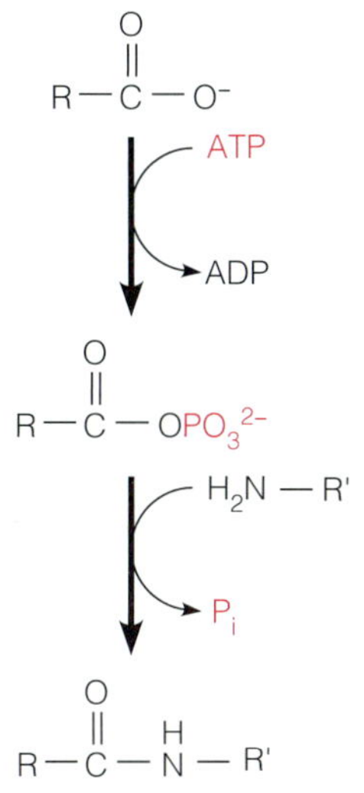


**tidasa**, una proteína de la membrana plasmática cuyo lugar activo está frente al espacio extracelular. No es necesario ATP para impulsar esta reacción debido a que implica el intercambio de un enlace amida por otro. El conjugado $\gamma$-glutamil-aminoácido se transporta al interior de la célula, donde se hidroliza para liberar el aminoácido libre y 5-cetoprolina de la porción glutamato. La 5-cetoprolina tiene un enlace amida interno muy estable, y necesita la hidrólisis de ATP para romperlo y dar glutamato. El otro producto de la reacción transpeptidasa, el dipéptido cisteinilglicina, se hidroliza a los aminoácidos libres bien extracelularmente o bien intracelularmente. Luego, estos se acoplan al glutamato para regenerar el GSH. El ciclo del $\gamma$-glutamilo es especialmente importante en las células con funciones secretoras o de absorción, como el riñón, el páncreas y el intestino.

Como señalamos cuando consideramos la ruta de las pentosas fosfato en el Capítulo 13, el glutatión desempeña diversas funciones metabólicas importantes. Este tripéptido, abundante en todas las células, protege frente a dos tipos de agresiones metabólicas. En primer lugar, puede reducir de forma no enzimática diversas sustancias, como peróxidos o radicales libres, que se acumulan en las células en condiciones oxidantes (Capítulo 15, página 667). El glutatión mantiene un ambiente intracelular reductor, que impide la oxidación de los tioles proteicos intracelulares de su oxidación a disulfuros. En segundo lugar, a través de la acción de enzimas muy extendidas, las **glutatión *S*-transferasas**, el glutatión participa en la desintoxicación de muchas sustancias. Como los **xenobióticos** (compuestos orgánicos ajenos que no se producen en el metabolismo) o los electrófilos producidos por la acción de las oxidasas ligadas al citocromo P-450. Entre estos compuestos se encuentran los haluros orgánicos, los peróxidos de ácidos grasos procedentes de la oxidación lipídica y los productos que resultan del DNA dañado mediante radiación. El glutatión reacciona con estos compuestos (señalados como RX) como se muestra aquí, a lo que sigue la rotura de los residuos $\gamma$-glutamilo y glicilo y la posterior acetilación por la acetil-CoA para dar **acído mercaptúrico**. Este derivado del compuesto original más soluble y menos tóxico puede posteriormente excretarse en la orina.

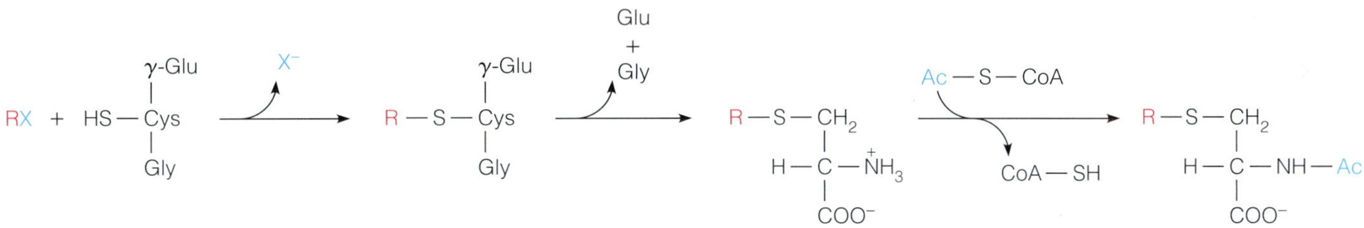


**Glutatión** **Conjugado *R*-cisteína** **Ácido mercaptúrico**

De otra forma, la desintoxicación puede comportar el catabolismo del conjugado de cisteína a un compuesto metiltio o a glucurónido.

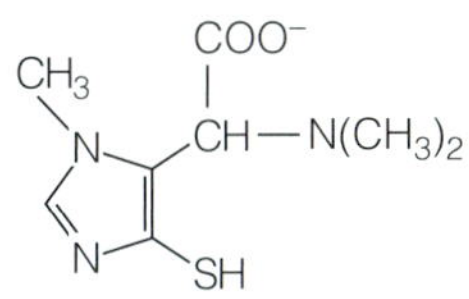

**Ovotiol C**

Otra familia de aminoácidos azufrados, los **ovotioles**, se encuentran en los huevos fertilizados, donde tienen una función comparable a la del glutatión. Estos derivados de mercaptohistidina pueden tener uno, dos o ningún sustituyente metilo en el grupo $\alpha$-amino. Los ovotioles, que están presentes en concentraciones milimolares en los huevos de los equinodermos marinos y los moluscos, protegen el huevo del daño oxidativo de los peróxidos producidos en la superficie del huevo al comienzo de la fertilización. El ovotiol, a su vez, es reducido por el glutatión. Los ovotioles actúan también como antioxidantes en los parásitos tripanosomátidos como *Leishmania* y *Trypanosoma.*

Por último, el glutamato participa en la síntesis, a través de un sistema de conjugación que depende del ATP, de la cola de poliglutamato del ácido fólico y sus coenzimas (*véase* el Capítulo 20, página 849). Como en la síntesis del glutatión, los residuos de glutamato en las colas de poliglutamato están unidos a través de sus grupos $\gamma$-carboxilo.

## Óxido nítrico y creatina fosfato

A partir de finales de los años 1980, se describió un papel inesperado de la arginina como precursor de un nuevo segundo mensajero y neurotransmisor. Este nuevo regulador se ha identificado como un gas, el radical libre **óxido nítrico** (NO), que se produce

**FIGURA 21.16**

**Biosíntesis óxido nítrico y creatina fosfato a partir de arginina**. En la síntesis de NO, el intermedio $N^{\omega}$-hidroxi -L-arginina permanece fuertemente unido a la NO sintasa (NOS).

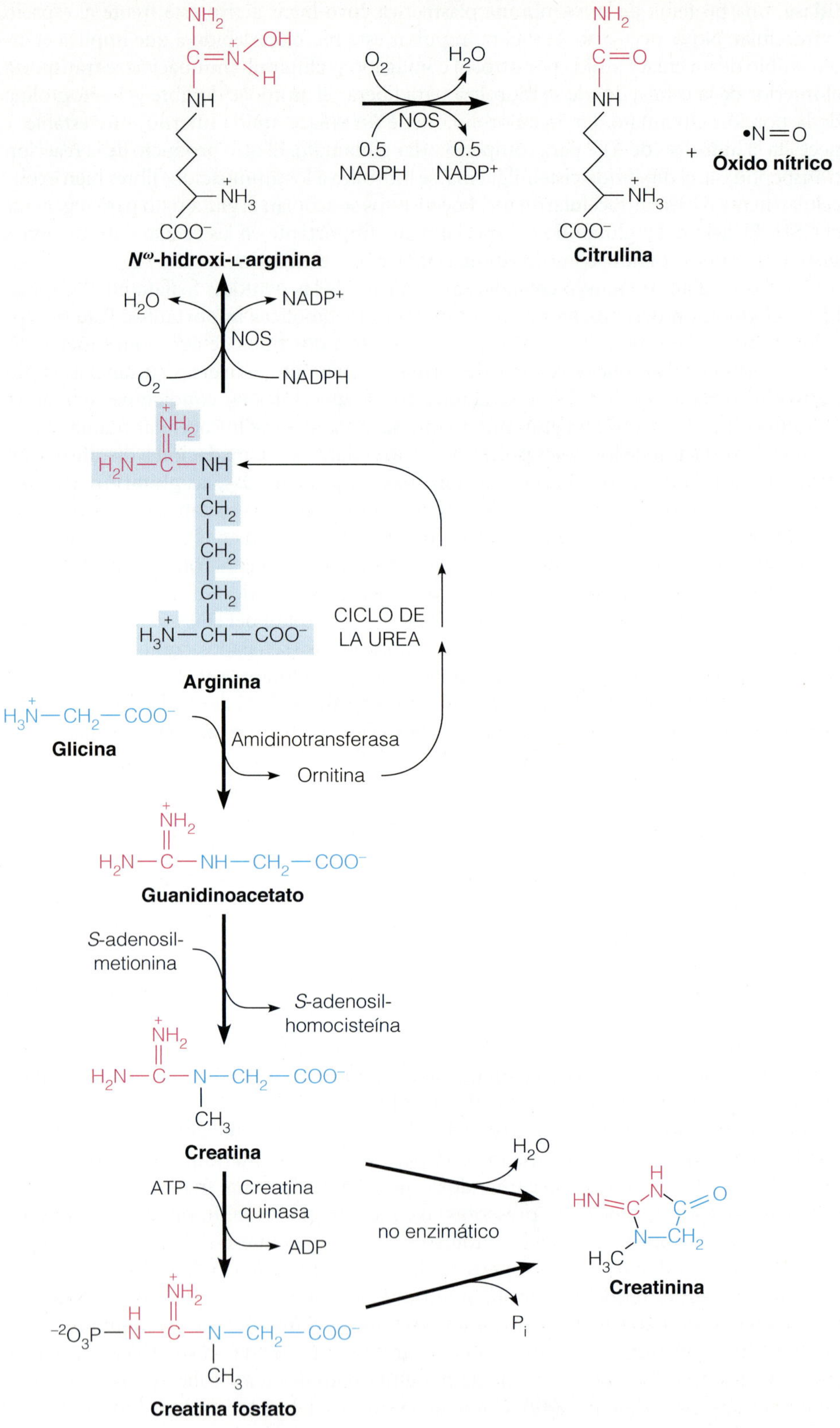


a partir de la arginina mediante una reacción poco habitual que da lugar también a citrulina (Figura 21.16). La enzima, **NO sintasa** (NOS), que cataliza una oxidación de arginina por el $O_2$, que se produce en dos pasos y que depende de NADPH, contiene unidos FMN, FAD, hierro no hemo y tetrahidrobiopterina, el mismo cofactor que participa en la síntesis de tirosina a partir de fenilalanina (Figura 21.7). En los Capítulos 7 y 23 se describe la función fisiológica y el mecanismo de acción de esta molécula gaseosa de señalización.

La arginina también es la precursora del compuesto de almacenamiento de energía creatina fosfato (*véase* el Capítulo 3, página 76). El grupo guanidino se transfiere a la glicina, liberando el resto de la molécula de arginina como ornitina (Figura 21.16). La arginina puede regenerarse a partir de la ornitina a través del ciclo de la urea (*véase* la Figura 20.12, página 842). El otro producto de la reacción amidotransferasa, el **acido guanidinoacético**, se metila por la *S*-adenosilmetionina para dar creatina, seguido de la fosforilación de esta a creatina fosfato, catalizado por la creatina quinasa. La reacción amidotransferasa es el paso limitante de la velocidad de la síntesis de creatina y su expresión está reprimida por la creatina. En base a la distribución tisular de las enzimas participantes, la biosíntesis de creatina parece ser un proceso entre órganos en los mamíferos. El guanidinoacetato se produce en el riñón y se transporta al hígado para su metilación a creatina. Dado que la creatina quinasa es muy baja en el hígado, la creatina se libera a la circulación sanguínea. Los tejidos con una demanda energética elevada, como el músculo y el cerebro, captan la creatina de la sangre y la fosforilan a creatina fosfato.

Tanto la creatina como la creatina fosfato se ciclan espontáneamente a creatinina (Figura 21.16), que se excreta en la orina (1-2 g al día en un adulto normal). Una dieta típica occidental puede aportar alrededor de la mitad de esta creatina perdida, y se ha calculado que los seres humanos adultos sintetizan diariamente ~4-8 mmoles de creatinina. En efecto, la metilación del ácido guanidinoacético a creatina consume más AdoMet que las otras reacciones de metilación combinadas.

## Utilización de la tirosina en los animales

La tirosina desempeña varias funciones importantes en el metabolismo animal, como precursor de las hormonas tiroideas, los pigmentos biológicos denominados **melaninas**, y las *catecolaminas*, que actúan como hormonas y como neurotransmisores (se consideran más adelante en este capítulo).

### Hormonas tiroideas

Las hormonas tiroideas estimulan varios procesos metabólicos a través de la activación de la transcripción de genes determinados (*véase* el Capítulo 23). La síntesis de las hormonas tiroideas, principalmente **tiroxina** ($T_4$) y **triyodotironina** ($T_3$) tiene lugar mediante una ruta poco habitual a nivel de los residuos de tirosina de una proteína específica, la **tiroglobulina**. Este proceso tiene lugar en la glándula tiroides que, con este fin, concentra el ion yoduro del suero sanguíneo. La tiroglobulina es una glucoproteína homodímera grande (2750 aminoácidos por monómero en los seres humanos), que se sintetiza por las células foliculares de la glándula tiroides y se segrega a la luz folicular. Hasta un 20 % de los 140 residuos de tirosina de la tiroglobulina se yodan en una reacción catalizada por la tiroperoxidasa. En esta reacción que necesita $H_2O_2$, el yoduro ($I^-$) se oxida y se une de forma covalente a las cadenas laterales de tirosina de la tiroglobulina, formando residuos de mono y di-yodotirosilo. Como se muestra en la Figura 21.17, dos residuos de tirosina yodados en la misma cadena se acoplan de forma oxidativa (catalizada también por la tiroperoxidasa) para dar un residuo de $T_3$ o $T_4$. La tiroglobulina yodada se engloba por pinocitosis en la célula folicular donde, tras la estimulación hormonal, sufre la degradación para dar las hormonas libres, que se transportan a sus lugares de acción por la circulación sanguínea. Una consecuencia del déficit de yodo es el **bocio**, un trastorno en el que la glándula tiroides crece hasta alcanzar un tamaño anormalmente grande en su intento de captar todo el yodo disponible. Antes de que se utilizara de manera general la sal yodada, el bocio era un trastorno endémico en las regiones en las que había un déficit de yodo en el suelo.

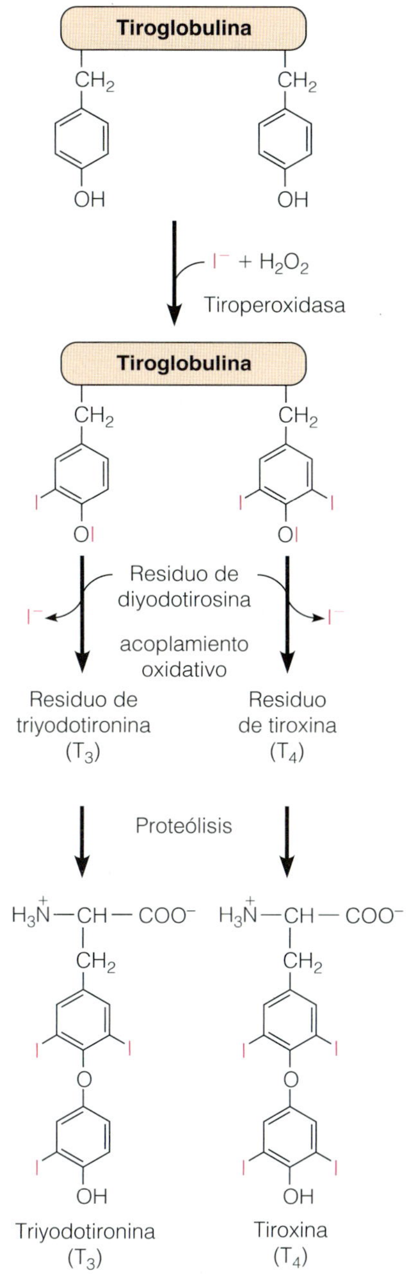


**FIGURA 21.17**

**Biosíntesis de las hormonas tiroideas como residuos de la proteína tiroglobulina.** Las formas yodadas de la tirosina, triyodotironina ($T_3$) y tiroxina ($T_4$), se liberan a partir de estas proteínas mediante degradación proteolítica.

### Melaninas

La síntesis de las melaninas (Figura 21.18) tiene lugar en las células productoras de pigmentos, los **melanocitos**. Los melanocitos de los mamíferos y las aves producen dos tipos de melaninas químicamente diferentes, **eumelanina** y **feomelanina**. La maquinaria bioquímica de la síntesis de melanina está contenida dentro de orgánulos

**FIGURA 21.18**

**Rutas de biosíntesis desde la tirosina a las melaninas.** Solo unos pocos pasos están catalizados por enzimas y la mayoría son espontáneos. Varios pasos comportan un intercambio redox dependiente de dopaquinona. La dopa formada puede reciclarse a dopaquinona (DQ) por medio de la tirosinasa. Las estructuras de la eumelanina y la feomelanina son generales; las flechas indican los lugares de enganche a otras unidades.

*Photochemistry and Photobiology* 84:582–592, S. Ito y K. Wakamatsu, Chemistry of mixed melanogenesis—pivotal roles of dopaquinone. © 2008 John Wiley & Sons, Inc. Modificado con permiso de John Wiley & Sons, Inc.

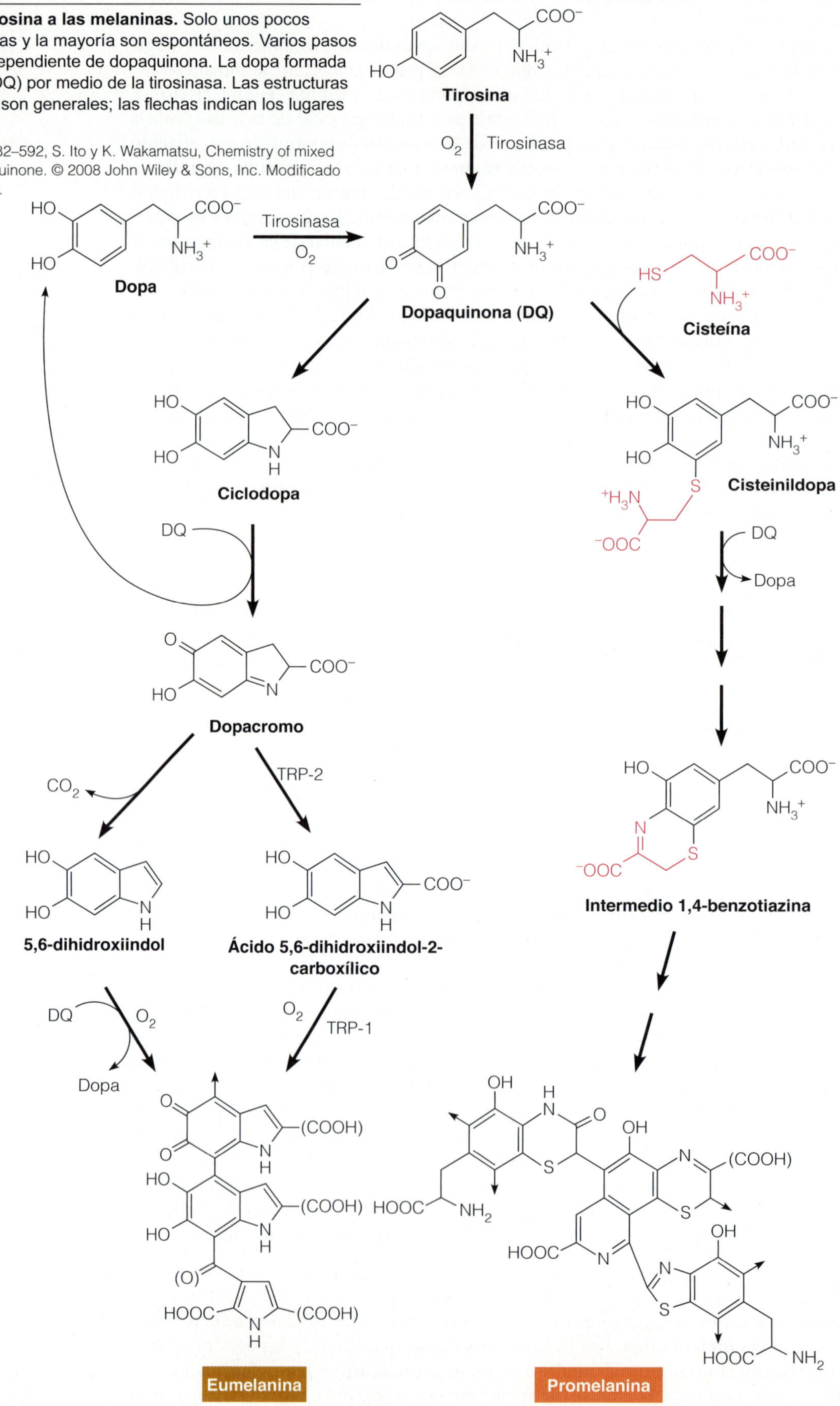

unidos a la membrana denominados melanosomas, para proteger a la célula frente a intermedios potencialmente tóxicos. Tres enzimas pigmentarias principales están unidas a la cara interior de las membranas del melanosoma: tirosinasa, proteína 1 relacionada con la tirosinasa (TRP-1) y dopacromo tautomerasa, conocida también como proteína 2 relacionada con la tirosinasa (TRP-2). El paso limitante de la velocidad es el primero, catalizado por la tirosinasa, una oxigenasa que contiene cobre. Inicialmente se creyó que la **3,4-dihidroxifenilalanina** (normalmente denominada **dopa**) se formaba primero en la ruta de la dopaquinona. Los trabajos posteriores mostraron que la dopaquinona se forma directamente en la reacción de la tirosinasa. La dopaquinona (DQ) es muy reactiva, y alguna de las reacciones posteriores se produce de forma espontánea. En ausencia de compuestos sulfhidrilo, la dopaquinona experimenta una adición intramolecular de los grupos amino para dar ciclodopa. Un intercambio redox no enzimático entre la ciclodopa y la dopaquinona da lugar posteriormente a dopacromo y dopa. El dopacromo se reagrupa gradualmente a dihidroindoles, los cuales se oxidan posteriormente para dar las eumelaninas pardonegruzcas.

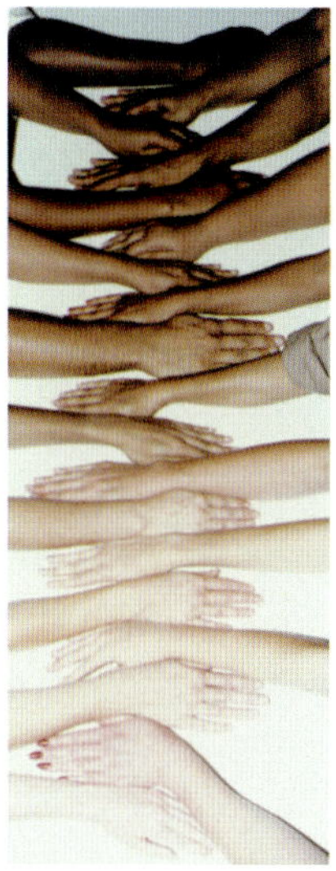

*Human Molecular Genetics* 18:R9–R17. R. A. Sturm, Molecular genetics of human pigmentation diversity. 

En otra rama de la ruta, la dopaquinona reacciona con cisteína en su camino a una serie de polímeros relacionados, las feomelaninas amarillentas o pardo-rojizas. La pigmentación de una persona viene dada por las cantidades relativas de melaninas rojas y negras de la piel. Estas, a su vez, son el resultado de la distribución y densidad de los melanocitos en las capas basales de la piel, así como de las actividades de las rutas que llevan a las distintas melaninas. Un déficit genético de tirosinasa hace que una persona carezca de pigmentación y este trastorno se denomina **albinismo.** Los ratones y las ratas albinos (blancos) que habitualmente se utilizan en investigación tienen un defecto hereditario de tirosinasa.

Los seres humanos muestran un grado enorme de variación de color de la piel y el pelo. Las variaciones del color de la piel son adaptativas y están relacionadas con la cantidad de radiación ultravioleta (UV) que penetra en la piel. En los primeros *Homo sapiens* que vivían en los trópicos ecuatoriales, la piel negra proporcionó protección frente al cáncer de piel. Sin embargo, al emigrar los primeros seres humanos fuera de África hacia latitudes más hacia el Norte, la pigmentación de la piel interfirió con su capacidad para sintetizar cantidades adecuadas de vitamina D, lo que llevó a raquitismo (Capítulo 19). Las variantes de pieles más claras habrían tenido un mayor éxito reproductivo y de esta forma, la piel más clara constituyó el fenotipo predominante en estas poblaciones más al Norte. Actualmente se sabe que tienen impacto en el color de la piel, el pelo o los ojos, además de la tirosinasa, los polimorfismos en más de una docena de genes. Uno de los más relevantes es el gen SLC24A5, que codifica un intercambiador iónico de sodio-calcio dependiente de potasio. Esta proteína es completamente funcional en los seres humanos africanos y en la mayoría de los demás vertebrados. Sin embargo, virtualmente todos los seres humanos de piel más clara, de ascendencia europea, poseen un polimorfismo no sinónimo de un único nucleótido (SNP) en el gen SLC24A5 que ocasiona la sustitución de Ala con Thr en la posición 111 de la proteína. Aunque el mecanismo bioquímico no se entiende bien, este polimorfismo daña la actividad de intercambio iónico sodio-calcio de la proteína, ocasionando una reducción significativa de la producción del pigmento melanina y por tanto, aclara el color de la piel.

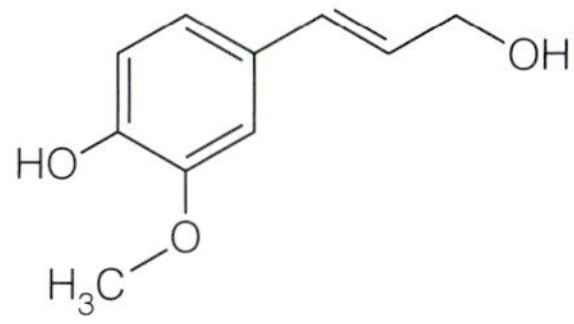


**Alcohol coniferilo**

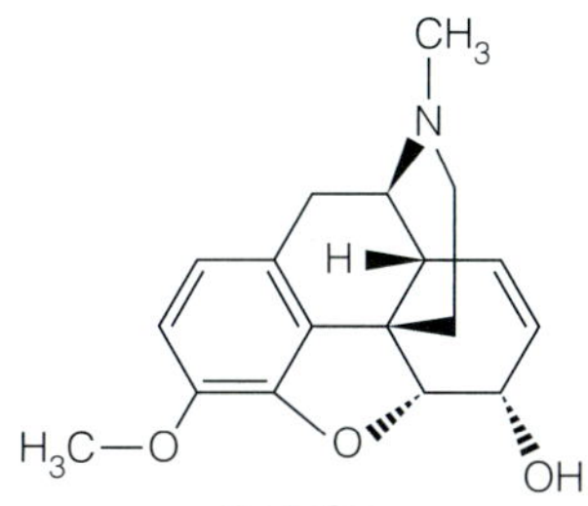


**Codeína**

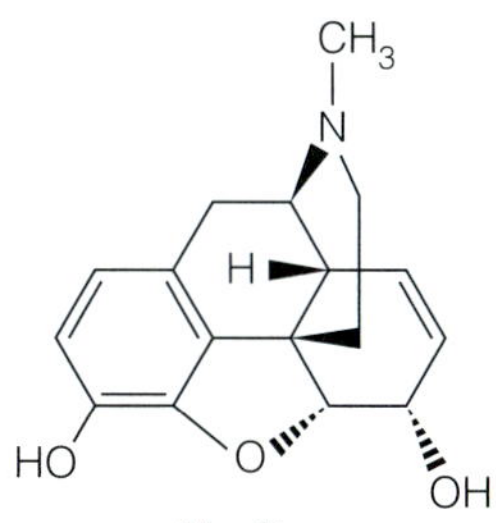


**Morfina**

## Utilización de los aminoácidos aromáticos en las plantas

La fenilalanina y la tirosina actúan como precursores de un enorme número de sustancias de las plantas, que van desde la lignina polimérica hasta los taninos, los pigmentos y muchos de los componentes que dan sabor a las especias. De hecho, la función de estos aminoácidos como precursores de esas sustancias en el aceite de canela, el aceite de gauteria, las almendras amargas, la nuez moscada, la pimienta cayena, la vainilla, el clavo y el jengibre, está relacionada con su denominación de aminoácidos *aromáticos.* Derivan del alcohol coniferílico, que también es el intermedio central en la síntesis de lignina. La L-tirosina es el punto de partida de la síntesis de los opiáceos como la codeína y la morfina en la planta adormidera.

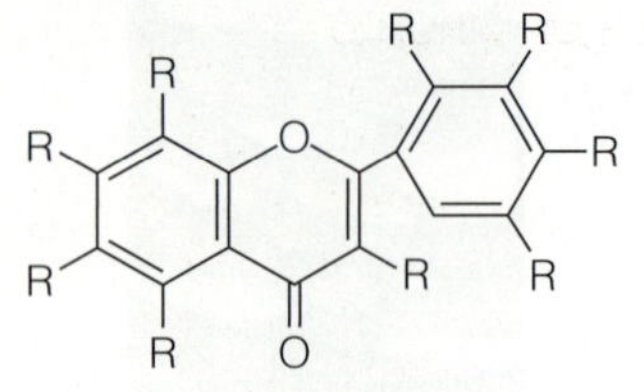


**Un flavonoide**

La fenilalanina también actúa como precursor de un gran número de pigmentos vegetales y compuestos polifenólicos relacionados denominados **flavonoides,** entre los que se encuentran muchos colorantes de las flores, que actúan en parte como protectores ultravioleta, y también, el inhibidor respiratorio rotenona (*véase* la página 634). En la estructura genérica que se presenta en el margen, el anillo aromático de la derecha procede de la fenilalanina, a través del esquema de abajo, y el anillo de la izquierda procede de la malonil-CoA en un proceso análogo a la síntesis de ácidos grasos y de poliquétidos (Capítulo 17). Los grupos sustituyentes (R) son combinaciones de —H, —OH y —$OCH_3$.

El mismo esquema de biosíntesis conduce también a una clase de flavonoides denominados **antocianinas,** que son pigmentos comunes de las flores. Como se muestra, los sustituyentes en los anillos determinan el color específico. Una ramificación de esta ruta conduce a la síntesis de cocaína.

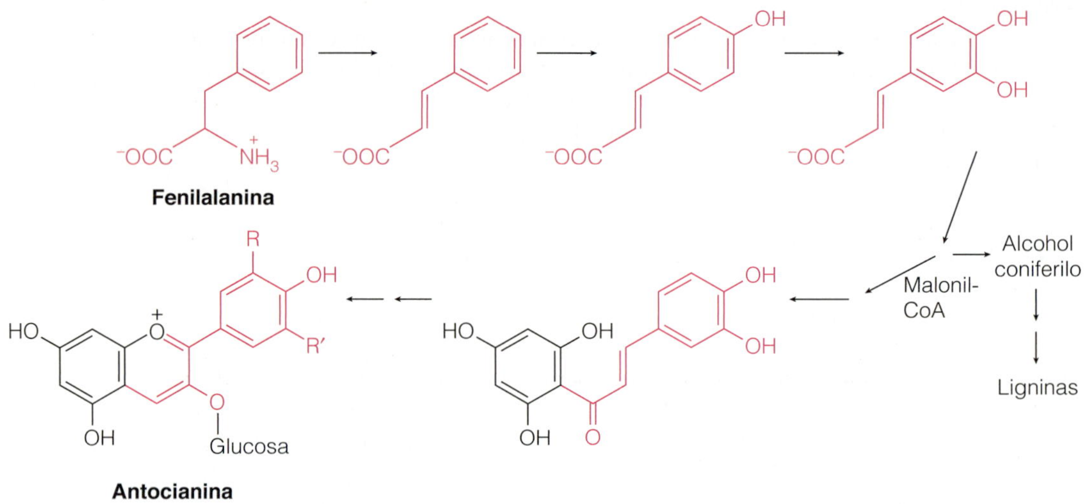


Si R y R′ son ambos H, el color es rojo-naranja
Si R es H y R′ OH, el color es naranja
Si R y R′ son ambos OH, el color es azul

El alcohol coniferílico es el precursor de las complejas y casi inertes **ligninas**. Gran parte del esfuerzo en la creación de papel y de tejidos a partir de la madera corresponde a la degradación de la lignina para acceder a las fibras de celulosa de los tejidos de la madera. Una utilización ingeniosa de la Biotecnología es la sustitución de los organismos vivos en los procesos de obtención de la pulpa que se utilizan para degradar la lignina, que liberan grandes cantidades de sulfitos al medio ambiente. En estas aplicaciones de obtención de «pulpa biotecnológica», se están creando hongos que producen enzimas de degradación de ligninas para la producción de celulosa, sin la acumulación de polución química.

El triptófano se utiliza para la síntesis de una hormona de crecimiento de las plantas. Como se muestra aquí, el producto de transaminación del triptófano produce **ácido indol-3-acético,** o **auxina.**

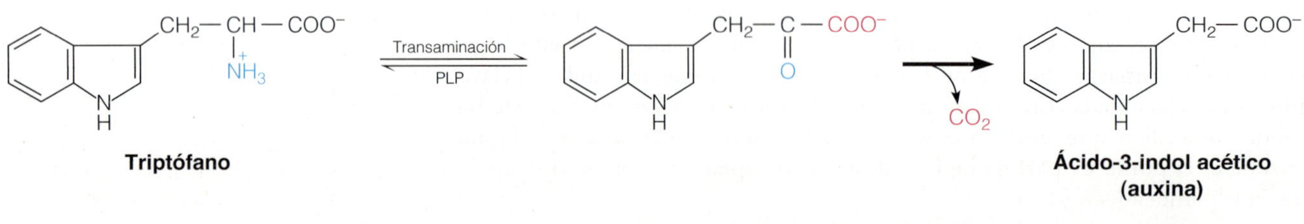


**Triptófano**

**Ácido-3-indol acético (auxina)**

## Metabolismo de la porfirina y el hemo

### Biosíntesis de los tetrapirroles: ruta de la succinato-glicina

Uno de los principales destinos metabólicos de la glicina es su utilización para la biosíntesis de tetrapirrol. *Tetrapirrol* es un término genérico que se aplica a los compuestos que contienen cuatro anillos pirrólicos ligados. Hay cuatro clases de compuestos de este tipo muy extendidos en el terreno biológico: la *ferroporfirina*, de amplia distribución, que constituye el hemo; las *clorofilas* de las plantas y las bacterias fotosintéticas; las *ficobilinas*, que son pigmentos fotosintéticos de las algas (Capítulo 16), y las *cobalaminas*, en especial la vitamina $B_{12}$ y sus derivados (Capítulo 20). Las estructuras de la mayor parte de estos compuestos se han mostrado ya con anterioridad. Todos los tetrapirroles se sintetizan a partir de un precursor común, el **ácido δ-aminolevulínico (ALA)** (llamado también ácido 5-aminolevulínico). En la Figura 21.19 se muestran las relaciones entre las diversas rutas de síntesis.

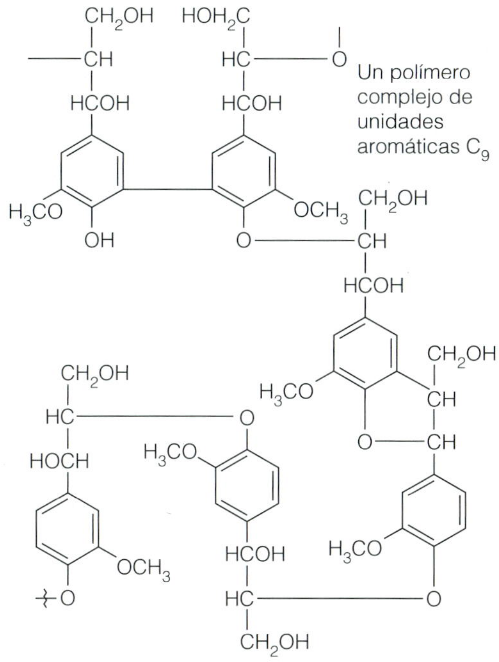

**Lignina**

Nos centraremos aquí en la bien conocida ruta de síntesis de porfirina, que conduce al hemo. Esta ruta está muy extendida en los tejidos animales y, por lo que sabemos hasta el momento, es similar en todos los organismos que contienen hemoproteínas, como los citocromos. Intervienen en ella siete reacciones, y se produce en dos compartimientos celulares diferentes (Figura 21.10). La primera reacción tiene lugar en las mitocondrias, seguida de cuatro reacciones en el citosol y, finalmente, otras tres reacciones mitocondriales más. Como veremos, esta compartimentación hace posible un mecanismo de control original de la ruta.

Los estudios iniciales de marcaje en animales indicaron que *todo el nitrógeno del hemo procede de la glicina y todo el carbono procede del succinato y la glicina.* Así pues, esta síntesis se denomina a menudo **ruta succinato-glicina.** La primera reacción está catalizada por una enzima dependiente de piridoxal fosfato, la **ácido δ-aminolevulínico sintetasa,** o ALA sintetasa. Como se muestra en la Figura 21.21, la unión de la glicina al PLP (pasos 1, 2) activa el carbono α de la glicina para un ataque sobre el carbono tioéster de la succinil-CoA (paso 3). Siguen la eliminación de la CoASH (paso 4) y la descarboxilación, para dar el producto ALA.

La ácido δ-aminolevulínico sintetasa reúne la succinil-CoA y la glicina, que aportan todo el carbono y el nitrógeno de las porfirinas, las cobalaminas, las ficobilinas y las clorofilas.

En la mayoría de las bacterias y las plantas, el ALA se forma mediante una ruta completamente diferente, una secuencia de tres pasos que se inicia con el glutamato

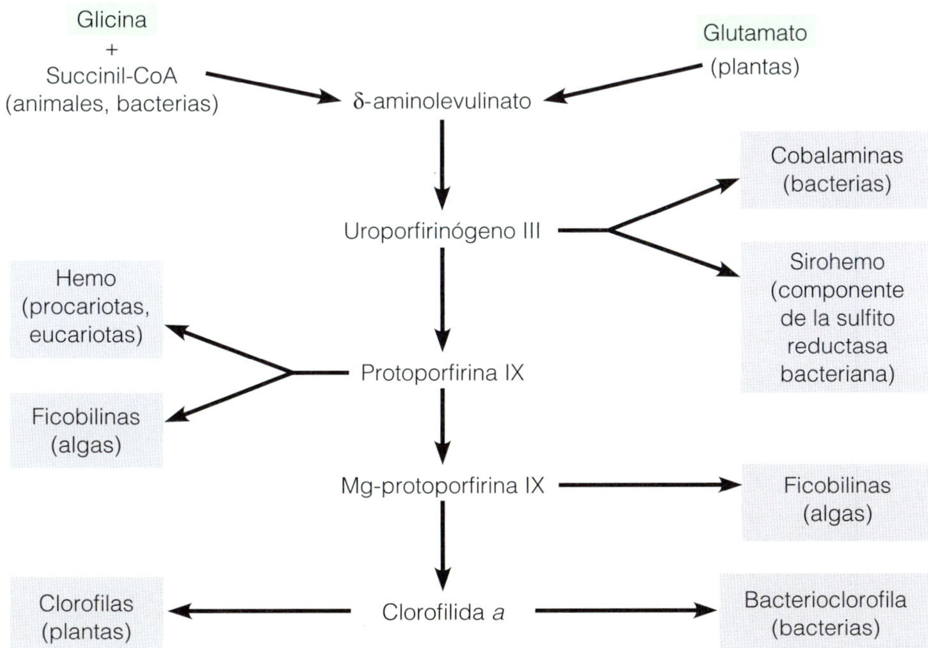


**FIGURA 21.19**

**Rutas de biosíntesis de los tetrapirroles.** Entre los tetrapirroles se encuentran el hemo, las clorofilas, las ficobilinas y las cobalaminas. Todos se sintetizan a partir del ácido δ-aminolevulínico, que se forma de manera diferente en las plantas a como lo hace en las bacterias o en las células animales.

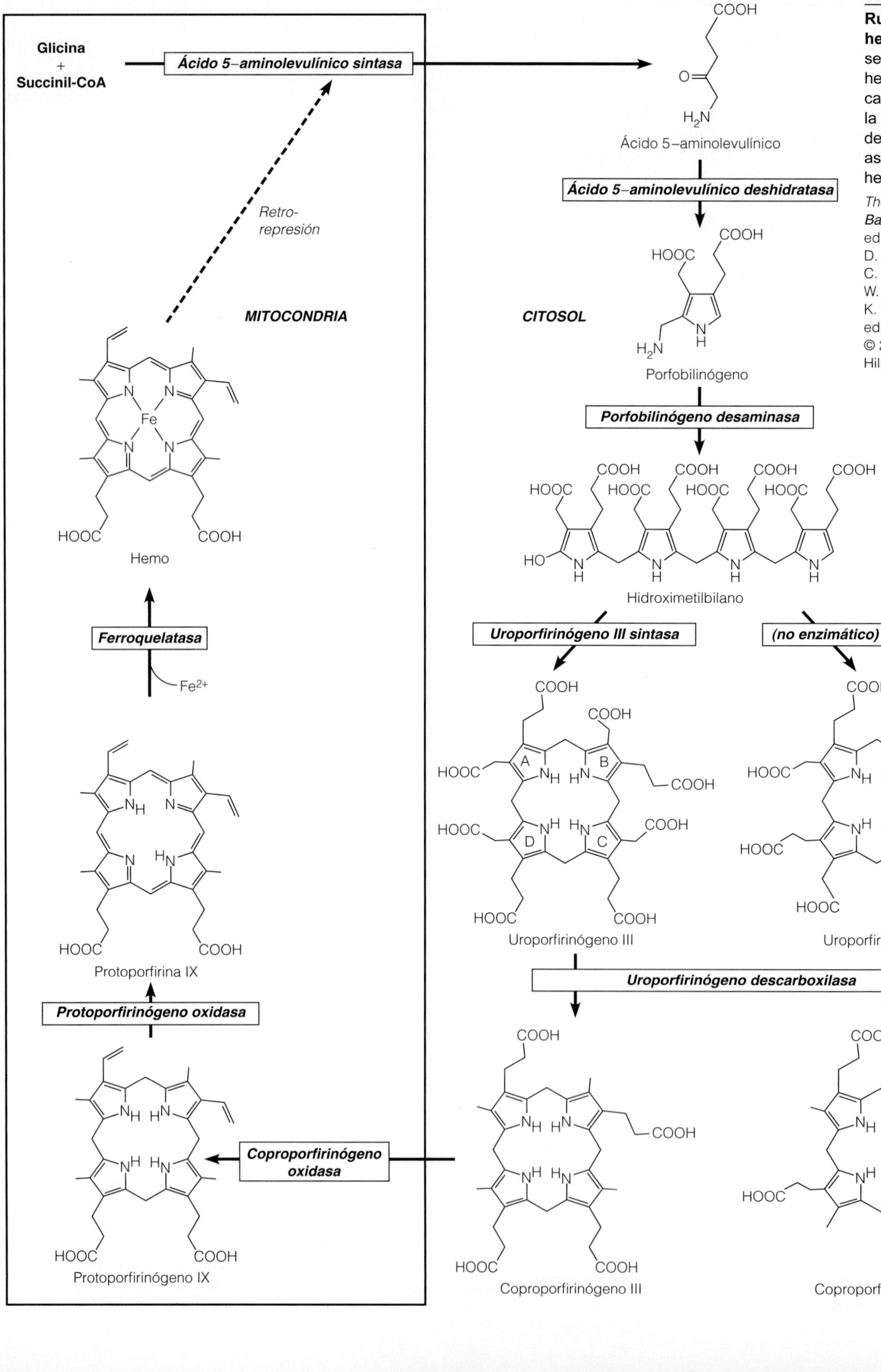


**FIGURA 21.20**

**Ruta de biosíntesis del hemo**. Se conocen en los seres humanos trastornos hereditarios que afectan a cada paso enzimático de la ruta. Solo los isómeros del porfirinógeno de tipo III asimétrico se convierten en hemo.

*The Metabolic and Molecular Bases of Inherited Disease*, 8th ed., K. E. Anderson, S. Sassa, D. F. Bishop y R. J. Desnick; C. R. Scriver, A. L. Beaudet, W. S. Sly, D. Valle, B. Childs, K. W. Kinzler y B. Vogelstein, eds., Ch. 24, pp. 2991–3062 © 2001 The McGraw-HillCompanies, Inc.

**FIGURA 21.21**

**Reacción de la ácido δ-aminolevulínico sintasa**. Se muestra en negro el cofactor piridoxal fosfato (PLP) unido a la enzima. Como otras enzimas que necesitan PLP, el mecanismo comporta la formación de una base de Schiff entre el aminoácido y el PLP y un intermedio carbanión estabilizado (comparar con la Figura 20.14, página 847).

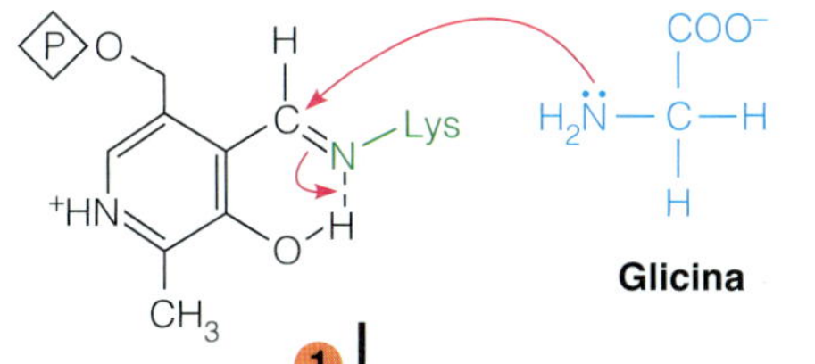


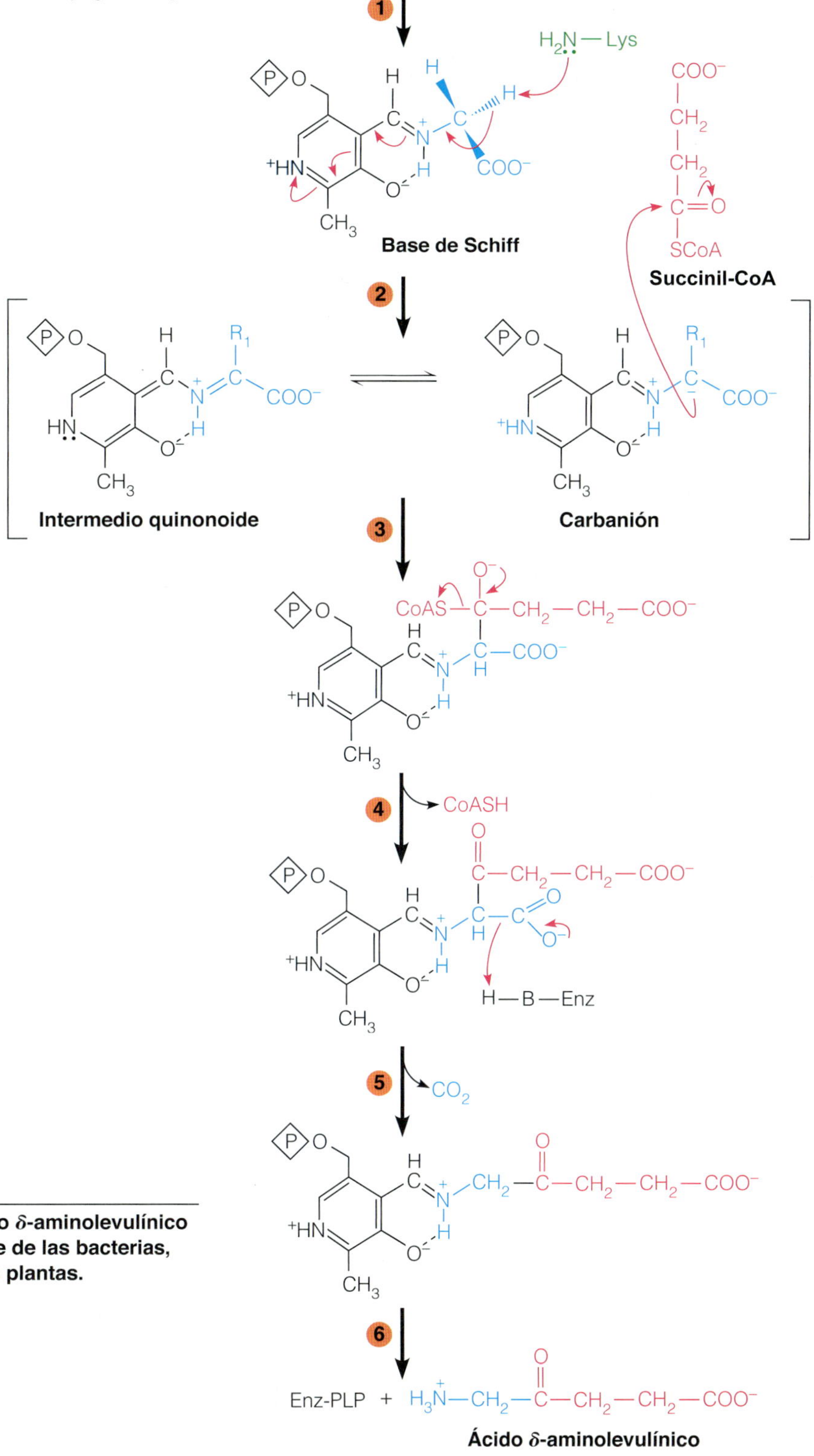


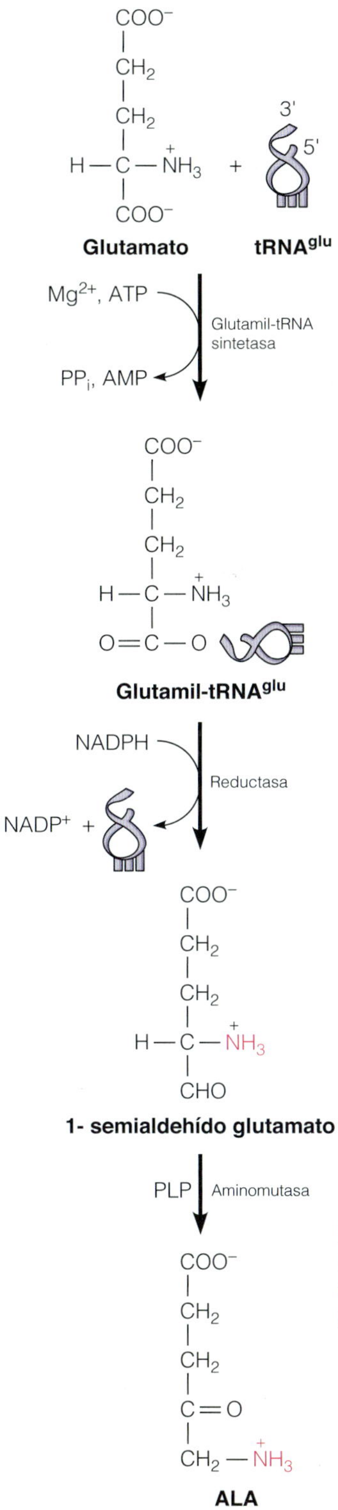


**FIGURA 21.22**

**Síntesis del ácido δ-aminolevulínico en la mayor parte de las bacterias, las arqueas y las plantas.**

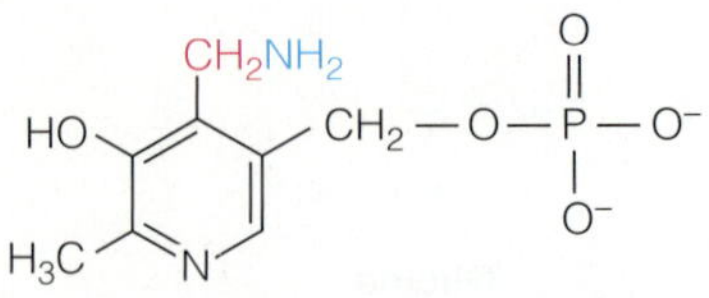

**Piridoxamina fosfato (PMP)**

(Figura 21.22). La primera reacción de esta ruta nueva une el glutamato, a través de su grupo carboxilo, a un RNA de transferencia específico, igual que ocurre en la síntesis de proteínas. El grupo carboxilo activado de esta forma se reduce posteriormente por el NADPH, dando 1-semialdehído glutamato, que finalmente sufre una transaminación interna para dar ALA. La última enzima, la 1-semialdehído glutamato aminomutasa, cataliza una transaminación *interna* dependiente de PLP. El mecanismo propuesto necesita el cofactor PLP para ser aminada, como piridoxamina 5′-fosfato (PMP). Este grupo amino se transfiere al carbono carbonilo del 1-semialdehído glutamato para dar el intermedio 4,5-diaminovalerato y PLP. El grupo amino C4 se transfiere luego al PLP para rendir ALA y regenerar PMP en la enzima.

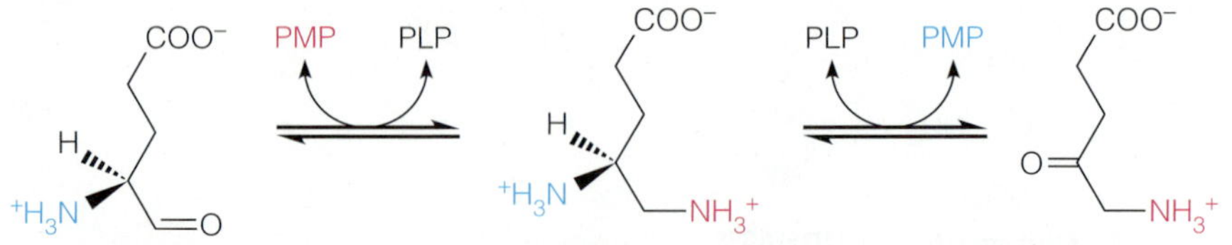

**1-semialdehído glutamato** **4,5-diaminovalerato** **ALA**

La biosíntesis de las porfirinas implica: (1) la formación de un anillo pirrólico, (2) la condensación de cuatro grupos pirrólicos para dar un tetrapirrol cíclico, y (3) las modificaciones de la cadena lateral y las oxidaciones del anillo.

A pesar de utilizar sustratos distintos, la 1-semialdehído glutamato aminomutasa está relacionada por el mecanismo y la estructura con la ALA sintasa animal.

Dado que el principal producto final de la ruta en las plantas es la clorofila, la síntesis de ALA se regula por la luz. La identidad de los pasos específicos regulados por la luz está siendo objeto actualmente de una intensa investigación.

Tanto en las plantas como en los animales y los microorganismos el resto de la ruta de síntesis de la porfirina (Figura 21.20) incluye tres procesos diferenciados: (1) síntesis de un compuesto pirrólico sustituido, el **porfobilinógeno,** a partir del ALA; (2) condensación de cuatro moléculas de porfobilinógeno para producir un precursor parcialmente reducido denominado **porfirinógeno;** y (3) modificación de las cadenas laterales, deshidrogenación del sistema de anillo e introducción de hierro, para dar la porfirina producto, el hemo. En la primera etapa, se condensan en el citosol dos moléculas de ALA para formar una molécula de porfobilinógeno. La reacción está catalizada por la **ALA deshidratasa:**

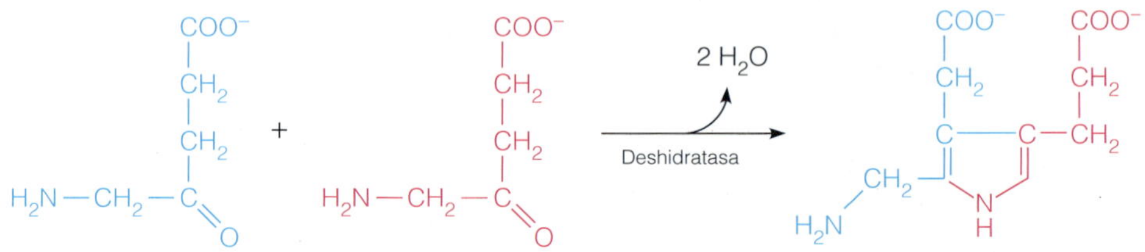

**δ-ALA** **δ-ALA** **Porfobolinógeno**

A continuación, una desaminasa que requiere PLP cataliza la condensación a pasos de cuatro moléculas de porfobilinógeno para dar un tetrapirrol lineal, el hidroximetilbilano. A continuación la **uroprofirinogeno III sintasa** cataliza un reagrupamiento intramolecular y el cierre del anillo para formar el **uroporfirinógeno III** asimétrico (Figura 21.20; la asimetría hace referencia a la disposición de las cadenas laterales sustituyentes de acetato y propionato). En ausencia de uroprofirinógeno III sintasa, el hidroximetilbilano se cicla rápidamente de forma no enzimática y forma el **uroporfirinógeno I** simétrico. El compuesto simétrico y algunos metabolitos que proceden de él se producen en cantidades bajas como productos secundarios no funcionales.

El uroporfirinógeno III experimenta una descarboxilación de sus cadenas laterales de ácido acético. A continuación, el producto vuelve a entrar en la mitocondria donde sufre nuevas modificaciones: en primer lugar, modificaciones de la cadena lateral, luego la oxidación del anillo para producir un sistema totalmente conjugado, y finalmente la inserción del hierro. La última reacción puede producirse de manera espontánea, pero está catalizada por la **ferroquelatasa,** una enzima de la membrana mitocondrial interna que requiere también un agente reductor. En esta fase, el hemo completado se transporta fuera de la mitocondria para su inserción en polipéptidos para dar las hemoproteínas completas, como la mioglobina y la hemoglobina en los vertebrados, y los citocromos y otras hemoproteínas en todos los organismos aerobios.

En un trastorno hereditario denominado **porfiria eritropoyética congénita**, la uroporfirinógeno III sintasa es defectuosa y se acumulan las porfirinas de tipo I simétricas (y metabólicamente inútiles) en una cantidad superior a la capacidad de excreción del organismo. Su acumulación hace que la orina adquiera un color rojo, la piel pase a ser muy fotosensible y los dientes se hagan fluorescentes, todo ello como consecuencia del depósito de las porfirinas que absorben intensamente la luz. Además, los eritrocitos se destruyen de forma prematura y se sintetiza una cantidad insuficiente de hemo, lo que hace que las personas afectadas presenten una anemia considerable. Se ha especulado que las personas consideradas vampiros en las leyendas medievales sufrieran este trastorno, lo que explicaría su preferencia por la oscuridad, su aspecto extraño y su tendencia a beber sangre. De hecho, las personas con una porfiria eritropoyética congénita pueden tratarse con inyecciones de hemo.

Las porfirias se caracterizan por una acumulación anormal de precursores del hemo, ya sea por sobreproducción de las porfirinas de tipo I no naturales, ya sea por un flujo anormalmente elevado a través de la $\delta$-ALA sintetasa.

Muy distinta de la enfermedad anterior es la **porfiria intermitente aguda,** que se debe a un déficit de la porfobilinógeno desaminasa. Este déficit hace que se acumulen en el hígado el ALA y el porfobilinógeno. El trastorno se acompaña de episodios de dolor abdominal agudo y alteraciones neurológicas. Se ha sugerido que el rey Jorge III de Inglaterra padecía esta enfermedad. Las pruebas de ello se pusieron en conocimiento del público en la obra de teatro de éxito y la película *La locura del rey Jorge.* Los síntomas de las porfirias pueden también adquirirse, la forma más notable, por envenenamiento con plomo. La estructura cristalina de la ALA deshidratasa muestra que el plomo puede desplazar al zinc, el cofactor metálico natural, e inhibir la enzima, dando lugar a una gran acumulación de ALA.

Al ser el primer paso dirigido específicamente a la síntesis del hemo, la reacción de la ALA sintetasa (Figura 21.20) constituye el principal punto de control. El hemo y los compuestos relacionados inhiben la enzima mediante retroacción. El hemo tiene también otros dos efectos importantes. A concentraciones bajas el hemo inhibe la *síntesis* de la ALA sintetasa a nivel de la transcripción y la traducción. A concentraciones más elevadas, el hemo bloquea de algún modo la *translocación* de la ALA sintetasa desde el citosol, en donde se sintetiza en los ribosomas, a la mitocondria, en donde actúa. El hemo inhibe también la reacción de la ferroquelatasa (Figura 21.20). Diversos fármacos y productos tóxicos producen una síntesis excesiva de hemo. En algunos casos, este efecto se debe a la estimulación de la síntesis de varios citocromos P450, que aumentan la demanda de hemo y activa, por tanto, la ALA sintetasa.

La biosíntesis de tetrapirrol está siendo aprovechada como objetivo para la acción de los herbicidas. La idea consiste en nebulizar las hierbas en la oscuridad con ALA. La ruta hacia la clorofila se inicia y, cuando llega la luz, la ruta se ha completado, y se produce clorofila en cantidades tan masivas que la planta se debilita y muere.

## Degradación del hemo en los animales

El compuesto porfirínico más abundante en los vertebrados es, con mucho el hemo de la hemoglobina. En consecuencia, la degradación de la porfirina es, en gran parte, la degradación de la hemoglobina y del hemo. Al carecer de núcleo, los eritrocitos de los mamíferos no son capaces de renovarse y se autodestruyen tras intervalos característicos. En el ser humano, la semivida del eritrocito es de 120 días. Los eritrocitos envejecidos se destruyen a su paso por el bazo o el hígado (Figura 21.23).

Los aminoácidos liberados de la porción globina de la molécula de hemoglobina se catabolizan o reutilizan para la síntesis proteica. La porción hemo sufre una degradación, que se inicia con una reacción de oxidasa de función mixta que abre el anillo y convierte uno de los carbonos del puente de meteno en monóxido de carbono. Se libera hierro del tetrapirrol lineal resultante, denominado **biliverdina,** y se transporta a las reservas de almacenamiento en la médula ósea para utilizarse de nuevo en la producción de eritrocitos. A continuación, el tetrapirrol se reduce a **bilirrubina,** que se excreta. La bilirrubina es bastante insoluble, y en su eliminación intervienen varios sistemas orgánicos. En primer lugar, forma complejos con la albúmina sérica para transportarse al hígado. Allí, la bilirrubina se solubiliza mediante la conjugación con dos moléculas de **ácido glucurónico.** La reacción

**FIGURA 21.23**

**Catabolismo del hemo.** La mayor parte del hemo procede de la degradación de los eritrocitos envejecidos, pero otra parte se genera a partir de los citocromos y de otras hemoproteínas. Las abreviaturas indican los laterales de las cadenas: P (ácido propiónico), $—CH_2—CH_2—COO^-$; A (ácido acético), $—CH_2—COO^-$; V (vinilo) $—CH{=}CH_2$; M (metilo), $—CH_3$.

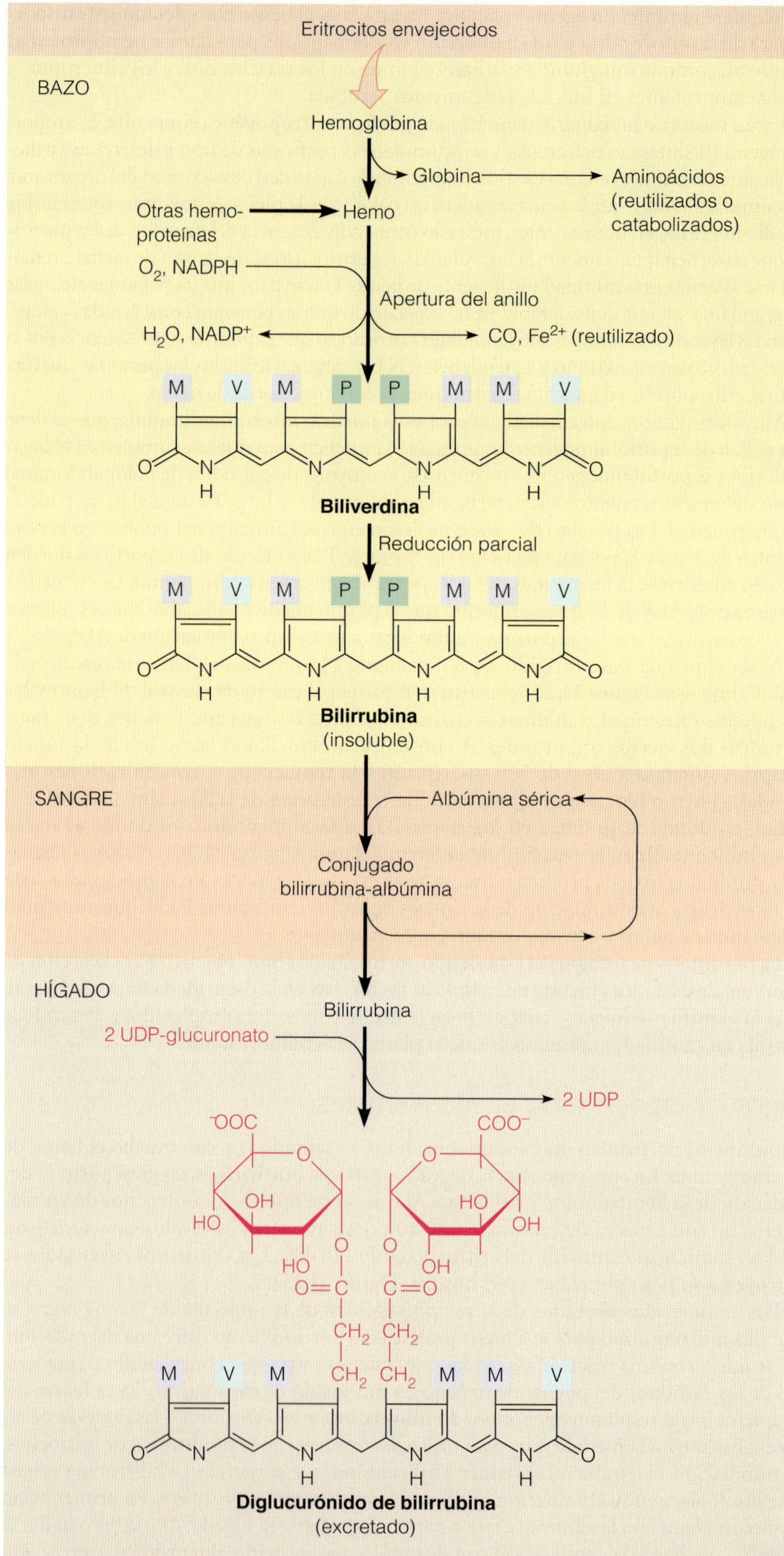

es comparable a otras reacciones de glucosiltransferasa que hemos encontrado (*véase* el Capítulo 9) y su sustrato es el **UDP-glucuronato.** Este compuesto solubilizado, el **diglucurónido de bilirrubina,** se segrega a la bilis y se excreta finalmente a través del intestino.

La degradación de las hemoproteínas en los animales libera aminoácidos y hierro, que se reutilizan, y bilirrubina, que debe solubilizarse para su excreción.

Dado que en la degradación del hemo participan varios sistemas orgánicos, existen muy diversas posibilidades de que falle alguna parte del proceso. Cuando el catabolismo del hemo es defectuoso, se acumula la bilirrubina en la sangre. Este defecto se detecta, en primer lugar, por la aparición del color amarillento característico que confiere la bilirrubina a la piel y a las conjuntivas de los ojos. Este hecho, denominado **ictericia,** se observa, por ejemplo, en las enfermedades hepáticas agudas o crónicas, en las que está alterado el sistema de conjugación con glucuronato y la síntesis de albúmina puede ser deficiente; en la obstrucción de la vía biliar (por ejemplo, por cálculos biliares), cuando el diglucurónido de bilirrubina no puede secretarse al intestino; en las reacciones de incompatibilidad de Rh de los recién nacidos, en las que los eritrocitos se destruyen por el sistema inmunitario con una rapidez superior a la rapidez con que puede catabolizarse el hemo; o en los recién nacidos prematuros, cuando el sistema de conjugación de la bilirrubina no está totalmente desarrollado. A los recién nacidos ictéricos se les coloca con frecuencia bajo una luz fluorescente intensa, que hace que se reordene la estructura de la bilirrubina circulante a productos más solubles.

## Los aminoácidos y sus metabolitos como neurotransmisores y reguladores biológicos

Muchos aminoácidos y sus metabolitos participan en los procesos de transducción de señal, en el control hormonal y en la transmisión sináptica de los impulsos nerviosos. Como se presentó en el Capítulo 10 y se considerará posteriormente en el Capítulo 23, estas dos funciones son comparables en el sentido de que una sustancia de bajo peso molecular liberada por una célula se desplaza hasta una célula diana, en donde interacciona con receptores específicos de la membrana de la célula diana. La diferencia radica en que la neurotransmisión comporta el movimiento a través de una sinapsis entre dos células adyacentes, mientras que la transmisión hormonal se produce a distancia, de manera que el mensajero hormonal se transporta por el torrente sanguíneo hasta la célula efectora. La semejanza de estos dos procesos de transducción de señal se pone de relieve por la participación de compuestos como la adrenalina y la histamina en ambos procesos.

Entre los aminoácidos que actúan directamente como neurotransmisores están la glicina y el glutamato. Como se ha indicado antes, el GABA, que es el producto de la descarboxilación del glutamato, es también un neurotransmisor. Varios metabolitos de los aminoácidos aromáticos actúan también en la neurotransmisión. Se trata de la histamina, que deriva de la histidina; la **serotonina** (5-hidroxitriptamina), que deriva del triptófano, y las **catecolaminas,** adrenalina, **dopamina** y **noradrenalina,** que derivan de la tirosina. Describiremos ahora las rutas de biosíntesis de estos compuestos y en el Capítulo 23 consideraremos su intervención en la neurotransmisión.

El glutamato, la tirosina, la glicina y el triptófano actúan como neurotransmisores o precursores de los neurotransmisores.

### Biosíntesis de la serotonina y las catecolaminas

La ruta hacia la serotonina se inicia con la hidroxilación del triptófano por una aminoácido aromático hidroxilasa dependiente de la tetrahidrobiopterina, semejante a la fenilalanina hidroxilasa (*véase* la Figura 21.7). Esta reacción va seguida de una descarboxilación dependiente de PLP para producir serotonina.

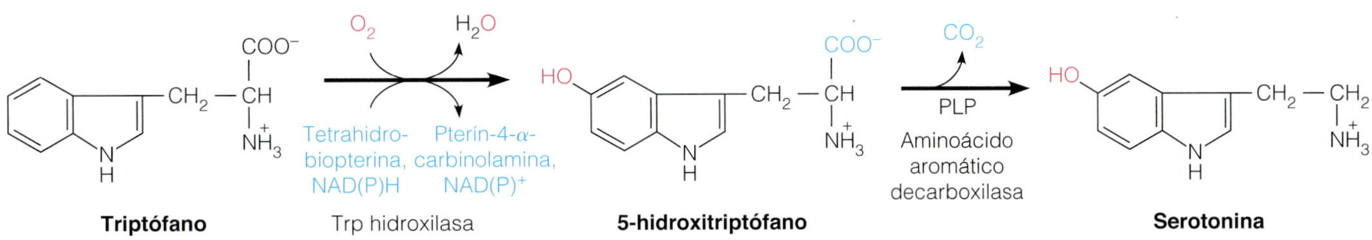

La triptófano hidroxilasa y la tirosina hidroxilasa son ambas monooxigenasas dependientes de tetrahidrobiopterina, con un mecanismo y una estructura relacionados con la fenilalanina hidroxilasa. El mecanismo de los tres miembros de la familia de hidrolasas de aminoácidos aromáticos implica un cambio NIH, con el desplazamiento de un hidruro que acompaña a la hidroxilación.

La serotonina desempeña múltiples funciones reguladoras en el sistema nervioso, entre las que se encuentra la neurotransmisión. Se produce en la glándula pineal, en donde actúa como precursor de la **melatonina** (*O*-metil-*N*-acetilserotonina). Se sabe que la pineal regula los ciclos de luz-oscuridad en los animales, y las concentraciones de serotonina y melatonina experimentan variaciones cíclicas en fase con estos ciclos. Así pues, aunque las acciones relacionadas con el ciclo de estos compuestos no se conocen aún, parece que la serotonina y la melatonina pueden actuar como reguladores del sueño y la vigilia. Muchos pasajeros de vuelos de larga distancia ingieren píldoras de melatonina para evitar el *jet lag* volviendo a colocar en hora sus relojes biológicos. La serotonina se segrega también por las células del intestino delgado, en donde regula el peristaltismo intestinal. Por último, la serotonina es un potente vasoconstrictor, que ayuda a regular la presión sanguínea. Varios tratamientos para la obesidad actúan aumentando las concentraciones de serotonina, creando de esta manera una sensación de saciedad o de bienestar con respecto a la comida.

La tirosina se hidroxila a dopa por dos mecanismos distintos en la síntesis de las catecolaminas y las melaninas.

Como se indica en la Figura 21.24, la ruta hacia las catecolaminas es similar, y se inicia con una hidroxilación (de la tirosina) dependiente de la tetrahidrobiopterina, seguida por una descarboxilación. La tirosina hidroxilasa cataliza el paso limitante de la velocidad de la síntesis de catecolaminas, y se retroinhibe por los productos finales de la ruta, dopamina, noradrenalina y adrenalina. El producto de la hidroxilación de la tirosina es la L-dopa, que se forma mediante un mecanismo muy diferente en la síntesis de melanina (*véase* la página 886). Sin embargo, esta última ruta está localizada en los melanocitos, mientras que la mayor parte de la síntesis de las catecolaminas se produce en la médula suprarrenal y en el sistema nervioso central.

Las reacciones de descarboxilación del triptófano, la L-dopa y la histidina conducen a una serie de reguladores biológicos potentes.

Una vez formada, la L-dopa, sufre una descarboxilación dependiente de PLP (por la misma enzima que descarboxila el 5-hidroxitriptófano) para dar dopamina. La dopamina actúa, a su vez, como sustrato de una monooxigenasa que contiene cobre, la **dopamina $\beta$-hidroxilasa,** dando noradrenalina, que se metila, a su vez, por la *S*-adenosilmetionina para dar adrenalina. Aunque la dopamina y la noradrenalina son intermedios en la síntesis de adrenalina, cada una de ellas es de por sí un neurotransmisor, como se considera en el Capítulo 23.

**FIGURA 21.24**

**Biosíntesis de las catecolaminas (dopamina, noradrenalina y adrenalina) a partir de tirosina.**

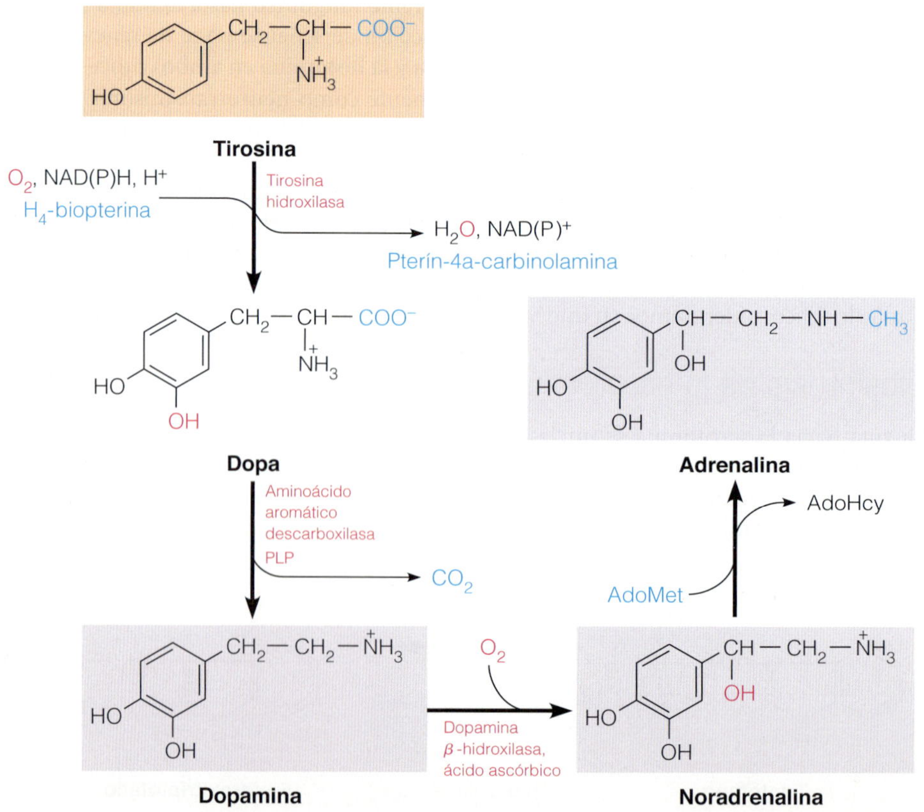

## Biosíntesis de los aminoácidos

Todos los aminoácidos pueden sintetizarse a partir de intermedios de la glucólisis, la ruta de las pentosas fosfato o el ciclo del ácido cítrico (Figura 21.25). Alrededor de la mitad se biosintetizan mas o menos directamente a partir de intermedios del ciclo del ácido cítrico o del piruvato. Incluimos en esta familia glutamato, aspartato y alanina, que pueden formarse directamente mediante transaminación de α-cetoglutarato, oxalacetato y piruvato, respectivamente. La familia incluye también glutamina y asparagina, que se forman directamente de glutamato y aspartato, respectivamente; y prolina y arginina, que se forman en rutas cortas de glutamato. Los esqueletos carbonados de serina, glicina, cisteína e histidina, así como los aminoácidos de cadena ramificada y los aminoácidos aromáticos, derivan todos ellos de intermedios glucolíticos.

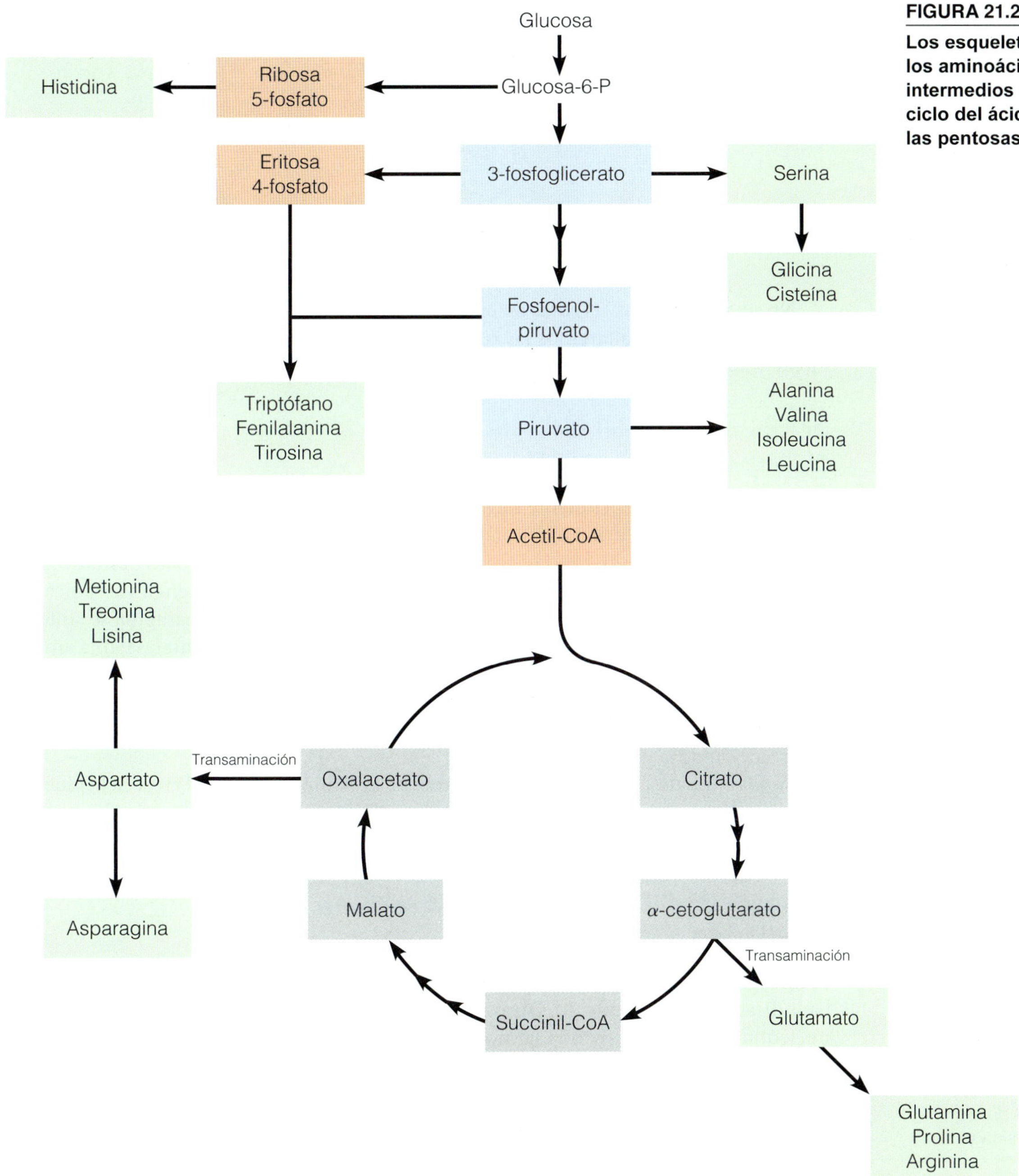


**FIGURA 21.25**

**Los esqueletos carbonados de los aminoácidos proceden de los intermedios de la glucólisis (azul), el ciclo del ácido cítrico (gris) o la ruta de las pentosas fosfato (rosa).**

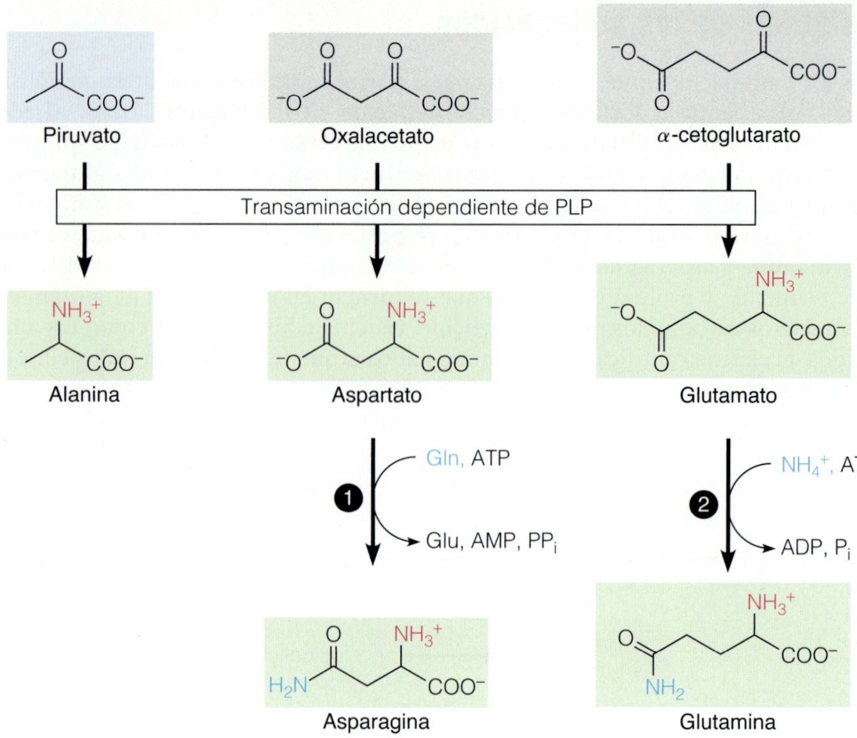


**FIGURA 21.26**

**Síntesis de alanina, aspartato, glutamato, asparagina y glutamina**. ① asparagina sintetasa, ② glutamina sintetasa.

No se cubren todas las rutas de biosíntesis de los aminoácidos en este apartado final del capítulo, pero resaltaremos las rutas comunes y aquellas con una química especialmente interesante.

## Síntesis de glutamato, aspartato, alanina, glutamina y asparagina

La transaminación dependiente de PLP proporciona la vía principal para la síntesis de glutamato, aspartato y alanina a partir de α-cetoglutarato, oxalacetato y piruvato, respectivamente (Figura 21.26). Las reacciones catalizadas por la glutamato deshidrogenasa y la glutamato sintasa, que se han presentado en el Capítulo 20, tienen vías adicionales para la síntesis del glutamato a partir del α-cetoglutarato. La asparagina se sintetiza a partir del aspartato en una reacción catalizada por la asparagina sintetasa, una amidotransferasa dependiente de glutamina. La glutamina se sintetiza a partir de glutamato por una reacción de amidación semejante, excepto que el amoníaco proporciona el N amida. En el Capítulo 20 (página 828) se describió el intermedio γ-glutamil fosfato de esta reacción de la glutamina sintetasa.

En los animales, una función importante de la alanina es su papel en el ciclo glucosa-alanina como transportador de carbono desde el músculo al hígado para la gluconeogénesis (*véase* la Figura 20.13, página 845).

## Síntesis de metionina, treonina y lisina a partir de aspartato

El aspartato conduce, a través de la homoserina, a la treonina, la lisina y la metionina.

El nitrógeno del aspartato se utiliza en la biosíntesis de la arginina y de la urea, como se ha indicado en el Capítulo 20. Otras reacciones similares intervienen en la síntesis de los nucleótidos de purina, y toda la molécula de aspartato se utiliza para la biosíntesis de los nucleótidos de pirimidina; ambos procesos se consideran en el Capítulo 22. Sin embargo, en las plantas y las bacterias, el aspartato es un precursor de otros tres aminoácidos a través de su conversión en **β-semialdehído aspartato** y **homoserina,** como se muestra aquí. Rutas separadas conducen posteriormente desde el β-semialdehído aspartato a la lisina y desde la homoserina, a la metionina y la treonina.

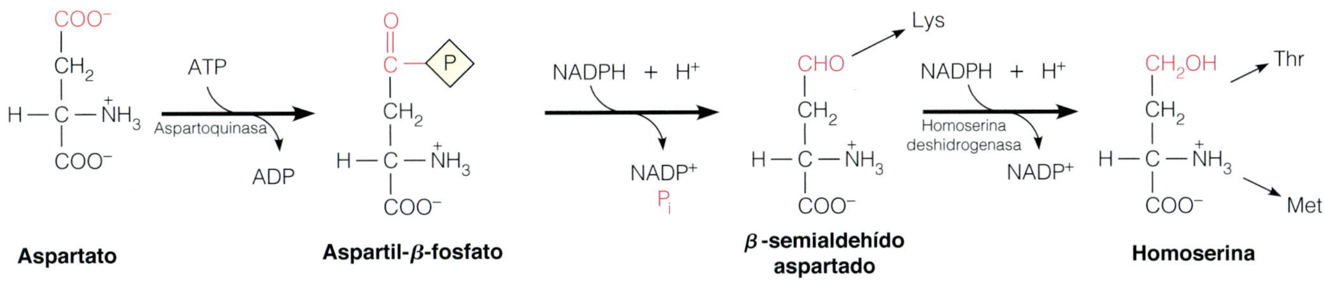


La primera enzima de esta ruta, la **aspartoquinasa,** es un lugar principal de regulación para cada una de las rutas de biosíntesis. Las bacterias contienen tres formas diferentes de aspartoquinasa, cada una con su propio modo de regulación alostérica. Dos de las isoenzimas son enzimas bifuncionales, que contienen dominios diferentes que catalizan el primer paso (aspartoquinasa) y el tercer paso, (**homoserina deshidrogenasa**). En una de las enzimas bifuncionales, ambas actividades catalíticas están sometidas a inhibición alostérica por la treonina, que puede pensarse como un producto final de la ruta. La tercera isoenzima, una aspartoquinasa monofuncional, está sometida a retroinhibición por la lisina. Estas observaciones sugieren que las distintas isoenzimas están especializadas para producir uno de los tres productos finales.

La biosíntesis de lisina se diferencia por el hecho de que hay dos rutas diferentes. La ruta más extendida, que se encuentra en las bacterias, algunos hongos inferiores, algas y plantas superiores comienza con el $\beta$-semialdehído aspartato. Esta ruta recibe el nombre de su intermedio principal, el **diaminopimelato**, que también tiene una función importante como constituyente de las paredes celulares bacterianas. La ruta menos común, que se encuentra en determinados hongos y levaduras y en el protista *Euglena*, comienza con el $\alpha$-cetoglutarato e implica como intermedios al **ácido $\alpha$-aminoadípico** y la **sacaropina** (*véase* la página 870).

La homoserina tiene una función interesante en el metabolismo microbiano, que no está relacionada con su función en la síntesis de aminoácidos. Los cultivos bacterianos llevan a cabo determinados procesos solo una vez que han alcanzado una densidad celular determinada. Este fenómeno de comunicación célula-célula se denomina **detección del quórum**, en el que las bacterias producen y detectan sustancias químicas extracelulares para supervisar cuándo se ha cruzado un determinado umbral de densidad de población. La detección del quórum permite a las bacterias controlar de forma sincrónica la expresión de los genes en respuesta a los cambios de densidad celular, desencadenando respuestas fisiológicas tan diversas como la luminiscencia, la producción de biocapas, la síntesis de antibióticos, la secreción de factor de virulencia y la transferencia de genes por conjugación. En muchas bacterias, la molécula de señalización, llamada autoinductor, es uno de los diversos derivados *N*-acilados de cadena larga de la homoserina (*véase* el margen). La *N*-acilhomoserina lactona se sintetiza y segrega a una tasa baja constante y difunde de nuevo al interior de las células. A una densidad celular suficientemente elevada, las concentraciones extracelulares y, de aquí, las intracelulares de la lactona se han elevado lo suficiente para unirse a proteínas reguladoras genéticas, que a su vez, estimulan la transcripción de genes que se requieren para activar el proceso específico.

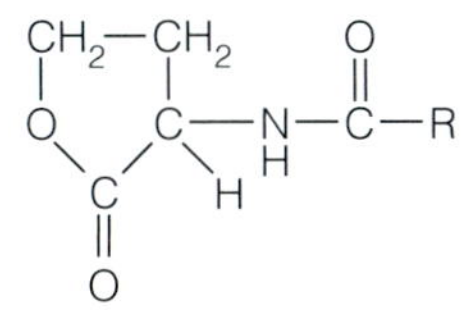

***N*-acilhomoserina lactona**

## Biosíntesis de metionina y treonina

En las plantas y las bacterias, la homoserina aporta el esqueleto carbonado para la síntesis de metionina, y la cisteína aporta el azufre (Figura21.27). La homoserina reacciona primero con la succinil-CoA para formar ***O*-succinilhomoserina.** Esta reacción constituye evidentemente un punto de control, ya que la enzima que cataliza esta reacción se inhibe mediante retroacción por la metionina. La *O*-succinilhomoserina reacciona con la cisteína para dar **cistationina,** el mismo compuesto tioéter que vimos en la ruta de degradación de la metionina (Figura 21.4). Se produce, entonces, la fragmentación de la cistationina, de manera que el azufre queda unido a la cadena lateral de cuatro

**FIGURA 21.27**

**Biosíntesis de metionina y treonina a partir de homoserina, tal como tiene lugar en plantas y bacterias.**

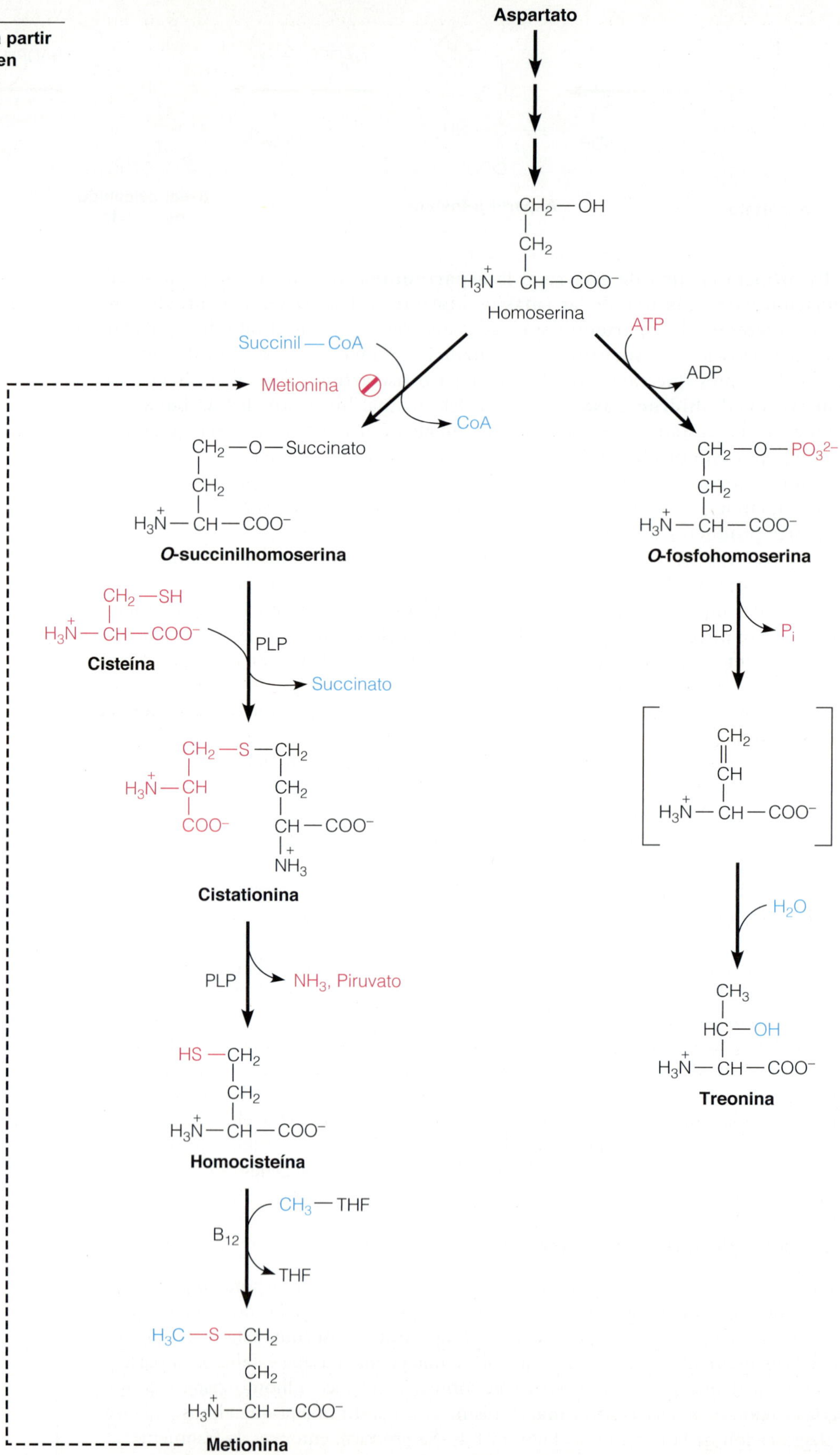

carbonos que comenzó como homoserina. Esta es esencialmente la ruta de transulfuración que va en dirección opuesta a la de la Figura 21.4. En esta dirección, el piruvato de tres carbonos, en lugar del α-cetoglutarato de cuatro carbonos, es el otro producto de esta dirección, ya que el donador de tres carbonos (cisteína) se utilizó para formar cistationina. El esqueleto carbonado resultante que contiene azufre, la homocisteína, es el sustrato de la metionina sintasa que, como se señaló en el Capítulo 20, utiliza la $B_{12}$ para transferir un grupo metilo desde el 5-metiltetrahidrofolato, dando lugar a metionina (*véase* la Figura 21.9).

La treonina es un aminoácido esencial para los animales, ya que su síntesis está limitada a las plantas y a los procariotas. La síntesis de la treonina se inicia con la homoserina, que se fosforila, a lo que sigue una reacción dependiente de piridoxal fosfato que elimina el fosfato y rehidrata el doble enlace resultante con la migración del grupo hidroxilo al carbono $\beta$ (Figura 21.27).

## Metabolismo de los aminoácidos que contienen azufre

### Reducción del azufre inorgánico

Como se muestra en la Figura 21.27, el S de la metionina procede de la cisteína. ¿Cómo obtiene la cisteína su átomo de azufre? Como el carbono y el nitrógeno, el azufre está disponible para los organismos, en gran parte, en forma de compuestos inorgánicos, principalmente sulfato, aunque algunas bacterias pueden sintetizar compuestos orgánicos a partir de azufre elemental o de sulfito. De la misma forma que el $CO_2$ y el $N_2$ deben fijarse para ser utilizados, el empleo del sulfato requiere la activación metabólica a una forma que pueda sufrir con facilidad una reducción. En el caso del sulfato, este proceso está limitado principalmente a las plantas y las bacterias. El producto final de esta reducción de ocho electrones es $S^{2-}$ (sulfuro), que se utiliza para la síntesis de cisteína y metionina. El compuesto de sulfato activado es la **3-fosfoadenosina-5-fosfosulfato (PAPS).** Este nucleótido se forma en dos pasos a partir de ATP y de ion sulfato.

El PAPS se reduce posteriormente a sulfito y luego a sulfuro, por dos reductasas dependientes de NADPH.

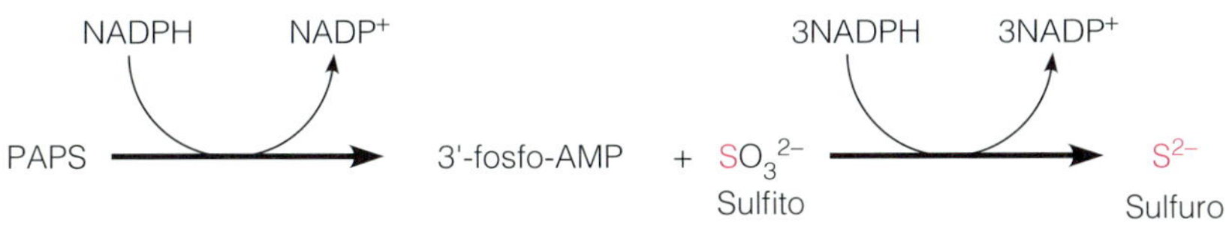


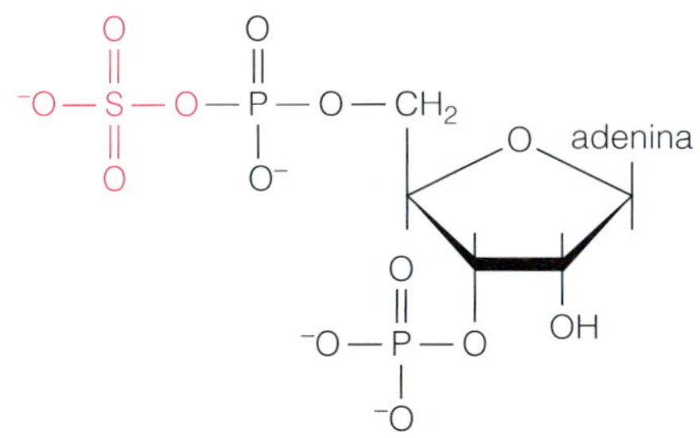


**3'-Fosfoadenosina-5'-fosfo-sulfato (PAPS)**

En todos los organismos, la PAPS actúa como un agente activo para la esterificación del sulfato, como en la síntesis de polisacáridos sulfatados, como el condroitín sulfato (Capítulo 9), y los glucoesfigolípidos sulfatados, como la sulfogalactosilceramida (Capítulo 19).

En las bacterias, la PAPS actúa también como sustrato para la reducción del sulfato. En la reducción del sulfato de la PAPS a sulfito ($SO_3^{2-}$) interviene la **tiorredoxina,** una proteína pequeña ($M_r \cong 12\ 000$) que contiene dos grupos tioles de cisteína oxidables de manera reversible. La tiorredoxina participa en otras reacciones redox intracelulares, como las descritas en los Capítulos 16 y 22. El sulfito se reduce, a continuación, por la **sulfito reductasa,** una enzima grande y compleja que cataliza una transferencia de seis electrones. Los electrones se transfieren a lo largo de una ruta en la que intervienen NADPH, FAD, FMN, un centro hierro-azufre y la porfirina sirohemo (*véase* la página 826). No se acumulan intermedios, sino solo el producto $H_2S$. En las plantas, el sustrato para la reducción es la adenosina 5-fosfosulfato, en vez de la PAPS.

La fosfoadenosina fosfosulfato (PAPS) es una forma activada de sulfato que se utiliza para las reacciones de sulfatación y también, como sustrato para la reducción del sulfato.

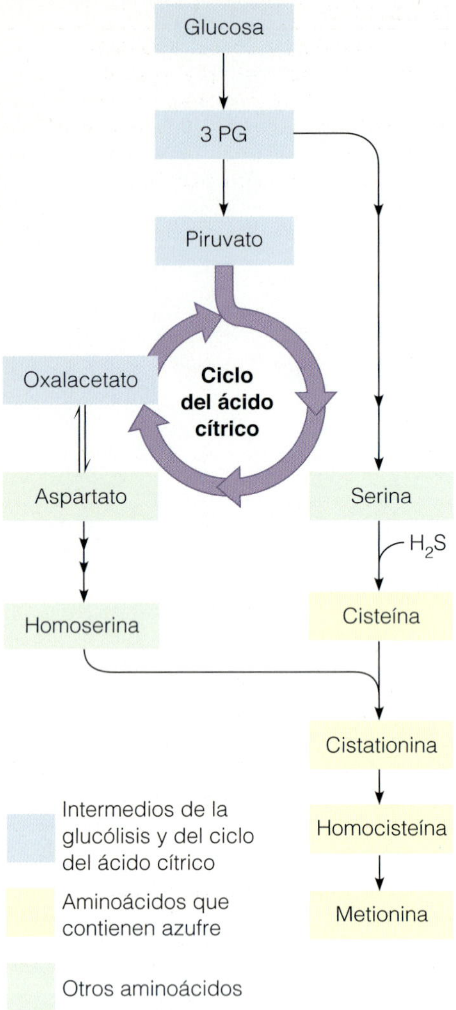


**FIGURA 21.28**

**Visión general de las rutas de síntesis de cisteína y metionina en plantas y bacterias**.

### Síntesis de cisteína en las plantas y las bacterias

Las bacterias y las plantas pueden sintetizar cisteína mediante la incorporación de $H_2S$, mientras que la serina proporciona el esqueleto carbonado (Figura 21.28). Los animales, por otra parte, no pueden incorporar directamente el sulfuro y, por tanto, obtienen la cisteína o bien de la alimentación o bien de la metionina del alimento. Algunas bacterias pueden condensar directamente $H_2S$ y serina a través de una enzima dependiente de piridoxal fosfato.

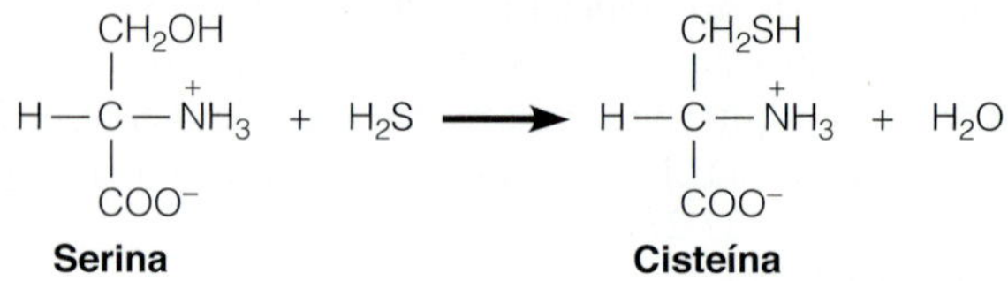


Sin embargo, las plantas y la mayoría de los microorganismos utilizan *O*-acetilserina como sustrato, que reacciona con el $H_2S$.

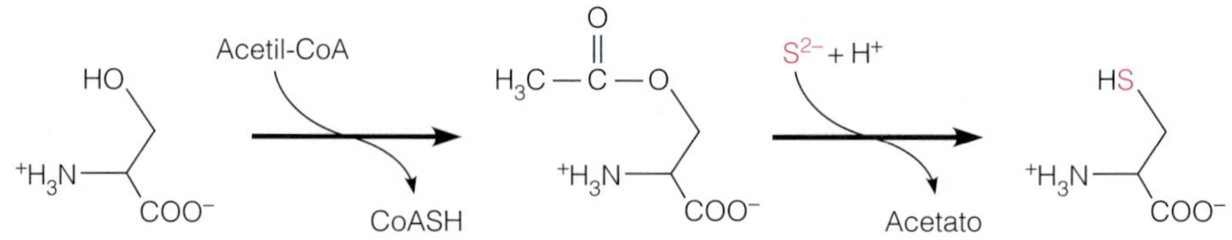


### La metionina como fuente del azufre de la cisteína en los animales

La metionina se clasifica como aminoácido esencial en los mamíferos y la cisteína se considera no esencial. En realidad, la ruta de biosíntesis en los animales va de metionina a cisteína, tal como se resume en la Figura 21.29, por lo que la cisteína solo es no esencial, siempre que la alimentación contenga una cantidad adecuada de metionina.

La síntesis de cisteína en los animales se asemeja a la inversa de la ruta de biosíntesis de la metionina, como hemos señalado y se ha descrito previamente en el contexto de la ruta que se utiliza para degradar la metionina (*véase* la Figura 21.4). Una vez que la metionina ha donado su grupo metilo por la *S*-adenosilmetionina (*véase* la Figura 21.9), la homocisteína que resulta se condensa con la serina en un proceso de transulfuración para dar cisteína. Este proceso en dos pasos da lugar a la transferencia de S desde un donador de cuatro carbonos (homocisteína) a un aceptor de tres carbonos (serina), con un intermedio de siete carbonos, la cistationina. El esqueleto de cuatro carbonos de la homocisteína se desamina, y forma $\alpha$-cetobutirato y amoníaco. Las plantas y los procariotas llevan a cabo la misma ruta, y usan el $\alpha$-cetobutirato, también para la biosíntesis de isoleucina.

Las plantas y las bacterias sintetizan cisteína a partir de azufre inorgánico, y sintetizan metionina a partir de la cisteína. Los animales sintetizan la cisteína a partir de la metionina de la alimentación.

Recuérdese que la homocisteína tiene dos destinos posibles: la remetilación o la transulfuración (Figura 21.9). Como se ha señalado antes (página 876), la *S*-adenosilmetionina regula estos dos destinos al inhibir la remetilación en el paso de la metilentetrahidrofolato reductasa y activar la transulfuración en el paso de la cistationina $\beta$-sintasa. Cuando están satisfechas las demandas de metilación de la célula, la concentración de AdoMet es alta y la homocisteína se dirigirá hacia la ruta de transulfuración de biosíntesis de cisteína ($\gamma$ glutatión). La transulfuración también se controla por el estado redox celular: las condiciones oxidantes incrementan el flujo de homocisteína a glutatión como un mecanismo de protección celular frente a la agresión oxidativa. Se cree que la cistationina $\beta$-sintasa detecta el estado redox celular a través de su cofactor hemo.

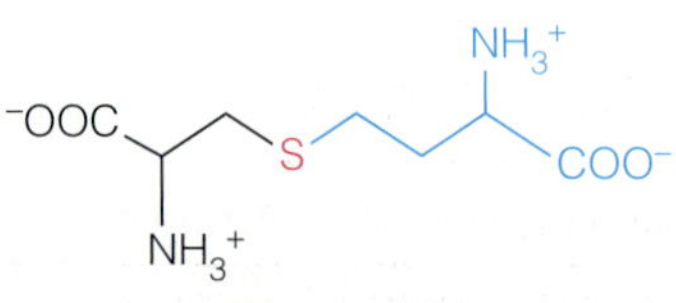

**Cistationina**

Obsérvese que la cistationina desempeña un papel central, tanto en la biosíntesis de metionina en las plantas y las bacterias como en la biosíntesis de cisteína en los animales. En la síntesis de metionina a partir de cisteína (Figura 21.27), la ruptura de la cistationina acompaña a la transferencia de azufre, desde una cadena lateral de tres carbonos a una de cuatro. Ocurre lo contrario durante la síntesis de cisteína a partir de metionina (Figura 21.4).

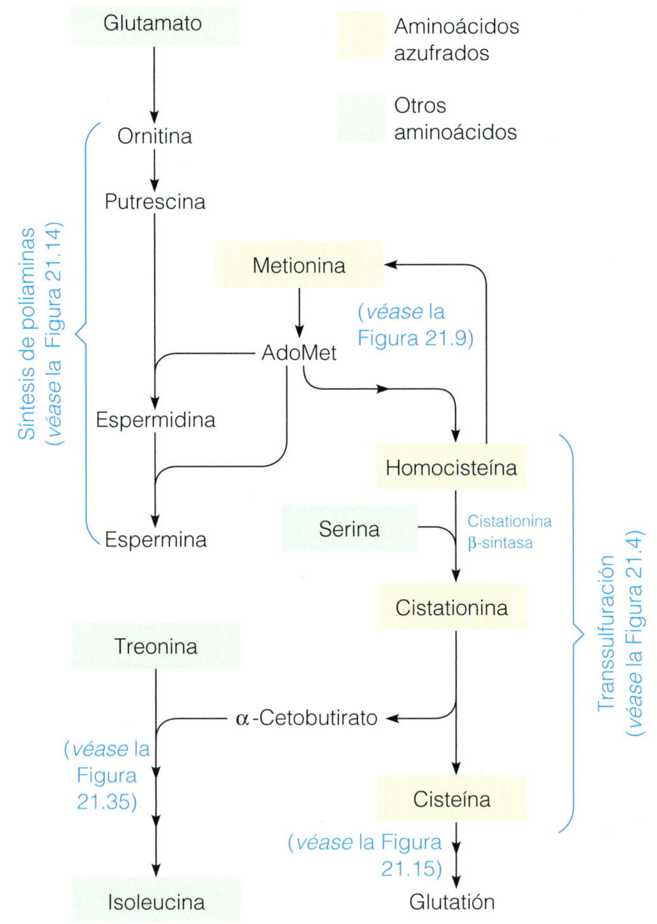


**FIGURA 21.29**

**Visión general del metabolismo de la metionina**. Excepto para la síntesis de isoleucina a partir de treonina (véase la página 907), que está limitada a las plantas y las bacterias, estas rutas tienen lugar virtualmente en todos los organismos.

La cisteína también es la precursora de un aminoácido no proteico, la **taurina**, el aminoácido libre más abundante de los tejidos animales. El sulfhidrilo de la cisteína se oxida a sulfinato ($—SO_2^-$) y finalmente, a sulfonato ($—SO_3^-$) en la taurina (Figura 21.30). Esta es una ruta importante en hígado, riñón, músculo y cerebro, donde la taurina puede alcanzar una concentración intracelular de 25 mM. No conocemos todas las funciones de la taurina, pero las funciones biológicas principales son la síntesis del ácido biliar taurocolato (*véase* el Capítulo 19), la regulación de la presión sanguínea, como osmolito intracelular y como antioxidante potente y agente antiinflamatorio. Curiosamente, la taurina es el principal ingrediente de las bebidas energéticas Red Bull (una lata de 250 ml de la bebida contiene 1000 mg de taurina y solo 80 mg de cafeína). Los efectos saludables de estas ingestiones elevadas de taurina no se han estudiado cuidadosamente.

## Síntesis de prolina, ornitina y arginina a partir de glutamato

Como hemos visto, el glutamato es, tal vez, el más activo de todos los aminoácidos en cuanto al número de sus funciones metabólicas. Otra reacción importante del glutamato es la reducción, con gasto de energía, del grupo $\gamma$-carboxilo, para dar **$\gamma$-semialdehído glutamato** (Figura 21.31). La fosforilación del grupo $\gamma$-carboxilo al intermedio inestable $\gamma$-glutamil fosfato, facilita la reducción endergónica. Este proceso, que conduce a la ornitina y a la prolina, es comparable a la reducción del aspartato a semialdehído aspártico (página 899). En las plantas y los animales, esta reacción en dos pasos está catalizada por una enzima bifuncional formada por dos dominios, uno que cataliza la fosforilación del carboxilo $\gamma$ dependiente de ATP y el otro que cataliza la reducción dependiente de NADPH. El producto, el $\gamma$-semialdehído glutamato, se encuentra en un equilibrio no enzimático con un tautómero ciclado, el **ácido $\Delta^1$-pirrolin-5-carboxílico** (**P5C**). Este equilibrio tiene una fuerte dependencia con el pH, estando favorecido el P5C a pH por

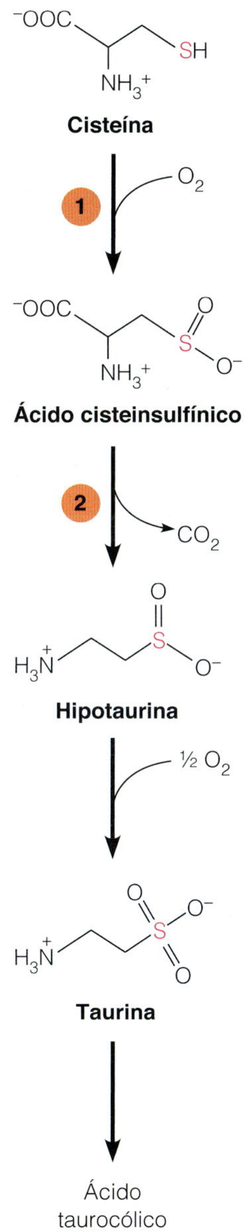


**FIGURA 21.30**

**Biosíntesis de taurina**. (1) cisteína dioxigenasa, (2) cisteinsulfinato descarboxilasa.

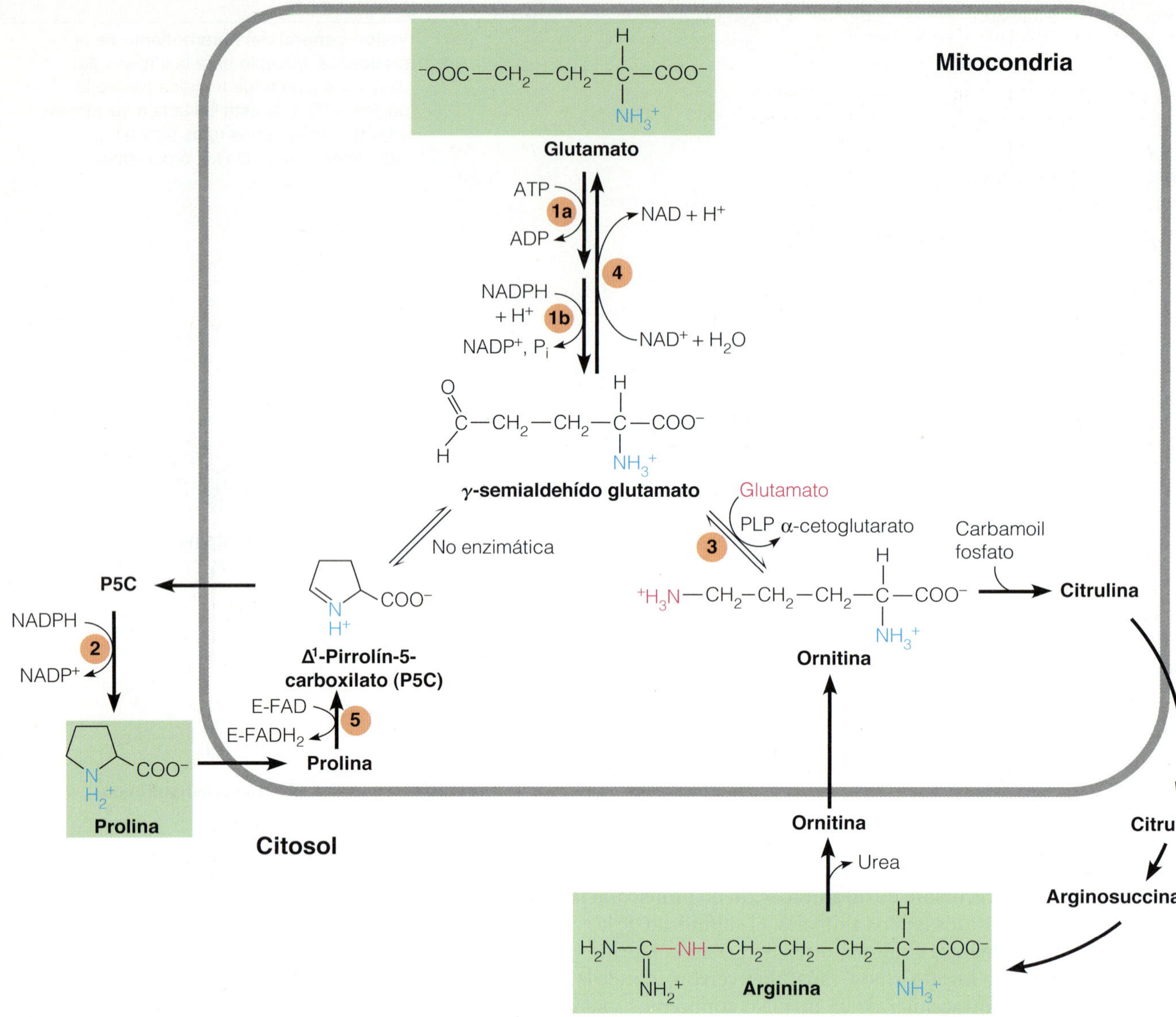


**FIGURA 21.31**

**Prolina y arginina proceden del glutamato**. Las enzimas que participan son 1 $\Delta^1$-pirrolín-5-carboxilato (P5C) sintasa, una enzima bifuncional que comprende las actividades glutamato quinasa 1a y $\gamma$-glutamil fosfato reductasa 1b; 2 $\Delta^1$-pirrolín-5-carboxilato reductasa; 3 ornitina $\delta$-aminotransferasa; 4 glutamato $\gamma$-semialdehído deshidrogenasa (llamada también $\Delta^1$-pirrolín-5-carboxilato deshidrogenasa); 5 prolina oxidasa.

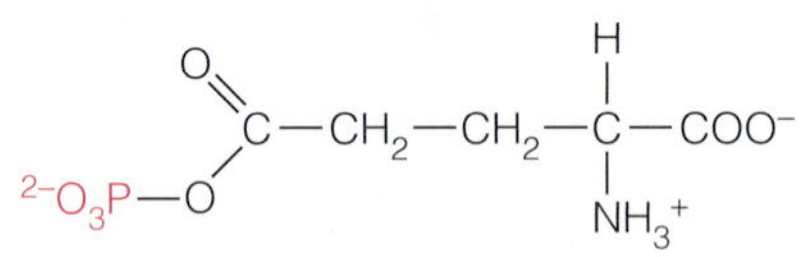

**$\gamma$-glutamil fosfato**

El glutamato, uno de los aminoácidos metabólicamente más activos, es un precursor de la glutamina, la arginina, la creatina fosfato, la prolina, la hidroxiprolina, las poliaminas, el glutatión y el ácido $\gamma$-aminobutírico.

La prolina y la arginina se sintetizan y degradan mediante rutas opuestas, que emplean enzimas diferentes y cofactores diferentes, y tienen lugar en varios compartimientos.

encima de ~6.5. De esta forma, el P5C es el producto fisiológico y la enzima bifuncional de acuerdo con ello, se denomina ácido $\Delta^1$-pirrolin-5-carboxílico sintasa. Las bacterias y los eucariotas inferiores utilizan dos enzimas separadas codificadas por dos genes separados para realizar las reacciones de glutamato quinasa y $\gamma$-glutamil fosfato reductasa. Los análisis secuenciales y estructurales sugieren que la P5C sintasa bifuncional evolucionó a partir de dos enzimas monofuncionales codificadas en las bacterias por un único operón. Finalmente, se produce una reducción del ácido $\Delta^1$-pirrolín-5-carboxílico dependiente de NADPH, para dar prolina.

El $\gamma$-semialdehído glutamato no solo conduce a prolina sino también, a ornitina y de aquí, a arginina. La ornitina se forma directamente a partir del $\gamma$-semialdehído glutamato mediante transaminación del grupo aldehído en una reacción catalizada por la **ornitina $\delta$-aminotransferasa**. La arginina se sintetiza porteriormente a partir de la ornitina a través del ciclo de la urea, como vimos en el Capítulo 20.

Las rutas de la biosíntesis de prolina y arginina a partir de glutamato son esencialmente las inversas de sus rutas de degradación (compárese la Figura 21.31 con la 21.3), de forma que ¿cómo evita la célula que estas rutas opuestas funcionen al mismo tiempo? Actúan varios de los principios de organización bioenergética y metabólica que se han esbozado en el Capítulo 12. Como se esperaba, se emplean distintas enzimas y coenzimas en las direcciones anabólica y catabólica. En especial, las direcciones de biosíntesis tienen diferentes coeficientes de acoplamiento de ATP que las direcciones catabólicas (por ej., $-1$ frente a 0 para las rutas de la prolina). La síntesis de prolina a partir de glutamato, una reducción de cuatro electrones, utiliza NADPH, mientras que la oxidación de prolina a glutamato comporta una flavina deshidrogenasa y $NAD^+$. La única reacción enzimática reversible es la reacción de transaminación catalizada por la ornitina $\delta$-aminotransferasa en la ruta de la arginina. Otro factor que permite el control independiente, aunque coordinado, de las rutas de síntesis frente a las de degradación, es la compartimentación intrincada de las enzimas en estas rutas (Figura 21.31). Así, la P5C reductasa, que cataliza la reducción del P5C a prolina, es citoplásmica, mientras que la prolina oxidasa, que cataliza la oxidación de prolina a P5C, es mitocondrial. Ambas P5C sintasa y prolina oxidasa están fuertemente unidas al lado de la matriz de la membrana interna; la orinitina $\delta$-aminotarnsferasa es una enzima soluble de la matriz. El metabolismo de la arginina a través del ciclo de la urea implica una reacción mitocondrial y dos reacciones citoplásmicas. El transporte de P5C, prolina, citrulina y ornitina entre los compartimientos mitocondrial y citoplásmico está mediado por transportadores específicos en la membrana mitocondrial interna.

En las bacterias el glutamato se acetila a ***N*-acetilglutamato** antes de la reducción, y el grupo acetilo se elimina un par de pasos después (Figura 21.32). La acetilación impide la ciclación de la molécula tras la reducción, por condensación entre el aldehído resultante y el grupo $\alpha$-amino, que tiene lugar de forma no enzimática en la síntesis de prolina. La ornitina se convierte luego en arginina por las mismas reacciones en la ruta animal (Figura 21.31).

En las plantas, el $\gamma$-semialdehído glutamato puede sintetizarse también a partir de $\gamma$-semialdehído *N*-acetilglutamato mediante la transferencia del grupo acetilo de este último al glutamato.

$\gamma$-semialdehído *N*-acetilglutamato + glutamato $\rightleftharpoons$ *N*-acetilglutamato + $\gamma$-semialdehído glutamato

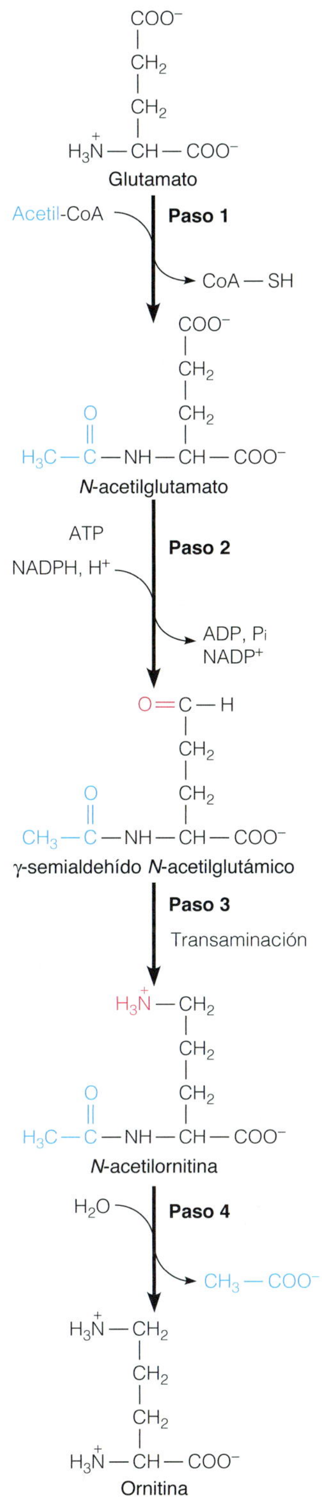


**FIGURA 21.32**

**Biosíntesis de ornitina a partir de glutamato en las bacterias.** La reducción del *N*-acetilglutamato (paso 2) comienza con la fosforilación del grupo carboxilo mediante el ATP, seguido de la reducción dependiente de NADH del grupo carboxilo activado.

## Hidroxiprolina y colágeno

Una función metabólica importante de la prolina es su incorporación a precursores polipeptídicos del colágeno y otras proteínas del tejido conjuntivo, en las que actúa como precursor de la **hidroxiprolina.** Como se ha indicado en el Capítulo 5 (*véase* la página 144), los residuos de hidroxiprolina se generan mediante una modificación posterior a la traducción, tras haberse completado la cadena polipeptídica. El precursor del colágeno no hidroxilado se denomina **procolágeno** (*véase* el Capítulo 6). En este polipéptido, un residuo de prolina a dos posiciones del extremo carboxilo de un residuo de glicina es el sustrato preferido para la acción de la **procolágeno prolina hidroxilasa** (Figura 21.33). Esta enzima pertenece a la familia de dioxigenasas dependientes de Fe(II)/$\alpha$-cetoglutarato, que necesitan ácido L-ascórbico y oxígeno molecular, además de $\alpha$-cetoglutarato y hierro ferroso no hemo. El $\alpha$-cetoglutarato se descarboxila estequiométricamente durante la hidroxilación, incorporándose un átomo de la molécula de $O_2$ al succinato y el otro, al grupo hidroxi del residuo de prolina. El ascorbato no es necesario para esta reacción y la enzima puede catalizar en su ausencia varios ciclos de reacción. Sin embargo, algunas veces las prolil hidroxilasas catalizan la descarboxilación del $\alpha$-cetoglutarato no acoplada a la hidroxilación de un residuo de prolina. Durante esta rotación desacoplada del $\alpha$-cetoglutarato al succinato, el Fe(II) se oxida y la enzima se inactiva. Aunque no se conoce su función precisa, se ha propuesto que el ascorbato reduce el hierro oxidado de nuevo al estado Fe(II), reactivando la enzima. En esta función, se requiere estequiométricamente al ascorbato, que se oxida a deshidroascorbato. Esta reacción es de interés especial, ya que representa una de las pocas funciones bien definidas del ácido ascórbico o vitamina C. Como se mencionó en el Capítulo 6, la carencia de vitamina C o escorbuto comporta la degeneración del tejido conjuntivo, y estos problemas se deben a una síntesis o madura-

**FIGURA 21.33**

**Hidroxilación enzimática de los residuos de prolina del procolágeno en la síntesis de colágeno.** Se indica en rojo el destino de los dos átomos de $O_2$. X es cualquier residuo de aminoácido.

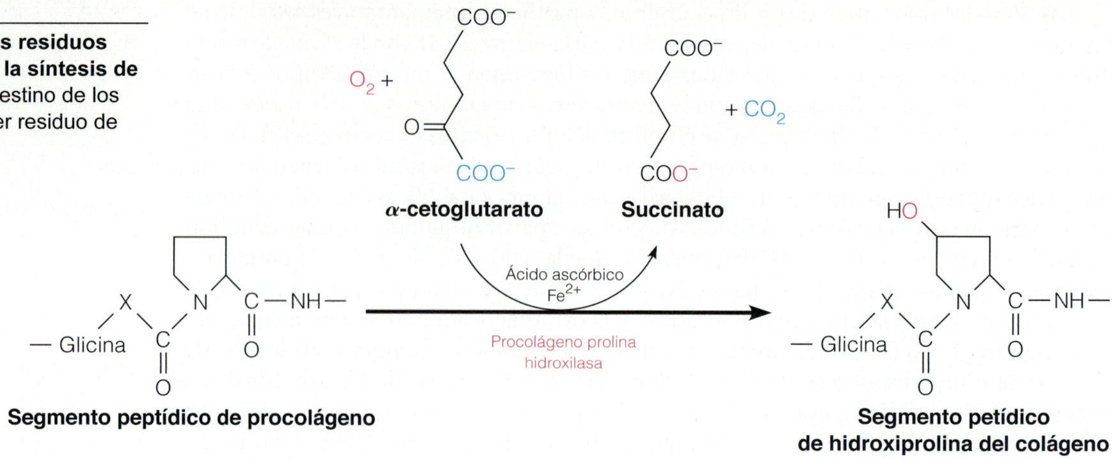


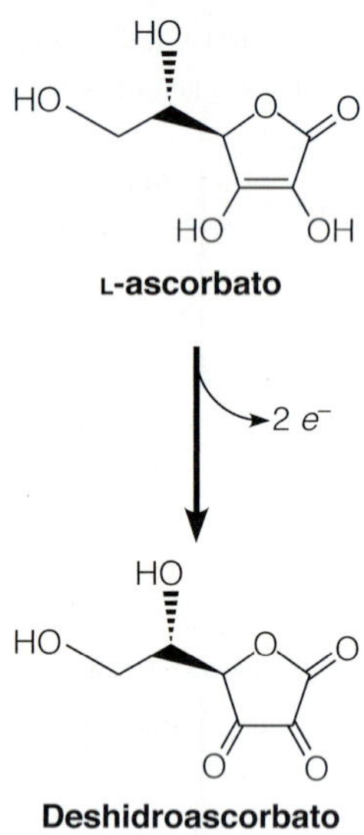


ción defectuosa del colágeno en el tejido conjuntivo. Las primeras referencias registradas de esta enfermedad carencial se remontan, al menos, a 3500 años, pero el escorbuto se convirtió en un problema serio durante los largos viajes a vela de exploración que comenzaron en los años 1500. Se produjo un gran avance cuando James Lind, un cirujano de la Royal Navy, se enfrentó con un brote de escorbuto durante un viaje en 1747. En lo que fue el primer ensayo clínico controlado que se registró, Lind dividió 12 marineros con escorbuto en seis pares y trató cada par con un suplemento alimentario «ácido». Los suplementos diarios que utilizó fueron un cuarto de sidra, 25 gotas de elixir de vitriolo (ácido sulfúrico), 6 cucharadas de vinagre (ácido acético); media pinta de agua de mar, dos naranjas, más un limón y una pasta picante, más una bebida de agua de cebada. El tratamiento del grupo de cítricos se detuvo tras seis días cuando se quedó sin fruta, pero en ese momento, ambos marineros mostraron una mejora significativa. Los otros grupos continuaron deteriorándose. En 1794 se realizó un ensayo más largo con cítricos y en 1795 la Royal Navy finalmente encargó jugo de lima o limón para todos los marineros británicos en los viajes de un mes de duración o mayor (de aquí el nombre de «un inglés»).

## Síntesis de serina y glicina a partir de 3-fosfoglicerato

La serina y la glicina están estrechamente vinculadas a través de la reacción de la serina hidroximetiltransferasa (*véase* la Figura 21.2). Aunque la serina puede sintetizarse a partir de la glicina mediante esta reacción, suele formarse en la dirección inversa como ruta de biosíntesis principal a la glicina y al 5,10-metilentetrahidrofolato. La mayoría de la biosíntesis de novo de la serina tiene lugar en una secuencia de tres pasos desde el intermedio glucolítico 3-fosfoglicerato: oxidación del alcohol a una cetona, transaminación de la cetona para introducir el grupo α-amino, y finalmente, la desfosforilación para dar serina.

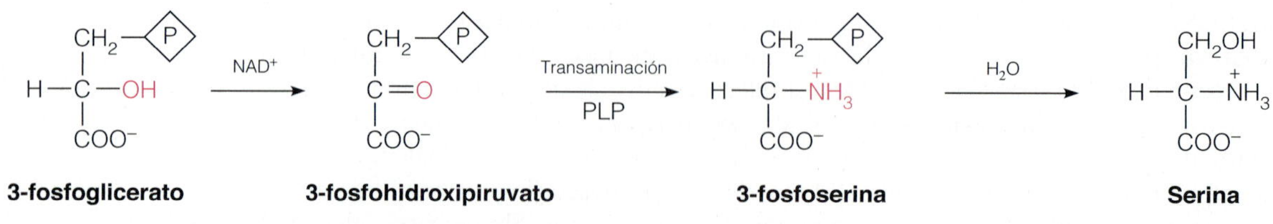


En las bacterias y las plantas, el primer paso comprometido hacia la síntesis de serina, la oxidación del 3-fosfoglicerato dependiente de NAD, es retroinhibida por la L-serina. La fosfoglicerato deshidrogenasa también es un punto de control importante en los tejidos de los mamíferos con concentraciones bajas de serina. Por otro lado, en los tejidos donde las concentraciones de serina son altas, como el hígado, es la enzima final, la fosfoserina fosfatasa, la que es sensible a la retroinhibición por L-serina. Esta es una excepción interesante al concepto general que señala que las enzimas reguladoras se encuentran al comienzo de la ruta.

La serina participa en la síntesis de glicina, fosfolípidos y cisteína. La glicina es activa en la biosíntesis de los nucleótidos de purina y las porfirinas.

La serina es metabólicamente bastante activa; ya hemos considerado sus funciones en la biosíntesis de los fosfolípidos (Capítulo 19) y la cisteína (página 902), así como su

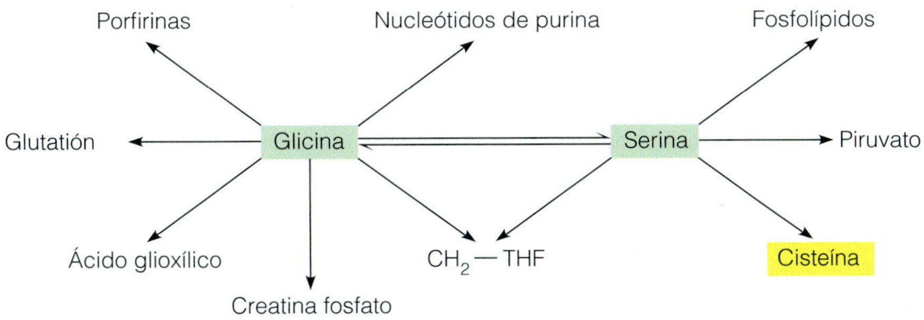


**FIGURA 21.34**

**Interconversiones metabólicas y destinos de serina y glicina.**

contribución de las unidades monocarbonadas activadas al *pool* de coenzimas de tetrahidrofolato (Capítulo 20). La glicina desempeña también múltiples funciones, entre ellas contribuciones al *pool* monocarbonado y como precursor del glutatión (Figura 21.15) a los nucleótidos de purina (*véase* el Capítulo 22) y a las porfirinas (Figura 21.19). La Figura 21.34 resume los destinos metabólicos de la glicina y la serina.

La serina y la glicina son ambas contribuyentes principales al *pool* de grupos de un carbono, en forma de 5,10-metilentetrahidrofolato.

## Síntesis de valina, leucina e isoleucina a partir de piruvato

Los aminoácidos de cadena ramificada valina, leucina e isoleucina, son esenciales para los mamíferos y se sintetizan fundamentalmente en las plantas y en las células bacterianas. Además, ninguno de estos aminoácidos desempeña un papel metabólico significativo aparte del de ser un componente de las proteínas y un sustrato de su propia degradación. Las rutas implicadas son complejas y se presentan aquí tan solo de manera esquemática.

Valina, leucina e isoleucina están relacionadas estructuralmente, y comparten determinadas reacciones y enzimas en sus rutas de biosíntesis (Figura 21.35). Las cuatro últimas reacciones de la biosíntesis de valina e isoleucina las catalizan las mismas cuatro enzimas. La biosíntesis de valina se inicia con la transferencia de un fragmento de dos carbonos desde el pirofosfato de hidroxietil tiamina al piruvato. Dicho fragmento de dos carbonos procede de una segunda molécula de piruvato en una reacción dependiente de TPP semejante a la que cataliza la piruvato descarboxilasa (Capítulo 13). Se produce una transferencia similar dependiente de TPP de una unidad de dos carbonos al $\alpha$-cetobutirato como paso inicial de la ruta hacia la isoleucina. El cetoácido análogo de la valina es la entrada de una ruta de cuatro pasos que conduce a la leucina. En las bacterias, cada uno de estos tres aminoácidos controla su propia síntesis, mediante retroinhibición de una enzima diferente. De hecho, el concepto de control alostérico se elaboró, en gran parte, en los estudios sobre la inhibición de la treonina deshidratasa por la isoleucina.

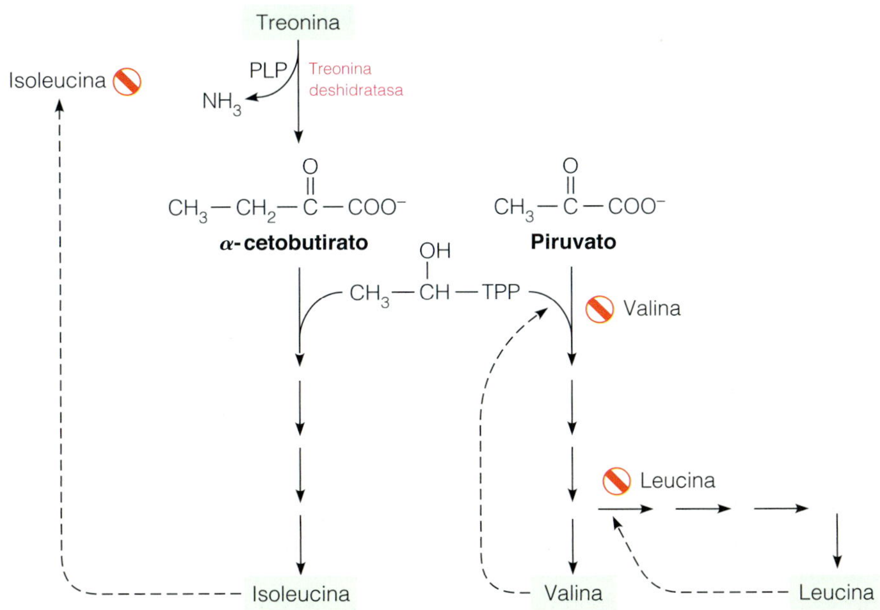


**FIGURA 21.35**

**Biosíntesis de valina e isoleucina**. Tras la reacción de la serina-treonina deshidratasa (*véase* la Figura 21.4), un conjunto de enzimas catalizan las reacciones comparables en la síntesis de valina e isoleucina. En las bacterias, cada producto final regula su propia síntesis al inhibir una enzima específica.

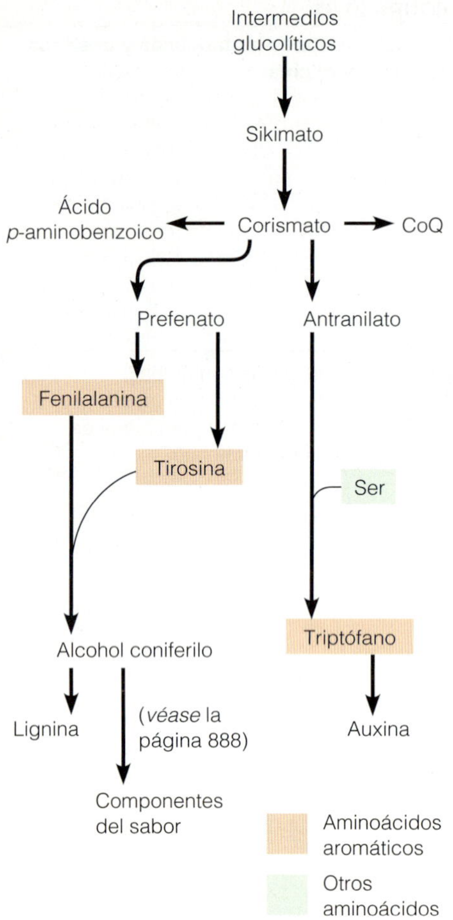


**FIGURA 21.36**

**Visión general de la biosíntesis de los aminoácidos aromáticos**. Las rutas centrales que conducen a los tres aminoácidos son esencialmente las mismas en las plantas y las bacterias. En las Figuras 21.37 y 21.38 se presentan los detalles de la ruta del ácido sikímico.

## Síntesis de los aminoácidos aromáticos a partir de intermedios glucolíticos: ruta del ácido sikímico

La síntesis de estos anillos aromáticos a partir de precursores no cíclicos conlleva una química compleja. Como sucede con otras rutas largas de biosíntesis, como la síntesis de vitaminas, la mayor parte de las capacidades de biosíntesis de los aminoácidos aromáticos se han perdido durante la evolución animal. Las rutas de síntesis que vamos a considerar están limitadas a las plantas y las bacterias, con una excepción, que es la hidroxilación de la fenilalanina a tirosina, que consideramos en el contexto de la degradación de la fenilalanina (Figura 21.7).

En los microorganismos y las plantas, una única ruta ramificada conduce a la síntesis de fenilalanina, tirosina, triptófano y a prácticamente todos los demás compuestos aromáticos (Figura 21.36). Las reacciones individuales de la ruta se establecieron en las bacterias. Fue posible aislar un gran número de mutantes auxótrofos que se caracterizaron genética (cartografiado), fisiológica (identificación de los compuestos que podían satisfacer los requerimientos de crecimiento) y bioquímicamente (identificación de los intermedios que se acumulan cuando está bloqueado un paso determinado). Por lo que se sabe hasta la fecha, los procesos son bastante similares en las plantas.

Se hicieron varios hallazgos clave. En primer lugar, todo el carbono de la fenilalanina y la tirosina procede de la eritrosa-4-fosfato y del fosfoenolpiruvato (PEP). Recuérdese que la eritrosa-4-fosfato también procede de intermedios glucolíticos, a través de la ruta de las pentosas fosfato (Capítulo 13). En segundo lugar, en una clase de mutantes que requieren fenilalanina, tirosina, triptófano, ácido *p*-aminobenzoico y ácido *p*-hidroxibenzoico para su crecimiento, pueden tener satisfechos los cinco requerimientos con un único compuesto, el **ácido sikímico.** Actualmente sabemos que en estos mutantes existe un bloqueo de la formación de sikimato (la cuarta reacción en la parte de la ruta que se muestra en la Figura 21.37) y que, cuando se proporciona esta sustancia, pueden producirse todos los pasos posteriores de la ruta. Obsérvese que una ruta no ramificada da lugar al **ácido corísmico** a través del ácido sikímico. A partir del ácido corísmico, hay una ruta que conduce al **ácido prefénico,** con posteriores ramificaciones que conducen a la fenilalanina y a la tirosina (Figura 21.38). Hay otra ruta que conduce al triptófano a través del **ácido antranílico,** y otra que da lugar al ácido *p*-aminobenzoico y una última ruta conduce a la coenzima Q a través del ácido *p*-hidroxibenzoico. Así pues, la ruta del ácido sikímico es la responsable de la biosíntesis de prácticamente todos los compuestos aromáticos, puesto que los productos que acabamos de mencionar actúan, a su vez, como precursores de otros compuestos aromáticos.

En los últimos años se ha dedicado una gran atención a la sexta reacción de la ruta del ácido sikímico, catalizada por la **5-enoilpiruvilsikimato-3-fosfato sintasa (EPSP sintasa),** en las plantas superiores. Esta enzima se inhibe específicamente por un compuesto denominado **glifosato** o glicina fosfonato (un *fosfonato* es un compuesto con un enlace covalente que une el carbono al fósforo). El crecimiento de la mayor parte de las plantas de cultivo se inhibe por el glifosato, que constituye un herbicida eficaz, de amplio espectro. Un logro reciente de la biotecnología ha sido la transferencia de genes que confieren resistencia al glifosato a las plantas de cultivo. Por ejemplo, la semilla de algodón «*Roundup Ready*» llegó a los granjeros a mediados de los años 1990 y otras plantas de cultivo, modificadas de forma similar, están en el mercado ya. Esta modificación permite un control simplificado y eficaz de los cultivos. La nebulización de un campo de cultivo eliminará todas las plantas excepto las especies producidas mediante ingeniería genética.

La ruta del ácido sikímico conduce a la síntesis de casi todos los compuestos aromáticos, entre ellos la lignina, y es pues una de las rutas más productivas de la biología.

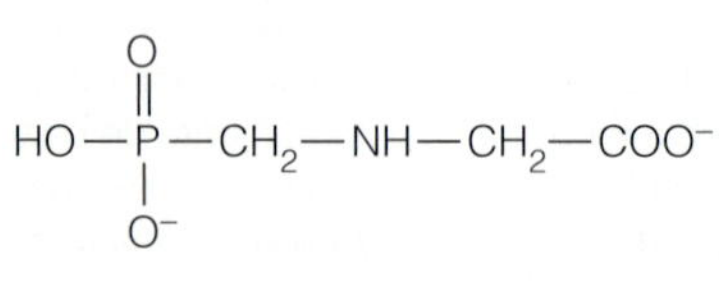


**Glifosato**

En la regulación de estas rutas intervienen unos mecanismos de control interesantes. Los estudios realizados sobre el control genético de la biosíntesis del triptófano, que se describen en el Capítulo 29, nos han proporcionado algunas de las perspectivas más importantes para comprender la regulación de la transcripción. Los estudios más recientes sobre las reacciones que conducen al ácido corísmico han revelado la existencia de varias enzimas multifuncionales, que son cadenas polipeptídicas únicas que contienen dos o más lugares activos para la catálisis de reacciones secuenciales, que constituyen, evidentemente, una forma eficaz de controlar conjuntamente varias reacciones.

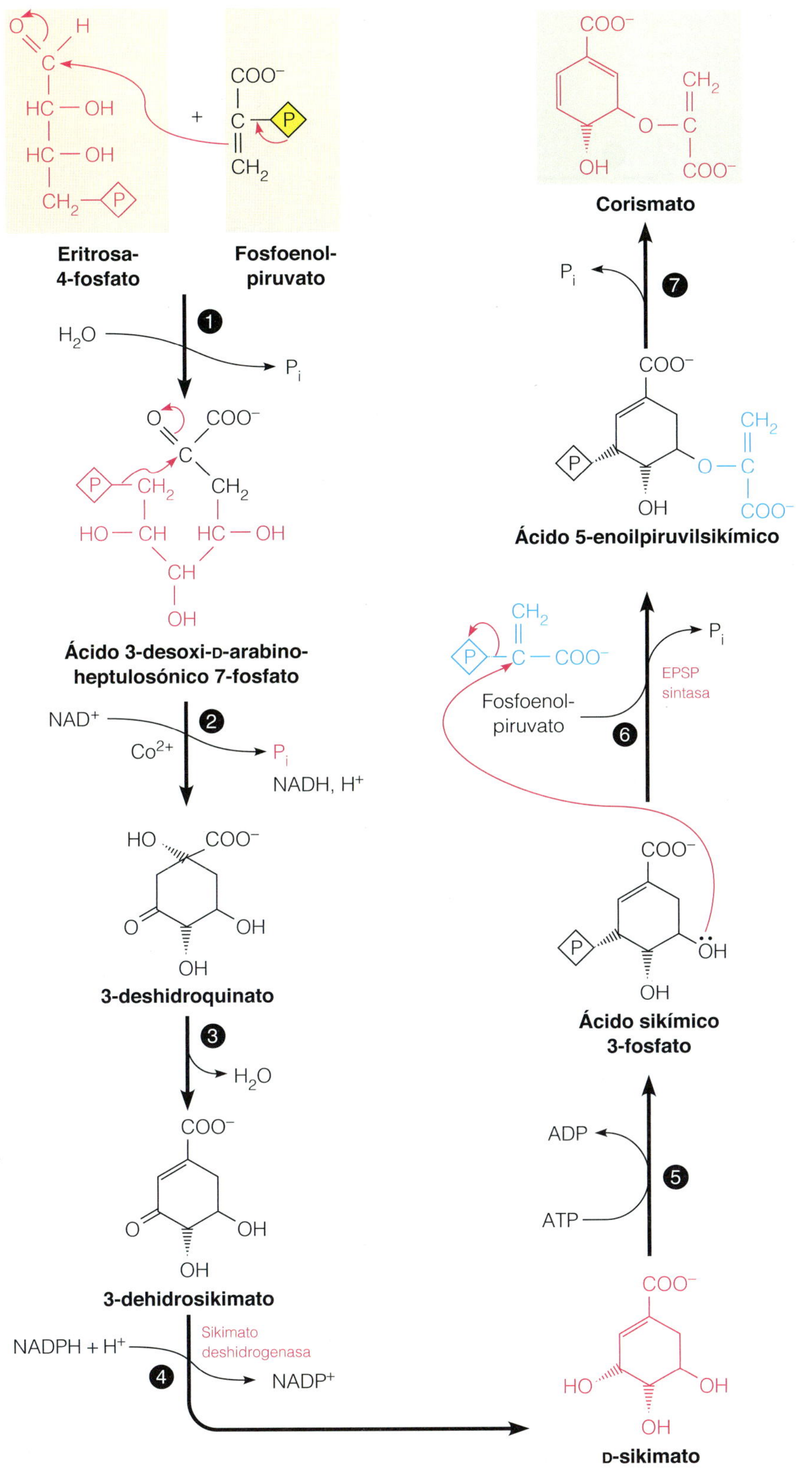


**FIGURA 21.37**

**Detalles de la ruta del ácido sikímico, I.** En la figura se presenta la ruta inicial no ramificada que va de eritrosa-4-fosfato y fosfoenolpiruvato a ácido corísmico. La primera reacción se impulsa por la pérdida de fosfato del fosfoenolpiruvato. En la segunda reacción, una enzima poco habitual que requiere cobalto realiza el cierre del anillo mediante una deshidrogenación y la pérdida del segundo fosfato. La deshidratación del tercer paso da lugar a deshidrosikimato, que se reduce luego por el NADPH a sikimato. A continuación, se añade una cadena lateral de tres carbonos a través de una fosforilación del sikimato y la reacción con una segunda molécula de fosfoenolpiruvato. La desfosforilación de este intermedio da corismato, que es el punto de ramificación de la ruta.

En la primera reacción de la ruta que va del ácido antranílico al triptófano (Figura 21.38) interviene un derivado de azúcar activado, el **5-fosforribosil-1-pirofosfato (PRPP),** que desempeña funciones muy generalizadas en la síntesis de los nucleótidos (*véase* el Capítulo 22). En las bacterias, los genes que codifican estas enzimas están ligados en una disposición lineal, el **operón triptófano.** Como se expone en el Capítulo 27,

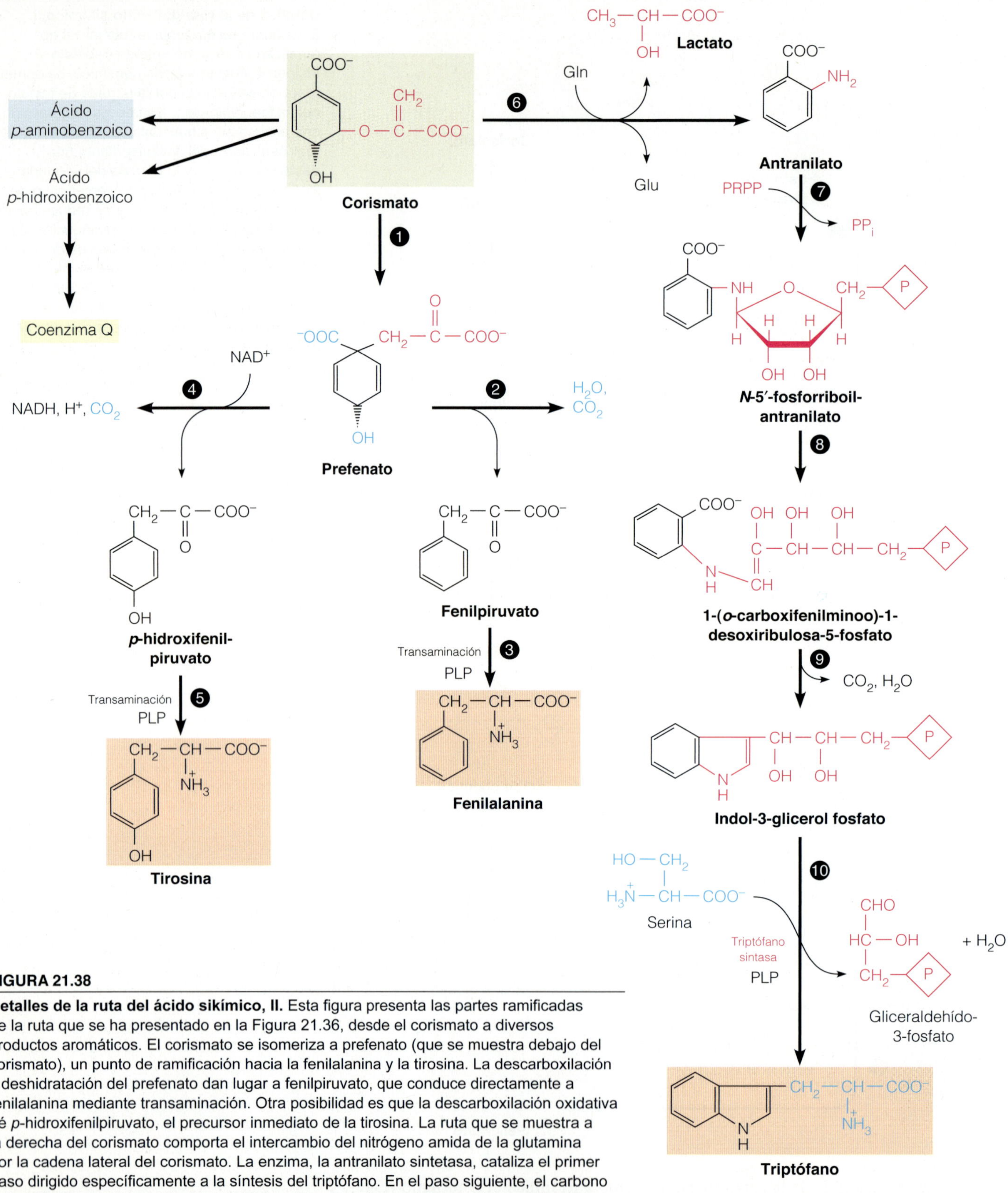


**FIGURA 21.38**

**Detalles de la ruta del ácido sikímico, II.** Esta figura presenta las partes ramificadas de la ruta que se ha presentado en la Figura 21.36, desde el corismato a diversos productos aromáticos. El corismato se isomeriza a prefenato (que se muestra debajo del corismato), un punto de ramificación hacia la fenilalanina y la tirosina. La descarboxilación y deshidratación del prefenato dan lugar a fenilpiruvato, que conduce directamente a fenilalanina mediante transaminación. Otra posibilidad es que la descarboxilación oxidativa dé *p*-hidroxifenilpiruvato, el precursor inmediato de la tirosina. La ruta que se muestra a la derecha del corismato comporta el intercambio del nitrógeno amida de la glutamina por la cadena lateral del corismato. La enzima, la antranilato sintetasa, cataliza el primer paso dirigido específicamente a la síntesis del triptófano. En el paso siguiente, el carbono 1 del 5-fosforribosil-1-pirofosfato (PRPP) se liga al nitrógeno del antranilato, mediante la pérdida de pirofosfato del carbono 1. La apertura del anillo del azúcar va seguida de una descarboxilación y del cierre del anillo para dar indol-3-glicerol fosfato. En el último paso, la cadena lateral de tres carbonos del compuesto indol se intercambia por la de la serina, dando triptófano.

un *operón* es un conjunto ligado de genes cuya expresión se regula de manera conjunta a nivel de la transcripción. En las bacterias, las levaduras, los hongos y las plantas, la enzima final de la ruta es la **triptófano sintasa,** un dímero $\alpha_2\beta_2$. Las subunidades $\alpha$ y $\beta$ aisladas catalizan las siguientes reacciones parciales, y la holoenzima cataliza una reacción concertada, en la que el indol no se disocia de la superficie enzimática, sino que reacciona inmediatamente con la serina para dar triptófano.

$$\text{Indol-3-glicerol fosfato} \xrightarrow{\text{Subunidad } \alpha} \text{indol} + \text{3-fosfogliceraldehído}$$

$$\text{Indol} + \text{serina} \xrightarrow[\text{PLP}]{\text{Subunidad } \beta} \text{triptófano} + H_2O$$

Es de destacar que la cristalografía de rayos X indica que el intermedio, el indol, se *canaliza* desde el lugar activo de la subunidad $\alpha$ al lugar activo de $\beta$, una distancia de 2.5 Å, a través de un túnel situado en el interior de la molécula proteica (Figura 21.39). La canalización es la transferencia directa de un metabolito entre enzimas secuenciales de un ciclo metabólico. Veremos otro ejemplo en el Capítulo 22. Los análisis cinéticos, que complementan los análisis estructurales más detallados, sugieren que cada lugar activo está cubierto de forma intermitente por una «tapa» (Figura 21.40), que mantiene al indol dentro del canal.

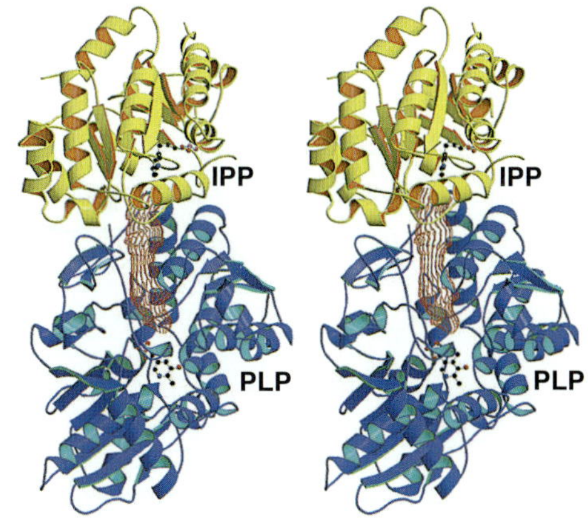


**FIGURA 21.39**

**Estructura de la triptófano sintasa**. Este modelo estéreo divergente (estrábico) muestra la estructura de una unidad funcional $\alpha - \beta$ de *Salmonella typhimurium* (PDB ID 1QOP). La subunidad $\alpha$ se muestra en amarillo y la subunidad $\beta$, en azul. Un túnel que conecta los dos lugares activos está indicado por el tubo de alambre de pollo rojo. El indol propanolol fosfato (IPP, un inhibidor competitivo del indol-3-glicero fosfato) y el piridoxal fosfato (PLP) se muestran en forma de modelos de bolas y bastones unidos a las subunidades $\alpha$ y $\beta$, respectivamente.

Reproducido con autorización de *Accounts of Chemical Research* 36:539–548, F. M. Raushel, J. B. Thoden y H. M. Holden, Enzymes with molecular tunnels. © 2003 American Chemical Society.

## Síntesis de histidina a partir de intermedios glucolíticos

La biosíntesis de histidina presenta varios paralelismos con la ruta del ácido sikímico, en lo que respecta a los métodos utilizados para su determinación, la complejidad de las reacciones que comporta, la elegancia de la regulación genética de la ruta y las aplicaciones prácticas de su conocimiento. Sin embargo, la ruta de la histidina se diferencia por no ser ramificada. En la Figura 21.41 se presenta esta ruta tal como se estableció, en gran parte, en los laboratorios de Bruce Ames y Philip Hartman. Cinco de los seis carbonos de la histidina proceden del fosforribosil-1-pirofosfato (PRPP), que a su vez, procede

Las mutaciones auxótrofas de histidina han sido útiles, tanto para definir la ruta de biosíntesis como para analizar los mutágenos ambientales.

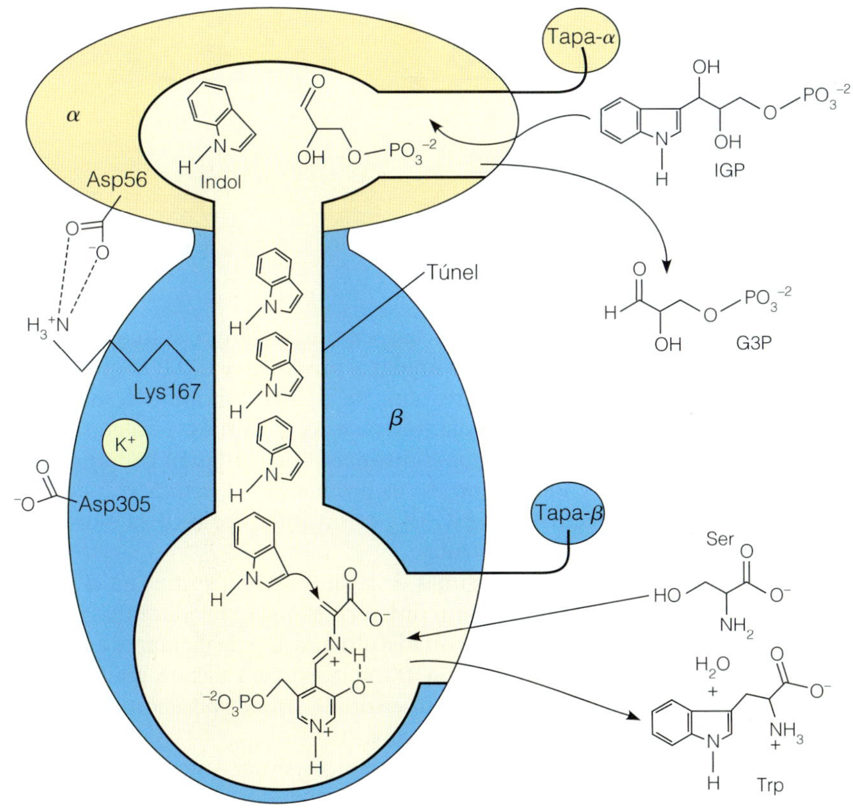


**FIGURA 21.40**

**Representación esquemática de la acción de la triptófano sintasa en un ensamblaje $\alpha$-$\beta$.** Se muestran los lugares activos de las subunidades $\alpha$ (amarillo) y $\beta$ (azul), el túnel de 2.5 nm de interconexión lleno de moléculas de indol, y las rutas de entrada de sustrato y de liberación de producto de ambas subunidades, con las "tapas", cuya apertura y cierre alternativos restringe al indol dentro del túnel. Se muestran también un lugar de unión del $K^+$ catalítico esencial y un puente salino que proporciona un ligamiento alostérico entre las dos subunidades. IGP; indol-3-glicerol fosfato; G3P, gliceraldehído-3-fosfato; ser, serina; trp, triptófano.

Modificado de *Trends in Biochemical Sciences* 22:22–27, P. Pan, E. Woehl, and M. F. Dunn, Protein architecture, dynamics and allostery in tryptophan synthase channeling. © 1997, con permiso de Elsevier.

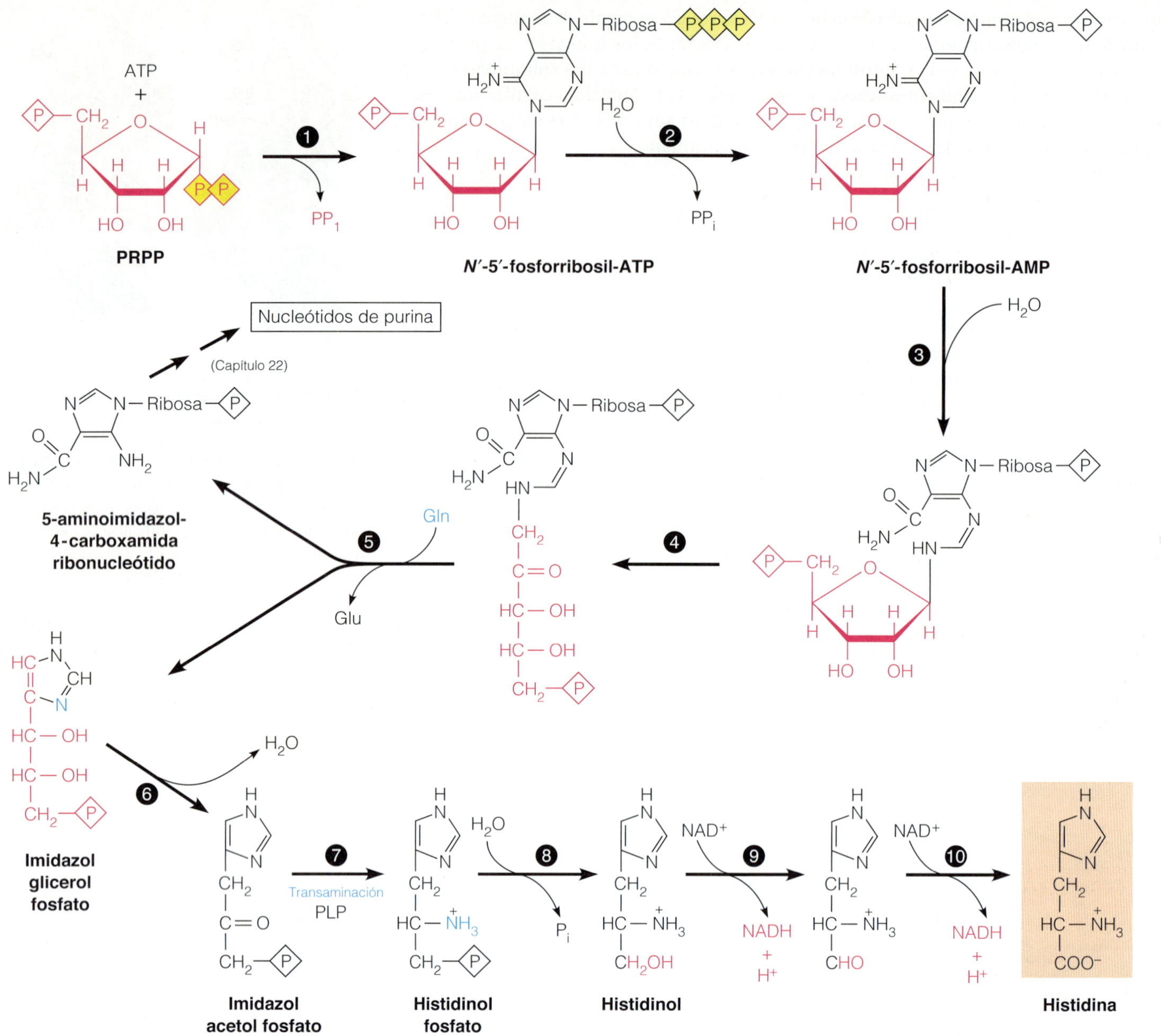


**FIGURA 21.41**

**Ruta de biosíntesis de histidina.** Tras la activación de un anillo de purina mediante la reacción con 5-fosforribosil-1-pirofosfato (PRPP, paso ❶), el anillo se abre para dar el tercer intermedio (pasos ❷ y ❸). A continuación, se abre el anillo de ribosa procedente del PRPP (paso ❹). La transferencia del nitrógeno amida de la glutamina (paso ❺) se realiza mediante la ruptura y cierre del anillo, dando el primer compuesto imidazólico, el imidazol glicerol fosfato. El otro producto es un intermedio de la síntesis de los nucleótidos de purina. El imidazol glicerol fosfato se transforma en histidina mediante una secuencia simple que conlleva deshidratación (paso ❻), transaminación (paso ❼) desfosforilación (paso ❽) y deshidrogenación (pasos ❾ y ❿).

de la glucosa-6-fosfato a través de la ruta de las pentosas fosfato (Capítulo 13). El sexto carbono y uno de los átomos de nitrógeno imidazol proceden del ATP. El otro átomo de nitrógeno imidazol se introduce por una reacción de la glutamina amidotransferasa, y el grupo α-amino viene del glutamato mediante una reacción aminotarnsferasa estándar dependiente de PLP. Incluye diez reacciones distintas, que empiezan con una reacción poco habitual que une ATP y PRPP. Uno de los productos del paso 5, el 5-aminoimidazol-4-carboxamida ribonucleótido (AICAR), es un intermedio de la biosíntesis de purina (Capítulo 22), que liga estas dos rutas.

Los 10 genes estructurales de las enzimas de la síntesis de histidina en las bacterias entéricas están ligados entre sí en el mismo orden en el que se producen las reacciones de la ruta. Este conjunto de genes, el **operón histidina,** se regula de manera coordinada a nivel de la transcripción, y los 10 genes se transcriben para dar un gran RNA mensajero, que se traduce para dar lugar a las 10 enzimas. Esta disposición de genes muy organizada puede facilitar la regulación de la ruta.

Una vez identificados los genes y los productos génicos, Bruce Ames utilizó las bacterias mutantes que se habían generado para estas investigaciones de una forma novedosa, para buscar productos mutágenos en el medio. Con el empleo de la **prueba de Ames,** los investigadores pueden contar las mutaciones midiendo, simplemente, la velocidad a la que los mutantes que no sintetizan histidina (**auxótrofos** de histidina) mutan a una forma que puede sintetizar el aminoácido (**protótrofos**). El investigador trata un cultivo de auxótrofos con un supuesto mutágeno, siembra las bacterias en un medio que no contenga histidina y cuenta las colonias que aparecen como resultado de las mutaciones de reversión. Con el empleo de este sistema, Ames y sus colaboradores describieron una correlación muy elevada entre los compuestos que son cancerígenos conocidos en los animales y los que resultan ser mutágenos en esta prueba. Así pues, la prueba de Ames proporciona una forma rápida y barata de buscar posibles cancerígenos ambientales. Además, estos resultados respaldaron la idea de que el cáncer aparece como resultado de una serie de mutaciones de células somáticas, una idea que consideraremos posteriormente en el Capítulo 23.

## RESUMEN

Los aminoácidos desempeñan numerosas funciones como intermedios de la biosíntesis de otros metabolitos, como los nucleótidos de purina (glutamina, glicina y serina), los nucleótidos de pirimidina (aspartato, glutamina), las poliaminas y grupos metilo (metionina), el glutatión (glutamato, cisteína y glicina), la creatina fosfato (arginina), los neurotransmisores (tirosina, triptófano, glutamato, arginina), la lignina, los compuestos aromáticos y los pigmentos (fenilalanina), las hormonas (tirosina, histidina), las porfirinas (glicina y glutamato en las plantas) y otros aminoácidos. Las funciones de los aminoácidos como neurotransmisores y precursores de neurotransmisores son especialmente importantes, como lo son sus funciones en la síntesis de porfirinas. En la síntesis de porfirina, la glicina se condensa con el succinato para dar un compuesto con un anillo heterocíclico, el porfobilinógeno, que es el precursor de los cuatro anillos pirrólicos del hemo y otras porfirinas. La degradación de las porfirinas en los animales produce hierro, que se reutiliza, y bilirrubina, un tetrapirrol insoluble, que se excreta. Los aminoácidos se sintetizan a partir de intermediarios del ciclo del ácido cítrico, la glucólisis y la ruta de las pentosas fosfato.

## BIBLIOGRAFÍA

**Glutamato, aspartato, alanina, glutamina, asparagina, prolina, serina, glicina, treonina**

**Chaves, A. L. S.** y **Mello-Farias, P. C. de,** (2006) Ethylene and fruit ripening: From illumination gas to the control of gene expression, more than a century of discoveries. *Genet. Mol. Biol.* 29:508-515. Una revisión reciente de la historia, la síntesis y las acciones de esta importante hormona vegetal.

**Li, X., Bazer, F. W., Gao, H., Jobgen, W., Johnson, G. A., Li, P., McKnight, J. R., Satterfield, M. C., Spencer, T. E.** y **Wu, G.** (2009) Amino acids and gaseous signaling. *Amino Acids* 37:65-78. Esta revisión cubre la biosíntesis y la función del óxido nítrico, así como del sulfuro de hidrógeno.

**Myllyharju, I.** (2003) Prolyl 4-hydrorylases, the key enzymes of collagen biosynthesis. *Matrix Biol.* 22:15-24. Una revisión del mecanismo de la hidroxilación de la prolina y su papel en la síntesis del colágeno.

**Ng, W. L.** y **Bassler, B. L.** (2009) Bacterial quorum-sensing network architectures. *Annu. Rev. Genet.* 43l.197-222. Esta revisión completa describe el descubrimiento, la química y la función de este proceso de comunicación célula-célula.

**Sommer-Knudsen, J., Bacic, A.** y **Clarke, A. E.** (1998) Hydroxyproline-rich plant glycoproteins. *Phytochemistry* 47 :483497. La hidroxiprolina se pensaba desde hace tiempo que solo estaba presente en las proteínas del tejido conjuntivo de los animales. Este artículo resume su presencia y funciones en las proteínas estructurales del las plantas.

**Tabatabaie, L., Klomp, L. W., Berger, R.** y **Koning, T. J. de Koming** (2010) L-Serine synthesis in the central nervous system: A review on serine deficiency disorders. *Mol. Genet. Metab.* 99:256-262.

**Aminoácidos que contienen azufre**

**Becerra-Solano, L. E., Butler, I., Castaneda-Cisneros, G., McCloskey D. E., Wang, X., Pegg, A. E., Schwartz, C. E., Sánchez-Corona, J.** y **García-Ortiz, J. E.** (2009) A missense mutation, p. V132G, in the X-linked spermine synthase gene (SMS) causes Snyder-Robinson syndrome. *Am. J. Med. Genet. A* 149A:328-335. Este artículo describe cómo un defecto de la síntesis de espermina conduce a una enfermedad humana grave.

**Brosnan, J. T.** y **Brosnan, M. E.** (2006) The sulfur-containing amino acids: An overview. *J. Nutr.* 136:1636S-1640S. Esta minirevisión resume la química y bioquímica especiales de los aminoácidos azufrados.

**Cohen, S. S.** (1998) *Biochemistry of the Polyamines.* Oxford University Press, Nueva York. Una revisión que abarca todo el metabolismo y funciones de las poliaminas, escrita por un líder durante mucho tiempo del tema.

**Gadalla, M. M.** y **Snyder, S. H.** (2010) Hydrogen sulfide as a gasotransmitter. *J. Neurochem.* 173:14-26; Lefer, D. l. (2007) A new gaseous signaling molecule emerges: Cardioprotective role of hydrogen sulfide. Proc. *Natl. Acad. Scl. USA* 704:17907-17908. Estos dos artículos describen el descubrimiento sorprendente y la función de alguna otra molécula gaseosa señalizadora.

**Giordano, M., Norici, A.** y **Hell, R.** (2005) Sulfur and phytoplankton: Acquisition, metabolísm and impact on the environment. *New Phytol.* 166:37l-382. Una minirevisión de la química y el metabolismo de los compuestos que contienen azufre en el ecosistema marino.

**Wallace, H. M., Fraser, A. V.** y **Hughes, A.** (2003) A perspective of polyamine metabolism. *Biochem. J.* 376:1-14. Este artículo cubre los avances recientes del conocimiento de las funciones de las poliaminas en la enfermedad humana, especialmente el cáncer.

### *S*-adenosilmetionina, metilación y homocisteina

**Brosnan, J. T., da Silva, R. P.,** y **Brosnan, M. E.** (2011) The metabolic burden of creatine synthesis. *Amino Acids* 40:1325-1331. Esta revisión describe las demandas cuantitativamente significativas que la síntesis de creatina sitúa en los grupos metilo, la arginina y la glicina en los animales.

**Clarke, S.** (2003) Aging as war between chemical and biochemical processes: Protein methylation and the recognition of age-damaged proteins for repair. *Ageing Res Rev.* 2:263-285. Este artículo considera el daño espontáneo de las proteínas y el papel de la metilación en su reparación.

**da Si1va, R. P., L Nissim, M. E. Brosnan,** y **Brosnan, J. T.** (2009) Creatine synthesis: Hepatic metabolism of guanidinoacetate and creatine in the rat in vitro and in vivo. *Am. J. Physiol Endocrinol. Metab.* 296:E256-E261. Este artículo presenta pruebas de la existencia de una ruta entre los órganos para la síntesis de creatina en los mamíferos.

How folate fights disease. *Nat. Struct. Biol.* 6:293-294 (1999). Este editorial describe cómo los estudios bioquímicos y estructurales de una proteína (metilentetrahidrofolato reductasa) conducen a un mejor conocimiento de los resultados clínicos. Acompaña a un artículo de investigación del que se ha tomado la Figura 21.12.

**Kraus, J. P.** y **Kozich, V.** (2001) Cystathionine $\beta$-synthase and its deficiency. En *Homocysteine in Health and Disease*, R. Carmel y D. W. Jacobsen, eds., Cap. 20, págs.223-243, Cambridge University Press, Cambridge. Esta revisión es parte de un compendio reciente sobre los aspectos bioquímicos, genéticos y clínicos del metabolismo de la homocisteína.

**Roje, S., Chan, S. Y., Kaplan, F., Raymond, R. K., Horne, D. W., Appling, D. R.** y **Hanson, A. D.** (2002) Metabolic engineering in yeast demonstrates that S adenosylmethionine controls flux through the methylenetetrahydrofolate reductase reaction in vivo. *J. Biol. Chem.* 277:4056-4061. Se construye una enzima quimérica de planta-levadura para estudiar la función de la regulación por retroacción del AdoMet *in vivo.*

**Rozen, R.** (2001) Polymorphisms of folate and cobalamin metabolism. En *Homocysteine in Health and Disease*, R. Carmel y D. W. Jacobsen, eds., Cap. 22, págs. 259-269, Cambridge University Press, Cambridge. Este capítulo de un compendio reciente sobre el metabolismo de la homocisteína describe los aspectos bioquímicos y genéticos de la metilentetrahidrofolato reductasa.

### Aminoácidos aromáticos

**Brennan, M. M.** (1998) New age paper and textiles. *Chem. Eng. News*, Número del 23 de Marzo, págs. 39-47. Un artículo del tipo noticias que describe el uso de los reactivos biológicos para degradar la lignina y sus aplicaciones en la producción de papel y tejidos.

**Dunn, M. F., Niks, D., Ngo, H., Barends, T. R. M.** y **Schlichting, L.** (2008) Tryptophan synthase: The workings of a channeling nanomachine. *Trends Biochem. Sci.* 33:254-264. El artículo revisa la estructura y el mecanismo de una de las primeras enzimas en las que se reconoció la canalización.

**Fitzpatrick, P. F.** (2003) Mechanism of aromatic amino acid hydrorrylation. *Biochemistry* 42:14083-14091. Este artículo revisa el mecanismo de esta interesante familia de enzimas.

**Garrod, A. E.** (1909) *Inborn errors of metabolism. The Croonian lectures delivered before the Royal College of Physicians of London, in June, 1908.* Frowde, Hodder & Stoughton, Londres. En este texto clásico, Garrod expresa el concepto de enfermedad metabólica hereditaria, en base a su estudio de la alcaptonuria.

**Hayaishi, O.** (2008) From oxygenase to sleep. *J. Biol. Chem.* 283:19165-19175. Un artículo autobiográfico por el descubridor de las oxigenasas y un pionero en los estudios del metabolismo del triptófano.

**Ito, S.** y **Wakarnatsu, K.** (2008) Chemistry of mixed melanogenesis —Pivotal roles of dopaquinone. *Photochem. Photobiol.* 84:582 592. Esta revisión resume las rutas de la síntesis de melanina.

**Moens, A. L.** y **Kass, D. A.** (2006) Tetrahydrobiopterin and cardiovascular disease. Arterioscler. *Thromb. Vasc. Biol.* 26:2439-2444. Esta minirevisión se centra en el papel del $BH_4$ como cofactor de la óxido nítrico sintasa.

**Raushel, F. M., Thoden, J. B.** y **Holden, H. M.** (2003) Enzymes with molecular tunnels. *Acc. Chem. Res.* 36:539-548. Esta minirevisión considera la triptófano sintasa y otros ejemplos.

**Scriver, C. R.** y **Kaufman, S.** (2001) Hyperphenylalaninemia: Phenylalanine hydroxylase deficiency. En *The Metabolic and Molecular Bases of Inherited Disease*, C. R. Scriver, A. L. Beaudet, W. S. Sly, D. Valle, B. Childs, K. W. Kinzler y B. Vogelstein, eds., Vo1. II, Cap. 77, págs. 1.667-1734, McGraw-Hill, Nueva York. Este es el primero de los 14 capítulos de este compendio que describen las enfermedades metabólicas hereditarias del metabolismo de los aminoácidos.

**Sturm, R. A.** (2009) Molecular genetics of human pigmentation diversity. *Hum. Mol. Genet.* 18:R9-R17. Esta revisión resume los nuevos descubrimientos de los genes que participan en la producción humana de melatonina.

### Valina, leucina e isoleucina

**Chuang, D. T.** y **Shih, V. E.** (2001) Maple syrup urine disease (Branched-chain ketoaciduria). En *The Metabolic and Molecular Bases of Inherited Disease*, C. R. Scriver, A. L. Beaudet, W. S. Sly, D. Valle, B. Childs, K. W. Kinzler y B. Vogelstein, eds., Vo1. II, Cap. 87, págs. 1971-2005, McGraw-Hill, Nueva York. Este capítulo describe la bioquímica y las consecuencias clínicas de la deficiencia de la $\alpha$-cetoácido de cadena ramificada deshidrogenasa.

### Metabolismo de las porfirinas

**Anderson, K. E., Sassa, S., Bishop, D. F.** y **Desnick, R. J.** (2001) Disorders of heme biosynthesis: X-linked sideroblastic anemia and the porphyrias. En *The Metabolic nnd Molecular Bases of Inherited Disease*, C. R. Scriver, A. L. Beaudet, W. S. S1¡ D. Valle, B. Childs, K. W Kinzler y B. Vogelstein, eds., Vol. II, Cap. 124, págs. 2991-3062, McGraw-Hil, Nueva York. Una revisión definitiva de las rutas y trastornos humanos asociados.

**Jahn, D., Verkamp, E.** y **Söll, D.** (1992) Glutamyl-transfer RNA: A precursor of heme and chlorophyll biosynthesis. *Trends Biochem. Sci.* 17:215-218. Este artículo trata del papel inesperado del tRNA en la d-ALA sintetasa.

**Schulze, I. O., Schubert, W. D., Moser, J., Jahn, D.** y **Heinz, D. W.** (2006) Evolutionary relationship between initial enzymes of tetrapyrrole biosynthesis. *J. Mol. Biol.* 358:1212-1220. Este artículo describe las pruebas estructurales y mecanísticas de una relación evolutiva entre los dos tipos de enzimas que producen ácido $\delta$-aminolevulínico.

**Warren, M. J., Cooper, J. B., Wood, S. P.** y **Shoolingin-Jordan, P. M.** (1998) Lead poisoning, heme slmthesis and 5-aminolaevulinic acid dehydratase. *Trends Biochem. Sci.* 23:217-221. Bases estructurales de la porfiria adquirida en el envenenamiento por plomo.

**Warren, M. J., Jay, M., Hunt, D. M., Elder, G. H.** y **Róhl, J. G.** (1996) The maddening business of King George III and porphyria. *Trends Biochem. Sci.* 21:229-234. Una mezcla fascinante de historia y bioquímica ilustrada con escenas de la película.

### Neurotransmisores

**Daubner, S. C., Le, T.** y **Wang, S.** (2011) Tyrosine hydroxyase and regulation of dopamine synthesis. *Arch. Biochem. Biophys.* 508:1-12.

**Fernstrom, J. D.** y **Fernstrom, M. H.** (2007) Tyrosine, phenylalanine, and catecholamine synthesis and function in the brain. *J. Nutr.* 137: 1539S-1547S.

**Windahl, M. S., Petersen, C. R., Christensen, H. E.** y **Harris, P.** (2008) Crystal structure of trlptophan hydroxylase with bound amino acid substrate. *Biochemistry* 47:12087-12094. Este artículo describe la estructura de la enzima limitante de la velocidad de la biosíntesis de serotonina.

## PROBLEMAS

1. Una prueba clínica que se utiliza, a veces, para diagnosticar la carencia de folato o la carencia de $B_{12}$ es la prueba de tolerancia a la histidina, en la que se inyecta una dosis alta de histidina en el torrente sanguíneo y se realizan luego diversas determinaciones bioquímicas. ¿Qué metabolito de la histidina esperaría que se acumulara en un paciente con una carencia de folato o de $B_{12}$ y por qué?

2. En las bacterias, gran parte de la putrescina se sintetiza, no a partir de la ornitina sino a partir de la arginina, que se descarboxila para dar *agmatina*. Formule una ruta plausible que vaya de la arginina a la putrescina, utilizando este intermediario.

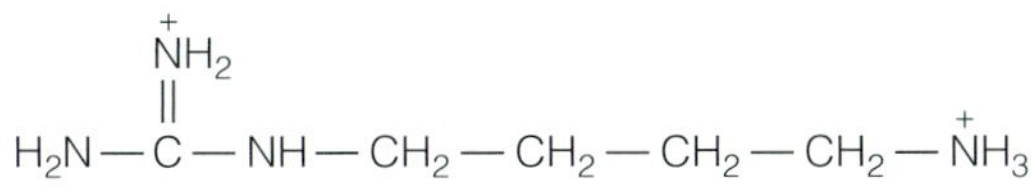

**Agmatina**

3. La forma mitocondrial de la carbamoil fosfato sintetasa se activa alostéricamente por el *N*-acetilglutamato. Describa brevemente una justificación de este efecto.

4. La *psilocibina* es un compuesto alucinógeno que se encuentra en algunas setas. Presente una ruta sencilla para su biosíntesis a partir de uno de los aminoácidos aromáticos.

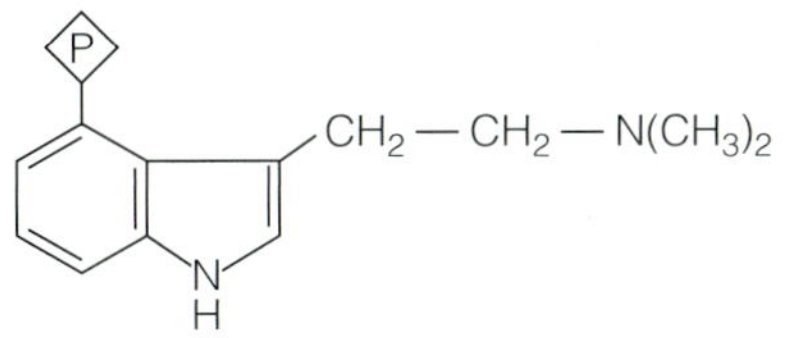

**Psilocibina**

*5. Es posible identificar a las personas fenilcetonúricas y a los portadores de la enfermedad (heterocigotos) mediante una prueba de tolerancia a la fenilalanina. Se inyecta una dosis grande de fenilalanina en el torrente sanguíneo y se determina su eliminación de la sangre mediante mediciones de las concentraciones séricas de fenilalanina a intervalos regulares. Dibuje esquemáticamente las curvas de las concentraciones relativas de fenilalanina en sangre respecto al tiempo que cabría prever en (a) un paciente con fenilcetonuria, (b) un heterocigoto y (c) una persona normal. ¿Qué clase de prueba de tolerancia podría diseñarse para diferenciar una fenilcetonuria debida a un déficit de fenilalanina hidroxilasa de la debida a un déficit de dihidropteridina reductasa?

6. (a) El formaldehído reacciona de manera no enzimática con el tetrahidrofolato para generar 5,10-metilentetrahidrofolato. El [$^{14}$C] formaldehído puede utilizarse para preparar serina marcada en el carbono $\beta$. ¿Qué más se necesita?

   (b) La [$^{14}$C]serina, preparada como se ha descrito antes, es útil para muchas cosas, pero probablemente no se utilizaría para los estudios sobre la síntesis proteica, ya que marcaría los ácidos nucleicos, los hidratos de carbono y los lípidos, además de las proteínas. Indique cómo podría marcarse cada una de estas clases de compuestos mediante este precursor.

7. Si la oxidación de la acetil-CoA produce 10 ATP por mol a través del ciclo del ácido cítrico, ¿cuántos ATP se obtendrán a partir de la oxidación metabólica completa de 1 mol de alanina en un mamífero? ¿Será la producción de energía correspondiente superior o inferior en un pez? ¿Por qué? ¿Cuánta energía se obtendría de la oxidación metabólica de 1 mol de isoleucina a $CO_2$, $H_2O$ y $NH_3$? ¿Y de 1 mol de tirosina?

8. Algunas bacterias contienen tres formas diferentes de aspartoquinasa, cada una de ellas con su propio modo de regulación. Basándose en las funciones de la aspartoquinasa, que se comentan en el texto, proponga un esquema de regulación aplicable a cada forma de la aspartoquinasa.

9. La prolina betaína es un supuesto osmoprotector en las plantas y en las bacterias, que ayuda a evitar la deshidratación de las células.

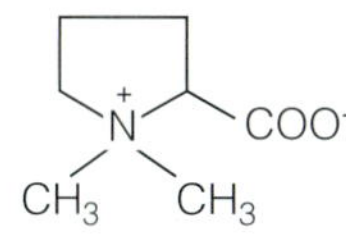

   Proponga una ruta plausible para la biosíntesis de este compuesto.

10. La mayor parte de los mutantes bacterianos que requieren isoleucina para su crecimiento, necesitan también valina. ¿Por qué? ¿Qué enzima o reacción sería deficitaria en un mutante que requiriera tan solo isoleucina (y no valina) para su crecimiento?

11. Describa una serie de interacciones alostéricas que pudieran controlar de manera adecuada la biosíntesis de valina, leucina e isoleucina.

12. La estructura que se muestra a continuación es un intermedio en la síntesis ¿de qué amina biógena? Utilice flechas para indicar cómo se forma el siguiente intermedio en esta reacción, y dibuje la estructura del mismo.

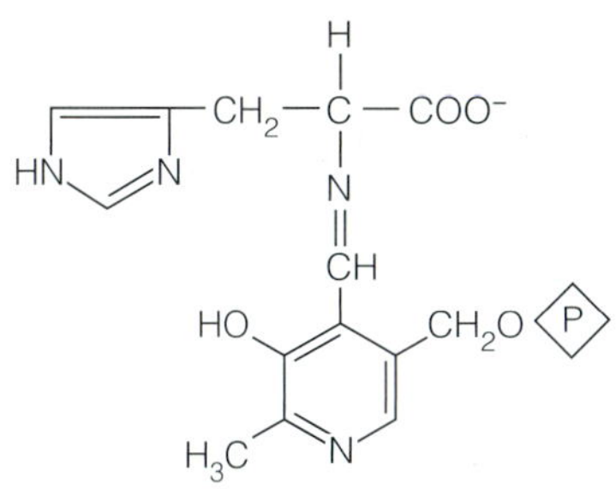

13. Identifique en esta estructura los átomos de carbono, según la numeración, que se incorporan a los compuestos enumerados a-f:

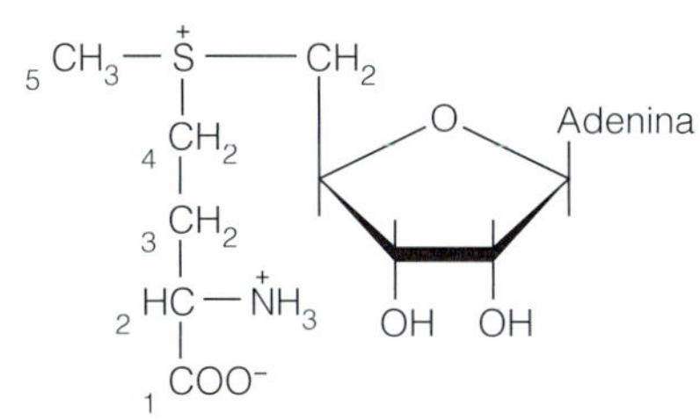


   (a) Creatina fosfato ________
   (b) Espermidina ________
   (c) Etileno ________
   (d) Putrescina ________
   (e) Glicina betaína ________
   (f) Adrenalina ________

14. ¿Por qué es un trastorno más grave la fenilcetonuria debida a un déficit de dihidropteridina reductasa que la fenilcetonuria causada por un déficit de fenilalanina hidroxilasa?

*15. Proponga un mecanismo para la reacción catalizada por la dopamina $\beta$-hidroxilasa. Suponga que el cobre de la enzima une $O_2$ y que el cobre puede cambiar su estado de oxidación durante la reacción.

16. Proponga una ruta plausible para la biosíntesis de ovotiol a partir de histidina, indicando la intervención de cofactores.

17. El glifosato, que inhibe la reacción de la EPSP sintasa de la ruta del ácido sikímico, es un ácido fosfónico derivado de la glicina; de ahí su nombre (glicina fosfato). Basándose en el conocimiento de la reacción de la EPSP sintasa (*véanse* las páginas 908-909), ¿cabría prever que la inhibición fuera competitiva o no competitiva en relación con cada uno de los sustratos? Explique brevemente su respuesta.

18. En la evaluación de los pacientes ictéricos, los clínicos determinan con frecuencia si la bilirrubina que se acumula en la sangre es fundamentalmente bilirrubina libre o el diglucurónido. ¿Qué forma se acumularía principalmente en una enfermedad hepática crónica? ¿Y en la obstrucción de la vía biliar por un cálculo? ¿Y en una anemia hemolítica, como la que se asocia al déficit de glucosa-6-fosfato deshidrogenasa (*véase* el Capítulo 13)? Explique brevemente sus respuestas.

19. Proponga otros sustratos y cofactores que puedan participar en cada una de las tres primeras reacciones de la ruta de biosíntesis de flavonoides que se presenta en la página 888.

20. Escriba una respuesta de una línea para cada pregunta.
    (a) ¿Por qué el daño hepático produce ictericia?
    (b) ¿Por qué las personas con porfiria eritropoyética congénita se convierten en anémicos?
    (c) ¿Por qué un déficit genético de la 5,10-metilentetrahidrofolato reductasa produce homocistinuria?

*21. Proponga un mecanismo químico para la reacción catalizada por la 1-semialdehído glutamato aminomutasa dependiente de PLP.

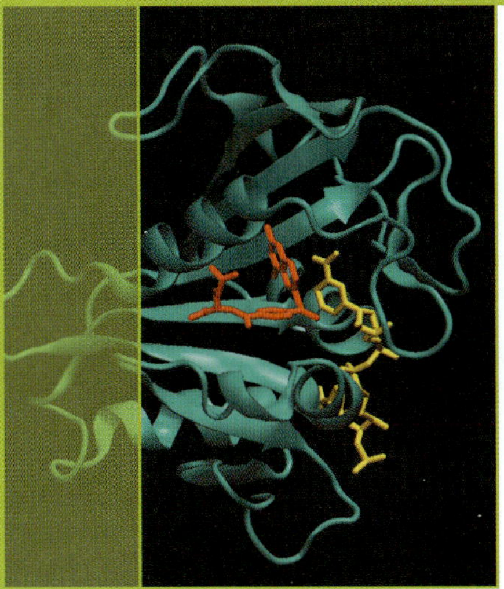

# CAPÍTULO 22

## Metabolismo de los nucleótidos

**Hemos encontrado a los nucleótidos repetidas** veces durante nuestra exploración de la Bioquímica. Actúan como precursores de los ácidos nucleicos, como elementos cruciales en el metabolismo energético, como transportadores de metabolitos activados para la biosíntesis (como los nucleósido difosfato azúcares), como grupos estructurales de las coenzimas y, finalmente, como reguladores metabólicos y moléculas señal (especialmente el AMP cíclico). En este capítulo consideramos las rutas de biosíntesis y degradación de los nucleótidos de purina y pirimidina, y exploramos la regulación de estos procesos, especialmente cruciales en las rutas que conducen a la replicación del DNA. Consideramos las enzimas de la biosíntesis de los nucleótidos como objetivos para la acción de los fármacos antimicrobianos y anticancerosos y describimos las consecuencias metabólicas de determinadas alteraciones hereditarias del metabolismo de los nucleótidos. Las funciones de los nucleótidos en la regulación metabólica o genética se consideran en otro lugar del libro, en relación con los procesos específicos que regulan.

Antes de iniciar este capítulo, puede ser útil revisar la información sobre la estructura de los nucleótidos del Capítulo 4. También debe recordar la distinción entre nucleósidos y nucleótidos. En la hidrólisis completa, un mol de *nucleósido* produce, como mínimo, un mol de un azúcar y otro de una base heterocíclica, mientras que un mol de *nucleótido* produce, al menos, 1 mol de azúcar, otro de una base y otro de fosfato inorgánico. Un mol de *mononucleótido* solo contiene 1 mol de base y otro de azúcar, pero puede contener más de uno de fosfato. Si contiene, por ejemplo, tres fosfatos, se denomina *nucleósido trifosfato.* Los *desoxirribonucleótidos,* que se utilizan en la síntesis del DNA, se forman a partir de los *ribonucleótidos* (componentes del RNA) mediante rutas que se considerarán más adelante en este capítulo.

## Esquema de las rutas del metabolismo de los nucleótidos

### Rutas de biosíntesis: rutas de novo y de salvamento

A diferencia de las demás clases de metabolitos que hemos encontrado, ni los nucleótidos ni las bases o los azúcares a partir de los cuales se forman, son necesarios para satisfacer las necesidades nutritivas, con la excepción de algunos parásitos protozoarios. La mayoría de los organismos pueden sintetizar nucleótidos de purina y pirimidina a partir de precursores de bajo peso molecular, en cantidades suficientes para satisfacer sus necesidades. Estas denominadas **rutas de novo** son prácticamente idénticas en todo el mundo biológico (Figura 22.1). La mayoría de los organismos pueden sintetizar también los nucleótidos a partir de los nucleósidos o las bases de los que disponen por haberlos ingerido con los alimentos o por haberlos obtenido mediante la degradación

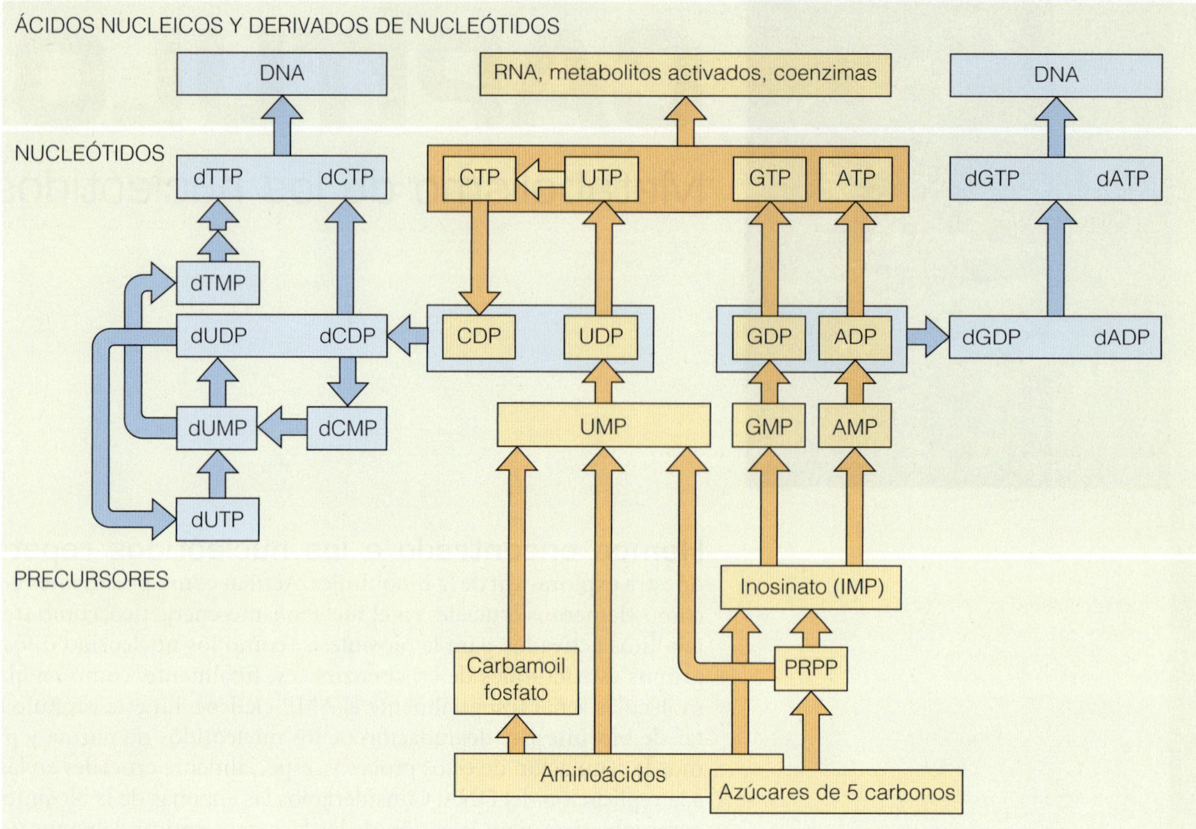


**FIGURA 22.1**

**Visión general del metabolismo de los nucleótidos.** Rutas de novo para la síntesis y utilización de los ribonucleótidos (naranja) y los desoxirribonucleótidos (azul).

Los nucleótidos se forman mediante una síntesis de novo a partir de precursores de bajo peso molecular, o mediante el salvamento de los nucleósidos o las bases.

enzimática de los ácidos nucleicos. Estos procesos se denominan **rutas de salvamento,** ya que en ellas se utilizan los compuestos de purina y pirimidina preformados que, de lo contrario, se perderían mediante la biodegradación. Como veremos, las rutas de salvamento constituyen objetivos importantes para el tratamiento de las enfermedades microbianas o parasitarias, lugares para la manipulación de los sistemas biológicos (por ejemplo, en los estudios de mutagénesis o en la preparación de anticuerpos monoclonales), y procesos biológicos en los que las alteraciones genéticas tienen consecuencias graves y de largo alcance.

## Degradación de los ácidos nucleicos e importancia del salvamento de nucleótidos

Dado que el salvamento o reutilización de las bases de purina y pirimidina implica moléculas liberadas por la degradación de los ácidos nucleicos, empezaremos considerando brevemente estos procesos (Figura 22.2). La degradación puede producirse intracelularmente (a través del recambio de las especies de RNA mensajero inestables o a través de las rutas de reparación del DNA), como consecuencia de la muerte celular o, en los animales, por la digestión de los ácidos nucleicos ingeridos en el alimento.

En los animales, la hidrólisis extracelular de los ácidos nucleicos ingeridos constituye la principal vía de obtención de bases y nucleósidos. Los procesos de degradación son comparables a los que intervienen en la digestión proteica. La fragmentación se inicia en los enlaces internos, en este caso, los enlaces fosfodiéster. La catálisis se produce mediante las **endonucleasas,** como la ribonucleasa o la desoxirribonucleasa pancreáticas, que actúan digiriendo los ácidos nucleicos en el intestino delgado. La fragmentación endonucleolítica da lugar a oligonucleótidos, que posteriormente se fragmentan de forma **exonucleolítica** (en enlaces próximos a los extremos de las moléculas) por la acción de enzimas inespecíficas denominadas **fosfodiesterasas.** Los productos son

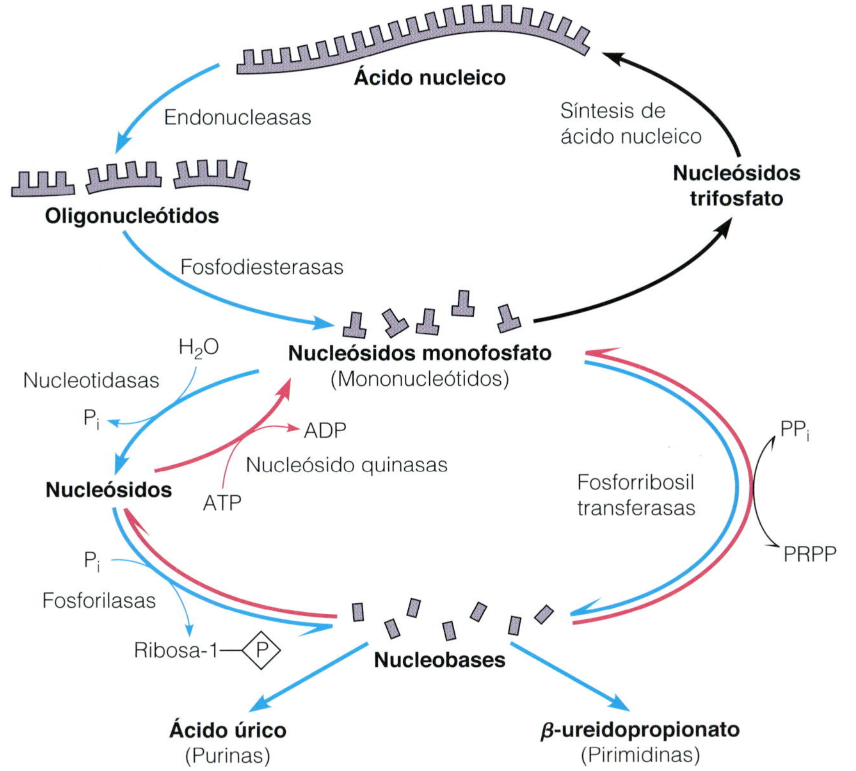


**FIGURA 22.2**

**Reutilización de las bases púricas y pirimidínicas.** En la figura se muestran las relaciones entre el catabolismo de los ácidos nucleicos (en azul) y la resíntesis de nucleótidos mediante las rutas de salvamento (en fucsia).

mononucleótidos, nucleósidos 5′- o 3′-monofosfato, según las especificidades de las enzimas en cuestión. Los nucleótidos pueden fragmentarse posteriormente de forma hidrolítica, mediante un grupo de fosfomonoesterasas denominadas **nucleotidasas,** para dar ortofosfato y el correspondiente nucleósido. Aunque se produce la ruptura hidrolítica del nucleósido resultante, la vía más común de ruptura hacia la base libre (nucleobase) implica la acción de una **nucleósido fosforilasa.** Como la glucógeno fosforilasa, las nucleósido fosforilasas rompen un enlace glucosídico mediante la adición a través de él de los elementos del fosfato inorgánico, dando lugar a la correspondiente base más ribosa-1-fosfato (o desoxirribosa-1- fosfato si el sustrato es un desoxirribonucleósido):

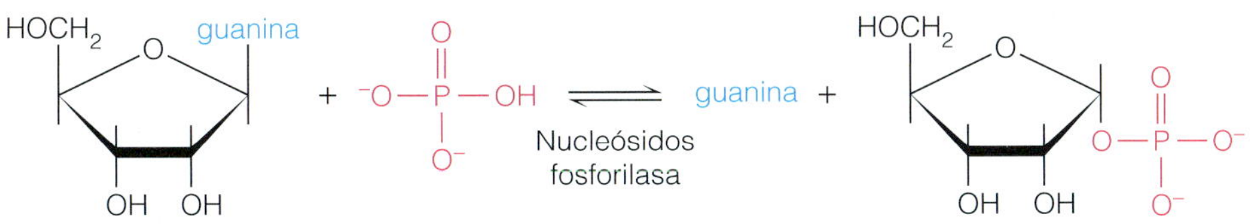


**Guanosina** **Ribosa-1-fosfato**

Estas reacciones son fácilmente reversibles, de manera que una nucleósido fosforilasa puede catalizar también el primer paso de la síntesis de salvamento de nucleótidos a partir de las nucleobases libres. Cuando esto ocurre, el nucleósido producido puede fosforilarse por el ATP mediante la acción de una **nucleósido quinasa** (Figura 22.2). Estas enzimas no son universales. Así, por ejemplo, las células animales no contienen una guanosina quinasa ni una uridina fosforilasa, aunque estas enzimas sí se encuentran en otros organismos.

Si las bases o los nucleósidos no se reutilizan para la síntesis de ácidos nucleicos a través de las rutas de salvamento, las bases púricas y pirimidínicas continúan degradándose, hasta ácido úrico o $\beta$-ureidopropionato, respectivamente, como se indica en la Figura 22.2. Consideramos estas rutas más adelante en este mismo capítulo.

## El PRPP: un metabolito central en las rutas de novo y de salvamento

El PRPP es un derivado activado de la ribosa-5-fosfato que se utiliza, tanto en las rutas de salvamento como en las de síntesis de novo.

Una ruta de salvamento alternativa, que se muestra también en la Figura 22.2, sintetiza los nucleósidos 5-fosfato directamente a partir de las bases libres. En esta ruta interviene una clase de enzimas denominadas **fosforribosil transferasas** y un azúcar fosfato activado, el **5-fosfo-α-D-ribosil-1-pirofosfato (PRPP).** El PRPP, que se ha identificado en el Capítulo 21 como intermedio en la biosíntesis de histidina y triptófano, es un intermedio clave en la síntesis de novo de los nucleótidos púricos y pirimidínicos. Se forma por la acción de la **PRPP sintetasa,** que activa el carbono 1 de la ribosa-5-fosfato mediante la transferencia al mismo del grupo pirofosfato del ATP:

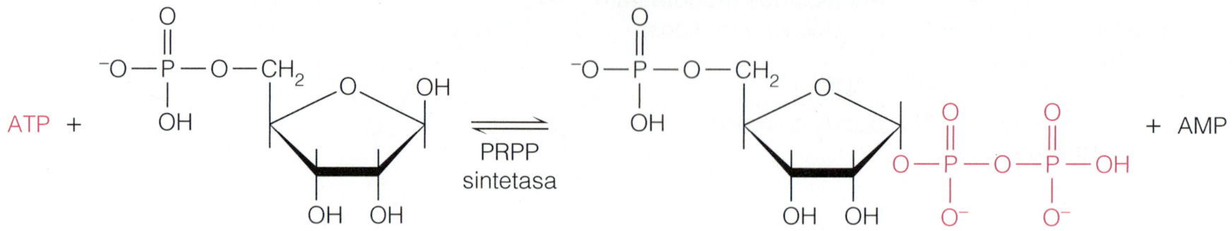


**Ribosa-5-fosfato** **5-fosfo-α-D-ribosil-1-pirofosfato (PRPP)**

Una reacción fosforribosil transferasa cataliza la transferencia reversible de una base libre a la ribosa del PRPP, desplazando pirofosfato y produciendo un nucleósido monofosfato. Dado que en la mayoría de las células no hay el análogo desoxirribosa del PRPP, estas enzimas no participan directamente en el metabolismo de los desoxirribonucleótidos.

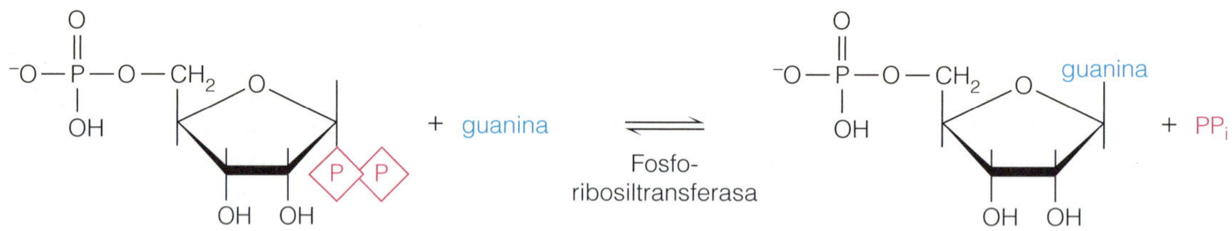


**PRPP** **GMP**

En principio, una reacción de este tipo podría intervenir en la degradación de los nucleótidos. Sin embargo, *in vivo*, el pirofosfato se fragmenta rápidamente por la pirofosfatasa para dar fosfato inorgánico. Ello hace que las fosforribosil transferasas actúen la mayor parte de las veces en la dirección de la biosíntesis de los nucleótidos, como una forma de salvar las nucleobases libres.

# Biosíntesis de novo de los nucleótidos de purina

## Estudios iniciales sobre la síntesis de novo de las purinas

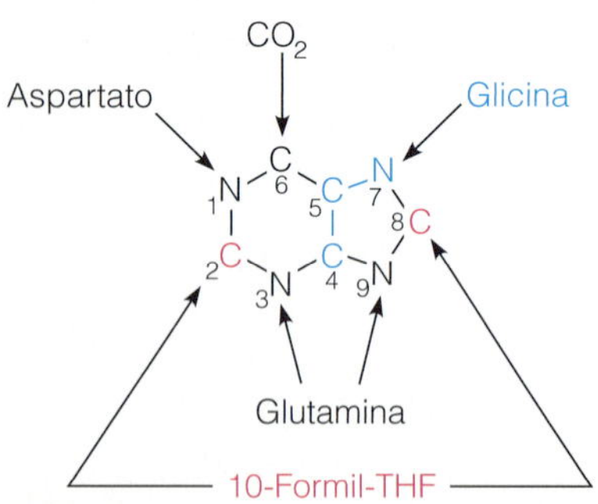


**FIGURA 22.3**

**Precursores de bajo peso molecular del anillo de purina.** Origen de cada átomo del anillo, según lo establecido en los estudios con trazadores isotópicos de la síntesis de ácido úrico.

Las reacciones de la biosíntesis de novo de los nucleótidos de purina se identificaron en los años 1950 en los laboratorios de John Buchanan y Robert Greenberg. La determinación de la ruta se inició con la observación de que los pájaros excretan la mayor parte de su exceso de compuestos nitrogenados en forma de *ácido úrico*, que es una purina oxidada (*véase* el Capítulo 20). Así pues, los investigadores fueron capaces de identificar los precursores de bajo peso molecular de las purinas mediante la administración a palomas de compuestos marcados isotópicamente, cristalizando el ácido úrico de las deposiciones y determinando, mediante degradación química selectiva, las posiciones que estaban marcadas con cada precursor. Este método proporcionó el patrón que se muestra en la Figura 22.3. En ese momento no se conocía el 10-formiltetrahidrofolato, pero compuestos como el formiato o la serina marcados en el carbono hidroximetilo marcaban con facilidad el C-2 y el C-8 del ácido úrico.

Posteriormente, se identificaron dos antibióticos relacionados, la **azaserina** y la **6-diazo-5-oxonorleucina (DON),** como inhibidores potentes de la síntesis de los nucleótidos de purina. El reconocimiento de que estos compuestos son análogos estructurales de la glutamina llevó a la determinación final de que la azaserina y la 6-diazo-5-oxonorleucina son inhibidores irreversibles de una clase de enzimas denominadas **glutamina amidotransferasas,** que catalizan la transferencia, dependiente de ATP, del nitrógeno amido de la glutamina a un aceptor. Tres de estas reacciones se producen en la síntesis de los nucleótidos de purina (y dos en la síntesis de los nucleótidos de pirimidina). Posteriormente en este capítulo analizaremos con más detalle el mecanismo de estas enzimas.

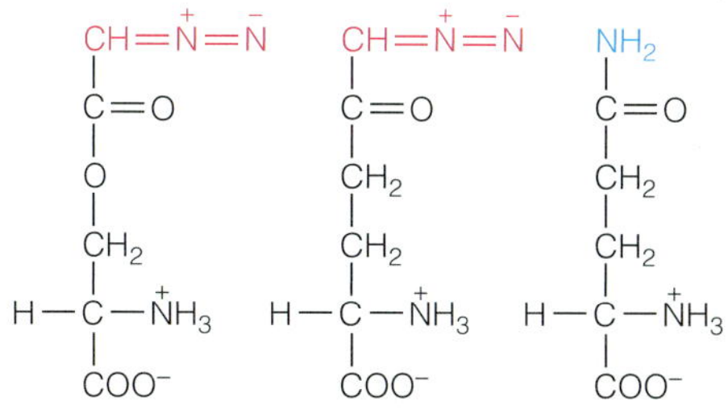

**Azaserina** **6-diazo-5-oxonorleucina (DON)** **Glutamina**

En experimentos posteriores, las bacterias tratadas con sulfamidas, como la sulfanilamida, excretaban grandes cantidades de un compuesto rojo, que se identificó como un producto de oxidación del **5-aminoimidazol-4- carboxamida ribonucleótido (AICAR),** que se parece a un nucleótido purínico incompleto. Este hallazgo sugirió que el AICAR es un intermedio de la biosíntesis, cuya utilización se bloqueaba de alguna forma por el fármaco. Dado que las sulfamidas bloquean la síntesis de las coenzimas de folato (*véase* la página 851), la acumulación de AICAR sugirió que en la siguiente reacción participa una coenzima de folato. Además, estas observaciones sugirieron que la ruta actuaba a nivel de los nucleótidos, es decir, que el anillo de purina se formaba mientras estaba ya unido a la ribosa-5-fosfato.

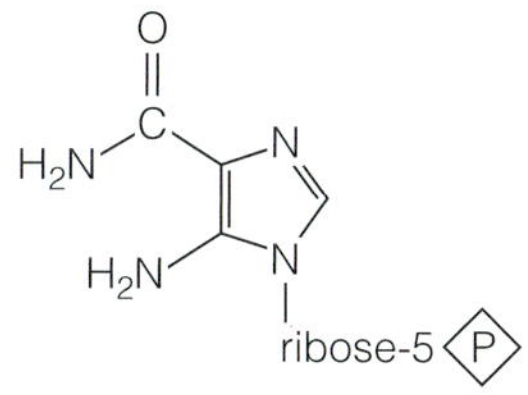

**5-aminoimidazol-4-carboxamida ribonucleótido (AICAR)**

## Síntesis de purinas a partir de PRPP hasta el ácido inosínico

En la Figura 22.4 se resume la ruta que conduce desde el PRPP, el primer intermedio, hasta el primer nucleótido de purina totalmente formado, la **inosina 5′-monofosfato (IMP),** denominado también **ácido inosínico.** Este compuesto es el 5′-ribonucleótido de la base púrica **hipoxantina.** Obsérvese que en el proceso se producen dos reacciones de glutamina amidotransferasa, las reacciones 1 y 4. Estas dos reacciones difieren en su mecanismo en que la PRPP amidotransferasa (reacción 1) no requiere ATP, ya que el sustrato ha sido activado por el ATP en el paso anterior. Se produce una inversión de la configuración en la reacción 1, cuando el nitrógeno amido desplaza al grupo pirofosfato. Este último es un excelente grupo de salida, dando un nucleótido simple (5-fosforribosilamina), que tiene la configuración $\beta$ en el carbono 1 del azúcar, como ocurre con todos los nucleótidos comunes. Este nitrógeno se convertirá en el N9 del anillo de purina.

Las purinas se sintetizan a nivel del nucleótido, partiendo de la conversión del PRPP en fosforribosilamina y el ensamblaje del anillo de purina sobre el grupo amino.

En la reacción 2, el grupo carboxilo de la glicina forma una amida con el grupo amino de la fosforribosilamina (PRA), dando el ribonucleótido de glicinamida (GAR). El papel del ATP es fosforilar el grupo carboxilo de la glicina, activándolo para el ataque nucleófilo por el grupo amino del PARA. Esto va seguido de una reacción **transformilasa,** en la que un grupo formilo se transfiere desde un átomo de N del 10-formiltetrahidrofolato (10-formil-THF) a un átomo de N de la glicinamida; este carbono se convertirá en el C8 del anillo de purina. Como hemos señalado, la reacción 4 está catalizada por una amidotransferasa dependiente de ATP, donde la glutamina proporciona el N3 del anillo de purina. La reacción 5 es un cierre del anillo dependiente de ATP, en la que el oxígeno del formilo se activa por el fosfato $\gamma$ del ATP para el ataque nucleófilo por el N1 del FGAR, que da la porción imidazol del anillo de purina. El paso 6, la carboxilación del ribonucleótido de aminoimidazol (AIR) para formar 4-carboxil-5-aminoimidazol ribonucléotido (CAIR), puede producirse por dos mecanismos diferentes. En los organismos superiores, el AIR se carboxila directamente de forma reversible a CAIR por la AIR carboxilasa, como se muestra en la Figura 22.4. Sin embargo, en la mayoría de las bacterias, los hongos y las plantas, AIR se convierte primero en un intermedio inestable, el $N^5$-CAIR. Esta reacción dependiente de ATP, catalizada por la $N^5$-CAIR sintetasa, se supone tiene lugar a través de un intermedio carboxifosfato, que de esta forma, se activa para el ataque nucleófilo por el grupo amino de $N^5$ de AIR. A continuación, una mutasa cataliza la transferencia reversible del grupo $CO_2$ desde el carbamato del $N^5$-CAIR al C4, para dar CAIR.

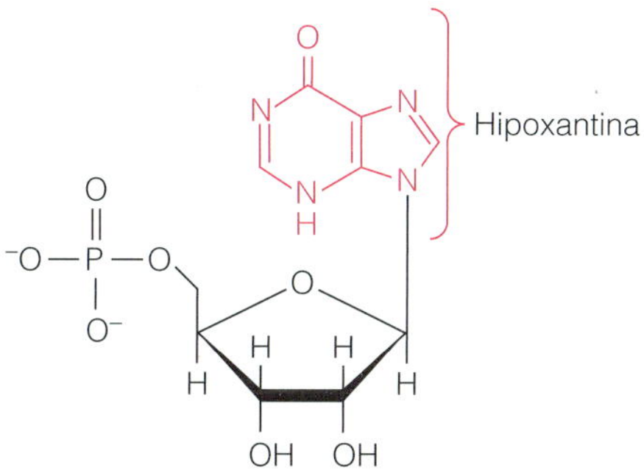


**Inosina 5′-monofosfato (ácido inosinico)**

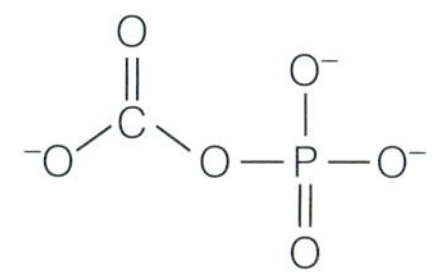

**Carboxifosfato**

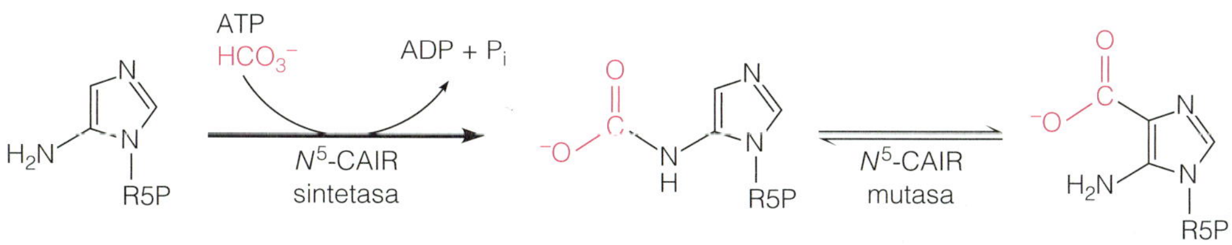


**AIR** **$N^5$-CAIR** **CAIR**

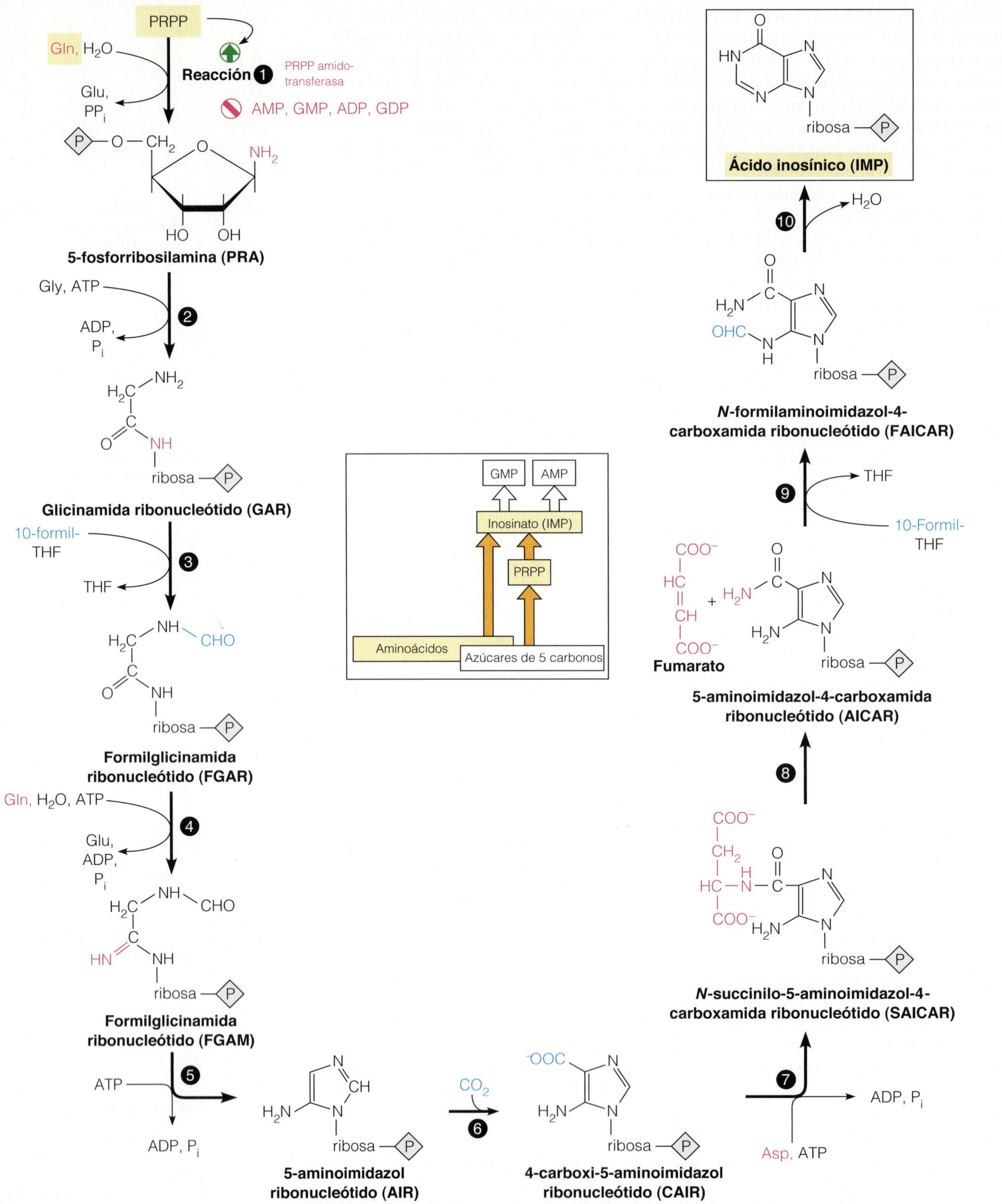


**FIGURA 22.4**

**Biosíntesis de novo del anillo de purina.** En esta figura y en las siguientes, ribosa—Ⓟ indica un grupo de ribosa-5-fosfato en un nucleótido. Las enzimas que intervienen son: ❶ PRPP amidotransferasa, ❷ GAR sintetasa, ❸ GAR transformilasa, ❹ FGAR amidotransferasa, ❺ AIR sintetasa, ❻ AIR carboxilasa, ❼ SAICAR sintetasa, ❽ adenilosuccinato liasa, ❾ AICAR transformilasa y ❿ IMP ciclohidrolasa.

Estas reacciones de carboxilación son poco habituales, ya que ni la AIR carboxilasa ni el proceso en dos pasos necesitan biotina. Se ha propuesto que el intermedio $N^5$-CAIR inestable actúe como un transportador de $CO_2$ igual que la carboxibiotina (*véase* la Figura 14.20, página 619). La función principal de la mutasa es secuestrar el $CO_2$ liberado de la descarboxilación de $N^5$-CAIR para la formación de CAIR. En realidad, la $N^5$-CAIR mutasa puede catalizar la carboxilación directa de CAIR, pero su $K_M$ para el $CO_2$ es 110 mM. Sin embargo, la acción secuencial de la $N^5$-CAIR sintetasa y la $N^5$-CAIR mutasa produce CAIR con una $K_M$ para el $CO_2$ de menos de 100 μM. En las bacterias, estas dos enzimas son proteínas independientes, pero en las plantas y las levaduras, las dos actividades están fusionadas en una única enzima bifuncional y es probable que el intermedio $N^5$-CAIR inestable se canalice entre los dos dominios. El mecanismo de la reacción de la AIR carboxilasa no se conoce bien. El donador de un carbono es el $CO_2$ en lugar del bicarbonato y no se necesita ATP para activar el $CO_2$. Sin embargo, el $CO_2$ introducido es el C6 del anillo de purina.

Las reacciones 7 y 8 dan lugar a la transferencia de un nitrógeno del aspartato, mediante un mecanismo idéntico al que se emplea para convertir la citrulina en arginina en el ciclo de la urea (Figura 20.12, página 842) y la utilizada para eliminar el grupo ε-amino de la lisina (Capítulo 21, página 870). En primer lugar, se transfiere toda la molécula de aspartato al grupo carboxilo del 4-carboxi-5-aminoimidazol ribonucleótido (reacción 7). Se produce entonces una reacción de eliminación $\alpha,\beta$ (reacción 8), que da lugar a AICAR, el intermedio que se acumula en las bacterias tratadas con sulfamida. La enzima que cataliza la reacción 8, la adenilsuccinato liasa, realmente tiene una especificidad de sustrato doble, ya que también cataliza el segundo paso de la conversión de IMP en AMP (*véase* la Figura 22.6). La reacción 9 es otra reacción transformilasa, con la transferencia de un grupo de un carbono desde el 10-formil-THF, convirtiéndose en el C2 del anillo de purina. Como en la transformilación de la reacción 3, el grupo formilo se transfiere desde el N10 del 10-formil-THF a un átomo de N del aceptor (FAICAR). Por último, una reacción de condensación interna (reacción 10) produce el primer compuesto de purina, el ácido inosínico (IMP).

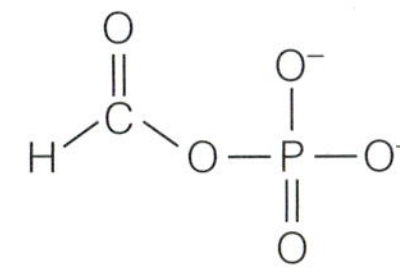

**Formil fosfato**

La evolución ha producido también una química divergente para las dos reacciones de formilación (3 y 9). Algunas bacterias y arqueas utilizan formiato en lugar de 10-formil-THF como donador de formilo en las reacciones ligasa dependientes de ATP. En cada caso, el $\gamma$-fosfato del ATP se transfiere al formiato para dar un intermedio formil-fosfato, seguido de un ataque nucleófilo al carbono formilo activado por el grupo amino de GAR o AICAR.

Las células de los vertebrados contienen varias de estas actividades en forma de enzimas multifuncionales. Este hecho se descubrió cuando se transfirieron los genes clonados correspondientes a estas enzimas a *E. coli* y se encontró que los correspondientes genes clonados aislados complementaban (es decir, sustituían su función) dos o tres genes bacterianos diferentes. Así, por ejemplo, un solo cDNA clonado (*véase* Herramientas de la Bioquímica 4B) permitía el crecimiento de bacterias auxótrofas de purina que carecían de E2, E3 o E5. Un análisis posterior demostró que el DNA clonado de los vertebrados contenía un único gen que codificaba una enzima que catalizaba estas tres reacciones. Otras observaciones semejantes confirmaron que las reacciones 6 y 7, y las reacciones 8 y 9 están catalizadas por enzimas bifuncionales. De esta forma, las 10 actividades de la biosíntesis de novo de las purinas de los vertebrados están contenidas en solo seis proteínas. Además, hay pruebas de que estas seis proteínas se asocian en el citoplasma en un complejo multiproteico denominado **purinosoma** (Figura 22.5). Estas pruebas proceden del entrecruzamiento (*véase* Herramientas de la Bioquímica 13A), la cromatografía de afinidad (*véase* Herramientas de la Bioquímica 5A), la colocalización (*véase* Herramientas de la Bioquímica 7A) y los estudios genéticos. Otras enzimas también pueden formar parte del purinosoma, entre ellas, la serina hidroximetil transferasa (SHMT) y la enzima trifuncional, $C_1$-tetrahidrofolato (THF) sintasa (*véase* la Figura 20.17, página 852). Las actividades combinadas de estas dos enzimas de folato producen 10-formil-THF, el donador de formilo que emplean las dos transformilasas (reacciones 3 y 9) del donador de un carbono serina. El THF liberado en cada reacción transformilasa se recicla con otra unidad de un carbono de la serina por la SHMT (Figura 22.5).

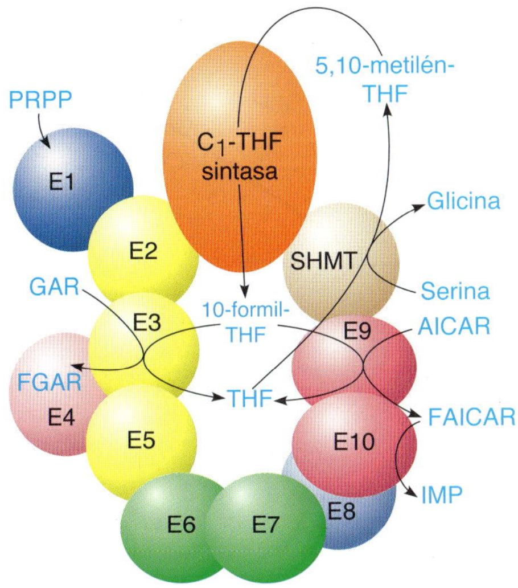


**FIGURA 22.5**

**Modelo del purinosoma**. La figura muestra un modelo hipotético de un complejo multienzimático de las células animales que transforma el PRPP en IMP. E1-E10 corresponden a las enzimas que catalizan las reacciones 1-10 de la Figura 22.4. Las enzimas con el mismo color se encuentran en enzimas multifuncionales. La serina hidroximetil transferasa (SHMT) y la enzima trifuncional $C_1$-tetrahidrofolato (THF) sintasa, propuestas también como parte del complejo, canalizan unidades de un carbono desde la serina al 10-formil-THF para las reacciones de transformilasa.

Tanto si las actividades las realiza una enzima multifuncional como si las realiza un complejo multienzimático, como el purinosoma, las ventajas de la yuxtaposición de lugares catalíticos son fáciles de apreciar. Pueden protegerse las coenzimas lábiles de tetrahidrofolato y los intermedios de purina. Los intermedios cuya concentración sea baja pueden «canalizarse» (esto es, transferirse directamente desde un lugar catalítico al siguiente). Finalmente, las actividades enzimáticas secuenciales pueden regularse conjuntamente en condiciones ambientales y nutricionales cambiantes. Las pruebas recientes sugieren que el montaje del purinosoma está regulado mediante la fosforilación-desfosforilación reversible de una o varias enzimas componentes.

Hemos señalado al comienzo de este apartado que las aves utilizan la ruta de síntesis de novo de las purinas para excretar el nitrógeno sobrante. Algunas legumbres tropicales, como la soja y los fríjoles, utilizan esta ruta para asimilar el nitrógeno. Como se describe en el Capítulo 20, estas plantas poseen nódulos simbióticos en las raíces infectados con *Rhizobium.* El nitrógeno inorgánico fijado por la actividad nitrogenasa bacteriana se segrega al citoplasma de la célula vegetal principalmente como $NH_3$ o $NH_4^+$, que se asimila en el grupo amida a través de la glutamato sintetasa y la glutamato sintasa (*véase* la página 831). El N amida de la glutamina se incorpora al anillo de purina mediante enzimas situadas en orgánulos citoplásmicos denominados plástidos. Las purinas se oxidan a alantoína y ácido alantoico (*véase* la Figura 22.9) y luego se exportan desde el nódulo en el xilema para proporcionar la mayor parte del nitrógeno de la nutrición de la planta.

El IMP, el primer nucleótido de purina completo que se forma, constituye un punto de ramificación entre la biosíntesis de los nucleótidos de adenina y la de los de guanina.

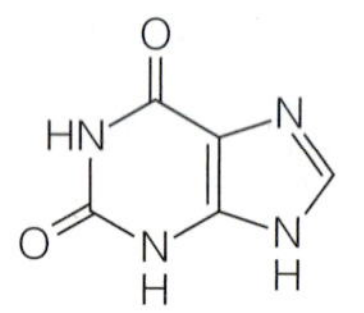

**Xantina**

## Síntesis de ATP y GTP a partir del ácido inosínico

El ácido inosínico constituye un punto de ramificación en la síntesis de los nucleótidos de purina. El IMP no se acumula, sino que se convierte tanto en adenosina 5-monofosfato como en guanosina 5-monofosfato (Figura 22.6). La ruta de los nucleótidos de guanina se inicia con una oxidación del anillo de hipoxantina dependiente de $NAD^+$, que da lugar al nucleótido **xantosina monofosfato (XMP),** que contiene la base xantina. Se produce a continuación una reacción amidotransferasa dependiente de la glutamina, que da lugar a GMP. La ruta para la producción de AMP comporta la transferencia de nitrógeno desde el aspartato al IMP, mediante un mecanismo similar al de las reacciones 7 y 8 de la síntesis de

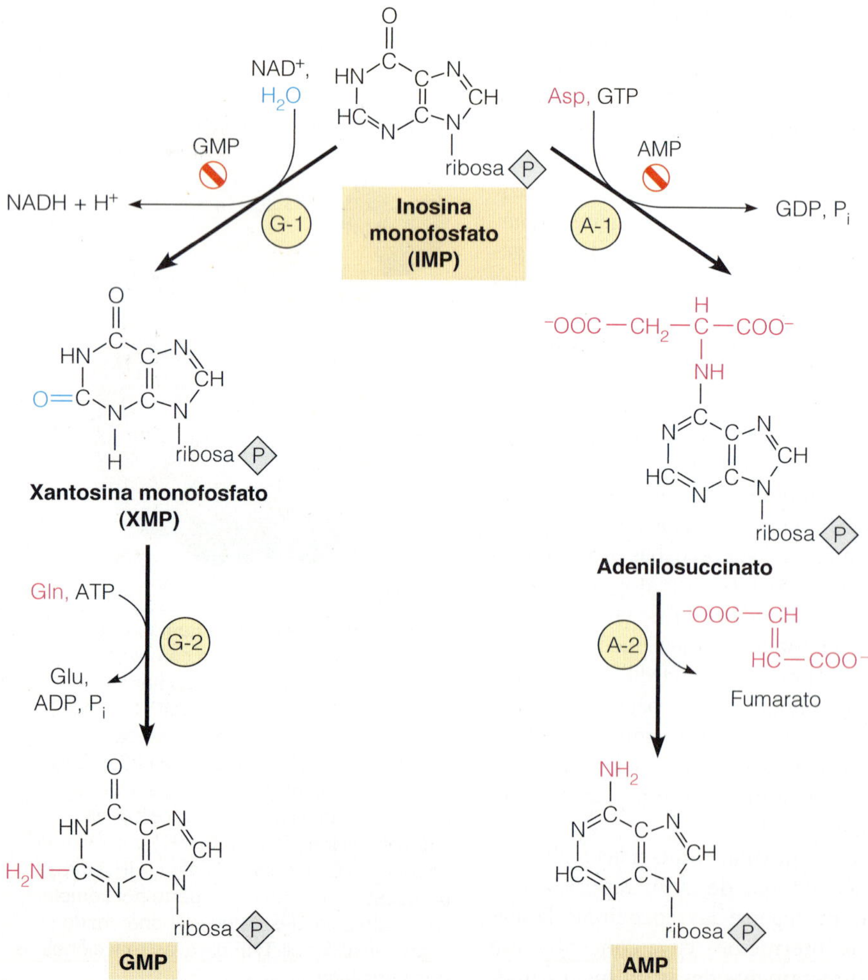


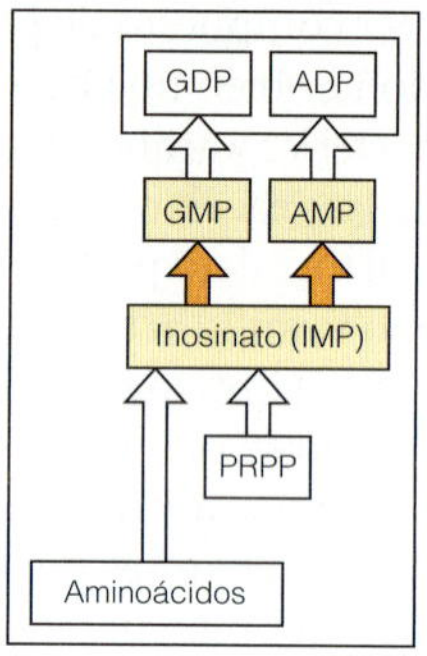


**FIGURA 22.6**

**Rutas desde el ácido inosínico al GMP y al AMP.** Las enzimas son las siguientes: G-1 = IMP deshidrogenasa, G-2 = GMP sintetasa, A-1 = adenilosuccinato sintetasa y A-2 = adenilosuccinato liasa.

novo del anillo de purina. En primer lugar se forma un intermedio succinilonucleótido, y a continuación, una reacción de eliminación $\alpha,\beta$ da lugar a AMP y fumarato. En realidad, es la misma enzima (adenilosuccinato liasa) la que cataliza ambas reacciones de eliminación. Obsérvese en la Figura 22.6 que la energía que impulsa la reacción de transferencia de aspartato no procede del ATP, sino del GTP. Ello puede constituir una forma de controlar las proporciones de IMP que van a parar a la síntesis de nucleótidos de adenina y de guanina. La acumulación de GTP tendería a fomentar la ruta destinada a los nucleótidos de adenina. Además, dado que la conversión de XMP en GMP es un proceso que depende del ATP, la acumulación de ATP podría fomentar la síntesis de nucleótidos de guanina.

Los nucleótidos son activos en el metabolismo, principalmente en forma de nucleósidos trifosfato. El GMP y el AMP se convierten en sus correspondientes trifosfatos a través de dos reacciones de fosforilación sucesivas. La conversión en los difosfatos comporta la acción de quinasas específicas dependientes de ATP.

$$\text{GMP} + \text{ATP} \xrightleftharpoons{\text{Guanilato quinasa}} \text{GDP} + \text{ADP}$$

$$\text{AMP} + \text{ATP} \xrightleftharpoons{\text{Adenilato quinasa}} 2\text{ADP}$$

La fosforilación del ADP a ATP se produce a través del metabolismo energético (fosforilación oxidativa o fosforilaciones a nivel de sustrato o, en las plantas, fotofosforilación). El ATP puede formarse también a partir de ADP por la acción de la adenilato quinasa, que actúa en la dirección contraria a la mostrada aquí.

El ATP es el donador de fosfato para la conversión del GDP (y otros nucleósidos difosfato) al nivel de trifosfatos, mediante la acción de la **nucleósido difosfato quinasa.** Esta enzima es muy activa, pero tiene una especificidad amplia con respecto al grupo fosforilo, tanto donador como aceptor.

$$\text{GDP} + \text{ATP} \xrightleftharpoons{\text{NDP quinasa}} \text{GTP} + \text{ADP} \qquad \Delta G^{\circ\prime} = 0$$

Dado que el ATP es, con mucho, el nucleósido trifosfato más abundante en la mayor parte de las células, las consideraciones de equilibrio y de acción de masas hacen que se utilice con mayor facilidad como donador del fosfato $\gamma$ (externo) en la síntesis de otros nucleósidos trifosfato.

La nucleósido difosfato quinasa, una enzima impulsada por el equilibrio, transfiere un grupo fosforilo desde el ATP en la síntesis de todos los demás nucleósidos trifosfato.

En la mayor parte de los organismos, la biosíntesis de los desoxirribonucleótidos para la síntesis del DNA se inicia a nivel del ribonucleósido difosfato, con la reducción de la ribosa a 2′-desoxirribosa. Este proceso se presenta con mayor detalle más adelante. En el metabolismo de las purinas, la posterior fosforilación por la nucleósido difosfato quinasa da lugar a los desoxirribonucleósidos trifosfato, dATP y dGTP.

## Regulación de la biosíntesis de novo de las purinas

La Figura 22.7 resume los puntos de regulación mediante retroacción en la biosíntesis de novo de las purinas. El control sobre la biosíntesis del IMP se produce a través de una regulación mediante retroacción de los primeros pasos de la síntesis de los nucleótidos de purina. La PRPP sintetasa (página 920) se inhibe por varios nucleótidos de purina, especialmente AMP, ADP y GDP, y la PRPP amidotransferasa (reacción 1 de la Figura 22.4) se inhibe alostéricamente por AMP, ADP, GMP y GDP. Esta amidotransferasa también se activa alostéricamente por el PRPP, uno de sus sustratos. Más allá del punto de ramificación del IMP, el GMP controla su propia biosíntesis mediante la inhibición de la conversión del IMP en XMP, y el AMP controla su propia formación mediante una inhibición de la síntesis de adenilosuccinato (Figura 22.6). Se ejerce un control adicional a nivel de la biosíntesis de los desoxirribonucleótidos, como comentamos más adelante. En las bacterias, la expresión de los genes que codifican estas enzimas se controla por una proteína represora (*véase* el Capítulo 26), el producto del gen *purR*. Esta proteína se une a la hipoxantina o a la guanina y el complejo resultante proteína-base púrica se une a lugares del DNA por encima de varios genes de la síntesis de purina (y pirimidina), inhibiendo, de esta forma, su transcripción.

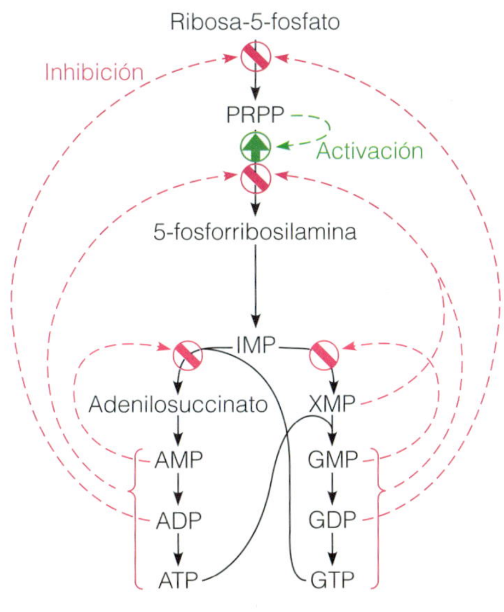


**FIGURA 22.7**

**Regulación de la biosíntesis de novo de las purinas.**

*Biochemistry*, 3ª ed., Donald Voet y Judith G. Voet. © 2005 John Wiley & Sons, Inc. Reproducido con permiso de John Wiley & Sons, Inc.

## Utilización de los nucleótidos de adenina en la biosíntesis de coenzimas

Una función metabólica importante de los nucleótidos de purina es la que desempeñan en la síntesis de coenzimas, fundamentalmente las que contienen un grupo adenilato.

Entre ellas se encuentran los nucleótidos de flavina, los nucleótidos de nicotinamida y la coenzima A, como se muestra en el siguiente resumen:

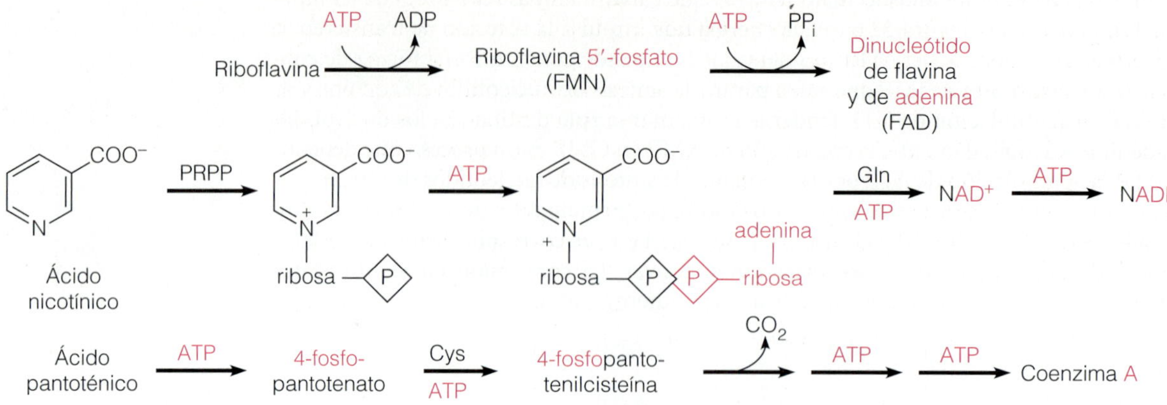


## Degradación de las purinas y trastornos clínicos del metabolismo de las purinas

### Formación de ácido úrico

Toda la degradación de purinas da lugar a ácido úrico. En algunos animales se produce una degradación adicional.

El catabolismo de los nucleótidos de purina da lugar a ácido úrico, a través de las rutas que se muestran en la Figura 22.8. Las rutas específicas varían en los diversos organismos y en distintos tejidos del mismo organismo, pero la estrategia general es la conversión de los nu-

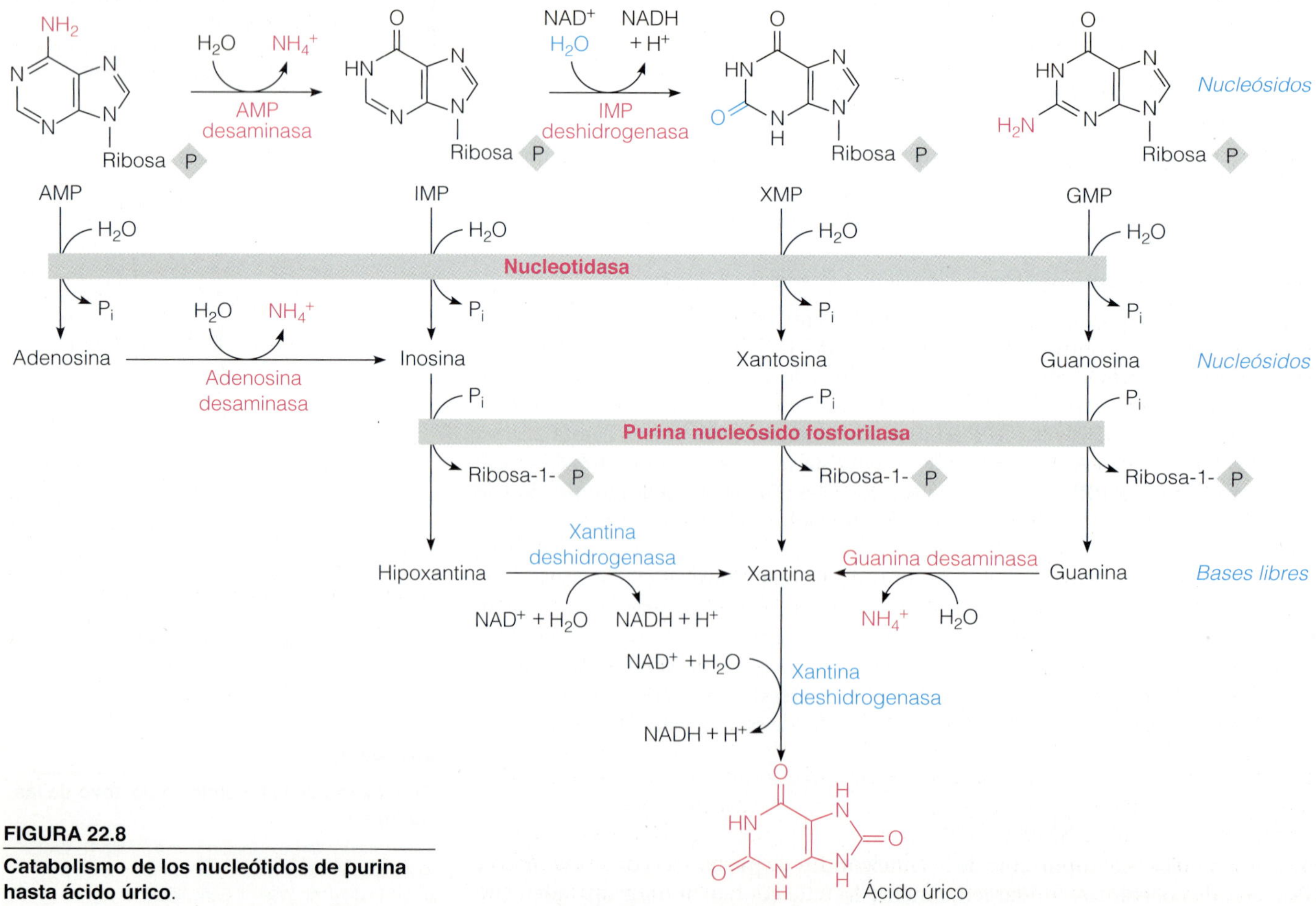


**FIGURA 22.8**

**Catabolismo de los nucleótidos de purina hasta ácido úrico.**

cleótidos en nucleósidos, catalizada por las **nucleotidasas**, la eliminación de la parte ribosa 1-fosfato, catalizada por la **nucleósido de purina fosforilasa** (**PNP**) y finalmente, la oxidación de las bases libres a ácido úrico. La nucleósido de purina fosforilasa de mamíferos no puede actuar con la adenosina o la desoxiadenosina, de forma que la adenosina debe desaminarse antes mediante la **adenosina desaminasa** (**ADA**) para dar inosina. Otra forma es la desaminación de AMP a ácido inosínico (IMP). La inosina, la xantosina y la guanosina pueden formarse mediante la hidrólisis de los nucleosidos monofosfato respectivos, sobre los que actúa la PNP para dar hipoxantina, xantina y guanina, respectivamente. La guanina se desamina a xantina por la **guanina desaminasa**, una enzima abundante en el cerebro y el hígado de los mamíferos. La hipoxantina se oxida a xantina, y esta, a ácido úrico, por la acción de la **xantina oxidasa.** Esta enzima, que oxida otros compuestos nitrogenados heterocíclicos, contiene unido FAD, dos agrupaciones $Fe_2S_2$ y un complejo de molibdopterina. En los mamíferos se encuentran dos formas de la enzima, que se denominan xantina deshidrogenasa (XDH) y xantina oxidasa (XO), respectivamente. XDH predomina en los tejidos sanos, pero en condiciones patológicas la proteína se convierte fácilmente en XO a través de la formación reversible de un enlace disulfuro de cisteína o por la rotura proteolítica irreversible de la XDH en tres fragmentos. En ambas formas de la enzima, la oxidación de la xantina tiene lugar en el centro de molibdopterina, y los electrones se transfieren rápidamente al FAD a través de los agrupamientos $Fe_2S_2$. Las dos formas se diferencian, sin embargo, en el aceptor electrónico que se usa para reoxidar la enzima. La XDH utiliza $NAD^+$ para reoxidar la flavina reducida en la enzima, mientras que la XO utiliza oxígeno molecular. Así, la forma XO de la enzima reduce finalmente el oxígeno a $H_2O_2$, sobre el que actúa la catalasa (*véase* la página 667).

$$\text{Xantina} + O_2 + H_2O \rightarrow \text{Ácido úrico} + H_2O_2$$

En cualquier mecanismo, los átomos ceto de C18 (y C2) proceden del $H_2O$; el producto inicial de la oxidación de la xantina es la forma enol del ácido úrico ($pK = 5.4$) que se tautomeriza a la forma ceto más estable.

El catabolismo de las purinas en los seres humanos, los grandes simios, las aves, los reptiles y los insectos termina en el ácido úrico, que se excreta. Sin embargo, la mayoría de los animales oxidan aún más el anillo de purina a **alantoína** (que excretan otros mamíferos) y luego a **ácido alantoico,** que se excreta (en los peces teleósteos); o se cataboliza aún más a urea (en los peces cartilaginosos, algunos moluscos y los anfibios) o amoníaco (en la mayoría de los invertebrados marinos). En la Figura 22.9 se muestra la ruta que va del ácido úrico al $CO_2$.

## Acumulación excesiva de ácido úrico: gota

El ácido úrico y sus sales de urato son muy insolubles. Esta propiedad es ventajosa en las aves, los reptiles y los insectos, ya que proporciona una ruta de eliminación del exceso de nitrógeno que utiliza muy poca agua: el material de desecho esencialmente se excreta como cristales de ácido úrico. Sin embargo, la insolubilidad de los uratos puede plantear dificultades en el metabolismo de los mamíferos, y la mayoría de los mamíferos poseen una urato oxidasa activa para convertir el ácido úrico en alantoína (Figura 22.9). Sin embargo, hace unos 8-24 millones de años, varias mutaciones acumuladas en el gen de la urato oxidasa durante la evolución de los homínidos condujeron a la pérdida de función de esta enzima en los seres humanos y los grandes simios. La carencia de la actividad urato oxidasa produjo unas concentraciones de ácido úrico > 10 veces mayores en la sangre de los seres humanos y la mayoría de los primates que en los demás mamíferos. El ácido úrico es un potente eliminador de radicales libres, proporcionando protección frente al daño oxidativo. La evolución puede haber seleccionado las mutaciones de la urato oxidasa de los homínidos que conducen a concentraciones mayores de ácido úrico. Por otra parte, estas concentraciones elevadas predisponen a los seres humanos a la deposición de los cristales de ácido úrico. En efecto, en América del Norte y Europa, aproximadamente 3 personas de cada 1000 sufren **hiperuricemia,** esto es, elevación crónica de las concentraciones de ácido úrico en sangre por encima de las concentraciones ya elevadas. Aunque las causas bioquímicas de la hiperuricemia son diversas, el trastorno se conoce con el nombre clínico único de **gota.** La elevación prolongada o aguda de las concentraciones de urato en sangre causa su precipitación, en forma de cristales de urato sódico, en el líquido sinovial de las articulaciones. Estos precipitados producen inflamación, que

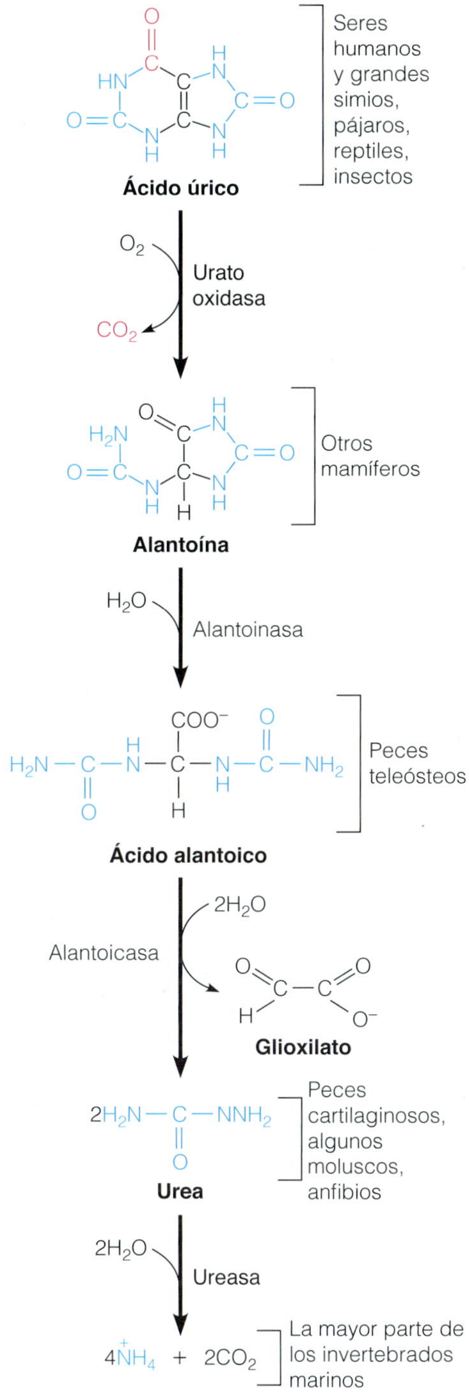


**FIGURA 22.9**

**Catabolismo del ácido úrico a amoníaco y $CO_2$.**

causa una artritis dolorosa que, si no se trata, conduce finalmente a una degeneración grave de las articulaciones. El comer y beber alimentos con abundantes purinas puede provocar ataques agudos de gota en las personas susceptibles. Dado que estos alimentos incluyen aquellos propios de los «ricos», como el hígado, las galletas, las anchoas y el vino, históricamente la gota se ha asociado a un nivel de vida excesivamente alto.

La gota se debe, o bien a una sobreproducción de nucleótidos de purina, que da lugar a una síntesis excesiva de ácido úrico, o bien a un deterioro de la excreción de ácido úrico a través de los riñones. Existen varios defectos enzimáticos específicos que pueden llevar a un exceso de síntesis de purinas, como se muestra en la Figura 22.10. Una forma de gota se caracteriza por una actividad elevada de la PRPP sintetasa (defecto 1). Algunas mutaciones puntuales hereditarias del gen de la PRPP sintetasa hacen que la enzima se haga resistente a la retroinhibición por los nucleótidos de purina. Dado que la actividad de la PRPP amidotransferasa (E1 en la Figura 22.4) está controlada, en parte, por las concentraciones de los sustratos, una elevación de la cantidad total de PRPP existente en el estado estacionario hace aumentar el flujo a través de la reacción amidotransferasa, que constituye el punto de control principal de la biosíntesis de novo de las purinas (*véase* la Figura 22.7). Otra forma de gota es la que se debe a un déficit de la enzima de salvamento **hipoxantina-guanina fosforribosiltransferasa (HGPRT)** (defecto 2 de la Figura 22.10).

$$\text{Hipoxantina} + \text{PRPP} \xrightleftharpoons[]{} \text{IMP} + \text{PP}_i$$
$$\text{HGPRT}$$
$$\text{Guanina} + \text{PRPP} \xrightleftharpoons[]{} \text{GMP} + \text{PP}_i$$

La HGPRT salva ambas, hipoxantina y guanina. Es una de las dos fosforribosiltransferasas del metabolismo de las purinas en los animales; la otra enzima, la **adenina fosforribosil transferasa** (**ARPT**), es específica de la adenina.

$$\text{Adenina} + \text{PRPP} \xrightleftharpoons{\text{APRT}} \text{AMP} + \text{PP}_i$$

¿Cómo aumenta el déficit de HGPRT la tasa de síntesis de los nucleótidos de purina? Cuando es activa la reacción de la HGPRT consume PRPP. Un descenso del flujo a través de esta reacción, cuando hay un déficit de la enzima, eleva la concentración de estado estacionario del PRPP. Las concentraciones elevadas de PRPP incrementan el flujo a través de la PRPP amidotransferasa por acción de masas y activación alostérica, lo cual conduce a un aumento de la biosíntesis de las purinas.

Varias alteraciones genéticas conocidas del metabolismo de las purinas pueden dar lugar a un exceso de síntesis de purinas, a una sobreproducción de ácido úrico y a gota.

Los pacientes con un déficit de glucosa-6-fosfatasa (enfermedad de almacenamiento de glucógeno de tipo I; Capítulo 13) también son gotosos (defecto 3 de la Figura 22.10). De nuevo, el PRPP parece ser la clave. La acumulación en el hígado de glucosa-6-fosfato estimula

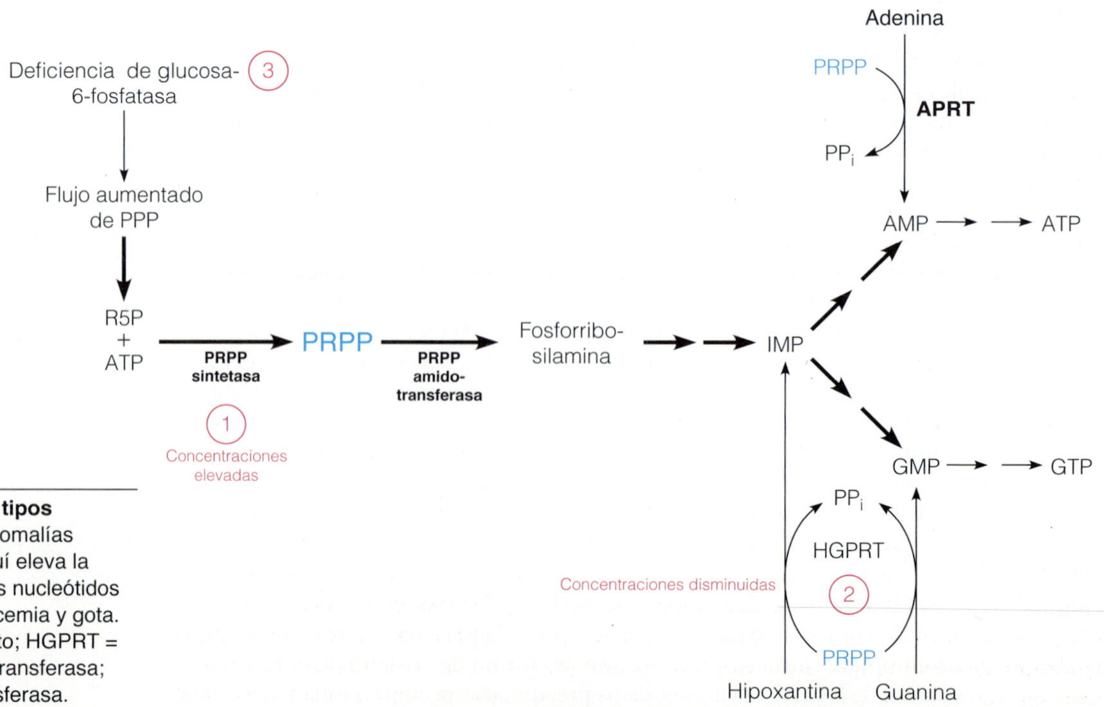


**FIGURA 22.10**

**Anomalías enzimáticas en tres tipos de gota.** Cada una de las tres anomalías enzimáticas que se muestran aquí eleva la tasa de biosíntesis de novo de los nucleótidos de purina, dando lugar a hiperuricemia y gota. PPP = ruta de las pentosas fosfato; HGPRT = hipoxantina-guanina fosforribosiltransferasa; APRT = adenina fosforribosiltransferasa.

la rama oxidativa de la ruta de las pentosas fosfato (Capítulo 13), lo que da lugar a una elevación de ribosa-5-fosfato y así de PRPP, a través de la reacción de la PRPP sintetasa. Como se ha señalado antes, la gota también es consecuencia del deterioro de la excreción de ácido úrico. En los pacientes con déficit de glucosa-6-fosfatasa, la hipoglucemia prolongada produce la acumulación de ácidos orgánicos (lactato y similares), y esta acumulación interfiere con la secreción tubular de ácido úrico en el riñón. La gota es también una consecuencia de la quimioterapia del cáncer, presumiblemente como consecuencia de una sobrecarga de purinas causada por la degradación de los ácidos nucleicos tras la muerte de las células tumorales.

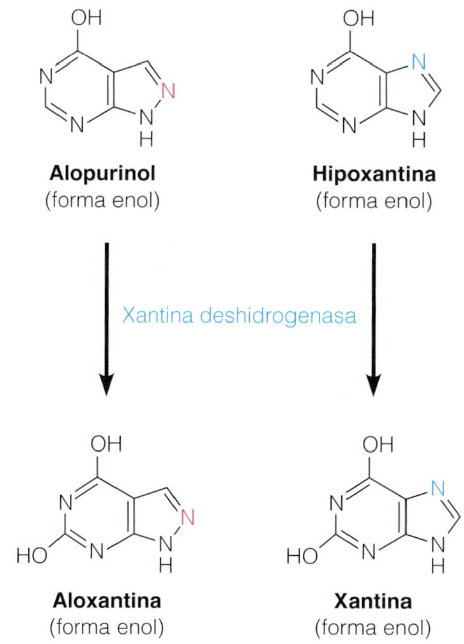


Muchos casos de gota se tratan con éxito utilizando el antimetabolito **alopurinol,** un análogo estructural de la hipoxantina en el que las posiciones N7 y C8 están intercambiadas. La xantina deshidrogenasa hidroxila el alopurinol en C2 (como lo hace la hipoxantina), dando **aloxantina**, que permanece fuertemente unida a la forma reducida de la enzima. El alopurinol es así un sustrato suicida que inhibe fuertemente a la xantina deshidrogenasa. Esta inhibición produce la acumulación de hipoxantina y xantina, sustancias ambas que son más solubles y, por tanto, más fáciles de excretar que el ácido úrico.

## Salvamento de purinas y síndrome de Lesch-Nyhan

Los ácidos nucleicos, especialmente los RNA, son degradados por nucleasas que liberan nucleótidos. Estos nucleótidos son finalmente hidrolizados de forma enzimática a las bases libres púricas y pirimidínicas. Los vertebrados pueden *salvar* las bases púricas libres al convertirlas de nuevo en nucleótidos para reutilizarse en la biosíntesis de ácidos nucleicos. Las dos enzimas principales que lo hacen, la adenina fosforribosiltransferasa (APRT) y la hipoxantina-guanina fosforribosiltransferasa (HGPRT) se han descrito antes. En los seres humanos, hasta un 90 % de las purinas libres son salvadas y reutilizadas, en lugar de degradarse o excretarse. Un análisis cuidadoso de los pacientes con gota simple debida a un déficit de HGPRT revela unas concentraciones residuales bajas, pero significativas, de la enzima afectada. Evidentemente, las mutaciones que causan la enfermedad alteran la actividad catalítica de la enzima, pero no causan una abolición completa de la misma. Las consecuencias de las «mutaciones nulas» del gen de la hipoxantina-guanina fosforribosiltransferasa, que causan una ausencia total de la enzima, son mucho más graves. La guanina y la hipoxantina no se salvan y en su lugar, se degradan en las rutas de la Figura 22.8, conduciendo a un exceso de excreción de ácido úrico. Este trastorno fue descrito por primera vez en 1964 por el estudiante de medicina Michael Lesch y su tutor de la Facultad, William Nyhan. El síndrome de Lesch-Nyhan es un rasgo ligado al sexo, ya que el gen estructural de la HGPRT está situado en el cromosoma X. Los pacientes con este trastorno presentan una artritis gotosa grave, pero también sufren una disfunción dramática del sistema nervioso, que se manifiesta en trastornos de la conducta, discapacidad para el aprendizaje y comportamientos hostiles o agresivos, a menudo contra sí mismos. En los casos más extremos, los pacientes se muerden las puntas de los dedos o, si no se les impide, los labios, causándose automutilaciones graves. Nyhan ha asimilado esta conducta a la de «morderse las uñas, con el volumen al máximo». No se conoce la causa bioquímica de este patrón de comportamiento extraño, pero el trastorno, aunque raro, tiene un gran interés, puesto que todas las aberraciones derivan en última instancia del déficit de una sola enzima bien caracterizada que afecta a las concentraciones de HGPRT. En la actualidad no se dispone de ningún tratamiento eficaz, y las personas afectadas presentan una artritis gotosa tan grave, que rara vez superan los 20 años de vida. La sobreproducción de ácido úrico puede bloquearse por el alopurinol, pero este tratamiento no es eficaz frente a las características neurológicas del síndrome de Lesch-Nyhan. No obstante, el trastorno puede diagnosticarse prenatalmente por amniocentesis, mediante análisis genético molecular del gen HGPRT.

## Consecuencias imprevistas del catabolismo defectuoso de las purinas: inmunodeficiencia

Una característica sorprendente del metabolismo de las purinas en el ser humano es la que se descubrió en 1972, en los estudios realizados sobre un trastorno hereditario denominado **síndrome de inmunodeficiencia combinada grave (SCID).** Los pacientes con esta alteración son susceptibles, a veces fatalmente, a las enfermedades infecciosas debido a su total

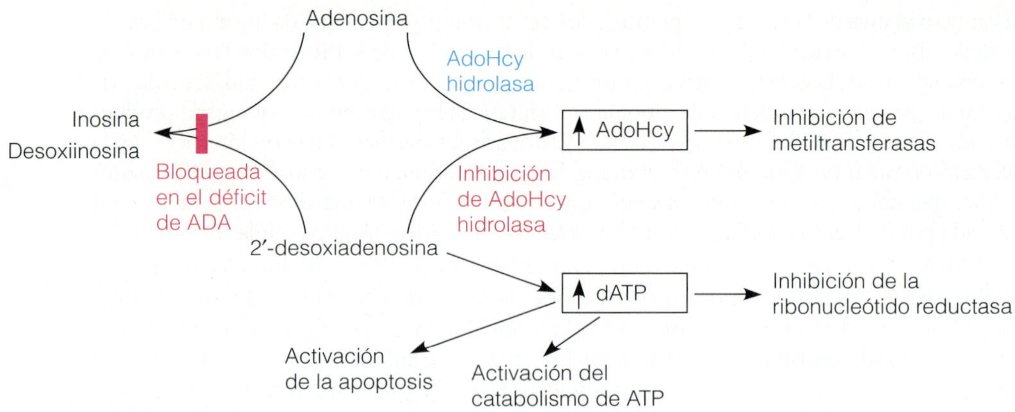


**FIGURA 22.11**

**Consecuencias metabólicas de la deficiencia de adenosina desaminasa (ADA).** AdoHy, *S*-adenosilhomocisteína.

Modificado de *The Metabolic and Molecular Bases of Inherited Disease,* **Vol. II,** M. S. Hershfield y B. S. Mitchell; C. R. Scriver, A. L. Beaudet, W. S. Sly, D. Valle, B. Childs, K. W. Kinzler y B. Vogelstein, eds., Ch. 109, pp. 2585-2625. © 2001 The McGraw-Hill Companies, Inc.

incapacidad para poner en marcha una respuesta inmunitaria ante la exposición antigénica. Esta enfermedad se hizo famosa por el caso de David Vetter, el «niño burbuja» que vivió toda su vida en un entorno estéril. En este trastorno están afectados, tanto los linfocitos B como los T; ninguna de estas dos clases de células es capaz de proliferar como debiera hacerlo para sintetizar anticuerpos. En muchos de estos casos, la inmunodeficiencia se debe a una ausencia hereditaria de la enzima de degradación adenosina desaminasa (*véase* la Figura 22.8).

¿Cuál es el fundamento de esta inesperada relación? En primer lugar, la adenosina desaminasa actúa también sobre la 2′-desoxiadenosina, que procede de la degradación del DNA (Figura 22.11). En segundo lugar, los glóbulos blancos poseen unas concentraciones elevadas de las enzimas de salvamento, como las nucleósido quinasas; así pues, la adenosina y la 2′-desoxiadenosina que se acumulan, se convierten con facilidad en los leucocitos en sus respectivos nucleótidos. Estos nucleótidos incluyen el dATP, que es un inhibidor potente de la replicación del DNA, ya que inhibe la síntesis de los desoxirribonucleótidos a partir de los ribonucleótidos (*véase* la página 940). Para que se produzca una respuesta inmunitaria, los glóbulos blancos deben proliferar. A su vez, esta proliferación requiere una síntesis abundante de DNA y de sus precursores. Pueden intervenir también otros mecanismos adicionales, ya que se ha observado que la 2′-desoxiadenosina causa la muerte de los glóbulos blancos aunque no estén en fase de proliferación. Uno de estos mecanismos se descubrió en 1997, cuando se publicó que el dATP elevado es un agente de señalización que ayuda a desencadenar los acontecimientos metabólicos iniciales que conducen a la apoptosis (Capítulo 28). Finalmente, la 2′-desoxiadenosina es un inhibidor irreversible de la *S*-adenosilhomocisteína (AdoHcy) hidrolasa, la enzima del ciclo del metilo (Figura 21.9, página 876) responsable de hidrolizar la AdoHcy a adenosina y homocisteína. Esto hace que se acumule AdoHcy, que inhibe las metiltransferasas dependientes de *S*-adenosilmetionina, entre ellas las que se requieren para las reacciones normales de metilación del DNA y las histonas (Figura 22.11).

El tratamiento estándar para la sustitución enzimática del déficit de ADA requiere las inyecciones frecuentes de ADA de bovino purificada unida covalentemente al polímero inerte polietilenglicol (PEG-ADA). Aunque la PEG-ADA con frecuencia corrige las anomalías metabólicas, los defectos del sistema inmunitario normalmente persisten. En parte debido a las limitaciones de la terapia estándar, el déficit de adenosina desaminasa fue la primera enfermedad tratada mediante genoterapia. En 1990, una niña de cuatro años con la enfermedad fue tratada con un vector vírico en el que se había introducido, mediante tecnología de DNA recombinante, el gen de la adenosina desaminasa, con la esperanza de que el virus modificado pudiera establecerse a sí mismo en bastantes células para proporcionar una cantidad suficiente de enzima para degradar los compuestos de desoxiadenosina acumulados. La primera paciente con genoterapia, que tiene ahora unos 25 años, está aún relativamente sana. Sin embargo, ella recibe aún genoterapia periódicamente y PEG-ADA para mantener en su sangre las concentraciones necesarias de la enzima. Así, mientras que el tratamiento ha demostrado ser seguro, no está clara la eficacia de la genoterapia sola.

La carencia de otra enzima de degradación de las purinas, la nucleósido de purina fosforilasa (PNP) (*véase* la Figura 22.8) da lugar a una inmunodeficiencia menos grave. El descenso de la actividad de esta enzima conduce a la acumulación principalmente de dGTP y 2′-desoxiguanosina. Esta acumulación afecta también a la replicación del DNA, pero de manera menos grave que el exceso de dATP. Es interesante señalar que el déficit de fosforilasa destruye tan solo la clase T de linfocitos y no las células B.

## Metabolismo de los nucleótidos de pirimidina

### Biosíntesis de novo del anillo de pirimidina

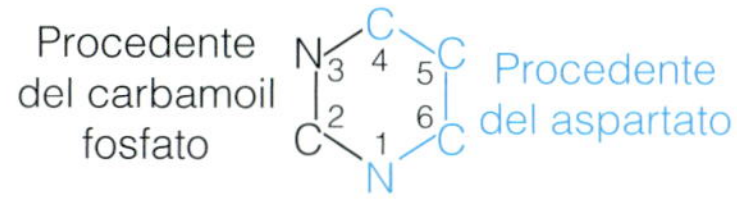


Pasemos ahora a la biosíntesis de los nucleótidos de pirimidina, que es mucho más sencilla que la formación de los nucleótidos de purina, que son estructuralmente mucho más complejos, con solo dos precursores, el aspartato y el carbamoil fosfato, que proporcionan todos los átomos de C y N del anillo de pirimidina. Sin embargo, como se resume en la Figura 22.10, existen dos diferencias importantes respecto a la ruta de las purinas. En primer lugar, el anillo de pirimidina se ensambla en forma de una base libre, y la conversión en un nucleótido se produce en una fase posterior de la ruta, cuando

La síntesis de los nucleótidos de pirimidina se produce principalmente al nivel de la base libre, con la conversión al nucleótido en una fase posterior de la ruta no ramificada.

**FIGURA 22.12**

**Síntesis de novo de los nucleótidos de pirimidina.** Las enzimas son las siguientes: ❶ carbamoil fosfato sintetasa, ❷ aspartato transcarbamoilasa, ❸ dihidroorotasa, ❹ dihidroorotato deshidrogenasa, ❺ orotato fosforribosiltransferasa, ❻ OMP descarboxilasa, ❼ UMP quinasa, ❽ nucleósido difosfato quinasa y ❾ CTP sintetasa. Se indican los lugares del control alostérico.

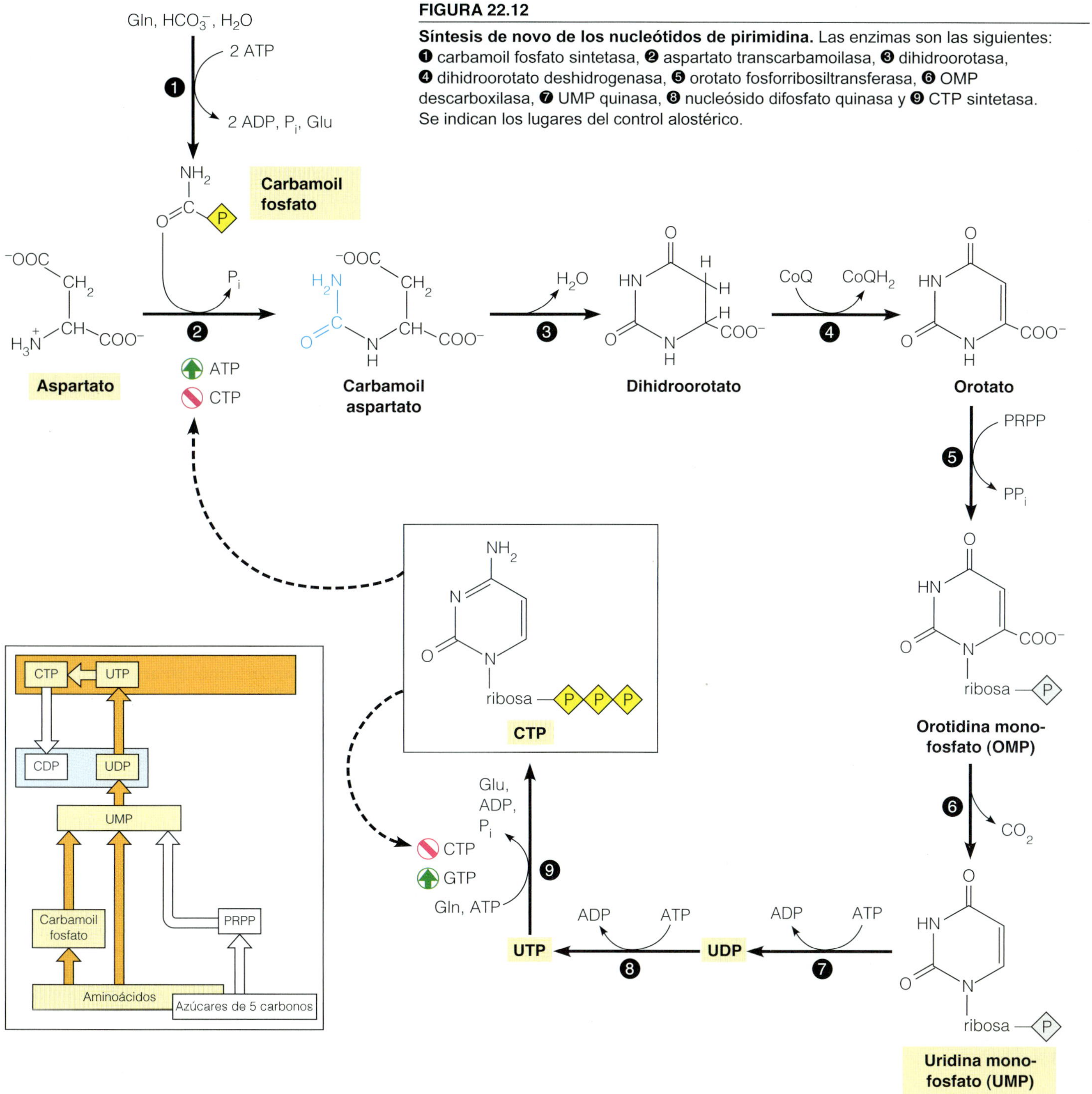

la base **ácido orótico** se convierte en orotidina monofosfato u OMP. En segundo lugar, la ruta de las pirimidinas no está ramificada. La uridina trifosfato, uno de los dos ribonucleósidos trifosfato comunes y, por tanto, un producto final de la ruta, es también el sustrato de la formación de citidina trifosfato, que es el otro producto final.

La síntesis de pirimidinas se inicia con la formación de carbamoil fosfato, una reacción catalizada por la **carbamoil fosfato sintetasa**, que ya se ha presentado en el Capítulo 20 (*véase* la página 83 y la reacción 1 de la Figura 22.12). El carbamoil fosfato se forma a partir de ATP, bicarbonato y el nitrógeno amida de la glutamina. Esta reacción amidotransferasa comporta cuatro pasos químicos separados:

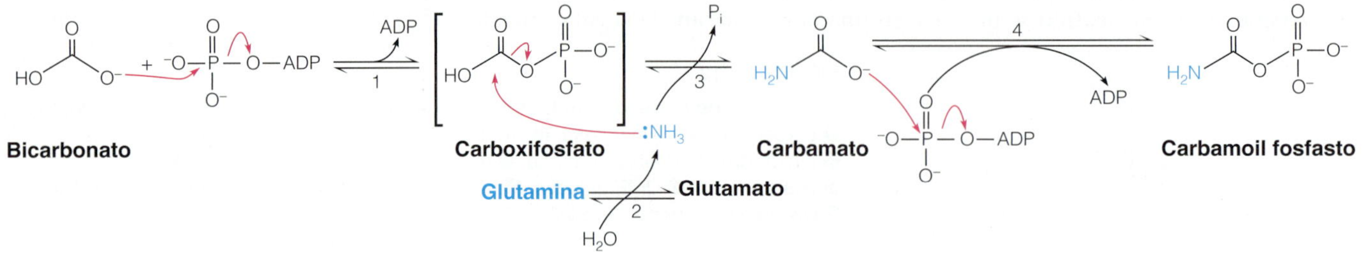


La carbamoil fosfato sintetasa (CPS) bacteriana es un heterodímero formado por una subunidad grande y una pequeña. La estructura cristalina de rayos X de la CPS de *E. coli* reveló los diversos lugares de unión del sustrato y los dominios donde se catalizan los pasos individuales (Figura 22.13). La subunidad pequeña actúa como una glutaminasa, que cataliza la hidrólisis de la glutamina para formar amoníaco, que se lleva a la subunidad grande. Esta contiene dos lugares activos: uno que une bicarbonato, ATP y amoníaco y que cataliza la síntesis de carboxifosfato y carbamato; el otro lugar activo une un segundo ATP y cataliza la formación de carbamoil fosfato. Los tres intermedios inestables (amoníaco, carboxifosfato y carbamato) no difunden desde la enzima hasta que se convierten en el producto final, el carbamoil fosfato. La estructura cristalina desveló un túnel notable de 96 Å en el interior de la enzima a través del cual se canalizan los intermedios desde un lugar activo al siguiente (Figura 22.13). Esta transferencia directa de los intermedios reactivos entre los lugares activos es una característica común de muchas enzimas, y es un mecanismo mediante el cual las enzimas aumentan la eficacia de la reacción y evitan reacciones secundarias indeseadas con intermedios inestables.

Recuérdese del Capítulo 20 que las células eucariotas contienen dos formas de CPS. La forma I, situada en las mitocondrias, tiene preferencia por el amoníaco como sustrato y se utiliza en la biosíntesis de arginina (Capítulo 21) y el ciclo de la urea (Capítulo 20). La forma II, presente en el citosol, tiene una fuerte preferencia por la glutamina como donador de nitrógeno, y es la enzima que participa en la biosíntesis de pirimidina.

El carbamoil fosfato, preactivado por los dos ATP que se utilizan en su síntesis, se condensa a continuación con aspartato para formar carbamoilaspartato. Esta reacción, catalizada por la **aspartato transcarbamoilasa (ATCasa)**, implica el ataque nucleófilo por el grupo α-amino del aspartato sobre el carbonilo C electrófilo del carbamoil

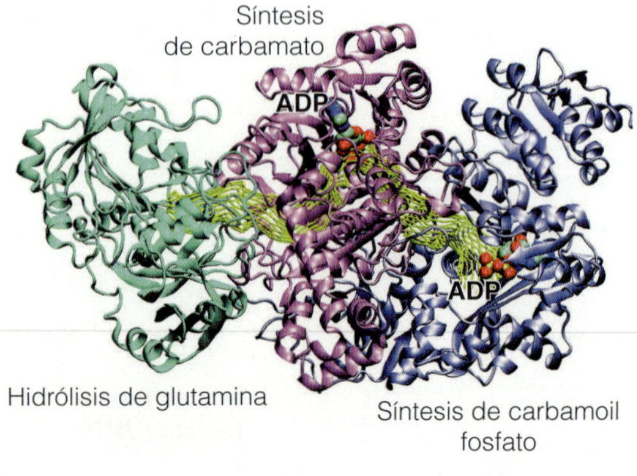


**FIGURA 22.13**

**Canalización de la carbamoil fosfato sintetasa**. Esta figura muestra la estructura cristalina de rayos X de la enzima heterodimérica de *E. coli* (PDB ID 1C30). La subunidad pequeña (cian) actúa como glutaminasa. Los dos lugares activos de la subunidad grande están marcados por las moléculas de ADP unidas. El dominio N-terminal de la subunidad grande (rosa) contiene el lugar activo de la síntesis de carboxifosfato y carbamato. El dominio C-terminal de la subunidad grande (azul) contiene el lugar activo de la síntesis de carbamoil fosfato. El túnel de 96 A que conecta los tres lugares activos se muestra con líneas verdes punteadas.

fosfato, con liberación de $P_i$. El anillo de pirimidina se cierra en una condensación intramolecular catalizada por la **dihidroorotasa.** El dihidroorotato se oxida a continuación a orotato (6-carboxiuracilo) por la **dihidroorotato deshidrogenasa.** Las enzimas bacterianas son flavoproteínas ligadas al $NAD^+$, que contienen ambos FAD y FMN. La dihidroorotato deshidrogenasa eucariota también es una flavoproteína, pero está situada en la cara intermembrana de la membrana mitocondrial interna, donde es reoxidada por la coenzima Q (ubiquinona), ligando de forma directa la biosíntesis de pirimidina con el transporte electrónico. Esta localización significa que el sustrato, el dihidroorotato, debe entrar en el espacio intermembrana de la mitocondria y el producto, el orotato, debe regresar al citoplasma. Las mutaciones hereditarias del gen de la dihidroorotato deshidrogenasa se han identificado recientemente como la causa del **síndrome de Miller.** Esta rara enfermedad se caracteriza por presentar anomalías, como labio leporino o paladar hundido, ausencia de dedos y anomalías oculares.

A continuación, se une la porción ribosa-5-fosfato, empleando como donador el PRPP, para formar orotidina monofosfato (OMP). Esta reacción se impulsa hacia adelante por la hidrólisis del $PP_i$ eliminado. La **orotato fosforribosiltransferasa**, como las demás fosforribosiltransferasas que hemos considerado, es estereospecífica en la formación de un enlace glucosídico $\beta$. El paso final de la ruta es una descarboxilación, que da uridina monofosfato (UMP). Esta se fosforila a UTP mediante la acción secuencial de nucleósido mono y difisfato quinasas. El CTP se sintetiza a partir de UTP por una amidotransferasa dependiente de glutamina, catalizada por la **CTP sintetasa.**

## Control de la biosíntesis de pirimidinas en las bacterias

La primera reacción dirigida de manera exclusiva a la síntesis de pirimidinas es la formación del carbamoil aspartato a partir de carbamoil fosfato y aspartato, catalizada por la ATCasa (reacción 2). En las bacterias entéricas, esta enzima constituye un maravilloso ejemplo de control por retroacción, como se ha manifestado ampliamente en el Capítulo 11. Recuérdese que la enzima se inhibe por el producto final CTP y se activa por el ATP; esto último representa probablemente un mecanismo para mantener en equilibrio la biosíntesis de purinas y pirimidinas. Recuérdese también que la enzima contiene seis de cada uno de los dos tipos de subunidades, dispuestas en forma de dos trímeros catalíticos y tres dímeros reguladores.

Las bacterias regulan también el metabolismo de las pirimidinas a través del control de la *síntesis* de la ATCasa y las otras enzimas. La tasa de transcripción de un operón que codifica las dos subunidades de la ATCasa puede variar hasta 150 veces, en función de la concentración intracelular de UTP. Cuanto mayor es la concentración de UTP, menor es la tasa de transcripción de estos genes.

## Enzimas multifuncionales en la síntesis de pirimidinas de los eucariotas

En los eucariotas, las tres primeras reacciones de la síntesis de pirimidinas están catalizadas por una enzima multifuncional, la proteína CAD. De manera semejante, las dos últimas reacciones están catalizadas por una enzima bifuncional, la UMP sintasa.

La aspartato transcarbamoilasa (reacción 2 en la Figura 22.12) de los eucariotas difiere notablemente de la enzima de *E. coli*. Esto se descubrió mediante el análisis de la inhibición de la ATCasa por el ***N*-fosfonoacetil-L-aspartato (PALA).**

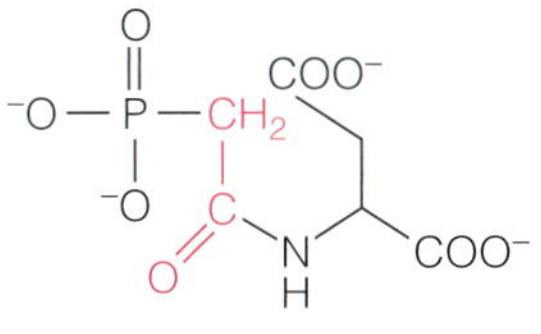

PALA

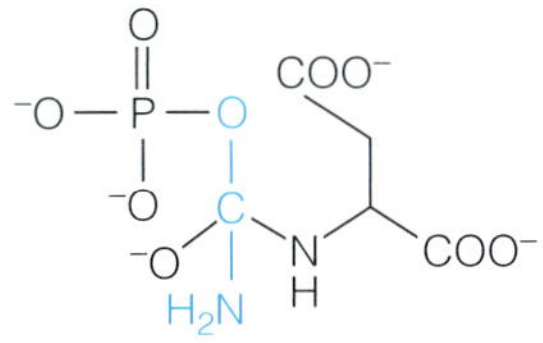

Supuesto complejo del estado de transición

Este compuesto, que se sintetiza como un análogo del supuesto complejo del estado de transición formado entre los dos sustratos, inhibe la síntesis de pirimidinas en las células de los mamíferos. Sin embargo, con el tiempo las células adquieren resistencia al mismo, ya que las concentraciones de ATCasa aumentan en estas células hasta superar la capacidad del PALA de inhibir toda la actividad. Sorprendentemente, estas células resistentes contienen unas concentraciones igualmente elevadas de carbamoil fosfato sintetasa (reacción 1 de la

Figura 22.12) y dihidroorotasa (reacción 3). La explicación de esta observación se obtuvo con el descubrimiento de una única proteína que contenía 3-6 cadenas polipeptídicas idénticas, cada una con un *Mr* de, aproximadamente, 230 000, que cataliza las tres reacciones.

George Stark ha asignado a esta enzima trifuncional el acrónimo **CAD** (de la primera letra del nombre de cada enzima). Este autor demostró que la proteína se acumula en las células resistentes al PALA debido a que el gen que codifica la proteína se amplifica como consecuencia de la presión selectiva ejercida por el PALA; las células resistentes contienen muchas más copias del gen que el complemento normal de dos copias por célula diploide. Este fenómeno de **amplificación** génica se ha observado ahora muchas veces en las células eucariotas expuestas a un estrés prolongado y específico. Comentaremos los mecanismos que intervienen en este proceso en el Capítulo 25.

En las células de los mamíferos, las reacciones 5 y 6 de la Figura 22.12 están catalizadas también por una sola proteína, a la que se ha denominado **UMP sintasa.** Un déficit grave de esta enzima bifuncional es responsable de una enfermedad genética rara en los seres humanos, la **aciduria orótica hereditaria**. Como implica el nombre, los pacientes con este defecto acumulan ácido orótico, exactamente lo que cabe esperar del bloqueo de la reacción de la orotato fosforribosiltransferasa.

En contraste con las bacterias, donde las seis reacciones de la biosíntesis de las pirimidinas están catalizadas por seis enzima monofuncionales distintas, los eucariotas combinan estas actividades en solo tres proteínas (una trifuncional, una bifuncional y una monofuncional). No sabemos mucho sobre cómo afecta esto a la regulación de la biosíntesis de pirimidinas, pero la yuxtaposición de los lugares activos puede permitir la canalización, como se mencionó para las proteínas multifuncionales, de la síntesis de purinas. Recuérdese que la dihidroorotato deshidrogenasa (reacción 4 de la Figura 22.12) se encuentra en el lado del espacio intermembrana de la membrana mitocondrial interna, mientras que las enzimas bifuncionales y trifuncionales son ambas citosólicas. Teniendo en cuenta que los intermedios deben entrar y salir de las mitocondrias, la ventaja cinética que proporciona la canalización del primer y último pasos parece quedar anulada. Sin embargo, tanto la CAD como la UMP sintasa se han detectado en la cara citoplásmica de la membrana mitocondrial externa, lo que proporciona un mecanismo que permite la transferencia directa de los sustratos y productos a través de la membrana externa.

Otro lugar de control de la síntesis de nucleótidos de pirimidina es la CTP sintetasa (reacción 9). Esta enzima se inhibe alostéricamente por su producto el CTP y se activa por el GTP.

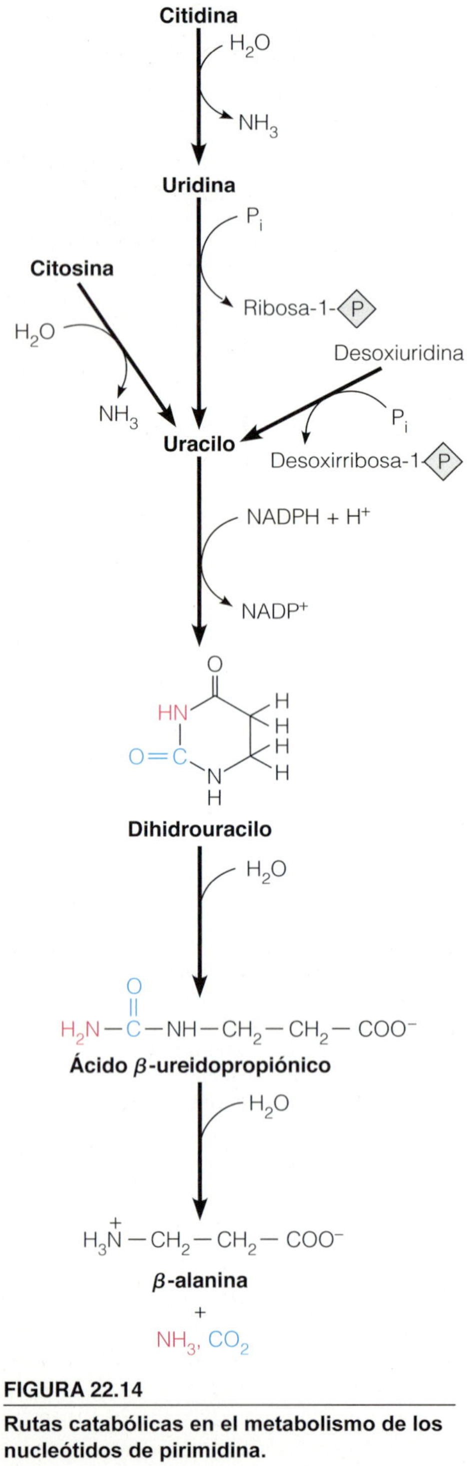


**FIGURA 22.14**

**Rutas catabólicas en el metabolismo de los nucleótidos de pirimidina.**

## Síntesis de salvamento y catabolismo de las pirimidinas

Los nucleótidos de pirimidina se sintetizan también mediante rutas de salvamento, en las que intervienen fosforilasas y quinasas, comparables a las que se han presentado para las purinas. Las rutas catabólicas para las pirimidinas, que se resumen en la Figura 22.14, son más sencillas que las de las purinas. Dado que los intermedios son relativamente solubles, existen pocas alteraciones conocidas de la degradación de las pirimidinas. Uno de los productos de degradación, la $\beta$-alanina, se utiliza en la biosíntesis de la coenzima A.

# Amidotransferasas dependientes de glutamina

Las aminaciones dependientes de la glutamina que utilizan la hidrólisis del ATP como fuerza impulsora son un tema común en la biosíntesis de purinas y pirimidinas. Cinco reacciones diferentes en estas dos rutas están catalizadas por amidotrasferasas dependientes de glutamina: PRPP amidotransferasa y FGAR amidotransferasa (pasos 1 y 4 de la Figura 22.4); GMP sintetasa (paso G-2 de la Figura 22.6); y carbamoil fosfato sintetasa y CTP sintetasa (pasos 1 y 9 de la Figura 22.12). Todas estas enzimas se cree que utilizan un mecanismo similar (resumido en la Figura 22.15), en el que el grupo amido de la glutamina (areactivo, no nucleófilo) se activa por la hidrólisis en el lugar activo para dar amoníaco nucleófilo con concentraciones locales elevadas suficientes para aminar el aceptor específico (normalmente, el grupo carbonilo de una amida). El ATP sirve como un aporte energético que fuerza el equilibrio en la dirección de la aminación, generalmente al formar un derivado

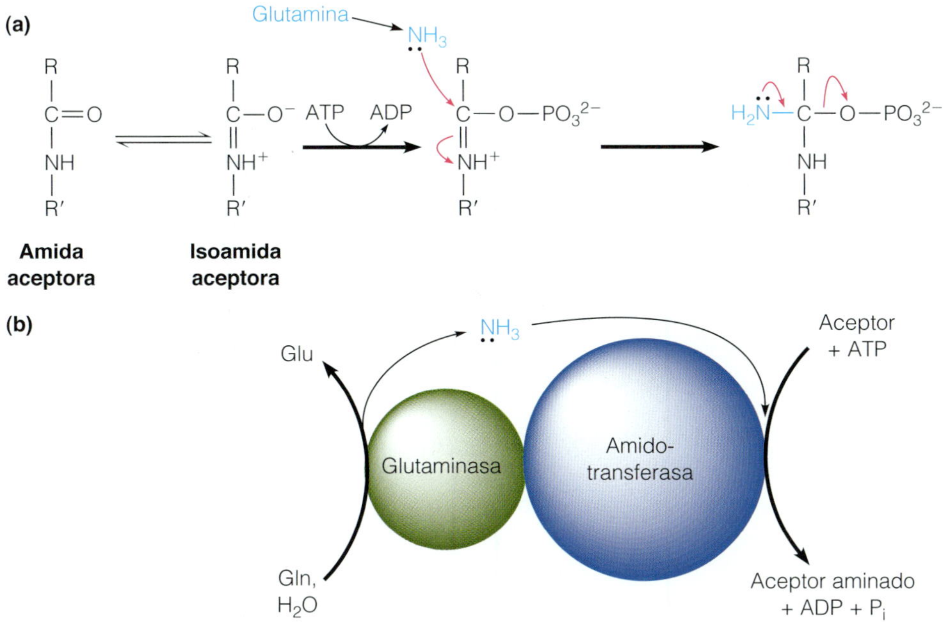


**FIGURA 22.15**

**Mecanismo propuesto para las amidotransferasas dependientes de glutamina.** **(a)** El aceptor, normalmente una amida, se encuentra en equilibrio tautómero con la forma isoamida y se activa para el ataque nucleófilo por fosforilación. El ataque por el amoníaco nucleófilo, generado a partir de la hidrólisis de glutamina, forma un intermedio tetraédrico, que se colapsa para dar $P_i$ y el producto aminado. **(b)** Esquema de la estructura de subunidades (o dominios) de una amidotransferasa dependiente de glutamina. La subunidad glutaminasa (o dominio) cede el amoníaco nucleófilo a la subunidad (o dominio) amidotransferasa, que cataliza la aminación dependiente de ATP del aceptor.

fosforilado del sustrato, que posteriormente puede actuar como un buen grupo de salida tras el ataque por el $NH_3$ nucleófilo. La mayoría de estas enzimas puede utilizar directamente el $NH_3$, pero exhiben una $K_m$ mucho mayor para el amoníaco que para la glutamina. Téngase en cuenta que la PRPP amidotransferasa, la primera enzima de la biosíntesis de purina, no necesita ATP para aminar al PRPP. Sin embargo, el C1 de la ribosa se ha activado previamente por el ATP en la reacción de la PRPP sintetasa (página 920), ya que el $PP_i$ se convierte en un grupo de salida excelente en la posterior sustitución nucleófila.

Estas enzimas están formadas normalmente por dos subunidades (o dominios) en los que uno cataliza la reacción glutaminasa (generalmente el $NH_3$ nucleófilo) y la otra cataliza la aminación del aceptor específico (recuérdese el CPS, Figura 22.13). En realidad, las subunidades (o dominios) de la glutaminasa están relacionadas evolutivamente con claridad entre varias amidotransferasas, dentro y entre las especies.

## Biosíntesis y metabolismo de los desoxirribonucleótidos

La mayoría de las células contienen una cantidad de RNA, que es de 5 a 10 veces la de DNA. Además, como hemos visto, los ribonucleótidos desempeñan un gran número de funciones metabólicas, mientras que los desoxirribonucleótidos solo se emplean como constituyentes del DNA. En consecuencia, la mayor parte del carbono que fluye por las rutas de síntesis de nucleótidos va a parar al depósito de ribonucleósidos trifosfato (rNTP). Sin embargo, la fracción relativamente pequeña que se deriva hacia la síntesis de los desoxirribonucleósidos trifosfato (dNTP) es de una importancia capital para la vida de la célula. Por consiguiente, existen unas relaciones reguladoras especialmente estrechas entre la síntesis de DNA y el metabolismo de los dNTP, en mayor medida que las observadas entre otras biosíntesis macromoleculares y las rutas que aportan sus precursores. En la Figura 22.16 se presentan las rutas completas de la biosíntesis de los dNTP.

Si recordamos que el DNA difiere químicamente del RNA en la naturaleza del azúcar y en la identidad de una de las bases pirimidínicas, podemos centrar nuestra consideración de la biosíntesis de los desoxirribonucleótidos en dos procesos específicos: la conversión de la ribosa en desoxirribosa y la conversión del uracilo en timina. Ambos procesos se producen a nivel del nucleótido, y ambos tienen un gran interés desde el punto de vista del mecanismo, como objetivos de la quimioterapia del cáncer o de las enfermedades infecciosas, y desde el punto de vista de la regulación. De acuerdo con esto, presentaremos ambos procesos con cierto detalle.

**FIGURA 22.16**

**Visión general de la biosíntesis de los desoxirribonucleósidos trifosfato (dNTP).**

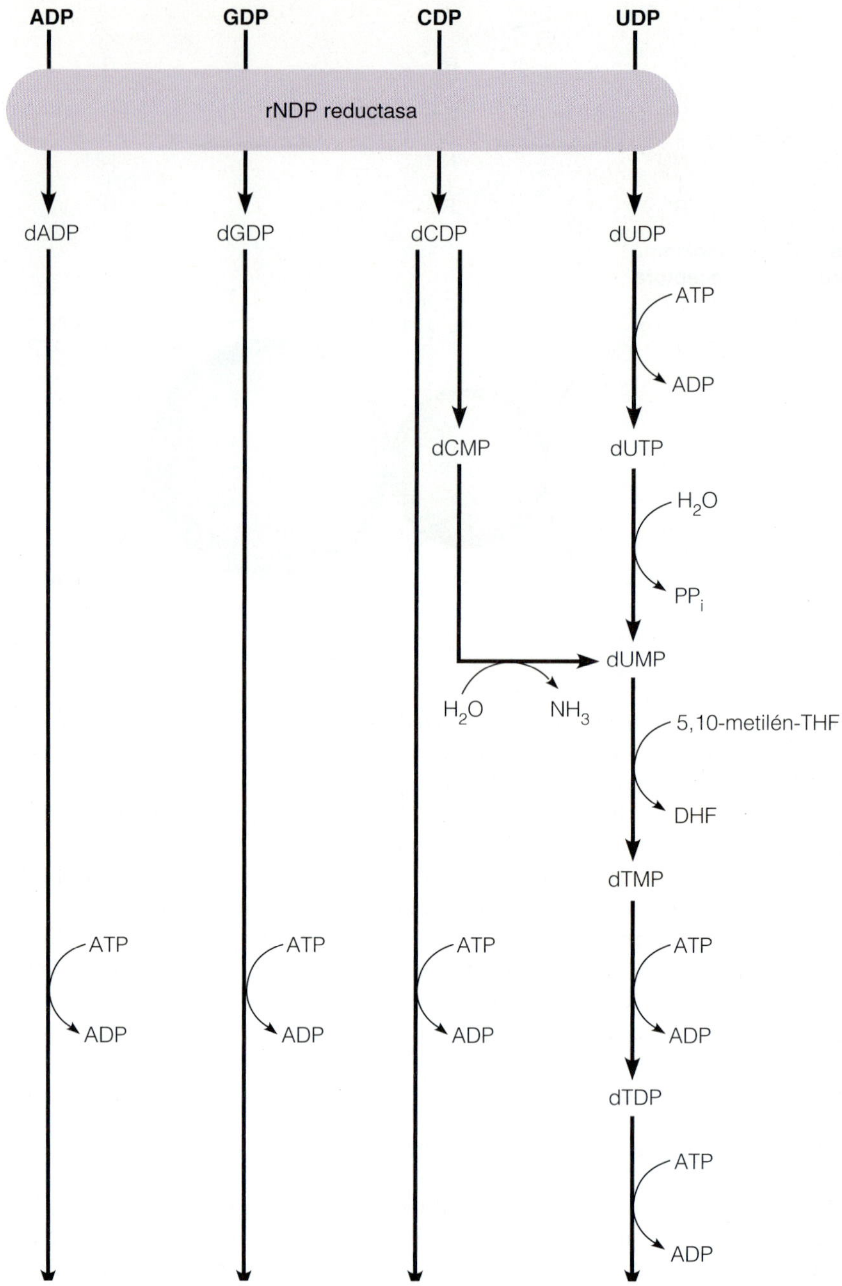


## Reducción de los ribonucleótidos a los desoxirribonucleótidos

Una enzima, la ribonucleótido reductasa, reduce los cuatro ribonucleótidos a sus derivados desoxirribosa.

Desde el punto de vista del mecanismo, la reducción de la ribosa a desoxirribosa comporta la sustitución del hidroxilo de C-2 por un átomo de hidrógeno, conservando la configuración. Peter Reichard demostró que esta reacción difícil se produce a nivel del nucleótido, lo cual condujo al descubrimiento de la importante enzima **ribonucleótido reductasa.** En todos los organismos estudiados hasta ahora, una sola enzima reduce los cuatro ribonucleótidos comunes a los correspondientes 2-desoxirribonucleótidos. En la reacción interviene un mecanismo de radicales libres. Aunque la evolución ha creado tres mecanismos muy diferentes para generar un radical libre funcional, las tres clases de ribonucleótido reductasa evidentemente utilizan todas la misma química fundamental para reducir los sustratos. La forma enzimática más extendida, denominada ribonucleótido reductasa de clase I, actúa sobre los ribonucleósidos difosfato como sustratos, por lo que también se denomina **rNDP reductasa.** Esta enzima genera su radical sobre un residuo específico de tirosina, con la ayuda de un puente de oxígeno diférrico (*véase* la

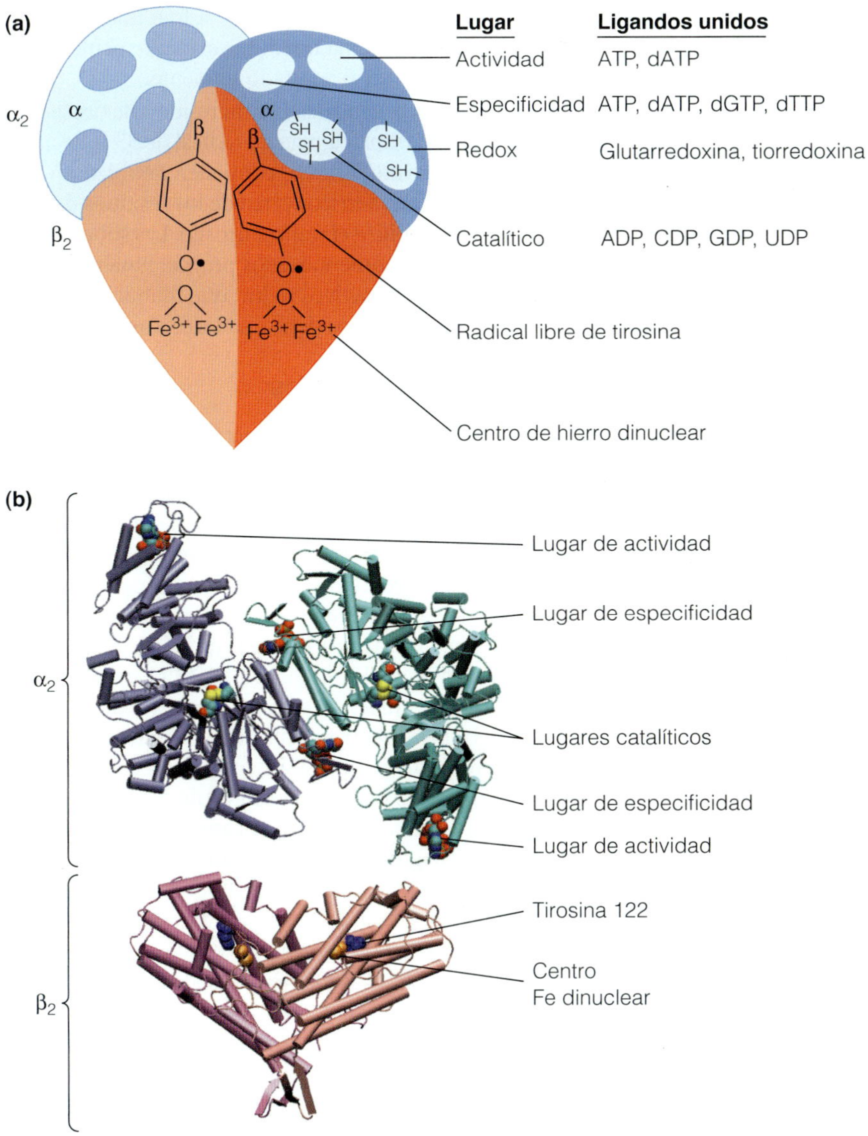


**FIGURA 22.17**

**Estructura de la ribonucleósido difosfato reductasa de *E. coli*. (a)** Diagrama esquemático que identifica el centro funcional de $\beta_2$ (R2), un radical libre de tirosina y un centro de hierro dinuclear con un puente con oxígeno. También se muestran los lugares de unión de ligando en $\alpha_2$ (R1): un lugar redox para la interacción con un donador de electrones externo, el lugar catalítico, el lugar de actividad y el lugar de especificidad del sustrato. Los lugares de actividad y especificidad están controlados alostéricamente. El lugar redox contiene dos residuos de cisteína funcionales, y el lugar catalítico contiene tres. **(b)** Estructuras cristalinas de rayos X de las proteínas $\alpha_2$ homodimérica (azul y cian) (PDB ID 3R1R, 4R1R) y $\beta_2$ (rojo y rosa) (PDB ID 1PFR). Los lugares catalíticos están señalados por los tres residuos de cisteína en cada subunidad $\alpha_2$ (Cys225, 462 y 439). Los lugares de actividad y especificidad están señalados por el ATP y el dTTP unidos, respectivamente. En el dímero $\beta_2$, se muestran la Tyr 122 (azul), que transporta el radical libre, y el centro de hierro dinuclear (naranja). No se conoce a orientación precisa de las proteínas $\alpha_2$ y $\beta_2$ en el tetrámero.

Figura 22.17). Las enzimas de clase II, que se encuentran en las cianobacterias, algunas bacterias y *Euglena*, actúan sobre los ribonucleósidos trifosfato como sustratos y utilizan adenosilcobalamina, una coenzima de $B_{12}$ (Capítulo 20), para generar un radical libre. La enzima de tipo III, que solo se encuentra en los anaerobios facultativos u obligados, actúa sobre los ribonucleósidos trifosfato como sustratos. Estas enzimas utilizan *S*-adenosilmetionina y un centro hierro-azufre para generar el radical catalítico esencial sobre un residuo de glicina. Nuestra exposición se centrará en la clase I, la forma más extendida, cuya acción se muestra en la parte superior de la Figura 22.16.

## Estructura de la rNDP reductasa

Tal como se encuentra en *E. coli* y en las células de los mamíferos, la rNDP reductasa de clase I contiene dos subunidades no idénticas, denominadas $\alpha$ y $\beta$. En *E. coli*, la forma activa de la enzima está formada por dos cadenas $\alpha$ de 87 000 dalton y dos cadenas $\beta$ de 43 000 dalton. La forma activa de la enzima de mamíferos se supone es un oligómero $\alpha_6\beta_2$ a concentraciones fisiológicas de ATP/dATP. Sin embargo, el heterotetrámero $\alpha_2\beta_2$ es totalmente activo y es la forma que recibe la mayor atención con relación al mecanismo y la regulación de la enzima. Como veremos, la regulación mediante modificadores alostéricos comporta cambios del estado de oligomerización. En la Figura 22.17 se ilustra la estructura de la forma heterotetramérica de *E. coli*. El lugar catalítico se encuentra en las subunidades $\alpha_2$. En este lugar hay tres residuos de cisteína, que están conservados en diferentes rNDP reductasas. Dos de

La ribonucleótido reductasa contiene residuos catalíticos en cada una de sus subunidades: tioles activos redox y un radical libre de tirosina estabilizado por un complejo hierro-oxígeno.

los tioles de cisteína son **activos redox,** y se les da este nombre porque sufren una oxidación y reducción cíclicas durante la reacción. La tercera cisteína funciona, evidentemente, como parte del mecanismo de radical libre que se describe en el apartado siguiente.

El radical para la reducción del ribonucleótido se genera sobre un residuo de tirosina en las subunidades $\beta_2$ y se transmite por una ruta de transferencia de radical de 35 Å hacia las subunidades donde se produce la catálisis. Las subunidades $\beta_2$ contienen también un átomo de oxígeno que forma un puente entre dos iones férricos cerca de los residuos de tirosina. Este **centro de hierro dinuclear** genera y estabiliza el radical tirosilo. Las subunidades $\alpha_2$ contienen dos clases de lugares reguladores, que comentaremos pronto. Finalmente, las subunidades $\alpha_2$ llevan un par adicional de grupos tiol activos redox, que interaccionan con un cofactor reductor externo. La enzima de los mamíferos tiene una estructura similar.

## Mecanismo de la reducción de los ribonucleótidos

Aunque el mecanismo preciso de la reacción de la rNDP reductasa todavía es objeto de un estudio intenso, podemos formular un mecanismo plausible basándonos en las siguientes observaciones. (1) Los estudios de marcaje radiactivo indican que durante la reacción se produce la ruptura del enlace C-3′— H de la ribosa. (2) La reacción se produce conservando la configuración de C-2′, lo cual descarta un desplazamiento del grupo hidroxilo por un ion hidruro en una reacción $S_N2$. (3) Los grupos tioles se oxidan durante la reacción. (4) El radical libre de tirosina participa en la reacción. Esto se demostró por primera vez al observar que la **hidroxiurea,** un inhibidor de la rNDP reductasa, destruía reversiblemente el radical libre. En la Figura 22.18 se presenta una demostración más elegante. El radical libre produce un espectro de resonancia paramagnética electrónica (RPE) característico. La espectroscopia RPE detecta el espín de un electrón desapareado (como el de un radical orgánico) al interaccionar con el campo magnético generado por los núcleos y otros electrones de la molécula. La tirosina 122, que es el residuo que genera el radical en la enzima de *E. coli*, se cambió por una fenilalanina mediante una mutagénesis de lugar dirigida del gen clonado de $\beta_2$. La proteína modificada era inactiva y no presentaba un espectro de RPE; en consecuencia, no había indicios de la existencia de un radical libre. Sin embargo, dado que el radical tirosilo se encuentra a más de 35 Å del lugar catalítico, como demuestra la cristalografía (*véase* la Figura 22.17), debe postularse la existencia de algún tipo de proceso de largo alcance mediante el cual el electrón desapareado del radical de la tirosina atrae un electrón de un residuo del lugar activo. Los datos existentes indican que (1) este residuo es la cisteína 439 en la enzima de *E. coli*, y (2) participan en el proceso de transporte electrónico de largo recorrido un conjunto específico de residuos de aminoácidos de $a_1$ y $\beta_2$.

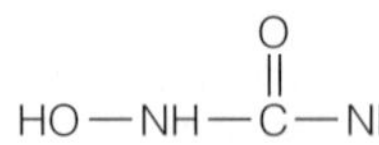

**Hidroxiurea**

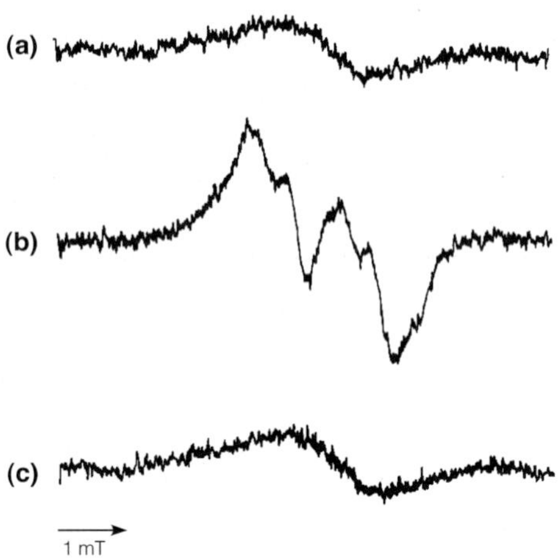


**FIGURA 22.18**

**Pruebas de que la tirosina 122 de la proteína $\beta_2$ de *E. coli* lleva el radical libre esencial.** La figura muestra los espectros de resonancia paramagnética electrónica de células de *E. coli* que contienen un gen clonado que sobreexpresa $\beta_2$. **(a)** Bacterias que no contienen ningún clon (la concentración normal de la proteína $\beta_2$ es demasiado baja para crear una señal espectral significativa). **(b)** Bacterias que contienen el gen silvestre clonado. **(c)** Bacterias que contienen un gen clonado mutante en el que la tirosina 122 se ha cambiado por fenilalanina. El tratamiento de la enzima purificada con hidroxiurea proporciona un espectro como el que se presenta en (c).



Un mecanismo admisible para la rNDP reductasa, basado en las observaciones anteriores, es el que se muestra en la Figura 22.19. En primer lugar, la cisteína 439 del lugar activo se convierte en un **radical libre tiilo,** mediante la pérdida de un electrón, en un proceso de transporte electrónico acoplado a protón (TEAP) de largo alcance de unos 35 Å que da lugar a la reducción de la tirosina 122 (paso 1). A continuación, el radical tiilo participa en la extracción de un átomo de hidrógeno del C-3′ del sustrato (paso 2). Esto va seguido por la pérdida de un ion hidróxido (agua) de C-2′, y la migración del radical a C-2′ (paso 3). La reducción en C-2′por las cisteínas activas redox por un paso de transferencia electrónica acoplado a un protón genera un **anión radical disulfuro,** que luego reduce C-3′(pasos 4 y 5) en otro paso TEAP. Se invierten entonces los TEAP de los pasos 1 y 2 (pasos 6 y 7). El resultado neto es la transferencia de un par de electrones de los tioles de cisteína activos redox (paso 6) para dar el producto nucleótido y la regeneración del radical tirosilo de la subunidad $\beta_2$. El residuo de cistina resultante se reduce entonces por un intercambio de disulfuro con otro par de tioles activos redox del C-terminal de la subunidad $\alpha_2$; este paso no se muestra en la figura. El disulfuro resultante es reducido por un cofactor externo (que se indica con Grx; *véase* el apartado siguiente), con lo que se regenera la forma activa de la enzima (paso 8). El paso limitante de la velocidad en las rNDP reductasas de clase I es un cambio de conformación que controla el proceso de transporte electrónico de largo alcance acoplado al protón.

El asombroso proceso de transporte electrónico de largo alcance acoplado al protón que da lugar a la propagación del radical desde la tirosina de $\beta_2$ a la cisteína de $\alpha_2$ no es más que el primer ejemplo de lo que resulta ser un proceso frecuente de la química

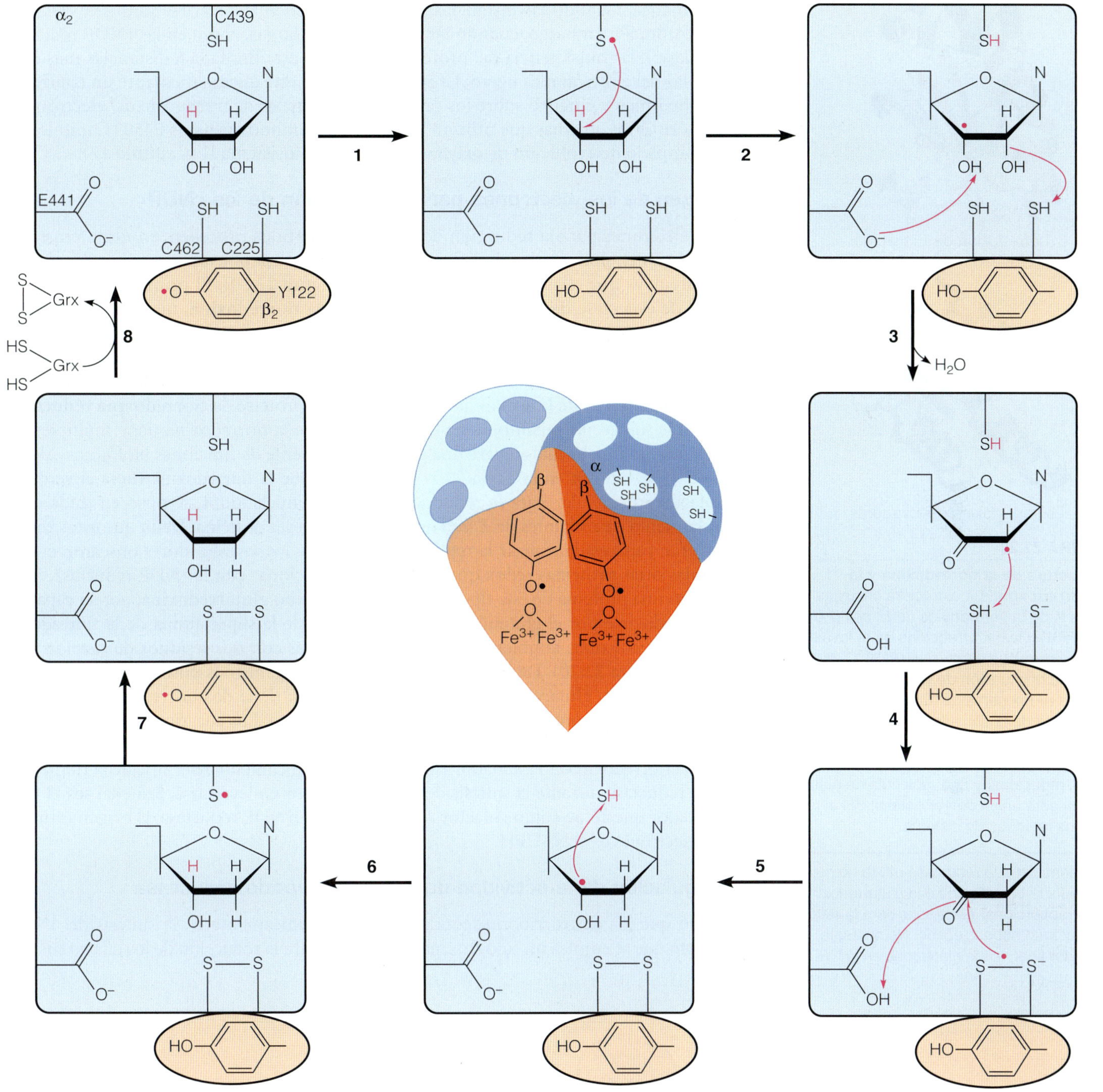


**FIGURA 22.19**

**Reducción de un ribonucleósido difosfato por la rNDP reductasa.** Este mecanismo concuerda con los datos existentes al respecto. N es adenina, citosina, guanina o uracilo. **Paso 1:** la reacción se inicia por la propagación del radical tirosilo (Y122) en la subunidad $\beta_2$ a una cisteína del lugar catalítico de $\alpha_2$ (Cys 439 en *E. coli*), generando un radical tiilo. En este proceso, denominado transporte electrónico acoplado a protón de largo intervalo, el radical tirosilo se reduce a un residuo de tirosina. **Paso 2:** el nucleótido sustrato interactúa con el radical, creando un radical en C-3. **Paso 3:** la protonación del 2´-hidroxilo por una de las cisteínas activas redox (225 y 462 en *E. coli*) y la desprotonación del 3´-hidroxilo por un glutamato (E441 en *E. coli*) facilita la deshidratación en C-2´ y la migración del radical a C-2´. **Pasos 4 y 5:** la reducción en C-2´ por las cisteínas activas redox genera un anión radical disulfuro, que luego reduce C-3´. **Pasos 6 y 7:** se invierte el transporte electrónico de intervalo amplio acoplado a protones de los pasos 1 y 2, produciendo el desoxirribonucleótido y regenerando el radical tirosilo en la subunidad $\beta_2$.
**Paso 8**: se reduce el disulfuro Cys-Cys por un tiol proteico de bajo peso molecular, como la glutarredoxina (Gex); *véase* en el texto una explicación mayor. La disociación del dNDP (no se muestra) permite la unión del rNDP sustrato para otra ronda de catálisis.

Modificado con autorización de *Journal of the American Chemical Society* 131:200–211, H. Zipse, E. Artin, S. Wnuk, G. J. S. Lohman, D. Martino, R. G. Griffin, S. Kacprzak, M. Kaupp, B. Hoffman, M. Bennati, J. Stubbe y N. Lees, Structure of the nucleotide radical formed during reaction of CDP/TTP with the E441Q–$\alpha_2\beta_2$ of *E. coli* ribonucleotide reductase. © 2009 American Chemical Society.

enzimática. Cuando las distancias son cortas, pueden transferirse juntos el electrón y el protón. Sin embargo, cuando las distancias son largas, como en las rNDP reductasas de clase I, la transferencia del protón más pesado está limitada a distancias más cortas que las del electrón más ligero. La enzima resuelve este dilema mediante un control termodinámico y cinético sobre los procesos individuales de transporte del electrón y del protón. Otras enzimas que utilizan TEAP son las monooxigenasas P450 (Capítulo 15) y el complejo de evolución de oxígeno (CEO) del fotosistema II (Capítulo 17).

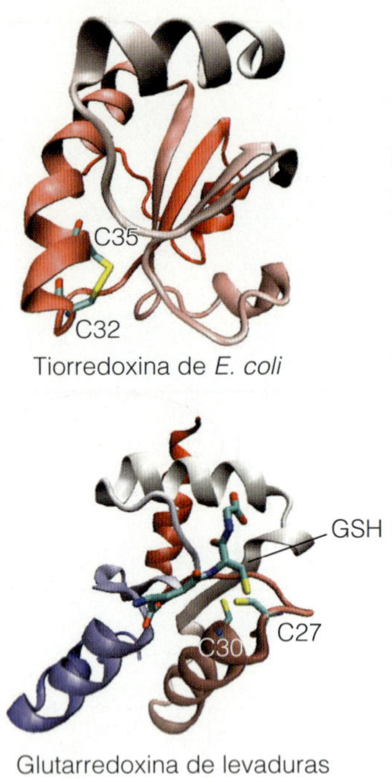


**FIGURA 22.20**

**Estructura de la tiorredoxina y la glutarredoxina**. La estructura cristalina de rayos X de la tiorredoxina de *E. coli* (PDB ID 2TRX) y la glutarredoxina de la levadura *Saccharomyces cerevisiae* (PDB ID 3C1S) muestra la situación de los residuos de cisteína activos redox cerca de sus superficies. En la estructura de la tiorredoxina, Cys32 y Cys35 están en el estado disulfuro oxidado. En la estructura de la glutarredoxina, Cys27 y Cys30 están reducidas, y una molécula de glutatión (GSH) está unida con el cisteinil-SH al lado de los dos residuos de cisteína.

La ribonucleótido reductasa utiliza un cofactor proteico, la tiorredoxina o la glutarredoxina, para proporcionar electrones para la reducción del sustrato ribonucleótido. No obstante, el donador final de los electrones es el NADPH.

## Origen de los electrones para la reducción de los rNDP

Los electrones para la reducción de los ribonucleótidos proceden, en última instancia, del NADPH, pero son trasladados a la rNDP reductasa por una coenzima que es poco habitual, ya que ella misma es una proteína (Figura 22.20). El primer miembro conocido de esta clase de proteínas activas redox es la **tiorredoxina,** una proteína pequeña ($M_r \cong 12\,000$), con dos grupos tioles en la secuencia Cys-Gly-Pro-Cys. Estos tioles experimentan una oxidación reversible a disulfuro, con lo que reducen los azufres del lugar activo de la rNDP reductasa (Figura 22.21). La tiorredoxina oxidada se reduce por el NADPH a través de la acción de una enzima flavoproteica, la **tiorredoxina reductasa.**

Tras su descubrimiento, se ha comprobado que la tiorredoxina tiene múltiples actividades *in vitro*, lo cual sugiere una gama sorprendente de funciones biológicas. Algunas de ellas se indican en la Tabla 22.1. El hecho de que la tiorredoxina fuera el verdadero cofactor intracelular para la reducción de los ribonucleótidos, se puso en duda con el aislamiento de mutantes de *E. coli* que carecían de esta proteína. Dado que estos mutantes eran capaces de realizar la replicación del DNA, los investigadores buscaron en estas células otras proteínas redox que pudieran interaccionar con la rNDP reductasa. Se encontró una proteína de este tipo, a la que se denominó **glutarredoxina,** por su capacidad para reducirse por el glutatión. Como miembros de la superfamilia de la tiorredoxina, las glutarredoxinas también son proteínas pequeñas con dos residuos de cisteína activa redox (Figura 22.20). De hecho, la mayoría de los organismos poseen varias especies de tiorredoxinas y glutarredoxinas. Por ejemplo, *E. coli* tiene dos tiorredoxinas, tres glutarredoxinas y dos proteínas semejantes a glutarredoxina. Los eucariotas poseen isoformas distintas citoplásmicas y mitocondriales de estas proteínas. Las pruebas recientes señalan que la tiorredoxina es el donador electrónico fisiológicamente relevante de la ribonucleótido reductasa durante la síntesis del DNA precursor en levaduras. Sea cual sea el transportador que actúe como cofactor principal para la rNDP reductasa, el origen último de los electrones es el NADPH.

## Regulación de la actividad de la ribonucleótido reductasa

Dado que los desoxirribonucleótidos se utilizan únicamente en la síntesis del DNA, y puesto que se emplea un solo sistema enzimático para la reducción de los cuatro sustratos

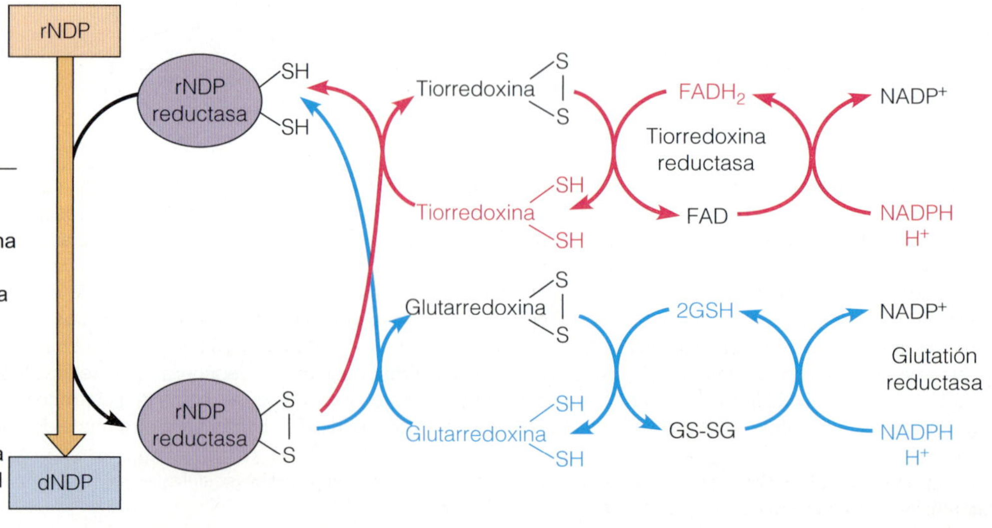


**FIGURA 22.21**

**Secuencia de transporte electrónico reductora en la acción de la rNDP reductasa.** La tiorredoxina o la glutarredoxina pueden reducir la forma oxidada de la reductasa. La tiorredoxina y la glutarredoxina oxidadas son, a su vez, reducidas con electrones del NADPH en reacciones catalizadas por la tirredoxina reductasa y la glutarredoxina reductasa, respectivamente. La reducción de la glutarredoxina necesita dos moléculas de glutatión (GSH), lo cual da lugar a glutatión reducido (GS-SG) (*véase* el Capítulo 13, pagina 583).

**TABLA 22.1. Energías de las interacciones no covalentes de las biomoléculas**

| Actividad | Organismos |
|---|---|
| Cofactor para la reducción de ribonucleótidos | Todos los organismos |
| Plegado de proteínas (la tiorredoxina fomenta la formación correcta de los enlaces disulfuro) | Todos los organismos |
| Posible control de las concentraciones de insulina, mediante el control de la reducción de la insulina | Animales |
| Control de la formación de melanina (las personas con concentraciones elevadas de tiorredoxina reductasa se broncean con facilidad) | Animales |
| Regulación de la fijación fotosintética del carbono (*véase* el Capítulo 17) | Plantas |
| Reducción del sulfito (*véase* el Capítulo 21) | Plantas, bacterias |
| Subunidad esencial de la DNA polimerasa vírica | Bacteriófago T7 |
| Maduración de los fagos filamentosos por un mecanismo desconocido | Bacteriófagos con DNA de una sola cadena |

ribonucleótidos, la regulación de la *actividad* y de la *especificidad* de la ribonucleótido reductasa es esencial para mantener unas cantidades equilibradas de los precursores del DNA. Esta regulación se lleva a cabo mediante la unión de efectores nucleósido trifosfato a dos clases de lugares reguladores en las subunidades $\alpha_2$ (dos de cada lugar por molécula en la enzima de *E. coli*; *véase* la Figura 22.17). Los **lugares de actividad** unen ATP o dATP, con una afinidad relativamente baja, mientras que los **lugares de especificidad** unen ATP, dATP, dGTP o dTTP, con una afinidad relativamente alta para todos ellos. La unión de ATP a los lugares de actividad tiende a aumentar la eficacia catalítica de la rNDP reductasa para todos los sustratos, mientras que el dATP actúa como inhibidor general de las cuatro reacciones. La unión de ATP y dATP afecta el estado de oligomerización de la enzima, desviando el equilibrio entre las formas activa e inactiva (Figura 22.22). La unión de los nucleótidos en los lugares de especificidad modula las actividades de la enzima respecto a diferentes sustratos, de manera que se mantiene un equilibrio en la producción de los cuatro dNTP. Así, por ejemplo, la unión del dTTP (con ATP unido al lugar de actividad) activa la enzima para la reducción del GDP, pero disminuye su capacidad de reducir el UDP o el CDP. En la Tabla 22.2 se resumen los principales efectos reguladores.

La ribonucleótido reductasa tiene dos clases de lugares alostéricos. Los lugares de actividad influyen sobre la eficacia catalítica, y los lugares de especificidad determinan la especificidad para uno o más de los cuatro sustratos.

La inhibición de la síntesis del DNA por la timidina o la desoxiadenosina comporta la inhibición alostérica de la ribonucleótido reductasa por el dTTP o el dATP, respectivamente.

Estos efectos se observan *in vitro* con enzimas purificadas. Existen abundantes razones para llegar a la conclusión de que en las células intactas actúan también unos efectos reguladores semejantes. Así, por ejemplo, la desoxiadenosina o la timidina inhibirán la síntesis de DNA cuando se administren a las células intactas. Las determinaciones de las cantidades intracelulares de dNTP indican que en las células tratadas con desoxiadenosina, la cantidad de dATP aumenta (como es de prever, por los efectos de las rutas de salvamento), mientras que la cantidad de dTTP, dGTP y dCTP disminuye. Esta es probablemente la causa de que los leucocitos no puedan proliferar en la medida necesaria en los estados de inmunodeficiencia asociados con una falta de adenosina desaminada (*véase* la página 930): la acumulación de dATP en estas células bloquea la síntesis de desoxirribonucleótidos y, por tanto, la replicación del DNA.

Otro ejemplo procede de la biología celular. Los investigadores **sincronizan** frecuentemente los cultivos celulares, es decir, manipulan las células para que todas ellas se encuentren en la misma fase del ciclo celular. La sincronía puede conseguirse mediante el **bloqueo de timidina,** en el que se añade timidina a las células para inhibir la síntesis de DNA. Esto impide el paso de las células de la fase G1 a la fase S del ciclo celular, y se acumulan las células en este

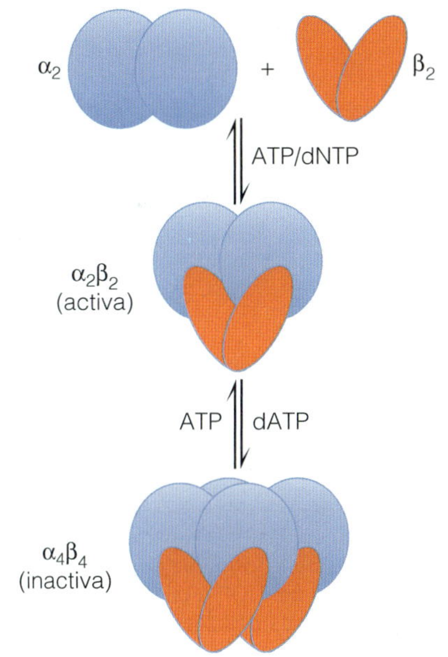


**FIGURA 22.22**

**Regulación de la ribonucleótido reductasa de *E. coli* mediante oligomerización reversible.** Todos los nucleótidos estimulan la formación del tetrámero activo $\alpha_2\beta_2$ a partir de los dímeros $\alpha_2$ y $\beta_2$. La unión de dATP a los lugares activos desplaza el equilibrio hacia la formación del octámero $\alpha_4\beta_4$ inactivo. La unión de ATP desplaza el equilibrio de nuevo hacia el tetrámero activo.

*Journal of Biological Chemistry* 283:35310–35318, R. Rofougaran, M. Crona, M. Vodnala, B.-M. Sjöberg y A. Hofer, Oligomerization status directs overall activity regulation of the *Escherichia coli* class Ia ribonucleotide reductase. Modified with permission. 

**TABLA 22.2. Regulación de las actividades de la ribonucleótido reductasa de los mamíferos**

| Nucleótido unido en | | | |
|---|---|---|---|
| **Lugar de actividad** | **Lugar de especificidad** | **Activa la reducción de** | **Inhibe la reducción de** |
| ATP | ATP o dATP | CDP, UDP | CDP, UDP |
| ATP | dTTP | GDP | CDP, UDP[a] |
| ATP | dGTP | ADP | ADP, GDP, CDP, UDP |
| dATP | Cualquier efector | | |

[a] La unión de dGTP inhibe la reducción de los nucleótidos de pirimidina por la enzima de mamíferos, pero no por la enzima de *E. coli*.

punto, como los coches parados en un semáforo en rojo. La transferencia de las células a un medio que no contenga timidina es como una luz verde, que revierte la inhibición y permite a las células iniciar la replicación del DNA de manera sincrónica. Las determinaciones de las cantidades de dNTP en las células con un bloqueo de timidina indican que se acumula dTTP, como es de prever por la síntesis de salvamento, mientras que se produce una disminución específica de dCTP, como cabe prever por los efectos del dTTP sobre la actividad ribonucleótido reductasa. De hecho, la adición de desoxicitidina restablece las cantidades normales de dCTP (por síntesis de salvamento) y alivia el bloqueo de timidina.

Otros datos en favor del control de la actividad de la rNDP reductasa *in vivo* proceden del aislamiento de líneas celulares mutantes de mamíferos, cuyo crecimiento no se inhibe por los desoxirribonucleósidos. La rNDP reductasa procedente de estas células alteradas presenta modificaciones en los lugares de actividad o en los lugares de especificidad, que hacen que estas enzimas sean menos sensibles a la inhibición por los efectores dNTP. Algunas de estas líneas celulares presentan anomalías de las cantidades de dNTP y también **fenotipos mutadores.** Es decir, presentan un aumento de la tasa de mutaciones espontáneas en todos los loci genéticos analizados. Se han realizado observaciones comparables con células mutantes con alteraciones de la CTP sintetasa o la desoxicitidilato desaminasa. Estos hallazgos sugieren que cuando se modifican las concentraciones de dNTP en los lugares de la replicación del DNA, se incrementa la probabilidad de errores de la replicación, que causan mutaciones. Este punto se considerará con mayor detalle en el Capítulo 24.

El razonamiento metabólico para todos los efectos que se presentan en la Tabla 22.2 no está claro a primera vista. Por ejemplo, ¿por qué debe activar el dATP en el lugar de especificidad, tanto la reducción de CDP como de UDP? Parte de la respuesta es que la reducción de UDP es una ruta relativamente menor. La mayor parte del dTTP procede de los nucleótidos de desoxicitidina, a través de la reacción de la dCMP desaminasa (*véase* más adelante).

## Biosíntesis de los desoxirribonucleótidos de timina

En el apartado anterior se ha estudiado la primera reacción metabólica dedicada de manera específica a la síntesis del DNA, la formación de los desoxirribonucleósidos difosfato mediante la acción de la rNDP reductasa. Una vez formados, tres de los difosfatos (dADP, dGDP y dCDP) se convierten directamente en los correspondientes trifosfatos por la acción de la nucleósido difosfato quinasa. La biosíntesis de desoxitimidina trifosfato se produce, en parte, a partir del dUDP producido mediante la reductasa, y en parte, a partir de los nucleótidos de desoxicitidina; la proporción varía en las distintas células y organismos. Obsérvese que utilizamos los términos *timidina* y *desoxitimidina* de forma intercambiable. Ello se debe a que los *ribonucleótidos* de timina no son metabolitos normales, por lo que no es necesario identificar específicamente como desoxirribonucleósido al nucleósido que contiene timina y desoxirribosa.

El dUMP, que es el sustrato para la síntesis de timidilato, puede formarse por reducción y desfosforilación del UDP o por desaminación de un nucleótido de desoxicitidina.

Las rutas se resumen en las Figuras 22.16 (página 936) y 22.23. Las dos rutas de novo que se presentan en la Figura 22.23 conducen a desoxiuridina monofosfato (dUMP), que es el sustrato para la síntesis de nucleótidos de timina: (1) el dUDP se fosforila a dUTP, que se rompe luego por una difosfohidrolasa muy activa, la **dUTPasa.** (2) El dCDP se desfosforila a dCMP, que sufre entonces una desaminación a dUMP por una aminohidrolasa denominada **dCMP desaminasa.** La enzima requiere dCTP como activador alostérico y se inhibe por el dTTP. *E. coli* y algunas otras bacterias utilizan una ruta diferente hasta el dUMP. La desaminación se realiza a nivel del trifosfato por la **dCTP desaminasa,** y el dUTP resultante se rompe por la dUTPasa a dUMP y PPi.

En la reacción catalizada por la timidilato sintasa, el 5,10- metilentetrahidrofolato dona un grupo metileno de un carbono y un par de electrones para reducir ese carbono a grupo metilo.

Sea como sea su formación, el dUMP actúa como sustrato para la formación de timidina monofosfato (dTMP), catalizada por la **timidilato sintasa.** Esta enzima transfiere una unidad de un carbono, al nivel de oxidación de metileno, y lo reduce a nivel de metilo (*véase* la página 852 del Capítulo 20). El donador de un carbono es el 5,10-metilentetrahidrofolato, que en esta reacción poco habitual actúa también como donador electrónico, para dar dihidrofolato (DHF) como el otro producto de la reacción (Figura 22.24). El cofactor de folato debe reducirse luego, por la dihidrofolato reductasa, y ha de captar otro grupo de un carbono, la mayor parte de las veces a partir de serina por la serina transhidroximetilasa. La interrupción de cualquiera de estos pasos del ciclo interfiere en la formación del nucleótido de timina. El dTMP, una vez formado, se convierte en dTTP mediante dos fosforilaciones sucesivas (Figura 22.23).

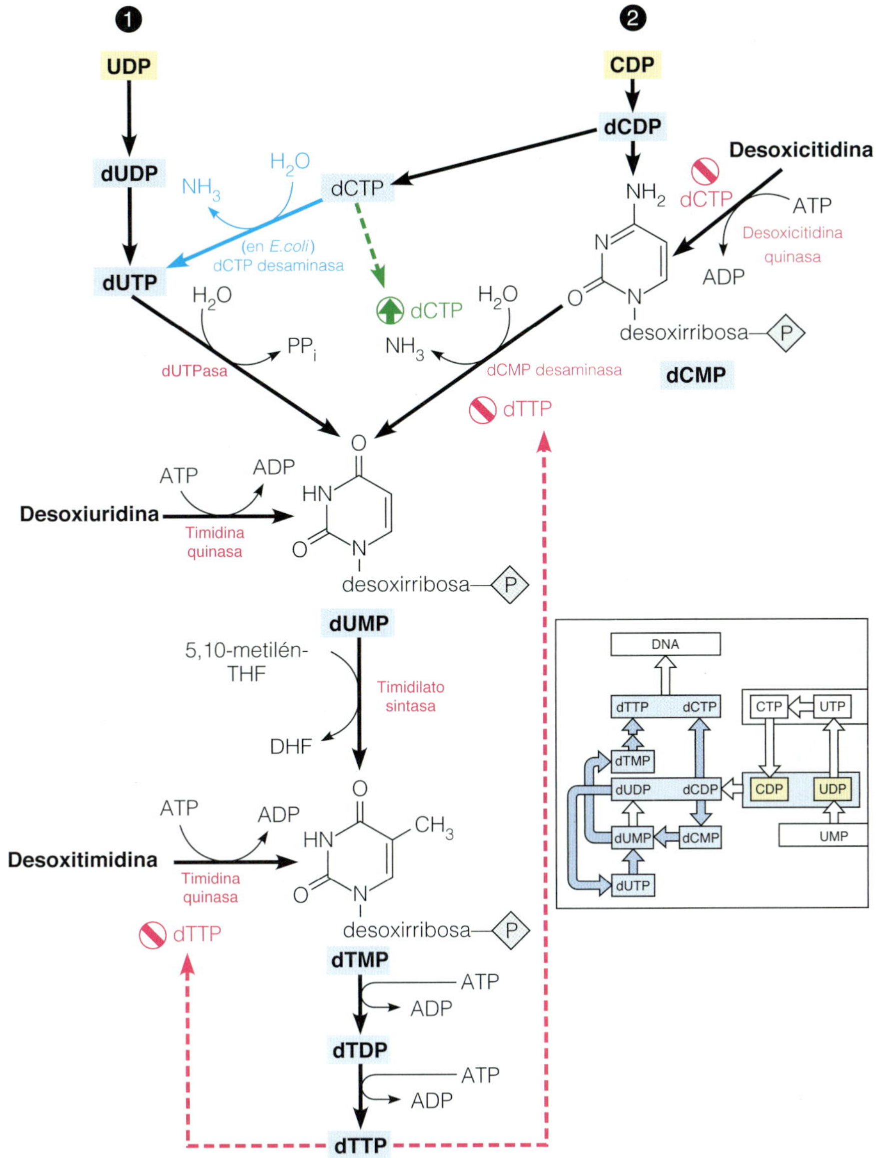


**FIGURA 22.23**

**Rutas de síntesis de salvamento y de novo hacia los nucleótidos de timina.** Las rutas de novo se inician con ❶ UDP o ❷ CDP, que se indican en la parte superior. Las flechas punteadas indican bucles reguladores de retroacción.

## Metabolismo de los nucleótidos de desoxiuridina

Además de la función de biosíntesis de la dUTPasa en la formación de dUMP para dar lugar a los nucleótidos de timina, la enzima desempeña un papel importante en la exclusión del uracilo del DNA. Si el dUTP no se degradara rápidamente, podría actuar como sustrato satisfactorio para las DNA polimerasas. En efecto, la carencia alimentaria de folato produce la incorporación errónea de uracilo en el DNA. La observación de la Figura 22.24 revela el mecanismo de este efecto: la carencia de folato conduce a la pérdida del cofactor 5,10-metilén-THF para la reacción de la timidilato sintasa, inhibiendo la conversión de dUMP en TMP. Al aumentar la concentración de dUMP (y así, de dUTP) a expensas de dTMP, la DNA polimerasa incorpora erróneamente dUTP al DNA. Como se expone en el Capítulo 26, las células disponen de un mecanismo bastante complejo para asegurar que cualquier residuo de dUMP que va a parar al DNA sea eficazmente eliminado. Desgraciadamente, si la incorporación de uracilo es grande, el proceso de reparación puede conducir a la rotura del cromosoma. Dado que el uracilo es prácticamente idéntico a la timina en lo que respecta a sus propiedades de apareamiento de bases, ¿por qué es tan importante para la célula permitir que tan solo la timina se incorpore de manera estable al DNA? La respuesta radica probablemente en el hecho de que los residuos de dUMP pueden aparecer en el DNA, no solo mediante la incorporación

**FIGURA 22.24**

**Relación entre la timidilato sintasa y las enzimas del metabolismo del tetrahidrofolato.** Se señalan los lugares de acción de los fármacos quimioterapéuticos. *Véanse,* en la página 850 (Capítulo 20) las estructuras de los inhibidores de la dihidrofolato reductasa. DHF, dihidrofolato; THF, tetrahidrofolato.

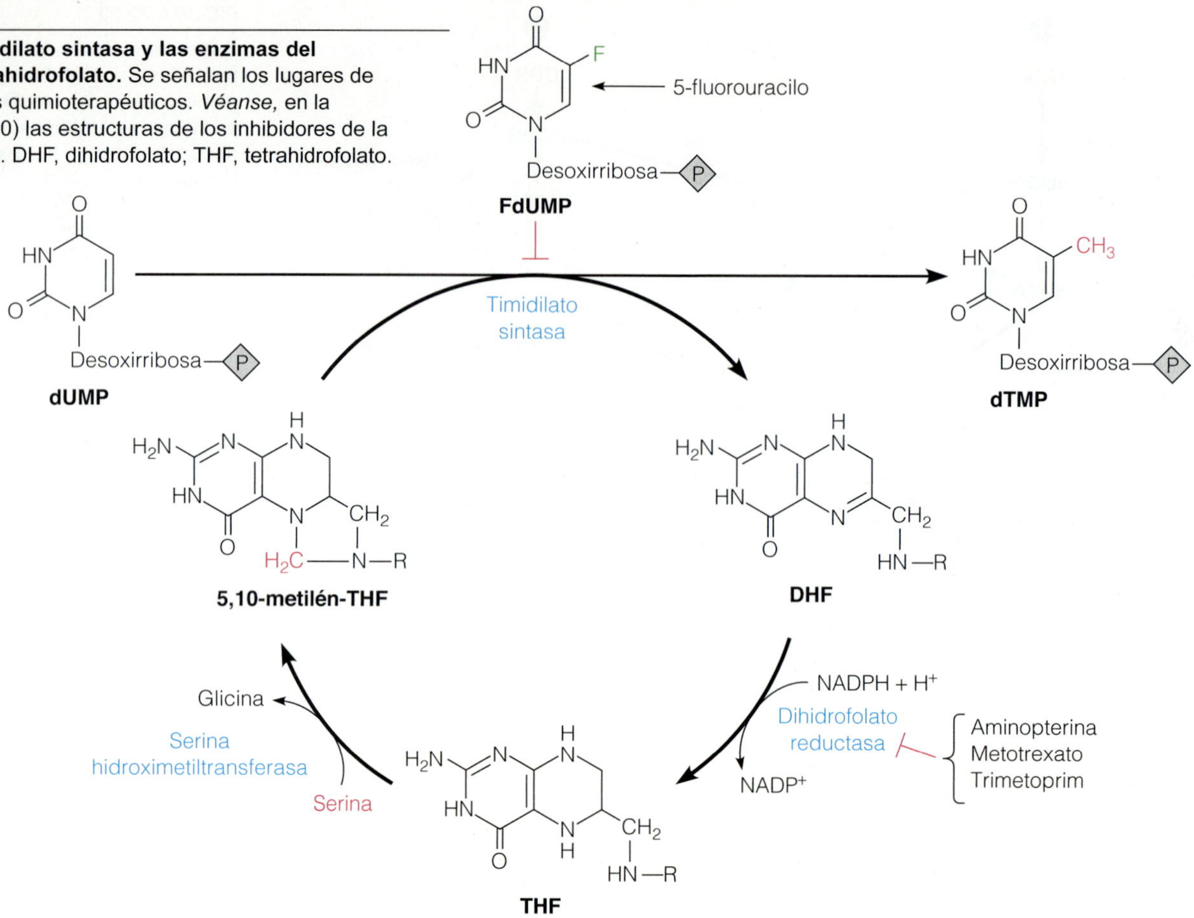


de dUTP, sino también mediante la desaminación espontánea de residuos de dCMP. Este último proceso, que se produce en una medida apreciable, modificaría el sentido de un mensaje genético, por lo que parece útil para la célula mantener la estabilidad genética disponiendo de un sistema de vigilancia que elimine los residuos de dUMP, sea cual sea su forma de origen. Una cuestión relacionada es por qué se seleccionó originalmente la timidina en lugar del uracilo como base en el DNA. Los estudios termodinámicos indican que el grupo metilo de la timidina contribuye de forma significativa a las interacciones hidrófobas que estabilizan el DNA de doble hélice.

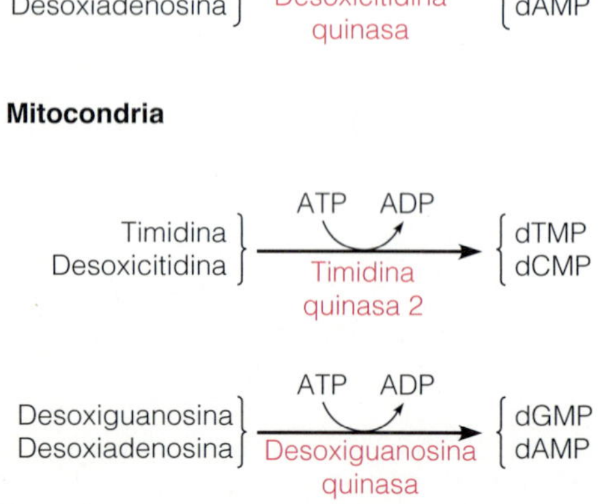


## Rutas de salvamento para la síntesis de desoxirribonucleótidos

Como se ha señalado previamente, el salvamento de purinas utiliza reacciones de fosforribosiltransferasas, que generan ribonucleósidos monofosfato a partir de las bases púricas y del PRPP. Tras la fosforilación a nivel de los difosfatos, estos compuestos penetran en el metabolismo de los desoxirribonucleótidos a través de la ribonucleótido reductasa. No obstante, las desoxirribonucleósido quinasas, que llevan directamente a los desoxirribonucleósidos monofosfato, están muy extendidas y ellas utilizan, tanto purinas como pirimidinas. Las células y los organismos varían mucho en sus contenidos de ribo- y desoxirribonucleósido quinasas. Las células humanas contienen cuatro desoxirribonucleósido quinasas diferentes: (1) timidina quinasa 1, que se encuentra en el citosol; (2) desoxicitidina quinasa, también una enzima citosólica, que fosforila la desoxiadenosina y la desoxiguanosina, así como la desoxicitidina, aunque únicamente a concentraciones elevadas; (3) desoxiguanosina quinasa, que fosforila la desoxiadenosina y la desoxicitidina, así como la desoxiguanosina; y (4) timidina quinasa 2, que tiene una especificidad de sustrato más amplia que la enzima citosólica, al actuar también sobre la desoxicitidina. El aporte principal de dNTP para la síntesis de DNA (mtDNA) mitocondrial en las células en reposo procede del salvamento de los desoxinucleótidos, y la acción combinada de las dos enzimas mitocondriales puede aportar los cuatro dNTP. Los defectos de cualquiera de las dos enzimas dan lugar a síndromes de merma de mtDNA en los seres humanos, que se caracterizan por una reducción importante del número de copias de mtDNA en los tejidos afectados y miopatía y encefalopatías progresivas.

Como se presenta posteriormente en este capítulo, varios análogos de nucleósidos se emplean o se están analizando en el tratamiento del cáncer y de diversas enfermedades víricas. De manera invariable, estos profármacos deben convertirse en desoxirribonucleótidos para ser eficaces, y esto ha centrado la atención en las desoxirribonucleósido quinasas. Por ejemplo, un efecto secundario de la **3-azido-2′,3′-didesoxitimidina** (AZT o zidovudina), el primer fármaco que se aprobó para el tratamiento de las infecciones del virus de inmunodeficiencia humana (VIH) (*véase* la página 951), es la cardiotoxicidad (lesión del músculo cardíaco). La ruta principal de utilización de la AZT es la isoforma mitocondrial de la timidina quinasa, llamada también TK2. Los desoxirribonucleótidos de la AZT, y la mayor parte de los demás análogos de nucleósidos de uso clínico, interfieren también con la función mitocondrial, y probablemente, esta es la base de la cardiotoxicidad. La mayor parte de estos análogos actúan como sustratos alternativos de la DNA polimerasa mitocondrial, inhibiendo la replicación del DNA mitocondrial. Sin embargo, la AZT es un inhibidor incluso más potente de la TK2 y su efecto sobre la función mitocondrial puede estar relacionado con la alteración de los *pool* de DTTP. La investigación actual se dirige a la obtención de análogos cuya activación metabólica no tenga lugar en las mitocondrias.

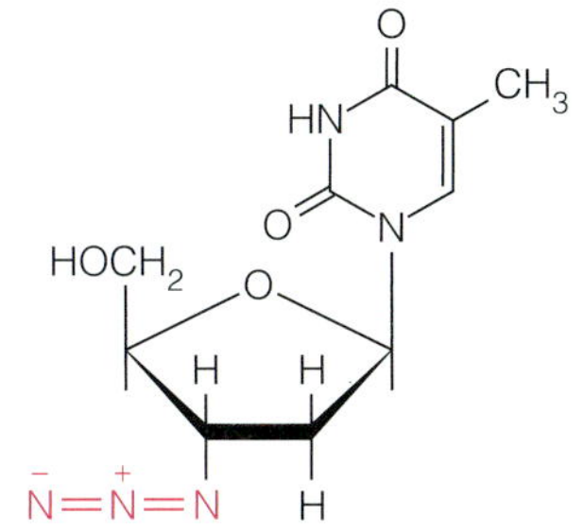


**3′-azido-2′,3′-didesoxitimidina (AZT o zidovudina)**

De las cuatro desoxirribonucleósido quinasas, tres de ellas se sintetizan de forma constitutiva, produciéndose de forma constante durante el ciclo celular. La excepción es la timidina quinasa citosólica (TK1), cuya expresión es mayor cuando se replica el DNA y en este aspecto se asemeja a las enzimas de la síntesis de novo de los desoxirribonucleótidos, como la ribonucleótido reductasa. Por razones que aún no se entienden, la TK1 salva la timidina exógena de forma muy eficaz. Los experimentos con precursores marcados radiactivamente muestran que el dTTP que procede de la síntesis de salvamento se incorpora habitualmente al DNA con preferencia a los nucleótidos de timidina generados por la síntesis de novo. Este es el fundamento de la técnica extendida de estimación de las tasas de replicación del DNA midiendo la incorporación de timidina marcada radiactivamente en el DNA. Sin embargo, como se describió en Herramientas de la Bioquímica 12A, una medida exacta de la tasa de síntesis de DNA a partir de los datos de incorporación de timidina requiere la medida de la radiactividad específica del total de dTTP marcado. No obstante, debido a la gran eficacia con la que se utiliza la timidina en las células, las medidas sencillas de incorporación de timidina habitualmente proporcionan estimaciones bastante exactas de las tasas de replicación del DNA.

## Timidilato sintasa: una enzima diana de la quimioterapia

Uno de los objetivos de la **quimioterapia,** el tratamiento de las enfermedades con agentes químicos, es aprovechar una diferencia bioquímica entre el tejido enfermo y el tejido del hospedador, con objeto de interferir selectivamente en el proceso patológico. Muchos agentes quimioterapéuticos se descubrieron inicialmente por azar, mediante el análisis de análogos de los metabolitos normales. La efectividad de la mayoría de estos agentes está limitada por unos efectos secundarios imprevistos, por una selectividad incompleta, y por la aparición de resistencia al agente. Uno de los campos más atractivos de la moderna farmacología bioquímica es el diseño racional de fármacos, esto es, el diseño de inhibidores específicos basado en el conocimiento de la estructura molecular del lugar al que se unirá el inhibidor y del mecanismo de acción de la molécula diana. Para los fármacos cuyo objetivo es una enzima, es necesario conocer la estructura tridimensional de la enzima y su mecanismo de acción. La obtención de esta información requiere la fusión de la química bioorgánica clásica, la biología estructural (cristalografía de rayos X y/o RMN) y la mutagénesis de lugar dirigida. La timidilato sintasa constituye un ejemplo excelente de la utilidad de estos métodos.

Como se ha señalado aquí y en el Capítulo 20, el objetivo de la quimioterapia es atacar selectivamente a un proceso metabólico, que es específico del trastorno patológico. Dado que la timidilato sintasa (TS) participa en la síntesis de un desoxirribonucleótido, cualquier enfermedad que comporte una proliferación celular incontrolada puede tratarse, en principio, con inhibidores de la TS: el bloqueo de la producción de un precursor esencial del DNA debe inhibir la replicación del DNA con unos efectos mínimos sobre otros procesos. Las células que no están experimentando una proliferación rápida deben ser relativamente inmunes a estos agentes. Así pues, el cáncer y una amplia gama de enfermedades infecciosas deben ser susceptibles a un tratamiento de este tipo.

La inhibición de la timidilato sintasa es uno de los enfoques utilizados en la quimioterapia del cáncer, al producir una inhibición específica de la síntesis de DNA.

Nada de esto se sabía a mediados de los años 1950. De hecho, la TS todavía no se había descubierto. Se sabía, sin embargo, que determinadas células tumorales captaban y metabolizaban el uracilo de manera mucho más rápida que las células normales. Sin conocer de forma detallada los posibles destinos metabólicos del uracilo, Charles Heidelberger pensó que podría destruir selectivamente las células tumorales mediante el tratamiento con análogos que bloquearan el metabolismo del uracilo en las células tumorales. Con este fin realizó la síntesis química del **5-fluorouracilo (FUra)** y su desoxirribonucleósido, la **5-fluorodesoxiuridina (FdUrd).** Observó que ambos compuestos eran inhibidores potentes de la síntesis del DNA. FUra y FdUrd son profármacos y su acción como inhibidores comporta su conversión en **5-fluorodesoxiuridina monofosfato (FdUMP),** un análogo del dUMP que actúa como inhibidor irreversible de la TS.

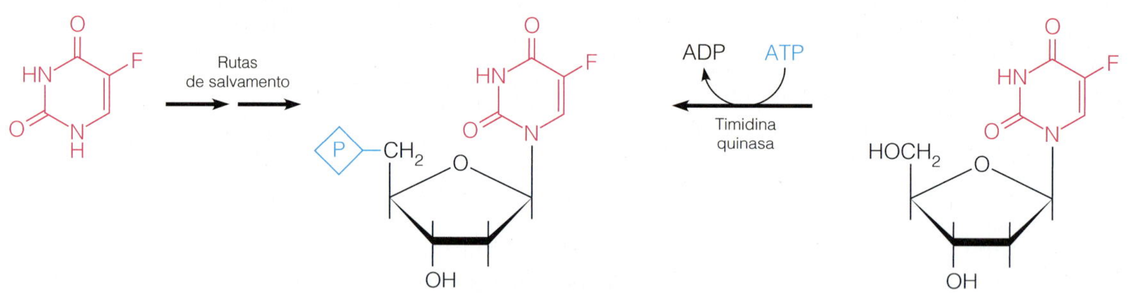


**5-fluorouracilo (FUra)**

**5-fluorodesoxiuridina monofosfato (FdUMP)**

**5-fluorodesoxiuridina (FdUrd)**

Tanto el fluorouracilo como la fluorodesoxiuridina se utilizan en el tratamiento del cáncer. Sin embargo, las pirimidinas fluoradas no son completamente selectivas en sus efectos. Así, por ejemplo, el fluorouracilo puede incorporarse al RNA mediante rutas de salvamento, que normalmente se usan para el uracilo, con lo que interfiere en la función del RNA mensajero, tanto en las células cancerosas como en las células normales. Evidentemente, un conocimiento detallado del lugar activo de la TS podría conducir al diseño de inhibidores enzimáticos completamente específicos.

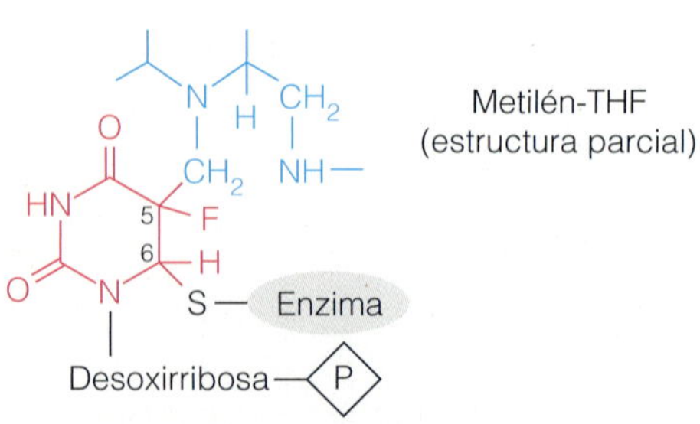


**Complejo ternario entre FdUMP, 5,10-metilén-THF y timidilato sintasa**

El análisis de la unión de la 5-fluorodesoxiuridina monofosfato a la TS ha abierto la puerta al conocimiento del mecanismo de reacción de la enzima y de la estructura del lugar activo. El FdUMP es un verdadero **inhibidor basado en el mecanismo,** en cuanto que la unión irreversible se produce solo en presencia de 5,10-metilentetrahidrofolato. La unión de la coenzima induce un cambio de conformación en el lugar activo, que duplica los pasos iniciales de la reacción catalítica y conduce a la unión irreversible del FdUMP. La digestión proteolítica del **complejo ternario,** que contiene FdUMP, metilén-THF y la enzima, llevó a los investigadores de los laboratorios de Heidelberger y Daniel Santi a aislar un fragmento peptídico de la enzima que contenía el inhibidor y la coenzima. Finalmente, se comprobó que el FdUMP estaba ligado al carbono metileno de la coenzima a través del C-5 del anillo de pirimidina, y a la enzima a través de un azufre de cisteína unido covalentemente al C-6 de la pirimidina. La estructura de este complejo ternario sugirió que la reacción enzimática comienza con el ataque nucleófilo del tiol de la cisteína sobre el C-6 del sustrato dUMP.

La estructura del complejo ternario entre el FdUMP unido a la enzima y el 5,10-metilén-THF sugirió el mecanismo que se presenta en la Figura 22.25. Como se ha indicado antes, un ion tiolato de cisteína de la enzima inicia un ataque nucleófilo sobre el C-6 del dUMP (paso 1). Este paso lo facilita un ácido general del lugar activo; C-5 se hace ahora nucleófilo y ataca al carbono metileno del catión iminio que existe en equilibrio con el 5,10-metilén-THF, formando el complejo ternario covalente enzima-dUMP-THF (paso 2). La pérdida de un protón de C-5 por una base general del lugar activo (paso 3) inicia un desplazamiento electrónico que lleva a la $\beta$-eliminación del cofactor (paso 4), seguido por una transferencia de hidrógeno de C-6 del cofactor a la pirimidina (paso 5), lo que concuerda con las observaciones de que este hidrógeno se incorpora cuantitativamente al grupo metilo del timidilato. Esta transferencia de hidruro se acompaña del desplazamiento del tiolato de la cisteína y oxida también al cofactor de dihidrofolato, que se disocia en el paso 5. La inhibición del FdUMP se debe a la electronegatividad del flúor, que genera un enlace C—F en C-5 que no puede romperse. Así pues, la ruta de reacción no puede pasar al paso 3.

La confirmación de este mecanismo se ha obtenido con las pruebas que indican que el sustrato, el dUMP, forma un enlace covalente con la coenzima durante la catálisis normal. Otros datos más importantes son los obtenidos con la determinación de un modelo tridimensional de la timidilato sintasa. En 1987, Robert Stroud, Daniel Santi y sus colaboradores, presentaron un modelo de la enzima de *Lactobacillus casei.* La TS está evolutivamente muy conservada, y alrededor de un 20 % de sus residuos se mantienen invariables en las secuencias de mamíferos, bacterias, virus, hongos y protozoos. Poco después de que se presentara el modelo de apoenzima, dos laboratorios cristalizaron la TS de *E. coli* en forma de un complejo con dUMP y 5,10-metilén-THF (Figura 22.26). Los análisis de estos complejos confirmaron las conformaciones del sustrato y el cofactor unidos en el lugar activo y la identificación de los residuos del lugar activo en contacto con estos ligandos. En estas estructuras del complejo ternario, el FdUMP está unido covalentemente a la cisteína 146 (numeración en *E. coli*) a través de C-6 y al cofactor de folato a través de C-5. Se piensa que la tirosina 94 es la base general que extrae el protón de C-5 en el paso 3, y el glutamato 58 es el ácido general que transfiere un protón hacia y desde el anillo de pirimidina en los pasos 1-4. Varios residuos de lisina conservados se encuentran en las cercanías y se supone son lugares de unión de la cola de poliglutamato cargada negativamente en la coenzima de folato (*véase* la página 849). La TS une los poliglutamatos de folato con una fuerza unas 100 veces mayor que la del monoglutamato de folato.

En 1991 se comunicó la cristalización de la enzima humana, y esta enzima ha sido el centro de atención para la creación de nuevos fármacos. El análisis de las interacciones de unión del sustrato ha llevado a diseñar y sintetizar análogos del cofactor folato (**antifolatos**) que compiten con bastante eficacia con el 5,10-metilén-THF por unirse a la TS (valores de $K_i$ tan bajos como 0.4 nM). En el margen se muestran tres de estos inhibidores. El pemetrexed y el raltitrexed se emplean ambos en clínica para tratar determinados tipos de cáncer. El mismo tipo de planteamiento está siendo utilizado en docenas de laboratorios y compañías, centrados en fármacos diana que incluyen proteínas unidas a membrana o receptores intracelulares y ácidos nucleicos, así como enzimas. La creación de inhibidores de la proteasa de VIH como fármacos anti-SIDA, es un ejemplo de las posibilidades de este enfoque.

Otras enfermedades distintas al cáncer también son susceptibles al ataque por inhibición de la timidilato sintasa. Así, por ejemplo, algunos protozoos parásitos, como los que causan el paludismo, sintetizan una forma poco habitual de TS, una enzima bifuncional con actividad timidilato sintasa y dihidrofolato reductasa. El conocimiento de la estructura del lugar activo de esta enzima deberá permitir la obtención de inhibidores que bloqueen esta enzima concreta, pero no la timidilato sintasa del hospedador animal o humano.

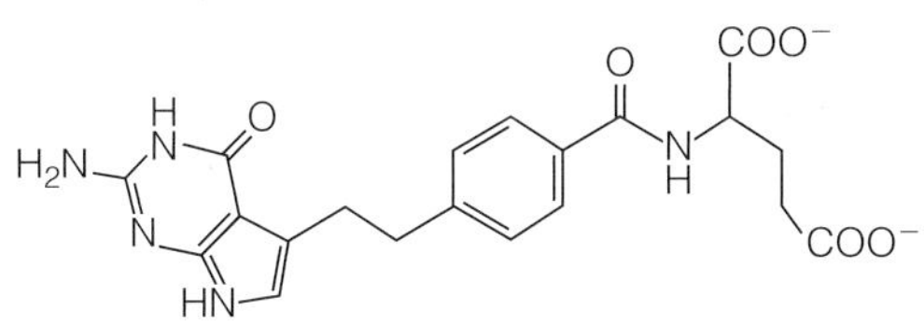

**Pemetrexed (Alimta)**

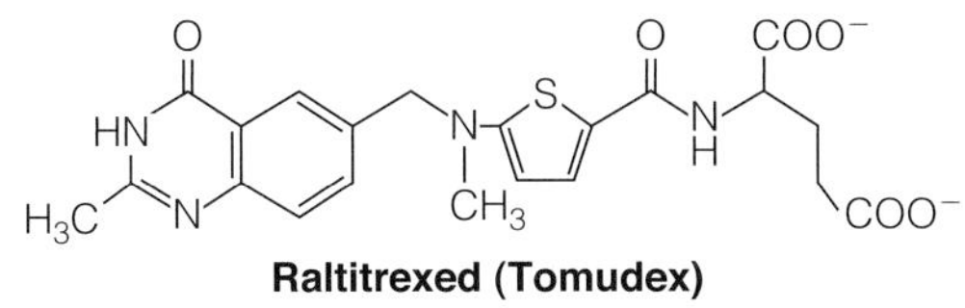

**Raltitrexed (Tomudex)**

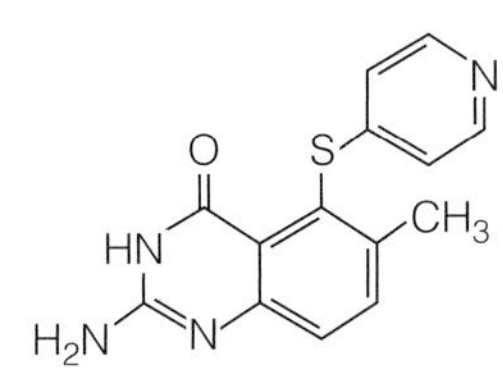

**Nolatrexed (Thymitaq)**

**FIGURA 22.25**

**Mecanismo de la reacción catalizada por la timidilato sintasa.** A y B son un lugar activo general ácido y básico, respectivamente. DHF, dihidrofolato; THF, tetrahidrofolato.

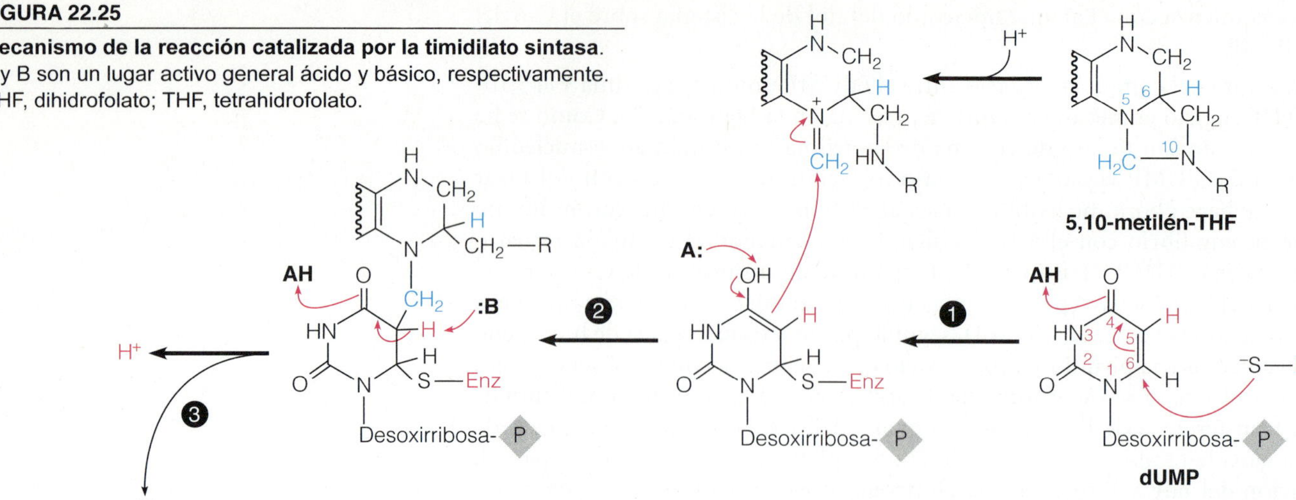


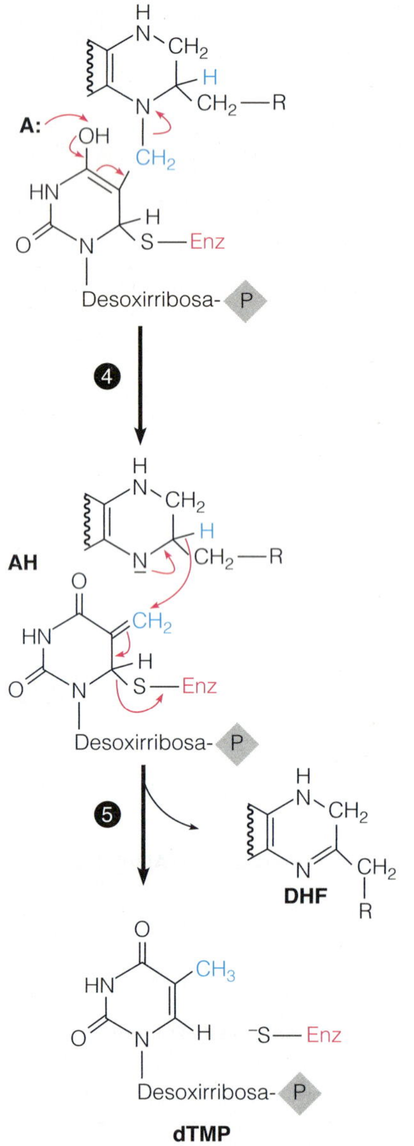


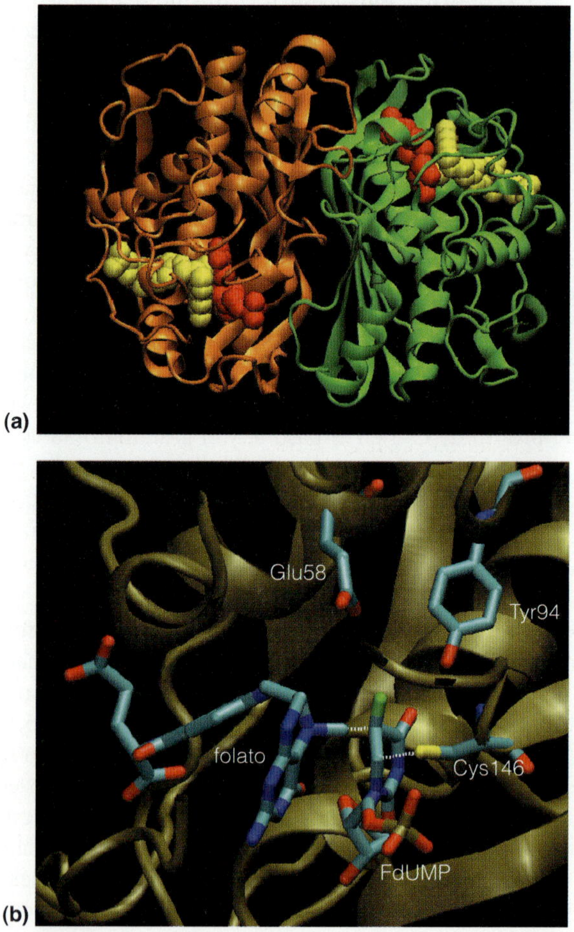


**FIGURA 22.26**

**Estructura de la timidilato sintasa homodimérica de *E. coli* (PDB ID 1TLS, 1TSN).** **(a)** Estructura del homodímero con el cofactor folato (amarillo) y FdUMP (rojo) unidos. **(b)** Región del lugar activo de la subunidad naranja en (a) que muestra el complejo ternario que se forma entre 5,10-metilén-THF, FdUMP y Cys 146. Las líneas rayadas señalan los enlaces covalentes del complejo ternario. También es evidente la proximidad de Glu 58 (ácido general) y Tyr 94 (base general).

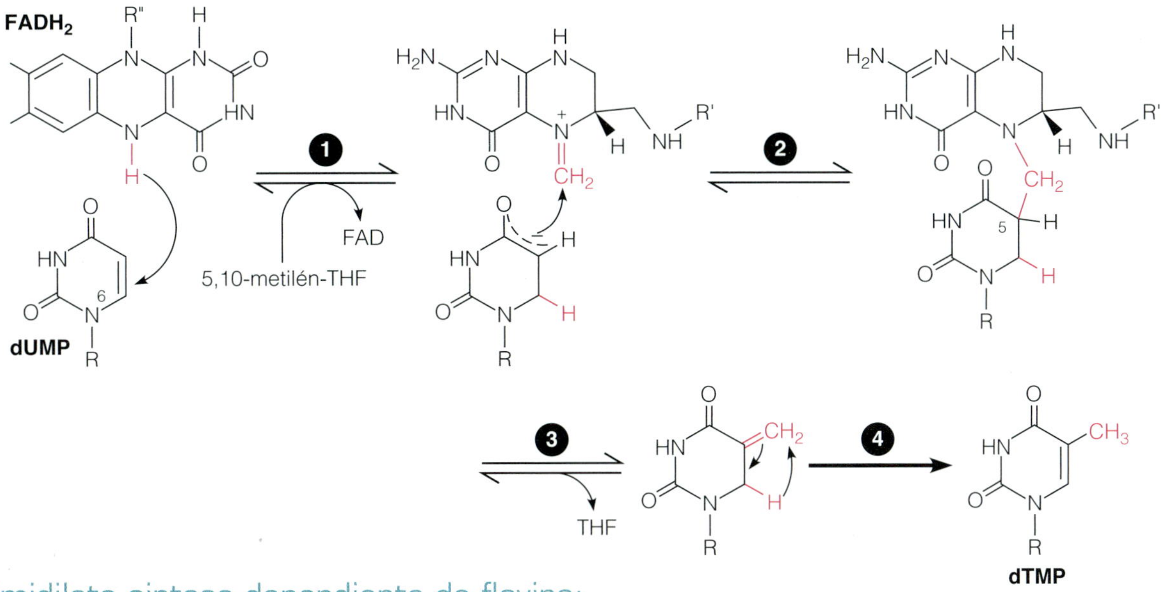


FIGURA 22.27

**Mecanismo propuesto para la reacción catalizada por la timidilato sintasa dependiente de flavina**. THF, tetrahidrofolato.

Reproducido de *Archives of Biochemistry and Biophysics* 493:96–102, E. M. Koehn y A. Kohen, Flavin-dependent thymidylate synthase: A novel pathway towards thymine.© 2010, con permiso de Elsevier.

## Timidilato sintasa dependiente de flavina: una nueva ruta hacia el dTMP

Durante mucho tiempo se ha pensado que la única forma que tenían las células para fabricar timidilato era la ruta de novo a través de la timidilato sintasa, o la via de salvamento de la timidina quinasa (Figura 22.23). Sin embargo, en 2002, los estudios genómicos identificaron varios organismos que carecían de los genes *thyA* y *tdk* (que codifican la timidilato sintasa y la timidina quinasa, respectivamente). ¿Cómo sintetizan estos organismos sus nucleótidos de timina para la síntesis de DNA? Los bioquímicos descubrieron pronto una timidilato sintasa dependiente de flavina (FDTS) alternativa, codificada por el gen *thyX*. Este gen está presente en el ~30 % de todos los microorganismos, entre ellos varios patógenos humanos importantes. Las TS dependientes de flavina no comparten estructura ni homología de secuencia con las TS clásicas. Mientras que las TS clásicas son homodímeros con un lugar activo por subunidad (Figura 22.26a), las FDTS son homotetrámeros con cuatro lugares activos, situados en las interfases de las subunidades. Igual que las TS clásicas, la FDTS utiliza 5,10-metilén-THF como donador de un carbono, pero la FDTS requiere como reductor NADPH. Más importante; los estudios estructurales con FDTS han señalado que carece de la cisteína nucleófila del lugar activo conservada en todas las TS clásicas, lo cual sugiere que emplean distinta química para catalizar la conversión de dUMP en dTMP. La Figura 22.27 muestra el mecanismo propuesto para estas TS dependientes de flavina. La reacción se inicia con una transferencia de hidruro desde la flavina reducida ($FADH_2$) directamente al C-6 del anillo de pirimidina (paso 1). El anión enolato resultante ataca de forma nucleófila a la forma iminio activada del 5,10-metilén-THF, formando un aducto folato-pirimidina (paso 2). Se elimina el THF (paso 3) y el isómero de timina que resulta se reagrupa para dar el producto dTMP (paso 4). En este mecanismo no se forma un intermedio enzimático covalente y el THF no se oxida a DHF. EL papel del NADPH es reducir la flavina (FAD) oxidada unida a la enzima de nuevo a $FADH_2$, preparando a la enzima para otro ciclo de reacción.

Este es un bonito ejemplo de cómo la evolución toma caminos distintos para resolver el mismo problema. La FDTS es, en cierto sentido, una enzima bifuncional, tomando el lugar de las clásicas timidilato sintasa y dihidrofolato reductasa:

$$\text{dUMP} + \text{5,10-metilén-THF} \xrightleftharpoons{\text{clásicas TS}} \text{dTMP} + \text{DHF}$$

$$\text{DHF} + \text{NADPH} + \text{H}^+ \xrightleftharpoons{\text{DHFR}} \text{THF} + \text{NADP}^+$$

Neto:

$$\text{dUMP} + \text{5,10-metilén-THF} + \text{NADPH} + \text{H}^+ \rightleftharpoons \text{dTMP} + \text{THF} + \text{NADP}^+$$

$$\text{dUMP} + \text{5,10-metilén-THF} + \text{NADPH} + \text{H}^+ \xrightleftharpoons{\text{FDTS}} \text{dTMP} + \text{THF} + \text{NADP}^+$$

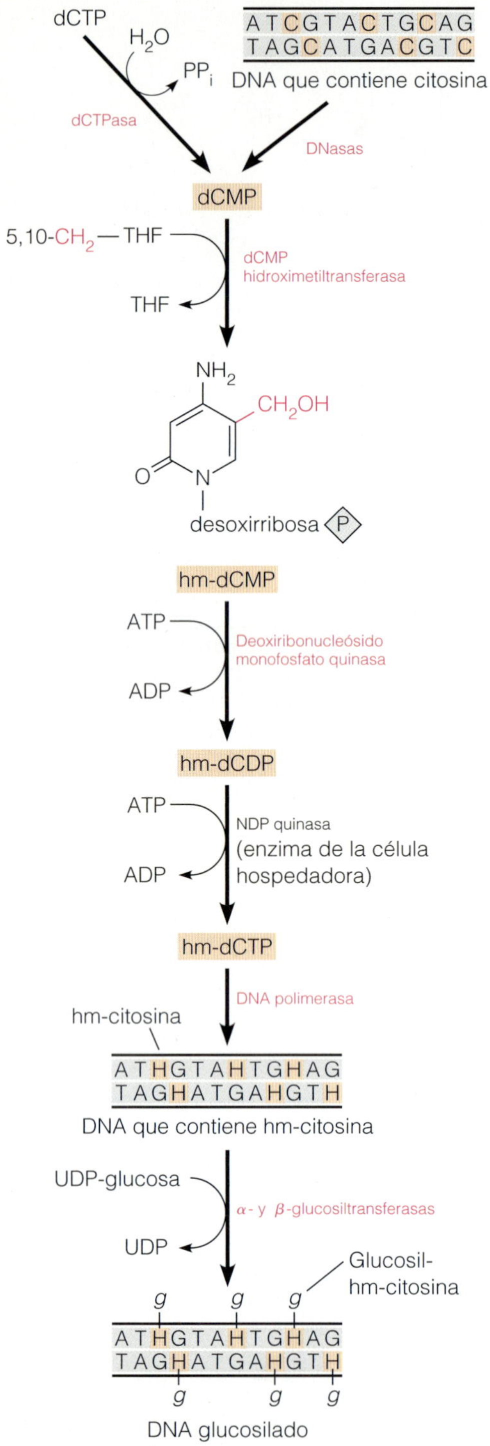


**FIGURA 22.28**

**Rutas metabólicas que conducen a las modificaciones de los nucleótidos en *E. coli* infectada por los fagos T pares.** Las enzimas codificadas por el virus se indican en rojo. hm = hidroximetil.

Los procesos metabólicos nuevos inducidos por los virus constituyen objetivos atractivos para la quimioterapia.

Las diferencias de mecanismos entre estas dos timidilato sintasas proporcionan la oportunidad de desarrollar una clase nueva de antibióticos. Debe ser posible encontrar inhibidores de la FDTS que tengan pocos efectos sobre la TS clásica que utiliza el ser humano.

## Alteraciones del metabolismo de los nucleótidos dirigidas por los virus

El hecho de que los virus sean capaces de redirigir el metabolismo de sus células hospedadoras se descubrió por primera vez en 1957 mediante los estudios de la biosíntesis de nucleótidos en bacterias *E. coli* infectadas por los bacteriófagos T pares, T2, T4 y T6. G. R. Wyatt y Seymour Cohen habían demostrado en 1952 que el DNA de estos virus no contiene citosina, sino que en su lugar posee 5-hidroximetilcitosina, y que la mayor parte de los grupos hidroximetilo se modifican luego con enlaces glucosídicos con unidades de glucosa.

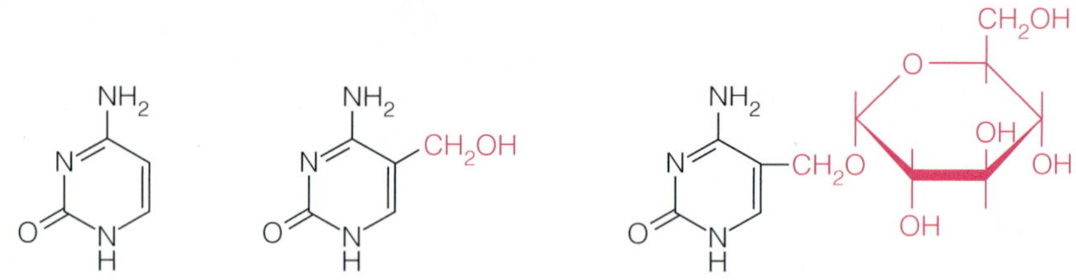

**Citosina** **5-hidroximetilcitosina** **α-glucosil-5-hidroximetilcitosina**

La ulterior investigación demostró que la infección inicia la síntesis de enzimas codificadas por el virus, que llevan a cabo estas modificaciones (Figura 22.28). Las principales enzimas de las bacterias infectadas por los fagos T pares son la **dCTPasa,** que rompe el dCTP a dCMP; una **dCMP hidroximetiltransferasa,** que transfiere un grupo de un carbono desde el 5,10-metilén-THF al dCMP a nivel de oxidación de hidroximetilo; y una **desoxirribonucleósido monofosfato quinasa,** que puede fosforilar el 5-hidroximetil-dCMP resultante. La dCMP hidroximetilasa utiliza el mismo mecanismo que la timidilato sintasa (Figura 22.25), con un intermedio covalente enzimático complejo ternario enzima-dCMP-THF. La fosforilación del 5-hidroximetil-dCDP al trifosfato está catalizada por la nucleósido difosfato quinasa en la célula hospedadora. Las reacciones de glucosilación se producen después de que el nucleótido modificado se haya incorporado al DNA. En las bacterias infectadas por el fago T4 se producen dos reacciones de **glucosiltransferasa,** una de las cuales transfiere glucosa en la configuración $\alpha$ y otra en la $\beta$. Además, el genoma del virus especifica varias desoxirribonucleasas, que rompen específicamente el DNA que contiene citosina. Este proceso ayuda al virus a abolir la expresión de los genes de las células hospedadoras y también le proporciona una fuente de precursores para la síntesis del DNA del virus.

Aunque las sustituciones de bases en el DNA son bastante poco habituales, hasta el momento se han identificado aproximadamente una docena de casos en los que uno de los cuatro desoxirribonucleótidos comunes está sustituido, total o parcialmente, por un derivado modificado químicamente que conserva la especificidad del apareamiento de bases del nucleótido sustituido. Así, por ejemplo, algunos fagos de *Bacillus subtilis* sustituyen uracilo por timina en su DNA. Otros fagos de *B. subtilis* contienen 5-hidroximetiluracilo en lugar de timina. Un fago de *Xanthomonas oryzae* sustituye 5-metilcitosina por cada uno de sus residuos de citosina de su DNA. En todos los casos investigados, el virus dirige las modificaciones de los nucleótidos mediante la síntesis de enzimas codificadas por el virus que crean nuevas rutas metabólicas en las células que infectan.

Los virus de las plantas y de los animales no contienen modificaciones amplias de las bases en los ácidos nucleicos, como las que se encuentran en los bacteriófagos. (La mayor parte de los organismos contienen una proporción significativa de bases de los ácidos nucleicos metiladas, pero estas modificaciones se producen después de la polimerización; *véase* el Capítulo 26.) Sin embargo, es frecuente que se produzcan enzimas codificadas por el virus para ayudar a la célula infectada a aumentar su síntesis de precursores de los ácidos nucleicos. En algunos casos, la enzima especificada por el virus difiere de la propia de la célula hospedadora en un grado suficiente para que los científicos puedan diseñar inhibidores enzimáticos selectivos y obtener una quimioterapia específica dirigida contra las células infectadas por el virus. El mejor ejemplo que disponemos en la actualidad es el empleo del **aciclovir** y de la sustancia relacionada, **ganciclovir,** para el tratamiento de las infecciones por el virus del herpes. Los virus del herpes son virus grandes, que contienen DNA, cuyos genomas codifican varias enzimas, entre las que se encuentra la **timidina quinasa.** Esta enzima codificada por el virus (HSV-TK) tiene una especificidad de sustrato extraordinariamente amplia, capaz de fosforilar los nucleósidos de pirimidina y de purina. Los análogos de los nucleósidos como el aciclovir (llamado también **acicloguanosina**) y el ganciclovir se convierten finalmente en el 5′-trifosfato que interfiere con la replicación del DNA. Las células no infectadas no fosforilan eficazmente el aciclovir ni el ganciclovir, y fosforilan la yododesoxiuridina débilmente, por lo que la replicación del DNA y, por tanto, el crecimiento del virus se inhiben de manera selectiva en las células infectadas.

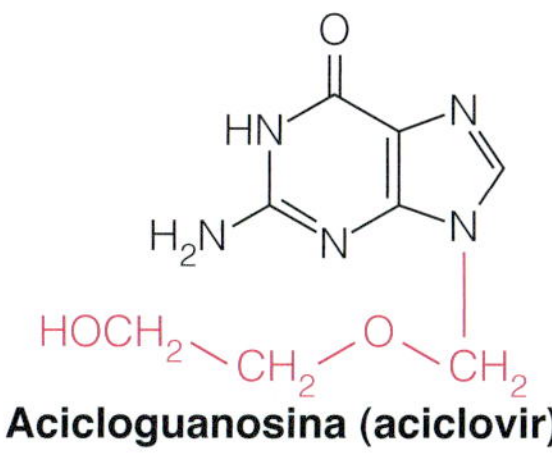

**Acicloguanosina (aciclovir)**

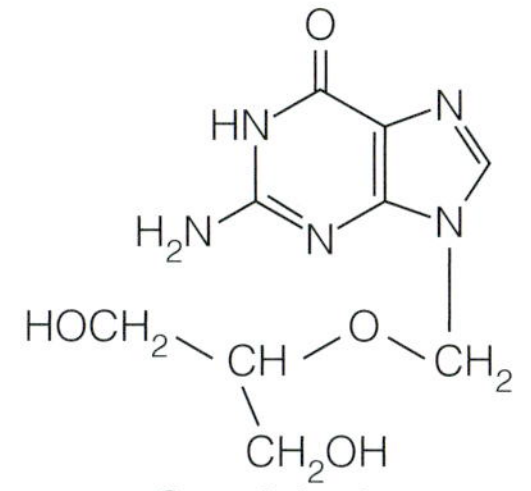

**Ganciclovir**

## Importancia biológica y médica de otros análogos de los nucleótidos

Los ejemplos antes citados han puesto claramente de manifiesto la utilidad de los análogos de los nucleósidos y nucleótidos, fundamentalmente como fármacos. En este apartado consideraremos otros análogos que tienen importancia médica, así como varios que son útiles como reactivos para la investigación. Los nucleótidos se transportan mal al interior de las células debido a la carga de fosfato negativa, por lo que la mayor parte de los compuestos que consideraremos se introducen en las células en forma de nucleósidos o derivados de nucleósidos, donde inicialmente actúan sobre ellos las nucleósido quinasas (*véase* la página 919). Tras la captación y conversión en nucleótidos, estos compuestos interfieren con el metabolismo de varias formas. En este apartado utilizaremos de manera intercambiable los términos *análogos de nucleótidos* y *análogos de nucleósidos.*

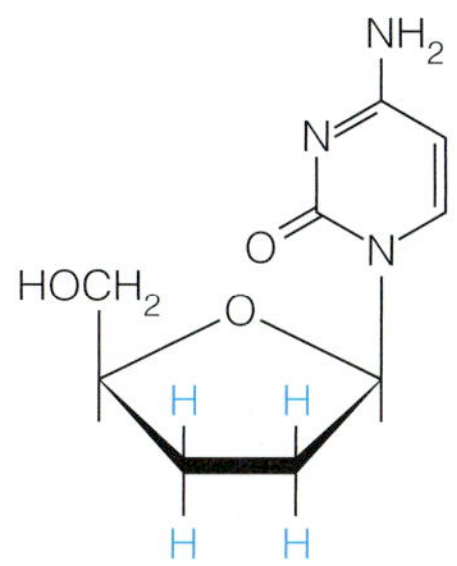

**2′,3′-didesoxicitidina (ddC)**

### Análogos de nucleótidos como agentes quimioterapéuticos

Las enzimas de la síntesis de los nucleótidos se han estudiado mucho como objetivos para la acción de los fármacos antivirales o antimicrobianos. Como se ha indicado antes, el objetivo consiste en identificar una diferencia bioquímica entre los procesos comparables del hospedador no infectado y el hospedador infectado.

#### Análogos de nucleósidos antivirales

Uno de los primeros fármacos antivirales que fue aprobado para su uso en el ser humano es la **arabinosiladenina (araA o vidarabina).** En la actualidad se utiliza para tratar varias enfermedades víricas, como la encefalitis vírica, una enfermedad neurológica causada por otro componente de la familia de los virus del herpes. A diferencia de la acicloguanosina, la araA se fosforila al nivel de trifosfato por las quinasas celulares. El trifosfato, araATP, es un inhibidor selectivo de las DNA polimerasas codificadas por los virus del herpes. Así pues, la araA interfiere selectivamente con la replicación del DNA vírico, a pesar de que todas las células, infectadas y no infectadas, forman el trifosfato. Dado que la araA es vulnerable a la degradación por la adenosina desaminasa, su eficacia puede aumentarse al administrarla con un inhibidor de esta última enzima. El análogo arabinósido de la desoxicitidina, la **arabinosilcitosina (araC o citarabina),** se está utilizando en la quimioterapia del cáncer. La araCTP interfiere también con la replicación del DNA tras la conversión al trifosfato.

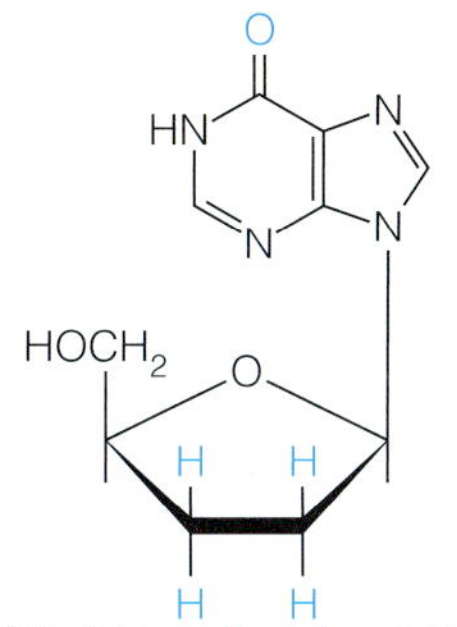

**2′,3′-didesoxiinosina (ddI)**

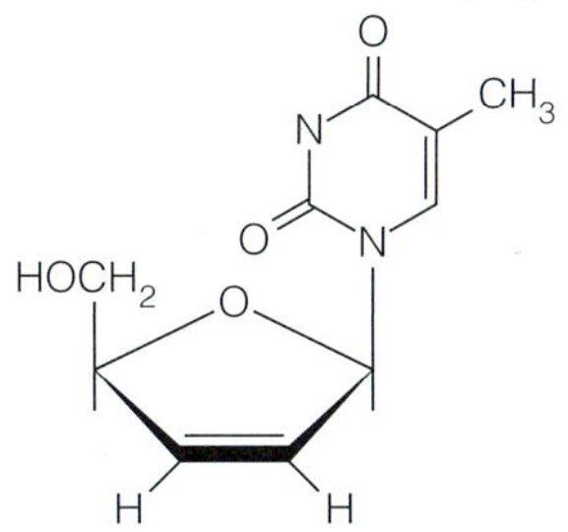

**2′,3′-dideshidro-3′-desoxitimidina (d4T)**

Otros análogos a los que se está prestando mucha atención son los que se utilizan para combatir el síndrome de inmunodeficiencia adquirida (SIDA) causado por el VIH. Uno de estos análogos, la 3′-azido-2′,3′-didesoxitimidina (AZT; *véase* la página 945), se anaboliza al correspondiente 5′-trifosfato, que es un inhibidor de la transcriptasa inversa del virus (la enzima que hace una copia de DNA del RNA del virus; *véase* el Capítulo 25). Otros análogos de nucleósidos (**2′,3′-didesoxicitidina (ddC)**, **2′,3′-didesoxiinosina (ddI)**, **3′-tiacitidina (3TC)** y **2′,3′-dideshidro-3′-desoxitimidina (d4T)**) actúan mediante la conversión al correspondiente trifosfato, que se incorpora al DNA y bloquea luego el posterior alargamiento replicativo de la cadena debido a la ausencia de una terminación 3′ hidroxilo. Los cuatro análogos han sido aprobados para el tratamiento de las infecciones humanas por el VIH y el AZT y 3TC son componentes, junto con los inhibidores de la proteasa del VIH, de los «cocktails» de tres fármacos que recientemente han ganado crédito con la remisión a largo plazo de las infecciones por el VIH. A finales de 1994, dos laboratorios describieron un efecto sinérgico del ddI y la

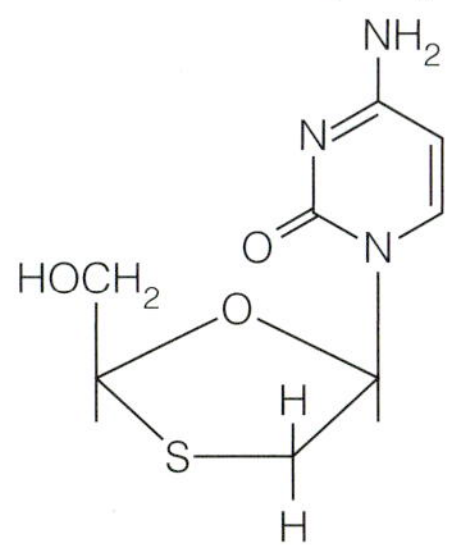

**3′-tiacitidina (3TC)**

hidroxiurea frente a las infecciones por el VIH, probablemente al privar a la célula de los dNTP para la transcripción inversa (*véase* la Figura 24.46, página 1073).

## Salvamento de purinas como objetivo

Una anomalía bioquímica importante se encuentra en los protozoos parásitos como *Plasmodium*, que es el causante del paludismo, y *Leishmania*, que causa una enfermedad debilitante, aunque generalmente no mortal, que afecta a la piel y a los órganos internos. Los protozoos parasitarios carecen de la capacidad de síntesis de purinas de novo, y dependen por completo del salvamento de los nucleósidos y las bases que le proporciona el hospedador. Los compuestos como el alopurinol (*véase* la página 929) y la **formicina B** inhiben el crecimiento de estos organismos en cultivo, en parte, por una inhibición de las enzimas de salvamento y en parte, por la capacidad de las enzimas de salvamento de anabolizar el análogo, capacidad de la que carecen las correspondientes enzimas del hospedador. Así, por ejemplo, el alopurinol se convierte en un análogo del ácido inosínico y luego, en un análogo del AMP, que finalmente se incorpora al RNA, en donde interfiere en la codificación del RNA mensajero en la síntesis de proteínas.

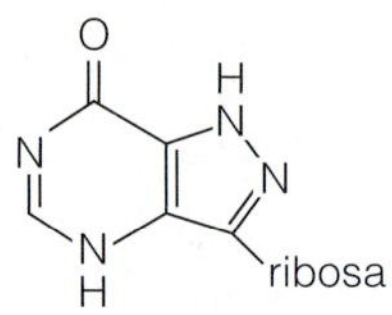


**Formicina B**

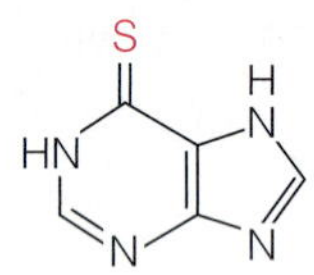


**6-mercaptopurina**

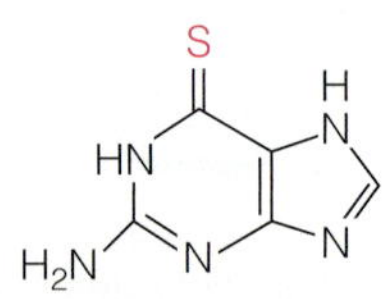


**6-tioguanina**

El salvamento de purinas también puede emplearse ventajosamente, por ejemplo, en la utilización de las tiopurinas como fármacos anti-cancerosos e inmunosupresores. Como el 5-fluorouracilo, la **6-mercaptopurina** y la **6-tioguanina** son profármacos que necesitan la activación metabólica para ejercer sus efectos citotóxicos. Ambos compuestos son salvados a nucleósidos monofosfato por la HGPRT (página 928) y luego convertidos en trifosfatos, que pueden incorporarse al DNA o RNA. La incorporación al DNA de estos tioanálogos desencadena la detención del ciclo celular y la apotosis, y estos dos fármacos son los pilares del tratamiento de la leucemia infantil. La 6-mercaptopurina y la 6-tioguanina fueron sintetizadas por Gertrude Elion y George Hitchings, que también crearon el alopurinol y el aciclovir. Recibieron el Premio Nobel de 1988 en Fisiología o Medicina por sus muchas contribuciones a la creación de fármacos quimioterapeúticos.

Las tiopurinas demuestran la importancia de la **farmacogenética**, que es el conocimiento de las variaciones determinadas genéticamente en repuesta a los fármacos en los seres humanos. La 6-mercaptopurina y la 6-tioguanina pueden inactivarse metabólicamente por la metilación del grupo tio (*S*-metilación). Esta metilación dependiente de la *S*-adenosilmetionina está catalizada por la tiopurina *S*-metiltransferasa (TPMT), una enzima citoplásmica presente en la mayoría de los tejidos humanos. Los pacientes con deficiencia de TPMT a los que se da la dosis habitual de tiopurinas acumulan concentraciones celulares hasta 10 veces mayores de los nucleótidos de guanina activos, y así tienen un alto riesgo de toxicidad hematológica grave y algunas veces, fatal. En los seres humanos existen numerosos alelos variantes de TPMT asociados con una actividad enzimática baja y ~1 de cada 300 individuos tendrá concentraciones de bajas a indetectables de actividad TPMT. Estos pacientes deben tratarse con dosis de tiopurinas mucho menores para evitar estos efectos secundarios tóxicos. Actualmente existen pruebas moleculares simples para determinar el genotipo TPMT de un paciente y los clínicos están empezando a utilizar esta información para optimizar la quimioterapia de cada paciente.

## Antagonistas del folato

La tasa de proliferación celular determina la eficacia de la quimioterapia con inhibidores de la dihidrofolato reductasa, debido a que el flujo de la reacción de la timidilato sintasa determina la tasa con la que el tetrahidrofolato se oxida a dihidrofolato.

Recuérdese del Capítulo 20 que hace tiempo se descubrió que el análogo del ácido fólico metotrexato induce remisiones de determinadas leucemias agudas. ¿Cuál es el fundamento de esta selectividad? Teniendo en cuenta que los cofactores de folato desempeñan papeles esenciales en la síntesis de precursores del DNA, el RNA, las proteínas *y* los fosfolípidos, cabría prever que la inhibición de la síntesis del tetrahidrofolato fuera tóxica para todas las células. Sin embargo, existe un fundamento para la toxicidad selectiva de los antagonistas del folato contra las células que proliferan. Recuérdese que la reacción de la timidilato sintasa oxida el metilén-THF a dihidrofolato; esta es la única reacción conocida en la que se requiere THF que no regenera el THF. A partir de las reacciones que se indican en la Figura 22.24, cabe predecir que la inhibición de la dihidrofolato reductasa bloquee el reciclado del DHF para producir de nuevo THF. En estas condiciones, la tasa de oxidación de todos los folatos reducidos intracelulares está directamente relacionada con la actividad intracelular de la timidilato sintasa, la cual está coordinada, a su vez, con la tasa de síntesis de DNA. Así pues, las células que proliferan con tasas rápidas de replicación del DNA, agotarán sus reservas de tetrahidrofolato más rápidamente que las células que no proliferan.

Aunque los antimetabolitos como el fluorouracilo o el metotrexato atacan selectivamente a los tejidos que proliferan, también son tóxicos para las células normales. Los efectos secundarios nocivos se observan en los tejidos que proliferan en el ámbito de su función normal; estos tejidos son la mucosa intestinal, las células pilosas y los componentes del sistema inmunitario. Igualmente grave es la aparición de variantes celulares resistentes al fármaco. En estos casos, las concentraciones de la enzima diana aumentan más allá del punto en que pueden controlarse con inhibidores. Robert Schimke y sus colaboradores investigaron el mecanismo de la elevación de la actividad de la dihidrofolato reductasa, que puede ser varios centenares de veces superior en las líneas celulares resistentes al metotrexato. Observaron que una incubación prolongada de las células en metotrexato produce, a menudo, una amplificación selectiva del gen que codifica la dihidrofolato reductasa; el número de copias de DNA de este gen por célula aumenta muchas veces, con una acumulación correspondiente del producto génico, la dihidrofolato reductasa. Otras mutaciones de resistencia se producen mediante mecanismos más convencionales, como la alteración del transporte del fármaco al interior de las células o la modificación de la enzima diana, haciéndola resistente al antimetabolito.

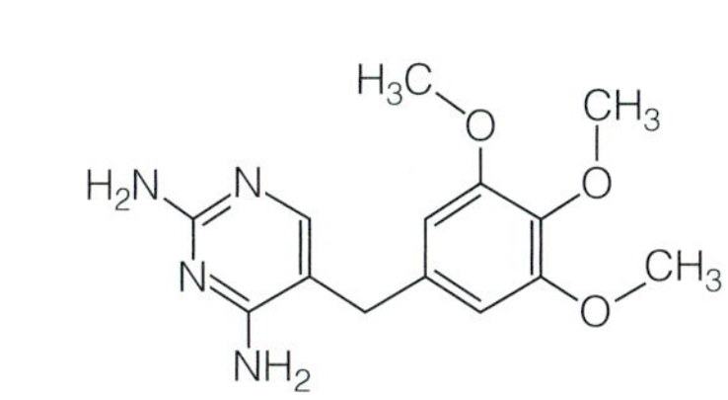

**Trimetoprima**

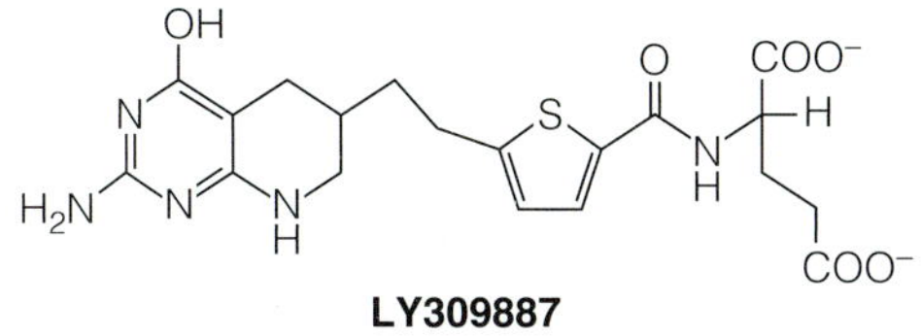

**LY309887**

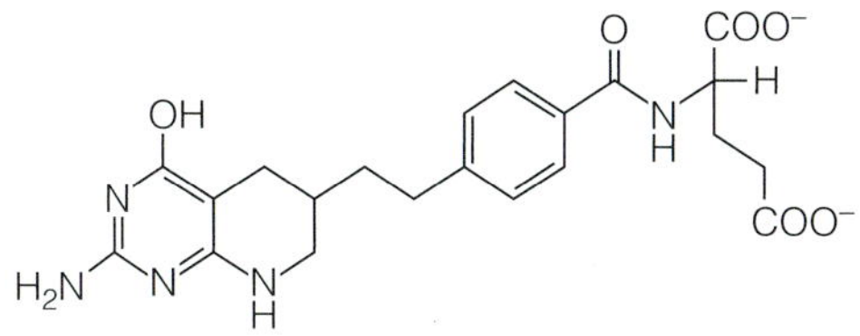

**Lometrexol**

Otra clase de inhibidores de la dihidrofolato reductasa es la que tiene como ejemplo la **trimetoprima**. Este compuesto es un inhibidor específico de las dihidrofolato reductasas de origen procariota. La trimetoprima y otros productos similares se utilizan mucho en el tratamiento de las infecciones bacterianas y de ciertas formas de paludismo. El éxito de estos fármacos se debe a que son inhibidores extraordinariamente débiles de las dihidrofolato reductasas de los vertebrados. La trimetoprima se administra frecuentemente en combinación con una sulfamida para inhibir la síntesis del folato y bloquear, por tanto, pasos secuenciales de la misma ruta.

Los antagonistas de folato también se han diseñado para dirigirse a la biosíntesis de novo de las purinas. El lometrexol (5,10-dideazatetrahidrofolato) y el LY309887 son ambos inhibidores potentes (baja $K_i$ nM) de la GAR transformilasa (Figura 22.4). El Pemetrexed, presentado antes como un inhibidor de la timidilato sintasa (página 947), es realmente un **antifolato con múltiples dianas**, debido a que inhibe también a la dihidrofolato reductasa y a la GAR transformilasa. Se emplean en clínica para tratar determinados cánceres.

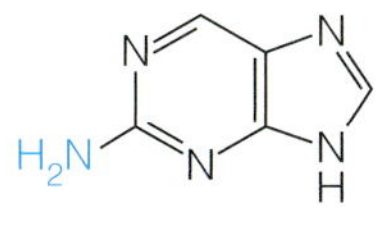

**2-aminopurina**

**5-bromodesoxiuridina**

## Análogos de nucleótidos y mutagénesis

Algunos análogos de nucleótidos son excelentes mutágenos, que resultan útiles para el aislamiento de mutantes y en los estudios sobre el mecanismo de la mutagénesis. Dos de estos análogos son la **2-aminopurina (2AP)** y la **5-bromodesoxiuridina (BrdUrd).** La 2-aminopurina se incorpora al DNA en lugar de la adenina, pero cuando el molde que contiene 2AP se replica, el análogo forma pares de bases de manera ocasional con citosina en vez de con timina. Ello hace que la incorporación de 2AP cambie un par A-T del DNA en un par G-C (Figura 22.29).

La bromodesoxiuridina actúa de una forma similar, aunque también tiene otras aplicaciones. Es un excelente análogo de la timidina, puesto que el radio de van der Waals del átomo de bromo es similar al del grupo metilo. En consecuencia, se incorpora de manera eficaz al DNA. Los errores de apareamiento de la BrdUrd con un residuo de desoxiguanosina en la replicación de un molde que contenga BrdUrd pueden ocasionar una mutagénesis al cambiar un par de bases A-T por un par G-C (*véase* la Figura 22.29). Otra posibilidad es que el BrdUTP pueda competir con el dCTP por la incorporación opuesta a G en el molde (no mostrado).

Los análogos de nucleótidos con alteraciones de las propiedades de apareamiento de bases son mutágenos, ya que forman pares de bases que no corresponden a los de Watson y Crick cuando el análogo se encuentra en el molde o en un nucleósido trifosfato que entra.

Dado que el bromo es mucho más pesado que un grupo metilo, ello hace que el DNA sustituido tenga una mayor densidad, lo cual constituye una base física para separar el DNA que se replica del que no se replica (*véase* el Capítulo 25). Por último, los radiobiólogos utilizan la BrdUrd como agente radiosensibilizante. Los residuos de bromo-dUMP del DNA pierden bromo con facilidad cuando el DNA sustituido se irradia con luz UV o próxima al UV. Este proceso genera radicales libres que causan diversos tipos de daños en la estructura del DNA.

El interés reciente se ha centrado en un análogo de un nucleótido mutagénico que se forma en el metabolismo normal. Recuérdese del Capítulo 15 que el estrés oxidativo generado, por ejemplo, al tratar a las células con peróxido de hidrógeno, daña las bases del DNA. La oxidación de los residuos de guanina del DNA a 8-oxoguanina es fuertemente mutágena, ya que la 8-oxoguanina se aparea durante la replicación con adenina casi de

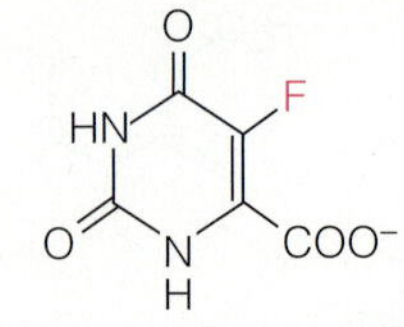

**Ácido 5-fluoroorótico**

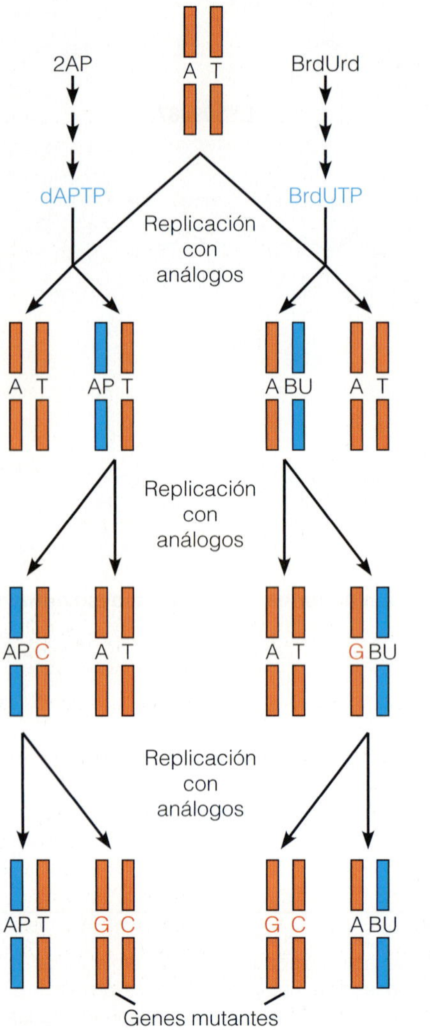


**FIGURA 22.29**

**Mecanismos de mutagénesis por análogos de los nucleótidos.** La 2-aminopurina (2AP) se convierte mediante las rutas de salvamento en dAPTP, el análogo dNTP del dATP. La BrdUrd se convierte en BrdUTP, el análogo dNTP del dTTP. El primer ciclo de replicación se produce en presencia del análogo, y el segundo y tercer ciclos, se producen en su ausencia. Se muestra la replicación tan solo de la doble cadena que contiene el análogo en el segundo y tercer ciclos. AP es un residuo de nucleótido de 2-aminopurina en el DNA, y BU es un residuo de nucleótido de bromodesoxiuridina. En la ruta que se muestra, ambos análogos cambian un par de bases A-T por un par G-C (letras rojas). Se pueden producir también otras rutas.

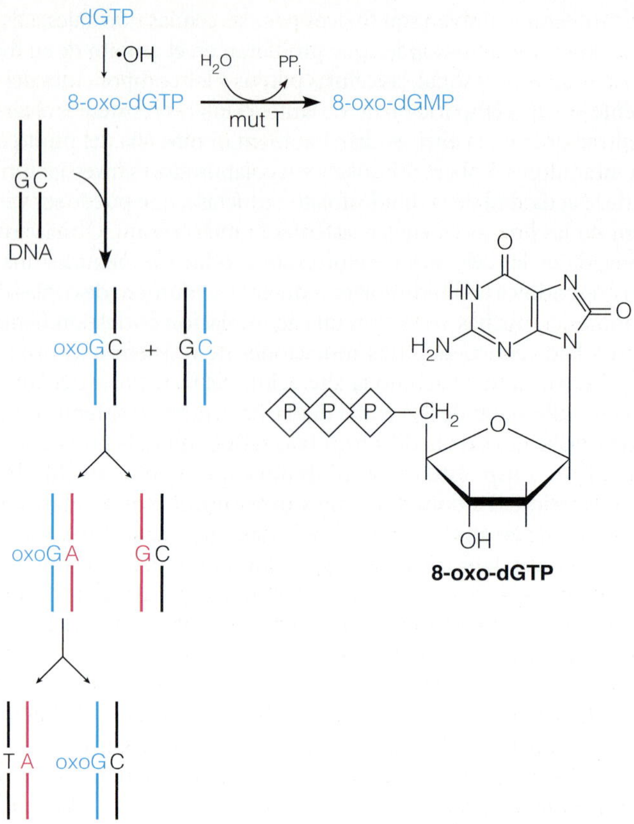


**8-oxo-dGTP**

forma tan eficaz como se aparea con citosina. Este mal apareamiento podría producir la mutación al cambiar un par de bases G-C a un T-A. Recientemente se ha descubierto una enzima que hidroliza de forma específica el nucleótido 8-oxo-dGTP a 8-oxo-dGMP más pirofosfato (el producto del gen *mutT*; *véase* el Capítulo 26). Las mutaciones que inactivan esta enzima tienen un fenotipo mutador, lo que sugiere que una ruta mutágena significativa es la oxidación de los nucleótidos de guanina a nucleótidos de 8-oxoguanina, seguido de su incorporación al DNA, y esa mutagénesis oxidativa se minimiza por la rotura del 8-oxo-dGTP antes de que pueda producirse su incorporación.

## Las enzimas que metabolizan los nucleótidos como marcadores genéticos seleccionables

Dado que la mayoría de las células son capaces de sintetizar nucleótidos de novo, las enzimas de la síntesis de salvamento no suelen ser esenciales para la viabilidad celular. Además, como hemos visto, existen muchos inhibidores de estas enzimas. Por consiguiente, las enzimas que metabolizan los nucleótidos y los genes que las codifican proporcionan **marcadores genéticos seleccionables,** que tienen diversas aplicaciones. Como implica el término, pueden diseñarse unas condiciones de crecimiento selectivas que hagan que solo crezcan las células que carecen o que poseen una determinada enzima. Así, por ejemplo, el cultivo de las células en un medio que contiene 6-tioguanina solo permite que crezcan las células que carecen de HGPRT activa (página 952). De igual modo, pueden aislarse células que carezcan de timidina quinasa mediante la selección de un fenotipo resistente a la bromodesoxiuridina, ya que la TK debe ser activa para anabolizar la BrdUrd a un metabolito tóxico. Así pues, pueden medirse las tasas de aparición de mutaciones hacia adelante mediante la observación de la aparición de estos fenotipos resistentes a los fármacos.

Otra estrategia útil de selección hace uso de un análogo de pirimidina, el ácido 5-fluoroorótico (5-FOA). En las células con una ruta de novo de biosíntesis de pirimidina intacta, este fármaco es un sustrato de la orotato fosforribosiltransferasa (Figura 22.12, página 931) y se metaboliza a 5-fluoro-UTP y 5-fluoro-CTP. La incorporación de estos nucleótidos fluorinados al DNA y al RNA es letal para la célula. Sin embargo. Las células que carecen de orotato fosforribosiltransferasa u OMP descarboxilasa activas son resistentes al 5-FOA, lo que proporciona una selección poderosa de estas células.

Del mismo modo, puede seleccionarse la mutación en sentido inverso ajustando las condiciones de cultivo, de manera que la capacidad de síntesis de salvamento sea esencial para la viabilidad celular. Una técnica de uso frecuente, tanto en el análisis genético de células somáticas como en la preparación de anticuerpos monoclonales (*véase* Herramientas de la Bioquímica 7A), es la **fusión celular.** Dos líneas celulares de orígenes diferentes se mezclan en unas condiciones en las que algunas de ellas puedan fusionarse físicamente, dando lugar a dos núcleos diferentes en un citoplasma. Pueden seleccionarse estos híbridos celulares mediante un ajuste de las condiciones de cultivo, de manera que solo los híbridos crezcan en el **medio HAT** (medio de cultivo celular normal potenciado con *h*ipoxantina, *a*minopterina y *t*imidina). La aminopterina inhibe la dihidrofolato reductasa (Figura 22.24) y bloquea, por tanto, la síntesis de novo de purinas y timidilato. Las células solo pueden sobrevivir si poseen una HGPRT activa para utilizar la hipoxantina para la síntesis de purinas, y timidina quinasa para utilizar la timidina para la síntesis de timidilato.

Los genes para las enzimas que metabolizan los nucleótidos constituyen unos marcadores seleccionables excelentes. Las rutas separadas de salvamento y de novo permiten la selección de la supervivencia o la muerte de las células con determinados rasgos metabólicos.

Los genes con fenotipos seleccionables constituyen un instrumento importante para la tecnología del DNA recombinante, para introducir nuevo material genético en células de animales, vegetales o microbianas, ya que se pueden introducir moléculas de DNA recombinantes que contienen un marcador seleccionable unido al gen cuya transferencia se desea. La aplicación de unas condiciones selectivas fuerza entonces el crecimiento exclusivo de aquellas células que han adquirido el nuevo par de genes. Una variante curiosa de este método es la que se ha descrito en un informe reciente sobre un tratamiento novedoso de los tumores cerebrales. Se inyectó en el tumor un DNA recombinante, que contiene el gen de la desoxipirimidina quinasa del virus del herpes simple. En animales de experimentación, las células proliferantes (tumorales) captaron y replicaron este DNA. Al cabo de varios días se trató a los animales con ganciclovir, y ello produjo la muerte selectiva de las células tumorales debido a la fosforilación selectiva del fármaco en esas células.

## RESUMEN

Los nucleótidos se producen en el interior de las células a partir de la degradación de los ácidos nucleicos, de la reutilización (o salvamento) de los nucleósidos o las nucleobases preformadas, o de la biosíntesis de novo. Los nucleótidos de purina se forman a nivel del nucleótido, en una ruta de 10 pasos que conduce desde el PRPP al ácido inosínico. A partir de este punto de ramificación, hay rutas distintas que conducen a los nucleótidos de adenina y de guanina. El catabolismo de las purinas da lugar a ácido úrico, un compuesto insoluble que se forma en una cantidad excesiva en diversos estados patológicos. Las pirimidinas se sintetizan a nivel de las bases, y la conversión en un nucleótido se produce en una fase posterior de la ruta. Una ruta sin ramificaciones conduce al UTP y al CTP. En la mayoría de los organismos, los ribonucleósidos difosfato son los sustratos de la reducción del azúcar ribosa *in situ*, dando lugar a los desoxirribonucleósidos difosfato, que a su vez dan lugar a los cuatro dNTP precursores del DNA. La ribonucleótido reductasa es un lugar de control importante, en la medida en que constituye la primera reacción metabólica destinada específicamente a la síntesis del DNA. La biosíntesis de los nucleótidos de timina comporta la transferencia del grupo metileno del 5,10-metilentetrahidrofolato a un nucleótido de desoxiuridina, seguida de la reducción del grupo metileno. Las reacciones de la biosíntesis de los desoxirribonucleótidos son objetivos de los inhibidores enzimáticos que han resultado útiles como fármacos anticancerosos, antimicrobianos, antivirales y antiparasitarios. Otros análogos de nucleótidos han resultado útiles como reactivos de investigación, por ejemplo, en los estudios de mutagénesis o como marcadores de densidad del DNA.

## BIBLIOGRAFÍA

### Enzimas del metabolism de los nucleótidos

**An, S., Kumar, R., Sheets, E. D.** y **Benkovic, S. J.** (2008) Reversible compartmentalization of de novo purine biosynthetic complexes in living cells. *Science* 320:103-106. Este artículo describe la colocalización de las enzimas marcadas con GFP como prueba de un purinosoma en las células de mamíferos.

**An, S., Kyoung, M., Allen, J. J., Shokat, K. M.** y **Benkovic, S. J.** (2010) Dynamic regulation of a metabolic multi-enzyme complex by protein kinase CK2. *J. Biol. Chem.*285:11093-11099. Este artículo sugiere que el purinosoma está regulado mediante fosforilación-desfosforilación reversible.

**Barlowe, C. K.** y **Appling, D. R.,** (1990) Molecular genetic analysis of *Saccharomyces cerevisiae* C1-tetrahydrofolate synthase mutants reveals a noncatalytic function of theADE3 gene product and an additional folate dependent enzyme. *Mol. Cell. Biol.* 10:5679-5687. Pruebas genéticas de la participación de las enzimas de folato en un purinosoma en de levaduras.

**Blakley, R. L.** y **Benkovic, S. I.** (1984) *Folates and Pterins*, Vol. 1. Academic Press, Nueva York. Un libro con varios autores que contiene revisiones de la dihidrofolato reductasa, el metabolismo de purinas y la biosíntesis de pirimidinas.

**Elion, G. B.** (1989) The purine path to chemotherapy. *Science* 244:4147. Presentación del Premio Nobel Dr. Elion, en la que describe el desarrollo del alopurinol, el aciclovir, la 6-tioguanina y otros análogos de purina con valor terapéutico.

**Evans, D. R.** y **Guy, H. I.** (2004) Mammalian pyrimidine biosynthesis: Fresh insights into an ancient pathway. *J. Biol. Chem.* 279:33035-

33038. Una revisión concisa sobre la organización y estructuras de las enzimas de la biosíntesis de novo de las pirimidinas.

**Hershfield, M. S.** y **Mitchell, B. S.** (2001) Imrnunodeficiency diseases caused by adenosine deaminase deficiency and purine nucleosicle phosphorylase deficiency. En *The Metabolic and Molecular Bases of Inherited Disease*, C. R. Scriver, A. L. Beaudet, W. S. Sly, D. Valle, B. Childs, K. W. Kinzler y B. Vogelstein, eds., Vol. II Cap. 109, págs. 2585-2625, McGraw-Hill, Nueva York.

**Oda, M., Satta, Y., Takenaka, O.** y **Takahata, N.** (2002) Loss of urate oxidase activity in hominoids and its evolutionary implications. *Mol Biol. Evol.* 19:640-653. Análisis genético molecular del gen de la urato oxidasa durante la evolución de los homínidos.

**Raushel, F. M., Thoden, J. B.** y **Holden, H. M.** (1999) The amidotransferase family of enzymes: Molecular machines for the production and delivery of ammonia. *Biochemistry* 38:7891-7899. Este artículo revisa la química y la estructura de esta familia de enzimas muy extendida.

**Smith, G. K., Mueller, W. T., Wasserman, G. F., Taylor, W. D.** y **Benkovic, S. J.** (1980) Characterization of the enzyme complex involving the folate-requiring enzymes of de novo purine biosynthesis. *Biochemistry* 19:4313-4321. Este artículo describe la primera evidencia de un purinosoma en las células de los mamíferos, obtenida mediante purificación de afinidad y entrecruzamiento.

**Smith, P. M. C.** y **Atkins, C. A.** (2002) Purine biosynthesis. Big in cell division, even bigger in nitrogen assimilation. *Plant Physiol.* 128:793-802. Este artículo revisa el papel de la ruta de novo de las purinas en las plantas leguminosas.

**Webster, D. R., Becroft, D. M. O., van Gennip, A. H.** y **Van Kuilenburg, A. B. P.** (2001) Hereditary orotic aciduria and other disorders of pyrimidine metabolism. En *The Metabolic and Molecular Bases of Inherited Disease*, C. R. Scriver, A. L. Beaudet, W. S. Sly, D. Valle, B. Childs, K. W Kinzler, and B. Vogelstein, eds., Vol. II, Cap. 113, págs. 2663-2702, McGraw-Hill, Nueva York. Un tratamiento completo de estas enfermedades raras.

**Yamamoto, S., Inoue, K., Murata, T., Kamigaso, S., Yasujima, T., Maeda, J. Y., Yoshida, Y., Ohta, K. Y.** y **Yuasa, H.** (2010) Identification and functional characterization of the first nucleobase transporter in mammals: Implication in the species difference in the intestinal absorption mechanism of nucleobases and their analogs between higher primates and other mammals. *J. Biol. Chem.* 285:6522-6531. Para que tenga lugar la ruta de salvamento, sus sutratos deben entrar en las células. Este artículo describe la identificación del primer transportador de nucleobases en mamíferos.

### Biosíntesis de desoxirribonucleótidos

**Finer-Moore, J. S., Santi, D. V.** y **Stroud, R. M.** (2003) Lessons and conclusions from dissecting the mechanism of a bisubstrate enzyme: Thymidylate synthase mutagenesis, function, and structure. *Biochemistry* 42:248-256.

**Koc, A., Mathews, C. K., Wheeler, L. J., Gross, M. K.** y **Merrill, G. F.** (2006) Thioredoxin is required for deoxyribonucleotide pool maintenance during S phase. *J. Biol. Chem.* 281:15058-15063. Este artículo proporciona la evidencia *in vivo* de que la tiorredoxina es un donador electrónico con relevancia fisiológica para la ribonucleótido reductasa.

**Logan, D. T.** (2011) Closing the circle on ribonucieotide reductases. Nat Struct. Mol. Bio. 18:251-253. Este comentario breve considera los nuevos resultados sobre la regulación de la ribonucleótido reductasa de mamíferos.

**Mathews, C. K.** (1993) Enzyme organization in DNA precursor biosynthesis. *Prog Nucleic Acid Res. Mol. Biol.* 44:167-203. Esta revisión resume las pruebas de que la enzimas de biosíntesis de dNTP están ligadas en complejos multienzimáticos, que a su vez, pueden estar ligados a los lugares de replicación del DNA.

**Mathews, C. K.** (2006) DNA precursor metaboiism and genomic stability. *FASEB J.* 20:1300-1314. Esta revisión describe las consecuencias genéticas de los desequilibrios del *pool* de desoxirribonucleótidos.

**Meyer, Y., Buchanan, B. B., Vignols, F.** y **Reichheld, J. P.** (2009) Thioredoxins and glutaredoxins: Unifiying elements in redox biology. *Annu. Rev. Genet.* 43:335-367.

**Nordlund, P.** y **Reichard, P.** (2006) Ribonucleotide reductases. *Annu. Rev. Biochem.* 75:681-706. Una revisión reciente completa, que se centra en la estructura y significado evolutivo de la existencia de clases con gran divergencia de esta importante enzima.

### Análogos de nucleótidos y quimioterapia

**Christopherson, R. I., Lyons, S. D.** y **Wilson, P. K.** (2002) Inhibitors of de Novo nucleotide biosynthesis as drugs. *Acc. Chem. Res.* 35:961-971.

**Culver, K. W., Ram, Z., Wallbridge, S., Ishii, H., Oldfield, E. H.** y **Blaese, R. M.** (1992) In vivo gene transfer with retroviral vector—Producer cells for treatment of experimental brain tumors. *Science* 256:7550-1552. Una forma emocionante de utilizar la desoxipirimidina quinasa del virus del herpes como agente selectivo para la destrucción de las células tumorales.

**Gangjee, A., Jain, H. D.** y **Kurup, S.** (2007) Recent advances in classical and non-classical antifolates as antitumor and antiopportunistic infection agents. *Anticancer Agents Med. Chem.* 7:524-542; *Anticancer Agents Med. Chem.* 8:205-231, 2008. Una revisión reciente en dos partes.

**Hardy, L. W., Finer-Moore, J. S., Montfort, W. R., Jones, M. O., Santi, D. V.** y **Stroud, R. M.** (1987) Atomic structure of thymidylate synthase: Target for rational drug design. *Science* 235:448-455. Describe la determinación de la estructura cristalina de esta enzima y sus implicaciones.

**Krynetski, E.** y **Evans, W. E.** (2003) Drug methylation in cancer therapy: Lessons from the TPMT polymorphism. *Oncogene* 22:7403-7413. Este artículo considera la función importante de la farmacogenétiva en la optimización de la quimioterapia.

**Lee, H., Hanes, J.** y **Johnson, K. A.** (2003) Toxicity of nucleoside analogues used to treat AIDS and the selectivity of the mitochondrial DNA polymerase. *Biochemistry* 42:14711-14719.

**Mitsuya, H.** (ed.) (1997) *Anti-HIV Nucleosides: past, present, and Future.* R. G. Landes, Georgetown, Tex. Este libro breve contiene cinco artículos por los principales contribuyentes al desarrollo de fármacos para VIH.

## PROBLEMAS

1. Identifique cada reacción catalizada por (a) una nucleotidasa, (b) una fosforilasa, (c) una fosforribosiltransferasa

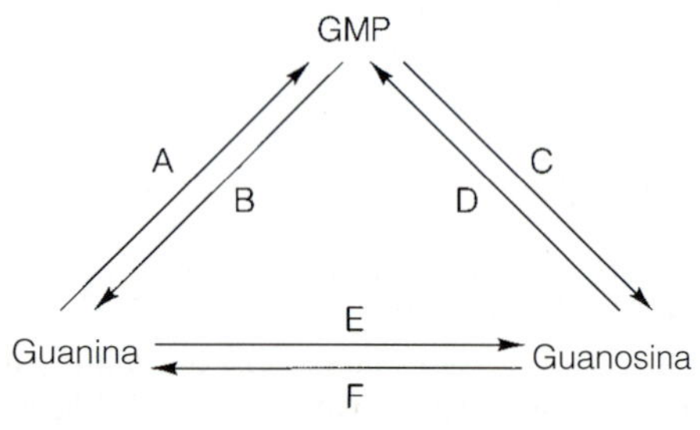


2. Describa el destino metabólico de la 5-bromodesoxiuridina. ¿Cabría prever que la BrdUrd *inhibiera* la replicación del DNA? Explique brevemente su respuesta.

3. Prediga los efectos de los siguientes compuestos sobre las concentraciones intracelulares de nucleósidos trifosfato. Para cada respuesta, represente la concentración porcentual inicial del nucleótido en función del tiempo transcurrido tras la administración del agente, para cada uno de los cuatro nucleótidos (semicuantitativamente). Considere, no solo el efecto primario del compuesto, sino también, los posibles efectos indirectos sobre las enzimas alostéricas causados por la acumulación o agotamiento del nucleótido.
   (a) Efecto de la timidina sobre las concentraciones de dNTP.

(b) Efecto de la trimetoprima sobre las concentraciones de rNTP bacterianas.
(c) Efecto de la fluorodesoxiuridina sobre las concentraciones de dNTP.
(d) Efecto de la hidroxiurea sobre las concentraciones de dNTP.
(e) Efecto de la azaserina sobre las concentraciones de rNTP.

4. El uracilo radiactivo puede utilizarse para marcar todos los residuos de pirimidinas del DNA. Con el empleo de nombres o estructuras, presente las rutas de conversión del uracilo en dTTP y en dCTP. Para cada reacción indique la intervención de cofactores e identifique los lugares de regulación alostérica.

5. De forma análoga, la hipoxantina (HX) puede utilizarse para marcar los residuos de purinas. Como en el Problema 4, escriba las reacciones que indiquen la conversión de la hipoxantina en dATP y dGTP.

6. La leucemia es una proliferación neoplásica (cancerosa) de los glóbulos blancos. Los clínicos están estudiando en la actualidad la desoxicoformicina, un inhibidor de la adenosina desaminasa, como posible agente antileucémico. ¿Por qué cabría esperar que este tratamiento fuera eficaz?

*7. ¿En qué condiciones cabría prever que un déficit de hipoxantina-guanina fosforribosiltransferasa afectara a la velocidad de biosíntesis de nucleótidos de *pirimidina*? ¿Cómo podría calcularse la velocidad de biosíntesis de los nucleótidos de pirimidina en los animales vivos o en las personas?

*8. Una forma clásica de aislar las bacterias mutantes negativas de la timidilato sintasa es tratar un cultivo bacteriano en crecimiento con timidina y trimetoprima. La mayoría de las células mueren y las supervivientes incluyen una gran cantidad de mutantes negativas para la timidilato sintasa.
(a) ¿Qué fenotipo le permitiría identificar a estas mutantes?
(b) ¿Cuál es el fundamento bioquímico de la selección? (Es decir, ¿por qué no se destruyen las mutantes en estas condiciones?)
(c) ¿Cómo debería modificarse esta técnica para seleccionar células mutantes de mamífero con un déficit de timidilato sintasa?

9. Como se indica en el texto, las células de los mamíferos pueden adquirir resistencia a la acción letal del metotrexato mediante la supervivencia selectiva de las células que contienen un mayor número de copias del gen de la dihidrofolato reductasa, con lo que las concentraciones intracelulares de la enzima se hacen muy elevadas. ¿Qué otros cambios bioquímicos o genéticos de las células podrían hacerlas resistentes al metotrexato?

10. Como se indica en el texto, se han descubierto bacteriófagos con las siguientes sustituciones de bases en su DNA:
(a) Sustitución completa de dTMP por dUMP.
(b) Sustitución completa de dTMP por 5-hidroximetil-dUMP.
(c) Sustitución completa de dCMP por 5-metil-dCMP.

Para cada uno de estos casos, formule una serie de actividades enzimáticas codificadas por el virus que pudieran conducir a la sustitución observada. Escriba una ecuación equilibrada para cada reacción propuesta.

*11. Las «técnicas suicidas» de isótopos radiactivos se utilizan con frecuencia en la selección de mutantes. En una de estas técnicas, se cultivan células en presencia de [$^3$H]timidina, con una actividad específica muy alta. A continuación, se guardan las células congeladas para permitir la desintegración de parte de la radiactividad incorporada. La desintegración radiactiva en los residuos de dTMP del DNA causa una ruptura de cadenas y otras posibles alteraciones letales. En consecuencia, las células que han incorporado timidina en su DNA es muy probable que sean destruidas por este procedimiento.
(a) Identifique un déficit enzimático que permitiera a una célula mutante sobrevivir a esta técnica.
(b) Escoja una enzima del metabolismo de los nucleótidos y diseñe una técnica de suicidio que pueda seleccionar mutantes con un déficit de esa enzima.

*12. Para cualquiera de las enzimas multifuncionales de la biosíntesis de nucleótidos de purina o de pirimidina, suponga que la enzima está disponible en forma purificada y proponga uno o dos experimentos para determinar si la enzima «canaliza» los sustratos a través de una secuencia de reacción de múltiples pasos.

13. Escriba ecuaciones equilibradas para las tres reacciones conocidas que transfieren un grupo amino a un sustrato mediante la condensación con aspartato, para dar un intermediario que sufra luego una eliminación a,$\beta$ para dar el producto y fumarato.

*14. La CTP sintetasa cataliza la conversión de UTP en CTP, dependiente de la glutamina. La enzima se inhibe alostéricamente por el producto, CTP. Las células de los mamíferos que presentan un defecto de esta inhibición alostérica muestran un fenotipo complejo: requieren timidina en el medio de crecimiento, poseen unas reservas de nucleótidos desequilibradas y tienen un fenotipo mutador. Explique el fundamento de estas observaciones.

15. Si los nucleótidos de timina se degradan por las mismas enzimas que catabolizan los nucleótidos de uridina, indique la estructura del metabolito de la timina que corresponde al $\beta$-ureidopropionato.

16. (a) Explique el fundamento bioquímico del hecho de que puedan sincronizarse las poblaciones celulares tratándolas con desoxitimidina.
(b) Explique la aparente paradoja de que el dATP, a concentraciones bajas, es un activador de la ribonucleótido reductasa, mientras, que a concentraciones mayores, pasa a ser un inhibidor.

17. En el texto se indica que el ATP se sintetiza fundamentalmente por el metabolismo energético, mientras que otros nucleósidos trifosfato se forman por la acción de la nucleósido difosfato quinasa. ¿Qué ruta adicional existe para la síntesis de GTP?

18. Un cultivo de levaduras en crecimiento se alimentó con glicina marcada en la posición 2C con $^{13}$C([2-$^{13}$C]glicina). Tras 24 horas, se recogieron las células y se extrajeron las bases púricas y se analizaron mediante RMN-$^{13}$C. Se obtuvo el espectro siguiente (parte superior) (el espectro de la parte inferior se obtuvo a partir de las células que crecieron sin glicina marcada). Explique las rutas metabólicas mediante las cuales el carbono 2 de la glicina se incorpora al anillo de purina en la posición indicada por las resonancias en el espectro de RMN.

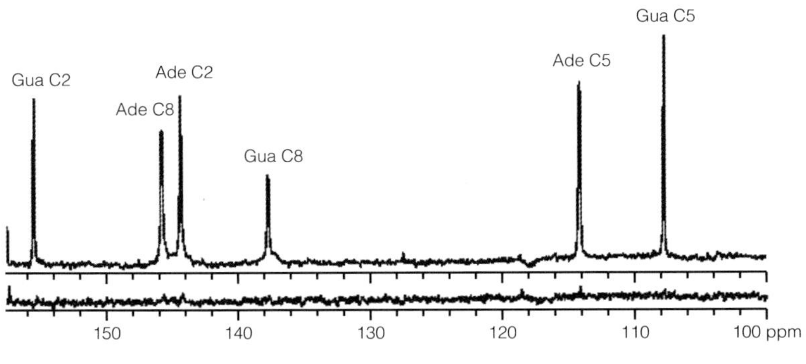


Reproducido con permiso de *Biochemistry* 33: 74-82, L.; Pasternack, D. A. Laude Jr. y D. R. Appling, Carbon-13 NMR analysis of intercompartmental flow of one-carbon units into choline and purines in *Saccharomyces cerevisiae*. © 1994 American Chemical Society.

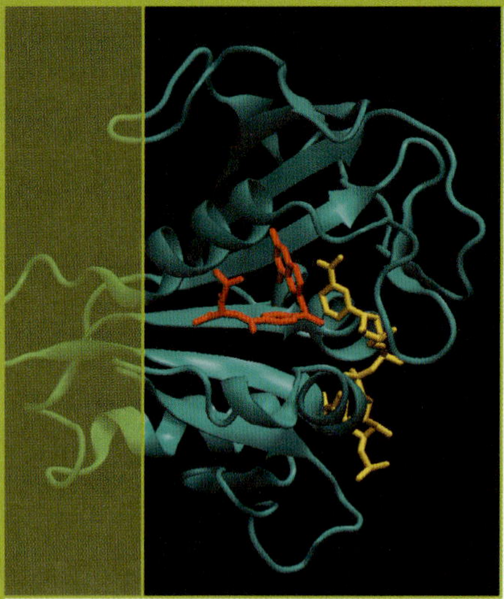

# CAPÍTULO 23

## Mecanismos de transducción de señal

**En los capítulos anteriores, especialmente en los Capítulos 12, 13 y 18,** hemos considerado las acciones de las hormonas en la regulación del metabolismo. En este capítulo nos centramos en los mecanismos de la acción hormonal, y vemos de nuevo que las hormonas son solo una clase de mensajeros químicos extracelulares. Las hormonas son moléculas que liberan las células controladoras del sistema endocrino y viajan hasta las células diana, normalmente a cierta distancia, donde interaccionan con receptores específicos en la célula diana en el proceso conocido como transducción de señal. En un sentido más amplio, la transducción de señal indica la recepción por una célula de un estímulo ambiental, lo cual conduce a un cambio metabólico que adapta la célula a ese estímulo. La interacción de una hormona con su receptor mediante diversos mecanismos, estimula o inhibe acontecimientos metabólicos específicos dentro de la célula diana. Los ejemplos que hemos considerado con más detalle hasta ahora son los de la adrenalina y el glucagón en las cascadas metabólicas que controlan la degradación o síntesis del glucógeno en los tejidos animales. Efectivamente, estos son los procesos que proporcionaron los primeros conocimientos de los mecanismos moleculares de la transducción de señal.

La insulina, el glucagón y la adrenalina son todas ellas *hormonas* (del griego «despertar o excitar»). Este término se acuñó en 1904 para describir a la **secretina**, una sustancia que se libera en la porción superior del intestino delgado y que actúa en el estómago estimulando el flujo del jugo gástrico para facilitar la digestión. Las primeras investigaciones sobre las hormonas en los animales descubrieron poco sobre su modo de actuación, pero mostraron semejanzas fundamentales entre las distintas hormonas. En primer lugar, son segregadas por tejidos específicos, las **glándulas endocrinas**. En segundo lugar, se segregan directamente al torrente sanguíneo, en vez de excretarse a través de conductos o almacenarse en vesículas. Así pues, la respuesta a una señal hormonal se produce como consecuencia directa y rápida de su secreción. La Figura 23.1 muestra los lugares de los principales órganos endocrinos del cuerpo humano.

Las hormonas suelen estimular actividades metabólicas en tejidos alejados de los órganos secretores. Son activas a concentraciones sumamente bajas, en el intervalo micromolar a picomolar. Además, muchas hormonas se metabolizan rápidamente, de forma que sus efectos suelen ser de corta duración, lo cual permite adaptaciones rápidas a los cambios metabólicos. Las bajas concentraciones de las hormonas y su fragilidad

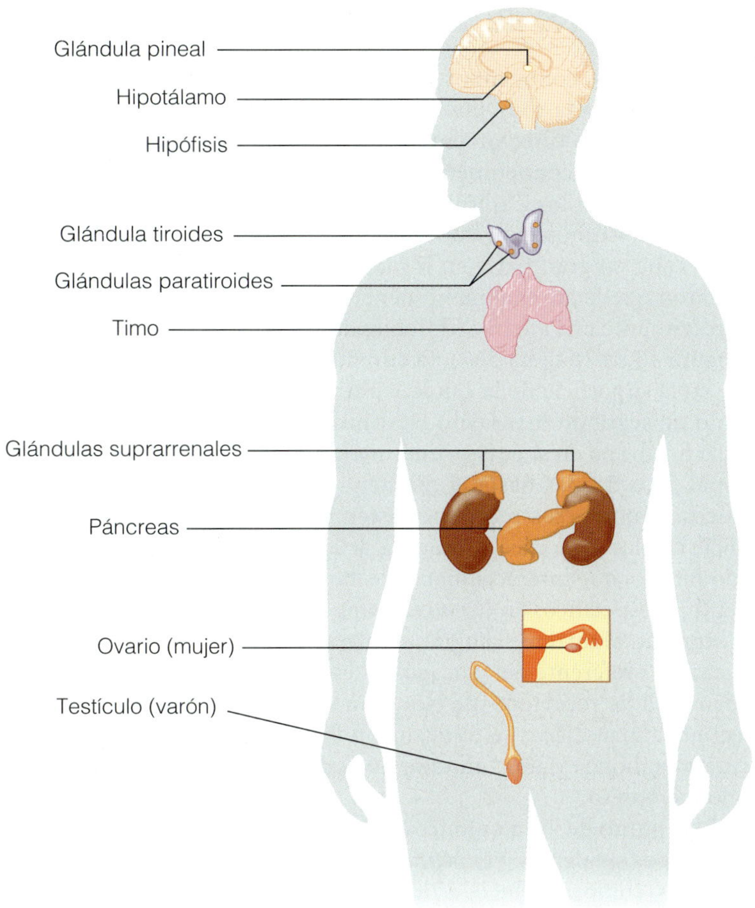


**FIGURA 23.1**

**Principales glándulas endocrinas del ser humano y sus centros de control en el sistema nervioso central.** Algunos otros tejidos producen también hormonas, como por ejemplo, el revestimiento de algunas zonas del tubo digestivo.

metabólica hicieron inicialmente difícil analizar las concentraciones de una determinada hormona. Hasta los años 1960 normalmente era necesario utilizar un bioanálisis. Así por ejemplo, la **oxitocina**, que estimula las contracciones del útero en el parto, se analizaba añadiendo la hormona a tiras de músculo uterino y midiendo la longitud de las tiras antes y después de la adición de la hormona. La introducción del **radioinmunoanálisis** revolucionó el campo del análisis hormonal. En esta técnica se mezcla un anticuerpo frente a la hormona con la muestra que se estudia, en presencia de hormona radiactiva, y la cantidad de la radiactividad precipitada por el anticuerpo está relacionada con la cantidad de hormona de la muestra.

Una clase especial de hormonas son los eicosanoides (prostaglandinas, tromboxanos y leucotrienos) que consideramos en el Capítulo 19. Estos mediadores, que se llaman también hormonas paracrinas, actúan como las hormonas, pero se diferencian en su extrema fragilidad metabólica, su síntesis en muchos tipos celulares en vez de en una sola glándula endocrina, su menor especificidad del órgano diana y sus acciones principalmente sobre células cercanas a aquellas que las segregaron.

Las hormonas difieren en algunos aspectos de otros mensajeros intercelulares, las **feromonas**, que se transmiten entre células de distintos organismos, los **neurotransmisores**, que actúan inmediatamente a través de una unión sináptica desde sus lugares de liberación, y los **factores de crecimiento,** que difieren de las hormonas en que sus actividades de estimulación del crecimiento son continuas en vez de ser de corta duración en respuesta a un estallido de secreción. Otra clase de agentes de señalización, las **citoquinas**, se unen a receptores específicos y estimulan el crecimiento y la diferenciación celular en la respuesta inmunitaria. Las distinciones entre estas clases de reguladores están poco definidas. Así, por ejemplo, recuérdese que las catecolaminas actúan como neurotransmisores y también como hormonas, según cuál sea su lugar de síntesis y liberación.

La transducción de señal comporta la comunicación entre células, a través de neurotransmisores, hormonas, factores de crecimiento y feromonas.

## Esquema general de la acción hormonal

Hasta los años 1950 conocíamos poco sobre los mecanismos moleculares de la acción hormonal. Una teoría muy popular era la de que una hormona estimula una ruta metabólica al unirse directamente a la enzima limitante de la velocidad de esa ruta y activarla. Nuestro conocimiento actual se basa, en gran parte, en la investigación que se ha tratado en los Capítulos 12 y 13, a saber, los estudios del efecto de la adrenalina sobre la estimulación de la movilización del glucógeno. Estas investigaciones, llevadas a cabo en gran parte en los laboratorios de Earl Sutherland y Edwin Krebs, demostraron que la adrenalina no penetra en las células, como debiera hacer si activara directamente una enzima limitante de la velocidad. En su lugar, como se muestra en la Figura 13.31 (página 567), la adrenalina se une a un receptor macromolecular situado en la superficie de la célula y estimula la formación de AMP cíclico, que actúa como un segundo mensajero y estimula, a su vez, la fosforilación de las enzimas diana. La hormona en sí es el primer mensajero. Actualmente sabemos que todas las hormonas investigadas hasta el momento actúan a través de la unión a receptores específicos, aunque esos receptores estén situados dentro de la célula diana o en la superficie celular. Una excepción es la de los agentes gaseosos de señalización, como el óxido nítrico, que interaccionan directamente con una enzima diana. La presencia de receptores específicos en tipos celulares específicos determina cómo las hormonas, que se segregan al torrente sanguíneo, afectan solo a determinados tejidos. Por ejemplo, la acción preferente del glucagón al estimular la glucogenólisis hepática procede de la densidad de receptores de glucagón sobre la superficie de las células hepáticas. Los segundos mensajeros se utilizan con frecuencia para la transmisión del mensaje a la ruta metabólica diana, aunque no todas las acciones hormonales implican un segundo mensajero.

La acción hormonal puede influir sobre (1) la actividad enzimática (a través de segundos mensajeros), (2) la síntesis de proteínas específicas, o (3) la permeabilidad de la membrana a iones o metabolitos pequeños.

Desde el punto de vista químico, las hormonas del metabolismo de los vertebrados son de los tipos siguientes: (1) *péptidos* o polipéptidos, como la insulina o el glucagón, (2) *esteroides*, como los glucocorticoides y las hormonas sexuales, y (3) *derivados de aminoácidos*, como las catecolaminas y la tiroxina. Los mecanismos hormonales son de los tipos siguientes: (1) activación o inhibición enzimática a través de segundos mensajeros, como se ha señalado para la adrenalina y para el glucagón, (2) estimulación de la síntesis de determinadas proteínas mediante la activación de genes específicos y (3) aumento selectivo de la captación celular de determinados metabolitos. En esta última categoría se incluyen algunos receptores que actúan directamente como canales iónicos, de manera que la unión de la hormona produce un cambio de conformación que abre el canal, y otros receptores que estimulan la captación a través de mecanismos todavía desconocidos, como los de los efectos de la insulina en la captación de glucosa y su posterior utilización.

Los receptores de membrana incluyen: (1) proteínas que influyen en la síntesis de segundos mensajeros, (2) canales iónicos y (3) proteínas con una actividad enzimática intrínseca.

Las hormonas actúan uniéndose, en primer lugar, a un receptor específico que está situado en la membrana plasmática o en el interior de la célula. La mayoría de las hormonas que interactúan con *receptores intracelulares* (denominados también receptores nucleares) ejercen sus efectos a nivel génico. El complejo hormona-receptor migra al núcleo, donde interactúa con lugares específicos del DNA y afecta a las velocidades de transcripción de los genes cercanos. Entre estas hormonas se encuentran los esteroides, las hormonas tiroideas y las formas hormonales de la vitamina D. Además, los **retinoides** procedentes del ácido retinoico (relacionado con la vitamina A), ejercen efectos reguladores en el desarrollo embrionario a través de las interacciones con receptores intracelulares (*véase* el Capítulo 19).

El resultado final de muchos fenómenos de transducción de señal es la fosforilación o desfosforilación de proteínas diana.

Distinguimos tres clases principales de *receptores unidos a la membrana*. En primer lugar están los receptores, como los que se han presentado en el Capítulo 13, que interactúan con proteínas G e influyen sobre la síntesis de segundos mensajeros. En segundo lugar están los receptores, que son ellos mismos canales iónicos, comparables al receptor de acetilcolina nicotínico (página 991). Las hormonas peptídicas y la adrenalina actúan fundamentalmente a través de estas dos clases de receptores. Una tercera categoría que tiene como ejemplo el receptor de insulina, es una proteína transmembrana con un lugar de unión del ligando en el lado extracelular y un dominio catalítico en el lado citosólico. En el receptor de insulina, ese catalizador es una proteína quinasa, que se estimula por la unión de la insulina al dominio extracelular para fosforilar residuos de tirosina en las proteínas diana.

Los mecanismos de las hormonas que actúan a través de los receptores ligados a la membrana mediante el primer y el tercer mecanismo se resumen en la Figura 23.2. Obsérvese que el resultado final de la mayoría de las interacciones entre una hormona y un receptor de membrana es la activación de una o más proteína quinasas, tanto si interviene o no un segundo mensajero. Cuando Edwin Krebs y Edmond Fischer describieron a finales de los años 1950 la secuencia de fosforilaciones proteicas reversibles en la cascada glucogenolítica inducida por la adrenalina, no había indicio alguno del grado en que la fosforilación proteica iba a dominar los mecanismos de señalización celular. En la actualidad, se han descrito más de 500 proteína quinasas diferentes en las células humanas, todas ellas relacionadas, según determinan las homologías de las secuencias de aminoácidos. La importancia de la fosforilación proteica fue reconocida con el Premio Nobel de Medicina o Fisiología de 1992, concedido a Krebs y Fischer. Otros trabajos más recientes están descubriendo una serie de proteínas *fosfatasas* específicas que están sujetas también a un control a través de mecanismos de señalización celular. Como se indicó en el Capítulo 18, la acetilación proteica está siendo reconocida como una modificación proteica reversible, que podría ser comparable a la fosforilación proteica en su extensa utilización.

**FIGURA 23.2**

**Sistemas de transducción de señal eucariotas en los que intervienen receptores de membrana (1-5), y/o segundos mensajeros (1-4).** Se muestra el óxido nítrico, aunque este carece de receptor de membrana, puesto que difunde al interior de la célula e interactúa con los sistemas de segundo mensajero. El resultado final de cada ruta es la fosforilación de una o más proteínas, de las que se han identificado algunas, pero no todas. Existen datos recientes que indican que algunas rutas presentan una activación cruzada, como se muestra aquí mediante la flecha de trazo discontinuo que indica el control de la PK-G por el AMP cíclico. PK-A, proteína quinasa dependiente del AMP cíclico, PK-G, proteína quinasa dependiente del GMP cíclico, PK-C, proteína quinasa C. Las proteínas quinasas se presentan en color naranja, incluyendo el dominio tirosina quinasa proteico intrínseco del sistema 5.

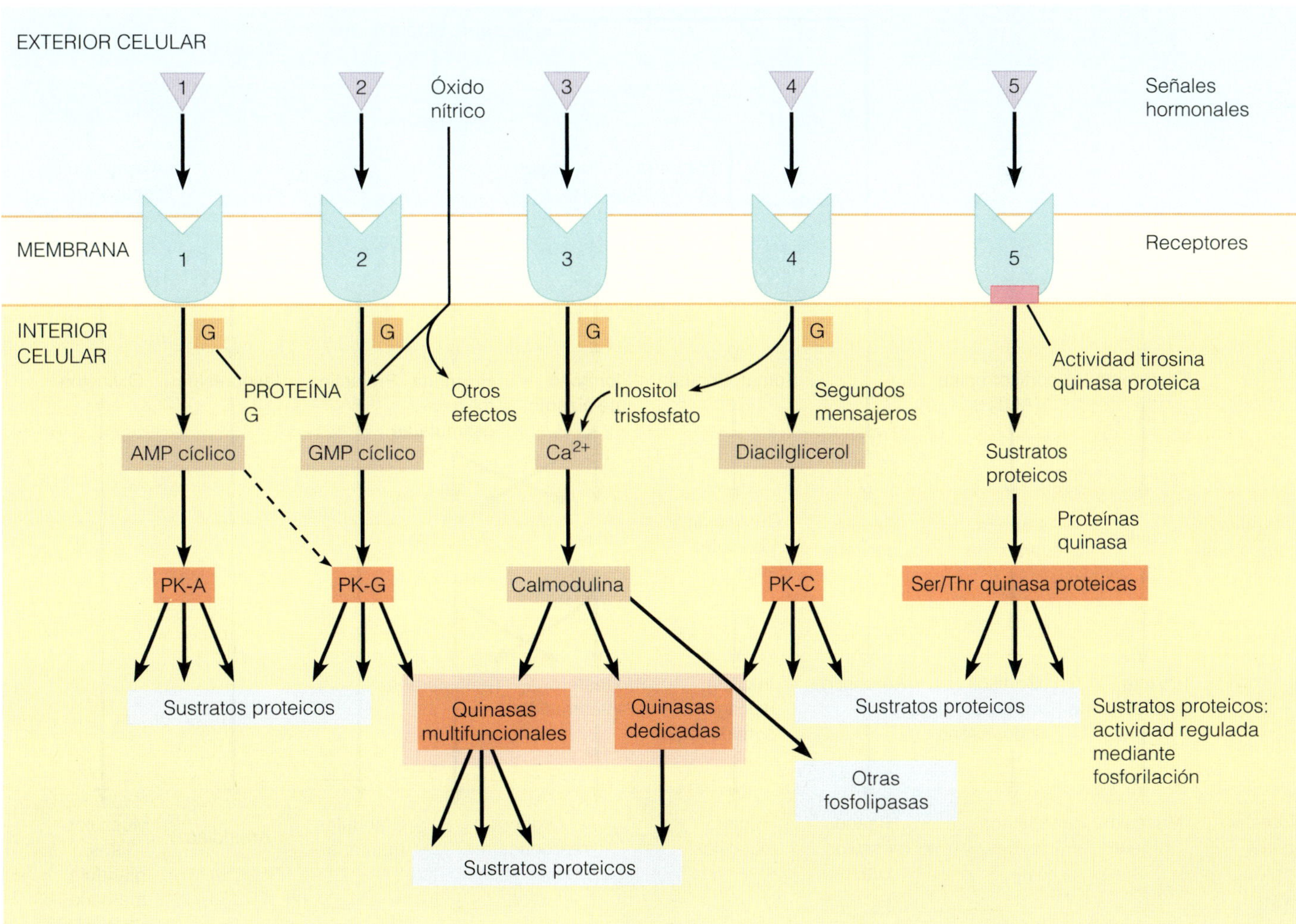

Los factores liberadores de hormonas específicos del hipotálamo controlan la liberación y, por tanto, la acción, de otras hormonas.

## Naturaleza jerárquica del control hormonal

La regulación hormonal implica una jerarquía de tipos celulares que actúan unos sobre otros estimulando o modulando la liberación y la acción de una hormona. En los vertebrados, la secreción de hormonas por las células endocrinas se estimula mediante señales químicas procedentes de las células reguladoras, que ocupan una posición más alta en esta jerarquía (Figura 23.3). La acción hormonal se controla, en última instancia, por el sistema nervioso central. En los mamíferos el coordinador maestro es el **hipotálamo,** un centro especializado del cerebro. El hipotálamo recibe y procesa los impulsos sensitivos procedentes del entorno a través del sistema nervioso central. En respuesta a ello produce diversas hormonas hipotalámicas, algunas de las cuales se denominan **factores liberadores.** Estos factores actúan sobre la hipófisis que está situada inmediatamente por debajo del hipotálamo. Los factores de liberación estimulan en la parte anterior de la hipófisis la liberación de hormonas específicas. Otras hormonas hipotalámicas inhiben la secreción de determinadas hormonas hipofisarias. Algunas hormonas hipofisarias estimulan directamente los tejidos diana. Así, por ejemplo, la **prolactina** estimula la producción de leche en las glándulas mamarias. Sin embargo, la mayor parte de las hormonas hipofisarias actúan sobre glándulas endocrinas que ocupan una posición intermedia, o secundaria, en la jerarquía, y las estimulan para producir hormonas

**FIGURA 23.3**

**Naturaleza jerárquica de la acción hormonal en los vertebrados.** La hipófisis representa el primer objetivo y está bajo control hipotalámico. Las hormonas hipofisarias actúan luego sobre los objetivos secundarios, principalmente otras glándulas endocrinas, cuyos productos hormonales influyen conjuntamente en la práctica totalidad de los demás órganos y tejidos. La estimulación nerviosa de la médula suprarrenal controla la liberación de adrenalina.

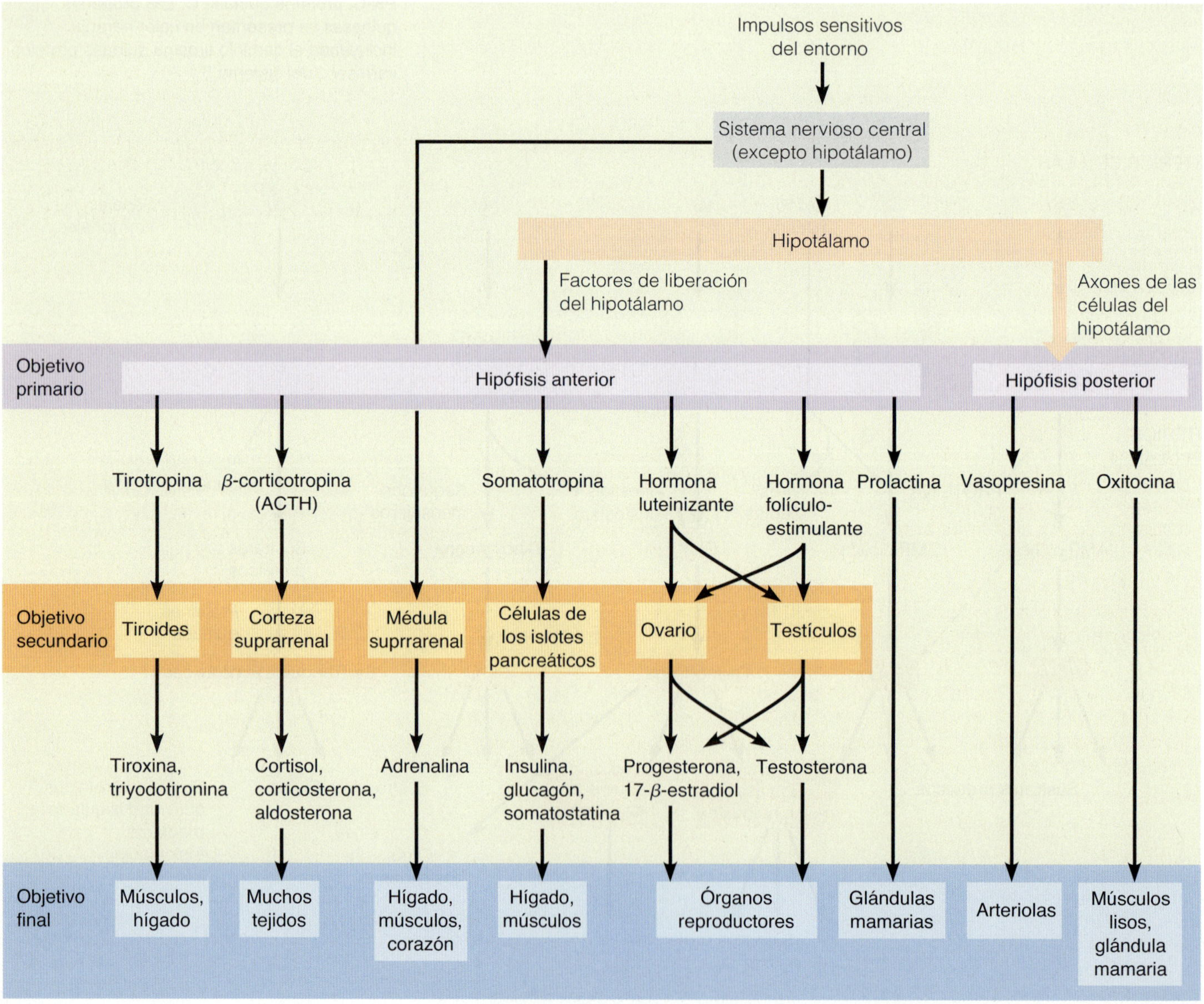

que ejercen las acciones últimas sobre los tejidos diana. Las hormonas hipofisarias que actúan sobre otras glándulas endocrinas se denominan **hormonas trópicas** o **tropinas.** Un ejemplo de ello es la **hormona corticotrópica suprarrenal (ACTH),** también denominada **$\beta$-corticotropina.** Este péptido se segrega por la hipófisis anterior, y estimula la corteza suprarrenal para que esta produzca glucocorticoides y mineralocorticoides, que actúan, a su vez, sobre numerosos tejidos, entre otros, el riñón, el músculo y el sistema inmunitario.

La acción de una hormona es autolimitante, debido a la existencia de bucles de retroacción, en los que la secreción de una hormona pone en marcha una serie de fenómenos que conducen a la inhibición de esa secreción. Así, por ejemplo, como se muestra en la Figura 23.4, la secreción por la hipófisis de $\beta$-corticotropina se estimula por el **factor liberador de corticotropina (CRF),** una hormona hipotalámica que es un polipéptido de 41 residuos. Las células hipotalámicas contienen receptores para los glucocorticoides, que detectan las concentraciones elevadas de glucocorticoides circulantes, como el cortisol, procedentes de la estimulación de la corteza suprarrenal. La unión de los glucocorticoides a estos receptores tiene como efecto una inhibición de la ulterior liberación de CRF, con lo que se completa el bucle de retroacción.

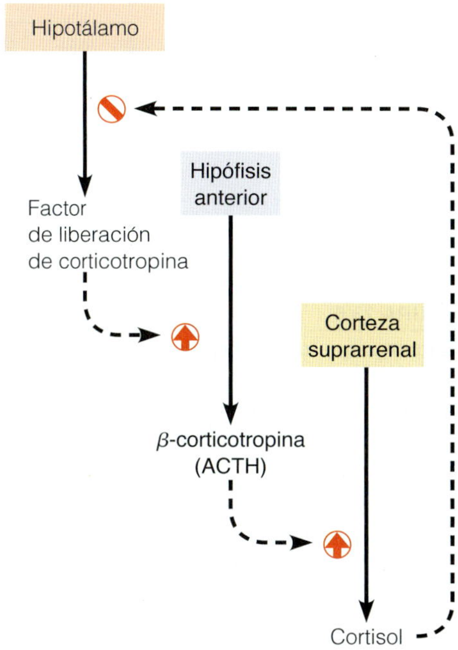


**FIGURA 23.4**

**Ejemplo de regulación por retroacción de una hormona.** El factor liberador de corticotropina (CRF) estimula la liberación de $\beta$-corticotropina (ACTH) por la hipófisis anterior. La ACTH estimula la liberación de cortisol por la corteza suprarrenal, que retroactúa sobre el hipotálamo inhibiendo la ulterior liberación de CRF.

La acción hormonal es autolimitante, debido a la existencia de bucles de retroacción.

El sistema nervioso central transmite señales al hipotálamo, que produce factores de liberación que actúan sobre las glándulas endocrinas para controlar la secreción de hormonas con efectos metabólicos específicos sobre los tejidos diana.

## Síntesis de los precursores de las hormonas peptídicas

Hemos presentado ya la síntesis de las hormonas esteroideas (*véase* el Capítulo 19) y de las catecolaminas y las hormonas tiroideas (*véase* el Capítulo 21), que se producen, en ambos casos, a través de rutas metabólicas simples. Casi todas las hormonas peptídicas se sintetizan en forma de precursores inactivos que se convierten posteriormente en hormonas activas mediante un procesado proteolítico. Los estudios sobre la síntesis de la insulina proporcionaron los primeros indicios de este fenómeno. Recuérdese que esta hormona contiene dos cadenas polipeptídicas, de 21 y 30 residuos, con dos puentes disulfuro entre las cadenas y un puente intracatenario (*véase* la Figura 5.21, página 154). Estas cadenas se forman a partir de la ruptura de un polipéptido de 81 residuos denominado **proinsulina.** El primer producto de la traducción del gen de la insulina es la **preproinsulina,** que tiene 105 residuos. La separación de la preproinsulina de una «secuencia señal» de 24 residuos del N-terminal da lugar a la proinsulina, que experimenta un plegado, la formación de un enlace disulfuro y una ruptura para dar lugar a la hormona activa, la insulina. La secuencia señal participa en el transporte de proteínas a través de las membranas (*véase* el Capítulo 28).

Todas las hormonas polipeptídicas conocidas se sintetizan en la forma «prepro», con una secuencia señal y otra(s) secuencia(s) adicional(es) que se desprende(n) durante la maduración de la hormona. En algunos casos, una única secuencia polipeptídica, precursora contiene dos o más hormonas distintas. El ejemplo más complejo conocido es el de un precursor de varias hormonas hipofisarias, que contiene secuencias para la $\beta$-lipotropina y $\gamma$-lipotropina, las $\alpha$-, $\beta$- y $\gamma$-hormonas estimulantes de melanocitos (MSH), la endorfina y la encefalina, así como la ACTH. Este precursor, denominado **proopiomelanocortina,** recibe este nombre por su función de precursor de los *opiá*ceos endógenos, la hormona *melano*citoestimulante y la *corti*cotropina. Una característica destacable de la proopiomelanocortina es que se fragmenta en lugares diferentes en distintas células, de manera que distintos tipos celulares producen diferentes conjuntos de hormonas a partir de este precursor único. Los lugares de ruptura se indican en rojo en la Figura 23.5. En la hipófisis anterior, la fragmentación genera ACTH y $\beta$-lipotropina y el procesado posterior en el sistema nervioso central da lugar a endorfina y encefalina (página 994), entre otros productos. La síntesis de las hormonas peptídicas implica casi siempre la ruptura proteolítica de un precursor proteico.

## Transducción de señal: receptores

Como se ha señalado antes, nuestras primeras ideas sobre los mecanismos moleculares de la acción hormonal proceden del análisis de la glucogenólisis, estimulada por la adrenalina o el glucagón. En el Capítulo 13 describimos la naturaleza modular de este

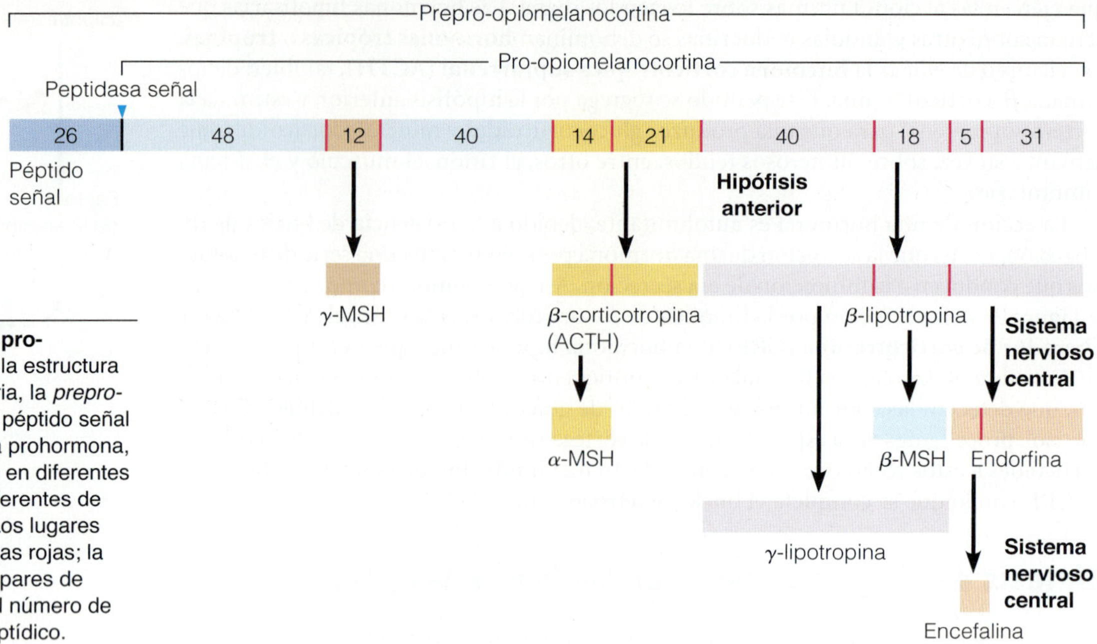


**FIGURA 23.5**

**Estructura y propiedades de la pro-opiomelanocortina.** Se muestra la estructura del producto de traducción primaria, la *prepro-opiomelanocortina*. Se separa un péptido señal para dar proopiomelanocortina, la prohormona, que se separa de manera distinta en diferentes tejidos, produciendo conjuntos diferentes de hormonas y neurotransmisores. Los lugares de separación se indican con líneas rojas; la mayoría de ellos corresponden a pares de aminoácidos básicos. Se indica el número de residuos de cada producto polipeptídico.

sistema, que incluye tres componentes. Un receptor (el receptor hormonal), un transductor (una proteína G) y un efector (adenilato ciclasa). En este apartado consideramos con más detalle la naturaleza y acción de cada uno de estos componentes.

Con la excepción de los agentes de señalización gaseosos como el óxido nítrico, las hormonas interaccionan con las células diana uniéndose inicialmente a un receptor macromolecular, situado en la membrana plasmática o en el interior de la célula. Dado que el receptor participa en la transducción de la señal desde el mensajero externo a algún componente de la maquinaria metabólica, debe tener al menos un lugar funcional adicional. La actividad de este lugar se modifica por la unión de la hormona, de la misma forma que el lugar catalítico de una enzima alostérica se modifica por la unión de efectores en lugares distantes.

## Estudio experimental de los receptores

La unión de las hormonas a los receptores es saturable, comparable a la unión de los sustratos a las enzimas.

Las interacciones moleculares en las que intervienen los receptores hormonales pueden estudiarse experimentalmente mediante métodos comparables a los que se utilizan en enzimología. La unión de una hormona a su receptor es saturable, y la cinética se parece a la cinética de Michaelis-Menten. La mayoría de las hormonas presentan una unión estrecha, con constantes de disociación del orden de 0.1 $\mu$M a 1.0 pM. La capacidad de un tejido para responder a la estimulación hormonal es una función de la densidad de receptores de las células de ese tejido.

Puede utilizarse la unión de la hormona radiactiva o de un análogo para identificar y cuantificar los receptores, ya sea como un método de análisis al purificar los receptores, ya para determinar la densidad de los mismos en un determinado tipo celular. La unión estrecha entre las hormonas y sus receptores puede aprovecharse también para el diseño de protocolos de purificación en los que se utiliza la cromatografía de afinidad (Capítulo 5). De hecho, una de las primeras aplicaciones de esta técnica fue la purificación del receptor de insulina, con el empleo de columnas de insulina inmovilizada. Este avance facilitó una tarea que normalmente es muy difícil, por dos motivos. En primer lugar, los receptores unidos a la membrana han de solubilizarse antes de la purificación, sin que se produzca una inactivación irreversible. En segundo lugar, la mayor parte de los receptores hormonales están presentes en cantidades extraordinariamente bajas. Así, por ejemplo, el tejido adiposo contiene tan solo unas $10^4$ moléculas del receptor de la insulina por célula.

Otra técnica útil es el marcaje de fotoafinidad, que crea un enlace covalente entre un análogo hormonal y un receptor. En esta técnica, se modifica una molécula de hormona con un grupo fotorreactivo, como uno azido ($-N_3$). La mezcla de un análogo hormonal marcado radiactivamente con un extracto celular, seguido de la irradiación UV, une covalentemente el análogo a su receptor, creando un marcaje radiactivo que puede emplearse para aislar el receptor.

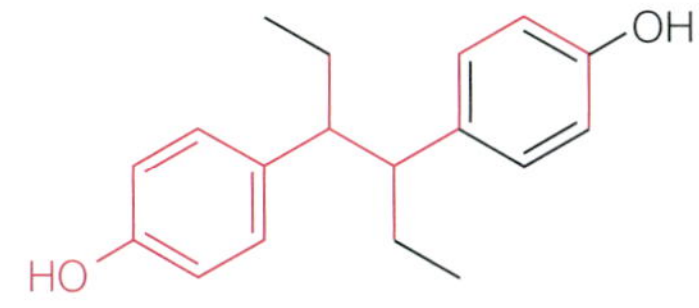


**Dietilestilbestrol**

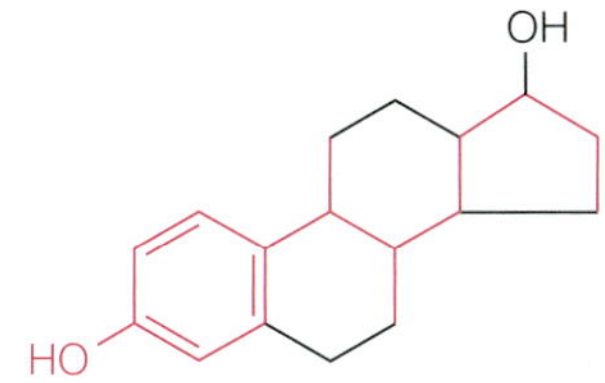


**17-β-estradiol**

## Agonistas y antagonistas

Con frecuencia, el ligando que se utiliza en los análisis de unión del receptor o en la purificación por cromatografía de afinidad no es la propia hormona, sino un análogo que se une al receptor, a veces de manera más estrecha que la hormona natural. El análogo puede presentar escasa o ninguna semejanza estructural con el ligando natural, pero puede presentar una relación estereoquímica que se pone claramente de manifiesto en los modelos tridimensionales. Un ejemplo de ello es la potente hormona sintética **dietilestilbestrol.** Este compuesto es 3 veces más potente que el 17-β-estradiol, que a su vez, es 10 veces más potente que otros estrógenos naturales. El dietilestilbestrol se ha utilizado para la purificación y caracterización de los receptores estrogénicos. La hormona sintética se ha utilizado también fuera de laboratorio, por ejemplo, añadiéndola al alimento para estimular el crecimiento del ganado bovino, hasta que se comprobó que era cancerígena.

El dietilestilbestrol es un ejemplo de un **agonista** hormonal, es decir, un análogo que se une de forma productiva a un receptor e imita la acción de la hormona endógena. Un agonista es comparable a un sustrato alternativo de una enzima: su unión al receptor es productiva, por cuanto evoca una respuesta metabólica comparable a la de la unión de la hormona. En cambio, un **antagonista** hormonal se une a los receptores, pero no provoca la respuesta biológica normal. Un antagonista es para un receptor como un inhibidor competitivo es para una enzima, en cuanto que, tanto los antagonistas como los inhibidores competitivos compiten con un ligando normal (hormona o sustrato, respectivamente) por la unión a un lugar específico de una proteína y, al unirse, inhiben un proceso biológico normal.

> Un agonista hormonal mimetiza a la hormona al unirse productivamente a un receptor. Un antagonista se une de manera no productiva, inhibiendo la acción de la hormona natural.

Los agonistas y antagonistas han sido de gran utilidad en los estudios de la estereoquímica de los lugares de unión en los receptores. A su vez, estas investigaciones son útiles para el diseño de fármacos, con el objetivo de activar o inactivar determinadas clases de receptores. Así, por ejemplo, el agonista **isoproterenol** se utiliza para el tratamiento del asma, porque imita los efectos de las catecolaminas en lo referente a la relajación de los músculos bronquiales del pulmón. Este efecto se obtiene mediante la interacción con una clase específica de **receptores adrenérgicos** (a los que se da este nombre porque unen la **adrenalina**). Otro fármaco importante, que se utiliza para controlar la presión sanguínea y la frecuencia del pulso en los pacientes cardíacos, es el **propranolol,** un antagonista de otra clase de receptores adrenérgicos, que controlan la presión arterial y la frecuencia cardíaca.

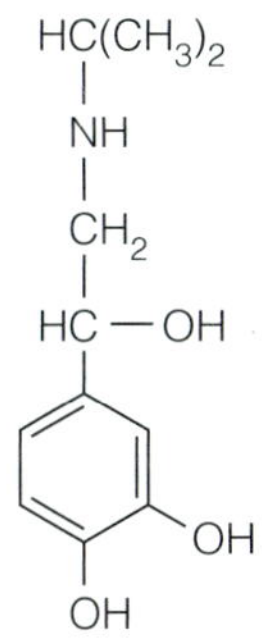


**Isoproterenol**

## Clases de receptores de catecolaminas

Los estudios realizados sobre un gran número de agonistas y antagonistas de las catecolaminas han revelado la existencia en los vertebrados de cuatro tipos de receptores de catecolaminas, cada uno de los cuales posee un patrón diferente de respuesta a estos análogos (ahora se reconocen algunos más). Los cuatro básicos se denominan receptores adrenérgicos $\alpha_1$-, $\alpha_2$-, $\beta_1$- y $\beta_2$. Los receptores del tipo β son los que hemos encontrado antes, en nuestra exposición de la glucogenólisis y la lipólisis inducidas por la adrenalina (*véanse* los Capítulos 13 y 17). Los receptores adrenérgicos de distintos tipos en diferentes tejidos, poseen varios efectos fisiológicos, algunos de los cuales se resumen en la Tabla 23.1.

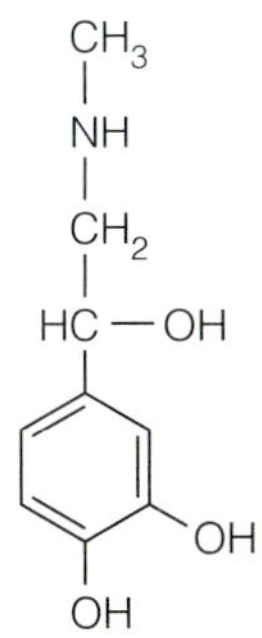


**Adrenalina**

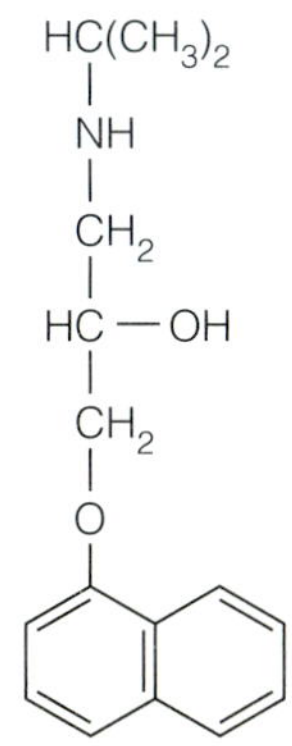


**Propranolol**

## Receptores y adenilato ciclasa como componentes diferenciados de los sistemas de transducción de señal

En las fases iniciales de la investigación sobre las hormonas, cuando la movilización del glucógeno estimulada por la adrenalina era la única respuesta bioquímica definida de la interacción hormona-receptor, se observó que la adenilato ciclasa, que sintetiza AMP cíclico, era una enzima unida a la membrana. Dado que el receptor también estaba unido a la membrana, se pensó durante un tiempo que el receptor *era* la adenilato ciclasa y que la unión de la adrenalina activaba la enzima. Sin embargo, dos observaciones iban en

**TABLA 23.1. Algunas acciones biológicas asociadas a los receptores adrenérgicos**

| Clase de receptor | Tejido diana | Efecto de la hormona o el agonista |
|---|---|---|
| $\alpha_1$ | Iris del ojo | Contracción |
| | Intestino | Disminución de la motilidad |
| | Glándulas salivales | Secreción de potasio y agua |
| | Órganos sexuales masculinos | Eyaculación |
| | Esfínter de la vejiga | Constracción |
| $\alpha_2$ | Células pancreáticas $\beta$ | Disminución de la secreción |
| | Estómago | Disminución de la motilidad |
| | Adipocitos | Disminución de la lipólisis |
| $\beta_1$ | Corazón | El aumento de la contractilidad, la frecuencia y profundidad |
| | Adipocitos | Disminución de la lipólisis |
| | Riñón | Aumento de la secreción de renina |
| $\beta_2$ | Corazón | El aumento de la contractilidad, la frecuencia y profundidad |
| | Pulmón | Relajación |
| | Hígado | Aumento de la glucogenólisis y la gluconeogénesis |
| | Células pancreáticas $\beta$ | Aumento de la secreción pancreática |
| | Músculo esquelético | Aumento de la contractilidad y la glucogenólisis |

*Fuente:* Adaptado de L. S. Goodman y A. C. Gilman, eds., *Pharmacological Basis of Therapeutics*, 7/E (Nueva York: Macmillan, 1985), p. 72. © 1985 McGraw-Hill, Inc.

Las hormonas que actúan a través de segundos mensajeros utilizan un módulo de tres proteínas: receptor, transductor (proteína G) y efector (adenilato ciclasa o enzima relacionada).

contra de esta interpretación. En primer lugar, se observó que otras hormonas activaban la adenilato ciclasa, de las que se conocen en la actualidad más de una docena, como el glucagón, la ACTH, la hormona estimulante de los melanocitos y la hormona luteinizante. Parecía improbable que la adenilato ciclasa tuviera tantos lugares de unión hormonal. En segundo lugar, se observó que la unión de las catecolaminas a los receptores de la clase $\alpha_2$ *inhibía* la adenilato ciclasa, lo cual sugería que distintas clases de proteínas interaccionan con la adenilato ciclasa para producir diferentes efectos metabólicos.

Estas dos observaciones indicaban que el receptor y la adenilato ciclasa son proteínas diferentes. De hecho, la distinción entre los receptores adrenérgicos $\beta$ y la adenilato ciclasa se obtuvo experimentalmente en 1977. Este avance fue importante, puesto que demostró que este sistema de respuesta hormonal tiene una flexibilidad y versatilidad mucho mayores de lo que antes se había pensado. Una amplia gama de hormonas pueden ejercer multitud de efectos biológicos a través de un mecanismo común, la activación o la inhibición de la síntesis de AMP cíclico. La diversidad de señales y respuestas se ponía de manifiesto en la diversidad de receptores y en la diversidad de enzimas de las células diana cuyas actividades podían estimularse o inhibirse por la fosforilación estimulada por el AMP cíclico. Pronto se averiguó que la transducción de la señal hormonal a la adenilato ciclasa comportaba una tercera clase de proteínas, las proteínas G, que hemos presentado en el Capítulo 13. Estos avances fueron reconocidos con la concesión del Premio Nobel de 1994 a Martin Rodbell, que demostró que los receptores son distintos de la adenilato ciclasa y a Alfred Gilman, por el descubrimiento de las proteínas G.

Dado que los receptores están incluidos en la membrana y se encuentran en cantidades mínimas, su aislamiento en cantidades suficientes para el análisis estructural es una tarea monumental. La clonación de los genes de los receptores ha sido indispensable para poder obtener la información completa en cuanto a la secuencia de aminoácidos. Entre las diversas proteínas receptoras para las que se ha determinado la secuencia de aminoácidos, como las de los receptores adrenérgicos $\alpha_2$ y $\beta_2$, existen algunas semejanzas estructurales sorprendentes. Las proteínas tienen un tamaño comparable, de 415 a 480 residuos, y poseen siete regiones conservadas que contienen abundantes aminoácidos hidrófobos. Parece claro que estos corresponden a regiones de hélice $\alpha$ que están embebidas en la membrana y ligadas por bucles hidrófilos, que se proyectan hacia el medio extracelular y el citosol, con el lugar de reconocimiento del agente señalizador en el lado extracelular. La secuencia de aminoácidos del receptor $\beta_2$-adrenérgico ($\beta_2$AR) se

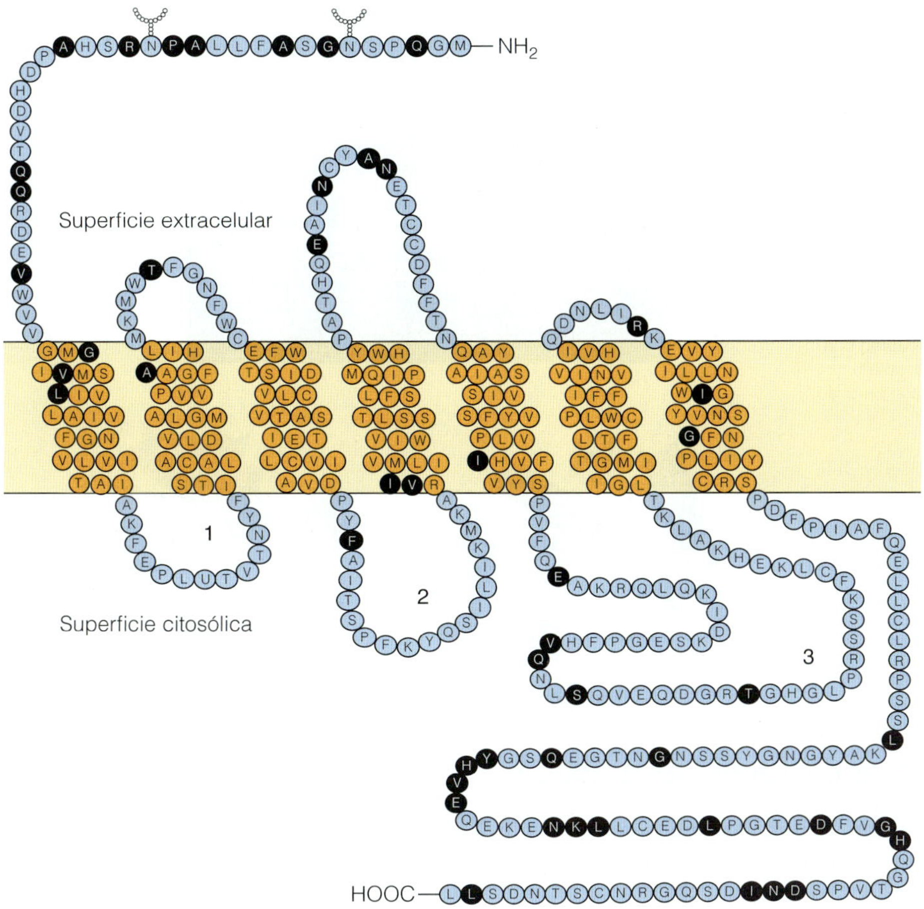


**FIGURA 23.6**

**Secuencia de aminoácidos del receptor adrenérgico $\beta_2$ humano.** Los siete dominios transmembrana conservados se indican de color naranja. Obsérvense también los tres bucles extracelulares y los tres bucles citoplasmáticos y las dos unidades de oligosacáridos ligados por N en el lado extracelular (unidas a residuos de asparagina). La interacción del receptor con las proteínas G se controla en parte por la fosforilación reversible de los residuos de serina y treonina cerca del C-terminal. Los aminoácidos indicados en negro son los que difieren en la secuencia del receptor adrenérgico $\beta_2$ del hámster.

representa en la Figura 23.6 con los posibles dominios que abarcan la membrana. Esta clase de moléculas receptoras recibe el nombre de receptores serpentina, debido a que serpentean de un lado a otro de la membrana. Dado que casi todos estos receptores actúan concertadamente con las proteínas G, también se llaman receptores acoplados a las proteínas G o GPRC. Se calcula que la mitad de todas las recetas de fármacos distintos a los antibióticos de dirigen a los miembros de esta clase de receptores.

Los análisis estructurales de los GPCR fue todo un reto debido a su asociación con la membrana. El primer miembro de esta clase, que se caracterizó en 2000, fue la rodopsina, que es un receptor acoplado a proteína G, pero que participa en la detección de la luz en la visión, en lugar de en la acción hormonal (*véase* la página 809). En 2007 se describió la estructura del receptor $\beta_2$-adrenérgico. En la Figura 23.7 se muestra esta molécula en un complejo con el antagonista $\beta_2$-adrenérgico, el carazolol. La figura muestra una semejanza notable entre las estructuras de la rodopsina y el $\beta_2$AR, en la situación de las siete hélices transmembrana, y en el lugar de unión del ligando (carazolol para el $\beta_2$AR, 11-*cis*-retinal para la rodopsina). Una diferencia significativa es la implicación de una región helicoidal de uno de los dominios extracelulares de $\beta_2$AR en la unión del ligando. Desde 2007 se han comunicado una media docena de estructuras adicionales de $\beta_2$AR, y todas ellas siguen el mismo plan general que se muestra aquí para la rodopsina y el $\beta_2$AR.

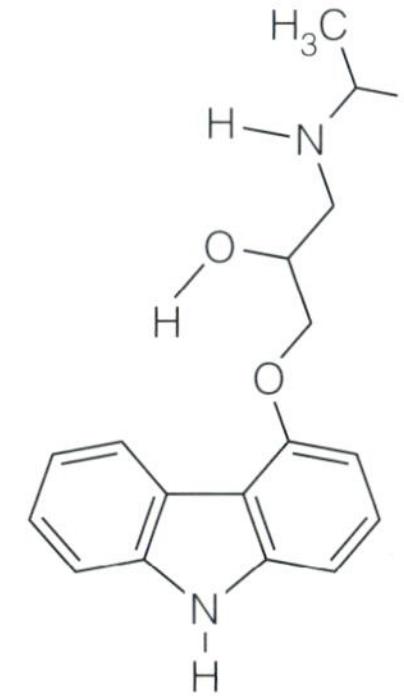

**Carazolol**

El $\Delta^9$-tetrahidrocanabinol (THC), el principio activo de la marihuana, se ha visto que actúa *vía* unión a dos receptores acoplados a proteínas G. Recientemente, se han identificado los ligandos endógenos de estos receptores y estas moléculas pueden desempeñar funciones en la adaptación al dolor y la inflamación. La activación de los receptores por los ligandos endógenos tiene varios efectos, entre ellos, la estimulación del apetito. Es interesante señalar que estos ligandos endógenos son derivados del ácido araquidónico, sin relación estructural evidente con el THC.

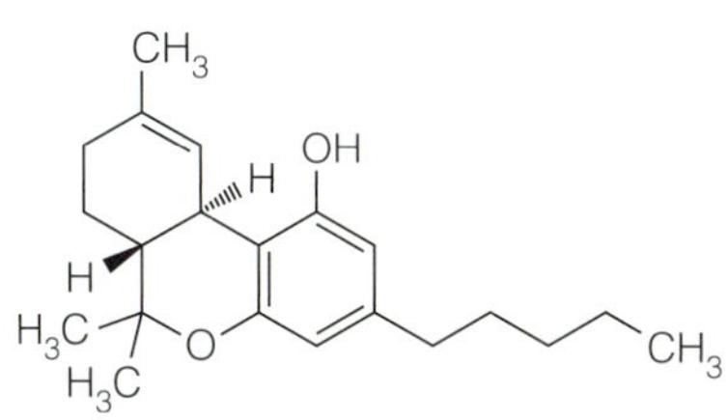

**Tetrahidrocannabinol**

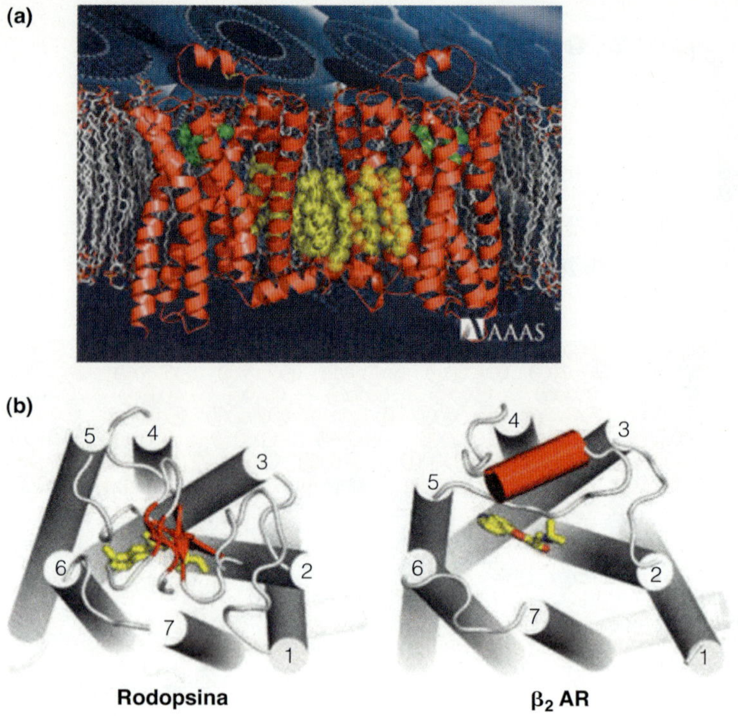


**FIGURA 23.7**

**Estructura del receptor adrenérgico $\beta_2$ humano.** **(a)** Modelo de dos receptores embebidos en la membrana y unidos por moléculas de colesterol (en amarillo). Se muestra en verde el ligando carazolol. **(b)** Comparación de las perspectivas desde arriba (extracelular) de la rodopsina (pDB ID 1F88) y el receptor adrenérgico $\beta_2$ (PDB ID 2RH1), que muestra las semejanzas de la disposición de las hélices transmembrana. Se muestra en rojo cada ligando (11 *cis*-retinal en la rodopsina, carazolol en el RA $\beta_2$). Se muestra en rojo una región helicoidal de un dominio extracelular que ayuda a formar el bolsillo de unión de la adrenalina.

(a) De *Science* 318 (5854), cover illustration. © 2007. Reproducido con permiso de AAAS; (b) de *Science* 318:1253-1254, R. Ranganathan, Signaling across the cell membrane. © 2007. Reproducido con permiso de AAAS.

## Transductores: proteínas G

Vayamos ahora al segundo componente del sistema de señalización receptor-transductor-efector descrito inicialmente para la respuesta $\beta$-adrenérgica: las proteínas G, llamadas de esta manera debido a su capacidad de unir nucleótidos de guanina. En 1971 se observó que la guanosina trifosfato era necesaria para la activación de la adenilato ciclasa de los agonistas adrenérgicos $\beta$, y posteriormente, en esa misma década se descubrió el motivo de esta necesidad: las proteínas de membrana que unen GTP interaccionan con los sistemas de receptores que activan o inhiben la adenilato ciclasa. De las diversas proteínas G conocidas, las dos que están mejor caracterizadas son las $G_s$, una familia de proteínas G que intervienen en la *estimulación* de la adenilato ciclasa, y las $G_i$, una familia estrechamente relacionada, que interviene en las respuestas que *inhiben* la adenilato ciclasa. Aunque ambos tipos de proteínas G interactúan también con otros receptores (y con proteínas diana distintas de la adenilato ciclasa), resulta útil describir sus funciones en términos de los receptores adrenérgicos.

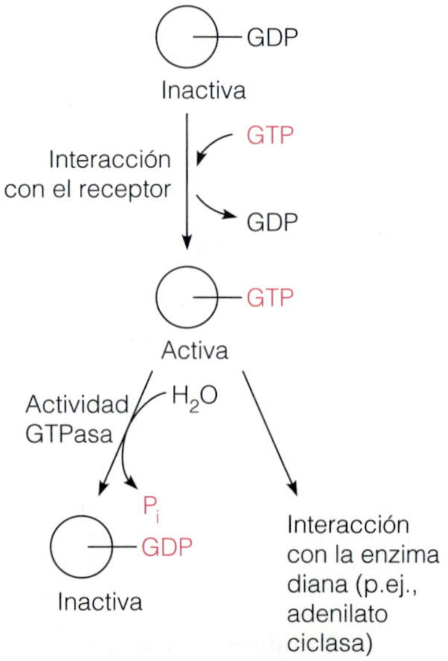


### Acciones de las proteínas G

Las proteínas G son proteínas de membrana que en el estado *inactivo* unen guanosina difosfato, GDP. Como hemos comentado en el Capítulo 13, una respuesta hormonal que lleve a la estimulación de la adenilato ciclasa, la unión de una hormona extracelular o de un agonista a un receptor, típicamente un receptor adrenérgico $\beta$, produce un cambio de conformación que estimula al receptor para interaccionar con una molécula $G_s$ próxima. Esta estimula, a su vez, un intercambio del GDP unido por GTP, es decir, la disociación del GDP de la $G_s$, para ser sustituido por GTP. De esta forma, la $G_s$ se convierte en una proteína que activa la adenilato ciclasa, produciendo AMP cíclico a partir de ATP. La síntesis de AMP cíclico da lugar a la activación de la proteína quinasa dependiente del AMPc (proteína quinasa A), con la consiguiente fosforilación de las proteínas diana, como la fosforilasa *b* quinasa en las células que activan la fosforólisis del glucógeno.

En resumen, esta ruta de transducción de señal comporta: (1) la unión de la hormona al receptor, (2) la interacción del receptor con la $G_s$, que estimula la liberación de GDP y la asociación del GTP con la $G_s$, (3) la estimulación de la adenilato ciclasa por la $G_s$ con GTP unido, (4) la estimulación por el AMPc de la fosforilación proteica, (5) la estimulación o inhibición de las reacciones metabólicas.

La reacción de intercambio inicial (parte superior de la Figura 23.8) está generalmente asistida por una clase de proteínas denominadas **factores de intercambio del nucleótido de guanina** (GEF). La activación continuada de la $G_s$ depende de la presencia de GTP unido. La respuesta hormonal está limitada y, por tanto, controlada por la presencia de una actividad GTPasa inherente a la proteína G. Así, el GTP unido se hidroliza lentamente a GDP, con la consiguiente pérdida de capacidad de estimulación de la adenilato ciclasa. Este proceso, igual que la activación inicial, está asistido por una proteína, siendo ayudado por una **proteína activadora de la GTPasa** (GAP). La proteína $G_i$ funciona de una forma similar, pero en respuesta a las señales extracelulares cuya función es la *inhibición* de la adenilato ciclasa, generalmente, los agonistas $\alpha_2$. Aquí, la unión del GTP provoca una interacción inhibidora de la $G_i$ con la adenilato ciclasa, que reduce la síntesis de AMPc.

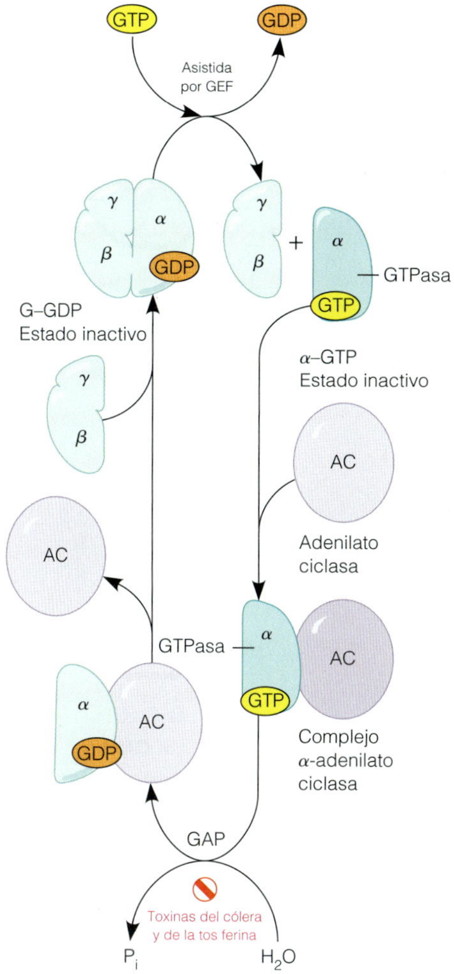


**FIGURA 23.8**

**Ciclo de disociación y reasociación de la proteína G.** $\alpha$, $\beta$ y $\gamma$ indican las tres subunidades de la proteína G. La forma activa es el complejo $\alpha$-GTP (azul verdoso oscuro), mientras que los complejos inactivos de GDP se indican en color azul verdoso claro. Se muestran también los lugares de acción de las toxinas de la tos ferina y el cólera. GEF, factor de intercambio del nucleótido de guanina; GAP, proteína activadora de la GTPasa.

## Estructura de las proteínas G

Las proteínas $G_s$, $G_i$ y otras proteínas G tienen una estructura de trímeros $\alpha\beta\gamma$ (Figura 23.8): una subunidad $\alpha$ de 39 a 46 kilodalton, una subunidad $\beta$ de 37 kilodalton y una subunidad $\gamma$ de 8 kilodalton. El genoma humano codifica, al menos, 24 proteínas $\alpha$ diferentes, 5 $\beta$ y 6 $\gamma$, lo cual permite una gran variedad de diferentes proteínas G trímeras. En la mayor parte de ellas, la subunidad $\gamma$ está **prenilada**, esto es, contiene una porción isoprenoide $C_{20}$ unida covalentemente a la cisteína C-terminal, que ayuda a anclar la proteína en la membrana y puede facilitar las interacciones proteína-proteína (*véase* el Capítulo 19). La subunidad $\alpha$ está **miristilada** en otras dos proteínas G, $G_i$ y $G_o$, y palmitilada en $G_s$. Esto es, contiene un grupo ácido mirístico o ácido palmítico con un enlace amida con la glicina C-terminal. El lugar de unión de los nucleótidos de guanina y su actividad GTPasa asociada se encuentran ambas en la subunidad $\alpha$. Un estímulo hormonal conduce al intercambio de GDP por GTP y a la disociación de la proteína G, con un desplazamiento del complejo $\alpha$-GTP a lo largo de la membrana hasta que encuentra una molécula de adenilato ciclasa o de la molécula efectora. La actividad GTPasa lenta, que se ha indicado antes, acaba reconvirtiendo finalmente la $\alpha$-GTP en $\alpha$-GDP, y el complejo $\alpha$-GDP se disocia de la adenilato ciclasa y se vuelve a unir al complejo $\beta\gamma$.

## Consecuencias del bloqueo de la GTpasa

La importancia de la actividad GTPasa para el control de la respuesta hormonal puede apreciarse en las consecuencias de su bloqueo. El bloqueo puede obtenerse *in vitro* mediante la sustitución del GTP por **GTPγS,** un análogo del GTP en el que un oxígeno del fosfato $\gamma$ del GTP se ha sustituido por un átomo de azufre, y que la actividad GTPasa no puede romper. En un sistema dependiente de $G_s$, el resultado es la activación irreversible de la adenilato ciclasa diana.

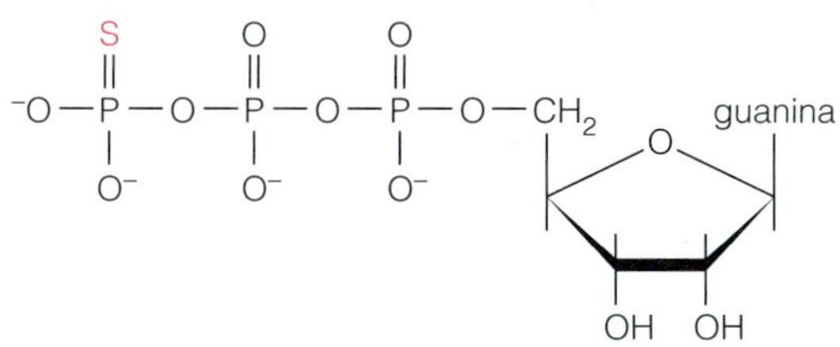


**GTPγS**

La activación de las proteínas G comporta el desplazamiento por GTP del GDP unido a la subunidad $\alpha$ y la disociación del complejo $\beta\gamma$. La acción hormonal está limitada por la hidrólisis lenta del GTP unido.

Más notables aún son los efectos de las toxinas bacterianas que tienen a las proteínas G como objetivos biológicos. La toxina de *Vibrio cholerae* es una proteína enzimática capaz de romper el $NAD^+$ y transferir su parte ADP-ribosa a un lugar específico de la subunidad a de la $G_s$ Esta modificación de la $G_s$ inhibe su actividad GTPasa y convierte a la subunidad a en un activador irreversible de la adenilato ciclasa.

$$NAD^+ + \alpha_s \longrightarrow \text{nicotinamida} + \text{ADP-ribosil-}\alpha_s$$

En el intestino, la acumulación del AMPc resultante fomenta una respuesta fisiológica controlada por el AMPc (secreción incontrolable de agua y $Na^+$) y es la

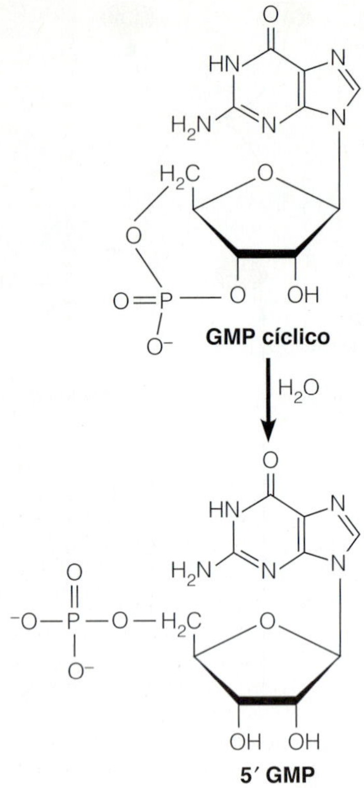


causa de la diarrea grave y la consiguiente deshidratación y la pérdida de sal que acompañan al cólera. Un componente de la toxina de *Bordetella pertussis*, que causa la tos ferina, tiene un efecto similar sobre la subunidad $\alpha$ de la proteína $G_i$, con unos efectos fisiológicos diferentes: reducción de la glucosa en sangre e hipersensibilidad a la histamina.

## Las proteínas G en el proceso visual

Existen notables semejanzas entre las acciones de las proteínas G en la transmisión de las señales hormonales y sus acciones en la transmisión de las señales luminosas. Gran parte de nuestro conocimiento de las proteínas G en la transducción de señales hormonales procede de los estudios de una proteína G, denominada **transducina**, en el proceso visual. El estímulo extracelular y el punto final bioquímico son muy diferentes en la visión y en la acción hormonal, pero los procesos de señalización transmembrana son casi idénticos. Como se ha indicado en el Capítulo 19, en la visión la señal extracelular es un fotón de luz y el receptor de membrana es la **rodopsina,** una proteína de membrana abundante en el segmento externo de los bastones de la retina y, como se indicó antes, relacionada estructuralmente con los receptores adrenérgicos. Un cambio fotoquímico de la estructura de la rodopsina hace que esta active la transducina, de manera que una GTP. El complejo transducina-GTP activa una **fosfodiesterasa** específica, que hidroliza un nucleótido cíclico, el **guanosina 3,5-monofosfato** (GMP cíclico o GMPc). La ruptura del GMPc estimula, a su vez, las reacciones intracelulares que generan una señal visual hacia el cerebro. Así pues, la *hidrólisis* estimulada del GMPc es el análogo visual de la *síntesis* estimulada de AMPc en las respuestas $\beta$-adrenérgicas.

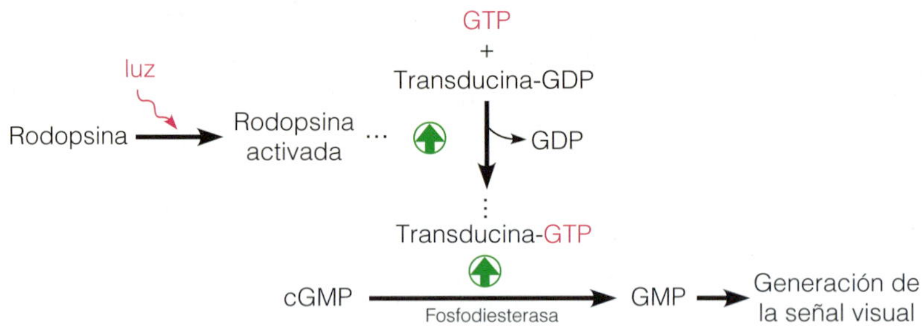


## Un examen más detallado de las subunidades de la proteína G

El mecanismo de las proteínas G se utiliza en muchas rutas de transducción de señal. El reordenamiento de las diversas proteínas $\alpha$, $\beta$ y $\gamma$ significa que existe un gran número de proteínas G, que dan una gran flexibilidad de respuesta a este elemento de transducción de señal. La interacción con las enzimas diana es una función de las subunidades $\alpha$. Algunas de ellas interactúan con la adenilato ciclasa, otras con los canales iónicos y las hay que interactúan con las fosfolipasas. Una gran subfamilia de proteínas G, denominada $G_{olf}$, se encuentra en las células olfatorias de la nariz y actúa con un gran número de receptores que participan en la recepción sensitiva de los olores.

Las subunidades a de las proteínas G son parte de una familia de pequeñas proteínas que unen GTP, que son activas cuando está unido el GTP e inactivas en presencia de GDP. A esta familia pertenecen las proteínas Ras especificadas por el oncogén (*véase* la página 985) y los factores de elongación de unión de GTP que participan en la síntesis de proteínas (Capítulo 28). En los últimos años se ha aprendido mucho de los estudios cristalográficos de cómo la unión del GTP activa esta clase de proteínas y cómo la proteína activada, a su vez, interactúa con su diana. La Figura 23.9a presenta la estructura de un complejo proteína G heterotrímero $\alpha\beta\gamma$-GDP, con la subunidad $\alpha$ procedente de una proteína $G_i$. La región «de cambio II», que se muestra en rojo, es un dominio que cambia de conformación cuando se hidroliza el GTP. El panel b muestra la estructura de una proteína $G_s\alpha$ superpuesta a una subunidad $G_i\alpha$; ambas proteínas están uniendo GTP$\gamma$S

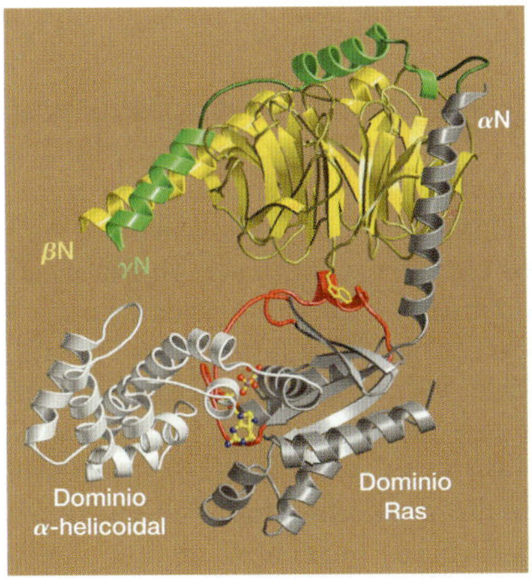


(a)

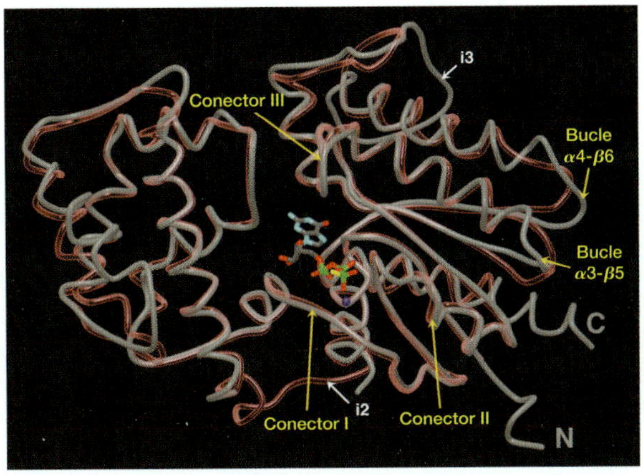


(b)

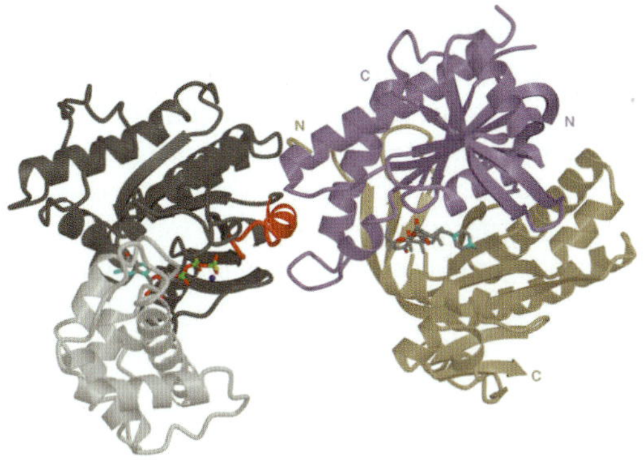


(c)

**FIGURA 23.9**

**Estructuras de las proteínas G. (a)** Complejo heterotrímero $\alpha\beta\gamma$, con la subunidad $\alpha$ procedente de la proteína a $G_i$. La subunidad $\alpha$ está en gris, la $\beta$, en amarillo y la $\gamma$, en verde. Se muestran los N-terminales de las tres proteínas; obsérvese que las modificaciones lipídicas de estos lugares no se encuentran presentes en estas proteínas recombinantes. En amarillo se muestra un GDP unido a la subunidad $\alpha$ y la región II de cambio en $\alpha$. **(b)** Superposición de una proteína $\alpha$ de $G_i$ (rosa transparente) y un complejo proteína $G_s\alpha$-GTP$\gamma$S (gris). Se muestran con flechas blancas dos inserciones en la proteína $G_{\alpha s}$ con relación a $G_{\alpha i}$ (i2 e i3). Las estructuras son idénticas en las regiones de unión del GTP. **(c)** Complejo entre $G_s\alpha$-GTP$\gamma$S (a la izquierda) y el centro catalítico de la adenilil ciclasa (a la derecha). Se piensa que la parte superior se enfrenta a la membrana plasmática. La proteína $\alpha$ consta de dos dominios principales, un dominio «helicoidal» (gris ceniza) y un dominio «semejante a ras» (carbón; *véase* el panel a). Se muestran también dos dominios de la adenilil ciclasa (malva y caqui). El GTP$\gamma$S se presenta como un bastón rojo y verde, y la región II de cambio de la proteína a en rojo.

(a) Reproducido de *Structure* 6:1169-1183, M. A. Wall, B. A. Posner y S. R. Sprang, Structural basis of activity and subunit recognition in G protein heterotrimers. © 1998, con permiso de Elsevier; (b) De *Science* 278:1943-1947, R. K. Sunahara, J. J. G. Tesmer, A. G. Gilman y S. R. Sprang, Crystal structure of the adenylyl cyclase activator $G_s\alpha$ © 1997. Reproducido con permiso de AAAS; (c) De *Science* 278:1907-1916, J. J. G. Tesmer, R. K. Sunahara, A. G. Gilman y S. R. Sprang, Crystal structure of the catalytic domains of adenylyl cyclase in a complex with Gsa/GTPgS. © 1997. Reproducido con permiso de AAAS.

no hidrolizable. Los puntos de divergencia estructural son los que se espera determinen si la interacción de la proteína $\alpha$ con una enzima diana, como la adenilato ciclasa, activa o inhibe esa enzima. El panel c muestra un complejo entre una $G_s\alpha$ unida al GTP$\gamma$S y el centro catalítico de la adenilato ciclasa. La región de cambio II de la proteína $\alpha$ está muy cerca de la enzima diana y participa en su activación.

## Modulación del estímulo hormonal

Obviamente, para que la señalización hormonal sea eficaz, la respuesta debe modularse una vez que han cambiado las condiciones que la crearon. Varios procesos están implicados. En primer lugar, al disminuir la secreción hormonal, los complejos hormona-receptor se disocian por acción de masas. En segundo lugar, como se ha mencionado antes, la actividad GTPasa intrínseca de la subunidad $\alpha$ de la proteína G hidroliza al GTP unido, lo cual conduce a la inactivación de la proteína G. Este proceso lo estimula la proteína GAP. En tercer lugar, el propio receptor se inactiva por un proceso que comienza con la acción de la **quinasa del receptor $\boldsymbol{\beta}$-adrenérgico** ($\beta$-ARK), que fosforila varias serinas C-terminal de la molécula receptora, lo cual lleva a la unión de otra proteína, la **$\boldsymbol{\beta}$-arrestina**, que reconoce los lugares fosforilados y une el receptor. Esto hace que se internalice el complejo receptor-$\beta$-ARK en una vesícula endocítica. Dentro del interior de la célula se disocia el complejo $\beta$-arrestina-$\beta$-ARK y el receptor se desfosforila y regresa a la superficie celular, sensibilizando de nuevo, de forma, eficaz al receptor para la posterior liberación de la hormona. La $\beta$-arrestina se une también a otra clase de receptores, y los regula con los mismos mecanismos.

## Efectores: adenilato ciclasa

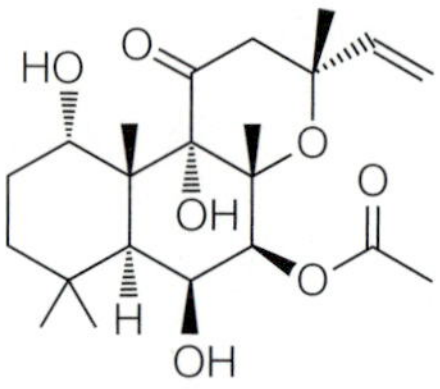


**Forskolina**

Aunque las proteínas G tienen diversas dianas que participan en la transducción de señal, nos centramos aquí en la adenilato ciclasa (AC) por su participación en la señalización adrenérgica que, como hemos observado, es un paradigma de los mecanismos de transducción de señal. Como se ha señalado previamente, la AC cataliza la conversión de ATP en AMP cíclico más pirofosfato. Las células de los mamíferos contienen 10 isoformas de AC que están reguladas por proteínas G heterotriméricas, cada una de ellas con dos dominios transmembrana, M1 y M2, y dos dominios citoplásmicos homólogos, C1 y C2. En la Figura 23.10 se muestra la estructura de los dominios citoplásmicos cristalizados en presencia de la subunidad $\alpha$ de $G_s$ y **forskolina**, un diterpeno de una planta india que activa todas estas adenilato ciclasas excepto una. La acción de la forskolina, como se muestra parcialmente en esta estructura, es situar juntos los dos dominios citoplásmicos en una conformación catalíticamente activa. Otros estudios señalan que el lugar de unión de $\alpha_I$ se encuentra en el lado opuesto del dominio catlítico pseudoasimétrico, donde parece impedir la asociación de los dominios catalíticos (no se muestra). Ambas subunidades reguladoras se unen a lugares alejados del lugar activo de la enzima, lo cual indica que en la regulación de la actividad AC deben participar procesos alostéricos complejos.

En la reacción de la adenilato ciclasa se activa el hidroxilo 3′ del ATP, que produce un ataque nucleófilo sobre el fósforo $\alpha$ (interior), se crea un enlace fosfodiéster, y el pirofosfato actúa como grupo de salida. La reacción es bastante semejante a la que catalizan las DNA polimerasas, excepto que la raección de la AC es intramolecular. En la figura no se muestra que la constelación de residuos de aminoácido del lugar activo, entre ellos los residuos de Asp situados estratégicamente, más la necesidad de dos iones metálicos, dan lugar a un mecanismo de la AC, que es bastante similar al de los dos metales que en la actualidad es el que se acepta para las DNA polimerasas (Capítulo 25, página 1046).

## Sistemas de segundos mensajeros

### AMP cíclico

Como se ha presentado en el Capítulo 13 y se ha detallado aquí, muchos fenómenos de transducción de señal implican las acciones ligadas del receptor, la proteína G y la adenilato ciclasa. Estos fenómenos estimulan o inhiben la síntesis de un segundo mensajero, el AMP cíclico, en el interior de la célula. Muchos procesos intracelulares están controlados, a su vez, por la concentración del segundo mensajero. Uno de estos procesos, que no hemos mencionado todavía, es la síntesis de las propias proteínas receptoras. El AMP cíclico se une y activa la proteína quinasa dependiente de AMPc (PKA; *véase* el Capítulo 13) que a su vez, fosforila una proteína denominada CREB (**proteína de unión al elemento de respuesta al AMPc**: *cAMP response element binding protein*), y la proteína fosforilada resultante controla la transcripción de los genes, entre los que se encuentran los que codifican determinados receptores. Algunas de estas acciones constituyen una adaptación de una célula a la acción de una hormona. Además, el AMP cíclico actúa

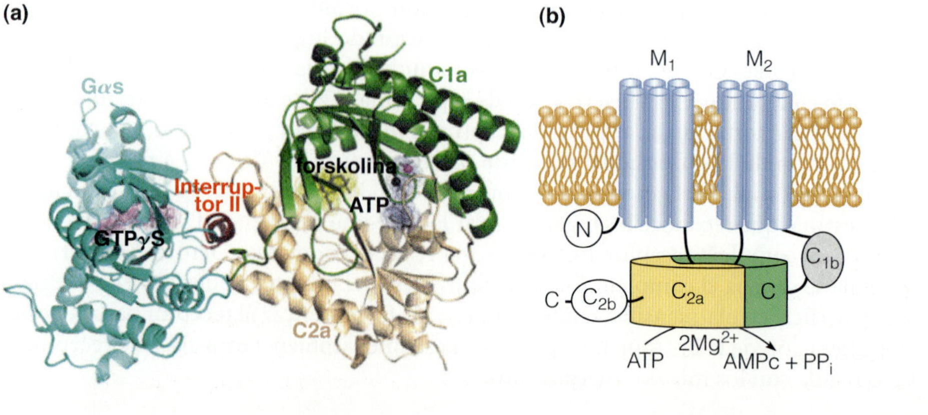


**FIGURA 23.10**

**Estructura cristalina de un dominio catalítico de la adenilato ciclasa**. **(a)** Los dominios catalíticos C1a y C2a (canela y verde) se cristalizaron como un complejo con la forskolina (amarillo) y $\alpha_s$, la subunidad $\alpha$ de $G_s$ (azul verdoso inferior izquierda). El lugar catalítico donde está unido el ATP consta de residuos de ambos dominios. Se muestra también el GTP unido a $\alpha_s$ (gris). **(b)** Diagrama esquemático que muestra las relaciones de los dominios catalíticos con las regiones helicoidales transmembrana.

De *Science* 278:1907-1916, J. J. G. Tesmer, R. K. Sunahara, A. G. Gilman y S. R. Sprang, Crystal structure of the catalytic domains of adenylyl cyclase in a complex with $G_s\alpha$·GTP$\gamma$S. © 1997. Reproducido con permiso de AAAS. Adaptado con permiso de John J. G. Tesmer, University of Michigan.

como segundo mensajero de las acciones de muchos agentes de señalización distintos a la adrenalina y el glucagón, entre ellos la dopamina, la $\beta$-corticotropina (ACTH), la histamina, la serotonina y las prostaglandinas.

Con esta diversidad de agentes de señalización que actúan a través del AMPc, ¿cómo se explica la especificidad de la acción hormonal? Parte de la respuesta descansa en la distribución de los receptores hormonales en los tejidos. Los receptores de glucagón, por ejemplo, están situados en el hígado y en el tejido adiposo, lo que explica los efectos preferentes del glucagón en estos tejidos. Además, la distribución de las proteínas G estimuladoras e inhibidoras en las distintas células determina si la unión de una hormona a esa célula aumentará o disminuirá la concentración intracelular de AMPc. Recientemente se ha descubierto una clase de proteínas denominadas AKAP (**proteínas de anclaje a la quinasa A**), que se encuentran unidas a lugares específicos dentro de una célula y que se controlan por los pool localizados de AMPc, y de esta forma, dan cuenta de los efectos diferenciales del AMPc dentro de la misma célula. Entre las alrededor de 30 AKAP humanas se encuentran formas asociadas con los microtúbulos, los canales iónicos o las mitocondrias y que se unen a la proteína quinasa A en esos lugares específicos y, por tanto, localizan los efectos del AMPc dentro de una única célula.

## GMP cíclico y óxido nítrico

El AMP cíclico fue el primer segundo mensajero conocido, pero no es el único. Hemos mencionado brevemente al GMP cíclico (*véase* la página 970) y el sistema de fosfoinosítidos (Capítulo 19; *véase* la página 788). Ha habido un gran interés en el GMP cíclico, en especial respecto a su papel en el metabolismo del óxido nítrico. El óxido nítrico (NO·) es una molécula gaseosa de señalización, que se sintetiza a partir de arginina (Capítulo 21), con funciones reguladoras importantes. El óxido nítrico se identificó originalmente como un agente de vasodilatación de las células del endotelio vascular y del músculo liso subyacente. Las señales que disminuyen la presión sanguínea e inhiben la agregación plaquetaria emplean como intermediario el óxido nítrico. En las respuestas inflamatoria e inmunitaria, una forma inducible de óxido nítrico sintasa produce NO· a concentraciones suficientes para ser tóxicas a los organismos patógenos. El NO· regula también la neurotransmisión en el sistema nervioso central.

La NO· sintasa en las células del endotelio vascular es muy sensible a la concentración de ion calcio; la activación de la enzima por el $Ca^{2+}$ ocasiona la acumulación de NO·. Dado que el NO· es un gas, puede difundir rápidamente a las células vecinas, donde ejerce su control al unirse al ion ferroso de una forma soluble de guanilato ciclasa y estimular la formación de GMP cíclico. La guanilato ciclasa es sensible a la inhibición por ATP a concentraciones fisiológicas, lo cual sugiere una relación reguladora entre la señalización del óxido nítrico y el estado energético de la célula. La guanilato ciclasa no es la única diana reguladora del óxido nítrico (reacciona fácilmente con $Fe^{2+}$, un componente de la citocromo oxidasa), pero la elevación de GMPc probablemente, es el efecto celular principal de la liberación de NO·.

Debido a que el NO· es inestable, sus efectos son de corta duración. Dada su función en la estimulación de la vasodilatación, el NO· participa en la estimulación de la erección del pene. El fármaco Viagra contrarresta la función eréctil al inhibir la fosfodiesterasa de GMPc, y de esta forma, aumentar la semivida metabólica del GMP cíclico.

Muchas células contienen una proteína quinasa estimulada por el GMPc que, a diferencia de la enzima activada por el AMPc, contiene dominios catalíticos y reguladores en una cadena polipeptídica de una proteína homodímera. Los conocimientos de las funciones del GMPc en la transducción de la señal han llegado hace poco debido a que sus concentraciones intracelulares son de 10 a 100 veces menores que las del AMPc.

Aunque el descubrimiento del óxido nítrico como una molécula gaseosa de señalización celular fue inesperado, el NO· no es el único agente señalizador gaseoso. Tanto el sulfuro de hidrógeno como el monóxido de carbono, liberados en dosis pequeñas, subtóxicas, tienen también acciones antiinflamatorias y vasodilatadoras semejantes a las del óxido nítrico, aunque con mecanismos diferentes. El sulfuro de hidrógeno producido por la desulfhidratación de la cisteína, activa un canal de potasio sensible al ATP en las células del músculo liso. Se conoce menos sobre los mecanismos de acción del monóxido de carbono.

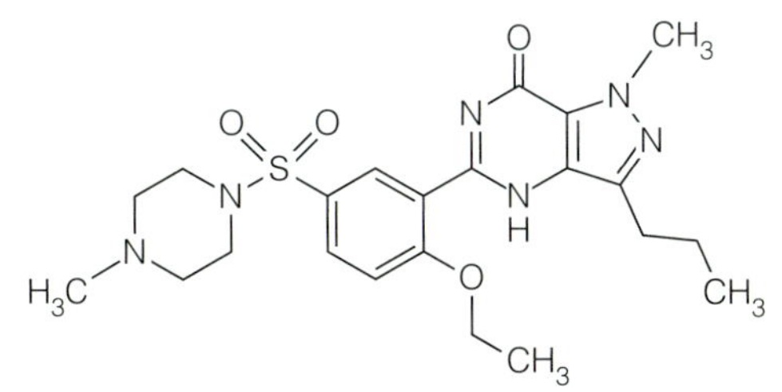


**Sildenafilo (Viagra)**

## Ion calcio

El ion calcio se ha considerado también un segundo mensajero. Muchas células responden a los estímulos extracelulares mediante una modificación de su concentración intracelular de calcio, que provoca, a su vez, modificaciones bioquímicas por sí mismo o a través de su interacción con la calmodulina (*véase* el Capítulo 13). Las concentraciones de calcio en sí se controlan en gran parte por segundos mensajeros, como el AMPc. En muchas células nerviosas y musculares, la activación de la adenilato ciclasa da lugar a una entrada de calcio extracelular. El AMPc activa un canal de calcio dependiente del voltaje en la membrana nerviosa presináptica, que permite la entrada de iones calcio a la célula, desencadenando una transmisión sináptica (*véase* el Capítulo 10). Esa activación puede comportar la fosforilación, mediante una proteína quinasa dependiente de AMPc, de un componente proteico del canal. En las células musculares, la entrada de calcio desencadena la contracción muscular (*véase* el Capítulo 8) y es la responsable, por ejemplo, del aumento de la frecuencia y la fuerza de los latidos cardíacos que producen los agonistas $\beta$-adrenérgicos. Dado que el segundo mensajero AMPc regula la entrada de calcio, se ha sugerido que al calcio se le denomine como tercer mensajero, en vez de como segundo mensajero.

## Fosfoinosítidos

Las concentraciones citosólicas de calcio pueden aumentar también por la liberación desde los depósitos *intracelulares* de calcio. El acceso a estos depósitos intracelulares se controla por otra serie de mensajeros, el **sistema de fosfoinosítidos.** Aunque semejante en muchos aspectos al sistema de la adenilato ciclasa, el sistema de fosfoinosítidos se diferencia en que el estímulo hormonal activa una reacción que genera *dos* segundos mensajeros. Las primeras observaciones experimentales respecto a este sistema de transducción de señal se remontan a 1953, cuando Mabel y Lowell Hokin observaron que la administración de acetilcolina a células secretoras pancreáticas conducía a una rápida síntesis y recambio de la fracción de fosfatidilinositol de los fosfolípidos de la membrana. Se realizaron observaciones similares en otros sistemas estimulados por hormonas, neurotransmisores o factores de crecimiento. Sin embargo, transcurrieron más de dos décadas antes de que surgiera un concepto unificador para explicar estas observaciones.

Actualmente sabemos que un lípido específico de la familia de los fosfoinosítidos, el **fosfatidilinositol 4,5-bisfosfato (PIP$_2$),** constituye una forma de almacenamiento asociada a la membrana de dos segundos mensajeros. Como se muestra en la Figura 23.11, la unión de un agonista a un receptor (paso 1) estimula una proteína G para que una GTP (paso 2), igual que sucede durante la respuesta adrenérgica. Sin embargo, esta proteína G no activa la adenilato ciclasa, sino una enzima diferente unida a la membrana, la **fosfolipasa C,** la cual, a su vez, rompe el PIP$_2$ para dar dos productos (paso 3), el ***sn*-1,2-diacilglicerol (DAG)** y el **inositol 1,4,5-trisfosfato** (InsP$_3$). Ambos productos actúan como segundos mensajeros. En consecuencia, la ruptura del PIP$_2$ por la fosfolipasa C es el equivalente funcional de la síntesis de AMP cíclico por la adenilato ciclasa.

La función de segundo mensajero del inositol trisfosfato consite en unirse y abrir canales de calcio en el retículo endoplásmico (RE), liberando, de esta forma, calcio de sus depósitos intracelulares en el RE (paso 4 de la Figura 23.11). Esta liberación tiene varios efectos sobre el metabolismo intracelular, como se indicó antes, pero contribuye también al papel de segundo mensajero del diacilglicerol, que es la activación de la proteína quinasa C unida a la membrana (paso 5). Esta enzima requiere para su actividad *calcio* (de ahí la designación de «C») y un *fosfolípido* (específicamente, fosfatidilserina). El otro segundo mensajero, el diacilglicerol, estimula la actividad de la proteína quinasa C mediante un notable aumento de la afinidad de la enzima por los iones calcio. Esta exigencia es específica del *sn*-1,2-DAG, pues ni el isómero 1,3 ni el 2,3, son activos. La enzima fosforila residuos específicos de serina y treonina en las proteínas diana (paso 6). Al igual que ocurre con la proteína quinasa estimulada por el AMPc, las respuestas celulares específicas a la activación de la proteína quinasa C, como la fosforilación de la calmodulina que se muestra en la Figura 23.11, dependen del conjunto de proteínas diana que se fosforilan en una determinada célula. Otras proteínas diana conocidas son el receptor de insulina, el receptor $\beta$-adrenérgico, el transportador de glucosa, la HMG-CoA reductasa, el citocromo P450 y la tirosina hidroxilasa.

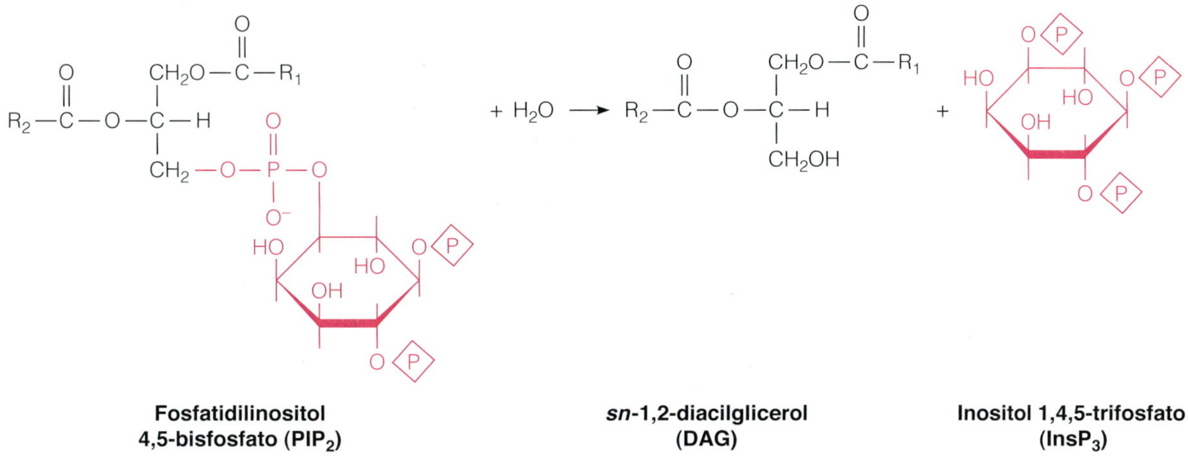


Consideremos ahora brevemente el metabolismo del inositol trisfosfato ($InsP_3$) tras su liberación del $PIP_2$. Tres pasos hidrolíticos secuenciales producen inositol, que se reincorpora entonces al fosfatidilinositol, como se consideró en el Capítulo 19, para regenerar el PIP y el $PIP_2$. El último paso hidrolítico, la hidrólisis del inositol monofosfato a

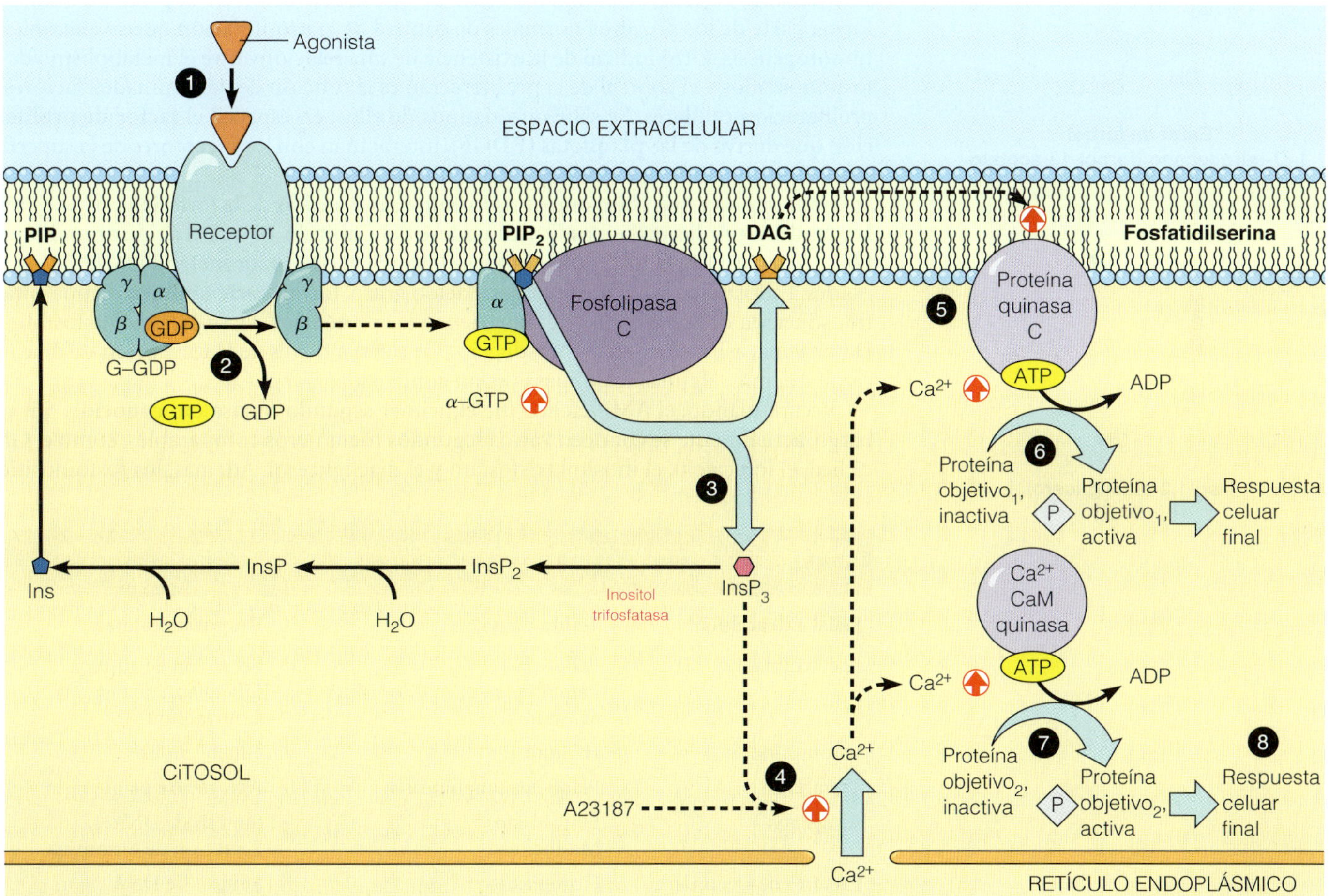


**FIGURA 23.11**

**Rutas de transducción de señal que implican el recambio de los fosfoinosítidos.** DAG, *sn*-1,2-diacilglicerol; Ins, inositol; InsP, inositol monofosfato; PIP, fosfatidilinositol-4-fosfato; $PIP_2$, fosfatidilinositol 4,5-bisfosfato; $InsP_3$, inositol 1,4,5-trisfosfato, $InsP_2$, inositol 1,4-bisfosfato. La mayor parte de los efectos del calcio se deben a su unión a la calmodulina (CaM). El A23187 es un ionóforo de calcio, que puede utilizarse experimentalmente para liberar el calcio de las reservas intracelulares. La liberación de iones calcio estimula la proteína quinasa C y la calmodulina quinasa.

inositol, se inhibe específicamente por el **ion litio.** Este bloqueo inhibe la nueva síntesis del $InsP_3$ al causar un agotamiento del inositol de la célula.

$$\text{Inositol monofosfato} + H_2O \rightarrow \text{inositol} + P_i$$

Dado que el sistema mensajero de los fosfoinosítidos se utiliza mucho en el tejido nervioso, esta acción del litio puede estar relacionada con su eficacia en el tratamiento del síndrome bipolar, denominado anteriormente trastorno maniacodepresivo.

Dado que muchos procesos metabólicos se controlan por los flujos de calcio y por la fosforilación de proteínas específicas, el sistema de fosfoinosítidos tiene una gran versatilidad como mecanismo de control. El hecho de que una célula pueda utilizar DAG o $InsP_3$ o ambos mecanismos, como resultado de un único estímulo extracelular, aumenta aún más esta versatilidad. En la Tabla 23.2 se presenta una relación parcial de los procesos controlados por el sistema de los fosfoinosítidos.

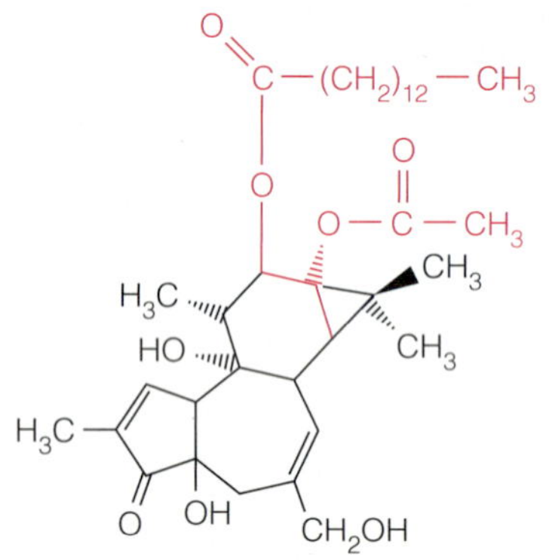

**Éster de forbol**
**1-*O*-tetradecanoilforbol-13-acetato**

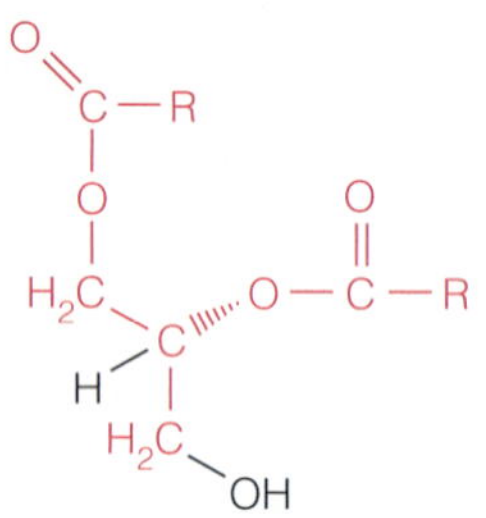

***sn*-1,2-diacilglicerol (DAG)**

Varias observaciones implican que el sistema de los fosfoinosítidos interviene no solo en la regulación metabólica sino también, en el control de la diferenciación celular. En primer lugar cabe citar la actividad de un grupo de productos naturales denominados **ésteres de forbol,** parte de cuya estructura se parece a la del DAG (que se indica en rojo). Estos compuestos se denominan **promotores tumorales.** Aunque no son cancerígenos de por sí, estimulan la formación de tumores cuando se aplican conjuntamente con un cancerígeno a animales de experimentación. Se ha observado que algunos ésteres de forbol activan la proteína quinasa C de manera independiente del diacilglicerol. Este hallazgo concuerda con la hipótesis de que la activación de la proteína quinasa C forma parte de los procesos normales de control de la proliferación que se alteran en la tumorogénesis. Otro indicio de la existencia de una relación entre el metabolismo de los fosfoinosítidos y el control de la proliferación es la función de determinados factores de proliferación celulares. Se sabe que algunos de ellos, en especial el **factor de proliferación que deriva de las plaquetas (PDGF),** interactúan con los receptores de la superficie celular, estimulando la hidrólisis del fosfatidilinositol.

Cada vez está más claro que otras fosfolipasas distintas de la fosfolipasa C se estimulan también por las proteínas G. Recuérdese del Capítulo 19 que el ácido araquidónico, liberado a partir de la fosfatidilcolina, es el principal precursor metabólico de los eicosanoides. La fosfolipasa $A_2$ que libera este ácido graso, forma parte también de una ruta de transducción de señal en la que intervienen las proteínas G, y se cree que la fosfolipasa D participa, asimismo, en la transducción de señal a través de la formación de diacilglicerol. Además, algunas fosfolipasas están controladas por el $Ca^{2+}$.

Recapitulando, el AMP cíclico fue el primer segundo mensajero conocido. Sin embargo, actualmente se conocen varios segundos mensajeros comparables, como el GMP cíclico, el ion calcio, el inositol trisfosfato y el diacilglicerol. Además, los fosfoinositidos

**TABLA 23.2. Algunos procesos celulares controlados por el sistema de segundo mensajero fosfoinosítido**

| Señal extracelular | Tejido diana | Respuesta celular |
|---|---|---|
| Acetilcolina | Páncreas<br>Páncreas (células de los islotes)<br>Músculo liso | Secreción de amilasa<br>Liberación de insulina<br>Contracción |
| Vasopresina | Hígado | Glucogenólisis |
| Trombina | Plaquetas sanguíneas | Agregación plaquetaria |
| Antígenos | Linfoblastos<br>Mastocitos | Síntesis de DNA<br>Secreción de histamina |
| Factores de crecimiento | Fibroblastos | Síntesis de DNA |
| Espermatozoides | Óvulos (erizo de mar) | Fertilización |
| Luz | Fotorreceptores (*Limulus*) | Fototransducción |
| Hormona de liberación de tirotropina | Lóbulo anterior de la hipófisis | Secreción de prolactina |

*Fuente:* Adaptado de M. J. Berridge, *Sci. Am.* (1985) Oct., p. 147. © 1985 Andrew Christie.

están lejos de ser los únicos fosfolípidos que participan en la señalización celular. En el Capítulo 19 se mencionó el factor activador de plaquetas, que estimula la agregación plaquetaria a través de su unión a un receptor acoplado a una proteína G. También, el ácido lisofosfatídico regula el crecimiento y desarrollo de los tipos celulares que participan en la cicatrización, a través de su interacción con un receptor acoplado a una proteína G. Finalmente, la ceramida, aunque no es un fosfolípido, regula los procesos del crecimiento, diferenciación, envejecimiento y apoptosis. Lo hace a través de la activación de proteína fosfatasas, que activan factores de crecimiento y diferenciación mediante la rotura del fosfato de fosfoproteínas específicas.

Entre los segundos mensajeros se encuentran el AMP cíclico, el GMP cíclico, el ion calcio, el inositol trisfosfato y el diacilglicerol.

## Tirosina quinasas receptoras

Pasamos ahora a una familia de receptores de membrana relacionados que se distinguen por tener un único dominio que abarca la membrana, un lugar de unión del ligando en la parte extracelular de la molécula y una actividad de tirosina quinasa proteica intrínseca en el lado intracelular. Entre ellos se encuentra el **receptor de insulina** (RI) y los receptores de factores de crecimiento peptídicos relacionados, como el del **factor de proliferación epidérmico** (EGF), el del **factor de proliferación que deriva de las plaquetas** (PDGF), el del **factor estimulador de colonias 1** (CSF-1), el del **factor de proliferación nerviosa** (NGF) y el del **factor de proliferación fibroblástico** (FGF), así como el del péptido **factor de proliferación semejante a la insulina 1** (IGF-1). Estos receptores constituyen una familia de proteínas estrechamente relacionadas (*véase* la Figura 23.12), puesto que los dominios de tirosina quinasa comparten homología de la secuencia de aminoácidos. Con la excepción de los receptores de la insulina y del IGF-1, son proteínas monoméricas que dimerizan para activar la actividad quinasa como respuesta a la unión del agonista. Algunos miembros de esta clase actúan a través de segundos mensajeros, pero la mayor parte de ellos actúan iniciando una cascada de fosforilación proteica, semejante a la que hemos visto en la glucogenólisis. Entre los receptores de esta clase están los de muchos factores de proliferación peptídicos, así como el de la insulina (que también puede considerarse como un factor de proliferación).

El primero de esta familia que se caracterizó fue el receptor de insulina (Figura 23.12), que es una glucoproteína con una estructura tetramérica $\alpha_2\beta_2$, estabilizada mediante enlaces disulfuro intercadena. Tanto la cadena $\alpha$ de 735 residuos y la cadena $\beta$ de 620 residuos, se traducen a partir de un mRNA único, dando una cadena polipeptídica que posteriormente sufre un procesamiento proteolítico. La cadena $\alpha$, que no abarca la membrana, une la insulina cerca de su C-terminal. La cadena $\beta$ tiene un único dominio transmembrana, con su C-terminal en el interior celular. Esa región C-terminal es el lugar de una actividad tirosina quinasa proteica, que se estimula por la unión de la insulina la parte extracelular del receptor. La actividad quinasa es esencial para la actividad biológica del receptor de insulina, ya que algunos casos de diabetes no dependiente de insulina están asociados con mutaciones del receptor que suprimen la actividad quinasa.

Una serie de receptores de membrana con una relación más lejana poseen otras actividades enzimáticas. Las proteínas de la familia del **factor de proliferación transformante** $\beta$ (TGF-$\beta$) se unen a un receptor que tiene una actividad serina/treonina quinasa proteica (semejante a una proteína quinasa dependiente de AMPc). El **factor natriurético auricular** (ANF), un péptido que controla el volumen sanguíneo, se une a un receptor que posee una actividad guanilato ciclasa y una actividad prevista serina/treonina quinasa proteica. Cuando el exceso de volumen sanguíneo estira la aurícula, se libera ANF, que viaja hasta el riñón, donde activa la síntesis de GMPc, aumentando a su vez la excreción renal de sodio y el agua acompañante, reduciendo, de esta forma, el volumen sanguíneo.

Las rutas de señalización con receptores tirosina quinasa (RTK) comienzan con la unión de un agonista al dominio extracelular, lo cual desencadena la dimerización del receptor (excepto el receptor de insulina y el receptor de IGF-1, cada uno de los cuales ya es un dímero de subunidades $\alpha\beta$). La dimerización estimula la autofosforilación de las tirosinas del dominio citoplasmico. A continuación, las proteínas son incorporadas a los dominios intracelulares del RTK al contener dominios **SH2** (*Src homology*: homología Src) o dominios **PTB** (*phophotyrosine-binding*: unión a fosfotirosina). Debido a las numerosas rutas de señalización implicadas, las tirosina quinasas receptoras son

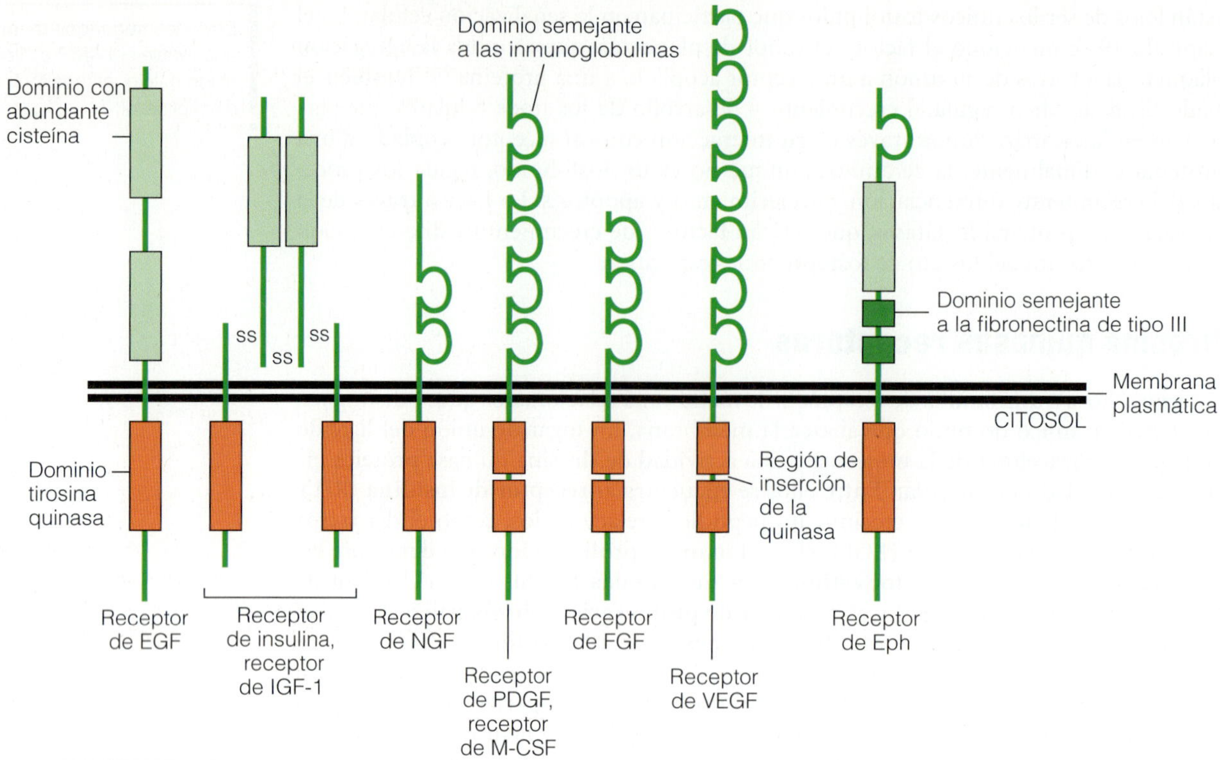


**FIGURA 23.12**

**El receptor de insulina y su relación estructural con otros receptores transmembrana con actividad tirosina quinasa proteica.** Se muestran proteínas representativas de cada una de las cuatro subfamilias. Algunas subfamilias tienen un «dominio inserto quinasa» dentro del módulo proteína quinasa. VEGF, factor de proliferación endotelial vascular. Eph, efrinas, reguladores de los movimientos celulares durante el desarrollo. En el texto se presentan otras abreviaturas

El receptor de insulina y varios receptores de factores de proliferación relacionados contienen un dominio transmembrana por cadena polipeptídica y tienen una actividad intrínseca de tirosina quinasa proteica.

dianas atractivas para los fármacos y el receptor de insulina se ha caracterizado muy bien. En la Figura 23.13a se muestra la estructura del dominio dimérico receptor quinasa del receptor de la insulina, acomplejado con uno de sus sustratos, la proteína tirosina fosfatasa 1 B (PTB1B), un regulador negativo de la señalización de la insulina.

Las proteínas que se asocian con el dominio tirosina quinasa pueden ser agentes de señalización o proteínas adaptadoras, que crean lugares de unión para las proteínas de señalización. Como se esquematiza en la Figura 23.13b, un sustrato destacado de la quinasa del receptor de insulina es el **sustrato 1 del receptor de insulina** (IRS-1), que se une al dominio quinasa del receptor de insulina a través de los dominios SH2. Un efecto posterior de esta fosforilación es la activación de la **fosfoinositido 3-quinasa**, que convierte el fosfatidilinositol 4,5-bisfosfato ($PIP_2$) en fosfatidilinositol 3,4,5-trisfosfato ($PIP_3$), un segundo mensajero con diversas dianas intracelulares. En respuesta a la insulina, un efecto del $PIP_3$ es la activación de la **proteína quinasa B** (PKB), denominada también Akt, por medio de su unión a la membrana. La PKB fosforila a continuación otra proteína quinasa, la glucógeno sintasa quinasa (GSK3), que en la forma fosforilada estimula la inactivación de la glucógeno sintasa. Por tanto, como resultado de la unión de la insulina a su receptor, la glucógeno sintasa no puede inactivarse, asegurando que continúe la síntesis de glucógeno. La PKB actúa también para relocalizar el transportador de glucosa GLUT4 desde las vesículas internas de membrana a la superficie celular, donde estimula la captación de glucosa. La insulina tiene también efectos a largo plazo como hormona de proliferación, y son el resultado del establecimiento de otra cascada de fosforilación. Como también se muestra en la Figura 23.13, el IRS-1 fosforilado interacciona con una proteína adaptadora denominada Grb2, que a su vez, activa Sos, que posteriormente se une a Ras (en la página 985 se proporciona más información sobre Ras). Ras es comparable a la subunidad $\alpha$ de la proteína G, aunque Ras no es una proteína G completa. Sos actúa como un factor de intercambio de nucleótido de guanina (GEF, página 969) en que activa Ras estimulando la unión de GTP, acoplado con la disociación del GDP unido. El Ras con GTP unido activa una proteína quinasa denominada Raf-1, que a su vez, activa otra proteína quinasa, ERK. La fosforilación de ERK conduce a su captación al nucleo a través de poros nucleares, donde fosforila otras proteínas, que a su vez, se unen a lugares específicos del genoma, estimulando la transcripción de genes cuyas acciones promueven la división y la proliferación celular.

(a)

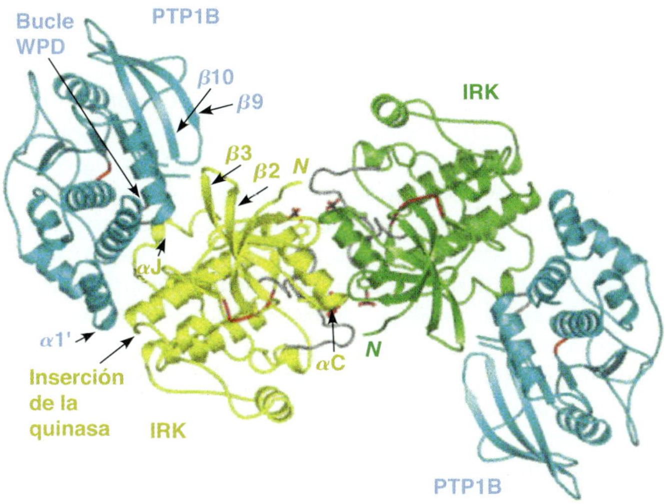


**FIGURA 23.13**

**Receptor tirosina quinasa, tomando como ejemplo el receptor de insulina. (a)** Estructura del dominio tirosina quinasa (IRK) en complejo con uno de sus sustratos, la proteína tirosina fosfatasa 1B (PTP 1B). Las dos subunidades IRK están en verde y verde amarillento, mientras que PTP 1B está en cian. Los bucles catalíticos de ambas proteínas están en rojo y el bucle de activación de IRK, cerca de la fosfotirosina, está en gris en ambas subunidades. PDB ID 2B4S. De S. Li *et al.* (2005) *Structure* 13:1643-1651, con autorización de Elsevier. **(b)** Rutas de señalización con participación del receptor de insulina. Las proteínas con dominios SH2 se unen a los residuos de fosfotirosina. Hacia la izquierda, la fosforilación de IRS-1 (sustrato del receptor de insulina) inicia una cascada de fosforilación con participación de las quinasas Raf-1, MEK y ERK, que da lugar a la translocación del ERK-fosfato al núcleo, donde estimula la transcripción de genes relacionados con la proliferación y el desarrollo. Hacia la derecha, el IRS-1 fosforilado activa la fosfoinosítido 3-quinasa (PIK3), que convierte el $PIP_2$ en $PIP_3$. Este último activa la proteína quinasa B (PKB) fosforilada uniéndola a la membrana, donde fosforila la glucógeno sintasa quinasa (GSK) y la inactiva. Esto hace imposible que se fosforile la glucógeno sintasa (GS) y, por lo tanto, la inactiva, lo cual permite que se produzca la síntesis de glucógeno. Otra acción de la PKB fosforilada es la liberación de GLUT4, un transportador de glucosa, desde los almacenes intracelulares. Su translocación a la membrana aumenta la captación de glucosa a las células diana.

(a) Reproducido de *Current Opinion in Structural Biology* 16:668-675, R. Bose, M. A. Holbert, K. A. Pickin y P. A. Cole, Protein tyrosine kinase-substrate interactions. © 2006, con permiso de Elsevier.

(b)

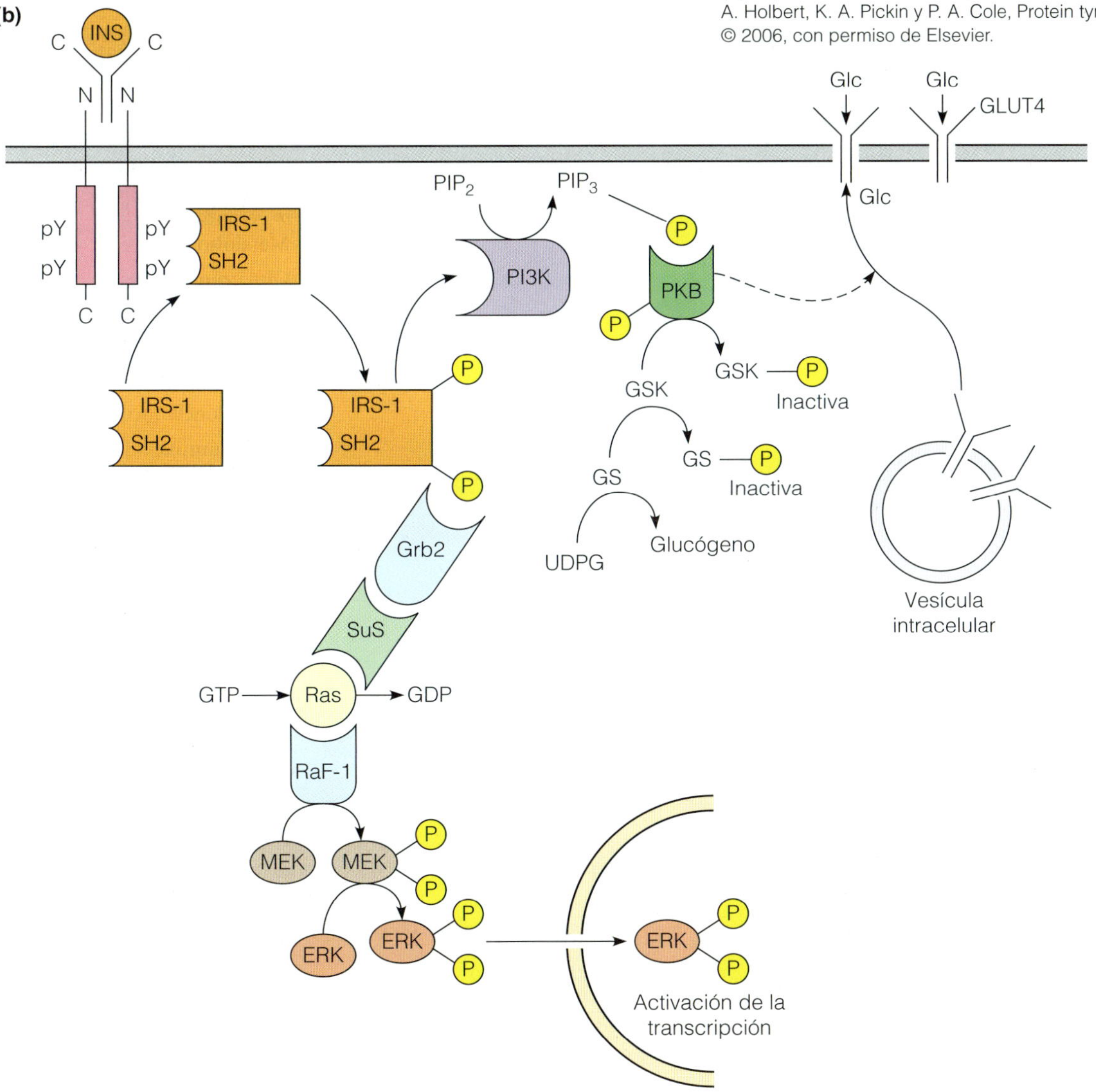

## Hormonas esteroideas y tiroideas: receptores intracelulares

El receptor de insulina y varios receptores de factores de proliferación relacionados contienen un dominio transmembrana por cadena polipeptídica y tienen una actividad intrínseca de tirosina quinasa proteica.

La familia de receptores de esteroides contiene una secuencia conservada de unión al DNA que contiene zinc y un dominio C-terminal de unión de la hormona.

Los efectos hormonales que se producen a través de receptores de membrana tienden a ser de corta duración. Al igual que la cascada glucogenolítica inducida por la adrenalina, constituyen respuestas ante demandas fisiológicas rápidas y urgentes, y comportan una activación o inhibición de enzimas preexistentes. En cambio, los efectos de las hormonas esteroideas producen cambios a largo plazo, como la activación de un sistema de transporte o la conversión de una célula en reposo en una célula en proliferación. Los esteroides y las hormonas relacionadas (tiroideas, vitamina D y hormonas del ácido retinoico) actúan intracelularmente. En virtud de su naturaleza hidrófoba, atraviesan la membrana plasmática y ejercen sus efectos dentro de la célula, en realidad, dentro del núcleo, en donde controlan las actividades de genes específicos. En la mayor parte de los casos se activan los genes diana. En la Tabla 23.3 se indican varias proteínas cuya síntesis está regulada por estas hormonas.

Estos efectos reguladores se producen a nivel de la transcripción de genes que responden a los esteroides. Los esteroides y las hormonas relacionadas actúan mediante la unión en el citosol a proteínas receptoras específicas, que forman dímeros bajo la influencia de la hormona. La unión en el citosol va seguida de un movimiento del complejo hormona-receptor hacia el núcleo, en donde el complejo interacciona con lugares específicos del DNA denominados **elementos que responden a las hormonas (HRE).** La unión del complejo al DNA influye sobre la velocidad de transcripción de los genes próximos, mediante mecanismos que están siendo investigados intensamente en

**TABLA 23.3. Órganos diana para las hormonas esteroideas y tiroideas y principales proteínas cuya síntesis se ve afectada**

| Clase de hormona | Órgano diana | Proteína[a] |
|---|---|---|
| Glucocorticoides | Hígado | Tirosina aminotransferasa<br>Triptófano oxigenasa<br>α-Fetoproteína (↓)<br>Metalotioneína |
| | Hígado, retina | Glutamina sintetasa |
| | Riñón | Fosfoenolpiruvato carboxiquinasa |
| | Oviducto | Ovoalbúmina |
| | Hipófisis | Proopiomelanocortina |
| Estrógenos | Oviducto | Ovoalbúmina<br>Lisozima |
| | Hígado | Vitelogenina<br>apo-VLDL |
| Progesterona | Oviducto | Ovoalbúmina<br>Avidina |
| | Útero | Uteroglobina |
| Andrógenos | Próstata | Aldolasa |
| | Riñón | β-glucuronidasa |
| | Oviducto | Albúmina |
| 1,25-dihidroxivitamina $D_3$ | Intestino | Proteína ligadora de calcio |
| Hormonas tiroideas | Hígado | Carbamoil fosfato sintetasa<br>Enzima málica |
| | Hipófisis | Hormona de crecimiento<br>Prolactina (↓) |
| Ecdisona (en insectos) | Epidermis | Dopa descarboxilasa |
| | Cuerpo graso[b] | Vitelogenina |

[a] La síntesis de cada proteína indicada se incrementa por la hormona, excepto las dos identificadas con (↓).
[b] El cuerpo graso es un órgano de los insectos que desempeña algunas funciones equivalentes a las del hígado y el tejido adiposo.

la actualidad. Debido a su lugar de acción, los miembros de esta familia de proteínas se denominan también receptores nucleares.

Los receptores nucleares se encuentran a concentraciones de solo unas $10^4$ moléculas por célula, lo cual hace que su purificación resulte difícil. Sin embargo, dado que se unen a las hormonas de forma muy estrecha, ha sido posible purificar estas proteínas mediante cromatografía de afinidad. El análisis de la secuencia del cDNA ha revelado la existencia de semejanzas estructurales entre esta clase de receptores, y el empleo de técnicas de DNA recombinante para crear receptores híbridos ha permitido identificar, sin ambigüedad alguna, dominios de función dentro de la molécula receptora. Cada proteína receptora de esta familia contiene un dominio central conservado de unos 80 residuos, que participa en la unión al DNA (Figura 23.14). En el lado N-terminal de este dominio hay una región esencial para la activación de la transcripción. Hacia el C-terminal se encuentran los dominios que se encargan de la unión de la hormona, la dimerización de la proteína y la activación de la transcripción.

Todos los receptores conocidos de esta familia contienen zinc unido, que es esencial para la unión al DNA, y las secuencias de unión al DNA presentan una distribución de los residuos de cisteína completamente conservada. Estas observaciones sugirieron que los átomos de zinc podían formar complejos con los azufres de la cisteína con un patrón similar al del «dedo de zinc», que es un motivo estructural que se repite en otras muchas proteínas reguladoras de la transcripción en los eucariotas (*véase* el Capítulo 27). Esta predicción se ha visto respaldada por los estudios de RMN de alta resolución de los complejos receptor-DNA (Figura 23.15).

La utilidad de una serie de reguladores de acción prolongada se pone claramente de manifiesto con un par de ejemplos. Los estrógenos y la progesterona regulan el ciclo reproductor femenino. En los seres humanos estas hormonas interactúan a lo largo de un ciclo de 4 semanas para preparar al útero para la implantación de un óvulo fertilizado. La proliferación del endometrio y el revestimiento epitelial del útero, son los procesos principales. Evidentemente, requiere la síntesis de nuevas proteínas y un aumento del flujo sanguíneo hacia el útero. Estos procesos se detienen cuando una señal hipofisaria desencadena una reducción de la liberación de las hormonas, causando el desprendimiento de las células del revestimiento uterino y el inicio de la hemorragia menstrual.

**FIGURA 23.14**

**Dominio de unión al DNA conservado en los receptores esteroideos.** En el centro se encuentran los dominios estructurales de los receptores esteroideos, que se ilustran para el receptor de estrógenos. Por encima se encuentra el dominio de unión al DNA del receptor de estrógenos, que muestra residuos de cisteína conservados que contactan con iones zinc ligados (un motivo de unión dedo de zinc; *véase* el Capítulo 27). En la parte inferior se encuentran las secuencias del dominio de unión al DNA de los receptores humanos relacionados, en los que se resaltan los residuos de cisteína conservados. ER, receptor de estrógenos; GR, receptor de glucocorticoides; TRb, receptor de hormonas tiroideas; PR, receptor de progesterona; VitD, receptor de vitamina D; RAR, receptor de ácido retinoico.



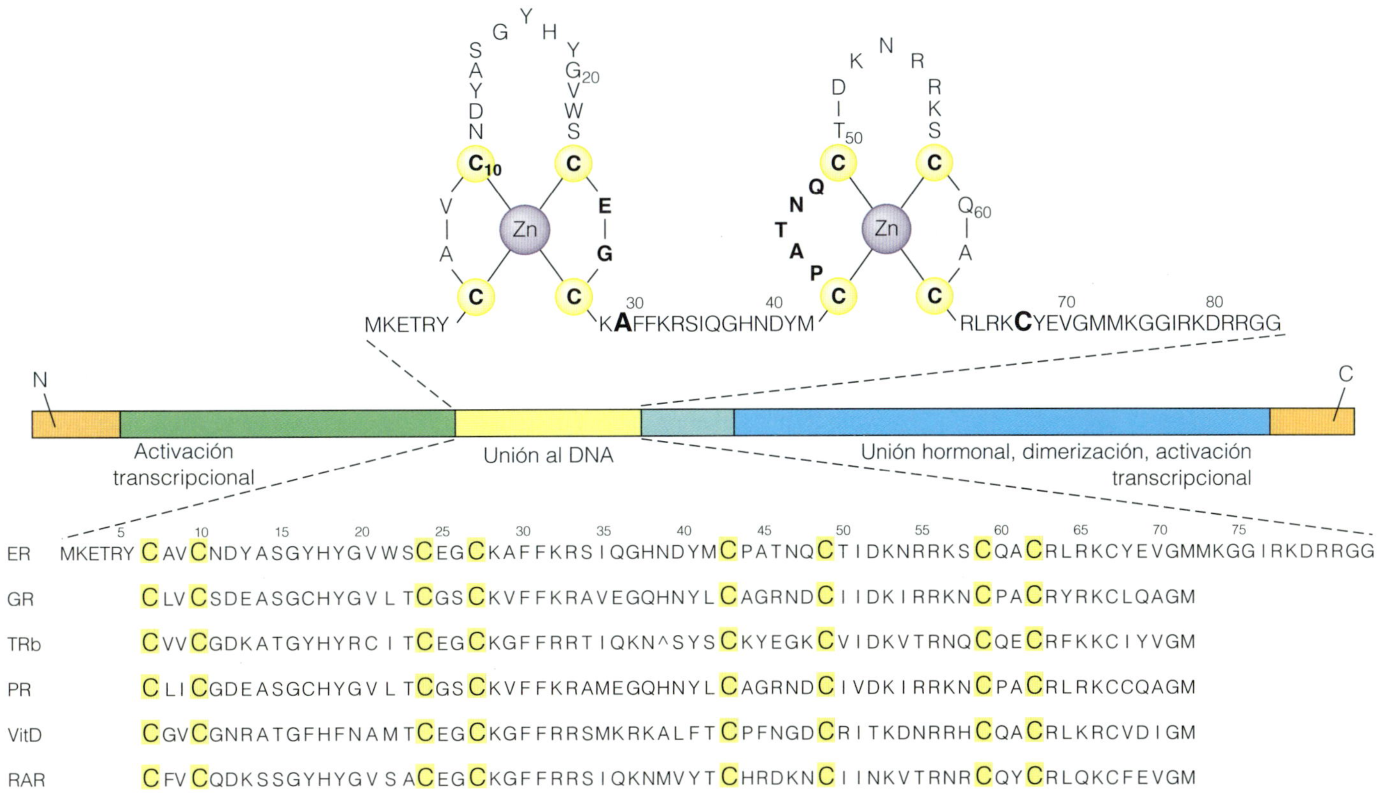

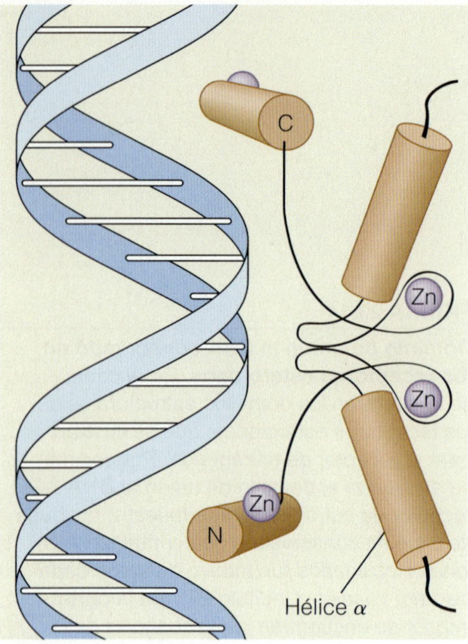


**FIGURA 23.15**

**Unión del receptor de estrógenos al DNA, según se deduce de la espectroscopia de RMN.** La proteína receptora dímera tiene dos regiones de hélice α idénticas, que se unen a los dos extremos de una secuencia de DNA simétrica (AGGTCAXXXTGACCT), dentro del surco principal.

Reproducido de *Trends in Biochemical Sciences* 16:291-296, J. W. R. Schwabe y D. Rhodes, Beyond zinc fingers: Steroid hormone receptors have a novel structural motif for DNA recognition. © 1991, con permiso de Elsevier.

Las acciones de los glucocorticoides son comparables, en cuanto a que el control de la síntesis de determinadas proteínas permite la adaptación metabólica a largo plazo. Mientras que los estrógenos ejercen el control del metabolismo de la reproducción a lo largo de un periodo de varias semanas, la secreción de glucocorticoides constituye una forma de adaptación a un estrés de mayor duración. Esta adaptación comporta la estimulación de la gluconeogénesis y la síntesis de diversas proteínas, entre ellas, algunas que contrarrestan los efectos de la inflamación. A diferencia de los estrógenos, que actúan principalmente en los tejidos reproductores, los glucocorticoides influyen sobre células en diversos tipos de tejidos diana. Los estudios recientes demuestran que la velocidad de transcripción de los genes diana tras la unión del complejo glucocorticoide-GR es muy sensible a la secuencia de nucleótidos de la región de unión del DNA del elemento de respuesta a la hormona, haciendo que esta secuencia sea un determinante esencial de la sensibilidad a los glucoorticoides de los genes diana.

Las investigaciones de la acción de los glucocorticoides como agentes antiinflamatorios y como inmunosupresores ha iluminado la acción de otra ruta de señalización importante, que implica a un activador de la transcripción denominado NF-κB. Esta proteína estimula la transcripción de genes de una clase de proteínas denominada **citoquinas,** que estimulan varias reacciones de la respuesta inmunitaria, entre otras, la proliferación de las células productoras de anticuerpos. Normalmente, el NF-κB está unido a una proteína inhibidora denominada IkBa, que impide su traslado al núcleo. La unión de un estimulador inmunitario, como el **factor de necrosis tumoral** (TNF), a su receptor de la membrana plasmática conduce a la ubiquitinización de IκBα y a su degradación consiguiente por el proteasoma de 26S (Capítulo 20). Esto, a su vez, permite al NF-κB trasladarse al núcleo y activar la transcripción de unos 300 genes, entre ellos los de las citoquinas (Figura 23.16a). Otro gen activado es el de IκBα. Esto establece un bucle de retroacción, que escolta a NF-κB fuera del núcleo, seguido de ciclos repetidos de degradación de IκBα y el cambio de localización de NF-κB fuera del núcleo. Los estudios recientes de imagen de fluorescencia muestran oscilaciones de la abundancia nuclear de NF-κB, lo cual sugiere una respuesta oportuna a lo que podría ser también un estímulo pulsátil (Figura 23.16b) y explicando posiblemente las reacciones diversas, en diferentes células, a la estimulación inmunitaria o inflamatoria.

Con respecto a las propiedades antiinflamatorias de los glucocorticoides, uno de los genes diana de la activación del complejo glucocorticoide-receptor es el gen de IκBα. Estimulando la síntesis de esta proteína, los glucocorticoides evitan el cambio posterior de NF-κB al núcleo, inhibiendo, de esta forma, la expresión de los genes estimulados por NF-κB.

Los receptores de las hormonas esteroideas son objetivos utilizados por diversos fármacos importantes. El **tamoxifeno** se une a los receptores de estrógenos, pero no activa los genes de respuesta estrogénica. La proliferación de algunas células tumorales mamarias se activa por los estrógenos. El tratamiento con tamoxifeno de los pacientes con estos tumores, después de la intervención quirúrgica y la quimioterapia, a menudo antagoniza la unión de los estrógenos en las células tumorales residuales y retarda su proliferación. Sin embargo, las pacientes que toman tamoxifeno tras la cirugía del tumor de mama deben controlarse cuidadosamente, ya que existe también un riesgo aumentado de cáncer de útero. El **RU486,** que fue desarrollado en Francia, se une a los receptores de progesterona y bloquea los procesos que son esenciales para la implantación de un óvulo fertilizado en el útero. De ahí que el RU486 sea un agente anticonceptivo eficaz, a pesar de que se tome después de la relación sexual.

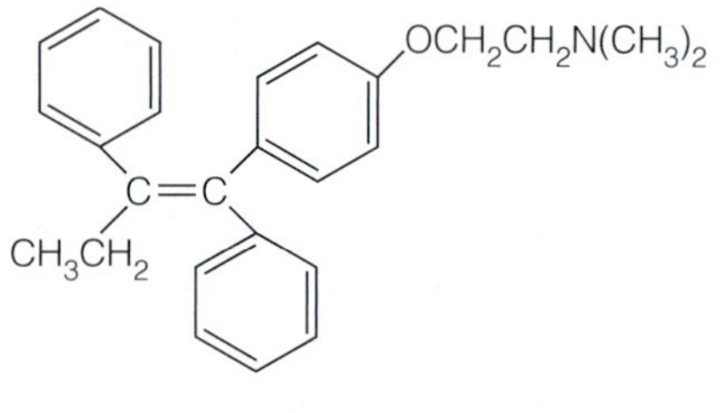


**Tamoxifeno**

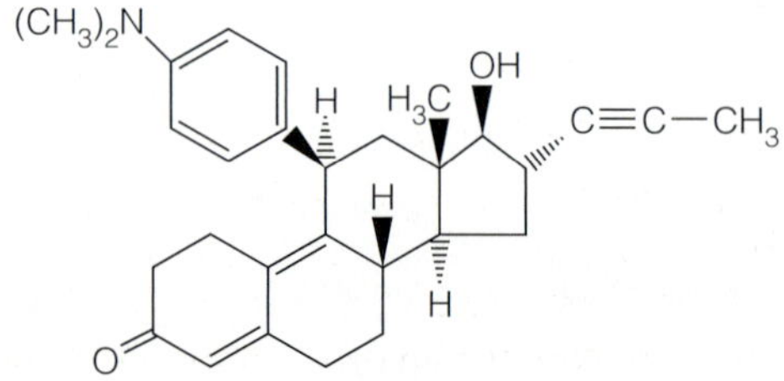


**RU486**

## Transducción de señal, oncogenes y cáncer

Uno de los campos de estudio actual más apasionantes es el de las investigaciones de las diferencias genéticas entre las células cancerosas y las células normales de las que proceden. Estas investigaciones han revelado, en una amplia gama de células tumorales, formas alteradas por mutaciones o concentraciones de proteínas que intervienen en la transducción de señal, como proteínas quinasas, proteínas G, receptores de esteroides, factores de proliferación y receptores de factores de proliferación alterados. Algunas células tumorales contienen una proteína de transducción de señal normal, pero en canti-

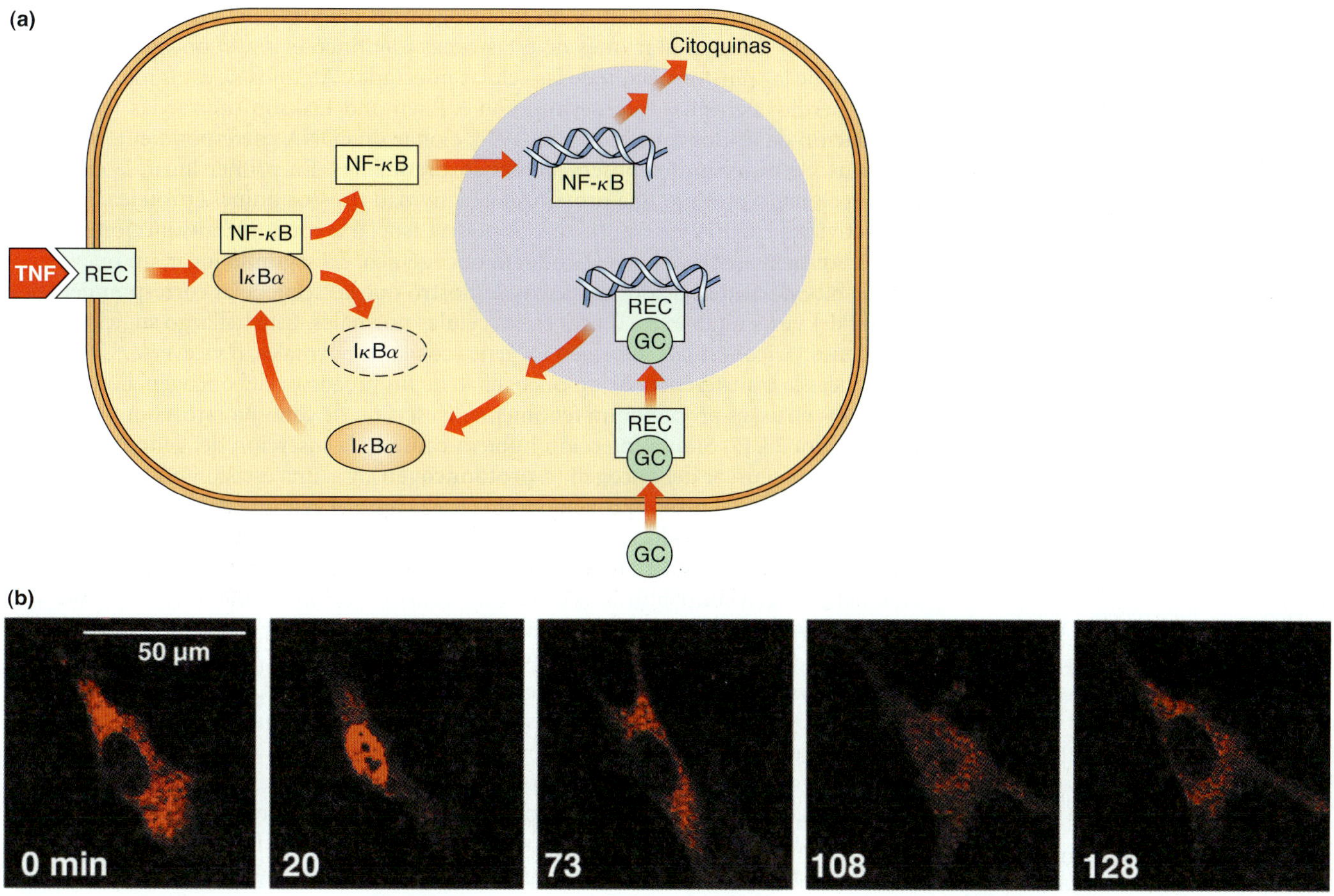


dades excesivas. Los genes responsables de estas alteraciones se denominan **oncogenes.** Los estudios de los productos proteicos de los oncogenes, denominados **oncoproteínas,** han aclarado las funciones de las formas normales de estas proteínas en la regulación del metabolismo y la proliferación celulares y han aportado luz sobre la forma en que los mecanismos de control normales pueden alterarse en una célula cancerosa.

**FIGURA 23.16**

**Acción de los glucocorticoides (GC) en la supresión de las reacciones inmunitaria e inflamatoria mediadas por las citoquinas.** **(a)** Acción de los glucocorticoides para contrarrestar la translocación de NF-κB al núcleo. REC, receptor. **(b)** Naturaleza oscilatoria de la respuesta a la señalización del TNF. Los fibroblastos de embrión de ratón sobreexpresan transitoriamente una subunidad de NF-κB tratada con TNFα; las células se observaron mediante microscopia de inmunofluorescencia en los tiempos señalados en minutos.

De *Science* 342:242–246, L. Ashall, C. A. Horton, D. E. Nelson, P. Paszek, C. V. Harper, K. Sillitoe, S. Ryan, D. G. Spiller, J. F. Unitt, D. S. Broomhead, D. B. Kell, D. A. Rand, V. Sée y M. R. H. White, Pulsatile stimulation determines timing and specificity of NF-κB-dependent transcription. © 2009. Reproducido con permiso de AAAS.

## Oncogenes celulares y víricos

Dos actuaciones son particularmente notorias en la historia del estudio del cáncer: una relativa a los virus tumorales y la otra, al análisis genético de los tumores humanos. En lo que se refiere a la primera de estas actuaciones, se sabe desde hace tiempo que determinados virus causan cáncer en los animales infectados. El primer virus tumoral conocido fue el **virus del sarcoma de Rous,** descubierto en 1911 por Peyton Rous, y que se demostró que causaba tumores en los pollos.

Tanto si el virus contiene RNA (como el virus del sarcoma de Rous) como si contiene DNA, hay determinadas características comunes en las infecciones víricas que causan cáncer. En primer lugar, las células sufren una **transformación.** Es decir, pierden los mecanismos normales de control de la proliferación y en un cultivo celular continúan proliferando en las condiciones que detienen la proliferación de las células normales. En segundo lugar, las células transformadas son ellas mismas tumorogénicas, ya que su inyección en animales produce tumores. En tercer lugar, parte del genoma vírico o todo él se inserta linealmente en los cromosomas de las células transformadas. En los virus de RNA como el del sarcoma de Rous, el genoma vírico debe convertirse en un DNA de doble cadena antes de que pueda producirse esta inserción. La enzima vírica que sintetiza el DNA a partir de un molde de RNA de una sola cadena se denomina **transcriptasa inversa** y los virus que contienen esta enzima se denominan **retrovirus** (*véase* el Capítulo 25). El producto de la reacción de la transcriptasa inversa se denomina DNA complementario, o cDNA, debido a que tiene una secuencia complementaria de su RNA molde.

Los oncogenes víricos son protooncogenes celulares errantes, la mayoría de los cuales codifican elementos de transducción de señal que han sido captados por los genomas víricos y han sufrido mutaciones posteriores.

Existen numerosos mutantes no tumorogénicos del virus del sarcoma de Rous. El cartografiado de las mutaciones de estas cepas identificó el *src*, el oncogén vírico responsable de la transformación de las células infectadas. Algunos de estos mutantes contienen pérdidas amplias que permitieron a Raymond Erikson utilizar las técnicas de hibridación de ácidos nucleicos y, en 1978, clonar un cDNA correspondiente al gen *src* del virus. Se hicieron dos observaciones sorprendentes. En primer lugar, la expresión del gen clonado produjo una proteína con actividad tirosina quinasa proteica. Así pues, una actividad enzimática específica, que podría asociarse con una transducción de señal, estaba también asociada con el producto oncogénico. En segundo lugar, un nuevo análisis de hibridación de ácidos nucleicos demostró que las secuencias correspondientes al gen *src* del virus estaban presentes en las células normales. Este hallazgo sugirió que los oncogenes víricos tenían su origen en genes celulares normales, o viceversa. Una forma de explicar la transferencia de un oncogén, o de un precursor del oncogén, desde las células a los virus, es proponer un fenómeno de escisión de genoma raro, como se expone en la Figura 23.17. Si una infección hubiera causado la inserción del genoma del virus junto a un precursor del oncogén (o **protooncogén**), y si una escisión posterior hubiera eliminado parte del protooncogén o todo él, así como el genoma del virus, esta escisión equivocada habría creado un nuevo genoma vírico, que contendría un gen celular. La evolución posterior del virus podría modificar el gen celular, creando un oncogén. La acción del oncogén contribuiría a producir la transformación en una infección posterior.

El análisis de la secuencia del gen *src* procedente de los virus y de las células reveló la existencia de diferencias significativas; los 19 aminoácidos C-terminal del gen celular están sustituidos por 11 residuos diferentes en el gen del virus, haciendo que el gen del virus esté en constante funcionamiento, estimulando la diferenciación celular. Así pues, actualmente hablamos de *v-src*, la forma vírica del gen, y de *c-src*, la forma celular. El análisis de otros muchos virus tumorales produjo más de dos docenas de oncogenes adicionales. Los correspondientes protooncogenes codifican diversas proteínas que participan en la señalización celular, algunas de las cuales se identifican en la Tabla 23.4. Un análisis más detallado de las infecciones causantes de tumorogénesis demostró que no siempre es necesaria la alteración por mutación del protooncogén. En algunos casos,

**FIGURA 23.17**

**Rutas mediante las cuales los protooncogenes pueden convertirse en oncogenes.** Un protooncogén es un gen celular normal que puede convertirse en un oncogén y causar la transformación en una célula cancerosa. Este proceso puede producirse de dos formas: (1) infección por un virus, que se integra en un lugar cromosómico próximo a un protooncogén y transporta ese gen en su propio genoma cuando el virus se replica, o (2) mutación de un protooncogén celular. En el primer caso, cuando el DNA celular pasa a formar parte de un genoma vírico, puede sufrir una mutación que convierta el protooncogén en un oncogén. El oncogén puede causar luego la transformación cuando el virus infecta a otra célula.

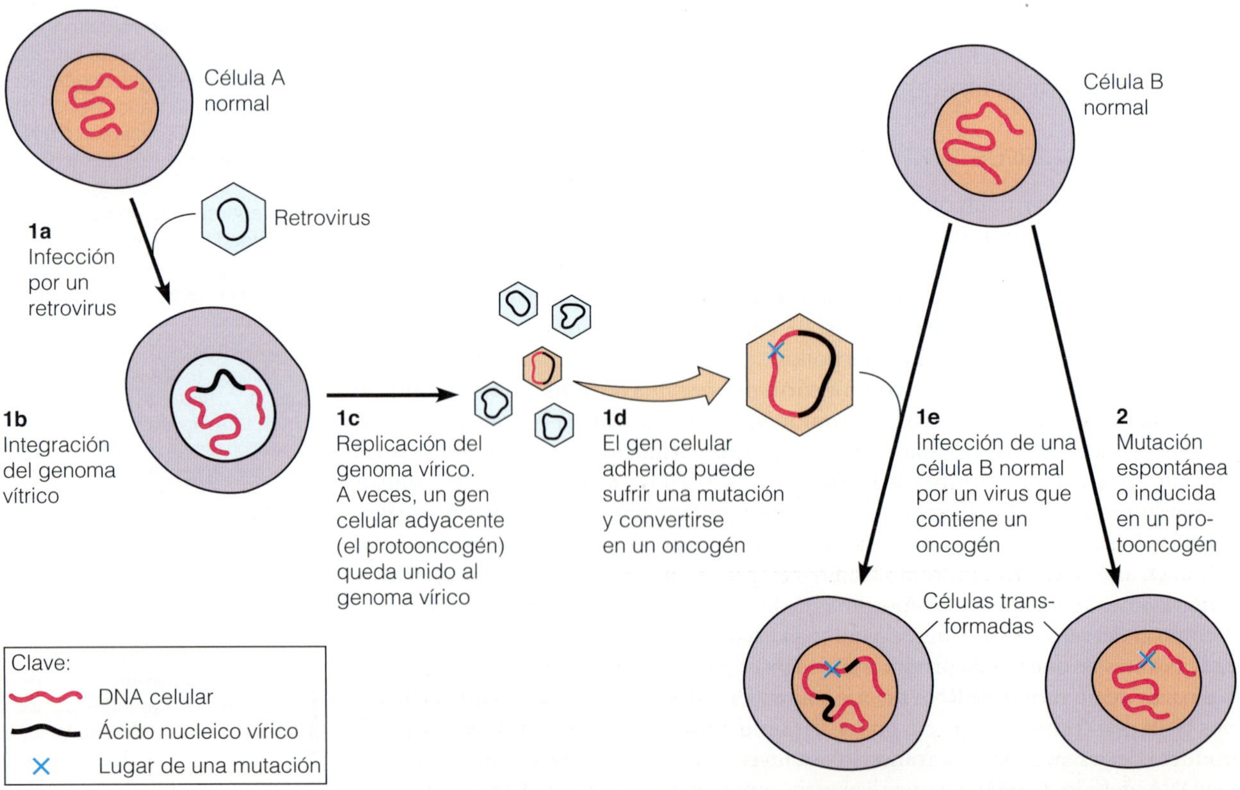

**TABLA 23.4. Productos de oncogenes como elementos de las rutas de transducción de señal**

| Elemento de transducción de señal | Oncogén | Aislado de | Producto génico |
|---|---|---|---|
| Factores de proliferación | *sis* | Retrovirus | Factor de proliferación que deriva de las plaquetas |
| Receptores de factores de proliferación | *erbB, neu* | Retrovirus | Receptor del factor de proliferación epidérmico |
| | *fms* | Retrovirus | Receptor del factor estimulador de colonias 1 |
| | *trk* | Tumor | Receptor del factor de proliferación nervioso |
| | *ros* | Retrovirus | Receptor de insulina |
| | *kit* | Retrovirus | Receptor PDGF |
| | *flg* | Retrovirus | Receptor del factor de proliferación fibroblástico |
| Transductores intracelulares | *src* | Retrovirus | Tirosina quinasa proteica |
| | *abl* | Retrovirus | Tirosina quinasa proteica |
| | *raf* | Retrovirus | Serina quinasa proteica |
| | *gsp* | Tumor | Subunidad $\alpha$ de proteína G |
| | *ras* | Tumor, retrovirus | Proteína de unión de GTP/GDP |
| Factores de transcripción nucleares | *jun* | Retrovirus | Factor de transcripción (AP-1) |
| | *fos* | Retrovirus | Factor de transcripción (AP-1) |
| | *myc* | Tumor, retrovirus | Proteína de unión al DNA |
| | *erbA* | Retrovirus | Receptor tiroideo |

Fuente: Adaptado de J. D. Watson, M. Gilman, J. Witkowski y M. Zoller, *Recombinant* DNA, 2.a ed. (Nueva York: Scientific American Books, 1992), p. 339. © 1992 James D. Watson.

el genoma del virus se inserta junto a un protooncogén. Los elementos del genoma del virus estimulan la transcripción de las secuencias de DNA que flanquean el lugar de integración. Así pues, la tumorogénesis puede producirse a causa de una sobreexpresión de los genes normales que codifican la maquinaria de transducción de señal.

Aunque la proteína Src es una tirosina quinasa proteica, es diferente de las tirosina quinasas receptoras, ya que se encuentra en el citoplasma en lugar de la membrana. Obsérvese que, por convenio, el nombre del gen (*src*) se indica en cursiva, mientras que el nombre de la proteína correspondiente (Src) aparece sin cursiva.

## Oncogenes en los tumores humanos

Se han aislado de tumores humanos oncogenes activados, muy relacionados con los oncogenes víricos.

Debido a que no se sabía que existían virus tumorales humanos, la trascendencia de los oncogenes víricos en los virus animales para el conocimiento del cáncer humano no fue evidente de forma inmediata. La relevancia de esta información se puso de manifiesto claramente a finales de los años 1980 gracias al trabajo de Robert Weinberg y otros investigadores sobre el aislamiento y análisis de los genes transformantes a partir de tumores humanos. Weinberg aisló DNA del tejido del cáncer de vejiga y lo utilizó para una **transfección** en fibroblastos (células precursoras del tejido conjuntivo) normales de ratón. Esto es, se introdujo el DNA en estas células, y se aislaron las células transformadas después de su proliferación. Se recuperó el DNA de las células transformadas y se demostró que contenía secuencias humanas. Después de otros varios pases de transfección, se secuenció el DNA humano asociado a los fibroblastos de ratón transformados. Se demostró que el gen causante de la transformación era casi idéntico a un oncogén descrito con anterioridad en el virus del sarcoma de la rata Harvey, denominado gen ***H-ras.*** El análisis de secuencia demostró que la secuencia génica del *H-ras* era idéntica a la del *c-ras*, el gen de las células no transformadas, pero con una sola diferencia: una mutación en el codón número doce que cambiaba un codón de glicina en el *c-ras* a un codón de valina en el oncogén aislado del tejido tumoral. Así pues, se demostró que los tumores humanos contenían un oncogén que estaba presente en algunos virus tumorales, y en una forma alterada que presumiblemente activaba el proceso tumorogénico.

Se sabe que los genes *ras* codifican una familia de proteínas, todas ellas de unos 21 kilodalton, con regiones homólogas a las secuencias de la subunidad $\alpha$ de las proteínas G. Al igual que la subunidad $\alpha$, las proteínas Ras unen los nucleótidos de guanina. Las proteínas

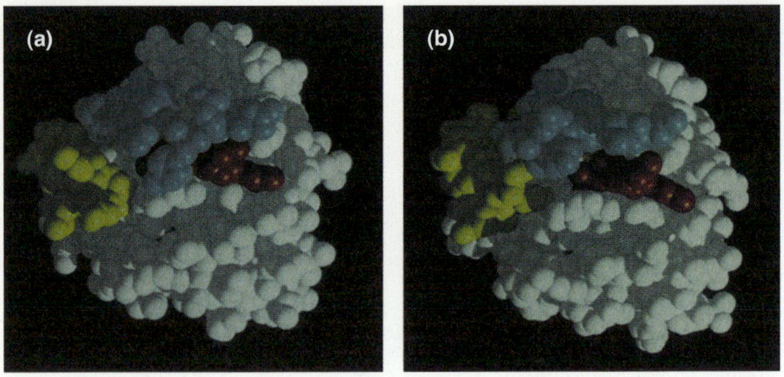


**FIGURA 23.18**

**Bases estructurales de la activación de Ras por el GTP.** **(a)** Complejo de la proteína c-H-*ras* humana con un análogo de GTP no hidrolizable. **(b)** Complejo Ras-GDP. Se producen grandes cambios de conformación en la proteína a partir del desplazamiento del GDP por el GTP. Los cambios más grandes tienen lugar en las regiones denominadas cambio 1 (azul oscuro en la figura) y cambio 2 (amarillo oro en la figura), que se encuentran ambos muy cerca del nucleótido de guanina unida (en rojo). PDB ID 4Q21.

De *Science* 247:939-945, M. V. Milburn, L. Tong, A. M. deVos, A. Brunger, Z. Yamaizumi, S. Nishimura y S. H. Kim, Molecular switch for signal transduction: Structural differences between active and inactive forms of protooncogenic ras proteins. © 1990. Reproducido con permiso de AAAS y Sung-Hou Kim.

Ras normales poseen actividad GTPasa, como las proteínas $G_\alpha$, mientras que la mayor parte de las proteínas del oncogén *ras* carecen de esta actividad. La actividad GTPasa sugirió que las proteínas Ras normales actúan como proteínas G en la regulación del metabolismo. Este modelo se vio respaldado por la determinación en 1988 de la estructura tridimensional de una proteína Ras, cristalizada en forma de su complejo con GDP (Figura 23.18). Los residuos de aminoácidos que se sabe que están cambiados en las mutaciones que generan los oncogenes *ras* están situados cerca del nucleótido de guanina unido. Esta posición respalda la idea de que las interacciones entre la proteína Ras del protooncogén y los nucleótidos de guanina son importantes para el control metabólico y que este control se pierde cuando una célula normal se transforma en una célula cancerosa.

La proteína Ras, que está alterada por una mutación en muchos tumores humanos, es una proteína que une GTP y participa en la transducción de señal de receptores de factores de proliferación en la membrana plasmática, que dan lugar a activaciones de genes específicos en el núcleo.

Una diferencia importante entre las proteínas de tipo Ras y las proteínas $G_\alpha$ relacionadas es la actividad GTPasa muy superior de las proteínas $G_\alpha$. Como se ha sugerido antes (página 969), es necesario un conjunto de proteínas de activación Ras para estimular la actividad GTPasa de Ras. El fundamento de esta diferencia se descubrió en 1994, con la primera determinación estructural de una proteína $G_\alpha$ (Figura 23.19). Las proteínas $G_\alpha$, y no así las Ras, contienen un residuo de arginina conservado (R178), que interactúa con los fosfatos del GTP unido para estabilizar el estado de transición de la hidrólisis del GTP.

La investigación sobre los oncogenes ha conducido a la unificación de las teorías de la carcinogénesis. El trabajo de Bruce Ames y otros investigadores estableció que la inmensa mayoría de los cancerígenos químicos son también mutágenos. Este hallazgo sugirió que la carcinogénesis química comporta la mutagénesis de los protooncogenes celulares, produciéndose estos fenómenos en ausencia de virus exógenos (ruta 2 de la Figura 23.17). De hecho, se han detectado genes *ras* alterados en los codones 12, 13 o 61 en alrededor del 30 % de los tumores espontáneos o inducidos por sustancias químicas, tanto en animales como en el ser humano.

Se han identificado otras alteraciones genéticas en el tejido tumoral. Algunas de ellas son **genes supresores de tumores.** A diferencia de los protooncogenes, estos son genes que en su forma normal suprimen la tumorogénesis. La pérdida de la función normal

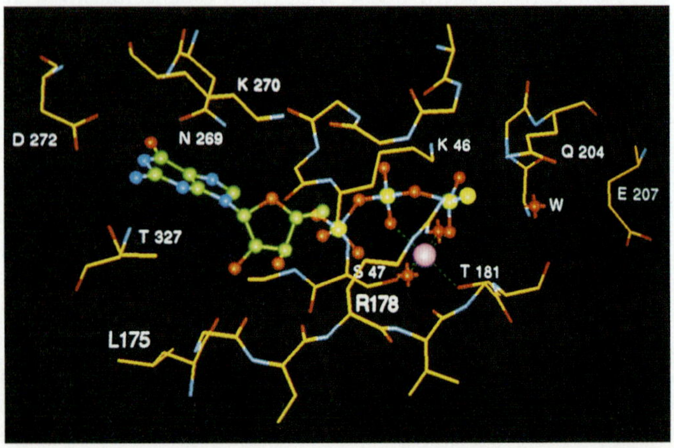


**FIGURA 23.19**

**Lugar de unión del GTP en una proteína $G_\alpha$, la $G_{i\alpha1}$.** Esta figura muestra el GTP$\gamma$S unido, un análogo del GTP no hidrolizable. Los carbonos del ligando unido se indican en verde; el carbono de la proteína, en naranja; el nitrógeno, en azul; el oxígeno, en rojo; el azufre y el fósforo, en amarillo y; el magnesio, en fucsia. La estabilización de la carga negativa del fosfato mediante una arginina conservada (R178) facilita la hidrólisis del nucleótido unido. PDB ID 1CIP.

De *Science* 265:1405-1412, D. E. Coleman, A. M. Berghuis, E. Lee, M. E. Linder, A. G. Gilman y S. R. Sprang, Structures of active conformations of Gi alpha 1 and the mechanism of GTP hydrolysis. © 1994. Reproducido con permiso de AAAS y Stephen R. Sprang.

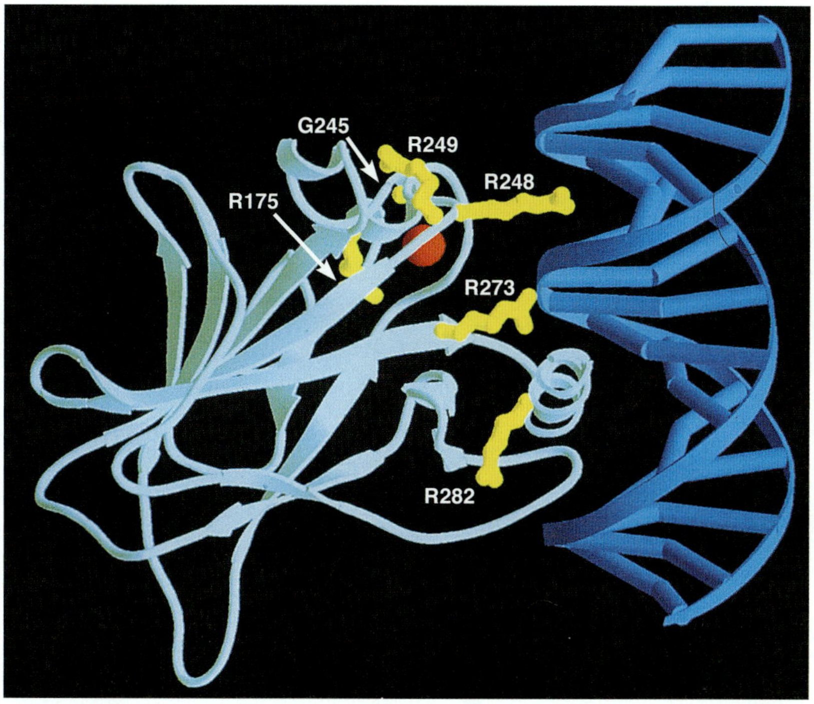


**FIGURA 23.20**

**Estructura del complejo p53-DNA.** Este dibujo de cinta muestra el dominio de unión al DNA de una subunidad de la p53 (en azul verdoso) homotetramérica, formando un complejo con una pareja de oligonucleótidos que contiene el lugar de unión de la p53 (en azul). Se muestra un ion zinc ligado en rojo. En amarillo se indican los seis residuos de aminoácidos que se modifican con más frecuencia en las proteínas p53 mutantes. PDB ID 1TUP.

De *Science* 265:346-355, Y. Cho, S. Gorina, P. D. Jeffrey y N. P. Pavletich, Crystal structure of a p53 tumor suppressor-DNA complex: Understanding tumorigenic mutations. © 1994. Reproducido con permiso de AAAS y Nikola Pavletich.

del gen, como en el caso de una pérdida, conduce a la formación del tumor debido a una supresión tumoral deficiente. Uno de estos genes es el denominado **gen del retinoblastoma, Rb.** Las mutaciones en los dos alelos de este gen producen un tipo de tumor ocular, que presenta una asociación familiar. El otro gen supresor de tumor más importante codifica una proteína denominada **p53** (una proteína de 53 kilodalton). La pérdida de la función de la p53 conduce a la tumorogénesis y, al menos la mitad de todos los tumores humanos examinados, presentan mutaciones del gen p53. Aunque sus acciones bioquímicas no están aún claras, sabemos que la p53 es una proteína de unión al DNA que regula la expresión de los genes tras acontecimientos de daño al DNA. Si el daño es moderado, el efecto es retardar el progreso a través del ciclo celular desde la fase G1 a S hasta que el daño haya sido reparado. Cuando el daño es más extenso, la p53 indica a la célula que debe sufrir la **apoptosis**, o muerte celular programada (Capítulo 28, páginas 1221-1222). La pérdida de este punto de control puede implicar la proliferación inadecuada de la célula. La unión a secuencias específicas del DNA es esencial para el funcionamiento adecuado de la p53, como muestra la estructura de un complejo p53-DNA, y en particular, por el hecho de que los aminoácidos más cercanos al DNA son aquellos que han mutado con mayor frecuencia en el gen *p53* analizado en los tumores humanos (Figura 23.20).

Los tumores humanos contienen una serie de mutaciones que afectan a los componentes de transducción de señal y a los genes supresores de tumores y productos génicos.

## Los oncogenes y la ruta central de activación del factor de proliferación

A comienzos de los años 1990 la convergencia de varias líneas de investigación puso de relieve que la proteína Ras desempeña un papel central en una ruta conservada a lo largo de la evolución que dirige las señales extracelulares hacia el núcleo, en donde se activan genes específicos para la proliferación, la división y la diferenciación celulares. A medida que se van conociendo detalles de esta ruta, se van ajustando a un marco general unificado que interrelaciona las propiedades bioquímicas de los productos de los protooncogenes, subraya la dominancia de la fosforilación proteica como mecanismo de control, y explica racionalmente los tipos de mutaciones que conducen al cáncer.

Se han descubierto proteínas relacionadas con el Ras en organismos tan diversos como las levaduras, los gusanos nematodos y *Drosophila*, en los que controlan aspectos del crecimiento mitótico y meiótico y del desarrollo embrionario. La investigación realizada en estos organismos ha permitido aclarar una ruta de control central en las células

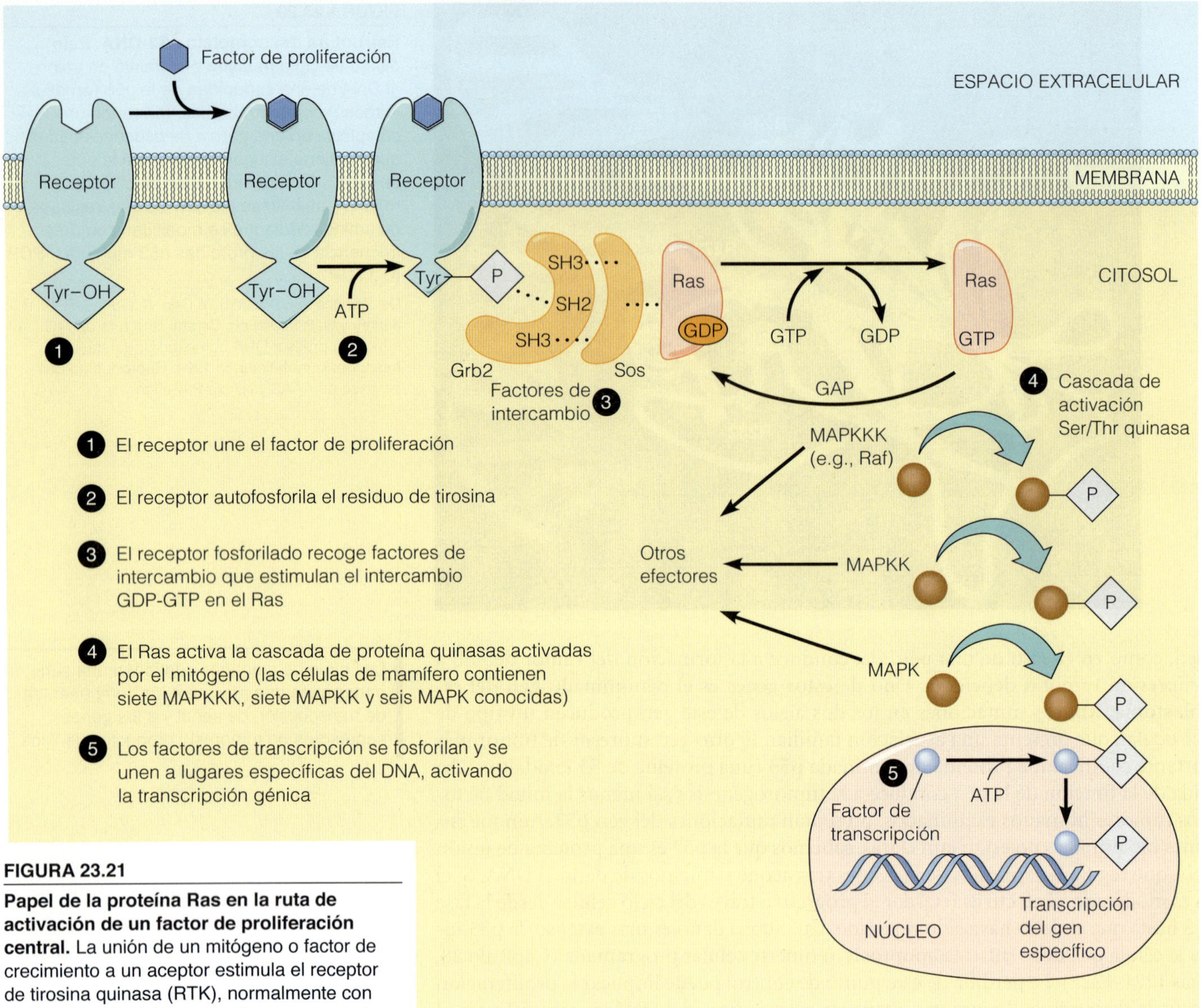


**FIGURA 23.21**

**Papel de la proteína Ras en la ruta de activación de un factor de proliferación central.** La unión de un mitógeno o factor de crecimiento a un aceptor estimula el receptor de tirosina quinasa (RTK), normalmente con la dimerización del receptor (no se muestra). La autofosforilación del RTK da lugar a un reclutamiento de una serie de proteínas (factores de intercambio) que estimulan el intercambio GDP-GTP en la Ras y de ese modo, la activan. En el esquema que se presenta, una proteína denominada Grb2 interactúa por medio de los dominios SH2 con RTK y por medio de los dominios SH3 con el factor de intercambio Sos. La Ras activa luego las proteínas de una familia denominada MAPKKK (proteína quinasa quinasa quinasa activada por mitógenos), que a su vez, da lugar a la activación de proteínas MAPKK y luego, de proteínas MAPK. Finalmente, los factores de transcripción específicos del núcleo sufren una fosforilación, que les activa para unirse a lugares específicos del DNA y activar la transcripción de determinados genes concretos. La actividad de la Ras se limita por una serie de proteínas activadoras de la GTPasa (GAP) que impulsan la hidrólisis del GTP unido.

Basado en S. E. Egan y R. A. Weinberg, *Nature* (1993) 365:782, figura sin numerar, p. 782.

de los mamíferos (Figura 23.21), en el proceso lo que ha justificado ampliamente el empleo de modelos biológicos simples para la investigación del cáncer.

Como se ha señalado antes, los receptores del factor de proliferación con actividad tirosina quinasa se fosforilan a sí mismos (pasos 1 y 2 de la Figura 23.21). En el estado fosforilado, cada receptor interacciona con uno o más factores de intercambio proteico que activan, a su vez, el Ras mediante la estimulación del intercambio GDP-GTP (paso 3). También interactúan con el Ras y limitan su actividad las proteínas activadoras de GTPasa, (GAP, *véase* la página 969). Tras el Ras hay una cascada de fosforilaciones proteicas posteriores (paso 4), que finalmente activan factores de transcripción (paso 5), proteínas que, como los receptores nucleares, estimulan la transcripción de genes concretos (*véase* el Capítulo 27).

Como se indica en la Figura 23.21, una clase de quinasas de esta cascada es la de las denominadas **MAP quinasas (MAPK).** El acrónimo *MAP* corresponde a *mitogen-activated protein* (proteína activada por mitógenos). (Un mitógeno es un factor que estimula la mitosis.) Por encima de las MAP quinasas se encuentra otra familia de proteínas, las MAPKK (MAP quinasa quinasa) y más arriba aún las proteínas MAPKKK (MAP quinasa quinasa quinasa). Uno de los miembros de esta última clase es el producto del protooncogén *raf* (*véase* la Tabla 23.4). En la ruta del factor de proliferación de la señalización de la insulina (Figura 23.13b), SoS es el factor de intercambio GDP-GTP, Raf-1 es la MAPKKK, MEK es la MAPKK, y ARK es la MAP quinasa.

Así pues, podemos interpretar la respuesta de los factores de proliferación como una cascada de fosforilaciones proteicas, análoga a la cascada bien conocida que controla la degradación del glucógeno. Observamos cómo el bloqueo de la actividad Ras GTPasa puede conducir a una proliferación celular incontrolada y al cáncer, al mantener activada la ruta de señalización e inundar la célula con señales estimuladoras de la proliferación. Lo que no es obvio de manera inmediata es la forma en que esta ruta puede explicar las distintas respuestas de las células a diferentes factores de proliferación. El análisis de las proteínas que interaccionan con receptores de factores de proliferación autofosforilados ha identificado las secuencias denominadas dominios SH2 (páginas 977-978), que intervienen en estas interacciones. Una proteína que se une a una molécula receptora fosforilada reconoce, no solo el residuo de fosfotirosina sino también, una secuencia de aminoácidos crítica en el lado carboxilo de esa tirosina. Así pues, la fosforilación-desfosforilación del receptor funciona como un interruptor general, y las interacciones proteicas más sutiles están gobernadas por el dominio SH2. Otros participantes son reclutados mediante otra serie de secuencias denominadas dominios SH3. Estos dominios identifican las proteínas específicas que serán reclutadas para el proceso de señalización en respuesta a un estímulo de proliferación concreto.

## El panorama de mutación del genoma en el cáncer

Dado lo que conocemos sobre el control de la proliferación celular y las funciones de las oncoproteínas y las proteínas supresoras de tumores en la señalización celular, ¿qué hemos aprendido sobre la biología del cáncer? El análisis de secuencia a gran escala del DNA de los tumores humanos proporciona el «panorama de mutación del genoma del cáncer». La Figura 23.22 muestra los resultados del análisis de secuencia combinado de tumores humanos de colon y recto. En esta representación, los dos ejes horizontales denotan la posición en el mapa cromosómico y el eje vertical señala la frecuencia con la que un gen en esa posición muta en los cánceres de colon y recto examinados. Las «montañas» más altas de este panorama son los genes que han mutado en la mayoría de los cánceres, entre los que están *H-ras*, *p-53*, *APC* y *PIK3* (sobreexpresión de la fosfoinositido 3-quinasa, página 978). Las «colinas» más pequeñas son mutaciones que se observan en unos pocos tumores analizados. La célula cancerosa promedio de colon y recto tiene unas 80 mutaciones en genes que codifican proteínas. Lo que no muestra este panorama es la heterogeneidad considerable, que existe también entre las células individuales de un tumor. No se muestra tampoco que los cánceres de otros tejidos, como la mama, tienen panoramas de mutación completamente diferentes. Este tipo de información es desalentadora en cierto sentido, ya que sugiere que hay numerosas rutas por medio de las cuales una población celular precursora puede sufrir las mutaciones que convierten esas células en células tumorales en toda regla y, por tanto, complicando la búsqueda de dianas terapéuticas únicas que puedan conducir al control del proceso.

Por otro lado, se han conseguido algunos éxitos notables en base a lo aprendido. En el 90 % de los casos de leucemia mieloide crónica, se ha producido una translocación cromosómica, que liga partes del cromosoma 9 y 22. Esta translocación fusiona partes de dos oncogenes, *c-abl* y *bcr*. El gen *c-abl* codifica una tirosina quinasa proteica relacionada con *src*. La fusión de genes crea una proteína quinasa nueva, que se sobreexpresa y estimula las rutas que promueven la proliferación. El fármaco Gleevec es un inhibidor específico de esta proteína quinasa anormal y es un tratamiento muy específico y eficaz de esta forma de leucemia. Otro fármaco, la herceptina, proporciona una eficacia con una especificidad

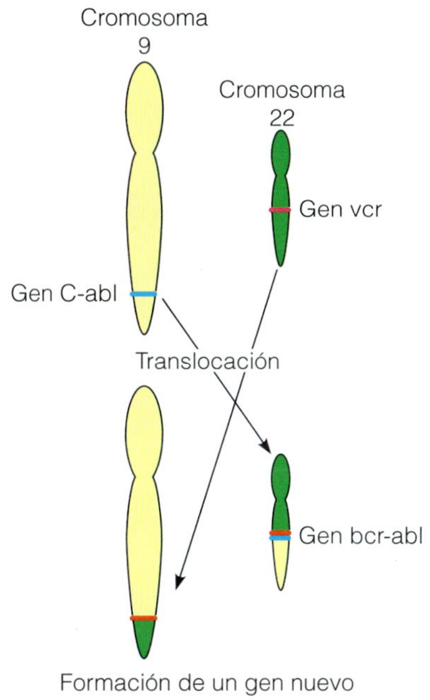


Formación de un gen nuevo proteína quinasa mediante translocación cromocónica

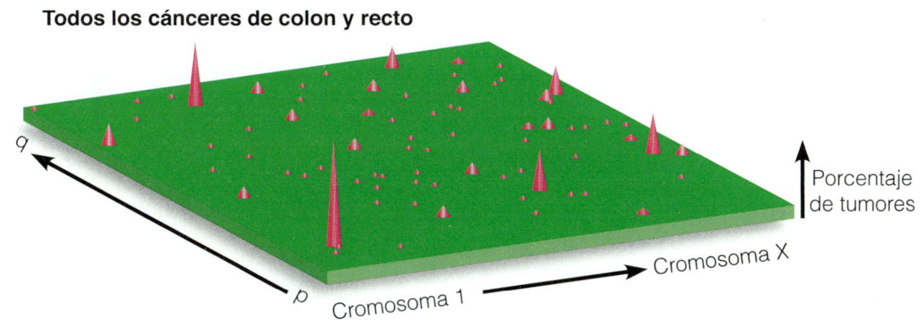


**FIGURA 23.22**

**Panorama de mutaciones del genoma en el cáncer de colon y recto en el ser humano.** En este estudio, se sometieron 11 tumores al análisis de genes que se sobreexpresan. Se representó la en el eje horizontal la posición en el mapa de cada y en el eje vertical, el porcentaje de tumores con una mutación en un gen en cada posición.

Adaptado y reproducido con autorización de American Association for Cancer Research: E. J. Fox, J. J. Salk y L. A. Loeb, Cancer genome sequencing–An interim analysis, *Cancer Research*, 2009, 69:4948-4950.

similar en el tratamiento de determinadas formas de cáncer de mama. Estos ejemplos sugieren que, cuanto más conocemos sobre los cambios genéticos y bioquímicos de los cánceres individuales, mejor posición adquiere la ciencia en el diseño de terapias específicas.

## Neurotransmisión

En el Capítulo 10 describimos la propagación de un potencial de acción, a lo largo de una neurona, de cómo se transmite un impulso nervioso. Recuérdese que esto comporta una onda de despolarización al abrirse los canales iónicos para admitir sodio extracelular y permitir la salida de potasio intracelular. Durante mucho tiempo se pensó que la transmisión del impulso a través de una unión sináptica, de neurona a neurona o de una neurona a una célula muscular, implicaba un impulso eléctrico desencadenado cuando el potencial de acción alcanzaba el extremo de una neurona. Actualmente sabemos que menos del 1 % de todos los acontecimientos de transmisión sináptica están mediados de forma eléctrica, a través de uniones estrechas entre las células. La gran mayoría liberan una sustancia química, el neurotransmisor, de la célula superior o **presináptica**, seguido de su difusión a través de una hendidura sináptica y su unión a receptores en la célula inferior o **postsináptica**. El receptor postsináptico es un canal iónico con apertura por el ligando de forma que la unión del neurotransmisor desencadena acontecimientos que permiten la propagación del impulso nervioso en la célula postsináptica. Alrededor de 100 sustancias diferentes, entre ellas aminoácidos, aminas biógenas y péptidos, han sido identificados como neurotransmisores en el cerebro. Los neurotransmisores más utilizados y mejor conocidos son la acetilcolina, el glutamato, la glicina, el GABA, la dopamina, la serotonina, la noradrenalina y la adrenalina.

### La sinapsis colinérgica

Nuestro primer conocimiento sobre la neurotransmisión fue la acción de la acetilcolina como transmisora de la unión neuromuscular, donde la estimulación nerviosa de una célula muscular desencadena su contracción. Estos estudios generaron el esquema de la neurotransmisión que se muestra en la Figura 23.23. Cuando la acetilcolina es el neurotransmisor, este acontecimiento se denomina **sinapsis colinérgica**. Esta terminología se utiliza de forma general; así por ejemplo, cuando el neurotransmisor es la dopamina, hablamos de una sinapsis **dopaminérgica**. La acetilcolina se sintetiza mediante la acetilación de colina dependiente de la coenzima A; a su vez, la colina se forma mediante la ruptura de la fosfatidilcolina.

La hendidura sinpática tiene una anchura de unos 20 nm. El neurotransmisor se almacena en vesículas dentro de un bulbo al final de la célula persináptica, con unas 5000 moléculas por vesícula. La llegada del potencial de acción abre canales de calcio con apertura

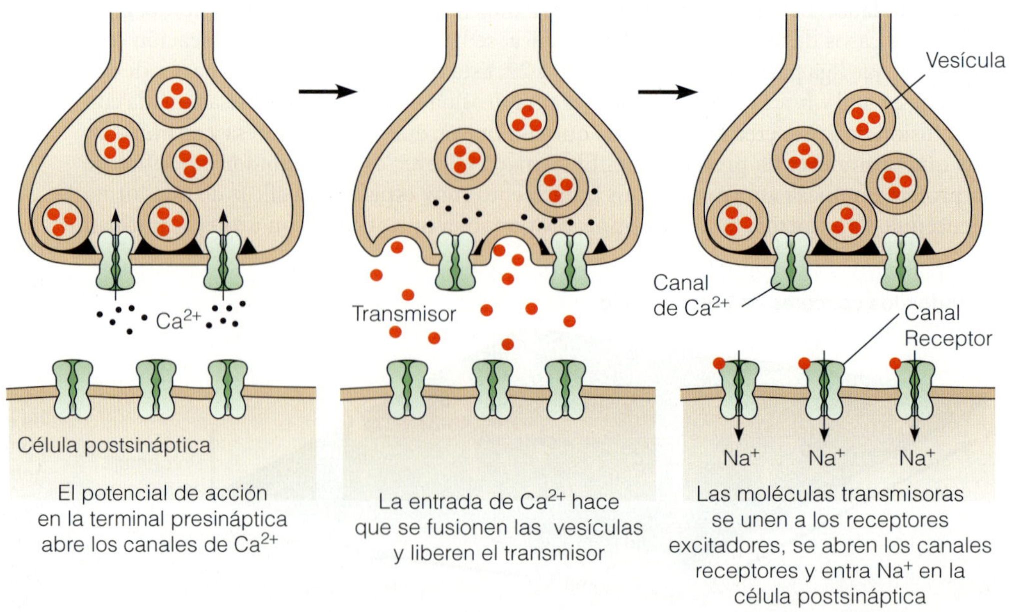


**FIGURA 23.23**

**Transmisión de un impulso nervioso a través de una sinapsis, como la sinapsis colinérgica.**

de voltaje, desencadena una entrada de calcio al bulbo, lo cual, a su vez, hace que las vesículas se fusionen con la membrana plasmática al final del bulbo, esparciendo la acetilcolina en el espacio extracelular de la hendidura sináptica. El neurotransmisor difunde a través de la hendidura y se une a receptores de la membrana celular postsináptica. Esto, a su vez, desencadena la apertura de canales, lo que permite la entrada de $Na^+$ y genera un potencial de acción. Cuando la célula postsináptica es una célula muscular, el potencial de acción abre canales de $Ca^{2+}$ y el aumento resultante de la concentración intracelular de $Ca^{2+}$ desencadena la contracción. Mientras tanto, en el lado presináptico, parte de la acetilcolina liberada es captada de nuevo a la célula y una proteína transportadora de acetilcolina rellena las vesículas con el neurotransmisor, intercambiando protones por acetilcolina con la ayuda de una **ATPasa vacuolar**. El resto de la acetilcolina en la hendidura se inactiva por hidrólisis (*véase* abajo), terminando la señalización. El proceso completo s eproduce unas 1000 veces por segundo. Acontecimientos similares tienen lugar durante la transmisión neurona-neurona, excepto que aquí el aumento de $Na^+$ en la célula postsináptica desencadena el establecimiento de un potencial de acción y su transmisión por esa célula.

Los estudios estructurales de un receptor denominado **receptor nitotínico de acetilcolina**, que une el alcaloide **nicotina**, muestran que está formado por cinco subunidades, dos de las cuales son idénticas y cada una de ellas tiene cinco regiones de hélice $\alpha$ que abarcan la membrana. Como se muestra en la Figura 23.24, las subunidades interaccionan para formar un canal a través de la membrana. La reconstitución de esta subunidad con varias subunidades en vesículas de membrana mostró que la adición de acetilcolina hace que los iones fluyan a través de él. Así, este receptor es un canal con compuertas, que experimenta un cambio de conformación y abre un poro en repuesta a la unión del neurotransmisor. El conocimiento de la estructura y función de este receptor implicó originalmente el aislamiento del receptor de los órganos de la anguila eléctrica (*Electrphorus*) o la raya eléctrica (*Torpedo*), que tienen ambas el receptor empaquetado densamente en un órgano denominado electroplaca, que permite al animal dar un choque a su presa al generar potenciales de varios centenares de voltios.

Dentro de la hendidura intersináptica, la acetilcolina se hidroliza rápidamente mediante la acetilcolinesterasa, destruyendo, de esta forma, el exceso de neurotransmisor y

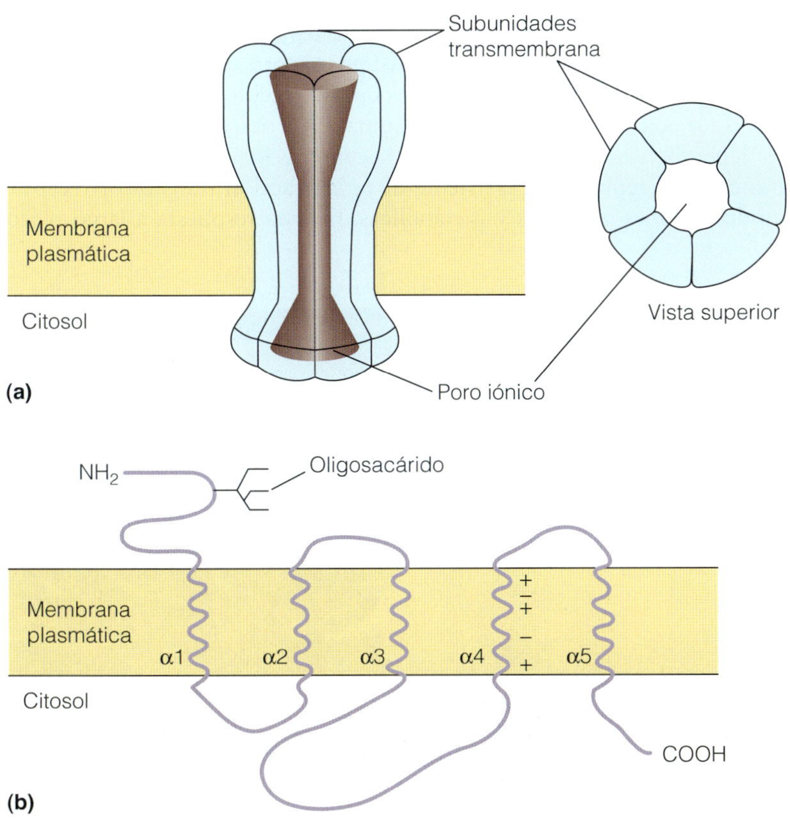


**FIGURA 23.24**

**Receptor de acetilcolina nicotínico.** **(a)** Modelo esquemático del receptor. Cinco subunidades se combinan para formar una estructura transmembrana con un poro iónico en el centro. **(b)** Estructura de una subunidad individual. Existen cuatro tipos diferentes de subunidades, pero sus secuencias son similares, y cada una de las subunidades tiene el tipo de estructura que se representa aquí. Cinco hélices $\alpha$ ($\alpha$1 a $\alpha$5) de cada subunidad atraviesan la membrana. Los residuos cargados de la hélice $\alpha$4, que tienden a estar sobre una superficie, recubren probablemente la pared del poro.

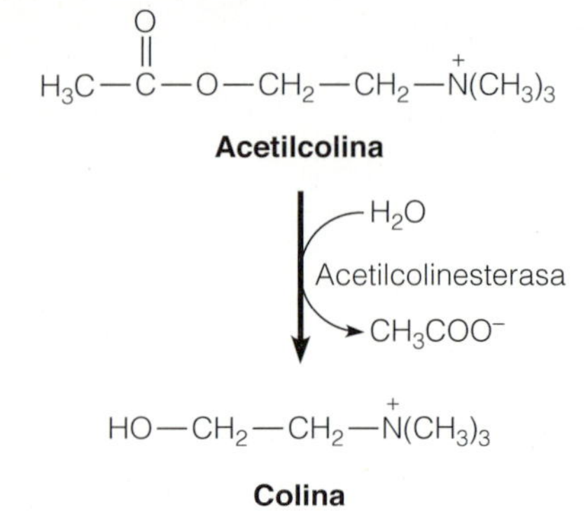

Acetilcolina

Colina

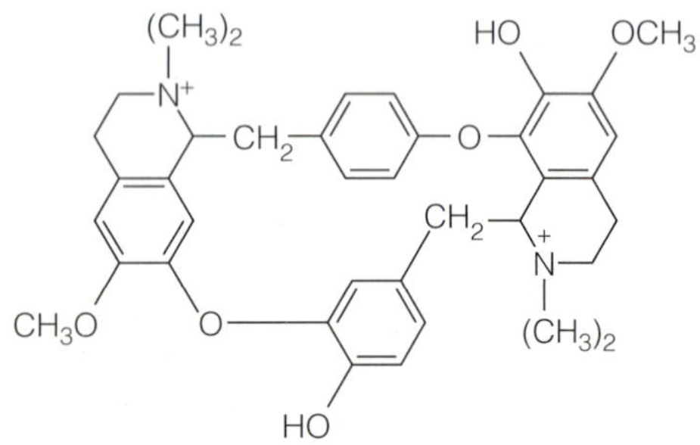

Tubocurarina, un antagonista

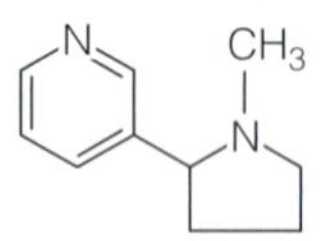

Nicotina, un agonista

restableciendo el potencial de reposo en la membrana celular postsináptica. La acetilcolinesterasa es la diana de varios compuestos organofosforados como el gas nervioso **sarín**, que se generó como un agente de guerra química y que ocasiona la parálisis al reaccionar con una serina del lugar activo e inactivando irreversiblemente la acetilcolinesterasa (Tabla 11.7). Otros agentes actúan mediante la unión al propio receptor. La **tubocuracina**, uno de esos agentes, bloquea el canal en la posición cerrada y se considera un antagonista del receptor, en contraste con la **nicotina**, que activa el receptor y es un agonista. La tubocuracina procede del curare, que se utilizó originalmente por los aborígenes para las puntas de flechas envenenadas y paralizar a la presa humana o animal. Sin embargo, en las manos de personal médico cualificado, es un relajante muscular útil.

## Transmisión sináptica rápida y lenta

Durante algún tiempo se pensó que el modelo de transmisión sináptica obtenido con los receptores de acetilcolina describía todas las transmisiones neurona-neurona, así como la transmisión en la unión neuromuscular. Una diferencia importante es que algunos acontecimientos de transmisión interneuronal son excitadores y otros son inhibidores. En la transmisión excitadora, la unión del transmisor al receptor postsináptico produce la entrada de sodio, que despolariza la membrana y estimula la transmisión del potencial de acción. Anteriormente hemos identificado al ácido $\gamma$-aminobutírico, o GABA, como el principal neurotransmisor inhibitorio. La unión de este agente desencadena una entrada de iones cloruro, produciendo la hiperpolarización e inhibiendo la propagación del potencial de acción.

Sin embargo, la situación es en realidad mucho más compleja. Paul Greengard ha señalado que cada una de las 100 mil millones de células del cerebro humano se comunica directamente con aproximadamente otras 1000 células. La micrografía electrónica de la Figura 23.25 sugiere esta complejidad, al mostrar múltiples conexiones neuronales al cuerpo de una célula nerviosa. Greengard compartió el Premio Nobel de Fisiología o Medicina con Arvid Carlsson y Eric Kandel, por sus descubrimientos relacionados con la transmisión sináptica lenta, que tiene lugar con tiempos de cientos de milisegundos a varios minutos. En estos casos, la unión del neurotransmisor estimula acontecimientos metabólicos intracelulares comparables a los que resultan de la acción hormonal. Algunos de estos acontecimientos están mediados a través de segundos mensajeros, como el AMP cíclico, el GMP cíclico y los fosfoinositidos. Así por ejemplo, como se esquematiza en la Figura 23.26, algunas interacciones neurotransmisor-receptor activan la adenilato ciclasa, produciendo la activación de la proteína quinasa A y desencadenando respuestas metabólicas dependientes de AMP cíclico en la célula postsináptica, con tiempos del orden de minutos. La repetición persistente de la interacción transmisor-receptor desencadena modificaciones genéticas y metabólicas. En esta respuesta a largo plazo,

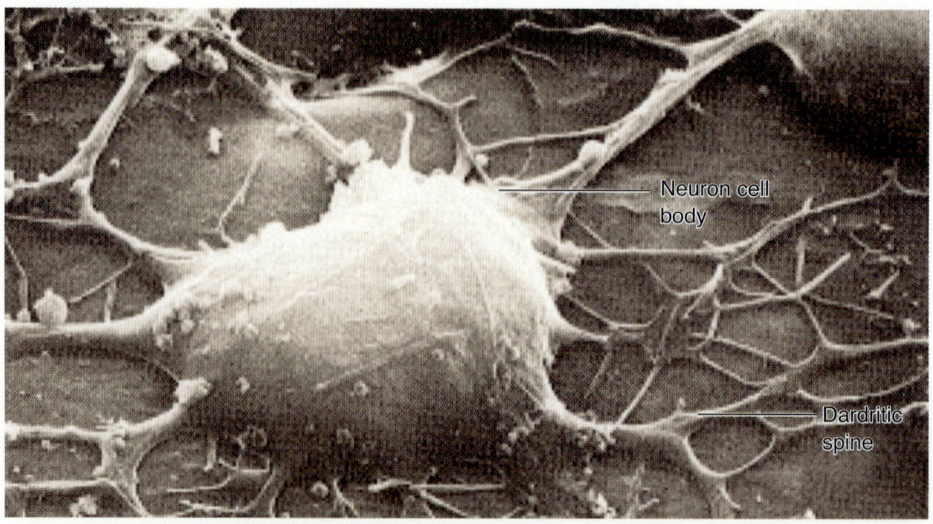


**FIGURA 23.25**

**Múltiples sinapsis en el cuerpo de una única neurona.** Esta micrografía de escaneo electrónico da una idea de la complejidad de las interconexiones del sistema nervioso. Algunas de estas sinapsis son estimuladoras y otras son inhibidoras.

con tiempos de días, las proteínas quinasas dependientes de segundos mensajeros se trasladan al núcleo, lo cual conduce a la estimulación de la transcripción de genes cuyos productos ayudan a la célula a formar conexiones sinápticas nuevas. Finalmente, la interacción prolongada neurotransmisor-receptor puede estimular la síntesis proteica localizada dentro de la célula, para ayudar a estabilizar esa conexión sináptica con efectos a largo plazo. Esos efectos con nueva síntesis de proteínas participan de manera fundamental en el aprendizaje y la memoria. Los mecanismos precisos se encuentran entre los temas cruciales de la neurociencia contemporánea.

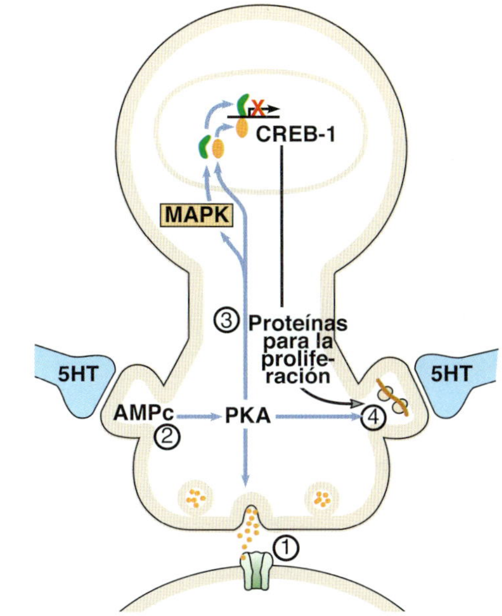


**FIGURA 23.26**

**Cuatro consecuencias de la acción de los neurotransmisores.** **(1)** Sinapsis rápida, que conduce a la apertura de canales iónicos con puertas; **(2)** interacción de la 5-hidroxitriptamina (5HT o serotonina) con la adenilato ciclasa, lo cual produce la activación de la proteína quinasa activada por AMPc; **(3)** efecto de una estimulación a más largo plazo con la translocación de proteína quinasas (por ejemplo, MAPK) al núcleo y la estimulación de la transcripción de genes específicos mediante la fosforilación de determinados factores de transcripción como CREB; **(4)** estimulación de la síntesis de proteínas localizada mediante interacciones aún indefinidas con los complejos de la traducción.

De *Science* 294:1030-1038, E. R. Kandel, The molecular biology of memory storage: A dialogue between genes and synapses. © 2001. Reproducido con permiso de AAAS.

## Funciones de los neurotransmisores específicos

La mayoría de las sinapsis excitadoras rápidas del cerebro utilizan como neurotransmisor el glutamato, y la mayor parte de las sinapsis inhibidoras rápidas utilizan GABA. El disparo excesivo de las sinapsis glutaminérgicas, con el consecuente daño del sistema nervioso central, se produce como consecuencia de una ingestión excesiva de glutamato. Por esta razón, el glutamato monosódico, un ingrediente principal de la salsa de soja, fue eliminado hace varios años de las alimentaciones de los bebés, donde se utilizaba como potenciador del sabor, ya que el sistema nervioso en desarrollo es especialmente susceptible a esta clase de daño.

Tanto el glutamato como el GABA también participan en las sinapsis lentas, y parece claro actualmente que las aminas biógenas y los neurotransmisores peptídicos solo participan en la transmisión sináptica lenta. Son especialmente interesantes las sinapsis en las que la dopamina es el neurotransmisor. Arvid Carlsson y otros investigadores han demostrado que varios trastornos psiquiátricos importantes tienen anomalías de la señalización por dopamina, entre ellos el Parkinson, la esquizofrenia, la adicción a las drogas y el trastorno de hiperactividad-déficit de atención (ADHD). El parkinsonismo comporta la muerte de las células nerviosas que producen dopamina en una parte del cerebro denominada **sustancia negra**. El éxito del tratamiento de algunas formas de Parkinson se ha producido como consecuencia del tratamiento con dosis masivas de L-dopa, que puede atravesar un bloqueo de la permeabilidad denominado **barrera hematoencefálica** y sufrir la descarboxilación dentro del cerebro, para rellenar los depósitos de dopamina agotados.

La relación de la dopamina con la esquizofrenia se aprecia por el hecho de que algunos fármacos antiesquizofrénicos eficaces antagonizan el efecto de la dopamina en una o más clases de receptores, al unirse al receptor y bloquear la unión de la dopamina. Un ejemplo es la **clorpromazina**, que aunque no está muy relacionada estructuralmente con la dopamina, antagoniza de forma eficaz la unión al receptor de dopamina. Por otra parte, varias drogas, como la **mescalina** y las **anfetaminas**, están muy relacionadas con la dopamina y

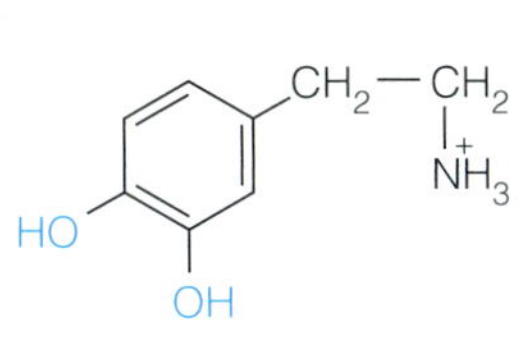

**Dopamina**

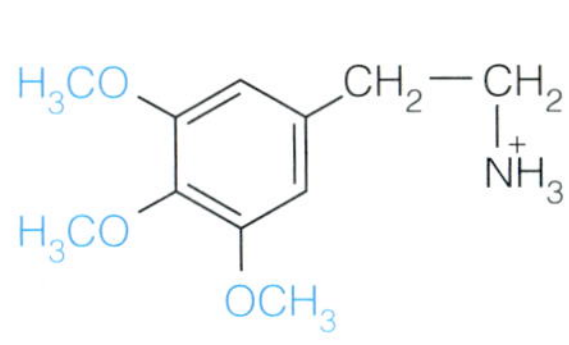

**Mescalina**

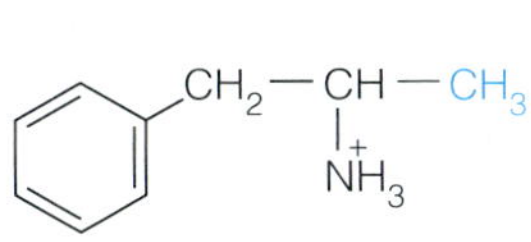

**Anfetamina**

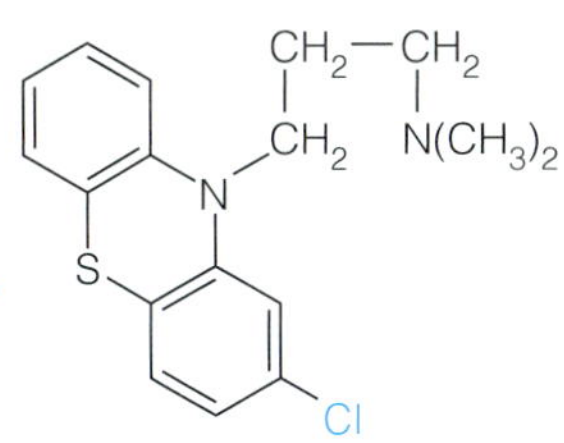

**Clorpromacina**

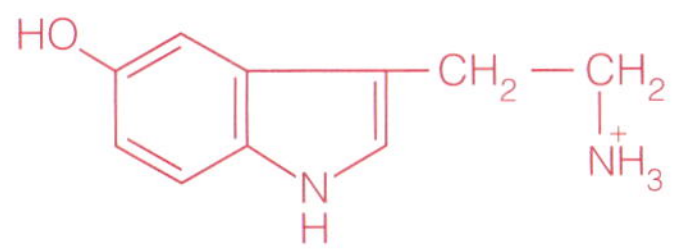

**Serotonina**

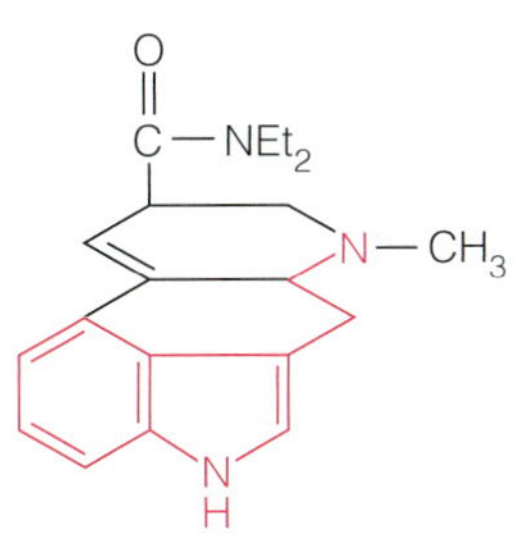

**Dietilamida del ácido lisérgico**

actúan como sus antagonistas, al unirse a los receptores de dopamina y simular sus efectos. La dopamina se considera un «agente de placer» y muchas drogas estimulan el disparo de las sinapsis dopaminérgicas, bien elevando la concentración de dopamina o bien simulando al neurotransmisor natural. En un estudio reciente, una supresión dirigida de D4, que es una de las cuatro clases de receptores de dopamina, en el ratón hizo que los animales se hicieran hipersensibles al etanol, la cocaína y la metanfetamina.

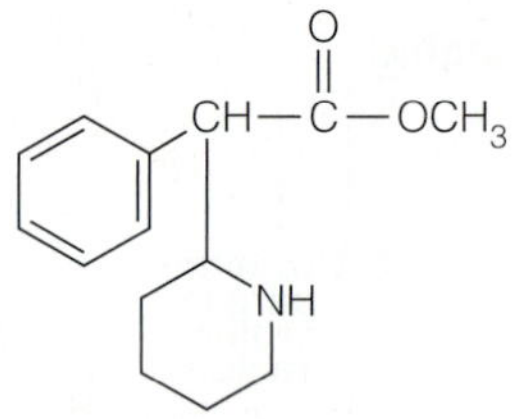

**Ritalina (metil fenidilacetato)**

Las sinapsis que utilizan como neurotransmisor serotonina participan también en la fisiopatología de la esquizofrenia. La **dietilamida del ácido lisérgico**, o LSD, es un derivado indólico, como la serotonina. El LSD actúa como agonista serotoninérgico al unirse a una clase de receptores de serotonina y simular sus efector. La droga recreativa popular (aunque ilegal) éxtasis (3,4-metilendioxi-*N*-metilanfetamina), actúa estimulando la liberación de dopamina, serotonina y noradrenalina de sus lugares de almacenamiento.

Finalmente, la **ritalina**, que se emplea para tratar el ADHD (trastorno de hiperactividad-déficit de atención) actúa estimulando la liberación de dopamina. Este efecto estimulante es paradójico debido a que el fármaco se utiliza para calmar a los niños hiperactivos. Sin embargo, la investigación más reciente sugiere que su efecto calmante puede ser más consecuencia de la elevación de la concentración de serotonina.

Sin embargo, no todas las drogas afectan a la transmisión sináptica lenta y el conocimiento de las acciones de la dopamina y la serotonina solo es una pequeña parte de considerar las complejidades de la esquizofrenia. El trabajo reciente también ha implicado a los receptores de glutamato en las conductas adictivas. La inhibición en las ratas de la neurotransmisión con glutamato modula el comportamiento compulsivo de búsqueda de droga tras una experiencia inicial con drogas, y los neurocientíficos están entusiasmados con la perspectiva de tratamientos con antagonistas de glutamato, que pueden incrementar la probabilidad de que un adicto permanezca «limpio» tras el tratamiento. Los receptores de glutamato están también muy relacionados con la acción de la **fenciclidina** (PCP o «polvo de ángel»). Este compuesto bloquea la unión del glutamato a la clase de receptores de glutamato de *N*-metil-*D*-aspartato (NMDA), induciendo, de esta forma, un estado semejante a la esquizofrenia que se pensabla hasta hace poco tiempo se debía a un descenso de la neurotransmisión glutaminérgica. Sin embargo, los neurocientíficos han encontrado que la disminución de la concentración cerebral de glutamato con otro fármaco hace descender la eficacia de la PCP, lo cual sugiere un posible enfoque nuevo del tratamiento de la esquizofrenia.

## Fármacos que actúan en la hendidura sináptica

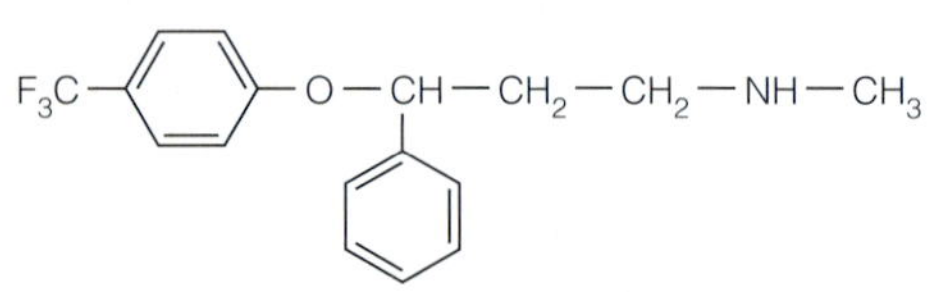

**Prozac (fluoxetina)**

Hasta ahora, los agentes farmacológicos que hemos considerado actúan principalmente como agonistas o antagonistas de los receptores. Otra clase importante de fármacos afectan el metabolismo del neurotransmisor en la hendidura sináptica. Las catecolaminas se catabolizan en la hendidura mediante metilación (**catecolamina O-metiltransferasa**, COMT) o mediante oxidación (**monoamina oxidasa**, MAO). Estas enzimas limitan los efectos biológicos de las catecolaminas neurotransmisoras, igual que la acetilcolina limita el disparo de las neuronas colinérgicas. Varios fármacos que se utilizan para tratar la depresión son inhibidores de la COMT o la MAO, y su acción incrementa las cantidades eficaces del neurotransmisor al limitar su degradación. Un fármaco más reciente, la **fluoxetina**, comercializado como Prozac, actúa como inhibidor selectivo de la recaptación de serotonina (SSRI). El neurotransmisor secretado tiene tres destinos posibles: unión a los receptores postsinápticos, catabolismo en la hendidura, o recaptación en la célula presináptica, para volver a almacenarlos en las vesículas. El Prozac bloquea de forma selectiva la recaptación de serotonina, aumentando de esta forma la cantidad que alcanza el lado postsináptico y potenciando las sinapsis serotoninérgicas. Comercializado originalmente como antidepresivo, el Prozac se utiliza para tratar varios trastornos psiquiátricos.

## Neurotransmisores y neurohormonas peptídicas

Finalmente, mencionamos diversos péptidos, como la somatostatina, la neurotensina y las **encefalinas,** que actúan como neurotransmisores (Tabla 23.5). Las encefalinas junto con la **$\beta$-endorfina**, también actúan como **neurohormonas**, que modifican la

**TABLA 23.5. Algunos péptidos que actúan como neurohormonas (H) o neurotransmisores (T)**

| Nombre | H/T | Secuencia[a] |
|---|---|---|
| β-endorfina | H | YGGFMTSFKSQTPLVTLFKNAIIKNAYKKGE |
| Met-encefalina | H, T | YGGFM |
| Leu-encefalina | H, T | YGGFL |
| Neurotensina | T | pELYENKPRRPYIL |
| Somatostatina | T | AGCKNFFWKTFTSC |

[a] La subsecuencia YGGF, común a la β-endorfina y las encefalinas, parece ser esencial para los efectos narcóticos. La p en el extremo N-terminal de la neurotensina significa que el glutamato se ha ciclado a la forma «piro».

respuesta de las células nerviosas a los transmisores. Las endorfinas se descubrieron en los años 1970, como resultado de los esfuerzos de Solomon Snyder para entender los efectos de los opiáceos, como la **morfina**. Tras detectar los receptores de morfina en el cerebro humano, Snyder se dio cuenta de que los receptores deben tener ligandos endógenos naturales, ya que la morfina tiene un origen no humano, la adormidera. Este trabajo llevó al aislamiento de las endorfinas, que son pequeños péptidos que actúan como analgésicos naturales. La modificación de las señales nerviosas por estas sustancias parece ser la responsable de la intensificación del dolor que se sufre en condiciones de un gran estrés o choque. La eficacia de los opiáceos analgésicos como la morfina es consecuencia, quizás accidental, del reconocimiento de estos opiáceos por los receptores de neurohormonas, a pesar de sus diferencias estructurales con las neurohormonas.

Las endorfinas y las encefalinas se sintetizan como parte de un precursor hormonal mucho más largo la *prepro-opiomelanocortina*. Como se describe en la página 964, este precursor se corta para liberar las neurohormonas y varias hormonas con funciones completamente diferentes.

## Señalización en bacterias y plantas

Aunque el concepto de transducción de señal es algo diferente en los organismos unicelulares que en los pluricelulares, el hecho es que las bacterias responden a señales extracelulares. En el Capítulo 21 se ha mencionado la detección de quórum, donde las bacterias responden a señales que se basan en la densidad celular. Además, las bacterias responden a factores ambientales, como los atrayentes químicos, la concentración de oxígeno o los gradientes de temperatura. El mecanismo de detección es un **sistema de dos componentes**, en el que participan dos proteína quinasas. El primer componente, un **receptor de histidina quinasa**, abarca la membrana plasmática. La interacción de este componente con un estímulo ambiental en el lado extracelular estimula la autofosforilación de un residuo de histidina en el dominio intracelular. A continuación, se transfiere el fosfato a un residuo de ácido aspártico en la segunda proteína, que recibe el nombre de **regulador de respuesta**. El regulador de respuesta fosforilado interactúa a continuación con la diana; por ejemplo, si la señal es dirigir la respuesta a un gradiente de concentración de un nutriente, el flagelo cambia su comportamiento rotacional por medio de mecanismos que se están investigando de forma activa para mover a la bacteria hacia un atrayente químico.

Nuestro conocimiento de las acciones moleculares de las hormonas vegetales está mucho menos avanzado que el de las hormonas de los animales vertebrados. Ello se debe, en parte, a que algunas de las hormonas vegetales son factores de proliferación, por lo que la proliferación es el único parámetro fácil de medir. Además, las membranas de las plantas son más difíciles de aislar y estudiar que las membranas de los animales.

Hemos encontrado en los capítulos anteriores sobre el metabolismo algunas de las seis clases principales de hormonas vegetales. Recapitulando, las seis clases, que se ilus-

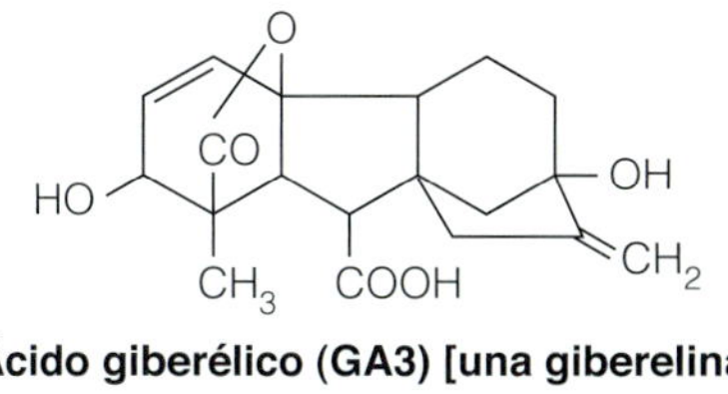


**Ácido giberélico (GA3) [una giberelina]**

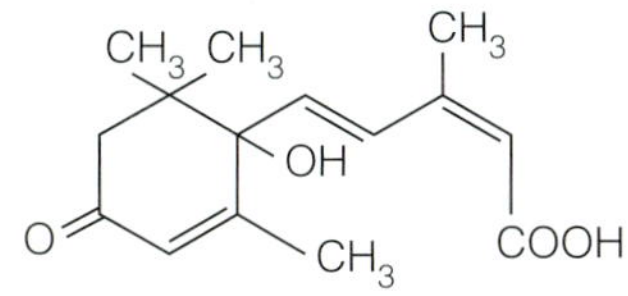


**Ácido abscísico (ABA)**

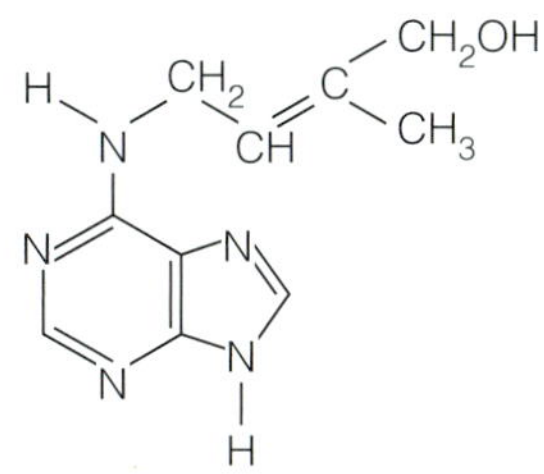


**Zeatina [una citoquinina]**

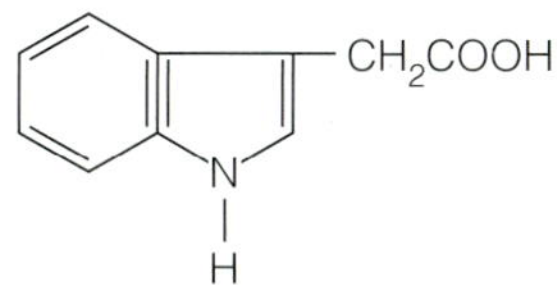


**Ácido indol-3-acético (IAA) [una auxina]**

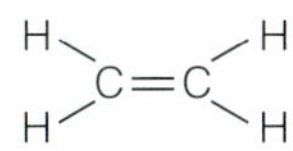


**Etileno**

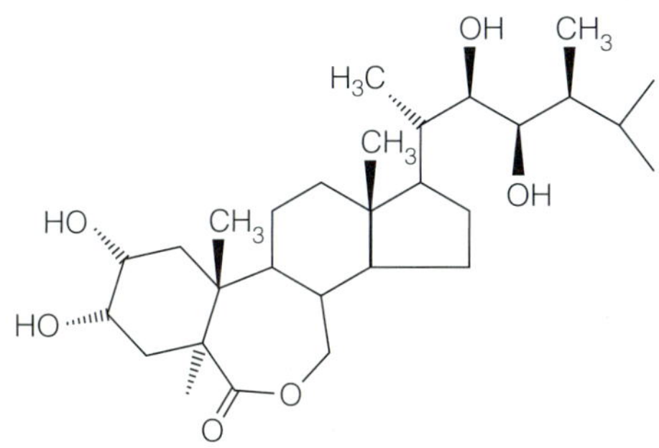


**Brasinolido**

**FIGURA 23.27**

**Representantes de las seis clases principales de hormonas vegetales.**

tran en la Figura 23.27, son: (1) los diterpenos **giberelinas,** derivados del isopentenil pirofosfato, (2) el sesquiterpeno **ácido abscísico,** derivado también del isopentenil pirofosfato, (3) las **citoquininas,** que son bases púricas con una cadena lateral terpenoide, (4) las **auxinas,** con el metabolito del triptófano, el *ácido indol-3-acético,* como sustancia más activa, (5) el **etileno,** que procede del grupo metionilo de la *S*-adenosilmetionina, y (6) los **brasinoesteroides**, reacionados con las hormonas esteroideas de los vertebrados. Con la excepción de los brasinoesteroides, estos compuestos son químicamente muy distintos de las hormonas de los animales.

Otras diferencias respecto a las hormonas de los animales radican en (1) la diversidad de efectos de una determinada hormona vegetal, y (2) en la actividad hormonal de un gran número de especies relacionadas estructuralmente. Así por ejemplo, se han caracterizado estructuralmente, al menos, una docena de citoquininas diferentes. Aunque todas contienen adenina con una cadena lateral en N-6, existe una gran variabilidad en la estructura de dicha cadena lateral.

Las auxinas se sintetizan en las gemaciones apicales (en la punta) de los brotes en crecimiento. Estimulan la proliferación del brote principal e inhiben la proliferación de los brotes laterales. Una clase de proteínas de membrana que unen auxinas pueden constituir los receptores de estas. La acción de las auxinas implica gradientes protónicos quimiosmóticos, que a su vez, establecen gradientes de concentración de auxina, lo cual conduce a diferentes respuestas en diferentes partes de la planta: la degradación parcial de la pared celular, es necesaria para que se produzca la proliferación, y el aumento de la síntesis de RNA y de proteínas, necesario para la diferenciación. Las pruebas más recientes sugieren que se forma AMP cíclico en las plantas y que este media los efectos de la auxina.

Las citoquininas se producen en las raíces e impulsan la proliferación y la diferenciación en muchos tejidos. Las citoquininas y las auxinas actúan de manera conjunta y la proporción de las citoquininas con respecto a las auxinas es un elemento que, con frecuencia, resulta crucial para determinar el que una planta crezca o se diferencie. En muchos casos, las células vegetales aisladas en un cultivo tisular son capaces de regenerar las plantas enteras. En estos casos, el investigador debe experimentar con distintas proporciones de citoquininas y auxinas para buscar empíricamente las proporciones que permiten el mejor crecimiento de las plantas normales.

Se conocen más de 100 formas de giberelinas. Algunas actúan como hormonas promotoras del crecimiento y pueden estimular la expresión de determinados genes. RNA mensajeros concretos están presentes en cantidades elevadas como resultado de la administración de giberelinas, lo cual respalda la idea de que estas sustancias actúan a nivel génico.

El etileno se considera una hormona de envejecimiento. Estimula la maduración de las frutas y el envejecimiento de las flores, e inhibe el crecimiento en los semilleros. También redirige el transporte de auxinas para impulsar el crecimiento transversal, en vez de longitudinal de las plantas. El ácido abscísico (ABA) contrarresta el efecto de la mayor parte de las otras hormonas vegetales. Inhibe la germinación, el crecimiento, el desarrollo de los brotes y el envejecimiento de las hojas y ayuda a las plantas a ajustarse a las tensiones como el frío y la sequía. La síntesis de ácido abscísico en las hojas se estimula al marchitarse. Existen datos fisiológicos que sugieren la intervención del ABA en el equilibrio de los iones y el agua. Los brasinoesteroides controlan varios procesos, como la expansión celular, la germinación de las semillas y el desarrollo vascular.

Un trabajo reciente arroja luz sobre los procesos de señalización de estas tres últimas hormonas. El etileno se une a una familia de receptores de la membrana de RE. A continuación, el receptor se une a una proteína quinasa semejante a Raf, CTR1 (Figura 23.28). Esta unión inactiva ambos receptores y CTR1, lo que a su vez, quita la represeión de una molécula reguladora positiva, la EIN2. Puede intervenir una cascada de MAP quinasa, que se muestra en amarillo. De alguna manera, EIN2 estabiliza los factores de transcripción EIN3 y EIL dentro del núcleo, lo que lleva a la transcripción de los genes de respuesta al etileno. Entre estos productos génicos se encuentran dos proteínas, EBF1 y EBF2, que regulan las concentraciones de EIN2, formando un bucle de retoacción.

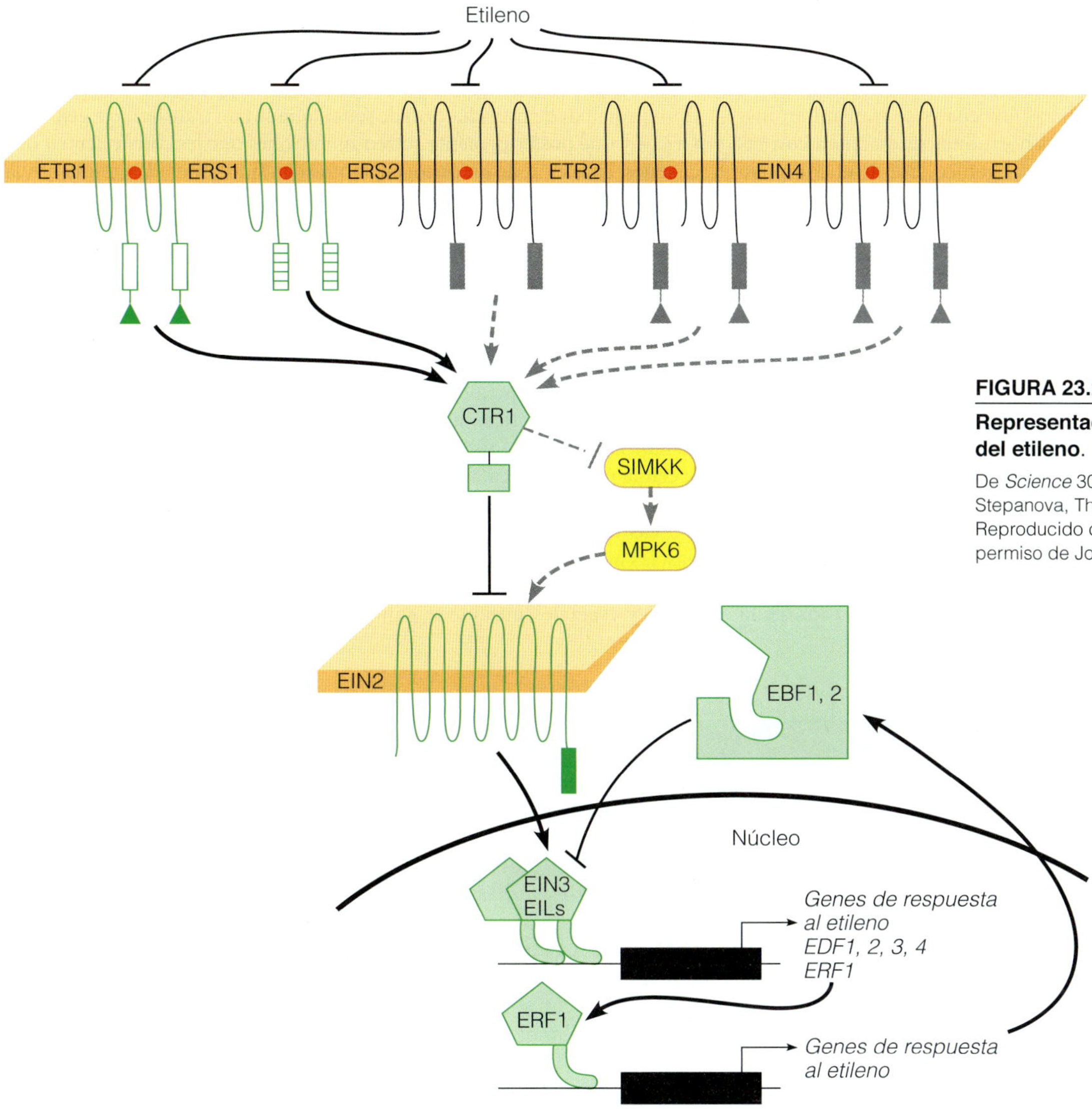


**FIGURA 23.28**

**Representación de la ruta de señalización del etileno.** *Véanse* los detalles en el texto.

De *Science* 306:1513-1515, J. M. Alonso y A. N. Stepanova, The ethylene signaling pathway. © 2004. Reproducido con permiso de AAAS. Redibujado con permiso de José Alonso.

Los brasionesteroides actúan de forma semejante a las hormonas esteroideas en los animales. Una proteína quinasa intracelular, denominada BIN2, fosforila dos reguladores de la transcripción, BES1 y BZR1, dirigiéndolos a la destrucción proteolítica. La unión de los brasinoesteroides a su receptor, BRI1, conduce a la inactivación de BIN2, que a su vez, inactiva BES1 y BZR1. BES1 se une con otra proteína, BIM, activando la transcripción de algunos genes, mientras que BZR1 inhibe la transcripción de otro conjunto de genes diana.

La ruta ABA comienza con la unión a un receptor extracelular, seguida de la liberación de calcio de las vacuolas del citosol. En este proceso participan un componente de señalización que se llama ADP-ribosa cíclico (ADPRc), ya conocido por regular la liberación de calcio en las células animales. Como en el sistema animal, la liberación de calcio por ADPRc abre canales de calcio de la membrana plasmática. La liberación de los iones intracelulares reduce la presión osmótica y disminuye la turgencia celular, lo cual permite también la conservación del agua celular cuando se dispone de agua insuficiente en el suelo para satisfacer las necesidades de transpiración.

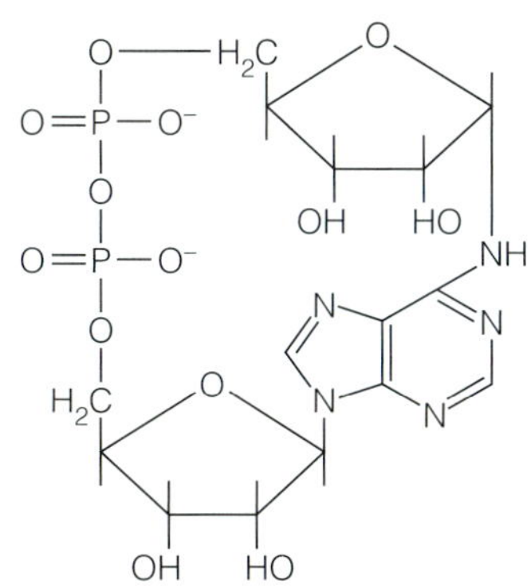

**ADP cíclico-ribosa**

## RESUMEN

La acción hormonal es uno de los elementos de los mecanismos de transducción de señal, procesos mediante los cuales se transmiten instrucciones de una célula a otra. Algunas hormonas interactúan con receptores intracelulares; estas actúan a nivel génico, donde el complejo hormona-receptor afecta la transcripción de genes específicos en el tejido diana. Otras hormonas interactúan con receptores de la membrana plasmática. Existen tres tipos de estos receptores transmembrana: (1) receptores que son canales iónicos, en los que la unión de la hormona afecta directamente la permeabilidad de la membrana para un ion, (2) receptores como el de la insulina, que tienen un lugar de unión hormonal en el exterior y una actividad enzimática en el lado citosólico, de manera que la unión del ligando estimula esa actividad, y (3) receptores que actúan a través de proteínas G para afectar las concentraciones de segundos mensajeros, como el AMP cíclico, el GMP cíclico, los iones calcio, el inositol trisfosfato y el diacilglicerol. Los segundos mensajeros interactúan con diversos procesos metabólicos intracelulares, especialmente la fosforilación proteica. La acción de las proteínas G se controla mediante la unión de los nucleótidos de guanina. La estimulación mediante la interacción con el receptor da lugar al cambio de GDP por GTP, y la acción de la hormona se ve limitada por la conversión lenta del GTP unido en GDP.

Los protooncogenes son genes celulares (la mayoría de los cuales codifican proteínas de transducción de señal) que se han transferido a genomas víricos y que posteriormente sufren mutaciones que les convierten en oncogenes. La acción de un oncogén, tanto si ha sido generado en una célula por una infección vírica como si se debe a la mutación de un protooncogén, causa la pérdida de control metabólico y de proliferación, que se asocian con la transformación de una célula normal en una célula cancerosa.

La neurotransmisión comporta la liberación del neurotransmisor desde las vesículas de almacenamiento en la neurona presináptica, que se desencadena cuando la onda de despolarización en la neurona presináptica alcanza las vesículas. El neurotransmisor se libera a la hendidura sináptica y una pequeña parte de la sustancia liberada se capta en la neurona postsináptica, donde la apertura de canales iónicos conduce al restablecimiento del potencial de acción y su movimiento a lo largo de la célula postsináptica. En la unión neuromuscular, la captura del neurotransmisor conduce a la contracción muscular.

Las hormonas vegetales comprenden las giberelinas, las citoquininas, las auxinas, el etileno, los brasinoesteroides y el ácido abscísico. Los últimos datos indican paralelismos entre la acción de las hormonas animales y vegetales, aunque se conoce mucho menos sobre las hormonas vegetales.

## BIBLIOGRAFÍA


### General

**Czech, M. P.** y **Corvera, S.** (1999) Signaling mechanisms that regulate glucose transport. *J. Biol. Chem.* 274:1865-1868. Una de un conjunto de minirevisiones del JBC sobre la estimulación del transporte de glucosa por la insulina.

### Fosforilación y desfosforilación proteica

**Dessauer, C. W.** (2009) Adenylyl cyclase-A-kinase anchoring protein complexes: The next dimension in cAMP signaling. *Molec. Pharmacol.* 76:935-941. AKAP y las proteínas que sujetan la adenilato ciclasa.

**Hafen, E.** (1998) Kinases and phosphatases-A marriage is consummated. *Science* 280:1272-1213. Los complejos físicos entre las proteín quinasas y las fosfatasas facilitan la regulación de las rutas de transducción de señal, que implican la fosforilación y desfosforilación proteica.

**Hunter, T.** (1995) Protein kinases and phosphatases: The yin and yang of protein phosphorylation and signaling. *Cell* 8D:225-238. Una de las nueve revisiones aún actuales sobre la transducción de señal.

**Smith, F. D., Langenberg, L. K. y Scott, J. D.** (2006) The where's and when's of kinase anchoring. *Trends in Biochem.* Sci. 31:316-318. Una breve revisión histórica.

### Síntesis de las hormonas peptídicas

**Fisher, J. M.,** y **Scheller, R. H.** (1988) Prohormone processing and the secretory pathway. *J. Biol. Chem.* 263:16515-16518. Una revisión que describe la forma en que se forman las hormonas peptídicas mediante ruptura a partir de precursores de alto peso molecular.

### Receptores

**Black, I.** (1989) Drugs from emasculated hormones: The principle of syntopic antagonism. *Science* 245:486-493. Presentación de Black con motivo del Premio Nobel, en la que describe el desarrollo de fármacos antagonistas de los receptores adrenérgicos.

**Boguth, C. A., P. Singh, P., Huang, C-c.** y **Tesmer, J. J. G.** (2010) Molecular basis for activation of G protein-coupled receptor kinases. *EMBO J* 29:3249-3259. La estructura cristalina de una proteína G receptor quinasa proporciona pistas de las interacciones alostéricas.

**DiMarzo, V.** y **Petrosino, S.** (2007) Endocannabinoids and the regulation of their levels in health and disease. *Curr. Opin. Lipidol.* 18:129-140. Una revisión sobre el ligando endógeno de los receptores de tetrahidrocannabinol.

**Lefkowitz, R. I.** y **Shency, S. K.** (2005) Transduction of receptor signals by $\beta$-arrestins. *Science* 308:512-517. Una revisión que describe el intervalo de funciones que controlan las arrestinas.

**Mustafi, D.** y **Palczewski, K.** (2009) Topology of class A G protein-coupled receptors: Insights gained from crystal structures of rhodopsins, adrenergic, and adenosine receptors. *Molecular Pharm.* 75:1-12. Una revisión reciente de las estructuras GPCR.

**Pitcher, J. A., Freedman, N. J.** y **Lefkowitz, R. J.** (1998) G protein-coupled receptor kinases. *Annu. Rev. Biochem.* 67:653-692. Una revisión que describe este mecanismo de regulación por descenso.

**Rockman, H. A., Koch, W. J.** y **Lefkowitz, R. J.** (2002) Seven-transmembrane- spanning receptors and heart function. *Nature* 415:206-212. Una revisión exhaustiva, que se centra en la acción del receptor en el corazón.

**Rosenbaum, D. M., Rasmussen, S. G. F.** y **Kobika, B. K.** (2009) The structure and function of G-protein-coupled receptors. *Nature* 459:356-363. Revisión reciente que muestra la semejanza estructura señalada entre cuatro representantes de esta clase de receptores.

**Sprang, S. R.** (2007) A receptor unlocked. *Nature* 450:355-356. Transmite la emoción que emana de la determinación de la estructura del receptor $\beta$-adrenérgico.

**Xu, F., Wu, H., Katritch, V., Han, G. W., Jacobson, K. A., Gao, Z-G., Cherezov, V.** y **Stevens, R. C.** (2011) Structure of an agonist-bound human $A_{2''}$ adenosine receptor. *Science* 332:322-327. Una de las determinaciones más recientes de las estructuras GPCR.

**Proteínas G**

**Huang, C-c.** y **Tesmer, J. J. G.** (2011) Recognition in the face of diversity: Interactions of heterotrimeric G proteins and G protein-coupled receptor (GPCR) kinases with activated GPCRs. *J. Blol. Chem.* 286:7715-7721. Prueba estructural de los modos comunes de unión del receptor por las proteínas G y las GPCR quinasas.

**Scheffzek, K., Ahmadian, M. R.** y **Wittinghofer, A.** (1998) GTPase-activating proteins: Helping hands to complement an active site. *Trends Biochem. Sci.* 23:257-262. Las estructuras cristalinas de varias GAP muestran cómo interactúan y activan la GTPasa de las proteínas relacionadas con Ras.

**Snyder S. H., Sklar, P. B.** y **Pevsner, J.** (1988) Molecular mechanisms of olfaction. *J. Biol. Chem.* 263:13971-73975. Esta minirevisión describe las pruebas que indican la intervención de las proteínas G en el sentido del olfato.

**Sprang, S. R.** y **Coleman, D. E.** (1998) Invasion of the nucleotide snatchers: Structural insights into the mechanism of G protein GEFs. *Cell* 95:155-158. Cómo estimulan las proteínas el intercambio GDP-GTP en la activación de la proteína G.

Tesmer, **J. J. G.** (2010) The quest to understand heterotrimeric G protein signaling. *Nature Str. Biol.* 77:650-652. Una corta revisión reciente con figuras excelentes.

**Tesmer, I. I. G., Sunahara, R. K. Gilman, A. G.** y **Sprang, S. R.** (1997) Crystal structure of the catalytic domains of adenylyl cyclase in a complex with $G_{s\alpha}$-GTP$\gamma$S. *Science* 278:1907-1916. El análisis estructural de las proteínas G revela el mecanismo de la activación de la adenilato ciclasa.

**Sistemas de segundo mensajero**

**Berridge, M.** (1993) Inositol trisphosphate and calcium signaling. *Nature* 361:315-325. Papel del calcio como segundo y/o tercer mensajero.

**Hatch, A. I.** y **York, J. D.** (2010) SnapShot: Inositol phosphates. *Cell* 143:1030-1030.e1. Un resumen de una página de las numerosas funciones de estos compuestos en la señalización.

**Hill, B. G., Dranka, B. P., Bailey, S. M., Lancaster, Jr., J. R.** y **Darley-Usmar, V. M.** (2010) What part of NO don't you understand? Some answers to the cardinal questions in nitric oxide biology. *J. Blol. Chem.* 285:19699-19704.

**Hodgkin, M. N., Pettit, T. R., Martin, A., Mitchell, R. H., Pemberton, A. J.** y **Wakelam, M. J. O.** (1998) Diacylglycerols and phosphatidates: Which molecular species are intracellular messengers? *Trends Biochem. Sci.* 23:200-204. Una revisión corta reciente de los segundos mensajeros que derivan de lípidos.

**Hofmann, F.** (2005) The biology of cyclic GMP-dependent protein kinases. *J. Biol. Chem.* 280:1-4. Estas enzimas son algo diferentes a la proteína quinasa A.

**Hurley, J. H.** (1999) Structure, mechanism, and regulation of adenylyl cyclase. *J. Biol. Chem.* 274:7599 7602. Esta revisión está especialmente actualizada de acuerdo con los datos estructurales recientes sobre la adenilato ciclasa.

**Majerus, P. W., Kisseleva, M. V.** y **Norris, F. A.** (1999) The role of phosphatases in inositol signaling reactions. J. *Biol. Chem.* 274:10669-10672. Una revisión breve sobre el control de la síntesis y recambio de los fosfoinosítidos.

**Prentki, M.** y **Madiraju, S. R. M.** (2008) Glycerolipid signaling in health and disease. *Endocrine Reviews* 29:647-676.

**Ruiz-Stewart, I., Tiyyagura, S. R., Lin, J. E., Pitari, G. M., Schulz, S., Martin, E., Murad, F.** y **Waldman, S. A.** (2004) Guanylyl cyclase is an AIP sensor coupling nitric oxide signaling to cell metabolism. *Proc. Natl. Acad. Sci. USA* 101:37-42. Prueba de un enlace entre el metabolismo y el estado energético de la célula.

**Singer, W. D., Brown, H. A.** y **Sternweis, P. C.** (1997) Regulation of eukaryotic phosphatidylinositol-specific phospholipase C and phospholipase D. *Annu. Rev. Biochem.* 66:475-509. Una revisión de la síntesis de segundos mensajeros a partir de los fosfoinosítidos.

**Wall, M. E., Francis, S. H., Corbin, J. D., Grimes, K., Richie-Jannetta, R., Kotera, J., Macdonald, B. A., Gibson, R. R.** y **Trewhella, J.** (2003) Mechanisms associated with cGMP binding and activation of cGMP-dependent protein kinase. *Proc. Natl. Acad. Sci. USA* 100:2380-2385. Los mecanismos no se entienden igual de bien que la activación de la proteína quinasa A, pero este artículo describe un buen análisis biofísico.

**Receptores tirosina quinasa**

**Claesson-Welsh, L.** (1994) Platelet-derived growth factor receptor signals. *J. Biol. Chem.* 269:32023-32036. Descripción de todas las proteínas conocidas que interaccionan con los receptors PDGF.

**Lemmon, M. A.** y **Schlessinger, J.** (2010) Cell signaling by receptor tyrosine kinases. *Cell* 141:1177-1134. Una completa revisión reciente.

**Schlessinger, J.** (2004) Common and distinct elements in cellular signaling via EGF and FGF receptors. *Science* 306:7506-1 507. Un artículo breve que muestra los sistemas de señalización completos que se inician a través de estos dos receptores.

**Xu, W., Harrison, S. C.** y **Eck, M. J.** (1997) Three-dimensional structure of the tyrosine kinase c-Src. *Nature* 385:595-602. El conocimiento de la estructura de esta proteína desvela cómo la interacción con otras proteínas puede activar la actividad proteína quinasa de la proteína Src.

**Receptores nucleares**

**Auwerx, J.** y 39 coautores (1999) A unified nomenclature system for the nuclear receptor superfamily. *Cell* 97:167-763. Cuarenta líderes en este campo proponen un esquema de clasificación unificado para esta familia de receptores que está siempre creciendo, con referencias a otros trabajos de revisión.

**Meijsing, S. H., Pufall, M. A., So, A. Y., Bates, D. L., Chen, L.** y **Yamamoto, K.** (2009) DNA binding site sequence clirects glucocorticoid receptor structure and activity. *Science* 324:407-410. Pruebas recientes de la extraordinaria sensibilidad de la señalización de los glucocorticoides a la secuencia de bases del DNA del lugar de unión del receptor.

**Tsai, M. J.** y **O'Malley, B. W.** (1994) Molecular mechanisms of action of steroid/thyroid receptor superfamily members. *Annu. Rev. Biochem.* 63:451-486. Una revisión exhaustiva de la literatura más antigua.

**Oncogenes y factores de crecimiento**

**Ashall, L.** y 13 coautores (2009) Pulsatile stimulation determines timing and specificity of NF-rB-dependent transcriptíon. *Science* 324:242-246. Complejidad inesperada de este sistema de señalización.

**Birge, R. B.** y **Hanafusa, H.** (1993) Closing in on SH2 specificity. *Science* 262:1522-1524. Una mini-revisión en la que se describe cómo explican los dominios SH2 la especificidad de las respuestas celulares a los factores de crecimiento.

**Burley, S. K.** (1994) p53: A cellular Achiiles'hee1 revealed. *Structure* 2:789-792. Una mini-revisión de fácil lectura en la que se describe la excitación creada por la determinación estructural del dominio de fijación al DNA de la p53.

**Eilers, M.** y **Eisenman, R. N.** (2008) Myc's broad reach. *Genes & Development* 22:2755-2766. Una revisión de un protooncogen extraordinariamente complejo.

**Fox, E. J., Salk, I. J.** y **Loeb, L. A.** (2009) Cancer genome sequencing —an interim analysis. *Cancer Res.* 69:4948-4950. La complejidad del cáncer tal como revela la secuenciación del DNA de los tumores individuales.

**Green, D. R.** y **Kroemer, G.** (2009) Cytoplasmic functions of the tumour suppressor p53. *Nature* 458:1127-1130. Una revision de las funciones citoplásmicas, pero útil también como revisión general reciente de la p53.

**Johnson, G. L.** y **Lapadet, R.** (2002) Mitogen-activated protein kinase pathways mediated by ERK, JNK, and p38 protein kinases. *Science* 298:7911-1912. Un artículo breve que describe el paralelismo de varias rutas MAP quinasa.

**Massagué, J.** (1998) TGF-B signal transduction. *Annu. Rev. Biochem.* 67:753-791. Una revisión que describe las rutas de señalización que utilizan los receptors serina/treonian quinasa.

**Mishra, L., Derynck, R.** y **Mishra, B.** (2005) Transforming growth factor-$\beta$ signaling in stem cells and cancer. *Science* 310:68-71. Uno de los diversos artículos legibles de una sección especial de *Science* que trata la señalización celular.

**Neurotransmisión**

**Kandel, E.** y **Squire, L.** (2000) Neuroscience: Breaking down scientific barriers to the study of brain and mind. Science 290:1113-1120. Conferencia del Premio Nobel Kandel publicado junto a conferencias de los compañeros de Nobel Arvid Carlsson y Paul Greengerd.

**Hormonas vegetales**

**Alonso, J. M.** y **Stepanova, A. N.** (2004) The ethylene signaling pathway. *Science* 306:1513-1515. Uno de los diversos artículos de una sección especial sobre señalización celular.

**Heldt, H. W.** (1997) *Plant Biochemistry and Molecular Biology*, pp. 394-414. Oxford University Press, Nueva York. El Capítulo 19 de este libro contiene un tratamiento completo de las hormonas de crecimiento de las plantas y sus acciones.

**Yin, Y., Vafeados, D., Tao, Y., Yoshida, S., Asami, T.** y **Chory, J.** (2005) A new class of transcription factors mediates brassinosteroid-regulated gene expression in Arabidopsis. *Cell* 1,20:249-259. Un artículo que muestra las semejanzas de la señalización de las hormonas esteroideas en vegetales y animales.

**Yoo, S-H., Cho, Y.** y **Sheen, J.** (2009) Emerging connections in the ethylene signaling network. *Trends in Plant Sci.* 14:270-279. Una revisión actualizada de la señalización del etileno.

## PROBLEMAS

1. Las proteínas G presentan una cierta homología de secuencia de aminoácidos con los factores de elongación bacterianos que participan en la síntesis proteica. Estas proteínas unen también e hidrolizan el GTP. ¿Cómo podría determinarse si los tejidos de las plantas contienen proteínas G u otras entidades similares?
2. Indique dos o tres factores que hagan que sea ventajoso el que las hormonas peptídicas se sinteticen en forma de prohormonas inactivas que se activan mediante ruptura proteolítica.
3. Indique una hormona cuya concentración probablemente no pueda determinarse por radioinmunoanálisis y explique su respuesta. (Pista: deberá poder generar un anticuerpo frente a la hormona para diseñar un análisis de este tipo).
4. Describa un mecanismo mediante el cual una hormona esteroidea pudiera actuar aumentando las concentraciones intracelulares de AMP cíclico.
5. Las moléculas de señalización interactúan con las células a través de receptores macromoleculares específicos. Para cada uno de los cuatro receptores que se identifican a continuación, indique todas las características numeradas que describen con exactitud ese receptor.
   (a) Un receptor adrenérgico ________
   (b) Un receptor esteroideo ________
   (c) El receptor de LDL ________
   (d) El receptor de insulina ________
   1. Localizado en la superficie celular.
   2. Asociado con la proteína clatrina.
   3. La unión del ligando estimula la actividad de la fosfolipasa C.
   4. Una proteína transmembrana.
   5. Una proteína de unión al DNA.
   6. Localizado en el interior celular.
   7. El complejo receptor-ligando se desplaza al lisosoma.
   8. El complejo receptor-ligando se concentra en el núcleo.
   9. La activación del receptor puede inhibir la síntesis de glucógeno.
   10. El complejo hormona-receptor activa la transcripción de genes específicos.
   11. La internalización reduce la síntesis de ésteres de colesterol.
   12. La acción de este receptor reduce la síntesis y la actividad de la $\beta$-hidroxi-$\beta$-metilglutaril-CoA reductasa (HGM-CoA reductasa).
   13. Este receptor activa su propia síntesis.
   14. La actividad biológica de este receptor comporta una interacción con proteínas que unen nucleótidos de guanina.
   15. Este receptor posee una actividad proteína quinasa.
   16. No se conoce que actúe a través de un segundo mensajero.
6. Tras la activación por un receptor, una proteína G intercambia el GDP unido por GTP, en vez de fosforilar el GDP que ya está unido. De forma análoga, el complejo subunidad $\alpha$-GTP tiene una actividad GTPasa lenta que hidroliza el GTP unido, en vez de intercambiarlo por GDP. Describa los datos experimentales que concordarían con estas conclusiones.
7. Responda cada pregunta en aproximadamente una frase.
   (a) ¿Cuál es la base bioquímica de la acción del Viagra?
   (b) ¿Cuál es la base bioquímica de la acción del Prozac?
   (c) La administración oral de *S*-adenosilmetionina se ha dicho que no es eficaz para el tratamiento de la depresión. Sugiera una posible explicación.
8. Escriba una ecuación equilibrada para la hidrólisis del GMP cíclico, catalizada por la cGMP fosfodiesterasa. ¿Esperaría que un inhibidor de esta enzima potenciara o antagonizara la acción del Viagra? Explíquelo.
7. El ion litio inhibe la síntesis del inositol trisfosfato al inhibir una reacción de la degradación del inositol trisfosfato. Explique esta paradoja aparente.
10. Describa dos características químicas generales que diferencian a las hormonas vegetales de las hormonas de los animales.
11. Suponga que mide la unión del EGF con el receptor de EGF aislado a diversas concentraciones. ¿Esperaría que la curva de unión sea hiperbólica? Explique su respuesta.
12. Escriba una ecuación ajustada para las reacciones catalizadas por la catecol *O*-metiltransferasa y la monoamina oxidasa.

# PARTE 5

# Información

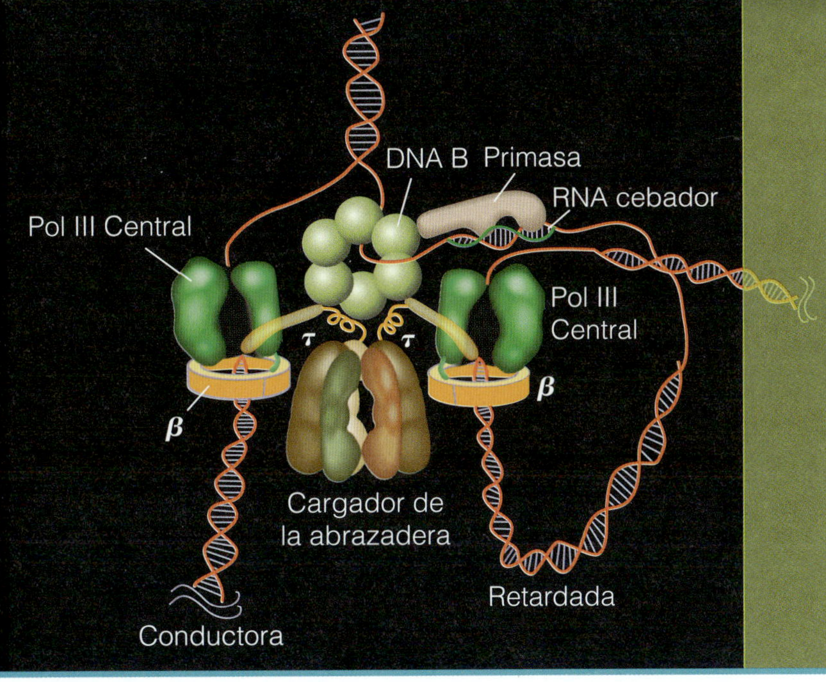


El replisoma, una máquina proteica multicomponente que copia ambas cadenas de una doble hélice de DNA.
*Fuente:* cortesía del Dr. Michael O'Donnell.

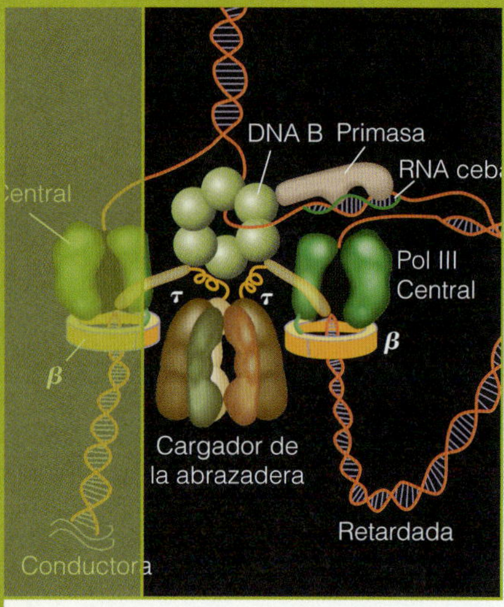


# CAPÍTULO 24

## Genes, genomas y cromosomas

**En esta última sección del libro** consideramos el almacenamiento, la recuperación, el procesamiento y la transmisión de la información biológica, procesos que podríamos llamar metabolismo de la información, para diferenciarlos del metabolismo intermediario. En este último, la información que especifica la naturaleza de una reacción química se encuentra en la estructura tridimensional de la enzima que interviene en ella. Esa estructura determina los sustratos que se unen y las reacciones que se catalizan. Naturalmente, todas las reacciones metabólicas están controladas en última instancia por la información genética que especifica las estructuras y las propiedades de las enzimas. Sin embargo, las reacciones que encontramos a partir de aquí se diferencian por la intervención directa de la información genética, y concretamente, por la necesidad de un *molde* que actúa, junto con la enzima, para especificar la reacción catalizada. Los moldes biológicos, los ácidos nucleicos, desempeñan en general un papel pasivo al determinar los sustratos que se unen, y dejan la catálisis a las enzimas, aunque las ribozimas (enzimas RNA) presentan una excepción importante a esta generalización (Capítulo 11). En capítulos posteriores se describen con detalle los procesos básicos, replicación del DNA, transcripción (síntesis de RNA) y traducción (síntesis de proteínas). Aquí, no obstante, nos centramos en la organización y en la naturaleza de los genes que transportan y transmiten esa información, así como de los cromosomas y los genomas dentro de los cuales residen los genes. Como se ha señalado en el Capítulo 4, un gen se define como un segmento cromosómico que codifica una única cadena polipeptídica o una molécula de RNA. Aunque en el pasado podríamos haber llamado a esta sección de nuestra disciplina Bioquímica genética, es más adecuado llamarla ahora *Bioquímica genómica.* Esto se debe a que los potentes métodos que se usan para determinar las secuencias completas de nucleótidos de cientos de organismos han hecho posible considerar los procesos biológicos en un sentido más global. Mientras que la secuenciación y el clonado de los genes individuales y el análisis de los genes clonados y las enzimas recombinantes permiten una gran comprensión del metabolismo al nivel de las reacciones individuales o agrupadas, podemos considerar ahora la función celular o del organismo en términos de la expresión coordinada de grandes bloques de genes, esto es, como un sistema integrado.

# Genomas procariotas y eucariotas

## Tamaño del genoma

Con la excepción de los virus con RNA, los genomas de todos los organismos están formados por secuencias de DNA que contienen los cuatro nucleótidos diferentes (más cantidades pequeñas de unos pocos nucleótidos modificados; *véanse* las páginas 93 y 102). Sin embargo, existe una enorme variabilidad en el tamaño del genoma y en el estado físico del genoma dentro de su medio intracelular. Los organismos unicelulares tienen necesidades metabólicas relativamente sencillas y así pueden prosperar con unos pocos cientos de genes. Los virus, que capturan la maquinaria metabólica de las células que infectan, son aún más simples. Los virus con DNA más pequeños tienen solo 10 genes o menos, mientras que algunos virus con RNA solo tienen tres. Sin embargo, como puede verse en la Figura 24.1, los virus más grandes, como el de la varicela, tienen 175 000 o más pares de bases en sus genomas, DNA suficiente para codificar 150 proteínas o más.

La mayor parte de los eucariotas requiere, y tiene, genomas mucho más grandes que los procariotas.

Como se podría esperar, los genomas de los organismos multicelulares más complejos son bastante más grandes que los de las bacterias o los virus. Sin embargo, como puede verse en la Figura 24.1, no hay una relación lógica entre el tamaño del genoma y la complejidad del organismo. El genoma humano, que consta de alrededor de 3000 millones de pares de bases, se empequeñece por los genomas de algunos anfibios y algunas plantas, que pueden ser hasta 50 veces más grandes que los del ser humano. Dado que no hay bases para concluir que una planta de la haba sea 50 veces más compleja que un ser humano, una conclusión ineludible es que los genomas eucariotas deben contener una cantidad considerable de DNA que no codifica proteínas o la maquinaria de RNA de la síntesis de proteínas. En los apartados siguientes se describen varias clases de secuencias de DNA no codificantes en los genomas eucariotas. Además, como se considera en el Capítulo 29, gran parte del DNA genómico que no codifica proteínas codifica moléculas de RNA reguladoras.

## Secuencias repetitivas

La primera indicación de que los cromosomas eucariotas contienen DNA no codificante se produjo en 1968, cuando Roy Britten y David Kohne idearon una técnica para analizar la cinética de la reasociación del DNA. En este método, el DNA total de un organismo se

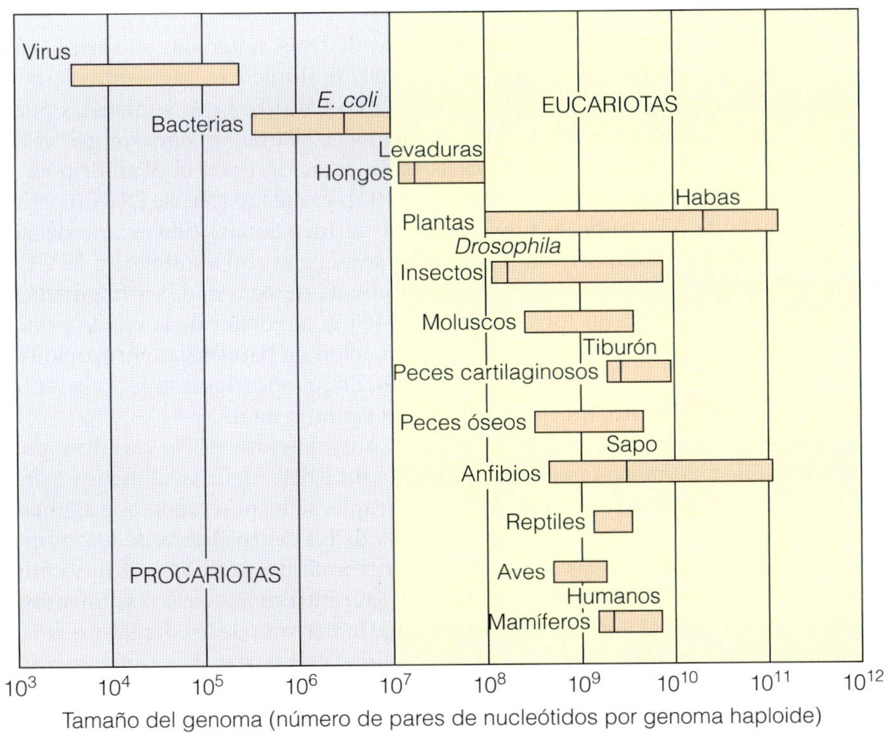


**FIGURA 24.1**

**Tamaño del genoma**. Las barras indican el intervalo de los tamaños genómicos haploides de diferentes grupos de organismos. Algunos organismos específicos están marcados con líneas verticales, por ejemplo, $3 \times 10^9$ para los seres humanos. Obsérvese que la escala del tamaño del genoma es logarítmica y que muchos organismos tienen genomas más grandes que los seres humanos.

**FIGURA 24.2**

**Cinética de la reasociación del DNA de *E. coli* y de bovino**. La abcisa corresponde al tiempo de reasociación, corregido para la diferencia de tamaño entre los genomas de *E. coli* y bovino. La curva para *E. coli* corresponde a la esperada para un conjunto de genes con una sola copia en un genoma del tamaño del de *E. coli*, $4.67 \times 10^6$ pb. La curva para el DNA bovino presenta dos pasos de reasociación. El paso lento corresponde al DNA de una sola copia (secuencias no repetidas). El otro corresponde al DNA que se reasocia rápidamente, formado por secuencias repetidas. En esta fase de reasociación están representadas muchas clases de DNA repetido.

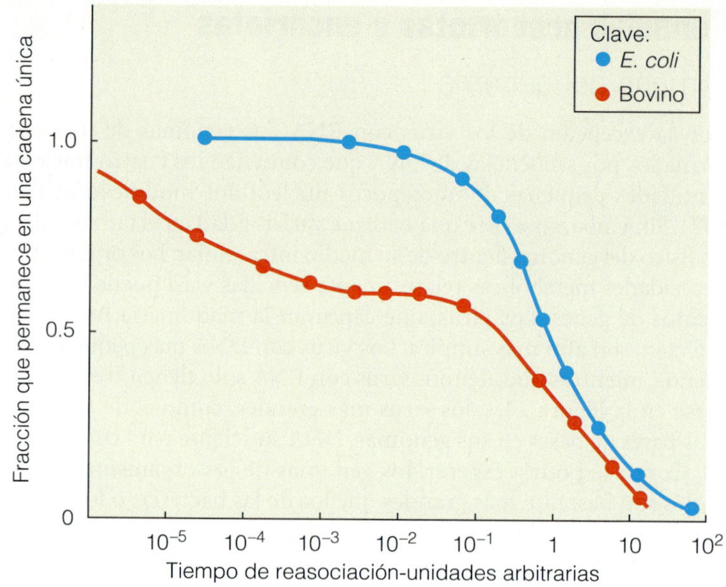


Las secuencias repetitivas de DNA de los genomas eucariotas incluyen DNA satélites y secuencias duplicadas dispersas.

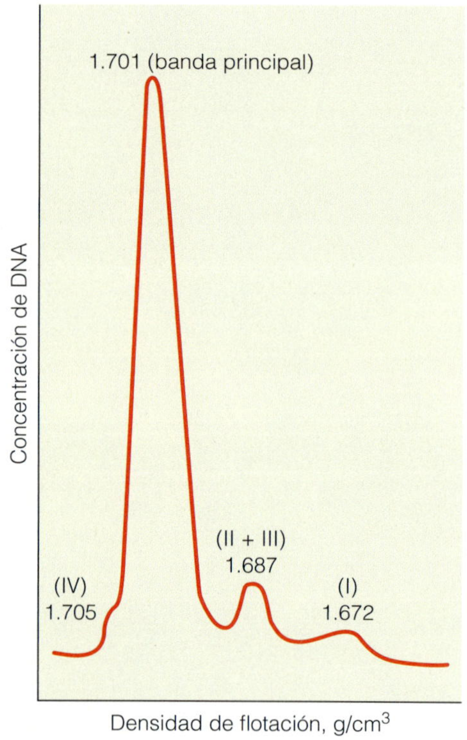


**FIGURA 24.3**

**DNA satélite**. La centrifugación en gradiente de densidad de equilibrio del DNA total de *Drosophila* separa bandas satélite, que rodean a la banda principal. Corresponde a fracciones de DNA repetitivo con diferentes composiciones de bases.

Adaptado de *Journal of Molecular Biology* 96:665-674, S. A. Endow, M. L. Polan y J. G. Gall, Satellite DNA sequences of Drosophila melanogaster. © 1975, con permiso de Elsevier.

corta mediante fuerzas de cizalla en porciones de aproximadamente 300 pares de bases, luego se calienta para separar las cadenas y, a continuación, se enfría lentamente para permitir que se reasocien las cadenas de secuencia complementaria. Las secuencias que están presentes en múltiples copias se reasociarán relativamente deprisa, mientras que las secuencias únicas se reasocian lentamente debido a que su abundancia es baja. Cuando Britten y Kohne analizaron el DNA bovino mediante este método, les sorprendió encontrar que casi la mitad del DNA se reasociaba de manera mucho más rápida de lo esperado para segmentos con una sola copia en el genoma grande (Figura 24.2). Para explicar esta rápida reasociación, concluyeron que algunas secuencias del DNA están reiteradas hasta $10^5$ o $10^6$ veces en cada célula. Mientras que prácticamente todo el DNA de *E. coli* es de copia única, solo aproximadamente la mitad del DNA de la mayoría de los mamíferos y una tercera parte del DNA de las plantas se encuentran dentro de esta categoría.

## DNA satélite

Un análisis detallado ha dividido estas secuencias de DNA reiteradas en varias categorías. Una clase es la de las repeticiones en tándem múltiples, en segmentos largos de DNA, de secuencias simples muy cortas como $(\text{ATAAACT})_n$. Estas secuencias pueden separarse de la porción principal del DNA mediante cizallamiento para romper el DNA en fragmentos más pequeños, seguido de la sedimentación hasta el equilibrio en gradientes de densidad (*véase* el Capítulo 4, página 102). Las secuencias de DNA repetitivas con abundancia de AT (como la que acabamos de mencionar) tienen una densidad menor que el DNA de composición media, y las secuencias con abundancia de GC son más densas. Así pues, en un experimento en gradiente de densidad, los fragmentos de secuencias simples reiterativas forman bandas satélites alrededor de la banda principal de DNA (Figura 24.3). Dado este patrón de formación de bandas, las agrupaciones de secuencias repetidas se denominan **DNA satélites.** En los eucariotas superiores, el DNA satélite suele constituir entre un 10 y un 20 % del genoma total.

¿Qué función tienen estas secuencias de DNA muy reiterativas? No codifican proteínas, y muchas de ellas ni siquiera se transcriben a un RNA. Algunas, al menos, parecen desempeñar una función estructural. Así, por ejemplo, se ha observado que algunas secuencias reiteradas están muy concentradas cerca de los **centrómeros** de los cromosomas, que son las regiones en las que se pegan las cromátidas hermanas al huso mitótico en la metafase. En las levaduras en gemación, los centrómeros tienen segmentos con abundante AT de unos 125 pares de bases, aunque la mayoría de los demás organismos tienen en el DNA centromérico secuencias repetidas más cortas. Los centrómeros sirven como lugares de unión para las proteínas que se unen a las fibras del huso en la mitosis (página 1022).

## Duplicaciones de genes funcionales

Existen otras muchas clases de secuencias de DNA con diversos grados de repetición. Algunas de estas secuencias son duplicaciones de genes funcionales, y en muchos casos, la repetitividad parece desempeñar un papel útil, al permitir una elevada producción de transcritos de los que hay una gran necesidad. Como ejemplo de ello cabe citar los genes de los RNA ribosómicos, de los que puede haber hasta varios miles de copias, y los genes del tRNA, de los que con frecuencia pueden encontrarse centenares de copias de cada tipo. La necesidad continua que tiene la célula de grandes cantidades de ribosomas y de tRNA para la traducción se satisface mediante múltiples copias de estos genes. Lo mismo ocurre con los genes correspondientes a algunas proteínas muy utilizadas, como las histonas que se unen al DNA eucariota para formar la estructura de la cromatina (*véase* la página 1022). Como se señala en el Capítulo 26, incluso los genes de los que normalmente existe una sola copia, a veces se amplifican en respuesta a las tensiones ambientales o bien en tejidos especiales durante el desarrollo embrionario.

## Elementos *Alu*

Existen otros tipos de secuencias de DNA repetidas que no codifican proteínas, y cuya función real continúa siendo un misterio. Estas secuencias se encuentran a menudo dispersas por todo el genoma, en vez de estar agrupadas como los DNA satélites. Algunas de estas secuencias pueden corresponder a elementos de control de algún tipo, cuyas funciones no se conocen aún. Una de las familias de este tipo habitual en los primates es la denominada **secuencias *Alu*.** Estas secuencias, de las que existen más de un millón de copias en el genoma humano, tienen una longitud de unos 300 pares de bases (pb). Su nombre refleja la existencia frecuente de un único lugar para la endonucleasa de restricción *Alu*I en la mayor parte de los miembros de esta clase. Las secuencias *Alu* pueden transcribirse (de manera poco eficaz) a RNA, aunque no se conoce que se traduzcan. Las secuencias *Alu* son ejemplos de **SINES** (*short interspersed elements*: elementos cortos intercalados). El genoma humano contiene también hasta un millón de **LINES** (*long interspersed elements*: elementos largos intercalados), secuencias que pueden tener hasta 10 kpb.

Se desconoce la función de muchas secuencias repetidas.

La función de un gran número de secuencias *Alu* continúa siendo desconocida, aunque algunas de ellas pueden contener orígenes para la replicación del DNA. También es concebible que muchas de estas secuencias repetitivas no tengan una función útil. Es posible que se encuentren en el genoma simplemente como «parásitos moleculares». Se ha propuesto una forma de propagación de estas secuencias por el genoma, de acuerdo con la observación de que las secuencias *Alu* están flanqueadas por oligonucleótidos repetidos cortos, que se parecen a los de los transposones (*véase* el Capítulo 26). Según este concepto, las secuencias *Alu*, como otros elementos genéticos móviles, pueden insertarse en diversos lugares del genoma en forma de copias del RNA realizadas por la transcriptasa, que se transcribe a partir de ellos (página 1072). Los estudios recientes sugieren que las secuencias *Alu* pueden proceder de un RNA pequeño (RNA 7SL) que participa en el transporte de proteínas a través de las membranas. Consideraremos este RNA en el Capítulo 28.

## Intrones

Un segundo motivo del gran tamaño de los genomas eucariotas es que la mayor parte de los genes eucariotas están interrumpidos por intrones. En el Capítulo 7 hemos señalado que las regiones codificantes de la mayoría de los genes eucariotas —exones— están interrumpidas por regiones no codificantes —intrones. Vimos, como ejemplo, que el gen de la $\beta$-globina está formado por tres exones interrumpidos por dos intrones no codificantes. Este tipo de estructura es frecuente en los eucariotas y a menudo, es más extrema que en el ejemplo de la hemoglobina. Consideremos el gen de la ovoalbúmina que se muestra en la Figura 24.4a. Este gen codifica una proteína de 386 residuos de aminoácido, que podría codificarse con un mensaje de 1158 nucleótidos. Sin embargo, el gen de la ovoalbúmina tiene en total unos 7700 pares de bases, y contiene ocho exones intercalados con siete intrones. La diferencia entre el gen de la ovoalbúmina y su mRNA se pone claramente de manifiesto cuando se examinan moléculas híbridas DNA-RNA con el microscopio electrónico (Figura 24.4b y c). El DNA genómico se aparea con el mRNA a lo largo de los exones, pero los intrones, que no contienen componente homólogo en la molécula de mRNA, forman bucles externos, que se denominan **bucles R**.

La mayor parte de los genes eucariotas contienen intrones.

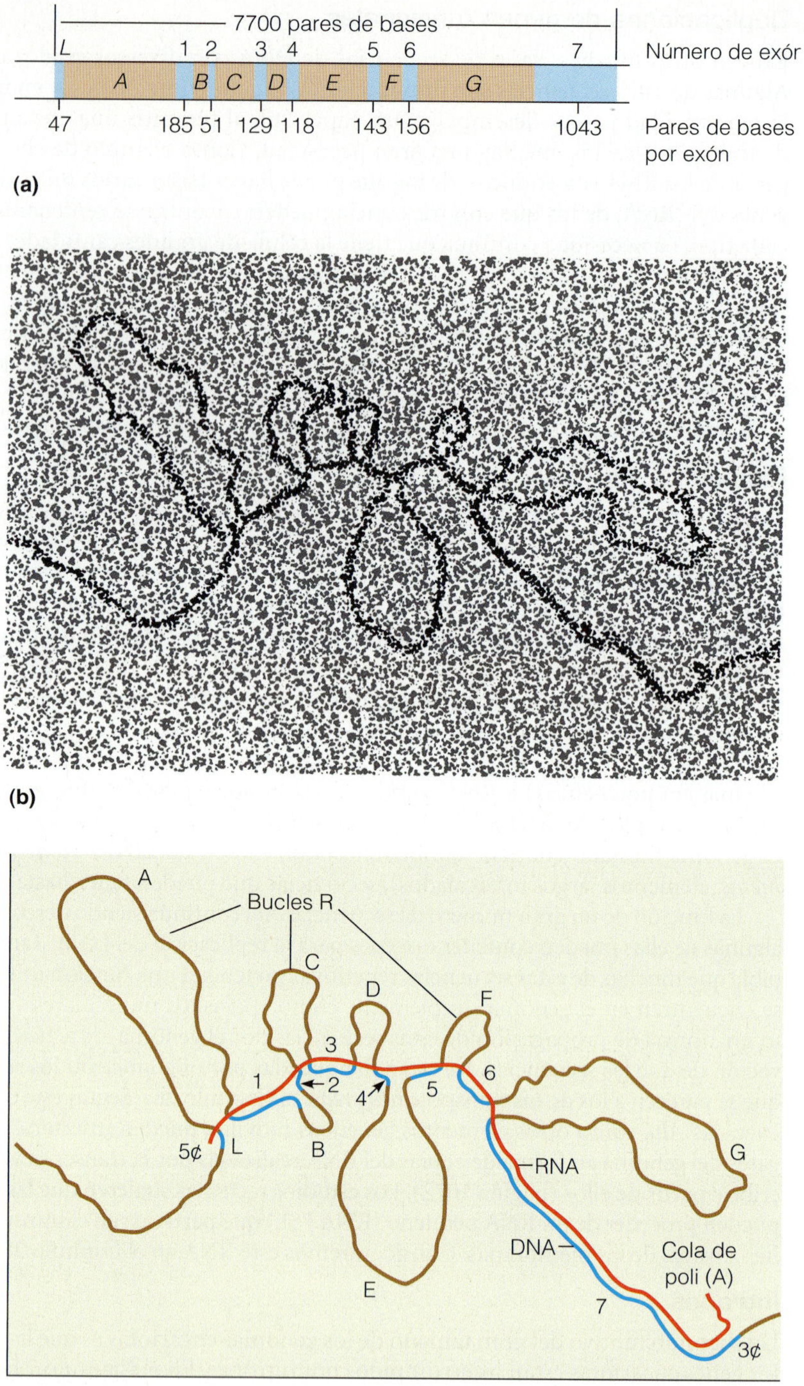


**FIGURA 24.4**

**Estructura exón-intrón del gen de la ovoalbúmina del pollo. (a)** Mapa del gen de 7700 pb, en el que se muestran los exones 1-7 y una secuencia líder no traducida (en azul) y los intrones A-G (en marrón). **(b)** Micrografía electrónica de un híbrido formado al renaturalizar el DNA genómico de pollo con el mRNA purificado de la ovoalbúmina. **(c)** Diagrama en el que se observa la forma en que las regiones intrónicas forman bucles externos en los bucles R en un híbrido de este tipo. El RNA se indica en rojo, los exones del DNA en azul, y los intrones del DNA en marrón.

(b) Cortesía de Pierre Chambon, *Scientific American* (1981) 245:60-70.


Los análisis se secuencias muestran que los intrones están presentes en la mayor parte de los genes eucariotas que codifican proteínas y con frecuencia, superan a los exones en su longitud total. Los eucariotas inferiores, como las levaduras, normalmente tienen muchos menos intrones, y su tamaño genómico es, por tanto, inferior. Como ocurre con los procariotas, que tienen también pocos intrones, este menor tamaño del genoma de las levaduras refleja probablemente una necesidad de mayor eficacia en la replicación celular.

Como se ha mencionado en el Capítulo 7, no se conoce aún por completo la función de los intrones. Parece probable que actúen como *loci* para la recombinación genética, permitiendo que se intercambien partes funcionales de las proteínas en la evolución, un proceso que se denomina arrastre de exón. Estos loci permiten también a los eucariotas elaborar variantes de una proteína a partir de un solo gen, mediante el corte y empalme de diferentes exones. Este método de **corte y empalme alternativo**, que se expone en el Capítulo 27, página 1161, es una forma más eficaz de almacenar la información que el disponer de todo un gen para cada variante de la proteína.

## Familias génicas

### Variantes múltiples de un gen

A pesar del método de corte y empalme alternativo, en muchos casos se encuentran variantes completas de genes para el mismo tipo de proteína, que se expresan en tejidos diferentes en fases diferentes del desarrollo. Hemos encontrado un ejemplo en el Capítulo 7, en el que se han descrito las globinas embrionarias ($\zeta$ y $\varepsilon$), fetales ($\alpha$ y $\gamma$) y del adulto ($\alpha$, $\beta$, y $\delta$) de los mamíferos. Para cada una de estas proteínas existe un gen completo en cada célula del mamífero.

En la Figura 7.30 (página 261) se muestran las agrupaciones de genes de las clases $\alpha$ y $\beta$ de las hemoglobinas en el ser humano. Cada uno de estos genes tiene el tipo de estructura exón-intrón que se muestra en la Figura 7.25 (página 256) Además, los propios genes están separados por largos tramos de DNA que no se transcriben. Algunas partes de estas regiones interpuestas deben contener señales de control, ya que la expresión de los genes de la globina está sometida a una regulación compleja y sutil. En primer lugar, aunque se encuentran agrupaciones de genes de globina en todas las células humanas, *solo* se expresan en las *células eritropoyéticas*, células que dan lugar a los glóbulos rojos. Además, como hemos visto en el Capítulo 7, la expresión de cada variante está limitada de manera estricta a determinadas fases del desarrollo. Así, por ejemplo, en la fase embrionaria inicial, solo se transcriben los genes $\zeta$ y $\varepsilon$, y todos los demás genes de la globina están desactivados. A medida que avanza el desarrollo, la transcripción pasa primero a los genes $\alpha$ y $\gamma$ fetales, y aproximadamente en el momento del nacimiento, empieza a dominar la variante $\beta$ del adulto y cesa la transcripción de $\gamma$ (*véase* la Figura 7.29, página 261). Este tipo de regulación del desarrollo es propia de los eucariotas, aunque las bacterias muestran unos cambios en su desarrollo más sencillos de la expresión de los genes, por ejemplo, acompañando a distintas fases del crecimiento durante el desarrollo de las biopelículas. El empleo de múltiples variantes génicas resulta caro de copiar y almacenar en el DNA: el genoma humano dedica unos 100 000 pb del DNA tan solo a la producción de las diferentes variantes de la hemoglobina.

Existen otras muchas familias génicas. Algunas de ellas, como los grupos de genes que codifican variantes de las histonas, parecen desempeñar un papel en el desarrollo bastante similar al de la familia de los genes de la globina. Otras, como los genes de las inmunoglobulinas, parecen existir en múltiples formas para satisfacer una multiplicidad de necesidades diferentes, pero similares. En cada caso, parece probable que los componentes de una determinada familia génica hayan evolucionado mediante duplicaciones sucesivas de un gen ancestral original.

Al expandirse nuestro conocimiento detallado de muchos genomas diferentes, se ha hecho obvio que el concepto de «familias de genes» tiene un sentido más amplio que el utilizado anteriormente. Deducimos, a partir de las homologías de secuencia y estructura, que muchos genes que habíamos pensado que no estaban relacionados pertenecen a familias amplias, que probablemente descienden de un antecesor común. Puede ser que todos los genes que existen desciendan de un número relativamente pequeño (¿varios cientos?), lo suficiente para realizar las necesidades de un organismo ancestral muy primitivo.

### Pseudogenes

Las familias génicas incluyen a menudo entre sus miembros uno o varios **pseudogenes** o genes que no se expresan. Los pseudogenes pueden reconocerse porque poseen una semejanza de secuencia muy fuerte con los genes que se expresan, de los que indudablemente derivan, tal vez a través de un mecanismo de transcriptasa inversa, como se ha propuesto para los elementos *Alu* (*véase* la página 1005). Sin embargo, no se transcriben, ya que algún elemento necesario para la transcripción (a menudo una región de control flanqueante o **promotor**, una señal de iniciación de la transcripción) falta o

**TABLA 24.1. Propiedades de algunos genomas bacterianos y de virus**

| Organismo o virus | Tamaño del genoma, pb | Número de genes | Naturaleza física del genoma |
|---|---|---|---|
| *Escherichia coli* | 4 639 221 | ~4 400 | Dúplex circular |
| Bacteriófago T4 | 168 889 | ~175 | Dúplex lineal, permutado circularmente[a] |
| Bacteriófago T7 | 39 936 | ~35 | Dúplex lineal, pequeña repetición en cada extremo |
| Bacteriófago $\lambda$ | 48 502 | ~50 | Dúplex lineal, extremos de una sola cadena |
| Virus de la gripe | ~13 500 | 12 | RNA de una cadena |
| VIH | 9 749 | 23 | RNA de una cadena |
| Bacteriófago $\phi$X174 | 5 387 | 11 | DNA circular de una cadena |
| Bacteriófago M13 | 6 407 | 11 | DNA circular de una cadena |
| Virus 40 de simios | 5 226 | 6 | DNA circular dúplex |
| Virus del mosaico del tabaco | ~6 400 | 4 | RNA de una cadena |
| Bacteriófago MS2 | 3 689 | 4 | RNA de una cadena |

[a] Permutado circularmente significa que todos los genomas tienen la misma secuencia lineal de genes, pero los puntos finales difieren (*véase* el Capítulo 25).

es defectuosa. Como sus secuencias no se expresan, los pseudogenes no están ya bajo el control selectivo fuerte de la evolución. En cierto sentido, no importa lo que les ocurra, y como consecuencia de ello pueden acumular mutaciones que sufrirían una selección en contra si se dieran en los genes funcionales. Hasta hace poco se pensaba que los pseudogenes no tienen una función biológica significativa, que son restos evolutivos. Sin embargo, la investigación en un supresor de tumor denominado PTEN ha mostrado que un pseudogén puede unir una pequeña molécula de RNA inhibidor (siRNA, *véase* el Capítulo 29) destinada al PTEN funcional y, por tanto, afectar la expresión del gen PTEN funcional. En la Figura 7.30 (página 261) pueden verse ejemplos de pseudogenes, que muestran la disposición de las variantes del gen de la $\alpha$ y $\beta$ globina en el DNA humano.

En resumen, encontramos que se combinan diversas explicaciones muy diferentes para explicar el gran tamaño de los genomas de los organismos eucariotas. Al mismo tiempo, continúa siendo difícil justificar las variaciones extremas de la cantidad de DNA que se observan, a veces incluso entre organismos muy relacionados. Así, por ejemplo, dentro del grupo de los anfibios, hay una diferencia del orden de más de 100 veces en el tamaño de los genomas. La función de esta enorme variación, en el caso de que la tenga, no está clara aún, y ello sugiere que todavía no conocemos algunos aspectos fundamentales del genoma eucariota.

En cambio, los genomas procariotas y víricos son mucho menores, como corresponde a la simplicidad relativa de los organismos implicados, y más compactos, como puede corresponder a organismos que se encuentran en un crecimiento continuo rápido durante la mayor parte de sus vidas. Existen intrones en algunos genomas víricos y procariotas, pero son muy poco habituales. De hecho, en algunos casos se solapan genes adyacentes que se traducen con diferentes marcos de lectura para dar distintos productos proteicos. Durante muchos años el pequeño tamaño de estos genomas y su accesibilidad a la manipulación genética, debido, en parte, a su naturaleza haploide, ha hecho a las bacterias (especialmente a *E. coli*) y a los bacteriófagos los sistemas biológicos favoritos para elucidar los detalles de la replicación del genoma y la expresión de los genes. En la Tabla 24.1 se proporciona información sobre los genomas de algunos de los sistemas más útiles y algunos otros virus de interés actual.

## Restricción y modificación

Pasamos ahora a la pregunta de cómo se determina la secuencia completa de nucleótidos de un gran genoma. Nuestra capacidad para mapear y determinar la secuencia de nucleótidos de genomas depende esencialmente de la existencia de las **endonucleasas de restricción**, que identificamos en el Capítulo 4 como enzimas que catalizan la ruptura del DNA de doble cadena, de acuerdo específicamente con la secuencia. Antes de considerar la determinación de la secuencia de genomas grandes, nos apartamos aquí un poco para describir estas enzimas notables y los procesos biológicos en los que participan, la **restricción y modificación inducidas por el hospedador**. Las bacterias utilizan la metilación en lugares específicos del DNA para marcar su propio DNA y producir la ruptura del DNA en los mismos lugares para inactivar el DNA de los invasores, como los virus, que carecen de este marcado; así pues, la restricción-modificación puede considerarse como un sistema inmunitario de las bacterias.

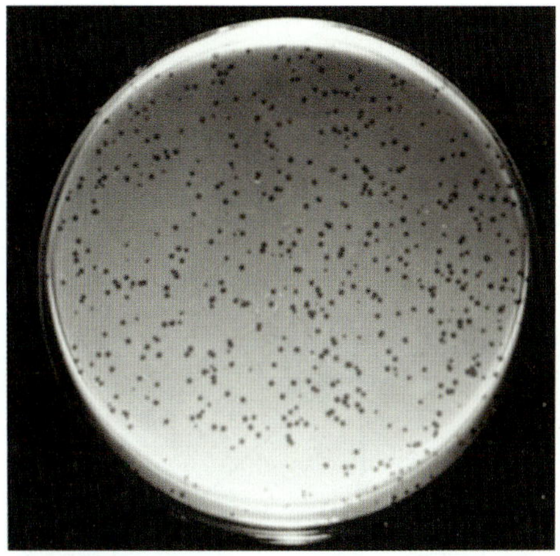

**FIGURA 24.5**

**Placas de bacteriófagos.** Se sembró una placa de Petri con muchas bacterias (alrededor de $10^8$) y un pequeño número de partículas de bacteriófagos (alrededor de 200 fagos T4). Cada partícula de fago genera un área clareada o placa al infectarse y lisarse todas las bacterias que crecen a su alrededor.

## Biología de la restricción y la modificación

Aunque la restricción y la modificación se describieron por primera vez en 1952, no fue hasta el trabajo de Werner Arber en Suiza, a mediados de los años 1960, cuando se pudo aclarar la base bioquímica de estos fenómenos. La observación básica fue la siguiente. El bacteriófago $\lambda$, cuando crece en la cepa K12 de *E. coli* (a la que denominaremos K), crece bien en infecciones posteriores de la cepa K, y cada partícula de fago da origen a una **placa**. (Una placa es una zona clareada en una placa de Petri sembrada con un exceso de bacterias y un número limitado de fagos. Se debe a la multiplicación de una partícula vírica y la lisis localizada de las bacterias. *Véase* la Figura 24.5.) Sin embargo, el fago crecía mal en la cepa B de *E. coli*, de tal manera que tan solo un 0.01% de los fagos infectantes daban lugar a una placa; en otras palabras, la cepa hospedadora *restringía* el crecimiento del fago. La mayor parte del DNA del fago infectante se degradaba en estas infecciones no productivas.

Los fagos purificados a partir de las pocas placas que se formaban eran capaces de infectar a la cepa B con una eficacia elevada. Se observó también el mismo fenómeno de forma inversa: los fagos que crecían sobre *E. coli* B infectaban la cepa K con una eficacia baja, pero las pocas placas que se formaban producían fagos que eran capaces de infectar a la cepa K con una eficacia elevada. Estos experimentos sugirieron que, aunque se destruían la mayor parte de los fagos expuestos a una nueva cepa de *E. coli*, algunos de ellos se adaptaban, logrando evitar el sistema de defensa de la bacteria y pasando a ser capaces de infectar a esa cepa. Arber acuñó los términos *restricción* y *modificación* para explicar estas observaciones, y demostró que la base bioquímica de estos fenómenos es un par de enzimas específicas de cada cepa bacteriana. Cuando los fagos crecidos en la cepa K infectan la cepa B, su DNA casi siempre se degrada por una enzima de restricción específica de B, y la bacteria sobrevive. Sin embargo, la cepa B tiene otra enzima, que modifica su propio DNA mediante la metilación de residuos de nucleótidos específicos. Este patrón de metilación protege al DNA frente a su propia enzima de restricción específica de B. La metilación implica la trasferencia de un grupo metilo desde la *S*-adenosilmetionina (AdoMet) a una base específica dentro de la secuencia diana, como se esquematiza en la Figura 24.6.

Las bacterias utilizan restricción-modificación, que implica cambios no genéticos de la estructura del DNA para diferenciar su propio DNA del de los invasores.

A veces, la enzima de modificación de la cepa B metila también el DNA del fago, y en el proceso crea DNA del fago resistente a la degradación por el sistema de restricción de B. Los fagos resistentes corresponden a la pequeña proporción de fagos (0.01%) que producen placas en la cepa B. Dado que el DNA de estos fagos está ahora totalmente protegido de la restricción específica de B, todos los fagos que forman placas en B son capaces de infectar la cepa B en infecciones posteriores. Obsérvese que la restricción y la modificación son fenómenos **epigenéticos**, ya que se conserva el fenotipo en la siguiente ronda de crecimiento del fago, mientras que las *secuencias* de DNA del fago permanecen sin alterar. La capacidad de un fago para superar la restricción en una bacteria hospedadora concreta no depende de cambios del genotipo del fago, sino de la cepa de hospedador en la que ese fago ha crecido anteriormente. Obsérvese también que todo el DNA de una célula está sujeto a la restricción y modificación, incluyendo los DNA de transformación y de plásmidos, así como los DNA cromosómicos o del fago.

Los sistemas de restricción-modificación están muy extendidos en las bacterias. Algunos de ellos están codificados por genes cromosómicos y otros, por plásmidos. En 1970, Hamilton Smith observó que una nucleasa de restricción que estaba estudiando catalizaba la ruptura de la doble cadena del DNA en una secuencia de nucleótidos corta específica. Poco después se observó que la modificación tiene la misma especificidad de secuencia, como se esquematiza en la Figura 24.6. En este ejemplo, un nucleótido de una secuencia de seis nucleótidos es el sustrato de una DNA metilasa específica. Cuando ese lugar se metila, el DNA es resistente a la ruptura por una nucleasa

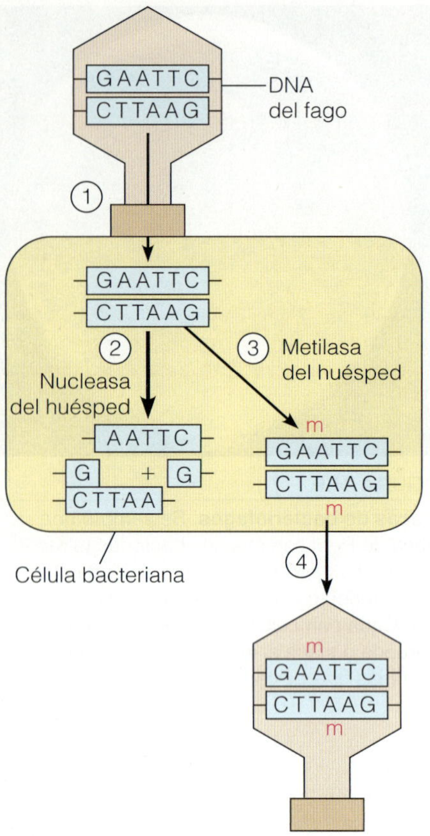


**FIGURA 24.6**

**Restricción y modificación inducidas por el hospedador**. Un fago cuyo DNA no está modificado infecta una bacteria con un sistema de restricción que reconoce la secuencia de DNA 5′-GAATTC-3′ (paso 1). La mayoría de las moléculas de DNA del fago se rompen por la nucleasa de restricción (paso 2), pero las pocas que se metilan primero en el interior A están protegidas del ataque (paso 3). Los fagos que emergen contienen DNA modificado (metilado) (paso 4). Dado que no son vulnerables a la restricción por la nucleasa del hospedador, son capaces de superar el sistema de defensa de la bacteria cuando reinfectan la misma cepa bacteriana.

que reconoce la misma secuencia de hexanucleótidos; cuando el lugar no está metilado, el DNA es vulnerable al ataque en ese lugar. En la actualidad se conocen centenares de endonucleasas de restricción que catalizan rupturas con una especificidad de secuencia de este tipo.

La importancia de estos avances radicó en que, por primera vez, los científicos podían aislar fragmentos de DNA homogéneos de una longitud definida mediante el tratamiento del DNA con una nucleasa de restricción *in vitro* y la resolución posterior de los fragmentos del producto de la digestión mediante electroforesis en gel. Estos avances dieron lugar a la clonación de genes, como se expuso en el Capítulo 4. Con respecto al análisis del genoma, los fragmentos de restricción separados mediante electroforesis (Figura 24.7) pueden colocarse de forma ordenada para dar mapas físicos de moléculas de DNA; los mapas de denominan **mapas de restricción**, ya que muestran las localizaciones físicas de los lugares de restricción.

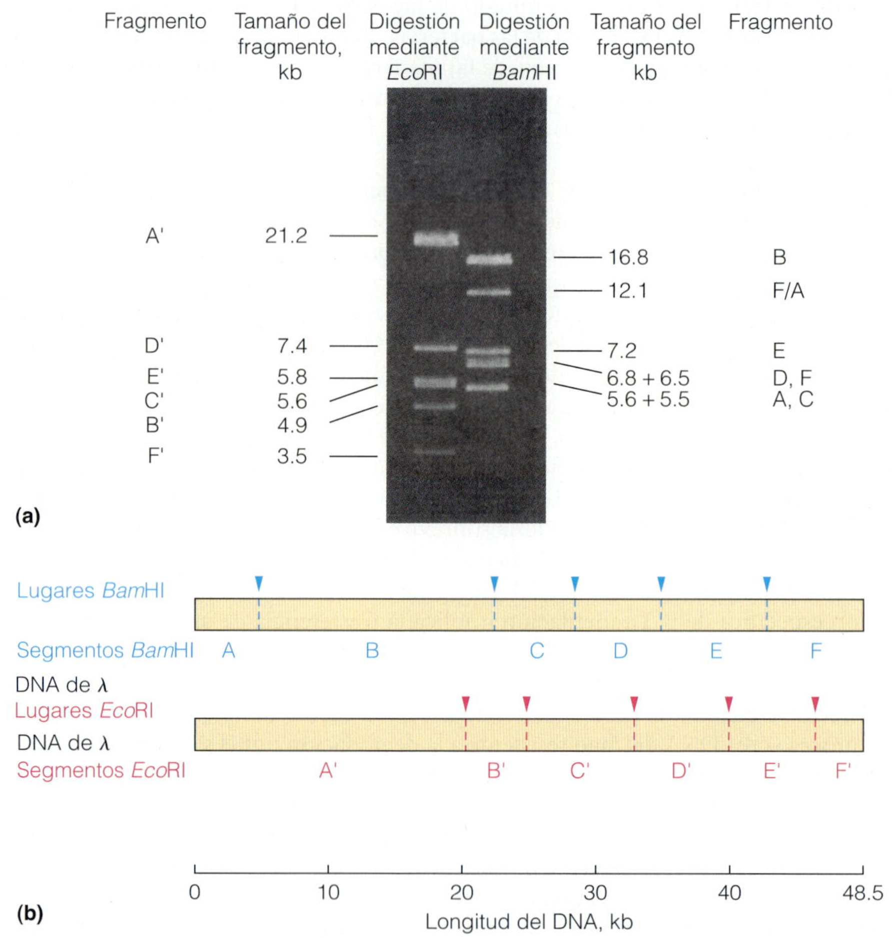


**FIGURA 24.7**

**Fragmentación del DNA del bacteriófago λ con las endonucleasas de restricción *Eco*RI o *Bam*HI. (a)** Determinación experimental de los patrones de fragmentación, que se obtienen por la disgestión enzimática de la molécula lineal de DNA del fago λ. Las digestiones de restricción se someten a electroforesis en gel de agar y los fragmentos se visualizan con luz ultravioleta tras teñir el gel con bromuro de etidio, un colorante fluorescente. Obsérvese que los fragmentos con tamaños muy semejantes solo forman una banda en el gel. **(b)** Mapas de los lugares de fragmentación de cada enzima en la molécula de DNA. Por convenio, a los fragmentos se les asignan letras, tal como se muestra. En este experimento el fragmento de 12.1 kb de la digestión con *Bam*HI se produjo a partir de la unión de los fragmentos A y F (terminal) mediante apareamiento de base de sus extremos cohesivos (página 1098). El mapeo de los lugares de restricción necesita también los datos de la digestión parcial o de la digestión del DNA con *Eco*RI y *Bam*HI juntas (no se muestra).

(a) Cortesía de Catherine Z. Mathews.

## Propiedades de las enzimas de restricción y modificación

En la actualidad reconocemos tres clases diferentes de sistemas de restricción-modificación, los tipos I, II y III. Cada sistema incluye dos actividades enzimáticas diferenciadas: una DNA metilasa y una endonucleasa que cataliza una ruptura del DNA de doble cadena. Las endonucleasas con especificidad de secuencia, que son las más utilizadas en biología molecular, son enzimas de tipo II. Sea cual sea su tipo, las enzimas se denominan con las tres primeras letras, que indican la especie bacteriana de origen y una cuarta letra, que indica una cepa concreta. Así por ejemplo, el sistema de restricción de *E. coli* se llama ***Eco*K**. Si se encuentra más de un sistema enzimático en una determinada cepa, las diferentes enzimas se designan con números romanos. Así, por ejemplo, ***Eco*RI** es uno de los dos sistemas de restricción conocidos en la cepa R de *E. coli* y ***Hin*dIII** es una de las tres enzimas de la cepa d de *Haemophilus influenzae.*

En los apartados siguientes se consideran las propiedades de cada uno de las tres clases de sistemas de restricción y se resumen en la Tabla 24.2.

Las enzimas de restricción de mayor uso por los biólogos rompen ambas cadenas del DNA en lugares específicos dependiendo de la metilación de base.

### Tipo I

Las enzimas de tipo I tienen ambas actividades metilasa y nucleasa en una molécula proteica que contiene tres subunidades. Una subunidad contiene la nucleasa, otra la metilasa y otra, un determinante de reconocimiento de secuencia. El lugar de reconocimiento no es simétrico, y la ruptura se produce a una cierta distancia (de hasta 10 kpb) del mismo, aunque la metilación se produce en el propio lugar de reconocimiento. Para la ruptura, la enzima se mantiene unida al lugar de reconocimiento, y el DNA forma un bucle hacia fuera a su alrededor, junto con un superenrollamiento. En cada ruptura se hidrolizan unas $10^5$ moléculas de ATP. Es probable que esta energía sea necesaria para la translocación de la enzima y para el superenrollamiento del DNA. Por razones que todavía no están claras, tanto el ATP como la AdoMet son necesarios para la actividad de ruptura. La AdoMet puede ser un activador alostérico, porque no se degrada durante la reacción.

### Tipo II

Las nucleasas de restricción de tipo II han sido de gran valor para los investigadores, ya que la mayor parte de ellas cortan dentro de la secuencia de reconocimiento, con lo que hacen que la ruptura sea específica con respecto a la secuencia. La mayor parte de las enzimas de tipo II son homodímeros, con subunidades de 30 a 40 kilodalton. Es necesario un catión divalente para que se realice la ruptura, pero no se necesita ATP. Cada nucleasa de tipo II tiene una metilasa correspondiente, que se une a la misma secuencia de reconocimiento y metila un nucleótido de esa secuencia. Un DNA **semimetilado** (con el grupo metilo en una sola cadena) es el sustrato preferido de la metilasa, aunque no de la nucleasa, que generalmente solo rompe cuando el lugar de reconocimiento está sin metilar en ambas cadenas. La ruptura genera extremos terminales 3′ hidroxilo y 5′ fosfato. Los lugares de ruptura en las dos cadenas pueden estar a una distancia de hasta

**TABLA 24.2. Propiedades de los sistemas de restricción-modificación**

| | Tipo I | Tipo II | Tipo III |
|---|---|---|---|
| Ejemplo | *Eco*B | *Eco*RI | *Eco*PI |
| Lugar de reconocimiento | TGAN$_8$TGCT | GAATTC | AGACC |
| Lugar de ruptura | Hasta 10 kpb de distancia respecto al lugar de reconocimiento | Entre G y A (ambas cadenas) | 24-26 pares de bases hacia el lado 3′ del lugar de reconocimiento |
| Lugar de metilación | TG$\overset{m}{A}$N$_8$TGCT<br>ACTN$_8\underset{m}{A}$CGA | GA$\overset{m}{A}$TTC<br>CTT$\underset{m}{A}$AG | AG$\overset{m}{A}$CC<br>(tan solo se metila una cadena) |
| ¿Nucleasa y metilasa en una enzima? | Sí | No | Sí |
| Requisitos para la ruptura | ATP, $Mg^{2+}$, AdoMet | $Mg^{2+}$ o $Mn^{2+}$ | $Mg^{2+}$, AdoMet |
| Requisitos para la metilación | ATP, $Mg^{2+}$, AdoMet | AdoMet | $Mg^{2+}$, AdoMet |

*Nota:* cada base metilada se identifica con la letra m. Todas las secuencias se leen 5′ a 3′, de izquierda a derecha.

**TABLA 24.3. Especificidades de algunos sistemas de restricción de tipo II**

| Enzima | Origen bacteriano | Lugar de restricción y modificación[a] |
|---|---|---|
| *Bam*HI | *Bacillus amyloliquefaciens* H | G↓GATCC |
| *Bgl*II | *B. globiggi* | A↓GATCT |
| *Eco*RI | *Escherichia coli* RY13 | G↓A$\overset{m}{\text{A}}$TTC |
| *Eco*RII | *E. coli* R245 | C$\overset{m}{\text{C}}$↓GG |
| *Hae*III | *Haemophilus aegyptius* | GG↓$\overset{m}{\text{C}}$C |
| *Hga*I | *H. gallinarum* | GACGCNNNNN↓<br>CTGCGNNNNNNNNNN↑ |
| *Hha*I | *H. haemolyticus* | G$\overset{m}{\text{C}}$G↓C |
| *Hind*II | *H. influenzae* Rd | GTPy↓Pu$\overset{m}{\text{A}}$C |
| *Hind*III | *H. influenzae* Rd | $\overset{m}{\text{A}}$↓GCTT |
| *Hinf*I | *H. influenzae* Rf | G↓ANTC |
| *Hpa*I | *H. parainfluenzae* | GTT↓AAC |
| *Hpa*II | *H. parainfluenzae* | C↓$\overset{m}{\text{C}}$GG |
| *Msp*I | *Moraxella* sp. | C↓CGG |
| *Not*I | *Nocardia rubra* | GC↓GGCCGC |
| *Ple*I | *Pseudomonas lemoignei* | GAGTCNNNN↓CTCAGNNNNN↑ |
| *Pst*I | *Providencia stuartii* | CTGCA↓G |
| *Sal*I | *Streptomyces albus* G | G↓TCGAC |
| *Sma*I | *Serratia marcescens* Sb | C$\overset{m}{\text{C}}$C↓GGG |
| *Xba*I | *Xanthomonas badrii* | T↓CTAGA |

[a] La base metilada de cada lugar, cuando se conoce, se identifica con la letra m. Todas las secuencias se leen de 5′ a 3′, de izquierda a derecha. La ruptura en la cadena opuesta puede deducirse en cada caso de la simetría del lugar (excepto para *Hga*I y *Ple*I, cada una de las cuales tiene un lugar asimétrico). Pu = purina, Py = pirimidina, N = cualquier base.

cuatro nucleótidos (como en *Eco*RI) o más, produciendo cortes con extremos de una sola cadena cortos y autocomplementarios. Algunas enzimas rompen para dar un extremo de una sola cadena con una terminación 5′ («saliente»), mientras que otras generan un saliente 3′. Otras nucleasas de tipo II, como la *Sma*I y la *Hind*II, generan fragmentos de extremos romos, en los que los lugares de corte no están distanciados. La mayor parte de los lugares de reconocimiento tienen una longitud de cuatro, cinco o seis nucleótidos, aunque algunas enzimas de tipo II reconocen una secuencia de ocho nucleótidos. La mayoría presenta una simetría de secuencia rotatoria doble, lo cual sugiere que las dos subunidades de la enzima están dispuestas también simétricamente. En la Tabla 24.3 se indican los lugares de reconocimiento de varias nucleasas de tipo II muy utilizadas. En la actualidad se han aislado varios centenares de enzimas de este tipo. No todas las nucleasas de tipo II tienen una especificidad de secuencia absoluta. Así, por ejemplo, la *Hind*II reconoce cuatro secuencias de hexanucleótidos diferentes, y algunas enzimas (como la *Hga*I) rompen en un lugar fuera de la secuencia de reconocimiento.

En el año 1986 se produjo la primera determinación estructural cristalográfica de una nucleasa de restricción (*Eco*RI) en un complejo con un oligonucleótido de doble cadena, que contenía su secuencia de reconocimiento de DNA. En la Figura 24.8 se muestra una subunidad polipeptídica de la enzima dimérica en contacto con su secuencia de reconocimiento del DNA. El DNA está unido en una hendidura, y la proteína tiene un «brazo» N-terminal que envuelve al DNA. La especificidad de secuencia se mantiene mediante 12 enlaces de hidrógeno, que ligan los residuos de purina en el lugar a un residuo de glutamato y dos residuos de arginina (que no se muestran en la figura). La unión del DNA altera su estructura y genera «ensortijamientos»; las secuencias que flanquean de forma inmediata al lugar de corte de seis nucleótidos (GAATTC) adoptan la conforma-

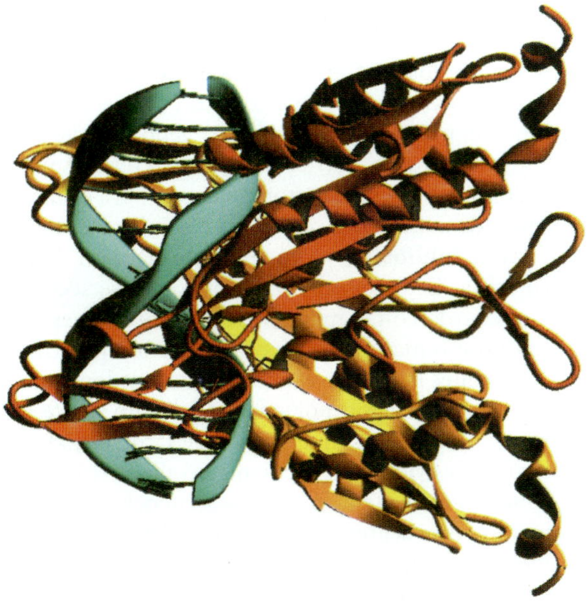

**FIGURA 24.8**

**Estructura de la nucleasa *Eco*RI en complejo con su DNA sustrato**. Se muestra en azul la hélice de DNA, mientras que las dos subunidades de la proteína se muestran en naranja y amarillo, respectivamente. Obsérvese el «pliegue» de la estructura del DNA que se produce al unirse la enzima al lugar de corte central de seis pares de bases en la conformación B, mientras que las secuencias de flanqueo están unidas como DNA de forma A. También obsérvese el «brazo» N-terminal en cada subunidad proteica alrededor del DNA. PDB ID 1ERI.

Cortesía de John Rosenberg y equipo, University of Pittsburgh.

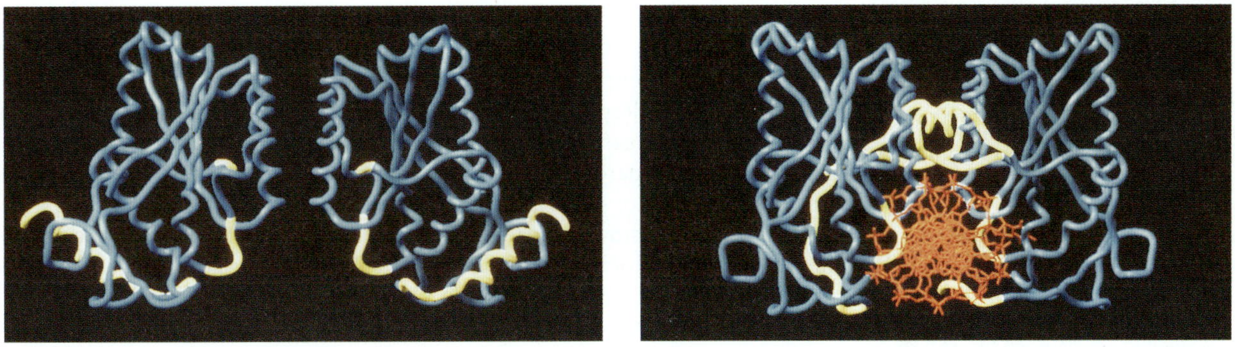

**FIGURA 24.9**

**Estructuras de las formas de *Bam*HI (a) libre y (b) unida al DNA, con el DNA al final, en naranja**. Se muestran en amarillo las regiones de la proteína que experimentan un cambio de conformación tras la unión el DNA, incluyendo las dos hélices α C-terminal. PDB ID 1HBM.

De *Science* 269:656-663, M. Newman, T. Strzelecka, L. F. Dorner, I. Schildkraut y A. K. Aggarwal, Structure of BamHI endonuclease bound to DNA: Partial folding and unfolding on DNA binding. © 1995. Reproducido con permiso de AAAS.

ción de doble cadena A y la estructura B se mantiene en la zona de corte. La otra subunidad, que no se muestra en la figura, contacta con el sustrato de manera idéntica, lo cual explica la capacidad de la enzima para catalizar rupturas simétricas en el lugar de corte.

Como contraste, la endonucleasa *Bam*HI no ensortija a su DNA sustrato, que permanece en la forma B. Sin embargo, como se muestra en la Figura 24.9, la propia enzima cambia de conformación tras su unión al DNA. Las hélices α C-terminales de cada subunidad desenrollan y contactan con el DNA, una en el surco menor y la otra a lo largo del esqueleto azúcar-fosfato, introduciendo, de esta forma, un elemento de asimetría inesperado en el complejo DNA-proteína.

Los estudios estructurales de las metilasas de tipo II también han proporcionado información. Sorprendentemente, los estudios estructurales de la DNA metilasa de *Hha* han demostrado que las bases que se metilan giran completamente hacia fuera del dúplex de DNA hacia dentro de un bolsillo catalítico en el interior de la enzima, donde tiene lugar la metilación (Figura 24.10). Desde esa demostración en 1994, otras enzimas que actúan sobre bases específicas del DNA han mostrado voltear la base diana de una forma semejante, entre ellas las DNA metilasas, como se muestra aquí, y las glucosilasas, enzimas que participan en la reparación del DNA (Capítulo 26).

Las metilasas de modificación mueven la base diana del DNA totalmente fuera de la hélice para actuar sobre ella.

## Tipo III

Las enzimas de tipo III se parecen más a los sistemas de tipo I que a los sistemas de tipo II. Las enzimas de tipo III contienen ambas actividades nucleasa y metilasa en una enzima de dos subunidades. Difieren de las enzimas de tipo I en que no requieren ATP, modifican tan solo una cadena del DNA y su lugar de ruptura está muy próximo al lugar de reconocimiento.

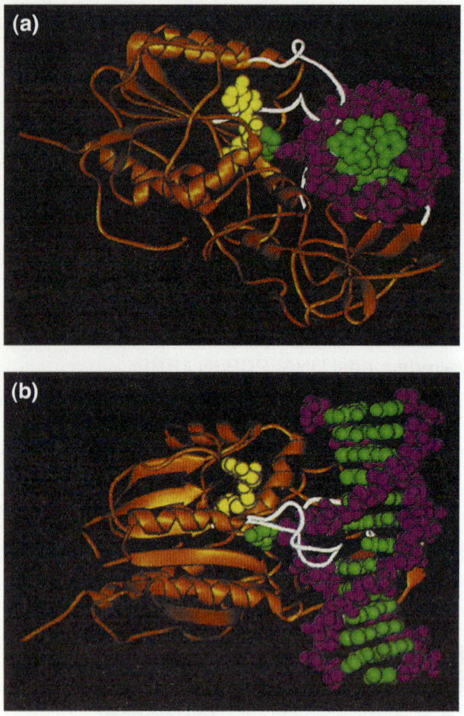

**FIGURA 24.10**

**Estructura del complejo de una metilasa de tipo II con el DNA.** La estructura es un complejo ternario que contiene la metilasa *Hha* de *Haemophilus haemolyticus*, DNA y S-adeonosilhomocisteína. Los bucles que contienen el lugar catalítico están en blanco, y el resto de la enzima en naranja. La S-adenosilhomocisteína se muestra en amarillo, el esqueleto del DNA, en fucsia y las bases, en verde. En ambas imágenes se ve claramente la citosina diana que sale hacia fuera. **(a)** Vista desde debajo de la hélice. **(b)** Vista lateral desde el surco espejo. PDB ID 1MHT.

Reproducido de *Cell* 76:357-369, S. Klimasauskas, S. Kumar, R. J. Roberts y X. Cheng, *Hha*I methyltransferase flips its target base out of the DNA helix. © 1994, con permiso de Elsevier.

## Determinación de las secuencias de nucleótidos del genoma

La capacidad de mapear los lugares de ruptura de restricción dentro de un genoma hizo posible determinar la secuencia de nucleótidos completa de genomas pequeños. Una vez que se dispone del mapa de restricción del genoma, este último se fragmenta simplemente mediante la ruptura de restricción en trozos relativamente pequeños, cada uno de los cuales puede clonarse en un vector adecuado para el análisis posterior de la secuencia (Herramientas de la Bioquímica 4B). La colección de fragmentos genómicos clonados se denomina una **biblioteca**, ya que es una colección de unidades separadas que contienen información. Cada «libro» de la biblioteca se secuencia y la secuencia final se reensambla de acuerdo con el mapa de restricción. Generalmente, la digestión debe llevarse a cabo con dos o más nucleasas de restricción de forma que la identificación de las regiones solapantes permitirá el alineamiento de los fragmentos adyacentes. Es aún más sencilla la «secuenciación por escopetazo», un proceso que proporciona un conjunto aleatorio de fragmentos, que surgen de la digestión parcial del genoma mediante una nucleasa de restricción o mediante cizalla mecánica, de forma que los distintos clones de la biblioteca contengan algunas secuencias idénticas que representen regiones de solapamiento entre segmentos contiguos. Las regiones solapantes pueden identificarse de acuerdo con los patrones de longitud de los fragmentos de restricción, que permiten alinearse adecuadamente a todos los fragmentos. De otra forma, pueden secuenciarse los fragmentos individualmente y alinearse utilizando programas de ordenador que busquen regiones de identidad de secuencia. Mediante estos métodos fue posible secuenciar las 5386 bases del genoma del bacteriófago $\phi$ X174 en la fecha temprana de 1974, siendo identificadas los 16 569 pares de bases del DNA mitocondrial humano unos pocos años después. Un enfoque de escopetazo proporcionó en 1995 la primera secuencia de un organismo de vida libre, la bacteria *Haemophilus influenzae*. Este genoma, de 1 830 137 pares de bases, codifica unas 1740 proteínas. Desde entonces se han secuenciado muchos otros genomas bacterianos mediante métodos comparables.

Sin embargo, estos planteamientos sencillos no eran prácticos cuando se aplicaban a los genomas eucariotas mucho más grandes. Incluso la levadura unicelular, *Saccharomyces cerevisiae*, contiene un genoma de 12 millones de pares de bases, distribuido entre 16 cromosomas. Mucho más desalentador es el genoma humano, con más de 3000 millones de pares de bases en 24 cromosomas (22 autosomas más los cromosomas sexuales X e Y). Obviamente, se necesitaban planteamientos diferentes, tanto para el alineamiento de los fragmentos del genoma de secuencias contiguas («contigs»), como para su asignación a cromosomas específicos. En nuestro tratamiento del análisis de la secuencia de los genomas grandes nos referimos principalmente al genoma humano, que se determinó como resultado del Proyecto Genoma Humano, comenzado en 1990 por un gran consorcio internacional bajo la dirección de Francis Collins, y por un programa con financiación privada dirigido por Craig Venter. Estos esfuerzos proporcionaron una «secuencia borrador» preliminar en 2000, con una secuencia «final» obtenida en 2003.

### Mapeado de genomas grandes

Lo primero que se necesita es una forma de identificar el cromosoma del que procede cada fragmento de una digestión total de DNA. Una forma de hacerlo es la **hibridación *in situ* fluorescente** (FISH). El investigador selecciona un fragmento de restricción que contiene una secuencia única, que no se encuentra en ningún otro lugar del genoma. Esta secuencia, generalmente de unos cientos de nucleótidos, se amplifica mediante la **reacción en cadena de la polimerasa**, o PCR, una técnica que permite la amplificación selectiva de cualquier región de un genoma, siempre que se conozca la secuencia de bases que rodea la región de interés. La PCR se describe en Herramientas de la Bioquímica 24A. El fragmento de DNA amplificado se marca con un colorante fluorescente, luego se desnaturaliza y se permite que se fusione en presencia de una preparación de cromosomas humanos detenidos en la metafase, donde apareados, los cromosomas condensados aún no se han separado. La observación microscópica bajo luz de una longitud de onda adecuada para la fluorescencia del colorante identifica el cromosoma al que se ha fijado la sonda (Figura 24.11). La FISH tiene otros usos, entre ellos el hallazgo de características específicas del DNA, que puedan emplearse en el consejo genético y en medicina. La

FISH también puede utilizarse para detectar y localizar mRNA específicos en el interior de muestras de tejido. En este contexto, puede ayudar a definir los patrones espacio-temporales de expresión genética en las células y los tejidos.

Con estos medios, el análisis de la secuencia del genoma humano comprende 24 proyectos separados, cada uno de ellos centrado en un cromosoma. Pero cada cromosoma es aún enorme, y son necesarios puntos destacados que permitan la colocación de fragmentos de información de secuencia según se vaya disponiendo de ellos. En la genética clásica, los mapas se construían mediante análisis de recombinación de genes con fenotipos reconocibles. Por ejemplo, se podían aparear dos cepas de la mosca de la fruta *Drosophila*, una de ellas de tipo silvestre y la otra con dos mutaciones (ambas dominantes), una que produjera, por ejemplo, un color anormal del ojo y la otra que produjera un desarrollo anormal del ala. Si las dos mutaciones están en genes de cromosomas diferentes, se reagrupan al azar de acuerdo con las leyes de Mendel, y cada uno de los cuatro fenotipos posibles, tipo silvestre, mutante doble, y cada uno de los dos mutantes simples, estarán representados en el 25 % de la progenie. Por otra parte, si los dos genes que se estudian están en el mismo cromosoma, el análisis de cientos de individuos de la progenie dará solo unos pocos, con uno solo de los fenotipos: pigmento ocular anormal o desarrollo anormal del ala. Los dos genes demostrarán con ello estar *ligados*, ya que van en el mismo cromosoma. Estos resultados se esquematizan en la Figura 24.12.

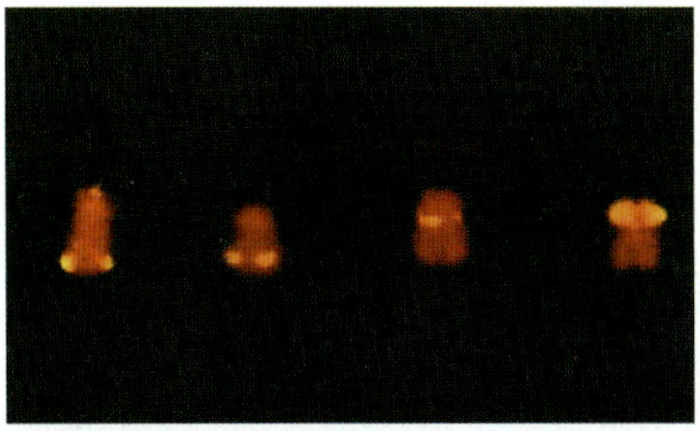

**FIGURA 24.11**

**Mapeo de genes mediante hibridación fluorescente *in situ*.** Cuatro sondas diferentes de DNA que representan genes distintos, cada uno de ellos marcado con un colorante fluorescente e hibridado con el cromosoma 21 en metafase, que muestran las señales de hibridación (en amarillo) en cuatro localizaciones diferentes a lo largo del cromosoma. Dado que los cromosomas en metafase están formados por dos cromátidas hermanas casi idénticas, cada sonda produjo un par de señales.

Reproducido de *The Human Genome Project: Deciphering the Blueprint of Heredity*, N. G. Cooper, ed., p. 112. © 1994 University Science Books, Mill Valley, CA.

## Generación de mapas físicos

Aunque los dos genes que se analizan puedan estar en el mismo cromosoma, podrán surgir mutantes únicos entre la progenie mediante recombinación genética, que comporta la ruptura y unión de cromosomas homólogos durante la meiosis. El porcentaje de recombinantes que surgen en estas circunstancias es una medida de la distancia entre los genes a lo largo del cromosoma; cuanto mayor es la distancia, mayor es la frecuencia de recombinación. Por medio de estos análisis se puede ensamblar un mapa genético en el que se da la distancia entre los genes en el mismo cromosoma en términos de porcentaje de recombinación entre mutaciones en esos genes.

Para los análisis de secuencia lo que se necesita, por supuesto, no es un mapa de distancias genéticas determinadas por medidas biológicas, que son esencialmente estadísticas, sino un mapa físico, en el que puedan situarse los marcadores en términos de distancia física, los pares de kilobases, desde uno a otro. Estos marcadores también son indispensables para el análisis genético. Mucho antes de que los investigadores hubieran mostrado la audacia de proponer la secuenciación de los 3000 millones de pares de bases del genoma humano, los genetistas intentaron localizar dentro del genoma los genes en los que las mutaciones daban lugar a las enfermedades hereditarias. Por ejemplo, la fibrosis quística se produce por una deficiencia o anomalía de una proteína canal de cloro. Cuando se mapeó el gen de esta proteína en 1989, se esperaba que la información pudiera conducir a la cura de esta terrible enfermedad. Desgraciadamente, esto aún no se ha producido. Sin embargo, la identificación del gen y del producto del gen relacionado con una enfermedad proporciona una ayuda inconmensurable en el conocimiento de la enfermedad, la búsqueda de la prevención y la guía del tratamiento.

La secuenciación de genomas grandes necesita la construcción previa de un mapa físico del genoma

La clave para localizar estos genes de las enfermedades fue tener marcadores en un mapa físico del genoma y luego utilizar los estudios de asociación en genealogías familiares para encontrar marcadores en el mapa físico que se encuentren cerca del gen que interesa. Pero, ¿cuáles pueden ser esos marcadores? En 1980 David Botstein se dio cuenta de

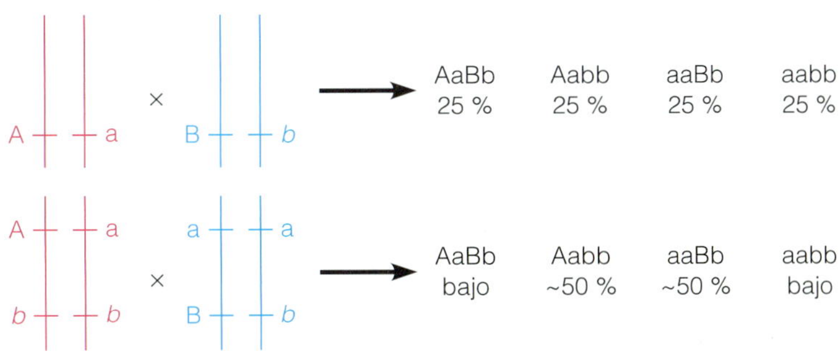


**FIGURA 24.12**

**Segregación de dos marcadores genéticos, que se encuentran en cromosomas separados (arriba) o ligados en el mismo cromosoma (abajo).** A y B son alelos dominantes de genes en los que puede inferirse el genotipo a partir de la observación directa de un fenotipo, como el color de los ojos o la forma del ala. En cada caso, se acoplan dos padres heterocigotos y se muestra la proporción esperada de cada genotipo de la progenie. Cuando los genes que se analizan se encuentran en cromosomas diferentes, los marcadores se ordenan al azar. Cuando se encuentran en el mismo cromosoma, la progenie de tipo natural (AaBb) o los dobles mutantes (aabb) surgen solo a través de acontecimientos de recombinación relativamente raros

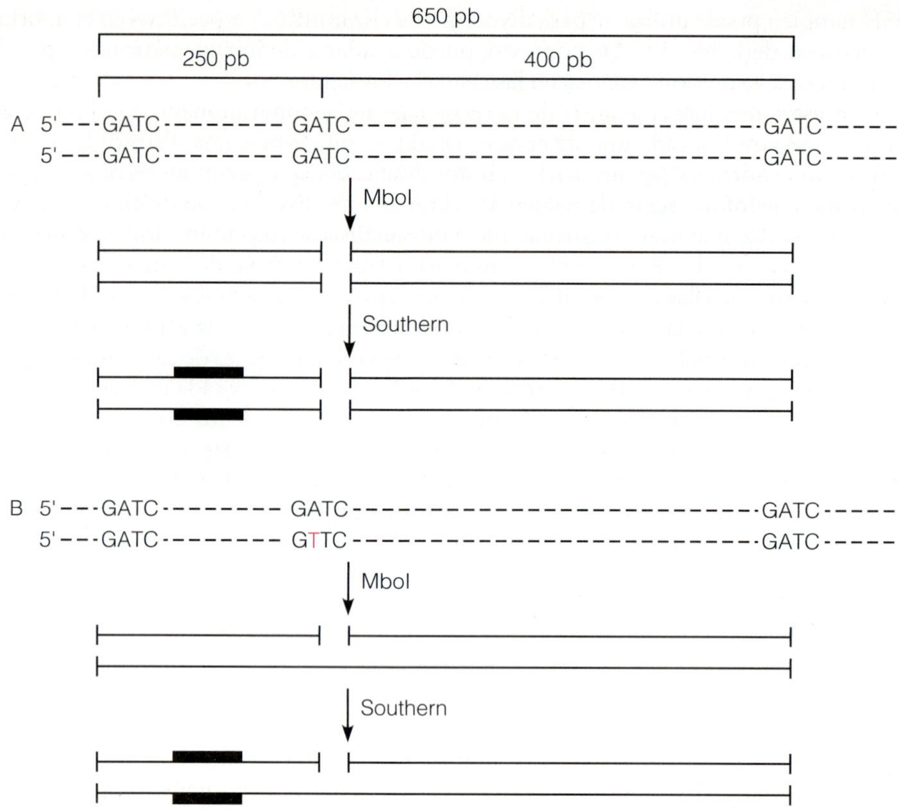


**FIGURA 24.13**

**Análisis de un polimorfismo de longitud de los fragmentos de restricción.** *Véanse* en el texto los detalles. La línea gruesa representa una sonda de hibridación, un oligonucleótido marcado complementario de parte de la secuencia hacia el extremo izquierdo de cada molécula, tal cual está dibujado.

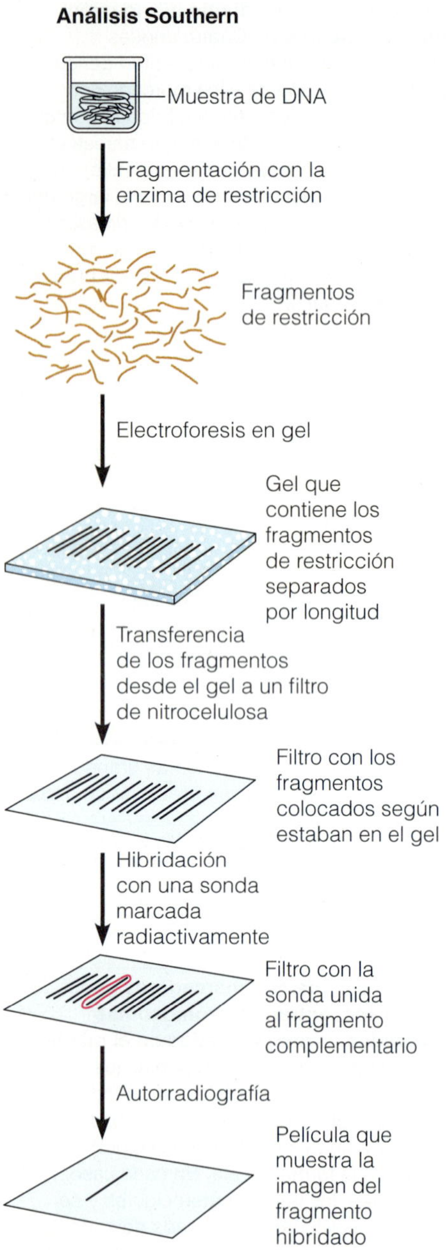


**FIGURA 24.14**

**Principio de la transferencia e hibridación Sounthern.**

Reproducido de *The Human Genome Project: Deciphering the Blueprint of Heredity*, N. G. Cooper, ed., p. 63. © 1994 University Science Books, Mill Valley, CA.

que las variaciones aleatorias entre las secuencias del genoma humano podían conducir a ganar o perder lugares de ruptura de restricción y que los **polimorfismos** (secuencias variables dentro de la misma región) resultantes podían proporcionar los marcadores necesarios para construir los mapas físicos. Consideremos la secuencia de cuatro bases 5′-GATC, el lugar de reconocimiento de la endonucleasa de restricción *Mbo*I. En promedio, este lugar se presentará a intervalos de 256 pares de bases (1/4 × 1/4 × 1/4). Suponga que la persona A tiene dos cromosomas homólogos idénticos dentro de esta región, que contienen los lugares de ruptura de *Mbo*I a una distancia de 650 pares de bases. Ambos cromosomas contienen un lugar adicional *Mbo*I a 250 nucleótidos del extremo 5′ de esta región, como se ha dibujado (Figura 24.13). Supongamos ahora que una segunda persona B tiene un **polimorfismo de longitud del fragmento de restricción** (RFLP) dentro de esta región. Un cromosoma es idéntico a los que hemos descrito, mientras que el otro tiene GTTC a 250 pares de bases del extremo 5′en lugar de GATC. *Mbo*I ya no rompe en este lugar. Ahora, si se digiere el genoma de A con *Mbo*I, esta región proporcionará un fragmento de 250 pares de bases y un fragmento de 400 pb, mientras que el genoma de B dará los mismos fragmentos de 250 y 400 pb de un cromosoma y un fragmento de 650 pb del cromosoma que no contiene el lugar interno de *Mbo*I. ¿Cómo podrían detectarse estos fragmentos frente al enorme trasfondo que resulta de la rotura por *Mbo*I de todo el genoma? Una técnica potente, que se denomina **transferencia Southern**, en honor de su inventor, Edwin Southern, permite este análisis.

## Principio del análisis Southern

Consideremos el ejemplo que se muestra en la Figura 24.13. Nos gustaría examinar los fragmentos *Mbo*I de la región que se muestra. Pero si nosotros digerimos simplemente el DNA humano total con *Mbo*I y separamos los fragmentos mediante electroforesis en gel de agarosa, el patrón de fragmentos sobre el gel será una mancha, cuando el gel se analiza por el método estándar, tinción con bromuro de etidio, seguido de la observación de su fluorescencia con luz ultravioleta. Hay demasiados fragmentos y cada uno de ellos, con cantidades mínimas para que pueda verse cualquiera de ellos. En la técnica Southern (Figura 24.14) los contenidos del gel se transfieren en condiciones desnaturalizantes a una lámina de celulosa. En la técnica Southern original se producía la absorción literal, ya que se colocaba un papel absorbente entre el gel electroforético y la lámina de nitrocelulosa. La nitrocelulosa se une de forma irreversible al DNA de una única cadena, de forma que lo que resulta es una réplica del gel de agarosa, con todos los fragmentos de DNA fuertemente unidos. A continuación, se prepara un fragmento de DNA de una única cadena, idéntico a la parte de la región que interesa, que se hace muy radiactivo mediante la incorporación de $^{32}$P. Esto se incuba con la lámina de nitrocelulosa en condiciones de fusión, permitiendo al DNA radiactivo «sondear» para encontrar secuencias complementarias y dar moléculas renaturalizadas radiactivas de DNA de doble cadena. Tras esto, se lava la nitrocelulosa para eliminar la sonda que no se ha unido y se someta a autorradiografía. Solo se detectarán aquellos fragmentos del digerido de DNA que contienen secuencias homólogas a las de la sonda, debido al fosfato radiactivo. Más recientemente se ha sustituido la utilización de sondas de hibridación radiactivas por el uso de análogos de nucleótidos fluorescentes, que permiten la observación de los geles tras la transferencia con luz UV, sin la necesidad de isótopos radiactivos peligrosos. Asimismo, la transferencia del gel de agarosa a la nitrocelulosa se realiza actualmente mediante la aplicación de una corriente eléctrica.

En el ejemplo de la Figura 24.13, suponga que la sonda marcada es complementaria a una única secuencia en el fragmento de 250 pb. El análisis Southern de un digerido de *MboII* mostrará un fragmento de 250 pb del DNA de la persona A y fragmentos de 250 pb y 650 pb en el digerido de la persona B.

La transferencia Southern permite la detección de cantidades mínimas de DNA en presencia de un gran exceso de DNA inespecífico.

¿Cómo se producen las sondas marcadas radiactivamente? Un método utiliza la síntesis química automatizada de oligonucleótidos en presencia de $^{32}$P, o un dNTP marcado con fluorescencia. Con mayor frecuencia, las sondas se preparan mediante la reacción en cadena de la polimerasa (*véase* Herramientas de la Bioquímica 24A, página 1034).

Los polimorfismos dentro del genoma incluyen no solo cambios de una única base, como se muestra en la Figura 24.13, sino también inserciones, pérdidas y repeticiones de secuencias cortas. En la Figura 24.15 se muestra una variación típica en una región de 5 kpb del genoma de 10 personas que llevan 20 copias distintas del genoma humano. Se muestran 10 polimorfismos de un único nucleótido (SNP), un polimorfismo de inserción-pérdida y un polimorfismo de repetición de un tetranucleótido. Los seis polimorfismos comunes de la parte izquierda están muy correlaciondos. Aunque estos seis, en principio, pueden tener lugar con $2^6$ patrones diferentes, solo se observan tres patrones (se muestran en rosa, naranja y verde). Estos patrones se denominan **haplotipos**. De forma semejante, los seis polimorfismos comunes de la parte derecha están fuertemente

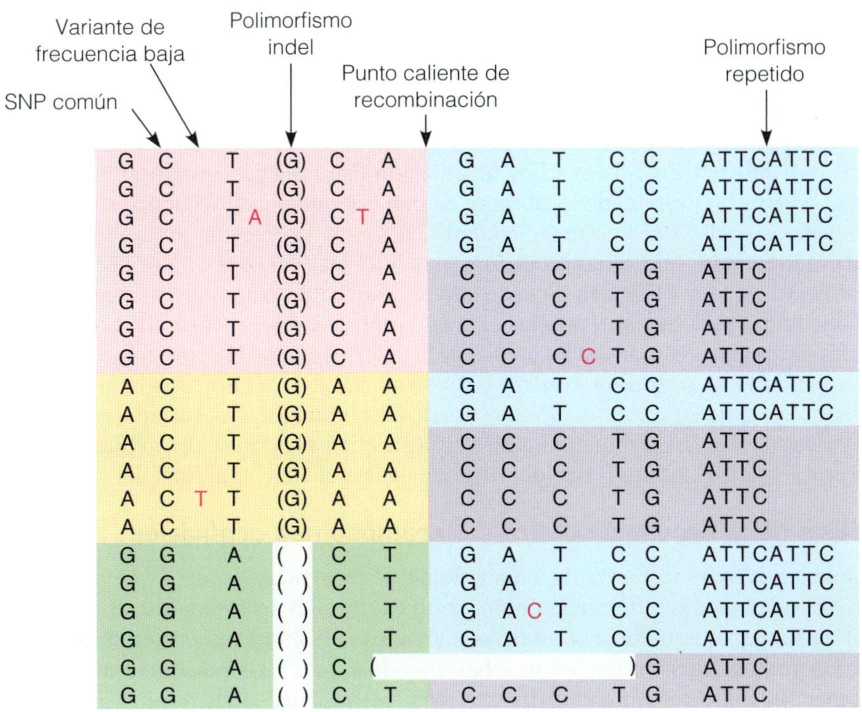


**FIGURA 24.15**

**Variación de la secuencia de DNA del genoma humano**. *Véase* la descripción en el texto. La inserción T en la línea 13 se encuentra con una baja frecuencia.

De *Science* 322:881-888, D. Altshuler, M. J. Daly, and E. S. Lander, Genetic mapping in human disease. 

correlacionados y solo existen en dos haplotipos (se muestran en azul y morado). Hay poca correlación o ninguna entre los dos grupos de polimorfismos, debido a que entre ellos hay un «punto caliente» o región de alta frecuencia de recombinación genética.

### Transferencia Southern y huellas de DNA

El análisis y la transferencia Southern tienen muchas aplicaciones, algunas de las cuales se consideran en otra parte de este libro. La más conocida para el público en general es la huella de DNA de los análisis forenses. Existen repartidos por el genoma polimorfismos de longitud de los fragmentos de restricción (RFLP o *ruflups*), como las de las secuencias variantes que se muestran en las Figuras 24.13 y 24.15. No hay dos individuos, con la excepción de los gemelos idénticos, que tengan el mismo patrón de RFLP. De esta forma, un investigador policial que lleva a cabo un análisis Southern empleando sondas que cubran regiones suficientes del genoma puede generar una «huella de DNA» que establece la identidad de un individuo con una mayor confianza que las huellas dactilares. Además, como veremos más adelante, la potencia de la PCR para amplificar cantidades mínimas de DNA hace que las huellas de DNA puedan obtenerse con cantidades minúsculas de material dejado en el lugar del delito, como el DNA de un único pelo humano. La mayoría de los RFLP que se utilizan en los análisis forenses no son cambios de una única base, sino repeticiones cortas en tándem (*polimorfismos repetidos*), como los que se muestran en la parte azul de la Figura 24.15.

Desde que las huellas de DNA se hicieron rutinarias en los laboratorios de criminología a mediados de los años 1990, centenares de inocentes acusados han sido absueltos y muchas personas previamente condenadas han sido absueltas. El gran número de los liberados, con frecuencia tras pasar años en prisión o habiendo sido condenados a muerte, pueden agradecer que la Biología molecular haya contribuido con tanto éxito al sistema de justicia penal, pero también entristecerse sobre años y vidas sacrificadas injustamente debido a las deficiencias de ese sistema.

### Localización de genes en el genoma humano

El gran número de regiones polimórficas conocidas del genoma humano, aquellas que se caracterizan por la presencia de uno o varios RFLP, proporcionan muchos marcadores comparables con los de los genes clásicos. Igual que los alelos de un gen pueden reconocerse por fenotipos observables (color de los ojos, por ejemplo), los alelos de los polimorfismos pueden también reconocerse por la presencia o ausencia de lugares de restricción específicos. Este permite mapear los genes de las enfermedades en términos de su proximidad a una región polimórfica conocida. Consideremos la enfermedad hereditaria devastadora de Huntington, que se llevó la vida del cantante de folk Woody Guthrie. Al realizar el análisis de RFLP en el DNA de los miembros de una familia afectada por la enfermedad, se pueden identificar las regiones polimórficas y las variantes específicas de secuencia, que permanecen asociadas con la susceptibilidad a la enfermedad en varios individuos. Con estos medios, la situación física del gen responsable de la enfermedad de Huntington puede localizarse de manera que puede secuenciarse, clonarse e investigarse, con la vista puesta en la identificación de la proteína mutante responsable de la enfermedad y las formas de utilizar esta información para buscar las opciones de tratamiento. Así, los RFLP han demostrado un gran valor, tanto para mapear el genoma humano como para buscar remedios para las enfermedades genéticas, de acuerdo con el análisis de los genes causantes. En el caso de la enfermedad de Huntington, el análisis genético ayuda a tomar decisiones sobre la maternidad, pero desafortunadamente, la identificación del gen no ha conducido a la cura de esta enfermedad devastadora. Numerosas compañías ofrecen en la actualidad el análisis genético a la población, lo que se ha hecho algo problemático, como se considera en una de las referencias al final del capítulo.

### Análisis de la secuencia utilizando cromosomas artificiales

Aunque los avances recientes de la tecnología de secuenciación del DNA permiten secuenciar muchos miles de nucleótidos de una vez en un secuenciador, el método original de Sanger, que utiliza nucleótidos marcados con fluorescencia, estaba limitado a varios cientos de nucleótidos por proceso. Debido a que un cromosoma humano puede contener 100 millones de pares de bases o más, existía la necesidad de análisis de secuencia en segmentos de DNA mucho menores que los cromosomas individuales, pero también mucho mayores que los fragmentos de restricción característicos. Los cromosomas artificiales de levaduras (YAC) fueron útiles con este fin. Un YAC es un vector de clonación que contiene un centrómero (página 1022), un origen de replicación del DNA, telómeros (página 1022) en cada extremo de la estructura lineal, un marcador de selección como un gen de resistencia a un fármaco y un lugar de clonación. Pueden clonarse en estas construcciones insertos de hasta 1000 kpb, los cuales, tras reintroducirlos en las levaduras, se mantienen al dividirse la célula, igual que los cromosomas naturales. Una técnica denominada **electroforesis en gel de campo pulsante**, en la que se alternan gradientes de voltaje, permite resolver los fragmentos de DNA mucho mayores que resultan del análisis del estos largos insertos de DNA. Este planteamiento subdivide cada gran proyecto de secuenciación en el análisis de la secuencia de YAC individuales, seguido del ensamblaje de las secuencias para un determinado cromosoma. En la Figura 24.16 se da un esquema de este planteamiento, donde también se muestra que cuando se tiñe cada cromosoma, tiene un patrón característico de bandas. Demuestra también que deben clonarse y secuenciarse un gran número de fragmentos de restricción individuales para dar los 130 millones de pares de bases de la secuencia característica que se da aquí.

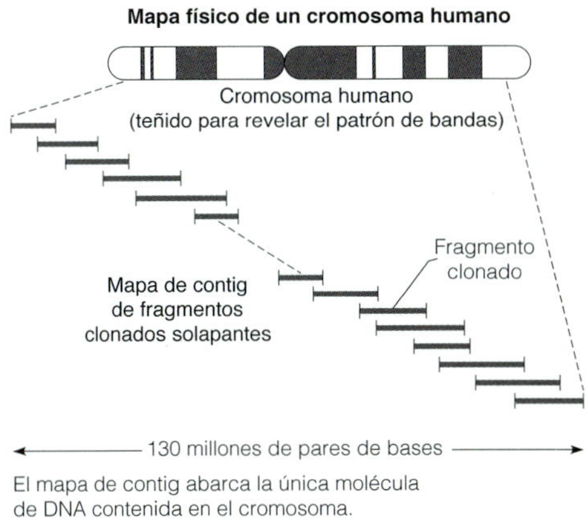


**FIGURA 24.16**

**Secuenciación de un cromosoma grande mediante la determinación de la secuencia individual de los fragmentos clonados de secuencias contiguas.**

Reproducido de *The Human Genome Project: Deciphering the Blueprint of Heredity*, N. G. Cooper, ed., p. 113. © 1994 University Science Books, Mill Valley, CA.

### Tamaño de genoma humano

Con todas estas tecnologías en la mano y con la ayuda de cientos de investigadores, principalmente de 20 instituciones designadas como centros genómicos y con el esfuerzo de financiación privada de Craig Venter, se ha determinado la secuencia completa del genoma humano, que comprende alrededor de 3000 millones de pares de bases. Una sorpresa, dada la gran cantidad de DNA del genoma, fue el número relativamente pequeño de genes que se expresan como proteínas. A partir del tamaño del genoma y de la cantidad de estructuras no codificantes como las secuencias satélite, se esperaba que el genoma podría contener unos 100 000 genes. Sin embargo, el análisis de la secuencia borrador sugirió que el verdadero número de genes, identificados como marcos de lectura abiertos con la puntuación adecuada para la iniciación y terminación de la traducción, era cercano a 30 000. Un mayor refinamiento de la secuencia llevó el número de genes posibles hacia abajo, hasta un número entre 20 000 y 25 000. Sin embargo, los fenómenos como el corte y empalme alternativo y las modificaciones posteriores a la traducción, permiten que un gen codifique más de un producto proteico. No obstante, el hecho es que el ser humano mantiene la complejidad y diversidad del organismo utilizando menos genes de los que originalmente se había esperado.

El genoma humano contiene entre 20 000 y 25 000 genes, bastante menos de los que predice la cantidad de DNA de una célula humana.

A partir de la primera secuencia humana que se determinó y de los análisis de los RFLP, se ha hecho evidente que dos seres humanos cualesquiera mostrarán diferencias de su secuencia de DNA de una base cada 1000. En otras palabras, dos seres humanos cualesquiera, sea cual sea su origen étnico, son en un 99.9 % idénticos, hablando en términos genéticos.

Es interesante considerar el coste del análisis de la secuenciación genómica a gran escala, frente a las innovaciones tecnológicas de los métodos de secuenciación. El Proyecto del Genoma Humano patrocinado por el Gobierno de los Estados Unidos costó unos 400 millones de dólares. En 1999 el análisis de la secuencia de 1 millón de pares de bases de DNA costaba alrededor de 20 000 $; en 2010 ese coste era de 20 céntimos y bajando. A mediados de 2010 Ilumina, el diseñador de una de las tecnologías de secuenciación de «segunda generación» (Herramientas de la Bioquímica 4B) ofrecía la determinación de la secuencia completa de una persona por 9500 $ y hay una carrera entre varias compañías para bajar ese precio a 1000 $.

# Organización física de los genes: el núcleo, cromosomas y cromatina

## Cromosomas

Como vemos por todo el libro, las células procariotas y eucariotas se diferencian entre ellas de manera fundamental. Entre lo más pronunciado se encuentra el estado físico del genoma. Todos los organismos encaran el problema de compactar el genoma, esto es, reducir sus dimensiones físicas hasta el punto de que pueda ajustarse dentro de la célula

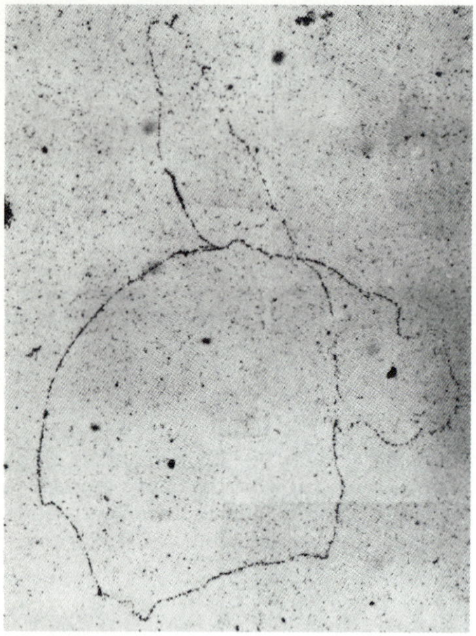

**FIGURA 24.17**

**Autorradiograma de un cromosoma de *E. coli* que se replica tras dos generaciones de crecimiento en timina [$^3$H].**

*Cold Spring Harbor Symposia on Quantitative Biology* 28:44, J. Cairns. © 1963 Cold Spring Harbor Laboratory Press.

de dimensiones bastante menores que la longitud de las moléculas de DNA del genoma, pero resuelven ese problema de maneras bastante diferentes. Las bacterias son organismos haploides, con el genoma completo en una molécula de DNA, que normalmente es circular. Con gran cuidado, esta molécula inmensamente fina y frágil puede extraerse de la célula sin romperse, de forma que puede verse su estructura circular. En la Figura 24.17 se muestra un cromosoma de *E. coli* atrapado en mitad de la replicación. La molécula se marcó radiactivamente al crecer la bacteria en presencia de [$^3$H]timidina y visualizarse mediante autorradiografía. La figura muestra una molécula circular cerrada, con dos uniones con forma de Y, cada una de las cuales es una horquilla de replicación. La compactación de esta molécula se produce, en gran parte, por superenrrollamiento negativo y por la organización en bucles de DNA superenrrollado de unos 50 kpb, con cada bucle unido a proteínas (Figura 24.18). Esta estructura compactada, denominada **nucleoide**, existe libre dentro del citosol de la célula bacteriana, con un pequeño número de puntos de enganche con la membrana (*véase* también la Figura 1.8, página 15).

En la medida en que la última prueba de una molécula es su validación por síntesis, la estructura de los cromosomas bacterianos fue confirmada en 2010, con el anuncio del grupo de Craig Venter de la síntesis completa de un cromosoma bacteriano, cuya capacidad de reproducción y expresión confirmó su capacidad de replicarse tras su transferencia a una célula bacteriana a la que previamente se había eliminado su nucleoide.

La situación en los eucariotas es bastante diferente. En primer lugar, la célula eucariota normalmente es diploide, con dos copias de cada cromosoma en cada célula. Una excepción es el cromosoma sexual; las células femeninas tienen dos cromosomas X, mientras que las células masculinas contienen un cromosoma X y uno Y. El genoma de la célula eucariota está dividido en varios o muchos cromosomas, cada uno de los cuales contiene una sola molécula de DNA lineal muy grande. Aunque su tamaño varía enormemente en los distintos organismos, e incluso entre diferentes cromosomas de una misma especie, estas moléculas de DNA suelen tener una longitud del orden de $10^7$ a $10^9$ pb. Distintas especies eucariotas contienen un número muy diverso de pares cromosómicos *distinguibles*, desde 1 (en una hormiga de Australia) hasta 190 (en una especie de mariposa). Mientras que la mayor parte de los procariotas son haploides, es decir, contienen tan solo una copia de su cromosoma, la mayor parte de las células eucariotas son *diploides*, es decir, tienen dos copias de cada cromosoma. Como se ha señalado, el genoma humano está formado

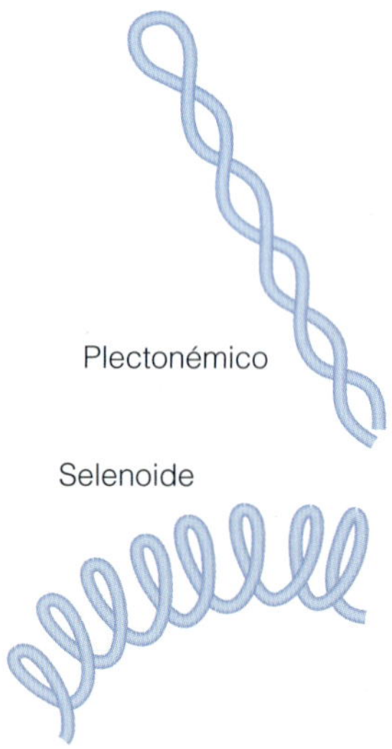


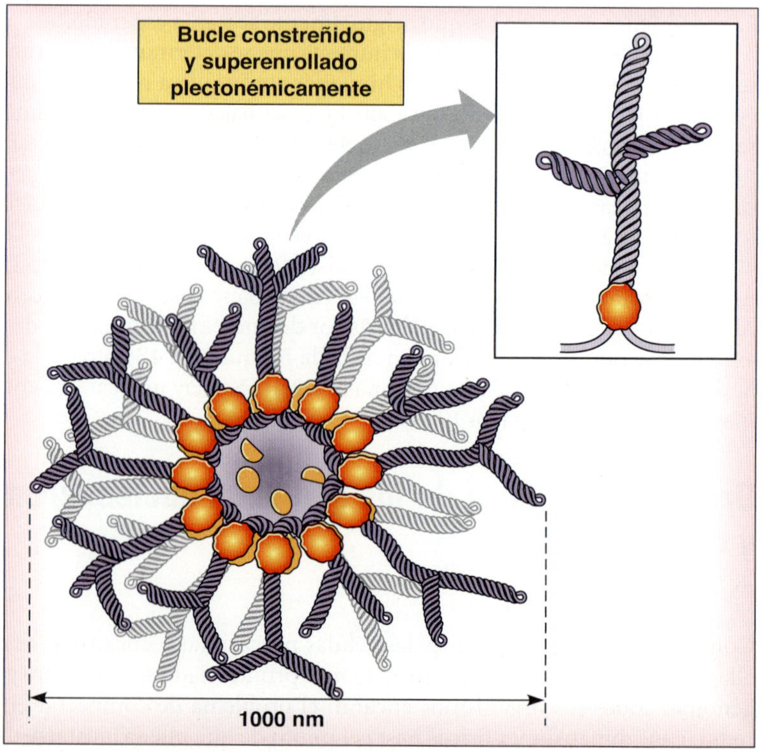


**FIGURA 24.18**

**Estructura de un nucleoide bacteriano, que muestra los dominios independientes de superenrollamiento, cada uno de ellos estabilizado por la unión a la proteína**. El térmico *plectonémico* señala el tipo de superenrollamiento observado, con las cadenas de DNA entrelazadas de forma regular. El diámetro de 1000 nm de la estructura permite encajarse dentro de una célula bacteriana, que puede tener una longitud de 2 a 5 $\mu$m. Otra forma de superenrollamiento es el **solenoide** que permite una mayor compactación y que se observa en la cromatina.

*ASM News* 64:276, N. J. Trun y J. F. Marko, Architecture of a bacterial chromosome. © 1998 ASM Press, Washington, DC.

por 24 cromosomas diferentes (22 autosomas más los cromosomas X e Y), por lo que las células humanas diploides normales tienen un número total de cromosomas de 46.

Una excepción a la declaración general de que los cromosomas eucariotas son moléculas lineales de DNA, plegadas en las estructuras de la cromatina fuertemente empaquetadas, es el DNA de los orgánulos, el DNA mitocondrial de todos los eucariotas y el DNA de los cloroplastos en las plantas. El DNA mitocondrial es un dúplex circular, como se ha señalado antes, y el genoma mitocondrial humano contiene 16369 pares de bases (*véase* la Figura 4.18, página 108). El genoma está plegado en una estructura denominada nucleoide, comparable a los nucleoides bacterianos. El DNA mitocondrial humano codifica 13 proteínas, todas componentes de los complejos de la cadena respiratoria. Además, dado que estas proteínas se sintetizan dentro del orgánulo, el genoma codifica también un complemento completo de RNA ribosómicos y de transferencia. Los DNA mitocondriales de las plantas son mucho mayores, de hasta 2 millones de pares de bases o más. El DNA de los cloroplastos contiene entre 120 000 y 160 000 pares de bases. No debe sorprendernos que el DNA de los orgánulos se parezca a los DNA procariotas en su estructura y organización, ya que hay un acuerdo amplio de que estos orgánulos evolucionaron a partir de las bacterias primitivas que infectaron células eucariotas primordiales y evolucionaron en paralelo con sus hospedadores.

A diferencia del cromosoma procariota (nucleoide), los cromosomas de los eucariotas no se encuentran normalmente libres en el citoplasma. Cuando las células no se están dividiendo, los cromosomas están segregados dentro del núcleo (Figura 24.19), formando una masa enmarañada de fibras de un complejo DNA-proteína denominado **cromatina**. La *envoltura nuclear* está perforada por **poros nucleares**, que permiten el paso de moléculas muy grandes como las proteínas y algunas moléculas pequeñas de RNA que entran y salen del núcleo.

Los poros nucleares son realmente complejos con múltiples subunidades que proporcionan aperturas de unos 9 nm de diámetro, que permiten la difusión libre de moléculas pequeñas (entre ellas, algunas proteínas pequeñas) entre el núcleo y el citoplasma. Sin embargo, el complejo del poro nuclear participa también en el transporte selectivo de proteínas más grandes y RNA mensajero. En este proceso actúan dos clases completas de proteínas asistentes, denominadas **exportinas** e **importinas**. Sin embargo, la traducción de las proteínas en los eucariotas se produce fuera del núcleo, por lo que la transcripción y la traducción no pueden acoplarse de manera directa, como ocurre en los procariotas (Capítulo 27). Así pues, el RNA mensajero debe salir del núcleo para la traducción. Como veremos más adelante, se produce un considerable procesamiento del mRNA antes de esta salida. Durante la *mitosis*, se produce la separación de los cromosomas hijos tras la replicación del DNA, se degrada la envoltura nuclear y los cromosomas diploides se condensan en estructuras compactas como las que se muestran en la Figura 24.20. En esta micrografía electrónica dos cromosomas recién replicados (**cromátidas** apareadas)

Los múltiples cromosomas eucariotas están contenidos dentro del núcleo, excepto durante la mitosis, cuando la envoltura nuclear se desintegra

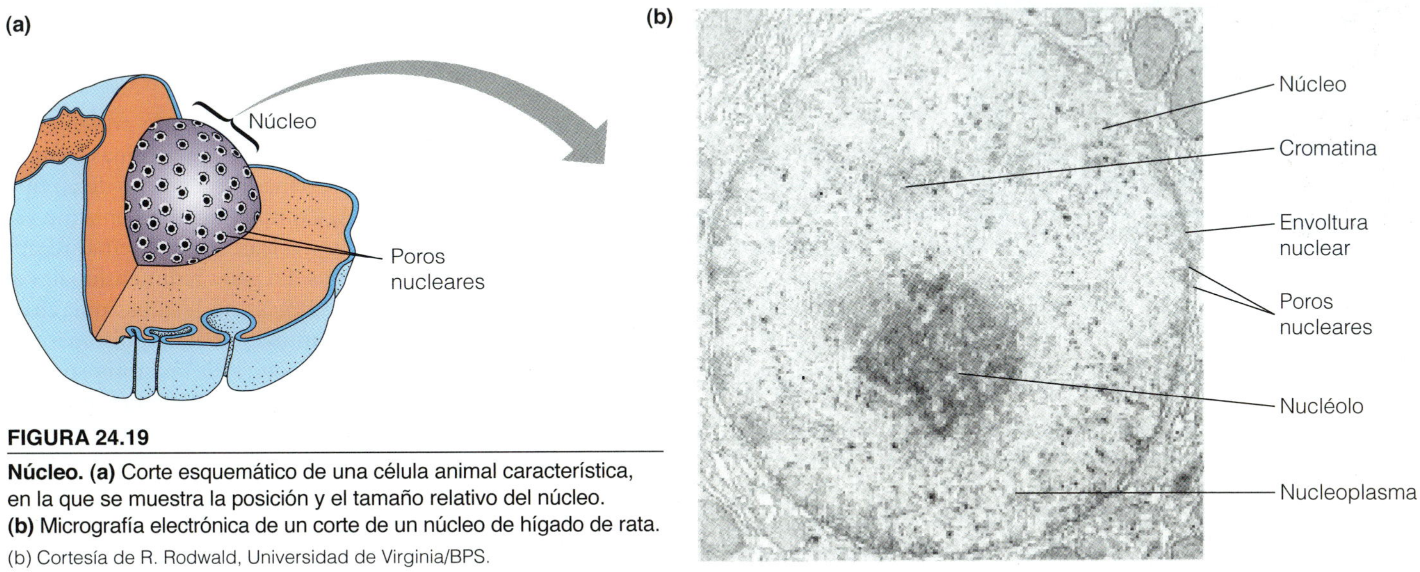


**FIGURA 24.19**

**Núcleo. (a)** Corte esquemático de una célula animal característica, en la que se muestra la posición y el tamaño relativo del núcleo. **(b)** Micrografía electrónica de un corte de un núcleo de hígado de rata.

(b) Cortesía de R. Rodwald, Universidad de Virginia/BPS.

**FIGURA 24.20**

**Cromosoma mitótico.** Imagen de microscopia electrónica de un cromosoma humano durante la metafase de la mitosis. Se aprecia claramente la constricción en el centrómero y la división longitudinal en dos cromátidas hermanas. La superficie, de aspecto velloso, está formada por bucles de cromatina muy enrollada.

Cortesía de G. F. Bahr, Armed Forces Institute of Pathology.

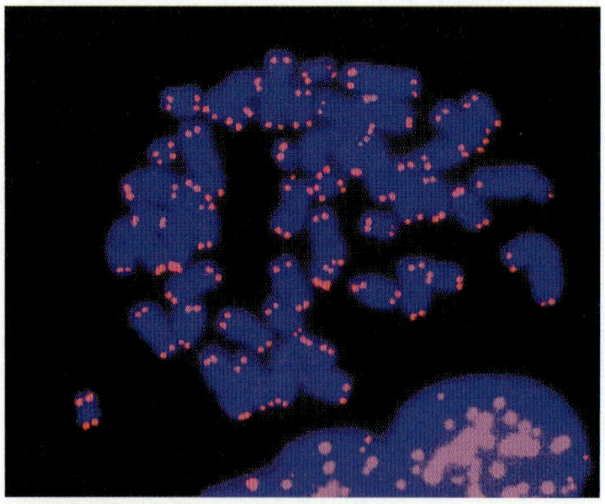

**FIGURA 24.21**

**Cromosoma mitótico humano en metafase, teñido de forma separada mediante FISH para los telómeros (rosa).**

Arturo Londono/ISM/Science Photo Library.

La cromatina de los eucariotas consta de DNA que forma complejo con histonas y proteínas no histonas.

se unen en el **centrómero**, una estructura que se liga a las fibras del huso al separarse los pares de cromosomas en la fase posterior de la mitosis (página 1027).

No se ven en la micrografía electrónica de la Figura 24.20 los **telómeros**, estructuras en cada extremo de los cromosomas eucariotas que protegen al DNA de la degradación y aseguran que cada cromosoma se copie completamente durante la replicación. Un telómero es una secuencia sencilla repetida en tándem, que puede tener varios kpb. Normalmente una cadena tiene abundante G y, como se señaló en el Capítulo 4, los residuos de GMPc suelen formar una estructura de cuarteto G. En los seres humanos la secuencia telomérica repetida es 5′-TTAGGG. En la Figura 24.21 se muestra un cromosoma humano metafásico esparcido teñido con colorantes fluorescentes que muestran los telómeros (rosa). En el Capítulo 25 se consideran los telómeros y su biosíntesis.

La enorme cantidad de DNA de las células eucariotas plantea algunos problemas graves. En primer lugar, como se ha señalado antes, está la cuestión de la *compactación.* El contenido de DNA diploide de una célula humana es de unos $6 \times 10^9$ pb, que corresponden a una longitud total de unos 2 metros. De algún modo, todo este DNA debe quedar empaquetado dentro de un núcleo con un diámetro de 10 μm ($10^{-5}$ m). En segundo lugar está el problema de la *transcripción selectiva.* En una célula eucariota diferenciada característica, tan solo se transcribe una pequeña fracción del DNA. Como hemos visto, gran parte del DNA no se transcribe. Muchos genes que sí se transcriben lo hacen únicamente en determinadas líneas celulares de ciertos tejidos, y a menudo, tan solo en circunstancias especiales. Para mantener y regular estos programas tan complejos de transcripción selectiva, la accesibilidad del DNA a las RNA polimerasas debe estar bajo un estricto control. Tanto la compactación como el control de la expresión de los genes en los eucariotas se consiguen haciendo que el DNA forme complejos con una serie de proteínas especiales para dar lugar al complejo proteína-DNA, denominado **cromatina**.

## Cromatina

Las proteínas de unión al DNA de la cromatina son de dos clases. La clase principal, las **histonas**, comprende cinco tipos de proteínas, cuyas propiedades se indican en la Tabla 24.4. Todas las histonas son proteínas pequeñas, muy básicas. Las histonas son los bloques de construcción básicos de la estructura de la cromatina. Algunas de ellas han mantenido una secuencia de aminoácidos notablemente bien conservada a lo largo de la evolución. Así, por ejemplo, todas las moléculas conocidas de la histona H4 contienen exactamente 102 residuos de aminoácidos. La histona H4 solo presenta dos sustituciones entre los seres humanos y los guisantes y solo ocho sustituciones entre los seres humanos y las levaduras. Los nucleoides de las células procariotas contienen también proteínas asociadas al DNA, pero estas proteínas son muy diferentes de las histonas y no parecen formar una estructura comparable a la cromatina. Así pues, una estructura de cromatina que contiene histonas es una característica propia de los eucariotas. En todos los tipos de núcleos eucariotas, desde las levaduras al ser humano, están presentes las histonas en una cantidad de alrededor de 1 gramo por gramo de DNA, y las histonas H2A, H2B, H3 y H4 se encuentran siempre en cantidades equimolares.

Las histonas están acompañadas por un grupo mucho más diverso de proteínas de unión al DNA, a las que se da el nombre bastante poco imaginativo de **proteínas cromosómicas no histonas.** La cantidad total de estas últimas proteínas varía mucho de un tipo celular a otro, entre 0.05 y 1 gramo por gramo de DNA. Comprenden una enorme variedad de proteínas, como las polimerasas y otras enzimas nucleares, las proteínas receptoras nucleares y las proteínas reguladoras de muchos tipos. En geles bidimensionales es posible contar, aproximadamente, 1000 proteínas cromosómicas no histonas diferentes en un núcleo eucariota característico. Entre las más abundantes están las topoisomerasas y una clase llamada **proteínas SMC** (por mantenimiento estructural de los cromosomas). La proteínas principales de esta clase son las **cohesinas**, que ayudan a mantener juntas las cromátidas hermanas inmediatamente después de la replicación y continúan manteniéndolas juntas hasta que los cromosomas se condensan en la metafase; y las **condensinas**, que son esenciales para la condensación cromosómica al entrar las células en mitosis.

La asociación de las proteínas con el DNA eucariota se conoce desde hace tiempo. Ya en 1888, el químico alemán Albrecht Kossel aisló las histonas de los núcleos y las iden-

**TABLA 24.4. Propiedades de los principales tipos de histonas**

| Tipo de historia | Peso molecular | Número de residuos de aminoácido | % molar Lys | % molar Arg | Función |
|---|---|---|---|---|---|
| H1 | 22 500 | 244 | 29.5 | 1.3 | Asociada al DNA ligador; facilita la formación de estructuras de orden superior |
| H2A | 13 960 | 129 | 10.9 | 9.3 | Dos de ellas van a formar el centro octamérico de histonas del nucleosoma |
| H2B | 13 774 | 125 | 16.0 | 6.4 | |
| H3 | 15 273 | 135 | 9.6 | 13.3 | |
| H4 | 11 236 | 102 | 10.8 | 13.7 | |

*Nota:* Todos los datos corresponden a las histonas del timo de ternera, excepto para la H1, que corresponde al conejo.

tificó como las sustancias básicas que se unían a los ácidos nucleicos. De hecho, las histonas fueron la primera clase de proteínas que se identificó. Sin embargo, la función exacta de las histonas no se descubrió hasta aproximadamente el año 1974. Entonces, la investigación realizada en diversos laboratorios puso de manifiesto que estas proteínas se combinan de una forma específica para formar un elemento de repetición de la estructura de la cromatina, el **nucleosoma**.

La estructura repetitiva básica de la cromatina es el nucleosoma, en el que casi dos vueltas de DNA están envueltas alrededor de un octámero de histonas.

## El nucleosoma

Si el DNA desnudo (es decir, el DNA que no está unido a proteínas) se digiere parcialmente con una endonucleasa inespecífica, como la nucleasa microcócica, que corta las dobles cadenas de manera casi aleatoria, se obtiene una amplia gama de fragmentos de polinucleótidos. Pero a comienzos de los años 1970, investigadores de diversos laboratorios observaron que si se realizaba el mismo experimento con la cromatina, o incluso con núcleos enteros (en los que la nucleasa puede penetrar con facilidad a través de los poros nucleares), el DNA se rompía de una forma bastante específica y no aleatoria. En un gel de poliacrilamida, el DNA de la cromatina digerida por la nucleasa producía una serie de bandas que eran múltiplos de, aproximadamente, 200 pares de bases (Figura 24.22). Esto indicaba que la nucleasa podía acceder con facilidad al DNA tan solo en puntos con un espaciamiento regular. Aproximadamente, al mismo tiempo que se hacían estas observaciones, otros laboratorios obtuvieron fotografías de microscopia electrónica de fibras de cromatina extendidas, que revelaron un patrón de «cuentas» regular en la estructura de la cromatina, con una cuenta cada 200 pb, aproximadamente (Figura 24.23). Otros investigadores observaron que si la digestión de la cromatina con la nucleasa era continuada, se iba haciendo más lenta y casi se detenía cuando se había consumido alrededor de un 30 % del DNA. El resto del DNA protegido se encontraba presente en unas partículas correspondientes a las cuentas observadas en las micrografías electrónicas. Estas partículas, denominadas nucleosomas (o más exactamente, *partículas centrales nucleosómicas*), tenían una composición simple y definida, que se mantiene prácticamente invariable en todo el reino eucariota. Siempre contienen 146 pb de DNA, que envuelven a un octámero de moléculas de histona, dos de cada H2A, H2B, H3 y H4. Esta composición explica las cantidades equivalentes de estas histonas que hay en la cromatina. Tanto los nucleosomas como los centros de histonas nucleosómicos se han cristalizado, y los estudios de difracción de rayos X han revelado la estructura que se muestra en la Figura 24.24. El DNA se encuentra sobre la superficie del octámero y da, aproximadamente, 1.7 vueltas de superhélice a izquierdas alrededor de él. La estructura del octámero proporciona una «rampa» helicoidal a izquierdas sobre la que se une el DNA. Los datos de resolución elevada de los que se dispone en la actualidad sobre el octámero de histonas revelan una estructura común de las histonas, el *plegado de histona*, que no era evidente por las secuencias y sugiere un antecesor primitivo común de estas proteínas.

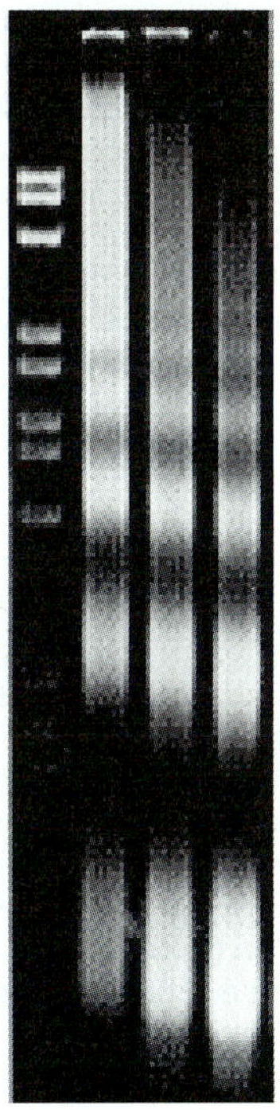

**FIGURA 24.22**

**Tipo de pruebas que sugirieron inicialmente una estructura repetitiva de la cromatina.** En este gel, las tres columnas de la derecha corresponden a fragmentos de DNA obtenidos después de tres digestiones sucesivas, cada vez más largas, de la cromatina de eritrocitos de pollo mediante la nucleasa microcócica. La columna de la izquierda contiene los fragmentos de restricción del DNA como marcadores de tamaño.

Cortesía de K. van Holde.

Aunque el nucleosoma en sí es una estructura casi invariable en los eucariotas, la forma en que se espacian los nucleosomas a lo largo del DNA varía considerablemente en los distintos organismos, e incluso, entre tejidos del mismo organismo. La longitud del DNA entre los nucleosomas puede variar entre unos 20 pb y más de 100 pb. No se conoce aún exactamente qué es lo que determina la disposición de los nucleosomas a lo largo del

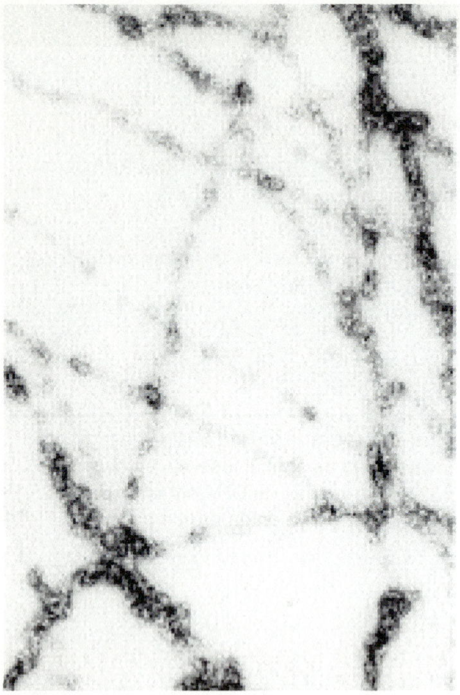

**FIGURA 24.23**

**Estructura de fibras con cuentas de la cromatina.** Micrografía electrónica de la cromatina dispersada sobre una rejilla a fuerza iónica baja y con tinción negativa. La diseminación en estas condiciones desenreda y extiende algunas de las fibras de cromatina condensadas que muestran los nucleosomas con un espaciamiento regular. Ésta fue una de las primeras fotografías obtenidas en las que se observó esta estructura.

Cortesía de C. L. F. Woodcock, Universidad de Massachusetts, Amherst.

DNA. Sin embargo, en la actualidad está claro que, al menos, algunos nucleosomas ocupan posiciones definidas. Las implicaciones de este hallazgo se considerarán más adelante. El DNA internucleosómico o *ligador*, está ocupado por las histonas de tipo H1 (con abundante lisina) y por proteínas no histonas. En la Figura 24.25 se muestra una visión general esquemática de los elementos fundamentales de la estructura de la cromatina.

Las moléculas de histona de la cromatina son objeto de numerosas modificaciones posteriores a la traducción, como acetilación y metilación de los grupos $\varepsilon$-amino de lisina. Estas modificaciones participan en la regulación de la expresión de los genes. Para transcribirse, el DNA debe disociarse transitoriamente del centro de histonas, y la modificación de los aminoácidos de las histonas afecta la fuerza de las interacciones entre el DNA y el centro de las histonas. Los cambios de este tipo pueden producir cambios estables de la forma de expresión de la información genética. Las modificaciones hereditarias que cambian la expresión genética sin cambiar la secuencia de bases del DNA se denominan **epigenéticas**. Como se ha mencionado antes en este capítulo (página 1009), la metilación del DNA es una modificación epigenética, ya que pueden heredarse los patrones de metilación. Aunque no se ha establecido de forma inequívoca que las modificaciones de las histonas se transmiten cuando la célula de divide, la mayoría de los investigadores considera la modificación de las histonas como epigenética. Volveremos con estos temas en el Capítulo 29.

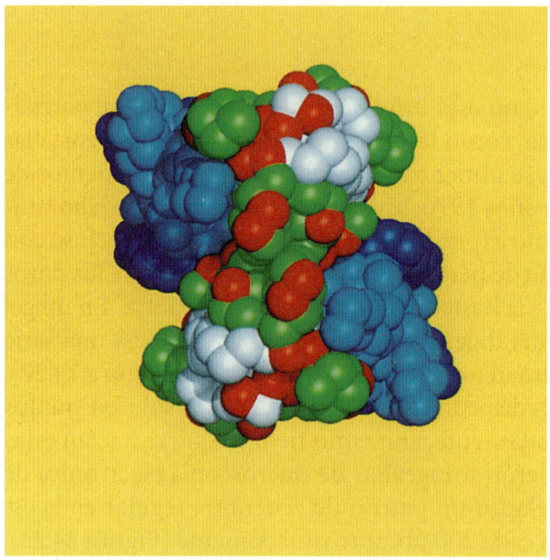

**(a)**

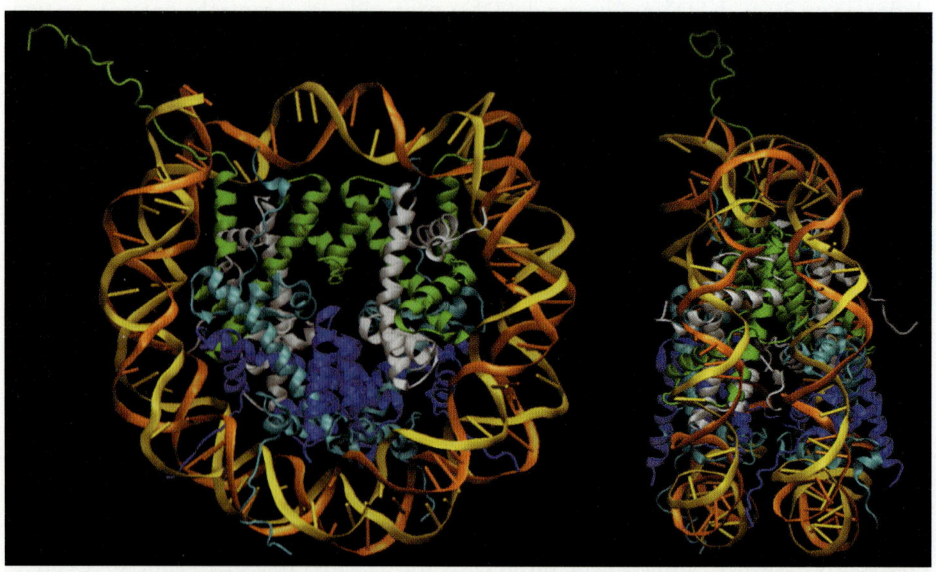

**(b)**

**FIGURA 24.24**

**Estructura de la partícula central del nucleosoma según muestra la difracción de rayos X. (a)** Centro del octámero de histonas. H3 se indica en verde, H4 en blanco, H2A en azul claro y H2B en azul oscuro. Los residuos de lisina y arginina del tetrámero (H3/H4)2 se muestran en rojo. **(b)** Modelo de resolución elevada (2.8 Å) de la partícula central del nucleosoma. Se muestran dos proyecciones perpendiculares al eje binario. Las histonas se identifican de la forma siguiente: H3, azul; H4, verde; H2A, amarillo; H2B, rojo. Las colas N-terminales de las histonas no están totalmente resueltas.

(a) Reproducido de *Proceedings of the National Academy of Sciences of the United States of America* 90:10489-10493, G. Arents y E. N. Moudrianakis, Topography of the histone octamer surface: Repeating structural motifs utilized in the docking of nucleosomal DNA. © 1993 National Academy of Sciences, U.S.A; (b) Redibujado de K. Luger et al., *Nature* (1997) 389:251-260. © 1997 Macmillan Magazines, Ltd. PDB ID 1AOI.

## Estructura de orden superior de la cromatina en el núcleo

La envoltura del DNA sobre los centros de las histonas para formar los nucleosomas proporciona parte de la compactación necesaria para encajar al DNA eucariota en el núcleo, ya que la longitud de la cadena se acorta varias veces. Sin embargo, es evidente que gran parte de la cromatina del núcleo está todavía mucho más compactada. El siguiente paso de la compactación se basa en el plegamiento de la fibra con cuentas en una fibra más gruesa, como la que se muestra en la Figura 24.26. Estas fibras tienen unos 30 nm de diámetro y pueden plegarse aún más sobre sí mismas para formar las fibras de cromatina más gruesas que se ven, tanto en los cromosomas en metafase (*véase* la Figura 24.20) como en los núcleos de las células que no se están dividiendo (interfase).

Se están obteniendo datos relativos a la forma en que se organiza la fibra de cromatina, tanto en la cromatina en metafase como en interfase. La tinción con colorantes de los cromosomas en metafase de un organismo determinado proporciona un patrón de bandas reproducible (*véase* la Figura 24.16). Los métodos de hibridación *in situ*, en los que se localizan secuencias específicas en los cromosomas mediante la hibridación con un ácido nucleico fluorescente complementario y se visualizan luego microscópicamente (Figura 24.11), muestran que las secuencias de DNA concretas están situadas siempre en los mismos lugares en los cromosomas específicos. Dado que el DNA de un cromosoma eucariota es una cadena continua larga, esto implica que debe haber algún tipo de plegamiento regular para mantener este orden. Los datos obtenidos recientemente indican de qué forma puede producirse este plegamiento. Si los cromosomas en metafase se tratan con polianiones como el sulfato de dextrano, que separan las histonas y las proteínas no histonas con uniones laxas, las cadenas de DNA aparecen en forma de bucles enormes que salen de un *andamiaje* de proteínas unidas estrechamente. En la Figura 1.4 (página 9) se presenta una micrografía electrónica de esta estructura. Los diversos bucles tienen distintos tamaños, pero pueden alcanzar hasta 100 000 pb de longitud, es decir, aproximadamente el tamaño de la agrupación del gen de la $\beta$-globina, por ejemplo. En un cromosoma promedio existen, aproximadamente, 1000 bucles de este tipo.

También existen datos que indican la presencia de un andamiaje similar, pero más difuso, en el núcleo en interfase. La eliminación en los núcleos intactos de las histonas y de las proteínas no histonas unidas de forma débil, mediante la aplicación de concentraciones salinas altas o de detergentes, junto con la digestión de la mayor parte del DNA mediante nucleasas, deja una estructura proteica que se ha denominado **andamiaje nuclear** o **matriz nuclear** (Figura 24.26). Esta estructura incluye la envoltura laminar que recubre la parte interna de la membrana nuclear, junto con una red de fibras finas que parecen extenderse por todo el núcleo. Cuando la disección química se realiza de manera cuidadosa, utilizando el detergente específico diyodosalicilato de litio, para eliminar las histonas y la mayor parte de las demás proteínas, las conexiones del DNA a la matriz nuclear no se alteran. La ruptura del DNA con endonucleasas de restricción da lugar a unos fragmentos específicos de DNA pegados a la matriz nuclear. Estos fragmentos están espaciados en el genoma a intervalos bastante largos, y contienen *regiones de fijación a la matriz* (*MAR, matrix attachment regions*) características. Al parecer, a menudo hay grupos de genes que se expresan de manera coordinada, que se encuentran entre las MAR adyacentes, como se muestra en la Figura 24.27 para los grupos de genes repetidos de las histonas en *Drosophila.*

Las proteínas que forman el andamiaje a partir del cual se extienden los bucles incluyen algunos miembros interesantes, como las topoisomerasas, enzimas que cambian el número de ligamiento del DNA (Capítulo 4). Se ha planteado la hipótesis de que las moléculas de topoisomerasa situadas en la base de un bucle pudieran producir cambios del superenrollamiento de ese bucle determinado. Estos cambios de superenrollamiento se añadirían al enrollamiento impuesto por los nucleosomas. Los cambios del superenrollamiento pueden intervenir en la condensación del cromosoma y parecen ser esenciales durante la replicación y la transcripción. Parece probable que la estructura de la cromatina sea dinámica, con cambios locales a medida que el DNA se replica o se transcribe.

Aunque no se ha establecido aún con certeza, es posible que, al menos, ciertas partes de las estructuras de bucle y andamiaje sean idénticas en la cromatina de la metafase y la interfase. De ser así, proporcionarían parte del mecanismo necesario para que la célula «hiciera un seguimiento» de la estructura de la cromatina en las divisiones celulares sucesivas. Además, en la actualidad parece probable que esta estructura de bucle pueda desempeñar alguna función en el control de la expresión de grupos de genes relacionados funcionalmente.

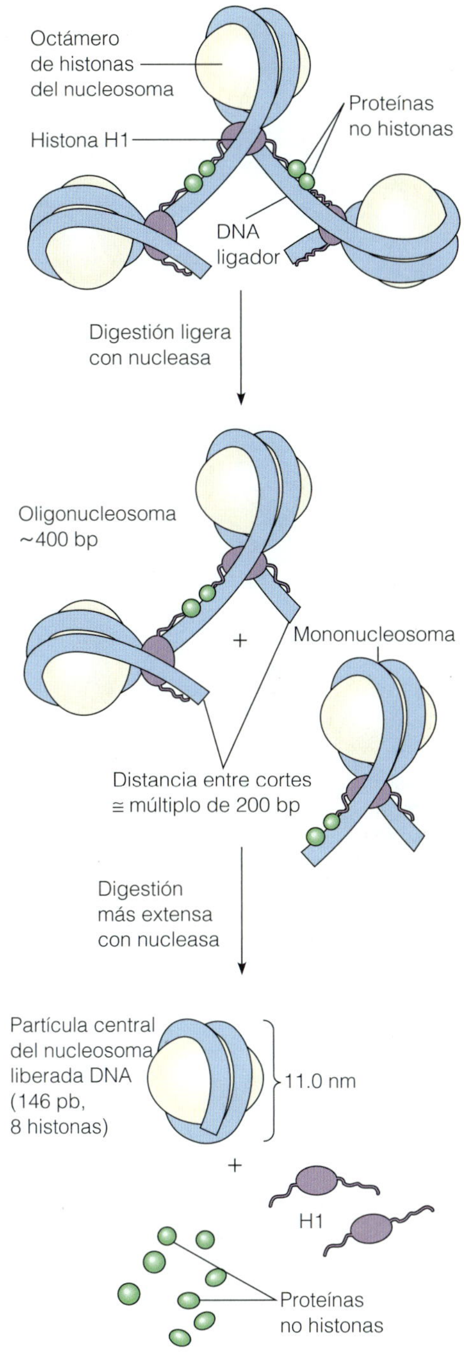


**FIGURA 24.25**

**Elementos de la estructura de la cromatina.** En la parte superior se presenta el concepto actual de la estructura extendida de una fibra de cromatina. La digestión ligera con nucleasa libera primero mononucleosomas y oligonucleosomas. A continuación, con la posterior digestión del DNA enlazador, se liberan las proteínas no histonas y la H1, para dar la partícula central, cuya estructura se muestra en la Figura 24.24.

La fibra formada por los nucleosomas se pliega *in vivo* para formar una estructura de la cromatina de orden superior.

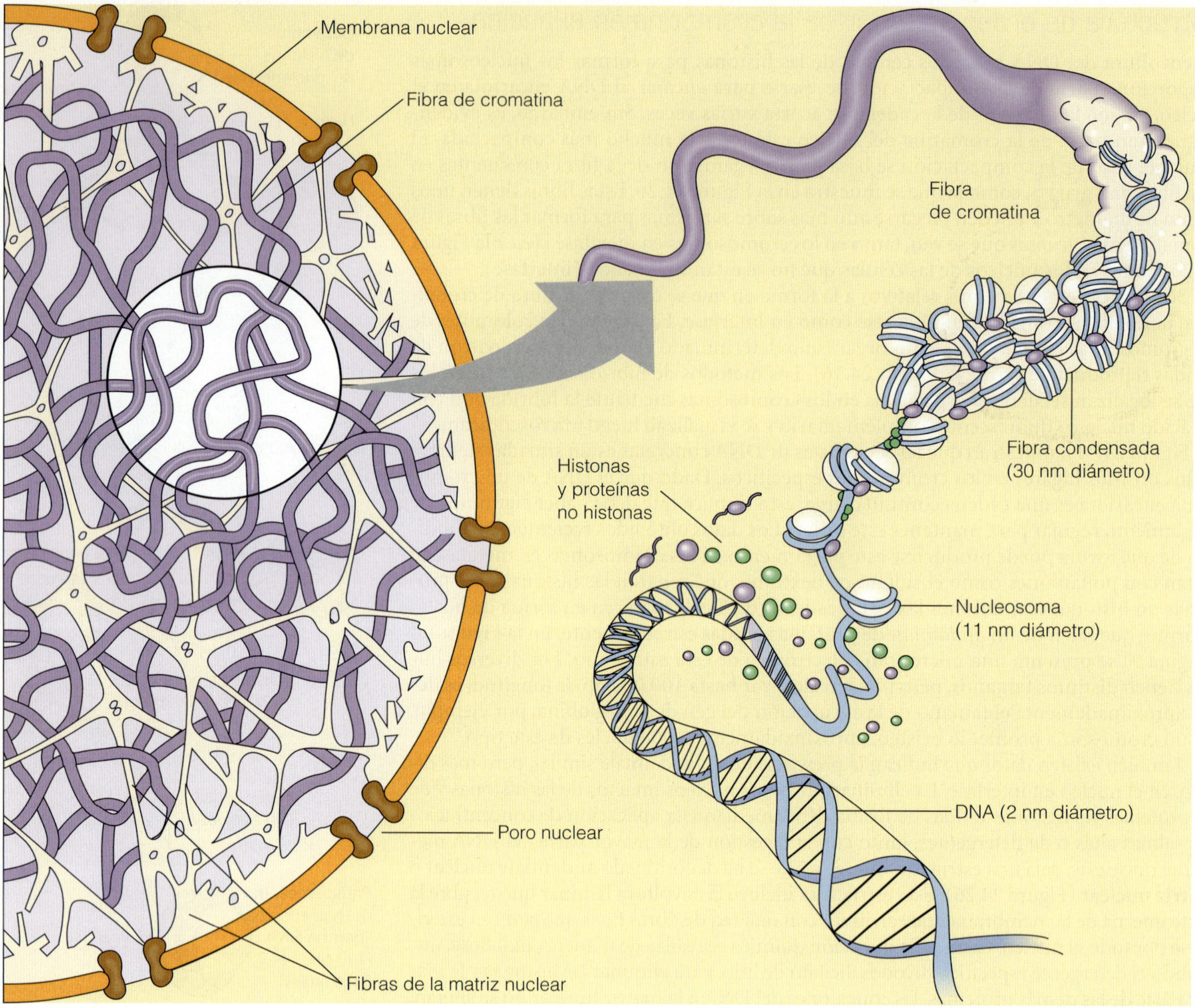


**FIGURA 24.26**

**Niveles de la estructura de la cromatina.** A la izquierda se presenta una imagen esquemática de una parte del núcleo, con fibras de cromatina parcialmente condensadas. Una imagen más ampliada (a la derecha) muestra una fibra de cromatina en la que parte está en forma condensada (30 nm), y parte está abierta para la transcripción.

La visión actual es que algunos dominios de bucle, los que corresponden a los genes no transcritos de una determinada célula, pueden estar enrollados permanentemente en fibras de 30 nm, y tal vez supercompactados, para formar enrollamientos de un orden incluso superior. Estas regiones podrían corresponder a las regiones muy condensadas de la **heterocromatina** que los citólogos han identificado desde hace mucho tiempo. Las regiones de la cromatina más abiertas, denominadas **eucromatina**, pueden corresponder, pues, a dominios relajados en los que puede producirse la transcripción. Sin embargo, como veremos en los Capítulos 27 y 29, la regulación de la transcripción es seguramente más sutil y compleja que lo que un modelo tan simple pudiera implicar.

## Ciclo celular

Los bucles de cromatina suelen contener agrupamientos individuales de genes unidos a la matriz nuclear.

Los procesos mediante los cuales las células se dividen y se replica el DNA son algo más complicados en los eucariotas que en los procariotas. Como se considera más adelante en el Capítulo 25, la replicación del DNA en las bacterias es un proceso casi continuo, al menos durante la fase de crecimiento exponencial, mientras que en las células eucariotas la replicación del DNA solo ocupa una fracción del tiempo necesario para que se divida la célula en dos células hijas idénticas. En general, las células somáticas de los eucariotas se dividen con mucha menos frecuencia y, algunas de ellas, en determinados tipos de tejidos maduros, no se dividen nunca. Las células que se están dividiendo en los tejidos en crecimiento presentan un *ciclo celular* bien definido, que casi siempre está separado en varias fases diferenciadas, como se muestra en la Figura 24.28. Sigamos a una célula eucariota característica a lo largo de un ciclo. Podemos empezar arbitrariamente en lo que se denomina *fase G1* (o fase del primer hueco), tras la división celular. En este punto, la célula contiene dos copias de cada cromosoma, el estado diploide normal de una célula eucariota. Este estado se indica en la Figura 24.28 mediante un contenido de DNA de 2C, es decir, el doble de la cantidad haploide. En un momento tardío de la fase G1, se desencadena el compromiso de la división. Dado que la división requerirá, en primer lugar, que se duplique el contenido de DNA, y el nuevo DNA necesitará nuevas histonas para formar la cromatina, la síntesis de histonas es uno de los primeros indicios de una replicación incipiente del DNA (*véase* la Figura 24.28).

La célula eucariota pasa por un ciclo con fases: G1 (hueco 1), S (síntesis de DNA), G2 (hueco 2), y M (mitosis).

La célula entra entonces en la fase de síntesis o *fase S*. Durante la misma, el DNA se replica y las histonas y las proteínas no histonas se depositan sobre las moléculas hijas de DNA para reproducir las estructuras de la cromatina. Cuando se ha completado la replicación, la célula pasa a lo que se llama la fase del segundo hueco o *fase G2*. En este momento tiene un contenido de DNA de cuatro veces la cantidad haploide (4C). En la mayor parte de las células eucariotas, el tiempo total necesario para las fases G1, S y G2 es de muchas horas. Durante todo este periodo, que se denomina **interfase**, la cromatina está dispersa por todo el núcleo y ocupada activamente en la transcripción.

## Fases de la mitosis

Al final de la fase G2, la célula está preparada para entrar en la fase M, o *mitosis*, durante la cual se divide. La mitosis es un proceso de varias etapas, y se ha subdividido, con fines descriptivos, en las fases que se indican en la Figura 24.29. En la *profase*, los cromosomas replicados se condensan en las estructuras cromosómicas características de la *metafase*, que tan a menudo se muestran (*véase* la Figura 24.20). En la *anafase* la membrana nuclear se desintegra y se forma el *huso mitótico*. El huso está formado por microtúbulos contráctiles que traccionan los pares de cromátidas, separándolas, de manera que cada una de las células hijas reciba un conjunto idéntico de cromosomas. En la *telofase*, la membrana nuclear vuelve a formarse alrededor de cada núcleo hijo, y la célula se divide. Esta división celular se denomina **citocinesis**. Tras la división, los cromosomas de las células hijas se descondensan, y comienza una nueva fase G1.

En muchos tejidos de los organismos superiores, la fase G1 se prolonga mucho una vez completado el crecimiento y la diferenciación tisular. Los ejemplos más extremos son los de las células nerviosas totalmente diferenciadas, la mayor parte de las cuales no vuelven a dividirse en los organismos maduros. Estas células que no se dividen se mantienen detenidas permanentemente en la fase G1, que se denomina fase $G_0$. En cambio, algunas células troncales especializadas, como las que se encuentran en la médula ósea y en el epitelio intestinal, sufren divisiones continuas durante toda la vida del organismo. Estas células troncales proporcionan continuamente nuevas células diferenciadas para reemplazar a las que se pierden o sufren daños.

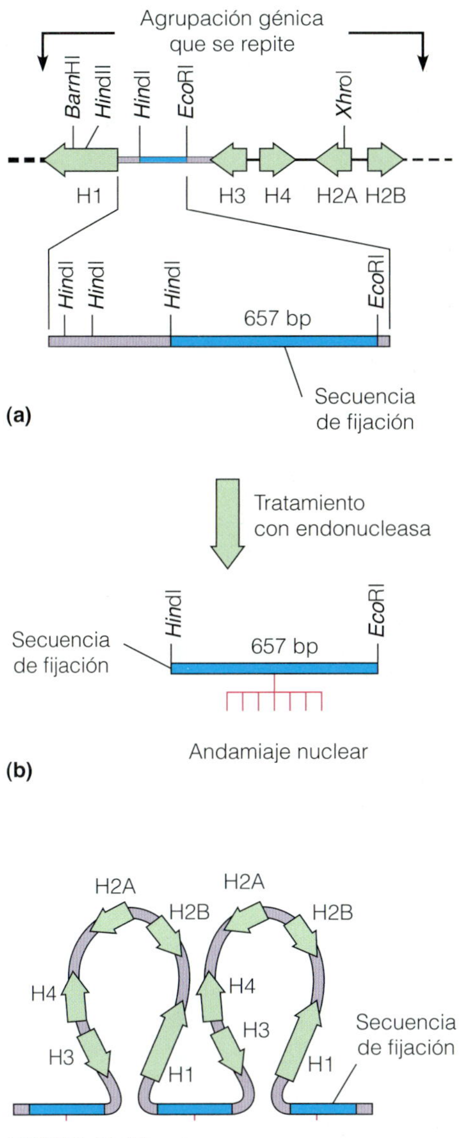


**FIGURA 24.27**

**Fijación de las agrupaciones de genes a la matriz nuclear. (a)** Mapa de la agrupación de genes repetidos de las histonas de *Drosophila*, donde cada flecha blanca corresponde a un gen de histona (las puntas de flecha indican la dirección de la transcripción). Se muestran también diversos lugares de restricción. **(b)** Si se extraen los núcleos de *Drosophila* con diyodosalicilato de litio, para eliminar las proteínas de forma cuidadosa, y se aplica luego una digestión con una serie de las endonucleasas de restricción que se muestran, *solamente* los fragmentos de DNA *Hin*dI-*Eco*RI de 657 pb quedan unidos a la matriz. **(c)** La interpretación es que las agrupaciones de genes se encuentran en bucles individuales, cuyas bases están unidas a la matriz.

## El centrómero y el cinetocoro

Hemos mencionado anteriormente el centrómero como el lugar del cromosoma por el que este se engancha a los microtúbulos en las fibras del huso, antes de que se separen las cromátidas hermanas. En la Figura 24.30 se muestra una micrografía electrónica de un cromosoma enganchado a los microtúbulos del huso mitótico. La estructura que liga el centrómero del cromosoma con las fibras del huso es el **cinetocoro**.

¿Qué características estructurales describen al centrómero? Esta es una cuestión importante, ya que es fundamental para la segregación correcta de los cromosomas que cada cromosoma sea atraído a un lugar y solo a uno. Las secuencias de DNA de los centrómeros son diferentes de las del resto de los cromosomas, pero de forma no conservada. En las levaduras en gemación, el centrómero se forma en una secuencia definida de 125 pb, mientras que en los eucariotas superiores, las secuencias centroméricas constan de repeticiones mucho más largas de una secuencia mucho más corta. La estructura de la cromatina se altera dentro del centrómero, en parte debido a la sustitución de la his-

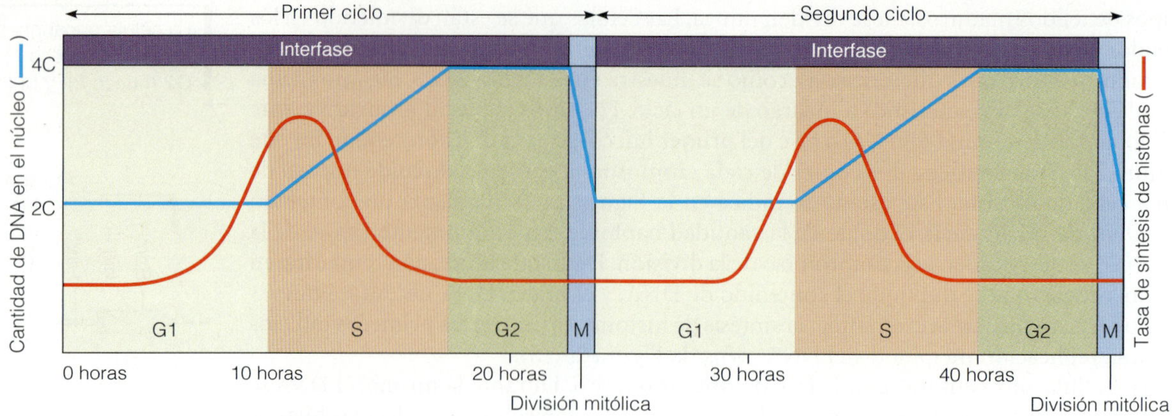


**FIGURA 24.28**

**Ciclo celular eucariota.** Cambios de la cantidad de DNA (línea azul) y tasa de síntesis de las histonas (línea roja) a lo largo del tiempo, durante dos ciclos celulares. El contenido de DNA se mide en unidades del genoma haploide (C). La escala temporal es característica de muchas células eucariotas.

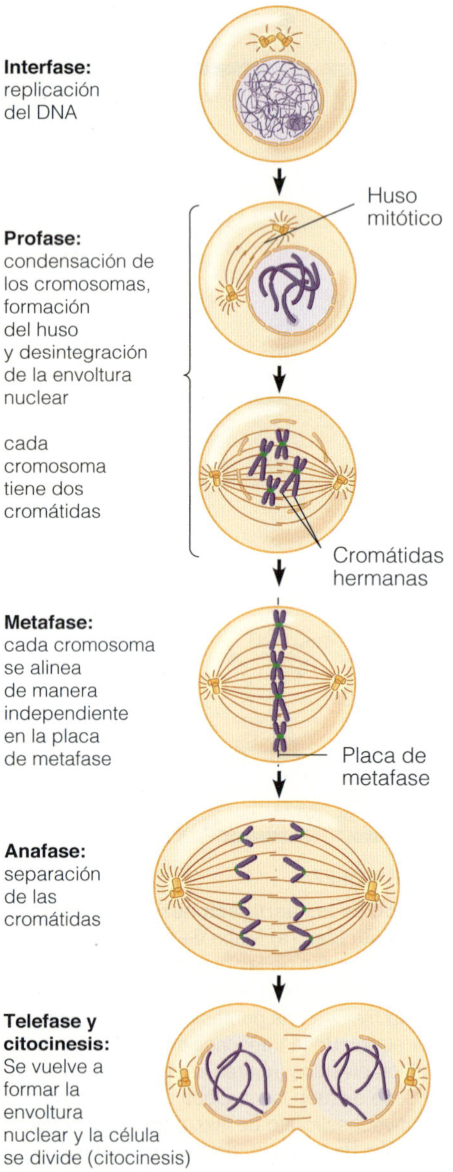


**FIGURA 24.29**

**Mitosis.** La célula que entra en la ruta era inicialmente diploide. Ha sufrido una replicación del DNA y ahora se encuentra en la fase G2, con un contenido de DNA de 4C. Una vez completado el proceso, cada célula hija tendrá 2C.

tona H3 por una variante de H3 denominada CenH3. A diferencia de las histonas estándar, Cen3H ha divergido bastante a lo largo de la evolución, evidentemente de acuerdo con la variabilidad que se observa entre las secuencias centroméricas de DNA. Aunque aún no se ha descrito con detalle la estructura de esta cromatina modificada, hay pruebas de que el DNA del centrómero está superenrollado de forma positiva, en lugar de negativamente, como en el resto del cromosoma.

En la estructura del nucleosoma se observa una mayor variabilidad de la cromatina centromérica. Con frecuencia, la sustitución de H3 por CenH3 es el único cambio, dando partículas centrales con octámeros (CenH3/H4/H2A/H2B). Como se sugiere en la Figura 24.31, la cromatina modificada se encuentra en la parte externa del ovillo de cromatina dentro del centrómero, disponible para interactuar con proteínas del cinetocoro, que separarán las dos cromátidas en la anafase. Los nucleosomas sin modificar se encuentran en la interfase entre las cromátidas hermanas, que se mantienen juntas transitoriamente mediante proteínas denominadas *cohesinas*. La figura también muestra patrones predominantes de metilación de histonas dentro y junto al centrómero.

El cinetocoro es una estructura compleja que consta de dos «placas», una en contacto con el centrómero y la otra con un microtúbulo. Como se muestra en la Figura 24.32, las placas interior y exterior están unidas por un complejo proteico denominado Ndc80. Hay pruebas de que los complejos proteicos de la placa interna de cada cinetocoro contactan con solo un nucleosoma CenH3. Dado que cada cinetocoro contacta con solo un microtúbulo, varios cinetocoros participan en la formación de cada huso mitótico.

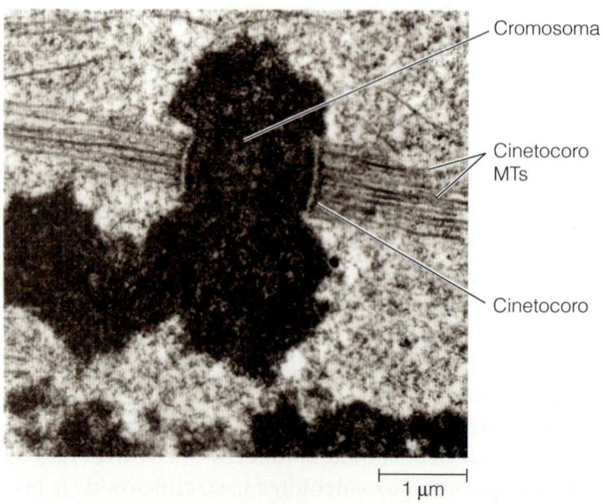


**FIGURA 24.30**

**Micrografía electrónica de un par de cromosomas condensados unidos a través de sus cinetocoros a los microtúbulos (MT).** La región del cromosoma en contacto con el cinetocoro es el centrómero.

*The World of the Cell*, 4/E, Wayne M. Becker, Lewis J. Kleinsmith y Jeff Hardin. © 2000. Reproducido con permiso de Pearson Education Inc., Upper Saddle River, NJ.

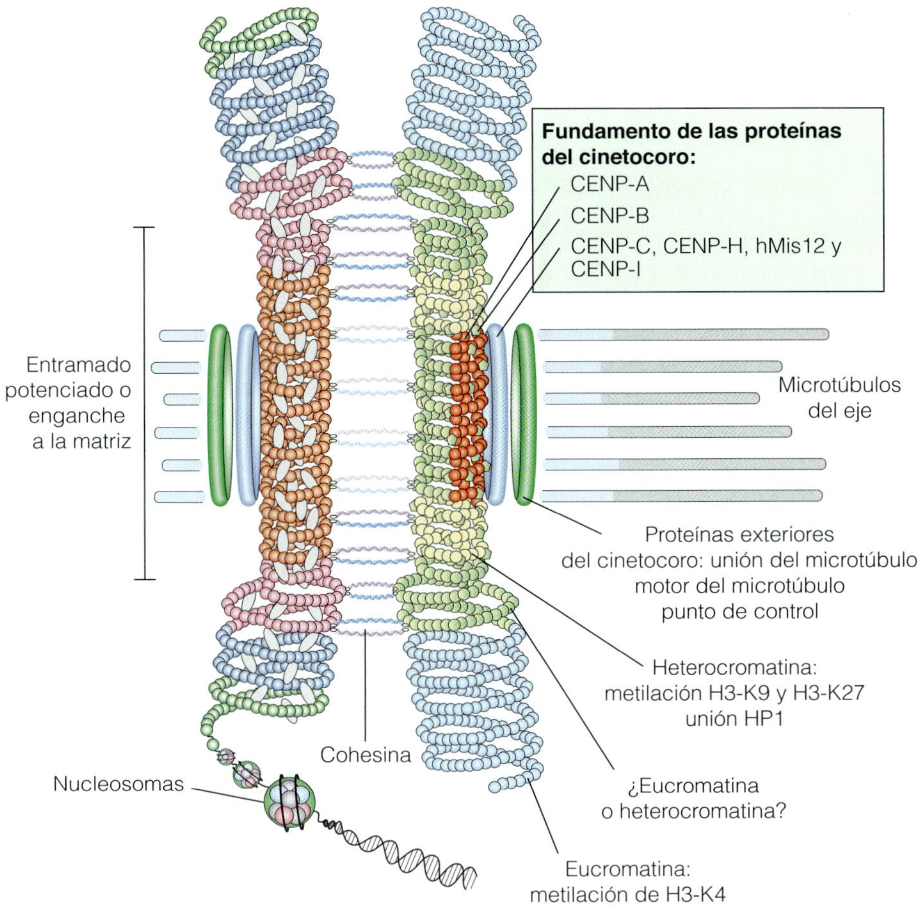


**FIGURA 24.31**

**Organización estructural de la cromatina en el centrómero humano.** Se esquematiza la interacción entre la región externa de cada una de las cromátidas con los cinetocoros y los microtúbulos. H3-K9 y H3-K27 indican las modificaciones de histonas y la metilación de las lisinas 9 y 27, respectivamente, en la histona H3.

Reproducido de *Trends in Cell Biology* 14:359-368, D. J. Amor, P. Kalitsis, H. Sumer y K. H. A. Choo, Building the centromere: From foundation proteins to 3D organization. © 2004, con permiso de Elsevier.

## Control del ciclo celular

La progresión a través del ciclo celular está controlada por un conjunto de fosforilaciones proteicas. Las principales características del programa regulador las elucidó Lee Hartwell con estudios en levaduras mutantes sensibles a la temperatura, bloqueadas a temperaturas elevadas durante su progreso a través del ciclo. Los principales actores del programa eran unas proteínas pequeñas denominadas **ciclinas** y las proteína quinasas que activan, denominadas **quinasas dependientes de las ciclinas** (Cdks). El sistema está diseñado de forma que la célula pueda valorar en las diversas etapas si las condiciones son correctas para avanzar a la fase siguiente. Cada etapa en la que se produce esta valoración recibe el nombre de **punto de control**. Un punto de control durante G1 implica una G1-Cdk, que actúa para garantizar que el entorno (disponibilidad de nutrientes y otros) es favorable para la entrada en la fase S y la entrada en la replicación del DNA. Una serie de G1/S-Cdk y una S-Cdk actúan para detectar el daño al DNA, ejerciendo una retención hasta que se repare el daño. Participa en este proceso la proteína supresora de tumores p53 (Capítulo 23). Un punto de control posterior, en el que participa M-Cdk comprueba, tanto el daño del DNA como si se ha completado la replicación, que son ambos esenciales, antes de que las células se comprometan a sí mismas a la mitosis. Posteriormente, durante la mitosis, el control se ejerce mediante el **complejo promotor de la anafase** (APC/C). Estos procesos se esquematizan en la Figura 24.33.

Las Cdk son serina/treonina quinasas proteicas, cada una de ellas activada por una ciclina específica, y luego fosforilan una o más proteínas diana. Una diana principal de la G1-Cdk es la **proteína Rb**, una molécula que controla la expresión de las proteínas que se necesitan para que la célula pase a la fase S. Las mutaciones del gen de la Rb dan lugar al **retinoblastoma**, un tumor que afecta al ojo. Una vez activado el punto de control, se disocia el complejo ciclina-Cdk y se marca la ciclina para su degradación en el

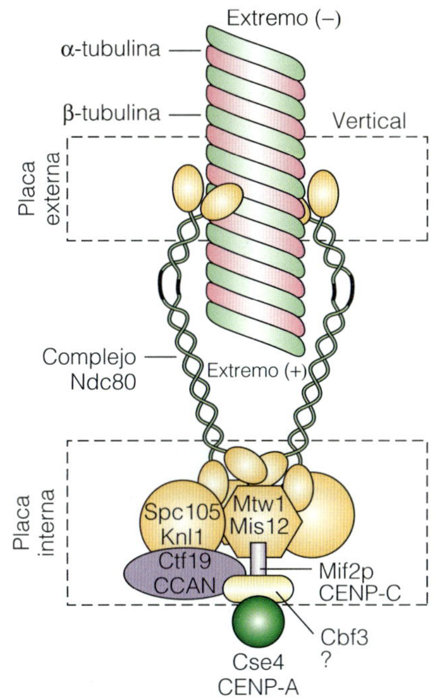


**FIGURA 24.32**

**Modelo de la estructura y organización del cinetocoro.** El modelo se basa en la microscopía electrónica y el análisis proteómico de los cinetocoros de la levadura (*S. cerevisiae*). Cse4 y CENP-A son otros nombres de los nucleosomas modificados del centrómero.

Reproducido con autorización de Macmillan Publishers Ltd. *The EMBO Journal* 28:2511-2531, S. Santaguida y A. Musacchio, The life and miracle of kinetochores. © 2009.

**FIGURA 24.33**

**Control del ciclo celular mediante quinasas dependientes de ciclina y lugares de control en los que operan. (a)** Principales lugares de control, donde se muestran las condiciones analizadas y las proteínas reguladoras que participan en cada punto. **(b)** Patrón de síntesis y degradación de cada ciclina a través del ciclo celular. Las actividades de las quinasas dependientes de ciclina permanecen constantes.

Modificado de *Molecular Biology of the Cell*, 5/E, B. Alberts, A. Johnson, J. Lewis, M. Raff, K. Roberts y P. Walter. © 2008 Garland Science/Taylor & Francis Group.

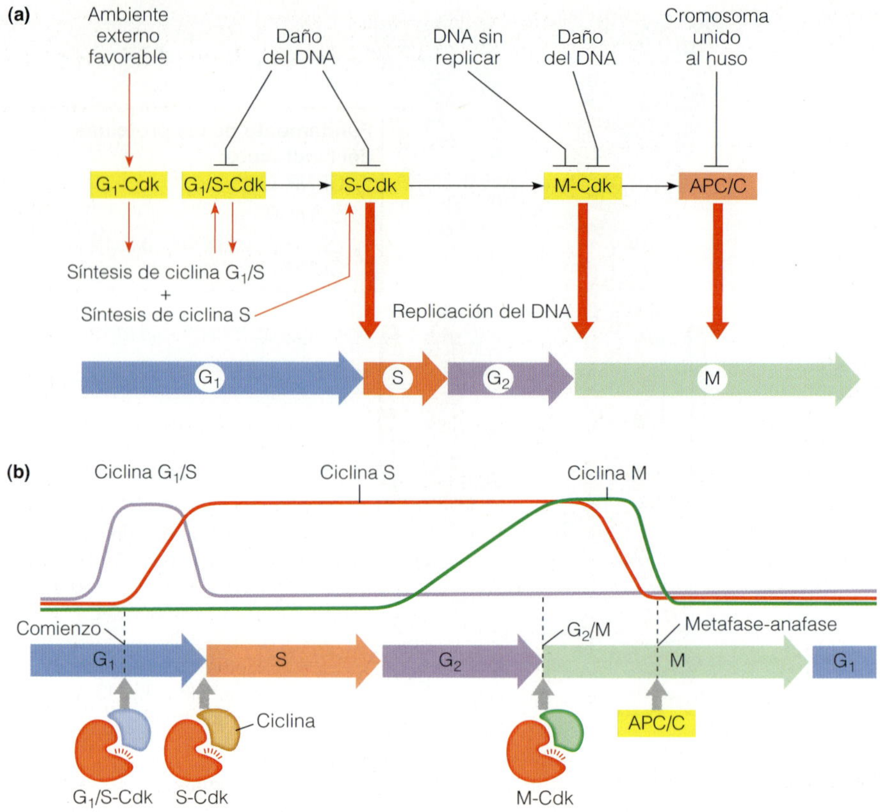


proteasoma, un complejo proteico grande que se describe en el Capítulo 20 y que participa en la degradación proteica intracelular. Una de las funciones del complejo APC es marcar a las proteínas para su degradación. Otra diana de la Cdk es la p53, que se activa como un factor de transcripción de residuos clave de serina y bloquea el avance a través del ciclo hasta que se ha reparado el DNA. Cuando el daño es demasiado grande, la p53 estimula actos que conducen a la **apoptosis** o muerte celular programada (Capítulo 28). Las mutaciones del gen de la p53 se han implicado en el síndrome de Li-Fraumeni, que portan una predisposición al cáncer de mama prematuro. Y, como se indicó en el Capítulo 23, las mutaciones del gen de la p53 se encuentran en grandes proporciones en todos los cánceres.

## RESUMEN

La mayor parte del DNA de un genoma procariota codifica proteínas o RNA o tiene una función reguladora. Sin embargo, el 50 % o más del DNA del genoma eucariota contiene secuencias repetidas, que no tienen productos génicos proteicos o RNA. En los eucariotas no hay una relación aparente entre el tamaño de un genoma y la complejidad del organismo que alberga ese genoma. La determinación de la secuencia de los genomas complejos, señaladamente los de los seres humanos, depende fundamentalmente del desarrollo de nuevas tecnologías, entre ellas, el uso de las endonucleasas de restricción de tipo III, la hibridación *in situ*, la transferencia Southern, la reacción en cadena de la polimerasa y la utilización de cromosomas artificiales como vectores para clonar cantidades ingentes de DNA. Los genomas víricos, ya sea RNA o DNA, codifican tan solo 3 proteínas o hasta 175. Los genomas bacterianos normalmente constan de una molécula de DNA circular de doble cadena, que codifica unas 1500-2000 proteínas, mientras que el genoma humano codifica entre 20 000 y 25 000 proteínas, considerablemente menos que las que predice la cantidad de DNA del genoma. La mayoría de las células eucariotas son diploides, con cada cromosoma duplicado. Una excepción son los cromosomas sexuales, donde un macho tiene generalmente un cromosoma X y uno Y. El DNA cromosómico está compactado al plegarse alrededor de un octámero de histonas para formar partículas centrales nucleosómicas. Estas partículas más un DNA ligador forman la cromatina, que se repliega para formar fibras de 30 nm. Los procesos de mayor compactación pliegan estas fibras en la forma altamente condensada que se ve en la cromatina. Las células eucariotas se dividen a través de un ciclo celular bien definido, que comporta G1, en la que el número de cromosomas es 2; S, en la que se replica el DNA, se sintetizan las histonas y se ensambla la cromatina; G2, en la que el número de cromosomas es 4; y M, un proceso de varias etapas en el que las células sufren mitosis. Los análisis estructurales de los centrómeros y los cinetocoros están proporcionando conocimientos sobre los mecanismos de segregación cromosómica durante la mitosis. El ciclo celular está controlado por una serie compleja de fosforilaciones proteicas, en las que las actividades proteína quinasa son constantes a través del ciclo, pero las concentraciones de proteínas de activación de las quinasas, las ciclinas, suben y bajan de forma cíclica.

## BIBLIOGRAFÍA


### Genes and genomas

**Altshuler, D., Daly, M. I.** y **Lander, E. S.** (2008) Genetic mapping in human disease. *Science* 322:881-888. Una revisión de los métodos que se utilizan para mapear los genes relacionados con las enfermedades.

**Cooper, N. G.,** ed. (1994) *The Human Genome Project: Deciphering the Blueprint of Heredity*. University Science Books, Mill Valley, CA. Aunque este libro se publicó varios años antes de completarse el Proyecto Genoma Humano, describe con bastante claridad los planteamientos experimentales que se utilizaron.

**Gibson, D. G.** y 23 coautores (2010) Creation of a bacterial cell controlled by a chemically synthesized genome. *Science* 329:52-56. Un gran paso en la creación de «vida sintética» del Instituto de Craig Venter.

**Green, R. E.** y 56 coautores (2010) A draft sequence of the Neandertal genome. *Science* 328:710-722. Un artículo que muestra la potencia de la PCR para amplificar DNA antiguo.

**Kayser, M.** y **Kniff, P. de** (2011) Improving human forensics through advances in genetics, genomics, and molecular biology. *Nature Rev. Genet.* 12:779-185. Una revisión actual del uso de la tecnología del DNA en los análisis forenses.

**Krimsky, S.** y **Simoncelli, T.** (201I) *Genetic Justice*. Columbia University Press, Nueva York. Un tratado con el tamaño de un libro sobre el DNA en los análisis forenses, que ofrece precauciones frente a la mala utilización de la tecnología.

**Lander, E. S.** (2011) Initial impact of the sequencing of the human genome. *Nature* 470:187-197. Un artículo retrospectivo de reflexión, con 100 referencias.

**Poliseno, L., Salmena, L., Zhang, J., Carver, B., Haveman, W. J.** y **Pandolfi, P. P.** (2010) A coding-independent function ofgene and pseudogene mRNAs regulates tumor biology. *Nature* 465:1033-1040. La primera prueba de la función de un pseudogen.

**Roache, J. C.** y 14 coautores (2010) Analysis of genetic inheritance in a family quartet by whole-genome sequencing. *Science* 328:636-639. Se produce una gran cantidad de información genética y genómica en la comparación de las secuencias genómicas de personas muy relacionadas.

**Vashlishan Murray, A. B., Carson, M. J., Morris, C. A.** y **Beckwith, J.** (2010) Illusions of scientific legitimacy: Misrepresented science in the direct-to-consumer genetic-testing marketplace. *Trends in Genetics* 26:459-461. Escepticismo sobre la proliferación de compañías que ofrecen análisis genéticos y genómicos a la población.

**Zimmer, C.** (2009) On the origin of eukaryotes. *Science* 325:666-668. Un resumen de lectura fácil de las pruebas de la hipótesis pseudosimbiótica, que postula que las mitocondrias y los cloroplastos son procariotas muy evolucionados.

### Restricción y modificación

**Roberts, R. J.,** y **Cheng, X.** (1998) Base flipping. *Annu. Rev. Biochem.* 67:181- 198. Las metilasas de restricción del DNA no son las únicas enzimas que voltean la base en los DNA sustratos.

**Roberts, R. J.** y 46 coautores (2003) A nomenclature for restriction enzyme, DNA methyltransferases, homing endonucleases, and their genes. *Nucl. Ac. Res.* 31:1B05-1812. El gran número de enzimas de estas familias y sus fuentes diversas necesitan que los dirigentes de este campo (¡47 de ellos!) establezcan algún orden.

### Cromosomas y cromatina

**Black, B. E.** y **Cleveland, D. W.** (2011) Epigenetic centromere propagation and the nature of CENP-A nucleosomes. *Cell* 144:471-479. Un modelo que conecta el ensamblaje de la cromatina centromérica con el control del ciclo celular.

**Bloom, K.** y **Joglekar, A.** (2010) Towards building a chromosome segregation machine. *Nature* 463:446-456. Revisión actual de los centrómeros y los cinetocoros.

**Furuyama, T.** y **Henikoff, S.** (2009) Centromeric nucleosomes induce positive DNA supercoils. *Cell* 138:104-113. Las interacciones DNA-proteína son muy poco habituales en el centrómero.

**Hurtley, S. M.** y **Pennisi, E.** (2007) Journey to the center of the cell. *Science* 318:7399. Introducción a una sección especial de *Science* sobre la estructura y dinámica del núcleo (páginas 1400-1416).

**Luger, K., Mädes, A. W., Richmond, R. K., Sargent, D. F.** y **Richmond, T. J.** (1997) Crystal structure of the nucleosome core particle at 2.8 A resolution. *Nature* 389:251-260.

**Marx, J.** (2002) Chromosome end game draws a crowd. *Science* 295:2348-2351. Entusiasmo inicial sobre los telómeros y la telomerasa.

**Richmond, T. J.** y **Davey, C. A.** (2003) The structure of DNA in the nucleosome cote. *Nature* 423:145-150. La asociación con el centro de histonas afecta la forma del DNA asociado.

**Santos, S.** y **Musacchio, A.** (2009) The life and miracles of kinetochores. *EMBO J.* 28:2511-2531. Una revisión actual bien ilustrada.

**Segal, E.** y **Widom, J.** (2009) What controls nucleosome positions? *Trends in Genetics* 25:335-343. El conocimiento de la posición de los centros de las histonas a lo largo de las cadenas de DNA es crucial para conocer la expresión de los genes asociados a la cromatina.

**Sekulic, N., Bassett, E. A., Rogers, D. L.** y **Black, B. E.** (2010) The structure of (CENP-A-H4)2 reveals physical features that mark centromeres. *Nature* 467:347-352. Cierra la estructura del centrómero.

**Torras-Llort, M., Moreno-Moreno, O.** y **Azorin, F.** (2009) Focus on the centre: The role of chromatin on the regulation of centromere identity and function. *EMBO J.* 28:2337-2348. Esta revisión considera principalmente la naturaleza de CenH3.

**Trun, N. J.** y **Marko, J. F.** (1998) Architecture of a bacterial chromosome. *ASM News* 64:276-283. Una revisión breve del nucleoide bacteriano.

### Ciclo celular

**Gasser, S. M.** (2002) Visualizing chromatin dynamics in interphase nuclei *Science* 296:1472-1476. Utilización de la microscopia de fluorescencia para observar la dinámica de los cromosomas.

**Nasmyth, K.** (2001) A prize for proliferation. *Cell* 107:689-701. Agradecimiento al trabajo de Lee Hartwell, Paul Nurse, y Tim Hunt, que compartieron el Premio Nobel por el descubrimiento de la fosforilación proteica en el control del ciclo celular.

**Verdaasdonk, J. S.** y **Bloom, K.** (2011) Centromeres: Unique chromatin structures that drive chromosome segregation. *Nature Rev. Mol. Cell Bio.* L2:320-337. Una revisión completa y al día.

**Weis, K.** (2003) Regulating access to the genome: Nucleocytoplasmic transport throughout the cell cycle. *Cell* 112:441-451. Una revisión del complejo poro nuclear, las importinas, las exportinas y el transporte de macromoléculas entre el núcleo y el citoplasma.

## PROBLEMAS

1. La naturaleza exponencial de la PCR permite incrementos espectaculares de la abundancia de una secuencia de DNA que se amplifica. Considere una secuencia de DNA de 10 kpb en un genoma de $10^{10}$ pares de bases. ¿Qué fracción del genoma representa esta secuencia, es decir, cuál es la abundancia fraccionaria de esta secuencia en el genoma? Calcule la abundancia fraccionaria de esta secuencia diana tras 10, 15 y 20 ciclos de PCR, comenzando con DNA que representa el genoma completo y suponiendo que en el proceso no se amplifican otras secuencias del genoma.

2. De las enzimas de restricción que se dan en la Tabla 24.3, ¿qué enzimas generan fragmentos nivelados o de extremos romos? De los que reconocen lugares compensados y generan cortes escalonados, ¿cuál de estos cortes no pueden convertirse en extremos nivelados por la acción de la DNA polimerasa? ¿Por qué esto es así?

3. El diagrama siguiente muestra la mitad de un lugar de restricción.
(a) Dibuje la otra mitad.

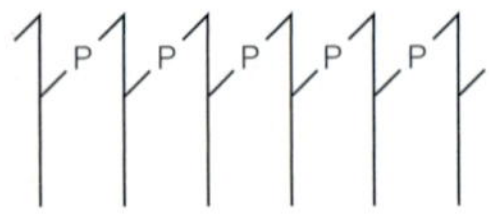


(b) Utilice flechas gruesas (↑↓) para identificar los lugares de ruptura de tipo II que darán productos de DNA dúplex de extremos romos.
(c) Utilice flechas delgadas (↑↓) para identificar los lugares de ruptura de tipo II que dan cortes escalonados que pueden convertirse directamente en moléculas de DNA recombinante por la DNA ligasa, sin implicar otras enzimas.
(d) Si este fuera el lugar de reconocimiento de una endonucleasa de restricción de tipo I, ¿dónde se produciría el corte del dúplex?
(e) Si las secuencias de DNA fueran totalmente aleatorias ¿qué longitud (en kilopares de bases) esperaría entre las copias idénticas de esta secuencia en el DNA?

4. El DNA de pBR322 (4.32 kb) se fraccionó con la nucleasa *Hin*dIII y se ligó a un digerido de *Hin*dIII de DNA mitocondrial humano. Un DNA de plásmido recombinante se analizó mediante electroforesis en gel de los fragmentos de rotura de restricción, con los resultados siguientes: calle A = recombinante tratado con *Eco*RI, calle B = vector tratado con *Hin*dIII y calle C = recombinante tratado con *Hin*dIII.

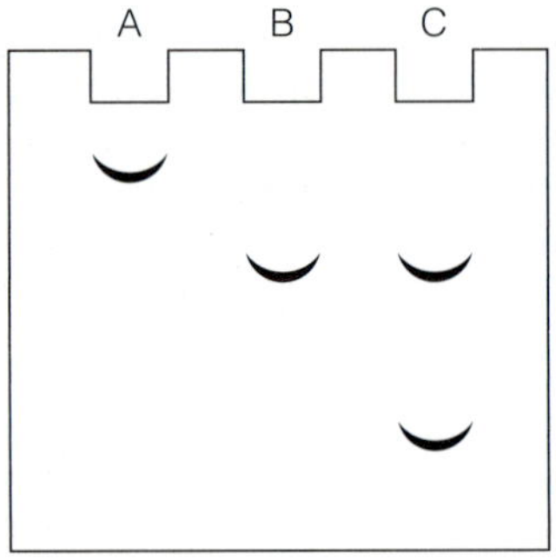


(a) ¿Por qué se trató el plásmido recombinante con *Eco*RI para determinar su tamaño?
(b) ¿Cómo podría explicar la discrepancia entre el tamaño de la molécula recombinante y la suma de los tamaños de los fragmentos de ruptura de *Hin*dIII?
(c) Dibuje un diagrama del recombinante que muestre los lugares de ruptura de *Hin*dIII.

5. Una pequeña molécula de DNA se fraccionó con varias nucleasas de restricción diferentes, y se determinó el tamaño de cada fragmento mediante electroforesis en gel. Se obtuvieron los datos siguientes.

| Enzima | Tamaño del fragmento (kb) |
|---|---|
| *Eco*RI | 1.3, 1.3 |
| *Hpa*II | 2.6 |
| *Hin*dIII | 2.6 |
| *Eco*RI + *Hpa*II | 1.3, 0.8, 0.5 |
| *Eco*RI + *Hin*dIII | 0.6, 0.7, 1.3 |

(a) La molécula original ¿es circular o lineal?
(b) Dibuje un mapa de lugares de restricción que muestre las distancias entre los lugares que sea consistente con los datos presentados.
(c) ¿Cuántos mapas adicionales son compatibles con los datos?
(d) ¿Qué debería haberse hecho para localizar los lugares de ruptura de forma no ambigua entre ellos?

6. **A.** pA↓pGpApTpCpT **B.** pGpGpA↓pTpCpC
**C.** pG↓pTpCpGpApC **D.** pCpTpGpCpA↓pG
**E.** pGpTpT↓pApApC **F.** pGpApGpTpCpNpNpNpN↓

(a) Utilizando la misma notación que en el Problema 3, muestre la estructura completa de cualquiera de los lugares de restricción precedentes (ambas cadenas y lugares de ruptura).
(b) ¿Qué dos rupturas de los que se muestran dará fragmentos que *no* pueden volver a unirse mediante la DNA ligasa de *E. coli*? ¿por qué no? (Nota: *In vitro* la DNA ligasa muestra una fuerte preferencia por sellar un corte escalonado en lugar de un extremo romo).
(c) Los productos de ruptura de dos de estas reacciones pueden unirse fácilmente entre ellos por una DNA ligasa, aunque las dos enzimas reconozcan lugares diferentes. ¿Qué dos?
(d) Si deseara linealizar el DNA de un plásmido recién aislado, ¿cuál de los lugares que se muestran sería el *menos* probable que esté representado solo una vez en esa molécula de DNA? Suponga que el DNA tiene proporciones iguales de los cuatro nucleótidos.

7. El cromosoma humano promedio contiene aproximadamente $1 \times 10^8$ pb de DNA.
(a) Si cada par de bases tiene una masa de unos 660 dalton, y hay unos 2 g de proteína (histonas y no histonas) por gramo de DNA, ¿cuánto pesa un cromosoma, en gramos?
(b) Si se extendiera el DNA, ¿qué longitud tendría?
(c) Un cromosoma real tiene unos 5 mm de longitud. ¿Cuál es la relación de compactación aproximada?
(d) En el cuerpo humano hay unas $10^{12}$ células. Teniendo en cuenta que en cada célula hay 46 cromosomas, ¿cuál es la longitud aproximada de *todo* el DNA del cuerpo? Compare esta longitud con la distancia entre la Tierra y el Sol, que es de, aproximadamente, $1.5 \times 10^8$ km.

8. La formación de los nucleosomas y su envoltura en una fibra de 30 nm proporcionan parte de la compactación del DNA en la cromatina. Si la fibra contiene aproximadamente seis nucleosomas en cada 10 nm de longitud, ¿cuál es la relación de compactación aproximada que se alcanza? Comente la comparación de esa respuesta con la del Problema 7.

*9. Se pueden «reconstituir» nucleosomas mezclando DNA y octámeros de histonas en NaCl 2M y dializando luego para reducir la sal. Cuando se realizaron estos experimentos con el empleo de un fragmento específico de 208 pb del DNA del erizo de mar se obtuvieron los siguientes resultados: la digestión del producto con nucleasa microcócica dio una producción cuantitativa de 146 pb de DNA. Al romper este DNA con una nucleasa de restricción que tiene un único lugar de acción en el fragmento, se obtuvieron varias bandas bien definidas, con los siguientes tamaños: 29 pb, 39 pb, 107 pb, 117 pb. ¿Cómo podrían interpretarse estos datos en cuanto a la situación de los nucleosomas en este DNA?

10. Una muestra de cromatina se digirió parcialmente con la enzima nucleasa estafilocócica. Los fragmentos de DNA obtenidos en esta digestión se purificaron y se analizaron en un gel de poliacrilamida. Se utilizaron como marcadores una serie de fragmentos de restricción de DNA. En la tabla siguiente se indican las distancias de migración. A partir de estos datos, calcule la distancia de repetición de los nucleosomas en la cromatina.

| Fragmento de DNA marcador | | Fragmento de DNA de la cromatina |
|---|---|---|
| Tamaño (pb) | *d* (cm) | *d* (cm) |
| 94 | 40 | 30.5 |
| 145 | 34.2 | 19.2 |
| 263 | 25.2 | 14.4 |
| 498 | 16.7 | 11.5 |
| 794 | 11.5 | — |

*11. La desoxirribonucleasa pancreática I (DNasa I) es una nucleasa que produce mellas de una sola cadena en el DNA de doble cadena. Se ha observado que el tratamiento de partículas centrales nucleosómicas con DNasa I produce un resultado peculiar. Cuando el DNA obtenido en esta digestión se estudia mediante electroforesis en condiciones desnaturalizantes, se observa que los fragmentos de una sola cadena se producen con una periodicidad regular de unas 10 bases. Sugiera una explicación de este resultado en función de la estructura del nucleosoma.

12. Algunos virus, como el SV40, son DNA circulares cerrados que contienen nucleosomas. Si el virus SV40 se trata con topoisomerasa y se eliminan las histonas, se observa que continúa estando superenrollado. Sin embargo, si se eliminan las histonas *antes* del tratamiento con la topoisomerasa, el DNA está relajado. Explíquelo.

13. Los genes de las histonas son poco habituales entre los genes eucariotas, ya que no tienen intrones, y el mRNA de las histonas no tiene colas de poli(A) (*véase* el Capítulo 27). Además, en casi todos los eucariotas, los genes de las histonas se encuentran dispuestos en múltiples dominios en tándem, donde cada dominio lleva una copia de cada uno de los genes de las cinco histonas. Sugiera una explicación para estas características en términos de los requerimientos especiales de la síntesis de histonas.

14. Considere la molécula de DNA del bacteriófago λ, como se muestra en la Figura 24.7. La digestión total con las dos endonucleasas de restricción utilizadas no muestra colocaciones no ambiguas de los lugares de restricción, como se muestra en el mapa. Describa los patrones de restricción, bien a partir de la digestión parcial con *Bam*HI o *Eco*RI, que le ayudarían a establecer el mapa específico de lugares de restricción que se muestra en la Figura 24.7(b).

15. Los RFLP pueden incluir cambios de secuencia creados mediante cambios de una sola base, inserción de una sola base, pérdida de una sola base o repetición de tetranucleótido, como se muestra en la Figura 24.15. Para cada polimorfismo, muestre un cambio específico de secuencia que alteraría el patrón de fragmentación de restricción en ese lugar y describa cómo podría cambiar el patrón, esto es, la adición o pérdida de un lugar de una endonucleasa de restricción específica. Refiérase a la Tabla 24.3 para los lugares de ruptura de varias nucleasas de restricción habituales.

16.

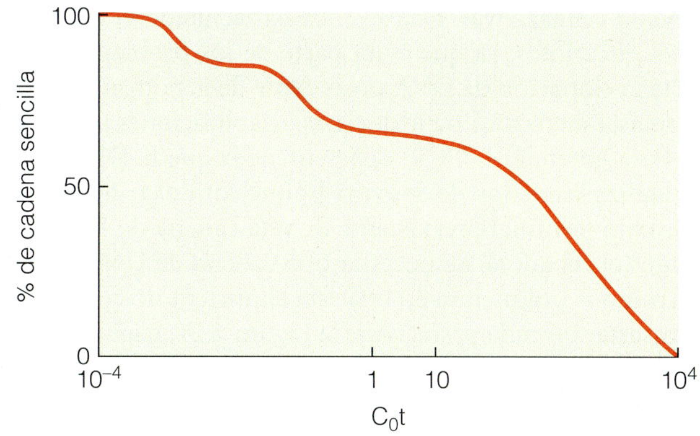


Las curvas de renaturalización de DNA, en ocasiones, muestran tres fases diferentes de renaturalización. En esta representación, la renaturalización del DNA se enfrenta a «$C_0t$» (veces de la concentración inicial del tiempo de renaturalización, esencialmente una medida del tiempo relativo de renaturalización).

(a) Identifique cada parte de esta representación que corresponde a realineamiento de (1) secuencias únicas, (2) secuencias moderadamente repetitivas, y (3) secuencias muy repetitivas.

(b) Suponga que clona un gen de copia única, como el gen de la dihidrofolato reductasa (DHFR) y lo somete a un análisis de renaturalización. Haga un esquema de la curva que espera encontrar.

(c) Suponga que clona el cDNA de la DHFR en lugar del DNA genómico. Esperaría que el realineamiento fuera (1) más lento, (2) más rápido, o (3) a la misma velocidad que el DNA genómico. Explique brevemente su respuesta.

17. *Véase* la Figura 24.28, que muestra el tiempo que se gasta en cada una de las cuatro fases del ciclo celular de una célula eucariota característica. Si se observara microscópicamente un cultivo de estas células, ¿qué proporción de las células esperaría que mostraran los cromosomas condensados?

# HERRAMIENTAS DE LA BIOQUÍMICA 24A

## Reacción en cadena de la polimerasa

Tal como presentamos en el Capítulo 4, la clonación génica mediante técnicas de DNA recombinante revolucionó la Biología a mediados de los años 1970, al permitir a los investigadores aislar y amplificar genes individuales para el análisis de su secuencia, expresión y regulación. La clonación requiere células vivas, en las que han de introducirse las moléculas de DNA para la amplificación. Una técnica igualmente revolucionaria fue la **reacción en cadena de la polimerasa (PCR),** inventada por Kary Mullis en 1983. La PCR permite la amplificación *in vitro* de cantidades extraordinariamente pequeñas de DNA, sin necesidad de una transferencia previa a células vivas. Esta técnica ha facilitado el análisis de los genes eucariotas, ya que evita parte de los problemas que comporta la clonación de DNA procedente de genomas muy grandes. Además, esta técnica tiene docenas de aplicaciones prácticas.

Para entender la PCR, debe entender que la DNA polimerasa cataliza la adición de desoxirribonucleótidos trifosfato a un 3′-hidroxilo terminal preexistente de una cadena de DNA hija creciente (el cebador). Se necesita una cadena de DNA molde para instruir a la polimerasa en relación al nucleótido correcto que ha de insertar en cada paso (*véase* la Figura 4.21, página 111). La reacción se presenta con detalle en el Capítulo 25, pero se muestra aquí de forma esquemática.

3′-pApTpTpCpApApGpApGpG..... + dTTP → 3′-pApTpTpCpApApGpApGpG.....
5′-pTpApApG-OH                                    5′-pTpApApGpT-OH

La mayoría de las DNA polimerasas contienen también una 3′-exonucleasa asociada. Esta actividad ayuda a la enzima a corregir los errores, al eliminar los nucleótidos que ocasionalmente se han incorporado de forma distinta al tipo Watson-Crick.

La PCR requiere el conocimiento de las secuencias que flanquean la región a amplificar. Se producen oligonucleótidos complementarios de estas secuencias mediante síntesis química automatizada y se utilizan como cebadores en una serie especial de reacciones catalizadas por la DNA polimerasa (Figura 24A.1). En primer lugar, el DNA que contiene las secuencias a amplificar se desnaturaliza mediante calor a 94-96 °C y luego se alinea con los cebadores, que se encuentran presentes en exceso (pasos 1 y 2). El alineamiento se lleva a cabo a 50-65 °C, dependiendo de la composición de bases del DNA implicado. A continuación, se realiza la extensión de la cadena por la polimerasa a partir de los extremos del cebador (paso 3). Luego, se aplica un segundo ciclo de desnaturalización por calor, alineado, y extensión del cebador. Con el empleo de una forma termoestable de DNA polimerasa, la ***Taq* polimerasa,** procedente de una bacteria que vive a temperaturas altas (en aguas termales), se evita la necesidad de añadir más polimerasa en cada ciclo, puesto que la enzima no se inactiva a la temperatura de desnaturalización del DNA. El paso 3 se

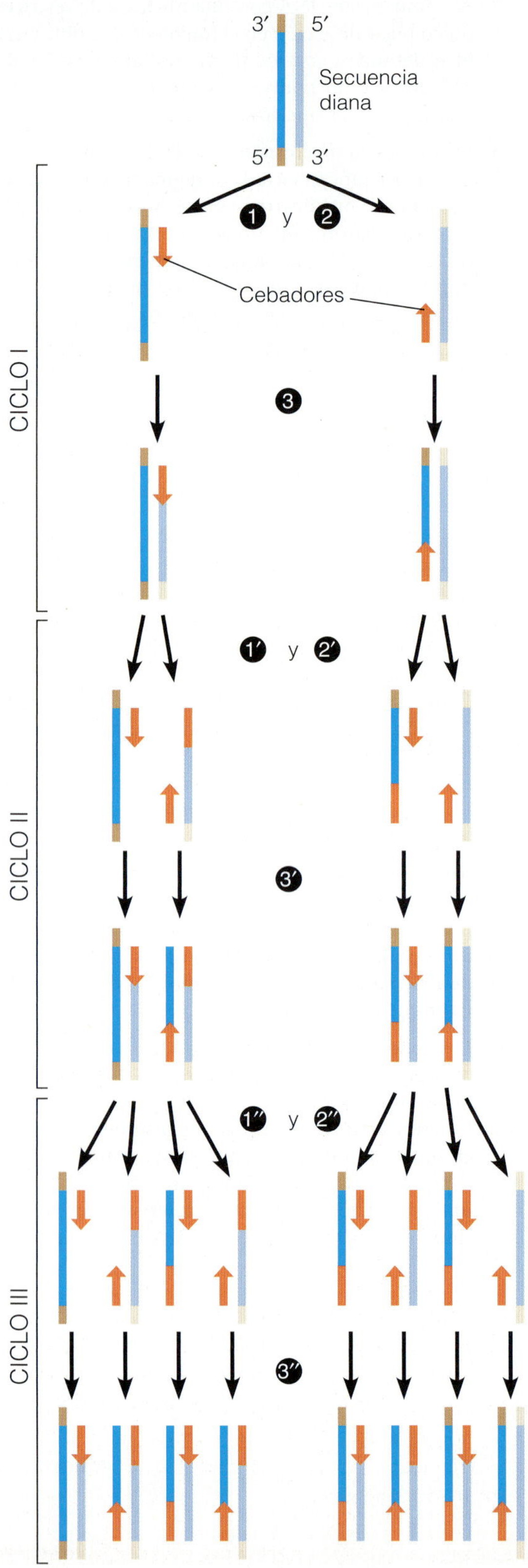


**FIGURA 24A.1**

**Tres ciclos de la reacción en cadena de la polimerasa.** Un segmento de la región que se indica en azul se amplifica, mediante el empleo de cebadores (rojo), que son complementarios a los extremos del segmento azul. Obsérvese el carácter exponencial del proceso de amplificación.

lleva a cabo habitualmente a 72 °C, la temperatura óptima de la *Taq* polimerasa. Este ciclo se repite 30 veces o más en un dispositivo de regulación automática de la temperatura (*termociclador*), de manera que en cada ciclo aumenta la abundancia de las dobles cadenas de DNA unidas por los cebadores oligonucleótidos. Al final del ciclo III se han formado ocho moléculas de este tipo, y su número se duplica con cada ciclo sucesivo. Después de 32 ciclos, hay alrededor de 1000 millones de copias (para ser exactos, $2^{n-1}$, en donde $n$ es el número de ciclos).

Se han desarrollado innumerables aplicaciones de esta técnica, entre ellas, los análisis forenses (como se ha mencionado en el capítulo), en los que puede amplificarse el DNA a partir de muestras extraordinariamente pequeñas de material biológico (por ejemplo, sangre, semen o pelo) para la identificación de los sospechosos de haber cometido delitos o de los padres en los litigios de paternidad. Los análisis forenses en base a la PCR se centran en partes del genoma con números variables de repeticiones de tetranucleótidos (*véase* la Figura 24.15). Algunas partes del genoma humano tienen una secuencia repetida de tetranucleótidos especial, que se repite un número variable de veces de hasta 30. Los análisis de estas regiones mediante PCR pueden determinar el número de repeticiones en el genoma de una persona. Al analizar varias de estas regiones, puede identificarse una persona con gran confianza, comenzando con una muestra de DNA del tamaño de un nanogramo.

El campo de la «antropología molecular» se ha desarrollado a partir de la PCR y el análisis de secuencias del DNA mitocondrial humano, y sus resultados se utilizan para formular modelos de la evolución humana. El DNA mitocondrial es especialmente útil, debido a que experimenta mutaciones más rápidamente que el DNA nuclear, lo que significa que la cantidad de variación de secuencia es un indicador más sensible del tiempo evolutivo que el que se ve en el DNA nuclear. Existe un campo comparable de Paleontología molecular, en el que se extraen cantidades mínimas de DNA de muestras biológicas que se han conservado durante mucho tiempo como organismos congelados en el hielo o insectos atrapados en ámbar. El análisis reciente de la secuencia de DNA de un espécimen Neanderthal ha generado nuevos conocimientos de la evolución humana. En 1998 se presentó una comunicación de gran interés histórico que describía el análisis por PCR de los descendientes de Thomas Jefferson y que mostraba que el tercer presidente de los EE.UU. o un pariente cercano era el padre de, al menos, un hijo de Sally Hemings, una de sus esclavas. El DNA procedía de personas vivas (descendientes), pero los resultados condujeron a conclusiones históricas importantes. La PCR se utiliza en microbiología ambiental para detectar poblaciones microbianas mediante la búsqueda de secuencias específicas del organismo que se intenta identificar. De la misma forma, la PCR puede usarse para el diagnóstico de las infecciones microbianas o víricas. La PCR se emplea también en el diagnóstico prenatal de enfermedades genéticas, usando cebadores específicos para la alteración de la secuencia génica responsable de una enfermedad. De forma análoga, las mutaciones de oncogenes que conducen al cáncer pueden detectarse mediante PCR, y ello ha permitido el análisis amplio de la secuencia de alteraciones genéticas que conducen desde las lesiones precancerosas al tumor metastásico.

Sin embargo, la PCR no está exenta de problemas técnicos. Así, por ejemplo, dado que algunas DNA polimerasas termoestables, como la *Taq* polimerasa que se utiliza habitualmente, carecen de la 3′-exonucleasa de corrección de pruebas, la síntesis de DNA en la PCR puede ser relativamente inexacta. Ello no suele constituir un problema si lo que se desea es secuenciar el producto de la PCR, puesto que los errores se distribuyen de manera uniforme en toda la longitud del DNA que se amplifica, y la abundancia de mutaciones en cada lugar es demasiado baja para poder influir en las operaciones de secuenciación. También se dispone en la actualidad de polimerasas con corrección de pruebas procedentes de organismos termófilos. Sin embargo, deben tomarse precauciones (como por ejemplo, limitar el número de ciclos) si se desean clonar los productos de la PCR con la intención de clonar una secuencia natural. Otro problema es el de la gran sensibilidad de la técnica, que puede llevar a la amplificación de cantidades minúsculas de DNA contaminantes existentes en la muestra. De nuevo, pueden utilizarse diversos controles y modificaciones de la técnica para reducir al mínimo este problema.

Se han diseñado diversas variantes de la técnica original de la PCR. En la PCR cuantitativa o de «tiempo real», uno de los nucleótidos lleva una marca fluorescente que permite seguir la reacción en tiempo real y relacionar los datos con la abundancia del DNA objetivo de la muestra original. Otra variación de la técnica, denominada RT-PCR, puede utilizarse para el control de la expresión génica mediante el análisis de las concentraciones de una especie particular de mRNA. La muestra se trata, en primer lugar, con la transcriptasa inversa (RT), una DNA polimerasa dependiente de RNA (Capítulo 25), que convierte una molécula de mRNA en un DNA de secuencia complementaria, que posteriormente puede amplificarse mediante PCR.

## Bibliografía

**Erlich, H. A.** y **Arnheim, N.** (1992) Genetic analysis using the polymerase chain reaction. *Annu. Rev. Genet.* 26:479-506. Una revisión realizada por dos investigadores que desarrollaron la técnica.

**Green , R. E., Briggs, A. W., Krause, A., Prüfer, K., Burbano, H. A., Siebauer, M., Lachman, M.** y **Pääbo, S.** (2009) The Neanderthal genome and ancient DNA authenticity. *EMBO J.* 28:2494-2502. Una descripción de las técnicas utilizadas para descartar las fuentes de error en el análisis de la secuencia de DNA primitivos.

**Mullis, K., Ferre, F.** y **Gibbs, R.** eds. (1994) *The polymerase chain reaction.* Boston: Birkhäuser. El autor senior de esta serie de revisiones del tamaño de un libro es el inventor de la PCR.

**Mullis, K. B.** (1997) *Nobel Lectures, Chemistry, 1991-1995*, B. G. Malmström, ed. World Scientific Publishing Co., Singapur, 1997. La conferencia del Premio Nobel de Mullis es una lectura fascinante. También disponible *online* en: http://nobelprize.org/nobel_prizes/chemistry/laureates/1993/mulli s-lecture.html.

**Nowak, R.** (1994) Forensic DNA goes to court with O. J. *Science* 265: 1352-1354. Un artículo de noticias en el que se describe el uso de la PCR y los polimorfismos de longitud de los fragmentos de restricción en su aplicación específica al juicio por asesinato de O. J. Simpson.

**Sambrook, J.,** y **Russell, D. W.** (2001) In vitro amplification of DNA by the polymerase chain reaction. Capítulo en *Molecular Cloning: A Laboratory Manual*, Cold Spring Harbor Press, Cold Spring Harbor, NY. Instrucciones específicas para utilizar la PCR.

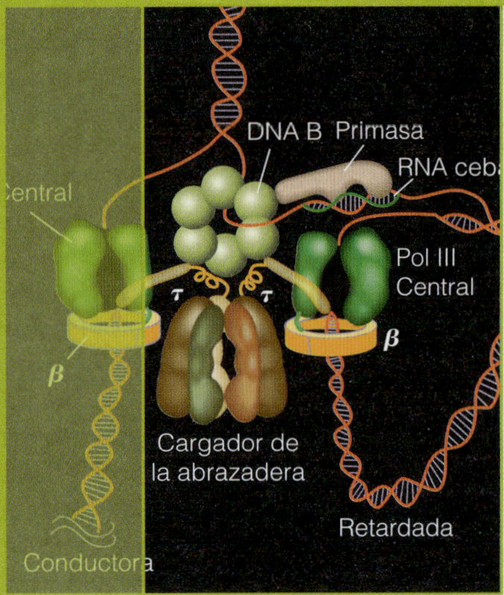


# CAPÍTULO 25

## Replicación del DNA

**Nuestro enfoque para el resto de este libro** es sobre los procesos de replicación del genoma, mantenimiento del genoma, y expresión génica. En este capítulo consideramos la replicación del DNA. A continuación, el Capítulo 26 se centra en la reparación y recombinación del DNA y en varios procesos de reordenamiento del genoma. En el Capítulo 27 se considera la lectura de la información codificada en el DNA: la transcripción y el procesamiento del RNA. El Capítulo 28 se centra en la síntesis de proteínas, esto es, de qué forma la información codificada en el lenguaje de cuatro letras de los ácidos nucleicos se traduce al lenguaje de 20 letras de los aminoácidos y cómo se procesan los polipéptidos resultantes de la traducción y se envían a sus destinos como proteínas maduras, en la localización intracelular o extracelular correctas. Finalmente, el Capítulo 29 vuelve a visitar estos capítulos orientados a los procesos para considerar la regulación de la expresión de los genes. En cada proceso de la expresión de los genes participan un paso de iniciación definido, seguido de movimientos de un complejo enzimático a lo largo de un molde de ácido nucleico al elongarse el producto, seguido, a su vez, por un paso de terminación definido. Veremos que los acontecimientos que controlan cada proceso (replicación, elongación y traducción), tienen lugar principalmente a nivel de la iniciación.

La biosíntesis de los ácidos nucleicos y las proteínas se realiza mediante los procesos de replicación, transcripción y traducción. La regulación se produce fundamentalmente a nivel de la iniciación.

## Ideas iniciales sobre la replicación del DNA

En 1953, a partir del modelo de Watson y Crick se predijeron tres características centrales de la replicación del DNA. La primera fue su predicción explícita de que la replicación del DNA es semiconservativa, esto es, que cada una de las dos moléculas hijas idénticas de DNA contiene una cadena parental y una cadena que se ha sintetizado de nuevo. Esta predicción fue confirmada en 1957 por el elegante experimento de Meselson y Stahl, que presentamos en el Capítulo 4 (Figura 4.14, página 104). El modelo no requiere de forma explícita, aunque si implica la idea de que el desenrollamiento de la cadena parental y la síntesis del nuevo DNA se producen simultáneamente en el mismo entorno. En otras palabras, la replicación tiene lugar en una **horquilla**, en la que las cadenas parentales se desenrollan y ambas cadenas hijas se elongan, como sugiere el diagrama. También sugiere el modelo de Watson-Crick la premisa de que la replicación comienza en uno o más lugares fijos, **orígenes de replicación**, en un cromosoma.

Las primeras imágenes del DNA que se replica eran consistentes con la idea de que la replicación tiene lugar dentro de una estructura de horquilla. En el Capítulo 24

mostramos un autorradiograma de John Cairn de una molécula de DNA de *E. coli* replicándose (Figura 24.17, página 1020). Esa molécula circular contiene dos estructuras con forma de Y, donde cualquiera de ellas puede ser una horquilla de replicación. Esto se llama una estructura theta, de la letra griega $\theta$. La figura no puede indicar si la replicación es unidireccional, con una unión Y que representa el lugar de iniciación de la replicación, o bidireccional, con dos horquillas, que se mueven desde un origen fijo a medio camino entre las dos Y. En la parte superior de la Figura 25.1 se muestran estas alternativas. Una variación elegante del experimento de Cairns estableció para *E. coli* que la replicación es bidireccional desde un origen fijo. En este experimento el DNA se marcó radiactivamente mediante el crecimiento de las células en presencia de [$^3$H]timidina. Al terminar las células una ronda de replicación e iniciar la siguiente, la radiactividad específica de la timidina aumentó varias veces, de forma que las áreas de síntesis activa de DNA pueden diferenciarse en un autorradiograma por el aumento del ennegrecimiento de la película. Si la replicación fuera unidireccional, la terminación y la reiniciación deberían haber ocurrido en el mismo lugar. La observación de las moléculas individuales de DNA, como las que se muestran en la Figura 25.1, mostraron claramente que la terminación de una ronda de replicación y la iniciación de la siguiente se producen con una separación de 180°, lo que solo podría ocurrir si la replicación es bidireccional.

Otro experimento autorradiográfico elegante proporcionó más apoyo a la idea de replicación bidireccional desde un origen fijo. Los investigadores se preguntaron cómo los cultivos de *E. coli* podían duplicar su número de células en 20 minutos, mientras que el tiempo más corto medido para la replicación del cromosoma circular completo era de 40 minutos. El experimento, representado en la Figura 25.2, mostró que *E. coli* responde a las condiciones que favorecen el crecimiento rápido iniciando una nueva ronda de replicación cromosómica mientras que una ronda ya iniciada está aún en progreso. Así, cuando se divide una célula, cada célula hija recibe un cromosoma que ya está avanzado en su siguiente ronda de replicación. Por tanto, la célula se adapta al crecimiento rápido sincronizando sus acontecimientos de replicación más pronto en el ciclo celular, lo cual es una prueba de peso que indica que la replicación está controlada, en gran parte, a nivel de la iniciación.

Las moléculas de DNA parcialmente replicadas también pueden observarse con el microscopio electrónico. El bacteriófago $\lambda$ tiene un genoma lineal de 48 502 pares de bases, tal como se aísla de las partículas del fago. Sin embargo, en cada extremo 5′ hay una extensión de 12 nucleótidos de cadena única. Durante la infección de *E. coli* estos «extremos cohesivos» de secuencia complementaria se aparean entre ellos para formar un dúplex circular, y los extremos se unen de forma covalente. Las moléculas parcialmente replicadas pueden verse al microscopio electrónico como estructuras theta, como se representa en la Figura 25.3. De nuevo, esta imagen por sí misma no establece que la replicación esté produciéndose en cada horquilla, pero una técnica denominada *mapeo de desnaturalización* estableció que cuando se aisló esta molécula, realmente estaba replicándose de forma bidireccional.

¿Qué pasa con las células eucariotas, que tienen moléculas lineales inmensas en sus cromosomas? De forma característica, una célula de mamífero en cultivo replicará todo su DNA en una fase S de ocho horas (comparado con los 40 minutos para la duplicación del cromosoma de *E. coli*). La autorradiografía y otras pruebas han demostrado que las cadenas individuales de DNA de las células eucariotas crecen un orden de magnitud

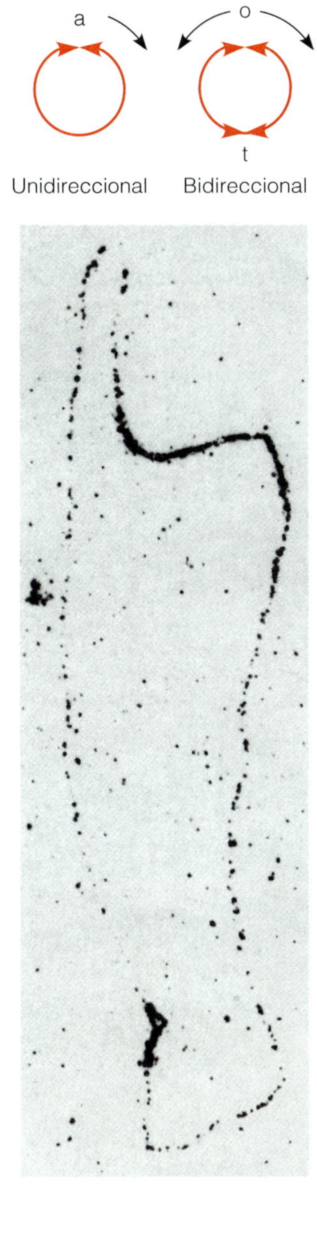


**FIGURA 25.1**

**Demostración de la replicación bidireccional mediante autorradiografía.** Este cromosoma de *E. coli* se marcó mediante el crecimiento a largo plazo en [$^3$H]timidina, y la actividad específica aumentó cuatro veces cuando el cultivo sincronizado completaba una tanda de replicación e iniciaba otra. Los diagramas muestran los patrones de marcaje que cabría prever con una replicación unidireccional, en la que la terminación (t) y el origen (o) están al lado, y con una replicación bidireccional, en la que están en lados opuestos del cromosoma.

Reproducido de *Journal of Molecular Biology* 74:599-604, R. L. Rodriguez, M. S. Dalbey y C. I. Davern, Autoradiographic evidence for bidirectional DNA replication in *Escherichia coli*. © 1973, con permiso de Elsevier.

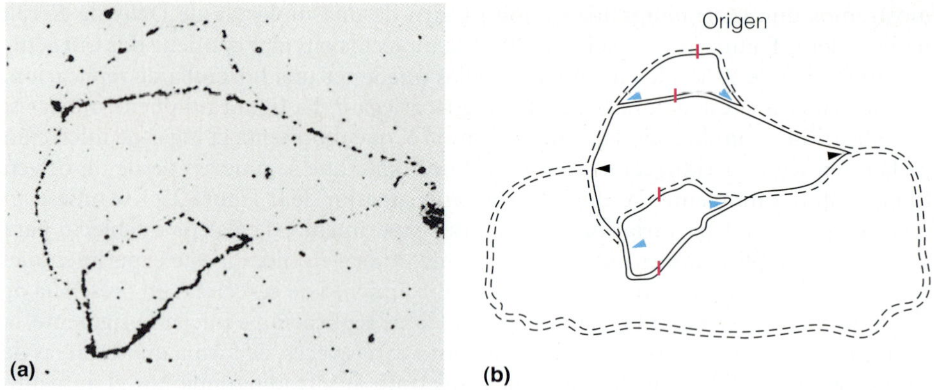


**FIGURA 25.2**

**Iniciación de una nueva ronde de replicación antes de que se haya completada la ronda precedente. (a)** Se inició el marcaje con [$^3$H] timidina cuando empezaba la primera ronda de replicación. El patrón de densidad de grano indica que una de las ramas reiniciada contiene dos cadenas marcadas, mientras que la otra contiene una sola. **(b)** Las líneas continuas indican el DNA marcado radiactivamente y las líneas discontinuas corresponden a DNA sin marcar. Las puntas de flecha negras señalan horquillas de replicación de primera generación y las puntas de flecha azules señalan horquillas de replicación de segunda generación. El DNA sin replicar no es radiactivo, por lo que no se observa en el autorradiograma.

Reproducido de *Journal of Molecular Biology* 73:55-58, E. B. Gyurasits y R. G. Wake, Bidirectional chromosome replication in *Bacillus subtilis.* © 1973, con permiso de Elsevier.

En las bacterias, la replicación del DNA se inicia a partir de un origen fijo y tiene lugar en ambas direcciones desde ese origen.

más lento que los cromosomas bacterianos, unos 100 nucleótidos por segundo. Los estudios autorradiográficos muestran que la replicación se inicia bidireccionalmente en los cromosomas lineales eucariotas, pero desde numerosos orígenes fijos en cada cromosoma. Las horquillas avanzan en ambas direcciones hasta que se encuentran con horquillas que van en dirección opuesta desde orígenes adyacentes, como se esquematiza en la Figura 25.4. Una célula de mamífero característica tiene entre $10^3$ y $10^4$ orígenes distribuidos entre sus cromosomas. Cabe destacar que cada origen está programado para iniciar la replicación en un momento dado dentro de la fase S; en otras palabras, el «disparo del origen» está programado.

Dado que el DNA cromosómico de los eucariotas es lineal, debemos considerar los acontecimientos de los extremos de estas moléculas; trataremos esto posteriormente en este capítulo. Sin embargo, el punto principal es que incluso antes de que se hubiera aprendido mucho sobre la enzimología de la replicación del DNA, eran evidentes varias características importantes del proceso: bidireccionalidad, orígenes fijos, desenrollamiento simultáneo de las cadenas y elongación de las cadenas dentro de una horquilla y control a nivel de la iniciación de la cadena.

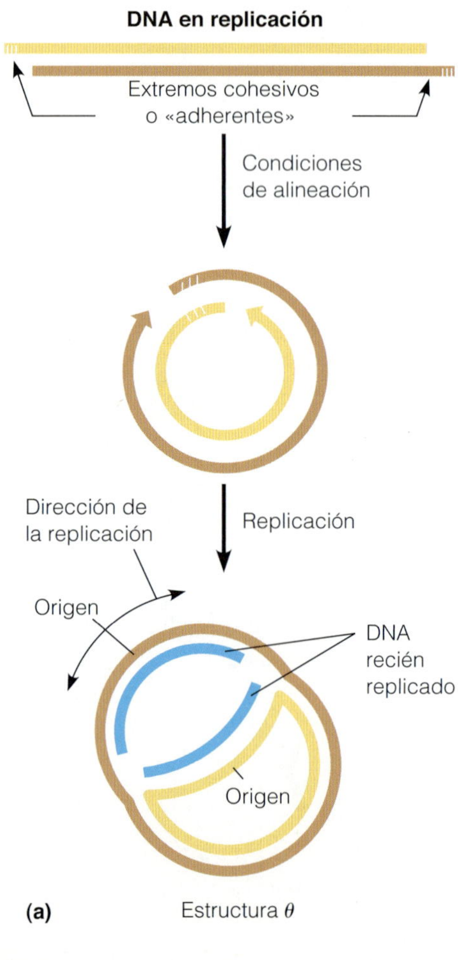


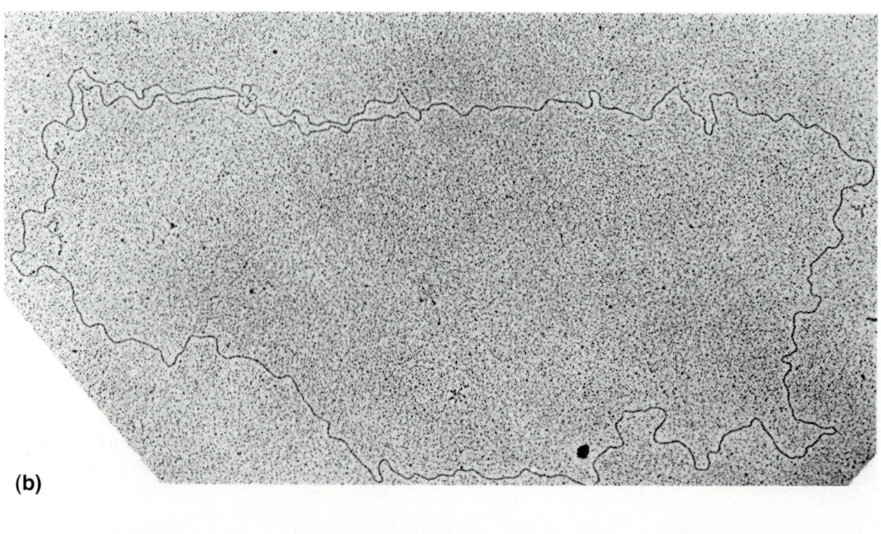


**FIGURA 25.3**

**Molécula de DNA del bacteriófago λ parcialmente replicado. (a)** El DNA lineal original forma una estructura circular mediante el apareamiento de bases entre los extremos cohesivos. Tras el cierre covalente, se inicia la replicación. Una replicación parcial produce una estructura theta, consecuencia de la replicación bidireccional desde un origen equidistante entre las dos horquillas. **(b)** Micrografía electrónica del DNA de un fago parcialmente replicado. El examen de los intermedios como estos tras la desnaturalización parcial mostró que la replicación es bidireccional desde un origen fijo.

Reproducido de *Journal of Molecular Biology* 51:61-73, M. Schnös y R. B. Inman, Position of branch points in replicating λ DNA. © 1970, con permiso de Elsevier.

## DNA polimerasas: enzimas que catalizan la elongación de la cadena de los polinucleótidos

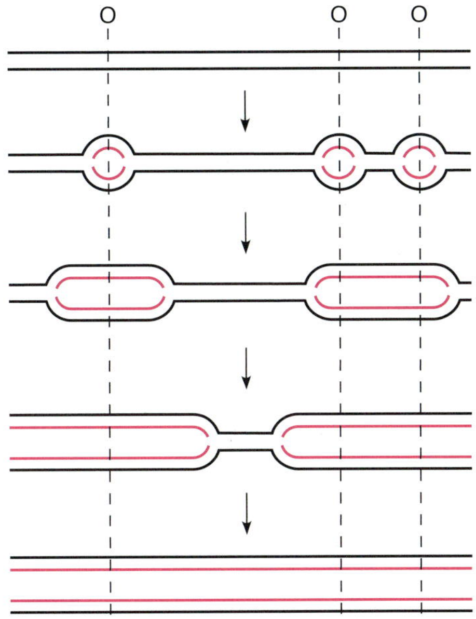


**FIGURA 25.4**

**Replicación bidireccional desde varios orígenes fijos (O) en un cromosoma lineal eucariota.**

El esclarecimiento bioquímico de la replicación del DNA comenzó a mediados de los años 1950, con el descubrimiento de la DNA polimerasa por Arthur Korngberg. Este, dio cuenta, a partir de su experiencia en bioenergética, que los sustratos de la replicación del DNA deberían ser derivados activados de los residuos de nucleótido del DNA. Así, la síntesis endergónica de los enlaces fosfodiéster entre los residuos de nucleótido podía acoplarse con la degradación exergónica de los sustratos activados, igual que ocurre en la síntesis de otras macromoléculas, como el glucógeno. Kornberg predijo correctamente que estos nucleótidos activados debían ser 2-desoxirribonucleósidos 5′-trifosfato. Cuando incubó los dNTP marcados radiactivamente con un extracto de proteínas solubles de *E. coli*, la radiactividad se incorporaba a un material de peso molecular elevado, que podía cuantificarse mediante precipitación ácida y contaje radiactivo; el producto marcado se vio que era DNA. La enzima necesitaba un DNA añadido, más $Mg^{2+}$. Como se ha mencionado antes (Capítulo 4, página 111), se necesitan dos moléculas de DNA para la reacción, el molde y el cebador, el último ampliándose covalentemente desde su grupo 3′ hidroxilo. También, la polaridad de la cadena de DNA producto (esto es, el cebador ampliado) es opuesta a la de la cadena molde, como era de esperar por la orientación antiparalela de las cadenas de DNA en el modelo de Watson-Crick.

Como se muestra en la Figura 25.5, la reacción en cadena de la polimerasa implica el ataque nucleófilo del grupo 3′ hidroxilo del terminal del cebador sobre el fosfato $\alpha$ del sustrato desoxirribonucleótido, que conduce a la formación del enlace covalente. El hidroxilo 3′ es un nucleófilo débil y el pirofosfato proporciona un buen grupo de salida. La reacción es fácilmente reversible. En las células y en las preparaciones crudas, por tanto, la reacción se lleva hacia la derecha por la acción de la pirofosfatasa sobre el otro producto de la reacción ($PP_i + H_2O \longrightarrow 2P_i$). Así, se gastan dos fosfatos de energía elevada por nucleótido incorporado.

### Estructura y actividades de la DNA polimerasa I

La DNA polimerasa descubierta por Kornberg en *E. coli* posteriormente se vio que era una de las tres DNA polimerasas diferentes en la mayoría de las células bacterianas (revisado al alza a cinco en 1999). La enzima de Kornberg se llama ahora DNA polimerasa I. Utilizaremos este término de aquí en adelante y describiremos las otras polimerasas posteriormente en este capítulo.

La DNA polimerasa cataliza el ataque nucleófilo del hidroxilo 3′ en el extremo del cebador sobre el fosfato $\alpha$ de un dNTP entrante, con apareamiento de bases con su molde.

#### Sustratos DNA para la reacción de la polimerasa

Como se ha indicado antes, la DNA polimerasa I necesita un DNA molde y un cebador, bien DNA o RNA. *In vitro*, estas funciones pueden desempeñarlas dos ácidos nucleicos diferentes o una sola molécula. Como se muestra en la Figura 25.6c, un DNA de una única cadena con secuencias autocomplementarias puede plegarse sobre sí mismo en una estructura de **horquilla** o de **bucle con tallo** cuyo extremo 3′ puede alargarse por la polimerasa utilizando el extremo 5′ como molde. La figura muestra otras actividades polimerasas que pueden demostrarse *in vitro*. La enzima puede copiar alrededor de un molde circular de cadena única, como el DNA que se extrae de los bacteriófagos pequeños, como $\phi$X174 o M13, siempre que esté presente un cebador, pero no puede unir los extremos (Figura 25.6a). Cuando el molde es lineal, la polimerasa solo copia hacia el extremo 5′ del molde y luego se disocia (Figura 25.6b y c). De forma semejante la enzima, puede rellenar un hueco (Figura 25.6d), disociándose cuando el hueco se reduce a una mella. En algunas condiciones la enzima también puede alargar desde el grupo 3′ hidroxilo hasta una mella. De forma característica, cuando esto tiene lugar, el extremo 5′ del DNA preexistente se desplaza por delante de la mella. Esto se llama síntesis por **desplazamiento de cadena** (Figura 25.6e). En condiciones en las que se degrada la cadena desplazada, no hay acumulación neta de DNA, y la reacción se denomina **traducción de mella**.

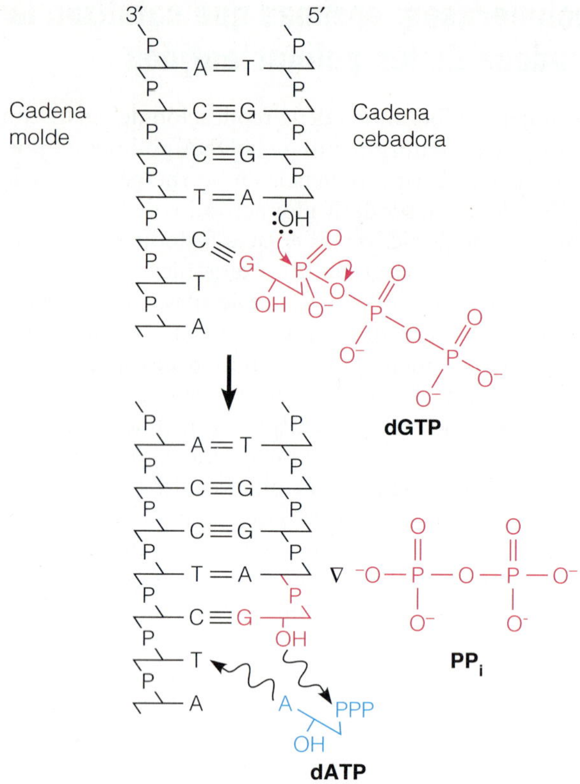


**FIGURA 25.5**

**Reacción de la DNA polimerasa.** Cada dNTP que entra se coloca mediante el apareamiento de bases con el nucleótido del molde adecuado, y se forma un enlace fosfodiéster mediante el ataque nucleófilo del grupo hidroxilo 3′ de la cadena cebadora sobre el fosfato α del dNTP.

La molécula de DNA polimerasa I contiene tres lugares activos: uno polimerasa y dos exonucleasa.

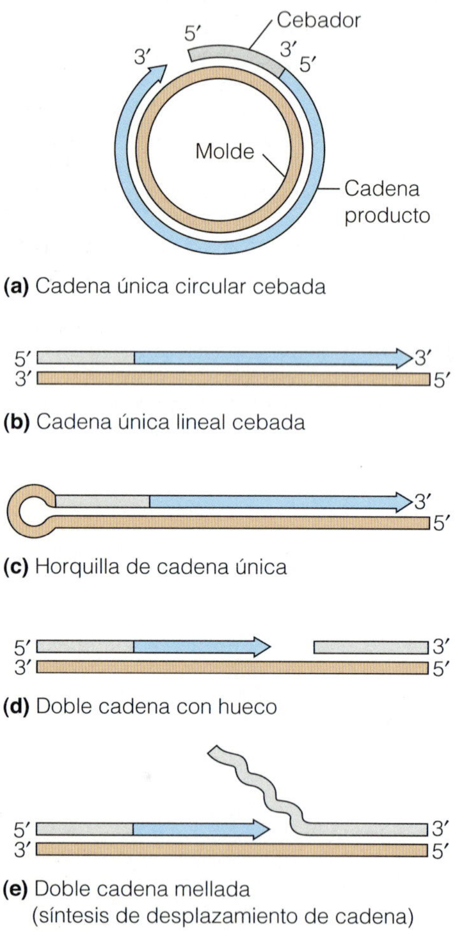


**FIGURA 25.6**

**Sustratos DNA sobre los que puede actuar la DNA polimerasa purificada**. Cada punta de flecha azul marca un 3′ hidroxilo terminal en el que se está produciendo la extensión de la cadena.

### Actividades múltiples en una única cadena polipeptídica

Cuando se purificó la DNA polimerasa I a partir de *E. coli*, se encontró que constaba de una sola cadena polipeptídica ($M_r$ = 103 000). Además de su actividad polimerasa, la enzima purificada posee dos actividades nucleasa: la **3′exonucleasa** degrada DNA de cadena única a partir del extremo 3′y la **5′ exonucleasa** degrada DNA con apareamiento de bases a partir del extremo 5′. La enzima rompe también el RNA de un dúplex que contenga una cadena de DNA y otra de RNA. La 3′ exonucleasa realiza una función de «corrección de pruebas» para mejorar la exactitud con la que se copia el molde de DNA. La actividad eliminará los nucleótidos con un apareamiento de base inadecuado desde el extremo 3′ creciente de una cadena de polidesoxinucleótidos, proporcionando a la actividad polimerasa una segunda oportunidad para insertar el nucleótido correcto especificado por el molde. Posteriormente hablaremos más sobre la 3′ exonucleasa, cuando consideremos la fidelidad de la replicación del DNA. La actividad 5′ exonucleasa participa, tanto en la replicación como en la reparación del DNA, como se considera más adelante en este capítulo y en el siguiente.

### Estructura de la DNA polimerasa I

Las tres actividades catalíticas de la DNA polimerasa I se han localizado en regiones de la larga cadena polipeptídica, en parte mediante proteólisis limitada de la enzima con subtilisina o tripsina. Como ha demostrado Hans Klenow, este tratamiento rompe el polipéptido de 103 kilodalton en un fragmento N-terminal pequeño (*M*r = 35 000) y un fragmento C-terminal grande (*M*r = 68 000). El fragmento grande (también denominado **fragmento de Klenow**) contiene los dominios polimerasa y 3′ exonucleasa, mientras que el fragmento pequeño contiene el dominio 5′ exonucleasa. La forma en que se disponen los tres lugares catalíticos en el espacio es importante para comprender cómo actúa cada una de las dos actividades nucleasas en coordinación con la polimerasa.

El estudio cristalográfico del fragmento grande ha revelado una característica llamativa de la estructura, una hendidura profunda, lo suficientemente grande para acomodar el DNA en forma B, con un subdominio flexible, que puede permitir rodear completamente al DNA unido (Figura 25.7). La molécula proteica se ha comparado con una mano, con palma, pulgar y dedos. La cristalización conjunta del fragmento de Klenow con un corto dúplex de DNA muestra que este es realmente el lugar de unión del DNA, y que el DNA unido está casi totalmente rodeado de proteína, con sujeciones alrededor del DNA, como una mano que sujeta a un cilindro. Una característica interesante de la estructura, que ha mostrado el estudio de formas mutantes de la enzima, es que el lugar activo 3′ exonucleasa está bastante lejos, alrededor de 3 nm, del lugar activo de la polimerasa. Esto sugiere que deben desenrollarse alrededor de 8 pares de bases del DNA para mover el nucleótido 3′ terminal desde el lugar activo de la polimerasa al de la 3′ exonucleasa (*véase* la página 1071). Dado que está ausente la actividad 5′ exonucleasa en el fragmento de Klenow, esta enzima no natural es un reactivo de laboratorio útil para la síntesis *in vitro* de DNA cuando el investigador desea específicamente evitar la degradación del DNA.

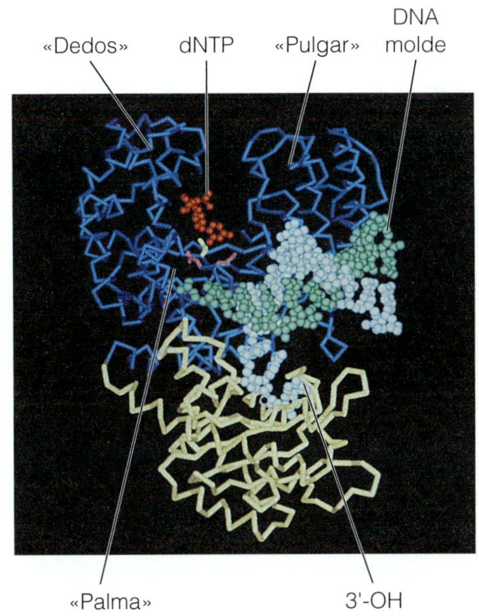


**FIGURA 25.7**

**Fragmento de Klenow de la DNA polimerasa I de *E. coli*.** Representación del esqueleto de carbonos α de un fragmento de Klenow formando un complejo con el DNA, en una configuración de revisión. Esto es, el extremo 3′ de la cadena en crecimiento (azul claro) está unido al lugar activo de la 3′ exonucleasa de la enzima (amarillo). Las localizaciones de los lugares activos polimerasa y 3′ exonucleasa se han identificado mediante mutagénesis de lugar dirigida. La cadena molde se muestra en verde, y el dCTP unido se indica en rojo. PDB ID 1KFD.



### Funciones de la DNA polimerasa I

El descubrimiento de la DNA polimerasa le valió a Arthur Kornberg la concesión del Premio Nobel en 1959. Aunque este descubrimiento era monumental, varias propiedades de la enzima aislada de *E. coli* no correspondían a las que se esperaban para una enzima que cataliza las principales reacciones de incorporación de nucleótidos en la replicación biológica del DNA. En primer lugar, la enzima *in vitro* es demasiado lenta, con una $V_{máx}$ de aproximadamente 20 nucleótidos por segundo; ello contrasta con el crecimiento replicativo de la cadena *in vivo*, que es de aproximadamente 800 nucleótidos por segundo. En segundo lugar, con alrededor de 400 moléculas de la enzima por célula, la enzima está presente en una cantidad muy superior al pequeño número de horquillas de replicación por célula (menos de 10), lo cual sugiere que esta función, o funciones, se realizan en otro lugar. En tercer lugar, como se ha indicado antes, la DNA polimerasa puede alargar las cadenas tan solo en la dirección 5′→3′. Para comprender plenamente cómo se produce la replicación es necesario conocer cómo se replican las dos cadenas antiparalelas del DNA dúplex en la misma horquilla. En cuarto lugar, la polimerasa no es capaz de iniciar la síntesis de nuevas cadenas de DNA y solo puede alargarlas a partir de terminaciones 3′ hidroxilo preexistentes. Por último, los datos genéticos sugerían la existencia de otras polimerasas, así como de otras enzimas y proteínas adicionales esenciales para la replicación del DNA; proteínas implicadas, por ejemplo, en el desenrollamiento de las cadenas de DNA, la iniciación de la cadena, y el mantenimiento de la polimerasa unida a su molde. Gran parte de la genética se realizó con *Escherichia coli* y el bacteriófago T4, que infecta *E. coli*. En este punto, hacemos un paréntesis para decir algo sobre la genética de estos importantes sistemas biológicos.

## Una breve revisión de la genética microbiana

En mayor medida que en el metabolismo intermedio, nuestro conocimiento actual del metabolismo de la información procede del campo de la genética. Así pues, resulta útil revisar algunos términos genéticos clave antes de entrar con mayor detalle en los mecanismos y el control de la replicación. Como se ha considerado en otra parte de este libro, el conjunto de la información genética de un organismo, el **genoma**, puede considerarse constituido por las secuencias de bases de los genes individuales, cada uno de ellos en un cromosoma o en un pequeño fragmento de DNA extracromosómico. Un **mapa genético** identifica las posiciones relativas de los genes en los cromosomas. Como se considera en el Capítulo 24, se pude generar un **mapa de ligamiento** midiendo las frecuencias de recombinación o un **mapa físico**, que identifica las localizaciones físicas de los genes en un cromosoma.

Se denomina **fenotipo** a cualquier característica de un organismo que pueda detectarse en términos de apariencia, estructura o alguna propiedad medible. La composición genética de un individuo, que especifica las propiedades fenotípicas, es el **genotipo**. Los individuos con genotipos diferentes pueden tener el mismo fenotipo. Así, por ejemplo, en el Capítulo 17 hemos visto que los seres humanos con mutaciones diferentes que afectan al receptor de LDL pueden tener un fenotipo común: las concentraciones elevadas de colesterol en suero que se asocian con la hipercolesterolemia familiar.

Un **alelo** es una forma particular de un gen. Así por ejemplo, los fenilcetonúricos tienen dos alelos defectuosos del gen de la fenilalanina hidroxilasa, que codifican formas inactivas de la enzima, uno en cada cromosoma. Un **marcador** es un alelo cuya frecuencia puede determinarse cuantitativamente. El **número de copia** señala el número de copias de un gen u otra secuencia de DNA por célula. La mayor parte de las células eucariotas son **diploides**, es decir, que el número de copia de la mayoría de los genes cromosómicos es dos, mientras que la mayor parte de las células procariotas tienen un genotipo **haploide**, y así un solo alelo para la mayoría de los genes. Los genes extracromosómicos pueden tener números de copia mucho mayores, tanto si se encuentran en el DNA de los orgánulos en las células eucariotas o en un elemento de DNA extracromosómico, como un **plásmido** bacteriano. Un plásmido, normalmente, es una pequeña molécula circular de DNA cuyo número de copia se controlar de forma independiente de los mecanismos reguladores que afectan la replicación del DNA cromosómico.

Un individuo diploide en un medio natural tiene generalmente, al menos, una copia funcional o alelo de cada gen, y presenta, por tanto, un fenotipo **natural** (normal) (a menos que el gen sea recesivo, en cuyo caso un individuo homocigoto tiene un fenotipo mutante). Un gen natural de un organismo puede sufrir una mutación que genera un genotipo mutante, que puede detectarse como un fenotipo mutante. Por ejemplo, el albinismo constituye un fenotipo fácilmente observable, que se debe a mutaciones que inactivan la tirosinasa (*véase* el Capítulo 21). Un lugar mutante dentro de un gen puede, de forma poco frecuente, revertir el proceso que produjo la mutación y restablecer el fenotipo natural. Este tipo de mutación se denomina **reversión**. Con mayor frecuencia, un fenotipo natural puede restablecerse por una mutación en un lugar diferente; este hecho se denomina **reversión de segundo lugar** o **supresión.** La supresión puede producirse por mutación dentro del gen que sufrió la mutación original (supresión intragénica) o dentro de un gen diferente (supresión intergénica). Téngase en cuenta que muchas mutaciones son **silentes;** si una proteína mutante conserva cierta actividad biológica, es posible que no tenga un efecto fenotípico observable.

Dado que gran parte de nuestro tratamiento se centrará en la replicación en *E. coli* y sus fagos, deberá conocer algunos convenios en cuanto a la denominación de los genes y a los productos génicos procariotas. Revisemos estos convenios en el contexto del mapa genético de *E. coli.* El mapeado de los genes de *E. coli* fue posible tras el descubrimiento, por Joshua Lederberg, de la reproducción sexual en las bacterias. Este proceso, denominado **conjugación,** comporta la transferencia de DNA de una célula donadora (el «macho») a una célula receptora (la «hembra»), como se esquematiza en la Figura 25.8. Son necesarios unos 100 minutos para una transferencia cromosómica completa. El mapeado se realiza mediante experimentos de «apareamiento interrumpido». Se interrumpe mecánicamente un cultivo en conjugación a diversos intervalos para separar las células donadoras de las receptoras. El investigador analiza entonces las células receptoras, y correlaciona la transferencia de genes marcadores del donador con el momento en el que se ha interrumpido el apareamiento. Así pues, las posiciones de los genes en el mapa se indicaron inicialmente en «minutos», que identificaban el momento en el que el marcador de interés se transfería mediante conjugación. El mapeado a escala más fina pudo realizarse mediante transducción, un proceso que se describe en el Capítulo 26. Con la secuencia completa del genoma de *E. coli* presentada en 1997, conocemos las localizaciones físicas de todos los genes de *E. coli.*

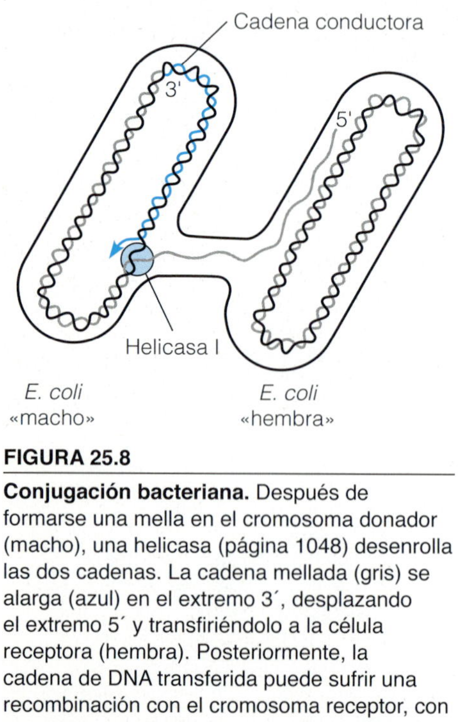


**FIGURA 25.8**

**Conjugación bacteriana.** Después de formarse una mella en el cromosoma donador (macho), una helicasa (página 1048) desenrolla las dos cadenas. La cadena mellada (gris) se alarga (azul) en el extremo 3´, desplazando el extremo 5´ y transfiriéndolo a la célula receptora (hembra). Posteriormente, la cadena de DNA transferida puede sufrir una recombinación con el cromosoma receptor, con lo que se transfieren los marcadores genéticos a la hembra.

En la Figura 25.9 se muestra parte del mapa genético de *E. coli,* y se identifican los genes que se sabe participan, de manera directa o indirecta, en la replicación del DNA. El gran número de genes de este tipo subraya la complejidad de la replicación del DNA, y nos referiremos con frecuencia a los genes que se indican en este mapa. Nuestro objetivo aquí es describir los convenios. Cada gen tiene una designación de tres letras minúsculas en cursiva, que señalan el producto génico o el fenotipo de los mutantes con un déficit de ese gen, seguidas por una letra mayúscula que indica el orden de descubrimiento del gen o del producto génico. Así, por ejemplo, *E. coli* se vió pronto que contiene tres DNA polimerasas denominadas I, II y III. Los genes estructurales que codifican estas enzimas son *polA*, *polB* y *polC*, respectivamente. Otros genes se denominan en función del fenotipo defectuoso. Así, por ejemplo, todos los genes designados como *dna* se identificaron inicialmente como mutaciones sensibles a la temperatura (*ts*) en las que la replicación del DNA se producía normalmente cuando las células se cultivaban a 30 °C pero quedaba bloqueada a 42 °C. Se han identificado algunos de los productos génicos. Así, por ejemplo, el producto génico *dnaG* resultó ser la primasa (página 1048). Por convenio, a los *productos* génicos, que suelen ser proteínas, se les designa con las correspondientes letras normales y la primera de ellas, con mayúscula. Así, por ejemplo, DnaG es idéntica a la primasa, y ambos términos hacen referencia al producto del gen *dnaG*.

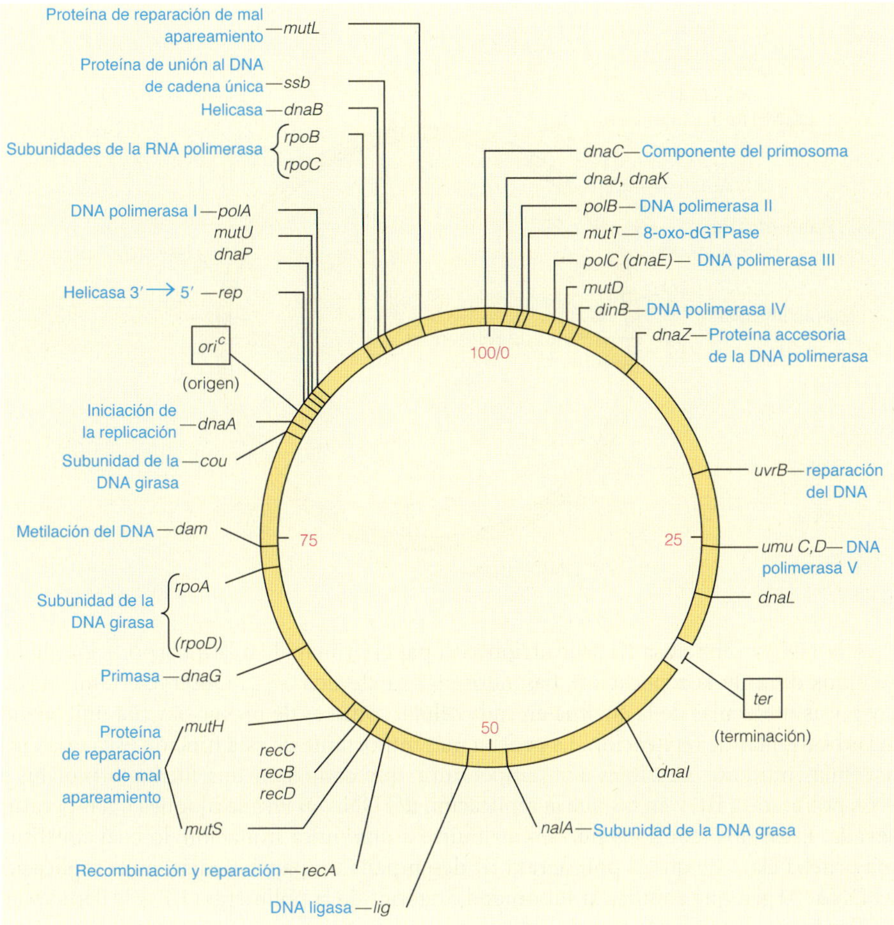


**FIGURA 25.9**

**Mapa genético parcial de *E. coli*.** Se muestran los genes cuyos productos intervienen en la replicación o la reparación del DNA. Los nombres de los productos génicos se indican en azul. Los genes *dna* desempeñan funciones esenciales en la replicación del DNA. Los genes *mut* especifican proteínas que, cuando sufren una mutación, pueden causar unas tasas elevadas de mutación espontánea; *ori* y *ter* son lugares de iniciación y terminación de la replicación del genoma, respectivamente.

Gran parte de lo que conocemos sobre las funciones de otras proteínas de la replicación del DNA procede de las investigaciones con el bacteriófago T4 (Figura 25.10). Este virus contiene un genoma de DNA dúplex de unos 169 000 pares de bases. Aunque es un genoma grande para un virus, su tamaño es menor del 5 % del genoma de *E. coli*, lo cual hace que sea más fácil trabajar con él. El fago T4 codifica casi todas sus propias proteínas y enzimas de replicación. Los mutantes de T4 pueden aislarse con facilidad y mapearse. De hecho, el T4 fue el primer sistema biológico en el que se describieron mutantes con déficit de la replicación. Esto ocurrió por primera vez en 1965, cuando se identificó el gen 43 del mapa de T4 (Figura 25.11) como el gen estructural de una DNA polimerasa codificada por el virus. En la Figura 25.11 se muestran las localizaciones en el genoma de T4 de 15 genes cuyos productos desempeñan funciones esenciales en la replicación del DNA. Tres de estos productos génicos son enzimas que llevan a cabo la síntesis de la base modificada del DNA 5-hidroximetilcitosina (Capítulo 22). Sin embargo, el resto participan en la replicación del genoma de T4 mediante mecanismos semejantes a los de la replicación del DNA celular.

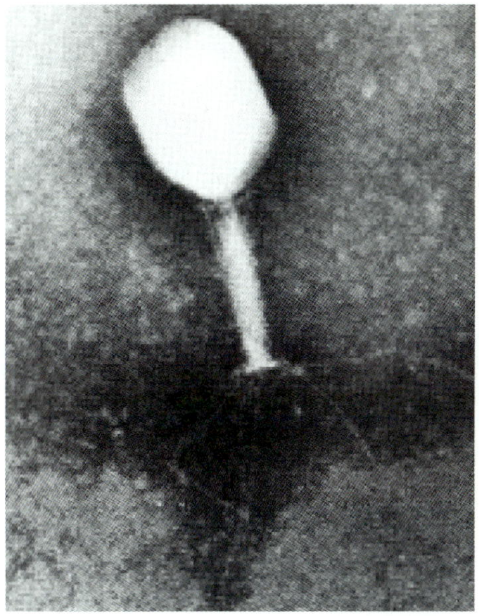

**FIGURA 25.10**

**Bacteriófago T4.** El DNA está empaquetado en la cabeza de la partícula de virus. La infección comienza con la unión de la partícula a una célula *E. coli*, a lo que sigue la contracción de la cola y la inyección del DNA a través de la cola hacia el interior de la célula infectada.

Reproducido de *Virology* 32:279-297, L. Simon y T. F. Anderson, The infection of *Escherichia coli* by T2 and T4 bacteriophages as seen in the electron microscope I. Attachment and penetration. © 1967, con permiso de Elsevier.

## Múltiples DNA polimerasas

En 1969, John Cairns aisló un mutante de *E. coli* que presentaba un déficit de actividad DNA polimerasa I. Con la ausencia de esta enzima tan abundante en la célula, fue posible detectar otras dos actividades adicionales DNA polimerasa en células de *E. coli*. Se les dio el nombre de DNA polimerasas II y III, y a la polimerasa original de Kornberg se la llamó DNA polimerasa I. Las propiedades de estas tres DNA polimerasas se resumen en la Tabla 25.1. Algún tiempo después se describieron en *E. coli* dos polimerasas más, denominadas IV y V. En el Capítulo 26 diremos algo más sobre estas enzimas.

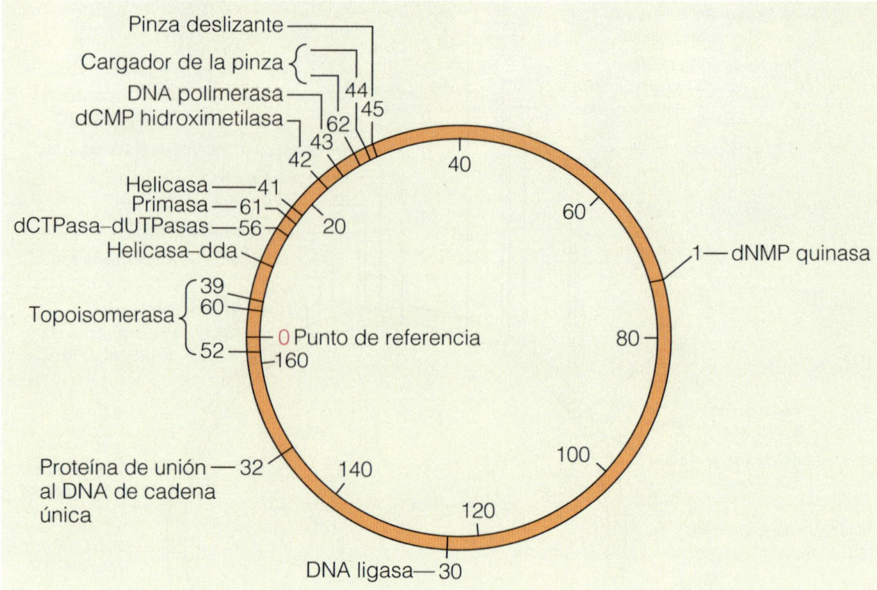


**FIGURA 25.11**

**Mapa parcial del genoma de T4.** Se muestran los genes cuyos productos participan en el metabolismo del DNA en la parte exterior del círculo. Los números de la parte interna corresponden a distancias en kpb. El punto de referencia (0) corresponde a la separación entre dos genes que no se muestran, *rIIA* y *rIIB*.

A la DNA polimerasa III se le atribuyó el papel principal en la incorporación de nucleótidos durante la replicación, basándose en su elevada $V_{máx}$. Obsérvese también que hay pocas moléculas de la enzima en cada célula, como es de prever si actúa únicamente en las horquillas de replicación. La prueba más importante de esta función es la existencia de células mutantes sensibles a la temperatura, que contienen una forma termolábil de DNA polimerasa III, y en las que la replicación del DNA *in vivo* se bloquea a temperatura elevada. Estos dos fenotipos pueden atribuirse a una única mutación, lo cual constituye una prueba clara de que la polimerasa III desempeña un papel esencial en la replicación del DNA. Al gen que codifica la subunidad catalítica de la polimerasa III se le llamó *polC*.

También existen mutantes de *polB*, que carecen de polimerasa II. Aunque estos mutantes no presentaban inicialmente ningún otro fenotipo, los datos recientes sugieren que la enzima interviene en una forma de síntesis reparadora del DNA (*véase* el Capítulo 26). Pero, ¿qué ocurre con la polimerasa I? En el mutante *polA* original descrito por Cairns, la replicación del DNA se producía normalmente. Sin embargo, las bacterias mostraban una sensibilidad anormal a la radiación ultravioleta y a los agentes alquilantes que reaccionan con el DNA, lo cual sugiere que la polimerasa I actúa en la reparación del DNA. Otros estudios realizados con el mutante de Cairns revelaron una función en la replicación. Aunque carecía de la actividad *polimerasa* de la DNA polimerasa I, la bacteria mutante sintetizaba el pequeño fragmento N-terminal de la proteína que contiene la actividad 5′ exonucleasa.

**TABLA 25.1. Las DNA polimerasas clásicas de *E. coli***

| Característica | Polimerasa I | Polimerasa II | Polimerasa III |
|---|---|---|---|
| Gen estructural | *polA* | *polB* | *polC* |
| Peso molecular | 103 000 | 90 000 | 130 000 |
| Número de moléculas/célula | 400 | 100 | 10 |
| $V_{máx}$, nucleótidos/segundo | 16-20 | 2-5 | 250-1000 |
| 3′ exonucleasa | Sí | Sí | No[a] |
| 5′ exonucleasa | Sí | No | No |
| Procesividad[b] | 3-200 | 10 000 | 500 000 |
| Fenotipo mutante | [c]$UV^sMM^s$ | Ninguno | $dna^{ts}$ |
| Función biológica | Reparación del DNA, escisión del RNA cebador | ¿Reparación del DNA SOS? | Elongación de la cadena replicativa |

[a] La 3′ exonucleasa se encuentra en una cadena polipeptídica separada, la proteína DnaQ.
[b] Número de nucleótidos incorporados por encuentro entre la polimerasa y el DNA (*véase* la página 1006).
[c] El MMS (metilmetano sulfonato) es un agente de alquilación del DNA.

Más tarde se comprobó que los mutantes que carecen de esta actividad 5′ exonucleasa presentan también un defecto de la replicación del DNA. Así pues, se estableció que dos polimerasas, la I y la III, desempeñan una función esencial en la replicación del DNA.

## Estructura y mecanismo de las DNA polimerasas

Los análisis estructurales y de la secuencia de las DNA polimerasas han revelado que, aunque existe una diversidad considerable a nivel de la estructura primaria, todas las enzimas de esta familia presentan características estructurales comunes. Como la polimerasa I, todas las polimerasas descritas hasta ahora tienen una estructura descrita para el fragmento de Klenow con dominios identificados como «palma», «pulgar» y «dedos» como se muestra en la Figura 25.12. Los análisis de los complejos DNA-enzima, los residuos de aminoácidos conservados y las mutaciones dirigidas han indicado que el lugar activo de las polimerasas se encuentra en el dominio de la palma, y el lugar 3′ exonucleasa se encuentra en la base de la palma. Las estructuras de alta resolución de la polimerasa muestran dos iones magnesio unidos a nucleótidos fosfato y a residuos de aspartato conservados, que son esenciales para la catálisis. Esta estructura apoya un mecanismo general para las polimerasas propuesto por Thomas Steitz, de acuerdo con la estructura del fragmento Klenow (Figura 25.13). El mecanismo es semejante al que se ha propuesto más recientemente para la adenilato ciclasa, que hemos mencionado en el Capítulo 23. En el mecanismo de Steitz un ion metálico polariza el grupo hidroxilo en el extremo 3′ del cebador, facilitando el ataque nucleófilo de ese grupo sobre el fosfato α del sustrato

**FIGURA 25.12**

**Comparación de las estructuras de la DNA polimerasa con el cebador y el molde unidos.** Las cuatro estructuras que se muestran están orientadas entre ellas mediante la superposición de los dos primeros pares de bases en el terminal del cebador. Se muestran para cada estructura palma, pulgar y dedos. La *Taq* polimerasa es una enzima termoestable que se utiliza en la PCR (PDB ID 1TAU). VIH-1 RT es la transcriptasa inversa (DNA polimerasa dirigida por el RNA) del virus de la inmunodeficiencia humana (PDB ID 3HVT; *véase* la página 1072). RB69 gp43 es la DNA polimerasa replicativa codificada por RB69, un bacteriófago muy relacionado con T4 (PDB ID 1WAJ). Pol β es una DNA polimerasa eucariota que participa en la reparación del DNA (PDB ID 2BPG; *véase* la página 1062).

*Journal of Biological Chemistry* 274:17395-17398, T. A. Steitz, DNA polymerases: Structural diversity and common mechanisms. Reprinted with permission. 

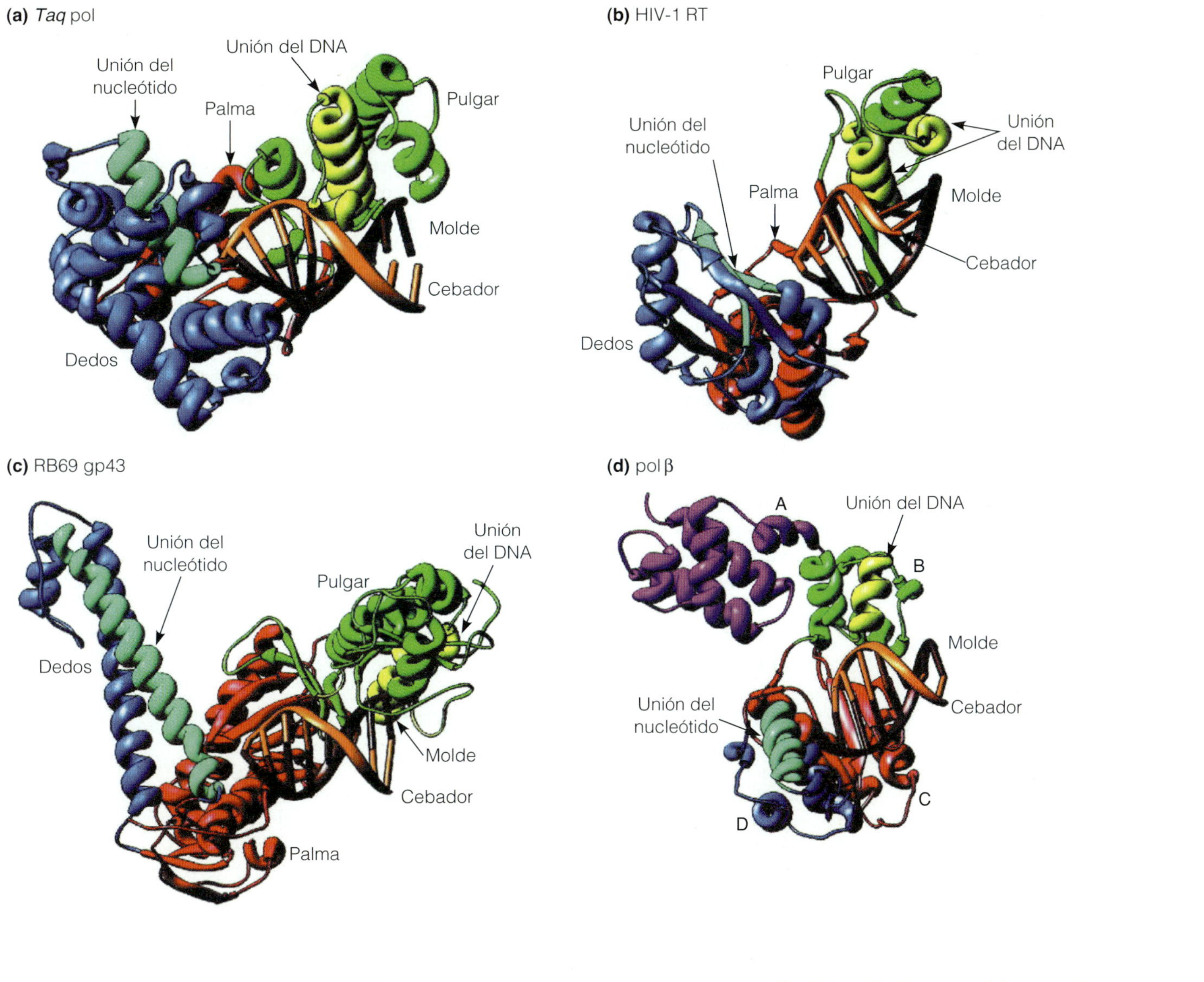

**FIGURA 25.13**

**Mecanismo de dos metales de la reacción de la DNA polimerasa.** Este mecanismo fue sugerido originalmente a partir de la estructura del complejo DNA polimerasa-sustrato del fago T7. D705 y D882 son residuos de aspartato conservados, y los puntos azules son moléculas de agua unidas a un ion metálico A.

*Journal of Biological Chemistry* 274:17395-17398, T. A. Steitz, DNA polymerases: Structural diversity and common mechanisms. Reprinted with permission. 

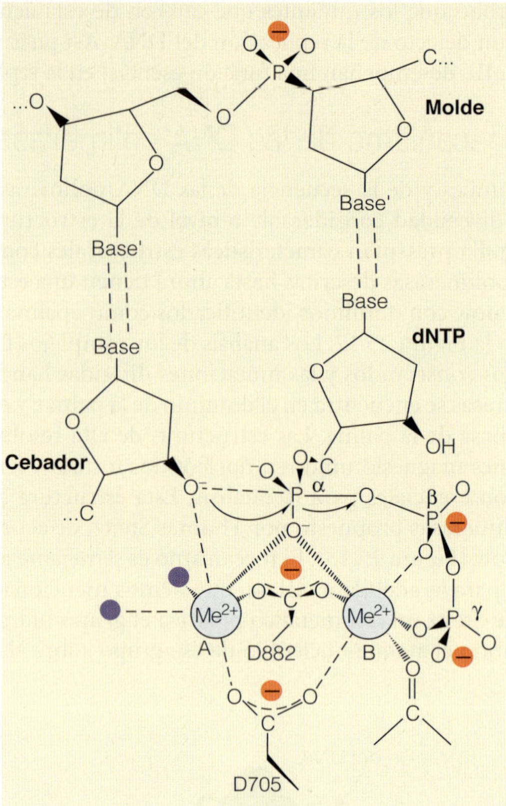


dNTP. Ambos metales estabilizan un estado de transición bipiramidal trigonal, en el que el fósforo $\alpha$ está unido a cinco oxígenos, y el segundo metal facilita la salida del pirofosfato. Se producen contactos amplios entre la enzima y el surco menor del DNA, contactos que solo pueden producirse con un dúplex de apareamientos de bases adecuados. Asimismo, las estructuras de los complejos polimerasa-DNA muestran que el DNA cerca del extremo del cebador adopta una conformación más parecida a la forma A que a la forma B, y que este cambio de conformación facilita las interacciones del surco menor. Además, el dNTP que entra ajusta perfectamente en un bolsillo que favorece el apareamiento de bases correcto con el molde. De esta forma, estas estructuras descubren cómo se cataliza la reacción y cómo copia la enzima su DNA molde con una precisión elevada.

Ya sabemos que la mayoría de las bacterias tienen cinco polimerasas, y veremos posteriormente en este capítulo que las células humanas contienen quince. El análisis de las secuencias de aminoácidos y los datos estructurales de docenas de DNA polimerasas revelan semejanzas que han llevado a su clasificación en siete familias, A, B, C, D, X, Y y transcriptasa inversa (RT). La polimerasa I bacteriana es una enzima de la familia A, mientras que la polimerasa III está en la familia C. RB69 gp43, que se muestra en la Figura 25.12, está en la familia B. Las DNA polimerasas de las arqueas están en la familia D, mientras que las polimerasas de las familias X e Y comprenden enzimas que participan en la reparación del DNA, entre ellas la pol $\beta$, que también se muestra en la Figura 25.12 (X), y la pol IV y pol V bacterianas, que consideramos en el Capítulo 26 (Y). La transcriptasa inversa (página 1072) y la telomerasa (página 1068) están en la familia RT.

## Otras proteínas de la horquilla de replicación

Aunque el descubrimiento de la DNA polimerasa reveló el proceso bioquímico mediante el cual se alargan las cadenas de DNA en la replicación, quedaba una cuestión importante. ¿Cómo se alargan las dos cadenas antiparalelas del DNA en la misma horquilla si la polimerasa solo alarga en una dirección? ¿Cómo se inicia la síntesis de nuevas cadenas si la polimerasa solo es capaz de añadir nucleótidos a un término 3′ preexistente? ¿Cómo se desenrollan las cadenas parentales?

## Síntesis discontínua del DNA

Las dos primeras preguntas fueron contestadas principalmente con el trabajo de Reiji Okazaki, que propuso que la replicación del DNA podría ser discontinua. En principio, una cadena parental (la **cadena conductora**) podría alargarse de forma continua, donde la polimerasa se mueve de 5′a 3′ (desde el 5′ terminal al 3′terminal) en la misma dirección que la horquilla de replicación. La síntesis en la **cadena retardada** sería discontinua; el alargamiento de la cadena conductora expondría un molde de una sola cadena sobre la cadena retardada. Este molde podría copiarse en fragmentos cortos (denominados posteriormente fragmentos de Okazaki), de forma que la polimerasa se mueve en dirección contraria a la dirección del movimiento de la horquilla. De esta forma, la síntesis de la cadena retardada se produciría en pequeños fragmentos. Estos podrían unirse para formar el DNA de peso molecular elevado mediante la enzima **DNA ligasa**.

Pero, ¿cómo pueden iniciarse estos fragmentos cortos de DNA, si la DNA polimerasa solo puede alargar cadenas preexistentes? Las pruebas sugerían que los fragmentos de Okazaki podrían iniciarse, no con oligonucleótidos de DNA, sino de *RNA*, que podrían actuar como cebadores para el alargamiento mediante la DNA polimerasa. La enzima que sintetiza estos RNA cebadores se llamó **primasa** y demostró ser una forma especial de RNA polimerasa, diseñada para actuar en una horquilla de replicación. En la Figura 25.14 se muestran estos acontecimientos.

Para apoyar este modelo, Okazaki realizó un experimento de «pulso-caza» con precursores isotópicos (*véase* Herramientas de la Bioquímica 12A), que demostró que el DNA se sintetiza en fragmentos de bajo peso molecular (fragmentos de Okazaki). El marcaje radiactivo se caza posteriormente en un DNA de peso molecular elevado, presumiblemente con la acción de la DNA ligasa, una enzima que cierra las mellas (brechas de una sola cadena) en el DNA de doble cadena. La DNA ligasa del fago T4 está codificada por el gen 30 (*véase* la Figura 25.11). Cuando se infectó *E. coli* a 42 °C con un mutante del gen 30 sensible a la temperatura, se acumularon los fragmentos de Okazaki y no se incorporaron al DNA de alto peso molecular hasta que la temperatura del cultivo no cayó. Esto proporcionó un fuerte apoyo a la función propuesta para la DNA ligasa en el procesamiento de los fragmentos de Okazaki.

La DNA ligasa necesita que la mella que va a sellarse contenga extremos 3′ hidroxilo y 5′ fosforilo, y los nucleótidos que se unen deben estar situados juntos en una estructura dúplex y con apareamiento de bases adecuados. La DNA ligasa se activa por la adenilación de un residuo de lisina del lugar activo (Figura 25.15). La enzima, a su vez, transfiere la parte adenililo al fosfato 5′ terminal del sustrato DNA, activándolo de esta forma para el ataque nucleófilo por el grupo 3′ hidroxilo, con la formación del enlace fosfodiéster y el desplazamiento de AMP. La enzima del fago T4 utiliza ATP para adenilar la enzima, igual que lo hacen las DNA ligasas eucariotas. Sin embargo, la enzima de *E. coli* y de otras bacterias emplea $NAD^+$. En vez de actuar como un cofactor redox, el dinucleótido en esta enzima se fragmenta para dar la enzima adenililada más mononucleótido de nicotinamida (NMN).

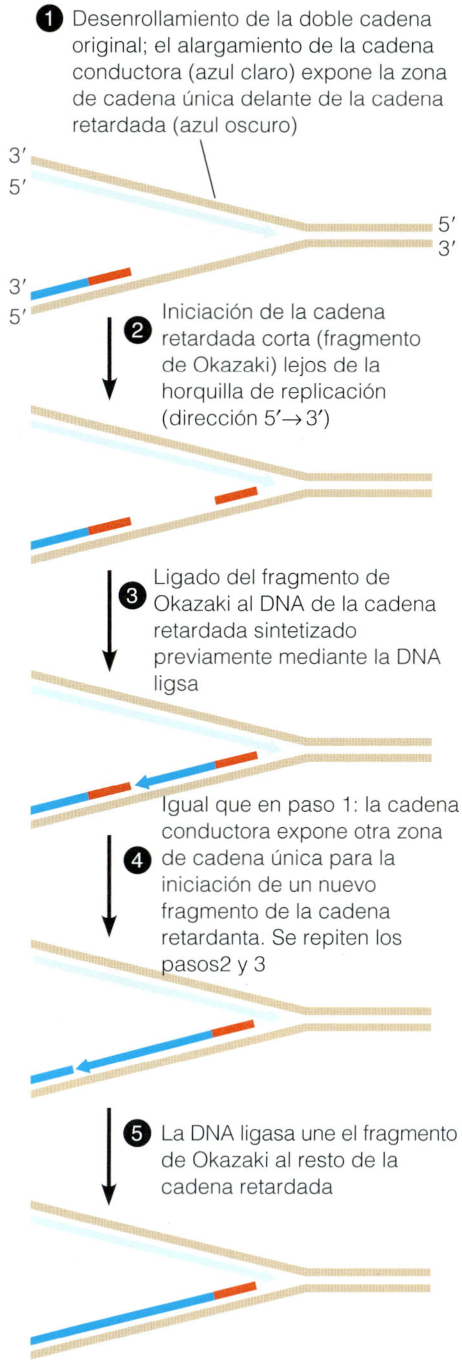


**FIGURA 25.14**

**Modelo de la replicación del DNA con la síntesis discontinua de la cadena retardada**. Se utiliza un cebador corto de RNA (rojo) para iniciar la síntesis de fragmentos de DNA de bajo peso molecular en la cadena retardada (azul). Los cebadores de RNA son sustituidos por desoxirribonucleótidos (*véase* el texto) y los fragmentos se sellan hasta DNA de alto peso molecular por la DNA ligasa. Cada punta de flecha sobre una cadena de ácido nucleico identifica un grupo hidroxilo 3′ que puede experimentar el alargamiento de la cadena catalizado por la polimerasa. La horquilla de replicación se mueve hacia la derecha.

## RNA cebadores

Si los RNA cortos actúan como cebadores para la replicación de la cadena retardada, debería ser posible demostrar la unión covalente del RNA con el DNA durante la replicación. Reiji y Tuneko Okazaki hicieron a *E. coli* permeable a los nucleótidos exógenos mediante el tratamiento breve con un amortiguador que contenía tolueno. Se produjo la síntesis de DNA cuando estas bacterias tratadas se incubaron con una mezcla de α-[$^{32}$P] dNTP y ribonucleósidos trifosfato no marcados (Figura 25.16). A continuación, se aisló el DNA y se trató con un álcali débil que hidroliza el RNA a nucleósidos 2′ y 3′ monofosfato, pero que no degrada el DNA (*véase* el Capítulo 4, página 95). Si la síntesis de DNA comienza desde el extremo 3′ del RNA, para cada fragmento de Okazaki deberá existir una unión RNA-DNA o un residuo de desoxirribonucleótido unido covalentemente a través de un grupo fosfato radiactivo a un residuo de ribonucleótido. El tratamiento con álcali débil, que hidroliza el RNA y no el DNA (Capítulo 4) *transferiría* ese fosfato desde la posición 5′ del desoxirribonucleótido sustrato original a la posición 3′ del ribonucleótido en la unión. Ciertamente, para cada fragmento de Okazaki que se forma en este sistema se transfiere un fosfato marcado radiactivamente a un ribonucleótido.

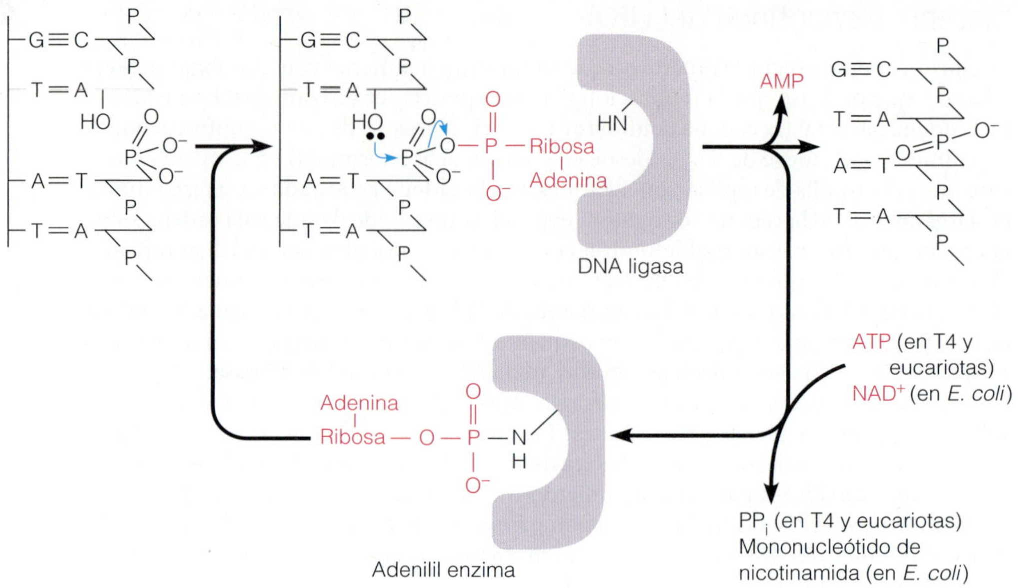


**FIGURA 25.15**

**Reacción catalizada por la DNA ligasa.**

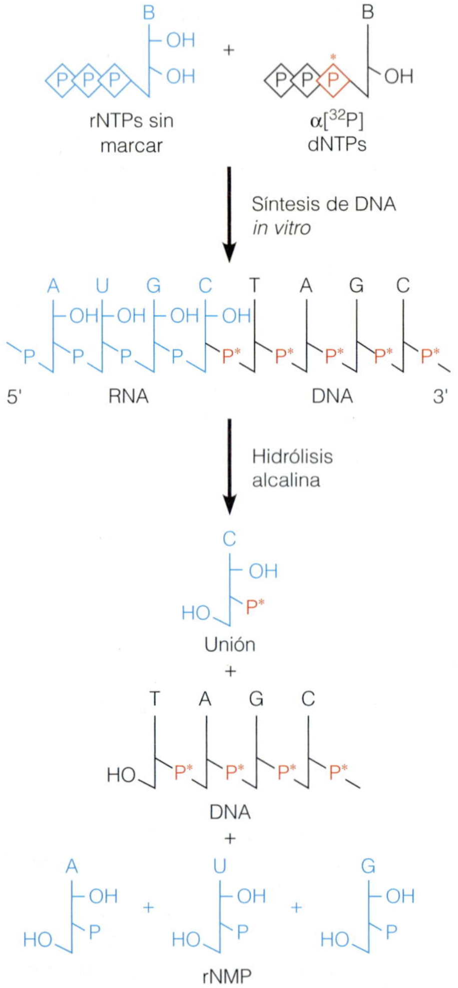


**FIGURA 25.16**

**Experimento de transferencia que demostró la existencia de los RNA cebadores en la replicación del DNA.** Cada fragmento de Okazaki generaba un ribonucleótido marcado radiactivamente como consecuencia de su unión RNA-DNA tras la hidrólisis alcalina.

La enzima que sintetiza los RNA cebadores se denomina **primasa.** En *E. coli*, esta enzima es el producto del gen *dnaG*, mientras que la reacción comparable en el fago T4 la realiza gp61, el producto del gen 61. El cebado comporta el apareamiento de un ribonucleósido 5′-trifosfato frente a un residuo de desoxirribonuceotido en el DNA molde, seguido de las adiciones secuenciales de ribonucleótidos al término 3′ hidroxilo, igual que ocurre con las DNA polimerasas. En algún punto, la síntesis de RNA se detiene, y la DNA polimerasa continua alargando desde el término 3′hidroxilo del RNA cebador, pero ahora con la incorporación de desoxirribonucleótidos. La estructura del RNA cebador se ha descrito con cierto detalle. Así por ejemplo, en T4 y en *E. coli*, la replicación del DNA se produce con cebadores de una longitud de 5 y 11 nucleótidos, respectivamente, y la mayor parte de los cebadores tienen ATP como nucleótido 5′ terminal.

Para que los fragmentos de Okazaki se liguen al DNA de alto peso molecular, es preciso que los RNA cebadores se eliminen y se sustituyan por los correspondientes desoxirribonucleótidos. En *E. coli* la DNA polimerasa I participan en este proceso, mediante su actividad de traducción de mella. La eliminación de los ribonucleótidos desde el extremo 5′ del cebador por la 5′ exonucleasa de la polimerasa I, está coordinada con su sustitución por desoxirribonucleótidos (*véase* la Figura 25.17). Otra forma de digerir los RNA cebadores es la **ribonucleasa H**, una enzima que hidroliza específicamente el RNA con apareamiento de base con DNA de secuencia complementaria.

Nos encontramos ahora en posición de considerar todas las proteínas de la horquilla de replicación, así como las funciones de cada una de ellas. En la Figura 25.18, una horquilla idealizada contiene las proteínas que hemos considerado, entre ellas las DNA polimerasas, la primasa y la ligasa. Téngase en cuenta que la polimerasa replicativa es dimérica, con cada una de las moléculas polimerasa asignada a las cadenas conductora y retardada. La primasa forma un complejo con una **helicasa**, una de las diversas enzimas que pueden utilizar la energía de la hidrólisis del ATP para impulsar el desenrrollamiento de la cadena parental. El complejo helicasa-primasa se denomina **primosoma.** Unida a cada molécula de polimerasa se encuentra una **abrazadera deslizante** circular, que mantiene unida la polimerasa al DNA durante miles de ciclos catalíticos. Al desenrollarse el DNA se expone el DNA molde de una sola cadena y ese DNA se recubre con la **proteína de unión al DNA de una sola cadena** (SSB), que mantiene el DNA en una conformación alargada y puede formar apareamiento de bases eficaces con los nucleótidos entrantes. Finalmente, y dado que el desenrrollamiento del dúplex crea una tensión de torsión, una **topoisomerasa** avanza por la horquilla para aliviar esa tensión. Por último, una topoisomerasa desempeña una función importante al introducir un superenrrollaiento negativo en el DNA replicado. No se muestra en la figura el **complejo de carga de la abrazadera**, que abrocha y desabrocha la abrazadera deslizante al DNA.

El complejo de proteínas que realizan la replicación se denomina **replisoma**. Sin embargo, no es un complejo estático, como la piruvato deshidrogenasa, ya que las distintas proteínas dentro del replisoma se encuentran en constante movimiento, disociándose del complejo y reasociándose como partes de esta máquina dinámica.

La primasa, una clase especial de RNA polimerasa, sintetiza moléculas cortas de RNA que actúan como cebadores para la replicación de la cadena retardada del DNA.

## Holoenzima DNA polimerasa III

El gen *polC* de *E. coli* codifica una única cadena polipeptídica, con un *M*r de aproximadamente 130 000. Esta proteína tiene una actividad polimerasa intrínseca, pero es bastante baja. Dentro de las células, la proteína PolC actúa como parte de un agregado multiproteico denominado **holoenzima DNA polimerasa III.** Como se muestra en la Figura 25.19, la holoenzima contiene diez cadenas polipeptídicas diferentes, cada una de ellas identificada con una letra griega. Las subunidades $\alpha$, $\varepsilon$, y $\theta$ constituyen la «polimerasa central», siendo $\alpha$ el producto del gen *polC*, la proteína con actividad polimerasa, y $\varepsilon$ con actividad 3′ exonucleasa, comparable al dominio 3′ exonucleasa de la cadena polipeptídica DNA polimerasa I. Se desconoce la función de $\theta$, pero puede actuar para mejorar la eficacia catalítica de $\alpha$. La proteína $\tau$ dimérica dimeriza la holoenzima,

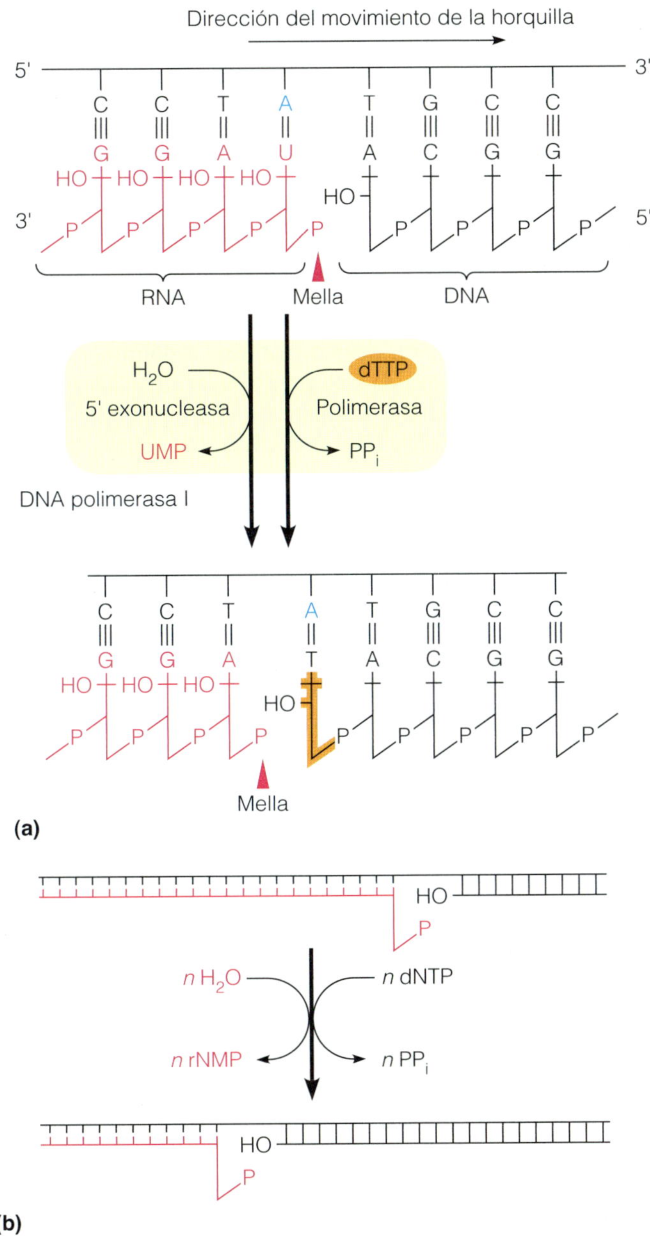


**FIGURA 25.17**

**Traducción de mella en la eliminación de los RNA cebadores mediante la acción coordinada de las actividades 5′ exonucleasa y polimerasa de la DNA polimerasa I.** La figura muestra la sustitución del UMP con apareamiento de bases en el RNA cebador por dTMP en la cadena de DNA en crecimiento. El DNA molde es la cadena retardada.

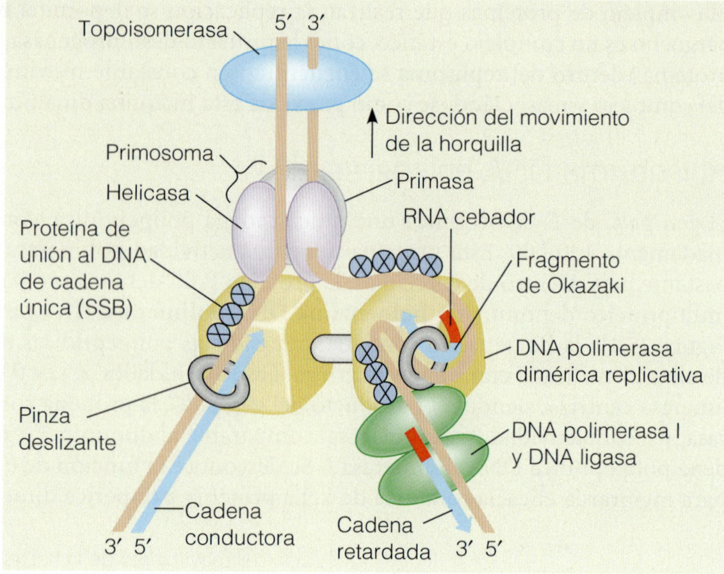


**FIGURA 25.18**

**Vista esquemática de una horquilla replicativa.** Obsérvese que las polimerasas que catalizan la replicación de las cadenas conductora y retardada están ligadas. *Véanse* en el texto los detalles.

La holoenzima DNA polimerasa III es una enzima bacteriana compleja que contiene, como mínimo, 10 subunidades y desempeña una función predominante en la elongación replicativa de la cadena.

manteniendo juntas las polimerasas de las cadenas conductora y retardada, de forma que se alargan en la horquilla de replicación ambas cadenas de DNA, a pesar de que la polimerasa de la cadena retardada se mueve en dirección opuesta al movimiento de la horquilla. $\chi$ cambia de los RNA cebadores al DNA.

## Abrazadera deslizante

La subunidad $\beta$ se identificó al principio como una proteína esencial para la *procesividad* de la DNA polimerasa; en otras palabras, su capacidad de permanecer unida al molde durante muchos ciclos de adición del nucleótido. La polimerasa central, una vez unida al DNA molde, permanece unida solo para alargar una cadena cebadora unos 10-20 nucleótidos. Sin embargo, $\beta$ adhiere la enzima al DNA, permitiéndola incorporar varios miles de nucleótidos por episodio de unión. Decimos que $\beta$ convierte a la DNA polimerasa III de una enzima muy *distributiva*, que incorpora unos pocos nucleótidos por episodio de unión, en una enzima muy *procesativa*, que permanece unida durante miles de reacciones de incorporación. Los estudios cristalográficos muestran que $\beta$ es una molécula circular con una apertura de 3.5 nm, capaz de rodear completamente al DNA de doble cadena. Como se muestra en la Figura 25.20, seis dominios de hélice $\alpha$ (tres por subunidad) encaran el interior del círculo, con los residuos hidrófobos de estas hélices con poca atracción por el DNA. De este modo, la molécula actúa como una abrazadera deslizante, que permite a la polimerasa deslizarse fácilmente a lo largo del DNA, pero no disociarse. La estructura está evolutivamente muy conservada, aunque la mayoría de las otras formas de esta proteína sean trímeros de dímeros, no dímeros de trímeros.

## Complejo de carga de la abrazadera

¿Cómo se enrolla a sí misma una molécula circular alrededor del DNA para comenzar la síntesis procesativa? Esa es la función de las cinco proteínas restantes que forman el complejo $\gamma$, un ensamblaje que se llama **cargador de la abrazadera**. Este complejo pentamérico contiene tres copias de la proteína $\gamma$ y una copia de cada una de las proteínas relacionadas $\delta$ y $\delta'$. $\chi$ y $\psi$ se consideran parte del complejo cargador de la abrazadera, pero no participan directamente. Estas proteínas asocian el complejo $\gamma$ con la primasa, y regulan la terminación de la síntesis del RNA cebador. Los dos dominios N-terminal de cada subunidad pentamérica forman un módulo *AAA + ATPasa* (ATPasas asociadas con diversas actividades celulares). En la Figura 25.21 se muestra la estructura cristalina del complejo $\gamma$ unido al DNA y una visión esquemática del ciclo de carga de la abrazadera. Es necesario ATP, pero no para abrir la abrazadera, sino que un cambio de conformación impulsado por la unión del ATP hace que el complejo se una a la abrazadera $\beta$ y la abra, a lo que sigue la unión del DNA. Una vez que el DNA ha sido rodeado, se

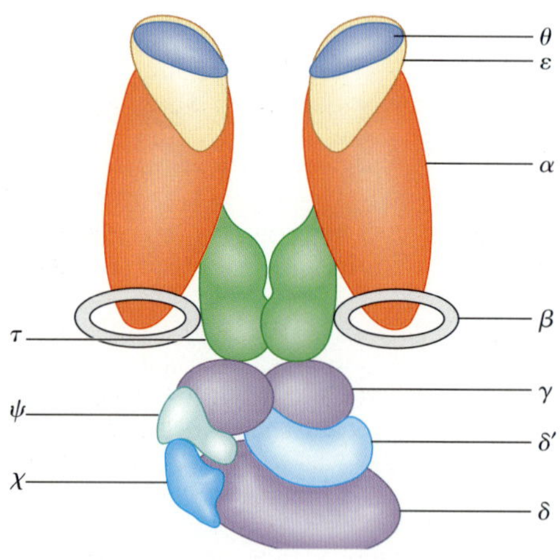


**FIGURA 25.19**

**Estructura de subunidades de la holoenzima DNA polimerasa III de *E. coli*.** Las designaciones con letras griegas de las subunidades se identifican en el texto.

Modificado de *Cell* 84:5-8, D. R. Herendeen y T. J.Kelly, DNA polymerase III: Running rings around the fork.© 1996, con permiso de Elsevier.

hidroliza el ATP unido y se cierra el anillo $\beta$. Esto solo se produce una vez por ronda de replicación en la cadena conductora. Sin embargo, en la cadena retardada, la polimerasa debe unirse de nuevo al comienzo de la síntesis de cada fragmento de Okazaki y debe disociarse cuando se alcanza el extremo 5′ de la cadena hija de DNA que ya existe. En *E. coli* los fragmentos de Okazaki tienen una longitud de 1 a 2 kb. Dado que las cadenas se alargan a unos 800 nucleótidos por segundo, esto significa que el ciclo de carga y descarga de la abrazadera debe producirse casi cada segundo, y este proceso notable debe producirse todo con la unidad de la polimerasa central de la cadena retardada unida a su pareja de la cadena conductora en la horquilla.

## Proteínas de unión al DNA de cadena única: mantenimiento de la conformación óptima del molde

Una de las primeras proteínas de la replicación que se identificó, aparte de la propia DNA polimerasa, fue una proteína de T4 denominada *proteína de unión al DNA de cadena única* (SSB) o *proteína desestabilizante de la hélice.* En una de las primeras aplicaciones de la cromatografía de afinidad, Bruce Alberts inmovilizó el DNA mediante su unión a celulosa y analizó las proteínas de T4 que eran retenidas por una columna de este material. Una proteína era el producto del gen 32, ya que la proteína aislada de un mutante *ts* del gen 32 no era capaz de unirse al DNA a una temperatura restrictiva. Dado que se sabía que los mutantes del gen 32 presentan un defecto de la reparación del DNA y la recombinación genética, así como de la replicación del DNA, estaba claro que la proteína desempeñaba múltiples funciones en el metabolismo del DNA.

Un análisis de la gp32 purificada demostró que esta se une específicamente al DNA de cadena única. Además, la unión es fuertemente *cooperativa*, es decir, que la proteína tiene muchas más probabilidades de unirse al DNA adyacente en una zona ya ocupada que a un lugar aislado. En otras palabras, la unión de una molécula gp32 impulsa la unión de otras, y la proteína tiende a unirse en agrupaciones. Así pues, la gp32 fomenta la desnaturalización del DNA. Aunque no inicia la desnaturalización, su presencia reduce la temperatura de fusión del DNA hasta en 40 °C.

La función de la gp32 consiste en mantener el molde en una conformación de una sola cadena extendida, con las bases púricas y pirimidínicas expuestas, de manera que puedan formarse con facilidad los apareamientos de bases con los nucleótidos que entran. Esta función es esencial para la reparación del DNA y la recombinación genética, así como para la replicación. Teniendo en cuenta que los tres procesos comportan también la formación de nuevo de estructuras dúplex, con una cadena DNA parental y otra hija, tiene interés el hecho de que la gp32 facilite la renaturalización del DNA de cadena única, así como la desnaturalización de los dúplex.

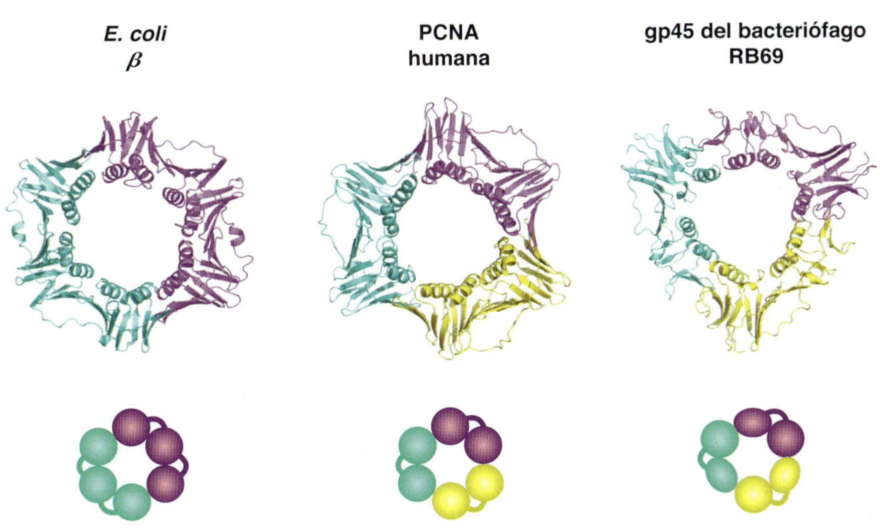


**FIGURA 25.20**

**Estructura de la abrazadera deslizante.** A la izquierda, la proteína $\beta$ de *E. coli* (PDB ID 2POL); en el centro, la PCNA (antígeno nuclear de proliferación celular) humano, PDB ID 1AXC; a la derecha, gp45, la abrazadera deslizante del fago relacionado con T4, RB69 (PDB ID 1B77). Cada proteína forma una rosquilla que puede rodear completamente al DNA de doble cadena y de esta forma, mantener a la polimerasa asociada con sus DNA moldes. Las hélices $\alpha$ de la superficie interior de la subunidad contactan con el DNA, pero no se unen de forma suficientemente fuerte para retardar el movimiento de la proteína. La proteína de *E. coli* tiene dos subunidades idénticas con dos dominios de asociación al DNA, mientras que las proteínas humana y de RB69 tienen tres subunidades, cada una con dos dominios de asociación al DNA.

Reproducido de *DNA Repair* 8:570-578, L. B. Bloom, Loading clamps for DNA replication and repair. 

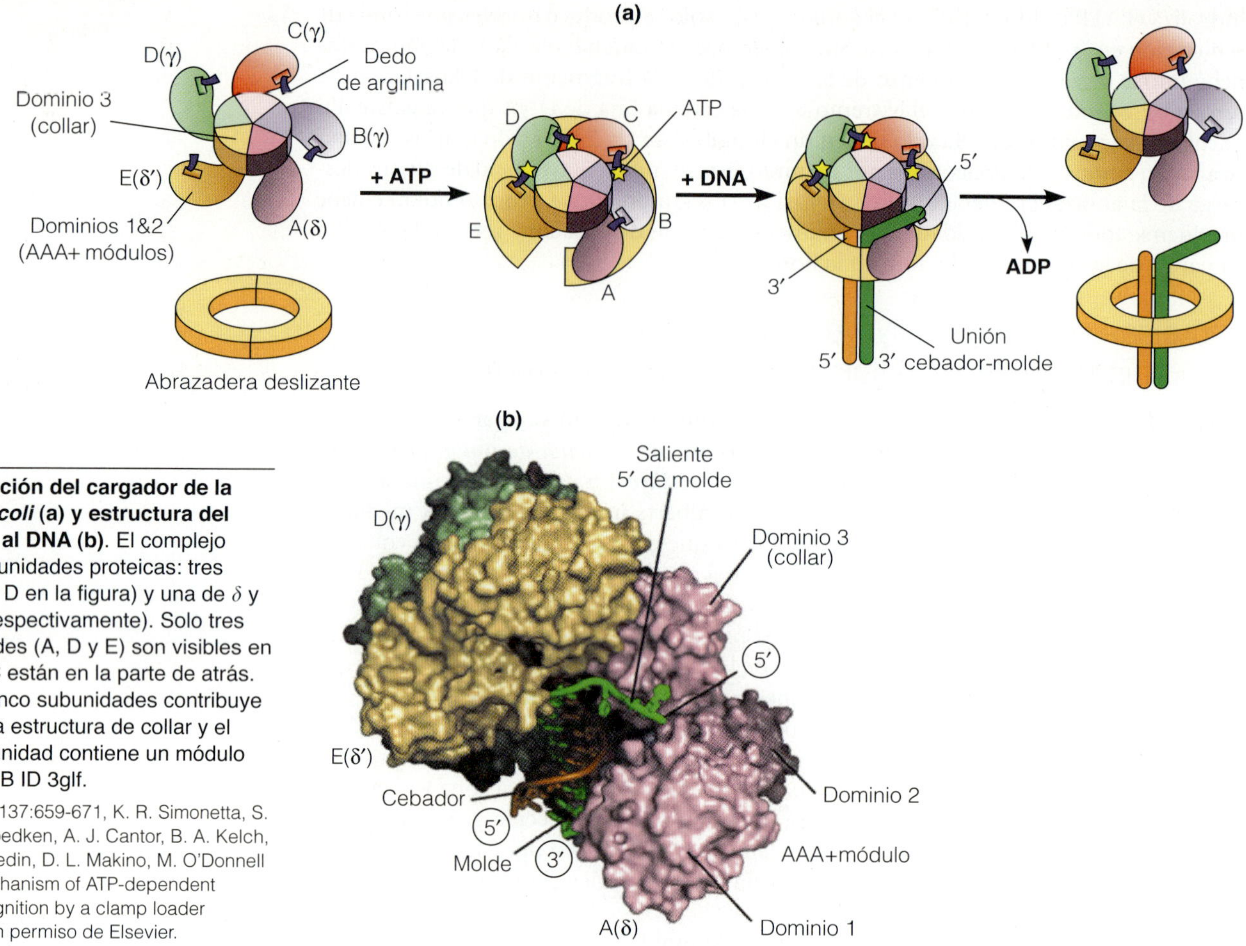


**FIGURA 25.21**

**Esquema de la acción del cargador de la abrazadera de *E. coli* (a) y estructura del complejo γ unido al DNA (b).** El complejo contiene cinco subunidades proteicas: tres copias de $\gamma$ (B, C y D en la figura) y una de $\delta$ y otra de $\delta'$ (A y E, respectivamente). Solo tres de estas subunidades (A, D y E) son visibles en la estructura; B y C están en la parte de atrás. Cada una de las cinco subunidades contribuye con un dominio a la estructura de collar y el resto de cada subunidad contiene un módulo AAA + ATPasa. PDB ID 3glf.

Reproducido de *Cell* 137:659-671, K. R. Simonetta, S. L. Kazmirski, E. R. Goedken, A. J. Cantor, B. A. Kelch, R. McNally, S. N. Seyedin, D. L. Makino, M. O'Donnell y J. Kuriyan, The mechanism of ATP-dependent primer-template recognition by a clamp loader complex. © 2009, con permiso de Elsevier.

Las proteínas de unión al DNA de cadena única son esenciales en la replicación, reparación y recombinación del DNA, debido a su capacidad para facilitar la desnaturalización y renaturalización del DNA.

¿Cómo es posible que una misma proteína impulse la formación de dobles cadenas y el desenrollamiento de los dúplex? La respuesta parece estar en las características de diseño especiales de la molécula gp32. Obsérvese que la *gp32 no desenrolla por sí misma las cadenas de DNA*. Lo que hace es más bien estabilizar el DNA de cadena única mediante su unión *después* de que una región del DNA se haya desenrollado. La proteólisis limitada de la gp32 elimina un fragmento C-terminal. Esta modificación hace que la proteína pase a ser un desnaturalizante fuerte del DNA *in vitro*, con un pequeño incremento de su afinidad de unión de equilibrio para el DNA. Como se sugiere en la Figura 25.22, el dominio C-terminal proporciona una «cubierta» que tapa en parte el dominio de unión al DNA de la proteína. Cuando una región corta del DNA de cadena única queda expuesta, mediante el desenrollamiento parcial y reversible del dúplex (a lo que se denomina a veces *respiración*), la gp32 puede unirse con la cubierta bajada, pero solo en una zona pequeña (3 o 4 nucleótidos). La ocupación de un lugar completo (7 a 10 nucleótidos) se inhibe de esa forma, lo que hace que la unión sea débil y no cooperativa. Si se produce un desenrollamiento continuado de la hélice, la cubierta puede levantarse, lo cual permite que se ocupe todo el lugar y se impulse la ulterior desnaturalización.

La gp32 parcialmente fragmentada por proteólisis carece de la capacidad de renaturalizar *in vitro* el DNA y parece probable que la conformación de la gp32 nativa sea un factor determinante crucial para que la proteína actúe fundamentalmente como desnaturalizante (con la cubierta levantada), o renaturalizante, (con la cubierta bajada). La posición de la cubierta viene determinada, en parte, a través de la interacción con otras proteínas en la horquilla de replicación. Así pues, la proteína puede actuar para estabilizar un molde de cadena única según se van formando apareamientos con los nucleótidos que entran, y para facilitar la nueva formación de un dúplex tras el paso de la DNA polimerasa. La proteólisis parcial puede también eliminar un dominio N-terminal, que se ha visto es esencial para la autoasociación de la proteína y, como consecuencia, para la unión cooperativa del DNA. La estructura cristalina de un complejo gp32-ssDNA muestra tres dominios de la proteína que participan en la unión del DNA, que es consistente con este modelo.

Las proteínas de unión al DNA de cadena única se han encontrado en muchos organismos. La proteína de *E. coli* (especificada por el gen *ssb*) se une también cooperativamente al DNA de cadena única. Sin embargo, el mecanismo de unión parece ser muy distinto al de T4. En *E. coli*, el DNA está envuelto sobre la superficie externa de la proteína SSB tetramérica. Además, en ciertas condiciones la unión de la proteína SSB presenta una cooperatividad *negativa*, lo cual significa que las moléculas de SSB entrantes evitan los lugares adyacentes a las moléculas unidas. Se ha sugerido que la proteína se une de maneras diferentes, según participe en la replicación, la reparación del DNA, o la recombinación.

En las células eucariotas, una proteína heterotrimérica, denominada factor A de replicación (RFA), realiza la función de SSB en la replicación del DNA. Esta proteína se fosforila durante la fase S o tras el daño del DNA, lo cual sugiere una función en la coordinación celular del metabolismo del DNA.

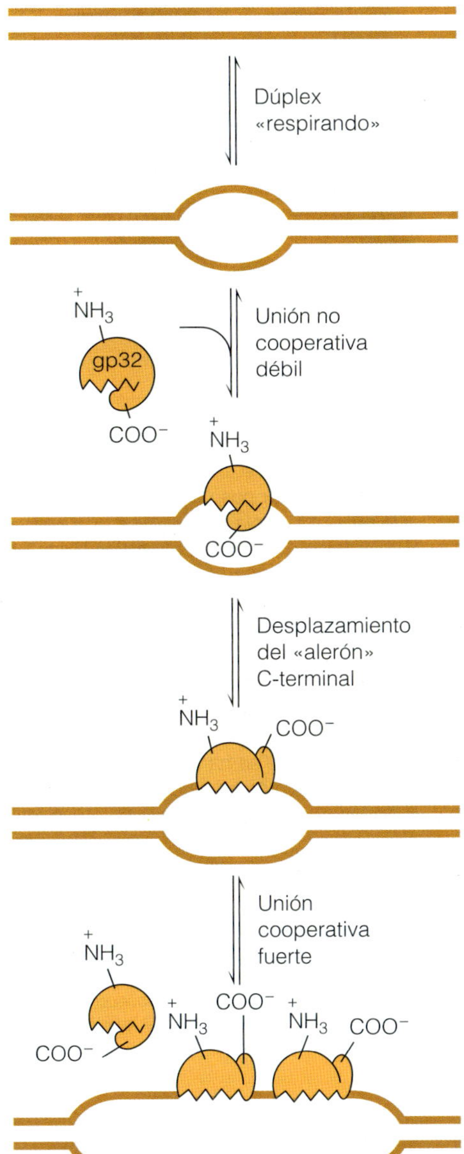


**FIGURA 25.22**

**Facilitación de la desnaturalización y la renaturalización del DNA por la gp32.** Cuando solo se expone una longitud corta de DNA, la gp32 se une débilmente. La configuración plegada hacia abajo del dominio C-terminal impide la unión cooperativa de otras moléculas de gp32 y, por tanto, el desenrollamiento de la cadena («respiración»). Si se expone una región más larga del DNA tras la unión de la primera molécula de gp32, el dominio C-terminal puede pasar a la configuración «alta», agrandando el lugar de unión del DNA, lo que permite la unión cooperativa de otras moléculas de gp32 y, por tanto, ampliando más la región desnaturalizada. Para mayor simplicidad, solo se muestra la unión de una de las dos cadenas desnaturalizadas del DNA.

## Helicasas: desenrollamiento del DNA por encima de la horquilla

Las proteínas de unión al DNA de cadena única no desnaturalizan ellas mismas el DNA. Como se ha indicado, estabilizan el DNA de cadena única, pero no pueden desenrollar de forma activa las cadenas del DNA dúplex. Este desenrollamiento debe producirse si los moldes de cadena única se exponen a la acción de la polimerasa. Las proteínas helicasas tienen esta capacidad. Catalizan el desenrollamiento dependiente de ATP del DNA de doble cadena. Las células de *E. coli* contienen, al menos, media docena de helicasas diferentes, algunas de las cuales participan en la reparación del DNA y otras, en la conjugación bacteriana. La principal helicasa de la replicación del DNA es la DnaB (el producto proteico del gen *dnaB*), que interacciona con la DnaG y otras proteínas para formar el primosoma (*véase* la Figura 25.18). Las funciones equivalentes en la replicación de DNA de T4 las desempeñan la gp41 (helicasa) y la gp61 (primasa). En el fago T7, una única proteína (gp4) posee las dos actividades helicasa y primasa.

Todas las helicasas conocidas son proteínas multiméricas. La mayor parte de ellas son homodímeros, aunque unas pocas son homohexámeros. *In vitro*, cada helicasa se une inicialmente al DNA de cadena única, junto a una región dúplex y actúa en una dirección fija ($5' \longrightarrow 3'$ o $3' \longrightarrow 5'$) desplazando la cadena del DNA no unida según se va moviendo, acoplado el movimiento a la hidrólisis del ATP. Aunque las helicasas son homooligómeros, estructuralmente son asimétricas. Por ejemplo, en la helicasa dimérica Rep de *E. coli* que se ha estudiado mucho, las propiedades de unión al ATP y al DNA de las dos subunidades son bastante diferentes, lo cual sugiere un mecanismo de rodillo o de «mano sobre mano», en el que cada subunidad se alterna en conformaciones de unión prieta y laxa, dependiendo de si está unido el ATP o el ADP en un momento dado (Figura 25.23). Con este modelo está de acuerdo la estructura cristalina de la helicasa Rep complejada con un DNA de cadena única; el ADP muestra una gran diferencia estructural entre las subunidades, lo que da lugar a una rotación de 130° de un dominio sobre una región bisagra.

Las helicasas hexaméricas, cuyo ejemplo es el producto del gen 4 del fago T7, se mueven por un mecanismo bastante diferente. Esta proteína con forma de anillo, que utiliza dTTP en lugar de ATP como fuente de energía, se enrolla sobre la cadena única a la que se une y a lo largo de la que se mueve. La cadena que no está unida es desplazada por la acción de la helicasa y no pasa a través del agujero central. Tres de las seis subunidades unen e hidrolizan dTTP, mientras que las otras tres unen dTTP de una forma no catalítica. Los datos sobre la unión e hidrólisis del dTTP sugieren un movimiento rotatorio de la proteína, comparable al que se observa en la ATP sintasa $F_0F_1$ mitocondrial (*véase* la Figura 25.24a,b), lo cual sugiere la interesante posibilidad de que la helicasa se mueva a lo largo del DNA mediante rotación. La diferencia principal

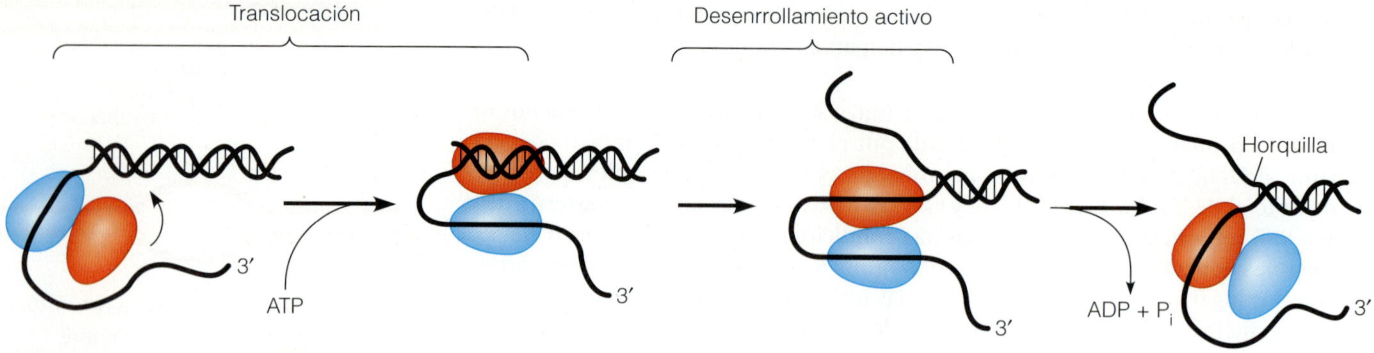


**FIGURA 25.23**

**Modelo de la acción de la helicasa.** En este modelo, una enzima homodimérica, como la helicasa Rep de *E. coli*, muestra la polaridad 3′ → 5′. En el primer paso, la unión del ATP activa la subunidad roja para que se una al DNA en la unión doble cadena/cadena única y, en el segundo paso, para desenrollar unos cuantos pares de bases. En el tercer paso, la hidrólisis del ATP unido debilita la unión de la subunidad azul al DNA, produciendo su disociación y, de esta forma, posicionándola para comenzar el ciclo otra vez, invadiendo el DNA dúplex más allá de la horquilla que se ha creado, una vez que se ha unido otro ATP. De esta forma, alternando su unión al DNA, las dos subunidades hacen que la enzima se «enrolle» en contra de las agujas del reloj, como muestra este modelo, desenrollando el dúplex al moverse.

Reproducido de *Cell* 90:635-647, S. Korolev, J. Hsieh, G. H. Gauss, T. M. Lohman y G. Waksman, Major domain swiveling revealed by the crystal structures of complexes of *E. coli* rep helicase bound to singlestranded DNA and ADP. © 1997, con permiso de Elsevier.

Las helicasas son proteínas multiméricas que se unen preferentemente a una cadena de un DNA dúplex y utilizan la energía de la hidrólisis del ATP para desenrollar activamente el dúplex.

es que la ATP sintasa $F_0F_1$ utiliza la fuerza protónmotriz para impulsar la *síntesis* de ATP, mientras que la helicasa de T7 utiliza la energía de la *hidrólisis* del dTTP para impulsar un cambio de conformación, que da a la proteína homohexamérica la asimetría estructural necesaria para impulsar el movimiento a lo largo del retículo de DNA. En la Figura 25.24c se presenta un modelo del producto del gen de T7 trasladándose a lo largo del DNA.

Como se ha mencionado antes, la helicasa DnaB de *E. coli* también es un homohexámero, que se envuelve alrededor del DNA de cadena única. Cada subunidad tiene dos dominios de unión al DNA, uno fuerte y otro débil, cada uno de los cuales ocluye alrededor de veinte residuos de nucleótido del DNA.

Como se mencionó anteriormente, el primosoma interactúa con las subunidades $\tau$ y $\chi$ del complejo $\gamma$ para coordinar el cambio de primasa a polimerasa en la cadena retardada. De acuerdo con las interacciones proteína-proteína demostradas, la Figura 25.25 muestra cómo puede tener lugar esto.

Los hallazgos recientes de que dos enfermedades humanas hereditarias, el síndrome de Werner y el síndrome de Bloom, se producen por defectos de la helicasa, han generado una expectación considerable. Ambas enfermedades tienen una mayor susceptibilidad al cáncer, y los pacientes con síndrome de Werner tienen también un envejecimiento prematuro, con el pelo gris a los 20 años, quedando pronto ciegos de cataratas y falleciendo de causas naturales antes de los 50 años. La clonación posicional (Capítulo 24) de los genes defectuosos responsables de estas enfermedades ha revelado, en ambos casos, que los genes codifican proteínas relacionadas con el producto del gen *recQ* de *E. coli*. En *E. coli*, la helicasa participa en una ruta de recombinación homóloga y parece intervenir en la reasunción de la replicación del DNA tras la reparación del daño del DNA inducido por la radiación. Igual que la proteína RecQ, la proteína del síndrome de Werner tiene actividad helicasa 3′⟶5′. Estos hallazgos proporcionan indicios interesantes para entender las relaciones entre la inestabilidad genómica y el cáncer y el envejecimiento.

## Topoisomerasas: alivio de las tensiones de torsión

La replicación bidireccional del cromosoma circular de *E. coli* desenrolla unos 100 000 pares de bases por minuto. Si no hubiera algún mecanismo para aliviar esta tensión de torsión, el DNA situado por encima de la horquilla se superenrollaría a medida que el DNA de la horquilla se desenrollara, y la replicación no podría mantenerse. Las topoisomerasas, un grupo de enzimas que pueden interconvertir diferentes isómeros topológicos del DNA (*véase* el Capítulo 4), proporcionan un mecanismo «giratorio» para aliviar esta tensión. La acción de la topoisomerasa se pone de manifiesto de manera muy sencilla *in vitro*, mediante la relajación del DNA superenrollado. Se puede incubar DNA superenrollado con una topoisomerasa purificada y observar, mediante electroforesis en gel, las etapas intermedias de la conversión del sustrato superenrollado en un DNA circular relajado que no contiene vueltas de superhélice (Figura 25.26). Este análisis descubre la existencia de dos clases generales de topoisomerasas: las enzimas de tipo I, que cambian el número de ligazón en unidades de 1, y las enzimas de tipo II que cambian el número de ligazón en unidades de 2.

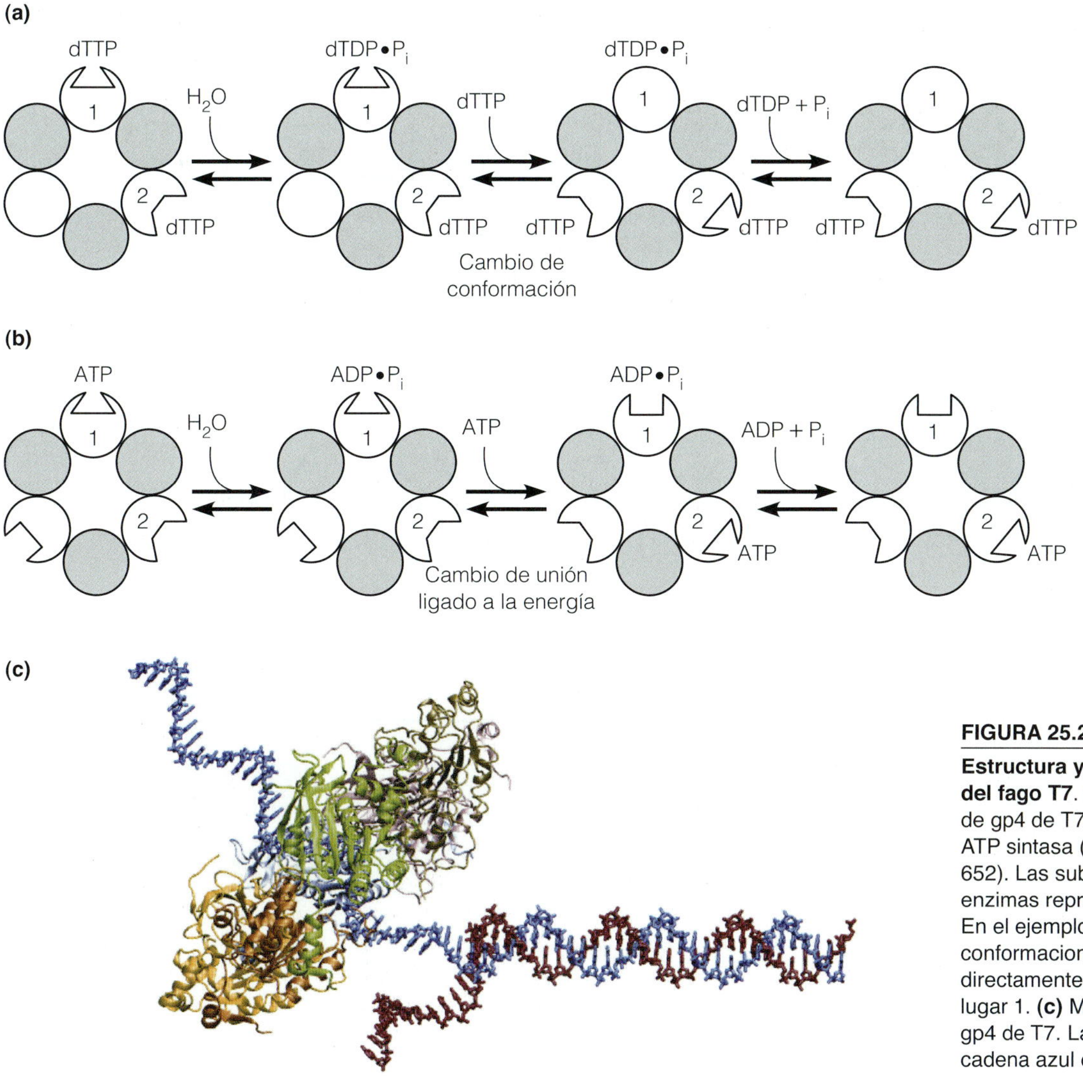


**FIGURA 25.24**

**Estructura y acción del gen 4 de la helicasa del fago T7.** **(a, b)** Comparación de la acción de gp4 de T7 con la de la máquina rotatoria ATP sintasa (*véase* la Figura 15.23, página 652). Las subunidades sombreadas de ambas enzimas representan los lugares no catalíticos. En el ejemplo que se muestra el cambio conformacional de la gp4 de T7 se produce directamente tras la hidrólisis del dTTP en el lugar 1. **(c)** Modelo de la acción de la helicasa gp4 de T7. La proteína gira a lo largo de la cadena azul de DNA, excluyendo la cadena roja del canal central (PDB ID 1CR1).



## Acciones de las topoisomerasas de tipo I y de tipo II

Una topoisomerasa de tipo I rompe una sola cadena del dúplex (Figura 25.27). La enzima se mantiene unida covalentemente al extremo 5′ de la cadena rota, formando un enlace fosfodiéster entre el fosfato 5′ y un hidroxilo de tirosina. El extremo 3′ queda libre posteriormente para girar (una vuelta en el ejemplo que se muestra). El grupo hidroxilo del extremo 3′ ataca luego al fosfato 5′ activado unido covalentemente, cerrando la mella. De hecho, la topoisomerasa de tipo I de *E. coli* se denominó inicialmente enzima de cierre de mella. El resultado es que el número de ligazón ha cambiado en 1. La topoisomerasa I eucariota actúa de una forma similar, pero el extremo 3′, y no el extremo 5′, es el que se inmoviliza durante la reacción.

En cambio, una topoisomerasa de tipo II cataliza una ruptura de la doble cadena, y la parte no rota de la misma atraviesa el hueco creado (Figura 25.28). La topoisomerasa de tipo II más estudiada es una enzima de *E. coli* denominada también **DNA girasa,** ya que no solo relaja una molécula superenrollada sino que también, introduce giros superenrollados negativos en el DNA. Es necesaria la hidrólisis de ATP para ambas actividades de la mayor parte de las enzimas de tipo II. La DNA girasa es un tetrámero, con dos subunidades A y dos subunidades B. Las subunidades A unen el DNA y lo fragmentan, mientras que las subunidades B realizan la transducción de energía procedente de la hidrólisis del ATP.

Como se muestra en la Figura 25.28, la acción de la girasa se inicia enroscándose el DNA sobre la enzima. La subunidad A rompe las dos cadenas del DNA y las inmoviliza,

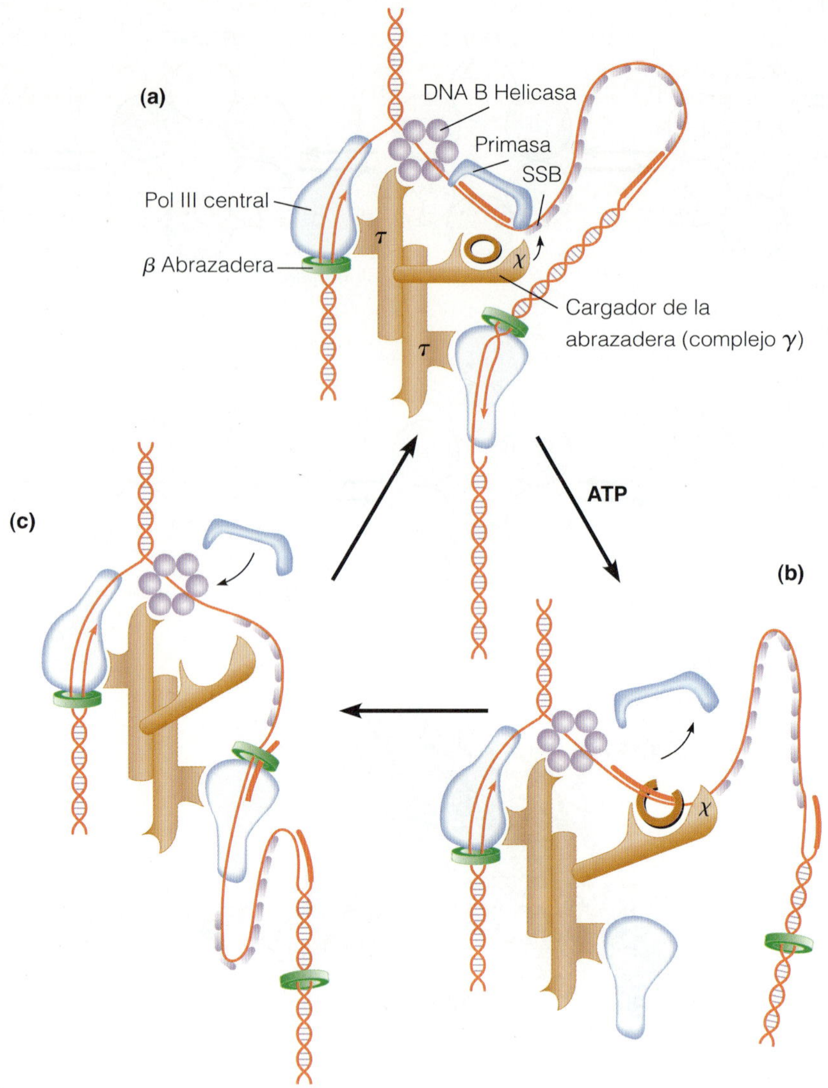


**FIGURA 25.25**

**Cambio de la primasa-polimerasa durante la síntesis de la cadena retardada. (a)** La DnaB helicasa rodea la cadena retardada y la primasa ha sintetizado un RNA cebador. La primasa debe contactar con SSB para permanecer unida. La polimerasa central en la cadena retardada está forzando esa cadena y la cadena hija para hacer un lazo hacia afuera. **(b)** La subunidad $\chi$ del complejo $\gamma$ interacciona con SSB, lo que desplaza la primasa. El complejo $\gamma$ está abriendo la abrazadera y se está liberando un fragmento de Okazaki recién completado, junto con su molde. **(c)** La primasa se vuelve a unir a un DNA molde de una sola cadena para empezar un nuevo cebador. En (b) el complejo $\gamma$ también está liberando una abrazadera $\beta$, y en (c) se está uniendo una nueva abrazadera. El alargamiento periódico del bucle de la cadena retardada se ha comparado con el toque de un trombón.

Cortesía del D. Michael O´Donnell.

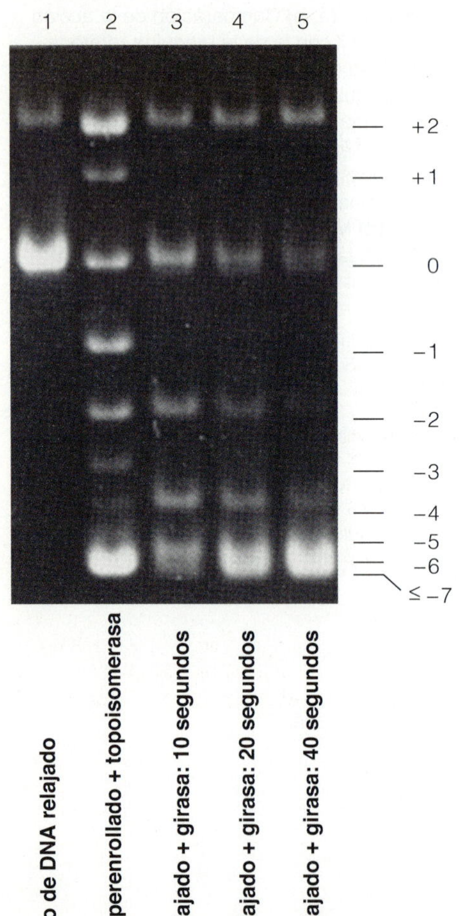


y ambas cadenas del dúplex pasan a través de la abertura. A continuación, se vuelven a sellar las dos cadenas del dúplex y se disocian de la enzima. En el ejemplo que se muestra, un DNA circular con un superenrollamiento positivo se convierte en un producto con un superenrollamiento negativo. Así pues, el número de ligazón se modifica en 2, hecho este que diferencia las topoisomerasas de tipo I de las de tipo II. En la Figura 24.26, se observa que el DNA tratado con una topoisomerasa de tipo I (calle 2) presenta el doble de intermediarios que un DNA idéntico tratado con una enzima de tipo II (calles 3-5), ya que la enzima de tipo I cambia el número de ligazón en unidades de 1.

**FIGURA 25.26**

**Acción de las topoisomerasas de tipo I y tipo II, como se observa en la electroforesis en gel.** La calle 1 muestra un DNA circular relajado. La calle 2 muestra el patrón obtenido por el tratamiento del DNA superenrollado con la topoisomerasa de tipo I. Las calles 3-5 muestran círculos relajados tratados con la DNA girasa, una topoisomerasa de tipo II, durante diversos periodos de tiempo. Obsérvese que pueden apreciarse más topoisómeros diferentes en las mezclas de reacción de topoisomerasa I, como es de prever si los cambios del número de ligazón ($L$) se producen en unidades de 1, mientras que la girasa modifica el valor de $L$ en unidades de 2.

De *Science* 206:1081-1083, P. O. Brown y N. R. Cozzarelli, A sign inversion mechanism for enzymatic supercoiling of DNA. © 1979. Reproducido con permiso de AAAS y Pat Brown.

La acción de las topoisomerasas de tipo I se ha aclarado con la publicación de la estructura cristalina de la topoisomerasa I del ser humano. Como se muestra en la Figura 25.29, la enzima se enrosca completamente alrededor de su DNA sustrato. En la figura no está claro el hecho de que la mayoría de los contactos DNA-proteína utilizan el esqueleto azúcar-fosfato del DNA y no las bases, lo cual significa que el DNA está unido como una hélice de forma B sin distorsionar. Asimismo, los contactos en el lado «hacia arriba» (5′) del enlace escindible son mucho más numerosos que los del lado «hacia abajo» (3′). Dado que el nucleótido 5′ de la mella se inmoviliza mediante su unión a un residuo de tirosina, los datos estructurales indican que el extremo 3′ libre puede rotar con relativa libertad, como debe hacerlo si el DNA superenrollado debe relajarse. Una consecuencia útil de esta determinación estructural fue la clarificación del mecanismo de acción de los fármacos antineoplásicos que actúan inhibiendo a las topoisomerasas, ya que la estructura descubre cómo pueden unirse esos inhibidores, y esto deberá conducir al diseño de inhibidores más eficaces. Un inhibidor que se utiliza actualmente en la clínica es la **camptotecina.**

Las topoisomerasas de tipo I rompen y vuelven a cerrar una cadena de DNA, y las topoisomerasas de tipo II catalizan la ruptura y la nueva unión de dobles cadenas; en consecuencia, las enzimas de tipo I y de tipo II modifican el número de ligazón del DNA en unidades de 1 y 2, respectivamente.

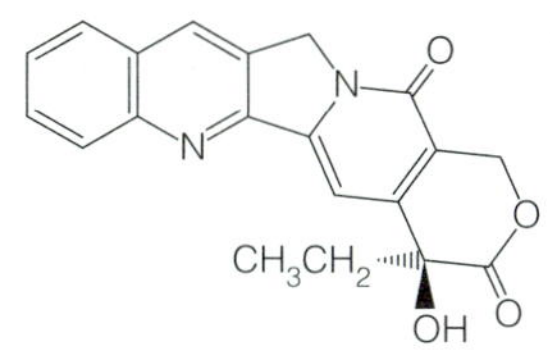


**Campotecina**

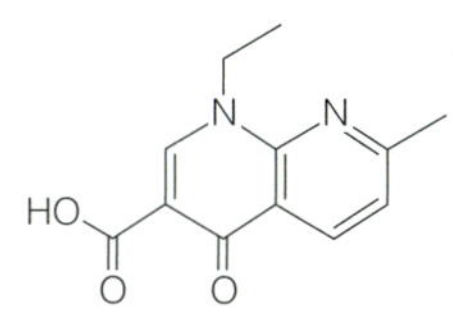


**Ácido nalidíxico**

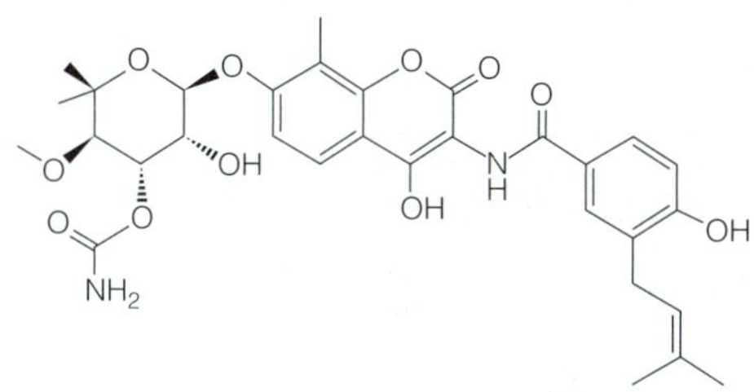


**Novobiocina**

## Las cuatro topoisomerasas de *E. coli*

Desde el descubrimiento de la topoisomerasa I y la DNA girasa en los años 1970, se ha demostrado que *E. coli* contiene cuatro topoisomerasas diferentes. La terminología al respecto es algo confusa, ya que las enzimas denominadas topoisomerasa I y topoisomerasa III son ambas topoisomerasas de tipo I, y la topoisomerasa II (también denominada DNA girasa) y la topoisomerasa IV son ambas topoisomerasas de tipo II. De estas cuatro enzimas, la DNA girasa desempeña el papel dominante durante el alargamiento replicativo de la cadena, tanto para aliviar la tensión por encima de la horquilla como para introducir superenrollamientos negativos en el DNA que se ha sintetizado de nuevo. Conocemos esta función básicamente por los estudios realizados sobre las propiedades de los inhibidores de la girasa. La subunidad A de la girasa es el objetivo de la unión del **ácido nalidíxico,** un compuesto del que se sabe desde hace tiempo que inhibe la replicación del DNA. Otro inhibidor de la replicación, la **novobiocina,** se une a la subunidad B e inhibe la ruptura del ATP. Los inhibidores como estos son útiles como fármacos contra las bacterias. Las bacterias mutantes resistentes al ácido nalidíxico o a la novobiocina presentan alteraciones estructurales de las subunidades A o B, respectivamente.

La topoisomerasa IV desempeña un papel crucial para completar un ciclo de replicación. Las topoisomerasas de tipo II catalizan diversas interconversiones topológicas, como anudamientos y desanudamientos, la **catenación** (ligazón) y **descatenación** (desligazón) de los DNA circulares, como se muestra en la Figura 25.30.

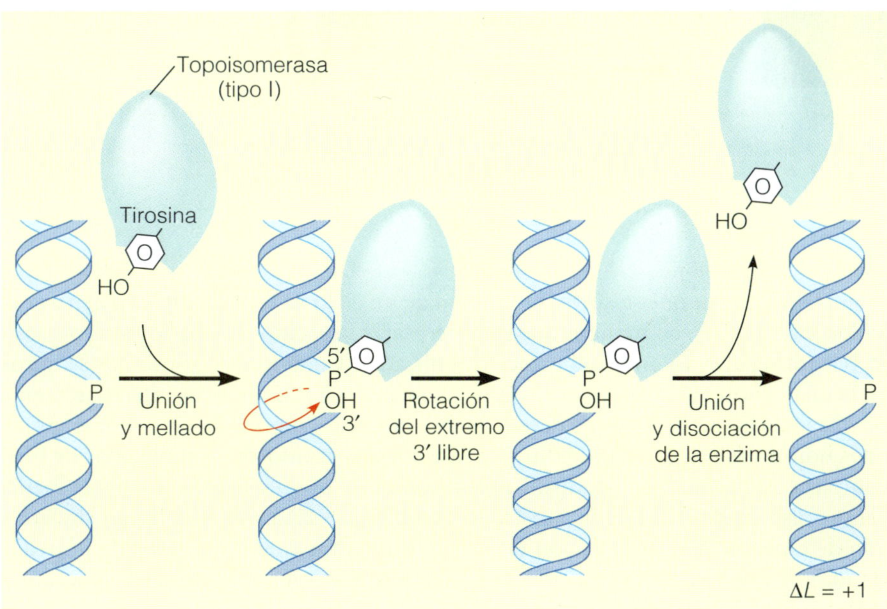


**FIGURA 25.27**

**Acción de una topoisomerasa de tipo I.** La enzima rompe una cadena e inmoviliza el extremo 5′ mediante un enlace covalente entre el DNA fosfato y un residuo de tirosina (en la topoisomerasa I de *E. coli*). La rotación del extremo 3′ va seguida de un nuevo sellado. El número de ligazón aumenta en 1 en el ejemplo mostrado (un DNA relajado). La acción de una topoisomerasa de tipo I sobre el DNA relajado disminuiría el número de ligazón, esencialmente mediante el mismo mecanismo.

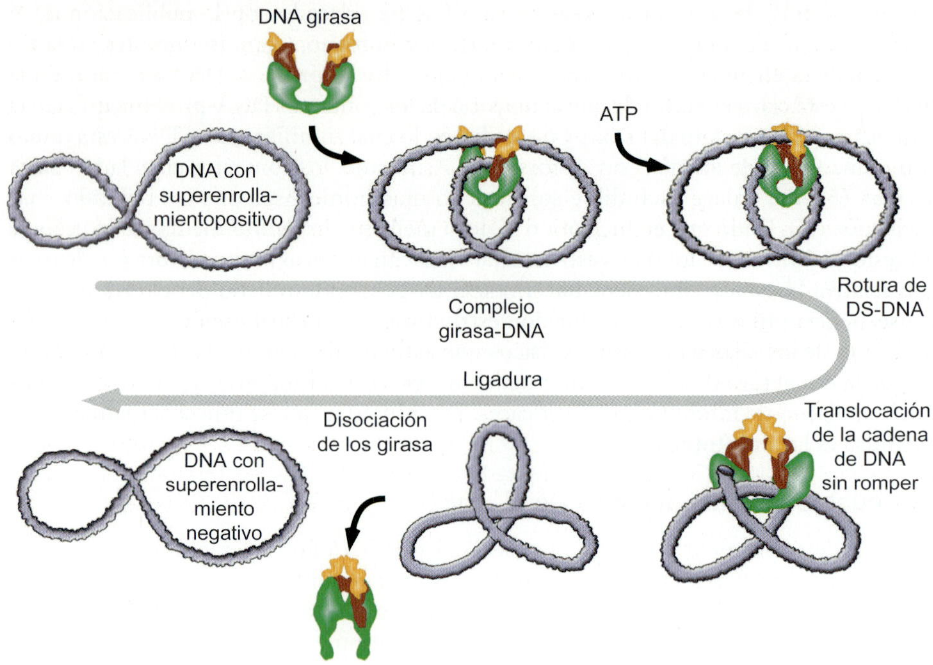


**FIGURA 25.28**

**Acción de una topoisomerasa de tipo II.** DNA girasa de *E. coli*; el ejemplo que se presenta es una proteína tetramérica con dos subunidades A y dos subunidades B. La enzima se muestra introduciendo dos vueltas negativas y cambiando el número de ligazón de +1 a −1. La enzima cataliza la ruptura de una doble cadena y los dos extremos del DNA están unidos por las subunidades A, que separan los dos extremos del DNA, de forma que el dúplex sin romper puede pasar a través del hueco. El resellado convierte el supergiro positivo en negativo, con lo que el conjunto de la molécula tiene un $\Delta L$ de −2. Las topoisomerasas de tipo II pueden relajar dobles cadenas infraenrolladas mediante un mecanismo inverso del anterior.

Basado en *DNA Replication*, 2/E A. Kornberg and T. A. Baker, p. 390, 1992, W. H. Freeman and Co., Nueva York.

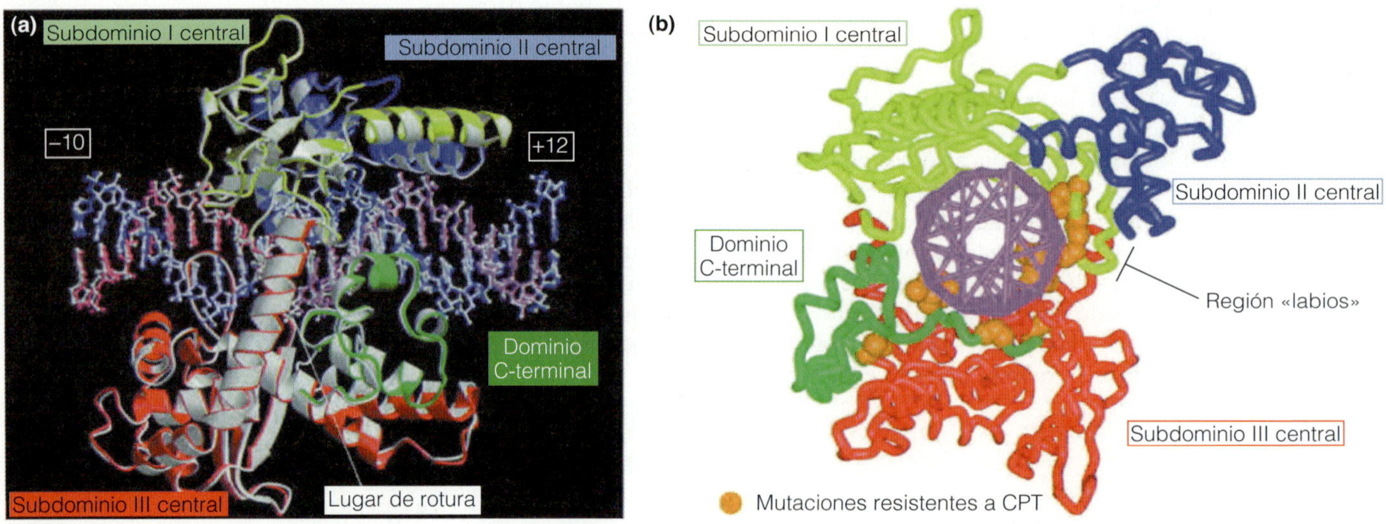


**FIGURA 25.29**

**Estructura cristalina de la topoisomerasa I del ser humano en un complejo con un dúplex de DNA de 22 pb. (a)** La cadena de DNA mellada por la enzima se muestra en fucsia más arriba del lugar de rotura y en rosa, más abajo, y la cadena intacta está en azul. Para la proteína, cada dominio individual aparece en un color diferente. La proteína se enrolla completamente alrededor del DNA y contacta 4 pb hacia arriba y 6 pb hacia abajo del lugar de corte. **(b)** Vista frontal del complejo topoisomerasa-DNA. PDB ID 1A35. CPT, campotectina.

De *Science* 279:1504-1513, M. R. Redinbo, L. Stewart, P, Kuhn, J. J. Champoux y W. G. J. Hol, Crystal structures of human topoisomerase I in covalent and noncovalent complexes with DNA. © 1998. Reproducido con permiso de AAAS.

Un DNA circular que se aproxime al final de un ciclo de replicación va a generar dos círculos interligados, de manera que será necesaria la acción de una topoisomerasa de tipo II para separar las moléculas recién replicadas. Cuando dos horquillas se aproximan la una a la otra al término de la replicación, las barreras estéricas interferirán en última instancia las actividades de desenrollamiento de las topoisomerasas por encima de las dos horquillas (Figura 25.31). En esta fase, los dos cromosomas replicados de forma incompleta están aún interligados. La topoisomerasa IV desempeña un papel esencial en el proceso de descatenación mostrado en la Figura 25.31. Este hallazgo sugiere un grado de especificidad de la acción de la topoisomerasa, que no se tiene de inmediato de la idea de que una conformación de DNA tirante se está relajando. De acuerdo con esta sugerencia, los estudios de las topoisomerasas de tipo II muestran que no generan mezclas de equilibrio de los topoisómeros. Por ejemplo, una topoisomerasa de tipo IV de digestión limitada (se digiere el DNA hasta que no se produce más reacción) se vio que tenía muchas menos estructuras anudadas y catenadas que una mezcla de equilibrio; de alguna manera, la enzima «desenreda» de forma selectiva las moléculas de DNA. Asimismo, cuando se trata a continuación, con la topoisomerasa IV en las mismas condiciones, una mezcla de topoisómeros generados por la acción de la topoisomerasa I, el número de ligazón promedio (el número de superenrollamientos) es el mismo, pero la distribución de los topoisómeros alrededor de la media es mucho más ajustada. Se requiere la hidrólisis del ATP para alcanzar esta selectividad, pero de forma notable, estas observaciones señalan que una molécula de topoisomerasa, de alguna manera, puede rastrear una molécula de DNA mucho mayor que ella misma y dirigir los tipos específicos de cambios topológicos que se producen.

En la terminación de un ciclo de replicación en *E. coli* se producen otros acontecimientos, que evidentemente garantizan que ambos replisomas alcanzan el mismo punto antes de que se produzca la terminación. Como se muestra esquemáticamente en la Figura 25.32, la región de terminación contiene diez lugares *Ter* homólogos de 23 pares de bases (*TerA-J*) dispuestos en grupos de cinco con orientación contraria. Cada lugar *Ter* une una proteína denominada Tus, una proteína de terminación de 36 kDa. Cuando cada replisoma alcanza un complejo *Ter*-Tus, encuentra una cara «permisiva» que permite que el replisoma desplace a Tus y se mueva a una cara no permisiva con orientación contraria, donde el replisoma se para, ya que no puede desplazar a Tus. Tal como se presenta en la figura, el replisoma que se mueve en sentido contrario a las agujas del reloj desplaza a Tus y pasa los lugares marcados *TerJ*, *TerG*, *TerF*, *TerB* y *TerC* antes de pararse entre *TerC* y *TerA* con orientación contraria. Una secuencia semejante de acontecimientos conduce al otro replisoma al mismo punto. Este proceso evidentemente asegura que la replicación finalice en el mismo lugar del cromosoma, aunque los dos replisomas viajen a velocidades diferentes. La estructura cristalina de un complejo Tus-*Ter*, que se muestra en la Figura 25.33, proporciona pistas al proceso de desplazamiento de Tus. El mecanismo concreto de terminación se encuentra todavía en proceso de investigación.

## Un modelo del replisoma

Hablando estrictamente, las topoisomerasas no son componentes del replisoma, ya que actúan a distancia de la horquilla. Sin embargo, una vez consideradas las principales proteínas de propagación de la horquilla en procariotas y como preámbulo al estudio de las proteínas eucariotas comparables, presentamos aquí un modelo del replisoma de *E. coli*, que muestra las relaciones entre las proteínas constituyentes (Figura 25.34).

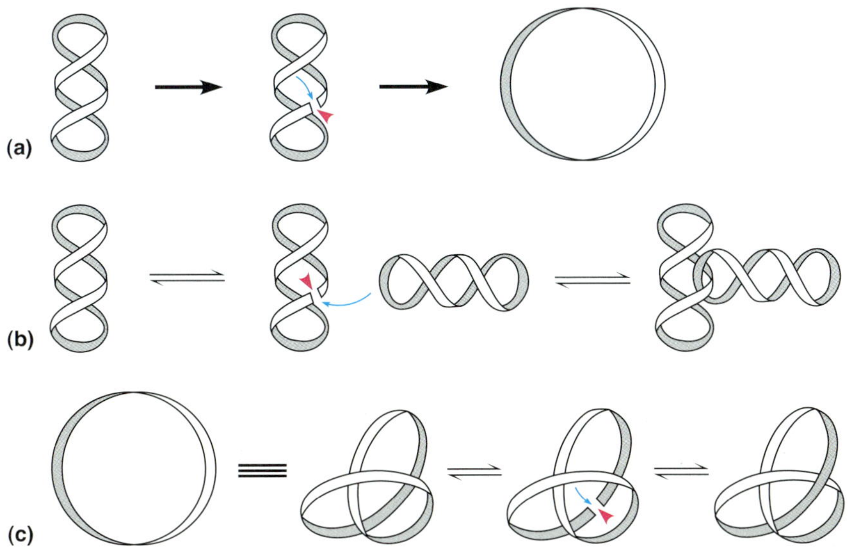


**FIGURA 25.30**

**Tipos de interconversiones topológicas catalizadas por las topoisomerasas de tipo II. (a)** Relajación. **(b)** Catenación y descatenación. **(c)** Anudamiento y desanudamiento.

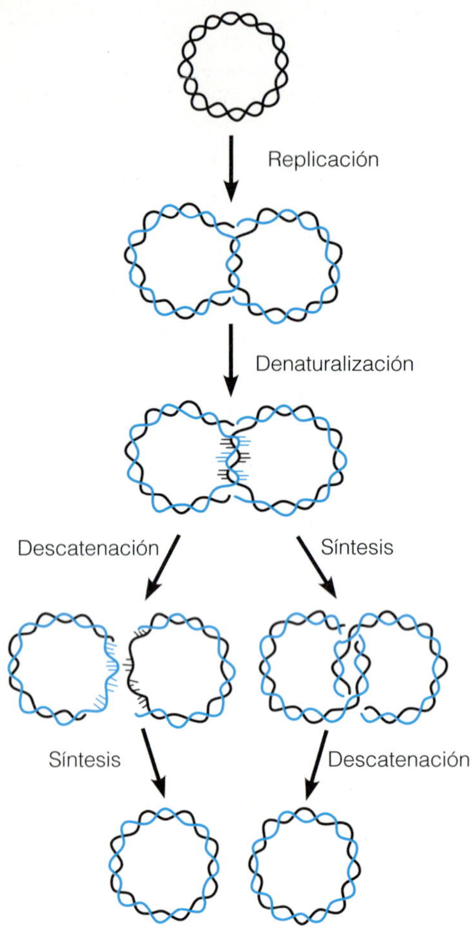


**FIGURA 25.31**

**Acción de la topoisomerasa en la terminación de la replicación.** En ausencia de topoisomerasas, las fuerzas estéricas impedirían que una girasa desenrollara el DNA al aproximarse las horquillas de replicación una a la otra. La topoisomerasa permite el descatenado de los círculos. No se sabe si este se produce antes o después de que se complete la replicación. Se muestran aquí ambas posibilidades.

Recientemente ha sido posible imaginar el replisoma de *E. coli* in vivo, utilizando proteínas con marcaje fluorescente y técnicas de moléculas únicas (*véase* Herramientas de la Bioquímica 26A). Estos experimentos indican que el replisoma contiene tres moléculas de DNA polimerasa, no las dos que se muestran en la Figura 25.34. Solo dos de las tres moléculas están unidas a las abrazaderas deslizantes, pero están presentes tres copias de $\tau$, lo cual sugiere que la polimerasa no unida está esperando su turno con una abrazadera cargada de forma que pueda catalizar la síntesis del fragmento de Okazaki siguiente.

## Proteínas de la replicación eucariota del DNA

### DNA polimerasas

Los mecanismos de la elongación replicativa de la cadena de DNA son notablemente constantes a lo largo de la evolución. Una diferencia señalada entre la replicación procariota y eucariota es la necesidad de tres DNA polimerasas diferentes para propagar una horquilla eucariota de replicación. Los primeros fraccionamientos de las DNA polimerasas de levaduras y células de mamíferos dieron cinco enzimas diferentes, tres de las cuales participan en la replicación nuclear del DNA, una en la replicación mitocondrial del DNA y una en la reparación. Los trabajos posteriores descubrieron la existencia de, al menos, otras nueve DNA polimerasas en las células humanas, la mayoría de las cuales participa en procesos especializados de reparación. En la Tabla 25.2 se resumen

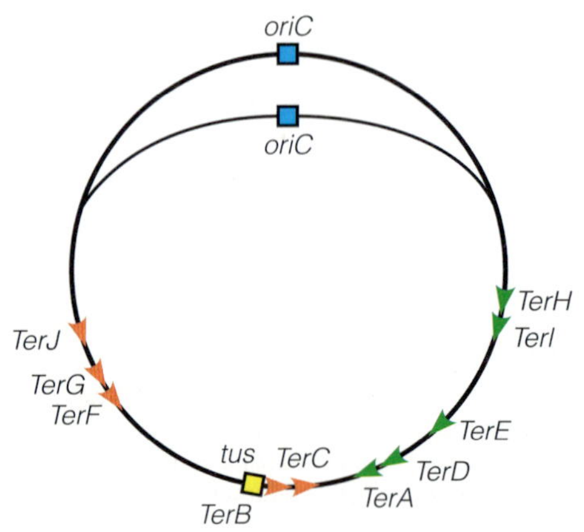


**FIGURA 25.32**

**Terminación polarizada de la replicación en *E. coli*.** La replicación se inicia bidireccionalmente a partir de *oriC*. La orientación de los lugares *Ter*, como se comenta en el texto, asegura que ambos replisomas llegan al mismo lugar (entre *TerA* y *TerC*) antes de que pueda empezar la terminación.

Reproducido de *Cell* 125:1309-1319, M. D. Mulcair, P. M. Schaeffer, A. J. Oakley, H. F. Cross, C. Neylon, T. M. Hill y N. E. Dixon, A molecular mousetrap determines polarity of termination of DNA replication in *E. coli*. © 2006, con permiso de Elsevier.

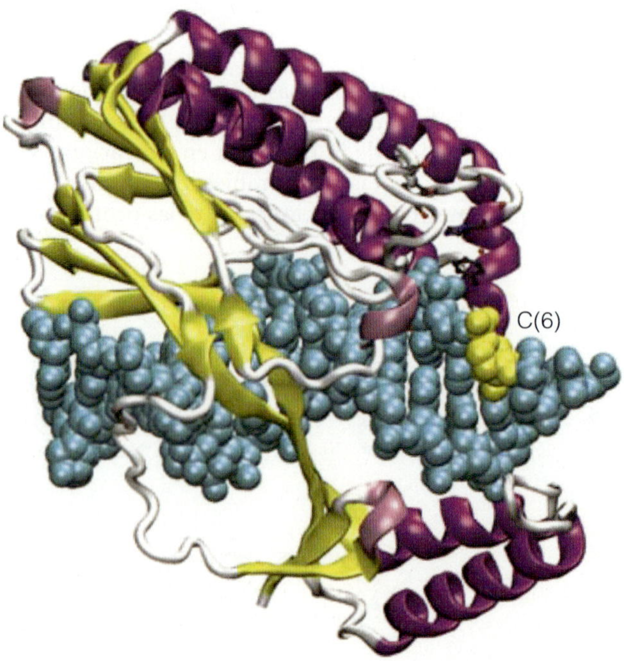


**FIGURA 25.33**

**Estructura de la proteína Tus de *E. coli*, en complejo con un DNA de doble cadena (en cian).** PDB ID 1ECR.

Reproducido de *Cell* 125:1309-1319, M. D. Mulcair, P. M. Schaeffer, A. J. Oakley, H. F. Cross, C. Neylon, T. M. Hill y N. E. Dixon, A molecular mousetrap determines polarity of termination of DNA replication in *E. coli*. © 2006, con permiso de Elsevier.

las propiedades de las cinco polimerasas «clásicas», que incluyen las tres enzimas replicativas. La participación de las polimerasas $\alpha$, $\delta$ y $\varepsilon$ en la replicación quedó demostrado al comprobar que las tres se inhiben por la **afidicolina**, un producto fúngico con una estructura similar a los esteroides. La afidicolina inhibe específicamente la replicación del DNA eucariota. Las polimerasas $\beta$ y $\gamma$ tienen baja sensibilidad a la afidicolina.

El gran tamaño y la naturaleza de múltiples subunidades de las DNA polimerasas eucariotas ha hecho que su esclarecimiento estructural sea más complejo que el de las polimerasas bacterianas y de fagos. Sin embargo, recientemente se ha descrito la estructura de la pol $\gamma$ humana y es de interés considerable. Como se presenta en la Tabla 25.2, la enzima consta de una subunidad catalítica de 137 kDa (pol $\gamma$A) y una subunidad accesoria de 55 kDa (pol $\gamma$B). No se muestra que la holoenzima contiene dos moléculas de $\gamma$B, cada una de las cuales se une de forma diferente a pol $\gamma$A. Cada una de las subunidades accesorias aumenta la procesividad de la polimerasa, pero por mecanismos diferentes: una aumenta la afinidad de $\gamma$A por el DNA y la otra estimula la tasa de catálisis.

Como se muestra en la Figura 25.35, la pol $\gamma$ humana se parece mucho a la DNA polimerasa del bacteriófago T7. La pol de T7 tiene una subunidad de potenciación de la procesividad, que es una proteína de la célula hospedadora, la tiorredoxina, que desempeña una función bastante distinta de la que tiene en las reacciones redox. Como otras polimerasas, ambas enzimas, que se muestran en la Figura 25.35, contienen un dominio pulgar (se muestra en verde), palma (rojo) y dedos (azul). La estructura de la pol $\gamma$A muestra los lugares de diversas mutaciones que son responsables de enfermedades genéticas humanas. Así, por ejemplo, la mutación W748S se asocia con un trastorno denominado síndrome de Alpers, que produce en los niños atrofia cortical cerebral e insuficiencia hepática.

Es especialmente interesante el hecho de que la pol $\gamma$ sea responsable de la toxicidad de diversos fármacos antivirales que se emplean en el tratamiento de VIH. Como se señaló en el Capítulo 22, los análogos de nucleótidos como la didesoxicitidina actúan por conversión a sus 5′ trifosfatos, que interfieren con la transcriptasa inversa del VIH. Varios de estos análogos interfieren también con la replicación del DNA mitocondrial, al inhibir la pol $\gamma$. La estructura de esta enzima proporciona información que debe ser útil para diseñar análogos con mayor selectividad hacia la polimerasa vírica.

**FIGURA 25.34**

**Replisoma de *E. coli*.** Obsérvese que el cargador de la abrazadera, a través de la proteína $\tau$, sirve como enlace para dimerizar la holoenzima pol III.

Cortesía del Dr. Michael O´Donnell.

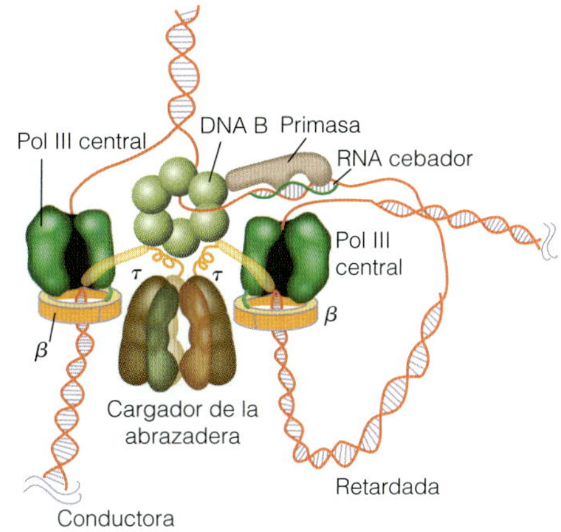


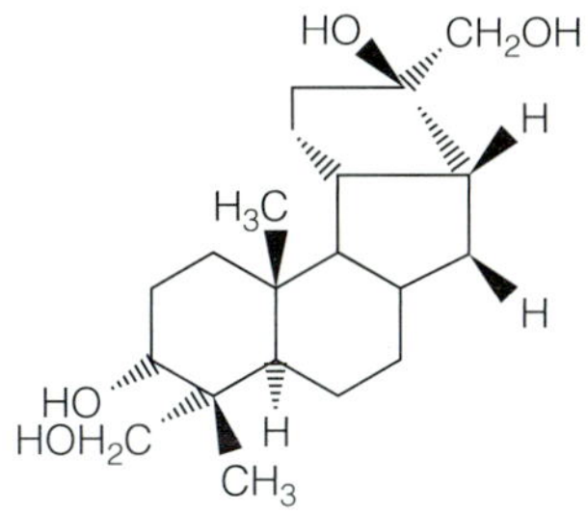


**Afidicolina**

## Otras proteínas de replicación eucariotas

Gran parte de lo que conocemos sobre la enzimología de la replicación del DNA en *E. coli* procede de los estudios en los que la replicación de los pequeños genomas de los bacteriófagos fue estudiada en extractos bacterianos o en sistemas proteicos purificados. La justificación fue utilizar como molde de replicación un genoma pequeño, que hace posible el aislamiento y la caracterización biofísica de los intermediarios replicativos. En el mismo sentido, gran parte de lo que conocemos sobre las proteínas de la replicación del DNA humano procede de sistemas semejantes *in vitro* que utilizan el DNA circular dúplex del virus tumoral SV40 como molde de replicación. Estos estudios más el trabajo previo sobre el sistema del fago T4 y el trabajo posterior con levaduras, han descubierto una uniformidad sorprendente de los tipos de proteínas de las horquillas de replicación y la función bioquímica de cada una, como se muestra en la Tabla 25.3. Una diferencia interesante es la necesidad de dos enzimas en eucariotas para eliminar el RNA cebador, la actividad 3′ exonucleasa de pol $\delta$ y la actividad endonucleasa 5′ de «aleteo» de FEN 1 (endonucleasa de aleteo).

**TABLA 25.2. Propiedades de las cinco DNA polimerasas eucariotas «clásicas»**

| Polimerasa | Subunidad catalítica, kDa | Subunidades accesorias, kDa | 3′Exonucleasa | Fidelidad | Procesividad (con PCNA) | Función biológica |
|---|---|---|---|---|---|---|
| Pol $\alpha$ | 160 | 49, 58, 70 | No | $10^{-4} - 10^{-5}$ | Moderada | Síntesis del cebador de la cadena retardada |
| Pol $\beta$ | 37 | Ninguna | No | $5 \times 10^{-4}$ | Baja | Reparación del DNA |
| Pol $\gamma$ | 137 | 55 | Sí | $10^{-5}$ | Alta | Replicación del DNA mitocondrial |
| Pol $\delta$ | 122 | 12, 50, 68 | Sí | $10^{-5} - 10^{-6}$ | Alta | Replicación de la cadena retardada |
| Pol $\varepsilon$ | 251 | 12, 17, 59 | Sí | $10^{-6} - 10^{-7}$ | Alta | Replicación de la cadena conductora |

## Replicación de la cromatina

Las células eucariotas se enfrentan con un problema de la replicación del DNA que no hemos encontrado en nuestro tratamiento hasta ahora centrado en los sistemas bacterianos y de bacteriófagos, que es cómo trata el replisoma a la cromatina. Esta última debe desmantelarse por delante de las horquillas de replicación y reensamblarse en las cadenas hijas de DNA tras pasar una horquilla. Y, como tratamos en capítulos posteriores, la distribución de las partículas centrales a lo largo del DNA y sus patrones de modificación están lejos de ser aleatorios, lo cual apunta a un control de alto nivel del proceso de reensamblaje. Lo que conocemos se resume en la Figura 25.36. Los nucleosomas se desmontan por delante de la horquilla de replicación y luego vuelven a montarse en

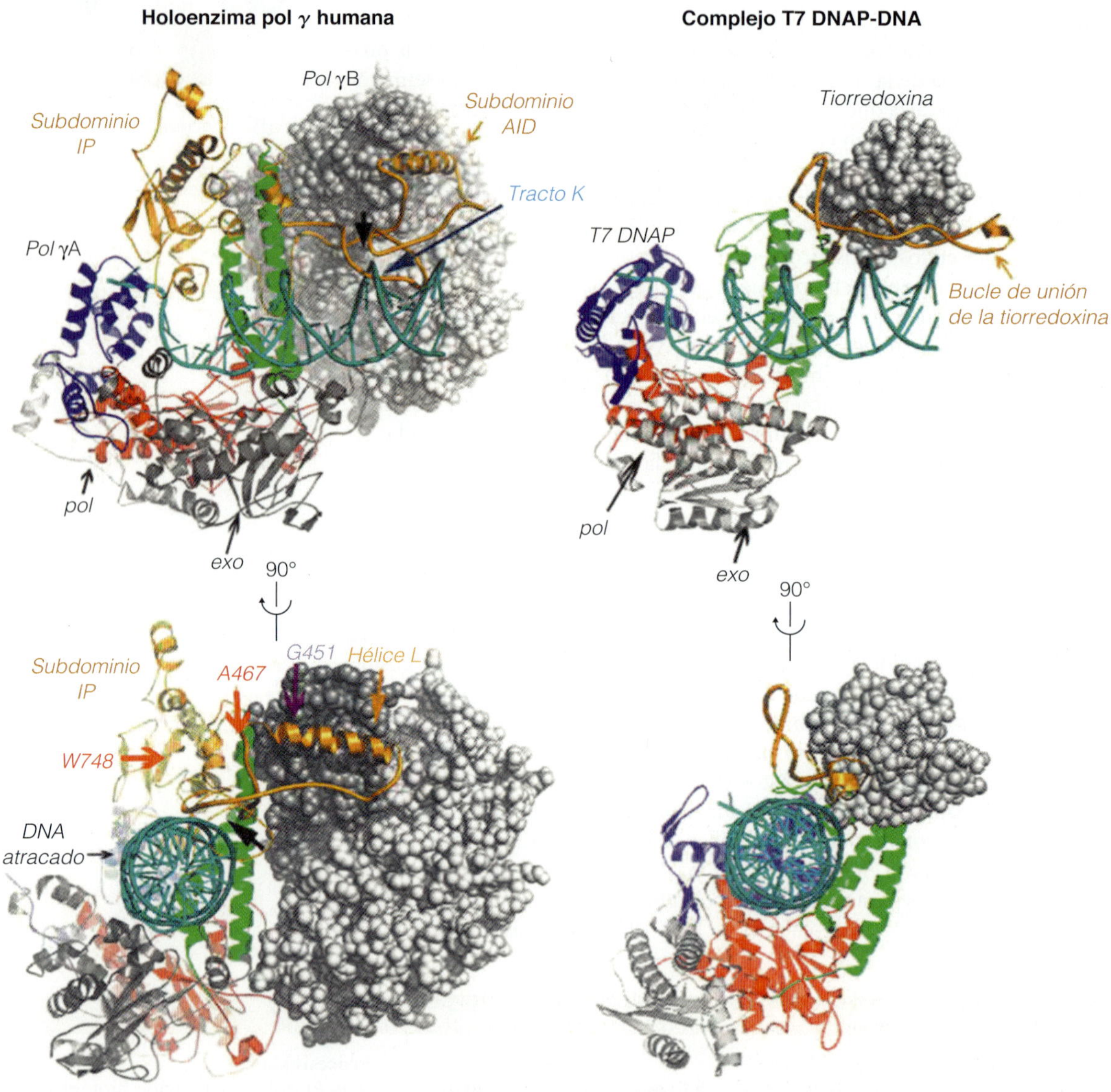


**FIGURA 25.35**

**Estructuras de las holoenzimas DNA polimerasa γ humana (izquierda) y DNA polimerasa del fago T7 (derecha).** Ambas enzimas se muestran formando complejo con el DNA. La estructura de la pol γ (PDB ID 3ILK y 3IKM) muestra dos dominios singulares (IP y AID, en oro) que participan en la unión del DNA. Obsérvese la semejanza de la localización de los dominios catalíticos polimerasa y 3′ exonucleasa. DNA polimerasa del fago T7 PDB ID 1T7P.

Reproducido de *Cell* 139:312-314, Y. S. Lee, W. D. Kennedy y Y. W. Yin, Structural insight into processive human mitochondrial DNA synthesis and disease-related polymerase mutations. © 2009, con permiso de Elsevier.

TABLA 25.3. Proteínas que realizan funciones análogas en la replicación del DNA

| Función | *E. coli* | Fago T4 | SV40/ser humano | Levadura |
|---|---|---|---|---|
| DNA polimerasa | Pol III central | gp43 | Pol $\delta$, Pol $\varepsilon$ | Pol $\delta$, Pol $\varepsilon$ |
| Primasa | DnaG | gp61 | Pol $\alpha$ | Pol $\alpha$ |
| Helicasa | DnaB | gp41 | Antígeno T de SV 40 | Proteínas MCM |
| Corrección de pruebas | Subunidad $\varepsilon$ de la holoenzima Pol III | gp43 | Pol $\delta$ | Pol $\delta$, Pol $\varepsilon$ 3′ exonucleasa |
| Abrazadera deslizante | Subunidad $\beta$ de la holoenzima Pol III | gp45 | PCNA | PCNA |
| Cargador de la abrazadera | Complejo $\gamma$ de la holoenzima Pol III | gp44/62 | Factor C de la replicación | Factor C de la replicación |
| Proteína de unión al DNA de una cadena | SSB | gp32 | Proteína A de la replicación | Proteína A de la replicación |
| Eliminación del RNA cebador | Pol I, RNasa H | Pol I de *E. coli* TNasa H de T4 | Pol $\delta$, FEN I | Pol $\delta$, FEN I |

ambas cadenas hijas. Las histonas preexistentes y las que se han sintetizado de nuevo se emplean en los nuevos nucleosomas, evidentemente con disposición aleatoria en las cadenas hijas. Hay una mezcla de moléculas de histona viejas y nuevas en las cadenas hijas, pero el proceso no es totalmente aleatorio. Los tetrámeros (H3/H4) suelen permanecer intactos, igual que los dímeros H2A/H2B. Este resultado concuerda con los resultados de los estudios *in vitro*; los tetrámeros $(H3/H4)_2$ y los dímeros H2A/H2B son estables cuando se liberan de los nucleosomas, pero el octámero no lo es.

No se conoce bien la respuesta a la pregunta mucho más importante de cómo se restablece la disposición precisa de los nucleosomas y las proteínas no histonas tras la replicación. En realidad, en algunos casos puede haber cambios de esta disposición. Así, por ejemplo, en las levaduras la histona H3 sintetizada de nuevo se acetila específicamente en la Lys-56, lo cual es importante para el ensamblaje de los nucleosomas y la estabilidad genómica durante la replicación. Estos cambios pueden explicar la observación que indica que la diferenciación de las células en el desarrollo embrionario tiene lugar normalmente en el momento de la división celular. Sin embargo, estos cambios deben estar *programados*, de forma que su existencia hace solo más complejo el problema.

El trabajo reciente indica que la conservación de modificaciones específicas de las histonas se altera en condiciones de tensión de la replicación, por ejemplo, daño del DNA molde o agotamiento de precursores del DNA. Esto puede conducir a cambios epigenéticos de la expresión de los genes, y se ha sugerido que estos cambios pueden ser, en parte, responsables de la transformación oncogénica.

## Iniciación de la replicación del DNA

Cuando nos planteamos cómo se inicia la replicación del DNA desde un origen, estamos haciendo tres preguntas relacionadas entre sí: (1) ¿Cuáles son las interacciones específicas de lugar DNA-proteína que desencadenan esta iniciación? (2) ¿Cómo actúan las proteínas tras la unión a las secuencias de origen? (3) ¿Cómo se controla el proceso? La iniciación parece ser el principal objetivo del control de la replicación; sin embargo, sabemos mucho menos sobre la iniciación de la replicación de lo que conocemos sobre la iniciación de la transcripción o de la traducción. Es evidente que los contactos intracelulares, de un tipo todavía no definido, conectan el aparato de replicación con otras estructuras celulares, con lo que la replicación del DNA se coordina con el ciclo celular. En los procariotas, es probable que la replicación se produzca en un lugar conectado con la membrana celular, mientras que la replicación del DNA de los eucariotas puede producirse en una estructura que contiene DNA y proteínas, denominada matriz nuclear (*véase* el Capítulo 24, página 1025). No se han determinado aún la naturaleza y la trascendencia de estas relaciones físicas. La mayor parte de los fenómenos de la replicación se han reproducido en sistemas acelulares solubles, sin componentes de la membrana ni de la matriz nuclear. En consecuencia, ha resultado difícil definir la función bioquímica de la membrana o de la matriz en la replicación.

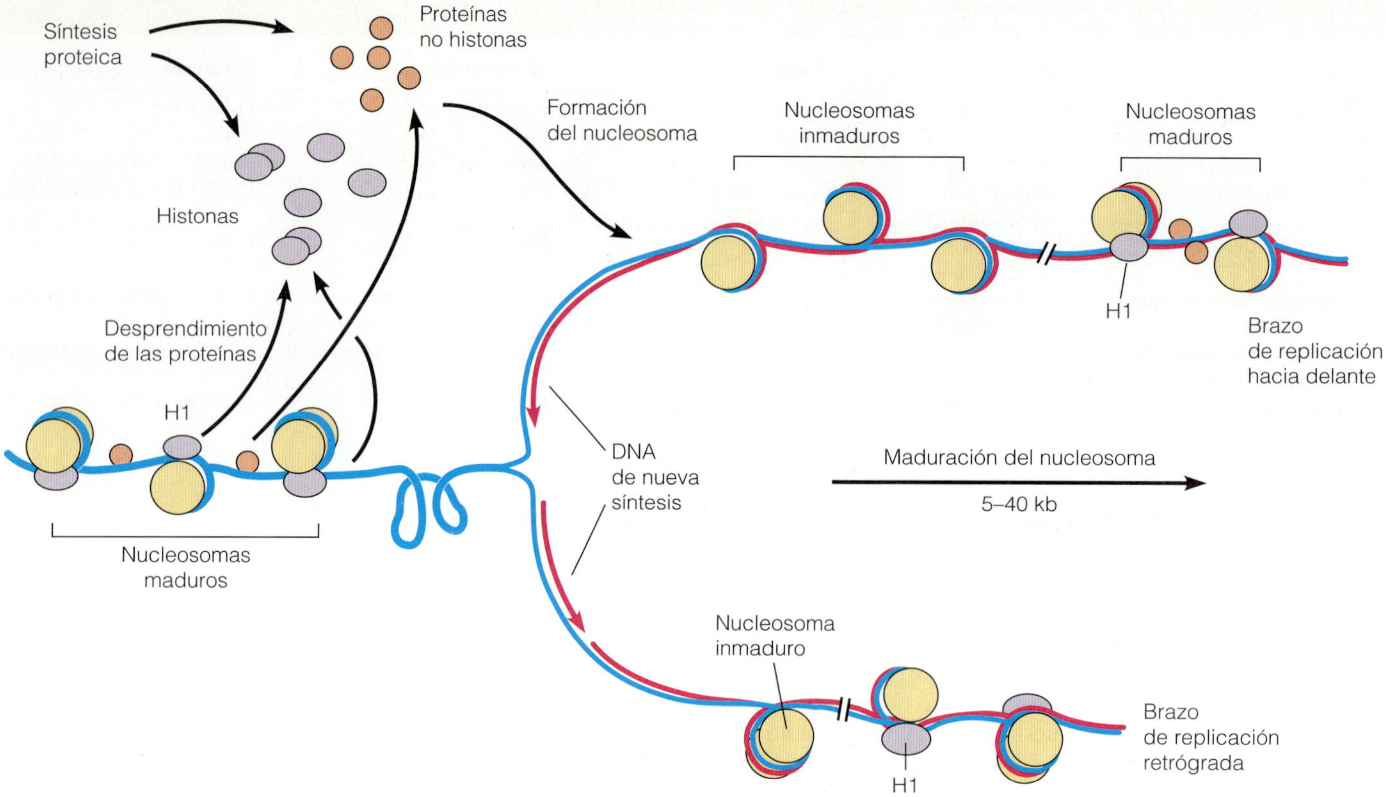


**FIGURA 25.36**

**Modelo de la replicación de la cromatina.** Los nucleosomas del DNA original se disocian a medida que la horquilla de replicación se aproxima a ellos y se vuelven a formar en las moléculas hijas recién sintetizadas, utilizándose las histonas viejas y recién sintetizadas. La maduración tiene lugar lentamente y no se restablece la organización completa hasta varios kilobases detrás de la horquilla que se desplaza. Por simplicidad, esta figura no muestra las proteínas activas en la horquilla de replicación.

## Exigencias para la iniciación de la replicación

Debido a que la replicación se inicia en unos orígenes fijos, hay dos exigencias para su iniciación: una secuencia de nucleótidos que una específicamente las proteínas de iniciación y un mecanismo que genere un extremo cebador al que la DNA polimerasa pueda añadir los nucleótidos. Se han aislado diversos orígenes de replicación de fagos, bacterias, plásmidos y orgánulos mediante clonación génica, y se han determinado sus secuencias de nucleótidos. En general, estos orígenes incluyen secuencias repetidas de una polaridad idéntica o contraria (**repeticiones directas** o **repeticiones invertidas,** respectivamente). Esta observación sugiere que las proteínas de iniciación se unen en múltiples copias.

Las dos formas más sencillas de generar un extremo cebador en el origen son, en primer lugar, mellar una cadena del dúplex parental para dejar expuesto un extremo 3′ hidroxilo, y en segundo lugar, desenrollar el dúplex parental y sintetizar un RNA cebador para exponer un terminal *ribonucleótido* 3′ hidroxilo. Los fagos $\phi$X174 y G4, que replican sus genomas de cadena única a través de un intermedio replicativo dúplex circular, inician la conversión de ese DNA intermedio en un DNA de la progenie de cadena, única haciendo una mella con una endonucleasa con especificidad de lugar, el producto vírico del gen *cisA*. En cambio, la replicación del DNA dúplex, en los casos en que se ha estudiado, se produce sin creación de mellas en el dúplex parental y con la síntesis de RNA cebadores.

## Iniciación de la replicación del DNA de *E. coli* en ori$^{C}$

La iniciación de la replicación del cromosoma de *E. coli* se conoce razonablemente bien, gracias a que la secuencia de origen se ha clonado en plásmidos cuya replicación a partir del origen puede estudiarse entonces *in vitro*. Esta secuencia de origen, denominada *ori*$^{c}$, tiene una longitud de 245 pares de bases. Contiene cuatro repeticiones de una secuencia de 9 pares de bases que une la proteína de iniciación, el producto del gen *dnaA*. A la izquierda de estos lugares, como se muestra en la Figura 25.37, hay tres repeticiones directas de una secuencia de 13 pares de bases que contiene una cantidad abundante de A y T, y que, por tanto, puede desnaturalizarse con facilidad. La secuencia contiene también lugares de unión para varias proteínas básicas (HU e IHF) que facilitan que el DNA se doble, un paso importante de la secuencia que conduce a la iniciación.

El paso 1 consiste en la unión de 10 a 20 moléculas de un complejo de la proteína DnaA y el ATP. La proteína se activa para este paso mediante la reacción con el fosfolípido cardiolipina, un proceso que puede representar una parte de la coordinación entre la replicación del DNA, la proliferación de la membrana y el reparto de cromosomas en la división celular. La unión de la DnaA, junto con las proteínas básicas, dobla el DNA de manera bastante brusca y crea una tensión superhelicoidal negativa. Esta tensión causa, a su vez, un desenrollamiento del DNA en las regiones de 13 pares de bases, con la apertura de un bucle corto de cadena única. Con la ayuda de la DnaC, otra proteína de iniciación, la helicasa DnaB, en el paso 2, se une a las dos horquillas de este bucle y la actividad helicasa continúa desenrollando esta estructura. En el paso 3 y en los pasos posteriores (que no se muestran), se une la primasa DnaG y se forman los RNA cebadores. Algunos de los primeros cebadores también pueden sintetizarse por la RNA polimerasa, la enzima de la transcripción. Una vez formados, los RNA cebadores se alargan por la DNA polimerasa III en ambas cadenas, conductora y retardada, y las dos horquillas del complejo de iniciación maduran, con una cadena conductora y retardada

La unión de proteínas, que hace que se doble el DNA en el origen, inicia la replicación del DNA dúplex. La tensión del doblado hace que se desenrolle el DNA cercano y se ensamblen los primosomas en las horquillas, formando los RNA cebadores, que son alargados por las DNA polimerasas.

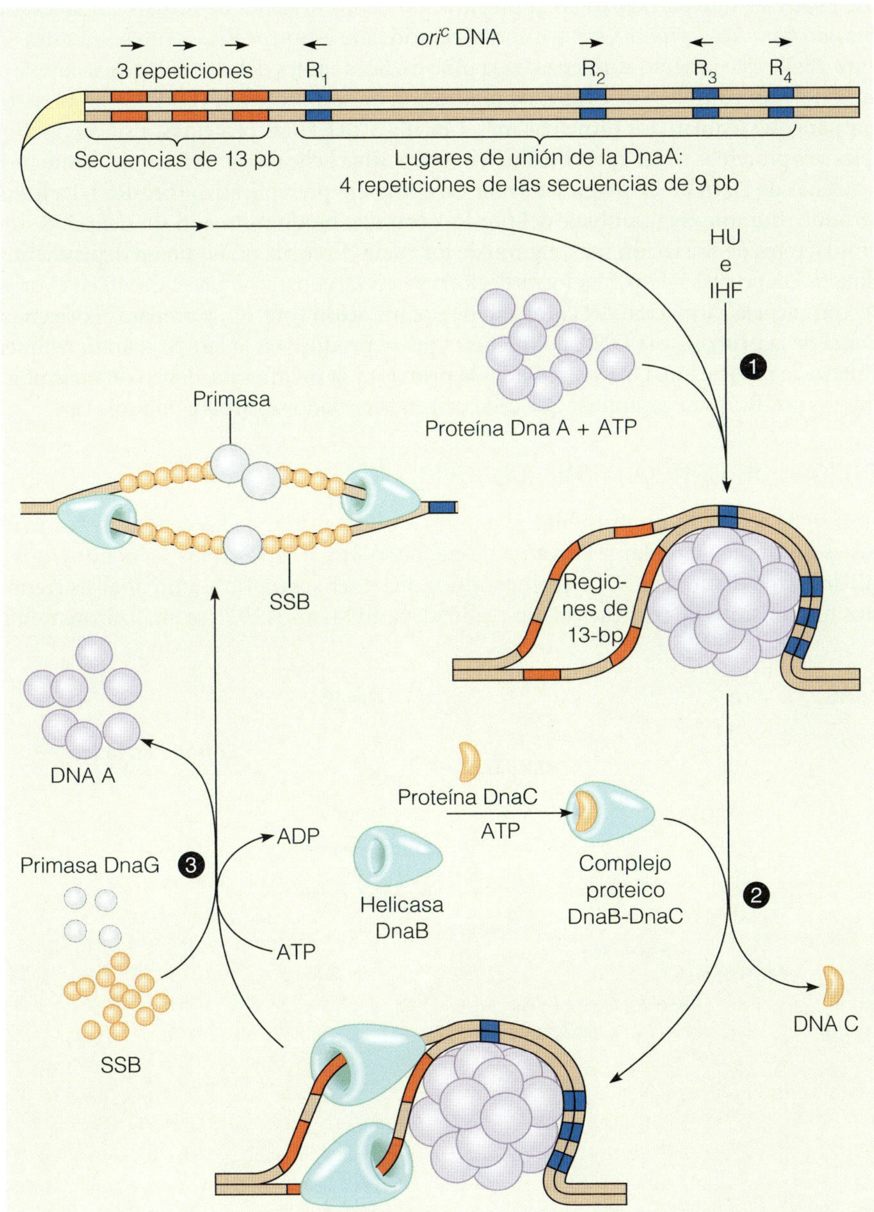


**FIGURA 25.37**

**Modelo de iniciación de la replicación del DNA de *E. coli* en *ori*$^{c}$.** HU e iHF son proteínas de unión al DNA de doble cadena que facilitan que el DNA se doble en el origen.

Rediseñado de *Annual Review of Genetics* 26:447-477, T. A. Baker y S. H. Wickner, Genetics and enzymology of DNA replication in *Escherichia coli*. © 1992 Annual Reviews.

en cada horquilla. Este es un mecanismo general de iniciación de la replicación del DNA cromosómico.

## Iniciación de la replicación eucariota

Con algunas excepciones los organismos procariotas tienen un único origen de replicación en un único cromosoma. Bastante más compleja es la célula eucariota característica, con miles de orígenes de replicación distribuidos en muchos cromosomas, con el «disparo» en distintos momentos de la fase S, y donde no se disparan todos los orígenes en un ciclo. Además, existe el problema de la «licencia» de cada origen de forma que no se dispara más de una vez en cada ciclo celular, para garantizar que se replica todo el genoma una vez y solo una vez.

Los primeros datos sobre los orígenes de replicación en las levaduras identificaron las *secuencias de replicación autónoma* (SRA), que son secuencias esenciales para la replicación de los plásmidos tras su introducción en las levaduras. Una SRA tiene varios centenares de pares de bases, con subsecuencias que llevan copias de la secuencia de consenso de 11 pares de bases 5′TTTTATATTTT3′. La composición con abundante AT sugiere que como con el *ori*$^{c}$ de *E. coli*, la iniciación comporta el desenrollamiento de la cadena en el origen.

La complejidad de la iniciación eucariota puede comprobarse al considerar el número de proteínas que participan en la preparación de los orígenes de disparo en la levadura *Schizosaccharomyces prombe*, y el tiempo necesario para este proceso. Como se muestra en la Figura 25.38, este proceso comienza en la mitosis, horas antes del comienzo de la fase S, con la unión de un complejo de origen de replicación de seis proteínas (ORC). Esto prepara el lugar para que se unan dos proteínas más, Cdc18 y Cdt1. Estas proteínas, a su vez, incorporan las seis proteínas Mem, que constituyen una posible helicasa para el desenrollamiento de las cadenas de DNA en el origen y formar un complejo prereplicativo (pre-RC). La licencia se produce durante el ensamblaje del pre-RC, con una bioquímica aún sin definir. Se unen varios factores de iniciación más, alguno de los cuales fosforila una quinasa dependiente de ciclina (CDK) o Hsk1-Dfp1. La fosforilación es necesaria para cargar el Csc45 en el origen. Esto completa la formación del complejo de preiniciación (pre-IC) y prepara el origen para la carga de la primasa y la DNA polimerasa, que se produce en la fase S, cuando realmente comienza la replicación. Una vez situadas la primasa y la polimerasa, deben desensamblarse todos los pre-RC para garantizar que cada origen licenciado se dispare una sola vez.

## Replicación del DNA mitocondrial

Como se ha señalado previamente, el genoma mitocondrial de las células de los mamíferos es un dúplex circular relativamente pequeño (16 569 pb en los seres humanos), el cual, de forma distinta al DNA cromosómico, debe ser susceptible a un análisis riguroso de los mecanismos de replicación. En realidad, ya en los años 1970 se analizaron median-

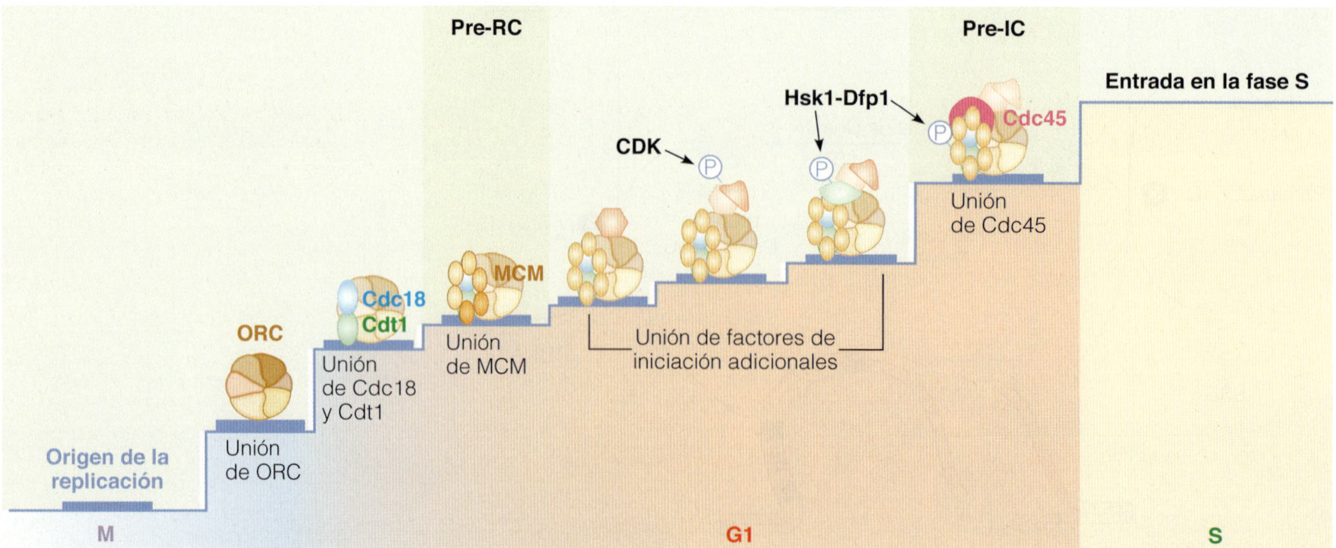


**FIGURA 25.38**

**Preparación de un origen de replicación para la iniciación en una levadura de fisión.** Los pasos escalonados de este proceso señalan lugares de regulación. En cada paso, las proteínas que se unieron en los pasos anteriores se muestran con imágenes difuminadas. *Véanse* en el texto más detalles.

Reproducido de *Cell* 136:812-814, E. Boye y B. Grallert, In DNA replication, the early bird catches the worm. © 2009, con permiso de Elsevier.

te microcopia electrónica los intermedios purificados de la replicación del mtDNA. Estos estudios apoyaron un proceso asimétrico poco habitual, el modelo de desplazamiento de cadena, que se expone en la Figura 25.39. En este modelo la replicación comienza desde un origen fijo en la cadena L o ligera. Sin embargo, solo se copia una cadena, mientras la otra se desplaza en forma de DNA de cadena única para originar un bucle D. Cuando la horquilla de replicación se ha desplazado unas dos terceras partes del genoma, se expone un origen en la cadena H desplazada, y se inicia una síntesis unidireccional de la cadena L en dirección contraria a la de la replicación de la cadena H, que continúa. Todo este proceso necesita aproximadamente una hora, lo cual es comparable a la velocidad relativamente lenta de la replicación del DNA nuclear de las células eucariotas.

En 2002 el modelo de desplazamiento de cadena fue cuestionado de acuerdo con los análisis de los intermedios de replicación del mtDNA obtenidos en la electroforesis bidimensional en gel de agarosa (Herramientas de la Bioquímica 25A), generando controversia sobre este tema. Más recientemente, se ha señalado que se incorpora *RNA* de forma masiva a través de la cadena retardada durante la replicación del mtDNA. Este RNA bien podría haberse perdido durante la purificación del mtDNA replicante en los primeros análisis de microscopía electrónica. Aún no se ha demostrado si este RNA actúa como cebador para la replicación de la cadena retardada, ni tampoco la posibilidad de que el mtDNA se replique mediante mecanismos bastante diferentes en distintas condiciones.

## Replicación de genomas lineales

Hasta ahora hemos considerado detalladamente solo la replicación de los genomas de DNA circulares. Los genomas lineales, entre ellos los de varios virus y los de los cromosomas de las células eucariotas, se enfrentan con un problema especial, que es cómo se completa la replicación de la cadena retardada (Figura 25.40). La eliminación de un RNA cebador del extremo 5′ de una molécula lineal dejaría un hueco que no puede llenar la acción de la DNA polimerasa, debido a la ausencia de un extremo cebador que alargar. Si este DNA no pudiera replicarse, el cromosoma se acortaría un poco con cada ciclo de replicación.

### Replicación de los genomas lineales de los virus

Los virus presentan, al menos, tres estrategias para resolver este problema. Los fagos T4 y T7 tienen una **redundancia terminal,** o duplicación de una pequeña parte del genoma en cada extremo del cromosoma. De este modo, puede producirse la recombinación en los extremos replicados de forma incompleta de dos moléculas de DNA nacientes, sin una pérdida de información genética (Figura 25.41a). Este proceso se repite en ciclos posteriores de replicación hasta que el agregado lineal terminoterminal (denominado **concatémero**) tiene una longitud de más de 20 veces la longitud de un único cromosoma del fago. En este momento, una nucleasa especificada por el virus corta este DNA gigante en fragmentos de la longitud del genoma que se empaquetan, a continuación, en las cabezas de los fagos.

El bacteriófago $\phi$29 y los adenovirus emplean una estrategia muy distinta. Los genomas de estos virus contienen secuencias repetidas invertidas en sus extremos. La replicación se inicia en un extremo del dúplex lineal, con una proteína denominada **proteína terminal,** que actúa como cebador. Esta proteína en el adenovirus reacciona con dCTP para formar un residuo de dCMP ligado covalentemente a través de su fosfato a un residuo de serina (Figura 25.41b). El dCMP actúa como cebador para la replicación de la cadena con extre-

**FIGURA 25.39**

**Modelo de desplazamiento de cadena de la replicación del DNA mitocondrial.** Se muestran en color marrón las cadenas originales pesada (H) y ligera (L). Las cadenas nuevas se muestran en azul y rosa.

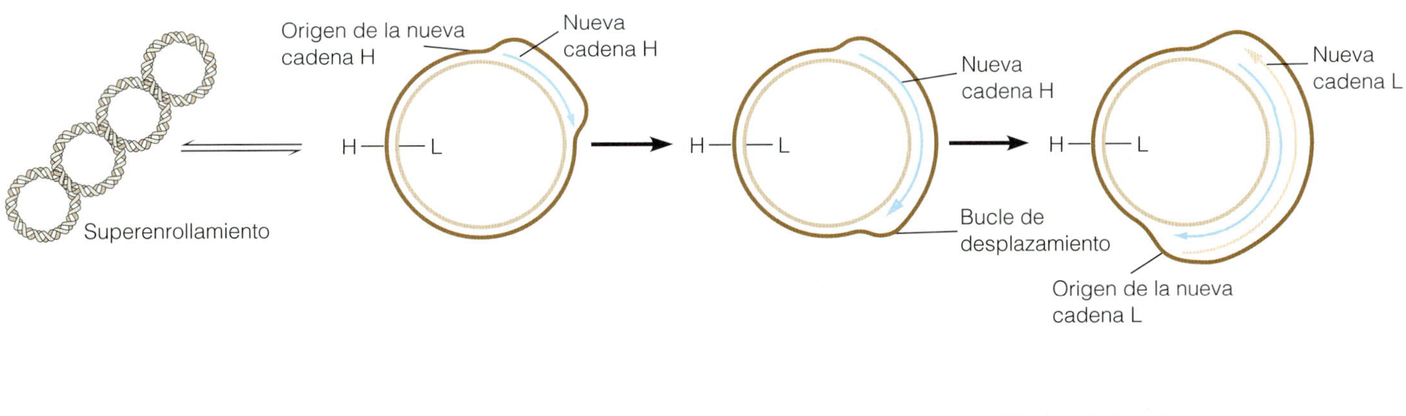

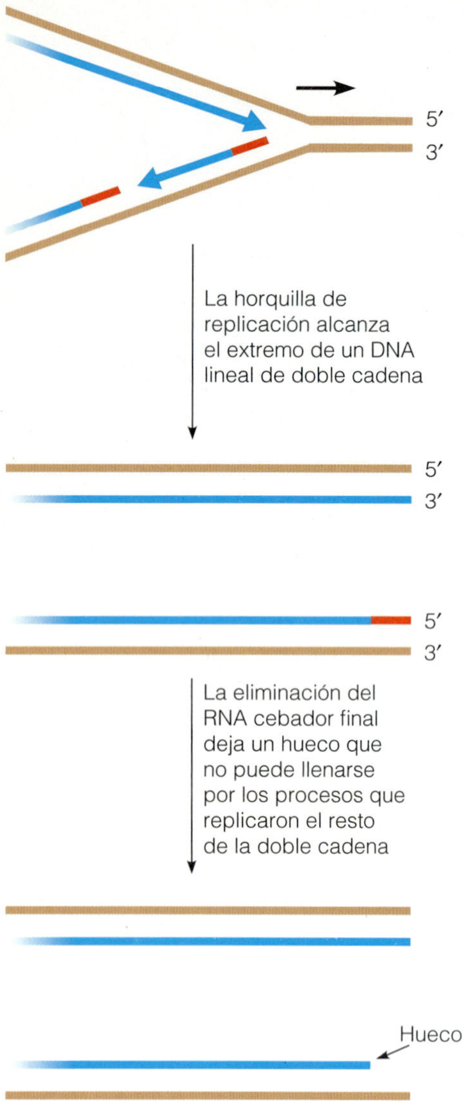


**FIGURA 25.40**

**Problema de completar el extremo 5′ al copiar una molécula de DNA lineal.**

La telomerasa añade segmentos cortos repetidos de DNA a los extremos de los cromosomas.

mo 3′, y el extremo 5′ es desplazado como una cadena única. Otro mecanismo es el que se utiliza en la replicación de los poxvirus, como el de la vacuna. Las dos cadenas de cada extremo de este genoma lineal están unidas covalentemente entre ellas. Cuando es abordada una estructura de este tipo por la horquilla de replicación, puede facilitar el movimiento de la cadena conductora *alrededor* del enlace entre las dos cadenas, de forma que el cebador de la cadena retardada final puede sustituirse por DNA como en un dúplex circular.

## Telomerasa

En las moléculas lineales de DNA de los eucariotas el problema del extremo de la replicación se ha resuelto por la adición de **telómeros** en los extremos de cada cromosoma. Como se mencionó en el Capítulo 24, el DNA telomérico consta de secuencias simples repetidas en tándem, como las de la Tabla 25.4. Habitualmente, una cadena tiene abundante G y la otra, C. La cadena con abundante G forma un saliente 3′ terminal, de unos 15 residuos. Estas secuencias se añaden repetidamente a los 3′ terminales de los DNA cromosómicos por medio de enzimas denominadas *telomerasas* (Figura 25.42). Esta elongación permite la posibilidad de que se una un cebador e inicie la síntesis de la cadena retardada en la otra cadena, manteniendo la longitud aproximada del cromosoma y evitando la pérdida de secuencias codificantes.

Téngase en cuenta que la telomerasa debe añadir nucleótidos sin utilizar un DNA cebador. Esto se realiza con la existencia, en cada molécula de telomerasa, de un oligonucleótido de RNA esencial complementario a la secuencia telomérica que se sintetiza, y así actúa como molde. Se ha especulado que la telomerasa es una reliquia evolutiva de una ribozima que una vez sirvió para catalizar la síntesis de DNA, un proceso asumido desde hace mucho tiempo por todas las proteínas polimerasas. Debido a su síntesis de DNA con molde de RNA, la parte proteica de la enzima, sin su RNA asociado, recibe el nombre más descriptivo de TERT (*Telomerase Reverse Transcriptase*; transcriptasa inversa telomerasa).

En 2008 se determinó la estructura cristalina de la subunidad catalítica TERT (Figura 25.43). El modelo del componente DNA y RNA en una gran hendidura de la proteína muestra un gran encaje, consistente con el mecanismo esbozado en la Figura 25.42.

En los últimos años ha quedado claro que los telómeros y la telomerasa tienen un significado de amplio alcance, además de su actuación práctica en la prevención del acortamiento del cromosoma. En primer lugar, es posible que las cadenas con abundante G típicas de los telómeros pueden ayudar en el apareamiento cromosómico al formar estructuras de cuatro cadenas denominadas cuadrúplex G (*véase* el Capítulo 4, página 117). Se han observado *in vitro*, muchas veces, estructuras secundarias de este tipo con oligo-G y se sabe que una proteína de unión de los telómeros favorece la formación de estas estructuras. En segundo lugar, hay una fuerte correlación entre el envejecimiento, la senescencia celular y la baja concentración de telomerasa. Los telómeros se acortan con la edad, tanto en los organismos como en las células en cultivo. Una vez que desaparecen los telómeros, los extremos de los cromosomas quedan desprotegidos y pueden tener lugar consecuencias perjudiciales, como uniones término-terminal de dos cromosomas.

Es importante tener en cuenta para las relaciones entre la telomerasa y el envejecimiento que las células en cultivo pueden «inmortalizarse» con la introducción de genes activos de la telomerasa. Estas observaciones, junto con el descubrimiento de que las células de los tumores malignos invariablemente tienen unas concentraciones elevadas de telomerasa, han estimulado un intenso interés en la inhibición de la telomerasa como un posible tratamiento del cáncer. El reto, por supuesto, es conocer cómo inhibir específicamente la telomerasa en las células cancerosas.

# Fidelidad de la replicación del DNA

La replicación del DNA es la más exacta de las reacciones catalizadas por enzimas que se conocen, tanto más notable dada la velocidad de la reacción, que se acerca a 1000 nucleótidos incorporados por segundo en las bacterias. A partir de las frecuencias espontáneas de mutación, que para todas las posiciones de un determinado gen ascienden a aproximadamente $10^{-6}$ por generación, podemos calcular la probabilidad de que un determinado residuo nucleótido se copie incorrectamente en alrededor de $10^{-9}$ a $10^{-10}$ por par de bases por ciclo de replicación. Alrededor de dos órdenes de magnitud de esta especificidad procede de la **reparación de mal apareamiento**, un proceso que reconoce y elimina los nucleótidos mal apareados y otras estructuras aberrantes, como los nucleótidos con bucles hacia afuera (*véase* el Capítulo 26). Sin embargo, esto significa que la reacción de la DNA polimerasa *per se* puede tener una fidelidad de hasta $10^{-7}$ errores por nucleótido incorporado y, de hecho, esto es lo que se observa (*véase* la Tabla 25.2).

## Corrección de pruebas 3′ exonucleolítica

La exactitud de la DNA polimerasa está determinada en el paso de inserción del nucleótido y en el paso de la corrección de pruebas 3′ exonucleolítica. Como se ha mencionado antes, la 3′ exonucleasa se posiciona para reconocer y eliminar los nucleótidos mal apareados antes de que la actividad polimerasa pueda añadir el nucleótido siguiente. Sin embargo, el análisis cristalográfico de las DNA polimerasas muestra que en la mayoría de las DNA polimerasas, el lugar exonucleasa está lejos del lugar polimerasa. En el fragmento Klenow, por ejemplo (Figura 25.7), deben desenrollarse ocho pares de bases para mover el nucleótido 3′ terminal en la cadena hija del lugar de la polimerasa al lugar de la exonucleasa. ¿Cómo se reconoce entonces un nucleótido mal apareado? ¿Cómo se mantiene una velocidad de polimerización alta si cada nucleótido que se incorpora debe desenrollarse de su molde para que sea inspeccionado?

La respuesta procede del análisis de la cinética de estado estacionario. Los experimentos del tipo de la Figura 25.44 muestran que la $K_M$ para el alargamiento de la cadena desde un mal apareamiento es alrededor de 1000 veces mayor que el alargamiento desde un término correctamente apareado. A concentraciones fisiológicas de dNTP, esto significa que el alargamiento desde un mal apareamiento es muy lento, y el retardo del alargamiento da tiempo al desenrollamiento parcial del molde-cebador, un proceso que coloca al cebador en el lugar exonucleasa (Figura 25.45). Por tanto, la actividad 3′ exonucleasa no tiene especificidad para un nucleótido mal apareado, sino que un nucleótido mal apareado tiene una probabilidad mucho mayor de alcanzar ese lugar que un nucleótido bien apareado.

## Especificidad de inserción de la polimerasa

En el modelo de Watson-Crick está implícita la idea de que la exactitud de la replicación del DNA está gobernada por los enlaces de hidrógeno que unen A con T y G con C. Sin embargo, la energía libre de la formación de un par de bases de Watson-Crick difiere de la formación de un mal apareamiento (A-C o G-T) en tan solo 4 a 13 kJ/mol. Esto corresponde a una diferencia de únicamente 100 a 1000 veces la energía de unión entre los pares de bases correctos y los incorrectos. En consecuencia, si la DNA polimerasa fuera completamente pasiva y solo incorporara el nucleótido que espontáneamente se asocia con una base del molde, los errores serían de aproximadamente un 0.1 a un 1.0 % de las ocasiones, lo cual refleja la abundancia relativa de las estructuras con apareamientos de bases correctos e incorrectos, tasas de error mucho mayores que las observadas, incluso cuando no tenga lugar la corrección de pruebas.

Los análisis de cinética preestado estacionario de las reacciones de la DNA polimerasa muestran que la unión de los dNTP a un complejo polimerasa-DNA precede a un cambio de conformación principal, que debe tener lugar antes de la «química», esto es, la formación y rotura de los enlaces químicos. Debajo se muestra un esquema cinético completo de la adición de un único nucleótido.

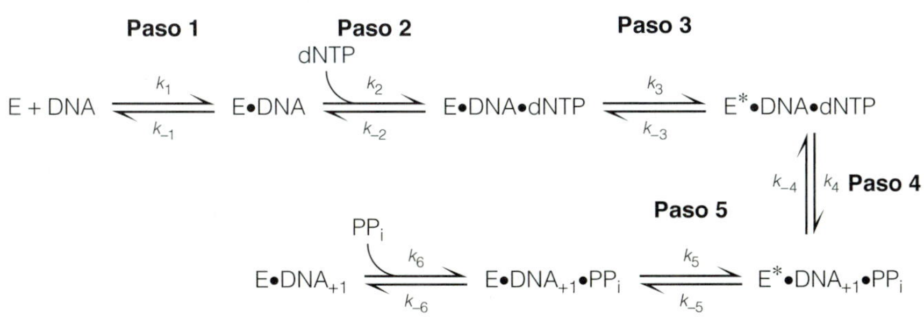




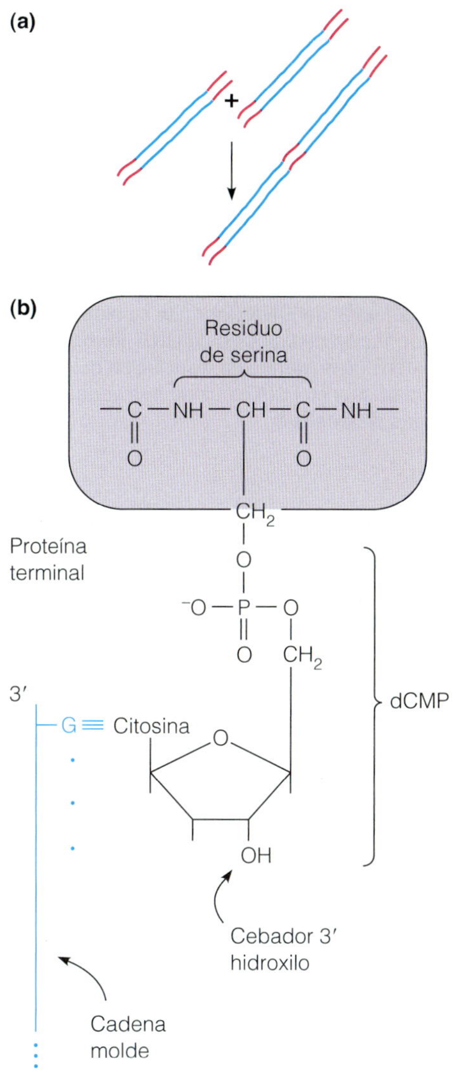


**FIGURA 25.41**

**Estrategias para replicar los genomas lineales. (a)** Recombinación entre los extremos redundantes de los cromosomas. **(b)** Utilización de un hidroxilo de una serina proteica como cebador.

**TABLA 25.4. Secuencias teloméricas repetidas representativas de varios organismos**

| Organismo | Repetición[a] |
|---|---|
| *Tetrahymena thermophila* (protista) | TTGGGG |
| *Saccharomyces cerevisiae* (levadura) | $T(G)_{2\text{-}3}(TG)_{1\text{-}6}$[b] |
| *Arabidopsis thaliana* (planta) | TTTAGGG |
| *Bombyx mori* (gusano de seda) | TTAGG |
| Ser humano | TTAGGG |

[a] Escrita en dirección 5′ → 3′.
[b] Las levaduras son diferentes ya que tienen repeticiones teloméricas algo variables.

**FIGURA 25.42**

**Extensión del DNA telomérico por la telomerasa. (a)** Reacción global. La telomerasa añade secuencias repetidas simples al extremo 3′ del DNA telomérico, por el mecanismo que se muestra parcialmente en (b). La adición de RNA cebador permite la síntesis de la cadena retardada, seguida del ligamiento y la eliminación del RNA. **(b)** Acción propuesta de la telomerasa. El RNA que transporta la telomerasa empareja el extremo 3′ del DNA y permite su extensión. La formación de un bucle de DNA permite la extensión posterior. La disociación de la telomerasa y su RNA continúa tras varias rondas de extensión.

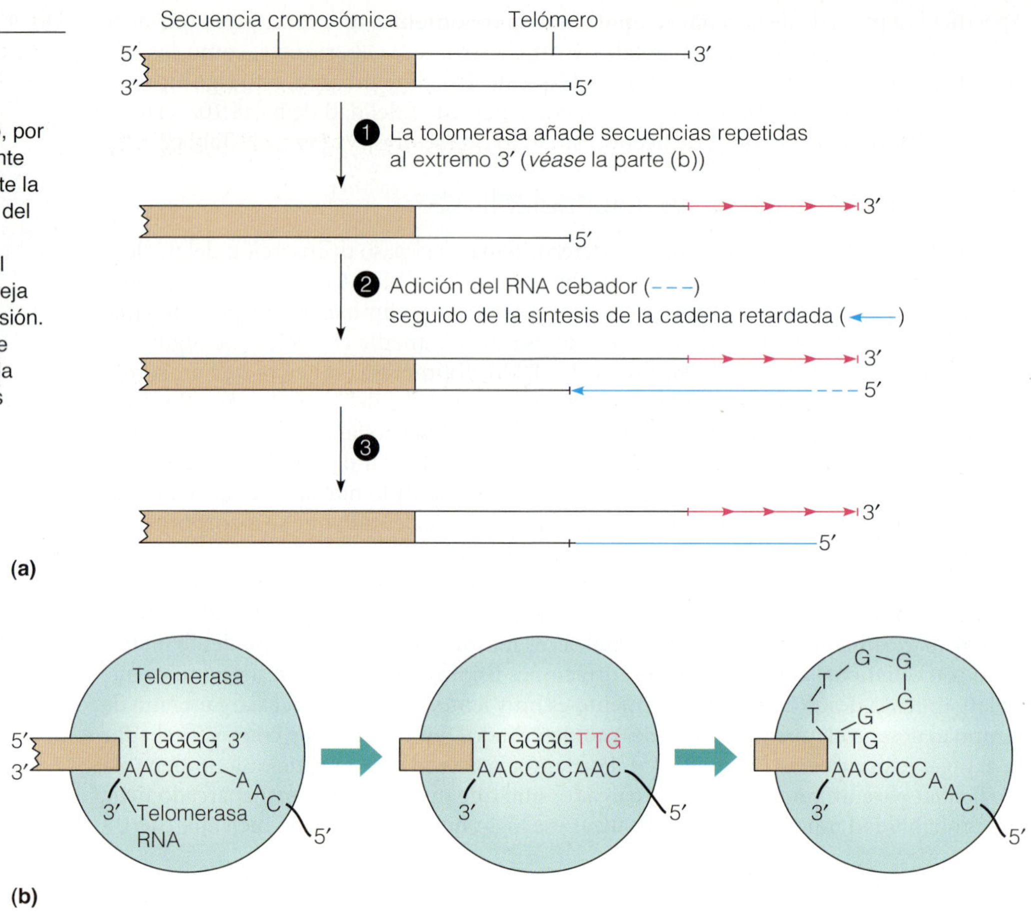


Para varias polimerasas la discriminación tiene lugar en ambos pasos, 2 (unión del dNTP) y 3 (cambio de conformación anterior a la química). El paso químico no es limitante de la velocidad y no contribuye a la discriminación. Las pruebas sugieren que el cambio de conformación que tiene lugar con un dNTP mal alineado distorsiona los residuos catalíticos en la enzima, de forma que es más probable la disociación del dNTP mal alineado.

¿Es la especificidad de los enlaces de hidrógeno suficiente para dar cuenta de la especificidad de la inserción? Esto se analizó mediante la síntesis de análogos de dNTP, que son geométricamente equivalentes a los dNTP naturales, pero que carecen de los átomos para formar enlaces de hidrógeno. En el margen de la página 1071 se muestra un ejemplo de un análogo de un dNTP. Aunque estos análogos son generalmente malos sustratos de la DNA polimerasa en términos de velocidades de reacción, en muchos casos muestran una discriminación comparable a los dNTP naturales; así por ejemplo, el análogo mostrado puede competir con los dNTP por la incorporación frente a un residuo de dAMP en el DNA molde. Así pues, la especificidad de las reacciones de inserción de la DNA polimerasa se debe a la forma de las moléculas de sustrato, así como a su capacidad de formar enlaces de hidrógeno. Probablemente también participen las interacciones de apilamiento de bases.

Al considerar la fidelidad de la replicación del DNA se ha prestado mayor atención a los errores de sustitución de un único nucleótido, en los que se incorpora inadecuadamente un nucleótido, que a otros tipos de errores, como las inserciones y las pérdidas. Son especialmente interesantes los errores como consecuencia de repeticiones de nucleótidos en un molde con múltiples repeticiones de trinucleótidos en tándem. Varias enfermedades genéticas comportan múltiples repeticiones de trinucleótidos en tándem. Así, por ejemplo, la enfermedad de Huntington es una enfermedad neurológica autosómica dominante con una edad de comienzo variable. En este trastorno una proteína del cerebro llamada **huntingtina** contiene un tramo de residuos de glutamina consecutivos, cada uno de ellos codificado por 5′CAG 3′. Las personas normales contienen en este lugar entre 6 y 31 glutaminas, mientras que las personas afectadas contienen hasta 80

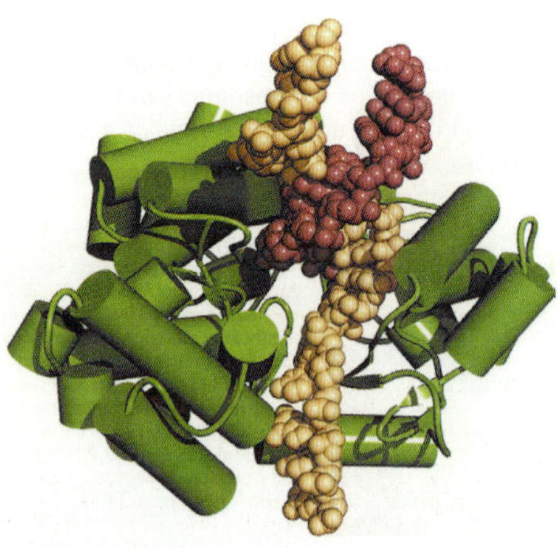

**FIGURA 25.43**

**Estructura cristalina de la subunidad catalítica de la telomerasa del escarabajo rojo de la harina**. El DNA y el RNA de la telomerasa están situados en la gran hendidura central.

Cortesía de Emmanuel Skordalakes, The Wistar Institute/UPENN.

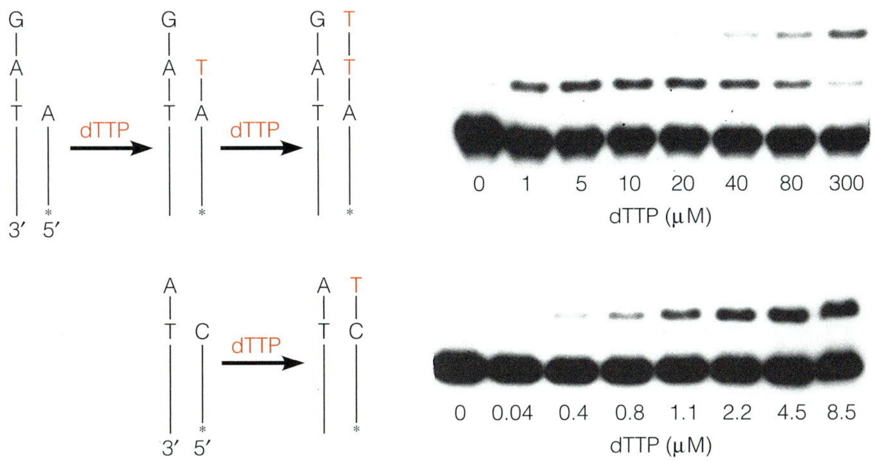


**FIGURA 25.44**

**Sistema *in vitro* para el estudio de la fidelidad de la replicación del DNA.** La cadena cebadora se marca radiactivamente en el extremo 5′ (indicado con un asterisco) y es la especie, de las marcadas radiactivamente, que migra más rápidamente. La dependencia de la concentración de dTTP para la extensión a partir de un nucleótido correctamente apareado (A en el par de bases A-T) se muestra en la parte superior, y la correspondiente a la extensión a partir de un apareamiento erróneo C-T se muestra en la parte inferior. El dTTP era el único dNTP presente durante las incubaciones. En cada caso, los productos obtenidos tras la incubación y desnaturalización se analizaron mediante electroforesis en gel de SDS-poliacrilamida y autorradiografía. En el cuadro superior se muestra que la velocidad de la extensión fue máxima, con dTTP 1 $\mu$M y que podía detectarse una nueva extensión a concentraciones de dTTP más elevadas. Sin embargo, como se muestra en el cuadro inferior, eran necesarias concentraciones de dTTP del orden milimolar para observar alguna extensión de cadena a partir del error de apareamiento.

Cortesía de Myron Goodman.

glutaminas o más. Parece probable que el número de repeticiones puede aumentar si una cadena de DNA producto se desliza durante un intervalo entre adiciones sucesivas de nucleótidos, formando un intermedio con una estructura de bucle hacia afuera. En el ejemplo que se muestra más abajo, la cadena de DNA producto (rojo) tendría tres codones más de glutamina que el sustrato.

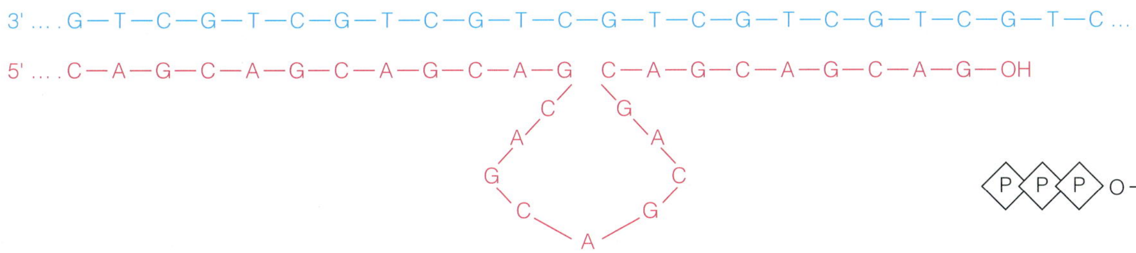


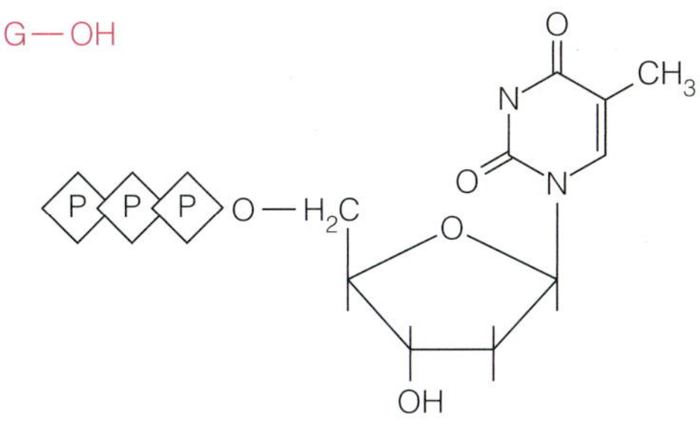


**dTTP**

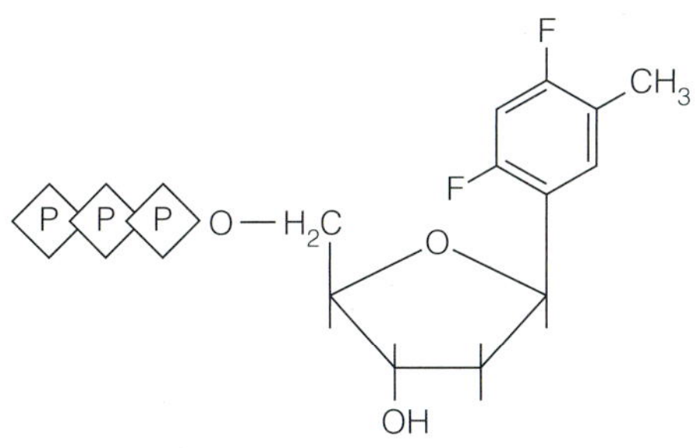


**Análogo geométrico de dTTP**

En la enfermedad de Huntington el conjunto de codones de glutamina se va haciendo más largo de generación en generación, con una edad de comienzo correspondiente más temprana. Cuando más largo es el conjunto, más temprana es la edad de comienzo de esta enfermedad invariablemente fatal.

Hasta hace poco todas las investigaciones sobre la fidelidad de la DNA polimerasa se han centrado en la incorporación de desoxirribonucleótidos incorrectos. Sin embargo, en 2010 se señaló que las DNA polimerasas de la replicación en levaduras incorporan *ribo*nucleótidos con tasas significativas. Dados los cocientes de discriminación que se observan *in vitro*, más el hecho de que las concentraciones de ribonucleósidos trifosfato intracelulares son mucho mayores que las de desoxirribonucleótidos trifosfato, se puede calcular que pueden incorporarse 10 000 moléculas de ribonucleótidos en el DNA de levaduras en cada ciclo de replicación. Los ribonucleótidos son eliminados por un proceso dependiente de la RNasa H, que es esencial para el mantenimiento de la estabilidad del genoma.

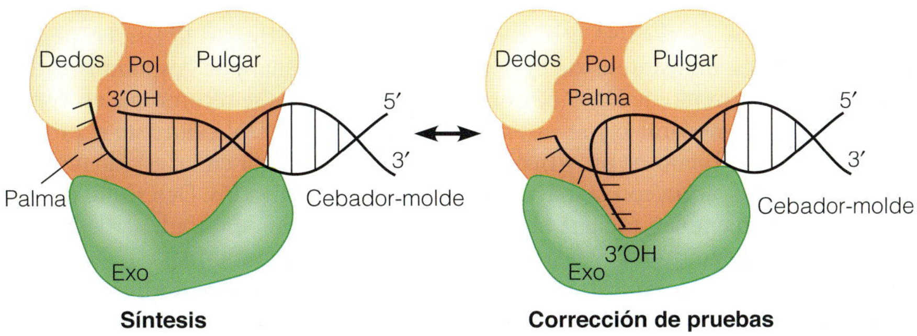


**FIGURA 25.45**

**Base cinética de la escisión preferente de los nucleótidos mal apareados por un lugar de la 3′ exonucleasa distante del lugar de la polimerasa.** El retraso de la extensión desde el mal apareamiento permite el desenrollamiento del dúplex en el extremo del cebador, y coloca el nucleótido 3′ mal apareado en el lugar exonucleasa.

Reproducido de *Cell* 92:295-305, T. A. Baker y S. P. Bell, Polymerases and the replisome: Machines within machines. © 1998, con permiso de Elsevier.

## Virus de RNA: la replicación de genomas de RNA

Concluimos este capítulo con unas pocas palabras sobre la replicación de los genomas víricos formados por RNA. Prácticamente todos los virus vegetales que se conocen contienen RNA en vez de DNA, al igual que ocurre con varios bacteriófagos y muchos virus importantes que infectan a animales, como el virus de la polio y los virus de la gripe. Los **retrovirus,** que son los causantes de muchos tumores y del síndrome de inmunodeficiencia adquirida (SIDA) contienen también genomas de RNA.

### Replicasas de RNA dependientes de RNA

La mayoría de los virus de RNA contienen un genoma formado por una única molécula de RNA de una sola cadena. Generalmente, este RNA es la cadena «con sentido» para la expresión de la información genética a nivel de la traducción. En otras palabras, la molécula de RNA que pasa de la partícula vírica a la célula infectada puede actuar directamente como RNA mensajero, sin tener que dirigir antes la síntesis de una cadena de RNA complementaria. Uno de los primeros productos de la traducción de este genoma entrante es la enzima **replicasa** o RNA polimerasa dependiente de RNA. Tras formar complejos con las subunidades polipeptídicas necesarias de la célula hospedadora, esta enzima replica el RNA entrante (cadena más) empezando por el extremo 3′. Así pues, la nueva cadena (cadena menos) se forma desde su extremo 5′ hacia su extremo 3′, en la misma dirección en que actúan las DNA polimerasas. Las cadenas menos recién replicadas sirven entonces de molde para la síntesis de las cadenas más, que se empaquetan en los **viriones** de la progenie o partículas víricas. Intervienen otros mecanismos más complejos cuando el genoma de RNA es de doble cadena o está segmentado (tres o cuatro moléculas de RNA separadas) o cuando el RNA del virión es él mismo la cadena menos (los virus de esta última clase se llaman **virus de cadena negativa**).

Las tasas de mutación rápidas de los virus de RNA se deben, en gran parte, a que los mecanismos de replicación del RNA no incluyen corrección de pruebas para detectar nucleótidos mal apareados.

Las replicasas de RNA conocidas carecen de actividad de corrección de pruebas, por lo que no resulta sorprendente que la replicación del RNA vírico tenga una tendencia a los errores muy superior a la de la replicación del DNA, y que los virus de RNA sufran mutaciones y evolucionen de manera mucho más rápida que los organismos a los que infectan. Estas características están claramente relacionadas con la patogenia vírica, en parte porque una población de virus que infecta a una planta o a un animal puede sufrir cambios con tanta rapidez, que puede evadir o contrarrestar los mecanismos de defensa del hospedador.

### Replicación de los genomas de los retrovirus

Se utilizan estrategias diferentes para la replicación del genoma en la acción de los retrovirus, que reciben este nombre debido a la presencia de una enzima especial, la **transcriptasa inversa.** En esta clase de virus, el genoma de RNA de una sola cadena consigue latencia (capacidad de permanecer en una célula hospedadora durante un periodo de tiempo prolongado sin causar efectos patológicos), mediante la creación de una copia de DNA de sí mismo y la inserción de dicha copia en el genoma de la célula hospedadora. La copia de DNA la realiza la transcriptasa inversa, una enzima multifuncional que se empaqueta en los viriones y que entra en la célula infectada junto con el genoma del virus. Como se muestra en la Figura 25.46, la transcriptasa inversa utiliza el RNA del virus como molde para la síntesis de una cadena de DNA complementaria, actuando como cebador una molécula de RNA de transferencia específica (paso 1). Una actividad RNasa H de la enzima digiere, entonces, parcialmente el RNA (paso 2), y la estructura forma un círculo mediante apareamiento de bases DNA-RNA (paso 3). La cadena de DNA naciente se alarga alrededor del círculo, y el tRNA cebador se elimina por la actividad RNasa H (paso 4). Se produce, entonces, una síntesis de desplazamiento de cadena, y se desplaza la cadena de RNA (paso 5). El círculo de DNA de doble cadena resultante se recombina, así con un lugar en un DNA cromosómico y se inserta linealmente en ese DNA durante el proceso. En estas condiciones, el genoma provírico integrado puede persistir en un estado no infeccioso durante muchos años, con la mayoría de sus genes desactivados. Determinados factores de tensión ambientales, todavía no determinados, pueden desencadenar la escisión del genoma vírico integrado, y la vuelta del virus a un estado infeccioso.

Como se señaló en el Capítulo 22, cuando se presentó la azidotimidina (AZT), la transcriptasa inversa del virus de la inmunodeficiencia humana (VIH), el virus que cau-

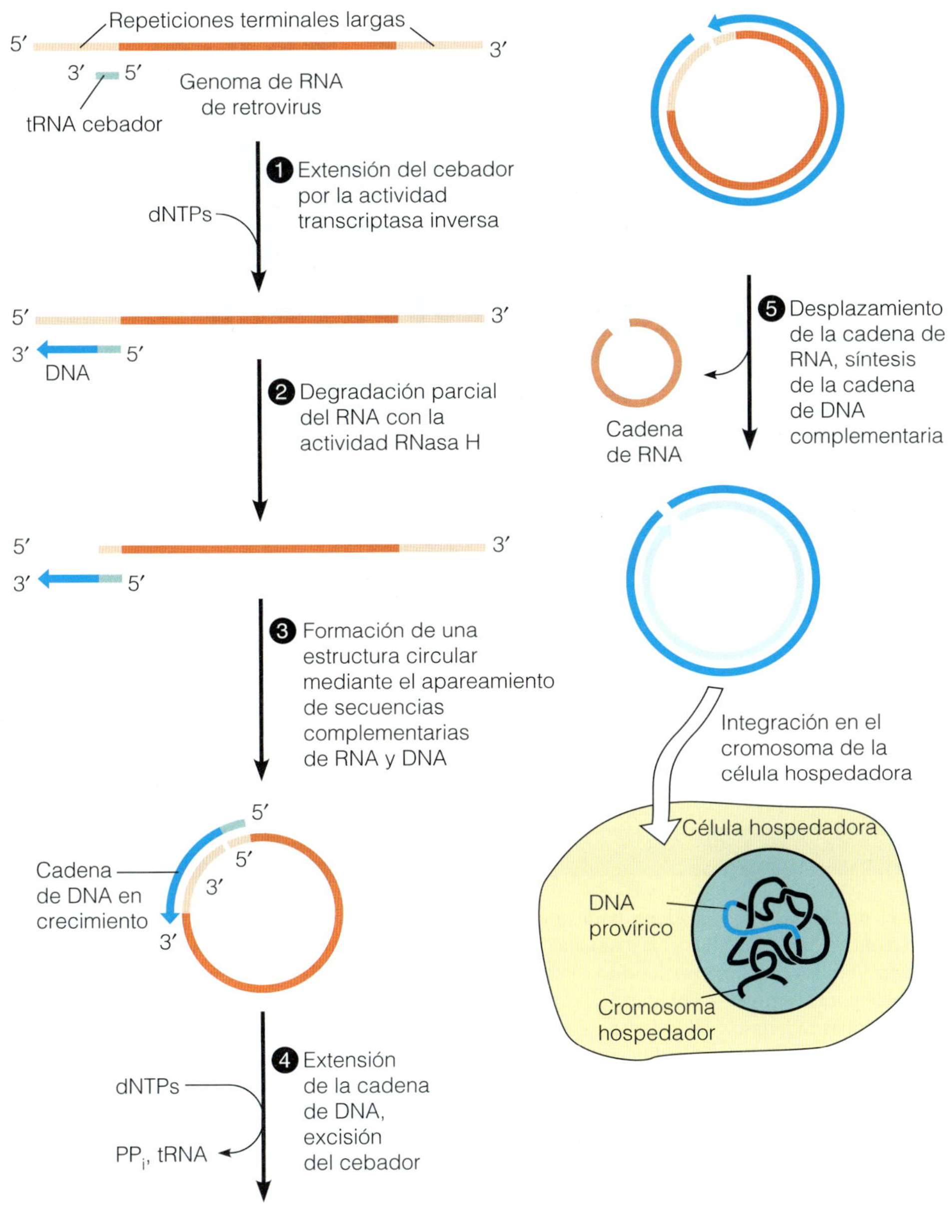


**FIGURA 25.46**

**Esquema simplificado del ciclo de vida de un retrovirus.** El genoma de RNA contiene repeticiones terminales largas, a una de las cuales se une una molécula de tRNA. La extensión del cebador, la digestión parcial del RNA y la formación de una estructura circular generan un sustrato para una síntesis amplia de DNA. Por último, se forma una molécula de DNA dúplex circular, y este es el sustrato probable para la integración en un cromosoma del hospedador. Algunos datos recientes sugieren que deben interactuar dos moléculas de RNA de virus en los pasos 2 o 3.

sa el SIDA, constituye un posible objetivo evidente del tratamiento antiviral. En consecuencia, se ha dedicado una intensa investigación a la estructura de esta enzima, con objeto de diseñar inhibidores basados en la estructura del lugar activo. La enzima es un dímero, con una subunidad de 51 kilodalton y otra de 66 kilodalton. Ambas subunidades las produce el mismo gen (*véase* la Figura 25.47). La de menor tamaño, que procede de la degradación proteolítica de la subunidad mayor, se colapsa alrededor de la subunidad grande, protegiéndola de la degradación. Como se ve con las DNA polimerasas dependientes de DNA, la subunidad grande forma una «mano» que sujeta al DNA. El análisis de la estructura del dímero muestra que los lugares de la polimerasa y de la RNasa H están separados por unos 20 nucleótidos (Figura 25.47). Esta relación estructural coordina las dos actividades, produciéndose una inserción de un nuevo nucleótido simultáneamente con la escisión de un ribonucleótido de la cadena de RNA del híbrido. Una de las grandes dificultades que comporta el diseño de vacunas contra el VIH deriva de la ausencia de una exonucleasa de corrección de pruebas en la transcriptasa inversa del VIH. Ello hace que se produzcan errores de replicación frecuentes y una elevada tasa de mutagénesis espontánea, que permite al virus generar variantes resistentes a los anticuerpos contra el virus producidos mediante la vacunación.

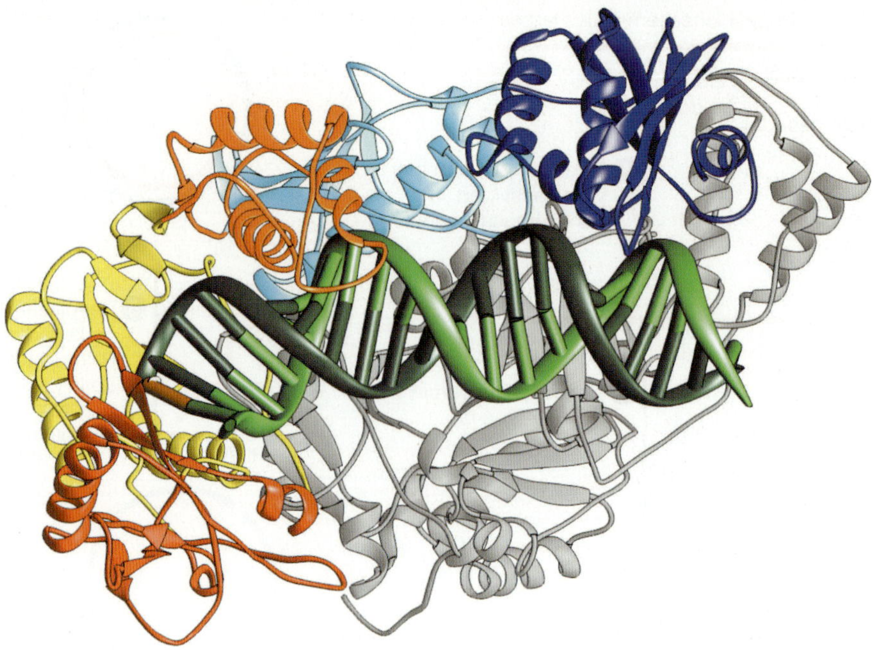

FIGURA 25.47

**Estructura de la transcriptasa inversa del VIH.** La enzima se cristalizó en presencia de un complejo cebador-molde y un análogo del sustrato (un didesoxirribonucleósido trifosfato) posicionado en el extremo 3´ del cebador. La subunidad p66 se muestra en color, con los dedos, en rojo; la palma, en amarillo; el pulgar, en naranja; un dominio de conexión, en azul; y el dominio RNasa H, en púrpura. La subunidad p51 aparece en gris y el nucleótido sustrato (parte inferior izquierda), en marrón. PDB ID 1RTD.

De *Science* 282:1669-1675, H. Huang, R. Chopra, G. L. Verdine y S. C. Harrison, Structure of a covalently trapped catalytic complex of HIV-1 reverse transcriptase: Implications for drug resistance. © 1998. Reproducido con permiso de AAAS.

## RESUMEN

La replicación del DNA comienza en puntos fijos de los cromosomas. En la mayor parte de los casos, se forman dos horquillas de replicación como consecuencia de la iniciación. En cada horquilla se desenrollan las cadenas del DNA parental y cada una de ellas actúa como molde para la síntesis de una cadena hija, catalizada por la DNA polimerasa. Ambas cadenas, conductora y retardada de una horquilla, crecen en una dirección $5' \longrightarrow 3'$, lo cual implica que una de ellas debe crecer hacia atrás en segmentos cortos (fragmentos de Okazaki) a partir de la horquilla. Esa cadena, la cadena retardada, se alarga de manera discontinua, y cada segmento se inicia mediante un RNA cebador corto. Las enzimas y las proteínas del replisoma que propagan una horquilla de replicación son: la DNA polimerasa, que incorpora unidades de desoxirribonucleósido 5′-monofosfato procedentes de los sustratos dNTP; las abrazaderas deslizantes, que potencian la procesividad de la polimerasa; los cargadores de las abrazaderas, que enroscan las abrazaderas circulares sobre el DNA y también realizan la descarga de las abrazaderas; las helicasas, que desenrollan las cadenas del DNA original, utilizando la energía que proporciona la hidrólisis del ATP; la primasa, que sintetiza los RNA cebadores; la proteína de unión al DNA de cadena única, que estabiliza el DNA en la conformación de una sola cadena para que actúe como molde y facilita luego la renaturalización con las cadenas nacientes, a medida que se incorporan los desoxirribonucleótidos; y las topoisomerasas, que alivian las tensiones de torsión por encima de la horquilla y, en los procariotas, introducen un superenrollamiento negativo en el DNA producto. Las topoisomerasas descatenan (desligan) también las moléculas de DNA hijas al final de un ciclo de replicación, lo cual permite la segregación de los cromosomas. La iniciación de la replicación del DNA dúplex requiere la unión de proteínas a las secuencias de origen específicas, que hace que el DNA se doble y facilite la desnaturalización local del DNA al lado de los lugares de unión de las proteínas. Tras ello, se produce la unión y la actividad de una helicasa, que desenrolla más las cadenas del DNA parental y luego de una primasa, que sintetiza los RNA cebadores cortos, que son alargados por la DNA polimerasa. La gran exactitud de la replicación del DNA se mantiene, en gran parte. por la discriminación del sustrato en el paso de inserción del nucleótido y en parte, por una actividad 3′ exonucleasa que revisa el DNA recién replicado y elimina los nucleótidos 3′ terminales mal apareados. La replicación del RNA de los virus es mucho menos exacta, debido a la falta de actividad de revisión de las replicasas de RNA.

## BIBLIOGRAFÍA

### General

**Bates, D.** (2008) The bacterial replisome: Back on track? *Mol. Microbiol.* 69:1341-1348. Un resumen de las pruebas del enrollamiento del DNA a través de un replisoma estacionario.

**Kornberg, A.** y **Baker, T. A.** (1992) *DNA Replication*, 2ª ed. W. H. Freeman and Co., San Francisco. Cerca de dos décadas después de su publicación es aún una referencia excelente.

### DNA Polimerasas

**Foti, J. J.** y **Walker, G. C.** (2010) SnapShot: DNA polymerases I prokaryotes, and SnapShot: DNA polyrnerases II mammals. *Cell* 141:192-193 y 370-377. Información en tablas sobre las propiedades y funciones de cinco polimerasas eucariotas y catorce polimerasas de mamíferos.

**Johansson, E.** y **MacNeill, S. A.** (2010) The eukaryotic replicative DNA polymerases take shape. *Trends in Biochem. Sci.* 35:339-347.

Información actual sobre las estructuras de las prolimerasas eucariotas.

**Lee, Y-S., Kennedy, W. D.** y **Yin, Y. W.** (2009) Structural insight into processive human mitochondrial DNA synthesis and disease-related polymerase mutations. *Cell* 739:312-324. Estructura cristalina de la polimerasa 7 humana.

**Loeb, L. A.** y **Monnat, R. J.** (2008) DNA polymerases and human disease. *Nature Rev. Genetics* 9:594-603. Resumen excelente de las propiedades, la fidelidad y las funciones de las múltiples DNA polimerasas eucariotas.

**Nick McElhinny S. A., Gordenin, D. A., Stith, C. M., Burgers, P. M. J.** y **Kunkel, T. A.** (2008) Division of labor at the eukaryotic replication fork. *Molecular Cell* 30:137-144. Pruebas experimentales incisivas que establecen las funciones de pol $\delta$ y pol $\varepsilon$.

**Otras proteínas de la replicación**

**Bloom, L. B.** (2009) Loading clamps for DNA replication and repair. DNA Repair 8:570-578. Se tratan los mecanismos de carga de la abrazadera.

**Donmez, L.** y **Patei, S. S.** (2006) Mechanisms of a ring shaped helicase. *Nucl. Ac. Res.* 34:4216-4224. La gp4 helicasa-primasa de T7 puede ser la helicasa más estudiada desde el punto de vista del mecanismo.

**Froelich-Ammon, S. J.** y **Osheroff, N.** (1995) Topoisomerase poisons: Harnessing the dark side of enzyme mechanism. *J. Biol. Chem.* 270: 21429-21432. Una revisión de las topoisomerasas como dianas de los fármacos antibacterianos y antineoplásicos.

**Indiani, C.** y **O'Donnell, M.** (2006) The replication clamp-loading machine at work in the three domains of life. *Nature Rev. Mol. Cell Biol.* 7:757-761. Un tratamiento completo de los complejos de carga de la abrazadera.

**Karpel, R. L.** (1990) T4 bacteriophage gene 32 protein. En *The Biology of Non-Specific DNA-Protein Interactions*, editado por A. Rezvin, pp. 103-130, CRC Press, Boca Raton, Fla. Una revisión detallada de esta importante proteína.

**Langston, L. D., Indiani, C.** y **O'Donnell, M.** (2009) Whither the replisome. *Cell Cycle* 8:2686-2691. Una minirrevisión concisa y legible.

**Lohman, T. M., Thorn, K.** y **Vale, R. D.** (1998) Staying on track: Common features of DNA helicases and molecular motors. *Cell* 93:9-12. Las proteínas que se mueven a lo largo del DNA se parecen mecánicamente a otras proteínas que producen movimientos físicos dentro de las células.

**Nash, H. A.** (1998) Topological nuts and bolts. *Science* 279:1490-1491. Comentario a dos artículos en el mismo número de *Science* que describen la estructura cristalina y el mecanismo de la topoisomerasa I del ser humano.

**Nelson, S. W., Perumai, S. K.** y **Benkovic, S. I.** (2009) Processive and unidirectional translocation of monomeric UvsW helicase on single-stranded DNA. *Biochemistry* 48:1036-1046. Este artículo proporciona datos sobre el sistema del fago T4, que también nos ha enseñado mucho sobre el replisoma.

**Pulleyblank, D. E.** (1997) Of topo and Maxwell's dream. *Science* 277: 648-649. Comentario de los hallazgos sorprendentes que se exponen en el mismo número de *Science*, que señalan que las topoisomerasas de tipo II tienen una capacidad misteriosa para desenmarañar las moléculas de DNA, en lugar de alcanzar el equilibrio de las distribuciones de las topoisomerasas.

**Simonetta, K. R.,** y ocho coautores (2009) The mechanism of ATP-dependent primer-template recognition by a clamp loader complex. *Cell* 137:659-671.

**Wang, J. C.** (2009) *Untangling the double helix: DNA entanglement and the action of the DNA topoisomerases.* Cold Spr. Hbr. Press, Cold Spring Harbor, NY. Presentación actualizada de las topoisomerasas y la estructura terciaria del DNA por el descubridor de las topoisomerasas.

**Replicación del DNA eucariota**

**Burgers, P. M. J.** (2009) Polymerase dynamics at the eukaryotic replication fork. *J. Biol. Chem.* 284:4041-4045. Una minirevisión informativa del JBC.

**Cook, P. R.** (1999) The organization of replication and transcription. *Science* 284:1790-1795. Un argumento convincente de que las DNA y RNA polimerasas están organizadas dentro de las células en «fábricas» multiproteicas, a partir de las cuales se delinean los DNA moldes.

**De Lange, T.** (2010) Telomere biology and DNA repair: Enemies with benefits. *FEBS Letters* 584:3673-3674. Introducción a un número especial sobre los telomeros y las telomerasas.

**Gilson, E.** y **Géli, V.** (2007) How telomeres are replicated. *Nature Rev. Mol. Cell Biol.* 8:825-838. Una buena revisión de los mecanismos de la telomerasa.

**Holt, I. J.** (2009) Mitochondrial DNA replication and repair: All a flap. *Trends in Biochem. Sci.* 34:358-365. Un resumen de las pruebas a favor y en contra de varios modelos de replicación del mtDNA.

**Jasencakova, Z., Scharf, A. N. D., Ask, K., Corpet, A., Imhof, A., Almouzni, G.** y **Groth, A.** (2010) Replication stress interferes with histone recycling and predisposition marking of new histones. *Mol. Cell* 37:736-743. Consideraciones sobre la depuración de las histonas y su sustitución tras pasar el replisoma.

**Lowden, M. R., Flibotte, S., Moerman, D. G.** y **Ahmed, S.** (2011) DNA synthesis generates terminal duplications that seal end-to-end chromosome fusions. *Science* 332:468-471. Aberraciones cromosómicas que tienen lugar cuando la actividad telomerasa es baja o no existe.

**Reyes-Lamothe, R., Sherratt, D. J.** y **Leake, M. C.** (2010) Stoichiometry and architecture of active DNA replication machinery in *Escherichia coli*, *Science* 328:498-501. Contemplación del replisoma *in vivo* con enfoques de una sola molécula.

**Sidorova, J. M.** (2008) Roles of the Werner syndrome RecQ helicase in DNA replication. *DNA Repair* 7:1776-1786. Estudio del mecanismo de la helicasa que es defectuosa en una enfermedad humana importante.

**Víglasky, V., L. Bauer, L.,** y **Tlucková, K.** (2010) Structural features of intra and intermolecular G-quadruplexes derived from telomeric repeats. *Biochemistry* 49:2110-2120. Un análisis biofísico.

**Iniciación y terminación**

**Boye, E.** y **Grallert, B.** (2009) In DNA replication, the early bird catches the worm. *Cell* 136:812-814. Un comentario, pero en dos páginas; un buen resumen de la complejidad de la iniciación de la replicación eucariota.

**Gilbert, D. M.** (2010) Evaluating genome-scale approaches to eukaryotic DNA replication. *Nature Rev. Genet.* 11:673-684. Nuevos planteamientos para analizar la iniciación de la replicación en las células eucariotas.

**Mulcair, M. D., Schaefffer, P. M., Oakley, A. J., Cross, H. F., Neylon, C., Hill, T. M.** y **Dixon, N. E.** (2006) *Cell* 125:1309-1319. Una ratonera molecular determina la polaridad de la terminación de la replicación del DNA en *E. coli.* Una explicación de la polaridad de la terminación.

**Witz, G.** y **Stasiak, A.** (2010) DNA supercoiling and its role in DNA decatenation and unknotting. *Nucl. Aci. Res.* 38:2179-2133. Aspectos topológicos de la terminación.

**Fidelidad de la síntesis de los ácidos nucleicos**

**Goodman, M. F.** (1997) Hydrogen bonding revisited: Geometric selection as a principal determinant of replication fidelity. *Proc. Natl.*

*Acad. Sci. USA* 94:10493-10495. Comentario sobre el artículo de investigación del mismo número de la revista que describe la síntesis de DNA realizada con un análogo de dNTP que no forma enlaces de hidrógeno.

**Joyce, C. M.** y **Benkovic, S. J.** (2004) DNA polymerase fidelity: Kinetics, structure, and checkpoints. *Biochemistry* 43:14317-14324. Revisión que señala que las polimerasas varían considerablemente sobre su utilización de varios determinantes de especificidad.

**Nick McElhinny, S. A.** y ocho coautores (2010) Abundant ribonucleotide incorporation into DNA by yeast replicative polymerases. *Proc. Natl. Acad. Sci. USA* 107:4949-4954, and Genome instability due to ribonucleotide incorporation into DNA. *Nature Chem. Biol.* 6:774-781. Incorporación de ribonucleótidos, posiblemente la forma más abundante de daño del DNA.

**Tsai, Y-C.** y **Johnson, K. A.** (2006) A new paradigm for DNA polymerase specificity. Biochemistry 45:9675-9687. Conocimientos nuevos del mecanismo con el uso de floroporos sensibles a la conformación unidos a la DNA polimerasa.

**Transcriptasa inversa**

**Hare, S., Gupta, S. S., Valkov, E., Engelman, A.** y **Cherepanov, P.** (2010) Retroviral intasome assembly and inhibition of DNA strand transfer. *Nature* 464:232-237. La estructura de la integrasa de VIH debe ayudar en la búsqueda de nuevos fármacos antivirales.

**Kohlstaedt, L. J., Wang, J., Friedman, J. M., Rice, P. A.** y **Steitz, T. A.** (1992) Crystal structure at 3.5 Å resolution of HIV-1 reverse transcriptase complexed with an inhibitor. *Science* 256:1783-1790. La primera determinación estructural de una DNA polimerasa distinta de la polimerasa I de *E. coli.*

**Peliska, J. A.,** y **Benkovic, S. J.** (1992) Mechanism of DNA strand transfer reactions catalyzed by HIV-1 reverse transcriptase. *Science* 258: 1112-1118. Un análisis del mecanismo de esta importante enzima.

**Temin, H. A.** (1993) Retrovirus variation and reverse transcription: Abnormal strand transfers result in retrovirus genetic variation. *Science* 259:6900-6903. Uno de los codescubridores de la transcriptasa inversa argumenta que la variabilidad genética del VIH se debe a algo más que a la simple falta de una exonucleasa de corrección de pruebas.

## PROBLEMAS

1. Describa un enfoque experimental para determinar la *procesividad* de una DNA polimerasa, es decir, el número de nucleótidos incorporados por cadena por episodios de unión de la polimerasa.

*2. Tras la propuesta de Okazaki del crecimiento discontinuo de la cadena de DNA, hubo una gran controversia respecto a si las dos cadenas del DNA se sintetizan de manera discontinua o, ello solo ocurre en la cadena retardada. Evidentemente, no es necesario que la cadena conductora se sintetice en fragmentos, pero muchos investigadores observaron que los fragmentos de DNA con marcaje de pulso hibridaban con ambas cadenas del DNA original. Esta observación indicaba que las dos cadenas originales actuaban como molde para la síntesis de fragmentos cortos de DNA. Proponga un mecanismo alternativo mediante el cual la replicación de la cadena conductora genere fragmentos cortos y proponga una prueba experimental para su sugerencia (Pista: mire el Capítulo 26).

3. La densidad de flotación del DNA puede aumentarse mediante la incorporación de isótopos pesados estables, como $^{15}N$, o de análogos de bases, como el 5-bromouracilo. En este problema se le pide que calcule el incremento de densidad generado con cada técnica. En todos los cálculos la densidad del DNA de *E. coli* «ligero» es 1.710 g/mL. El contenido de G + C es 51 mol % (es decir, 51 moles de G + C por 100 moles de nucleótidos del DNA). Los pesos moleculares de las sales de cesio de los nucleótidos son los siguientes: dAMP, 445; dTMP, 436; dGMP, 461; dCMP, 421; 5-bromo-dUMP, 501.

   (a) Calcule la densidad de flotación del DNA de *E. coli* cuando todos los átomos de $^{14}N$ se sustituyen por átomos de $^{15}N$.

   (b) Calcule la densidad de flotación del DNA de *E. coli* cuando todos los residuos de timina se sustituyen por 5-bromouracilo.

4. Se añadió una mezcla de cuatro ribonucleósidos trifosfato marcados en $\alpha$ con [$^{32}P$] a células bacterianas permeabilizadas, que estaban replicando el DNA, y se efectuó un seguimiento de la incorporación en sustancias de alto peso molecular a lo largo del tiempo, con los resultados que se muestran en el gráfico. A los 10 minutos de incubación se añadió un exceso de 1000 veces, de ribonucleósidos trifosfato sin marcar, con los resultados que se presentan en el gráfico.

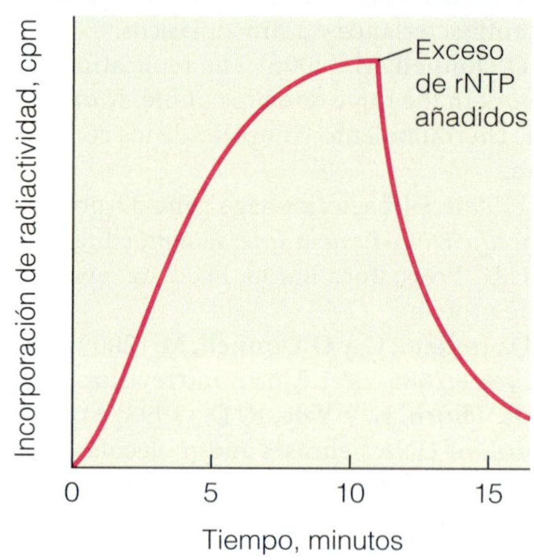


   (a) ¿Por qué se añadió el exceso de rNTP sin marcar?

   (b) ¿Cómo podría determinarse que la radiactividad se incorpora en forma de ribonucleótidos, en vez de proceder de una reducción a desoxirribonucleótidos, seguida de la incorporación?

   (c) ¿Qué información aporta el experimento respecto al proceso de replicación del DNA?

5. Los residuos de desoxiadenilato en el DNA sufren una desaminación con bastante facilidad, al igual que ocurre con los residuos de desoxicitidilato.

   (a) ¿Cuál es el producto de la desaminación del dAMP?

   (b) Se sabe que el producto de desaminación forma apareamiento de bases con A, C o T. ¿Cuáles serían las consecuencias genéticas de que este lugar desaminado del DNA no fuera reparado y de que se apareara con C en el siguiente ciclo de replicación?

6. El cromosoma de *E. coli* mide 1.28 mm. En condiciones óptimas, el cromosoma se replica en 40 minutos.

   (a) ¿Qué distancia recorre una horquilla de replicación en 1 minuto?

   (b) Si el DNA que se replica está en la forma B (10.4 pares de bases por vuelta), ¿cuántos nucleótidos se incorporan en 1 minuto en una horquilla de replicación?

(c) Si las células humanas en cultivo (como las células HeLa) replican 1.2 m de DNA durante una fase S de 5 horas y a una velocidad de la horquilla de una décima parte de la observada en *E. coli*, ¿cuántos orígenes de replicación deben contener las células?
(d) ¿Cuál es la distancia promedio, en kilopares de bases, entre estos orígenes?

7. La DNA ligasa es capaz de relajar el DNA circular superenrollado en presencia de AMP, pero no en su ausencia.
(a) ¿Cuál es el mecanismo de esta reacción y por qué depende del AMP?
(b) ¿Cómo podría determinarse que el DNA superenrollado se ha relajado realmente?

*8. Un artículo reciente indica que, en las células de los mamíferos, los genes que se expresan en una determinada célula se replican durante la primera mitad de la fase S, y los genes que no se expresan en esa célula se replican en la segunda mitad de la fase S. Describa brevemente un experimento que pudiera conducir a esta conclusión.

9. Aunque las DNA polimerasas requieren un molde y un cebador, se observó que el siguiente polinucleótido de cadena única actuaba como sustrato de la DNA polimerasa en ausencia de otro DNA adicional.

3′-OH ATGGGCTCATAGCCGGAGCCCTAA-
CCGTAGACCACGAATAGCATTAGG- p 5′

Indique la estructura del producto de esta reacción.

10. Recientemente se ha observado que la actividad 3′ exonucleasa de la DNA polimerasa I de *E. coli* no discrimina entre los nucleótidos con un apareamiento de bases correcto o incorrecto en el extremo 3′, y los nucleótidos con apareamientos de bases correctos e incorrectos se reparan a tasas iguales. ¿Cómo puede reconciliarse esta observación con el hecho de que la actividad 3′ exonucleasa aumente la exactitud con la que se copia el molde de DNA?

11. La 2′,3′-didesoxiinosina ha sido autorizada como fármaco contra el VIH. Proponga un mecanismo mediante el cual esta sustancia pudiera bloquear la proliferación del virus del SIDA.

12. Los mutantes de células de mamíferos resistentes a la afidicolina presentan con frecuencia alteraciones de la estructura de la DNA polimerasa $\alpha$ que hacen que esta enzima no sea sensible a la inhibición. Sin embargo, algunas células mutantes presentan alteraciones, no en la DNA polimerasa, sino en la ribonucleótido reductasa. ¿Cómo podría un cambio de esta última enzima causar un fenotipo resistente a la afidicolina?

13. El cromosoma de *E. coli* tarda 40 minutos para su replicación completa, incluso en una célula con una nutrición óptima. Sin embargo, las células bacterianas pueden dividirse con una frecuencia de hasta una vez cada 20 minutos. ¿Cómo pueden dividirse las células, aparentemente, con mayor rapidez con la que se copia su DNA?

*14. El DNA superenrollado es más compacto que el DNA relajado para el mismo peso molecular, y ello hace que el DNA superenrollado tenga una mayor movilidad electroforética. ¿Cómo se explica, pues, que el DNA superenrollado positivamente migre con mayor lentitud que el DNA relajado en el experimento que se muestra en la Figura 25.26? (Nota: lea Herramientas de la Bioquímica 25A antes de intentar responder a esta pregunta.)

15. Una alternativa al modelo que se presenta en la Figura 25.23 para la acción de las helicasas homodímeras es un modelo de «avance de gusano». En este modelo, la subunidad unida al DNA se mueve hacia adelante unos pocos pares de bases, desenrollándola al avanzar, y con el extremo 3′ unido a esa subunidad según se mueve hacia el extremo 5′ de la cadena unida. A continuación, la hidrólisis del ATP desencadena un cambio de conformación que conduce a la liberación del extremo 3′ del DNA sin desenrollar, de forma que el proceso puede repetirse como se muestra.

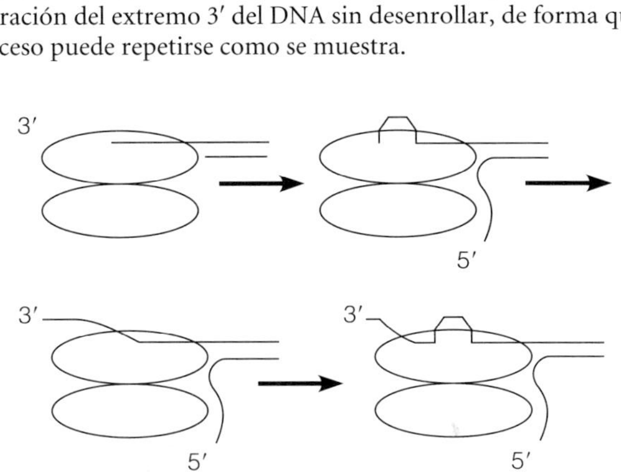


Identifique una diferencia entre este modelo y el de mano sobre mano de la Figura 25.23, que pueda utilizarse experimentalmente para distinguir los dos modelos.

16. Proponga un mecanismo mediante el cual una topoisomerasa de tipo II pueda utilizar la energía de la hidrólisis del ATP para rastrear una molécula grande de DNA y, de esta forma, deducir que la enzima catalizará, en gran medida, reacciones de «desenmarañamiento» (descatenación y desanudación).

17. La naturaleza exponencial de la PCR permite incrementos espectaculares de la abundancia de una secuencia de DNA que se amplifica. Considere una secuencia de DNA de 10 kpb en un genoma de $10^{10}$ pares de bases. ¿Qué fracción del genoma representa esta secuencia, es decir, cuál es la abundancia fraccionaria de esta secuencia en el genoma? Calcule la abundancia fraccionaria de esta secuencia diana tras 10, 15 y 20 ciclos de PCR, comenzando con DNA que representa el genoma completo y suponiendo que en el proceso no se amplifican otras secuencias del genoma.

18. Las mitocondrias aisladas de hígado de rata llevan a cabo la incorporación de los desoxirribonucleósidos trifosfato en el DNA mitocondrial mediante un proceso semiconservativo. Con este sistema o usando un sistema de cultivo celular,
(a) Bosqueje un planteamiento para determinar si el RNA que se forma durante la replicación del mtDNA son cebadores para la síntesis de DNA.
(b) Bosqueje un planteamiento para determinar si las horquillas de replicación del mtDNA se mueven unidireccional o bidireccionalmente.

19. Los desequilibrios de los precursores del DNA son mutágenos. Así por ejemplo, si se acumula dGTP, puede competir con dATP por la incorporación frente al dTMP en el molde, lo cual da una mutación de transición. Recientemente se ha señalado que un modesto aumento equilibrado de los cuatro dNTP, de unas tres o cuatro veces, estimula la mutagénesis de forma proporcional al cambio de la cantidad de dNTP. Describa un mecanismo mediante el cual se produzca esto.

20. Se aisló un plásmido de DNA y se observó mediante electroforesis en gel bidimensional que tenía varios topoisómeros, como se muestra en Herramientas de la Bioquímica 25A.
(a) Haga un dibujo con el patrón esperado en gel 2D tras el tratamiento de este DNA con una topoisomerasa I.
(b) Haga un dibujo con el patrón esperado en gel 2D tras el tratamiento de este DNA con una DNA girasa y ATP.

# HERRAMIENTAS DE LA BIOQUÍMICA 25A

## Análisis electroforético en gel bidimensional de topoisómeros del DNA

Cuando se analizan moléculas de DNA separadas mediante electroforesis en gel de agarosa (*véase* Herramientas de la Bioquímica 2A), el DNA se observa en el gel mediante la inmersión de este en un colorante fluorescente, como el **bromuro de etidio,** o EtBr.

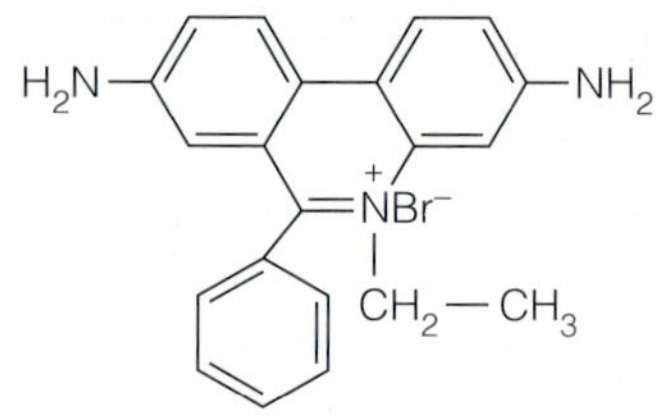

**Bromuro de etidio (EtBr)**

Este colorante se une al DNA dúplex mediante **intercalación;** la molécula es plana y tiene, aproximadamente, el tamaño de un par de bases, por lo que puede ajustarse entre dos pares de bases de DNA adyacentes, separándolas. La intercalación aumenta notablemente la fluorescencia de la molécula, y puede verse el DNA mediante la observación de un gel tratado con EtBr bajo luz ultravioleta.

Pero hay otra forma en que se utilizan los intercaladores, como el EtBr en la electroforesis. Si están presentes *durante* la electroforesis, pueden facilitar la distinción de los topoisómeros. Al forzar la separación de pares de bases adyacentes, el EtBr tiende a desenrollar la doble hélice. En el DNA en forma B, con alrededor de 10 pares de bases por vuelta, dos pares de bases adyacentes presentan una rotación de uno respecto al otro de 36° (360° para un giro completo). Una molécula de EtBr crea un desenrollamiento de unos 27°, que influye en las propiedades hidrodinámicas del DNA circular de la siguiente forma. Recuérdese del Capítulo 4 que *L*, el número de ligazón, es la suma de las vueltas creadas por el giro y el retorcimiento. La unión del EtBr reduce el número de vueltas necesarias para crear un dúplex sin constricción; reduce *T*, el giro. Dado que *L* no se modifica, a no ser que se rompa la molécula, el componente de retorcimiento se ve afectado: el número de vueltas dedicadas al retorcimiento aumenta. En otras palabras, el EtBr hace aumentar la superhelicidad positiva de la molécula. Así pues, una molécula infraenrollada tiende a relajarse, puesto que pierde superhelicidad negativa, mientras que una doble hélice cerrada relajada presenta superenrollamiento, y una molécula superenrollada aumenta aún más su superenrollamiento. La movilidad electroforética a través de un gel está en función de lo compacta que sea la molécula que migra, de manera que un dúplex relajado es menos compacto y, por tanto, migra más lentamente.

Puede analizarse la distribución de los topoisómeros en un DNA circular mediante una electroforesis en gel bidimensional, utilizando como primera dimensión el desplazamiento en un gel de agarosa ordinario, y como segunda dimensión, el desplazamiento en presencia de EtBr o de un colorante de intercalación semejante. Para el DNA del plásmido que se muestra en la Figura 25B.1a, estos topoisómeros incluyen dúplex con mellas, que están relajados, tanto si hay EtBr como si no lo hay, y que migran lentamente en ambas dimensiones. Para las moléculas con un ligero superenrollamiento, hay topoisómeros sobreenrollados e infraenrollados. Así por ejemplo, la especie marcada con 1 estaba inicialmente sobreenrollada y se ha enrollado más, como demuestra su movimiento en la segunda dimensión. La especie 6, en cambio, estaba infraenrollada y se desplaza más lentamente en la segunda dimensión, a pesar de que 1 y 6 tenían únicamente el mismo número de vueltas de superhélice (retorcimiento). Las demás especies estaban presentes inicialmente solo como topoisómeros infraenrollados. En la parte inferior (especies 18 y 22 y próximas) se encuentran los topoisómeros que no pudieron separarse en la primera dimensión, pero que se separan cuando se reduce el retorcimiento negativo en la segunda dimensión.

En la Figura 25A.1b, el plásmido analizado era idéntico, excepto por la inserción de una secuencia G-C alternada de 16 pares de bases que, en determinadas condiciones, forma el ZDNA (a izquierdas). La intercalación del colorante hace volver a este DNA a una hélice a derechas y ello afecta al número de vueltas de superhélice. Los topoisómeros marcados con 17 y 20 son especies que contenían el inserto con abundante GC en la conformación Z antes de la administración del colorante de intercalación.

### Bibliografía

**Peck, L. J.** y **Wang, J. C.** (1983) Energetics of B-to-Z transitions in DNA. *Proc. Natl. Acad. Sci. EE.UU.* 80:6206-6210.

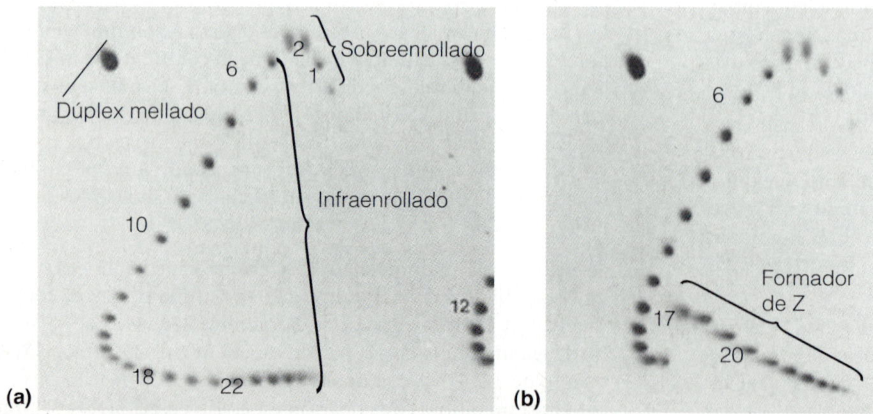


**FIGURA 25A.1**

**Análisis de electroforético bidimensional en gel de agarosa de topoisómeros circulares de DNA.** Se empleó el mismo plásmido para ambos análisis, excepto que el plásmido en **(b)** tenía un inserto de 16 pares de bases que forman el Z-DNA a izquierdas.

Cortesía de J. C. Wang..

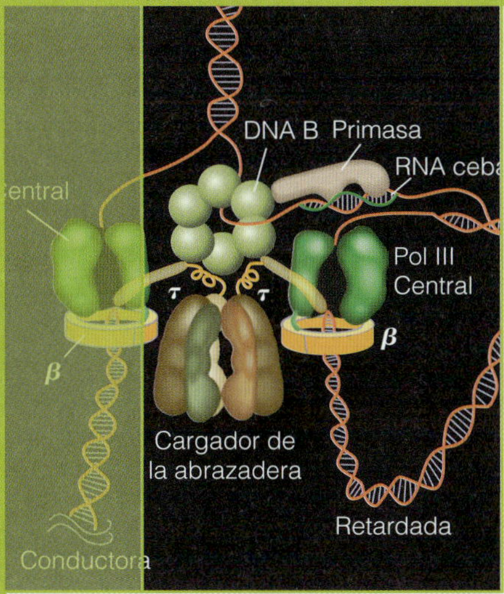


# CAPÍTULO 26

## Reestructuración del DNA: reparación, recombinación, reordenamiento, amplificación

**Nuestra atención se desplaza ahora desde el DNA** como *molde* de su propia replicación, al DNA como *sustrato* de numerosos procesos que clasificamos como **reestructuración de la información**. Siempre se ha pensado que el DNA está especialmente bien adecuado para su función de almacenamiento de la información genética, dada su estabilidad química. Sin duda, el hecho de que el DNA de los animales y de los seres humanos prehistóricos pueda aislarse y secuenciarse da fe de su estabilidad. Sin embargo, como todas las biomoléculas, el DNA está expuesto continuamente a agentes nocivos, como la radiación, los compuestos químicos ambientales y los agentes endógenos, como las especies reactivas de oxígeno. Además, el cambio químico se introduce en forma de errores durante la replicación normal del DNA. El cumplimiento de su función como depósito estable de la información genética requiere que la célula sea capaz de reparar eficazmente el daño sufrido por el DNA. Veremos que la recombinación genética, la rotura y la nueva unión de las moléculas de DNA, que originalmente se creía era un proceso que aseguraba la diversificación del genoma, también es una parte integral de algunos mecanismos de reparación. Finalmente, consideraremos la plasticidad del genoma en términos de la capacidad de segmentos del DNA para moverse de un punto a otro dentro del genoma o de un genoma a otro genoma o de experimentar una amplificación selectiva.

Desde el punto de vista del bioquímico, la reestructuración de la información es menos accesible que la replicación del DNA. La replicación es una ruta central que constituye un importante fenómeno metabólico en el curso de la vida de todas las células, y las actividades de las enzimas y las proteínas que intervienen en ella son relativamente elevadas. Como consecuencia de ello, su descubrimiento y caracterización, aunque elegantes, fueron bastante directos. En cambio, la reestructuración de la información se realiza mediante rutas cuantitativamente secundarias, con una cantidad de conversión de masa muy inferior por célula. La detección de las enzimas que participan en este proceso resulta, pues, más difícil. Así, por ejemplo, aunque la metilación del DNA tiene profundos efectos sobre la integridad o la expresión de los genes (*véase* el Capítulo 29), la metilación puede afectar solo a uno o unos pocos lugares de cada gen. Dado los bajos niveles de actividades con que se produce, el análisis de la metilación del DNA requiere técnicas experimentales mucho más sensibles que las utilizadas para el análisis de la replicación del DNA.

Los procesos que consideraremos en este capítulo son los siguientes: (1) las respuestas metabólicas al daño estructural del DNA, principalmente la mutagénesis y la reparación; (2) la recombinación, mediante la cual los contenidos de un genoma se redistribuyen, por ejemplo, durante la reproducción sexual; (3) los reordenamientos génicos, como las transposiciones de segmentos de DNA de un lugar de integración cromosómico a otro y la unión de segmentos de DNA de partes distantes de un genoma; y (4) la amplificación génica, un aumento del número de copias de segmentos concretos de DNA, que se produce como un proceso normal del desarrollo y como una respuesta a las tensiones

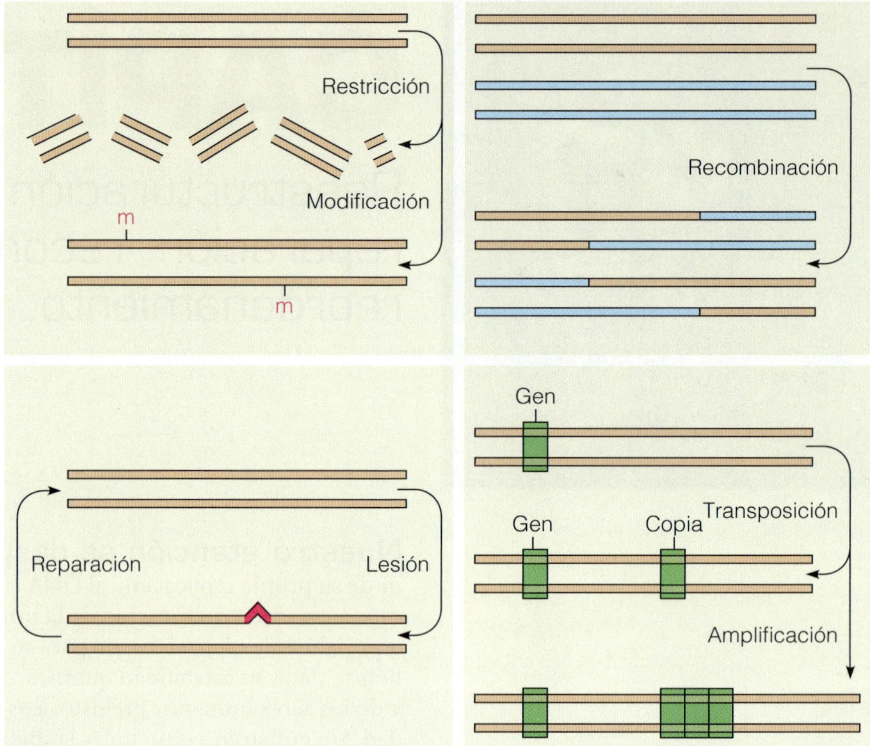


**FIGURA 26.1**

**Resumen de los principales procesos en la reestructuración de la información.** En el Capítulo 24 se han considerado la restricción y la modificación y en este capítulo se presentan los otros procesos.

ambientales (Figura 26.1). En conjunto, estos procesos son esenciales para la supervivencia de las células. En un sentido más amplio, la recombinación y los reordenamientos génicos son el origen de la mayor parte de la variabilidad genética en una población de células u organismos y, junto con la mutación, constituyen la base de los cambios evolutivos. Otros procesos importantes de reestructuración de la información, que no se producen a nivel del DNA, se describen en otras partes de este libro. Entre ellos se encuentran el corte y empalme alternativo y la revisión del RNA (*véanse* los Capítulos 27 y 29).

# Reparación del DNA

## Tipos y consecuencias del daño del DNA

En todas las macromoléculas biológicas se producen alteraciones químicas sin programar debidas a daños de causa ambiental o a errores de la síntesis. En la mayoría de las biomoléculas, como el RNA, las proteínas y los fosfolípidos de la membrana, los efectos de estas alteraciones se reducen al mínimo gracias al recambio y a la sustitución de las moléculas alteradas. Sin embargo, el DNA es diferente en este aspecto, en cuanto el contenido de su información debe transmitirse de manera prácticamente intacta de una célula a otra durante la división celular o la reproducción de un organismo. Así pues, el DNA tiene una especial necesidad de estabilidad metabólica. Esta estabilidad se mantiene de dos formas: mediante un proceso de replicación con una exactitud muy elevada, y mediante mecanismos que corrigen la información genética cuando el DNA se ha dañado. En el Capítulo 25 hemos descrito los mecanismos utilizados para garantizar la fidelidad elevada de la replicación. Aquí consideramos las tipos de lesiones ambientales y endógenas que tienen lugar y los diversos procesos que reparan esa lesión. Estos procesos son: la **reparación directa**, en la que una base del DNA dañada experimenta una reacción química o fotoquímica para restablecer la estructura original; (2) la **reparación por escisión del nucleótido**, en la que una sección del DNA que contiene un lugar dañado se corta y se sustituye con DNA normal, (3) la **reparación por escisión de base**, que comienza con la rotura del enlace glucosídico que conecta una base dañada al esqueleto azúcar-fosfato del DNA; (4) la **reparación de mal apareamiento**, un proceso que reconoce los malos apareamientos que se crean por errores de replicación, por recombinación no homóloga o por el daño a una base del DNA y corrige el error; (5) la **reparación del hueco en la cadena hija**, en la cual los dúplex de DNA que acaban de replicarse sufren una recombinación genética, que en última instancia elimina el segmento de DNA dañado; (6) la **síntesis translesión**, o reparación propensa a errores, en la cual el daño del DNA que bloquea las DNA polimerasas replicativas puede copiarse mediante DNA polimerasas especializadas, pero con frecuencia, inexactas; y (7) la **reparación de rotura de doble cadena**, en la que pueden volver a unirse los extremos cortados de un dúplex.

Algunas de las reacciones endógenas más relevantes que dañan al DNA son: (1) la despurinación, la ruptura hidrolítica del enlace glucosídico entre la desoxirribosa y una base púrica; (2) la desaminación, normalmente la conversión hidrolítica de un residuo de citosina del DNA en uracilo; (3) la oxidación, notablemente, la oxidación de guanina a 8-oxoguanina o de timina a glicol timina; y (4) la metilación no enzimática por la *S*-adenosilmetionina. Algunas de estas reacciones se muestran en la Figura 26.2, con una indicación de su frecuencia en las células de los mamíferos. Además, los errores de replicación representan muchos miles de nucleótidos de DNA mal apareados por día.

Los agentes ambientales que dañan el DNA son la radiación ionizante, la radiación ultravioleta, los reactivos de metilación del DNA, como la ***N*-metil-*N*′-nitro-*N*-nitrosoguanidina** (MNNG), los reactivos de entrecruzamiento del DNA, como el fármaco anticanceroso **cisplatino**, y los agentes electrófilos voluminosos, como el **benzo[*a*]pireno**, uno de los hidrocarburos cancerígenos del humo del tabaco. Hablaremos más sobre el daño inducido por estos agentes y los procesos de reparación que corrigen estos daños. Veremos que algunos de estos procesos de reparación son exactos, lo cual significa que se restablece

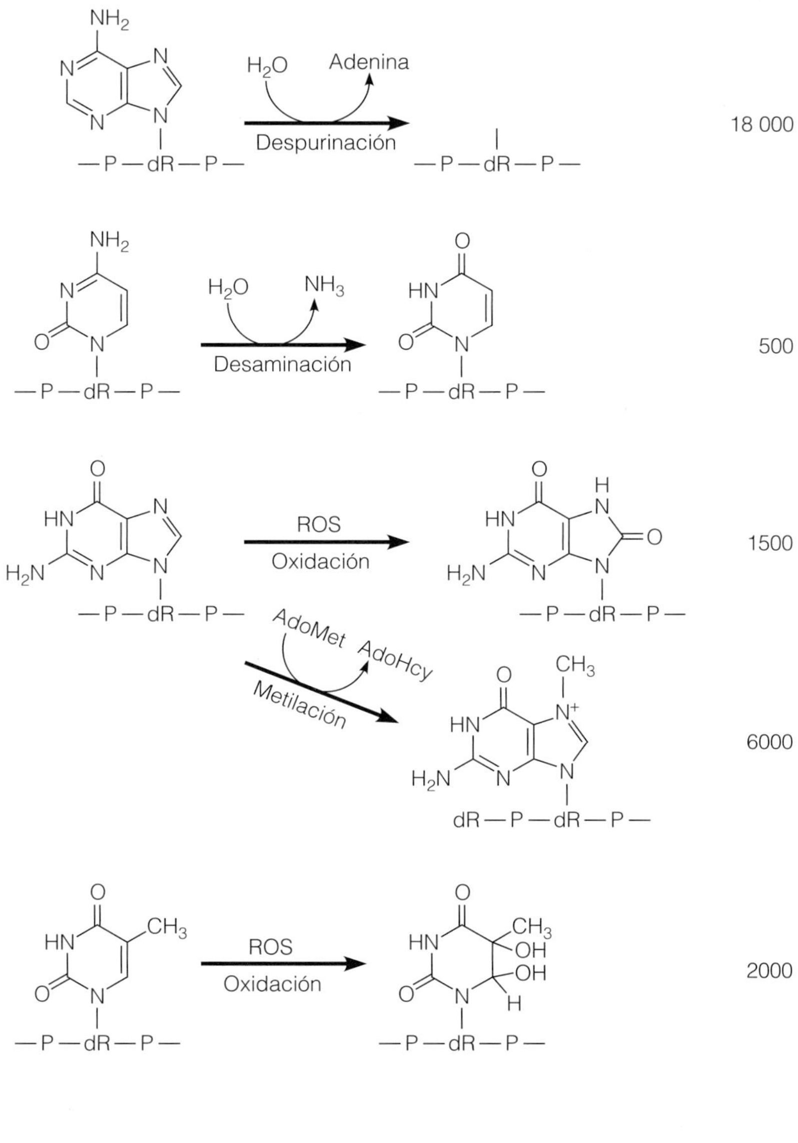


**FIGURA 26.2**

**Reacciones endógenas que dañan al DNA.** Se indica la frecuencia aproximada de cada reacción, en número de lesiones por célula de mamífero por día. ROS, especies de oxígeno reactivas.

Datos de *DNA Repair and Mutagenesis*, 2/E, E. C. Friedberg, G. C. Walker, W. Siede, R. D. Wood, R. A. Schultz y T. Ellenberger. © 2006 ASM Press, Washington, DC.

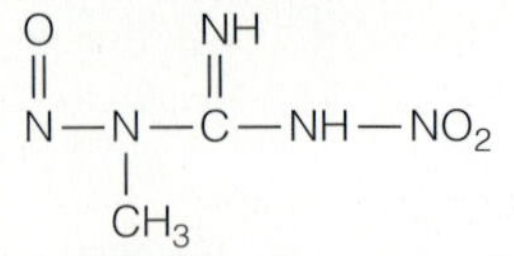

***N*-Metil-*N'*-nitro-*N*-nitrosoguanidina (MNNG)**

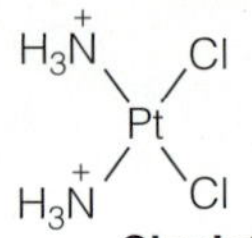

**Cisplatino**

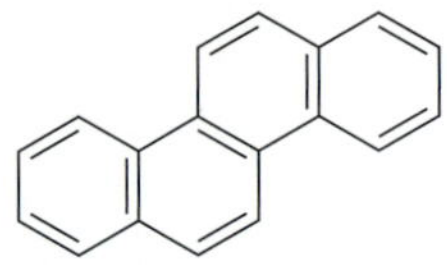

**Benzo(*a*)pireno**

la secuencia original del DNA, mientras que algunos conducen a mutaciones debido a que el proceso de reparación en inexacto. Dado que actualmente está claro que muchos cánceres son consecuencia de la acumulación de mutaciones en las células somáticas (*véase* el Capítulo 23), los mecanismos de reparación del DNA son objeto de un estudio profundo como determinantes de la susceptibilidad de un animal al cáncer.

Cuando se estudian los mecanismos de reparación del DNA, en primer lugar es necesario identificar las formas químicas de la alteración del DNA que son objeto de la reparación. La mayor parte de los descubrimientos iniciales acerca de la reparación del DNA se realizaron en estudios con organismos irradiados con luz ultravioleta. Se identificó el DNA como la principal diana biológica de la radiación UV, en parte mediante la determinación de los **espectros de acción**, la irradiación de las bacterias o los fagos con luz UV y la determinación de las longitudes de onda más eficaces en la estimulación de la mutagénesis o la muerte. Esas longitudes de onda se encuentran cerca de los 260 nm, donde es máxima la absorción de luz por el DNA.

Cuando se estudia el DNA irradiado con luz UV o el DNA extraído de un organismo al que se ha irradiado con luz UV, se detectan pequeñas cantidades de muchos componentes del DNA alterados de forma diferente, a los que se denomina **fotoproductos**. Entre ellos destacan los dímeros intracatenarios formados por dos bases pirimidínicas unidas mediante una estructura de anillo de ciclobutano, en la que participan los carbonos 5 y 6 (Figura 26.3). Los **dímeros de timina**, formados por dos residuos de timina adyacentes en el DNA, se identificaron bastante pronto como fotoproductos biológicamente importantes, debido a que la abundancia relativa de dímeros de timina en el DNA irradiado presentaba una correlación muy estrecha con la muerte de los fagos o las bacterias irradiadas. Así pues, la capacidad de un organismo para sobrevivir a la radiación ultravioleta estaba directamente relacionada con su capacidad de eliminar los dímeros de timina de su DNA. La dimerización junta timinas adyacentes, distorsionando la hélice, de manera que queda bloqueada la polimerización replicativa a partir de este lugar.

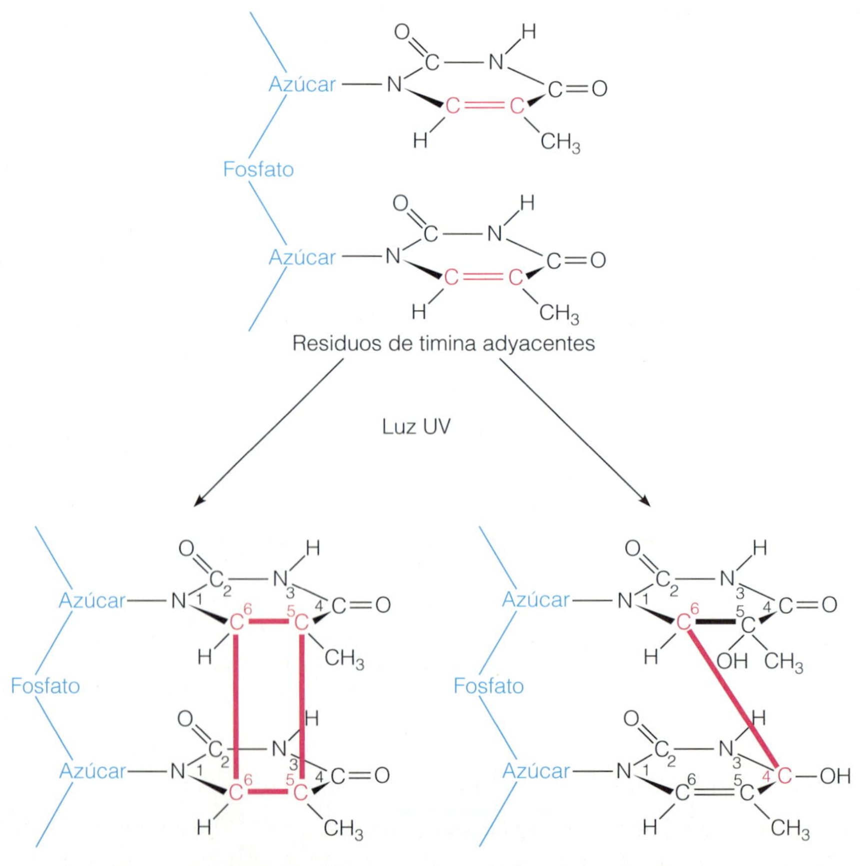


**(a)** Dímero de ciclobutano timina

**(b)** Fotoproducto 6-4

**FIGURA 26.3**

**Estructuras de los fotoproductos dímeros de pirimidina.**

Durante muchos años se pensó que la *mutagénesis* inducida por la luz ultravioleta, al igual que la muerte celular, la causaban principalmente también los dímeros de ciclobutano timina. Sin embargo, algunos datos más recientes sugieren que es otro dímero diferente pirimidina-pirimidina, denominado **fotoproducto 6-4**, el principal causante de las mutaciones inducidas por la luz UV. Como se muestra en la Figura 26.3, estos productos son también dímeros, unidos mediante el C-6 de la pirimidina 5′ (timina o citosina) y el C-4 de la pirimidina 3′ (generalmente citosina pero, en ocasiones, timina, como se muestra en la Figura 26.3). La idea de que los fotoproductos 6-4 son los responsables de las mutaciones en el DNA irradiado con luz UV se ha confirmado por experimentos en los que se eliminaron por completo, mediante **fotorreactivación**, los dímeros de ciclobutano timina del DNA irradiado, (*véase* el apartado siguiente). Al introducir este DNA en las bacterias, la eliminación del dímero no tenía efecto alguno sobre la frecuencia de mutación. Sin embargo, no se ha resuelto aún el significado real de los fotoproductos 6-4 en la mutagénesis UV.

Los dímeros de ciclobutano timina son los fotoproductos más letales en el DNA irradiado con luz UV. El fotoproducto 6-4 puede ser el producto mutágeno más fuerte.

## Reparación directa de las bases del DNA dañadas: fotorreactivación y alquiltransferasas

De la media docena de procesos de reparación del DNA que se conocen, la mayor parte se basan en la eliminación de los nucleótidos dañados, junto con varios residuos adyacentes, y la sustitución de la zona eliminada mediante el uso de la información codificada en la cadena complementaria (no dañada). Sin embargo, hay al menos dos procesos en los que intervienen reacciones que *cambian directamente* las bases dañadas, en vez de eliminarlas.

El DNA puede repararse directamente, mediante el cambio de una base dañada por una base normal, o indirectamente, mediante la sustitución de un segmento de DNA que contiene el nucleótido dañado.

### Fotorreactivación

Una enzima muy extendida, denominada **enzima fotorreactivadora**, o **DNA fotoliasa**, repara los dímeros de ciclobutano pirimidina en presencia de luz visible. La longitud de onda de 370 nm es la más eficaz. La enzima se une al DNA en un proceso que es independiente de la luz, específicamente en el lugar de los dímeros de pirimidina. En presencia de luz de longitud de onda visible, se rompen los enlaces que ligan los anillos de pirimidina, tras lo cual la enzima puede disociarse en la oscuridad. Algunas de las claves para aclarar este mecanismo proceden de la observación de que la enzima contiene dos cromóforos. (Recuérdese del Capítulo 16 que un cromóforo es una parte estructural que absorbe luz de longitudes de onda características.) Un cromóforo es el dinucleótido de flavina y adenina unido, desprotonado y en estado reducido ($FADH^-$; *véase* la Figura 26.4); el segundo, en algunas fotoliasas, es el 5,10-meteniltetrahidrofolato (*véase* el Capítulo 20) y en otras, es la 8-hidroxi-5-desazaflavina. Los estudios sobre el mecanismo sugieren un proceso similar a la fotosíntesis, con el segundo cromóforo actuando como factor de captación de la luz y trasmitiendo la energía luminosa mediante transferencia de energía de resonancia fluorescente (FRET) al $FADH^-$, que actúa como centro de reacción fotoquímica, transfiriendo un electrón al dímero y rompiendo los enlaces pirimidina-pirimidina mediante un mecanismo de radicales libres. La estructura cristalina de la fotoliasa de *E. coli* muestra al 5,10-metilentetrahidrofolato unido a la superficie, entre los dominios N-terminal y C-terminal, con el $FADH^-$ unido profundamente dentro del dominio C-terminal. En la Figura 26.4 se muestra la ruta probable de reacción.

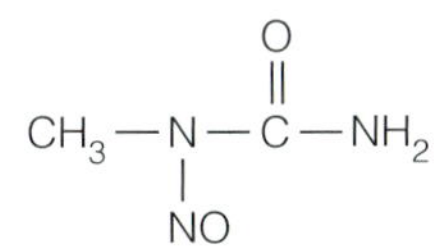

**Metilnitrosourea (MNU)**

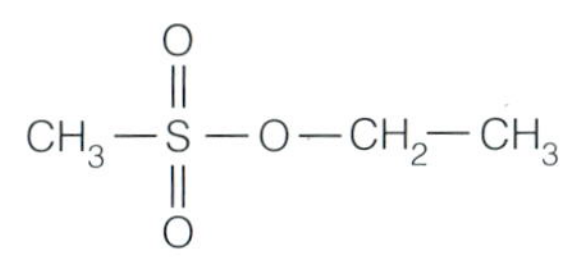

**Etilmetanosulfonato (EMS)**

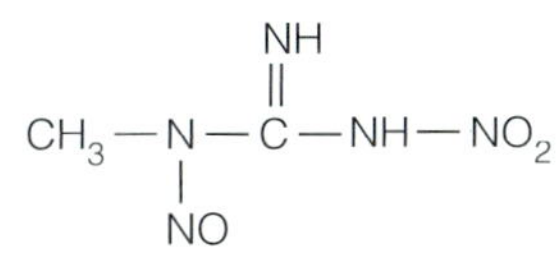

***N*-Metil-*N*′-nitro-*N*-nitrosoguanidina (MNNG)**

Aunque se ha detectado la fotoliasa en numerosos sistemas eucariotas, los datos recientes indican que las células humanas no contienen una enzima para la fotorreactivación. Se ha culpado al estrechamiento de la capa de ozono de la Tierra de los descensos de la población de determinadas especies de ranas que carecen de fotoliasa y, por tanto, padecen lesiones por la radiación solar ultravioleta, en especial durante el desarrollo embrionario en los lagos cristalinos, que son transparentes a los rayos UV. Sin embargo, también se ha culpado a otros factores.

### $O^6$-alquilguanina alquiltransferasa

El tratamiento del DNA con un agente metilante o etilante es comparable a la radiación ultravioleta, en cuanto a que se forman diversas bases modificadas en el DNA, algunas de las cuales resultan letales si no se reparan, mientras que otras son mutágenas. Algunos agentes

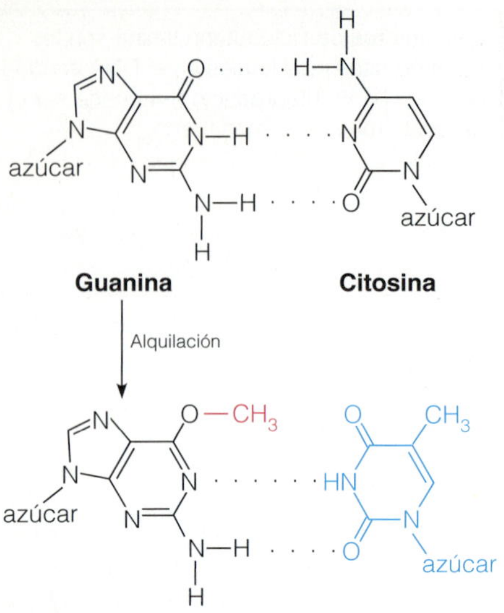


FIGURA 26.5

**Mal apareamiento de la $O^6$-metilguanina con timina en un DNA dúplex.**

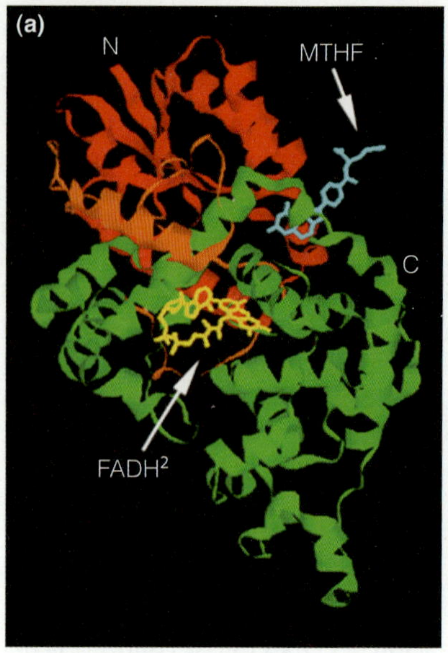


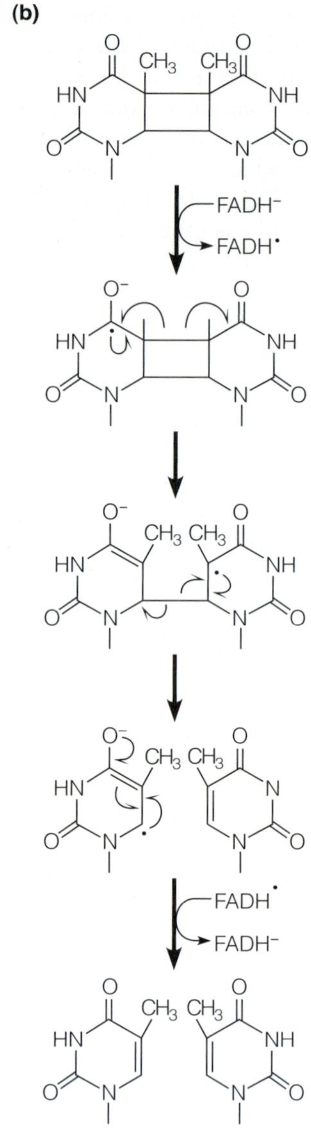


FIGURA 26.4

**La fotoliasa de dímeros de timina.** **(a)** Estructura de la enzima de *E. coli*, que muestra los dominios N-terminal (rojo) y C-terminal (verde), con un enlazador en naranja y con los cofactores folato y flavina unidos. PDB ID 1DNP. **(b)** Estructuras del $FADH^-$ y $FADH^•$ y ruta probable de reacción.

*Journal of Biological Chemistry* 283:32153-32157, A. Sancar, Structure and function of photolyase and in vivo enzymology: 50th anniversary. Reproducido con permiso. 

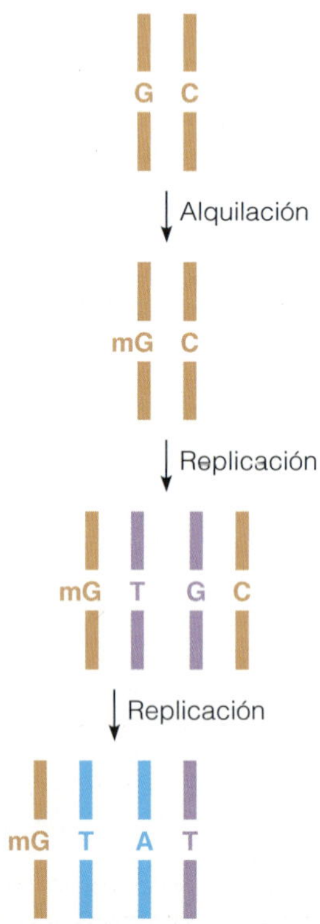


alquilantes se utilizan en la quimioterapia del cáncer por su capacidad para bloquear la replicación del DNA y, por tanto, la proliferación celular. Los hay que se emplean mucho como mutágenos en el laboratorio. En el margen se muestran tres reactivos metilantes o etilantes.

Las bases alteradas por estos reactivos son fundamentalmente las purinas (también afectan a los oxígenos de los fosfatos) y la gama de productos formados varía en función del reactivo utilizado. El más mutágeno de estos productos, la ***$O^6$*-alquilguanina**, es mutágeno a causa de que la base modificada tiene una probabilidad muy elevada de aparearse con timina cuando se replica la cadena modificada (Figura 26.5). Así pues, la alquilación de una guanina del DNA estimula una transición GC ⟶ AT (*véase* el margen, en donde mG es un residuo de metilguanina).

En la reparación de este tipo de lesión interviene una enzima poco común, la ***$O^6$*-alquilguanina alquiltransferasa**, que transfiere un grupo metilo o etilo de un residuo de $O^6$-metilguanina u $O^6$-etilguanina a un residuo de cisteína en el lugar activo de la proteína. Es de destacar que esta «catálisis», que está muy extendida en procariotas y eucariotas, puede actuar una sola vez. Tras alquilarse, no puede eliminar el grupo alquilo. y la molécula proteica se recambia. Así pues, el término *enzima* no se aplica de manera correcta. En las bacterias, la proteína regula, tanto su propia síntesis como la de otra enzima de reparación, una DNA-*N*-glucosilasa que consideraremos más adelante. La regulación implica la activación de la transcripción de genes que codifican estas dos proteínas. Existen pruebas de que la forma *alquilada* de la alquiltransferasa es la forma específica del activador de la transcripción. Esto permite a la célula adaptarse al daño causado por la alquilación mediante el empleo de la proteína alquilada como señal específica para la producción de una mayor cantidad de las proteínas necesarias para reparar el daño.

Las enzimas de reparación directa son la fotoliasa, que utiliza la energía luminosa para reparar los dímeros de pirimidina, y las alquiltransferasas, «enzimas» que se inactivan después de cada ciclo catalítico.

## Reparación por escisión de nucleótidos: escinucleasas

La reparación por escisión comporta la ruptura por la endonucleasa a ambos lados de un lugar dañado seguida de una síntesis de sustitución.

La reparación por escisión de nucleótidos (REN) se descubrió originalmente como un sistema enzimático capaz de reparar los dímeros de timina creados por la radiación UV en el DNA. A diferencia de la fotorreactivación, este proceso puede tener lugar en la oscuridad. El sistema enzimático implicado, que en *E. coli* comprende los productos de los genes *uvrA*, *uvrB* y *uvrC*, actúa sobre diversos lugares del DNA dañado que contienen lesiones que pueden ser muy voluminosas, como las que forman los grupos alquilo grandes, y que distorsionan la doble hélice del DNA. En las células de mamíferos y en las levaduras, hay sistemas muy parecidos, de forma que el proceso probablemente es universal.

Como se muestra en la Figura 26.6, para *E. coli*, la enzima UvrABC con tres subunidades, reconoce una lesión (en el ejemplo que se muestra, un dímero de timina) y, con la ayuda de la hidrólisis del ATP, hace que se doble el DNA, lo que lleva a la rotura de la cadena dañada en dos lugares, siete nucleótidos hacia el lado 5′ del lugar dañado y cuatro nucleótidos hacia el lado 3′, dejando un hueco potencial de una longitud de once nucleótidos, con un grupo hidroxilo 3′ y un fosfato 5′ en los extremos. La acción de la polimerasa y la ligasa sustituyen el 11-mero dañado, con DNA sin dañar. También es necesaria la intervención de la helicasa II, el producto del gen *uvrD*, probablemente para desenrollar y eliminar el oligonucleótido escindido, que finalmente lo degradan otras enzimas. La enzima UvrABC no es una endonucleasa clásica, puesto que corta en dos lugares distintos, y se ha propuesto asignarle la denominación de **escinucleasa**, para indicar su función en la reparación por *escisión*. Este sistema interviene también en la reparación de otro tipo de lesión del DNA, el entrecruzamiento covalente entre las dos cadenas. En este caso, para preservar una cadena molde indemne, se reparan secuencialmente las dos cadenas, una después de la otra.

La reparación por escisión se produce también en las células de los mamíferos, como pone de manifiesto la demostración reciente de una escinucleasa humana que rompe en las posiciones −22 y +6 respecto a un dímero de timina. Una diferencia significativa es la participación de dos endonucleasas diferentes en la reparación por escisión en el ser humano, una para cortar en el lado 5′ y otra en el lado 3′. La reparación por *escisión* en el ser humano se detectó inicialmente mediante los estudios de una enfermedad genética rara denominada **xeroderma pigmentoso (XP)**. El XP es realmente una familia de enfermedades, en las que existe un déficit de una o varias de las enzimas de la ruta de escisión. Por el momento no conocemos ninguna forma de tratar el trastorno en las personas afectadas. Las consecuencias biológicas del XP consisten en una sensibilidad extrema a la luz solar y una elevada incidencia de cánceres de piel. Aunque la sobreexposición a los rayos ultravioleta de la luz solar aumenta el riesgo de cáncer cutáneo en personas normales, el aumento muy importante de la frecuencia del cáncer de piel en los pacientes con XP pone claramente de manifiesto la trascendencia de la ruta de reparación de las lesiones causadas por rayos UV en los mamíferos. Dado que no existe tratamiento para el XP, las personas afectadas deben evitar la luz solar. Otras dos enfermedades, la **tricotiodistrofia** (TDD) y el **síndrome de Cockayne** (CS), son consecuencia de otros defectos de las proteínas de la REN. Aunque estos trastornos no implican una carcinogénesis anómala, otros sistemas se encuentran profundamente afectados y la duración media de la vida solo es de 6 años para la TDD y 12 para el SC.

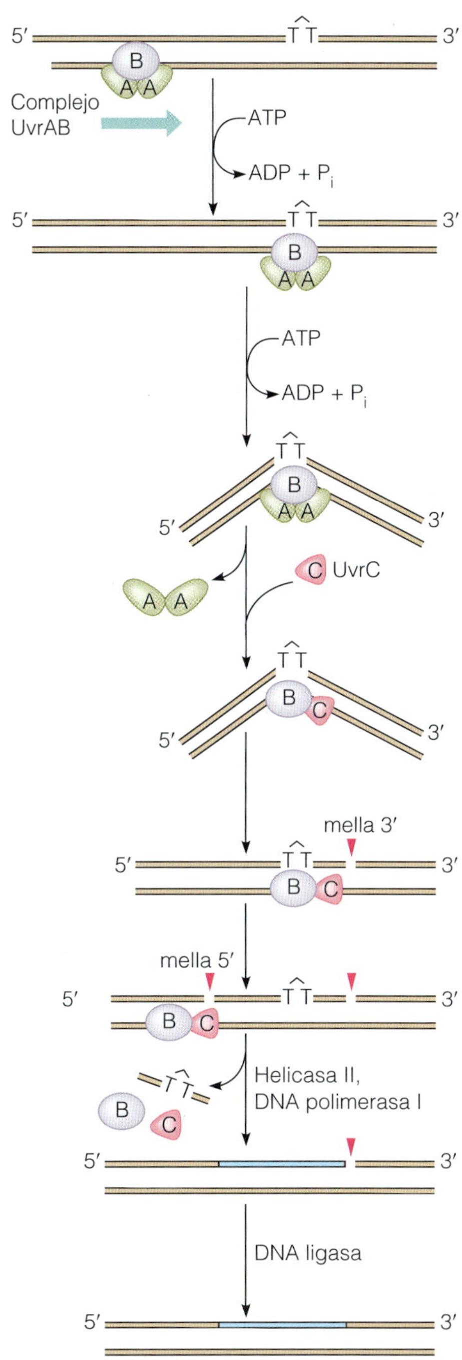


**FIGURA 26.6**

**Reparación mediante escisión de los dímeros de timina por la UvrABC escinucleasa de *E. coli*.** Un complejo de las proteínas A y B viaja por el DNA hasta que alcanza un dímero de timina u otro lugar dañado, donde se detiene y hace que el DNA se doble. UvrA (un «casamentero molecular») se disocia posteriormente, lo cual permite que UvrC se una a B. El complejo BC corta ambos lados del dímero. Helicasa, polimerasa y ligasa eliminan el undecámero dañado y lo sustituyen con DNA nuevo. Este sistema puede utilizar la polimerasa II, así como la pol I.

Una diferencia significativa de la REN entre los procariotas y los eucariotas es que, en estos últimos, el sustrato de la reparación es la cromatina y no el DNA desnudo. La cantidad de DNA no recubierto necesaria para ensamblar un complejo REN es de unos 100 pares de bases. Dado que es más larga que la región espaciadora entre los nucleosomas (20-80 pares de bases), esto debe significar que las partículas centrales o bien son desplazadas o se deslizan fuera del camino para que pueda repararse el daño. Estos procesos son objeto de una investigación intensa.

Algunos estudios recientes de la reparación por escisión de nucleótidos indican que los genes activos (los que están en proceso de transcripción) son los sustratos preferidos para la reparación por escisión, y dentro de estos genes, es la cadena de DNA utilizada como molde la que se repara de manera preferente. Esta **reparación acoplada a la transcripción** puede iniciarse cuando una RNA polimerasa que está transcribiendo queda atascada en el lugar de la lesión del DNA. El acoplamiento de la transcripción con la reparación ayuda a asegurar la integridad de los genes que realmente se utilizan. En las células de mamíferos, la reparación acoplada a la transcripción es una forma especializada de REN, que requiere otras proteínas. El síndrome de Cockayne se produce por defectos genéticos en una o varias de las enzimas humanas de la reparación acoplada a la transcripción. Otro gen humano, el BRCA1, también está implicado en la reparación acoplada a la transcripción. Las mutaciones de BRCA1 están asociadas a un aumento del riesgo de cáncer de mama y de ovario. Un modo de REN en mamíferos necesita las polimerasas $\delta$ y $\kappa$, mientras que otro modo solo necesita la pol $\varepsilon$.

Como se ha indicado antes, la REN corrige también el DNA que se ha dañado mediante la formación de aductos voluminosos de DNA. Muchos carcinógenos químicos ambientales dan lugar a estos aductos. En ausencia de reparación, o tras la reparación propensa a error, estos aductos pueden dar lugar a mutaciones. Así, por ejemplo, los hidrocarburos policíclicos aromáticos (HPA) son contaminantes orgánicos frecuentes que se forman en la combustión incompleta, por ejemplo, al quemar carbón. Igual que con otros muchos carcinógenos ambientales, los HPA no reaccionan directamente con el DNA. En efecto, su falta de reactividad química explica su persistencia. Sin embargo, los HPA pueden experimentar una *activación metabólica*, esto es, una *biotransformación* que los lleve a ser intermediarios electrófilos reactivos que pueden unirse al DNA y otras macromoléculas. Este metabolismo puede tener lugar en el hígado y en otros órganos. La ruta mejor conocida de activación metabólica de los HPA es la del metabolismo del benzo[*a*]pireno, que se presenta (de forma simplificada) en la Figura 26.7. En primer lugar la oxigenación catalizada por el citocromo P450 genera un intermediario epóxido, que se hidroliza en una reacción catalizada por la *epóxido hidrolasa*, para dar un dihidrodiol. Finalmente, una segunda oxigenación catalizada por el citocromo P450 produce el muy reactivo benzo[a]pireno 7,8-dihidrodiol 9,10-epóxido (BPDE), que reacciona con el DNA para formar aductos covalentes voluminosos principalmente, aunque no exclusivamente, con guanina.

**FIGURA 26.7**

**Activación metabólica de un hidrocarburo aromático policíclico carcinógeno, seguida de la reacción del epóxido dihidrodiol activado con un residuo dGMP del DNA.**

Cortesía del Dr. David Josephy.

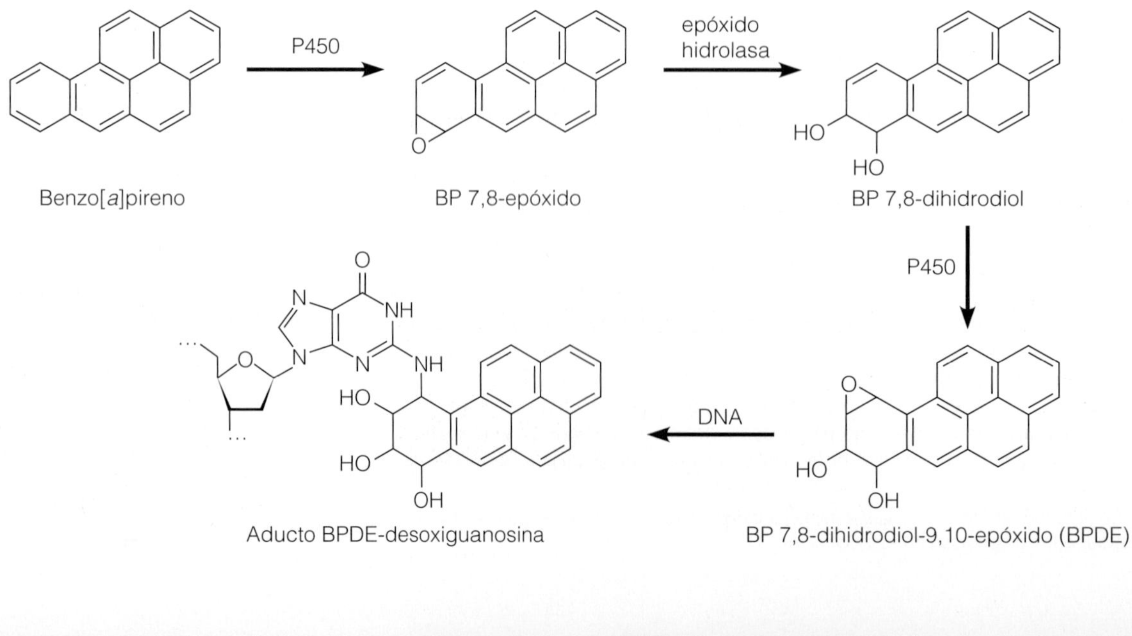

## Reparación por escisión de bases: DNA-*N*-glucosilasas

La otra forma de reparación por escisión, la **reparación por escisión de bases**, o REB, elimina también uno o varios nucleótidos de un lugar de una base dañada. Sin embargo, este proceso se inicia con la fragmentación enzimática del enlace glucosídico entre la base dañada y la desoxirribosa.

### Sustitución de uracilo en el DNA mediante REB

Uno de los sistemas de REB que mejor se conocen es el que rastrea el DNA para eliminar el uracilo. Este puede formar apareamientos de base con adenina en un DNA dúplex y las DNA polimerasas aceptan fácilmente desoxiuridina trifosfato como sustrato, en lugar de timidina trifosfato. Sin embargo, las células poseen un mecanismo en dos etapas bastante elaborado, que evita la acumulación en el DNA de los residuos de desoxiuridilato. La primera etapa de este proceso, que se describe en el Capítulo 22, implica a una desoxiuridina trifosfatasa que rompe dUTP a dUMP y pirofosfato, minimizando, de esta manera, el *pool* de dUTP y su utilización como sustrato de la replicación. La segunda etapa implica a la **uracilo-DNA *N*-glucosilasa** (UNG), una enzima que elimina cualquier residuo de dUMP que podría haber surgido a través de la incorporación de un dUTP que escapó a la acción de la dUTPasa.

Como se muestra en la Figura 26.8, la uracilo-DNA *N*-glucosilasa rompe de forma hidrolítica el enlace glucosídico entre el N-1 del uracilo y el C-1 de la desoxirribosa y proporciona uracilo libre y DNA con un **lugar apirimidínico**, esto es, un residuo de azúcar que carece de una pirimidina unida. Otra enzima, la **endonucleasa apirimidínica** (AP endonucleasa) reconoce este lugar y rompe el enlace fosfodiéster en el lado 5′ de la parte desoxirribosa. En las bacterias se produce la actividad de traducción de mella de la DNA polimerasa I, que inserta dTTP en sustitución del dUMP que se eliminó, desplazando el residuo de desoxirribosa fosfato del lugar AP, que es eliminado por una **desoxirribosa-5′-fosfatasa**.

La uracilo *N*-glucosilasa, como todas las glucosilasas examinadas hasta la fecha, actúa volteando la base diana fuera del DNA dúplex y uniéndola en un bolsillo donde se produce la rotura. Los análisis estructurales de la UNG humana muestran que el bolsillo es lo suficientemente pequeño para excluir a las bases púricas. Aún más importante y tal como se muestra en la Figura 26.9, el bolsillo excluye a la timina debido a la interacción estérica negativa entre el grupo metilo de la timina de C-5 y la Tyr-147. (Nota: por convenio, los genes eucariotas y los productos de los genes se indican con letras mayúsculas; así, *UNG* es el gen humano que codifica la proteína UNG. En las bacterias, el gen *ung* codifica la proteína Ung).

¿Por qué todos estos problemas solo para sustituir un nucleótido que no afecta la información codificada en el DNA? La respuesta más probable es que la timina sustituida por uracilo (esto es, que forma apareamiento de base con adenina) no es una diana verdadera de este sistema de reparación del DNA. Los residuos de uracilo del DNA también pueden

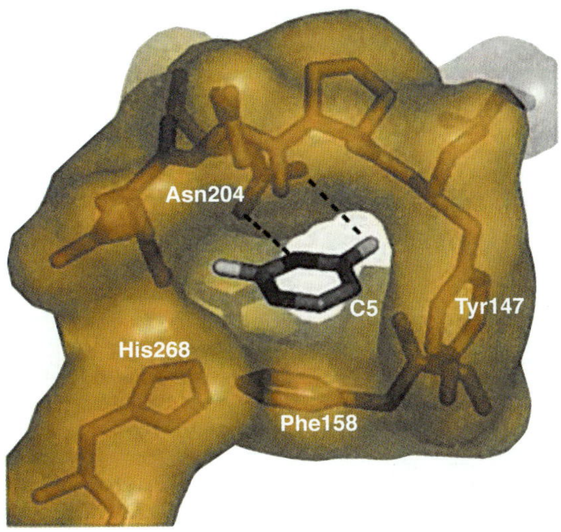


**FIGURA 26.9**

**El bolsillo de unión del uracilo en la UNG humana**. En la figura se observan las interacciones con la Asn-204, que participa en la catálisis, y la interacción estérica negativa que se produciría con la Tyr-147, si la base unida fuera timina en lugar de uracilo.

Reproducido de *DNA Repair and Mutagenesis*, 2/E, E. C. Friedberg, G. C. Walker, W. Siede, R. D. Wood, R. A. Schultz y T. Ellenberger. © 2006 ASM Press, Washington, DC.

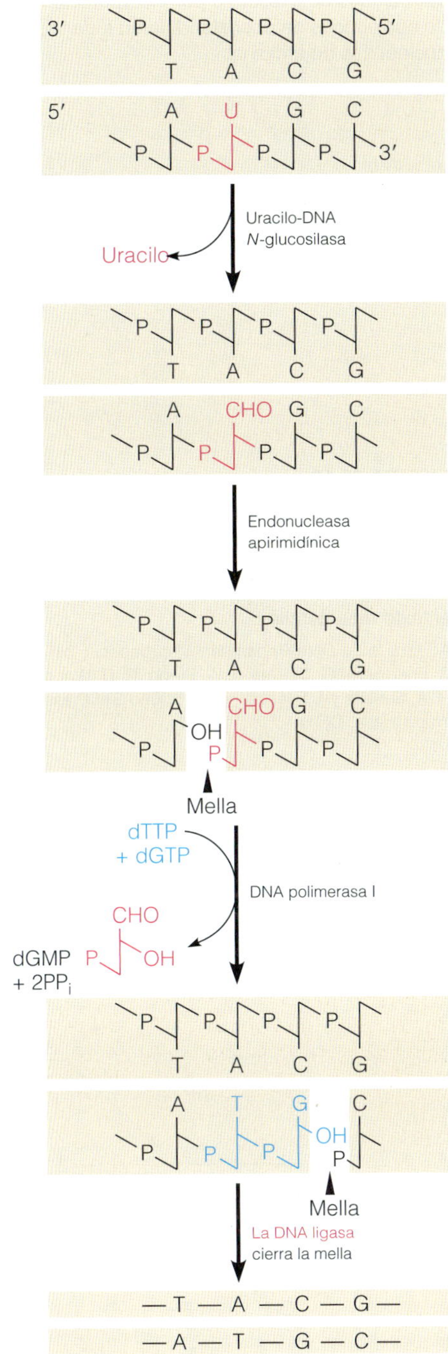


**FIGURA 26.8**

**Acción del sistema de reparación de uracilo del DNA**. La uracilo-DNA *N*-glucosilasa (llamada también Ung) elimina el uracilo, y deja un lugar apirimidínico. Una endonucleasa específica reconoce este lugar y rompe en el lado 5′. La DNA polimerasa I sustituye el nucleótido perdido y deja una desoxirribosa-5-fosfato en el lugar 5′ de la mella. Este se elimina de forma hidrolítica y la DNA ligasa sella la mella.

Un proceso de reparación por escisión de base elimina los residuos de uracilo del DNA, tanto si han surgido por desaminación de residuos de citosina o por incorporación de nucleótidos de desoxiuridina en lugar de nucleótidos de timidina.

aparecer por la desaminación espontánea de los residuos de citosina. Esta última alteración cambia el sentido genético ya que convierte un par de bases G—C en un par G—U, y en un ciclo de replicación posterior, la cadena que contiene U daría lugar a un apareamiento de bases A—T. El sistema de reparación de uracilo evita esta mutación, aunque no discrimina entre uracilos apareados con adeninas o con guaninas. De acuerdo con este modelo se encuentra el fenotipo **hipermutable** que presentan los mutantes que carecen de una uracilo *N*-glucosilasa activa. Estas cepas muestran tasas elevadas de mutagénesis espontánea, consecuencia de la acumulación en el DNA de residuos de dUMP apareados con dGMP.

La sustitución de uracilo por timina en el DNA es un ejemplo de REB. Mientras que el proceso comienza siempre con la rotura de un enlace glucosídico, la REB tiene lugar mediante rutas algo diferentes, como se muestra en la Figura 26.10. En el centro está la ruta más común, como la del sistema de reparación de uracilo del DNA, con la acción de la glucosilasa seguida de la acción de una AP-endonucleasa y de la desoxirribosa-5-fosfatasa. Sin embargo, algunas DNA glucosilasas tienen una actividad **AP liasa** asociada (ruta de la izquierda), en la que el enlace fosfodiéster del lado 3′ del lugar de reparación se fragmenta hidrolíticamente. A continuación, una fosfodiesterasa elimina la desoxirribosa-5-fosfato, dejando un hueco que rellena la DNA polimerasa. A la derecha se muestra un sistema de reparación de «parche largo» que se ve en algunas rutas de REB eucariotas. Aquí, la DNA polimerasa cataliza una reacción de desplazamiento de cadena, con el *flap* 5-terminado desplazado siendo fragmentado por una *flap* endonucleasa (FEN1) antes de la acción final de la DNA ligasa.

## Reparación del DNA dañado de forma oxidativa

La mayoría de las células contienen varias DNA-*N*-glucosilasas, entre ellas, unas específicas de las bases alquiladas *N*-metiladenina, 3-metiladenina y 7-metilguanina. Tiene especial interés el proceso REB que se utiliza para reparar el daño oxidativo del DNA. Como se ha mencionado previamente, uno de los productos de oxidación más abun-

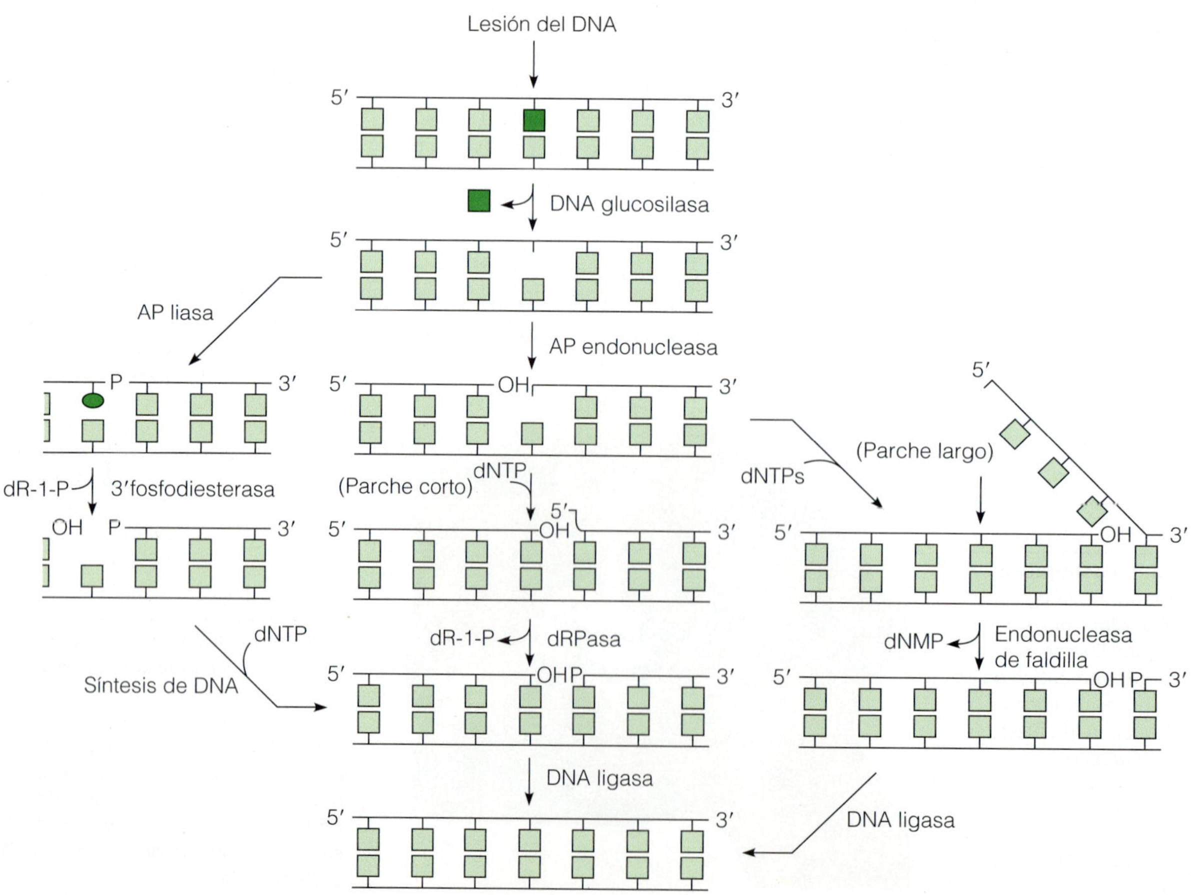


**FIGURA 26.10**

**Rutas de la reparación con escisión de bases**. El cuadrado en la primera reacción representa la base escindida y el óvalo, un residuo de desoxirribosa-5′-fosfato. *Véanse* en el texto más detalles.

Adaptado de *DNA Repair and Mutagenesis*, 2/E, E. C. Friedberg, G. C. Walker, W. Siede, R. D. Wood, R. A. Schultz y T. Ellenberger. © 2006 ASM Press, Washington, DC.

dantes, que se produce como consecuencia de la exposición del DNA a las especies reactivas de oxígeno, es la 8-oxoguanina. Se trata de una alteración muy mutágena, ya que la 8-oxoguanina se aparea fácilmente con la adenina, como se muestra más abajo

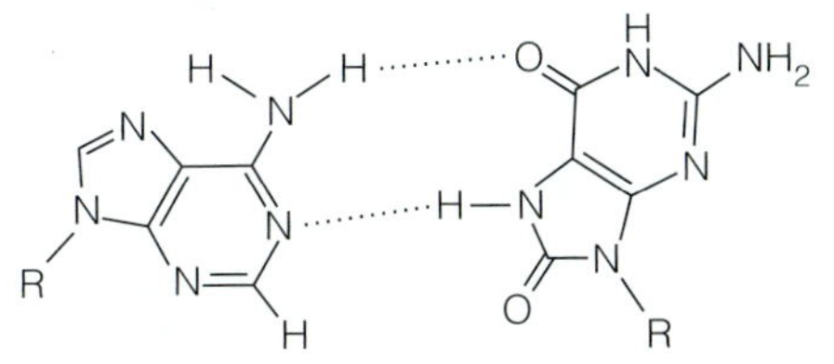


El mal apareamiento A-oxoG puede ser un intermediario en una mutación de **transversión** (AT ⟶ CG o CG ⟶ AT). En *E. coli*, tres genes codifican proteínas que minimizan la mutagénesis oxidativa: *mutM*, *mutY* y *mutT* (la designación «mut» indica que las mutaciones en cualquiera de estos genes tienen el efecto de incrementar la tasa de mutaciones espontáneas). Los productos de los tres genes tienen homólogos en los mamíferos. MutM y MutT son ambas DNA-base glucosilasas. MutM (o su homóloga en mamíferos OGG1) rompe la 8-oxoguanina del DNA para iniciar la REB. MutY rompe la adenina cuando está apareada con la 8-oxoguanina en la otra cadena del DNA. Es interesante que MutT no tenga nada que hacer en la reparación por escisión de base y en su lugar, una nucleotidasa rompe la 8-oxo-dGTP, el dNTP de la 8-oxoguanina, al correspondiente nucleósido monofosfato.

$$\text{8-oxo-dGTP} + H_2O \longrightarrow \text{8-oxo-dGMP} + \text{pirofosfato}$$

Esta reacción se supone que «sanea» el *pool* celular de dNTP al eliminar un nucleótido cuya incorporación al DNA sería fuertemente mutágena. De aquí, como se muestra en la Figura 26.11, que dos de los tres productos del gen *mut* actúen para reparar el daño producido por la presencia de 8-oxoguanina, mientras que el tercero, MutT, actúe para minimizar la incorporación de un nucleótido dañado al DNA.

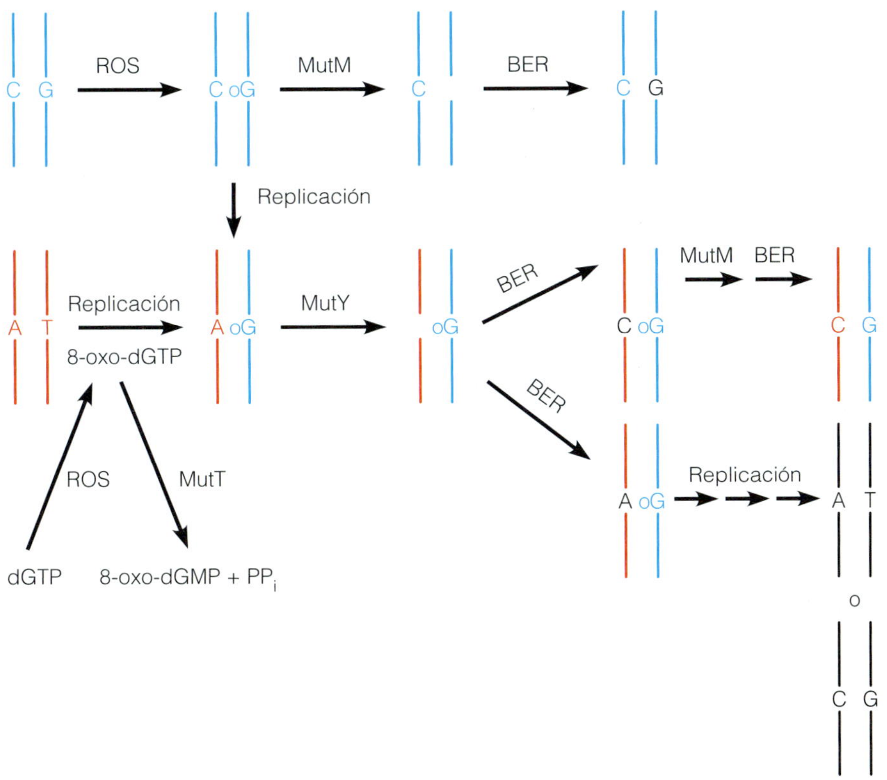


**FIGURA 26.11**

**Acciones de los productos de los genes *mutM*, *mutT* y *mutY* para contrarrestar el efecto mutagénico de la 8-oxoguanina (oG).** Dependiendo de la ruta de introducción de oG en el DNA, las rutas presentadas pueden producir transversiones GC ⟶ AT o AT ⟶ GC. MutT hidroliza el 8-oxodGTP e impide su incorporación durante la replicación del DNA. MutM escinde oG del par de bases C-G para comenzar el BER. MutY escinde A de un par de bases A-oG en otro proceso REB, lo cual permite una posibilidad más de corregir un error en la ronda siguiente de replicación. No se muestran en la figura todos los resultados posibles. Así por ejemplo, el 8-oxo-dGTP puede incorporarse frente a C en el molde, así como frente a A. Asimismo, MutY puede escindir A de un par de bases A-G, evitando así la mutagénesis por transversión espontánea. ROS, especies reactivas del oxígeno.

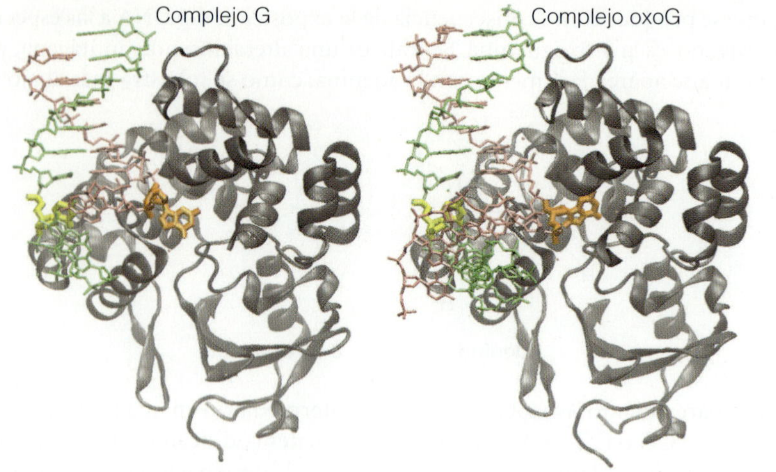


**FIGURA 26.12**

**Estructura de la OGG1 humana con guanina o 8-oxoguanina unidas sobresaliendo y unidas cerca del bolsillo catalítico.** Una combinación de fuerzas excluye completamente a la guanina del bolsillo catalítico. PDB IDm, 1YQK, 1YQR.

Basado en A. Banerjee, W. Yang, M. Karplus y G. L. Verdine (2005) *Nature* 434:612-618, Structure of a repair enzyme interrogating undamaged DNA elucidates recognition of damaged DNA.

Es importante la cuestión de cómo «interroga» la DNA glucosilasa a su DNA sustrato para distinguir las bases diana de las no diana, ya que la enzima debe interaccionar con miles de residuos de dGMP por cada 8-oxo-dGMP que detecta y elimina. Se utilizó una estrategia de entrecruzamiento con la forma humana de OGG1 para atrapar y determinar las estructuras de los complejos con 8-oxo-guanina o con guanina sacados de la doble hélice. Como se muestra en la Figura 26.12, la guanina queda totalmente excluida del bolsillo de unión de la 8-oxoguanina. Se encontraron fuerzas atractivas y repulsivas que contribuían a esta exclusión. Una pregunta que queda es la de la tasa del proceso de interrogación. ¿Cuánto tiempo es necesario para interrogar a cada dGMP no diana en comparación con el necesario para cada nucleótido oxidado diana?

## Reparación de mal apareamiento

Los malos apareamientos, o apareamientos de base que no corresponden a los de Watson-Crick en un DNA dúplex, pueden producirse por errores de la replicación, por la desaminación de la 5-metilcitosina del DNA para dar timina o por la recombinación entre segmentos de DNA que no son completamente homólogos. Además, se producen malos apareamientos cuando la DNA polimerasa se desliza a lo largo de su molde y crea pequeños bucles o bultos en un DNA dúplex. Lo que conocemos mejor es la corrección de los errores de la replicación, que es lo que describimos aquí.

Cuando la DNA polimerasa introduce un nucleótido incorrecto, creando un par de bases que no es de Watson-Crick, el error se corrige, normalmente, por la corrección de pruebas 3′ exonucleolítica. Si el error no se corrige inmediatamente, el DNA totalmente replicado contendrá un mal apareamiento en ese lugar. Este error puede corregirse por otro proceso denominado **reparación de mal apareamiento**. En *E. coli*, las proteínas que participan en este proceso son los productos de los genes *mutH*, *mutL* y *mutS*. Otro producto génico necesario, al que inicialmente se denominó MutU, se ha identificado ahora como la DNA helicasa II (también identificada como el producto del gen *uvrD*).

El sistema de corrección de mal apareamiento examina el DNA recién replicado, buscando tanto las bases mal apareadas como las inserciones y pérdidas de bases aisladas. MutS se une al DNA en el lugar del mal apareamiento, seguido de la unión de MutL y luego MutH. MutS es una «proteína motora», que utiliza la energía de la hidrólisis del ATP para tirar del DNA en ambas direcciones hasta que alcanza el lugar en el que debe comenzar el proceso de reparación. Cuando encuentra un mal apareamiento, parte de la cadena que contiene la región mal apareada se elimina y se sustituye (Figura 26.13). ¿Cómo reconoce el sistema de reparación de mal apareamiento la cadena que ha de reparar? Si eligiera una de las dos cadenas de manera aleatoria, optaría por la incorrecta en la mitad de las ocasiones, y no se ganaría nada en cuanto a exactitud de la replicación. La respuesta es que las enzimas de reparación de mal apareamiento identifican la cadena recién replicada, ya que durante un corto periodo de tiempo, ese DNA no está metilado. En *E. coli* la secuencia GATC es crucial, puesto que es el lugar metilado inmediatamente después de la replicación, por acción del producto del gen *dam* (DNA adenine methylase). Las enzimas de

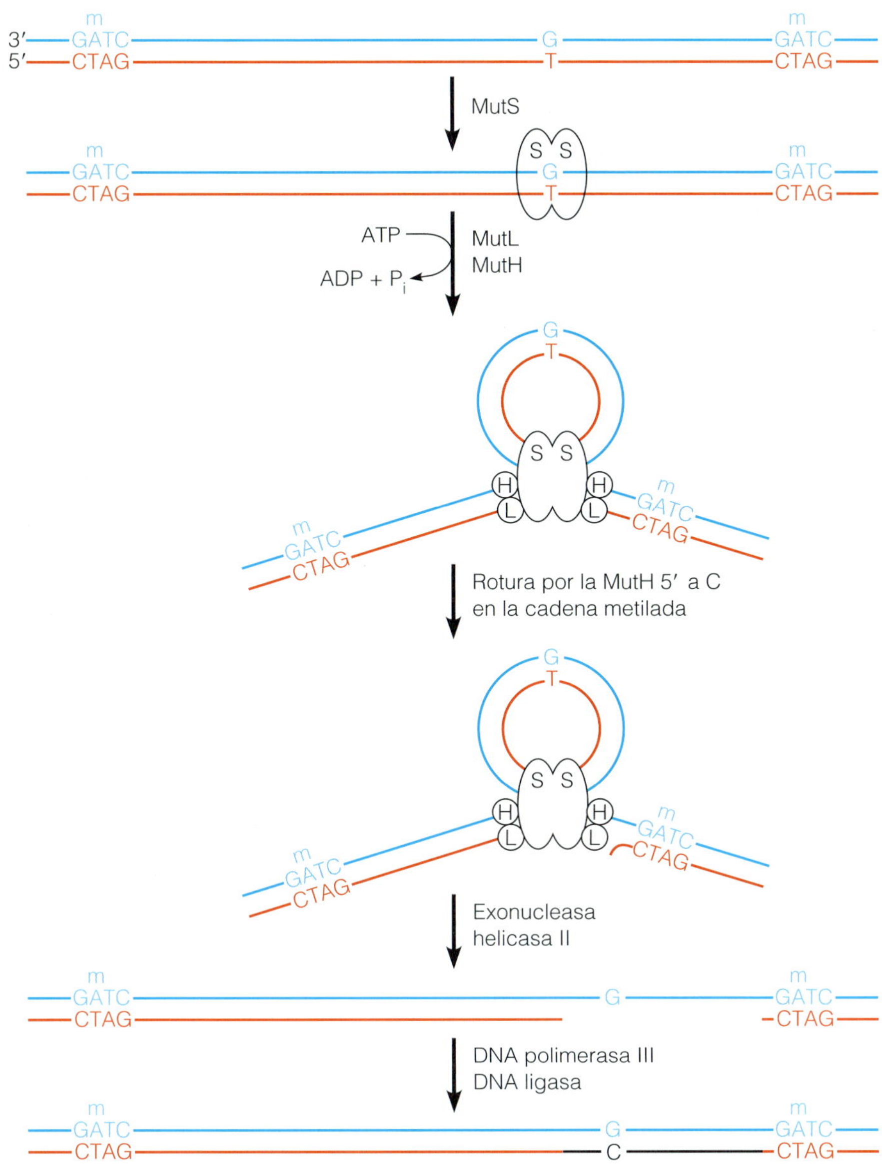


**FIGURA 26.13**

**Reparación de mal apareamiento dirigida por metilo en *E. coli*.** La cadena hija que se ha replicado (rojo) contiene una T mal apareada con una G en la cadena molde (azul). El sistema de reparación de mal apareamiento identifica la cadena hija, ya que no está metilada. De esta forma, este sistema debe funcionar antes de que se metile la cadena hija replicada, a través de la acción de la metilasa Dam sobre el residuo A en la secuencia GATC.

reparación de mal apareamiento buscan las secuencias GATC que no están metiladas. El reconocimiento de la secuencia GATC no metilada puede marcar esa cadena para la corrección del mal apareamiento en un lugar situado a una distancia de hasta 1 kpb o más del lugar en que se encuentra la secuencia GATC, en ambas direcciones. Una vez que el sistema de metilación ha actuado sobre todos los lugares GATC de la cadena hija, es demasiado tarde para que el sistema de reparación de mal apareamiento reconozca la cadena de DNA sintetizada más recientemente, y se pierde cualquier ventaja en cuanto a la fidelidad de replicación del DNA total. Cuando el sistema funciona adecuadamente, tiene el efecto de aumentar la fidelidad global de la replicación unas 100 veces, desde alrededor de 1 error por cada $10^7$ pares de bases replicadas a alrededor de 1 por cada $10^9$ o más.

En las bacterias, el sistema de reparación de mal apareamiento utiliza la metilación del DNA para identificar la cadena que tiene un nucleótido mal apareado.

Como se expone en la Figura 26.13, el complejo MutHLS se mueve a lo largo del DNA en ambas direcciones hasta que se encuentra con la secuencia 5′-GATC más cercana. Entonces, una actividad endonucleasa de MutH rompe en el lado 5′ de la G en la cadena sin metilar. En este punto, la helicasa II desenrolla el DNA retrocediendo hasta pasado el mal apareamiento, seguido por una exonucleasa que digiere la cadena única desplazada (la exonucleasa VII o la nucleasa RecJ, si el corte está en 5′ del mal apareamiento, y la exonucleasa I o X, si el corte está en el lado 3′, como se muestra en la Figura 26.13). El hueco que se produce lo llena la holoenzima DNA polimerasa III y una DNA ligasa, trabajando concertadamente con SSB.

Las células eucariotas poseen un sistema similar de reparación de mal apareamiento. No obstante, el paso de reconocimiento del mal apareamiento es algo más complejo, ya que participan tres *h*omólogos de *Mut*S (proteínas MSH), MSH2, MSH3 y MSH6. Estas tres proteínas forman heterodímeros, con diferentes especificidades de mal apareamiento; esto es, un complejo MSH2-MSH6 reconoce malos apareamientos de una sola base, inserciones y pérdidas, mientras que un complejo MSH2-MSH3 reconoce inserciones y pérdidas de dos a cuatro nucleótidos. Existen también cuatro heterodímeros homólogos de MutL, aunque no se ha encontrado un homólogo de MutH. Así, una pregunta importante sin respuesta es el mecanismo mediante el cual los sistemas eucariotas reconocen e inician la reparación en la cadena de DNA recién replicada; es evidente que no interviene la metilación selectiva. Las pruebas recientes sugieren que el extremo 5′ de los fragmentos de Okazaki puede participar en el proceso de identificación de la cadena.

Las deficiencias genéticas de la reparación de mal apareamiento de los mamíferos suelen asociarse con cáncer colorrectal.

Igual que se ha visto en las bacterias, las mutaciones de los genes eucariotas que controlan la reparación de mal apareamiento confieren un fenotipo mutador, incrementándose las tasas de mutación espontánea en todos los loci. ¿Cómo afectan estas mutaciones la biología de las células del ser humano? Como se mencionó en el Capítulo 23, en 1974 Lawrence Loeb predijo que la progresión de una célula normal hacia una célula cancerosa podría implicar la creación de un fenotipo mutador, ya que la tasa de mutación natural de las células somáticas parece ser demasiado baja para dar cuenta del número de cambios heredables que se producen durante la progresión de la célula tumoral. Dos décadas después, se ha confirmado esta predicción al encontrarse mutaciones en las proteínas de reparación de mal apareamiento en las células tumorales de las personas con predisposición al cáncer hereditario, denominado HNPCC (*heritable nonpolyposis colon cancer*; cáncer de colon apolipósico hereditario). Hasta la fecha, se han encontrado mutaciones en la línea germinal de los genes de cinco proteínas diferentes de reparación de mal apareamiento asociadas con HNPCC. La forma más habitual de la enfermedad presenta mutaciones que afectan a hMLH1 (*human Mut L homolog*; homólogo de la Mut L humana) o hMSH2 (*human MutS homolog*; homólogo de MutS humana). La predisposición al cáncer se hereda de forma autosómica dominante, lo cual sugiere que la mayoría de las personas afectadas son heterocigotos, con un alelo natural y un alelo afuncional. La reparación de mal apareamiento es normal hasta que una mutación en una célula somática inactiva el alelo funcional y queda eliminada la capacidad de reparación de mal apareamiento, con el consiguiente aumento de la mutagénesis espontánea. No está claro por qué las mutaciones que afectan la reparación de mal apareamiento están asociadas específicamente con tumores de colon.

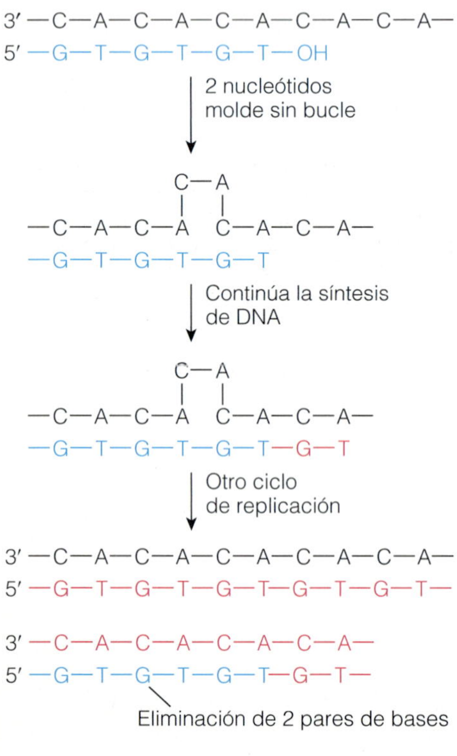


Las células tumorales de los afectados por HNPCC presentan un fenómeno que se denomina **inestabilidad de microsatélites**: un gran número de mutaciones en regiones del genoma que contienen repeticiones de secuencias de uno, dos o tres nucleótidos, normalmente con un gran aumento del número de unidades que se repiten en esas secuencias. Estos datos sugieren que las cadenas molde y producto pueden normalmente deslizarse en esos lugares, de forma que la DNA polimerasa copia una secuencia corta repetida más de una vez o bien, salta un segmento. Esto crea un heterodúplex con un bucle corto, como se muestra en el margen para la mutagénesis por pérdida. Normalmente, un error de la replicación de este tipo se corregiría por la reparación de mal apareamiento, pero en las células que carecen de la reparación de mal apareamiento normal, estos errores persisten y se acumulan. Esta clase de estudios ha proporcionado a los científicos un conocimiento tremendo sobre la naturaleza del cáncer como una enfermedad genética progresiva.

## Reparación del hueco de la cadena hija

La fotorreactivación y la reparación por escisión son respuestas metabólicas a corto plazo. Ambos procesos pueden producirse a los pocos minutos de que el DNA sufra un daño químico o ultravioleta. Sin embargo, si los sistemas de fotorreactivación y de reparación por escisión son defectuosos o se saturan porque el daño del DNA es tan grande que supera sus capacidades, en las bacterias pueden ponerse en marcha sistemas a largo plazo. Uno de estos sistemas, la **reparación del hueco de la cadena hija**, es comparable a la recombinación genética y efectivamente utiliza varias de las mismas proteínas. Comentaremos más acerca de algunas de estas proteínas en el apartado de la recombinación, pero aquí presentaremos el proceso brevemente, tal como se ha estudiado principalmente en las bacterias.

Cuando una polimerasa replicativa encuentra un dímero de timina o una lesión voluminosa, no puede replicar a partir de este lugar. Si es un dímero de timina, la polimerasa III incorpora dAMP frente a la primera base de timina en el molde. La doble hélice se distorsiona debido al dímero de timina, lo que hace que la estructura sea reconocida como un mal apareamiento y la actividad 3′ exonucleolítica de la DNA polimerasa III saque el dAMP recién incorporado. Así, la polimerasa crea un ciclo inútil, «ralentizando» el lugar de daño, convirtiendo el dATP en dAMP mediante un proceso continuo de inserción y rotura exonucleólítica. La síntesis de un fragmento de Okazaki puede comenzar en el lado 5′ del lugar dañado, dejando un hueco comenzando en el lado 3′ del dímero de timina. Sin embargo, este hueco sería letal si no se reparara, ya que generaría una rotura de doble cadena en el ciclo de replicación siguiente.

Puede tener lugar un proceso semejante a la recombinación genética, no para reparar el daño, sino para permitir que continúe la replicación, salvando el lugar dañado de la posterior reparación por otro proceso. La reparación del hueco de la cadena hija depende esencialmente de una proteína multifuncional denominada **RecA**. Las bacterias que tienen mutaciones en *recA* se caracterizaron originalmente como defectuosas de la recombinación general y la reparación del DNA. Ahora sabemos que las bacterias *recA*, que especifican una proteína RecA defectuosa, tienen un fenotipo complejo, que incluye una reparación del DNA defectuosa. Describiremos la proteína posteriormente en este capítulo, pero para nuestros fines, aquí es importante una propiedad. La RecA cataliza el **apareamiento de cadena** o **asimilación de cadena**, que es la unión de dos DNA diferentes mediante apareamiento de bases homólogas.

Dado que el hueco que se genera en el lugar de un dímero de timina se crea por una replicación defectuosa, el hueco está cerca de la horquilla de replicación. Por lo tanto, también está cerca de la región correspondiente en el otro dúplex hijo (Figura 26.14). Si esa región no ha sufrido daños, la proteína RecA puede iniciar la recombinación entre dos dúplex homólogos. La cadena parental implicada, que es complementaria de la cadena parental dañada, se recombina en el hueco, enfrente del lugar dañado. Participan otras proteínas, como se muestra en la figura y se comenta en el apartado sobre recombinación (*véase* la página 1097). Ahora hay un hueco en el brazo que no estaba dañado, pero debido a que está frente a un molde sin dañar, puede rellenarse por la acción de la DNA polimerasa y la DNA ligasa. El propio dímero de timina no se repara en este proceso, sino que el proceso da tiempo a que un sistema de escisión entre posteriormente y repare este daño. Se necesita la proteína RecA para la reparación del hueco de la cadena hija, especialmente en la primera reacción, donde la cadena parental no dañada se aparea con la cadena parental frente al hueco. RecA es una proteína bacteriana, pero una proteína relacionada, la Rad51, permite que este proceso también tenga lugar en las células eucariotas.

Hay pruebas de que la respuesta a una lesión bloqueante en el molde de la cadena conductora es la **regresión de la horquilla de replicación** (*véase* la Figura 26.15). La horquilla retrocede en lugar de ir hacia adelante para formar un intermediario de «pie de pollo». En esta estructura la cadena conductora bloqueada puede continuar replicándose, utilizando como molde la otra cadena hija, evitando la lesión, para que la reparación tenga lugar posteriormente. Cuando el daño es en la cadena retardada (no se muestra), necesita corregirse inmediatamente, aunque permanece un hueco, que debe repararse, normalmente mediante reparación del hueco de la cadena hija. Téngase en cuenta que, tanto en este proceso como en la reparación del hueco de la cadena hija, no se repara el lugar dañado, pero la replicación puede continuar y se da tiempo a que alguno de los otros procesos de reparación lo asuma y fije el daño.

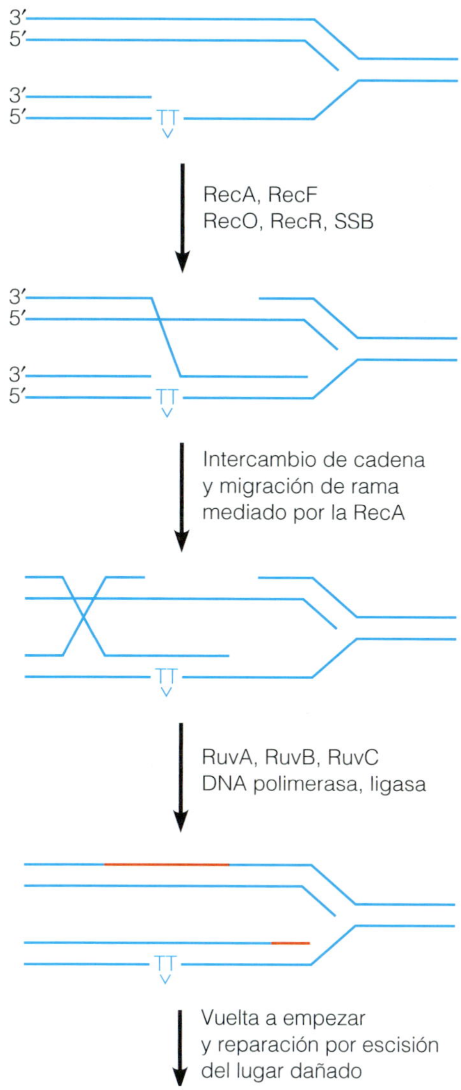


**FIGURA 26.14**

**Reparación del hueco de la cadena hija.** La cadena de DNA original no dañada se transfiere al hueco de la cadena hija, formado por la incapacidad de la DNA polimerasa para replicar más adelante. Los pasos restantes se producen por mecanismos similares o idénticos a los de la recombinación homóloga, que se considerarán más adelante en este capítulo.

## Síntesis translesión

Como se ha mencionado en el apartado anterior, algunos tipos de lesiones del DNA son no instructivos en el sentido de que cuando una DNA polimerasa replicativa encuentra un lugar así, se atasca y cesa la replicación. Estas lesiones incluyen lugares sin base, dímeros de timina y aductos voluminosos. Cuando el daño es tan grande que se desbordan los verdaderos sistemas de reparación, entran en funcionamiento los procesos de tolerancia al daño, como la reparación del hueco de la cadena hija que se ha descrito. Más recientemente se ha esclarecido otro conjunto de procesos, con el descubrimiento de otras DNA polimerasas que son capaces de replicar más allá de una lesión no instructiva. La mayor parte

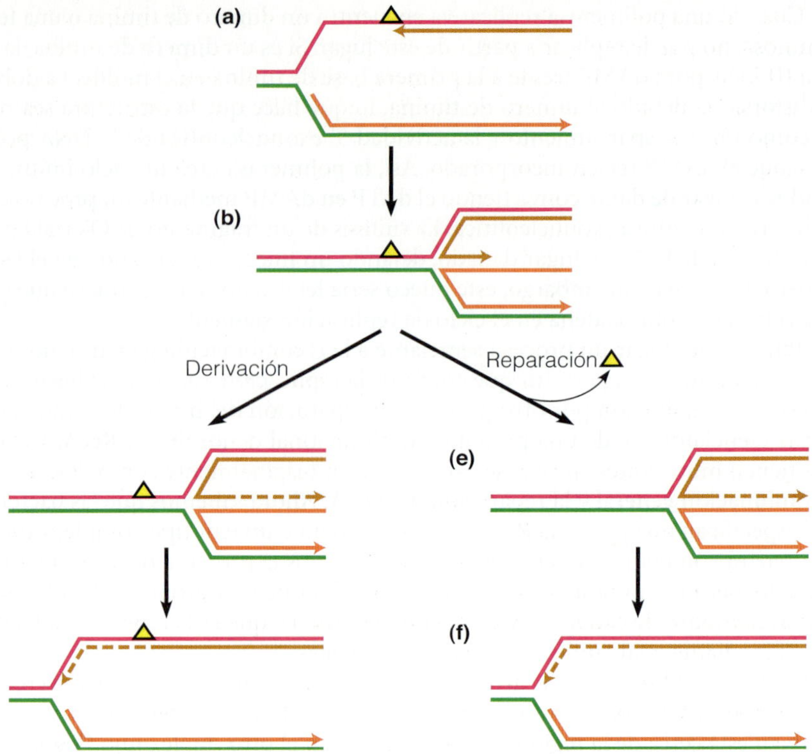


**FIGURA 26.15**

**Regresión de la horquilla de replicación como respuesta probable a una lesión de bloqueo en el molde de la cadena conductora. (a), (b).** La regresión aparea el lugar dañado (se muestra como un triángulo) con su molde no dañado (verde). **(c), (e)** El complemento de la cadena hija de la cadena dañada (marrón) puede copiarse a partir de la otra cadena hija (naranja). A continuación, la horquilla se vuelve a formar y puede reiniciarse la replicación una vez que se haya reparado el daño **(f)** o no **(d)**.

Adaptado de *Nucleic Acids Research* 37:3475-3492, J. Atkinson y P. McGlynn, Replication fork reversal and the maintenance of genome stability. © 2007, con permiso de Oxford University Press.

de estas enzimas tienen muy poca fiabilidad, en parte debido a que carecen de corrección de pruebas 3′ exonucleolítica y en parte, a que sus lugares catalíticos son más grandes y más abiertos que los de las polimerasas replicativas de fidelidad elevada. Como se ha mencionado en el Capítulo 25, las DNA polimerasas se han clasificado estructuralmente en familias: A; B, C, D, X e Y. Las enzimas tolerantes al daño descubiertas más recientemente son la familia Y de las DNA polimerasas. Las enzimas son inducibles como consecuencia del daño del DNA, pero los mecanismos de control son muy diferentes entre los organismos procariotas y eucariotas. Consideramos, en primer lugar, el sistema bacteriano.

La **respuesta SOS** bacteriana es un sistema de alarma metabólica que ayuda a la célula a salvarse a sí misma en presencia de tensiones potencialmente letales. Los inductores de la respuesta SOS son la radiación ultravioleta, la falta de timina, el tratamiento con determinados reactivos de modificación del DNA, como el entrecruzador mitomicina C, y la inactivación de los genes esenciales para la replicación del DNA. Las respuestas incluyen la mutagénesis, la filamentación (en la que las células se alargan mediante crecimiento, pero no pueden dividirse), la reparación por escisión activada y la activación de los genomas de bacteriófagos latentes. La mutagénesis tiene lugar debido a que en condiciones de SOS, los huecos que se forman frente a los dímeros de timina u otros lugares dañados pueden rellenarse mediante la replicación, más que mediante transferencia de cadena hija y, como se ha indicado antes, esta replicación es muy inexacta. En realidad, este proceso es la ruta principal mediante la cual la luz ultravioleta estimula la mutagénesis en las bacterias.

La inducción de la respuesta SOS por la luz UV o una condición perjudicial semejante activa la transcripción de unos cuarenta genes en *E. coli*. En el Capítulo 29 consideramos los mecanismos de activación de la transcripción (*véase* la Figura 29.16, página 1246). Entre estos genes inducibles por SOS están *recA*, *dinB*, *umuC* y *umu D*. Din viene de daño inducible (*damage inducible*) y Umu viene de mutagénesis ultravioleta (*ultraviolet mutagenesis*). Las bacterias con una mutación *umu* pueden ser destruidas por la luz UV, pero las supervivientes no están enriquecidas con los mutantes; en otras palabras, se necesita la función de Umu para la mutagénesis por la luz UV. En los últimos años se ha visto que *dinB* codifica una nueva polimerasa, la pol IV, y los genes *umuC* y *umuD* codifican otra polimerasa nueva, la pol V. Ambas enzimas son muy propensas a los errores y ambas se han incluido en la familia de polimerasas Y. El gen estructural de la DNA polimerasa II también está controlado por SOS, pero la pol II es una enzima exacta y no participa en la síntesis por translesión, de forma que aún es una enzima a la búsqueda de una función.

El DNA puede repararse tras la replicación, ya sea mediante recombinación, ya sea mediante la reparación propensa a errores inducible. Ambos procesos requieren RecA.

Tras la activación SOS, UmuD sufre una proteólisis específica para dar UmuD′ y dos moléculas de esta última se combinan con una molécula de UmuC para dar una molécula de pol V. Cuando el replisoma que contiene la holoenzima pol III se para en un lugar dañado, la pol V lo sustituye y se une a la abrazadera deslizante. Una vez copiado el lugar dañado (inexactamente), la pol V se aparta mediante un proceso muy estudiado y la holoenzima pol III completa el proceso de replicación.

Teniendo en cuenta que la mayoría de las mutaciones son probablemente perjudiciales, ¿cuál es la ventaja de acumular mutaciones durante la reparación del DNA? Probablemente ninguna, excepto que la alternativa para la célula sería morir. En otras palabras, la mutagénesis amplia se ve como un precio que a la célula le vale la pena pagar si una dosis UV masiva ha desbordado las demás rutas de reparación y si la replicación propensa a errores pasado un dímero es necesaria para que la célula permanezca viva.

Como se ha señalado antes, la síntesis de translesión también es inducible en las células eucariotas. Recuérdese del Capítulo 25 que hasta hace poco se creía que las células eucariotas solo tienen cinco DNA polimerasas. Desde finales de los años 1990 se han descubierto una diversidad señalada de DNA polimerasas nuevas en las células eucariotas y, como se mencionó en el Capítulo 25, el número total de DNA polimerasas humanas ahora es de 15 (incluyendo las transcriptasas inversas de los retrovirus). Cuatro de las nuevas polimerasas, pol $\eta$, pol $\iota$, pol $\kappa$ y REV1, son polimerasas de la familia Y y la mayoría están especializadas en replicar tras los tipos específicos de daño de DNA. Estas enzimas, generalmente, tienen todas ellas poca fiabilidad, tasas elevadas de errores de la replicación, como se muestra *in vitro*. Sin embargo, la pol $\eta$ es diferente, ya que es capaz de replicar tras los dímeros de timina de una forma esencialmente libre de errores. Los estudios estructurales recientes muestran cómo puede tener lugar esto. Como se muestra en la Figura 26.16, la pol $\eta$ tiene un lugar activo lo suficientemente espacioso para acomodar un dímero de timina, debido a que la palma y los dedos se han girado hacia afuera desde el dominio del «dedo meñique». Además, las fuerzas de van der Waals y los enlaces de hidrógeno mantienen las timinas apareadas, de forma que ambas pueden aparearse con adenina en el dATP entrante. Todas las polimerasas de la familia Y se ha visto que participan en la síntesis por translesión y también tienen funciones adicionales; la elucidación de estas funciones es un área activa de la investigación actual.

La inducción de algunas o todas las polimerasas de reparación es parte de la **respuesta al daño del DNA**, un conjunto marcadamente complejo de acontecimientos en las células eucariotas. Aunque conocemos poco sobre la regulación específica de cada una de las diversas polimerasas de la familia Y, mencionamos brevemente algunos detalles de la respuesta al daño del DNA. Diremos algo más cuando consideremos los acontecimientos que siguen a la rotura del DNA de doble cadena.

Varias rutas de señalización diferentes emanan de los acontecimientos del daño del DNA. La gran cantidad de proteínas inducidas o activadas por la lesión del DNA se han clasificado como sigue: (1) *sensores*, que están en contacto con el DNA y detectan la lesión, luego incorporan (2) *mediadores*, que amplifican la señal inicial, y (3) *transductores*, que transmiten la señal a (4) *efectores*, que estimulan las respuestas celulares. Dependiendo de la gravedad de la lesión del DNA, el tipo celular y la fase del ciclo celular, las respuestas celulares pueden conducir a la activación de las rutas de reparación del DNA, la detención del ciclo celular o la muerte celular programada (**apoptosis**). Hemos mencionado previamente la p53 (Capítulo 23), un efector que actúa como factor de transcripción, cuyos efectos incluyen la detención del ciclo celular, hasta que se haya reparado la lesión, o la apoptosis cuando la lesión es demasiado grave. Otros efectores son las quinasas dependientes de ciclina, que regulan el ciclo celular (Capítulo 24).

La ruta que incorpora las polimerasas translesión a los lugares del daño comporta, en primer lugar, el desenrollamiento continuado del DNA después del lugar de la lesión, siendo recubierto el DNA de cadena única con RPA, la proteína eucariota de unión al DNA de

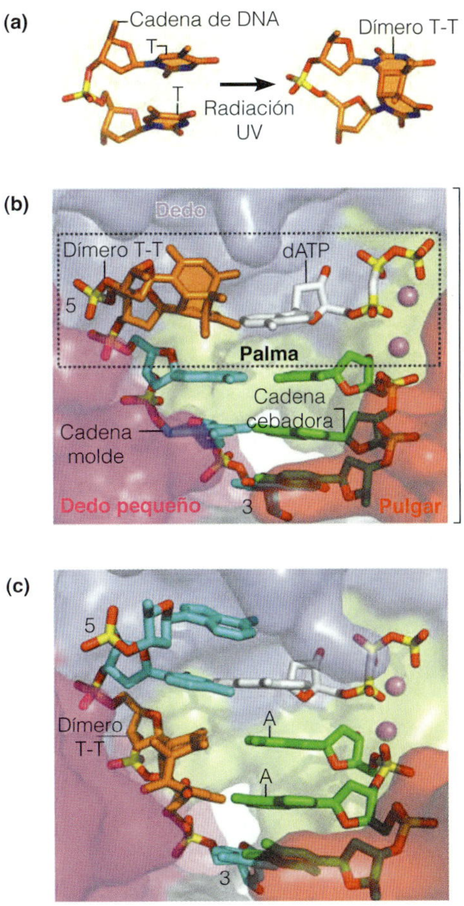


**FIGURA 26.16**

**Baipás exacto de la lesión por la pol $\eta$. (a)** Distorsión estructural creada cuando dos timinas adyacentes se dimerizan inducidas por la luz UV. **(b)** Pol $\eta$ humana en un complejo ternario con dATP posicionado correctamente frente a la 3′T del dímero en la cadena molde. **(c)** Estructura cristalina de la pol $\eta$ humana en un complejo ternario en el que se ha replicado el DNA por la adición de dos nucleótidos una vez pasado el dímero de timina.

cadena única, y a continuación, este complejo DNA-proteína incorpora Rad17, el cargador de la abrazadera eucariota. Luego se produce la unión de la PCNA, la abrazadera deslizante, lo cual conduce finalmente a la incorporación de las polimerasas translesión a los lugares del DNA dañado. Esta red compleja de reacciones es objeto de una investigación activa.

## Reparación de la rotura de doble cadena

Las roturas del DNA de doble cadena pueden repararse mediante recombinación homóloga o mediante unión de extremos no homóloga (NHEJ), un proceso que no necesita una homología de secuencia del DNA en los extremos que van a unirse.

Una rotura de doble cadena (RDC), una lesión que puede estar producida por la radiación ionizante o como consecuencia del estancamiento de la replicación, es la forma más letal de lesión del DNA, ya que destruye la integridad física de un cromosoma. La RDC tiene lugar en mamíferos unas 50 veces por ciclo celular. Además, como veremos en el apartado siguiente, las roturas de doble cadena en el DNA tienen lugar de forma natural durante la recombinación meiótica. La RDC puede repararse por alguno de los dos procesos siguientes: la **recombinación homóloga** (RH), utilizando la información de la secuencia de la cromátida hermana no dañada, o la **unión de extremos no homólogos** (UENH). El último proceso es más eficaz, pero si los extremos del DNA no se vuelven a unir en los lugares precisos donde se produjo la rotura, se perderá o se revolverá la información genética. En cambio, la RH repara normalmente el lugar roto de forma precisa, pero solo puede tener lugar durante las fases del ciclo celular S o G2, cuando se dispone de un cromosoma homólogo. Ambos procesos comienzan con la asociación de varias proteínas de señalización a los extremos dañados, de las cuales un actor principal es una proteína quinasa llamada ATM (*ataxia telangiectasia mutated*; ataxia telangiectasia mutada). Un acontecimiento inicial en RH y UENH es la fosforilación de una forma variante de la histona H2, H2AX, en los nucleosomas cerca de la rotura. El lugar diana es Ser-139, en la cola C-terminal de la histona. Esto puede ser parte de una remodelación de la cromatina que ayuda a mover las partículas centrales fuera de la ruta, y expone los extremos del DNA para su procesamiento.

En UENH un participante clave es una proteína heterodimérica denominada Ku70/80 (una proteína de 70 kDa y otra de 80 kDa), que se asocia con cada uno de los extremos dañados. Se produce un procesamiento adicional de los extremos y se forma

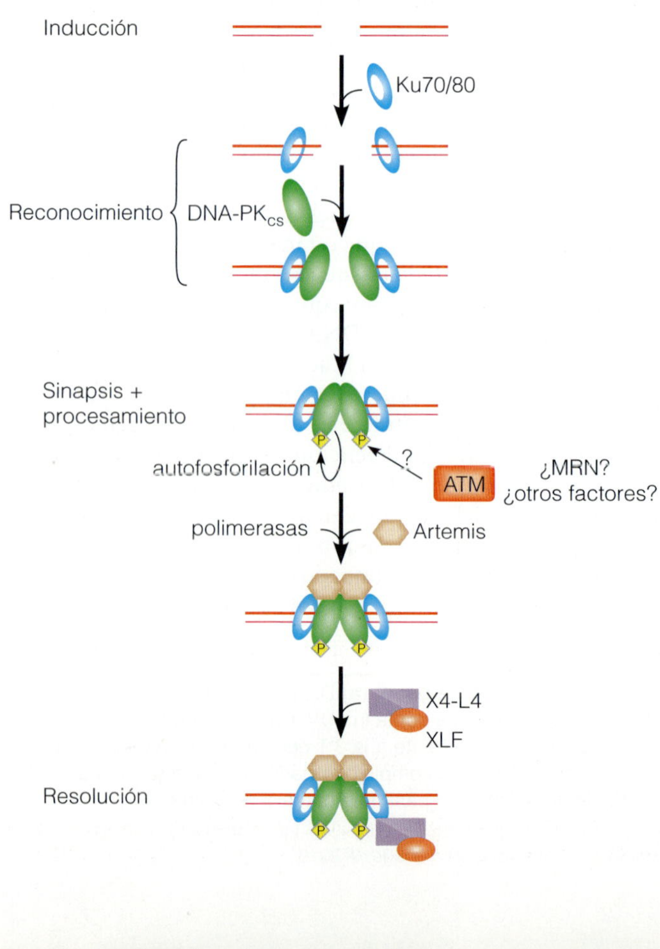


**FIGURA 26.17**

**Ruta de la unión de extremos no homólogos**. La figura muestra la participación de algunas proteínas, además de las identificadas en el texto, como la proteína quinasa dependiente del DNA (DNA-PK), la proteína procesadora Artemis y el complejo X4-L4, que incluye la DNA ligasa IV. *Véase* en el texto más información sobre ATM y MRN.

Adaptado con autorización de *Biochemical Journal* (2009) 423:157-168, A. Hartlerode y R. Scully, Mechanisms of double-strand break repair in somatic mammalian cells. © The Biochemical Society.

una sinapsis, que acerca los dos extremos. Una forma especializada de DNA ligasa, la DNA ligasa IV, vuelve a unir los extremos. La ligasa IV puede unir los extremos romos o los extremos salientes de cadena única compatibles y tiene la capacidad de unir los extremos del DNA a través de huecos cortos. Aún no se ha definido la reacción real catalizada en UENH. En la Figura 26.17 se resume el proceso.

La recombinación homóloga es fácil de ver conceptualmente, como muestra la Figura 26.18, pero en realidad, es un proceso muy complejo, con muchas reacciones de señalización que forman parte de la respuesta al daño del DNA. La ATM activa una nucleasa de un complejo de tres proteínas denominado MRN, así como señaliza efectores por medio de su actividad proteína quinasa. La nucleasa asociada a MRN recorta la distancia de los extremos 5′, dejando extremos de cadena única 3′ terminales, que están recubiertos de RPA (proteína A de replicación, una proteína de unión de cadena única). La proteína BRCA1 participa en este proceso. Otra proteína quinasa, la ART, que reconoce los extremos de cadena única, se une e inicia más señalización. En este punto, RPA es sustituida por Rad51, la homóloga eucariota de RecA. BRCA2 participa en este proceso. El complejo Rad51-ssDNA busca homología, como se ha mencionado antes, e invade la región homóloga de la cromátida hermana no dañada. La resolución para dar dos cromátidas no dañadas puede producirse a través de varias rutas, una de las cuales se muestra en la Figura 26.18. Como se ha mencionado, alguno de estos acontecimientos, igual que la regulación de la progresión del ciclo celular, están controlados por fosforilación proteica con participación de ATM y ATR, reguladores centrales de la respuesta al daño del DNA. Estas dos enzimas tienen, al menos, 25 sustratos conocidos, pero el número total de proteínas fosforiladas durante la respuesta a la lesión del DNA supera las 70.

Se conocen mutaciones humanas en varias de las proteínas que participan en la reparación RDC. Las mutaciones en BRCA1 y BRCA2 se identificaron hace ya unos años como factores de riesgo de padecer cáncer de mama o de ovario, y las mutaciones de BRCA2 también están asociadas con la anemia de Fanconi. La ATM recibió su nombre del síndrome de deficiencia ataxia telangiectasia, que implica un envejecimiento prematuro, degeneración cerebelar e incremento de la susceptibilidad al cáncer.

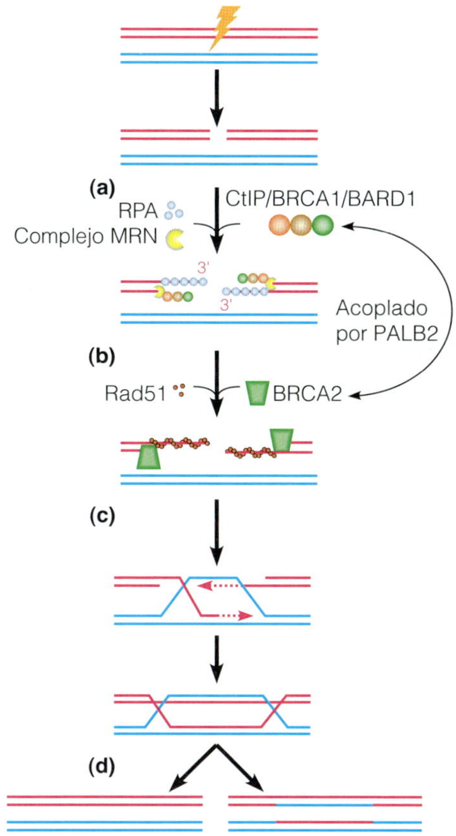


**FIGURA 26.18**

**Ruta de recombinación homóloga para reparar las roturas en el DNA de doble cadena.** **(a)** La MRN, ayudada por otras proteínas, recorta los extremos 5′, y los extremos 3′ de una sola cadena se cubren con la proteína de replicación A, proteína de unión al DNA de una sola cadena. **(b)** Se sustituye RPA por Rad51 (homólogo de RecA), ayudado por la proteína BRCA2. **(c)** La invasión de cadena del cromosoma homólogo no dañado va seguida por la síntesis y el corte del DNA, **(d)** que puede dar cromosomas recombinantes (derecha) o no recombinantes (izquierda).

Adaptado con autorización de *Biochemical Journal* (2009) 423:157-168, A. Hartlerode y R. Scully, Mechanisms of double-strand break repair in somatic mammalian cells. © The Biochemical Society.

## Recombinación

La genética de poblaciones nos enseña que la supervivencia de una especie depende de su capacidad para mantener la diversidad genética, de manera que los individuos pueden presentar diferencias en cuanto a su capacidad de respuesta ante presiones ambientales imprevistas. La diversidad se mantiene a través de la mutación, que altera genes únicos o pequeños grupos de genes en un individuo, y de la recombinación, que redistribuye el contenido de un genoma entre varios individuos durante la reproducción. En la Biología clásica, la recombinación es el resultado del entrecruzamiento entre cromosomas hermanos apareados durante la meiosis en los eucariotas, y de hecho, la información inicial que se obtuvo sobre la recombinación vino de observaciones citológicas y citogenéticas realizadas en *Drosophila*. Sin embargo, la recombinación engloba más procesos y funciones biológicas que las que participan en la reproducción sexual. En sentido estricto, **recombinación** es cualquier proceso que comporte la formación de un nuevo DNA a partir de moléculas de DNA distintas, de manera que la información genética procedente de cada molécula de DNA parental está presente en las nuevas moléculas. El proceso de reparación de huecos en la cadena hija que se ha descrito antes es una forma de recombinación. También lo es la integración de ciertos genomas de bacteriófagos o plásmidos en el DNA cromosómico de una bacteria hospedadora; muchos genomas víricos se integran también en las células hospedadoras animales, como se vio para el VIH en el Capítulo 25. La recombinación interviene también en la **transposición**, el movimiento del DNA de un lugar de integración cromosómica a otro. Como veremos posteriormente en este capítulo, la recombinación de este tipo participa en la respuesta inmunitaria de los vertebrados, en la generación de la diversidad de anticuerpos.

La recombinación es cualquier proceso que cree uniones extremo con extremo de dos moléculas de DNA diferentes.

### Clasificación de los procesos de recombinación

Los diferentes procesos de recombinación tienen unas necesidades muy distintas, tanto en lo que se refiere a la homología de secuencia de nucleótidos entre los elementos que se recombinan, como en lo relativo a las proteínas y las enzimas que catalizan el proceso. La recombinación meiótica en los organismos diploides requiere una homología de secuencia amplia entre los elementos que se recombinan y, por consiguiente, se denomina **recombinación homóloga**. Este término se aplica también a determinados fenómenos de recombinación que se producen entre los cromosomas bacterianos. El nuevo DNA puede introducirse en una célula bacteriana por varios procesos: (1) conjugación durante el apareamiento bacteriano, (2) transformación, cuando el DNA es captado por las células, o (3) **transducción**, cuando el DNA bacteriano que se empaquetó en una partícula de un fago se introduce mediante infección. La transducción se produce cuando se altera el ensamblaje de las partículas del fago en una célula afectada, y se incorpora DNA bacteriano en la cabeza del fago. La reinfección de otra célula bacteriana introduce ese DNA bacteriano empaquetado en la nueva célula.

Si el DNA introducido contiene un origen de replicación, como en un plásmido, puede replicarse de manera autónoma, una vez en el interior de una nueva célula bacteriana. Con más frecuencia, el DNA no contiene un origen, y su información puede expresarse y mantenerse tan solo si el DNA es captado en el cromosoma residente mediante recombinación homóloga. El análisis bioquímico de la recombinación homóloga se ha centrado en los sistemas procariotas, que a su vez, han aportado conocimientos sobre la recombinación meiótica. La mayor parte de los procesos de recombinación homóloga bacterianos tienen en común la necesidad de la proteína RecA o de un equivalente de la misma.

En cambio, la **recombinación específica de lugar** comporta solo una homología de secuencia limitada entre los elementos que se recombinan. Los lugares de ruptura y unión los determinan las interacciones específicas DNA-proteína. El proceso se describió por primera vez en el bacteriófago $\lambda$. Tras la infección el DNA lineal se transforma en círculo guiado por sus extremos cohesivos (*véase* el Capítulo 25, página 1037). El cromosoma de $\lambda$ puede experimentar múltiples ciclos de replicación, que dan lugar a la producción de virus o a la integración del mismo en un lugar específico del cromosoma del hospedador. En este último caso, al que se denomina **lisogenia**, la mayor parte de los genes del virus están inactivados, y el virus puede mantener una relación no letal y de larga duración con su hospedador (Figura 26.19). Los bacteriófagos que son capaces de establecer lisogenia se denominan **fagos temperados**, por oposición a los fagos **virulentos**, como el fago T4, que siempre lisan las células hospedadoras tras la infección. En la mayor parte de los casos de lisogenia (aunque no en todos), la integración se produce en un lugar específico. La recombinación mediante integración del fago $\lambda$ está siendo estudiada como modelo para comprender la integración de los genomas de los virus tumorales en el DNA de las células infectadas. Anteriormente se estudió como modelo de recombinación homóloga entre cromosomas, pero los procesos son diferentes, como se demostró al averiguar que las secuencias de DNA del fago y de la bacte-

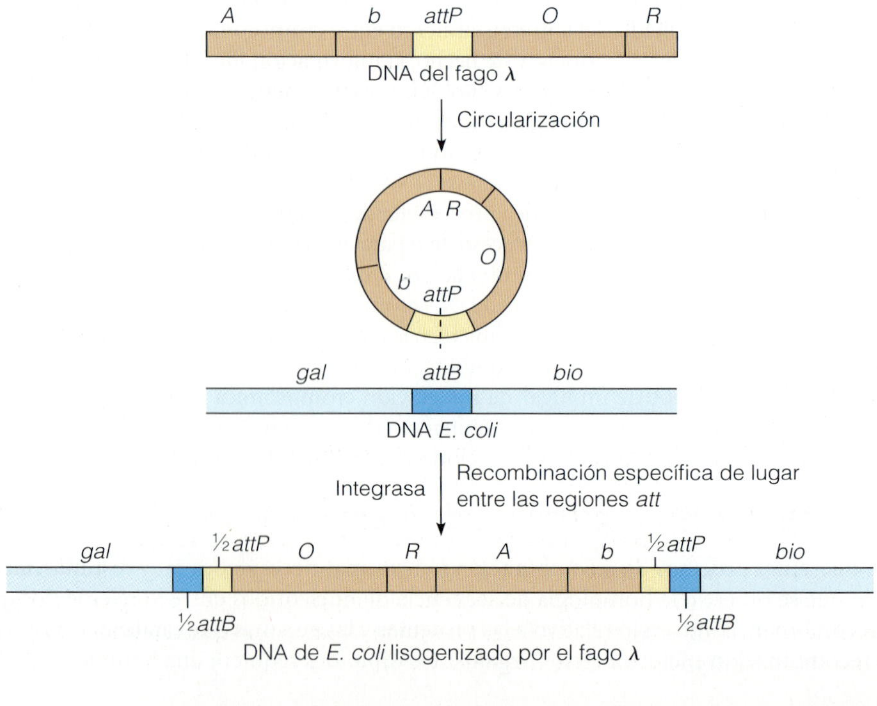


**FIGURA 26.19**

**Recombinación específica de lugar, que establece la lisogenia en el bacteriófago $\lambda$.** El cromosoma del fago adopta la configuración circular entre los genes *A* y *R*, y se produce la recombinación entre el lugar *attP* y una región correspondiente, la *attB*, del cromosoma de *E. coli* entre los marcadores *gal* y *bio*. La enzima integrasa lleva a cabo el proceso de recombinación específica de lugar con la ayuda de una proteína bacteriana. *O* y *b* son marcadores genéticos adicionales.

**TABLA 26.1. Características de distintos tipos de recombinación genética**

| | Requisito | | |
|---|---|---|---|
| **Tipo** | **Homología de secuencia** | **Proteína RecA o equivalente** | **Enzima específica de secuencia** |
| Homóloga | Sí | Sí | No[a] |
| Específica de lugar | Sí (unas 15 bases) | No | Sí |
| Transposición | No | No | Sí |
| Ilegítima | No | No | Desconocido |

[a] El lugar Chi o su equivalente determina los lugares de corte (*véase* la página 1071), pero el reconocimiento inicial de los lugares de apareamiento se produce por homología de secuencia.

ria en las regiones que sufren la recombinación tienen tan solo una homología de 15 pares de bases. Además, la proteína RecA no es necesaria para este proceso, ya que el virus codifica una enzima con especificidad de lugar, denominada **integrasa**, y son las interacciones específicas DNA-proteína entre la enzima y los elementos de recombinación, y no una homología amplia de secuencia DNA-DNA, las que determinan el lugar de la recombinación.

Distinguimos otras dos formas de recombinación. La *transposición* no se basa en una homología de secuencia ni en la proteína RecA, aunque sí requiere una secuencia especial en el DNA donador. Este proceso se considera en un apartado posterior. La **recombinación ilegítima** es un fenómeno extremadamente raro, que es posible que se dé por azar, y en el que no interviene ni la homología de secuencia ni la acción de ninguna proteína conocida. En la Tabla 26.1 se resumen las principales diferencias entre los cuatro tipos principales de recombinación.

## Recombinación homóloga

### Rotura y unión de cromosomas

La forma más sencilla de producirse una recombinación es romper y volver a unir las moléculas de DNA. Sin embargo, si la recombinación se produce de esta forma, los lugares de rotura deben ser exactamente los mismos en los dos cromosomas que se recombinan para que puedan regenerarse genes intactos. Algunos investigadores se decantaban por otros mecanismos alternativos, pero en 1961 Matthew Meselson y Jean Weigle demostraron que la recombinación se produce, de hecho, a través de una rotura y nueva unión de los cromosomas. La demostración, que se esquematiza en la Figura 26.20, se basa en un tipo de experimento de Meselson-Stahl (*véase* la Figura 4.14, página 104). Se infectó *E. coli* con dos poblaciones de fagos $\lambda$ marcados genéticamente, una de las cuales se había sometido a un marcaje radiactivo de densidad mediante su cultivo en un medio con $^{13}C—^{15}N$. Las partículas de fago resultantes de este cruce se centrifugaron hasta el equilibrio en un gradiente de cloruro de cesio. Se recuperaron fagos con genotipos recombinantes en todas las partes del gradiente, mientras que los fagos sin recombinación eran de manera uniforme ligeros o pesados. Este resultado solo podía darse si los fagos recombinantes contenían DNA procedente de ambos progenitores, mediante la rotura y nueva unión del mismo.

Este experimento tuvo otro importante resultado. La producción del fago a partir de los cruzamientos se analizó de forma estándar, mediante el examen visual de las placas. Aunque cada placa procede de una sola partícula de fago, muchas de las placas del experimento de Meselson-Weigle contenían fagos con dos genotipos diferentes, a pesar de que todos procedían de un solo fago infectante. Esto sugirió que la recombinación implica la formación de una región de **DNA heterodúplex**, en la que una cadena de DNA procede de un progenitor y la otra, del otro. Si la región heterodúplex contiene un mal apareamiento, la posterior replicación de ese DNA da lugar a dos moléculas de DNA progenie con genotipos diferentes, como se muestra en la Figura 26.21.

Otra observación inicial fue que la recombinación se estimula por procesos que crean mellas o roturas en las cadenas de DNA, como por ejemplo, la falta de timidina o la radiación UV. Ello sugirió que en la iniciación de la recombinación podía intervenir DNA de una sola cadena o extremos de DNA libres.

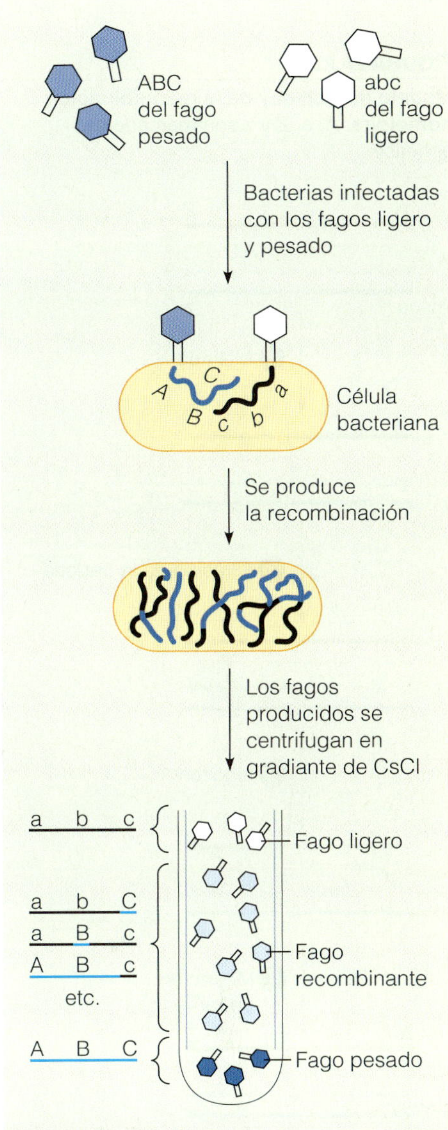


**FIGURA 26.20**

**Experimento de Meselson-Weigle.** Este experimento estableció que se produce una recombinación genética mediante rotura y nueva unión de las cadenas de DNA.

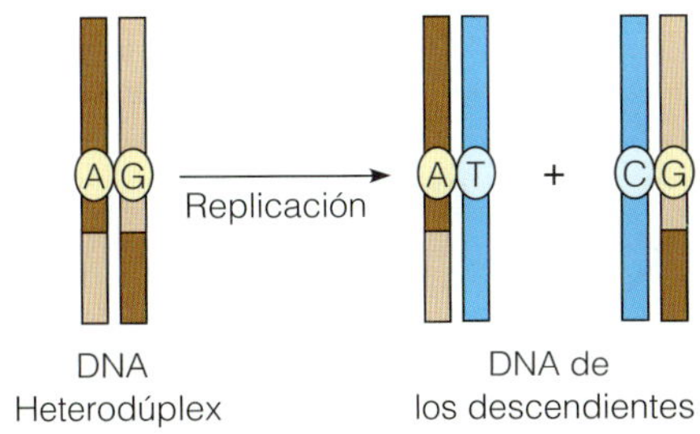


**FIGURA 26.21**

**Generación de descendientes del fago que contienen dos genotipos mediante la replicación de DNA heterodúplex.**

FIGURA 26.22

**Modelo de Holliday de la recombinación homóloga.** A, a, Z y z son marcadores genéticos.

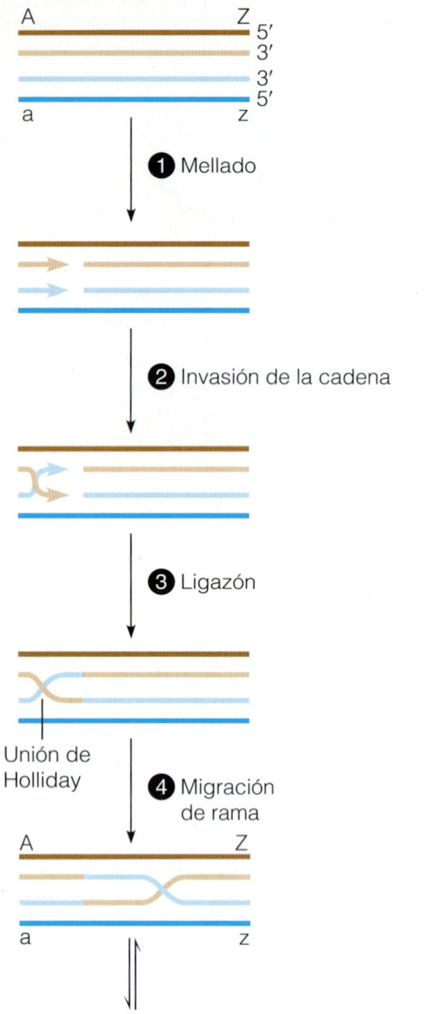


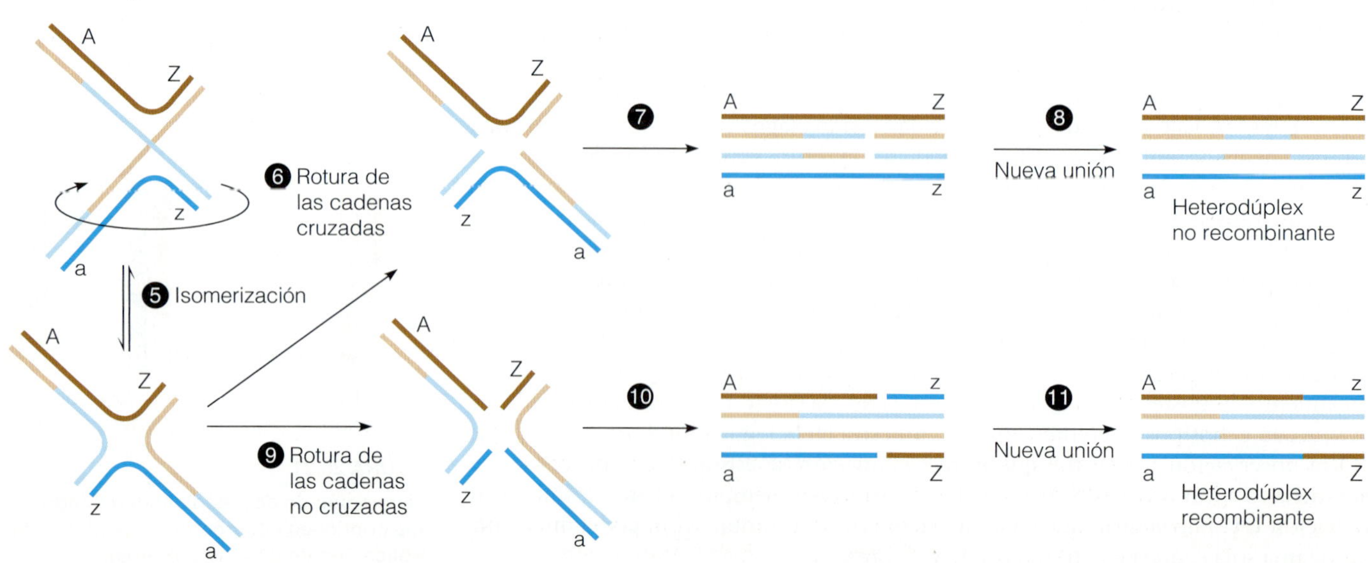


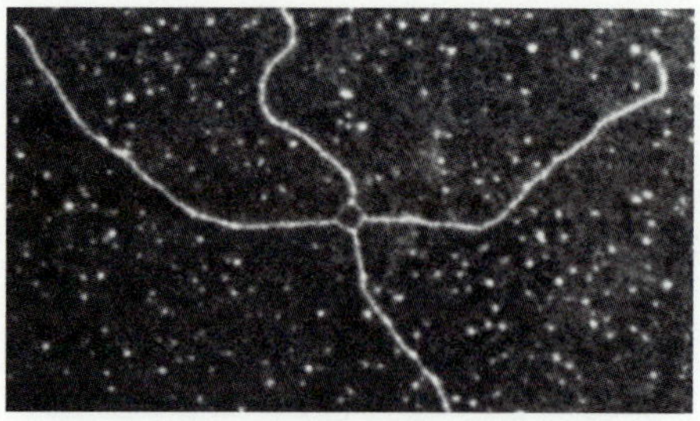

FIGURA 26.23

**Visualización de microscopia electrónica de una unión de Holliday.** Esta unión se creó durante la recombinación entre dos moléculas de DNA de plásmido.

Science VU/H. Potter-D. Dressler/Visuals Unlimited, Inc.

## Modelos de recombinación

Combinando las observaciones anteriores con los datos obtenidos sobre la recombinación en los hongos, Robin Holliday propuso en 1964 un modelo para la recombinación homóloga entre moléculas de DNA dúplex. Este modelo, detallado en la Figura 26.22, continúa estimulando la reflexión y los experimentos sobre este proceso. Observará el parecido notable de este modelo con el mecanismo de recombinación homóloga de la reparación de la rotura de doble cadena (página 1097).

Holliday propuso que la recombinación se inicia con la formación de mellas en el mismo lugar en dos cromosomas apareados (paso 1). El desenrollamiento parcial de los dúplex va seguido de la **invasión de la cadena**, en la que un extremo libre de una sola cadena de un dúplex se aparea con su cadena complementaria, que no está rota en el otro dúplex, y viceversa (paso 2). La unión enzimática genera un intermedio de cadena cruzada, que se denomina **unión de Holliday** (paso 3). La estructura de cadena cruzada puede desplazarse en ambas direcciones mediante el desenrollamiento y nuevo enrollamiento del dúplex (migración de rama, paso 4). La unión de Holliday se «resuelve» en dos dúplex sin romper, mediante un proceso de rotura y nueva unión de las cadenas. El proceso que da lugar a la recombinación se inicia con la isomerización de la estructura de Holliday (paso 5), seguida de la rotura de la cadena, con lo que las cadenas que se van a romper (en el paso 9) son las que *no* estaban rotas en el paso 1. La resolución de la estructura resultante (pasos 10 y 11) genera dos cromosomas recombinantes para el DNA que flanquea la región y cada uno contiene una región heterodúplex. Sin embargo, si las cadenas cruzadas originales (las que *sí estaban* rotas en el paso 1) se rompen y vuelven a unirse (pasos 6-8), los productos son dúplex no recombinantes, cada uno de los cuales contiene una región heterodúplex (es decir, no recombinante respecto a los marcadores exteriores A y Z).

En la actualidad existe una cantidad considerable de datos que respaldan los conceptos centrales del modelo de Holliday, en especial, la visualización de las uniones de Holliday con el microscopio electrónico (Figura 26.23) y más recientemente los análisis cristalográficos de una unión de Holliday sintética (Figura 26.24). Sin embargo, el modelo se ha modificado tras la aparición de nuevos datos. Matthew Meselson y Char-

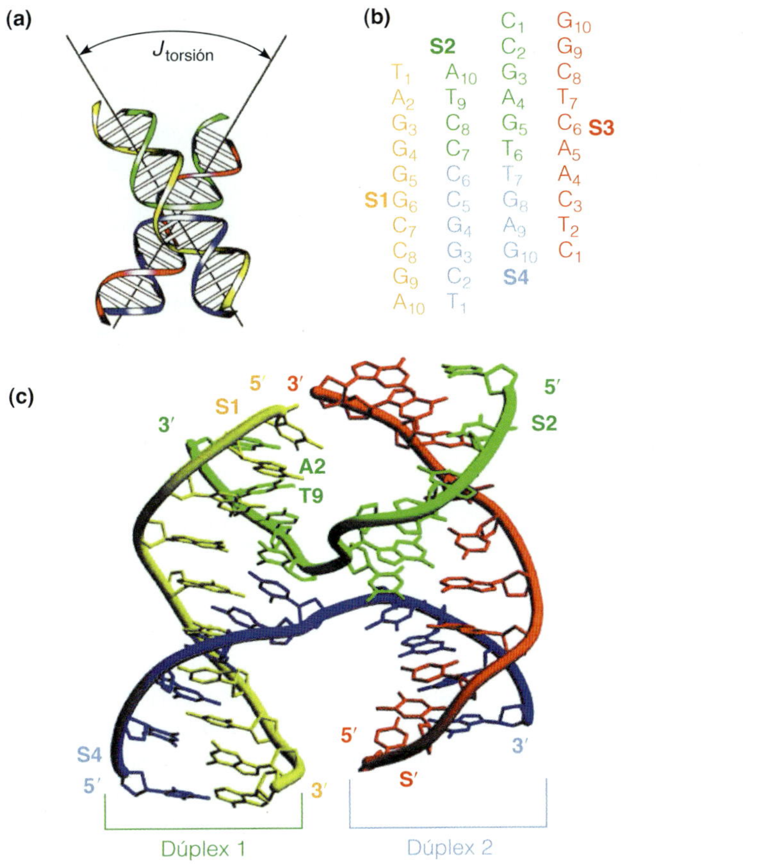


**FIGURA 26.24**

**Estructura cristalina de una unión de Holliday sintética**. Esta estructura de cuatro cadenas se sintetizó mediante el alineamiento de cuatro oligonucleótidos de síntesis química [se muestran en **(b)**] diseñados para imitar una unión de Holliday. **(a)** Se muestra el ángulo entre los dúplex que forman la unión.

Adaptado con autorización de *Biochemistry* 48:7824-7832, P. Khuu y P. S. Ho, A rare nucleotide base tautomer in the structure of an asymmetric DNA junction. © 2009 American Chemical Society.

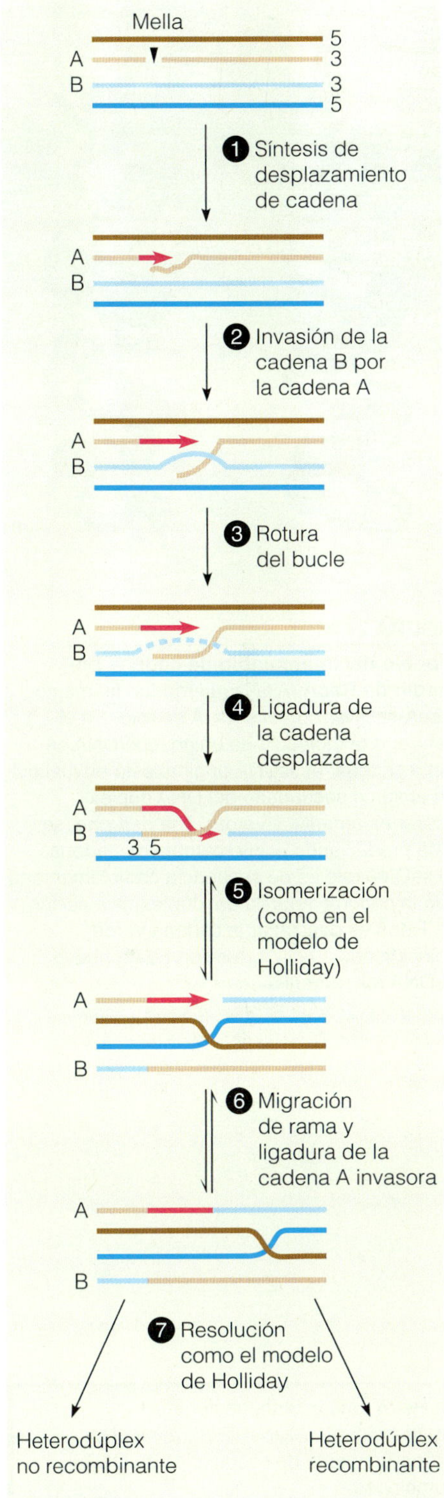


**FIGURA 25.25**

**Modelo de Meselson-Radding de recombinación homóloga.**

les Radding propusieron que la recombinación podría iniciarse con una sola mella (lo que elimina la molesta pregunta de cómo pueden mellarse dos dobles cadenas precisamente en el mismo punto). Como se indica en la Figura 26.25, se produce la síntesis con desplazamiento de la cadena (flecha roja, paso 1), de manera que un extremo de cadena única desplazado del dúplex con mella, A, invade la región homóloga del dúplex sin romper, B (paso 2). Finalmente, el bucle desplazado en el dúplex B se fragmenta y degrada parcialmente (paso 3), y el extremo desplazado del dúplex A se liga al B (paso 4). A continuación, se produce una isomerización, como en el modelo de Holliday, con las cadenas que originalmente no se habían roto cruzadas (paso 5). Una característica adicional del modelo de Meselson-Radding es el hecho de que la migración de rama pueda conducir a que los cortes finales de estas cadenas pueden producirse a cierta distancia del lugar de la invasión de la cadena o de la mella original (pasos 6 y 7). En principio, un extremo 5′ o 3′ podría iniciar el proceso de invasión de la cadena. Como se indica más adelante, es probable que un extremo 3′ inicie la recombinación en *E. coli.*

## Proteínas que participan en la recombinación homóloga

Los modelos de Holliday y de Meselson-Radding explicaban la mayor parte de los datos existentes sobre la recombinación homóloga entre cromosomas apareados, en especial en cuanto a los estudios realizados en eucariotas inferiores, como las levaduras. Además, los modelos podían adaptarse con facilidad para explicar la reparación del hueco de la cadena hija o la recombinación que se produce en las bacterias después de la transformación o la

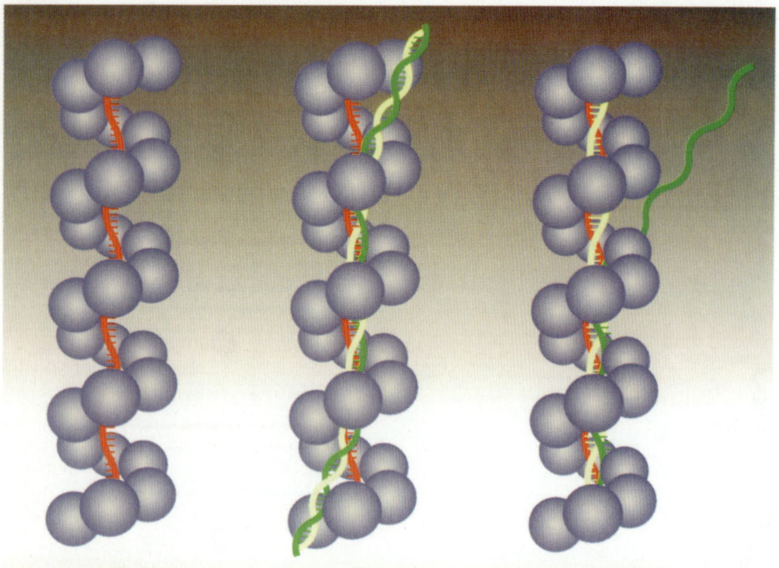

**FIGURA 26.26**

**Modelo del intercambio de cadena por medio de RecA.** A la izquierda, un filamento RecA-ssDNA, con el ssDNA en rojo. En el centro, una molécula de unión, con DNA de triple cadena; el ssDNA original está envuelto en el surco secundario del DNA dúplex (cadenas amarilla y verde). A la derecha, se está produciendo el intercambio de cadenas. El ssDNA rojo es de secuencia complementaria con la cadena amarilla del dúplex, y la acción de RecA es desplazar la cadena verde, coincidiendo con la formación de un nuevo dsDNA rojo-amarillo.

Cortesía de M. Kubista ***et al.***, *Biological Structure and Dynamics*, R. H. Sarma y M. H. Sarma, eds. (Schenectady, Nueva York: Adenine Press, 1996), pp. 49-59. © 1996 Adenine Press, Inc.

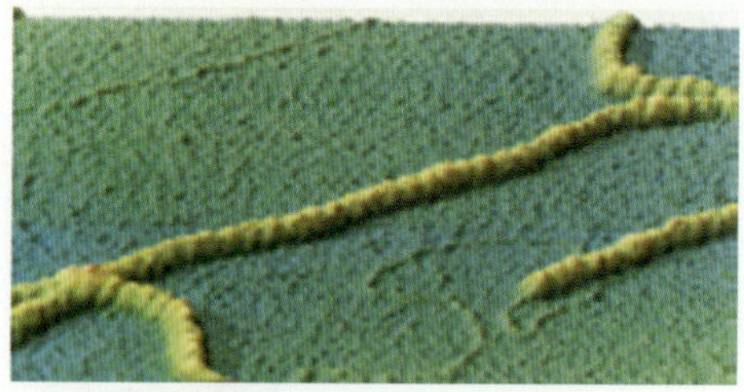

**FIGURA 26.27**

**Complejo RecA-DNA visto mediante microscopia de tunelización de barrido.** Los cordones gruesos corresponden al complejo RecA-DNA y muestran una estructura helicoidal. Los filamentos finos corresponden a DNA sin recubrimiento.

De *Science* 240:514-516, M. Amrein, A. Stasiak, H. Gross, E. Stoll y G. Travaglini, Scarnning tunneling microscopy of RecA-DNA complexes coated with a conducting film. © 1988. Reproducido con permiso de AAAS.

conjugación. Algunas de las proteínas que se cree que intervienen en el proceso, en especial la DNA polimerasa, la DNA ligasa y la proteína de unión al DNA de cadena única, se han caracterizado y se ha demostrado su participación en la recombinación. ¿Qué puede decirse de otras proteínas que deben actuar si los modelos son básicamente correctos? Para responder a esta pregunta volvamos a *E. coli* y a sus fagos y a las características de las bacterias mutantes con una recombinación deficiente. Las mutaciones que confieran un fenotipo de recombinación deficiente (*rec*$^-$) se encuentran en varios loci, y hay dos productos génicos importantes, que son los responsables de la mayor parte de los fenómenos de recombinación bacterianos. Uno de estos productos, la proteína RecA, se ha mencionado ya antes. La otra proteína se denomina exonucleasa V o nucleasa RecBCD.

La RecA es una proteína multifuncional asombrosa con un $M_r$ de aproximadamente 38 000. En la recombinación, impulsa el apareamiento dependiente de ATP de las cadenas homólogas, como se ha descrito antes en relación con la reparación del hueco de la cadena hija. *In vitro*, la proteína cataliza los intercambios de ambas cadenas únicas, en los que el ssDNA invade un dúplex homólogo y se intercambian las dobles cadenas, donde ambas cadenas de un dúplex invasor cambian esencialmente de pareja. Sin embargo, se ha hecho evidente que *in vitro* solo tienen lugar las reacciones de tres cadenas. Como se esquematiza en la Figura 26.26 (panel izquierdo), el proceso comienza con la reacción entre la RecA y el DNA de cadena única (ssDNA) para dar un filamento nucleoproteico característico. Como se ha visto mediante microscopia de tunelización de barrido del filamento y los análisis cristalográficos de la proteína (Figura 26.27), RecA se envuelve alrededor del ssDNA como de una hélice a derechas con múltiples subunidades, con seis monómeros de RecA por vuelta. Una vez unido el ssDNA, el filamento rastrea el DNA de doble cadena (ds) buscando secuencias complementarias de las de la cadena única ya unida. En este proceso, el dsDNA también es captado dentro del filamento, dando una estructura denominada *molécula compartida* (Figura 26.26, panel central). La unión del dsDNA requiere ATP, pero ese ATP no necesita hidrolizarse en el proceso. En cambio, el movimiento del complejo ssDNA-proteína con respecto al dsDNA requiere la hidrólisis del ATP. Durante este proceso, el dsDNA se desenrolla y se estira hasta alrededor de 1.5 veces su longitud normal. El movimiento del complejo está polarizado en la dirección 5′ a 3′ a lo largo del ssDNA unido inicialmente. Durante el movimiento, se forma transitoriamente una estructura de triple cadena, con el ssDNA (la cadena roja de la Figura 26.26) enrollada en el surco menor del dsDNA. El ssDNA analiza continuamente la cadena antiparalela en el dsDNA (amarilla), buscando complementariedad de secuencia. No está claro cómo ocurre esto, pero evidentemente sobresalen de la estructura dúplex secuencias cortas de oligonucleótidos que pueden aparearse con el ssDNA si se encuentra complementariedad de secuencia. Una vez establecida la complementariedad, se produce la migración de rama, con el intercambio simultáneo de cadena. Se forma un dúplex entre la cadena roja

La RecA, una enzima bacteriana multifuncional, utiliza ATP para impulsar el apareamiento de secuencias de DNA homólogas.

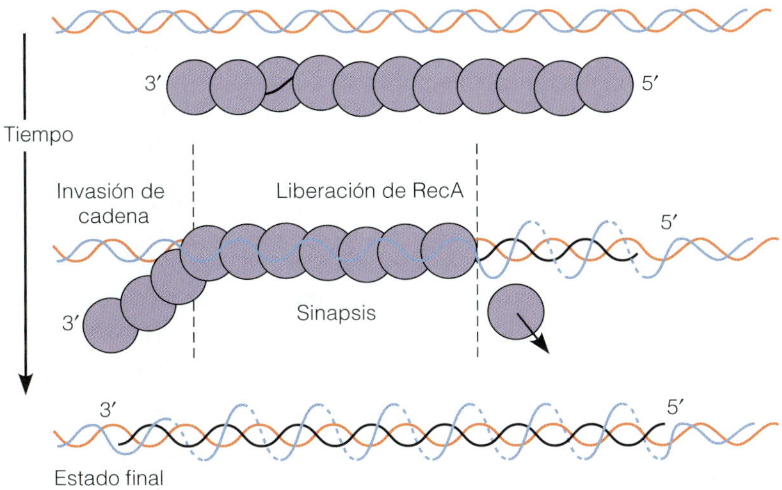


**FIGURA 26.28**

**Reacción RecA de intercambio de cadena, tal como muestran los estudios con moléculas individuales**. La cadena negra asociada con RecA al comienzo es complementaria de la cadena roja del dúplex. La sinapsis tiene lugar 5′ a 3′ (a la derecha en el centro del diagrama), con cada molécula de RecA desplazada una vez que su DNA asociado ha formado apareamiento de bases con su complemento. En esta reacción modelo, la cadena azul desplazada está rodeando el dúplex recién formado.

Reproducido de *Molecular Cell* 30:530-538, T. van der Heijden, M. Modesti, S. Hage, R. Kanaar, C. Wyman, and C. Dekker, Homologous recombination in real time: DNA strand exchange by RecA. © 2008, con permiso de Elsevier.

(originalmente ssDNA) y la cadena amarilla (complementaria de la cadena roja), mientras que la cadena desplazada (verde) se desenrolla, saliendo del complejo. La hidrólisis de ATP durante este periodo puede impulsar la rotación del DNA dentro del filamento, facilitando la liberación de la cadena desplazada. Un estudio reciente a nivel de molécula única confirma el bosquejo general de la Figura 26.26 y muestra que participan activamente unos 80 pares de bases en la reacción de sinapsis en cualquier momento, aunque la región total de homología puede ser mucho más larga (Figura 26.28).

La RecBCD, una enzima multifuncional, desenrolla y vuelve a enrollar el DNA, con una cadena desenrollada más rápidamente y que luego se convierte en un extremo 3′ de cadena única.

La recombinación se produce preferentemente en o cerca de determinadas secuencias del DNA. En *E. coli*, la recombinación está favorecida cerca de la secuencia octanucleotídica específica, 5′-GCTGGTCC, denominada Chi (*crossover hotspot instigator*; instigador de punto caliente de entrecruzamiento). ¿Cómo estimula este lugar la recombinación? Otra enzima importante, la proteína RecBCD, una enzima heterotrímera multifuncional, codificada por los genes *recB*, *recC* y *recD*, exhibe especificidad de secuencia para Chi. Esta enzima se une en una rotura de doble cadena en un DNA dúplex y utiliza dos actividades helicasa, RecB y RecD, para desenrollar y degradar parcialmente el DNA. Como muestra la estructura cristalina de un complejo RecBCD-DNA, ambas helicasas están en contacto con el DNA (Figura 26.29). La actividad helicasa RecD es

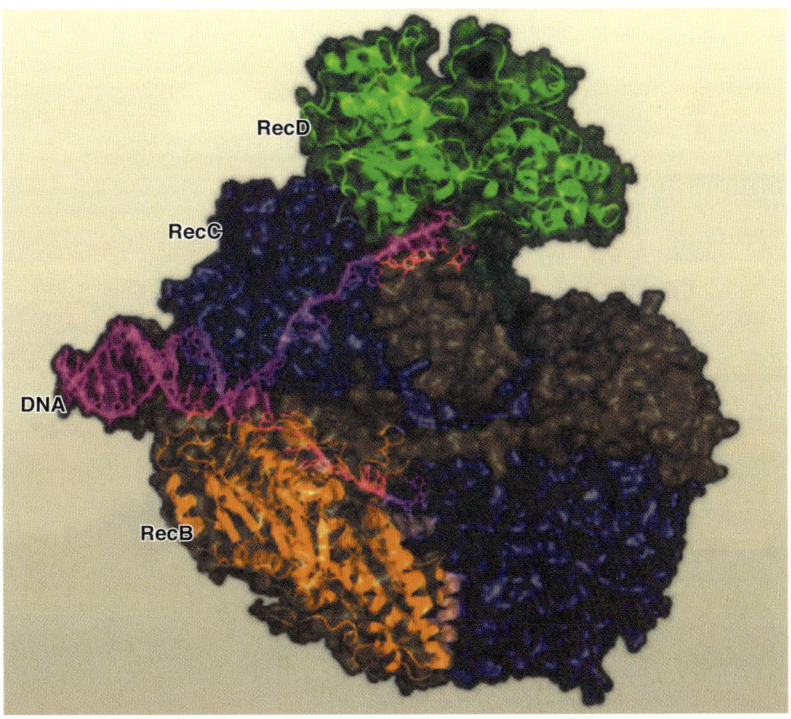


**FIGURA 26.29**

**Estructura cristalina de la proteína RecBCD de *E. coli* en un complejo con el DNA**. Una cadena del DNA desenrollado (fucsia) está en contacto con RecB y otra con RecC. PDB ID 1W36.

Reproducido de *Cell* 131:651-653, D. B. Wigley, RecBCD: The supercar of DNA repair. © 2007, con permiso de Elsevier.

mayor que la RecB, de forma que el moverse la proteína, el extremo 3′ se desplaza como un bucle de una sola cadena por delante de RecB y queda cubierto con la proteína SSB. Ambas cadenas se degradan mediante nucleasas asociadas pero, debido a las distintas velocidades de los motores proteicos, se salva más del extremo 3′ como bucle. Cuando la enzima alcanza Chi, la proteína hace una breve pausa y una interacción específica de secuencia hace que RecBCD cambie la velocidad y cambie su polaridad preferida de degradación del DNA. Al moverse B más deprisa, el bucle 3′ terminado se tambalea por el RecB y se recubre con RecA. Una nucleasa asociada libera el extremo 3′ unido y, como se indica en la Figura 26.30, lo libera para la invasión de cadena de un dúplex vecino.

En las células eucariotas la proteína RDA51, como se señaló antes, impulsa el apareamiento de cadenas homólogas de forma comparable a la RecA. La acción de la BRCA2 ayuda en la recombinación mediada por RAD51 y una función defectuosa de BRCA2 en este proceso puede estar relacionada con la inestabilidad genómica que conduce al cáncer de mama o de ovario en las personas con mutaciones del gen BRCA2.

Una vez formada la unión de Holliday, la migración de rama es esencial para la formación definitiva de las estructuras recombinantes, como se muestra en las Figuras 26.22 y 26.23. Esto es, en gran parte, responsabilidad de otras tres proteínas. En *E. coli*, estas tres proteínas son los productos de los genes *ruvA*, *ruvB* y *ruvC*. RuvA es una proteína de unión al DNA, cuya especificidad la dirige hacia la estructura de Holliday de cuatro cadenas. La

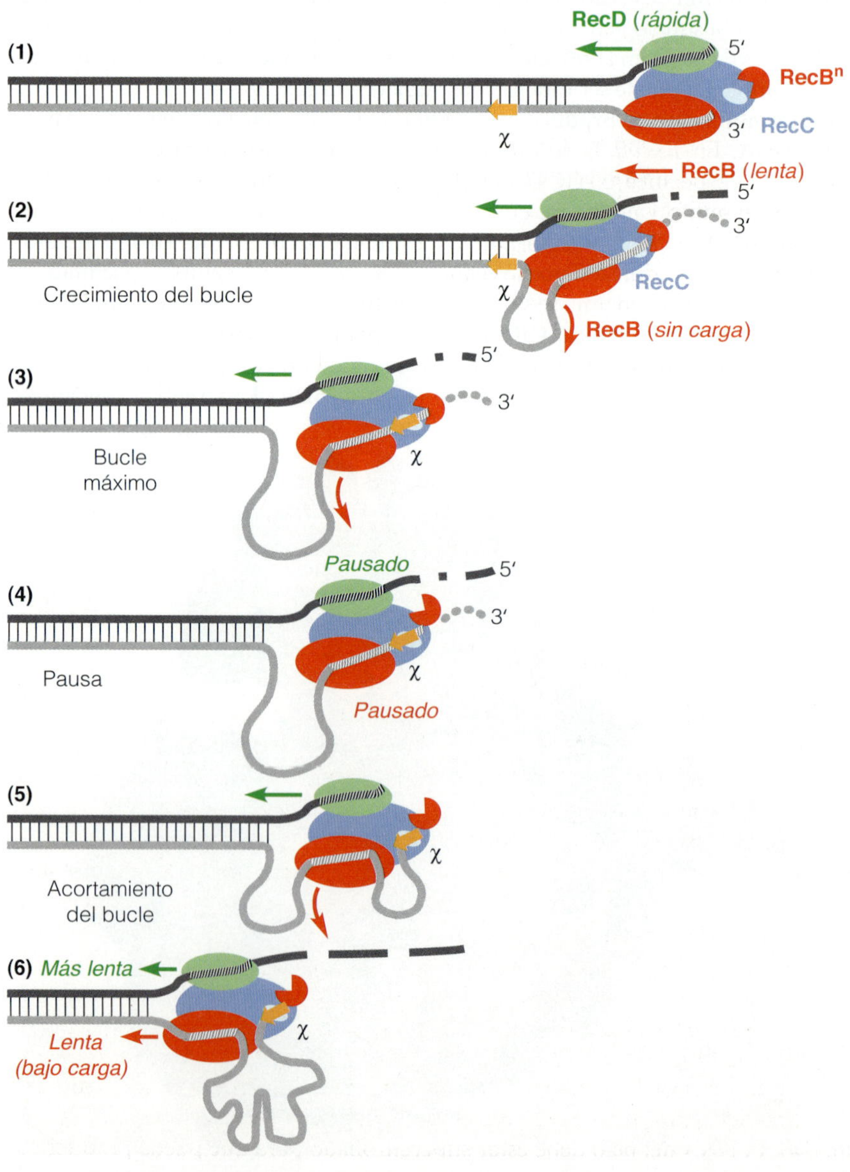


**FIGURA 26.30**

**Modelo de la acción de RecBCD, lugares Chi ($\chi$) y RecA en la iniciación de la recombinación homóloga**. *Véanse* los detalles en el texto.

Reproducido de *Cell* 131:694-705, M.Spies, I. Amitani, R. J. Baskin y S. C. Kowalczykowski, RecBCD enzyme switches lead motor subunits in response to $\chi$ recognition. © 2007, con permiso de Elsevier.

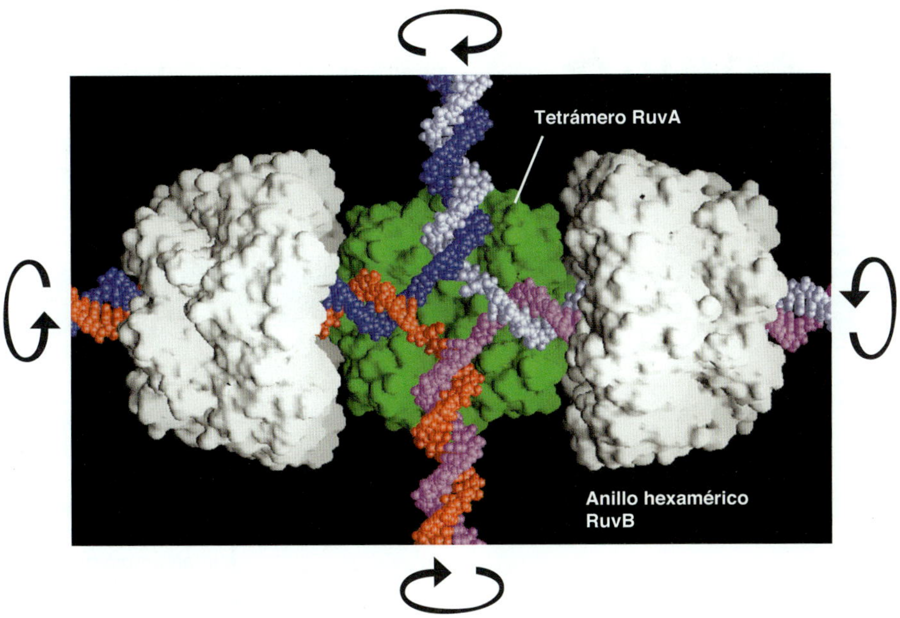


**FIGURA 26.31**

**Modelo de la estructura de unión de Holliday RuvA-RuvB.** Se basa en las estructuras cristalinas de RuvA y RuvB. La migración de rama se supone implica desenrollar el DNA de izquierda a derecha, a través de las bombas gemelas de RuvB, con los brazos superior e inferior dibujados en el centro y finalmente fuera a través de las bombas.

Cortesía de Peter Artymiuk, Krebs Institute, Sheffield.

proteína RuvB es una «proteína motora» que requiere ATP, que se une a dos brazos opuestos de la unión. En el modelo de la Figura 26.31, que se basa en las estructuras cristalinas de las proteínas RuvA y RuvB aisladas, las dos moléculas de RuvB actúan como bombas gemelas, girando los dos brazos en direcciones opuestas. Esto fuerza la migración de rama impulsando el movimiento rotatorio de las otras dos cadenas hacia la unión. Finalmente, se une RuvC y comienza la resolución de la estructura de Holliday mellando las dos cadenas.

Aunque no se han detectado homólogos de la proteína Ruv en las células eucariotas, la mayor parte de la bioquímica de la recombinación homóloga en los eucariotas es semejante a lo descrito aquí. En particular, la proteína RAD51 de las células del ser humano y de las levaduras tiene una actividad de apareamiento de cadenas semejante (aunque no idéntica) a la de RecA y las dos proteínas tienen una gran homología de secuencia. Como se indicó antes, en las células eucariotas, una función esencial de la recombinación homóloga es la reparación de las roturas de doble cadena, que puede crear la radiación ionizante, el estrés oxidativo u otro daño ambiental y que sería letal si no se reparasen. Un cromosoma roto puede utilizar la información de secuencia de su homólogo para reconstruir la secuencia de DNA original del lugar de rotura, como se mostró en la Figura 26.18.

## Recombinación específica de lugar

Como hemos comentado, la alineación de los lugares para la recombinación homóloga la impulsa la homología de secuencia. Otra clase de reacciones de recombinación está dirigida por interacciones DNA-proteína muy específicas, aunque existe un corto tramo de homología de DNA en la zona real de corte y nueva unión. Nuestro conocimiento bioquímico de esta recombinación específica de lugar está más avanzado en lo relativo al mecanismo mediante el cual los fagos moderados como el $\lambda$ se integran en lugares específicos del cromosoma de la bacteria infectada. Este proceso proporciona un modelo importante para el estudio de las reacciones equivalentes en los organismos superiores, como la integración de los genomas de los virus tumorales en los genomas de las células hospedadoras infectadas.

El cromosoma circularizado se integra en un lugar específico del cromosoma de *E. coli*, el *attB*, que se encuentra entre los genes implicados en la utilización de la galactosa y la síntesis de biotina (los marcadores *gal* y *bio*), como se esquematizó en la Figura 26.19. La integración se produce en un lugar específico del cromosoma del fago, denominado *attP*. Se requieren dos proteínas para esta recombinación específica de lugar: (1) integrasa del fago (Int, el producto del gen *int*) y (2) una proteína de *E. coli* llamada IHF (*i*ntegration *h*ost *f*actor; factor de integración del hospedador). Mediante cristalografía de rayos X se ha visto que IHF fuerza un giro de 90° cuando se une al DNA (Figura 26.32a). El DNA del fago debe estar superenrollado para que pueda producirse la re-

La recombinación para integrar o escindir los cromosomas de los fagos temperados comporta interacciones específicas DNA-proteína.

FIGURA 26.32

**Recombinación integradora en el fago λ.** **(a)** Plegado del DNA por IHF que muestra la cristalografía de rayos X. **(b)** Recombinación específica de lugar. Tras la unión de IHF (no se muestra), se forma el intasoma, y la integrasa cataliza la rotura en los lugares indicados con cuñas y luego vuelve a unir las cadenas para crear lugares de enganche híbridos. Por simplicidad, no se muestra una migración de rama corta que tiene lugar antes de resolverse la unión de Holliday.

(a) Reproducido de *Cell* 87:1295-1306, P. A. Rice, S. Yang, K. Mizuuchi y H. A. Nash, Crystal structure of an IHF-DNA complex: A protein-induced DNA U-turn. © 1996, con permiso de Elsevier.

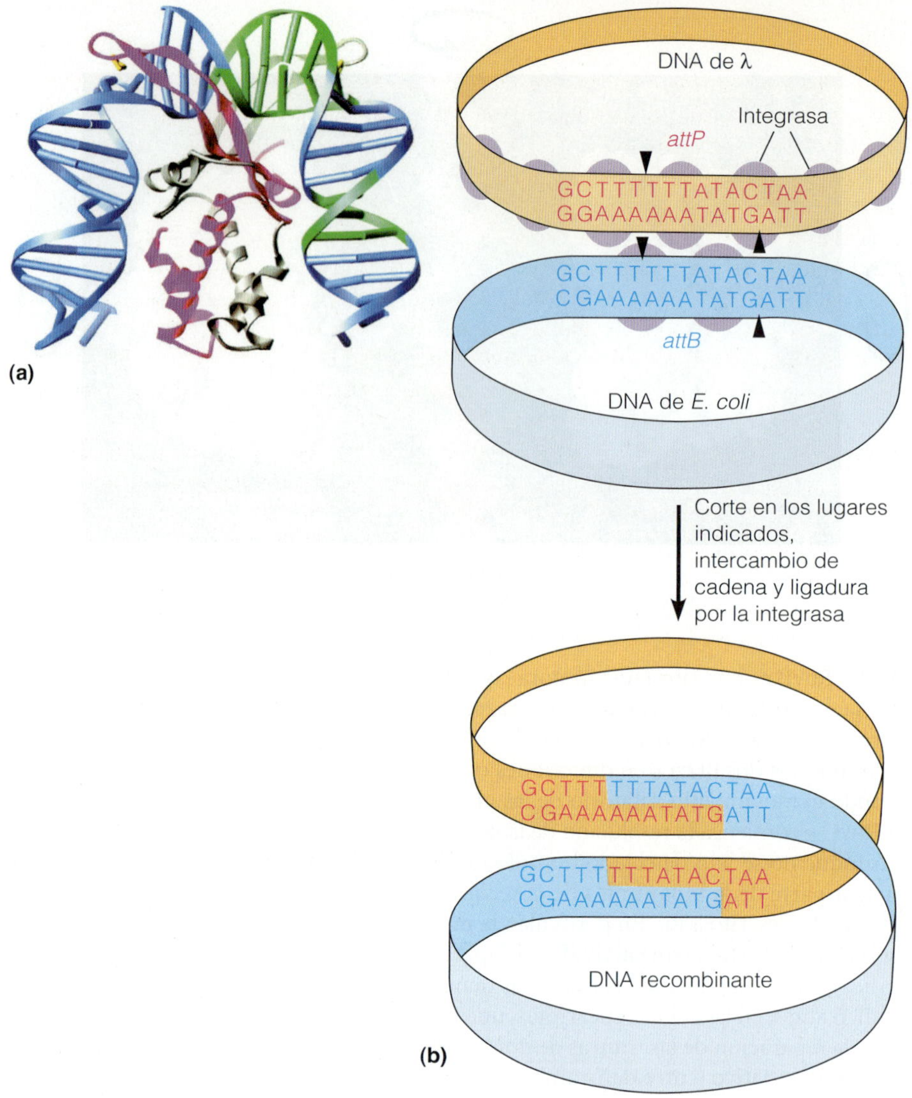


combinación. Este superenrollamiento, más la distorsión creada por la unión de IHF a lugares específicos en *attP*, facilita la unión de Int a lugares adyacentes. Se forma una estructura nucleoproteica especializada denominada intasoma, con la región *attP* de 230 pares de bases envolviendo siete moléculas de Int, cada una de ellas unida a un lugar específico. Esta estructura se alinea con *attB*, que tiene una longitud de solo 23 pares de bases, y se une a dos moléculas de Int. En la zona central de cada lugar hay una región de 15 pares de bases con homología completa (Figura 26.32b). En cada una de esas secuencias, la Int crea un corte escalonado, con un solapamiento de siete nucleótidos. Los extremos se intercambian para formar una unión de Holliday. Las secuencias centrales de la bacteria y el fago producen dos secuencias híbridas, cada una de las cuales contiene DNA, tanto del fago como bacteriano. La proteína Int multifuncional, que ha catalizado ya el corte con especificidad de lugar y el intercambio de cadenas, completa ahora el proceso con una reacción de DNA ligasa para unir los extremos de manera covalente.

Cuando un cromosoma del fago $\lambda$ se integra, queda básicamente en un estado latente. Casi todos sus genes están desactivados y solo se replican como parte del cromosoma bacteriano en el que se encuentran. Sin embargo, los cambios de la expresión génica (*véase* el Capítulo 26) pueden activar el cromosoma integrado o **profago**. Cuando sucede esto, se invierte la secuencia de pasos que se ha descrito antes, con la escisión de un cromosoma circular del fago. Es necesaria otra proteína, denominada Xis, además de la Int y de la IHF. Xis proporciona especificidades de unión para su enganche a los lugares fago-bacteria híbridos que flanquean al profago, de forma que solo se produce la escisión cuando están presentes Int y Xis.

## Reordenamientos génicos

Hasta mediados los años 1970, se consideraba que el contenido de información genética de un organismo o una población se mantenía estático. Se creía que todas las células de un organismo diferenciado tenían un contenido de DNA idéntico, y que las variaciones entre distintas células se producían a nivel de la expresión de los genes. En favor de esta idea estaba el hecho de que en algunas plantas, como las zanahorias, una sola célula diferenciada puede manipularse en cultivo para dar lugar a una planta completa normal. Sin embargo, los avances más recientes han demostrado una plasticidad inesperada del DNA. En el desarrollo normal de los eucariotas, pueden eliminarse segmentos de DNA del genoma, pueden trasladarse de un lugar a otro dentro del mismo o duplicarse múltiples veces. Además, se han descrito elementos genéticos móviles, tanto en los procariotas como en los eucariotas. Estos segmentos de DNA pueden desplazarse de un lugar de integración cromosómico a otro, aparentemente sin relación con los procesos del desarrollo. Como se ha señalado antes, estos procesos constituyen una forma especializada de recombinación.

De hecho, se predijo la plasticidad del DNA, pero fueron muy pocos los científicos que lo hicieron. El trabajo de Barbara McClintock sobre la genética del maíz, iniciado en los años 1940, le llevó a postular la existencia de mecanismos de regulación genética que actuaran a través de la acción de elementos genéticos móviles. Sin embargo, transcurrieron tres décadas antes de que la demostración física de estos elementos en las bacterias hiciera que se prestara atención a los trabajos pioneros de McClintock. En el resto de este capítulo consideraremos tres aspectos muy estudiados de la plasticidad del genoma: la base genética de la variabilidad de los anticuerpos en los vertebrados, la transposición génica y la amplificación génica.

### Síntesis de las inmunoglobulinas: generación de la diversidad de anticuerpos

Recuérdese del Capítulo 7 que los anticuerpos son proteínas elaboradas por los sistemas inmunitarios de los vertebrados, que colaboran en la defensa frente a los agentes infecciosos y otras sustancias extrañas al animal. La respuesta inmunitaria, que se produce como consecuencia de la introducción de un antígeno, da lugar a la formación de varios anticuerpos muy específicos. Se calcula que un ser humano es capaz de sintetizar más de 10 millones de anticuerpos diferentes. La mayor parte de esta gran diversidad se genera a través de la acción de reordenamientos génicos controlados con gran precisión, en los que participa tan solo una pequeña fracción de la capacidad de codificación del genoma. Estos reordenamientos se producen durante la diferenciación de muchos clones celulares individuales, de manera que cada clon se especializa en la síntesis de uno y solo uno de los anticuerpos. Otras familias grandes de proteínas, especialmente los receptores de las células T, se diversifican mediante mecanismos similares. La respuesta inmunitaria comporta una proliferación de clones de células que producen anticuerpos especializados para unirse al antígeno específico, o inmunógeno, que ha provocado esa respuesta. Esta expansión clonal permite la producción a gran escala de anticuerpos específicos, que son necesarios para combatir la infección u otra amenaza para el sistema inmunitario.

Para ver la forma en que se genera la diversidad inmunológica, consideremos un tipo de anticuerpos, la clase de inmunoglobulina G o IgG. Recuérdese del Capítulo 7 que estas proteínas están formadas por dos cadenas pesadas y dos cadenas ligeras. Cada cadena comprende dos segmentos diferenciados, un dominio de secuencia polipeptídica variable y un dominio constante, que se mantiene prácticamente invariable en las distintas cadenas ligeras o pesadas de las IgG. Nos centramos en las cadenas ligeras, y en concreto, en la clase $\kappa$. (Otra clase, la $\lambda$, tiene unas secuencias algo diferentes en su región constante, pero su desarrollo se basa en mecanismos similares.) Gran parte de lo que conocemos sobre estos procesos procede del trabajo de Susumo Tonegawa, que en 1987 recibió el Premio Nobel de Fisiología o Medicina por este trabajo.

En la Figura 26.33 se muestra la organización de los genes precursores de las cadenas $\kappa$ en las células de la línea germinal, no diferenciadas para la formación de anticuerpos, y los reordenamientos que dan lugar a un gen de este tipo en una célula diferenciada productora de anticuerpos. Cada cadena ligera está codificada por secuencias de DNA que no son contiguas en el genoma de las células indiferenciadas, pero que están todas en el mismo cromo-

**FIGURA 26.33**

**Reordenamientos génicos en la maduración de los genes de los anticuerpos.** El reordenamiento de las secuencias C, V y J produce un gen de cadena ligera $\kappa$ maduro, y la transcripción, procesamiento y traducción de este gen da lugar a una cadena ligera $\kappa$ del anticuerpo.

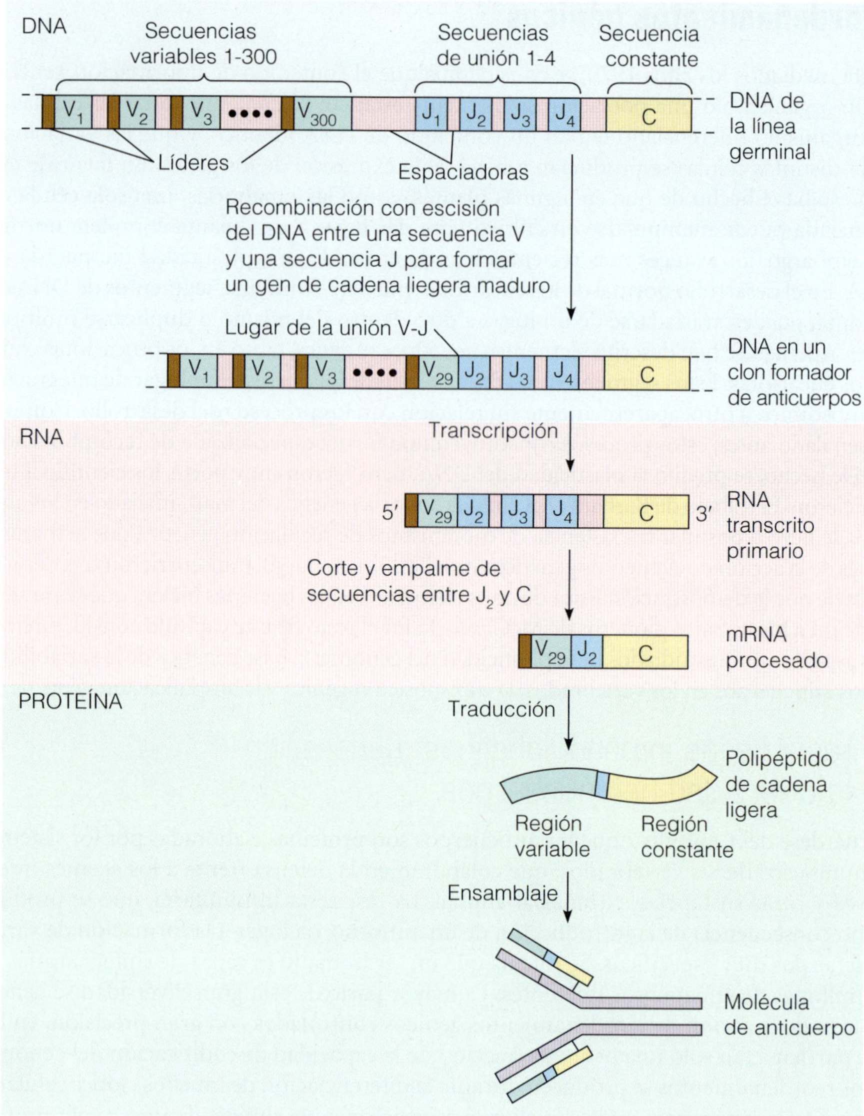


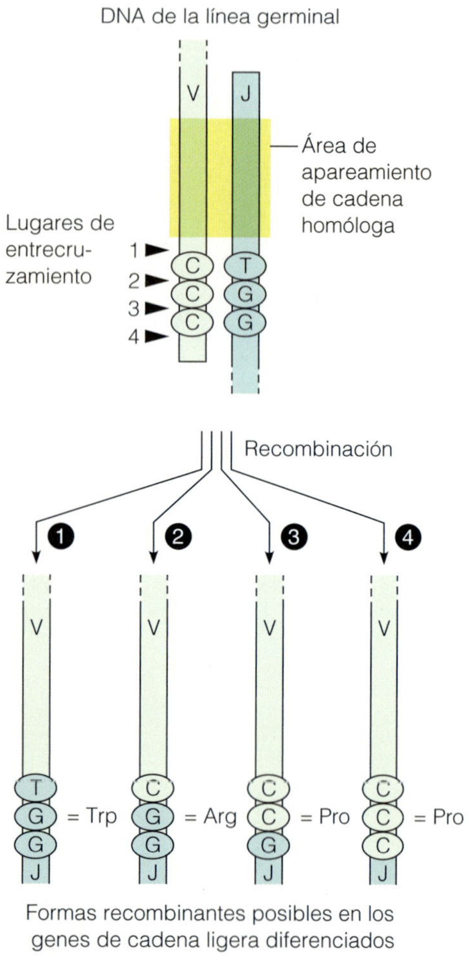


**FIGURA 26.34**

**Generación de diversidad mediante mecanismos de unión V-J variables.** Son posibles cuatro fenómenos de entrecruzamiento en una unión V-J, que dan lugar a codones para cualquiera de los tres posibles aminoácidos de este ejemplo. Tan solo se muestra una cadena de DNA.

soma. Estas secuencias se denominan V (variable), C (constante) y J (de unión). El genoma humano contiene unas 300 secuencias V diferentes, cada una de las cuales codifica los primeros 95 aminoácidos de la región variable; cuatro secuencias J diferentes, cada una de las cuales codifica los 12 últimos residuos de la región variable y los une a la región constante; y una secuencia C, que codifica la región constante. En una célula embrionaria, las secuencias V, cada una de ellas precedida por una secuencia líder que contiene un activador de la transcripción que no se expresa, forman una agrupación estrecha; las secuencias J forman otra agrupación a una cierta distancia, y la secuencia C se encuentra poco después de la agrupación J. Cada secuencia J está flanqueada por secuencias espaciadoras que no se expresan.

En la diferenciación de un clon de células formadoras de un anticuerpo, un reordenamiento génico une una de las aproximadamente 300 secuencias V con una de las 4 secuencias J. Todo el DNA que se encuentra entre estas dos secuencias cortadas y vueltas a unir se elimina en este reordenamiento y desaparece de todas las células descendientes en esa línea celular. Cualquier secuencia V situada por encima (en el lado 5′, a la izquierda de la Figura 26.33), así como las secuencias J situadas por debajo (en el lado 3′, a la derecha) permanecen en estas células, pero no se utilizan en la síntesis del anticuerpo.

Se obtiene una diversidad adicional en función del modo en que se recombinan las secuencias V y J. Los procesos de corte y nueva unión pueden producirse en las secuencias de trinucleótidos terminales de V y J en cualquier disposición que produzca una secuencia de trinucleótidos en el producto empalmado (Figura 26.34). Ello hace aumentar el número total de secuencias de cadena ligera diferentes en aproximadamente 2.5 (el número medio de aminoácidos diferentes codificados por cuatro tripletes aleatorios). Así pues, el número total de secuencias posibles de cadenas ligeras que pueden formarse a partir de 300 secuencias V y 4 secuencias J es de aproximadamente 3000 ($300 \times 4 \times 2.5$).

Se encuentran secuencias de DNA relacionadas en el lado 3′ de cada secuencia V y en el lado 5′ de cada secuencia J, y constituyen lugares de reconocimiento para las enzimas que participan en las reacciones de unión. Estas secuencias, que se denominan secuencias señal de reconocimiento, son las siguientes:

5′···V···CACAGTG···12 bases···ACAAAAAC···3′

3′···J···GTGTCAC···23 bases···TGTTTTTG···5′

Obsérvese que las regiones homólogas de estas secuencias son repeticiones invertidas.

La recombinación comienza con dos proteínas denominadas RAG1 y RAG2 (Figura 26.35). Estas proteínas actúan de forma semejante a las proteínas bacterianas implicadas en la transposición de genes (página 1110), comenzando el proceso al catalizar la rotura de doble cadena entre las dos secuencias señal de reconocimiento implicadas y las secuencias codificadoras respectivas V y J. Las proteínas celulares de reparación del DNA procesan las roturas del DNA de doble cadena, creando una *unión codificadora*, en la que se fusionan las secuencias V y J en el marco de lectura adecuado, y una *unión señal*, que fusiona el DNA interpuesto en una molécula circular. Las secuencias palindrómicas de siete bases casi idénticas y las regiones con abundancia de AT de ocho bases casi complementarias en estos segmentos permiten la alineación de regiones distantes del cromosoma, con un proceso similar al de la integración del fago $\lambda$, recombinando las secuencias y eliminando el DNA interpuesto. Además, el análisis de secuencias indica que las reacciones de unión del DNA son imprecisas, con la eliminación de nucleótidos de uno o ambos extremos, y la creación de una diversidad adicional.

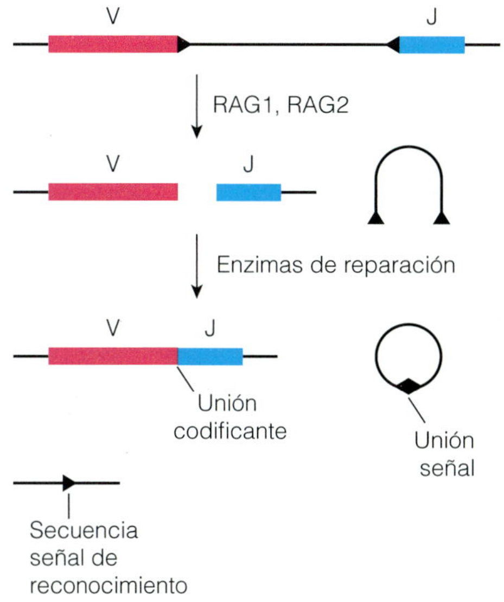


**FIGURA 26.35**

**Recombinación específica de lugar catalizada por RAG1 y RAG2.**

Aún actúa otro mecanismo para introducir diversidad de secuencia en las cadenas de anticuerpos, la **hipermutación somática.** La tasa de mutación espontánea se hace muy elevada, pero específicamente dentro de las secuencias relacionadas con la formación de anticuerpos. Estas secuencias tienen una tasa elevada de desaminación de los residuos de citosina, lo que deja a residuos de uracilo apareados de forma incorrecta con guanina. En la replicación estas cadenas mutantes se aparean con adenina, completando la transición de pares de bases G—C a A—T. La enzima implicada, la **desoxicitidina desaminasa inducida por activación** (AID), actúa evidentemente en los complejos de transcripción detenidos, con la cadena de DNA que no es la molde, que es de cadena única, y que actúa como sustrato de la desaminación.

El último paso en la producción de una cadena polipeptídica ligera consiste en la unión de los segmentos C y J (*véase* la Figura 26.33). Esto se produce, no a nivel del DNA, sino a nivel del RNA mensajero. Como se considera en los Capítulos 7 y 27, la expresión de los genes eucariotas suele comportar el corte y la nueva unión del RNA mensajero, con eliminación de las secuencias que no están representadas en el producto génico final. En este caso, la transcripción da lugar a una molécula de RNA que se extiende desde el lado 5′ del gen V que se empalma a J hasta el lado 3′ del C. Según cuál sea la región J que se haya empalmado a V en esta célula, el RNA eliminado durante el proceso de empalme puede contener secuencias correspondientes a otras regiones J.

Las cadenas pesadas se forman de un modo similar a partir de secuencias V, secuencias J y una clase de secuencias denominadas D. Además, existen ocho secuencias C diferentes que intervienen también en la síntesis de otras clases de anticuerpos. El número total de posibles cadenas pesadas IgG es de unas 5000. Dado que cualquier cadena ligera puede combinarse con cualquier cadena pesada para formar una IgG completa, el número total posible de moléculas de IgG es de $3000 \times 5000$, es decir, $1.5 \times 10^7$. De esta forma, puede generarse una enorme diversidad a partir de una fracción muy pequeña del DNA total de las células de la línea germinal. Se produce una diversidad aún mayor como consecuencia de la elevada tasa de mutación de la secuencia V mediante hipermutación somática, durante el desarrollo de la célula productora del anticuerpo. Esto permite el mismo acontecimiento de unión V-J para producir diferentes IgG.

No está claro si los dos cromosomas homólogos de una célula diploide formadora de anticuerpos sufren reordenamientos idénticos. Sin embargo, teniendo en cuenta que cada célula produce solo un tipo de anticuerpo, o bien sucede esto o bien un cromosoma se silencia cuando el otro ha completado su reordenamiento.

La diversidad de la respuesta inmunitaria se basa en la recombinación de miles de secuencias de DNA diferentes para producir una amplia gama de anticuerpos.

## Elementos genéticos transponibles

En este apartado consideramos los elementos genéticos transponibles, es decir, los genes que no tienen una localización fija en un genoma, sino que pueden desplazarse de un lugar a otro del mismo, aunque con una frecuencia baja. La transposición se produce sin aprovechar la homología de secuencia del DNA, sino que las enzimas que catalizan la transposición reconocen secuencias cortas de alrededor de media docena de nucleótidos. Aunque la existencia de la transposición de genes había sido predicha ya por el trabajo de Barbara McClintock sobre la genética del maíz, la primera caracterización física de los elementos transponibles se efectuó en los estudios de las cepas de bacterias resistentes a los antibióticos. A comienzos de los años 1970 se sabía que los genes que confieren la resistencia a fármacos, como la tetraciclina o la penicilina, suelen encontrarse en plásmidos, cuyas secuencias de DNA no tienen ninguna homología identificable con las secuencias del DNA cromosómico del hospedador. No obstante, los genes de resistencia antibiótica aparecerán, con una frecuencia baja, en el cromosoma de la bacteria o en el DNA de un fago que haya infectado a esa célula. La presencia del nuevo DNA insertado en el cromosoma del hospedador o del fago podía confirmarse mediante análisis de la rotura de restricción del DNA o mediante análisis heterodúplex al microscopio electrónico. La existencia de estos «genes saltarines» que pasaban de un cromosoma a otro de una manera aparentemente aleatoria, modificó de manera notable nuestra concepción de la organización y la evolución génica. Los nuevos conceptos tenían un interés que iba mucho más allá del puramente académico, puesto que tenían relación con el uso de antibióticos para tratar las infecciones bacterianas, y concretamente, con la facilidad con la que pueden aparecer poblaciones de bacterias resistentes a los antibióticos.

Los elementos genéticos transponibles incluyen secuencias de inserción, transposones y determinados bacteriófagos que pueden insertarse en diversas localizaciones.

Se ha demostrado la existencia de elementos transponibles en muchos eucariotas, como el maíz, *Drosophila* y las levaduras. Sin embargo, nos centraremos en las bacterias, cuyas estructuras físicas y mecanismos de transposición se conocen mejor. Señalemos primero varias distinciones entre la transposición bacteriana y otros mecanismos de recombinación que hemos tratado. En primer lugar, la transposición no requiere una homología amplia de la secuencia del DNA. Además, la transposición se produce normalmente en un hospedador *recA*$^-$, lo que sugiere que no se producen fenómenos de recombinación homóloga. En segundo lugar, la síntesis de DNA interviene en la transposición bacteriana. La transposición comporta siempre una duplicación del lugar en que se produce, la secuencia corta (3-12 pares de bases) en la que se inserta el elemento transponible. En muchos casos, el elemento transponible se autorreplica, de manera que una copia queda depositada en la nueva secuencia y otra permanece en la secuencia donadora. Por último, los elementos transponibles pueden reestructurar un cromosoma hospedador. Un elemento transponible puede desplazarse de un lugar a otro dentro del mismo cromosoma, produciendo dos secuencias homólogas residentes en el mismo cromosoma. Según que la orientación de estas secuencias sea idéntica o inversa, la recombinación homóloga entre ellas puede dar lugar a una pérdida o a una inversión, como se indica en la Figura 26.36. Los elementos transponibles tienen también otros efectos sobre los cromosomas a los que se desplazan: la inactivación de cualquier gen al que vayan a parar (puesto que la inserción interrumpe la secuencia de codificación) o la activación de genes adyacentes (en cuanto a que podría crearse cerca del gen un promotor o un activador de la transcripción). Los fenómenos de transposición abortivos pueden causar pérdidas o inversiones en el cromosoma. Dado que estos sucesos suelen ser letales, la evolución ha seleccionado los organismos con bajas tasas de transposición. En el laboratorio, la inactivación de genes mediante inserción es útil para aislar mutantes con déficit de funciones específicas y para el mapeado de los genes.

Se consideran tres clases diferentes de elementos transponibles en las bacterias, con las estructuras generales que se indican en la Figura 26.37. Al clasificar estos elementos, consideramos la intervención de dos enzimas, la **transposasa** y la **resolvasa**, cuyas funciones consideraremos en breve. Los elementos de clase I, que codifican una transposasa, pero no una resolvasa, son de dos tipos. El elemento transponible más sencillo, denominado **secuencia de inserción** (**IS**), consiste simplemente en un gen para la transposasa, flanqueado por dos secuencias repetidas invertidas cortas de unos 15 a 25 pares de bases. Una estructura menos sencilla denominada **transposón compuesto**, está formada por un gen que codifica una proteína, como el que confiere la resistencia antibiótica, flanqueado por dos secuencias de inserción, o elementos de tipo IS. Estos elementos pueden tener una

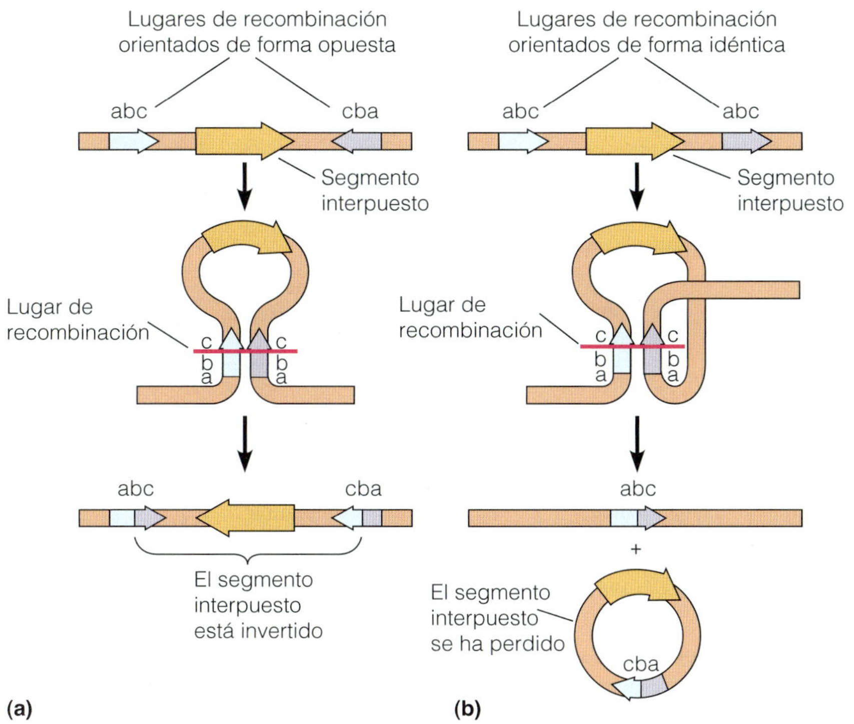


**FIGURA 26.36**

**Reordenamiento del genoma que puede promoverse por la recombinación homóloga entre dos copias del mismo elemento transponible**. Según la orientación de las dos copias, puede producirse **(a)** una inversión o **(b)** una eliminación.

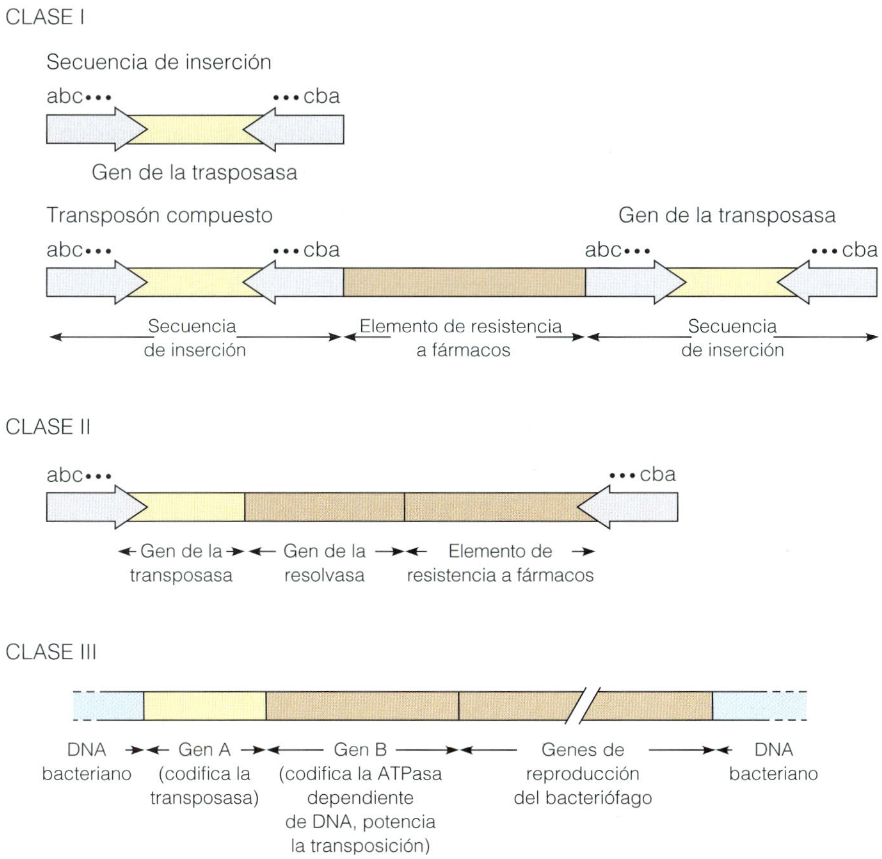


**FIGURA 26.37**

**Estructuras de los elementos genéticos móviles de clase I, clase II y clase III.** Las repeticiones invertidas se muestran en púrpura. El «elemento de resistencia a los fármacos» puede ser uno de los diversos genes codificadores de proteínas.

orientación idéntica o invertida. Los transposones de clase II contienen tan solo un conjunto de secuencias cortas repetidas directas adyacentes. Además de un gen que codifica a una proteína (que a menudo confiere resistencia antibiótica) y un gen de transposasa, estos elementos incluyen un gen para la resolvasa. Por último, los elementos de clase III pertenecen a un pequeño grupo de bacteriófagos, de los que el mejor conocido es el fago Mu.

**TABLA 26.2. Estructura de algunos elementos transponibles de E. *coli***

| Elemento | Tamaño (pb) | DNA diana (pb) | Resistencia conferencia |
|---|---|---|---|
| **Secuencias de inserción** | | | |
| IS1 | 768 | 9 | Ninguna |
| IS2 | 1327 | 5 | Ninguna |
| IS10-R | 1329 | 9 | Ninguna |
| **Transposones compuestos** | | | |
| Tn5 | 5700 | 9 | Kanamicina |
| Tn10 | 9300 | 9 | Tetraciclina |
| Tn2571 | 23 000 | 9 | Cloranfenicol, ácido fusídico, estreptomicina, sulfamidas y mercurio |
| **Transposones de clase II** | | | |
| Tn3 | 4957 | 5 | Ampicilina |
| **Transposones de clase III** | | | |
| Fago Mu | 38 000 | 5 | Ninguna |

Extractado de N. Kleckner, *Annual Review of Genetics* 15:341-404, N. Kleckner, Transposable elements in prokaryotes. © 1981 Annual Reviews.

Se sabe que este fago inserta su cromosoma de manera aleatoria en el cromosoma del hospedador mediante un mecanismo de transposición y también replica su genoma mediante un mecanismo de transposición, similar al de los elementos de tipo II. Un gen de este fago, A, codifica una transposasa. Otro gen, B, codifica una proteína con actividad ATPasa dependiente de DNA. Mientras que los elementos transponibles de clase I y II sintetizan la transposasa en cantidades tan bajas que la transposición se produce con frecuencias de tan solo $10^{-7}$ a $10^{-5}$ por generación, el fago Mu se integra unas 100 veces por infección lítica. El producto del gen B es responsable, en parte, de esta eficacia de transposición mucho mayor. Otros genes codifican proteínas estructurales y de otro tipo del virus.

La Tabla 26.2 resume las propiedades de diversos transposones y secuencias de inserción. Obsérvese que cada transposón (al que nos referimos por convenio con la abreviatura Tn) e IS se insertan en una secuencia diana específica de cinco o nueve pares de bases en los ejemplos mostrados. La inserción comporta una duplicación de ese lugar, y produce dos copias de la secuencia diana, una en cada lado del elemento integrado (Figura 26.38). Parece probable que ello se deba a la acción de la transposasa, que genera un corte escalonado que encierra a la secuencia diana. La fijación del elemento móvil (Tn o Is) a cada extremo da lugar a huecos, que se llenan y unen luego para generar las repeticiones directas de flanqueo.

**FIGURA 26.38**

**Modelo de la forma en que se generan repeticiones directas durante la inserción de un transposón o de una secuencia de inserción.**

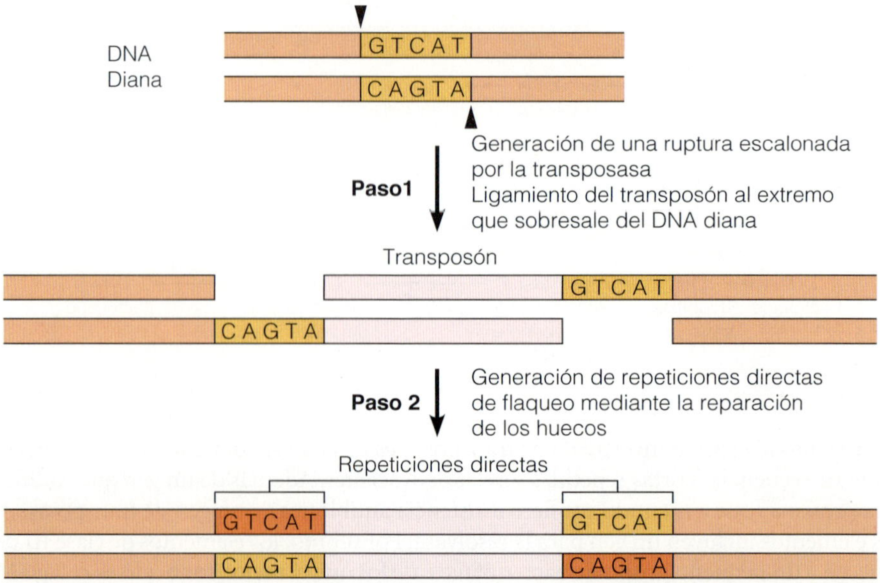

Dado que el elemento transponible no se encuentra nunca en forma de DNA lineal libre, ¿cómo se generan los extremos del elemento para unirse con los extremos del corte escalonado? El modelo que actualmente es más aceptado es el que se presenta en la Figura 26.39, y se basa en que la transposasa introduce, tanto los cortes escalonados en el lugar diana como una mella en cada uno de los extremos 3′ del elemento, exactamente entre la secuencia del trans-

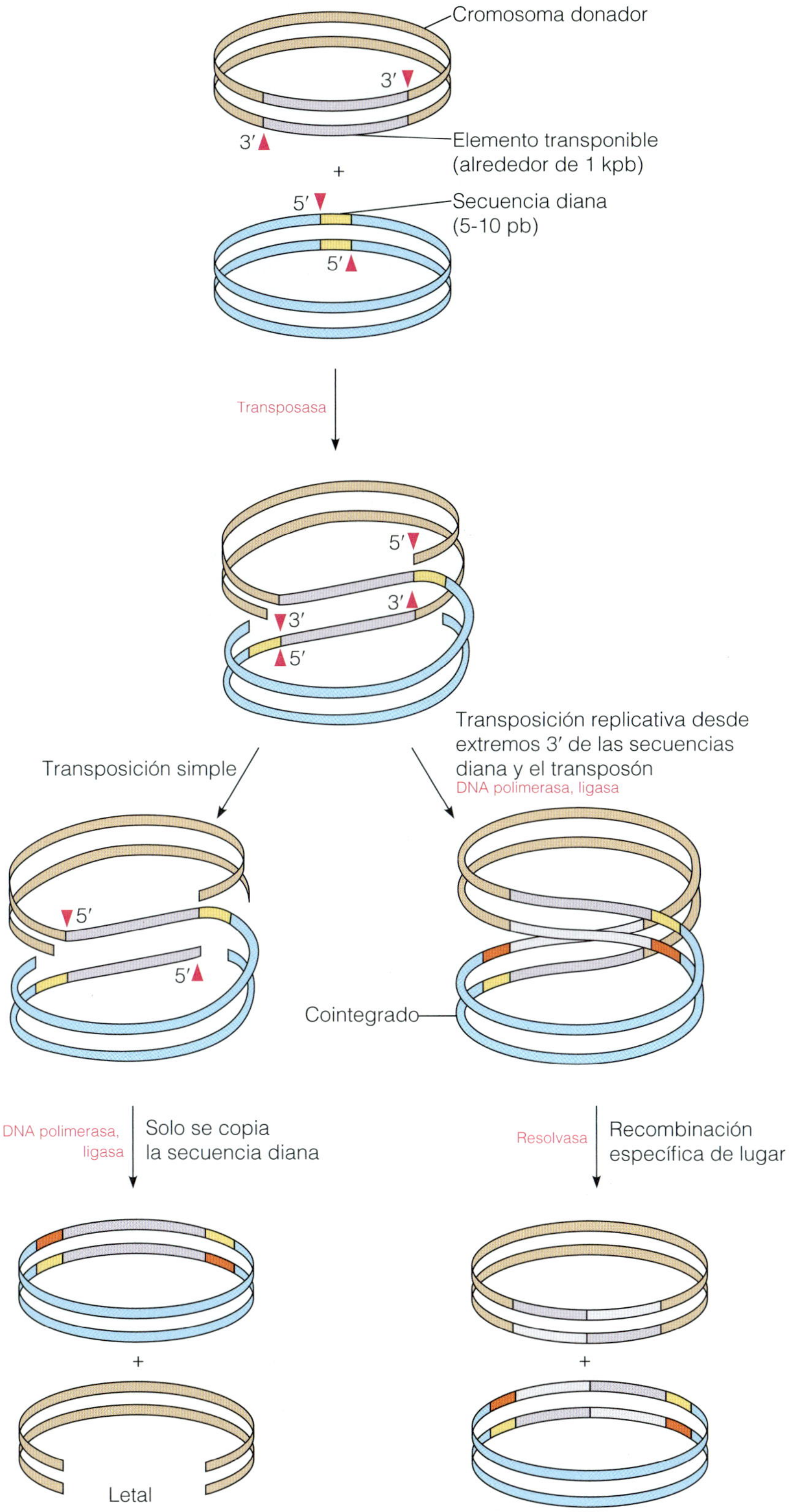


**FIGURA 26.39**

**Modelos de transposición simple y de transposición replicativa.**

posón y la repetición directa de flanqueo. A continuación, los extremos 5′ libres de la secuencia diana del DNA receptor se unen a los extremos 3′ del elemento. Hay dos resultados posibles. En la transposición simple, la unión va seguida del corte de los extremos 5′ del transposón, también en una posición inmediatamente adyacente a las secuencias de flanqueo. Esto produce una estructura con huecos, como la que se muestra en la Figura 26.38, que pueden llenarse y cerrarse por la acción de la DNA polimerasa y la ligasa. En esta forma de transposición, tan solo se copia la secuencia diana; el cromosoma donador sufre una rotura de doble cadena letal. La Tn10 (Tabla 26.2) realiza la transposición mediante un mecanismo conservador, de manera que las dos cadenas originales se transfieren de alguna manera a la nueva localización.

El otro proceso, la **transposición replicativa**, requiere la enzima resolvasa, por lo que se da solo con los elementos de clase II y de clase III. Los extremos 3′ del cromosoma diana, tras el primer proceso de corte y unión, actúan como cebadores de replicación para la copia. tanto de los huecos, como se muestra en la Figura 26.39, como de las dos cadenas del propio elemento transponible. La acción de la ligasa genera un **cointegrado**, que es una gran estructura circular que contiene los cromosomas donador y diana, con dos copias recién formadas del elemento transponible. La otra enzima, la resolvasa, cataliza ahora una recombinación específica de lugar entre los dos elementos, dando lugar a una copia del elemento transponible que se inserta en cada uno de los dos cromosomas. Los análisis estructurales de la enzima de *E. coli*, denominada $\gamma\delta$ resolvasa, están proporcionando datos importantes de este proceso complejo.

## Retrovirus

La transposición de genes en los sistemas eucariotas presenta claras semejanzas y algunas diferencias bien definidas respecto a la transposición de las bacterias. La primera distinción importante es que, en los eucariotas, la integración y la escisión son procesos diferenciados. Así pues, el elemento transponible puede aislarse en la forma libre, a menudo como un DNA circular de doble cadena. En segundo lugar, la replicación de ese DNA comporta a menudo la síntesis de un RNA intermedio. Ambas propiedades se observan en los retrovirus de los vertebrados, que son, tal vez, la clase de elementos transponibles de los eucariotas más estudiada. Como hemos señalado en el Capítulo 25, estos virus de RNA utilizan la transcriptasa inversa para sintetizar un DNA dúplex circular, que puede integrarse en múltiples lugares del cromosoma de la célula hospedadora. El genoma del retrovirus integrado presenta una notable semejanza con un transposón compuesto bacteriano, como puede observarse comparando la Figura 26.40 con la Figura 26.37. El prototipo del genoma de los retrovirus posee tres genes estructurales: *gag*, que codifica una poliproteína que sufre una degradación

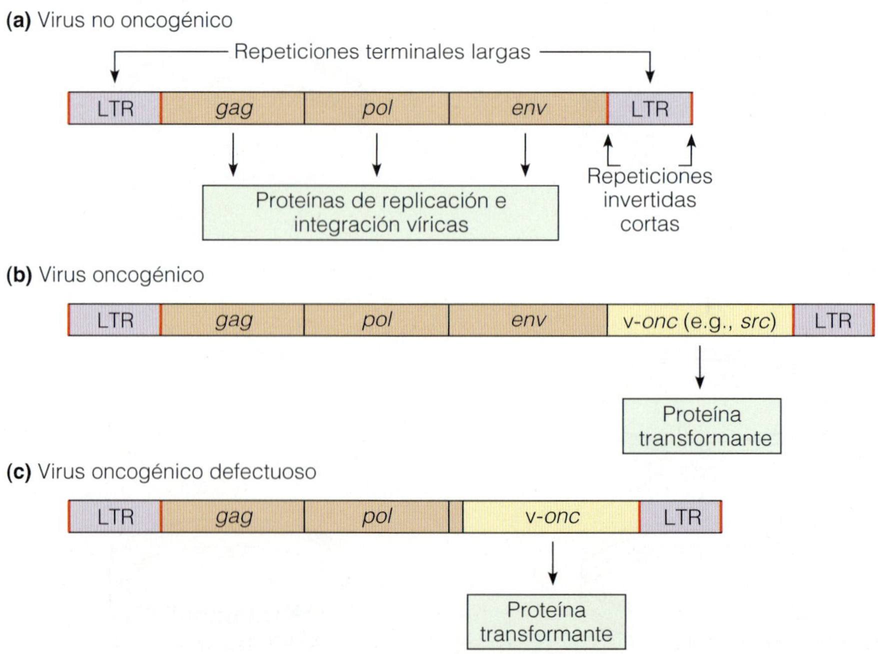


**FIGURA 26.40**

**Estructura de genomas retrovíricos en el estado integrado. (a)** Virus no oncogénico. **(b)** Virus oncogénico como el virus del sarcoma de Rous, en que se muestra el oncogén vírico en la parte hacia delante (a la derecha) a partir de los genes de replicación vírica. **(c)** Virus oncogénico defectuoso, como el virus del sarcoma del ratón de Moloney, con el oncogén vírico que sustituye, en parte o por completo, a un gen esencial (*env*) para la replicación vírica. En cada caso, los LTR son repeticiones directas, flanqueadas por repeticiones invertidas cortas.

para dar lugar a las proteínas centrales del virión; *pol*, que codifica la polimerasa vírica o transcriptasa inversa, y *env* que es la glucoproteína principal de la cubierta del virus. En los flancos de estos genes estructurales hay dos repeticiones directas, las **repeticiones terminales largas** (**LTR**), de unos 250 a 1400 pares de bases cada una. Cada LTR está flanqueada, a su vez, por secuencias de repetición invertidas cortas, de una longitud de entre 5 y 13 pares de bases. La integración se produce mediante un mecanismo que duplica el lugar diana, con lo que el gen del virus integrado, denominado provirus, queda flanqueado por repeticiones directas, de 5 a 13 pares de bases cada una, del DNA de la célula hospedadora.

Los genomas retrovíricos y los elementos transponibles de los eucariotas presentan semejanzas de secuencias entre sí y con los transposones bacterianos.

De la misma forma que los transposones bacterianos pueden transportar genes pasajeros, también los retrovirus pueden hacerlo. El primer retrovirus conocido fue el virus del sarcoma de Rous, que fue también el primer virus que se vio que contiene un oncogén (*véase* el Capítulo 23). El virus del sarcoma de Rous se aisló en 1911 y se demostró que causaba tumores en los pollos. Sin embargo, hubo que esperar a 1978 para que se identificara el gen src y se demostrara que era el causante de la tumorogénesis. El producto del gen src es una proteína de 60 kilodalton, con una actividad tirosina quinasa proteica. Puede detectarse una secuencia relacionada, pero diferente, en el genoma del hospedador. En el virus del sarcoma de Rous, el oncogén src se encuentra en el lado 3′ del gen env. Otros virus tumorogénicos contienen el oncogén, ya sea insertado en uno de los genes gag, pol o env, ya sea sustituyendo a uno de ellos. Dado que la pérdida de un gen esencial hace que el virus no pueda replicarse, esta última clase de virus solo pueden crecer en una célula coinfectada por un *virus colaborador*, un retrovirus relacionado que proporcione la función o funciones perdidas.

Puede demostrarse de diversos modos que la acción de un oncogén es esencial para que el virus produzca la transformación oncogénica, es decir, el cambio de una célula normal en una célula cancerosa (*véanse* las páginas 982-989 en el Capítulo 23). Así, por ejemplo, la inactivación mediante mutación del gen src del virus del sarcoma de Rous no afecta a la capacidad de replicación del virus, pero sí hace que este no sea capaz de causar tumores en los animales infectados. Dado que cada oncogén del virus está relacionado en su secuencia con un correspondiente gen celular, cabe suponer que el oncogén del virus se originó en una célula hace muchas generaciones y sufrió mutaciones independientes tras ser captado por un genoma vírico. Además, puesto que muchos de los productos de los oncogenes, como la proteína Src, tienen actividad proteína quinasa, puede haber formas aberrantes de elementos reguladores celulares normales, y su expresión puede participar en el control del crecimiento anormal que caracteriza a las células tumorales. Existe otro mecanismo que puede estar relacionado con la activación de genes celulares mediante la inserción del DNA provírico. La LTR situada más a la izquierda en un provirus integrado (esto es, hacia el lado 5′ según se dibuja) contiene el activador de la transcripción, o promotor, para el gen *gag* adyacente y los genes *pol* y *env* situados más adelante. Dado que las LTR son repeticiones directas, la LTR situada más a la derecha puede activar la transcripción de genes celulares más allá del lugar de integración. Si estos genes incluyen los que intervienen en la regulación metabólica, su sobreexpresión puede desequilibrar el metabolismo de alguna manera todavía no definida, y, por tanto, contribuir a la oncogénesis.

Los elementos transponibles de las células eucariotas presentan semejanzas notables con los retrovirus en cuanto a la organización de la secuencia. De hecho, se utiliza el término **retrotransposón** para denominar a esta clase de elementos. Estas semejanzas se ilustran en la Figura 26.41 para dos retrovirus y el Ty, un transposón de la levadura; para copia y 412, elementos transponibles de *Drosophila*; y para IAP, un transposón que se encuentra en el genoma del ratón.

## Amplificación génica

El último proceso que consideramos en cuanto a la reestructuración de la información es la amplificación selectiva de regiones específicas del genoma, principalmente en las células eucariotas. Esto se produce en los procesos normales del desarrollo y como consecuencia de situaciones de especial tensión metabólica.

Se sabe desde hace tiempo que durante la ovogénesis de determinados anfibios, los genes que codifican los RNA ribosómicos aumentan su número de copias unas 2000 veces, como preparación para el grado elevado de síntesis proteica que debe producirse en la fase inicial del desarrollo. El DNA amplificado se encuentra en forma de círculos

**FIGURA 26.41**

**Características de secuencia comunes de los retrovirus integrados y de otros elementos transponibles de los eucariotas.** Todos estos elementos están rodeados en los lados izquierdo y derecho por secuencias repetidas terminales largas (LTR-L y LTR-R, respectivamente). Cada LTR está flanqueada por secuencias repetidas invertidas (IR) cortas (flechas). Se indican las localizaciones aproximadas de diversas características estructurales, y en la tabla se indican algunas secuencias específicas asociadas a cada característica en varios elementos transponibles: IR; promotor, una señal de inicio de la transcripción en cada LTR; poliA, una secuencia con abundante adenilato (que no se encuentra en el transposón Ty de la levadura y en el elemento de copia de *Drosophila*); P, una secuencia que se alinea con un RNA que actúa como cebador para la replicación; Pu, secuencia con abundantes purinas. El 412, como el elemento copia, es un elemento transponible de *Drosophila*; IAP es un transposón que se encuentra en el genoma del ratón; y RSV y MoMLV son retrovirus (virus del sarcoma de Rous y virus de la leucemia del ratón de Moloney, respectivamente).

Reproducido de *Genes and Genomes*, M. Singer y P. Berg, p. 777. © 1991 University Science Books, Mill Valley, CA.

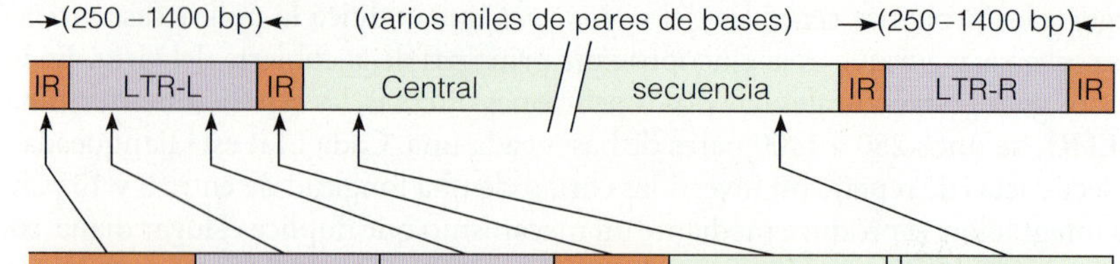


| IR | Promotor | poliA | IR | P | Pu | |
|---|---|---|---|---|---|---|
| TGTTG | TATAAAA | | CTCA | TGGTAGCG | GGGTGGTA | Ty |
| TGTTG | TATAAAT | | AACA | GGTTATGG | AGGGGGCG | Copia |
| TGTA | TATATTA | AATAAA | TACA | TGGCGACC | GAGGGAGA | 412 |
| TGT | TATAAC | AATAAA | AACA | TGGTGCCG | AGGAGAGA | IAP |
| TGTA | TATTTAA | AATAAA | TTCA | TGGTGACC | GAGGGGGA | RSV |
| TGAAAG | AATAAAA | AATAAA | TTCA | TGGGGGCTC | AAGGGGGG | MoMLV |

extracromosómicos, cada uno de los cuales contiene varias copias del DNA ribosómico repetido y un origen de replicación. Se ha analizado una situación semejante en *Drosophila*, en donde los genes que codifican las proteínas del huevo se amplifican en una fase concreta del desarrollo. Sin embargo, en este último caso, la amplificación se debe a ciclos repetidos de iniciación de la replicación dentro de la región amplificada, y las secuencias amplificadas permanecen dentro del cromosoma de origen.

Ambos tipos de mecanismos parecen actuar durante el desarrollo en cultivo de determinadas líneas celulares de los mamíferos resistentes a los fármacos. Este proceso se ha estudiado mucho en las células que se hacen resistentes al metotrexato, un inhibidor de la dihidrofolato reductasa. Como se consideró en el Capítulo 22, el tratamiento de la leucemia con metotrexato conduce, a menudo, a la aparición de poblaciones de células leucémicas con resistencia al fármaco, que contienen unas concentraciones muy elevadas de la enzima diana, la dihidrofolato reductasa (DHFR). Tal como demostró por primera vez Robert Schimke, la sobreproducción de la enzima se debe generalmente a la amplificación específica de un gran segmento de DNA que incluye el gen DHFR. En un proceso, la duplicación en tándem del segmento de DNA genera un cromosoma gigante, con múltiples copias del gen, en lo que se denomina una **región de tinción homogénea (HSR)**, puesto que carece del patrón característico de bandas cromosómicas. Otra posibilidad, es que un segmento de DNA que contiene el gen DHFR pueda eliminarse, aparentemente mediante un proceso de recombinación, para formar minicromosomas denominados **cromosomas diminutos dobles**, como se muestra de forma esquemática en la Figura 26.42. Algunas células resistentes contienen ambos tipos de genes amplificados. Los cromosomas diminutos dobles se mantienen en el interior de una célula solo mientras persiste la presión selectiva por el crecimiento de la célula en metotrexato. Sin embargo, el fenotipo amplificado cromosómicamente es estable a lo largo de muchas generaciones de crecimiento celular. En la Figura 26.43 se muestra una microfotografía de fluorescencia de los cromosomas en metafase, procedente de una línea de células ováricas de hámster chino, con una amplificación estable. Las secuencias DHFR se visualizaron mediante hibridación *in situ* con un DNA con marcaje fluorescente que contenía secuencias DHFR. Esta técnica es lo suficientemente sensible como para permitir la detección de secuencias de copia única (flechas blancas). Obsérvese también el cromosoma gigante, que contiene muchos equivalentes génicos de secuencias génicas de la DHFR.

La amplificación de los genes en condiciones selectivas se ha observado ampliamente, por ejemplo, en el desarrollo de formas de insectos resistentes a los pesticidas. El mecanismo de la amplificación no está claro aún. Sin embargo, existen pruebas como la de la Figura 26.43, que indican que las secuencias amplificadas se encuentran en el mismo cromosoma en que está el lugar original del gen de copia única, aunque a una distancia importante de dicho lugar. Estas estructuras podrían aparecer, o bien mediante una recombinación con un intercambio desigual de cromátidas hermanas, tal como se esquematiza en la Figura 26.44, o bien mediante un proceso de transposición conservador. Posteriormente, la recombinación homóloga dentro de una región amplificada puede causar una escisión de secuencias que contengan una o más secuencias amplificadas. Para que se repliquen de manera autónoma, estas secuencias que han sufrido una escisión deben tener un centrómero. Estos elementos representan probablemente los cromosomas diminutos dobles.

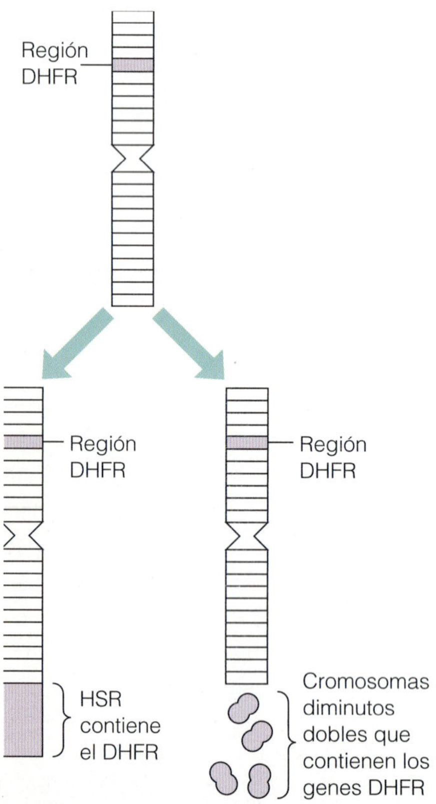


**FIGURA 26.42**

**Dos modos de amplificación génica que conducen a resistencia a fármacos.**

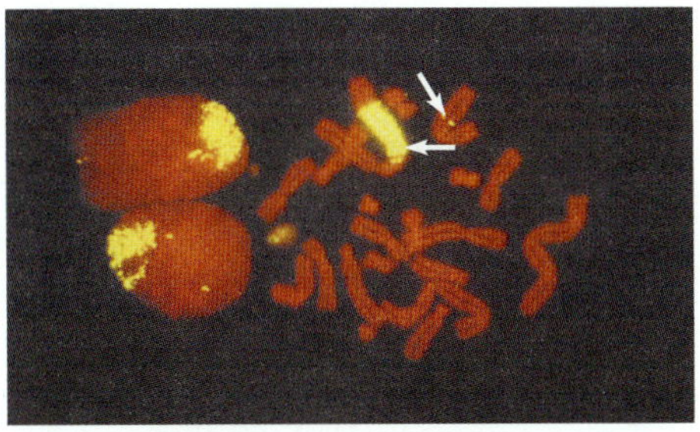

FIGURA 26.43

**Modificaciones estructurales del cromosoma que acompañan a la amplificación del gen de la dihidrofolato reductasa.** En la micrografía se muestran los cromosomas en metafase de células de ovario de hámster chino, que son muy resistentes al metotrexato. Se sometió el DNA cromosómico a una hibridación *in situ* con una sonda génica de DHFR marcada con fluorescencia. Las flechas blancas señalan genes de copia únicos. Las secuencias cromosómicas amplificadas están en una forma gigante del cromosoma que contiene también una de las secuencias de copia única originales.

*Genes & Development* 3:1913-1925, B. J. Trask y J. L. Hamlin, Early dihydrofolate reductase gene amplification events in CHO cells usually occur on the same chromosome arm as the original locus. © 1989 Cold Spring Harbor Laboratory Press. Reprioducido con permiso de Dr. Barbara Jo Trask y Dr. Joyce Hamlin.

La amplificación de los genes genera múltiples copias de secuencias de DNA en un lugar distinto del mismo cromosoma. La recombinación de segmentos homólogos produce secuencias amplificadas extracromosómicas.

La presencia de una presión selectiva, como la presencia continua de metotrexato, impulsa específicamente la supervivencia de las células que puedan responder a esa presión, por ejemplo, con una sobreproducción de DHFR. Cuando hay dos o más copias del gen en un cromosoma, pueden generarse otras copias adicionales mediante nuevos procesos de recombinación o mediante anomalías de la replicación. Se establece entonces una resistencia de manera escalonada a lo largo de muchas generaciones de crecimiento. Estos resultados tienen una enorme repercusión práctica, puesto que la quimioterapia del cáncer comporta, a menudo, un tratamiento a largo plazo con dosis bajas de un antimetabolito, y estas son precisamente las condiciones más probables para anular el efecto del tratamiento al generar células resistentes al fármaco. Las observaciones realizadas sobre la amplificación génica, no solo han modificado la forma en que se administran los fármacos antineoplásicos, sino que también, han extendido al propio proceso de tumorogénesis. Los investigadores han observado que hay oncogenes específicos que se amplifican durante la progresión clínica de determinados tumores humanos. Así pues, la amplificación génica se interpreta como un mecanismo del desarrollo normal, de la adaptación celular a las situaciones de tensión y de los procesos de desarrollo anormales. Además, es probable que las duplicaciones génicas que se han producido durante la evolución (*véase* el Capítulo 7, página 258) hayan tenido lugar por rutas semejantes.

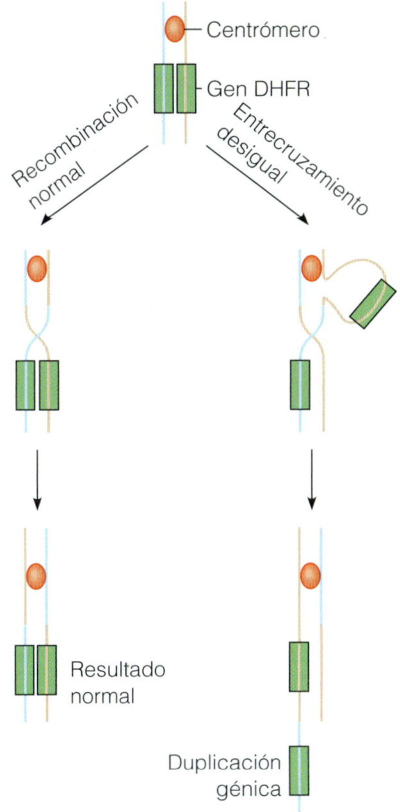


FIGURA 26.44

Entrecruzamiento desigual, como mecanismo para explicar los pasos iniciales de la amplificación génica.

## RESUMEN

Diversos procesos de reestructuración de la información afectan al DNA, protegiéndole de los daños causados por el entorno o por organismos extraños, diversificando a los individuos de una especie, o diversificando la constitución genética de las células somáticas en la diferenciación. La reparación del DNA engloba varios procesos, como la fotorreactivación, en la que la energía luminosa se captura para revertir la formación de dímeros de pirimidina, y la eliminación de alquilguaninas mediante «enzimas» que actúan una sola vez. Los sistemas de reparación por escisión de nucleótidos reconocen los nucleótidos dañados y los eliminan y sustituyen un fragmento de 12 a 30 nucleótidos, que flanquea al segmento dañado. La reparación de escisión de bases comienza con una reacción de *N*-glucosilasa, seguida de enzimas de reparación que escinden uno o varios nucleótidos en el lugar sin base. Los daños sufridos pueden repararse también mediante un proceso de recombinación o mediante la reparación inducida (propensa a errores). Los sistemas de reparación de mal apareamiento corrigen los errores ocasionales que aparecen durante la replicación. Las roturas de DNA de doble cadena se reparan mediante recombinación o por unión de extremos no homóloga. La recombinación genética entre segmentos homólogos de DNA se basa en un desplegamiento de la doble cadena catalizado por la helicasa, la ruptura del DNA en lugares específicos, la invasión del dúplex por terminaciones 3′ hidroxilo de cadena única, la extensión de la cadena, la migración de rama y la resolución de las estructuras de Holliday. Algunos fenómenos de recombinación, como la integración del bacteriófago $\lambda$, son específicos de lugar y están gobernados por interacciones DNA-proteína. Existe una gama amplia de reordenamientos génicos que incluyen las reacciones de unión en la diferenciación de la respuesta inmunitaria, la transposición génica, la integración del genoma retrovírico y la amplificación génica, que probablemente se produce mediante un mecanismo de recombinación. La amplificación génica puede ser un proceso normal del desarrollo o puede producirse como respuesta a una tensión ambiental específica.

## BIBLIOGRAFÍA


**Reparación del DNA, General**

**Friedberg, E. C., Walker, G. C., Siede, W., Wood, R. D., Schultz, R. A.** y **Ellenberger, T.** (2006) *DNA Repair and Mutagenesis*, 2nd ed. ASM Press, Washington, D.C. La revisión de tamaño libro actual más autorizada sobre el tema.

**Respuesta al daño del DNA**

**Derheimer, F. A.** y **Kastan, M. B.** (2010) Multiple roles of AIM in monitoring and maintaining DNA integrity. *FEBS Letters* 584:3675-368l. AIM es un actor destacado de este proceso.

**Jackson, S. P.** y **Bartek, J.** (2009) The DNA-damage response in human biology and disease. *Nature* 46l:1071-1075. Una estupenda correlación de las enfermedades humanas con los defectos de la respuesta al daño del DNA.

**Petermann, E.** y **Helleday, T.** (2010) Pathways of mammalian replication fork restart. *Nat Rev. Mol. Cell Biol.* 11:683-687. La reanudación es el centro de varios modos de reparación del DNA.

**Reparación directa**

**Sancar, A.** (2009) Structure and function of DNA photolyase and *in vivo* enzymology: 50th anniversary. *J. Biol. Chem.* 283:32153-32157. Una revisión reciente completa.

**Zhang, Y.** y 7 coautores (2011) FTIR study of light-dependent activation and DNA repair processes of (6-4) photolyase. *Biochem.* 50:3591-3598. Análisis biofísico de la fotorreactivación.

**Reparación por excisión**

**Cleaver, J. E., Lam, E. T.** y **Revet, I.** (2009) Disorders of nucleotide excision repair: The genetic and molecular basis of heterogeneity. *Nat. Rev. Genet.* 10:756-768. La *Xeroderma pigmentosum* no es la única enfermedad que se produce como consecuencia de NER.

**Nag, R.** y **Smerdon, M. J.** (2009) Altering the chromatin landscape for nucleotide excision repair. *Mutat. Res.* 62:13-20. Se resalta que la cromatina es el sustrato real de la reparación.

**Qi, Y., Spong, M. C., Nam, K., Banerjee, A., Jiralerspong, S., Karplus, M.** y **Verdine, G. L.** (2009) Encounter and extrusion of an intrahelical lesion by a DNA repair enzyme. *Nature* 462:762-768. ¿Cómo escanea rápidamente MutM miles de nucleotidos de guanina del DNA, dirigiéndose a las pocas guaninas oxidadas para su eliminación?

**Sancar, A.** (1996) DNA excision repair. *Annu. Rev. Biochem.* 65:43-82. Este número de *Annual Reviews* contiene también artículos sobre la reparación acoplada a la transcripción, la reparación de mal apareamiento y la reparación del DNA eucariota.

**Reparación de mal apareamiento**

**Jiricny, J.** (1994) Colon cancer and DNA repair: Have mismatches met their match? *Trends Genet.* 10:164-168. Se produjo un gran revuelo con el hallazgo de que un gen alterado en algunos cánceres de colon está relacionado con la proteína MutS de la reparación de mal apareamiento de *E. coli.*

**Larrea, A. A., Luján, S. A.** y **Kunkel, T. A.** (2010) SnapShot: DNA mismatch repair. *Cell* 141:730-730:e1. Una de las diversas capsulas minirrevisiones de *Cell.*

**McMurray, C. T.** (2008) Hijacking of the mismatch repair system to cause CAG expansion and cell death in neurodegenerative disease. *DNA Repair* 7:1121-1134. Describe la participación de los sistemas de reparación de mal apareamiento en las enfermedades de expansión de tripletes.

**Nick McElhinny S. A., Kissling, G. E.** y **Kunkel, T. A.** (2010) Differential correction of lagging-strand replication errors made by DNA polymerases $\alpha$ and $\delta$. *Proc. Natl Acad. Sci. USA* 107:21070-21075. Descripción de la selección de cadena en la reparación de mal apareamiento en eucariotas.

**Plucennik, A., Dzantiev, L., Iyer, R. R.,Constantin, N., Kadyrov, F. A.** y **Modrich, P.** (2010) PCNA function in the activation and strand direction of MutL$\alpha$ endonuclease in mismatch repair. *Proc. Natl. Acad. Scl. USA* 107:16066-16071. Información reciente sobre la función de MutL y la participación de PCNA en la reparación de mal apareamiento en eucariotas.

**Reparación de translesión**

**Broyde, S., Wang, L., Rechkoblit, O., Geacintov, N. E.** y **Patel, D. J.** (2008) Lesion processing: High-fidelity versus lesion-bypass DNA polymerases. *Trends Biochem. Sci.* 33:209-219. Revisa los lugares de unión del sustrato más abiertos de la familia de polimerasas Y.

**Furukohri, A., Goodman, M. F.** y **Maki, H.** (2008) A dynamic polymerase exchange with *Escherichia coli* DNA polymerase IV replacing DNA polymerase III on the sliding clamp. *J. Biol. Chem.* 283:11260-11269. La sustitución de una polimerasa replicativa por una enzima translesión presenta problemas cinéticos y de mecanismos interesantes.

**Loeb, L. A.** y **Monnat, R. J.**(2008) DNA polymerases and human disease. *Nature Rev. Genetics* 9:594-603. Esta revisión incluye información sobre la familia múltiple de polimerasas Y y sus funciones.

**Patel, M., Jiang, Q., Woodgate, R., Cox, M. M.** y **Goodman, M. F.** (2010) A new model for SOS-induced mutagenesis: How RecA protein activates DNA polymerase V. *Crit. Revs. Biochem. & Mol. Biol.* 45:171-184. Se muestra que RecA es parte integral de la pol V.

**Silverstein, T. D., Johnson, R. E., Jain, R., Prakash, L., Prakash, S.** y **Aggarwal, A. K.** (2010) Structural basis for the suppression of skin cancers by DNA polymerase $\eta$. *Nature* 465:1039-1044. La estructura revela cómo se replica la pol $\eta$ exactamente pasado un dímero de timina.

**Reparación del hueco de la cadena hija**

**Atkinson, J.** y **McGlynn, P.** (2009) Replication fork reversal and the maintenance of genome stability. Nucl. Ac. Res. 37:3475-3492. Pruebas de que este proceso contribuye con sustratos para la reparación por recombinación.

**Petermann, E.** y **Helleday, T.** (2010) Pathways of mammalian replication factor restart. *Nature Reviews Mol. Cell Biol.* 11:683-687. Utilización de las técnicas de molécula única para diferenciar entre las rutas posibles.

**Reparación de la rotura de doble cadena**

**Bzymek, M., Thayer, N. H., Oh, S. D., Kleckner, N.** y **Hunter, N.** (2010) Double Holliday junctions are intermediates of DNA break repair. *Nature* 464:937-942. Estudio que emplea mucho la electroforesis bidimensional del DNA.

**Carreira, A.** y **Kowalczykowski, S.** (2009) BRCA2. *Cell Cycle* 8:3445-3447. Descripción del papel de BRCA2 en el direccionamiento de Rad51 en la reparación de la rotura de doble cadena por HR.

**Fiynn, R. L.** y **Zou, L.** (2011) AIR: A master conductor of cellular responses to DNA replication stress. *Trends Biochem. Sci.* 36:133-140.

**Hartlerode, A. J.** y **Scully, R.** (2009) Mechanisms of double-strand break repair in somatic mammalian cells. *Biochem. J.* 423:157-168. Una revisión reciente completa.

**Mazón, G., Mimitou, E. P.** y **Symington, L. S.** (2010) SnapShot: Homologous recombination in DNA double-strand break repair. *Cell* 142:646-646e1. Una «microrrevisión» de dos páginas que resume una gran cantidad de información.

**Pandita, T. J.** y **Richardson, C.** (2009) Chromatin remodeling finds its place in the DNA double-strand break response. *Nucl. Ac. Res.* 37:1363-1377. Resalta que la cromatina es el sustrato de la reparación del DNA eucariota.

**Recombinación**

**Bianco, P. R., Tracy, R. B.** y **Kowalczykowski, S. C.** (1998) DNA strand exchange proteins: A biochemical and physical comparison. *Frontiers Biosci.* 3:570-603. Una revisión detallada de los mecanismos de recombinación homóloga y las proteínas que participan, en *E. coli*, el fago T4 y las levaduras.

**Chen, Z., Yang, H.** y **Pavletich, N. P.** (2008) Mechanism of homologous recombination from the RecA-ssDNA/dsDNA structures. *Nature* 453:489496. Determinación de la estructura de RecA.

**Haber, J. E.** (1999) DNA recombination: The replication connection. *Trends Biochem. Sci.* 24:271-275. Una revisión de la reparación de la rotura de doble cadena y su relación con la replicación del DNA y la recombinación.

**Khuu, P.** y **Ho, P. S.** (2009) A rare nucleotide base tautomer in the structure of an asymmetric DNA junction. *Biochemistry* 48:7824-7832. Uno de los diversos artículos que presentan las estructuras cristalinas de las uniones de Holliday sintéticas.

**van der Heijden, T., Modesti, M., Hage, S., Kanaar, R., Wyman, C.** y **Dekker, C.** (2008) Homologous recombination in real time: DNA strand exchange by RecA. *Mol. Cell* 30:530-538. Un análisis del intercambio de cadena catalizado por RecA mediante la tecnología del nucleótido único.

**Reordenamientos génicos**

**Canugovi, C., Samaranayake, M.** y **Bhagwat, A. S.** (2009) Transcriptional pausing and stalling causes multiple clustered mutations by human activation-induced deaminase. *FASEB J.* 23:34 44. Un modelo que explica el agrupamiento de las mutaciones en la hipermutagénesis somática.

**Craig, N. L.** (1997) Target site selection in transposition. *Annu. Rev. Biochem.* 66:437474. Contiene referencias de todos los aspectos de transposición génica.

**Lewin, B.** (2008) *Genes IX*. Jones & Bartlett, Boston. Los capítulos 21 y 22 de este libro de texto contemporáneo de genética molecular presentan consideraciones detalladas de los transposones, los retrovirus y otros elementos transponibles.

**McClintock, B.** (1984) The significance of responses of the genome to challenge. *Science* 226:792-801. Conferencia del Premio Nobel de McClintock en la que relata la historia de la primera descripción de los elementos genéticos móviles.

**Milstein, C.** (1986) From antibody structure to immunological diversification of the immune response. Science 231:1261-1268. Milstein recibió el Premio Nobel por el descubrimiento de los anticuerpos monoclonales, pero en esta conferencia del Premio Nobel considera la generación de la diversidad de anticuerpos.

**Murley, L. L.** y **Grindley, N. D. F.** (1998) Architecture of the resolvase synaptosome: Oriented heterodimers identify interactions for synapsis and recombination. *Cell* 95 553-562. Mecanismos de la resolvasa explorados mediante cristalografía y mutagénesis de lugar dirigida.

**Roth, D. B.** y **Craig, N. L.** (1998) VDJ recombination: A transposase goes to work. *Cell* 94:417414. Una minirrevisión relativamente reciente que describe los acontecimientos recombinantes en la maduración de los genes que forman los anticuerpos.

**Schlissel, M. S., Schulz, D.** y **Vetterman, C.** (2009) A histone code for regulating V(D)l recombination. *Mol. Cell* 34:639-640. Una minirrevisión reciente de los reordenamientos genéticos de los anticuerpos.

**Retrovirus**

**Varmus, H.** (1988) Retroviruses. *Science* 240:1427-1435. Todavía una de las mejores revisiones de las que se dispone.

**Amplificación génica**

**Sharma, R. C.** y **Schimke, R. T.** (1994) The propensity for gene amplification: A comparison of protocols, cell lines, and selection agents. *Mutat. Res.* 304:243-260. Información práctica del laboratorio que descubrió la amplificación del gen de la dihidrofolato reductasa.

**Smith, K. A.,** *et al.* (1995) Regulation and mechanisms of gene amplification. Phil. *Trans. Royal Soc. London Series B* 347:49-56. Una revisión legible y con buena bibliografía.

## PROBLEMAS

1. Prediga si un déficit de metilasa *dam* hará aumentar o disminuir, o no tendrá efecto alguno, sobre las tasas de mutación espontáneas, y explique la base de su predicción.

2. Para cada proceso de reparación del DNA de la columna I, indique *todas* las características de la columna II que describen correctamente ese proceso.

| I | II |
|---|---|
| (a) Reparación por escisión de nucleótidos. | 1. Participa la proteína RecA. |
| (b) Fotorreactivación. | 2. Los nucleótidos dañados se eliminan mediante traducción de mella. |
| (c) Reparación por escisión de bases. | 3. Participa un mecanismo de radical libre. |
| (d) Reparación por recombinación. | 4. La enzima de reparación actúa una sola vez. |
| (e) Reparación SOS propensa a errores. | 5. La enzima clave contiene un cofactor de folato unido. |
| (f) Reparación de alquitransferasa. | 6. No se eliminan bases ni nucleótidos del DNA. |
| (g) Reparación de mal apareamiento. | 7. El déficit de esta enzima en el ser humano aumenta enormemente el riesgo del cáncer de piel. |
| (h) Reparación de rotura de doble cadena. | 8. Este sistema es el principal responsable del efecto mutágeno de la luz ultravioleta. |
| | 9. La primera enzima de esta ruta rompe dos enlaces fosfodiéster. |
| | 10. Este proceso se inicia a una distancia de hasta 1 kpb del lugar a reparar. |
| | 11. La DNA ligasa cataliza la reacción final. |
| | 12. Este proceso se produce también en la recombinación meiótica. |
| | 13. Puede producirse la regresión de la horquilla de replicación durante este proceso. |

3. Para cada una de las características siguientes, enumere todas las bases (A, B, C o D) que correspondan.

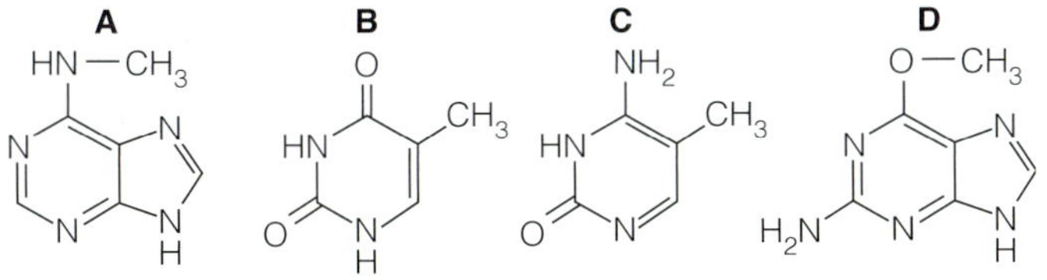


(a) Una señal que identifique una cadena parental de DNA en el sistema de corrección de mal apareamiento MutH,L,S.
(b) Que con mayor probabilidad participa en la formación de un dímero de ciclobutano tras la irradiación del DNA con luz ultravioleta.
(c) Una base metilada que se encuentra inmediata al lado 5′ de los residuos de dGMP en el DNA eucariota.
(d) Creada mediante el tratamiento del DNA con agentes alquilantes que transfieren grupos metilo y se repara por una «enzima» que actúa solo una vez en su vida.
(e) Creada por una metilación dependiente de AdoMet de un residuo de nucleótido del DNA.
(f) Un sustrato de la desaminación a nivel del DNA, que conduciría a la transición GC → AT.

4. La recombinación homóloga en *E. coli* forma regiones heterodúplex de DNA que contienen bases mal apareadas. ¿Por qué no se eliminan estos malos apareamientos mediante el sistema de reparación de mal apareamiento?

5. Las deficiencias de la actividad dUTPasa o DNA ligasa estimulan la recombinación. ¿Por qué?

6. Suponga que desea estudiar los mecanismos de integración de retrovirus mediante la determinación de la secuencia de nucleótidos en el lugar de integración, varias docenas de nucleótidos a cada lado de la unión del DNA vírico-celular. Describa cómo aislar el DNA que contiene una zona de unión en cantidad suficiente para poder efectuar un análisis de secuencia.

7. El análisis de las mutaciones de p53 en los tumores humanos muestra que una gran proporción de estas mutaciones implican transiciones GC $\longrightarrow$ AT que se originan en lugares de metilación del DNA. Proponga un modelo para explicar la mutagénesis preferente de este tipo en estos lugares.

8. Un artículo en el *Journal of Bacteriology* describe que una cepa mutante de *E. coli, mutT*, presenta un fenotipo mutador cuando la bacteria se cultiva anaerobiamente. ¿Es este un resultado sorprendente? Explique brevemente su respuesta. Presente una o dos explicaciones posibles de esta observación.

9. Se supone que la señal para la reparación de mal apareamiento en eucariotas para identificar la cadena que debe repararse, podrían ser las mellas del DNA que deben repararse. Si es así, ¿esperaría que la cadena mellada o la cadena intacta fuera la cadena que hay que reparar? Explique brevemente su repuesta.

10. Identifique y describa brevemente tres de los procesos por medio de los cuales la desaminación de los residuos de citosina del DNA por AID pueden originar mutagénesis.

11. ¿De qué manera puede afectar la inserción de un transposón la expresión de los genes en las cercanías del lugar de inserción?

# HERRAMIENTAS DE LA BIOQUÍMICA 26A

## Direccionamiento génico mediante recombinación homóloga

Desde los primeros años de investigación de la recombinación del DNA, en los primeros años 1970, era evidente que las potenciales aplicaciones de investigación y fines prácticos no tenían límite. A corto plazo se hizo rutinario expresar genes exógenos en células bacterianas a niveles elevados e introducir cualquier mutación que se desease en esos genes (*véase* Herramientas de la Bioquímica 4A). Pronto fue posible inactivar cualquier gen que se quisiera en un genoma bacteriano. Estas técnicas de «*knockout* génico» aprovecharon las elevadas actividades de las enzimas de recombinación en las bacterias. Podía diseñarse un vector con secuencias homólogas a la del lugar cromosómico en el que iba a insertarse el DNA exógeno. Dependiendo del diseño del vector, la recombinación entre las secuencias del vector y las secuencias cromosómicas homólogas podían producir la inserción de secuencias nuevas en el genoma o la escisión de secuencias cromosómicas adyacentes a las secuencias diana utilizada. En cualquier caso, la expresión del gen diana podía anularse.

Las aplicaciones comparables en los organismos eucariotas fueron menos sencillas, debido, en parte, a sus genomas diploides y en parte, a dificultades técnicas para introducir DNA exógeno en los núcleos. En 1983 Ralph Brinster y Richard Palmiter y sus colaboradores asombraron cuando modificaron el gen de la hormona de crecimiento hipofisaria de la rata en la línea germinal de ratones y la expresión del gen hizo que esos ratones duplicaran su tamaño. Se preparó un vector que contenía el gen de la hormona de crecimiento más adelante del promotor de la metalotioneína, una proteína que participa en la destoxificación de los metales pesados. El vector se microinyectó en los huevos de ratón fertilizados. Una pequeña proporción de los animales incorporó de forma estable el vector en sus genomas. La complementación de la dieta de estos animales con cadmio o zinc activó el promotor de la metalotioneína, activando el gen de la hormona de crecimiento.

Aunque esta generación de los primeros animales transgénicos fue un logro señalado, implicaba la adición de un gen exógeno, insertado en lugares aleatorios del genoma. ¿Podía utilizarse una tecnología semejante para alterar el propio genotipo de un animal, mediante la inserción de secuencias de DNA en el lugar de un gen diana? Comenzando a finales de los años 1970, Mario Capecchi y Oliver Smithies hicieron experimentos con transferencia de genes a células madre embrionarias de ratón, y sus esfuerzos fueron recompensados con el Premio Nobel de 2007. Las claves de su éxito fueron las tasas elevadas de recombinación homóloga entre vectores exógenos y genes endógenos y las potentes técnicas de selección de los acontecimientos de recombinación deseados. Lo que se hace es introducir un vector de direccionamiento en las células madre embrionarias mediante microinyección o electroporación (aplicación de un campo eléctrico). Se seleccionan mediante cultivo aquellas pocas células que experimentaban la recombinación del vector con las secuencias genómicas afines y luego se inyectan en un embrión temprano de ratón, que posteriormente se implanta quirúrgicamente en una madre de acogida. Los descendientes son mosaicos, ya que contienen células procedentes de las células madre manipuladas y del embrión receptor. El cruce de estas quimeras con ratones silvestres produce animales transgénicos homocigotos, que muestran que el transgén se transmitió a través de la línea germinal.

En los primeros experimentos de direccionamiento génico del laboratorio de Capecchi se utilizó un gen de resistencia a la neomicina y el gen de la hipoxantina fosforribosiltransferasa (*hprt*) como marcadores de selección. El marcador *neo*$^r$ confiere resistencia al antibiótico G418 (un inhibidor de la síntesis de proteínas), mientras que la expresión de *hprt* sensibiliza a las células a la 6-tioguanina, un sustrato no natural de la HPRT (*véase* el Capítulo 22). El la Figura 26A.1 se esquematiza este planteamiento. El vector de direccionamiento contiene el gen *neo*$^r$ insertado dentro de un fragmento del gen *hprt*, que va desde el exón 7 al axón 9. La recombinación homóloga entre el vector y el gen cromosómico *hprt* lleva a la inserción de *neo*$^r$ entre los exones 7 y 9 del gen *hptr*. Así, los recombinantes son resistentes a G418 (ya que expresan *neo*$^r$) y a la 6-tioguanina (ya que se ha interrumpido el gen *hprt*). El hecho de que el gen *hprt* vaya en el cromosoma X hace que esta selección sea especialmente

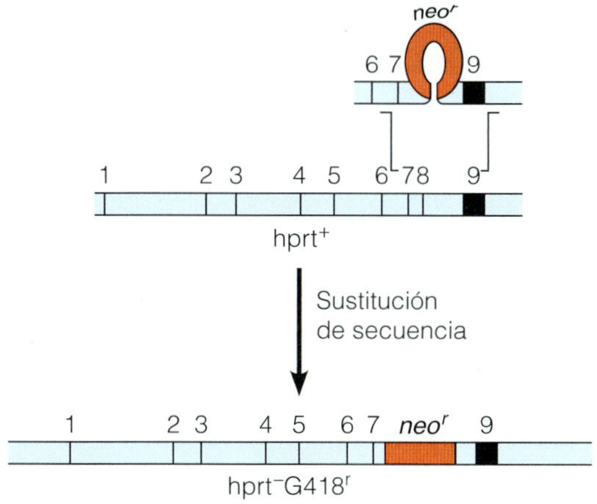


**FIGURA 26A.1**

**Inserción dirigida del gen *neo*^r en el gen cromosómico *hprt*.**

Cortesía de M. R. Capecchi (2007) Nobel Lecture, © The Nobel Foundation.

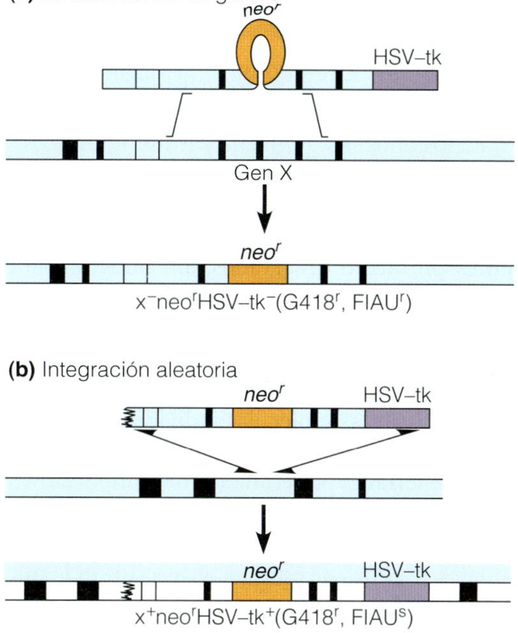


**FIGURA 26A.2**

**Técnica de selección doble para asegurar la inserción en el lugar cromosómico homólogo.**

Cortesía de M. R. Capecchi (2007) Nobel Lecture, © The Nobel Foundation.

eficaz, dado que solo se necesita una inserción para generar resistencia a la 6-tioguanina.

Sin embargo, el análisis de este sistema mostró que casi todas las inserciones se produjeron en lugares aleatorios y no en el lugar elegido, por lo que se diseñó una selección más rigurosa, que se basó en el hallazgo que señalaba que la mayoría de las inserciones al azar se producían en los extremos del vector de direccionamiento, mientras que las inserciones mediante recombinación homóloga tenían lugar en regiones de homología de secuencia, que normalmente no se encontraban en los extremos. En la Figura 26A.2 se muestra un planteamiento para dirigir una inserción en cualquier gen «x». Incluido al final del vector de direccionamiento está el gen del virus del herpes simple para la timidina quinasa, HSV-tk. La expresión de este gen sensibiliza a la célula al análogo del nucleósido 2′-fluoro-2′-desoxi-1-*β*-D-arabinosil-5-yodouracilo (FIAU); HSV TK fosforila este nucleósido, mientras que la timidina quinasa celular no lo hace. Como se muestra en la parte A de la figura, la inserción homóloga en el lugar elegido no lleva al gen HSV-tk dentro de la célula receptora. Por tanto, la célula receptora es resistente a G418 debido a la expresión de *neo*^r y resistente a FIAU, debido a que no se expresa HSV-tk. Por otro lado, la integración aleatoria que tiene lugar en los extremos moleculares, lleva al gen HSV-tk dentro de la célula receptora y convierte a la célula sensible a FIAU.

Las técnicas de selección potentes como las que hemos descrito aquí hacen posible introducir material genético nuevo en cualquier gen del genoma del ratón y, por extensión, en otros genomas de vertebrados. La expresión génica normal puede desactivarse y en un mutante con la expresión defectuosa de un gen, la actividad del gen natural puede «activarse» mediante planteamientos semejantes. Hay grandes expectativas de que este planteamiento pueda utilizarse para curar las enfermedades genéticas en los seres humanos. Sin embargo, las aplicaciones principales hasta la fecha son la alteración de los genes del ratón. Se han alterado más de 11 000 genes de ratón en muchos laboratorios diferentes para permitir el análisis de la función del gen respectivo que se ha perdido. Muchas de estas cepas de «ratones *knockout*» proporcionan modelos útiles de enfermedades humanas específicas.

Se ha utilizado en otros organismos la alteración génica mediante recombinación homóloga. Así por ejemplo, en levaduras un estudio sistemático condujo a la eliminación de 6925 genes, de uno en uno, para el análisis de la función génica eliminada. En los vegetales, en cambio, el principal medio de ingeniería genética no es la recombinación homóloga. La mayoría de las manipulaciones que generan, por ejemplo, semillas «*Roundup-Ready*», utilizan una bacteria, *Agrobacterium tumefaciens*, para dar un vector de aporte del gen (*véase* el Capítulo 21). Esta bacteria produce tumores en las plantas infectadas, debido a la expresión de un plásmido, el *plasmido Ti*. Parte del DNA de este plásmido, denominado T-DNA, se inserta en el genoma de la planta infectada como parte del proceso de tumorigénesis. Los transgenes se introducen en los genomas de las plantas, clonándoles en vectores adyacentes al T-DNA de forma que el transgen quede insertado en el lugar de inserción del T-DNA. En las plantas monocotiledoneas, que no pueden infectarse por *Agrobacterium*, otro medio de transformación es la «pistola génica», un dispositivo que dispara físicamente a las células perdigones recubiertos de DNA. No es tan elegante como la transformación génica dirigida, pero es eficaz en determinadas circunstancias.

## Bibliografía

**Capecchi, M. R.** (2007) Gene targeting, 1977-present. Disertación del Premio Nobel, disponible en http://nobelprize.org/nobel_prizes/medicine/laureates/2007/capecchi-lecture.html.

**Winzeler, E. A.** y 51 coautores (1999) Functional characterization of the *S. cerevisiae* genome by gene deletion and parallel análisis. *Science* 285:901-906.

# HERRAMIENTAS DE LA BIOQUÍMICA 26B

## Bioquímica de las moléculas individuales

Durante muchos años los químicos y los bioquímicos por igual han tenido que entender el comportamiento de las moléculas observando un gran número de moléculas y suponiendo que el comportamiento de las moléculas individuales era semejante al de los valores promedio observados. Sin duda, ha sido posible ver moléculas individuales, por ejemplo, mediante microscopia electrónica o microscopia de fuerza atómica (Herramientas de la Bioquímica 1A). Sin embargo, son medidas estáticas que no permiten el análisis de los movimientos moleculares. Obviamente, la capacidad de analizar las moléculas individuales podría permitir la observación directa de las fluctuaciones de comportamiento, que son homogeneizadas por el análisis de comportamientos promedio. En las dos últimas décadas se ha dispuesto de una serie de técnicas nuevas que permiten ver los movimientos de las moléculas individuales. Algunas de estas técnicas utilizan la microscopia electrónica de barrido, potentes microscopios de fluorescencia para detectar los fluoroporos situados en las moléculas proteicas o pinzas ópticas para inmovilizar las moléculas individuales. Una pinza óptica es un instrumento que utiliza un rayo láser enfocado, que da una fuerza de atracción o repulsión mínima, dependiendo del desajuste del índice de refracción, para sostener físicamente y mover los objetos dieléctricos microscópicos en disolución.

El experimento que se presenta en el Capítulo 15 (Figura 15.24, página 653) es un ejemplo excelente de bioquímica de moléculas individuales, que proporciona pruebas directas de que el complejo mitocondrial $F_0F_1$ es una máquina rotatoria. En ese experimento, se inmovilizó una molécula del complejo $F_1$ en un campo microscópico mediante un soporte de histidina. Se enganchó una marca fluorescente a la subunidad $\gamma$ del complejo. La microscopía fluorescente permitió observar de rotación de la subunidad $\gamma$, su velocidad, dirección y dependencia del ATP.

Uno de los primeros ejemplos de la visualización de las moléculas individuales correspondió al movimiento facilitado de una proteína que se une al DNA en un lugar específico a lo largo de un enrejado. Se observó *in vitro* que estas proteínas, como la RNA polimerasa, los represores de la transcripción y las enzimas de restricción, se unían a un lugar con mayor rapidez cuando el lugar estaba incrustado en una molécula larga de DNA que cuando era corta. ¿Significa esto que la proteína se desliza a lo largo del DNA, sin disociarse, mientras busca su lugar de unión? ¿O deben considerarse otros modelos, como la transferencia entre segmentos? Como se muestra en la Figura 26B.1, el laboratorio de N. Shimamoto diseñó un abordaje al problema. Las moléculas de DNA que contienen un promotor fuerte, que se une fuertemente

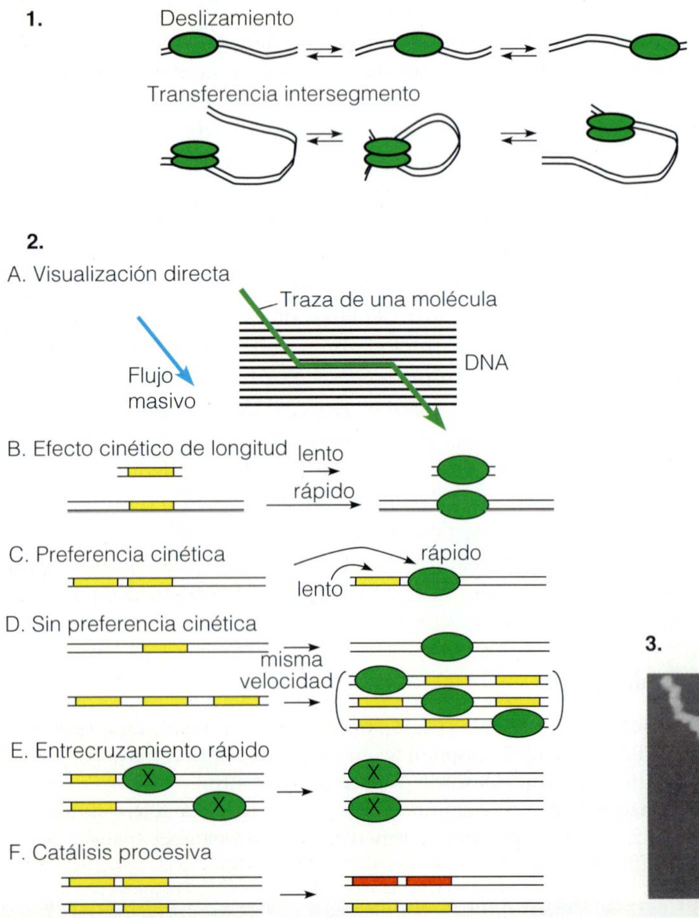


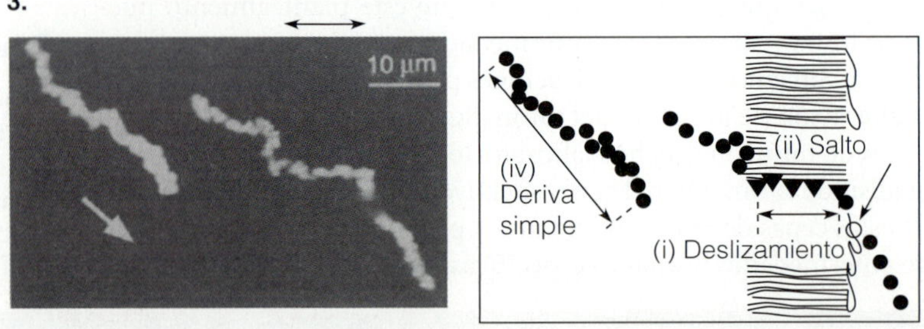


**FIGURA 26B.1**

**Análisis del deslizamiento de la RNA polimerasa a lo largo del DNA que contiene uno o varios lugares promotores fuertes. 1**. En principio, el movimiento facilitado a lo largo del DNA puede tener lugar mediante deslizamiento o por transferencia intersegmentos. **2**. Disposición experimental. El deslizamiento se observa como una desviación horizontal desde la dirección del flujo de fluido. **B-D**. Comportamientos cinéticos previstos. En **B**, la proteína se une más rápidamente a un lugar en una molécula larga de DNA que en una corta. En **C**, la proteína se une más rápidamente a un lugar adyacente a un DNA inespecífico que a un lugar idéntico en la misma molécula no adyacente a ese DNA. En **D** la proteína se une con la misma rapidez a cualquier lugar en la misma molécula, con tal de que estén espaciadas igualmente. **3** Datos experimentales que muestran el deslizamiento (**derecha**) o la deriva simple a través del cinturón de DNA sin unión. Debajo se muestra la interpretación de los datos.

(Arriba) *Journal of Biological Chemistry* 274:15293-15296, N. Shimamoto, One-dimensional diffusion of proteins along DNA: Its biological and chemical significance revealed by single-molecule measurements. Reproducido con permiso. © 1999 The American Society for Biochemistry and Molecular Biology. Todos los derechos reservados; (Bottom) de *Science* 262:1561–1563, H. Kabata, O. Kurosawa, I. Arai, M. Washizu, S. A. Margarson, R. E. Glass y N. Shimamoto, Visualization of single molecule dynamics of RNA polymerase sliding along DNA. © 1993. Reproducido con permiso de AAAS.

a la RNA polimerasa, se alinearon en un campo eléctrico. De forma tangencial a la orientación del DNA, el flujo de líquido transportado a través de estas moléculas de «cinturón de DNA» de la RNA polimerasa marcada con fluorescencia. El deslizamiento sería visto como un flujo horizontal, como se indica en el diagrama, y esto fue lo que se vio.

Otro estudio excelente de molécula individual se ha mencionado en este capítulo (*véase* la Figura 26.28). En este estudio se inmovilizó DNA de doble cadena por un extremo en el fondo de una célula de flujo. En el otro extremo se enganchó una bola magnética situada cerca de un par de imanes («pinzas magnéticas», *véase* la Figura 26B.2) La rotación de los imanes puede in-

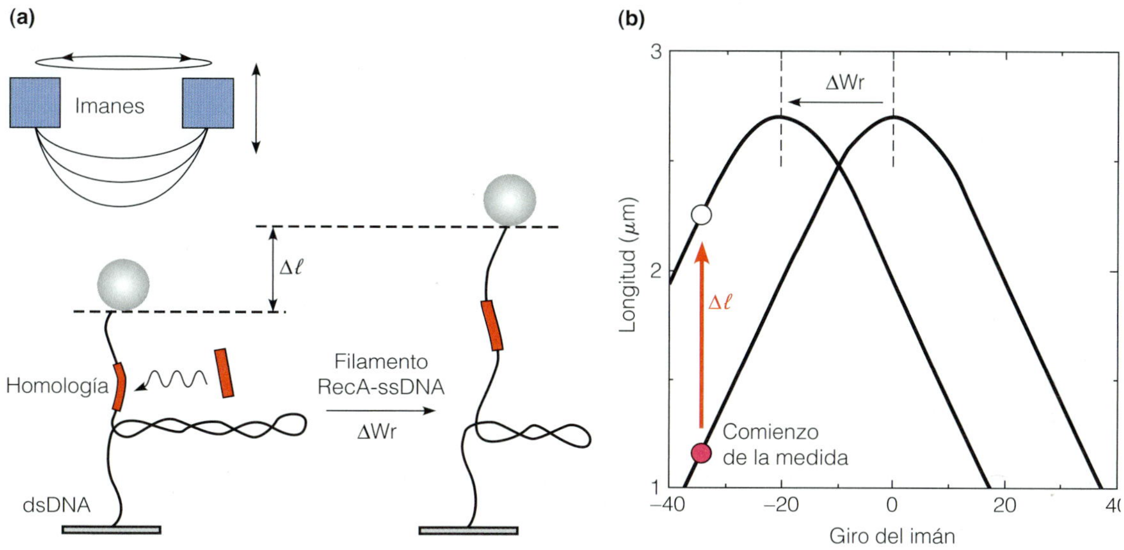


**FIGURA 26B.2**

**Disposición experimental del análisis de moléculas individuales del intercambio de cadena mediado por RecA. (a)** La posición de la bola y, por tanto, la longitud del DNA, se controla por vídeo microscópico y análisis de imagen. La interacción del ssDNA recubierto con RecA (barra roja) puede seguirse en tiempo real, ya que la unión modifica la distancia extremo con extremo del DNA atado. **(b)** La unión de RecA-ssDNA estira el DNA diana, aumentando de esta forma su longitud, lo cual puede determinarse a partir del número de rotaciones del imán necesarias para mantener al DNA diana totalmente estirado.

Reproducido de *Molecular Cell* 30:530-538, T. van der Heijden, M. Modesti, S. Hage, R. Kanaar, C. Wyman y C. Dekker, Homologous recombination in real time: DNA strand exchange by RecA. © 2008, con permiso de Elsevier.

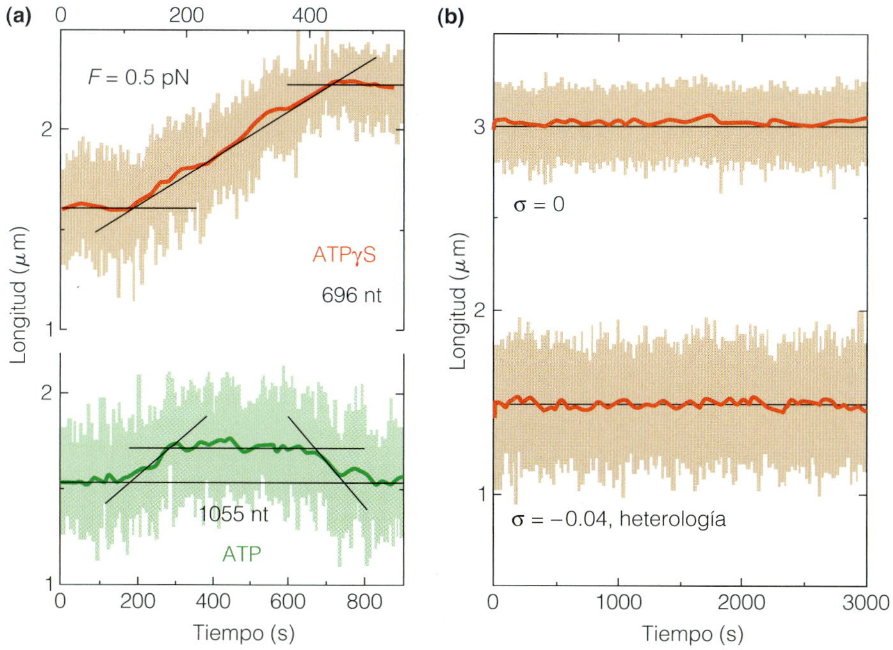


**FIGURA 26B.3**

**Datos del análisis de la reacción de intercambio de cadena RecA-DNA. (a)** Trazo superior: se evita la hidrólisis del ATP mediante el uso de un análogo no hidrolizable. Trazo inferior: idéntico, excepto que está presente el ATP; su hidrólisis permite que se complete la reacción de intercambio de cadena. **(b)** Experimentos control que no muestra cambio de la longitud del DNA, como se describe en el texto.

Reproducido de *Molecular Cell* 30:530-538, T. van der Heijden, M. Modesti, S. Hage, R. Kanaar, C. Wyman y C. Dekker, Homologous recombination in real time: DNA strand exchange by RecA. © 2008, con permiso de Elsevier.

troducir superenrollamientos y el movimiento paralelo a la longitud del DNA puede estirar la molécula. El número de rotaciones del imán necesarias para mantener al DNA totalmente estirado muestra cómo varia el superenrollamiento, como se observa en el panel B de la figura. La unión de DNA de cadena única recubierto de RecA estira el dúplex, aliviando alguno de los superenrollamientos. En la Figura 26B.3 se muestran datos característicos. La unión de un filamento RecA-ssDNA en presencia de ATP$\gamma$S, un análogo no hidrolizable, estira el DNA de forma irreversible (trazo superior), mientras que la adición de ATP hace que la fibra estirada se contraiga, lo que apoya la conclusión de que la hidrólisis del ATP no es esencial para la invasión de la cadena, pero es necesaria para el intercambio de la cadena. Los controles (panel derecho) en los que no hay superenrollamiento del DNA diana (trazo superior) o no hay región de homología (trazo inferior) no mostraron cambios de longitud. Variando la longitud de las regiones homólogas y otros parámetros, fue posible generar el esquema del intercambio de cadena mediado por RecA, que se muestra en la Figura 26.26.

Es evidente de los ejemplos que se han mostrado aquí que la utilización de técnicas de moléculas individuales para estudiar las interacciones DNA-proteína, las proteínas motoras y los movimientos físicos de las proteínas y las enzimas solo está limitada por la imaginación del experimentador.

## Bibliografía

**Chen, C.** y 10 co-autores (2011) Single-molecule fluorescent measurements of ribosomal translocation dynamics. *Mol. Cell* 42:367-377. Aplicación reciente de la tecnología de molécula individual para el ciclo de elongación de la traducción.

**Shimamoto, N.** (1999) One-dimensional diffusion of proteins along DNA. *J. Biol. Chem.* 274:15293-15296. Experimentos que sostienen el deslizamiento de las proteínas de unión al DNA a lo largo del DNA.

**Svoboda, K.** y **Block, S. M.** (1994) Biological application of optical forces, *Ann. Rev. Biophys. And Biomol. Str.* 23:247-285. Una descripción de los principios de las pinzas ópticas.

**Van der Heijden, T. M., Modesti, M., Hage, S., Kanaar, R., Wyman, C.** y **Dekker, C.** (2008) Homologous recombination in real time: DNA strand Exchange by RecA. *Mol. Cell* 30:530-538.

**Van Holde, K. E.** (1999) Biochemistry at the single molecule level: Minireview series. *J. Biol. Chem.* Introducción a una serie de cuatro minirrevisiones que describen las diferentes técnicas de moléculas individuales.

**Zlatanova, J.** y **van Holde, K.** (2006) Single molecule biology: What is it and how does it work? *Mol. Cell* 24:317-329. Una revisión más actual.

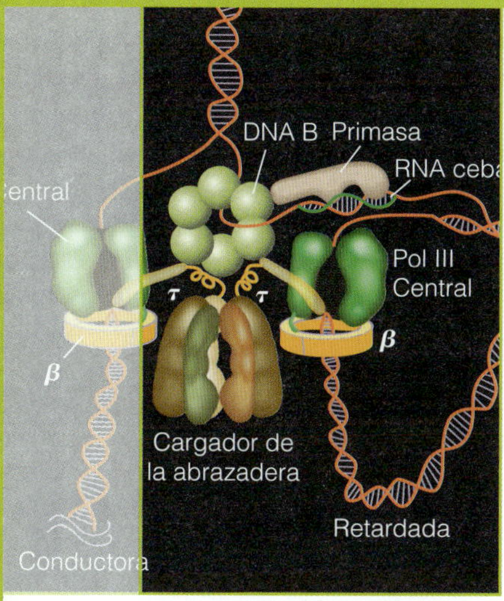


# CAPÍTULO 27

## Lectura de la información: transcripción y procesamiento posterior a la transcripción

**Volvemos ahora a la *transcripción*,** en la que la información almacenada en la secuencia de nucleótidos del DNA se lee mediante la síntesis de polirribonucleótidos dependiente de un molde. Desde el punto de vista del mecanismo, la transcripción es semejante a la replicación del DNA, en especial en cuanto al uso de sustratos nucleósidos trifosfato y al crecimiento dirigido por un molde de las cadenas de ácido nucleico, en la dirección $5' \rightarrow 3'$. Sin embargo, hay dos diferencias principales. En primer lugar, con pocas excepciones conocidas, solo se transcribe una cadena molde de DNA para un gen determinado, y en segundo lugar, solo se utiliza una pequeña fracción del potencial genético global de un organismo en una célula. En una célula eucariota diferenciada, la parte del DNA total que se transcribe es muy pequeña (aunque la proporción de DNA que se transcribe es mayor de lo que se pensaba anteriormente, *véase* el Capítulo 29). Incluso en los organismos unicelulares, en los que prácticamente todas las secuencias de DNA pueden transcribirse, en un momento dado solo se transcribe una pequeña proporción de todos los genes. En consecuencia, gran parte del interés por la transcripción se centra en la regulación, los mecanismos utilizados para seleccionar determinados genes y cadenas molde para la transcripción, puesto que esta selección es la que gobierna, en gran medida, las capacidades metabólicas de una célula. Esos mecanismos actúan fundamentalmente en los niveles de iniciación y terminación de la transcripción, mediante la acción de proteínas que entran en contacto con el DNA a través de una elevada especificidad en cuanto a la localización (Figura 27.1). Esta figura muestra un avance de lo que hemos aprendido sobre la regulación de la transcripción mediante el análisis de las interacciones DNA-proteína. Consideramos este importante tema aquí y en el Capítulo 29.

Los productos de la síntesis de RNA por transcripción rara vez se utilizan directamente. Casi siempre, los productos de la transcripción se procesan posteriormente, recortando, cortando, cortando y empalmando y modificando los extremos 3′ y 5′. Por tanto, en este capítulo se considera también el procesamiento posterior a la trans-

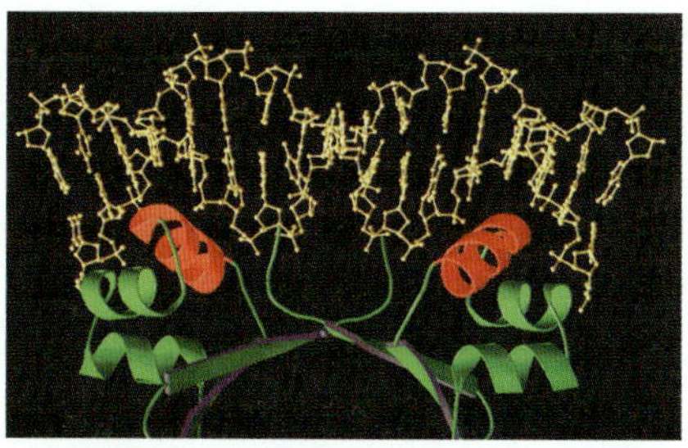

**FIGURA 27.1**

**Complejos DNA-proteína que regulan la transcripción.** La expresión de los genes está controlada por proteínas que reconocen determinadas secuencias del DNA y se unen a esos lugares. Aquí se muestran dos proteínas reguladoras del bacteriófago $\lambda$, que se unen a los mismos lugares *operadores* en el DNA de $\lambda$ y controlan el ciclo de reproducción del virus regulando la transcripción de genes adyacentes a esos lugares. Arriba, el represor cI de $\lambda$; abajo, la proteína Cro. En cada gráfico, el DNA se muestra en dorado y la proteína, en verde, excepto las regiones de hélice $\alpha$ en contacto con el DNA en el surco principal, que aparecen en rojo. En el Capítulo 29 se describen estas proteínas y sus funciones.

Reproducido de *Proceedings of the National Academy of Sciences of the United States of America* 95:3431-3436, R. A. Albright y B. W. Matthews, How Cro and $\lambda$-repressor distinguish between operators: The structural basis underlying a genetic switch. © 1998 National Academy of Sciences, U.S.A.

cripción. Nos ocuparemos aquí principalmente de la síntesis y el procesamiento del RNA mensajero, el RNA ribosómico y el RNA de transferencia, las especies más directamente implicadas en la expresión de los genes. Sin embargo, ahora sabemos que el RNA es una molécula mucho más versátil de lo que se había pensado. Ya hemos mencionado las enzimas de RNA (ribozimas) y sus actuaciones en el procesamiento y el corte y empalme del RNA (Capítulo 11) y hemos descrito la participación del RNA en la reacción de la telomerasa (Capítulo 25). En el Capítulo 29 consideraremos las funciones reguladoras de la modificación del RNA, los ribointerruptores, los pequeños RNA de interferencia, los largos RNA no codificantes y los micro RNA.

## El DNA como molde para la síntesis de RNA

El concepto de que los RNA se generan mediante la copia de secuencias de bases del DNA dirigida por el molde está tan firmemente establecido, que tendemos a olvidar los experimentos cruciales que permitieron llegar al conocimiento actual. Este tema merece nuestra consideración, puesto que constituye un proceso intelectual fascinante, con muchos participantes y algunos razonamientos deductivos brillantes. Incluso algunos de los comienzos erróneos aportaron contribuciones importantes. Además, algunos sistemas experimentales utilizados en los primeros trabajos continúan siendo útiles en la actualidad, como el operón lactosa y los bacteriófagos T4 y $\lambda$.

La intervención del RNA en la transferencia de la información se sospechó desde el momento en que se identificó por primera vez el DNA como almacén genético, tanto por la semejanza química del RNA con el DNA, como por el conocimiento de que las proteínas se sintetizan en los ribosomas. Este último hecho implicaba que, en las células eucariotas, la información debe transferirse de algún modo desde el núcleo, en el que está almacenada la información en el DNA, al citoplasma, en donde residen la mayoría de los ribosomas. Sin embargo, la naturaleza de esta transferencia de la información no se aclaró hasta que se demostró la existencia del RNA mensajero. Esta demostración no fue en modo alguno sencilla, ya que el RNA mensajero es muy inestable. Además, constituye una porción del RNA celular total tan pequeña (1 a 3 % en las bacterias) que en los fraccionamientos habituales, su presencia queda enmascarada por los RNA ribosómicos y de transferencia, mucho más abundantes.

### Predicción de la existencia del RNA mensajero

Nuestros conceptos iniciales sobre la síntesis del RNA procedieron de los estudios genéticos que predecían la existencia del RNA mensajero.

Hasta aproximadamente 1960 se pensaba que el RNA ribosómico (rRNA) constituía el conjunto de moldes para la síntesis proteica. François Jacob y Jacques Monod, del Instituto Pasteur de Francia, pusieron en duda esta idea, en parte porque los rRNA son de un tamaño homogéneo (5S, 16S y 23S en las bacterias, como se considera en el Capítulo 28), mientras que los pesos moleculares de las proteínas varían, al menos, en dos órdenes de magnitud. Mediante el análisis de mutantes de *E. coli* que presentan alteraciones del control del metabolismo de la lactosa, Jacob y Monod predijeron la existencia del RNA mensajero (mRNA), un tipo de RNA que se sintetiza a partir de un DNA molde y se utiliza, a su vez, como molde para la síntesis proteica.

Se sabía que la utilización de lactosa en *E. coli* está controlada por tres enzimas, cuyos genes son contiguos en el cromosoma. Una de ellas es la **$\beta$-galactosidasa**, que hidroliza la lactosa y otros $\beta$-galactósidos. Cuando se cultivan las bacterias con glucosa como única fuente de carbono, las concentraciones de las enzimas que utilizan la lactosa son muy bajas, y hay menos de una molécula de $\beta$-galactosidasa por célula. Sin embargo, la sustitución de la glucosa por lactosa, o un $\beta$-galactósido similar, en el medio hace que se produzca una rápida **inducción** enzimática, o síntesis de las tres enzimas. La $\beta$-galactosidasa representa finalmente hasta un 6 % de las proteínas solubles totales de la célula. La eliminación de la lactosa del medio de cultivo disminuye la síntesis posterior de moléculas de la enzima. Los cambios rápidos de la capacidad de formación de la $\beta$-galactosidasa sugerían que el molde para la síntesis de esta enzima es metabólicamente inestable, es decir, se sintetiza rápidamente cuando hay una demanda y se degrada cuando no hay un estímulo continuado para la inducción (de otra forma, el control podría ejercerse al nivel de la traducción). Dado que los rRNA son bastante estables, era improbable que estas moléculas actuaran como intermediarios en la transferencia de la información.

Jacob y Monod analizaron numerosos mutantes de *E. coli* que presentaban un control defectuoso de la inducción de las enzimas que utilizan la lactosa. Algunos de estos mutantes expresaban los tres genes a un nivel elevado, a pesar de la ausencia de lactosa o de un inductor similar, y otros no eran capaces de inducir ninguna de las enzimas, ni siquiera tras la adición de lactosa. Estos experimentos llevaron al concepto de un *represor* macromolecular que regulaba la concentración de un RNA mensajero mediante su unión a una secuencia *operador* específica del DNA, y de este modo, desconectaban la síntesis de un RNA que codificaba las tres enzimas (*véase* el Capítulo 29, páginas 1233-1235).

La genética bacteriana predecía que el RNA mensajero era una colección de RNA metabólicamente activos presentes en cantidades bajas, de tamaño heterogéneo y con una secuencia complementaria al DNA.

Basándose en estos estudios, y en los trabajos paralelos de Andre Lwoff con el bacteriófago $\lambda$, Jacob y Monod propusieron en 1961 una hipótesis unificadora para la regulación génica, en la que la transcripción estaba regulada de forma específica al nivel de la iniciación. Unos elementos reguladores hipotéticos, denominados represores y operadores controlaban la síntesis de otras entidades hipotéticas denominadas RNA mensajeros (mRNA). Se proponía que el mRNA era una copia complementaria del DNA, que incluía una serie de genes estructurales que codificaban proteínas, como se muestra esquemáticamente en la Figura 27.2. Al conjunto de genes contiguos y a los elementos de regulación adyacentes que controlan su expresión se le denominó **operón**, y la hipótesis de Jacob-Monod recibió, pues, el nombre de **modelo del operón**.

Jacob y Monod predijeron correctamente varias características del hipotético RNA mensajero. En primer lugar, predijeron una gran velocidad de síntesis del mRNA, seguida de una rápida degradación, que podía explicar la rápida puesta en marcha de los genes tras la inducción y la desactivación de los mismos una vez retirado el inductor. En segundo lugar, dada la rápida síntesis y degradación, cabía prever que el mRNA se acumulara rápidamente, pero no en unas concentraciones de estado estacionario elevadas. En tercer lugar, puesto que pensaban que el mensajero era una copia de dos o más genes contiguos, era de prever que fuera bastante grande y que perteneciera a una clase de RNA de tamaño heterogéneo. Por último, si el RNA mensajero era una copia complementaria del DNA, su secuencia de nucleótidos debería ser idéntica a la de una de las cadenas del DNA molde.

## El bacteriófago T2 y la demostración del RNA mensajero

La primera demostración física del mRNA se debió al trabajo realizado con los bacteriófagos T2 y T4. La infección producida por estos virus grandes de DNA detiene toda la expresión de los genes de la célula hospedadora, y tras la infección no puede detectarse acumulación alguna de RNA. Sin embargo, en 1956, el empleo de isótopos radiactivos permitió detectar un RNA peculiar en *E. coli* infectada por el fago T2. Cuando se realizaba un marcado de pulso de los cultivos infectados, utilizando [$^{32}$P]ortofosfato durante 3 o 4 minutos, aproximadamente un 2 % del RNA total se hacía radiactivo. Este RNA marcado radiactivamente tenía dos propiedades que permitieron finalmente su identificación como RNA mensajero vírico. En primer lugar, era metabólicamente lábil pues en los experimentos de pulso y caza (*véase* Herramientas de la Bioquímica 12A), la ra-

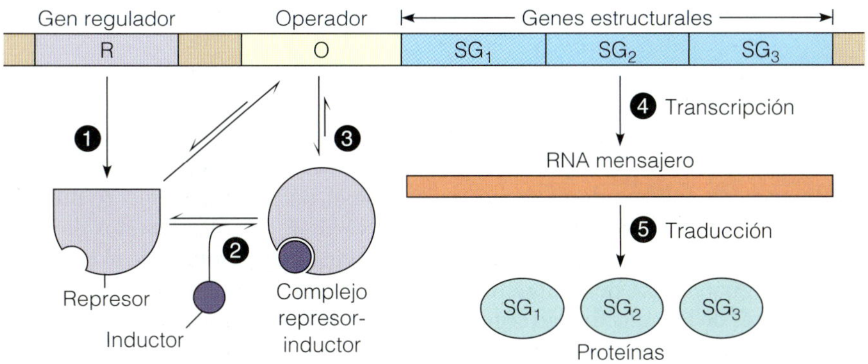


**FIGURA 27.2**

**Modelo del operón, tal como fue propuesto en 1961 por Jacob y Monod. Paso 1:** el gen regulador R codifica una molécula represora, que puede unirse al operador (O) e inhibir, por tanto, la transcripción de los genes estructurales adyacentes $SG_{1,2,3}$. **Paso 2:** una pequeña molécula inductora forma complejo con el represor, con lo que modifica el equilibrio existente entre los estados conformacionales del represor. **Paso 3:** el complejo represor-inductor se une de manera menos intensa al operador. **Paso 4:** esta mayor laxitud facilita la transcripción de los genes estructurales, dando lugar a la producción de RNA mensajero, es decir, una copia de RNA de los genes estructurales. **Paso 5:** la secuencia de mRNA se traduce a proteínas.

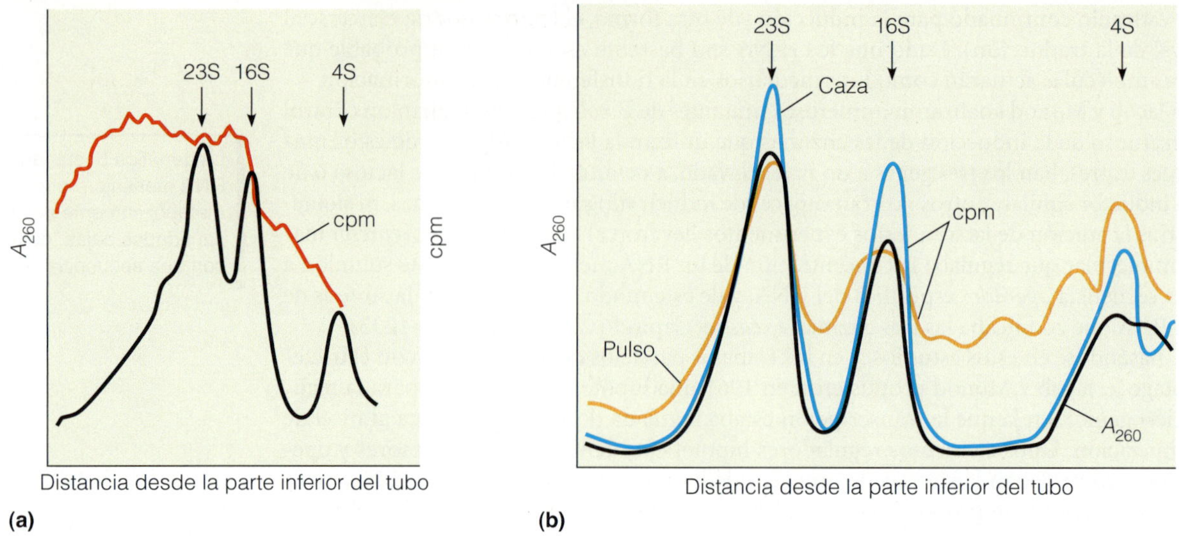


**FIGURA 27.3**

**Demostración del mRNA mediante marcado de pulso y sedimentación. (a)** Perfil de sedimentación de los RNA totales y con marcaje de pulso en *E. coli* infectada por el fago T2. La concentración total de RNA en cada fracción (en negro) se determinó mediante la absorbancia ultravioleta ($A_{260}$). Los picos marcados 23S y 16S son las especies de RNA ribosómico principales. El perfil de radiactividad (en rojo) indica la distribución de las especies sintetizadas durante el pulso. **(b)** Especies de RNA marcadas con pulsos en las bacterias no infectadas y su destino en una caza. La línea naranja indica las células marcadas durante 3 minutos, la línea azul corresponde a un cultivo idéntico con el marcador cazado por la generación de crecimiento 0.7 en medio no radiactivo tras el pulso, y la línea negra es el perfil de $A_{260}$. De nuevo, los picos 23S y 16S representan RNA ribosómico y el pico 4S, principalmente, es RNA de transferencia.

(a) Datos de *Journal of Molecular Biology* 14:71-84, K. Asano, Size heterogeneity of T2 messenger RNA. © 1965, con permiso de Elsevier; (b) Datos de *Proceedings of the National Academy of Sciences of the United States of America* (1961) 47:1564-1580 M. Hayashi y S. Spiegelman, The selective synthesis of informational RNA in bacteria.

La capacidad del RNA del fago T2 para hibridar con el DNA de T2 y asociarse con los ribosomas formados antes de la infección demostró la existencia del RNA mensajero.

diactividad de este RNA se perdía rápidamente. En segundo lugar, el RNA parecía ser un producto del metabolismo del DNA vírico, puesto que su composición de nucleótidos era parecida a la del DNA de T2, con abundante adenina y uracilo, y con poca cantidad de guanina y citosina.

Otros datos importantes fueron los obtenidos mediante la centrifugación en gradiente de sacarosa del RNA con marcaje de pulso, que demostraron que el material marcado sedimentaba de manera heterogénea y diferente de cualquiera de las especies de rRNA o tRNA conocidas (Figura 27.3a). Benjamin Hall y Sol Spiegelman establecieron que este RNA es un producto del gen vírico, al efectuar el primer experimento de hibridación DNA-RNA, que demostró que el RNA marcado tenía una secuencia complementaria a la del DNA del fago. Los primeros experimentos se basaron en el hecho de que el RNA es de densidad superior al DNA. Así, pudo detectarse un híbrido DNA-RNA en la centrifugación de gradiente de equilibrio, como una especie de densidad intermedia que contenía el marcaje procedente del DNA y del RNA. Se formaba un híbrido de este tipo cuando el RNA de T2 se calentaba y se enfriaba lentamente junto con DNA de T2, pero no cuando el DNA procedía de *E. coli*.

Se obtuvieron otros datos que respaldaban la existencia del RNA mensajero del fago mediante un experimento de desplazamiento de densidad llevado a cabo por François Jacob, Matthew Meselson y Sydney Brenner. Se cultivó *E. coli* en un medio denso ($^{13}C$—$^{15}N$) y se infectó con T2 en un medio ligero. La justificación es similar a la del experimento de Meselson-Stahl sobre la replicación del DNA (Capítulo 4). Tras un marcaje de pulso con aminoácidos radiactivos, el análisis de densidad en gradientes de CsCl demostró que las proteínas del fago se sintetizan en ribosomas densos, es decir, ribosomas sintetizados antes de la infección. El hecho de que solo se elaboraran proteínas del fago descartaba toda posibilidad de que el RNA ribosómico proporcionara un molde. En su lugar, este experimento hizo que se considerara al ribosoma como un banco de trabajo inespecífico, en el cual podía ensamblarse cualquier proteína en función del mensajero molde que se asociara con ese banco de trabajo.

## Dinámica del RNA en las células no infectadas

Los experimentos que se han descrito en el apartado anterior demostraron la existencia de mRNA en *E. coli* infectada por un fago. ¿Qué sucedía en las bacterias no infectadas? Spiegelman y sus colaboradores demostraron que el RNA con marcaje de pulso procedente de *E. coli* no infectada hibrida con el DNA de *E. coli*. A intervalos de marcaje muy cortos, el patrón de sedimentación mostraba la incorporación, tanto al rRNA como al tRNA y a una especie de sedimentación heterogénea. Después de una caza (Figura 27.3b), el perfil de la radiactividad seguía al perfil de la absorbancia, lo que indicaba que todas las especies de RNA se habían marcado con actividades específicas equivalentes.

Este resultado concuerda con el tiempo corto de vida postulado para el RNA mensajero ($t_{1/2}$ de 2 o 3 minutos). El mRNA alcanzaría su máxima radiactividad en unos minutos, pero durante la caza, el recambio metabólico del mRNA liberaría nucleótidos que pasarían a especies de RNA estables. Dado que estas moléculas no se recambian, el marcaje se acumula, y la fracción del marcaje total en las especies de RNA estables continúa aumentando. En consonancia con esta idea, Spiegelman observó también que los RNA ribosómicos y de transferencia muy marcados hibridan con el DNA de *E. coli*, lo cual indicaba que las tres clases principales de RNA se sintetizan a partir de cadenas de DNA molde.

Como se ha indicado antes, los primeros experimentos de hibridación DNA-RNA se realizaron mediante centrifugación en gradiente de equilibrio, una técnica laboriosa y cara. Spiegelman y sus colaboradores realizaron el importante descubrimiento de que el DNA de una sola cadena se une de manera irreversible a los filtros de membrana, como los de nitrocelulosa. Esta técnica permitió los análisis de hibridación rápidos de un gran número de muestras, puesto que un RNA marcado radiactivamente podía hibridar con el DNA desnaturalizado inmovilizado en un filtro. Después de un tratamiento adecuado y el lavado del filtro, podía determinarse la cantidad de hibridación, simplemente colocando el filtro en un contador de centelleo líquido y contando su radiactividad. El mismo principio, la inmovilización del ácido nucleico sobre nitrocelulosa, seguida del análisis de la radiactividad unida subyace en las técnicas de transferencia Southern y transferencia Northern (descritas en el Capítulo 24, página 1016), que se emplean en la actualidad mucho más para analizar la organización y expresión de los genes. Estos hallazgos llevaron también a la tecnología de las micromatrices, en las que se analizan miles de reacciones de hibridación DNA-RNA en un solo chip de DNA (*véase* Herramientas de la Bioquímica 27A).

El último capítulo de la saga del RNA mensajero fue la demostración de que los mRNA aislados tienen actividad molde *in vitro*. Es decir, pueden programar la síntesis de moléculas proteicas específicas en presencia de los 20 aminoácidos y otros factores. La traducción de moldes de RNA definidos, tanto sintéticos como naturales, fue crucial para descifrar el código genético (*véase* el Capítulo 28).

## Enzimología de la síntesis del RNA: RNA polimerasa

En la actualidad sabemos que la síntesis del RNA utiliza un proceso de copiado de una cadena de DNA molde, mediante la RNA polimerasa. Sin embargo, la primera descripción de una enzima capaz de sintetizar RNA *in vitro* se realizó a finales de los años 1950, aproximadamente al mismo tiempo que el descubrimiento de la DNA polimerasa I. Esta enzima de síntesis del RNA, denominada **polinucleótido fosforilasa**, era muy diferente de la DNA polimerasa. La enzima no necesitaba molde alguno, y utilizaba ribonucleósidos *difosfato* (rNDP) como sustratos para producir un polinucleótido de secuencia aleatoria, cuya composición de bases se correspondía con la composición de nucleótidos del medio de reacción.

$$n\,\text{rNDP} \rightleftharpoons (\text{rNMP})_n + n\text{P}_i$$

Inicialmente, se pensó que la polinucleótido fosforilasa podría ser la enzima principal de la síntesis del RNA, pero el hecho de que no requiriera un molde era preocupante, al igual que la aparente ausencia de la enzima en las células eucariotas. Finalmente, se comprobó que la polinucleótido fosforilasa no desempeñaba papel alguno en la síntesis del RNA *in vivo*, sino que participa en la *degradación* de los RNA mensajeros bacterianos. Sin embargo, la enzima fue de gran utilidad para la síntesis de los polinucleótidos utilizados como moldes para la síntesis proteica *in vitro*, a la hora de determinar el código genético (*véase* el Capítulo 28).

La polinucleótido fosforilasa cataliza la síntesis reversible, independiente de un molde, de polirribonucleótidos de secuencia aleatoria.

Los investigadores continuaron la búsqueda de una enzima que pudiera copiar un molde de DNA *in vitro*. En 1961 se descubrió una enzima así de manera casi simultánea en cuatro laboratorios diferentes. La enzima, la **RNA polimerasa dirigida por el DNA**, se parecía a las DNA polimerasas en cuanto a la naturaleza de la reacción catalizada.

$$n(\text{ATP} + \text{CTP} + \text{GTP} + \text{UTP}) \xrightleftharpoons{\text{Mg}^{2+},\ \text{DNA}} (\text{AMP}-\text{CMP}-\text{GMP}-\text{UMP})_n + n\text{PP}_i$$

El producto de la reacción es una copia complementaria del DNA molde.

## Papel biológico de la RNA polimerasa

Una sola RNA polimerasa cataliza la síntesis de las tres clases de RNA bacteriano, mRNA, rRNA y tRNA. Este hecho se demostró en experimentos realizados con **rifampicina** (Figura 27.4a), un antibiótico que inhibe la RNA polimerasa *in vitro* y bloquea la síntesis de mRNA, rRNA y tRNA *in vivo*. Se observó que los mutantes de *E. coli* resistentes a la rifampicina contienen una forma de RNA polimerasa resistente a la rifampicina y son capaces de sintetizar las tres clases de RNA *in vivo* en presencia de rifampicina. Dado que una sola mutación afecta, tanto a la RNA polimerasa como a la síntesis de todos los tipos de RNA *in vivo*, la RNA polimerasa debe ser la única enzima que catalice todas las formas de transcripción en las bacterias.

En cambio, los eucariotas contienen tres RNA polimerasas diferentes, una para la síntesis del rRNA, otra para la del mRNA y otra para los RNA pequeños (tRNA y la especie 5S del rRNA). Se las denomina RNA polimerasas I, II y III, respectivamente. La existencia de enzimas diferentes se descubrió, en parte, porque difieren en su sensibilidad a la inhibición por la **$\alpha$-amanitina** (Figura 27.4b), una toxina contenida en la seta venenosa *Amanita*. La RNA polimerasa II se inhibe a concentraciones bajas, la RNA polimerasa III se inhibe a concentraciones altas, y la RNA polimerasa I es bastante resistente.

En la Figura 27.4 se muestran las estructuras de otros dos inhibidores. La **cordicepina**, o 3′-desoxiadenosina, es un terminador de cadena de la transcripción, ya que carece del grupo 3′ hidroxilo a partir del cual continuar. El nucleótido de la cordicepina se incorpora a las cadenas en crecimiento, y confirma que el crecimiento de la cadena en la transcripción se produce en la dirección 5′ → 3′. Otro inhibidor importante es la **actinomicina D**, que actúa mediante la unión al DNA. El sistema de anillo tricíclico (fenoxazona) se intercala entre los pares de bases G-C adyacentes, y los brazos del polipéptido cíclico llenan el surco estrecho próximo.

Dado que las DNA polimerasas y las RNA polimerasas catalizan reacciones similares, es interesante comparar algunas de sus características cinéticas. La $V_{máx}$ de la holoenzima DNA polimerasa III, de aproximadamente 500 a 1000 nucleótidos por segundo, es muy

**FIGURA 27.4**

**Algunos inhibidores de la transcripción.** La rifampicina es un inhibidor de la iniciación de la transcripción en las bacterias y la $\alpha$-amanitina es un inhibidor de las RNA polimerasas eucariotas. La cordicepina es un terminador de la transcripción, ya que la posición 3′ del azúcar está ocupada por H (en fucsia) en vez de por un grupo hidroxilo. El sistema de anillo tricíclico de la actinomicina (en azul) se intercala entre pares de bases G-C adyacentes en el DNA. Los grupos R de la molécula (en fucsia) son polipéptidos cíclicos y ocupan los surcos estrechos de la hélice.

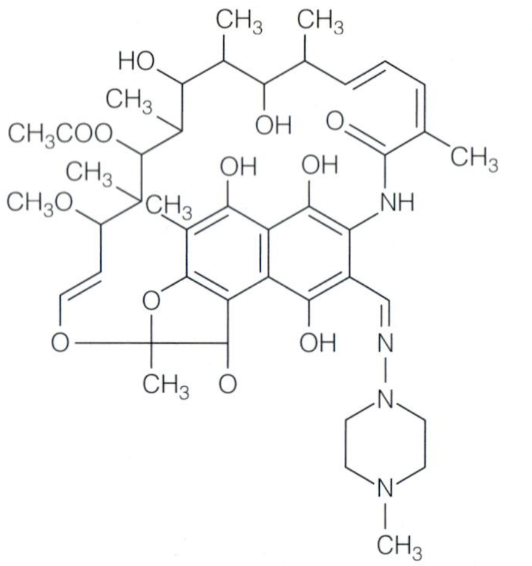

**(a) Rifampicina**

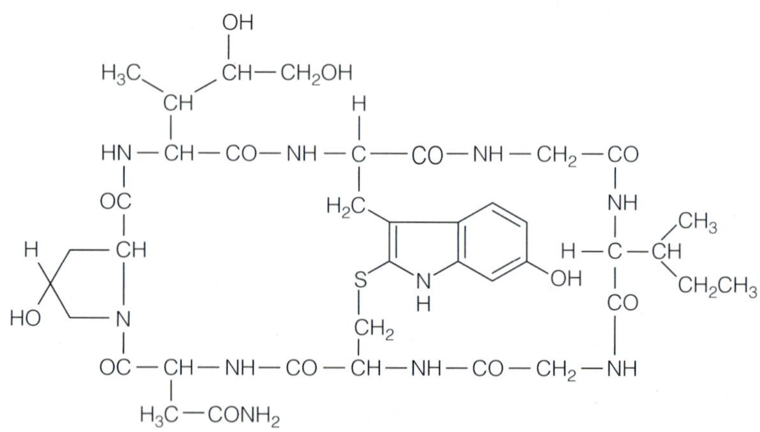

**(b) $\alpha$-amanitina**

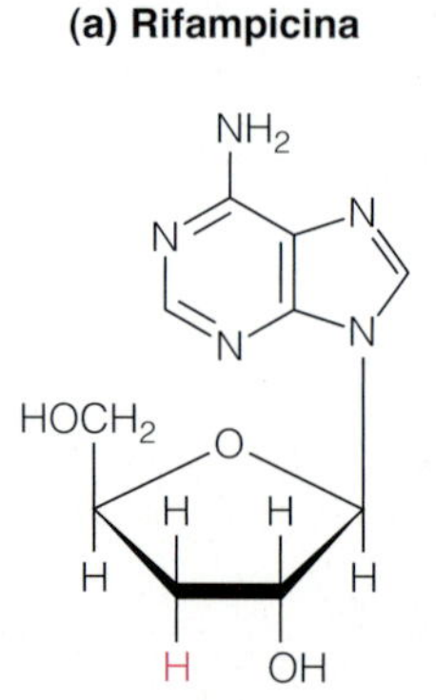

**(c) Cordicepina (3'-desoxiadenosina)**

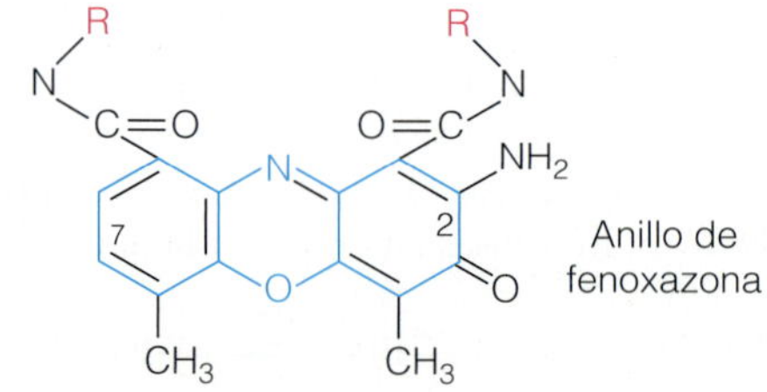


**(d) Actinomicina D**

superior a la velocidad de crecimiento de la cadena en la transcripción bacteriana (50 nucleótidos por segundo), que es la misma que la $V_{máx}$ de la RNA polimerasa purificada. Aunque tan solo hay unas 10 moléculas de DNA polimerasa III por célula de *E. coli*, hay unas 2000 moléculas de RNA polimerasa, y la mitad de ellas podría intervenir en la transcripción en un momento dado. Esto concuerda con las observaciones que indican que el crecimiento de la cadena de DNA replicativo es rápido, pero se produce en pocos lugares, mientras que la transcripción es mucho más lenta, pero tiene lugar en muchos sitios. El resultado es que se acumula mucho más RNA que DNA en la célula. Como en el caso de la holoenzima DNA polimerasa III, la acción de la RNA polimerasa es muy procesativa. Una vez pasadas las fases iniciales de la transcripción, la RNA polimerasa rara vez, o nunca, se disocia del molde hasta que se llega a la señal específica de terminación. Aunque este análisis se basa principalmente en la transcripción de los procariotas, estas características de la transcripción son semejantes en las células eucariotas.

La replicación del DNA se basa en un crecimiento rápido de la cadena en algunos lugares intracelulares, y la transcripción comporta un crecimiento más lento en muchos lugares. Se acumula más RNA que DNA.

Otra diferencia importante entre la DNA y la RNA polimerasa es la exactitud con la que se copia un molde. Con una frecuencia de errores de aproximadamente $10^{-5}$, la RNA polimerasa es mucho menos exacta que las holoenzimas replicativas de DNA polimerasa, aunque la RNA polimerasa es mucho más exacta de lo que cabría prever según el apareamiento de Watson y Crick. Dado que el RNA no transporta información de una generación celular a la siguiente, evidentemente no es necesario un mecanismo de copia del molde con una fidelidad ultraelevada. Sin embargo, algunas observaciones recientes sugieren la existencia de mecanismos de corrección de errores. En *E. coli*, dos proteínas, denominadas GreA y GreB, impulsan la separación hidrolítica de nucleótidos en los extremos 3′ de las moléculas de RNA en formación. Estos procesos pueden ser similares a la corrección de pruebas 3′ exonucleolítica de las DNA polimerasas, aunque existen algunas diferencias importantes. En primer lugar, la separación de los extremos 3′ de las moléculas de RNA suele eliminar oligonucleótidos en vez de nucleótidos simples. En segundo lugar, la rotura se produce dentro del lugar catalítico de la polimerasa, mientras que la corrección de pruebas de la DNA polimerasa tiene lugar en un sitio diferente al de la exonucleasa. Finalmente, la velocidad de la hidrólisis es muy inferior a la de la extensión de la cadena de RNA efectuada por la RNA polimerasa. Como se señala más adelante, la rotura del transcrito 3′ desempeña probablemente un papel diferente, al escapar del bloqueo para continuar la elongación. Sin embargo, hay pruebas que indican que un nucleótido mal incorporado se elimina preferentemente antes de que continúe la elongación de la cadena.

## Estructura de la RNA polimerasa

Cuando se analiza la RNA polimerasa muy purificada de *E. coli* en geles electroforéticos desnaturalizantes, se observan cinco subunidades polipeptídicas diferentes. Sus propiedades se resumen en la Tabla 27.1. Hay dos copias de la subunidad $\alpha$, junto con una copia de la $\beta$, la $\beta'$ la $\sigma$ y la $\omega$, con un *M*r de aproximadamente 450 000 para la holoenzima. La subunidad $\omega$ puede intervenir en la regulación, pero no se ha aclarado aún su función exacta. Sin embargo, se ha averiguado mucho sobre las funciones de las demás subunidades, en parte mediante los estudios de **reconstitución mixta**, en los que se renaturalizan las subunidades disociadas y se permite que se vuelvan a reasociar, con la formación de la enzima activa. Así, por ejemplo, cuando $\beta$ procedente de una forma de RNA polimerasa resistente a la rifampicina se recombina con $\alpha$, $\beta'$ y $\sigma$ procedentes de células de tipo natural, la enzima reconstituida es resistente a la rifampicina. Esta

Las funciones de las diversas subunidades de la RNA polimerasa pueden determinarse mediante la reconstitución de la enzima activa a partir de las subunidades aisladas.

**TABLA 27.1. Composición de subunidades de la RNA polimerasa de *E. coli***

| Subunidad | $M_r$ | Número por molécula enzimática | Función |
|---|---|---|---|
| $\alpha$ | 36 500 | 2 | Iniciación de la cadena, interacción con las proteínas reguladoras y elementos promotores hacia arriba |
| $\beta$ | 151 000 | 1 | Iniciación y elongación de la cadena |
| $\beta'$ | 155 000 | 1 | Unión al DNA |
| $\sigma$ | 70 000[a] | 1 | Reconocimiento del promotor |
| $\omega$ | 11 000 | 1 | Desconocida |

[a] La subunidad $\sigma$ de 70 kDa es una de las varias subunidades $\sigma$.

observación demuestra que $\beta$ es la diana de la inhibición de la rifampicina; puesto que se sabe que la rifampicina inhibe la iniciación de la transcripción, $\beta$ debe participar en la iniciación. El hecho de que la subunidad $\beta$ sea también la diana de la inhibición por un inhibidor de la elongación, denominado **estreptolidigina**, señala $\beta$ como una subunidad que participa directamente en la elongación de la cadena

La subunidad $\sigma$ se disocia con facilidad de la RNA polimerasa, por ejemplo, mediante el paso de la enzima purificada a través de una columna de carboximetilcelulosa. La enzima sin $\sigma$, denominada **polimerasa central**, continúa siendo catalíticamente activa, pero se une al DNA en muchos más lugares que la holoenzima RNA polimerasa, y no muestra especificidad de cadena. La subunidad $\sigma$ desempeña un papel importante en el direccionamiento de la RNA polimerasa para que se una al molde en el lugar adecuado para la iniciación, el lugar **promotor**, y para seleccionar la cadena adecuada para la transcripción. La adición de la subunidad $\sigma$ a la polimerasa central reduce la afinidad de la enzima por los lugares *no promotores* en alrededor de $10^4$, con lo que aumenta la especificidad de la enzima para la unión a los promotores.

Estos descubrimientos acerca de la subunidad $\sigma$ se realizaron a comienzos de los años 1970 y sugirieron que la expresión de los genes podría regularse haciendo que la polimerasa central interactuara con distintas formas de la subunidad $\sigma$, que a su vez, dirigirían a la holoenzima hacia distintos promotores. En muchos casos ocurre realmente así. Por ejemplo, cuando se induce la **esporulación** (es decir, la generación de células metabólicamente inertes capaces de crecer en un momento posterior) de *Bacillus subtilis*, se producen nuevas formas de $\sigma$. Estas formas se combinan con la polimerasa central para redirigir el metabolismo celular hacia la transcripción de los genes que participan en la esporulación. Otro ejemplo es el que se da cuando se aplica a un cultivo de *E. coli* un aumento brusco de la temperatura. En estas células sometidas a un choque térmico, aparece una nueva forma de $\sigma$, que dirige a la RNA polimerasa modificada hacia una serie diferente de promotores, con lo que se activa la transcripción de un bloque de genes denominados genes del choque térmico. La $\sigma$ más abundante en *E. coli* y la única que centrará nuestro análisis se denomina $\sigma^{70}$, debido a su peso molecular de 70 kDa. Como se muestra en la Tabla 27.2, se conocen siete factores $\sigma$ diferentes en *E. coli*, cada uno de ellos diseñado para dirigir a la RNA polimerasa hacia un conjunto de genes funcionalmente relacionados.

Las RNA eucariotas son semejantes a las enzimas procariotas, pero tienen una estructura de subunidades mucho más compleja. La RNA polimerasa II de levaduras tiene doce subunidades. Sin embargo, la ascendencia común de las RNA polimerasas es evidente, como puede verse en la Figura 27.5. Así, por ejemplo, las dos proteínas del centro catalítico de pol II en las tres polimerasas eucariotas de múltiples subunidades están relacionadas con $\beta$ y $\beta'$ de la enzima bacteriana. También se muestra en la figura la composición de subunidades de las RNA polimerasas de las arqueas, que están mucho más relacionadas con las polimerasas eucariotas que con las procariotas. Las RNA polimerasas eucariotas no tienen un homólogo a la $\sigma$ bacteriana, sino que un conjunto de proteínas denominadas **factores de transcripción** actúan de forma comparable y ayudan a dirigir a la RNA polimerasa hacia los lugares promotores para formar un complejo de iniciación, como se señala más adelante (página 1135). Las bacterias también tienen factores de transcripción, como describiremos en el Capítulo 29.

Aunque el motivo de múltiples subunidades de las RNA polimerasas es el tema estructural dominante, no es universal. Las excepciones son las polimerasas de una sola

**TABLA 27.2. Factores $\sigma$ en *E. coli***

| Nombre | Gen estructural | Genes cuya transcripción se estimula por la unión a la polimerasa central |
|---|---|---|
| $\sigma^{70}$ | *rpoD* | «Genes de limpieza» (aquellos que participan en las rutas centrales) |
| $\sigma^{N}$ | *rpoN* | Genes que participan en la adaptación al estrés de nitrógeno |
| $\sigma^{S}$ | *rpoS* | Genes que participan en la adaptación a la fase estacionaria |
| $\sigma^{H}$ | *rpoH* | Genes que participan en la adaptación al golpe de calor |
| $\sigma^{F}$ | *rpoF* | Genes relacionados con la formación de los flagelos y la quimiotaxis |
| $\sigma^{E}$ | *rpoE* | Adaptación al golpe de calor extremo; funciones extracitoplásmicas |
| $\sigma^{FecI}$ | *fecI* | Transporte de citrato férrico; funciones extracitoplásmicas |

Adaptado de *Annual Review of Microbiology* 54:499-518, A. Ishihama, Functional modulation of *Escherichia coli* RNA polymerase. 

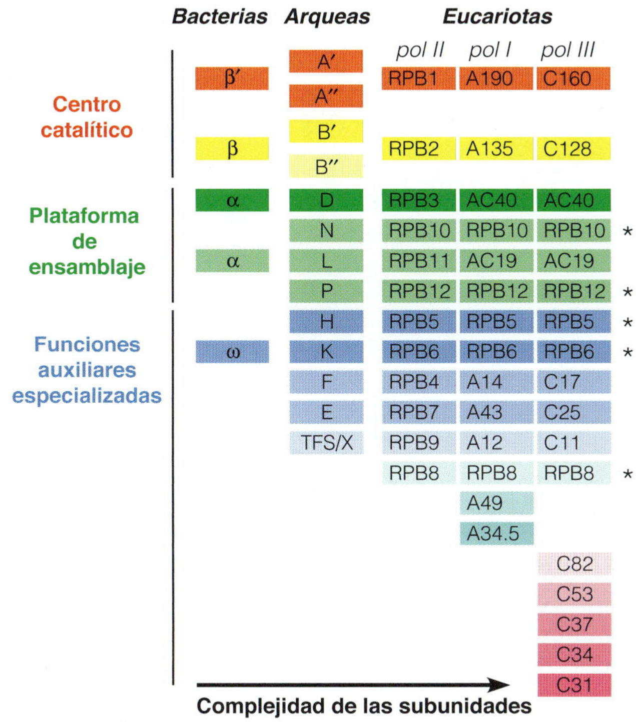


**FIGURA 27.5**

**Estructuras de subunidades de la RNA polimerasa de los tres reinos de la vida.** Las subunidades están colocadas por la función y no por el tamaño. Las subunidades homólogas tienen códigos de colores. Las subunidades señaladas con un asterisco están conservadas en las tres RNA polimerasas eucariotas. Son estructuras centrales, que no muestran las proteínas que se unen transitoriamente para ayudar en el reconocimiento del molde.

*Molecular Microbiology* 65:1395-1404, F. Werner,Structure and function of archaeal RNA polymerases. © 2007 John Wiley & Sons, Inc. Reproducido con permiso de John Wiley & Sons, Inc.

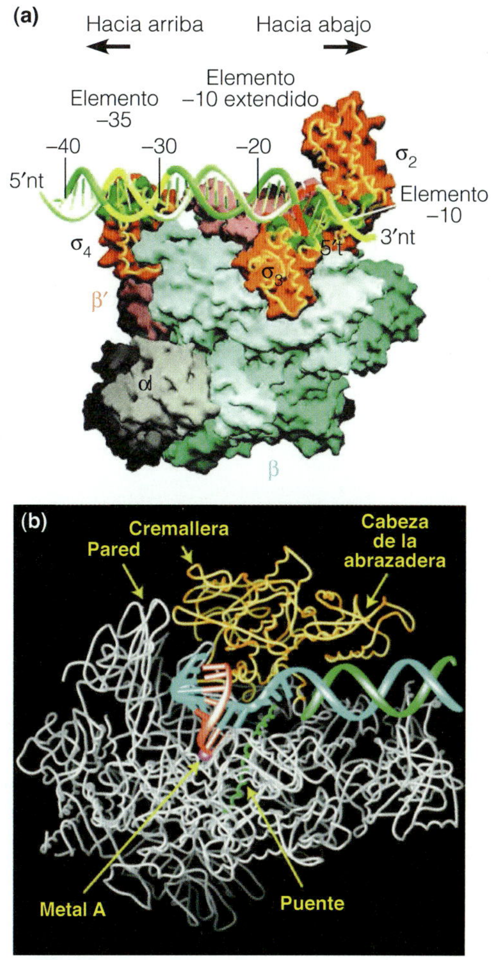


**FIGURA 27.6**

**Estructuras cristalinas de las RNA polimerasas.** **(a)** RNA polimerasa *Taq* en complejo con el DNA. Se muestran en gris ambas subunidades $\alpha$ y $\omega$; $\beta$, cian; $\beta'$, rosa; $\sigma$, naranja. La superficie molecular de $\sigma$ es parcialmente transparente, mostrando el interior del esqueleto de carbono $\alpha$. Los números al lado de las designaciones $\sigma$ se refieren a los dominios de la molécula proteica. La cadena de DNA molde es verde, excepto los elementos promotores en −10 y −35 (*véase* la página 1139) con respecto a la posición +1, donde se iniciará la transcripción. PDB ID, 1L9U. **(b)** RNA polimerasa II de levaduras. Se han eliminado partes de Rbp2 (homóloga de $\beta$) para revelar los ácidos nucleicos unidos. Las bases de los nucleótidos ordenados se muestran como cilindros que sobresalen de las regiones del esqueleto. También se muestra un metal del lugar activo y varias regiones funcionales de la proteína, que se describen posteriormente. PDB ID, 116H.

De *Science* 296:1285-1290, K. S. Murakami, S. Masuda, E. A. Campblee, O. Muzzin, y S. A. Darst,Taq RNA polymerase; y *Science* 292:1876-1882, A. L. Gnatt, P. Cramer, F. Fu, D. A. Bushnell, and R. D. Kornberg, RNA polymerase II. © 2002 and 2001. Reproducido con permiso de AAAS.

subunidad codificada por algunos genomas de bacteriófagos, como T7 y SP6, y una RNA polimerasa mitocondrial, que se encuentra en vertebrados. Los cloroplastos de las plantas contienen también una RNA polimerasa específica del orgánulo. En la Figura 27.6 se muestran las estructuras cristalinas de una RNA polimerasa procariota con múltiples subunidades de *Thermus aquaticus* y la RNA polimerasa II de levaduras (pol II), determinadas en los laboratorios de Seth Darst y Roger Kornberg, respectivamente. Describiremos ahora las relaciones entre estas estructuras y la reacción de la RNA polimerasa.

# Mecanismo de la transcripción

Al igual que la replicación del DNA y la síntesis de proteínas, la transcripción se produce en tres fases diferentes: iniciación, elongación y terminación. Las señales de iniciación y terminación en la secuencia del DNA orientan el mensaje genético, dirigiendo a la RNA polimerasa a genes concretos y especificando dónde debe iniciarse la transcripción, dónde se detendrá y cuál es la cadena que se transcribirá. Las señales incluyen instrucciones codificadas en las secuencias de bases del DNA e interacciones entre el DNA y proteínas diferentes de la RNA polimerasa. La mayor parte de nuestra exposición se centrará en las RNA polimerasas procariotas, y se utilizará como ejemplo la enzima de *E. coli*, muy estudiada, pero los mecanismos básicos de la transcripción son semejantes en todos los organismos.

## Iniciación de la transcripción: interacciones con los promotores

El proceso global de iniciación y elongación se resume en la Figura 27.7. El primer paso de la transcripción es la unión de la RNA polimerasa al DNA, tras lo cual se produce la migración a un lugar de iniciación del DNA, el promotor. En Herramientas de la Bioquímica 27B describimos la técnica de las *huellas dactilares* (*footprinting*), que se utiliza para localizar los lugares del DNA en contacto con proteínas de unión al DNA específicas de secuencia, y en las páginas 1138-1140 se considera el reconocimiento del promotor. Por el momento, nos centraremos en los detalles del mecanismo de síntesis de las cadenas de polirribonucleótidos.

La RNA polimerasa bacteriana encuentra a los promotores mediante un proceso de búsqueda (Figura 27.7, paso 1), en el que la holoenzima se une de manera inespecífica al DNA, con una baja afinidad, y luego se desplaza a lo largo del DNA hasta llegar a una se-

**FIGURA 27.7**

**Pasos de iniciación y elongación de la transcripción por la RNA polimerasa bacteriana.**

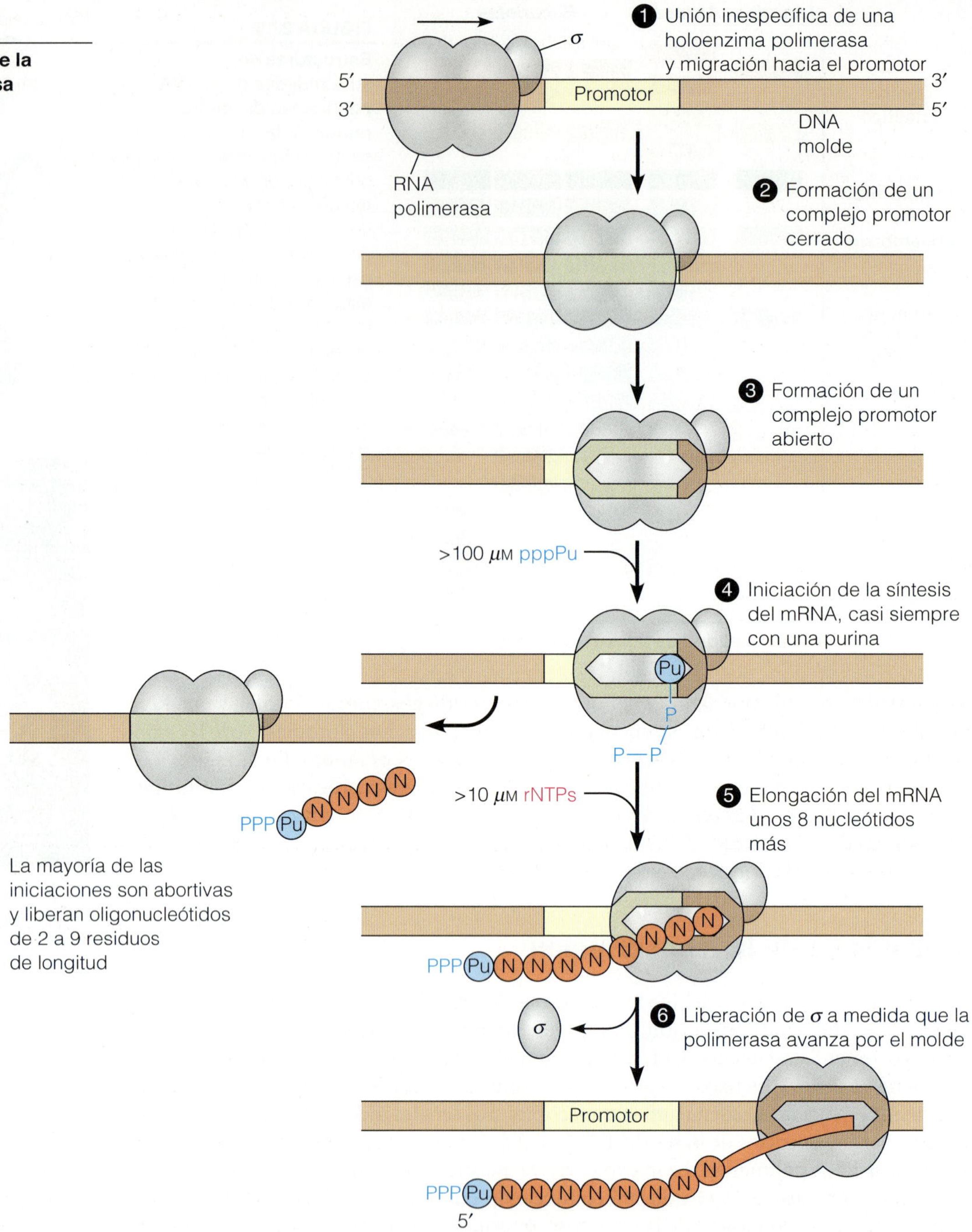


cuencia promotora, a la que se une con una afinidad mucho mayor. El factor σ es esencial para esta búsqueda, ya que, como se ha indicado antes, la enzima central no se une a los promotores de manera más estrecha que a los lugares no promotores. Existen datos biofísicos que indican que la RNA polimerasa se desliza a lo largo del DNA, sin disociarse del mismo. Las pruebas del deslizamiento de la enzima a lo largo del DNA proceden, en parte, de los estudios de moléculas individuales del tipo descrito en Herramientas de la Bioquímica 26B. La unión al DNA y el posterior movimiento a lo largo del mismo reducen la complejidad de la búsqueda desde tres dimensiones a una, de la misma manera que encontrar una casa es más fácil, una vez que se ha encontrado la calle en la que se encuentra la casa.

El encuentro inicial entre la holoenzima RNA polimerasa y un promotor genera un **complejo promotor cerrado** (paso 2). Mientras que las cadenas de DNA se desenrollan más tarde en la transcripción, no se detecta desenrollamiento en un complejo promotor cerrado. Este complejo se forma con una $K_a$ entre $10^7$ y $10^8$ $\text{M}^{-1}$ con NaCl 0.1 M. La unión es fundamentalmente electrostática, puesto que la $K_a$ depende de la fuerza iónica. El complejo es relativamente lábil, y se disocia con una semivida de aproximadamente 10 segundos. Las técnicas de huellas dactilares muestran que la polimerasa está en contacto con el DNA desde alrededor del nucleótido −55 hasta −5, donde +1 representa el primer nucleótido del DNA que se transcribe.

A continuación, como muestran los análisis con reactivos químicos que reaccionan específicamente con el DNA de cadena única, la RNA polimerasa desenrolla varios pares de bases del DNA, desde −10 a −1, dando un **complejo promotor abierto**, denominado así porque se une al DNA cuya cadena está abierta o desenrollada (paso 3). Esta reacción, muy dependiente de la temperatura, se produce con semividas de alrededor de 15 segundos a 20 minutos, según la estructura del promotor. El complejo promotor abierto es muy estable y no se descompone fácilmente por una fuerza iónica elevada y se forma con una $K_a$ muy elevada, de $10^{12}$ $\text{M}^{-1}$. A continuación, se produce una isomerización dependiente de $Mg^{2+}$ dando una forma modificada del complejo promotor abierto con la región desenrollada del DNA, que va ahora desde −12 a +2. El análisis de microscopia de fuerza de barrido (Herramientas de la Bioquímica 1A), confirmado posteriormente por cristalografía de rayos X (Figura 27.8), indica que el doblado del DNA en la región promotora acompaña la transición desde un complejo promotor cerrado a un complejo promotor abierto (Figura 27.7). Esto podría estar relacionado con el hecho, que se indica posteriormente, de que la activación de la transcripción de determinados genes suele utilizar la interacción entre el promotor y sus proteínas asociadas y con proteínas unidas a lugares reguladores hacia arriba, lejos del lado 5′ del gen que se está transcribiendo.

La transcripción comienza con la interacción específica de secuencia entre la RNA polimerasa y un lugar promotor, en donde se produce el desenrollamiento del dúplex y la selección de la cadena molde.

## Iniciación y elongación: incorporación de los ribonucleótidos

Tras haber localizado un promotor y formado un complejo promotor abierto, la enzima está preparada para iniciar la síntesis de una cadena de RNA. La unión del primer ribonucleótido trifosfato (normalmente ATP o GTP) tiene lugar con una concentración de semisaturación de alrededor de 100 $\mu$M. La unión de los rNTP posteriores se produce con concentraciones de semisaturación de alrededor de 10 $\mu$M, lo que puede representar un proceso de control que solo favorece la iniciación con concentraciones de rNTP relativamente altas. La RNA polimerasa contiene dos lugares de unión del nucleótido cerca del lugar catalítico. Las pruebas actuales sugieren que la unión de los rNTP al lugar de baja afinidad es alostérica y actúa para impulsar la reacción en la dirección hacia adelante.

El crecimiento de la cadena comienza con la unión del rNTP especificado por el molde (Figura 27.7, paso 4), seguido de la unión del siguiente nucleótido. A continuación, el ataque nucleófilo por el hidroxilo 3′ del primer nucleótido sobre el fósforo $\alpha$ (interior) del segundo nucleótido genera el primer enlace fosfodiéster y deja una porción trifosfato intacta en la posición 5′ del primer nucleótido. La incorporación del nucleótido se produce a través del mecanismo de dos metales descrito para las DNA polimerasas en el Capítulo 25 (página 1046) y que se cree actualmente es universal para las enzimas que sintetizan ácidos nucleicos. El transcrito está unido de forma inestable durante las primeras reacciones de formación de enlaces fosfodiéster, como lo demuestra el hecho de que la mayor parte de las iniciaciones son abortivas, con la liberación de oligonucleótidos de 2 a 9 residuos de longitud. No se comprende cuál es el sentido de esta baja eficacia de la iniciación, aunque el análisis estructural de las RNA polimerasas está proporcionando pistas (página 1136).

Durante la transcripción de los 10 primeros nucleótidos, la subunidad $\sigma$ se disocia del complejo de transcripción, y el resto del proceso de transcripción está catalizado por la polimerasa central (pasos 5 y 6). Una vez disociada la subunidad $\sigma$, el complejo de elongación se hace bastante estable. La transcripción, tal como se ha estudiado *in vitro*, ya no puede inhibirse por la adición de rifampicina, y prácticamente todos los procesos de transcripción se completan.

Durante la *elongación* (pasos 5 y 6), la enzima central se desplaza a lo largo del DNA dúplex molde. A medida que se desplaza, desenrolla simultáneamente el DNA, dejando al descubierto un molde de una sola cadena para el apareamiento de bases con los nucleótidos que llegan y con el transcrito en formación (el RNA sintetizado más recientemente), y vuelve a enrollar el molde por detrás del extremo 3′ de la cadena de RNA en crecimiento, como sugiere en la Figura 27.9. En este modelo, están desenrollados unos 18 pares de bases del DNA para formar una «burbuja de transcripción» que se mueve.

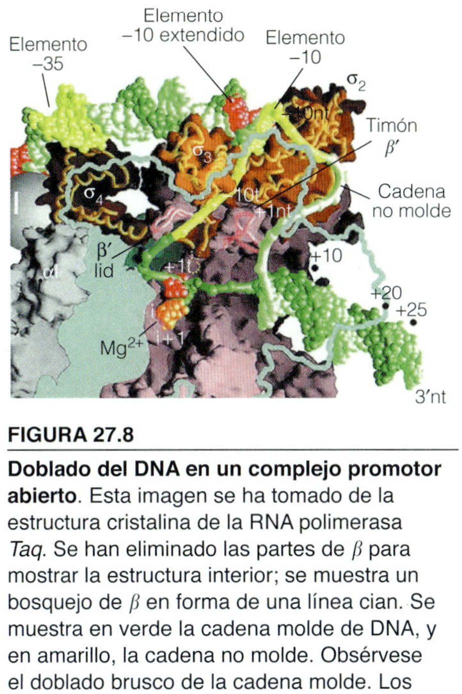


**FIGURA 27.8**

**Doblado del DNA en un complejo promotor abierto**. Esta imagen se ha tomado de la estructura cristalina de la RNA polimerasa *Taq*. Se han eliminado las partes de $\beta$ para mostrar la estructura interior; se muestra un bosquejo de $\beta$ en forma de una línea cian. Se muestra en verde la cadena molde de DNA, y en amarillo, la cadena no molde. Obsérvese el doblado brusco de la cadena molde. Los dos primeros ribonucleótidos que se van a incorporar (i e i+1) se muestran en naranja y rosa, respectivamente, cerca de un $Mg^{2+}$ catalíticamente esencial. Gran parte de las subunidades $\alpha$ y $\beta'$ se representan de forma trasparente con las cadenas de carbono $\alpha$ interiores en oro. Las regiones −10 y −35 del DNA que comprenden el promotor están en amarillo. PDB ID, 1L9U.

**FIGURA 27.9**

**Burbuja de transcripción.** Se han calculado las longitudes del DNA desenrollado y del híbrido DNA-RNA a partir de las reactividades de los complejos de transcripción con reactivos como el $KMnO_4$, que oxida las bases en los ácidos nucleicos de cadena simple. Mediante la técnica de huellas dactilares (*véase* Herramientas de la Bioquímica 27A), se determina la longitud del DNA en contacto con la enzima. Seis o siete nucleótidos del RNA detrás del DNA híbrido están protegidos del ataque de la ribonucleasa mediante su unión a la enzima. Nt = nucleótido.

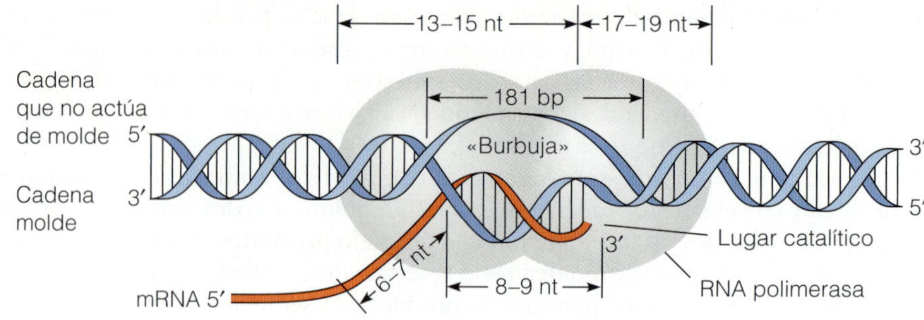


Cuando un par de bases se desenrolla al avanzar el extremo 3′ de la cadena de RNA naciente, un par de bases vuelve a enrollarse cerca del extremo de cola de la molécula de RNA polimerasa. Alrededor de 9 pares de bases del extremo 3′ del transcrito naciente están hibridados con la cadena de DNA molde. Durante la elongación, la RNA polimerasa actúa como un verdadero motor molecular. Las técnicas de análisis de complejos individuales muestran que la RNA polimerasa genera fuerzas muy superiores a las de las proteínas motoras del citoesqueleto, como la miosina y la cinesina (Capítulo 8).

En la Figura 27.10 se muestra una imagen estilizada de un complejo de elongación. Aunque este modelo se obtuvo a partir de la estructura de la RNA polimerasa II de levaduras, muestra unas características de la elongación de la transcripción de aplicación general, como el gran muro que hace doblarse al DNA casi hasta ángulos rectos.

Las estructuras de alta resolución de una RNA polimerasa bacteriana, de *Thermus thermophilus*, en presencia de un análogo rNTP no hidrolizable, proporcionan una imagen detallada del ciclo de adición del nucleótido. Es fundamental en este proceso, como se esquematiza en la Figura 27.11, una secuencia de 20 residuos denominada desencadenante, que es parte de la estructura puente que se ve en la Figura 27.10, que puede encontrarse como un bucle desordenado o como dos hélices. Tras la inserción de un nucleótido en la cadena de RNA creciente y la translocalización, el bucle se desordena y se abre el canal de entrada del rNTP. La entrada de un rNTP va seguida del plegado del bucle desencadenante en dos hélices, limitando el rNTP y dando una oportunidad a la enzima para analizar, de alguna manera, su forma y rechazar un nucleótido con apareamiento de bases incorrecto. En este punto el nucleótido, aunque aún no incorporado, sirve de trinquete para evitar el retroceso de la enzima. Tras la catálisis las hélices desencadenantes de despliegan y el canal vuelve a abrirse. Las características estructurales de la RNA polimerasa de una única subu-

**FIGURA 27.10**

**Corte del complejo de elongación de la RNA polimerasa II**. Las superficies cortadas de la proteína están ligeramente sombreadas y, el resto, en la parte de atrás, está sombreado en oscuro. La dirección del movimiento de la polimerasa es de izquierda a derecha, según se observa. La cadena molde de DNA está en azul. La cadena no molde, en verde, no se muestra porque está desordenada, excepto cuando está apareada con el DNA molde. El RNA que hibrida con la cadena molde de DNA está en naranja. El DNA que entra en la enzima está sujeto mediante «garras» (no se muestra en este corte la garra superior). El extremo 3′ del RNA creciente está junto a uno de los iones $Mg^{2+}$, esencial en la catálisis. La pared fuerza al DNA para que se gire. Los rNTP probablemente entran en el lugar activo, como se muestra, a través de una estructura de embudo y poro. El extremo 5′ de la cadena de RNA en crecimiento se separa del DNA molde mediante un bucle proteico denominado timón, que limita la longitud del RNA hibridado con el DNA molde. El timón y la tapa, que guían la salida del RNA, emanan desde una gran abrazadera que se balancea desde detrás hacia adelante, como se muestra, sobre el lugar catalítico y contribuyen a la unión de los ácidos nucleicos y, por tanto, a la elevada procesividad de la transcripción.

Cortesía del Dr. Roger Kornberg.

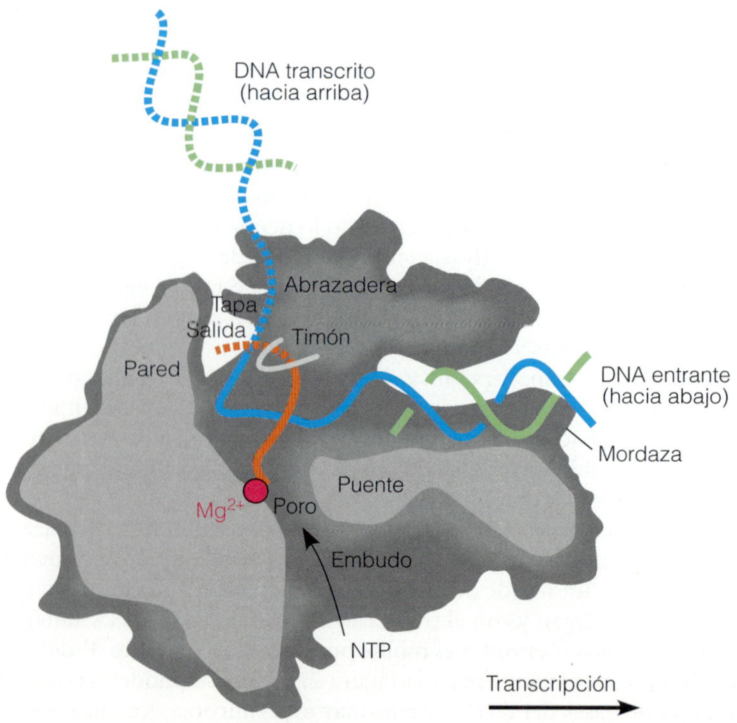

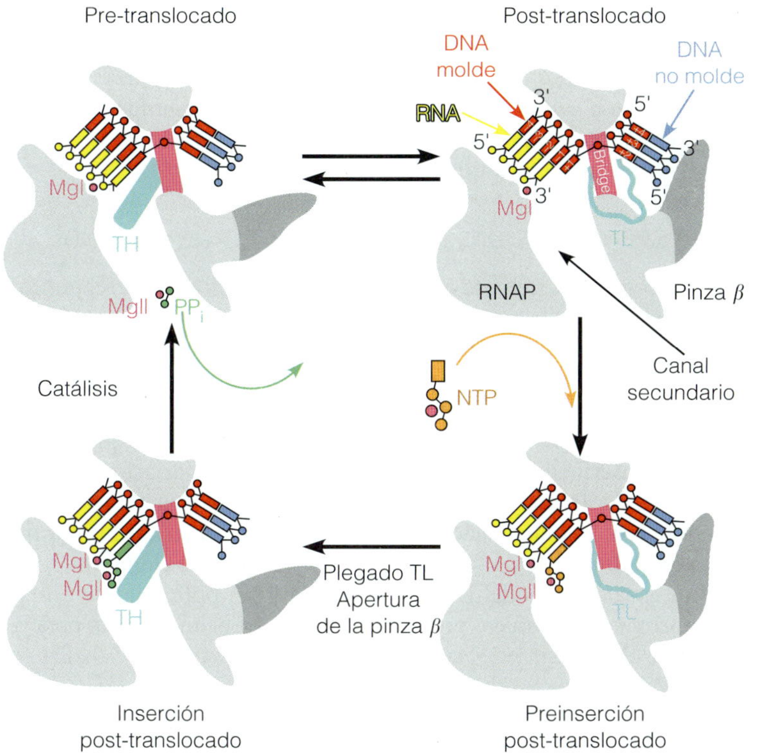


**FIGURA 27.11**

**Ciclo de adición del nucleótido de la RNA polimerasa de *T. thermophilus*.** La apertura de la pinza permite la translocación del DNA, con un solo nucleótido molde disponible para el apareamiento de bases. TH, hélice desencadenante; TL, bucle desencadenante. MgI y MgII son los dos iones $Mg^{2+}$ catalíticamente esenciales. *Véanse* en el texto más detalles.

Reproducido con autorización de Macmillan Publishers Ltd. *Nature* 448:163-168, D. G. Vassylyev, J. Zhang, M. Palangat, I. Artsimovitch y R. Landick, Structural basis for substrate loading in bacterial RNA polymerase. © 2007.

nidad del fago T7, así como la RNP polimerasa II de eucariotas, sugieren que este proceso es corriente. En este estudio, el antibiótico estreptoglidina, un inhibidor reconocido de la RNA polimerasa, congela la enzima en el estado de preinserción.

En la Figura 26.8, se describe el concepto de la burbuja de transcripción como intermediario central de la transcripción, que sugiere que la enzima se mueve a lo largo del DNA molde en registro con el RNA transcrito en crecimiento, con el rastro avanzando un par de bases por cada ribonucleótido incorporado en el transcrito. De hecho, el rastreo de numerosos complejos de iniciación y elongación ha demostrado que la enzima suele avanzar de forma discontinua, manteniendo su posición durante varios ciclos de adición de nucleótido y luego, saltando hacia delante varios pares de bases a lo largo del, molde. Se obtuvieron conclusiones similares de los estudios de moléculas individuales y otros enfoques actuales. Estas observaciones sugirieron que los medios de translocalización de la RNA polimerasa son fundamentalmente diferentes del movimiento continuo, que implica el cuadro de la burbuja de transcripción. Sin embargo, las observaciones más recientes parecen reconciliar el paradigma de la «burbuja de transcripción» con los datos de huellas dactilares. Se sabe, desde hace tiempo, que algunas secuencias de DNA son difíciles de transcribir y la RNA polimerasa «hace una pausa» cuando *in vitro* alcanza un lugar de estos, a menudo descansando en el mismo lugar durante varios segundos antes de reanudar la transcripción. Los experimentos recientes indican que, en esos lugares, la RNA polimerasa suele translocalizarse hacia atrás y, en el proceso, el extremo 3′ del transcrito naciente es desplazado del lugar catalítico de la enzima, dando una «cola» 3′, que puede tener una longitud de varios nucleótidos y que no forma apareamientos de bases con el molde, sobresaliendo hacia atrás de la enzima (Figura 27.12). Para que se reanude la transcripción, debe posicionarse un extremo RNA 3′ en el lugar activo. Evidentemente, esta es la función principal de las reacciones de rotura 3′ del RNA, que mencionamos en la página 1131, como acontecimientos posibles para optimizar la fidelidad de la transcripción. El «retroceso» que se muestra en la Figura 27.12 se observó inicialmente solo en los complejos de transcripción de un doble mutante *greA* y *greB*; de otro modo, el extremo 3′ del RNA desplazado se rompe y no puede detectarse. Se ha visto que las proteínas GreA y GreB estimulan una actividad de rotura del transcrito que es intrínseca a la propia polimerasa. Estas observaciones sugieren que la RNA polimerasa se mueve generalmente hacia delante hasta que se alcanza una de estas secuencias especiales o quizás hasta que un error de inserción de la transcripción

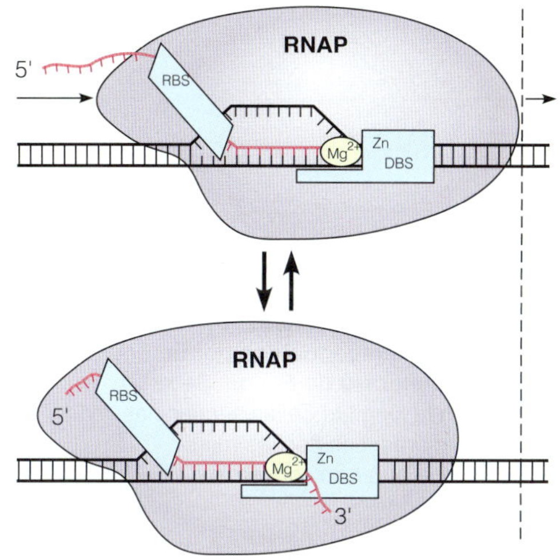


**FIGURA 27.12**

**Retroceso de un complejo de elongación.** Arriba, el 3′ terminal del transcrito está en el lugar activo (señalado por $Mg^{2+}$). Debajo, la enzima se ha deslizado hacia atrás, dejando el 3′ terminal del transcrito en el extremo de una cola de RNA sin apareamiento de bases, de unos 5 nucleótidos de longitud. La transcripción puede reanudarse, bien deslizándose la polimerasa hacia delante, hacia atrás de la estructura representada arriba, o, lo más probable, rompiendo la parte sin apareamiento de bases del transcrito, creando un nuevo término 3′ con apareamiento de bases. DBS y RBS, lugar de unión del DNA y del RNA, respectivamente.

Reproducido de *Cell* 89:33-41, E. Nudler, A. Mustaev, E. Lukhtanov, y A. Goldfarb, The RNA-DNA hybrid maintains the register of transcription by preventing backtracking of RNA polymerase. © 1997, con permiso de Elsevier.

genera un mal apareamiento DNA-RNA que debilita al híbrido y permite el retroceso. Hasta hace poco, eran oscuros el mecanismo y significado de la pausa. Los estudios de moléculas individuales con moldes definidos de DNA muestran semejanzas generales entre algunos lugares de pausa y otros lugares en los que la pausa desempeña una función reguladora conocida. Y, como se ha señalado, la pausa y la rotura 3′ evidentemente hacen su función para mejorar la exactitud de la transcripción.

## Puntuación de la transcripción: reconocimiento del promotor

La frecuencia con la que se transcribe un gen en *E. coli* viene dada, en gran parte, por la semejanza de sus secuencias promotoras con las secuencias de consenso.

El reconocimiento del promotor es un paso crucial de la transcripción, desde el punto de vista de la regulación y también en lo que se refiere al mecanismo. En *E. coli*, se considera que los genes que se transcriben con mayor frecuencia inician la transcripción aproximadamente una vez cada 10 segundos, mientras que algunos genes se transcriben de manera muy infrecuente, tan solo una vez por generación (30 a 60 minutos). El reconocimiento del promotor es un paso limitante de la velocidad de la transcripción. Dado que todos los genes de las bacterias se transcriben por la misma enzima central, las variaciones de la estructura del promotor han de ser, en gran parte, las responsables de la enorme variación de la frecuencia de iniciación. La información acerca de la estructura del promotor tiene gran utilidad práctica en el diseño de vectores de expresión para genes clonados.

¿Qué características estructurales del DNA dirigen a la RNA polimerasa a unirse a un lugar promotor y formar un complejo promotor abierto? La primera pista para responder a esta pregunta se obtuvo en 1975, cuando David Pribnow y Heinz Schaller examinaron de manera independiente los datos limitados existentes respecto a la secuencia del DNA y observaron que todos los genes que se transcribían en *E. coli* compartían una secuencia corta común con abundante adenina y timina, centrada unos 10 nucleótidos hacia el lado 5′ del lugar de comienzo de la transcripción (Figura 27.13). (La identificación de los puntos de comienzo de la transcripción se describe en Herramientas de la Bioquímica 27C.) Existía alguna variación entre los promotores analizados, pero surgió una **secuencia de consenso** dentro de esta región conservada. Una secuencia de consenso

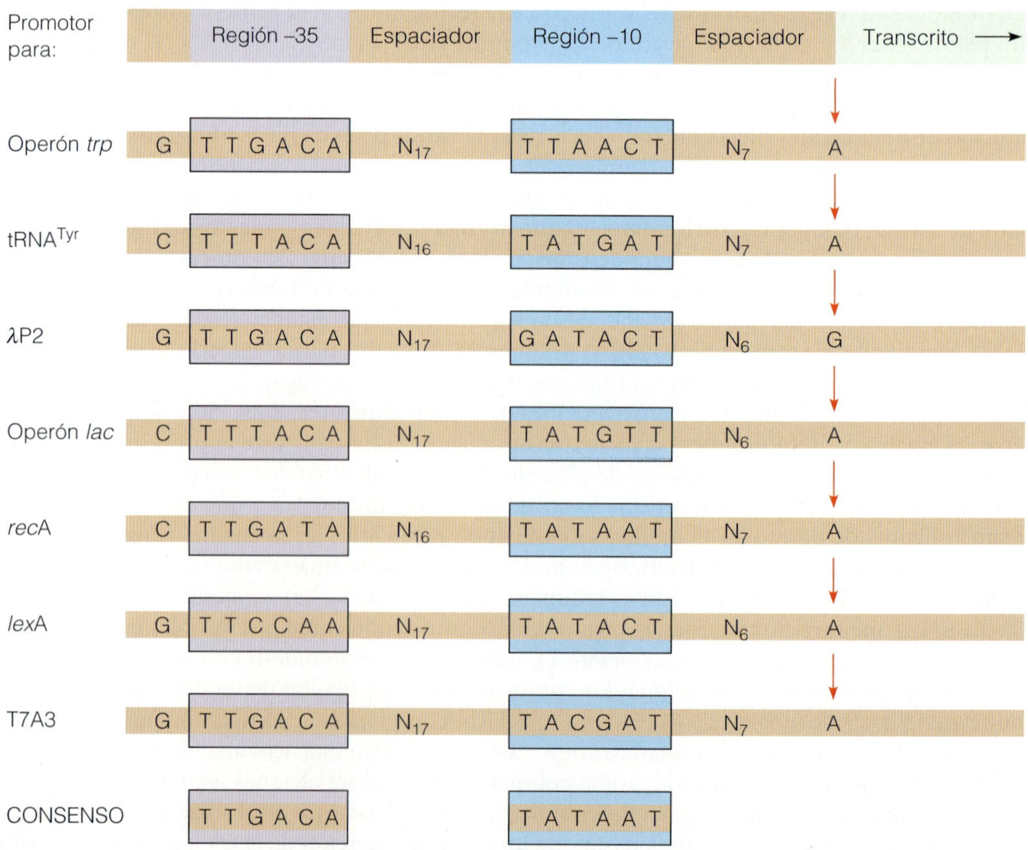


**FIGURA 27.13**

**Secuencias conservadas de los promotores reconocidos por la RNA polimerasa de *E. coli*.** Se indica también la longitud de las secuencias espaciadoras. Las flechas rojas señalan el lugar de comienzo de la transcripción.

comprende las bases que aparecen con más frecuencia en cada posición de la secuencia en una serie de secuencias que se cree que tienen una función común. Entre las diferentes secuencias de iniciación analizadas en *E. coli*, esa secuencia de consenso era TATAAT, en la **cadena con sentido**. La cadena con sentido es la cadena de DNA que no se transcribe. Dado que su secuencia es complementaria de la de la cadena molde, la cadena con sentido es idéntica en su secuencia de bases al RNA producto en la región transcrita, pero con T en vez de U. Posteriormente, se observó otra región de secuencia de nucleótidos conservada en el nucleótido −35, con una secuencia de consenso TTGACA.

Las dos secuencias conservadas se denominan región −35 y región −10 (*véase* la Figura 27.13; la región −10 también recibe el nombre de *caja de Pribnow*). No hay ningún promotor natural conocido que tenga regiones −35 y −10 idénticas a las de las secuencias de consenso pero, en general, cuanto más se parecen estas regiones de un promotor a las secuencias de consenso, más eficaz es el promotor en la iniciación de la transcripción. Las variaciones de la estructura del promotor representan una forma sencilla que tiene la célula para variar las tasas de transcripción de distintos genes. En la Figura 27.13 se indica el grado de conservación de los diferentes nucleótidos. En 114 promotores de *E. coli* examinados en un estudio inicial, 6 de los 12 nucleótidos de las dos secuencias de consenso se encontraron en más del 75 % de los promotores.

¿Qué pruebas apuntan a un papel funcional de estas secuencias conservadas en la unión de la RNA polimerasa y la iniciación de la transcripción? En primer lugar, diversas mutaciones se sitúan en las regiones del promotor y afectan a la eficacia de la transcripción *in vivo*. Como se indica en la Figura 27.14, la mayor parte de las mutaciones de los promotores que se han secuenciado modifican su estructura en la región −35 o en la región −10, lo cual apunta directamente a que estas secuencias son las que tienen un mayor efecto sobre la eficacia de la iniciación de la transcripción. En general, las mutaciones que aumentan la fuerza del promotor (**mutaciones ascendentes del promotor**) cambian la región −35 o −10, de manera que se parecen más a las secuencias de consenso. Las **mutaciones descendentes del promotor**, que reducen la fuerza del mismo, cambian la secuencia, haciéndola más diferente de las de consenso. Se han extraído conclusiones similares en los estudios de mutagénesis de lugar dirigida de los promotores y en el análisis de su eficacia *in vitro*. Estos últimos estudios han confirmado la importancia del espaciamiento entre las dos regiones. Aunque la mayor parte de los promotores naturales tienen un espaciador de 17 nucleótidos entre las regiones 35 y 10, muchos tienen 16 o 18. Los estudios *in vitro* indican que un espaciador de 17 nucleótidos es el que produce la estructura del promotor más eficaz.

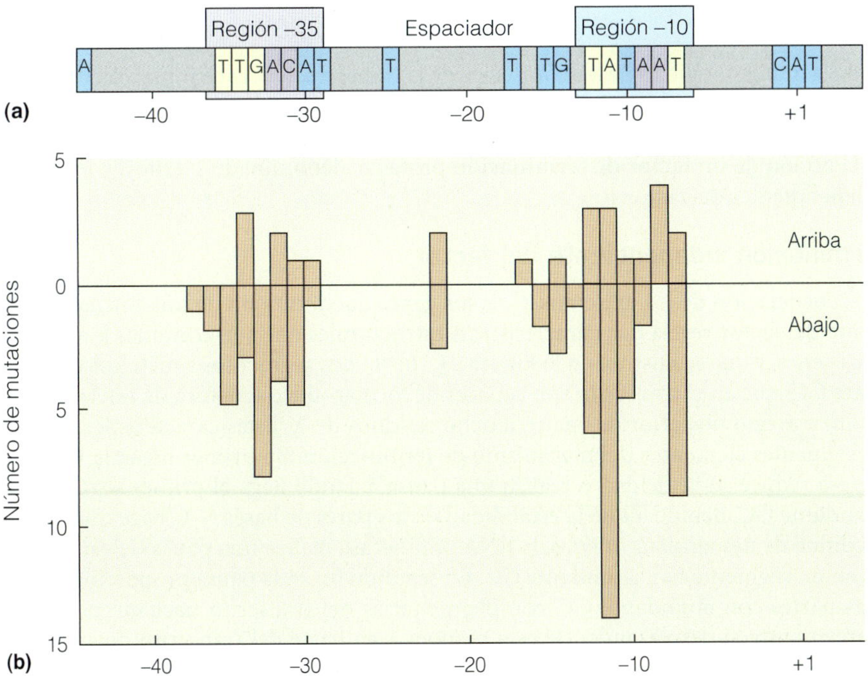


**FIGURA 27.14**

**Estudio de los nucleótidos conservados en los promotores de *E. coli*.** Se compararon las secuencias de nucleótidos de 114 promotores conocidos de *E. coli*. **(a)** Las posiciones de los nucleótidos que se mantenían invariables en, al menos, un 75 % de los promotores se indican en amarillo, las de los nucleótidos conservados moderadamente (50-75 %) en púrpura, y la de los conservados débilmente (40-50 %) en azul. **(b)** Número de mutaciones de promotores conocidos que afectan a cada lugar. Las mutaciones ascendentes del promotor aumentan la fuerza del promotor, mientras que las descendentes tienen el efecto contrario.

De *Annual Review of Biochemistry* 54:171-204, D. Hawley y W. R. McClure, Mechanism and control of transcription initiation in prokaryotes. © 1985 Annual Reviews.

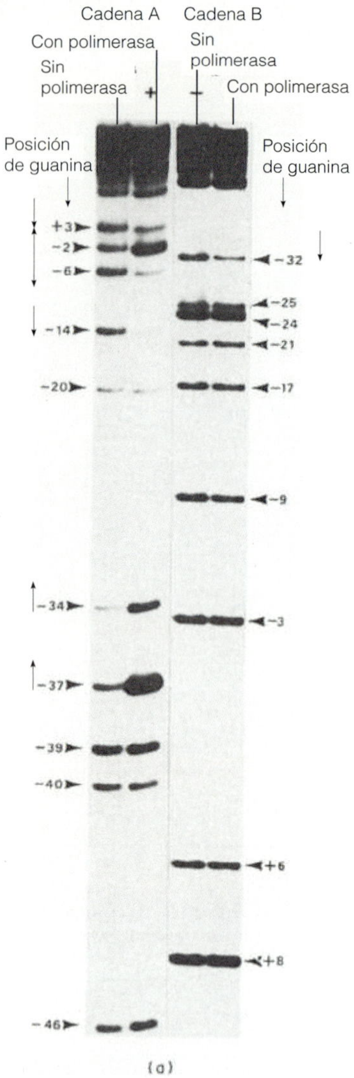


**FIGURA 27.15**

**Identificación de los residuos G que contactan con la RNA polimerasa en el promotor del triptófano de *E. coli*.** ↑ = potenciación de la ruptura mediante la unión de la polimerasa; ↓ = inhibición de la ruptura.

Reproducido de *Journal of Molecular Biology* 144:133-142, D. S. Oppenheim, G. N. Bennett y C. Yanofsky, *Escherichia coli* RNA polymerase and trprepressor interaction with the promoter-operator region of the tryptophan operon of Salmonella typhimurium. © 1980, con permiso de Elsevier.

La otra prueba que indica la importancia de las regiones −35 y −10 es que la mayor parte de los nucleótidos del DNA que están en contacto estrecho con la RNA polimerasa son los que están en las dos secuencias conservadas o cerca de ellas. Esto puede establecerse determinando la susceptibilidad de los nucleótidos concretos a la modificación química, en presencia o en ausencia de la RNA polimerasa. Así, por ejemplo, el dimetil sulfato puede utilizarse para determinar la susceptibilidad de los residuos de guanina a la metilación. En primer lugar, se trata de un fragmento de restricción que contiene la secuencia que interesa con $\gamma[^{32}P]$ATP y **polinucleótido quinasa**, una enzima que transfiere fosfato al grupo 5′-hidroxilo libre del fragmento. Este fragmento final marcado se incuba, a continuación, con RNA polimerasa y se trata con dimetilsulfato, que reacciona con los residuos de guanina y puede romper el DNA en ese lugar. El fragmento de DNA se somete a electroforesis en gel y autorradiografía. Los productos de la rotura del complejo DNA-proteína se comparan con los de un DNA desnudo. En la Figura 27.15 se muestran los datos del análisis del promotor *trp*, que controla la transcripción de los genes de la síntesis del triptófano. La rotura en algunos lugares, −34 y −37, se potenció por la unión de la RNA polimerasa, como se observa al comparar las intensidades de las bandas, mientras que en otros lugares, −32, −14 y −6, la reactividad disminuyó. Todas estas guaninas susceptibles se encuentran dentro de las cajas −10 y −35. Los reactivos que producen la ruptura química en otras bases dan resultados semejantes. Otras técnicas, como las huellas de DNA (Herramientas de la Bioquímica 27A), dan la misma conclusión. Los experimentos de este tipo demuestran que la RNA polimerasa contacta también con bases hacia arriba de la caja −35, en la región −40 a −60. Estos contactos implican a la subunidad $\alpha$ de la polimerasa, mientras que los contactos con las cajas −35 y −10, implican a $\sigma$. Los contactos hacia arriba (−40 a −60) son especialmente importantes en los promotores de los genes de las proteínas ribosómicas, que se transcriben de forma muy activa.

Otro factor que afecta a la eficacia de la transcripción, además de la secuencia de bases del promotor, es la tensión superhelicoidal en el DNA molde. La relación entre la topología del DNA y la eficacia de la transcripción está recibiendo actualmente una gran atención. La relación no está clara, puesto que la transcripción de algunos genes se activa *in vivo* cuando el molde está muy superenrollado, por ejemplo por la inactivación de la topoisomerasa I. En cambio, la transcripción de otros genes se inhibe en estas condiciones. Es interesante señalar que el promotor de la transcripción de las subunidades de la DNA girasa se activa cuando el gen está en un estado relajado. Dado que la girasa introduce vueltas superhelicoidales, esta observación parece corresponder a un mecanismo de retroacción en el que la célula responde de manera adecuada a una señal de que el DNA intracelular se está relajando demasiado.

## Puntuación de la transcripción: terminación

Dada la gran estabilidad de los complejos de la transcripción, la terminación de la transcripción, con la liberación del transcrito naciente, es un proceso implicado. En las bacterias se reconocen dos tipos diferentes de fenómenos de terminación: los que dependen de la acción de un **factor de terminación** proteico, denominado $\rho$ (rho), y los que son independientes del factor $\rho$.

### Terminación independiente del factor

La secuenciación de los extremos 3′ de los genes que terminan de una forma independiente del factor revela dos características estructurales que son comunes a muchos de estos genes, y que se ilustran en la Figura 27.16: (1) dos segmentos simétricos con abundante GC, que en el transcrito son capaces de formar una estructura de bucle troncal, y (2) un trayecto posterior de cuatro a ocho residuos de A. Estas características sugieren los siguientes elementos del mecanismo de terminación. En primer lugar, la RNA polimerasa reduce su velocidad o realiza una pausa, cuando llega al primer segmento con abundante GC, debido a que la estabilidad de los pares de bases G-C hace que el molde sea difícil de desenrollar. *In vitro*, la RNA polimerasa realiza una pausa de varios minutos en un segmento con abundante GC. En segundo lugar, la pausa proporciona tiempo a las partes con abundante GC complementarias del transcrito naciente para que se apareen entre sí desplazando, de esta manera, esta parte del transcrito de su molde o de su lugar de unión a la enzima. Así pues, se debilita el complejo ternario de la RNA

Las secuencias de DNA que promueven la terminación independiente del factor incluyen una serie de cuatro a ocho residuos de A y una región con abundante GC, que forma un bucle troncal.

polimerasa, el DNA molde y el RNA. Se produce luego un nuevo debilitamiento, que causa la disociación, cuando el segmento con mucha A se transcribe para dar una serie de enlaces A — U (muy débiles) que ligan el transcrito al molde.

El mecanismo real de terminación es más complejo de lo que acabamos de describir, debido, en parte, a las secuencias de DNA situadas por encima y por debajo de las regiones que se muestran en la Figura 27.16, que influyen también en la eficacia de la terminación. Además, no todos los lugares de pausa son lugares de terminación. Sin embargo, el esquema mostrado incluye los elementos clave de la terminación independiente del factor.

## Terminación dependiente del factor

Los lugares de terminación dependientes del factor son menos frecuentes, y el mecanismo de este tipo de terminación es aún más complejo. La proteína $\rho$, un hexámero formado por subunidades idénticas, se descubrió inicialmente en los estudios *in vitro* sobre la terminación de la transcripción del DNA del fago $\lambda$. Esta proteína, que se ha caracterizado como una RNA-DNA helicasa, contiene una actividad nucleósido trifosfatasa, que se activa por la unión a polinucleótidos. Al parecer, $\rho$ actúa uniéndose al transcrito naciente en un lugar específico cerca del extremo 3′, cuando la RNA polimerasa realiza una pausa (Figura 27.17). A continuación, $\rho$ se desplaza a lo largo del transcrito hacia el extremo 3′, de manera que la actividad helicasa desenrolla el extremo 3′ del transcrito separándolo del molde (y/o de la molécula de RNA polimerasa) y causando su liberación.

En la terminación dependiente del factor, la proteína $\rho$ actúa como una RNA-DNA helicasa, desenrollando el dúplex molde-transcrito y facilitando la liberación del transcrito.

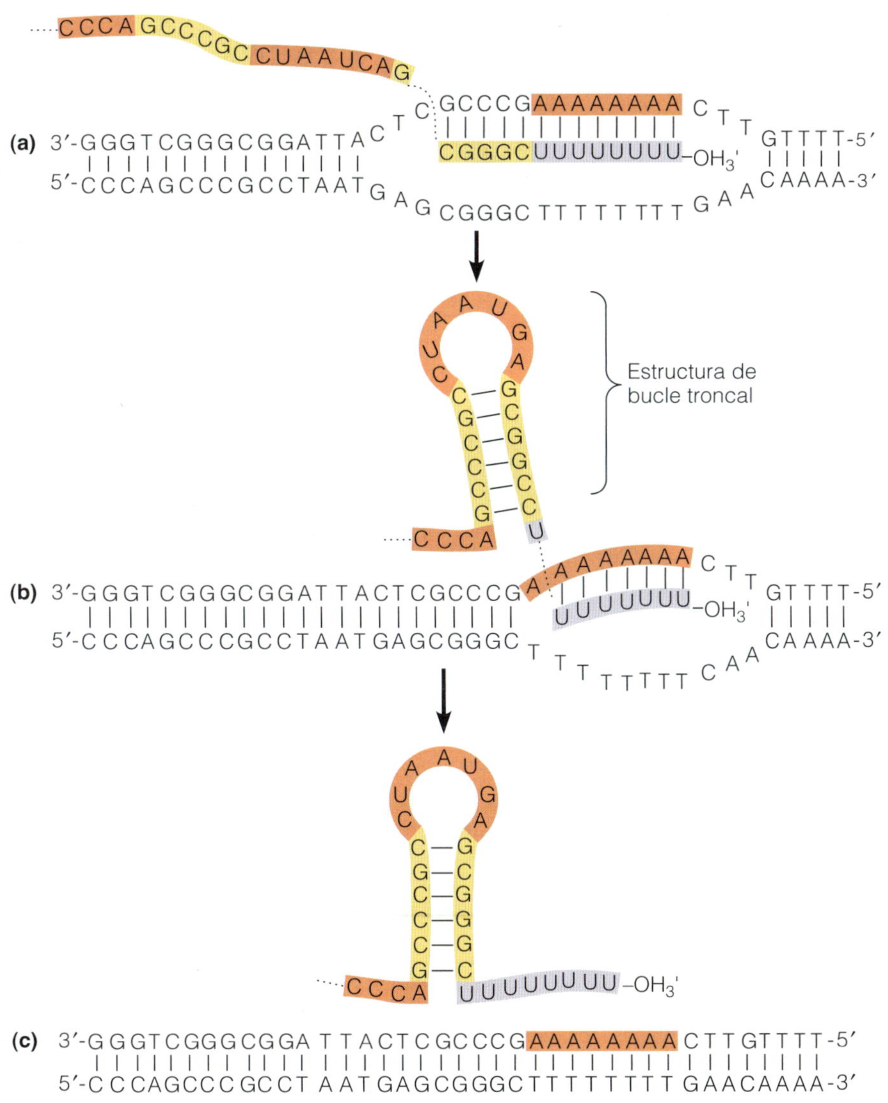


**FIGURA 27.16**

**Modelo para la terminación de la transcripción independiente del factor.** **(a)** Un segmento con abundante A del molde (segmento naranja de la derecha) acaba de transcribirse a un segmento de mRNA con abundante U. **(b)** El dúplex RNA-RNA, estabilizado mediante pares de bases G-C (amarillo), elimina algunos de los apareamientos de bases entre el molde y el transcrito. **(c)** Los enlaces A—U inestables que ligan el transcrito al molde híbrido se disocian, liberando el transcrito.

Se ha estudiado intensamente $\rho$ como modelo para entender la acción de la helicasa. En la Figura 27.18 se muestra la estructura cristalina de $\rho$ de *E. coli* en un complejo con el RNA y un análogo de ATP (ADP + $BeF_3$). En el esquema de (b), cuatro de las seis subunidades se unen fuertemente al ATP. En el instante que se muestra, el nucleótido 5′ del RNA (círculo naranja) está siendo liberado de la proteína como consecuencia de la hidrólisis del ATP en el lugar D, y el nucleótido que se muestra con un círculo pequeño y una línea punteada está a punto de unirse, igual que se está formando un lugar catalítico entre las subunidades proteicas marcadas «libre» y «cerrada» por la inserción de un motivo «dedo de arginina» en el lugar E. La estructura de $\rho$ es muy semejante a las

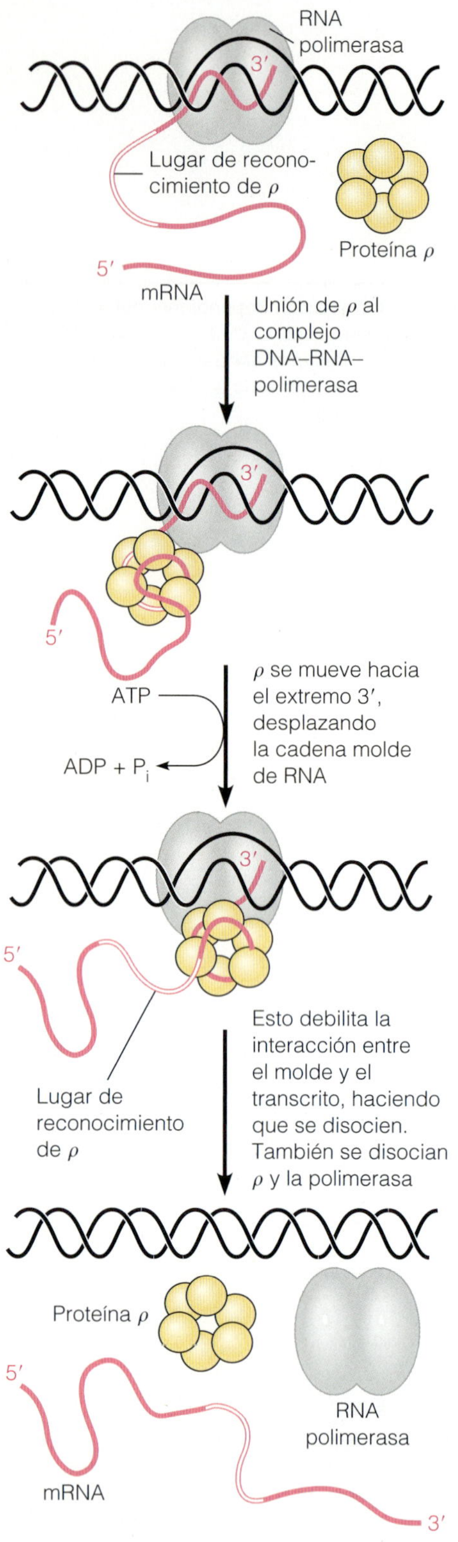


**FIGURA 27.17**

**Terminación dependiente del factor $\rho$.** El factor $\rho$ se une a un lugar del transcrito en formación y desenrolla la doble cadena RNA-DNA. Cuando el factor $\rho$ llega a la RNA polimerasa, la interacción con la proteína NusA unida (no mostrada) conduce a la terminación.

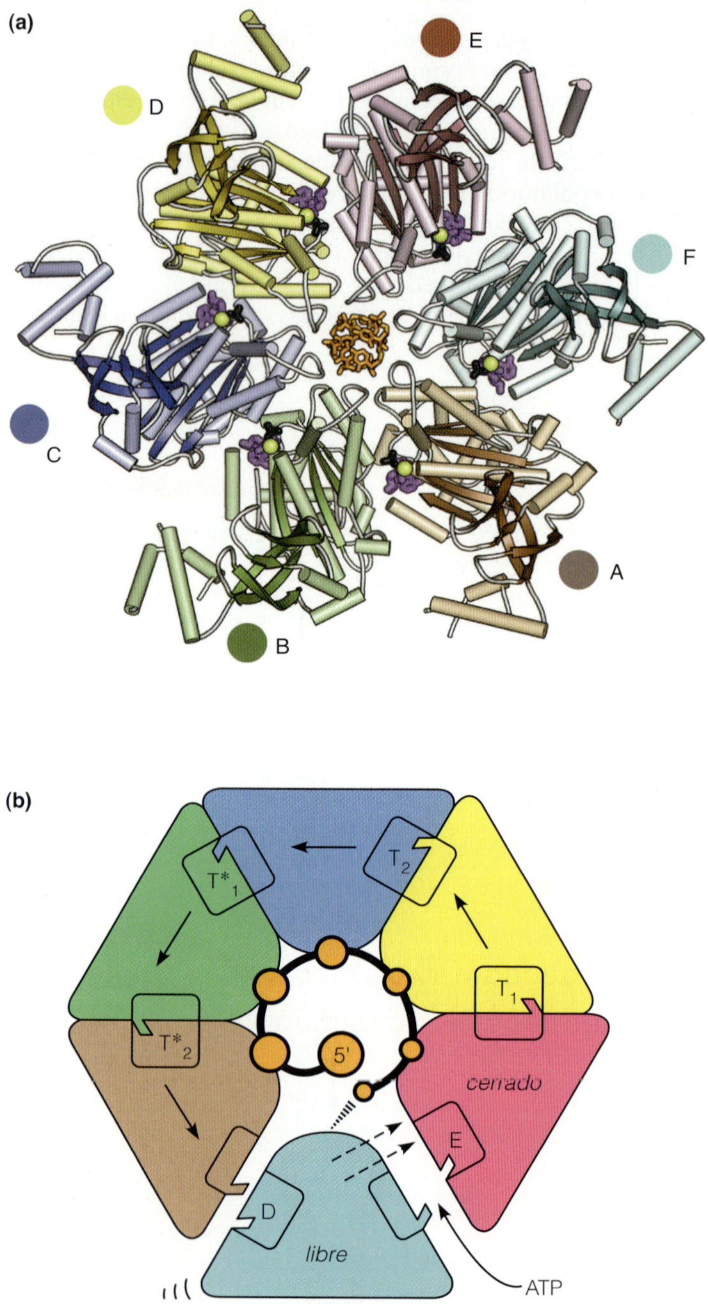


**FIGURA 27.18**

**Estructura cristalina de $\rho$ de *E. coli*.** **(a)** Se muestra el RNA en el canal central en naranja. El ADP está en fucsia, $BeF_3$, está en negro y el $Mg^{2+}$, en verde. **(b)** Diagrama esquemático de la reacción de la helicasa. *Véanse* los detalles en el texto. PDB ID, 3ICE.

de las helicasas de polaridad opuesta, y parece que la polaridad viene determinada, en gran parte, por el orden de «disparo de ATP», esto es, el orden en el que las subunidades proteicas hidrolizan el ATP. Se hidroliza un ATP por nucleótido de RNA desenrollado.

No está claro qué es lo que hace que la RNA polimerasa realice una pausa en los lugares de terminación dependientes de $\rho$. Interviene en ello, de algún modo, la acción de otra proteína, la NusA. Esta proteína se descubrió durante los estudios de la **antiterminación** en el fago $\lambda$. La antiterminación se produce en una fase temprana del programa de transcripción del fago, cuando se inactivan dos lugares de terminación dependientes de $\rho$, con lo que la RNA polimerasa puede avanzar más allá de estos lugares y transcribir genes que son esenciales para el desarrollo del fago (*véase* la página 1239). Para que se produzca esta inactivación, una proteína del virus, el producto del gen *N*, debe interaccionar con NusA (*N* *u*tilization *s*ubstance; *s*ustancia que *u*tiliza *N*) mediante un mecanismo todavía desconocido. Las mutaciones que afectan a *N* o al gen *nusA* de *E. coli* interfieren en la antiterminación y bloquean el desarrollo del fago. La proteína NusA se lleva a los complejos de elongación, donde se une a estructuras de horquilla en el RNA naciente, lo que posiblemente facilita la terminación.

Se ha obtenido una idea más clara de los mecanismos de la terminación a partir de un mecanismo regulador muy estudiado, al que se denomina **atenuación**. La atenuación controla la tasa de transcripción de determinados operones mediante la terminación de la síntesis de un transcrito naciente antes de que la RNA polimerasa haya llegado a los genes estructurales. La atenuación, que se ha investigado como un modelo para la terminación de final de transcrito, se considera en el Capítulo 29.

## La transcripción y su control en las células eucariotas

La transcripción en los eucariotas es un proceso mucho más complejo que en los procariotas. No solo existe una discriminación mucho mayor de lo que se va a transcribir y lo que no, sino que esta transcripción está programada de manera muy precisa durante el desarrollo y la diferenciación tisular. Además, la maquinaria de transcripción debe abordar de alguna manera los niveles complejos de la estructura de la cromatina eucariota. Esta complejidad se refleja en el hecho de que las células eucariotas tienen varias RNA polimerasas diferentes, cada una de las cuales tiene una función especializada, como se ha descrito antes en este capítulo. Para cada polimerasa, varias proteínas deben ensamblarse en los promotores y otros lugares hacia arriba en el DNA molde, junto con la RNA polimerasa para formar un complejo de transcripción funcional. Ninguna de las tres RNA polimerasas nucleares (I, II y III) tiene un homólogo del factor $\sigma$ de los complejos procariotas. Sin embargo, las tres necesitan un conjunto de factores de transcripción que realizan funciones comparables a las de $\sigma$, además de proteínas que pueden estar especializadas en la transcripción de un determinado gen. Por convenio, los factores de transcripción se denominan TFI, TFII o TFIII, dependiendo de si actúan con la RNA polimerasa I, II o III, respectivamente. Dentro de una clase de factores de transcripción, cada factor individual se identifica con una letra; así, TFIIA es uno de los diversos factores de transcripción que actúan con la RNA polimerasa II.

Los eucariotas tienen tres clases de RNA polimerasas nucleares, cada una de las cuales necesitan factores proteicos adicionales para iniciar la transcripción.

Otras diferencias corresponden al hecho de que los genomas bacterianos están organizados en bloques de genes relacionados funcionalmente, operones, como el operón lactosa mencionado antes en este capítulo, que se cotranscriben para dar mRNA multigénicos, mientras que los genes eucariotas se transcriben casi siempre como mRNA monocistrónicos. Además, como veremos más adelante en este capítulo, el procesamiento posterior a la transcripción es mucho más complejo en los genes eucariotas que en los procariotas.

### RNA polimerasa I: transcripción de los principales genes de RNA ribosómico

El ribosoma eucariota contiene cuatro moléculas de RNA (*véase* el Capítulo 28). La subunidad pequeña tiene un rRNA 18S, mientras que la subunidad grande contiene moléculas de rRNA 28S, 5.8S y 5S. De estas, las subunidades 28S, 18S y 5.8S se producen todas ellas a partir de un transcrito inicial pre-rRNA 45S y la función especial de la RNA polimerasa I (pol I) es la de efectuar esta transcripción.

Como se mostró en la Figura 27.5, pol I es una enzima compleja que contiene 14 subunidades, con un total de 600 000 dalton. Se sabe que necesita, al menos, dos factores de transcripción (UBF1 y SL1). Sin embargo, dado que solo se transcribe una clase de gen, no es necesario un dispositivo complejo que incluya múltiples lugares de regulación y múltiples factores de transcripción, que veremos son característicos de la transcripción de la pol II.

El nucléolo es el lugar de ensamblaje de la subunidad ribosómica en los eucariotas. El gen del pre-rRNA 45S se encuentra en el nucléolo en forma de copias múltiples dispuestas en tándem, como se muestra en la Figura 27.19. Después de la transcripción, el pre-rRNA 45S se procesa para dar las moléculas de rRNA 18S, 5.8S y 28S. En este proceso se desechan, aproximadamente, 6800 nucleótidos. Los rRNA se combinan luego con el rRNA 5S de otras regiones del núcleo y las proteínas ribosómicas sintetizadas en el citosol. Las subunidades ribosómicas resultantes salen del nucléolo de vuelta al citosol.

La transcripción de copias en tándem del pre-rRNA 45S puede verse de manera muy vistosa con el microscopio electrónico (Figura 27.19b). La estructura de la cromatina nucleolar ha sido objeto de una cierta controversia, pero parece muy probable que no haya nucleosomas, al menos en las regiones transcritas. Esta ausencia de nucleosomas puede ser una modificación específica de la cromatina para permitir la transcripción rápida y continua de estos genes.

En algunos eucariotas inferiores, como el protozoo *Tetrahymena*, el rRNA 28S contiene un intrón cerca de su extremo 3′. La escisión de este intrón y el empalme del RNA se realizan mediante un proceso peculiar en el que el *propio* RNA actúa como catalizador, a través de la serie de reacciones que se describen en el Capítulo 11 (*véase*, en particular, la Figura 11.41 en la página 452). En los eucariotas superiores, poco es lo que se sabe por el momento sobre el mecanismo de procesamiento del rRNA, el ensamblaje de los ribosomas o la coordinación de la síntesis de las proteínas ribosómicas y del RNA ribosómico.

## RNA polimerasa III: transcripción de los genes pequeños de RNA

La RNA polimerasa III (pol III) es la mayor y más compleja de las RNA polimerasas de los eucariotas. Tiene 17 subunidades, con un total de 700 000 dalton. Todos los genes que transcribe comparten determinadas características. Son pequeños, no se traducen a pro-

**FIGURA 27.19**

**Transcripción y procesamiento de los RNAs ribosómicos principales en los eucariotas.** Los genes se encuentran en copias en tándem, separados por espaciadores que no se transcriben. **(a)** Los transcritos 45S producidos inicialmente se procesan mediante la eliminación de las porciones que se indican en color marrón, para dar los productos 18S, 5.8S y 28S. A continuación, se ensamblan en subunidades ribosómicas mediante la adición de proteínas. **(b)** Micrografía electrónica de los genes del rRNA nucleolar esparcido, transcribiéndose. Los genes dispuestos en tándem se están transcribiendo de abajo a arriba.

(b) Cortesía de Oscar L. Miller, Jr. y Barbara Beaty, Oak Ridge National Laboratory, Oak Ridge, TN.

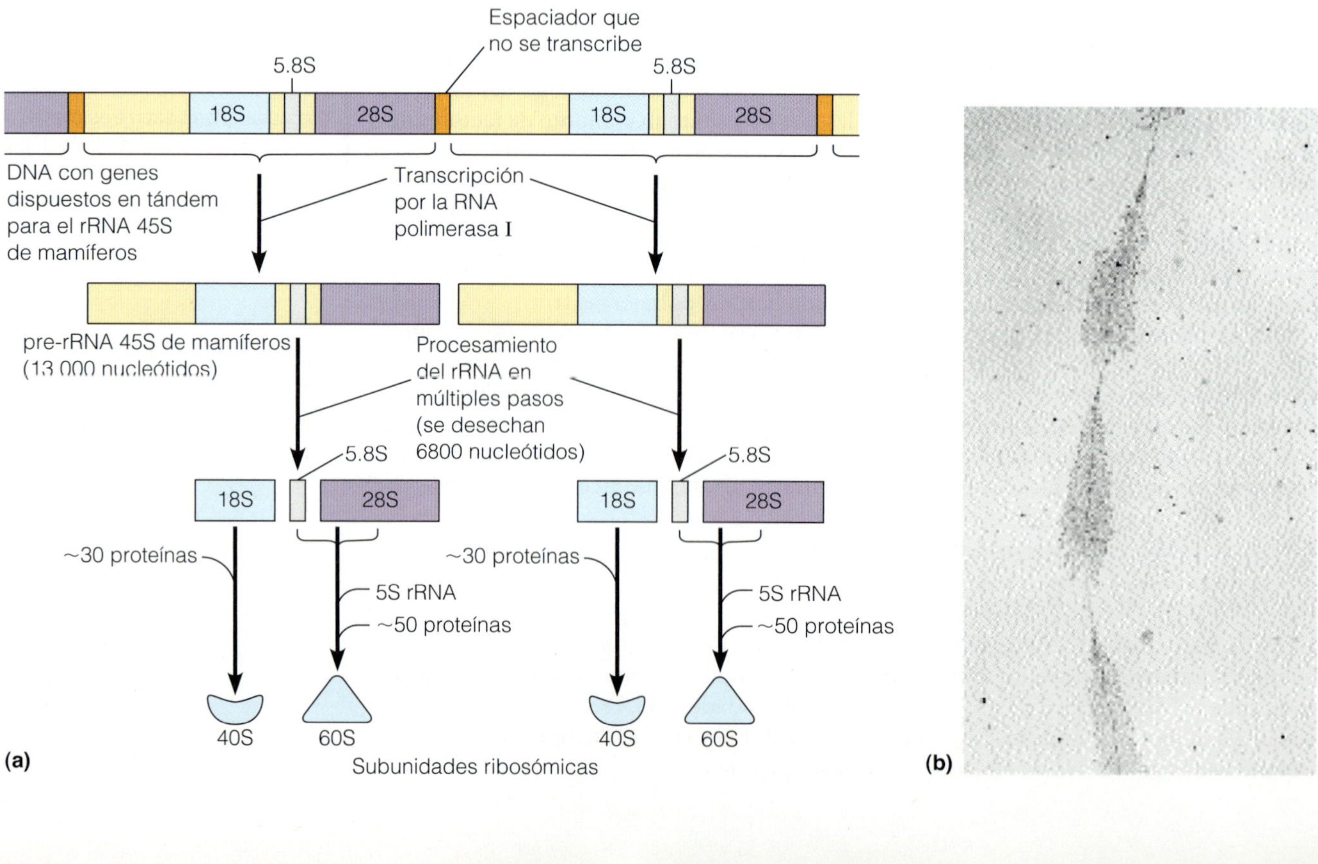

teínas y tienen como característica peculiar que su transcripción está regulada por determinadas secuencias que se encuentran *dentro* de la región transcrita. Los principales objetivos de la pol III son los genes de todos los tRNA y los del RNA ribosómico 5S. Al igual que los genes ribosómicos principales, que se han descrito en el apartado anterior, estos genes pequeños están presentes en múltiples copias, aunque generalmente no se agrupan en disposiciones en tándem, ni se localizan en una región concreta del núcleo. Lo habitual es que estén diseminados por todo el genoma y por diversas partes del núcleo.

La pol I transcribe los principales genes de RNA sibosómico; y la pol, II los genes que codifican proteínas y unos pocos genes de los RNA pequeños.

De todos los genes transcritos por la pol III, los que se han estudiado con mayor detalle son los del RNA ribosómico 5S. Los experimentos *in vitro* han demostrado que son necesarios, al menos, tres factores proteicos además de la polimerasa III para la expresión de los genes del rRNA 5S. Dos de estos factores de transcripción (TFIIIB y TFIIIC) parecen participar también en la transcripción de los genes de los tRNA, pero uno, denominado TFIIIA, es específico de los genes 5S. La interacción de los tres factores de transcripción, la polimerasa y el gen, se muestra en la Figura 27.20. La molécula de TFIIIA contacta con el DNA sobre una longitud de unos 40 pb. El reconocimiento de la secuencia se produce en dos bloques de unos 12 pb cada uno, en ambos lados de la región de contacto, lo cual, de alguna manera, hace al gen accesible al TFIIIB, TFIIIC y la polimerasa III. El TFIIIA también puede formar un complejo con el RNA 5S. Esta tendencia limita la producción de RNA 5S cuando hay un exceso de producto, al eliminar el TFIIIA de su disponibilidad para unirse al DNA.

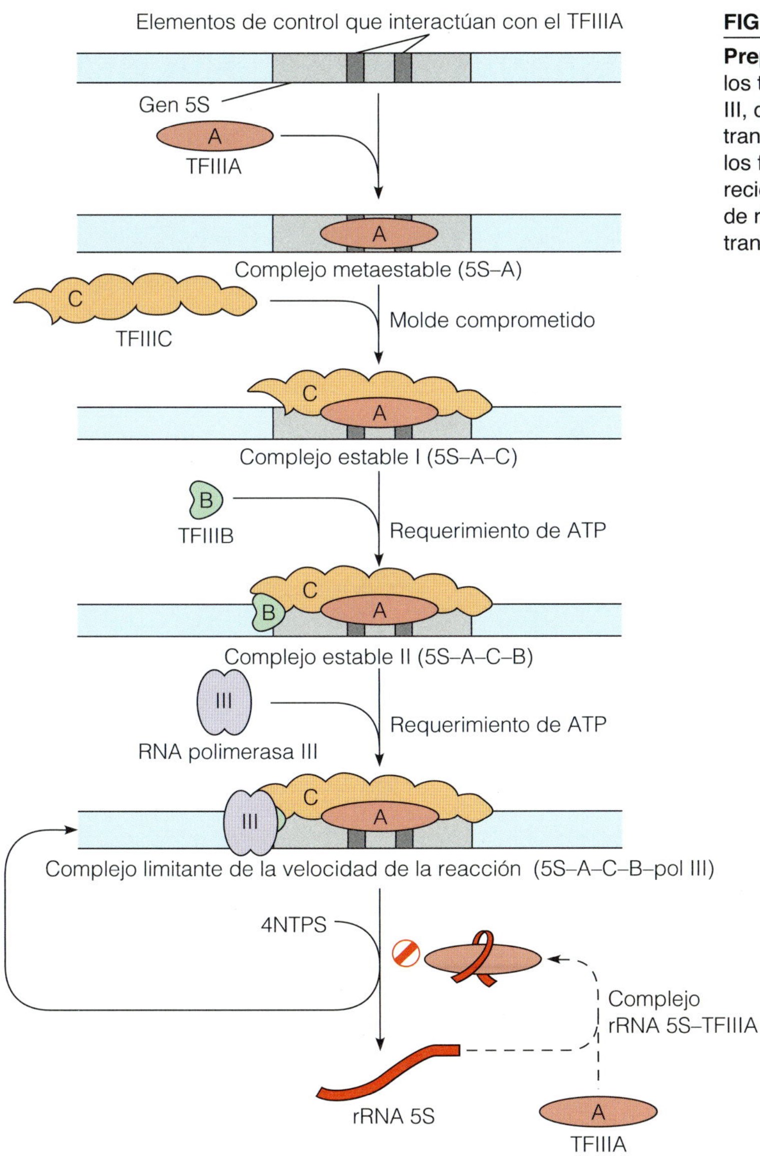


**FIGURA 27.20**

**Preparación de un gen del rRNA 5S para la transcripción.** Al menos, los tres factores proteicos que se muestran junto con la RNA polimerasa III, deben ensamblarse en el gen antes de que pueda producirse la transcripción. El TFIIIA debe unirse al gen antes de que puedan unirse los factores TFIIIC y TFIIIB. Una vez formado el complejo II estable, se reciclará con pol III para producir muchas copias de RNA. Un exceso de rRNA 5S formará un complejo con el TFIIIA, inhibiendo la ulterior transcripción.

El TFIIIA es un ejemplo de una clase abundante de proteínas de unión al DNA, en la que unos *dedos de zinc* de unión de metales contactan con la secuencia de DNA y la identifican (Figura 27.21). Esta clase de proteínas tienen residuos conservados de histidina y cisteína, que forman complejo con el zinc, como se muestra en la Figura 27.21b. Este motivo proteico de unión al DNA se ha mencionado antes, como elemento estructural en los receptores de las hormonas esteroideas (página 980).

Mientras que el TFIIIA es un monómero y el TFIIIB es un dímero, el TFIIIC es un complejo enorme, formado por seis cadenas polipeptídicas y que cubre todo el gen del rRNA 5S o del tRNA. No está claro de qué modo la polimerasa consigue transcribir repetidamente a través de este complejo proteico. No obstante, una vez fijada la pol III, puede producir múltiples transcritos antes de disociarse.

En apartados posteriores encontraremos diversos factores de transcripción para el control de la expresión de los genes eucariotas, que son por completo dependientes de la interacción específica de lugar con el DNA. Un factor de transcripción característico contiene un dominio de unión al DNA y uno o más dominios reguladores, que pueden interaccionar con otras proteínas nucleares para conducir las señales reguladoras.

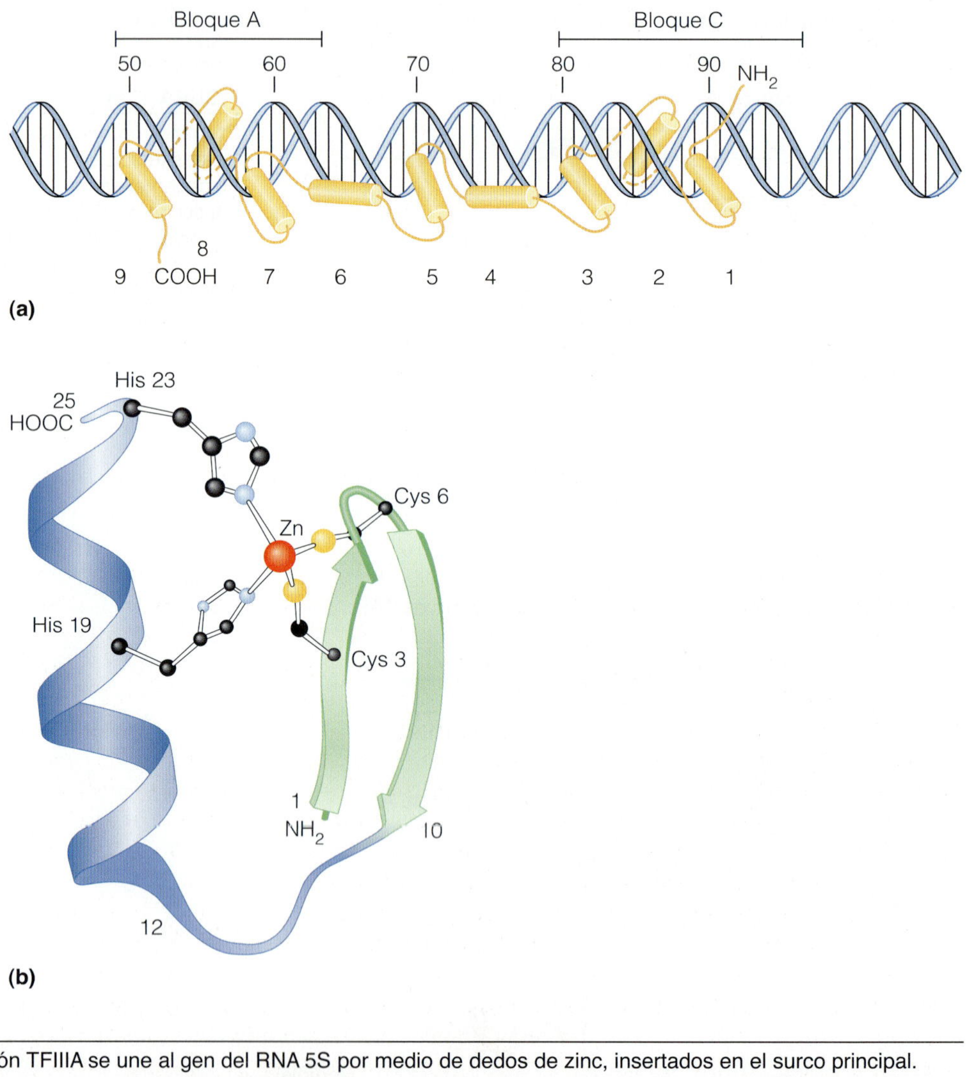


**FIGURA 27.21**

**Dedos de zinc. (a)** El factor de transcripción TFIIIA se une al gen del RNA 5S por medio de dedos de zinc, insertados en el surco principal. Las dos regiones de reconocimiento principales, bloque A y bloque C, contactan con los dedos 7-9 y 1-3, respectivamente. **(b)** Estructura de un dedo de zinc. La estructura que se muestra es la de un polipéptido sintético con secuencias encontradas en una proteína dedo de zinc. Se muestran en azul oscuro y verde, respectivamente, la hélice $\alpha$ y la hoja $\beta$. La hélice $\alpha$ se une dentro del surco principal, como se muestra en el panel (a). Se dibujan con detalle los dos residuos de histidina y las dos cisteínas que coordinan el zinc (rojo). El azufre está en amarillo.

De *Science* 245:635-637, M. S. Lee, G. P. Gippert, K. V. Soman, D. A. Case y P. Wright, Three-dimensional solution structure of a single zinc finger DNA-binding domain. © 1989. Reproducido con permiso de AAAS. Adaptado con permiso de Peter Wright.

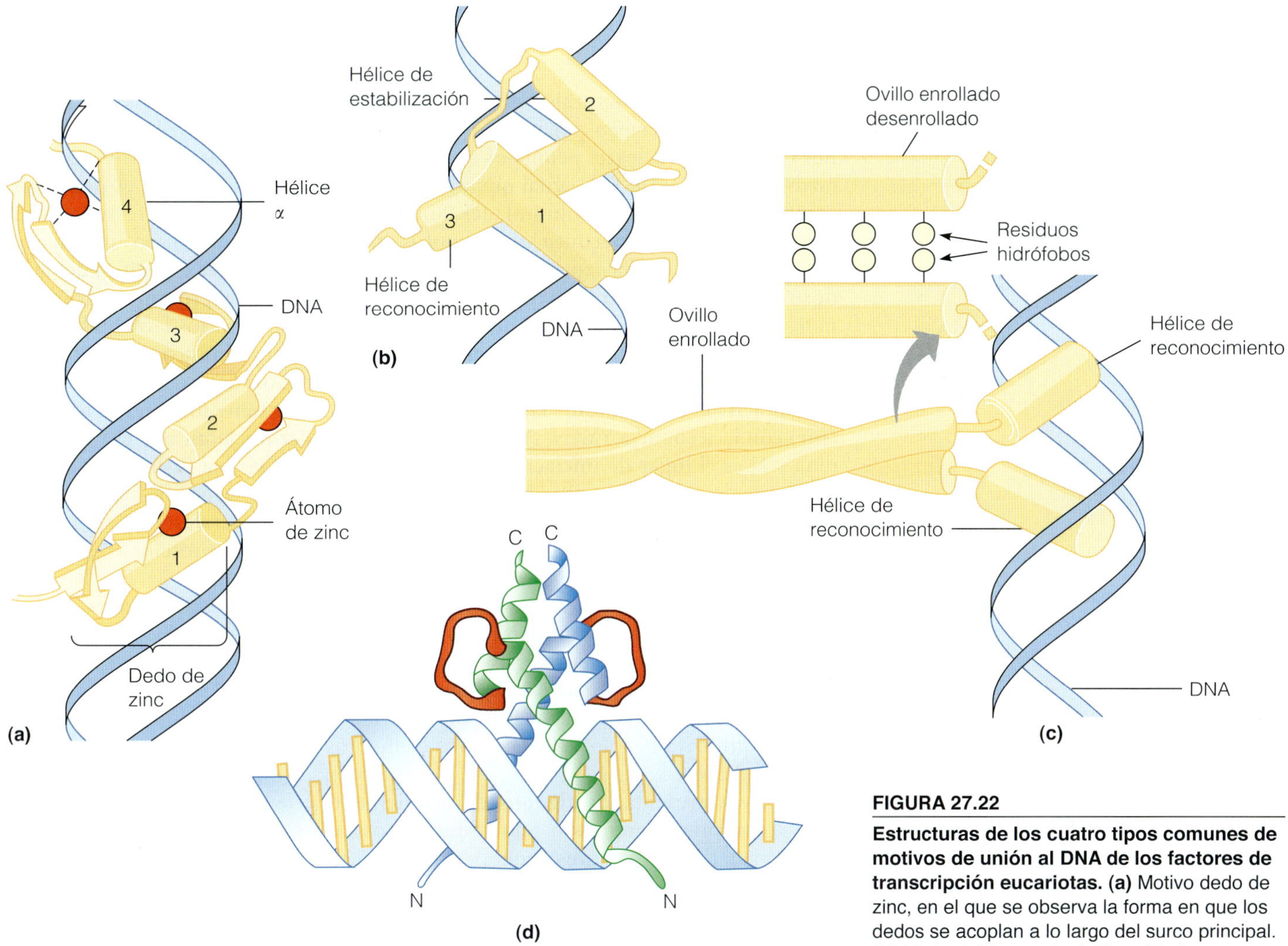


**FIGURA 27.22**

**Estructuras de los cuatro tipos comunes de motivos de unión al DNA de los factores de transcripción eucariotas. (a)** Motivo dedo de zinc, en el que se observa la forma en que los dedos se acoplan a lo largo del surco principal. **(b)** Motivo hélice-vuelta-hélice. Obsérvese que la hélice-vuelta-hélice se adapta al surco principal del DNA de una forma semejante a la de un dedo de zinc. **(c)** Proteína con cremallera de leucina. Los ovillos enrollados se mantienen unidos mediante residuos hidrófobos, normalmente leucinas. En sus extremos, presentan un par de hélices de reconocimiento para los surcos principales del DNA. **(d)** Motivo hélice-bucle-hélice. Los dos monómeros se mantienen juntos en un haz de cuatro hélices. Cada monómero contribuye con partes de dos hélices α mantenidas juntas mediante un bucle proteico flexible, que se muestra en rojo. Los N-terminales de las dos hélices más largas forman contactos específicos en el surco principal del lugar de unión del DNA.

Además de las proteínas con dedos de zinc, se conocen otras dos clases fundamentales de factores de transcripción, que se dibujan de forma esquemática en las Figuras 27.22b, c y d. En las proteínas *hélice-vuelta-hélice*, una hélice α (denominada hélice de reconocimiento) descansa en el surco principal del DNA, estableciendo sus cadenas laterales contactos específicos con las bases del DNA. El motivo hélice-vuelta-hélice se descubrió originalmente en estudios sobre los reguladores procariotas de la transcripción, considerados en el Capítulo 29 y que se muestran en la Figura 27.1. Una clase bastante diferente de proteínas de unión al DNA son las denominadas proteínas con *cremalleras de leucina*, que son dímeros unidos en una estructura de ovillo enrollado mediante interacciones hidrófobas. Exhiben, de forma característica, un patrón regular (periodicidad de 7 pliegues) de leucina o de otros residuos hidrófobos en las regiones de cola helicoidales, lo cual favorece las interacciones hidrófobas lado con lado. Las regiones N-terminal son hélices de reconocimiento que descansan en surcos principales adyacentes. La característica distintiva de las proteínas con cremallera de leucina es que pueden formar dímeros homólogos o heterólogos, permitiendo así muchos apareamientos combinatorios entre los factores de transcripción. Como se ve con las proteínas cremalleras de leucina, el motivo *hélice-bucle-hélice* (HLH) también permite la dimerización homóloga o heteróloga (Figura 27.22d). En este motivo, una hélice α corta está conectada mediante un bucle con una segunda hélice α más larga. Dada la flexibilidad del bucle, una hélice puede plegarse hacia atrás y empaquetarse frente a la otra. Como se muestra en la figura, las dos estructuras helicoidales permiten la unión al DNA y al motivo HLH de una segunda proteína HLH, bien la misma (formando un homodímero) o diferente (formando un heterodímero).

## RNA polimerasa II: transcripción de los genes estructurales

Todos los genes estructurales (los que codifican productos proteicos) de la célula eucariota se transcriben por la polimerasa II. Esta enzima transcribe también algunos de los RNA nucleares pequeños que intervienen en el proceso de corte y empalme (*véase* la página 1158). Al igual que otras RNA polimerasas, la pol II es una enzima compleja con múltiples subunidades. Sin embargo, ni siquiera sus 12 subunidades son suficientes para permitir que la pol II inicie la transcripción en un promotor eucariota. Dado que la expresión de muchos genes eucariotas es específica del tejido, de una etapa del desarrollo o de ambas cosas, la estructura del promotor eucariota es mucho más compleja que la del de los procariotas. Son necesarios factores proteicos, además de la RNA polimerasa para el reconocimiento del promotor, el reclutamiento de la RNA polimerasa hacia un promotor y la generación de un complejo de elongación activo. Un promotor eucariota característico contiene una región iniciadora (Inr) con la secuencia YYAN$^{T}_{A}$YY, donde N es cualquier nucleótido, Y es una pirimidina y N es el lugar de iniciación +1. Un homólogo de la caja Pribnow bacteriana, denominado caja TATA, situado entre −20 y −30, tiene la secuencia TATAAAA. Por encima de esa caja se encuentran elementos de control generales y específicos, que son lugares de unión de los factores de transcripción y otras proteínas reguladoras, como los receptores hormonales que presentamos en el Capítulo 23. Pueden existir otros lugares reguladores, varios centenares de pares de bases por encima del lugar de iniciación, que se denominan regiones **potenciadoras**. Aunque estos lugares activadores situados lejos hacia arriba participan en la regulación de la transcripción, no se consideran *per se* parte del promotor. En la Tabla 27.3 se da la secuencia de varios promotores generales y específicos y elementos potenciadores y en la Figura 27.23 se presenta la colocación de estos elementos de varios promotores eucariotas bien estudiados.

Una vez presentados algunos de los elementos de control de los promotores eucariotas, presentaremos o reintroduciremos las proteínas participantes: la RNA polimerasa II y los factores generales de transcripción, que se presentan en la Tabla 27.4.

Antes de describir las funciones de estas proteínas en la transcripción, indicaremos que TFIIH es un ejemplo de una «proteína pluriempleada», es decir, que tiene dos o más funciones diferentes. TFIIH participa en la reparación acoplada a la transcripción (página 1086). Cuando se bloquea la síntesis de DNA en el lugar de una lesión, la TFIIH puede interactuar con el DNA en ese lugar y reclutar otras proteínas del proceso de reparación por escisión de nucleótido. El significado de esta función se ve en el hecho de que las carencias genéticas de una o más subunidades de TFIIH son responsables de algunas formas de *xeroderma pigmentosum* (página 1085) y otras del sín-

**TABLA 27.3. Algunos elementos importantes de control de la pol II y sus correspondientes factores de transcripción**

| Nombre de la secuencia | Secuencia de consenso | Factor(es) de transcripción | Comentario |
|---|---|---|---|
| **Algunos promotores generales y elementos potenciadores** | | | |
| Caja TATA | TATAAAA | TBP, TFIID | Elemento promotor más común |
| Caja CAAT | GGCCAATCT | CP1 | Elemento común hacia arriba |
| Caja GC | GGGCGG | SP1 | Suele encontrarse en los promotores sin TATA |
| Octámero | ATTTGCAT | Oct1, Oct2 | Oct1 y Oct2 contienen homeodominios[a] |
| **Algunos promotores especiales y elementos potenciadores[b]** | | | |
| HSE | GNNGAANNTCCNNG | Factor de choque térmico | Interviene en la respuesta al choque térmico |
| GRE | TGGTACAAATGTTCT | Receptor de glucocorticoides | Intermedia la respuesta a los glucocorticoides |
| TRE | GAGGGACGTACCGCA | Receptor tiroideo | Intermedia la respuesta a las hormonas tiroideas |

[a] Los homeodominios se consideran en el Capítulo 29 (página 1261)

[b] Abreviaturas; HSE, elemento de choque térmico; GRE, elemento de respuesta a los glucocorticoides; TRE, elemento de respuesta tiroideo.

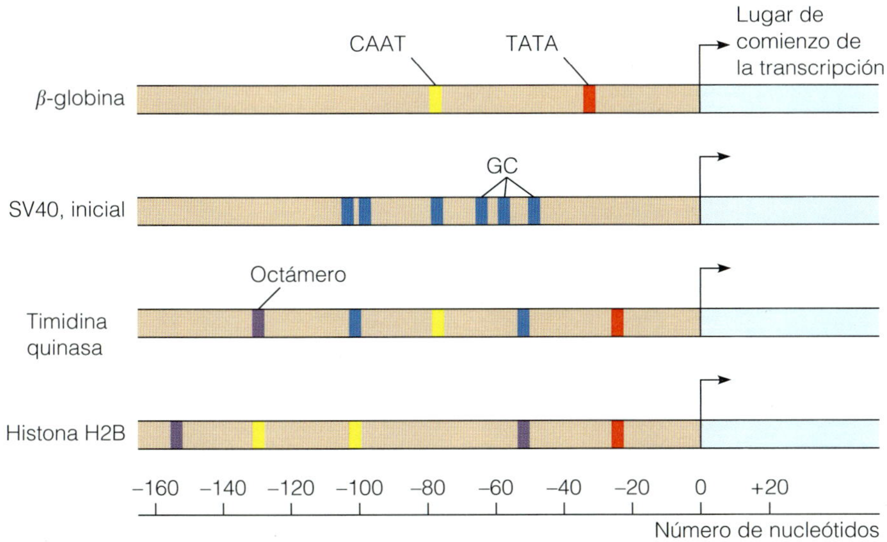


**FIGURA 27.23**

**Estructuras de algunos promotores eucariotas característicos.** Las cajas de color indican diferentes elementos reguladores: TATA = rojo, GC = azul, CAAT = amarillo y octámero = púrpura.

Adaptado en parte de *Genes IV*, B. Lewin, Oxford: Oxford University Press, 1990.

drome de Cockayne, que comporta detención del desarrollo, trastornos neurológicos y fotosensibilidad.

Para formar el complejo mínimo capaz de producir la iniciación se necesitan, al menos, cinco factores proteicos adicionales, como se muestra en la Figura 27.24 y se enumeran en la Tabla 27.4. No se conoce con certeza el orden de adición, pero comienza, en el ejemplo que se muestra, con la unión a la caja TATA, la señal de iniciación más habitual (y la que utilizan las tres RNA polimerasas nucleares). Como se ha señalado antes, normalmente se encuentra aproximadamente 20 o 30 pb por encima del lugar de comienzo en Inr. Obsérvese que una unidad *mínima* de transcripción implica a la proteína de unión a TATA (TBP), mientras que *in vivo*, la formación de un complejo de iniciación probablemente utiliza siempre el TFIID, una estructura con múltiples subunidades que incorpora la proteína de unión a TATA y los factores asociados de unión a TATA (TAF). Los TAF interaccionan con *factores de activación* asociados con lugares hacia arriba en los genes específicos, proporcionando, por ello, comunicación para la regulación de los genes. Se ha deducido recientemente a partir de estudios de difracción de rayos X y de

La transcripción puede modificarse por la unión de factores que actúan en trans, bien en el promotor o en potenciadores distantes.

**TABLA 27.4. Factores generales de iniciación de la transcripción de células humanas[a, b]**

| Factor | Número de subunidades | Peso molecular (kDa) | Función |
|---|---|---|---|
| TFIID — TBP | 1 | 38 | Reconocimiento del centro del promotor (TATA); reclutamiento de TFIIB |
| TFIID — TAF | 12 | 15-250 | Reconocimiento del centro del promotor (elementos no-TATA); funciones reguladoras positivas y negativas |
| TFIIA | 3 | 12, 19, 35 | Estabilización de la unión de TBP; estabilización de las interacciones TAF-DNA; funciones antirrepresoras |
| TFIIB | 1 | 35 | Reclutamiento de RNA pol II-TFIIF; selección del lugar de comienzo por la RNA pol II |
| TFIIF | 2 | 30, 74 | Direccionamiento de la pol II al promotor; desestabilización de las interacciones inespecíficas RNA pol II-DNA |
| RNA pol II | 12 | 10-220 | Funciones catalíticas en la síntesis de RNA; reclutamiento de TFIIE |
| TFIIE | 2 | 34, 57 | Reclutamiento de TFIIH; modulación de las actividades helicasa, ATPasa y quinasa de TFIIH; potenciación directa de la fusión del promotor (?) |
| TFIIH | 9 | 35-89 | Fusión del promotor utilizando la actividad helicasa; depuración del promotor (?) por la actividad CTD quinasa |

[a] La composición de subunidades y los tamaños de los polipéptidos son los descritos para los factores humanos, pero se han identificado en la rata, en *Drosophila* y en levaduras homólogos de casi todos.

[b] Abreviaturas utilizadas: CTD, dominio carboxi-terminal de la pol II; RNA pol II, RNA polimerasa II; TAF, factores asociados a las proteínas de unión a TATA; TBP, proteína de unión a TATA.

*Fuente:* Tomado de R. G. Roeder, *Trends Biochem. Sci.* (1996) 21:327-335. © 1996 con permiso de Elsevier Science.

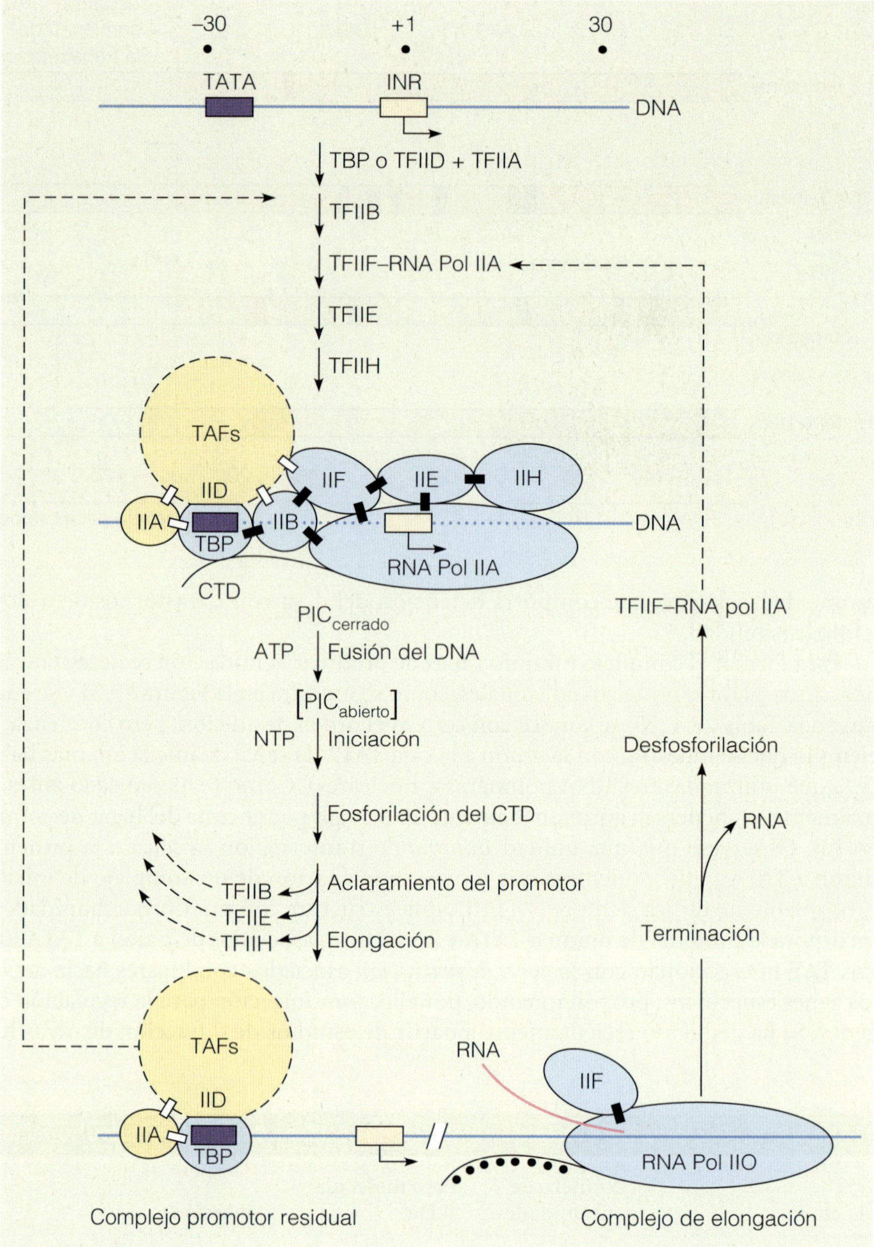


**FIGURA 27.24**

**Modelo de la formación del complejo mínimo de preiniciación (PIC) para la pol II sobre un promotor TATA.** En la situación más sencilla, inicia la secuencia la unión de la proteína de unión a TATA (TBP). Alternativamente, *in vivo*, se utiliza TFIID que incluye, tanto la TBP como los factores asociados (TAF). Esto dará lugar a la unión del TFIIA. La serie de puntos indica la fosforilación del dominio C-terminal (CTD) de Rbp1, la subunidad mayor de la pol II. La fosforilación es necesaria para la liberación de la enzima del lugar de iniciación.

Reproducido de *Trends in Biochemical Sciences* 21:327-335, R. G. Roeder, The role of general initiation factors in transcription by RNA polymerase II. © 1996, con permiso de Elsevier.

modelado la estructura del complejo que contiene el lugar TATA, TBP, TFIIB y TFIIA. Una característica notable que emerge es el pliegue pronunciado inducido en el DNA alrededor del lugar TATA (Figura 27.25).

La fosforilación del terminal carboxilo de la subunidad más grande de la RNA pol II es esencial para la formación de un complejo de elongación. Esta proteína contiene varias docenas de repeticiones de la secuencia hexapeptídica YSPTSPS, con hasta 52 repeticiones en la enzima de mamíferos. Muchos o la mayoría de los residuos de serina de esta secuencia deben fosforilarse para que la polimerasa escape del promotor. Los estudios más recientes señalan también la metilación específica de lugar de residuos de arginina de este dominio.

TFIIB desempeña una función especialmente importante, ya que convierte el complejo promotor cerrado inicial en un complejo promotor abierto, comparable a los complejos que hemos visto para la RNA polimerasa bacteriana. Recientemente, Patrick Cramer y colaboradores han descrito la estructura cristalina del complejo entre la RNA polimerasa II de levaduras y el TFIIB, ampliando nuestro conocimiento de los pasos

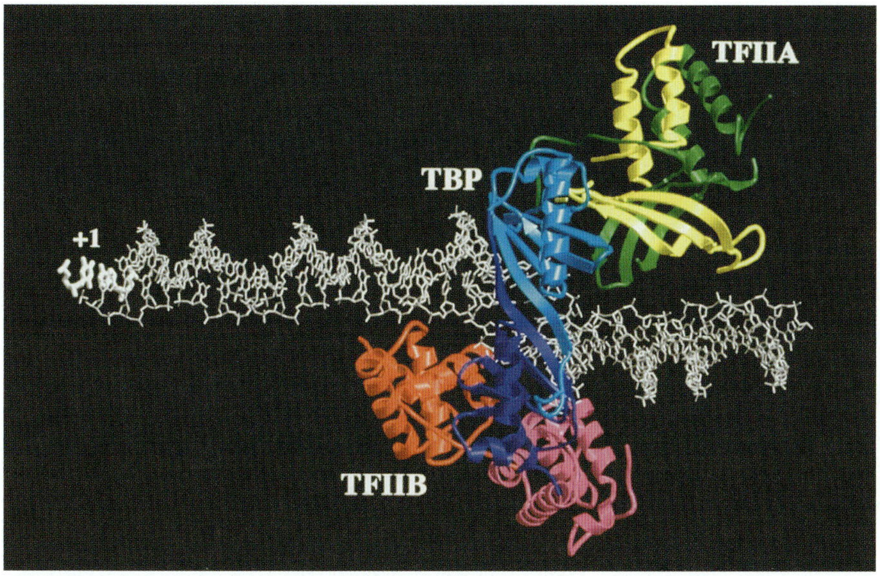


**FIGURA 27.25**

**Modelo del complejo promotor TFIIATBP-TFIIB ensamblado mediante ordenador de acuerdo con las estructuras cristalinas de los complejos TBP-TFIIB-TATA y TFIIA-TBP-TATA.** Los dominios repetidos amino y carboxilo terminales de la TBP se muestran en azul y morado, respectivamente; los dominios repetidos amino y carboxilo terminales del TFIIB central se muestran en rojo y fucsia, respectivamente; y porciones de las subunidades grande y pequeña de la TFIIA de levaduras se muestran en verde y amarillo, respectivamente. El lugar de comienzo de la transcripción (+1) se indica en blanco. La proyección del complejo es desde la parte superior, mostrando la TBP descansando a caballo del elemento TATA distorsionado y adyacente, pero desplazada lateralmente, con segmentos de DNA hacia arriba y hacia abajo (en forma B estándar) que se extienden, respectivamente, hacia la izquierda y por debajo del plano de la figura y hacia la derecha y por debajo del plano de la figura.

Reproducido de *Trends in Biochemistry Sciences* 21:327-335, R. G. Roeder, del trabajo de S. K. Burley,The role of general initiation factors in transcription by RNA polymerase II. © 1996, con permiso de Elsevier.

bioquímicos implicados. La Figura 27.26 presenta un modelo de la estructura de la proteína de unión a la caja TATA (TBP), que nos da una idea del proceso de iniciación. Al formarse el complejo promotor cerrado, la TBP dobla 90° el DNA. El dominio C-terminal de TFIIB se une a la TBP y a las regiones adyacentes. El dominio N-terminal incorpora la RNA polimerasa al promotor del DNA cerca del lugar de comienzo de la transcripción, formando el complejo promotor cerrado. A continuación, un elemento estructural de TFIIB, que se denomina ligador B, participa en la apertura del DNA antes del lugar de iniciación de la transcripción, lo cual conduce al complejo promotor abierto. TFIIB participa aquí en el enroscado de la cadena molde de DNA en el lugar activo, para lo que TFIIB utiliza otro elemento estructural, el lector B, que consta de una hélice seguida de un bucle móvil. A continuación, se rastrea el DNA en busca de un motivo iniciador (Inr), tras lo que se posicionan los dos primeros ribonucleótidos sustrato frente al motivo conservado, que se denomina Inr, y se forma el primer enlace fosfiodiéster. Igual que se ha visto con la polimerasa bacteriana, la mayoría de las iniciaciones de cadena son abortivas, debido posiblemente a la interferencia de la cadena de RNA creciente con el bucle lector B. Finalmente, el crecimiento de las cadenas de RNA más allá de siete nucleótidos desencadena la liberación de TFIIB, lo cual completa el proceso de escape del promotor. El proceso que se ha descrito es, en realidad, similar a la iniciación de la transcripción que se ha estudiado con las polimerasas bacterianas, aunque las proteínas distintas a la RNA polimerasa sean bastante diferentes.

Como se ha mencionado antes, la unión de factores que actúan en *trans* a secuencias muy alejadas del propio promotor, hasta varios kilopares de bases, puede influir sobre la

**FIGURA 27.26**

**Modelo de iniciación de la transcripción deducido de la estructura cristalina del TFIIB en complejo con el RNA de la RNA polimerasa II.** La polimerasa aparece en plata-gris, con otros participantes que se muestran. Una vez que se han formado los complejos promotores cerrado y abierto, como se describe en el texto, un choque entre la cadena de RNA creciente y la hélice lectora B y entre el DNA que no es molde y la hélice B enlazadora, son responsables de la disociación de TFIIB al comenzar la elongación.

Reproducido de *Biological Chemistry* 391:731-735, Patrick Cramer, Towards molecular systems biology of gene transcription and regulation. © 2010 Walter de Gruyter GmbH & Co. KG.

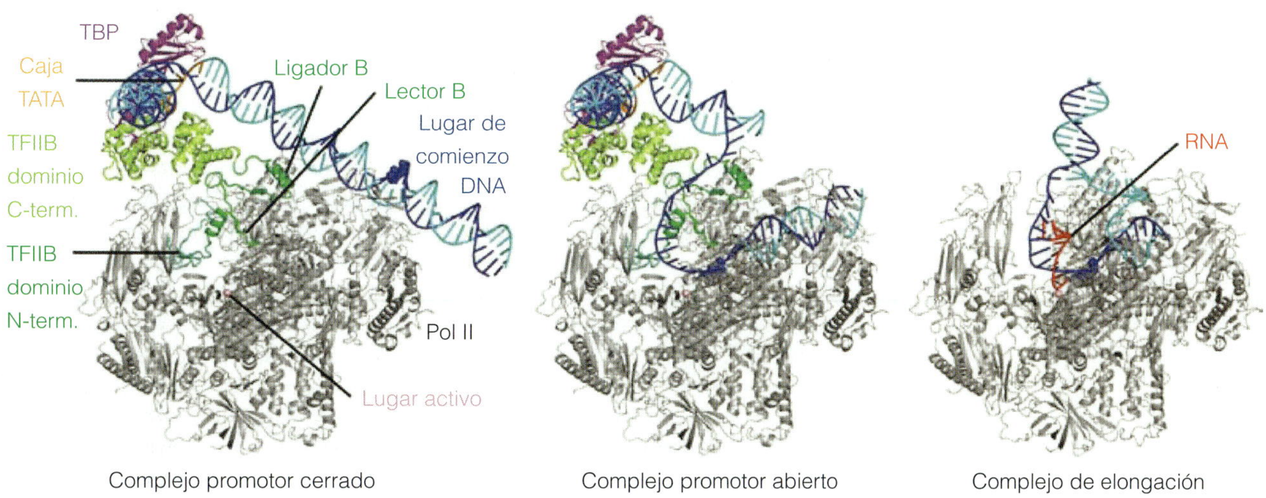

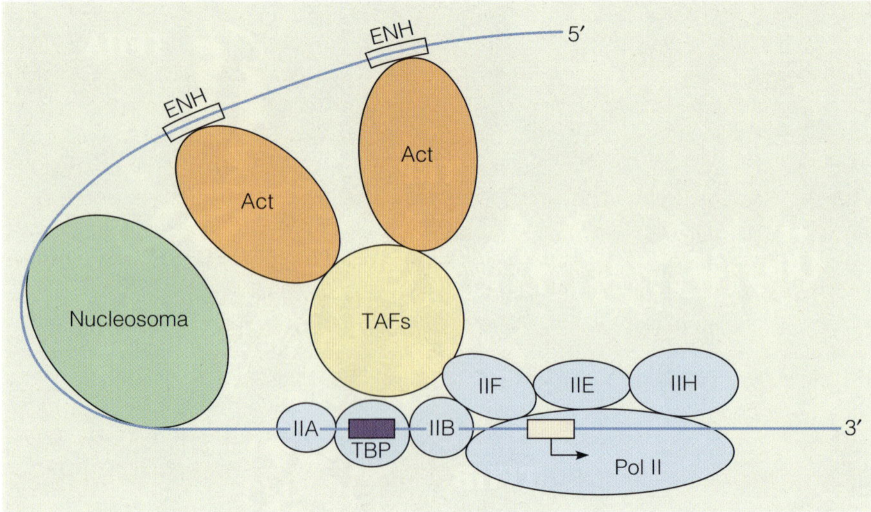


**FIGURA 27.27**

**Representación esquemática de cómo los bucles de DNA (quizás a través de los nucleosomas) pueden poner a las proteínas activadoras (o represoras) unidas al potenciador en contacto con las TAF asociadas con el complejo central.**

transcripción. Estas secuencias se denominan *potenciadoras*, y su modo de acción parece implicar la formación de bucles de DNA, tal vez a través de la acción de los nucleosomas, lo que puede hacer que las proteínas unidas al potenciador entren en contacto físico directo con las proteínas unidas al promotor. Algunos de los factores de transcripción que se muestran en la Tabla 27.4 pueden unirse, tanto a las regiones promotoras como a las potenciadoras. Actualmente, está claro que las proteínas TAF, que se muestran en la Figura 27.24, pueden actuar como intermediarias entre el activador o el represor unidos al potenciador y al complejo de transcripción central (*véase* la Figura 27.27). También participa en la comunicación entre los elementos de control hacia arriba y las proteínas unidas al promotor un complejo multiproteico denominado **mediador**, que consideraremos con más detalle en el Capítulo 29.

Los factores que actúan en *trans* tienden a ser de un número de clases reducido, cada una de ellas definida por el tipo de dominio estructural que interacciona con el DNA. En la Figura 27.22 se presentan esquemas de cuatro de los motivos mejor conocidos.

## Estructura de la cromatina y transcripción

La interrelación compleja de los factores de transcripción y las polimerasas que hemos descrito se produce, no en el DNA desnudo, sino en la cromatina. La estructura de la cromatina plantea dos problemas importantes. En primer lugar, ¿cómo pueden unirse los factores de transcripción y el complejo de iniciación al DNA en presencia de los nucleosomas? En segundo lugar, ¿cómo puede pasar la polimerasa que realiza una transcripción activa a través de una formación de nucleosomas? Todo esto ha sido un área de gran interés investigador. Presentaremos los puntos de vista actuales respecto al primer problema con algunos ejemplos, y comentaremos luego brevemente el segundo problema.

### El problema de la iniciación

Los lugares hipersensibles de la nucleasa interrumpen la cromatina para permitir la iniciación.

Consideremos, a título de ejemplo, los genes de la $\beta$-globina humana, que se han descrito en el Capítulo 7. Aunque se encuentran en todas las células humanas, estos genes se expresan *solamente* en las células eritroides y en una secuencia del desarrollo fija. En las células embrionarias que no han iniciado aún la síntesis de ninguna globina, la cromatina de la agrupación de genes de la $\beta$-globina tiene un aspecto muy similar al de cualquier otra célula del embrión y está densamente cubierta por nucleosomas. Pero cuando la diferenciación de estas células las compromete en la síntesis de globina, todo el dominio de la $\beta$-globina sufre cambios en la estructura de la cromatina. Uno de los cambios es la aparición de *lugares hipersensibles*, que son regiones especialmente vulnerables a la digestión producida por las nucleasas. En las fases iniciales del desarrollo de los embriones humanos, estos lugares aparecen en las regiones de flanqueo 5′ de los genes embrionarios, que son los primeros en transcribirse. Posteriormente, los lugares hipersensibles se desplazan a los flancos 5′ de los genes del adulto. Actualmente, está claro que muchos de estos lugares corresponden a regiones de una longitud de unas pocas decenas o centenas de pares de bases, en las que se han eliminado o «remodelado» los nucleosomas para hacer más accesible el DNA contenido aquí. Proporcionan puntos en los que los factores de transcripción y otras proteínas que actúan en *trans* pueden acceder a los promotores y potenciadores, lo cual permite la iniciación y estimulación de la transcripción.

¿Cómo se establecen los lugares hipersensibles en los genes que antes no respondían? En algunos casos, entre ellos el de los genes de la globina, parece que la estructura de la cromatina se reordena en el momento de la replicación. En otros casos, hay factores proteicos que parecen ser capaces de interferir en la estructura de la cromatina en loci específicos, abriendo lugares hipersensibles.

Se encuentran ejemplos especialmente interesantes de este tipo en la regulación hormonal de la transcripción. Un caso bien estudiado es el de los genes de las proteínas de la clara de huevo de gallina, ovoalbúmina, ovomucoide y lisozima. La transcripción de estos genes se produce tan solo en las células tubulares del oviducto de la gallina. Incluso en los animales inmaduros, el dominio genómico que contiene el gen de la ovoalbúmina parece tener una estructura de la cromatina algo diferente en estas células del oviducto, en comparación con las de otros tejidos. Pero solo con la estimulación por estrógenos (al llegar a la maduración sexual del animal o tras la administración de la hormona) comienza la transcripción de los genes de la ovoalbúmina. En presencia de estrógenos se abren lugares hipersensibles específicos en el lado 5′ de algunos de los genes de las proteínas de la clara de huevo. Al retirar la hormona administrada a un animal inmaduro, se produce una pérdida de los lugares hipersensibles y un cese inmediato de la transcripción de los genes.

Existen otros muchos ejemplos de control hormonal de la transcripción. En todos los casos, las células diana contienen proteínas específicas, que son receptores hormonales. Cuando estas proteínas se unen a la hormona, pasan a ser capaces de interactuar con lugares específicos del DNA o con proteínas reguladoras no histonas unidas a esos lugares. Así pues, puede realizarse una regulación, tanto positiva como negativa. En algunos casos, el receptor hormonal actúa como factor regulador positivo, por ejemplo, uniéndose a un elemento potenciador. En otros casos, el receptor hormonal puede interaccionar con una proteína represora para aumentar o aliviar la represión. Algunos datos recientes sugieren que este último modelo puede describir la respuesta de las células del oviducto de la gallina a los estrógenos.

## Remodelado de la cromatina

¿Cómo se generan los lugares hipersensibles? y ¿cómo se altera la estructura de la cromatina para hacer accesible el DNA? Solo recientemente han empezado a encajar las piezas para responder a estas preguntas. En primer lugar, destaca el descubrimiento, primero en levaduras y posteriormente en los eucariotas superiores, de los **factores de remodelado de la cromatina,** que son proteínas que hacen posible a las regiones promotoras aceptar la maquinaria compleja y abultada que se representa en la Figura 27.24. Los complejos SWI/SNF y RSC de las levaduras y el complejo NURF de *Drosophila* son probablemente los mejor estudiados; de forma significativa, los tres requieren la hidrólisis de ATP para realizar su tarea. No está claro qué es lo que hacen exactamente esos factores. Parece que no eliminan los nucleosomas sino que, de alguna forma, los «abren». El trabajo *in vitro* reciente con el complejo RSC de levaduras indica que los nucleosomas son, en realidad, disociados, al menos de forma transitoria, para colaborar en la generación de los complejos de transcripción. Otras investigaciones recientes que han utilizado las técnicas de moléculas individuales, indican que la polimerasa II no separa el DNA molde de las histonas de la cromatina, sino que la polimerasa aprovecha las fluctuaciones de conformación de la cromatina para detenerse hasta que la apertura parcial la permite moverse hacia adelante, y actuar como un trinquete y forzar su camino a través del nucleosoma, un proceso que se ha denominado «empujando a través de un nucleosoma». Un tema que se está persiguiendo intensamente es si ambos procesos, la disociación transitoria y el empuje, se producen de forma regular en la transcripción eucariota. En el Capítulo 29 trataremos más sobre los complejos de remodelado de la cromatina.

Otro papel, quizás de igual importancia, es el que desempeñan las acetiltransferasas y las desacetilasas de las histonas. Se sabe desde hace tiempo que las histonas del centro del

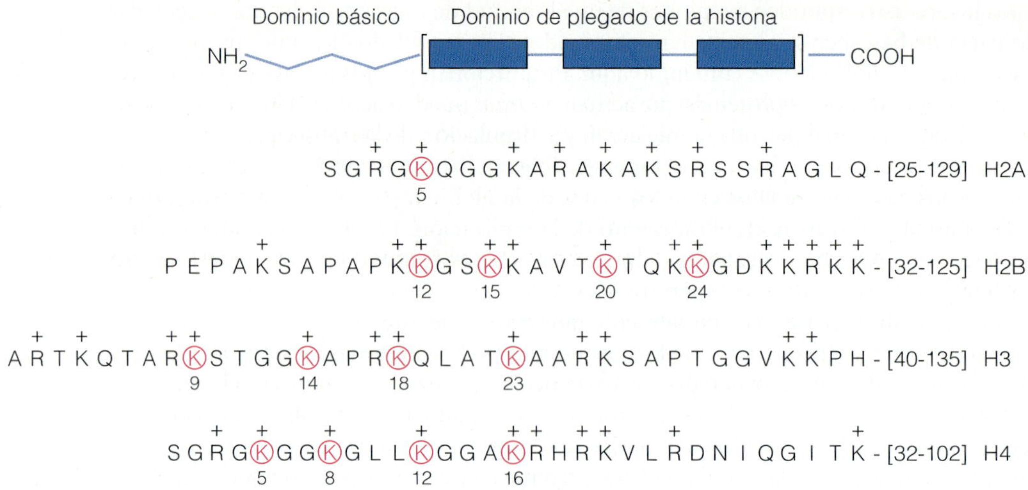


**FIGURA 27.28**

**Acetilación de las histonas centrales.** La estructura general de cada una de las cuatro histonas centrales comporta un dominio helicoidal «plegado de histona» más un dominio desestructurado N-terminal muy básico. La acetilación en los núcleos se produce exclusivamente en los dominios N-terminal, en los lugares muy conservados que se indican en fucsia.

Adaptado con autorización de *Biochemistry* 37:17637-17641, J. C. Hansen, C. Tse y A. P. Wolffe, Structure and function of the core histone N-termini: More than meets the eye. © 1997 American Chemical Society.

nucleosoma se acetilan en residuos específicos de lisina en las colas N-terminales (*véase* la Figura 27.28). Además, se han relacionado los niveles elevados de acetilación con una actividad transcripcional elevada, y viceversa. Esto es razonable, ya que la neutralización de los residuos básicos de las histonas por acetilación relajaría las interacciones entre las histonas y el DNA en la cromatina. Lo que es nuevo es el descubrimiento de que varias proteínas llevadas hacia el complejo de iniciación por activadores y las TAF (y algunas de estas mismas proteínas) tienen actividad de acetilación de histonas. El hecho de que en este proceso participen factores de transcripción específicos puede proporcionar la explicación buscada desde hace tiempo de cómo puede marcarse para su ruptura la cromatina de genes *específicos*.

## Elongación de la transcripción

La pol II puede transcribir a través de la formación de nucleosomas.

La formación del complejo de preiniciación (Figura 27.24) va seguida, en presencia de ribonucleósidos trifosfato y ATP, por la fusión de una región corta y por la iniciación de la transcripción. Como se ha señalado antes, la cola C-terminal de la pol II Rpb1 se fosforila intensamente, liberando el promotor y comienza la elongación, con una actividad helicasa limpiando el camino. Se liberan varios de los factores de transcripción centrales y la pol II, junto con el TFIIF, se desplaza a lo largo del DNA. En el lugar de comienzo y preparado para iniciar otra ronda, queda un complejo residual que contiene TBP, TFIIA, TAF y probablemente, proteínas activadoras.

En este punto, la polimerasa adquiere también varios *factores de elongación* especiales. Algunos de ellos parecen colaborar con la enzima para atravesar los lugares de pausa en el DNA. En los experimentos *in vitro* que emplean pol II desnuda, la transcripción es relativamente lenta y se interrumpe por pausas frecuentes, especialmente en las regiones con abundante T. El fenómeno parece, en general, ser semejante al descrito en el Capítulo 26 para la transcripción en procariotas. La presencia de factores de elongación ayuda a la enzima a atravesar esos lugares. Los nucleosomas forman obstáculos aún más importantes para la progresión de una polimerasa II a lo largo del DNA. Aunque algunas polimerasas procariotas pueden pasar a través de disposiciones de nucleosomas en estudios *in vitro*, la pol II queda totalmente bloqueada a no ser que estén presentes proteínas accesorias, entre las que se encuentran los factores de remodelado de los nucleosomas y un factor de elongación específico denominado FACT.

Es aún un misterio la forma en que la pol II transcribe a través de los nucleosomas. ¿Se despliegan y vuelven a plegar los nucleosomas al pasar la polimerasa? ¿Se desplazan temporalmente? Los datos de que se dispone están a favor de un desplazamiento temporal, pero el tema está lejos de su asentamiento. Un factor que puede participar en ese desplazamiento es la formación de una torsión superhelicoidal positiva más allá de la polimerasa que se desplaza. Una polimerasa que se desplaza a lo largo de un molde helicoidal debe girar continuamente sobre el DNA o formar superenrollamientos positivos más adelante para compensar el desenrollamiento que se está produciendo. Esa torsión tendería a desestabilizar a los nucleosomas ya que contienen DNA enrollado negativamente.

## Terminación de la transcripción

También la terminación de la transcripción del mRNA es diferente en los eucariotas. Mientras que la RNA polimerasa de los procariotas identifica las señales de terminación, que a veces actúan con la ayuda de la proteína $\rho$, la polimerasa II eucariota suele continuar transcribiendo más allá del final del gen. Al hacerlo, pasa a través de una o varias señales AATAAA, que se encuentran después del extremo 3′ de la región de codificación (Figura 27.29). El pre-mRNA, que transporta esta señal en forma de AAUAAA, se rompe entonces por una endonucleasa especial, que reconoce la señal y corta en un lugar situado entre 11 y 30 residuos hacia el lado 3′ de la misma. En este punto, se añade una cola de ácido polirriboadenílico poli(A), de hasta 300 bases de longitud, mediante una polimerasa especial que no está dirigida por el molde. Las funciones de las colas de poli(A) de los mRNA eucariotas son la estabilización y la facilitación del transporte desde el núcleo al citoplasma. Sabemos que no pueden ser esenciales para todos los mensajes, ya que algunos mRNA (por ejemplo, la mayoría de los mRNA de las histonas de los eucariotas superiores) no las tienen. Sin embargo, como se ha señalado antes, las colas de poli(A) están relacionadas con la estabilidad del mensaje, ya que los mensajes con menos cola de forma característica poseen vidas mucho menores en el núcleo.

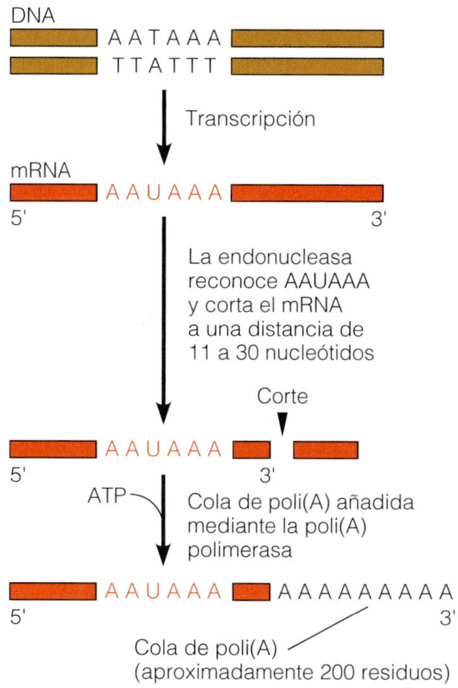


**FIGURA 27.29**

**Terminación de la transcripción en los eucariotas: adición de las colas de poli(A).** Hay una secuencia AATAAA cerca del extremo 3′ de la mayor parte de los genes eucariotas. Cuando se transcribe a AAUAAA, proporciona una señal para la ruptura mediante la endonucleasa y la adición de una cola de poli(A).

# Procesamiento posterior a la transcripción

## Recambio del mRNA bacteriano

Un aspecto importante del metabolismo del RNA mensajero en los eucariotas es el de los fenómenos que se producen *después* de la transcripción, y que son necesarios para que los mensajes pasen del núcleo a sus lugares de uso en el citosol. Comentaremos estos fenómenos posteriormente en este capítulo. En los procariotas en cambio, los mRNA se utilizan directamente en la síntesis proteica. En realidad, un mRNA naciente puede actuar como molde para la traducción en su extremo 5′, mientras todavía se encuentra en el proceso de síntesis hacia el extremo 3′. En otras palabras, la transcripción está acoplada a la traducción.

El principal fenómeno posterior a la transcripción en el metabolismo de los mRNA procariotas es su propia degradación, que en la mayor parte de los casos es muy rápida. Hay algunos mRNA bacterianos, en especial los que codifican las proteínas de la membrana externa, que son de larga duración; sin embargo, la mayoría de los mensajes bacterianos tienen una semivida de solo 2 o 3 minutos. Este breve periodo de vida hace que los genes que se expresan deban transcribirse continuamente y que la mayor parte de las moléculas de mRNA solo se traduzcan unas pocas veces. Aunque esto puede parecer un derroche de energía, concuerda con el estilo de vida de los procariotas, que necesitan adaptarse con rapidez a los cambios ambientales. Hemos indicado antes la ventaja selectiva de las bacterias que son capaces de expresar los genes de la utilización de la lactosa tan solo cuando está presente un inductor. Por el mismo motivo, sería un derroche inútil el que la célula continuara produciendo estas proteínas una vez agotada la lactosa del medio. La rápida degradación del mRNA del *lac* garantiza que la síntesis derrochadora de energía de estas proteínas cesará en cuanto desaparezca la necesidad de las proteínas.

Aunque conocemos la inestabilidad del mRNA bacteriano desde hace más de tres décadas, todavía es sorprendentemente escaso nuestro conocimiento sobre la ruta de degradación. Es probable que existan mecanismos solapantes, con hidrólisis mediante nucleasas y fosforólisis mediante la polinucleótido fosforilasa. Sabemos que la degradación comienza a partir del extremo 5′, lo cual es importante, ya que la traducción comienza también en el extremo 5′. Si la degradación empezara en el extremo 3′, un ribosoma que empezara a actuar en el extremo 5′ podría no llegar nunca a un extremo 3′ intacto. Existen razones para pensar que la degradación del mRNA se inicia, a veces, con la acción de la ribonucleasa III, una enzima específica para el RNA dúplex, que podría romper las estructuras de bucle troncal y crear lugares para el ataque exonucleolítico. La RNasa III interviene de hecho en la maduración de ciertos mRNA de fagos cuando sufren el procesamiento posterior a la transcripción, pero no se sabe que esta intervención se produzca en los mRNA bacterianos.

## Procesamiento posterior a la transcripción en la síntesis de los rRNA y tRNA bacterianos

Tanto los RNA ribosómicos como los RNA de transferencia se sintetizan en forma de transcritos de mayor tamaño (pre-rRNA y pre-tRNA, respectivamente), que luego sufren una rotura en sus dos extremos, para dar lugar a los RNA maduros. La cantidad total de DNA que codifica estos RNA es menor del 1 % del genoma de *E. coli*, pero dada la inestabilidad del mRNA (que está codificado por el 99 % restante), el rRNA y el tRNA constituyen alrededor del 98 % del RNA total de una célula bacteriana. Es importante señalar también que la transcripción de los genes de los rRNA es muy eficaz cuando las células crecen rápidamente. Las concentraciones intracelulares de ribonucleósidos trifosfato son aquí elementos importantes de control; el ATP, cuya concentración es elevada en las células que crecen rápidamente, activa la transcripción de los genes de los rRNA, estabilizando los complejos promotor abierto relevantes.

### Procesamiento del rRNA

El genoma de *E. coli* contiene siete operones diferentes para las especies de rRNA. Cada uno de ellos codifica, en un solo transcrito, secuencias para una copia de cada uno de los rRNA de 16S, 23S y 5S (Figura 27.30). Dado que las tres especies se utilizan en cantidades iguales, es evidente la lógica que subyace en esta organización. Menos fácil de explicar es el hecho de que cada transcrito incluya también secuencias para una a cuatro moléculas de tRNA, que varía entre los siete operones diferentes. Dado que los rRNA y los tRNA se utilizan en la síntesis de proteínas, la intercalación de secuencias de rRNA y tRNA puede representar una forma de coordinar las velocidades de síntesis de estos RNA, pero no se han descubierto aún los mecanismos específicos.

¿Qué enzimas participan en el procesamiento de las especies de pre-RNA 30S? La acumulación anormal de esta especie en las cepas bacterianas con un déficit de RNasa III fue lo primero que sugirió una función de esta enzima en el procesamiento del rRNA. De hecho, un corte de la doble cadena en cada una de las dos regiones de bucle troncal gigantes libera los precursores de los rRNA 16S y 23S, y es probable que ocurra igual para el rRNA 5S. Los pasos posteriores de maduración requieren la presencia de proteínas ribosómicas concretas, que empiezan a ensamblarse en los RNA precursores, mientras la transcripción continúa aún realizándose. Las secuencias de tRNA incluidas se procesan para dar los tRNA maduros, siguiendo las mismas rutas que se emplean para otras especies de tRNA, como se considera a continuación.

Los transcritos bacterianos sufren un procesamiento posterior a la transcripción, que comporta la rotura, tanto endonucleolítica como exonucleolítica.

### Procesamiento del tRNA

Aparte de los tRNA incluidos en los transcritos de pre-rRNA, los demás tRNA se sintetizan en transcritos que contienen de uno a siete tRNA cada uno, rodeados todos ellos por secuencias de flanqueo largas. Los pasos de maduración se resumen en la Figura 27.31, utilizando como ejemplo el caso bien estudiado de la especie tRNA de tirosina de *E. coli* ($tRNA^{Tyr}$). En este caso, la maduración comienza (paso 1) con una endonucleasa

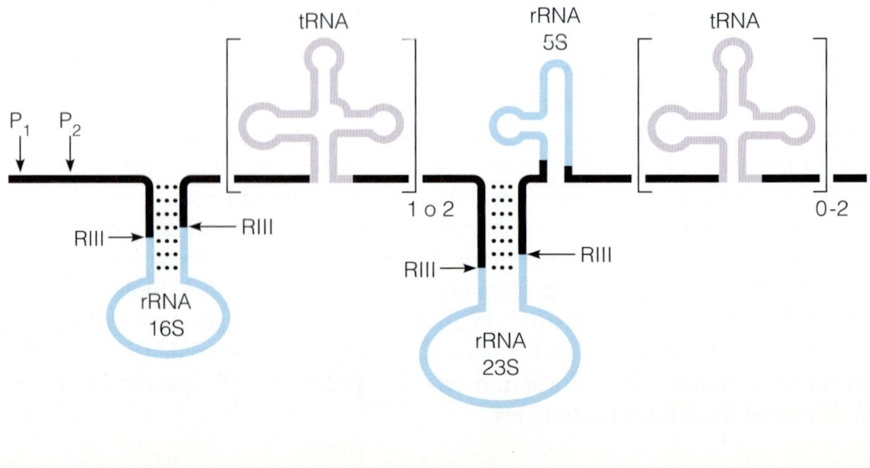


**FIGURA 27.30**

**Estructura del pre-rRNA 30S de *E. coli*.** Se muestran las secuencias complementarias de los dos lugares promotores ($P_1$ y $P_2$), los lugares de ruptura de la RNasa III (RIII) que liberan las especies 16S y 23S, y las localizaciones de las secuencias de tRNA incluidas en el transcrito.

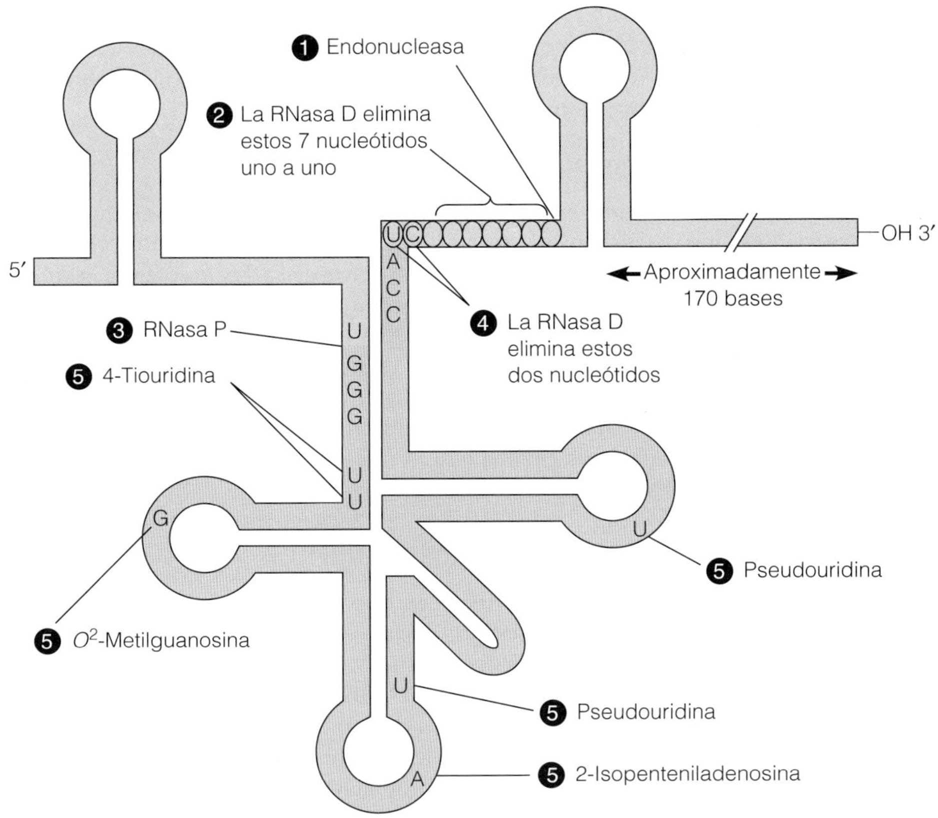


**FIGURA 27.31**

**Pasos en la modificación (1-4) que ocurren en la maduración del tRNA$^{Tyr}$ de *E. coli* a partir de su transcrito y bases modificadas (5) que se ven en el tRNA maduro.** La secuencia de tRNA se indica en color morado.

que rompe en una estructura de bucle troncal en el lado 3′ de la secuencia del tRNA. Ello va seguido de la acción de la **ribonucleasa D** (paso 2), que lleva a cabo la rotura exonucleolítica hasta un punto, a dos nucleótidos de la secuencia CCA en el extremo 3′. A continuación (paso 3), se crea el extremo 5′ por la **ribonucleasa P**, que se rompe para dejar un fosfato en el 5′ terminal de G. Esta enzima crea una terminación 5′ en todas las moléculas de tRNA. No está claro qué características estructurales son reconocidas por la RNasa P, ya que en los lugares de ruptura se encuentran diferentes secuencias. Como se señaló en el Capítulo 11, la ribonucleasa P fue una de las primeras ribozimas que se identificaron. La enzima consta de una molécula de RNA de 377 nucleótidos y una molécula proteica con un $M_r$ de alrededor de 20 000. Ambos componentes son necesarios para la actividad catalítica total, pero en condiciones no fisiológicas, la molécula de RNA sola puede catalizar una ruptura exacta. A pesar de la participación del RNA como elemento catalítico en la ribonucleasa P, la enzima de las mitocondrias humanas se ha visto recientemente que consta, en su totalidad, de tres subunidades proteicas.

Una vez creado el extremo 5′ adecuado, la ribonucleasa D elimina los dos nucleótidos restantes del extremo 3′ (paso 4). En el caso de que se produzca un «recorte» excesivo por un control defectuoso de la actividad de la RNasa D, hay una enzima (CCA nucleotidil transferasa) que restablece el extremo CCA de cualquier tRNA de una forma no transcriptiva. Esta enzima reconoce específicamente el extremo 3′ de los tRNA que carecen del extremo CCA, y cataliza las reacciones secuenciales con un CTP, otro CTP y un ATP.

La formación de las bases modificadas (*véanse* los Capítulos 4 y 28) se produce en la etapa final, con metilaciones, tiolaciones, reducción del uracilo o dihidrouracilo, etcétera. En el ejemplo mostrado, las modificaciones son la formación de dos pseudouridinas, una 2-isopenteniladenosina, una $O^2$-metilguanosina, y una 4-tiouridina (paso 5). Estas modificaciones sirven para estabilizar las moléculas de tRNA frente a la degradación intracelular. Las modificaciones no son esenciales para la función del tRNA en la traducción, ya que muchos tRNA que carecen de ellas son completamente activos *in vitro*. Las rutas de síntesis de los tRNA eucariotas son semejantes, incluyendo la participación de la ribonucleasa P.

A pesar de que es evidente que estas modificaciones no son esenciales para la función de los tRNA en la traducción, las células gastan una gran cantidad de energía en llevarlas a cabo. Se han descrito más de 90 modificaciones de bases. En la levadura *Saccharomyces cerevisiae* llevan a cabo estas modificaciones más de 40 enzimas que modifican los tRNA, formadas por hasta 100 subunidades proteicas. La molécula promedio de tRNA tiene más de 12 bases modificadas.

El procesamiento posterior a la transcripción en las bacterias comporta la rotura del transcrito primario, la modificación de las bases (en la síntesis del tRNA), la adición de nucleótidos no transcripcional y (en unos pocos casos), el corte y empalme de intrones.

### Corte y empalme de genes en los procariotas

Un proceso posterior a la transcripción adicional, denominado corte y empalme de intrones, está limitado casi exclusivamente a los eucariotas, aunque el autocorte y empalme de intrones está bien definido en unos pocos genes de los bacteriófagos. Es interesante señalar que los genes de los fagos con corte y empalme suelen ser los que codifican enzimas de la biosíntesis de los precursores del DNA o RNA. Así, por ejemplo, los tres intrones del genoma del fago T4 están en genes que codifican la timidilato sintasa, la subunidad pequeña de la ribonucleótido reductasa de clase I y la ribonucleótido reductasa de clase III (anaerobia). También, los intrones procariotas algunas veces codifican una «endonucleasa recalada», una enzima que en una infección mixta puede facilitar la transferencia de un intrón a un gen conocido sin intrón.

## Procesamiento del RNA mensajero eucariota

Existen diferencias significativas en las formas en que se producen y procesan los RNA mensajeros de los genes que codifican las proteínas en las células procariotas y eucariotas. Recuérdese que los mRNA procariotas se sintetizan en el nucleoide bacteriano en contacto directo con el citosol y están disponibles *inmediatamente* para la traducción. Una secuencia de nucleótidos específica en el extremo 5′ reconoce un lugar del RNA ribosómico procariota, permitiendo la unión del ribosoma y la iniciación de la traducción, a menudo incluso antes de que se haya completado la transcripción del mensaje. Por tanto, hay poco procesamiento o quizás ninguno de los mRNA bacterianos.

En los eucariotas, el mRNA se produce en el núcleo y debe exportarse al citosol para la traducción. Además, el producto inicial de la transcripción (*pre-mRNA*) incluye todos los intrones y muchas regiones de flanqueo; los intrones deben eliminarse antes de que pueda producirse una traducción correcta. Por último, no hay una secuencia de fijación ribosómica como la secuencia Shine-Dalgarno de los procariotas (*véase* el Capítulo 28). Por todas estas razones, el mRNA eucariota requiere un procesamiento importante antes de que pueda utilizarse como molde proteico. Este procesamiento se produce mientras el mRNA está todavía en el núcleo.

### Formación de la caperuza

La primera modificación se produce en el extremo 5′ del pre-mRNA. En primer lugar, se elimina hidrolíticamente un fosfato de la parte trifosfato del nucleótido 5′-terminal. A continuación, el difosfato 5′ resultante ataca el fosfato $\alpha$ (interior) del GTP; en esencia, se añade el nucleótido de guanina en una orientación *inversa* ($5' \longrightarrow 5'$). Junto con los dos primeros nucleótidos de la cadena, este residuo forma la *caperuza* (Figura 27.32). La caperuza se completa posteriormente mediante la adición de grupos metilo en la posición N-7 de la guanina, y en uno o dos grupos hidroxilo del azúcar de los nucleótidos de la caperuza. Esta estructura de caperuza sirve para colocar al mRNA sobre el ribosoma para la traducción, y probablemente, también contribuye a la estabilización del mensaje.

### Corte y empalme

Tras la formación de la caperuza, el pre-mRNA forma complejos con diversas *partículas ribonucleoproteicas nucleares pequeñas* (*snRNP*, que suelen denominarse «snurps»), que a su vez, están formadas por complejos de *RNA nucleares pequeños* (*snRNA*) y proteínas de corte y empalme especiales. Los snRNA tienen menos de 300 nucleótidos. El complejo snRNP-pre-mRNA se denomina **espliceosoma** (*spliceosome*, por *splicing*, que significa corte y empalme), y es aquí donde se produce la parte más fina del procesamiento, el corte y empalme necesario para eliminar los intrones del pre-mRNA y unir los extremos de los dos exones. Al formar un espliceosoma, los snRNA reconocen y se unen a lugares

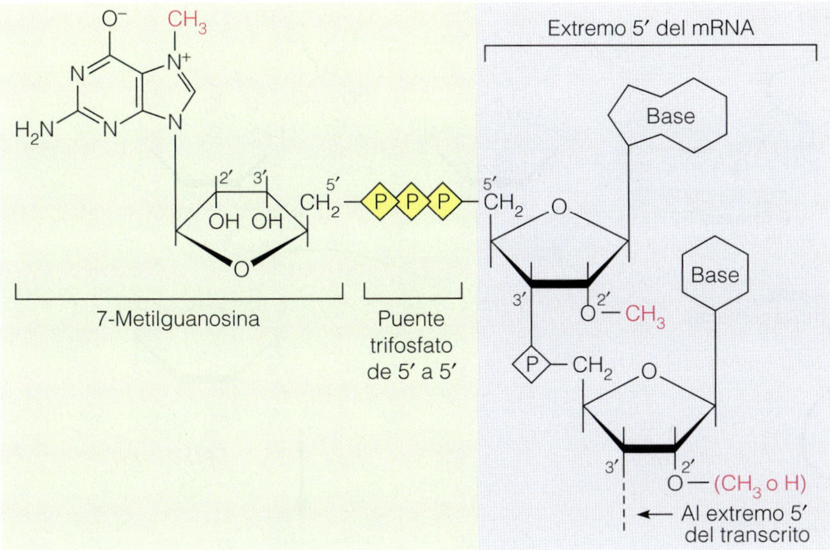


**FIGURA 27.32**

**Estructura del extremo 5′ de un mRNA procesado.** Se muestran los detalles de la región 5′ de la caperuza. Los grupos metilo que se añaden se indican de color fucsia.

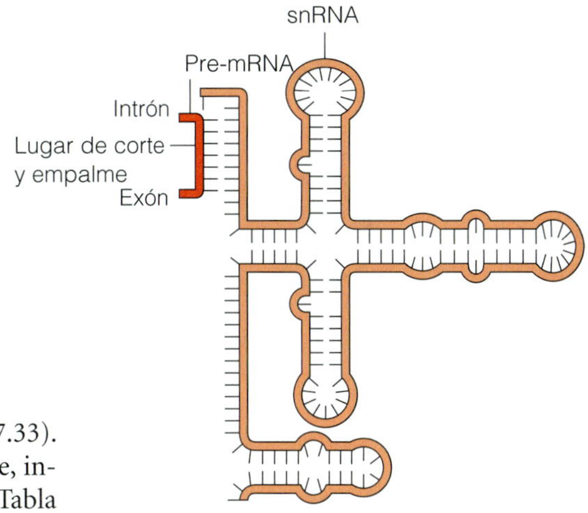


**FIGURA 27.33**

**Estructura de un RNA nuclear pequeño (snRNA).** Se muestra el RNA U1 humano, junto con la región límite intrón-exón, a la que se une al formar el espliceosoma.

de corte y empalme intrón-exón mediante secuencias complementarias (Figura 27.33). Es esencial el reconocimiento preciso de las secuencias de corte y empalme ya que, incluso, un único error de base interrumpirá el sentido del mensaje genético. En la Tabla 27.5 se muestran algunas secuencias representativas de los lugares de corte y empalme y las secuencias de consenso comunes a la mayor parte de los intrones. En la Figura 27.34 se muestra una perspectiva esquemática de los aspectos químicos del mecanismo de corte y empalme.

La escisión de un solo intrón comporta el ensamblaje y desensamblaje de un espliceosoma. En la Figura 27.35 se presenta el proceso global. La secuencia comienza con la unión de la snRNP U1 al lugar G del extremo 5′ del intrón. A continuación, se une la snRNP U2 al lugar de ramificación. Con el ensamblaje continuado del espliceosoma, incluyendo la adición de varias otras snRNP, se forma el bucle de un lazo en el intrón, y se juntan los dos exones. El RNA de la U6 snRNP desarrolla probablemente una función catalítica. Se ha realizado ya el corte y empalme, y se liberan los productos, un mRNA ligado y un intrón con un bucle. Cuando el espliceosoma se desintegra, se degrada el intrón con el bucle, y el mRNA sale del núcleo. No se conoce aún con certeza cómo sucede esto exactamente, pero puede ser junto con algunas de las proteínas snRNP.

**TABLA 27.5. Secuencias representativas en los lugares de corte y empalme**

| Proteína, intrón | Lugar de corte y empalme 5′. Exón ↓ | Intrón ↓ | Lugar de corte y empalme 3′. Exón ↓ |
|---|---|---|---|
| Ovoalbúmina, intrón 3 | ···UCAG | GUACAG···A···UGUAUUCAG | UGUG |
| $\beta$-globina, humana, intrón 1 | ···CGAG | GUUGGU···A···CACCCUUAG | GCUG |
| $\beta$-globina, humana, intrón 2 | ···CAGG | GUGAGU···A···CCUCCACAG | CUCC |
| Inmunoglobulina I, L-VI | ···UCAG | GUCAGC···A···UGUUUCGAG | GGGC |
| Preproinsulina de rata | ···CAAG | GUAAGC···A···CCCUGGCAG | UGGC |
| Secuencias de consenso[a] | —AG | GURAGY···A···YYYYY——AG | —— |

[a] R indica purina e Y pirimidina. Los residuos indicados en la secuencia de consenso (en fucsia) son los que se encuentran en dos terceras partes, o más, de entre 100 casos analizados. Los residuos que se muestran en fucsia se mantienen invariantes en todos los casos analizados. En azul se muestra un residuo de AMP, el lugar ramificado, que está situado entre 20 y 30 nucleótidos hacia arriba desde el lugar 3′ de corte y empalme. Una secuencia con abundante pirimidina se encuentra hacia arriba del lugar 3′ de corte y empalme.

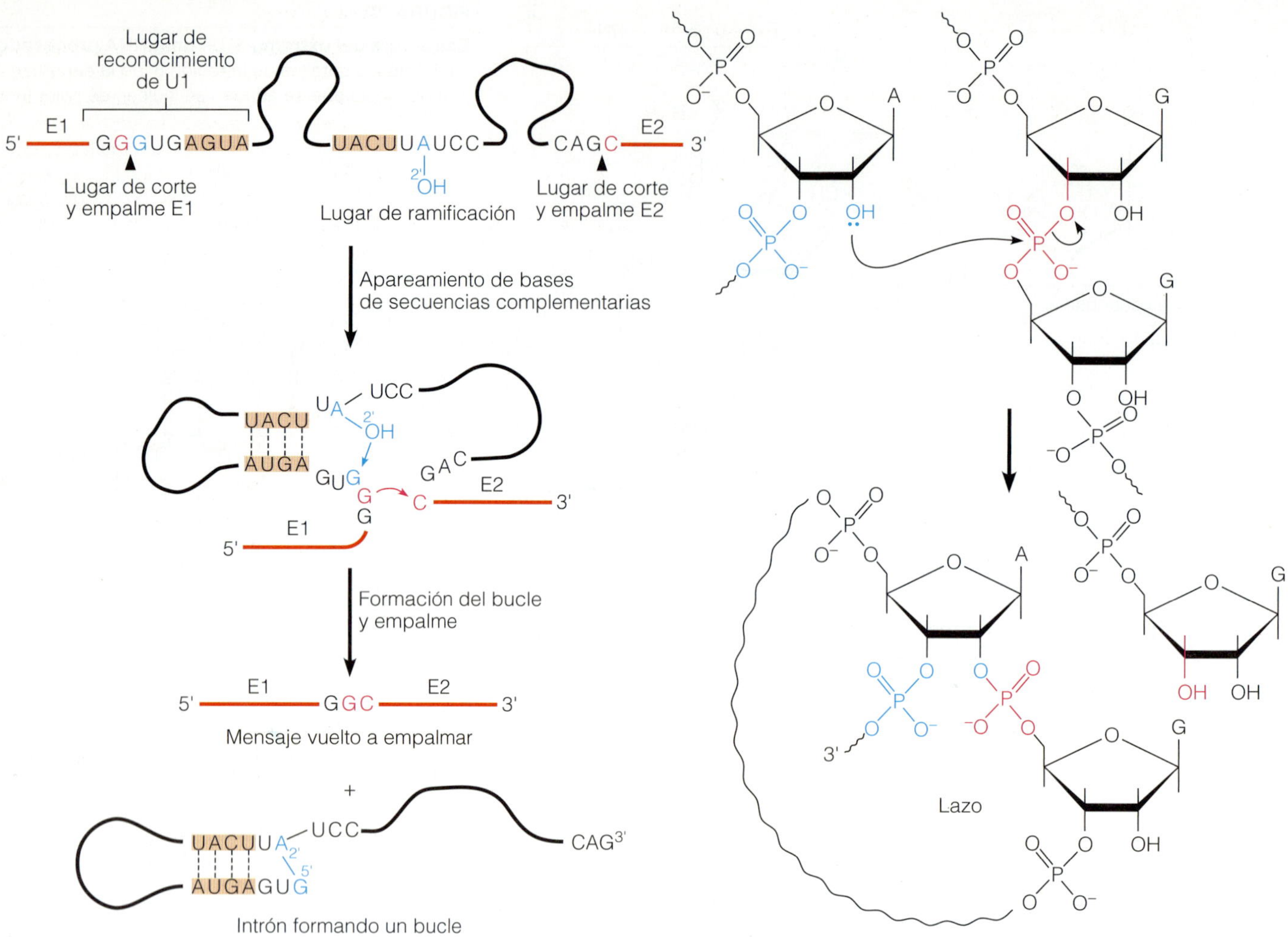


**FIGURA 27.34**

**Representación esquemática del mecanismo de corte y empalme del mRNA.** **(a)** Proceso global. Los exones (E1 y E2) están indicados por líneas rojas; el intrón, por una línea negra o la secuencia. El lugar de corte y empalme E1, presumiblemente con la ayuda del RNA pequeño U1, se aparea con una secuencia en la zona de ramificación para formar un bucle. El hidroxilo 2´ del lugar ramificado AMP lleva a cabo una reacción de transesterificación, al atacar al fosfato de un residuo de GMP (azul) en el extremo 3´ del exón 1 (el lugar de corte y empalme E1). Esto libera la G adyacente (rojo) para atacar con su hidroxilo 3´ al fosfato 5´ hacia el C del extremo 5´ del exón 2. Los productos son un mensaje vuelto a empalmar y una estructura de «lazo» de un intrón en bucle, que luego se degrada. **(b)** Primera reacción de transesterificación. La segunda reacción (no se muestra) implica un ataque nucleófilo del grupo hidroxilo 3´ del GMP (en rojo) sobre el fosfato 5´ de un residuo de CMP, como se ve esquemáticamente en la parte (a).

En 2011 Jeff Gelles y Melissa Moore y sus colaboradores describieron una técnica nueva para el análisis cinético de los pasos individuales de la formación del espliceosoma. La clave de su enfoque fue el desarrollo de marcadores intensamente fluorescentes para los participantes del ensamblaje del espliceosoma, que permitieron a los investigadores el seguimiento de los pasos individuales a nivel de moléculas únicas y en tiempo real. Como se muestra en la Figura 27.36, este enfoque describió una ruta secuencial ordenada. Se vio que cada paso del ensamblaje del espliceosoma es reversible, sin que haya un único paso que genere compromiso a la ruta completa, sino que el compromiso aumenta al irse produciendo el ensamblaje. La reversibilidad de cada paso significa que el corte y empalme alternativo puede regularse en cada uno de estos pasos. El enfoque descrito debería ayudar a iluminar los aspectos mal entendidos del corte y empalme alternativo.

Dada la importancia indiscutible del corte y empalme correcto para la correcta expresión de la información genética, no debe sorprender que los errores de corte y empalme sean responsables de muchas enfermedades genéticas; de hecho, se calcula que el 15 % de todas las enfermedades genéticas surgen de errores de corte y empalme. Un ejemplo son algunas formas de talasemia, una familia de enfermedades cuyo origen es la síntesis defectuosa de las cadenas de hemoglobina (página 265). Se han encontrado mutaciones en los lugares de corte 3′ y 5′ de ambos genes de la cadena $\beta$ de la hemoglobina humana. Normalmente, se forma una cadena de mRNA incorrecta, que conduce a la terminación prematura de la traducción del mensaje. En algunos casos, se crea un nuevo lugar de corte y empalme y esto puede conducir a una mezcla de mensajes de corte y empalme correctos e incorrectos, una condición que puede ser clínicamente menos grave.

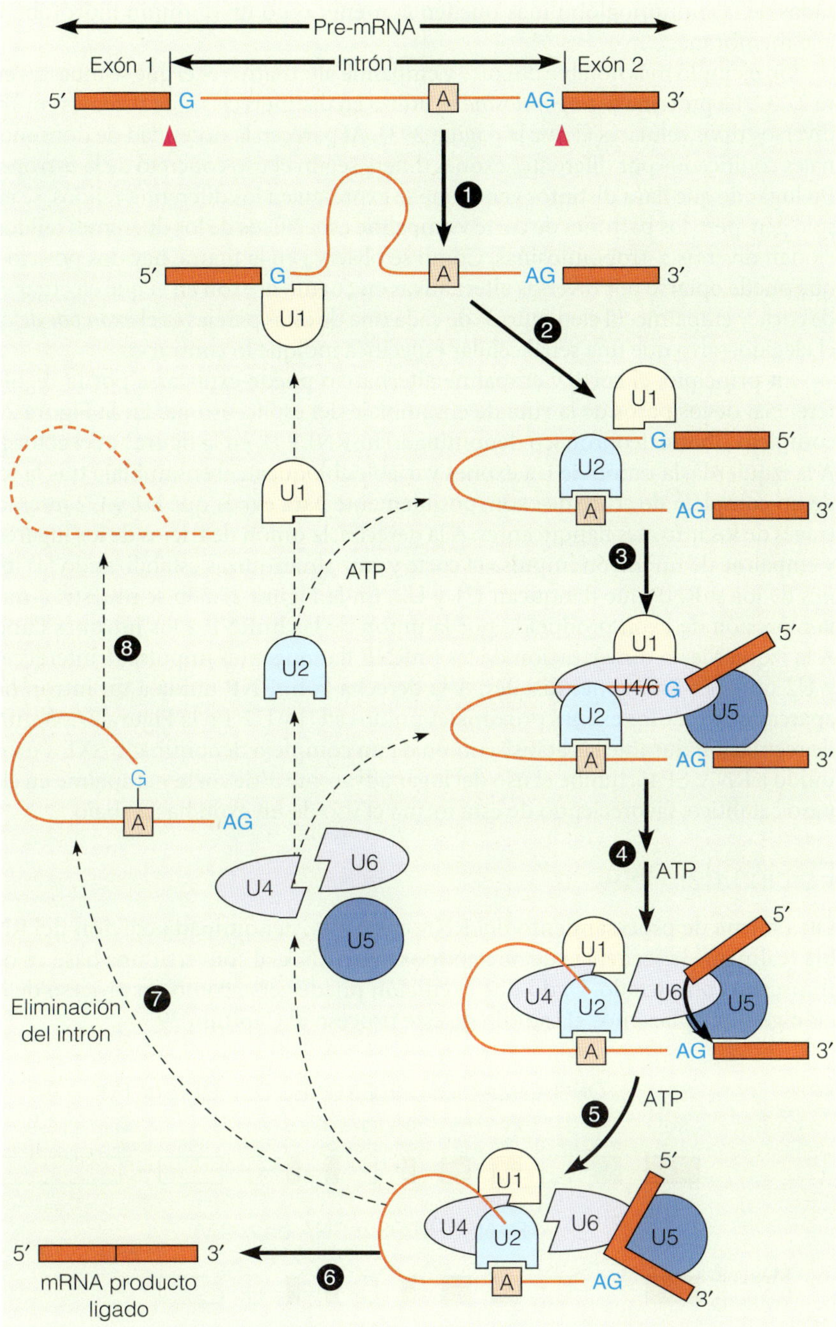


**FIGURA 27.35**

**Proceso global de corte y empalme.** El pre-mRNA junto con diversas snRNP se ensambla y desensambla en un espliceosoma, que lleva a cabo la reacción de corte y empalme. Las diversas snRNP se denominan U1, U2, etcétera. En el paso 1, se une U1, que junto con la unión de U2 (paso 2) da lugar a una estructura en bucle. A continuación, se unen los factores U4/6 y U5 (paso 3), y se produce la ruptura y transferencia (pasos 4, 5). El espliceosoma se desensambla, liberando el producto ligado (6) y el intrón que forma el bucle (7). Este se degrada en pequeños oligonucleótidos (paso 8).

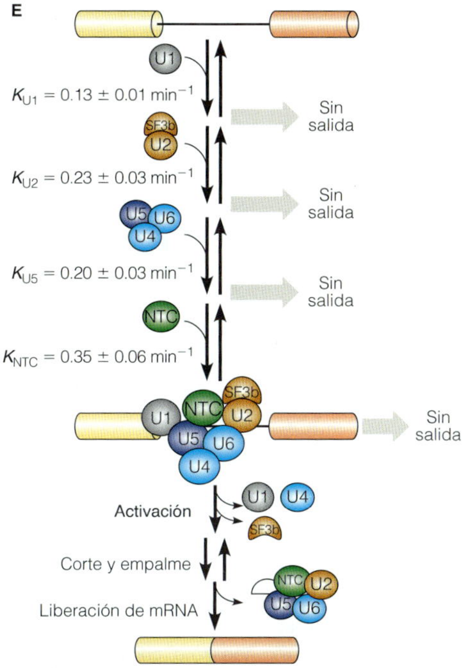


**FIGURA 27.36**

**Análisis cinético del ensamblaje del espliceosoma**. Cada paso en la ruta de ensamblaje es reversible, con constantes de velocidad en la dirección hacia adelante, tal como se muestra. La reversibilidad no se ha detectado aún en el paso de activación ni en la liberación del mRNA. SF3b es un factor proteico de corte y empalme y NTC es un complejo multiproteico llamado Prp19.

De *Science* 331:1289-1295, A. A. Hoskins, L. J. Friedman, S. S. Gallagher, D. J. Crawford, E. G. Anderson, R. Wombacher, N. Ramirez, V. W. Cornish, J. Gelles y M. J. Moore, Ordered and dynamic assembly of single spliceosomes. © 2011. Reproducido con permiso de AAAS.

## Corte y empalme alternativo

Una vez que los investigadores hubieron descubierto y descrito el corte y empalme del mRNA, se sorprendieron al conocer que el mismo pre-mRNA puede experimentar el corte y empalme de varias formas distintas. La existencia de **corte y empalme alternativo** significa que pueden procesarse distintas combinaciones de exones del mismo gen para dar proteínas bastante distintas en diferentes tejidos o en diferentes etapas del desarrollo del mismo organismo. El corte y empalme alternativo hizo más fácil aceptar nuestra sorpresa cuando el Proyecto Genoma Humano reveló la existencia de muchos menos genes de los que se habían esperado dado el tamaño del genoma y la complejidad del *Homo sapiens*. El corte y empalme alternativo agranda considerablemente el repertorio de las proteínas que pueden ser codificadas por un genoma. Hemos mencionado un ejemplo de este fenómeno en el Capítulo 7, en el que señalamos que las cadenas pe-

El corte y empalme alternativo permite que un gen especifique varias proteínas.

sadas de las inmunoglobulinas pueden contener o no un dominio hidrófobo de unión a la membrana.

Un ejemplo más notable de corte y empalme alternativo es el que se muestra en la Figura 27.37. La proteína *α-tropomiosina* se utiliza en distintas clases de sistemas contráctiles de diversos tipos celulares (*véase* la página 293). Al parecer, la necesidad de dominios funcionales codificados por diferentes exones difiere según el uso concreto de la α-tropomiosina. En lugar de que haya distintos genes que se expresen en los diferentes tejidos, se emplea un solo gen, pero los patrones de corte y empalme específicos de los diferentes tejidos proporcionan diversas α-tropomiosinas. Como se observa en la figura, hay dos posiciones en las que puede optarse por diversas alternativas en cuanto al exón en el que efectuar el proceso de corte y empalme. El elemento 3′ de cada una de estas parejas es el *exón por defecto*, y será el elegido, salvo que una señal celular específica indique lo contrario.

En principio, el corte y empalme alternativo puede explicarse por la regulación diferencial de los pasos de la ruta de ensamblaje del espliceosoma. En la Figura 27.38a, un complejo ribonucleoproteico denominado hnRNLP (L en la figura) es el actor principal. A la izquierda, la unión de L a exones variables bloquean el ensamblaje tras la formación de un complejo de cruce de exón, posiblemente para evitar que U1 y U2 interaccionen a través de los intrones flanqueantes. A la derecha, la unión de L lejos de los lugares de corte y empalme de un intrón impulsa el corte y empalme, quizás estabilizando las interacciones de los snRNP que flanquean U1 y U2. En la Figura 27.38b se muestran modelos de la represión de exón producida por la unión de las hnRNP a los intrones flanqueantes. A la izquierda, la dimerización de las hnRNP flanqueantes impulsa la interacción de U1 y U2 unidas a los exones distales. A la derecha la hnRNP unida a un intrón bloquea el apareamiento de los exones proximales unidos a U1 y U2. En la Figura 27.38c, un modelo de regulación durante la catálisis, unión de un complejo denominado SXL a un complejo unido a RNA, SF45, inhibe el uso del lugar adyacente 3′de corte y empalme en el segundo paso catalítico, favoreciendo de esta forma el uso de un exón hacia abajo.

## Edición del RNA

Otra forma de procesamiento del RNA eucariota, denominada **edición del RNA**, cambia realmente la secuencia de nucleótidos del mRNA, al convertir una base en otra en un transcrito completado. Dado que la edición puede verse como un proceso de la regulación génica, aplazamos el estudio de este proceso al Capítulo 29.

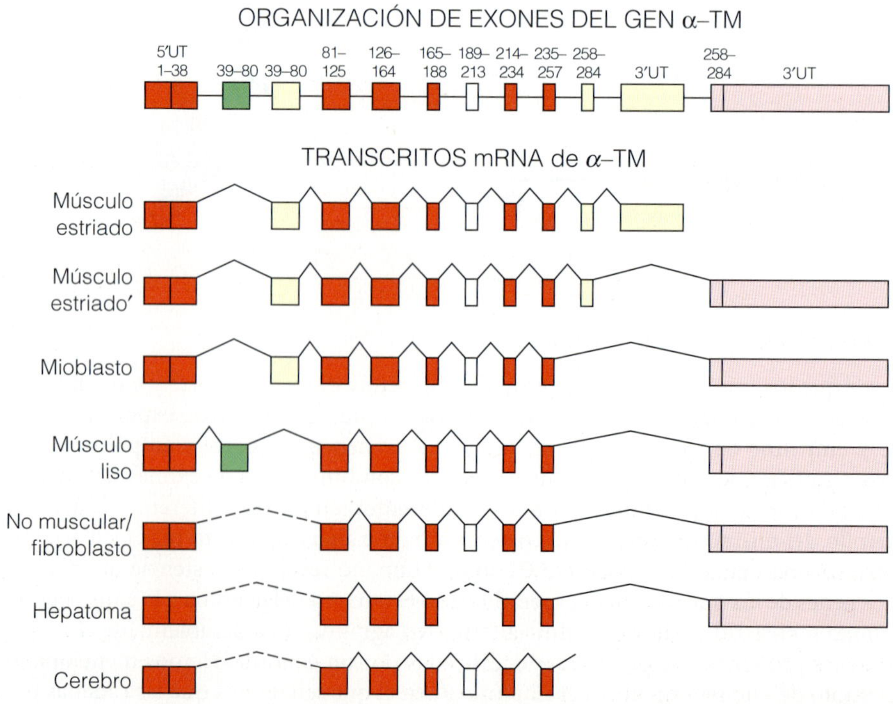


**FIGURA 27.37**

**Organización del gen de la α-tropomiosina (rata) y siete rutas de corte y empalme alternativas.** Los exones (rojo, constitutivos; verde, específicos del músculo liso; amarillo, específicos del músculo estriado; blanco, variables) están indicados con sus aminoácidos codificados (numerados). Se muestran las rutas de corte y empalme documentadas experimentalmente (líneas continuas) y otras (líneas punteadas) inferidas del mapeo de protección con nucleasas. Los exones liso (SM) y estriado (STR) que codifican los residuos de aminoácidos 39-80 son mutuamente excluyentes y, asimismo, hay exones 3′ terminales alternativos. UT significa regiones no traducidas.

Adaptado de *Annual Review of Biochemistry* 56:467-495, R. E. Breitbart, A. Andreadis y B. Nadal-Ginard, Alternative splicing: A ubiquitous mechanism for the generation of multiple protein isoforms from single genes. © 1987 Annual Reviews.

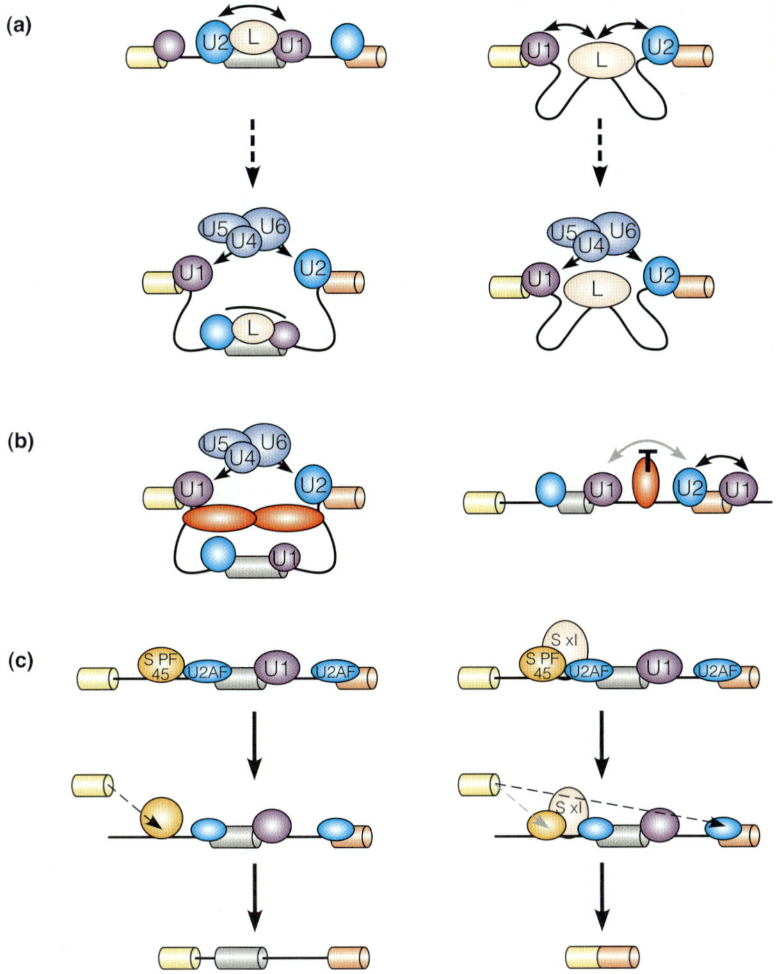


**FIGURA 27.38**

**Mecanismos posibles de corte y empalme alternativo mediante la selección del corte y empalme.** *Véanse* en el texto los detalles. *Journal of Biological Chemistry* 283: 1217-1221, A. E. House y K. W. Lynch, Regulation of alternative splicing: More than just the ABCs. Reprinted with permission. 

## RESUMEN

Todo el RNA se sintetiza mediante el copiado, basado en un molde, de una cadena de DNA dentro de un gen, catalizado por la RNA polimerasa. Las RNA polimerasas utilizan 5′-ribonucleósidos trifosfato como sustratos, y transcriben en la dirección 5′ ⟶ 3′. Los procariotas sintetizan todas las clases de RNA con una polimerasa, mientras que las células eucariotas tienen distintas polimerasas, I, II y III, para la síntesis de las especies ribosómica, mensajera y de transferencia, respectivamente.

La selección de la cadena y el desenrollamiento y nuevo enrollamiento del dúplex lo realiza la RNA polimerasa. La enzima se une a un lugar promotor, mediante la formación de contactos específicos DNA-proteína, en los que interviene fundamentalmente la subunidad $\sigma$ de la enzima en las bacterias y por un conjunto de factores de transcripción y proteínas reguladoras en los eucariotas. La mayoría de las iniciaciones de la transcripción son abortivas, pero tras una iniciación productiva, que comporta distintos factores en los procariotas y los eucariotas, la elongación continúa. En las bacterias esto lo lleva a cabo una polimerasa central $\alpha_2\beta\beta'\omega$. La transcripción es muy procesativa y termina mediante secuencias de DNA específicas, a veces, con la participación de la proteína $\rho$. Los análisis estructurales han identificado características comunes en las polimerasas procariotas y eucariotas, que han ayudado a revelar características comunes del mecanismo.

El procesamiento del RNA posterior a la transcripción incluye el corte de los transcritos pre-rRNA, que codifican componentes de RNA ribosómico grandes y pequeños y el recorte de los tRNA precursores en las células procariotas y eucariotas, con la ayuda de la ribozima ribonucleasa P, seguido de la modificación de varios nucleótidos en cada molécula de tRNA y la adición no transcriptiva de la secuencia 3′ terminal CCA. Los mRNA bacterianos experimentan poco o ningún procesamiento posterior a la transcripción, mientras que los mensajes eucariotas se procesan extensamente, con poliadenilación en el extremo 3′, adición de caperuza en el extremo 5′ con un residuo de nucleótido de guanina invertido y modificado y el corte y empalme del gen. El corte y empalme lo llevan a cabo partículas ribonucleicas nucleares pequeñas, guiadas por las interacciones complementarias de secuencias de bases entre los lugares de corte y las secuencias de los componentes RNA nucleares pequeños.El corte y empalme alternativo es un proceso que expande el contenido de la información de un genoma, al dirigir patrones bastante diferentes de corte y empalme de mRNA en distintos tejidos y en diferentes etapas del desarrollo.

## BIBLIOGRAFÍA


### Estructura y función de la RNA polimerasa

**Bustamante, C., Guthold, M., Zhu, X.** y **Yang, G.** (1999) Facilitated target location on DNA by individual *Escherichia coli* RNA polymerase molecules observed with the scanning force microscope operating in liquid. *J. Biol. Chem.* 27 4:16665-1666S. La visualización directa de las moléculas señala cómo se mueve la RNA polimerasa a lo largo del DNA hacia los promotores.

**Cook, D. N., Ma, D., Pon, N. G.** y **Hearst, J. E.** (1992) Dynamics of DNA supercoiling by transcription in Escherichia coli. *Proc. Natl. Acad. Sci. EE.UU.* 89:10603-10607. Se explora la cuestión no resuelta de si el acto de la transcripción per se superenrolla el DNA molde.

**Cramer, P.** y **Arnold, E.** (2009) proteins: How RNA polymerases work. *Curr. Opinion in Struc. Biol.* 19:680-682. Introducción a un número especial de esta revista, que contiene varias revisiones excelentes sobre la estructura y el mecanismo de la RNA polimerasa.

**Cramer, P., Bushnell, D. A.** y **Kornberg, R. D.** (2001) Structural basis of transcription: RNA polymerase II at 2.8 A resolution. Science 292:1863-7876. Este artículo y el que lo acompaña del mismo laboratorio describió la primera estructura de alta resolución de una RNA polimerasa con múltiples subunidades.

**Gelles, J.** y **Landick, R.** (1998) RNA polymerase as a molecular motor. Cell 93:13-16. Una minirrevisión reciente que resume los caminos para comprender las propiedades mecanoquímicas de la RNA polimerasa.

**Murakami, K. S., Masuda, S.** y **Darst, S. A.** (2002) Structural basis of transcription initiation: RNA polymerase holoenzyme at 4 A resolution. *Science* 296:1280-1290. Determinación de la estructura de la RNA polimerasa *Taq*, la primera RNA polimerasa de eubacterias

**Struhl, K.** (1999) Fundamentally different logic of gene regulation in eukaryotes and prokaryotes. *Cell* 98:1-4. Una descripción concisa de las diferencias de la transcripción entre los organismos superiores e inferiores.

**Werner, F.** (2007) Structure and function of archaeal RNA polymerases. Molec. Microbiol.65:7395-1404. Las enzimas de las arqueas se asemejan a las polimerasas eucariotas más que a las enzimas bacterianas.

### Reconocimiento del promotor e iniciación

**Durniak, K. J., Bailey, S.** y **Steitz, T. A.** (2008) The structure of a transcribing T7 RNA polymerase in transition from initiation to elongation. *Science* 322:.553- 557. La RNA polimerasa del fago T7 que tiene una sola subunidad, fue la primera de la que se obtuvo una estructura de alta resolución.

**Huang, X., Wang, D., Weiss, D. R., Bushnell, D. A., Kornberg, R. D.** y **Levitt, M.** (2010) RNA polymerase II trigger loop residues stabilize and position the incoming nucleotide (*sic.*) triphosphate in transcription. *Proc. NatI. Acad. Sci. USA* 107:15745-15750. Avances recientes de la estructura y función de la pol II.

**Ishihama, A.** (2010) Prokaryotic genome regulation: Multifactor promoters, multitarget regulators and hierarchic networks. *FEMS Microbiol. Revs.*34:628-645. Un enfoque de la Biología de sistemas a la regulación de la transcripción eucariota.

**Ju, B-G., Lunyak, V. V., Perissi, V., Garcia-Bassets, I., Rose, D. W., Glass, C. K.** y **Rosenfeld, M. G.** (2006) A topoisomerase II$\beta$-mediated dsDNA break required for regulated transcription. *Science* 312:1798-1802. El requerimiento de la topoisomerasa para la transcripción es la rotura del DNA molde.

**Kostrewa, D., Zeller, M. E., Armache, K-J., Seizl, M., Leike, K., Thomm, M.** y **Cramer, P.** (2009) RNA polymerase II-TFIIB structure and mechanism of transcription initiation. *Nature* 462:323-330. Conocimientos estructurales de la iniciación.

**McKenna, N. J.** y **O'Malley, B. W.** (2010) SnapShot: Nuclear receptors II. *Cell* 742:986-987. Una microrevisión sobre los receptores nucleares, una familia importante de factores de transcripción.

**Reryakin, A., Liu, C., Ebright, R. H.** y **Strick, T. R.** (2006) Abortive initiation and productive initiation by RNA polymerase involve DNA scrunching. *Science* 314:1139-1747. Enfoque de moléculas individuales en el mecanismo de la iniciación abortiva.

### Elongación de la transcripción

**Buratkowski, S.** (2008) Gene expression: Where to start? *Science* 322: 1804-1805. Una breve introducción a cuatro artículos de este número de *Science*, que comunican que la RNA polimerasa II cataliza la transcripción divergente, que da transcritos normales más transcritos antisentido cortos hacia arriba.

**Buratkowski, S.** (2009) Progression through the RNA polymerase II CTD cycle. *MoI. Cell* 36:547-546. Una minirevisión que trata con la fosforilación del C-terminal de la pol II.

**Larson, M. H., Landick, R.** y **Block, S. M.** (2011) Single-molecule studies of RNA polymerase: One singular sensation, every little step it takes. *Mol. Cell* 41:249-262. Una revisión reciente que enfatiza la irregularidad de muchos pasos de la transcripción.

**Pomerantz, R.** y **O'Donnell, M.** (2010) What happens when replication and transcription complexes collide? *Cell Cycle* 9:2537-2543. Los aparatos de la replicación y la transcripción se mueven en direcciones opuestas a lo largo del mismo genoma.

**Thomsen, N. D.** y **Berger, J. M.** (2009) Running in reverse: The structual basis for translocation polarity in hexameric helicases. *Cell* 139:523-534. Estructura y mecanismo de la proteína $\rho$ de *E. Coli.*

**Vassylyev, D. G., Vassylyeva, M. N., Perederina, A., Tahirog, T. H.** y **Artsimovitch, I.** (2007) Structural basis for transcription elongation by bacterial RNA polymerase. *Nature* 44:157-162. Un análisis del mecanismo que se basa en la estructura de 2.5 Å de la enzima de *Thermus thermophilus.*

**von Hippel, P. H.** (1998) An integrated model of the transcription complex in elongation, termination, and editing. *Science* 281:660-665. Revisa los acontecimientos de la transcripción desde una perspectiva en gran parte termodinámica.

**Zenkin, N., Yuzenkova, Y.** y **Severinov, K.** (2006) Transcript-assisted transcriptional proofreading. Science 373:518-520. Visión general de los mecanismos de fidelidad de la RNA polimerasa.

### Pausa y terminación

**Churchman, L. S.** y **Weissman, J. S.** (2011) Nascent transcript sequencing visualizes transcription at nucleotide resolution. *Nature* 469:368-375. La secuenciación profunda de los extremos de los transcritos muestra cómo una pausa excesiva es inicial en la transcripción.

**Greenblatt, J., Nodwell, J. R.** y **Mason, S. W.** (1993) Transcriptional antitermination. *Nature* 364:401-406. Un proceso descubierto en el fago l, que tiene importancia para la expresión de los genes eucariotas y del VIH.

**Herbert, K. M., La Porta, A., Wong, B. J., Mooney, R. A., Neurnan, K. C., Landick, R.** y **Block, S. M.**, (2006) Sequence-resolved detection of pausing by single RNA polymerase molecules. *Cell* 725:7083-1094. Enfoque de moléculas individuales para entender la pausa.

**Landick, R.** (1999) Shifting RNA polymerase into overdrive. *Science* 284:598-599. Un breve comentario que revisa el trabajo reciente sobre el mecanismo de antiterminación.

**Park, J-S.** y **Roberts, J. W.** (2006) Role of DNA bubble rewinding in enzymatic transcription termination. *Proc. NatI. Acad. Sci. USA* 103:4870-4875. Pruebas de que el enrollamiento de la hélice del DNA hacia arribas desde el lugar activo de la polimerasa contribuye a la terminación.

**Transcripción, cromatina y medio celular**


**Cook, P. R.** (2010) A model for all genomes: The role of transcription factories. *J. Mol. Biol.* 395:1-10. Un modelo de los bucles de la cromatina atados a las fábricas de transcripción multipolimerasas.

**Hodges, C., Bintu, L., Lubkowska, L., Kashlev, M.** y **Bustamante, C.** (2009) Nucleosomal fluctuations govern the transcription dynamics of RNA polymerase Il. *Science* 325:626-628. Los estudios de moléculas individuales apoyan el concepto de que la pol II encuentra su camino alrededor del nucleosoma.

**Jorgensen, F. G.** y **Schierup, M. H.** (2009) Increased rate of human mutation where DNA and RNA molecules collide. *Trends Genet.* 25:523-527. Uno de los diversos artículos que exploran las relaciones entre las DNA y RNA polimerasas que actúan sobre el mismo molde.

**Lorch, Y., B. Maier-Davis** y **Kornberg, R. D.** (2006) Chromatin remodelling by nucleosome disassembly in vitro. *Proc. Natl. Acad. Sci. USA* 103:3090 3093. Pruebas de que un complejo de remodelado de la cromatina deja aparte a los nucleosomas.

**Venters, B. J.** y **Pugh, B. F.** (2009) *Crit. Rev. Biochem. Mol. Biol.* 44:117-141. Cómo se transcriben los genes eucariotas. Una revisión excelente que se centra en el problema de la transcripción de la cromatina.


**Procesamiento posterior a la transcripción**


**Altman, S., Kirsebom, L.** y **Talbot, S.** (1993) Recent studies of ribonuclease- P. *FASEB J.* 7:7-14. Análisis de una de las ribozimas conocidas más interesante.

**Chen, M.** y **Manley, J. L.** (2009) Mechanisms of alternative splicing regulation: Insights from molecular and genomics approaches. *Nature Rev. Mol. Cell Biol.* 10:741-753. Una revisión reciente del corte y empalme y del corte y empalme alternativo.

**Hoskins, A. A.** y nueve coautores (2011) Ordered and dynamic assembly of single spliceosomes. *Science* 331:1289-1295. Análisis de moléculas individuales del ensamblaje de los espliceosomas en las levaduras vivas realizado con una nueva técnica de imagen.

**Le Hir, H., Nott, A.** y **Moore, M. J.** (2003) How introns influence and enhance eukaryotic gene expression. *Trends Biochem. Sci.* 28:215-220. Un resumen de las pruebas que indican que el procesamiento de los intrones potencia pasos de la expresión génica.

**Phizicky, E. M.** y **Hopper, A. K.** (2010) IRNA biology charges to the front. *Genes and Development* 24:1832-7860. Revisión actual de la bioquímica y las funciones del procesamiento de los tRNA posteriores a la transcripción.


## PROBLEMAS

1. Describa un enfoque experimental para determinar la velocidad promedio de crecimiento de la cadena en la transcripción *in vivo.* La velocidad de crecimiento de la cadena es el número de nucleótidos polimerizados por minuto por cadena de RNA.

2. Describa un enfoque experimental para demostrar la velocidad promedio de crecimiento de la cadena de RNA durante la transcripción de un gen clonado *in vitro.*

3. Las medidas de las velocidades de crecimiento de la cadena de RNA se ven dificultadas a veces por el fenómeno de las *pausas*, en las que una molécula de RNA polimerasa detiene la transcripción al llegar a determinados lugares, durante intervalos de tiempo que pueden ser de hasta varios minutos. ¿Cómo podría detectarse la pausa?

4. Suponga que desea estudiar la transcripción *in vitro* de un determinado gen de una molécula de DNA que contiene varios genes y promotores. Sin añadir proteínas reguladoras específicas, ¿cómo podría estimular la transcripción del gen de interés con relación a la transcripción de los otros genes en su DNA molde? Para conseguir que todos los complejos sean idénticos, le interesará detener todos los fenómenos de transcripción en la misma posición en el DNA molde antes de aislar el complejo. ¿Cómo podría hacerlo?

5. El promotor *tac*, un promotor artificial construido a partir de un oligonucleótido sintetizado por medios químicos, se ha introducido en un plásmido. Se trata de un híbrido de los promotores *lac* y *trp*, que contiene la región −35 de uno y la región −10 del otro. Este promotor dirige la iniciación de la transcripción de manera más eficaz que los promotores *trp* o *lac.* ¿Por qué?

6. ¿Sería de prever que la actinomicina D fuera un inhibidor competitivo de la RNA polimerasa? ¿Y la cordicepina? Explique brevemente sus respuestas.

7. Un fragmento de restricción se sometió a una secuenciación de Maxam-Gilbert, con los resultados que se muestran en las cuatro primeras calles de la autorradiografía. Se realizó la localización en el mapa genético con nucleasa $S_1$ para un gen cuya transcripción se iniciaba dentro de esta secuencia (*véase* Herramientas de la Bioquímica 27B). El transcrito protegía a un fragmento cuya longitud es la que se muestra en la quinta calle.

(a) Indique la secuencia de nucleótidos de las dos cadenas de DNA y de los primeros nucleótidos del RNA. Identifique todos los extremos 3′ y 5′.

(b) En su estructura, muestre la localización aproximada de la caja de Pribnow (la región −10).

(c) Suponiendo que el fragmento de restricción se creara con una endonucleasa de restricción de tipo II que reconoce un lugar de 6 pares de bases, indique la estructura de ese lugar, así como dónde se produce la ruptura.

8. Explique la base de la siguiente afirmación: la transcripción de dos genes en un plásmido puede producirse sin la acción simultánea de una topoisomerasa, pero solo si los dos genes están orientados en direcciones opuestas.
9. Hace algunos años se sugirió que la función de la cola de poli(A) en un mensaje eucariota podía ser la de «marcar» el mensaje. Es decir, cada vez que se emplea el mensaje, se eliminan uno o varios residuos, y el mensaje se degrada después de que la cola se acorte por debajo de una longitud crítica. Sugiera un experimento para poner a prueba esta hipótesis.

*10. Se ha propuesto que los nucleosomas deben eliminarse para que se produzca la transcripción a través de la cromatina. Sugiera un experimento que pudiera probar esta hipótesis.

11. Se muestra a continuación un bucle R preparado para microscopia electrónica mediante el alineamiento de un RNA mensajero eucariota purificado con DNA de un clon genómico que contiene el gen completo correspondiente al mRNA.

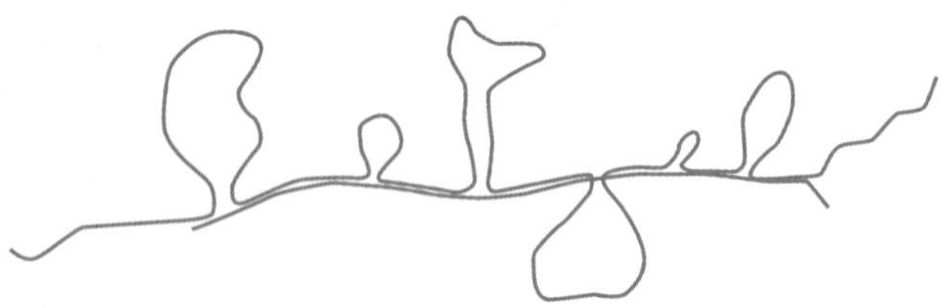

(a) ¿Cuántos exones contiene el gen? ¿Cuántos intrones?

(b) ¿En qué lugar de esta estructura sería de prever encontrar un enlace 5′,5′-internucleótido? ¿Dónde sería de prever encontrar una secuencia de ácido poliadenílico?

12. Es raro que los intrones de los genes que codifican las proteínas eucariotas tengan menos de 65 nucleótidos. ¿Cuál puede ser la explicación de esta limitación?
13. La heparina es un polisacárido polianiónico que bloquea la elongación por le RNA polimerasa, pero la heparina solo inhibe cuando de añade antes del comienzo de la transcripción y no cuando se añade tras el comienzo de la transcripción. Explique esta diferencia.
14. Calcule el tiempo que necesita la RNA polimerasa de *E. coli* para transcribir a 37 °C el gen completo de una proteína de 50 kilodalton. ¿Qué suposición o suposiciones deben hacerse para que el cálculo sea exacto?

## HERRAMIENTAS DE LA BIOQUÍMICA 27A

### Huellas dactilares: identificación de los lugares de unión de las proteínas en el DNA

La transcripción se controla, en gran parte, mediante interacciones de proteínas con lugares específicos en las moléculas de DNA, como los operadores y los promotores. Estos lugares se identificaron inicialmente mediante un análisis genético en el sistema lactosa y en el fago $\lambda$. El análisis bioquímico requiere la identificación y determinación de la secuencia de nucleótidos de un determinado lugar, junto con la determinación estructural de los complejos DNA-proteína que se forman. Una técnica denominada de **huellas dactilares**, que generalmente utiliza una protección frente a la ruptura por la DNasa I, se utiliza mucho para la identificación de estos lugares. La determinación de huellas dactilares permite identificar cualquier lugar del DNA que una a una proteína de manera específica, siempre que la proteína se una de manera suficientemente intensa.

El principio del método, que se describe en la Figura 27A.1, es que la unión de una proteína a una secuencia de DNA específica debe proteger al DNA unido a la proteína del ataque de la DNasa I (desoxirribonucleasa pancreática). El investigador utiliza primero $\gamma$-[$^{32}$P]ATP y polinucleótido quinasa de T4 para preparar un fragmento de DNA con el extremo 5′ marcado, que contiene un lugar de unión de la proteína. Se mezcla una alícuota del DNA con el extremo marcado con la proteína que se estudia (paso 1) y, a continuación, se incuba con la DNasa I en unas condiciones en las que la mayor parte de las cadenas se rompan tan solo una vez (paso 2). Se incuba otra alícuota con la DNasa I en condiciones idénticas, excepto por la ausencia de la proteína (paso 2). A continuación, se analizan las dos mezclas de incubación en calles adyacentes de un gel de secuenciación (paso 3). El resultado es una escalera de fragmentos similar a la que se observa en un gel de secuenciación, excepto porque hay poca especificidad de secuencia; las bandas que aparecen en el gel están espaciadas de manera uniforme a intervalos de un nucleótido, aunque la intensidad de la banda varía considerablemente. Todos los lugares protegidos del ataque de la DNasa por la interacción con la proteína de unión al DNA en estudio, o bien no dan banda, o bien tienen una banda de baja intensidad en la escalera producida por el complejo DNA-proteína, que indica que la ruptura en este lugar ha sido escasa o nula. La región no marcada en el patrón del gel del complejo DNA-proteína (la «huella dactilar») identifica la localización y el tamaño del fragmento en contacto con la proteína de unión al DNA (como la RNA polimerasa).

Algunas mejoras recientes de la tecnología de huellas dactilares utilizan una rotura con agentes químicos como el **metidiopropil- EDTA-Fe$^{2+}$** (MPE—Fe$^{2+}$).

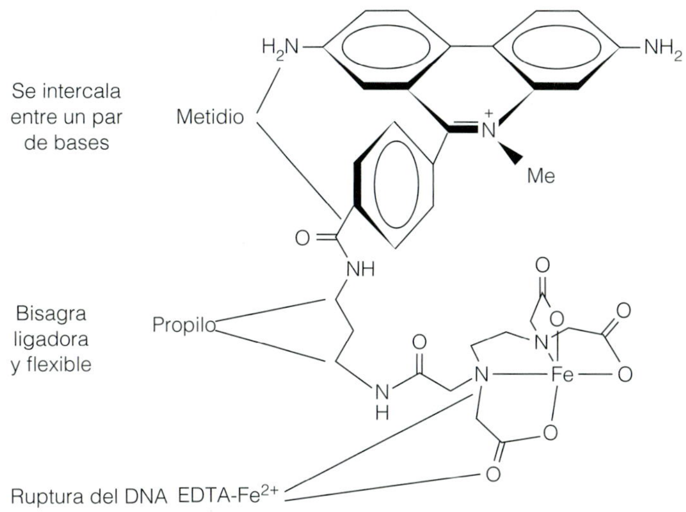


Este compuesto se intercala entre las bases del DNA, como lo hace el bromuro de etidio, y cataliza la oxidación que da lugar a la ruptura en un lugar próximo. Dado que existe una cierta selectividad de secuencia en el ataque de la DNasa I y prácticamente ninguna con el MPE-$Fe^{2+}$, esta última técnica proporciona unas huellas dactilares más nítidas. Una técnica relacionada, que se describe en el apartado de Bibliografía, genera radicales hidroxilo como reactivo de ruptura del DNA activo, pero inespecífico.

Las huellas dactilares muestran que la RNA polimerasa de *E. coli* se une a una región de unos 60 pares de bases, que se extiende desde unos 40 nucleótidos por encima (en el lado 5′) del lugar de inicio de la transcripción, hasta unos 20 nucleótidos por debajo de ese lugar. En otras palabras, el lugar de unión se extiende desde el nucleótido −40 al +20, en donde el molde para el primer nucleótido del transcrito es el +1. Ese primer nucleótido, el extremo 5′ del transcrito, puede identificarse con diversos métodos. El más utilizado es la localización en el mapa genético con la nucleasa $S_1$, que se describe en Herramientas de la Bioquímica 27B.

## Bibliografía

**Tullius, T. D., Dombroski, B. A., Churchill, M. E. A.** y **Kam, L.** (1989) Hydroxyl radical footprinting: A high-resolution method for mapping protein-DNA contacts. En: *Recombinant DNA Methodology*, editado por R.Wu, L. Grossman y K.Moldave, pp. 721-741. Academic Press, San Diego, Calif. Una descripción de la técnica de huellas dactilares mediante radicales hidroxilo, con referencias respecto a los métodos descritos con anterioridad.

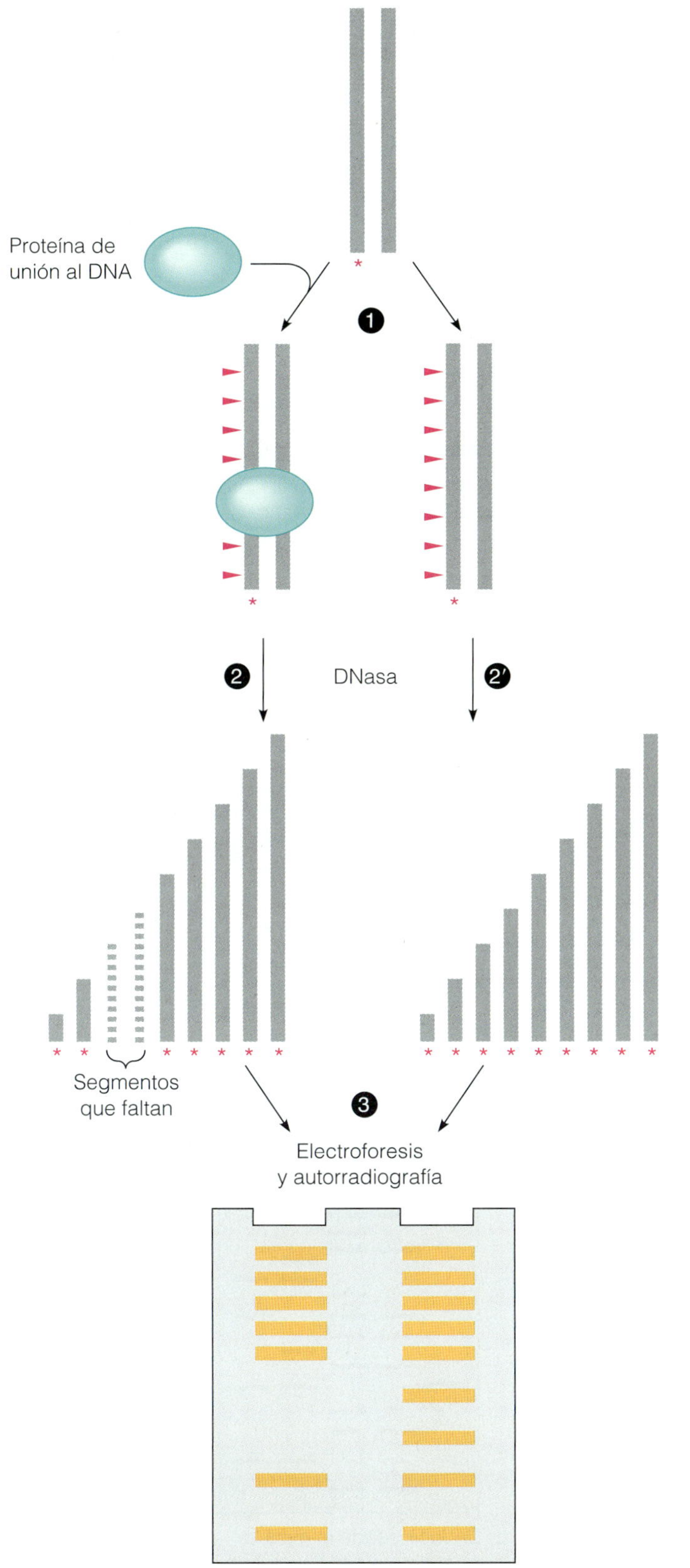


**FIGURA 27A.1**

**Huella de la DNasa I como herramienta para identificar los lugares del DNA que unen proteínas específicas.**

# HERRAMIENTAS DE LA BIOQUÍMICA 2B

## Mapeo de los puntos de comienzo de la transcripción

Los estudios de la iniciación de la transcripción y de su control requieren métodos para la identificación exacta de los puntos de comienzo de la transcripción, específicamente el nucleótido del DNA molde que codifica el nucleótido 5′ del transcrito. La baja cantidad de mRNA específicos y el elevado recambio metabólico de casi todos los mRNA bacterianos hacen que esta tarea sea un verdadero reto.

Los transcritos de los procariotas tienen siempre un extremo trifosfato 5′ en el primer nucleótido, igual que tienen los transcritos eucariotas antes del procesamiento; en principio, esto podría proporcionar una ayuda para su identificación. Dado que esta identificación requiere la purificación del transcrito, generalmente es preferible utilizar métodos menos laboriosos. Uno de ellos, el **mapeo con nucleasa $S_1$**, utiliza la enzima de hongos nucleasa $S_1$, que rompe de manera específica y cuantitativa el DNA y el RNA de una sola cadena (Figura 2B7.1). Los materiales necesarios son el gen clonado y un fragmento de restricción que se cree que contiene el molde para el extremo 5′ del transcrito. El fragmento está marcado en el extremo 5′, como en el método de secuenciación de Maxam-Gilbert, y se rompe de manera asimétrica con otra enzima de restricción, de manera que solo se marca la cadena de DNA molde. En la secuenciación de Maxam-Gilbert, el DNA marcado en el extremo 5′ se somete a reactivos químicos que rompen de una forma específica de base. Un reactivo rompe en lugares ocupados por A o G, otro rompe de una forma estrictamente dependiente de G, otro rompe en lugares T y C y otro rompe específicamente en C. De este modo, tratando cuatro alícuotas del mismo DNA con los cuatro reactivos y exponiendo los fragmentos de la ruptura en un gel de secuenciación, se puede leer la secuencia del DNA, como puede verse en la Figura 27B.1. En parte, debido a que la secuenciación de Maxam-Gilbert no es completamente específica de base, se ha sustituido por el análisis de secuencia didesoxi, que utiliza terminadores de cadena replicativos para generar terminales 3′ específicos de base (*véase* Herramientas de la Bioquímica 4B). Sin embargo, dado que el mapeo $S_1$ utiliza un fragmento de DNA marcado en el extremo 5′, es útil utilizar el enfoque de Maxam-Gilbert, que también emplea un fragmento de DNA marcado en el extremo 5′, para localizar de forma precisa el extremo 5′ del transcrito.

A continuación, el fragmento de DNA marcado en el extremo 5′ se desnaturaliza e hibrida con el mRNA, en unas condiciones (concentración elevada de formamida) que favorecen la formación de híbridos DNA-RNA respecto a los dúplex DNA-DNA (Figura 27B.1, paso 1). El único ácido nucleico de doble cadena debe ser, pues, un híbrido DNA-RNA, con extensiones 3′ de una sola cadena a partir del extremo 5′ del transcrito, y del extremo marcado 5′ del fragmento de restricción. El tratamiento con nucleasa $S_1$ (paso 2) produce una estructura dúplex completa, con una cadena de DNA marcada, cuya longitud corresponde exactamente a la distancia desde el extremo 5′ del transcrito, al lugar de restricción relevante. Esta distancia puede identificarse desnaturalizando el híbrido DNA-RNA y analizándolo en un gel de secuenciación, junto con una serie de fragmentos de ruptura de Maxam-Gilbert (paso 3).

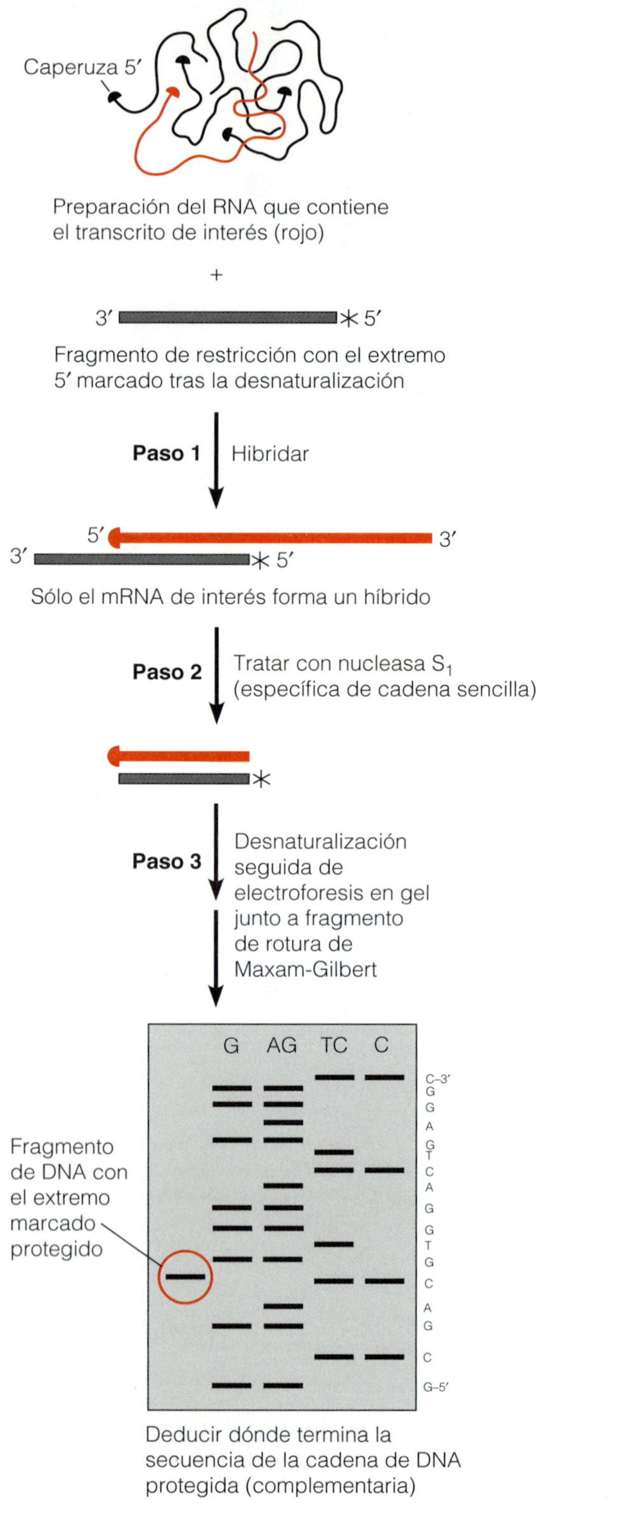


**FIGURA 27B.1**

**Método de mapeo con nucleasa $S_1$ para identificar el extremo 5′ de una molécula de RNA.**

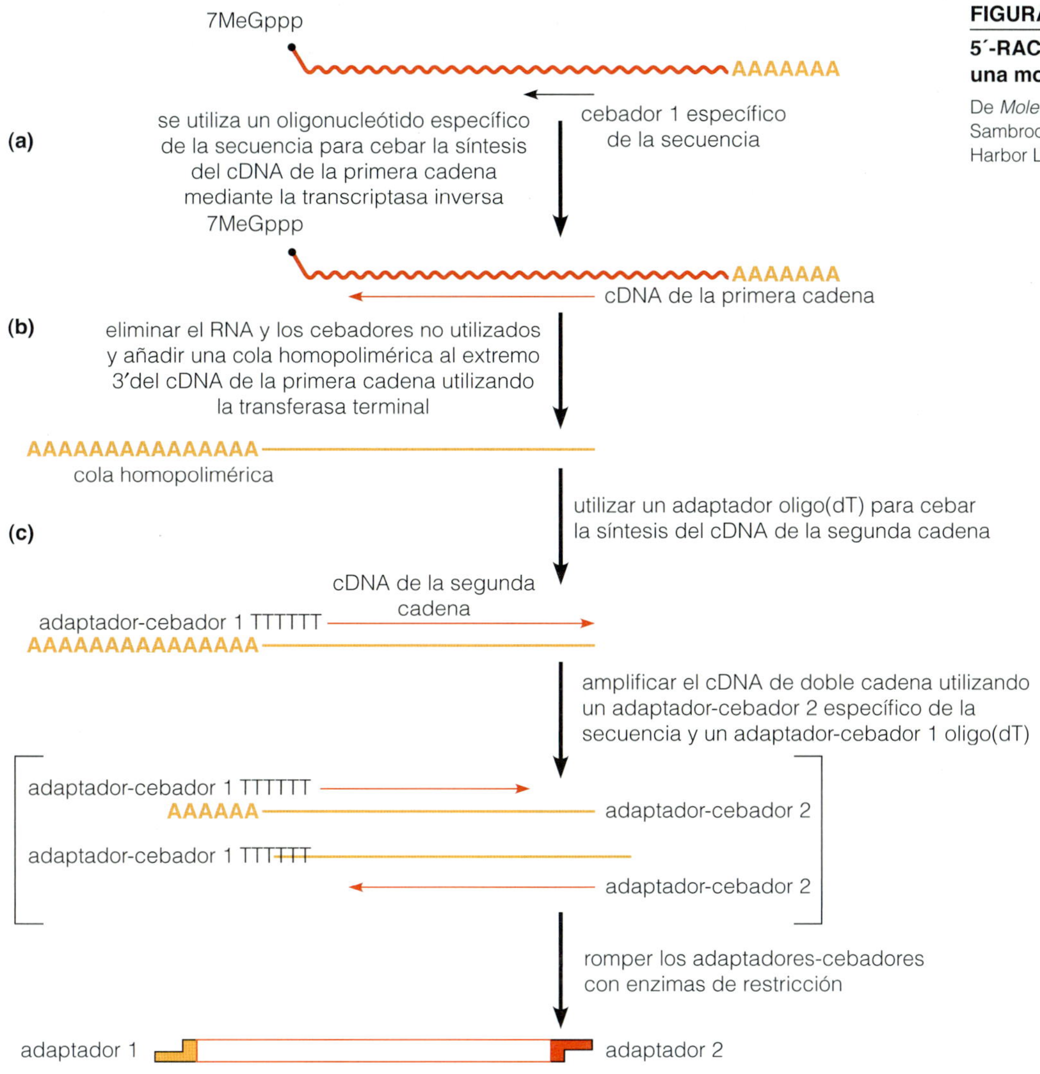


**FIGURA 27B.2**

**5′-RACE para identificar el extremo 5′ de una molécula de RNA.**

De *Molecular Cloning: A Laboratory Manual,* 3/E, J. Sambrook y D. W. Russell, eds. © 2001 Cold Spring Harbor Laboratory Press.

La llegada de la PCR condujo a métodos más fiables para aislar e identificar los extremos 5′. Uno de estos métodos se denomina amplificación rápida de los extremos 5′ del cDNA (5′-RACE). Es necesaria la información de la secuencia parcial para llevar a cabo esta técnica. Como se muestra en la Figura 27B.2, se alinea con la molécula de mRNA un nucleótido complementario de una región del mRNA hacia adelante desde el extremo 5′. Se utiliza la transcriptasa inversa para alargar este cebador hasta el extremo 5′ de la molécula de mRNA. Se eliminan los cebadores sobrantes y la desoxinucleoitil transferasa terminal más dATP añade una cola de poliA al extremo 3′ de esta primera cadena de cDNA. A continuación, se alinea oligo(dT) con la cola de poliA y una DNA polimerasa termoestable alarga esta segunda cadena del DNA hacia el extremo 5′ del cebador original. Se realizan más ciclos de PCR hasta que hay una cantidad suficiente de producto para clonarlo en un vector adecuado para el análisis de secuencia.

## Bibliografía

**Sambrook, J.** y **Russell, D. W.** (2001) *Molecular Cloning: A Laboratory Manual*, 3/E. Cold Spring Harbor Laboratory, Cold Spring Harbor, N.Y. El Capítulo 7 de este manual de sobremesa de métodos de laboratorio describe varias técnicas para el aislamiento y el análisis de RNA.

# HERRAMIENTAS DE LA BIOQUÍMICA 27C

## Micromatrices de DNA

El hallazgo en los años 1960 acerca de que el DNA de una sola cadena se une de forma irreversible a los filtros de membrana y la puesta a punto en los años 1970 de la tecnología del DNA recombinante condujo a varias técnicas para el análisis de la expresión de los genes, esto es, la medida de la concentración de los transcritos de determinados genes en las células vivas. El RNA puede marcarse radiactivamente *in vivo* e hibridarse a un DNA específico de un gen (un gen clonado o un fragmento de restricción) y analizarse la radiactividad unida mediante autorradiografía o en un contador de centelleo líquido. Diversas técnicas como el análisis *Northern*, se fundamentan en estos planteamientos. Sin embargo, estos enfoques solo permiten el análisis de uno o unos pocos genes en cada experimento. Con la disponibilidad de las secuencias genómicas completas, se hizo deseable analizar las concentraciones de los transcritos de muchos genes en un único experimento, esto es, los patrones de la expresión de los genes, que pueden compararse en diferentes condiciones fisiológicas. La tecnología de las micromatrices permite este tipo de análisis.

En un experimento con micromatriz, se inmovilizan sobre un sustrato, como un vidrio o un filtro de membrana cantidades

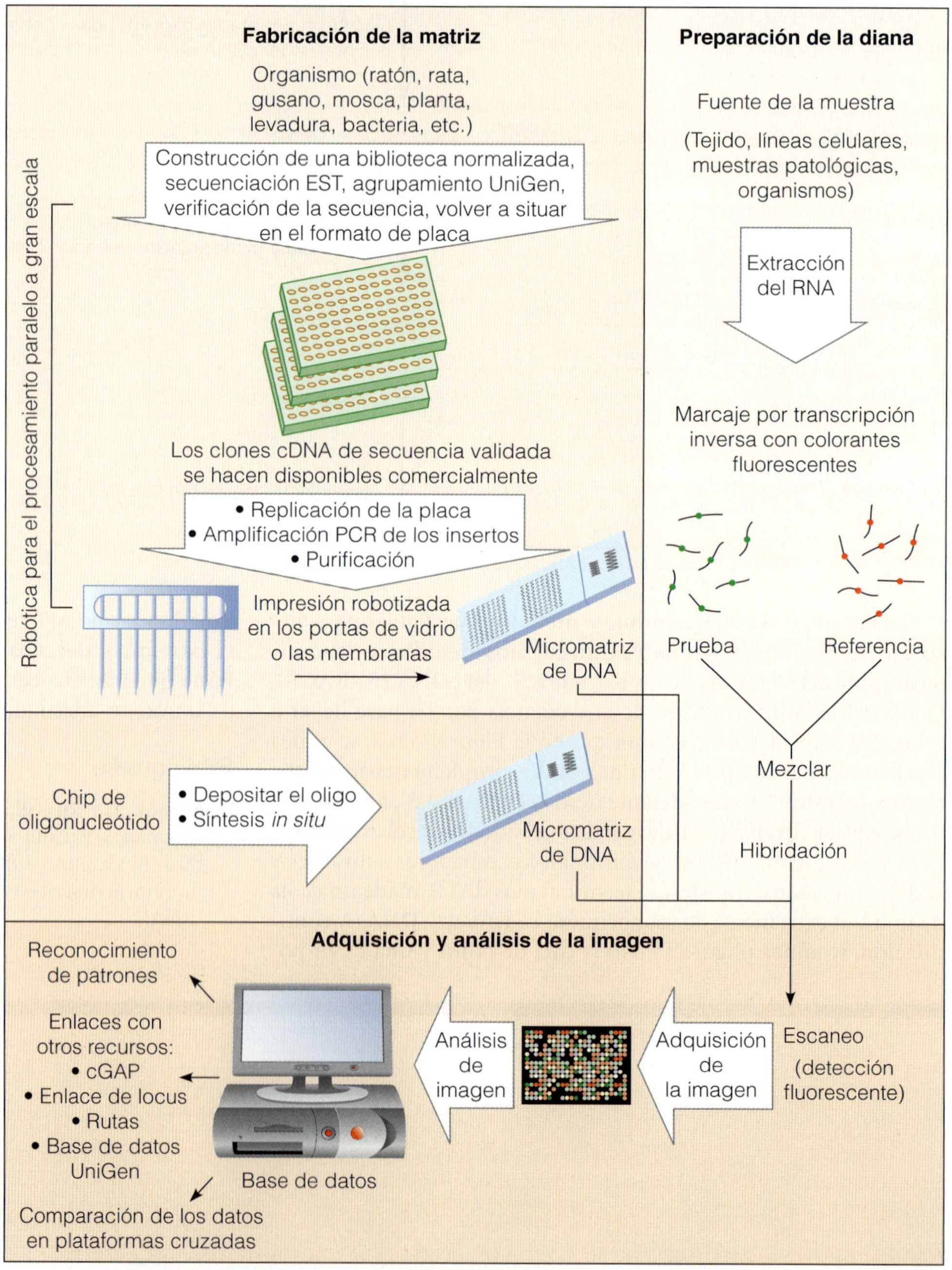


**FIGURA 27C.1**

**Diagrama de flujo: realización de un experimento de micromatriz.**

De *Molecular Cloning: A Laboratory Manual*, 3/E, J. Sambrook y D. W. Russell, eds.© 2001 Cold Spring Harbor Laboratory Press con permiso de Vivek Mittal.

mínimas de DNA específicos de los genes (normalmente varios millares). Los DNA específicos de los genes son, bien DNA clonados, u oligonucleótidos. Utilizando tecnología robótica, el investigador «imprime» los DNA sobre el sustrato, que puede ser un porta de microscopio, recubierto de forma adecuada para que unan los DNA aplicados. Los DNA se imprimen en forma de una gran matriz, que permite al investigador identificar cada gen a partir de su localización en la matriz. Los DNA se fijan de forma irreversible sobre el sustrato de forma que el «chip de DNA» puede emplearse de forma repetida, mediante la eliminación de los RNA diana unidos al chip tras cada experimento.

De forma característica, un experimento con una micromatriz implica la comparación de los perfiles de expresión de los genes en diferentes condiciones, por ejemplo, la comparación de un tumor con el tejido de origen, o la comparación de un tejido estimulado por una hormona con el tejido sin estimular (*véase* la Figura 27C.1). El investigador desea conocer qué genes se activan en las condiciones que se analizan y cuáles se reprimen. Se aísla el mRNA total de cada tejido o cultivo celular y se convierte en una población de cDNA mediante la acción de la transcriptasa inversa. Durante la síntesis enzimática de los cDNA, uno de los desoxirribonucleótidos trifosfato se marca con un colorante fluorescente. La muestra de referencia se marca con un fluoróporo rojo y la muestra que se analiza se marca con un fluoróporo verde. Tras completarse la síntesis de los cDNA, se mezclan las dos muestras y se alinean en presencia de la micromatriz. Los cDNA que no han hibridado se eliminan por lavado y la matriz se escanea. El barrido a las longitudes de onda correspondientes a los máximos de emisión de los fluoróporos revela los transcritos más abundantes en la muestra que se analiza que en la referencia (más fluorescencia verde) y cuáles son menos abundantes (más fluorescencia roja). El análisis de imagen revela los genes que se estimulan y los que se reprimen en las condiciones analizadas.

La tecnología de las micromatrices tiene numerosas aplicaciones, además de la medida de los patrones de expresión de los genes. Por ejemplo, utilizando oligonucleótidos en la matriz que representen a distintas formas mutantes de un gen se pueden realizar hibridaciones DNA-DNA sobre el chip e identificar las mutaciones o los polimorfismos de una sola base en las muestras biológicas.

### Bibliografía

**Ioannidis, J. P. A.** y 15 coautores (2009) Repeatability of published microarray gene expression analyses. *Nature Genetics* 41:149-155. El análisis de los datos de 18 artículos resalta la importancia de los controles adecuados, los análisis estadísticos y los detalles experimentales en la generación y la publicación de los datos de las micromatrices.

**Mittal, V.** (2001) DNA array technology. En *Molecular Cloning: A Laboratory Manual,* 3/E, Vol. 3, J. Sambrook y D. W. Russell, eds. Pp. A.10.1-A.10.9. Cold Spring Harbor Laboratory, Cold Spring Harbor, N. Y. Una descripción detallada de la tecnología.

## HERRAMIENTAS DE LA BIOQUÍMICA 27D

### Inmunoprecipitación de la cromatina

Hasta ahora, las técnicas que hemos presentado para identificar y caracterizar los lugares de unión de las proteínas como la RNA polimerasa y los supresores han implicado lugares de unión únicos, mientras que las proteínas reguladoras como los receptores hormonales nucleares actúan a través de un grupo de lugares de unión. Además, las técnicas como las huellas se llevan a cabo *in vitro*, aunque nuestro interés principal es caracterizar los lugares de unión de las proteínas que se unen al DNA en las células intactas. La inmunoprecipitación de la cromatina permite la identificación *in vivo* de los lugares de unión sobre todo el genoma.

El principio de la técnica es que cualquier proteína que se una al DNA puede engancharse de forma covalente a su lugar o lugares de unión en el DNA *in vivo*, utilizando un reactivo de entrecruzamiento que pueda penetrar la membrana celular y reaccionar covalentemente con la proteína y con el DNA de forma reversible. El que más se emplea es el formaldehído, como se muestra en la Figura 27D.1. Tras el tratamiento con formaldehído de las células completas, se aísla la cromatina y se sonica en condiciones que reducen la longitud de cada molécula de DNA a fragmentos de varios cientos de pares de bases. La mezcla se trata con un anticuerpo frente a la proteína de interés y se recogen los complejos DNA-proteína inmunoprecipitados. En este punto, se rompen los entrecruzamientos y el DNA que se precipitó junto con la proteína se somete a un análisis de secuencia. Originalmente, esto se realizaba mediante amplificación con PCR del DNA y un análisis de secuencia convencional. Pero este enfoque solo permite el análisis de secuencias de DNA conocidas y sospechadas. Un enfoque alternativo es la clonación de todos los fragmentos de DNA de la mezcla y luego emplear los cebadores de PCR correspondientes a las secuencias de flanqueo del vector, y posteriormente, el análisis de la secuencia de cada clon. Con la llegada de la tecnología de las micromatrices ha sido posible enfrentar los fragmentos de DNA frente a una micromatriz que contiene cientos o miles de secuencias de DNA. Esta técnica se denomina ChIP-chip, debido a que los fragmentos de DNA inmunoprecipitados se identifican sobre el sobre un chip de genes. Una innovación aún más reciente, denominada ChIp-seq, implica la secuenciación paralela de todo el DNA inmunoprecipitado utilizando la tecnología de secuenciación de la siguiente generación que permite el análisis simultaneo de la secuencia de cientos o miles de moléculas de DNA.

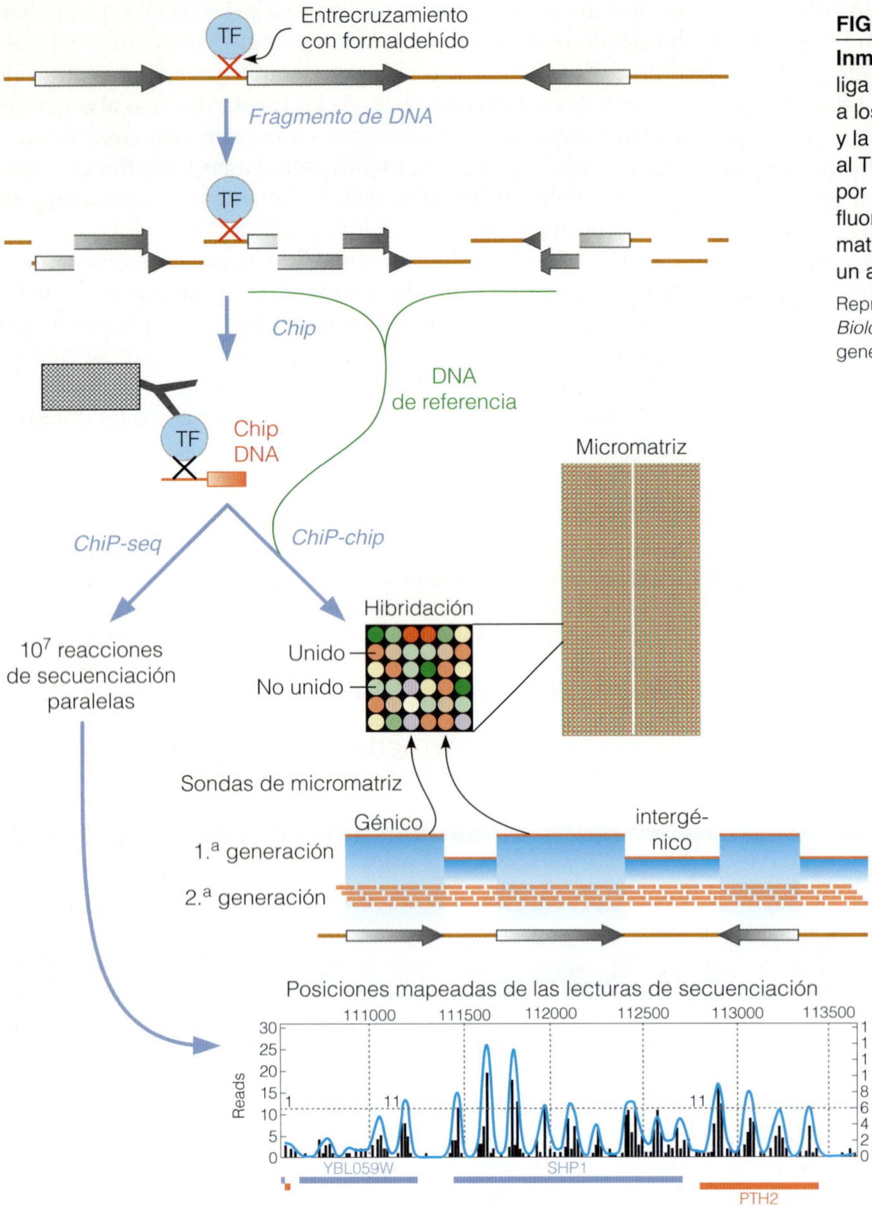


**FIGURA 27D.1**

**Inmunoprecipitación de la cromatina**. En esta figura se liga un factor de transcripción (TF) a los lugares del DNA a los que se une en la cromatina. Tras la fragmentación y la inmunoprecipoitación utilizando un anticuerpo frente al TF, los fragmentos de DNA unidos a TF se identifican por análisis de micromatriz, en el que se une el DNA a un fluoróporo rojo y se somete a análisis de hibridación con una matriz de fragmentos genómicos (ChIP-chip) o se somete a un análisis de secuenciación paralelo (ChUP-seq).

Reproducido de *Critical Reviews in Biochemistry and Molecular Biology* 44:117-141, B. J. Venters y B. F. Pugh, How eukaryotic genes are transcribed. © 2009 Informa Healthcare.

## Bibliografía

**Dedon , P. C., Soults, J. A., Allis, C. D. y Gorovsky, M. A.** (1991) A simplified formaldehyde fixation and immunoprecipitation technique for studying protein-DNA interactions. *Anal. Biochem.* 197:83-90. Algunos principios básicos.

**Orlando, V., Strutt, H. y Paro, R.** Analysis of chromatin structure by in vivo formaldehyde cross-linking. *Methods* 11:205-214. Un protocolo estándar.

**Johnson D. S., Mortazavi, A.** *et. al* (2007) Genome-wide mapping of in vivo protein-DNA interactions. *Science* 316:1497-1502. Una aplicación inicial de la tecnología ChIP-seq.

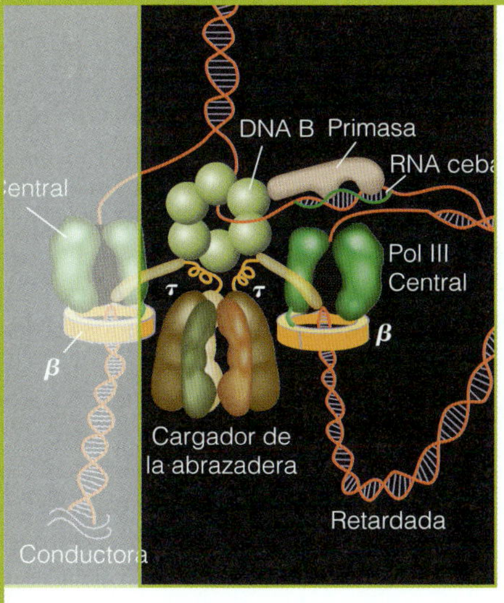


# CAPÍTULO 28

## Descodificación de la información: traducción y procesamiento de las proteínas posterior a la traducción

**Pasamos ahora al proceso más complejo** de la transferencia de la información biológica, que es la descodificación de los mensajes genéticos del leguaje de cuatro letras de los ácidos nucleicos a las secuencias de aminoácidos de las proteínas que se expresan en el lenguaje de 20 letras de los aminoácidos. En la replicación del DNA, la transcripción y la transcripción inversa, la transferencia de la información está estrictamente guiada por el apareamiento de bases de Watson-Crick entre el ácido nucleico molde y el producto, ya sea DNA o RNA. En cambio, cuando una secuencia de RNA mensajero dirige la síntesis de una proteína específica, aún participa de forma crucial la complementariedad de secuencia de bases, pero un proceso global más complejo convierte la información codificada en una secuencia de nucleótidos en información expresada en forma de una secuencia específica de aminoácidos.

En términos del número de compuestos que participan, RNA y proteínas ribosómicas, RNA de transferencia, enzimas activadoras de aminoácidos y factores proteicos solubles, y el número de proteínas diferentes de cada célula, la síntesis de proteínas puede muy bien ser el más complejo de todos los procesos metabólicos y ciertamente representa la fracción dominante del esfuerzo metabólico de una célula. En una célula bacteriana que crece de forma logarítmica, hasta el 90 % del esfuerzo metabólico total puede dedicarse a la biosíntesis de proteínas, y la maquinaria metabólica de la traducción representa el 35 % del peso seco de la célula.

Cuando pensamos en la síntesis de proteínas, no solo consideramos la traducción, que proporciona una secuencia específica de aminoácidos, sino también, el procesamiento y el tráfico posterior a la traducción, donde cada proteína se modifica y se transporta adecuadamente a su destino final intracelular o extracelular. Ya hemos visto, por ejemplo, que el procesamiento proteico comporta rotura, como en la conversión de la preproinsulina en insulina y la modificación de los aminoácidos, como en la hidroxilación de los residuos de prolina en la síntesis de colágeno o la fosforilación de residuos de aminoácido específicos. También debemos considerar el tráfico de proteínas, esto es, cómo las proteínas maduras o que están madurando se desplazan a sus destinos finales ya sea dentro o fuera de la célula.

## Visión general de la traducción

Las primeras pruebas del papel de los ribosomas en la síntesis de proteínas vinieron de los experimentos en los que se inyectaron en ratas aminoácidos radiactivos y se aisló el hígado y se fraccionó el homogeneizado hepático. Se vio que el marcaje se incorporaba pronto en los ribosomas, libres o unidos al retículo endoplásmico. Este y otros experimentos semejantes establecieron que el ribosoma es el lugar de la síntesis de proteínas. Los experimentos con sistemas acelulares establecieron pronto los requerimientos de la activación de los aminoácidos y la implicación de RNA estables pequeños (RNA de transferencia).

En los Capítulos 4 y 5 dibujamos un cuadro introductorio de la traducción. En la Figura 4.23 (página 112) mostramos cómo la traducción comporta el movimiento de un ribosoma a lo largo de una molécula de mRNA, de tres en tres nucleótidos, con cada secuencia de trinucleótidos del mRNA apareándose con un RNA de transferencia específico cargado con un aminoácido y con la cadena polipepídica creciendo paso a paso, un aminoácido por paso, desde el N-terminal al C-terminal. En la Figura 28.1 se muestra un cuadro algo más detallado de este proceso y vale como una visión general

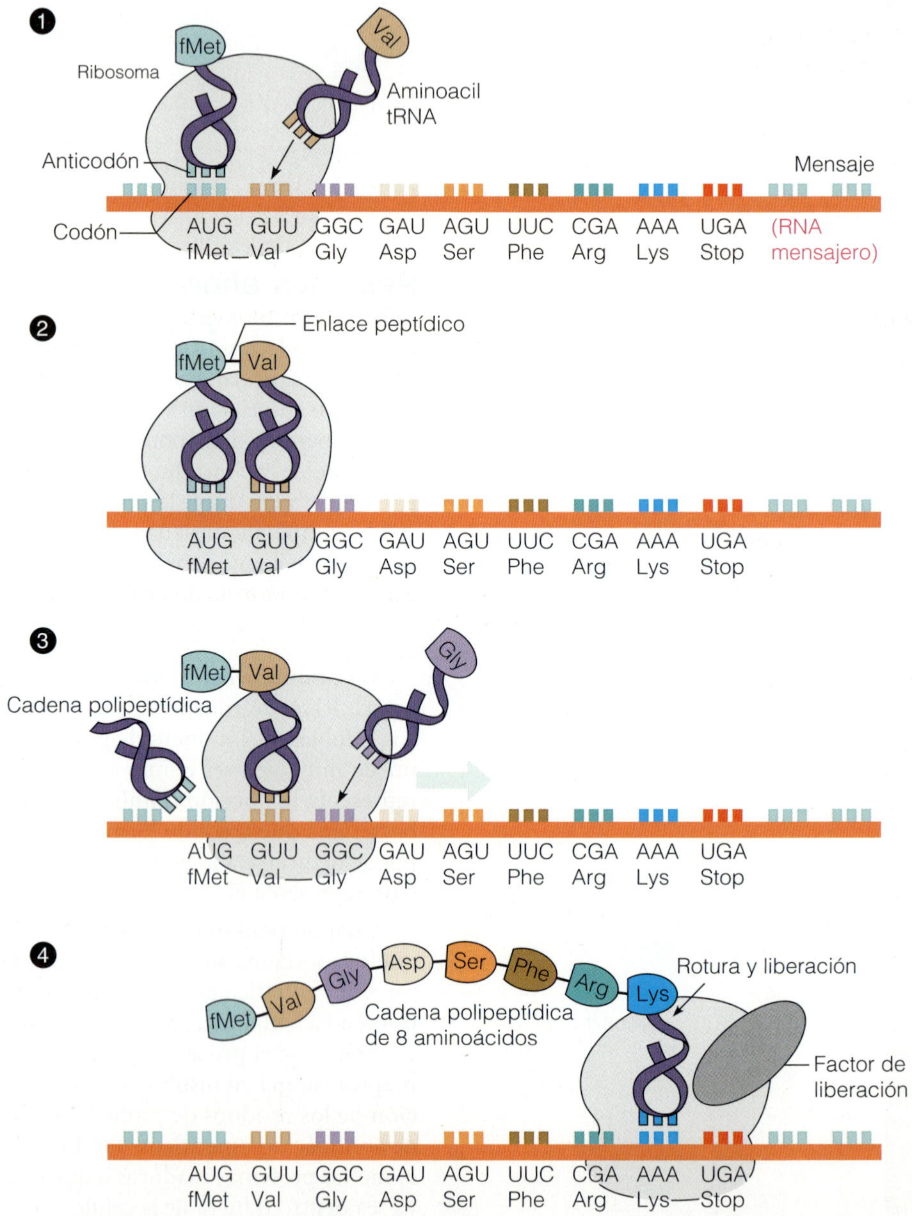


**FIGURA 28.1**

**Traducción de un mensaje mRNA a una proteína**. Al moverse el ribosoma a lo largo del mensaje, acepta aminoacil tRNA específicos de forma sucesiva, seleccionándolos de forma que coincidan el trinucleótido anticodón del tRNA con el trinucleótido codón en el mensaje RNA **(paso 1)**. El aminoácido (en este ejemplo, el segundo de la cadena, Val) acepta la cadena polipeptídica en crecimiento (en este ejemplo, la fMet previamente unida) **(paso 2)** y el ribosoma se mueve al codón siguiente para repetir el proceso, mientras se libera el RNA desacilado que mantenía el péptido creciente en el ciclo previo (el tRNA de fMet, **paso 3**). Los pasos precedentes se repiten, añadiendo más aminoácidos a la cadena, hasta que se lee una señal de detención **(paso 4)**, después de lo cual un factor de liberación proteico hace que se liberen el polipéptido y el mRNA. El polipéptido que se muestra aquí es irrealmente corto, para ilustrar la iniciación y la terminación.

de la traducción. En la Figura 5.18 (página 152) mostramos el código genético, esto es, la correspondencia entre cada una de las posibles 64 secuencias de trinucleótidos y los 20 aminoácidos codificados por estas secuencias. En este capítulo ampliamos, tanto el proceso de la síntesis de proteínas como el esclarecimiento y la naturaleza del código genético.

En 1958, varios años antes del esclarecimiento del código genético o la demostración del RNA mensajero, Francis Crick predijo la existencia de *moléculas adaptadoras*, cada una de las cuales actuaría traduciendo el mensaje genético al unirse a un aminoácido específico y ligarlo a una palabra del código molecular en la maquinaria de traducción. Estas moléculas adaptadoras resultaron ser los RNA de transferencia. Como se ha explicado en el Capítulo 4, cada molécula de RNA de transferencia, o tRNA, tiene 75-80 nucleótidos (aunque algunos tienen hasta 93 nucleótidos), y se pliegan mediante enlaces de hidrógeno intramoleculares en una estructura de tres bucles. Cada molécula de tRNA está diseñada para uno de los 20 aminoácidos, a través de la especificidad de una enzima de activación de los aminoácidos, denominada más adecuadamente una *aminoacil-tRNA sintetasa*. Como se muestra en la Figura 28.2, la activación de los aminoácidos tiene lugar con el gasto de la hidrólisis de ATP y da lugar a la esterificación del grupo carboxilo del aminoácido con el 3′ hidroxilo del nucleótido 3′ terminal del tRNA, lo cual da un aminoacil-tRNA.

Los RNA de transferencia son las moléculas adaptadoras que hacen corresponder el aminoácido con el codón.

Cada tRNA contiene, en una región conocida como **bucle del anticodón**, una secuencia de trinucleótidos denominada **anticodón**, que es complementaria del codón de trinucleótidos adecuado del mensaje. Así pues, el conjunto completo de tRNA de una célula constituye una especie de diccionario molecular para la traducción; define las correspondencias entre las palabras del lenguaje de 4 letras de los ácidos nucleicos (secuencia del gen) y las palabras del lenguaje de 20 letras de los aminoácidos (secuencia de aminoácidos de la proteína).

El RNA mensajero se une a un ribosoma, como se muestra en la Figura 28.1. También se unen aquí los aminoacil tRNA, de uno en uno, haciendo coincidir sus anticodones con los codones del mensaje, como se muestra en la Figura 28.1, paso 1. La cadena peptídica en crecimiento se transfiere desde el tRNA al que está unida al aminoacil tRNA entrante (paso 2). A continuación, se libera el primer tRNA y el ribosoma se desplaza un codón a lo largo del mensaje, lo cual permite que se coloque el siguiente tRNA que lleva *su* aminoácido (paso 3). De nuevo, en cada paso del movimiento se necesita el gasto de energía con la hidrólisis de fosfato de alta energía. Al moverse el ribosoma a lo largo del RNA mensajero, finalmente encuentra un codón de «detención». En este punto, se libera la cadena polipeptídica. El paso 4 muestra una proteína completada, aunque corta. En cada célula, o cada clase de organismo, esta maquinaria notable traduce la información codificada en miles de genes distintos en miles de proteínas diferentes. El aparato celular que une todos estos componentes y cataliza la formación del péptido es el ribosoma, una partícula formada por RNA y proteínas. Un ribosoma puede unirse al mRNA y «leerlo», al irse moviendo a lo largo del RNA, aceptando los tRNA cargados en el orden dictado por el mensaje e incorporando sus residuos de aminoácido de uno en uno en el orden adecuado dentro de la cadena polipepídica en crecimiento.

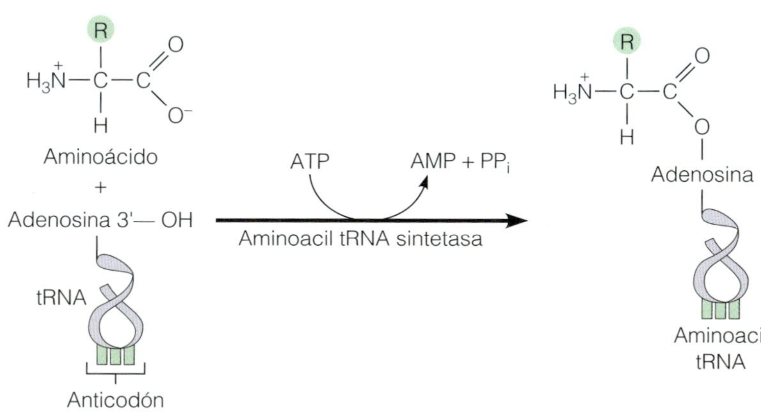


**FIGURA 28.2**

**Activación de los aminoácidos para su incorporación en las proteínas.** Una enzima específica, la aminoacil-tRNA sintetasa, reconoce un determinado aminoácido y un tRNA que lleva el correspondiente anticodón. Esta sintetasa cataliza la formación de un aminoacil tRNA con la hidrólisis simultánea de un ATP a AMP.

El RNA mensajero se lee en la dirección 5′ → 3′. La síntesis de polipéptidos se inicia en el N-terminal.

El mensaje del mRNA se lee siempre en la dirección 5′ → 3′ y la cadena polipeptídica se sintetiza empezando con su residuo N-terminal. La dirección de la síntesis polipeptídica se estableció en 1961 en un experimento clásico. Howard Dintzis dio a reticulocitos (células productoras de hemoglobina) un pulso breve de leucina marcada con $^3$H y aisló las moléculas de hemoglobina completadas en diversos momentos tras el pulso. Después de fragmentar estas moléculas en péptidos con tripsina, comparó la radiactividad de los péptidos de diversos puntos de la cadena. Inmediatamente después de la aplicación del pulso, solo se observó la radiactividad en las cadenas que se estaban sintetizando antes de que empezara el pulso y se acababan de completar durante el pulso; en este momento, el marcaje radiactivo solo se encontró en los péptidos C-terminales. Después de transcurrido un periodo de tiempo superior tras el pulso, la radiactividad se había incorporado en zonas del polipéptido cada vez más próximas al N-terminal, ya que continuaba iniciándose la síntesis de nuevas moléculas proteicas. Dintzis llegó, pues, a la conclusión de que los aminoácidos se añadían a una cadena polipeptídica empezando por el N-terminal y avanzando hacia el C-terminal.

La imagen sencilla de la traducción que hemos presentado hasta ahora deja muchas preguntas sin responder. ¿Cómo se establece la correspondencia entre el tRNA y el aminoácido? ¿Cómo se fija el ribosoma al mRNA y se desplaza a lo largo del mismo? ¿Cómo cataliza la formación del enlace peptídico? ¿Cómo se inicia y se detiene correctamente la traducción? ¿Cómo se evitan los errores? ¿De dónde procede la energía necesaria para toda esta actividad? Para responder a estas preguntas debemos diseccionar el proceso completo de la traducción, examinando cuidadosamente cada una de sus partes. En primer lugar, consideremos con más detalle el código genético.

## El código genético

Presentamos el código genético en los Capítulos 5 y 7. Aquí describimos los experimentos fundamentales que condujeron a descifrar el código y consideramos algunas características del código, entre ellas si es universal en todos los sistemas biológicos.

A finales de los años 1950 se aceptaba que la secuencia de aminoácidos de una proteína está codificada por la secuencia de bases de un ácido nucleico molde. Un código de tripletes parecía el más probable, con tres nucleótidos que especifican un aminoácido. Un código de dobletes claramente no podía ser, ya que solo hay 16 secuencias de dinucleótidos posibles (4 × 4) y se necesitan, al menos, 20 palabras código si cada aminoácido debe tener su propia palabra código. De esta manera, un código de tripletes parecía el más simple; 64 trinucleótidos posibles (4 × 4 × 4) hacen probable que algunos aminoácidos pudieran tener más de una palabra código.

Los experimentos genéticos apoyaron la idea de un código de tripletes y también un código *no solapante* y *sin puntuación*. En la Figura 28.3 se presenta lo que se quiere decir con estos términos y se sugieren las razones por las que se rechazaron los códigos con solapamiento y puntuación.

### Cómo se descifró el código

El esclarecimiento del código comenzó en 1961, cuando Marshall Niremberg y Heinrich Matthaei utilizaron moldes artificiales de RNA para la síntesis de proteínas *in vitro*. Recuérdese del Capítulo 27 (página 1129) que la enzima polinucleótido fosforilasa catalizaba la síntesis que no depende de un molde, a partir de una mezcla de ribonucleósidos difosfato, de un RNA de secuencia aleatoria cuya composición de nucleótidos es igual que la del medio. Niremberg y Matthaei polimerizaron UDP con la enzima para sintetizar poliU, un polirribonucleótido que solo contenía residuos de UMP. Cuando este RNA artificial se colocó en un sistema acelular que contenía un extracto bacteriano, ATP, GTP y los 20 aminoácidos canónicos (esto es, aquellos que se encuentran habitualmente en las proteínas), el producto era un polipéptido que solo contenía fenilalanina. De esta forma, la palabra del código genético para fenilalanina se demostró que era una secuencia específica de residuos de UMP, tres si estamos considerando en realidad un código de tripletes. Pronto se vio que poliC codifica solo prolina y poliA, solo lisina.

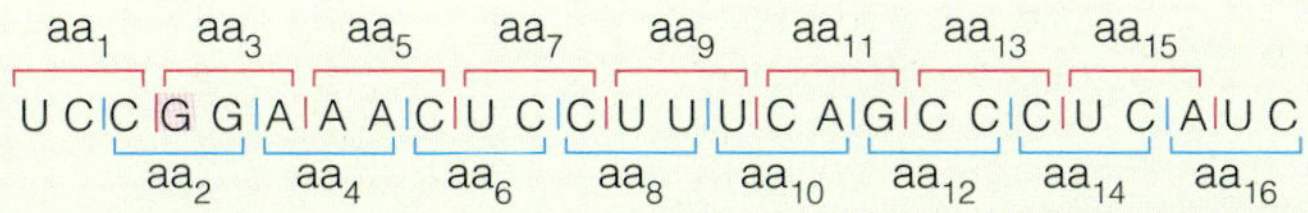


**(a)** Código solapante. Se producirán regularidades estadísticas entre residuos de aminoácidos adyacentes. Las mutaciones puntuales (rojo) podrán modificar dos residuos de aminoácidos.

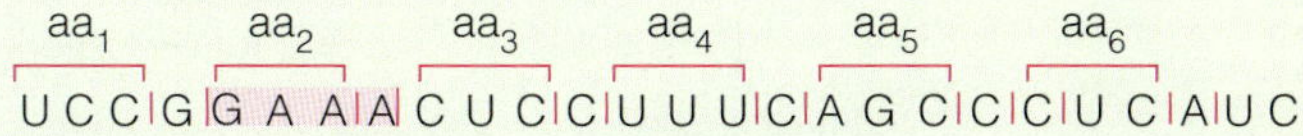


**(b)** Código puntuado. Las pérdidas de cuatro nucleótidos (o múltiplos de cuatro) restablecerán el marco de lectura.

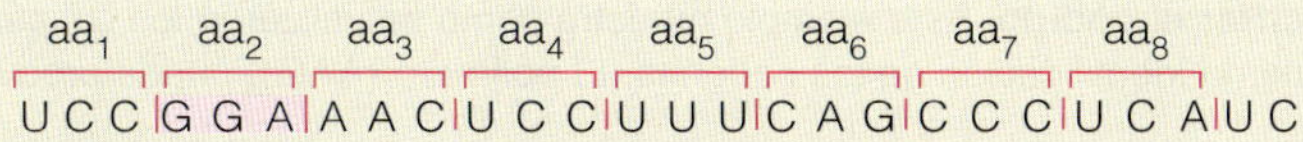


**(c)** Código sin puntuación. Las pérdidas de tres nucleótidos (o múltiplos de tres) restablecerán el marco de lectura. Esta es la forma real del código.

**FIGURA 28.3**

**Tres tipos concebibles de códigos genéticos.** La investigación inicial sobre la naturaleza del código mostró rápidamente que un código sin solapamiento y sin puntuación **(c)** se ajusta a todas las observaciones experimentales.

El establecimiento de las palabras código de los otros 17 aminoácidos fue más complicado. Por ejemplo, considérese la síntesis enzimática de un polinucleótido a partir de una mezcla de nucleótidos que contiene CDP y ADP con una proporción molar 5:1. Dado que la composición de bases del polímero refleja la proporción del sustrato, el polímero contiene ocho codones de trinucleótidos, siendo CCC 125 veces más abundante que AAA ($5 \times 5 \times 5$). Los codones con dos A y una C (2A1C – AAC, ACA, CAA) son cinco veces más abundantes que AAA y aquellos con una A y dos C (2C1A – CCA, CAC, ACC) son 25 veces más abundantes. Cuando este polímero fue utilizado por Niremberg y Matthaei, estimuló la incorporación de prolina, histidina, treonina, glutamina, asparagina y lisina con proporciones molares de 100, 23.4, 20, 3.3, 3.3 y 1, respectivamente. Los datos se explican mejor si se supone que el polímero contenía dos codones para Pro (CCC y 2C1A) y dos para Thr (2A1C y 2C1A). Ya se sabía que el codón de lisina era AAA. Los codones asignados a Asp y Gln fueron ambos 2A1C y, para His, 1A2C. Este y otros experimentos con polímeros de secuencia aleatoria fueron capaces de establecer la *composición* de nucleótidos de la mayoría de los codones, aunque no su *secuencia.*

Dos enfoques condujeron a la identificación de las secuencias de los codones. En primer lugar, H. Gobind Khorana sintetizó polirribonucleótidos de secuencia regular repetida. Por ejemplo, se vio que el polímero UCUCUCUC ···· dirige la síntesis de un copolímero alternante Ser-Leu-Ser-Leu-Ser-Leu····Si el código es de tripletes y no solapante, esto significa que UCU es el codón de serina o leucina y CUC codifica el otro aminoácido. Dado que se sabía que la serina tiene un codón 2U1C y la leucina un codón 2C1U, se estableció que UCU era un codón de serina y CUC, un codón de leucina. Cuando se utilizó un trinucleótido como unidad repetida, se observó un resultado diferente, como se muestra en la Figura 28.4. El polímero AAGAAGAAG···· dirigió la síntesis de tres homopolipéptidos polilys, poliarg y poliglu. Este experimento no proporcionó secuencias de codones, pero estableció el triplete y la naturaleza no solapante del código. Aquí, la naturaleza del producto fue establecida por el **marco de lectura** inicial, la secuencia de trinucleótidos elegida para la incorporación del primer aminoácido. Si se seleccionaba, por ejemplo, GAA, cada codón posterior debería ser también GAA, haciendo idénticos todos los aminoácidos del producto. El experimento estableció GAA, AGA y AAG como los codones de los tres aminoácidos, pero no pudo dar directamente la asignación de cada aminoácido a un codón.

Los experimentos de este tipo identificaron muchas de las palabras del código, pero en 1964, Philip Leder y Marshall Nirenberg idearon un método nuevo y rápido para la asignación de codones, que permitió completar el descifrado del código. Leder y Niren-

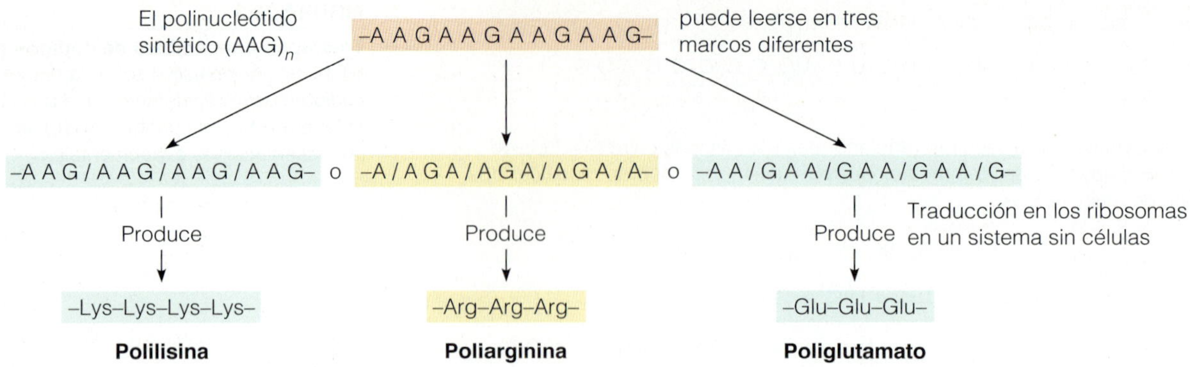


**FIGURA 28.4**

**Uso de polinucleótidos sintéticos con secuencias repetidas para descifrar el código.** Este ejemplo muestra cómo se utilizaron los polipéptidos basados en el polímero $(AAG)_n$ para confirmar el código de tripletes y facilitar la identificación de los codones. El polímero $(AAG)_n$ puede producir tres polipéptidos diferentes, según cuál sea el marco de lectura utilizado.

berg encontraron que los trinucleótidos sintéticos podían unirse a los ribosomas y especificaban la unión de tRNA específicos. Así, por ejemplo, UUU y UUC estimulaban la unión de los tRNA de fenilalanina a los ribosomas, y CCC y CCU estimulaban la unión de los tRNA de prolina. Esos experimentos proporcionaron pruebas inequívocas de la *redundancia* del código, puesto que se observó que varios codones diferentes correspondían a un mismo aminoácido. Con el empleo combinado de estas técnicas diversas se estableció la totalidad del código genético en unos pocos años tras la demostración de la incorporación de Phe dirigida por poliU.

## Características del código

En el código genético, tal como se presenta en la Figura 28.5, 61 de los trinucleótidos son codones con «sentido», esto es, codifican un aminoácido. Los restantes son normalmente codones «sin sentido», ya que no codifican un aminoácido (con algunas excepciones, *véase* la Tabla 28.1 y el análisis de la página 1180). Cuando un ribosoma encuentra un codón sin sentido (UAG, UAA o UGA) en el marco de lectura correcto, no hay ningún aminoacil-tRNA en la célula que contenga un anticodón correspondiente y cesa la traducción. Como veremos más tarde, estos codones se emplean como parte de la maquinaria normal de terminación de la traducción del mensaje. El código es *degenerado* (o redundante) en el sentido de que la mayoría de aminoácidos tiene más de un codón y *no ambiguo*, en el sentido de que un determinado trinucleótido codifica uno y solo un aminoácido. Existen algunas excepciones a esta generalización, como se resume en la Tabla 28.1 y se comenta más tarde (*véase* la página 1180). En otras palabras, el código genético es casi, aunque no del todo, universal.

El código es casi, aunque no del todo, universal.

## Validez biológica del código

Como se ha descrito antes, la asignación de las palabras del código genético a los aminoácidos se llevó a cabo de forma estricta mediante el uso de sistemas *in vitro*: incorporación de aminoácidos mediante moldes sintéticos y análisis de la unión de los aminoacil-tRNA a los ribosomas. ¿Cómo podríamos asegurar que estas asignaciones de codones son válidas para la traducción de mensajes en las células vivas? Parte de la validación vino del análisis de la secuencia de aminoácidos de las hemoglobinas humanas mutantes (Capítulo 7). La mayor parte de los cambios de la secuencia de aminoácidos podría explicarse por mutaciones de sustitución de una sola base, que es la mutación espontánea más frecuente. Por ejemplo, la sustitución Glu ⟶ Val que se ve en la hemoglobina falciforme podría explicarse por el cambio de un codón GAA de Glu a un codón GUA de Val, o GAG a GUG.

Otros experimentos importantes de validación los realizó George Stresinger, con el empleo del sistema lisozima del bacteriófago T4. La lisozima es una enzima codificada por el fago responsable de la rotura de la bacteria hospedadora tras un ciclo de

| Primera posición (extremo 5') | Segunda posición: U | Segunda posición: C | Segunda posición: A | Segunda posición: G | Tercera posición (extremo 3') |
|---|---|---|---|---|---|
| U | UUU Phe | UCU Ser | UAU Tyr | UGU Cys | U |
| U | UUC Phe | UCC Ser | UAC Tyr | UGC Cys | C |
| U | UUA Leu | UCA Ser | UAA Detención | UGA Detención | A |
| U | UUG Leu | UCG Ser | UAG Detención | UGG Trp | G |
| C | CUU Leu | CCU Pro | CAU His | CGU Arg | U |
| C | CUC Leu | CCC Pro | CAC His | CGC Arg | C |
| C | CUA Leu | CCA Pro | CAA Gln | CGA Arg | A |
| C | CUG Leu | CCG Pro | CAG Gln | CGG Arg | G |
| A | AUU Ile | ACU Thr | AAU Asn | AGU Ser | U |
| A | AUC Ile | ACC Thr | AAC Asn | AGC Ser | C |
| A | AUA Ile | ACA Thr | AAA Lys | AGA Arg | A |
| A | AUG Met | ACG Thr | AAG Lys | AGG Arg | G |
| G | GUU Val | GCU Ala | GAU Asp | GGU Gly | U |
| G | GUC Val | GCC Ala | GAC Asp | GGC Gly | C |
| G | GUA Val | GCA Ala | GAA Glu | GGA Gly | A |
| G | GUG Val | GCG Ala | GAG Glu | GGG Gly | G |

**FIGURA 28.5**

**Código genético (tal como se escribe en el RNA).** Se muestra aquí el código genético utilizado en la mayor parte de los organismos. Los codones de terminación de cadena, o de «detención» se muestran de color naranja, y el codón de inicio habitual, AUG, en verde oscuro. Otros codones de inicio, que rara vez se emplean, se indican en color verde claro. Cuando se emplea el AUG como codón de inicio, este codifica *N*-formilmetionina (fMet) en los procariotas o metionina (Met) en los eucariotas; *véase* la página 1182. En los demás casos codifica Met. Las excepciones a estas asignaciones de codones se indican en la Tabla 28.1.

**TABLA 28.1. Modificaciones del código genético**

| Codón | Habitual | Uso alternativo | Dónde se produce el uso alternativo |
|---|---|---|---|
| AGA<br>AGG | Arg | Detención, Ser | Algunas mitocondrias de animales, algunos protozoos |
| AUA | Ile | Met | Mitocondrias |
| CGG | Arg | Trp | Mitocondrias de las plantas |
| CUU<br>CUC<br>CUA<br>CUG | Leu | Thr | Mitocondrias de las levaduras |
| AUU<br>GUG<br>UUG | Ile<br>Val<br>Leu | Inicio (*N*-fMet) | Algunos procariotas[a] |
| UAA | Detención | Glu | Algunos protozoos |
| UAG | Detención | Pirrolisina<br>Glu | Various archea<br>Some protozons |
| UGA | Detención | Trp<br>Selenocisteína<br>Selenocisteína y Cys | Mitocondrias, micoplasmas<br>Extendido[a]<br>*Euplotes* |

[a] Depende del contexto del mensaje, otros factores.

reproducción del fago. Los mutantes de lisozima son fáciles de detectar, ya que pueden producir el fago, pero no pueden lisar la célula hospedadora. Se indujeron mutaciones tratando las células infectadas por el fago con **proflavina**, una molécula plana grande que se ajusta o *intercala* entre los pares de bases sucesivas del DNA e induce mutaciones de *corrimiento del marco*, esto es, adiciones o deleciones de una única base, que alteran el marco de lectura (Figura 7.26, página 257). En una mutación de desplazamiento de marco de este tipo, se restauró la función del tipo silvestre mediante una segunda mutación. Los análisis de secuencia de la lisozima de los dobles mutantes mostraron cinco cambios con respecto a la secuencia del tipo silvestre. Los datos solo eran consistentes con la suposición de que el doble mutante se creó mediante la inserción de una sola base y la deleción de una sola base, que restablecía el marco de lectura (Figura 28.6). Todos los codones utilizados experimentalmente para deducir la secuencia del ácido nucleico (mucho antes de que se hubiera establecido la secuenciación del DNA) eran consistentes con las asignaciones de codones determinadas *in vitro*.

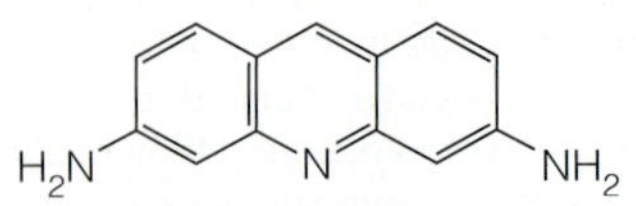

**Proflavina**

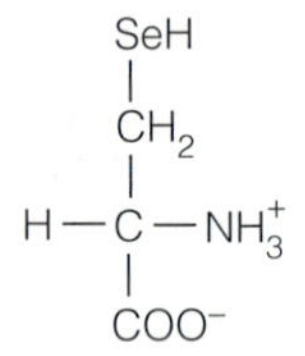

**Selenocisteína**

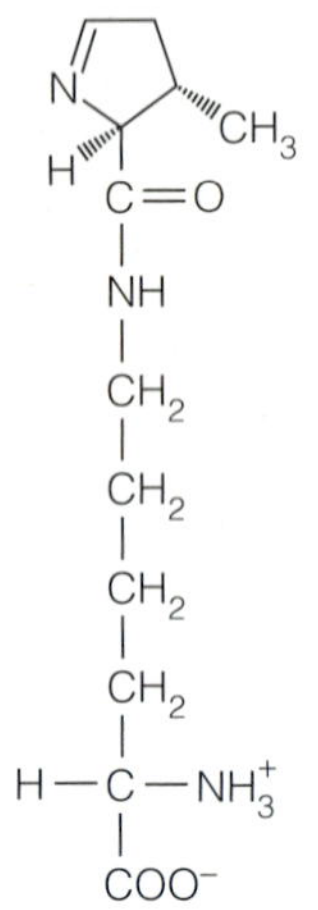

**Pirrolisina**

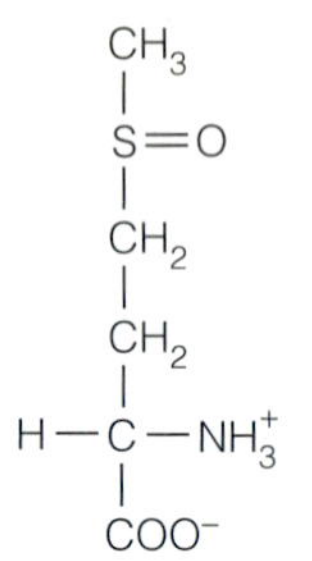

**Metionina sulfóxido**

## Desviaciones del código genético

¿Por qué se ha mantenido el código genético casi sin alterar a lo largo de un periodo de evolución tan prolongado? Tal vez se deba simplemente a que las variaciones, incluso pequeñas, de los codones, pudieran resultar devastadoras. El cambio de un solo codón podría alterar la secuencia de casi todas las proteínas que elabora el organismo. Algunos de estos cambios hubieran tenido casi con seguridad efectos letales. En consecuencia, se ha opuesto a los cambios de codón la presión selectiva más intensa durante la evolución, ya que se trata de cambios de las reglas del juego más básicas.

Sin embargo, pueden producirse desviaciones significativas, sobre todo las diferencias del código mitocondrial y la codificación de los aminoácidos «21 y 22», que son la selenocisteína y la pirrolisina (Capítulo 5, página 144). Un cambio significativo del código mitocondrial, como se muestra en la Tabla 28.1, es el cambio de AUA de un codón de isoleucina a uno de metionina. Se ha argumentado que esto representa una adaptación dentro de la mitocondria al estrés oxidativo. La metionina, bien libre o como residuo de una proteína, es fácilmente oxidable, pero con la misma facilidad se reduce por la metionina sulfóxido reductasa. Por tanto, se ha indicado que para una mitocondria es una ventaja tener una mayor abundancia de metionina en sus proteínas para absorber las especies de oxígeno reactivas, que de otra forma, atacarían a dianas menos resistentes. En efecto, las proteínas mitocondriales tienen metionina con mayor abundancia que las proteínas de los otros compartimentos celulares.

La selenocisteína (aminoácido 21) y la pirrolisina (aminoácido 22) se traducen de forma distinta. Ambos utilizan codones que de otra manera, se utilizan en la terminación de la traducción: UGA para selenocisteína (Sec) y UAG para pirrolisina (Pyl). Un RNA de transferencia especial, $tRNA^{Sec}$, es un sustrato de la seril-$tRNA^{Sec}$ sintetasa, que carga serina directamente para dar Ser-$tRNA^{Sec}$. (Tengase en cuenta el convenio: Ser es el aminoácido unido y el superíndice Sec indica el aminoácido correspondiente al anticodón en esa molécula de tRNA). La Ser ligada al tRNA se convierte, a continuación, en Sec por un proceso en dos pasos que comienza con la fosforilación del grupo hidroxilo de la serina. El Sec-$tRNA^{Sec}$ responde a un codón UGA. Para que un determinado UGA sea traducido como Sec en lugar de terminación, ese UGA debe tener disponible una

El código es redundante. Varios codones pueden corresponder a un solo aminoácido, a veces mediante un balanceo en la posición 5′ del anticodón.

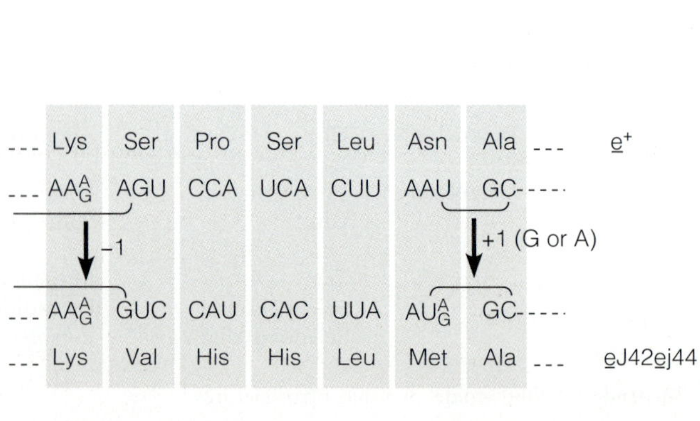


**FIGURA 28.6**

**Validación del código genético mediante el análisis de la secuencia de aminoácidos de los mutantes de la lisozima del fago T4.** *e* es el gen de la lisozima, de la que se muestra una parte de la secuencia de aminoácidos. Una de las dos mutaciones inducidas por la proflavina, la eJ42 o eJ44, interrumpen el marco de lectura al eliminar un par de bases, y una segunda mutación restablece el marco de lectura del tipo natural al insertar un par de bases, pero alterando la secuencia de aminoácidos entre los dos lugares mutantes. Las secuencias de mRNA que codifican estos cinco aminoácidos alterados se infieren del código genético y de la acción conocida del mutágeno.

Adaptado con permiso de Eric Terzaghi from *Proceedings of the National Academy of Sciences of the United States of America* 56:500, descrito en C. Mathews (1971) ***Bacteriophage Biochemistry***, Van Nostrand Reinhold, Nueva York, p. 91..

secuencia de inserción Sec (SECIS), normalmente en la región 3´, que no se traduce (3´-UTR). Aunque la selenocisteína es bastante rara entre las proteínas, el proteoma humano contiene 25 selenocisteínas. Como se ha mencionado antes (Capítulo 15), algunas de estas proteínas participan en la protección oxidante.

En cambio, la pirrolisina tiene una distribución mucho menor y solo se ha encontrado en alrededor del 1 % de los genomas secuenciados, la mayoría en las arqueas metanógenas. La pirrolisina se convierte directamente en un pirrolisil-$tRNA^{Pyl}$ por su propia aminoacil-tRNA sintetasa. El Pyl-$tRNA^{Pyl}$ resultante tiene un anticodón que se aparea con UAG, que normalmente se emplea en la terminación de la cadena. Hasta ahora no está claro si alguno de los UAG de estos genomas se lee como codón de detención o si todos codifican Pyl.

Por último, aunque decimos que el código no es ambiguo, ese concepto puede necesitar su revisión a la luz de los últimos descubrimientos con protozoos ciliados del género *Euplotes*. Este organismo emplea UGA como uno de los tres codones de cisteína (los otros son UGU y UGC). Al menos un gen de *E. crassus* tiene tripletes UGA que codifican cisteína y selenocisteína. El contexto de la secuencia obviamente es clave para asegurar la especificidad correcta de inserción. Dado que este organismo utiliza también UGA como codón de triptófano en sus mitocondrias, está realmente ocupado.

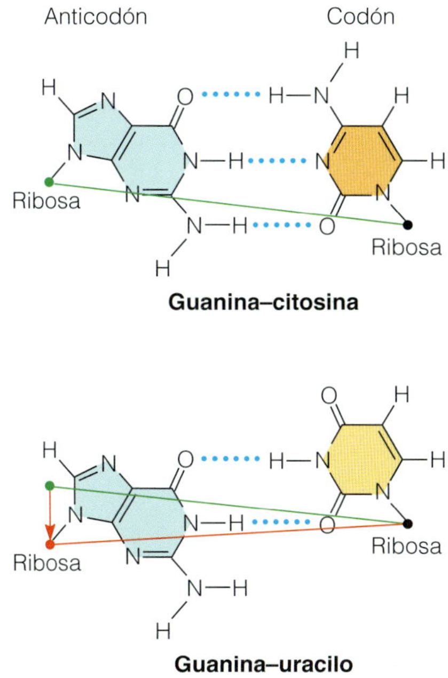


**FIGURA 28.7**

**Hipótesis del balanceo.** Como ejemplo, presentamos la forma en que la base G del anticodón puede aparearse con C o con U de un codón. El movimiento («balanceo») de la base en la posición 5´ del anticodón es necesario para que exista esta capacidad (*véase* la flecha).

## La hipótesis del balanceo

Si examina con detenimiento la tabla del código de la Figura 28.5, observará que, en general, cada aminoácido se caracteriza por las dos primeras letras del codón. Por ejemplo, todos los codones de Pro empiezan con CC y los cuatro codones de Val empiezan con GU. Así pues, la redundancia se expresa generalmente en la tercera letra; ACU, ACC, ACA y ACG codifican todos treonina. Poco después de descifrarse el código, se observó que un solo tRNA puede reconocer varios codones diferentes. El reconocimiento múltiple comporta siempre el residuo 3´ del codón y, por tanto, el residuo 5´ del anticodón.

En 1966, Francis Crick propuso que la base 5´ del anticodón era capaz de «balancearse» en su posición durante la traducción, permitiendo que se formen disposiciones de enlace de hidrógeno alternativas (no de Watson-Crick), con varias bases diferentes del codón. En la Figura 28.7 se presenta un ejemplo. La G de la posición 5´ del anticodón puede aparearse con C o con U en el codón, dependiendo de la orientación relativa del par. Teniendo en cuenta las dos posibilidades de apareamiento de bases y la selectividad observada de los tRNA, Crick propuso el conjunto de «reglas de balanceo» que se dan en la Tabla 28.2. Esta hipótesis explica elegantemente la degeneración que se observa con frecuencia en el lugar 3´ del codón. El nucleósido bastante poco corriente *inosina* (I, Capítulo 22) se encuentra en algunos anticodones, en los que muestra capacidad de aparearse con A, U o C.

**TABLA 28.2. Capacidades de apareamiento de bases en los pares con balanceo**

| Base en la posición 5' del anticodón | | Base en la posición 3' del anticodón |
|---|---|---|
| G | se aparea con | C o U |
| C | se aparea con | G |
| A | se aparea con | U |
| U | se aparea con | A o G |
| I | se aparea con | A, U o C |

No todos los casos de utilización de múltiples codones implican la traducción de un solo tRNA empleando el balanceo. Como ejemplo, consideremos los seis codones de leucina. Cuatro de los seis comienzan con CU y en principio, pueden traducirse por dos tRNA diferentes, utilizando el balanceo. Sin embargo, los dos codones restantes, UUA y UUG, necesitarán un anticodón diferente, como 3´-AAU-5´, que puede traducir ambos codones. De hecho, *E. coli* contiene cinco tRNA diferentes para leucina y múltiples **tRNA isoaceptores**. Son corrientes los tRNA que aceptan y traducen el mismo aminoácido.

## Sesgo de los codones

La redundancia del código genético significa que varios tripletes de nucleótidos pueden codificar el mismo aminoácido; la leucina, por ejemplo, tiene seis codones. En principio, una mutación silente, como CUA ⟶ CUG no debe tener consecuencias biológicas, ya que ambos tripletes codifican leucina. Sin embargo, determinados organismos utilizan de forma muy selectiva los codones degenerados. En un caso extremo, alrededor de la mitad de los 64 codones son utilizados muy poco o nada por la bacteria *Thermus thermophilus.* Aunque no conocemos los mecanismos evolutivos que han llevado a este uso asimétrico en la selección de codones, el conocimiento del sesgo de los codones tiene un significado práctico para los que desean expresar en las bacterias proteínas eucariotas recombinantes. Consideremos *E. coli*, un hospedador que se utiliza con frecuencia para la expresión de genes recombinantes. De los seis codones de arginina, dos, AGA y AGG se usan con poca frecuencia en *E. coli*, lo que significa que cada uno de estos tripletes representa menos del 1 % de los codones de arginina en todo el genoma. Con esto está relacionado el hecho de que la concentración intracelular de los tRNA con el anticodón 3´-TCI-5´, que puede traducir estos dos codones poco frecuentes, es bastante baja. Esto significa que un gen recombinante con una representación más abundante de estos codones se expresará poco tras la transferencia a *E. coli.* Esta situación puede remediarse por la mutagénesis de lugar dirigida de los genes recombinantes y cambiar estos codones poco frecuentes por codones de arginina que son más abundantes, y traducirse de forma más eficaz en el genoma de *E. coli.* Otra posibilidad es modificar el hospedador *E. coli* para que sobreexprese los tRNA poco frecuentes, de forma que puedan traducirse eficazmente los codones AGA y AGG.

Una ventaja del diseño de un código que tenga codones sinónimos con estructuras semejantes es que muchas mutaciones con cambios de una sola base son silenciosas, ya que un cambio de codón como CUA → CUG que se ha mencionado antes no varía el sentido del mensaje genético. No solo hay muchos cambios silenciosos de una base, sino que muchos más son conservadores en el sentido de que una mutación puede sustituir un aminoácido estructuralmente semejante, que puede ser tolerado por la proteína sin pérdida de función. Por ejemplo, cada uno de los seis codones de leucina puede convertirse en un codón del aminoácido muy relacionado valina mediante el cambio de una sola base. Esto sugiere que el código ha evolucionado para hacer máxima la estabilidad genética.

## Detención e inicio

Dado que el RNA mensajero es casi invariablemente más largo que el marco de lectura abierto que ha de traducirse, son necesarias señales específicas de inicio y detención para que empiece y termine la traducción. En casi todos los organismos se utilizan los codones UAA, UAG y UGA como señales de detención y no codifican aminoácido alguno (con las excepciones señaladas antes). Una señal de detención indica que la traducción debe terminar y que el producto polipeptídico ha de liberarse del ribosoma. Evidentemente, tres señales de detención son más de las absolutamente necesarias, por lo que no es de extrañar que se observe que estos codones se utilizan también para designar aminoácidos en las mitocondrias y en otros casos especiales (*véase* la Tabla 28.1).

Los mensajeros de los procariotas contienen señales de inicio y de detención de la traducción, así como una secuencia que alinea el mRNA en el ribosoma.

Aunque la naturaleza ha sido pródiga en la definición de señales de detención, se ha mostrado sorprendentemente escasa en el establecimiento de inicios. La señal de inicio comúnmente utilizada en la traducción es AUG, que sirve también como el único codón de la metionina. ¿Cómo sabe, pues, el ribosoma cómo ha de interpretar adecuadamente este triplete de forma que diferencie entre lugares internos y lugares de inicio? La respuesta es que el extremo 5´ de cualquier mensaje contiene secuencias específicas que garantizan que se fije adecuadamente al ribosoma (*véase* la página 1183). Cuando se empieza a leer el mensaje, el *primer* AUG que se encuentra se interpreta como señal de inicio y comienza la traducción. Aunque las células procariotas y eucariotas manejan esta situación de manera algo distinta, la consecuencia es que la *N*-formilmetionina (en los procariotas) o la metionina (en los eucariotas) es siempre el primer aminoácido que se incorpora a una cadena polipeptídica. En consecuencia, todas las proteínas empiezan con *N*-fMet o Met, al menos cuando se sintetizan inicialmente. Sin embargo, en la mayoría de los casos este residuo se desformila o elimina después de la traducción. Cualquier AUG que se encuentre después del inicio de la traducción se trata como una señal para incorporar metionina en ese punto de la secuencia. De manera muy ocasional, los códigos GUG (normalmente valina), UUG (normalmente leucina) o AUU (normalmente isoleucina) actúan como codones de inicio en los procariotas cuando se sitúan cerca del extremo 5´ de un mensaje (*véase* la Tabla 28.1). Sin embargo, en estos casos codifican *N*-formilmetionina en la primera posición. En otras posiciones estos tripletes se leen como codones normales.

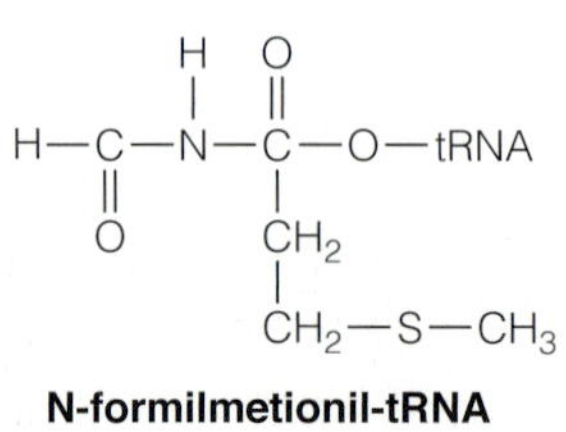

**N-formilmetionil-tRNA**

# Principales participantes en la traducción: mRNA, tRNA y ribosomas

## mRNA

Como se ha descrito en el Capítulo 27, los RNA mensajeros eucariotas son bastante diferentes de los mRNA procariotas. Estos últimos son mucho más complejos, ya que la mayoría, si no todos, son *policistrónicos*, esto es, codifican dos o más cadenas polipeptídicas, lo cual significa que la secuencia de mRNA debe estar puntuada de forma que la traducción del RNA correspondiente a cada gen se controle por sus propias señales de iniciación y de terminación. Los mensajes eucariotas casi siempre codifican una sola proteína, pero la estructura del mRNA es el resultado de un procesamiento posterior a la transcripción bastante más extenso que el que observa en los sistemas procariotas.

Como un buen ejemplo de un mRNA procariota, consideremos el producido por la transcripción del operón *lac* de *E. coli*, que se ha presentado en el Capítulo 27 y que recibe una mayor atención en el Capítulo 29. Este grupo de tres genes ligados, *lacZ*, *lacY* y *lacA*, controla la utilización de lactosa y otros azúcares por las bacterias. Como se muestra en la Figura 28.8, estos tres genes se expresan en una única molécula de mRNA de unos 5300 nucleótidos. Dentro de este mRNA hay tres **marcos de lectura abiertos**, que corresponden a los genes *lacZ*, *Y*, y *A*. Un marco de lectura abierto es una secuencia de un RNA mensajero flanqueada por codones de inicio y de detención, que puede traducirse de manera continua. Cada marco de lectura abierto tiene sus propias señales de inicio y detención y puede verse que estas señales varían considerablemente. Hay un RNA adicional que no se traduce entre los marcos de lectura y los extremos. Las regiones 5′ de cada señal de inicio contienen secuencias con abundante A y G, que ayudan a alinear el mRNA en el ribosoma para que la traducción pueda empezar en los puntos adecuados y en el marco de lectura correcto. Estas secuencias de fijación, que se encuentran en todos los mRNA de los procariotas, se denominan *secuencias Shine-Dalgarno*, en honor de J. Shine y L. Dalgarno, que las descubrieron. Una secuencia Shine-Dalgarno puede formar apareamiento de bases con una secuencia contenida en el RNA ribosómico, como se muestra en la Tabla 28.3, para dar lugar a una alineación adecuada para iniciar la traducción. Las distintas secuencias de fijación parecen tener diferentes afinidades por los ribosomas. Por ejemplo, los tres genes del operón *lac* (Figura 28.8) no se traducen en el mismo grado; el *lac Z* se traduce con mucha más frecuencia que el *lacY* o el *lacA*.

Las secuencias Shine-Dalgarno ayudan a alinearse a los ribosomas sobre los mRNA para comenzar la traducción de forma adecuada.

**FIGURA 28.8**

**El mRNA del operón *lac*.** El mRNA del operón *lac* de *E. coli* tiene unos 5300 nucleótidos de longitud y contiene los marcos de lectura abiertos para los genes *lacZ*, *lacY* y *lacA*, flanqueados cada uno de ellos por secuencias de inicio, de detención y de Shine-Dalgarno (SD).

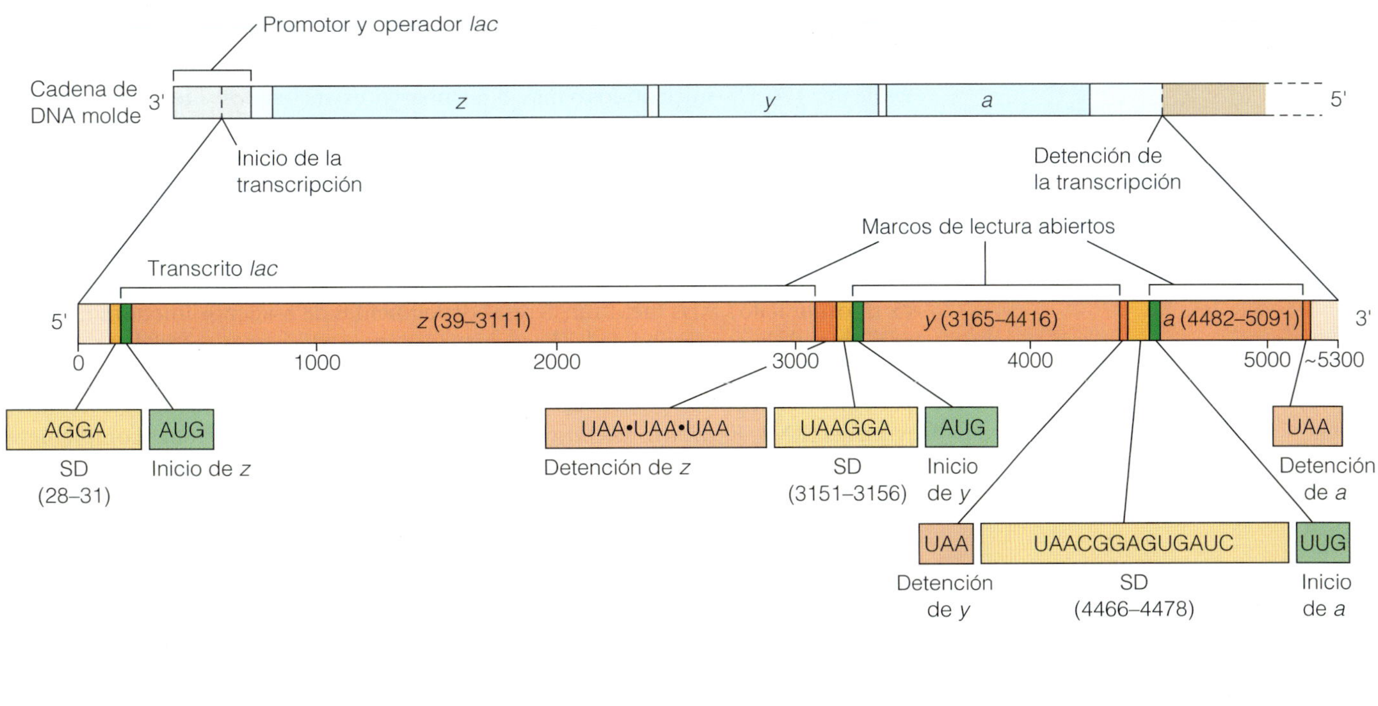

**TABLA 28.3. Secuencias Shine-Dalgarno representativas**

| Mensaje para | Secuencia Shine-Dalgarno |
|---|---|
| Proteína ribosómica L10 | Secuencia SD Inicio<br>5′ AGGAGCAAAGCUA AUG 3′ mRNA<br>| | | | | |<br>3′ AUUCCUCCA 5′ Extremo 3′ complementario del RNA ribosómico 16S |
| *lac z* de *E. coli* | 5′ AGGAAACAGCU AUG 3′<br>| | | |<br>3′ AUUCCUCCA 5′ |
| Cro del fago λ | 5′ UAAGGAGGUUGU AUG 3′<br>| | | | | | | | |<br>3′ AUUCCUCCA 5′ |

El mRNA producido a partir del operón *lac* posee todos los elementos básicos necesarios para su función: secuencias para alinearlo adecuadamente en el ribosoma y secuencias para iniciar y detener la traducción en los puntos adecuados. Muchos mRNA tienen también posibilidades de formar estructuras secundarias y terciarias tridimensionales, que pueden participar en la regulación de la producción relativa de los diversos productos proteicos. Volveremos sobre este punto en el Capítulo 29.

## RNA de transferencia

Cualquier célula, procariota o eucariota, contiene una batería de diferentes tipos de moléculas de tRNA, que es suficiente para incorporar los 20 aminoácidos a una proteína. Ello no implica que deba haber tantos tipos de tRNA como codones, puesto que, como se ha señalado antes, algunos tRNA pueden reconocer más de un codón, cuando la diferencia se encuentra en la tercera posición o de balanceo. Así, por ejemplo, *E. coli* posee unos 40 tRNA diferentes, que bastan y sobran para codificar todos los aminoácidos, pero no para los 61 codones de los aminoácidos. Como se señaló en la página 1180, el tRNA específico para un aminoácido dado se designa escribiendo el aminoácido como un superíndice, por ejemplo, $tRNA^{Ala}$.

El RNA de transferencia fue la primera secuencia polinucleotídica natural que se determinó, en un estudio pionero del $tRNA^{Ala}$ de la levadura por Robert Holley en 1965. Desde entonces se han secuenciado miles de tRNA. Todos ellos tienen la estructura general que se muestra esquemáticamente en la Figura 28.9a y poseen secuencias semejantes de unos 70 a 80 nucleótidos o más. Sin embargo, existe una considerable variación en los detalles, como indican los ejemplos de las Figuras 28.9b y c. Además, los tRNA tienen unas características especiales entre las moléculas de RNA, debido a su elevado contenido de bases poco habituales y modificadas, tres de las cuales se muestran en la Figura 28.10. La biosíntesis de las bases modificadas siempre tiene lugar *después de la transcripción*, como se mencionó en el Capítulo 27. Así, por ejemplo, una isomerasa convierte un residuo de uridina (1-ribosiluracilo) en el C-glucósido poco habitual seudouridina (5-ribosiluracilo), y las metiltransferasas dependientes de *S*-adenosilmetionina son responsables de la conversión de las bases estándar en sus derivados metilados.

Los *modelos de hoja de trébol* del tipo que se muestra en la Figura 28.9 resultan útiles para mostrar el patrón general de enlaces de hidrógeno y para señalar las partes funcionales del tRNA. El *triplete del anticodón* en el bucle de la parte inferior es complementario del codón del mRNA y formará apareamientos de bases con él. Dado que el codón y el anticodón, cuando se aparean, forman un corto fragmento de RNA de doble cadena, sus direcciones deben ser antiparalelas. En la Figura 28.9 hemos escrito las moléculas de tRNA con sus extremos 5′ hacia la izquierda. En consecuencia, el RNA mensajero, cuando se muestra en esas figuras, se escribe con el extremo 5′ hacia la derecha, en contra del convenio normal.

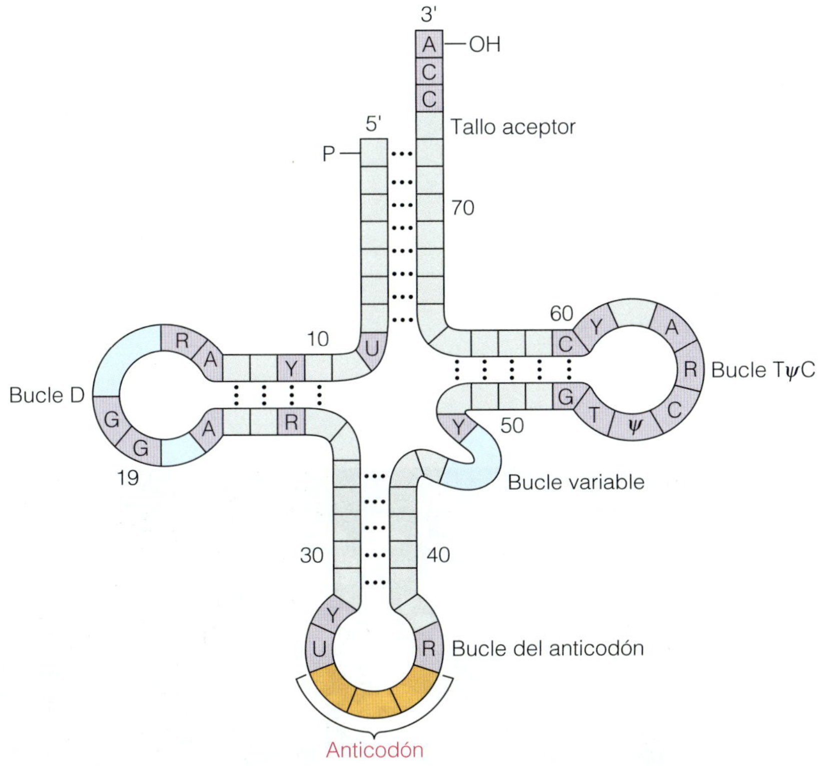


(a)

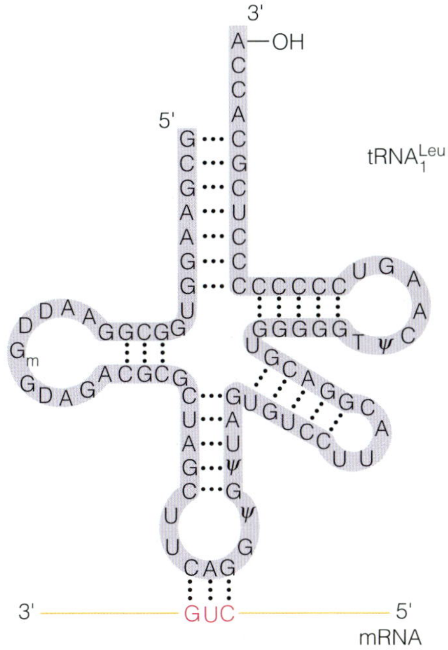


(b)

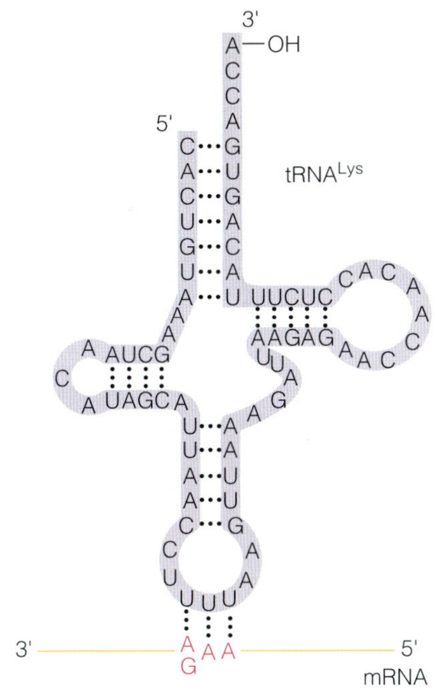


(c)

**FIGURA 28.9**

**Estructura de los tRNA. (a)** Estructura general de los tRNA. Las posiciones de las bases invariables o que rara vez varían se muestran en púrpura. Las regiones del bucle D y del bucle variable que pueden contener diferentes números de nucleótidos se muestran en azul. El anticodón se muestra en naranja. **(b)** Un tRNA de leucina de *E. coli.* **(c)** Un tRNA mitocondrial humano de lisina. Códigos de las bases: Y = pirimidina, R = purina, y = pseudouridina, T = ribotimidina y D = dihidrouridina (*véase* la Figura 28.10).

El *tallo aceptor* en la parte superior de la figura de hoja de trébol es el lugar en el que se fijará el aminoácido, en el extremo 3′ del tRNA. Este tallo tiene siempre la secuencia 5′··· CCA—OH 3′. Otras características comunes de las moléculas de tRNA son el *bucle D* y el *bucle* TψC, regiones que contienen una parte sustancial de posiciones invariables y que están frecuentemente modificadas o contienen también bases no habituales. El denominado *bucle variable* es ciertamente variable, tanto en su composición de nucleótidos como en su longitud, como indica la Figura 28.9.

Aunque los modelos de hoja de trébol resultan adecuados para representar la estructura primaria y algunos elementos de la estructura secundaria, no son representa-

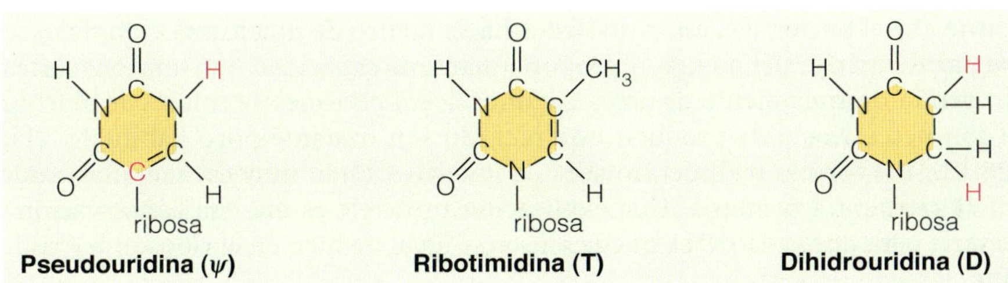


**FIGURA 28.10**

**Una muestra de las bases modificadas y poco habituales que se encuentran en los tRNA.**

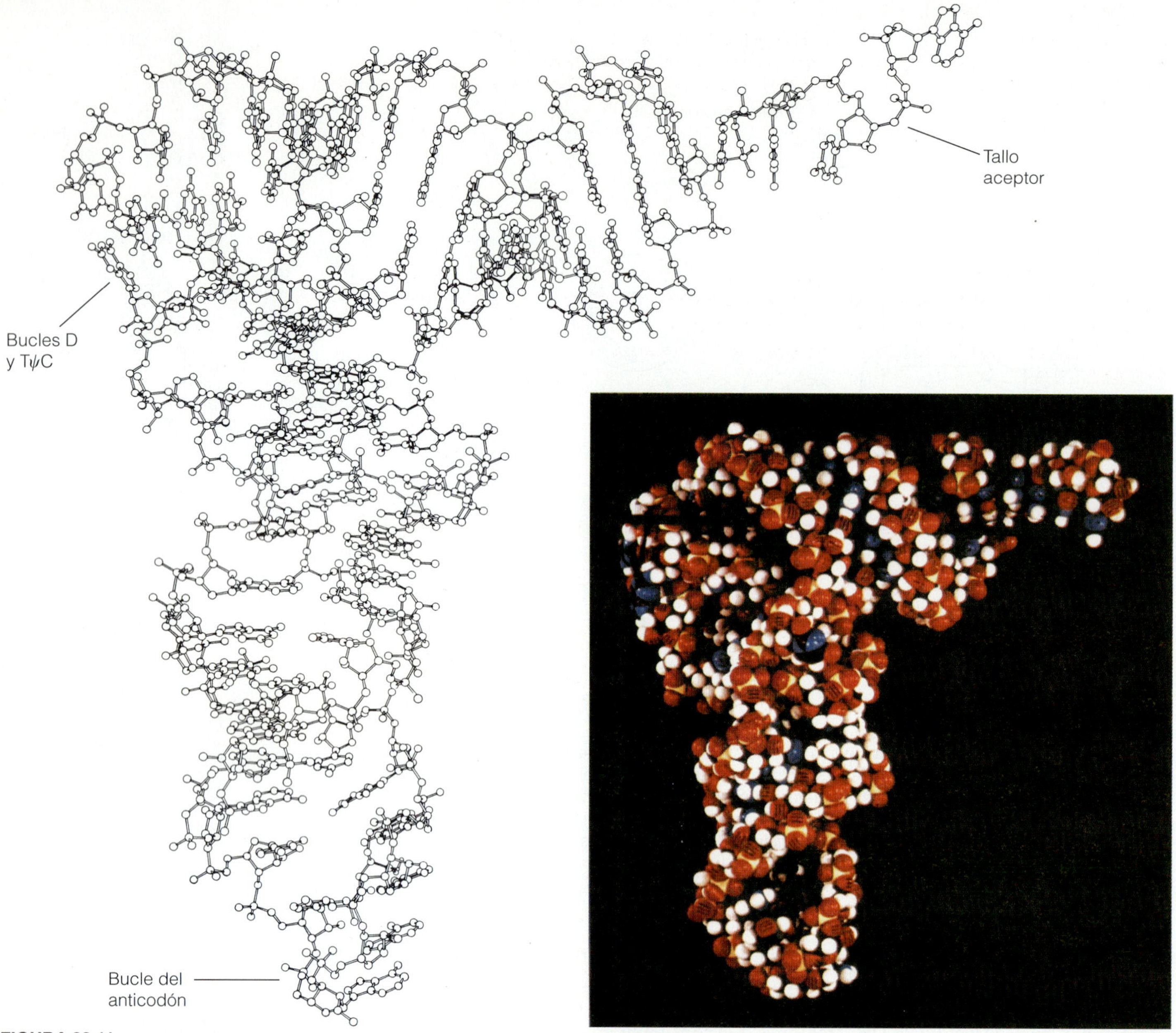


**FIGURA 28.11**

**Modelo del tRNA de la fenilalanina de la levadura obtenido a partir de los estudios de difracción de rayos X.** El anticodón se encuentra en la parte inferior, el tallo aceptor 3′ se encuentra en el extremo superior derecho. **(a)** Dibujo que muestra todas las posiciones atómicas. **(b)** Modelo de relleno espacial.

De *Science* 185:435-440, S. H. Kim, F. L. Suddath, G. J. Quigley, A. McPherson, J. L. Sussman, A. H. J. Wang, N. C. Seeman y A. Rich, Three-dimensional tertiary structure of yeast phenylalanine transfer RNA. 

Todos los tRNA comparten una estructura común general que incluye un bucle del anticodón, que se aparea con los codones, y un tallo aceptor, al que se une el aminoácido.

ciones tridimensionales adecuadas de las moléculas de tRNA. Los estudios de difracción de rayos X de las moléculas de tRNA han mostrado que la forma molecular real es bastante compleja, como puede observarse en las Figuras 28.11 y 4.20 (página 109). Como muestran estas figuras, una molécula de tRNA tiene un aspecto más parecido a una taladradora manual o a una pistola de soldadura. El bucle del anticodón se encuentra en la parte inferior del mango y el tallo aceptor está en la punta que trabaja. El bucle D y el bucle TψC están doblados hacia dentro de una forma compleja, cerca de la parte superior del mango, y proporcionan una capacidad máxima de enlaces de hidrógeno y de apilamiento de bases. Algunos de los patrones de enlaces de hidrógeno que son necesarios para producir este plegado son bastante poco habituales (Figura 28.12). Las formas tridimensionales de los tRNA están muy conservadas, aunque varíe la estructura primaria. Una explicación probable es que esa conservación sea necesaria para que cada tRNA pueda ajustarse igual de bien en el ribosoma y realizar su función.

**FIGURA 28.12**

**Apareamientos de bases poco habituales en el tRNA.** Todas corresponden al $tRNA^{Phe}$ de levadura que se muestra en la Figura 28.11. **(a, b)** Algunos apareamientos poco habituales. **(c, d)** Algunos ejemplos de interacciones triples. R indica el residuo ribosilo de la cadena de RNA. Las bases con el prefijo m están metiladas en el átomo de carbono que corresponde al superíndice. Los números que siguen a las letras que designan las bases muestran la posición en la secuencia.

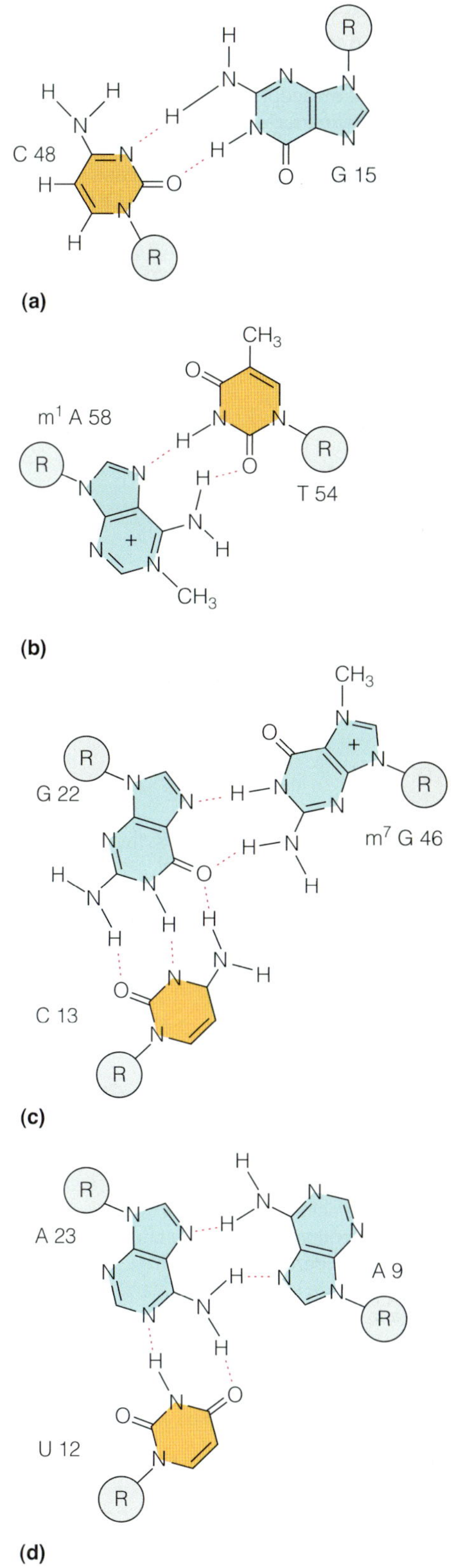


## Acoplamiento de los tRNA a los aminoácidos y formación de los tRNA aminoacilados: primer paso en la síntesis de proteínas

Los aminoácidos se unen a los tRNA mediante un enlace covalente entre el carboxilato del aminoácido y un grupo 3′ hidroxilo de la ribosa del residuo de adenosina 3′ invariable del tRNA. El apareamiento de los residuos de aminoácido correctos con los tRNA se consigue mediante una serie de enzimas denominadas **aminoacil-tRNA sintetasas** (abreviadas AARS). En *E. coli* existen 21 sintetasas, cada una de las cuales reconoce a un aminoácido y uno o más tRNA. La lisina es singular, ya que tiene dos sintetasas. La reacción que liga a las dos moléculas, como se muestra en la Figura 28.13, se produce en dos pasos. En primer lugar, el aminoácido, que está unido a la sintetasa, se activa por el ATP para formar un **aminoacil adenilato.** Mientras continúa unido a la enzima, este intermedio reacciona con uno de los tRNA correctos para formar el enlace covalente y liberar AMP.

Dado que todas las sintetasas realizan esencialmente la misma función, podría esperarse que todas ellas representaran variaciones secundarias de un tema común. Sin embargo, este no es el caso, ya que hay dos clases generales de aminoacil-tRNA sintetasas (I y II). Sus lugares activos son totalmente diferentes y las dos clases unen sus tRNA conocidos en lados opuestos. Además, las enzimas de la clase I tienden a actuar como monómeros, mientras que las enzimas de la clase II actúan como dímeros o tetrámeros. Asimismo, el mecanismo de las enzimas es diferente. Las enzimas de clase II ligan el aminoácido en el intermedio aminoacil adenilato directamente al hidroxilo 3′ del RNA aceptor, mientras que las enzimas de clase I sintetizan primero un intermediario 2′-aminoacil-tRNA, que posteriormente experimenta una transesterificación intramolecular, para dar el producto 3′-aminoacil-tRNA.

Se desconocen las razones de estas diferencias tan grandes, pero pueden reflejar la utilización de algunos aminoácidos en las proteínas antes que otros en las primeras fases de la evolución de la síntesis de proteínas. Una observación reciente que puede atañer a este problema es que algunos miembros de algunas clases de organismos (por ejemplo, las bacterias Gram positivas y las arqueobacterias), así como algunos orgánulos utilizan una ruta indirecta de transamidación para cargar algunos tRNA. Por ejemplo, el $tRNA^{Gln}$ se carga primero con Glu, que luego se sustituye por Gln.

$$\text{Glu} + \text{tRNA}^{\text{Gln}} + \text{ATP} \xrightleftharpoons[\phantom{xx}]{\text{glutamil-tRNA sintetasa}} \text{Glu-tRNA}^{\text{Gln}} + \text{AMP} + \text{PP}_i$$

$$\text{Gln} + \text{Glu-tRNA}^{\text{Gln}} + \text{ATP} \xrightleftharpoons[\phantom{xx}]{\text{Glu-tRNA}^{\text{Glu}}\ \text{amidotransferasa}} \text{Gln-tRNA}^{\text{Gln}} + \text{ADP} + \text{P}_i + \text{Glu}$$

De esta forma, estos organismos no necesitan (aunque pueden tener) una Gln-$tRNA^{Gln}$ sintetasa, como tienen las bacterias Gram negativas y los eucariotas. Se ha sugerido que la glutamina fue uno de los últimos aminoácidos que se añadieron al repertorio proteico y que inicialmente se incorporaba mediante esta ruta.

En los organismos superiores nueve aminoacil-tRNA sintetasas están organizadas en un complejo de alto peso molecular, junto con tres proteínas accesorias. Se desconoce la función biológica de este complejo, pero se supone que contribuye a la coordinación de la síntesis de aminoácidos con la síntesis de proteínas.

Cabría esperar que la sintetasa identificara el tRNA correcto mediante su anticodón, pero muchos estudios indican que el proceso de identificación es más complejo y que varios nucleótidos actúan como *elementos de identidad.* En 1988, Ya-Ming Hou y Paul Schimmel demostraron que el cambio de un solo par de bases (entre los residuos 3 y 70 del tallo aceptor) del $tRNA^{Cys}$ o $tRNA^{Phe}$ para pasar al par G-U que se halla en el $tRNA^{Ala}$ hacía que la alanina sintetasa aceptara el $tRNA^{Cys}$ o el $tRNA^{Phe}$ y lo acoplara a la alanina.

Los aminoácidos se acoplan a sus correspondientes tRNA mediante la acción de las aminoacil-tRNA sintetasas.

**FIGURA 28.13**

**Formación de los aminoacil-tRNA por la aminoacil-tRNA sintetasa.** En el paso 1 el aminoácido es aceptado por la sintetasa y se adenilila, permaneciendo unido a la enzima el aminoacil adenilato. En el paso 2, el tRNA adecuado es aceptado por la sintetasa y el residuo aminoácido se transfiere al OH 3′ del residuo 3′ terminal del tRNA (enzimas de clase II) o al hidroxilo OH 2′, seguido de la isomerización al 3′ aminoacil tRNA (enzimas de clase I). Para las enzimas de clase I el hidroxilo 2′ o el residuo AMP 3′ terminal es el nucleófilo de la reacción 2.

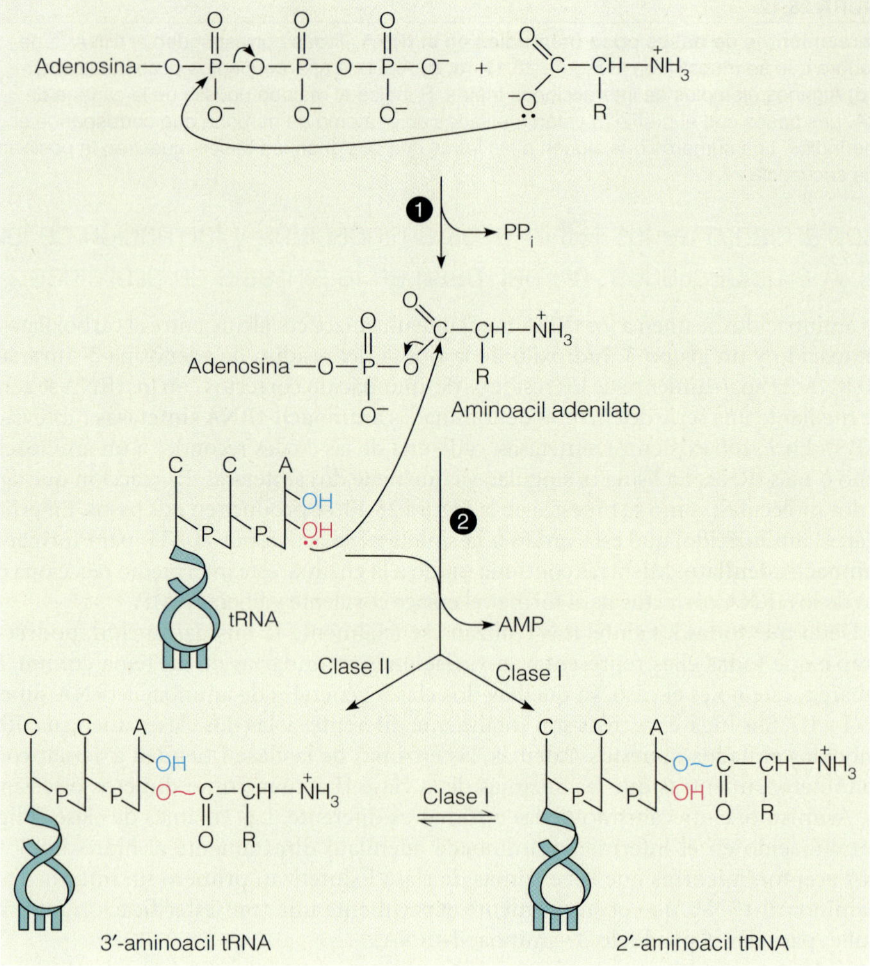


**FIGURA 28.14**

**Principales «elementos de identidad» en algunos tRNA .** Los círculos rojos indican las posiciones en la hoja de trébol que se ha demostrado identifican el tRNA para su sintetasa relacionada. También se muestra un polinucleótido sintético que contiene el elemento de identidad G-U alanina (en rojo), que es un buen sustrato de la alanil-tRNA sintetasa.

De *Science* 240:1591-1592, L. Schulman y J. Abelson, Recent excitement in understanding transfer RNA identity. © 1988. Reproducido con permiso de AAAS. Adaptado con permiso de John Abelson.

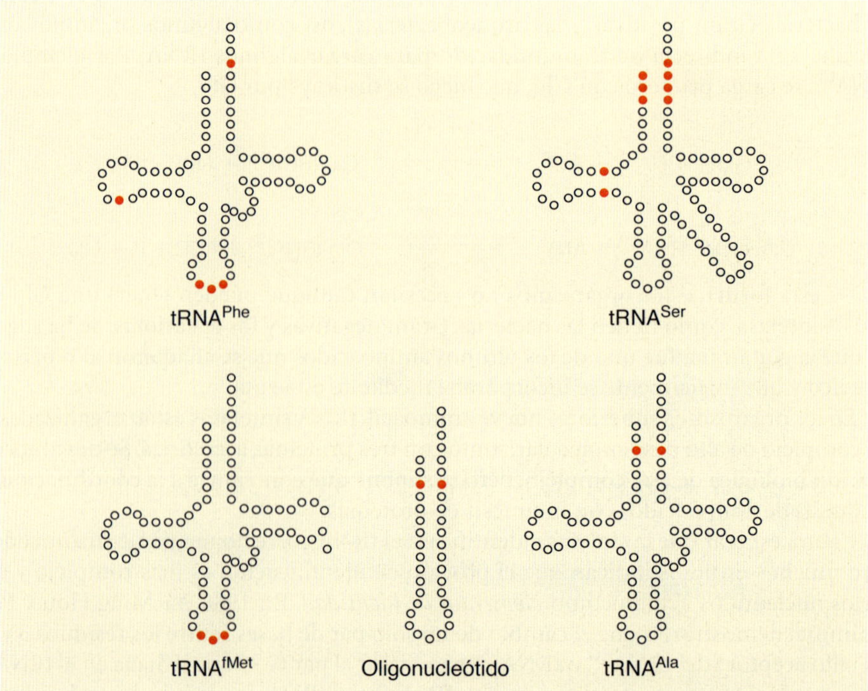

Otros tRNA parecen reconocerse por sus sintetasas en muchas localizaciones distintas (*véase* la Figura 28.14). No parece haber una regla sencilla, aunque está claro que los elementos identificadores están agrupados en el bucle del anticodón y el tallo aceptor. Una ilustración espectacular de la importancia de los elementos de identidad demuestra el hecho de que el $tRNA^{Ala}$ de la figura puede recortarse a una molécula de horquilla, como se muestra. Con tal de que esté presente el par de bases crítico G – U (en rojo), la molécula puede aminoacilarse eficaz y exactamente.

Las aminoacil-tRNA sintetasas contribuyen a la fidelidad de la transcripción mediante un proceso similar a la corrección de pruebas de las DNA polimerasas. En el instante entre la formación de un aminoacil adenilato unido a la enzima y su conversión en aminoacil-tRNA, la enzima puede detectar el ajuste inadecuado de la cadena lateral del aminoácido e hidrolizar el intermedio antes de que el aminoácido pueda ligarse al tRNA. Además, incluso si se sintetiza un aminoacil-tRNA inadecuado, la enzima tiene un corto intervalo en el que puede identificar el aminoácido mal cargado como incorrecto e hidrolizarlo antes de que pueda ser liberado para participar en la traducción. De esta forma, los aminoacil-tRNA contribuyen a una frecuencia de error global en la síntesis de proteínas de alrededor de $10^{-4}$, menos exacta que la replicación del DNA, es cierto, pero las consecuencias del error son mucho menores, ya que el error no se propaga a la generación siguiente. La mayor parte del trabajo sobre la corrección de pruebas de las AARS se ha realizado con la isoleucil-tRNA sintetasa y su capacidad para cargar mal la valina, que se diferencia de la isoleucina en solo un grupo metileno. A pesar de esta pequeña diferencia estructural, la frecuencia de carga equivocada es solo de $3 \times 10^{-4}$.

Se ha obtenido un mejor conocimiento respecto al reconocimiento de los tRNA por sus sintetasas mediante el análisis de difracción de rayos X de los complejos formados. En la Figura 28.15 se muestra la estructura de un complejo sintetasa de clase I, el glutaminil-tRNA de *E. coli*. Como se muestra en la figura, el tRNA cruza a través de la proteína, estableciendo diversos contactos específicos, entre los que se encuentran los contactos cruciales en la región del anticodón y en el tallo aceptor. Ambas regiones están distorsionadas en el complejo, de manera que el tallo aceptor se alarga y se inserta en el bolsillo del lugar activo. Este bolsillo está formado por un motivo estructural proteico frecuente, denominado *pliegue del dinucleótido*, que actúa a menudo como zona de unión de nucleótidos. En este caso, también une al ATP, necesario para la acilación. Proporciona, además, un lugar de unión para la glutamina. De esta forma, los tres participantes de las reacciones quedan agrupados.

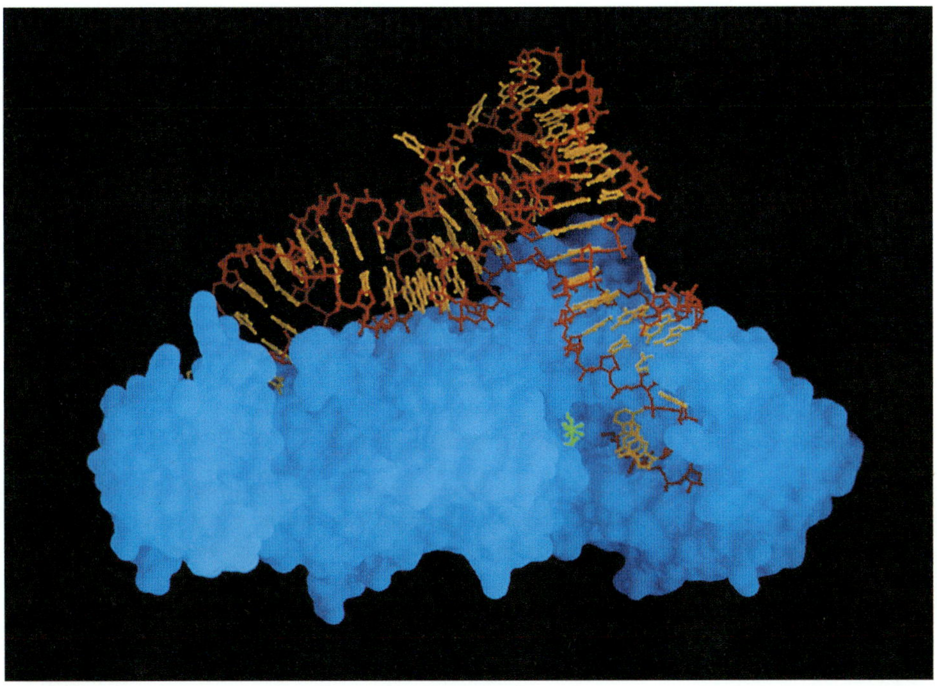

**FIGURA 28.15**

**Modelo de la glutaminil-tRNA sintetasa de *E. coli* acoplada con su tRNA y el ATP.** El tRNA se representa mediante un modelo atómico detallado, la proteína mediante su superficie accesible al disolvente (azul). El ATP (en verde) y el tallo aceptor 3´ del tRNA se ajustan en una hendidura profunda de la sintetasa. Esta hendidura acomodará también al aminoácido. Esta es una sintetasa monomérica de clase I. PDB ID 1GSG.

De *Science* 246:1135-1142, M. A. Rould, J. J. Perona, D. Söll y T. A. Steitz, Structure of *E. coli* glutaminyl-tRNA synthetase complexed with tRNA(Gln) and ATP at 2.8 Å resolution. 

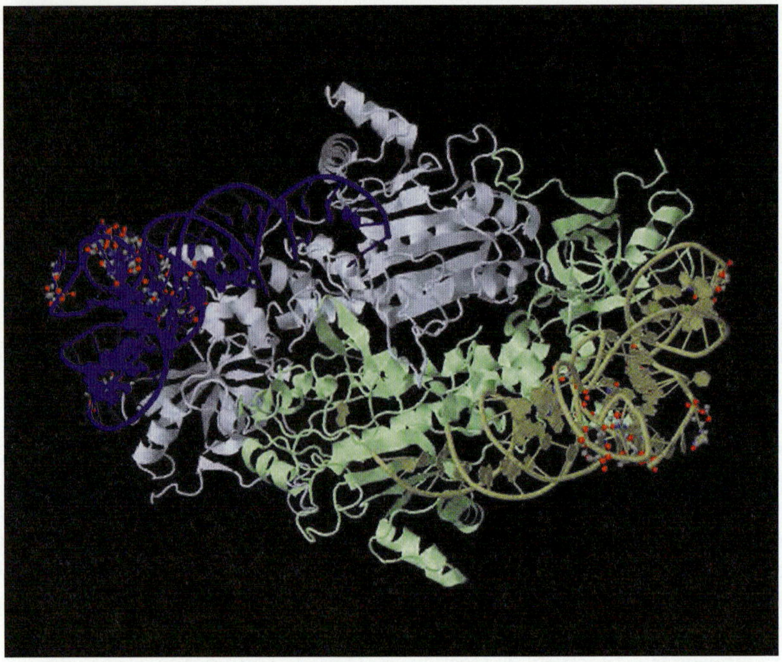

FIGURA 28.16

**Aspartil tRNA sintetasa de levaduras en complejo con dos moléculas de $tRNA^{Asp}$.** Esta es una sintetasa dimérica de clase II. Las subunidades proteicas se muestran en blanco y verde claro. Las moléculas de tRNA aparecen en azul y oro. PDB ID 1ASY.

De *Science* 252:1682, M. Ruff, S. Krishnaswamy, M. Boeglin, A. Poterszman, A. Mitschler, A. Podjarny, B. Rees, J. C. Thierry y D. Moras, Class II aminoacyl transfer RNA synthetases: Crystal structure of yeast aspartyl-tRNA synthetase complexed with tRNA(Asp). 

En las sintetasas de clase II se ven interacciones semejantes. En la Figura 28.16 se muestra la aspartil tRNA sintetasa de levaduras en un complejo con dos moléculas de $tRNA^{asp}$. Obsérvese que el tRNA está unido a la enzima con una dirección opuesta de la que se observa en las sintetasas de clase I. Solo una de las dos moléculas de tRNA está unida con una conformación catalíticamente productiva.

Otra característica de las aminoacil-tRNA sintetasas merece un comentario. En los eucariotas superiores, la mayoría de estas enzimas son «proteínas pluriempleadas», proteínas que evolucionaron inicialmente para desempeñar su función bien conocida en la síntesis de proteínas, pero que en una evolución posterior adquirieron otras funciones. En los seres humanos, las aminoacil-tRNA sintetasas participan en funciones tan diversas como la autoinmunidad, el control de la apoptosis, la regulación de la síntesis del RNA ribosómico, el desarrollo vascular y la coordinación de la respuesta al daño del DNA. En todos los casos estudiados, la maquinaria catalítica de la síntesis de los aminoacil-tRNA ha permanecido sin cambios, y las modificaciones evolutivas para transmitir otras funciones se producen en otros lugares de la molécula proteica.

## El ribosoma y sus factores asociados

Hemos descrito ya los dos participantes que deben reunirse para llevar a cabo la biosíntesis de proteínas: el mRNA y el conjunto de tRNA cargados con los aminoácidos adecuados. Los actores están, pues, preparados, y lo único que falta es un director adecuado y un escenario en el que puedan desplegarse los acontecimientos. Ambos los proporciona el ribosoma, y la célula característica necesita muchos. Por ejemplo, una célula de *E. coli* contiene hasta 20 000 ribosomas, que representan el 25 % de la masa seca de la célula. De este modo, las células dedican una gran parte de su energía a la producción de ribosomas y a utilizarlos en la síntesis de proteínas.

### Factores proteicos solubles en la traducción

Antes de describir con detalle los ribosomas, mencionamos un conjunto más de participantes cuyas funciones se describirán con detalle más tarde. Estos son las proteínas solubles que participan en las tres etapas de la traducción: factores de iniciación, factores de elongación y factores de liberación. En la Tabla 28.4 se presentan estos factores tal como se estudiaron inicialmente en las bacterias, así como sus homólogos eucariotas. Nos referiremos de nuevo a la información de esta tabla cuando consideremos los mecanismos de la traducción.

**TABLA 28.4. Factores proteicos solubles de la traducción**

| Función | Factor (bacterias) | Factor (eucariotas) | Función en la traducción |
|---|---|---|---|
| Iniciación | IF1 | eIF1, eIF1A | Promueve la disociación del ribosoma 70S prexistente |
| | IF2 | eIF2, eIF2B | Ayuda a unir el tRNA iniciador |
| | IF3 | eIF3, eIF4C | Semejante a IF1; prepara el mRNA para la unión del ribosoma |
| | | eIF4A, eIF4B, eIF4F | Igual que eIF1, eIF1A |
| | | eIF5 | Ayuda a disociar eIF2, eIF3, eIF4C |
| | | eIF6 | Ayuda a disociar la subunidad 60S de los ribosomas inactivos |
| Elongación | EF-Tu | eEF1$\alpha$ | Ayuda a entregar el aminoacil-tRNA a los ribosomas |
| | EF-Ts | eEF1$\beta\gamma$ | Ayuda a recargar EF-Tu con GTP |
| | EF-G | eEF2 | Facilita la translocación |
| Terminación | RF1 | eRF | Libera el factor (UAA, UAG) |
| | RF2 | | Libera el factor (UAA, UGA) |
| | RF3 | | Una GTPasa que promueve la liberación |

## Componentes de los ribosomas

El ribosoma es una partícula ribonucleoproteica grande que contiene un 60-70 % de RNA y un 30-40 % de proteínas. Los ribosomas y sus subunidades se caracterizan en términos de sus coeficientes de sedimentación en la ultracentrifugación. De esta forma, el ribosoma bacteriano individual se denomina partícula 70S y tiene una masa molecular de aproximadamente $2.5 \times 10^6$ Da. Los ribosomas eucariotas son algo mayores, con un coeficiente de sedimentación de 80S y una masa molecular de $4.2 \times 10^6$ Da. Cuando los ribosomas aislados se colocan en un amortiguador que contiene una concentración baja de $Mg^{2+}$, se disocian en dos subunidades más pequeñas. Como se muestra en la Figura 28.17, los ribosomas bacterianos 70S se disocian en subunidades 30S y 50S. Veremos

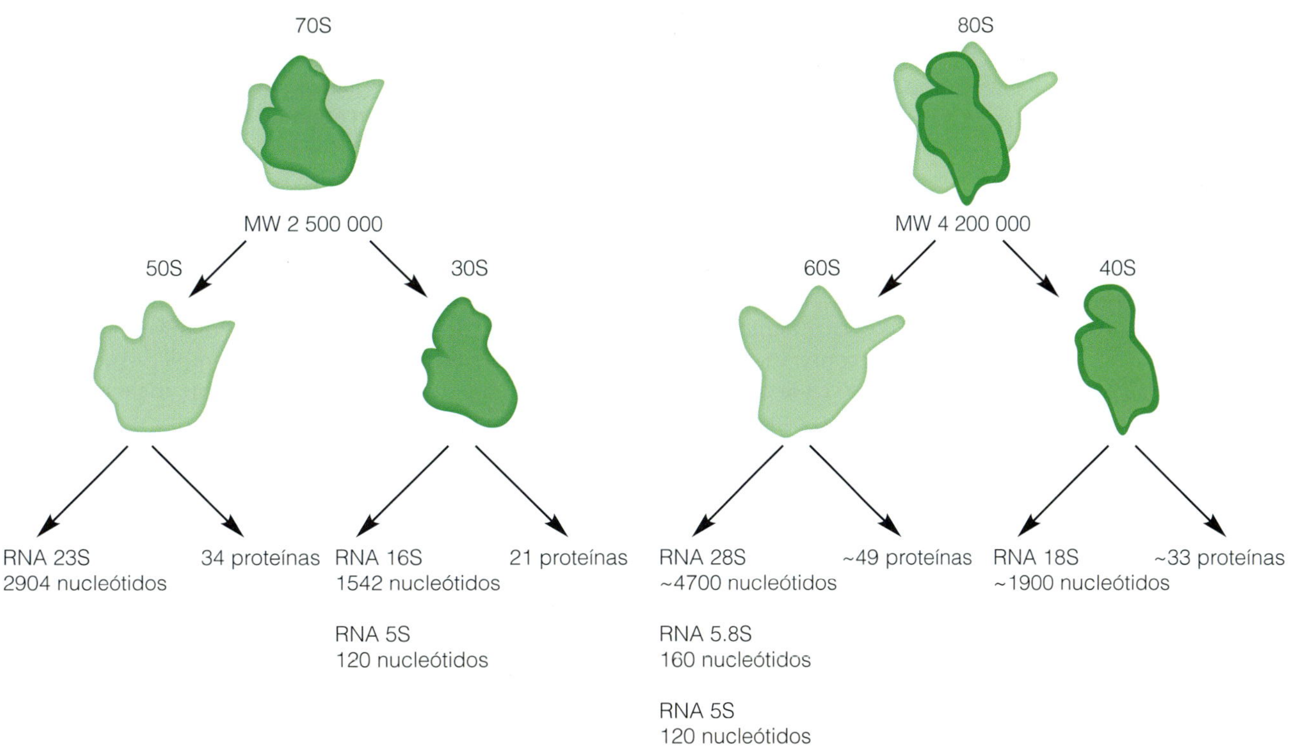


**FIGURA 28.17**

**Componentes de los ribosomas bacterianos y eucariotas.** Los ribosomas bacterianos (a la izquierda) y eucariotas (a la derecha) se ensamblan con el mismo plan estructural, siendo los ribosomas eucariotas algo más grandes y más complejos. Las formas de las subunidades ribosómicas se determinaron mediante microscopia electrónica.

Modificado de *Molecular Biology of the Cell*, 4/E, B. Alberts *et. al.* Garland Science, Nueva York, 2002.

posteriormente que la disociación y reasociación de estas subunidades tiene una importancia crucial durante la traducción. En la Figura 28.17 se muestra también el número de RNA y de componentes proteicos de cada subunidad. Obsérvese que la subunidad bacteriana 50S contiene dos moléculas de rRNA (5S y 23S) y 34 proteínas diferentes, mientras que la subunidad 30S contiene solo un rRNA (16S) y 21 proteínas, todas ellas distintas de las de la subunidad 50S. Las proteínas de la subunidad pequeña se denominan S1, S2, S3 ··· S21, mientras que las de la subunidad grande se denominan L1, L2, L3 ··· L34. Todas las proteínas se encuentran presentes en una copia por ribosoma, excepto L12, que está presente en cuatro copias. Los ribosomas eucariotas son significativamente mayores, con rRNA mayores y más proteínas. Consideraremos principalmente los ribosomas bacterianos cuyas estructuras y funciones se conocen con mucho más detalle.

Una vez desvelada la complejidad del ribosoma, especialmente el gran número de proteínas de cada subunidad, parecía una tarea de enormes proporciones determinar la estructura de la partícula y conocer la función de cada proteína. Sin embargo, Peter Traub y Masayasu Nomura conocían ya en 1968 que podían reensamblar las subunidades 30S a partir del RNA y los componentes proteicos separados. El producto, cuando se combinó con las subunidades 50S, era activo en la síntesis de proteínas *in vitro*. Se vio que había un orden obligatorio de ensamblaje, en el que algunas proteínas se incorporaban solo después de la unión de otras proteínas determinadas. Como era de esperar, si la transcripción y la traducción están acopladas, las proteínas que se unen antes son las ligadas al extremo 5´. La capacidad de ensamblar los ribosomas *in vitro* permitió el análisis de la función de las proteínas ribosómicas individuales, ya que las subunidades ribosómicas podían ensamblarse sin determinadas proteínas específicas y luego se analizaba la función de estas partículas alteradas de forma deliberada.

Los análisis más recientes muestran que la ruta de ensamblaje ribosómico *in vivo* es significativamente diferente de la ruta *in vitro*. En este análisis, realizado por James Williamson y colaboradores, se acumularon los intermedios del ensamblaje en *E. coli* tratada con el antibiótico neomicina y se analizaron mediante un pulso de marcaje con $^{15}N$ y espectrometría de masas. Se obtuvo más información a partir de un análisis de micrografía electrónica de los intermedios individuales del ensamblado. Las diferencias entre las rutas *in vitro* e *in vivo* son las siguientes. En primer lugar, el ensamblaje del ribosoma *in vivo* se produce con rutas paralelas; en una de ellas se añaden inicialmente las proteínas al dominio 5´ del rRNA y en la otra, en el dominio 3´. En segundo lugar, algunas proteínas unidas a los dominios centrales se incorporan antes que las proteínas que se unen a los extremos del rRNA 16S. En tercer lugar, los ribosomas se ensamblan a partir de proteínas recién sintetizadas y proteínas que se originaron en subunidades intactas sintetizadas previamente. En la Figura 28.18 se resumen las características principales de las rutas *in vitro* e *in vivo*.

A pesar de su complejidad, las subunidades ribosómicas pueden ensamblarse *in vitro*.

Los análisis de las secuencias no muestran homologías significativas entre las distintas proteínas de un ribosoma, pero la comparación de las secuencias entre las proteínas correspondientes en los ribosomas de diferentes organismos revela una considerable conservación evolutiva. Así pues, el ribosoma es un objeto complejo que apareció pronto en la historia de la vida y que ha permanecido relativamente inalterado. Aunque los ribosomas de los eucariotas se diferencian de forma significativa de los de los procariotas, la continuidad evolutiva es clara. Las secuencias de muchos RNA ribosómicos indican lo mismo. De hecho, dadas sus tasas evolutivas relativamente lentas, los rRNA son útiles como indicadores de la evolución en largas distancias filogenéticas. Efectivamente, fue el análisis de la secuencia de los rRNA 16S lo que condujo a Carl Woese a proponer la existencia de un tercer reino de vida, las arqueas.

## Estructura del RNA ribosómico

Cuando se determinaron originalmente las secuencias de los rRNA 16S, se encontró que contenían muchas regiones de autocomplementariedad, que son capaces de formar segmentos de doble hélice. Un patrón como el que se muestra en la Figura 28.19 puede parecer demasiado complejo como para ser casi arbitrario, pero la comparación con otras secuencias de RNA 16S de una relación incluso distante, demuestra que las regiones que pueden formar doble cadena están muy conservadas. De hecho, la estructura secundaria parece estar mucho más conservada que la estructura primaria, puesto que a menudo se observa que existen mutaciones compensadoras en las regiones de doble

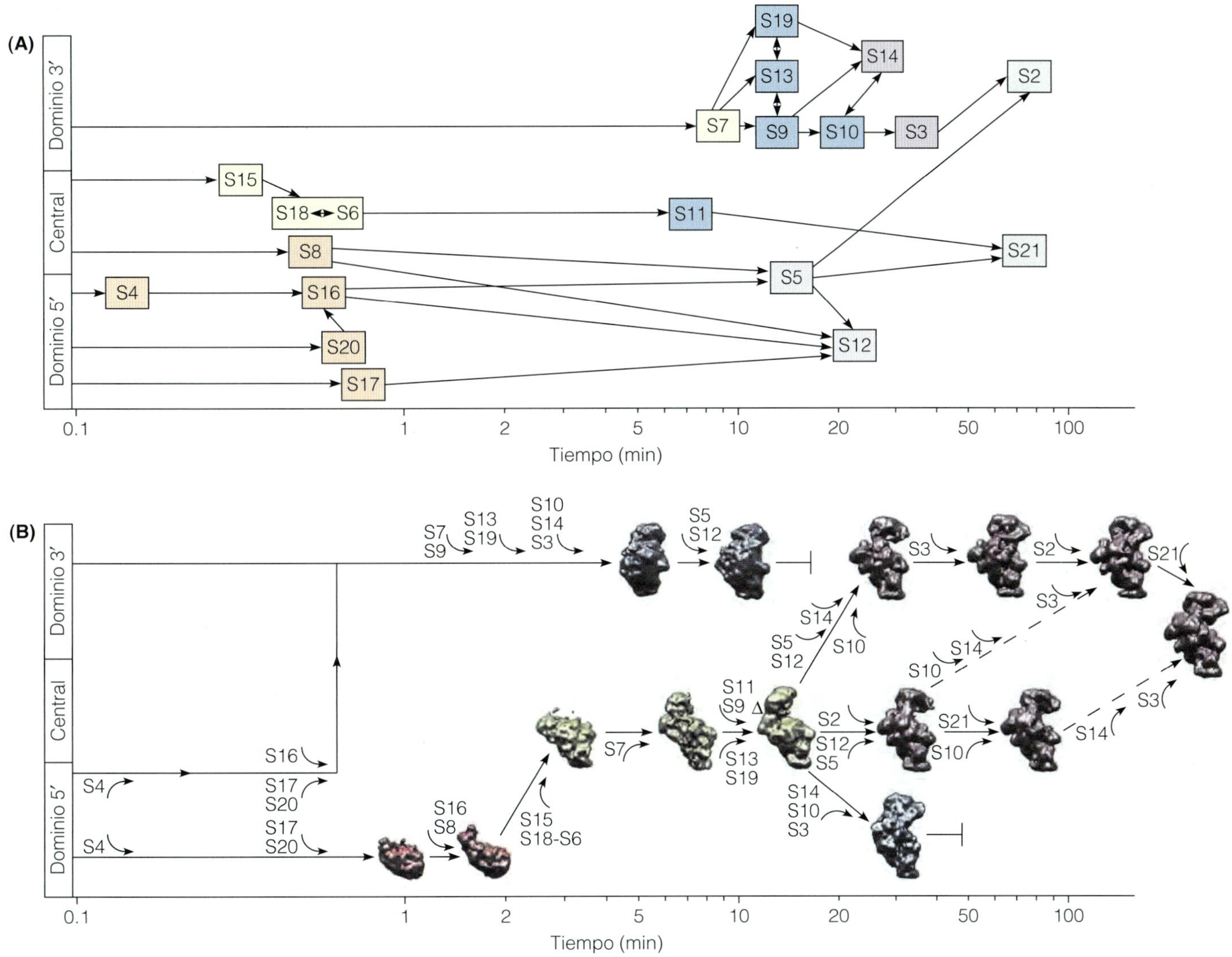


**FIGURA 28.18**

**Mapa de ensamblaje de la subunidad 30S.** **(a)** Ruta de ensamblaje *in vitro*, determinada por Traub y Nomura. Las flechas señalan la naturaleza obligatoria de la unión de algunas proteínas. Por ejemplo, S7 debe unirse antes que S9, S13 o S19, pero una vez unida S7, puede añadirse cualquiera de estas tres proteínas. Las primeras uniones proteicas tienen lugar cerca del extremo 5′ del rRNA 16S y debe formarse un intermedio al que están unidos los dominios proteicos 5′ y central antes de que se añadan las proteínas del dominio 3′. **(b)** Mapa del ensamblaje *in vivo*, determinado por Williamson y colaboradores. Comienzan las rutas paralelas y las proteínas se añaden al domino 5′ o 3′ del rRNA 16S.



hélice, que mantienen el apareamiento de bases. Una ilustración esquemática como la de la Figura 28.19 es análoga a la visualización de hoja de trébol del tRNA (Figura 28.9). El rRNA real está plegado en una estructura tridimensional, de la misma forma que el tRNA. Sin embargo, en el caso de la subunidad ribosómica, la estructura se complica más por la presencia de proteínas ribosómicas unidas al RNA. En cambio, está ya claro que el patrón de la Figura 28.19 describe fielmente la estructura secundaria del rRNA 16S. El rRNA 23S tiene una estructura secundaria comparable, realmente más compleja, que refleja su mayor tamaño.

## Estructura interna del ribosoma

Aunque hace ya años que se obtuvieron imágenes de ME de ribosomas intactos y sus subunidades, era difícil conseguir una resolución elevada debido a la necesidad de tinción o sombreado de las partículas. No podía esperarse que estas técnicas nos dijeran

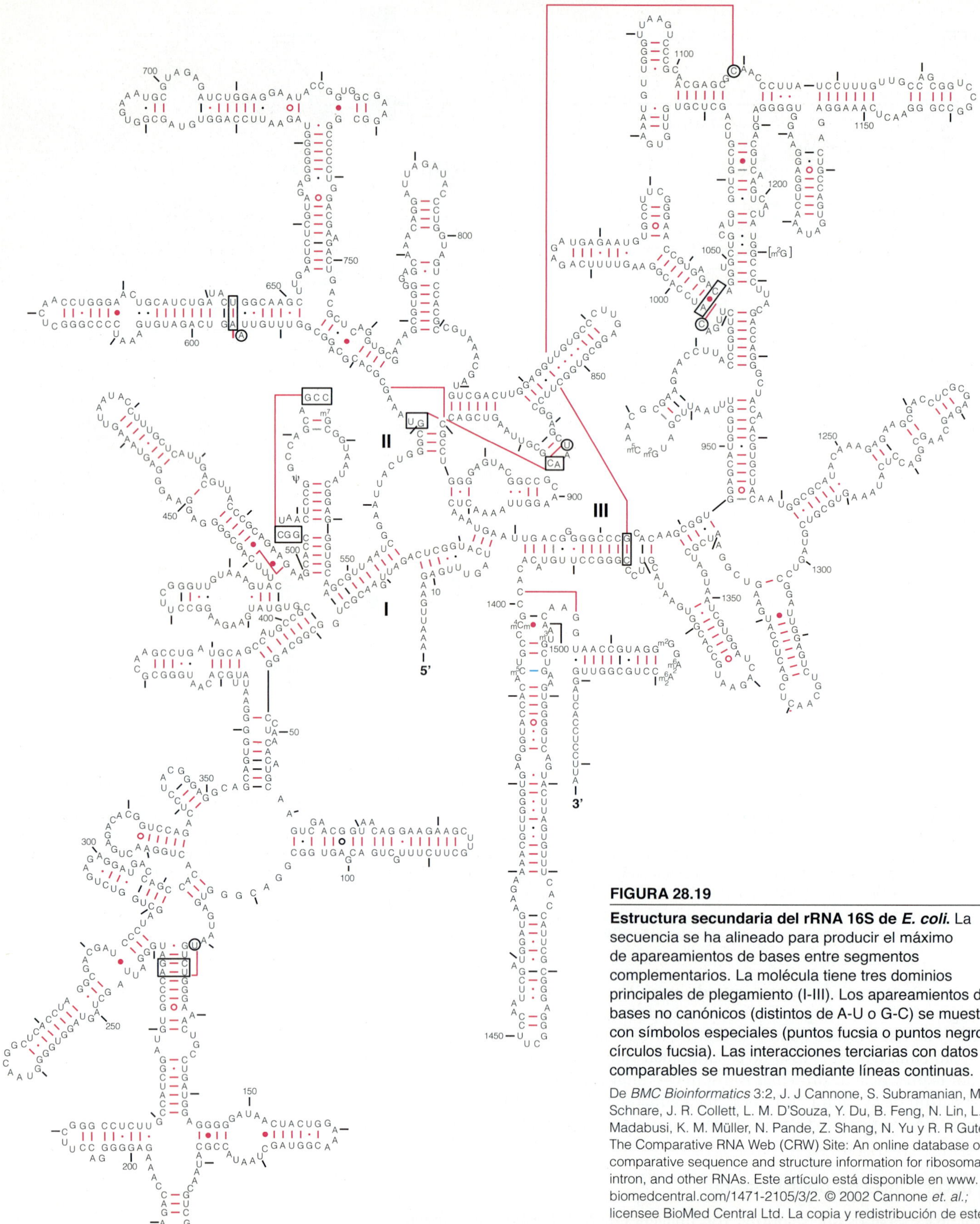


**FIGURA 28.19**

**Estructura secundaria del rRNA 16S de *E. coli*.** La secuencia se ha alineado para producir el máximo de apareamientos de bases entre segmentos complementarios. La molécula tiene tres dominios principales de plegamiento (I-III). Los apareamientos de bases no canónicos (distintos de A-U o G-C) se muestran con símbolos especiales (puntos fucsia o puntos negros o círculos fucsia). Las interacciones terciarias con datos muy comparables se muestran mediante líneas continuas.

De *BMC Bioinformatics* 3:2, J. J Cannone, S. Subramanian, M. N. Schnare, J. R. Collett, L. M. D'Souza, Y. Du, B. Feng, N. Lin, L. V. Madabusi, K. M. Müller, N. Pande, Z. Shang, N. Yu y R. R Gutell, The Comparative RNA Web (CRW) Site: An online database of comparative sequence and structure information for ribosomal, intron, and other RNAs. Este artículo está disponible en www.biomedcentral.com/1471-2105/3/2. © 2002 Cannone *et. al.;* licensee BioMed Central Ltd. La copia y redistribución de este artículo por cualquier medio y con cualquier fin está permitida siempre que se señale esto junto con la URL del artículo original. Imagen proporcionada por cortesía de Robin Gutell.

cómo se encuentran dispuestos dentro del ribosoma las proteínas y el RNA. No obstante, la forma global de cada subunidad ya se vio en 1976 (Figura 28.20). Otras técnicas como el entrecruzamiento proteína-proteína o proteína-RNA, la microscopia inmunoelectrónica, la microscopia crioelectrónica, los análisis de secuencia de las proteínas individuales y la difracción de neutrones han proporcionado gran cantidad de información sobre la situación de las proteínas individuales dentro de la estructura global.

Los intentos de cristalizar los ribosomas comenzaron en los años 1970, pero el tamaño y la complejidad de estas partículas frustró estos primeros esfuerzos. La clave del éxito de los intentos de cristalización, especialmente en el laboratorio de Ada Yonath, fue la utilización de bacterias extremófilas como fuente de material. Aunque el ribosoma de *E. coli* era el más estudiado hasta ese momento, la arquea extremófila *Thermus thermophilus* y la halófita *Haloarcula marismortui* proporcionaron los mejores cristales. Dado que la estructura del ribosoma está evolutivamente muy conservada, estas bacterias dieron modelos satisfactorios.

En la Figura 28.21 se muestra un modelo del ribosoma 70S de acuerdo con las primeras estructuras de resolución media de finales de los años 1990. Las características fundamentales ya conocidas o que mostraba este modelo son que el ribosoma tiene tres lugares de unión a los tRNA, que la unión del mRNA y la descodificación se producen en la subunidad 30S, que los aminoacil-tRNA rellenan el hueco entre las subunidades 30S y 50S, que la cadena polipeptídica recién sintetizada sale del ribosoma a través de un túnel de la subunidad 50S y que la reacción de la peptidiltransferasa, que crea los enlaces peptídicos, se produce en un lugar de la subunidad 50S.

Un año después de publicarse la estructura de resolución media, el laboratorio de Thomas Steitz publicó una estructura de alta resolución de la subunidad 50S de *H. marismortui*, y poco después Venki Ramakrishnan y colaboradores describieron la subunidad 30S de *T. thermophilus*, a lo que siguió el ribosoma completo 70S del mismo organismo. La Figura 28.22 muestra la estructura 50S de Steitz y la Figura 28.23 muestra la estructura 70S de Ramakrishnan. La característica más llamativa de ambas estructuras quizás sea que el lugar de la peptidiltransferasa se encuentra lejos de cualquier proteína. Este trabajo estructural estableció de manera concluyente que el ribosoma es una *ribozima*. Volveremos a esta reacción más adelante y a la pregunta de qué forma este trabajo estructural iluminó la función ribosómica. Yonath, Steitz y Ramakrishnan com-

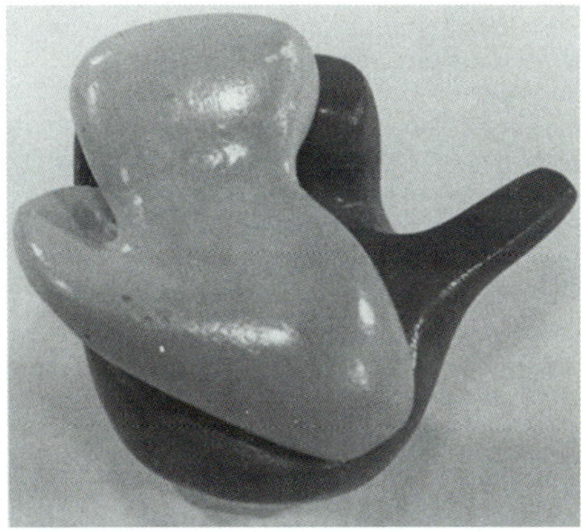

**FIGURA 28.20**

**Imágenes de las subunidades ribosómicas determinadas mediante microscopia electrónica**. La subunidad 50S, se muestra en negro y la subunidad 30S, en gris claro.

Reproducido de *Journal of Molecular Biology* 105:131-159, J. A. Lake, Ribosome structure determined by electron microscopy of *Escherichia coli* small subunits, large subunits and monomeric ribosomes. © 1976, con permiso de Elsevier.

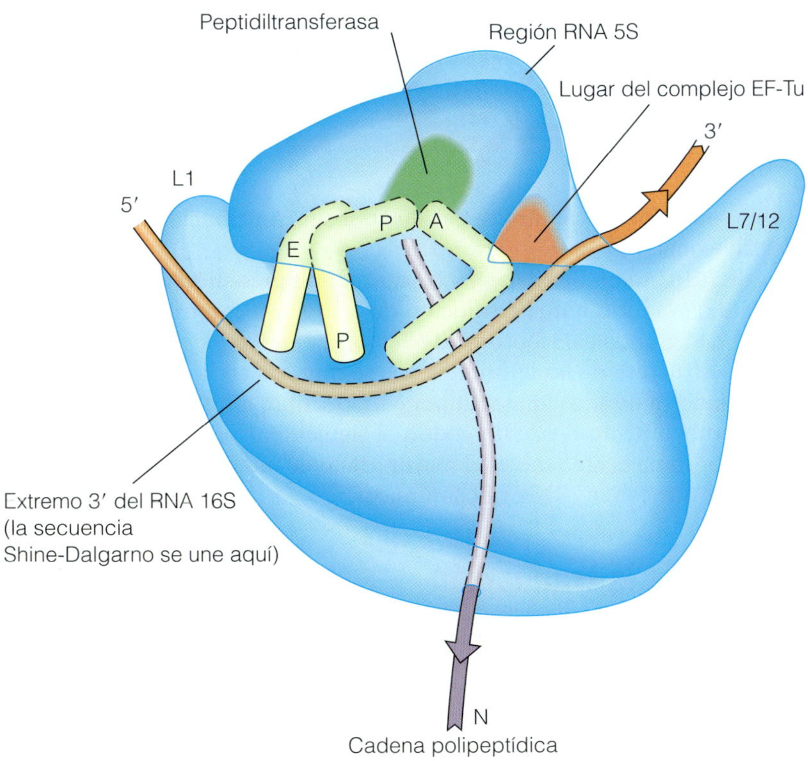


**FIGURA 28.21**

**Modelo del ribosoma 70S de acuerdo con los primeros datos estructurales**. Este modelo muestra los tres lugares de unión del tRNA ocupados de forma simultánea, lo que normalmente no tiene lugar. Esta imagen tiene la subunidad 30S en el frente y la subunidad 50S en la parte trasera.

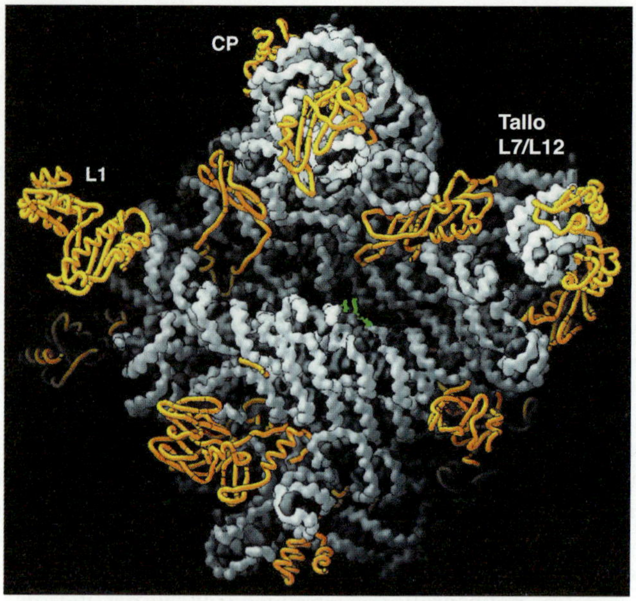


**FIGURA 28.22**

**Modelo de elevada resolución de la subunidad ribosómica 50S.** Esta imagen muestra los dos tallos y la protuberancia central (CP), que también se observan en las primeras micrografías electrónicas. En esta imagen el RNA se muestra en gris y las proteínas, en oro. El lugar de la peptidiltransferasa, en verde, se identifica por la unión del inhibidor.

De *Science* 289:905-920, N. Ban, P. Nissen, J. Hansen, P. B. Moore y T. A. Steitz, The complete atomic structure of the large ribosomal subunit at 2.4 Å resolution. © 2000. Reproducido con permiso de AAAS.

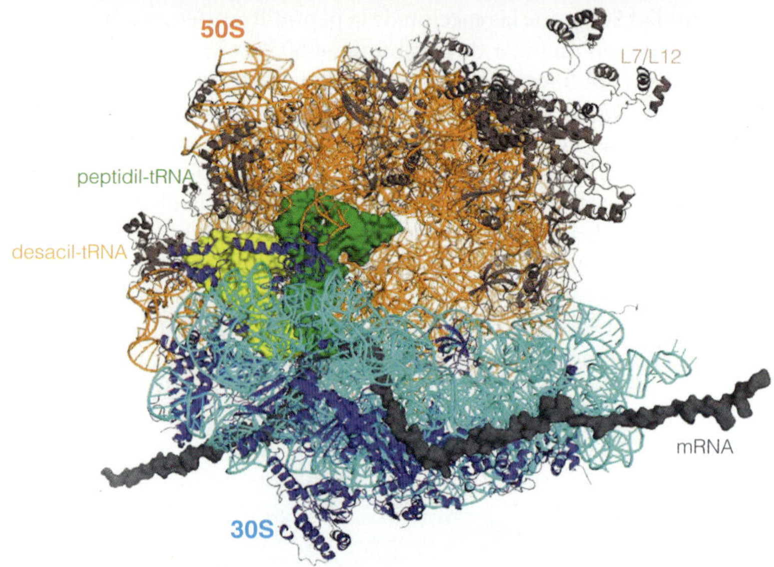


**FIGURA 28.23**

**Modelo del ribosoma 70S, con el mRNA y el tRNA unidos.** La subunidad 30S se muestra en azul verdoso claro (RNA) y azul (proteína) y la subunidad 50S, en naranja (RNA) y marrón (proteína). Pueden verse los dos tRNA unidos; el peptdil-tRNA, en verde y el tRNA desacilado, en amarillo. El mRNA se muestra en gris. PDB ID 2j00 (30S-1), 2j01 (50S-1), 2j02 (30S-2) y 2j03 (50S-2).

Cortesía de V. Ramakrishnan (2009) Nobel Prize lecture. © The Nobel Foundation.

partieron el Premio Nobel de Química de 2009 por sus contribuciones a la estructura y función del ribosoma.

A finales de 2010, Adam Ben-Dhem y colaboradores presentaron una estructura del ribosoma 80S de levaduras a una resolución de 4.15 Å y a comienzos de 2011 se presentó la subunidad grande del ribosoma de *Tetrahymena thermophila* a una resolución algo mayor. La estructura de las levaduras, que se muestra en la cubierta de este libro, estaba en un estado «ajustado», que se supone representa un intermediario de la translocalización, el movimiento desde un codón al siguiente. Una característica principal en relación al ribosoma bacteriano es el mayor grado de interacción entre las proteínas ribosómicas, más que con los RNA ribosmómicos.

## Mecanismos de la traducción

Hemos descrito ya todos los participantes principales del proceso de la traducción: un RNA mensajero, los tRNA cargados, los factores proteicos y el ribosoma donde se producen los hechos de la traducción real. Igual que con la transcripción, podemos dividir la traducción en tres fases: *iniciación, elongación* y *terminación.* Describiremos aquí estos pasos en la forma en que se producen en los procariotas, donde nuestro conocimiento es más detallado. Las diferencias importantes, aunque no fundamentales, de la síntesis proteica en eucariotas se describen a continuación.

Cada uno de los pasos de la traducción requiere diversas proteínas específicas que interaccionan con los participantes principales que se han indicado antes. Estas proteínas se denominan *factores de iniciación* (IF), *factores de elongación* (EF) y *factores de liberación* (RF). Estos factores, junto con algunas de sus propiedades y funciones, se indican en la Tabla 28.4.

La traducción implica tres pasos: iniciación, elongación y terminación, cada uno de los cuales se facilita mediante factores proteicos específicos.

## Iniciación

La iniciación de la traducción se esquematiza en la Figura 28.24. La iniciación da lugar a la formación de un *complejo de iniciación 70S*, que está formado por un ribosoma unido al mRNA y a un *tRNA iniciador* cargado. En las bacterias el tRNA iniciador está cargado con *N*-formilmetionina (fMet). En primer lugar, el mRNA y el tRNA se unen a una subunidad 30S libre, y luego se añade la subunidad 50S para formar el complejo completo. En la mayoría de los casos el codón de iniciación al que se une el tRNA iniciador es AUG, que también se usa como codón interno de metionina. Como hemos indicado antes (página 1184), el AUG iniciador se diferencia de los codones internos de metionina por la presencia hacia arriba de la secuencia Shine-Dalgarno, que se une a una secuencia complementaria del rRNA 16S, posicionando de esta manera el AUG iniciador.

La unión del mRNA y del tRNA iniciador requiere también la unión de los tres **factores de iniciación** (IF1, IF2 e IF3) a una subunidad 30S libre. Los factores IF3 e IF1 parecen facilitar la disociación de los ribosomas 70S preexistentes para producir las subunidades 30S libres, que son necesarias para la iniciación (Figura 28.24, paso 1). El tercer factor, el IF2, se une portando una molécula de GTP; al unirse a la subunidad 30S cede el tRNA iniciador cargado. IF2 es una proteína G, semejante a las que participan en la transducción de señal. Aproximadamente, al mismo tiempo que se une el complejo IF2-fMet-$tRNA^{fMet}$, se une también el mRNA (paso 2). Aunque no está claro aún el orden de estas adiciones, sí se sabe que el IF2-GTP es absolutamente necesario para la unión del primer tRNA (iniciador). Con la unión del tRNA iniciador y del mRNA, se ha completado la formación del *complejo de iniciación 30S*. El complejo de iniciación tiene una afinidad elevada por la subunidad 50S y une una del conjunto disponible (paso 3) con la liberación simultánea de IF3.

El tRNA iniciador es especial. Reconoce y se une al codón AUG, que normalmente codificaría metionina, pero que realmente lleva una *N*-formilmetionina. El grupo formilo se añade *después* de la carga del tRNA, por una enzima (*transformilasa*) que reconoce el $tRNA^{fMet}$ específico y transfiere un grupo formilo desde el 10-formiltetrahidrofolato (*véase* la Figura 20.17, página 852). *Únicamente* el $tRNA^{fMet}$ se acepta para formar el complejo de iniciación; todos los demás tRNA cargados requieren el ribosoma 70S completamente ensamblado. En consecuencia, la mayoría (no todas) las proteínas procariotas se sintetizan con el mismo residuo N-terminal, la *N*-formilmetionina. En casi todos los casos, el grupo formilo se elimina durante la elongación de la cadena. Para muchas proteínas, la propia metionina se separa también posteriormente.

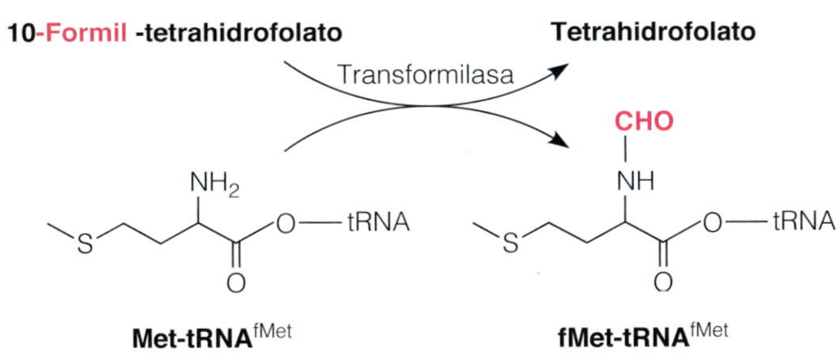


El mRNA se engancha a la subunidad 30S cerca del extremo 5′ del mensaje, lo cual es adecuado ya que todos los mensajes se traducen en la dirección 5′ ⟶ 3′. Como se ha mencionado antes, un codón de iniciación AUG es reconocido por una secuencia Shine-Dalgarno hacia arriba, que es complementaria con la secuencia 3′···UCCUCC···5′ en el rRNA 16S. Esta se apareará con cualquier secuencia Shine-Dalgarno (por ejemplo, la que se muestra en la Tabla 28.3). Este apareamiento alinea correctamente el mensaje

En la iniciación, la fijación correcta del mRNA al ribosoma se determina mediante la unión de la secuencia Shine-Dalgarno a una secuencia del rRNA 16S del ribosoma.

**FIGURA 28.24**

**Iniciación de la biosíntesis de proteínas en los procariotas.** Los ribosomas contienen tres lugares de unión para el tRNA, que aquí se muestran como E, P y A y se llaman de salida, peptidil tRNA y aminoacil-tRNA, respectivamente. El codón iniciador AUG se posiciona de forma que el fMet-tRNA se una al lugar P.

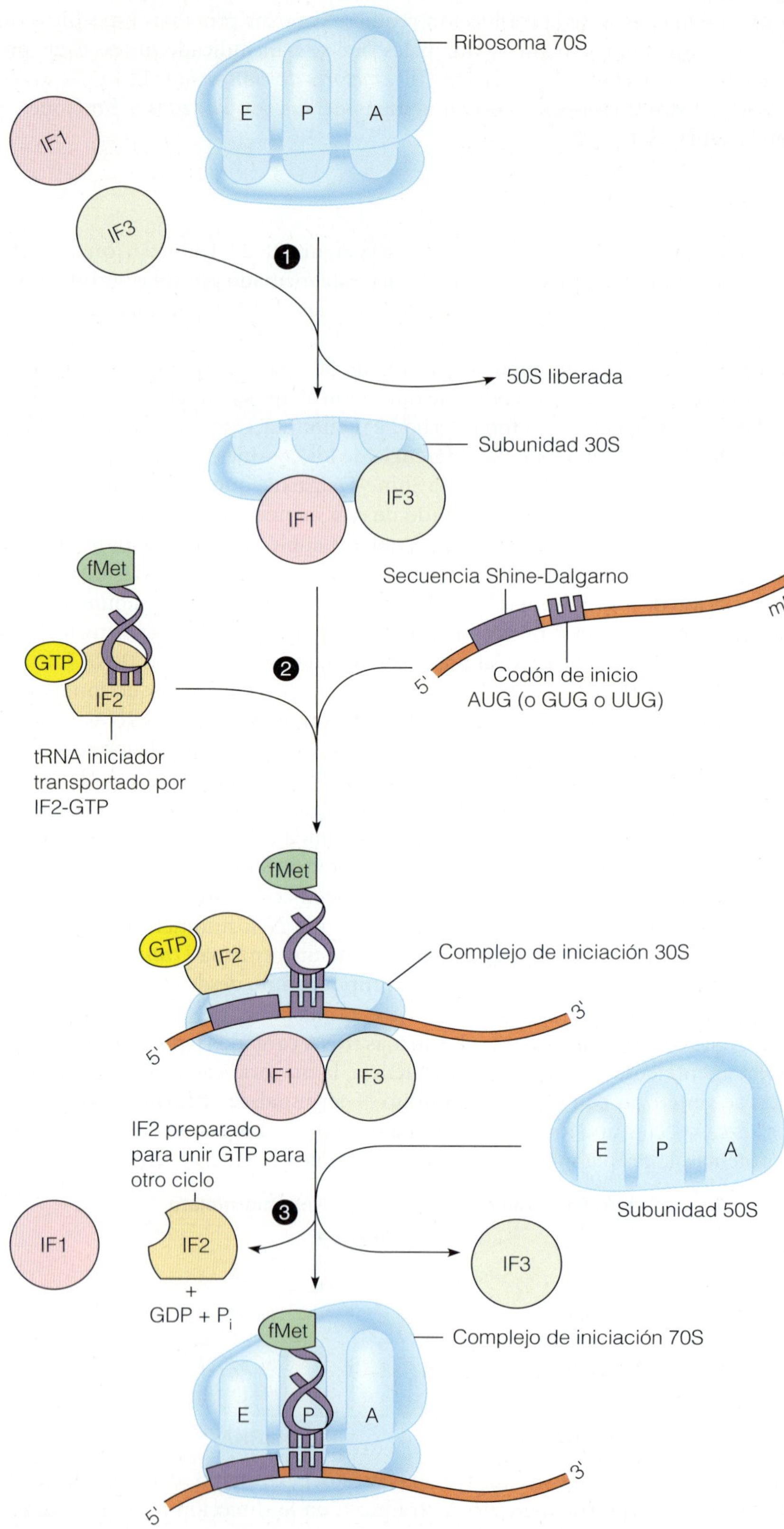

para el inicio de la traducción. En particular, sitúa el codón iniciador cerca del lugar P, uno de los tres lugares del ribosoma de unión al tRNA (*véase* más adelante).

La traducción no puede empezar hasta que la subunidad 50S se haya unido al complejo de iniciación 30S. El ribosoma tiene tres lugares para la unión del tRNA, denominados lugar P (peptidilo), lugar A (aminoacilo) y lugar E (salida). El codón iniciador AUG con su $tRNA^{fMet}$ unido se alinea con el lugar P. En este punto, se hidroliza la molécula de GTP transportada por el IF2 y se libera IF2-GDP, $P_i$ e IF1. El complejo de iniciación 70S formado de esta manera está preparado para aceptar un segundo tRNA cargado e iniciar la elongación de la cadena proteica.

Se ha establecido originalmente mediante estudios de entrecruzamiento químico y de difracción la situación de los lugares de unión P, A y E para los tRNA (Figura 28.25), y actualmente se ha confirmado mediante cristalografía de rayos X (Figura 28.23). Los extremos del anticodón de las moléculas de tRNA contactan con la subunidad 30S, mientras que los extremos aceptores interaccionan específicamente con la subunidad 50S. Todas las proteínas ribosómicas que contactan se encuentran en la cavidad entre las subunidades 30S y 50S. Las moléculas de tRNA están orientadas con sus anticodones alcanzando al mRNA en el fondo de la cavidad, cerca de la subunidad 30S y sus extremos aceptores en contacto con la región peptidiltransferasa en la subunidad 50S, cerca de la parte superior de la cavidad.

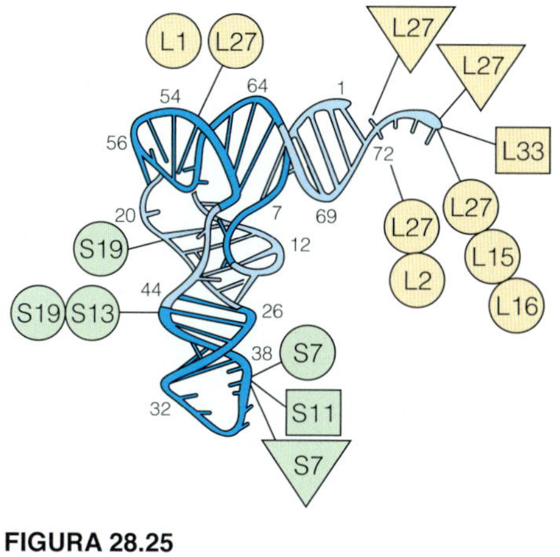


**FIGURA 28.25**

**Ambiente de los tRNA en el ribosoma tal como se determina por entrecruzamiento.** Se muestran los entrecruzamientos desde las posiciones definidas de los nucleótidos en el tRNA hacia las proteínas ribosómicas. Las proteínas se entrecruzaron diferencialmente dependiendo de la situación del tRNA (triángulos, lugar A; círculos, lugar P; cuadrados, lugar E; S = subunidad pequeña; L = subunidad grande).

*Biochimie* 76:1235-1246, J. Wower, K. V. Rosen, S. S. Hixson y R. A. Zimmermann, Recombinant photoreactive tRNA molecules as probes for cross-linking studies. 

## Elongación

El crecimiento de la cadena polipeptídica en el ribosoma se produce mediante un proceso cíclico. La Figura 28.26 ilustra una sola ronda de este ciclo. En este ejemplo concreto, el quinto aminoácido del N-terminal está siendo unido al sexto. Sin embargo, todos los ciclos son iguales hasta que se llega a una señal de terminación.

Al comienzo de cada ciclo, la cadena polipeptídica naciente está enganchada a un tRNA en el lugar P (peptidilo) y los lugares A (aminoacilo) y E (salida) están vacíos. Alineado con el lugar A se encuentra el codón del mRNA correspondiente al *siguiente* aminoácido que se va a incorporar. El tRNA cargado (aminoacilado) es escoltado hacia el lugar A en un complejo con una proteína, el factor de elongación EF-Tu, que lleva también una molécula de GTP. (Obsérvese aquí el paralelismo con el IF2-GTP.) EF-Tu tiene un papel activo al garantizar que el aminoacil-tRNA correcto se ajusta a su codón. Como se esquematiza en la Figura 28.27, que se ha obtenido a partir del trabajo del laboratorio de Ramakrishnan, el aminoacil-tRNA está distorsionado en su complejo con EF-Tu. La unión inicial coloca el bucle del anticodón del tRNA en el centro de descodificación en la subunidad 30S, con el tallo aceptor cerca del lugar EF-Tu. Los nucleótidos en el lugar descodificador sondean el surco principal del bucle del anticodón, específicamente en las posiciones 1 y 2. Este trabajo estructural confirmó la hipótesis del balanceo al mostrar que el ajuste codón-anticodón es más riguroso en las dos primeras posiciones. La hidrólisis del GTP por el EF-Tu produce cambios de conformación que desplazan todo el aminoacil-tRNA al lugar A y ocasiona la disociación del propio EF-Tu. El complejo EF-Tu-GTP se regenera posteriormente por el ciclo auxiliar que se presenta en la Figura 28.28. Una vez en su lugar, el tRNA cargado, se realiza una comprobación antes y después de la hidrólisis del GTP y se rechaza si es incorrecto.

El siguiente paso, que es crucial, es la formación del enlace peptídico (Figura 28.26, paso 2). La cadena polipeptídica que estaba enganchada al tRNA en el lugar P se transfiere ahora al grupo amino del aminoácido transportado por el tRNA del lugar A. Este paso lo cataliza la *peptidiltransferasa*, que es parte integrante de la subunidad 50S. Como se ha mencionado antes, la determinación de la estructura de la subunidad 50S estableció de forma concluyente que la catálisis la lleva a cabo una parte del RNA de la subunidad. Este hallazgo fue decisivo para que se aceptase el modelo del «mundo de RNA» para el origen de la vida, ya que indicaba cómo podían existir los progenitores de las células vivas en presencia de RNA y en ausencia de proteínas.

El análisis de la subunidad 50S en el laboratorio de Steitz demostró que un residuo conservado de AMP (2486 en *H. marismortui* y 2451 en *E. coli*) se encuentra en un entorno que hace al anillo de purina normalmente básico, probablemente como consecuencia de los enlaces de hidrógeno con un GMP cercano. Esto sugiere un proceso en el que N3 extrae un protón del grupo amino del aminoacil-tRNA y convierte el grupo amino en

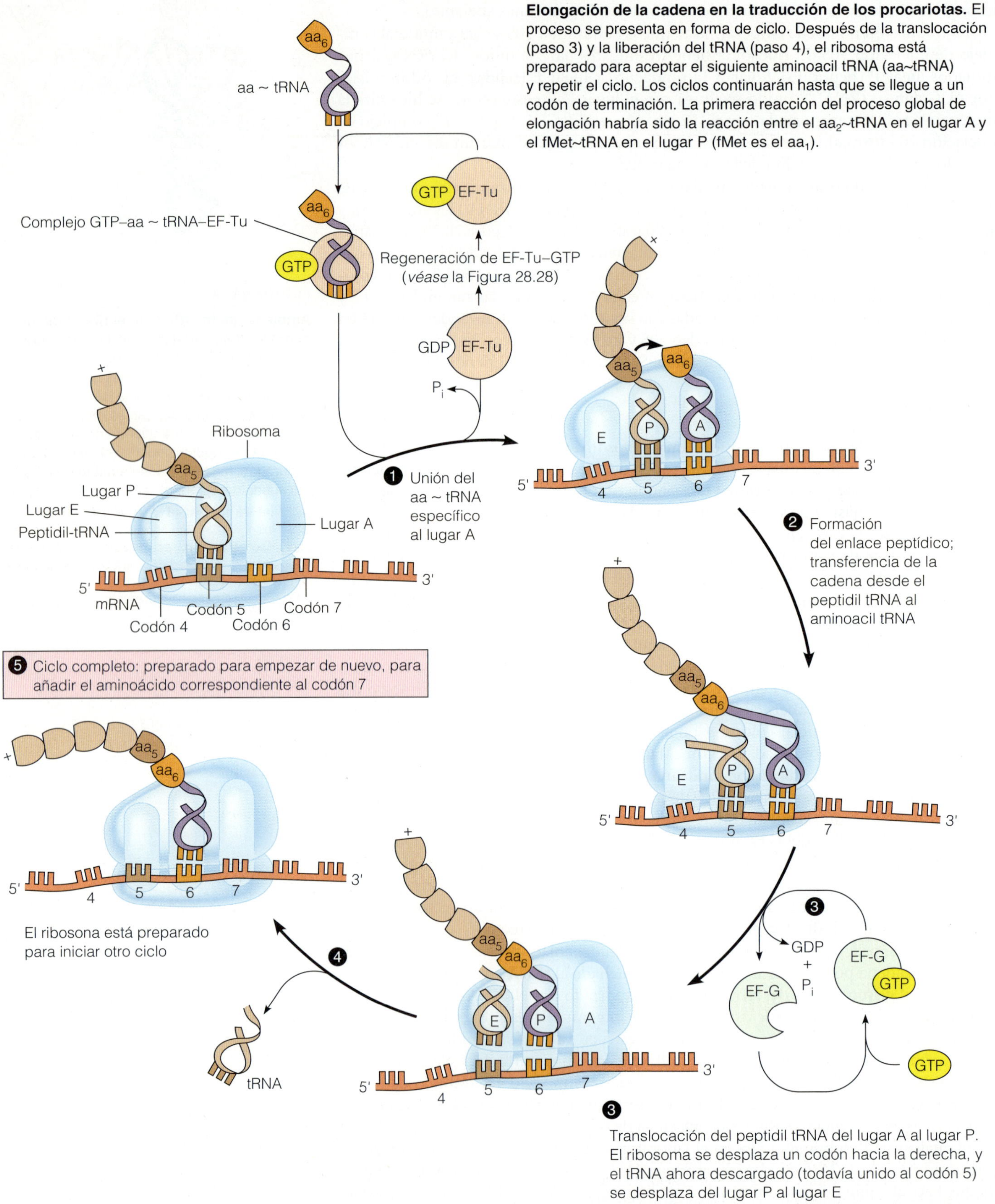


**FIGURA 28.26**

**Elongación de la cadena en la traducción de los procariotas.** El proceso se presenta en forma de ciclo. Después de la translocación (paso 3) y la liberación del tRNA (paso 4), el ribosoma está preparado para aceptar el siguiente aminoacil tRNA (aa~tRNA) y repetir el ciclo. Los ciclos continuarán hasta que se llegue a un codón de terminación. La primera reacción del proceso global de elongación habría sido la reacción entre el aa$_2$~tRNA en el lugar A y el fMet~tRNA en el lugar P (fMet es el aa$_1$).

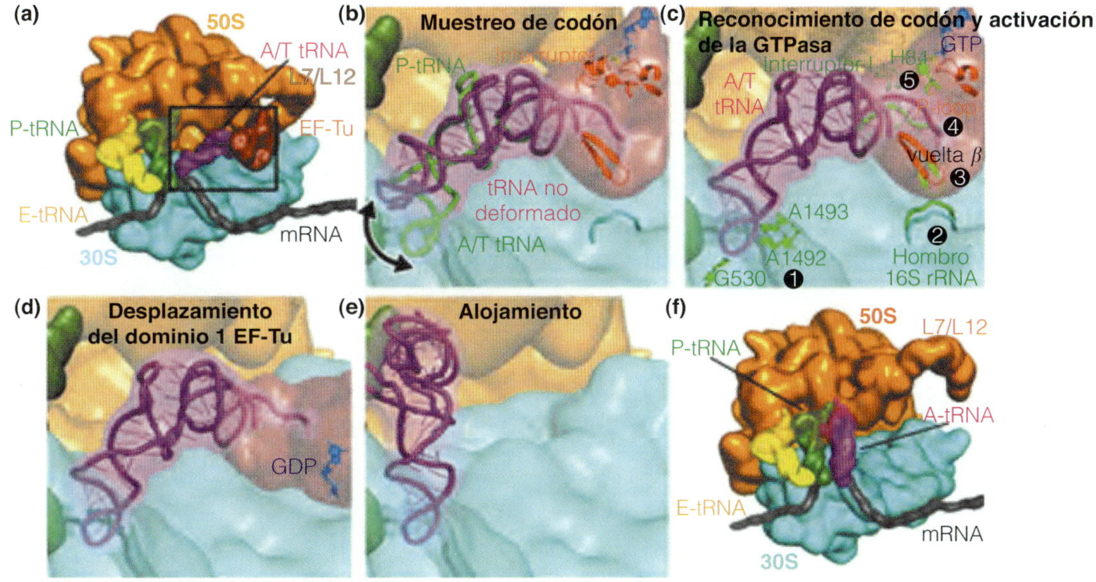


**FIGURA 28.27**

**Ruta de descodificación ribosómica**. **(a)** El tallo L7/L12 en la subunidad 50S incorpora el complejo ternario (aminoacil-tRNA-EF-Tu-GTP) a un ribosoma con el tRNA desacilado en el lugar E y el peptidil-tRNA en el lugar P. El cuadro negro está agrandado en los paneles posteriores. A/T tRNA es una molécula de tRNA distorsionada temporalmente para interactuar de forma simultánea con el centro de descodificación de la subunidad 30S y el EF-Tu unido a un lugar en el espacio entre las subunidades. **(b)** El tRNA prueba el apareamiento codón-anticodón. **(c)** Se detecta el encaje por los nucleótidos específicos en el lugar de codificación (G530, A1429, A1493). El reconocimiento del codón desencadena el cierre del dominio de la subunidad 30S. Una cadena de cambios de conformación (se muestra de 2-5) abre una puerta hidrófoba, permitiendo a la His84 de Ef-Tu iniciar la hidrólisis del GTP. **(d)** La hidrólisis del GTP y la liberación de $P_i$ producen un cambio de conformación de EF-Tu, que conduce a su liberación desde el ribosoma. **(e)** y **(f)** La liberación de EF-Tu relaja la estructura del aminoacil-tRNA y su acomodo en el lugar de codificación y el lugar de la peptidil-transferasa. PDB ID 2WRN, 2WRO, 2WRQ y 2WRR.



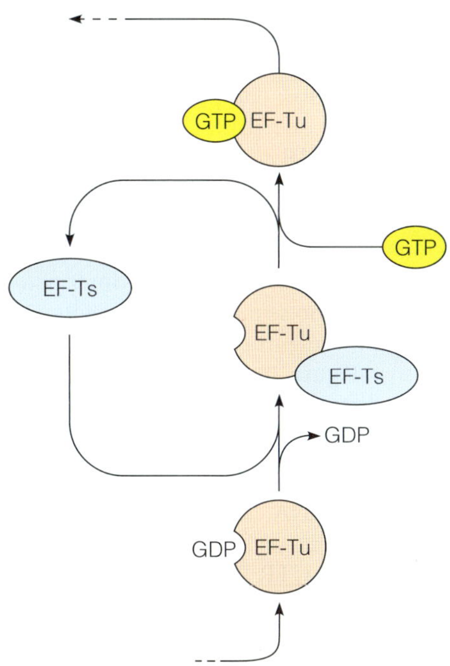


**FIGURA 28.28**

**Regeneración de EF-Tu-GTP por intercambio Tu-Ts.** En esta figura se presentan los detalles del ciclo de regeneración que se muestra en la parte superior de la Figura 28.26. La unión del factor EF-Ts a EF-Tu permite la liberación GTP EF-Tu de GDP y la unión de un nuevo GTP para preparar el EF-Tu para otro ciclo.

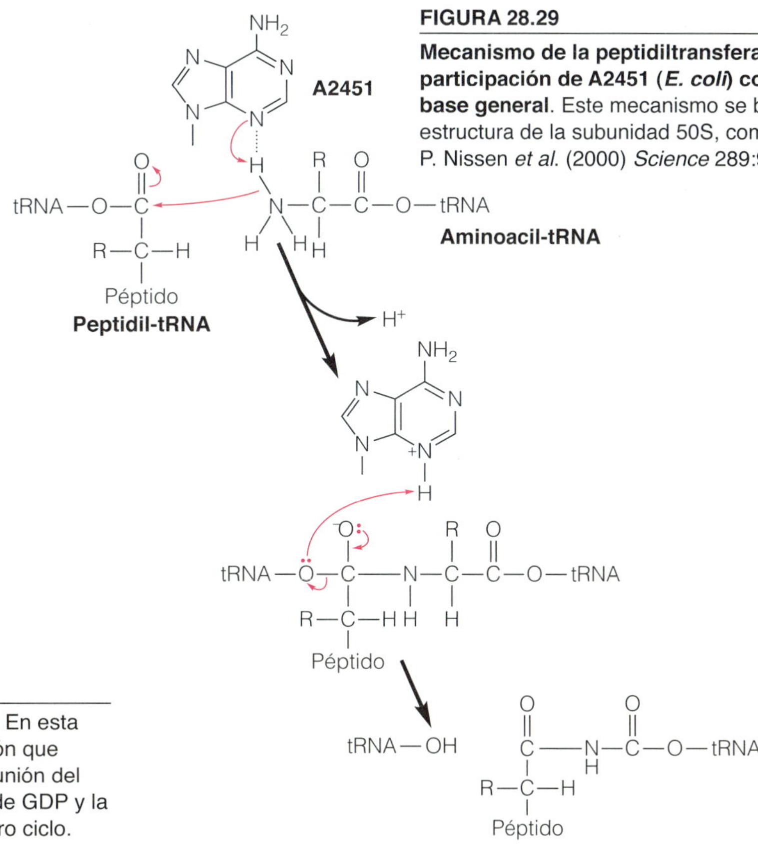


**FIGURA 28.29**

**Mecanismo de la peptidiltransferasa con participación de A2451 (*E. coli*) como una base general**. Este mecanismo se basa en la estructura de la subunidad 50S, como lo plantean P. Nissen *et al.* (2000) *Science* 289:920-930.

un nucleófilo mejor que ataca al carbono carbonilo del aminácido C-terminal, ligado al peptidil-tRNA, como se muestra en la Figura 28.29. El N3 protonado estabiliza un intermedio con un carbono tetraédrico al unirse al oxianión. A continuación, se transfiere el protón al 3′ hidroxilo del peptidil-tRNA y se desacila el péptido recién formado. De forma simultánea a esta transferencia hay un cambio desde los estados simples P y A a estados híbridos, en los cuales los extremos aceptores de las dos moléculas de tRNA se mueven a las posiciones de la izquierda, mientras que los extremos del codón permanecen fijos como antes. Estos lugares híbridos están indicados como E/P y P/A: esto puede considerarse como la primera mitad del paso de *translocación* (paso 3 en la Figura 28.26).

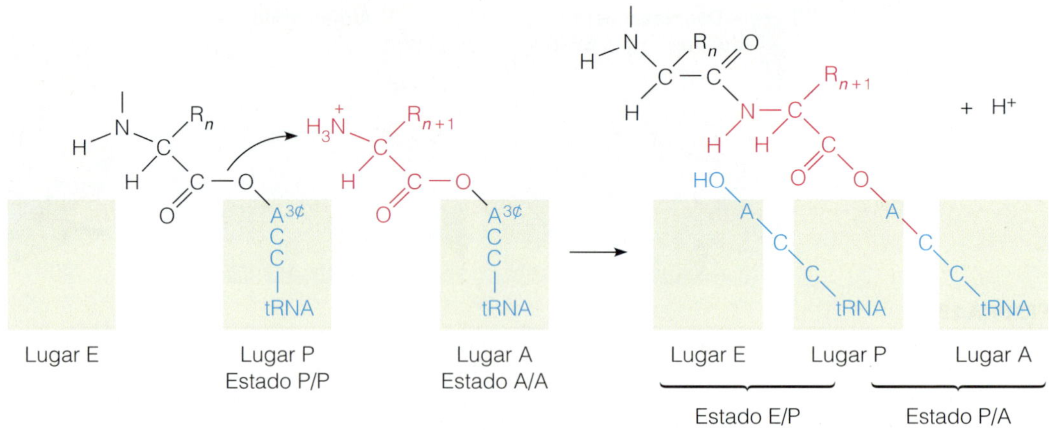


Para completar el paso de translocación, el extremo del anticodón del tRNA ya descargado en el lugar P, se transfiere al lugar E, y el tRNA del lugar A (el tRNA que lleva enganchada ahora la cadena polipeptídica naciente) se desplaza totalmente al lugar P. En el proceso, el ribosoma se desplaza un paso de 3 nucleótidos en la dirección 3′, colocando un nuevo codón adyacente al lugar A, que ahora está vacío. Como en la transferencia del peptidilo, este paso requiere un factor proteico (EF-G) unido a GTP y necesita la hidrólisis de GTP. Los estudios cristalográficos descubren un «mimetismo molecular» notable entre EF-G-GTP y el complejo ternario aa-tRNA-EF-Tu-GTP. Como muestra la Figura 28.30, la proteína y el complejo RNA-proteína tienen casi exactamente la misma forma, a pesar de que difieren completamente en su composición y secuencia. Se especula que la razón de esta semejanza es permitir que el EF-GGTP se mueva temporalmente al lugar A, facilitando el desplazamiento del complejo peptidil-tRNA. Los estudios estructurales apoyan este modelo.

En la elongación, la cadena peptídica en crecimiento en el lugar P se transfiere al aminoacil tRNA recién llegado en el lugar A. La translocación desplaza entonces este tRNA al lugar P, y el tRNA previo, al lugar E.

Durante la traducción el ribosoma está «ajustado» a lo largo de la molécula de mRNA mediante un proceso que comporta la rotación de las dos subunidades ribosómicas entre ellas. De acuerdo con los análisis estructurales del ribosoma en los estados intermedios de rotación, el proceso de ajuste se ha esquematizado como se presenta en la Figura 28.31.

En este punto, los lugares E y P están ocupados, mientras que el lugar A está vacío. Cuando el tRNA antiguo es liberado de E (paso 4, Figura 28.26), el lugar A adquiere una afinidad elevada y acepta el aminoacil tRNA, que dicta el codón siguiente. Se ha completado entonces un ciclo de elongación. Todo está igual que al comienzo, excepto que ahora:

1. La cadena polipeptídica ha crecido en un residuo.
2. El ribosoma se ha desplazado a lo largo del mRNA en tres residuos de nucleótidos, un codón.
3. Se han hidrolizado, al menos, dos moléculas de GTP.

Todo el proceso se repite una y otra vez hasta llegar a una señal de terminación, donde la cadena polipeptídica recién sintetizada es forzada a salir del ribosoma a través del túnel que se ha mencionado antes.

## Terminación

La finalización de la síntesis polipeptídica la señala la translocación de uno de los codones de detención (UAA, UAG o UGA) al lugar A. Dado que no hay ningún tRNA

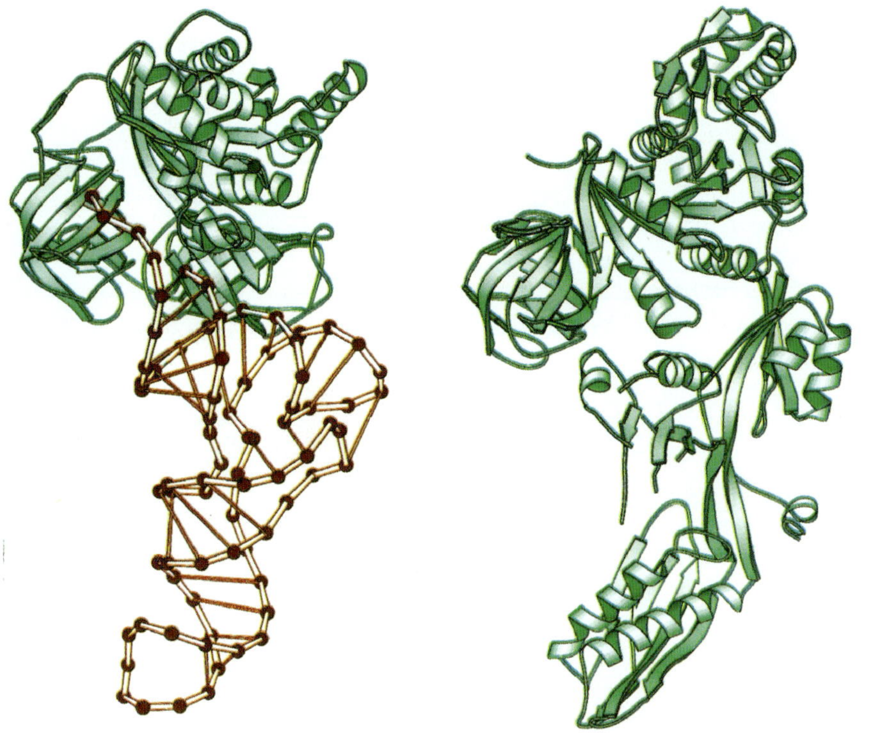

**FIGURA 28.30**

**Semejanza estructural sorprendente entre el factor de translocación EF-G (derecha) y el complejo ternario aa~tRNA-EF-Tu-GTP (izquierda).** La proteína se presenta en color verde y el DNA, en color marrón.

De *Science* 270:1464-1472, P. Nissen, M. Kjeldgaard, S. Thirup, G. Polekhina, L. Reshetnikova, B. F. C. Clark y J. Nyborg, Crystal structure of the ternary complex of Phe-tRNAPhe, EF-Tu, and a GTP analog. © 1995. Reproducido con permiso de AAAS.

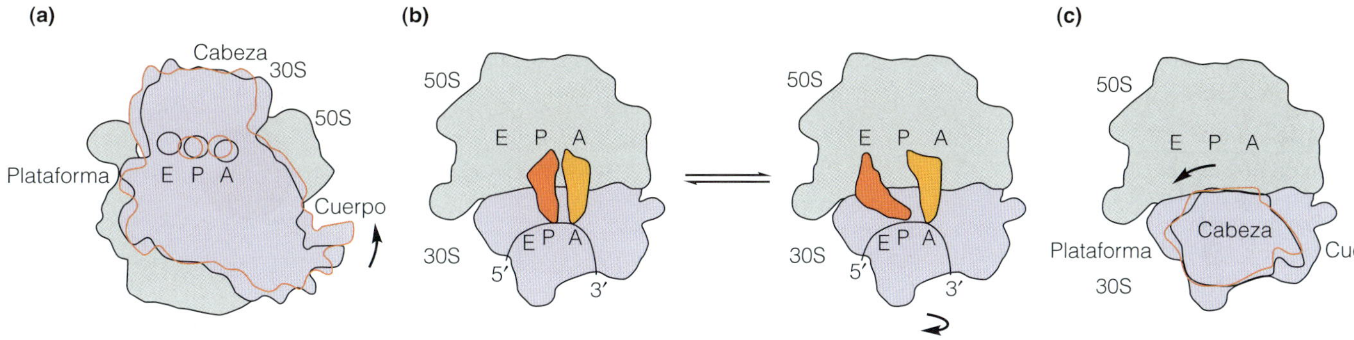


**FIGURA 28.31**

**Imagen esquemática de los movimientos rotatorios de las subunidades del ribosoma, de acuerdo con las estructuras cristalinas de los ribosomas en los estados intermedios.** **(a)** Vista desde abajo. Se muestra la subunidad 30S (azul) en la conformación de partida tras la terminación (bosquejada en rojo) hacia una conformación completamente rotada que se ve durante la elongación (bosquejo negro). **(b)** Vista lateral. Durante la transición hacia el estado completamente rotado, los tRNAs se desplazan desde la unión en los lugares A/A a los P/P (50S/50S) para ocupar los lugares híbridos A/P y P/E. **(c)** La rotación en otro plano puede mover el dominio de cabeza de la subunidad 30S hasta 14° hacia el lugar E.

De *Science* 325:1014-1017, W. Zhang, J. A. Dunkle y J. H. D. Cate, Structures of the ribosome in intermediate states of ratcheting. © 2009. Reproducido con permiso de AAAS.

que reconozca estos codones en circunstancias normales, la terminación de la cadena no implica la unión de un tRNA. En su lugar, intervienen en el proceso de terminación unas proteínas denominadas factores de liberación. Los tres factores de liberación que se encuentran en los procariotas se indican en la Tabla 28.4. Dos de estos factores pueden unirse al ribosoma cuando un codón de detención ocupa el lugar A: el RF1 reconoce UAA y UAG y el RF2 reconoce UAA y UGA. El tercer factor, RF3, es una GTPasa que parece estimular el proceso de liberación a través de la unión e hidrólisis del GTP. El análisis estructural del ribosoma en un complejo con RF2 muestra que el factor de liberación interacciona directamente con un codón de terminación UGA (Figura 28.32).

La secuencia de fenómenos de terminación es la que se muestra en la Figura 28.33. Tras la unión del RF1 o el RF2 al ribosoma, la peptidiltransferasa transfiere el residuo C-terminal de la cadena polipeptídica desde el tRNA del lugar P a una molécula de agua, liberando la cadena peptídica del ribosoma. Esta reacción es semejante desde el punto de vista químico a la formación del enlace peptídico (Figura 28.29), excepto que el agua sustituye al grupo $\alpha$-amino como nucleófilo atacante. Los factores RF y el GDP se liberan, seguidos por el tRNA. El ribosoma 70S es ahora inestable. Su inestabilidad está acentuada por la presencia de una proteína denominada *factor de reciclado del ribosoma* y también por los factores de iniciación IF3 e IF1, y el ribosoma se disocia con facilidad en las subunidades 50S y 30S, que están entonces preparadas para un nuevo proceso de traducción.

Cuando las subunidades ribosómicas se separan, la subunidad 30S puede disociarse o no de su mRNA. En algunos casos en los que se están traduciendo mensajes policistrónicos, la subunidad 30S puede deslizarse simplemente a lo largo del mRNA hasta

La terminación requiere unos factores de liberación proteicos que reconocen de alguna manera los codones de detención.

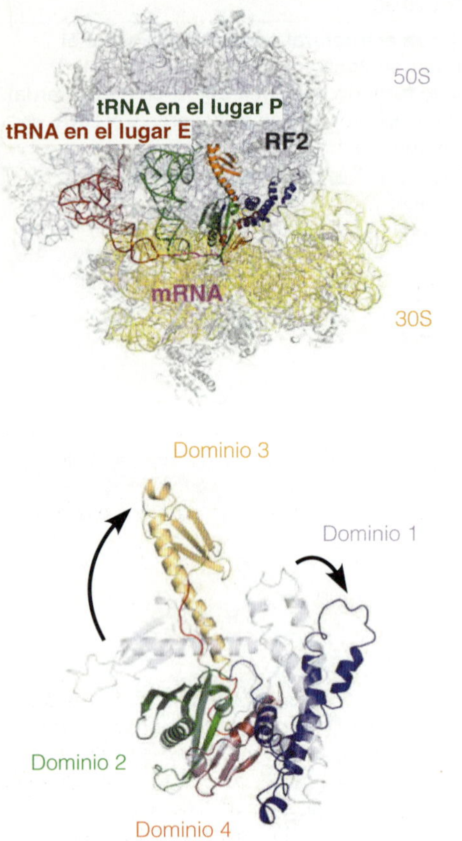


**FIGURA 28.32**

**Interacción de RF2 con el codón de detención UGA en el centro de descodificación**. Arriba, el ribosoma en un complejo con RF2. UGA aparece en fucsia y RF2, en verde, excepto aquellas partes que interaccionan directamente con el codón, que se muestran en rojo. Los dominios helicoidales de RF2 que se mueven significativamente se muestran en color, con el alargamiento de los movimientos (dominios 1 y 3) en el mismo color que se muestra debajo. PDB ID 2ji5 a 2ji8.

De *Science* 322:953-956, A. Wexelbaumer, H. Jin, C. Neubauer, R. M. Voorhees, S. Petry, A. C. Kelley y V. Ramakrishnan, Insights into translational termination from the structure of RF2 bound to the ribosome. © 2008. Reproducido con permiso de AAAS.

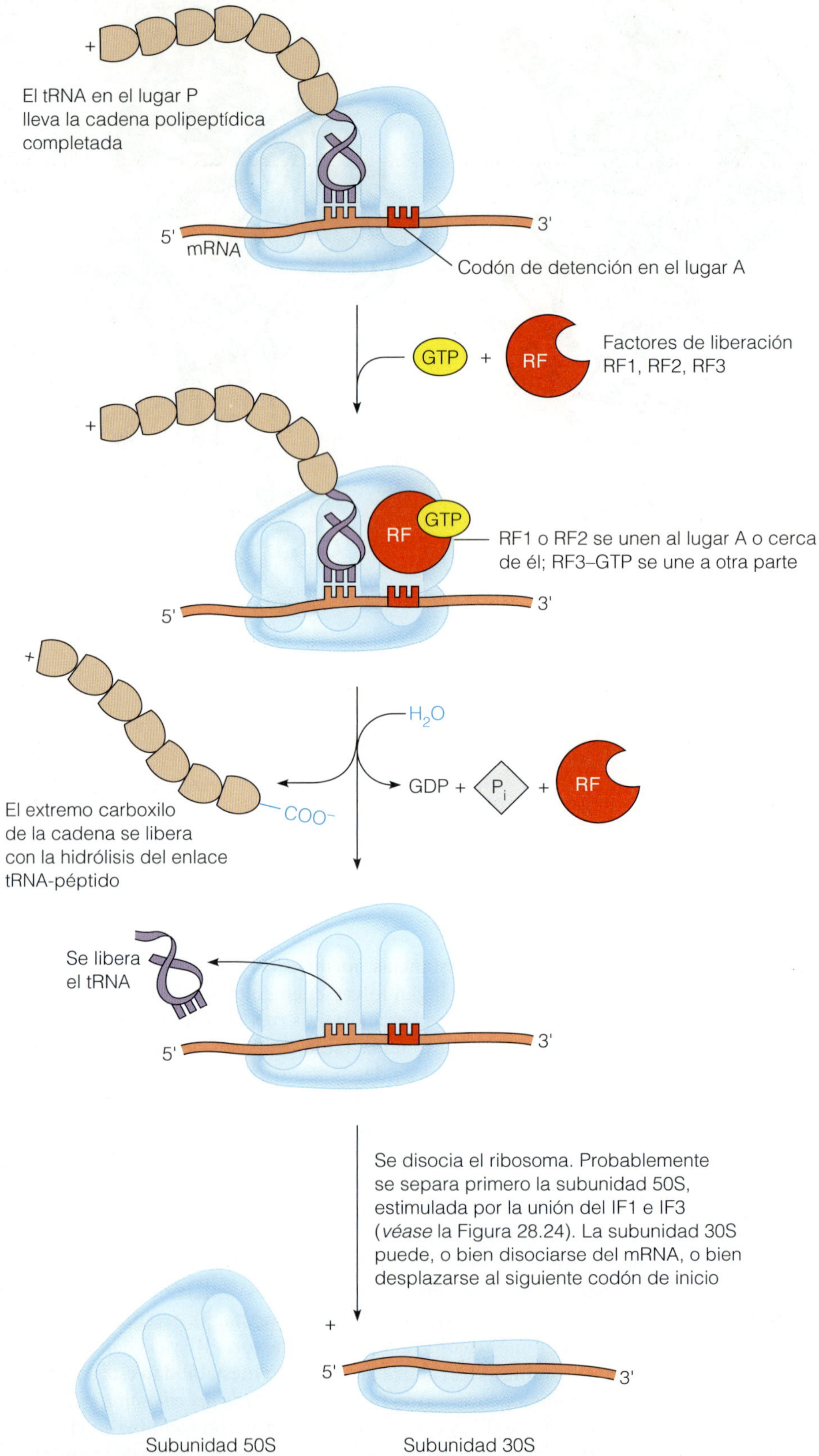


**FIGURA 28.33**

**Terminación de la traducción en los procariotas.**

encontrar la siguiente secuencia Shine-Dalgarno y el codón de iniciación y empezar un nuevo proceso de traducción. Si la subunidad 30S sí disocia del mensaje, pronto se volverá a unir a otro.

## Supresión de las mutaciones sin sentido

El conocimiento del proceso de terminación ayudó a aclarar algunas observaciones peculiares respecto a las mutaciones sin sentido. Recuérdese del Capítulo 7 que una *mutación sin sentido* es aquella en la que un codón de un aminoácido se ha convertido por una mutación en un codón de detención, de forma que la cadena polipeptídica termina prematuramente. Estas mutaciones se descubrieron debido a que su expresión fenotípica podía *suprimirse* mediante una clase de mutaciones situadas en otros genes. Recuérdese del Capítulo 25 que la supresión se define genéticamente como el restablecimiento de la función de tipo natural mediante una segunda mutación en un lugar diferente. Cuando se produce esta segunda mutación en un gen diferente, el fenómeno se denomina **supresión intergénica**. Al estudiar estas mutaciones supresoras se observó que se encuentran en los genes del tRNA.

Los efectos de las mutaciones sin sentido pueden suprimirse a veces por mutaciones supresoras, en las que el tRNA muta para reconocer un codón de detención e insertar en su lugar un aminoácido.

Consideremos el ejemplo que se muestra en la Figura 28.34. Una mutación sin sentido ha modificado un codón que normalmente especifica el aminoácido tirosina, convirtiéndolo en un codón de detención, que hace que se interrumpa de forma prematura la cadena polipeptídica. Sin embargo, si uno de los diversos tRNA de la tirosina sufre una mutación

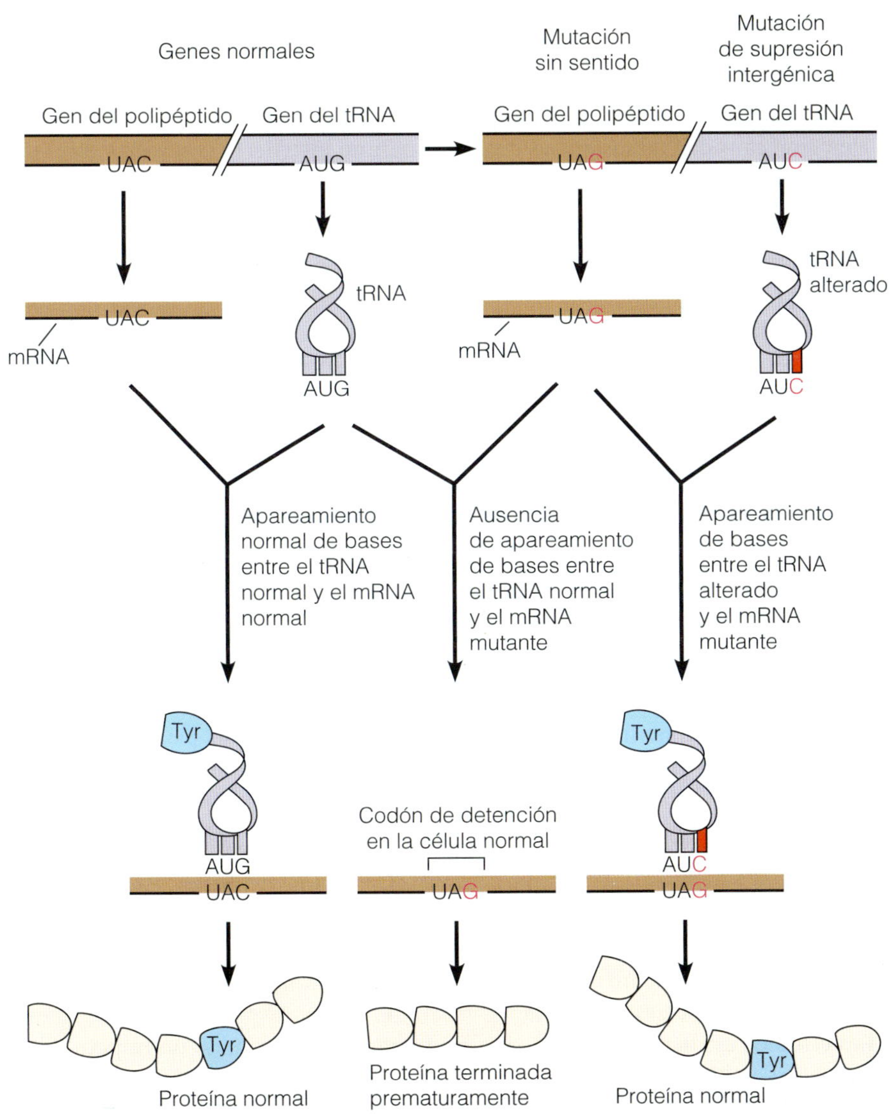


**FIGURA 28.34**

**Modo en que una mutación de supresión intergénica puede superar una mutación sin sentido.** Una mutación sin sentido en un gen que codifica una proteína cambia un codón correspondiente a un aminoácido por un codón de detención, provocando que la traducción finalice prematuramente. Otra mutación, en un gen de tRNA, puede evitar los efectos de la primera mutación al modificar el anticodón del tRNA, de manera que se aparee con el mRNA mutante. En esta situación se produce una proteína funcional, aunque la supresión no pueda restablecer el aminoácido original en ese lugar.

en su región del anticodón, de forma que reconozca el codón de detención, la traducción puede continuar, a veces, de manera normal. Así pues, una mutación que de otro modo podría resultar letal, puede suprimirse por un cambio de este tipo y el organismo puede sobrevivir. Evidentemente, continuarán existiendo problemas, ya que la presencia de un tRNA mutado de este tipo interferirá con la terminación normal de otras proteínas. La posibilidad de supervivencia depende del hecho de que la mutación supresora afecte generalmente a especies moleculares de tRNA secundarias, poco utilizadas en la traducción normal. Además, estos efectos pueden reducirse al mínimo con la aparición frecuente de dos o más señales de detención diferentes en tándem en los mRNA. Aunque se haya suprimido el primer codón de detención, continúa funcionando el «freno de emergencia».

Las mutaciones supresoras no se limitan en modo alguno a la corrección de las mutaciones sin sentido. Algunos tRNA mutados corrigen las mutaciones de sentido erróneo, y algunos, incluso, contienen dos o cuatro bases que actúan como el anticodón. Estos pueden, por tanto, actuar como **supresores de desplazamiento de marco**.

## Inhibición de la traducción por antibióticos

Se ha visto que muchos antibióticos actúan inhibiendo pasos específicos en la síntesis proteica bacteriana. Se ha demostrado que algunos de estos antibióticos son reactivos útiles para analizar los mecanismos de la traducción, además de para combatir las infecciones. Hemos descrito ya la acción de algunas clases de antibióticos. En el Capítulo 9 vimos que las penicilinas inhiben la síntesis de la pared celular bacteriana, y en el Capítulo 10 consideramos los antibióticos como la gramicidina y la valinomicina, que interfieren en el equilibrio iónico a través de las membranas. Otros antibióticos, como la rifampicina y la estreptolidigina (Capítulo 27), bloquean la transcripción en los procariotas.

Diversos antibióticos importantes actúan inhibiendo la traducción en las células bacterianas.

Una gran cantidad de sustancias de origen natural interfieren con varias etapas de la síntesis de proteínas. En la Figura 28.35 se muestran algunas de ellas. Cada una inhibe la traducción de una forma diferente. Su importancia en medicina deriva, en gran parte, del hecho de que la maquinaria de traducción de los eucariotas difiere lo suficiente de la de los procariotas para que estos antibióticos puedan utilizarse sin peligro en los seres humanos. En algunos casos (por ejemplo, las tetraciclinas), los antibióticos que inhibirían también la traducción en los eucariotas resultan inocuos porque no son capaces de atravesar las membranas celulares de los organismos superiores.

Un problema importante con el uso terapéutico de los antibióticos es que los microorganismos pueden presentar resistencias a muchos de ellos. Un ejemplo importante es la resistencia a la *eritromicina*. El lugar de unión de la eritromicina en el ribosoma incluye una región específica del RNA 23S, y la unión del antibiótico puede inhibirse por una enzima que metila un residuo de adenina concreto de esta región. Los biólogos moleculares utilizan la resistencia a la eritromicina para la selección de los clones de bacterias en la investigación del DNA recombinante. La resistencia a la eritromicina puede conferirse a una bacteria mediante la inserción de un gen de resistencia que codifica la metiltransferasa en un plásmido bacteriano. Las bacterias que contienen el plásmido que lleva el gen de la metilasa crecerán en un medio que contenga eritromicina, mientras que las que carezcan del plásmido, morirán. Así pues, el crecimiento en un medio así selecciona automáticamente solo los clones portadores del plásmido. Dado que muchos genes de resistencia se llevan en los plásmidos, que se transfieren fácilmente de una bacteria a otra, la frecuencia con la que surgen las cepas resistentes al antibiótico es mucho mayor que si los elementos fueran transportados por los genes cromosómicos. Otro problema es el uso generalizado de antibióticos en la ganadería, no para tratar las infecciones, sino para suprimir cualquier infección posible y mejorar el mantenimiento del peso del animal y evitar la diseminación de la infección de animal a animal, en las condiciones de hacinamiento en los corrales de engorde. Eso puede estar bien en el corto plazo, pero el aumento de las cepas resistentes a los antibióticos hace que muchos cuestionen el acierto de esta práctica.

Los estudios estructurales de los ribosomas han proporcionado un ímpetu enorme al desarrollo de nuevas clases de agentes antimicrobianos para los que no pueda presentarse resistencia. En el mismo sentido que el conocimiento de la estructura de la enzima

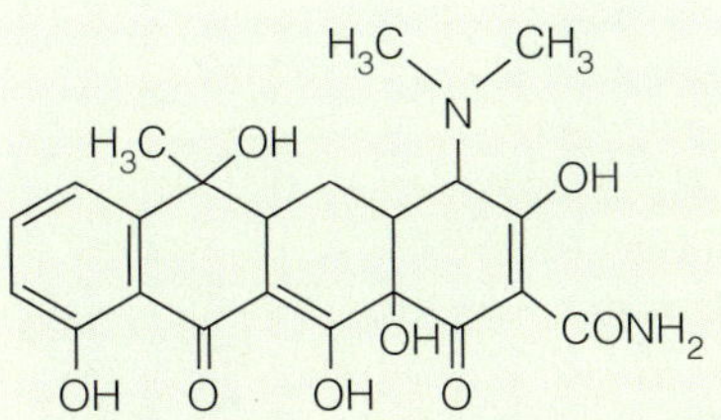

**Tetraciclina:** inhibe la unión del aminoacil tRNA al ribosoma y bloquea, por tanto, la continuación de la traducción

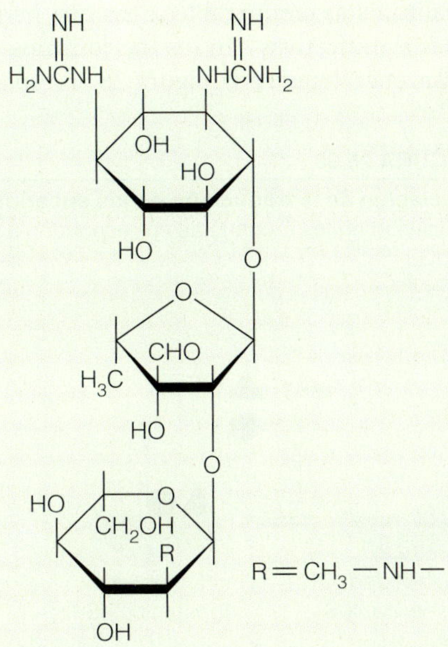

**Estreptomicina:** interfiere con el apareamiento normal entre el aminoacil tRNA y los codones del mensaje, causando errores de lectura, y produciendo, por tanto, proteínas aberrantes

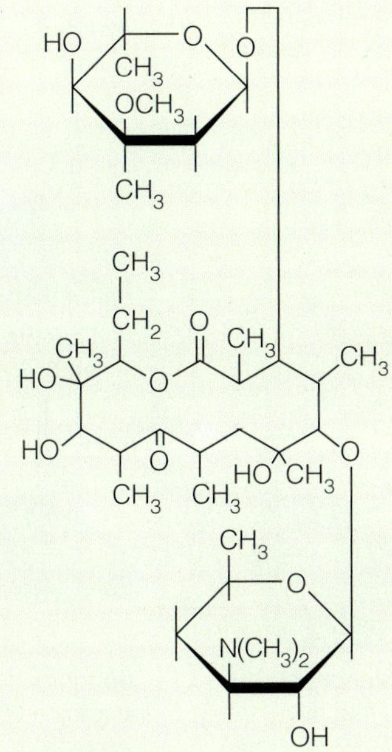

**Eritromicina:** se une a un lugar específico en el RNA 23S y bloquea la elongación al interferir en el paso de translocación

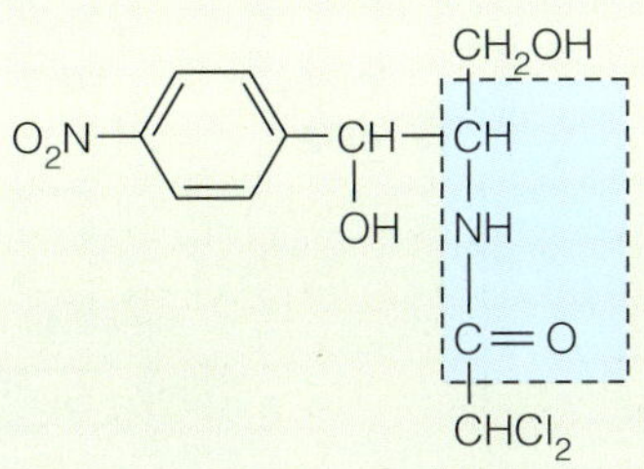

**Choranfenicol:** bloquea la elongación aparentemente actuando como un inhibidor competitivo del complejo peptidiltransferasa. El enlace amida (en azul) se parece a un enlace peptídico

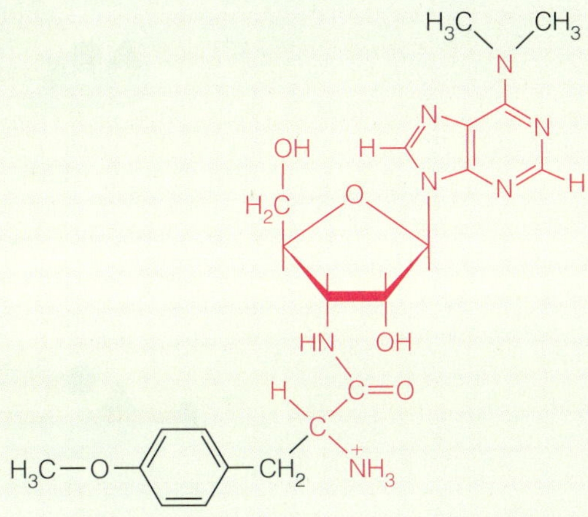

**Puromicina:** causa la terminación prematura de la cadena. La parte roja de la molécula se parece al extremo 3′ del tRNA aminoacilado. Entrará en el lugar A y lo transferirá a la cadena en crecimiento, produciendo una liberación prematura de la misma

**FIGURA 28.35**

**Algunos antibióticos que actúan interfiriendo con la biosíntesis proteica.** La eritromicina es uno de los antibióticos poliquétidos cuya biosíntesis se estudió en el Capítulo 17.

y el receptor hace posible diseñar inhibidores completamente nuevos con propiedades terapéuticas, el ribosoma, dadas sus muchas actividades y su conservación estructural entre las bacterias, es una diana muy atractiva para la generación de fármacos.

## Traducción en los eucariotas

El mecanismo de la traducción del RNA mensajero en proteínas en las células eucariotas básicamente es el mismo que en las procariotas. En los eucariotas, los ribosomas son más grandes y más complejos y prácticamente todos los mRNA son monocistrónicos.

En los eucariotas, la iniciación de la traducción es más compleja y necesita más factores proteicos que en los procariotas.

Existen más factores proteicos, como vimos en la Tabla 28.4, pero las funciones que realizan son comparables a las que hemos expuesto para las bacterias. Las diferencias más significativas son los mecanismos de iniciación, que se esquematizan para las células eucariotas en la Figura 28.36. Aparte de la mayor complejidad del ribosoma y de

**FIGURA 28.36**

**Iniciación de la traducción en los eucariotas.** Las principales diferencias respecto a la iniciación en los procariotas corresponden a la unión de la caperuza y a la captura del primer AUG.

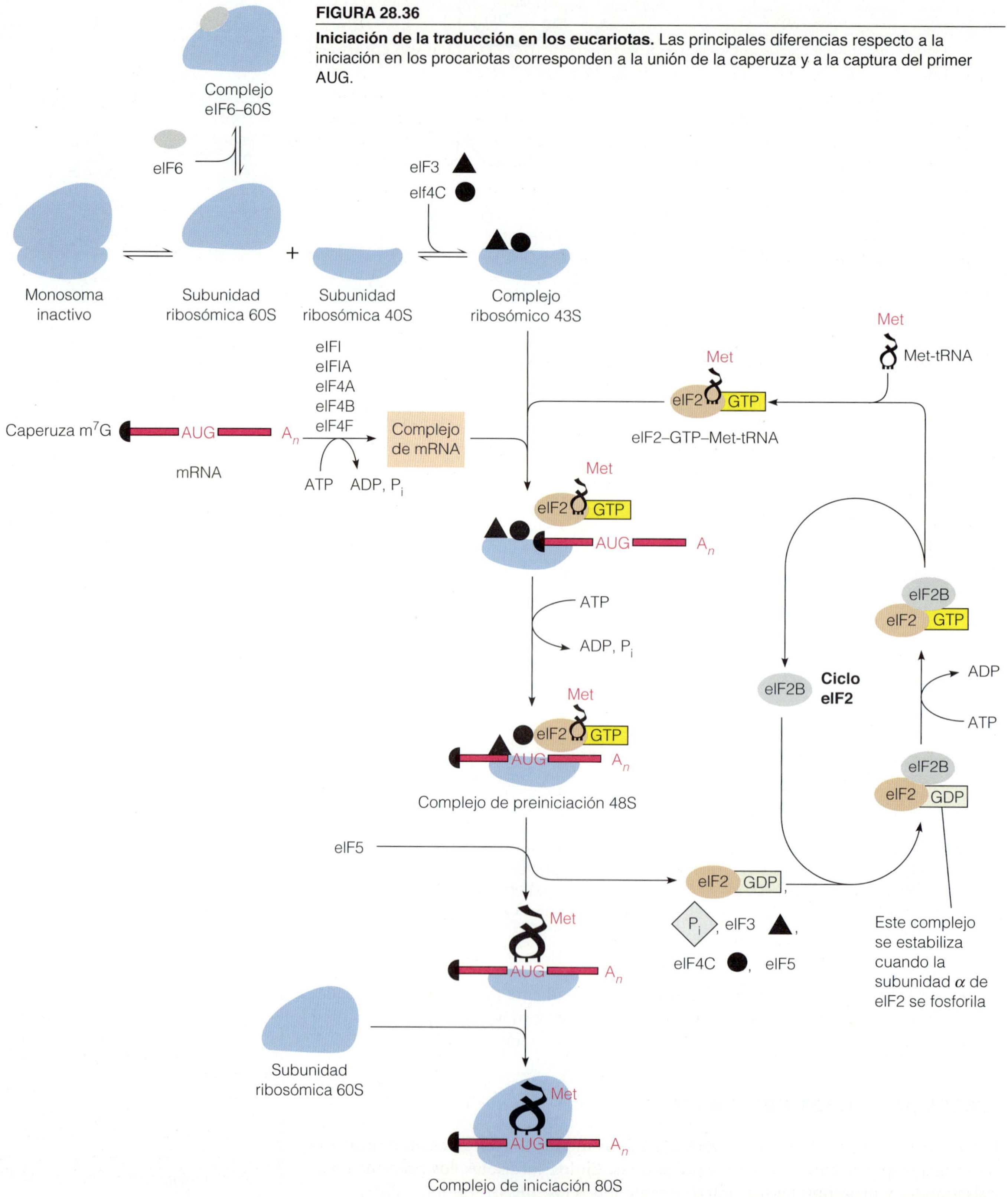

los factores proteicos solubles, las principales diferencias son (1) que el extremo 5′ de un mensaje no es detectado por una secuencia Shine-Dalgarno, sino por la caperuza de 7-metilguanina y (2) el aminoácido N-terminal, que se inserta en el AUG iniciador, es metionina, no *N*-formilmetinonina. Tras detectar la caperuza 5′, la subunidad ribosómica 40S rastrea, a continuación, el mRNA (un proceso que depende de ATP), hasta que se encuentra el primer AUG. En este punto se liberan los factores de iniciación, y se engancha la subunidad 60S para comenzar la traducción.

Diversos inhibidores habituales de la traducción procariota también son eficaces en las células eucariotas; entre ellos, la pactamicina, la tetraciclina y la puromicina. También existen inhibidores que *solo* son eficaces en los eucariotas. Dos importantes son la *cicloheximida* y la *toxina de la difteria*. La cicloheximida inhibe la actividad de translocación del ribosoma eucariota y suele emplearse en los estudios bioquímicos cuando deben analizarse los procesos en ausencia de síntesis de proteínas. La toxina de la difteria es una enzima codificada por un baceriófago, que es lisogénica en la bacteria *Corynebacterium diphtheriae*. Cataliza una reacción en la que el $NAD^+$ añade un grupo *ADP-ribosa* a una histidina modificada especialmente en el factor de translocación eEF2, el equivalente eucariota de EF-G (Figura 28.37). Debido a que la toxina es un catalizador, unas cantidades mínimas pueden bloquear irreversiblemente la maquinaria de síntesis de proteínas de una célula; la toxina de la difteria pura es una de las sustancias más mortales que se conocen.

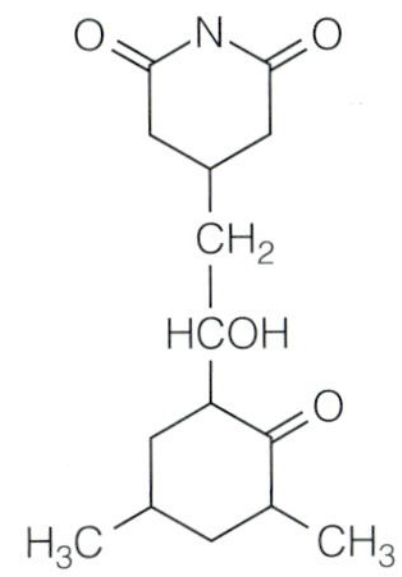

**Cicloheximida**

## Síntesis de proteínas en los orgánulos

Como se describió en el Capítulo 15, el genoma mitocondrial (mtDNA) contiene 37 genes que codifican 13 proteínas (en los seres humanos), todas ellas subunidades de los complejos de la cadena respiratoria. El resto de los genes del mtDNA codifica 22 tRNA y 2 rRNA. Estos tRNA y rRNA son parte de la maquinaria de síntesis proteica mitocondrial, necesaria para traducir las 13 proteínas codificadas en el DNA mitocondrial. Como reflejo de su evolución a partir de una alfa-protobacteria ancestral, la maquinaria de síntesis proteica mitocondrial es más parecida al sistema bacteriano que al sistema citosólico eucariota. Como el proceso procariota, la traducción comienza con el Met-tRNA formilado en las mitocondrias y solo necesita un puñado de factores de iniciación y elongación. Además, la síntesis proteica mitocondrial se inhibe por algunos antibióticos que interfieren con los pasos de la síntesis proteica bacteriana. Sin embargo, los ribosomas mitocondriales han experimentado un remodelado importante durante la evolución de las mitocondrias. Los rRNA de los ribosomas mitocondriales de mamíferos son menores que sus homólogos bacterianos y la subunidad grande de los ribosomas mitocondriales carece completamente del componente rRNA 5S. Por otra parte, los ribosomas mitocondriales tienen más subunidades proteicas, de forma que los ribosomas mitocondriales tienen un cociente proteína:RNA de 2:1 en comparación con un cociente 1:2 en el ribosoma bacteriano. Los cloroplastos poseen también su propia maquinaria de síntesis proteica, pero se conoce mucho menos sobre el sistema del cloroplasto.

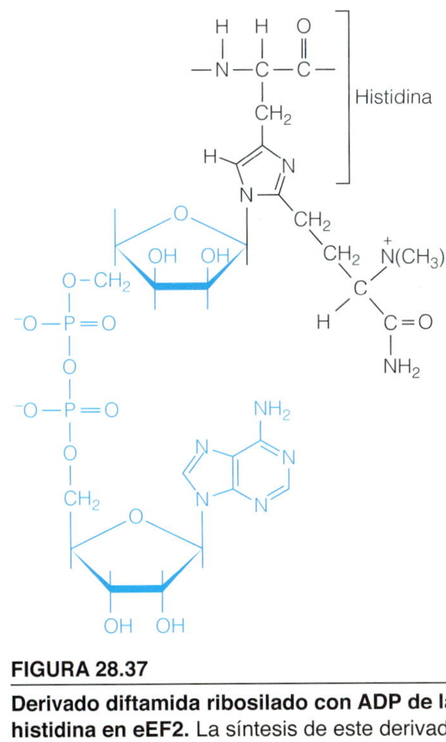


**FIGURA 28.37**

**Derivado diftamida ribosilado con ADP de la histidina en eEF2.** La síntesis de este derivado de una histidina modificada del eEF2 con el uso de $NAD^+$ está catalizada por la toxina diftérica. El eEF2 se inactiva, y la síntesis proteica queda, por tanto, bloqueada. La ADP ribosa del $NAD^+$ se muestra en azul. La diftamida se indica en negro.

# Velocidades y energética de la traducción

La traducción es un proceso rápido en los procariotas. A 37 °C, un ribosoma de *E. coli* puede sintetizar una cadena polipeptídica de 300 residuos en unos 20 segundos. Dado que la elongación de la cadena es el paso limitante de la velocidad, esto significa que un solo ribosoma pasa por unos 15 codones, es decir, 45 nucleótidos, cada segundo. Esta velocidad es casi exactamente la misma que atribuimos a la *transcripción* en los procariotas, lo cual indica que el mRNA puede traducirse con la misma rapidez con la que se transcribe. Esa igualdad no es casual. Los estudios recientes con *E. coli* muestran que una proteína ribosómica, NusE, interacciona en la célula con un componente de la RNA polimerasa, NusG y que, por medio de esta interacción, la transcripción y la traducción están físicamente acopladas, como se muestra en la Figura 28.38, siendo controlada la velocidad de transcripción por la velocidad de traducción. El acoplamiento directo de este tipo no puede tener lugar en las células eucariotas, ya que los dos procesos tienen lugar en compartimientos separados.

Pero la velocidad mencionada antes es la del crecimiento de las cadenas polipeptídicas y no explica la velocidad total de la síntesis proteica en la célula, ya que puede haber muchos ribosomas que estén traduciendo simultáneamente un determinado mensaje. De hecho, si lisáramos de forma cuidadosa las células de *E. coli*, observaríamos **polirribosomas** (llamados también polisomas) como los que se muestran en la Figura 28.39. Al parecer, en cuanto un

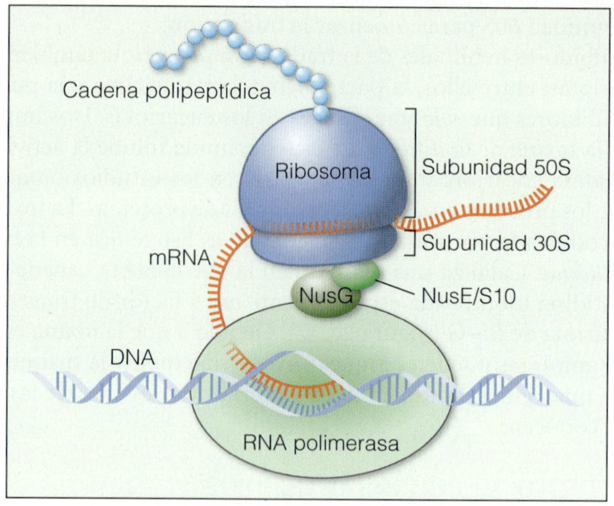


**FIGURA 28.38**

**Acoplamiento de la transcripción con la traducción en *E. coli* a través de la interacción entre NusE y NusG.**

De *Science* 328:436-437, J. W. Roberts, Syntheses that stay together. © 2010. Reproducido con permiso de AAAS.

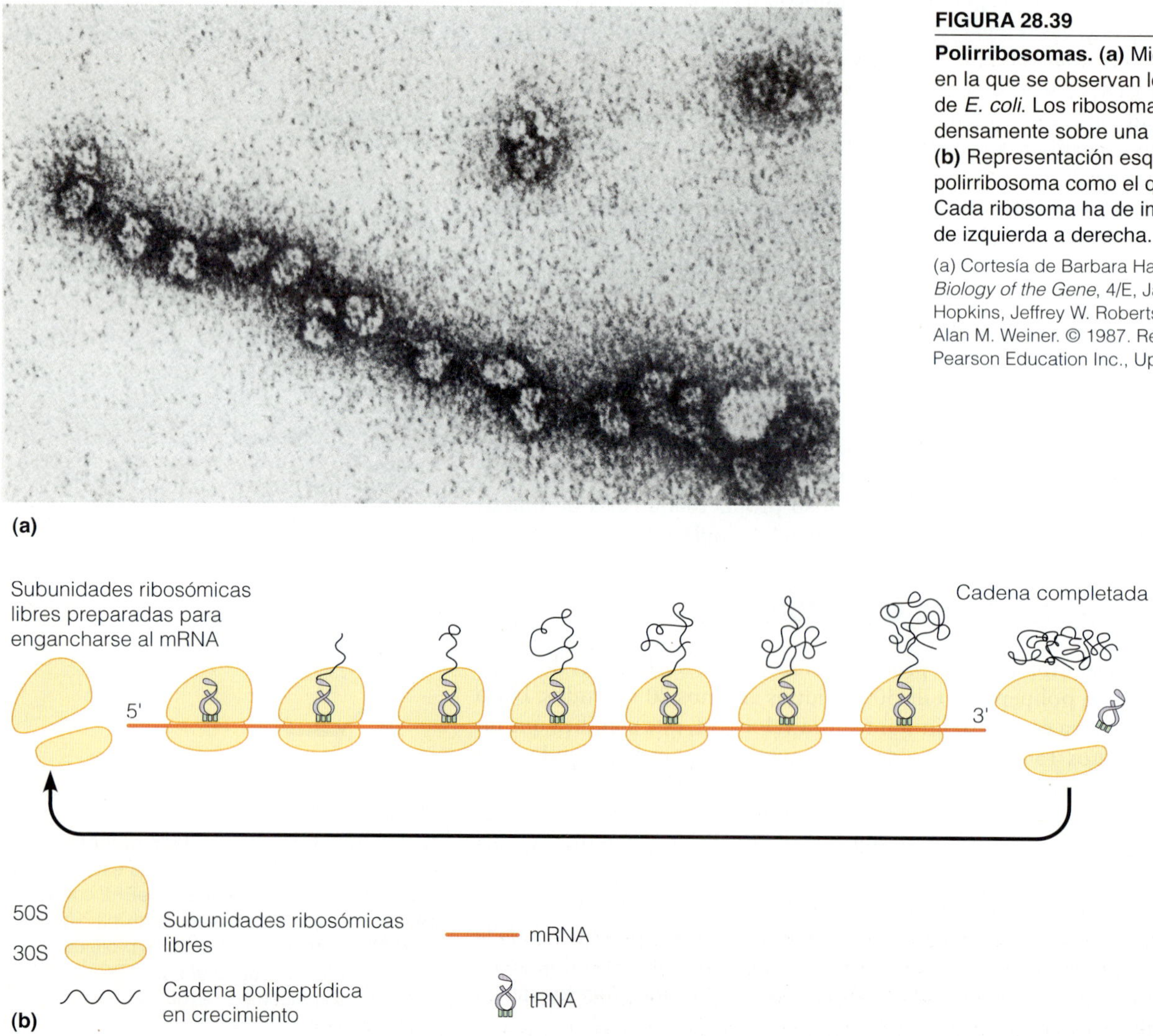


**FIGURA 28.39**

**Polirribosomas. (a)** Micrografía electrónica en la que se observan los polirribosomas de *E. coli*. Los ribosomas están agrupados densamente sobre una molécula de mRNA. **(b)** Representación esquemática de un polirribosoma como el que se muestra en **(a)**. Cada ribosoma ha de imaginarse moviéndose de izquierda a derecha.

(a) Cortesía de Barbara Hamkalo, (b) *Molecular Biology of the Gene*, 4/E, James D. Watson, Nancy H. Hopkins, Jeffrey W. Roberts, Joan Argetsinger Steitz y Alan M. Weiner. © 1987. Reproducido con permiso de Pearson Education Inc., Upper Saddle River, NJ.

ribosoma se mueve dejando libre la región 5′ del mRNA, se engancha otro. En determinadas condiciones puede haber hasta 50 ribosomas empaquetados densamente sobre un mRNA, de manera que uno de ellos finaliza la traducción cada pocos segundos. Dado que cada célula de *E. coli* contiene unos 15 000 ribosomas, todos ellos actuando a plena capacidad, son capaces de sintetizar unas 750 moléculas de proteína de 300 residuos cada segundo.

El coste energético de este proceso es elevado. Si examinamos los pasos individuales de la síntesis proteica que se han descrito antes, podemos realizar el siguiente cálculo del presupuesto energético total de la síntesis de una proteína de $N$ residuos:

El *equivalente* de

| | |
|---|---|
| $2N$ | ATP requeridos para cargar los tRNA, ya que el ATP se degrada a AMP y $PP_i$, y el $PP_i$ se hidroliza posteriormente. |
| 1 | GTP necesario para la iniciación. |
| $N-1$ | GTP requeridos para formar los $N$-1 enlaces peptídicos, en el paso de hidrólisis de EF-Tu-GTP. |
| $N-1$ | GTP necesarios para los $N$-1 pasos de translocación. |
| 1 | GTP requerido para la terminación. |

Suma $= 4N$

La traducción es rápida, pero energéticamente cara. Son necesarios aproximadamente cuatro equivalentes de ATP por cada aminoácido añadido.

Así pues, globalmente, deben hidrolizarse unas $4N$ moléculas de fosfato de energía elevada para completar una cadena de $N$ unidades. Esto corresponde a un cálculo mínimo, puesto que no tiene en cuenta la energía requerida para formilar la metionina, ni el coste adicional de GTP que puede gastarse en la corrección de pruebas y la sustitución de los tRNA unidos de forma incorrecta. Además, ha habido comunicaciones persistentes, aunque controvertidas, que afirman que deben hidrolizarse *dos* GTP por cada aa-tRNA unido al lugar A. Pero incluso con este cálculo conservador, una proteína característica de 300 residuos tiene un coste para la célula de unos 60 000 kJ de energía libre por mol, si suponemos que la hidrólisis de ATP o de GTP proporciona unos 50 kJ/mol en condiciones celulares. ¡Las proteínas son caras!

Si expresamos los mismos datos en términos de requerimientos energéticos para la síntesis por mol de *enlace peptídico*, obtenemos un coste de aproximadamente 200 kJ/mol. Teniendo en cuenta que el cambio de energía libre que se requiere para formar un enlace peptídico en disoluciones acuosas diluidas es de tan solo unos +20 kJ/mol, el precio parece excesivo. ¿Por qué no dispone la célula de ningún mecanismo para elaborar enlaces peptídicos a un coste de unas docenas de kilojulios? Ciertamente, el empleo de 40 kJ/mol sería suficiente para hacer que el proceso de síntesis fuera muy favorable, con una constante de equilibrio de alrededor de 3000.

La clave de este gasto energético tan elevado se encuentra en la naturaleza misma de la vida. La célula elabora polipéptidos que tienen una secuencia *definida*. Si se tratara simplemente de unir aminoácidos de forma aleatoria, el coste de energía libre podría ser ciertamente muy inferior. Pero una cadena de 300 residuos, elaborada con 20 tipos de aminoácidos diferentes, puede realizarse de $20^{300}$ maneras diferentes, mientras que la célula necesita *una* secuencia específica. En otras palabras, debe pagarse un alto precio de entropía para elaborar secuencias específicas y hacerlo correctamente. Desde el punto de vista del mecanismo, esto significa que cada paso del ensamblaje, no solo debe hacerse con un exceso de energía libre, sino que debe comportar también una *elección* específica. Además, el producto debe verificarse, en determinados puntos críticos, mediante un mecanismo de corrección de pruebas, que tiene también un coste de energía. La traducción de un libro es cara, no solo porque los traductores han de ser expertos y meticulosos, sino también, porque su trabajo ha de revisarse con gran cuidado.

## Fases finales de la síntesis proteica: plegado y modificación covalente

La cadena polipeptídica que surge del ribosoma no es una proteína completa funcional. Debe plegarse en su estructura terciaria y puede tener que asociarse con otras subunidades. En algunos casos, deben formarse enlaces disulfuro, y han de producirse otras modificaciones covalentes, como la hidroxilación de determinadas prolinas y lisinas.

La formación de complejos con hidratos de carbono o lípidos tiene lugar después de la traducción. Además, muchas proteínas sufren luego procesos de ruptura proteolítica específicos para eliminar determinadas partes de la cadena naciente.

## Plegado de la cadena

La célula no tiene que esperar a que toda la cadena se libere del ribosoma para empezar a realizar los retoques finales. La primera parte de la cadena naciente (unos 30 aminoácidos) está protegida según va pasando a través del túnel en el ribosoma. Sin embargo, los cambios comienzan tan pronto como emerge el extremo N-terminal. Existen datos claros que indican que el plegado para formar la estructura terciaria se inicia durante la traducción y se ha completado casi en su totalidad en el momento en que se libera la cadena. Así, por ejemplo, los anticuerpos para la $\beta$-galactosidasa de *E. coli*, que reconocen el plegado terciario de la molécula, se unirán a los polirribosomas que sintetizan esta proteína. Esta enzima presenta actividad catalítica solo como tetrámero. Se ha demostrado que las cadenas de $\beta$-galactosidasa nacientes, aún unidas a los ribosomas, pueden asociarse con subunidades libres para formar un tetrámero funcional. Así pues, incluso la estructura cuaternaria puede establecerse, en parte, antes de que se haya completado la síntesis.

Este comportamiento no debe resultar extraño si recordamos (de los Capítulos 6 y 7) que la formación de los niveles secundario, terciario y cuaternario de la estructura proteica está favorecida termodinámicamente. Sin embargo, como hemos visto en el Capítulo 6, en algunos casos este plegado espontáneo debe bloquearse o retardarse por proteínas chaperonas.

## Modificación covalente

Algunas de las modificaciones covalentes de las cadenas polipeptídicas se producen también durante la traducción. Hemos mencionado antes que el grupo *N*-formilo se elimina de la *N*-fMet inicial en la mayor parte de las proteínas de los procariotas. Una *desformilasa* especial cataliza esta reacción. En muchos casos, la desformilación parece producirse inmediatamente tras la aparición del N-terminal del ribosoma. La eliminación de la metionina del N-terminal puede ser también un proceso temprano, pero el que se produzca o no depende, al parecer, del plegado simultáneo a la traducción de la cadena. Presumiblemente, en algunos casos este residuo queda «escondido» y protegido de la proteólisis en la estructura plegada.

La traducción va seguida inmediatamente por diversos tipos de procesamiento proteico, como el plegado de la cadena, la modificación covalente y el transporte dirigido.

Algunas proteínas de los procariotas (y de muchos eucariotas) experimentan modificaciones proteolíticas mucho más importantes. Estas proteínas son casi invariablemente las que van a exportarse de la célula o están destinadas a localizaciones de la membrana o de los orgánulos. Dejaremos el análisis del procesado más complicado de las proteínas eucariotas para el apartado siguiente y nos centraremos aquí en lo que ocurre en los procariotas.

Las proteínas bacterianas destinadas a la secreción (**translocación** a través de la membrana celular) se caracterizan por contener **secuencias señal** o **secuencias líder** muy hidrófobas en las regiones N-terminales. En la Tabla 28.5 se indican algunos ejemplos representativos. Una vez que la proteína ha atravesado la membrana, la secuencia líder se separa en el punto indicado por la flecha en la tabla.

El modelo actualmente aceptado para la translocación en las bacterias es el que se muestra en la Figura 28.40. En muchos casos, aunque no en todos, la proteína que ha de translocarse (la pro-proteína) forma primero un complejo con una «chaperona» en el citoplasma, la proteína SecB en el ejemplo mostrado. Esta formación del complejo evita

**TABLA 28.5. Secuencias señal N-terminales correspondientes a proteínas representativas de los procariotas**

| Proteína | | −20 | | | | | −15 | | | | −10 | | | | | −5 | | | | | −1 | ↓ | +1 | |
|---|---|---|---|---|---|---|---|---|---|---|---|---|---|---|---|---|---|---|---|---|---|---|---|---|
| Proteína de unión de leucina | M | K | A | N | A | K | T | I | I | A | G | M | I | A | L | A | I | S | H | T | A | M | A | | E | E |
| Prefosfatasa alcalina | | | M | K | Q | S | T | I | A | L | A | L | L | P | L | L | F | T | P | V | T | K | A | | R | T |
| Prelipoproteína | | | | M | K | A | T | K | L | V | L | G | A | V | I | L | G | S | T | L | L | A | G | | C | S |

*Nota:* los residuos hidrófobos se indícan en rojo. El lugar de ruptura está señalado por la flecha.

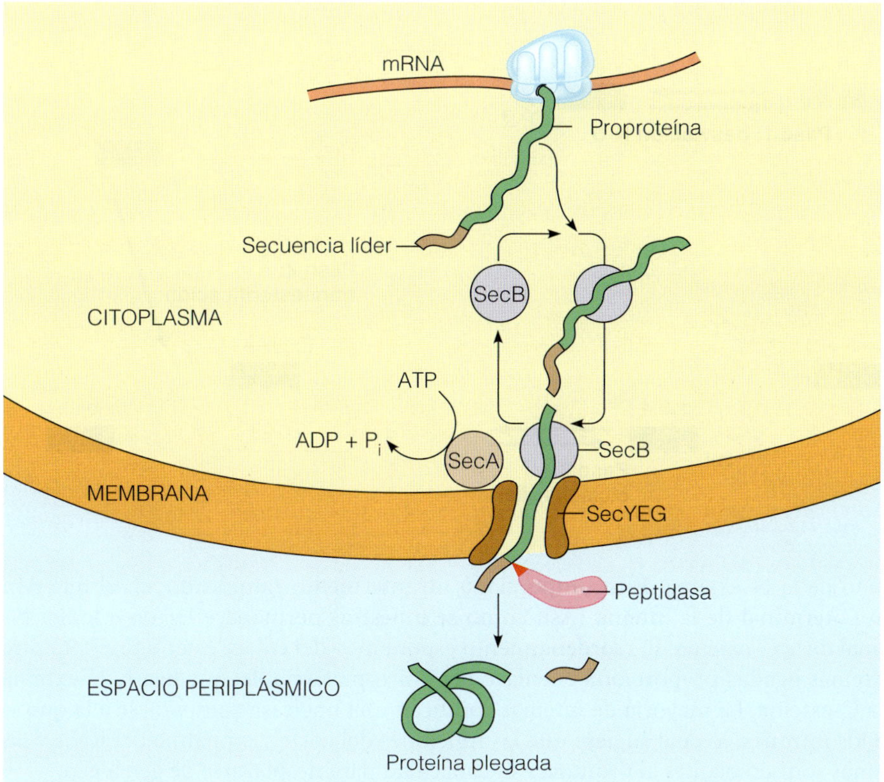


**FIGURA 28.40**

**Modelo actual de la secreción proteica en los procariotas.** La nueva cadena polipeptídica (la proproteína) forma complejos con la SecB, que impiden el plegado completo durante el transporte a la membrana. En la membrana, una ATPasa, la SecA, facilita la translocación a través de la membrana, con la ayuda de las proteínas de membrana SecE y SecY, que forman un poro de membrana. A continuación, se rompe la secuencia líder, que se separa de la proteína secretada por una peptidasa de membrana.

el plegado prematuro de la proteína, que impediría su paso a través del poro secretor de la membrana. Este poro está formado por una proteína heterotrimérica compuesta por SecE, SecY y SecG; el «translocón SecYEG». El poro secretor es también el objetivo de un cuarto componente proteico, el SecA. El SecA es una ATPasa, y tanto la hidrólisis del ATP como el gradiente de potencial electroquímico a través de la membrana, facilitan la translocación. El análisis estructural de la proteína SecA con y sin nucleótido de adenina unido sugiere un mecanismo comparable al de las helicasas dependientes de DNA en impulsar a la proteína a través de la membrana. Una vez que la proproteína ha sido translocada, se desprende de ella el péptido líder por una proteasa unida a la membrana, y puede plegarse la proteína. El lugar de ruptura, como se muestra en la Tabla 28.5, suele estar entre un aminoácido pequeño (con frecuente Gly o Ala) y uno ácido o básico.

## Corte y empalme proteico

Un número de proteínas pequeño, aunque significativo, la mayoría de organismos unicelulares, bacterias, arqueas y microbios eucariotas, experimentan un corte y empalme posterior a la traducción en un proceso comparable al corte y empalme del RNA que se ha considerado en el Capítulo 27. En el corte y empalme proteico, una **inteína** (segmento proteico interno) se fracciona de la secuencia polipeptídica, dando una proteína madura, la **exteína** (proteína externa). La incrustación de una inteína en una proteína normalmente no cortada y empalmada retiene su actividad de corte y empalme de la nueva proteína hospedadora, lo cual indica que los residuos de aminoácido para la catálisis del corte y empalme se encuentran dentro de la inteína.

Aunque conocemos poco acerca de las funciones biológicas del corte y empalme proteico, sabemos que el mecanismo es comparable al del corte y empalme del RNA con, por supuesto, diferentes grupos funcionales. Como se muestra en la Figura 28.41, un hidroxilo de serina o treonina N—terminal (o tiol de cisteína; se muestra serina) ataca el carbono peptídico C-terminal del segmento de inteína hacia arriba (N-exteína), lo cual va seguido por una transesterificación, con participación de un tiol o hidroxilo del residuo N-terminal del segmento de exteína hacia abajo (C-exteína) sobre ese mismo

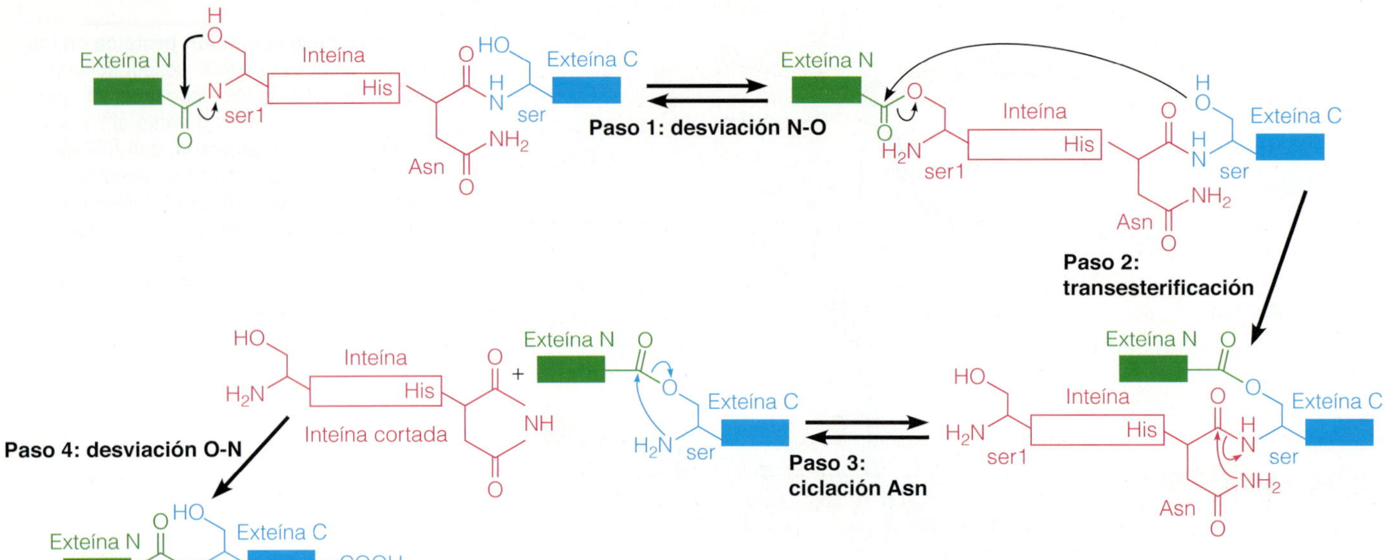


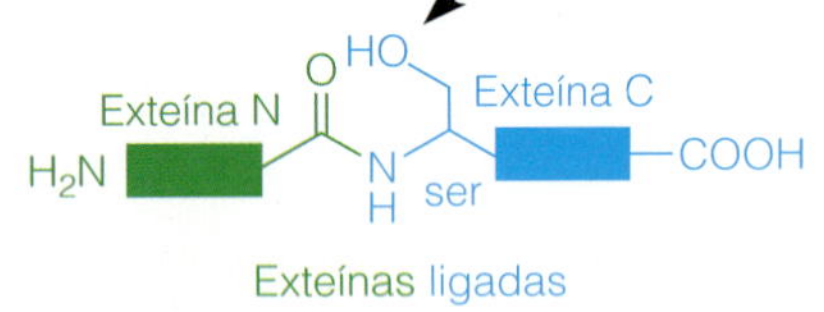


**FIGURA 28.41**

**Esquema del mecanismo de corte y empalme de proteínas.**

carbono de la N-exteína. Esto proporciona un intermedio ramificado, en el que Asn o Gln C-terminal de la inteína (Asn como se muestra) permanece ligado a la Ser N-terminal de la C-exteína. El reordenamiento espontáneo del enlace éster o tioéster entre las exteínas ligadas proporciona el enlace peptídico más estable, que liga la N-exteína con la C-exteína. La mayoría de inteínas codifican una nucleasa comparable a la que se ve en los intrones, lo cual sugiere que las funciones del corte y empalme del RNA y las proteínas son semejantes al promover su capacidad para desplazarse de gen a gen.

## Direccionamiento de las proteínas en los eucariotas

La célula eucariota es una estructura multicompartimental. Cada uno de sus diversos orgánulos requiere unas proteínas diferentes, y tan solo algunos de ellas se sintetizan dentro de los propios orgánulos. Así, por ejemplo, la mayor parte de las proteínas de las mitocondrias y los cloroplastos están codificadas en el genoma nuclear y se sintetizan en el citoplasma. Deben distinguirse cuidadosamente de las demás proteínas sintetizadas y han de transportarse de manera selectiva a sus orgánulos adecuados. Algunas otras proteínas sintetizadas están destinadas a ser exportadas al exterior de la célula o a su inclusión en vesículas, como los lisosomas. La diversidad de destinos de las distintas proteínas implica que debe haber un sistema complejo para marcar y clasificar las proteínas recién sintetizadas, y garantizar que vayan a parar a sus lugares adecuados. Y, como se ve en las bacterias, debe haber un proceso mediante el cual las moléculas proteicas, que pueden ser hidrófilas, se enganchen a la membrana hidrófoba y encuentren el camino bien para pasar a través de ella o, como en el caso de las proteínas integrales de membrana, para quedar embebidas dentro de la membrana.

### Proteínas sintetizadas en el citoplasma

Las proteínas destinadas al citoplasma y las que se incorporan a las mitocondrias, los cloroplastos, o los núcleos, se sintetizan en los polirribosomas libres del citoplasma. Las proteínas dirigidas a los orgánulos, tal como se sintetizan inicialmente, contienen en los extremos N-terminales secuencias señal específicas. Estas secuencias probablemente participan en la inserción en las membranas, pero también denotan que estos polipéptidos interaccionarán con una clase distintiva de chaperonas. Estas chaperonas son miembros de la familia de proteínas de «choque térmico» Hsp70 y actúan para asegurar que la proteína recién sintetizada permanece desplegada y es entregada a un lugar receptor en la membrana del orgánulo. A continuación, la proteína desplegada pasa a través de las membranas interior y exterior a través de puertas que contienen proteínas de transporte que discriminan entre las proteínas destinadas a la luz, las membranas o la matriz de un orgánulo. Si pasa a la matriz de un orgánulo, la proteína puede captarse por chaperonas del interior del orgánulo para el plegado final. La secuencia de direccionamiento N-terminal también se elimina durante este transporte.

En la Figura 28.42 se esquematiza el transporte de proteínas al interior de las mitocondrias. En primer lugar, la proteína unida a Hsp70 se engancha a través de una secuencia señal N-terminal básica a una proteína receptora, como parte de una estructura denominada complejo TOM (*translocation of outer membrane*; translocación de la membrana externa). Una reacción dependiente de ATP libera la proteína del receptor y la inserta en un poro, otra parte del complejo TOM. La secuencia señal interacciona, a continuación, con otro complejo, el complejo TIM (*translocation of inner membrane*; translocación de la membrana interna), en la membrana interna. El gradiente electroquímico a través de la membrana interna tira de la secuencia señal. Una Hsp70 mitocondrial se une a la proteína al exponerse dentro de la matriz mitocondrial y, en otra reacción dependiente de energía, tira del resto de la proteína. Se elimina la secuencia señal mediante una proteasa específica (MPP, peptidasa procesadora de la matriz) dentro de la matriz. Obsérvese que este proceso tira de la proteína a través de ambas membranas mitocondriales, interna y externa.

En el transporte nuclear tiene lugar un proceso bastante diferente. Originalmente se creía que estas proteínas difundían simplemente al núcleo a través de los poros nucleares y luego se unían a la cromatina. Sin embargo, cada vez está más claro que los poros nucleares son puertas complejas, y no canales abiertos. Las proteínas destinadas al núcleo contienen *secuencias de localización nucleares* (NLS) que ayudan a estas

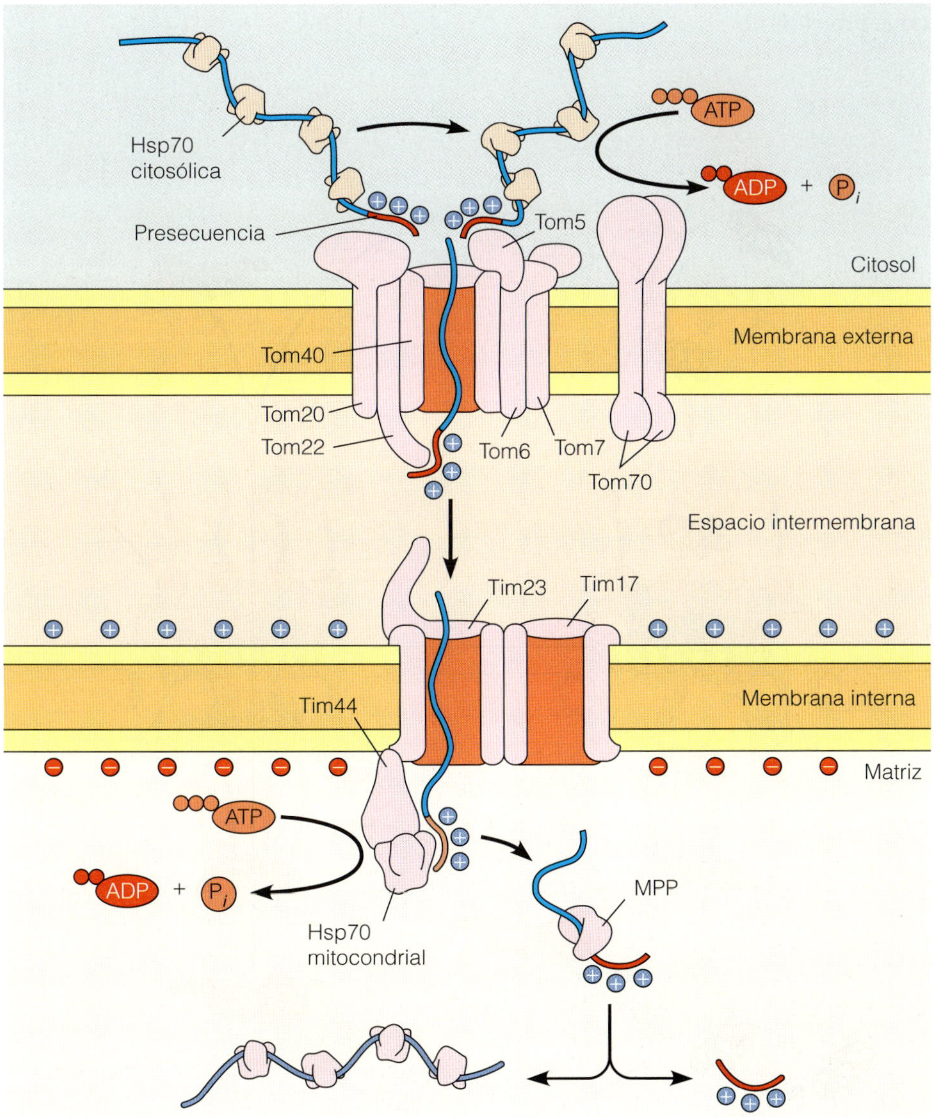


**FIGURA 28.42**

**Transporte a la matriz de las proteínas mitocondriales recién sintetizadas**. Superior izquierda: la secuencia señal de la proteína unida a Hsp-70 se inserta en el receptor de importación del complejo TOM (TOM20) en la membrana externa. La disociación de Hsp70 se acopla con la hidrólisis del ATP. La inserción de la proteína en la membrana externa (a través de TOM22) coloca a la secuencia señal en una posición de interacción con el complejo TIM (TIM23) de la membrana interna. El potencial a través de la membrana interna impulsa a la proteína al espacio intermembrana. Se separa la secuencia señal por la MPP. La Hsp70 mitocondrial se une a la proteína de la matriz y utiliza la energía de la hidrólisis del ATP para tiras del resto de la proteína.

Modificado de *The Cell: A Molecular Approach*, 4/E, G. M. Cooper y R. E. Hausmann (2007). American Society for Microbiology.

proteínas a seleccionar como destino al núcleo. Las secuencias de localización nuclear pueden encontrarse en cualquier lugar dentro de la secuencia polipeptídica, no solo en el N-terminal. Además, las NLS no se eliminan como consecuencia del transporte, lo cual es importante, ya que la membrana nuclear se rompe en cada división celular y cada proteína nuclear debe volverse a transportar al núcleo tras el restablecimiento de la cubierta nuclear.

La señal de localización nuclear de una carga proteica interacciona con una proteína denominada **importina**, que transporta a la proteína a través del complejo poro nuclear, como muestra el esquema de la Figura 28.43. La energía para el transporte la proporciona una proteína G monomérica denominada **Ran** (*Ras-related nuclear protein*; proteína nuclear relacionada con Ras). Ran se parece a otras proteínas G que ya hemos visto, en que la proteína se activa por el intercambio del GDP unido a Ran por GTP, por medio de un factor de intercambio de nucleótidos de guanina (GEF) y se inactiva por la proteína activadora de la GTPasa (GAP), que hidroliza el GTP unido a GDP. Ran atraviesa libremente el poro nuclear. Dado que GEF se encuentra en el núcleo y GAP, en el citoplasma, Ran-GTP predomina en el núcleo y Ran-GDP, en el citoplasma.

Las proteínas destinadas al citoplasma, el núcleo, las mitocondrias y los cloroplastos se sintetizan en el citoplasma; las destinadas a los orgánulos tienen secuencias específicas de direccionamiento.

Una vez que el complejo de la importina cargada con la proteína ha pasado al núcleo, Ran-GTP se une a ese complejo y desplaza la carga. El complejo Ran-GTP vuelve al citoplasma, donde el GTP unido se convierte en GDP. Ran-GDP vuelve al núcleo, donde se intercambia el GDP por GTP y la importina busca un nuevo NLS que contiene una carga proteica.

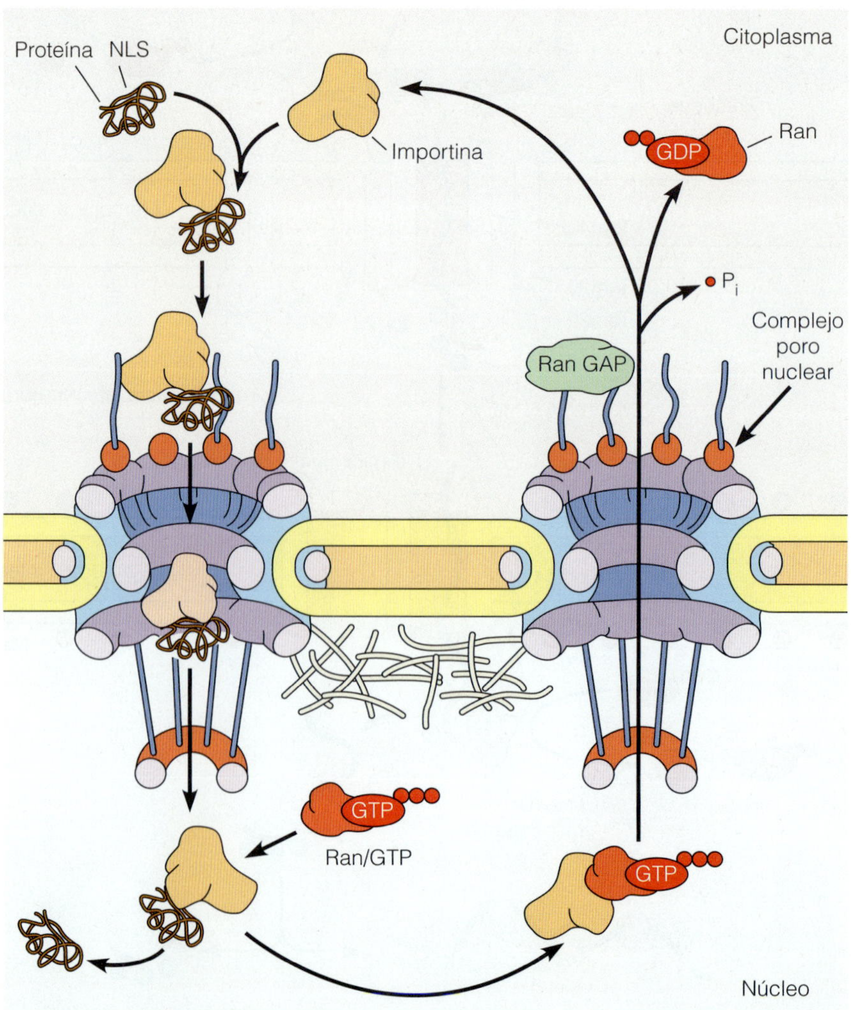


**FIGURA 28.43**

**Imagen esquemática de la entrega al interior del núcleo de una proteína sintetizada en el citoplasma**. Una proteína con una señal de localización nuclear (NLS) se une a la importina. El complejo se une a un poro nuclear y pasa a través de él. Dentro del núcleo Ran-GTP se une al complejo importina-carga y desplaza la carga. El complejo resultante Ran-importina vuelve al citoplasma, donde se hidroliza a GDP el GTP unido a Ran. Ran-GDP vuelve al núcleo y su GDP unido se intercambia con GTP (no se muestra).

Modificado de *The Cell: A Molecular Approach*, 4/E, G. M. Cooper y R. E. Hausmann (2007). American Society for Microbiology.

## Proteínas que se sintetizan en el retículo endoplásmico rugoso

Las proteínas destinadas a las membranas celulares, los lisosomas o el transporte extracelular, utilizan un sistema de distribución bastante diferente. Las estructuras clave de este sistema son el **retículo endoplásmico rugoso** (RER) y el complejo de Golgi (*véase* también el Capítulo 9). El retículo endoplásmico rugoso es una red de espacios rodeados por membranas dentro del citoplasma. La membrana del RER está intensamente revestida en la superficie externa citosólica por polirribosomas; esta capa es lo que le da a la membrana el aspecto rugoso. El complejo de Golgi se parece al RER en que es un apilamiento de sacos finos unidos a las membranas. Sin embargo, los sacos de Golgi no están conectados entre sí, ni tienen polirribosomas en sus superficies. El papel del complejo de Golgi consiste en actuar como «centro de direccionamiento» para las proteínas que tienen diversos destinos.

Las proteínas destinadas a las membranas celulares, los lisosomas o a la exportación se sintetizan en el retículo endoplásmico rugoso, luego se modifican y se transportan a través del aparato de Golgi.

Las proteínas que han de dirigirse a sus destinos a través del complejo de Golgi se sintetizan por los polirribosomas asociados con el RER. La síntesis comienza realmente en el citoplasma (Figura 28.44, paso 1). La primera secuencia que se sintetiza es una *secuencia señal* N-terminal, que forma parte de un mecanismo de fijación al RER del ribosoma y de la proteína en formación. Las *partículas de reconocimiento de señal* (*SRP*), que contienen varias proteínas y un RNA pequeño (7S), reconocen las secuencias señal de las proteínas nacientes adecuadas y se unen a ellas al separarse de los ribosomas (paso 2).

La SRP tiene dos funciones. En primer lugar, su unión detiene temporalmente la traducción, por lo que solo se extiende a partir del ribosoma la secuencia señal N-terminal. Esta pausa impide que se complete la proteína en el lugar inadecuado, es decir, en el citosol, e inhibe también el plegamiento prematuro de la cadena polipeptídica. De esta forma, la SRP está actuando como una clase de chaperona. La segunda función de la SRP es reconocer una **proteína de ensamblaje** en la membrana del RER. Esta es el complejo trímero Sec61, homólogo al SecYEG bacteriano. La proteína de ensamblaje une el ribosoma al RER y la secuencia señal se inserta en la membrana del RER (paso 3). A continuación, se libera la SRP (paso 4), y ello permite que se reanude la traducción (paso 5). La proteína que se está sintetizando es realmente *empujada* a través de la membrana por un proceso

**FIGURA 28.44**

**Secuencia de acontecimientos en la síntesis de proteínas en el retículo endoplásmico rugoso.** La secuencia temporal va de izquierda a derecha. Los análisis recientes de microscopía crioelectrónica de los complejos ribosómicos Sec61 muestran que la Sec61 actúa como monómero. La construcción del modelo ha permitido a los investigadores trazar la ruta de las proteínas recién sintetizadas desde el tRNA, a través del túnel ribosómico y a través de la Sec61 monomérica embebida en la membrana, como muestra la Figura 28.45.

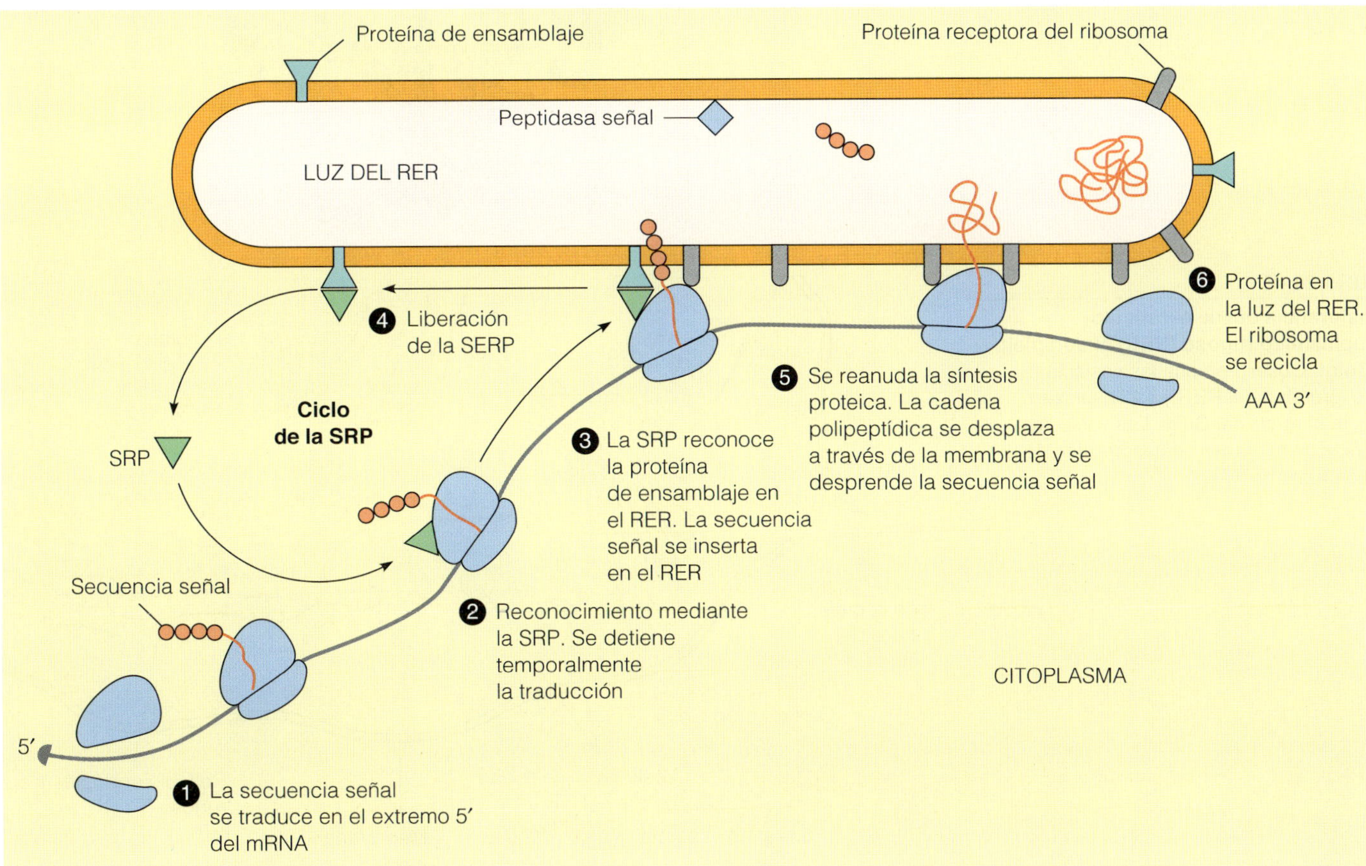

dependiente de ATP. Antes de que se complete la traducción, se separan las secuencias señal de algunas proteínas mediante una proteasa asociada al RER. Estas proteínas se liberan a la luz del RER y luego se transportan (paso 6). Las proteínas que permanecerán en el retículo endoplásmico tienen péptidos señal resistentes y de ese modo, permanecen ancladas a la membrana del RER. En la Figura 28.45 se muestra un modelo del proceso de translocación de a proteína que se basa en la estructura de Sec61.

## Función del complejo de Golgi

Las proteínas que entran en la luz del RER experimentan las primeras fases de glucosilación en este punto. A continuación, las vesículas que transportan estas proteínas se desprenden del RER y se desplazan hacia el complejo de Golgi (Figura 28.46). Aquí, se completan las porciones de hidratos de carbono de las glucoproteínas (*véanse* los detalles en las páginas 339-343 en el Capítulo 9) y se produce la clasificación final. Los múlti-

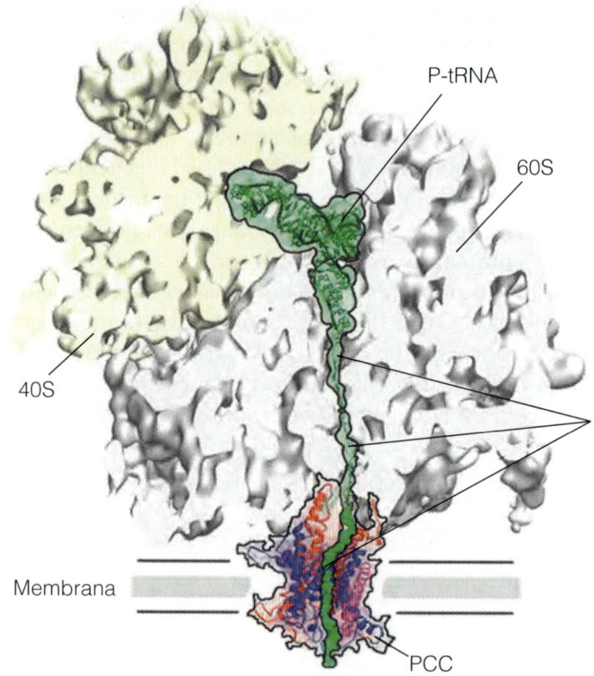


**FIGURA 28.45**

**Representación esquemática de un complejo eucariota ribosoma-Sec61 que activamente traduce y traslada.** NC, cadena naciente; PCC, canal conductor de proteínas (Sec61). P-tRNA, peptidil-tRNA con su cadena naciente. PDB ID 2ww9, 2wwa y 2wwb.

De *Science* 326:1369-1372, T. Becker, S. Bhushan, A. Jarasch, J.-P. Armache, S. Funes, F. Jossinet, J. Gumbart, T. Mielke, O. Berninghausen, K. Schulten, E. Westhof, R. Gilmore, E. C. Mandon y R. Beckmann, Structure of monomeric yeast and mammalian Sec61 complexes interacting with the translating ribosome. © 2009. Reproducido con permiso de AAAS.

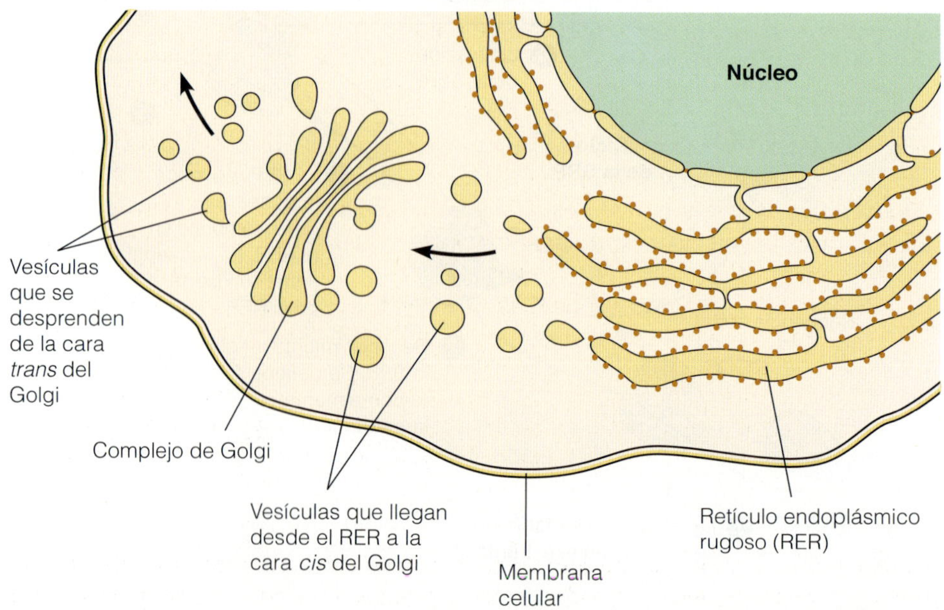


**FIGURA 28.46**

**Transferencia desde el retículo endoplásmico rugoso (RER) al complejo de Golgi.** Obsérvese que las vesículas se desprenden del RER y se desplazan hacia la cara *cis* del Golgi. Las vesículas lisosómicas primarias se desprenden de la porción *trans* del Golgi.

ples sacos de membranas que forman el complejo de Golgi constituyen un espacio de múltiples capas para la realización de estos procesos. Las vesículas procedentes del RER entran en la cara *cis* del complejo de Golgi (la más próxima al RER) y se fusionan con la membrana de Golgi. A continuación, las proteínas se llevan a las capas intermedias, nuevamente a través de vesículas. Por último, las vesículas se desprenden de la cara *trans* del complejo de Golgi para formar los lisosomas, peroxisomas o glioxisomas, o para viajar a la membrana plasmática. Todo este transporte de vesículas, desde el RER a la cara *cis* del Golgi, a niveles sucesivos del Golgi y a sus destinos finales, requiere una gran especificidad de direccionamiento. El transporte de vesículas a destinos erróneos produciría un caos celular. Esta clasificación se realiza teniendo cada clase de proteína de carga encerrada en una vesícula marcada por proteínas de la membrana de vesículas específicas. En algunos casos, las membranas objetivo contienen proteínas complementarias que interaccionan con estas y producen la fusión de la membrana. Estos pares complementarios se denominan *SNARES* (*soluble N-etilmaleimida-sensitive factor attachment protein receptors*; factor soluble sensible a N-etilmaleimida de enganche a receptores proteicos), v-SNARES en las vesículas, t-SNARES en las membranas objetivo. La interacción de v-SNARES y t-SNARES específicos, ayudados por proteínas de fusión citosólicas, lleva a la fusión de la vesícula y las membranas objetivo y a la entrega de la carga (*véase* la Figura 28.47).

## El destino de las proteínas: destrucción programada

En el Capítulo 11 hemos señalado que uno de los mecanismos de control de la función enzimática era la degradación selectiva de determinadas enzimas. Sin embargo, no solo han de destruirse las enzimas de una forma programada. Las proteínas reguladoras, que son esenciales en determinadas partes del ciclo celular y nocivas en otras, deben eliminarse en determinado momento. Consideremos, por ejemplo, las ciclinas (Capítulo 24), que deben degradarse y volverse a sintetizar durante cada ciclo celular. Las proteínas que han sufrido daños deben eliminarse también. En algunos procesos del desarrollo es necesario eliminar orgánulos completos o incluso, células y tejidos enteros.

Las células eucariotas tienen dos métodos distintos de degradación proteica. Los lisosomas contienen entre sus hidrolasas enzimas proteolíticas que degradarán cualquier proteína que sea atrapada dentro del orgánulo. Paralelamente a este proceso actúa un sistema de degradación citosólica, que necesariamente ha de ser muy selectivo. El peligro intrínseco que comporta la presencia de proteasas inespecíficas perdidas en el citosol es claramente evidente. Ambos procesos se describieron brevemente en el Capítulo 20 y aquí, complementamos esa información.

### El sistema lisosómico

Las partículas lisosómicas desprendidas del complejo de Golgi, a las que se denomina **lisosomas primarios**, son bolsas de enzimas de degradación. Los lisosomas contienen más de 50 enzimas hidrolíticas diferentes, como proteasas, nucleasas, lipasas y enzimas de degradación de los hidratos de carbono. Los lisosomas desempeñan diversos papeles importantes en el metabolismo celular, tal como se muestra esquemáticamente en la Figura 28.48.

En algunos tipos celulares, como los del páncreas, que segregan enzimas degradativas, los lisosomas primarios se desplazan hacia la superficie celular y liberan su contenido al medio exterior (ruta A). Los lisosomas primarios pueden fusionarse con *vesículas autofágicas*, que se forman cuando el RE liso engloba orgánulos destinados a la destrucción (ruta B). La vesícula combinada se denomina *lisosoma autofágico*. En algunos tipos de células, principalmente algunos leucocitos, los lisosomas primarios pueden fusionarse con *vacuolas fagocíticas* que han engullido nutrientes en la superficie celular (ruta C). En estos lisosomas heterofágicos, los nutrientes se digieren y sus aminoácidos, nucleótidos, lípidos y otros constituyentes de peso molecular bajo, se liberan al citosol. El material residual no digerido, se excreta cuando los lisosomas heterofágicos y los lisosomas autofágicos llegan a la membrana plasmática.

### Degradación proteica citosólica

A diferencia de las enzimas lisosómicas, que generalmente están secuestradas de una forma segura en sus vesículas, toda actividad proteasa libre en el citosol normal debe

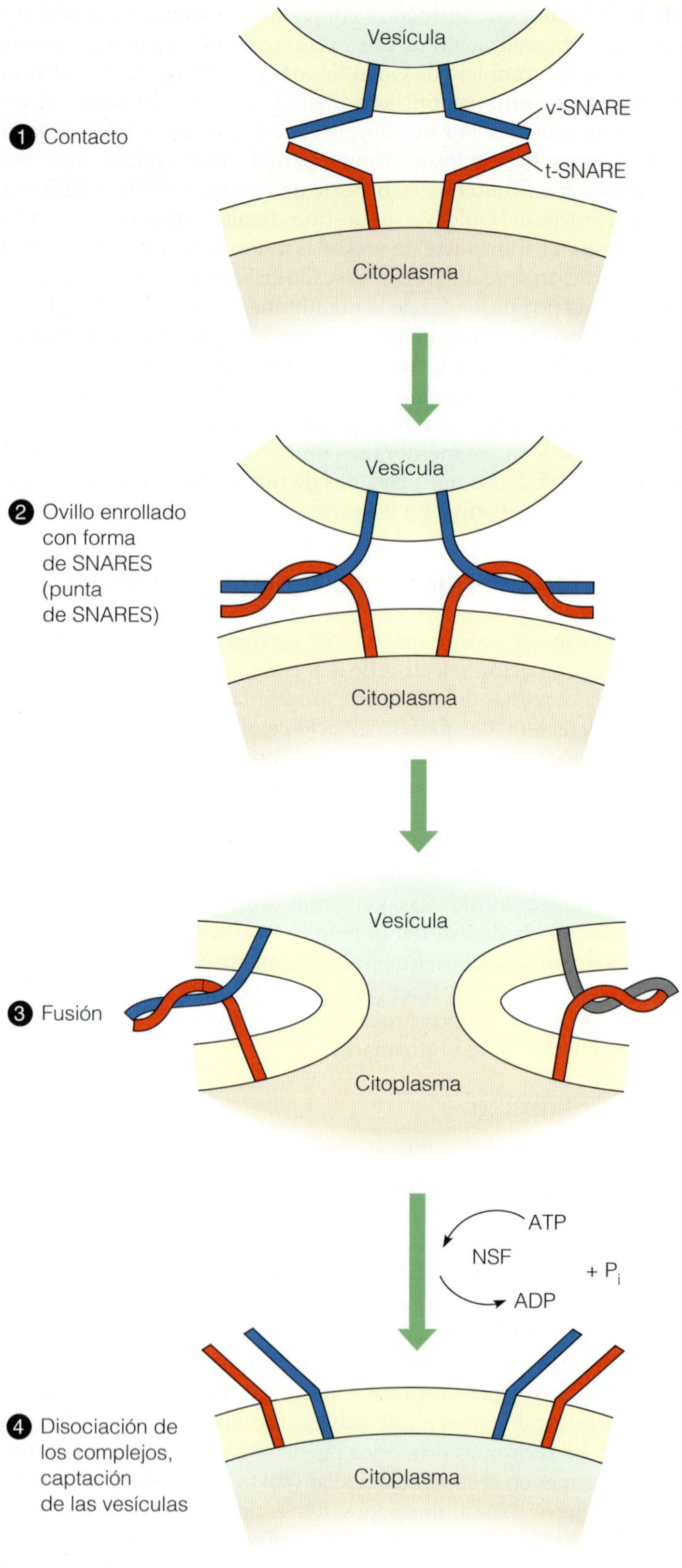


**FIGURA 28.47**

**Representación esquemática, y de alguna forma hipotética, de la fusión SNARE-pin.** La interacción la dictan v-SNARE y t-SNARE específicas, y forman estructuras de ovillo enrollado. Tras la fusión, estas se rompen por el factor NSF, empleando la energía de la hidrólisis del ATP.

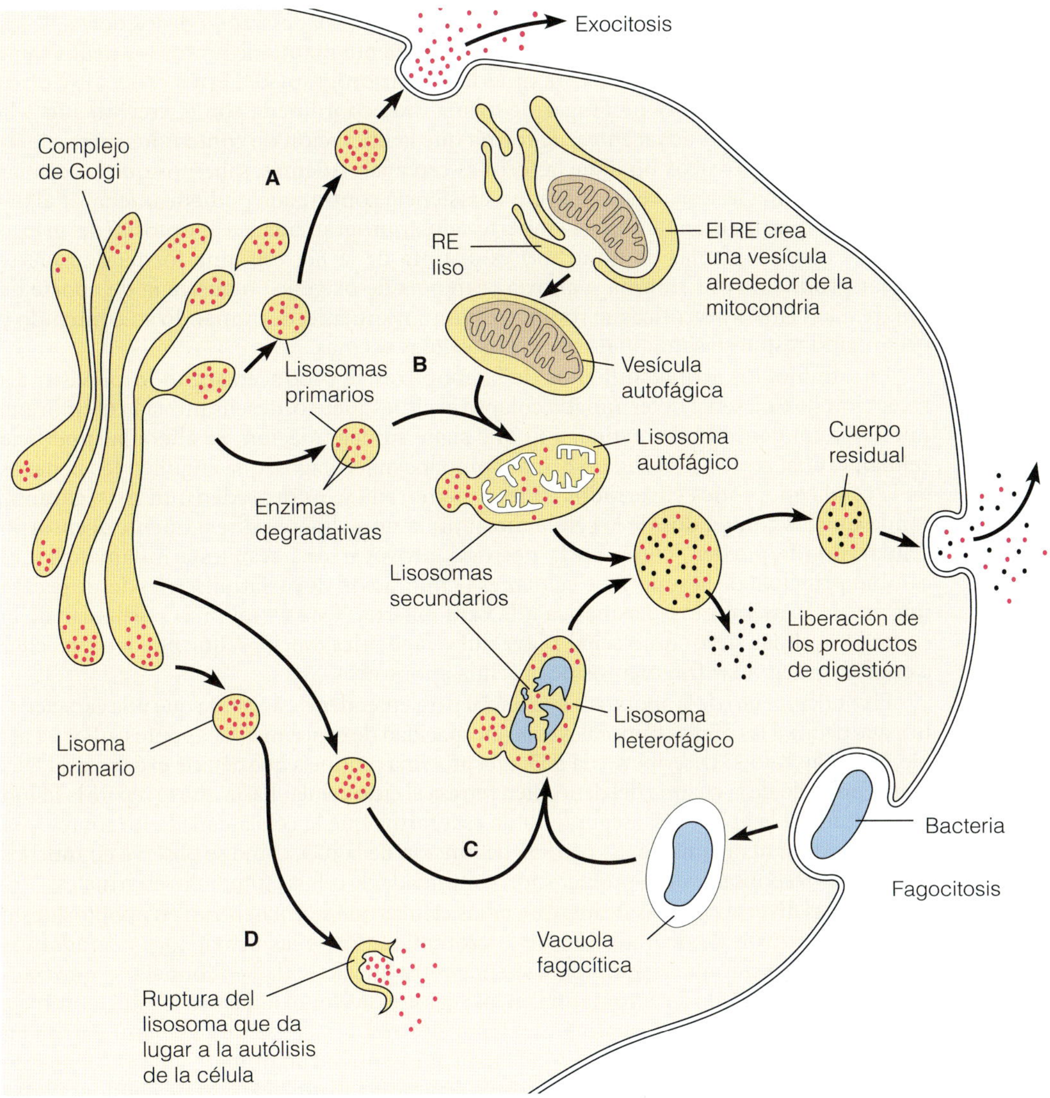


**FIGURA 28.48**

**Formación de los lisosomas primarios y secundarios, y su función en los procesos digestivos celulares.** Los lisosomas primarios que se desprenden del complejo de Golgi pueden seguir varias rutas. **Ruta A:** exocitosis, transporte de las enzimas al exterior de la célula. **Rutas B y C:** fagocitosis, formación de lisosomas fágicos para la digestión de orgánulos (autofagocitosis) o de sustancias ingeridas (heterofagocitosis). **Ruta D:** autólisis-destrucción de la propia célula.

estar bajo un estricto control. Debe atacar solo a las proteínas que es necesario destruir. Puede tratarse de proteínas dañadas, proteínas sintetizadas de forma incorrecta, o proteínas que ya no son necesarias en una determinada fase del ciclo celular. Si recordamos que la hidrólisis de las proteínas es una reacción termodinámicamente favorecida, queda claro que las enzimas que participan en esta degradación citosólica deben ser algo más que simples catalizadores del proceso hidrolítico, puesto que, de lo contrario, la destrucción sería generalizada. Básicamente debe haber algún medio de distinguir las proteínas que han de ser atacadas de las que no han de serlo.

La degradación proteica se produce en los lisosomas, vesículas llenas de enzimas hidrolíticas, o intracelularmente, con frecuencia con participación del marcador ubiquitina y/o un complejo multicatalítico.

Como se describió en el Capítulo 20, el principal sistema proteolítico en el citosol utiliza la ubiquitina para marcar las proteínas destinadas a la destrucción. Recuérdese que la ubiquitina es una proteína pequeña termoestable que se trasfiere a residuos de lisina de proteína destinadas a la degradación o a otro procesamiento. Aunque algunas proteínas ubiquitinizadas simplemente se marcan para su translocación a lugares celulares específicos y otras se marcan por razones aún desconocidas, la mayoría se marcan para la digestión proteolítica en el proteasoma.

## Apoptosis

Ya se ha mencionado antes en este texto la *apoptosis*, que es una forma de muerte celular programada. Se conoce desde hace tiempo que la muerte celular tiene lugar en una escala sustancial como parte del desarrollo embrionario normal. Así por ejemplo, cuando un renacuajo sufre la metamorfosis a rana, su cola se desintegra como consecuencia de la muerte de sus células constituyentes. Otro ejemplo es el desarrollo de los dedos de los pies y de las manos, donde el tejido que originalmente mantiene juntos los dedos también se cae como consecuencia de la muerte celular programada. Estos procesos y otros procesos del desarrollo tienen lugar de forma muy coordinada con el crecimiento y la división de las células adyacentes, de forma que la liberación de contenidos intracelulares posiblemente tóxicos no dañe las células cercanas. Además, sabemos que las células que padecen una lesión irreversible, cuya existencia continuada pudiera amenazar al organismo, experimentan también la muerte celular programada. La apoptosis (del griego «caerse» como las hojas de un árbol) es distinta de la *necrosis*, una forma de muerte celular producida por trauma o anoxia (carencia de oxígeno) o ausencia de aporte de sangre. Las células necróticas se rompen espontáneamente, derramando su contenido y originando respuestas inflamatorias en las células vecinas.

En cambio, los acontecimientos de la apoptosis se producen según lo previsto. La recepción de una señal determinada colapsa el citoesqueleto, desensambla la membrana nuclear y condensa la cromatina, a lo que sigue su degradación. Se altera la superficie celular, lo cual atrae a las células vecinas como los macrófagos, que engullen los pedazos de la célula apoptótica encerrados en una membrana y los degradan aún más, garantizando que los contenidos de la célula moribunda no se liberen directamente al entorno celular, donde pueden, como en la necrosis, provocar una respuesta inflamatoria. El cambio principal de la superficie celular es la migración de fosfatidilserina desde la cara interna de la membrana plasmática a la cara externa. Este fosfolípido particular de la superficie celular sirve como señal a las células fagocíticas vecinas, que pueden proceder a engullir y degradar fragmentos de la célula apoptótica.

Es crucial conocer la apoptosis para entender el cáncer, ya que las células tumorales pierden su capacidad de experimentar apoptosis.

El conocimiento de la apoptosis es esencial para entender el cáncer, ya que una característica que define a las células tumorales es su incapacidad de experimentar apoptosis. Por ejemplo, en el Capítulo 23 describimos la p53, una proteína centinela que detecta el daño del DNA y, dependiendo de la cuantía del daño, bien retrasa el ciclo celular hasta que se repare la lesión o desencadena la apoptosis, asegurando de esta forma que la célula dañada no sobrevivirá para perjudicar al organismo. La pérdida de función de la p53, como se observa en muchos tumores, es responsable de la proliferación continuada de células tumorales anormales.

Entre las diversas formas de identificar las células que se encuentran en apoptosis está observar el patrón de degradación de la cromatina. Entre las actividades degradativas desencadenadas durante la apoptosis, se encuentra una actividad endonucleasa que fracciona al DNA asociado a la cromatina en las regiones de conexión entre los nucleosomas. Por esto, el análisis de la cromatina mediante electroforesis en gel muestra un patrón en «escalera», donde cada banda es una partícula que contiene un número entero de nucleosomas, como se observa cuando se digiere la cromatina purificada con una endonucleasa (*véase* la Figura 24.22, página 1023). Otro medio de detección de la apoptosis emplea colorantes fluorescentes, que registran la pérdida de potencial de membrana mitocondrial.

La apoptosis puede desencadenarse bien extracelular (vía *extrínseca*) o intracelularmente (vía *intrínseca*). La vía extrínseca predomina durante el desarrollo normal, mientras que la vía intrínseca se activa como consecuencia del daño intracelular. Aunque las dos vías se desencadenan por acontecimientos diferentes, ambas tienen lugar a través de un conjunto de conversiones de precursores inactivos en enzimas proteolíticas, denominadas **caspasas**. El nombre refleja el hecho de que cada una de estas enzimas tiene un residuo de cisteína en el lugar activo, y cada una de ellas ataca a las proteínas diana en residuos específicos de aspartato; de aquí c-asp-asas. Estas proteínas se sintetizan como *procaspasas* inactivas, que se fracionan de forma hidrolítica y se dimerizan dando heterotetrámeros $\alpha_2\beta_2$ enzimáticamente activos.

La vía extrínseca comienza con el reconocimiento entre un receptor trímero de muerte sobre la superficie de la célula proapoptótica y un ligando homotrímero en una célula, como un linfocito asesino. En el ejemplo que se esquematiza en la Figura 28.49a, el ligando es una proteína relacionada con el *factor de necrosis tumoral* (TNF), que también se ha mencionado en el Capítulo 23. Un dominio intracelular del receptor de muerte incorpora una proteína adaptadora, que a su vez, incorpora la procaspasa-8 o la -10, como se muestra, por medio de un dominio efector de muerte, formando, de esta forma, un DISC (*death-inducing signaling complex*; complejo de señalización inducido por la muerte). Este acerca las moléculas de procaspasa y las activa lo que las permite fraccionarse entre ellas, y formar caspasas activadas. A continuación, estas fraccionan y activan otras procaspasas, poniendo en marcha la cadena de acontecimientos que dan lugar a la muerte de la célula.

En cambio, la vía intrínseca se activa mediante señales que responden a acontecimientos intracelulares, como el daño al DNA o la carencia de nutrientes (Figura 28.49b). En las células de mamíferos, el agente señalizador es una proteína, *Bak* o *Bax*, que interacciona con la membrana mitocondrial externa y desencadena la liberación de citocromo c desde el espacio intermembrana, como también se mencionó en el Capítulo 15. El citocromo c se une, a continuación, a una proteína denominada *Apaf1* (*Apoptotic protease activating factor*; factor de activación de la proteasa apoptótica), desencadenando la hidrólisis de dATP unido a Apaf1. Esto, a su vez, estimula Apaf1, que se oligomeriza en un *apoptosoma* heptamérico, una estructura con forma de molinillo que incorpora y activa la procaspasa-9. El fraccionamiento y la activación de la procaspasa-9 crea la caspasa-9 activa, que fracciona y activa otras procaspasas, que finalmente activan los acontecimientos de la apoptosis. En ambas vías, intrínseca y extrínseca, los acontecimientos finales consecuencia de la cascada de caspasas son áreas de investigación muy activas en este momento.

La apoptosis, la forma principal de muerte celular programada, se desencadena mediante una ruta extrínseca o intrínseca, que inician ambas una serie de activaciones proteolíticas de procaspasas a caspasas activas.

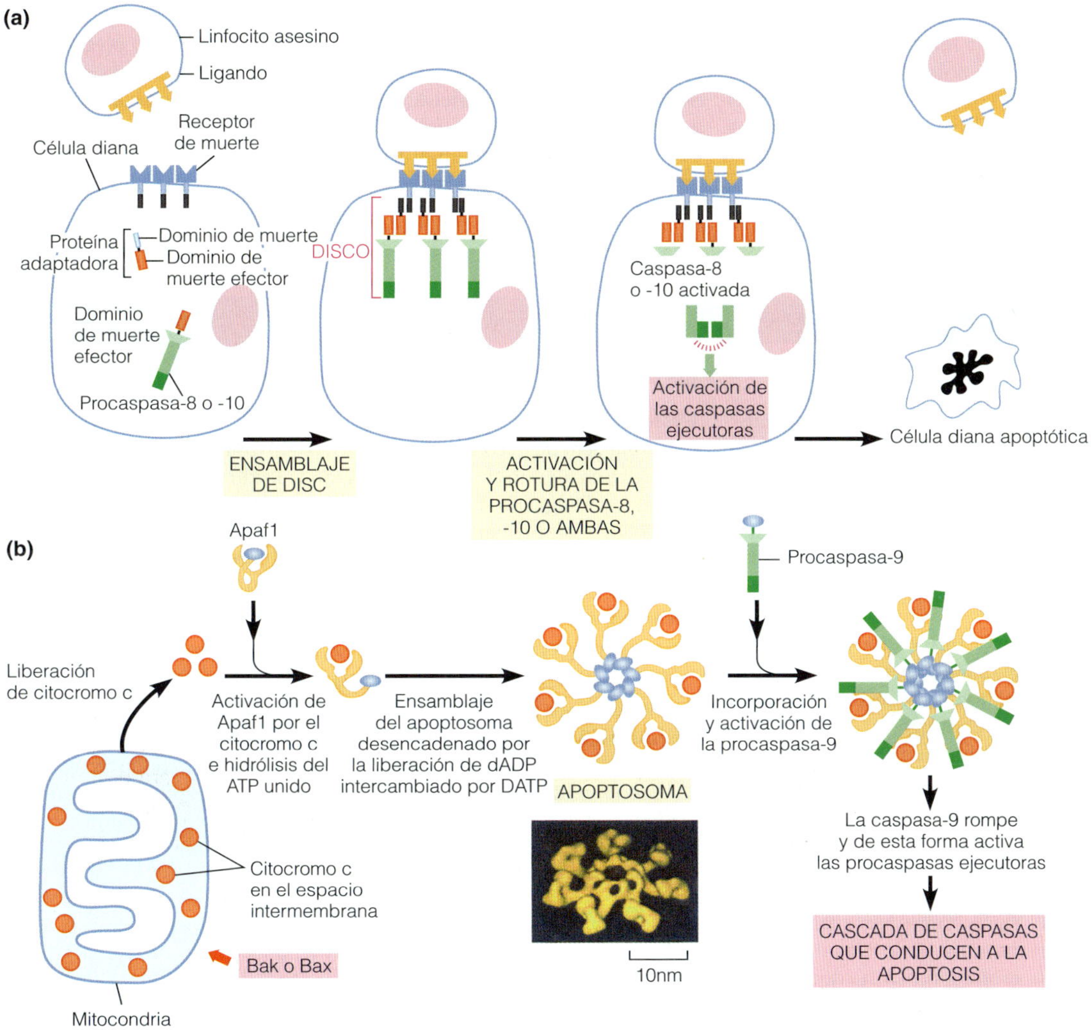


**FIGURA 28.49**

**Rutas de señalización extrínseca e intrínseca que conducen a la apoptosis. (a)** Ruta extrínseca. Como se muestra, la interacción entre un receptor celular de muerte trimérico en la célula proapoptótica con un ligando trimérico en una célula asesina estimula el ensamblaje de DISC (el complejo señalizador de inducción de muerte), que incluye la procaspasa- 8, o -10 o ambas inactivas. La activación de la procaspasa unida desencadena una cascada de activación de caspasas hacia adelante («ejecutor»). **(b)** Ruta intrínseca. Una proteína como Bak o Bax interactúa por medio de mecanismos desconocidos con la membrana externa mitocondrial, liberando citocromo c y otras proteínas al espacio intermembrana. El citocromo c se une a Apaf1, que estimula la hidrólisis del dATP unido y desencadena el ensamblaje del apoptosoma heptamérico. La activación de la procaspasa-9 dentro del apoptosoma estimula la rotura de las caspasas ejecutoras hacia adelante, como se observa en la ruta extrínseca.

Modificado de *Molecular Biology of the Cell*, 5/E, B. M. Alberts *et al.* The electron micrographic image of the apoptosome is reprinted from *Molecular Cell* 9:423-432, D. Acehan, X. Jiang, D. G. Morgan, J. E Heuser, X. Wang y C. W. Akey, Three-dimensional structure of the apoptosome: Implications for assembly, procaspase-9 binding and activation. © 2002, con permiso de Elsevier.

## RESUMEN

El código genético determina la conexión entre la secuencia génica (o el mRNA) y la secuencia proteica. Este código es casi uniforme, aunque no completamente, en todos los seres vivos. Es un código redundante, con múltiples codones para la mayoría de los aminoácidos, e incluye señales de inicio y de detención.

La traducción de los mRNA en cadenas polipeptídicas se realiza en varios pasos. En primer lugar, deben acoplarse los tRNA adecuados con los correspondientes aminoácidos, utilizando una serie de enzimas denominadas aminoacil-tRNA sintetasas. El lugar en el que se realiza la traducción es el ribosoma, un complejo formado por RNA y proteínas que contiene dos subunidades, cada una de ellas con sus propios componentes de RNA y proteína. La traducción de un mRNA en los ribosomas tiene tres etapas: iniciación, elongación y terminación. Cada etapa requiere determinados factores proteicos, además de la intervención del ribosoma. En la iniciación de los procariotas, el mRNA se fija a la subunidad 30S en el registro adecuado mediante su secuencia Shine-Dalgarno, y el *N*-formilmetionil tRNA iniciador se aparea a su codón AUG en el lugar P. A continuación, se engancha la subunidad 50S. El siguiente tRNA entra en el lugar A y la cadena incipiente se transfiere al mismo. A continuación, el mRNA se transloca, de manera que la cadena vuelva a moverse al lugar P, mientras que el tRNA, ahora desocupado, se desplaza al lugar E y se libera. Estos pasos implican probablemente estados híbridos intermedios.

La cadena continúa alargándose de esta forma hasta llegar a un codón de detención, en el que se unen al ribosoma factores de liberación que facilitan la liberación de la cadena polipeptídica. Todo el proceso de traducción requiere unos 4 equivalentes de ATP por cada aminoácido añadido. Numerosos antibióticos ejercen su efecto antibacteriano inhibiendo diversas fases del proceso de traducción.

La síntesis de proteínas eucariotas se diferencia de la de las bacterias de forma significativa, comenzando con el hecho de que los mRNA eucariotas son moldes muy procesados de genes únicos; los ribosomas son mayores y más complejos y participan más factores proteicos solubles; se emplean distintos mecanismos para la iniciación, ya que no participa la *N*-formilmetionina; y la traducción solo está acoplada indirectamente con la transcripción, debido a que los dos procesos tienen lugar en distintos compartimientos celulares.

A medida que se completa la traducción, se inicia el plegado y la modificación covalente de la cadena polipeptídica. La cadena, tal como se sintetiza, puede contener una secuencia *N*-terminal que la dirige para que pase a través de las membranas. Los diferentes procesos de transporte comportan la captación al interior de los orgánulos, la captación al interior del núcleo o su clasificación para su transporte a los lisosomas, los interiores de la membrana o el medio extracelular.

## BIBLIOGRAFÍA


**De interés histórico**

**Brenner, S., Jacob, F.** y **Meselson, M.** (1961) An unstable intermediate carrying information from genes to ribosomes for protein synthesis. *Nature* 190:576-581. Primeras pruebas de la existencia del mRNA.

**Crick, F. H. C.** (1958) On protein synrhesis. *Symp. Soc. Exp. Biol.* 72:138-162. Con gran intuición, Crick prevé la naturaleza esencial del mecanismo de traducción.

**Crick, F. H. C.** (1966) Codon-anticodon pairing: The wobble hypothesis. *J. Mol. Biol.* 19:548-555.

**Khorana, H. G.** (1968) Nucleic acid synthesis in the study of the genetic code. En: *Nobel Lectures, Physiology, and Medicine (1963-1970)*, pp.34l-343. American Elsevier, Nueva York. Explicación realizada por un premio Nobel de cómo se descifró el código.

**Traub, P.** y **Nomura, M.** (1968) Structure and function of *E. coli* ribosomes. V. Reconstitution of functionally active 30S ribosomal particles from RNA and proteins. *Proc. Natl. Acad. Sci. USA* 59:777-784.

**El código**

**Bender, A., Hajieva, P.** y **Moosmann, B.** (2008) Adaptive antioxidant methionine accumulation in respiratory chain complexes explains the use of a deviant genetic code in mitochondria. *Proc. Nat. Acad. Sci. USA* 105:16496-16501. Pruebas de la evolución de un código diferente en las mitocondrias.

**Plotkin, J. B.** y **Kudla, G.** (2011) Synonymous but not the same: The causes and consequences of codon bias. *Nat. Rev. Genet.* 12:3242. Una revisión reciente de la desviación de codones.

**Turanov, A. A., Lobanov, A. V., Fomenko, D. E., Morrison, H. G., Sogin, M. L., Klobutcher, L. A., Hatfield, D. L.** y **Gladyshev, V. N.**(2009) Genetic code supports targeted insertion of two amino acids by one codon. *Science* 323:259-261. Ambigüedad inesperada dentro de un gen.

**Yuan, J., O'Donoghue, P., Ambrogelly, A., Gundllapalli, S., Sherrer, R. L., Paliora, S., Siminovic, M.** y **D. Söll, D.** (2010) Distinct genetic code expansion strategies for selenocysteine and pyrrolysine are reflected in different arninoacyl-tRNA formation systems. *FEBS Letters* 584:342-349. Codificación de los aminoácidos 21 y 22.

**RNA mensajero**

**Gesteland, R. F., Weiss, R. B.** y **Atkins, I. F.** (1992) Recoding: Reprogramming genetic decoding. *Science* 257:1640-1641. Existen señales especiales en algunos mRNA que alteran la lectura del código.

**Shine, J.** y **Dalgarno, L.** (1974) The 3'-terminal sequence of *E. coli* 16S rRNA: Complementarity to nonsense triplets and ribosome binding sites. *Proc. Natl. Acad. Sci. USA* 71:1342-1346.

**RNA de transferencia**

**Hatfield, D. L., Lee, B. J.** y **Pirtle, R. M.** eds. (1992) *Transfer RNA in Protein Synthesis*, CRC Press, Boca Raton, Fla. Colección de trabajos sobre diversos aspectos de la función de los tRNA.

**Olejniczak, M.** y **Uhlenbeck, O. C.** (2006) tRNA residues that have coevolved with their anticodon to ensure uniform and accurate codon recognition. *Biochimie* 88:943-950. Un análisis filogenético del apareamiento de bases en el tRNA, que facilita el reconocimiento exacto del codón.

**Söll, D.** y **RajBhandary, V.** eds. (1995) *tRNA: Structure, Biosynthesis, and Function.* ASM Press, Washington, D.C.

**Aminoacil-tRNA sintetasas y acoplamiento aminoacil-tRNA**

**Carter, C. W., Jr.** (1993) Cognition, mechanism, and evolutionary relationships in aminoacyl-tRNA synthetases. *Annu. Rev. Biochem.* 62: 715-748.

**Curnow, A. W., Hong, K.-W., Yuan, R., Kim, S.-L., Martins, O., Winkler, W., Henkin, T. M.** y **Söll, D.** (1997) Glu-tRNAGln-amidotransferase: A novel heterotrimeric enzyme required for correct decoding of glutamine codons during translation. *Proc. Natl. Acad. Sci. EE.UU.* 94: 11819-11826. Carga del tRNAGln con Gln de una forma indirecta.

**Giegé, R., Sissler, M.** y **Florentz, C.** (1998) Universal rules and idiosyncratic features in tRNA identity. *Nucleic Acids Res.* 26:5017-5035

**Guo, M., Schimmel, P.** y **Yang, X-L.**, (2010) Functional expansion of human tRNA synthetases achieved by structural inventions. *FEBS Lett.* 584:434-442. Las aminoacil-tRNA sintetasas como proteínas pluriempleadas.

**Rould, M. A., Perona, J. J., Söll, D.** y **Steitz, T. A.** (1989) Structure of *E. coli* glutaminyl-tRNA synthetase complexed with tRNAGln and ATP at 2.8 Å resolution. *Science* 246:1135-1141. Una de las primeras estructuras de aminoacil-tRNA sintetasa.

**Ribosomas**

**Ban, N., Nissen, P., Hansen, J., Moore, P. B.** y **Steitz, T. A.** (2000) The complete atomic structure of the large ribosomal subunit at 2.4 Å resolution. *Science* 289:905-919. La primera estructura de alta resolución.

**Kostelev, A., Ermolenko, D. N.** y **Noller, H. F.** (2008) Structurai dlmamics of the ribosome. *Curr. Opin. Chem. Biol.* 12:674-683. Una revisión de los movimientos que se realizan durante la función del ribosoma y los métodos que se empelan para analizarlos.

**Mulder, A. M., Yoshioka, C., Beck, A. H., Bunner, A. E., Milligan, R. A., Potter, C. S., Carragher, B.** y **Williamson, J. R.** (2010) Visualizing ribosome biogenesis: Parallel assembly pathways for the 30S subunit. *Science* 330:673-677. Pruebas de las principales diferencias entre las rutas de ensamblaje de los ribosomas *in vitro* e *in vivo*.

**Ramakrishnan, V.** (2009) Decoding the genetic message: The 3D version. 2009 Nobel Lecture. http://nobelprize.orginobel_prizes/chemistry/laureates/2009/ramakrishnan-lecture.html. Esta amplia presentación incluye una película que muestra los movimientos del ribosoma durante la traducción.

**Ramakrishnan, V.** (2011) The eukaryotic ríbosome. *Science* 331:68I-682. Comentario sobre las primeras determinaciones de la estructura del ribosoma eucariota.

**Selmer, M., Dunham, C., Murphy IV, F. V., Wexelbaumer, A., Petry, S., Kelley, A. C., Weir, I. R.** y **Ramakrishnan, V.** (2006) Structure of the 70S ribosome complexed with mRNA and tRNA. *Science* 313:7935-1942. El título lo dice todo.

**Zimmerman, E.** y **Yonath, A.** (2009) Biological implications of the ribosome's stunning stereochemistry. *ChemBioChem* 10:63-72. Una minirevisión en la que un coautor recibió el Premio Nobel de 2009 por la determinación de la estructura del ribosoma.

**El proceso de traducción**

**Gold, L.** y **Stormo, G.** (1987) Translational initiation. En: Escherichia coli *and* Salmonella typhimurium: *Cellular and Molecular Biology*, editado por F. C. Neidhardt, J. L. Ingraham, B. Low, B. Magasanik, M. Schaechter y H. E. Umbarger, Vol. 2, pp. 1302- 1307. American Society for Microbiol.,Washington, D.C.

**Roberts, J. W.** (2010) Syntheses that stay together. *Science* 328:436-437. Un breve resumen de dos artículos que describen el mecanismo de acoplamiento transcripción-traducción.

**Schmeing, T. M., Voorhees, R. M., Kelley, A. C., Gao, Y-G., Murphy IV, F. V., Weir, J. R.** y **Ramakrishnan, V.** (2009). The crystal structure of the ribosome bound to EF-Tu and aminoacyl-tRNA. *Science* 326:688-694. Este y el artículo que le acompaña del mismo laboratorio presentan un análisis estructural de los acontecimientos de la traducción.

**Zaher, H. S.** y **Green, R.** (2009) Quality control by the ribosome following peptide bond formation. *Nature* 457:161-168. Además de la corrección de errores por las aminoacil-tRNa sintetasas, el ribosoma tiene un proceso para minimizar los errores de la traducción.

**Zhong, W., Dunkle, J. A.** y **Cate, J. H. D.** (2009) Structures of the ribosome in intermediate states of ratcheting. *Science* 325:1014-1017. Un análisis estructural de los movimientos del ribosoma durante la traducción.

**Antibióticos**

**Cooperman, B. S., Buck, M. A., Fernandez, C. L., Weitzman, C. J.** y **Ghrist, B. F. D.** (1989) Antibiotic photoaffinity labeling probes of *E. coli* ribosomal structure and function. En: *Photochemical Probes in Biochemistry*, editado por P. E. Nielsen, pp. 123-139. Kluwer, Dordrecht, Holanda. Una revisión del empleo de los antibióticos en el estudio de los ribosomas.

**Steitz, T. A.** (2009) From understanding ribosome structure and function to new antibiotics. 2009 Nobel Lecture in Chemistry. http://nobelprize.orglnobel_prizes/chemistryi laureates/2009/steitz-lecture.html. La presentación del Nobel Steitz cubre la acción de los antibióticos desde un punto de vista estructural y describe antibióticos nuevos que emergen del trabajo estructural.

**Modificaciones posteriores a la traducción**

**Ataide, S. F., Schmitz, N., Shen, K., Ke, A., Shan, S-o., Doudna, J. A.** y **Ban, N.** (2011) The crystal structure of the signal recognition particle in complex with its receptor. *Science* 33I:881-886. Visiones generales sobre la translocación proteica.

**Becker, T.,** y 13 coautores (2009) Structure of monomeric yeast and mammalian Sec61 complexes interacting with the translating ribosome. *Science* 326:1369-1373. Análisis estructural de la relación entre un ribosoma y un canal que conduce proteínas.

**Hunt, J. F.,Weinkauf, S., Henry, L., Fak, J. J., McNicholas, P., Oliver, D. B.** y **Deisenhofer, J.** (2002) Nucleotide control of interdomain interactions in the conformational reaction cycle of SecA. *Science* 297:2018-2026. Análisis estructural del acoplamiento energético en la secreción bacteriana de proteínas.

**Portt, L., Norman, G., Clap, C., Greenwood, M.** y **Grenwood, M. T.** (2011) Anti-apoptosis and cell survival: A review. *Biochim. Biophys. Acta* 1813:238-259. Cómo se protegen las células a sí mismas contra la muerte no programada.

**Xue, M.** y **Zhang, B.** (2002) Do SNARE proteins confer specificity for vesicle fusion? *Proc. Natl. Acad. Sci. EE.UU.* 99:13359-13361. Una minirevisión sobre las proteínas SNARE.

## PROBLEMAS

1. El siguiente polinucleótido sintético se sintetiza y utiliza como molde para la síntesis peptídica en un sistema acelular de *E. coli*.

   ···AUAUAUAUAUAU···

   ¿Qué polipéptido es de prever que se produzca? ¿Qué información concreta nos aportaría acerca del código?

2. Si el mismo polinucleótido descrito en el Problema 1 se utiliza con un sistema de síntesis proteica acelular *derivado de mitocondrias*, el producto es

   ···Met–Tyr–Met–Tyr–Met–Tyr···

   ¿Qué información aporta esto acerca de las diferencias entre los códigos mitocondrial y bacteriano?

*3. Cuando se sintetizan polinucleótidos con tripletes de residuos de nucleótidos repetidos, se producirán de uno a tres tipos de cadenas polipeptídicas en la síntesis acelular.

   (a) Explique por qué son posibles esos resultados diferentes.

   (b) Prediga los polipéptidos producidos cuando los siguientes se utilizan en un sistema de *E. coli*: $(GUA)_{\underline{n}}$, $(UUA)_n$.

*4. ¿Qué tipo de polinucleótido repetitivo produciría un solo polipéptido con una unidad repetitiva tetrapeptídica?

5. Aunque las secuencias Shine-Dalgarno varían considerablemente en distintos genes, incluyen ejemplos como GAGGGG que podrían servir de código, en este caso, para Glu-Gly. ¿Implica esto que la

secuencia Glu-Gly no puede producirse nunca en una proteína, puesto que sería interpretada como una secuencia Shine-Dalgarno? Comente su respuesta.

6. Según las reglas de balanceo, ¿qué codones deben reconocerse por los siguientes anticodones? ¿A qué residuos de aminoácidos corresponden?

   (a) 5′– ICC – 3′

   (b) 5′ – GCU – 3′

*7. Al comienzo de la investigación sobre los ribosomas, antes de que se conociera el papel exacto de los mismos, un investigador hizo la siguiente observación. Comprobó que, en experimentos de sedimentación con lisados bacterianos, no solo sedimentaban partículas 30S, 50S y 70S, sino también, algunas partículas de aproximadamente 100S y 130S. Al tratar esta mezcla con EDTA, todo se disociaba en partículas 30S y 50S. Con la adición de iones divalentes, se podía volver a obtener partículas 70S, pero nunca partículas 100S o 130S.

   (a) Sugiera a qué podrían corresponder las partículas 100S y 130S teniendo en cuenta el conocimiento actual de la síntesis proteica. ¿Qué descubrimiento importante se le escapó a este investigador?

   (b) ¿Por qué cree que no se producía la reasociación de partículas 100S y 130S?

8. El lugar E puede no necesitar codón de reconocimiento. ¿Por qué?

9. ¿Cuál es el número mínimo de moléculas de tRNA que debe contener una célula para traducir todos los 61 codones con sentido?

10. Suponga que la probabilidad de que se produzca un error en la traducción en cada paso de traducción es un número bajo, $\delta$. Demuestre que la probabilidad, $p$, de que una determinada molécula proteica que contenga $n$ residuos, esté completamente libre de errores, es de $(1 - \delta)^n$.

11. Suponga que la frecuencia de los errores de traducción, $\delta$, es $1 \times 10^{-4}$.

   (a) Calcule la probabilidad de formar una proteína perfecta de 100 residuos.

   (b) Calcule lo mismo para una proteína de 1000 residuos.

*12. Diseñe un experimento, basado en la sedimentación en gradiente de sacarosa (*véase* la Figura 27.3, página 1128) que le permitiera demostrar que las proteínas se sintetizan en los polirribosomas.

13. Suponiendo que la glucosa se quema a $CO_2$ como fuente de energía, ¿cuántos residuos de aminoácidos pueden incorporarse a una molécula proteica por cada glucosa consumida por una célula? ¿Es su cálculo un máximo o un mínimo?

14. ¿Por qué cabría prever que una dosis baja de puromicina fuera menos eficaz en la represión del crecimiento bacteriano que un número equivalente de moléculas de eritromicina?

15. La proteína antibacteriana colicina E3 es un inhibidor muy eficaz de la síntesis de proteínas en los procariotas. Esta proteína es una nucleasa, que ataca específicamente un enlace fosfodiéster cerca del extremo 3′ del RNA 16S. Sugiera un mecanismo para el efecto de la colicina E3 en la traducción.

16. Si una mutación sin sentido puede suprimirse por una mutación del tRNA que cambia un anticodón, de forma que un codón sin sentido puede traducirse, describa un mecanismo de supresión de una mutación de desplazamiento del marco.

17. Compare y contraste las rutas metabólicas que llevan a timina en el DNA y a timina como base modificada en el tRNA.

*18. Obsérvese la Figura 28.6, que muestra la restauración de un marco de lectura adecuado por una mutación de desplazamiento del marco. En otro experimento con el sistema lisozima de T4, el grupo de Streisinger encontró que una segunda mutación de desplazamiento del marco del gen *e* de T4 restableció la función del tipo silvestre. Los análisis de las secuencias de la lisozima del tipo silvestre y del doble mutante fueron idénticos, excepto las secuencias de aminoácidos que se muestran aquí. Describa las mutaciones que pudieron haber generado este resultado en términos de las secuencias de base del gen *e* y las asignaciones de codones conocidas.

   Tipo silvestre ····Lys-Ser-Pro-Ser-Leu-Asn-Ala····

   Mutante ····Lys-Ser-Val-His-His-Leu-Met-Ala····

19. Los primeros trabajos sobre el código genético establecieron que UUU, CCC y AAA son los codones de Phe, pro y Lys, respectivamente. ¿Puede imaginar una razón por la que no se utilizó poliG como molde para la traducción en estos experimentos?

# HERRAMIENTAS DE LA BIOQUÍMICA 28A

## Formas de establecer un mapa de estructuras macromoleculares complejas

Al continuar sondeando la estructura de la célula utilizando técnicas cada vez más detalladas y más discriminantes, se pone de manifiesto que gran parte de la maquinaria celular está organizada en estructuras complicadas, que son *ensamblajes* de macromoléculas. El ribosoma, con sus diversos tipos de RNA y muchas clases de proteínas, es un ejemplo excelente. Aunque los ribosomas, con su gran tamaño y complejidad, finalmente han cedido a la cristalografía de rayos X, algunas de las técnicas utilizadas en las primeras investigaciones son aún importantes para conocer otras estructuras biológicas complejas. Describimos aquí algunos de estos métodos.

### Entrecruzamiento químico

Una forma de averiguar la disposición de los componentes de una partícula es investigar las relaciones espaciales, mediante **entrecruzamientos** químicos (*véase* también Herramientas de la Bioquímica 13A, página 588). Consideremos una partícula idealizada (como la de la Figura 28A.1) que contiene tres moléculas proteicas diferentes. Si disponemos de un reactivo bifuncional (como uno de los que se indican en la Tabla 28A.1) que puede reaccionar con residuos de la cadena lateral para formar enlaces cruzados entre moléculas proteicas, podemos permitirles que reaccionen ligeramente, y extraer luego las proteínas en forma de una mezcla de partículas entrecruzadas. Las parejas ligadas covalentemente que se han formado pueden identificarse de diversas formas. Si disponemos de anticuerpos contra las distintas proteínas, podemos identificar los dímeros que se han formado mediante una técnica de transferencia Western (método 1 de la Figura 28A.1; *véase* también Herramientas de la Bioquímica 7A). Otra posibilidad sería utilizar uno de los entrecruzadores «fragmentables» que se muestran en la Tabla 28A.1, junto con la electroforesis en gel bidimensional (método 2 de la Figura 28A.1). En cualquier situación, en el ejemplo sencillo que se muestra, está claro que la proteína A debe estar situada entre la B y la C, puesto que A puede unirse a cualquiera de las demás proteínas, pero B y C no forman dímeros entrecruzados.

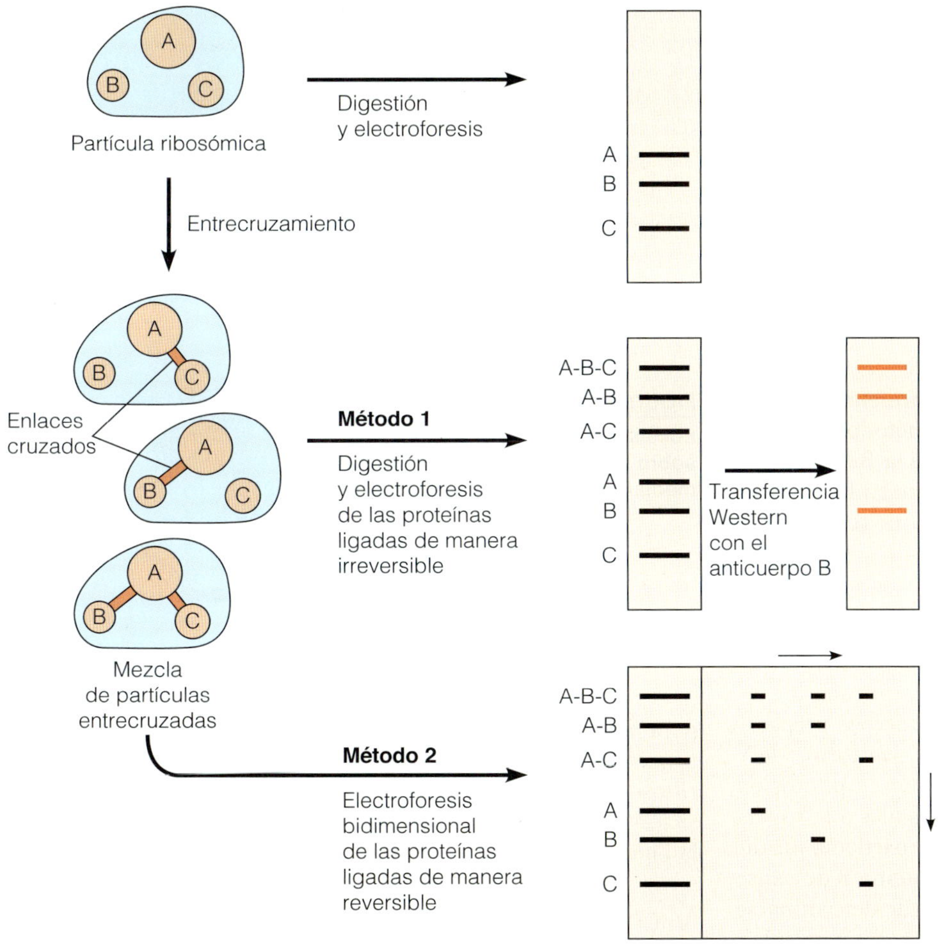


**FIGURA 28A.1**

**Uso de entrecruzadores químicos para determinar la proximidad de las proteínas en una partícula compleja.**

**TABLA 28A.1. Algunos reactivos de entrecruzamiento protéico**

| Reactivo | Fórmula | Reacciona fundamentalmente con | ¿Fragmentable? |
|---|---|---|---|
| Bis (*N*- maleimidometil) éter | 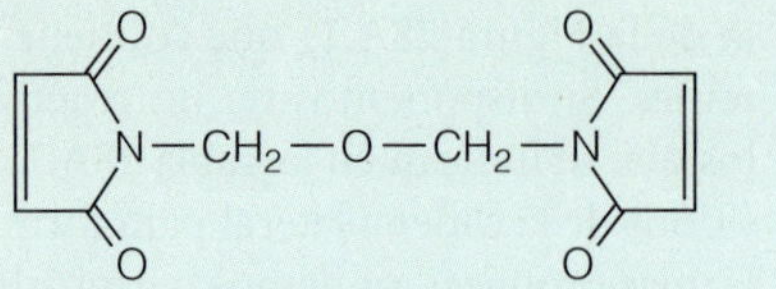 | Grupo sulfhidrilo | No |
| 2,2′-dicarboxi-4,4′-azofenildiisocianato | 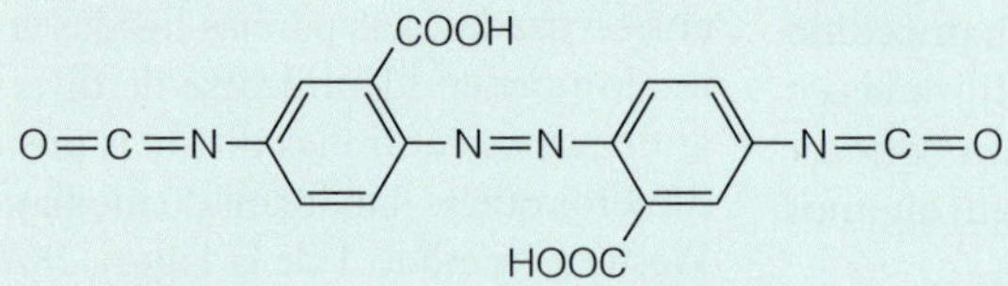 | Grupos amino | Sí, mediante reducción de —N=N— |
| Dimetil suberimidato | $CH_3O-C(=NH)-(CH_2)_6-C(=NH)-OCH_3$ | Grupo amino | Sí, mediante amoníaco |
| Tetranitrometano | $C(NO_2)_4$ | Grupos fenólicos (tirosina) | No |
| Metil-4-azidobenzoimidato[a] | 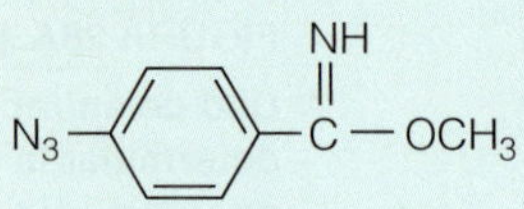 | Grupos amino y otros | No |
| Metil [3-(*p*-azidofenil) ditio]propionimidato | 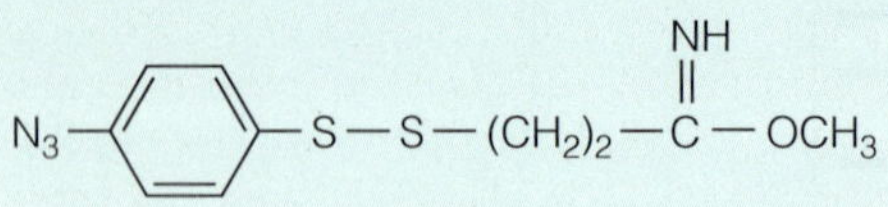 | Grupos amino y otros | Sí, mediante reducción de —S—S— |

[a] Estos reactivos son fotoactivables. Pueden reaccionar primero, en la oscuridad, a través del grupo imidato de la derecha y acoplarse luego a otro grupo mediante la activación de la azida ($N_3$) con un destello de luz.

Además de las técnicas de entrecruzamiento proteína-proteína descritas aquí, en la actualidad disponemos de métodos de entrecruzamiento RNA-proteína y RNA-RNA (*véase* la Bibliografía). Estos métodos han desempeñado una gran parte en la determinación de los modelos ribosómicos detallados que se presentan en este capítulo.

## Microscopia inmunoelectrónica

En la **microscopia inmunoelectrónica**, los componentes que se encuentran en la superficie de una partícula pueden localizarse de manera directa con el empleo de anticuerpos preparados contra ellos. Las moléculas de anticuerpos con forma de Y establecen puentes entre dos partículas, conectando puntos en los que los componentes particulares son accesibles a la superficie. En la Figura 28A.2, mostramos la misma partícula idealizada de la Figura 28A.1. El hecho de que la proteína B descanse cerca del extremo señalado de la partícula, puede determinarse por la forma en que los anticuerpos anti-B unen dos partículas. Cuando se unen grupos haptenos adecuados en puntos específicos de las moléculas de RNA, puede utilizarse el mismo método para poner de manifiesto cuando estas secuencias de RNA estén próximas a la superficie del ribosoma. Los extremos de los RNA ribosómicos se han localizado de esta forma, al igual que la posición en la que salen los péptidos nacientes del ribosoma (*véase* la Figura 28A.3).

**FIGURA 28A.2**

**Localización de las proteínas sobre la superficie de una partícula mediante la unión a un anticuerpo.**

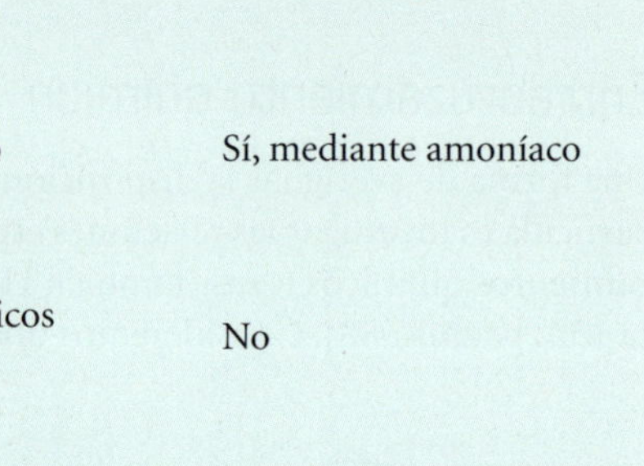


## Microscopia crioelectrónica

Las técnicas convencionales de microscopia electrónica de transmisión (Herramientas de la Bioquímica 1A) tienen varios incon-

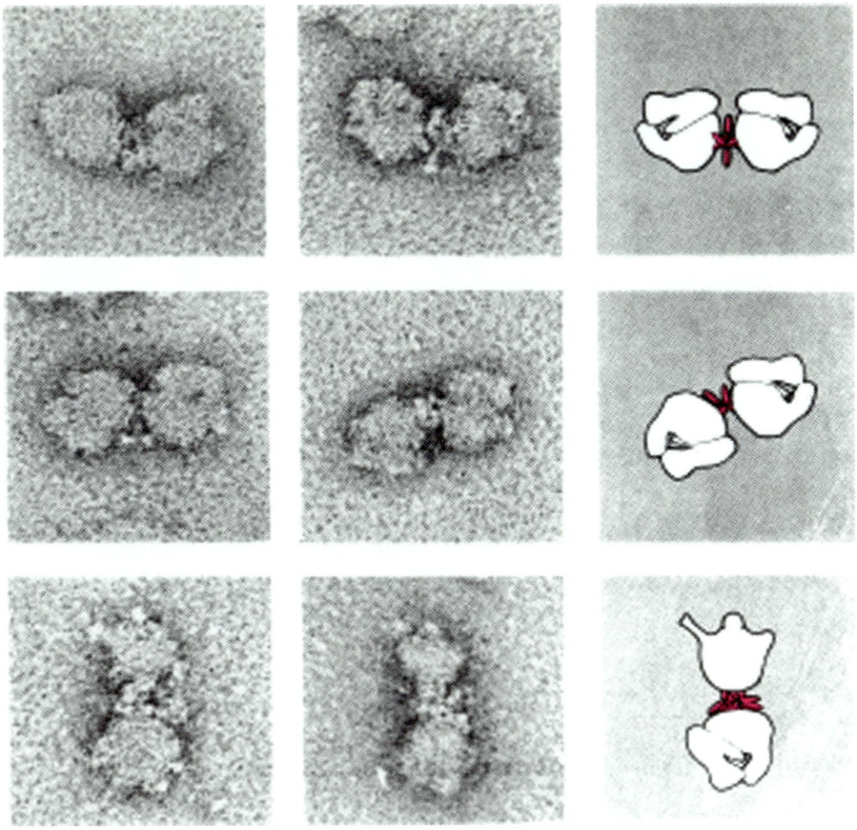

**FIGURA 28A.3**

**Uso de los anticuerpos para detectar donde emergen los polipéptidos del ribosoma.** Se utilizaron anticuerpos frente a la $\beta$-galactosidasa para interaccionar con las cadenas de $\beta$-galactosidasa en el punto donde emergen del ribosoma. Se encontró que los ribosomas 70S se juntaban mediante esos anticuerpos en lugares cerca de la subunidad 50S, en la localización de un poro de esta unidad.

Cortesía de C. Bernabéu y J. A. Lake.

venientes para el estudio de las estructuras biológicas delicadas. En primer lugar, la necesidad de la deshidratación completa en la cámara de vacío del microscopio puede modificar mucho las estructuras. En segundo lugar, para producir un contraste suficiente, las muestras, tradicionalmente, se han teñido con metales pesados o se han sombreado con metales, produciendo una pérdida de resolución inherente.

Una técnica relativamente nueva que evita todos estos artefactos es la *microscopia crioelectrónica* (o *criomicroscopia electrónica*). La idea es simple: se congela muy rápidamente una muestra en hielo; la congelación es tan rápida, que el agua no cristaliza, sino que queda *vitrificada*. La muestra puede vitrificarse en los intersticios de una rejilla de microscopia electrónica o vitrificarse en bloque y luego seccionarse para su observación. Dado que no se usa tinción, el contraste es bajo y se necesitan métodos de amplificación de la imagen. Para las partículas como los ribosomas, esto se consigue combinando la información de varias imágenes difuminadas de partículas en el hielo para conseguir el cuadro. Dado que, en general, se pueden rotar aleatoriamente, debe tenerse en cuenta esta orientación aleatoria en los análisis del ordenador. De hecho, la ventaja es que la imagen final generada puede verse «desde todos los lados» y puede observarse desde cualquier ángulo en la pantalla del ordenador.

Si las partículas (por ejemplo, los virus) tienen elementos de simetría o si se conocen las estructuras de las subunidades, el análisis es más fácil. Pero incluso las partículas irregulares como los ribosomas pueden analizarse con una resolución cercana a 1-2 nm. Finalmente, pero no lo menos importante, la muestra ha permanecido en un ambiente acuoso durante todo el estudio, de forma que el daño de la estructura habrá sido mínimo.

## Dispersión de ángulo bajo de rayos X y neutrones

Aunque los estudios de difracción cristalina de partículas enormes, como los ribosomas, son aún muy difíciles, podemos obtener mucha información mediante el estudio de la dispersión de la radiación en soluciones de partículas de este tipo. Cuando las ondas electromagnéticas se dispersan a partir de una partícula de dimensiones mucho mayores que las de la longitud de onda de la radiación, la intensidad de la dispersión depende del ángulo de observación. Como se muestra en la Figura 28A.4, las ondas que se dispersan a partir de regiones diferentes dentro de la partícula a cualquier ángulo distinto de 0° están fuera de fase, con lo que producen una interferencia mutua y una disminución de la intensidad. A ángulos grandes, la diferencia de fase aumenta, y produce la cancelación parcial de las ondas dispersadas. Esta interferencia puede utilizarse para medir las dimensiones medias de la partícula. La intensidad de la dispersión a un ángulo $\theta$ ($I_\theta$) en comparación con la dispersión a un ángulo 0 ($I_0$) viene dada (para ángulos pequeños) por la siguiente fórmula:

$$\frac{I_\theta}{I_0} = e^{-(16\pi^4 R_G^2/3\lambda^4)\sin^2(\theta/2)} \quad (28A.1)$$

En esta expresión, $\lambda$ es la longitud de onda de la radiación y $R_G$ es una cantidad denominada *radio de giro*, una especie de

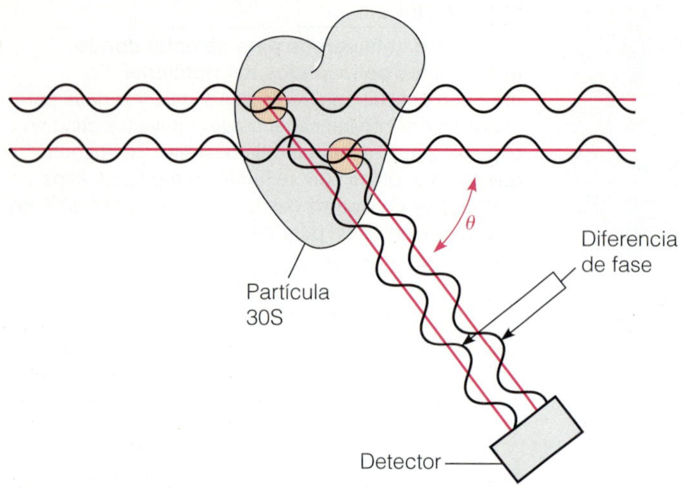


**FIGURA 28A.4**

**Principio de los rayos X o la dispersión de neutrones**. La dispersión de rayos X o de neutrones de distintas regiones pequeñas dentro de una gran partícula produce la interferencia mutua de las ondas dispersadas.

dimensión media de la partícula. Según la ecuación 28A.1, un gráfico de $\ln(I_\theta/I_0)$ frente a $\text{sen}^2(\theta/2)$ debería ser una línea recta a ángulos bajos, con una pendiente inicial de $(16\pi^4 R_G^{\,2}/3\lambda^4)$. Así pues, la medición de la dispersión a ángulos muy bajos aporta una medida del tamaño medio de la partícula. A ángulos mayores, las curvas $I_\theta/I_0$ tienen una forma más compleja, con máximos y mínimos. Estas curvas pueden utilizarse para obtener información adicional acerca de la forma de la partícula y su distribución interna de la materia.

Aunque la dispersión de ángulo bajo de los rayos X ha sido útil para el estudio de partículas en solución, una técnica mucho más potente es la **dispersión de neutrones de ángulo bajo**. Puede parecer extraño a primera vista pensar en los neutrones como una radiación, pero debe recordarse que, según la mecánica cuántica, toda partícula elemental tiene también propiedades de onda. La longitud de onda de una partícula de masa $m$ que se mueve a una velocidad $v$ viene dada por la expresión $\lambda = h/mv$, en donde $h$ es la constante de Planck. Así pues, los «neutrones térmicos» que salen de un reactor nuclear tienen una longitud de onda de unas décimas de nanómetro. Por tanto, tienen la longitud adecuada para el examen de los detalles de la estructura macromolecular. Y lo que es más importante, los neutrones interaccionan fundamentalmente con los núcleos atómicos y, por tanto, se dispersan de forma diferente por los distintos átomos. En consecuencia, los ácidos nucleicos y las proteínas dispersan los neutrones de manera diferente, e incluso el hidrógeno y el deuterio tienen potencias de dispersión diferentes. Dado que el $H_2O$ y el $D_2O$ difieren en la dispersión, es posible utilizar como disolventes mezclas de $H_2O/D_2O$ que correspondan a la potencia de dispersión de neutrones de la parte de ácido nucleico o de la parte de proteína de una partícula nucleoproteica. De esta forma, como se indica en la Figura 28A.5, podemos hacer que el ácido nucleico o la proteína, «desaparezcan», confundiéndose con el fondo, para medir el radio de giro del otro componente. En el ejemplo mostrado, el $R_G$ mayor observado para el ácido nucleico, en comparación con la proteína, nos indica que el ácido nucleico está concentrado en el exterior de la partícula.

Una variante aún más potente de la misma técnica es la que se ha utilizado para establecer un «mapa» de las distancias existentes entre pares de partículas de proteína en las partículas complejas. Supongamos, como en la Figura 28A.6, que tenemos partículas reconstituidas que contienen tan solo dos proteínas (de entre las muchas de la partícula) que se han preparado a partir de bacterias a las que se ha proporcionado deuterio. Estas dos proteínas

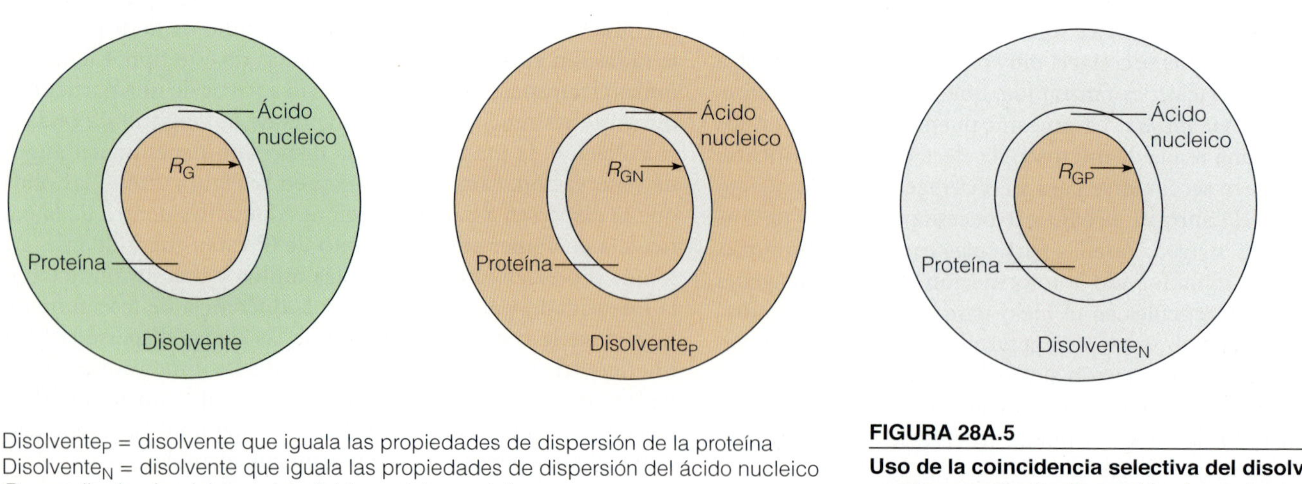


Disolvente$_P$ = disolvente que iguala las propiedades de dispersión de la proteína
Disolvente$_N$ = disolvente que iguala las propiedades de dispersión del ácido nucleico
$R_G$ = radio de giro del complejo ácido nucleico-proteína
$R_{GN}$ = radio de giro del ácido nucleico
$R_{GP}$ = radio de giro de la proteína

**FIGURA 28A.5**

**Uso de la coincidencia selectiva del disolvente para mostrar, mediante dispersión de neutrones, que el ácido nucleico se encuentra en el exterior de una partícula nucleoproteica**.

*Principles of Biochemistry*, 2/E, Kensal E. Van Holde, Curtis Johnson y Pui Shing Ho, © 2006. Adaptado con permiso de Pearson Education Inc., Upper Saddle River, NJ.

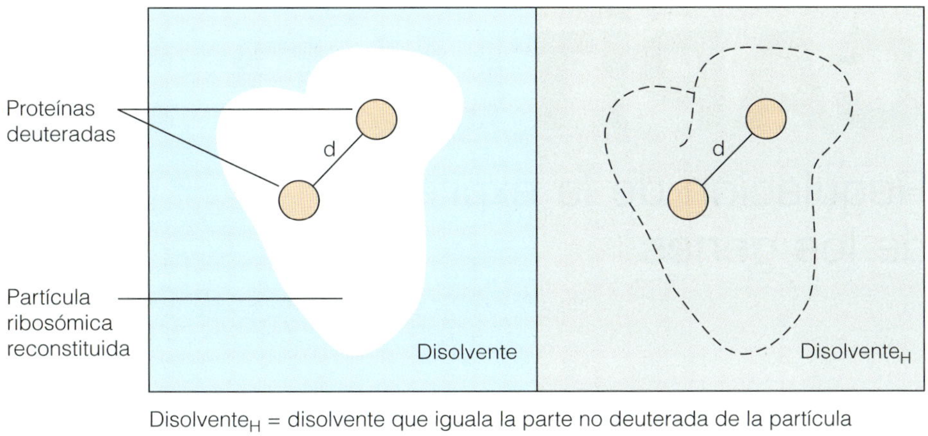


**FIGURA 28A.6**

**Uso de la coincidencia del disolvente para determinar la distancia entre dos proteínas deuteradas selectivamente en una partícula no deuterada.**

estarán intensamente deuteradas y tendrán una potencia de dispersión de neutrones muy distinta de la del resto de la partícula. Si se mezcla ahora el disolvente $H_2O/D_2O$, de manera que iguale el fondo medio de la porción no deuterada de la partícula, las dos proteínas deuteradas contrastarán claramente. El patrón de dispersión de neutrones obtenido estará dominado por la interferencia en la dispersión entre estas dos proteínas y puede utilizarse para medir su separación. Además, el método permite la medida del radio de giro de una determinada proteína *in situ*.

Aunque la dispersión de neutrones puede aportar mucha información útil, no es una técnica que pueda utilizar el bioquímico medio en el laboratorio. Tan solo unos pocos lugares del mundo disponen de reactores de investigación grandes que permiten realizar estudios de dispersión de neutrones.

## Bibliografía

**Boublik, M.** (1990) Electron microscopy of ribosomes. En: *Ribosomes and Protein Synthesis: A Practical Approach*, editado por G. Spedding, pp. 273-296. Oxford University Press, Oxford.

**Brimacombe, R., Greuer, B., Gulle,H., Kasak, M., Mitchell, P., Oswald, M., Stade, K.** y **Stiege, W.** (1990) New techniques for the analysis of intra-RNA and RNA-protein cross-linking data from ribosomes. En: *Ribosomes and Protein Synthesis: A Practical Approach*, editado por G. Spedding, pp. 131-159. Oxford University Press, Oxford.

**Cornish, P. V., Ermolenko, D. N., Staple, D. W., Hoang, L., Hickerson, R., Noller, H. F.** y **Ha, T.** (2009) Following movement of the L1 stalk between three functional states in single ribosomes. *Proc. Natl. Acad. Sci. USA* 106:2571-2576.

**Serdyuk, I. N., Pavlov, M. Y., Rublevskaya, I. N., Zaccai, G., Leberman, R.** y **Ostenavitch, Y. M.** (1990) New possibilities for neutron scattering in the study of RNA-protein interactions. En: *The Ribosome*, editado por W. Hill et al., pp. 194-202. American Society for Microbiology,Washington, D.C.

**Stark, H., E. V. Orlova, E. V., Rinke-Apple, J., Jünke, N., Mueller, F., Rodnina, M., Wintermeyer, W., Brimacombe, R.** y **van Heel, M.** (1997) Arrangement of tRNAs in pre-and post-translocational ribosomes, revealed by electron cryomicroscopy. *Cell* 88:19-26. Una utilización elegante del método para el seguimiento de cambios de conformación.

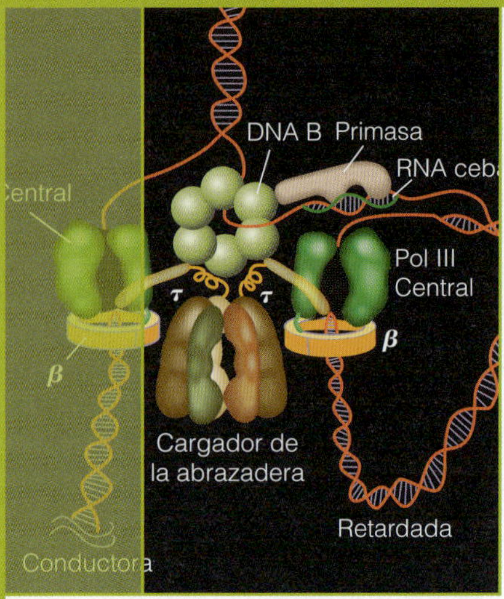


# CAPÍTULO 29

## Regulación de la expresión de los genes

**Para entender la vida es clave comprender** cómo se controla la expresión de los genes. ¿Por qué la hemoglobina solo está presente en los glóbulos rojos? ¿Cómo inicia la adición de lactosa a un cultivo bacteriano un aumento de varios miles de veces la tasa de síntesis de β-galactosidasa? ¿Qué hace que aparezcan las enzimas del ciclo de la urea durante la metamorfosis de un renacuajo a una rana adulta? ¿Qué factores orquestan el patrón de la expresión secuencial de los genes durante la diferenciación embrionaria? Estas son solo algunas preguntas cuyas respuestas demandan un conocimiento de la regulación de los genes.

Como hemos mencionado en el Capítulo 27, en 1960 se presentaron ideas trascendentales, cuando François Jacob y Jacques Monod del Instituto Pasteur francés propusieron el modelo de operón de la regulación genética, que se basaba en sus análisis genéticos de la utilización de lactosa en *E. coli*. Contribuyeron de igual manera al éxito de Jacob y Monod las investigaciones paralelas de Andre Lwoff de la regulación genética de la reproducción del bacteriófago temperado λ en *E. coli*. Posteriormente volveremos a este importante sistema biológico. En base a las semejanzas de los mecanismos de regulación entre estos dos sistemas bastante diferentes, Jacob y Monod propusieron que la regulación de la expresión de los genes tiene lugar principalmente a nivel de la transcripción y específicamente, a nivel de la iniciación de la transcripción. Su modelo era, en gran parte, correcto, pero los años posteriores han mostrado que la regulación puede producirse en cualquier etapa de la expresión de un gen. Por ejemplo, hemos visto en el Capítulo 26 que la regulación puede producirse a nivel del número de copias del gen, cuando la agresión ambiental produce la amplificación de los genes cuyos productos se relacionan con la agresión.

Sin embargo, Jacob y Monod tenían razón; la mayor parte de la regulación se produce a nivel de la transcripción, y en eso es en lo que nos centramos en este capítulo. Comenzaremos con los sistemas procariotas, que proporcionan un contexto histórico; luego iremos a los procesos reguladores de los eucariotas, que son más complejos. En el camino, presentaremos algunos ejemplos de los procesos reguladores que tienen lugar a otros niveles de la expresión de los genes, especialmente la traducción. También presentaremos los descubrimientos recientes que han identificado las funciones de las moléculas pequeñas de RNA en la regulación de los genes.

### Regulación de la transcripción en las bacterias

#### El operón lactosa: primeros indicios del control de la transcripción

Recuérdese del Capítulo 27 que la utilización de lactosa en *E. coli* está controlada por tres genes contiguos; *lacZ* (β-galactosidasa), *lacY* (β-galactosidasa permeasa, una proteína transportadora) y *lacA* (tiogalactosido transacetilasa, una enzima de función aún desconocida). En presencia de un inductor, las tres proteínas se acumulan de manera simultánea, pero con concentraciones diferentes. La lactosa en sí causa una inducción del operón lactosa, pero el verdadero inductor intracelular es la **alolactosa**, Gal$\beta$ (1 $\longrightarrow$ 6) Glc, un producto menor de la acción de la $\beta$-galactosidasa. En el laboratorio, generalmente se utiliza un inductor sintético como el **isopropil tiogalactósido (IPTG)**, que induce el operón lactosa, pero que no se degrada por la $\beta$-galactosidasa. Ello hace que su concentración no se modifique durante un experimento.

La mutación de un gen estructural, por ejemplo, el gen *lacZ*, puede inactivar su producto ($\beta$-galactosidasa) sin afectar al control de los otros dos genes. Sin embargo, las mutaciones en las regiones reguladoras situadas *fuera* de los genes *lacZ*, *lacY* y *lacA* pueden afectar a la expresión de los tres genes estructurales. En su trabajo inicial, Jacob y Monod identificaron dos fenotipos mutantes distintos: **constitutivo**, en el que los tres productos génicos se sintetizan en cantidades elevadas, a pesar de la ausencia del inductor, y **no inducible**, en el que las tres actividades enzimáticas se mantienen bajas, incluso tras la adición de un inductor. Estas mutaciones se encuentran en dos lugares distintos del mapa genético, denominados *o* e *i*. De forma importante, Jacob y Monod fueron capaces de establecer relaciones de dominancia con mutaciones reguladoras al utilizar la interrupción del apareamiento bacteriano (Capítulo 25) para crear diploides parciales. El Problema 7 del final de este capítulo le ayudará a comprender las relaciones que existen entre las mutaciones reguladoras, los fenotipos mutantes y las concentraciones de las enzimas del operón *lac*.

El modelo original de Jacob-Monod para la regulación de los genes, basado en este sistema, se ha presentado en la Figura 27.2 (página 1127). En la Figura 26.17 se muestra una descripción más completa del operón *lac*. Como propusieron acertadamente Jacob y Monod, la transcripción de los tres genes estructurales se inicia cerca de un lugar adyacente, el **operador**. La transcripción produce un solo **RNA mensajero policistrónico**, es decir, una copia de RNA de los tres genes. (El término **cistrón** tiene un significado genético. Para nuestros fines, es una región de un genoma que codifica una cadena polipeptídica.) El producto del gen *i* es un **represor** macromolecular, que en la forma activa se une al operador, bloqueando la transcripción (Figura 29.2a).

El represor tiene también un lugar de unión para el inductor. La unión del IPTG, la alolactosa, o de algún otro inductor en este lugar inactiva el represor mediante una reducción muy importante de su afinidad por el DNA (Figura 29.2b). Esta inactivación del represor estimula la transcripción de *lacZ*, *Y*, y *A*, ya que la disociación del complejo represor-inductor del operador elimina un bloqueo estérico de la unión de la RNA polimerasa en el lugar de iniciación. Así pues, la introducción de lactosa activa la síntesis de los productos de los genes que intervienen en su catabolismo, al eliminar una barrera para su transcripción. Este modo de regulación es fundamentalmente negativo, puesto que el elemento de regulación activo (el represor) es un *inhibidor* de la transcripción. El control positivo se descubrió más tarde, y afecta al lugar CRP que se muestra en la Figura 29.1. Lo comentaremos en breve.

Como se ha mencionado antes, fue esencial para desarrollar el modelo de operón la capacidad de analizar la regulación en los diploides parciales, bacterias que contienen un cromosoma completo y parte de otro, transferido mediante conjugación. Una copia del operón reside en el cromosoma, mientras que un cromosoma incompleto puede introducirse en una célula como parte del proceso de apareamiento bacteriano. Las mutaciones no inducibles que se encontraban en el gen *i* tenían un fenotipo dominante, lo que indicaba que la expresión de los genes estructurales era baja cuando estaban presentes, tanto el alelo de tipo natural como los alelos mutantes de *i*. Jacob y Monod propusieron

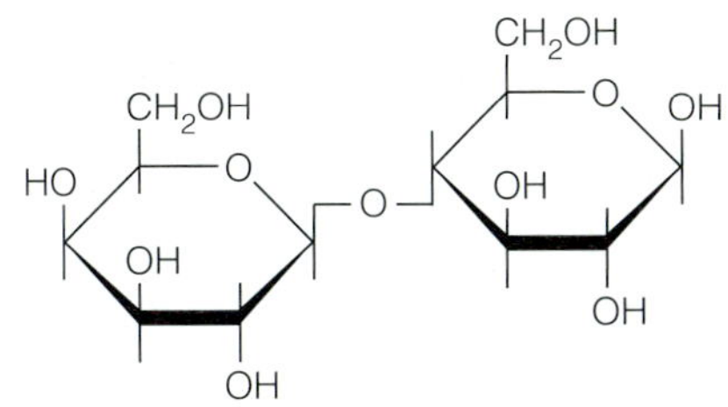

**Lactosa**

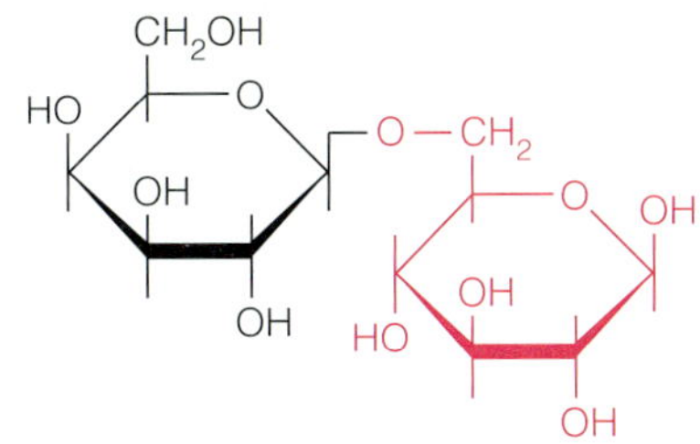

**Alolactosa**

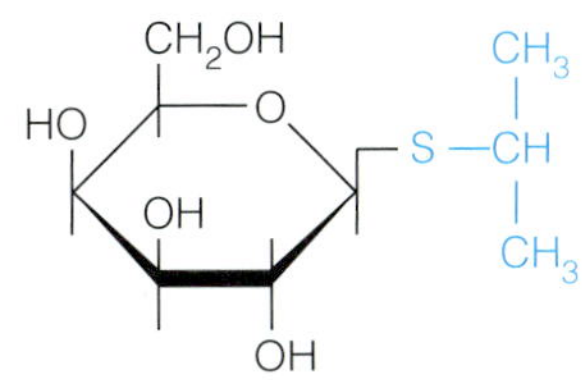

**Isopropil $\beta$-tiogalactósido**

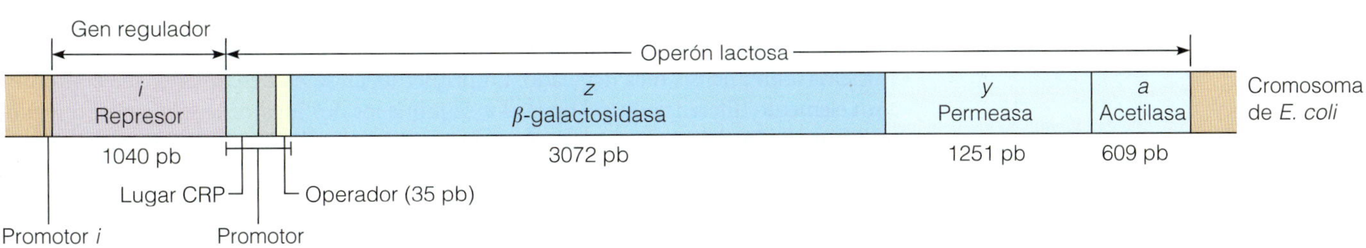


**FIGURA 29.1**

**Mapa del operón lactosa.** El lugar CRP es el lugar de unión de la proteína receptora de AMPc, un factor regulador (página 1237). El promotor incluye también los lugares de unión de la RNA polimerasa y del represor *lac*. La síntesis del represor se inicia en su propio promotor (promotor *i*). Existen otros lugares de unión para el represor, 82 nucleótidos hacia arriba y 432 nucleótidos hacia abajo, respectivamente, del punto de partida de la transcripción (no se muestra).

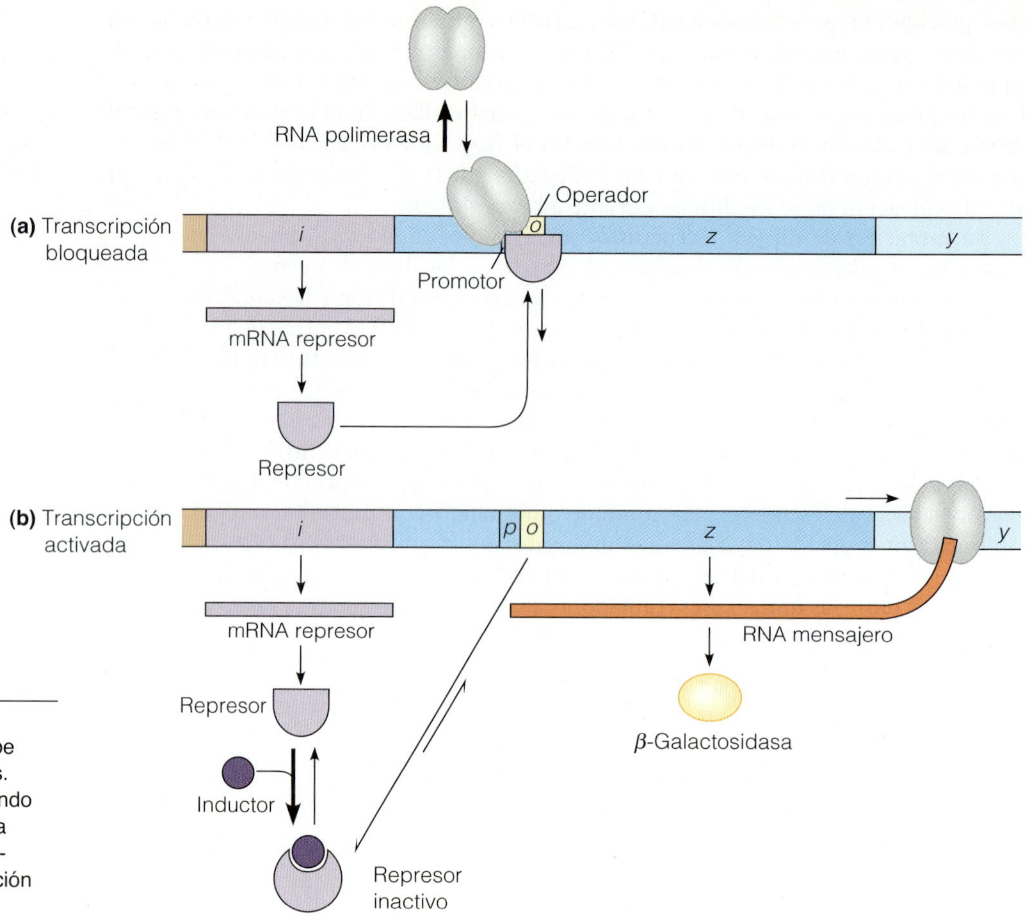


**FIGURA 29.2**

**Configuraciones del operón lactosa.** **(a)** La unión del represor al operador inhibe la transcripción de los genes estructurales. **(b)** El inductor se une al represor, reduciendo la afinidad del represor por el operador. La disociación del complejo inactivo represor-inductor del operador permite la transcripción de los genes estructurales.

Los fenotipos de los diploides parciales que implican a los genes reguladores de *lac*, proporcionaron claves indispensables de los mecanismos de regulación de la transcripción.

que los alelos mutantes dan lugar a represores mutantes incapaces de unir el inductor. Estos represores mutantes se mantendrían unidos al DNA en los lugares operadores, tanto del cromosoma mutante como del normal, a pesar de la presencia del inductor.

Las mutaciones constitutivas localizadas en el mapa en *i* tenían un fenotipo recesivo. Es decir, daban lugar a una expresión elevada del gen, pero solo cuando estaban presentes dos alelos mutantes. Estos alelos mutantes generaban represores, que eran defectuosos en su unión al operador, y, por tanto, no podían desactivar la expresión de los genes. Estas mutaciones son recesivas porque un represor normal en el mismo citosol puede unirse a todos los operadores e inhibir la transcripción. Estas observaciones indicaron que las mutaciones del represor son ***trans*-dominantes**, es decir, que el producto del gen *i* codificado por un genoma puede afectar a la expresión de los genes de otros genomas en la misma célula. Esta observación llevó a la conclusión de que el represor es un producto difusible, capaz de actuar sobre cualquier lugar del DNA de la célula al que pueda unirse. En cambio, las mutaciones constitutivas que se encontraban en el mapa en *o* tenían un efecto ***cis*-dominante**. Esto es, en una célula con un operador de tipo natural y un operador mutante, solo se expresaban de manera constitutiva los genes del mismo cromosoma del operador mutante. Dado que una proteína podía difundir por el citosol y actuar sobre otros cromosomas, este hallazgo sugería que el operador no codifica un producto génico.

En un mecanismo molecular basado casi por entero en pruebas indirectas del análisis genético, el modelo del operón propuesto por Jacob y Monod ha superado muy bien la prueba del tiempo. Se han realizado tres modificaciones principales del modelo, al someter el sistema a un análisis más detallado. En primer lugar, se ha descubierto que el promotor es un elemento diferenciado del operador (aunque los dos lugares se solapan). En segundo lugar, aunque inicialmente se pensó que el represor era el RNA del gen *i*, su aislamiento ha demostrado que se trata de una proteína. En tercer lugar, Jacob y Monod propusieron que toda la regulación de la transcripción era negativa, es decir, que la unión de una proteína reguladora inhibía siempre la transcripción. Sin embargo, el operón lactosa, como otros muchos genes regulados, presenta también un control *positivo* de la transcripción (es decir, la *activación* de la transcripción mediante la unión de una proteína), como se describe en las páginas 1236-1238.

Un sistema represor-inductor proporciona un control negativo del operón *lac*. El represor se une al operador, e interfiere en la iniciación de la transcripción. Un inductor se une al represor, reduciendo su afinidad por el operador.

## Aislamiento y propiedades del represor

El represor *lac* fue aislado en 1966 por Walter Gilbert y Benno Müller-Hill. Dado que este represor constituye tan solo el 0.001 % del total de proteínas de la célula, Gilbert y Müller-Hill utilizaron mutantes diseñados para una sobreproducción del mismo, con objeto de aumentar al máximo la síntesis hasta llegar a, aproximadamente, un 2 % del total de proteínas (esto fue varios años antes de que hubiera podido sobreexpresarse fácilmente mediante clonación). A continuación, purificaron la proteína basándose en su capacidad de unir el inductor sintético IPTG. El represor *lac* purificado es un tetrámero, formado por cuatro subunidades idénticas, cada una de 360 aminoácidos ($M_r = 38\,350$). La proteína une IPTG con una $K_a$ de aproximadamente $10^6$ M$^{-1}$, y se une de manera inespecífica a un DNA dúplex con una $K_a$ de aproximadamente $3 \times 10^6$ M$^{-1}$. Sin embargo, su unión específica al operador *lac* es mucho más intensa, con una $K_a$ de $10^{13}$ M$^{-1}$. Al igual que la RNA polimerasa, el represor busca su lugar operador uniéndose primero al DNA en un lugar cualquiera y desplazándose luego en una dimensión a lo largo del DNA. Se desplaza, o bien por deslizamiento, o bien por transferencia de un lugar a otro, cuando los dos lugares se aproximan en bucles de DNA adyacentes.

El control por el represor *lac* es extraordinariamente eficaz, en especial si se tiene en cuenta la cantidad mínima de represor existente en una célula de *E. coli*. El gen *i* se expresa a una velocidad muy lenta, y da lugar a unas 10 moléculas de tetrámero represor por célula. Aunque esto corresponde a una concentración de solo alrededor de $10^{-8}$ M, este valor es varios órdenes de magnitud superior al de la constante de *disociación*, lo cual implica que en una célula *no inducida*, el operador está unido al represor durante más del 99.9 % del tiempo; ello explica las concentraciones muy bajas de proteínas del operón *lac* en las células no inducidas (menos de una molécula por célula). Sin embargo, la unión del inductor reduce la afinidad del complejo represor-inductor por el operador en muchos órdenes de magnitud. En estas condiciones, la unión inespecífica del complejo represor-inductor en otros lugares del DNA pasa a ser significativa, con lo que en las células *inducidas* el operador está ocupado por el represor menos del 5 % del tiempo.

## El lugar de unión del represor

El lugar del DNA al que se une el represor *lac* se ha analizado mediante la técnica de huellas dactilares y experimentos de protección de la metilación, del tipo que se han descrito antes para la RNA polimerasa (*véase* la Figura 27.15, página 1140). Como se presenta en el diagrama siguiente, el operador comprende 35 pares de bases, que incluyen 28 pares de bases de secuencia simétrica, es decir, incluye una secuencia que es idéntica en ambas direcciones (sombreada en el diagrama). Así pues, el operador es un palíndromo imperfecto; imperfecto debido a los 7 pares de bases que no presentan esta simetría.

El punto de comienzo de la transcripción está incluido dentro de la secuencia de unión del represor, como se muestra en el diagrama. Veinticuatro de los treinta y cinco pares de bases del operador están protegidos del ataque de la DNasa por la unión del represor. Las mutaciones constitutivas del operador ($o^c$) comportan alteraciones de la parte central de esta secuencia de nucleótidos. En la Figura 29.3 se muestra la forma en

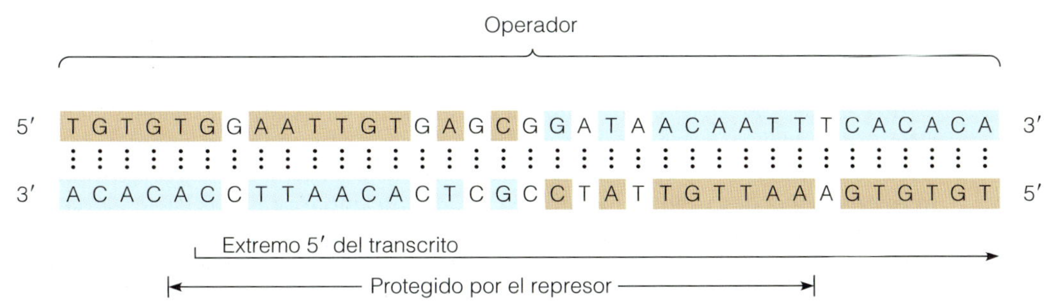

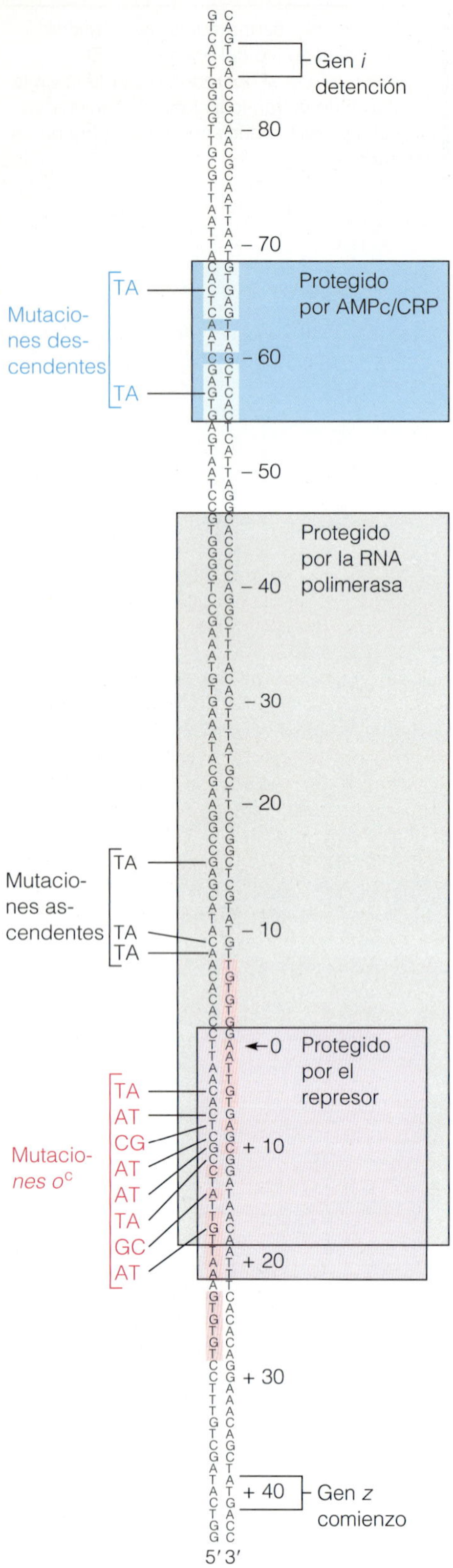


**FIGURA 29.3**

**Región reguladora del *lac* de 122 bases.** La secuencia repetida invertida del lugar de unión de la CRP está sombreada en azul, y las áreas palindrómicas del operador están sombreadas en rosa. Los lugares de las tres proteínas (CRP, represor y RNA polimerasa), según lo determinado mediante la técnica de huellas dactilares con DNasa I, se indican mediante recuadros. Se muestran los cambios de secuencia encontrados en las mutaciones del promotor y del operador, así como el codón de inicio para la proteína *lacZ* (gen *z*) y el codón de detención para la proteína represora (gen *i*). Los nucleótidos se numeran a partir de 0 en el punto de comienzo de la transcripción del *lac* (el primer nucleótido del mRNA es +1).

que se solapan el operador y el promotor, que viene dada por las regiones del DNA protegidas mediante la unión del represor o de la RNA polimerasa, respectivamente.

Una vez secuenciado el operón *lac*, quedó claro que hay otros dos lugares de unión del represor *lac* situados en las cercanías, uno centrado hacia arriba en la posición –82 y otro dentro del propio gen *lacZ*, en la posición +432; el operador original está centrado en +11. Los análisis genéticos indicaron que ambos lugares participan en la regulación del operón *lac*. Aunque no está claro el significado del lugar hacia abajo, las mutaciones que afectan al lugar hacia arriba (–82) conducían a la represión incompleta del operón. Las pruebas indicaban que era esencial para la represión completa una estructura de DNA en bucle, con el represor en contacto con ambos lugares –82 y +11. En 1996 llegó la confirmación, con la determinación de la estructura cristalina del represor tetramérico completo *lac* por sí mismo, como un complejo con un fragmento oligonucleotídico definido, y como un complejo con el IPTG. Como se muestra en la Figura 29.4a, la proteína tetramérica consta de dos unidades diméricas unidas por una región bisagra. Cada dímero se une al DNA de forma independiente, lo cual sugiere que la proteína tetramérica se une a ambos lugares +11 y –82, creando un bucle de DNA de 93 pares de bases entre ellos. El dominio de unión al DNA de la proteína se encuentra en una región de hélice $\alpha$ que contiene bases dentro del surco principal del DNA operador. Este motivo de unión helicoidal se ha visto en otras proteínas de unión al DNA de secuencia específica, como señalaremos más adelante.

La Figura 29.4b sugiere el mecanismo de inducción. El represor es una proteína alostérica que, tras la unión del inductor, aumenta significativamente el ángulo al que dos unidades monoméricas en un dímero se relacionan entre ellas. Esto separa 3.5 Å las hélices de unión al DNA, de forma que ya no puede contactar con los lugares de unión al DNA, como deben hacer para unirse fuertemente.

## Regulación del operón *lac* por la glucosa: un sistema de control positivo

El sistema represor-operador *lac* mantiene el operón *desactivado* en ausencia de $\beta$-galactósidos utilizables. Un sistema regulador solapado, que se resume en la Figura 29.5, *activa* el operón solo cuando no se dispone de fuentes de energía alternativas. Desde hace tiempo se sabe que *E. coli* utiliza la glucosa con preferencia a la mayor parte de los demás sustratos energéticos. Cuando se cultivan en un medio que contiene tanto glucosa como lactosa, las células metabolizan la glucosa de manera exclusiva hasta que se agota el aporte de la misma. A continuación, la proliferación es más lenta, y se activa el operón lactosa como preparación a la continuación de la proliferación utilizando lactosa. Este fenómeno, que ahora sabemos que utiliza un mecanismo de *activación* de la transcripción, se denominó inicialmente represión por glucosa o represión por un catabolito. La activación de la transcripción se produce cuando las concentraciones de glucosa son bajas; el control se ejerce a través de las concentraciones intracelulares de AMP cíclico.

Recuérdese que en las células animales, el aumento de las concentraciones de AMPc estimula las enzimas catabólicas, lo cual hace aumentar las concentraciones de los sustratos energéticos. Esos efectos están mediados metabólicamente a través de señales hormonales y el desencadenamiento de cascadas metabólicas. En las bacterias, la activación comporta el control de la expresión de los genes, pero los resultados finales son similares. En *E. coli*, las concentraciones de AMPc son bajas cuando las concentraciones intracelulares de glucosa son altas. El mecanismo de regulación real no se conoce aún.

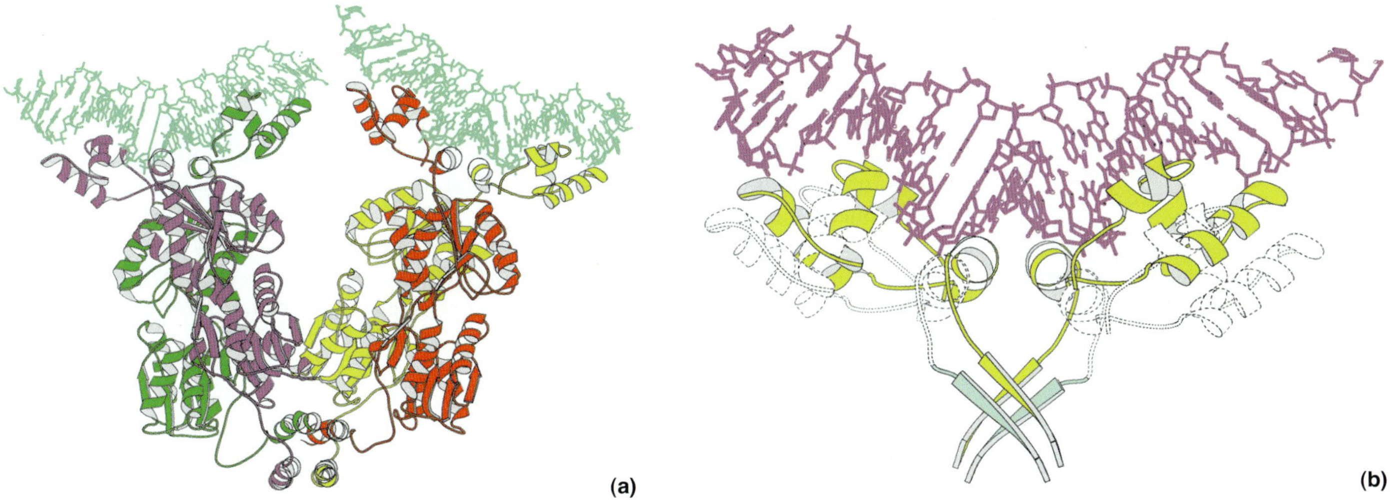


**FIGURA 29.4**

**Estructura del represor *lac*. (a)** El complejo represor-DNA, con el DNA (en verde) unido separadamente a cada una de las dos unidades diméricas, una que se muestra con los monómeros en verde y morado, y la otra, en amarillo-verdoso y rojo. **(b)** Efecto de la unión del IPTG. En amarillo-verdoso, los extremos de los N-terminales de las dos unidades monoméricas de la proteína (residuos 1-68), unidos al DNA, en morado. Las estructuras punteadas representan las supuestas posiciones de las hélices de unión al DNA tras la unión del inductor IPTG a la proteína, lo cual impulsa la separación de las hélices de unión al DNA. PDB ID 1LBG, 1LBH.

De *Science* 271:1247-1254, M. Lewis, G. Chang, N. C. Horton, M. A. Kercher, H. C. Pace, M. A. Schumacher, R. G. Brennan y P. Lu, Crystal structure of the lactose operon repressor and its complexes with DNA and inducer. © 1996. Reproducido con permiso de AAAS.

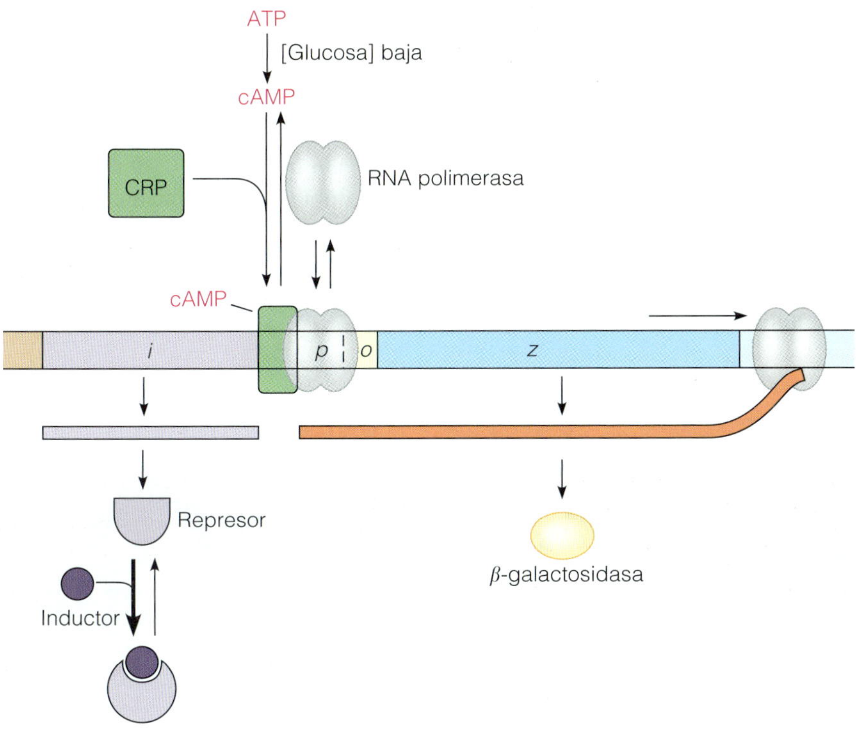


**FIGURA 29.5**

**Activación del operón *lac*.** El represor se inactiva por la unión del inductor, y la proteína receptora de AMPc (CRP) se activa por la unión del AMP cíclico. La unión del complejo CRP-AMPc al DNA facilita la iniciación de la transcripción por la RNA polimerasa.

Al parecer, la adenilato ciclasa percibe la concentración intracelular de un intermediario no identificado del catabolismo de la glucosa; de ahí la denominación actual del proceso regulador, **activación por un catabolito**. Cuando cae la concentración de glucosa, como se muestra en la Figura 29.5, aumenta la concentración de AMPc, y se desencadena la activación del operón lactosa mediante su interacción con una proteína denominada **proteína receptora de AMPc (CRP)**, a la que anteriormente se denominó **proteína activadora de catabolito (CAP)**. Esta proteína es un dímero, formado por dos cadenas polipeptídicas idénticas que contienen, cada una, 210 residuos de aminoácidos. Cuando une AMPc, la CRP sufre un cambio de conformación. El cambio aumenta enormemente su afinidad por determinados lugares del DNA, incluyendo un lugar del operón *lac* junto al lugar de unión de la RNA polimerasa. La unión de AMPc-CRP en este lugar protege a una secuencia del DNA desde –68 a –55, como se muestra en la Figura 29.3. Esta unión facilita la transcripción del operón *lac* mediante la estimulación de la unión de la RNA polimerasa para formar un complejo promotor cerrado o aumentando la velocidad de formación de un complejo promotor abierto.

La proteína receptora de AMP cíclico (CRP) proporciona un control positivo de *lac* y de varios otros operones que se reprimen por catabolitos. El complejo AMPc-CRP se une el promotor de *lac* cuando las concentraciones de glucosa son bajas y facilita la iniciación de la transcripción.

Nuestro conocimiento de la acción de la CRP es todavía incompleto, debido, en parte, a que el complejo AMPc-CRP activa varios sistemas génicos diferentes en *E. coli*, que intervienen todos ellos en la generación de energía. Entre estos sistemas están los operones para la utilización de otros azúcares, como la galactosa, la maltosa, la arabinosa y el sorbitol, y varios aminoácidos. Entre los operones que se han analizado, el lugar de unión al DNA del dímero activado por el AMPc varía considerablemente respecto al punto de comienzo de la transcripción, lo cual sugiere que los mecanismos reguladores que implican a esta proteína son complejos.

## El complejo CRP-DNA

La estructura del complejo CRP-AMPc-DNA, tal como muestra la cristalografía de rayos X (Figura 29.6), indica la forma en que la proteína se une al DNA. Cada subunidad de CRP contiene un par característico de hélices α unidas por una vuelta. Una hélice de cada par, que se muestra perpendicular al plano de la figura, se sitúa dentro del surco principal del DNA. Este motivo estructural **hélice-vuelta-hélice**, que se observó aproximadamente al mismo tiempo en la estructura del represor Cro del fago λ (*véase* la Figura 27.1 y las páginas 1239-1244), se encuentra en varias proteínas reguladoras de unión al DNA, lo que sugiere un origen evolutivo común para esta familia de proteínas. El motivo estructural de unión al DNA hélice-vuelta-hélice fue el primero que se describió, antes que los que hemos considerado en al Capítulo 27 (página 1147). Volveremos a este motivo y a su importancia reguladora al comentar los represores del fago λ.

El análisis del complejo DNA-proteína muestra también que la CRP induce al DNA a doblarse considerablemente cuando se une. Este doblado puede facilitar la iniciación de la transcripción, al llevar secuencias de DNA hacia una parte más adelante, en contacto directo con el promotor o con el lugar de inicio de la transcripción. Las pruebas indican una interacción importante entre la subunidad α y el DNA, que se produce como resultado del doblado del DNA.

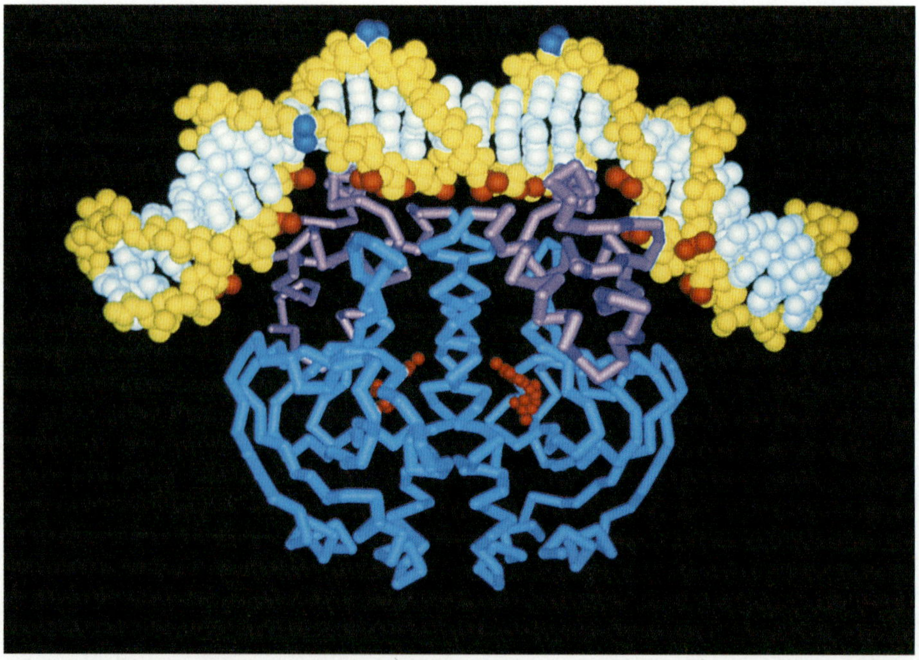

**FIGURA 29.6**

**Doblado del DNA por la unión a CRP-AMPc.** Este modelo se dedujo a partir de la estructura cristalina del complejo DNA-proteína-AMPc. Las bases del DNA se indican de color azul claro, y el armazón azúcar-fosfato, en amarillo. Los dominios de unión al DNA de la proteína, dos hélices α en contacto con las bases del DNA en el surco principal (*véase* el texto), se indican en morado y son perpendiculares al plano de la página. El dominio de unión del AMPc se muestra en azul, y dos moléculas de AMPc unidas, en rojo. En las moléculas de DNA, los fosfatos que están en contacto más estrecho con la proteína y cuya etilación interfiere en la unión de la misma se indican en rojo. Los fosfatos cuya reactividad a la etilación está aumentada (en el borde externo del doblez) se muestran en azul. PDB ID 1CGP.

De *Quarterly Reviews of Biophysics* 23:205-280, T. A. Steitz, Structural studies of protein–nucleic acid interaction: The sources of sequence-specific binding. 

## Bacteriófago $\lambda$: operadores múltiples, represores duales y modelos de la especificidad de unión al DNA

Volvemos de nuevo al fago $\lambda$, un sistema genético mucho más grande y más complejo que el operón lactosa, pero que se regula por factores similares: la unión de proteínas a lugares reguladores específicos en el DNA, hacia arriba de los genes que controlan, conduciendo la unión a la activación o a la inhibición de la iniciación de la transcripción. Sin embargo, debido a la variedad de relaciones entre el virus y su bacteria hospedadora, los controles específicos utilizados son más complejos y más sutiles que los que hemos presentado. Recuérdese del Capítulo 26 que la infección puede tener dos resultados posibles: un ciclo lítico de crecimiento, comparable al del fago T4, o la lisogenización, en la que el cromosoma del virus se hace circular y sufre una integración específica de lugar en el cromosoma de la célula hospedadora (*véase* la Figura 26.19, página 1098), con la consiguiente represión de casi todos los genes del virus. Una vez establecida la lisogenia, el cromosoma del fago puede mantenerse como un profago con la transcripción reprimida durante muchas generaciones. Puede romperse este estado de represión conduciendo a la escisión del cromosoma del virus como un DNA circular, seguido de la replicación del DNA del virus y a continuación, de la activación de los genes necesarios para el ensamblaje de las partículas víricas. El virus debe confiar en cuatro patrones distintos de expresión de los genes necesarios para sus cuatro estados fisiológicos: (1) infección conducente a un crecimiento lítico, (2) infección conducente al establecimiento de la lisogenia, (3) mantenimiento a largo plazo de la lisogenia, y (4) ruptura de la lisogenia con el consiguiente crecimiento lítico.

Los acontecimientos clave en la regulación de la transcripción de $\lambda$ implican dos proteínas represoras diferentes, denominadas cI y Cro, cada una de las cuales se une a dos operadores diferentes. Cada operador contiene, no solo un lugar de unión del represor (como en el operón lactosa), sino tres, y cada uno de ellos contiene lugares promotores entremezclados con los lugares de unión del represor. La transcripción de los dos lugares promotor-operador tiene lugar en direcciones opuestas a lo largo del genoma (*véase* la Figura 29.7). Los represores se unen a cada uno de los seis lugares operadores con afinidades variables, lo que conduce a una ocupación variable de cada lugar de unión por cada represor en diversas condiciones fisiológicas. Para complicarlo más, el represor cI también actúa, en determinadas condiciones, como *activador* de la transcripción, estimulando la expresión de algunos genes y reprimiendo otros. Para entenderlo, debemos considerar primero los genes y sus posiciones en el genoma de $\lambda$ (Figura 29.7), así como los fenotipos de los mutantes alterados en estos genes reguladores.

### Genes y mutaciones en el sistema $\lambda$

Los mutantes del fago que presentan deficiencias en el establecimiento o mantenimiento de la lisogenia tienen fenotipos comparables a los que presentan deficiencias en la regulación de *lac*, y estas semejanzas ayudaron a Jacob y Monod a establecer las generalizaciones

**FIGURA 29.7**

**Región reguladora temprana del fago $\lambda$.** Se indican los lugares de acción de varias proteínas reguladoras (bandas marrones sobre la cinta oscura). Estas proteínas son los represores cI y Cro, el activador cII, cIII (que actúa estabilizando cII), el antiterminador N, y las proteínas de integración y escisión Int y Xis. Los RNA transcritos indicados en verde y rojo se sintetizan en distintas condiciones y en las direcciones señaladas con las puntas de flecha.

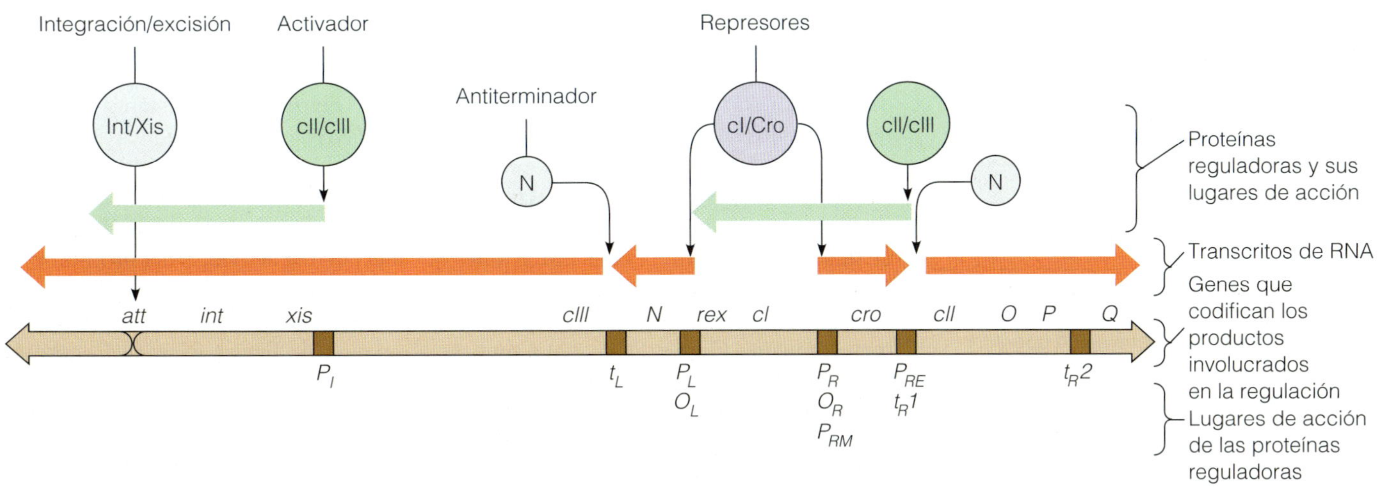

**TABLA 29.1. Fenotipos de las mutaciones *lac* y λ comparables**

| Fenotipo *lac* | Fenotipo λ correspondiente | Anomalía de la regulación |
|---|---|---|
| Inductor-constitutivo, recesivo | Placa clara; no puede establecer lisogenia | Represor defectuoso en la unión del operador |
| Operador-constitutivo, *cis*-dominante | Virulento; puede replicarse en un lisógeno inmunitario superinfectado | Operador incapaz de unirse al represor |
| No inducible, *trans*-dominante | No inducible (no puede inducirse por luz UV u otros tratamientos) | El represor no puede unir al inductor o inactivarle |

que incluye su modelo del operón. La respuesta lisogénica incluye procesos de inactivación génica del virus, que se realizan mediante la unión de un represor a un operador, comparable al que mantiene al operón *lac* desactivado cuando no hay inductor. En la Tabla 29.1 se resumen los fenotipos principales de $\lambda$ y las mutaciones de *lac* comparables.

Cuando un represor defectuoso no puede unirse a los operadores, los fagos mutantes producen unas placas claras cuando se siembran. Normalmente, una placa de $\lambda$ es turbia, ya que contiene, no solo el fago sino también, bacterias lisogenizadas, que continúan creciendo, puesto que son *inmunes* a la infección por otro fago. En cambio, los mutantes que no pueden establecer lisogenia dan lugar a placas claras, puesto que se lisan todas las células. Las mutaciones de $\lambda$ con placas claras se encuentran en tres genes diferentes (*cI*, *cII* y *cIII*). *cI* es el gen estructural de un represor, y los otros dos genes controlan la síntesis de la proteína cI.

La regulación de la lisogenia en el fago $\lambda$ es semejante a la regulación del operón lactosa, aunque más compleja.

Las mutaciones *virulentas*, cuyas localizaciones en el mapa génico se encuentran en los operadores, dan lugar también a un fenotipo de placa clara, pero con una diferencia importante. Las bacterias lisogénicas para $\lambda$ son inmunes a la infección por un segundo fago $\lambda$, ya que el represor de la célula se une a los operadores de cualquier fago que llegue. Esto ocurre en los mutantes *cI*, debido a que contienen operadores normales, que pueden unir los represores. Sin embargo, los mutantes virulentos pueden producir una descendencia de fagos en la infección de un lisógeno inmune, puesto que sus operadores no pueden unirse al represor tras la entrada en la célula. Estas observaciones son similares, en principio, a las obtenidas en experimentos con diploides parciales del operón *lac*.

## El represor *cI* de $\lambda$ y sus operadores

En 1967, Mark Ptsahne aisló el represor de $\lambda$ codificado por *cI*. El represor cI es una proteína dimérica, con una subunidad $M_r$ de 27 000; se une a través de sus secuencias N-terminales a los lugares operadores con una $K_a$ de alrededor $3 \times 10^{13}$ M$^{-1}$ (Figura 29.8). Las interacciones represor-DNA se han utilizado para mapear y caracterizar lo que resultaron ser dos regiones operadoras, una en cada lado de *cI*. Los dos operadores controlan procesos de transcripción divergentes a partir de una región reguladora central, hacia la izquierda, ($O_L$), y hacia la derecha, ($O_R$); *véase* la Figura 29.7. Como muestran las técnicas de huellas dactilares, cada operador contiene tres lugares diferentes de unión del represor, cada uno de ellos de 17 pares de bases de longitud. Los tres lugares de unión del represor son homólogos, aunque no idénticos (Figura 29.9), y están separados por regiones espaciadoras de entre tres y siete pares de bases. Las mutaciones que confieren virulencia se encuentran en las regiones de unión del represor. Un mutante totalmente virulento tiene, al menos, dos mutaciones, una en $O_L$ y otra en $O_R$.

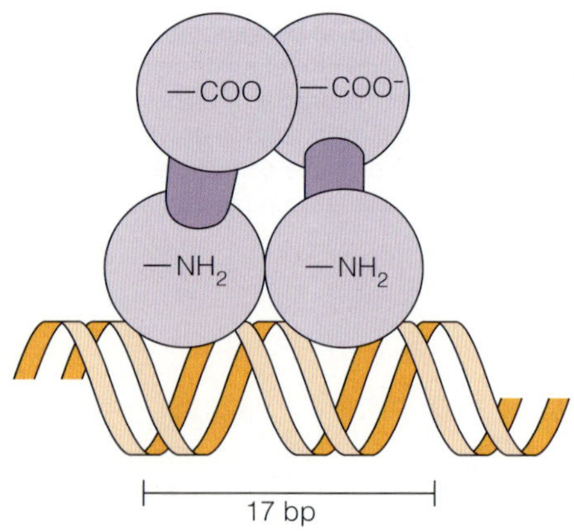


**FIGURA 29.8**

**Modelo de la unión del represor cI de λ al DNA.** El represor es un dímero y se une a una región de 17 pares de bases en un operador de $\lambda$.

*A Genetic Switch: Gene Control and Phage λ*, M. Ptashne. © 1986 John Wiley & Sons Inc. Reproducido con permiso de Blackwell Publishing Limited.

Los operadores de $\lambda$ son notables en varios aspectos, aparte de sus múltiples lugares de unión del represor. (1) Las mutaciones que afectan a la actividad del promotor se encuentran entre los lugares de unión del represor. Así pues, los operadores y los promotores están *intercalados*, de manera que las regiones reguladoras han de denominarse, más correctamente, $O_LP_L$ y $O_RP_R$. (2) Como se observa en la Figura 29.9, $O_RP_R$ controla la transcripción a partir de *dos promotores diferentes*, uno hacia la derecha ($P_R$) y otro hacia la izquierda ($P_{RM}$). (3) La transcripción a partir de $O_LP_L$ y $O_RP_R$ se controla por *dos represores diferentes*, cI y Cro (el acrónimo del gen *cro* procede de *cI represor off*). (4) En determinadas condiciones, el represor cI es un *activador* de la transcripción en vez de un inhibidor. Otra

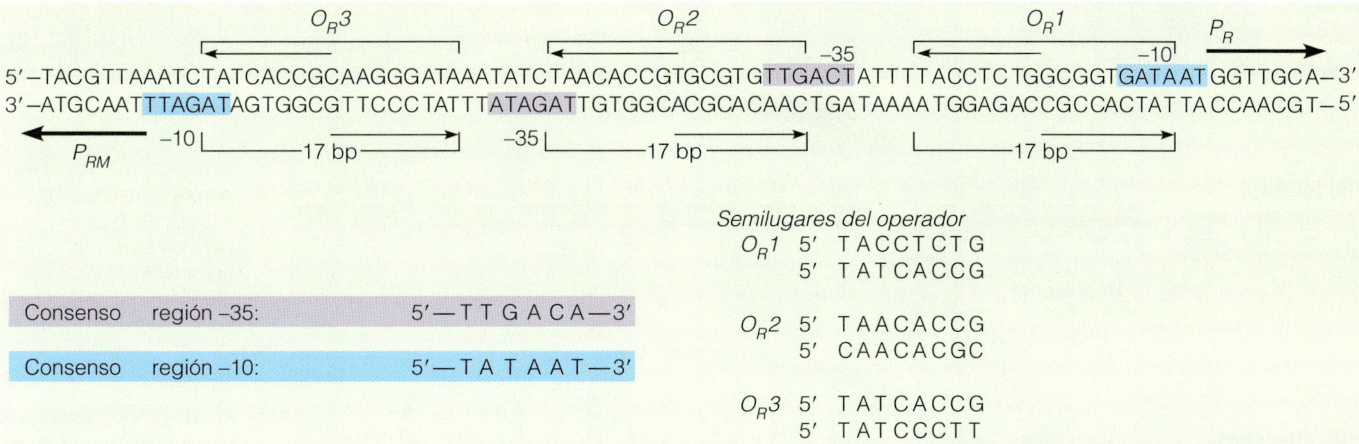


**FIGURA 29.9**

**Región $O_RP_R$.** En el diagrama superior se indica la secuencia de nucleótidos de la región $O_RP_R$, incluyendo los tres lugares de unión del represor ($O_R1$, $O_R2$ y $O_R3$), el promotor hacia la izquierda $P_{RM}$ y las regiones −35 y −10 de los dos promotores (sombreadas en morado y azul, respectivamente). Las flechas horizontales finas indican los semilugares del operador. En la parte inferior se muestran las secuencias de consenso para las regiones −35 y −10 y un plano que muestra la homología parcial entre los semilugares del operador (es decir, los lugares de unión del represor).

característica novedosa de este sistema de regulación es que la transcripción de *cI* se inicia por diferentes promotores en distintas condiciones fisiológicas. Todas estas complejidades están relacionadas con la necesidad de establecer un control ordenado y eficaz de los genes del fago en condiciones fisiológicas muy diferentes, como veremos más adelante.

## Genes tempranos del fago $\lambda$

Para comprender la importancia de la regulación del gen *cI*, debemos identificar varios genes de $\lambda$ que se expresan en la fase temprana de la infección (*véase* la Figura 29.7). *cI* y *cro* codifican represores, como se ha indicado, y *cII* y *cIII* estimulan la síntesis de *cI*. El gen *rex* tiene una función todavía desconocida, y es el único gen, aparte de *cI*, que se expresa durante la lisogenia. Hemos visto los genes *int*, *xis* y *att* en el Capítulo 26, al considerar la recombinación específica de lugar. *O* y *P* intervienen en la iniciación de la replicación del DNA de $\lambda$. El producto del gen *N* interacciona con NusA (*véase* la página 1142) impidiendo la terminación. El producto *Q* activa la transcripción tardía de los genes.

## Interacciones entre los dos represores de $\lambda$

Los $O_LP_L$ intercalados controlan la transcripción de *N* mediante interacciones de sus lugares de unión del represor con la proteína cI. Sin embargo, la mayor parte de la acción reguladora se produce en $O_RP_R$, y es aquí donde se toma la decisión que conduce a la infección lítica o a la lisogénica. Esta decisión se basa en las interacciones de los dos represores, cI y Cro.

Los experimentos cuantitativos de huellas dactilares indican que de los tres lugares de unión del represor en $O_RP_R$, cI se une de manera más intensa al lugar $O_R1$, menos intensa al $O_R2$ y todavía menos intensa al $O_R3$. Además, la unión de cI es *cooperativa*, por lo que, cuando un dímero del represor se une a $O_R1$, la afinidad para una segunda molécula aumenta en el $O_R2$. La proteína Cro es un dímero de subunidades idénticas de 66 residuos. Se une de manera considerablemente menos intensa a cualquiera de los lugares en comparación con cI, y en el orden inverso. Es decir, se favorece el lugar $O_R3$, seguido de una unión aproximadamente igual a $O_R2$ y $O_R1$. La unión de Cro no es cooperativa.

Aunque la proteína Cro es un represor, puede considerarse también un **antirrepresor**, ya que antagoniza la acción de cI de una forma muy específica. Para comprender cómo actúa, debemos considerar primero los fenómenos de transcripción que se producen en presencia de diversas concentraciones de cI, como se indica en la Figura 29.10. Dada la unión cooperativa de cI a sus operadores, tanto el lugar $O_R1$ como el $O_R2$ suelen estar ocupados en el estado lisogénico (Figura 29.10a), a pesar de que la concentración intracelular de cI sea muy baja (de unas 200 moléculas por célula, es decir, $10^{-7}$ M). Esto inhibe la transcripción hacia la derecha de *cro* a partir de su propio promotor, mientras *activa* la transcripción hacia la izquierda de *cI* a partir del promotor $P_{RM}$ (*M* por «mantenimiento», ya que este es el promotor a partir del cual se transcribe *cI* durante el mantenimiento de la lisogenia). Las regiones –10 y –35 del promotor $P_{RM}$ se encuentran dentro de los operadores. La

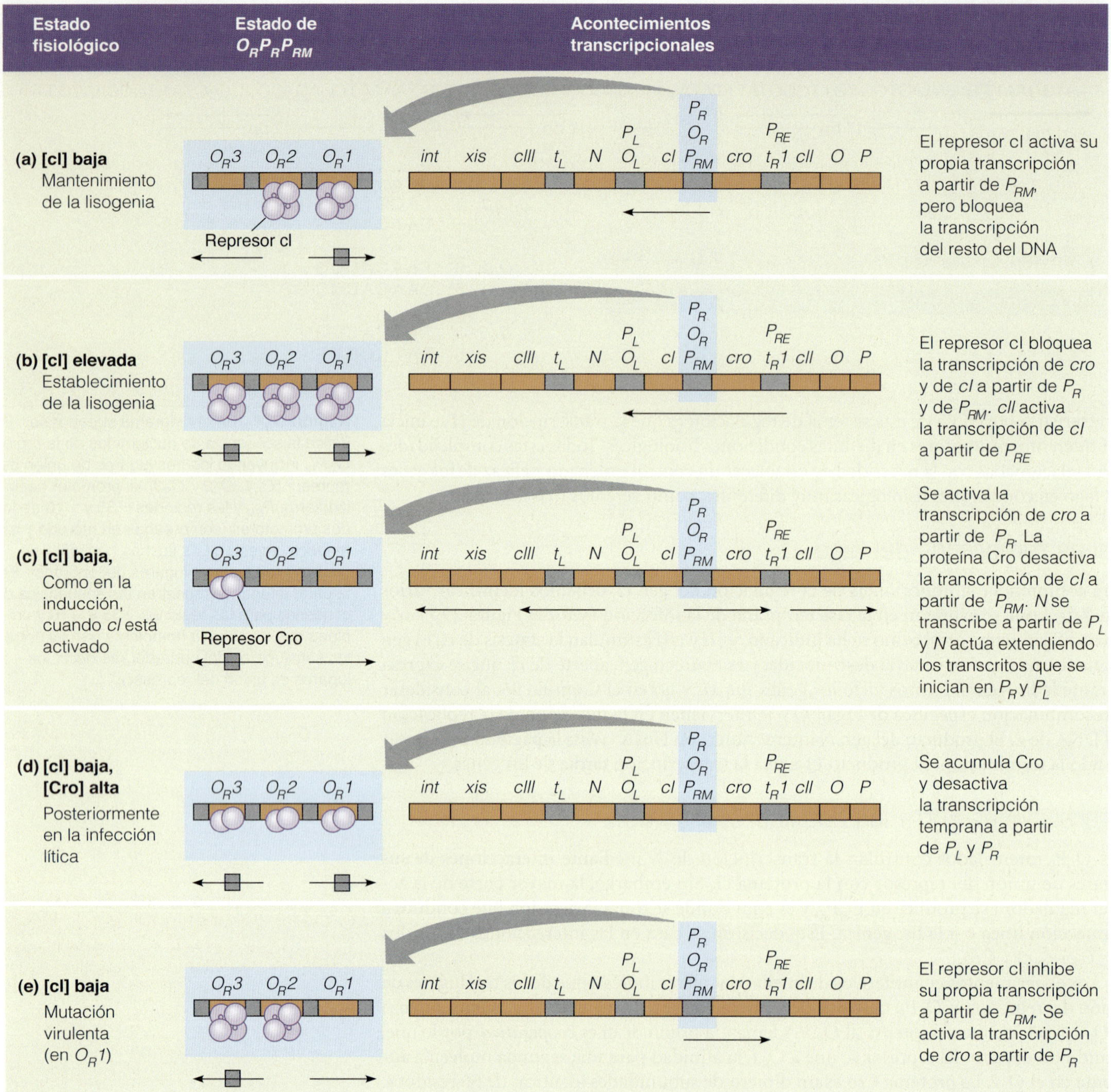


**FIGURA 29.10**

**Interacciones cI-Cro en la región $O_RP_{RM}$.** Diferentes condiciones fisiológicas dan lugar a distintas interacciones, con diversos efectos sobre la transcripción del resto del genoma de $\lambda$. Las cajas grises indican acontecimientos de la transcripción bloqueados. Por simplicidad, se omite el gen *rex*, que no participa en la regulación.

prueba de que cI activa realmente su propia transcripción en el estado lisogénico está en la existencia de una clase especial de mutantes de *cI*, cuyo represor puede unirse de manera intensa a $O_R1$ y a $O_R2$, pero no es capaz de estimular la transcripción de *cI* a partir de $P_{RM}$.

Durante el *establecimiento* de la lisogenia (Figura 29.10b), cuando los genes líticos y lisogénicos compiten para determinar el destino del genoma del virus, son necesarias mayores cantidades del represor cI que las que se transcriben a partir de $P_{RM}$. En este momento, se activa un promotor *cI* diferente, denominado $P_{RE}$ (*E* por «establecimiento»). En esta activación, la proteína cII se une de manera específica a la región –35 del $P_{RE}$ y estimula la unión de la RNA polimerasa a ese lugar. Este fenómeno de la transcripción produce un RNA mensajero de *cI* más largo, que se traduce de manera más eficaz que el mensaje sintetizado a partir de $P_{RM}$. El resultado es una cantidad de represor cI suficiente para unirse a los tres lugares de $O_R$ y, por tanto, para bloquear los fenómenos de iniciación de la transcripción.

Consideremos ahora los fenómenos que se producen en la inducción del profago, cuando se rompe la lisogenia, dando lugar a una infección lítica (Figura 29.10c). En primer lugar, el represor cI se inactiva (veremos enseguida de qué forma se produce esto) y los lugares $O_R$ quedan desocupados. Esto permite la transcripción de *cro* a partir de $P_R$, y la proteína Cro bloquea la ulterior transcripción del *cI* a partir del $P_{RM}$. Al mismo tiempo, la transcripción hacia la izquierda a partir de $P_L$ genera la proteína N, que bloquea la terminación de la transcripción en los lugares que se indican en la Figura 29.10 como $t_R1$ y $t_L$. Así pues, los dos transcritos iniciales de Cro y N se extienden para activar genes nuevos. La transcripción hacia la izquierda genera las proteínas Int y Xis, necesarias para la escisión del profago. La transcripción hacia la derecha genera *O* y *P*, necesarias para la replicación del DNA.

La lisogenia en el fago $\lambda$ se controla por dos represores, cI y Cro, que se unen con afinidades diferentes a tres operadores en la región $O_RP_R$ de operadores y promotores intercalados.

Otros fenómenos reguladores posteriores, como la acción de la proteína del gen *Q*, activan la transcripción de genes de acción tardía, que codifican proteínas estructurales del virus. En este momento, es deseable suprimir la transcripción génica temprana, de manera que las proteínas finales puedan elaborarse a tasas máximas. Esto comporta una nueva acción de la proteína Cro, que por entonces se ha acumulado, hasta el punto de que puede unirse tanto a $O_R1$ como a $O_L1$, bloqueando la transcripción a partir de $P_R$ y $P_L$, respectivamente (Figura 29.10d). En la infección por un mutante virulento (Figura 29.10e), se bloquea la transcripción de *cI* a partir de $P_{RM}$, y ello causa la activación de la transcripción de *cro* a partir de $P_R$.

### Estructura de los represores Cro y cI y proteínas de unión al DNA relacionadas

Los estudios de la estructura tridimensional de los represores Cro y cI han aportado un notable conocimiento sobre los mecanismos mediante los cuales las proteínas reconocen las secuencias específicas de DNA. Esto ha potenciado, a su vez, considerablemente, nuestro conocimiento de la forma en que se regula la transcripción mediante interacciones específicas DNA-proteína.

En 1981 se determinó la estructura cristalina de la proteína Cro. Se trata de un homodímero de subunidades de 66 residuos, plegadas en forma de tres regiones de hélice $\alpha$ y tres de cadenas $\beta$ (Figura 29.11). Los estudios de construcción de modelos demostraron que dos de las hélices, que se indican en la figura con los números 2 y 3, podían encajar dentro del surco principal de la doble hélice del DNA. Estas dos hélices están separadas por una vuelta $\beta$ corta, formando un motivo hélice-vuelta-hélice del tipo que se ha descrito antes para la proteína CRP (*véase* la página 1238). En el dímero Cro las dos hélices número 3 están separadas por 3.4 nm, que es la longitud de una vuelta de la doble hélice de DNA. Esta distancia sugirió que las dos subunidades se unen al mismo lado de la hélice, en lugares adyacentes del surco principal, de manera que las hélices número 3 se sitúan longitudinalmente en los surcos. Este modelo se vio claramente respaldado por los experimentos de protección de la metilación y la etilación, que identificaron los grupos funcionales del DNA en estrecho contacto con la proteína. Obsérvese en la Figura 29.9 que cada lugar operador es un palíndromo imperfecto. En consecuencia, cada una de las dos hélices número 3 está en contacto con una serie de bases ligeramente diferentes.

El motivo hélice-vuelta-hélice se utiliza mucho en las proteínas de regulación de la transcripción procariota. Se establecen contactos específicos entre las bases del surco principal del DNA y los aminoácidos de la hélice de reconocimiento.

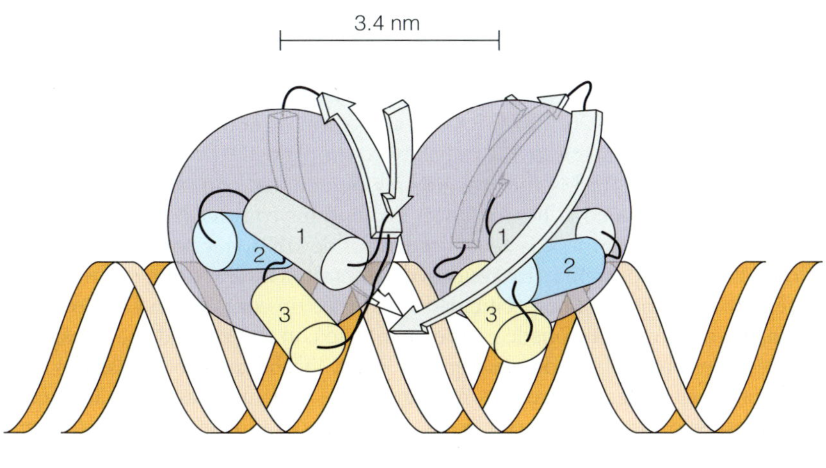


**FIGURA 29.11**

**Modelo estructural del complejo dímero-operador de Cro.**

*A Genetic Switch: Gene Control and Phage λ*, M. Ptashne. © 1986 John Wiley & Sons Inc. Reproducido con permiso de Blackwell Publishing Limited.

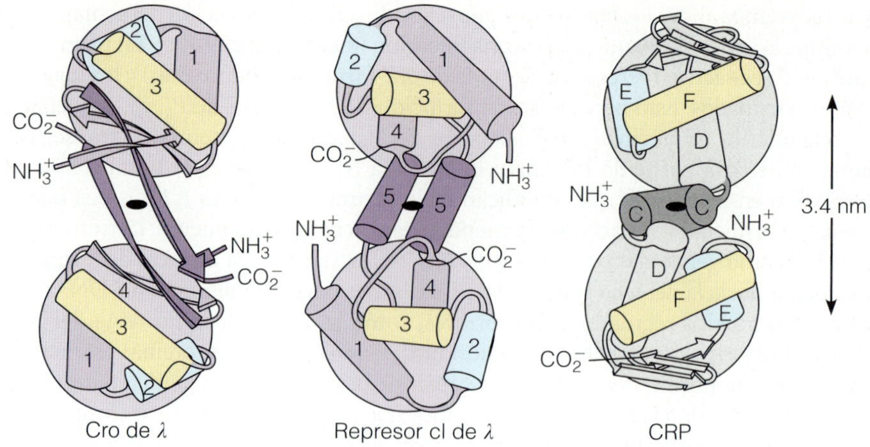


**FIGURA 29.12**

**Caras de unión al DNA de Cro de λ, el represor cI de λ y la CRP, en que se observa el motivo hélice-vuelta-hélice.** Este motivo incluye las hélices 2 y 3 de Cro y de cI, y las hélices E y F de la CRP. Las elipses negras señalan los centros de simetría.

Cortesía de T. A. Steitz e I. T. Weber.

La secuencia de aminoácidos dentro de las hélices 2 y 3, y entre ellas, presenta una homología notable con las correspondientes secuencias de una amplia familia de proteínas de unión al DNA con especificidad de secuencia, pero *no* con las proteínas de unión al DNA que no presentan una preferencia de secuencia. Esta observación sugirió que el motivo hélice-vuelta-hélice es un elemento estructural evolutivo común de las proteínas reguladoras de la transcripción, al menos en los procariotas. Obsérvese que el represor *lac* contacta también con el DNA en un motivo hélice-vuelta-hélice (Figura 29.4). Como se ha indicado antes, este fue el primer motivo estructural que se elaboró para una proteína de unión a una secuencia específica del DNA. En el Capítulo 27 identificamos otros motivos descubiertos más recientemente, como el dedo de zinc, la cremallera de leucina y el motivo hélice-vuelta-hélice.

La proteína receptora de AMPc tiene un motivo hélice-vuelta-hélice en sus hélices E y F, como se mencionó en la página 1147. Una vez demostrado que la estructura tridimensional del represor cI de λ tiene un motivo hélice-vuelta-hélice, parecía probable que este tipo de estructura interviniera en la unión al DNA de todas estas proteínas. En la Figura 29.12 se muestran las semejanzas tridimensionales relevantes para Cro, CRP y el represor cI. Las homologías de secuencia de aminoácidos entre estas regiones se muestran en la Figura 29.13 para Cro y cI. Obsérvese que las secuencias, aunque similares, no son idénticas. Si fueran idénticas, no podríamos explicar de qué manera difieren los represores Cro y cI en sus respectivas afinidades por los diferentes operadores. El represor cI contiene un determinante de unión adicional, un par de «brazos» o segmentos polipeptídicos cortos que se extienden a partir de la hélice 1 y que se observan en la Figura 29.14, alrededor de la hélice y formando contactos con el otro lado del DNA dúplex. Estos brazos explican probablemente por qué cI se une de manera más intensa que Cro a sus operadores.

La hélice α-3 se denomina **hélice de reconocimiento**, debido a que su posición profunda dentro del surco principal le permite entrar en contacto con bases específicas del DNA y determinar, por tanto, la especificidad de secuencia de la unión. La hélice α-2 está en contacto fundamentalmente con los fosfatos del DNA. Estos contactos electrostáticos refuerzan la unión, pero no contribuyen a la especificidad. En favor del concepto de que α-3 actúa como hélice de reconocimiento está el hecho de que la mayoría de las mutaciones de *cI* que reducen la unión específica del represor al operador del DNA modifican la secuencia de aminoácidos de esta región de la proteína.

Los análisis cristalográficos de los respectivos complejos DNA-proteína explican cómo se pueden unir Cro y cI a los mismos lugares operadores con diferentes afinidades de unión. Como se muestra en la Figura 29.15, los residuos comunes de ambas proteínas están en contacto con los elementos de las secuencias de DNA, que son comunes a todos los operadores. En ambas proteínas, un residuo de glutamina interacciona con un par de bases A-T. El represor cI establece la especificidad a través de un contacto en $O_R1$ con un residuo de alanina, mientras que Cro puede estar en contacto con tres pares de bases específicos de $O_R3$, con residuos particulares de asparagina y lisina. También, dado que las dos hélices α-3 se encuentran más juntas en Cro (2.9 nm) que en cI (3.4 nm), las orientaciones de estas hélices con respecto a los surcos principales del DNA operador son bastante diferentes.

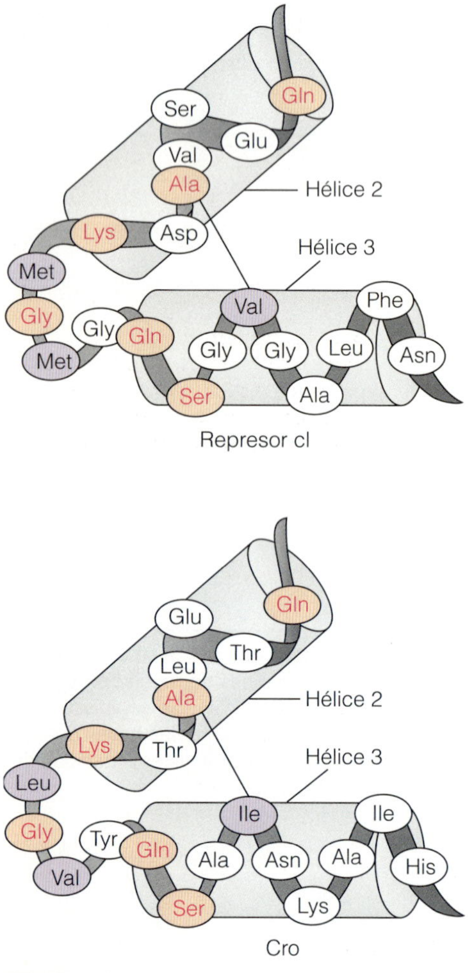


**FIGURA 29.13**

**Residuos conservados en las hélices de unión al DNA del represor cI y de Cro de λ.** Las sustituciones conservativas se indican en morado y las identidades, en rosa. En ambas proteínas, la alanina de la hélice 2 contacta con un residuo de la hélice 3, que facilita la colocación de las hélices, una respecto a la otra.

*A Genetic Switch: Gene Control and Phage λ*, M. Ptashne. © 1986 John Wiley & Sons Inc. Reproducido con permiso de Blackwell Publishing Limited.

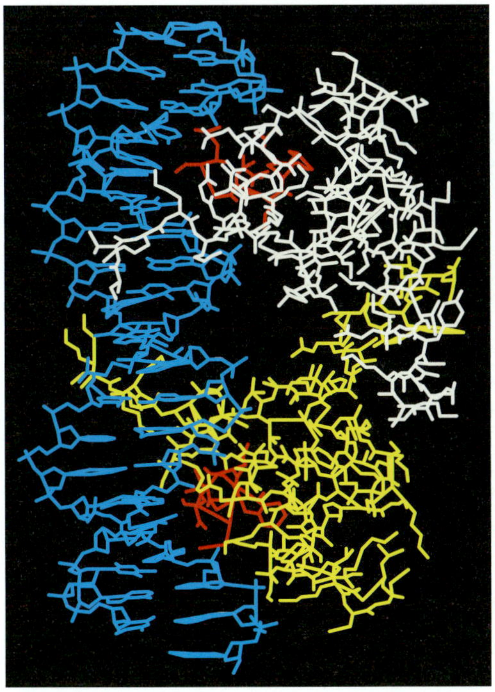

FIGURA 29.14

**Estructura del complejo represor cI-DNA de λ que muestra las hélices de reconocimiento (en rojo) y los brazos que rodean la parte posterior de la hélice.**

De *Science* 242:893-907, S. R. Jordan y C. O. Pabo, Structure of the lambda complex at 2.5 Å resolution: Details of the repressor-operator interactions. © 1988. Reproducido con permiso de AAAS y Carl O. Pabo.

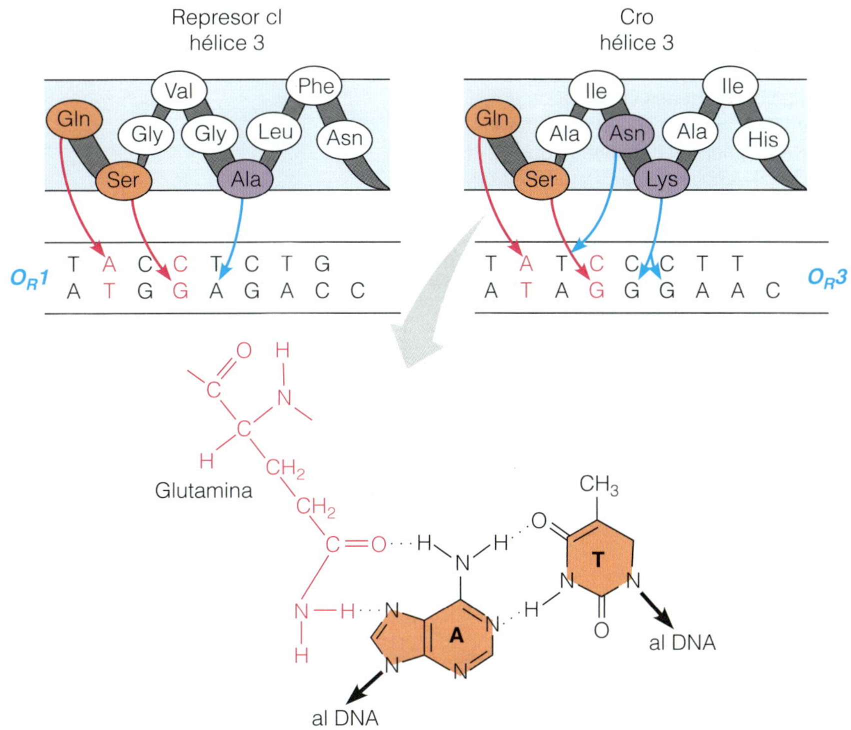


FIGURA 29.15

**Contactos específicos aminoácido-nucleótido para los represores cI y Cro.** Los residuos conservados (en rosa) se unen a los nucleótidos comunes a todos los operadores, y hay residuos específicos (en morado) que se unen a los nucleótidos no conservados en los operadores. También se muestra la estructura de un residuo de glutamina en contacto con un par de bases AT. Obsérvese que los dos represores se muestran unidos a distintos operadores.

*A Genetic Switch: Gene Control and Phage λ*, M. Ptashne. © 1986 John Wiley & Sons Inc. Reproducido con permiso de Blackwell Publishing Limited.

## Regulón SOS: activación de operones múltiples mediante un conjunto común de señales ambientales

¿De qué forma se inactiva el represor cI de λ cuando se escinde el profago y se inicia un ciclo de crecimiento lítico? Se sabe que diversos tratamientos que dañan al DNA inducen profagos λ, como por ejemplo, la radiación ultravioleta, la inhibición de la replicación del DNA, y el daño químico al DNA. Evidentemente, el virus encuentra ventajoso abandonar una célula dañada, como las ratas abandonan un barco que se hunde. Dada la semejanza del control genético de los sistemas λ y *lac*, los investigadores buscaron una molécula pequeña, tal vez un nucleótido, que se acumulara después de estos tratamientos y que pudiera ser el ligando que se une a cI para inactivarlo. Sorprendentemente, se observó que el represor λ se inactivaba mediante un mecanismo muy distinto, la ruptura proteolítica. El análisis de esta reacción de ruptura evidenció el sistema SOS descrito en el Capítulo 26 como uno de los elementos de la reparación del DNA propensa a errores, en el que los genes se controlan por un sistema de un único represor-operador. Esta serie de genes no ligados, regulados mediante un mecanismo común, se denomina **regulón**. Los genes del choque térmico, que se activan todos por un aumento transitorio de la temperatura, constituyen otro regulón.

Los elementos de control del regulón SOS de *E. coli* son los productos de los genes *lexA* y *recA*. Hemos encontrado ya antes la proteína RecA, en su función de estimulación del apareamiento de las cadenas de DNA durante la recombinación. Cabe destacar que esta pequeña proteína tiene una actividad enzimática, además de las actividades involucradas en la recombinación. Cuando se une al DNA de una sola cadena, puede estimular la ruptura proteolítica de las proteínas codificadas por *cI*, *lexA* y *umuD*. LexA

**FIGURA 29.16**

**Regulón SOS.** En la figura se muestran las localizaciones en el cromosoma de *E. coli* de algunos de los genes controlados por el represor LexA. *dinA* es el gen estructural de la DNA polimerasa II, mientras que *dinB* codifica la DNA polimerasa IV y *dinF* es un gen inducible por el daño, cuya función se desconoce. *umuC,D* (llamado así debido a que los mutantes de este gen no pueden sufrir mutagénesis por radiación ultravioleta) codifica la DNA polimerasa V, muy propensa a errores. El represor LexA (en rosa) se inactiva por la proteólisis, que se potencia, de algún modo, por un complejo de la proteína RecA (en azul) y el DNA de cadena única.

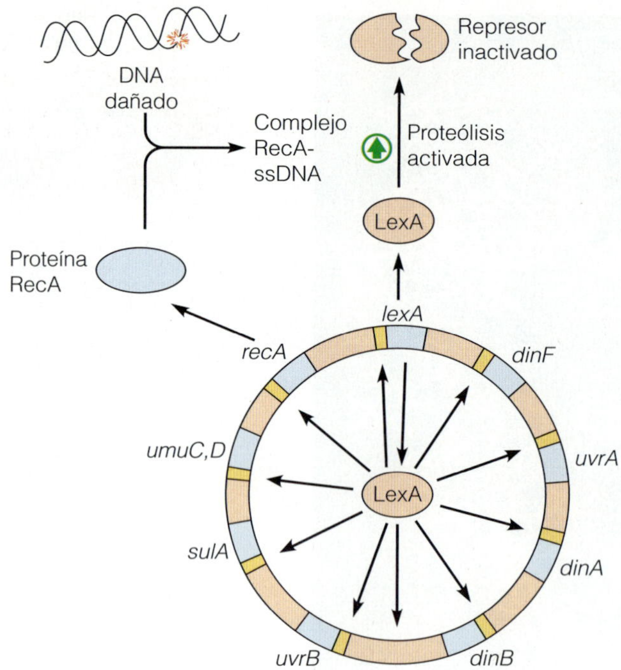


es un represor que se une a cerca de tres docenas de operadores diferentes dispersos en el genoma de *E. coli* (Figura 29.16). Cada operador controla la transcripción de una o más proteínas que facilitan a la célula la respuesta tras un daño ambiental que pudiera alterar el aparato genético. Se inducen alrededor de 40 proteínas como resultado de la inactivación de LexA. Estas proteínas son los productos de los genes *uvrA* y *uvrB*, que intervienen en la reparación por escisión, *umuC,D*, que intervienen en la mutagénesis propensa a errores, *sulA*, que participa en el control de la división celular, *dinA*, el gen estructural de la DNA polimerasa II, el propio *recA*, el propio *lexA*, *dinB*, el gen estructural de la polimerasa IV propensa a errores; y *dinF* (de función desconocida).

El regulón SOS se activa por el daño del DNA, que estimula a la RecA para que produzca la ruptura proteolítica de los represores LexA y cI de $\lambda$.

En una célula sana, *lexA* y *recA* se expresan en un grado bajo, con la producción de una proteína LexA suficiente para desactivar por completo la síntesis de los demás genes SOS. La proteína LexA no consigue abolir por completo la transcripción de *lexA* ni la de *recA*. El desencadenante que activa el sistema SOS tras un daño es el DNA de una sola cadena. Como hemos visto, la radiación UV genera estructuras de DNA con huecos, y lo mismo ocurre con otras condiciones que inducen el sistema SOS. La unión de RecA en un hueco activa la proteólisis mediante un mecanismo que todavía no está claro. Las concentraciones intracelulares de LexA disminuyen, eliminando la barrera de LexA a la transcripción de *recA*. La proteína RecA se acumula en grandes cantidades. La ruptura simultánea de la proteína LexA activa la transcripción de todos los genes que están bajo el control de *lexA*. En un $\lambda$ lisogénico, está estimulada también la rotura del represor cI de $\lambda$, con lo que se activa la escisión y replicación del profago, como se ha comentado antes.

La secuenciación de los operadores que responden a LexA ha producido una secuencia de consenso, con 7 bases muy conservadas en una región de 20 pares de bases. Sin embargo, diferentes genes sensibles a LexA tienen esta secuencia situada en lugares muy diferentes respecto al lugar de inicio de la transcripción. La localización de cada operador LexA, y su semejanza con la secuencia de consenso, controlan el tiempo tras el daño del DNA en el que se expresa un determinado gen. De esta forma, la respuesta SOS parece ser una serie coordinada de acontecimientos, en parte controlados por la naturaleza y la gravedad del acontecimiento inicial de daño.

## Operones biosintéticos: represores activados por el ligando y atenuación

El operón lactosa interviene en el catabolismo de un sustrato. En consecuencia, los productos de los genes no son necesarios, a no ser que esté presente el sustrato para ser

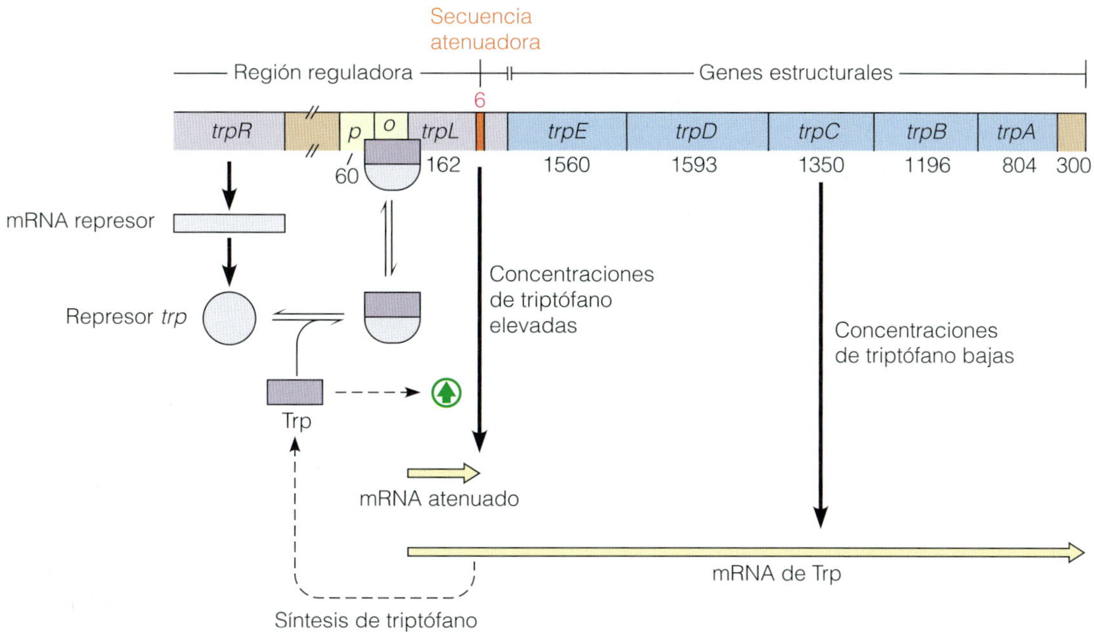


**FIGURA 29.17**

**Operón *trp*.** En la figura se muestra la regulación por el represor *trp* y por atenuación. *trpa*, el lugar atenuador, se indica en rojo.

consumido. Una situación diferente es la que se da en los genes cuyos productos catalizan la biosíntesis, por ejemplo, de un aminoácido. Dado que la biosíntesis consume energía, a la célula le resulta ventajoso utilizar el aminoácido preformado, si lo hay. En consecuencia, el objetivo regulador es reprimir la actividad de los genes, mediante la *desactivación* de la síntesis de enzimas de la ruta cuando se dispone del producto final de esta. La regulación del operón *trp* de *E. coli*, que controla las cinco reacciones que van del ácido corísmico al triptófano (*véase* la Figura 21.38, página 910), ponen de manifiesto dos formas de conseguirlo: un diseño del represor en el que la unión de una molécula pequeña de ligando *activa* al represor, en vez de inactivarlo, y la terminación prematura de la transcripción.

El operón *trp* está formado por cinco genes estructurales adyacentes cuya transcripción está controlada por una región reguladora común promotor-operador (Figura 29.17). El represor *trp*, una proteína de 58 kilodalton, codificada por el gen no adyacente *trpR*, se une a un ligando de bajo peso molecular, el triptófano. Sin embargo, en este caso, el complejo proteína-ligando es la forma *activa* de la proteína, que se une al operador y bloquea la transcripción. Cuando las concentraciones intracelulares de triptófano disminuyen, el complejo ligando-proteína se disocia y la proteína libre («aporrepresor»), abandona el operador, con lo que se activa la transcripción. Si denominamos a la lactosa como un inductor en un sistema catabólico, parece lógico denominar al triptófano **correpresor** en este sistema anabólico.

El represor *trp* inhibe la síntesis de triptófano mediante la unión como complejo represor-triptófano al operador *trp*, bloqueando la transcripción.

La estructura cristalina del complejo represor *trp*-DNA presenta un motivo hélice-vuelta-hélice, comparable al que se observa en los represores de $\lambda$, Cro, cI, y *lac*; la unión de triptófano a esta proteína reorienta las hélices para activar la unión al DNA. Es destacable que este modelo no presente contactos directos entre residuos de las hélices de reconocimiento y bases específicas del DNA. Se ha propuesto que las moléculas de agua unidas establecen contactos con especificidad de secuencia entre los aminoácidos de la hélice de reconocimiento y los nucleótidos del operador.

El operón *trp* tiene una característica reguladora adicional, que actualmente se sabe que interviene en el control de numerosos operones biosintéticos. Charles Yanofsky observó que las actividades de las enzimas *trp* variaban en un margen de 600 veces en distintas condiciones fisiológicas, más de lo que podía explicar un mecanismo represor-operador por sí solo. El análisis reveló un segundo mecanismo, denominado *atenuación*, que comporta una terminación temprana de la transcripción del operón *trp* en condiciones de abundancia de triptófano. Obsérvese en la Figura 29.17 la secuencia de 162 nucleótidos denominada *trpL*, la región líder del *trp*. Un lugar denominado *a*, el atenuador, está situado a 133 nucleótidos del extremo 5′ de la secuencia *trpL*. Cuando las concentraciones de triptófano son altas, la transcripción termina en *a*, para dar

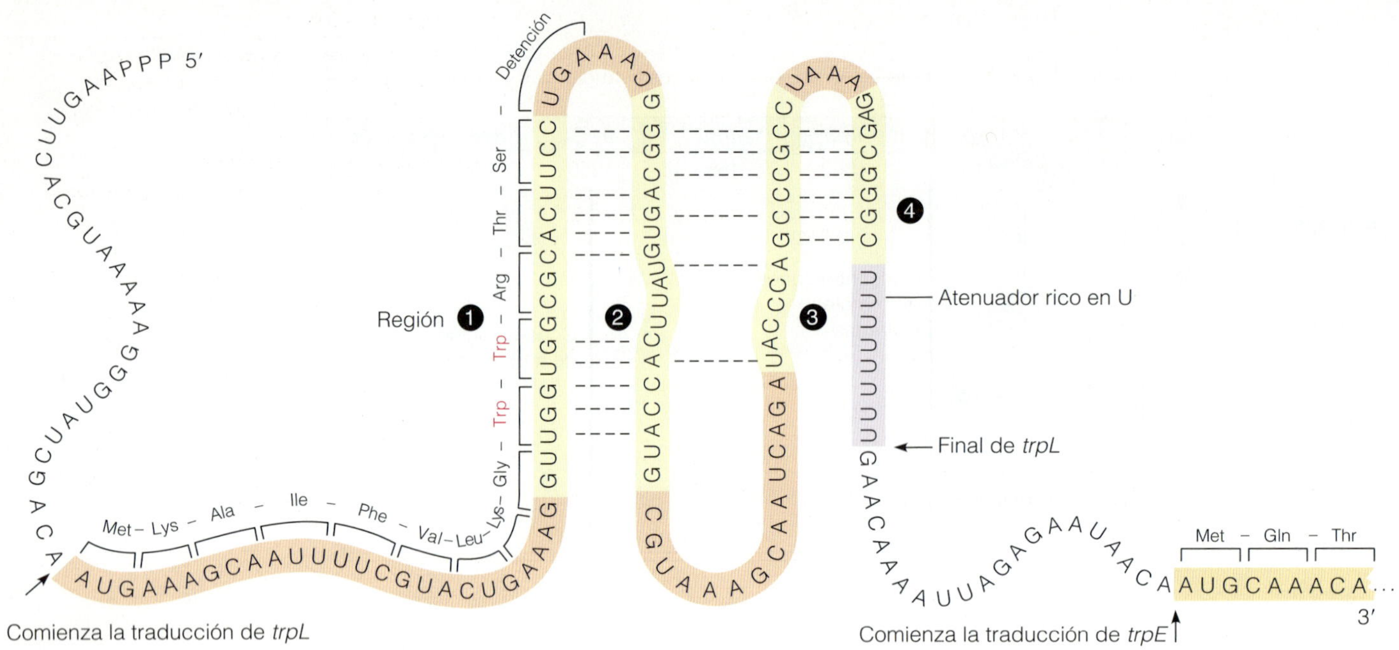


**FIGURA 29.18**

**Secuencia de bases del RNA de la región líder *trp*.** Se muestran las cuatro secuencias internamente complementarias que participan en la atenuación (en amarillo), así como los dos codones de *trp* de la región 1 que actúan como lugares de detención para la RNA polimerasa. El codón de detención de la traducción tras la región 1 (*véase* el Capítulo 28) puede actuar para impedir la traducción innecesaria de los pocos mensajes de longitud completa que se producen, a pesar de la atenuación.

La atenuación es un mecanismo de regulación en el que el posicionamiento del ribosoma sobre un mRNA determina si la transcripción de un operón terminará antes de que se inicie la transcripción de los genes estructurales.

lugar a un transcrito atenuado de 133 nucleótidos, en vez del mRNA completo del *trp* de 7000 nucleótidos. Los genes estructurales no se transcriben, por lo que no se sintetiza triptófano.

Un elemento crucial para comprender el mecanismo de la atenuación es la presencia de cuatro secuencias de oligonucleótidos en la región líder del *trp*, que son capaces del apareamiento de bases en estructuras de bucle troncal en el transcrito de RNA (Figura 29.18). En la conformación más estable (Figura 29.19a), la región 1 se aparea con la 2, y la región 3 con la 4, para dar dos bucles troncales. La estructura 3-4, que va seguida de ocho U, es un terminador eficaz de la transcripción, ya que se parece a la estructura del terminador independiente del factor, que se muestra en la Figura 27.16 (página 1141).

Cuando las concentraciones de triptófano son bajas (Figura 29.19b), se inhibe la formación del bucle troncal 3-4, y la terminación no se produce en el lugar de atenuación. Obsérvese que la región 1 contiene dos codones de triptófano (*véase* la Figura 29.18). En los procariotas, la traducción está acoplada a la transcripción, por lo que un ribosoma puede comenzar a traducir un mensaje a partir de su extremo 5′, mientras que el mensaje está siendo sintetizado aún en su extremo 3′. En este caso, el ribosoma se detiene al llegar a los dos codones del triptófano, puesto que no hay suficiente triptofanil-tRNA para traducirlos. La presencia del ribosoma voluminoso impide el apareamiento de bases de la región 1 con la 2, con lo que esta última queda libre para formar un apareamiento de bases con la 3. Cuando la región 3 deja de estar disponible para formar pares de bases con la 4, no puede formarse el bucle troncal 3-4 terminador de la transcripción, y se sintetiza todo el mensaje. Y a la inversa, cuando el triptófano es abundante (Figura 29.19c), el ribosoma no se detiene, con lo que ocluye la región 2 y permite que se forme la estructura de bucle troncal 3-4, que da lugar a la terminación de la transcripción en el lado 3 de 3-4.

Ni el sistema *trpR* ni el atenuador son simples sistemas de activación-desactivación. Ambos responden, de una forma graduada, a la concentración intracelular de triptófano. A pesar de que ambos sistemas se controlan por la misma señal, la acción de dos sistemas de control diferenciados amplía notablemente la gama de posibles velocidades de transcripción del operón *trp*, proporcionando la máxima eficacia a la regulación de estos genes. A una concentración baja de triptófano, la interacción represor-operador es el mecanismo principal de regulación, mientras que los efectos de la atenuación son más importantes a concentraciones moderadas o altas de triptófano.

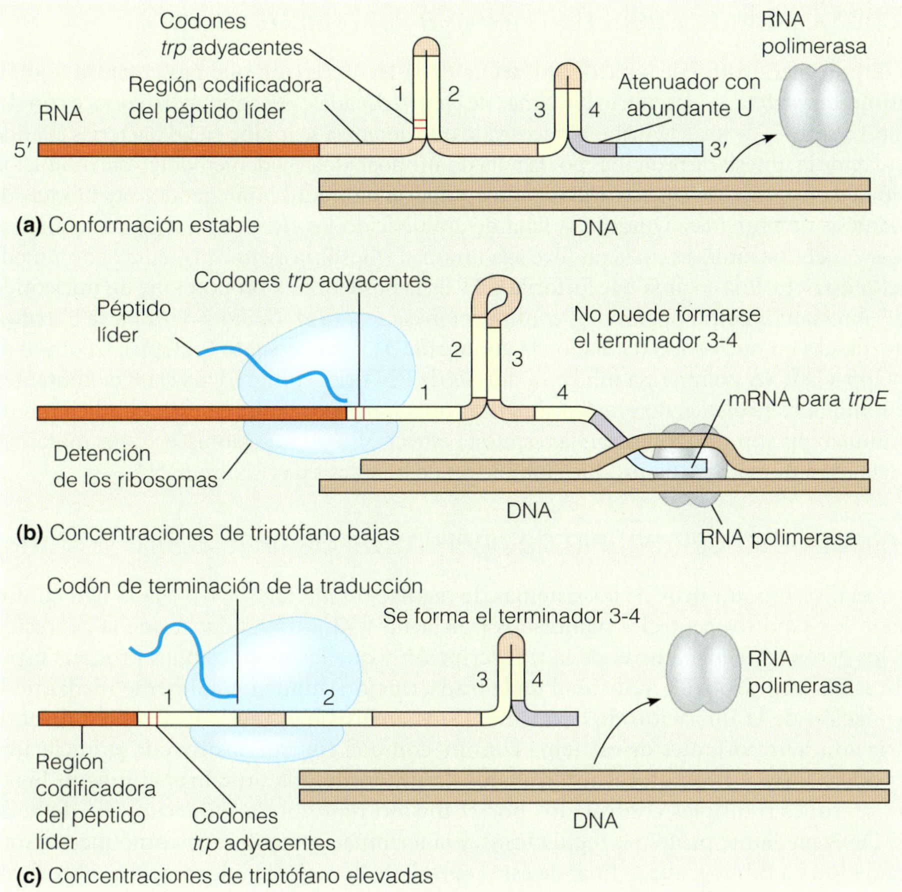


**FIGURA 29.19**

**Mecanismo de atenuación en el operón *trp*. (a)** Conformación más estable del mRNA líder. **(b)** Conformación del mRNA líder a concentraciones bajas de triptófano. **(c)** Conformación del mRNA líder a concentraciones elevadas de triptófano.

Aunque el modelo presentado fue propuesto inicialmente solo mediante la inspección de la secuencia líder del *trp*, actualmente está respaldado por otro tipo de pruebas. Una confirmación importante es la que se basa en la existencia en otros operones controlados por atenuación de «secuencias de detención», secuencias en las que el movimiento de un ribosoma se inhibe a una concentración baja del producto del operón. Entre ellos se encuentran los operones bacterianos para la síntesis de leucina, con cuatro codones de leucina adyacentes en la secuencia líder, y de histidina, con siete.

Se ha descrito en *Bacillus subtilis* el control de la transcripción a través de un mecanismo terminación-antiterminación bastante diferente en la región líder. La síntesis de las aminoacil-tRNA sintetasas está controlada por el nivel de aminoacilación del tRNA conocido. Por ejemplo, en las células que carecen de tirosina, la síntesis de tirosil-tRNA sintetasa se activa por un mecanismo antiterminación, que permite que se produzca la transcripción pasado un lugar potencial de terminación en una región líder. En cambio, la terminación se produce de forma eficaz cuando la mayor parte del tRNA adecuado está cargado con tirosina y no existe necesidad de sintetizar más aminoacil-tRNA sintetasa. El mecanismo implica una estructura secundaria compleja de la secuencia líder hacia arriba, para *tyrS*, el gen estructural de la tirosil-tRNA sintetasa. Como se muestra en la Figura 29.20, el $tRNA^{Tyr}$ descargado puede estabilizar una estructura antiterminadora en el RNA líder, por medio de interacciones de apareamiento de bases entre el anticodón y el mRNA, así como el extremo 3′ del tRNA descargado. Estas últimas interacciones están impedidas cuando el extremo 3′ del tRNA está aminoacilado. De esta forma, se produce la lectura completa y el gen se transcribe. En cambio, el tRNA aminoacilado no puede interaccionar de la misma forma y esto permite al líder formar un terminador, que impide la transcripción del gen.

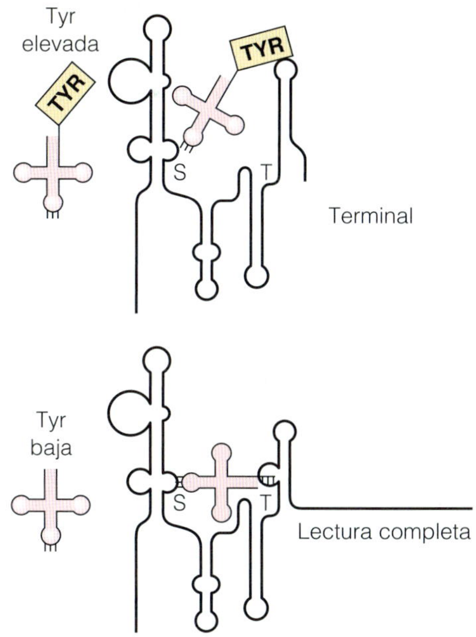


**FIGURA 29.20**

**Modelo de la inducción del gen *tyrS* de *B. subtilis* por el $tRNA^{Tyr}$ descargado.** La lectura completa que conduce a la expresión génica está favorecida cuando del $tRNA^{Tyr}$ está en el estado descargado, como se describe en el texto.

*Molecular Microbiology* 13:381-387, T. M. Henkin, Micro review tRNA-dircted transcription antitermination. © 1994 John Wiley & Sons, Inc. Reproducido con permiso de John Wiley & Sons, Inc.

## Control de la síntesis de rRNA: la respuesta estricta

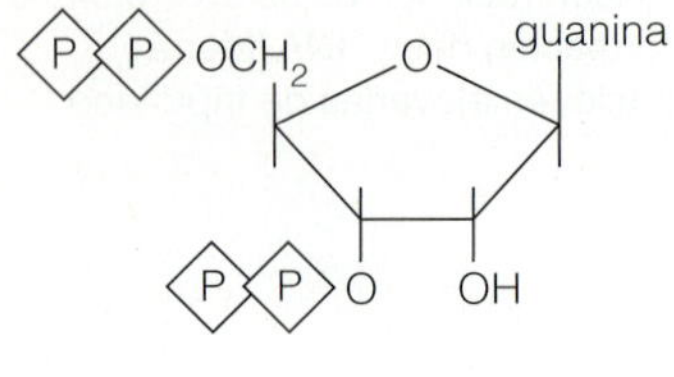


**Guanosina 3′,5′-tetrafosfato**

El último mecanismo de control procariota de la transcripción que presentamos aquí, la **respuesta estricta**, se descubrió hace más de cuatro décadas, pero aún no se conoce con detalle. La síntesis de los RNA ribosómicos y de transferencia se inhibe en las bacterias cuando desciende la síntesis de proteínas por la falta de aminoácidos. Evidentemente, esta inhibición impide la producción innecesaria de la maquinaria de traducción cuando está bloqueada la síntesis de proteínas. Durante la falta de aminoácido los tRNA no cargados se unen al lugar A del ribosoma, lo cual conduce a la unión al ribosoma de una proteína denominada **factor estricto**, una enzima que fosforila GTP en la posición 3′ y proporciona un nucleótido que abreviamos como pppGpp. A continuación, se separa el fosfato $\gamma$ de la parte 5′-trifosfato, dando un nucleótido regulador, la **guanosina 3′,5′-tetrafosfato** (ppGpp). La unión de ppGpp a la RNA polimerasa inhibe la síntesis de RNA ribosómico. Una clase de mutantes, denominados *relajados*, no pueden sintetizar pppGpp y, por tanto, en estas condiciones no acumulan ppGpp y no muestran la respuesta estricta. En otras palabras, en estos mutantes, la falta de aminoácidos no produce inhibición de la síntesis de rRNA o tRNA.

## Aplicabilidad del modelo de operón: variaciones sobre el tema

La guanosina 3′,5′-tetrafosfato detecta la inanición de aminoácidos y responde disminuyendo la síntesis de RNA ribosómico.

Los análisis bioquímicos de los sistemas de regulación *lac*, fago $\lambda$, *trp* y SOS han confirmado los aspectos centrales planteados por Jacob y Monod, es decir, que la expresión de los genes se regula a nivel de la transcripción y que las interacciones proteína específica-DNA controlan la velocidad de la transcripción, fundamentalmente mediante la regulación de la iniciación de la misma. Estos análisis han revelado también diversas variaciones importantes de ese tema común, como el control positivo de la iniciación, los operadores y promotores intercalados, la unión de dos proteínas al mismo lugar, los operones múltiples controlados por el mismo represor, la inducción del doblado del DNA mediante proteínas reguladoras, y la terminación temprana como mecanismo regulador. La Bibliografía al final de este capítulo le llevará a la información sobre otros operones bien estudiados, especialmente los operones galactosa y arabinosa.

Sin embargo, aunque el concepto de operón está bien establecido, los análisis más recientes mediante técnicas genómicas, entre ellas, el análisis con micromatrices y la inmunoprecipitación de la cromatina, han demostrado que la regulación de la transcripción en las bacterias es más compleja que lo que se postuló previamente. Muchos operones están controlados por más de un factor de transcripción, como los factores $\sigma$, los represores y los activadores de la transcripción. Así por ejemplo, la transcripción de *nrdA* y *nrdB*, los genes estructurales de las subunidades de la ribonucleótido reductasa, está controlada, al menos, por cinco proteínas distintas, entre ellas CRP. Ocho proteínas controlan la transcripción de *soda*, el gen estructural de la superóxido dismutasa. Además, se conocen más de dos docenas de factores de transcripción con dianas múltiples, como CRP y LexA, considerados en este capítulo. Los hallazgos como estos sugieren una red jerárquica de regulación de la transcripción.

Además, aunque el modelo de operón proporciona la base del conocimiento de la transcripción procariota, los avances de los últimos años han resaltado los procesos reguladores importantes que se producen a otros niveles de la expresión de los genes, especialmente la traducción. Posteriormente en este capítulo, se consideran algunos de estos procesos.

# Regulación de la transcripción en los eucariotas

Del Capítulo 27 ya sabe que la transcripción y su regulación son bastante más complejas en las células eucariotas que en las bacterias y los virus. Gran parte de la complejidad añadida surge del hecho de que el molde de la transcripción en las células eucariotas es la cromatina, no el DNA desnudo. También, la complejidad asociada con la multicelularidad y los estados muy diferenciados exigen órdenes superiores de regulación. Entre los eucariotas, la complejidad de la regulación aumenta con la complejidad del organismo. El genoma del gusano nematodo, *Caenorhabditis elegans*, contiene unos 20 000 genes, casi tantos como los seres humanos, mientras que la mosca de la fruta

*Drosophila* tiene unos 14 000 genes. Como hemos mencionado antes, el corte y empalme alternativo ayuda a explicar el mayor aumento de información del genoma humano, a pesar de las sorprendentes diferencias mínimas del número de genes. Las diferencias de la regulación de la transcripción también contribuyen. Se calcula que gusanos y moscas codifican unos 1000 factores de transcripción, mientras que el genoma humano codifica unos 3000. Pero la diferencia de complejidad es bastante mayor que estas tres veces, ya que la regulación mediante los factores de transcripción es *combinatoria.* Dado que se utilizan muchos factores diferentes para ensamblar un complejo de iniciación de la transcripción y dado que cada factor de transcripción puede participar en el control de muchos genes, es posible un número casi infinito de combinaciones de los factores de transcripción. En cambio, las bacterias tienen una media docena de subunidades $\sigma$ de la RNA polimerasa, que pueden considerarse como factores de transcripción, ya que se unen a la RNA polimerasa y la dirigen a determinados grupos de promotores. Sin embargo, una única molécula de RNA polimerasa bacteriana contiene solo un factor $\sigma$. Así, incluso aunque los genes bacterianos estén regulados por muchos factores de transcripción, como se ha mencionado en el apartado anterior, la multiplicidad de factores que controlan la transcripción de un solo gen es bastante mayor en las células eucariotas.

La importancia de los factores de transcripción en la generación de la diversidad biológica viene ilustrada por los estudios recientes que muestran las variaciones entre las especies de la distribución de los lugares de unión de los factores de transcripción. En uno de estos estudios, se compararon cinco especies de vertebrados mediante ChiP-seq con respecto a la distribución de un gen, *PCK1* (que codifica una isoforma de la proteína quinasa C), de los lugares de unión de un factor de transcripción, CEBPA (proteína $\alpha$ CCAAT/potenciadora de la unión). Como se muestra en la Figura 29.21, la distribución de lugares de unión varió dramáticamente entre estas cinco especies. Menos dramática, aunque comparable, es la variación de la unión de factores de transcripción entre diferentes seres humanos, lo cual demuestra que es una característica, tanto de la especiación como de la variación interindividual dentro de una especie.

Un gran número de factores de transcripción ayuda a explicar la complejidad de los eucariotas superiores, incluso cuando el número de genes de un genoma puede ser menor de lo que originalmente se esperaba.

Se añade una complejidad reguladora más por la existencia descubierta más recientemente de las moléculas pequeñas reguladoras de RNA, denominadas microRNA o miRNA (página 1267). Como veremos, el número de moléculas de microRNA codificadas por un genoma está muy relacionada con la complejidad del organismo.

## Cromatina y transcripción

Recuérdese del Capítulo 24 que la cromatina consta de unidades individuales, los nucleosomas, donde cada uno de los nucleosomas contiene 200 o más pares de bases de DNA, 147 de los cuales están enrollados alrededor de un centro de histonas. Entre estos 147 pares de bases, los 80 más o menos centrales están organizados mediante un heterotetrámero de histonas H3 y H4. Unos 40 pares de bases en cada lado están asociados más débilmente con los dímeros H2A/H2B. El DNA espaciador, que no está asociado con las histonas centrales, se asocia con la histona H1 y otras proteínas. Las histonas centrales (H2A, H2B, H3 y H4) tienen una estructura helicoidal central común, denominada *pliegue de histona*, unida a una cola N-terminal relativamente desestructurada. Residuos específicos de aminoácidos dentro de las colas están sujetos a modificación, acetilación,

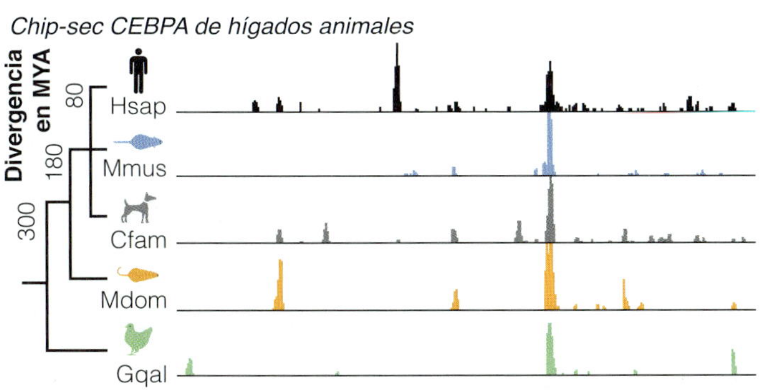


**FIGURA 29.21**

**Variación del lugar de unión del factor de transcripción CEBPA a lo largo del gen *PCK1* determinada por ChIP-seq.** Existe un lugar de unión muy conservado, pero esencialmente, los demás lugares son variables. A la izquierda hay un árbol evolutivo que muestra la divergencia de hace millones de años (MYA) de las cinco especies: Hsap (humana), Mmus (ratón), Cfam (perro), Mdom (zarigüeya) y Cqal (pollo).

De *Science* 328:1036-1040, D. Schmidt, M. D. Wilson, B. Ballester, P. C. Schwalie, G. D. Brown, A. Marshall, C. Kutter, S. Watt, C. P. Martinez-Jimenez, S. Mackay, I. Talianidis, P. Flicek y D. T. Odom, Five-vertebrate ChIP-seq reveals the evolutionary dynamics of transcription factor binding. 

metilación (mono-, di- y tri-), ubiquitinilación, sumoilación, ADP-ribosilación y fosforilación, La acetilación suele producirse en los grupos amino de lisina. Al neutralizar la carga, la acetilación afloja los enlaces iónicos que unen las histonas al DNA, y generalmente activa el nucleosoma diana como un molde de la transcripción, mientras que la desacetilación, al contrario, tiende a inhibir la transcripción.

La cromatina se encuentra dentro de las células en una forma muy compactada, denominada **heterocromatina** o una forma más débilmente estructurada, denominada **eucromatina**. La heterocromatina es inactiva en la transcripción y los genes de los tejidos específicos, que están silenciados permanentemente en aquellos tejidos como consecuencia de la diferenciación, suelen encontrarse en la heterocromatina. La estructura de la cromatina reprimida suele asociarse con la metilación de las histonas H3 en la lisina 9 (H3K9). La metilación en este lugar lleva a la unión de HP1 (Proteína 1 de la heterocromatina) a esa marca metílica. La represión se induce también por otras modificaciones de histonas, como H3K27 o la ubiquitilación de H3K119. No está claro si estas modificaciones son causa o efecto de la estructura represiva. En cambio, la marca H3K4 es una señal de activación de la transcripción. Muchos bioquímicos creen en un «código de histonas», que relacionaría modificaciones específicas de la cromatina con efectos reguladores específicos de una forma predecible y racional, como se ve con el código genético. Sin embargo, hasta ahora, el código de histonas ha sido esquivo y las pruebas recientes señalan que el efecto de la modificación de una determinada histona sobre la expresión de los genes depende del contexto, esto es, del estatus de modificación de las histonas adyacentes o cercanas. Esto ha llevado a que algunos investigadores hayan sugerido que la relación entre la modificación de histonas y la expresión de los genes es más parecida a un «lenguaje» que a un «código» más restrictivo.

Varios factores se combinan, entre ellos la remodelación de la cromatina y las modificaciones de las histonas, para hacer que los lugares de comienzo de la trancripción en los eucariotas estén relativamente libres de nucleosomas.

Para que un gen se transcriba, el promotor debe estar relativamente libre de nucleosomas; dicho de otra forma, debe estar en una región sin nucleosomas (RSN). Los lugares hipersensibles a la nucleasa que hemos considerado en el Capítulo 27 representan, probablemente, RSN. En alguna medida, liberar a un promotor de histonas es una función de los complejos de remodelación de la cromatina (Capítulo 27; *véase* también la página 1254). Además, el remodelado de la cromatina y la unión de determinados factores de transcripción son claramente responsables de la sustitución de las histonas adecuadas H2 y H3 por variantes denominadas H3.3 y H2A.Z. No está claro cómo estás sustituciones activan la transcripción, pero las pruebas circunstanciales de una función activadora son sólidas. La utilización de ChIP-seq (Herramientas de la Bioquímica 27D) ha demostrado que la H2A.Z está asociada específicamente con los nucleosomas cerca del lugar de comienzo de la transcripción (Figura 29.22).

## Lugares y genes de control de la transcripción

Como en la expresión de los genes en los procariotas, la transcripción en los eucariotas está regulada por la interacción de proteínas que actúan en *trans* con los lugares que actúan en *cis* en el DNA molde. Los lugares que actúan en *cis* dentro del promotor son RSN (regiones sin nucleosomas), LCT (lugar de comienzo de la transcripción), Inr (región de iniciación), caja TATA y BRE (elemento de reconocimiento TFIIB). La lista no es exhaustiva. Los lugares más hacia arriba se denominan potenciadores en los metazoos,

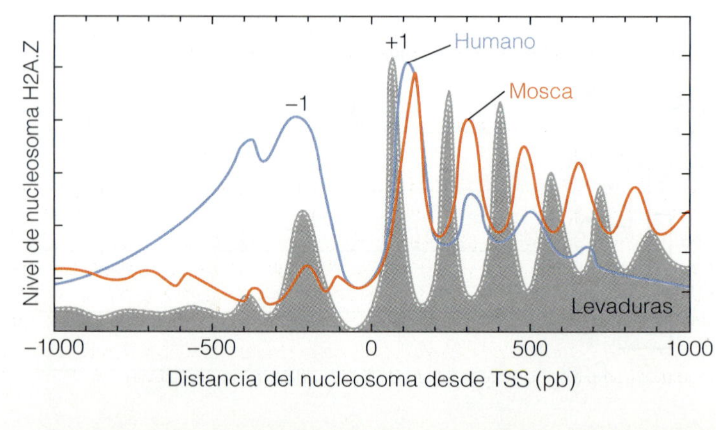


**FIGURA 29.22**

**Distribución de los nucleosomas que contienen H2A.Z cerca de un lugar de comienzo de la transcripción (TSS).** Se utilizó ChIP-seq para demostrar que en los seres humanos, *Drosophila* y levaduras, la histona modificada H2A.Z es más abundante en los nucleosomas en las posiciones +1 y −1, en relación al lugar de iniciación de la transcripción (TSS).

Reproducido de *Critical Reviews in Biochemistry and Molecular Biology* 44:117-141, B. J. Venters y B. F. Pugh, How eukaryotic genes are transcribed. © 2009 Informa Healthcare.

y UAS (lugares activadores hacia arriba) o URS (lugares represores hacia arriba), en las levaduras. Aunque la caja TATA, como señalamos en el Capítulo 27, es el elemento promotor central más ampliamente distribuido, solo alrededor del 20 % de los genes de las levaduras contienen realmente una caja TATA. Dado el gran número de proteínas que se unen en cada complejo de iniciación, existe una tremenda variabilidad entre los distintos genes en las secuencias promotoras y potenciadoras.

Entre los factores que actúan en *cis* están, no solo los factores de transcripción generales sino también, los factores de remodelado de la cromatina, los factores de modificación de la cromatina (como las transacetilasas, desacetilasas, metilasas o desmetilasas de las histonas) y un complejo multiproteico denominado *Mediador*, que mencionamos brevemente en el Capítulo 27. Mediador es un gran complejo con múltiples subunidades, que se encuentra en los todos los eucariotas. Mediador une los elementos activadores (o represores) hacia arriba con la RNA polimerasa II, específicamente, con el dominio C-terminal de la subunidad más grande, que se fosforila como un requisito previo para la activación. Mediador, en las levaduras, contiene 21 subunidades más un subensamblado de 4 subunidades, que cuando se unen a Mediador reprimen la transcripción, como se indica en la Figura 29.23b. El gran tamaño de Mediador puede verse en la Figura 29.24, que muestra micrografías electrónicas con la imagen procesada del complejo asociado con la RNA polimerasa II.

Mediador es un complejo con varias subunidades, que liga las secuencias reguladoras hacia arriba, como los potenciadores, con la RNA polimerasa II y los factores generales de transcripción en el lugar promotor.

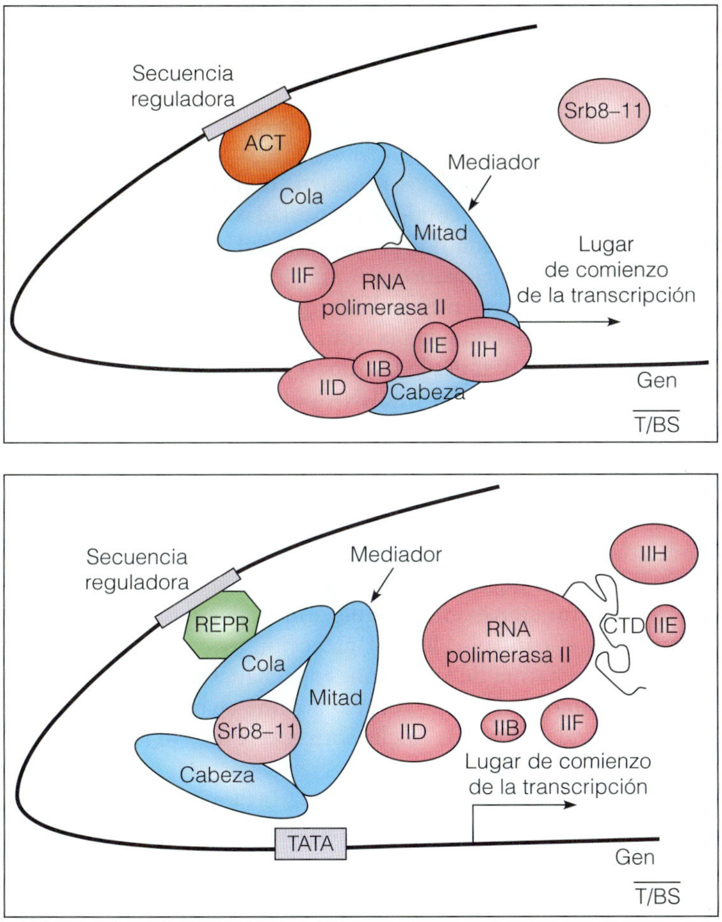


**FIGURA 29.23**

**Mediador es un puente entre los factores específicos del gen y la maquinaria general de la transcripción en el promotor de la pol II. (a)** Activación. Mediador tiene tres dominios estructurales diferentes: cabeza, cola y mitad. El dominio cola interacciona con los activadores de la transcripción (ACT, en rojo) y liga a Mediador con la RNA polimerasa. **(b)** Represión. El complejo de cuatro subunidades que contiene Srb8, Srb9, Srb10 y Srb11, al unirse a Mediador impide su interacción con la RNA polimerasa II y la maquinaria basal de transcripción.

Reproducido de *Trends in Biochemical Sciences* 30:240-244, S. Björklund y C. M. Gustafson, The yeast mediator complex and its regulation. © 2005, con permiso de Elsevier.

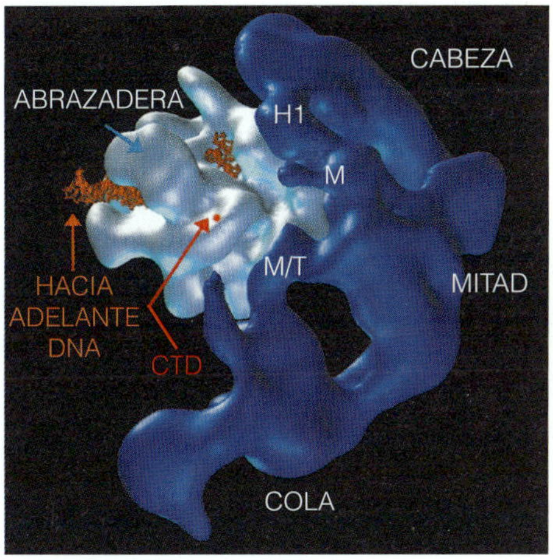


**FIGURA 29.24**

**Estructura del Mediador de levaduras en complejo con la RNA polimerasa II.** Se determinó la estructura de Mediador (azul oscuro) mediante el procesamiento de imagen de micrografías electrónicas y la de la RNA polimerasa (azul claro), a partir de su estructura cristalina. Los puntos rojos señalan la localización, de donde emerge el dominio C-terminal de la subunidad más grande de la pol II (la que se forforila) de la superficie de la enzima.

Reproducido de *Molecular Cell* 10:409-415, J. A. Davis, Y. Takagi, R. D. Kornberg y F. J. Asturias, Structure of the yeast RNA polymerase II holoenzyme. © 2002, con permiso de Elsevier.

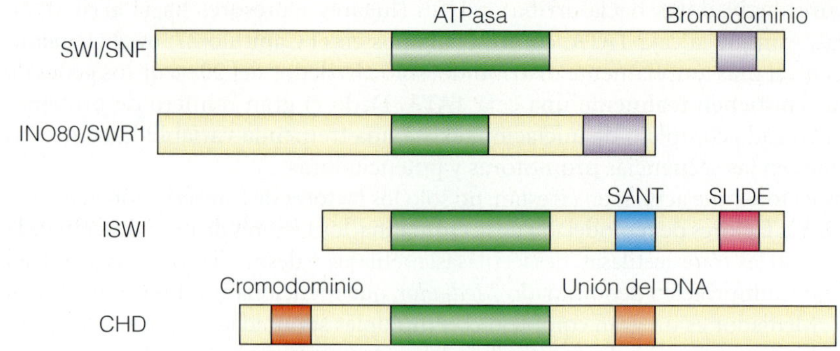


**FIGURA 29.25**

**Familias de remodeladores de la cromatina y dominios conservados de la subunidad que contiene la ATPasa.**

Reproducido de *Critical Reviews in Biochemistry and Molecular Biology* 44:117-141, B. J. Venters y B. F. Pugh, How eukaryotic genes are transcribed. © 2009 Informa Healthcare.

## Complejos de remodelado de los nucleosomas

Estos complejos acoplan la energía de la hidrólisis del ATP con los cambios de la estructura de la cromatina, que normalmente dan lugar a la activación de la transcripción. En la mayoría de los casos, la energía de la hidrólisis del ATP se acopla a la translocación de la partícula central de histonas a lo largo del DNA, deslizándose el centro de histonas a lo largo del DNA o desplazándose. Se conocen cuatro familias de remodeladores de la cromatina, clasificados en términos de la estructura de la subunidad que contiene la ATPasa. Se conocen otros remodeladores, pero no se han caracterizado bien aún en términos de la estructura o función biológica. En la Figura 29.25 se muestra la organización de dominios de la subunidad que contiene la ATPasa en cada una de las cuatro clases de familias descritas.

La subunidad SWI/SNF de la ATPasa contiene un **bromodominio**, un dominio que interacciona de forma específica con lisinas acetiladas. Esto atrae el complejo a la cromatina, que ya está algo activada por la acetilación de histonas. El remodelador de la cromatina RSC, que se ha mencionado antes (página 1153), es un miembro de la familia SWI/SNF. Las pruebas más recientes indican que este complejo disocia totalmente al DNA de las histonas, comenzando con la rotura por parte del remodelador de los enlaces DNA-histona y produce después la translocación que necesita ATP. Presumiblemente, una vez iniciada la transcripción y la RNA polimerasa se ha movido hacia abajo, se reensambla la cromatina. En levaduras, el complejo RSC actúa también como promotor de las RNA polimerasas I y III.

La subunidad catalítica INO80 se diferencia porque el dominio ATPasa está dividido. Este complejo tiene una función más amplia en el metabolismo celular que los demás remodeladores, ya que se encuentra en los complejos de reparación del DNA y en lugares de resolución de las horquillas de replicación estancadas. Las pruebas recientes señalan otras funciones en la regulación de los telómeros, la segregación de los cromosomas y en el control celular. Una acción principal de este remodelador es la sustitución en la cromatina de las histonas adecuadas por variantes de histonas, específicamente, el cambio de H2A por H2A.Z. Como se ha mencionado antes, H2A.Z es especialmente abundante en los nucleosomas cercanos al lugar de comienzo de la transcripción.

De forma diferente a los complejos descritos, la familia ISWI de remodeladores se asocia con la represión de la transcripción. Los dominios que en la Figura 29.25 se identifican como SANT y SLIDE, se supone que se unen a las colas de las histonas y al DNA ligador, respectivamente. Aunque se conoce poco sobre la función de esta familia, las pruebas recientes en *Drosophila* identifican una función en el mantenimiento de la estructura de orden superior del cromosoma X masculino.

Chd1, la subunidad ATPasa del remodelador CHD, contiene un **cromodominio**, que interacciona específicamente con las histonas metiladas. Los estudios *in vitro* han demostrado una fuerte interacción con H3K4 metilada, una marca metilada de activación de la transcripción. Aunque CHD se asocia con la cromatina activa en la transcripción, no se ha identificado aún su función específica. Sin embargo, se ha centrado un gran interés en la relación entre Chd1 y la capacidad de las células madre embrionarias para mantener el estado pluripotente, esto es, la capacidad para transformarse en cualquier clase de célula diferenciada. De esta forma, el escenario actual de esta familia de remodeladores es que, al ayudar a mantener toda la cromatina en una conformación abierta, CHD ayuda a retener en esa célula la capacidad de expresar cualquier combinación de genes necesarios para la ruta específica de desarrollo.

Los complejos de remodelado de la cromatina utilizan la energía de la hidrólisis de ATP para sacar a los nucleosomas del camino para que se inicie la transcripción, aunque también participan en otras funciones.

## Iniciación de la transcripción

Como se ha indicado antes, la mayoría de las secuencias reguladoras específicas de secuencia, como los lugares nucleares de unión de receptores, se encuentran a cierta distancia de los lugares de iniciación de la transcripción y Mediador actúa de forma fundamental para conectar estos lugares con los promotores que se encuentran hacia abajo. Se calcula que cada gen eucariota contiene unos cinco lugares reguladores específicos. Dado el elevado número de proteínas reguladoras específicas de secuencia y sus usos para controlar muchos genes, esta complejidad probablemente es innecesaria para evitar la expresión accidental de un gen que podría producirse si solo fuera necesario que tuvieran lugar uno o dos acontecimientos reguladores específicos.

La acción de los complejos de remodelación de la cromatina, las modificaciones de las histonas cerca de los lugares promotores, la unión de activadores de la transcripción específicos de secuencia y sus relaciones con Mediador establecen el escenario del ensamblaje final de un complejo de transcripción: la unión de la RNA polimerasa II y de varios factores generales de transcripción que identificamos en el Capítulo 27, entre ellos, la proteína de unión a la caja TATA y las proteínas TFII A, B, D, E, F y H. TFIIH contienen, al menos, dos actividades enzimáticas, una helicasa dependiente de ATP que desenrolla las cadenas de DNA molde para exponer el molde de la transcripción y una proteína quinasa, que convierte el complejo de iniciación en un complejo de elongación mediante la fosforilación de residuos de serina del dominio C-terminal de la subunidad más grande de la pol II.

Los estudios recientes con las técnicas ChIP indican que la RNA polimerasa II se une a la mayoría de los genes, se expresen o no, aunque no todos los genes están totalmente ocupados por la pol II. Sin embargo, este hallazgo sugiere que la unión de estos factores generales de transcripción y no la propia unión de la pol II es lo que limita la iniciación. Aunque estos acontecimientos son, en gran parte, independientes del gen que se transcribe, existe alguna especificidad de gen. Así, por ejemplo, Rap 1 es una proteína que se une directamente a TFIID y esta interacción impulsa la transcripción de los genes que se expresan mucho para la síntesis de proteínas ribosómicas. En cualquier caso, la secuencia de unión de los factores generales de transcripción es como se ha indicado en el Capítulo 27 (Figura 27.24) y el complejo final de preiniciación puede esquematizarse como en la Figura 29.26.

La mayoría, aunque no todos los acontecimientos que implican la unión de los factores generales de transcripción a los promotores, son inespecíficos con relación al gen que activan.

Como se ve también en la transcripción procariótica, muchos complejos eucariotas de iniciación hacen una pausa pronto tras la iniciación, lo cual puede implicar a un lugar específico de regulación, ya que se sabe que varios factores proteicos impulsan y superan la pausa. Un regulador positivo así, se denomina P-TEFb (factor de elongación b de la transcripción positivo). Esta proteína fosforila la segunda serina en cada una de las repeticiones heptapeptídicas carboxi terminales de la RNA polimerasa II, aumentando, quizás, la actividad de la proteína quinasa TFIIH, que actúa como el quinto residuo de serina de cada repetición.

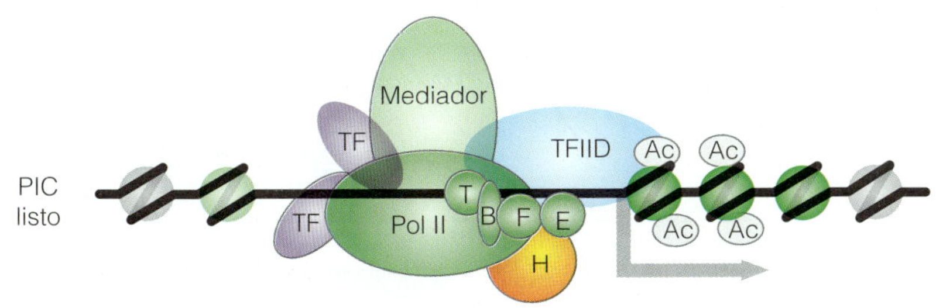


**FIGURA 29.26**

**Imagen esquemática del complejo de preiniciación de la transcripción.**

Reproducido de *Critical Reviews in Biochemistry and Molecular Biology* 44:117-141, B. J. Venters y B. F. Pugh, How eukaryotic genes are transcribed. © 2009 Informa Healthcare.

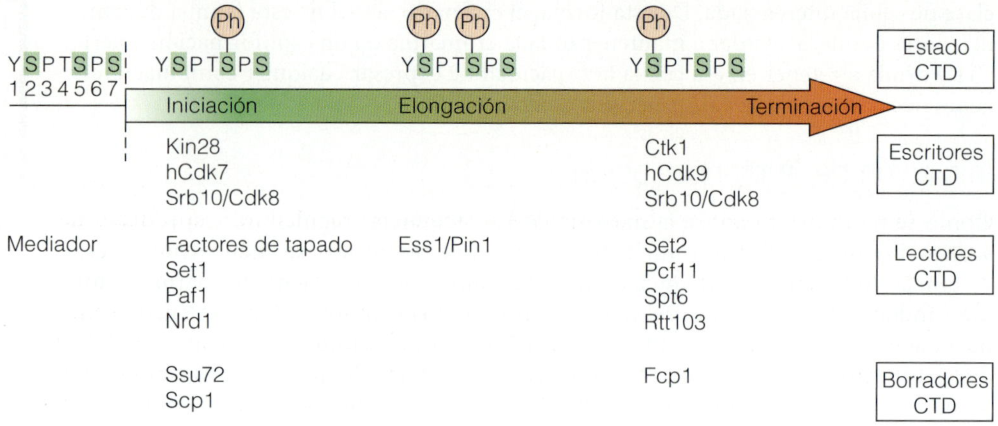


**FIGURA 29.27**

**Escritores, lectores y borradores del código de fosforilación CDT.** Escritores (serina quinasas), lectores y borradores (fosfatasas) se identifican bajo el patrón específico de fosforilación de serina, que estimula con más fuerza la unión de la proteína respectiva al CDT. El patrón que se muestra aquí está supersimplificado, ya que las pruebas sugieren que S7, Y1 y T4 también se fosforilan y desfosforilan durante el ciclo de transcripción.

Reproducido de *Critical Reviews in Biochemistry and Molecular Biology* 44:117-141, B. J. Venters y B. F. Pugh, How eukaryotic genes are transcribed. © 2009 Informa Healthcare.

## Regulación del ciclo de elongación por la fosforilación de la RNA polimerasa

Las repeticiones heptad de CTD, el dominio C-terminal de la subunidad grande de la RNA polimerasa, están sin fosforilar cuando la enzima interacciona con Mediador para su colocación en el promotor. El estatus de fosforilación de estas repeticiones varía con el tiempo tras la iniciación, de forma funcionalmente significativa, lo cual sugiere un «código de fosforilación de CTD» Como se indica en la Figura 29.27, las proteínas que interactúan con CTD pueden clasificarse como «escritoras» (serina quinasas), «lectoras» (proteínas que interaccionan con patrones de fosforilación específicos) o «borradoras» (serina fosfatasas). Entre las proteínas que se unen pronto están las que participan en la modificación del extremo 5′ al sintetizar la caperuza de 7-metil guanilil. Otras lectoras CTD son enzimas que cambian el estatus de modificación de histonas y el cambio de patrones como los cambios predominantes de fosforilación de CTD de Ser-5 a Ser-2 como enfoques de terminación. En la Figura 29.28 se muestran los patrones predominantes de modificación de histonas y CTD al producirse la transcripción. Las últimas modificaciones ayudan a incorporar los factores proteicos que participan en la terminación de la transcripción. Sorprendentemente, el propio CTD parece participar en estos cambios a través de la isomerización *cis-trans* de los residuos de prolina en CTD, catalizada por la prolina isomerasa Ess 1, que se une de forma preferente al CTD doblemente fosforilado.

El patrón de desplazamiento de fosforilación del CTD al moverse la RNA polimerasa a través de un gen, controla los acontecimientos como la formación de la caperuza del mRNA, las modificaciones de las histonas y el reclutamiento de los factores de terminación de la transcripción.

Los cambios de fosforilación del CTD dependientes del tiempo son de gran interés para los investigadores que tratan de comprender el «código de histonas» o «lenguaje», mencionados antes como una supuesta relación entre los patrones específicos de modificación de histonas y las consecuencias funcionales, como la activación o la represión de genes específicos, o fenómenos epigenéticos. La epigenética son los cambios hereditarios de la expresión de los genes que no suponen cambios de la secuencia de bases del DNA. En el apartado siguiente consideramos con mayor detalle la epigenética en conexión con la metilación del DNA.

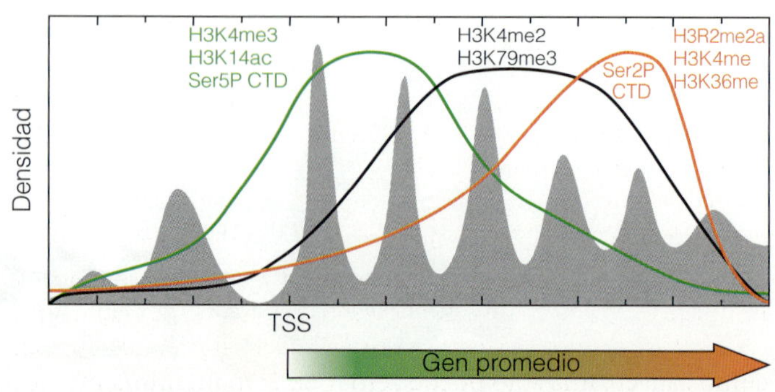


**FIGURA 29.28**

**Modificaciones CDT de histonas y pol II en función de la posición del gen.** Se muestra en gris la distribución del nucleosoma en relación al TSS. Los trazos verde, negro y rojo son los patrones de modificación amplios de las histonas y CTD para las modificaciones respectivas mostradas.

Reproducido de *Critical Reviews in Biochemistry and Molecular Biology* 44:117-141, B. J. Venters y B. F. Pugh, How eukaryotic genes are transcribed. © 2009 Informa Healthcare.

# Metilación del DNA, silenciamiento de los genes y epigenética

## Metilación del DNA en los eucariotas

Como consideramos en el Capítulo 24, se conoce bien la metilación del DNA en los procariotas. La base objetivo de la metilación siempre es la adenina y el proceso de metilación incluye restricción/modificación y reparación de mal apareamiento dirigida por metilo. En los eucariotas, la situación es bastante diferente. La única base del DNA eucariota que se metila es la citosina. En los eucariotas, la reparación de mal apareamiento del DNA no comporta metilación y parece que no hay un homólogo directo eucariota de la restricción y la modificación. En su lugar, la metilación del DNA participa en procesos aún no entendidos totalmente, que implican el silenciamiento de los genes.

Los residuos de citosina que se metilan en los eucariotas son, normalmente, C inmediatas a G 5′, esto es, C en un dinucleótido CpG. Estos están relativamente subrepresentados en los genomas eucariotas, posiblemente debido a la elevada frecuencia con la que C se desamina para dar U. La reparación por escisión de base normalmente sustituirá U con T, lo que forma parte de una ruta de mutación de transición de G-C a A-T. La desaminación de la 5-metil-C da directamente T, lo que hace que la desaminación G-mC un acontecimiento aún más fuerte para efectuar una mutación de transición.

Aunque los dinucleótidos CpG están infrarrepresentados en el DNA, existen regiones de los genomas eucariotas en los que se encuentran dinucleótidos CpG con las frecuencias estadísticas esperadas. Estas regiones se denominan **islas CpG**. Estas islas son, generalmente, mayores de 500 pares de bases y tienen un contenido total de GC del 55 % o mayor. Generalmente, las C en las islas CpG están poco metiladas, mientras que la mayor parte de la metilación de CpG se produce en las regiones del genoma con poca CpG. Por razones desconocidas, esta distribución de lugares metilados suele invertirse en las células cancerosas y se ha generado un gran interés de si esto está relacionado con los patrones alterados de la expresión de los genes que se observa en el cáncer, como el descenso de la expresión de los genes supresores de tumores.

Los patrones anormales de metilación son característicos de las células cancerosas.

Los patrones de metilación del DNA son hereditarios, lo cual hace de la metilación del DNA el ejemplo mejor entendido de un proceso epigenético. Como se ha mencionado antes, la epigenética es la transmisión hereditaria del patrón de expresión de un gen sin un cambio de la secuencia de bases del DNA. El patrón de metilación de un determinado genoma se establece pronto en el desarrollo embrionario. Las células de mamíferos contienen tres enzimas diferentes, metiltransferasas de DNA-citosina, Dnmt1, Dnmt3a y Dnmt3B. La metilación *de novo*, precoz en el desarrollo, la lleva a cabo Dnmt3b. No está claro cómo estas enzimas generan patrones específicos de metilación. Sin embargo, una vez establecido un patrón de metilación embrionario, ese patrón se reproduce fielmente por la metilasa de mantenimiento, Dnmt1, que rastrea el aparato de replicación y metila cada C en la cadena hija que estaba metilada en la cadena parental. En la Figura 29.29 se ilustra este proceso. Un hallazgo clave para entender este fenómeno, que también se presenta en la Figura 29.29, es el efecto de la **5-azacitidina** sobre la metilación de mantenimiento. La azacitidina es un análogo de la citidina que puede metabolizarse al análogo 5-aza de dCTP e incorporarse al DNA. Sin embargo, dado que el anillo de pirimidina de la 5-azacitidina contiene N en lugar de C en la posición 5, no puede metilarse de forma estable. Por consiguiente, en presencia de 5-azacitidina, un dinucleótido 5-mCpG se convierte en CpG en tres rondas de replicación. Este tratamiento activaba genes que antes estaban reprimidos, un hallazgo que constituyó una prueba importante que correlacionaba la metilación del DNA con el silenciamiento de los genes. Así, por ejemplo, las células de la médula ósea del adulto reactivaban la síntesis de hemoglobina fetal, que normalmente se reprime durante el desarrollo.

Los análisis estructurales recientes de Dnmt1 han mostrado un mecanismo autoinhibitorio, en el que los nucleótidos CpG sin metilar se ocluyen del lugar activo. Por consiguiente, solo los nucleótidos CpG semimetilados pueden metilarse, lo cual explica cómo esta enzima solo puede actuar en el mantenimiento de la metilación.

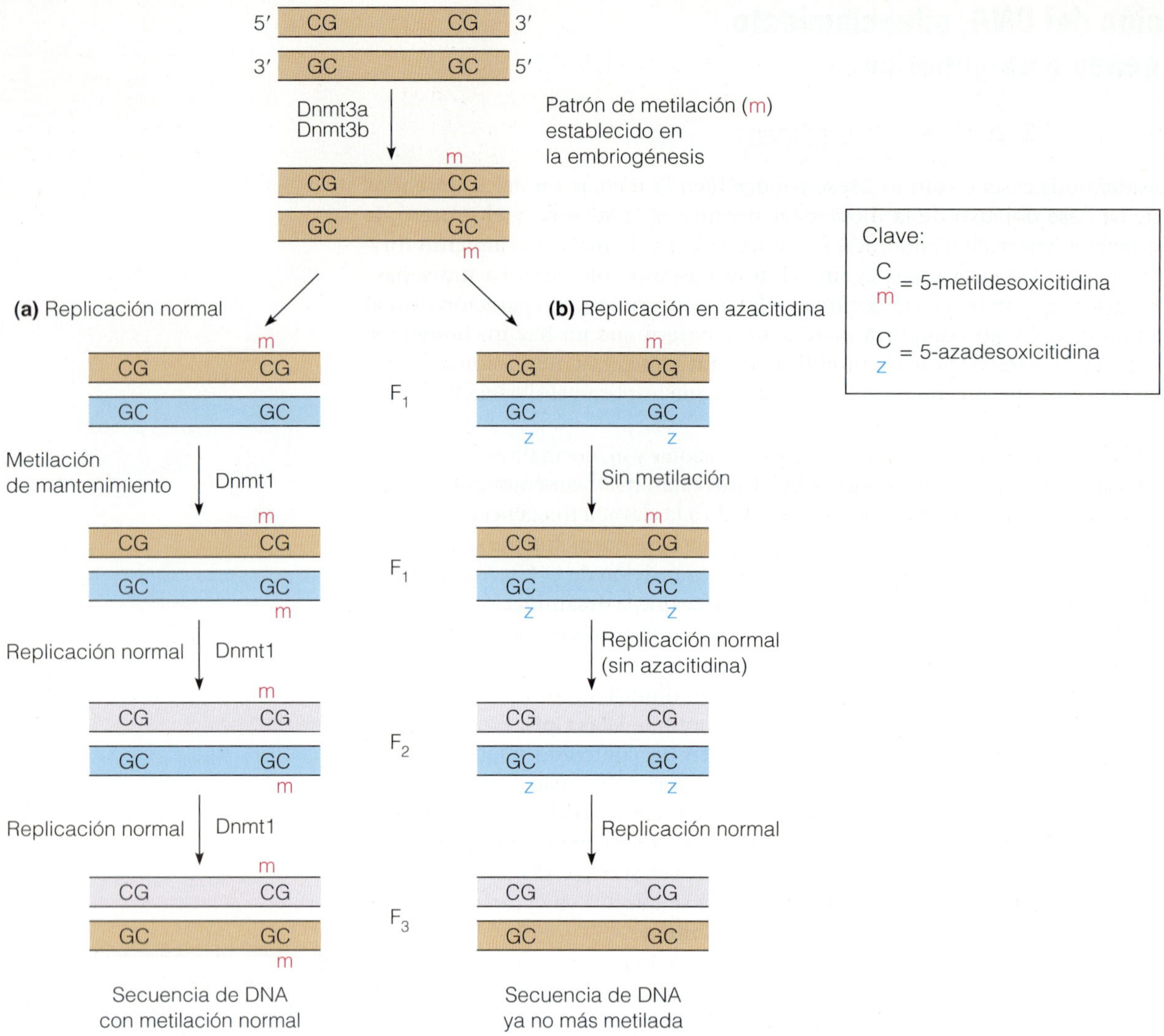


**FIGURA 29.29**

**Metilación del DNA *de novo* y de mantenimiento y efecto de la 5-azacitidina sobre la metilación del DNA.**

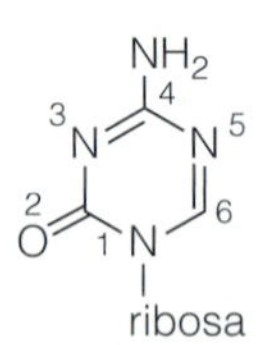

**5-azacitidina**

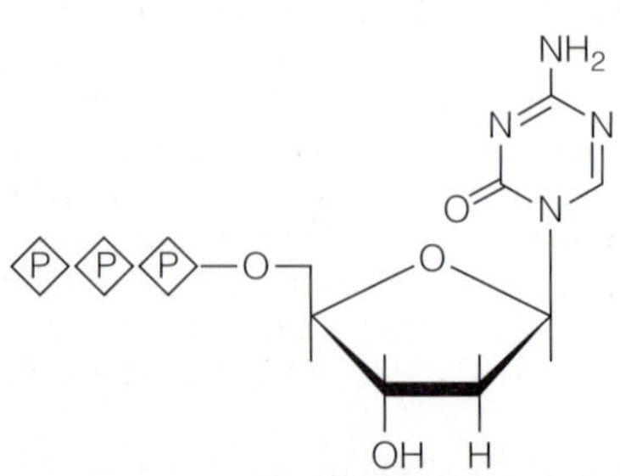

**5-azadesoxicitidina trifosfato**

Las pruebas más recientes indican la participación de la desmetilación del DNA en la activación de los genes reprimidos. A comienzos de 2010 dos laboratorios comunicaron que la desaminación por AID, una DNA-citosina desaminasa que participa en la maduración de los anticuerpos (página 1109) de las bases metilcitosina del DNA, también participaba en la desdiferenciación inducida de las células somáticas para inducir células pluripotentes capaces de diferenciarse en cultivos en cualquier estado. Esto es un importante avance en los intentos de utilizar la biología de las células madre con fines terapéuticos.

Parece que no hay un único mecanismo de represión de los genes como consecuencia de la metilación. En algunos casos, está inhibida la unión de factores de transcripción al DNA metilado. En otros casos, existen efectos en la modificación de histonas que estimulan la inactivación de la transcripción. Así, por ejemplo, como hemos visto, la metilación H3K4 se asocia con la cromatina activa en la transcripción. Algunas metiltransferasas de H3K4 (estas son *proteínas* metiltransferasas) son dirigidas hacia lugares que contienen concentraciones elevadas de dinucleótidos CpG, que a su vez, interfieren con la metilación de estas histonas y, por tanto, con la activación de la transcripción.

## Metilación del DNA y silenciamiento de los genes

Cualquiera que sea el mecanismo en términos de los efectos sobre la estructura de la cromatina, está claro que la metilación de citosina del DNA es responsable del silenciamiento permanente de los genes. Hay dos de estos fenómenos bien establecidos: la *inactivación del cromosoma X* y el establecimiento y mantenimiento de la *impronta genómica*. Durante el desarrollo embrionario en los mamíferos, uno de los dos cromosomas X de las células femeninas está inactivado de forma permanente por la metilación de citosinas del DNA. Como se ha descrito antes, esto comporta la metilación *de novo*, seguida del mantenimiento de la metilación durante toda la vida. El significado de esta metilación es que el nivel de expresión de los genes que se produce en el cromosoma X, resulta que es aproximadamente igual para las células masculinas y las femeninas. En la mayoría de los mamíferos, la elección del cromosoma que se inactiva es aleatoria. La impronta genómica es semejante, ya que hay una inactivación permanente de los genes durante el desarrollo embrionario. En algunos genes solo se expresa un alelo parental, alguno del padre y alguno de la madre. De nuevo, la metilación del DNA es responsable de desactivar la expresión del gen con impronta. Los análisis estructurales de la Dnmt3a DNA metilasa sugieren una explicación de la especificidad de este último efecto. La Dnmt3a actúa de forma concertada con una proteína reguladora, la Dnmt3L. Estas proteínas cocristalizan como un tetrámero con la estructura Dnmt3L-Dnmt3a-Dnmt3a-Dnmt3L. La unión de esta proteína al DNA mostró que los dos lugares activos de la metilasa se encuentran separados por, aproximadamente, una vuelta de la hélice de DNA (Figura 29.30). El examen de varios genes con impronta materna mostró que tienen una periodicidad de espaciamiento de los dinucleótidos CpG, unos 8 a 10 nucleótidos aparte, lo cual sugiere una base para la especificidad de elección de los genes que van a experimentar impronta.

La metilación del DNA puede inactivar de forma permanente los genes mediante procesos con participación de la estructura de la cromatina y la modificación de histonas.

La metilación de las CpG en el DNA es responsable de, al menos, dos procesos de inactivación de genes del desarrollo: inactivación del cromosoma X e impronta génica.

La impronta está afectada en un trastorno poco habitual denominado *síndrome de Prader-Willi*. En este trastorno se ha perdido o no se expresa una región del cromosoma 15 paterno. En esta región se encuentra un gen que controla la impronta; normalmente los genes paternos de esta región se expresan, mientras que los genes maternos están silenciados. El defecto de impronta significa que, mientras que la mayor parte de las personas tienen una copia funcionante de esta región en cada gen, las personas afectadas no tienen ninguno. El trastorno se caracteriza por estatura baja, obesidad y retraso de la pubertad. En un trastorno comparable, el *síndrome de Angelman*, está afectada la misma región del cromosoma 15 en el material genético que procede de la madre.

## Distribución genómica de las citosinas metiladas

Recientemente, la disponibilidad de los procedimientos de secuenciación de segunda y tercera generación, que permiten la generación rápida de una gran cantidad de datos de secuencia, ha hecho posible analizar el «metiloma de DNA» humano completo, esto es, la distribución de bases 5-metilcitosina en el genoma. El planteamiento es tratar el DNA con bisulfito sódico, que desamina de forma cuantitativa la citosina a uracilo, pero que no afecta a la metilcitosina. A continuación, se realiza un análisis de secuencia de alto rendimiento. El hallazgo más curioso cuando se ha llevado a cabo esto recientemente, ha sido que las células madre embrionarias tienen aproximadamente una cuarta parte de sus metilcitosinas en un

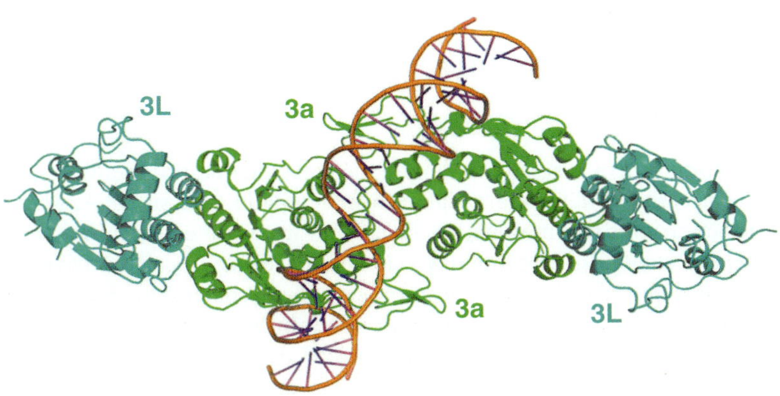


**FIGURA 29.30**

**Estructura del heterotetrámero Dnmt3a en complejo con un 25-mero de DNA**. Aunque los dos lugares activos Dnmt3a no se muestran específicamente en este modelo, se ha señalado que se encuentran separados por unos diez pares de bases. La unión de múltiples moléculas de metilasa a lo largo del dúplex de DNA puede dar cuenta de la metilación preferente de un gen que contiene pares de bases CpG con espaciamientos de 8 a 10 pares de bases. Los dos subunidades a idénticas se muestran en verde y las subunidades L, en azul claro. PDB ID 2QRV.

Reproducido de *Structure* 16:341-350, X. Cheng y R. M. Blumenthal, Mammalian DNA methyltransferases: A structural perspective. © 2008, con permiso de Elsevier.

contexto que no es CpG. Cuando se diferenciaron las células madre embrionarias, desapareció la metilación que no era en CpG. Además, se sabe que determinadas líneas celulares pueden inducirse para que vuelvan a un estado pluripotente (capaz de diferenciarse a cualquier estado), y estas líneas celulares pluripotentes inducidas de nuevo contenían una gran proporción de lugares metilados que no eran CpG. Estos hallazgos proporcionan pistas importantes para el uso potencial de las células madre embrionarias en el tratamiento de enfermedades como la diabetes tipo 1 o el Parkinson. Por cierto, actualmente se dispone de técnicas para determinar la secuencia de bases del DNA y el status de metilación de citosina en una única operación, sin necesidad de tratamiento con bisulfito.

## Otros fenómenos epigenéticos propuestos

### 5-hidroximetilcitosina

En 2009 se publicó que los DNA de algunas células, la mayoría del tejido nervioso, contienen proporciones significativas, no solo de 5-metilcitosina sino también, de *5-hidroximetilcitosina.* Como señalamos en el Capítulo 22, el bacteriófago T4 y sus parientes tienen todas las citosinas sustituídas por 5-hidroximetilcitosina (página 950). En los fagos la modificación tiene lugar a nivel del nucleótido. La situación en las células de mamíferos es bastante diferente; la hidroximetilcitosina surge de la oxidación de los grupos metilo de la 5-metilcitosina. Las pruebas recientes sugieren que la oxidación de las citosinas del DNA es un proceso de desmetilación del DNA, que conduce a la reactivación de los genes silenciados.

### Modificaciones de las histonas de la cromatina

Se está generando un interés intenso en otros posibles mecanismos de herencia epigenética, entre ellos, los procesos en los que se modifica la cadena lateral de las histonas de la cromatina y las moléculas de RNA no codificantes. En especial, está ampliamente aceptada la premisa de que la modificación de residuos de aminoácidos de histonas es un fenómeno epigenético. No hay duda de que las modificaciones de la cadena lateral de histonas afectan a la expresión de los genes y que no hay cambios de la secuencia de bases del DNA. La cuestión es si los patrones de modificación de histonas se heredan de una generación celular a la siguiente. Hay pruebas de que los cromosomas hijos tras la mitosis tienen modificaciones de histonas características de la célula parental, un concepto que apoya las modificaciones de histonas como fenómeno epigenético. Sin embargo, como indica una revisión reciente, «*Hasta la fecha .... se ha visto que solo la metilación del DNA se hereda de forma estable entre las divisiones celulares*» (R. Margueron y D. Reinberg [2010] *Nature Reviews Genetics* 11:285-296). Una forma posible de explicar la transmisión de la marca de histona sería mezclar los dímeros de histona durante la mitosis de forma que, por ejemplo, los dos dímeros H2A/H2B en un nucleosoma recién sintetizado contendrían un dímero parental y uno recién sintetizado, de forma que el dímero parental podría de alguna forma instruir al dímero nuevo con relación a su patrón de modificación. Sin embargo, aunque los experimentos de marcaje de densidad son consistentes con este concepto de mezcla de histonas, no sabemos nada sobre cómo una molécula de histona de la cromatina parental puede actuar como molde de la histona correspondiente tras la replicación.

# Control de los patrones de desarrollo de orden superior: genes homeóticos

A lo largo de este capítulo hemos resaltado de qué forma la vida de un organismo, ya sea unicelular o pluricelular, está programada de forma cuidadosa en su DNA. Ahora sabemos que en los eucariotas se almacena *mucha* más información en el DNA que las simples recetas de una colección de proteínas y ácidos nucleicos especiales. Diversas señales se encuentran escondidas dentro de los propios genes, señales para determinar cómo se cortarán y empalmarán los transcritos, dónde irán los productos de los genes e incluso, cuánto durarán. Además, una gran cantidad de información, codificada normalmente en las secuencias que rodean algunos genes, especifican cuándo, bien en

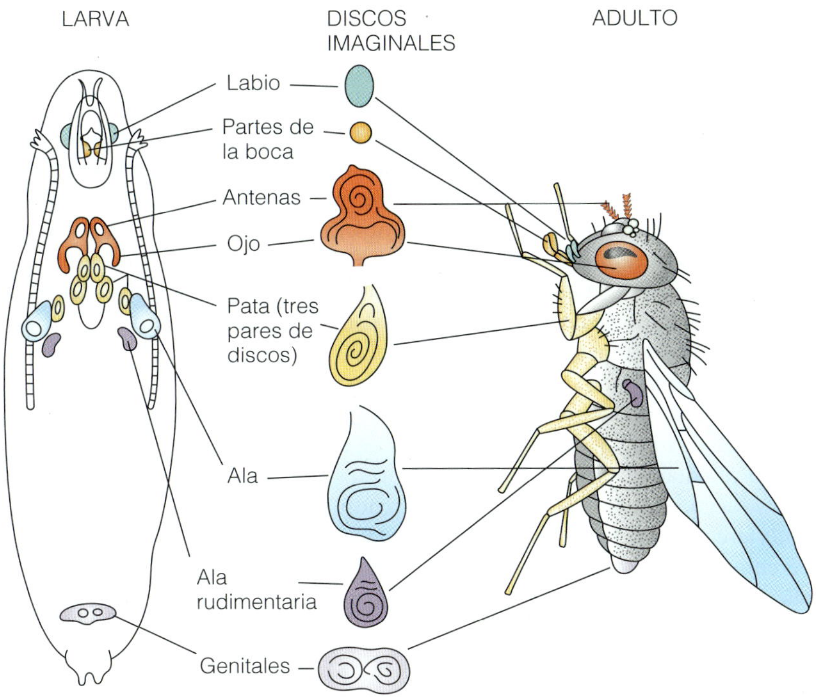


**FIGURA 29.31**

**Discos imaginales en el desarrollo de *Drosophila*.** Cada uno de los discos imaginales que se muestran en la larva se desarrolla para dar lugar a un segmento específico del adulto.

Tomado de J. W. Fristrom, R. Raikow, W. Petri y D. Stewert, *Problems in Biology: RNA in Development*, E. W. Hardy, ed. (Salt Lake City, UT: University of Utah Press). Reproducido con permiso.

el curso del desarrollo o en respuesta a agresiones ambientales, determinados genes se transcriben en determinadas células.

A un nivel superior, deben existir otras instrucciones genéticas *que coordinen* estas instrucciones de la transcripción, ya que el desarrollo de un organismo requiere la diferenciación programada de algunas células, la proliferación de determinados tejidos y la muerte de células seleccionadas. Solo tenemos presunciones de cómo puede codificarse esta información en el genoma. Gran parte de lo que conocemos procede de los estudios del desarrollo de la mosca de la fruta *Drosophila melanogaster*. Los biólogos del desarrollo saben desde hace mucho tiempo que al desarrollarse la larva de este insecto, grupos de células se apartan en forma de estructuras discoidales denominadas **discos imaginales** (Figura 29.31). Estos grupos de células forman partes específicas de la mosca adulta. Al sufrir la larva la metamorfosis, las células de la larva se destruyen mediante apoptosis y cada disco imaginal se transforma en una parte diferente del adulto.

Los genetistas que trabajan con *Drosophila* han reconocido desde hace tiempo clases de **mutaciones homeóticas**, mutaciones que revolucionan el patrón completo del desarrollo de formas definidas. Una de ellas, denominada mutación *Antennapedia*, hace que crezcan piernas formadas perfectamente cerca del ojo, donde se forman normalmente las antenas. Otro grupo, denominado mutaciones *bithorax*, conducen al desarrollo anormal de los segmentos torácicos, produciendo, por ejemplo, pares extras de alas (Figura 29.32). Los estudios recientes de biología molecular han descubierto grandes grupos de **genes homeóticos** que controlan estos procesos del desarrollo y que son los lugares de las mutaciones homeóticas. Curiosamente, un elemento de secuencia corriente de unos 180 pb se repite muchas veces en estos grupos de genes. Esta secuencia, llamada ahora *homeosecuencia*, codifica un secuencia polipeptídica de 60 residuos denominada *homeodominio*. Las proteínas que contienen este dominio son nucleares, proteínas de unión al DNA de la clase hélice-bucle-hélice. Parece probable que cada una de ellas actúe como regulador de la transcripción de un grupo coordinado de proteínas.

Más notable es que la homeosecuencia no está confinada a los insectos, sino que se encuentra en muchos otros organismos, incluyendo anfibios y mamíferos. Las secuencias están muy conservadas en este intervalo filogenético. Este descubrimiento sugiere una uniformidad bastante inesperada de los mecanismos del desarrollo entre organismos muy alejados.

**FIGURA 29.32**

**Mutación bitorácica de *Drosophila*. Arriba:** mosca normal. **Abajo:** mutante en la que el segmento torácico que normalmente produce un par de halterios, o alas rudimentarias, se ha transformado en un segmento que produce un par de alas completamente desarrolladas.

Pascal Goetgheluck/Science Photo Library.

Las mutaciones homeóticas que modifican las rutas de desarrollo implican factores proteicos especiales que llevan el homeodominio.

# Regulación de la traducción

Como se ha indicado antes, el paradigma de Jacob-Monod dominó durante muchos años nuestro conocimiento sobre la expresión de los genes y su control. Hemos visto en el apartado anterior cómo gran parte del modelo de operón también es válido para los procesos más complejos de la expresión de los genes eucariotas, aunque se han encontrado muchas diferencias llamativas, corte y empalme del mRNA, formación de la caperuza y la cola del mRNA, muchos factores de transcripción en los complejos de iniciación, cromatina como molde de la transcripción, remodelado de la cromatina, participación de mediador, control mediante fosforilación de la RNA polimerasa y ausencia de mRNA multicistrónicos, por citar solo unos ejemplos. Igualmente llamativos son los descubrimientos recientes de procesos reguladores importantes que actúan a nivel de la traducción. Una de las esferas de investigación más activas, que se ayuda de la secuenciación de DNA de segunda generación (llamada también secuenciación profunda; *véase* Herramientas de la Bioquímica 4A), es el descubrimiento de muchas clases de moléculas de RNA que son ellas mismas reguladoras genéticas. Presentamos ejemplos de estos procesos reguladores, en primer lugar, en los procariotas y luego, en los eucariotas. Algunos fenómenos reguladores de RNA, como el RNA de interferencia, operan a nivel de la degradación del mRNA y se tratan en un apartado diferente (página 1267). Otros procesos, entre ellos los ribointerruptores (página 1269) y la edición del RNA (página 1270), también se consideran de forma separada.

## Regulación de la traducción procariota

La traducción procariota está regulada por, al menos, tres mecanismos: oclusión del ribosoma debido a la estructura terciaria del mRNA, represión de la traducción producida por la unión de la proteína al mRNA y acciones de las moléculas reguladoras de RNA, que se aparean con moléculas de mRNA. Especialmente con respecto a las moléculas reguladoras de RNA, esta es actualmente una frontera de investigación activa, de forma que es probable que surjan nuevos mecanismos y procesos reguladores.

### Oclusión del lugar de unión del ribosoma

Esta clase de control parece explicar la regulación de la traducción de varios mensajes policistrónicos. Se encuentra un ejemplo en el RNA mensajero del bacteriófago MS2, que se muestra en la Figura 29.33. Este mRNA complejo y económico codifica cuatro proteínas esenciales, una de ellas codificada por un marco de lectura alternativo solapante. Consideremos los distintos requerimientos que debe satisfacer la traducción de este mensaje: Para fabricar nuevos virus, se necesitan *muchas* copias de la proteína de la cubierta y un número significativo de subunidades replicasa. Pero solo se necesitan por virus *una* copia de la proteína A (que se utiliza para el ensamblaje del virus) y solo una pequeña cantidad de la proteína de lisis (que se utiliza en la liberación del virus). Traducir simplemente el mensaje policistrónico completo de igual manera en todas sus partes sería deplorablemente inefi-

**FIGURA 29.33**

**RNA del bacteriófago MS2.** Esta molécula de RNA sirve de mensaje para las cuatro proteínas que requiere este virus. Las secuencias de codificación para la proteína A, la proteína de la cubierta y la subunidad replicasa se indican en gris. El mensaje de la proteína de lisis (la proteína L, que se indica en azul) se solapa, de hecho, con los mensajes de la proteína de cubierta y de la replicasa. Se traduce en un marco de lectura diferente.

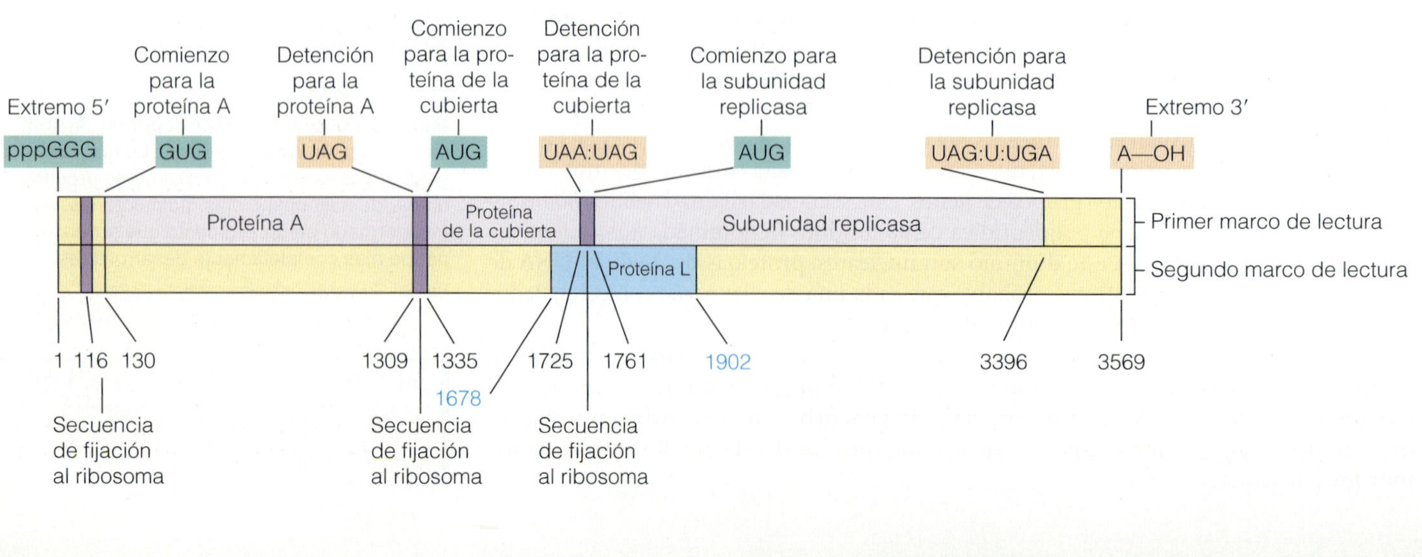

ciente. En su lugar, la secuencia de unión al ribosoma del extremo 5′ del mRNA (que comenzaría la traducción del mensaje de la proteína A) normalmente está bloqueado por el plegado terciario de la molécula de mRNA. Por tanto, normalmente el ribosoma comienza la traducción uniéndose a una secuencia de enganche cerca del lugar de iniciación del mensaje de la proteína de la cubierta, traduciendo este mensaje eficazmente y actuando algunas veces, aunque no siempre, con el mensaje de la replicasa. Al fabricarse la replicasa, esta cataliza la replicación del propio mRNA vírico. Las copias del nuevo virus más las cadenas que todavía se están transcribiendo, aún no se han plegado en su conformación final. Por tanto, sus extremos 5′ están aún abiertos para la iniciación y pueden unirse a ribosomas para traducir la proteína A. Pero esto solo sucede una vez en la vida de cada mRNA, en el momento en que se ha sintetizado. El mensaje para la proteína de lisis, que solapa con el mensaje de la proteína de la cubierta, pero con un marco de lectura distinto, aparentemente se traduce de forma ocasional, como consecuencia del deslizamiento del marco de lectura durante la traducción de la proteína de la cubierta.

## Represión de la traducción mediante la unión de una proteína al mRNA

La unión de proteínas ribosómicas al mRNA es un lugar de regulación de la traducción.

Un ejemplo elegante de este tipo de control se encuentra en la síntesis de las propias proteínas ribosómicas bacterianas. Como muestra la Figura 29.34, las proteínas ribosómicas de *E. coli* están codificadas por mensajes policistrónicos. En cada grupo codificado por un mensaje así existe *una* proteína que es capaz de unirse en o cerca del extremo 5′ del mensaje y bloquear su traducción. Esta unión parece tener lugar debido a que el mRNA tiene una estructura terciaria similar a la del lugar de unión normal de esa proteína en el rRNA.

Puede verse la belleza del sistema si comparamos la Figura 29.34 con la Figura 28.18. Las proteínas que controlan la síntesis de las proteínas ribosómicas, S4, S7 y S8, también se encuentran entre las primeras en unirse al rRNA 16S en el ensamblaje del ribosoma. Estas proteínas son las claves de la construcción del ribosoma, y tienen una afinidad elevada por los rRNA diana. Si el RNA ribosómico es abundante en la célula, lo cual sería una señal de necesidad de proteínas ribosómicas, se incorporan a los ribosomas las proteínas «control» y puede tener lugar la síntesis de todas las proteínas ribósómicas. Pero si hay un aporte pequeño de rRNA, las proteínas «control» no utilizadas se unirán a los mRNA diana, desconectando la síntesis de otras, normalmente las proteínas ribosómicas innecesarias. En otras palabras, estas proteínas pueden considerarse que actúan como «represores de la traducción». Este control de la producción de ribosomas actúa de forma concertada con el control riguroso de la síntesis de rRNA, que ejerce ppGpp (página 1250) para dar procesos complementarios por medio de los cuales se inhibe el ensamblaje de los ribosomas en condiciones de limitación de nutrientes.

## Acciones de las moléculas reguladoras de RNA

La idea de que las propias moléculas de RNA pueden actuar como reguladores genéticos se conoce desde el comienzo de los años 1980, pero el significado amplio de este mecanismo solo se ha hecho evidente recientemente. Un primer hallazgo fue el descubrimiento

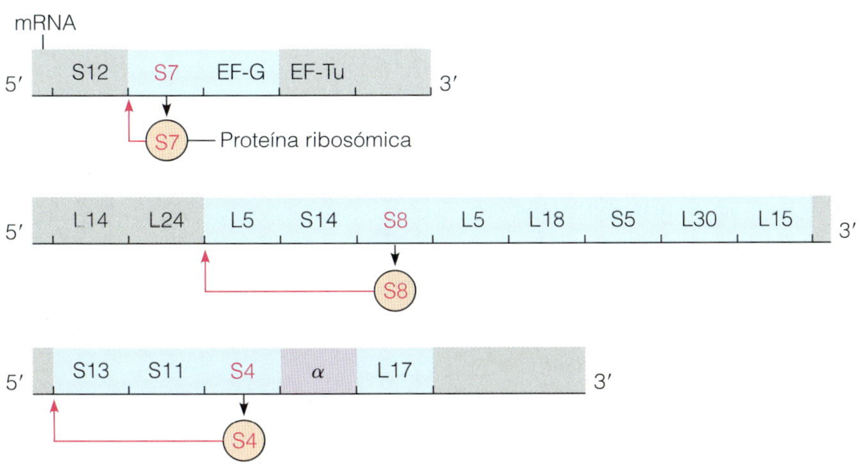


**FIGURA 29.34**

**Regulación de la síntesis de las proteínas ribosómicas.** Se muestran tres ejemplos de mensajes policistrónicos que codifican las proteínas ribosómicas en *E. coli.* Obsérvese que estos mRNA codifican también EF-G, EF-Tu y la subunidad α (púrpura) de la RNA polimerasa. La traducción de cada mensaje policistrónico está controlada por una de las proteínas ribosómicas que codifica, indicada en fucsia. Las flechas indican los lugares de unión de cada proteína. El control se extiende *solo* sobre los genes que se muestran en verde azulado.

**FIGURA 29.35**

**Bloqueo de la iniciación de la traducción por un RNA antisentido.** El gen de la transposasa contiene una secuencia antisentido en su extremo 3′. Cuando se transcribe, este segmento antisentido puede plegarse hacia atrás y formar pares de bases que bloquean la iniciación de la traducción.

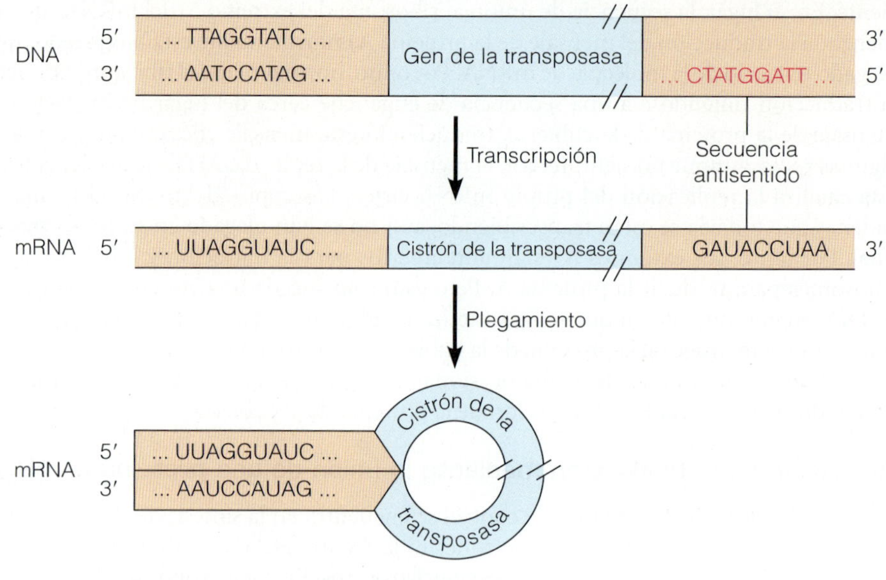


de la regulación antisentido en la que el mRNA de la transposasa del transposón Tn10 puede formar apareamiento de bases con una secuencia hacia arriba, bloqueando, de esta forma, la iniciación de la traducción del mRNA de la transposasa (Figura 29.35).

Otro ejemplo de regulación antisentido es el de *ompC* y *ompF*, dos genes que codifican proteínas de la membrana externa en *E. coli.* Estos genes están ormorregulados: las células responden a la proliferación en un medio de cultivo de molaridad alta, desactivando la síntesis de la proteína OmpF y activando la síntesis de OmpC, de forma que la cantidad total de proteína sea constante y se mantenga el medio interno de la célula. En la Figura 29.36 se muestra el mecanismo propuesto para la desconexión de *ompF.* La molaridad elevada desencadena de alguna forma la síntesis de un RNA antisentido, el producto del gen *micF.* Este RNA es, en parte, complementario de las secuencias del extremo 5′ del mRNA de *ompF.* El RNA *micF* inactiva el mensaje *ompF* al aparearse con él, y formar un RNA dúplex *in vivo.* Las secuencias de inicio de la traducción del mRNA de OmpF, que deben ser de una sola cadena para dirigir la traducción, están incluidas en este dúplex. Esto es responsable del bloqueo de la traducción del mensaje. Otro gen regulado por el RNA antisentido es *crp*, el gen estructural de la proteína receptora de AMPc.

Más recientemente, el análisis de secuencias del genoma completo y la confirmación de las pruebas experimentales ha demostrado que la regulación mediante RNA pequeños (llamados ahora sRNA) está mucho más extendida de lo que se supuso inicialmente. Solo en *E. coli*, se han descubierto algunos sRNA 80S. Algunos, como el RNA MicF

**FIGURA 29.36**

**Inactivación del mRNA de *ompF* mediante apareamiento con RNA antisentido del gen *micF*.** Un cambio de osmolaridad estimula la transcripción del gen *micF*. El transcrito es complementario con una gran región del RNA de *ompF*, que incluye el lugar de iniciación de la traducción. Los bucles de horquilla dentro de la secuencia permite el apareamiento de bases entre regiones complementarias en los dos mRNA, y de esta forma, ambos transcritos no pueden servir como moldes para la síntesis de proteínas.

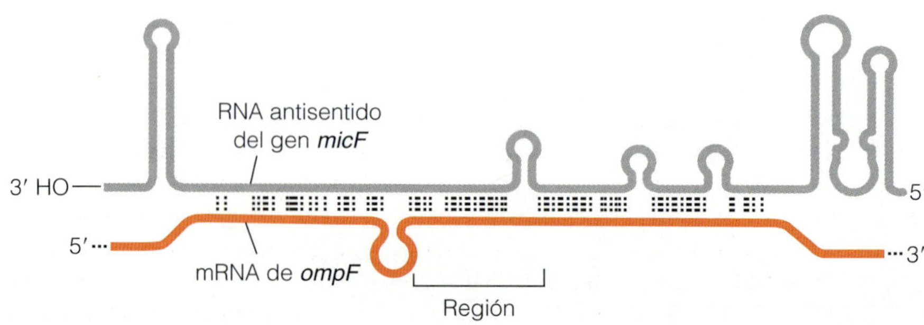

mencionado antes, se une solo a una secuencia diana, mientras que otros se unen a varias secuencias diferentes. Algunos, como los ejemplos antisentido que se mencionan aquí, actúan mediante la unión al RNA en secuencias específicas. Otros actúan al unirse a proteínas diana específicas. La mayor parte de los efectos reguladores que se mencionan se ejercen a nivel de iniciación. De nuevo, esto tiene sentido desde el punto de vista energético. La regulación mediante RNA en lugar de proteínas también tiene sentido metabólico, ya que pueden evitarse las reacciones de la traducción que utilizan energía.

La síntesis de RNA antisentido de diseño se usa ampliamente como planteamiento en el ***knockdown* génico**, cuando un investigador desea bloquear la expresión de un gen específico sin los grandes esfuerzos que requiere crear organismos *knockout* mediante interrupción génica dirigida. Puede introducirse en las células un oligonucleótido sintético, normalmente tras un tratamiento que incremente de forma transitoria la permeabilidad de la membrana, con una secuencia dirigida al gen cuya expresión se desea inhibir. Con frecuencia, el reactivo de *kockdown* no es una molécula de RNA, sino un análogo de RNA, uno que se ha modificado para evitar la degradación enzimática dentro de la célula. Una familia popular de reactivos antisentido es la de *morfolinos*, que son oligómeros de polímeros que tienen morfolina en lugar de ribosa y un enlace fosforamidita para unir las unidades de «nucleótidos» adyacentes; *véase* el margen.

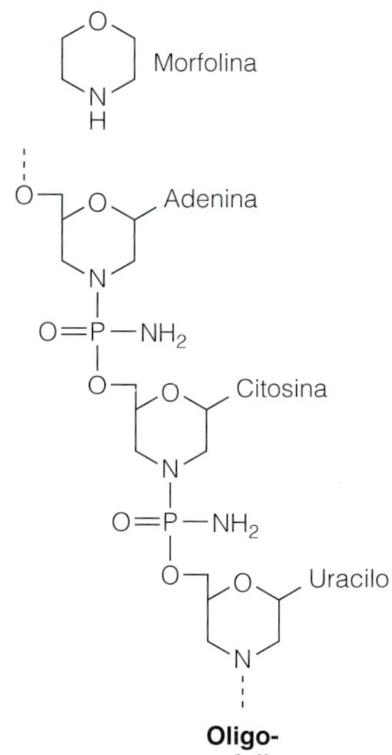


Los análogos antisentido como los morfolinos se están generando como reactivos terapéuticos, donde puede identificarse un ácido nucleico diana, como el genoma de un virus, para que se una y de esta forma se inactive. El obstáculo para la evolución de este enfoque es la dificultad de construir estos reactivos, de forma que sean permeables a las membranas celulares, algo que resulta más fácil realizar con células en cultivo que con las células de los organismos vivos.

## Regulación de la traducción eucariota

En las células procariotas y eucariotas tienen lugar procesos reguladores comparables, aunque hay algunas diferencias significativas, como el control de los factores de iniciación mediante fosforilación (*véase* más adelante). Sin embargo, son más llamativos los desarrollos paralelos de las células procariotas y eucariotas con relación a las funciones reguladoras de los RNA no codificantes. En los procariotas, estas familias de moléculas de RNA generalmente son cortas, como sugiere el nombre de sRNA. En cambio, esta familia de moléculas de RNA en los eucariotas es de peso molecular alto, generalmente por encima de 200 residuos de nucleótidos. Normalmente se llaman RNA no codificantes o ncRNA. Los trataremos tras presentar un par de ejemplos bien entendidos de regulación de la traducción.

### Fosforilación de los factores de iniciación eucariotas

Diversos factores solubles de la traducción de las proteínas en los eucariotas están controlados mediante fosforilación. Damos aquí un par de ejemplos. eIF2 es una proteína G, que participa en la unión del Met-tRNA al lugar P como paso esencial de la iniciación (Tabla 28.4). Se conocen cuatro proteína quinasas distintas que fosforilan la subunidad $\alpha$ de eIF2 en la Ser-51. La fosforilación de eIF2 aumenta su afinidad por su factor de intercambio del nucleótido de guanina, el eIF2B, lo cual lleva a la formación de un complejo inactivo, eIF2B-eIF2-GDP, desactivando, de esta forma, la iniciación de la traducción. Las cuatro proteína quinasas (no todas ellas están distribuidas universalmente) son: la proteína 2 (GCN2), una quinasa que se activa por tRNA sin cargar y que es, por tanto, un sensor del agotamiento de aminoácidos, (2) proteína quinasa que se activa por el RNA de doble cadena, que responde a las infecciones víricas; (3) una proteína quinasa del retículo endoplásmico, que se activa por las proteínas desplegadas del retículo endoplásmico; y (4) una quinasa inhibidora regulada por el hemo (HRI), que se activa en condiciones de carencia de hemo, desactivando, de esta forma, la síntesis de hemoglobina cuando el cofactor hemo es escaso. Este efecto es importante en los reticulocitos (eritrocitos inmaduros), que no tienen núcleo, pero que tienen abundante mRNA para la síntesis de globina. Como se muestra en la Figura 29.37, la biosíntesis de hemoglobina está regulada mediante este proceso, por lo que la traducción del mRNA de globina se desactiva, a no ser que se disponga de cantidad adecuada de hemo para formar un com-

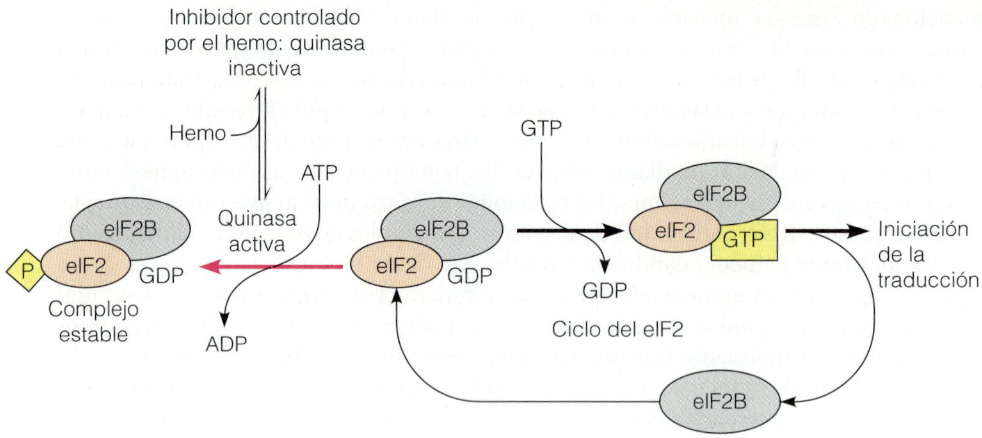


**FIGURA 29.37**

**Regulación de la traducción en las células eritropoyéticas mediante la concentración de hemo**. Cuando cae la concentración de hemo, la quinasa controlada por el hemo se activa y fosforila eIF2 (flecha fucsia), lo cual bloquea la posterior traducción, al atar este factor a un complejo estable con eIF2B. Cuando la concentración de hemo es la adecuada, se inhibe la quinasa y se dispone de eIF2 para iniciar la traducción.

plejo con la proteína. Otro ejemplo, que se ha mencionado en el Capítulo 18, es la fosforilación de 4EBP1 por mTOR. La fosforilación alivia la unión de 4EBP1 a eIF4E, liberando, de esta manera, el factor de iniciación para que participe en la síntesis de proteínas.

La fosforilación de los factores de iniciación se utiliza habitualmente para el control a nivel de la traducción en los eucariotas.

Otro ejemplo es eIF4E, que participa en el reconocimiento de la caperuza 5′ del mRNA, que es esencial para identificar el codón de iniciación AUG. En las células eucariotas una o varias rutas de señalización MAP quinasa (Capítulo 23) conducen a la fosforilación (de Ser-209 en la proteína humana), con la pérdida resultante de la capacidad de eIF4E para reconocer la caperuza. eIF4E es objeto de una regulación adicional, que comporta la represión de la traducción (*véase* arriba) mediante una familia de proteínas denominadas 4E-BP (proteínas de unión a IF4E). La unión de estas proteínas está controlada mediante fosforilación, siendo, de nuevo, el estado de fosforilación controlado por la disponibilidad de aminoácidos, el estatus energético celular o los efectos de los factores de proliferación u otros estímulos. La sobreexpresión de eIF4E produce la transformación oncogénica de algunas líneas celulares en cultivos, y la concentración de la proteína es anormalmente alta en algunos cánceres humanos.

## RNA largos no codificantes

Hasta hace poco se suponía que solo una pequeña proporción del genoma humano. y de aquí, de los genomas eucariotas, en general, experimentaba la transcripción. Esta conclusión era compatible con los resultados del Proyecto Genoma Humano, cuando se descubrió que los marcos de lectura abiertos que codifican proteínas representan menos del 2 % de todas las secuencias genómicas. Sin embargo, varios planteamientos, entre ellos los análisis con micromatrices del transcriptoma humano, han descubierto que más del 90 % del genoma humano es probable que se transcriba. Esto significa que el transcriptoma de mamíferos contiene un número muy grande de moléculas de RNA no codificantes. Aunque algunas de estas moléculas pueden ser «ruido» de transcripción, es probable que muchos de los transcritos recién descubiertos sean, en realidad, funcionales. De hecho, en algunos de estos ncRNA que se han caracterizado existen pruebas del antisentido como mecanismo regulador, como hemos visto en los sRNA de las bacterias. Sin embargo, en lo que se ha analizado hasta ahora, los ncRNA parecen actuar a nivel de la transcripción. La transcripción de una región no codificante vecina de un gen que codifica una proteína, puede inhibir la transcripción de ese gen, al interferir con la unión de los factores de transcripción. Un ejemplo interesante es la transcripción del *DHFR* humano, el gen estructural de la dihidrofolato reductasa. En este caso, un RNA no codificante forma una estructura triple con el promotor de *DHFR*, que da lugar a la rotura del complejo de preiniciación. Ciertamente, esto echa un paso hacia atrás el tema regulador; ¿qué controla la expresión de este ncRNA regulador?

Hasta la fecha, hay pocas indicaciones de que los ncRNA actúen a nivel de la traducción, por ejemplo, ocluyendo los lugares de unión de los ribosomas, como hemos visto para los sRNA bacterianos. Sin embargo, el fenómeno de la interferencia del RNA, que consideramos a continuación, establece que los RNA no codificantes regulan la traducción al controlar la *degradación* de las moléculas de mRNA.

## RNA de interferencia

Un conjunto de descubrimientos notables que comenzaron al final de los años 1990, revelaron procesos inesperados en los que participaban mecanismos genéticos reguladores basados en RNA y mecanismos de defensa. Las observaciones originales surgieron de los intentos de emplear la ingeniería genética para aumentar la pigmentación morada en las petunias, al introducir en las flores moradas otros genes que codifican la ruta de síntesis del pigmento. Sorprendentemente, las plantas transgénicas resultantes no eran moradas y las flores, o bien tenían una pigmentación muy jaspeada o eran blancas. De alguna forma parecía que los genes que forman el pigmento se habían desactivado entre ellos. Al principio se pensó que podía ser el resultado de la formación de un RNA *antisentido*, esto es, un RNA que se transcribe a partir de la cadena de DNA que no es la molde, que podría aparearse con el RNA normal con sentido, creando un RNA de doble cadena, que no se traduce. Los experimentos posteriores, principalmente los de Craig Mello y Andrew Fire, condujeron a una conclusión distinta y al descubrimiento del **RNA de interferencia**, o RNAi. El término cubre dos procesos distintos, ambos con participación de moléculas pequeñas de RNA, algunas de 21 a 24 nucleótidos. Una clase de estas moléculas, los **microRNA**, o miRNA, participan en la regulación de los genes, mientras que los **RNA de interferencia pequeños**, o siRNA, se forman principalmente como un mecanismo de defensa celular.

### MicroRNA

Los microRNA son productos génicos reguladores específicos. Se calcula que aproximadamente un tercio de todos los genes humanos se regulan mediante moléculas de miRNA. El número de moléculas de miRNA específicas en las células de un determinado organismo está relacionado con la complejidad evolutiva del organismo. En un estudio reciente, el número total de miRNA conocidos fue de 677 para los seres humanos y de 491 para el ratón. En cambio, *Drosophila* tiene 147, mientras que la esponja solo tiene 8. Los miRNA proceden de moléculas de RNA parcialmente palindrómicas. Como se muestra en la Figura 29.38, estas moléculas precursoras se producen por la transcripción de la RNA polimerasa II, seguida de la formación de la caperuza en 5′ y la poliadenilación en 3′, igual que en la síntesis de mRNA, lo cual da un transcrito primario (pri-miRNA). Los extremos de la molécula se encuentran para dar una horquilla tallo-bucle y las secuencias complementarias se aparean. El procesamiento comienza en el núcleo, con la rotura por un complejo enzimático llamado *Drosha*, a unos 22 nucleótidos de la unión tallo-bucle, para dar una horquilla parcial con un saliente 3′ corto. Este se reconoce por un complejo exportina (como la importina, pero a la inversa), que transporta el miRNA precursor al citoplasma, donde se une a otro complejo llamado *Dicer*. Junto con otra proteína llamada *Argonauta* (AGO), Dicer degrada una cadena del dúplex parcial de miRNA precursor y transfiere la cadena simple restante, que es ahora una molécula completa de miRNA, junto con la proteína Argonauta, hasta algún otro complejo, llamado RISC (*RNA-induced silencing complex*; complejo silenciador inducido por RNA). A continuación, RISC se une a las secuencias 3′no traducidas de las moléculas de mRNA diana, empleando la complementariedad de secuencia con el miRNA como guía. La región en la que se busca la complementariedad de secuencia tiene unos siete nucleótidos. Si la secuencia de miRNA es totalmente complementaria de la del mRMA diana dentro de esos siete nucleótidos, ese mRNA se degrada totalmente (no se muestra en la figura). Este proceso es catalítico, de forma que una vez que se ha degradado un mRNA, RISC puede buscar otras dianas.

> Los RNA pequeños producidos por el procesamiento de los RNA de doble cadena se utilizan extensamente en la regulación de los genes (miRNA) y como mecanismo de defensa (siRNA).

Si las secuencias miRNA-mRNA solo coinciden parcialmente, entonces la actividad del mRNA se hace más lenta mediante varios mecanismos. Puede haber una inhibición de la unión de los factores de iniciación de la transcripción o el estancamiento de los ribosomas, o la activación de enzimas (CCR4-NOT en la figura) que elimina la cola 3′ de poliA. Puede no haber siempre una degradación inmediata del mRNA, pero se hace más lenta su actividad de traducción.

Finalmente, el mRNA inhibido se transfiere a un lugar citosólico denominado **cuerpo P** (P, por procesamiento), donde es secuestrado de los risomomas y, por tanto, inactivo en la transcripción. El cuerpo P es el lugar de la degradación final de todas las moléculas de mRNA, tanto si llegan o no acompañadas por RISC. Mediante este proceso, un único

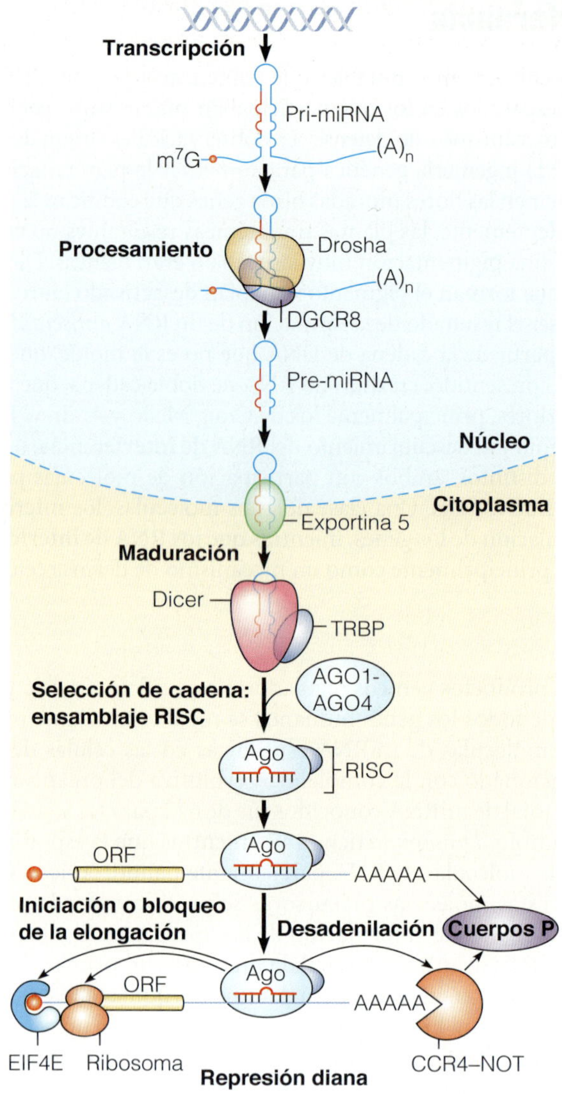


**FIGURA 29.38**

**Biogénesis del miRNA**. La secuencia de mRNA seleccionada para el procesamiento puede ser en un exón o un intrón. *Véanse* en el texto más detalles.

Reproducido con autorización de Macmillan Publishers Ltd. *Nature Reviews Molecular Cell Biology* 11:252-263, M. Inui, G. Martello y S. Piccolo, MircoRNA control of signal transduction. © 2010.

miRNA puede participar en la regulación de varios cientos de mRNA distintos. Además, la regulación por el miRNA puede ser combinatoria, ya que el 3′ UTR de un mRNA puede unir dos o más miRNA, con cada unión de un segundo miRNA produciendo una mayor represión de la actividad de traducción de ese mRNA. Aunque hemos aprendido mucho sobre estos procesos, nuestro conocimiento de lo que significan en términos de control metabólico específico se encuentra aún en una primera fase. Un hallazgo bastante reciente es que algunos miRNA pueden *activar* la traducción, con el efecto del mismo miRNA, que oscila entre inhibición y activación durante el ciclo de división celular.

## RNA pequeños de interferencia

El iRNA, como mecanismo de defensa, normalmente surge como consecuencia de una infección vírica de una célula. Si el virus tiene un genoma de RNA, pero no es un retrovirus, surgen en la célula infectada moléculas de RNA de doble cadena que encajan perfectamente como intermediarios de la replicación del genoma vírico. Estos dsRNA se fraccionan en el citosol por Dicer para dar un conjunto de moléculas de RNA de doble cadena que encajan perfectamente, cada una con unos 23 pares de bases, denominadas siRNA (*small interfering RNAs*; RNA pequeños de interferencia), que son la diana de las moléculas del RNA del virus, y dado que el ajuste de los nucleótidos es perfecto, las moléculas de RNA se fraccionan, como se ha indicado, al tratar la síntesis de miRNA. Este proceso es especialmente eficaz en las plantas, cuyas células están conectadas por canales finos. Por tanto, la actividad del RNA de interferencia puede dispersarse de célula en célula haciendo a toda la planta resistente al virus, aunque solo unas pocas células hayan sido infectadas inicialmente.

Aunque tenemos mucho que aprender sobre determinados aspectos de la regulación por el miRNA, ya sabemos que la síntesis de miRNA específicos es específica del tejido y del desarrollo. La transcripción inicial de la molécula de pre-miRNA está sometida a los mismos procesos reguladores que los que hemos considerado para la biosíntesis del mRNA, y cada paso siguiente está controlado, aunque permanecen sin elucidar muchos detalles.

Con respecto a la función del miRNA, sabemos que estas moléculas participan en procesos reguladores tan diversos como la proliferación celular, el control del desarrollo, la homeostasis y la tumorogénesis. Con respecto a la apoptosis, se ha descrito recientemente una conexión interesante. En *C. elegans*, Dicer participa directamente; la acción de una determinada caspasa sobre Dicer lo transforma de una ribonucleasa a una desoxirribonucleasa, reponsable de la fragmentación cromosómica, que es una característica de la apoptosis. Otro estudio reciente ha descrito una función específica de una molécula de miRNA en el control de la actividad de un gen supresor de tumor, denominado PTEN. En este caso, se transcribe un pseudogén de PETEN (Capítulo 24) y el miRNA, que de otra forma contrarregularía la supresión del tumor, señala e inactiva en su lugar el mRNA del pseudogén. Esta acción del pseudogén al «titular a distancia», el miRNA de PTEN, sugiere una interrelación entre el pseudogén y las actividades funcionales del gen y explica en parte por qué pueden haberse retenido a lo largo de la evolución los pseudogenes «no funcionales», para actuar como «señuelos», protegiendo al mRNA funcional.

No debería ser ninguna sorpresa, por tanto, conocer que existe un interés tremendo en aprovechar la biología del miRNA para tratar o prevenir enfermedades como el cáncer. Aunque este campo está «en pañales», el iRNA ha encontrado una utilización amplia en el laboratorio para desactivar genes específicos. En Herramientas de la Bioquímica 26A hemos descrito cómo pueden desactivarse genes en las células vivas u organismos mediante sustitución dirigida de genes. Como también hemos mencionado en la página 1120, la forma más completa, específica y permanente de estudiar la función de un gen es la eliminación de ese gen, por ejemplo, mediante eliminación dirigida, seguido de la investigación del mutante con la eliminación. Sin embargo, la utilización del iRNA es una forma mucho más rápida, aunque menos completa y menos específica, de conseguir el mismo objetivo. En este planteamiento puede prepararse una horquilla corta de RNA (shRNA) por medio de una síntesis química e introducirla en las células diana. Estas moléculas de horquilla se metabolizan de forma esencialmente idéntica a los siRNA, lo cual conduce a la degradación del mRNA diana. En células de mamífero en cultivo existen varios reactivos que pueden utilizarse para aumentar de forma transitoria la permeabilidad celular, lo cual permite la captura directa al interior de las células, y a continuación, la inactivación específica del gen. Con otros sistemas biológicos, como el nematodo *Caenorhabditis elegans*, el shRNA puede inyectarse simplemente en el intestino, donde es captado en las células con mayor o menor eficacia. La inactivación del gen mediante RNAi es habitualmente menos completa o específica que la creación de organismos *knockout*, pero, como se ha señalado antes, puede utilizarse para investigar las funciones de diversos genes diferentes como parte del mismo estudio.

## Ribointerruptores

El descubrimiento de los mecanismos reguladores de los genes con participación de las moléculas de RNA, junto con los hallazgos que se han mencionado previamente de que el RNA puede actuar como una enzima, han reforzado la creencia en un mundo de RNA, una biosfera primordial que existió antes que las proteínas, en la que las funciones biológicas que posteriormente asumieron las proteínas, pudieron llevarse a cabo por las moléculas primitivas de RNA. En apoyo de este concepto se encuentra el descubrimiento bastante reciente de los **ribointerruptores**, moléculas de RNA cuya traducción está controlada por la unión específica de un producto metabólico final de la ruta en la que participa el mRNA. Estas moléculas se descubrieron inicialmente en las bacterias y también se han encontrado recientemente en algunas plantas y hongos.

Un ribointerruptor normalmente tiene un **aptámero** en o cerca de su extremo 5′. Un aptámero es un lugar de unión específico creado a partir de una secuencia de oligonucleótido o polinucleótido. Los aptámeros se reconocieron inicialmente como la base de una técnica de laboratorio denominada **SELEX**, que crea estos lugares de unión *in vitro* por medio de ciclos repetidos de un proceso de selección. Con el descubrimiento de los ribointerruptores, aproximadamente en 2002, se encontró que la evolución ha creado aptámeros de mucha mayor especificidad de unión. Como se ha señalado antes, un RNA ribointerruptor tiene un lugar de unión para un determinado metabolito en el extremo 5′ de un mRNA que codifica una enzima de la ruta metabólica que conduce a ese metabolito. Muchos ribointerruptores contienen lugares de unión de nucleótidos o coenzimas (tiamina pirofosfato, dinucleótido de flavina y adenina, *S*-adenosilmetionina y otros más). El primer ribointerruptor conocido tenía un lugar de unión para la adenosilcobalamina (cofactor $B_{12}$). La especificidad de los lugares de unión es alta, como demuestra el hallazgo de que un ribointerruptor para *S*-adenosilmetionina se une a esa molécula determinada con una fuerza, al menos 100 veces mayor que con la que se une a la relacionada *S*-adenosilhomocisteína. En la Figura 29.39 se muestra la estructura cristalina del lugar de unión para pirofosfato de tiamina de un ribointerruptor. La estructura muestra parte del extremo 3′ del mRNA que codifica una de las enzimas de la biosíntesis de TTP. La unión del TTP al ribointerruptor anula evidentemente la actividad de molde de este mRNA, inactivando, de esta forma, la biosíntesis de TTP. Está claro que ha evolucionado un patrón de plegado complejo para envolver completamente la molécula diana. La constante de disociación del complejo que se muestra está en el intervalo de 50 nM. Es esencial que los ribointerruptores se unan a sus moléculas diana fuertemente, ya que están controlando la biosíntesis de nucleótidos y coenzimas que existen en las células en concentraciones muy bajas.

Un ribointerruptor es una molécula de mRNA que tiene un lugar específico de unión para un producto metabólico final que, cuando se une, bloquea la transcripción o la traducción de genes hacia abajo.

En cada caso, la unión de la molécula diana tiene el efecto de inactivar la expresión de los genes que participan en la síntesis de la molécula diana. Esto puede tener lugar a nivel de la transcripción o la traducción, como se muestra en la Figura 29.40. En la Figura 29.41 se muestra un ejemplo específico. Aquí, el ribointerruptor es para un segundo mensajero bacteriano, el di-guanosina monofosfato ciclio (c-di-GMP). Este nucleótido controla la síntesis de proteínas del flagelo de *Clostridium difficile*. La figura muestra cómo la unión de la molécula mensajera al ribointerruptor altera la conformación del RNA para crear un terminador de la transcripción, ocasionando la terminación prematura de la transcripción de un operón que codifica 13 proteínas, en el mismo sentido que la creación de un terminador prematuro controla la transcripción del operón triptófano (página 1247).

## Edición del RNA

La edición del RNA fue otro proceso inesperado cuando se describió por primera vez en 1986. En este proceso la secuencia de nucleótidos de una molécula de RNA se cambia

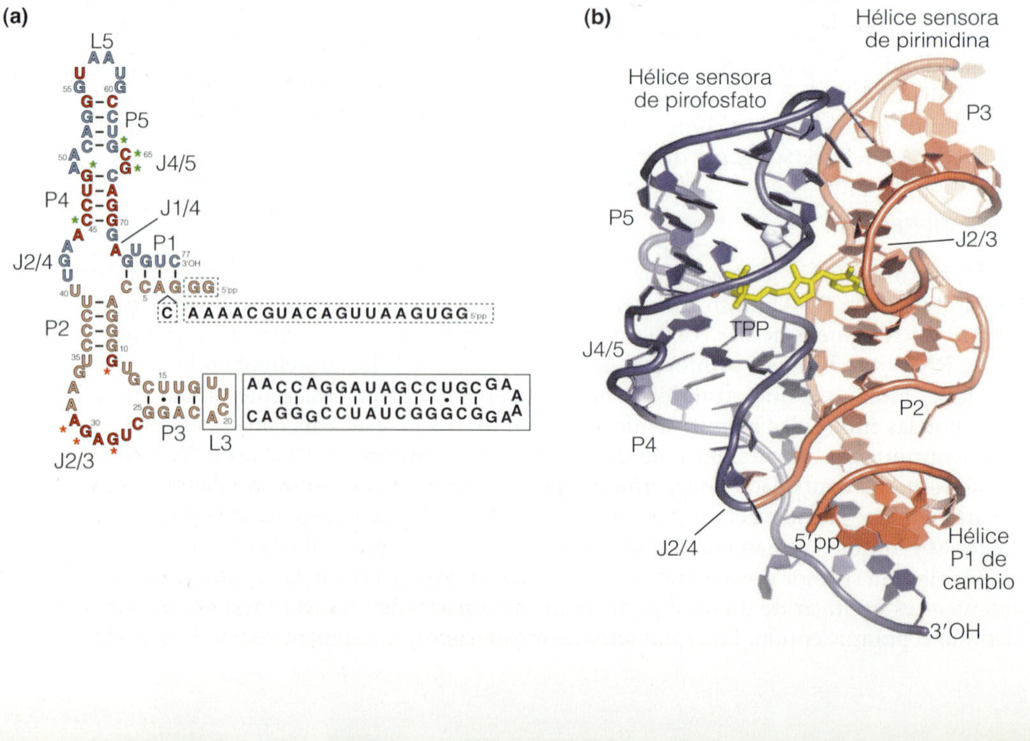


**FIGURA 29.39**

**Estructura del ribointerruptor tiamina pirofosfato de la planta *Arabidopsis thaliana*.** **(a)** Diagrama de la estructura secundaria para el dominio de unión del TPP del riboconector. Los residuos que participan en la unión del pirofosfato se muestran con asteriscos verdes y los implicados en la unión de la tiamina con asteriscos rojos. Los nucleótidos conservados se muestran en rojo. **(b)** Estructura cristalina del riboconector TPP, con el TPP unido en amarillo y las «hélices sensoras» que unen partes de la molécula de TPP como se muestran.

De *Science* 312:1208-1211, S. Thore, M. Leibundgut y N. Ban, Structure of the eukaryotic thiamine pyrophosphate riboswitch with its regulatory ligand. 

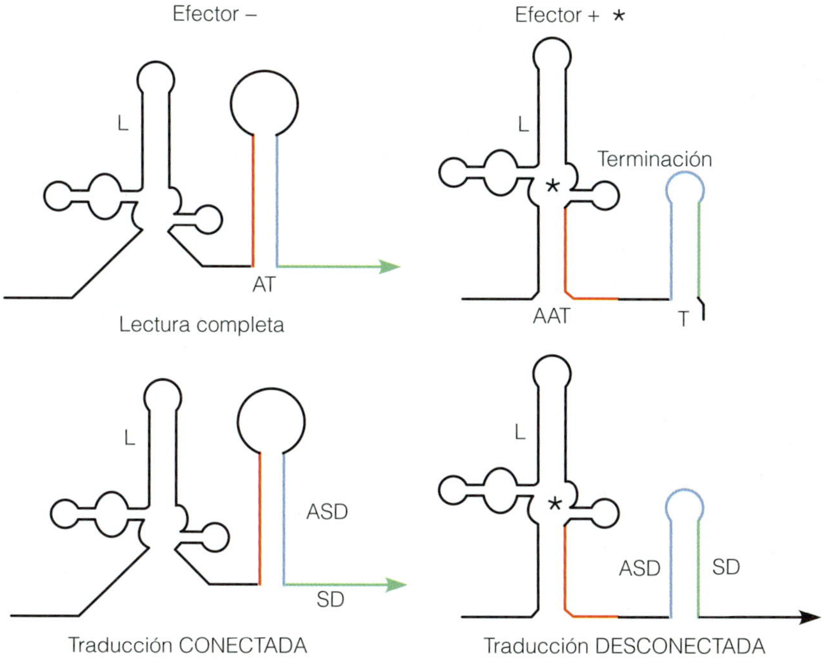


**FIGURA 29.40**

**Mecanismos de acción de un ribointerruptor**. En ausencia del efector (superior izquierda) el lugar de unión del ligando (L) está desocupado y puede formarse un antiterminador de la transcripción (AT) (*véase* la Figura 29.19, mecanismo de atenuación). De otra manera, si el riboconector actúa a nivel de la traducción (inferior izquierda), una región que contiene la secuencia Shine-Dalgarno (SD) no está apareada con su complemento (anti-SD o ASD) y puede tener lugar la traducción. En presencia de un efector, la estructura terciaria puede cambiar para aparear la secuencia antiterminador con su complemento (AAT), lo que permite que se forme un bucle terminador (T), y esto lleva a la terminación de la transcripción (superior derecha). Alternativamente (inferior derecha), la unión del ligando permite que la secuencia Shine-Dalgarno se aparee con su complemento (ASD), de forma que puede iniciarse la traducción.

*Genes & Development* 22:3383-3390, T. M Henkin, © 2008 Cold Spring Harbor Laboratory Press. Modificado con permiso de Tina M. Henkin.

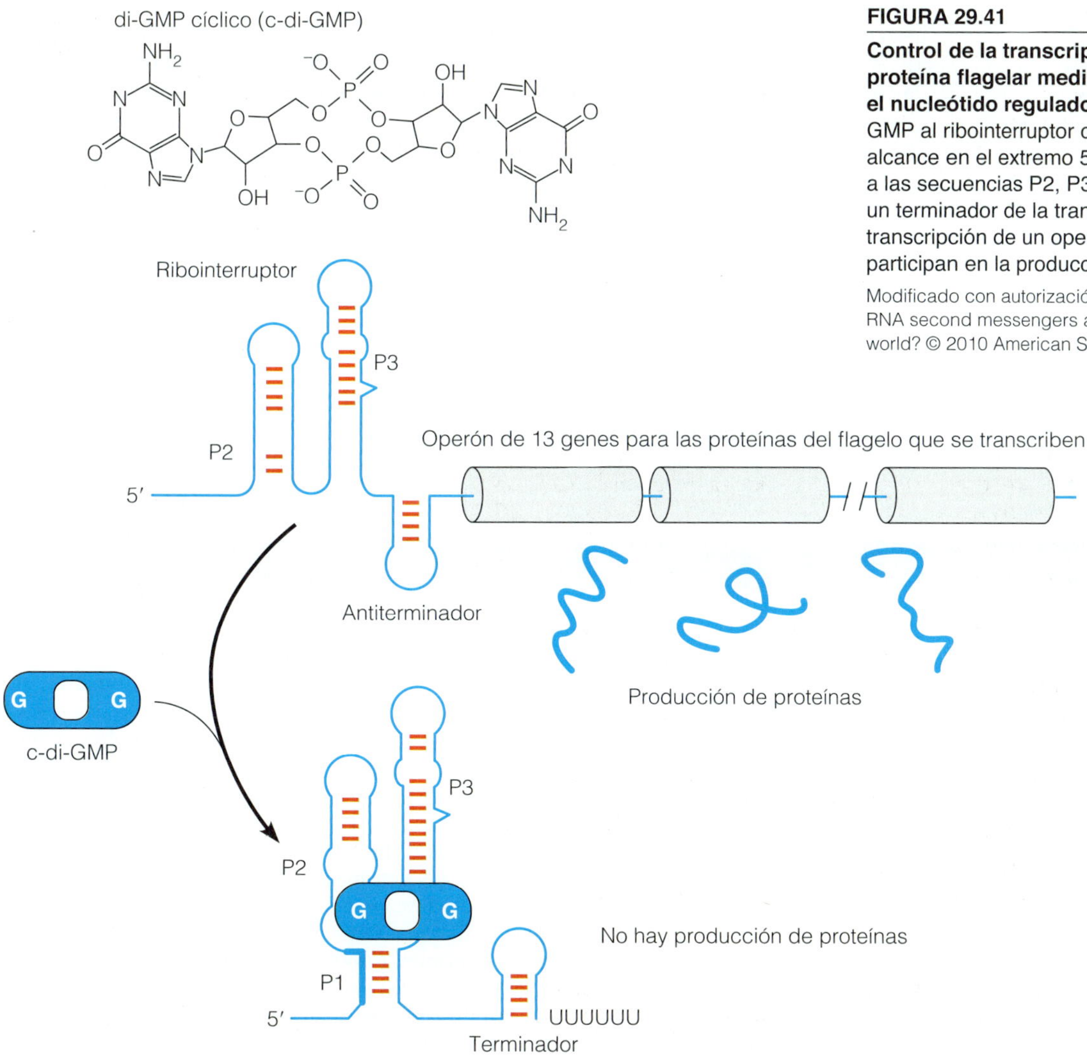


**FIGURA 29.41**

**Control de la transcripción del operón de una proteína flagelar mediante un ribointerruptor para el nucleótido regulador c-di-GMP**. La unión de c-di-GMP al ribointerruptor cambia las interacciones de largo alcance en el extremo 5´ del riboconector, implicando a las secuencias P2, P3 y antiterminador, creando un terminador de la transcripción y bloqueando la transcripción de un operón que codifica proteínas que participan en la producción del flagelo.

Modificado con autorización de *Microbe* 5:13-20, R. R. Breaker, RNA second messengers and riboswitches: Relics from the RNA world? © 2010 American Society for Microbiology.

en realidad después de la transcripción. Se encontró que en los tripanosomas, los mRNA de algunas proteínas mitocondriales se modifican mediante la inserción y la eliminación ocasional de residuos de UMP. En algunos casos, hasta la mitad de los nucleótidos de la molécula madura de RNA eran U que habían sido insertados. Obviamente se cambia el sentido completo del mensaje genético. Sin embargo, el proceso no es aleatorio. El proceso lo dirigen los *RNA guias* que tienen extremos 5′ complementarios, con un extremo de la molécula que va a ser editada, seguido por una secuencia de nucleótidos idéntica a la que va a ser insertada. Cada paso de inserción de un único nucleótido comporta la rotura, inserción y vuelta a unir de la cadena de RNA. Aún no se conoce el significado biológico de este proceso aparentemente derrochador.

La edición del RNA en las células de los mamíferos es muy diferente, e implica simplemente la desaminación enzimática de los nucleótidos AMP o CMP seleccionados en el RNA. Hasta 1000 genes de mamíferos pueden ser sometidos a la edición del RNA. Las enzimas desaminasas reconocen un RNA de doble cadena que se forma entre el lugar que va a ser editado y una secuencia complementaria en algún lugar de la molécula, típicamente en un intrón hacia adelante. Como se describe en el Capítulo 17, el mRNA de la apolipoproteína B sufre una desaminación de CMP a UMP en un lugar que da un codón de parada prematuro. Por tanto, la apolipoproteína producto es más corta en el intestino (donde se produce la edición) que en el hígado (donde no se produce). Como resultado, las lipoproteínas producidas en estos dos tejidos tienen unas propiedades algo diferentes (*véase* la Figura 17.5, página 713).

Un ejemplo interesante de la desaminación de AMP del RNA tiene lugar en el mRNA de un canal iónico regulado por un neurotransmisor en el cerebro. La edición convierte un codón de glutamina en uno de arginina; el aminoácido afectado se encuentra en la pared interna del canal y afecta a la permeabilidad al calcio del canal. Aunque la razón de la edición no está clara, su significado se vio en los ratones *knockout* que carecen de la enzima desaminasa responsable de la edición. Estos ratones fueron objeto de convulsiones epilépticas repetidas y la muerte temprana. Cuando se modificó el gen del canal iónico para que contenga arginina sin necesidad de la desaminación de un codón de Glu, los ratones se desarrollaron normalmente. Así, aunque se desconoce el fin del paso de edición, se estableció su indispensabilidad.

La edición la utilizan los linfocitos como defensa contra la infección por el VIH. Estas células llevan a cabo la desaminación a gran escala de residuos de CMP a UMP, utilizando una enzima semejante a la desoxicitidina desaminasa inducida por activación (AID), que es responsable de la hipermutación somática celular (página 1109). Dado que en este caso el genoma del virus es el RNA, la desaminación extensa crea muchas mutaciones que mutilan o matan al virus. Sin embargo, el virus ha desarrollado un mecanismo de defensa de si mismo, un inhibidor proteico de la desaminasa, que se transporta al interior de la célula infectada junto con el genoma vírico.

## RESUMEN

La expresión génica se controla principalmente a nivel de la transcripción. En las bacterias, el control se ejerce por la unión de represores y activadores de la transcripción a lugares promotores, influyendo, de esta forma, la unión de la RNA polimerasa. Muchos o la mayoría de los genes se expresan como operones, en los que pueden traducirse a partir del mismo mRNA multicistrónico hasta una docena de proteínas o más. Un motivo estructural común en las proteínas procariotas específicas de secuencia es la hélice-vuelta-hélice, en la que los aminoácidos en una hélice de reconocimiento forman contactos específicos con nucleótidos del surco principal del DNA diana. El motivo hélice-vuelta-hélice participa también en la regulación de los genes eucariotas, junto con otros motivos, como hélice-bucle-hélice, cremallera de leucina, y dedo de zinc. La regulación génica en los eucariotas se produce también a nivel de la iniciación de la transcripción, pero la regulación es mucho más compleja. Hasta 50 proteínas tienen que ensamblarse a un promotor y un potenciador hacia arriba para que la RNA polimerasa II se una y transcriba un gen que codifica una proteína. Entre estas proteínas se encuentran activadores específicos de secuencia, unidos a potenciadores; Mediador, que conecta los potenciadores con la maquinaria de transcripción; los complejos de remodelado de la cromatina, que limpian la región de comienzo de la transcripción para que se una la RNA polimerasa; y los factores generales de transcripción. Los cambios temporales del patrón de fosforilación del dominio carboxi terminal de la RNA polimerasa II controlan el momento de los acontecimientos de la transcripción. En los últimos años se han descubierto procesos reguladores importantes con base en el RNA, el más importante, el RNA de interferencia. El procesamiento de los RNA pequeños a RNA dúplex cortos y luego a miRNA de una sola cadena está siendo reconocido como un mecanismo de regulación de la traducción. Otros RNA cortos, los siRNA se forman mediante procesos semejantes, pero se utilizan para degradar a los RNA invasores, como los introducidos por la infección vírica. Los ribointerruptores son RNA que controlan rutas de biosíntesis mediante la unión específica y fuerte de los productos finales del metabolismo de estas rutas.

# BIBLIOGRAFÍA


### Transcripción procariota

**Albright, R. A.** y **Matthews, B. W.** (1998) How Cro and λ-repressor distinguish between operators: The structural basis underlying a genetic switch. *Proc. Natl. Acad. Sci. USA* 95:3431-3436. Análisis estructural de los complejos DNA-proteína que contienen el mismo operador, pero represores diferentes.

**Henkin, T.** (1994) tRNA-directed transcription termination. *Mol. Microbiol.* 13:381-387. Una descripción de una forma nueva de regulación de la transcripción.

**Ishihama, A.** (2010) Prokaryotic gene regulation: Multifactor promoters, multitarget regulators and hierarchic networks. *FEMS Microbiol. Rev.* 34:628-645. Complejidades de la transcripción procariota desveladas por el análisis genómico.

**Landick, R.** (1999) Shifting RNA polymerase into overdrive. *Science* 284:598-599. Un breve comentario que revisa el trabajo reciente sobre el mecanismo de la antiterminación.

**Lewis, M., Chang, G., Horton, N. C., Kercher, M. A., Pace, H. C., Schumacher, M. A., Brennan, R. G.** y **Lu, P.** (1996) Crystal structure of the lactose operon repressor and its complexes with DNA and inducer. *Science* 277:1247-1254. Un logro significativo, dado el tamaño y la importancia de la proteína.

**Ptashne, M.** (2004) *A Genetic Switch, Third Edition. Phage Lambda Revisited.* Cold Spring Harbor Laboratory Press, Cold Spring Harbor, NY. Una clara descripción de las complejidades de la regulación del fago λ y la importancia de entenderla.

**Sorek, R.** y **Cossart, P.** (2010) Prokaryotic transcriptomics: A new view on regulation, physiology and pathogenicily. *Nature Rev. Gen.* 11: 9-16. Aplicaciones de la secuenciación del DNA de la próxima generación a la regulación de la transcripción en bacterias.

**Yaniv, M.** (2011) The 50th anniversary of the publication of the operon theory in *The Journal of Molecular Biology*: Past, present, and future. *J. Mol. Biol.* 409:1-6. Una retrospectiva de un artículo famoso de Jacob y Monod de 1961, que fue la primera presentación detallada del modelo de operón.

**Yanofsky, C.** (2003) Using studies on trlptophan to answer basic biological questions. *J. Biol. Chem.* 278: 10859-10878. Una breve autobiografía en la que el autor describe las muchas maneras por las que el operón *trp* ha iluminado la regulación genética.

### Regulación de la transcripción eucariota

**Cook, P. R.** (2010) A model for all genomes: The role of transcription factories. *J. Mol. Biol.* 395:110. No es un estudio de la regulación *per se*, pero sí una fuente de conocimientos generales de la organización intracelular de la maquinaria de transcripción.

**D'Alessio, J. A., Wright, K. F.** y **Tjian, R.** (2009) Shifting players and paradigms in cell-specific transcription. *Mol. Cell* 36:924-931. Información nueva sobre los factores de transcripción.

**Kornberg, R. D.** (2005) Mediator and the mechanism of transcriptional activation. *Trends in Biochem. Sci.* 30:235-239. Uno de los diversos artículos de un número especial dedicado a Mediador.

**Pomerantz, R. T.** y **O'Donnell, M.** (2010) Direct restart of a replication fork stalled by a head-on RNA polymerase. *Science* 327:590-592. Un estudio de los encuentros entre las DNA y RNA polimerasas.

**Ptashne, M.** y **Gann, A.** (2002) *Genes and Signals.* Cold Spring Harbor Laboratory Press, Cold Spring Harbor, NY. Una relación clara de las complejidades de la transcripción eucariota, con énfasis en las levaduras.

**Schmid, D.** y 12 coautores (2010) Five-vertebrate ChIP-seq reveals the evolutionary dynamics of transcription factor binding. *Science* 328:1036-1040. La unión del factor de transcripción es un factor principal de la variación entre las especies.

**Venters, B. J.** y **Pugh, B. F.** (2009) How eukaryotic genes are transcribed. *Crit. Rev. Biochem. Mol. Biol.* 44:117-141. Una revisión completa y actualizada.

**Weake, V. M.** y **Workman, J. L.** (2010) Inducible gene expression: Diverse regulatory mechanisms. Nature Rev, Genet. 11:426-437. Otra revisión completa.

### Moléculas de RNA reguladoras

**Nagano, T.** y **Fraser, P.** (2011) No-nonsense functions for long noncoding RNA. *Cell* 145:178-181. Una revisión reciente.

**Sharp, P. A.** (2009) The centrality of RNA. *Cell* 136:577-580. Una breve revisión que resume todas las clases de RNA reguladores que se han descubierto recientemente.

**Waters, L. S.** y **Storz, G.** (2009) Regulatory RNAs in bacteria. *Cell* 136: 615-628. Enfoque completo en los sRNA y otros RNA procariotas reguladores.

**Wilusz, J. E., Sunwoo, H.** y **Spector, D. L.** (2009) Long noncoding RNAs: Functional surprises from the RNA world. *Genes. Dev.* 23:1494-1504. Hallazgos sorprendentes, comenzando con el que señala que se transcribe la mayoría del genoma eucariota.

### Regulación a nivel de la traducción

**Hernández, G., Altmann, M.** y **Lasko, P.** (2009) Origins and evolution of the mechanisms regulating translation initiation in eukaryotes. *Trends in Biochem. Sci.* 35:63-73. Una revisión actualizada.

### Cromatina y regulación de los genes

**Clapier, C. R.** y **Cairns, B. R.** (2009) The biology of chromatin remodeling complexes. *Ann. Rev. Biochem.* 78:273-304. Presentación actual de las funciones en las que participan estos complejos.

**Gaspar-Maia, A.** y 10 coautores (2009) Chd1 regulates open chromatin and pluripotency of embryonic stem cells. *Nature* 460:863-870. Relación recién descubierta entre un complejo de remodelado de la cromatina y la pluripotencia de las células madre embrionarias.

**Ho, L.** y **Crabtree, G. R.** (2010) Chromatin remodeling during development. *Nature* 463:474-484. Una revisión completa y actualizada.

**Lorch, Y., Maier-Davis, B.** y **Kornberg, R. D.** (2010) Mechanism of chromatin remodeling. *Proc. Natl. Acad. Sci. USA* 107:3458-3462. Pruebas que apoyan un modelo de rotura de los enlaces DNA-histona en el remodelado de la cromatina.

**Oliver, S. S.** y **Denu, J. M.** (2011) Dynamic interplay between histone H3 modifications and protein interpreters: Emerging evidence for a «histone language.» *Chem. Bio. Chem.* 12:299-307. Consideración seria del código de histonas.

**Smith, E.** y **Shilatifard, A.** (2010) The chromatin signaling pathway: Diverse mechanisms of recruitment of histone-modifying enzymes and varied biological outcomes. *Mol. Cell* 40:689-701. Tratamiento crítico del concepto de un código de histonas.

**Talbert, P. B.** y **Henikoff, S.** (2010) Histone variants-ancient wrap artists of the epigenome. Nature Rey. *Mol. Cell Biol.* 11:264-275. Revisión excelente de las variantes de histona.

### Metilación del DNA y epigenética

**Bhutani, N., Brady, I. J., Damian, M., Sacco, A., Corbel, S. Y.** y **Blau, H. M.** (2010) Reprogramming toward pluripotency requires AID-dependent DNA demethylation. *Nature* 463:1042-1048. Pruebas recientes de la desmetilación del DNA como un acontecimiento crucial en la reactivación de los genes.

**Bonasio, R., Tu, S.** y **Reinberg, D.** (2010) Molecular signals of epigenetic states. *Science* 330:612-616. Tratamiento crítico del significado de «epigenética», en un número especial de *Science* dedicado a la epigenética.

**Iqbal, K., Jin, S-G., Peifer, G. P.** y **Szabo, P. E.** (2011) Reprogramming of the paternal genome upon fertilization invoives genome-wide oxidation of 5-methylcytosine. *Proc. Natl. Acad. Sci. USA* 108:3542-3647. El título lo explica todo.

**Jia, D., Jurkowska, R. Z., Zhang, X., Jelsch, A.** y **Cheng, X.** (2007) Structure of Dnmt3a bound to Dnmt3L suggests a model for *de novo* DNA methylation. *Nature* 449:248-253. Conceptos generales estructurales de la especificidad de la metilación del DNA.

**Karberg, S.** (2009) Switching on epigenetic therapy. Cell 139:1029-1031. Una de las diversas revisiones cortas que indican cómo el conocimiento de los mecanismos epigenéticos puede ayudar a tratar y prevenir las enfermedades.

**Law, J. A.** y **Jacobsen, S. E.** (2010) Establishing, maintaining and modifring DNA methylation patterns in plants and animals. *Nature Rev. Genet.* 11:204-220. Una revisión reciente y completa de las funciones de la metilación del DNA.

**Lister, R.** y 17 coautores (2009) Human DNA methylomes at base resolution show widespread epigenomic differences. *Nature* 462:315-322. La metilación a nivel de secuencia descubre información importante sobre las células madre pluripotentes.

**Popp, C.** y 7 coautores (2010) Genome-wide erasure of DNA methylation in mouse primordial germ ce1ls is affected by AID deficiency. *Nature* 463:1101-1106. La desmetilación del DNA es crucial para la inducción de un estado desdiferenciado.

**Song,J., Rechkoblít, O. Bestor, T. H.** y **Patel, D. J.** (2011) Structure of DNMTl-DNA complex reveals a role for autoinhibition in maintenance DNA methylation. *Science* 331:1036-1039. El título lo dice todo.

### Genes homeóticos y homeocaja

**Gehring, W. J., Affolter, M.** y **Buerglin, T.** (1994) Homeodomain proteins. *Annu. Rev. Biochem.* 63:487-526. Una revisión aún actual.

**Kessel, M.** y **Gruss, P.** (1990) Murine developmental control genes. *Science* 249:373 379. Homeocajas en el desarrollo de los mamíferos.

### RNA de interferencia

**Bonetta, L.** (2009) RNA-based therapeutics: Ready for delivery? *Cell* 136:581-584. Emoción sobre los usos terapéuticos del RNAi.

**Djuranovic, S., Nahvi, A.** y **Green, R.** (20ll) A parsimonious model for gene regulation by miRNAs. *Science* 331:550-553. Una revisión actual corta.

**Inui, M., Martello, G.** y **Piccoio, S.** (2010) MicroRNA control of signal transduction. *Nature Rev. Mol. Cell Biol.* 11:252-263. Funciones específicas de algunos miRNA.

**Krol, J., Loedige, I.** y **Filipowicz, W.** (2010) The widespread reguiation of microRNA biogenesis, function and decay. *Nature Rev. Genet.* 11:597-610. Revisión reciente completa del RNAi.

**Poliseno, L., Salmena, L., Zhang, J., Carver, B., Haveman, W. J.** y **Pandolfi, P. P.** (2010) A coding-independent function of gene and pseudogene mRNAs regulates tumour biology. *Nature* 465:1033-1040. Una función de los pseudogenes que se ha retenido evolutivamente.

**Voorhoeve, P. M.** (2010) MicroRNAs: Oncogenes, tumor suppressors, or master regulators of cancer heterogeneity? *BBA Reviews of Cancer* 1805:72-86. Relaciones entre el RNAi y el cáncer.

**Williams, A. H.** y 8 coautores (2009) MicroRNA-206 delays ALS progression and promotes regeneration of neuromuscular synapses in mice. *Science* 326:1549-I553. Identificación de un microRNA específico que regula la función del sistema nervioso.

**Wum L., Zhou, H., Zhang, Q., Zhang, J., Ni, F., Liu, C.** y **Qi, Y.** (2010) DNA methylation mediated by a microRNA pathway. *Mol. Cell* 38:465475. Una función específica del miRNA en las plantas.

### Ribointerruptores

**Breaker, R. R.** (2010) RNA second messengers and riboswitches: Relics from the RNA world? *Microbe* 5:13-20. El autor argumenta que los ribointerruptores constituyen una prueba de un mudo primordial de RNA.

**Henkin, T. M.** (2008) Riboswitch RNAs: Using RNA to sense cellular metabolism. *Genes and Development* 22:3383-3390. Una revisión completa.

**Roth, A.** y **Breaker, R. R.** (2009) The structural and functional diversity of metabolite-binding riboswitches. *Ann. Rev. Biochem.* 78:305-334. Una revisión reciente de los ribointerruptores desde su descubrimiento.

**Zhang,I., Lau, M. W.** y **Ferré-D'Amare, A. R.** (2010) Ribozymes and riboswitches: Modulation of RNA functions by small molecules. *Biochemistry* 49:9123-9137. Se centra en las características estructurales de la unión de las moléculas pequeñas al RNA.

### Edición del RNA

**Brennicke, A., Marchfelder, A.** y **Binder, S.** (1999) RNA editing. *FEMS Microbiol. Revs.* 23:297-316. Una excelente revisión de bibliografía más antigua.

**Maas, S., Patt, S., Schrey, M.** y **Rich, A.** (2001) Underediting of glutamate receptor GluR-B nRNA in malignant glioma. *Proc. Natl. Acad, Sci. USA* 98:14687-14692. Consecuencias médicas graves de una edición defectuosa del RNA en los seres humanos.

**Wulfl B-E., Sakurai, M.** y **Nishikura, K.** (2011) Elucidating the inosinome: Global approaches to adenosine-to-inosine signaling. *Nature Rev. Genet.* 12:81-85. Revisión de un proceso importante de la edición del RNA.

## PROBLEMAS

1. La forma activa del represor de la lactosa se une al operador con una constante de disociación de $10^{-13}$ para la reacción $R + O \rightleftharpoons RO$. Basta la presencia de unas 10 moléculas por célula de *E. coli* para mantener al operón desactivado en ausencia del inductor.

   (a) Si la célula promedio de *E. coli* tiene un volumen intracelular de $0.3 \times 10^{-12}$ mL, calcule la concentración intracelular aproximada del represor.

   (b) Si la célula promedio contiene dos copias del operón *lac*, calcule la concentración intracelular aproximada de los operadores.

   (c) Calcule la concentración intracelular promedio de los operadores *libres* en estas condiciones.

   (d) Explique de qué forma una célula con un cromosoma haploide puede contener un promedio de dos copias del operón *lac*.

2. ¿Es probable que intervenga la atenuación en la regulación de los genes eucariotas? Explique brevemente su respuesta.

*3. Suponga que desea estudiar la transcripción *in vitro* de un determinado gen de una molécula de DNA que contiene varios genes y promotores. Sin añadir proteínas reguladoras específicas, ¿de qué manera podría estimular la transcripción de los demás genes a partir del molde de DNA de que dispone? Para conseguir que todos los complejos sean idénticos, le interesará detener todos los fenómenos de transcripción en la misma posición en el DNA molde antes de aislar el complejo. ¿Cómo podría hacerlo?

4. Durante un cierto tiempo no estuvo claro si el represor *lac* inhibe la transcripción del operón *lac* mediante la inhibición de la unión de la RNA polimerasa a su promotor o permitiendo la iniciación de la transcripción, pero bloqueando la elongación a partir del lugar de unión del represor. ¿Cómo podrían diferenciarse estas dos posibilidades?

5. Un operón *lac*, que contiene una mutación, se clonó en un plásmido, que se introdujo mediante transformación en una bacteria que contiene el operón *lac* de tipo natural. Los tres genes del operón cromosómico han pasado a no ser inducibles en presencia del plásmido.

   (a) ¿Qué tipo de mutación en el operón del plásmido podría tener este efecto?

   (b) Suponga que el resultado de la transformación fuera hacer que tres genes *lac* del plásmido se expresaran de manera constitutiva, a un nivel alto. ¿Qué tipo de mutación génica del plásmido podría tener este efecto?

*6. Varios genes nuevos del regulón SOS se identificaron mediante el empleo ingenioso de fagos «Mud», que son fagos derivados del fago Mu que tienen un gen de la $\beta$-galactosidasa sin promotor, insertado en un punto concreto de este genoma del fago. ¿Cómo podrían utilizarse estos fagos para identificar los genes cuya expresión se activa tras la irradiación ultravioleta de las bacterias?

7. Se crearon formas diploides parciales de *E. coli*, cada una de las cuales contenía un operón lactosa completo en su lugar cromosómico normal y únicamente las secuencias reguladoras (*i*, *p*, *o*), en un plásmido. Prediga el efecto de cada mutación sobre la actividad de la b-galactosidasa antes y después de la adición del inductor. Utilice los símbolos –, +, o ++ para indicar el grado de actividad aproximado.

| Mutación | Antes | Después |
|---|---|---|
| (a) Ausencia de mutaciones en los genes cromosómicos o del plásmido | ______ | ______ |
| (b) Una mutación en el operador del plásmido, que logra abolir su unión al represor | ______ | ______ |
| (c) Una mutación en el promotor cromosómico, que reduce 10 veces la afinidad de *p* por la RNA polimerasa. | ______ | ______ |
| (d) Una mutación del gen *i* en el cromosoma, que logra abolir la unión del producto del gen *i* al inductor | ______ | ______ |
| (e) Una mutación del gen *i* del plásmido, que logra abolir la unión del represor al inductor | ______ | ______ |
| (f) Una mutación del *o* cromosómico, que logra abolir su unión al represor | ______ | ______ |
| (g) Una mutación en el gen de la CRP, que logra abolir su unión al AMP cíclico | ______ | ______ |

*8. ¿Qué tipo de mutación del represor *lac* podría ser constitutiva y *trans*-dominante?

9. Se ha propuesto que la tiogalactósido transacetilasa (LacA en el operón lactosa) desempeña un papel en la desintoxicación, librando a la célula de $\beta$-galactósidos potencialmente tóxicos al acetilarlos para facilitar su difusión fuera de la célula. ¿Cómo podría analizar esta proposición?

10. Considere la Figura 29.34. Observe que la acumulación de EF-G y de la subunidad $\alpha$ de la RNA polimerasa están sometidas a la represión de la traducción por las proteínas ribosómicas S7 y S4, respectivamente. Esto podría parecer una desventaja para el organismo, ya que la unión de S4, S7 y S8 a los mRNA ribosómicos son mecanismos de control del ensamblaje del ribosoma. ¿Por qué *no* es una desventaja este mecanismo?

11. Generalmente se considera que los ribointerruptores se descubrieron en 2002. Pero un proceso reguladopr comparable se describió mucho antes, cuando Nomura *et al.* ([1980] *Proc. Natl. Acad. Sci. USA* 77:7084) describieron la regulación de la síntesis de proteínas ribosómicas que lleva a cabo la unión de las proteínas ribosómicas a sus propios mRNA (Figura 29.35). ¿Se descubrieron realmente los ribointerruptores años antes? Comente las semejanzas y diferencias del control de la síntesis de las proteínas ribosómicas y la regulación por los ribointerruptores, como se han presentado en este capítulo.

12. Describa las pruebas experimentales que indicarían que se transcriben la mayoría o casi todas las secuencias de DNA del genoma de mamíferos.

# RESPUESTAS A LOS PROBLEMAS

## CAPÍTULO 2

1. (a) 3.54 kJ/mol.

   (b) 151 kJ/mol.

2. $CCl_4 < H_2S <$ H3NCH$_2$ COO$^-$ $< H_3NCH_2CH_2CH_2COO^-$. $CCl_4$ es simétrico, $\mu = 0$; $H_2S$ será comparable a $H_2O$; los dos últimos implican la separación de cargas completas, y en el último la separación es la mayor.

3. El gráfico será un reflejo del gráfico dado, a través de la línea $E = 0$.

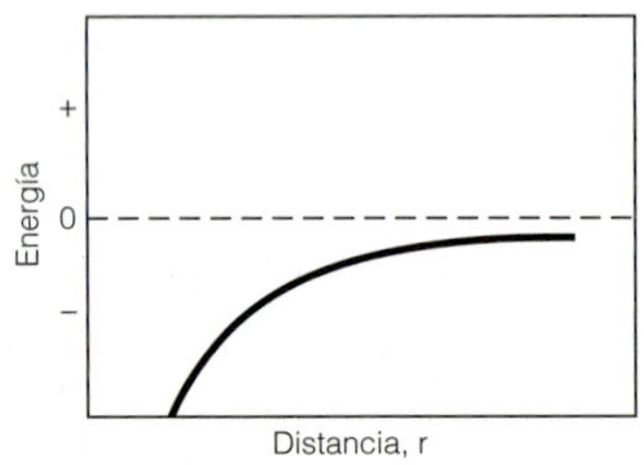


4. (a) $$K_a = \frac{[H^+][A^-]}{[HA]} = \frac{x^2}{A_0 - x}$$

$$K_aA_0 - K_ax = x^2$$

o $x^2 + K_aA_0 = 0$

$$x = \frac{-K_a ; \sqrt{K_a^2 + 4K_aA_0}}{2}$$

   (b) En primer lugar, suponer que $\times << A_0$ y obtener

$$x^2 \cong K_aA_0, \qquad x \cong \sqrt{K_aA_0}$$

   Utilizar esta $\times$ aproximada para obtener una aproximación mejor para el denominador $(A_0 - x)$. Repetir el cálculo hasta que el cambio en cada paso sea menor que la precisión requerida.

   Si $K_a$ es muy pequeña (ácido débil), bien lo anterior o la aproximación directa proporcionan

$$[H^+] \cong \sqrt{K_aA_0}$$

5. (a) pH = 0.456

   (b) pH = 2.608 mediante aproximación, 2.609 exactamente

   (c) pH = 3.108 mediante aproximación, 3.113 exactamente.

6. (a) $Ka$ = 8.16 _ 10–5.

   (b) pH = 2.39.

7. Elegir una serie de unos 10 puntos en los que se han añadido volúmenes de KOH para neutralizar las fracciones crecientes del ácido. Utilizar la ecuación de Henderson-Hasselbalch para calcular el pH en cada punto.

8. (a) pH = 4.46.

   (b) pH = 2.57.

9. (a) 0.138 M.

   (b) $[KH_2PO_4]$ = 0.126 M; $[Na_2HPO_4]$ = 0.174 M.

10. pH = 3.93.

11. La mejor opción sería una mezcla de $H_2PO_4^-$ y $H_2PO_4^{2-}$, que tiene un valor de p$K_a$ = 6.86.

12. Se disolverán 2 × 7.507 g de glicina en los 2 L para obtener una disolución 0.1 M. Para obtener un pH de 9.0, la ecuación de Henderson-Hasselbalch indica que la proporción Gly$^-$/Gly$^\pm$ debe ser de 0.251. Esto puede alcanzarse mediante la adición de NaOH a una concentración de 0.02 M. Para 2 L, ello requeriría 0.04 moles, es decir 40 mL de NaOH 1 M.

13. 8.5% como H2CO3. Muy poco $CO_3^{2-}$.

14. (a) $B = (A_0/2.303)f(1 - f)$.

    (b) Cuando $f = 0.5$.

    (c) $A_0/9.2/2$.

    (d) Aumentando $A_0$ aumenta B.

15. Las moléculas proteicas en soluciones acuosas se protonan cada vez más a medida que desciende el pH. Así, las proteínas se cargan más positivamente ya que los ácidos carboxílicos se *cargan menos negativamente* al caer el pH, mientras que las aminas se *cargan más positivamente.* Las proteínas se cargan más negativamente al descender el pH ya que los grupos ácidos se cargan más negativamente mientras que los grupos básicos se cargan menos positivamente. Estos efectos se resumen en la Tabla 2.9.

16. (a) pI = 11.1. La forma I solo estará presente en cantidades insignificantes por encima de pH 7.

    (b) + 0.38.

    (c) Si. Cuando el pH < pI la molécula lleva carga positiva.

17. Dada la potencia de atracción protónica del dianión producido cuando se han disociado dos de los protones del ácido cítrico, el tercero se mantiene con una fuerza anómala. De hecho, tiene un p$K_a$ de 6.86.

18. La fuerza iónica de $(NH_4)_2SO_4$ 1 M es 3.0.

19. La lisina tiene un pI de aproximadamente 9.5. Así pues, no migraría a pH 9.5, mientras que la cisteína con una cadena lateral de p$K_a$ 8.3 portaría una carga negativa parcial a este pH, y la arginina, con su cadena lateral con un p$K_a$ muy alto (12.5) tendría una intensa carga positiva.

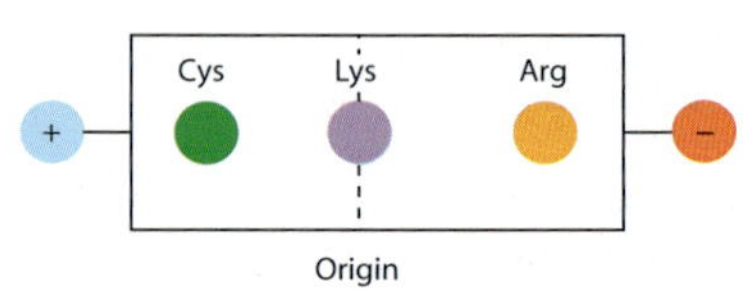


20. (a) Enfoque isoeléctrico. La diferencia de una carga produciría una diferencia pequeña de la movilidad, pero una diferencia de pI detectable.

    (b) A un pH por debajo de 6.4 (ej., pH 5) de forma que la cadena lateral de His está cargada muy (+), mientras que la cadena lateral de Val no portaría carga.

## CAPÍTULO 3

1. $\Delta H_f$ - $\Delta U_f$ = - 0.165 J/mol, thus, $\Delta U_f$ = 6,010.165 J/mol,
$$\left(\frac{\Delta H_f - \Delta U_f}{\Delta U_f}\right) \times 100 = 0.003\%.$$

2. (a) +926 kJ/mol.

   (b) 463 kJ/mol.

3. (a) $\Delta S° = +470$ J/K · mol.

   (b) Un material sólido se está transformando completamente en gases. La mayor libertad de movimiento de las moléculas gaseosas produce un aumento de entropía.

   (c) $\Delta E° = 103.4$ kJ/mol.

   (d) Porque el sistema realiza trabajo sobre los alrededores al expandirse de un sólido a un gas.

4. (a) $\Delta G° = -2872$ kJ/mol.

   (b) $\Delta G° = -1896$ kJ/mol.

   (c) 34%.

5. (a) $1.18 \times 10^{-4}$ mM.

   (b) $\Delta G°' = -16.7$ kJ/mol.

   (c) 24.6 M. No se alcanza nunca ya que la glucosa-6-fosfato se consume de manera continua en otras reacciones. El sistema nunca alcanza el equilibrio termodinámico.

6. (a) $K = 5.44 \times 10^{-2}$; $(f_{G3P})eq = 0.052$.

   (b) $\Delta G = -4.37$ kJ/mol.

7. (a) $\Delta S$ debe ser positivo, puesto que el aumento de los estados posibles corresponde a un aumento de la entropía.

   (b) Dado que $\Delta G = \Delta H - T\Delta S$, un valor de $\Delta S$ positivo contribuye negativamente al $\Delta G$ ($T$ es siempre un número positivo). Así pues, para que las proteínas sean estables, lo cual requiere un $\Delta G$ para lo anterior que sea positivo, la desnaturalización debe comportar un gran $\Delta H$ positivo y/o una contribución negativa adicional a $S$. Como veremos en el Capítulo 6, se producen ambas cosas.

8. Este proceso debe corresponder a una disminución de la entropía ($\Delta S < 0$), puesto que se establece orden en la estructura del $H_2O$.

9. (a) Es de prever que el valor de $\Delta S$ para la desnaturalización sea positivo, puesto que se pierde orden. Si $\Delta H$ es también positivo (se requiere energía para romper los enlaces internos), tenemos la situación +,+ de la Tabla 3.3 (página ¿?).

   (b) Si hay muchos residuos hidrófobos en una proteína, el valor de $\Delta S$ podría ser negativo para el despliegue (véase el Problema 9). Si $\Delta H$ fuera también negativo, tendríamos la situación –,– de la Tabla 3.3.

10. Dado $\Delta G° = \Delta H° - T\Delta S°$ y $G° = -RT \ln K$, la combinación y el reordenamiento producen el resultado deseado, que se denomina ecuación de van't Hoff. Según la ecuación, si $\Delta H°$ y $\Delta S°$ son independientes de la temperatura, un gráfico de ln $K$ frente a $1/T$ debe ser una línea recta con una pendiente $-\Delta H°/R$.

11 (a) $\Delta H° = +59.0$ kJ/mol.

   (b) $\Delta S° = -103$ J/K · mol. Para obtener el valor verdadero de $K$, con objeto de determinar $\Delta G°$, debe dividirse $K_w$ por 55.5, que es la concentración molar del agua pura.

12. (a) $K = 17.6$.

    (b) Hacia la glucosa-1-fosfato.

13. (a) $2.18 \times 10^3$ kJ

    (b) ~71.5 moles.

14. 217 g.

15. Para un mol de moléculas de proteína, $\Delta S = R \ln W - R \ln 1$, donde $W$ es el número de conformaciones disponibles para cada una y $R$ es la constante de los gases, 8.314 J/K · mol. Como hay 99 enlaces entre 100 residuos, $W = 3^{99}$.

    (a) $\Delta S = 9.04 \times 10^2$ J/K_mol.

    (b) $\Delta H = 292$ kJ/mol.

    (c) Aumento, ya que $\Delta S$ y $\Delta H$ son ambos positivos.

16. (a) $5.93 \times 10^{-6}$ kJ.

    (b) $-5.93 \times 10^{-6}$ kJ.

    (c) En (a) $1.94 \times 10^{-7}$ moles de ATP, en (b) ninguno.

17. (a) 0.527 M.

    (b) – 62.4 kJ/mol.

## CAPÍTULO 4

1. (a) Debe ser un DNA de una sola cadena, puesto que no se cumplen las reglas de Chargaff.

   (b) Debe ser fundamentalmente un ovillo aleatorio, tal vez con algo de autoenlace en horquillas, etc.

2. (a) 3_TGGCATTCCGAAATC5_.

   (b) 5_pApCpCpGpTpApApGpGpCpTpTpTpApGp3_.

   (c) 3_UGGCAUUCCGAAAUC5_.

3. El centro de simetría se indica en la figura de la derecha mediante un punto negro grande.

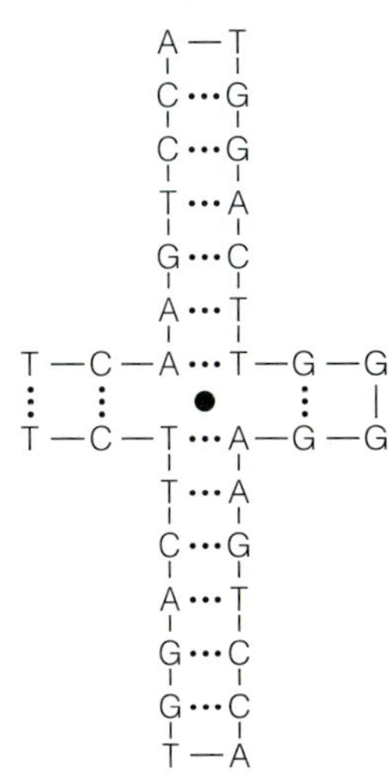

4. $\sigma = \Delta L/L_0 = -0.06 \quad \Delta L = -0.06\,L_0$
In *E. coli* $L_0 = 4.639 \times 10^6$ bp (1 turn = 10.5 bp) = $441.8 \times 10^3$ turns
$\Delta L = \Delta T + \Delta W, \quad \Delta T = 0$
$\Delta W = \Delta L = 0.06\,L_0 = -0.06(441.8 \times 10^3 \text{ turns}) = -2.65 \times 10^4$
5. 5′G—U—C—C—A—G—C—C—A—U—U—G—C—G—U
3′C—G—G—U—A—A—C—G—C—U
6. 5150 pb × 0.255 nm/pb = 1313 nm (forma A)
7. (a) $L_0$ = 2100 pb × 1 vuelta/10.5 pb = 200 vueltas
(b) $\sigma = -\Delta L/L_0 = -12/200 = -0.06$.
8. 20 pares de bases corresponde a 2 vueltas del B-DNA con +1 giro/vuelta, y 1.7 vueltas de Z-DNA con −1 giro/vuelta. En consecuencia, (a) $\Delta T = -3.7$, (b) $\Delta L = 0$, (c) $\Delta W = +3.7$.
9. El virus de Epstein-Barr debe tener la máxima; el bacteriófago T4 debe tener la mínima.
10. (a) El DNA debe ser de una sola cadena.
(b) Debe haber pequeñas regiones con apareamiento de bases autocomplementario.
11. Aproximadamente 60% GC.
12. (a) Debe requerir 3 vueltas en una repetición, para dar un número entero. El número = 28 pb/repetición.
(b) Más estrechamente.
(c) Desfavorece.
13. La distribución indica la presencia de moléculas superhelicoidales con $\Delta L = \pm 1, \pm 2, \pm 3$, etc. Éstas podrían formarse como consecuencia de fluctuaciones de la estructura en el momento en que se cierra el círculo. Proporciona una demostración directa de la distribución de Boltzman de las energías moleculares.
14. (a) Positiva ya que $L$ es fija (=0) y $\_T$ se hace negativo por el etidio.
(b) Ninguna.
(c) El retorcimiento positivo producido por el etidio disminuye el retorcimiento negativo hasta que $W = 0$; esta estructura tendrá una movilidad mínima dado que está más extendida que la forma retorcida. Al añadir más etidio, el DNA se retuerce positivamente, aumentando de nuevo la movilidad.
15. El ataque inicial de $OH^-$ sobre un átomo de P en un enlace fosfodiéster da lugar a la formación de un intermediario 2′,3′-fosfodiéster cíclico. Este intermediario inestable se hidroliza dando un 2′ o 3′-fosfomonoéster. De esta forma, la hidrólisis alcalina del RNA da una mezcla de ribonucleósidos 2′ y 3′fosfato. Dado que el DNA carece de un grupo 2′hidroxilo, no puede formarse el intermediario fosfodiéster cíclico y no se hidroliza el enlace fosfodiéster.
16. Considérese el pH 3.8, el p$K_a$ del grupo amino del AMP. Utilice la ecuación de Henderson-Hasselbalch para calcular las proporciones aproximadas de los grupos amino con carga y sin carga de cada nucleótido a ese pH.

| Nucleótido | Carga en el grupo amino (aprox.) | Carga en el grupo fosfato | Carga neta |
|---|---|---|---|
| AMP | +0.5 | −1.0 | −0.5 |
| CMP | +0.7 | −1.0 | −0.3 |
| GMP | +0.1 | −1.0 | −0.9 |
| UMP | — | −1.0 | −1.0 |

Todos migran hacia el ánodo UMP>GMP>AMP>CMP.

# CAPÍTULO 5

1. 109.5.
2. (a) SYSMEHFRWGKPV.
(b) 1623.93 g/mol.
3. (a) La curva presentará inflexiones correspondientes a dos grupos que se titulan cerca de 4 (carboxilo terminal y cadena lateral glutámica), un grupo cerca de 7 (histidina), dos cerca de 9 (N-terminal y lisina), uno cerca de 10 (tirosina) y uno cerca de 12 (arginina).
(b) A pH = 1 la carga global será +3.998; a pH = 5 la carga global será +2.104; a pH = 11 la carga global será −1.827.
(c) pI = 8.813.
4. (a) SYSMEHFR,WGKPV.
(b) SYSM*, EHFRWGKPV; M* = homoserina lactona.
(c) SYS, MEHFRWGKPV.
5. DSGPYKMEHFRWGSPPKD.
6. (a) ~ −1 a pH 7; ~ −4 a pH 12.
(b) (1) 2; (2) ausencia de ruptura; (3) 3.
(c) Electroforesis o cromatografía en una columna catiónica a pH 7.
7. Asp-Arg-Val-Tyr-Ile-Met-Pro-Phe.
8. AC.
9. (a) 2.
(b) Entre la primera y la segunda, y entre la tercera y la cuarta cisteínas.
10. (a) Una posibilidad, de entre muchas:
UGUAAUUGUAAAGCGCCCGAGACCGCGCUUU
GUGCUCGACGAUGUCAACAACAU
(b) Dado que no tiene una metionina N-terminal, al menos parte de la ruptura proteolítica debe intervenir en su síntesis.
11. Met-Phe-Pro-Ser-Tyr-Pro-Lys-Asp-Lys-Lys-Glu-
12. (a) Bien el N-terminal está bloqueado (como, por ejemplo, por acetilación) o el péptido es cíclico.
(b) Si el péptido no es cíclico, habrá un C-terminal libre. En la mayoría de los casos (excepto si es Pro) puede ser atacado por la carboxipeptidasa A. Otra posibilidad, si el péptido es cíclico, es que puede encontrarse alguna proteasa que lo romperá sólo una vez, dando un N-terminal libre para permitir la secuenciación.
13. Dado que la cadena A no contiene residuos básicos y que la cadena B contiene varios, funcionarán bien el enfoque isoeléctrico, la electroforesis o la cromatografía de intercambio iónico. Obsérvese que la separación será mejor a alrededor de pH = 5, donde las histidinas de la cadena B están cargadas positivamente y los glutamatos de la cadena A son negativos.
14. (a) Los codones de Glu GAG y GAA pueden convertirse en codones de Val al sustituirse una T de la segunda base para dar GTC y GTA, que son codones de Val.
(b) El pI de la hemoglobina falciforme (HbS) es mayor que el pI de la hemoglobina normal (HbA). La mutación Glu a Val reduce la carga negativa global de la proteína y de esta forma habrá un exceso de carga (+) en la HbS cuando el pH de la solución = pI de la HbA. Si una proteína tiene carga (+) el pH debe ser MENOR que el pI de

la proteína; así, el pI de la HbS debe estar por encima del pI de la HbA.

15. Como las mutaciones sustituyen cadenas laterales no ionizables por cadenas laterales ionizables, no necesitamos conocer nada sobre el estado de carga de la Gln y la Phe que están sustituidas (ya que no llevan carga en la proteína wt). Podemos asumir que cualquier diferencia de carga entre wt y el mutante a pH = 5.5 se debe a la presencia de cargas parciales sobre las cadenas laterales mutantes. Utilizando la ecuación de Henderson-Hasselbalch con los $pK_a$s dados en el problema, pueden calcularse las cargas en las cadenas laterales de His y Glu a pH = 5.5 (el pI de la proteína de tipo natural). Esto se hace porque la carga en la proteína wt es cero cuando pH = 5.5. Este análisis proporciona una carga global en el mutante de + 0.559 a pH = pI. Si la proteína tiene carga positiva el pH debe estar por DEBAJO del pI; así, el pI del mutante es mayor de 5.5.

## CAPÍTULO 6

1. (a) Hacia la izquierda.

   (b) 3.0.

2. Si la hélice se distorsionara para tener 3.5 residuos/vuelta, una leucina podría proyectarse en la misma cara cada 2 vueltas. Las leucinas de las dos cadenas proporcionarían las caras hidrófobas para la interacción. Esta estructura se denomina *cremallera de leucina.*

3. (a) Las cuatro hélices pueden disponerse de tal manera que las cadenas laterales hidrófobas apunten hacia el centro del haz y queden juntas allí (véase el Problema 2). Esto proporcionaría un núcleo hidrófobo de estabilización.

   (b) Una prolina en este punto rompería la hélice cerca de los lugares de unión de $Fe_2$. Ello haría probablemente que el $Fe_2$ no pudiera unirse, y la proteína mutante no sería funcional.

4. Están espaciados por unos tres o cuatro residuos. En consecuencia, se encontrarán en el mismo lado de la hélice α. Esto sugiere que este lado de la hélice puede estar situado frente al interior de la proteína.

5. En la forma desplegada de la proteína, la mayor parte de sus donadores y aceptores de hidrógeno pueden establecer enlaces de H con el agua. En consecuencia, es tan sólo la *diferencia* de energía de unión del hidrógeno entre los estados plegado y desplegado lo que contribuye a la estabilidad de la proteína. La energía requerida para romper los enlaces de H en el estado desplegado debe restarse de la energía liberada cuando se forman nuevos enlaces de H en el estado plegado.

6. (a) $3^{200} = 2.7 \times 10^{95}$.

   (b) No todas estas conformaciones serán estéricamente posibles. Pero aunque sólo lo fuera un 0.1%, continúa habiendo $2.7 \times 10^{92}$, que es un número muy elevado.

7. (a)
$$\begin{aligned}\Delta S_{\text{plegamiento}} &= S_{\text{plegado}} - S_{\text{desplegado}}\\ &= R\ln W_{\text{plegado}} - R\ln W_{\text{desplegado}}\\ &= 8.314\ \text{J/K·mol} \times [\ln 1 - \ln(2.7\times 10^{92})]\\ &= -1769\ \text{J/K·mol} = -1.77\ \text{kJ/K·mol}\end{aligned}$$

   (b) $\Delta H_{\text{plegamiento}} = 96 \times (-5\ \text{kJ/mol}) = -480\ \text{kJ/mol}$

   (c)
$$\begin{aligned}\Delta G_{\text{plegamiento}} &= \Delta H_{\text{plegamiento}} - T\Delta S_{\text{plegamiento}}\\ &= -480\ \text{kJ/mol} - 298\ \text{K}(-1.77\ \text{kJ/K·mol})\\ &= +47\ \text{kJ/mol}\end{aligned}$$

   Dado que $\Delta G_{\text{plegamiento}} > 0$ a 25°, la proteína no sería estable. Sería estable por debajo de 0°C. Ello resalta la importancia de las fuentes de estabilización distintas de los enlaces de H del armazón.

8. Una hélice a α partir de los residuos 4-11, una lámina *β* entre 14-19 y 24-30. Muy probablemente exista una vuelta *β* que afecta a los residuos 20-23.

9. (a) $C_4$, mantenido unido mediante una interacción heteróloga, o $D_2$, mantenido unido mediante una interacción isóloga.

   (b) $C_2$, puesto que cada dímero *αβ* forma una unidad asimétrica.

10. (a) $C_8$, $D_4$.

    (b) $D_4$, puesto que comporta más interacciones subunidad-subunidad.

    (c) Ambas. Debe haber interacciones heterólogas alrededor del eje cuádruple e interacciones isólogas alrededor de los ejes dobles.

11. La medición mediante dicroismo circular detectará tan sólo el desplegado de la estructura terciaria en las subunidades. La calorimetría captará también la energía requerida para la degradación de la estructura cuaternaria.

12. (a) Utilizando los datos de la Tabla 5.1, calculamos el peso molecular que es 1072. Una solución de 1 mg/cm$^3$ será $9.33 \times 10^{-4}$ M. En la Figura 5.6, se aprecia que el coeficiente de extinción molar de Tyr es ~1000 $M^{-1}cm^{-1}$. La Phe no contribuye de manera apreciable. En consecuencia, ε es 0.93 cm$^2$/mg.

    (b) 2.8 mg/cm$^3$.

    (c) 5%.

13. En ausencia de BME, se obtiene una sola banda de $M \equiv 70\,000$. Esto sugiere, aunque no demuestra, que hay dos subunidades idénticas unidas de manera no covalente. Sin embargo, la adición de BME elimina esta banda y produce dos bandas de $M \equiv 30\,000$ y $\equiv 40\,000$, respectivamente. La suma de ambas es 70 000, lo que sugiere claramente que la molécula nativa contiene cuatro subunidades, dos de $M \equiv 30\,000$ y dos de $M \equiv 40\,000$. Las unidades de 30 000 y 40 000 están unidas mediante al menos un enlace disulfuro.

14. El hecho de que la reacción con disulfuro tenga poco efecto significa que la proteína tiene una sola cadena. Debe tener una estructura extendida, que la ruptura en un residuo crítico de Arg puede relajar, dando una migración más rápida; los fragmentos se mantienen aún juntos por los enlaces disulfuro. Su rotura tras el tratamiento con trombina, proporciona dos fragmentos.

15. Suponiendo que no es práctica la difracción de rayos X, tenemos

    (a) Análisis por DC o por RMN.

    (b) Puede observarse más de un plegado secundario/terciario para la misma secuencia. Por lo tanto, la secuencia sólo no puede dictar el plegado en todos los casos y las predicciones basadas en la secuencia pueden a veces fallar.

16. (a) No. El DNA está cargado y por lo tanto es polar, de forma que la mayor parte de la hélice de unión al DNA probablemente está formada por residuos polares que interaccionan con el DNA o con el disolvente (esto lo apoya el análisis de secuencia de la familia bHLH de proteínas de unión DNA).

    (b) El N-terminal interacciona con el DNA. Pueden darse dos razones: (1) el grupo α-amino del N-terminal está cargado positivamente e interaccionará favorablemente con la carga negativa del esqueleto fosfodiéster del DNA; (2) esta orientación sitúa también el extremo «parcialmente positivo» del macrodipolo helicoidal para que establezca interacciones electrostáticas con el esqueleto fosfodiéster del DNA cargado negativamente.

17. Considérese cómo afectaría la mutación a las energías libres relativas de los estados plegado y desplegado de la proteína. Dado que la mutación se encuentra en la superficie, no ha lugar a la pérdida de

los contactos hidrófobos en el centro de la proteína y el aminoácido probablemente interacciona con el disolvente igualmente en los estados plegado y desplegado; así, los efectos sobre $\Delta H$ deben ser mínimos. Por la misma razón el $\Delta S_{\text{disolvente}}$ probablemente es pequeño ya que la solvatación de la cadena lateral debe ser semejante en ambos estados plegado y desplegado (véase la Ecuación 6.2b). El $\Delta S_{\text{proteína}}$ varía más debido a la flexibilidad de conformación de Gly en comparación con Pro. Gly estabilizará tanto el estado plegado como el desplegado; sin embargo, estabiliza más el estado desplegado debido al aumento espectacular de entropía de conformación del estado desplegado como consecuencia de esta mutación. La estabilización del estado desplegado del mutante significa que el $\Delta G_{\text{plegado}}$ (wt) $<$ $\Delta G_{\text{plegado}}$ (mutante); así, la mutación es desestabilizante.

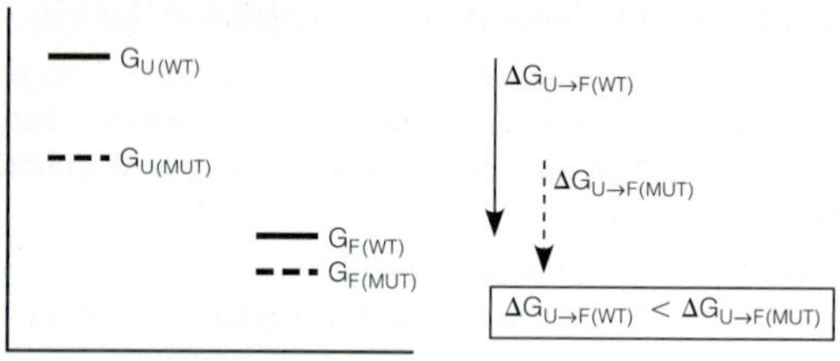


18. La orientación de los cuatro residuos contiguos es necesaria para iniciar una vuelta de una estructura helicoidal (Figura 6.3a). Asimismo, deben ordenarse un mínimo de tres residuos contiguos para iniciar una vuelta (Figura 6.21), que luego puede iniciar los enlaces de H entre las cadenas antiparalelas. La nucleación de una lámina antiparalela puede por lo tanto ser más rápida que la nucleación de una hélice. La iniciación de una lámina paralela necesita una secuencia no contigua para formar interacciones de enlaces de H. Dado que la concentración eficaz de residuos contiguos es mayor que la de residuos no contiguos, la nucleación de una lámina paralela será significativamente menor.

## CAPÍTULO 7

1. (a) ~2.6 mm.
   (b) Alrededor del 94%.
2. (a) Disminución de $P_{50}$.
   (b) Aumento de $P_{50}$.
   (c) Disminución de $P_{50}$.
3. (a) (1) 98%; (2) 56%.
   (b) Alrededor del 42%.
   (c) Alrededor del 63%.
4. En ausencia de $O_2$ de los pulmones, el $O_2$ residual unido a la hemoglobina se utiliza para la producción continua de energía en las células que respiran (como el músculo cardíaco y el esquelético). Bajo el agua, el cocodrilo continúa generando $CO_2$ de la actividad metabólica. El $CO_2$ se convierte rápidamente en $HCO_3^-$ mediante la anhidrasa carbónica. Al aumentar [$HCO_3^-$], más se unirá a la hemoglobina, desplazándola a una mayor conformación de estado T. Este favorece la liberación de $O_2$ y así al permanecer el cocodrilo bajo el agua su hemoglobina suministra la mayor parte del $O_2$ unido como consecuencia de un aumento de la unión de $HCO_3^-$ a la conformación T.
5. (a) $P_{50}$ = 4.467 mm. (Nota: Este valor muy bajo es consecuencia del despliegue, junto con el hecho de que la temperatura es inferior a la fisiológica [37°C].)
   (b) $h \equiv 3.5$.
   (c) $P_{50T}$ ~ 20.3 mm Hg; $P_{50R}$ ~ 1.16 mm Hg. Estos valores se obtienen extrapolando las líneas limitantes tangenciales a los extremos de la representación de Hill.
6. La concentración de hemoglobina puede influir en la afinidad únicamente si se produce la disociación o la asociación de la proteína. La disociación más probable es a dímeros $\alpha\beta$, que habrán perdido parte de las interacciones que estabilizan el estado T. Así pues, la afinidad debe aumentar y el valor de $P_{50}$ debe disminuir.
7. (a) $P_{50}$ = 126 mm.
   (b) $h$ = ~2.6 (la pendiente de la representación de Hill cerca de $Y_{O2} = 0$ es 2.588).
   (c) Dado que $h$ ~2.6, debe haber al menos 3 lugares, puesto que $h \leq n$. (Realmente, es una molécula inmensa, con 24 lugares de unión.)
8. (a) Dado que la H146 se encuentra en la interfase $\alpha/\beta$ (véase la Figura 7.15), la mutación deberá esperarse que interfiera con la transición T $\rightleftarrows$ R. El efecto es aumentar la afinidad. Esta mutación se conoce; es la *hemoglobina Hiroshima*.
   (b) Dado que F8 interviene en la unión del hemo (véase la Figura 7.17), el hemo debe ser inestable. La leucina no se unirá al hierro del hemo.
   (c) La His de $\beta_2$ interviene en la unión del BPG (véase la Figura 7.23). El cambio a Asp la debilitaría.

   En cada caso, podría bastar un solo cambio de base.
9. (a) Más rápido.
   (b) Probablemente igual.
   (c) Más rápido.
10. (a) Se iniciaría con una pendiente de aproximadamente 1 a valores bajos de log $P_{O2}$, a continuación, presentaría una región con una pendiente inferior a 1, y se aproximaría a una línea con una pendiente de 1.
    (b) La teoría MWC se basa en un cambio del equilibrio de todos los lugares entre dos estados: débil y fuerte. En cambio, en la teoría KNF, un lugar puede modificar a otro lugar adyacente en ambos sentidos: hacia una unión más fuerte o más débil.
11. Una explicación posible: en la Hb nativa, la unión del oxígeno está realmente impedida por el hecho de que la tracción sobre la hélice F debe moverla contra impedimentos dentro de la molécula. En la sustitución de imidazol, no hay necesidad de realizar un mayor trabajo para mover la hélice F. Esta diferencia muestra una energía libre más favorable para la unión.
12. $$\Delta Y_{O_2} = Y_{O_2(\text{lungs})} - Y_{O_2(\text{capillaries})} = \left(\frac{(85)^{3.2}}{(31)^{3.2} + (85)^{3.2}}\right) - \left(\frac{(25)^{3.2}}{(31)^{3.2} + (25)^{3.2}}\right) = 0.961 - 0.334 = 0.627$$
13. (a) Sí, ya que el ligamiento entre la subunidades es tal que la separación de un par de hélices favorece el movimiento de separación del otro par, facilitando la unión del $O_2$ en el segundo par.

(b) Probablemente también. La desprotonación de la His 13 destruye el puente salino, permitiendo una apertura más fácil del lugar de unión del $O_2$.

(c) La molécula podría exhibir una mayor afinidad por el $O_2$ y probablemente menor cooperatividad, ya que los lugares del $O_2$ se abrirían posteriormente. Posiblemente, la estructura completa sería inestable.

14. (a) Si se multiplican ambos lados de la primera ecuación por 1 + $Kc$, se divide todo por $c$ y se reagrupa, se obtiene la segunda ecuación.

(b) De acuerdo con la segunda ecuación, la pendiente de un gráfico de $r/c$ frente a $r$ debería ser $-K$, y su intersección en $r/c = 0$ debería dar n. Utilizando los datos de esta forma, obtenemos $K = 2.2 \times 10^4$ $M^{-1}$ y $n = 2.1$. Como el número verdadero de lugares debe ser entero, elegiríamos $n = 2$.

15. No se formarían los enlaces disulfuro inter-cadena y así las cadenas H y L no se estabilizarían por un enlace *covalente* entre ellas. Dependiendo de la fuerza de las interacciones con covalentes entre las cadenas, la pérdida de los enlaces disulfuro daría lugar a la disociación de las cadenas y la pérdida de la unión del antígeno.

## CAPÍTULO 8

1. (a) En el estado relajado, hay un solapamiento de aproximadamente 0.6 $\mu$m en cada lado; en el estado contraído, es de alrededor de 0.75 $\mu$m.

   (b) Aproximadamente 10 pasos.

2. (a) 0.0033 min ≡ 0.2 s.

   (b) 0.021 min = 1.2 s.

   (c) Que la creatina fosfato debe producirse de manera continuada en el músculo activo.

3. Que el crecimiento de los filamentos de actina (que se produce en los extremos) es de algún modo esencial para la modificación de la forma celular por la actina no muscular.

4. Si la actividad GTPasa es lenta, los microtúbulos que tengan extremos de GTP podrán captar la GTP-tubulina y crecer durante un período de tiempo considerable, hasta que se hidrolice el GTP del extremo. Tenderán a reducirse mientras la liberación de GDP-tubulina continúe mostrando nuevos extremos de GDP. Así pues, según el «estado final» (GTP o GDP), un determinado microtúbulo crecerá o se reducirá en competencia con sus vecinos.

5. (a) La liberación de la cabecera de miosina del filamento fino de actina requiere la unión de ATP. Hasta que se une el ATP, el puente cruzado de actina-miosina permanecerá intacto, evitando de esta forma la extensión de los sarcómeros.

   (b) Sin la acción de los transportadores de $Ca^{2+}$, el $Ca^{2+}$ saldrá a través de la membrana desde el lado de concentración elevada de $Ca^{2+}$ (en el túbulo transverso) al lado de menor concentración de $Ca^{2+}$ (dentro del sarcómero). Al aumentar [$Ca^{2+}$] se unirá a la TnC, estimulando de esta forma la unión a la actina. La falta de ATP dará lugar a un puente cruzado persistente (véase la parte [a]), una característica del estado de *rigor*.

6. La observación sugeriría que pueden producirse sucesivamente varios golpes de fuerza. Sin embargo, pueden ser en distintas cabezas de miosina y el filamento de actina puede deslizarse una distancia considerable más allá de una única cabeza durante la porción del ciclo del ATP cuando está desenganchada.

## CAPÍTULO 9

1. (a)

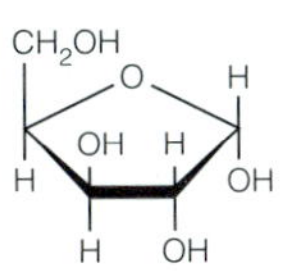

**α-D-Xilofuranosa**

(b)

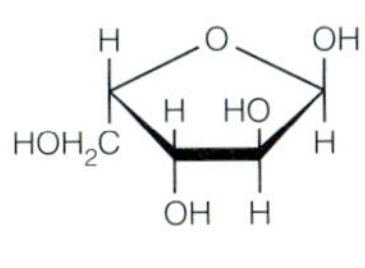

(c)

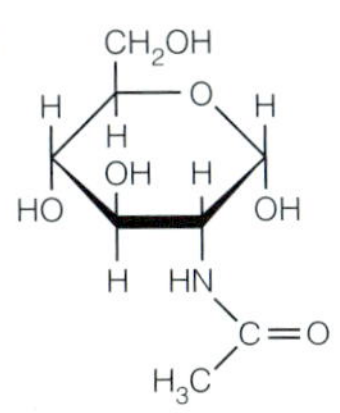

(d)

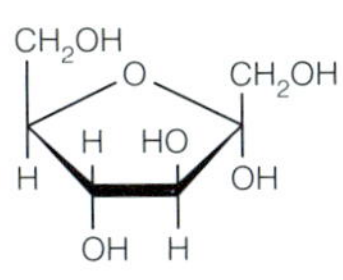

2. El galactitol tiene la estructura siguiente:

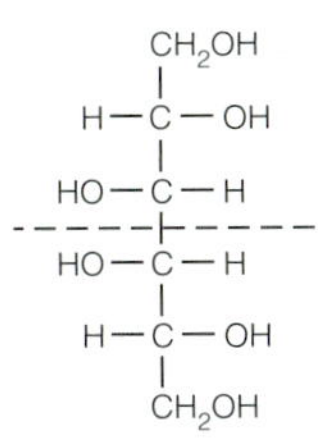

Dado que posee un plano de simetría entre C-3 y C-4, es ópticamente inactivo. Estos compuestos, que contienen carbonos asimétricos pero que carecen de una actividad óptica neta, se denominan formas *meso*.

3. En la forma de silla, hay un choque estérico mayor entre el 2-OH y el 1-OH en la forma α de la glucosa y en la forma β de la manosa. (Compárese la glucosa y la manosa con la representación de la glucosa de la Figura 9.13.) Además, las interacciones dipolo-dipolo serán más favorables en la β-D-glucosa y la α-D-manosa.

4. Para la reacción

   α-D-Glucopiranosa β-D-glucopiranosa

   tenemos $K = 64/36 = 1.78$. En consecuencia

$$\Delta G° = -RT \ln K = -8.314 \text{ J/K} \cdot \text{mol} \times 313 \text{ K} \times 0.577$$
$$= -1.50 \text{ kJ/mol}$$

   La explicación está relacionada con el Problema 3. Como indica la Figura 9.12, el 2-OH y el 1-OH están muy próximos en la α-D-glucosa. Además, los momentos dipolares de los dos grupos OH son más claramente paralelos en el anómero α, y antiparalelos en el anómero β. Todas estas son consideraciones fundamentalmente energéticas, por lo que $\Delta G$ deriva principalmente de una contribución de la entalpía.

5.

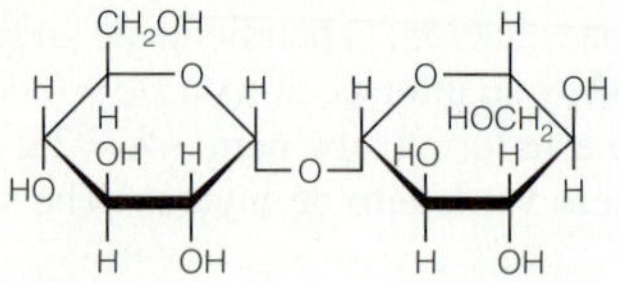

6. Reductor: maltosa, celobiosa, lactosa, gentiobiosa. No reductor: trehalosa, sacarosa.

7.

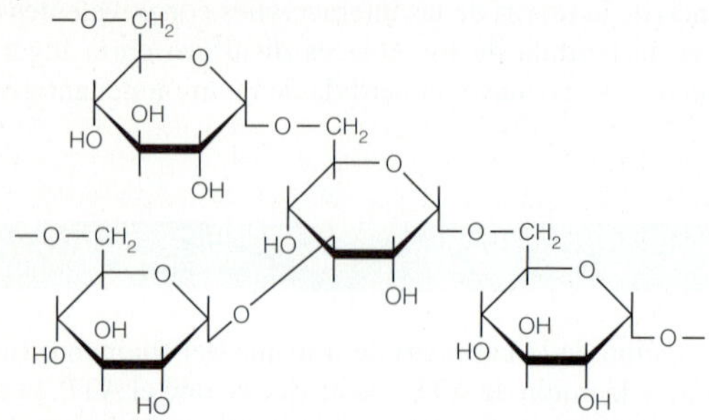

Nota: Para mayor simplicidad, los átomos de H se representan mediante barras verticales.

8. Ácido hialurónico.

9. (a) *S.*

(b) *R.*

10. La fragmentación de la forma piranosa se producirá dos veces, dando ácido fórmico. La fragmentación de la forma furanosa también se producirá dos veces (entre C2 y C3 y entre C5 y C6) pero se producirá formaldehído de C6.

11.

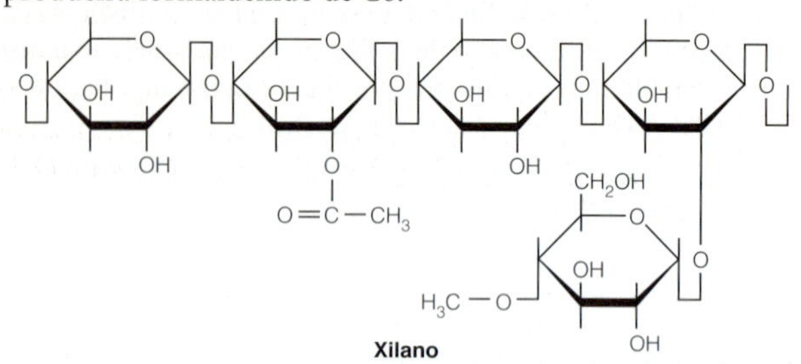

**Xilano**

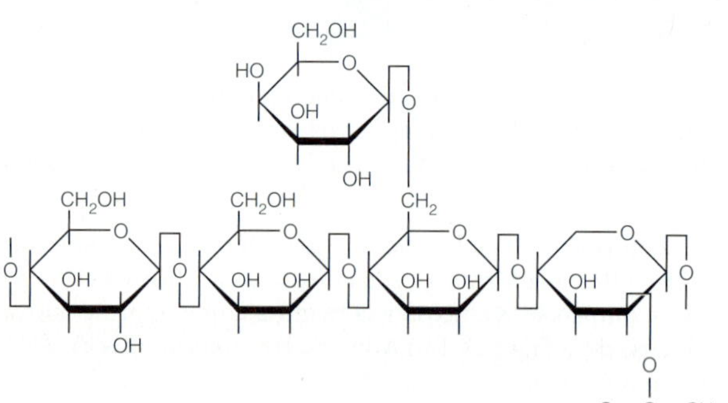

**Glucomanano**

12. Tal vez el enlace Gal-GlcNAC no sea $\beta$ o no sea 1–4.

13. (a) a; (b) f; (c) a; (d) c; (e) d, f.

14. La hemaglutinina de la gripe se une a la superficie de cualquier célula que contenga ácido siálico. Cuando se une a la superficie de los eritrocitos, hace que se agreguen las células.

15. Seis secuencias posibles de tripéptidos que implican A, B y C.

Algunos posibles trisacáridos:

Glc$\alpha$(1 $\rightarrow$ 4)GlcUA$\alpha$(1 $\rightarrow$ 4)GlcNAc
Glc$\alpha$(1 $\rightarrow$ 4)GlcUA$\alpha$(1 $\rightarrow$ 4)GlcNAc
Glc$\alpha$(1 $\rightarrow$ 4)GlcUA$\alpha$(1 $\rightarrow$ 4)GlcNAc
Glc$\alpha$(1 $\rightarrow$ 4)GlcUA$\alpha$(1 $\rightarrow$ 4)GlcNAc
Glc$\alpha$(1 $\rightarrow$ 4)GlcUA$\alpha$(1 $\rightarrow$ 4)GlcNAc
Glc$\alpha$(1 $\rightarrow$ 4)GlcUA$\alpha$(1 $\rightarrow$ 4)GlcNAc
Glc$\alpha$(1 $\rightarrow$ 4)GlcUA$\alpha$(1 $\rightarrow$ 4)GlcNAc
Glc$\alpha$(1 $\rightarrow$ 4)GlcUA$\alpha$(1 $\rightarrow$ 4)GlcNAc
Glc$\alpha$(1 $\rightarrow$ 4)GlcUA$\alpha$(1 $\rightarrow$ 4)GlcNAc
Glc$\alpha$(1 $\rightarrow$ 4)GlcUA$\alpha$(1 $\rightarrow$ 4)GlcNAc

Esta es una lista parcial de los trisacáridos con la secuencia Glc—GlcUA—GlcNAc. Habrá un número comparable de trisacáridos con cada una de las otras posibles secuencias de trisacáridos; en conjunto un número muy grande.

16. Manosa y galactosa: no, se diferencian en la configuración de C2 y C4; Alosa y altrosa. Si, se diferencian sólo en C2; Gulosa y talosa: no, se diferencian en C2 y C3; Ribosa y arabinosa: si, sólo se diferencian en C2.

17.

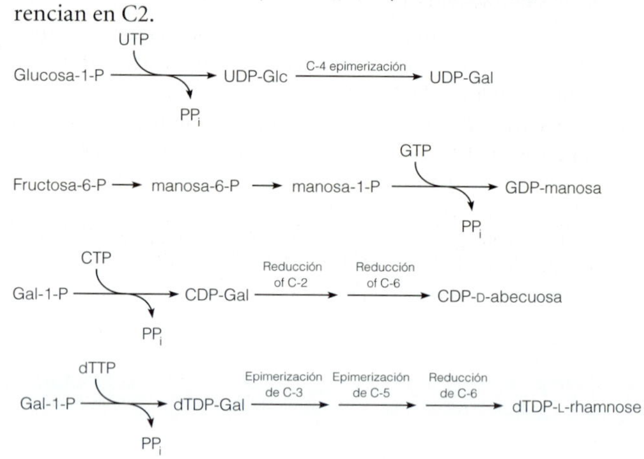


18.

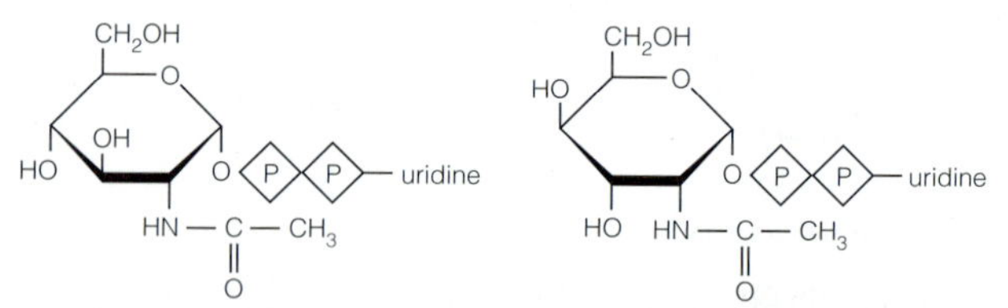

**UDP-GlcNAc** **UDP-GalNAc**

## CAPÍTULO 10

1. (a) $CH_3CH_2CH{=}CH(CH_2)_7COOH$.

(b) $CH_3(CH_2)_5CH{=}CH(CH_2)_9COOH$. (Éste se denomina ácido *cis*-vaccénico.)

(c) Según la Tabla 10.1, cualquiera con menos de 10 carbonos se fundirá por debajo de 30°C. Un ejemplo sería el CH3(CH2)6COOH, ácido *n*-octanoico.

2. (a) Ácido graso, alcohol de cadena larga.
(b) Glicerol, ácido graso.
(c) Hidrato de carbono, alcohol de cadena larga.

3. A partir de los datos, $4.74 \times 10^9$ células tendrían una superficie total de $4.74 \times 10^{11}$ $(\mu m)^2$, es decir, 0.474 $m^2$. La proporción del área de la monocapa respecto a la superficie celular es de 0.89 $m^2$/0.474 $m^2$, o 1.89, muy próximo a 2.00.

4. (a) 20.

   (b) La secuencia MVGALLLLVVALGIGILFM tiene 19 residuos, es muy hidrófoba y posee numerosos residuos formadores de hélice.

5. La relación de concentración es $10^5$. En consecuencia

   (a) $\Delta G = 29.67$ kJ/mol.

   (b) $\Delta G = 36.4$ kJ/mol.

   En ambos casos, la hidrólisis de 1 mol de ATP (o la concentración celular) bastaría para transportar 1 mol de ion.

   (c) Si, ya que $\Delta G$ para la hidrólisis de ATP es $-53.4$ kJ/mol en estas condiciones.

6. $J = -P(C_2 - C_1)$; de la Tabla 10.6, sabemos que $P = 2.4 \times 10^{-10}$ cm/s. Si expresamos $C_2 - C_1$ en mol/cm$^3$, $J$ tendrá las dimensiones de mol/cm$^2 \cdot$ s. El cálculo produce $J = 2.04 \times 10^{-14}$ mol/cm$^2 \cdot$ s. En consecuencia, la cantidad transferida en 1 min a través de 100 $(\mu\text{m})^2$ $(= 100 \times 10^{-8}\ \text{cm}^2)$ será la siguiente:

$$M = -1.224 \times 10^{-18}\ \text{mol}$$

7. La concentración inicial en el interior = 100 mM = $0.1 \times 10^{-3}$ mol/cm$^3$. El volumen celular es 100 $(\mu\text{m})^3$, es decir, $100 \times 10^{-12}$ cm$^3$. La cantidad inicialmente presente es la siguiente:

$$M = 0.1 \times 10^{-3}\ \text{mol/cm}^3 \times 1 \times 10^{-10}\ \text{cm}^3 = 1 \times 10^{-14}\ \text{mol}$$

   En consecuencia, el porcentaje que escapa en 1 minuto será:

$$\frac{1.224 \times 10^{-18}\ \text{mol}}{1 \times 10^{-14}\ \text{mol}} \times 100 = 1.224 \times 10^{-2}\%$$

   Así pues, salvo que exista un transporte facilitado, la «fuga» de $K^+$ de las células es muy lenta.

8. Considere el flujo de masa solamente en una dirección, con el ligando A a una concentración [A] por fuera de la membrana. Reacciona con el transportador X en la superficie de la membrana, para producir XA:

$$X + A \longrightarrow XA \qquad K_{\text{bind}} = [XA]/([X][A])$$

   Si decimos que $J$ es proporcional a la fracción de transportadores ocupados, entonces

$$J = -P(C_2 - C_1)\frac{[XA]}{[X] + [XA]}$$

   y obtenemos

$$J = -P(C_2 - C_1)\frac{K_{\text{bind}}[A]}{1 + K_{\text{bind}}[A]}$$

   Esto alcanza un valor limitante ($J = K$) a [A] elevada.

9. Si el ion calcio se *mantiene* a esta diferencia de concentración, debemos tener, según la ecuación (10.2), $V_{\text{dentro-fuera}} = -92$ mV. Dado que $V_{\text{dentro-fuera}}$ se define como el potencial de la parte interna menos el potencial de la parte externa, el interior del orgánulo es negativo respecto al exterior.

10. (a) –60 mV (derecha –).

    (b) +60 mV (derecha +).

    (c) 0.

11. No en (a) y (b). Sí en (c). Las concentraciones se igualarán.

12. (a) 0.27.

    (b) –72.8 mV.

13. Las subunidades que atraviesan la membrana normalmente necesitan presentar diferentes dominios a los dos lados. Así, no debería esperarse una simetría que implique ejes binarios paralelos a la superficie de la membrana (como $D_n$).

14. 2.71 kg de $K^+$, 2.39 kg de $Na^+$.

15. El valor máximo de $[\text{G6P}]_{\text{dentro}}$ se conseguirá cuando $\Delta G$ para la reacción de fosforilación de la glucosa dentro de la célula sea cero. Si suponemos que la concentración de glucosa libre fuera y dentro de la célula es igual (esto es, 5 mM), el valor máximo de $[\text{G6P}]_{\text{dentro}} = 162$ M. Este valor absurdamente elevado nunca se consigue, ya que G6P se consume rápidamente en otras reacciones metabólicas (véase el Capítulo 13).

16. (a) $-21.0$ kJ/mol $H^+$

    (b) $ADP + P_i + 3H^+_{\text{fuera}} \rightarrow ATP + H_2O + 2H^+_{\text{dentro}}$

    (c) 2.7 mM.

## CAPÍTULO 11

1. Dado $\ln([A]/[A]_0) = -kt$. Cuando $t = t_{1/2}$, tenemos

$$\ln\left(\frac{1}{2}\right) = -0.693 = -kt_{1/2}$$

   En consecuencia, $t_{1/2} = 0.693/k$. La constante de proporcionalidad es 0.693.

2. La representación gráfica de $\ln([A]/[A]_0)$ frente a $t$ da una línea curva. En consecuencia, la cinética no es de primer orden.

3. Alrededor de $1.1 \times 10^{14}$.

4. El Asp debe estar protonado para actuar como catalizador ácido general; así, la actividad será mayor cuando pH < p$K_a$ y menor cuando pH > p$K_a$. A pH = p$K_a$, se espera un 50% de la actividad máxima ya que el Asp estará protonado en un 50%.

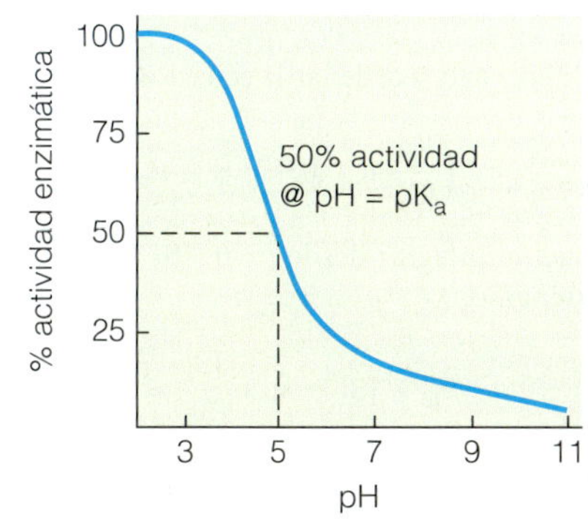

5. Si la proteína puede unirse a una localización aleatoria del DNA y deslizarse a lo largo del mismo hasta encontrar el lugar específico, una búsqueda unidimensional más eficiente sustituye a la búsqueda tridimensional menos favorable entrópicamente.

6. Dado $d[\mathrm{A}]/dt = -k_1[\mathrm{A}] + k_{-1}[\mathrm{B}]$. Teniendo en cuenta que $[\mathrm{B}] = [\mathrm{A}]_0 - [\mathrm{A}]$, obtenemos

$$d[\mathrm{A}]/dt = -(k1 + k_{-1})[\mathrm{A}] + k_{-1}[\mathrm{A}]_0 \qquad (1)$$

El segundo término de la derecha puede evaluarse a partir de la condición de equilibrio

$$-k_1[\mathrm{A}]_e + k_{-1}[\mathrm{B}]e = 0 \qquad (2)$$

que, tras nuevas sustituciones, nos da

$$k_{-1}[\mathrm{A}]_0 = (k_1 + k_{-1})[\mathrm{A}]_e \qquad (3)$$

Introduciendo en (1), y teniendo en cuenta que $d[\mathrm{A}]/dt = d([\mathrm{A}] - [\mathrm{A}]e)/dt$, obtenemos

$$\frac{d([\mathrm{A}] - [\mathrm{A}]_e)}{([\mathrm{A}] - [\mathrm{A}]_e)} = -(k_1 + k_{-1})dt \qquad (4)$$

Tras integrar, esto da el siguiente resultado

$$[\mathrm{A}] - [\mathrm{A}]_e = ([\mathrm{A}]_0 - [\mathrm{A}]_e)e^{-(k_1 + k_{-1})t} \text{ Q.E.D.} \qquad (5)$$

7. (a) A partir de la ecuación (11.7) podemos escribir

$$-d[\mathrm{A}]/dt = k[\mathrm{A}]^2$$

Reagrupando para dar:

$$d[\mathrm{A}]/[\mathrm{A}]^2 = -kdt$$

e integrando de $[\mathrm{A}]_0$ a $[\mathrm{A}]_t$ y $t = 0$ a $t$, obtenemos

$$1/[\mathrm{A}] - 1/[\mathrm{A}]_0 = kt$$

(b) Una forma de hacerlo es representar gráficamente $1/[\mathrm{A}]$ frente a $t$.

(c) Los datos producen un gráfico lineal por lo que la reacción es de segundo orden.

8. (a) Resulta muy difícil estimar $V_{\text{máx}}$ a partir de estos datos. Puede hacerse una aproximación de 150 $(\mu\text{mol/L})\text{min}^{-1}$. Entonces, tomando $K_M$ como la concentración de sustrato a $V_{\text{máx}}/2$, calcularíamos $K_M \sim 25\ \mu\text{mol/L}$.

(b) $V_{\text{máx}} = 164\ (\mu\text{mol/L})\text{min}^{-1}$; $K_M = 32\ \mu\text{mol/L}$. Estos valores son considerablemente más fiables que los indicados en (a).

(c) El mejor ajuste nos da $V_{\text{máx}} = 158\ (\mu\text{mol/L})\text{min}^{-1}$; $K_M = 30\ \mu\text{mol/L}$.

9. (a) $V_{\text{máx}} = 164\ (\mu\text{mol/L})\text{min}^{-1}$, $k_{cat} = 1.64 \times 10^5\ \text{min}^{-1} = 2733\ \text{s}^{-1}$.

(b) Utilizando $K_M = 32\ \mu\text{mol/L}$, $k_{cat}/K_M = 8.5 \times 10^7\ (\text{mol/L})^{-1}\text{s}^{-1}$. Esto puede compararse favorablemente con los valores máximos de $k_{cat}/K_M$.

10. (a) Sólo es necesario reordenar la ecuación a

$$\left(\frac{K_M}{[\mathrm{S}]} + 1\right)d[\mathrm{S}] = -V_{max}dt$$

y a continuación integrar desde $t = 0$ ($[\mathrm{S}] = [\mathrm{S}]_0$) hasta un tiempo finito $t$. Obtenemos

$$[\mathrm{S}]_0 - [\mathrm{S}] - K_M \ln\frac{[\mathrm{S}]}{[\mathrm{S}]_0} = V_{max}t$$

(b) Cuando $[\mathrm{S}]_0 >> K_M$, el primer término de la izquierda será muy superior al tercero, con lo que

$$[\mathrm{S}_0] - [\mathrm{S}] = V_{\text{máx}}t$$

o

$$[\mathrm{S}] = [\mathrm{S}]_0 - V_{\text{máx}}t$$

Esto corresponde a una situación en la que la enzima está saturada con el sustrato, por lo que las moléculas de sustrato se consumen a la máxima velocidad.

11. (a) E270 actúa como un GBC en el paso uno y actúa como GAC en el paso dos.

(b) R145 proporciona interacciones específicas ion-ion con el carboxilato C-terminal del sustrato, lo cual confiere especificidad para la rotura del residuo C-terminal del sustrato peptídico.

12. El cambio de $k_{cat}$ entre pH 6 y pH 7 debe comportar la pérdida de un protón en el lugar activo. El mejor candidato es His 57. El aumento de $K_M$ a un pH más alto debe comportar un cambio del estado de unión. El grupo afectado es probablemente el N-terminal en Ile 16, creada por la ruptura que activa la quimotripsina.

13. (a) Si tomamos las proporciones $k_{cat}/K_M$, encontramos que PAPAF sería digerido con mayor rapidez y PAPAG de manera más lenta.

(b) Parece favorecerse un residuo C-terminal hidrófobo en el enlace roto. La elastasa requiere siempre un residuo pequeño (como Ala) en el lado N-terminal.

(c) Serina e histidina.

14. (a) La enzima debe ser estable tanto en presencia de detergentes como a temperaturas moderadamente elevadas.

(b) Remplazar la metionina, mediante mutagénesis de lugar dirigida, por otro residuo. Dado que la metionina es muy hidrófoba, parece apropiada una sustitución hidrófoba. Un solo cambio de base en el codón podría producir Phe, Leu, Ile o Val.

(c) Se forma el oxianión tras la unión de S; así, para una mutación de un residuo que sólo interacciona con el intermediario oxianión no se esperaría que $K_M$ cambiara significativamente (no lo hace, de acuerdo con Wells et al.); sin embargo, $k_{cat}$ debería reducirse debido a la pérdida de estabilización entálpica del estado de transición (es por un factor de 2500).

(d) Utilizando la ecuación 11.11 y suponiendo que el valor de $\gamma$ es el mismo para ambos mutantes:

$$\text{aumento de la velocidad} = \frac{k_{catN155}}{k_{catT155}}$$

$$= \frac{\gamma_{N155}\left(\frac{k_B T}{h}\right)e^{\left(\frac{-\Delta G^{\ddagger}_{N155}}{RT}\right)}}{\gamma_{T155}\left(\frac{k_B T}{h}\right)e^{\left(\frac{-\Delta G^{\ddagger}_{T155}}{RT}\right)}} = \left(\frac{\gamma_{N155}}{\gamma_{T155}}\right)e^{\left(\frac{\Delta\Delta G^{\ddagger}}{RT}\right)}$$

$$\frac{k_{catN155}}{k_{catT155}} = 2500 = (1)e^{\left[\frac{\Delta\Delta G^{\ddagger}}{(0.008314\ \text{kj/mol K})(310\ \text{K})}\right]}$$

$$\Delta G^{\ddagger} = 20\ \text{kJ/mol}$$

(e) La constante dieléctrica $\varepsilon$ es menor en el lugar activo de la enzima que en el agua; así, la ley de Coulomb (Ecuación 2.2) predice una interacción más fuerte entre el donador y el aceptor del enlace.

15. (a) Mixta.

(b) Sin inhibidor: $K_M = 2.5$ mmol/L, $V_{\text{máx}} = 5.1\ (\text{mmol/L})\text{min}^{-1}$. Con inhibidor: $K_M = 7.6$ mmol/L, $V_{\text{máx}} = 3.0\ (\text{mmol/L})\text{min}^{-1}$

16. (a) Competitivo.

(b) $V$máx = 5.0 $(\text{mmol/L})\text{min}^{-1}$ a todas las concentraciones del inhibidor

| [I] (mmol/L) | $K_M^{ap}$ (mmol/L) |
|---|---|
| 0 | 2.5 |
| 3 | 3.8 |
| 5 | 5.4 |

(c) Utilizando los datos cuando [I] = 3 mM, la $K_I$ aparente = 5.5 mM; utilizando los datos de [I] = 5 mM, $K_I$ = 4.2 mM. $K_I$ = 4.9 mM es un cálculo razonable, dada la varianza de los datos experimentales.

17. Según la ecuación (11.33), podemos escribir la ecuación de Michaelis-Menten de la siguiente forma: $V = V_{máx} - K_M V/[S]$, con lo que podremos representar gráficamente $V$ frente a $V/[S]$. La intersección en $V/[S] = 0$ nos dará $V_{máx}$; la pendiente será $K_M^{ap}$. En consecuencia, los gráficos tendrán los siguientes esquemas:

(a) Inhibición competitiva $[I]_1 < [I]_2$

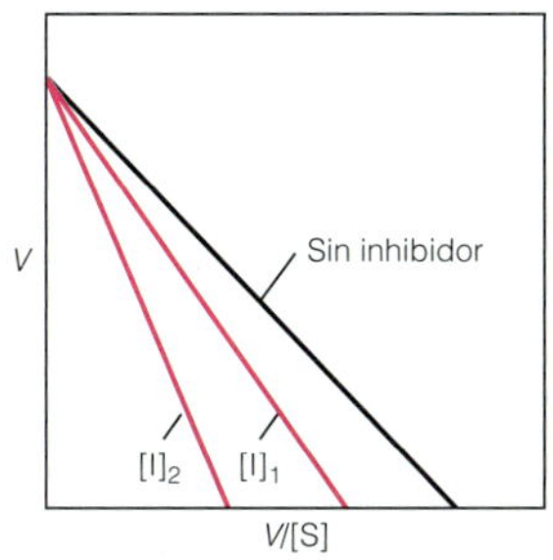


(b) Inhibición no competitiva $[I]_1 < [I]_2$

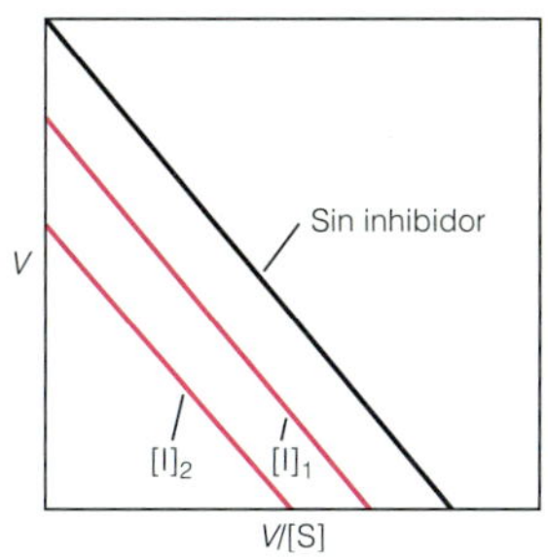


18. Debe sustituirse el grupo hidrófobo de TPCK por un grupo con carga positiva. Un buen candidato sería el siguiente:

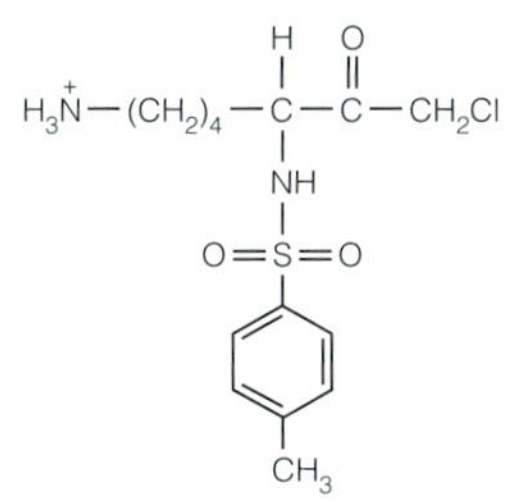

19. Encontrar $K_{eq}$ para F ⇄ U para el mutante a partir del cociente de constantes de velocidad, calcular $\Delta G^{0'}_{F \to U}$:

$$K_{eq} = \frac{[U]}{[F]} = \frac{k_{F \to U}}{k_{U \to F}} = \frac{3.62 \times 10^{-5} s^{-1}}{255 s^{-1}} = 1.42 \times 10^{-7}$$
$$\Delta G^{o\prime}_{F \to U} = -RT \ln(1.42 \times 10^{-7}) = 39.1 \text{ kJ/mol}$$

La mioglobina del mutante es más estable que la del tipo natural.

20. (a) Si construimos un gráfico de $V$ frente a [S], los datos presentan una curva ligeramente sigmoidea. Una demostración más convincente es el empleo de una representación de Lineweaver-Burk o una representación de Eadie-Hofstee. Ninguna de ellas es lineal.

(b) A partir de la representación de $v$ frente a [S], podemos calcular que $V_{máx}$ es de aproximadamente 5 (mmol/L)min$^{-1}$.

21. La ecuación es

$$\log\left(\frac{v/V_{max}}{1 - v/V_{max}}\right) = \log[S] - \log K_M$$

La representación de Hill de $\log\left(\frac{v/V_{max}}{1 - v/V_{max}}\right)$ en función de log[S] se aproximará a líneas rectas con una pendiente = 1 a los valores bajos y altos de log[S]. Los primeros proporcionarán $K_M^T$, y los segundos $K_M^R$.

22.

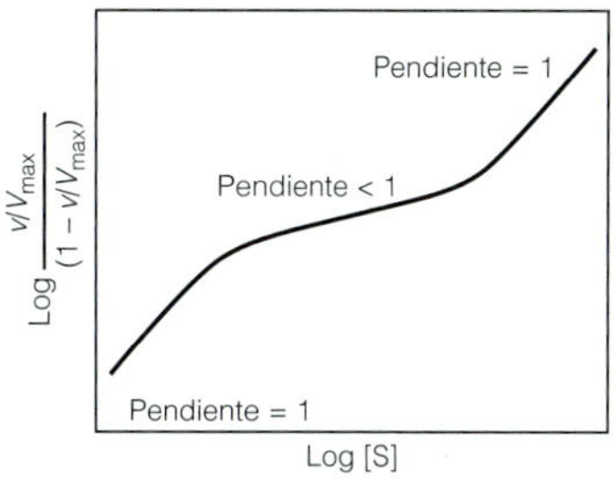


23. En la teoría MWC, la unión más favorable al estado R hace que el equilibrio se desplace a medida que aumenta [S]; el desplazamiento sólo puede ser hacia R. En la teoría KNF, la unión en un lugar puede tener cualquier clase de efecto sobre otro, incluyendo la inhibición.

24. (a) La clave para la deducción está en observar que

$$Y = \frac{\text{número de lugares ocupados}}{\text{número total de lugares}}$$
$$= \frac{[RS] + 2[RS_2]}{2([R] + [R] + [RS] + [RS_2])}$$

Se introducen las expresiones indicadas para [T], [RS] y [RS2], y se simplifica la ecuación.

(b) Debe hacerse gráficamente. Un valor alto de $L$ y bajo de $K$ garantizan una curva sigmoidea.

25. (a) La activación de la molécula por la tripsina quedará reducida en gran medida debido a la eliminación de R que une la tripsina en su lugar activo.

(b) Si se produce la activación, el péptido N-terminal dejará de estar limitado por un enlace S-S y puede liberarse.

(c) La automodificación de la $\pi$-quimotripsina para dar lugar a la $\alpha$- quimotripsina puede reducirse, aunque esta mutación es relativamente conservativa (pérdida de un grupo metilo); así, el efecto sobre la activación puede ser ligero.

26. La técnica más sencilla consistiría en incubar la ribozima con un pentanucleótido marcado radiactivamente y obtener muestras a intervalos para la electroforesis. La autorradiografía mostraría inicialmente tan sólo el pentanucleótido, pero con el paso del tiempo aparecerían también en el gel oligómeros más largos y más cortos.

27. El estado de transición estable que se asemeje a la hidrólisis de un enlace amida es difícil de sintetizar. Se han utilizado varios haptenos con oxianiones tetraédricos: fosfonatos, sulfonamidas, ésteres borónicos. Estas moléculas se han empleado para formar anticuerpos que muestran aumentos d ela velocidad de la hidrólisis de enlace amida de ~ $10^3$ (véase R. Aggarwal et al. (2003) *Chem. Eur. J.* 9:3132).

28. (a) $[E]_t = [E] + [ES] + [ESI]$. Utilizando la expresión para $\alpha'$, $K_M$, y $K_I$:

$$[E]_t = [ES]\left(\frac{K_M}{[S]} + 1 + \frac{[I]}{K_I'}\right) = [ES]\left(\frac{K_M}{[S]} + \alpha'\right)$$

$$V = k_{cat}[ES] = \frac{k_{cat}[E]_t}{\frac{K_M}{[S]} + \alpha'} = \frac{V_{max}[S]}{K_M + [S]\alpha'}$$

(b) $[E]_t = [E] + [EI] + [ES] + [ESI]$. Utilizando la expresión para $\alpha$, $\alpha'$, $K_M$ y $K_I'$

$$[E]_t = [ES]\left(1 + \frac{[I]}{K_I'}\right) + [E]\left(1 + \frac{[I]}{K_I}\right) = [ES](\alpha') + [E](\alpha)$$

$$[E]_t = [ES]\left(\alpha' + \frac{\alpha[K_M]}{[S]}\right)$$

$$V = k_{cat}[ES] = \frac{k_{cat}[E]_t}{\alpha' + \frac{\alpha[K_M]}{[S]}} = \frac{V_{max}[S]}{\alpha K_M + [S]\alpha'}$$

29. (a) El enalaprilat es demasiado polar para atravesar las membranas mientras que el analapril es menos polar y pueden atravesar las membranas para pasar desde el intestino a la circulación.

(b)
$$10 = \frac{\alpha K_M + [S]}{K_M + [S]}$$

$$v_{o1inhibited2} = \frac{0.1 V_{max}[S]}{K_M + [S]} = \frac{V_{max}[S]}{\alpha K_M + [S]}$$

$$\alpha = \frac{10(K_M + [S]) - [S]}{K_M} = \frac{10(12\,\mu M + 75\,\mu M) - 75\,\mu M}{12\,\mu M}$$

$$= 66.25 = 1 + \frac{[I]}{K_I}$$

$$K_I = \frac{2.4 \times 10^{-9} M}{66.25} = 3.7 \times 10^{-11} M$$

## CAPÍTULO 12

1. Ecuación — RQ

| | Ecuación | RQ |
|---|---|---|
| (a) | $C_2H_5OH + 3O_2 \rightarrow 2CO_2 + 3H_2O$ | 0.67* |
| (b) | $CH_3COOH + 2O_2 \rightarrow 2CO_2 + 2H_2O$ | 1.0 |
| (c) | $CH_3(CH_2)_{16}COOH + 26O_2 \rightarrow 18CO_2 + 18H_2O$ | 0.69 |
| (d) | $CH_3(CH_2)_{14}(CH)_2COOH + 25½O_2 \rightarrow 18CO_2 + 17H_2O$ | 0.71 |
| (e) | $CH_3(CH_2)_{12}(CH)_4COOH + 25O_2 \rightarrow 18CO_2 + 16H_2O$ | 0.71 |

*Ejemplo: $RQ = 2CO_2/3O_2$.

2. (a) > 1.

(b) < 1.

Dado que las enzimas dependientes de $NAD^+$ generalmente actúan deshidrogenando (oxidando) los sustratos, una proporción $[NAD^+]/[NADH]$ superior a la unidad tiende a impulsar las reacciones en esa dirección. De igual modo, las proporciones de $[NADP^+]/[NADPH]$ inferiores a la unidad proporcionan unas concentraciones que tienden a impulsar estas reacciones en la dirección de reducción del sustrato.

3. (a) 0.

(b) 1.

(c) 4.

4. Para la glucosa ($C_6H_{12}O_6$): MW = 6 (12 g mol$^{-1}$) + 12 (1 g mol$^{-1}$ + 6 (16 g mol$^{-1}$) = 180 g mol$^{-1}$

Rendimiento energético/mol de glucosa

= (15.64 kJ g$^{-1}$)(180 g mol$^{-1}$) = 2815.2 kJ/mol glucosa)

Rendimiento energético/mol de carbono

= (2815.2 kJ/mol glucosa)/(6 mol carbono mol$^{-1}$ glucosa)

= 469.2 kJ mol$^{-1}$ de carbono

Para el ácido palmítico ($C_{16}H_{32}O_2$): MW = 16(12 g mol$^{-1}$) + 32(1 g mol$^{-1}$) + 2(16 g mol$^{-1}$) = 256 g mol$^{-1}$

Rendimiento energético/mol de ácido palmítico

= (38.90 kJ g$^{-1}$)(256 g mol$^{-1}$) = 9958.4 kJ/mol glucosa)

Rendimiento energético/mol de carbono

= (9958.4 kJ/mol AP)/(16 mol carbono mol$^{-1}$ AP)

= 622.4 kJ mol$^{-1}$ de carbono

5. $\Delta G = \Delta G^{0'} + RT \ln([ADP][P_i]/[ATP]$

= −30500 J/mol + (8.315 J/mol · K) (310 K)

= −51134 J/mol = −51.14 kJ/mol

6. (a)

| Tratamiento | % Cambio de flujo |
|---|---|
| Inhibidor que reduce la actividad de × un 10% | descenso del 10% |
| Activador que aumenta la actividad de × un 10% | aumento del 10% |

(b) velocidad de flujo metabólico = velocidad de × – velocidad de Y = 100 – 80 = 20 pmol/10$^6$ células/seg en la dirección B → C

(c)

| Cambio del flujo | Tratamiento | Dirección del flujo ($B \rightarrow C$ o $C \rightarrow B$) | %cambio del flujo |
|---|---|---|---|
| 90 − 80 = 10 | Inhibidor que reduce la actividad de × un 10% | $B \rightarrow C$ | descenso del 50% |
| 110 − 80 = 30 | Activador que aumenta la actividad de × un 10% | $B \rightarrow C$ | aumento del 50% |
| 100 − 160 = − 60 | Doblado de la actividad de la enzima Y | $C \rightarrow B$ | cambio del 400% (descenso) |

(d) Un ciclo de sustrato permite la amplificación de un pequeño cambio de la actividad de la enzima, ej., un cambio del 10% de la actividad da un cambio del flujo del 50%.

7. (a)
$$K = e^{\left(\frac{-\Delta G^{o'}}{RT}\right)} = e^{\left(\frac{16700 J/mol}{(8315 J/mol \cdot K)(298 K)}\right)}$$

$$= 845 = \frac{[ADP][glucosa\text{-}6\text{-}fosfato]}{[ATP][glucosa]}$$

Como [ATP+ = [ADP]: [glucosa-6-P]/[glucosa] = 845 en condiciones fisiológicas.

(b) $K$ = [glucosa]: [glucosa-6-P]/[glucosa] = 262

[glucosa]/[glucosa-6-P] = 262/(1 × $10^{-3}$M) = 262,000

(c) Cualquier condición en la que el cociente [glucosa]/[glucosa-6-P] esté entre 262,000 y 0.0012 (1/845).

(d) Las concentraciones relativas de reguladores alostéricos que ejercen control cinético sobre las enzimas en las rutas opuestas.

*8. La forma más directa es purificar la enzima hasta la homogeneidad y determinar su peso molecular y el número de recambio. A continuación, a partir de la actividad observada en un extracto bruto, puede calcularse el número de moléculas de enzima activa que son necesarias para alcanzar esa actividad (suponiendo que el extracto no contiene inhibidores de la actividad). Otro enfoque sería tratar el extracto con un anticuerpo específico para la enzima de interés y cuantificar el inmunoprecipitado proteico. Todavía es necesario conocer el peso molecular para convertir esta cifra en el número de moléculas de la enzima.

*9. (a) 20% (600 cpm/pmol/3000 cpm/pmol).

(b) 1500 cpm de dTTP incorporados por minuto por $10^6$ células, corregido por la fracción del 20% calculada en la parte (a) (1500/0.2) = 7500 cpm/$10^6$ células/mil.

$$\frac{7500\text{ cpm}}{10^6\text{cells}\cdot\text{min}} \times \frac{1\text{ pmol}}{3000\text{ cpm}} \times \frac{6.02 \times 10^{11}\text{ molecules}}{1\text{ pmol}}$$
$$= 1.5 \times 10^6\text{ molecules>min>cell}$$

(c) Preparar un extracto ácido de las células (por ejemplo, con ácido tricloroacético al 5%), separar los nucleótidos mediante HPLC de intercambio iónico y determinar en la fracción de dTTP su radiactividad y su masa, esta última a partir de la absorbancia UV.

10. (a) N = 1 $\mu$mol ortofosfato = 6.02 × $10^{17}$ moléculas/$\mu$mol

$$\lambda = \frac{0.693}{t_{1>2}} = \frac{0.693}{14.2\text{ days}} = \frac{0.693}{2.04 \times 10^4\text{ min}} = 3.39 \times 10^{-5}\text{ min}^{-1}$$

$$\text{dN>dt} = (6.02 \times 10^{17}\text{ molecules>}\mu\text{mol})(3.39 \times 10^{-5}\text{min}^{-1})$$
$$= 2.04 \times 10^{13}\text{ dpm>}\mu\text{mol}$$
$$(2.04 \times 10^{13}\text{ dpm>}\mu\text{mol})\ (1\text{ mCi>}2.2 \times 10^9\text{ dpm})$$
$$= 9274\text{ mCi>}\mu\text{mol}$$

(b) (10 mCi/$\mu$mol)(3.67 × $10^7$ dps/mCi)

$$= 3.67 \times 10^8\text{ dps>}\mu\text{mol} = \text{dN>dt} = \lambda\text{N}$$
$$\lambda = \frac{0.693}{t_{1>2}} = \frac{0.693}{12.1\text{ years}} = \frac{0.693}{3.8 \times 10^8\text{ sec}} = 1.8 \times 10^{-9}\text{s}^{-1}$$

N = (3.67 × $10^8$ dps/$\mu$ mol)/$\lambda$
= (3.67 × $10^8$ dps/$\mu$ mol)/(1.8 × $10^{-9}$ $s^{-1}$)
= 2.04 × $10^{17}$ atoms

(1 $\mu$ mol leucine)(6.02 × $10^{17}$ molecules>$\mu$ mol)
(13 H/molecule) = 7.83 × $10^{18}$ H atoms
(at physiological pH)
% radioactive = (100%) ×
(2.04 × $10^{17}$ atoms)/(7.83 × $10^{18}$H atoms) = 2.6%

## CAPÍTULO 13

1. $\Delta G = \Delta G^{0\prime} + RT\ln$ ([FBP][ADP]/[F6P][ATP]). Con las concentraciones dada, $\Delta G = \Delta G^{0\prime}$, ya que el término del logaritmo neperiano es cero. Por lo tanto, la reacción no es ni más ni menos exergónica en el músculo que en condiciones estándar.

2. El etanol generará NADH, a través de la acción de la alcohol deshidrogenasa, y ello reducirá el formaldehído para dar lugar de nuevo a metanol, también a través de la alcohol deshidrogenasa. El acetaldehído formado puede metabolizarse para producir acetato. Además, el etanol puede competir simplemente con el metanol por la unión a la alcohol deshidrogenasa.

3. Probablemente F1,6BP. Cuando la triosa fosfato empiece a acumularse, el equilibrio desfavorable de la reacción directa podría hacer que DHAP y GAP produjeran de nuevo F1,6BP. Naturalmente, se acumularía GAP en primer lugar, pero probablemente no con un aumento de concentración significativo.

4. (a) 4 (2 de cada a partir de glucosa y fructosa).

(b) 5 (3 a partir de G6P + 2 a partir de fructosa).

5. C-3 o C-4. Ambos pasan a ser C-1 del piruvato, que se pierde en forma de $CO_2$ en la reacción de la piruvato descarboxilasa.

6. (a) Sacarosa + 5Pi + 5ADP →4 lactato + 5ATP + 4H2O + 4H+

(b) Maltosa + 4Pi + 4ADP + 4NAD+ → 4 piruvato + 4ATP +3H2O + 4NADH + 4H+

(c) Residuo (de glucosa) + 2Pi + 2ATP ( 2 etanol + 2ATP + 2CO2 + H2O + 2H+

7. Gliceraldehído-3-fosfato deshidrogenasa. El análogo acil arsenato del 1,3-bisfosfoglicerato se hidroliza espontáneamente, evitando la producción de 1,3-bisfosfoglicerato.

8. PM del etanol ($C_2H_6O$) = 1 (12g/mol) + 6(1 g/mol) + 16 g/mol = 46 g/mol. 10% w/v EtOH = 100 g/L. Conversión a molar: (100 g/L)/(46 g/mol) = 2.18 M.

Dado que la fermentación de 1 mol de glucosa genera 2 moles de etanol, la fuente de glucosa debe haber estado presente a 0.5 (2.18 M) = 1.09 M. No, ya que la glucosa no es un componente libre abundante de la mayoría de las fuentes fermentables vegetales. La mayor parte de sus fuentes de carbono son almidón, sacarosa, o algún otro oligosacárido o polisacárido.

9.

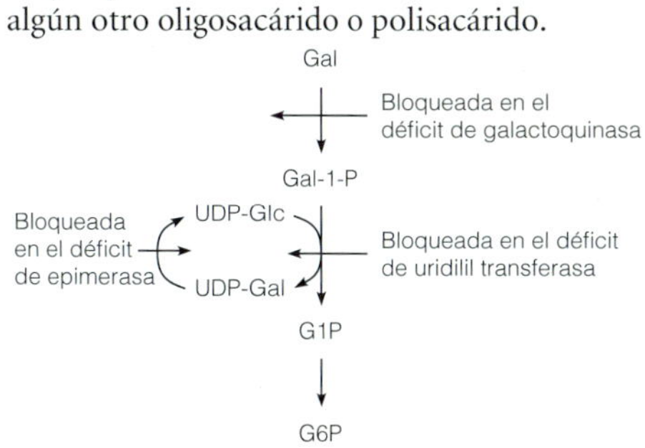


10.

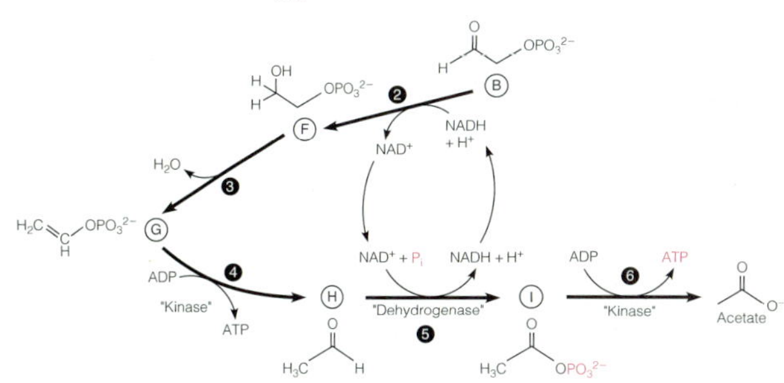

11. Glc $\rightarrow$ G6P $\rightarrow$ G1P $\rightarrow$ UDP-Glc $\rightarrow$ UDP-Gal $\rightarrow$ lactosa
Glc
2Glucosa + ATP + UTP $\rightarrow$ lactosa + ADP + UDP + $PP_i$

12. Carga energética de adenilato

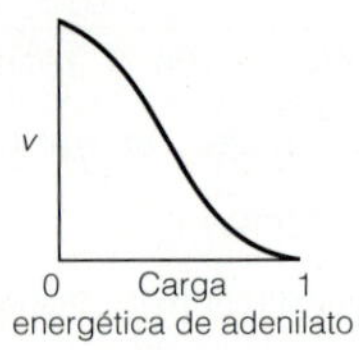


13. La UDP-glucosa se utiliza catalíticamente en el sentido de que por cada molécula de Gal-1-P convertida en G1P, una molécula de UDP-Glc se convierte en UDP-Gal, que inmediatamente se reconvierte en UDP-Glc, para reaccionar con otra molécula de Gal-1-P.

14.

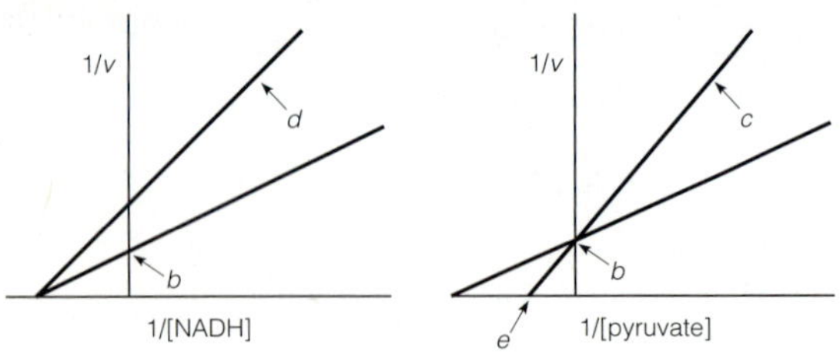


(f) $10^{-3}$M,

15. (a) 1: 2DHAP $\rightarrow$ F1, 6BP $\rightarrow$ F6P $\rightarrow$ G6P $\rightarrow$ G1P $\xrightarrow{1ATP}$ UDPG $\rightarrow$ glucosyl residue.

(b) 1.

(c) 7 (see Figure 13.11).

(d) 1.

16. (a) 2 generados (glucólisis).

(b) 6 consumidos (la gluconeogénesis requiere ATP).

17. (a) ya que el lactato es el único sustrato que debe ir por la reacción de la piruvato carboxilasa.

18. Ninguno. El $CO_2$ que se fija entra en la reacción de la PEP carboxiquinasa.

19. (a) Fructosa-6-fosfato + ATP $\rightarrow$ fructosa-2,6-bisfosfato + ADP

(b) 2 Oxalacetato + 2 ATP + 2 GTP + 2 NADH + 2 $H^+$ + 4 $H_2O$ $\rightarrow$ glucosa + 2 $CO_2$ + 2 $NAD^+$ + 2 ADP + 2 GDP + $4P_i$

(c) Glucosa + ATP + UTP $\rightarrow$ UDP-Glc + $PP_i$ + ADP

(d) 2 Glicerol + 2 ATP + 2 $NAD^+$ + 2 $H_2O$ $\rightarrow$ glucosa + 2 ADP + 2NADH + 2 $H^+$ + $2P_i$

(e) 2 Malato + 2 ATP + 2 GTP + $3H_2O$ $\rightarrow$ glucosa-6-fosfato + 2 $CO_2$ + 2 ADP + 2 GDP + $3P_i$

20.

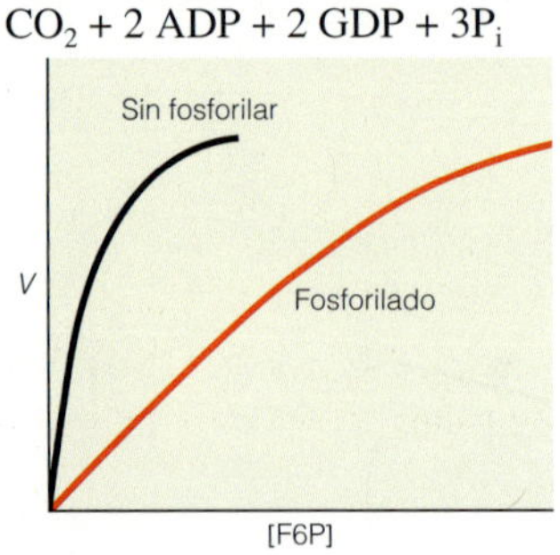


21.

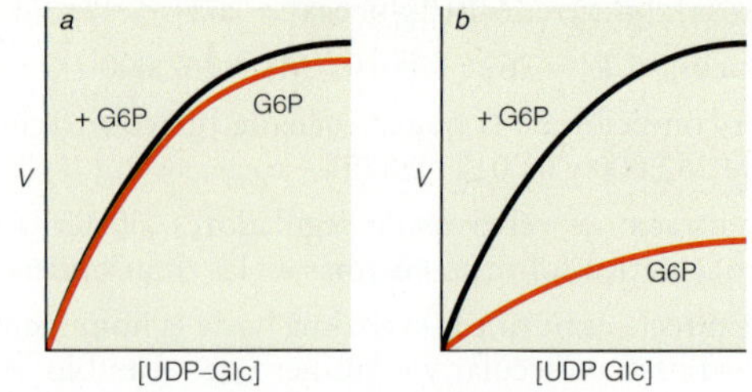


22. La activación por AMP de la glucógeno fosforilasa *b*; activación por la glucosa-6-P de la glucógeno sintasa *b*.

23. Dado que la piruvato carboxilasa tiene dos funciones metabólicas: rellenar de intermediarios del ciclo del ácido cítrico (Capítulo 14) e iniciar la gluconeogénesis. La PCPCK cataliza la primera reacción de la gluconeogénesis.

24. (1) El hígado es el tejido gluconeogénico más activo. Dado que la alanina es un precursor gluconeogénico importante, su acumulación en el hígado es una señal de que debe activarse la gluconeogénesis, con la inhibición simultánea de la glucólisis. También, se acumula alanina en el músculo en condiciones de una alta demanda metabólica, donde la glucólisis debe aún funcionar para proporcionar ATP.

25. La PP1 inactiva la fosforilasa *b* quinasa, al catalizar su desfosforilación, lo cual bloquea la conversión de la glucógeno fosforilasa *b* en *a*, inhibiendo de esta forma la glucogenólisis. El inhibidor 1, al inhibir la PP1, tiene el efecto contrario.

26. (a) la función del glucagón es aumentar la concentración de glucosa en sangre. La estimulación de la degradación del glucógeno y la gluconeogénesis y la inhibición de la glucólisis hepática son consistentes con esta función.

(b) El déficit de glucosa-6-fosfatasa interferiría con la liberación de glucosa por el hígado para su exportación a otros tejidos.

(c) La fosforilasa *b* quinasa convierte la fosforilasa *b* en *a*, que activa la degradación del glucógeno y convierte la glucógeno sintasa *a* en *b*, la forma menos activa de esta enzima.

(d) Debe hidrolizarse la glucosa-6-fosfato para que la glucosa salga de la célula hepática y se exporte a otros tejidos.

27. (a) G6P + $2NADP^+$ + $H_2O$ $\rightarrow$ R5P + $CO_2$ + 2NADPH + $2H^+$

(b) G6P + $12NADP^+$ + $7H_2O$ $\rightarrow$ $6CO_2$ + 12NADPH + $12H^+$

28. Deben estar marcados C-1 y C-3 de la fructosa-6-fosfato. No debe marcarse la eritrosa-4-fosfato.

29.

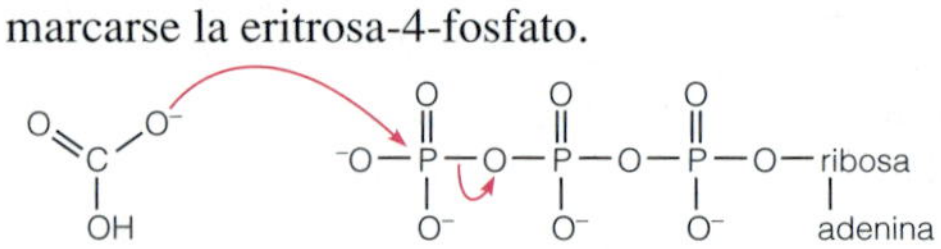


(*véase* Figura14.20, p. 619)

## CAPÍTULO 14

1. Administrar por separado 1-[$^{14}$C]glucosa y 6-[$^{14}$C]glucosa, y medir la velocidad inicial de formación de $^{14}CO_2$. La relación nos indica las velocidades de flujo relativas a través de las dos rutas. Así, por ejemplo, si las velocidades de flujo de ambas reacciones son iguales, la relación de glucosa marcada en $C^1$ con respecto a la glucosa marcada en $C^6$ es de 2:1.
2. C-1: todo liberado como $CO_2$. C-2 y C-3: todos retenidos en el oxalacetato.
3. Primera vuelta: un cuarto. Segunda vuelta: tres octavos.
4. La acción de la piruvato carboxilasa sobre el piruvato marcado produciría oxalacetato marcado, de manera que cuando estos carbonos circulan por el ciclo del ácido cítrico se marcaría el C-5 del isocitrato.
5. La adición a glioxisomas aislados de citrato, isocitrato, glioxilato, malato u oxalacetato estimularía la formación de succinato de manera desproporcionada con respecto a la cantidad añadida.
6. C-3 y C-4, ya que se convierten en el grupo carboxilo del piruvato que se pierde en la reacción de la piruvato deshidrogenasa.
7. En primer lugar, la localización citosólica de gran parte de las enzimas dependientes del $NADP^+$ genera sospechas sobre su función en el ciclo del ácido cítrico. Aún más importante es el que las células que tienen tasas de flujo altas o bajas a través del ciclo tienen actividades altas o bajas, respectivamente de la enzima dependiente del $NADP^+$. La actividad de la enzima dependiente del $NADP^+$ no cambia de forma coordinada con las actividades de otras enzimas del ciclo.
8. $E_1$: piruvato + lipolisina → acetil-lipolisina + $CO_2$

   $E_2$: acetil-lipolisina + CoA-SH →acetil-CoA + dihidrolipolisina

   $E_3$: dihidrolipolisina + $NAD^+$ → NADH + $H^+$ + lipolisina
9. (a) Es una señal de que las concentraciones de sustratos son adecuadas para la oxidación en el ciclo del ácido cítrico, por lo que el piruvato puede desviarse a la gluconeogénesis en vez de oxidarse. Además, si se acumula la acetil-CoA debido a un desequilibrio del metabolismo de las grasas frente al de los hidratos de carbono, se desviará el piruvato hacia el oxalacetato hasta que se consiga el equilibrio.

   (b) Tiende a inactivar la piruvato deshidrogenasa (mediante fosforilación) cuando las concentraciones de los transportadores electrónicos reducidos (NADH) son suficientes para la producción de ATP a través de la cadena respiratoria y, por tanto, para dejar piruvato disponible para otros fines.

   (c) Es una señal para reducir el flujo a través del ciclo del ácido cítrico cuando las concentraciones de los transportadores electrónicos reducidos son adecuadas para la generación de energía.

   (d) Cuando la carga energética es baja, la acumulación de ADP proporciona una señal para activar el ciclo del ácido cítrico y aumentar, por tanto, la oxidación de los nutrientes para la producción de ATP.

   (e) Es un ejemplo de inhibición por el producto, pero sirve también como indicador general de que cuando un sustrato de energía elevada (succinil-CoA) es abundante, puede reducirse el flujo a través del ciclo del ácido cítrico.

   (f) El $Ca^{2+}$ intermedia la estimulación de la actividad PDH durante la contracción muscular. El $Ca^{2+}$ es una molécula de señalización fundamental en la contracción en los músculos de los vertebrados, donde plantea una enorme demanda de producción de ATP.
10. (a) Es necesaria una oxidación para convertir el aldehído en un ácido. Una oxidación requiere un aceptor electrónico (por ej., $NAD^+$ o E-FAD):

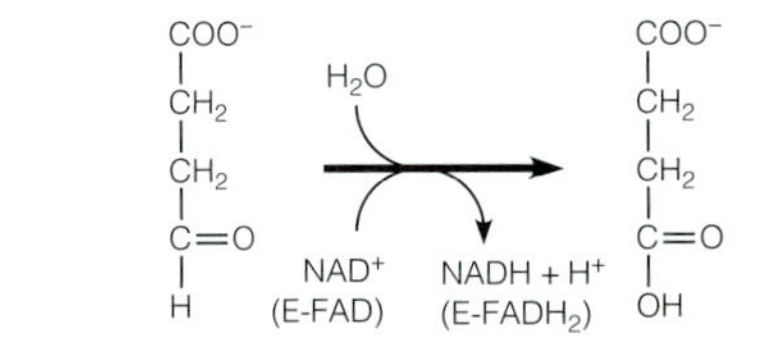


**Semialdehído succinato** **Succinato**

   (b) La ruta modificada no pasa por la reacción de la succinil-CoA sintetasa del ciclo del ácido cítrico estándar, que produce un ATP (GTP) mediante una fosforilación a nivel del sustrato. La ruta modificada genera por lo tanto un ATP menos que la ruta estándar. No existe diferencia en cuanto al número de cofactores reducidos que se generan (cuatro oxidaciones por ciclo).
11. Algunos mecanismos posibles: control a nivel de sustrato de la citrato sintasa, activación de la citrato liasa por la acetil-CoA o los ácidos grasos, inhibición de la isocitrato liasa por el succinato (para asegurar un flujo adecuado a través del ciclo del ácido cítrico).
12. 2 Acetil-CoA + 2NAD+ + FAD + 3H2O oxalacetato +

2NADH + FADH2 + 2CoA-SH + 4H+

13. El potencial redox de la flavina, que no se disocia de su enzima depende de su entorno proteico. En la lipoamida deshidrogenasa, su potencial redox se mantiene más negativo que en otras deshidrogenasas de flavina de forma que los electrones pueden pasar al $NAD^+$ en condiciones fisiológicas.
14. [$NAD^+$]/[NADH] deberá ser elevada, de forma que pueda impulsar la oxidación de los sustratos, e.j. malato + $NAD^+ \rightleftharpoons$ oxalacetato + NADH + $H^+$. Por el contrario, como NADPH y $NADP^+$ normalmente impulsan la reducción de sustratos, se espera que [$NADP^+$]/[NADPH] sea baja.

## CAPÍTULO 15

1. +28.95 kJ/mol (a partir de la ecuación $\Delta G^{\circ\prime} = -nF\ \Delta E_{0\_}$.

   $\Delta E^{0\prime} = -0.32 - (-0.17)$.
2. (a) cit $c$ → $Cu_A$ → hemo $a$ → hemo $a_3$-$Cu_B$ → $O_2$ (esto es, complejo IV).

   (b) Para bloquear la oxidación de sustratos endógenos y para inhibir el flujo electrónico inverso (esto es, evitar que el flujo de electrones vaya hacia atrás en la cadena respiratoria).

   (c) Dado que se forma ATP, con un cociente P/O de ~1.0, el complejo IV debe ser un lugar de acoplamiento (esto es, un lugar de bombeo de protones).

   (d) De la Tabla 15.1:

$$\text{Cyt}\ c_{red} \longrightarrow \text{Cyt}\ c_{ox} + e^-\ \ 1X22$$
$$1/2O_2 + 2H^+ + 2e^- \longrightarrow H_2O$$
$$2\text{Cyt}\ c_{red} + 1/2O_2 + 2H^+ \longrightarrow 2\text{Cyt}\ c_{ox} + H_2O$$

Coupled to:
$ADP + P_i \longrightarrow ATP + H_2O$

Net: $2Cyt\ c_{red} + \frac{1}{2}O_2 + ADP + P_i + 2H^+$ S $2Cyt\ c_{ox} + ATP + 2H_2O$
$[Cyt\ c\ (Fe^{2+})]$ $[Cyt\ c\ (Fe^{3+})]$

(e) −78.1 kJ/mol para la reacción global (calculado como en el Problema 1).

3. (a) $\beta$-hidroxibutirato → NADH → complejo I → CoQ → complejo III → citocromo *c*.

   (b) 2, ya que se evita la citocromo *c* oxidasa.

   (c) Porque el NADH no puede entrar libremente en la mitocondria.

   (d) Para bloquear la citocromo oxidasa, con lo que los electrones salen de la cadena en el citocromo *c*.

   (e) $\beta$-hidroxibutirato + 2 cyt $c_{-Fe3+}$ + 2ADP + 2Pi + $4H^+$ ⟶ acetoacetato _ 2 cyt *c*–Fe2_ _ 2ATP _ 2H2O

   (f) –53.8 kJ/mol $\beta$-hidroxibutirato (calculado como en el Problema 2).

4. Bloquear la succinato deshidrogenasa y medir la fosforilación debida únicamente a la reacción de la $\alpha$-cetoglutarato deshidrogenasa. Relación P/O = ~3.5 (2.5 ATP procedentes del NADH y 1 de la reacción de la succinil-CoA sintetasa).

5. +67.6 kJ/mol (resuelto como en el Problema 1). Relación mínima $[NAD^+]/[NADG] = 2.5 \times 10^{10}$, calculado de la ecuación 3.23 (Capítulo 3):

$$\Delta G = \Delta G^{\circ\prime} + RT\ln\left(\frac{[\text{fumarate}][\text{NADH}]}{[\text{succinate}][\text{NAD}^+]}\right)$$

   en donde $\Delta G < 0$.

6. [ADP] = 1.44 mM y [AMP] = 0.29 mM, calculado a partir de dos ecuaciones simultáneas: la ecuación de definición de la carga energética y [ADP] = 5 × [AMP].

$\Delta G^{\circ\prime} = -27.8$ kJ/mol
a partir de $\Delta G = \Delta G^{\circ\prime} + RT\log([ADP][Pi])/[ATP]$.

7. $1.8 \times 10^{17}$. Calcular $\Delta G^{\circ\prime}$ como en el Problema 1, y a continuación aplicar $\Delta G^{\circ\prime} = -RT\ln K_{eq}$. Utilizar $E^{0\prime} = +0.30$ V para el $H_2O_2$ (véase la Tabla 15.1).

8. Añadir ADP en una cantidad limitante y medir la captación de $O_2$. La relación de los $\mu$mol de ADP consumidos respecto a los $\mu$átomos de oxígeno captados es idéntica a la relación P/O (véase la Figura 15.27).

9. Porque la energía no utilizada para el ATP se disipó en forma de calor, y los pacientes presentaron fiebre incontrolable.

10. 1.

11. (1) El NADH se oxida por el FMN, no el FAD.

    (2) La flavina reducida ($FADH_2$ o $FMNH_2$) se oxida por la CoQ, no por la $CoQH_2$.

    (3) El cit $c_1$ acepta $e^-$ del cit b, y luego se oxida por el cit *c*.

    (4) El $O_2$ se reduce a $H_2O$ no a $H_2O_2$.

12. (a) $\Delta G^{\circ\prime} = -nF\Delta E^{0\prime} = -2(96485) \times [-0.23 - (-0.32)] = -17.37$ kJ/mol

    (b) El mismo, ya que $E^{0\prime}$ para $NAD^+$/NADH es el mismo que para $NADP^+$/NADPH.

    (c) $\Delta G$ probablemente será positivo in vivo para una enzima ligada al NADH, dado que una relación de concentraciones $NAD^+$/NADH elevada impulsaría la oxidación de GSH a GSSG.

13. (a) Succinato → FAD → Q → cit *b* → cit $c_1$ → cit *c*

    (b) Succinato + 2 cit $c_{ox}$ + ADP + Pi → fumarato + 2 cit *c*-Fe2+ + ATP + $H_2O$

    (c) Para la reacción redox, $\Delta G^{\circ\prime} = -nF\Delta E^{0\prime} = 2\ (96485)\ (0.25 - 0.03) = -42.5$ kJ/mol; $\Delta G^{0\prime}$ para la síntesis de ATP = +30.5 kJ/mol; neto $\Delta G^{0\prime} = 42.5 + 30.5 = -\ 12$ kJ/mol.

    (d) Para bloquear la citocromo oxidasa y forzar la salida de los electrones de la cadena respiratoria en el citocromo *c*.

    (e) 0. No se produce debido a que el 2,4-dinitrofenol disiparía el gradiente de protones.

14. El DNP actúa catalíticamente en el sentido de que una molécula de DNP puede mediar el transporte de muchos protones al interior de la matriz: tras la desprotonación en la matriz (debido al mayor pH), el DNA vuelve a través de la membrana para unir y llevar otro protón al interior de la matriz. Una implicación importante es que el DNA es tóxico en cantidades muy pequeñas.

15. (a) $\Delta G^{\circ\prime} = -nF\Delta E^{0\prime} = 2\ (96485)\ (0.82 - 0.03) = -151$ kJ/mol.

    (b) Para los protones (ec. 15.5, p. ¿?): $\Delta G^{\circ\prime} = 2.3\ RT\ \Delta pH + F\Delta\psi = 24.9$ kJ/mol protones.

    151/24.9 = 6 protones máximo

    (c) Complejos III y IV.

16. Los tres inhibidores dejan d oxidado, de forma que d debe ir el último; los tres inhibidores dejan d reducido, de forma que c debe ir primero:

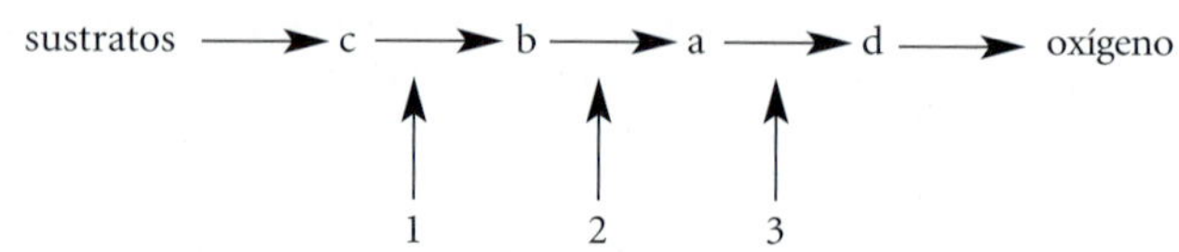


17. (a) A, 1; B, 2; C, 3; D, 4; E, 5.

    (b) 3 dividido por 4 (cociente de captaciones en presencia y ausencia de ADP; con el sustrato presente en ambas medidas).

    (c) 5; agotamiento de $O_2$.

    (d) 4; concentración de ADP baja porque la concentración de ATP es alta.

    (e) 3; la producción rápida de ATP y el recambio requieren una captación de $O_2$ rápida y continua.

## CAPÍTULO 16

1. $\Delta G^{\circ} = 164$ kJ/mol. Un einstein de 700 nm de luz producirá 171 kJ.

2. 14.7%.

3. 1050 nm.

4. (a) Tras la unión al C-2 de la ribulosa-1,5-bisfosfato, el $^{14}C$ pasará a ser el carboxilato (C-1) de *una* de las dos moléculas de 3-fosfoglicerato. Luego pasa a ser el carbono carbonilo (C-1) de la G3P o el C-1 de la DHAP. Al condensarse para formar la fructosa-1,6-bisfosfato, el $^{14}C$ aparecerá en los carbonos 3 y/o 4.

   (b) No. Pueden contener 0, 1 ó 2 carbonos marcados, según la combinación de triosas marcadas y no marcadas que se haya utilizado en su formación.

5. Suponiendo 48 fotones por mol de hexosa, la hoja podría producir teóricamente 0.0263 moles, es decir, 4.73 g de hexosa en 1 hora. De hecho, producirá tan sólo una pequeña fracción de esta cantidad, ya que no todos los fotones se absorben, ni todos los fotones absorbidos sirven para hacer pasar electrones a través de la ruta fotosintética.
6. (a) No, ya que las plastoquinonas no están implicadas en este proceso.

   (b) La adición de ferricianuro como donador de electrones permite una reacción de Hill.
7. Con el empleo de iluminación a 700 y 680 nm, por separado o conjuntamente. Observar el estado de oxidación de las plastoquinonas y la plastocianina. Si sólo interviene el p700, estarán oxidadas. Si sólo interviene el p680, estarán reducidas. Si intervienen ambos, la iluminación simultánea a las dos longitudes de onda potenciará la oxidación del donador.
8. Carbono 3.
9. Competitiva.
10. Los datos sugieren la unión fuerte de un inhibidor. Aparentemente es termoestable, por lo que probablemente no es una proteína, pero se libera con la precipitación de sulfato amónico.
11. (a) Disminución.

    (b) Aumento.

    (c) Aumento.
12. (a) Dado que tanto el $O_2$ como el $CO_2$ se consumen y producen por los procesos opuestos de la fotorrespiración y la fotosíntesis, se alcanzará un estado estacionario.

    (b) La afinidad relativa de la rubisco por el $CO_2$ y el $O_2$.
13. La mayoría del 3PG que se marca inicialmente se reutiliza al sustituir la RuBP, que luego vuelve a entrar en el ciclo.

## CAPÍTULO 17

1. Ácido palmítico, 106 ATP; ácido esteárico, 120 ATP; ácido linoleico, 116 ATP; ácido oleico, 118.5 ATP. Los valores menores para los ácidos linoleico y oleico frente al ácido esteárico se deben a la presencia de enlaces dobles en los primeros.
2. 34% [(108 ATP × 30.5)/(9788) × 100%].
3. 336.5 (106 de cada palmitato, 18.5 del glicerol). 336.5 ATP/51 carbonos = 6.6 ATP por átomo de carbono (5.3 por glucosa).
4. Ejemplo para el ácido palmítico (c).

   CoA-SH + palmitato + ATP → palmitoil-CoA + AMP + $PP_i$
   $PP_i$ + H2O → $2P_i$
   Palmitoil-CoA + 7CoA-SH + 7FAD + $7NAD^+$ + $7H_2O$ → 8 acetil-CoA + 7FADH2 + 7NADH + $7H^+$
   8 Acetil-CoA + $16H_2O$ + $24NAD^+$ + 8FAD + 8ADP + $8P_i$ → $16CO_2$ + 24NADH + $24H^+$ + 8ATP + 8FADH2 + 8CoA-SH
   Suma: Palmitato + $24H_2O$ + 15FAD + $31NAD^+$ + 8ADP + $6P_i$ → $16CO_2$ + AMP + $15FADH_2$ + 31NADH + $31H^+$ + 7ATP
   A continuación, se suman las ecuaciones para la oxidación metabólica del NADH y el FADH2.

   31NADH + $31H^+$ + $15 1/2 O_2$ + 93ADP + $93P_i$ → $31NAD^+$ + 93ATP + $124H_2O$
   $15FADH_2$ + $7 1/2 O_2$ + 30ADP + $30P_i$ → 15FAD + $45H_2O$ + 30ATP

   ---

   Suma: Palmitato + $23O_2$ + 131ADP + $129P_i$ $16CO_2$ + AMP + 130ATP + $145H_2O$
5. 

| | |
|---|---|
| Acetoacetil-CoA 2 acetil-CoA | 0 ATP |
| 2 Acetil-CoA 4CO2 | 24 ATP (dos vueltas del ciclo del ácido cítrico) |
| | Suma: 24 ATP |
| Propionoacetil-CoA → propionil-CoA + acetil-CoA | 5 ATP (un ciclo de $\beta$-oxidación) |
| Propionil-CoA → succinil-CoA | −1 ATP |
| Succinil-CoA → $4CO_2$ | 24 ATP (dos vueltas del ciclo del ácido cítrico) |
| Acetil-CoA → $2CO_2$ | 12 ATP (una vuelta del ciclo del ácido cítrico) |
| | Suma: 40 ATP |

6. Carnitina aciltransferasa I. Si la inhibición se produjera en un paso posterior, se inhibiría la oxidación de la palmitoilcarnitina, así como la de la palmitoil-CoA.
7. La acil-ACP producida por una subunidad pasa por el siguiente ciclo de adición reductora de dos carbonos en la otra subunidad.
8. Acetyl-CoA $\xrightarrow{\text{Ciclo del ácido cítrico}}$ oxalacetato $\xrightarrow{\text{PEP carboxiquinasa}}$

   PEP $\xrightarrow{\text{Gluconeogénesis}}$ glucosa

   El punto principal es que los carbonos que se pierden en una vuelta del ciclo del ácido cítrico no son los que han entrado en forma de acetil-CoA en ese ciclo.
9. Propionil-CoA ⟶ metilmalonil-CoA ⟶ succinil-CoA ⟶ oxalacetato ⟶ fosfoenolpiruvato ⟶ glucosa
10. 7 (durante cada ciclo, un átomo de tritio se pierde en el paso de la 3-hidroxiacil-ACP deshidratasa y el doble enlace resultante se reduce por el NADPH no marcado).
11. El aumento de las concentraciones de citrato incrementaría la generación de acetil-CoA en el citosol, estimulando, por tanto, la síntesis de ácidos grasos.
12. 1. El glucagón activa la fosforilación de la piruvato deshidrogenasa, que inhibe la formación de acetil-CoA, el sustrato de la enzima.

    2. El glucagón promueve la degradación de triacilgliceroles, produciendo un aumento de las concentraciones de ácidos grasos que, en forma de acil-CoA, podrían impedir la polimerización y activación de la acetil-CoA carboxilasa.
13. La malonil-CoA, un intermediario clave en la síntesis de ácidos grasos, inhibe la carnitina aciltransferasa I, bloqueando de esta forma la entrada de las unidades de acilo en la mitocondria para la oxidación. Las acil-CoA, los sustratos de la oxidación de los ácidos grasos, inhiben la síntesis de ácidos grasos interfiriendo con la polimerización de la acetil-CoA carboxilasa. Los efectos hormonales sobre los adipocitos son opuestos; la insulina promueve la síntesis de ácidos grasos mediante varios mecanismos, mientras que el glucagón promueve la degradación de las grasas y la oxidación de los ácidos grasos.
14. Ésta podría ser una forma para una célula de inhibir la síntesis de ácidos grasos en condiciones en las que se necesitan sustratos para la oxidación, para proporcionar ATP.
15. El aumento de las concentraciones de glucosa en el citosol estimulan la glucólisis, la cual proporciona piruvato para la oxidación en la mitocondria. La acetil-CoA resultante puede volver al citosol (como citrato) y generar precursores para aumentar la síntesis de ácidos grasos. El aumento intracelular de glucosa estimula también la síntesis de glucógeno.

## CAPÍTULO 18

1. Se supone que el almidón aumenta las concentraciones sanguíneas de glucosa en menor medida de lo que lo hacen los azúcares simples. Así pues, hay una menor estimulación de la secreción de insulina. La insulina tendería a retardar la movilización energética a partir de las reservas intracelulares, algo que no es deseable durante un maratón.
2. Aproximadamente 2.6 horas. Las reservas normales de glucógeno son de unas 6800 kJ para una persona de 70 kg (véase la p. ¿? En el Capítulo 17. Así,

$$(6800 \text{ kJ}) \times (1 \text{ kcal}/4.183 \text{ kJ}) = 1625.6 \text{ kcal}$$

Para correr,

$$(15000 \text{ kcal/día}) \times (1 \text{ día}/24 \text{ hr}) = 625 \text{ kcal/hr}$$
$$\text{Tiempo} = (1625.6 \text{ kcal})/(625 \text{ kcal/hr}) = 2.6 \text{ hr.}$$

3. Aproximadamente un 28% en reposo, alrededor de una décima parte del valor durante una carrera de maratón.
4. La proteólisis medida constituye la suma de las tasas de síntesis y degradación proteica. La tasa real de degradación proteica no aumenta, pero en la fase inicial de un ayuno, la utilización de aminoácidos en las rutas catabólicas reduce las concentraciones necesarias para respaldar la síntesis proteica a tasas que contrarresten la degradación. Posteriormente, cuando se utilizan en mayor medida los ácidos grasos y las cetonas para la producción de energía, se evita el consumo de aminoácidos para este fin, por lo que pueden emplearse con mayor facilidad para la síntesis de proteínas.
5. La hemoglobina glucosilada se acumula en la sangre de los diabéticos y puede medirse con facilidad. Dado que la reacción de glucosilación es covalente, la concentración de hemoglobina glucosilada refleja la concentración de glucosa en sangre a lo largo de un período de cuatro meses (la vida de un eritrocito), mientras que una determinación simple de la glucosa refleja tan sólo el valor existente en el momento de la obtención de la muestra de sangre. Así pues, en un paciente diabético puede efectuarse una vigilancia con muchas menos extracciones de sangre y con una mayor exactitud con el empleo de las medidas de hemoglobina glucosilada.
6. El hígado contiene unas concentraciones bajas de la enzima que sintetiza la acetoacetil-CoA a partir del acetoacetato, ATP y CoASH. En consecuencia, cuando el hígado sintetiza cuerpos cetónicos, éstos no pueden activarse con facilidad para el catabolismo en el hepatocito. En vez de ello se liberan y finalmente se utilizan por otros tejidos.
7. El tejido adiposo carece de glicerol quinasa. La glucólisis genera dihidroxiacetona fosfato, que se reduce a glicerol-3-fosfato (véase el Capítulo 17).
8. (a) La malonil-CoA a concentraciones elevadas inhibe la carnitina aciltransferasa I, y esto inhibe la cetogénesis al bloquear el transporte de los ácidos grasos al interior de las mitocondrias, tanto para la $\beta$-oxidación como para la cetogénesis (Capítulo 17).

   (b) La $K_{0.5}$ elevada de la hexoquinasa IV, una enzima específica del hígado, permite a este órgano controlar la velocidad de fosforilación de la glucosa en una amplia gama de concentraciones de la misma. La acumulación de glucosa-6-fosfato activa la forma *b* de la glucógeno sintasa y fomenta el depósito de glucógeno. A través de varios mecanismos, el hígado percibe también cuándo las concentraciones sanguíneas de glucosa son bajas y en consecuencia moviliza sus reservas de glucógeno (véase el Capítulo 13).
9. La fosforilación de la piruvato quinasa por la proteína quinasa dependiente del AMP cíclico. La forma fosforilada de la enzima es mucho menos activa que la forma desfosforilada (véase el Capítulo 14).

## CAPÍTULO 19

1. $\Delta G$ es probablemente ~0 ($K_{eq}$ cerca de la unidad), puesto que el enlace roto es idéntico al enlace creado (una transesterificación).
2. Si se acoplan cinéticamente y físicamente la fosfatidilserina sintasa y la fosfatidilserina descarboxilasa ($E_1$ y $E_2$ de la Figura 19.4), la PS no podría acumularse nunca, ya que, una vez formada por la E1, se convertiría inmediatamente a PE por la $E_2$. Si las dos enzimas están estrechamente acopladas en la membrana, la adición de PS marcada radiactivamente a un sistema enzimático no marcaría la PE, puesto que $E_2$ actuaría tan sólo sobre la PS generada por $E_1$.
3. Estimulando la liberación de ácido araquidónico a partir de fosfolípidos de membrana. Éstos se convertirían a su vez en prostaglandinas, que contribuyen a la inflamación.
4. La sustitución de las grasas animales por grasas vegetales podría reducir las concentraciones de colesterol. Ello reduciría en última instancia la inhibición de las concentraciones de HMG-CoA reductasa por el colesterol, lo que podría dar lugar a un aumento de las concentraciones de mevalonato.
5.

glicerol + ATP→~~glicerol-3-P~~ + ADP
Ácido esteárico + ~~CoASH~~ + ~~estearoil-CoA~~ + AMP + $PP_i$
Ácido oleico + ~~CoASH~~ + ATP→~~oleil-CoA~~ + AMP + $PP_i$
~~Glicerol-3-P~~ + ~~estearolil-CoA~~ + ~~oleil-CoA~~→~~ácido fosfatídico~~ + 2CoASH
~~Ácido fosfatídico~~ + CTP→~~CDP-diacilglicerol~~ + $PP_i$
~~CDP-diacilglicerol~~ + serina→ácido *sn*-1-estearoil-2-fosfatídico + 2CoASH

---

Neto: glicerol + ácido esteárico + ácido oleico + 3ATP + CTP + Serina→*sn*-1-estearoil-2-oleilglicerofosforilserina + ADP + 2AMP + $3PP_i$ + CMP

6. Ninguna, dado que el carboxilo C se pierde en la conversión al intermeriario isopentenil pirofosfato.
7. Dado que es un análogo no hidrolizable del glicerol-3-fosfato, cabría prever que se acilara sin dificultad para dar el análogo fosfonato del diacilglicerol. Al actuar como análogo del diacilglicerol, podría inhibir de forma competitiva la síntesis de CDP-diacilglicerol a partir de ácido fosfatídico.

8. Un 25% de la ruta de utilización de la colina, un 75% de la ruta de la fosfatidilserina. Si todo el PC procede de la ruta de la PS, esperaría que la actividad específica de la PC fuera 3x la de la metionina ( $3 \times 2 = 6$ mCi/mmol). En su lugar, sólo es $1.5/6 = 25\%$ lo cual sugiere que el 75 de la PC se sintetizó a partir de la colina libre. Estos cálculos suponen que el pool d emetionina endógena es pequeño y se queda virtualmente marcado en su totalidad. Para determinar las tasas reales de síntesis intracelular, es preciso conocer también la radiactividad específica del intermediario final de cada ruta, si las reservas de productos intermediarios están compartimentadas y la velocidad de degradación del producto (véase Herramientas de la Bioquímica 12A).

9. Acetoacetato + succinil-CoA acetoacetil-CoA + succinato Acetoacetil-CoA + acetil-CoA HMG-CoA + CoA-SH HMG-CoA + 2NADPH + 2H+ mevalonato + $2NADP^+$ + CoA-SH

10. Al reducir la ruta que conduce a la aldosterona, este déficit da lugar a un aumento del aporte de progesterona disponible para la conversión en esteroides sexuales.

11. La ruta más sencilla es la desaturación de la C16 palmitoil-CoA a palmitoleoil-CoA, seguida de una elongación de C2 en el grupo carboxilo, como se describe en la página ¿?, para dar *cis*-vaccenil-CoA. Otra posibilidad es que la estearoil-CoA pudiera ser un intermediario unido a la enzima en un proceso iniciado con la elongación y seguido por la desaturación.

12. La forma más sencilla es purificar una de las enzimas, como la PE metilasa, hasta la homogeneidad y averiguar entonces si la enzima puede catalizar tres metilaciones para dar PC, o si puede actuar sobre los intermediarios monometilados y dimetilados. Otra posibilidad sería seguir las tres actividades mediante un procedimiento de fraccionamiento.

13. El AMP cíclico promueve la degradación de los triacilgliceroles, mediante la activación de la lipasa sensible a las hormonas. Esto aumenta probablemente las concentraciones intracelulares de diacilglicerol, que a su vez podrían incrementar el flujo a través de las últimas reacciones de las rutas de salvamento hacia PE y PC (véase la Figura 19.7).

14. Ejemplo: 2 isopentenil pirofosfato a limoneno:

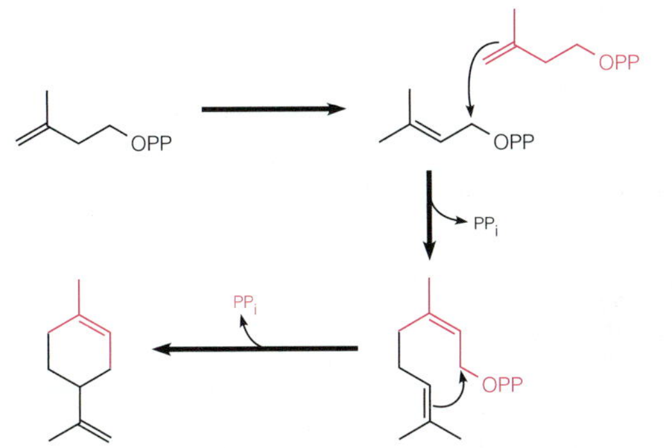


## CAPÍTULO 20

1. 5´-Desoxiadenosil-$B_{12}$; tetrahidrofolato; ATP + glutamina; α-cetoglutarato + piridoxal fosfato; *S*-adenosilmetionina.

2. (a) 5-Metiltetrahidrofolato.

   (b) Metilmalonato.

   (c) Disminución de la afinidad de la enzima C por la coenzima B12 (Mutante $K_M$).

   (d) Homocisteína (u homocistina) (véase el Capítulo 21).

3.

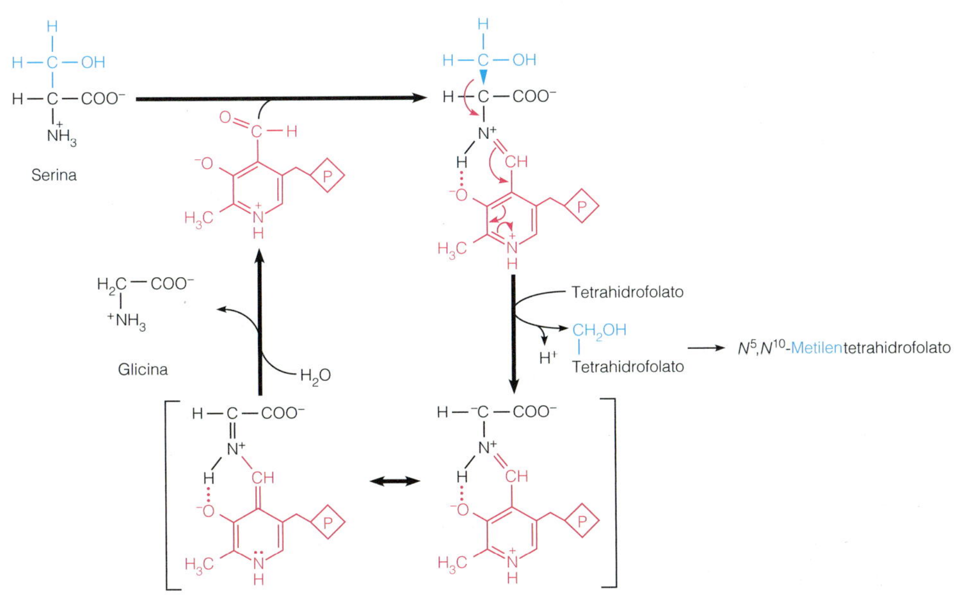

4.

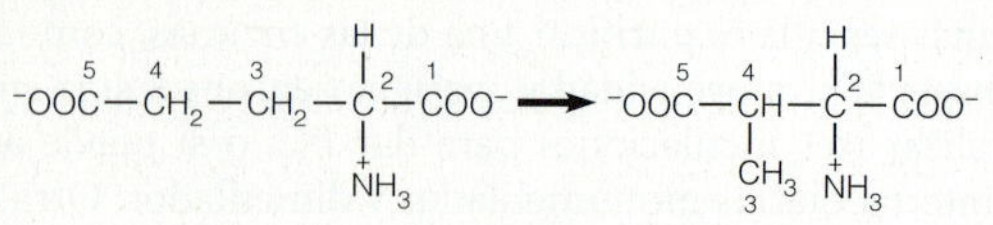


adenosilcobalamina

5.

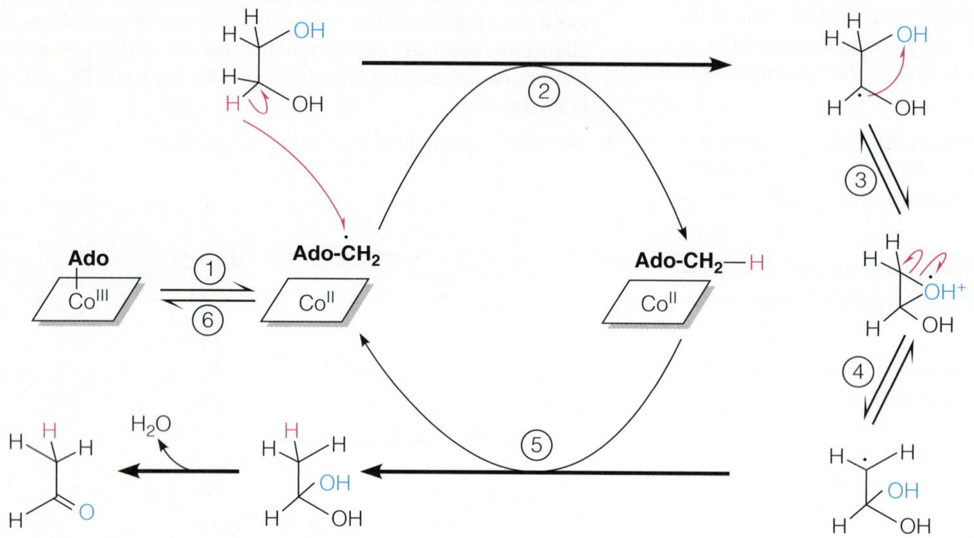


6. Una teoría plausible propone que el amoníaco agota las reservas de α-cetoglutarato a través de las reacciones de la glutamato deshidrogenasa y la glutamina sintetasa, que convierten el αCG en glutamato y glutamina, y que ello reduce la producción de ATP al reducir el flujo a través del ciclo del ácido cítrico.

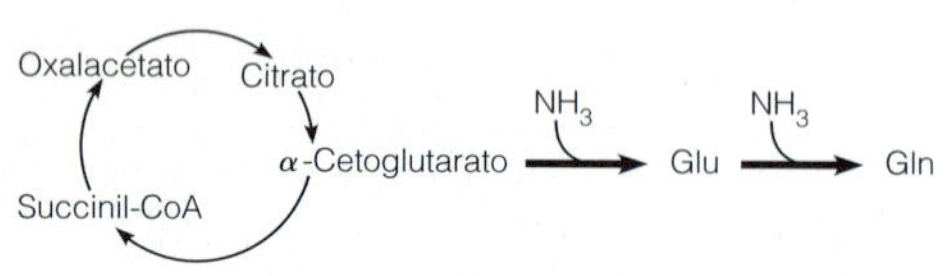


7. La CPS I está en las mitocondrias y la CPS II, en el citosol. Al parecer, el carbamoil fosfato no puede atravesar la membrana mitocondrial, por lo que el que se forma en las mitocondrias sólo puede utilizarse para la síntesis de arginina y el que se forma en el citosol se emplea tan sólo para la síntesis de pirimidina.

8. La enzima inyectada debe convertir toda la asparagina circulante en aspartato. Las células normales captarían el aspartato y volverían a sintetizar asparagina. Sin embargo, las células leucémicas no serían capaces de sintetizar la asparagina y sucumbirían. En cambio, una enzima inyectada en el torrente sanguíneo tendría probablemente una semivida demasiado breve para resultar eficaz. Además, al ser una proteína extraña, podría causar una reacción inmunológica.

9. (a) Verdadero. El catabolismo completo de los aminoácidos produce $CO_2$, $H_2O$ y amoníaco. Sin embargo, el amoníaco debe convertirse en urea para su destoxificación y excreción, y ello requiere ATP, lo que reduce la producción neta de ATP.

(b) Falso. El glutamato puede utilizarse para sintetizar aminoácidos esenciales tan sólo si se dispone de los esqueletos carbonados en forma de cetoácidos.

(c) Falso. La arginina se utiliza *catalíticamente* en el ciclo de la urea en el hígado y de esta forma la mayor parte de la arginina que se forma se rompe dando urea y ornitina. Se deja poca arginina para satisfacer las necesidades de otros tejidos.

(d) Falso. Aunque está presente en todas las proteínas, la alanina puede sintetizarse por las células de los mamíferos y no es necesario que se encuentre en el alimento.

10. Se alude a la Figura 20.13:

$N^+H_4$ (músculo) + α-cetoglutarato + NADH + $H^+ \longrightarrow$ glutamato + $H_2O$ + $NAD^+$

Glutamato + piruvato ⟶ α-cetoglutarato + alanina

Alanina + α-cetoglutarato ⟶ glutamato + piruvato

Glutamato + $H_2O$ + $NAD^+ \longrightarrow$ $N^+H_4$ (hígado) + a-cetoglutarato + NADH + $H^+$

---

Suma: $\overset{+}{N}H_4$ (músculo) ⟶ $\overset{+}{N}H_4$ (hígado)

11. (a) El $NH_3$ tiene un par de electrones no compartidos que pueden iniciar el ataque nucleófilo sobre el átomo de carbono carbonilo con pocos electrones.

(b) $[NH_3] + [NH_4^+] = 100\ \mu M$. A partir de la ecuación de Henderson-Hasselbalch, a pH 8.0 $[NH_3]/[NH_4^+] = 10^{-1.2} = 0.063$. Así, $[NH_3] = 6.7\ \mu M$ (y $[NH_4^+] = 93.3\ \mu M$). $6.7\ \mu M\ [NH_3]$ es $(6.7 \times 10^{-3})\ K_M$. La ecuación de Michaelis-Menten puede reagruparse a

$$\frac{V}{V_{max}} = \frac{[S]}{K_M + [S]}$$

Sustituyendo $[S] = (6.7 \times 10^{-3})\ K_M$ en la ecuación da

$$\frac{V}{V_{max}} = \frac{6.7 \times 10^{-3} K_M}{K_M + (6.7 \times 10^{-3}) K_M} = 0.0067$$

(c) La dirección de una reacción depende tanto de la constante de equilibrio y de la concentración de los reactantes y productos. El cociente intramitocondrial $[NAD^+]/[NADH]$ es alto y esto impulsa la reacción hacia el α-cetoglutarato.

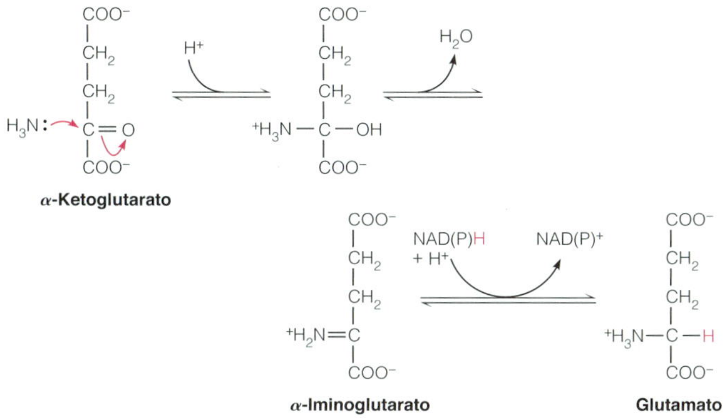


12. El PLP forma una base de Schiff covalente entre el carbono del aldehído de la coenzima y un grupo ε-amino de un residuo de lisina. Evidentemente, este enlace debe romperse para que la coenzima forme una base de Schiff con un sustrato aminoácido.

13. (a) Esto controlará la síntesis de carbamoil fosfato mediante la regulación de la síntesis de glutamina, que es el sustrato preferido para la carbamoil fosfato sintetasa.

(b) Esto tendrá como efecto la activación de la desadenililación de la glutamina sintetasa, lo cual activa a su vez la glutamina sintetasa. Esto impulsará la utilización de α-cetoglutarato para la síntesis de glutamato y glutamina.

(c) Esto tiene también el efecto de activar la glutamina sintetasa, en unas condiciones en las que es abundante el ATP necesario para la reacción.

14. En primer lugar, purificar la enzima a partir de células HeLa u otro tejido humano y preparar un antisuero contra la enzima. A continuación, marcar los cultivos de células HeLa mediante el crecimiento en un medio con un aminoácido radiactivo. A intervalos establecidos tras la extracción del aminoácido marcado (experimento de pulso-caza), preparar un extracto proteico acelular, tratar una alícuota con antisuero y medir la radiactividad en el inmunoprecipitado.

15.

| Dihidrofolato: | GTP: |
|---|---|
| N-1 | N-3 |
| C-2 | C-2 |
| C-4 | C-6 |
| N-5 | N-7 |
| C-7 | C-1′ |
| N-8 | N-9 |
| C-9 | C-3′ |

16. (a) B. (b) C. (c) D. (d) E, metionina.
(e) A. (f) F. (g) C.

17. La adenililación tiende a inactivar a la glutamina sintetasa. Por tanto, el efecto de la glutamina es inhibir su propia síntesis cuando está presente en abundancia.

18. La respuesta más directa es colocar las dos enzimas en diferentes compartimientos celulares, la enzima catabólica en las mitocondrias y la enzima asimiladora en el citosol.

## CAPÍTULO 21

1. Formiminoglutamato, puesto que la siguiente reacción de su catabolismo requiere tetrahidrofolato.

2.

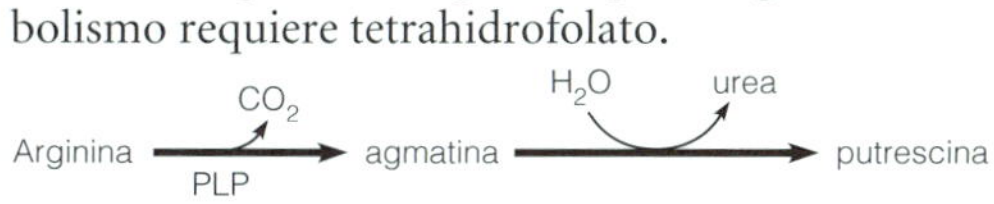


3. El *N*-acetilglutamato es un intermediario de la biosíntesis de ornitina. La actividad del ciclo de la urea requiere la presencia de ornitina y de carbamoil fosfato. Si la cantidad de carbamoil fosfato disponible es insuficiente, se acumulará ornitina, y ello podría causar una acumulación del precursor de la misma, el N-acetilglutamato. Esta acumulación actúa como una señal para estimular la síntesis de carbamoil fosfato para aumentar el flujo por el ciclo de la urea.

4.

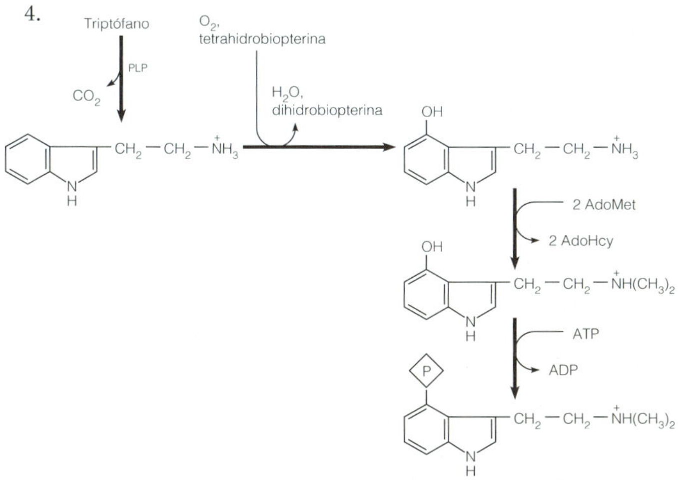


5.

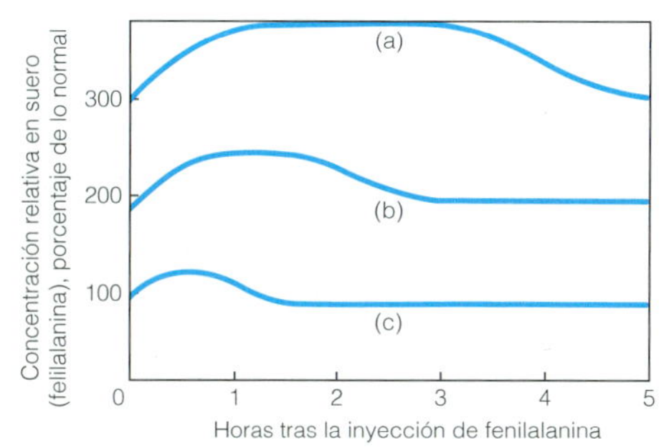


Una prueba de tolerancia al triptófano

6. (a) Tetrahidrofolato, glicina y serina transhidroximetilasa.

(b)

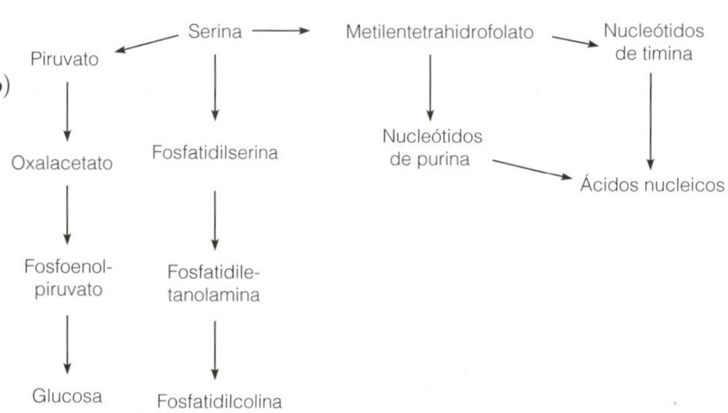

7. Alanina = 13 ATPs

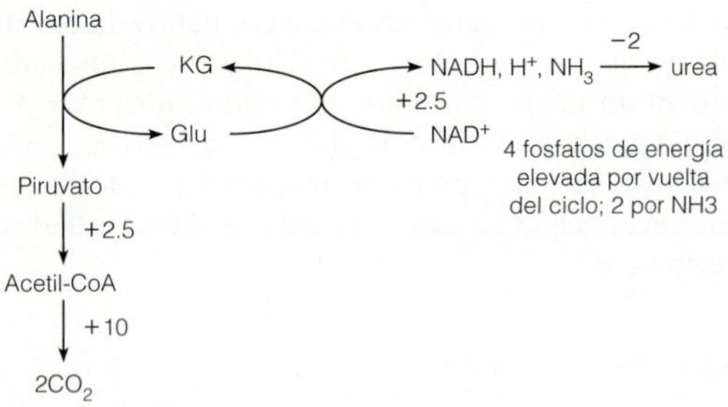


Cabría prever que todas estas rutas generen un poco más de energía en un pez, ya que no es necesario consumir ATP para convertir el amoníaco en urea para la excreción.

Isoleucina = 36 ATPs (véase la Figura 21.5 y el problema 5 en el Capítulo 17)

Tirosina = 40.5 ATPs (véase la Figura 21.8)

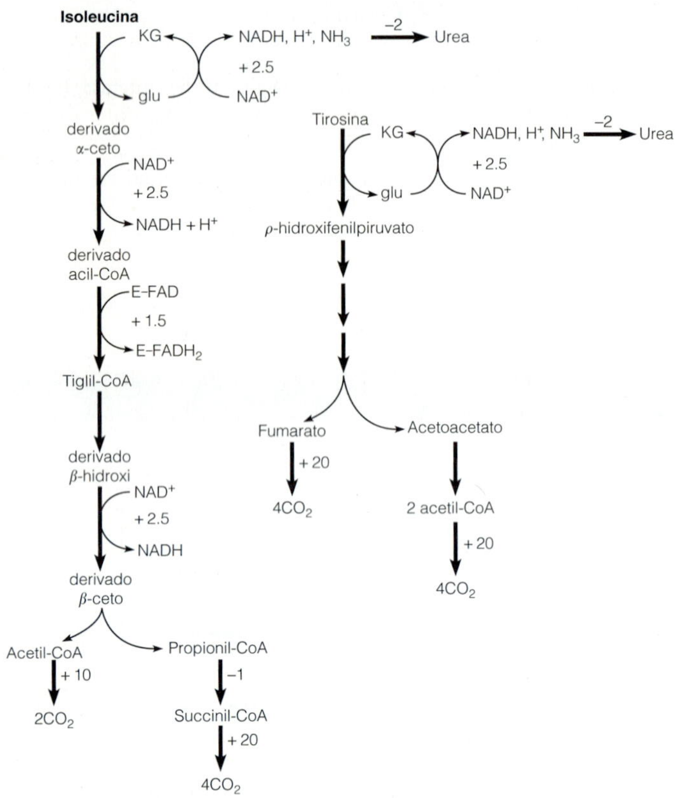


8. Una debería retroinhibirse o tener su síntesis reprimida por la treonina, una segunda por la metionina y una tercera por la lisina, ya que la reacción de la aspartoquinasa interviene en rutas de biosíntesis diferentes que dan lugar a cada uno de estos tres aminoácidos.

9.

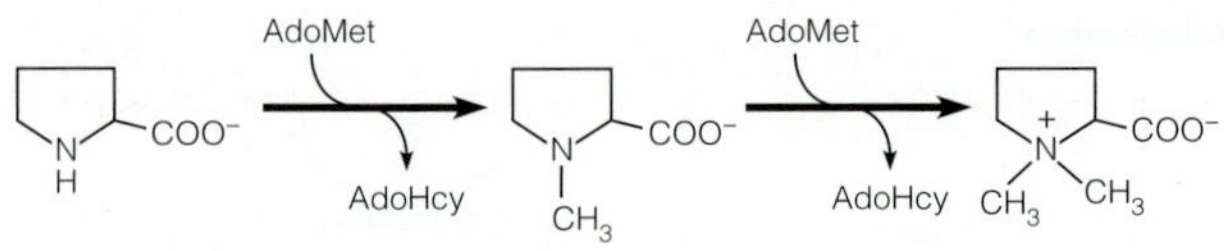


10. Porque las mismas enzimas intervienen en pasos comparables de la biosíntesis de la isoleucina y de la valina. Treonina deshidratasa.

11. Treonina ⟶ α-cetobutirato: inhibido por la isoleucina

α-Cetoisovalerato + acetil-CoA ⟶ β-isopropil malato: inhibido por la leucina

El control de la síntesis de valina es más complicado, ya que tres de las enzimas intervienen en la síntesis de los tres aminoácidos. Podría examinarse la retroinhibición acumulativa (producida por la valina, la isoleucina y la leucina) de la primera reacción dirigida:

Piruvato + hidroxietil-TPP ⟶ α-acetolactato

12. Histamina.

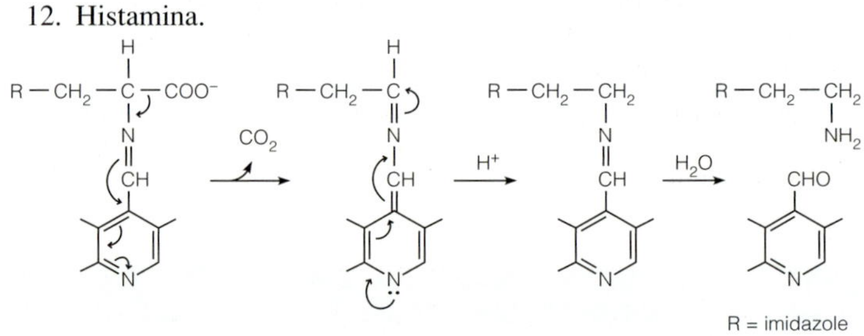


13. (a) 5. (d) Ninguno.
(b) 2, 3, 4. (e) 5 (X3).
(c) 3,4. (f) 5.

14. Porque un déficit de pteridina reductasa deterioraría todas las reacciones dependientes de la tetrahidrobiopterina, que incluyen la síntesis de catecolaminas, serotonina y óxido nítrico, así como de tirosina.

15.

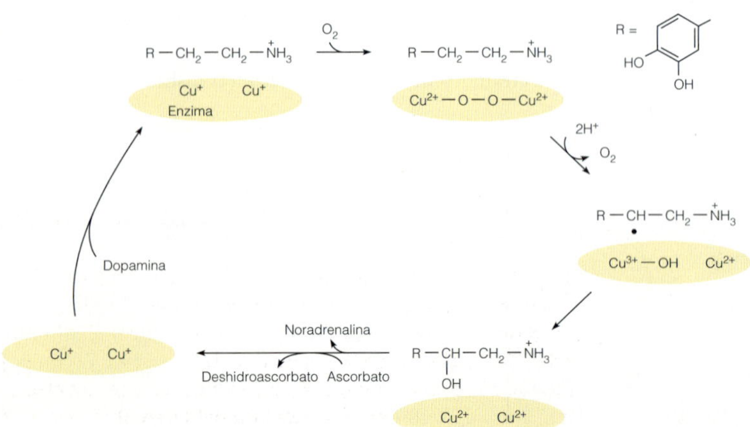

16.

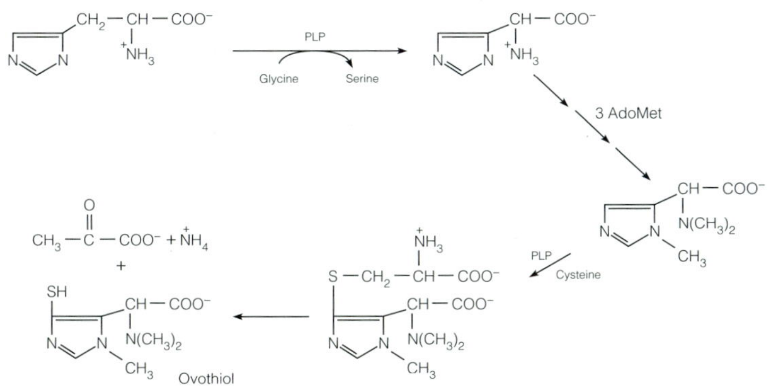


17. La estructura del glufosato es similar a la del fosfoenolpiruvato, lo que sugiere que actúa como inhibidor competitivo respecto al PEP y como inhibidor no competitivo respecto al ácido sikímico 3-fosfato.

18. Dado que la síntesis del diglucurónido de bilirrubina se produce en el hígado, una hepatopatía crónica impediría que se efectuara esta conversión, y se acumularía bilirrubina no conjugada. En el caso de una obstrucción de la vía biliar o de una elevada destrucción del hemo a causa de una hemólisis, inicialmente no habría un deterioro del sistema de conjugación, por lo que la mayor parte de la bilirrubina acumulada se encontraría en forma conjugada.

19. Reacción 1: piridoxal fosfato

    Reacción 2 y reacción 3: $O_2$ y NADPH (u otro donante de dos electrones)

20. (a) La conjugación del glucuronato con la bilirrubina se lleva a cabo por una enzima hepática, y el daño hepático reduce la capacidad de esta reacción, la cual es esencial para la solubilización y excreción de la bilirrubina.

    (b) Al desviar los intermediarios de la síntesis del hemo a las porfirinas de tipo I no utilizables, estas personas son incapaces de sintetizar hemo suficiente para la hemoglobina de los eritrocitos.

    (c) El déficit de esta enzima reduce el flujo a través de la metionina sintasa, lo cual conduce a la acumulación de más homocisteína de la que puede metabolizarse a través de la cistationina.

21.

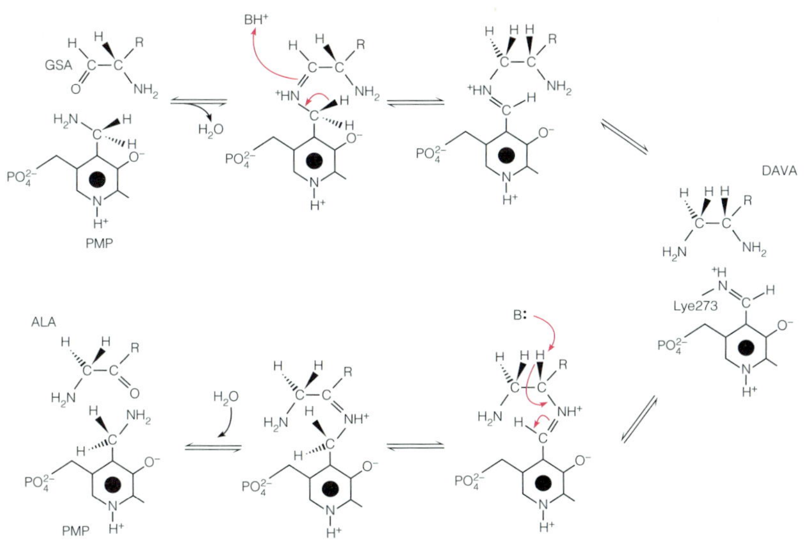


Modificado de *Proceedings of the National Academy of Sciences*

## CAPÍTULO 22

1. (a) C.

   (b) E, F.

   (c) A, B.

2. $\text{BrdUrd} \xrightarrow[\text{ATP}]{\text{TK}} \text{Br-dUMP} \xrightarrow[\text{ATP}]{} \text{Br-dUDP} \xrightarrow[\text{ATP}]{\text{Nucleósido difosfato quinasa}} \text{Br-dUTP}$

El Br-dUTP puede incorporarse al DNA en lugar del dTTP. Sin embargo, también podría inhibir la síntesis de DNA actuando como un falso retroinhibidor de la reducción del CDP. Dado que el dTTP es un inhibidor alostérico de la reducción del CDP por la ribonucleótido reductasa, el Br-dUTP podría tener un efecto similar. Ello podría inhibir la replicación del DNA al causar un déficit de dCTP.

3.

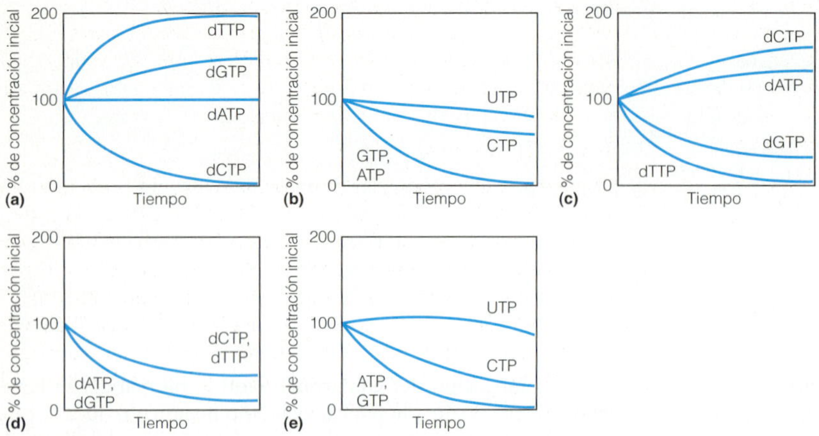


4. Esquema de la respuesta (* = lugares de regulación alostérica).

Uracilo → uridina → UMP → UDP → UTP $\xrightarrow{*}$ CTP → CDP $\xrightarrow{*}$ dCDP → dCTP

↓*

dUDP → dUTP → dUMP → dTMP → dTDP → dTTP

5. Esquema de la respuesta (* = lugares de regulación alostérica).

HX → IMP $\xrightarrow{*}$ XMP → GMP → GDP $\xrightarrow{*}$ dGDP → dGTP

↓*

adenilosuccinato → AMP → ADP → dADP → dATP

6. El tratamiento con desoxicoformicina podría dar lugar a la acumulación de adenosina y desoxiadenosina, como en el déficit de adenosina desaminasa. Ello haría que se acumulara dATP e inactivaría todas las actividades de la ribonucleósido difosfato reductasa.

7. La disminución del flujo a través de la HGPRT podría hacer que los sustratos se acumularan, incluyendo el PRPP. Esto podría incrementar la síntesis de pirimidina en la reacción de la orotato fosforribosiltransferasa, si las concentraciones de PRPP son normalmente inferiores a la saturación de esta enzima. La incorporación de orotato a los pool de nucleótidos o de ácidos nucleicos produciría un cálculo razonable de la velocidad de síntesis de novo de los nucleótidos de pirimidina.

8. (a) Un déficit de la actividad timidilato sintasa, medido en un extracto acelular, o un requerimiento de timidina para el crecimiento de las células confirmarían que los mutantes presentan un déficit de esta enzima.

(b) Dado que los mutantes presentan un flujo de reacción desdeñable a través de la reacción de la timidilato sintasa, no producen un agotamiento del tetrahidrofolato intracelular. La timidina satisface las necesidades existentes de síntesis de nucleótidos de timina.

(c) El empleo de metotrexato en vez de trimetoprima, dado que la trimetoprima no es un inhibidor eficaz de la dihidrofolato reductasa de los mamíferos.

9. La mutación del gen DHFR que hace que la enzima sea resistente; la mutación en el mecanismo de control de la transcripción o la traducción que produce una sobreproducción de DHFR normal; el defecto del transporte que produce un fallo de la captación de metotrexato por parte de la célula.

10. (a) Inhibidores de la timidilato sintasa y de la dUTPasa especificados por el genoma vírico.

(b) dUMP hidroximetilasa especificada por el virus y hm-dUMP quinasa:

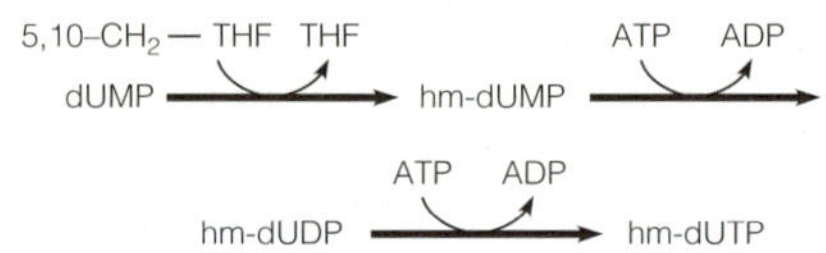


(c) dCMP metilasa especificada por el virus, ej.

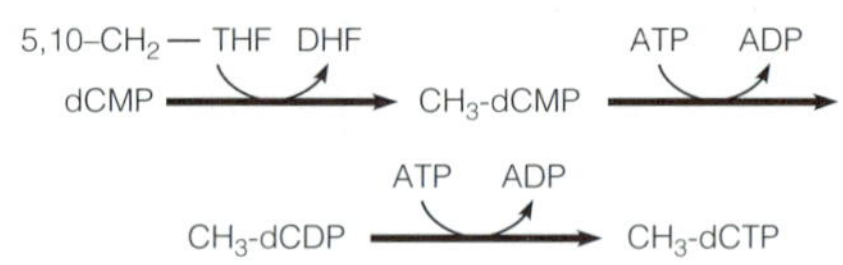


11. (a) Mutantes con un defecto de la síntesis de DNA (falta de incorporación de timina al DNA).

(b) Pueden seleccionarse mutantes con un déficit de timidina quinasa, timidilato sintasa, dihidrofolato reductasa o serina transhidroximetilasa por su resistencia a la desintegración de la [$^3$H] desoxiuridina incorporada.

12. Si los intermediarios de una ruta se ven limitados en su capacidad de difusión para alejarse de las superficies enzimáticas, puede catalizarse de manera eficaz una ruta de múltiples pasos con unas concentraciones muy bajas de estado estacionario de los intermediarios. Así pues, podría establecerse un sistema de análisis para una secuencia de este tipo y podrían analizarse las concentraciones de intermediarios en diversos momentos. Otra prueba para la canalización sería la realización de una secuencia de múltiples pasos empezando con un sustrato marcado radiactivamente y determinando si la adición de un exceso claro de un intermediario sin marcar diluirá la radiactividad del producto. Una ruta canalizada por un complejo enzimático utiliza preferentemente intermediarios producidos por este complejo.

13. 4-carboxi-5-aminoimidazol ribonucleótido + aspartato + ATP → N-succinilo-5-aminoimidazol-4-carboxamida ribonucleótido + ADP + $P_i$

IMP + aspartato + GTP → adenilosuccinato + GDP + Pi

Citrulina + aspartato + ATP → argininosuccinato + AMP + PPi

14. La conversión descontrolada de UTP en CTP eleva el pool de nucleótidos de citidina y desoxicitidina, al tiempo que se reducen las reservas de nucleótidos de uridina y timidina. El agotamiento del nucleótido de timidina endógeno explica la necesidad de timidina exógena para el crecimiento, y la alteración del equilibrio de la reserva de dNTP (la relación dCTP/dTTP está elevada) produce errores de replicación, principalmente la incorporación de C en vez de A, que conduce a mutaciones.

15. $H_2N-\overset{O}{\overset{\|}{C}}-NH-CH_2-\overset{CH_3}{\overset{|}{CH}}-COO^-$

16. (a) La administración de timidina con el alimento estimula la síntesis a través de la ruta de salvamento y la acumulación de ATP, que inhibe la reducción de CDP por la ribonucleótido reductasa e inhibe la replicación del DNA mediante el agotamiento del dCTP de la célula.

(b) El dATP se une a los lugares de actividad y de especificidad de la ribonucleótido reductasa, con una afinidad baja y alta, respectivamente. Cuando se une en el lugar de especificidad, el dATP activa la reducción del CDP y del UDP. A concentraciones superiores, el dATP se une a los lugares de actividad e inhibe las cuatro actividades de la ribonucleótido reductasa.

17. Succinil-CoA sintetasa.

18. La glicina se incorpora a las purinas como una molécula intacta en la reacción de la GAR sintetasa (paso 2), dando cuenta del marcaje de la posición C5. El marcaje de C2 y C5 procede del 10-formil-THF (pasos 3 y 9). La glicina dona su C2 al pool de un carbono de tetrahidrofolato en la reacción de la rotura de glicina mitocondrial (véase el Capítulo 21), dando 5,10-metilen-THF, que fácilmente se convierte en 10-formil-THF para su incorporación a las purinas. Este experimento es de Pasternack, L.B., A. Laude, Jr., y D.R. Appling, (1994) $^{13}C$ NMR analysis . . . . .

## CAPÍTULO 23

1. Con el empleo de técnicas de DNA recombinante (véase el Capítulo 4), podrían prepararse secuencias de ácidos nucleicos que codifiquen, o bien toda una subunidad a de una proteína G, o bien un dominio de unión de GTP, y se podría determinar si una «sonda» puede hibridar con el DNA procedente de la especie vegetal de interés. Otra posibilidad sería determinar si los anticuerpos contra las proteínas G de los mamíferos reaccionan de forma cruzada con alguna proteína de un extracto vegetal. De ser así, la proteína podría aislarse y podrían analizarse sus propiedades (incluyendo su capacidad de unión a nucleótidos de guanina). Otro enfoque sería buscar proteínas que puedan ser ADP-ribosiladas por la toxina del cólera o la toxina de la tos ferina.

2. Algunos factores posibles son los siguientes: almacenamiento, control de la actividad, plegado adecuado de la cadena polipeptídica, secuencias señal para la dirección a la parte adecuada de la célula.

3. Etileno. Probablemente sería difícil preparar un anticuerpo contra el mismo, puesto que es un gas.

4. Dado que los complejos hormona esteroidea-receptor activan la transcripción de genes específicos, cabría pensar que una hormona esteroidea pudiera activar la transcripción del gen de la adenilato ciclasa y, por tanto, aumentar la concentración de estado estacionario de esta enzima.

5. (a) 1, 4, 9, 14.

   (b) 5, 6, 8, 10, 16.

   (c) 1, 2, 7, 12, 16.

   (d) 1, 4, 15, 16.

6. Podría tratarse un complejo proteína G-GDP con $\gamma$-[$^{32}P$]ATP y determinar si se sintetiza GTP marcado radiactivamente. El hecho de que no se sintetice indica que la proteína G no puede fosforilar al GDP unido. También puede comprobarse que el GTP marcado radiactivamente puede desplazar al GDP no marcado unido en diversas condiciones. Puede mostrarse asimismo que la activación de la proteína G requiere la presencia de GTP. Por último, puede demostrarse que la subunidad $\alpha$ aislada tiene actividad GTPasa, al observar su capacidad de convertir el GTP en GDP en ausencia de este último.

7. (a) Viagra inhibe la GMP cíclico fosfodiesterasa, de forma que la concentración de cGMP permanece alta, y se prolongan los efectos del óxido nítrico sobre el flujo sanguíneo regional.

   (b) Prozac inhibe de forma selectiva la recaptación de serotonina por las neuronas presinápticas, aumentando así la cantidad del neurotransmisor que alcanza la célula postsináptica y aumentando la transmisión sináptica en áreas relacionadas con la regulación del comportamiento.

   (c) Si AdoMet pudiera cruzar la barrera hematoencefálica, podría aumentar la metilación de la noradrenalina para dar adrenalina. Dado que esto parece poco probable, podría verse la comunicación inicial con escepticismo.

8. cGMP + $H_2O$ → 5´-GMP. Dado que Viagra actúa inhibiendo esta enzima, cualquier otro compuesto que actúe de forma semejante potenciaría el efecto de Viagra.

9. Dado que el inositol trisfosfato procede del fosfatidilinositol, que a su vez procede del diacilglicerol y del inositol, los inositol fosfatos deben desfosforilarse completamente para reincorporarse al fosfatidilinositol para otro proceso de síntesis.

10. 1. La mayor parte de las hormonas vegetales son compuestos terpenoides.

    2. No hay péptidos ni hormonas esteroideas conocidas en las plantas superiores. Se han descrito, en las plantas, compuestos semejantes a los esteroides, pero no está claro que actúen como hormonas esteroideas.

11. La reacción de EGF con su receptor debe ser trimolecular, ya que la unión de EGF debe estimular la dimerización del receptor monomérico. Por lo tanto, no se esperaría una curva hiperbólica simple.

12. Catecol O-metiltransferasa

    Noradrenalina + AdoMet → Adrenalina + AdoHcy

    Monoamina oxidasa

    Dopamina + $O_2$ → Ácido 3,4-Dihidroxifenilacético + $NH_3$

## CAPÍTULO 24

1. $10 \times 10^3$pb/$10^{10}$ pb en el genoma = $10^{-6}$

   Amplificación = $2^{n-1}$ donde $n$ es el número de ciclos

   Tras 10 ciclos: $2^9 \times 10^{-6} = 1.02 \times 10^{-3}$

   Tras 15 ciclos: $2^{14} \times 10^{-6} = 3.3 \times 10^{-2}$

   Tras 20 ciclos: $2^{19} \times 10^{-6}$ = esencialmente 1.0

2. Extremos igualados: *Eco*RII, *Hae*III, *Hind*II, *Hpa*I, *Sma*I. No igualados por la acción de la DNA polimerasa (debido a que el extremo retraído carece de hidroxilo 3´): *Hga*I, *Hha*I, *Ple*I, *Pst*I.

3. (a)

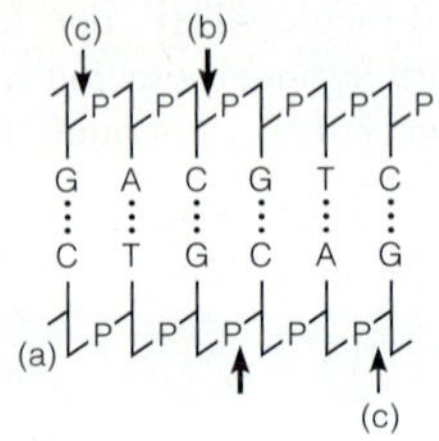


   (b) Hasta 1 kb de este lugar.

   (c) Una secuencia de hexanucleótidos particular surgiría a intervalos de ¼$^6$, o cada 4056 pares de bases.

4. (a) Para linealizar el DNA circular, de forma que su movilidad electroforérica pueda compararse con la de otros fragmentos lineales de DNA.

   (b) El DNA recombinante contiene dos insertos de 1.15 kb en tándem.

   (c)

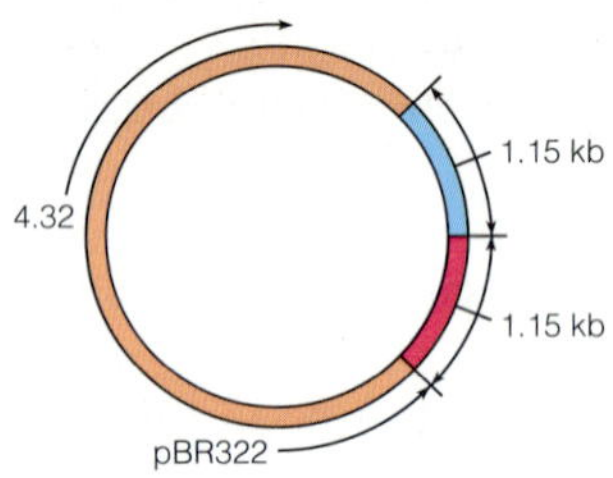


5. (a) Circular.

   (b)

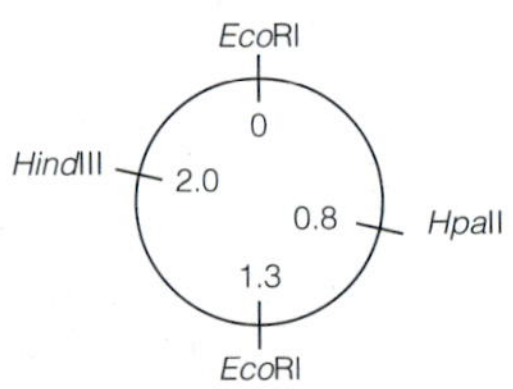


   (c) 7.

   (d) Rotura con *Hpa*II mas *Hind*III.

6. (a)

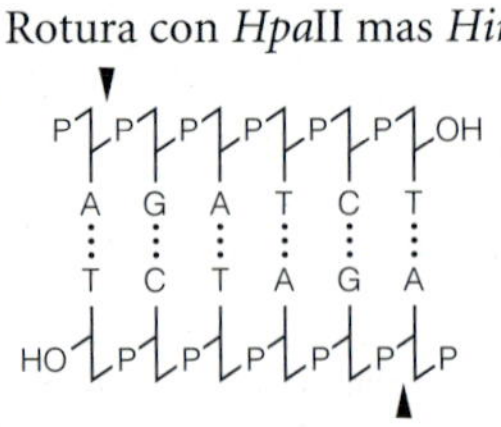


   (b) A y B.

   (c) E y F.

   (d) F.

7. (a) $6.6 \times 10^2$g/mol $\times 2 \times 10^8$moléculas nuc/cromosoma/$6.02 \times 10^{23}$ moléculas/mol = $2.2 \times 10^{-13}$ g DNA/cromosoma + 4.4 g proteína/cromosoma = 0.66 pg.

   (b) $10^8$ pb $\times$ 3.4 A/pb $\times$ $10^{-8}$ cm/A = 3.4 cm

   (c) 46 crom/célula $\times$ $10^{12}$ células $\times$ 3.4 $\times$ $10^{-2}$ m/cromosoma = $1.56 \times 10^{12\,m}$

8. Si tomamos el nucleosoma medio (incluyendo el ligador) que contenga unos 200 pb, obtenemos una relación de compactación de 40 para la fibra de cromatina de 30 nm. Evidentemente, esta fibra debe plegarse en gran medida sobre sí misma para producir la relación general de más de 7000 que se observa en el cromosoma en metafase.

9. Si el nucleosoma estuviera posicionado exactamente (ocupando el mismo lugar en el fragmento de 208 pb), sólo se hubiera obtenido un único par de bandas (que sumarían 146 pb). El hecho de que se observaran dos pares de este tipo (29 + 117,39 + 107) indica que había dos localizaciones alternativas, con una separación de 10 pb.

10. Utilizando un gráfico de log (pb) frente a *d* para los marcadores, pueden interpolarse los fragmentos de cromatina para obtener los tamaños de 185, 380, 578 y 772 pb. Se indica una repetición de aproximadamente 195 pb, con el monosoma ligeramente degradado.

11. La explicación más sencilla se basa en la hipótesis (probada) de que el DNA se encuentra en la superficie de la partícula. En consecuencia, cada cadena presenta una exposición máxima aproximadamente cada 10 residuos y es muy vulnerable a la formación de mellas en estos puntos con una separación periódica.

12. El DNA realiza 1.75 vueltas de superhélice hacia la izquierda en cada nucleosoma. Estas vueltas están «limitadas» y no pueden eliminarse mientras están presentes las histonas. Sin embargo, si se eliminan primero las histonas, el DNA así producido tendrá superenrollamientos no limitados que pueden relajarse por la topoisomerasa.

13. Las histonas son necesarias en cantidades muy elevadas durante tan sólo un período de tiempo breve (el inicio de la fase S) del ciclo celular. Además, siempre son necesarias en cantidades equivalentes para formar los nucleosomas. La presencia de múltiples copias facilita una transcripción rápida, y un número igual de cada dominio deberá facilitar el mantenimiento del equilibrio de la producción. La ausencia de intrones y de colas de poli(A) implica que dos de los pasos principales que intervienen en el procesamiento de la mayor parte de los genes eucariotas se evitan, con lo que los mRNA de las histonas pueden pasar rápidamente al citoplasma.

14. Por ejemplo, el corte con *EcoR*I y *BamH*I daría un digerido en el que el fragmento B del digerido de *BamH*I ha desaparecido. Esto colca un lugar *EcoR*I dentro del fragmento B. Los tamaños de todos los fragmentos del digerido sugieren que sólo un lugar para *EcoR*I se encuentra dentro del fragmento B. Ahora si una digestión parcial con *BamH*I produjo un fragmento correspondiente a A + B y una digestión de este fragmento con *EcoR*I produjo un fragmento casi tan largo como A + B, esto situaría el lugar *BamH*I hacia el extremo 5´ de B.

15. Una adición o pérdida o sustitución de una o varias bases en cualquier lugar simétrico de restricción inactivaría ese lugar.

    Como ejemplo, para una repetición del tetranucleótido –AATT- dentro del lugar de *EcoR*I: -GAATTC- → -GAATTAATTC_

    El lugar de *EcoR*I se ha perdido.

16. (a)

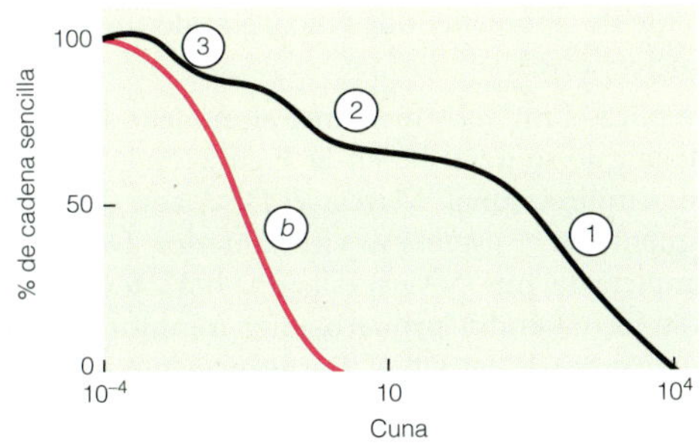


(b) La línea roja que se muestra en el gráfico.

(c) El DNA genómico se renaturalizaría más lentamente que el cDNA ya que tiene una mayor complejidad de secuencia entre los fragmentos de 300 pb utilizados para el análisis.

17. Las medida de la longitud aproximada de cada fase del ciclo celular señala que M, cuando las células están en mitosis, representa aproximadamente el 30% del tiempo total de un ciclo celular. Estos deben representar la proporción de células en mitosis en un cultivo aleatorio (no sincronizado) y, por lo tanto, el porcentaje de todas las células que muestran cromosomas condensados.

## CAPÍTULO 25

1.

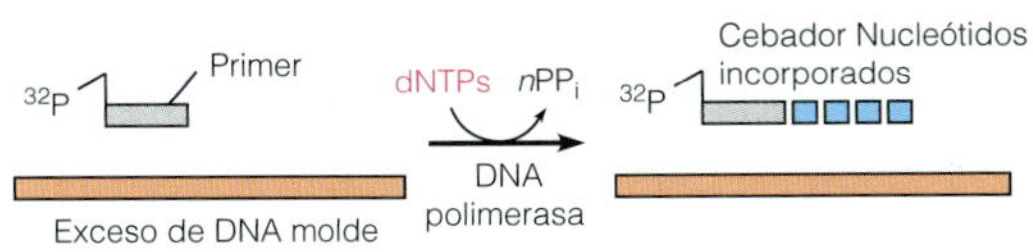


Utilizar un cebador marcado en el extremo 5´ y realizar una reacción de polimerasa en el DNA en exceso (de manera que cualquier polimerasa que se disocie se vuelva a unir a una nueva cadena). Detener las reacciones después de una breve incubación y determinar el peso molecular del material radiactivo mediante electroforesis en gel. El $M_r$ nos indica cuántos nucleótidos se han incorporado por cadena, lo que proporciona la procesividad (número de nucleótidos incorporados por unidad de tiempo por cadena).

2.

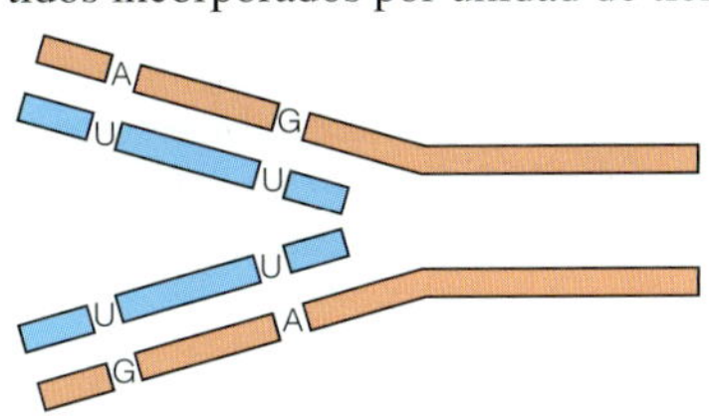


La incorporación de dUMP genera lugares para la ruptura de la cadena, cuando comienza el proceso de sustitución de uracilo. Si las rupturas de la cadena única no se hubieran reparado por completo al aislar el DNA, se observarán fragmentos cortos. Se identificarían menos si el experimento se realizara con un mutante con un déficit de la uracilo-DNA-*N*-glucosilasa, y más si el experimento se realizara con un mutante negativo para dUTPasa.

3. (a) 1.725 g/cm$^3$.

(b) 1.772 g/cm$^3$.

4. (a) Eliminar prácticamente la ulterior incorporación de isótopo radiactivo.

(b) Si se incorpora en forma de ribonucleótidos, el producto marcado será hidrolizado por álcali poco concentrado. Si se incorpora en forma de desoxirribonucleótidos, el producto será estable en álcali.

(c) Los RNA cebadores son metabólicamente inestables. Se degradan rápidamente, al remplazarse por los desoxirribonucleótidos en el DNA.

5. (a) Ácido desoxiinosínico (dIMP).

(b) Conversión de un par de bases A-T en G-C.

6. (a) 0.016 mm.

(b) 9.79 × 10$^4$ nucleótidos por horquilla por minuto.

(c) 1250 orígenes (2500 horquillas de replicación).

(d) 2937 kilopares de bases.

7. (a) Es el inverso de la reacción de la DNA ligasa. La interrupción de la cadena única relaja el DNA superenrollado.

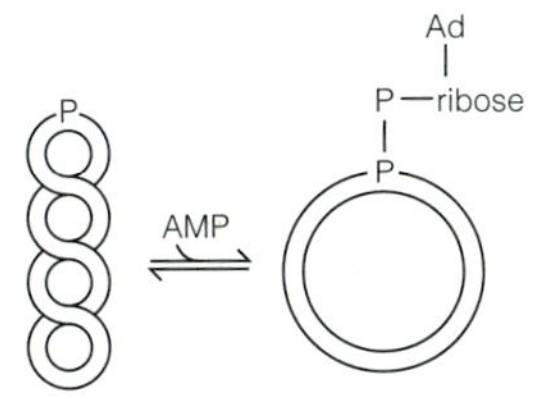


(b) Analizar el DNA mediante electroforesis en gel.

8. Sincronizar las células y marcar con 5-bromodesoxiuridina de manera temprana o tardía en la fase S. Separar el DNA replicado mediante centrifugación de equilibrio en CsCl. Esto puede analizarse mediante hibridación en DNA clonados a partir de genes que se expresan o no se expresan en esas células.

9.

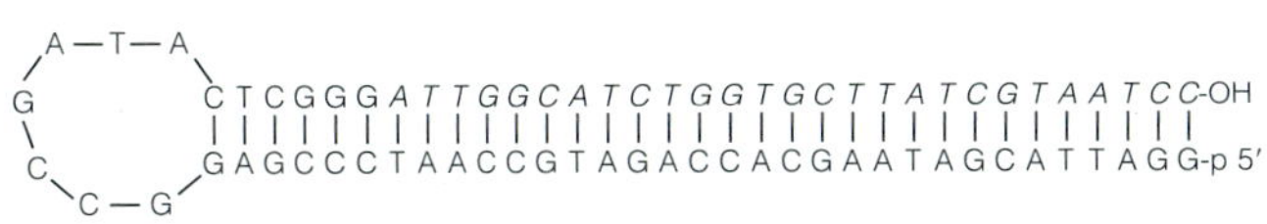


*Nota*: La 3´ exonucleasa elimina las A y T mal apareadas antes de que se inicie la acción de la polimerasa.

10. Se observó que la actividad de la polimerasa realiza una extensión más lenta a partir de una terminación con un apareamiento incorrecto. Así pues, una base mal apareada tiene un tiempo de residencia en la terminación 3´ superior al de una base apareada, lo que aumenta la probabilidad de ruptura por la actividad exonucleasa.

11. La didesoxiinosina se convierte en el correspondiente didesoxirribonucleósido trifosfato, ddITP. La incorporación de este nucleótido en lugar de dGTP bloquearía la ulterior elongación de la cadena, dada la ausencia de una terminación 3´-OH. Si la transcriptasa inversa del VIH incorpora ddITP con mayor facilidad que las DNA polimerasas celulares, la replicación del genoma del virus se inhibiría de manera selectiva.

12. Si la mutación afecta a uno de los lugares de control de retroacción de la ribonucleótido reductasa, la célula podría producir un exceso de dNTP hasta el punto de que podría superarse la inhibición competitiva in vivo de las DNA polimerasas replicativas por la afidicolina.

13. Inician ciclos de replicación a intervalos de menos de 40 minutos. En consecuencia, una célula puede tener dos cromosomas idénticos, ambos en el mismo estado de replicación.

14. Porque el bromuro de etidio en el gel relaja los superenrollamientos positivos, convirtiendo la doble cadena superenrollada en un círculo relajado, con la consiguiente pérdida de movilidad.
15. El modelo movimiento de gusano sugiere que cada subunidad de la helicasa está continuamente en contacto con sólo una cadena de DNA, mientras que en el modelo de mano sobre mano, se produce un intercambio continuo de cadena.
16. Un mecanismo tendría la enzima unida en dos lugares distantes sobre el DNA y luego se deslizaría a lo largo del DNA de forma que los dos puntos de contacto del DNA estarían cada vez más juntos. Si se encuentra algún tallo o enlace, puede eliminarse por el corte y nuevo sellado de la topoisomerasa.

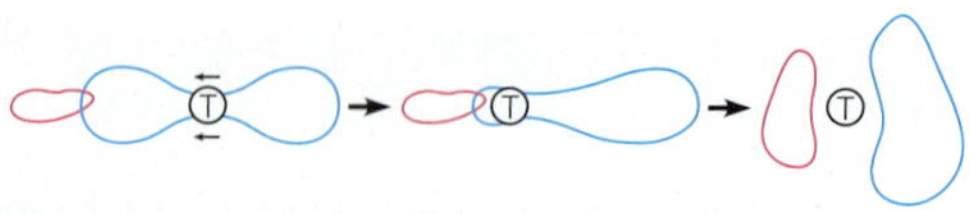

17. Abundancia fraccional: $10^{-6}$.

    Abundancia tras 10 ciclos, $1.02 \times 10^{-3}$; 15 ciclos, $3.3 \times 10^{-2}$; 20 ciclos, 1.0 (esencialmente 100%).
18. Lo que se necesita aquí es un sistema in vitro que replique el mtDNA con proteínas purificadas (polimerasas, helicasa-primasa, proteína de unión al DNA de una sola cadena) de forma que la replicación pueda iniciarse de forma síncrona en una población de moléculas de mtDNA purificadas. En breve se dispondrá de un sistema así puede.

    (a) Incubar el mtDNA es este sistema con dNTPs sin marcar y rNTPs marcados radiactivamente. Determinar la capacidad del RNA marcado para alinear con fragmentos de restricción del mtDNA desnaturalizado. Si el RNA son cebadores de replicación debe hibridar sólo con fragmentos de los orígenes de replicación. Otro enfoque es realizar un experimento de transferencia comparable al experimento de Okazaki esbozado en la Figura 25.16 y determinar la proporción de ribonucleótidos incorporados que se unen a desoxirribonucleótidos.

    (b) Si se replica el mtDNA mediante el modelo de desplazamiento de cadena que se describe en la Figura 25.36, toda la síntesis de DNA es unidireccional. Marcar el DNA con dNTPs marcados radiactivamente en el sistema in vitro anterior. Dado que la replicación completa del mtDNA necesita una hora, todos el DNA marcado que se forma en los primeros diez minutos deberá hibridar sólo con la cadena L del DNA. Posteriormente en el proceso, el DNA que se marca hibridará con ambas cadenas. La realización de este experimento necesita que se separen las cadenas de mtDNA de forma que pueda medirse de forma separada el alineamiento con cada cadena.
19. Es probable que el aumento de las concentraciones de dNTP, incluso modestas, aumentarán las velocidades de extensión de cadena desde un mal apareamiento en el 3′-terminal. Esto tendrá el efecto de inhibir la corrección de pruebas ya que un mal apareamiento que se produce debido a la incorporación de un desoxirribonucleótido incorrecto tendrá una mayor probabiliodad de una extensión de cadena que la eliminación de un nucleótido y esto sella el mal apreamiento, mientras que se producirá una mutación en la ronda siguiente de replicación.
20. (a) Un tratamiento dilatado con la topoisomerasa I relajará todas las moléculas de DNA, de forma que todas ellas migrarán como las especies 6 de la Figura 25A.1, una molécula circular que no está ni infraenrollado ni sobreenrollado.

    (b) El tratamiento del DNA infraenrrollado con girasa y ATP hará que una población ya infraenrollada de moléculas se infraenrolle más. De esta forma el patrón de manchas de la Figura 25A.1 se desplaza hacia abajo al orientarse la figura. Las moléculas más fuertemente infraenrolladas puede que no cambien su migración ya que hay un límite termodinámico para el número de vueltas superhelicoidales que puede introducir una girasa.

## CAPÍTULO 26

1. Aumento, debido a que la reparación de mal apareamiento repararía el nucleótido mal apareado «correcto» la mitad de las veces.
2. (a) 2, 7, 9, 11.
   (b) 3, 5, 6.
   (c) 2, 11.
   (d) 1, 11.
   (e) 1, 8, 11.
   (f) 4, 6.
   (g) 10, 11.
   (h) 6, 11, 12.
3. (a) A.
   (b) B.
   (c) C.
   (d) D.
   (e) A,C.
   (f) C.
4. Porque ambas cadenas están metiladas.
5. El déficit de dUTPasa aumenta la incorporación de dUMP al DNA y aumenta la posterior reparación por escisión. El déficit de ligasa aumenta la semivida de los fragmentos de Okazaki. Ambos trastornos aumentan el número de interrupciones de una sola cadena, que son las estructuras que inician la recombinación.
6. En primer lugar, clonar un gran número de fragmentos de DNA a partir de células que contengan el virus integrado. A continuación, realizar hibridaciones de colonia con estos clones, utilizando DNA del virus marcado como sonda de hibridación. Mediante el análisis de transferencia Southern de los clones que contienen el DNA del virus, identificar fragmentos del DNA del virus que sean más grandes que los correspondientes fragmentos de DNA del virus de doble cadena no integrado. Estos corresponderán a secuencias del virus fusionadas con secuencias celulares adyacentes. A continuación, pueden subclonarse y secuenciarse.
7. La desaminación no enzimática de la citosina en un par de bases G·C da un par de bases G·U que se repara fácilmente por el sistema de reparación de escisión de base de la uracilo-*N*-glucosilasa. Sin embargo, si la C en ese par de bases se ha metilado antes de la desaminación, entonces la desaminación de G·mC da un par de bases G·T, que no se corrige tan fácilmente. También es posible que la metilación de C en un par de bases G·C facilite su desaminación.
8. Es un resultado sorprendente, ya que la función de la proteína MutT se cree que es la hidrólisis del 8-oxo-dGTP, un producto de oxidación del dGTP. No está claro cómo puede producirse esta oxidación en ausencia de $O_2$. Quizás la MutT también actúa sobre

otro nucleótido mutágeno aún sin identificar, que puede formarse durante el crecimiento anaerobio.

9. Es probable que la reparación ocurra en la cadena mellada, ya que es la que contiene el 3´-hidroxilo terminal a partir del cual las polimerasas pueden comenzar la síntesis de DNA.

10. La ruta más probable implica la desaminación de G-C a G-U, con el U que especifica A en la siguiente ronda de síntesis de DNA. Otra posibilidad es que UNG cree un lugar sin base tras eliminar el U creado por desaminación, y cualquier base insertada en el lugar opuesto en la siguiente ronda de replicación, entes de que pueda completarse el proceso. O, durante la síntesis reparadora del DNA tras la desaminación de C en un par de bases G-C, dUTP pueda incorporarse en un par de bases A-T, lo cual conduce a A-U, que luego se produce una reparación UNG de forma errónea, como se ha descrito antes.

11. Al insertarse dentro de un gen el transposón interrumpiría la expresión del gen. Al insertarse en una región reguladora adyacente, el resultado podría ser aumentar o reducir la transcripción del gen, dependiendo de la naturaleza de la región reguladora.

## CAPÍTULO 27

1. Marcar las células con pulsos con un RNA precursor radiactivo, aislar el RNA e hidrolizarlo con bases débiles. Ello producirá un nucleósido por terminación 3´. El total de picomoles de nucleótido marcado en el hidrolizado dividido por el número de picomoles de nucleósidos da el número de nucleótidos incorporados por cadena en el intervalo de marcado.

2. En primer lugar, diseñar unas condiciones en las que tan sólo se sintetice el gen clonado. Podría iniciarse la transcripción mediante la adición de tres ribonucleótidos. En el momento cero, añadir el cuarto nucleótido y detener la incubación tras un período fijo. Utilizar una cantidad baja y medida del molde para que el número de genes que se transcriben sea aproximadamente igual al número de moléculas de molde. Determinar la longitud media de los transcritos sintetizados mediante electroforesis en gel.

3. Mediante electroforesis en gel de productos de RNA marcados radiactivamente. Cualquier especie con pausa se acumulará y podrá detectarse en forma de una banda más intensa de lo esperado en la autorradiografía del gel.

4. Un dinucleótido, complementario de los dos primeros nucleótidos del molde, puede evitar el primer paso de incorporación del nucleótido y permitir una transcripción eficaz a concentraciones de nucleótidos bajas. A continuación pueden detenerse todos los procesos de transcripción en un nucleótido sabiendo la secuencia de nucleótidos del gen que se transcribe y añadiendo tan sólo dos o tres rNTP, en vez de los cuatro, de manera que el nucleótido que falte sea el que se hubiera introducido en el lugar en el que se desea detener la transcripción.

5. Dado que utiliza la región –35 del *trp* y la región –10 del *lac*, el promotor *tac* híbrido se aproxima más estrechamente a las secuencias de consenso –35 y –10, en comparación con las regiones *lac* o *trp*.

| | Número de identidades con la secuencia de consenso |
|---|---|
| *lac* 9/12 | 9/12 |
| *trp* 8/12 | 8/12 |
| *tac* 10/12 | 10/12 |

6. La actinomicina es un inhibidor no competitivo ya que se une al DNA, no a un lugar de unión del sustrato de la enzima. La cordicepina actúa como nucleótido, 3´-desoxiATP. Éste debe competir con el ATP por la utilización por la RNA polimerasa.

7. (a) RNA $^{3'}$CUAGGAUUCAGUAAGG$^{5'}$

DNA $^{5'}$CTACCTAAGTCATTCCCATTACCAGTATAG$^{3'}$

$^{3'}$GATGGATTCAGTAAGGGTAATGGTCATATC$^{5'}$

(b) La caja de Pribnow esta subrayada en (a).

(c)

↓
TAGCTA
ATCGAT
↑

8. Si dos genes de un plásmido están orientados en la misma dirección y ambos están siendo transcritos, el superenrollamiento creado por delante del gen 1 puede compensarse por el infraenrollamiento creado por detrás del gen 2 y viceversa.

9. Una forma sería medir la distribución de las longitudes de las colas de poli(A) en el grueso de mRNA. Si se encuentra una distribución con un punto de corte a un valor mínimo distinto, la hipótesis sería apoyada; todo el RNA con longitudes de cola menores habrían sido degradados.

10. Existen muchas formas posibles. Una es simplemente entrecruzar el DNA con las histonas en un sistema de transcripción in vitro. Si esto bloquea la transcripción, que tiene lugar en presencia de nucleosomas no entrecruzados, esto proporciona pruebas de la necesidad de eliminación o, al menos, desplazamiento. Un análisis más crítico sería realizar la transcripción in vitro en presencia de un exceso de DNA no genómico marcado radiactivamente. Si se encuentran nucleosomas tras la transcripción está indicado la eliminación del DNA genómico.

11. (a) 7 exones, 6 intrones.

(b) Estas dos estructuras se encontrarán en extremos opuestos del RNA (cadena más corta). Sin embargo, se puede identificar de forma inequívoca los extremos 3´ y 5´ de esa figura, a menos que se conozca algo de esta secuencia.

12. Puede ser difícil formar bucles más cortos de 65 nucleótidos.

13. Una vez formado el complejo de transcripción, es muy estable e inaccesible a la heparina.

14. Una proteína de 50 kDa contendría unos 450 residuos de aminoácido y por lo tanto estaría codificada por un gen que contenga 3 × 450, o 1350 nucleótidos. Si la $V_{máx}$ para la RNA polimerasa es de 50 nucleótidos por segundo, este gen podría transcribirse en 27 segundos, suponiendo que el gen no contiene intrones. También el tiempo necesario para la iniciación y la formación de un complejo de transcripción estable alargaría el tiempo necesario.

## CAPÍTULO 28

1. ···Ile-Tyr-Ile-Tyr-Ile-Tyr-···. Bien AUA codifica Ile y UAU Tyr o viceversa.
2. El código mitocondrial utiliza AUA para codificar *Met* y no *Ile*. El experimento también nos dice que UAU es un codón de Tyr.
3. (a) En primer lugar, los codones como UUU o AAA pueden dar sólo un polipéptido. En segundo lugar, algunos marcos de lectura en algunos polinucleótidos se leerán como repeticiones de codones de parada.

   (b) $(GUA)_n$, $Val_n$ o $Ser_n$ (el tercer marco de lectura es UAG = detención).

   $(UUA)_n$ $Leu_n$ o $Tyr_n$ o $Ile_n$.
4. Cualquier polinucleótido construido a partir de un tetranucleótido repetido, salvo que intervenga un codón de parada.
5. La secuencia Shine-Dalgarno, como la AUG que se lee únicamente como fMet, se encuentra cerca del extremo 5′ del mensaje. Ello implica que, en la formación del complejo de iniciación, tan sólo puede unirse una región próxima al extremo 5′ del mRNA. Es decir, una secuencia Shine-Dalgarno que se encuentra por azar dentro de un mensaje no podría fijarse en este lugar para formar un complejo de iniciación. Puede haber otras explicaciones posibles.
6. (a) 5_GGU3_, 5_GGC3_ o 5_GGA3_. Todos ellos son codones de Gly.

   (b) 5_AGU3_ o 5_AGC3_. Ambos son codones de Ser.
7. (a) La explicación más sencilla para las partículas 100S y 130S es que representan algún tipo de dímeros y trímeros de partículas 70S (obsérvese la falta de linealidad de S con la masa). Por lo que ahora sabemos, representan pequeños oligorribosomas en el mRNA. La investigación no pudo descubrir el mecanismo básico de la síntesis de proteínas.

   (b) La disociación habría producido subunidades ribosómicas y RNA libre. Dado que eran tan sólo fragmentos de polirribosomas, la probabilidad de que se reasociaran en el RNA es pequeña. Además, el mRNA es extremadamente inestable, salvo que se tomen precauciones para eliminar los restos de ribonucleasas (un hecho que este investigador no apreció en ese momento). En consecuencia, probablemente el mRNA se degradó con rapidez.
8. Dado que el tRNA va a liberarse del lugar E, el reconocimiento del codón y el apareamiento con el anticodón son, sin lugar a duda, ventajosos y pueden, en realidad, ser perjudiciales para una liberación suave.
9. 32 tRNAs diferentes con anticodones distintos, utilizando reglas de balanceo, pueden traducir todos los 61 codones con sentido.
10. Si $\Delta$ es la probabilidad de que se cometa un error en cada paso, $1 - \Delta$ es la probabilidad de que no se haya producido un error en un determinado paso. La probabilidad de que no haya habido ningún error en *ninguno* de los *n* pasos es, pues, $(1 - \Delta)^n$. Ésta es la probabilidad de que la proteína esté completamente sin errores.
11. (a) 0.990.

    (b) 0.904. En este caso, cerca del 10% de las proteínas contendrían uno o varios errores.
12. Las bacterias reciben un pulso de aminoácidos radiactivos (por ejemplo, [$^{14}$C]leucina) para marcar las nuevas cadenas polipeptídicas. Las células se rompen; se eliminan mediante centrifugación los nucleoides, las paredes celulares y las membranas, y el lisado se coloca sobre un gradiente de sacarosa. La aparición de $^{14}$C en las fracciones que sedimentan con una rapidez superior a 70S indica que la proteína recién sintetizada se asocia a estas estructuras. Las muestras obtenidas un cierto tiempo *después* del pulso tendrán poco marcaje en estas fracciones, lo que indica que era la proteína del proceso de transducción la que se asociaba a la fracción polisómica. La digestión con ribonucleasa desplazará el marcaje radiactivo a 70S o inferior.
13. 36 (ATP/glucosa)/4 (ATP/residuo añadido) = 9 residuos añadidos/glucosa

    Esto corresponde a un máximo, puesto que cualquier ineficacia en la producción de ATP o el empleo de ATP adicional en la lectura de pruebas y otros procesos reducirá la eficacia.
14. Cada molécula de puromicina se une a la cadena polipeptídica que ha abortado y se emplea, por tanto, una sola vez. Una molécula de eritromicina puede bloquear todo un polirribosoma y puede utilizarse repetidas veces.
15. Cortando un enlace fosfodiéster cerca del extremo 3′ del RNA 16S podría eliminarse (y de hecho se elimina) la secuencia que une la secuencia Shine-Dalgarno del RNA mensajero.
16. Si un mutágeno de desplazamiento de marco crea una inserción de una base adyacente a un anticodón de tRNA, entonces ese tRNA puede traducir un mRNA que también tenga una inserción de una base en el lugar correspondiente del codón.
17. La timina del DNA se produce como consecuencia de que la timidilato sintasa crea dTMP, que se fosforila a dTTP y se incorpora al DNA por la DNA polimerasa.

    La timina en el tRNA surge después de la transcripción, mediante una metilación dependiente de *S*-adenosil-metionina de un residuo de UMP.
18. La suposición es que el mutágeno de desplazamiento de marco creó una inserción de dos bases y que la segunda mutación creó una inserción adicional de una base. Esto restableció el marco de lectura, pero con un aumento neto de un residuo de aminoácido, una modificación aceptable de la proteína. O, la primera mutación pudo haber sido la inserción de una base, y se restableció el marco de lectura mediante la inserción de dos bases. Las asignaciones de codón fueron de la forma siguiente.

    Tipo natural: AA$^A$/$_G$ AGU CCA UCA CUU AAU GC.....

    ↓ +2 (GU or UG) ↓ +1 (G or A)

    Mutante doble: AA$^A$/$_G$AGU GUC CAU CAC UUA AU$^A$/$_G$ GC......
19. PoliG es insoluble y por lo tanto no puede utilizarse con molde de la traducción in vitro.

## CAPÍTULO 29

1. (a)

$$\frac{(10 \text{ moléculas/célula})/6.02 \times 10^{23} \text{ moléculas/mol}}{0.3 \times 10^{-15} \text{ L/célula}}$$

$$= 5.5 \times 10^{-8} \text{ M}$$

(b)

$$\frac{10 \text{ moléculas/célula}}{5.5 \times 10^{-8} \text{ M}} = \frac{2 \text{ moléculas/célula}}{1.1 \times 10^{-8} \text{M}}$$

(c) Aproximadamente $2.5 \times 10^{-14}$ M.

(d) Una célula en crecimiento rápido podría tener, como media, dos copias, debido a que cada cromosoma esté replicado parcialmente.

2. Es improbable, ya que en los eucariotas la transcripción se produce en el núcleo y la traducción en el citosol. Así pues, no se da el acoplamiento directo entre la transcripción y la traducción, que es esencial para la atenuación.

3. Un dinucleótido, complementario de los dos primeros nucleótidos del molde, puede evitar el primer paso de incorporación del nucleótido y permitir una transcripción eficaz a concentraciones de nucleótidos bajas. A continuación pueden detenerse todos los procesos de transcripción en un nucleótido sabiendo la secuencia de nucleótidos del gen que se transcribe y añadiendo tan sólo dos o tres rNTPs, en vez de los cuatro, de manera que el nucleótido que falte sea el que se hubiera introducido en el lugar en el que se desea detener la transcripción.

4. Con el empleo de la técnica de huellas dactilares, realizar experimentos de unión competitiva para determinar si un represor inhibe la unión de la RNA polimerasa y viceversa. Se examinará también la transcripción in vitro para determinar si la transcripción se extiende hasta el lugar de unión del represor.

5. (a) El gen *i* del plásmido codifica un represor que no puede unirse al inductor.

(b) El operador del plásmido no puede unirse al represor.

6. El Mu se inserta de forma aleatoria en el genoma (*véase* el Capítulo 26). Si se inserta más adelante de un promotor inducible por un daño, la irradiación UV de esa célula activará la síntesis de la $\beta$-galactosidasa a partir del genoma del fago integrado.

7.

| Antes | Después |
|---|---|
| (a) – | ++ |
| (b) – | ++ |
| (c) – | + |
| (d) – | – |
| (e) – | – |
| (f) – | ++ |
| (g) – | + |

(a)_ __
(b)_ __
(c)_ _
(d)_ _
(e)_ _
(f )__ __
(g)_ _

8. Una mutación que elimina la unión al represor. Las subunidades del represor mutante podrían interactuar con las del represor de tipo normal sintetizado en la misma célula para formar tetrámeros mixtos con una afinidad reducida por el operador del DNA.

9. La prueba más simple sería tratar un mutante *lacA* con diversos $\beta$-galactosidos potencialmente tóxicos y determinar su capacidad para matar las bacterias o para hacer más lenta su proliferación. Si es necesaria la actividad transacetilasa para eliminar estos compuestos potencialmente tóxicos de la célula, entonces la incapacidad para realizar esta reacción debería producir una toxicidad demostrable.

10. La represión de EF-G puede verse como parte de un proceso coordinado de apagado de la síntesis de proteínas como consecuencia de la acumulación de proteínas ribosómicas. Así, se inhibirían tanto en ensamblaje del ribosoma como un paso clave de la traducción. Con respecto a una subunidad $\alpha$ de la RNA polimerasa, esta es una función catalítica, mientras que la inhibición del ensamblaje del ribosoma es una función estequiométrica. Presumiblemente una subunidad de la RNA polimerasa catalítica podría descender un poco, con sólo una atenuación modesta de las tasas de flujo de la RNA polimerasa intracelular, mientras que en ensamblaje del ribosoma se inhibiría proporcionalmente al descenso de disponibilidad de las subunidades ribosómicas.

11. La semejanza principal es que la unión del extremo 5′ de un mRNA inhibe la expresión de ese RNA, a través de la evolución de un lugar de unión potencial en el RNA para un compuesto regulador. Principales diferencias: El compuesto regulador es una macromolécula (expresión génica ribosómica) o un pequeño metabolito (ribointerruptor). La unión al mRNA afecta a la traducción de ese RNA, controlando de esta forma la síntesis de un producto génico (expresión génica ribosómica) o la expresión de un gen temprano de la ruta de biosíntesis (ribointerruptor). Finalmente, el control por ribointerruptor puede expresarse a nivel de la traducción (como la síntesis proteica ribosómica) o de la transcripción.

12. Un enfoque: marcar todas las especies de RNA mediante la incubación en presencia de un precursor de RNA marcado radiactivamente. Utilizar la biblioteca de RNA marcados para construir una micromatriz con todos los genes de la célula. Otro enfoque: Transcribir de forma inversa las especies de RNA de un extracto de RNA total, luego llevar a cabo una secuenciación profunda para detectar todas las secuencias de DNA presentes.

# GLOSARIO

**absorbancia** ($A_l$) Cifra sin dimensiones que indica hasta qué punto absorbe una disolución de una sustancia la luz de una determinada longitud de onda. Se define como el logaritmo negativo de la fracción de luz de longitud de onda l que pasa a través de una muestra de la disolución. Su valor depende de la longitud del paso de la luz, la concentración de la disolución, y el coeficiente de extinción de la sustancia a esa longitud de onda.

**acetilcolinesterasa** Enzima que se encuentra en las sinapsis colinérgicas y que degrada la acetilcolina, con lo que interrumpe la acción de ésta sobre la célula postsináptica.

**ácido graso** Ácido carboxílico con una cadena hidrocarbonada larga.

**ácidos biliares** Una familia de derivados anfipáticos del colesterol que se producen en el hígado y se excretan por la bilis; las sales de los ácidos biliares emulsionan la grasa en el intestino.

**ácidos grasos esenciales** Ácidos grasos que deben obtenerse de la alimentación, puesto que no pueden sintetizarse en el organismo en cantidades adecuadas. Como ejemplos cabe citar el ácido linoleico y el ácido linolénico.

**acoplamiento quimiosmótico** Acoplamiento de una reacción química catalizada por una enzima con el transporte de una sustancia a través de una membrana, a favor o en contra de su gradiente de concentración. El ejemplo más destacado es el acoplamiento de la síntesis de ATP con el movimiento de protones a través de una membrana en respuesta a un gradiente protónico.

**activación por catabolitos** En las bacterias, un sistema de control de la transcripción que induce la síntesis de enzimas para el catabolismo de los sustratos energéticos distintos de la glucosa cuando las concentraciones de glucosa son bajas. Interviene en ello una proteína activadora, la CRP, que une AMP cíclico cuando la glucosa es baja; este complejo se une entonces a lugares del DNA y promueve la transcripción de los genes adecuados.

**adenililación** En las células, la transferencia de un grupo adenililo desde el ATP a otra molécula. Algunas enzimas se regulan mediante una adenililación reversible; con frecuencia se llama de forma incorrecta adenilación.

**adipocitos** Células grasas; células que están especializadas en el almacenamiento de triacilgliceroles y, cuando es necesario, en la liberación de éstos a la sangre en forma de ácidos grasos y glicerol.

**agonista** En biología molecular, una sustancia que mimetiza los efectos celulares de un compuesto natural (como una hormona o un neurotransmisor) al unirse al mismo receptor celular y activarlo. Compárese con *antagonista.*

**agresión oxidativa** Daño real o potencial a las células o tejidos producido por las concentraciones elevadas prolongadas de especies de oxígeno reactivas (*véase*)

**alcaloides** Grupo amplio de sustancias básicas nitrogenadas, que se encuentran en las plantas. La mayor parte de ellas tienen un sabor amargo, y muchas son farmacológicamente activas. El término puede utilizarse también para los compuestos sintéticos del mismo tipo. La morfina, la cafeína y la nicotina son alcaloides conocidos.

**alditoles** Compuestos que se producen mediante la reducción del grupo carbonilo de un monosacárido.

**aldosa** Monosacárido en el que el grupo carbonilo se encuentra al final de la cadena y constituye, por tanto, un grupo aldehído. Compárese con *cetosa.*

**alelo** Una versión específica de un gen que ocupa un lugar determinado en el genoma. Se diferencia de los demás alelos del mismo gen por diferencias de la secuencia de nucleótidos.

**alineación** Hace referencia a un proceso (normalmente de enfriamiento lento tras una desnaturalización por calor) que permite a las cadenas sencillas de los ácidos nucleicos encontrarse entre ellas y aparearse formando una molécula dúplex.

**alineamiento** Con relación al alineamiento de la secuencia, es la comparación de las secuencias de los ácidos nucleicos o las proteínas alineando las partes idénticas o muy relacionadas de la secuencia de las dos secuencias que se comparan.

**alostérico** En lo relativo a las enzimas, un efecto que se produce sobre la actividad de una parte de una enzima (como un lugar activo) por la unión de un efector a una parte diferente de la enzima.

**aminas biógenas** Una serie de derivados de aminoácidos de bajo peso molecular que contienen un grupo amino básico y actúan en el organismo como mediadores intercelulares. Son ejemplos la serotonina, la histamina y la adrenalina.

**amino terminal** *Véase N-terminal.*

**aminoácidos esenciales** Aminoácidos que deben obtenerse de la alimentación, ya que no pueden sintetizarse en el organismo (al menos en cantidades suficientes).

**amortiguación** Capacidad de una mezcla de un ácido y su base conjugada a un pH cercano a su p$K_a$ para reducir al mínimo los cambios de pH producidos por la entrada de ácido o de base.

**anabolismo** La suma de todos los procesos metabólicos mediante los cuales se forman las biomoléculas complejas a partir de moléculas más sencillas. En general, estos procesos consumen energía celular en lugar de producirla. Compárese con *catabolismo.*

**anaerobio** Indica la ausencia de oxígeno o la ausencia de una necesidad de éste; los procesos que han de producirse o que pueden tener lugar sin oxígeno se denominan procesos anaerobios.

**anaplerótico** Se refiere a una ruta que rellena los pooles de intermediarios del ciclo del ácido cítrico.

**andrógenos** Hormonas sexuales masculinas; concretamente, las hormonas esteroideas testosterona, dihidrotestosterona y androstenediona, que actúan fundamentalmente impulsando el desarrollo sexual masculino y manteniendo las características sexuales masculinas.

**anfipático** Respecto a una molécula la propiedad de tener partes hidrófobas y partes hidrófilas. Generalmente un extremo o un lado de la molécula es hidrófilo y el otro extremo o lado es hidrófobo.

**anfólito** Una sustancia cuyas moléculas tienen grupos ácidos y grupos básicos.

**anómeros** Estereoisómeros de moléculas de monosacáridos cicladas, que difieren tan sólo en la configuración de los sustituyentes del carbono carbonilo. (Este carbono es un centro quiral de la forma ciclada pero no de la forma de cadena abierta de la molécula.)

**antagonista** En bioquímica, una sustancia que contrarresta los efectos celulares de un compuesto natural (como una hormona o un neurotransmisor) al unirse al receptor celular del compuesto y bloquear su acción. Compárese con *agonista.*

**anticodón** Triplete de nucleótidos de un tRNA que se une a un codón complementario del mRNA durante la síntesis de proteínas, y de este modo interviene en la traducción del codón en un aminoácido específico.

**anticuerpos** (también denominados inmunoglobulinas) Conjunto de proteínas relacionadas producidas por los linfocitos B que pueden unirse de manera específica con los antígenos. Algunos tipos se liberan a los líquidos corporales y se encargan de la inmunidad humoral; otros tipos se mantienen en la superficie de la célula B, o son captados y presentados por otros tipos celulares.

**antígeno** Sustancia que puede desencadenar una respuesta inmunitaria específica.

**antígenos de los grupos sanguíneos** Grupo de oligosacáridos que se transportan en forma de glucoproteínas y glucolípidos en la superficie de las células, incluidas las células sanguíneas. Están codificados por un gran número de *loci* génicos polimorfos y pueden provocar una respuesta inmunitaria en una persona con antígenos de grupos sanguíneos diferentes.

**antimetabolito** Una sustancia que es un análogo estructural de un metabolito normal o que se parece al mismo, y que interfiere en la utilización del metabolito por la célula.

**antioxidante** Compuesto fuertemente reductor, como el ácido ascórbico, que contrarresta la tendencia de un metabolito a oxidarse a una especie potencialmente tóxica o perjudicial.

**antiporte** Proceso de transporte de membrana que acopla el transporte de una sustancia en una dirección a través de una membrana con el transporte de una sustancia distinta en la otra dirección. Compárese con *simporte.*

**antisuero** Suero que contiene una concentración elevada de anticuerpos contra un determinado antígeno.

**apolipoproteínas** Proteínas específicas que forman la fracción proteica de las lipoproteínas; intervienen en las interacciones de las lipoproteínas con los tejidos.

**apoproteína** En una proteína con un grupo prostético (*véase*) la parte polipeptídica de la molécula sin el grupo prostético.

**apoptosis** Muerte celular programada (para diferenciarla de la necrosis; *véase autólisis*).

**arqueobacterias** Grupo de procariotas que se diferencian desde el punto de vista bioquímico de las bacterias verdaderas (Eubacterias), y que se separaron de ellas en una fase temprana de la historia de la vida. Las arqueobacterias modernas viven en su mayor parte en medios con unas condiciones extremas, como los manantiales ácidos de agua caliente.

**atenuación** Mecanismo para regular la expresión de los genes procariotas, en el que la síntesis de un transcrito de RNA de nueva formación se termina antes de que la RNA polimerasa haya alcanzado los genes estructurales.

**atmósfera contraiónica** Una nube de pequeños iones con carga contraria (*contraiones*) que se reúnen alrededor de un macroión disuelto en una solución salina. Las atmósferas contraiónicas protegen en parte a los macroiones frente a las cargas de los otros e influyen, por tanto, en sus interacciones.

**aumento de la velocidad** Factor de aumento de la velocidad de una reacción catalizada con relación a la misma reacción sin un catalizador o con un catalizador no biológico.

**autocatalítica** Hace referencia a la reacción que cataliza una enzima sobre parte de su propia estructura, como una ruptura que realiza una proteasa sobre su propio precursor polipeptídico.

**autoinmunidad** Situación en la que el organismo pone en marcha una respuesta inmunitaria contra uno de sus propios componentes normales.

**autólisis** Muerte celular programada; la autodestrucción ordenada de una célula en un organismo multicelular. Es el proceso mediante el cual se eliminan del cuerpo las células no deseadas. También se denomina apoptosis (*véase*).

**autorradiografía** Técnica en la que un material que contiene elementos marcados radiactivamente (por ejemplo, un corte de tejido o un gel de cromatografía) se pone en contacto con una película fotográfica; la radiactividad produce el velado de la película que forma una imagen de los elementos marcados.

**autótrofos** Organismos que son capaces de sintetizar sus compuestos orgánicos enteramente a partir de precursores inorgánicos, y que necesitan tan sólo $CO_2$ como fuente de carbono. Compárese con *heterótrofos.*

**auxótrofos** Cepas de microorganismos que requieren como nutriente una determinada sustancia que no necesita la cepa prototipo (tipo natural). Generalmente, esta necesidad se debe a una mutación que inactiva una enzima necesaria para la síntesis endógena de la sustancia.

**axón** Prolongación en forma de hebra que se extiende a partir de una célula nerviosa por la que se transmiten los impulsos a otras células nerviosas o a células efectoras, como las musculares o las glandulares. La mayor parte de las células nerviosas tienen un solo axón; hay otras extensiones más cortas que reciben los impulsos de otras neuronas y a las que se denomina dendritas.

**B-DNA** Un DNA dúplex con una estructura específica de hélice a derechas. Es la forma habitual de los DNA dúplex in vivo.

**balsa lipídica** Microdominio de la membrana enriquecido con esfingolípidos y colesterol.

**barrera hematoencefálica** Barrera de permeabilidad selectiva que se encuentra en las paredes de los vasos sanguíneos del cerebro y que impide que la mayor parte de las moléculas grandes o polares entren con facilidad en el tejido cerebral. Físicamente, la barrera está formada por uniones estrechas entre las células endoteliales; estas células tienen transportadores para sustancias polares, como la glucosa, que tienen que llegar al cerebro.

**biblioteca** En genética molecular, una colección amplia de fragmentos de DNA aleatorios clonados procedentes de un determinado organismo, que corresponden a veces a la totalidad de su genoma nuclear.

**bicapa lipídica** Estructura de membrana que puede formarse mediante moléculas anfipáticas en un medio acuoso. Consiste en dos capas de moléculas distribuidas de tal manera que los grupos de cabeza polares se colocan hacia el agua y las colas no polares hacia el centro de la membrana. La estructura de las membranas celulares es una bicapa lipídica.

**bioinformática** Análisis cuantitativo y de ordenador de los datos biológicos.

**biología de sistemas** Forma de investigación biológica que se centra de la operación y las interacciones de sistemas completos, como todas las reacciones metabólicas que tienen lugar en una célula, en comparación con el análisis de pasos y procesos individuales.

**bombeo de protones** Bombeo activo de protones a través de una membrana celular para formar un gradiente protónico. Así, por ejemplo, las cadenas de transporte electrónico de las membranas mitocondrial interna y tilacoide incorporan bombas de protones, que crean un gradiente protónico que activa las ATP sintasas de estas membranas.

**cadena con sentido** Para un gen, la cadena de DNA que es homóloga a un transcrito de RNA del gen, es decir, que lleva la misma secuencia que el transcrito, excepto porque contiene T en vez de U. Es, pues, complementaria a la cadena que ha servido de molde para el RNA.

**cadena conductora** Durante la replicación del DNA, la cadena que se sintetiza en la misma dirección que la dirección del movimiento de la horquilla de replicación. Se sintetiza de una forma continua y no en fragmentos. Compárese con *cadena retardada.*

**cadena de transporte electrónico** Secuencia de transportadores electrónicos en una célula con un potencial de reducción progresivamente mayor que están ligados, con lo que los electrones pueden pasar de un transportador al siguiente. La cadena captura parte de la energía liberada por el flujo de los electrones y lo utiliza para impulsar la síntesis de ATP.

**cadena más** En los genomas víricos, una cadena de ácido nucleico que puede actuar como mRNA o (para una cadena de DNA) que es homóloga a una cadena que puede hacerlo; a diferencia de la cadena complementaria (menos). La mayor parte de los virus con genomas de una sola cadena empaquetan únicamente la cadena más o la cadena menos en los viriones; la otra cadena se forma de manera transitoria durante la replicación. Compárese con *cadena menos.*

**cadena menos** En los genomas víricos, una cadena de ácido nucleico que es complementaria de la cadena de RNA que actúa como mRNA. Compárese con *cadena más.*

**cadena molde** Cadena de DNA o RNA que dirige la síntesis de una cadena de ácido nucleico complementaria.

**cadena respiratoria** Cadena de transporte electrónico que se utiliza durante la respiración celular y que tiene al $O_2$ como aceptor electrónico final.

**cadena retardada** Durante la replicación del DNA, la cadena que se sintetiza en dirección contraria a la dirección del movimiento de la horquilla de replicación. Se sintetiza mediante una serie de fragmentos, que se unen posteriormente. Compárese con *cadena conductora.*

**caja homeo** Elemento de secuencia común de aproximadamente 180 pares de bases que se encuentra en los genes homeóticos. Codifica un elemento de unión al DNA con especificidad de secuencia de la clase hélice-bucle-hélice. *Véase* también *genes homeóticos.*

**caloría** Unidad de energía definida como la cantidad de energía calorífica que aumentará la temperatura de 1 gramo de agua 1 °C. 1 caloría = 4.182 julios (*véase*).

**canal con puerta** Un canal iónico de membrana que puede abrirse o cerrarse en respuesta a las señales procedentes del exterior o el interior de la célula.

**caotrópico** Propiedad de ser capaz de romper la estructura de enlace de hidrógeno del agua. Las sustancias que se unen muy bien al hidrógeno, como la urea o el clorhidrato de guanidina, son caotrópicas. Las disoluciones concentradas de estas sustancias tienden a desnaturalizar las proteínas ya que reducen el efecto hidrófobo.

**carbono asimétrico** Átomo de carbono que lleva cuatro sustituyentes diferentes y que actúa, por tanto, como centro de quiralidad, lo que significa que la sustancia puede presentarse en dos enantiómeros (estereoisómeros que no son imágenes especulares superponibles uno de otro) diferentes.

**carboxilo terminal** *Véase C-terminal.*

**carga energética** Magnitud que indica el estado de las reservas energéticas de una célula. Es igual a las reservas de la célula de las fuentes de energía libre ATP y ADP (teniendo en cuenta que el ADP almacena menos energía libre que el ATP) dividido por el aporte total de ATP y sus productos de degradación ADP y AMP: ([ATP] + 1/2[ADP])/([ATP] + [ADP] + [AMP]).

**carga energética de adenilato** Medida del estado energético de una célula, que se calcula como el cociente de la concentración de ATP más la mitad de la concentración de ADP dividido por la suma de la concentraciones de AMP, ADT y ATP. *Véase carga energética.*

**cargador de la abrazadera** Complejo multiproteico que abre la abrazadera deslizante en la replicación del DNA y permite la unión y liberación de la abrazadera deslizante.

**carnitina** Derivado de bajo peso molecular de la lisina que lleva los ácidos grasos a través de la membrana mitocondrial interna hasta la matriz. La porción ácido graso se transfiere desde la CoA a la carnitina para el paso a través de la membrana y luego se transfiere de nuevo al CoA. La carnitina liberada en el lado de la membrana en contacto con la matriz es devuelta para que vuelva a utilizarse de nuevo.

**caspasas** Familia de proteasas que intervienen en la apoptosis (*véase*); (cisteína aspartato proteasas) tienen una cisteína en el lugar activo y atacan enlaces que contienen un residuo de asp.

**catabolismo** Suma de todos los procesos metabólicos mediante los cuales las moléculas complejas se degradan a otras más sencillas, y que incluye los procesos mediante los cuales las moléculas se degradan para proporcionar energía celular. Compárese con *anabolismo.*

**catepsinas** Proteasas lisosómicas que actúan degradando proteínas en los lisosomas y que se liberan también en la célula extensamente durante la autólisis celular (muerte celular programada).

**cebador** Fragmento corto de DNA o RNA que forma pares de bases con una cadena molde de DNA y proporciona un extremo OH 3′ libre, a partir del cual la DNA polimerasa puede extender la cadena de DNA. También indica los oligómeros de DNA que se utilizan en la reacción en cadena de la polimerasa.

**célula exocrina** Célula que segrega una sustancia que se excreta a través de un conducto hacia el tubo digestivo o hacia el exterior del organismo. Las células exocrinas se agrupan en las glándulas exocrinas.

**células T colaboradoras** Linfocitos T cuya función consiste en reconocer a los antígenos y ayudar a otras células de defensa a poner en marcha una respuesta inmunitaria. Ayudan a activar a las células B estimuladas por el antígeno (dando lugar a la producción de anticuerpos específicos) y/o a las células T citotóxicas estimuladas por el antígeno (produciendo un ataque sobre las células antigénicas) y dan lugar también a mediadores inmunitarios que estimulan las respuestas de defensa inespecíficas.

**centro de quiralidad** En relación con los compuestos orgánicos, un átomo de carbono que tiene cuatro sustituyentes diferentes unidos a él. Un grupo así no puede superponerse a su propia imagen especular y puede existir, por tanto, en dos enantiómeros.

**centro de reacción** En la fotosíntesis, una pareja específica de moléculas de clorofila de un fotosistema que captan la energía luminosa absorbida por otras moléculas de clorofila y la pasan a un aceptor electrónico, que normalmente es el primer compuesto de una cadena de transporte electrónico.

**centrómero** Región de un cromosoma en la que las dos cromátidas hermanas se unen juntas. También es el lugar de fijación de las fibras del huso durante la mitosis y la meiosis.

**cera** Éster formado a partir de un ácido graso de cadena larga y un alcohol graso de cadena larga.

**cetogénico** Referido a las moléculas de combustible cuyo catabolismo genera acetil-CoA y por lo tanto que tiende a aumentar la concentración de cuerpos cetónicos.

**cetosa** Monosacárido en el que el grupo carbonilo se encuentra dentro de la cadena y constituye, por tanto, un grupo cetona. Compárese con *aldosa.*

**chaperoninas** Proteínas que intervienen en la regulación del plegado de otras proteínas. Algunas de ellas hacen que las proteínas se plieguen correctamente; otras impiden el plegado prematuro, y otras impiden que los polipéptidos se asocien con otros polipéptidos hasta que se hayan plegado adecuadamente.

**ciclinas** Proteínas que regulan el ciclo celular mediante la unión a proteína quinasas nucleares específicas y su activación. Las activaciones de las quinasas dependientes de las ciclinas se producen en tres puntos durante el ciclo celular, lo que proporciona tres puntos de decisión respecto a si el ciclo continuará.

**ciclo C4** Un ciclo de algunas plantas que reduce al mínimo los efectos de pérdida que se dan con la fotorrespiración, al utilizar una enzima distinta de la rubisco para realizar la fijación inicial del $CO_2$. Esta enzima se encuentra en las células mesófilas, en las que fija el $CO_2$ en un compuesto de cuatro carbonos (de ahí la denominación de *C4*). Este carbono fijado se traslada a unas células con fundas protegidas, en donde se libera en forma de $CO_2$ y entra en el ciclo de Calvin.

**ciclo de Calvin** Ciclo de reacciones oscuras de la fotosíntesis mediante el cual se fija el $CO_2$, se reduce y se convierte en gliceraldehído-3-fosfato (el precursor de las hexosas monofosfato).

**ciclo de Cori** Ciclo metabólico mediante el cual el lactato producido por los tejidos que realizan la glucólisis anaerobia, como el músculo en ejercicio, se regenera a glucosa en el hígado y vuelve a los tejidos a través del torrente sanguíneo.

**ciclo de Krebs** *Véase ciclo del ácido cítrico.*

**ciclo del ácido cítrico** (llamado también ciclo del ácido tricarboxílico y ciclo de Krebs). Ciclo de reacciones que tiene lugar en la matriz mitocondrial y que conlleva la oxidación de unidades acetilo a $CO_2$ con la producción de equivalentes reductores y ATP. Es una ruta central de la respiración oxidativa. Otros sustratos además de la acetil-CoA pueden incorporarse al ciclo en puntos intermedios.

**ciclo del ácido tricarboxílico** *Véase ciclo del ácido cítrico.*

**ciclo inútil** Par de reacciones que interconvierten los mismos sustratos y productos en direcciones opuestas, una de las cuales consume ATP y la otra genera ATP. La operación descontrolada de ambas reacciones da lugar a la degradación de ATP sin que se realice un trabajo útil.

**cinetocoro** Estructura que conecta el centrómero con los microtúbulos que llevarán a cabo la separación de los cromosomas durante la mitosis y la meiosis.

***cis*-dominante** Se refiere a una mutación de un elemento regulador genético que afecta a la expresión de los genes adecuados *únicamente* en el mismo cromosoma, pero no en otro cromosoma homólogo presente en la misma célula. La dominancia *cis* indica que un elemento regulador no codifica un factor difusible.

**cistrón** La unidad más pequeña de DNA que debe estar intacta para codificar la secuencia de aminoácidos de un polipéptido. Corresponde, pues, a la parte de codificación de un gen, menos las secuencias 5′ y 3′ no traducidas, y los elementos reguladores.

**citocinesis** División de la célula eucariota para formar dos células. Generalmente, acompaña a la división nuclear, aunque también puede producirse la división nuclear sin citocinesis.

**citosol** Medio líquido que está situado en el interior de una célula pero fuera del núcleo y los orgánulos (en los eucariotas) o del nucleoide (en los procariotas). Es una solución o suspensión semilíquida concentrada.

**citoesqueleto** Red organizada de proteínas en forma de cilindros y de fibras que ocupa toda la célula, y ayuda a darle su forma y motilidad. El citoesqueleto incluye filamentos de actina, microtúbulos y un grupo diverso de proteínas filamentosas a las que se denomina colectivamente filamentos intermedios.

**citoquinas** Compuestos que regulan los procesos celulares durante la respuesta inmunitaria.

**clon** Grupo de células, organismos o secuencias de DNA que son genéticamente idénticos, puesto que proceden todos de un único antecesor común.

**cloroplastos** Orgánulos de las células vegetales y las algas que realizan fotosíntesis.

**cociente P/O** En la fosforilación oxidativa, el cociente entre los átomos de P consumidos (en la síntesis de ATP) y los átomos de oxígeno consumidos (en la respiración).

**cociente respiratorio** Para un metabolito que se oxida totalmente a $CO_2$ y $H_2O$, es el cociente entre las moléculas de $CO_2$ generadas y las moléculas de $O_2$ consumidas.

**código genético** Código mediante el cual una secuencia de nucleótidos de una molécula de DNA o RNA especifica la secuencia de aminoácidos de un polipéptido. Está formado por codones de tres nucleótidos que especifican un determinado aminoácido o indican al ribosoma que detenga la traducción y libere el polipéptido. Con unas pocas excepciones, de importancia menor, todos los seres vivos utilizan el mismo código.

**codón** Secuencia de trinucleótidos que corresponde a un aminoácido específico en el código genético; «una palabra del código».

**codones de detención** Codones del RNA que señalan a un ribosoma que detenga la traducción de un mRNA y libere el polipéptido. En el código genético normal, estos codones son UAG, UGA y UAA.

**coeficiente de control de flujo** Para una reacción de una ruta es el cociente del cambio de flujo a través de esa reacción dividido por al cambio de flujo a través de toda la ruta.

**coeficiente de difusión (*D*)** Coeficiente que indica la rapidez con la que una determinada sustancia difunde en un medio concreto bajo la influencia de un determinado gradiente de concentración.

**coeficiente de extinción** Coeficiente que indica la capacidad de una determinada sustancia en disolución para absorber la luz de una longitud de onda $\lambda$. El coeficiente de extinción molar, $e_M$, es la absorbancia que presentaría una solución 1.0 M en un trayecto de luz de 1 cm.

**coeficiente de fricción** Coeficiente que determina la fuerza de fricción sobre una determinada partícula (como una molécula) en un medio concreto y a una velocidad dada. En el contexto de la electroforesis o la centrifugación, determina la rapidez con la que una molécula se desplazará en un medio concreto en respuesta a un campo eléctrico o una fuerza centrífuga determinada.

**coeficiente de Hill (*n*H)** Coeficiente que indica el grado de cooperatividad de una transición cooperativa. Es la pendiente máxima de una representación de Hill de la transición.

**coeficiente de reparto (*K*)** Coeficiente que indica la forma en que se distribuirá una determinada sustancia entre dos medios si se permite que difunda hasta el equilibrio entre ellos; es igual a la relación de las solubilidades de la sustancia en los dos medios.

**coeficiente de sedimentación** (*S*) Coeficiente que determina la velocidad a la que sedimentará una partícula concreta durante la centrifugación; depende de la densidad del medio, la densidad específica de la partícula y el tamaño, forma y masa de la misma.

**coenzima** Una molécula orgánica pequeña que se une a una enzima y que es esencial para su actividad, pero que no sufre una alteración permanente en la reacción. La mayor parte de las coenzimas derivan metabólicamente de las vitaminas.

**complejo de Golgi** Apilamiento de vesículas membranosas planas que se encuentra en el citoplasma. Actúa como centro de direccionamiento de las proteínas destinadas a la secreción a los lisosomas o a la membrana celular; realiza unas funciones similares para los lípidos de la membrana y modifica y termina las porciones de oligosacáridos de las glucoproteínas.

**complejo $F_0F_1$** (denominado también ATP sintasa $F_0F_1$ o complejo V) Complejo enzimático de la membrana mitocondrial interna que utiliza la energía del gradiente protónico transmembrana para catalizar la síntesis de ATP. La porción $F_0$ del complejo se extiende de un lado a otro de la membrana y la porción $F_1$, que realiza la actividad ATP sintasa, se proyecta hacia el interior de la matriz mitocondrial.

**complejo promotor abierto** Un complejo entre la holoenzima RNA polimerasa y un promotor que ha sufrido un desenrollamiento inicial (se ha «abierto») preparatorio para la iniciación de la transcripción. Va precedido de un *complejo promotor cerrado*, mucho menos estable, en el que el promotor no está desenrollado, y que puede separarse o evolucionar hacia un complejo promotor abierto.

**complejo promotor cerrado** Complejo anterior a la transcripción de la RNA polimerasa y un promotor al que no se han unido aún las cadenas de DNA promotoras.

**complejo proteinasa multicatalítico (MPC)** Complejo voluminoso de enzimas proteolíticas que se encuentra en el citosol de muchas células eucariotas y parece actuar en la destrucción programada de las proteínas celulares.

**concatémero** Molécula de DNA formada por una serie de genomas completos en tandem. Algunos genomas de fagos forman concatémeros durante la replicación, como parte de una estrategia para la replicación de toda la longitud de un dúplex de DNA lineal.

**conjugación** En lo que se refiere a las bacterias, un proceso en el que dos células bacterianas se aparean y una de ellas pasa una copia (generalmente parcial) de su cromosoma a la otra. También se denomina apareamiento bacteriano.

**constante de afinidad** *Véase constante de asociación.*

**constante de asociación** (*K*) (también llamada constante de afinidad) Constante de equilibro que indica la tendencia de dos especies químicas a asociarse entre sí; es igual a la concentración de la forma asociada dividida por el producto de las concentraciones de las especies libres en el equilibrio.

**constante de disociación** Para un ácido, la constante de equilibrio $K_a$ de la disociación del ácido en su base conjugada y un protón. Para un complejo de dos biomoléculas, la constante de equilibrio $K_d$ de la disociación en las moléculas componentes.

**constante de velocidad** En relación con las reacciones químicas, una constante que relaciona la velocidad de una reacción concreta con las concentraciones de los sustratos.

**constante dieléctrica** Constante sin dimensiones que expresa el efecto de apantallamiento de un medio interpuesto sobre la interacción de dos partículas cargadas. Cada medio (como una solución acuosa o una parte interpuesta de una molécula orgánica) tiene una constante dieléctrica característica.

**constitutivo** Con respecto a la expresión génica, hace referencia a las proteínas que se sintetizan a una velocidad bastante estable en todo momento, en vez de ser inducidas y reprimidas en respuesta a los cambios de las condiciones existentes.

**coordenada de reacción** Una medida del progreso de una reacción hacia su terminación.

**corte y empalme alternativo** Corte y empalme de un RNA transcrito eucariota de diferentes formas, para incluir o excluir a determinados exones del mRNA final.

**crestas** Pliegues de la membrana mitocondrial interna que se proyectan dentro de la matriz mitocondrial. Las enzimas de la cadena de transporte electrónico y la fosforilación oxidativa están situadas principalmente en las crestas.

**cromatina** Material filamentoso de los cromosomas eucariotas, formado por DNA con las histonas y las otras proteínas asociadas. Durante la interfase, se dispersa y ocupa la mayor parte del núcleo; durante la división nuclear se condensa para formar los cromosomas compactos.

**cromatografía de afinidad** Técnica de purificación de proteínas en la que se inmoviliza sobre un soporte cromatográfico un ligando específico para la proteína que interesa, de forma que el enriquecimiento de esa proteína se basa en la afinidad específica por el ligando inmovilizado.

**cromóforo** Grupo químico que absorbe luz a longitudes de onda características.

**cromosoma politénico** Cromosoma extra-grueso que incluye muchas copias paralelas de la molécula de DNA original; se produce mediante ciclos repetidos de replicación del DNA sin separación de las copias resultantes. Los cromosomas politénicos se encuentran en varios tipos de células, en especial en las células de las glándulas salivales de *Drosophila*; son útiles para el establecimiento de los mapas cromosómicos, puesto que son grandes y los genes de las hebras están dispuestos en un orden estricto.

**cromosomas artificiales de levaduras (YAC)** Cromosomas artificiales utilizados para la clonación y el mantenimiento de fragmentos grandes de DNA genómico con fines de investigación. Un YAC se construye mediante técnicas de DNA recombinante a partir de un centrómero de levadura, dos telómeros (extremos del cromosoma), marcadores seleccionables y DNA clonado del orden de megabases.

**cruciforme** En un dúplex de DNA, una estructura que puede adoptar una secuencia palindrómica, en la que cada cadena aparea las bases consigo misma para formar un brazo que se proyecta desde el dúplex principal y termina en un bucle en horquilla. Los dos brazos forman una «cruz» con el dúplex principal.

**C-terminal** (llamado también carboxilo terminal) El extremo de una cadena polipeptídica que contiene un grupo carboxilo sin reaccionar. *Véase* también *N-terminal.*

**cuádruplex G** Estructura del DNA de cuatro cadenas que se estabiliza por el agrupamiento de cuatro residuos de desoxiguanilato, denominados cuartetos G.

**cuerpos cetónicos** Las sustancias acetoacetato, $\beta$-hidroxibutirato y acetona, que se producen a partir del exceso de acetil-CoA en el hígado, cuando la velocidad de la $\beta$-oxidación de los ácidos grasos en las mitocondrias del hígado supera a la velocidad a la que se utiliza la acetil-CoA en la generación de energía o la síntesis de ácidos grasos.

**curio** Unidad básica de la desintegración radiactiva. Cantidad de radiactividad equivalente a la producida por 1 g de radio, es decir, $2.22 \times 10^{12}$ desintegraciones por minuto.

**densidad de superhélice** (*s*) Una medida de la superhelicidad de una molécula de DNA. Es igual al cambio del número de ligazón causado por la introducción del superenrollamiento dividido por el número de ligazón que tendría la molécula de DNA en su estado relajado.

**desnaturalización** Para un ácido nucleico o una proteína, la pérdida de la estructura terciaria y secundaria, de manera que el polímero se convierte en un ovillo aleatorio. En el caso del DNA, este cambio comporta la separación de las dos cadenas. La desnaturalización puede inducirse por calentamiento y por determinados cambios del entorno químico.

**despurinación** Ruptura del enlace glucosídico entre el C-1′ de la desoxirribosa y una base púrica del DNA. Una forma habitual de daño del DNA.

**detección de quorum** Fenómeno bacteriano, como la formación de biopelículas, que depende de la densidad celular.

**determinante antigénico** *Véase epítopo.*

**diabetes mellitus** Enfermedad producida por una deficiencia de la acción de la insulina en el cuerpo, que se debe a unas concentraciones bajas de insulina o a unas concentraciones insuficientes combinadas con una falta de respuesta de las células diana a la insulina. La enfermedad se manifiesta fundamentalmente por alteraciones de la homeostasis de los combustibles, con hiperglucemia (concentraciones anormalmente elevadas de glucosa en sangre).

**diálisis** Proceso mediante el cual se añaden o se eliminan solutos de bajo peso molecular de una disolución mediante la difusión a través de una membrana semipermeable.

**diastereómeros** Moléculas que son estereoisómeros pero no enantiómeros entre sí. Isómeros que difieren en la configuración alrededor de dos o más átomos de carbono asimétricos y no son imágenes especulares completas.

**dicroísmo circular** Propiedad de absorber la luz polarizada circularmente hacia la derecha y la luz polarizada circularmente hacia la izquierda en una cantidad diferente. Los estereoisómeros presentan dicroísmo circular. También algunos tipos de estructura secundaria, como las hélices *a* y las láminas *b* de las proteínas presentan un dicroísmo circular predecible a longitudes de onda específicas.

**difracción de rayos X** Técnica que se utiliza para determinar la estructura tridimensional de las moléculas, incluyendo las macromoléculas. Un cristal o una fibra de la sustancia se ilumina con un haz de rayos X y los elementos de repetición de la estructura dispersan los rayos X formando un patrón de difracción que aporta información sobre la estructura de la molécula. *Véase* también *patrón de difracción.*

**dinucleótido de flavina y adenina (FAD), mononucleótido de flavina (FMN)** Coenzimas que derivan de la vitamina $B_2$ (riboflavina) que actúan como aceptores electrónicos en las enzimas que catalizan las reacciones de transferencia de electrones.

**diploide** Respecto a una célula u organismo, la posesión de dos conjuntos homólogos de cromosomas por núcleo (con la posible excepción de los cromosomas sexuales, que pueden estar presentes en una sola copia). Compárese con *haploide.*

**dipolo inducido** Una molécula tiene un dipolo inducido si un campo eléctrico externo induce una distribución asimétrica de la carga existente en ella.

**dipolo permanente** En química, una molécula que tiene una distribución asimétrica permanente de la carga, de manera que un extremo es negativo y el otro es positivo. La molécula de agua es un ejemplo de ello: el extremo de oxígeno tiene una carga negativa parcial, y el extremo de hidrógeno tiene una carga positiva parcial.

**dismutación** Una reacción en la que dos moléculas de sustrato idénticas tienen destinos diferentes. Particularmente, una reacción en la que una de las moléculas de sustrato se oxida y la otra se reduce.

**dispersión de neutrones de ángulo bajo** Conjunto de técnicas que pueden utilizarse para determinar el tamaño de una partícula en disolución o para establecer el tamaño o el espaciamiento de regiones internas que pueden diferenciarse por su distinta capacidad de dispersar los neutrones, como los componentes proteínas y ácidos nucleicos de una partícula nucleoproteica o las proteínas marcadas de un complejo de múltiples subunidades.

**DNA B** Un DNA dúplex con una estructura específica de hélice a derechas. Es la forma habitual de los DNA dúplex in vivo.

**DNA girasa** Enzima capaz de introducir giros superhelicoidales negativos en una hélice de DNA circular.

**DNA satélite** DNA formado por múltiples repeticiones en tándem de secuencias nucleotídicas sencillas muy cortas. Es habitual que constituya entre un 10 y un 20% del genoma de los eucariotas superiores; al menos parte del mismo puede desempeñar un papel en la estructura cromosómica.

**dominio** Una parte de una cadena polipeptídica que se pliega sobre sí misma para formar una unidad compacta que continúa siendo reconocible dentro de la estructura terciaria de toda la proteína. Las proteínas globulares grandes están formadas a menudo por varios dominios, que están conectados entre sí por otros fragmentos de polipéptido relativamente alargados.

**DNAzima** Molécula catalítica de DNA, hasta ahora sólo disponible de forma sintética.

**drepanocitosis** Enfermedad genética que se produce por una mutación de la hemoglobina. Produce eritrocitos frágiles, lo que conduce a la anemia.

**ecuación de Henderson-Hasselbalch** Ecuación que relaciona el pH con las concentraciones de dos especies que contribuyen al amortiguamiento y al $pK_a$ del equilibrio protónico relevante.

**ecuación de Michaelis-Menten** Ecuación que proporciona la velocidad de una reacción catalizada por una enzima en función de las concentraciones de sustrato y enzima, así como de dos constantes que son específicas para una determinada combinación de enzima y sustrato: una constante de velocidad, $k_{cat}$, para la producción catalítica del producto cuando la enzima está saturada, y la constante de Michaelis, $K_M$.

**ecuación de Nernst** Ecuación que relaciona el potencial eléctrico que existe a través de una membrana con las concentraciones de iones presentes a ambos lados de la misma.

**ecuación de velocidad** Ecuación, como la ecuación de Michaelis-Menten (*véase*), que relaciona la velocidad de una reacción catalizada por una enzima con parámetros medibles.

**edición** *Véase edición del RNA*

**edición del RNA** Tipo de procesamiento del RNA que se ha observado en los mRNA mitocondriales de determinados eucariotas, en el que la secuencia de RNA se altera mediante la inserción de residuos de uridina en lugares específicos. De forma más general, cualquier proceso con alteración de una secuencia de mRNA.

**efecto Bohr** Efecto del pH sobre la curva de unión del oxígeno a la hemoglobina, por el cual una disminución del pH produce un descenso de la afinidad por el oxígeno. El efecto impulsa tanto la liberación de oxígeno de la hemoglobina en los tejidos, como la liberación del $CO_2$ al aire en los pulmones.

**efecto cinético isotópico** Cambio de un paso determinante de la velocidad de la catálisis enzimática que se produce por la sustitución de un isótopo, normalmente un átomo pesado, en una posición específica de un sustrato.

**efecto hidrófobo** En lo relativo a las proteínas globulares, la estabilización de la estructura terciaria que se produce como consecuencia del empaquetamiento de las cadenas laterales hidrófobas en el interior de la proteína.

**efecto Pasteur** Inhibición de la glucólisis por el oxígeno. Fue descubierto por Pasteur cuando observó que los cultivos aerobios de levaduras metabolizaban la glucosa de manera relativamente lenta.

**eficacia cuántica (*Q*)** En relación con la fotosíntesis, la relación de moléculas de oxígeno liberadas respecto a los fotones absorbidos.

**eicosanoides** Familia de compuestos, entre ellos las prostaglandinas y los tromboxanos, que proceden del ácido araquidónico, un ácido graso eicosanoide.

**einstein** Mol de fotones.

**eje de simetría** Eje imaginario a través de una estructura, de forma que la rotación de la estructura alrededor del eje con un ángulo adecuado mantiene inalterado el aspecto de la estructura.

**eje diádico** Eje de simetría doble.

**electroforesis** Método para separar sustancias con carga eléctrica que se encuentran en una mezcla. Se coloca una muestra de la mezcla sobre un medio de soporte (un trozo de papel de filtro o un gel), al que se aplica un campo eléctrico. Cada sustancia cargada migra hacia el cátodo o hacia el ánodo a una velocidad que depende de su carga neta y de su interacción de fricción con el medio. *Véase* también *electroforesis en gel.*

**electroforesis en gel** Tipo de electroforesis en el que el medio de soporte es una fina capa de gel colocada entre placas de vidrio. La técnica se utiliza habitualmente para separar proteínas y ácidos nucleicos. *Véase* también *electroforesis, enfoque isoeléctrico.*

**electroforesis en gel de campo pulsátil** Un tipo de electroforesis en gel en el que la orientación del campo eléctrico se cambia periódicamente. Esta técnica permite separar moléculas de DNA muy grandes, de un tamaño que llega a ser el de cromosomas enteros.

**elemento de respuesta a las hormonas** Lugar del DNA que une un complejo intracelular hormona-receptor. La unión del complejo a un elemento de respuesta a las hormonas afecta a la transcripción de genes específicos.

**elementos *Alu*** Secuencias de DNA de unos 300 pares de bases que se encuentran en múltiples copias diseminadas por todo el genoma de los mamíferos; el genoma humano tiene centenares de miles de ellas. Es posible que tengan una función todavía desconocida o que sean simplemente «parásitos», que se diseminan como elementos móviles por el genoma.

**elementos genéticos transponibles** Elementos genéticos que pueden moverse de un lugar a otro del genoma. Un transposón es un tipo de elemento transponible.

**enantiómeros** (denominados también isómeros ópticos) Estereoisómeros que no son imágenes especulares superponibles entre sí. La denominación de *isómeros ópticos* procede del hecho de que los enantiómeros de un compuesto desvían la luz polarizada en direcciones contrarias.

**endergónico** En un sistema no aislado, un proceso que se acompaña de un cambio positivo de la energía libre (*G* positivo) y que, por tanto, no está favorecido termodinámicamente. Compárese con *exergónico.*

**endocitosis** entrada a una célula.

**endonucleasa** Enzima que rompe una cadena de ácido nucleico de forma hidrolítica en un enlace fosfodiéster interno.

**endonucleasas de restricción** Enzimas que catalizan la ruptura de la doble cadena de DNA en secuencias de bases específicas. En las bacterias se han encontrado muchas endonucleasas de restricción con distintas especificidades de secuencia. Estas endonucleasas se utilizan mucho en genética molecular.

**endorfinas** Clase de péptidos cerebrales endógenos que ejercen efectos analgésicos en el sistema nervioso central al unirse a los receptores de opiáceos. Se producen por la ruptura del polipéptido de gran tamaño pro-opiomelanocortina.

**energía** Capacidad para realizar trabajo. *Véase energía interna.*

**energía interna (*E*)** Energía contenida en un sistema. Para los fines de la bioquímica, este término engloba todos los tipos de energía que pueden intercambiarse mediante procesos químicos o físicos no nucleares, incluyendo la energía cinética del movimiento y la vibración de los átomos y moléculas, así como la energía almacenada en los enlaces y las interacciones no covalentes.

**energía libre (*G*)** (denominada también energía libre de Gibbs) Magnitud termodinámica (función de estado) que incluye la entalpía y la entropía: $G = H - TS$, donde *H* es la entalpía, *S* es la entropía y *T* es la temperatura absoluta. El *cambio de energía libre* (*G*) de un proceso, como una reacción química, tiene en cuenta los cambios de entalpía y de entropía, e indica si el proceso estará termodinámicamente favorecido a una temperatura dada.

**energía libre de Gibbs** *Véase energía libre.*

**energía libre molar parcial** *Véase potencial químico.*

**enfermedad de Tay-Sachs** Enfermedad genética producida por un déficit de la enzima lisosómica *N*-acetilhexosaminidasa A, que interviene en la degradación de los esfingolípidos. El déficit da lugar a la acumulación del esfingolípido gangliósido $GM_2$, en especial en el cerebro.

**enfoque isoeléctrico** Una versión de la electroforesis en gel que permite separar los anfólitos de una forma casi pura en función de sus puntos isoeléctricos. Se añaden los anfólitos a un gel que contiene un gradiente de pH y se aplica un campo eléctrico. Cada anfólito migra hasta llegar al pH que corresponde a su punto isoeléctrico, y en este punto deja de tener una carga eléctrica neta, por lo que se detiene y se acumula. *Véase* también *electroforesis en gel, punto isoeléctrico.*

**enlace de hidrógeno** Interacción de atracción entre el átomo de hidrógeno de un grupo donador, como -OH o =NH, y un par de electrones no enlazantes de un grupo aceptor, como O=C. El átomo del grupo donador, que transporta el hidrógeno, debe ser claramente electronegativo para que la atracción sea importante.

**enlace fosfodiéster** Enlace que conecta los monómeros nucleótidos de un ácido nucleico. Consiste en un residuo de fosfato que liga los grupos azúcar de los sucesivos monómeros formando un enlace éster con el carbono 5′ de un azúcar y el carbono 3′ del siguiente.

**enlace glicosídico** Unión covalente entre el carbono carbonilo de una molécula de azúcar y otra molécula, como por ejemplo, una purina o pirimidina de un nucleósido otro azúcar de un oligosacárido.

**enlace peptídico** Enlace que liga sucesivos aminoácidos para formar un péptido. Consiste en un enlace amida entre el grupo α-carboxilo de un aminoácido y el grupo α-amino del siguiente.

**entalpía (*H*)** Magnitud termodinámica (función de estado) que es igual a la energía interna de un sistema más el producto de la presión por el volumen: $H = E + PV$. Es igual al cambio de calor en las reacciones a presión constante, como son la mayor parte de las reacciones en los sistemas biológicos.

**entrecruzamiento químico** Técnica para investigar las disposiciones mutuas de los componentes de un complejo. Se expone el complejo a un reactivo que puede formar entrecruzamientos químicos entre componentes adyacentes y a continuación se desagrega y se analiza. Puede deducirse que los componentes que se unen están próximos en el complejo.

**entropía (*S*)** Magnitud termodinámica (función de estado) que expresa el grado de desorden o aleatoriedad de un sistema. Según la segunda ley de la termodinámica, la entropía de un sistema abierto tiende a aumentar a no ser que se gaste energía en mantener el sistema ordenado.

**envoltura nuclear** Doble membrana que engloba el núcleo. Está perforada por poros nucleares que permiten incluso el paso de moléculas bastante grandes, como los mRNA y las proteínas nucleares, para que entren o salgan del núcleo.

**enzima** Catalizador de una reacción biológica. Normalmente una molécula proteica, aunque algunas enzimas son moléculas de RNA o ribonucleoproteínas.

**epigenética** Estudio de los cambios hereditarios de la expresión de los genes que no implican cambios de la secuencia de nucleótidos del DNA.

**epímeros** Isómeros azúcares que se diferencian en la configuración alrededor de un carbono asimétrico.

**episomas** Plásmidos que pueden integrarse en el cromosoma bacteriano.

**epítopo** (denominado también determinante antigénico) La parte específica de una partícula antigénica que reconoce un determinado anticuerpo o un receptor de célula T.

**equilibrio** Condición en la que no hay corrientes netas de materia o energía.

**equilibrio de nitrógeno** Llamado también balance normal de nitrógeno, una condición en la que la eliminación diaria de nitrógeno se iguala a la ingestión de nitrógeno en el alimento.

**equilibrio de sedimentación** Técnica que utiliza la centrifugación para medir la masa de una molécula grande como una proteína. Se centrifuga una solución de la sustancia a una velocidad baja hasta que la tendencia de la sustancia a sedimentar se compensa con su tendencia a la difusión hacia una concentración uniforme; el gradiente de concentración resultante se utiliza para medir la masa molecular.

**equivalente reductor** Una cantidad de un compuesto reductor que done el equivalente a 1 mol de electrones en una reacción de oxidación-reducción. Los electrones pueden expresarse en forma de átomos de hidrógeno.

**errores congénitos del metabolismo** Mutaciones humanas que dan lugar a alteraciones específicas del metabolismo intermediario. Generalmente, el problema radica en una enzima que es inactiva, hiperactiva, demasiado escasa o demasiado abundante. Los síntomas pueden deberse a una producción insuficiente de un metabolito necesario y/o a la acumulación de otro metabolito hasta alcanzar concentraciones tóxicas.

**especies de oxígeno reactivas (ROS)** Especies del oxígeno intermedias de los niveles de oxidación entre $O_2$ y $H_2O$, que son más reactivas que el $O_2$; entre las ROS se encuentran superóxido, peróxido, peroxinitrito y radical hidroxilo.

**espectro de dicroísmo circular (espectro CD)** Espectro de absorción obtenido mediante el empleo de luz polarizada circularmente. Proporciona el dicroísmo circular de la sustancia en una amplia gama de longitudes de onda.

**espectro de diferencia** En relación con los espectros de absorción, un espectro obtenido mediante la carga de la cubeta de muestra con las sustancias en estudio y una cubeta de referencia con una muestra equimolar de las mismas sustancias en un estado conocido (por ejemplo, totalmente oxidadas) y el registro de la diferencia entre los dos espectros.

**espectrofotómetro** Instrumento que expone una muestra a una luz de longitudes de onda definidas y mide la absorbancia. Distintos tipos de espectrofotómetros actúan en distintos márgenes de longitud de onda, como el ultravioleta, el visible y el infrarrojo.

**espectrometría de masas** Método para determinar la masa molecular a partir de la velocidad de movimiento de los iones en el vacío.

**espectroscopia de resonancia magnética nuclear (RMN)** Un tipo de espectroscopia que se basa en el hecho de que los núcleos de los isótopos que tienen la propiedad de espín resonarán con frecuencias específicas de radiación de microondas cuando se les coloca en un campo magnético de una determinada fuerza. La energía de resonancia es sensible al entorno molecular local, por lo que la espectroscopia de RMN puede utilizarse para explorar la estructura molecular. Además, diferentes tejidos vivos tienen unos espectros globales de RMN característicos, que son sensibles a los cambios del entorno tisular. La RMN puede utilizarse, pues, en el estudio del metabolismo de los tejidos y en el diagnóstico de las enfermedades.

**espliceosoma** Complejo de proteína-RNA que se encuentra en el núcleo y que es el responsable de la eliminación de los intrones de los transcritos de RNA.

**estado activado** En relación con una reacción química, un estado de energía elevada transitorio de una molécula de reactivo (como una configuración electrónica desfavorable o una conformación tensionada) que permite a la molécula experimentar la reacción.

**estado de transición** En cualquier reacción química, el estado de energía elevada, o improbable, que deben alcanzar la molécula o moléculas que reaccionan para que se produzca la reacción.

**estado estándar** Estado de referencia, con respecto al cual se definen las magnitudes termodinámicas (como los potenciales químicos). Para las sustancias en disolución, el estado estándar indica una concentración de 1 M a una presión de 1 atm y a una temperatura de 25 °C.

**estatinas** Familia de fármacos que disminuyen la concentración de colesterol al inhibir la HMG-CoA reductasa.

**ésteres de forbol** Grupo de sustancias naturales que se parecen al *sn*-1,2-diacilglicerol (DAG) en parte de su estructura, y que pueden actuar como promotores de tumores. Este efecto sugiere que el sistema de segundo mensajero del DAG puede intervenir en la acción de los factores de proliferación.

**estructura cuaternaria** Para una proteína, el nivel de estructura que se obtiene cuando varias cadenas polipeptídicas plegadas distintas (subunidades) se asocian de una forma específica para producir una proteína completa. Compárese con *estructura primaria, estructura secundaria, estructura terciaria.*

**estructura de clatrato** Estructura en forma de jaula de moléculas de agua organizadas que se forma alrededor de una molécula hidrófoba en disolución. La estructura tiene una entropía menor que la del agua líquida, lo que ayuda a explicar por qué las sustancias hidrófobas se disuelven mal en el agua.

**estructura primaria** Para un ácido nucleico o una proteína, la secuencia de bases o de aminoácidos del polinucleótido o del polipéptido. Compárese con *estructura secundaria, estructura terciaria, estructura cuaternaria.*

**estructura secundaria** Plegado local del armazón de un polímero lineal para formar una estructura de repetición regular. Las formas B y Z de la hélice de DNA y las estructuras de hélice α y lámina β de los polipéptidos son ejemplos de ello. Compárese con *estructura primaria, estructura terciaria, estructura cuaternaria.*

**estructura terciaria** Estructura de plegado a gran escala en un polímero lineal que es de un orden superior al de la estructura secundaria. Para las moléculas de proteína y RNA, la estructura terciaria es la forma tridimensional específica en la que se pliega toda la cadena. Compárese con *estructura primaria, estructura secundaria, estructura cuaternaria.*

**eucariotas** Organismos cuyas células están compartimentalizadas mediante membranas celulares internas que producen un núcleo y orgánulos. Compárese con *procariotas.*

**exergónico** En un sistema no aislado, un proceso que se acompaña de un cambio negativo de energía libre (*G* negativo) y que, por tanto, está favorecido termodinámicamente. Compárese con *endergónico.*

**exocitosis** Movimiento hacia fuera de la célula

**exón** Región de la secuencia codificante de un gen que se traduce a una proteína (a diferencia de los intrones, que no se traducen). La denominación procede del hecho de que los exones son las únicas partes de un transcrito de RNA que se observan fuera del núcleo. Compárese con *intrón.*

**exportinas** Clase de proteínas que participan en el transporte de sustancias fuera del núcleo. *Véase importinas.*

**factores de elongación** Factores proteicos no ribosómicos que son participantes necesarios en el ciclo de elongación de la cadena en la síntesis de polipéptidos; interactúan con el complejo ribosoma-mRNA o con otros componentes importantes del ciclo.

**factores de liberación** Factores proteicos independientes que son participantes necesarios para la liberación del ribosoma de una cadena polipeptídica terminada.

**factores de proliferación** Péptidos mediadores que influyen en la proliferación y/o la diferenciación de las células; se diferencian de las hormonas de crecimiento en que las producen muchos tejidos y tienen una acción local.

**factores de resistencia a fármacos** Plásmidos bacterianos que llevan genes que codifican la resistencia a los antibióticos.

**factores de transcripción** Proteínas que influyen en la transcripción de determinados genes, generalmente mediante la unión en lugares promotores específicos.

**factores sexuales** Plásmidos que especifican productos génicos que permiten a las bacterias realizar la conjugación (apareamiento bacteriano).

**fagos temperados** Fagos bacterianos que pueden establecer un estado de lisogenia. *Véase* también *lisogenia.*

**fenilcetonuria** Uno de los primeros errores congénitos del metabolismo que primero se conocieron y que se caracteriza por la acumulación de fenilalanina y sus productos catabólicos.

**fenotipo** Aspecto externo y otras características medibles de un organismo. Es consecuencia de la interacción de la composición genética del organismo con el entorno. Compárese con *genotipo.*

**fermentaciones** Procesos en los que la energía celular se genera a partir de la degradación de moléculas de nutrientes sin que haya un cambio neto del estado de oxidación de los productos, en comparación con el de los reactivos; la fermentación puede producirse en ausencia de oxígeno.

**feromonas** Compuestos mediadores intercelulares que se liberan por un organismo e influyen en el metabolismo o el comportamiento de otro organismo, generalmente de la misma especie. Los atrayentes sexuales que desencadenan una conducta reproductora en los receptores adecuados, son un ejemplo de ello.

**flavonoides** Familia de compuestos vegetales con funciones biológicas diversas, que derivan de la fenilalanina.

**flujo** En relación con una ruta química, la velocidad (en moles por unidad de tiempo) con la que el reactivo «fluye a través» de la ruta para salir como producto. El término puede utilizarse para la velocidad con la que las partículas experimentan cualquier proceso en el que fluyan o pueda considerarse metafóricamente que hay un flujo.

**fluorescencia** Fenómeno por el cual una sustancia que absorbe luz de una determinada longitud de onda vuelve a irradiar una parte de la energía en forma de luz de una longitud de onda más larga.

**fosforilación a nivel de sustrato** Síntesis de un nucleósido trifosfato (normalmente ATP) impulsada por la degradación de un compuesto de mayor potencial de transferencia de fosfato.

**fosforilación oxidativa** Fosforilación del ADP a ATP que tiene lugar en conjunción con el tránsito de electrones por la cadena de transporte electrónico en la membrana mitocondrial interna.

**fotofosforilación** Fosforilación del ADP para producir ATP que depende directamente de la energía de la luz solar. La energía de la luz es capturada por un pigmento como la clorofila y se transmite en forma de electrones excitados a una cadena de transporte electrónico. La cadena de transporte electrónico utiliza la energía de los electrones para crear un gradiente protónico a través de una membrana, lo cual impulsa la síntesis del ATP.

**fotofosforilación cíclica** En la fotosíntesis, la fotofosforilación (síntesis de ATP dependiente de la luz) ligada al flujo cíclico de electrones desde el fotosistema II a una cadena de transporte electrónico y vuelta al fotosistema II. No está acoplada con la oxidación del $H_2O$ o la reducción del $NADP^+$. Compárese con *la fotofosforilación no cíclica.*

**fotofosforilación no cíclica** En la fotosíntesis, la fotofosforilación (síntesis de ATP dependiente de la luz) que está ligada a un flujo unidireccional de electrones del agua a través de los fotosistemas II y I, y finalmente al NADPH. Está así acoplado a la oxidación del $H_2O$ y a la reducción del $NADP^+$. Compárese *con fotofosforilación cíclica.*

**fotoproducto 6-4** Un tipo de daño del DNA causado por la radiación UV en el que se forma un enlace entre el carbono 6 de una base pirimidínica y el carbono 4 de otra base pirimidínica adyacente. Este tipo de fotoproducto parece ser la causa principal de las mutaciones inducidas por la luz UV.

**fotoproductos** Productos que se forman cuando la energía luminosa produce una reacción química en una sustancia. Por lo que respecta al DNA, el término indica los tipos de DNA dañados que pueden aparecer por la acción de la radiación UV.

**fotorreactivación** Proceso de reparación del DNA en el que una enzima utiliza la energía luminosa para romper los dímeros de ciclobutano pirimidina creados por la radiación UV y para restablecer los enlaces correctos.

**fotorrespiración** Ciclo de reacciones que se producen en lugar del ciclo de Calvin cuando la enzima fotosintética rubisco añade $O_2$ en vez de $CO_2$ a la ribulosa bisfosfato carboxilasa. Se produce en parte en los cloroplastos, en parte en los peroxisomas y en parte en las mitocondrias; comporta un gasto de energía de ATP y una pérdida de una molécula de $CO_2$ previamente fijada en el proceso de regeneración del intermediario del ciclo de Calvin 3-fosfoglicerato.

**fotosíntesis** Proceso mediante el cual se captura la energía de la luz y se utiliza para impulsar la síntesis de hidratos de carbono a partir de $CO_2$ y $H_2O$.

**fotosistema** Unidad estructural de una membrana celular que captura la energía luminosa y convierte una parte de la misma en energía química. La fotosíntesis que realizan las plantas, las algas y las cianobacterias utilizan dos tipos de fotosistemas. Ambos capturan la energía en forma de electrones de energía elevada y la transducen a través de una cadena de transporte electrónico.

**fragmentos de Okazaki** Fragmentos discontinuos en los que se sintetiza inicialmente la cadena retardada durante la replicación del DNA. Estos fragmentos se unen posteriormente para formar una cadena continua.

**fuerza iónica (*I*)** Magnitud que refleja la concentración total de iones de una solución y la carga estequiométrica (carga por átomo o molécula) de cada ion. Se define como *I* = 1⁄2 _*i* M*iZi* 2, en donde $M_i$ y $Z_i$ son la molaridad y la carga estequiométrica, respectivamente, del ion *i*. Se utiliza, por ejemplo, para el cálculo del radio efectivo de una atmósfera contraiónica.

**fuerza protón motriz (fpm)** Gradiente electroquímico de $H^+$ que se establece a través de la membrana celular mediante bombas protónicas unidas a la membrana, como las de la membrana mitocondrial interna o la membrana tilacoide. Al caer el flujo de protones por su gradiente a través de la membrana pueden impulsar procesos como la síntesis de ATP.

**fuerzas de dispersión** Fuerzas de atracción intermolecular débiles que surgen entre las moléculas que están muy próximas, como consecuencia de que las fluctuaciones de las distribuciones electrónicas de las moléculas se sincronizan y producen una ligera atracción electrostática. Estas fuerzas intervienen en el empaquetado interno de muchas biomoléculas.

**furanosa** Azúcar con un anillo de cinco eslabones, semejante al furano.

**genes homeóticos** Genes que contienen elementos de caja homeo que intervienen de forma característica en el control del patrón de desarrollo del organismo. Las mutaciones homeóticas, que dispersan partes de este patrón, afectan a los genes homeóticos. Las proteínas nucleares de unión al DNA codificadas por estos genes actúan presumiblemente como reguladores de la transcripción para la expresión coordinada de grupos de genes. *Véase* también *caja homeo.*

**genoma** Conjunto de toda la información genética contenida en una célula, un organismo, o un virus.

**genómica** Investigación de las características hereditarias de los procesos biológicos y los mecanismos centrados en el genoma completo, en comparación con en enfoque sobre los genes individuales.

**genotipo** Constitución genética de un organismo concreto. Compárese con *fenotipo.*

**giberelinas** Familia de hormonas de crecimiento de las plantas de tipo diterpeno.

**giro (*T*)** En relación con una doble hélice de DNA, el número total de veces que las dos cadenas de la hélice se cruzan, excluyendo el retorcimiento. Es una medida de lo fuertemente enrollada que está la hélice. *Véase* también *número de ligazón, retorcimiento.*

**glándulas endocrinas** Glándulas que sintetizan hormonas y las liberan a la circulación. Las células glandulares productoras de hormonas se denominan células endocrinas.

**glicano** Otro nombre para los oligosacáridos y polisacáridos.

**glicosidasa** Enzima que rompe de forma hidrolítica un enlace glicosídico.

**glioxisoma** Un tipo de peroxisoma especializado que se encuentra en las células vegetales. Realiza algunas de las reacciones de la fotorrespiración, y también degrada los ácidos grasos a acetil-CoA mediante la $\beta$-oxidación y convierte la acetil-CoA en succinato a través del ciclo del glioxilato, lo que permite a las plantas convertir los ácidos grasos en hidratos de carbono.

**glóbulo fundido** Un estado intermedio hipotético en el plegado de una proteína globular, en el que la estructura terciaria global se ha establecido pero las cadenas laterales internas (especialmente las hidrófobas) tienen todavía libertad de movimiento.

**glucano** Polímero de glucosa.

**glucocáliz** Cubierta de polisacárido que se encuentra en muchas células eucariotas.

**glucolípidos** Lípidos que tienen sacáridos unidos a sus grupos de cabeza.

**glucocorticoides** Las hormonas esteroideas cortisol y corticosterona, segregadas por la corteza suprarrenal. Además de otras funciones, fomentan la gluconeogénesis en respuesta a unas concentraciones bajas de azúcar en sangre.

**glucogénico** En el metabolismo energético, se refiere a las sustancias (como algunos aminoácidos) que pueden utilizarse como sustratos para la síntesis de glucosa.

**glucólisis** Ruta inicial del catabolismo de los hidratos de carbono, en la que una molécula de glucosa se degrada a dos moléculas de piruvato, con la producción neta de moléculas de ATP y la reducción de dos moléculas de $NAD^+$ a NADH. En condiciones aerobias, estas moléculas de NADH se reoxidan por la cadena de transporte electrónico; en condiciones anaerobias, se utiliza un aceptor de electrones diferente.

**gluconeogénesis** Procesos mediante los cuales se sintetiza glucosa a partir de precursores que no son hidratos de carbono, como el glicerol, el lactato, algunos aminoácidos y (en las plantas) la acetil-CoA.

**glucoproteína** Proteína con un oligosacárido unido covelentemente.

**glucosaminoglucanos** (denominados también mucopolisacáridos) Polisacáridos formados por unidades repetidas de disacáridos en los que un azúcar es la *N*-acetilgalactosamina o la *N*-acetilglucosamina. Habitualmente la unidad de disacárido contiene un grupo carboxilo, y a menudo uno o varios sulfatos, por lo que la mayor parte de los glucosaminoglucanos tienen una densidad elevada de cargas negativas. Los glucosaminoglucanos frecuentemente se combinan con una proteína para formar proteoglucanos y son un componente importante de la matriz extracelular de los vertebrados.

**grupo prostético** Un ion metálico o una molécula pequeña (distinta de un aminoácido) que forma parte de una proteína en el estado nativo de la misma y que es esencial para el funcionamiento proteico; su unión a la proteína puede ser covalente o no covalente.

**haploide** Respecto a una célula u organismo, la posesión de una sola copia de cada cromosoma por núcleo. Compárese con *diploide.*

**haplotipo** Con referencia a un agrupamiento específico de polimorfismos de longitud de fragmentos de restricción (*véase*) en un genoma particular.

**hapteno** Molécula que es demasiado pequeña para estimular una respuesta inmunitaria por sí misma, pero que puede hacerlo cuando se acopla con una molécula transportadora inmunógena más grande (generalmente una proteína).

**helicasas** Enzimas que catalizan el desenrollamiento de los ácidos nucleicos de doble cadena.

**hélice A** Con relación a los ácidos nucleicos, estructura helicoidal de los ácidos nucleicos dúplex que tiene un paso más pequeño y un diámetro mayor que la hélice B-DNA. Es la estructura que adoptan los RNA dúplex y las moléculas híbridas RNA-DNA.

**hélice de reconocimiento** Motivo de unión al DNA hélicevuelta-hélice, la hélice $\alpha$-3, que se adapta a la profundidad del surco principal y es la responsable de la especificidad de secuencia de la unión.

**hemo** Molécula formada por un anillo de porfirina (protoporfirina IX o un derivado de la misma) con un hierro central formando complejo. Actúa como grupo prostético en proteínas como la mioglobina, la hemoglobina y los citocromos.

**heterocigoto** En un organismo diploide, la posesión de dos alelos diferentes para un determinado gen (en vez de dos copias del mismo alelo). Compárese con *homocigoto.*

**heteropolímero** polímero formado por unidades monoméricas diferentes, las proteínas y los ácidos nucleicos son heteropolímeros, comparados con los homopolímeros sintéticos (*véase*), que se ensamblan a partir de unidades monoméricas idénticas.

**heterótrofos** Organismos que no pueden sintetizar sus compuestos orgánicos enteramente a partir de precursores inorgánicos, sino que deben consumir al menos algunos compuestos orgánicos elaborados por otros organismos. En concreto, estos organismos no pueden utilizar $CO_2$ como fuente de carbono. Compárese con *autótrofos.*

**heterotrópico** En las proteínas con varias subunidades, se refiere a las interacciones entre las subunidades con estructura diferente

**hexosa** Un azúcar de seis carbonos.

**hibridación de colonias** Técnica que se utiliza para el estudio de bacterias con objeto de determinar la presencia en ellas de una secuencia específica de DNA recombinante. Se transfieren las colonias de las bacterias a un filtro, se las trata para lisar las células y desnaturalizar el DNA, y a continuación se las expone a una sonda de DNA marcado que es complementaria de parte de la secuencia en cuestión. Las colonias que unen la sonda poseen la secuencia.

**hibridación in situ** Técnica para identificar la localización cromosómica de una determinada secuencia de DNA mediante el estudio de los cromosomas con una secuencia sonda marcada radiactivamente que hibridará con la secuencia en cuestión. La localización de la sonda se visualiza luego mediante autorradiografía o microscopia de fluorescencia.

**hibridomas** Líneas celulares en cultivo que se obtienen mediante la fusión de linfocitos B productores de anticuerpos con células procedentes de un mieloma (un tipo de cáncer) de ratón. Igual que las células B, producen anticuerpos específicos, y a la vez, igual que las células de mieloma, pueden proliferar de manera indefinida en cultivo.

**hidratos de carbono** En general, sustancias que tienen la fórmula estequiométrica $(CH_2O)_n$ donde *n* es al menos 3, o que proceden de una sustancia de este tipo mediante la adición de grupos funcionales.

**hidrófilo** Hace referencia a la capacidad de un átomo o una molécula de presentar interacciones de atracción con las moléculas de agua. Las sustancias que son iónicas o pueden participar en enlaces de hidrógeno son hidrófilas. Las sustancias hidrófilas son solubles en agua o, como mínimo, humedecibles. Compárese con *hidrófobo.*

**hidrófobo** La propiedad molecular de no presentar interacciones de atracción con moléculas de agua. Las sustancias hidrófobas son no iónicas y no polares; no son humedecibles y no se disuelven con facilidad en el agua. Compárese con *hidrófilo.*

**hipermutación somática** Gran aumento de la tasa de mutación espontánea de los genes del sistema inmunitario, que participa en las fases terminales de la diversificación de los anticuerpos.

**hipocromía** En lo relativo al DNA, una reducción de la absorbancia de la luz ultravioleta de una longitud de onda de alrededor de 260 nm que acompaña a la transición de las cadenas desnaturalizadas con un ovillo aleatorio a la hélice de doble cadena. Puede usarse para seguir el proceso de desnaturalización o renaturalización.

**histonas** Proteínas que participan en la formación de la estructura nucleosómica de la cromatina. Cuatro de los cinco tipos de histonas forman la partícula central del nucleosoma. La quinta se asocia al DNA de unión entre los nucleosomas. Todas las histonas son proteínas pequeñas muy básicas.

**homeostasis** Estado estacionario en los sistemas vivos, manteniendo normalmente una condición alejada del equilibrio al realizar trabajo sobre el entorno que los rodea.

**homocigoto** En un organismo diploide, la posesión de dos alelos idénticos para un determinado gen. Compárese con *heterocigoto.*

**homología** Relación de dos secuencias de ácido nucleico o proteína.

**homopolímero** Polímero que está formado en su totalidad por un único tipo de monómero. El almidón, formado tan sólo por unidades glucosilo, es un ejemplo de ello. Los polímeros que incluyen más de un tipo de monómero, como los polipéptidos y los ácidos nucleicos, se denominan *heteropolímeros* (*véase*).

**homotrópico** En una subunidad con muchas subunidades, hace referencia a las interacciones entre subunidades idénticas.

**hormona** Sustancia que se sintetiza y segrega por células especializadas, y se transporta por la circulación a las células diana, en las que provoca modificaciones específicas de la conducta metabólica de la célula al interactuar con un receptor específico para la hormona.

**hoyo recubierto** Hoyo de la membrana celular que está recubierto en su lado citosólico por una red de la proteína clatrina. Los hoyos recubiertos participan en el mecanismo de la endocitosis mediada por receptores, en la que los receptores de superficie que tienen sustancias extracelulares específicas unidas se reúnen en hoyos recubiertos que finalmente se separan para dar lugar a vesículas citoplasmáticas.

**huellas dactilares** En genética molecular, una técnica que se utiliza para identificar el segmento de DNA que está en contacto con una determinada proteína de unión al DNA. El complejo DNA-proteína se somete a una digestión con una nucleasa inespecífica, que lo rompe en los residuos que no están protegidos por la proteína, y la región protegida se identifica mediante electroforesis en gel.

**importinas** Clase de proteínas que participan en la importación de moléculas al núcleo. Veáse *exportinas.*

**inducción** En el metabolismo celular, la síntesis de una determinada proteína en respuesta a una señal; así, por ejemplo, la síntesis de una enzima en respuesta a la aparición de su sustrato.

**inhibición acompetitiva** Forma de inhibición enzimática en la que el inhibidor se une reversiblemente al complejo enzima-sustrato pero no a la enzima libre.

**inhibidor basado en el mecanismo** Inhibidor enzimático cuya acción depende del mecanismo catalítico de la enzima. Habitualmente es un análogo del sustrato que modifica de manera irreversible la enzima en un paso concreto del ciclo catalítico.

**inhibidor competitivo** Sustancia que inhibe una reacción catalizada por una enzima compitiendo con el sustrato por el lugar activo. El inhibidor puede ocupar reversiblemente el lugar activo pero no sufre la reacción.

**inhibidor no competitivo** Inhibidor de una reacción catalizada enzimáticamente, que actúa uniéndose a un lugar de la enzima distinto del lugar activo y reduciendo la eficacia catalítica de la enzima. La unión irreversible de un análogo del sustrato al lugar activo es cinéticamente semejante a la inhibición no competitiva.

**inhibidor suicida** Inhibidor enzimático sobre el que la enzima puede actuar catalíticamente, pero que altera de manera irreversible el lugar activo de la enzima en el proceso. (Se denomina inhibidor suicida porque la enzima «se suicida» al actuar sobre él.)

**inmunoglobulinas** *Véase anticuerpos.*

**interacciones no covalentes** Todos los tipos de interacciones entre los átomos y las moléculas que no implican compartir realmente electrones en un enlace covalente. Incluyen las interacciones electrostáticas, las interacciones de dipolo permanente e inducido y los enlaces de hidrógeno.

**intercalado** En lo relativo al DNA, hace referencia al ajuste (intercalado) de una pequeña molécula entre bases adyacentes de una hélice de DNA.

**interferón** Glucoproteína antivírica producida en respuesta a la infección vírica.

**intrón** Región de la secuencia codificante de un gen que no se traduce en proteína. Los intrones son frecuentes en los genes eucariotas, pero son en cambio raros en los procariotas. Se eliminan del transcrito de RNA antes de la traducción. Compárese con *exón.*

**in vitro** (Latín, *en el vidrio*) Referido al análisis de los procesos biológicos que se llevan a cabo fuera de una célula u organismo, como en un tubo de ensayo de vidrio.

**in vivo** (Latín, *en la vida*) Referido a un proceso biológico tal como tiene lugar dentro de una célula viva u organismo.

**ionóforo** Sustancia que permeabiliza de forma selectiva las membranas a unos iones o moléculas determinadas.

**isoenzimas** (también denominadas isoformas o isozimas) Formas diferentes, pero relacionadas, de una enzima que catalizan la misma reacción. A menudo difieren tan sólo en unas pocas sustituciones de aminoácidos.

**isómeros ópticos** *Véase enantiómeros.*

**isozimas** *Véase isoenzimas.*

**Julio (J)** Una unidad de energía o de trabajo, definida como el trabajo realizado por una fuerza de 1 newton cuando su punto de aplicación se desplaza 1 metro en la dirección de la fuerza. Es la unidad de energía utilizada en el Sistema Internacional (SI).

**leucotrienos** Familia de moléculas que se sintetizan a partir del ácido araquidónico por la ruta de la lipooxigenasa y que actúan como hormonas locales, principalmente impulsando las reacciones inflamatorias y alérgicas (como la constricción bronquial del asma).

**ley de Beer** Ecuación que relaciona la absorbancia de la disolución de una muestra a una determinada longitud de onda, con la longitud del paso de la luz, la concentración de la sustancia disuelta y el coeficiente de extinción de la sustancia a esa longitud de onda. *Véase coeficiente de extinción.*

**ligando** En general, una molécula pequeña que se une de manera específica a otra más grande; por ejemplo, una hormona que se une a un receptor. El término puede utilizarse también para hacer referencia a una especie química que forma un complejo de coordinación con un átomo central que suele ser un átomo metálico.

**ligninas** Polímeros complejos derivados de la fenilalanina que forman los principales constituyentes del tejido leñoso.

**lípidos** Grupo de compuestos biológicos, químicamente diversos, que se clasifican conjuntamente por su estructura, generalmente apolar, que hace que sean poco solubles en agua.

**lipoproteína de densidad baja (LDL)** Un tipo de partícula lipoproteica que actúa principalmente distribuyendo el colesterol desde el hígado a otros tejidos. Su componente proteico es una única molécula de apoproteína B-100.

**lipoproteína de densidad elevada (HDL)** Un tipo de partícula lipoproteica que actúa principalmente eliminando el exceso de colesterol de las células de los tejidos y transportándolo al hígado, donde puede excretarse en forma de ácidos biliares.

**lipoproteína de densidad muy baja (VLDL)** Un tipo de partícula lipoproteica que se forma en el hígado y actúa principalmente transportando triacilgliceroles desde el hígado al tejido adiposo y otros tejidos.

**lipoproteínas** Cualquier conjugado lípido-proteína. Se refiere específicamente a las asociaciones lípido-proteína que transportan lípidos en la circulación. Cada una de ellas consta de un núcleo de lípidos hidrófobo, rodeado por una envoltura de lípidos anfipáticos con apolipoproteínas incluidas en ellos. Distintos tipos de lipoproteínas desempeñan funciones diferentes en el transporte de lípidos.

**lisogenia** Estado latente que pueden alcanzar determinados bacteriófagos, en el que el genoma del fago está integrado en el cromosoma del hospedador bacteriano y se expresan pocos o ningún gen del virus.

**lugar activo** Lugar de una molécula enzimática al que se une el sustrato y donde se facilita la reacción. A menudo es una hendidura o bolsillo situado en la superficie de la enzima.

**mapa de ligamiento** Mapa en el que se muestra la disposición de los genes en un cromosoma. Se construye midiendo la frecuencia de recombinación entre pares de genes.

**marcaje de espín** Una sustancia que tiene un electrón no apareado detectable mediante resonancia de espín electrónico y que se utiliza como un marcador químico.

**marco de lectura abierto** Secuencia del RNA mensajero que está limitada por codones de comienzo y de detención, y que puede traducirse de manera continua. Corresponde a la secuencia codificadora de un polipéptido.

**matriz nuclear** (denominada también andamiaje nuclear) Una red proteica que queda en el núcleo cuando se extraen las histonas y otras proteínas con enlaces débiles y se digiere la mayor parte del DNA. Se supone que actúa como andamiaje de organización de la cromatina.

**mediador** Complejo multiproteico grande que conecta los activadores y potenciadores de la transcripción hacia arriba con la maquinaria de transcripción unida cerca del lugar de comienzo de la transcripción.

**membrana plasmática** Bicapa lipídica que encierra el citoplasma. Está rodeada por la pared celular, si la hay.

**metabolismo** La totalidad de las reacciones químicas que se producen en un organismo. Compárese con *anabolismo, catabolismo, metabolismo intermediario.*

**metabolismo intermediario** Todas las reacciones de un organismo que tienen relación con el almacenamiento y la generación de energía metabólica, y con la biosíntesis de compuestos de peso molecular bajo y compuestos de almacenamiento de energía. No incluye la síntesis de ácidos nucleicos y de proteínas.

**metaboloma** Complemento completo de compuestos de bajo peso molecular (metabolitos) dentro de una célula u organismo.

**metabolómica** Investigación de los procesos biológicos realizada mediante el análisis del metaboloma (*véase*).

**metabolón** Complejo de enzimas, normalmente unidas de forma covalente, que llevan a cabo reacciones relacionadas funcionalmente y, por lo tanto, pueden facilitar la catálisis de las rutas de reacción de muchos pasos.

**metaestabilidad** Para un sistema, el hecho de estar en un estado que no constituye un equilibrio termodinámico, pero es casi estable en la escala temporal de interés, ya que el avance hacia el equilibrio es lento.

**micelas** Pequeñas gotas que se forman cuando una sustancia anfipática que tiene un grupo de cabeza polar y un grupo de cola no polar (como un ácido graso) se añade a un medio acuoso y se agita. Cada gota está formada por una acumulación esférica de moléculas anfipáticas dispuestas con los grupos de cabeza polares hacia fuera, en dirección al agua, y sus colas no polares enfrentadas hacia el centro.

**micromatriz** Llamada también chip génico, una colección de varios miles de fragmentos génicos, bien oligonucleótidos o cDNAs, inmovilizados en un pequeño porta como una matriz precisa, de forma que un patrón de RNAs total de una célula puede someterse a condiciones de alineamiento, y donde el grado de hibridación de cada fragmento génico del chip proporciona un cudro global de los patrones de transcripción.

**microRNA** Molécula de RNA, de 21 a 23 nucleótidos, llamada también ,iRNA, que regula la actividad de un mRNA específico que contiene parcial o totalmente secuencias de nucleótidos homólogas.

**microscopia confocal** Técnica de microscopia lumínica que permite una resolución elevada en muestras gruesas.

**microscopia crioelectrónica** Variación de la microscopia electrónica (*véase*) en la que las muestras se congelan en una matriz de hielo cristalino.

**microscopia electrónica** Forma de microscopia en la que los electrones se utilizan como radiación. Capaz de una resolución muy elevada.

**microscopia electrónica de barrido** Un tipo de microscopia electrónica en la que se hace pasar un haz de electrones por un objeto, y se analiza el patrón de electrones reflejados para crear una imagen de la superficie del objeto. Compárese con *microscopia electrónica de transmisión.*

**microscopia electrónica de transmisión (MET)** Un tipo de microscopia electrónica en la que el haz de electrones atraviesa el objeto a examinar y crea una imagen en una placa fotográfica o en una pantalla. Compárese con *microscopia electrónica de barrido.*

**microtúbulos** Estructuras citoplasmáticas en forma de fibras que están formadas por unidades de la proteína tubulina, dispuestas de manera helicoidal formando un tubo hueco. Intervienen en diversos tipos de motilidad celular, como el bateo de los cilios y los flagelos, y el movimiento de los orgánulos de una parte a otra de la célula.

**migración de rama** Durante la recombinación, la migración de un punto de entrecruzamiento (unión de Holliday) mediante el desenrollamiento y nuevo enrollamiento de ambos dúplex.

**miofibrillas** Unidad de filamentos gruesos y finos de las fibras musculares

**mitocondrias** Orgánulos cuya principal tarea consiste en aportar a la célula ATP a través de la fosforilación oxidativa. Contienen las enzimas para la oxidación del piruvato, el ciclo del ácido cítrico, la $\beta$-oxidación de los ácidos grasos y la fosforilación oxidativa, así como la cadena de transporte electrónico.

**modelo de ajuste inducido** Modelo para explicar de qué forma interactúan las enzimas con los sustratos para realizar la catálisis. Según este modelo, el lugar activo vacío de la enzima sólo se ajusta aproximadamente al sustrato o sustratos y la entrada del sustrato hace que la enzima modifique su forma para adaptarse exactamente y hacer que el sustrato adopte un estado intermediario que se parece al estado de transición de la reacción sin catalizar. Éste es el modelo más aceptado en la actualidad para la catálisis enzimática.

**modelo de puente cruzado oscilante** La unión y liberación periódica de los puentes cruzados, con un cambio de conformación del puente cruzado, desliza los filamentos fino y grueso entre ellos.

**modelo del mosaico fluido** Modelo que describe la estructura de la membrana celular, según el cual las proteínas están incluidas en una bicapa fosfolipídica y tienen libertad de movimiento en el plano de la membrana.

**molécula de DNA recombinante** Molécula de DNA que incluye segmentos procedentes de dos o más moléculas de DNA precursoras.

**motivo hélice-bucle-hélice** Motivo de unión que se observa en la calmodulina y en algunas otras proteínas que unen calcio, así como en algunas proteínas que se unen al DNA. Está formado por dos segmentos de hélice conectados por un bucle.

**motivo hélice-vuelta-hélice** Motivo de unión al DNA que es responsable de la unión al DNA en una secuencia específica en muchos factores de transcripción. Está formado por dos segmentos de hélice a conectados por una vuelta $\beta$; una de las hélices ocupa el surco principal del DNA y establece contactos con bases específicas.

**mucopolisacáridos** *Véase glucosaminoglucanos.*

**mutación** Cualquier cambio heredable de la secuencia de nucleótidos del DNA genómico (o del RNA genómico en el caso de un virus RNA)

**mutación de desplazamiento de marco** Mutación que modifica el marco de lectura de un gen mediante la adición o la pérdida de uno o dos nucleótidos, con lo que hace que el resto del mensaje en el lado 3′ respecto a la mutación carezca de sentido.

**mutación de sentido equivocado** Mutación que altera el codón de DNA de manera que hace que un aminoácido de una proteína sea sustituido por otro distinto.

**mutación sin sentido** Una mutación que crea un codón de detención anormal y causa, por tanto, una interrupción prematura de la traducción. La proteína truncada resultante no suele ser funcional.

**mutación somática** Mutación que se produce en una célula de un organismo que no es una célula germinal. Puede afectar al organismo en el que se produce, pero no se transmite a sus descendientes.

**mutagénesis de lugar dirigida** Técnica mediante la cual se introduce una mutación específica en un lugar determinado de un gen clonado. A continuación el gen puede introducirse en un organismo y expresarse.

**mutágeno** Sustancia que es capaz de producir mutaciones.

**mutarrotación** Racemización espontánea sobre el carbono carbonilo de un azúcar.

**neurohormonas** Sustancias que se liberan por las neuronas y modulan el comportamiento de las células diana, que a menudo son otras neuronas. A diferencia de los neurotransmisores, no actúan estrictamente a través de una sinapsis. La mayor parte de las neurohormonas son péptidos.

**neurotoxina** Toxina que actúa alterando la función de la célula nerviosa. Las neurotoxinas de acción rápida actúan a menudo bloqueando la acción de una puerta iónica necesaria para la formación de un potencial de acción.

**neurotransmisor** Sustancia de peso molecular bajo que se libera en una terminación axónica en respuesta a la llegada de un potencial de acción y que difunde luego a través de la sinapsis para influir en la célula postsináptica, que puede ser otra neurona o bien una célula muscular o glandular.

**N-terminal** (denominado también amino terminal) El extremo de una cadena polipeptídica que contiene un grupo amino sin reaccionar. Un ribosoma sintetiza un polipeptico en la dirección que va del N-terminal al C-terminal. *Véase* también *C-terminal.*

**nucleasa** Enzima que rompe los ácidos nucleicos.

**núcleo** Estructura rodeada por una membrana en la célula eucariota, que contiene el material genético cromosómico y los componentes asociados. También es el lugar en el que se procesan las moléculas de RNA y se ensamblan los ribosomas.

**nucleoide** La molécula de DNA circular grande de una célula procariota, junto con sus proteínas asociadas; también se le llama a veces cromosoma bacteriano. Está superenrollado y forma una masa densa en el interior de la célula, y el término *nucleoide* se utiliza a veces para designar la región de la célula ocupada por esta masa.

**nucléolo** Región del núcleo de la célula en la que se transcriben y se procesan los RNA ribosómicos y se ensamblan los ribosomas.

**nucleósido** Molécula que tras su hidrólisis completa proporciona 1 mol por mol de una base púrica o pirimidínica y un azúcar.

**nucleosoma** Unidad estructural de primer orden para el empaquetamiento del DNA en la cromatina, que está formada por 146 pb de DNA que envuelven 1.75 veces un núcleo octamérico de proteínas histonas. Los sucesivos nucleosomas están conectados por fragmentos de DNA «conector».

**nucleótido** Una molécula que, tras su hidrólisis completa, da al menos 1 mol por mol de una base púrica o pirimidínica, un azúcar y fosfato inorgánico.

**número de copia** Número de copias de un gen concreto o de una secuencia de DNA que hay por célula.

**número de ligazón ($L$)** Número total de veces que las dos cadenas de una hélice circular cerrada de DNA se cruzan mediante giros o retorcimientos. Es igual al número de veces que están entrelazadas las dos cadenas. Refleja tanto el enrollamiento de la hélice de DNA nativo como la presencia de cualquier superenrollamiento. *Véase* también *giro, retorcimiento.*

**número de recambio** En relación con una reacción catalizada por una enzima, el número de moléculas de sustrato que una molécula de enzima puede procesar (recambiar) por segundo, cuando está saturada con el sustrato. Es equivalente a la constante de velocidad catalítica, $k_{cat}$.

**oligonucleótido** Molécula formada por residuos de nucleótidos ligados 3′ a 5′ pero menores que un ácido nucleico, que se denomina polinucleótido; con frecuencia de refere a un producto de síntesis química.

**oligopéptido** Molécula formada por residuos de aminoácidos ligador por enlace peptídico que es menor que una proteína, que se denomina polipéptido.

**oncogén** Un gen que, en una versión mutada, puede facilitar la transformación de una célula normal en cancerosa. Muchos oncogenes codifican proteínas mutantes que intervienen en la recepción y transducción de las señales de factores de proliferación.

**oncoproteína** Producto proteico de un oncogén.

**operador** Lugar del DNA al que se une una proteína represora para bloquear la iniciación de la transcripción a partir de un promotor adyacente.

**operón** Conjunto de genes estructurales procariotas contiguos que se transcriben como una unidad, junto con los elementos reguladores adyacentes que controlan su expresión.

**orgánulos** Compartimientos del citoplasma de las células eucariotas limitados por membranas. Cada tipo de orgánulo realiza un conjunto específico de funciones. Son ejemplos de orgánulos las mitocondrias, los cloroplastos y los núcleos.

**ortólogos** Genes homólogos de diferentes especies que se originaron por descendencia vertical desde un gen ancestral común mediante especiación. Compárese con paralogos.

**ortofosfato** Forma iónica del ácido fosfórico tal como se encuentra a pH fisiológico.

**osteoporosis** Pérdida de calcio de los huesos que da lugar a huesos porosos y frágiles.

**ovillo aleatorio** Se refiere a un polímero lineal que carece de estructura secundaria o terciaria, y en vez de ello es completamente flexible, con una geometría que varía de manera aleatoria. Es el estado de una proteína o de un ácido nucleico desnaturalizados.

**oxidasa** Enzima que cataliza la oxidación de un sustrato con el oxígeno como aceptor electrónico.

**oxidasa de función mixta** Una enzima oxigenasa que cataliza una reacción en la que se oxidan dos sustratos diferentes, uno mediante la adición de un átomo de oxígeno procedente del $O_2$ y el otro mediante el aporte de dos átomos de hidrógeno para reducir el átomo de oxígeno que queda a $H_2O$.

**oxigenasa** Enzima que cataliza la incorporación de oxígeno a un sustrato.

**palíndromo** Con respecto al DNA, un segmento en el que la secuencia es la misma en una cadena leída de derecha a izquierda y en la otra leída de izquierda a derecha. Así pues, se trata de una serie de repeticiones invertidas.

**paralogos** Genes homólogos de un solo organismo que se originó mediante duplicación génica. Los genes paralogos suelen tener la misma o similar función, aunque no siempre. Mientras que una copia continua realizando la función original, la otra copia puede escapar a la presión selectiva original y está libre de mutar y adquirir funciones nuevas. Compárese con ortólogos.

**pared celular** Una pared protectora rígida que se encuentra alrededor de una célula vegetal, bacteriana o fúngica, que se secreta por la célula y se sitúa por fuera de la membrana plasmática.

**partículas de reconocimiento de señal (SRP)** Partículas citoplasmáticas que fijan los ribosomas en la superficie del retículo endoplásmico (RE) si el polipéptido en formación está destinado a ser procesado por el RE. Las SRP reconocen y se unen a una secuencia señal N-terminal específica en el polipéptido en formación.

**patrón de difracción** Patrón que se produce cuando una radiación electromagnética pasa a través de una estructura con una repetición regular. Se produce porque las ondas dispersadas por la estructura interactúan de manera destructiva en la mayoría de las direcciones (creando zonas oscuras), mientras que lo hacen de manera constructiva en unas pocas direcciones (creando puntos brillantes). Para que el patrón sea bien definido, la longitud de onda de la radiación debe ser algo más corta que la distancia repetida en la estructura. *Véase* también *difracción de rayos X.*

**pentosa** Azúcar de cinco carbonos

**peptidiltransferasa** Durante la síntesis de los polipéptidos en los ribosomas, el complejo enzimático que transfiere la cadena polipeptídica del tRNA del lugar P al aminoácido transportado por el tRNA en el lugar A, con lo que añade otro aminoácido a la cadena. El lugar activo se encuentra en la porción de RNA de la subunidad ribosómica grande.

**peptidoglucano** Polisacárido unido de forma covalente a cadenas peptídicas o polipeptídicas.

**peroxisoma** Orgánulo vesicular pequeño que se especializa en la realización de reacciones celulares que comportan la transferencia de hidrógeno de un sustrato al $O_2$. Estas reacciones producen como intermediario $H_2O_2$, que se rompe para dar $H_2O$ y $O_2$ por la enzima peroxisómica catalasa.

**piranosa** Un azúcar que forma un anillo de seis eslabones.

**placa** Una zona clara que se forma por la infección local por un fago en un cultivo de bacterias en una placa de Petri. Con fines de experimentación, es el equivalente a las colonias bacterianas en el caso de los fagos. El término *placa* se refiere también a las placas ateroscleróticas (*véase*): depósitos grasos que cubren las superficies internas de las arterias coronarias.

**placas ateroscleróticas** Masas salientes que se forman en las paredes internas de las arterias en la enfermedad aterosclerótica. Una placa madura está formada en parte por lípidos, principalmente ésteres de colesterol, que pueden estar libres o contenidos en macrófagos llenos de lípidos, a los que se denomina células espumosas, y en parte por una proliferación anómala de células de músculo liso y de tejido conjuntivo

**plásmidos** Moléculas de DNA circulares pequeñas extracromosómicas que se encuentran en muchas bacterias. Se replican independientemente del cromosoma principal y puede haber múltiples copias de los mismos en una misma célula.

**poliaminas** Familia de compuestos, la mayoría de ellos derivados de la ornitina, que tienen varias funciones en el control del crecimiento, incluyendo la estabilización de los ácidos nucleicos y las membranas.

**polímero** Molécula grande que se forma mediante la unión de unidades moleculares prefabricadas (monómeros) que son semejantes o idénticas entre sí. El número de monómeros de un polímero puede ascender a varios millones.

**polimorfismos de longitud de los fragmentos de restricción (PLFR)** Tipo de polimorfismo genético que se detecta con facilidad mediante *transferencia Southern* y que puede utilizarse para la detección sistemática de enfermedades genéticas. Se basa en el hecho de que los alelos presentan a menudo lugares de ruptura diferentes por las endonucleasas de restricción, y producen, por tanto, conjuntos diferentes de fragmentos al ser tratados con las endonucleasas adecuadas.

**polirribosoma** Varios ribosomas unidos a una misma molécula de mRNA y traduciéndola; se llama también polisoma.

**porfirinas** Familia de compuestos tetrapirrólicos derivados del succinato y la glicina que incluyen el hemo y la clorofila.

**poro iónico** Poro de la membrana celular a través del cual pueden difundir los iones. Está formado por una proteína transmembrana, y puede diferenciar hasta cierto punto los diversos iones en función del tamaño y de la carga. Muchos poros iónicos disponen de puertas que pueden abrirse y cerrarse en respuesta a las señales.

**potencial de acción** Onda de despolarización transitoria que se desplaza a lo largo de la membrana de una célula nerviosa (o cualquier otro tipo de célula excitable, como una célula muscular), como resultado de los flujos de iones a través de la membrana. Un impulso nervioso.

**potencial de reducción estándar ($E_0$)** Para un determinado par formado por un donador electrónico y su aceptor conjugado, el potencial de reducción en condiciones estándar (25 °C; donador y aceptor a concentración de 1 M, ambos). A veces se denomina potencial redox.

**potencial de reposo** Diferencia de voltaje que existe a través de la membrana de una célula excitable, como una célula nerviosa, excepto en los lugares en que está en curso un potencial de acción. Es una consecuencia de los gradientes iónicos que se mantienen a través de la membrana.

**potencial de transferencia de fosfato** Hace referencia a la tendencia termodinámica de un compuesto orgánico de fosfato para transferir su fosfato a un aceptor; literalmente, $-\Delta G^{0\prime}$ de hidrólisis del enlace fosfato.

**potencial eléctrico de membrana** Respecto a las membranas biológicas, una diferencia de voltaje que existe a través de una membrana a causa de las diferencias de las concentraciones de iones a ambos lados de la membrana.

**potencial químico** (también llamado energía libre molar parcial) En un sistema, la energía libre que se encuentra en un componente químico por mol del componente presente. Así, por ejemplo, en un sistema que contenga *a* moles del componente A, y *b* moles del componente B, la energía libre total *G* sería la suma de la energía libre de los dos componentes, es decir $G = aGw_A + bGw_B$.

**primera ley de la termodinámica** Ley que establece que la energía no puede crearse ni destruirse y que, por tanto, es posible explicar cualquier cambio de la energía interna de un sistema *E* por un intercambio de calor (*q*) y/o de trabajo (*w*) con el entorno. $E = q - w$.

**primosoma** Complejo enzimático que se encuentra en la horquilla de replicación durante la replicación del DNA; sintetiza los RNA cebadores en la cadena retardada e interviene también en el desenrollamiento de la hélice del DNA parental.

**prión** Agente infeccioso que contiene proteína pero no ácido nucleico.

**procariotas** Organismos unicelulares primitivos que no están compartimentalizados por membranas celulares internas; las eubacterias y las arqueobacterias. Compárese con *eucariotas.*

**procesividad** Para una DNA o una RNA polimerasa, el número medio de nucleótidos que se incorporan por cada proceso de unión entre la polimerasa y un extremo 3′ cebador. Describe la tendencia de una polimerasa a mantenerse unida a un molde.

**profago** Un genoma de fago inactivo que se encuentra en una célula bacteriana y en sus descendientes. Está integrado en el cromosoma del hospedador.

**promotor** Secuencia de DNA que puede unirse a la RNA polimerasa, dando lugar a la iniciación de la transcripción.

**promotor tumoral** Compuesto que actúa más allá de la fase inicial de la carcinogénesis, a menudo actuando como estimulador de la proliferación.

**proquiral** Indica una molécula simétrica que se hace asimétrica como consecuencia de la unión a una enzima.

**prostaglandinas** Familia de compuestos que proceden de determinados ácidos grasos insaturados de cadena larga (especialmente el ácido araquidónico) a través de una ruta de ciclooxigenasa, y que actúan como hormonas locales.

**proteasas** Enzimas que rompen los enlaces peptídicos de un polipéptido. Muchas presentan especificidad para una determinada secuencia de aminoácidos.

**proteasoma** Complejo grande de proteasa dependiente de ATP que se encuentra en el citosol de las células y participa en la degradación selectiva de las proteínas citoplasmáticas de vida corta.

**proteínas asociadas a los microtúbulos (MAP)** Clase de proteínas asociadas con los microtúbulos que ayudan en los procesos dinámicos.

**proteínas de fusión** Proteínas obtenidas a través de ingeniería genética que se crean mediante el corte y empalme de secuencias codificadoras procedentes de dos o más genes. La proteína resultante combina porciones de dos proteínas diferentes.

**proteínas del choque térmico** Grupo de chaperoninas que se acumulan en una célula cuando ésta se ha sometido a un cambio brusco de temperatura o a otra agresión. Se cree que ayudan a resolver la acumulación de proteínas con un pliegue o ensamblaje inadecuado en las células agredidas.

**proteínas fibrosas** Proteínas de forma alargada, que se utilizan a menudo como materiales estructurales de las células y los tejidos. Compárese con *proteínas globulares.*

**proteínas G** Familia de proteínas asociadas a la membrana que transducen las señales recibidas por diversos receptores de la superficie celular. Se les llama proteínas G porque para su acción es esencial la unión de GTP y GDP.

**proteínas globulares** Proteínas cuya forma tridimensional plegada es relativamente compacta. Compárese con *proteínas fibrosas.*

**proteoglucanos** Glucoproteínas en las que el elemento dominante es el hidrato de carbono. Éste se encuentra en forma de polisacáridos glucosaminoglucanos, que están unidos al núcleo amplio de polipéptidos, formando moléculas enormes y ligeras. Los proteoglucanos son componentes importantes de la matriz intercelular.

**proteoma** Complemento proteico completo de proteínas de una célula u organismo.

**proteómica** Investigación de los procesos biológicos realizados mediante el análisis del proteoma (*véase*)

**protofilamentos** Las 13 columnas lineales de unidades de tubulina que pueden verse en la estructura de un microtúbulo; se producen porque cada vuelta de la hélice de microtúbulos contiene exactamente 13 unidades de tubulina. Cada protofilamento está formado por subunidades de tubulina $\alpha$ y $\beta$ alternadas.

**provirus** Genoma de un virus animal que está integrado en un cromosoma del hospedador.

**proyección de Fischer** Convenio para representar los estereoisómeros en un plano. Un tetraedro de enlaces de un carbono se representa como un corte plano, de manera que los enlaces situados a la derecha y a la izquierda se considera que van hacia el observador, y los enlaces de la parte superior e inferior se considera que se alejan del observador. Las proyecciones de Fischer de los monosacáridos están orientadas con el grupo carbonilo en la parte superior; el carbono quiral más alejado del grupo carbonilo (que es el que determina si el azúcar es de la forma D o L), se representa con su hidroxilo hacia la derecha para la forma D y hacia la izquierda para la forma L.

**proyección de Haworth** Una representación convencional en el plano de una molécula de monosacárido ciclada. Los hidroxilos que se representan a la derecha de la cadena en una proyección de Fischer se muestran por debajo del plano en una proyección de Haworth.

**prueba de Ames** Prueba para determinar la mutagenicidad de una sustancia. Una cepa de la bacteria *Salmonella typhimurium* que tiene una mutación que inactiva una enzima necesaria para la utilización de la histidina se expone a la sustancia en cuestión y se siembra en un medio que carece de histidina. Una mutación de reversión que activa la enzima mutante hace que las células crezcan en este medio.

**pseudogenes** Generalmente fragmentos de DNA no transcritos que presentan una semejanza de secuencia considerable con genes funcionantes y que evidentemente proceden de ellos a lo largo de la evolución. Muchas familias génicas contienen pseudogenes. Las pruebas recientes señalan que algunos pseudogenes de hecho se transcriben.

**punto de control** Punto durante el ciclo celular en el que la célula controla su preparación para entrar en la fase siguiente.

**punto de entrecruzamiento** Lugar específico de inhibición en el cual se bloquea una ruta global.

**punto isoeléctrico (pI)** pH al que la carga neta de un anfólito es, en promedio, cero.

**$\alpha$-queratinas** Clase de queratinas que son las proteínas principales del pelo. Están formadas por largos polipéptidos con hélice $\alpha$, que se entrelazan entre sí para formar hélices triples.

**quilomicrón** Tipo de lipoproteína que se produce en las vellosidades intestinales y se utiliza para transportar los lípidos del alimento en la circulación.

**quimiotaxia** Proceso mediante el cual las bacterias perciben un gradiente de concentración de una determinada sustancia en el medio y se desplazan a favor o en contra de ese gradiente.

**quimioterapia** Tratamiento de las enfermedades con agentes químicos.

**quiral** Respecto a una molécula u otro objeto, la propiedad de no ser superponible a su imagen especular. Un átomo que hace a una molécula quiral, como un carbono con cuatro sustituyentes diferentes, se denomina átomo quiral o centro de quiralidad.

**radio de van der Waals (*r*)** Radio efectivo de un átomo o una molécula que define la proximidad a la que pueden llegar otros átomos o moléculas; se trata pues del radio efectivo para el máximo empaquetamiento molecular.

**reacción de primer orden** Reacción cuya velocidad depende de la primera potencia de la concentración del reactivo. Compárese con *reacción de segundo orden.*

**reacción de segundo orden** Una reacción en la que deben unirse dos moléculas de reactivo para que se produzca la reacción. Se denomina de segundo orden porque la velocidad de la reacción depende del cuadrado de la concentración del reactivo (para dos moléculas del mismo reactivo) o del producto de las concentraciones de dos reactivos (para dos reactivos diferentes). Compárese con *reacción de primer orden.*

**reacción en cadena de la polimerasa (RCP)** Técnica que se utiliza para amplificar el número de copias de una secuencia de DNA específica mediante ciclos repetidos de desnaturalización por el calor y replicación catalizada por una DNA polimerasa.

**reacciones luminosas** Subprocesos de la fotosíntesis que dependen *directamente* de la energía de la luz, concretamente la síntesis de ATP mediante la fotofosforilación y la reducción del $NADP^+$ a NADPH a través de la oxidación del agua. Compárese con *reacciones oscuras.*

**reacciones oscuras** Subprocesos fotosintéticos que no dependen *directamente* de la energía luminosa. Específicamente, la síntesis de hidratos de carbono a partir de $CO_2$ y $H_2O$. Compárese con las *reacciones luminosas.*

**receptor** Una proteína que se une de manera selectiva a una molécula específica (como un mediador intercelular o un antígeno) e inicia una respuesta biológica.

**receptores adrenérgicos** Receptores de la superficie celular a los que se unen la adrenalina y la noradrenalina. Los hay de varios tipos, con especificidades de ligando y efectos algo diferentes.

**receptores de acetilcolina muscarínicos** Clase de receptores para el neurotransmisor acetilcolina que se caracterizan por la capacidad de unir la toxina fúngica muscarina. Las sinapsis que tienen estos receptores pueden ser excitadoras o inhibidoras. Compárese con *receptores de acetilcolina nicotínicos.*

**receptores de acetilcolina nicotínicos** Clase de receptores para el neurotransmisor acetilcolina que se caracteriza por su capacidad de unir la nicotina. Las sinapsis que tienen este tipo de receptor son excitadoras. Compárese con *receptores de acetilcolina muscarínicos.*

**recombinación** Proceso que se produce en un organismo, por el cual dos moléculas de DNA de origen dan lugar a una molécula de DNA hija que combina segmentos procedentes de las dos moléculas originales. Puede comportar la integración de una molécula de DNA en la otra, la sustitución de un segmento de DNA por un segmento homólogo en otra molécula de DNA, o el intercambio de segmentos homólogos entre las dos moléculas de DNA.

**recombinación genética** Cualquier proceso que da lugar a la transferencia de material genético desde una molécula de DNA a otra. En los eucariotas puede referirse específicamente al intercambio de segmentos correspondientes entre cromosomas homólogos mediante el proceso de entrecruzamiento durante la meiosis.

**recombinación homóloga** Recombinación genética que requiere una homología de secuencia amplia entre las moléculas de DNA recombinantes. La recombinación meiótica mediante entrecruzamiento en los eucariotas es un ejemplo de ello.

**regulón** Grupo de genes no ligados (no adyacentes) que se regulan todos por un mecanismo común.

**relación homolítica** Una reacción de rotura de enlace en la que cada uno de los dos electrones compartidos del enlace roto termina en un producto diferente.

**reparación de la rotura de doble cadena** Procesos de las células eucariotas que permiten reparar las roturas de doble cadena del DNA.

**reparación de mal apareamiento** Sistema para la corrección de nucleótidos mal apareados o de inserciones o pérdidas de una sola base producidas durante la replicación del DNA. Rastrea el DNA recién replicado y cuando encuentra un error, lo elimina, y sustituye un fragmento de la cadena que contiene el error.

**reparación por escisión de base (BER)** Proceso de reparación del DNA que comienza con la rotura de un enlace glucosídico entre una base dañada y la desoxirribosa a la que está ligada.

**reparación por escisión de nucleósido** Proceso de reparación del DNA en el que un trozo de DNA que incluye un lugar dañado se corta y sustituye de forma endonucleotídica.

**repeticiones terminales largas (LTR)** Un par de repeticiones directas de varios centenares de pares de bases de longitud que se encuentran en ambos extremos del genoma del retrovirus. Intervienen en la integración en el genoma del hospedador y en la expresión génica del virus.

**replicación semiconservativa** Modo de replicación del DNA en el que cada dúplex hija contiene una cadena del dúplex original y una cadena de nueva síntesis. Es la forma en que se produce de hecho la replicación del DNA.

**replicón** Unidad del genoma formada por un origen de replicación y todo el DNA que se replica a partir de ese origen.

**replisoma** Complejo de la DNA polimerasa y otras enzimas y proteínas que cataliza los diversos procesos implicados en la elongación de la cadena de DNA en la replicación

**representación de Lineweaver-Burk** Representación que permite calcular la constante de velocidad $k_{cat}$ y la constante de Michaelis $K_M$ para una reacción catalizada por una enzima. Se construye midiendo la velocidad de reacción inicial $V$ a diversas concentraciones de sustrato [S], y representando gráficamente los valores en un gráfico de $1/V$ frente a $1/[S]$.

**representación de Ramachandran** Representación que constituye un mapa de todas las configuraciones posibles del armazón para un aminoácido en un polipéptido. Los ejes de la representación son los ángulos de rotación de los dos enlaces del armazón que tienen libertad de giro ($\phi$ y $\psi$, respectivamente); cada punto $\phi$, $\psi$ en la representación refiere, pues, una configuración concebible del armazón del aminoácido.

**represor** En genética molecular, una proteína que inhibe la transcripción de un gen mediante la unión a un operador.

**residuo** Un aminoácido o nucleótido tal como se encuentra dentro de una cadena polipeptídica o polinucleotídica, respectivamente. La estructura es la misma que la del respectivo compuesto libre, menos los elementos de una molécula de agua.

**resinas de intercambio iónico** Polímeros policatiónicos o polianiónicos que se utilizan en la cromatografía de intercambio iónico en columna para separar las sustancias en función de la carga eléctrica.

**resonancia de espín electrónico** (denominada también resonancia paramagnética electrónica, o ERP) Una forma de espectroscopia que es sensible al entorno de electrones desapareados en una muestra.

**respiración** En relación con el metabolismo energético, el proceso por el cual se genera energía celular a través de la oxidación de moléculas de nutrientes con el $O_2$ como aceptor electrónico final. Este tipo de respiración se denomina también *respiración celular* para diferenciarla de la respiración en el sentido de inspiración y espiración de aire.

**respuesta al daño del DNA** Serie coordinada de acontecimientos tras el daño del DNA que se producen en las células eucariotas.

**respuesta de restricción** Mecanismo que inhibe la expresión de todos los genes estructurales en las bacterias en condiciones de carencia de aminoácidos. Comporta una inhibición de la síntesis de los RNA ribosómicos y los tRNAs.

**respuesta SOS** Respuesta bacteriana frente a diversos tipos de tensión que pueden ser letales, como la irradiación UV intensa. Comporta una expresión coordinada de un conjunto de proteínas que realizan maniobras de supervivencia, como el tipo de reparación propensa a error para los dímeros de timina del DNA.

**restricción y modificación inducidas por el hospedador** Sistema genético que se encuentra en las bacterias, mediante el cual un elemento genético (a menudo un plásmido) codifica una enzima para la metilación del DNA en una secuencia de bases específica y una endonucleasa que rompe el DNA no metilado en esa secuencia. Por lo tanto, el sistema *restringe* el DNA que puede persistir en la célula al DNA que está *modificado* por la metilación de las secuencias correctas.

**retículo endoplásmico (RE)** Compartimiento membranoso muy plegado dentro del citoplasma que se encarga de una gran variedad de funciones celulares, como la glucosilación y el tráfico de proteínas destinadas a la secreción o a la membrana celular, o a algunos orgánulos. También interviene en la síntesis de lípidos, y se encuentran en su superficie las enzimas de muchas rutas del metabolismo intermediario.

**retículo sarcoplásmico** Red de túbulos membranosos que rodea a cada miofibrilla en una célula de músculo esquelético. Es una zona especializada del retículo endoplásmico; su principal función consiste en el secuestro y posterior liberación del $Ca^{2+}$ que desencadena la contracción de las miofibrillas.

**retinoides** Sustancias que proceden del ácido retinoico (una forma de vitamina A) y que actúan como mediadores intercelulares; son especialmente importantes para regular el desarrollo.

**retorcimiento (*W*)** En relación con la hélice de DNA superenrollada, el número de veces que el conjunto de la hélice se cruza sobre sí misma, es decir, el número de vueltas de superhélice presentes. *Véase* también *número de ligazón, giro.*

**retrovirus** Familia de virus de RNA que poseen transcriptasa inversa. Cuando un virus ha infectado a una célula, esta enzima transcribe el genoma de RNA en una versión de DNA de doble cadena, que se integra en el cromosoma del hospedador. El virus de la inmunodeficiencia humana (VIH) es un retrovirus.

**ribointerruptores** Extremo 5′ de determinados mRNAs, que pueden plegarse alrededor de metabolitos específicos, normalmente productos finales de una ruta y así inhibir la traducción de ese mRNA y desconectando la ruta.

**ribosomas** Complejos grandes de proteína y RNA que se encargan de la síntesis de polipéptidos bajo la dirección de los mRNA moldes.

**ribozima** Enzima que contiene RNA como entidad catalítica; puede ser una molécula de mRNA o una ribonucleoproteína.

**RNA antisentido** Molécula de RNA que es complementaria de un mRNA; puede bloquear la traducción del mRNA mediante la formación de un dúplex con él. La expresión génica puede regulsarse por la producción de RNA antisentido.

**RNA cebador** Durante la replicación del DNA, el fragmento corto de nucleótidos de RNA que se coloca al inicio de cada fragmento de Okazaki; proporciona un extremo OH 3′ a partir del cual la DNA polimerasa puede alargar el fragmento. Posteriormente es sustituido por DNA.

**RNA de transferencia (tRNA)** Clase de moléculas pequeñas de RNA que transfieren los aminoácidos a los ribosomas para incorporarlos a las proteínas.

**RNAi** Abreviatura de RNA de interferencia, una colección de procesos en los que moléculas pequeñas de RNA (21 a 23 nucleótidos) se unen a determinados mRNAs mediante apareamiento de bases homólogo y limitan la traducción del RNA diana mediante diversos medios, como la estimulación de la degradación.

**RNA mensajero (mRNA)** Moléculas de RNA que actúan como moldes para la síntesis de los polipéptidos en los ribosomas.

**rubisco (ribulosa bisfosfato carboxilasa-oxigenasa)** Enzima que realiza la fijación del carbono en la fotosíntesis, mediante la adición de $CO_2$ a la ribulosa-1,5-bisfosfato. También puede añadir $O_2$ en lugar de $CO_2$, iniciando con ello la fotorrespiración.

**saponificación** Hidrólisis catalizada por una base de un triacilglicerol.

**secuencia de consenso** Para un grupo de secuencias de nucleótidos o aminoácidos que presentan semejanza pero que no son idénticas (por ejemplo, las secuencias de una familia de secuencias genéticas reguladoras relacionadas), una secuencia artificial construida eligiendo para cada posición el residuo que se encuentra aquí con más frecuencia en las secuencias estudiadas.

**secuencia líder** (denominada también secuencia señal) Para un mRNA, la secuencia no traducida del extremo 5′ de la molécula que precede al codón de iniciación. Para una proteína, una secuencia hidrófoba corta N-terminal que provoca una translocación de la proteína en una membrana celular o a través de ella.

**secuencia potenciadora** Secuencia de DNA que está situada a distancia de un gen pero a la que puede unirse un factor proteico que afecta a la transcripción del gen para ejercer su acción. Los potenciadores están ligados a la RNA polimerasa al lugar de comienzo de la transcripción mediante Mediador.

**secuencia señal** *Véase secuencia líder.*

**secuencias de replicación autónoma (ARS)** Secuencias de los cromosomas de la levadura que, cuando se incorporan a un plásmido artificial, permiten a éste replicarse de manera eficaz en las células de la levadura.

**secuencias PEST** Familia de secuencias de aminoácidos que se ha observado en las proteínas celulares que sufren un recambio metabólico rápido; puede marcar a las proteínas para una proteólisis rápida de las mismas. Consisten en una región de unos 12 a 60 residuos de longitud, con abundante prolina, glutamato, serina y treonina (P, E, S y T, según el sistema de abreviaturas de una sola letra).

**segunda ley de la termodinámica** Ley que afirma que la entropía de un sistema cerrado nunca disminuye. Una enunciación alternativa es la de que los procesos que están favorecidos termodinámicamente a temperatura y presión constantes comportan una disminución de la energía libre.

**segundo mensajero** Sustancia intracelular que transmite una señal extracelular (como una señal hormonal) desde la membrana celular a las proteínas intracelulares efectoras.

**semimetilado** En cuanto al DNA, hace referencia al estado en el que una cadena de un dúplex está metilada y la otra no. El DNA recién replicado está semimetilado; normalmente, una enzima metilasa metila luego las bases adecuadas en la nueva cadena.

**semivida** (llamada también tiempo medio) Para una reacción química, el tiempo necesario para que se haya consumido y transformado en producto la mitad de sustrato. El término puede referirse también al tiempo análogo en otros procesos, como la desintegración radiactiva de un isótopo (período de semidesintegración).

**SIDA (síndrome de inmunodeficiencia adquirida)** Enfermedad causada por la infección prolongada por el virus de la inmunodeficiencia humana (VIH) que se caracteriza por una incapacitación del sistema inmunitario. Las víctimas de la enfermedad fallecen por infecciones o cánceres que su sistema inmunitario no es capaz de controlar.

**simporte** Proceso de transporte de membrana que acopla el transporte de un sustrato en una dirección a través de una membrana, con el transporte de un sustrato diferente en la misma dirección. Compárese con *antiporte.*

**síntesis de translesión** Una forma de reparación del DNA en la que DNA polimerasas especializadas participan replicando pasado un lugar dañado en la cadena molde no dañada.

**siRNA** Conocido también como RNA de interferencia pequeño, un RNA corto de doble cadena (21 a 23 nucleótidos) que se dirige contra otros RNAs con secuencias homólogas para su degradación; implicado en la resistencia de las plantas a la infección de los virus.

**sirtuínas** (Por *silent information regulators*; reguladores silenciosos de información) Familia de proteínas con actividad proteína desacetilasa dependiente de $NAD^+$ que participan en la regulación del metabolismo energético.

**superenrollamiento** Para una doble hélice de DNA, vueltas de las dos cadenas, una alrededor de la otra, cuyo número supera o es inferior al número de vueltas existente en la conformación helicoidal más estable. Tan sólo una hélice que es circular o está fijada de algún otro modo en ambos extremos puede mantener el superenrollamiento. *Véase giro, retorcimiento.*

**supresión** En relación con las mutaciones, una mutación que se produce en un lugar diferente del de una mutación existente en un gen pero que restablece el fenotipo natural.

**supresor de desplazamiento de marco** tRNA mutante que contiene dos o cuatro bases en el bucle del anticodón y puede suprimir los efectos de una determinada mutación de desplazamiento de marco de un gen.

**sustitución isomorfa** Sustitución de un átomo de una macromolécula por un átomo de metal pesado, de manera que no se modifique la estructura de la macromolécula. Se emplea en la determinación de la estructura molecular mediante la difracción de cristales con rayos X.

**sustrato** Un reactivo en una reacción catalizada por una enzima.

**tautómeros** Isómeros estructurales que difieren en la localización de sus hidrógenos y dobles enlaces.

**telomerasa** DNA polimerasa que añade una secuencia de repetición corta a la cadena 3′ en cualquiera de los extremos de la molécula de DNA cromosómico, creando así un saliente de una sola cadena. Este saliente deja espacio para el cebado del origen de un fragmento de Okazaki final durante la replicación del DNA, con lo que puede copiarse toda la longitud del cromosoma.

**telómeros** Secuencias especiales de DNA en los extremos de los cromosomas eucariotas.

**teoría de la selección clonal** Modelo (que ha resultado correcto) que describe cómo puede producir el organismo respuestas inmunitarias específicas contra una amplia gama de antígenos. Las células B y T producidas por el organismo tienen especificidades antigénicas generadas de manera aleatoria. Cuando un determinado antígeno entra en el cuerpo, induce la proliferación tan sólo de las células B y T que resultan ser específicas para el mismo. Así pues, el antígeno selecciona las células que pondrán en marcha una respuesta inmunitaria contra él y las estimula a experimentar una proliferación clonal.

**terpenos** Familia de compuestos, entre ellos los esteroides, que se ensamblan a partir de unidades de cinco carbonos relacionados con el isopreno.

**tilacoides** Sacos unidos a la membrana dentro de un cloroplasto (*véase*) que contienen los fotosistemas (*véase*).

**tiorredoxina** Proteína de bajo peso molecular con un agrupamiento ditiol con actividad redox que desempeña diversas funciones, las principales reductores biológicos.

**tipo natural** Indica el genotipo normal que se encuentra en los elementos naturales de vida libre de un grupo de organismos.

**topoisomerasas** Enzimas que modifican el superenrollamiento de las hélices de DNA al permitir la relajación de la torsión superhelicoidal (con lo que se reduce el superenrollamiento) o añadir giros adicionales (con lo que aumenta el superenrollamiento).

**topoisómeros** En relación con el DNA, moléculas de DNA circulares cerradas que son idénticas excepto en su sentido o grado de superenrollamiento. Los topoisómeros de DNA pueden intercambiarse únicamente mediante el corte de una o las dos cadenas utilizando topoisomerasas.

**traducción** Síntesis de un polipéptido dirigida por un mRNA, de manera que la secuencia de nucleótidos del mRNA se «traduce» en una secuencia de aminoácidos de la proteína. Compárese con *transcripción.*

**transaminación** En la célula, la transferencia enzimática de un grupo amino de un aminoácido a un cetoácido. El cetoácido se transforma en aminoácido y viceversa.

**transcripción** Síntesis de una molécula de RNA complementaria de una cadena de DNA; la información codificada en la secuencia de bases del DNA se «transcribe» pues a la versión de RNA del mismo código. Compárese con *traducción.*

**transcriptasa inversa** Enzima que se encuentra en los retrovirus y que sintetiza una molécula de DNA de doble cadena a partir de un RNA molde de una sola cadena. Es una herramienta importante en genética molecular y es la diana de diversos fármacos antivíricos.

**transducción** Proceso de intercambio de genes que implica el empaquetamiento del DNA bacteriano durante la infección vírica seguido de su transferencia a otra célula en una ronda siguiente de infección.

**transferencia northern** Técnica para detectar la presencia de una secuencia de RNA específica en una célula y determinar su tamaño. Se extrae el RNA total de la célula, se separa mediante electroforesis en gel y se transfiere a un filtro. Se incuba en él en condiciones de alineamiento con una sonda marcada radiactivamente para la secuencia en cuestión, y se detectan las dobles cadenas heterogéneas de la sonda con el RNA mediante autorradiografía.

**transferencia southern** Técnica para detectar la presencia de una secuencia de DNA específica en un genoma. Se extrae el DNA, se fragmenta, se separan los fragmentos mediante electroforesis en gel, se desnaturaliza y se aplica a un filtro de nitrocelulosa. A continuación, se incuba en condiciones de alineamiento con una sonda marcada radiactivamente para la secuencia en cuestión, y se detectan las heterodúplex heterogéneas de la sonda con el DNA genómico mediante autorradiografía.

**transferencia western** Técnica para identificar proteínas o fragmentos de proteínas de una mezcla que reaccionan con un determinado anticuerpo. La mezcla se separa primero en bandas mediante electroforesis en gel desnaturalizante unidimensional. A continuación, se transfieren las bandas proteicas a una lámina de nitrocelulosa que se trata con el anticuerpo, y se identifican las bandas que unen el anticuerpo. Se llama con más exactitud inmunotransferencia.

**transgénico** Hace referencia a un organismo cuyo genoma contiene una o varias secuencias de DNA procedentes de una especie distinta (transgenes). La ingeniería genética puede usarse para crear animales transgénicos.

**transición** En genética, una mutación de sustitución en la que un par de bases purina-pirimidina da lugar a otro par de bases purina-pirimidina.

**transición cooperativa** Una transición en una estructura de múltiples partes que hace que la aparición de la transición en una parte de la estructura haga que sea más probable que se produzca la transición en las otras partes.

**transportador de glucosa** Proteína de membrana que se encarga del transporte de glucosa a través de la membrana celular. Los diferentes tejidos pueden tener transportadores de glucosa con propiedades distintas.

**transporte activo** Transporte de una sustancia a través de una membrana biológica mediante un mecanismo que puede funcionar en contra de un gradiente de concentración (o electroquímico). Requiere siempre el gasto de energía celular. Compárese con *transporte facilitado, transporte pasivo.*

**transporte facilitado** (denominado también difusión facilitada) Movimiento de una sustancia a través de una membrana biológica en respuesta a una concentración o gradiente electroquímico en que el movimiento está facilitado por poros de la membrana o por proteínas de transporte específicas. Compárese con *transporte activo, transporte pasivo.*

**transporte pasivo** (también denominado difusión pasiva) En relación con el transporte a través de membranas, el movimiento de una sustancia a través de una membrana biológica mediante difusión molecular a través de la bicapa lipídica. Compárese con *transporte activo, transporte facilitado.*

**transposasa** Enzima que participa en la inserción de un transposón bacteriano en un lugar diana.

**transversión** En genética, una mutación de sustitución en la que un par de base purina-pirimidina da lugar a un par de bases pirimidina-purina.

**traslación de mella** Proceso que comienza en una mella de un DNA dúplex, en el que una DNA polimerasa añade nucleótidos de uno en uno a un nucleótido 3′ terminal en la mella, de forma síncrona con la rotura del nucleótido del lado 5′ de la mella. El proceso hace que migre la localización de la mella (de aquí el origen del término).

**triacilglicerol** Llamado con frecuencia grasa neutra o triglicérido, un lípido cuya hidrólisis da un glicerol y tres ácidos grasos.

**ubiquitina** Proteína de bajo peso molecular ampliamente distribuida que cuando está unida al residuo C-terminal de otra proteína, marca a esa proteína para su degradación metabólica.

**ultrafiltración** Técnica de filtrado de una solución bajo presión a través de una membrana semipermeable, que permite el paso de agua y pequeños solutos a través de la misma, pero retiene las macromoléculas.

**unidad Svedberg (S)** En la ultracentrifugación, una unidad utilizada para el coeficiente de sedimentación; es igual a $10^{-13}$ segundos.

**unión de extremos no cíclica** Proceso de reparación de rotura de doble cadena en el que los extremos dañados se juntan sin que se requiera homología de secuencia en los extremos dañados.

**unión de Holliday** Intermediario que se forma durante la recombinación homóloga. Una estructura de cuatro brazos en donde cada una de los dúplex de DNA participantes ha intercambiado una cadena con la otra doble cadena.

**uricotélico** Con referencia a los organismos, como las aves o los reptiles que eliminan la mayor parte de su nitrógeno en forma de ácido úrico.

**vector** En ingeniería genética, una molécula de DNA que puede usarse para introducir una secuencia de DNA en una célula, en la que se replicará y mantendrá. Generalmente se trata de un plásmido o un genoma vírico.

**vesícula** Partícula esférica formada a partir de una bicapa fosfolipídica.

**virión** Una partícula vírica única.

**virus** Entidades infecciosas que contienen el ácido nucleico para codificar su propia estructura pero que carecen de la maquinaria enzimática de una célula; se replican invadiendo una célula y utilizando su maquinaria para expresar el genoma del virus. La mayor parte de los virus contiene poco más que el ácido nucleico encerrado en una cubierta proteica; algunos virus tienen también una envoltura externa de doble capa lipídica.

**xenobiótico** Un compuesto orgánico que no lo produce el organismo en el que se encuentra.

**Z-DNA** Un DNA dúplex con una estructura helicoidal, a izquierdas, específica. In vitro, tiende a ser la forma más estable de DNA dúplex que tienen purinas y pirimidinas alternadas, especialmente en condiciones de metilación de la citosina o superenrollamiento negativo.

# ÍNDICE ANALÍTICO

**NOTA:** Los números de página que se indican en negrita hacen referencia a una definición o a un comentario detallado de la entrada. Una *f* después de un número de página indica una figura y una *t* indica una tabla.

## AMINOÁCIDOS

| Nombre | Símbolo | | Palabras del código genético | | | | | |
|---|---|---|---|---|---|---|---|---|
| Ácido aspártico | Asp | D | GAC | GAU | | | | |
| Ácido glutánico | Glu | E | GAA | GAG | | | | |
| Alanina | Ala | A | GCA | GCC | GCG | GCU | | |
| Arginina | Arg | R | AGA | AGG | CGA | CGC | CGG | CGU |
| Asparagina | Asn | N | AAC | AAU | | | | |
| Cisteína | Cys | C | UGC | UGU | | | | |
| Fenilalanina | Phe | F | UUC | UUU | | | | |
| Glutamina | Gln | Q | CAA | CAG | | | | |
| Glicina | Gly | G | GCA | GGC | GGG | GGU | | |
| Histidina | His | H | CAC | CAU | | | | |
| Isoleucina | Ile | I | AUA | AUC | AUU | | | |
| Leucina | Leu | L | CUA | CUC | CUG | CUU | UUA | UUG |
| Lisina | Lys | K | AAA | AAG | | | | |
| Metionina | Met | M | AUG | | | | | |
| Prolina | Pro | P | CCA | CCC | CCG | CCU | | |
| Serina | Ser | S | AGC | AGU | UCA | UCC | UCG | UCU |
| Treonina | Thr | T | ACA | ACC | ACG | ACU | | |
| Triptófano | Trp | W | UGG | | | | | |
| Tirosina | Tyr | Y | UAC | UAU | | | | |
| Valina | Val | V | GUA | GUC | GUG | GUU | | |

## TABLA PERIÓDICA DE LOS ELEMENTOS

| 1 | 2 | 3 | 4 | 5 | 6 | 7 | 8 | 9 | 10 | 11 | 12 | 13 | 14 | 15 | 16 | 17 | 18 |
|---|---|---|---|---|---|---|---|---|---|---|---|---|---|---|---|---|---|
| 1 **H** 1.008 | | | | | | | | | | | | | | | | | 2 **He** 4.0026 |
| 3 **Li** 6.94 | 4 **Be** 9.0122 | | | | | | | | | | | 5 **B** 10.81 | 6 **C** 12.011 | 7 **N** 14.007 | 8 **O** 15.999 | 9 **F** 18.998 | 10 **Ne** 20.180 |
| 11 **Na** 22.990 | 12 **Mg** 24.305 | | | | | | | | | | | 13 **Al** 26.982 | 14 **Si** 28.085 | 15 **P** 30.974 | 16 **S** 32.06 | 17 **Cl** 35.45 | 18 **Ar** 39.948 |
| 19 **K** 39.098 | 20 **Ca** 40.078 | 21 **Sc** 44.956 | 22 **Ti** 47.867 | 23 **V** 50.942 | 24 **Cr** 51.996 | 25 **Mn** 54.938 | 26 **Fe** 55.845 | 27 **Co** 58.933 | 28 **Ni** 58.693 | 29 **Cu** 63.546 | 30 **Zn** 65.38 | 31 **Ga** 69.723 | 32 **Ge** 72.63 | 33 **As** 74.922 | 34 **Se** 78.96 | 35 **Br** 79.904 | 36 **Kr** 83.798 |
| 37 **Rb** 85.468 | 38 **Sr** 87.62 | 39 **Y** 88.906 | 40 **Zr** 91.224 | 41 **Nb** 92.906 | 42 **Mo** 95.96 | 43 **Tc** (98) | 44 **Ru** 101.07 | 45 **Rh** 102.91 | 46 **Pd** 106.42 | 47 **Ag** 107.87 | 48 **Cd** 112.41 | 49 **In** 114.82 | 50 **Sn** 118.71 | 51 **Sb** 121.76 | 52 **Te** 127.60 | 53 **I** 126.90 | 54 **Xe** 131.29 |
| 55 **Cs** 132.91 | 56 **Ba** 137.33 | 57–71 * | 72 **Hf** 178.49 | 73 **Ta** 180.95 | 74 **W** 183.84 | 75 **Re** 186.21 | 76 **Os** 190.23 | 77 **Ir** 192.22 | 78 **Pt** 195.08 | 79 **Au** 196.97 | 80 **Hg** 200.59 | 81 **Tl** 204.38 | 82 **Pb** 207.2 | 83 **Bi** 208.98 | 84 **Po** (209) | 85 **At** (210) | 86 **Rn** (222) |
| 87 **Fr** (223) | 88 **Ra** (226) | 89–103 # | 104 **Rf** (265) | 105 **Db** (268) | 106 **Sg** (271) | 107 **Bh** (270) | 108 **Hs** (277) | 109 **Mt** (276) | 110 **Ds** (281) | 111 **Rg** (280) | 112 **Cn** (285) | 113 **Uut** (284) | 114 **Fl** (289) | 115 **Uup** (288) | 116 **Lv** (293) | 117 **Uus** (294) | 118 **Uuo** (294) |

| | | | | | | | | | | | | | | | |
|---|---|---|---|---|---|---|---|---|---|---|---|---|---|---|---|
| * Lantánidos | 57 **La** 138.91 | 58 **Ce** 140.12 | 59 **Pr** 140.91 | 60 **Nd** 144.24 | 61 **Pm** (145) | 62 **Sm** 150.36 | 63 **Eu** 151.96 | 64 **Gd** 157.25 | 65 **Tb** 158.93 | 66 **Dy** 162.50 | 67 **Ho** 164.93 | 68 **Er** 167.26 | 69 **Tm** 168.93 | 70 **Yb** 173.05 | 71 **Lu** 174.97 |
| # Actínidos | 89 **Ac** (227) | 90 **Th** 232.04 | 91 **Pa** 231.04 | 92 **U** 238.03 | 93 **Np** (237) | 94 **Pu** (244) | 95 **Am** (243) | 96 **Cm** (247) | 97 **Bk** (247) | 98 **Cf** (251) | 99 **Es** (252) | 100 **Fm** (257) | 101 **Md** (258) | 102 **No** (259) | 103 **Lr** (262) |

### CÓDIGO GENÉTICO (mRNA)

**Segunda posición**

| Primera posición | U | C | A | G | Tercera posición |
|---|---|---|---|---|---|
| U | UUU Phe | UCU Ser | UAU Tyr | UGU Cys | U |
| U | UUC Phe | UCC Ser | UAC Tyr | UGC Cys | C |
| U | UUA Leu | UCA Ser | UAA Parada | UGA Parada | A |
| U | UUG Leu | UCG Ser | UAG Parada | UGG Trp | G |
| C | CUU Leu | CCU Pro | CAU His | CGU Arg | U |
| C | CUC Leu | CCC Pro | CAC His | CGC Arg | C |
| C | CUA Leu | CCA Pro | CAA Gln | CGA Arg | A |
| C | CUG Leu | CCG Pro | CAG Gln | CGG Arg | G |
| A | AUU Ile | ACU Thr | AAU Asn | AGU Ser | U |
| A | AUC Ile | ACC Thr | AAC Asn | AGC Ser | C |
| A | AUA Ile | ACA Thr | AAA Lys | AGA Arg | A |
| A | AUG Met/inicio | ACG Thr | AAG Lys | AGG Arg | G |
| G | GUU Val | GCU Ala | GAU Asp | GGU Gly | U |
| G | GUC Val | GCC Ala | GAC Asp | GGC Gly | C |
| G | GUA Val | GCA Ala | GAA Glu | GGA Gly | A |
| G | GUG Val | GCG Ala | GAG Glu | GGG Gly | G |

### ALGUNOS PREFIJOS USADOS EN EL SISTEMA INTERNACIONAL DE UNIDADES

| | | |
|---|---|---|
| $10^{9}$ | giga | G |
| $10^{6}$ | mega | M |
| $10^{3}$ | kilo | k |
| $10^{-1}$ | deci | d |
| $10^{-2}$ | centi | c |
| $10^{-3}$ | milli | m |
| $10^{-6}$ | micro | $\mu$ |
| $10^{-9}$ | nano | n |
| $10^{-12}$ | pico | p |
| $10^{-15}$ | femto | f |

### FACTORES DE CONVERSIÓN

Energía: 1 joule = $10^{7}$ ergs = 0.239 cal
1 cal = 4.184 joule

Longitud: 1 nm = 10 Å = $1 \times 10^{-7}$ cm = $1 \times 10^{-9}$ m

Masa: 1 kg = 1000 g = 2.2 lb
1 lb = 453.6 g

Presión: 1 atm = 760 torr = 14.696 psi
1 torr = 1 mm Hg

Temperatura: °K = °C + 273
°C = (5/9)(°F − 32)

Volumen: 1 L = $1 \times 10^{-3}$ $m^3$ = 1000 $cm^3$

### CONSTANTES FÍSICAS

| Nombre | Símbolo | Unidades SI | Units cgs |
|---|---|---|---|
| Carga electrónica | $e$ | $1.602177 \times 10^{-19}$ culombio[b] | $4.80321 \times 10^{-10}$ esu |
| Constante de Boltzmann | $k$ | $1.38066 \times 10^{-23}$J/°K | $1.38066 \times 10^{-16}$ erg/°K |
| Constante de Faraday | $F$ | 96485 J/V · mol | $9.6485 \times 10^{11}$ erg/V · m |
| Constante de Planck | $h$ | $6.626075 \times 10^{-34}$ J · s | $6.626075 \times 10^{-27}$ erg · s |
| Constante de los gases[a] | $R$ | 8.31451 J/°K · mol | $8.31451 \times 10^{7}$ erg/°K · m |
| Curie | Ci | $3.7 \times 10^{10}$ d/s | $3.7 \times 10^{10}$ d/s |
| Número de Avogadro | $N$ | $6.022137 \times 10^{23}$/mol | $6.022137 \times 10^{23}$/mol |
| Velocidad de la luz (vacío) | $c$ | $2.99792 \times 10^{8}$ m/s | $2.99792 \times 10^{10}$ cm/s |

[a]Otros valores de R: 1.9872 cal/K · mol = 0.082 L · atm/°K · mol
[b]culombio = 1 J/V

### ECUACIONES ÚTILES

| | |
|---|---|
| Ecuación de Henderson-Hasselbalch | $pH = pK_a + \log([A^-]/[HA])$ |
| Ecuación de Michaelis-Menten | $V = V_{max}[S]/(K_M + [S])$ |
| Cambio de energía libre en condiciones no estándar | $\Delta G = \Delta G° + RT \ln([C][D]/[A][B])$ |
| Cambio de energía libre y potencial de reducción estándar | $\Delta G°' = -nF\Delta E'_0$ |
| Potenciales de reducción en una reacción redox | $\Delta E'_0 = E'_0(\text{acceptor}) - E'_0(\text{donor})$ |
| Fuerza protón motriz | $\Delta p = \Delta\Psi - 2.3RT\,\Delta pH/F$ |
| Difusión pasiva de una muestra cargada | $\Delta G = G_2 - G_1 = RT \ln(C_2/C_1) + ZF\Delta\Psi$ |

| | |
|---|---|
| a | año |
| Ac | anticuerpo |
| Ac-CoA | acetil-coenzima A |
| ACP | proteína transportadora de acilo |
| ADH | alcohol deshidrogenasa |
| AdoMet | *S*-adenosilmetiomina |
| ADP | adenosindifosfato |
| Ag | antígeno |
| Ala | alanina |
| AMP | adenosinamonofosfato |
| Arg | arginina |
| ARS | secuencia de replicación autónoma |
| Asn | asparagina |
| Asp | ácido aspártico |
| atm | atmósfera |
| ATP | adenosinatrifosfato |
| BPG | bisfosfoglicerato |
| cal | caloría |
| cAMP | 3′,5′-adenosinamonofosfato cíclico |
| cDNA | DNA complementario |
| CDP | citidinadifosfato |
| Chl | clorofila |
| CMP | citidinamonofosfato |
| CoA o CoA-SH | coenzima A |
| CoQ | Coenzima Q |
| cpm | contaje por minuto |
| CRP | proteína receptora de cAMP (proteína activadora de catabolitos) |
| CTP | citidinatrifosfato |
| Cys | cisteína |
| d | desoxi |
| Da | dalton |
| DC | discroísmo circular |
| dd | didesoxi |
| DEAE | dietilaminoetil |
| dfMet | *N*-formilmetionina |
| DHAP | dihidroxiacetona fosfato |
| DHF | dihidrofolato |
| DHFR | dihidrofolato reductasa |
| DNA | ácido desoxirribonucleico |
| DNP | dinitrofenol |
| dopa | dihidroxifenilalanina |
| dTDP | timidinadifosfato |
| dTMP | timidinamonofosfato |
| dTTP | timidinatrifosfato |
| *E* | potencial de reducción |
| EF | factor de elongación |
| EGF | factor de crecimiento epidérmico |
| EPR | resonancia paramagnética electrónica |
| F | fenilalanina |
| *F* | constante de Faraday |
| $F_{AB}$ | fragmento de la molécula de anticuerpo que une el antígeno |
| FAD | dinucleótico de flavina y adenina |
| $FADH_2$ | dinucleótido de flavina y adenina reducido |
| FBP | fructosa-1,6-bisfosfato |
| FBPase | fructosa bisfosfato |
| Fd | ferredoxina |
| FMN | mononucleótido de flavina |
| F1P | fructosa-1-fosfato |
| F6P | fructosa-6-fosfato |
| *G* | energía libre de Gibbs |
| GABA | ácido $\gamma$-aminobutírico |
| Gal | galactosa |
| GDP | guanosinadifosfato |
| GLC | cromatografía en gas-líquido |
| Glc | glucosa |
| Gln | glutamina |
| Glu | ácido glutámico |
| Gly | glicina |
| GMP | guanosinamonofosfato |
| G1P | glucosa-1-fosfato |
| GS | glutamina sintetasa |
| GSH | glutatión (glutatión reducido) |
| G6P | glucosa-6-fosfato |
| GSSG | glutatión disulfuro (glutatión oxidado) |
| G3P | gliceraldehído-3-fosfato |
| GTP | guanosinatrifosfato |
| h | hora |
| *h* | constante de Planck |
| Hb | hemoglobina |
| HDL | lipoproteína de densidad elevada |
| hnRNA | RNA nuclear heterogéneo |
| HPLC | cromatografía líquida de alta resolución |
| HX | hipoxantina |
| Hyl | hidroxilisina |
| Hyp | hidroxiprolina |
| IDL | lipoproteína de densidad intermedia |
| IF | factor de iniciación |
| IgG | inmunoglobulina G |
| Ile | isoleucina |
| IMP | inosina monofosfato |
| $InsP_3$ | inositol 1,4,5-trisfosfato |
| IPTG | isopropiltiogalactósido |
| IR | infrarrojo |
| ITP | inosina trifosfato |
| J | julio |
| k | kilo ($10^3$) |
| $k_{cat}$ | número de recambio |
| $K_M$ | constante de Michaelis |

| | |
|---|---|
| kb | kilobase |
| kDa | kilodalton |
| L | litro |
| LDH | lactato deshidrogenasa |
| LDL | lipoproteína de baja densidad |
| Leu | leucina |
| Lys | lisina |
| M | molar (mol/L) |
| m | mili ($10^{-3}$ |
| Man | manosa |
| Mb | mioglobina |
| Met | metionina |
| mL | mililitro |
| mm | milímetro |
| mM | milimolar (mmol/L) |
| mmol | milimol |
| $\mu$ | micro ($10^{-6}$) |
| $\mu$m | micrómetro |
| $\mu$M | micromolar ($\mu$mol/L) |
| $\mu$mol | micromol |
| mol | mol |
| mRNA | RNA mensajero |
| m*V* | milivoltio |
| *N* | número de Avogadro |
| n | nano ($10^{-9}$) |
| $NAD^+$ | dinucleótido de nicotinamida y adenina |
| NADH | dinucleótido de nicotinamida y adenina reducido |
| $NADP^+$ | dinucleótido fosfato de nicotinamida y adenina |
| NADPH | dinucleótido fosfato de nicotinamida y adenina reducido |
| nm | nanómetro |
| P | fosfato |
| p | pico ($10^{-12}$) |
| $P_i$ | fosfato inorgánico |
| PAGE | electroforesis en gel de poliacrilamida |
| pb | par de bases |
| PBG | porfobilinógeno |
| PC | fosfatidilcolina |
| PCR | reacción en cadena de la polimerasa |
| PE | fosfatidiletanolamina |
| PEP | fosfoenolpiruvato |
| PG | prostaglandina |
| Phe | fenilalanina |
| PI | fosfatidil inositol |
| PK | piruvato quinasa |
| PKU | fenilcetonuria |
| PLP | piridoxal-5-fosfato |
| Pol | polimerasa |
| $PP_i$ | ion fosfato |
| PQ | plastoquinona |
| Pro | prolina |
| PRPP | 5-fosforribosil-1-pirofosfato |
| PS | fosfatidilserina |
| PTH | feniltiohidantoína |
| $QH_2$ | coenzima Q reducida (ubiquinol) |
| *R* | constante gaseosa |
| RE | retículo endoplásmico |
| RER | retículo endoplásmico rugoso |
| RF | factor de liberación |
| R5P | ribosa-5-fosfato |
| RFLP | polimorfismo de longitud de los fragmentos de restricción |
| RM | resonancia magnética |
| RNA | ácido ribonucleico |
| rpm | revoluciones por minuto |
| rRNA | RNA ribosómico |
| RuBP | ribulosa-1,5-bisfosfato |
| S | unidad Svedberg |
| *S* | coeficiente de sedimentación |
| s | segundo |
| SDS | dodecilsulfato sódico |
| Ser | serina |
| SIDA | síndrome de inmunodeficiencia adquirida |
| snRNA | RNA nuclear pequeño |
| snRNP | ribonucleoproteína nuclear pequeña |
| SRP | partícula de reconocimiento de señal |
| *T* | temperatura absoluta |
| TCA | tetrahidrofolato |
| Thr | treonina |
| 3PG | 3-fosfoglicerato |
| TMV | virus del mosaico del tabaco |
| TPP | tiamina pirofosfato |
| tRNA | RNA de transferencia |
| Trp | triptófano |
| 2PG | 2-fosfoglicerato |
| Tyr | tirosina |
| UDP | uridina difosfato |
| UDPG | UDP-glucosa |
| UMP | uridina monofosfato |
| UTP | uridina trifosfato |
| UV | ultravioleta |
| *V* | voltio |
| $V_{máx}$ | velocidad máxima |
| Val | valina |
| VIH | virus de la inmunodeficiencia humana |
| VLDL | lipoproteína de muy baja densidad |
| XMP | xantosina monofosfato |
| YAC | cromosomas artificiales de levadura |